그랑 라루스
요리백과

그랑 라루스 요리백과

라루스 편집부
프랑스 미식 위원회 협찬
강현정 책임 번역
네이버(주) 협찬

CITRON
MACARON

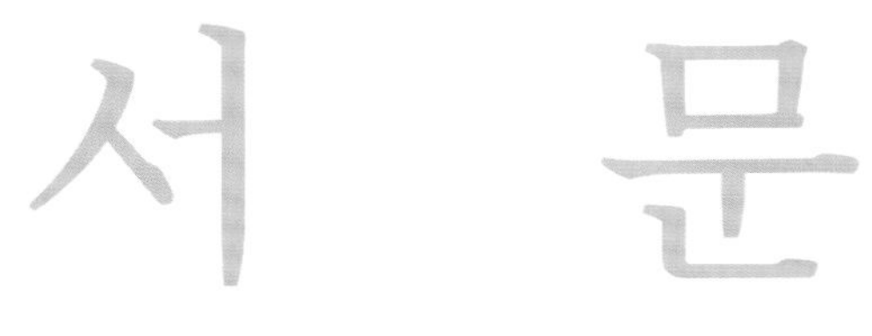

서 문

전 세계의 보편적 미식을 위한 서론

수개월에 걸친 집중적인 검토, 연구를 통한 수정, 치열한 토론을 거친 내용 보완, 새로운 인물 자료 추가, 현대에 맞는 레시피 업데이트 등 광범위한 개정·증보 작업을 마친『그랑 라루스 요리백과』개정판이 드디어 출간되었다. 1938년 초판 탄생 이후 여섯 차례나 개정판이 나왔으니 매번 10년이 넘는 간격이 있었던 셈이다. 고강도 작업을 거쳐 탄생한 이 책은 독자 여러분이 꼼꼼히 읽고 참고할 만한 중요한 교범이 될 것이다.

이 요리백과사전의 개정 작업은 미식 분야의 '현학' 자문위원들을 비롯한 교수, 사회학자, 요리사, 제과사, 기술자, 언론인 등 약 20명으로 구성된 '미식 위원회' 회원 간의 열정적이고도 격렬한 토의를 바탕으로 이루어졌다. 미식이라는 공통 관심사를 통해 결성된 이 전문가 그룹은 기존 내용 중 그대로 두어야 할 것, 제거하거나 수정해야 할 것에 대해 꼼꼼하고도 폭넓게 대화하고 의견을 교환했으며, 여기에는 책에 소개된 레시피뿐 아니라 어떤 전통을 어떤 시각으로 재조명하는 것이 필요한지에 대한 고민도 포함되었다. 예를 들어 송아지 흉선 테린, 쇼롱 소스, 뵈르 블랑, 쿨리비악 또는 새로운 조리 도구 등의 항목은 모두 조엘 로뷔숑이 이끄는 상기 미식 위원회가 다루고 적절히 풀어내야 할 여러 핵심 자료 중 일부였다.

이번 개정판에는 기존의 유명 셰프들 목록에 약 90명의 새로운 인물이 추가되었다. 프랑스 국적이나 미슐랭 가이드 별 셋 유무와 상관없이 당대 미식계에 큰 족적을 남긴 명사들이다. 이와 더불어 21세기 요리업계에 새롭게 편입된 현대 조리기법도 매우 비중 있게 다루었다. 전통적인 조리방식인 약불에 뭉근히 익히기, 브레이징, 오븐에 익히기, 스팀에 찌기, 그릴에 굽기뿐 아니라 새로운 화학적 접근이나 페란 아드리아와 헤스턴 블루먼솔에 의해 유행하기 시작한 분자 조리의 개념, 젤리나 에멀전을 이용한 요리 등도 자세히 소개하고 있다. 그뿐 아니라 인덕션, 철판 요리, 수비드 조리, 휘핑 사이펀이나 액체 질소의 사용 등 새로운 테크닉 또한 매우 중요한 위치를 차지하고 있다.

이 백과사전에는 오귀스트 에스코피에부터 파스칼 바르보, 쥘 구페부터 장 조르주 클랭, 세르지오 헤르만부터 레지스 마르콩에 이르기까지 다양한 '트렌드', 지역, 나라, 테루아, 전통의 요리들이 전부 취합되어 심도 있게 분석되어 있으며 자세한 정보와 주석도 포함되어 있다. 여기 소개된 다양한 레시피에는 전 세계 요리의 정통 모범으로서의 가치가 있다. 고급 요리, 시골풍 투박한 요리, 가정식 요리, 크리에이티브 요리, 지역 특성을 살린 향토 음식, 다국적 요리 등 광범위한 분야가 메뉴별로 자세하게 소개되어 있으며 작은 디테일 정보까지 최대한 제공하려는 세심함이 담겨 있다.

새롭게 출간된 이 여섯 번째 개정판에서 특히 눈여겨보아야 할 것은 최근에 널리 사용되는 새로운 식재료(유자, 카피르라임, 타피오카 펄, 브레사올라, 통카 빈, 무스코바도 설탕 등) 소개와 유용하게 보완된 과일, 채소, 고기, 생선, 조개류 등의 사진 자료이다. 그뿐 아니라 오스트리아, 독일, 중국, 이탈리아, 일본 등의 요리 정보도 대폭 추가하여 새로운 시선으로 세계 미식의 장을 조망할 수 있도록 그 지평을 넓혔다.

파티스리 분야 또한 가브리엘 파이아송, 뤼시앵 펠티에, 피에르 에르메, 필립 고베, 필립 콩티치니 같은 과거와 현재의 유명 파티시에 관련 정보 및 대표 레시피들이 포진해 있다. 파티스리는 그 자체로서 하나의 독립된 미식 분야이며, 원래 역사의 초창기부터 단순히 식사 코스 마지막에 먹는 달콤한 디저트일 뿐 아니라 고유한 조리법과 기준, 전통, 즉 간략히 말하자면 자체적으로 정체성이 뚜렷한 '단맛 요리'였다는 사실을 여실히 보여준다.

앞서 언급했듯이 새로운 테크닉과 현대적인 도구는 이를 잘 활용하며 적응하는 여러 세대 셰프들에게 새로운 시대를 열어주는 통로 역할을 하고 있다. 이 책에서 심도 있게 재정비한 내용 중에는 이처럼 세대교체를 거치며 부상한 우리 시대 셰프들과 다양한 레시피가 포함되어 있다. 때로 혁신적이기도 한 최신 레시피가 다수 소개되어 있지만, 이들 또한 고전 요리의 문법을 부정하지 않고 이를 토대로 명민하게 현대인의 입맛에 맞도록 재해석한 것들이 주를 이룬다.

4,000개 이상의 용어, 당대 최고 셰프들의 시그니처 메뉴 500가지를 포함한 2,500여 가지의 레시피, 1,000가지가 넘는 식재료, 단계별로 설명된 테크닉 실무 과정 샷 200여 컷, 주방 요리사들의 현장 모습을 담은 500여 컷 사진이 수록된 이 요리백과는 역동적이고 정확하고 세밀한 통계에 바탕을 둔 방식으로 제작되었으며 집필진의 꼼꼼한 노고와 열정이 곳곳에서 드러난다.

이 책은 치열하게 수집한 엄청난 양의 정보와 광범위하고 심도 있는 내용이 집약된 집필·편집 작업의 결과물이다. 이 거대한 작품에 참여한 각 분야 전문가들은 교육적이고 정확한 정보 전달이라는 유일한 공통 목표하에 마치 중세시대 필사본을 만들던 이들의 심정으로 요리의 역사부터 요리사, 식재료, 요리법, 테이블 매너 등에 관한 내용을 각 시대와 당시 트렌드별로 자세히 소개하고 있다.

거대한 작업의 결과물인 이 책을 읽으면서, 특히 본문을 한 번 더 교정하며 느낀 것은 세계의 요리는 끊임없이 발전했고, 절대로 기본을 부정하지 않으면서 계속해서 발전하고 있다는 사실이다. 에멀전, 무스, 젤리라는 새로운 기법의 요리가 등장했지만, 우리는 마요네즈, 그리비슈, 홀랜다이즈, 베아르네즈 소스를 잊지 않았다. 계속해서 진화하는 요리로 채워지는 이 백과사전에서도 튀기거나 날로 먹거나 굽거나 마리네이드 하는 일상의 조리법들은 여전히 특별한 비중을 차지하고 있다.

이 책의 목적은 무엇보다도 정확하게 교육하는 것, 올바른 이해를 돕는 것, 대충 넘어가지 않으면서도 간략하고 쉽게 핵심을 요약하는 것, 엄격하지 않으면서도 체계화된 설명을 제공하는 것이다. 이 개정판 『그랑 라루스 요리백과』가 보편적인 요리는 특별히 어떤 것이 크거나 작지 않으며 또한 특정한 유행이나 특별히 한 나라에만 국한되지 않는다는 사실을 보여주고 이를 입증한다면 열거한 목표에 도달할 수 있을 것이다. 간단히 말해 요리는 국경이나 관습을 초월한 인간과 그들의 열정을 한데 아우르는 다원적인 복수의 것이라는 뜻이다. 요리는 매우 풍부한 다양성을 갖추고 있으며, 더욱 풍성한 것으로 변화하고 있다. 또한 발전과 진화의 개념이 낯선 것이 아니라면 요리는 무엇보다도 예술가들을 포함한 하나의 예술이라 할 수 있고, 물론 이 예술가들은 휴머니스트들이기도 하다.

질 퓌들로브스키
미식 위원회 회원

프랑스 미식 위원회(COMITÉ GASTRONOMIQUE)

회장

조엘 로뷔숑 Joël ROBUCHON

회원

파스칼 바르보 Pascal BARBOT,
셰프 드 퀴진, 레스토랑 '아스트랑스(Astrance)', 파리

필립 콩티치니 Philippe CONTICINI,
파티시에, 인터내셔널 조리 고문(Exceptions gourmandes 소속), 파리

엘렌 다로즈 Hélène DARROZE,
요리사, 레스토랑 '엘렌 다로즈(Hélène Darroze)', 파리

클로드 피슬러 Claude FISCHLER,
프랑스국립과학연구소(CNRS) 연구원장
융복합학문 연구센터 공동대표 – 사회학, 인류학, 역사학

필립 고베 Philippe GOBET,
'에콜 르노트르(Lenôtre)' 원장, 프랑스 국가 요리명장(MOF)

브뤼노 구소 Bruno GOUSSAULT,
식품학 연구소(CREA) 과학센터 소장
'퀴진 솔루션즈(Cuisine Solutions)' 수석 과학연구원

피에르 에르메 Pierre HERMÉ,
파티시에, 쇼콜라티에. '피에르 에르메(Pierre Hermé)', 파리

알랭 르 쿠르투아 Alain LE COURTOIS,
페랑디 프랑스 고등 조리학교(ESCF, Ferrandi) 대표 역임, 파리

장 폴 레스피나스 Jean-Paul LESPINASSE,
'에콜 르노트르(Lenôtre)' 원장, 미식 모임 '100인 클럽(Club des Cent)' 총무

안 소피 픽 Anne-Sophie PIC,
'메종 픽(maison Pic)' 오너 셰프, 발랑스

장 프랑수아 피에주 Jean-François PIÈGE,
셰프 드 퀴진, 크리용 호텔 레스토랑 '레 장바사되르(Les Ambassadeurs)', 파리

조르주 푸벨 Georges POUVEL,
요리학교 교수, 미식 실무 컨설턴트

질 퓌들로브스키 Gilles PUDLOWSKI,
미식 저널리스트

크리스토프 캉탱 Christophe QUANTIN,
발 드 루아르 호텔 경영 및 조리 직업학교 실무교육 셰프, 블루아
프랑스 국가 요리명장(MOF)

피에르 트루아그로 Pierre TROISGROS,
'메종 트루아그로(maison Troisgros)' 오너 셰프, 로안

제라르 비에 Gérard VIÉ,
레스토랑 '레 트루아 마르슈(Les Trois Marches)' 창업자
레스토랑 '르 포타제 뒤 루아(Le Potager du Roy)' 공동대표, 베르사유

개정판 제작에 도움을 주신 분들

셀린 뒤부르디외 장드롱 Céline DUBOURDIEU-GENDRON, 파리 페랑디 프랑스 고등 조리학교(ESCF, Ferrandi) 응용과학 교수

콜린 필드 Colin FIELD, 파리 리츠(Ritz) 호텔 바 '헤밍웨이(Hemingway)' 수석 바텐더

장 프록 Jean FROC, 동물학 박사, 프랑스 국립농업기구(INRA) 연구원, 발효식품 및 전통 식문화(프랑스, 유럽) 전문가

프랑수아 갈루앵 François GALLOUIN, 수의학 박사, 인간생물학 박사, 이학 박사, 파리-그리뇽 국립 농업 연구원(INA P-G) 명예교수, 파리 페랑디 프랑스 고등 조리학교(ESCF, Ferrandi) 객원 교수

조르주 르프레 Georges LEPRÉ, 소믈리에 명장, 와이너리 '사부어 클럽(Savour Club)' 품질 관리 총괄

크리스티앙 모리스 Christian MAURICE, 파리 페랑디 프랑스 고등 조리학교(ESCF, Ferrandi) 제빵 담당 교수

폴르 나탕 Paule NATHAN, 내분비학, 영양학, 당뇨병학 전문의, 스포츠 의학 전문의

알랭 파통 Alain PATON, 파리 페랑디 프랑스 고등 조리학교(ESCF, Ferrandi) 바다 및 민물 생선 식품 담당 교수

파트릭 스바차 Patrick SVACHA, 파리 페랑디 프랑스 고등 조리학교(ESCF, Ferrandi) 요리 교수

개정판 편집에 도움을 주신 분들

로랑스 알바도, 줄리 제르베, 코코 조바르, 프랑수아즈 매트르, 뤼페르 하스테록, 마르틴 윌리민

1996년 발행본 집필진

마리 폴 베르나르딘 Marie-Paule BERNARDIN, 자료 정리
주느비에브 뵈약 Geneviève BEULLAC, 자료 정리
장 빌로 Jean BILLAULT, 정육점 경영
크리스토프 블리니 Christophe BLIGNY, 외식 관련 직업학교
티에리 보르게즈 Thierry BORGHÈSE, 공정거래위원회 감독관
프랑시스 부셰 Francis BOUCHER, 초콜릿, 당과류 제조사
파스칼 샹파뉴 Pascal CHAMPAGNE, 호텔 뤼테시아(Lutetia) 바텐더. 프랑스 바텐더 협회
프레데릭 셰노 Frédéric CHESNEAU, 이사회 회원
마르셀 코텐소 Marcel COTTENCEAU, 프랑스 국가명장(MOF). 샤퀴트리, 케이터링 조리학교 실무교수 역임
로베르 쿠르틴 Robert COURTINE (†), 마르코 폴로 상(prix Marco-Polo) 협회장
미셸 크레이누 Michel CREIGNOU, 저널리스트
필립 다르동빌 Philippe DARDONVILLE, 국립 과일주스 생산자 협회 총무
베르트랑 드바트 Bertrand DEBATTE, '오샹(Auchamps)' 본사 제빵사
장 데일르렝 Jean DEHILLERIN, 조리도구 전문상점 E.D.(S.A. E. Dehillerin) 대표
장 들라베인 Jean DELAVEYNE (†), 요리사, 셰프. 레스토랑 '르 카멜리아(Le Camélia, Bougival)' 창업자
질베르 들로 Gilbert DELOS, 저널리스트, 작가
크리스티앙 플라세리에르 Christian FLACELIÈRE, 저널리스트
장 루이 플랑드랭 Jean-Louis FLANDRIN (†), 파리 3대학 명예교수, 사회과학고등연구원(EHESS) 원장
앙드레 푸렐 André FOUREL, 경제학 박사
에릭 프라숑 Éric FRACHON, 에비앙 생수(S.A. Eaux minerales, Evian) 명예회장
도미니크 프랑세시 Dominique FRANCESCHI, 저널리스트
자크 프리케 Jacques FRICKER, 영양사, 의과학 박사
장 피에르 가브리엘 Jean-Pierre GABRIEL, 저널리스트
티에리 고디에르 Thierry GAUDILLÈRE, '부르고뉴 오주르뒤(Bourgogne Aujourd'hui)' 발행인
이즈멘 기아셰티 Ismène GIACHETTI, 프랑스국립과학연구소(CNRS) 연구원장
실비 지라르 Sylvie GIRARD, 음식 작가
카트린 고아벡 부바르 Catherine GOAVEC-BOUVARD, 농수산식품경제 컨설턴트(B.G. Conseil)
조 골든베르그 Jo GOLDENBERG, 레스토랑 운영자
카트린 고미 Catherine GOMY, 프랑스 표준화 기구(AFNOR) 농수산식품허가 담당관
브뤼노 고소 Bruno GOUSSAULT, 식품학 연구소(CREA) 과학센터 소장
미셸 게라르 Michel GUÉRARD, 요리사, 셰프. '레스토랑 레 프레 되제니(Les Prés d'Eugénie, Eugénie-les-Bains)' 운영
자크 겡베르토 Jacques GUINBERTEAU, 균류학자, 프랑스 국립농업기구(INRA) 연구원
피에르 에르메 Pierre HERMÉ, 파티시에, 쇼콜라티에, 파리
조셉 호센롭 Joseph HOSSENLOPP, 농업환경연구원(Cemagref) 연구소장
프랑수아즈 카일러 Françoise KAYLER, 음식 평론가
자크 라쿠르시에르 Jacques LACOURSIÈRE, 작가
조제트 르룅 고디쇼 Josette LE REUN-GAUDICHEAU, 바다 생산 식품 전문가, 교육자
로베르 링스 Robert LINXE, '라 메종 뒤 쇼콜라(La Maison du chocolat)' 창업자. 파리, 뉴욕
폴 멩디오 Paul MAINDIAUX, 프랑스 농업부 개발 담당관
로랑 메레 Laurent MAIRET, 와인 전문가
주카 마네르코르피 Jukka MANNERKORPI, 미식 칼럼니스트
엘리자베스 드 뫼르빌 Élisabeth DE MEURVILLE, 저널리스트
파스칼 오랭 Pascal ORAIN, 레스토랑 '베르티(Bertie's)' 책임자
필립 필리오 Philippe PILLIOT, 프랑스 식료품상 연합 총무, 월간지 '누벨 에피시에(Nouvel Épicier)' 편집인
조르주 푸벨 Georges POUVEL, 조리학교 교수, 요리 기술 고문
장 프랑수아 르벨 Jean-François REVEL, 작가
장 클로드 리보 Jean-Claude RIBAUT, '르몽드(le Monde)' 미식 칼럼니스트
이자벨 리샤르 Isabelle RICHARD, 문학 학사
미셸 리고 Michel RIGO, 프랑스 국립 과일 브랜디 연합 대표
프랑수아즈 사방 Françoise SABBAN, 사회과학 고등연구원(EHESS) 교수
자크 살레 Jacques SALLÉ, 저널리스트
장 루이 타유보 Jean-Louis TAILLEBAUD, 파리 리츠 호텔 내 '리츠-에스코피에(Ritz-Escoffier)' 조리학교 셰프
피에르 트루아그로 Pierre TROISGROS, 요리사, 셰프. 레스토랑 '메종 트루아그로(maison Troisgros)' 운영
클로드 비피앙 Claude VIFIAN, 요리사, 셰프. 로잔 호텔경영 및 요리학교 교수
르 비글리아르디 파라비아 Leda VIGLIARDI PARAVIA, 작가, 저널리스트
알랭 베일 Alain WEILL, 예술 전문가, 프랑스 국립 미식문화 협회 연구원
장 마크 볼프 Jean-Marc WOLFF, 파리 호텔경영 및 요리학교
레미 이베르노 Rémy YVERNEAU, 프랑스 국립 크림, 치즈 제조자 연합 사무총장

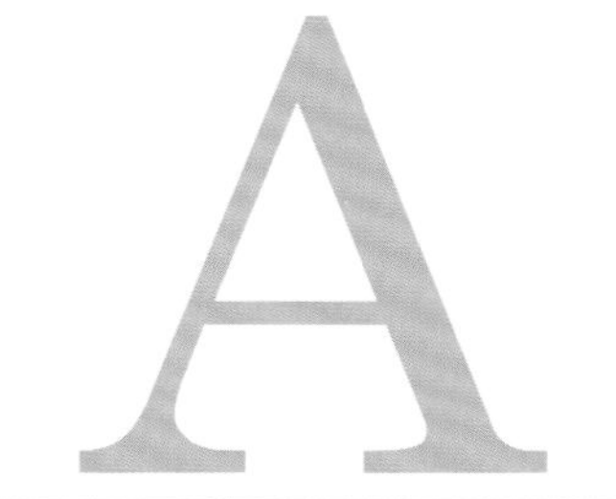

ABAISSE 아베스 반죽(파트 브리제, 사블레, 푀유테 등)을 작업대(가능하면 대리석이 좋다)에 펼쳐놓고 밀대나 파이롤러로 밀어 타르트, 투르트, 파테, 피자, 각종 비에누아즈리 등 사용 목적에 알맞은 두께와 모양으로 만든 조각. 아베세(abaisser)는 '반죽을 얇게 밀어 펴다'라는 뜻이다.

또한 마멀레이드, 크림 등을 발라 얹을 목적으로 가로로 슬라이스한 제누아즈나 비스퀴, 스펀지케이크 레이어를 지칭하기도 한다.

ABATS 아바 도축한 동물의 고기 덩어리 즉 정육 부위와는 구분되는 식용 가능한 부속 부위. 이들은 소위 '제5의 부위'라는 범주에 속하고, 흰색 부속(abats blancs, 그대로 조리해 먹을 수 있으며, 특별한 사전 준비 작업이 필요 없다), 또는 붉은색 부속(abats rouges, 상당한 사전 준비 및 조리를 해야 먹을 수 있으며, 일반적으로 이 손질 작업은 이를 판매하는 정육점에서 담당한다)으로 구분된다. 내장 및 부속의 분류는 시대에 따라 변화를 겪게 된다. 1996년 몇몇 부위들은 인간에게 광우병을 옮길 수 있는 위험으로, 또 양의 경우에도 진정병(스크래피)의 위험으로 인해 인간이 섭취하는 식품군 체인에서 제외되었다(**참조** MATÉRIEL À RISQUES SPÉCIFIÉS [MRS]).

미식가들이 즐겨 찾는 송아지의 콩팥, 간, 흉선, 양의 고환과 골 등의 부속은 언제나 별미 음식으로 특별한 평가를 받아왔다. 이와 같은 부속은 프랑스의 지방 특선 요리의 단골 재료이기도 하고(창자 요리, 소의 위 요리, 내장 요리, 창자 소시지 스튜, 양의 위와 족을 넣은 마르세유식 스튜, 양의 족과 송아지의 위막을 곁들인 오베르뉴식 내장 요리 등), 다른 나라 요리에서도 종종 사용된다(스코틀랜드의 해기스, 브뤼셀의 쇠젤 또는 고환 요리, 밀라노식 창자 스튜인 부제카 등).

▶ 레시피 : BLANC DE CUISSON.

ABATTIS 아바티 가금류의 자투리나 허드렛 부위 및 내장을 지칭한다. 머리, 목, 아랫날개(윙), 발, 모래주머니, 염통, 간, 그리고 콩팥과 수탉의 벼슬이 이에 해당한다.

몸집이 큰 가금류(토종닭, 칠면조, 거위)의 외부 자투리 부위는 따로 판매되기도 하는데, 이를 이용하여 스튜를 만들 수도 있으며, 프리카세나 포토푀 등의 전통 음식을 만들 때도 유용하게 활용할 수 있다. 내장 부위는 주로 요리에 채워 넣는 소를 만들거나 가니시, 테린 등을 만들 때 쓰인다.

● **오리, 거위의 자투리 및 내장 부위** 목, 모래주머니, 간, 염통을 사용하고 발은 사용하지 않는다. 오리나 거위 기름에 넣고 콩피하여 익히는 경우를 제외하고, 아랫날개 부분은 몸통에서 분리하지 않는다.

● **닭, 칠면조 또는 새끼칠면조의 자투리 및 내장 부위** 다른 가금류와 동일한 부위가 사용된다. 닭의 경우는 발과 머리도 요리에 사용하고, 칠면조는 아랫날개, 염통, 간. 모래주머니, 목만 사용한다.

abattis Babylas 아바티 바빌라스

크림 소스에 익힌 가금류 자투리 요리 : 가금류의 자투리 부위 1kg을 깨끗이 씻어 토치로 그슬린다. 중간 크기 양파 3개의 껍질을 벗긴 뒤 다진다. 소테팬에 버터 40g을 녹인 다음 자투리 조각들을 넣어 색이 나게 지진다. 여기에 다진 양파를 넣고 잘 저어 황금색이 나도록 볶는다. 작은 볼 한 개 분량의 닭 육수와 부케가르니 한 개를 넣고 끓을 때까지 가열한다. 끓으면 뚜껑을 덮고 25~30분간 약한 불로 뭉근하게 익힌다. 그동안 양송이버섯 250g을 씻어 얇게 썬 다음 레몬즙을 뿌려둔다. 가금류 자투리를 익히는 소테팬에 버섯을 넣고 생크림 100ml도 함께 넣어준다. 잘 저어준 다음 뚜껑을 연 상태로 10분 정도 더 끓인다. 국물을 조금 떠서 머스터드 2테이블스푼에 넣고 개어 풀어준 다음 소테팬에 다시 넣고 잘 저어 섞는다. 서빙하기 전에 잘게 썬 파슬리를 뿌린다.

abattis bonne femme 아바티 본 팜

가금류 자투리 스튜 : 염장 돼지 삼겹살 100g을 주사위 모양으로 썰어 끓는 물에 5분간 데친 다음 찬물에 헹궈 건져 놓는다. 칠면조나 닭의 자투리 부위 800g을 준비한다. 작은 방울양파 100g, 햇 알감자 300g, 마늘 한 톨을 준비해 껍질을 모두 벗긴다. 소테팬에 버터 25g, 라드 혹은 거위기름 25g을 달군 다음 라르동을 넣고 센 불에 튀기듯 볶아 건져놓는다. 그 기름에 방울양파를 넣고 노릇하게 볶은 뒤 건져낸다. 자투리 부위(간은 제외)를 넣고 색이 나게 지진다. 마늘을 으깨 넣고 잘 저어준다. 밀가루 한 스푼을 골고루 뿌린 다음 노릇한 색이 나도록 잘 섞으며 지진다. 드라이 화이트와인 100ml를 넣고 몇 분간 졸인다. 후추를 넣고 소금 간을 살짝 한다. 부케가르니, 라르동, 방울양파, 알감자를 넣고 물이나 닭 육수를 재료 높이만큼 붓는다. 뚜껑을 덮고 끓을 때까지 가열한 뒤 불을 줄이고 약 30분간 뭉근히 익힌다. 닭 간을 넣고 10분 정도 더 끓인다. 우묵한 서빙 접시에 자투리 부위와 채소 가니시를 담고 소스를 부어준다.

abattis chasseur 아바티 샤쇠르

육즙 소스에 익힌 가금류 자투리 스튜 : 칠면조나 닭의 자투리 부위를 800g~1kg 정도 준비하여 소금과 후추로 밑간을 한다. 소테팬에 1테이블스푼의 기름과 동량의 버터를 달구고 자투리 부위를 센 불에서 지지듯 볶은 뒤 따뜻하게 보관한다. 양송이버섯 125g을 씻어 얇게 썰고 샬롯 2개는 껍질을 벗긴 뒤 다진다. 같은 소스팬에 버섯과 샬롯을 넣고 센 불에서 색이 나게 볶는다. 드라이 화이트와인 200ml를 붓고 잠깐 졸인 다음 토마토 소스 100ml, 리에종한 갈색 송아지 육즙 소스(jus brun de veau lié) 200ml를 넣는다. 자투리 부위를 넣고 데운다. 서빙하기 바로 전에 잘게 썬 파슬리와 처빌을 뿌린다.

부속 및 내장의 종류와 특징

명칭	동물	질감	맛	조리법
흰색 부속 *abats blancs*				
장간막 fraise	송아지	질기다	창자 맛	우선 흰 익힘액에 넣고 삶아 색을 유지한다. 깍둑 썰어 차갑게 먹거나, 스튜 또는 튀김으로 따뜻하게 서빙한다 (참조. BLANC).
제1 위막, 양 gras-double	소	꽤 질기다	창자 맛	스튜(양파를 넣은 위막 요리) 또는 밀가루, 달걀, 빵가루를 입혀 튀긴다(tablier de sapeur).
귀 oreilles	돼지, 송아지	오도독한 식감으로 기름기가 적다	섬세한 맛	오래 익혀 테린을 만들거나 기름이나 양념에 넣고 뭉근히 익혀 콩피한다. 혹은 잘게 썰어 샐러드에 넣는다.
위 pansette	양, 송아지	쫄깃하고 기름지다	창자 맛	오래 익히는 요리에 적합하다(송아지 내장요리 tripous de veau, 양의 위와 족을 넣은 스튜 pieds et paquets).
족 pieds	양, 소, 돼지, 송아지	젤라틴처럼 쫀득하다	은은한 풍미(송아지), 섬세한 맛(양)	젤라틴의 공급원. 뜨거운 육수 혹은 차가운 국물(송아지), 창자 요리(소), 소스 풀레트(sauce poulette)(양), 밀가루, 달걀, 빵가루를 입혀서 굽는다(돼지). 혹은 양의 위와 족을 넣은 스튜(pieds et paquets)에 넣는다.
머리 tête	송아지, 돼지	미끈거리고 단단하다	특유의 풍미	흰 익힘액에 넣고 삶아 소스와 함께 뜨겁게 혹은 차갑게 서빙한다(en tortue).
창자, 곱창 tripes	소, 양	질기고 쫄깃하며 기름지다	특유의 풍미	캉 또는 프로방스 식 곱창 요리(tripes à la mode Caen, à la provençale), 오래 브레이징하여 뜨겁게 서빙한다.
붉은색 부속 *abats rouges*				
척수 amourettes* (moelle épinière)	송아지	골의 식감과 비슷하다	골과 비슷하다.	골 조리법과 같다. 소를 만들거나 소스에 넣는다. 카나페 위에 얹거나 튀겨 먹는다.
고환 animelles, ou rognons blancs (testicules)	양, 염소, 황소	단단하고 질기다	부드럽고 은은한 풍미	끓는 물에 데쳐내고, 물에 담가 피를 뺀 다음 슬라이스해서 팬에 지진다. 혹은 삶아서 갈색이 날 때까지 가열한 버터나 토마토 소스를 뿌려 서빙한다.
골 cervelle*	양, 돼지, 송아지	흐물흐물하다	부드럽고 섬세한 맛(양)	식초를 탄 물에 담가둔 다음 깨끗이 씻어 쿠르부이용에 데친다. 팬프라이 또는 튀김.
염통 cœur	양, 소, 암송아지, 돼지, 송아지	질기다(소), 연하다(양, 암송아지)	가벼운 맛(양), 진한 향(소)	슬라이스해 팬프라이하거나 그릴에 굽는다. 너무 많이 익히지 말고 핑크색이 날 정도로만 구워야 연하다. 통째로 속을 채워 익히거나 브레이징한다.
간 foie	양, 소, 암송아지, 송아지	부드럽다(소), 아주 부드럽다(송아지), 연하다(양)	은은한 풍미(소), 섬세한 맛(송아지)	슬라이스해 팬프라이하거나 그릴에 굽는다. 통째로 굽는다(너무 오래 익히지 않는다).
볼 joue	양, 소, 돼지, 송아지	부드럽고 아주 연하며 매끄러운 식감	아주 은은한 풍미. 특유의 맛이 있다.	스튜(ragoût, daube)나 테린으로, 혹은 와인을 넣고 브레이징 한다.
혀 langue	양, 소, 송아지	꽤 단단하면서도 부드러운 식감	강한 풍미(소), 아주 은은한 풍미(송아지) 아주 맛있다(양).	껍질을 벗긴 뒤 콩피하거나 브레이징(양), 포토푀(소), 머리와 같은 방법으로 조리(송아지)하고, 소스 그리비슈를 곁들여 뜨겁게 혹은 차갑게 서빙한다.
주둥이살 museau	소, 돼지	오돌오돌하다	섬세한 맛	그대로 먹을 수 있게 판매된다. 얇게 슬라이스해서 비네그레트 소스를 곁들인다.
꼬리 queue	양, 소, 돼지, 송아지	오래 익히면 아주 연하다	진한 풍미(소)	테린, 포토푀(송아지), 와인을 넣고 브레이징, 슬라이스해서 비네그레트를 곁들이거나 양 뒷다리와 함께 오븐에 굽는다.
흉선 ris(thymus)	양, 송아지	탄력이 있고 입에서 부드럽게 녹는다	섬세하고 아주 독특한 세련된 풍미	통째로 브레이징한다. 슬라이스해 팬프라이하거나 튀긴다. 작게 썰어 소스에 익힌다.
콩팥 rognons	양, 소, 돼지, 송아지	연하다(동물의 연령에 따라 다르다)	강한 풍미(소) 은은한 맛(양) 아주 은은한 맛(송아지)	그 자체의 기름에 통째로 굽는다. 슬라이스해 팬프라이하거나, 작게 잘라 꼬치에 꿰어 굽는다.
머리 tête	돼지	매끄럽고 부드러우며 단단한 질감	특유의 풍미	각종 샤퀴트리 제조에 사용되며 특히 프로마주 드 테트(fromage de tête)는 큼직하게 썬 머리고기를 꼭 넣고 눌러 굳힌다.

* 소와 양의 척수와 골은 소비가 금지되었다(참조. 특수 위험 물질 MATÉRIEL À RISQUES SPECIFIÉS [MRS]).

abattis en ragoût 아바티 앙 라구

가금류 자투리 스튜 - 4인분 / 준비 : 20분 / 조리 : 50분

닭 날개 300g과 모래주머니 200g을 준비한다. 목 300g을 토막 낸다. 양파 큰 것 1개와 중간 크기의 당근 2개의 껍질을 벗긴 뒤 씻어서 큐브 모양으로 썬다. 마늘 2톨은 짓이겨 놓고, 부케가르니를 한 개 만들어 놓는다. 소테팬이나 주물냄비에 식용유 1테이블스푼과 버터 한 조각을 달군 뒤 준비한 가금류 자투리 부위를 센 불에 튀기듯 지진다. 채소를 모두 넣고 함께 볶는다. 드라이 화이트와인 100ml를 넣어 디글레이즈한 뒤 잠시 졸인다. 이어서 닭 육수 1.5리터와 토마토 소스 100ml, 마늘, 부케가르니를 넣는다. 소금, 후추로 간한다. 끓기 시작하면 불을 줄이고 45분간 뭉근히 익힌다. 팬에 버터 30g을 달군 뒤 닭 간 200g을 센 불에 볶는다. 속이 핑크빛을 띨 정도로만 익히는 것이 좋다. 자투리 건더기를 건져 다른 소테팬으로 옮긴다. 익힌 국물 소스를 체에 거르며 자투리 건더기에 붓고 끓인다. 간을 맞춘 다음 볶아둔 닭 간을 넣고 2분 정도 약하게 끓인다. 우묵한 접시에 담고 다진 파슬리 1티스푼을 뿌린 뒤 서빙한다.

bouillon d'abattis ▶ BOUILLON
maïs en soso aux abattis de poulet ▶ MAÏS

ABATTOIR 아바투아르 도축장. 가축을 수령하여 도축한 다음 소비 가능한 식품(정육, 부속)과 부산물(가죽, 털, 말총, 뿔)로 가공하는 특수 시설을 뜻하며, 사설 혹은 공영 업체를 모두 포함하여 지칭한다.

1972년 이후 위생적인 관리와 부정행위 근절 및 정육의 품질 등급 분류를 위하여 가축의 도살은 반드시 공식 인가를 받은 도축장에서만 이루어지게 되었다. 도축장들은 주로 가축을 키우는 지역에 세워졌는데 이는 살아있는 동물보다 도축한 정육의 운반이 더 용이해 도축 후 각 지방으로 쉽게 유통할 수 있기 때문이다. 19세기 중반까지만 해도 노르망디, 리무쟁, 니에브르 지방의 소들은 대도시에 있는 도축장으로 가는 길 수십 킬로미터를 천천히 걸어서 이동했다.

■ **규정 및 통제.** 살아있는 동물, 내장, 정육에 대한 수의학적 위생 검사를 실시하며, 전체 혹은 일부분을 대상으로 행할 수 있다. 모든 항목의 결과가 합격 수준으로 나오면 도축한 해당 정육은 수의학 법률이 정하는 검인 스탬프를 받는다. 유럽연합 공식 인가를 받은 도축장에서 도축한 정육은 유럽 역내 어디에서나 소비될 수 있으며, 그렇지 않은 경우에는 프랑스 내에서만 소비가 허용된다. 정육 품질 등급 분류는 알파벳과 숫자로 이루어진 시리얼 넘버 표시로 되어 있다. 유대교식 코셔나 이슬람 할랄 의식에 따라 도축된 고기에는 이를 증명하는 종교적 인증 스탬프가 더 추가될 수 있다.

현재의 도축시설은 육류 발골, 절단 및 포장을 실시하는 작업장, 급랭시설, 그리고 돼지고기의 경우 발골, 절단 작업장, 샤퀴트리 제조실 및 염장 시설까지 갖추고 있다.

ABIGNADES 아비냐드 랑드(Landes) 지방의 거위 창자에 그 피를 넣고 조리한 음식. 아베냐드(abegnades)라고도 불리는 이 요리는 샬로스(Chalosse) 이외의 지방에서는 거의 찾아보기 힘들다. 주로 거위 기름에 튀긴 빵 위에 아비냐드를 얹어 먹는다.

알랭 뒤투르니에(ALAIN DUTOURNIER)의 레시피

abignades 아비냐드

하루 전날, 거위 6마리의 창자를 준비해 기름을 제거하고 15cm 길이로 자른 뒤 꾹꾹 눌러가며 속을 비운다. 가위로 창자를 길게 가르고 굵은 소금으로 문질러 깨끗이 씻은 다음 흐르는 물에 헹군다. 각 조각을 3등분으로 자른 다음, 식초, 소금, 설탕을 넣은 물에 담가 24시간 동안 냉장고에 넣어둔다. 다음 날, 창자를 헹구고 끓는 물에 데쳐 건진다. 건조 염장 베이컨 150g을 작은 라르동 모양으로 썬다. 거위 6마리의 몸통뼈에 남아 있는 살과 꽁무니 안쪽에 있는 살을 칼로 떼어낸다. 기름을 두르지 않은 주물 냄비에 라르동을 넣고 볶은 다음, 떼어낸 거위 살과 창자를 모두 넣는다. 껍질을 벗기고 미르푸아(mirepoix)로 썬 양파 2개와 굵직하게 송송 썬 리크 흰 부분 8대, 미리 익혀 뼈를 제거하고 작게 깍둑 썬 돼지 족 1개를 넣어준다. 마디랑(Madiran) 레드와인 2병과 닭 육수 1리터를 넣어 국물을 잡는다. 부케가르니 1개와 껍질째 으깬 마늘 4톨을 넣고 소금, 후추로 간한다. 끓을 때까지 가열하면서 거품을 여러 번에 걸쳐 걷어낸다. 끓어오르면 불을 약하게 줄인 다음 뚜껑을 덮고 6시간 동안 뭉근히 익힌다. 서빙할 때 거위의 신선한 피 100ml를 넣어 국물에 농도가 생기도록 리에종한다. 오래된 빈티지의 아르마냑을 조금 넣어 향을 내고, 질 좋은 식초를 한 바퀴 둘러 상큼함을 더한다.

ABLETTE 아블레트 작은 잉어류의 일종. 잉어과에 속하는 길이 약 15cm 정도의 작은 물고기. 호수나 물살이 약한 하천에 많이 서식한다. 은빛의 비늘은 아주 얇아서 쉽게 떨어진다. 흐르는 물에 사는 이 생선은 맛이 꽤 좋으며, 언제나 튀겨서 먹는다.

ABLUTIONS DE TABLE 아블뤼시옹 드 타블 식사 중 손가락을 물에 헹구는 행위. 유럽에서는 포크 사용이 보편화 된 이후로 더 이상 예전의 손 씻는 용도의 물그릇(aquamanile)을 식사 중에 사용하지 않는다. 손가락을 헹구는 핑거볼은 아스파라거스, 아티초크, 해산물 그리고 작은 크기의 가금류 등이 통째로 서빙된 경우에만 테이블에 제공된다.

ABONDANCE 아봉당스 아봉당스 치즈. 사부아 지방의 AOC 치즈로 비멸균 생 소젖(지방 최소 48%이상)으로 만든 소금 세척 외피의 반 가열 압축 치즈다. 14세기부터 만들기 시작한 아봉당스 치즈(**참조** p.390 프랑스 치즈 도표)의 이름은 생산지 계곡의 지명과 피 루즈(pie rouge de l'Est) 품종에서 선별한 아봉당스 젖소에서 따왔다. 이 치즈는 두께 7~8cm의 둥근 맷돌 모양이고 색은 황토색에서 갈색을 띠고 있으며 무게는 7~12kg 정도 된다. 은은한 헤이즐넛의 맛이 나며, 고지대 하계 목장에서 방목한 소의 젖으로 만든 것이 가장 맛이 좋다.

ABOUKIR 아부키르 아부키르 케이크. 파티스리, 앙트르메의 일종. 샤를로트 틀에 구운 제누아즈 스펀지를 가로로 여러 층으로 자른 다음 그 사이사이에 밤 크림을 채워 쌓는다. 커피향 퐁당 슈거 글라사주를 입힌 다음, 다진 피스타치오를 얹어 장식한다.

ABOUKIR (AMANDES) 아몬드 아부키르 글라사주를 씌운 프티푸르의 일종. 작게 빚은 녹색 혹은 분홍색 아몬드 페이스트에 속껍질까지 벗긴 아몬드 한 알을 박고(좀 삐져나와도 상관없다) 초콜릿용 디핑포크로 글라사주(캐러멜, 그랑 카세 grand cassé 상태의 시럽, 또는 쉬크르 캉디 sucre candi 시럽)를 입힌다. 전통적으로 이 푸티푸르는 매끈하거나 주름이 있는 작은 종이 케이스에 한 개씩 담아낸다.

ABOYEUR 아부아이외르 직역하면 '외치는 직업을 가진 사람'이라는 뜻으로, 식당 주방에서 서비스 중 요리가 나가는 최종 지점인 파스(passe)에 서 있는 요리사(셰프 또는 수셰프)를 가리킨다. 음식이 제대로 나가는지 체크하며 서비스가 원활하게 이루어지도록 하는 책임자다. 주문이 들어온 요리 이름을 큰 목소리로 외치고 필요한 경우 요구사항을 전달하기도 하며 주문한 음식이 제대로 나가는지 늘 확인한다.

ABRICOT 아브리코 살구. 장미과에 속하는 수목인 살구나무의 열매(**참조** p.12 살구 도감, p.13 살구 도표). 둥근 모양에 노랑에서 주황색을 띠고 있으며 껍질은 벨벳과 같이 부드러운 질감이다. 살은 연하고 즙이 많지 않으며 달고 향이 짙다. 매끈한 씨는 쉽게 살과 분리된다. 살구 씨 안에 있는 아몬드(행인, 杏仁)는 먹을 수 있으며, 살구 잼에 넣어 향을 더하기도 한다. 이름은 카탈루냐어 *abercoc*에서 왔으며 그 어원은 '철 이른'이라는 뜻의 라틴어 *praecoquus* 이다. 살구나무는 수천 년 전 중국에서 야생 상태로 자라나기 시작했고, 인도를 거쳐 이후 페르시아와 아르메니아로 퍼져나갔다(이 과일의 라틴어 학명 *Prunus armeniaca* 는 여기서 유래했다).

3월 중순경 프랑스 시장에 출하되기 시작하는 첫 살구는 튀지니, 이탈리아, 스페인, 그리스에서 오는 것이며, 프랑스에서 재배되는 살구는 조금 더 늦게 나온다. 카로틴(프로비타민 A) 및 칼륨, 마그네슘, 칼슘, 인, 철분, 나트륨, 불소 등의 무기질이 풍부한 살구에 함유된 당은 소화 흡수가 빠른 단당류이다.

■ **사용.** 구의 과육은 쉽게 물러지기 때문에 싱싱한 상태일 때 바로 통조림(그대로 혹은 시럽 담금, 쿨, 하프, 또는 푸르츠칵테일 용으로 작게 깍둑 썬다)을 만드는 경우가 많다. 또한 주스도 만들고 증류주를 만드는 데도 사용한다.

살구는 생과일로도 먹는다. 이 과일은 나무에서 딴 이후에는 더 이상 후숙이 되지 않기 때문에 딱 알맞게 익은 것을 구입해야 한다. 물에 씻을 경우에는 물기를 꼼꼼히 제거해주어야 제 맛을 충분히 즐길 수 있다. 요리나 파티스리(따뜻하거나 차가운 디저트, 다양한 케이크, 과일 화채나 샐러드, 아이스크림), 당과류(과일 콩피, 마멀레이드, 잼) 제조에 널리 사용되며, 과육을 갈아 퓌레나 쿨리를 만들어 아이스크림이나 소르베의 재료로도 쓴다.

■ **건살구.** 프랑스의 건살구는 모두 수입된 것이다. 그중 최고의 품질은 터키산이고 이란, 캘리포니아, 호주 등지에서도 들어온다. 모든 종류의 건과일과 마찬가지로 살구도 건조되면서 수분이 줄어들어 열량이 높아진다(동일 중량 기준, 건살구는 생 살구보다 칼로리가 높다). 그냥 마른 상태로 먹기도 하지만 요리에 사용하려면 미리 따뜻한 물에 최소 2시간 정도 담가 불려두어야 한다.

abricots Bourdaloue 아브리코 부르달루

살구 부르달루 : 반으로 잘라 씨를 빼 낸 살구 16조각을 바닐라로 향을 낸 맑은 시럽에 넣어 데친다. 건져서 종이행주로 닦아 수분을 제거한다. 우묵한 도자기 접시나 내열용기에 세몰리나 밀크 푸딩을 2/3까지 채운다. 그 위에 살구를 얹고 다시 세몰리나로 얇게 한 켜 덮어준다. 잘게 부순 마카롱 과자 두 개 분과 설탕 1스푼을 뿌린다. 아주 뜨거운 오븐(280°C)에 넣어 표면을 글레이즈 한다. 살구 소스를 곁들여 서빙한다. 세몰리나 밀크푸딩을 라이스푸딩(참조. p.747 RIZ AU LAIT)으로 대체해도 좋다. 서양 배, 복숭아, 바나나 부르달루도 동일한 방법으로 만든다.

abricots Condé 아브리코 콩데

콩데 살구 푸딩 - 8인분 / 준비 : 25분 / 조리 : 40분

라이스 푸딩을 만든다(참조. p.747 RIZ AU LAIT). 둥근 왕관 모양의 틀에 버터를 바른 뒤 아직 따뜻한 라이스 푸딩을 채운다. 10분 정도 그대로 두어 내용물이 어느 정도 굳으면 서빙용 원형 접시를 대고 뒤집어 틀에서 분리해 놓는다. 반으로 잘라 씨를 뺀 뒤 시럽에 데친 살구를 건져 물기를 뺀 다음 왕관 모양의 라이스 푸딩 위에 얹는다. 살구잼 200g을 뜨겁게 데우고 키르슈 40ml를 넣어 향을 낸 다음 살구 위에 부어 씌운다. 반으로 자른 체리 콩피 8조각과 작은 마름모꼴로 자른 안젤리카(당귀) 줄기 콩피 10g을 얹어 장식한다. 따뜻할 때 서빙한다. 남은 살구 소스는 작은 용기에 담아 따로 서빙한다.

abricots confits à l'eau-de-vie 아브리코 콩피 아 로드비

오드비 시럽에 담근 살구 콩피 : 잘 익고 단단한 작은 크기의 살구를 골라 끓는 물에 넣고 데친다. 표면으로 떠 올라오면 바로 건져서 찬물에 넣는다. 2시간 마다 찬물을 새로 갈아주며 총 12시간 동안 담가둔다. 건져서 물기를 잘 닦아 끓는 시럽(비중계 측정 밀도: 1.2095)에 넣고 불을 끈 다음 그대로 4일간 둔다. 건져서 유리병에 넣고, 살구를 담가 두었던 시럽과 순 증류주(alcool neutre 90% Vol.)을 동량으로 섞어 부어준다. 바닐라빈 1줄기와 럼 또는 키르슈를 넣는다(액체 2리터당 100ml). 뚜껑을 닫아 밀봉한 다음, 습기가 없고 직사광선이 들지 않는 시원한 곳에 보관한다.

ABRICOTS 살구

bebeco (Grèce)
베베코(그리스)

berger rouge
베르제 루즈

jumbocot
점보콧

rouge du Roussillon
루즈 뒤 루시용

bergeron
베르주롱

tardif de Tain
타르디프 드 탱

bulida (Espagne)
불리다(스페인)

살구의 주요 품종과 특징

품종	산지	출하 시기	모양	경도	맛
베르주롱 bergeron	아르데슈 Ardèche, 드롬 Drôme	7월 말 – 8월 중순	알이 굵고 갸름하며 한 면은 붉은색 다른 쪽 면은 주황색이 난다.	단단함	새콤하고, 향이 진하다.
얼리 블러시 early blush	남프랑스, 론 알프 Rhône-Alpes	5월 말 – 6월 초	전체적으로 오렌지 톤을 띤다.	단단함	즙이 많고 달다.
아르그랑 hargrand	가르 Gard, 드롬 Drôme	6월 말 – 7월중순	알이 아주 크고 모양이 약간 사각형이다. 주황색을 띤다.	단단함	풍미가 아주 좋으며, 향이 진하다.
점보콧 jumbocot 골드리치 goldrich	가르 Gard	6월 말 – 7월 초	알이 아주 크고 주황색을 띤다.	아주 단단함	신맛이 강하다.
오랑제 드 프로방스 orangé de Provence 폴로네 polonais	부슈 뒤 론 Bouches-du-Rhône, 가르 Gard, 보클뤼즈 Vaucluse	7월 말 – 8월 초	알이 굵고 붉은색 얼룩이 섞인 주황색을 띠고 있다.	단단함	새콤하다.
오렌지레드 orangered	가르 Gard, 드롬 Drôme	6월말	알이 굵고 주황색과 구릿빛을 띠며, 한 면은 붉은색이다.	중간 정도로 단단함	맛이 좋다.
루즈 뒤 루시용 rouge du Roussillon	피레네 오리앙탈 Pyrénées-Orientales	6월 말 – 7월 중순	크기는 중간이고 주황색 바탕에 붉은 점이 뿌려져 있다.	단단한 편	아주 맛이 좋다.

abricots au sirop 아브리코 오 시로

시럽에 담근 살구 병조림 : 싱싱하고 딱 알맞게 익기 시작한 살구를 고른다. 살구 원형을 최대한 유지한 채 씨를 빼 낸 다음 살을 칼끝으로 고루 찔러둔다. 용기에 담고 차가운 시럽(비중계 측정 밀도: 1.2850)을 부어 덮은 뒤 3시간을 재운다. 그동안 다른 시럽(비중계 측정 밀도: 1.2197)을 만든 다음, 달걀흰자를 가볍게 풀어 넣고 약하게 끓여 맑게 정화(클라리파잉 clarifier)한다. 식힌다. 살구를 첫 번째 시럽에서 건져 유리병 안에 차곡차곡 넣는다. 맑게 완성된 시럽을 끓여 뜨거운 상태로 살구에 넉넉히 붓는다. 병뚜껑을 닫아 밀폐한 다음 물에 넣고 펄펄 끓기 시작한 이후로 10분간 동안 열탕 소독한다. 물 안에서 그대로 식힌 뒤 꺼내서 병의 물기를 닦아준다. 습기가 없고 직사광선이 들지 않는 시원한 곳에 보관한다. 반으로 쪼갠 살구도 마찬가지 방법으로 만들어 보관할 수 있다. 단 이때는 시럽 농도를 좀 더 높여 사용한다(비중계 측정 밀도: 1.3199).

barquettes aux abricots ▶ BARQUETTE
compote d'abricots étuvés ▶ COMPOTE
confiture d'abricot ▶ CONFITURE
croquettes aux abricots ▶ CROQUETTE
dartois à la confiture d'abricot ▶ DARTOIS
glace à l'abricot ▶ GLACE ET CRÈME GLACÉE
jalousies à l'abricot ▶ JALOUSIE
pannequets aux abricots ▶ PANNEQUET
pâte d'abricot ▶ PÂTE DE FRUITS
tarte aux abricots ▶ TARTE

ABRICOTER 아브리코테 살구 나파주를 발라 씌우다. 앙트르메 또는 가토의 표면에 매끈하고 윤기나는 효과를 주기 위하여 체에 거른 살구 마멀레이드나 다른 종류의 나파주(딸기, 라즈베리 등)를 얇게 한 겹 덮어주다. 이렇게 미리 나파주를 입히면 퐁당슈거 글라사주(아이싱) 작업이 한결 용이해진다.

ABRICOT-PAYS 아브리코 페이 프랑스령 앙티유(Antilles)에서 자라는 나무의 열매로 클루시아과에 속하며, 크기는 작은 멜론만 하다. 이름에 아브리코(살구)라는 단어가 들어 있지만 살구와 전혀 다른 이 과일은 단지 과육만 살구색을 띠고 있으며 그나마도 식감은 더 단단하다. 두꺼운 껍질과 가장 질긴 흰 부분을 제거한 다음 주황색 과육으로 잼, 소르베, 과일 주스 등을 만든다.

ABSINTHE 압생트 아니스 향이 아주 강하고 알코올 도수가 높은 술. 중세부터 원기를 돋우고 해열작용에 효과가 있다고 알려진 알칼로이드 성분이 함유된 향초 식물(향쑥)을 주 원료로 하여 만든다.

18세기에 한 프랑스 의사는 이 식물과 아니스, 회향, 히솝을 사용해 녹색의 독한 리큐어(알코올 농도 60~70% Vol.)를 만들어냈고, 그 제조법을 앙리 루이 페르노(Henri Louis Pernod)에게 팔아 넘겼다. 페르노는 1797년 이 술을 정식으로 판매하기 시작한다.

시인들이 '녹색 요정'라 칭했던 이 술은 19세기 말 아주 큰 인기를 끌었다. 우선 잔에 압생트 일정량(1 dose)을 넣고 구멍이 뚫린 납작한 스푼을 잔 위에 걸쳐 놓은 다음 각설탕 한 개를 올린다. 그 설탕 위로 차가운 물(3~5배)을 아주 천천히 부어 희석한다. 이 술은 신경계에 치명적인 결과를 초래할 수 있는 실제 향정신성 물질로 분류되어, 1915년 3월 16일 법령에 의해 프랑스에서 그 제조와 판매가 금지되었다.

오늘날 이 술은 '압생트 추출물을 넣은 스피릿 주류(알코올 도수 45~70% Vol.)'라는 이름으로 다시 판매되고 있다. 1915년 금지 사태를 불러왔던 해당 유해성분은 현재 아주 미미한 수준으로 줄어들었다.

ACACIA 아카시아 콩과에 속하는 가짜 아카시아 나무, 로비니아(robinia)를 지칭하는 잘못된 명칭이지만, 아카시아로 널리 통용되고 있다. 이 나무의 꽃은 송이로 뭉쳐있는 형태로 5월이면 만개한다. 튀겨서 먹거나 샐러드에 얹어 장식하기도 하며 리큐어를 제조하는 데도 사용된다.

beignets de fleurs d'acacia 베녜 드 플뢰르 다카시아

아카시아 꽃 튀김 : 싱싱한 아카시아 꽃송이를 골라 준비한다(주키니 호박이나 엘더베리, 민트, 레몬트리 꽃 등도 좋다). 시든 꽃들은 떼어낸다. 슈거파우더를 꽃에 묻힌 다음 럼이나 코냑을 뿌려 30분 정도 재운다. 튀김옷 반죽을 만들고 튀김용 기름을 데운다. 아카시아 꽃송이다발을 그대로 재빨리 튀김반죽에 담가 묻힌 뒤 뜨거운 기름에 조금씩 넣고 몇 분간 튀긴다. 종이행주에 놓고 기름을 제거한 다음 설탕을 뿌려 먹는다.

ACADÉMIES CULINAIRES 아카데미 퀼리네르 ▶ **참조 CONFRÉRIES ET ASSOCIATIONS**

ACCOLADE (EN) (앙) 아콜라드 한 접시 위에 두 개의 같은 종류의 음식을 서로 맞대어 놓는 플레이팅 방법. 특히 가금류나 깃털 달린 조류 수렵육을 서빙할 때 사용하여 주재료를 더 부각시키는 테크닉이지만, 옛날 주방에서는 일반 고기나 생선 요리 등에도 흔히 사용하던 담음 방식이다.

ACCOMMODER 아코모데 요리하다, 조리하다. 재료를 미리 밑 손질한 다음 양념하고 익히는 조리과정 일체를 시행하는 것을 뜻한다.

ACHARD (FRANZ KARL) 프란츠 카를 아샤르 독일의 화학자(1753, Berlin 출생—1821, Konary, Silesia 타계). 낭트칙령 폐지 이후 독일로 망명한 프랑스 출신 가정에서 태어났다. 사탕수수 설탕을 대체할 제품 연구에 몰두했던 그는 1796년 사탕무에서 설탕을 추출하여 대량 생산하는 방법을 처음으로 개발해냈다.

프랑스 학사원(Institut de France)의 타당성 심사에서 탈락했으나 아샤르의 이 발명은 프로이센의 국왕 프리드리히 빌헬름 3세로부터 지지를

받았고, 1802년에는 보조금을 받아 슐레지엔에 제당공장을 건설했다. 하지만 그 당시 사탕무 설탕의 가격의 급등으로 인해 기업은 도산했고, 이 화학자는 빈곤한 말로로 생을 마감했다.

ACHARD OU ACHAR 아샤르 레위니옹섬, 인도, 인도네시아, 프랑스령 앙티유에서 주로 사용하는 양념을 지칭하는 용어로 그 기원은 말레이어에서 왔다. 피클이나 렐리시와 비슷한 이 양념 믹스는 채소나 과일 혹은 둘을 합해 잘게 다진 뒤 식초를 넣은 매콤한 소스에 절여 만들고, 경우에 따라 설탕을 넣기도 한다. 이 양념이 유럽에 처음 유입된 것은 18세기 영국인들에 의해서다. 이국적인 맛의 이 양념은 주로 소스에 절인 팜 하트(야자순)과 죽순으로 이루어져있다. 프랑스에서는 케이퍼, 버섯, 콜리플라워, 레몬, 코르니숑(피클용 작은 오이), 대추야자, 작은 멜론, 양파, 오렌지, 고추, 단호박 등을 넣어 만들기도 한다. 캐나다에서는 육류 콜드 컷 또는 전통적으로 야생 본연의 맛을 살리기 위해 소스 없이 서빙하는 깃털 달린 조류 수렵육 요리에 이 양념을 곁들여 먹는다.

---

achards de légumes au citron 아샤르 드 레귐 오 시트롱

레몬을 넣은 채소 아샤르 : 껍질이 아주 얇은 레몬을 세로로 적당히 등분한 다음 씨를 빼낸다. 당근, 씨를 뺀 피망과 오이는 약 4cm 길이로 얇게 저미고, 가는 그린빈스와 양배추 잎은 작게 썬다. 콜리플라워는 작은 송이로 떼어 놓는다. 레몬에 굵은 소금을 넣고 절인다. 다른 볼에 채소들을 넣고 마찬가지로 모두 소금을 넣어 절인다. 12시간이 지난 후 레몬을 물에 헹구고 찬물에 24시간 동안 담가둔다. 중간에 물을 여러 번 갈아준다. 레몬을 물과 함께 끓여 껍질이 말랑해지면 불에서 내린다. 건져서 물기를 털어내고 건조시킨다. 소금에 36시간 절인 채소들을 건져내 건조시킨다. 양파와 신선한 생강을 분쇄기로 다진 다음 다시 블렌더에 곱게 간다. 여기에 카옌페퍼와 식초, 사프란을 넣고 엑스트라버진 올리브오일을 넣어준다. 밀폐용 병에 레몬과 채소들을 넣은 다음, 향신료와 섞은 올리브오일을 부어 덮는다. 병을 단단히 덮고 서늘한 곳에 보관했다가 먹는다.

ACHE DES MARAIS 아슈 데 마레 야생 셀러리. 미나리과에 속하는 야생 식물로 셀러리 범주에 해당한다(**참조** pp.451~454 향신 허브 도감). 고대 그리스인들과 로마인들은 이미 이 식물을 양념으로 사용했다. 주로 샐러드에 다른 채소와 함께 넣어 먹는다. 또는 아페리티프 음료에 넣는 시럽을 만들거나 차로 우려 마신다.

ACHE DES MONTAGNES OU LIVÈCHE 아슈 데 몽타뉴, 리베슈 러비지(lovage). 미나리과에 속하는 초목으로 셀러리 맛이 매우 강하다. 말린 뿌리는 후추 대용으로 사용하고 잎은 스튜 등의 냄비요리나 수프에 넣는다. 열매(akènes, achene)는 치즈, 생선 또는 양념에 재운 고기 등에 곁들여 먹으며 피클을 만들기도 한다.

ACIDE 아시드 산(酸). 신. 신맛. 화학적 기능과 맛의 감각을 표현하는 용어.

■ **화학.** 화학자에게 있어 어떠한 물질이 물에 용해되었을 때 수소이온을 방출한다면 그 물질은 산성이다. 산도는 pH(수소이온 농도 지수 potentiel hydrogène)로 표시되는데 이 척도는 0(산성 매우 높음)에서 14(알칼리성 매우 높음) 등급까지 측정할 수 있다. 순수한 물은 23°C에서 중성이며 pH 농도는 7이다.

몇몇 식품들은 유기산(이는 황산과 같은 강한 무기산에 반해 '약한' 유기산으로 불린다)을 함유하고 있다. 과일에 들어 있는 시트르산(구연산), 말산(사과산), 치즈, 고기, 생선에 함유된 인산, 와인의 타타르산(주석산) 등을 예로 들 수 있다. 그 외에도 이 식품들에는 산의 역할을 하는 아스코르빅산, 아미노산, 지방산 등의 유사성분이 포함되어 있다.

■ **미식.** 어떤 음식을 먹을 때 '시다'는 것은 맛을 느끼는 감각이다. 우리는 음식의 맛이나 풍미를 이야기할 때 신맛, 산미, 산도(acidité)에 대해 말한다. 이 감각은 소금, 설탕 등의 존재 여부에 따라 변하기 때문에 우리의 입은 실제 신맛을 잘 인지하지 못한다. 이 맛에 민감한 것은 그 무엇보다도 입 안을 덮고 있는 혀와 미각 돌기들이다.

우리는 이 맛을 시큼하다(프랑스어의 쉬르 sur, 독일어의 사우어 sauer, 영어의 사워 sour), 날카롭게 시다(aigre), 새콤하다(acidulé), 덜 익어 신맛이 나다(vert, 익지 않은 시큼한 포도즙을 뜻하는 verjus도 vert와 jus가 합성된 단어다. 옛날에는 이것을 신맛을 내는 양념으로 사용했다)라고 다양하게 규정 짓는다.

■ **사용.** 신맛이 있는 물질이나 산(아세트산 혹은 식초)을 첨가한 음식은 보존이 더 잘된다. 이는 수소 이온 농도(pH)가 낮으면 미생물의 번식이 힘들어지기 때문이다. 게다가 비타민 C 함유량도 더욱 잘 보존된다.

레몬즙과 같은 약한 유기산은 아보카도, 바나나, 엔다이브, 아티초크 속살, 사과, 감자 등이 산화되어 색이 검게 변하는 것을 막아준다. 산은 단백질의 응고를 돕는 작용도 한다. 생선이나 해산물 등을 익힐 때 사용하는 국물인 쿠르부이용(court-bouillon)이나 블랑케트(송아지 크림 스튜)에 식초나 레몬즙을 조금 넣는 이유도 바로 이 때문이다.

음식이 산성화된다는 것은 즉 상하는 것을 뜻한다. 유당(락토스)이 젖산으로 변하면 우리는 우유가 상했다, 쉬었다고 한다. 요리를 할 때 때때로 새콤한 맛이 나는 사워크림이 필요할 때가 있다. 이것을 만들려면 생크림에 레몬즙 몇 방울을 넣으면 된다.

ACIDE AMINÉ OU AMINOACIDE 아시드 아니메, 아미노아시드 아미노산. 단백질을 구성하는 기초 성분. 천연 아미노산은 20개 정도가 존재하고, 필요에 따라 인체는 이들 중 대부분을 합성해낼 수 있다. 필수 아미노산 9가지(이소류신, 히스티딘, 류신, 라이신, 메티오닌, 페닐알라닌, 트레오닌, 트립토판, 발린) 중 라이신과 트레오닌은 체내에서 전혀 합성이 되지 않기 때문에 반드시 음식을 통해서 섭취해야만 한다. 단 한 가지 아미노산이라도 결핍되면 단백질 합성을 하지 못하기 때문에 우리 몸이 단백질을 사용하는 데 제동이 걸린다.

단백질의 생물학적 가치는 아미노산이 얼마나 균형을 이루고 있느냐에 달려있으며, 이는 식물성 식품보다 동물성 식품에서 더 높이 나타나고 있다. 달걀의 경우 그 분포가 거의 이상적인 반면, 예를 들어 몇몇 곡류 가루의 경우는 라이신이 특히 보강되어야 균형이 맞는다. 그렇기 때문에 채식 위주의 식단에서 아미노산의 균형을 잘 유지하려면, 매 끼니마다 라이신은 부족하지만 메티오닌이 풍부한 곡류와 라이신은 풍부하고 메티오닌이 부족한 채소를 균형있게 구성한 식사를 해야 한다. 메티오닌과 같은 몇 가지 아미노산은 제품으로도 나와 있다.

ACIDE ASCORBIQUE ▶ **참조 VITAMINE**

ACIDE FOLIQUE ▶ **참조 VITAMINE**

ACIDE GRAS 아시드 그라 지방산. 지질을 구성하는 기본 물질로, 대부분의 경우 글리세롤 한 분자에 지방산 3분자가 결합된 트리글리세리드 형태로 존재한다.

일반적인 지방산의 종류는 대략 20여 종이 있는데, 분자 내의 이중결합 능력 유무에 따라 포화 지방산(이중결합 불가)과 불포화 지방산(이중결합이 단 한 개인 단일불포화 지방산, 이중결합이 2개 이상인 다가불포화 지방산)으로 구분한다. 포화 지방산이 많은 지방일수록 더 단단하고 조리 후에 빨리 굳는다. 반대로 불포화 지방산이 풍부할수록 더 액상에 가깝다(예: 각종 오일).

식품 속에 들어 있는 지방산은 인체에 각기 다르게 사용된다. 포화지방산은 우리 몸에 에너지를 제공해주지만 지나치게 많이 섭취할 경우 과부화성 질병(심혈관 질환, 콜레스테롤 수치 상승 등)의 원인이 될 수 있다. 불포화 지방산은 심혈관계를 보호할 뿐 아니라 뇌 기능과 면역 체계의 원활한 작동을 돕는 중요한 역할을 한다.

포화 지방산은 주로 고기, 돼지 가공육, 치즈, 버터, 동물성 지방, 달걀, 수소 첨가 경화유 등에 함유되어 있다. 또한 대부분의 공장 대량생산 페이스트리나 과자, 냉동 감자튀김 등에도 수소첨가 경화유 또는 팜유의 형태로 포함되어 있다.

단일불포화 지방산이 함유된 식품으로는 아보카도, 오리, 거위기름, 낙화생유, 카놀라유, 특히 올리브유가 있으며, 다가불포화 지방산은 생선, 식물성 마가린, 옥수수유, 호두기름, 해바라기유, 포도씨유, 콩기름 등에 들어 있다.

ACIDE GRAS ESSENTIEL 아시드 그라 에상시엘 필수 지방산. 다가불포화 지방산 중 몇 가지는 '필수'지방산으로 불리는데, 이는 음식물 섭취를 통해서만 우리 몸에 공급되기 때문이다. 이것은 나쁜 콜레스테롤의 수치를 낮추고 급작스런 심장질환의 위험을 줄이는 역할을 함으로써 면역 체계의 원활한 기능에 도움을 준다.

필수 지방산에는 오메가-3(주로 카놀라유, 콩기름, 호두기름, 기름진 생선, 비타민 잎, 쇠비름, 시금치 등에 많다)와 오메가-6(홍화씨유, 옥수수유,

포도씨유, 콩기름, 해바라기유, 동물 부속이나 내장, 달걀, 생선과 고기에 많다)가 있다.

건강 보조식품으로 많이 생산되고 있고, 동물성 분말 사료를 먹인 동물이 늘어나면서 오메가-6를 더욱 쉽게 섭취할 수 있게 되었다(동물 사료로는 아마씨를 먹이는 것이 좋다). 오메가-3와 오메가-6의 균형을 유지하려면 규칙적으로 오메가-3가 풍부한 식품을 섭취할 것을 권장한다.

ACIDULER 아시뒬레 음식물에 레몬즙, 식초 또는 베르쥐(verjus)를 첨가하여 다양한 신맛을 내다('aigrir' 라고도 한다).

ACIER 아시에 강철, 스틸. 철과 탄소의 합금으로 이루어진 강도가 아주 높은 금속으로 칼의 날이나 다양한 조리도구(라딩 니들, 애플 코어러) 등의 주방 기기를 제작하는 소재로 많이 쓰인다. 그러나 산화되어 녹이 스는 단점 때문에 점점 스테인리스 스틸로 대체되고 있다.

● **강철판** 열전도율이 높고 열을 잘 흡수한다. 프라이팬이나 제과제빵용 오븐팬, 튀김 냄비 등의 경우는 주로 검은색 무광이고, 일반 편수 냄비류나 곰솥 용은 법랑코팅이 되어 있는 것들도 있다(이 경우 판의 두께나 두꺼워야 내구력이 있다).

● **스테인리스 스틸, 스테인리스강** 크롬이 들어간 강철 합금으로, 고품질의 경우에는 니켈도 함유하고 있다.

스테인리스 스틸은 녹이 슬지 않으며 산이나 알칼리에 의해 손상되지 않는다. 또한 석회가 끼지 않고 냄새도 배지 않아 관리가 아주 용이하다. 두께가 충분할 경우(0.8~2mm) 충격이나 고열을 견딜 수 있다. 하지만 열전도율이 좋지 않은데다 열을 고루 분산하지 못해 음식이 잘 눌어붙는다.

이러한 단점을 보완하기 해결하기 위해 제조업체들은 '샌드위치' 구조의 3중 바닥(두 겹의 스테인리스 층 사이에 구리나 알루미늄을 넣는 방식)과 통 삼중 스텐(열을 분산하는 무른 강철을 가운데 넣고 위 아래로 각각 스테인리스 스틸을 붙인다), 전기분해를 이용해 구리를 입히는 방법 등을 개발해냈다.

ACRA 아크라 짭짤한 맛의 튀김 요리. 곱게 간 채소나 생선살에 향신료를 넣고 양념한 다음 튀김반죽과 섞어 동그란 모양으로 튀긴다. 튀겨낸 뒤 바로 뜨겁게 먹는다. 주로 오르되브르나 아뮈즈부슈로 서빙하고, 음료로 펀치(punch)를 곁들인다.

앙티유 제도 전역에서 인기가 높은 아크라(acras, accras, akras, akkras)는 마리나드(marinades), 봉봉 아 륄(bonbons à l'huile)이라고도 불리며, 자메이카에서는 스탬프 앤 고(stamp and go), 푸에르토리코에서는 수룰리토스(surullitos)라고 한다. 대부분의 경우 염장대구를 사용하지만 작은 새끼 생선이나 고등어, 민물가재, 빵나무 열매, 가지, 야자 순, 코코 얌(cocoyam, chou caraïbe 토란과 비슷한 뿌리식물), 터번 스쿼시 호박(giraumon) 등을 넣어 만들기도 한다.

acras de morue 아크라 드 모뤼

염장대구 아크라 : 염장대구 500g을 찬물에 담가 중간에 여러 번 물을 갈아주며 24시간 동안 소금기를 뺀다. 밀가루 200g, 소금 1꼬집, 소량의 물을 섞어 되직한 튀김 반죽을 만든 다음 1시간 동안 휴지시킨다. 소금기를 뺀 대구와 찬물을 냄비에 넣고 불에 올린다. 월계수 잎을 1장 넣고 10분간 약하게 끓이며 생선을 데쳐 익힌 다음 건진다. 생선살을 켜켜이 발라 분리하고 올리브오일 2테이블스푼, 소금, 카옌페퍼를 넣어 섞는다. 샬롯 2개의 껍질을 깐 다음 잘게 다진다. 쪽파도 4~5줄기 정도 다진 다음 모두 생선살과 섞고, 반죽도 함께 넣어준다. 달걀흰자 2~3개를 저어 단단한 거품을 올린 뒤 혼합물에 넣고 주걱으로 조심스럽게 섞어준다. 튀김용 식용유를 달군다. 디저트용 스푼으로 한 숟갈씩 떠서 뜨거운 기름에 넣어 노릇하게 튀긴다. 중간에 뒤집어 준다. 건져서 뜨거울 때 서빙한다.

ÂCRE 아크르 자극적인, 날카로운. 미각이나 후각을 찌르는 듯한 아주 자극적인 느낌을 표현하는 형용사로, 이 같은 느낌은 종종 오래 지속되고 불쾌감을 주기도 한다. 예를 들면 너무 장시간 훈연했거나 잘못 훈연한 샤퀴트리, 너무 오래 구워 탄 토스트나 양 뒷다리고기, 혹은 상한 요거트 등에서 이 느낌을 경험할 수 있다.

ADDITIF ALIMENTAIRE 아디티프 알리망테르 식품첨가물. 국제 식품 규격 위원회(Codex alimentaire)는 "일반적으로 그 자체로는 식품으로서 소비되지 않는 모든 물질 [...], 영양소의 유무와 관계없이, 기술적이거나 감각기관에 영향을 미칠 목적으로 고의적으로 첨가하는 [...], 음식물에 넣는 물질"이라고 정의하고 있다.

맛, 색깔 그리고 특히 보존성을 개선하거나 증대하기 위하여 소금, 설탕, 향신료, 식초, '카르민 레드'나 '시금치 그린'과 같은 색소, 캐러멜 등이 오랜 세월 동안 음식물에 첨가되어왔다. 하지만 식품제조의 산업화로 인해 첨가물 사용의 성격과 조건도 변화를 겪게 되었다. 식품에 들어가는 향은 첨가물로 간주되지 않는다.

■ **규정.** 유럽연합 내에서는 어떠한 첨가물도 유럽연합이 정한 강령 없이는 사용될 수 없다. 유럽연합 재판소 산하의 식품첨가물, 향료, 기술적 보조제, 식품 접촉 소재(AFC 패널) 등을 관할하는 과학위원회의 평가와 승인 후에만 사용이 가능하다. 명확히 규명된 제품에 한해서만 승인을 얻을 수 있고, 최대 사용 허가량도 항상 명시된다.

이와 같은 제도가 물론 첨가물을 어느 정도 안심하고 사용할 수 있다는

식품첨가물 코드표

분류		분류 코드	명칭
식용 색소	빨강	E 120	양홍(cochenille), 진홍색(carmins)
	녹색	E 140	클로로필(chlorophylles), 클로로필린(chlorophyllines)
	갈색	E 150	캐러멜(caramels)
	빨강	E 162	비트 레드(rouge de betterave, bétanine)
방부제		E 220	무수아황산(anhydride sulfureux)
		E 222	아황산수소나트륨(sulfite acide de sodium)
		E 236	폼산(acide formique)
		E 250	아질산나트륨(nitrite de sodium)
		E 252	질산칼륨(nitrate de potassium)
		E 270	젖산(acide lactique)
산화방지제, 산미제, 천연항산화제		E 300	아스코르빅산(acide ascorbique), 비타민 C
		E 330	시트르산, 구연산(acide citrique)과 그 염분
		E 360	토코페롤(tocophérols 천연추출물), 비타민 E
합성항산화제		E 307	합성 알파토코페롤(α-tocophérol de synthèse)
		E 312	도데실 갈레이트(gallate de dodécyle)
		E 320	부틸하이드록시아니솔(BHA buthyl-hydroxyanisol)
		E 321	부틸하이드록시톨루엔(BHT buthyl-hydroxytoluène)
질감개선제, 겔화제, 응고제		E 400	알긴산(acide alginique)
		E 406	한천(agar-agar)
		E 407	카라지난(carraghénanes)
		E 420	소르비톨(sorbitol)
		E 440	펙틴(pectine), 아미드 펙틴(pectine amidée)
향미증진제		E 621	글루탐산나트륨(monosodium de glutamate MSG)
분리제, 표면처리제		E 900	실리콘 오일(huile de silicone 인공 소포제)
감미료		E 950	아세설팜칼륨(acesulfame de potassium)
		E 951	아스파탐(aspartame)
		E 954	사카린(saccharine)

최대한의 보증이 되긴 하지만, 모든 첨가물이 반드시 필요한 것은 아니라는 점을 상기할 필요가 있다. 특히 식품을 좀 더 아름답게 만드는 역할을 하는 색소의 경우가 그렇다. 알레르기 반응을 불러올 수 있는 황색 색소 타트라진(E 102), 비타민 B1을 파괴하는 방부제인 무수아황산(E 220) 등 몇몇 첨가제들은 해로운 부작용도 초래한다.

다수의 유럽연합 강령들은 각 회원국의 식품첨가물 관련 규정들을 균형 있게 조정하고 있으며, 여기서 정해진 조항들은 각국의 법령으로 채택된다. 1973년부터 프랑스에서는 반드시 제품의 포장 라벨에 첨가제 종류(**참조** 식품 첨가물 코드표 p.15)를 표시해야 한다. 성분 명칭을 정확히 표시하거나(예: '베이킹소다: 탄산수소나트륨') 코드 번호와 함께 그 종류를 명시해야 한다(예: '식용색소 E 102' E는 유럽을 지칭한다). 1994년에 채택된 법령에 따라 식품첨가물의 종류를 재정비하여 색소, 방부제(보존제), 산화방지제, 겔화제, 감미료, 유화제, 농후제, 안정제, 향미증진제 등 총 22개의 항목으로 분류했다. 1975년부터 시행된 법규에 따라, 식이요법용 제품에는 몇몇 첨가제와 제품의 개선을 위한 다른 성분들도 포함되어 있다.

ADOUCIR 아두시르 약하게 하다, 부드럽게 하다. 물, 우유, 생크림, 설탕 등을 조금 넣거나 익히는 시간을 좀 늘리는 방법으로 음식의 자극적인 매운 맛, 신맛, 떫은맛, 쓴맛, 쓰라린 맛, 혹은 너무 지나친 간 등을 완화하다. 속과 씨를 빼고 잘게 썬 토마토에 설탕을 한 꼬집 넣으면 시큼한 맛을 부드럽게 할 수 있다. 또한 소스를 만들 때 디글레이즈용으로 붓는 와인을 끓여서 졸여주면 알코올을 날아가고 그 맛이 더 순해진다.

ADRIÀ (FERRAN) 페란 아드리아 스페인의 요리사(1962, Barcelona 출생). 바르셀로나의 번화가에서 출생한 그는 경영학을 전공해야 할지 고민하던 중 이비자의 한 호텔 주방에서 설거지 담당으로 일하게 되면서 요리에 눈을 뜬다. 1983년 그는 카다케스(Cadaqués)에서 멀지 않은 로사스(Rosas) 근처, 카탈로니아 해안의 파노라믹한 전경이 보이는 레스토랑 엘 불리(El Bulli)에서 견습생으로 첫발을 내디뎠고, 1990년 이 식당의 오너 셰프가 된다. 그는 현대적인 테크닉에 열광했고 거품(**참조** ÉCUMES)을 만들어내기 위해 휘핑사이펀을 사용했으며, 스포이트로 즐레, 무스, 아이스크림을 만들어 내는 등 희한한 조합이지만 맛이 좋은 음식들을 개발해냈다. 가상현실 속에서나 가능할 것 같았던 그의 요리들은 점점 영향력을 갖게 되었다. 1997년 그는 스페인 요리사로는 세 번째로 미슐랭 가이드의 별 셋을 획득한다. 엘 불리의 요리는 난해한 것은 아니었지만 남달랐다. 이 식당을 특별하게 만든 주역은 경영 파트너이자 홀 지배인이며 홍보를 담당했던 훌리 솔레르(Juli Soler), 그리고 두말할 나위 없이 천재적인 크리에이터인 페란 아드리아 셰프였다. 그는 미셸 브라스, 올리비에 롤랭제, 마크 베라. 알랭 파사르, 피에르 가니에르와 그 밖의 여러 프랑스 요리사들과도 교류했고 그들로부터 영감을 받았다. 페란 아드리아는 자신만의 스타일을 창조하기로 결심한다. 그 자신만의 것을 추구하긴 했지만 그의 요리는 때로는 도발적이었다. 천부적인 재능을 지닌 이 독학의 요리사는 화학자요 연금술사였으며 대단한 맛 조합사였다. 송로버섯을 넣은 감자 무슬린이나 젤리로 만든 가짜 거북손은 놀라울 정도로 환상을 불러일으킨다. 그의 지휘 하에 엘 불리라는 혁명이 있었고, 그 결과는 끊임없이 결실을 맺었다.

ADVOCAAT 아드보카트 거품기로 푼 달걀노른자, 설탕, 스피릿(브랜디 등의 증류주)을 섞고 바닐라로 향을 낸 네덜란드의 걸쭉한 리큐어로 알코올 도수는 15%이다. 아드보카트는 주로 아페리티프(식전주)로 마시는데, 포트와인 잔에 넣어 그냥 마시거나 휘핑한 크림과 함께 큰 잔에 따라 스푼으로 먹기도 한다.

ÆGLE 에글 빌프루트(bill fruit), 벨(bael). 운향과에 속하는 열대 소관목으로 레몬 나무에 가깝다. 열매는 중간 크기의 오렌지와 비슷하고 향이 꽤 진하다. 인도인들은 질긴 이 과일을 불이 사그러든 숯의 재 속에 넣고 익힌 뒤 설탕을 뿌려 먹는다. 잼을 만들기도 한다.

AFFICHAGE 아피샤주 광고판, 게시판 또는 작은 전단 등에 판매하는 식품에 관한 정보를 표시해 놓은 것을 뜻한다. 이 게시 내용에는 특히 판매품의 명칭(특성, 품종 혹은 등급, 산지 등), 단가, 그리고 미리 포장이 된 상품의 경우에는 개당 판매가, 킬로그램이나 리터 당 가격이 표시되어 있어야 한다. 상품 유형에 따라 그 이외의 정보가 제공되어야 할 경우도 있다 (과일이나 채소의 경우 등급 표기, 빵의 경우 혹시 있을 냉동유무 정보 등).

미리 포장된 제품은 일반적으로 라벨에 원재료, 실중량, 판매 또는 보존 유효기간, 제조자 이름이나 상호, 생산지명 또는 원산지 그리고 생산 배치(batch) 코드넘버를 명시한다.

AFFINAGE 아피나주 숙성. 치즈(크림 치즈와 가공 치즈는 제외) 제조의 가장 마지막 단계로 이 과정에서 치즈는 건조되고 외피가 형성되며 그 특유의 질감, 향, 풍미를 갖게 된다. 까다롭고 섬세하며 전문적인 노하우를 필요로 하는 숙성 작업은 주로 지하 숙성실(cave, 또는 같은 조건을 갖춘 장소)에서 이루어지는데, 다소 넓고 환기가 잘 되며 정확한 온도와 습도가 일정하게 유지되는 곳이어야 한다. 때로는 미생물상이 존재하는 환경도 필요로 한다.

숙성이 진행되는 동안 치즈는 주변에 존재하거나 치즈 내에 침투한 미생물의 활동으로 변화를 겪는다. 대다수의 치즈는 외피에서 중심부 쪽으로 숙성이 진행되지만, 대부분의 블루치즈의 경우는 반대로 중심에서 바깥쪽으로 이루어진다. 치즈는 종류에 따라 각각 외피 솔질이나 세척, 침용, 규칙적으로 뒤집어주기, 목탄 재 혹은 허브로 표면 씌우기 등의 특별한 관리를 받는다. 몇 개월 이상 소요되는 숙성기간이 끝나면 치즈는 딱 알맞은 상태로 완성되며, 너무 오래 숙성하면 좋지 않은 풍미가 난다.

치즈 이외에 건조 소시지 소시송(saucissons)이나 햄(jambon)도 마찬가지로 숙성을 한다. 이들 역시 완성된 제품의 안정성과 맛, 향을 얻기 위해 일정 시간의 숙성과 건조과정을 거쳐야 한다.

AFNOR 프랑스 표준화 협회 Association française de normalisation의 약자를 딴 명칭. 1926년에 창설된 사설 기구인 프랑스 표준화 협회는 1943년 그 공익성을 인정받았으며, 프랑스의 표준화 작업을 취합, 통괄하는 업무를 하고 있다. 매년 약 1,600개의 새로운 혹은 개정된 표준 또는 규격이 발표된다. 1994년에는 기본 표준(전문용어, 계측 도량형 등), 시범이나 분석 방법에 관한 것, 명세서나 프로세스에 관한 것, 기관과 용역에 관한 표준들이 총 16,000개 안팎에 이르렀다.

NF(프랑스 표준 normes françaises)라는 마크는 어떤 제품이 관련 표준 요건에 부합한다는 사실을 프랑스 표준화 협회(AFNOR)가 인증했다는 표시이다. 이 인증은 여러 중간재와 소비 제품에 적용되며 특히 가정에서 사용하는 장비나 가전제품 등에서 흔히 볼 수 있다. 이 인증 시스템은 1994년부터 농수산물 가공 식품제조업과 서비스 분야에도 적용되기 시작했다.

AFNOR는 유럽 차원에서 CEN(유럽 표준화 기구)와, 국제적으로는 ISO(국제 표준화 기구)와 공조 체계를 유지하고 있다. 캐나다 표준 협회(CCN), 스위스 표준화 협회(ASN), 벨기에 표준화 협회(IBN) 등 각 국가별로 표준화 작업을 전담하는 기구들이 활동하고 있다.

AFRICAINE (À L') 아 라프리켄 '아프리카식의'란 뜻으로, 큼직하고 길쭉한 모양으로 돌려 깎은 감자인 폼 샤토(pomme château)와 갸름하게 돌려 깎은 두 종류의 채소(오이, 가지, 주키니 호박 중 택2)를 기름에 소테하거나 증기에 찐 가니시를 가리킨다. 이는 주로 큰 덩어리의 양고기 구이에 곁들여 서빙된다. 양고기는 곱게 간 장미꽃잎 봉오리나(튀니지 스타일), 향신료(타임, 월계수 잎, 커민, 정향, 고수 중 택3)로 향을 낸다. 고기를 익힌 팬에 토마토를 넣은 데미글라스를 넣어 디글레이징한 다음 졸여서 소스를 만든다.

AFRIQUE NOIRE 아프리크 누아르 '검은 아프리카'라고도 불리는 사하라 사막 이남 아프리카 국가들의 요리는 유럽에 많이 알려지지 않았다. 물론 최근 대도시에서는 이들 아프리카의 토속 음식을 연상케 하는 재료들을 종종 만나볼 수 있긴 하다. 육류로는 전통적으로 많이 먹는 물소, 인도 혹소, 낙타, 뱀, 원숭이 등이 있고, 생선은 메로와 비슷한 티오프(thiof, 화이트 그루퍼라고도 불린다), 카피텐(capitaine), 민물 만비(manvi), 채소는 원숭이 빵이라고 불리는 아프리카 바오밥 나무 열매, 아프리카 베로니아(n'dole) 잎, 카사바, 포니오, 시어나무 열매, 수수 등이 주를 이룬다. 아프리카의 음식은 대륙 서부가 동부보다 더 다양하다. 단, 만드는 데 공이 많이 드는 풍부한 맛의 고기 소스인 웬트(went)를 보면 그 수준을 알 수 있는 동부 에티오피아의 세련된 음식 문화는 예외다. 아프리카의 요리는 장작불에서 오래 끓이거나 절구를 이용하고 모든 재료들을 솥에 한데 넣어 익히는 등 어떤 면에서 보면 투박한 면모를 지니고 있다. 한편, 마다가스카르와 레위니옹섬의 음식들은 인도의 영향을 상당히 많이 받았다(아샤르, 카리, 루가이유 등).

■ **향이 풍부한 요리.** 아프리카 요리 중 가장 보편적인 것은 주로 스튜 종류나 카나리(canari)라고 부르는 둥근 토기에 재료를 넣고 수분 없이 익힌 것들이며, 언제나 여러 가지 양념을 조합해 맛을 낸다. 후추나 생강, 마늘(thoum), 고추(pili pili), 육두구(넛맥) 등의 전통 향신료 이외에도 아토키키(야생 망고 씨의 핵), 타마린드, 조 페이스트(tô), 바오밥나무 잎 가루(lalo), 숨발라(soumbala 아프리카 메뚜기 콩 깍지를 말려서 빻은 것) 등을 사용한다. 또한 곤충의 애벌레나 말린 메뚜기도 식용으로 사용한다.

낙화생, 팜유, 코코넛으로 고기나 생선에 풍미를 더하기도 한다. 카사바(마니옥)는 기본이 되는 전분질 식재료이며, 수수는 가장 널리 사용되는 곡류다.

■ **수프, 채소, 일품요리.** 아프리카식 식사에 샐러드나 생야채는 거의 없지만 수프는 그 종류가 다양하다. 카메룬의 느쿠이(nkui 오크라와 고슴도치풀 줄기 껍질을 넣은 걸쭉한 수프, 옥수수 세몰리나로 만든 볼을 곁들인다), 기니의 페페 수피(pepe supi 고기와 생선을 혼합해 만든다), 말리의 산모용 보양 수프(닭과 고기 창자 등의 부속을 넣어 끓인다), 세네갈의 카이두(caïdou 생선과 쌀을 넣어 만든다) 등이 대표적이다.

일품요리의 전통은 아직도 널리 이어지고 있으며 거의 국민음식으로 여겨진다. 에리트레아의 제게니(zegeni 칠리 페이스트와 채소를 넣은 양고기 요리, 이스트를 넣지 않은 밀전병과 함께 먹는다), 베냉의 코지두(cosidou 포토푀 종류의 스튜로 포르투갈의 cocido와 비슷하다), 차드의 둘루프(doulouf 오크라를 넣은 소 정강이와 족 요리), 마다가스카르의 바리아민(vary amin 인도 혹소 고기와 차요테, 토마토, 생강을 넣고 끓인 스튜의 일종), 세네갈의 야사(yassa 낙화생과 조를 넣은 소고기 요리), 부르키나파소의 쿠르쿠리(Kourkouri 돼지고기 포토푀), 코트디부아르의 보사카(bosaka 팜유에 튀긴 영계), 레위니옹의 마살레(massalé 커리를 넣은 염소요리) 등이 각국의 대표적인 일품요리다.

쿠스쿠스 또한 아프리카 전역에서 많이 먹는 음식인데, 세네갈의 바시살테(bassi salté)처럼 대부분 밀보다 조를 사용하는 편이다. 또한 지역에 따라 옥수수(카메룬)나 통밀(차드)로 만든 세몰리나를 쓰기도 한다. 나라마다 현지에서 많이 생산되는 다양한 채소도 곁들여 먹는다. 말리에서는 녹색양배추와 생 낙화생, 니제르에서는 대추야자, 건포도 및 아티초크 순, 부르키나파소에서는 늙은 호박과 가지를 주로 사용한다.

아프리카 요리 기본 메뉴의 특징은 두 가지 주재료의 조합이다. 우선 전분질(카사바, 참마, 고구마, 토란, 플랜틴 바나나) 또는 곡류(쌀, 포니오, 수수, 조)를 걸쭉하게 끓이거나 죽을 만든다. 그리고 채소(시금치, 기름야자의 씨, 토마토, 오크라), 고기, 생선, 피스타치오, 낙화생, 그린망고 등을 넣은 걸쭉한 소스 겸 스튜를 만들어 이 둘을 함께 곁들여 먹는다. 나라에 따라 이 같은 구성의 식사를 푸투(foutou 또는 foufou), 플라칼리(placali), 가리(gari), 에티우(aitïou 옥수수 베이스)라고 부른다.

호박과 덩이 줄기식물은 채소 중 아주 중요한 부분을 차지하고 있으며, 그 녹색 잎까지 요리 재료로 활용하기도 한다(늙은 호박, 가지, 강낭콩). 또한 모든 종류의 바나나로 페이스트나 크로켓을 만들기도 하고, 볶거나(카메룬의 dop) 튀기는 등 다양한 방법으로 소비하고 있다.

■ **육류와 생선.** 일단 현지 수급이 가능한 재료를 사용한 요리가 많다(카메룬의 살무사 스튜, 부르키나파소의 악어꼬리 요리, 세네갈 카자망스의 원숭이 꼬치구이, 말리의 참마를 넣은 낙타요리 등). 그렇다고 아프리카에 이렇게 기상천외한 요리만 있는 것은 아니다. 특히 닭에 코코넛, 생강, 그린바나나, 낙화생을 넣는 등 다양한 방법으로 조리해 먹는다. 소나 돼지의 경우는 대부분 브레이징하거나, 국물이 있는 포토푀 스타일의 스튜를 만들고, 양고기는 굽는 조리법이 많다.

생선과 해산물은 해안에서 풍족하게 잡히는 편으로, 특히 베냉(게와 쌀로 만든 스튜인 ago glain), 세네갈(채소 위에 놓고 익힌 담백한 생선 요리인 tié bou diéné), 기니와 토고(생강향의 농어요리, 속을 채운 숭어요리)에서는 이들을 이용한 요리가 다양하다. 대형 굴이나 새우는 주로 튀겨서 먹는다. 그 밖에도 죽순이나 야자 순으로 만든 아샤르 양념의 참치요리는 전형적인 레위니옹 음식이며, 샐러드나 그라탱으로 즐기는 염장대구는 기니의 특선요리다.

■ **디저트와 음료.** 염소젖을 응고시켜 프레시 치즈를 만들어 먹긴 하지만 말리, 니제르, 베냉 등지에서 소스에 잘게 부수어 넣는 헤나 치즈를 제외하고 아프리카에서의 치즈 생산은 거의 전무하다.

과일은 아주 풍부하고 종류도 다양하며, 파파야와 같은 과일은 영양가치도 매우 높다. 주로 과일 콩포트나 크림을 만들며(커스터드 애플, 아보카도), 라이스 푸딩이나 세몰리나 푸딩에 곁들여 먹기도 한다. 바나나로는 맛있는 튀김을 만들고, 고구마는 케이크(코코넛과 함께 사용한다)나 크레프의 재료로 사용한다. 또한 코코넛 밀크, 커스터드 애플 주스, 바나나 주스, 파인애플 시드르 등 과일로 만든 음료도 다양하다.

가봉의 멘그로콤(mengrokom 옥수수와 카사바로 만든 증류주), 토고의 조 맥주 뿐 아니라 야자로 담근 증류주와 와인, 아보카도 나무 잎을 발효시켜 만든 술인 바빈(babine) 등 이 지역 특산 알코올음료의 소비량이 상당하다. 그 밖에 시원하게 갈증을 해소하면서도 약효가 있는, 여러 종류의 약초나 허브를 우리거나 침용한 음료도 많이 소비된다. 킨켈리바(kinkéliba) 허브티, 레몬진저 워터, 꿀과 라임 음료 등이 대표적이다.

AFRIQUE DU SUD 아프리크 뒤 쉬드 남아프리카공화국. 식민지 시대를 거치면서 영국과 네덜란드의 영향을 받은 남아프리카공화국의 요리는 무엇보다 전통을 앞세운 독보적인 위상을 확보하고 있다. 특히 육류(소, 양)와 쌀이 큰 비중을 차지하고 있으며 조개류나 갑각류 해산물(바닷가재, 홍합, 굴)은 많이 먹지 않는 편이고, 생선은 훈연하거나 날것으로 소비된다(이 지역에서 많이 먹는 메기과 생선인 킹클립은 살이 단단하고 맛이 아주 좋다).

가장 대표적인 음식은 소, 타조, 영양의 고기를 말려 짭짤하게 또는 달콤하게 먹는 육포와 비슷한 빌통(biltong)이다. 그 외에도 소고기 소시지 부러보어(buorerwors), 양념에 재운 뒤 꼬치에 꿰어 구운 양고기 케밥 소사티(sosatie), 양념한 다진 소고기에 양파와 아몬드를 섞은 뒤 달걀 푼 것을 붓고 오븐에 구워내는 보보티(boboti)를 꼽을 수 있다. 처트니와 매콤한 소스류도 이 지역에서 많이 소비된다. 옥수수를 많이 먹는 것에 비해 채소의 섭취는 미미하지만 과일 소비는 어마어마하다. 식사의 마무리는 타르트, 푸딩, 와플, 잼 등의 디저트로 이루어진다. 포도주 생산량이 꽤 많으며, 맥주나 과일주스의 소비량도 상당하다.

■ **와인.** 남아프리카공화국의 와인 생산 전통은 그 역사가 깊다. 네덜란드 이주민들이 이곳에 처음으로 포도나무를 심은 것은 1655년이다. 포도밭이 캅(Le Cap) 지방에 통합되면서 두 곳의 큰 구역으로 분할되었고, 1972년부터 시행된 원산지 명칭 통제(AOC) 원칙에 따라 이들은 다시 13개의 생산지로 나뉘었다. 그중 첫 번째 구역(케이프타운 남서쪽 해안지역)에는 팔(Paarl), 더버빌(Durbanville), 스텔렌보쉬(Stellenbosch), 툴배그(Tulbagh), 스와틀랜드(Swartland), 그리고 컨스탠시아 밸리(Constantia Valley) 지역이 포함된다. 이곳에서 생산되는 디저트 와인은 18세기 말과 19세기 초 유럽에서 전성기를 누렸다. 브리드 리버 밸리(Breede River Valley)라고 불리는 두 번째 구역은 르 캅 지방의 동쪽 브리드 계곡까지 펼쳐지는 지대로, 생산지 명칭 워스터(Worcester), 로버트슨(Robertson) 그리고 스웰렌담(Swellendam)을 포함하고 있다. 그 밖의 유명한 와이너리로는 클라인 카루(Klein Karroo), 올리판츠 리버(Olifants river), 피켓버그(Piketberg) 등이 있다.

연중 대부분 지중해성 기후를 보이는 이 지역의 와인을 만드는 주요 포도품종은 레드와인 품종으로 카베르네 소비뇽, 피노타주(피노 누아와 생소의 교배종), 메를로, 피노 누아, 카베르네 프랑, 생소, 틴타 바로카 등이 있고, 화이트 품종으로는 샤르도네, 소비뇽 블랑, 슈냉 블랑(남아공에서는 스틴(steen)이라고도 부르며, 전 재배면적의 29%를 차지한다), 리슬링, 콜롬바르, 머스캣 오브 알렉산드리아가 대표적이다. 스파클링 와인용으로는 샤르도네, 피노 누아, 슈냉 블랑을 사용한다.

클라인 카루 지역에서는 포르투갈 정통 방식에 따라 포트와인 타입의 디저트와인을 생산하고 있으며, 뮈스카 와인도 좋은 품질로 인기가 높다. 또한 약 40년 전부터는 스페인 전통 방식을 따른 셰리와인 타입의 주정강화 와인도 생산하고 있다.

르 캅 지역에서는 가벼운 와인(레드, 화이트 모두 포함)뿐 아니라 풀 바디의 와인들도 생산된다. 몇 년 전부터는 로제와인의 인기가 점점 높아지는 추세이며 스파클링 와인 생산도 점차 늘고 있다. 포도밭 헥타르당 수확량이 아주 적음에도 불구하고 총 생산량은 650만 헥토리터(1hl는 100리터)에 육박한다. 증류주 생산이 큰 비중을 차지하고 있으며, 그중 가장 정평이

COMTE
COMTE
COMTE
COMTE

Affinage 숙성

"가장 세심하고 까다롭게 다루어야 하는 치즈들이 수도 파리의 지하에서 이렇게 숙성되고 있다는 것은 상상하기 어렵다. 그러나 치즈 제조 장인 알레오스(ALLÉOSSE)가 자신의 제품들을 선별해 사랑을 듬뿍 주며 숙성시키고 있는 곳은 바로 다름 아닌 자신의 매장 지하 저장고다."

난 것은 만다린 귤껍질로 향을 낸 반더훔(van der hum)이다. 남아공에서 생산되는 와인 및 주류는 주로 영국으로 수출된다.

AFSSA 프랑스 식품 위생 안전 기구 Agence française de sécurité sanitaire des aliments의 약자. 1999년 설립된 프랑스 국영 기관으로, 프랑스에서 인간과 동물이 먹는 식품의 생산에서 소비에 이르기까지 그 모든 과정에서 발생할 수 있는 위생 및 영양상의 위험을 평가하는 업무를 담당한다. 유럽 차원에서는 유럽 식품 안전 기구(AESA/EFSA)와 공조하고 있으며, 벨기에의 식품 안전 연방 기구(AFSCA), 스위스의 공중보건 연방 기구(Office fédéral de santé publique), 캐나다의 식품 감독 기구(Agence canadienne d'inspection des aliments) 등도 같은 역할을 하는 기관이다.

AGAR-AGAR 아가르 아가르 한천, 우무. 점액질의 끈끈한 물질로 '일본 또는 실론의 이끼'라고도 알려졌다. 태평양과 인도양에 아주 풍부한 우뭇가사리나 해초의 추출물을 굳힌 우무는 다양한 색상의 가늘고 반투명한 형태이며, 덩어리 혹은 가루 상태로 구할 수 있다.

우무를 물에 넣고 약한 불로 가열하면 점액질이 녹고, 끓으면서 농축되며 식히면 젤리 질감처럼 굳는다. 일본에서는 이것을 국물 요리에 넣기도 하지만 한천은 주로 식품 제조업 분야에서 농후제나 겔화제로 많이 사용된다(케이크, 아이스크림, 통조림 소스나 수프 등).

AGARIC 아가릭 주름버섯목. 갓의 아랫면 주름살이 분홍색에서 점점 갈색으로 변하는 모든 종류의 주름버섯을 총칭한다. 숲이나 들판에서 자생하거나 혹은 양식으로도 재배하는 이 버섯들은 줄기 밑동에 균포가 없고 대개 링 모양으로 둘러져 있다. 대부분 식용 가능하며 가장 대표적인 것은 양송이버섯(agaricus bisporus)이다. 일반적으로 샹피뇽 드 쿠슈(champignon de couche) 또는 샹피뇽 드 파리(**参조** CHAMPIGNON DE PARIS)라고 부른다.

버섯에 따라 공기 중에 노출되면 붉은색 또는 누런색으로 변한다. 불그스름해지는 것(agaric champêtre, 혹은 rosé-des-près)이나 누렇게 변하는 것(agaric des bois, boule-de-neige) 둘 다 모두 식용 가능하다.

AGASTACHE 아가스타슈 배초향(排草香), 곽향(藿香). 꿀풀과에 속하는 다년생 초본식물로 관상식물, 방향성 식물이며 양념으로도 쓰인다(**参조** pp.451~454 향신 허브 도감). 동아시아가 원산지인 이 식물은 영국, 미국, 캐나다, 중국 등지에서 여러 종류가 널리 재배되고 있으며 특히 아니스, 감초, 민트, 베르가모트 등의 강하고 복합적인 향을 낸다. 아페리티프용 음료나 파티스리용으로 사용된다.

AGAVE 아가베 용설란, 선인장. 용설란과에 속하는 두꺼운 잎을 가진 대형 식물로 원산지는 멕시코다. 아가베의 풍부하고 달콤한 수액으로 만드는 술들은 중남미에서 아주 인기가 높다. 풀케(pulque)는 아가베 수액을 발효시켜 만들며 애플 시드르와 약간 비슷하다. 비터아몬드 맛이 나는 메스칼(mescal)과 테킬라(tequila)는 두 번의 증류를 거쳐 만들어지며, 각기 다른 지역에서 생산된다.

AGENAIS ▶ 参조 QUERCY ET AGENAIS

AGENT DE TEXTURE 아장 드 텍스튀르 질감개선제. 특정 식품의 경도와 농도를 증대시키기 위해 만들어진 식품첨가물(**参조** ADDITIF ALIMENTAIRE). 이 첨가물(E 400~ E 499)들은 식품의 물성(밀도나 농도, 유동성 또는 흐름성, 점성)뿐 아니라 그에 따른 입안에서의 감각(부드럽다, 걸쭉하다, 크리미하다 등)에도 영향을 미친다.

AGNEAU 아뇨 어린 양, 양고기, 램(lamb). 도체 무게가 16~22kg 정도 나가는 어린 양(**参조** p.21 양의 품종과 유형 도표). 프랑스에는 유기농 축산 방식으로 키우거나 레드 라벨(Label Rouge, 약 17종) 인증을 받은 양들이 여러 종류 있으며, 그중 아베롱(Aveyron), 부르도네(Bourdonnais), 케르시(Quercy)의 양이 대표적이다. 영불해협을 따라 해안가에서 방목하는 양들은 천일염이 스며든 풀을 뜯어먹고 자라며 '아뇨 드 프레 살레(**参조** AGNEAU DE PRÉ-SALÉ)'라고 부른다.

어린 양의 분할 방법은 일반 성숙 양과 동일하며(**参조** p.22 어린 양 분할 도감), 정형 부위에 따라 로스트, 그릴, 소테 등으로 소비된다. 구운 양갈비는 영어로 램 촙(lamb chop)이라 부른다. 특히 부활절에는 양고기를 먹는 전통이 있다.

agneau de lait farci 아뇨 드 레 파르시

속을 채운 어린 양 구이 : 양고기는 소를 채워 구이용 꼬챙이에 꿸 수 있도록 준비한다. 간, 염통, 흉선, 콩팥은 아주 잘게 썰어 센 불에서 버터에 볶은 뒤 소금, 후추로 간한다. 반쯤 익힌 필라프 라이스에 이것을 넣고 섞은 다음 양고기 안에 넣어 채운다. 입구를 요리용 실로 꿰매고 전체를 묶어준다. 꼬챙이에 끼우고 소금, 후추로 간을 한 뒤 센 불에서 익힌다(kg당 20분). 육수를 몇 스푼 부어 바닥에 눌어붙은 육즙을 디글레이즈한다. 꼬챙이에서 양을 빼낸 다음 실을 풀어 제거한다. 육즙 소스(jus)는 뜨겁게 유지한다. 길쭉한 서빙 플레이트에 양고기를 담고 크레송과 웨지모양으로 썬 레몬을 빙 둘러 놓는다. 육즙 소스는 소스 용기에 담아 따로 서빙한다.

agneau aux pruneaux, au thé et aux amandes

건자두, 녹차, 아몬드를 넣은 양고기 스튜 : 뼈를 발라내고 기름을 제거한 양 어깨살 1kg을 굵직한 큐브 모양으로 썬 다음 고운 소금을 고루 뿌려 간한다. 뜨겁게 달군 주물 냄비에 버터를 넣고 양고기를 지진다. 노릇한 색이 진하게 나면 고기를 건져낸다. 고기를 익힌 버터에 물 250ml, 통 계피 스틱 한 개(잘게 자른다), 껍질을 벗긴 아몬드 반 공기, 설탕 200g, 오렌지 블로섬 워터 2테이블스푼을 넣는다. 잘 저어주며 센 불로 가열하여 끓기 시작하면 고기를 모두 넣어준다. 뚜껑을 덮고 45분간 뭉근하게 익힌다. 그동안 씨를 뺀 건자두 350g을 아주 진하게 우린 녹차에 담가 불린다. 불린 자두와 녹차를 그대로 냄비에 넣어준 다음 10분간 더 끓인다.

attereaux de cervelles d'agneau à la Villeroi ▶ ATTEREAU (BROCHETTE)
ballottine d'agneau braisée ▶ BALLOTTINE
blanquette d'agneau aux haricots et pieds d'agneau ▶ BLANQUETTE
brochettes de ris d'agneau ▶ BROCHETTE
cari d'agneau ▶ CARI

carré d'agneau à la bordelaise 카레 다뇨 아 라 보르들레즈

보르도식 양갈비 : 감자 250g을 통통하고 갸름한 모양으로 돌려깎는다. 포치니 버섯을 깨끗이 씻어 올리브오일에 색이 나도록 볶는다. 뜨겁게 달군 주물냄비에 버터와 기름을 넣고, 기름을 손질한 양갈비 덩어리를 넣어 색이 나도록 지진다. 버섯과 감자를 넣은 다음 소금, 후추로 간한다. 뚜껑을 덮고 180°C로 예열한 오븐에 넣어 1시간 동안 익힌다. 서빙하기 몇 분 전에 으깬 마늘 한 톨과 토마토를 넣은 갈색 육수 3~4테이블스푼을 넣는다.

carré d'agneau aux herbes fraîches en salade (cuisson sous vide) ▶ SOUS VIDE

carré d'agneau à la languedocienne 카레 다뇨 아 라 랑그도시엔

랑그독식 양갈비 : 손질한 양갈비 덩어리를 거위 기름에 지져 색을 낸다. 버터를 달군 팬에 껍질 벗긴 방울 양파 12개와 작게 깍둑 썬 생 햄 12조각을 넣고 슬쩍 볶아낸 다음 양갈비 냄비에 넣어 준다. 껍질을 벗겨 끓는 물에 데친 마늘 6톨, 깨끗이 씻어 기름에 재빨리 볶아낸 포치니 버섯 200g도 함께 넣어준다. 소금, 후추로 간한다. 토기로 된 용기에 양고기와 가니시 채소들을 옮겨 담고 오븐에 넣어 익힌다. 익히면서 나오는 수분을 중간중간 끼얹어준다. 잘게 썬 파슬리를 뿌린다. 오븐에 익힌 용기 그대로 서빙한다.

carré d'agneau à la niçoise 카레 다뇨 아 라 니수아즈

니스식 양갈비 : 손질한 양갈비 덩어리를 주물냄비에 넣고 버터에 지져 색을 낸다. 껍질을 벗기고 굵게 깍둑 썰어 올리브오일에 묻히듯이 슬쩍 볶은 주키니 호박, 껍질을 벗기고 속을 제거한 다음 작게 썰어 올리브오일에 슬쩍 볶은 토마토, 껍질을 벗기고 기름에 슬쩍 볶은 작은 햇감자 약 20개를 모두 양갈비 냄비에 넣는다. 소금, 후추로 간한다. 230°C로 예열한 오븐에 넣어 익힌다. 잘게 썬 파슬리를 뿌린 후 냄비 그대로 서빙한다.

carré d'agneau rôti 카레 다뇨 로티

양갈비 오븐구이 - 4인분 / 준비 : 10분 / 조리 : 28~30분

오븐을 240°C로 예열한다. 갈빗대 8개(중간 갈비 5대, 윗갈비 3대)짜리 양갈비 덩어리를 준비해 조리용 실로 묶는다. 기름을 바르고 소금, 후추로 간한다. 갈비를 손질하면서 나온 자투리 살을 오븐용 로스팅 팬에 깔고 그 위에 양갈비 덩어리를 놓는다. 오븐에 넣어 10분간 굽는다. 고기를 뒤집어 놓은 다음 오븐의 온도를 220°C로 낮추고 8~10분간 더 굽는다. 양갈비를 꺼내서 플레이트를 받친 망에 올리고 따뜻한 상태로 10분간 레스팅한다. 로스트 양갈비 육즙 소스(jus)를 만든다. 우선 고기를 익혔던 팬

을 중불에 올리고, 흘러나온 육즙이 바닥에 눌어붙어 캐러멜화 되도록 3분 정도 가열한다. 중간중간 기름은 제거해준다. 물 200ml, 으깬 마늘 한 톨, 타임 잔가지 1개분, 월계수 잎 1/2장, 파슬리 줄기 3개를 넣어준다. 끓을 때까지 가열한 뒤 반이 되도록 졸인다. 간을 맞춘 뒤 체에 거른다. 서빙용 플레이트에 양갈비를 놓고 소스를 1스푼 뿌려 덮는다. 나머지는 소스 용기에 따로 서빙한다.

마크 베라(MARC VEYRAT)의 레시피

carrés d'agneau au pimpiolet 카레 다뇨 오 팽피올레

팽피올레 양갈비 기름기가 적은 라르동 100g을 소테팬에 넣고 색이 나지 않게 볶는다. 여기에 갈빗대 손잡이는 그대로 살에 붙은 상태로 먹기 좋게 손질한 시스트롱(Sisteron)산 양갈비 덩어리(갈 빗대 6~8개) 3개를 넣는다. 4~5분간 센 불에 지진 다음 소금, 후추로 간한다. 고기를 건져내고 소테팬 안의 기름을 제거한 다음 라르동도 건져낸다. 채소 육수 500g을 넣어 디글레이징하고 1/4이 될 때까지 졸인다. 무쇠냄비에 양갈비를 넣고 팽피올레(야생 백리향의 일종 Thymus serpyllum), 또는 녹색 타임을 넉넉히 한 다발 덮어준다. 작게 썬 라르동을 넣어 고기 살이 마르지 않게 한다. 뚜껑을 덮고 밀가루 반죽 200g을 순대처럼 길게 늘여 냄비 뚜껑 가장자리를 완전히 밀봉해 붙인다. 250°C로 예열한 오븐에 넣어 10분간 익힌다. 농축된 육즙 소스(jus)를 체에 거르고 간을 맞춘다. 냄비를 손님의 식탁에 낸 뒤 그 앞에서 밀가루 반죽을 떼어내 뚜껑을 열고 양갈비를 커팅해 서빙한다.

cœurs d'agneau à l'anglaise ▶ CŒUR

côtes d'agneau à l'anversoise 코트 다뇨 아 랑베르수아즈

앙베르식 램 촙 : 한 대씩 자른 양갈비를 버터에 노릇하게 지진다. 원형 접시에 버터에 튀기듯 구워낸 크루통과 교대로 빙 둘러 담는다. 홉의 새순(jets de houblon)을 소스 크렘(sauce crème, 베샤멜 100ml + 생크림 50ml)과 섞어 중앙에 놓는다. 고기를 지진 팬에 드라이 화이트와인을 넣어 디글레이징한 소스를 양갈비에 뿌린다.

côtes d'agneau grillées 코트 다뇨 그리예

양갈비 구이 : - 4인분 / 준비 : 15분 / 조리: 4분

양갈비 8대를 잘라 분리한 뒤 기름을 떼어 먹기 좋게 손질하고, 뼈 손잡이 부분은 깔끔하게 긁어낸다. 크레송 1/4단을 깨끗이 씻어 다발 모양을 만들어둔다. 그릴을 200°C로 예열한다. 종이행주에 기름을 묻혀 그릴을 닦아준다. 양갈비에 소금, 후추 간을 한 다음 그릴 위에 놓고 굽는다. 1분 후에 뒤집은 다음 다시 1분을 굽는다. 다시 뒤집어 격자무늬 구운 자국이 생기도록 90°를 회전해 놓고 1분간 더 굽는다. 원하는 굽기 정도에 따라(로제, 미디엄, 웰던) 뒷면도 격자무늬를 내어 더 구울지를 결정한다. 양갈비의 가장자리 옆면도 몇 개를 세워서 서로 기대어 놓은 상태로 30초간 노릇하게 굽는다. 그릴에서 내린 양갈비에 다시 소금과 후추를 양면에 뿌린다. 육즙이 고루 퍼지도록 1분간 레스팅한다. 원형 접시에 빙 둘러 담고 중앙에 크레송 다발을 놓는다.

épaule d'agneau braisée et ses garnitures 에폴 다뇨 브레제 에 세 가르니튀르

브레이징한 양 어깨살과 가니시 : 뼈를 제거한 뒤 기름을 다듬은 양 어깨살에 소금, 후추로 간을 한 뒤 돌돌 말아 주방용 실로 묶는다. 돼지껍질의 비계를 잘라낸 다음 스튜용 냄비에 깐다. 당근 2개와 양파 1개의 껍질을 벗기고 얇게 썰어 버터에 슬쩍 볶아 스튜 냄비에 넣는다. 뚜껑을 덮고 10분간 수분이 나오게 익힌다. 양 어깨살을 냄비에 넣고 소금, 후추로 간한다. 화이트와인 150ml를 넣고 익히면서 졸인다. 리에종한 갈색 육수 250ml(혹은 아주 진한 콩소메)와 토마토 퓌레 100ml, 부케가르니 한 개, 양의 뼈와 자투리 살을 모두 넣는다. 뚜껑을 덮고 220°C로 예열한 오븐에 넣어 어깨살 덩어리 크기에 따라 1시간~1시간 30분간 익힌다. 고깃덩어리를 건져내 오븐에 넣어 윤기가 나도록 구운 다음 서빙 플레이트에 놓는다. 일반적으로 브레이징한 양 어깨 요리와 함께 내는 가니시는 그린빈스 또는 흰 강낭콩, 채소 퓌레이지만 아티초크 속살이나 브르타뉴식 강낭콩 퓌레도 곁들이면 좋다. 또는 보르도식 포치니버섯 볶음이나 와인과 데미글라스로 디글레이즈한 다음 샬롯, 월계수 잎을 넣고 졸여 만든 육즙 소스를 곁들여내도 좋다.

épaule d'agneau farcie à l'albigeoise 에폴 다뇨 파르시 아 알비주아즈

속을 채운 알비식 양 어깨살 : 양 어깨살의 뼈를 제거해 다듬고 소금, 후추로 간한다. 소시지용 돼지분쇄육 350g과 곱게 다진 돼지 간 350g, 으깬 마늘 2~3톨, 다진 파슬리 작은 한 송이, 소금, 후추를 섞어 소를 만든다. 고기에 이 혼합물을 펴 발라 덮어준 뒤 발로틴 모양으로 말아 주방용 실로 묶어준다. 감자 750g의 껍질을 벗긴 뒤 적당한 크기의 웨지모양으로 등분한다. 마늘 12톨의 껍질을 깐 다음 끓는 물에 1분간 데친다. 냄비에 거위 기름 2테이블스푼을 달군 다음 양고기 발로틴을 넣고 고루 색이 나도록 겉면을 지진다. 감자와 마늘도 넣고 기름에 굴려준다. 소금, 후추로 간한다. 230°C로 예열한 오븐에 넣어 최소 50분간 익힌다. 잘게 썬 파슬리를 어깨살 위에 뿌린 뒤 오븐에서 꺼낸 냄비 그대로 서빙한다.

épigrammes d'agneau ▶ ÉPIGRAMME
foie d'agneau persillé ▶ FOIE
fricassée d'agneau ▶ FRICASSÉE

정육용 양의 5대 계열 분류(약 30개 품종)

분류	산지	시기	목축
초장 방목 품종(풀을 먹고 자란 양, 프레 살레 양)	방데(Vendée), 멘(Maine), 샤롤레(Charolais), 아브랑섕(Avranchin), 코탕탱(Cotentin)	4월 중순 ~ 12월	야외에서 목축, 해양성 기후
유제품 생산을 위한 품종	마시프 상트랄(Massif central), 남부, 피레네 아틀랑티크(Pyrénées-Atlantiques), 코르시카(Corse)	연중 내내	야외에서 목축, 주로 치즈 생산용
양모 생산을 위한 품종	아를(Arles, Bouches-du-Rhône)	8월~9월	야외에서 목축(이동 목축)
발육이 빠른 번식용 품종(표기된 3 지역의 이름을 가진 품종)	일 드 프랑스(Île-de-France), 셰르(Cher), 서퍽(Suffolk)	연중 내내	양 우리 내에서 목축
산 중턱이나 고지대 등 척박한 환경에서 기르는 품종	마시프 상트랄(Massif central), 프레알프(Pré-alpes) 남부, 리무쟁(Limousin)	연중 내내	겨울, 봄에 출산 여름엔 하계 고지대 목장에서 목축

월령에 따른 3가지 유형 양의 특징

분류	산지	시기	무게, 월령	특징	풍미
젖먹이 양(agneau de lait, lation, agnelet)	쉬드 우에스트(Sud-Ouest), 피레네 아틀랑티크(Pyrénées-Atlantiques)	12월 말~ 3월 중순	5~10kg, 20~60일	살이 흰색이다	맛이 섬세하고 연하며, 고소한 헤이즐넛 향이 있다.
정육용 양(목장, 양 우리 내 목축)	프랑스 전역	연중 내내	16~25kg, 80~130일	살의 색이 아주 짙다.	육향이 더 진하며, 섬세하고 우아한 풍미가 있다.
풀을 뜯어먹는 회색 양	프랑스 전역	연중 내내	20~30kg, 150~300일	살 속에 기름이 촘촘히 박혀 있다	육향이 진하고, 숲 향이 난다.

양고기 정육 분할

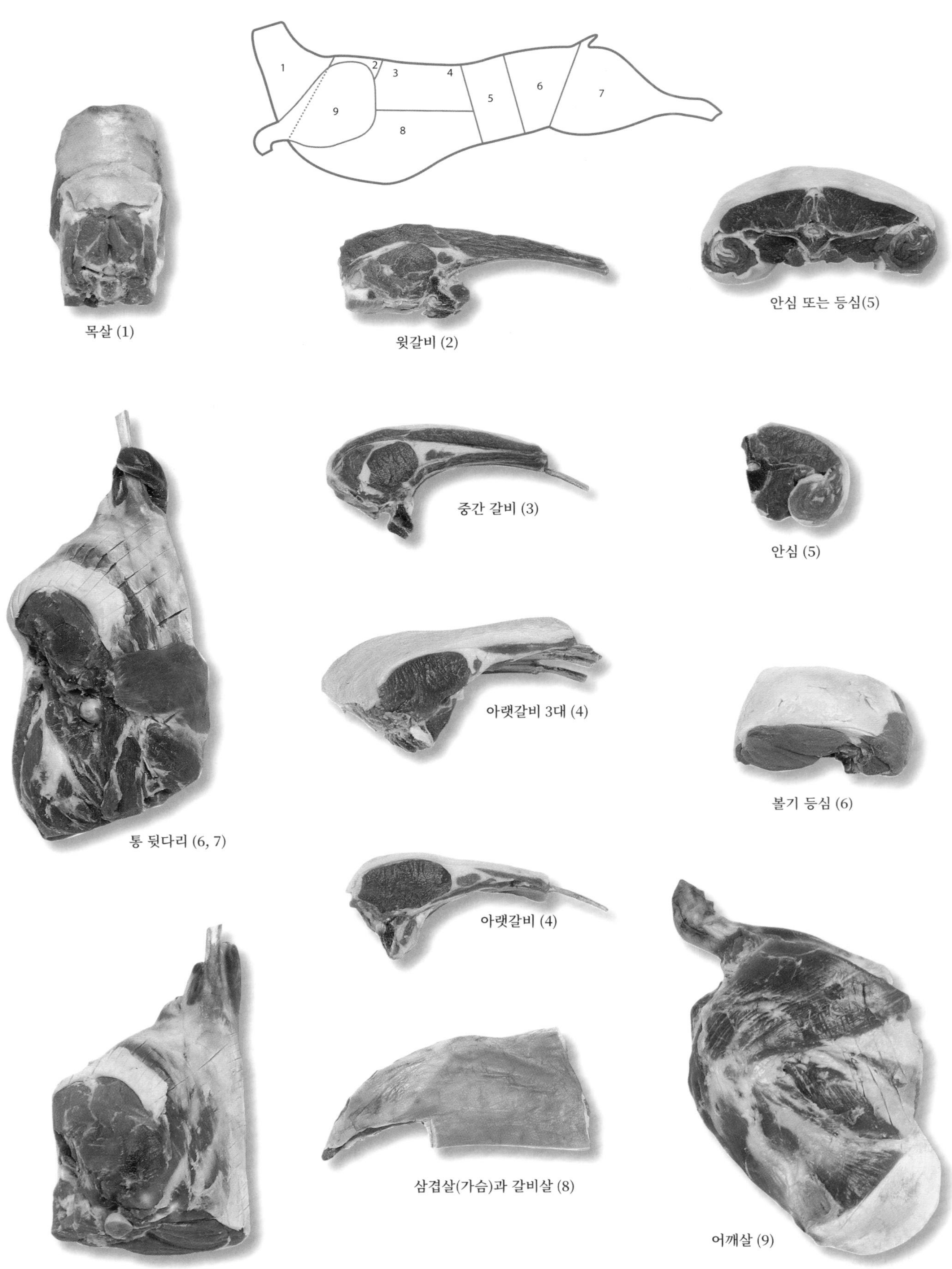

목살 (1)

윗갈비 (2)

안심 또는 등심(5)

중간 갈비 (3)

안심 (5)

통 뒷다리 (6, 7)

아랫갈비 3대 (4)

볼기 등심 (6)

아랫갈비 (4)

삼겹살(가슴)과 갈비살 (8)

어깨살 (9)

엉덩이 살을 잘라낸 뒷다리 (7)

gigot bouilli à l'anglaise 지고 부이이 아 랑글레즈

영국식 양 뒷다리 포토푀 : 엉덩이 살을 잘라낸 양 뒷다리에 소금, 후추를 뿌려 밑간을 한다. 버터를 바르고 밀가루를 살짝 뿌린 면포로 양 뒷다리를 싼 다음 주방용 실로 묶는다. 끓는 소금물(물 1리터당 소금 8g)에 적당히 등분한 당근 2개와 중간 크기의 양파 2개(그중 하나에는 정향 1개를 박아준다), 부케가르니 1개, 껍질을 깐 마늘 한 톨을 넣고, 양 뒷다리를 넣는다. 펄펄 끓는 상태로 고기 1kg당 30분으로 계산하여 익힌다. 양 뒷다리를 건져 면포를 푼 다음 긴 서빙 접시에 놓는다. 양 뒷다리와 함께 익힌 순무나 셀러리악 퓌레를 곁들여 놓는다. 영국식 버터 소스(sauce au beurre à l'anglaise)에 케이퍼 2테이블스푼을 섞어 함께 서빙한다. 프로방스에서도 양 뒷다리를 국물에 넣고 끓이는 포토푀 스타일의 음식이 있으나 센불로 짧게 익히고 국물도 더 농축된 형태다. 함께 익힌 채소와 아이올리(aïoli)를 곁들여 낸다. 노르망디의 이브토(Yvetot)에서는 칼바도스 한 스푼을 넣어 향을 낸 채소 육수에 양 뒷다리를 넣고 1파운드당 15분 정도로 계산하여 익힌다. 같이 익힌 채소와 케이퍼를 넣은 화이트 소스와 함께 서빙한다.

gigot à la boulangère 지고 아 라 불랑제르

양 뒷다리 오븐 구이 : 2.5kg 짜리 양 뒷다리에 소금, 후추를 뿌려 밑간을 한다. 고기에 마늘을 찔러 넣고 버터를 바른 다음 275°C로 예열한 오븐에서 30분간 굽는다. 감자 600~750g과 양파 300g을 얇게 썰어 양 뒷다리에 빙 둘러 놓고, 고기를 익히며 나온 육즙과 녹인 버터 50g 정도를 뿌린다. 소금, 후추로 감자, 양파에 간을 한다. 오븐 온도를 250°C로 낮춘 뒤 다시 30분을 더 익힌다. 중간에 4~5번 정도 육즙을 끼얹어 준다. 알루미늄 포일로 살짝 덮고 오븐 문 입구에 둔 상태로 15분 정도 레스팅한다.

gigot rôti en chevreuil 지고 로티 앙 슈브뢰이

노루고기 스타일로 로스팅한 양 뒷다리 : 양 뒷다리의 껍질을 모두 벗긴다. 노루 뒷다리 요리와 마찬가지로 가늘게 썬 라드를 살에 찔러 넣은 다음, 노루고기 재움용 미리 끓인 마리네이드액(참조. p.526 MARINADE CUITE POUR VIANDE EN CHEVREUIL)에 담가 둔다. 고기의 연한 정도나 온도(여름에는 이틀, 겨울에는 3~4일 정도)에 따라 넉넉한 시간 동안 재운다. 양 뒷다리를 건져 꼼꼼히 닦은 뒤 오븐에 굽는다. 노루 소스 혹은 소스 푸아브라드(sauce poivrade)를 곁들여 서빙한다.

레아 비도(LÉA BIDAUT)의 레시피

gigot rôti de Léa 지고 로티 드 레아

레아의 양 뒷다리 로스트 으깬 안초비 필레 4개를 올리브오일 4테이블스푼에 넣고 잘 개어 섞은 다음 머스터드 넉넉히 2테이블스푼, 곱게 찧은 세이지, 바질, 로즈마리를 넣고 섞는다. 이 혼합물에 양 뒷다리를 넣고 중간중간 뒤집어가며 2시간 동안 재운다. 양 뒷다리를 건져낸 다음 오븐에 넣어 굽는다. 마리네이드했던 양념은 버터를 넣고 샴페인 반병을 조금씩 넣어주며 졸인다. 체에 거른 다음 뵈르 마니에(beurre manié 버터와 밀가루를 동량으로 섞은 것)를 넣어 원하는 농도로 리에종한다.

gigot rôti persillé 지고 로티 페르시예

파슬리 크러스트 양 뒷다리 로스트 : 양 뒷다리(프레 살레 양 또는 젖먹이 어린 양)를 오븐에 넣고 굽는다. 거의 다 익었을 때 잘게 썬 파슬리, 다진 마늘, 타임, 잘게 부순 월계수 잎과 섞은 빵가루를 양 뒷다리에 잘 달라붙도록 발라 씌운다. 고기가 노릇해질 때가지 구워 로스팅을 완성한다. 길쭉한 플레이트에 양 뒷다리를 놓고 크레송을 곁들인다. 육즙 소스(jus)는 소스 용기에 담아 따로 서빙한다, 전통적으로 양 뒷다리 요리에는 버터에 볶은 그린빈스, 육즙 소스에 익힌 흰 강낭콩, 또는 잘게 썬 익힌 채소 등을 곁들여 먹는다.

gigot rôti aux quarante gousses d'ail 지고 로티 오 카랑트 구스 다이

마늘을 곁들인 양 뒷다리 로스트 : 소금에 절인 안초비의 소금기를 뺀다. 양 뒷다리 허벅지 부분의 뼈를 제거하고 다듬는다. 껍질을 깐 마늘 2~3톨과 작은 조각으로 자른 안초비를 고기 사이사이에 찔러 넣는다. 기름과 타임, 로즈마리 가루, 갓 갈아낸 후추를 섞은 뒤 양 뒷다리에 발라 문질러준다. 꼬챙이에 꿰어 구우면서 중간에 향신료를 섞은 기름을 조금씩 발라준다. 그동안 끓는 물에 껍질을 벗기지 않은 마늘 250g을 넣고 5분간 데친다. 건져서 육수 200ml와 함께 소스팬에 넣고 약하게 20분 정도 끓이며 익힌다. 크레송을 다듬어 흐르는 물에 여러 번 씻은 뒤 굵직하게 다진다. 마늘을 익힌 육수 한 컵을 양 뒷다리에서 흘러나오는 육즙과 섞어 양고기에 끼얹어주며 로스팅을 마무리한다. 서빙 플레이트에 양 뒷다리를 담고 익힌 마늘과 다진 크레송을 둘러 놓는다. 육즙 소스(jus)는 따로 담아 서빙한다.

렌 사뮈(REINE SAMMUT)의 레시피

langues d'agneau confites panées aux herbes, pourpier et échalotes 랑그 다뇨 콩피트 파네 오 제르브, 푸르피에 에 에샬로트

허브를 넣은 양의 혀 콩피 튀김 : 4인분 / 준비 : 30분 / 조리 : 1시간 30분

하루 전날, 냄비에 찬물을 채우고 양의 혀 8개를 넣어 끓인다. 끓기 시작하면 15분간 익힌 다음 건져서 찬물에 식힌다. 혀의 껍질을 벗긴 다음 각 1리터 용량의 밀폐용 병 2개에 담고 소금, 후추로 간한다. 거위 기름 1kg을 녹여 병에 붓고 타임을 한 줄기씩 넣어준다. 병을 닫아 밀폐한 뒤 병이 물에 잠길 만큼 깊이가 있는 냄비에 넣고 물을 채운다. 불에 올려 끓을 때까지 가열한다. 끓으면 불을 줄이고 약한 불로 1시간 동안 익혀 콩피한다. 불을 끄고 냄비 안에 둔 채로 병을 식힌다. 당일, 파슬리, 처빌, 차이브 각각 한 송이씩을 잘게 다져 빵가루 50g과 섞는다. 양의 혀를 기름에서 꺼내서 얇게 3등분 한다. 달걀 2개에 물을 1티스푼 넣고 푼 다음 소금을 넣어 간을 맞춘다. 혀를 달걀물에 담갔다가 허브 믹스 빵가루를 묻힌다. 팬에 올리브오일 250ml를 뜨겁게 달군 뒤 혀를 한 면당 각각 5분씩 튀긴다. 건져서 종이행주에 놓아 여분의 기름을 뺀다. 회색 샬롯 12개의 껍질을 벗기고 잘게 썬 다음 버터 20g을 녹인 팬에 넣고 색이 나지 않게 볶아둔다. 발사믹 식초 1테이블스푼, 소금, 후추, 볶아둔 샬롯, 올리브오일 3테이블스푼을 섞어 비네그레트를 만든다. 쇠비름 200g, 다닥냉이 잎, 혹은 한련화 12송이를 깨끗이 씻어 물기를 제거한다. 여기에 간을 한 다음 다발로 뭉쳐 접시에 하나씩 놓고, 튀긴 양의 혀를 부채 모양으로 펼쳐 놓는다.

navarin d'agneau ▶ NAVARIN

noisettes d'agneau à la turque 누아제트 다뇨 아 라 튀르크

터키식 양 안심 : 필라프 라이스를 만든다. 가지를 큐브 모양으로 썰어 뜨겁게 달군 기름에 재빨리 소테한다. 양의 동그란 안심살을 버터를 녹인 팬에 지져 익힌다. 서빙용 접시에 고기를 놓고 가지볶음을 곁들인다. 필라프 라이스는 작은 다리올 틀에 넣어 접시에 엎어 놓는다. 따뜻하게 보관한다. 고기를 지진 팬에 토마토를 넣은 송아지 육수를 조금 부어 디글레이즈한 다음 소스를 만들어 양고기에 끼얹는다.

poitrine d'agneau farcie 푸아트린 다뇨 파르시

속을 채운 양 삼겹살 : 양의 삼겹살 덩어리에 깊이 칼집을 넣어 열고 주머니 모양의 고기에 구멍을 내지 않도록 조심하면서 뼈를 분리해낸다. 고기 안쪽에 마늘을 문지른 다음 소금, 후추를 뿌려 밑간을 한다. 굳은 빵으로 만든 빵가루를 우유에 적셔 꼭 짠 다음 달걀 2개, 작은 큐브 모양으로 썬 햄 150g, 씻어서 얇게 썬 버섯(야생버섯이면 더 좋다) 150g, 다진 파슬리와 마늘, 소금, 설탕을 넣고 잘 섞어 소를 만든다. 양고기 안에 채운 뒤 주방용 실로 입구를 꿰맨다. 주물냄비에 버터를 살짝 바른 뒤 기름을 제거한 돼지껍데기를 깔고, 껍질 벗겨 얇게 썬 양파 2개와 당근 2개를 고루 놓는다. 속을 채운 양 삼겹살을 그 위에 놓고 부케가르니를 하나 넣은 다음 뚜껑을 덮고 약한 불에서 20분 정도 익힌다. 드라이 화이트와인 200ml를 넣고 졸인다. 마늘을 넣고 졸인 토마토 퓌레 100ml에 육수 200ml를 넣고 잘 풀어준 다음 냄비에 넣는다. 뚜껑을 덮고 220°C 오븐에서 약 45분간 익힌다. 팬에 거위기름을 두르고 얇게 썬 감자를 넣어 노릇하게 익힌다. 양 삼겹살을 건져 실을 풀어 제거한 다음 서빙 플레이트에 놓고 양배추 포피에트와 감자를 둘러 놓는다. 따뜻하게 보관한다. 고기를 익힌 냄비에 눌어붙은 육즙을 디글레이즈한 다음 졸여서 소스를 만든다. 양 삼겹살에 소스를 끼얹어 아주 뜨겁게 서빙한다.

ris d'agneau : préparation ▶ RIS

ris et pieds d'agneau à la dijonnaise ▶ PIED

rognons d'agneau à l'anglaise ▶ ROGNON

sauté d'agneau aux aubergines ▶ SAUTÉ

sauté d'agneau chasseur ▶ SAUTÉ

알렉스 앵베르(ALEX HUMBERT)의 레시피

selle d'agneau Callas 셀 다뇨 칼라스

칼라스 양 볼기등심 구이 2.75kg짜리 양 볼기등심 덩어리의 뼈를 제거하고 기름을 떼어내 손질한 다음 소금, 후추로 밑간을 한다. 버섯을 가늘게 채 썰어 버터에 볶아 식힌다. 생 송로버섯을 가늘게 채 썰어 볼기 등심 가운데에 채워 넣고, 볶은 버섯으로 필레 미뇽과 날개 껍데기 안을 채운 다음 단단히 말아서 주방용 실로 묶는다. 240°C로 예열한 오븐에 넣어 무게 1파운드당 12분으로 시간을 계산해 굽는다. 송아지 육수와 셰리주를 조금 넣어 디글레이즈한다. 버터에 익힌 아스파라거스 머리 부분과 함께 서빙한다.

제랄드 파세다(GERALD PASSEDAT)의 레시피

selle d'agneau de lait en carpaccio au pistou 셀 다뇨 드 레 앙 카르파치오 오 피스투

피스투를 넣은 어린 양 볼기등심 카르파초 시스트롱산 젖먹이 어린 양의 볼기등심 덩어리의 기름을 떼어내 손질한 다음 소금, 후추로 밑간을 한다. 구리 소테팬에 껍질을 벗겨 잘게 썬 샬롯 1개, 타임 2~3 작은 줄기, 약간의 기름과 버터를 넣고 양 볼기등심을 넣는다. 220°C로 예열된 오븐에 넣어 8~10분간 굽는다. 익히면서 중간중간 육즙을 끼얹어준다. 피스투를 만든다. 우선 바질 한 뿌리의 잎을 떼어내 깐 마늘 3톨과 함께 절구에 넣고 찧는다. 올리브오일 200ml를 넣고 포마드 같은 질감이 되도록 잘 섞는다. 로제로 익은 양 볼기등심을 꺼내 더 이상 익지 않게 유지하면서 따뜻한 곳에 두어 레스팅한다. 필레 미뇽의 뼈를 제거해낸 다음 얇고 길게 저민다. 뼈는 잘게 토막 쳐둔다(소스 등에 이용). 고기를 구워낸 소테팬에 드라이 화이트와인 120ml와 물을 조금 부어 디글레이즈한 다음 졸인다. 굵게 빻은 통후추(검정후추 10g, 흰후추 10g), 껍질을 벗기고 속을 빼낸 뒤 잘게 깍둑 썬 토마토 1개, 다진 마늘 3톨 그리고 만들어 놓은 피스투 분량의 반을 넣고 섞는다. 졸인 육즙 소스(jus)가 시럽과 같은 농도가 되면 체에 거르고 간을 맞춘다. 큰 접시에 저민 양고기를 빙 둘러 놓는다. 생 파스타면 200g을 삶아 가염버터 10g, 더블크림 50ml, 나머지 피스투를 넣고 잘 버무린다. 저민 양고기에 육즙 소스를 붓으로 발라준다. 오븐 문 위에 놓고 데운다. 고기 접시 가운데 파스타를 둥지 모양으로 놓고 가장자리에 파르메산 치즈를 뿌린다.

tagine d'agneau aux coings ▶ TAGINE
tagine d'agneau aux fèves ▶ TAGINE

AGNÈS SOREL 아녜스 소렐 기본적으로 양송이버섯, 닭 가슴살과 랑그 에카를라트(langue écarlate 염장한 소의 혀를 소 창자에 넣은 샤퀴트리의 일종. 양홍으로 붉은색을 낸다)으로 구성된 가니시의 이름. 곁들이는 주 요리(오믈렛, 팬 프라이 또는 브레이징한 송아지, 닭 안심요리)에 따라 각기 다른 모양으로 썬다. 아녜스 소렐 크림(걸쭉한 크림 수프)에는 가니시를 가늘게 채 썰어 넣는다.

여러 요리에 자신의 이름을 남긴 샤를 7세의 정부 아녜스 소렐은 화려한 식탁으로 소문이 자자했다. "샤를 7세의 환심을 사고 붙들어두기 위해 그녀는 당대 최고의 요리사들을 전부 모아들였다. 그녀 자신도 직접 주방에 내려가는 것을 꺼리지 않을 정도였다. 그녀의 요리 중 멧도요 구이 스튜(salmis de bécasse)와 닭고기와 송로버섯을 넣어 만든 탱발(les petites timbales Agnès Sorel), 이 두 가지는 후대에까지 전해지고 있다." (『프랑스 요리의 역사(*Une histoire de la cuisine française*)』(크리스티앙 기 Christian Guy 저. éd. Les Productions de Paris 출판, 1962)

▶ 레시피 : TIMBALE.

AGRAZ 아그라즈 아몬드, 베르쥐, 설탕으로 만드는 북아프리카 마그레브 지역과 스페인의 그라니타(이 명칭은 카스틸라어로 익지 않은 신 포도의 즙인 '베르쥐(verjus)'를 뜻한다). 새콤한 맛의 아그라즈는 소르베용 큰 유리잔에 담아 서빙하고, 키르슈를 뿌리기도 한다.

AGRICULTURE BIOLOGIQUE 아그리퀼튀르 비올로지크 유기농, 무공해, 친환경 농법. 인공 화학제품의 사용을 배제한 농업 생산 방식을 뜻한다. 프랑스에서는1981년 3월 10일 법령에 따라 공인 및 규제화 되었으며, 1991년 이후 유럽 연합 규정으로도 단계별로 법제화되고 있다. 유기농법을 이용한 양식과 양봉은 1999년에 강령으로 규정되었다. 스위스와 퀘벡에도 이와 비슷한 규정이 적용되고 있다. 프랑스에서 축산업은 더욱 까다롭고 구속력이 강한 관련 규정의 적용을 받고 있다(2000년 제정된 법령에 의거). 이 규정에는 가공 방식(예를 들면 전리방사선을 식품에 쬐는 가공 처리의 금지 등)과 제품의 수송에 관한 사항들도 명시되어 있다.

유기농법은 다음과 같은 몇 가지 원칙을 토대로 한다.

- 비료는 유기물 재료(두엄, 퇴비 등)와 천연 광물성 재료(가루로 분쇄된 바위, 숯의 재)만을 사용한다.
- 윤작을 한다. 까다로운 식물(낟알 곡식, 밭갈이나 제초가 필요한 식물)과 토양을 비옥하게 해주는 종류(콩과 식물)를 교대로 경작한다.
- 토양의 구조를 심하게 변화시키지 않도록 토지 표면에서 경작한다.
- 식물성 원료로 만든 살충제와 잔류성이 없는 살진균제만을 사용한다. 작업은 더 까다롭지만 수확성이 더 낮진 않다.

그 어떤 것도 반론의 여지가 없을 정도로 명백하게는 유기농 제품의 영양학적 우수성을 입증하진 못하지만, 비타민과 건물(dry matter 생물체의 원상태에서 수분을 제거한 것) 함량이 높고 당과 산미의 균형이 더 우수하며 맛도 더 좋은 장점이 있다. 대부분의 경우 위험 잔류물을 함유하고 있지 않으며 환경보호에 친화적이다. 하지만 일반 제품들에 비해 가격대가 높다. 판매 명칭에 있어서는, 그 제품이 가공 유무를 불문하고 95% 이상 유기농 방식으로 재배한 재료로 이루어진 경우에만 유기농이라는 이름을 붙일 수 있다. 기존 재래식 방식의 재료는 5%까지만 포함이 가능하다(구할 수 없거나, 또는 유럽 내에서 필요량을 충분히 공급받기 어려운 생산품). 제품 라벨에는 반드시 인증기구 명칭이 표시되어야 한다. 최소 70% 이상의 유기농 생산 재료를 포함하는 가공 제품의 경우 "몇 %의 농산물 재료가 유기농 생산 규정에 따라 재배되었다"라고 표시할 수 있으며, 이 경우 해당 재료를 명시해야 한다.

AGRUMES 아그림 시트러스, 감귤류. 시트러스 계열의 과일(베르가모트, 비터 오렌지, 세드라, 레몬, 라임, 클레망틴, 만다린 오렌지, 오렌지, 자몽, 포멜로)과 그 교배종(citrange 오렌지와 탱자의 교배종, tangerine 만다린 오렌지의 하이브리드종), 그리고 그와 가까운 종류(금귤)를 지칭한다.

따뜻한 온대기후에서 재배되는 시트러스류 과일은 비타민 C와 구연산, 칼륨이 풍부하고 다소 신맛이 있다. 또한 아주 향이 진한 에센스 오일을 함유하고 있다.

■ **사용.** 시트러스류 과일은 대부분 생으로 소비된다. 돼지나 오리 등의 육류, 가금류 요리에 사용되기도 한다. 또한 파티스리나 당과류(과일 콩피(세드라, 베르가모트), 잼, 봉봉 등) 제조에도 아주 많이 사용되며, 증류주를 만드는 데도 쓰인다(큐라소 등). 특히 과일 주스 제조업에서는 시트러스 과일이 차지하는 비중이 가장 크다. 향 에센스 오일, 껍질에서 추출하는 펙틴 등은 식품 제조업에서 아주 널리 사용된다. 비터 오렌지 꽃 추출물로 만드는 오렌지 블로섬 워터, 시트러스 씨 오일 등을 예로 들 수 있다.

Pas à pas ▶ 오렌지 세그먼트 자르기, 실습 노트 P. XXX

AÏDA 아이다 광어, 넙치 등의 납작한 생선 필레로 만든 요리 이름. 소스 모르네(sauce Mornay)와 시금치에 파프리카 가루를 넣는 것이 '아 라 플로랑틴(à la florentine)'이라는 조리법과의 차이점이다.

AÏGO BOULIDO 아이고 불리도 프로방스식 수프로 끓는 물(eau bouillie, 이 음식의 bulido도 이 어원에서 왔으며, bouïdo 또는 bullido라고도 표기한다)과 마늘로 만든다. '마늘 수프가 생명을 구한다(l'aïgo boulido sauvo lo vito)'라는 속담이 전해오는 프로방스 지방의 가장 오래된 전통 음식 중 하나다.

---

aïgo boulido 프로방스 식 마늘 수프

물 1리터를 끓인다. 소금 1티스푼과 짓이긴 마늘 6톨을 넣고 10분 정도 끓인 다음 세이지(가능하면 생 허브가 좋다) 1줄기, 월계수 잎 1/4장, 타임 작은 1줄기를 넣는다. 불에서 내리고 향이 우러나도록 몇 분간 그대로 둔다. 허브를 건져낸 다음 달걀노른자를 1개 풀어 걸쭉하게 농도를 맞춘다. 그릇에 올리브오일을 뿌린 캉파뉴 빵 슬라이스를 담고 수프를 붓는다. 수프 국물에 수란을 데쳐 빵 위에 한 개씩 얹어도 좋다. 속을 빼내고 잘게 다진 토마토 2개와 펜넬 작은 줄기 한 개, 사프란 한 꼬집, 말린 오렌지 껍질 1조각, 얇게 썬 감자 4개를 수프 국물에 추가로 더 넣으면 좋다.

AIGRE 에그르 비정상적인 신맛(예를 들어 소스, 우유, 와인 등이 상했을 때 나는 시큼한 맛) 또는 불쾌한 신맛(신 체리. 그대로는 먹기 어려운 상태의 신 체리를 증류주 등의 술에 담가 두면 먹을 수 있는 상태가 된다)의 느낌을 표현한다.

또한 입안에서의 복합적인 맛의 인지를 나타내기도 하는데, 신맛과 향이 합해져 찌르는 듯한 맛이 나는 상태를 뜻한다. 젖산은 유제품을 기분 좋게 시큼하게 만들며, 초산은 식초의 맛을 낸다. 이외에도 기타 향 분자들이 시큼한(aigrelette) 노트를 더해주기도 하는데 이는 어떤 식품들(프레시 크림 치즈, 라기올 치즈, 요거트 등)에서는 종종 상큼한 맛으로 인식되기도 한다.

AIGRE-DOUX 에그르 두 새콤달콤한, 새콤달콤한 맛. 서로 대조되는 두 가지의 맛, 즉 신맛과 단맛의 조합을 표현하는 단어이다. 이 맛의 혼합은 오래전부터 사용된 조리법이고 오늘날에도 일상적으로 많이 쓰인다. 고대 로마의 요리에서도 이미 꿀과 식초 또는 베르쥐(verjus)를 섞은 양념이 음식의 기본 재료로 쓰였고, 특히 중세 요리에서는 소스, 스튜에도 이 맛의 조합이 등장한다. 와인, 맥주를 넣어 익히거나 마리네이드(주로 정육, 수렵육, 민물생선), 또는 국물로 끓인 요리 중 많은 경우에 건과일(주로 소스에 넣는다)이나 붉은 베리류 과일 즐레(가니시로 곁들인다)가 들어간다. 달콤새콤한 맛은 독일, 알자스, 플랑드르, 유대민족, 러시아, 스칸디나비아 요리의 대표적 특징 중 하나다.

식초에 절인 과일(크랜베리, 체리, 자두) 병조림은 달콤새콤한 맛의 전형적인 예다. 또한 다양한 재료를 익혀 만든 아샤르, 처트니, 스위트 머스터드 등의 양념들도 단맛과 신맛의 조합으로 만들어진다. 이들 중에는 이국적인 맛(앙티유, 인도 등)을 내는 것들도 있으며, 또 어떤 것들은 영국의 영향으로 유럽에 도입되기도 했다. 그러나 이 새콤달콤한 맛의 정수를 보여주는 최고의 음식은 아마도 중국요리일 것이다. 특히 오리, 돼지고기, 닭요리 등에 많이 사용된다.

▶ 레시피 : MARCASSIN, SAUCE.

AIGUILLAT 에귀야 뿔상어. 곱상어과에 속하는 작은 상어로, 불로뉴(Boulogne)에서 사블 돌론(Sables-d'Olonne)에 이르는 프랑스 지역과 캐나다에서는 '바다의 개'라는 별명으로 불리며, 지중해 지방에서는 에귀야(aiguiat)라고 칭한다(**참조** pp.674~677 바다생선 도감). 크기가 최대 1.2m에 이르며, 회색 껍질, 각 등지느러미 앞 쪽에 난 독침, 그리고 항문 지느러미가 없는 것이 특징이다.

가까운 사촌이라 할 수 있는 점상어(rousette)와 마찬가지로 뿔상어도 일반적으로 가죽을 벗긴 뒤 소모네트(saumonette 일반적으로 작은 상어류를 통칭하는 판매용 명칭)라는 이름으로 판매되며 시장에서 10월~12월 그리고 4월~6월 중에 찾아볼 수 있다. 거의 무미에 가까워 주로 레드와인과 양파로 양념하는 마틀로트(matelote)를 만들거나 양념을 세게 한 비네그레트를 뿌려 차갑게 먹는다.

AIGUILLE À BRIDER 에귀유 아 브리데 주방용 니들. 스테인리스 재질의 가늘고 긴 막대로 길이는 15~30cm, 지름은 1~3mm 정도 되며 한쪽 끝이 뾰족하고 다른 한쪽 끝에는 바늘귀가 뚫려 있다. 이 바늘은 가금류나 깃털 달린 수렵육 조류를 요리할 때 조리용 실을 꿰어 몸통을 위아래로 관통하며 한 번 또는 두 번에 나누어 묶어줌으로써 형태를 잡아 고정시키는 역할을 한다. 보통 여러 크기별로 이루어진 세트가 케이스에 들어 있다.

AIGUILLE À PIQUER 에귀유 아 피케 라딩 니들. 스테인리스 재질의 긴 대롱으로 약간 원추형이며 아주 가늘고 한 쪽 끝이 뾰족하고 다른 쪽은 움푹하다. 움푹 패인 대롱 안에 길고 가늘게 썬 라드, 햄, 송로버섯, 정육의 혀 등을 밀어 넣고 대롱을 고기에 찔러 박아 넣는다(**참조** LARDOIRE).

AIGUILLETTE 에귀예트 가금류(특히 오리)와 깃털달린 수렵육 조류의 가슴 양쪽에서 분리해낸 길고 좁은 살 조각. 의미를 더 확대하여 일반적으로 고기의 작고 길쭉한 조각을 지칭하기도 한다.

소 정육 분할에서 에귀예트 바론(aiguillette baronne)은 우둔 밑에 붙은 길쭉한 피라미드 모양의 부위인 설도(삼각살)를 지칭하고, 이 부위 바깥쪽에 위치한 우둔살 끝 쪽인 에귀예트 드 럼스텍(aiguillette de rumsteck)과는 구분된다(**참조** pp.108~109 프랑스식 소 정육 분할 도감).

▶ 레시피 : BŒUF, CANARD.

AIGUISOIR OU AIGUISEUR 에귀주아르, 에귀죄르 칼 가는 도구. 나이프 샤프너. 나무로 된 손잡이에 강철로 된 두 개의 작은 룰렛 모양의 장치가 나란히 붙어 있는 도구로 룰렛 사이에 칼날을 끼워넣어 예리하게 갈 수 있다. 이 도구는 효과적으로 칼날을 갈 수 있지만 날이 빨리 마모되는 단점이 있다. 전기 회전 숫돌도 마찬가지 원리이며 각종 칼이나 가위까지 적당한 각도에 따라 날을 예리하게 갈 수 있다.

AIL 아이 마늘. 백합과에 속하는 구근 식물인 마늘은 중앙아시아가 원산지이며 아주 오래전부터 그 의약적 효능이 알려져 왔다(**참조** p.26 마늘 도감). 히포크라테스는 마늘이 '몸을 따뜻하게 하고 배변을 원활하게 해주며 이뇨작용을 돕는 성질이 있다'고 주장하면서 발한제 종류로 분류했다. 교잡종들이 다수 등장하면서 유럽에서는 마늘이 만병통치약처럼 여겨졌고, 심지어 페스트와 마귀 들린 병까지도 퇴치한다고 믿었다. 중세 요리의 소스 중 가장 인기가 많았던 것은 마늘 소스(sauce d'aulx)였다. 찧은 마늘에 파슬리와 소렐을 섞어 생선에 곁들이거나, 마늘에 식초와 빵가루를 넣고 찧어 로스팅한 육류와 함께 서빙하기도 했다.

■ **사용.** 마늘쪽이 잘 마른 상태여야 한다. 통마늘은 체에 펼쳐 놓거나 단으로 묶어 매달아서 차가운 온도(영하 0.5°C ~ 영상 1°C)나 실온(18°C)에서 보관할 수 있다. 반점이 생기거나 마늘쪽이 물러지면 더 이상 사용할 수 없다. 일반적으로 흰 마늘은 6개월, 분홍 마늘은 1년 정도 보관할 수 있다. 프랑스 북부 아를뢰(Arleux)에서는 더 오래 저장하고 독특한 풍미를 입히기 위해 마늘을 훈연하기도 한다.

- 생 마늘쪽의 껍질을 벗겨 통째로 사용 : 빵에 문질러 향을 입히거나, 볼이나 작은 냄비, 팬 등의 안쪽 면을 문질러 향을 낸다.
- 다지거나 찧은 생마늘 : 생 채소의 양념으로 사용한다. 아이올리, 타프나드, 피스투, 마늘 버터, 마늘 퓌레 등.
- 프레스로 누른 마늘 : 기름에 향을 내준다.
- 양 뒷다리나 어깨살에 마늘 조각을 찔러 박아 구울 때 향이 배게 한다.
- 잘게 썰거나 다져서 익히기 : 볶음, 소테 요리(생선, 육류, 개구리, 달팽이, 토마토, 버섯, 감자, 샐서피). 마늘은 너무 오래 볶으면 강한 쓴맛이 날 수 있으니 조리가 거의 끝나갈 때 넣는다.
- 마늘쪽을 껍질째(en chemise) 익히기 : 스튜, 브레이징한 요리(카술레), 로스팅 요리(서빙 전에 마늘의 껍질을 벗겨 낸다), 수프류 등.

주요 마늘 품종과 특징

품종	산지	출하시기	마늘쪽 외형
흰색 마늘			
아를뢰 d'Arleux	북부 지방	7월	흰색
메시드롬 messidrôme	남동부, 남서부	6월	흰색
로마뉴 야생 마늘 sauvage de Lomagne (corail, jolimon)	남서부	6월	흰색
야생 곰마늘 sauvage des ours	sous-bois(숲)로 끝나는 대부분의 지역	4월	흰색, 작다
테르미드롬 thermidrôme	남동부, 남서부	6월	흰색
분홍색 마늘			
로트렉* de Lautrec* (goulurose, ibérose)	남서부, 타른(Tarn)	7월	분홍색, 연하게 줄무늬가 있다
프랭타노르 printanor	오베르뉴(Auvergne)	7월	연한 분홍색
바르 du Var	프로방스(Provence), 남서부	7월	연한 분홍색
보라색 마늘			
카두르 de Cadours	남서부	6월	보라색
제르미두르 germidour	남동부, 남서부	6월	보라색

* 로트렉 마늘은 레드 라벨(label rouge) 인증을 받았다.

AILS 마늘

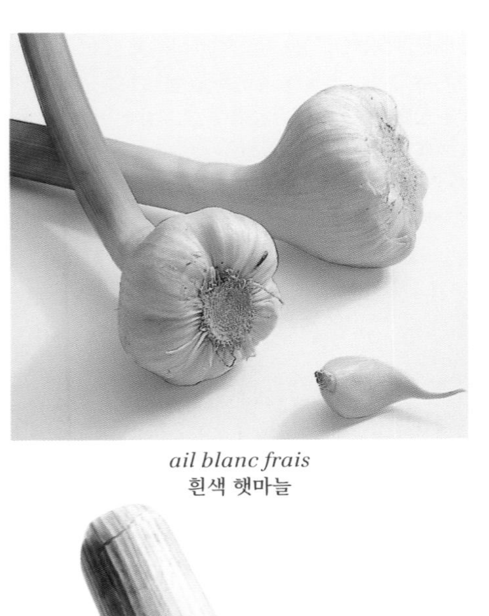

ail blanc frais
흰색 햇마늘

ail rouge séché
붉은색 마른 마늘

ail fumé
훈연 마늘

ail rouge frais
붉은색 햇마늘

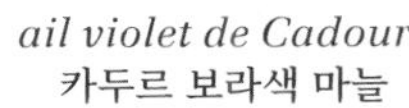

ail violet de Cadours
카두르 보라색 마늘

beurre d'ail ▶ BEURRE COMPOSÉ
essence d'ail ▶ ESSENCE
gigot rôti aux quarante gousses d'ail ▶ aGNEAU
grenouilles à la purée d'ail et au jus de persil ▶ GRENOUILLE
haricots verts sautés à l'ail ▶ WOK
huile d'ail ▶ HUILE

petits flans d'ail, crème de persil 프티 플랑 다이, 크렘 드 페르시
마늘 플랑, 파슬리 크림 : - 4인분 / 준비 : 20분 / 조리 : 40분
이탈리안 파슬리 200g을 깨끗이 씻어 줄기를 제거한다. 소금을 약간 넣은 끓는 물에 파슬리를 2분간 데쳐낸 다음 바로 얼음물에 넣어 식힌다. 건져서 행주로 물기를 닦아낸 다음 종이행주에 놓고 말린다. 마늘 40g의 껍질을 깐 다음 반으로 잘라 안의 싹을 제거한다. 끓는 물에 마늘을 2분간 데친 다음 건진다. 이 작업을 두 번 더 반복한다. 마늘을 굵직하게 으깬 다음 생크림 50ml와 저지방우유 200ml를 넣고 블렌더에 2~3분 갈아준다. 달걀 1개와 노른자 2개를 풀어 소금, 후추로 간한 뒤 마늘에 넣고 섞는다. 오븐을 150°C로 예열한다. 기름을 얇게 칠해둔 4개의 라므킨(ramekin)에 마늘 크림 혼합물을 나누어 붓고 그라탱용 넓은 그릇에 놓는다. 뜨거운 물을 중탕용 그릇 높이의 반까지 채운 다음 오븐에 넣고 플랑이 굳을 때까지 중탕으로 40분 정도 익힌다. 파슬리 크림을 만든다. 우선 저지방 우유 150ml를 가열하여 끓기 시작하면 파슬리를 넣고 2분간 향을 우리며 더 끓인다. 불에서 내린 후 탈지우유 분말 1테이블스푼을 넣고 블렌더로 2~3분 갈아 매끈한 크림을 만든다. 소금, 후추로 간한다. 플랑을 틀에서 분리한 다음 그릇에 담고 파슬리 크림을 빙 둘러준다. 애피타이저로 뜨겁게 서빙한다.
poivrons à la catalane, à l'huile et aux lamelles d'ail ▶ POIVRON
poulet sauté aux gousses d'ail en chemise ▶ POULET
purée d'ail ▶ PURÉE

AIL DES OURS 아이 데 주르스 곰마늘, 산마늘, 명이, 곰파. 백합과에 속하는 야생식물로 4~5월부터 숲속 나무 밑에서 자란다. 이 식물에 달린 두 장의 잎은 종종 은방울꽃 잎과 혼동되기도 한다. 명이 잎은 향이 아주 짙으며 최근 새로운 요리를 추구하는 요리사들에게 인기가 높은 식재료다.

AILE 엘 날개. 가금류의 사지 중 전방부에 위치하는 날개 부분으로 가슴 근육(blanc)으로 이루어졌다. 가슴과 이어진 날개 전체 부분을 지칭할 때는 쉬프렘(suprême)이라고 부른다.

AILERON 엘르롱 아랫날개. 가금류 날개의 끝부분으로, 잘라내어 자투리로 이용하기도 한다. 가는 뼈와 맛있는 붉은 살로 이루어져 있다. 부분적으로 뼈를 발라낸 다음 양념에 재워 소테하거나 브레이징하며, 크기가 클 경우에는 속을 채워 넣기도 한다. 아뮈즈부슈로 서빙하거나 혹은 콩소메 육수를 만들 때 사용한다.
▶ 레시피 : DINDE, DINDON ET DINDONNEAU.

AILERONS DE REQUIN 엘르롱 드 르캥 상어 지느러미, 샥스핀. 상어의 지느러미와 꼬리의 연골질 끝부분을 가리킨다. 건조된 상태의 식재료로 판매되며 색은 노르스름한 흰색이고 길쭉한 바늘 모양을 하고 있다. 귀하고 값이 비싸며 자양강장 효과가 있다고 알려진 이 식품은 유명한 중국식 상어 지느러미 수프에 넣는 주재료다. 중국인들은 전통적으로 큰 연회에서 이 수프를 제공했다. 말린 상어 지느러미를 닭 육수에 하룻밤 담갔다가 3시간 정도 끓인다. 수프는 새우, 향이 좋은 각종 버섯, 생강, 양파, 간장을 넣고 끓이며, 상어지느러미 이외에 잘게 썬 햄, 편으로 썬 죽순, 게살 등을 넣는다

AILLÉE 아이예 마늘과 아몬드를 절구로 찧고 빵가루와 섞은 뒤 육수에 넣어 갠 걸쭉한 양념 소스. 이 양념은 파리에서 처음 만들어진 것으로 추정되며, 13세기에 파리에는 이 양념을 파는 곳이 9군데 있었던 것으로 전해진다.

AÏOLI 아이올리 프로방스어로 마늘(ail)과 기름(oli)의 합성어인 아이올리는 프로방스식 마요네즈의 일종으로 각종 음식에 넣는 양념이나 소스로 사용된다. 주로 부리드(bourride), 삶은 달걀, 샐러드, 에스카르고(식용 달팽이), 차가운 육류나 생선에 곁들여 먹는다.

하지만 '그랑 아이올리(grand aïoli)'라는 명칭은 일 년에 두세 번 정도 먹는 한상차림 파티 음식으로 아이올리 소스를 가운데 놓고 데친 염장대구, 포토푀식으로 국물에 오래 익힌 소고기나 양고기, 물에 삶은 채소, 에스카르고, 삶은 달걀을 담은 큰 플레이트를 가리킨다.

aïoli 아이올리
아이올리 소스 : - 4인분
마늘 4톨의 껍질을 벗긴 뒤 반으로 잘라 싹을 제거한다. 마늘을 으깬 다음 절구나 볼에 넣고 공이로 곱게 찧는다. 고운 소금 1꼬집을 넣고, 통후추도 몇 바퀴 갈아 넣은 다음 달걀노른자 1개를 넣고 포마드 상태가 될 때까지 잘 섞는다. 올리브오일 250ml를 조금씩 가늘게 넣으며 잘 혼합한다(올리브오일과 낙화생기름을 반반씩 섞어 사용해도 무방하다). 마지막에 레몬즙 1티스푼을 넣고, 소금과 후추로 간을 맞춘다. 찧은 마늘에 삶아 으깬 감자 퓌레 1테이블스푼을 넣어도 좋다.

AIRELLE 에렐 크랜베리. 진달래과(éricacées)에 속하는 관목의 붉은 열매로 추운 산악지역에서 주로 생산된다(**참조** pp.406~407 붉은 베리류 과일 도감). 신맛이 강하며 비타민C와 펙틴이 풍부하다.
■ **사용.** 크렌베리는 콩포트나 달콤한 즐레뿐 아니라 짭짤한 일반 음식에 곁들이는 양념이나 소스를 만들 때도 사용된다. 덴마크에서는 크리스마스 디너 음식인 거위 로스트에 적양배추와 크렌베리 콩포트를 곁들여낸다.

아무것도 첨가하지 않은 천연 그대로의 크랜베리는 수렵육(야생토끼 등심)이나 국물에 오래 끓인 육류 요리에 곁들이기도 하고, 아이스 무스(Kissel 러시아의 무스 디저트)나 푸딩을 만드는 데도 사용된다.
compote d'airelle ▶ COMPOTE

gelée d'airelle 크렌베리 즐레
크렌베리 2kg과 레드커런트 1kg을 씻은 뒤 알갱이를 모두 떼어 착즙한다(즐레용 체 혹은 고운 망을 끼운 채소 그라인더를 사용). 이 즙을 잼 제조용 냄비에 넣고, 잼 전용 설탕 3kg과 잘 섞어준다. 끓을 때까지 가열하며 거품을 건진다. 5분간 끓인다. 크랜베리 시럽은 오 필레(au filé 105~110°C) 상태가 되어야 한다(참조. p.820). 바로 불에서 내리고 병입한다.
sauce aux airelles (cranberry sauce) ▶ SAUCE

AISY CENDRÉ 에지 상드레 비멸균 생 소젖(유지방 45%이상)으로 만든 부르고뉴의 세척 외피 연성 치즈(**참조** p.389 프랑스 치즈 도표). 코트 도르(Côte-d'Or)의 몽바르(Montbard) 지역 농가에서 생산되는 이 원반형 치즈는 지름 10cm, 두께 3~6cm 크기로 무게는 약 250g 정도다. 이 치즈는 숙성 단계에 들어가기 전 표면에 숯가루를 씌운다.

AJACCIO 아작시오 코르시카의 AOC 와인들. 레드와 로제 와인의 포도품종으로는 시아카렐로(sciacarello), 바르바로사(barbarossa), 니엘뤼시오(nielluccio), 생소(cinsault), 그르나슈(grenache), 카리냥(carignan) 등이 있고, 화이트와인 품종은 베르망티노(vermentino)와 위니 블랑(ugni blanc)이다. 가장 많은 비중을 차지하는 시아카렐로는 레드와인에 스파이스 향과 부드럽고 풍부한 맛을 내준다. 로제와 화이트와인(생산량의 15%)은 향이 풍부하며 약간의 산미가 있는 청량하고 가벼운 맛을 낸다.

AJOWAN 아요완 미나리과에 속하는 일년생 방향성 식물로 그 모양은 파슬리와 비슷하나 씨는 빻으면 바로 타임과 비슷한 향을 낸다. 특히 인도 요리에 많이 쓰이며, 향신 양념으로 사용하거나 난 등의 빵이나 전병에 향을 내는데 쓰인다.

ALAJMO (MASSIMILIANO) 마시밀라노 알라이모 이탈리아의 요리사(1974, Padova 출생). 그는 역사상 가장 젊은 나이에 미슐랭 가이드의 별 셋을 획득한 셰프다. 열정이 넘치는 테크닉의 달인인 알라이모 셰프는 28세의 나이에 자신의 가족이 대대로 일궈온 레스토랑에서 미슐랭 3스타라는 최고의 평가를 받는다. 화려하지는 않지만 모던한 그의 식당은 파도바에서 아주 가까운 루바노(Rubano)에 위치하고 있으며, 형 라파엘로가 홀의 접객을 담당하고 있다. 미셸 게라르(Michel)와 마크 베라(Marc Veyrat) 밑에서 수련기간을 거친 마시밀라노 알라이모는 이탈리아의 전통과 프랑스의 테크닉을 접목시킨 요리를 선보이고 있다. 양상추 쿨리와 채소 튀김을 곁들인 새우 말이 튀김(involtini de scampi), 튀긴 폴렌타를 곁들인 정어리 에스카베슈, 로즈마리를 넣은 병아리콩 크림 소스의 통곡물 파스타 등의 메뉴는 현대화된 가벼운 이탈리아 요리를 표방하고 있지만, 이 셰프의 손길이 미치는 한 그 뿌리를 잃지 않고 있다.

ALAMBIC 알랑비크 증류기. 알람빅 증류기. 알코올을 증류하는 장치로 아랍어의 'al inbiq(증류용 항아리)'에서 온 단어다. 구리로 된 전통적 증류기는 증류할 혼합물이 데워지는 보일러 아랫부분에 해당하는 증류솥(cucurbite)과 증기가 모이는 상부장치, 그리고 발생된 증기를 뱀 모양의 구불구불한 냉각용 사관으로 보내는 백조목이라 불리는 긴 굴곡관으로 이루어져 있다. 사관은 냉각기에서 증기를 응축한다. 이러한 타입의 단식 증류기(charentais, discontinu, à repasse)는 대부분의 브랜디를 증류하는 데 사용된다. 그러나 연속식 증류기를 사용하는 경우도 있으며(예를 들면 아르마냑), 그 외에 두 개의 기둥구조로 되어 있는 공업용 증류기도 있다.

ALBACORE 알바코르 참치, 다랑어, 황다랑어. 고등어과에 속하는 다랑어의 일종으로 날개다랑어의 살보다 약간 더 핑크빛을 띠고 있다(**참조** p.848 다랑어 도표). 또한 지느러미에서도 차이를 보이는데, 알바코르 다랑어의 중간 가슴지느러미와 항문지느러미는 비슷한 모양으로 둘 다 노란색을 띠고 있다. 등지느러미와 항문지느러미는 초승달 모양을 하고 있으며, 꼬리지느러미에는 레몬과 같은 노란색의 낱 잎들이 붙어 있다. 최대 길이 2m에 무게 200kg까지 나가며 연중 내내 아프리카 연안 대서양의 열대해역에서 잡힌다.

많은 인기를 얻고 있는 황다랑어의 살은 주로 통조림용으로 많이 소비되고 있으며, 이는 통조림 생산량의 가장 큰 부분을 차지한다. 지방이 많은 붉은 참치에 비해 황다랑어의 살은 기름기가 적고 담백한 편이다.

ALBERGE 알베르주 장미과에 속하는 복숭아나무의 열매로 복숭아와 살구 중간의 맛을 갖고 있다. 껍질은 거칠거칠하고 살은 새콤하면서 아주 말랑하고 부드럽다. 19세기 문학가 오노레 드 발자크에 의하면 이 과일로 만든 잼과 대적할 만한 것은 없다고 한다.

ALBERT 알베르 영국 소스의 일종. 빅토리아 여왕의 부군인 작센 코부르크 고타 왕가의 대공 앨버트에 헌정된 소스 이름이다. 맑은 콩소메에 홀스래디시를 갈아 넣고 빵가루를 넣어 농도를 맞춘 다음 생크림과 달걀노른자를 섞어 넣는다. 마지막으로 머스터드를 식초나 레몬즙에 풀어 넣어 톡 쏘는 매콤한 맛을 더한다. 이 더운 소스는 주로 브레이징한 소고기 또는 국물에 넣어 오래 끓인 고기요리에 곁들인다.

'알베르'라는 이름은 1930년대 파리의 레스토랑 막심(Maxime's)의 홀 매니저였던 알베르 블라제(Albert Blazer)의 이름을 딴 서대 요리에도 붙어 있다.

ALBIGEOISE (À L') 아 랄비주아즈 알비(Albi)식의. 속을 채운 토마토와 감자 크로켓으로 구성된 가니시를 뜻하며, 전통적으로 크고 작은 육류 요리에 곁들여 서빙된다.

또한 이 명칭은 프랑스 남서부 쉬드 우에스트(Sud-Ouest) 지방의 특산 재료가 들어가는 요리들을 의미하기도 한다.

▶ 레시피 : AGNEAU, SOUPE.

ALBUFERA (D') 알뷔페라 클래식 오트 퀴진의 다양한 요리에 이 명칭이 붙어 있다(특히 소스를 끼얹은 닭이나 오리 요리). 이 이름의 기원은 정확히 알려져 있지 않았지만, 19세기 초 앙토냉 카렘(Antonin Carême)이 알뷔페라의 공작 쉬세 사령관에게 헌사하기 위해 사용했다고 전해진다(발렌시아 알뷔페라 석호 근방 전투에서 영국군을 물리치고 승리한 그는 알뷔페라 공작 칭호를 얻었다). 이 요리는 1866년 이후 아돌프 뒤글레레(Adolphe Dugléré)가 파리의 유명한 식당 카페 앙글레(Cefé Anglais)의 주방을 총괄할 때 다시 재현되었다.

▶ 레시피 : POULARDE, SAUCE.

ALCAZAR 알카자르 파티스리의 일종. 파트 쉬크레 시트에 살구 마멀레이드를 덮고 그 위에 피낭시에 반죽을 얹은 다음 아몬드 페이스트로 만든 격자무늬 띠와 살구 마멀레이드로 장식한 앙트르메. 이 케이크는 2~3일간 보존가능하다.

▶ 레시피 : GÂTEAU.

ALCOOL 알코올 단맛이 있는 물질을 발효한 후 증류하여 얻는 브랜디, 또는 스피릿 류의 술. 중세에 이 증류주는 장수의 묘약(생명의 물이란 뜻의 오드비 eau-de-vie도 여기서 유래했다)으로 여겨졌으며, 치료용으로만 사용되었다. 이것이 '마시는 술'이 된 것은 15세기 말경이며, 술에 향을 내기 위하여 각종 향초나 식물을 넣었다. 증류를 통해 정화하는 방법이 탄생하게 되었고 일상적으로 소비하는 제품들을 만들어낼 수 있었다. 이는 재증류 과정을 통하여 알코올의 거친 맛을 없애 더 순도 높고, 알코올 도수도 높여 복합적인 향의 부케와 섬세함을 얻는 기술이다.

술의 알코올 함유량은 오랫동안 몇 도(°) 단위로 측정되어왔다. 하지만 이후 유럽 대부분의 나라에서 액체의 부피 비율(% Vol)로 알코올의 함량을 표시하게 되었다.

■ **사용.** 요리사나 미식가들의 관심을 끄는 알코올은 오로지 효모와 다양한 물질의 작용 하에 발효과정을 거쳐 얻어진, 음용할 수 있는 에틸알코올이다. 특히 좋은 원재료를 사용하는 경우에는 술을 정류하지 않고 오드비(브랜디)를 만든다.

과일(포도, 배, 사과, 핵과류, 베리류 등)로 만들 수 있는 술은 와인 이외에도 시드르(cidre), 푸아레(poiré), 마르(marc), 오드비(아르마냑, 칼바도스, 코냑), 무색 브랜디(라즈베리, 키르슈, 미라벨, 자두 등으로 만든 증류주) 등이 있다. 곡류와 낟알(쌀, 보리, 밀, 호밀, 옥수수 등)은 맥주, 진, 위스키, 보드카 등을 만드는 데 널리 쓰이고, 구근류(특히 감자와 비트)와 열대식물(팜, 조, 사탕수수, 아가베)도 럼, 테킬라 및 해당 지역에서 주로 소비되는 다양한 술을 만드는 재료로 사용된다.

오드비는 요리에서는 물론이고 파티스리에서도 많이 사용된다. 특히 아이스크림, 소르베, 수플레를 만들 때 사용되며, 일반 요리의 다양한 조리 기법(디글레이징, 플랑베, 적시기, 마리네이드 재우기)에도 자주 등장한다. 알코올에는 소독 효과가 있어 과일을 보존하는 데도 유용하다.

■ **영양학적 정보.** 술은 열량이 높다(그램당 7Kcal 혹은 29kJ). 혈중 알코올 농도가 혈액 1리터당 0.5g을 초과하면 유독하다. 여성의 경우 하루 두 잔(한 잔당 약 150ml 기준), 남성은 네 잔 이상 마시지 않는 것이 좋다. 임산부의 음주는 절대로 권장하지 않으며 어린이와 청소년의 음주는 금지되어 있다.

ALCOOLAT 알코올라 향을 내는 성분(곡류, 꽃, 과일, 줄기, 씨, 껍질)을 담가 두었던 알코올을 증류하여 얻은 물질. 향이 우러난 이 무색의 증류물(distillats)은 리큐어 제조에 아주 많이 사용된다.

ALDÉHYDE 알데이드 알데히드. 탄소 원자가 산소 원자와 수소 원자에 이중 연결된 유기화합물을 지칭한다. 알데히드는 식품에 향을 내는 데 많이 쓰인다. 아세트알데히드 혹은 1774년 스웨덴의 화학자 칼 빌헬름 셸레(Karl Wilhelm Scheele)가 발견한 에탄올은 독특한 청사과 향을 갖고 있다.

AL DENTE 알 덴테 '치아에 닿는'이라는 뜻의 이탈리아어 표현으로 파스타를 적절한 식감으로 익힌 상태를 가리킨다. 파스타를 삶고 난 뒤 불에서 내려 건졌을 때, 씹으면 아직 치아에 약간 단단한 식감이 느껴지는 상태이다.

이 표현은 아삭하게 익힌 채소(그린빈 등)에도 사용한다. 주로 꼬투리 안에 든 콩과 식물이나 곡류 등의 익힘 정도에서 알 덴테를 권장하는데 이는 이들 식품에 함유된 전분이 빠르게 흡수되는 당류로 변하는 것을 막기 위함이다. 적정 조리시간은 일반적으로 제품 포장에 명시되어 있다.

ALE 엘 에일 맥주. 상면 발효 방식의 전통 영국식 맥주를 통칭한다. 밝은 황갈색의 페일 에일(pale ale)은 톡 쏘는 맛과 청량함이 있으며 거품이 풍부하다. No.1(비터 에일)은 알코올 도수가 조금 약하고 구릿빛이 나며 홉의 풍미가 두드러진다. 브라운 에일은 더 부드럽고 갈색을 띠며 캐러멜 맛이 난다.

ALEXANDRA 알렉상드라 이 명칭이 붙은 요리는 닭 콩소메, 작게 깍둑 썬 채소 브뤼누아즈를 곁들인 포타주 파르망티에, 서대 필레 요리, 소테한 닭고기, 냄비에 익힌 메추리 코코트, 양이나 소의 안심 요리 등 여러 가지가 있는데, 이들은 전혀 비슷하지 않고 모두 제각각 다른 음식이다. 소스를 뿌린 이 요리들에 이와 같은 이름이 붙은 이유는, 모두 얇게 저민 송로버섯 슬라이스를 기본으로 화이트 소스인 경우에는 아스파라거스 머리 부분, 브라운 소스인 경우는 아티초크 속살 자른 것을 가니시로 곁들인다는 공통점 때문이다.

▶ 레시피 : POULET.

ALEXANDRA (COCKTAIL) 알렉상드라(콕텔) '브랜디 알렉산더'라고도 불리는 아주 달콤한 칵테일로 생크림, 브라운 초콜릿 리큐어(crème de cacao)와 코냑(바텐더에 따라서 진(gin)으로 대체하기도 하는데 이때는 이름이 '알렉산더'가 된다)을 섞어 만든다. 저녁 식사 후에 주로 마신다.
▶ 레시피 : COCKTAIL.

ALGÉRIE 알제리 알제리의 미식문화는 그 역사뿐 아니라 지리적 위치에 의해서도 잘 증명되고 있다. 이 '아프리카 지방'은 튀니지, 모로코와 함께, 터키와 유대인들의 영향이 미치기 전까지 로마 제국의 곳간이었다. 이후 터키인들은 그곳에서 자신들의 파티스리를 널리 전파했다. 또한 유대인들에 의해 유입된 식문화는 돼지고기 섭취 금지, 금식의 실천, 축일 기념 의식 등 이슬람 규례와 비슷한 종교적 규칙이 많았다. 식민지 기간 동안 프랑스 식문화의 영향은 곡류와 채소, 건과일과 구운 육류를 기초로 한 이곳 선조들의 전통인 '사막의 음식'뿐 아니라 현대식 도시의 미식에도 그 흔적을 남겼다.
■ **육류와 채소.** 알제리의 음식은 언제나 푸짐하고 색이 다채로우며 한두 가지 혹은 복합적인 향신료를 넣은 매콤한 퓌레 양념인 하리사(harissa)로 맛을 낸 것이 많다. 수프는 주로 채소와 곡식, 고기(초르바chorba 의 경우는 양의 갈비를 넣는다)를 넣고 아주 걸쭉하게 만든다. 그들의 음식 구성은 종교적 의무와도 밀접하게 연관되어 있다. 고기를 넣지 않는 쿠스쿠스인 메스푸프(mesfouf)에는 잠두콩이나 건포도가 곁들여지며 라마단 기간 중 새벽에 주로 먹는다. 유대교 안식일의 대표적인 음식으로 24시간 동안 뭉근히 끓여 만드는 밀 트피나(tfina)는 전통적인 트피나를 변형한 것으로 듀럼밀이 들어가고 달걀과 감자는 넣지 않는다.

쿠스쿠스는 알제리의 국민음식이다. 전통적으로 스멘(smen, smeun 짭짤한 맛의 발효 정제 버터)을 기름 대용으로 쓴다. 쿠스쿠스의 종류는 사용하는 재료(양, 닭, 소고기)에 따라 매우 다양하며, 여러 가지 채소(당근, 셀러리, 주키니 호박, 강낭콩, 병아리콩, 단호박, 순무, 토마토 등)와 건포도, 삶은 달걀, 그리고 국물(marga)과 함께 먹는다. 사하라 이남 아프리카 지역에서는 쿠스쿠스에 국물이나 채소를 곁들이지 않는다. 또 하나의 대표적 지역 특선 음식인 타진은 육류나 가금류, 채소, 과일 등을 함께 넣고 뭉근히 익힌 일종의 스튜다.

고기는 꼬치에 꿰어 굽는 케밥(kebabs) 형태로도 많이 먹으며, 국물에 익힌 채소나 라타투이식으로 조리한 샤슈카(chakhchoukha)를 곁들인다.
■ **디저트.** 파트 푀유테(dioul)는 파티스리에서뿐 아니라, 일반 요리에서 짭짤한 쇼송 파이 등의 음식을 만들 때도 두루 사용된다. 꿀이나 시럽에 적신 페이스트리 과자인 바클라바(baklava)는 이 지역의 대표적 파티스리이며 지중해 연안 지역 어디서나 쉽게 찾아볼 수 있다.
■ **와인.** 19세기 말까지 알제리에서는 포도주를 금지하는 이슬람법에 따라 오로지 건포도만을 생산했다. 1865년 아메리카 대륙에서 유입된 식물에서 번진 포도나무뿌리 진디병이 프랑스 전역을 덮치자, 식민 본국인 프랑스는 알제리의 와인 생산을 발전시키기로 장려했다. 제2차 세계대전이 발발하기 바로 전 알제리의 포도밭 면적은 40만 헥타르에 달하며 최고점을 찍었다. 당시 알제리에서 생산된 와인은 프랑스로 수출되어 랑그독 루시용 지역의 중저가 와인에 맛과 품질을 더하는 블렌딩 용으로 사용되었다.

1963년 독립한 이후로 알제리는 새로운 시장을 개척하고(알제리는 특히 당시 구 소련과 특혜조약을 체결했다) 품질 좋은 와인을 생산해야 했다. 포도밭 및 와인 협회(IVV)가 창설되었고, 이 기구에서는 와이너리들을 원산지 명칭 원칙에 따라, 개런티(VAOG, vin d'appellation d'origine garantie) 혹은 심플(VAO) 등급으로 분류하였다.

알제리 최고의 와인은 오랑(Oran) 근처의 언덕 비탈 포도밭(coteaux-de-mascara, coteaux-de-tlemcen)과 알제(Alger) 지역에서 생산된다(miliala, médéa, dahra, mostaganem).

레드와인은 알코올 도수가 높고 부케가 복합적이며, 주요 포도품종은 카리냥(carignan), 생소(cinsault), 그르나슈(grenache), 무르베드르(mourvèdre), 피노(pinot), 시라(syrah), 모라스텔(morrastel)이다. 비교적 덜 알려진 화이트와인은 섬세하고 과일향이 풍부하며, 포도품종은 클레레트(clairette), 리스탕(listan), 마카베오(maccabeo), 위니블랑(ugni blanc) 등이다. 모두 알코올 도수가 높고(대부분이 최소 12.5% Vol.) 쿠스쿠스와 양고기를 비롯한 북아프리카 요리에 잘 어울린다. 특히 시원한 온도로 마시면 훨씬 더 맛있게 즐길 수 있다(화이트와 로제와인은 7~8°C, 레드와인은 13~14°C).

ALGÉRIENNE (À L') 아 랄제리엔 알제리식의. 와인 병의 코르크 마개 모양으로 만든 고구마 크로켓과, 껍질을 벗기고 속을 빼낸(빼내지 않아도 무방) 다음 기름을 한 바퀴 둘러 익힌 작은 토마토로 구성된 가니시를 지칭한다. 큰 덩어리나 작은 조각으로 잘라 조리한 고기 요리(포피예트 등)나 팬에 소테한 닭 요리 등에 곁들여 서빙한다.

이 명칭은 또한 고구마와 로스팅한 뒤 분쇄한 개암으로 만든 크림 수프(crème 또는 velouté)를 가리키기도 한다. 수프 조리 마지막에 생크림을 넣어준다.

ALGINATE 알지나트 알긴산염. 갈색 해초, 특히 유럽 해안에 많이 서식하고 있는 다시마 속 라미나리아에서 추출한 식품 첨가제(**참조** ADDITIF ALIMENTAIRE). 알긴산염은 인스턴트 커스터드 크림이나 소스류, 가공육이나 샤퀴트리 등의 식품에 농후제, 겔화제 또는 안정제로 사용된다.

ALGUES 알그 해초. 요리에 사용하거나 가니시로 혹은 샐러드로 이용하는 해초류를 뜻한다. 해초는 지구상 어디에서나 서식하지만 주로 인근 해안에서 많이 볼 수 있다. 종류가 아주 다양하며 단백질, 광물질, 섬유소, 무기질(특히 요오드), 비타민 등이 풍부하다(**참조** PLANTES MARINES).
▶ 레시피 : BAR (POISSON).

ALHAGI 알하지 자밀(刺蜜). 공과에 속하는 키가 작은 관목으로 지중해 연안 국가에서 많이 자란다. 식용 가능한 씨앗에서는 기온이 높아지면 달콤한 액이 흘러나오는데, 이것은 성경에 나오는 만나(manna)로 여겨진다(히브리어로 mânhu는 '이것은 무엇인가요?' 라는 뜻이다).

ALI-BAB 알리 밥 앙리 바빈스키(Henri Babinsky, 1855, Paris 출생–1931, Paris 타계)의 필명. 광산 기술자인 그는 이 필명으로 1907년 『실무요리(*Gastronomie pratique*)』를 펴냈다. 금광과 다이아몬드 광맥을 찾아 전 세계로 여행을 다니면서 그는 각종 레시피를 모았고 여행 동반자들에게 직접 요리를 해주기도 했다. 이 책은 다양한 내용이 추가되면서 여러 차례에 걸쳐 재발간되었는데 그중에서는 미식가들의 비만을 다룬 흥미로운 연구 내용도 실려 있다(1923). 엄청난 내용을 다루고 있는 이 책은 저자의 유머 감각도 살짝 엿볼 수 있는 역사, 미식계의 아주 흥미로운 책이지만 더 이상 '실무적'이라는 제목은 그 빛을 발하지 못하고 있다. '알리 밥'이라는 이름은 여러 요리 명칭에도 사용되고 있다.
▶ 레시피 : SALADE.

ALIGOT 알리고 감자, 마늘, 라기올 치즈(Rouergue, Aveyron 지방), 혹은 캉탈 치즈(Auvergne 지방. 이곳에서는 알리고를 트뤼파드(truffade)라고 부른다)를 재료로 하여 만드는 요리. 치즈는 숙성되지 않은 것을 사용하는데, 톰 프레슈(tomme fraîche. Planèze산을 최고로 친다) 치즈도 종종 사용되는 종류다. 알리고는 사용한 치즈의 명칭을 붙이는 게 일반적이다. 알리고를 성공적으로 만들려면 치즈와 감자 퓌레를 완전히 섞어 혼합된 반죽이 실처럼 길게 늘어나는 상태가 되어야 한다.

달콤한 맛의 알리고를 만들어 먹기도 한다. 재료를 혼합하여 그라탱 용기에 넣고 럼을 부은 다음 불을 붙여 플랑베한다.

앙젤 브라스(ANGÈLE BRAS)의 레시피

aligot 알리고

6인분

감자 1kg(bintje, beauvais 품종)을 껍질째 찐다. 충분히 익은 감자의 껍질을 벗긴 다음 버터150g, 생크림 150ml, 뜨거운 우유 300ml를 넣으며 잘 섞어 퓌레를 만든다. 감자의 성질에 따라 우유의 양은 조절할 수 있다. 퓌레가 가볍고 크리미한 질감이 될 때까지 충분히 치댄다. 기호에 맞게 소금으로 간한다. 퓌레를 냄비에 넣고 데운다. 얇게 저민 라기산 톰 프레슈(tomme fraîche) 치즈를 넣어준다. 나무 주걱으로 힘차게 섞는다. 치즈가 점점 녹아 섞이면서 혼합물이 실처럼 늘어나기 시작하다가 주걱으로 떠 올리면 띠 모양으로 흘러 떨어진다. 알리고를 불 위에서 너무 오래 데우면 식으면서 더 이상 실처럼 늘어나지 않으니 주의한다. 마지막에 다진 마늘을 칼끝으로 조금 넣어도 좋다. 즉시 서빙한다.

ALIGOTÉ 알리고테 부르고뉴의 데일리급 화이트와인으로 알리고테 품종 포도로 만든다. 상큼한 산미가 있으며 균형감이 좋은 가벼운 맛의 이 와인은 전통적으로 크렘 카시스(crème cassis 블랙커런트 리큐어)를 섞어 아페리티프 '키르(kir)'를 만들어 마신다.

▶ 레시피 : NAGE.

ALIMENT 알리망 식품. 먹을 수 있는 원재료 및 가공물질을 포함한 모든 식품. 생산과 보존, 유통의 현대적인 기술 발달로 인해 새로운 제품의 개발이 늘어나면서 식품은 점점 다양해졌다. 하지만 각 나라나 지역의 농수산물 수확 여건에 따라 달라지는 일상 식품은 사회적, 종교적, 가정적 전통의 영향과도 밀접한 관계를 갖는다. 개인적 기호와 생활방식(근로환경, 스포츠 활동 등)도 중요한 요소가 되며 특수 식이요법에 의한 제한 등도 변수가 될 수 있다.

식품은 주요 영양공급에 따라 크게 세 그룹, 즉 탄수화물(전분, 콩류, 당분이 함유된 식품 등), 지방(기름, 버터, 치즈 등), 단백질(고기, 생선, 달걀, 유제품 등)로 나뉜다.

완전한 식품은 없다. 그러므로 다양한 식품으로 식사를 구성해 영양소의 결핍이 없도록 해야 한다. 또한 공장 대량생산 식품을 구입할 때는 라벨을 꼼꼼히 읽어야 하는데, 이는 식품 가공과정에서 영양학적 특징이 달라질 수 있기 때문이다. 특히 곡류는 부풀게 되면 흡수가 빠른 당을 함유하게 된다.

ALISE 알리즈 마가목 열매. 산에서 자라는 장미과의 나무로 마가목의 한 종류다. 진홍색의 베리 열매는 작은 체리정도의 크기로 신맛을 갖고 있다. 가을에 재배되는 이 열매는 거의 무를 정도로 농익은 상태로 사용하며 주로 잼이나 즐레 또는 전통 방식의 오드비를 만드는 데 쓰인다.

ALKÉKENGE ▶ **참조 VOIR PHYSALIS**

ALLÉGÉ 알레제 라이트, 저함유. 식품의 특정 성분 비율이 감소된 상태를 뜻한다. 이와 같은 라이트 제품을 선택함으로써 당이나 지방을 에너지 필요량에 따라 조절하여 소비할 수 있다.

유럽연합은 라이트(allégé, léger, light)라는 문구를 상품에 넣는 데 엄격한 규정을 적용하고 있다. 식품 본연의 성질이 근본적으로 변하지 않은 경우에만 이와 같은 표현을 사용할 수 있고, 변화된 성분(들)에 대해서는 그 이름을 반드시 명시해야 한다.

유제품(스프레드, 버터, 몇몇 종류의 치즈들)은 지방 함유량을 줄인 최초의 제품으로, 제조과정에서 지방성분을 쉽게 줄일 수 있다. 단맛을 강하게 내는 감미료의 등장으로 과일주스, 아이스크림, 당과류들도 설탕 함량을 줄일 수 있게 되었다. 이와 같은 대체 감미료의 사용에 대해서는 맛이 설탕과 동일하다는 점에서 반론의 목소리도 있다. 그러므로 저당(light) 음료라 할지라도 너무 많이 마시지 않는 것이 좋다. 왜냐하면 이것이 설탕에 대한 욕구를 더 부추길 수 있기 때문이다. 반대로 지방 함량을 줄인 저지방 식품들은 그 효과가 명백하다. 지방 함량만 낮아졌을 뿐 단백질과 칼슘은 그대로 있기 때문이다.

ALLEMAGNE 알르마뉴 독일. 독일의 음식은 양이 푸짐한 것으로 유명하지만 사실 종류는 그리 다양하지 않다. 네덜란드, 스칸디나비아, 폴란드의 영향이 혼재되어 있는 습하고 추운 기후의 북부 지방에서는 든든한 수프류와 훈제한 고기, 생선 등을 즐겨 먹는다. 중부지방의 음식은 '맥주, 호밀빵, 햄' 삼총사로 대표되며, 이것 이외에도 스튜 종류나 신선한 채소, 슬라브족의 파티스리 등이 사랑을 받고 있다. 남부와 서부의 음식은 좀 더 가벼운데 특히 바덴주와 와인과 수렵육이 유명한 라인란트주가 대표적이다. 바이에른주에서는 특히 육류와 파티스리가 주를 이룬다.

독일의 요리는 오랜 전통을 지니고 있다. 사과로 속을 채운 거위 로스트나 후추 소스의 야생토끼 요리 등은 그 기원이 샤를마뉴 대제 시대까지 올라가는 오래된 것들이다. 각 지방 자치주마다 왕실에서는 수준 높은 미식문화를 발전시켰으며 때로는 프랑스 요리사들을 고용하기도 하였다. 감자와 새콤한 사과로 만든 퓌레에 구운 소시지를 얹은 힘멜운트에르더(Himmel und Erde 하늘과 땅이라는 뜻)와 같이 소박하고 거친 음식들도 늘 인기를 누려왔다.

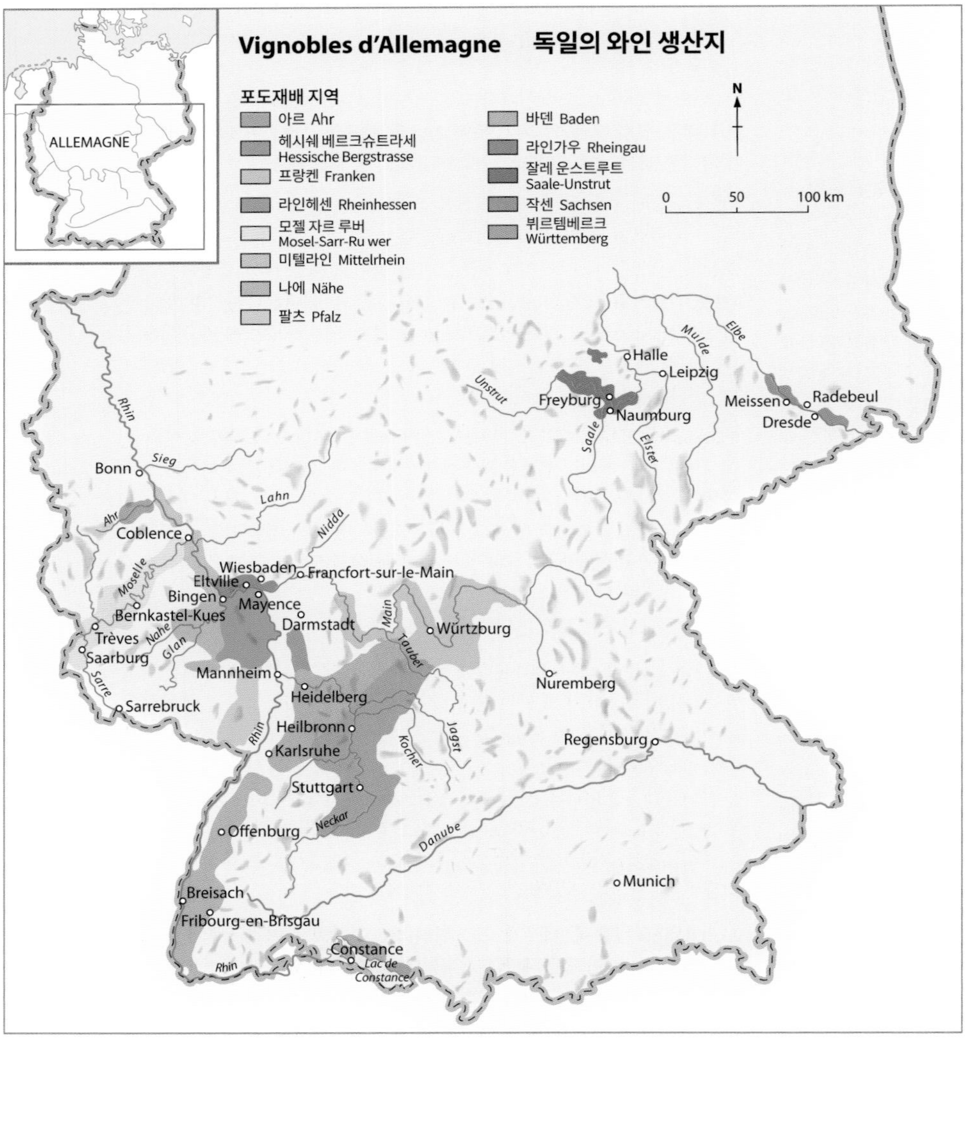

독일 음식의 특징은 단맛과 짠맛의 혼합으로 체리수프나 함부르그식 장어 수프(당근, 완두콩, 아스파라거스, 건자두, 건살구를 넣는다)뿐 아니라 산악지대인 슈바르트발트의 노루 안심요리(크랜베리를 채운 사과를 곁들인다) 등에서 잘 나타나고 있다.

■ **샤퀴트리.** 슈바벤, 노르트라인베스트팔렌, 바이에른주에는 특히 유명한 햄들이 많고, 슐레슈비히홀스타인, 작센 주에는 뜨겁게 혹은 차갑게 먹는 각종 소시지 종류가 놀라울 정도로 다양하다. 이들 소시지는 빵에 올려 먹거나(간, 파프리카, 훈제 돼지고기 등을 넣은 소시지), 굽거나(특히 뉘른베르크의 허브를 넣은 훈제 소시지), 데쳐 익혀서(다소 향을 첨가한 소시지) 먹는다. 특히 흰색 소시지인 바이스부르스트(Weisswurst 송아지, 소고기, 파슬리 등), 톡 터지며 육즙이 풍부한 보크부르스트(Bockwurst), 그리고 우리가 핫도그 빵에 넣고 머스터드를 뿌려 늘 즐겨 먹는 프랑크푸르트(Frankfurter) 소시지 등이 대표적이다. 세르블라(Cervelat), 프로마주 드 테트(fromage de tête), 부댕(boudin)도 물론 빼놓을 수 없다.

■ **유제품.** 독일의 유제품 종류는 다양하다. 소젖으로 만드는 프레시 커드 치즈인 쿼크(Quark 독일어로 크박. 커드를 뜻한다)는 양파, 파프리카, 허브가 섞인 다양한 맛으로 널리 소비되고 있다.

Vignobles d'Allemagne 독일의 와인 생산지

포도재배 지역
아르 Ahr
헤시쉐 베르크슈트라세 Hessische Bergstrasse
프랑켄 Franken
라인헤센 Rheinhessen
모젤 자르 루버 Mosel-Sarr-Ru wer
미텔라인 Mittelrhein
나에 Nähe
팔츠 Pfalz
바덴 Baden
라인가우 Rheingau
잘레 운스트루트 Saale-Unstrut
작센 Sachsen
뷔르템베르크 Württemberg

경성치즈뿐 아니라 가공치즈를 훈연하거나 햄을 첨가하기도 한다. 지역 특산물로는 소젖 경성치즈인 알가우어 에멘탈(Allgäuer Emmentaler), 소젖 연성치즈 마인저 캐제(Mainzer Handkäse), 소젖 경성치즈 니하이머 케제(Nieheimer Käse 홉을 넣어 만든 치즈)가 대표적이다. 또한 소젖 경성치즈인 틸지터(Tilsiter)는 어디에서나 흔히 찾아볼 수 있는 치즈 품종이다.

■ **빵.** 독일에는 다양한 형태의 빵이 있는데 주로 통밀, 밀, 호밀로 만들며, 아마 씨, 깨, 커민 등을 넣어 향을 더한다(Pumpernickel, Knäckebrot, Vollkornbrot).

■ **육류와 생선.** 고기 요리가 어디서나 가장 인기가 높으며 주로 홀스래디시와 양파를 곁들인다. 대부분 냄비에 채소와 함께 익힌 요리, 혹은 스튜 종류이고 향신료가 비교적 많이 들어가며 종종 사워크림을 사용하기도 한다. 베를린의 돼지정강이 찜, 네 가지 종류의 고기(소, 양, 돼지, 송아지)를 넣어 끓인 스튜(Pichelsteiner Fleisch), 카셀 스타일로 훈연한 돼지 어깨살과 슈크루트 등이 대표적이다. 코르니숑과 매콤한 소스를 곁들인 소를 채운 소고기 포피에트, 케이퍼를 넣은 미트볼, 랍슈카우스(labskaus), 베를린이나 함부르그식 다진 쇠고기(미국으로 건너가면서 햄버거가 된다) 등도 인기 있는 메뉴들이다.

닭고기도 독일 요리에서 많이 소비되는데 특히 뮌헨 맥주 축제에서 엄청나게 많이 볼 수 있는 있는 꼬챙이에 꿰어 굽는 방식의 로스트 치킨 또는 아스파라거스와 버섯을 곁들인 베를린의 닭고기 프리카세가 대표적이다. 몇몇 지역은 닭의 생산지로 이름이 나 있기도 하다. 특히 함부르그의 암탉요리가 유명한데, 이는 화이트와인, 버섯, 굴이나 홍합을 넣고 끓인 스튜의 일종이다. 또한 연하고 풍미가 좋은 함부르그의 영계나 가슴살을 잘라내 훈연해 먹는 포메라니아의 거위도 인기가 아주 많다.

사냥으로 잡은 동물의 고기를 이용한 요리로는 라인강 지역 대표 메뉴인 속을 채운 꿩 요리 혹은 버섯을 곁들인 노루 갈비요리 등이 있다.

북부 지방에서는 바다생선이 왕이다. 특히 조리방법이 다양한 청어(훈제, 튀김, 소스요리, 홀스래디시, 머스터드, 맥주를 넣어 조리, 피클처럼 절인 롤몹스 등)와 넙치가 으뜸이다. 갑각류 해산물과 굴도 자주 먹는 식재료이며 장어, 모젤 지방의 강꼬치고기, 슈바르츠발트의 송어(파피요트로 요리한다)도 인기 있는 생선이다.

■ **과일, 채소, 디저트.** 채소 중 가장 많이 소비되는 것은 양배추로 흰색, 붉은색, 녹색 등 그 종류를 불문하고 절이거나, 생으로, 샐러드에 넣거나 혹은 슈크루트로 거의 모든 음식에 곁들인다. 감자 또한 독일인들만큼 능수능란하게 다양한 방법으로 요리하는 민족은 없다. 퓌레, 크로켓, 크레프 또는 크넬(Klösse, Knödel)을 만들기도 하고 소스를 곁들이거나 수프에 넣어 먹기도 한다. 몇몇 지역들은 신선한 채소의 산지로 유명하다. 베를린의 텔토우(Teltow) 작은 순무, 베스트팔렌의 그린빈스와 흰 강낭콩, 라이프치히의 마세두안용 채소(완두콩, 당근, 아스파라거스), 브라운슈바이크의 아스파라거스 등이 대표적이다. 사과와 체리, 크베치 자두 등이 대표적인 과일이며 이들은 말려 먹기도 하고 새콤달콤하게 절여 저장해서 먹기도 한다. 야생 베리류 과일로 만든 즐레(gelée)와 오드비는 최고의 품질을 자랑한다.

오스트리아의 빈만큼 화려하진 않지만 파티스리 역시 독일인들에게 인기가 많다. 맥주 판매점 만큼이나 많은 제과점(Konditoreien)에서 늘상 파티스리를 즐긴다. 타르트나 속을 채운 스펀지케이크 종류가 다양하며, 특히 꼭 맛보아야 할 것은 뉘른베르크의 팽 데피스, 크리스마스 전통 디저트인 뤼베크의 마지팬, 당절임한 과일을 넣은 드레스덴의 슈톨렌, 슈바르츠발트의 블랙포레스트 케이크(Kirschtorte), 베를린의 바움쿠헨(통나무를 자른 모양의 거대한 케이크) 등이다. 가정에서 만드는 파티스리에는 계피, 말린 과일, 레몬, 아몬드, 양귀비 씨를 많이 사용한다.

■ **와인.** 지리적으로 아주 북쪽에 위치한 독일은 포도가 익기 힘든 자연 조건을 갖고 있다. 하지만 어떤 해에는 일조량이 특별히 많아 몇몇 포도재배지에서 훌륭한 빈티지의 와인을 생산해내기도 한다. 이처럼 작황이 좋은 해에는 전설적인 아이스와인이 만들어진다(**참조** VIN DE GLACE).

독일의 포도주 양조에 관한 규정에 따르면 와인 생산 지역은 다음과 같이 11개로 나뉘어 진다.

• Ahr-Mittelrhein 아르 미텔라인. 아주 높은 평가를 받는 우수한 레드와인(포도품종: spätburgunder, portugieser)과 유명한 화이트와인(포도품종: riesling, müller-thurgau)을 생산한다. 과일 향이 아주 풍부한 로제와인 바이스헵스트(Weissherbst)는 이 지역의 대표적 특산 와인 중 하나다.

• Moselle-Sarre-Ruwer 모젤 자르 루버. 아주 섬세한 풍미의 고급 화이트와인(품종: riesling, 때때로 레이트 하비스트 리슬링 Auslese도 생산된다)뿐 아니라 보다 일반적인 화이트와인(품종: müller-thurgau)을 생산한다. 몇몇 종류의 레드와인(품종: spätburgunder 부르고뉴, 알자스, 샹파뉴 지방의 피노 누아와 같은 품종)도 생산된다.

• Rheingau 라인가우. 독일 최고 수준의 화이트와인을 생산하며 특히 슐로스 요하니스베르그(Schloss Johannisberg) 와이너리가 대표적이다.

• Nahe 나에. 바디감이 있고 균형이 잘 잡힌 화이트와인(품종: riesling, müller-thurgau, weissburgunder, sylvaner)이 생산된다.

• Hesse rhénane 라인헤센. 아주 좋은 품질의 화이트와인이 생산되며 가격도 그리 높지 않다(품종: müller-thurgau, sylvaner, kerner, scheurebe, bacchus, riesling, faberrebe, portugieser).

• Palatinat 팔츠. 무난하게 마시기 좋은 화이트와인(품종: müller-thurgau, riesling, kerner), 향이 아주 복합적이고 풍부한 화이트와인(품종: gewurztraminer, pinot blanc), 그리고 과일향이 풍부한 레드와인(품종: dornfelder)을 생산한다.

• Bergstrasse de Hesse 헤센 베르크슈트라세. 흔하지 않은 고급 화이트와인(품종: riesling, müller-thurgau, sylvaner)를 생산한다.

• Franconie 프랑켄. 지역의 테루아를 살린 화이트와인(품종: sylvaner, pinots, riesling, müller-thurgau)과 몇 종류의 레드와인을 생산한다.

• Saale-Unstrut 잘레 운스트루트, Saxe 작센. 드라이 화이트와인(품종: 주로 müller-thurgau)을 생산하는데, 이 와인들은 그리 많이 알려지지 않았다.

• Bade 바덴. 화이트와인을 생산한다(품종: müller-thurgau, spätburgunder, rülander, riesling, pinot blanc, sylvaner).

• Wurtemberg 뷔르템베르크. 거의 로제에 가까운 가볍고 상큼한 맛의 레드와인을 생산하며, 이는 카페 등에서 많은 인기를 얻고 있다(품종: trollinger, schwarzriesling, kerner, müller-thurgau, 최고로 꼽히는 lemberger).

이 밖에 외국의 와인을 재료로 하여 만든 드라이 스파클링 와인인 젝트(sekt)를 들 수 꼽을 수 있다. 독일 와인은 이러한 스파클링 와인을 제조하기에는 가격이 너무 비싸다.

ALLEMANDE 알르망드 알르망드 소스. 송아지 육수나 닭 육수로 만든 화이트 소스(내장, 창자 등의 부속, 삶은 닭고기, 채소, 달걀 등에 곁들인다), 또는 생선 육수나 버섯 우린 국물로 만든 화이트 소스(생선 요리에 곁들인다)를 가리킨다. 브라운 소스인 에스파뇰 소스과 대비된다는 의미에서 이와 같은 이름(독일 소스)이 붙었다. 이 두 가지 모두 프랑스에서 유래한 기본 소스이다.

▶ 레시피 : SAUCE.

ALLEMANDE (À L') 아 랄르망드 독일식의. 알르망드 소스가 포함된 음식 또는 독일 요리의 영감을 받은, 마리네이드한 수렵육을 조리하는 방식을 뜻한다. 노루 넓적다리나 볼기 등심 또는 마리네이드한 채소 위에 놓고 로스트한 야생토끼 허리 등심요리 등을 들 수 있으며, 곁들이는 소스는 마리네이드했던 담금액으로 고기를 익힌 팬을 디글레이즈 한 다음 크림과 식초를 더해 만든다.

▶ 레시피 : CERISE, SALADE.

ALLERGÈNE ALIMENTAIRE 알레르젠 알리망테르 식품 알레르기를 유발하는 물질. 식품 내에 포함된 물질 중 이상과민증이 있는 사람들에게 비정상적인 면역 반응(피부 발진, 천식 반응, 과민성 쇼크 등)을 초래하는 성분. 이와 관련된 식품으로는 일반적으로 가장 많이 언급되는 땅콩 이외에도 달걀, 우유, 생선, 갑각류, 콩, 헤이즐넛 등이 있다. 가장 최선의 치료법은 가능하면 해당 알레르기 유발 물질과의 모든 접촉을 피하는 것이다.

포장된 제품 라벨에는 알레르기를 유발할 가능성이 있는 물질과 그 파생 물질에 대한 함유 여부를 반드시 명시해야 한다.

ALLONGER 알롱제 너무 농도가 되직하거나 많이 졸여진 음식에 액체를 넣어 희석하다. 이를 통해 농도가 좀 더 묽어질 수 있지만 풍미는 흐려진다. 또한 이 용어는 제빵사가 빵 반죽을 일정 길이의 모양으로 최종 성형하는 작업 동작을 뜻한다. 직접 손으로 성형하거나 제빵 성형기를 이용한다.

ALLUMETTE 알뤼메트 성냥개비라는 뜻으로, 가늘고 긴 스틱 모양(bâtonnet)으로 자른 파트 푀유테에 다양한 소를 채우거나 재료를 얹어 오븐에 구운 것을 가리킨다. 따뜻한 애피타이저용 짭짤한 페이스트리의 경우에 가니시 재료(치즈, 안초비, 새우, 닭고기나 생선, 채소 등을 다져 만든 소, 향신료 등)를 보통 두 장의 반죽 사이에 넣고 굽는다. 디저트용 달콤한 페이스트리의 경우는 설탕을 글레이즈한 알뤼메트(allumettes glacées)를 뜻한다. 파티시에 라캉(Pierre Lacam)에 따르면 이 개인용 사이즈의 작은 가토는 플랑타(Planta)라는 이름을 가진 디나르(Dinard)의 한 스위스 출신 파티시에가 처음 만든 것으로 전해진다. 이 페이스트리는 전날 사용하고 남은 장식용 설탕 글레이즈를 표면에 발라 만들었다. 한편 폼 알뤼메트(pommes allumettes)는 사방 3mm 굵기에 길이 6~7cm의 가는 막대 모양으로 썰어 튀긴 감자를 지칭한다(**참조** p.691 감자 요리법 도표).

---

allumettes glacées 알뤼메트 글라세

설탕 아이싱을 바른 페이스트리 스틱 : 푀유타주 반죽을 두께 4mm로 민 다음 폭 8cm의 넓적한 띠 모양으로 자른다. 그 위에 글라스 루아얄(glace royale 달걀흰자, 슈거파우더, 레몬즙을 혼합한 설탕 아이싱)을 얇게 펴 바른다. 2.5~3cm 폭으로 일정하게 자른 다음 베이킹 팬 위에 나란히 놓는다. 중간 온도의 오븐에 넣어 설탕 글라사주가 크림색이 날 때까지 굽는다(약 10분).

---

allumettes à la toscane 토스카나식 알뤼메트

토스카나식 짭짤한 페이스트리 스틱 : 푀유타주 반죽을 5mm 두께로 민 다음 폭 8cm의 넓적한 띠 모양으로 자른다. 납작한 정사각형 모양(salpicon)으로 잘게 썬 익힌 햄과 닭고기 분쇄육을 동량으로 섞은 뒤, 간을 맞추고 다진 송로버섯을 조금 넣어준다. 잘라둔 푀유타주 반죽 위에 이 소 혼합물을 발라 덮는다. 그 위에 베샤멜 소스를 아주 조금 뿌려 덮어준 다음, 가늘게 간 파르메산 치즈를 뿌린다. 2.5~3cm 폭으로 일정하게 잘라 베이킹 팬에 나란히 놓는다. 240°C로 예열한 오븐에 넣어 12~15분간 굽는다.

ALOSE 알로즈 알로사, 청어의 일종. 민물청어. 청어과의 회유어로 바다에 살다가 산란을 위해 강으로 거슬러 올라간다(**참조** pp.672~673 민물생선 도감)

● GRANDE ALOSE 그랑드 알로즈. 청어과 생선의 일종(allis shad). 프랑스의 론, 가론, 루아르, 아두르 지방과 영국, 캐나다 등지에서 잡히는 생선으로 최대 길이가 60cm에 달하며 아가미 딱지에 줄무늬가 있고 머리 뒤쪽에는 검은 반점이 한두 개 있다. 살은 아주 부드럽고 야들야들하며 약간 기름지다. 금세 상하며 잔가시가 많다. 튀기면 가시가 바삭해져 살과 함께 씹어 먹을 수 있다. 보르도에서는 구이로, 낭트에서는 소렐을 곁들여 조리하며, 그 외에 토막 내어 튀기거나 속을 채워 익히기도 한다. 이 생선 요리는 고대 로마나 중세 시대부터 많은 사람들이 즐겨 먹었다.

● Alose feinte 알로즈 팽트. 청어과 생선의 일종(twait shad). 이 생선은 강을 거슬러 오르지 않고 주로 바다와 만나는 강의 어귀에서 잡힌다. 민물에서만 사는 종류로 이탈리아의 호수에 서식한다. 그랑드 알로즈보다 크기가 작으며(25~40cm), 아가미 딱지에 줄무늬가 있고 몸통 전체를 따라 8~12개의 검은 반점이 있다. 주로 수프용으로 사용된다.

---

alose : 알로사 손질하기

비늘을 꼼꼼히 긁어내고 이리와 알을 제외한 나머지 내장을 빼낸다. 찬물에 생선을 깨끗이 씻은 뒤 종이행주로 물기를 닦아낸다.

---

alose grillée à l'oseille 알로즈 그리예 아 로제이

소렐을 곁들인 알로사 구이 : 약 1kg짜리 알로사의 내장을 제거하고 비늘을 긁어낸다. 깨끗이 씻은 뒤 종이행주로 물기를 닦아낸다. 살이 통통한 등 양쪽으로 칼집을 일정하게 낸다. 소금, 후추로 간을 한 다음 기름, 레몬즙, 잘게 썬 파슬리, 타임, 월계수 잎을 넣고 1시간 정도 재운다. 중불에서 30분간 굽는다. 긴 모양의 접시에 생선을 놓고 세로로 등분한 레몬 웨지를 빙 둘러 놓는다. 메트르도텔 버터(beurre maître d'hôtel)와 촉촉하게 팬에 익힌 소렐을 곁들여 서빙한다.

---

alose au plat 알로즈 오 플라

양념을 채워 오븐에 익힌 알로즈 : 700~800g 짜리 알로사의 내장을 제거하고 비늘을 긁어낸다. 깨끗이 씻은 뒤 종이행주로 물기를 닦아낸다. 버터 50g에 다진 파슬리 1스푼, 다진 샬롯 1/2스푼, 소금, 후추를 넣고 잘 섞은 다음 생선 안쪽에 채워 넣는다. 오븐용 긴 용기에 버터를 바른 다음 생선을 놓고 소금 후추로 간한다. 드라이 화이트와인 100ml를 뿌리고 버터를 작은 조각으로 잘라 고루 얹는다. 200°C로 예열한 오븐에 넣고 15~20분간 익힌다. 중간중간 촉촉하게 국물을 끼얹어준다. 액체가 너무 빨리 졸아들면 중간에 물을 조금 보충해준다.

ALOUETTE 알루에트 종달새, 참새. 종다리과에 속하는 야들야들하고 맛있는 살을 가진 작은 참새. 이 부류에는 여러 종의 새가 존재하는데 그 중 뿔종다리(cochevis)와 종다리(alouette des champs)가 대표적이다. 요리에서 종달새는 '모비에트(mauviettes)'라고 불린다. 로스트하거나 가슴살 요리로 서빙할 경우 일인당 2~4마리 정도 필요하다. 하지만 그리모드 라 레니에르(Grimod de La Reynière, 미식가 연감 Almanach des gourmands 의 저자)는 '이 정도 양이라 해봤자 고작 작은 이쑤시개 묶음 정도밖에 되지 않으며, 입을 채운다기보다는 오히려 입을 씻어내는 정도일 뿐'이라고 말했다. 이 새를 사용하여 파테를 만들기도 하며, 자작하게 소스에 익히거나 가슴살 부위만을 서빙하기도 한다. 또한 푸아그라와 송로버섯을 채워 토기냄비에 익히기도 하며, 즉석에서 팬에 지져 서빙하기도 한다.

파테 팡탱(pâté pantin)과 비슷한 형태인 파테 드 피티비에(pâté de Pithiviers 종달새 고기 파테)는 이미 수 세기 전부터 이름난 요리다. 전해오는 설에 따르면 오를레앙의 숲에서 붙잡혔다 풀려난 샤를 9세는 약탈자들이 조금 나누어주었던 그 맛있는 종달새 파테가 어디서 왔는지 알려주면 목숨을 구해주겠노라고 약속했다고 한다. 그리하여 이 파테를 만든 피티비에의 파티시에 마르졸레(Margeolet, 일명 Provenchère)는 일약 명성을 얻었다고 한다.

---

alouettes en brochettes 알루에트 앙 브로셰트

종달새 꼬치 통구이 : 종달새의 안쪽 면을 소금과 후추로 간한다. 발과 날개를 몸통 쪽으로 당겨 붙여 한 덩어리로 뭉친 모양을 만든 다음 얇은 라드 띠로 둘러준다. 혹은 녹인 버터를 뿌려주는 것이 더 좋다. 조리용 실로 묶는다. 여러 마리를 꼬챙이에 꿴 다음 바비큐 혹은 세로로 된 그릴에 굽는다. 종달새가 속까지 익는 동안 겉이 타지 않도록 불이나 열원으로부터 충분한 거리를 떼어 놓는다.

---

alouettes en croûte 알루에트 앙 크루트

빵 크러스트에 넣은 종달새 오븐구이 : 종달새의 뼈를 제거한 다음 등 쪽을 잘라 가른다. 소금, 후추로 간한다. 푸아그라 큐브 1조각, 송로버섯 큐브 한 조각을 가운데 박고 그라탱 소(farce à gratin)를 채운다. 종달새를 원래 모양대로 잘 오므린 다음 버터를 바른 소테팬에 촘촘하게 채워넣는다. 녹인 버터를 끼얹은 다음 아주 뜨겁게 예열한(250°C) 오븐에 넣어 9~10분간 익힌다. 둥근 빵의 속을 파내고 안쪽에 붓으로 얇게 버터를 발라 입힌다. 오븐에 넣어 노릇하게 구워낸 다음 그라탱용 소를 도톰하게 깔아준다. 종달새를 건져 빵 안에 한 마리씩 넣는다. 다시 오븐에 넣어 7~8분간 구워 마무리한다. 소테팬에 남은 종달새 육즙에 마데이라 와인을 넣고 졸여 소스를 만든다. 완성된 종달새에 소스를 뿌린다.

ALOUETTE SANS TÊTE ▶ **참조 OISEAU SANS TÊTE**

ALOXE-CORTON 알록스 코르통 부르고뉴의 지명. 코트 드 본(côte de Beaune)의 유명한 코르통 언덕 경사면에 위치한 마을 이름이며, 그랑 크뤼 와인으로 명성이 높은 포도재배지다. 화이트와인으로는 샤르도네 품종 포도로 만드는 코르통 샤를마뉴(corton charlemagne), 레드와인으로는 피노 누아 품종의 코르통(corton)이 유명하다. 최상급 포도밭 구획(클리마) 명칭(renardes, les bressandes, le clos du roi) 역시 와인 라벨에 표기된다. 지역 명칭 알록스 코르통(aloxe-corton)은 고급 품질의 레드와 화이트와인에 적용되지만 바로 위에 언급한 최고급 등급에는 못 미친다(**참조**: BOURGOGNE).

ALOYAU 알루아요 소의 부위 명칭. 허리부터 엉덩이까지의 정육 부위를 지칭하며, 여기에는 안심, 채끝 등심, 우둔, 치마양지가 포함된다(**참조** pp.108~109 프랑스식 소 정육 분할 도감). 꽃등심(립아이) 부분까지 포함하기도 하는데 이 경우에는 갈빗대 중간 부분을 포함하는 알루아요(aloyau milieu de train de côtes)가 된다. 척수관(어깻죽지)에 가까운 척추 부분은 특수 위험 물질(**참조** MATÉRIELS À RISQUES SPECIFIÉS)로 분류되기 때문에 도축장에서 잘라낸다. 알루아요는 큰 덩어리 상태로 조리하면 근사한 요리로 서빙할 수 있다. 일반적으로는 작게 소분하여 오븐에 로스트하거나 그릴에 직화로 굽는다.

aloyau rôti 알루아요 로티

알루아요 로스트 : 준비 : 15분 / 조리 : 고기 무게에 따라 익히는 시간이 달라진다.

알루아요 덩어리를 잘라내 다듬고 살 부위를 덮고 있는 기름막을 떼어낸다. 바깥 쪽 기름과 안심을 둘러싸고 있는 기름을 부분적으로 제거한다. 힘줄 부위도 제거하고 등줄기를 따라 자리잡고 있는 인대도 일정한 간격으로 끊어준다. 면포로 덮은 뒤 익히기 전까지 최소 1시간 동안 상온에 둔다. 고기 덩어리의 무게를 잰 다음 익히는 시간을 산출한다. 심부가 레어인 상태로 익히려면 파운드당 10~12분 정도 잡으면 된다. 오븐을 240°C로 예열한다. 고기 전체에 굵은 소금과 갓 갈아낸 통후추를 뿌려 문질러준다. 적당한 크기의 오븐용 로스팅 팬에 낙화생유를 조금 둘러 달군 다음 고기를 놓고 정제 버터를 고루 뿌린다. 240°C로 예열한 오븐에 넣어 15~20분간 익힌 뒤 오븐 온도를 220°C로 낮추고 고기를 뒤집어 놓는다. 마르지 않도록 즙을 끼얹어주며 계속 익힌다. 20분마다 고기를 뒤집는다. 반쯤 익었을 때, 고기를 다듬고 남은 자투리들을 모두 알루아요 덩어리 주위에 넣어준다. 고기가 다 익으면 오븐에서 꺼내 다시 굵은 소금과 후추로 간을 한다. 용기를 받친 그릴망 위에 고기 덩어리를 얹는다. 불을 끈 오븐 입구에 놓고 총 익힌 시간의 반에 해당하는 시간 동안 레스팅한다. 그 동안 고기를 로스팅하면서 나온 육즙을 이용해 쥐(jus) 소스를 만든다(참조. p.752). 고기를 슬라이스해 서빙한다.

ALSACE 알자스 알자스 요리는 가까운 독일과 동유럽 국가들의 영향을 받아 더욱 풍성해진 농업 전통에 기반을 둔 음식이다. 특히 동유럽 유대 문화의 영향은 향신료를 사용하거나 생선을 조리하는 방법 등에서 잘 나타난다. 알자스 음식들은 언제나 와인이나 맥주를 곁들여 즐긴다.

이 지역의 상징과도 같은 슈크루트(choucroute)는 다양한 재료를 곁들일 수 있다(샤퀴트리, 닭고기, 수렵육, 생선, 채소, 각종 향신료와 양념 등). 슈크루트의 핵심 재료인 슈(chou), 즉 양배추는 굵은소금과 주니퍼베리를 넣고 나무통에서 발효시킨 것이다. 알자스의 대표적인 채소인 흰 양배추 캥탈(quintal), 적채, 콜라비가 들어가는 지역음식은 아주 다양하다. 그 밖에도 순무를 양배추처럼 소금에 절여 돼지 염장훈제 어깨살에 곁들이기도 한다(schieffala). 또한 감자를 다양한 방법으로 조리하거나(크넬, 전병, 뇨키와 비슷한 크네플(knepfles), 팬에 지진 크넬인 플루트(floutes) 등), 베케노프(baekenofe) 등의 일품요리에 넣기도 하며, 빼놓을 수 없는 재료인 양파도 어니언 타르트(ziwelküeche) 등 다양한 요리의 가니시로 활용도가 높다.

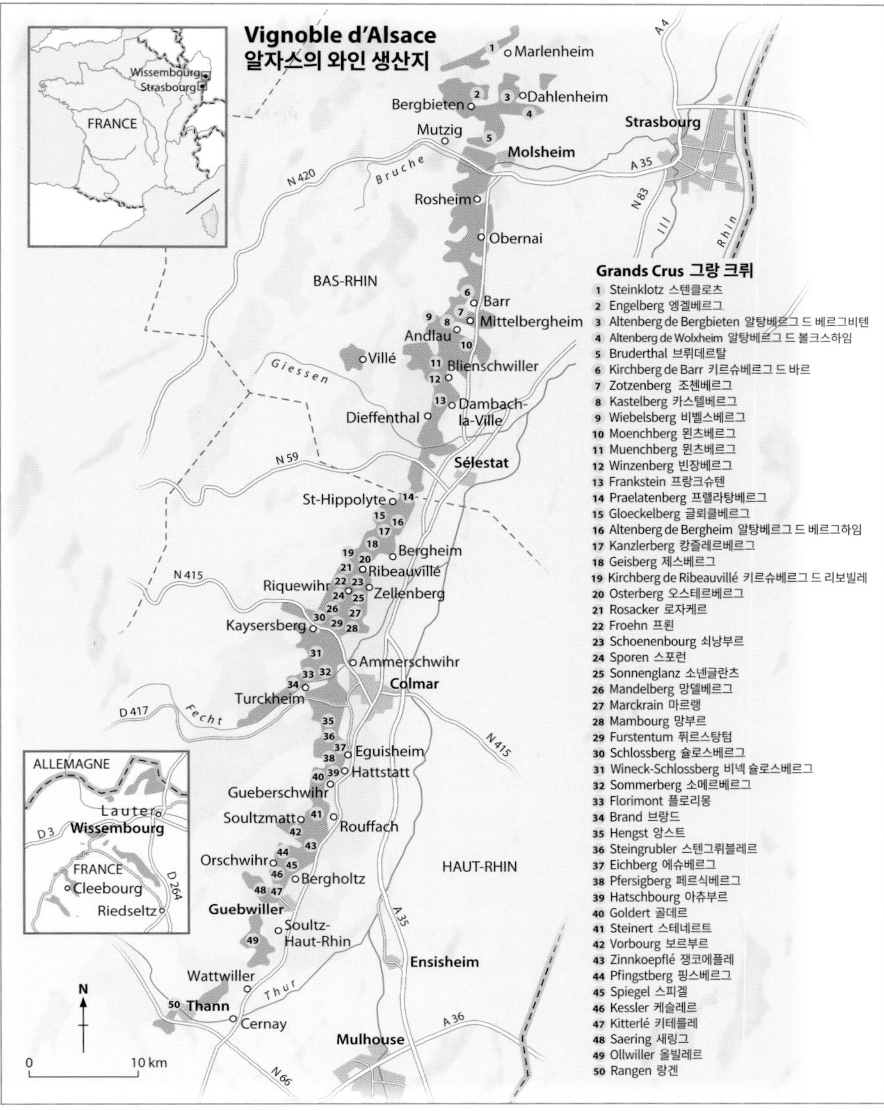

슈크루트를 언급하면서 샤퀴트리를 빼놓을 수 없다. 알자스에는 약 15종의 특산 샤퀴트리가 있다. 소시지(knacks가 대표적), 빵에 발라먹는 부드러운 생고기 다짐 소시지인 메트 부어스트(Mettwurst), 라드, 말린 돼지 안심, 족편처럼 눌러 만든 테린의 일종인 프레스코프(presskopf) 등이 있으며 그 외에도 다양한 훈연 가공육들이 있다. 커민, 홀스래디시, 주니퍼베리, 머스터드(머스터드 흰색 씨앗으로 만들 수 있는 유일한 향신료) 등의 향신료와 양념이 이러한 요리에 좀 더 강한 향과 풍미를 더한다.

스트라스부르의 푸아그라는 이미 18세기부터 정평이 나 있다. 이 도시에서 키우는 거위로 만들며 고급 요리를 즐겨 먹는 유대인들의 영향과 관련이 있다. 거위는 간, 고기를 불문하고 축제 음식의 메뉴로 인기가 높다. 풍성하고 질도 아주 좋은 수렵육은 주로 양배추나 붉은 베리류 과일을 곁들여 조리한다. 민물생선 또한 그 조리법이 아주 발달하여 와인을 넣은 일종의 생선스튜인 마틀로트(matelote 잉어, 장어 등을 사용), 소를 채우거나 튀기기(잉어), 혹은 식초를 넣은 쿠르부이용에 데쳐 익히는 간단한 방식으로 조리한다(송어). 일반적으로 알자스 요리사들은 파스타나 기타 밀가루를 사용한 다양한 음식을 직접 만들어 이러한 요리에 곁들이는데, 그중에서도 이 지역의 독특한 파스타인 슈패츨러(spätzles) 가 대표적이다.

과일은 신선한 상태로 그냥 먹거나 말리거나 통째로 콩피하기도 하며 마멀레이드 등을 만들어 먹는다(사과, 자두, 체리 등). 또한 디저트 재료의 큰 비중을 차지하고 있으며 리큐어나 오드비의 베이스로도 쓰인다(미라벨, 키르슈, 윌리엄 서양 배 브랜디 등).

■ **수프.**

● **consommé aux quenelles de moelle, soupe aux abats 골수 크넬 콩소메, 내장 수프.** 수프는 아침 식사나 저녁 때 주로 즐겨 먹는 메뉴로 경우에 따라서는 골수 크넬 콩소메처럼 일품요리나 메인 요리가 되기도 한다. 거위 내장 수프는 목, 날개 끝, 모래주머니, 채소, 쌀 등을 사용하여 만들고 넛멕(육두구)과 정향을 넣어 향을 낸다.

■ **에피타이저.**

● **Eierkückas 아이에르퀴카스.** '달걀을 넣은 케이크'라는 뜻으로, 반죽에는 생크림도 들어간다.

● **Flammenküche 플라멘퀴슈.** '불꽃으로 구운 케이크'라는 의미를 지닌 이 음식은 전통적으로 제빵사가 만들었다. 직사각형의 빵 반죽에 얇게 썰어 볶은 양파를 생크림과 섞어 펼쳐 얹는다. 작게 썬 베이컨 라르동을 팬에 지져 양파 위에 고루 뿌린 다음 올리브오일을 한 바퀴 둘러준다. 프로마주 블랑, 크림, 달걀노른자 등으로 채운 다음 양파와 라르동을 얹어도 좋으며, 특히 묑스터(munster) 치즈를 넣은 것이 맛있다. 아주 높은 온도의 오븐에서 빠른 시간 내에 구워내야 한다.

● **Zewelewaï 제벨르바이.** 이 양파 타르트도 구워서 뜨겁게 서빙해야 한다. 어느 정도 깊이가 있는 투르트(tourte)용 파이틀에 파트 브리제를 깔고 얇게 썰어 버터나 돼지기름에 오래 볶은 양파를 채워 넣는다. 생크림과 달걀을 풀어 소금, 후추, 넛멕으로 간을 맞춘 혼합물을 붓고 오븐에 굽는다.

■ **생선.**

● **Carpe frite du Sundgau 준트가우의 잉어 튀김.** 토막 낸 잉어를 우유에 담가 두었다가 소금, 후추로 간한 밀가루를 묻혀 180℃ 기름에서 5분간 튀긴다. 건져 기름기를 털어낸 다음 온도를 200℃로 올린 기름에 다시 한 번 노릇하게 튀긴다. 마요네즈나 레물라드를 곁들여 뜨겁게 서빙한다.

■ **고기.**

● **돼지 : 알자스식 투르트 Tourte alsacienne.** 돼지고기는 정육뿐 아니라 내장, 부속까지 모두 신선한 상태로 조리되며 투르트나 스튜의 기본 재료가 된다. 알자스식 투르트는 리슬링이나 실바네 품종의 와인에 담가둔 돼지와 송아지의 안심을 길쭉하게 잘라 파트 푀유테 크러스트 안에 넣어 구운 일종의 고기 파이다.

● **가금류 : 푸아그라를 채운 거위 목 요리 Cou d'oie parci au foie gras.** 거위는 브레이징, 로스트, 살미(salmis 로스팅하거나 구운 뒤 소스에 조리하는 일종의 스튜), 밤이나 레네트 사과, 감자 등을 채워 익히는 파르시(farci) 등 다양한 방법으로 조리가 가능하다. 푸아그라를 채운 거위 목은 언제나 알자스 요리의 백미로 꼽힌다. 채워 넣는 소는 돼지목살과 송아지 어깨살을 곱게 간 뒤 생 푸아그라, 송로버섯, 코냑을 넣어 만든다.

● **수렵육 : 크랜베리를 곁들인 노루 넓적다리.** 노루 고기는 레드와인, 각종 향신 채소, 마늘, 부케가르니로 만든 담금액에 1~3일 정도 마리네이드 하고 나면 그 무엇과도 비교할 수 없는 독특한 풍미가 생긴다. 코냑이나 키르슈로 플랑베하고 익힌 뒤 크랜베리를 곁들여 서빙한다.

■ **치즈.**

● **Munster 묑스터.** 원산지 명칭 통제(AOC) 인증을 받은 묑스터 제로메(munster-géromé) 치즈의 이름은 두 도시 묑스터(Munster)와 제라르메(Gérardmer)에서 따왔다. 이 치즈는 알자스 지방의 특산 요리에 많이 사용되어 특유의 진한 향을 더해준다. 묑스터 치즈를 채운 투르트도 그 대표적인 예다. 최고 품질의 묑스터 치즈는 '마르케리(marcairie)'라고 불리는 이 지역 젖소목장 농가에서 생산된다.

■ **파티스리.**

● **Bettelman 베텔만.** '걸인'이라는 뜻을 지닌 디저트 베텔만은 딱딱하게 굳은 빵을 이용해 만드는 일종의 브레드 푸딩이다. 굳은 빵의 껍데기를 잘라낸 뒤 갈아 빵가루를 만든다. 빵의 속살 부분을 바닐라빈을 넣고 끓인 우유에 담가 적신 뒤 으깨고 여기에 설탕과 달걀노른자, 오렌지 껍질 콩피, 체리, 키르슈, 계핏가루, 거품 낸 달걀흰자를 넣고 섞는다. 버터를 바른 틀에 혼합물을 붓고 빵가루와 헤이즐넛을 솔솔 뿌린 뒤 오븐에 굽는다.

● **Bretzel 브레첼.** 브레첼은 제빵사와 제과사의 협동의 상징이 되었다. 반죽을 끓는 물에 데쳐낸 다음 굵은 소금과 커민 씨를 뿌려 오븐에서 단단하게 굽는다. 아페리티프 안주로 즐기거나 라거 맥주에 곁들여 먹는다.

■ **와인.**

알자스의 포도밭은 두 가지 큰 특징으로 다른 곳과 차별화된다. 생산되는 와인 대부분이 놀라울 정도로 향이 풍부한 화이트와인이고, 이 와인들은 리슬링, 게부르츠트라미너 등 그 포도품종의 이름을 달고 판매된다는 점이다.

● **지역, 포도품종, 명칭** 포도밭은 뮐루즈(Mulhouse)부터 스트라스부르(Strasbourg)까지 거의 단절되는 지점 없이 100킬로미터 정도 연이어 펼쳐져 있다. 몇몇 포도밭 일부는 훨씬 더 북쪽인 독일 국경 근처에 위치한 곳도 있다(비상부르 Wissembourg 포도재배지). 그 어떤 곳보다도 알자스에서는 테루아가 아주 중요한 의미를 갖는다. 토양의 배합이 이상적일 뿐 아니라, 덥고 건조한 여름, 온화한 날씨의 긴 가을, 추운 겨울 등 아주 유리한 기후 조건을 갖추고 있다. 이러한 천혜의 환경 덕에 이 지역은 그랑 크뤼 AOC만 해도 50종이 넘는 우수하고 다양한 종류의 와인 생산지로 자리매김하였다.

포도품종은 일반적으로 데일리 급 와인과 고급 와인, 두 그룹으로 나뉜다. 일상적으로 부담없이 즐길 수 있는 데일리 와인 포도품종으로는 소박하면서도 과일향이 나며 신선하고 담백한 맛을 만들어내는 실바네(sylvaner), 상큼하고 가벼우면서도 섬세한 향과 맛의 피노 블랑(pinot blanc), 샤슬라(chasselas), 그리고 점점 사라져가는 오세루아(auxerrois)를 꼽을 수 있다. 이 품종들을 혼합하여 가볍고 마시기 좋은 블렌딩 와인 에델츠비케르(Edelzwicker)를 만든다.

고급 포도품종들은 알자스 와인의 품격을 높이는 주인공들이다. 그중 가장 대표적인 것이 바로 복합적인 꽃향기와 미네랄 노트를 지니고 있으며 산미와 바디감의 균형이 훌륭한 리슬링(riesling)이다. 그 외에도 알코올 도수가 높고 바디감이 있으며 시간이 흐름에 따라 더 훌륭하게 익어가는 피노 그리(pinot gris), 은은한 사향 노트의 드라이 화이트 와인을 만드는 청포도 뮈스카(muscat) 종류를 들 수 있다. 마지막으로 게부르츠트라미너(gewurztraminer)는 풍부하고 복합적인 과일 향과 스파이스 향을 내는 기품있고 우아한 와인을 만들어낸다. 알자스 지방의 유일한 레드와인 포도품종인 피노 누아(pinot noir)는 과일향이 나면서 기분 좋게 마실 수 있는 와인, 또는 세월과 함께 더 맛이 좋아지며 특히 체리향이 두드러지는 풀 바디 와인을 만들어낸다. 작황이 좋은 생산 연도에는 알자스의 고급 포도품종들이 과숙성될 때까지 기다렸다 늦게 수확한다. 이렇게 수확한 포도로 방당주 타르디브(vendanges tardives, 레이트 하비스트) 와인이나 셀렉시옹 드 그랭 노블(sélections de grains nobles, 귀부와인) 두 종류의 스위트와인을 만든다. 이 명칭들이 붙는 와인에는 엄격한 생산 조건, 특히 포도의 잔류하는 당 함량에 관한 까다로운 규정이 적용된다. 게부르츠트라미너, 리슬링, 피노 그리, 뮈스카 레이트 하비스트나 귀부와인이라 함은 알자스 와인을 가리키는 최고의 표현이라 할 수 있다.

● **Crémant 크레망.** 다른 종류의 크레망과 마찬가지로 알자스의 크레망도 전통 제조법으로 만드는 AOC(원산지 명칭 통제) 스파클링 와인이다. 피노 블랑으로 만드는 알자스 크레망은 화이트와인이며, 경우에 따라서 로제와인도 있다.

ALSACIENNE (À L') 아 랄자시엔 알자스식의, 알자스풍의. 슈크루트, 햄, 염장 삼겹살, 스트라스부르 소시지 등과 함께 서빙되는 요리를 가리킨다. 이들 가니시는 주로 로스트나 브레이징한 돼지고기, 팬프라이한 꿩, 브레이징한 오리와 거위 등에 곁들여 나온다. 이 밖에도 탱발(timbales), 파테 앙 크루트(pâté en croûte), 푸아그라가 들어가는 테린, 생선살로 만든 소를 채운 잉어를 브레이징 한 뒤 슈크루트 위에 얹어 내는 요리 등에도 '알자스풍의'라는 수식어를 붙인다. 달걀혼합물을 덮은 과일 타르트도 이에 해당한다.

▶ 레시피 : CHOUCROUTE, CROISSANT ALSACIEN, FAISAN, LANGUE, NOQUE, OIE, PORC.

ALUMINIUM 알뤼미니엄 알루미늄. 가볍고 전연성(展延性)이 있는 은색 금속으로 주방도구나 통조림 캔 제조용으로 많이 사용된다. 열의 전도성과 분배 기능이 좋은 알루미늄은 무게가 가볍기 때문에 대형 조리도구(찜통, 생선 요리용 냄비, 쿠스쿠스용 찜기 등) 제작에 효율적이다. 알루미늄 소재 소테팬이나 스튜용 냄비, 소스팬은 조리 시 액체나 기름기가 적어지면 음식이 눌어붙는 경향이 있다. 이와 같은 단점을 보완하기 위해 용기의 내부를 더 단단하게 처리하고(아노다이징, 양극산화처리), 특히 논스틱 코팅으로 해결한다(**참조** PTFE).

알루미늄 포일은 음식 포장이나 냉동보관에 유용하게 사용된다. 불투명하고 물, 기름, 가스를 차단하는 가정용 알루미늄 포일은 고온에 잘 견디고(파피요트 조리) 차가운 온도에도 문제 없다. 라미네이트 처리된 알루미늄은 일회용 오븐 요리 용기처럼 사용되기도 하며, 뚜껑이 있는 제품들도 있다. 또한 냉동실에서 바로 오븐으로 넣을 수 있어 편리하다. 하지만 약간이라도 산도가 있는 음식(레몬즙, 토마토 등)이나 샤퀴트리와 같이 염분이 함유된 음식은 알루미늄과의 직접 접촉을 피하는 게 좋다. 왜냐면 이들이 신경세포에 독성을 미칠 수 있는 화학 작용을 일으킬 위험이 있기 때문이다.

AMANDE 아망드 아몬드. 장미과에 속하는 아몬드 나무의 열매. 더 넓은 의미로는 과일의 핵 안에 들어 있는 씨를 통칭한다. 벨벳과 같은 감촉의 녹색을 띤 달걀 모양의 아몬드 열매는 너트의 일종으로, 겉을 감싸고 있는 두꺼운 껍데기 안에 아몬드라고 불리는 씨가 한두 개씩 들어 있다(**참조** 옆 페이지 아몬드 종류 도표, p.572 견과류, 밤 도감). 아시아가 원산지이며 고대 로마인들에게 '그리스 너트'라는 이름으로 알려졌던 아몬드는 중세에 포타주 뿐 아니라 달콤한 앙트르메(**참조** BLANC MANGER)를 만드는 데 많이 사용되었다.

■ **사용.** 그린아몬드는 6~7월에 재배한 아직 덜 익은 열매를 말한다. 살이 연하고 우윳빛을 띠며 섬세한 풍미를 갖고 있다. 그 시즌에 가장 먼저 출하되는 스위트아몬드는 그린아몬드처럼 디저트로 많이 사용된다. 건조시킨 아몬드(통아몬드, 슬라이스, 가루, 페이스트, 크림)는 주로 다양한 케이크, 비

주요 아몬드 품종과 특징

품종	산지	출하시기	아몬드 형태	형태
아이 aï	프로방스	9월 중순~말	갈색, 넓적한 모양에 홈이 나 있다.	풍미가 아주 진하다.
캘리포니아 (nonpareil, california, neplus, mission, carmel)	캘리포니아	8월~ 10월	품종에 따라 다양하다.	유럽산 아몬드보다 풍미가 약하다.
페라뒤엘 ferraduel	프로방스, 코르시카	9월 중순~말	넓적하고 끝이 뾰족하며 두께는 중간 정도이다.	향이 아주 진하다.
페라녜스 ferragnès	프로방스, 코르시카	9월 중순~말	밝은 색을 띠며 약간 통통한 모양을 하고 있다.	쉽게 먹기 좋으며 풍미가 아주 진하다.
페라스타 ferrastar	프로방스, 코르시카	9월 말	납작하고 주름이 있다.	사향 맛이 풍긴다.
로란 lauranne	프로방스, 코르시카	9월 초~중순	매끈하고 균일하며 잎맥 모양의 선이 살짝 드러나 있다.	균형감이 있는 풍미이다.
마르코나 marcona	스페인	9월 말	알이 굵고 둥근 모양을 하고 있으며 꽤 두툼하다.	은은한 쓴 맛도 나는 섬세한 풍미이다. 기름기가 적다.
플라네타 planeta	스페인	9월 말	납작하고 껍질이 얇으며 밝은 색을 띤다.	전형적인 아몬드 풍미.

스퀴, 과자, 당과류 등에 사용된다. 일반 요리에서도 생선(송어), 육류(닭, 비둘기) 요리에 곁들이거나 쿠스쿠스, 스터핑, 혼합 버터 등에 다양하게 사용된다. 보통 요리나 파티스리에 사용하기 전 로스팅한다. 스위트아몬드로부터 오일을 추출해 당과류 제조와 파티스리에 사용하기도 한다. 너무 많은 양을 섭취하면 청산 성분으로 인해 독성이 생기는 비터아몬드는 파티스리, 당과류에 아주 소량으로 사용되어 특유의 향을 더해준다. 아몬드는 지방(필수지방산)과 비타민 E가 풍부하다.

agneau aux pruneaux, au thé et aux amandes ▶ AGNEAU

amandes mondées 아망드 몽데

껍질 벗긴 아몬드 : 말린 아몬드를 거름망에 넣고 물이 끓고 있는 냄비에 그대로 담근 뒤 냄비를 불에서 내린다. 아몬드 껍질이 손으로 비벼 벗겨질 정도가 되면 바로 몇 알을 건져 껍질을 벗긴 뒤 찬물에 담근다. 나머지 아몬드도 조금씩 덜어내 모두 껍질을 벗겨 찬물에 담근다. 건져서 물기를 잘 닦은 다음 체에 담은 상태로 아주 약한 불에 올려 말린다(색이 노르스름해지면 안 된다). 밀폐용기나 병에 담고 직사광선이 닿지 않는 곳에 보관한다.

beurre d'amande ▶ BEURRE COMPOSÉ
biscuit aux amandes ▶ BISCUIT
cerises confites fourrées à la pâte d'amande ▶ CERISE
crème d'amande dite frangipane ▶ CRÈMES DE PÂTISSERIE
croissants aux amandes ▶ CROISSANT

gaspacho blanc aux raisins 가스파초 블랑 오 레쟁

포도를 곁들인 화이트 가스파초 : 4인분 / 준비 : 20분 / 냉장 : 1시간
작은 볼에 찬물을 넣고 껍질을 잘라낸 빵의 속살 60g을 5분간 담가둔다. 마늘 3톨의 껍질을 벗기고 반을 갈라 속의 싹을 제거한다. 알이 굵은 청포도 250g을 끓는 물에 잠깐 담갔다 재빨리 건진 뒤 알갱이를 하나하나 떼어놓는다. 포도 알갱이 껍질을 벗기고 씨를 빼둔다. 껍질을 벗긴 아몬드 150g과 마늘, 소금 1/2티스푼, 올리브오일 1테이블스푼을 블렌더에 넣고 걸쭉한 페이스트 질감이 될 때까지 곱게 간다. 식빵을 건져 손으로 물을 꼭 짠 다음 혼합물에 넣고 다시 갈아준다. 혼합물을 서빙용 수프 용기에 옮겨 담고 얼음물 900ml를 조금씩 넣으며 잘 저어 섞는다. 간을 맞춘 다음 냉장고에 최소 1시간 이상 넣어둔다. 서빙하기 바로 전, 가스파초를 개인용 볼이나 우묵한 수프 접시에 담고 포도를 얹는다. 아주 차갑게 서빙한다.

glace aux amandes 글라스 오 자망드

아몬드 아이스크림 : 아이스크림 1리터 분량 / 준비 : 20분
스위트아몬드 70g을 170°C 오븐에서 15~20분간 살짝 로스팅한다. 식힌 다음 도마에 놓고 아주 곱게 다진다. 우유(전유) 500ml를 끓을 때까지 가열한 다음 아몬드 가루를 넣고 잘 개어 섞는다. 소스팬에 달걀노른자 4개와 설탕 150g을 넣고 거품기로 섞은 다음, 그 위에 우유 아몬드 혼합물을 넣는다. 소스팬을 불에 올리고 혼합물이 균일해질 때까지 계속 저으며 가열한다. 체에 내린 다음, 바닐라빈 1줄기를 길게 갈라 긁어 넣고 약 30분 정도 향을 우린다. 냉동실에 넣어 얼린다.

lait d'amande ▶ LAIT D'AMANDE

lait d'amande aux framboises 레 다망드 오 프랑부아즈

라즈베리 아몬드 밀크 푸딩 : 4인분 / 준비 : 25분 / 냉장 : 1시간
판 젤라틴 4장을 찬물에 담가 불린다. 껍질 벗긴 아몬드 150g을 블렌더로 간 다음 저지방 우유 700ml, 반으로 가른 바닐라빈 1줄기와 함께 소스팬에 넣고 끓을 때까지 가열한다. 끓으면 불에서 내리고 뚜껑을 덮어 10분간 향이 우러나도록 둔다. 고운 체로 걸러서 볼에 옮겨 담는다. 젤라틴을 건져 물을 꼭 짠 뒤 뜨거운 아몬드 밀크에 넣고 완전히 녹을 때까지 잘 저어준다. 여기에 우유 분말 3테이블스푼과 비터아몬드 에센스 1방울을 넣고 잘 섞는다. 달걀노른자 3개와 과당(fructose) 4테이블스푼을 볼에 넣고 색이 연해지고 부피가 부풀어 오를 때까지 거품기로 잘 저어 섞는다. 뜨거운 아몬드 밀크를 여기에 붓고 거품기로 세게 저어 섞은 뒤 식도록 둔다. 라즈베리 200g을 준비한 다음 안 좋은 것은 추려내고, 모양이 좋은 것 12개를 장식용으로 따로 골라놓는다. 나머지 라즈베리를 포크로 으깬다. 개인 서빙용 유리컵이나 볼 4개에 라즈베리 퓌레를 나누어 담고, 따뜻한 정도로 식은 아몬드 밀크를 그 위에 붓는다. 냉장고에 최소 1시간 넣어둔다. 따로 남겨두었던 라즈베리를 얹어 장식한 다음 차갑게 서빙한다.

pâte d'amande ▶ PÂTE D'AMANDE
pudding aux amandes à l'anglaise ▶ PUDDING

AMANDE DE MER 아망드 드 메르 밤색무늬조개(dog cockle)의 일종. 돌조개목에 속하는 작은 크기의 쌍각 연체류 동물로 모래 갯벌에 서식하며 크기는 약 5cm 정도 된다(**참조** p.250 조개의 종류와 특징 도표, pp.252~253 조개 도감). 동심원 모양으로 줄무늬가 있는 껍데기는 크림색을 띠고 있으며 갈색 무늬가 점점이 나 있고 벨벳 느낌의 가장자리는 짙은 갈색이다. 접합부에는 뾰족한 치아 모양의 작은 접합 돌기들이 평행으로 나 있다. 레몬을 뿌려 생으로 먹거나, 특히 작은 가리비조개(petoncle)처럼 소를 채워 요리하기도 한다.

AMANDINE 아망딘 아몬드를 주재료로 만든 폭신하고 부드러운 파티스리. 파트 쉬크레 시트에 달걀, 설탕, 아몬드 가루, 밀가루, 녹인 버터를 섞고 럼으로 향을 낸 혼합물을 채우고 아몬드 슬라이스를 얹어 구운 타르트 또는 타르틀레트를 지칭한다. 구워낸 뒤 살구 나파주를 씌워 윤기나게 마무리한 다음 당절임한 체리 콩피로 장식한다. 아망딘은 또 다른 한 종류의 클래식 파티스리를 가리키기도 한다. 설탕, 달걀노른자, 바닐라, 아몬드 가루, 밀가루, 거품 낸 달걀흰자, 버터를 섞어 스펀지 반죽을 만들고, 사바랭 틀에 구워낸 다음 흰색 퐁당슈거로 아이싱한다.

amandines à la duchesse 아망딘 아 라 뒤셰스

아망딘 타르틀레트 : 밀가루 150g, 상온에 두어 부드러워진 버터 80g, 설탕 45g, 소금 1꼬집, 달걀노른자 1개, 물 20ml를 섞어 반죽을 만들고 둥근 덩어리로 뭉친 다음 냉장고에 넣어 휴지시킨다. 상온의 버터 100g을 거품기로 저어 포마드 상태로 만든 다음, 설탕 100g을 넣고 달걀 2개를 한 개씩 넣으며 거품기로 잘 섞는다. 이어서 아몬드 가루 100g, 전분 50g을 넣고 잘 섞어준다. 키르슈 100ml를 넣는다. 오븐을 200°C로 예열한다. 차가워진 반죽을 꺼내 2mm 두께로 민 다음 원형커터로 8장을 잘라낸다. 버터를 바른 8개의 타르틀레트 틀에 원형 반죽시트를 깔아 앉힌 다음, 포크로 군데군데 찔러준다. 시럽에 담긴 레드커런트 300g을 각 틀에 나누어 넣은 다음 아몬드 크림으로 덮어준다. 오븐에서 20분간 구워낸다. 완전히 식은 후 틀에서 빼낸다. 레드커런트 즐레를 끓지 않을 정도로 살짝 데워 아망딘 타르틀레트에 발라준다. 시럽에 담근 레드커런트 알갱이 몇 개로 장식한 다음 냉장고에 보관한다.

petits choux amandines en beignets ▶ CHOU

AMANITE DES CÉSARS OU ORONGE VRAIE 아마니트 데 세자르, 오롱주 브레 민달걀버섯. 식용 가능한 야생 버섯으로 살의 섬세한 식감과 그 향 덕에 '버섯의 왕'이라고 불린다(**참조** pp.188~189 버섯 도감). 민달걀버섯의 갓은 주황색이고(이 버섯의 다른 이름인 오롱주와 발음이 비슷하다) 살은 노란색을 띠고 있다. 높은 온도에서 잘 자라며 심지어 건조한 기간도 어느 정도 견딘다. 숲 속에서 여름, 가을에 걸쳐 자라며 특히 밝고 햇빛이 잘 드는 떡갈나무 서식지, 잡목림, 크게 자란 밤나무 숲에 많다. 아직 다 자라지 않은 어린 버섯을 채취할 때는 치명적 독버섯인 흰색의 같은 모양 버섯(amanite blanche)이나 역시 독성이 있는 광대버섯(amanite tue-mouche, fausse oronge)류와 혼동하지 않도록 각별히 주의해야 한다. 진한 황금색을 띤 갓 아랫면과 버섯대로 광대버섯과 구별할 수 있다. 또한 민달걀버섯의 대 밑동에는 불룩하게 큰 컵 모양의 도톰한 균포가 있다. 버섯대의 노란색과는 대비되는 아주 흰색의 넉넉한 주머니가 기둥을 감싸고 있는 형태라 쉽게 식별할 수 있다(광대버섯의 경우는 구근만 있을 뿐 균포로 싸여 있지 않다).

AMARANTE 아마랑트 아마란스. 비름과에 속하는 일년생 식물로 녹색, 자주색 등의 꽃이 핀다. 식용으로 소비하는 이 식물의 씨는 전분질이 풍부하며, 잎은 주로 생으로 샐러드를 만들거나 시금치와 같은 방법으로 익혀 먹는다(**참조** pp.178~179 곡류 도감). 녹색 품종은 가스코뉴(Gascogne) 지방에서, 그 이외 품종은 멕시코, 마르티니크, 인도, 중국 등지에서 많이 소비된다.

AMARETTO 아마레토 비터아몬드 맛의 이탈리아 리큐어(이탈리아어로 amaro 는 '쓰다'라는 뜻이다)로 살구 씨 안에 들어 있는 아몬드와 향 추출물들로 만들어진다. 파티스리에서 다양한 프티 가토에 향을 내는 데 많이 사용된다.

AMBASSADEUR OU AMBASSADRICE 앙바사되르, 앙바사드리스 클래식 고급 요리의 전형적인 구성 및 플레이팅 기법이 들어간, 수공이 많이 드는 화려한 요리를 통칭한다. 큰 덩어리의 고기 요리의 경우, 다진 버섯으로 만든 뒥셀(duxelles)을 채운 아티초크 속살, 꽃 모양으로 빙 둘러 짜 오븐에 노릇하게 구운 뒤셰스 감자(pommes duchesse) 등이 곁들임 음식으로 서빙된다. 또한 홀스래디시를 갈아서 따로 서빙한다. 포타주 앙바사되르(potage ambassadeur)는 생 완두콩을 주재료로 만드는 수프다. 수플레 앙바사드리스(soufflé ambassadrice)는 크렘 파티시에와 부순 마카롱 과자를 사용해 만든다.

soufflé ambassadrice 수플레 앙바사드리스

앙바사드리스 수플레 : 우유 1리터, 달걀노른자 8개, 소금 넉넉히 한 꼬집, 밀가루 120g(또는 옥수수전분이나 감자전분 깎아서 4테이블스푼), 설탕 300을 사용해 크렘 파티시에를 만든다. 액상 바닐라 에센스 1티스푼, 잘게 부순 마카롱 과자 8개, 럼에 담가 두었던 생 아몬드 슬라이스 6테이블스푼을 넣어준다. 달걀흰자 12개를 거품기로 저어 단단하게 거품을 올린 뒤 혼합물에 넣고 균일하게 살살 섞은 다음 200°C로 예열한 오븐에서 30분간 익힌다.

AMBRE 앙브르 앙브르 케이크. 프랄리네 무슬린 크림과 캐러멜라이즈한 호두를 넣어 맛을 더한 초코 무슬린 크림으로 만든 케이크. 초콜릿 스펀지 시트와 두 가지 무슬린 크림을 교대로 레이어링한 다음 마블링 글라사주로 마무리하고 뾰족한 콘 모양 초콜릿으로 장식한다. 크기에 따라 정사각형 또는 직사각형으로 만드는 앙브르 케이크는 1986년 프랑스 파티시에 뤼시엥 펠티에(Lucien Peltier)가 처음 선보이자마자 인기를 끌며 클래식 파티스리로 자리 잡았다.

AMBROISIE 앙브루아지 그리스 신화에 등장하는, 불로장생을 약속하는 신들의 음식. 옛 문헌 기록에 이 음식이 어떤 것인지에 대해서는 명확한 설명이 없지만 적어도 이것이 씹어 먹는 고형(solide)의 음식이었을 것이라고는 추측할 수 있다. 넥타(nectar)는 마시는 액체를 의미한다. 시인 이비쿠스(Ibicus)는 이 신비한 물질을 가리켜 '꿀보다 9배 더 달콤하다'라고 묘사했다. 앙브루아지라는 이름은 또한 아페리티프 리큐어에 붙여지기도 했는데, 그 만드는 법은 '라루스 살림백과(Larousse ménager)'에 소개된 바 있다(오래 숙성한 오드비 10리터에 고수 씨 80g, 정향 20g, 아니스 20g을 한 달 동안 담가놓는다. 건더기를 건지고 체로 거른 다음 화이트와인 5리터, 그리고 설탕 5kg과 물 6리터로 만든 시럽을 넣어 섞는다).

그 밖에도 멕시코산 돼지풀(ambroisie)의 꽃과 잎을 우려낸 차를 이 식물의 이름을 따서 같은 이름으로 부른다. 쌉싸름한 맛이 약간 나는 강한 향의 음료다.

AMER 아메르 쓴, 쓴맛의. 키니네, 테오브로민, 카페인 등이 함유된 식품에서 느낄 수 있는 다양한 맛을 뜻한다. 우리는 보통 맛을 구분함에 있어 짠맛, 단맛, 신맛도 아닌 맛을 '쓰다'라로 표현하며, 떫은맛(astringence)과 혼동해서는 안 된다.

쓴맛을 가진 식물들 중 비터아몬드, 치커리, 생강, 월계수 잎, 오렌지, 루바브 등 몇몇은 요리에 사용된다. 그 외에도 우려내기, 증류 등을 통해 식물의 쓴 성분을 추출하여 주류를 만드는 데 사용하기도 한다. 압생트(absinthe), 카모마일(camomille), 수레국화(centaurée), 용담뿌리(gentiane), 홉(houblon), 기나피(quiquina) 등의 식물이 대표적이다. 비터오렌지와 기타 다양한 향초식물을 베이스로 해서 만든 칵테일이나 아페리티프 등의 음료도 쌉싸름한 맛이 난다(amer)고 표현한다(**참조** BITTER).

AMÉRICAINE (À L') 아 라메리켄 '미국식'이라는 의미다. 갑각류 해산물, 특히 랍스터로 만든 클래식 요리로 피에르 프레스(Pierre Fraysse)가 처음 선보였다. 그는 미국에서 경력을 쌓은 뒤 1860년경 귀국해 피터스(Peter's)라는 레스토랑을 열면서 파리에 정착한 요리사다. 이 수식어는 또한 랍스터 살을 잘라 넣고 소스 아메리켄을 곁들인 생선 요리 가니시를 지칭하기도 한다. 그 밖에도 달걀과 가금류, 구이류(닭, 꽃등심, 콩팥 등) 요리를 뜻하기도 하는데 이때 곁들이는 가니시는 토마토와 베이컨이다.

'미국식 랍스터'라는 요리 이름은 종종 논쟁의 대상이 되기도 한다. 많은 사람들이 '아 라르모리켄(à l'armoricaine, 랍스터가 주로 잡히는 브르타뉴의 옛 이름인 Armorique에서 유래)' 이 유일하게 맞는 명칭이라고 주장하고 있다.

▶ 레시피 : AVOCAT, FARCE, HOMARD, LOTTE DE MER, POULET, PUDDING, SALADE, SALPICON.

AMIDON 아미동 전분, 녹말. 식물에서 알갱이를 형성하는 다당류로 씨, 뿌리 등에 많이 포함되어 있다(곡류, 밤, 꼬투리 콩류, 옥수수, 카사바, 감자, 사고(야자나무 녹말) 등). 뜨거운 액체 안에 전분이 들어가면 부풀어 젤라틴과 같은 녹말풀을 형성한다(**참조** FÉCULE, LIAISON). 식품 제조업체에서는 전분을 주로 코팅제(당과류), 연결제(샤퀴트리) 혹은 농후제(인스턴트 디저트, 아이스크림, 수프 등)로 사용한다. 밀가루를 구성하는 주요 성분인 전분은 반죽이 발효될 때 효모균의 먹이가 된다.

AMIRAL (À L') 아 라미랄 생선 요리(데쳐 익힌 서대나 가자미 필레, 속을 채운 넙치, 브레이징한 연어)에 곁들이는 가니시로, 굴이나 홍합과 감자튀김, 민물가재 살 또는 뾰족한 집게를 꼬리 아래쪽에 찔러 넣어 플레이팅한 민물가재, 모양내어 돌려 깎기한 양송이버섯, 얇게 저민 송로버섯 등의 재료로 만든다. 완성된 요리에 낭투아 소스(sauce Nantua)를 끼얹어 낸다.

AMOURETTES 아무레트 송아지, 소, 양의 척수. 인간으로의 질병 전이가 의심됨에 따라(**참조** MATÉRIEL À RISQUES SPÉCIFIÉS, MRS), 오직 송아지의 척수만이 식용으로 소비가능하며, 소와 양의 척수는 판매가 금지되었다(**참조** p.10 부속 및 내장 도표). 송아지 척수의 손질과 조리방법은 송아지 골과 동일하다. 잘게 썰어 다양한 파테 앙 크루트, 탱발, 투르트나 볼로방의 소에 넣거나 샐러드의 재료로도 사용할 수 있다.

amourettes : 송아지 골수 준비하기

송아지 골수를 찬물에 담가둔다. 막을 제거한 다음 깨끗이 씻어 쿠르부이용(court-bouillon)에 넣고 데친다. 식힌다.

amourettes en fritots 아무레트 앙 프리토

송아지 골수 튀김 : 올리브오일에 레몬즙, 다진 파슬리, 소금, 후추를 넣어 섞은 뒤 송아지 골수를 넣고 재워둔다. 건져서 튀김옷 반죽에 담가 묻힌 뒤 160°C 기름에서 튀긴다. 건져서 종이행주로 기름을 뺀 다음 고운 소금을 뿌린다. 접시에 냅킨을 깔고 튀긴 파슬리를 곁들여 담아낸다. 매콤한 맛의 토마토 소스를 함께 서빙한다.

Amuse-gueule 아뮈즈 괼

"포텔 에 샤보(POTEL ET CHABOT)에서 아뮈즈 괼을 만드는 작업은 마치 예술과 같다.
손놀림은 가볍고 동작은 늘 정확하다. 이 명문 케이터링 업체는 모든 디테일에 정성을 기울인다.
이 작은 음식들은 보기에도 아름다울 뿐 아니라 입안에서도 큰 즐거움을 선사한다."

AMPHITRYON 앙피트리옹 식사 접대의 주인. 손님을 식사에 초대한 주최자를 가리키며, 이 분야의 시초를 연 사람들로는 특히 그리모 드 라 레니에르(Grimod de La Reynière)를 꼽을 수 있다. 그는 자신의 저서 『식사 주최자 개론서(*Manuel des amphitryons*)』(1808)에서 미식 예절에 관한 규칙을 상세히 소개했다. 그는 좋은 식사를 위해서는 재치와 센스, 풍성하고 넉넉함, 원활한 구성과 진행, 훌륭한 요리사 그리고 특히 '진정한 식탐의 표현'이 필요하다고 썼다. 좀 더 근자의 인물을 꼽자면 『20세기 초의 식사 주최자 개론서(*Manuel des amphitryons, au début du XXe siècle*)』의 저자 오귀스트 미셸(Auguste Michel)과 『오늘날의 식사 주최자(*l'Amphitryon d'aujourd'hui*)』(1936)를 펴낸 모리스 데 옹비오(Maurice des Ombiaux)을 들 수 있다. 이 둘은 모두 자신의 저서에서 미식에 관한 이전 규칙들을 현대에 맞게 재조명했다. 이 용어는 이제 더는 쓰이지 않게 되었지만 브리야 사바랭이 단호하게 주장했던 다음의 규칙은 불변의 진리로 남아 있다. "누군가를 초대한다는 것은 그가 우리 지붕 아래 있는 시간 내내 행복하도록 보살피는 일이다."

AMPHOUX (MADAME) 마담 앙푸 19세기 프랑스의 증류주 제조인. 프랑스령 마르티니크의 한 증류소 소유주였던 그녀는 섬에서 생산하는 바닐라, 차, 카카오, 커피 리큐어 등에 자신의 이름을 붙였다. 이 제품들은 프랑스의 집정정부와 식민제국 시절 큰 인기를 끌었다.

AMUNATEGUI (FRANCIS) 프랑시스 아무나테기 프랑스의 미식 작가(1898, Santiago 출생 – 1972 Paris 타계). 1947년 엔지니어 직업을 포기한 그는 당시 주간지 '오 제쿠트(Aux écoutes)'에 레스토랑에 관한 최초의 칼럼 중 하나를 기고했으며, 이는 나치 독일 점령기가 끝난 이후 그 빛을 발하게 된다. 그는 『음식의 기술(*Art des mets*)』(1959), 『음식의 기쁨(*le Plaisir des mets*)』(1964), 『당신의 미식(*Gastronomiquement vôtre*)』(1971) 외에도 『파리에서 즐기는 52번의 주말(*52 week-ends autour de Paris*)』 시리즈를 여러 해에 걸쳐 알뱅 미셸(Albin Michel) 출판사를 통해 출간했다. 그 이후로 매년 그해의 최고 미식 저널리스트에게 수여하는 상에 그의 이름이 붙게 되었다.

AMUSE-GUEULE 아뮈즈 괼 아페리티프 음료와 함께 서빙하는 간단한 스낵으로 주로 짭짤한 간이 있는 음식이다. 가까운 사람들끼리의 격의 없는 모임, 축하연의 성격을 띤 경우 등 그 성격에 따라 아뮈즈 괼(몇몇 고급 식당에서는 아뮈즈 부슈(amuse-bouche)라고 부른다)의 종류도 다양하게 서빙된다. 보통 한두 입으로 먹기 편한 크기의 따뜻한 또는 차가운 오르되브르 메뉴가 주를 이룬다. 올리브(속을 채우는 경우도 있다), 짭짤한 땅콩이나 아몬드, 캐슈너트, 미니 피자나 키슈, 속을 채운 양배추 롤, 짭짤한 페이스트리 스틱, 먹기 좋게 자른 생야채와 딥 등이 자주 등장하는 메뉴다(**참조** CANAPÉ, MEZZE, TAPAS, ZAKOUSKI).

fingers au foie gras ▶ FOIE GRAS

장 쇼벨(JEAN CHAUVEL)의 레시피

sandwich jambon-beurre à boire 상드위치 장봉 뵈르 아 부아르

마시는 햄 버터 샌드위치 : 10인분 / 준비 : 30분 / 조리 : 3시간

버터 75g을 갈색이 날 때까지 가열해 녹인 다음(beurre noisette) 생크림 250ml와 우유(전유) 250ml를 붓고 디글레이즈 한다. 소금 6g, 미크리오 카카오 버터(beurre Mycryo 카카오 버터 분말) 30g, 판 젤라틴 3장(미리 찬물에 불린 뒤 꼭 짠다)을 넣어 섞는다. 얇게 썬 빵 8조각(길이 약 10cm)을 구운 뒤 빵 한 조각을 강판에 갈아 버터 혼합물에 넣어준다. 혼합물을 블렌더로 모두 갈아 고운 체에 거른다. 휘핑사이펀에 채워 넣고 따뜻하게 보관한다. 햄 크림을 만든다. 우선 생크림 250ml와 우유(전유) 250ml를 가열하여 끓으면 바로 불에서 내리고 잘게 다진 익힌 햄 300g과 구운 빵 6조각을 넣는다. 냄비 뚜껑을 단단히 덮고 3시간 동안 익힌 후 체에 거른다. 40°C 온도로 따뜻하게 보관한다. 구부러진 파이프 모양의 관이 달린 유리 술잔(pipe à l'alcool)이나 작은 유리잔에 햄 크림을 붓고 휘핑사이펀 안의 버터혼합물을 짜 얹는다. 마지막으로 구운 빵을 갈아 10g씩 위에 뿌려준다.

saumon KKO ▶ SAUMON

ANANAS 아나나, 아나나스 파인애플. 파인애플과에 속하는 아메리카의 열대 식물로 그 열매는 향이 좋고 노란색을 띤 살은 즙이 풍부하다. 무게는 과일 한 개당 1~2.5kg 정도다(**참조** 옆 페이지 파인애플 도감).

1493년 크리스토퍼 콜럼버스가 과들루프에서 처음 발견한 파인애플은 영국, 벨기에, 프랑스 등 유럽에 유입되었고 특히 포르투갈 항해사들에 의해 빠르게 여러 열대지방 국가로 수출되었다. 벨기에에서는 파인애플을 제철보다 일찍 온실에서 재배했다. 영국의 찰스 1세(1672), 프랑스의 루이 15세(1733)는 유럽에서 생산된 파인애플을 처음으로 맛본 사람들 중 하나가 되었다. 19세기만 해도 아직 귀했던 이 과일은 앙티유 제도, 아프리카, 아시아 기후에 완벽하게 적응했고 오늘날 프랑스 시장에서 사철 내내 볼 수 있게 되었다. 프랑스령 기아나에서 재배되는 스무스 카옌(cayenne lisse) 품종이 오랫동안 시장을 선점해왔으나 향이 아주 진한 레위니옹산 빅토리아 품종의 등장으로 그 자리를 물려주게 되었다. 현재는 엑스트라 스위트 종과 같이 운송에 최적화된 품종들을 선호하는 추세다. 항공으로 운송되는 잘 익은 파인애플은 우수한 품질을 자랑한다.

파인애플은 당의 함량이 높은 편이고(12%) 칼륨과 비타민(카로틴, 비타민 C)가 풍부하며, 생 파인애플의 열량은 100g당 50Kcal이다. 단백질 분해효소 브로멜린(bromeline)을 함유하고 있어 소화에도 좋으며, 고기의 연육작용을 위한 마리네이드에도 사용된다.

■ **사용.** 파인애플은 지방이 많은 육류(앙티유, 크레올, 아시아의 돼지, 오리의 조리법에서 많이 볼 수 있다)에 넣어 요리해 단맛과 짠맛을 조화롭게 내기도 하고, 새우 칵테일 등의 갑각류 요리에도 사용한다. 또한 디저트, 케이크 등에는 통조림 제품도 많이 사용된다. 파인애플은 추위를 잘 견디지 못한다. 생과일로 먹을 때는 밑동 부분이 더 단맛이 강하므로 세로로 자르는 것이 좋다. 둥글게 슬라이스한 과육의 가운데 심 부분은 항상 도려낸다. 살은 껍데기의 다이아몬드 모양에 따라 잘라도 좋다.

---

ananas glacé à la bavaroise 아나나스 글라세 아 라 바바루아즈

파인애플 바바루아 아이스크림 : 잎이 달려 있는 크고 균일한 모양의 신선한 파인애플을 준비한다. 잎이 달린 쪽 끝에서 1.5cm 되는 부분을 자른 다음 따로 보관한다. 껍데기에 1cm 두께만큼 일정하게 살을 남긴 뒤 과육을 모두 잘라 꺼낸다. 잘게 썰어 화이트 럼에 담가 재운 과육을 넣고 파인애플 바바루아(bavarois à l'ananas) 혼합물을 만들어 껍데기 속을 채운다. 냉장고에 넣어 굳힌다. 잘라두었던 뚜껑 부분을 얹어 껍질째로 서빙한다.

---

ananas glacé à la créole 아나나스 글라세 아 라 크레올

크레올식 파인애플 아이스크림 : 파인애플의 잎이 달린 윗부분을 잘라낸 다음 잎이 시들지 않도록 잘 싸서 냉장고에 보관한다. 파인애플 속의 과육을 파낸 다음 껍데기는 냉동실에 넣어둔다. 과육을 이용해 파인애플 아이스크림을 만든다. 잘게 썬 캔디드 프루트(과일 콩피)를 럼에 담가 재운다. 아이스크림이 완성되면 파인애플 껍데기에 반쯤 채우고 럼에 재운 과일 콩피를 고루 뿌린 후 나머지 반을 아이스크림으로 채운다. 잘라두었던 뚜껑을 덮은 뒤 다시 냉동실에 넣는다. 잘게 분쇄한 얼음을 깔고 그 위에 파인애플을 놓은 뒤 그대로 서빙한다.

피에르 에르메(PIERRE HERMÉ)의 레시피

ananas rôtis 아나나스 로티

구운 파인애플 : 8인분 / 준비 : 30분(하루 전날) + 10분 / 조리 : 30분

하루 전날, 바닐라 캐러멜 시럽을 만들어놓는다. 잘 익은 바나나 5개의 껍질을 벗긴 뒤 블렌더로 갈아 퓌레를 만든다. 레몬 1개의 즙을 짠다. 생강 1뿌리의 껍질을 벗기고 얇게 편으로 썬다. 올스파이스 알갱이 10개를 으깨 부순다. 타히티산 바닐라빈 2줄기를 길게 갈라 안의 가루를 긁어놓는다. 빈 소스팬을 가열해 뜨거워지면 설탕 300g을 여러 번에 나누어 넣는다. 물을 넣지 말고 약한 불에서 캐러멜라이즈한다. 짙은 갈색이 나고 연기가 피어오를 때까지 걱정하지 말고 그대로 가열한다. 이렇게 해야만 단맛뿐이 아닌 캐러멜의 맛을 제대로 낼 수 있다. 단, 타면 쓴맛이 날 수 있으니 주의한다. 불에서 내린 뒤 바닐라빈과 줄기를 모두 넣고 생강, 올스파이스를 넣어준다. 생수 500ml를 3번에 나누어 조심스럽게 붓는다. 이 과정은 캐러멜이 더 이상 가열되는 것을 막으면서 희석시켜 풀어주는 역할을 한다. 캐러멜 시럽을 끓인 다음 바나나 퓌레, 브라운 럼 아그리콜(rhum agricole brun) 40ml, 레몬즙을 넣고 잘 섞어준다. 다음 날, 오븐을 230°C로 예열한다. 1.5kg짜리 파인애플 2개의 껍데기를 벗기고(참조. p.39 파인애플 소르베) 각각 길게 4등분으로 잘라 로스팅 팬에 놓는다. 준비해둔 시럽을 끼얹고 오븐에 굽는다. 10분간 구운 뒤 8조각의 파인애플에 시럽을 끼얹고 뒤집어준다. 이렇게 두 번을 더 반복한 다음 오븐에서 꺼내 식힌다. 파인애플을 1cm 두께로 썰어 접시에 서빙한다. 바닐라 아이스크림과 함께 먹거나, 바바에 곁들여 내도 좋다.

ananas en surprise 아나나스 앙 쉬르프리즈

파인애플 서프라이즈 : 모양이 좋은 파인애플을 골라 잎이 달린 윗부분을 잘라낸 다음, 껍데기 부분이 터지지 않도록 주의하면서 과육을 잘라 파낸다. 살을 일정한 크기의 큐브 모양으로 썬 다음 설탕 100g, 럼 50ml를 넣고 2시간 동안 재운다. 우유 650ml에 길게 반으로 가른 바닐라빈 1줄기를 넣고 끓인다. 큰 볼에 달걀 1개, 달걀노른자 3개, 설탕 100g을 넣고 거품기로 저어 섞는다. 혼합물의 색이 하얗게 변하고 거품이 일면 밀가루 60g을 넣고 잘 섞어 매끈하고 균일하게 만든다. 그 위에 뜨거운 우유를 붓는다. 달걀이 익으면 멍울이 생길 수 있으니 조금씩 천천히 넣어주면서 거품기로 계속 세게 저어준다. 다시 약한 불에 올리고 크림이 걸쭉해질 때까지 잘 저으며 익힌다. 불에서 내린 뒤 파인애플을 담가놓았던 럼 시럽을 넣어준다. 냉장고에 넣어 완전히 식힌 다음, 절여두었던 파인애플 과육, 단단하게 거품 올린 달걀흰자 3개, 생크림 100ml를 넣고 주걱으로 살살 섞는다. 파인애플 껍질 안에 혼합물을 넉넉히 채운다. 잘라두었던 잎 부분 뚜껑을 덮은 다음 서빙할 때까지 냉장고에 넣어둔다.

attereaux d'ananas ▶ ATTEREAU (BROCHETTE)
beignets d'ananas sauce pinacolada ▶ BEIGNET
canard à l'ananas ▶ CANARD
chutney à l'ananas ▶ CHUTNEY
poivron, ananas Victoria, comme une soupe de fruits ▶ POIVRON
poulet créole à l'ananas et au rhum ▶ POULET
tarte au chocolat au lait et à l'ananas rôti ▶ TARTE

피에르 에르메(PIERRE HERMÉ)의 레시피

sorbet ananas 소르베 아나나스

파인애플 소르베 : 6인분 / 준비 : 30분(하루 전날) / 보관 : 냉동실에서 6주

2kg짜리 파인애플(잘 익었지만 단단한 것)을 준비해 돌려 깎으며 잎을 떼어낸다. 빵 나이프(톱니칼)을 사용하여 파인애플의 양쪽 끝을 잘라낸 다음 과육에 난 눈을 최대한 제거하면서 굴곡을 따라 껍데기를 벗긴다. 남아 있는 눈은 칼끝으로 도려낸다. 우선 세로로 4등분하여 질긴 가운데 심을 잘라낸 다음 작게 썬다. 블렌더로 갈아 퓌레를 만든다. 레몬 2개의 즙을 짜 체에 거른다. 소스팬에 물 120ml와 설탕 250g을 넣고 끓여 시럽을 만든 뒤 식힌다. 시럽과 파인애플 퓌레, 레몬즙 60ml를 혼합한 뒤 냉장고에 넣어 24시간 재운다. 다음 날 카르슈 20ml를 넣은 뒤 아이스크림 제조기에 돌려 소르베를 만든다.

ANANAS 파인애플

amazonas
아마조나스(남미). 브라질리안 파인애플

babyananas
베이비아나나스(남아프리카)

victoria
빅토리아(코트디부아르). 빅토리아 파인애플

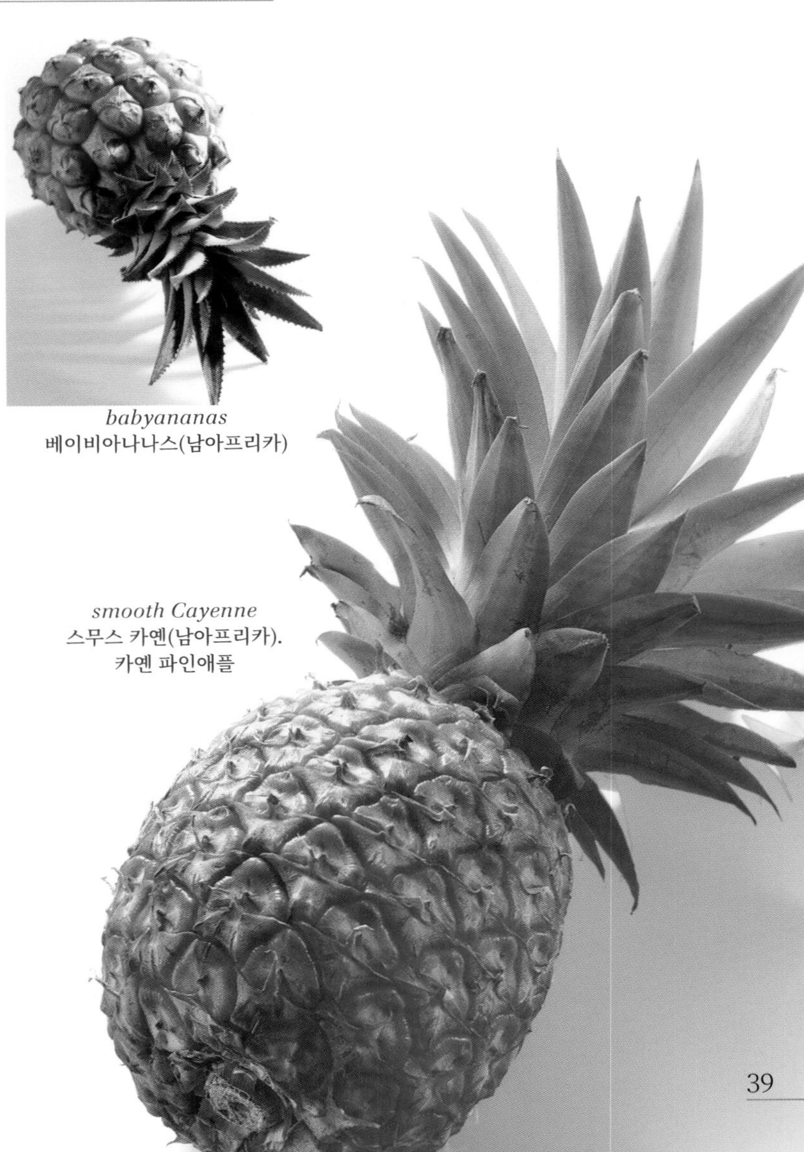

smooth Cayenne
스무스 카옌(남아프리카).
카옌 파인애플

ANCHOIS 앙슈아 안초비, 멸치류. 멸치과의 작은 해수어. 크기는 최대 20cm이고 등은 녹색이 도는 푸른색, 몸통 옆면은 은빛을 띠고 있다. 지중해와 흑해, 대서양, 태평양에 아주 많이 서식한다(**참조** pp.674~677 바다생선 도감). 무리로 떼 지어 서식하는 멸치류의 어획은 주로 통조림 제조를 목적으로 한다. 하지만 생으로, 정어리처럼 튀기거나 마리네이드하여 먹기도 한다. 오메가3가 풍부한 생선인 안초비는 신선 혹은 염장으로, 한마리 통째로 혹은 필레로, 병조림으로 혹은 필레를 기름에 저장한 통조림 형태로 판매되고 있다. 보관 시에는 반드시 냉장고에 넣어두어야 하며, 안초비 페이스트, 안초비 크림, 안초비 버터 등도 마찬가지다.

고대에는 절여 저장한 안초비가 양념 역할을 했다(garum). 오늘날 안초비는 주로 프랑스 남부 지방의 요리에서 특히 많이 사용하지만 안초비 버터(beurre d'anchois)와 영국의 안초비 소스는 전통 요리 재료로도 많이 쓰인다. '얀손의 유혹'이라는 이름의 스웨덴 대중 음식인 '얀손스 프레스텔세(Janssons frestelse)'는 안초비와 감자로 만든 그라탱 요리다.

anchois frits 앙슈아 프리

안초비 튀김 : 싱싱한 생 안초비의 대가리를 떼어내고 엄지손가락으로 눌러 내장을 빼낸다. 살이 아주 연하므로 씻지 말고 살살 닦아 우유에 담근다. 건져서 밀가루를 묻혀 뜨거운 기름에 튀긴다. 건져서 고운 소금을 뿌린 다음 냅킨을 깐 접시 위에 피라미드 모양으로 쌓아놓는다. 튀긴 파슬리와 웨지 모양으로 썬 레몬을 곁들여 서빙한다.

anchois marinés 앙슈아 마리네

안초비 마리네이드 : 싱싱한 생 안초비 500g을 준비해 대가리를 떼어내고 엄지손가락으로 눌러 내장을 빼낸다. 살이 아주 연하므로 씻지 말고 살살 닦아준다. 넓은 그릇에 안초비를 펼쳐 놓은 다음 소금을 뿌려 2시간 동안 재운다. 안초비의 물기를 완전히 닦아낸 다음 고온의 기름을 튀기듯 부어 어느 정도 단단해지면 건져서 테린 용기나 토기에 차곡차곡 넣는다. 안초비에 부었던 기름에 깨끗한 기름 5~6 테이블스푼을 더 넣은 다음, 껍질 벗겨 얇게 썬 중간 크기 양파 1개와 당근 1개를 넣고 튀긴다. 껍질을 벗기지 않은 마늘 3톨과 식초 100ml, 물 100ml를 넣어준다. 고운 소금으로 간하고 타임 1줄기, 월계수 잎 1/2장, 파슬리 줄기 몇 개, 으깬 후추 1 티스푼을 넣는다. 10분간 끓인 다음 바로 안초비에 붓는다. 24시간 동안 재운다. 길쭉한 접시에 담고 동그랗게 썬 레몬 슬라이스를 곁들여 서빙한다.

anchoïade ▶ SAUCE
beurre d'anchois ▶ BEURRE COMPOSÉ
brioches aux anchois ▶ BRIOCHE
canapés aux anchois ▶ CANAPÉ
dartois aux anchois ▶ DARTOIS
entrecôte au beurre d'anchois ▶ BŒUF

filets d'anchois à la suédoise 필레 당슈아 아 라 쉬에두아즈

스웨덴식 안초비 필레 : 안초비의 소금기를 충분히 뺀 뒤 필레를 가늘게 썬다. 껍질을 벗기고 깍둑 썬 레네트(reinette) 사과와 붉은 비트를 비네그레트 드레싱으로 버무린 다음 접시에 깔고 그 위에 안초비 필레를 놓는다. 파슬리 송이를 주위에 놓고, 삶은 달걀의 흰자와 노른자를 따로 곱게 다져서 둘러준다. 양념했던 비네그레트를 뿌린다.

pannequets aux anchois ▶ PANNEQUET
purée d'anchois froide ▶ PURÉE
salade aux anchois à la suédoise ▶ SALADE

ANCIENNE (À L') 아 랑시엔 옛날식의, 옛날풍의. 프리카세 또는 블랑케트와 같은 요리에 방울 양파와 양송이버섯을 가니시로 곁들이는 음식을 지칭한다(**참조** BONNE FEMME).

부르주아 요리를 가리키는 전형적인 이 명칭은 브레이징한 요리에도 적용된다. 또한 '아 랑시엔'이라는 이름이 붙은 몇몇 요리는 이제는 구식이 되어버린 옛날식에 속한다거나, 그러한 재료(옛날에 훨씬 더 많이 사용했던 송로버섯이나 닭 벼슬)나 장식(쌀로 만든 받침대) 등을 사용했다든가, 아니면 달걀과 같이 아주 소박하고 간단한 재료로 만든 것을 뜻하기도 한다.

▶ 레시피 : FEUILLETON, JAMBON, SUCRE D'ORGE, TALMOUSE.

ANDALOUSE (À L') 아 랑달루즈 안달루시아식의. 피망(속을 채우거나 소테한다), 토마토(반으로 잘라 익히거나, 잘게 썰거나 소스로 만든다), 쌀(피망을 넣은 필라프나 리소토), 동글게 슬라이스해 튀긴 가지, 그리고 경우에 따라 치폴라타 소시지(chipolata)나 초리조(chorizo)로 구성된 가니시를 뜻한다. 보통 큰 덩어리의 육류 요리에 곁들이지만 콩소메나 서대 필레 요리에도 가니시로 사용될 수 있다.

▶ 레시피 : SAUCE.

ANDOUILLE 앙두이유 익힌 샤퀴트리의 일종으로 주로 훈연해 만든다. 돼지 혹은 말의 소화 기관에 일반적으로 다른 부위의 정육이나 내장, 부속(살코기, 목구멍 살, 삼겹살, 머리, 염통, 비계껍데기 등) 등을 더하고 돼지 창자로 싼 소시지 모양의 샤퀴트리다(**참조** 옆 페이지 앙두이 도표). 『팡타그뤼엘(*Pantagruel*)』에서 라블레는 동시대 사람들이 좋아하는 음식의 하나로 앙두이유를 꼽았고 『앙두알과 카레슴프르낭의 전쟁(*la guerre des Andoyles contre Quaresmeprenant*)』 이야기에도 등장시켰다. 오늘날에는 조리법이 탄생한 지역명을 붙인 다양한 종류의 샤퀴트리가 '앙두이유'라는 이름으로 서로 우위를 뽐내고 있다. 그중 가장 유명한 것으로는 노르망디의 비르(Vire)와 브르타뉴의 게므네 쉬르 스코르프(Guémené-sur-Scorff) 앙두이유를 꼽을 수 있다. 현재 타조 고기로 만든 앙두이유도 시중에 나와 있다. 앙두이유는 얇게 썰어 오르되브르로 차갑게 먹거나 감자를 곁들여 더운 요리로 먹기도 하며, 메밀 갈레트에 고명으로 올리기도 한다.

ANDOUILLETTE 앙두이예트 익힌 샤퀴트리의 일종. 돼지 창자(대창)로 만들며 대부분의 경우 돼지 위나 송아지의 장간막을 육수나 우유에 미리 삶아낸 뒤 창자 안에 채워넣는다(**참조** 옆 페이지 앙두이예트 도표). 여러 지방에서 생산되는 앙두이예트는 보통 10~15cm 길이로 판매되며, 어떤 것은 빵가루나 젤리, 혹은 돼지 기름으로 덮여 있다. 그릴에 굽거나 팬에 지져 먹는데 전통적으로 머스터드를 곁들인다. 동그랗게 슬라이스해서 차갑게 먹기도 한다. 아무나테기(Francis Amunategui)가 창설한 미식 모임인 '정통 앙두이예트 애호가 친목 연합(AAAAA, Assiciation amicale des amateurs d'authentiques andouillettes)은 이 음식의 전통을 옹호하며 지켜나가고 있다.

andouillette grillée 앙두이예트 그리예

그릴드 앙두이예트 : 앙두이예트를 칼끝으로 군데군데 찔러준 다음, 속까지 뜨거워지도록 가능하면 숯불에 천천히 굽는다.

크리스토프 퀴삭(CHRISTOPHE CUSSAC)의 레시피

andouillettes à la chablisienne 앙두이예트 아 라 샤블리지엔

샤블리식 앙두이예트 : 구리 소테팬 또는 프라이팬에 돼지기름(라드) 1티스푼을 녹여 뜨겁게 달군다. 간을 한 다음 실로 양끝을 묶은 앙두이예트 4개를 노릇한 색이 날 때까지 지진다. 건져낸 뒤 기름은 덜어내 버린다. 껍질을 벗겨 잘게 썬 샬롯 1/2개를 그 소테팬에 넣고 수분이 나오도록 약불에 볶은 다음 샤블리 와인 100ml를 넣어 디글레이즈(déglacer)한다. 졸여 농축한 다음 디종 머스터드 1티스푼을 넣고 농도를 맞추며 잘 섞는다. 간을 맞추고 불에서 내린다. 뜨겁게 서빙한다.

andouillettes à la lyonnaise 앙두이예트 아 라 리오네즈

리옹식 앙두이예트 : 앙두이예트를 군데군데 찔러둔다. 양파 껍질을 벗기고 얇게 링으로 썬 다음 버터를 녹인 팬에 색이 나지 않고 나른해지도록 볶는다. 다른 팬에 돼지기름(라드)을 조금 넣고 앙두이예트를 노릇해지도록 지진다. 완전히 익기 5분 전에 볶아둔 양파를 넣어준다. 식초를 넣어 디글레이즈한다(앙두이예트 2인분 기준 식초 1테이블스푼). 익힌 앙두이예트를 잘게 썰어 소스를 뿌린 뒤 아주 뜨겁게 서빙한다.

ÂNE 안 당나귀. 말과에 속하는 포유류 동물로 주로 짐을 실어 나르는 데 사용되며, 그 고기는 부차적인 소비 재료다. 동유럽과 아시아의 몇몇 국가에서는 새끼 당나귀 고기를 아주 즐겨 먹는다, 과거 르네상스 시대의 프랑스에서도 이 고기는 인기가 있었다. 오늘날 젖을 짜거나 짐을 싣는 용도의 덩치가 큰 당나귀(푸아투 혈통의 품종)는 정육 분야에서 말고기와 같은 것으로 취급되고 있다. 프랑스 남부 지방의 당나귀는 크기가 더 작은데, 고기가 더 탄력있고 육수도 더 맛이 진하다. 주로 건조 소시지를 만드는 데 많이 사용되며, 대표적으로 아를 소시송(saucisson d'Arles)을 꼽을 수 있다. 당나귀 젖은 인간의 모유와 그 구성성분이 비슷해서 오랫동안 젖먹이 수유용으로 쓰였고, 원기회복의 기능도 있다고 알려져 왔다. 발칸반도 지역에서는 당나귀 젖으로 프레시 치즈를 만들기도 한다.

앙두이유의 종류와 특징

명칭	산지	형태 및 구성	풍미
앙두이유 데르 쉬르 라 리스 andouille d'Aire-sur-la-Lys	아르투아 Artois	원통형의 흰색, 밤색(훈제) 앙두이유. 돼지 대창 20~30%, 돼지 정육 70~80%(이 중 20%는 비계), 소금, 후추, 향신재료, 세이지. 크기 30 x 5cm. 무게 500g	냄새가 있으며 세이지 향이 난다.
앙두이유 드 브르타뉴 andouille de Bretagne ou bretonne supérieure	브르타뉴 Bretagne	비르(Vire) 앙두이예트 타입. 돼지 대창(최소 30%), 목구멍 살 또는 삼겹살(최대 5%), 양파, 향신료, 소금, 아질산염	매콤하며 약간 기름지다.
앙두이유 드 캉브레 (레드 라벨) andouille de Cambrai (label rouge)	캉브레지 Cambrésis	밝은색을 띠며 오로지 다진 돼지 창자만을 창자 껍데기로 싸고 양념과 향(소금, 아질산염, 후추, 세이지 등)을 더한다. 크기 30 x 10cm. 무게 1kg	단단하고, 익히는 육수의 향이 배어 있다. 냄새가 있으며 세이지 향이 난다.
비계껍질 앙두이유 andouille de couennes	쉬드 우에스트 Sud-Ouest	1/3은 돼지 대창과 위로, 나머지 대부분은 돼지껍질로 이루어진다. 무게 약 600g	오돌오돌하고 대개 훈제향이 난다. 맛이 매콤하다.
앙두이유 드 게므네 andouille de Guémené	모르비앙(게므네 쉬르 스코르프) Morbihan (Guémené-sur-Scorff)	짙은 갈색. 돼지 대창을 하나씩 실로 꿰매어 만든다(끝부분이 실로 묶여 있음). 너도밤나무나 참나무로 저온 훈연. 건초를 넣은 육수에 삶아 익힌 뒤, 최대 9개월까지 건조시킨다.	고급스러운 맛. 약간 짭짤하고 훈제향이 난다.
앙두이유 드 자르조 andouille de Jargeau	루아레(자르조) Loiret (Jargeau)	1/3은 삼겹살, 나머지는 돼지 어깨살, 양파, 파슬리, 향신재료로 이루어지며, 경우에 따라 훈연하기도 한다.	일반적인 굵은 소시지와 비슷하다.
앙두이유 드 페이 andouille de pays	프랑스 전역	비르(Vire) 앙두이유 타입으로, 껍질을 벗기지 않은 돼지 머릿고기와 염통을 다양한 비율로 혼합해 만든다.	비르 앙두이유와 비슷하다.
앙두이유 드 르뱅 andouille de Revin	아르덴 Ardennes	투박한 시골풍의 앙두이유로 모양이 울퉁불퉁하고 밝은색을 띤다. 돼지 대창(40%)과 염장한 돼지고기로 만든다. 자른 단면은 베이지, 분홍색이다. 크기 20 x 4~6cm, 무게 500g	향신료의 맛이 난다.
붉은색 앙두이유, 사바르댕 andouille rouge, ou sabardin	루아르 Loire	돼지 창자, 위, 삼겹살, 염통, 목구멍 살로 만드는 굵은 앙두이유. 레드와인으로 향을 더하고 돼지 대창으로 말아 싸서 익힌다.	와인 향이 나는 강한 맛.
앙두이유 드 비앙드 andouille de viande	마시프 상트랄 Massif central	기름기 없는 돼지 어깨살과 대창을 다진 뒤 얇은 비계로 싸 익힌 굵은 크기의 앙두이유.	기름기가 적은 편. 비훈연.
앙두이유 드 비르 쉬페리외르 andouille de Vire supérieure	프랑스 전역	기름을 제거한 돼지 창자와 위(돼지 대창 50%)와 목구멍 살(5%)로 만든 훈제 앙두이유로 색을 입히기도 한다. 보통 미리 한 번 익힌다. 창자에 소를 넣고 끈으로 묶은 뒤 익힌다. 무게 600g.	전통 비르 앙두이유와 비슷하다.
앙두이유 드 비르 트라디시옹 andouille de Vire tradition, ou véritable andouille de Vire	칼바도스(비르와 인근지역) Calvados (Vire et sa région)	원통형의 앙두이유(길이 25~30cm, 굵기 지름 4~6cm). 기름기 없는 돼지 대창과 소창, 위를 잘라 천연창자로 싸서 너도밤나무 연기에 저온 훈연한다. 끈으로 묶어 쿠르부이용에 삶는다.	직관적인 맛. 오랜 시간 훈제한 향이 강하게 나는 경우도 있다.
그르니에 메도캥 grenier médocain	메독 Médoc	밝은색을 띤 비훈연 앙두이예트. 돼지 위로 만들어 양념을 한 다음 말아준다.	꽤 매콤한 맛.

앙두이예트의 종류와 특징

명칭	산지	형태 및 구성	풍미
앙두이예트 드 캉브레 andouillette de Cambrai	캉브레지 Cambrésis	미리 익힌 송아지 장간막을 돼지와 소의 창자로 싸서 향신재료(파슬리, 샬롯, 양파)로 향을 낸 육수에 익힌다. 일정 크기로 절단, 또는 소시지 모양으로 묶은 상태로 판매.	향신재료에 따라 독특한 풍미.
앙두이예트 드 자르조 andouillette de Jargeau	루아레 Loiret	미리 익힌 돼지 대창과 돼지 살코기(20~40%)로 만든다.	앙두이예트와 소시지의 중간 맛.
앙두이예트 리오네즈 andouillette lyonnaise	론 Rhône	주로 송아지 장간막을 사용하고 경우에 따라 돼지와 송아지 위를 조금 섞는다.	비교적 순하고 부드러운 맛.
앙두이예트 뒤 페리고르 andouillette du Périgord	페리고르 Périgord	주로 돼지 대창과 위를 사용하고, 경우에 따라 비계껍질을 제거하지 않은 목구멍살(10~15%)을 섞는다.	약간 오돌오돌한 식감이 난다.
앙두이예트 프로방살 andouillette provençale	프로방스 Provence	미리 데친 돼지 대창, 위, 소창과 비계 껍질을 제거하지 않고 가늘게 잘라 빵가루와 달걀을 묻힌 목구멍 살(최대15%)로 만든다.	마늘, 파슬리 등의 양념 맛이 난다.
앙두이예트 아 라 루아네즈 andouillette à la rouennaise	바스 노르망디 Basse-Normandie	돼지 창자(위 불포함)와 송아지 장간막을 반반씩 넣어 만든다.	약간 냄새가 난다.
앙두이예트 드 트루아 andouillette de Troyes	프랑스 전역	순 돼지만으로 만든 원통형 앙두이예트(길이 12~15cm, 굵기 직경 3~4cm). 돼지 대창, 위를 길게 잘라 분할한 뒤 손으로 말아 싸거나 창자에 채운다.	순 돼지 냄새가 꽤 강하게 나는 편이다.

ANETH 아네트 딜, 회향풀. 미나리과에 속하는 방향성 식물로 동유럽이 원산지이다. 고대부터 서유럽에 유입되었으며 '가짜 아니스(faux anis)'라고 불렸다(**참조** pp.451~454 향신 허브 도감). 고대 로마에서 딜은 생명력의 상징이었다. 오늘날 회향 씨는 물론이고, 펜넬 잎과 비슷한 맛이 나며 에센스 오일이 풍부한 딜 잎은 요리에서 향신재료로 널리 쓰이며 미식가들의 사랑을 받고 있다. 딜은 유럽의 각 지역마다 다양한 방법으로 사용된다. 생 연어를 절인 스웨덴의 그라블락스(gravlax)의 주 향신료로 쓰일 뿐 아니라, 러시아의 오이피클인 말로솔(malossol)을 만들 때에도 식초에 딜을 넣어 향을 낸다. 또한 생선 테린을 만들 때 꼭 들어가는 향신 허브이고, 감자, 오이 샐러드나 프로마주 블랑에도 곁들일 수 있다.

ANGE DE MER 앙주 드 메르 전자리상어. 전자리상어과에 속하는 물고기로 평균 크기가 90~120cm 정도이지만 길이 2m에 무게가 60kg 이상 되는 것도 있다. 가슴지느러미가 날개 모양으로 가오리와 비슷하며, 온화한 유럽 해안과 열대 해양에 다양한 종류가 서식하고 있다. 껍질은 거칠거칠하고 등은 녹갈색에 회색 점무늬가 있으며 배는 크림색이다. 이 생선의 살은 가오리 맛보다는 조금 떨어지지만 소비자들에게 꽤 인기가 있는 편이며, 가오리와 동일한 방법으로 조리한다.

ANGÉLIQUE 앙젤리크 안젤리카, 서양당귀. 미나리과에 속하는 방향성 식물로 북유럽 국가들이 원산지이다. 스칸디나비아 바이킹들에 위해 프랑스로 유입되었고 바로 수도사들이 재배하기 시작했다. 녹색 줄기를 당절임해 파티스리(파운드케이크, 팽데피스, 푸딩, 수플레 등)에 사용하기도 한다. 안젤리카 콩피는 니오르(Niort)의 특산품이다. 또한 안제리카 줄기와 뿌리를 알코올에 담가 증류주를 만드는 데 사용하기도 한다(오 드 멜리스, 샤르트뢰즈, 베스페트로, 진 등) [**참조** LIQUEUR].

angélique confite 앙젤리크 콩피트

앙젤리카 설탕 절임 : 안젤리카 줄기를 15~20cm 길이로 자른 다음 찬물에 3~4시간 담가 불린다. 끓는 물에 넣고 손가락으로 눌러보아 쉽게 휠 정도가 될 때까지 삶은 뒤 차가운 물에 식혀 건진다. 겉면의 질긴 섬유질을 조심스럽게 벗겨낸다. 시럽(비중계 농도 1.1425)에 24시간 담가 두었다가 건진다. 그 시럽을 끓여 농도가 1.2624에 이르면 안젤리카에 붓는다. 새로 시럽을 만들어 이 작업을 하루에 한 번씩 3일간 반복한다. 네 번째 되는 날, 110~115°C로 끓인 시럽(sirop au perlé)에 안젤리카를 넣고 잠깐 동안 끓인다. 불에서 내린 뒤 그대로 휴지시킨다. 고운 체에 안젤리카를 건진 뒤, 대리석 작업대에 나란히 펴 놓는다. 고운 설탕을 뿌린 다음 약하게 켠 오븐 입구에서 말린다. 밀폐용기에 보관한다.

homard breton aux angéliques ▶ HOMARD
vichyssoise de champignons à l'angélique ▶ CHAMPIGNON DE PARIS

ANGLAISE (À L') 아 랑글레즈 '영국식의'라는 뜻이다. 다양한 방법으로 조리한 채소, 육류, 생선 등의 요리나 조리법 명칭에 '아 랑글레즈'를 붙인다.

● Légumes à l'anglaise 레귐 아 랑글레즈. 채소를 끓는 물에 삶은 뒤, 다진 파슬리, 녹인 버터 또는 차가운 버터, 허브를 넣은 소스 등을 곁들여 그대로 내는 조리법을 의미한다.

● Viandes et volailles à l'anglaise 비앙드 아 랑글레즈, 볼라이 아 랑글레즈. 육류나 가금류를 흰색 육수에 데쳐 삶거나, 오래 끓여 익힌다. 요리에 따라, 곁들임 채소를 그 국물에 함께 익히기도 하고, 따로 물에 삶거나 증기로 쪄내기도 한다.

● Poissons et morceaux de viande panés à l'anglaise 푸아송, 모르소 드 비앙드 파네 아 랑글레즈. 생선이나 조각으로 자른 고기에 밀가루, 달걀, 빵가루(panure anglaise 영국식 튀김옷)를 입혀 소테팬에 지지거나 기름에 튀겨낸 것을 뜻한다.

● Poissons grillés à l'anglaise 푸아송 그리예 아 랑글레즈. 생선 구이. 생선이 큰 경우에는 토막으로 슬라이스하고 작은 생선의 경우는 칼집을 내준다. 생선에 기름이나 녹인 버터를 바른 뒤 약한 불에서 굽는다(생선살이 너무 연해 부서질 염려가 있는 경우에는 밀가루를 묻혀 굽는다). 녹인 버터나 메트르도텔 버터(beurre maître d'hôtel)을 곁들여 서빙한다.

● Apprêts de la cuisine britannique « à l'anglaise » 아프레 드 라 퀴진 브리타니크 아 랑글레즈. 영국식 소스, 앙트르메, 파이, 달걀요리 등을 지칭한다.

● Crème dite « anglaise » 크렘 앙글레즈. 클래식 요리의 기본인 우유, 설탕, 달걀노른자, 바닐라로 만드는 커스터드 크림인 크렘 앙글레즈를 뜻한다.

● Service « à l'anglaise » 세르비스 아 랑글레즈. 영국식 서빙. 서버가 직접 각 손님들에게 서빙포크와 스푼을 사용해 요리를 덜어 서빙해준다.

▶ 레시피 : AGNEAU, ANGUILLE, ARTICHAUT, BROCHETTE, CERVELLE, CHAMPIGNON DE PARIS, CŒUR, CRÈMES D'ENTREMETS, FOIE, PANURE, PETIT POIS, PUDDING, ROGNON, TOPINAMBOUR, VEAU.

ANGOSTURA 앙고스튀라 앙고스트라 비터스. 럼과 남미에서 자라는 용담속 나무껍질의 쓴맛이 나는 액을 베이스로 하여 만든 향료 리큐어. 원기를 회복하고 열을 내려주는 효능이 있다고 알려졌으며, 19세기 초 앙고스투라(현재 베네수엘라 시우다드 볼리바르)에서 볼리바르 육군 부대의 한 외과 의사가 열대기후를 견뎌내기 위해 처음 만들었다고 한다. 현재 트리니다드 섬에서 제조되는 적갈색의 앙고스투라 비터스(알코올 도수 44.7% Vol.)는 주로 칵테일에 몇 방울 넣어 쌉싸름한 향을 내는 데 쓰이며, 파티스리에도 종종 사용된다.

ANGUILLE 앙기유 유럽 뱀장어. 뱀장어과에 속하는 물고기로 길이가 50cm(수컷)~ 1m(암컷)에 이른다. 점액으로 덮인 미끈미끈한 껍질을 갖고 있으며 뱀과 비슷한 모양을 하고 있다(**참조** pp.674~677 바다생선 도감). 버뮤다 제도 근처의 사르가소 해 전역에서 산란하며 부화한 알은 버들잎 모양의 유생어(leptocéphales)로 2~3년에 걸쳐 해류에 의해 아메리카 대륙이나 유럽 연안으로 흘러들어간다. 갓 태어난 뱀장어는 암수 두 가지 성을 모두 갖고 있지만 한쪽으로 점점 치우치면서 결국은 암컷이나 수컷 중 한 가지로 성장한다. 뱀장어 치어(civelle, pibale)가 강 하구로 유입될 때 크기는 6~9cm 정도이며 투명하다. 이 새끼뱀장어들은 낭트(Nantes), 라로셸(La Rochelle), 보르도(Bordeaux), 페이 바스크(Pays Basque) 지역 등에서 튀김으로 인기가 많다. 과도한 남획으로 인해 이 뱀장어 치어는 쉽게 먹을 수 없는 귀한 생선이 되었다. 양식용으로도 수요가 늘어났고, 특히 아시아 국가들은 유럽 해안의 어린 치어들을 고가에 매입하고 있다. 게맛살로 만든 가짜 뱀장어새끼도 등장했다.

살아남은 치어들은 강에서 통통하게 자라면서 몸의 색이 짙어진다. 이 단계를 '노란' 뱀장어라고 부르는데, 작은 눈이 있고 주둥이가 넓적하며 등은 갈색을, 배와 옆면은 누르스름한 색을 띤다. 6~7년 쯤 되면 눈이 커지고 두상은 뾰족해지며 등은 더 짙은 색을 띠게 되고 배는 은빛이 난다. 전체적으로 은빛이 나는 뱀장어가 되며 그때부터 바다 쪽으로의 회귀를 서서히 시작한다. 뱀장어는 살아 있는 상태로 구입한 뒤 반드시 먹기 직전에 껍질을 벗기고 손질해야 한다. 뱀장어의 피는 상처 난 피부나 눈에 닿으면 독성을 미칠 수 있으니 조심해야 한다. 살은 지방이 아주 많지만 맛이 좋으며 질소가 다량 함유되어 있다. 척추뼈에 붙어 있는 가시는 쉽게 떼어낼 수 있다.

■ **사용.** 고대 로마인들에게도 맛 좋은 요리로 인기가 높았던 뱀장어는 중세에도 마찬가지로 널리 소비되었다. 아직도 다양한 지역 요리로 남아 있으며 특히 스칸디나비아 국가와 북부 독일에서는 훈제 장어 요리를 아주 별미로 친다. 껍질에 윤기가 나며 거의 검은 색을 띠는 이 훈제 장어에 호밀빵과 레몬을 곁들여 오르되브르로 먹는다. 벨기에에서도 장어를 팬프라이, 그릴에 굽기, 냄비에 찌듯이 익히기, 에스카베슈(escabèche) 스타일 등 다양한 방식으로 조리해 먹는데, 특히 여러 허브를 넣어 만든 녹색 소스를 곁들인 앙기유 오 베르(anguille au vert)가 대표적인 특산 요리이다. 퀘벡 지역에서도 장어 낚시는 꽤 규모가 큰 어획 활동 중 하나다. 생 로랑(Saint-Laurent) 강어귀에서는 아직도 말뚝에 망을 엮어 만든 가두리를 이용해 장어를 잡는다. 장어는 주로 산 채로 판매되지만, 필레를 떠서 훈제로, 절임이나 젤리를 덮은 상태로 혹은 통조림으로도 구입할 수 있다.

anguille : 뱀장어 준비하기

장어의 대가리를 쳐서 기절시킨 다음 가위로 항문 쪽 구멍부터 머리까지 갈라 내장을 빼낸다. 껍질을 째지 않은 상태로 척추와 목 뒤쪽 살을 자른다. 살의 맨 윗부분을 한 손으로 잡고 다른 한 손은 대가리를 지지대로 삼아 잡은 뒤 긴 몸을 따라 껍질을 잡아당겨 벗긴다. 일정한 힘으로 중간에 멈추지 말고 한 번에 벗겨내는 것이 좋다. 작은 크기의 장어는 통째로 토막낸다. 익히면 껍질을 쉽게 벗길 수 있기 때문이다.

anguille à l'anglaise en brochettes 앙기유 아 앙글레즈 앙 브로셰트

빵가루 옷을 입힌 장어 꼬치구이 : 장어의 뼈를 제거한 다음 일정한 크기로 토막 낸다.

식용유, 레몬즙, 후추, 소금, 잘게 썬 파슬리를 섞은 뒤 장어를 넣고 1시간 동안 재운다. 장어 토막을 건져 밀가루를 묻히고 달걀, 빵가루를 입힌다. 장어 사이사이 기름기가 있는 베이컨 슬라이스를 교대로 넣으며 꼬치에 끼운다. 약한 불의 그릴에서 굽는다. 길쭉한 접시에 담고 생 파슬리, 톱니무늬를 내어 반으로 자른 레몬을 곁들인다. 타르타르 소스와 함께 서빙한다.

anguille pochée du Québec 앙기유 포셰 뒤 퀘벡

퀘벡식 포치드 장어 : 장어 1.75kg을 깨끗이 씻어 일정한 크기로 토막낸다. 냄비에 물 700ml, 식초 150ml, 껍질 벗겨 다진 양파 120g을 넣고 장어를 넣는다. 10분 정도 끓인 다음 물을 따라 버리고 생선 토막을 뜨거운 물로 헹군다. 다시 냄비에 물 600ml, 소금(기호에 따라 양 조절), 다진 파슬리 5g, 껍질을 벗겨 다진 샬롯 15g, 버터 50g을 넣고 생선을 넣어 15분 정도 약하게 끓이며 데친다. 버터 60g과 밀가루 80g을 혼합해 뵈르마니에(beurre manié)를 만든다. 생선을 건져낸다. 생선을 익힌 쿠르부이용(court-bouillon) 국물에 뵈르마니에를 넣고 풀어 농도를 맞춘 다음 레몬즙 100ml, 우스터소스 몇 방울, 생크림 150ml를 넣어 소스를 완성한다. 서빙 접시에 장어를 담고 소스를 뿌린다. 프랑스에서도 이와 비슷한 조리법에 따라 전통적으로 '쿠르부이용에 익힌(au court-bouillon)'이라는 명칭의 장어 요리를 만들어 먹는다.

anguille à la provençale 앙기유 아 라 프로방살

프로방스식 장어 요리 : 껍질을 벗겨 다진 양파 2테이블스푼을 올리브오일에 수분이 나오도록 천천히 볶는다. 중간 크기의 장어 한 마리를 일정한 크기로 토막 낸 다음, 양파를 볶고 있는 팬에 넣어 익힌다. 소금, 후추로 간하고, 껍질 벗겨 속을 빼낸 뒤 잘게 썬 토마토 콩카세(tomate concassée) 4개분, 부케가르니 1개, 껍질을 벗긴 뒤 짓이긴 마늘 1톨을 넣어준다. 드라이 화이트와인 100ml를 넣고 뚜껑을 덮은 상태로 약불에서 25~30 분정도 익힌다. 서빙하기 10분 전, 씨를 뺀 블랙올리브를 12개 정도 넣어준다. 우묵한 서빙 용기에 담고 잘게 썬 파슬리를 뿌려 서빙한다.

anguille au vert 앙기유 오 베르

허브 소스를 곁들인 장어 요리 : 작은 사이즈의 장어 1.5kg을 깨끗이 씻어 길게 4등분한다. 소테팬에 버터 150g을 녹인 뒤 장어를 넣고 살이 어느 정도 단단해지도록 지진다. 시금치와 소렐(수영)을 각각 100g씩 깨끗이 씻은 뒤 잘게 다져 이 소테팬에 넣고 약한 불에 숨이 죽도록 볶는다. 드라이 화이트와인 300ml, 부케가르니 1개, 다진 파슬리 2테이블스푼, 타라곤과 세이지 각 1티스푼씩을 넣는다. 약간 세게 간을 맞춘 다음 약 10분간 뭉근하게 익힌다. 굳은 식빵 6장을 버터에 노릇하게 구워낸다. 달걀노른자 2~3개에 레몬즙 2테이블스푼을 넣어 잘 개어 푼 다음 소테팬에 넣고 끓지 않도록 주의하면서 잘 섞어 농도를 맞춘다. 구운 빵 카나페 위에 장어를 올리고 소스를 끼얹는다. 빵 없이 차갑게 서빙해도 좋다.

ballottine chaude d'anguille à la bourguignonne ▶ BALLOTTINE
canapés à l'anguille fumée ▶ CANAPÉ
matelote d'anguille à la meunière ▶ MATELOTE
pâté d'anguille ou eel pie ▶ PÂTÉ

ANIMELLES 아니멜 고환. 정육으로 사용하는 동물, 특히 거세하지 않은 염소, 양, 황소의 고환을 뜻한다(**참조** p.10 부속 및 내장 도표). 이 부속은 과거 동유럽, 지중해 연안 지역 및 루이 15세 시절 프랑스에서도 매우 인기가 높았던 식재료다. 아직까지도 이탈리아와 스페인에서는 즐겨 먹는 편이다(criadillas 황소 고환 튀김). 흉선과 같은 방법으로 조리하며, 아주 강한 양념의 비네그레트 소스를 뿌려 먹기도 한다.

animelles : 고환 준비하기

고환을 찬물에 두 시간 담가 핏물을 뺀다. 건져서 냄비에 넣고 잠기도록 물을 채운 뒤 가열한다. 약 2분 정도 끓인 뒤 건져 찬물에 담가 식히고 껍질을 벗긴다. 무거운 것으로 눌러준 다음 냉장고에 3~4시간 정도 넣어둔다.

animelles à la crème 아니멜 아 라 크렘

크림 소스 고환 요리 : 고환을 1cm 두께로 어슷하게 에스칼로프로 썬 다음 소금, 후추를 뿌려 밑간을 한다. 버터를 녹인 팬에 넣고 6~7분간 익힌 다음 크림 소스(베샤멜 100ml와 생크림 50ml을 섞는다)를 몇 스푼 넣고 약한 불로 익혀 마무리한다. 서빙하기 바로 전 버터를 넣어 잘 섞은 뒤 간을 맞춘다. 버섯을 얇게 썰어 버터와 레몬즙에 살짝 익히거나 색이 나지 않게 볶아서 곁들여도 좋다.

ANIS 아니스 미나리과에 속하는 방향성 식물로 원산지는 인도, 이집트 등지이다. 이미 옛 중국에서는 신성한 식물로 알려졌으며 고대 로마인들도 많이 사용했다(**참조** pp.338~339 향신료 도감). 유럽에서는 특히 녹색 아니스 씨가 일찍이 제빵에 사용되었으며(브레첼, 푸가스, 크넥케브뢰), 과자나 케이크 류에 향을 내는 데 쓰이기도 한다(특히 팽데피스와 수플레). 그 외에도 당과류(플라비니의 사탕 dragées de Flavigny)나 리큐어 증류(파스티스 pastis, 아니제트 anisette)에 사용된다. 아니스 잎은 잘게 다져 채소를 마리네이드할 때 넣거나 샐러드, 또는 남 프랑스의 생선수프 등에 넣어 향을 낸다. 딜(aneth)을 가리켜 가짜 아니스라고 부르기도 한다(**참조** ANETH).
▶ 레시피 : BISCUIT.

ANIS ÉTOILÉ ▶ 참조 BADIANE

ANISETTE 아니제트 아니제트. 증류주, 물, 설탕, 녹색 아니스의 생약 알코올 추출물과 씨를 원료로 하여 만드는 리큐어 제품. 프랑스에서는 특히 보르도의 아니제트(Marie Brizard)가 유명한데, 이것을 무색 또는 연한 색이 있는 아니스 술(감초가 함유된 것도 있다)과 혼동해서는 안 된다. 아니제트는 달콤한 맛이 있는 반면 다른 제품들(아니스 술, 파스티스)는 거의 단맛이 없다(**참조** OUZO, PASTIS, RAKI, SMBUCA). 아니스 술 종류는 어느 정도 물을 타서 희석해 마시며 경우에 따라서 그레나딘 시럽을 첨가하거나('tomate'라고 부른다), 민트 시럽을 넣어('perroquet') 단맛을 더하기도 한다.

ANJOU, MAINE 앙주, 멘 앙주의 요리는 그다지 강렬하게 부각되지 않는 은근한 세련됨을 지니고 있다. 거의 대부분의 앙주식 음식에는 '모가 난 것을 부드럽게' 만들기 위해 크림이 넉넉히 들어가는 것이 특징이다. 앙주의 토양에서는 다양한 종류의 채소와 질 좋은 과일(belle angevine, doyenné du Comice 품종의 서양 배가 대표적이다)이 많이 나며, 백토 지하실에서 재배되는 양송이버섯도 대표적인 생산작물이다. 양송이 버섯은 앙주식(à l'angevine) 요리에서 많이 볼 수 있는 식재료다. 로치, 모샘치 등의 잉어과의 민물생선은 루아르 지방의 대표적 생선 튀김 요리가 되었다.

오늘날에는 점점 드물어지긴 했지만, 생선의 조리법은 매우 다양하며, 그중 특히 와인을 이용한 레시피가 많다. 대표적인 생선 요리로 허브로 속을 채운 뵈르블랑 소스의 강꼬치고기, 소렐로 속을 채운 청어, 앙주식 칠성장어 찜을 꼽을 수 있으며, 특히 와인에 재웠다가 익히는 장어 요리(레드 와인, 건자두, 오드비, 호두 오일, 버섯으로 만드는 장어 마틀로트 등)는 놓쳐서는 안 된다. 육류 또한 품질이 아주 좋다. 블뢰 뒤 맨(bleu du Maine)이라 불리는 양과 재래종인 망셀(mancelle) 품종의 소가 대표적이다. 돼지고기는 이 지역 대표 샤퀴트리의 기본 재료다. 르망 또는 사르트의 햄, 소시지, 리예트, 특히 근대와 시금치를 넉넉히 넣은 굵은 부댕인 고그(gogues)를 들 수 있다. 앙두이예트(andouillette), 피크레트(piquerette 레드와인에 졸인 소 벌집 위) 또는 젤리화한 우설편 등 부속 및 내장 요리도 이 지방의 특선 요리로 유명하다. 닭 중에서는 루에 닭(poulet de Loué)와 르망 영계(poularde du Mans)가 레드라벨(Label Rouge) 인증을 받았다.

앙주는 디저트도 아주 발달했다. 튀김과자인 베네(bottereaux), 타르트, 과일 젤리, 과일 와인조림, 마카롱, 당과류 등이 다양하며, 라타피아(ratafia)에서 영감을 받아 체리로 만든 리큐어인 기뇰레(guignolet)를 곁들이면 더욱 좋다. 튀르캉(Turquant)에서는 아직도 화덕에 말려 납작하게 두들긴 사과(pommes tapées)를 와인과 설탕, 계피, 후추를 넣고 뭉근히 졸여 따뜻하게 먹는 전통을 잇고 있다.

■ **수프.**

● Bijane, soupe d'anguille 비잔, 장어 수프. 비잔은 빵 속살 조각을 레드와인에 적셔 만든 다음 차갑게 먹는 수프다. 좀 더 만드는 방법이 복잡한 장어 수프는 장어 살, 소렐, 허브, 양파, 달걀노른자, 생크림, 크루통 등의 재료가 들어간다.

■ **생선.**

● Pâté d'anguille 장어 파테. 유럽뱀장어를 사용해 만드는 요리는 매우 다양하다. 장어 파테를 만들기 위해서는 우선 생선살을 슬라이스한 다음 데쳐낸다. 파테 틀에 삶은 달걀 슬라이스와 생선살을 교대로 차곡차곡 채운 뒤 넛멕을 갈아 넣고 잘게 썬 파슬리를 고루 뿌린다. 화이트와인을 붓고 버터를 몇 조각 얹어준 다음 얇게 민 푀유타주 반죽으로 전체를 덮어 오븐에 익

힌다. 서빙 시 약간 묽은 데미글라스 소스를 조금 뿌려준다. 이 파테는 더운 요리, 찬 요리로 모두 서빙가능하다.

• **Sandre à la saumuroise 소뮈르식 민물농어 요리.** 소뮈르(Saumur)산 와인에 조리한 민물농어에 민물가재살, 아스파라거스 윗동, 버섯 등을 곁들인다.

■ **육류.**

• **돼지 : 리요 RILLAUDS.** 돼지 생 삼겹살(또는 어깨살)을 껍질째 굵직한 정육면체로 썰어 얇은 비계로 감싼 뒤 소금에 절이고 라드기름에 천천히 익힌 것. 아주 뜨겁게 혹은 차갑게, 그린샐러드를 곁들여 서빙한다.

• **가금류 : AILERONS DE DINDE, CANETON FARCI, POLARDE 칠면조 아랫날개, 속을 채운 새끼오리, 영계.** 칠면조 아랫날개는 뼈를 제거한 뒤 돼지 안심과 신선한 생 비계, 닭 간이나 푸아그라, 밤, 그 밖에 구운 부댕이나 돼지 족발, 또는 리예트 중 기호대로 선택해 소를 만들어 채워 넣는다. 몸통뼈를 발라낸 오리 새끼는 샬롯, 돼지고기, 비계, 푸아그라, , 오리의 제 간, 익힌 밤, 리예트에 그 지역의 포도 찌꺼기 화주를 넣고 소를 만들어 채워 넣는다. 몸통을 얇은 비계로 감싼 뒤 당근과 양파를 넣고 뭉근히 익힌다. 익힌 통밤이나 밤 퓌레를 곁들여 먹는다. 앙주식 영계 요리는 우선 토막을 낸 다음 앙주산 드라이 화이트와인과 닭육수, 껍질 벗긴 토마토와 샬롯, 양파, 마늘, 버섯, 생크림을 넣고 익힌다.

■ **디저트.**

• **Crémets, millière, fouée, guillarets, biscuits, poirier 크레메, 밀리에르, 푸에, 기야레, 비스킷, 푸아리에.** 섬세하고 가벼운 앙제 또는 소뮈르의 크레메(crémets)는 프레시 크림치즈에 거품 낸 달걀흰자와 휘핑한 생크림을 섞은 것이다. 이것을 무슬린 면포를 깐 구멍 있는 용기에 넣고 냉장고에 넣어두면 수분이 빠지고 형태를 갖추며 굳는다. 여기에 생크림과 설탕, 딸기 등을 얹어 서빙하거나, 아니스로 향을 낸 얇고 동그란 과자인 앙주의 크로캉(croquants d'Anjou)과 함께 먹기도 한다. 라이스푸딩 밀리에르(millière)와 빵 반죽으로 만든 갈레트에 버터를 덮은 푸에(fouée)는 아주 오래전부터 내려오는 레시피이며, 특히 푸에는 작고 바삭한 파티스리인 기야레(guillarets)와 비슷하다. 사블레, 아몬드 크로캉, 아니스 비스킷, 헤이즐넛 볼 등 비스킷 종류도 다양하다. 푸아리에(poirier)는 서양 배를 반죽 시트에 넣어 익힌 뒤 레드커런트 시럽을 뿌린 디저트다.

■ **와인.**

• **Anjou et Saumurois 앙주, 소뮈루아.** 투렌(Touraine)과 비뇨블 낭테(le vignoble nantais) 사이에 위치한 앙주에서는 다양한 종류의 토양에서 재배되는 포도로 여러 종류의 와인을 만든다. 이 지역 와인들 대부분은 앙주와 소뮈르 일반 명칭으로 분류되어 있다(appellations d'Anjou et de Saumur). 앙주는 주로 레이용(Layon)강 주변에서 생산되는 고품질의 화이트와인으로 유명한 반면 소뮈르는 레드와인과 스파클링 와인이 대표적이다. 앙주의 고급 화이트와인 포도품종은 슈냉(chenin)으로, 그해 작황에 따라 드라이 화이트와인 또는 스위트와인을 만든다. 이들 중 특히 코토 뒤 레이용(coteaux-du-layon)은 카르 드 숌(quarts-de-chaume)과 함께 최상의 부드러움과 섬세함을 지닌 와인이며, 본조(bonnezeaux)는 향이 복합적이고 풍부한 최상급 와인이다. 아주 가까운 루아르강 북쪽 사브니에르(Savennières) 와이너리에서는 로슈 오 무안(roche-aux-moines)과 쿨레 드 세랑(coulée-de-serrant) 와인들을 통해 자극적인 산미와 부드럽고 풍성한 맛, 상큼함이 균형을 이루는 전혀 새로운 스타일을 선보이고 있다.

동쪽의 소뮈루아 지역에서도 다양한 종류의 와인이 생산되는데, 카베르네(cabernet)나 가메(gamay) 베이스의 화려하고 풍성한 맛을 지닌 레드와인과 슈냉(chenin) 품종으로 만든 화이트가 대표적이다. 또한 소뮈르는 전통 방식을 고수하는 스파클링 와인의 중심지이며, 이 와인들은 루아르강을 따라 난 백토 지하 저장소에 보관된다. '소뮈르'라는 이름으로 판매되는 와인들은 복합적인 과일향 부케와 그 섬세한 맛이 특징이다. 그중에서도 가장 인기 있는 것은 카베르네 프랑(cabernet franc, 또는 breton 이라고도 부른다)품종 포도로 만드는 소뮈르 샹피니(saumur-champigny)이다. 생 시르 앙 부르(Saint-Cyr-en-Bourg)와 샹피니(Champigny) 근방 9개 마을에서 생산되는 이 레드와인은 과일향이 나고 바디감이 가벼우며 균형잡힌 산미를 지닌 상큼한 맛을 낸다.

ANNA 안나 퐁 안나(pommes anna). 감자 요리의 일종. 요리사 아돌프 뒤글레레(Adolphe Dugléré)가 프랑스 제2제정시대의 '암사자'로 불리던 유명인사 안나 델리옹(Anna Deslions) 에게 헌사하여 만들고 그녀의 이름을 붙인 요리라고 알려졌다(**참조** p.691 감자 요리 도표). 이 감자요리는 얇고 동그랗게 썰어 꽃 모양으로 팬에 겹쳐 놓은 뒤 정제버터를 넉넉히 넣고 구워낸다. 원형 대신 가늘게 채 썬 모양으로 만드는 것은 '폼 아네트(pommes Annette)'라고 부른다.

▶ 레시피 : POMME DE TERRE.

ANONE 아논 커스터드 애플, 슈거 애플, 번려지. 포포나무과에 속하는 나무의 열매로 페루가 원산지이며, 열대지방의 여러 나라에서 자란다(**참조** pp.404~405 열대 및 이국적 과일 도감). 종류는 여러 가지 (corossol, cachimentier 혹은 coeur-de-boeuf, pomme-cannelle, chérimole)가 있는데, 프랑스에서는 셰리몰(chérimole) 품종이 '아논'이라는 이름으로 알려져 있다. 서아시아, 중미 또는 스페인 남부에서 수입되어 10월~2월에 판매되는 '아논'은 오렌지만 한 크기에 표면이 울퉁불퉁하며 연둣빛에서 점점 익을수록 어두운 갈색으로 변한다. 이 열매는 주로 생과일로 섭취한다. 반으로 자르면 즙이 풍부한 흰색 과육이 들어 있는데 검은색 씨를 제거한 뒤 이를 작은 스푼으로 떠먹는다. 새콤달콤한 맛이 나며 장미향을 느낄 수 있다. 그 외에 소르베를 만들거나 과일 샐러드, 화채 등으로도 활용할 수 있다.

ANSÉRINE 앙세린 명아주. 명아주과에 속하는 식물. 명아주 풀(ansérine bonhenri)은 시금치처럼 늘 요리에 사용되어온 식재료다. 한편 안데스 산맥에서 생산되는 이와 비슷한 앙세린 키노아(ansérine quinoa)는 영양가가 높은 곡식으로 소비되고 있으며 현재는 유럽에서도 쉽게 구할 수 있다.

ANTIBOISE (À L') 아 랑티부아즈 앙티브(Antibes)식의. 프로방스 요리, 그중에서도 특히 앙티브식의 요리를 지칭한다. 으깬 마늘과 다진 파슬리를 넣고 오븐에 익힌 달걀과 튀긴 새끼망둥이, 팬에 소테한 가지와 기름에 볶은 토마토, 스크램블드 에그를 교대로 켜켜이 쌓아 오븐에 익힌 그라탱, 안초비 필레, 잘게 부순 참치살, 마늘과 섞은 빵가루를 채운 뒤 오븐에 구운 토마토, 속을 채워 차갑게 먹는 토마토 등을 꼽을 수 있다.

▶ 레시피 : ŒUF BROUILLÉ.

ANTILLAISE (À L') 아 랑티예즈 앙티유(Antilles)식의. 앙티유식의 요리는 다양한 생선, 갑각류 해물, 가금류 주 요리에 일반적으로 토마토를 넣은 채소 볶음과 라이스, 또는 파인애플, 바나나 등이 곁들여진다. 앙티유식 디저트는 열대과일과 럼, 바닐라를 많이 사용한다. 크레올식(à la créole) 음식도 이와 아주 흡사하다.

ANTILLES FRANÇAISES 앙티유 프랑세즈 프랑스령 앙티유 군도, 앤틸러스 제도. 아메리카 원주민 카리브족이 거주하는 이 군도는 1635년부터 프랑스령 식민지가 되었다. 식민지 개척자들은 광활한 재배지에서 브라질로부터 들여온 사탕수수 농사를 대규모로 지어 빠른 속도로 부를 축적하게 되었다. 아프리카에서 데려온 노예들와 인도 출신의 값싼 노동력을 이용한 것이 큰 도움이 되었다. 사탕수수를 이용해 앙티유의 대표적인 오드비인 럼도 생산하기 시작했다. 18세기부터 시작한 과일 잼 제조(파인애플(기아나산), 라임, 오렌지, 캐리비안 자몽, 자몽과 비슷한 시트러스 과일인 차덱(chadeck) 등. 모두 중국 말레이시아, 인도네시아산)는 섬의 경제 성장에 큰 도움이 되었다. 앙티유에는 사탕수수 이외에도 다양한 식재료가 있다. 카리브족이 이미 음식에 사용하고 있던 식물인 아주 매운 고추(안데스 산맥, 멕시코산), 마니옥(카사바), 고구마 등이 대표적이며 이들은 오늘날까지도 크레올 음식에 널리 쓰인다. 아프리카인들이 가져온 여러 식재료들 중에는 앙골라 완두콩도 있었다. 그들은 아크라(acra)를, 인도인들은 커리를 이용한 콜롬보(colombo)라는 음식을 선보였다. 프랑스 음식으로는 부댕, 밀가루로 만든 빵과 케이크 등이 각 섬의 기후 조건과 주민의 기호에 맞게 변형되어 자리를 잡았다. 결국은 각기 다른 공동체가 자신들의 음식을 하나로 녹여 각기 정착한 섬의 음식으로 탄생시킨 셈이다. 바다와 여러 강으로부터 넉넉하게 공급받는 생선과 해산물을 이용한 요리는 특히 그 종류가 다양하다. 흰살 생선이나 갑각류 해물을 넣고 끓인 맑은 국물 요리 블라프(blaff), 거미고둥 살 꼬치 또는 볶아서 뭉근히 찐 프리카세(거미고둥(lambi)은 예전에 아주 흔했고 그 살의 풍미와 아름다운 핑크색 껍데기로 인기가 많았다), 향신료를 넣은 국물에 익힌 민물 왕새우 요리인 마투투

(matoutou) 등이 대표적이다. 난류 해역에 서식하고 크기가 1m에 달하며 푸른색 광택이 나는 만새기(coryphène, daurade coryphène)는 튀김이나, 스튜, 또는 블라프 수프로 조리해 먹는다. 앙티유의 땅게는 산란시기를 제외하고는 바다에 들어가지 않는다. 그 종류와 나이, 크기, 어획 장소에 따라 화이트 크랩, 보쿠(boku), 썬 크랩, 레드 백, 크랍 아 밥(krab a bab), 혹은 툴룰루(touloulou)라는 다양한 명칭으로 불린다. 옛날 노예들의 식사 보충용으로 쓰이거나, 흉작 또는 식량이 부족했던 기간 중 산 채로 보관하기도 했던 이 게는 오늘날 특히 부활절 주간 월요일이나 성신강림 축일 전통 식사 때 주로 먹는다. 게의 속을 채우거나 기타 다양한 크레올식 레시피에 따라 조리한다. 고구마는 채소로도 사용되고 디저트로도 활용한다. 칼랄루(calalou)는 타로 잎을 넣어 끓인 걸쭉한 수프다. 그 외에 여러 종류의 뿌리, 구근, 과일 겸 채소들도 주요 식재료로 많이 쓰이는데, 감자를 대신해 많이 사용되는 플랜테인 바나나, 빵나무 열매인 미간(migan), 차요테, 아주 섬세한 맛의 단호박인 터번 스쿼시, 앙티유의 감자라 불리는 마의 일종인 쿠스쿠슈(cousse-couche, 특히 크리스마스 시즌의 쿠스쿠슈 마 그라탱이 유명하다)등이 대표적이다. 마지막으로 매콤하고 향이 풍부한 크레올 요리에서 빼놓을 수 없는 것이 바로 향신료다. 자메이카 후추 잎(bois d'Inde), 계피, 아나토(로쿠), 사프란, 올스파이스뿐 아니라 염소, 돼지, 닭을 사용한 스튜 요리의 양념으로 향신료 믹스 콜롬보를 많이 사용한다. 과일과 사탕수수 산지인 만큼 각종 잼을 비롯한 달콤한 먹거리들도 풍부하다. 코코넛은 여러 당과류에 두루 사용되는데, 특히 코코넛 밀크로 만든 캐러멜의 일종인 두슬레트(doucelette), 겉에 코코넛 과육 셰이빙을 묻힌 캐러멜 크라체(cratché), 코코넛 로셰(tablettes coco)가 유명하며, 코코넛 플랑을 연상시키는 블랑망제(blanc-manger)는 디저트로 아주 인기가 높다. 소르베를 만들 때 코코넛으로 향을 내기도 하며, 코코넛 잼은 케이크의 속을 채울 때도 유용하게 사용된다. 어디서나 쉽게 구할 수 있는 바나나는 특히 튀김으로 즐겨 먹는다. 라임처럼 그냥 먹기에 너무 신 과일은 젤리나 시럽, 소르베나 잼을 만들어 먹는 편이다. 라임은 크레올 대표 칵테일인 티퐁슈(ti-punch)에 꼭 필요한 재료다.

■ **수프.**

● **Calalou 칼랄루.** 아주 걸쭉한 녹색의 이 잎채소 수프에는 오크라, 베이컨, 라임즙 등을 재료를 더해 맛을 내기도 한다.

■ **육류.**

● **Jambon glacé créole, ragoût de cochon 크레올식 글레이즈드 햄. 돼지고기 찜.** 버터에 노릇하게 구운 파인애플 슬라이스를 겉면 전체에 얹어 장식하는 크레올식 글레이즈드 햄은 우선 부케가르니, 드라이 화이트와인, 정향, 후추, 통고추를 넣어 향을 낸 국물에 익힌다. 기름을 어느 정도 남긴 채 껍데기를 잘라낸 다음 오븐에 굽는다. 경우에 따라서 불에 달군 부지깽이로 지져 격자무늬를 내기도 한다. 돼지고기 찜을 만들려면 우선 무쇠냄비에 굵직한 정육면체로 토막 낸 돼지 목살, 양파, 파를 넣고 색이 나도록 지진다. 루를 만들어 넣고 부케가르니, 으깬 마늘, 통고추를 넣은 다음 자작하게 국물을 잡아 뭉근히 끓인다. 으깬 마늘과 라임즙을 곁들인다.

■ **가금류.**

● **Poulet au citron vert 라임 치킨 스튜.** 토막으로 자른 닭을 밀가루에 묻혀 소테팬에 지져낸 다음 라임즙과 약간의 물, 마늘, 타임, 올스파이스, 정향, 다진 파슬리를 넣고 뭉근하게 익힌다.

■ **생선, 해산물.**

● **Acras de morue, féroce de morue, vivaneau grillé à la sauce chien, touffé de requin au citron vert 염장대구 아크라, 염장대구 페로스, 소스 시엥 붉은 도미 구이, 라임에 익힌 상어 찜.** 럽에서 들어온 염장대구는 아크라(acra) 튀김, 잘게 부수어 채소와 버무린 시크타이유(chiquetaille), 으깬 아보카도와 섞은 페로스(féroce), 그리고 감자를 넣은 브랑다드(brandade) 등 다양한 요리로 활용된다. 길이가 50cm 정도 되는 붉은 도미(vivaneau)는 양념에 재워 구운 뒤 양파, 쪽파, 마늘, 고추, 각종 허브로 만든 소스(소스 쉬엥 sauce chien이라고 부른다. chien(개)이라는 명칭은 소스에 들어가는 채소를 아주 잘게 자를 때 사용하던 칼의 상표 로고가 강아지 모양인데서 유래했다고 전해진다)를 뿌리고 크레올식 라이스와 곁들여 먹는다. 상어찜은 우선 적당한 크기로 자른 생선을 라임과 올스파이스에 재운 뒤 냄비에 노릇하게 지지고, 잘게 깍둑 썬 토마토를 넣어 뭉근히 익혀 만든다.

■ **파티스리.**

● **Tourment d'amour 투르망 다무르.** 과들루프 어부의 부인들이 남편을 기다리며 무료함을 달래면서 만들었다고 전해지는 이 케이크는 파트 브리제 위에 코코넛 잼과 섞은 크렘 파티시에를 채운 다음 스펀지 시트를 덮고 구워낸다. 얇게 썬 생 코코넛 과육을 뿌리기도 한다. 따뜻하게 또는 차갑게 먹는다.

■ **럼.** 전통 럼 아그리콜(rhum agricole)은 당밀이 아닌 사탕수수를 압착해 얻은 즙을 발효한 뒤 증류해 만든다. 무색이며 알코올 도수는 50~59% Vol.이다. 숙성 기간(최소 3년)을 거친 뒤 물에 희석한 올드 럼(rhum vieux)은 짙은 색을 띠고 있으며 알코올 도수는 40% Vol.이다. 제당공장 럼이라 칭하는 것은 당밀을 원료로 한 것으로 특유의 진한 맛이 난다. 이 럼은 신맛도 더 강하며, 종종 나무통에서 숙성시키는 경우도 있다.

ANTILOPE 앙티로프 영양(羚羊). 소 과에 속하는 반추 포유동물로 살은 더 탄력있고 육향이 짙은 유럽 사슴과 비슷하다. 아프리카에는 영양의 종류만 백 가지가 넘으며 그 크기는 양만 한 것에서 말만 한 것까지 다양하다. 현지 토착민들은 영양을 로스팅, 브레이징하거나 국물에 끓이는 방법으로 조리해 먹는다. 경우에 따라 마리네이드하거나 햇빛에 말려 숙성한 후 조리하기도 한다. 특히 작은 크기의 영양인 가젤(gazelle)의 살을 별미로 치며, 노루와 같은 방법으로 조리해 먹는다.

ANTIOXYDANT, ANTIOXYGÈNE 앙티옥시당, 앙티옥시젠 항산화제, 산화방지제. 음식의 변질(검게 변하거나 산패 등)을 초래할 수 있는 산화현상을 막기 위해 식품제조업체 등이 사용하는 식품 첨가물(**참조** ADDITIF ALIMENTAIRE)로 법령에 의해 40종이 승인되어 있다. 가장 많이 사용되는 것은 아스코르빅산(또는 비타민C)으로 맥주, 시럽, 사이다뿐 아니라 염장에도 사용된다. 요리에서도 과채(아보카도, 바나나, 셀러리, 배, 사과 등)를 자른 뒤 갈변되는 것을 막기 위해 레몬즙 대신 아스코르빅산을 사용하기도 한다. 비타민 C, E, 프로비타민 A, 셀레늄, 아연과 필수지방산은 인체의 산화, 즉 세포의 변질을 막아주는 항산화제다. 이들은 오직 음식물을 통해서만 인체에 유입될 수 있다. 그러므로 이러한 항산화물질이 함유된 식품을 규칙적으로 섭취하는 것이 스트레스, 공해에 노출되어 있고 특정 약품을 복용하고 있는 인체를 보호하는 데 도움이 된다.

ANTIPASTO 앙티파스토 안티파스토, 이탈리아식 차가운 오르되브르, 즉 전채요리를 뜻한다. 이탈리아어로 식사를 뜻하는 파스토(pasto)에 '앞의, 전의' 라는 의미의 라틴어 접두사 안테(ante)를 붙인 단어다. 파르마 햄을 곁들인 무화과 또는 멜론, 퐁뒤 피에몽테즈(fondue piémontaise 녹인 치즈에 우유 혹은 달걀을 섞고 흰 송로버섯으로 향을 낸 딥 소스에 생 채소와 양념들을 곁들여낸다) 등으로 구성되기도 하지만 일반적으로 식사 시작할 때 여러 가지 색깔의 다양한 아뮈즈 부슈를 아페리티프 술이나 음료와 곁들여 서빙하며, 경우에 따라서는 파스타를 대신하기도 한다. 안티파스토에는 그리시니를 곁들이는 경우가 많고, 주로 마리네이드한 채소와 생선, 레몬즙을 뿌린 해산물, 올리브, 햄, 살라미 등의 샤퀴트리, 포치니 버섯 샐러드, 아티초크 샐러드 등을 서빙한다.

ANVERSOISE (À L') 앙베르수아즈 벨기에 앙베르(Anvers)식의. 버터나 크림에 익힌 홉의 새순으로만 이루어진 가니시를 지칭한다. 달걀(반숙, 수란, 프라이)에 곁들이며, 때로 감자(삶은 것, 또는 튀긴 것)와 함께 채끝 등심 로스트, 송아지 포피에트 등의 가니시로 서빙되기도 한다. 홉의 새순은 타르틀레트 또는 아티초크 속살 위에 얹어서 먹기도 한다.

▶ 레시피 : AGNEAU, ESCALOPE.

APÉRITIF 아페리티프 식전주, 아페리티프. 점심, 또는 저녁 식사 전에 기다리면서 마시는 음료. 이 용어의 기원은 식욕을 '열다' 또는 돋우다라는 의미의 라틴어 동사 아페리레(aperire)에서 파생된 형용사로부터 나왔다. 시대를 막론하고 몇몇 식물과 약초들은 이렇게 식욕을 열어주는 효능을 갖고 있었다. 옛날에는 이러한 식물로 아페리티프 음료를 만들어왔다. 하지만 이는 미식적 차원이라기보다 의학적 효능이라는 의미가 더 강했을 뿐 아니라 식탁에 앉기 전에 마시던 음료도 아니었다. 고대 로마인들은 꿀을 넣은 와인을 즐겨마셨다. 중세에는 허브와 향신료로 만든 와인의 효능을 믿어 이포크라스(hypocras), 베르무트(vermouths), 비터스(amers)와 스위트 와인 및 리큐어 등이 등장했다. 식사 전에 알코올 음료를 마시는 기호와 추세가 일반화된 것은 20세기 들어서다. 아페리티프라는 단어가 실제 이런 뜻의 명사로 쓰이기 시작한 것은 1888년 부터였다. 와인 베이스(베르무트, 캥키나)나 독한 술 베이스(아니스, 비터스, 아메리카노, 장티안)의 알코올 음료, 또는 리큐어 와인이나 오드비, 리큐어 등(칵테일, 위스키)이 주로 아페리티프로 사용되었다.

APICIUS 아피시위스 아피키우스. 미식으로 잘 알려진 고대 로마인 세 사람의 이름이다. 첫 번째 아피키우스는 루키우스 코르넬리우스 술라(BC 2~1세기)와 동시대의 인물로 오로지 폭음폭식으로 유명해졌다. 서기 2세기경의 인물인 세 번째 아피키우스는 생 굴을 보존하는 방법을 발견한 것으로 언급된다. 가장 유명한 두 번째 인물인 마르쿠스 가비우스 아피키우스(Marcus Gavuus Apicius)는 티베리우스 황제(서기 13~35년) 시대의 사람으로 추정된다. 그는 『10권의 요리책, 데 레 코퀴나리아 리브리 데셈(*De re coquinaria libri decem*)』이라는 조리법 책의 저자로 알려지고 있으며, 이 책은 수 세기 동안 기초요리서로 널리 읽혔다. 아피키우스라는 명칭은 오늘날 로마 황실의 최고급 요리에 관해 우리가 갖고 있는 지식을 가장 기술적으로 보여주는 총체라고 할 수 있다. 알랭 상드랭스(Alain Senderens)가 이에 경의를 표해 만들어낸 그 유명한 새콤달콤한 양념의 오리 요리에는 아피키우스라는 이름이 붙었다.

APLATIR 아플라티르 납작하게 하다, 평평하게 하다. 절단한 정육이나 생선 필레 등을 넓적한 고기용 망치의 평평한 면으로 두들겨 균일한 두께로 납작하게 만들다. 이 과정을 통해 근섬유를 끊어 살이 연해지는 효과를 볼 수 있으며, 따라서 익히기도 더 쉬워진다.

APPAREIL 아파레이 하나의 요리를 완성하기 위해 필요한, 다양한 재료를 섞은 혼합물(masse 라고도 한다). 특히 파티스리에서 과정별로 재료를 섞어놓은 혼합물을 가리킨다.

▶ 레시피 : BOMBE, CHARLOTTE, MAINTENON, MATIGNON.

APPELLATION D'ORIGINE CONTRÔLÉE (AOC) 아펠라시옹 도리진 콩트롤레(아오세) 원산지 명칭 통제. 공식적 정의에 따르면《어떤 생산품이 특정 국가, 지방, 혹은 소도시나 마을 등의 지리적 환경에서 만들어지고, 우수한 품질과 차별적 특성을 지니고 있을 때 그 생산품에 해당 지역을 명시하는 것. 생산품의 품질과 특성은 해당 지역의 자연적 요인과 인위적 요인으로 이루어진다.》라고 되어 있다. 프랑스에서 원산지 명칭에 관한 법령은 1666년 로크포르 치즈를 옹호하는 툴루즈 의회의 판결 이후 계속 제정된 규정들을 이어 온 것이다. 1935년 INAO(Institut national des appellations d'origine 원산지 명칭 국립 기구) 설립에 관한 시행령이 만들어지면서 현재의 틀을 갖추게 되었다. 원산지 명칭 통제는 포도나무뿌리 진디병으로 포도밭이 황폐화된 이후 그 생산을 보호하기 위해 포도재배와 와인제조 분야부터 적용하기 시작했고 이어 점차적으로 오 드 비, 치즈, 퓌(Puy)의 녹색 렌틸콩, 브레스(Bresse)의 닭, 그르노블(Grenoble)의 호두, 니옹(Nyons)의 블랙올리브, 샤랑트 푸아투(Charentes-Poitou)의 버터 등 다른 분야로 확대되었다. 그러나 아직도 주로 와인 분야에 집중되어 있는 상태다. AOC는 모방품의 모든 위험으로부터 법적으로 보호할 수 있는 장치다. 법률상의 정의를 세밀하게 엄격하게 준수함으로써 이 인증을 획득한 제품들에 진정한 문화적 정체성을 부여한다. INAO는 AOC 인증 획득과 유지를 위한 조건들을 관리 감독한다. 프랑스의 모든 AOC 인증은 유럽연합 위원회에 의해 새롭게 바뀌었다. 1992년 7월 14일부터 유럽연합 지침서는 AOC와 비슷한 유럽연합 차원의 새로운 원산지 명칭 보호 시스템인 원산지 명칭 보호(AOP, Appellation d'origine protégée) 인증 제도를 도입하였다.

APPELLATION D'ORIGINE PROTÉGÉE (AOP) 아펠라시옹 도리진 프로테제(아오페) 원산지 명칭 보호.《생산, 가공, 제조 작업이 모두 한 특정 지리적 영역 안에서, 인정받고 검증된 노하우를 바탕으로 이루어진 제품에 그 지역 이름을 명시하는 것》. 기존의 AOC가 유럽 연합 차원에서 개정된 것이다. 1992년 7월 14일 처음 만들어진 이 지적소유권은 제 3국으로도 확대되어 150개 국가에서 인정받고 있다. 이 인증을 받기 위해서는 유럽 연합회원국은 이 규정에 상응하는 원산지 확인 국가인증표시를 반드시 등록해야만 한다. 단 와인과 스피릿 주류는 제외된다.

APPENZELLER 아펜젤레르 아펜젤러 치즈. 소젖(유지방 50%)으로 만들며, 외피를 솔로 닦은 가열 압착 스위스 치즈(**참조** p.396 외국 치즈 도표). 스위스의 아펜첼주가 원산지인 이 치즈는 6~12kg에 이르는 커다란 맷돌 형태로 렌틸콩만 한 크기의 구멍이 듬성듬성 나 있다. 자극적이지 않고 과일의 풍미를 지니고 있으며 주로 식사가 끝날 때 많이 먹는다. 이 치즈를 사용하여 샤샤펜(chäshappen)이라는 특선 요리를 만든다. 녹인 아펜젤러 치즈, 우유, 밀가루, 이스트, 달걀을 섞은 반죽을 짤주머니에 넣고 나선형으로 짜서 팬에 튀겨먹는 음식이다. 튀긴 즉시 건져서 뜨겁게 서빙하고, 샐러드를 곁들인다.

APPERT (NICOLAS) 니콜라 아페르 프랑스의 발명가(1729, Châlon-sur-Marne 출생—1841, Massy 타계), 그는 호텔리어였던 아버지에게서 요리를 배웠다. 츠바이브뤼켄 크리스티안 4세 공작의 요리를 담당한 이후 포르바크(Forbach) 공주의 식사 관리인으로 일했던 그는 1780년 파리 롬바르(Lombards)가에 자신의 절임 음식 전문점을 개업한다. 당시 총재정부는 군부대 식량 보존 방법 개발에 상금 12,000프랑을 걸고 공모했고, 아페르는 자신의 이름을 붙인 '아페르티자시옹(appertisation)'이라는 살균 방법으로 당선되어 상금을 획득했다. 1810년 그는『모든 동물성 식물성 재료를 수년 간 보존하는 기술(*Art de conserver pendant plusieurs années toutes les substances animales et végétales*)』이라는 책을 출간해 이 방법을 누구나 사용할 수 있도록 널리 전파했다. 그의 책은 1811년과 1813년에『가정 살림 지침서(*Livre de tous les ménages*)』라는 제목으로 재출간 되었다. 제국의 몰락으로 아페르는 큰 타격을 입었다. 그럼에도 불구하고 그는 다양한 연구를 계속하였으나 결국 궁핍 속에 생을 마감했다.

APPERTISATION 아페르티자시옹 음식물을 장기(수개월에서 수년까지) 보존할 수 있는 기술로, 이를 처음 개발한 니콜라 아페르의 이름에서 따온 용어이다. 음식물을 방수되는 금속, 유리 또는 플라스틱 용기에 넣고 100°C 이상의 온도에서 소독하는 방법이다. 소독 계산표(시간/온도)는 관련 식재료 카테고리 별(채소, 과일, 육류, 생선 등)로 제조업계에서 개발해냈다. 이 방법은 식품의 모든 미생물과 독성 물질을 파괴하여 상온에서의 보존을 가능케 해주는 것으로, 최근 몇 년 간 영양학적 품질은 더욱 큰 발전을 이루었다. 그러나 맛에 있어서는 약간의 변화를 초래하기도 한다. 제품의 포장에는 반드시 최적의 사용 유효기간이 표기되어 있으며, 일단 한 번 개봉한 제품은 빠른 시간 내에 소비해야 한다.

APPÉTIT 아페티 식욕, 입맛. 배고플 때 음식을 먹고 싶은 욕구, 시각과 후각 뿐 아니라 기억 또는 요리 레시피를 읽으면서 하는 상상도 입맛을 돋우거나 자극할 수 있다. 특정한 음식에 끌리는 식욕은 일반적으로 결핍에서 비롯된다. 그 음식을 섭취하면 기분이 좋아진다. 이는 다양한 영양소, 비타민, 무기질 등이 체내에서 다시 균형을 이루기 때문이다. 어떤 지역에서는 '아페티'라는 단어가 양념에 쓰이는 마늘, 쪽파, 차이브, 샬롯, 파슬리, 방울 양파 등을 통칭하는 말로 쓰이기도 한다. 이들 재료가 입맛을 돋우기 때문이다.

APPRÊT 아프레 하나의 요리를 만들어내는 데 필요한 다양한 준비 및 조리 작업을 통칭한다. 예를 들어 제빵에서는 빵 반죽 성형과 굽기 사이의 발효 시간도 모두 이 아프레(apprêt) 과정에 포함된다. 이 발효과정을 거치면서 빵 반죽은 두 배로 부푼다.

ÂPRE 아프르 떫은. 입안이 우툴두툴해지는 느낌을 표현한 형용사('껄껄하고 우툴두툴함'을 뜻하는 불어의 '아스페리테(aspérité)'와 어원이 같다). 아스페리테는 질감의 개념으로 우툴두툴한 상태를 가리키는데, 촉각(혀가 오그라드는 듯한 느낌의 수렴성), 맛(신맛), 그리고 꽤 오래 지속되는 강하고 자극적인 향 등의 효과와 일맥상통한다. 덜 익은 배는 먹었을 때를 상상해보면 된다. 씨가 뚜렷이 느껴지고 단맛도 없다. 입안은 마치 침이 분비되지 않는 것처럼 마른다. 타닌이 강한 레드와인을 마셨을 때와 비슷한 느낌이다.

AQUAVIT OU AKVAVIT 아쿠아비트 감자나 곡물을 사용하고 향신료(아니스, 캐러웨이, 커민, 펜넬 등) 로 향을 낸 증류주로 스칸디나비아 국가를 비롯한 북유럽에서 15세기부터 만들고 마셔왔다. 이름은 '생명의 물'이란 뜻의 라틴어 '아쿠아 비타(aqua vita)'왔으며, 알코올 도수는 45% Vol.이다.

Argenterie 은 식기

"파리 크리용 호텔(Hôtel de Crillon) 문양이 새겨진 소스팬, 엘렌 다로즈(Hélène Darroze) 레스토랑의 포크들, 포시즌 조르주 생크 호텔(Four Seasons George V)의 3종 클로슈(요리가 식지 않도록 덮는 뚜껑), 혹은 파리 리츠 호텔(Ritz Paris) 주방의 소스 용기들... 각 주방마다 저마다의 은식기와 도구들이 있다. 이는 한 레스토랑을 대표하는 상징이 될 뿐 아니라 그 반짝임으로 한 주방의 개성을 더욱 아름답게 격상시켜준다."

스트레이트 샷 또는 칵테일로 마신다.

ARACHIDE 아라시드 낙화생. 땅콩. 콩과의 아열대 식물로 땅 속의 여문 씨로 기름을 짠다(**참조** p.572 견과류, 밤 도감). 남미가 원산지인 이 콩은 16세기에 포르투갈인들에 의해 아프리카로 유입된 이후 식민지 시대에 널리 수출되었다. 인도와 미국에서도 재배된다. 깍지 한 개당 2~4개 정도의 땅콩이 들어 있다. '카카우에트(cacahouète 어원은 아즈텍어)' 또는 드물긴 하지만 '땅에서 나는 피스타치오'라고 불린다.
■ **사용.** 원산지와 아프리카에서 낙화생은 식량이 되는 식물이다. 졸여서 페이스트로 만들거나 로스팅해서 먹고, 씨는 소스나 스튜에도 넣는다. 이집트에서는 이것으로 케이크를 만들기도 한다. 또한 기름을 짜 낼 수 있는데, 낙화생유(huile d'arachide)는 카놀라유와 해바라기유에 이어 가장 많이 사용되는 기름이다. 이는 높은 온도에 잘 견디기 때문이다. 게다가 향이 거의 없기 때문에 양념이나 간을 하기에 적합하다(**참조** p.462 기름 종류 도표). 통조림 등의 보존식품을 만드는 데도 중요한 역할을 하며 마가린 제조에도 사용된다. 마른 낙화생은 열량이 높은 에너지원이며(100g당 560Kcal 혹은 2341kJ) 비타민 B3가 풍부하다. 로스팅한 뒤 소금을 뿌린 땅콩은 아뮈즈 부슈나 술안주로 좋다. 또한 샐러드에 잣 대신 넣거나 파티스리에서 아몬드나 피스타치오를 대신하기도 한다. 미국에서는 땅콩버터를 만들어 빵에 발라 먹는다.

ARAIGNÉE 아레녜 설도(설깃살). 소, 송아지, 양, 돼지의 골반관골 양쪽 타원형 구멍을 덮고 있는 설도의 네 부위 살을 지칭한다. 그중 안쪽을 막는 부분을 진짜 설깃살이라고 하며 외부를 둘러싼 부위를 흔히 가짜 설깃살이라고 칭한다. 이 부위는 건막 섬유조직이 길게 골이 패인 형태로, 부채꼴로 펼쳐져 있는 모습이 거미줄(araignée는 불어로 '거미'라는 뜻이다)을 닮았다(**참조** pp.108~109 프랑스식 소 정육 분할 도감). 정육점 주인만이 알아 챙겨먹는다는 아주 작은 부위로, 질긴 힘줄만 제거하면 육즙이 풍부하고 구우면 아주 풍미가 좋다.

ARAIGNÉE (USTENSILE) 아레녜(주방도구) 망뜨개. 뜰채. 스파이더. 도금한 철망이나 스테인리스로 만든 큰 사이즈의 건짐망. 튀김 기름에서 재료를 건지고 털어낼 때 사용된다.

ARAIGNÉE DE MER 아레녜 드 메르 마야 스퀴나도 Maja squinado. 거미게. 물맞이게과에 속하는 마야 크랩(maja crab)종 게를 통칭한다. 뾰족한 몸 껍데기와 가늘고 털이 난 다리를 갖고 있으며 집게발이 길다(**참조** p.285 갑각류 해산물 도표, pp.286~287 도감). 프랑스에서 이 게는 대서양 연안에 많이 서식하며, 크기는 20cm 이하이다. 반면 일본 연안에서 잡히는 사는 킹사이즈 거미게는 그 크기가 거대해 몸통만 40cm에 이르고 총장은 거의 3m나 된다. 모든 갑각류를 통틀어 가장 섬세하고 고급스러운 맛을 갖고 있다는 평가를 받기도 하는 거미게는 쿠르부이용에 삶아서 해산물 모듬 플레이트에 차갑게 서빙한다. 마요네즈 소스를 곁들인다.

ARAK 아라크 아라크 증류주. 도수가 아주 높은 증류주로 대개 아니스로 향을 내며 지중해 동부, 중동, 동남아시아에서 주로 소비된다. 이름은 아랍어 아라크(araq)에서 따온 것으로 '즙, 수액'이란 뜻이다. 아니스 이외에 대추야자(이집트, 중동), 포도나 곡물(그리스), 야자나무 수액(인도), 사탕수수 즙(자바 섬) 등을 증류하여 만들기도 한다.

ARBELLOT DE VACQUEUR (SIMON) 시몽 아르벨로 드 바쾨르 프랑스의 언론인, 소설가, 역사학자(1897, Limoges 출생 – 1965, Saint-Suplice-d'Excideuil 타계). 미식 아카데미 회원이었던 그는 벨 에포크 시대의 마지막 증인들 중 한 사람이었다. 『나는 그 거리가 죽는 것을 보았다(*J'ai vu mourir le Boulevard*)』, 『미식가는 과거에 집착한다(*Un gastronome se penche sur son passé*)』 이외에도 그는 『음식과 와인(*Tel plat, tel vin*)』(1963)을 출간했고, 1965년에는 자신의 스승이자 친구였던 퀴르농스키(Curnonsky)의 자서전을 집필하기도 하였다. 또한 수많은 기사와 시평(특히, 잡지 Cuisine et Vins de France에 많이 기고했다)을 남겼으며, 파리의 미식 문화를 상세히 묘사하는 데 열정을 쏟았다.

ARBOIS 아르부아 아르부아 와인. 쥐라 지방의 AOC 와인으로, 레드와 로제와인의 경우 풀사르, 트루소, 피노 누아, 피노 그리 품종을, 화이트와인과 스파클링 와인은 샤르도네, 사바냉, 피노 블랑을 사용한다. 이 와인의 수준 높은 품질 덕에 아르부아 지방은 샤토 샬롱(Château-Chalon)과 더불어 프랑슈 콩테 와인 대표적 양대 생산지 중 하나가 되었다. 아르부아 와인의 명성 뒤에는 미식가였던 앙텔름 브리야 사바랭(Anthelme Brillat-Savarin)과 화학자 루이 파스퇴르(Louis Pasteur)의 공헌이 있었다. 돌(Dole)에서 1922년 출생한 루이 파스퇴르는 이 지역에서 포도주 양조에 관한 연구를 시작했으며 그 평판은 가히 세계적이었다(**참조** FRANCHE-COMTÉ, VIN JAUNE).

ARBOLADE, ARBOULASTRE, HERBOLADE 아르볼라드, 아르불라스트르, 에르볼라드 중세에서 17세기 말까지 즐겨 먹던 단맛, 혹은 짭짤한 맛의 오믈렛. 『파리 살림백과(*Ménagier de Paris*)』(1393)에 소개된 아르불라스트르(arboulastre)는 여러 가지 잎채소와 허브(야생 셀러리, 근대, 시금치, 상추, 민트, 세이지, 쑥국화 등)를 다져 넣은 두툼한 오믈렛에 치즈를 갈아 뿌린 것이었다. 요리사 라 바렌(François Pierre de la Varenne)이 자신의 요리책 『프랑스 요리사(*le Cuisinier français*)』(1651)에 소개한 레시피에 따르면 아르볼라드는 달콤한 앙트르메였다.

라 바렌(FRANÇOIS PIERRE DE LA VARENNE)의 레시피

arbolade 아르볼라드

약간의 버터를 녹인다. 크림, 달걀노른자, 배즙, 설탕, 그리고 아주 소량의 소금을 넣어 섞는다. 이것을 모두 함께 익힌다. 플라워 워터로 단맛을 낸다. 살짝 덜 익힌 상태로 서빙한다.

ARBOUSE 아르부즈 아르부투스. 진달래과에 속하는 관목인 소귀나무의 열매. 북 아메리카와 남부 유럽의 숲에서 자라며 프랑스에서는 남부지방에서 재배된다(**참조** pp.406~407 붉은 베리류 과일 도감). 딸기나무라고도 불리는 아르부투스나무는 약간 신맛이 있으나 과육이 연하고 달콤한 붉은 열매가 열린다. 과일주를 담그거나 오드비, 리큐어를 만드는 데 사용되며 즐레나 잼을 만들기도 한다. 열매는 당과 섬유질이 풍부하다.

ARBRE À PAIN 아르브르 아 팽 빵나무. 뽕나무과에 속하는 빵나무속(artocarpus)의 통칭. 나무 높이는 15~20m 정도이며, 인도네시아의 순다 열도, 폴리네시아, 앙티유 제도, 인도 등지에서 자란다. 열매는 큰 달걀모양으로 녹색을 띤 껍질에 격자무늬가 있고 무게는 300g~3kg까지 나가며 더운 열대지방에서는 주식으로 소비된다. 과육은 살이 풍부하고 흰색을 띠고 있으며 아티초크와 비슷한 맛이 난다. 전분이 많이 함유되어 있으며, 영양가는 밀가루 빵과 비슷하다. 빵나무 열매는 껍질을 벗기고 씨를 제거한 뒤 소금물에 익혀 먹거나 굽기도 하고, 스튜처럼 자작하게 끓여먹기도 한다. 씨도 식용 가능한데 그 크기는 알밤 정도 되고 맛도 비슷하다.

ARCHESTRATE 아르케스트라트 아르케스트라토스. 기원전 4세기 고대 그리스의 시인이자 지칠 줄 모르는 여행가, 미식가로 젤라(Gela, 현 시칠리아) 출신이다. 가스트로노미(la Gastronomie)라는 제목의 긴 시를 썼다(Gastrologie, Déipnologie 혹은 Hédipathie라는 이름으로도 알려졌다). 그중 아테네(Athénée, 서기 2~3세기 그리스의 문인)가 인용한 일부만 남아 있는데, 심미가와 미식가의 조언 시리즈로 이루어졌다.
▶ 레시피 : SALADE.

ARCHIDUC 아르시뒥 원뜻은 오스트리아의 대공을 지칭한다. 벨 에포크 시대부터 시작된 오스트리아와 헝가리의 요리에서 영감을 받은 음식을 가리킨다. 달걀, 서대, 가금류 등에 양파, 파프리카를 넣어 조리하고 헝가리 소스(sauce hongroise)를 뿌린다. 생선 육수나 데미글라스로 디글레이징한 다음 코냑, 위스키, 마데이라, 포트와인 등으로 향을 내 소스를 만든다.
▶ 레시피 : BOMBE, POULET.

ARDENNAISE (À L') 아 라르드네즈 아르덴(Ardennes) ,식의. 여러 가지 수렵육 요리를 지칭한다. 깃털 달린 조류(개똥쥐빠귀) 및 털이 있는 수렵육(마리네이드한 야생토끼, 멧돼지) 요리에 주니퍼베리(오드비 또는 주니퍼베리 열매)를 넣어 만든다.
▶ 레시피 : GRIVE.

ARDENNES ▶ 참조 CHAMPAGNE ET ARDENNES

ARGAN 아르강 아르간. 가시가 있는 아르간 나무의 열매로 모로코 남부에서 재배된다. 이 열매로부터 여러 복잡한 전통 수작업 공정을 거쳐 기름을 추출해낸다. 머스크 향이 나는 아르간오일은 육류, 채소, 과일 베이스의 달콤 짭짤한 혼합물에 아주 소량 넣는다. 이 오일은 미용의 목적으로도 사용된다.

ARGENTERIE 아르장트리 은식기, 실버웨어. 은, 금도금한 은(vermeil), 은도금한 금속으로 된 모든 오브제나 식기, 테이블 웨어를 통칭한다. 플레이트 실버 커틀러리나 그릇(plate 이음새 없이 하나의 통으로 제작한 것)과 테이블 액세서리 및 장식용 오브제(촛대, 접시받침, 작은 종, 소금 통, 나이프받침) 등을 들 수 있다. 은 식기는 고대부터 존재했다. 중세 프랑스에서는 귀족과 부유한 상인들에게 널리 퍼졌으며, 1310년 필립 4세(Philippe IV le Bel)가 은 식기 제조를 금지했음에도 불구하고 그 사용은 프랑스 혁명 때까지 끊임없이 늘어갔다. 은 식기 및 도구 제조용 합금의 은과 구리 함량 비율이 정해진 것은 집정정부(1799-1804) 하에서였고, 이는 현재까지도 적용되고 있다. 프랑스에서는 1260년 이후 은 식기 제품에는 제조사와 보증을 표시하는 각인 세공을 해야 한다. 은의 경우, 이 각인세공은 반드시 마름모 모양으로 표시되어야 한다(1838년 이후). 은도금 금속(놋쇠, 은도금 양은 등)은 정사각형 안에 표시된 제조사 마크(또는 제조장인 마크)를 각인한다.

ARGENTEUIL 아르장퇴이 소스나 가니시에 아스파라거스(퓌레 또는 헤드 부분 모양 그대로)가 포함된 요리를 지칭한다. 발 두아즈(Val-d'Oise) 지방의 아르장퇴이는 17세기부터 아스파라거스 재배로 유명한 도시다(심지어 les Compagnons de l'asperge d'Argenteuil라는 이름의 아르장퇴이 아스파라거스 동호회까지 있다). 이 용어가 붙은 요리들은 수란 또는 반숙 달걀, 서대, 가지미 필레, 닭백숙 등 주로 '흰색' 요리가 주를 이룬다.

œufs brouillés Argenteuil ▶ ŒUF BROUILLÉ

---

salade Argenteuil 아살라드 아르장퇴이

아르장퇴이 샐러드 : 4인분 / 준비 : 45분 + 15분(완성하기) / 조리 : 30분

살이 단단한 품종의 감자 400g을 껍질째 익힌다. 밑동을 자른 아스파라거스를 깨끗이 씻어 다발로 묶은 다음 소금을 넣은 끓는 물에 삶는다. 건져서 식힌다. 완숙으로 삶은 달걀 2개의 껍질을 벗기고 세로로 4등분한다. 양상추 작은 한 송이를 가늘게 채썬다. 마요네즈 250ml를 만들어 레몬즙 1개분과 찬물 2테이블스푼을 넣어 잘 개어준 다음, 다진 타라곤 1테이블스푼을 넣는다. 익힌 감자의 껍질을 벗기고 깍둑 모양으로 썰어 소스가 잘 묻게 버무려 섞는다. 접시에 양상추를 깔고 중앙에 감자 샐러드를 돔 모양으로 수북이 담는다. 아스파라거스를 빙 둘러 놓는다. 썰어둔 달걀로 장식한 다음 차갑게 서빙한다.

ARGENTINE 아르장틴 아르헨티나. 육류와 밀, 옥수수, 강낭콩 그리고 최근엔 대두가 대량으로 생산되는 아르헨티나의 요리는 유럽, 특히 이탈리아의 영향을 많이 받아 여타 라틴아메리카 국가들의 음식과는 차별화되는 발전을 이루어왔다. 목축업이 주요 수입원이 아르헨티나는 고기소비량이 상당히 많다. 따라서 요리도 육류, 특히 소고기 조리법에서 더 특화되어 있는데, 특히 큰 고기 덩어리를 그대로 로스팅하거나 그릴에 굽는 바비큐 스타일의 아사도(asado)나 츄라스코(churrasco)가 유명하며, 여기에는 키드니 빈, 쌀밥, 옥수수, 이탈리아 식민시절의 유산인 생 파스타를 곁들여 먹는다. 이러한 간단한 조리법의 음식 외에 좀 더 복잡한 요리들도 있으며, 그 예로 단호박과 통 옥수수를 곁들인 포토푀(pot-au-feu)나 마탐브레(matambre, '허기를 끊는다'는 뜻)를 들 수 있다. 마탐브레는 양념에 재운 소고기에 각종 채소와 삶은 달걀을 채워 돌돌 만 다음 굽고, 다시 국물을 넣어 익힌 음식으로, 썰어서 주로 애피타이저로 차갑게 먹는다. 또한 늙은 호박 껍데기에 각종 재료를 넣고 뭉근히 끓인 스튜인 카르보나라 크리올라(carbonara criolla)도 아르헨티나의 특색 요리다. 지역별로도 각기 특색 있는 요리를 선보이고 있다. 예를 들어 북서 지방의 음식을 보면, 스페인의 전통과 19세기 말에서 20세기 초 대규모 이민 물결이 몰려오기 전인 콜롬부스 발견 이전의 아메리카 영향이 묻어 있다. 옥수수의 사용이 두드러지며(locro, humita), 특히 파타고니아 주민들은 소고기보다 양이나 염소 고기를 더 많이 소비한다. 아르헨티나는 또한 치즈 생산 국가이다. 유럽의 영향을 받은 치즈인 타피(tafi, 캉탈 치즈 타입) 등을 생산하고 있다. 남미 전역에서 유명한 둘세 데 레체(dulce de leche 향을 더한 가당연유) 또한 이곳의 특산물이다. 마테 차는 아르헨티나에서 아주 인기가 많으며 많이 소비된다.

■ **와인.** 아르헨티나에서 와인 양조를 위한 포도재배는 1557년 산티아고 델 에스테로 근처에서 선교사들에 의해 처음 시작되었다. 이후 점점 그 규모가 늘어나 지금은 남아메리카 대륙 최대의 와인생산국이 되었고(연간 1,500만 헥토리터 이상), 일인당 와인 소비량에 있어서도 세계 8위에 올랐다. 최근 아르헨티나의 와인 양조 산업은 대규모 산업 시스템처럼 운영되고 있으며 포도도 대규모 밭에서 재배되고 있다. 가장 넓은 포도밭은 안데스 산맥 기슭의 멘도자(Mendoza) 지방에 위치하고 있는데, 이곳은 눈이 녹아 항상 자연관개가 이루어진다. 더 북쪽에 위치한 산 후안(San Juan)지방은 전국에서 두 번째로 큰 포도생산지다. 현지 자생의 포도품종으로 주로 일상적인 와인을 만드는 크리올라 품종은 점점 보르도에서 유명한 말벡으로 대치되고 있으며, 향이 진하고 바디감이 강한 와인을 만들어내고 있다. 최근에 재배하기 시작한 두 종류의 카베르네와 쉬라는 고품질 레드와인의 미래를 장담하기에는 회의적으로 보인다. 반대로 대부분의 화이트와인은 큰 장점이 없다. 왜냐하면 덥고 건조한 기후가 그 주요 장점 즉, 상큼함과 과일의 향을 살리는 데 피해가 되기 때문이다. 화이트 주요 품종은 슈냉, 페드로 히메네즈, 소비뇽과 세미용이다. 한 가지 예외로는 토론테 품종을 들 수 있는데, 이 포도로 만든 와인은 향이 강하고 약간의 산미가 도는 상큼하고 가벼운 맛이 나며 때때로 스파이스 노트를 지니기도 한다. 또한 리오 네그로(Rio Negro) 지방에서 재배하는 포도들로는 스파클링 와인을 만든다, 모에 샹동(Moët et Chandon), 파이퍼 하이드직(Piper-Heidsieck), 멈(Mumm) 등의 샹파뉴 명가들이 이 지역 생산의 대부분을 나누어 관리하고 있다. 1999년부터 규정에 따라 세 단계의 아펠라시옹(명칭) 등급으로 분류한다. 원산지 표시(indication de provenance), 지리적 표시(indication géographique) 그리고 원산지 명칭 통제(dénomination d'origine contrôlée) 등급으로 나뉜다.

ARIÉGEOISE (À L') 아 라리에주아즈 아리에주(Ariège)식의. 프랑스 남서부의 전형적인 요리들을 지칭한다. 특히 암탉이나 뼈를 제거한 양의 삼겹살에 소를 채워 넣은 요리가 포함된다. 닭을 스튜와 같은 국물에 삶아 익히고, 가니시로 속을 채운 양배추 잎과 염장 삼겹살, 감자를 넣는다.

▶ 레시피 : MOUTON.

ARLEQUIN 아를르캥 식당이나 대규모 호텔 레스토랑 등에서 남은 잔반을 추려서 특정 시장이나 싸구려 식당에 저가에 파는 것. 19세기에 흔하게 통용되었던 이 단어는 현재 '로가통(rogatons 남은 음식, 잔반)'으로 대체되어 사용된다.

ARLÉSIENNE (À L') 아 라를레지엔 아를(Arles)식의. 주로 마늘을 넣어 매콤한 향을 낸 토마토(슬라이스해서 소테하거나 껍질 벗겨 씨와 속을 뺀 뒤 잘게 썬 콩카세), 올리브오일에 튀긴 가지 슬라이스로 구성된 가니시를 지칭한다. 경우에 따라 뚜껑 덮어 찌듯이 익힌 주키니 호박과 밀가루를 묻혀 튀긴 양파링이 포함되기도 한다.

ARMAGNAC 아르마냑 가스코뉴(Gascogne, 대부분이 Gers 지방에 속해 있으며 Landes, Lot-et-Garonne에도 걸쳐있다)지역의 아르마냑에서 생산되는 오드비(브랜디)로 원산지 명칭 통제(AOC) 인증을 획득해 보호를 받고 있다. 아르마냑은 수렵육 요리, 소스와 수플레 등 많은 음식에 향을 더하는 데 쓰인다. 아르마냑은 벽이 얇고 배가 불룩한 모양의 글라스에 마신다.

■ **생산지역.** 가장 큰 생산지대(총 생산량의 50%)는 바 자르마냑(Bas Armagnac : 서부지역. Gabarret, La Bastide-d'Armagnac, Cazaubon, Eauze, Nogaro, Villeneuve-de-Marsan, Aire-sur-l'Adour 주변)으로, 놀라운 섬세함과 독특한 향의 부케를 지닌, 최고 등급 아르마냑을 생산한다. 테라네즈(Ténarèze : Nérac, Condom, Vic-Fezensac, Aignan주변) 지대가 그 뒤를 이어 총 생산량의 40%를 차지하고 있으며, 향이 아주 진하고 부드러운 아르마냑을 만든다. 더 동남쪽으로 펼쳐있는 오 타르마냑(Haut Armagnac : Mirande, Auch, Lectoure 주변) 지역에서 생산되는 아르마냑은 전체의 5% 미만이며, 아르마냑의 특징이 크게 부각되지 않는다. 17세기에 처음 만들어진 아르마냑은 화이트와인 포도품종(colombard, ugni blanc, folle blanche, baco[2000년부터 제외됨])으로 만든 이 지역의 와인으로 만든다. 포도 수확 후 바로 만들며, 이산화황의 부재로 인한 위생상의 위험을 피하기 위해 최대한 빨리 증류한다. 증류는 연속

식 증류기에서 이루어지고 또는 아주 드물게 단식 증류를 두 번 거친다. 처음에 투명한 무색인 오드비는 오크통에서 숙성되면서 색이 진해지고 향도 점점 짙어진다. 이렇게 숙성된 아르마냑은 직접 판매되거나 다른 아르마냑과 블렌딩을 하게 된다. 이 경우는 블렌딩한 아르마냑 중 가장 어린 것의 숙성기간을 그 최종제품의 연령으로 표시한다. 아르마냑은 종종 '바스케즈(basquaise)'라고 불리는 납작한 병에 담아 판매된다.

■ **규정.** 아르마냑의 연령을 규정하는 데는 다양한 명칭이 있다. '모노폴(monopole)', '셀렉시옹(sélection)', '트루아 제투알(trois étoiles 스리스타)'은 최소 1년~3년 오크통 숙성, 'VO(Very Old)', 'VSOP(Very Superior Old Pale)', '리저브(Réserve)'는 최소 4년 숙성, '엑스트라(extra)', '나폴레옹(Napoléon)', '비에유 리저브(vieille réserve)', '오르 다주(hors d'age)'는 5년 이상 숙성을 보장한다. 20년 이상 숙성된 '밀레짐(millésimes)' 등급에는 그 연령이 표시된다.

ARMENONVILLE 아르므농빌 파리 불로뉴 숲에 있는 레스토랑 '아르므농빌'의 이름을 딴 가니시를 지칭한다. 최소한 폼 안나(pommes Anna) 또는 폼 꼬꼬트(pommes cocotte), 크림 소스의 모렐 버섯으로 구성되며, 양 안심이나 소고기 안심, 닭 소테 요리나 냄비 요리, 반숙이나 포치드 에그 등에 곁들인다. 코냑이나 마데이라 와인으로 디글레이즈(déglacer)한 데미글라스 소스를 끼얹어 서빙한다. 이 명칭은 서대 또는 서대 필레 요리를 지칭하기도 한다.

▶ 레시피 : SOLE.

ARMOISE 아르무아즈 쑥. 국화과에 속하는 방향성 식물로 장뇌향이 은은하게 난다(**참조** pp.451~454 향신 허브 도감). 이 식물의 향은 압생트를 연상시키는데, 특히 증류 시 사용되는 '레몬그라스(citronnelle) 계열' 품종에서 두드러진다. 생 쑥은 지방이 많은 고기나 생선(돼지, 장어 등)에 향을 내줄 뿐 아니라, 마리네이드에 향신료로도 사용된다. 독일, 발칸반도 국가, 이탈리아 등지에서 특히 많이 사용한다.

ARMORICAINE (À L') 아 라르모리켄 마늘, 토마토, 오일로 만든 갑각류 소스를 곁들인 요리를 지칭한다. 이름은 옛 브르타뉴를 지칭하는 '아르모리크(armorique)식'이라는 뜻이지만 브르타뉴와 직접적인 관련은 없다. 실제로는 미국에서 돌아온 한 프랑스 요리사가 파리에 정착한 뒤 자신의 식당에서 선보인 '아메리켄(à l'américaine)' 조리법의 요리를 가리킨다. 프랑스 남부 출신이었던 그 요리사는 마늘, 토마토, 오일을 많이 쓴 소스를 선보였다.

AROMATE 아로마트 향신료, 향을 내는 재료. 양념으로 쓰이는 식물성 향신물질을 지칭하며, 그 식물에 따라 다양한 부분을 사용할 수 있다(**참조** HERBES AROMATIQUES).

- 잎(바질, 처빌, 타라곤, 마조람, 민트, 파슬리) / 꽃(케이퍼, 한련화) / 씨(딜, 아니스, 캐러웨이, 고수, 머스터드) / 열매(주니퍼베리, 고추) / 뿌리(홀스래디시) / 줄기(안젤리카(서양당귀), 차이브, 펜넬, 세이보리, 야생 타임) / 구근(마늘, 샬롯, 양파)

채소 중 몇몇 역시 향신 재료 역할을 한다(당근, 셀러리, 파스닙, 리크 등). 이 향신 재료들은 이국적인 스파이스류(구장(베텔) 넛멕(육두구), 후추, 사프란, 바닐라 등)와는 구분된다. 이 스파이스들은 기본적으로 향을 내주지만 또 한편으로는 자극적이거나 매운 맛도 낼 수 있는 반면 허브류의 향신식물은 향을 더하는 역할만 한다. 스파이스 향신료는 양념을 하여 맛을 내는 것이고(에피세 épicer), 향신 식물은 향을 내는 것(파르퓌메 parfumer)이 차이점이다(**참조** ÉPICE).

■ **사용.** 향신식물은 영양학적 가치는 없지만 요리에 있어 꼭 필요한 요소다. 식재료와의 궁합을 맞춰 직접 요리에 넣을 수도 있고(바질과 토마토, 타임과 양고기, 타라곤과 닭고기 등), 향을 낸 식초나 오일, 머스터드, 다양한 양념, 스터핑, 향을 우린 육수, 마리네이드, 생선 육수, 담금액 등을 통해 요리에 향을 더하기도 한다. 음료 제조 산업(알코올성 비알코올성 모두 포함)과 당과류 제조업에서도 이 향신재료들을 널리 사용하고 있다. 향신식물은 신선한 상태로 또는 냉장, 냉동, 건조 등의 방식으로 저장한 것을 사용한다. 건조제품의 경우는 원래 형태 그대로 또는 가루로 분쇄해 불투명한 용기에 넣고 뚜껑을 단단히 닫아 건조한 장소에 보관한다.

ARÔME 아롬 향. 향기. 향신 재료에서 나는 좋은 냄새로 '향 화합물(composés d'arômes)'이라 불리는 냄새분자의 혼합체로부터 발산된다. 음식물이 입에 들어가 온도가 높아지고 씹히면서 움직이면 휘발성 분자들이 더 많이 분출되며 이는 코로 맡게 되는 냄새와는 많이 다르다. 하지만 향이 입안에서 바로 퍼지지 않기 때문에 그것의 느낌은 달라질 수 있다. 첫 향, 바디, 마지막 잔향으로 구분지어 가장 지배적인 노트에 대해 말하는 이유가 바로 여기에 있다.

● **Arômes naturels 아롬 나튀렐.** 천연 향. 식물에서 추출된다(과일, 민트, 바닐라, 시트러스 과일 제스트 등). 숙성(미생물의 자발적 활성화를 돕는다), 훈연, 알코올에 침출 등의 과정을 통해 식품이 본래 갖고 있지 않은 향을 더 풍부하게 입힐 수 있다.

● **Arômes artificiels 아롬 아르티피시엘.** 식품 제조업체에서 혼합해 만들거나 추출한 것도 '향'이라 칭하는데 이들은 화학적 향(멘톨, 바닐린 등 천연의 향과 매우 흡사하다) 또는 인공합성 향(천연으로는 존재하지 않는 향. 리큐어나 가공치즈에 사용되는 바나나 향의 아밀아세테이트, 마가린의 향료로 사용되는 다이아세틸, 당과류나 잼 등에 과일 향을 내기 위해 사용하는 발레르산 등이 이에 속한다). 향은 식품첨가제로 간주되지 않고, 그 사용량은 특별 규정에 따라 인체에 문제를 일으킬 가능성이 있는 최대 함유량을 제한하고 있으며, 제품 라벨에 반드시 표기하도록 되어 있다. 또한 식품에 들어가는 향료에 대해서는 천연향, 천연과 동일한 향, 인공향, 또는 강화향(여러 범주의 향이 혼합된 경우) 등의 종류를 명시해야 한다. 새로운 유럽연합 규정에 의해 허가된 물질만이 식품에 사용될 수 있다.

ARÔME DE LYON, ARÔME LYONNAIS 아롬 드 리옹, 아롬 리오네 염소젖, 소젖 또는 둘의 혼합유(생 마르슬랭 saint-marcellin, 피코동 picodons, 펠라르동 pélardons 등)로 만든 연성치즈를 단지나 나무통에 포도주 찌꺼기 또는 포도 줄기와 함께 넣고 숙성시켜 만든다. 아주 강한 맛의 치즈다.

ARQUEBUSE 아르크뷔즈 허브로 만든 옛 증류주로, 총에 맞은 상처를 치료하는 효능이 있다고 여겨졌다(소총의 일종인 아르크뷔즈에서 그 이름을 따왔다). 오 다르크뷔즈(eau d'arquebuse 또는 eau d'arquebusade)의 제조법은 19세기 루아르 지방 에르미타주 수도원의 한 성모마리아회 수사가 개발했으며, 아그리모니(aigremoine), 용담 뿌리 젠티아나(gentiane)를 비롯한 20여 가지의 약초가 들어간다. 주로 칵테일 제조용으로 많이 사용되며 특히 사부아 지방에서 식후주로 마신다.

ARROCHE 아로슈 갯능쟁이. 비름과에 속하는 식물로 삼각형의 도톰한 잎을 시금치와 마찬가지 방법으로 조리해 먹는다. 포타주나 죽을 만들기도 한다.

ARROSER 아로제 적시다, 끼얹다. 오븐이나 로스터에 익히는 동안 재료에서 나오는 기름이나 육즙을 작은 국자로 떠서 조금씩 끼얹어주다. 이 과정을 여러 번 해주면 음식의 표면이 마르는 것을 막아줄 뿐 아니라 속살까지 더욱 부드럽고 촉촉하게 익힐 수 있다.

ARROW-ROOT 애로우 루트 애로루트. 칡. 마란타과에 속하는 열대식물인 칡뿌리에서 추출한 녹말가루. 곱고 매끄럽고 소화가 잘되며 전분 함량이 높은 애로루트는 소스나 수프에 농도를 주는 리에종(농후제)으로 주로 사용된다. 또는 유아용 죽, 케이크 등을 만들 때도 쓰인다.

ARTAGNAN (D') 다르타냥 빵가루와 마늘, 파슬리를 채운 베아르네즈식 포치니 버섯과 속을 채운 작은 토마토, 감자크로켓으로 구성된 가니시를 지칭하며, 주로 닭이나 고기 요리에 곁들인다.

ARTICHAUT 아르티쇼 아티초크. 국화과에 속한 다년생 식용식물로 머리 부분(capitule)은 꽃받침(fond)이 포엽(bractées)에 둘러싸인 모양을 하고 있다. 꽃받침 부분은 살이 많고 연하며 속에 난 풀처럼 생긴 털을 제거한 뒤 먹는다. 포엽의 밑동 부분과 줄기도 먹을 수 있다. 이탈리아에서 많이 애용되는 아티초크는 카트린 드 메디치에 의해 프랑스에 유입되었다(**참조** 옆 페이지 아티초크 도표, 도감). 아티초크는 꽃봉오리라고 할 수 있는데 포엽이 벌어지면 너무 익었다는 표시다. 꽃처럼 줄기를 물에 담근 상태로 며칠간 신선하게 보관할 수 있다. 칼로리가 낮으며(100g 당 63Kcal 또는 263kJ), 칼륨이 풍부해 이뇨작용을 돕는다. 특히 피부병(습진) 치료에 권장된다.

ARTICHAUTS 아티초크

camus de Bretagne
카뮈 드 브르타뉴

macau
마코

blanc d'Espagne
블랑 데스파뉴

romanesco
로마네스코

violet de Provence
비올레 드 프로방스

poivrade
푸아브라드

아티초크의 종류와 특징

품종	산지	출하시기	외형
블랑 데스파뉴 blanc d'Espagne	스페인	10월-4월	연한 녹색, 중간 크기, 원추형.
블랑 이에루아, 또는 마코 blanc hyérois, ou macau	쉬드 에스트 Sud-Est	3월-5월	연한 녹색, 카뮈 품종보다 작은 크기
카뮈 드 브르타뉴 camus de Bretagne	브르타뉴	5월초-11월 말	녹색, 크고 둥글며 촘촘하다. 살이 많고, 꽃받침 살 부분도 두툼하다.
카스텔 castel	브르타뉴	5월 중순-11월 말	연한 녹색, 원추형. 꽃받침 살 부분이 카뮈 품종보다 크다.
프티 비올레 또는 비올레 드 프로방스* petit violet, ou violet de Provence*	쉬드 에스트 Sud-Est	3월-6월, 9월-11월	보라색, 중간 크기, 갸름한 원추형. 꽃받침 살 부분이 카뮈 품종보다 작다.
	브르타뉴	5월-11월	
롱 드 나플 rond de Naples	이탈리아	10월-4월	밝은 보라색, 통통한 구형, 원추형

* 어린 열매는 '푸아브라드'라고 부르며, 생으로도 먹을 수 있다.

■ **사용.** 어리고 연한 아티초크는 그라탱, 오믈렛, 튀김 등에 사용된다. 꽃받침 살 부분은 주로 소를 채우거나 샐러드로 또는 각종 더운 요리, 찬 요리의 가니시로 곁들일 수 있다. 큰 사이즈의 아티초크는 물에 삶거나 증기로 쪄 통째로 차갑게 혹은 따뜻하게 서빙한다(**참조** BARIGOULE [À LA]). 제품으로 나온 아티초크(가미하지 않은 통조림)는 작은 크기의 아티초크 가운데 속살과 맨 윗부분이 잘린 상태의 포엽으로 이루어져 있다. 가니시로 사용하거나 샐러드에 넣는다.

만드는 법 익히기 ▶ 아티초크 돌려 깎기, 실습 노트 P. XIX

artichauts : 아티초크 준비하기

잘 드는 칼을 사용해 아티초크의 위에서 2/3 되는 지점을 잘라내고 흐르는 물에 깨끗이 씻는다. 포엽 밑 줄기를 꺾어 떼어낸다(칼로 자르지 않는다). 섬유질이 있는 부분이 줄기와 함께 떨어져나간다. 익는 동안 모양이 잘 유지되도록 실로 둘레를 묶어준 다음 끓는 물에 5분간 삶는다. 찬물에 넣어 식혀 건진 다음 중앙의 작은 잎들과 꽃받침 살 속의 털을 제거한다. 소금, 후추로 간한다.

artichauts à l'anglaise 아르티쇼 아 랑글레즈

물에 삶은 아티초크 : 4인분 / 준비 : 15분 / 조리 : 30분

가위로 아티초크 4개의 위에서 2/3 되는 지점을 잘라내고 흐르는 물에 꼼꼼히 씻는다. 잎이 난 맨 밑동을 잡고 줄기를 꺾어 떼어낸다(칼로 자르지 않는다). 섬유질이 있는 부분이 줄기와 함께 떨어져나간다. 줄기가 떨어져나간 자리에 동그랗게 슬라이스한 레몬을 놓고 모양을 유지하도록 실로 묶어준다. 소금을 넣은 끓는 물에 아티초크를 넣고 일정한 강도의 끓기를 유지하며 익힌다. 약 30분 정도 익히는데, 이 시간은 아티초크의 품종, 신선도, 크기에 따라 달라질 수 있다. 다 익었는지 확인하려면 바깥쪽 잎을 위로 잡아당겨본다. 쉽게 떨어지면 다 익은 것이다. 망국자로 건져 얼음물에 넣어 식힌다, 건져서 그릴 망 위에 뒤집어 놓고 물기를 뺀다. 서빙할 때는 실을 풀고 함께 익힌 레몬조각도 제거한다. 꽃받침 살 속의 털을 덮고 있는 중앙의 잎 맨 첫 번째 켜를 조심스럽게 제거한 다음, 작은 스푼이나 손으로 털을 긁어 제거한다. 뜨겁게 또는 차갑게 서빙한다.

artichauts à la barigoule 아르티쇼 아 라 바리굴

버섯 소를 채운 아티초크 바리굴 : 아티초크를 다듬어 준비한 다음 끓는 물에 데친다. 아티초크 한 개당 버섯 80g을 준비해 씻어 얇게 썬다. 돼지비계(버섯 부피의 1/4)를 다지고, 햄도 동량으로 다진다. 다진 파슬리를 넣고 모두 섞은 다음, 소금, 후추로 간한다. 아티초크에 이 소를 채워 넣고 얇은 라드로 감싸준 다음 실로 묶는다. 화이트와인과 약간의 올리브오일을 넣고 약한 불에서 뭉근히 익힌다.

artichauts Clamart 아르티쇼 클라마르

클라마르 아티초크 : 양상추 1개를 씻어 가늘게 채썬다. 작은 햇 아티초크 12개를 씻어 줄기를 꺾어 떼어내고 큰 잎은 잘라내 다듬어 놓는다. 주물 냄비에 버터를 바르고 아티초크를 놓는다. 깍지에서 깐 생 완두콩 300g, 채 썬 양상추, 소금, 설탕 1티스푼, 물 3테이블스푼을 넣고 뚜껑을 덮어 약한 불로 익힌다. 차가운 버터 1테이블스푼을 얹어 냄비째 서빙한다.

폴 보퀴즈(PAUL BOCUSE)의 레시피

artichauts à la lyonnaise 아르티쇼 아 라 리오네즈

리옹식 아티초크 요리 : 잎이 길쭉하고 듬성듬성한 중간 크기의 녹색 아티초크 또는 프로방스의 보라색 아티초크를 준비한다. 줄기를 꺾어 떼어낸 다음 아티초크를 4등분한다. 키의 2/3에 해당하는 잎 부분은 잘라내고 살 안쪽의 털은 제거한다. 끓는 물에 넣고 반 정도 익힌 뒤 건진다. 토기 냄비에 기름과 버터를 동량으로 넣고 달군 다음 다진 양파를 천천히 볶는다. 여기에 아티초크를 넣고 소금, 후추로 간 한 다음 노릇한 색이 나기 시작할 때까지 약한 불로 익힌다. 밀가루 1스푼을 솔솔 뿌리고 육수 200ml를 붓는다. 아티초크가 익으면 접시에 담고 뜨겁게 유지한다. 냄비에 육수를 조금 더 추가한 다음 졸인다. 잘게 썬 파슬리를 넣고 차가운 버터 한 조각과 레몬즙 반 개분을 넣고 냄비를 돌리며 섞는다. 소스를 아티초크에 부어 서빙한다.

artichauts à la rennaise 아르티쇼 아 라 레네즈

렌(Rennes)식 아티초크 요리 : 4인분 – 준비 : 25분 – 조리 : 1시간

크기가 큰 아티초크 6개의 줄기를 꺾어 떼어낸 다음 칼로 밑동 살 아랫부분을 자른다. 바깥쪽 잎을 한두 겹 떼어낸 다음 나머지는 받침대 살과 최대한 평평하게 자른다. 속의 털을 제거한 다음 4등분한다. 레몬즙 1개분을 짜 넣은 물에 담근다. 기름기가 적은 염장 삼겹살 덩어리 400g을 냄비에 넣고 찬물을 잠기도록 부은 뒤 끓인다. 2분간 약하게 끓는 상태를 유지한 다음 건져 얇게 슬라이스한다. 양파 200g과 당근 200g의 껍질을 벗기고 얇게 썬다. 바닥이 두꺼운 코코트 냄비에 가염버터 50g을 녹인 뒤 양파와 당근을 약한 불에서 잘 저어주며 약 10분 정도 볶아 건져낸다. 냄비 바닥에 삼겹살을 깔고 볶은 채소, 아티초크, 부케가르니 1개를 넣은 뒤 드라이 화이트와인(muscadet) 250ml와 육수 250ml를 부어준다. 소금으로 약하게 간을 하고 후추를 넣는다. 뚜껑을 덮고 약한 불에서 1시간 동안 익힌다. 부케가르니를 건져내고 아티초크를 망국자로 건져 따뜻하게 데운 우묵한 접시에 담는다. 채소와 삼겹살도 고루 담고, 익힌 국물 소스를 붓는다. 다진 파슬리를 뿌려 바로 서빙한다.

crème d'artichaut ▶ CRÈME (POTAGE)

fonds d'artichaut à la duxelles 퐁 다르티쇼 아 라 뒥셀

버섯 뒥셀을 채운 아티초크 : 4인분 / 준비 : 60분 / 조리 : 30분

소테팬에 버터 40g을 녹인 뒤 다듬은 아티초크 속살 4개를 넣고 뚜껑을 덮은 상태로 12~15분간 찌듯이 익힌다(참조. p.53 FONDS D'ARTICHAUT ÉTUVÉS AU BEURRE). 버섯 400g으로 뒥셀(duxelles)을 만든 다음(참조. p.324) 더블크림 1테이블스푼을 넣어 마무리한다. 간을 맞춘 뒤 아티초크 속살 움푹한 곳에 뒥셀을 채우고 가늘게 간 치즈를 뿌린다. 녹인 버터를 조금 뿌린 뒤 브로일러 아래에서 치즈가 노릇하게 익을 때까지 몇 분간 그라탱처럼 구워 완성한다.

fonds d'artichaut étuvés au beurre 퐁 다르티쇼 에튀베 오 뵈르

버터에 찌듯이 익힌 아티초크 : 아티초크를 다듬어 살을 돌려깎은 뒤 레몬으로 문지른다. 갈변을 막기 위해 끓는 소금물에 레몬즙을 몇 방울 넣고, 아티초크를 데쳐 익힌다. 소테팬에 버터를 고루 바르고 소금, 후추를 뿌린 다음 데쳐 건진 아티초크를 나란히 놓는다. 뚜껑을 덮고, 아티초크 크기에 따라 18~25분 정도 익힌다. 이렇게 버터에 찌듯이 익힌 아티초크에 끓는 생크림을 넣고 반으로 졸여 먹기도 한다. 아티초크가 아주 큰 경우는 도톰한 두께로 어슷하게 썰어 조리한다.

fonds d'artichaut à la florentine 퐁 다르티쇼 아 라 플로랑틴

시금치를 채운 아티초크 : 아티초크와 시금치를 각각 따로 버터에 넣고 뚜껑을 닫아 익힌다. 아티초크 살 움푹한 곳에 시금치 1테이블스푼을 넉넉히 채운 다음, 모르네 소스(sauce Mornay)를 끼얹어 덮는다. 가늘게 간 치즈를 뿌린 뒤 275°C로 예열한 오븐에 넣어 그라탱처럼 치즈가 녹을 때까지 구워낸다.

fonds d'artichaut à la niçoise 퐁 다르티쇼 아 라 니수아즈

토마토를 채운 니스식 아티초크 : 4인분 / 준비 : 1시간 / 조리 : 30분

소테팬에 올리브오일 50ml를 달군 뒤 아티초크 속살 4개를 넣고 뚜껑을 덮은 상태로 12~15분간 찌듯이 익힌다(참조. FONDS D'ARTICHAUT ÉTUVÉS AU BEURRE). 토마토 750g을 잘게 썰어 바특하게 졸인 다음 아티초크 안에 채워 넣는다. 가늘게 간 파르메산 치즈 25g을 뿌린다. 올리브오일을 한 번 둘러준 다음 브로일러에 넣고 치즈가 노릇하게 익을 때까지 그라탱처럼 몇 분간 구워낸다.

fonds d'artichaut Soubise 퐁 다르티쇼 수비즈

수비즈 퓌레를 채운 아티초크 : 아티초크 속살을 끓는 물에 데친 후 버터를 녹인 소테팬에 넣고 뚜껑을 덮은 상태로 찌듯이 익힌다. 여기에 수비즈 퓌레(purée Soubise 감자와 양파로 만든 퓌레)를 채워 넣는다. 파르메산 치즈를 뿌린 뒤 그라탱처럼 노릇하게 구워낸다.

raviolis aux artichauts ▶ RAVIOLIS

risotto aux artichauts ▶ RISOTTO

기 마르탱(GUY MARTIN)의 레시피

terrine de beaufort aux artichauts, œuf poché à la moutarde 테린 드 보포르 오 자르티쇼, 외프 포셰 아 라 무타르드

머스터드 소스와 수란을 곁들인 아티초크, 보포르 치즈 테린 : 10인분 / 준비 : 5분(이틀 전) + 40분 / 조리 : 1시간 15분

이틀 전, 오래 숙성되지 않은 보포르 치즈 500g을 사방 5mm 크기 큐브 모양으로 썰어 볼에 넣고 크레피(crépy, 사부아 지방의 AOC 화이트와인) 와인 100ml를 뿌린다. 냉장고에 보관한다. 다음 날 30 x 10cm 크기의 테린틀 바닥과 옆면에 판체타 40장(또는 얇게 썬 프로슈토 슬라이스 10장)을 깔아준다. 우유 250ml, 생크림 250ml, 달걀노른자 6개를 혼합한 뒤 소금 간을 약하게 한다(치즈의 짠맛을 감안한다). 오븐을 160°C로 예열한다. 와인에 재워둔 치즈를 건져 우유, 생크림, 달걀 혼합물에 섞는다. 테린틀 맨 밑에 보포르 치즈 조각의 1/3을 깔고 그 위에 혼합물을 작은 국자로 떠 넣는다. 두툼하게 슬라이스한 아티초크 속살 3개를 그 위에 깔아준다. 이 순서로 한 번 더 반복해 채워 넣는다. 맨 위를 보포르 치즈와 혼합물로 마무리 한 뒤 오븐에 넣어 1시간 15분간 익힌다. 식힌 뒤 냉장고에 하룻밤 보관한다. 당일, 서빙하기 2시간 전에 냉장고에서 꺼내 상온으로 만든다. 적당한 두께로 잘라 오븐팬에 놓고 브로일러 잠시 넣어 따뜻하게 데운다. 식초를 조금 넣은 끓는 물에 달걀 10개를 넣고 3분간 익혀 수란을 만든다. 송아지 육수 300ml를 데운 뒤 불에서 내리고 머스터드 40g을 넣어 섞는다. 각 접시에 테린을 한 조각씩 담고, 옆에 잎채소 샐러드(콘샐러드 잎 또는 쇠비름)와 수란을 놓는다. 머스터드 소스는 용기에 담아 따로 서빙한다.

velouté d'artichaut ▶ VELOUTÉ

ARTOIS ▶ **참조 FLANDRE, ARTOIS ET PLAINES DU NORD**

ARTOIS (D') 다르투아 아르투아 백작 샤를 10세의 이름을 딴 요리로 흰 강낭콩 수프를 뜻한다. 또는 양 볼기등심과 넓적다리살 로스트에 곁들이는, 완두콩을 채워 노릇하고 바삭하게 익힌 감자와 마데이라 소스로 이루어진 가니시를 지칭한다.

ARTUSI (PELLEGRINO) 펠레그리노 아르투시 이탈리아의 은행가, 저술가, 미식가(1820, Formimpopoli 출생—1911, Firenze 타계)이며 『요리에서의 과학과 잘 먹는 기술(*La scienza in cucina e l'arte di mangiar bene*)』의 저자이다. 1891년 그가 자비로 출판한 이 책은 14쇄를 찍으며 이탈리아에서 전례 없는 성공을 거뒀다. 790개의 레시피가 실린 이 책은 이탈리아 요리의 훌륭한 고전이며, 독자들에게 읽는 즐거움도 선사한다. 그의 독특한 문체에는 기술적 정확함, 문학적 상상력, 위생학에 대한 교육적 설명과 계도, 그리고 민족적 또는 역사적인 증명이 모두 녹아 있다.

ARZAK (JUAN MARI) 후안 마리 아르작 스페인의 요리사(1942, San-Sebastian 출생). 스페인 현대 요리의 선구자이며, 바스크 요리의 선두주자인 그는 스페인에서 처음으로 미슐랭 가이드의 별 셋을 받은 셰프다. 그의 레스토랑은 자신의 고향인 산 세바스티안의 한 대로에 위치하고 있으며 백년이 훌쩍 넘는 역사를 지니고 있다. 1897년 할아버지 호세 마리아가 창업한 이래 1951년 아버지 후안 라몬이 이어받았으나 일찍 세상을 떠났고, 이후 어머니 프란체스카 여사가 레스토랑 사업을 맡게 되었다. 후안 마리가 본격적으로 레스토랑을 맡게 된 것은 1967년부터이다. 기존의 요리 스타일을 좀 더 가볍게 풀어내고자 했던 그는 폴 보퀴즈, 장과 피에르 트루아그로 형제, 알랭 상드랭스, 제라르 부아에, 피르맹 아랑비드 등의 셰프 밑에서 수련을 거친 뒤 자신만의 방법으로 '바스크의 맛'을 만들어냈다. 소스 베르트(sauce verte), 필필 고추 소스의 염장대구(morue pil pil), 코코차스(생선 볼살 요리) 등이 대표적이다. 음식의 다양한 텍스처 개발과 새로운 아이디어에도 심혈을 기울여 '송로버섯을 곁들인 달걀 꽃'이라는 이름의 요리를 만들어내기도 했다. 1974년 첫 미슐랭 가이드의 별을 받았고 이어서 1977년에 두 번째, 1989년의 별 셋을 받아 최고의 자리에 올랐고, 스페인에서 가장 오랫동안 그 명성을 유지하고 있다. 현재는 피에르 가니에르, 페란 아드리아, 알랭 뒤투르니에 밑에서 수련을 거친 딸 엘레나(Elena, 1969년 출생)가 그 뒤를 잇고 있다.

ASA FŒTIDA, ASE FÉTIDE 아사 푀티다, 아사 페티드 아위. 주로 동유럽과 아시아에서 자라는 미나리과 식물인 아위 뿌리에서 추출한 진액, 천연수지. 이란, 인도, 아프가니스탄에서는 이것을 말려 빻아 가루로 판매하는데 주로 양념의 재료로 사용된다. 시큼하고 자극적이며 강한 마늘 맛 때문에 오늘날 유럽에서는 거의 인기가 없다(독일 사람들은 이것을 악마의 똥(Trufelsdreck)이라 부른다). 고대 로마인들은 이것을 많이 소비하였고, 이후에는 약용으로 여겨졌다.

아스파라거스의 종류와 특징

품종	산지	시기	형태	풍미
화이트 *type blanche*	상트르, 솔로뉴, 발 드 루아르, 알자스, 샹파뉴, 쉬드 에스트, 쉬드 우에스트 Centre, Sologne, Val de Loire, Alsace, Champagne, Sud-Est, Sud-Ouest	3월초 - 6월 말	몸통과 끝이 모두 흰색	연하고, 강한 맛
보라색 *type violette**	흰색 아스파라거스와 동일한 지역	3월말 - 6월 말	끝은 보라색, 몸통은 흰색	연하고, 진한 맛
그린/보라색 *type violette/verte*	쉬드 에스트, 쉬드 우에스트 Sud-Est, Sud-Ouest (Landes)	3월말 - 6월 말	끝은 보라색, 녹색, 몸통은 흰색	연하고, 진한 맛
그린 *type verte***				
부분 그린 fausse verte	쉬드 에스트, 쉬드 우에스트, 스페인 Sud-Est, Sud-Ouest, Espagne	1월중순 - 7월 중순	끝과 몸통 윗부분이 녹색	강한 맛, 식물성 맛
전체 그린 vraie verte	보스, 블루아 Beauce, région de Blois	2월 - 7월	전체 모두 녹색	진한 맛

* 보라색 아스파라거스는 자라나기 시작하자마자 바로 재배한 흰색 아스파라거스다. ** 녹색 아스파라거스는 땅 위로 자라나온 화이트 아스파라거스다.

ASIAGO 아지아고 아시아고 치즈. 소젖(지방 49%)으로 만든 이탈리아의 AOP 치즈. 외피를 솔로 문질러 세척한 압착 반경성 치즈(**참조** p.396 외국 치즈 도표)이다. 옛날에는 비첸차 지방 아지아고(Asiago)에서 양젖으로 만들었던 이 치즈는 약간 자극적인 맛이 나며, 7~10kg의 맷돌 형태를 하고 있다. 숙성 정도(1~6개월)에 따라 소프트한 질감, 중간 경도, 에이징된 단단한 식감(그레이터로 간다)으로 즐길 수 있다.

ASPARTAME 아스파르탐 아스파탐. 당도가 아주 높은(자당의 180~200배) 합성 감미료로 폴리올(당알코올)과는 달리 칼로리가 전혀 없다. 아스파탐은 모든 감미료 중에서 가장 일반 설탕에 가깝기 때문에, 많은 종류의 저열량 식품에 널리 사용된다. 아스파탐은 열을 가하면 성분이 분리되어 거의 단 맛을 내지 않는다(**참조** ADDITIF ALIMENTAIRE).

ASPERGE 아스페르주 아스파라거스. 백합과에 속하는 다년생 식물로 땅 속의 뿌리(잔뿌리다발)에서 아스파라거스라고 불리는 헛가지 순이 땅 위로 자라나온다(**참조** p.54 아스파라거스 도표와 도감). 이미 고대인들로부터 사랑을 받아온 아스파라거스는 프랑스에서 르네상스 시대부터 재배되기 시작했다. 루이 14세는 이 채소를 아주 좋아했고 정원사 장 드 라 캥티니(Jean de La Quintinie)는 1월부터 이를 왕궁에 공급했다. 루아르(Loire)와 셰르(Cher)의 모래질 토지는 아르장퇴이(Argenteuil)에서 아스파라거스 뿌리를 들여와 재배에 전념했던 샤를 드페제(Charles Depezay) 덕에 1875년경부터 아스파라거스 재배지로 탈바꿈했다. 아스파라거스는 프랑스의 일반 경작지와 모래질 토지 어디서나 널리 재배된다(랑드, 투렌, 앙주, 낭트 등). 색에 따라 네 종류로 분류되며 '가짜 녹색(fausse verte)'이라 불리는 품종은 지역 전통음식으로 남아 랑그독과 툴루즈 지역에서만 생산, 판매된다. 옛날에는 니스 지역에서 보라색 아스파라거스를 재배했으나 지금은 이탈리아에서만 찾아볼 수 있고 프랑스에서는 비공식적으로 소량만 재배하고 있다. 이것은 익히면 색이 하얗게 변하며 단맛이 더 살아난다. 오트 프로방스, 피레네 산맥 지방, 세벤 산맥 지방, 그리고 북아프리카 마그레브 지역에서는 아직도 향이 짙고 쌉싸름하며 강한 맛이 나는 야생 아스파라거스를 채취할 수 있다. 이 야생 아스파라거스와 베들레헴의 별이라 불리는 꽃을 피우는 오니소갈룸(**참조** ORNITHOGALE) 줄기, 또는 가는 아스파라거스를 혼동해서는 안 된다. 신선한 아스파라거스는 단단하고 손으로 꺾으면 탁하고 부러지며, 단면에 윤기가 나야 한다. 축축한 행주로 감싸 최대 3일정도 보관할 수 있으나 질겨진다. 통조림이나 병조림으로 나온 무

ASPERGES ET ORNITHOGALE 아스파라거스와 오니소갈룸

ornithogale
오르니토갈. 오니소갈룸, 와일드 아스파라거스

violette
아스페르주 비올레트. 보라색 아스파라거스

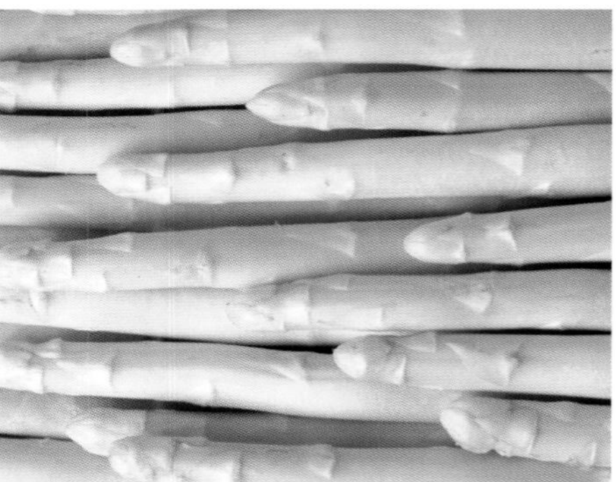

blanche
아스페르주 블랑슈. 화이트 아스파라거스

violette/verte
아스페르주 비올레트/베르트. 보라/그린 아스파라거스

vraie verte
아스페르주 브레 베르트. 그린 아스파라거스

염 상태의 아스파라거스(홀, 작게 썬 것, 미니 아스파라거스 등)를 구입해 사용할 수도 있다. 뾰족한 끝부분만 포장한 제품도 있다. 통조림 제품은 물에 한 번 헹궈 사용한다. 열량이 아주 낮고(100g당 25Kcal 또는 104kJ) 수분, 섬유소, 칼륨, 비타민 C가 풍부하다. 애피타이저로 서빙할 경우 1인당 300g 정도 잡는다. 어떤 방법으로 조리하든 아스파라거스는 언제나 미리 물에 데치거나 증기에 쪄서 익힌 다음 사용한다. 냉동보관 하는 경우에는 반드시 데치지 않아도 된다. 따뜻한 온도로 서빙한다.

asperges : 아스파라거스 준비하기

아스파라거스를 도마에 놓고 부러지지 않도록 조심하면서 같은 길이로 자른다. 필러로 끝부분에서 밑동 방향으로 얇게 긁어 껍질을 벗긴 다음 흐르는 물에 재빨리 씻는다. 건져서 물기를 털고 다발로 묶는다.

asperges : 물에 익히기

전체 익히기 : 다발로 묶은 아스파라거스를 끓는 소금물에 넣고 굵기에 따라 약 15분 정도 삶아 익힌다. 건져서 냅킨을 깐 접시나 아스파라거스용 접시 위의 망에 놓고 물기를 뺀다. 아스파라거스 전용 냄비에 세워 넣고 증기로 찌면 위쪽 끝부분이 물에 잠기지 않은 상태로 익어 더 연하고 아삭한 질감을 살릴 수 있다.

윗동만 익히기 : 아스파라거스 뾰족한 끝부분을 적당한 크기로 잘라 다발로 묶는다. 나머지 부분은 깍둑 썬 뒤 끓는 소금물에 넣어 5분간 데친다. 여기에 묶어 놓은 끝부분을 넣고 7~8분간 더 삶는다. 건져서 차가운 물에 헹궈 식힌다.

asperges congelées 아스파라거스 콩즐레

냉동 아스파라거스 : 아스파라거스를 꼼꼼히 씻은 뒤 넉넉한 양의 끓는 소금물에 넣고 굵기에 따라 2~4분간 데친다. 찬물에 넣어 재빨리 식힌 뒤 건져 물기를 털고 종이행주로 남은 물기를 닦아낸다. 냉동용 지퍼팩에 소량씩 나누어 넣은 뒤 다시 더 큰 사이즈의 지퍼팩이나 냉동용 용기에 한 데 넣고 완전히 밀봉한다. 내용물 스티커를 붙이고 냉동실에 보관한다. 냉동 아스파라거스를 사용할 때는 얼어 있는 상태에서 그대로 끓는 물에 넣고 12~16분 정도 익히면 신선한 아스파라거스처럼 요리에 사용할 수 있다.

asperges à la flamande 아스페르주 아 라 플라망드

플랑드르식 아스파라거스 : 아스파라거스를 넉넉한 양의 끓는 소금물에 익혀 건진다. 으깬 삶은 달걀과 잘게 썬 파슬리를 넣은 정제 버터를 곁들여 뜨거울 때 바로 서빙한다.

asperges au gratin 아스페르주 오 그라탱

아스파라거스 그라탱 : 아스파라거스를 넉넉한 양의 끓는 소금물에 익힌 뒤 물을 꼼꼼히 털어낸다. 오븐용 용기에 줄기는 밑으로 가려지고 아스파라거스 위쪽 끝부분은 잘 보이도록 층층이 놓는다. 끝부분에 모르네 소스(sauce Mornay)를 끼얹어준다. 소스가 묻지 않은 부분에는 버터 바른 유산지를 길게 잘라 덮어준다. 가늘게 간 파르메산 치즈를 얹고 녹인 버터를 뿌린 다음 브로일러 아래에 넣어 아스파라거스 끝부분이 노릇해질 때까지 그라탱처럼 몇 분간 굽는다. 서빙하기 바로 전에 유산지를 떼어낸다.

asperges à la polonaise 아스페르주 아 라 폴로네즈

폴란드식 아스파라거스 : 아스파라거스의 껍질을 필러로 벗긴 뒤 모두 같은 길이로 밑동을 자른다. 다발로 묶은 다음 넉넉한 양의 끓는 소금물에 넣고 데쳐 익힌 뒤 건져서 꼼꼼히 물기를 털어낸다. 길쭉한 용기에 아스파라거스 위쪽 끝부분이 잘 보이도록 층층이 간격을 두고 놓는다. 삶은 달걀 다진 것과 잘게 썬 파슬리를 고루 뿌린다. 팬에 버터를 갈색이 되도록 녹인 뒤 빵가루를 넣고 노릇하게 볶아 아스파라거스 위에 얹는다.

asperges servies chaudes 아스페르주 세르비스 쇼드

뜨겁게 서빙하는 아스파라거스 : 아스파라거스를 끓는 소금물에 데쳐 익힌 뒤 소스를 곁들여 뜨겁게 서빙한다. 정제 버터(레몬즙을 첨가하기도 한다), 브라운 버터(beurre noisette), 샹티이 소스(sauce Chantilly), 홀랜다이즈 소스(sauce hollandaise), 말테즈 소스(sauce maltaise) 또는 무슬린 소스(sauce mousseline) 등을 곁들인다.

asperges servies tièdes 아스페르주 세르비스 티에드

따뜻한 온도로 서빙하는 아스파라거스 : 차갑게 먹는 것보다 더 맛있게 즐길 수 있다. 곁들이는 소스로는 마요네즈, 머스터드, 타르타르 소스, 기본 비네그레트나 향신 재료로 맛을 낸 비네그레트 드레싱, 또는 따뜻한 에멀전 소스류가 좋다.

aspic d'asperge ▶ ASPIC

barquettes aux œufs brouillés et aux asperges ▶ BARQUETTE
fines feuilles de pâtes vertes aux asperges ▶ PÂTES ALIMENTAIRES
omble chevalier aux asperges vertes et aux morilles ▶ OMBLE CHEVALIER

pointes d'asperge au beurre et à la crème 푸엥트 다스페르주 오 뵈르 에 아 라 크렘

버터와 크림 소스의 아스파라거스 헤드 : 채소 서빙용 그릇에 담아 그 자체 요리로 서빙하거나 수란, 스크램블드, 반숙 등의 달걀, 생선, 작게 썬 고기 요리, 송아지 흉선, 닭이나 수렵육 요리 등에 가니시로 함께 낸다.

royale d'asperge ▶ ROYALE
sardines aux asperges vertes et au citron de Menton confit ▶ SARDINE

ASPHODÈLE 아스포델 아스포델루스, 수선화의 일종. 백합과의 다년생 식물로 고대 아피키우스 시대부터 이미 그 달콤하고 통통한 구근을 식용으로 소비해왔다. 북아프리카 마그레브 지역에서는 샐서피(salsifis)나 쇠채라고도 불리는 블랙샐서피(scorsonères)와 같은 방법으로 조리하여 토끼 요리나 타진(tagine)에 곁들인다. 뿌리에 함유된 자당을 발효시켜 오 드 비 같은 증류주를 만들기도 한다.

ASPIC 아스픽 재료를(고기, 가금류, 푸아그라, 생선, 갑각류, 채소, 과일 등) 익혀 식힌 뒤, 향신료로 맛을 내고 장식을 더하여 젤리의 형태로 틀에서 굳혀 서빙하는 방식. '아스픽'이라는 용어는 라틴어 aspis(뱀을 의미한다)에서 왔다. 똬리를 튼 파충류의 단단한 껍질을 뜻하기도 하는데, 그 모양을 유추하여, 나선형을 한 주방용 틀에 이 이름을 붙이게 되었다.

오늘날 아스픽은 매끈한 모양의 틀(샤를로트, 사바랭 틀, 라므킨, 1인용 크기의 다리올) 및 울퉁불퉁 요철이 있는 카늘레 타입, 또는 다양한 무늬가 있는 틀을 고루 사용한다. 모양을 잡아 굳히는 역할을 하는 젤리(고기, 가금류, 생선의 육수나 즙으로 만드는 젤리, 또는 과일의 경우 펙틴 베이스의 젤리)는 아스픽 주 재료(닭고기 에스칼로프, 생선 필레, 동그랗게 슬라이스한 푸아그라, 얄팍하게 썬 생 채소, 잘게 자른 과일 등)의 특성에 따라 달라진다. 이들 젤리에는 주재료와 어울리는 포트와인, 마데이라, 마르살라, 셰리 등의 주정강화와인을 더해 향을 내기도 한다.

aspic : 아스픽 만들기

선택한 틀을 냉장고에 넣어두어 차갑게 한다. 식었지만 아직 굳지 않은 상태의 아스픽 젤리액을 붓고 틀을 재빨리 돌리며 바닥과 옆면에 고루 묻어 깔리도록 해준다. 살짝 굳어 형태가 잡힐 때까지 냉장고에 다시 넣어둔다. 바닥과 둘레에 장식용 재료를 넣어준다. 장식은 주재료에 맞게 다양한 모양으로 자른 몇 가지의 재료만 간단하게 사용하는 것이 좋다. 얇게 슬라이스한 송로버섯, 동글게 슬라이스한 삶은 달걀, 지방이 없는 햄, 양홍 염료로 붉은색을 입힌 소 혀(langue écarlate), 타라곤 잎, 훈제연어 슬라이스 등(장식을 배치할 때는 틀을 뒤집어 분리했을 때 바깥 면에 보일 모습을 감안해야 한다) 중에 몇 가지만 선택해 사용한다. 다시 냉장고에 넣어 장식이 젤리와 붙어 굳도록 한다. 아스픽 주재료를 조심스럽게 넣고 그 위에 젤리를 부어 표면을 고르게 만든다. 이런 방법으로 한 켜씩 쌓고 중간중간 굳히는 과정을 거쳐 완성하기도 하고, 또는 한 번에 내용물을 모두 쌓아 넣은 뒤 젤리를 한 켜 부어 표면을 마무리 하기도 한다. 재료를 모두 채운 아스픽 틀을 서빙하기 전까지 냉장고에 넣어둔다. 분리할 때는 냉장고에서 꺼낸 뒤 끓는 물에 틀을 몇 초간 담갔다 뺀다. 차가운 서빙 플레이트에 틀을 뒤집어 놓은 다음, 잠시 냉장고에 넣어두었다가 서빙한다.

aspic d'asperge 아스픽 다스페르주

아스파라거스 아스픽 : 라므킨(ramekin) 여러 개를 준비해 식힌 젤리액을 넣은 뒤 바닥과 안쪽 벽에 고루 묻게 한다. 익힌 아스파라거스의 머리 부분을 용기 높이에 맞추어 잘라 뾰족한 쪽이 아래로 가게 세운 상태로 안쪽 벽에 빙 둘러 촘촘히 붙인다. 가운데 푸아그라 퓌레를 넣고 젤리를 채워 덮어준다. 냉장고에 몇 시간 동안 넣었다가 틀을 제거한 뒤 서빙한다.

aspic de crabe (de crevette, de homard ou ***de langouste)*** 아스픽 드 크라브(크르베트, 오마르, 랑구스트)

게살(새우, 랍스터, 닭새우) 아스픽 : 흰살 생선의 뼈와 서더리 500g, 드라이 화이트와인 300ml, 정향 2개를 박은 양파 1개, 부케가르니 1개, 다양한 허브 부케 1묶음, 통후추 5~6알을 넣고 끓여 생선 육수를 만든다. 소금은 넣지 않는다. 여기에 물 1리터를

넣고 뚜껑을 덮은 뒤 끓을 때 까지 가열한다. 불을 줄이고 30분 정도 약하게 끓인다. 달걀 2개를 완숙한 뒤 찬물에 식혀 껍질을 깐다. 생선 육수가 완성되면 체에 거른 뒤 따뜻한 온도가 될 때까지 식힌다. 생선 육수를 조금 덜어낸 다음 판 젤라틴 2장을 넣어 말랑하게 불린다. 달걀흰자 3개분을 거품 낸다, 그 위에 나머지 생선 육수를 부어가며 계속 거품기로 저어준다. 부드러워진 젤라틴을 넣고 잘 저어 섞는다. 불에 올려 계속 거품기로 저어주며 끓을 때까지 가열한다. 간을 맞춘 뒤 불에서 내리고 10분간 휴지시킨다. 체나 고운 면포에 거른 뒤 식힌다. 삶은 달걀과 작은 토마토 3개를 동그란 모양으로 아주 얇게 슬라이스한다. 타라곤 잎을 깨끗이 씻어 물기를 닦아준다. 생선 육수 젤리액을 틀에 조금 붓고 돌려 바닥과 옆면을 고루 덮어준 다음, 이 젤리 층 위에 토마토와 달걀 슬라이스, 타라곤 잎을 붙여 보기좋게 장식한다. 여기에 다시 젤리액을 조금 붓고 냉장고에 넣어 굳힌다. 랍스터(homard)나 바닷가재(또는 닭새우 langouste) 아스픽의 경우 몸통 살을 슬라이스 하고 집게살과 발의 껍데기를 까서 모두 넣는다. 게살 아스픽은 껍질을 깐 게살을 사용하되 부수지 말고 통으로 넣는다. 세 경우 모두 틀에 재료를 넣은 뒤 새우 무스를 채워 넣고 틀을 바닥에 탁탁 쳐 공기를 빼내 평평하게 해준다. 나머지 젤리액을 모두 부은 뒤 냉장고에 5~6시간 정도 넣어둔다. 아스파라거스 윗동 부분이나 양상추 잎으로 장식한 서빙 접시에 뒤집어 놓고 틀을 제거한 뒤 서빙한다.

---

aspic de foie gras 아스픽 드 푸아그라

푸아그라 아스픽 : 마데이라 와인 또는 셰리주로 향을 낸 젤리액을 준비한다. 틀 안에 부어 바닥과 옆면에 고루 깔아준 뒤 도톰하게 슬라이스한 푸아그라와 얇게 저민 송로버섯을 넣는다. 반 정도 굳은 젤리액을 채워 넣은 다음 냉장고 가장 차가운 곳에 넣어둔다. 서빙 시 틀에서 제거한다.

---

aspic de jambon et de veau (ou *de volaille*) 아스픽 드 장봉 에 드 보(볼라이)

햄과 송아지 고기(또는 닭고기) 아스픽 : 향을 낸 젤리액을 준비한 다음 틀에 조금 부어 바닥과 안쪽 벽을 고루 덮어준다. 큐브 모양으로 썬 요크 햄과, 냄비에 익힌 뒤 균일한 두께로 슬라이스한 송아지 고기(또는 닭고기)를 아스픽 틀에 넣는다. 중간층에 햄 무스를 한 켜 깔고 작게 깍둑 썬 익힌 채소를 넣는다. 나머지 젤리를 부어 매끈하게 마무리한다. 냉장고에 넣어 굳힌다. 서빙 시 틀에서 분리한다.

---

aspic de poisson 아스픽 드 푸아송

생선 아스픽 : 게살 아스픽과 동일한 방법으로 만든다. 단, 게살이나 랍스터 대신 생선 필레 또는 토막을 넣고 새우 무스 대신 생선 무스를 채워 넣는다.

---

aspic de saumon fumé 아스픽 드 소몽 퓌메

훈제 연어 아스픽 : 향을 낸 젤리액을 만든 다음, 틀에 조금 부어 바닥과 안쪽 벽을 고루 덮어준다. 훈제 연어 슬라이스에 러시안 샐러드(salade russe 올리비에 샐러드라고도 불린다)를 넣고 돌돌 말아 틀 안에 연어 무스와 교대로 층층이 채워준다. 나머지 젤리액으로 덮어 완성한다. 냉장고에 넣어 굳으면 틀을 제거하고 서빙한다.

ASSAISONNEMENT 아세존느망 간하기, 양념하기, 양념. 요리에 따라 그에 알맞은 각기 다른 양을 넣는 재료(스파이스, 소금, 후추, 향신 재료 식물, 양념, 기름, 식초 등)로, 구성 재료의 성질을 해치지 않으면서 그 요리에 더 뚜렷한 간을 하거나, 특별한 맛을 내거나, 풍미를 더 증대시키는 역할을 한다. 간맞추기와 양념하기는 아주 섬세하고 까다로운 기술이다. 왜냐하면 기본 재료와 그 맛에 대한 정확한 지식이 있어야 이들을 잘 조합하여 다양한 풍미를 돋보이게 만들 수 있기 때문이다.

ASSEMBLAGE 아상블라주 블렌딩. 아상블라주. 같은 산지(샹파뉴, 보르도, 발레 뒤 론, 랑그독, 프로방스, 아르마냑 등)의 각기 다른 와인을 더 좋은 품질로 개선하거나 와인, 브랜디의 개성을 더 살리기 위한 목적으로 섞는 작업. 아상블라주라는 용어는 요리에서도 사용된다(**참조** CUISINE D'ASSEMBLAGE).

ASSIETTE 아시에트 접시. 음식을 담는 용도의 개인용 집기로 그 크기와 모양이 다양하다. 아시에트(assiette)라는 이름은 접시가 식탁에 앉는(assis) 사람들의 자리를 표시해준다는 의미에서 유래했다. 고대에 평평하거나 우묵한 모양의 접시들은 토기, 목기 혹은 값비싼 귀금속이 대부분이었다. 로마인들은 유리를 주물에 넣어 만들기도 했다. 15세기 말에는 은으로 만든 접시가 부의 상징이 되었고 이는 17세기까지 계속되어 부유한 부르주아들의 식탁은 금은으로 세공한 화려한 집기들로 가득했다. 하지만 루이 14세 시절 전쟁으로 경제가 파산을 초래하면서 여유가 있는 가정에서도 귀금속으로 된 그릇 대신 도자기, 사기 제품을 사용하게 되었다. 오늘날에는 이 밖에도 스텐이나 도금한 금속, 강화유리등 특수 처리한 유리 제품, 플라스틱 재질, 코팅 카드보드 등 다양한 소재들이 추가되었다.

■ **사용.** 접시의 약간 우묵한 가운데 부분은 옹빌리크(ombilic), 가장자리 둘레는 마를리(marli) 혹은 탈뤼(talus)라고 불린다. 어떤 접시들은 이들 부분이 명확하지 않은 것들도 있다. 정찬용 식기 세트는 그 크기가 큰 것 순서로, 평평한 접시, 우묵한 접시, 치즈 접시, 디저트 접시, 과일용 접시, 카나페용 접시, 빵 접시 등으로 구성된다. 샐러드용 접시는 반달 모양으로 된 것도 있다. 그밖에 에스카르고나 굴 전용 접시(12마리 혹은 6마리를 담을 수 있게 모양대로 홈이 팬 접시), 퐁뒤 부르기뇽 서빙 시 여러 소스를 한 데 담을 수 있게 칸막이로 나뉜 접시, 아보카도, 옥수수, 아티초크의 모양을 살린 전용 접시 등 특수한 형태의 접시들도 있다. 물이 빠지도록 구멍이 나 있는 접시는 딸기나 아스파라거스를 담아 서빙하기 적합하다. 접시는 절대 두 개를 겹쳐 사용하지 않는 것이 매너다. 생선 요리를 먹고 난 후에는 반드시 접시를 바꾸고, 치즈는 항상 새 접시에 서빙한다. 또한 맛있게 먹기 위해 일정한 온도가 유지되어야 하는 요리를 서빙할 때에는 접시를 미리 데워두는 것을 권장한다. 대부분의 서방국가들은 접시를 보편적으로 널리 사용하고 있지만 이것만이 유일한 식기는 아니다. 동부 아시아 지역에서는 거의 볼이나 대접 류의 그릇만을 사용하고 있다(작은 크기의 평평한 접시를 찌꺼기를 모으는 용도로 사용하기도 한다). 아프리카에서는 식사의 메인 요리까지 손으로 먹는 게 일상화되어 있고, 중동 지역에서는 넓적한 전병인 갈레트가 음식을 담는 역할을 하기도 한다.

ASSIETTE ANGLAISE 아시에트 앙글레즈 영국식 플레이트, 콜드 컷 플레이트. 차가운 육류를 고루 담은 접시를 뜻하며 햄, 로스트 비프, 랑그 에카를라트(langue écarlate 양홍 염료로 붉은색을 입힌 소 혀), 갈랑틴(galantine) 등이 포함된다. 코르니숑과 케이퍼를 곁들이며 머스터드, 마요네즈 및 양념을 같이 낸다. '아시에트 프루아드(assiette froide 콜드 플래터)'라고도 불린다.

ASSOCIATIONS ▶ **참조 CONFRÉRIES ET ASSOCIATIONS**

ASSUJETTIR 아쉬제티르 로스트용 가금류나 수렵육 조류의 사지를 몸 쪽에 붙여 주방용 실로 묶어주다. 재료를 고루 익히는 데 도움이 되며, 모양을 잡아주어 좀 더 보기좋게 플레이팅 할 수 있다(**참조** BRIDER).

ASTER MARITIME 아스테르 마리팀 갯개미취. 국화과에 속하는 다년생 야생 식물로 목초지 풀밭이나 해안 늪지대에서 자란다. 바다의 짭조름한 맛이 나고 즙이 풍부한 갯개미취는 함초(salicorne)와 같은 방법으로 조리해 먹는다(샐러드에 넣거나 피클로, 또는 익혀 먹기도 한다). 특히 벨기에와 네덜란드인들이 많이 즐겨 먹는다.

ASTI 아스티 이탈리아 피에몬테의 와인. 토리노 남쪽에 위치한 도시 아스티는 이 지역 대규모 포도밭의 중심지로, 명성이 높은 레드와인 뿐 아니라 모스카토(muscat)로 만드는 화이트와인 모스카텔로(moscatello)를 생산하고 있다. 아스티 와인의 대부분은 첫 번째 발효 단계부터 발포성 와인으로 양조되고 있고, 포도의 훌륭한 맛과 향을 그대로 보존하고 있다. 아스티 스푸만테(asti spumante)라는 이름으로 판매되며 전 세계적으로 사랑받는 모스카토 스파클링 와인이다.

ASTRINGENT 아스트랭장 맛이 톡 쏘는, 수렴성의. 떫거나 입안이 까끌까끌해지는 느낌을 표현하는 형용사. 덜 익은 감을 먹었을 때처럼 입안이 뻣뻣하게 마르는 듯한 떫은 느낌은 불쾌할 수 있지만 반대로 야생자두, 서양모과 또는 레드와인의 타닌과 같이 약하고 조화로운 떫은 맛은 비교적 자연스럽게 받아들일 수 있다.

ATHÉNÉE 아테네 아테네우스. 그리스의 작가, 언어학자로 서기 3세기에 이집트의 나우크라티스(Naucratis)에서 태어났다. 그의 편집 저서『현자들의 연회(*Deipnosophistai*)』에는 고대 그리스의 문화와 일상생활에 대한 수많은 정보가 들어 있다.

ATHÉNIENNE (À L') 아 라테니엔 아테네의, 아테네식의. 올리브오일, 볶

Assiette 접시

"포텔 에 샤보(POTEL ET CHABOT)와 레스토랑 엘렌 다로즈(HÉLÈNE DARROZE), 카이세키(KAISEKI)의 주방에 쌓여 정리되어 있는 다양한 모양의 접시들. 장식이 없는 간결한 형태, 또는 금테두리나 꽃무늬가 있는 이 접시들은 담겨진 음식을 더 아름답게 부각시키기 위해서 스스로는 잊혀야 한다."

은 양파를 넣어 조리한 다양한 요리(닭, 양고기, 꼬치 요리 등)를 지칭한다. 일반적으로 튀기거나 속을 채운 가지, 토마토, 피망 등의 채소와 그리스식 필라프 라이스를 곁들인다.

ATTENDRIR 아탕드리르 연하게 하다. 고기의 육질을 연하게 만드는 방법은 다양하다. 낮은 온도(0~2℃)에서 7일간 보관하여 숙성하기, 고기용 방망이 또는 연육용 망치의 입체 격자면으로 납작하게 두드리기, 곱게 다지기, 마리네이드 양념에 재우거나 염수에 담가 재우기, 액체(물이나 와인)에 넣고 오래 끓이기 등의 방법을 사용할 수 있다.

ATTEREAU 아트로 돼지 간과 목구멍 살을 다져 크레핀으로 감싼 다음 토기에 나란히 넣고 오븐에 구워 익혀낸다. 차갑게 서빙한다. 특히 부르고뉴 지방에서 즐겨 먹는다.

ATTEREAU (BROCHETTE) 아트로(브로셰트) 꼬치, 꼬치 튀김. 다양한 재료(익힌 것, 날것 모두 포함)를 꼬치에 꿴 다음 소스에 담갔다가 밀가루, 달걀, 빵가루를 입혀 튀겨낸 요리(날 재료를 그릴에 구워내는 일반적인 꼬치 요리와는 차별화된다). 주로 내장이나 부속(작게 자르거나 도톰하게 슬라이스)으로 많이 만들지만 해산물이나 채소를 사용할 수도 있다. 부재료(버섯, 혀, 햄 등)를 추가하거나 다양한 소스를 입히기도 한다. 아트로는 또한 따뜻한 디저트를 지칭하기도 한다. 과일과 동그랗게 자른 페이스트리를 크림 튀김옷 혼합물(appareil à crème frite)에 담갔다 빵가루를 입혀 튀긴다.

attereaux d'ananas 아트로 다나나스

파인애플 꼬치 튀김 : 생 파인애플의 껍데기를 벗긴 뒤 살을 큐브 모양으로 썬다. 꼬치에 꿴 다음 크림 튀김옷 혼합물(appareil à crème frite)에 담갔다 빵가루를 입혀 튀긴다.

attereaux de cervelles d'agneau à la Villeroi 아트로 드 세르벨 다뇨 아 라 빌르루아

빌르루아 소스의 양 골 꼬치 튀김 : 밀가루와 레몬즙을 넣은 물에 양의 골을 익힌다(cuire au blanc). 건져서 무거운 것으로 눌러놓고 식힌 다음 먹기 좋은 크기로 썬다. 레몬즙 몇 방울, 다진 파슬리, 소금, 후추를 넣은 올리브오일에 골을 넣고 30분 정도 재운다. 꼬치에 꿴 다음 소스 빌르루아(sauce Villeroi)를 바른다. 밀가루, 달걀, 빵가루를 묻혀 180°C 기름에서 튀긴다.

attereaux de foies de volaille à la mirepoix 아트로 드 푸아 드 볼라이 아 라 미르푸아

닭 간, 미르푸아 꼬치 튀김 : 닭 간을 버터에 지져낸 뒤 건져서 식힌다. 익힌 햄을 큐브 모양으로 썬다. 작은 크기의 양송이버섯을 씻어 놓는다. 세 가지 재료를 교대로 꼬치에 꿴 다음 미르푸아(mirepoix 작은 큐브로 썬 여러 가지 채소)에 굴려 묻힌다. 밀가루, 달걀, 빵가루를 입혀 뜨거운 기름에 튀긴다. 건져서 기름을 뺀 다음 소금, 후추를 뿌려 간한다. 튀긴 파슬리를 곁들인다.

attereaux d'huîtres 아트로 뒤트르

굴 꼬치 튀김 : 알이 굵은 굴을 정수된 끓는 물에 넣고 데쳐 건진다. 버섯을 두툼하게 슬라이스한 다음 밀가루와 레몬즙을 넣은 물에 익힌다(cuire à blanc). 교대로 꼬치에 꿴 다음 생선 육수로 만든 빌르루아 소스에 담갔다가 밀가루, 달걀, 빵가루를 묻혀서 뜨거운 기름에 튀겨낸다. 튀긴 파슬리와 반으로 자른 레몬을 곁들여낸다.

attereaux de moules 아트로 드 물

홍합 꼬치 튀김 : 마리니에르 홍합(moules à la marinière)를 만들어 살만 빼낸 다음 물기를 빼고 머스터드를 묻힌다. 작은 크기의 양송이버섯과 교대로 꼬치에 꿴 다음 밀가루, 달걀, 빵가루를 입혀 뜨거운 기름에 튀긴다. 튀긴 파슬리와 반으로 자른 레몬을 곁들여낸다.

attereaux à la niçoise 아트로 아 라 니수아즈

니스식 꼬치 튀김 : 알이 큰 올리브(씨를 뺀 것)와 버섯, 큐브 모양으로 썬 참치(올리브오일과 레몬즙에 재운다), 안초비 필레를 교대로 꼬치에 끼운다. 졸여 농축한 토마토 퓌레 1스푼과 다진 타라곤을 넣은 빌르루아 소스에 꼬치를 담갔다가 밀가루, 달걀, 빵가루를 입혀 뜨거운 기름에 튀긴다.

attereaux à la piémontaise 아트로 아 라 피에몽테즈

피에몬테식 꼬치 튀김 : 폴렌타 400g을 익혀 소금, 후추로 간한 뒤 기름을 발라둔 정사각형 용기에 펴 담고 식힌다. 사방 4cm 정사각형으로 자른 다음 꼬치에 꿴다. 180°C 기름에 튀겨 종이행주에 놓고 기름을 뺀 다음 튀긴 파슬리를 곁들여 서빙한다.

ATTRIAU 아트리오 돼지 간과 송아지 고기, 각종 허브, 양파를 다져 크레피네트(crepinette)로 둥근 공 모양으로 싼 뒤 납작하게 누른 것(**참조** p.628 파테 도표). 프랑스어권 스위스에서는 이 단어를 "atriau"라고 표기한다.

AUBÉPINE 오베핀 산사나무, 산사나무 꽃. 장미과에 속하는 가시가 있는 소관목으로 유럽의 소관목 울타리 지대에서 많이 볼 수 있다(**참조** p.406 붉은 베리류 과일 도감). 잎과 꽃이 피는 잔가지는 심장을 진정시키는 효능이 있어 차로 많이 마신다. 특히 산사나무의 한 종류인 아세롤라 나무(azérolier)의 붉고 살이 통통한 열매는 프랑스 남부와 스페인에서 널리 즐겨 먹는다. 주로 즐레나 잼을 만들며 새콤한 맛이 난다.

AUBERGINE 오베르진 가지. 가지과에 속한 길쭉하거나 둥근 모양의 열매(**참조** 옆 페이지 가지 도표, 도감). 유럽에서 재배되는 품종은 대부분 중간 크기에 껍질은 거의 검정에 가까운 짙은 보라색을 띠며 매끈하고 윤기가 나고 밝은색의 속살은 단단하다. 열매는 완전히 익지 않은 상태에서 먹는다. 완전히 익으면 색이 누렇게 변하고 씨는 갈색을 띠며 단단해지면서 살은 질겨진다. 인도, 미얀마 지역이 원산지인 가지는 이미 이탈리아에서 15세기에 재배되고 있었으나 프랑스 남부에 전파된 것은 17세기에 이르러서이다. 프랑스 혁명 당시 루아르 강 이북 지역에 이 채소를 알린 것도 남프랑스 사람들이다. 가지는 열량이 낮고(100g당 30Kcal 또는 125kJ), 칼륨과 칼슘이 풍부하다.

■ **사용.** 특유의 풍미를 지닌 가지는 동양이나 지중해의 다양한 요리에 사용된다. 특히 토마토, 주키니 호박, 마늘, 올리브와 잘 어울리며(**참조** IMAM BAYILDI, MOUSSAKA, RATATOUILLE, TIAN) 양고기나 흰살 육류의 가니시로 아주 좋다. 주 메뉴나(속을 채우거나 수플레) 가니시(소테, 튀김, 퓌레 등)로 따뜻하게 서빙하거나, 차갑게 먹기도 한다(퓌레 또는 샐러드, 반드시 익혀 먹는다).

aubergine : 가지 준비하기

옛날에는 어떤 방법으로 조리하든 가지는 무조건 껍질을 벗겨 사용하는 것이 일반적이었다. 오늘날에는 특별히 '흰색' 요리를 만드는 경우를 제외하고는 껍질을 벗기지 않는다. 몇몇 특정 레시피 또는 가지가 쓴 맛이 강할 경우에는 굵은 소금을 뿌려 30분 정도 절여 놓았다가 꼭 짠 뒤 종이행주로 꼼꼼히 물기를 제거하고 사용한다. 가지의 속을 채우려면 그 모양이나 크기에 따라 길게 반으로 갈라 속살을 반 정도 파내어 나룻배 모양을 만들거나, 꼭지 부분을 뚜껑처럼 잘라내고 속살을 깊이 파내기도 한다. 가장자리에서 5~6mm 되는 지점에 빙 둘러 칼집을 낸 다음 자몽용 나이프로 속살을 떼어내면 편리하다. 가지의 안쪽과 긁어낸 속살 모두 레몬즙을 뿌려 갈변을 방지한다.

aubergines à la crème 오베르진 아 라 크렘

크림 소스 가지 요리 : 단단한 가지 3개를 두께 5mm로 동그랗게 썬다. 소금을 뿌려 잠시 절인 뒤 꼭 짠다. 소테팬에 버터를 녹인 뒤 가지를 넣고 뚜껑을 덮은 상태로 찌듯이 익힌다. 베샤멜 100ml와 생크림 50ml를 섞어 크림 소스(sauce crème) 150ml를 만든다. 서빙하기 바로 전에 소스를 가지에 넣고 뭉개지지 않도록 살살 섞는다. 뚜껑이 있는 채소 서빙용 그릇에 담는다. 또는 가지를 익힌 뒤 건져 접시에 옮기고, 소테팬에 생크림 300ml를 부어 디글레이즈한 다음 반으로 졸이고 불에서 내린 뒤 차가운 버터 50g을 넣어 섞는다. 이 소스를 가지에 부어 서빙한다.

aubergines au cumin 오베르진 오 퀴맹

커민 향의 가지 요리 : 물 500ml, 레몬즙 큰 것 1개분, 올리브오일 100ml, 고수 씨 1티스푼, 커민 씨 1디저트스푼, 통후추 12알 정도, 타임을 많이 넣은 부케가르니 큰 것 1개, 소금 3g을 넣고 익힘물(court-bouillon)을 만든다. 가지 큰 것 4개의 껍질을 벗긴 다음 작은 큐브 모양으로 일정하게 썰고 레몬즙을 뿌려둔다. 가지를 익힘물에 넣고 센 불로 10분정도 끓인 다음 건진다. 부케가르니를 건져 버리고 익힘물을 체에 거른 뒤 반으로 졸인다. 이 소스를 가지에 붓고 식힌다. 냉장고에 넣어둔다(익힘물에 토마토 페이스트 2테이블스푼을 넣어도 좋다).

가지의 주요 품종과 특징

품종	산지	출하시기	외형
베린다 berinda	쉬드 우에스트 Sud-Ouest	5월말 - 10월 말	중간 길이, 약간 길쭉한 달걀형, 짙은 보라색
블랙 벨 black bell	시칠리아 Italie, Sicile	연중 내내	구형, 보라색
카바 cava	스페인 Espagne	10월 - 3월 말	길쭉한 모양, 보라색
도브릭스 dobrix	쉬드 에스트 Sud-Est	4월 중순 - 11월 말	중간 길이, 서양 배 모양과 비슷하다. 검은색
두르가 dourga	쉬드 에스트 Sud-Est	7월 - 10월	길이가 짤막하다. 흰색
에스티발 estival	쉬드 우에스트 Sud-Ouest	5월 말 - 10월 말	구형, 보라색
텔라르 telar	쉬드 에스트 Sud-Est	5월 중순 - 10월 말	긴 형태, 보라색
베르날 vernal	쉬드 에스트 Sud-Est	5월 중순 - 10월 말	길쭉한 모양, 보라색
비올레트, 누아르 드 바르방탄 violette ou noire de Barbentane	프로방스	7월 - 10월	긴 형태, 보라색 혹은 검은색

AUBERGINES 가지

violette et blanche
보라, 흰색 줄무늬 가지

violette de Barbentane
비올레트 드 바르방탄. 바르방탄 보라색 가지

mini-aubergine
미니 오베르진. 미니 가지

aubergine-œuf blanche (Asie)
오베르진 외프 블랑슈. 달걀 모양 흰색 가지(아시아)

aubergine-pois (Thaïlande)
오베르진 푸아. 태국 완두콩 가지

verte (Thaïlande)
오베르진 베르트. 태국 가지, 커밋 가지

jaune (Thaïlande)
오베르진 존느. 태국 옐로 가지

violette (Japon)
오베르진 비올레트. 긴 보라색 가지

aubergines farcies à la catalane 오베르진 파르시 아 라 카탈란

카탈루냐식 속을 채운 가지 : 모양이 곧은 가지를 길게 반으로 가른 뒤 가장자리로부터 1cm 정도 남기고 살을 파내 나룻배 모양(barquettes)을 만든다. 파낸 살과 삶은 달걀 1개, 마늘(가지 1개당 1톨), 파슬리를 함께 다진다. 다진 양파(가지 1개당 양파 큰 것 1개)를 올리브오일에 완전히 숨이 죽을 때까지 볶은 뒤, 다져둔 가지 살 혼합물을 넣어 섞는다. 가지에 소를 채운다. 기름을 바른 오븐용 용기에 가지를 나란히 놓고 생 빵가루를 뿌린 다음 올리브오일을 한 바퀴 둘러준다. 225°C로 예열된 오븐에 굽는다.

aubergines farcies à l'italienne 오베르진 파르시 아 리탈리엔

이탈리아식 속을 채운 가지 : 카탈루냐식 속을 채운 가지와 마찬가지 방법으로 가지 속을 파낸 다음 기름을 바른 용기에 나란히 놓는다. 파낸 속은 동량의 리소토, 다진 파슬리와 마늘을 넣고 섞은 뒤 가지에 넣어 채운다. 올리브오일을 둘러준 다음 오븐에 넣어 그라탱처럼 굽는다.

aubergines au gratin à la toulousaine 오베르진 오 그라탱 아 라 툴루젠

툴루즈식 가지 그라탱 : 가지를 세로로 길고 도톰하게 슬라이스한 다음 소금을 뿌려 절인다. 물을 꼭 짠 다음 올리브오일을 두른 팬에 노릇하게 지진다. 토마토를 반으로 잘라 뜨겁게 달군 기름에 재빨리 볶는다. 그라탱 용기에 토마토와 가지를 교대로 넣고 다진 마늘과 파슬리를 섞은 빵가루를 넉넉히 뿌린다. 기름을 조금 둘러준 뒤 오븐에 넣어 굽는다.

aubergines « imam bayildi » 오베르진 "이맘 바일디"

"이맘 바일디" 가지 구이 : 코린트 건포도(raisins de Corinthe) 200g을 따뜻한 차에 담가 불린다. 길쭉한 모양의 가지 4개를 씻어 물기를 닦은 뒤, 껍질째 길게 둘로 갈라 가장자리 1cm를 남겨두고 빙 둘러 칼집을 낸다. 이 때 껍질을 찌르지 않도록 주의한다. 속살을 긁어낸 다음 작은 큐브 모양으로 썰고 레몬즙을 뿌려 갈변을 방지한다. 양파 큰 것 4개의 껍질을 벗겨 다진다. 토마토 큰 것 8개를 씻어 껍질을 벗기고 속과 씨를 빼낸 다음 잘게 썬다. 파슬리 작은 한 단을 잘게 다진다. 팬에 올리브오일 4테이블스푼을 달군 뒤 썰어놓은 토마토, 가지 속살, 다진 양파와 파슬리를 넣고 잘 볶는다. 소금, 후추로 간하고 타임 1줄기, 월계수 잎 1장을 넣어준 다음 뚜껑을 덮고 약 20분 정도 익힌다. 짓이긴 마늘 2톨과 건져둔 건포도를 넣고 잘 섞은 다음 5분간 더 익힌다. 오븐용 용기에 기름을 발라둔다. 타임과 월계수 잎을 건져낸다. 반으로 갈라 속을 파낸 가지를 나란히 놓고, 그 안에 소를 채워 넣는다. 올리브오일을 한 바퀴 둘러준 다음 생 타임을 조금 뿌린다. 월계수 잎도 부수어 뿌려준다. 160°C로 예열한 오븐에 넣어 최소 2시간 익힌다.

aubergines sautées 오베르진 소테

가지 소테 : 가지를 사방 2cm 크기로 깍둑 썬다. 소금에 절여 물을 짠 다음 밀가루를 묻혀 팬에 달군 올리브오일에 지진다. 뚜껑이 있는 채소 서빙그릇에 담고 잘게 썬 파슬리를 뿌려 낸다.

aubergines soufflées 오베르진 수플레

가지 수플레 : 속을 채워 넣는 다른 레시피와 마찬가지로 가지를 반 갈라 속을 파낸다. 파낸 살은 체에 곱게 내리거나 블렌더로 간 다음 동량의 걸쭉한 베샤멜을 섞어준다. 달걀노른자를 넣어 혼합한 뒤 소금, 후추로 간하고 넛멕을 갈아 넣는다. 마지막으로 단단하게 거품 낸 달걀흰자를 넣고 살살 섞는다. 이 혼합물을 가지의 움푹 팬 곳에 채워 넣고 그라탱 용기에 나란히 넣는다. 파르메산 치즈를 뿌려 덮어도 좋다. 200°C로 예열한 오븐에 넣어 10분 정도 굽는다. 헝가리식 가지 수플레를 만들려면 가지를 채우는 소에 다진 파프리카 가루를 넣고 볶은 다진 양파 2 스푼을 더해준다.

beignets d'aubergine ▶ BEIGNET

caviar d'aubergine 카비아르 도베르진

가지 캐비아 : 200°C로 예열한 오븐에 가지 3개를 넣어 15~20분간 굽는다. 달걀 4개를 완숙으로 익힌 뒤 찬물에 식힌 뒤 껍질을 깐다. 토마토 2개의 껍질을 벗기고 씨와 속을 빼낸 뒤 과육을 잘게 다진다. 양파 1개의 껍질을 벗기고 다진다. 구워낸 가지를 길게 갈라 살을 긁어낸 다음 칼로 다진다. 볼에 토마토, 양파, 가지 살을 넣고 섞는다. 소금, 후추로 간한다. 마치 마요네즈를 만들 듯이 재료를 잘 저어 섞으면서(블렌더를 사용해도 된다), 올리브오일을 작은 한 컵 정도 조금씩 부어준다. 서빙할 때까지 냉장고에 넣어둔다. 세로로 등분한 달걀과 둥글게 슬라이스한 토마토로 장식한 뒤 서빙한다.

hachis de bœuf en gratin aux aubergines ▶ HACHIS
papeton d'aubergine ▶ PAPETON

PLISSAGE EN AUMÔNIÈRE 오모니에르 접어 만들기

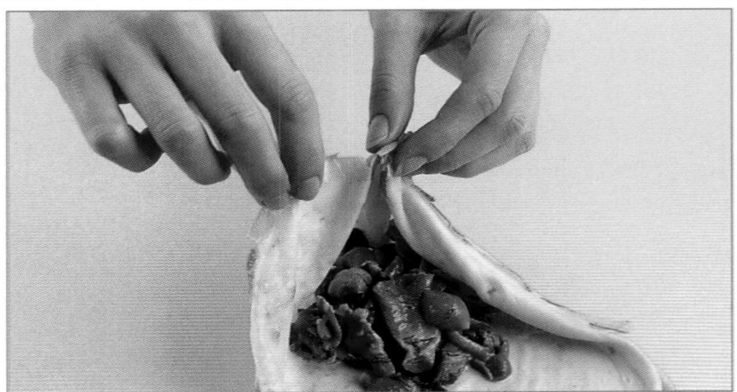

1. 아주 살짝만 익힌 얇고 작은(지름 15cm 정도) 크레프 가운데 소를 넣어 채운다.

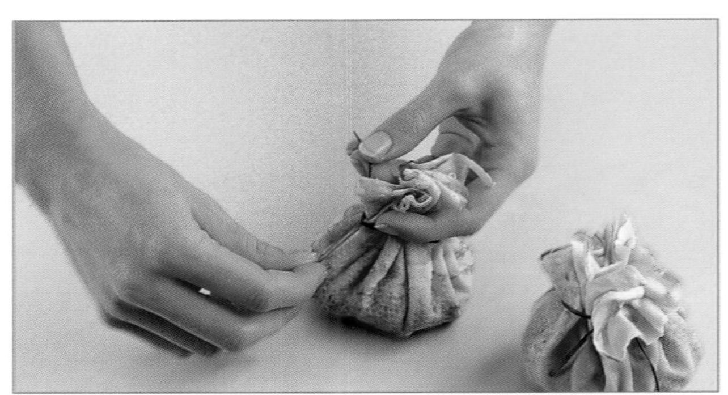

2. 크레프 가장자리를 중앙으로 모아 고르게 주름을 잡으며 복주머니 모양을 만든다. 한 손으로 잡고, 끓는 물에 데친 실파 한 가닥으로 매듭을 지어 묶어준다.

sauté d'agneau aux aubergines ▶ SAUTÉ

AUBRAC ▶ 참조 ROUERGUE, AUBRAC ET GÉVAUDAN

AUBRAC (VIANDE) 오브락(비앙드) 오브락 소고기. 마시프 상트랄 남부의 토종 소 품종으로 진한 붉은색의 아주 질 좋은 고기를 공급한다(**참조** p.106 소 품종 도표).

AUMALE (D') 오말, 도말 오말(Aumale)식의. 속을 채운 뒤 브레이징한 영계 요리를 지칭한다. 루이 필립 1세 국왕의 넷째 아들인 오말 공작 앙리 도를레앙(Henri d'Orléans, duc d'Aumale)의 주방장이 개발한 레시피로 가니시가 특별히 화려하고 공이 많이 드는 음식이었다. 모양 내 돌려 깎아 버터에 익힌 오이를 채운 페이스트리와 양파를 반으로 잘라 속을 비운 뒤 마데이라 소스(sauce madère)로 버무린 혀 살피콩(salpicon)과 푸아그라를 채운 것으로 구성된다. 오말식 스크램블드 에그의 경우는 잘게 썬 토마토 과육과 잘게 썰어 마데이라 와인을 넣고 센 불에서 재빨리 볶아낸 콩팥이 추가로 들어간다.

AUMÔNIÈRE (EN) 앙 오모니에르 살구로 만든 디저트를 서빙하는 방식을 지칭한다. 살구의 씨가 있던 자리에 각설탕 조각을 한 개 넣고 얇게 민 삼각형 모양의 파트 브리제로 싸 덮는다. 가장자리를 잘 붙이면서 세 모서리 부분을 위로 한 데 모아 붙인 다음 오븐에 넣어 굽고, 다져 로스팅한 아몬드를 넣은 따뜻한 살구소스를 곁들여 서빙한다. 복주머니(aumonière)처럼 생긴 모양에서 그 이름이 유래했다. 이 용어는 살짝 익힌 작은 크레프 중앙에 소를 놓고 피를 주름잡아 가운데로 모은 다음 복주머니처럼 묶어 오븐에 굽는 음식(짭짤한 음식, 달콤한 디저트 모두 포함)에도 적용된다.

▶ 레시피 : MORILLE.

AURICULAIRE OREILLE-DE-JUDAS 오리퀼레르 오레이 드 쥐다 목이버섯. 목이과에 속하는 검은색 버섯으로 귀 모양을 닮았다(유다의 귀라는 이름도 이 모양에서 유래했다). 젤라틴처럼 쫀득하고 연골처럼 오돌오돌한 식감을 반반씩 갖고 있으며 나무의 오래된 줄기나 몸통에서 한 데 뭉쳐 자란다. 본래 샐러드에 생으로 넣어 먹었으며, 중국 식당에서는 검은 목이버섯(champignon noir)이라 부른다.

AURORE 오로르 토마토 소스 또는 토마토 퓌레가 들어간 요리를 지칭한

다. 오로르 소스(sauce aurore)를 뿌리는 음식에 이 명칭이 붙는다.
▶ 레시피 : SAUCE.

AUSLESE 아우스레제 레이트 하비스트. 독일어인 이 용어(sélection, 즉 한 알갱이씩 골라 수확함을 뜻함)는 독일과 오스트리아 와인 중 귀부병(pourriture noble)에 걸린 포도로 만든 최고의 해의 레이트 하비스트(vendanges tardives) 와인을 지칭한다. 설탕 농도가 높은 이 와인들은 드라이(trocken), 또는 더 달콤한(halbtrocken, süss) 종류로 나뉜다.

AUSONE 오존 아우소니우스(Decimus Magnus Ausonius). 고대 로마 제정 말기의 시인(310, Burdigala(현 Bordeaux) 출생−395, Burdigala 타계)으로 훗날 황제가 된 그라티아누스(Flavius Gratianus Augustus)의 가정교사였다. 그가 저술한 여러 편의 운율시 중 하나에는 모젤강(la Moselle)과 그곳에서 잡던 여러 물고기들의 아름다움이 서술되어 있다. 379년에 집정관으로 임명된 그는 383년 현 생 테밀리옹(Saint-émillion) 부근에서 은퇴했다. 그는 "보르도 사람들은 얼마나 행복한가, 그들에겐 산다는 것이나 마시는 것이 같은 한 가지이니 말이다!"라는 글을 썼다. 아우소니우스가 재배한 포도로 만들던 와인에 대한 추억은 그의 이름을 딴 생테밀리옹의 레드와인 명가 '샤토 오존(château-ausone)'이 그 명맥을 잇고 있다. 그는 또한 굴 양식에 관한 연구서도 남겼다.

AUSTRALIE 오스트랄리 오스트레일리아, 호주. 호주의 음식에는 식민지 영향을 끼친 영국과 덴마크로부터 온 식재료와 식습관의 흔적이 깊이 남아 있다. 인기 있는 대중 요리(캥거루 꼬리 수프, 크러스트를 입힌 캥거루 안심 등)에 많이 사용되는 캥거루는 이제 보호의 대상이 되었다. 호주인들은 소고기와 특히 양고기를 많이 소비한다. 바비큐로 굽거나 정향과 주니퍼베리로 향을 낸 양고기 햄처럼 염장육으로도 즐겨 먹는다. 파인애플과 와인에 재웠다가 로스팅하는 시드니식 영계는 이곳의 독특한 별미다. 공급량이 엄청난 토끼도 아주 인기 있고, 패류와 생선도 즐겨 먹는다, 특히 크기가 아주 큰 생선들이 많고 이들을 비교적 복잡하지 않은 방법으로 요리해 먹는다. 또한 커스터드애플(케리몰라아노나)이나 패션프루트와 같은 열대과일과 채소도 대량 생산된다.

■ **와인.** 호주의 포도재배 역사는 그리 길지 않다. 지금의 시드니 인근 지역에서 1788년 1월 26일 첫 번째 포도나무 농사가 시작되었다. 오늘날 호주의 포도밭은 대규모 와이너리와 작은 포도 경작지(arpents de vigne)로 이루어져 있다. 소규모 아르팡 소유주들은 자신들이 소비할 목적으로 양조를 하거나 수확한 포도를 더 큰 규모의 와이너리에 판매하기도 한다. 제2차 세계 대전 이전에는 주로 스위트와인(특히 호주산 셰리는 1925년까지 영국에서 큰 인기를 누렸다)을 주로 생산했으나 포도재배와 양조기술의 발달로 아주 좋은 품질의 데일리 와인들을 만들게 되었다. 지중해 국가들과 비슷한 기후를 가진 호주 남부는 포도재배에 최적의 환경이고 북부는 이보다 훨씬 덥다.

● 뉴 사우스 웨일즈 시드니 근교의 유명한 헌터 밸리(Hunter Valley)에서는 세미용(이 중 몇몇은 세계 최고 수준의 세미용 화이트와인으로 손꼽힌다)과 샤르도네(chardonnay)로 만든 화이트와인과 쉬라즈(shiraz, 프랑스 론의 syrah 와 같다)와 카베르네 소비뇽으로 만든 부드럽고 향이 아주 좋은 레드와인이 생산된다. 머지(Mudgee)와 머럼비지(Murrumbidgee)에서는 좀 더 대중적이면서도 품질은 좋은 와인들이 생산된다.

● 빅토리아 기온 변화의 폭이 큰 빅토리아 주의 머레이 리버 밸리(Murray

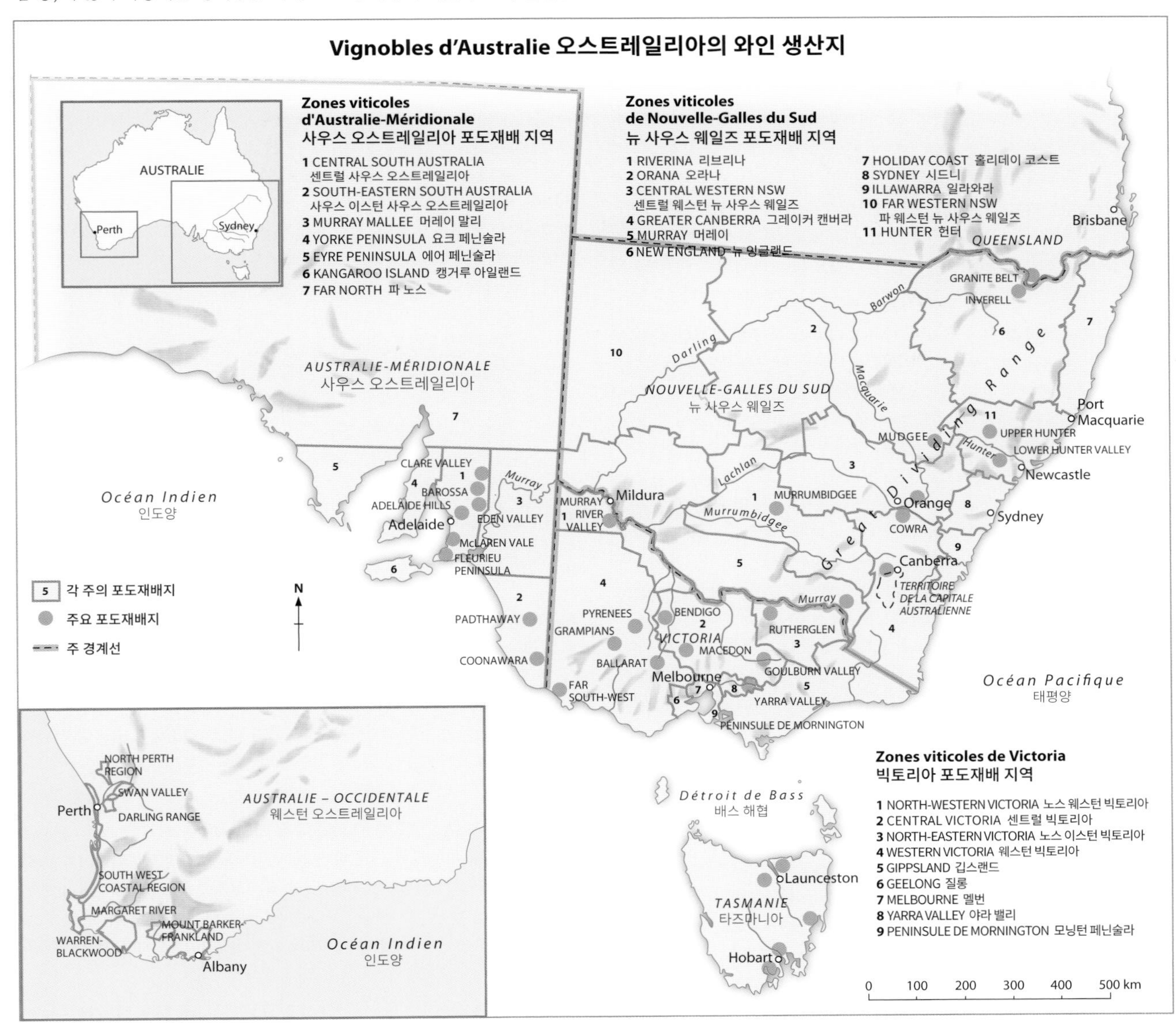

River Valley)에서는 최상급의 강화와인(vins mutés, 천연 스위트와인 또는 리큐어 등)과 나무통에 숙성된 상태로 판매되는 화이트와인이 대량 생산된다. 그 이외의 지역에서도 좋은 품질의 와인들이 생산되고 있으며 개선의 노력은 끊임없이 계속되고 있다(특히 피노 누아, 샤르도네).

● **사우스 오스트레일리아** 바로사 밸리(Barossa Valley)에서 오래된 쉬라즈 품종의 검은 포도로 만드는 소비자들에게 아주 인기가 좋다. 클레어 밸리(Clare Valley)에서는 리슬링 품종으로 독특한 화이트와인을 생산하는데, 독일이나 오스트리아의 리슬링과는 아주 다르다. 이 주의 다른 지역에서도 쉬라즈와 카베르네 소비뇽의 수확량이 상당하다.

● **웨스턴 오스트레일리아** 스완 밸리(Swan Valley)는 1960년까지 포도밭 독점권을 갖고 있었다. 밭의 면적은 상당부분 감소했지만 아직도 그 유명한 '하우튼 화이트 버건디(외국에는 Houghton Supreme으로 알려짐)'는 꾸준히 생산되고 있다. 오늘날 품질 개선에 주력하는 생산자들은 고급 포도품종에 더 무게를 두고 생산량을 확대하는 추세이다. 그 결과는 오래지 않아 실현되었다. 호주는 와인 총 생산 1,000만 헥토리터 중 약 1/4을 해외에 수출하고 있다.

AUTOCLAVE 오토클라브 오토클레이브, 고압반응 솥. 고온 고압 하에서 증기로 살균 처리를 할 수 있는 밀폐형 내열 내압성 용기를 지칭한다. 음식물을 물과 함께 넣고 압력으로 데운다. 용기 내의 온도는 120~180°C에 달하며, 용기에는 조절 가능한 안전밸브가 달려 있다.

AUTOCUISEUR 오토퀴죄르 압력솥. 밀폐형 솥으로 음식물이 더욱 높은 온도로 조리되어 일반 솥보다 빨리 익는 장점이 있다(112~125°C, 일반 솥의 경우 최대 100°C). 압력솥은 재료를 물이나 육수(적은 양의 액체)에 넣고 고압 증기로 찌듯이 익히는 조리를 위해 고안되었다. 시간이 덜 걸리고 무기질을 보존할 수 있으며 유지류를 적게 사용해도 될 뿐 아니라 지방을 더욱 고루 분포시킬 수 있다는 장점이 있다. 그러나 약한 불로 오랜 시간 뭉근히 끓이는 미조테(mijoter) 방식을 대체하기에는 무리가 있다. 압력솥으로 익힌 고기는 맛이 밋밋하고 너무 물러질 뿐 아니라 여러 재료의 풍미가 구분없이 혼합되는 경향이 있다.

AUTOLYSE 오토리즈 오토리즈 반죽법. 사전 반죽. 제빵 반죽법의 일종으로 대개 반죽기를 이용하여 밀가루와 물만을 약 4~5분 정도 천천히 혼합한 뒤 15~60분간 휴지시킨다. 이 과정을 통해 글루텐이 활성화되기 시작하고 가소성이 증대하여 빵 반죽 작업 및 성형을 더욱 쉽게 할 수 있다.

AUTRICHE 오트리슈 오스트리아. 오스트리아의 음식은 특정한 한 나라의 요리라기보다는 합스부르크 제국을 구성했던 다양한 민족(독일, 이탈리아, 체코, 헝가리)이 가진 미식 전통의 총체적인 성격이 더 강하다. 양배추, 스튜, 샤퀴트리뿐 아니라 양귀비 씨를 넣은 생 파스타를 즐겨 먹으며, 양파, 파프리카(헝가리의 대표음식으로 알려진 굴라쉬는 오스트리아 요리이기도 하다), 그리고 특정 과일들(체리, 사과, 자두, 호두 등)을 많이 사용한다. 가스트로미의 흔적은 수도 빈 곳곳에 남아 있다. 옛 제국 시절의 화려함은 아직도 호텔 자허(Sacher), 파티스리 데멜(Demel), 그 밖의 오래된 카페들(Hawelka, Landrmann)이 그 명맥을 잇고 있으며, 전통의 보루인 빈의 가장 오래된 시장 나슈마크트(Naschmarkt)도 아직 자리를 굳건히 지키고 있다.

■ **대표적인 전통 요리.** 다양한 민물생선이 풍부한 오스트리아에는 유명한 생선 요리가 많다. 식초를 넣은 쿠르부이용에 데쳐 익힌 자연산 송어(truite au bleu). 속을 채운 강꼬치고기(brochet farci), 잉어 튀김(carpe frite, 크리스마스 전통 요리이다), 펜넬을 넣은 민물가재(queues d'écrevisse au fenouil) 등이 대표적이다. 주로 샐러드나 콩포트를 곁들여 먹는 다양한 종류의 타펠슈피츠(Tafelspitz, 고기가 아주 연해질 때까지 오래 끓인 요리)는 이 곳 요리사들의 자부심이지만, 정작 해외에 가장 널리 알려진 음식은 빈 슈니첼(Wiener Schnitzel)이다. 송아지 고기뿐 아니라 소고기나 돼지고기로 만들기도 하는 커틀렛이다. 오스트리아 음식에서 빵가루를 입혀 튀기는 조리법은 흔히 찾아볼 수 있다. 가금류도 늘 인기 있는 메뉴이며 특히 닭(로스트, 빵가루 튀김옷을 입혀 돼지기름에 튀긴 것, 사워크림, 파프리카 혹은 양배추를 곁들인 것 등) 요리를 많이 먹는다.

■ **지역 특선 요리.** 작은 전통 식당(Gasthof 또는 Heuriger)에서는 야생 토끼 로스트, 적채를 곁들인 거위 요리, 돼지고기 크넬, 굴라쉬, 속을 채운 크레프(Palatschinken), 카린티아 라비올리(Kärntner Kasnudeln), 양파와 커민으로 양념한 소고기(Zwiebelfleisch), 호박씨오일 드레싱의 샐러드를 곁들인 스티리아(Styria)식 스튜 등의 특별한 음식을 아주 좋은 품질의 와인과 함께 맛 볼 수 있다. 가장 대표적인 음식은 수프와 스튜 종류로 감자, 버섯을 많이 사용하며, 빵이나 간으로 만든 경단의 일종인 크뇌델(Knödel)을 곁들여 먹는다. 오스트리아 서부 티롤(Tyrol)주는 샤퀴트리로 유명하다. 사우어크라우트(Sauerkraut), 티롤식 베이컨 크넬과 양파를 곁들인 송아지 간 요리 등은 아주 인기 있는 메뉴다. 노케를(Nockerln)은 이탈리아 뇨키의 오스트리아 버전이다(이 단어는 잘츠부르크의 달콤한 수플레 Salzburger Nockerln 를 지칭하기도 한다).

■ **치즈.** 병에 담아 판매하는 저지방 소젖 프레시 치즈 토픈(Topfen) 이외에 대표적인 두 종류의 소젖 치즈인 보알베거베르크케제(Vorarlberger Bergkäse, 가열 압착 경성치즈)와 몬시어(Mondseer 비가열 압착 반경성 치즈)를 꼽을 수 있다.

■ **파티스리.** 오스트리아는 무엇보다도 파티스리로 유명한 나라다. 이곳의 파티스리는 마치 커피를 곁들이는 것만큼 자연스럽게 풍성한 휩드 크림(Schlagobers)이 함께 서빙된다. 가장 대표적인 세 가지 파티스리인 자허토르테(Sachertorte), 스투르델(Strudel), 린저토르테(Linzertorte) 이외에도 건과일이나 양귀비 씨 크림을 넣은 페이스트리, 머랭, 과일 콩피, 프로마주 블랑, 체리 등을 넣은 타르트, 도톰하고 달콤한 팬케이크 카이저슈마렌(Kaiserschmarrn), 속을 채운 도넛 크라픈(Krapfen), 씨를 뺀 건자두에 반죽을 입혀 튀긴 즈베츠겐크뇌들(Zwetschgenknödel), 과일 잼을 넣은 반달모양의 아몬드 과자 타쉐른(Tascherln), 잼을 채운 브리오슈인 부흐텔른(Buchteln) 등을 꼽을 수 있다.

■ **와인.** 오스트리아의 포도재배와 와인 제조의 전통은 고대 로마시대로부터 시작되었다. 총생산량 2,500만 헥토리터 중 현재 50만 헥토리터가 수출되고 있다. 포도밭은 빈에서 멀지 않은 동쪽 끝 지역에 위치하고 있다. 가장 넓은 지역인 바인비어텔(Weinviertel)은 빈 북쪽에 위치한다. 그 밖에 카르눈툼(Carnuntum), 테르멘레기온(Thermenregion)의 포도밭은 도나우 강을 따라 펼쳐져 있고, 가장 명성이 높은 부르겐란트(Burgenland) 지역은 좀 더 남쪽에 위치하고 있다. 가볍고 과일향이 나는 오스트리아의 화이트와인은 인기가 높다. 가장 특징적인 와인들은 현지 토종 포도품종인 그뤼너펠트리너(Grüner Veltliner)로 만들어지며, 다른 와인들은 이웃 독일과 마찬가지로 리슬링, 피노 블랑, 뮐러 투르가우(müller-thurgau), 룰랜더(ruländer), 트라미너(traminer) 품종으로 만든다. 유명한 와인들 중에서는 특히 부르겐란트에서 생산되는 스위트와인 루스터 아우스브루흐(Ruster Ausbruch)를 꼽을 수 있는데, 이는 헝가리의 토카이(tokay) 와인과 견줄 만하다. 이 화이트와인 중 몇몇은 독일과 마찬가지로 레이트 하비스트와 귀부 와인(Auslese), 또는 아이스와인(Eiswein)으로 만들어진다. 레드와인(pinot noir, lamberger, poirugieser 등)도 일부 생산되긴 하지만 그 품질은 큰 주목을 받지 못하고 있다.

AUTRICHIENNE (À L') 아 로트리시엔 오스트리아식의. 특히 파프리카로 양념한 음식들을 지칭하며 때로는 완전히 볶은 양파, 펜넬이나 사워크림을 넣은 음식을 가리키기도 한다.

AUTRUCHE 오트뤼슈 타조. 타조과의 크기가 아주 큰 아프리카 주금류의 새. 현재는 유럽에서도 기르며 13~14개월, 무게가 100kg에 달하면 도살한다. 주로 알팔파, 허브, 곡류를 먹고 자라는 타조의 고기는 특유한 풍미를 지니며 살이 아주 연하다. 붉은 색 타조고기는 주로 넓적다리 살이다. 맛이 아주 좋은 타조 알은 19세기에 아주 인기가 많았다. 평균 1.5kg 정도 나가며, 알 한 개로 8~10명이 먹을 수 있는 오믈렛을 만들 수 있다. 타조의 가죽은 피혁 제품 제조에 사용된다.

AUVERGNATE (À L') 오베르냐트, 아 로베르냐트 오베르뉴 식의. 오베르뉴에서 생산된 식재료를 사용해 만든 요리들을 지칭한다. 오베르뉴 특산 식재료는 프티살레(le petit salé 염장 돼지고기), 스튜에 많이 넣는 베이컨과 햄, 속을 채운 양배추, 렌틸콩과 감자 요리 등이 대표적이며, 블루 도베르뉴(blue d'Auvergne)와 캉탈(Cantal, tomme fraîche 베이스의 aligot, truffade 에 넣는다) 치즈 등이 대표적이다.

AUVERGNE ET VELAY (MONTS D') 몽 도베르뉴, 몽 드 블레 오베르뉴 블

레 산악지대. 이 산악지역의 음식은 건강하고 정직하며 '직관적인 맛'을 낸다고 미식작가 퀴르농스키(Curnonsky)는 표현했다. 양배추, 무, 순무, 당근 등의 채소도 마찬가지로 수프, 속을 채우거나 브레이징한 양배추, 푼티(pountis), 양배추 냄비 요리 등으로 그 맛을 발휘한다. 퓌(Puy)의 녹색 렌틸콩(AOC 인증)은 주로 따뜻한 샐러드로 먹으며, 염장 베이컨을 넣어 조리한다. 이 지역에서 감자는 최고의 대우를 받는다. 잘게 다진 기름기 적은 베이컨과 함께 팬에 소테하거나, 갈레트, 그라탱을 만들기도 하고 톰 프레쉬(tomme fraîche) 치즈를 넣어 함께 조리하기도 한다.

리마뉴(Limagne)의 과수원에서는 다양하고 맛 좋은 과일들을 재배하고 있으며 이들은 잼, 과일 콩피, 과일 젤리 등으로 가공되기도 하고 투박한 스타일의 파티스리에도 많이 사용된다. 오베르뉴의 돼지는 정평이 나 있으며, 수준 높은 품질의 샤퀴트리(말린 햄이나 훈제 햄, 건조 소시지, 소시송 등)를 만든다. 다른 지역과 마찬가지로 허드렛 부위나 내장, 부속 등을 이용한 독창적인 음식도 선보이고 있다(어린 돼지 갈랑틴 galantine de cochon de lait, 트리푸 tripoux, 프리캉도 fricandeau). 살레르스(Salers)의 소는 인근 리무쟁(Limousin)의 그것과 견줄 만한 좋은 품질의 정육을 제공한다. 그 밖에도 이 지방의 명물로는 리옹(Riom)의 특산물인 식용개구리(grenouilles)와 오베르뉴식으로, 즉 양배추를 넣어 조리하는 달팽이(escargots) 요리가 있다.

숲에서는 블루베리와 라즈베리를 채집할 수 있고, 버섯을 이용하여 개성있는 요리를 만들기도 한다(속을 채운 포치니 버섯 cèpes farcis, 갓버섯 샐러드 salade de lépiotes, 햄을 넣은 무당버섯 프리카세 russules en fricassée au jambon). 밤은 수프에 넣거나 로스트 햄과 같이 서빙(à la clermontoise) 하기도 하며 부댕의 속을 채우는 데 넣기도 한다. 또한 디저트에도 많이 사용된다(초콜릿과 밤을 사용해 만드는 생 플루르 케이크 gâteau de Saint-Flour). 젠티안(gentiane 용담뿌리)과 버베나는 리큐어를 만드는 데 사용한다. 비교적 드문 수렵육 요리로는 렌틸콩을 곁들인 자고새(pedrix) 찜 요리와 오베르뉴식 야생 토끼 요리가 있다.

■ **수프.**

● **SOUPE AU FARCI, OULADE, COUSINAT 수프 오 파르시, 울라드, 쿠지나.** 오베르뉴 지방에서 양배추 수프는 그 어떤 지역보다도 중요한 위치를 차지한다. 특히 돼지고기 소를 채운 양배추를 넣고 끓인 스튜(soupe au farci)나 소를 채운 양배추 잎을 곁들인 국물 요리 등은 이 지방의 특선 요리다. 양배추와 베이컨, 채소를 넣어 끓인 수프인 울라드는 이 요리를 끓이는 도금 구리 냄비(oule)에서 따온 이름이다. 쿠지나는 샐러리악, 양파, 리크(서양대파)의 흰 부분을 넣어 끓인 밤 수프다.

■ **생선.**

잉어(carpe), 텐치(tanch 유럽산 잉어의 일종), 장어(anguille) 등의 민물생선은 마틀로트(matelote, 와인을 넣은 스튜)로 조리하면 아주 맛있다. 송어는 식초를 넣은 쿠르부이용에 데쳐 익히거나(truite au bleu) 밀가루를 묻혀 버터에 지진다(à la meunière). 파뱅(Pavin) 호수의 민물농어(perche)는 버섯으로 속을 채운 뒤 화이트와인에 익힌다.

■ **육류.**

● **돼지 : MOURTAYROL, PICAUSSEL, POUNTI 무르테롤, 피코셀, 푼티.** 명절이나 축일(특히 부활절)에 빠지지 않는 가정 요리인 무르테롤은 돼지 허벅지 살, 소고기, 닭고기, 갖은 종류의 채소와 사프란을 넣어 끓이는 포토푀라고 할 수 있다. 굳어 딱딱해진 빵 슬라이스를 깐 냄비에 재료를 넣고 뭉근히 오래 끓이는 이 요리는 모르티에(mortier)라고도 불린다. 피코셀은 다진 돼지고기에 녹색 잎채소, 베이컨, 햄, 향신재료들을 넣고 크레프 반죽을 섞어 코코트 냄비에 익힌 것이다. 푼티는 다진 베이컨, 양파, 근대에 건자두와 건포도를 넣은 투박한 시골풍 플랑이다.

● **소 : COUFIDOU 쿠피두.** 주로 소꼬리나 벌집 양 등을 넣은 스튜 요리가 많다. 특히 쿠피두는 소고기를 레드와인과 마르(marc 포도 찌꺼기 증류주)에 넣고 브레이징 한 스튜의 일종으로 감자, 당근, 양파와 곁들여 먹는다.

● **양 : GIGOT BRAYAUDE 브라요드 지고.** 브라요드 양 뒷다리 요리. 마늘을 박아 넣고 화이트와인에 뭉근히 오래 익힌다. 육즙에 감자도 넣어 함께 익힌다. 방울양파를 넣어 익힌 키드니빈과 브레이징한 양배추를 곁들인다. 이 요리의 이름은 고대 골(Gaule) 족이 입었던 '브래(Braies, 통이 넓은 바지)'에서 따왔다고 전해진다.

● **가금류 : ALICOT 알리코.** 이 지역의 닭 요리는 아주 특별하다(몇몇 품종은 레드라벨 label rouge 인증을 받았다). 모렐(곰보버섯)을 곁들인 영계, 돼지 방광에 넣어 익힌 닭 요리(poulet en vessie), 오리 살미(salmis) 혹은 부댕 누아(boudin noir)로 속을 채운 오리 등을 꼽을 수 있고, 원조가 어딘지의 논쟁을 뒤로 한다면 코코뱅(coq au vin)도 포함된다. 이 지역의 대표 요리인 알리코는 거위, 칠면조 및 기타 가금류의 다리, 날개, 목, 모이주머니 등의 자투리 부위로 만든 스튜의 일종으로 포치니 버섯과 밤을 곁들인다.

■ **치즈.**

● **TRUFFADES, GÂTIS 트뤼파드, 가티.** 치즈는 오베르뉴 식재료의 백미다. 푸른곰팡이 치즈로는 블루 도베르뉴(bleu d'Auvergne), 푸름 당베르(fourme d'Ambert), 비가열 압축 반경성 치즈로는 캉탈(cantal), 뮈롤(murol), 생 넥테르(saint-nectaire), 살레르스(salers), 그리고 연성치즈로는 가프롱(gaperon)이 대표적이다. 이들 치즈를 이용한 레시피는 다양하다. 특히 트뤼파드는 감자를 두툼하게 깔아 튀기듯 지진 갈레트에 캉탈 톰 프레쉬 치즈(tomme fraîche de Cantal)와 라르동, 마늘을 넣은 것이다. 이 이름은 트뤼프(truffe) 또는 트루플(troufle)에서 온 것으로 옛날에 시골에서 감자를 일컫던 용어다. 치즈와 디저트의 중간쯤 되는 가티 드 플로이락(gâtis de Floirac)은 캉탈과 로크포르 치즈를 채워 넣은 브리오슈다.

■ **파티스리.**

● **PICOUSSEL, POMPE, FLAUNES 피쿠셀, 퐁프, 프론.** 오베르뉴를 대표하는 과일 디저트로는 뮈르 드 바레즈의 피쿠셀(picoussel de Mur-de-Barrez, 자두를 넣은 메밀 플랑), 부활절이나 크리스마스에 즐겨 먹는 애플 페이스트리 퐁프(리옹 Riom의 사과를 넣어 만든다)를 꼽을 수 있다. 좀 더 정교하게 만드는 디저트로는 콘 모양 셸에 샹티이 크림을 채운 것(Murat, puy-de-dôme의 특산 디저트), 아이스크림과 머랭을 채운 제누아즈 스펀지 케이크, 버베나 또는 밤을 사용한 수플레 등이 대표적이다.

■ **와인.**

코트 도베르뉴(côte d'Auvergne) 53개 마을의 AOVDQS(우수 품질 제한 와인 원산지 명칭)급 와인들은 주로 레드 와인이며(chanturgue, châteauguay, médargues) 로제 와인으로는 코랑(corent)과 부드(boudes)가 있다. 루에르그(Rouergue)의 에스탱(Estaing)과 앙트레그 에 뒤 펠(entraygues-et-du-fel)도 AOVDQS 급으로 분류되며, 마르시악(Marcillac)의 와인들은 AOC(원산지 명칭 통제) 등급을 받았다.

AUXEY-DURESSES 오세 뒤레스 부르고뉴의 포도산지 마을로 코트 드 본(côte de Beaune)에 위치하며 뫼르소(Meursault)에서 멀지 않다. 이곳 와이너리에서는 아주 섬세한 고급 레드와인(피노 누아)과 화이트와인(샤르도네)를 생산한다(**참조** BOURGOGNE).

AUXILIAIRES TECHNOLOGIQUES 옥실리에르 테크놀로지크 기술적 보조제. 원 재료나 중간 재료 또는 음식물의 가공 과정에서 과학기술적인 이유로 사용되는 물질이나 음식을 뜻하며, 기술적으로 가능한 범위 내에서, 가공과정 중 제거되어야 한다. 피할 수 없는 잔류물이나 부차적 파생물은 건강에 어떠한 위험도 없어야 하며 최종 완성품에 어떠한 영향도 미치지 않아야 한다. 관련 법규에 따르면 이와 같은 기술적 보조제는 소포제, 탈색제, 세척 및 껍질제거제, 몰드분리제 등 여러 항목으로 분류된다.

AVELINE 아블린 개암. 자작나무과에 속하는 관목 개암나무의 열매로 식료품상에서는 '아망드 프랑슈(amande franche)'라고 불린다. 이탈리아 캄파니아 주 아벨리노(Avellino)에서 그 이름을 따왔다. 아주 납작한 모양을 한 아몬드의 일종으로 단단한 껍데기는 엽상 껍질로 덮여 있다. 품종이 다양하며 그중 특히 이탈리아 피에몬테와 시칠리아산이 가장 유명하다. 생으로 또는 말려서 먹으며 많이 사용되지는 않지만 기름을 짜기도 한다. 아블린(avelines)이라는 같은 이름의 사탕코팅 아몬드(dragées)를 만드는 데 사용된다.

AVICE (JEAN) 장 아비스 19세기 초의 프랑스 파티시에. 당대 파리 최고의 제과점이었던 바이이(Bailly)의 셰프였던 그는 탈레랑(Talleyrand)의 음식을 전담하기도 했다. 장 아비스의 밑에서 수련을 거친 뒤 훗날 유명한 파티시에이자 요리사가 된 앙토냉 카렘은 '위대한 아비스 셰프는 슈 페이스트리의 대가'라고 그의 스승을 칭송했다. 장 아비스는 종종 마들렌의 창시자로 회자되기도 한다.

AVOCAT 아보카 아보카도. 독나무과에 속하는 열대 나무의 열매로 서양 배 모양을 하고 있으며 원산지는 과테말라이다(**참조** pp.496~497 열대 및 이국적 과일 도감). 껍질은 오톨도톨하고 윤기가 없거나(이스라엘 아보카도), 매끈하고 반질거리는(중미산 아보카도) 종류가 있으며, 짙은 녹색 또는 보라색이 감도는 갈색을 띤다. 속살은 노랑에서 연두색을 띠고 있으며 세로가 약간 긴 구형의 큰 씨를 감싸고 있다. 살의 질감은 버터처럼 부드럽고 헤이즐넛의 고소한 맛이 은은하게 난다. 잘 익은 아보카도는 손가락으로 눌러보면 말랑하면서도 탄력이 있다. 이 상태가 되면 냉장고 아래 칸에 넣어 보관한다. 불포화지방(22%), 칼륨, 비타민 E, C가 풍부하며, 열량은 100g당 240kcal 또는 1003kJ이다.

■ **사용.** 아보카도는 반으로 잘라 그대로 또는 다양한 방법으로 채워 주로 애피타이저로 먹으며, 샐러드나 차가운 무스, 또는 수플레를 만들기도 한다. 공기와 접촉하면 갈변하므로 서빙하기 바로 전에 잘라 준비해야하며, 단면에는 레몬즙을 발라준다. 아보카도는 멕시코에서 아주 많이 먹는 식재료다. 주로 구아카몰레(**참조** GUACAMOLE)를 만들어 토르티야 또는 작은 빵에 곁들여 먹는다. 마르티니크 섬의 구아카몰레라 할 수 있는 페로스(féroce)의 주재료이기도 하다. 남미 전역에서 수프나 스튜 등에 넣어 먹기도 하며, 아프리카에서는 아보카도 잎을 우려내 약 알코올성 탄산음료인 바빈(babine)을 만든다.

알랭 파사르(ALAIN PASSARD)의 레시피

avocat soufflé au chocolat 아보카 수플레 오 쇼콜라

초콜릿 아보카도 수플레 : 오븐을 180°C로 예열한다. 잘 익은 아보카도 1개를 반으로 잘라 씨를 빼낸다. 살을 긁어내고 반으로 자른 껍질은 따로 보관한다. 아보카도 살에 피스타치오 페이스트를 칼끝으로 조금만 넣고 블렌더로 갈아 균일하고 매끈한 퓌레를 만든다. 반으로 자른 껍질 바닥을 칼끝으로 동그랗게 조금 잘라내어 흔들리지 않게 접시에 고정시켜 놓는다. 달걀흰자 3개분에 설탕 35g을 조금씩 넣어가며 단단하게 거품 낸 다음, 아보카도 퓌레에 넣고 살살 혼합한다. 접시에 올린 아보카도 껍질에 퓌레 혼합물을 넣어 반을 채운 다음 중앙에 정사각형 다크 초콜릿 한 조각을 놓는다. 나머지 반을 퓌레 혼합물로 덮어 채운 뒤 오븐에 넣어 약 8분간 굽는다. 노릇한 색이 나기 시작하면 바로 오븐에서 꺼낸다. 슈거파우더를 솔솔 뿌린 뒤 뜨거울 때 바로 서빙한다.

avocats farcis à l'américaine 아보카 파르시 아 라메리켄

아메리칸 스타일 속을 채운 아보카도 : 아보카도를 반으로 잘라 씨를 빼내고 멜론 볼러로 속살을 파낸다. 과육과 껍질 안쪽 모두 레몬즙을 뿌리고 소금, 후추로 간한다. 신선한 파인애플(또는 통조림)을 큐브 모양으로 썬다. 콩나물(또는 숙주)를 끓는 물에 살짝 데친 다음 차가운 물에 식힌다. 파인애플과 콩나물에 머스터드 향이 강한 저지방 마요네즈를 넣고 버무린 다음, 깍둑 썬 아보카도 살을 넣고 살살 섞는다. 아보카도 껍질에 수북이 올라오도록 채운 다음 동그랗게 썬 토마토 슬라이스를 얹어준다. 잘게 썬 파슬리를 뿌린다. 서빙하기 전까지 냉장고에 넣어둔다.

avocats farcis au crabe 아보카 파르시 오 크라브

게살을 채운 아보카도 : 머스터드와 카옌페퍼(poivre de Cayenne)를 넉넉히 넣고 마요네즈를 만든다. 게살(생 게 찐 것, 통조림, 또는 냉동 모두 가능) 속의 연골을 꼼꼼히 제거하면서 잘게 부순다. 아보카도를 반으로 잘라 씨를 빼낸 뒤 살을 스푼을 떠내 일정한 크기의 큐브 모양으로 썬다. 과육과 껍질 안쪽 모두 레몬즙을 뿌리고 소금, 후추로 간한다. 게살을 마요네즈에 버무린 다음 아보카도 살을 넣고 조심스럽게 섞는다. 껍질 안에 수북이 올라오도록 채워 넣는다. 토마토 소스를 섞은 마요네즈를 별 모양 깍지를 끼운 짤주머니에 넣고 아보카도 위에 짜 장식한다. 파프리카 가루를 뿌려 서빙한다.

cocktail d'avocat aux crevettes 콕텔 다보카 오 크르베트

아보카도 새우 칵테일 : 4인분 / 준비 : 30분

마요네즈(참조. p.532 MAYONNAISE) 50ml에 코냑 10ml, 케첩 1테이블스푼, 우스터소스와 타바스코 몇 방울을 섞어 칵테일 소스를 만든다. 삶은 새우 100g의 껍질을 벗기고 작게 송송 썬다. 아보카도 4개를 반으로 잘라 씨를 빼내고 살을 떠내 일정한 크기의 큐브 모양으로 썬다. 과육과 껍질 안쪽에 레몬즙을 뿌린다. 새우에 칵테일 소스 2/3를 넣고 버무린 다음 아보카도 살을 넣고 조심스럽게 섞는다. 껍질에 채워 넣고 나머지 칵테일 소스를 뿌려 덮어준다. 껍질을 깐 익힌 새우 100g과 세로로 등분한 토마토를 고루 얹고 처빌로 장식한 다음 서빙한다.

레스토랑 르 마레-카주(LE MARAIS-CAGE, À PARIS)의 레시피

féroce martiniquais 페로스 마르티니케

마르티니크식 페로스 : 푸드 프로세서에 마늘 1톨, 껍질을 벗긴 양파 큰 것 1개, 다진 파슬리 2테이블스푼, 쥐똥고추 1테이블스푼을 넣고 잘게 분쇄한다. 물에 삶은 염장대구의 살을 손으로 부수어 넣고 곱게 갈며 섞는다. 카사바(마니옥) 가루 1테이블스푼을 넣고 섞은 뒤, 낙화생 기름 100ml를 천천히 넣어 유화하며 완전히 섞는다. 아보카도의 살을 으깨 퓌레로 만들고 카옌페퍼 두 꼬집과 카사바 가루 1테이블스푼을 넣어 섞는다. 여기에 염장대구 혼합물을 넣고 포크로 2~3분간 잘 혼합한다. 공기와의 접촉으로 색이 변하기 전에 바로 서빙한다.

파스칼 바르보(PASCAL BARBOT)의 레시피

fines lamelles d'avocat et chair de crabe
핀 라멜 다보카 에 셰르 드 크라브

얇게 저민 아보카도와 게살 : 4인분

갓 쪄낸 게살 400g을 발라 플뢰르 드 셀(fleur de sel)로 간을 한 다음 라임 제스트 1개분, 오렌지 제스트 1/2개분, 잘게 썬 차이브(서양실파) 2티스푼, 스위트 아몬드 오일 3테이블스푼, 라임즙 1/2개분의 반을 넣는다. 후추를 그라인더로 갈아 뿌린다. 살살 섞어둔다. 잘 익은 아보카도를 껍질과 씨를 그대로 둔 채로 만돌린 슬라이서에 세로로 길게 저민다. 아보카도 슬라이스에서 씨와 껍질을 제거한다. 각 접시에 가운데 씨가 있던 구멍이 난 슬라이스 3장을 나란히 깐 다음, 그 구멍 자리에 양념한 게살을 놓고 구멍이 나지 않은 작은 슬라이스(씨가 없는 부분)로 덮는다. 플뢰르 드 셀과 후추를 살짝 뿌린 다음 라임즙 몇 방울을 뿌린다. 스위트 아몬드 오일을 한 번 둘러준 다음 바로 서빙한다.

guacamole ▶ GUACAMOLE
salade d'avocat Archestrate ▶ SALADE
velouté glacé à l'avocat ▶ VELOUTÉ

AVOINE 아부안 귀리, 오트, 오트밀. 벼과에 속하는 곡물로 원산지는 유럽이다. 귀리는 인체에 활력과 에너지를 공급하는 식재료다(**참조** p.179 곡류 도표, pp.178~179 곡류 도감). 고대 로마인들에 의해 이미 재배되었으며 게르만과 갈리아 족이 오랫동안 죽으로 만들어 먹었던 귀리는 19세기까지 스코틀랜드, 스칸디나비아 국가들, 독일, 영국의 주식 중 하나였으며 그 전통은 오늘날까지 남아 있다. 단백질과 지방, 무기질과 비타민이 풍부하여 춥고 습한 기후에 적합한 식재료다. 귀리는 특히 수프나 죽(짭짤한 맛, 달콤한 맛 모두 포함)을 만드는 데 많이 사용되며, 빵 중에서도 귀리가 들어가는 종류가 있다. 오트밀 플레이크은 우유와 함께 아침식사 대용으로 많이 소비되며, 특히 영미권 국가에서는 종종 비스킷이나 과자 등에 넣기도 한다. 미국에서는 퀘이커 오츠(Quaker Oats) 브랜드가 오트밀 제품을 전문적으로 생산하고 있다(**참조** BIRCHERMÜESLI, PORRIDGE).

AZOTE LIQUIDE 아조트 리키드 액화질소, 액체질소. 질소는 액체상태(-196°C)에서 식품을 급속 냉각시킨다. 분자조리에서는 이러한 특성을 이용해 얼음결정 입자가 극도로 미세해 아주 고운 질감을 내는 아이스크림이나 소르베를 만든다.

AZYME 아짐 무교병(無酵餠). 효모를 넣지 않은 빵을 가리킨다(효모, 누룩을 뜻하는 그리스어 *zumê*에 부정접두사 *a*가 결합된 단어). 유대교인들이 절기를 지킬 때 먹는 순수한 곡식으로만 만든 빵으로, 발효시킨 세속적인 빵, 즉 부패하기 쉬운 것과는 상반되는 의미를 지닌다. 무교병을 만드는 재료는 철저하게 지켜진다. 물과 밀가루(특정하게 정해진 방법에 따라 수확한 밀)로만 만들며 소금이나 설탕, 유지류는 넣지 않는다. 보리나 스펠타 밀, 귀리, 호밀 등을 사용하기도 한다. 반죽에 포도주나 과일로 향을 낼 수는 있다. 그러나 유월절 기간 첫날 저녁에는 반드시 아무것도 첨가하지 않은 순수한 마짜(matzah)를 먹는다. 모든 미식이 효모가 없는 밀가루로부터 탄생하였지만(도넛, 만두, 수프, 케이크 등), 유대인들은 이 무교병의 순수함의 의미를 철저하게 지켜나가고 있다. 유대교의 성서 주해 학자들은 이를 '천상의 빵'이라 일컫는다.

B

BABA 바바 발효 반죽으로 만든 디저트로 건포도를 넣기도 한다. 구워서 건조시킨 뒤 럼(또는 키르슈)을 넣은 시럽에 적신다. 바바는 미식가인 폴란드의 왕 스타니슬라스 레슈친스키(Stanislas Leszczynski)가 로렌 지방에서 유배 생활을 할 때 탄생한 것으로 추정된다. 쿠겔호프가 너무 건조해 부슬부슬하다고 생각한 그는 럼을 적셔 촉촉하게 만드는 방법을 고안해냈다. 천일야화를 열독하던 그는 이 디저트의 이름에 자신이 좋아하는 책의 주인공 이름인 알리바바를 붙였다. 바바는 낭시 왕실에서 큰 인기를 끌었다. 왕실의 파티시에 슈토레르(Stohrer)는 레시피를 완성하였고, 파리 몽토르괴이 거리에 연 자신의 파티스리 매장에서 '바바'라는 이름을 붙여 대표 메뉴로 선보였다. 1850년경 파티시에들은 바바로부터 영감을 받아 보르도에서는 프리부르(fribourg), 파리에서는 브리야 사바랭(brillat-savarin, 후에 사바랭이 된다), 그리고 고랭플로(gorenflot)를 만들어냈다.

babas au rhum 바바 오 럼

럼에 적신 바바 : 하루 전날, 건포도 100ml를 럼 300ml에 담가둔다. 생 이스트 10g을 따뜻한 물 2테이블스푼에 넣고 잘 개어 섞는다. 체에 친 밀가루 가운데를 우묵하게 만든 다음 설탕 25g, 소금, 달걀 2개, 물에 갠 이스트를 넣고 나무 주걱으로 탄력있게 뭉치도록 잘 섞는다. 달걀 1개를 추가로 넣고 섞는다. 다시 달걀 1개를 넣고 잘 섞는다. 상온에서 부드러워진 버터 100g을 넣고 완전하게 혼합한다. 건포도를 건져 넣어준다. 16개의 바바 틀 안쪽에 버터 50g을 고루 발라준 다음 반죽을 16개로 나누어 틀에 넣는다. 따뜻한 곳에 두어 휴지시킨다(최고 30°C). 오븐을 200°C로 예열한다. 반죽이 두 배로 부풀어오르면 오븐에 넣고 15~20분 굽는다. 꺼낸 뒤 바로 틀을 제거하고 망 위에 올려 식힌다. 설탕 500g, 물 1리터, 레몬 제스트 1개분, 바닐라빈 1줄기를 넣고 끓여 시럽을 만든다. 시럽 비중계 측정 농도가 1,120이 되면 불에서 내린다. 당밀이 아닌 사탕수수 즙을 증류해 만든 갈색 럼 아그리콜(rhum brun agricole) 100ml를 시럽에 넣는다. 바바를 한 개씩 뜨거운 시럽에 넣고 더 이상 기포가 생기지 않을 때까지 적신다. 건져낸 바바를 우묵한 그릇에 담는다. 바바가 어느 정도 식은 다음 럼 아그리콜을 뿌려 적신다. 흘러내린 시럽을 여러 번 끼얹어 촉촉하게 해준다.

BABEURRE 바뵈르 버터 밀크. 버터를 만드는 과정에서 크림을 처닝(barrattage, churning)한 뒤 남은 액체. 질소와 유당이 풍부하고 지방이 적다. 스칸디나비아 국가에서 많이 특히 많이 마신다. 프랑스에서는 식품제조업체에서 유화제(제빵, 제과, 디저트, 아이스크림 등)로 사용하며, 몇몇 치즈 제조에도 들어간다.

BACCHUS 바쿠스 바쿠스, 바커스. 로마 신화에 나오는 포도나무와 포도주의 신으로 그리스 신화의 디오니소스에 해당한다. 그는 식물의 성장(Végétation, 끝에 솔방울이 달리고 담쟁이 잎과 포도나무 잎으로 둘러싸인 그의 막대기가 상징적이다)을 관장한 신으로, 인간에게 포도나무를 경작하고 포도주를 만드는 법을 가르쳐 주었기 때문에 포도재배의 아버지로 불린다. 다산의 화신인 그는 자손번식(Génération)의 신이 되었고, 주로 염소나 황소로 상징되기도 한다.

BACON 베이컨 기름이 비교적 적고 살이 있는 돼지 삼겹살을 훈연, 염장한 것으로 보통 얇게 슬라이스한 형태로 판매된다(**참조** pp.193~194 샤퀴트리 도감). 팬에 튀기듯 지지거나 그릴에 구워 먹으며 주로 달걀을 곁들인다(**참조** BREAKFAST).

프랑스에서는 염장하여 건조한 뒤 찌듯 익혀 훈연한 안심을 가리켜 '베이컨 (filet de bacon)'이라 칭하기도 한다.

▶ 레시피 : ŒUF SUR LE PLAT, PRUNEAU.

BADÈCHE ROUGE 바데슈 루즈 메로와 비슷한 바다생선으로 농어과에 속한다(golden grouper). 크기는 50~80cm 정도로 불그스름한 갈색 몸에 노란 반점이 있고 주둥이가 뾰족하다. 대서양 해안지역(포르투갈에서 앙골라까지)과 지중해에 많이 분포한다. 살이 단단한 생선으로 비슷한 종류로는 골든 가루파(mérou badèche)가 있다.

BADIANE 바디안 팔각, 스타 아니스. 목련과에 속하는 소관목으로 동아시아가 원산지이며 그 열매를 '아니스 에투알레(anis étoilé)'라고도 부른다. 8개의 뾰족한 잎을 가진 별 모양으로 아니스 향과 약간의 후추 향이 나는 씨가 들어 있다. 르네상스 시대에 영국인들에 의해 유럽에 들어온 팔각은 특히 향을 우려 사용하거나 리큐어(아니제트 등)를 만드는 데 쓰이며, 스칸디나비아 국가에서는 파티스리와 과자 제조에도 사용된다.

동양 요리에서 팔각은 자주 사용되는 향신료다. 중국에서는 기름진 육류(돼지, 오리 등) 요리에 넣어 향을 냄으로써 느끼함을 줄이기도 하고, 차에 넣어 향을 더하기도 한다. 인도에서는 향신료 믹스에 넣는 재료로 쓰이며, 입안이 개운해지도록 씹기도 한다.

BAEKENOFE 베켄오프 다양한 고기를 넣어 만드는 알자스식 스튜. 농부들이 아침에 밭으로 일하러 나가면서 부인이 토기 냄비에 준비해 준 스튜를 동네 빵집에 맡겨두었다고 한다. 빵집 주인은 밀가루 반죽으로 냄비 뚜껑 주변을 둘러 밀봉한 뒤, 빵을 다 굽고 난 오븐(ofen)에 넣어 익혔다(baeken). 알자스에서 아직도 만들어 먹는 베켄오프는 일정한 온도의 오븐에서 오래 익혀야 한다.

baekenofe 베켄오프
알자스식 고기 스튜. 하루 전날, 양 어깨살 500g, 돼지 어깨살 500g, 소고기 500g을 큼직한 큐브 모양으로 썬다. 우묵한 그릇에 고기를 넣고 알자스산 화이트와인 500ml, 껍질을 벗기고 얇게 썬 양파 큰 것 1개, 껍질을 벗기고 정향을 2~3개 찔러 박은 양파 1개, 짓이긴 마늘 2톨, 부케가르니 1개, 소금, 후추 약간을 넣어 재운다. 다음 날, 감자 1kg과 양파 250g의 껍질을 벗기고 동그랗게 슬라이스한다. 코코트용 무쇠냄비에 돼지 기름을 바른 뒤 감자를 한 켜 깐다. 고기를 골고루 한 켜 놓은 다음 양파를 한 켜 깐다. 이와 같은 순서로 반복해 재료가 소진될 때까지 켜켜이 쌓아준다. 마지막 맨 위층은 감자로 마무리한다. 고기를 재워두었던 마리네이드 액에서 부케가르니와 정향 박은 양파를 건져낸 다음 모두 냄비에 붓는다. 액체가 맨 위까지 차올라야 한다. 모자랄 경우는 물을 조금 더 붓는다. 뚜껑을 덮고 밀가루 반죽을 빙 둘러 붙여 밀봉한 다음 160°C로 예열한 오븐에 넣어 4시간 동안 익힌다.

BAGNES 바뉴 스위스 바뉴 밸리 지방(vallée de Bagnes, Valais)의 치즈로 소젖(지방 45%)으로 만들며, 외피를 솔로 문질러 닦은 가열 압축 경성치즈다(**참조** p.396 외국 치즈 도표). 만져 보았을 때 단단하면서도 탄력이 있으며 넓적한 맷돌 모양으로 무게는 약 7kg 정도이다. 과일향이 나서 일상적인 식사용 치즈로 많이 먹으며, 특히 라클레트(raclette)용 치즈로 잘 알려져 있다. 애호가들은 일반 숙성기간(3개월)보다 좀 더 오래 숙성한 것(6개월까지)을 선호하기도 하는데, 이 경우 치즈 향이 꽤 강해진다.

BAGRATION 바그라시옹 러시아의 바그라티온 공주. 앙토냉 카렘이 1819년 러시아에서 돌아왔을 때 자신이 서빙했던 바그라티온 공주를 위해 만든 레시피에서 영감을 받은 다양한 요리들의 이름을 지칭한다.

이들 요리 중 몇몇에는 공통적으로 마카로니, 러시안 샐러드, 닭고기 퓌레 또는 작게 썬 송로버섯과 랑그 에카르라트 살피콩(salpicon) 등이 포함된다. 하지만 가니시는 오리지널 레시피에 비해 변형되거나 간소화된 경향이 있다.

BAGUETTE DE LAON 바게트 드 라옹 피카르디(Picardie) 지방의 치즈. 소젖(지방 45%)으로 만든 외피세척 연성치즈로 500g 정도의 직육면체 덩어리 혹은 하프 사이즈 덩어리로 판매된다(**참조** 프랑스의 치즈들 도표 p.389). 붉은 갈색을 띠고 있으며 마루알(maroilles)과 비슷한 강한 냄새를 갖고 있다. 제2차 세계대전 이후 처음 만들어진 바게트 드 라옹 치즈는 '바게트 드 티에라슈(baquette de Thiérache)'라고도 불리며, 공장에서 대량생산되고 있다. 최적 소비 시기는 6월 말에서 3월 말이다.

BAGUETTES 바게트 젓가락. 아시아 지역에서 사용되는, 접시나 개인 볼의 음식을 집어 입으로 가져가는 데 필요한 두 개의 막대기로 된 도구로 소스를 찍을 때도 사용된다(일본의 경우 수프나 국 종류를 먹을 때도 숟가락을 사용하지 않고 건더기는 젓가락으로 건져먹고 국물은 그릇을 들고 마신다). 중국의 식탁 예절에 따르면 젓가락을 잡을 때 너무 윗부분을 쥐면 거만함의 표시이며 너무 낮게 아랫부분을 잡으면 품위가 없다고 전해진다.

좀 더 긴 사이즈의 젓가락은 재료를 골라낼 때 또는 음식을 익힐 때 고루 섞는 용도로, 음식을 덜어 그릇에 옮길 때 등 조리와 서빙 과정에서 다양한 용도로 사용한다.

BAHUT 바위 원통형의 깊은 들통으로 뚜껑이 없고 양쪽에 삼각형 손잡이(goussets)가 달려 있으며, 재질은 양철, 스테인리스, 또는 알루미늄으로 되어 있다. 식당에서 이 주방 용기는 주로 익혀둔 음식, 소스 또는 나중에 사용할 다양한 요리 혼합물을 보관하는 용도로 사용된다.

BAIE 베 베리. 크기가 작고 살이 통통하며 가운데 핵이 없고 한 개 또는 여러 개의 씨를 갖고 있는 과일을 지칭한다. 송이로 뭉쳐있거나(포도, 레드커런트) 다발 모양(엘더베리)으로 이루어진 것은 알갱이들(grains)이라 부른다. 야생 베리류(크랜베리, 알부투스 베리(소귀나무 열매), 산사나무 열매, 바베리(유럽 매자나무), 야생딸기, 라즈베리, 야생버찌, 블랙베리, 블루베리 등)는 주로 생과일로 먹거나 잼을 만든다. 각종 비타민이 풍부하며 특히 비타민 C의 함량이 높다.

BAIE ROSE DE BOURBON, FAUX POIVRE 베로즈 드 부르봉, 포 푸아브르 핑크 페퍼콘. 레드 페퍼. 옻나무과의 관목에서 열리는 송이 모양의 향이 강한 열매(**참조** pp.338~339 향신료 도감). 핑크 페퍼콘은 푸아브르 루즈(poivre rouge) 또는 몰레(mollé)라고도 불린다. 생선을 마리네이드할 때 향신 양념으로 쓰여 후추, 아니스, 송진의 달콤한 풍미를 더해줄 뿐 아니라, 저온에서 한 번 익힌 푸아그라(foie gras mi-cuit), 스테이크, 연어, 스시와도 잘 어울린다.

BAILEYS 베일리스 베일리스 리큐어. 생크림, 올드 아이리시 위스키, 초콜릿과 그 밖의 다양한 향 추출물을 혼합한 리큐어로 1974년 아일랜드에서 처음 만들어졌다. 1980년부터 미국에서 판매되기 시작했으며 그로부터 2년 뒤 프랑스에 상륙하여 인기를 끌었다. 차갑게 칠링한 베일리스를 얼음이 담긴 잔에 부어 '온더락'으로 즐긴다.
▶ 레시피 : GLACE ET CRÈME GLACÉE.

BAIN-MARIE 뱅 마리 중탕. 소스나 수프 또는 기타 혼합물을 뜨겁게 유지하거나 식재료를 타지 않게 녹일 때, 또는 음식을 끓는 물의 열기로 천천히 익힐 때 쓰는 조리 기법이다. 해당 재료나 음식을 넣은 용기를 물이 끓고 있는 더 큰 용기 안에 넣거나 위에 올려놓아 그 증기로 익힌다. 어떠한 경우에도 물이 너무 펄펄 끓지 않도록 유지하여 물이 직접 음식물에 들어가지 않도록 유의한다.

뱅 마리는 중탕용 냄비를 지칭하기도 한다. 수프용, 소스용 중탕 냄비를 용도에 맞게 다양하게 선택해 사용한다.

BAISER 베제 프티푸르의 한 종류. 두 조각의 파티스리(주로 머랭) 사이에 버터 크림이나 차가운 크림 등을 넣어 샌드처럼 붙인 과자.

BAISURE 베쥐르 제빵 용어로 빵 반죽이 옆의 다른 반죽과 붙어 있어서 오븐에 구워냈을 때 노릇한 색이 나지 않고 덜 익은 듯한 연한 색을 내는 접촉면 부분을 뜻한다.

BAKLAVA 바클라바 아주 얇은 페이스트리 사이에 아몬드, 피스타치오, 캐슈너트 등의 견과를 켜켜이 채워 넣은 중동의 파티스리. 피스타치오를 넣은 것은 마름모 꼴, 캐슈너트를 넣은 것은 롤 타입, 잣을 채운 것은 정사각형 등 소 재료에 따라 그 모양이 각각 다르다.

알 디완(AL DIWAN, PARIS)의 레시피

baklavas aux pistaches 바클라바 오 피스타슈
피스타치오 바클라바 : 밀가루 600g. 소금 25g에 물을 넉넉히 넣어 탄력 있고 쫀쫀한 반죽을 만든다. 반죽을 같은 크기로 12등분해 동그랗게 만든다. 첫 번째 반죽 덩어리를 손으로 눌러 납작하게 만든 다음 옥수수 전분을 한 꼬집 펴발라 붙는 것을 방지한다. 그 위에 두 번째 덩어리를 놓고 다시 손으로 납작하게 누르고 또 전분을 펴 바른다. 같은 방법으로 나머지 10개의 반죽 덩어리를 쌓아 올려 총 12겹을 만든다. 파티스리용 밀대로 균일하게 밀어준다. 반죽이 뭉개지거나 찢어지지 않게 조심하면서 가장자리를 최대한 늘리는 방법으로 지름 30cm 정도의 원형으로 밀어준다. 면포로 덮어 1시간 휴지시킨다. 반죽의 첫 번째 장을 떼어내 뒤집은 다음 전분을 발라준다. 나머지 반죽도 모두 한 장 한 장 떼어낸 뒤집은 다음 마찬가지로 전분을 발라 전체가 양면 모두 전분이 묻도록 한 다음 다시 12겹으로 쌓아준다. 대리석 작업대에 전분을 몇 줌 흩뿌린 다음 반죽을 놓고 손으로 늘려 지름 50cm, 총 두께 3~4cm 정도의 원형을 만든다. 위쪽이 바닥 층보다 더 많이 늘어난다. 전체를 뒤집어 다시 늘려준다. 아주 긴 밀대를 사용하여 전체적으로 균일하게 밀어 지름 80cm의 원형을 만든다. 반죽 가운데 긴 밀대를 놓고 한 장씩 전분을 묻혀가며 6장을 말아준 다음 테이블에 뒤집어 놓는다. 나머지 6장의 반죽도 마찬가지로 작업해 뒤집어 놓아 다시 12겹을 쌓는다. 아주 얇은 반죽이 완성되었다. 껍질을 벗긴 피스타치오를 다진다. 지름 70cm 크기의 오븐용 팬에 반죽을 놓는다. 가장자리는 20cm 정도 남게 된다. 반죽을 동그랗게 자르고 자른 원형 테두리는 따로 보관한다. 6장씩 반으로 나눈 다음 피스타치오를 넣고 다시 반죽 6겹으로 덮어준다. 팬 안의 반죽을 4~6등분 한 다음 마름모꼴로 자른다 마름모 꼴 반죽 위에 원형 반죽 테두리를 덮고 가장자리를 붙여 밀봉한다. 버터 1.5kg을 녹인 다음 반죽에 조금씩 고루 뿌린다. 30분간 휴지시킨다. 175°C로 예열한 오븐에 넣어 20~30분간 굽는다. 오븐에서 꺼낸 뒤 식힌다. 설탕 7, 물 2 비율로 녹이고 오렌지 블로섬 워터 2테이블스푼을 넣은 다음 약하게 5분간 끓여 시럽을 만든다. 아직 뜨거운 바클라바에 이 시럽을 고루 뿌린다. 식힌다.

Baba 바바

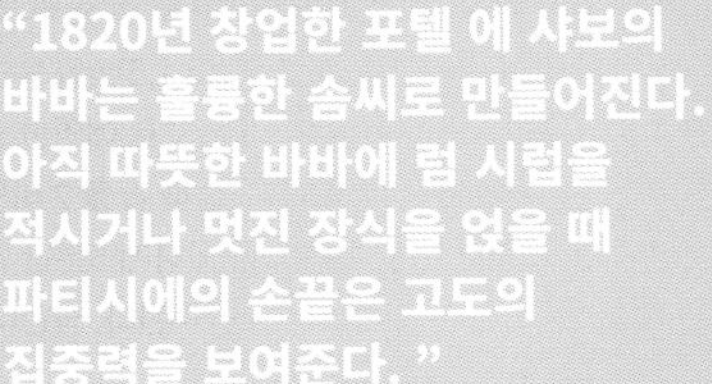

"1820년 창업한 포텔 에 샤보의 바바는 훌륭한 솜씨로 만들어진다. 아직 따뜻한 바바에 럼 시럽을 적시거나 멋진 장식을 얹을 때 파티시에의 손끝은 고도의 집중력을 보여준다."

BALANCE 발랑스 저울. 주방용 저울. 재료의 정확한 계량과 꽤 많은 양의 무게를 재는 데 꼭 필요한 주방도구이다. 측정대에 재료를 올려놓으면 바늘이 움직이는 자동 저울을 많이 사용한다. 크기가 작고 2~5kg까지 측정 가능한 이 저울은 분리 세척이 가능한 볼이나 용기가 달려 있는 것이 대부분이며, 액체의 무게 측정도 가능하다. 최근에는 식당 및 일반 가정에서도 점점 전자저울을 많이 쓰는 추세이다.

BALEINE 발렌 고래. 고래류에 속하는 대형 해양 포유동물. 점점 더 엄격해지는 보호 조치에도 불구하고 전 세계 몇몇 지역(북극 한대 지방, 일본)에서는 고래 기름과 고기를 얻기 위한 포획이 행해지고 있다. 중세 시대에 고래가 유럽 해안 특히 가스코뉴만에 출몰할 당시만 해도 포획하여 그 기름(조명의 연료로 사용)과 고기(생선으로 간주되어 육식을 금했던 사순절 기간에도 먹을 수 있었다)를 소비했다. 고기의 지방은 부활절 기간 중 가난한 사람들의 주식이 되었고, 꼬리와 혀는 별미로 치는 고급 음식이었다.

고래 고기는 짙은 붉은색을 띠고 있으며 소고기 못지않게 단백질이 풍부하다. 에스키모인들은 말려서 먹고, 노르웨이에서는 주로 구워 먹는다. 아이슬란드의 전통 요리중 하나는 익힌 고래 고기를 식초에 절인 것이다. 고래 고기가 가장 많이 소비되는 곳은 일본이다. 회로 먹기도 하고 생강을 곁들이거나 양념에 재우기도 한다. 지방 부위는 아주 얇게 슬라이스하여 사케와 함께 아페리티프로 즐기기도 하며 다양한 통조림 등의 저장식품을 만들기도 한다.

BALISIER 발리지에 헬리코니아. 홍초과에 속하는 다년생 식물로 열대지방에서 자란다. 땅 속의 줄기는 통통하게 살이 있으며 채소처럼 소비된다. 어떤 품종은 이 뿌리에서 식용 녹말을 추출해 사용할 수 있는데, 특히 호주에서 많이 소비되며 '퀸즈랜드의 애로루트' 라는 별칭으로 불린다.

BALISTE 발리스트 갈쥐치. 쥐치복과에 속하는 난류 해역의 바다생선으로 납작한 마름모꼴의 몸통을 갖고 있다. 옛날 전쟁 무기인 투석기라는 뜻의 이 물고기 이름은 위급한 상황에 뾰족하게 일어서는 등에 달린 침의 모양에서 유래했다. 지중해 지역에서 참치처럼 조리해 먹는 이 생선(니스에서는 팡프레 fanfré라고 부른다)은 맛도 참치와 약간 비슷하다.

BALLOTTINE 발로틴 가금류나 육류, 깃털 달린 수렵육 조류, 생선 등을 기본 재료로 만들어 따뜻하게 또는 젤리를 씌워 굳은 형태로 차갑게 서빙한다. 뼈를 발라낸 살에 소를 채운 뒤 끈으로 묶어(주로 면포나 가금류의 제 껍질로 싼 다음 묶어준다) 브레이징하거나 국물에 넣어 데친다(**참조** GALANTINE).

ballottine d'agneau braisée 발로틴 다뇨 브레제

브레이징한 양고기 발로틴 : 양고기 어깨살 덩어리의 뼈를 제거한다. 파슬리 1송이와 껍질을 벗긴 마늘 2톨을 다진다. 양파 큰 것 3개의 껍질을 벗겨 얇게 썬 다음 버터 20g을 녹인 팬에 숨이 죽도록 볶는다. 기름기가 있는 돼지고기 분쇄육 500g, 다진 마늘과 파슬리, 양파를 모두 섞고 소금, 후추로 간한 다음 잘 치대어 혼합한다. 양고기 어깨살을 넓적하게 편 다음 소를 펴 놓는다. 돌돌 말아 주방용 실로 묶는다. 껍질을 벗긴 당근 125g, 양파 3개, 셀러리 1줄기, 햄 100g을 미르푸아(mirepoix)로 깍둑 썬다. 두꺼운 코코트용 냄비에 버터 25g을 녹인 다음 미르푸아로 썬 채소를 넣고 색이 나지 않게 볶는다. 타임 작은 1줄기를 넣고, 준비한 양고기를 넣어 색이 나게 지진다. 드라이 화이트와인 200ml, 육수(bouillon)나 육즙 소스(jus) 200ml를 부어준 다음 부케가르니 1개, 소금, 후추를 넣고 뚜껑을 연 상태로 5분간 끓인다. 고기를 미르푸아 안으로 뒤집어 놓고 뚜껑을 덮은 다음 200°C로 예열한 오븐에 넣어 1시간 30분 정도 익힌다. 부케가르니를 건져내고 발로틴의 실을 풀어준 다음 뜨겁게 서빙한다. 이 발로틴은 송아지나 돼지고기를 사용해서 만들어도 좋다.

ballottine de caneton 발로틴 드 카네통

오리 발로틴 : 약 2.5kg 정도 되는 어린 오리의 뼈를 제거한다. 살만 잘라낸 다음 자투리는 따로 보관한다. 살 안의 핏줄이나 힘줄을 꼼꼼히 제거한다. 가슴살은 작은 큐브 모양으로 썰어둔다. 나머지 살은 동량의 염장 삼겹살 비계, 분량의 반에 해당하는 송아지 살코기를 넣고 함께 다진 다음 블렌더에 넣고 달걀노른자 4개분을 넣으며 갈아준다. 소금, 후추, 카트르 에피스(quatre-épices 정향, 육두구, 생강, 후추를 혼합한 네 가지 향신료 믹스)를 넣고 간을 한다. 굵직하게 깍둑 썰어 센 불에서 버터에 슬쩍 튀기듯이 지져낸 생 푸아그라 150g과 송로버섯 1개, 큐브 모양으로 썰어둔 가슴살을 혼합물에 넣고 잘 섞는다. 코냑 2테이블스푼을 넣고 혼합한다. 고운 면포를 물에 적신 뒤 꼭 짜서 작업대에 펴 놓는다. 그 위에 오리 껍질을 팽팽하게 당겨 깔아준 다음 소를 고루 펴 놓는다. 돌돌 말아 발로틴을 만든다. 주방용 실로 양 끝과 가운데를 묶어준다. 코코트용 냄비에 채소 미르푸아(mirepoix), 오리 자투리 부분, 와인과 육수(합해서 1.5리터), 향신 재료와 함께 넣고 1시간 20분간 끓인다. 발로틴을 건져 실을 풀어 벗긴 다음 서빙용 플레이트에 놓고 가니시를 빙둘러 놓는다. 익힌 국물을 졸여 소스를 만든 다음 체에 걸러 발로틴 위에 뿌린다. 나머지 국물 소스는 따로 그릇에 담아 서빙한다. 발로틴을 차갑게 서빙할 경우에는, 소에 푸아그라를 좀 더 많이 넣어준다(최소 200g). 익혀서 실을 풀고 벗긴 다음, 그 면포로 다시 단단하게 싸고 무거운 것으로 눌러 식힌다. 즐레(gelée)를 발라 씌워 윤기나게 한 다음 차갑게 서빙한다.

ballottine chaude d'anguille à la bourguignonne 발로틴 쇼드 당기유 아 라 부르기뇬

부르기뇽식 더운 장어 발로틴 : 리옹식 강꼬치고기 다짐 소(godiveau lyonnais)나 명태살 다진 것에 다진 파슬리를 넣고 장어의 속을 채워 말아준다. 레드와인을 넣은 쿠르부이용(court-bouillon)에 넣고 데친다. 건져서 뜨겁게 유지한다. 장어를 익힌 국물로 부르기뇽 소스(sauce bourguignonne)를 만든 뒤 뿌려 덮는다.

ballottine chaude de lièvre à la périgourdine 발로틴 쇼드 드 리에브르 아 라 페리구르딘

페리고르식 더운 야생토끼 발로틴 : 어린 야생토끼(lièvre trois-quarts, 태어난 지 1년이 안된 2.5~3kg 정도의 야생토끼) 1마리와 어린 토끼(lapin de garenne) 한 마리의 가죽을 벗긴 뒤 뼈를 제거한다. 고운 면포에 얇게 저민 돼지비계를 깐 다음 야생토끼를 펼쳐 놓는다. 향신료를 섞은 소금을 뿌린 다음 코냑(토끼의 뼈를 제거하기 전 코냑에 미리 재워두어도 된다)을 고루 뿌려준다. 어린 토끼의 살과 다진 송로버섯을 섞은 소를 한 켜 덮어준다. 야생토끼 다리살을 길게 잘라 버터에 지진 것과 길쭉하게 썬 푸아그라, 잘게 썬 송로버섯을 교대로 소 위에 얹어준 다음 간을 하고 코냑을 뿌려준다. 그 위에 다시 소를 한 켜 덮는다. 단단히 말아 발로틴 모양을 만든 다음 주방용 실로 묶는다. 마데이라 와인과 송아지 정강이, 야생 토끼와 어린 토끼 자투리 살과 뼈, 향신재료를 넣어 만든 육수에 발로틴을 넣고 뭉근하게 1시간 30분 정도 익힌다. 발로틴을 건져 실을 푼다. 오븐에 넣어 표면에 윤기가 나도록 글레이즈한 다음 길쭉한 모양의 플레이트에 놓는다. 익힌 국물을 체에 거른 뒤 졸여 소스를 만든다. 이 소스를 발로틴에 끼얹고, 얇게 저민 송로버섯을 얹어 장식한다.

ballottine de poularde à brun 발로틴 드 풀라르드 아 브룅

갈색이 나게 익힌 암탉 발로틴 : 닭의 발과 날개 끝을 잘라낸다. 등쪽 가운데를 목에서 꽁무니 방향으로 길게 자른 다음 아주 잘 드는 작은 나이프로 몸통뼈에서 살을 분리한다. 뼈를 잡아당겨 떼어낸 다음 다리와 날개의 뼈도 조심스럽게 제거한다. 뼈를 제거한 닭을 작업대 위에 납작하게 펼쳐 놓는다. 가슴살을 비롯하여 날개와 다리의 살을 전부 발라낸 다음 깍둑 썬다. 닭의 살과 동량의 돼지, 송아지 분쇄육(각 250g 정도)을 섞어 소를 만든다. 여기에 요크 햄 100g과 달걀 2개, 코냑 100ml, 카트르 에피스 넉넉히 한 꼬집, 소금, 후추를 넣고 섞는다. 브레이징한 양 발로틴과 마찬가지 방법으로 익힌다. 소에 푸아그라와 송로버섯 양을 조절해 넣어가며 칠면조, 비둘기, 뿔닭 등으로도 발로틴을 만들 수 있다.

ballottine de poularde en chaud-froid 발로틴 드 풀라르드 앙 쇼프루아

암탉 발로틴 쇼 프루아 : 발로틴을 익혀 식힌 뒤 즐레를 입혀 차갑게 서빙하는 방식이며, 닭고기용 화이트 쇼 프루아 소스(sauce chaud-froid)를 끼얹어 씌운다(참조. p.781).

BALTHAZAR 발타자르 화려한 성찬을 지칭하는 이 단어는 대형 용량의 샴페인 병을 뜻하기도 한다. 두 경우 모두 구약성서의 한 장면과 연관이 있다. 바빌론의 마지막 왕인 벨사살(Balthazar)은 많은 영주들을 초청해 성대한 연회를 베푸는데 이때 자신의 아버지인 느브갓네살(Nabuchodonosor)이 예루살렘 회당에서 약탈해온 성배에 포도주를 담아 서빙하게 한다. 그날 밤, 이 신성 모독한 행위는 하나님의 손에 의해 천벌을 받는다.

'발타자르'라는 용어는 아이러니컬하게도 성대한 연회를 가리키는 의미를 갖게 되었다. 한편 750ml 용량의 일반 병이 16개나 들어가는 12리터의 대형 용량 샴페인 병을 가리키기도 한다. 이보다 한 단계 더 큰 사이즈는

monter une ballottine de caneton 오리 발로틴 조립하기

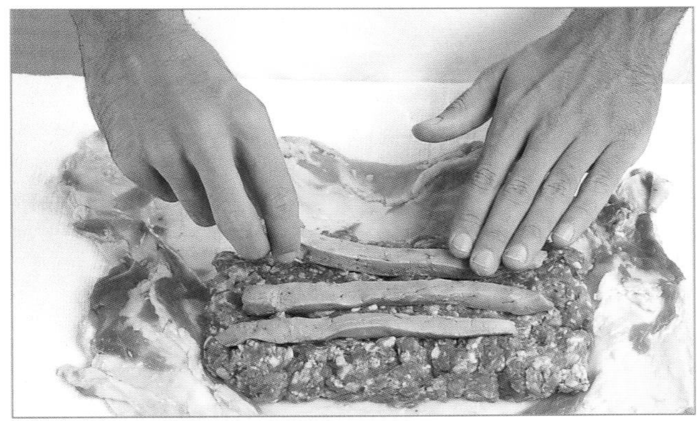

1. 면포 위에 오리 껍질을 팽팽하게 펴 놓은 다음 소를 한 켜 깐다. 그 위에 길게 자르거나 큐브 모양으로 썬 푸아그라를 얹는다.

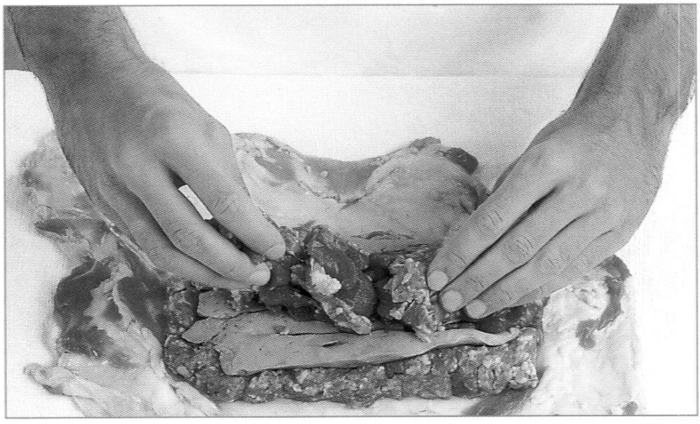

2. 큐브 모양으로 잘게 썬 오리 가슴살을 섞은 소를 그 위에 한 켜 덮어준다.

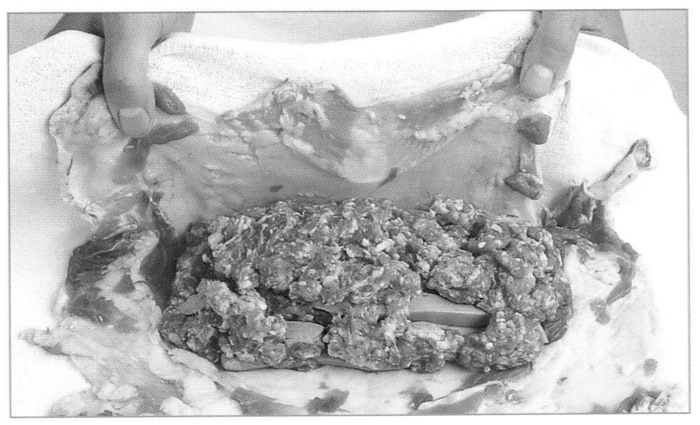

3. 면포와 오리 껍질을 같이 잡고 소 위로 덮어 전체를 둥글게 감싼다.

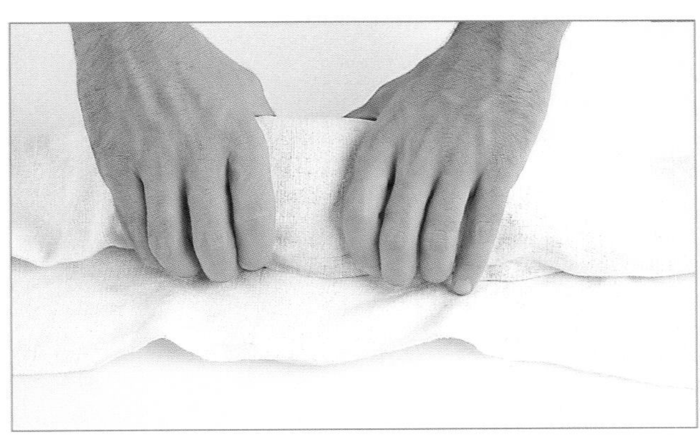

4. 면포로 말아 균일한 모양으로 잡아준다. 이렇게 해야 발로틴이 고루 익게 된다.

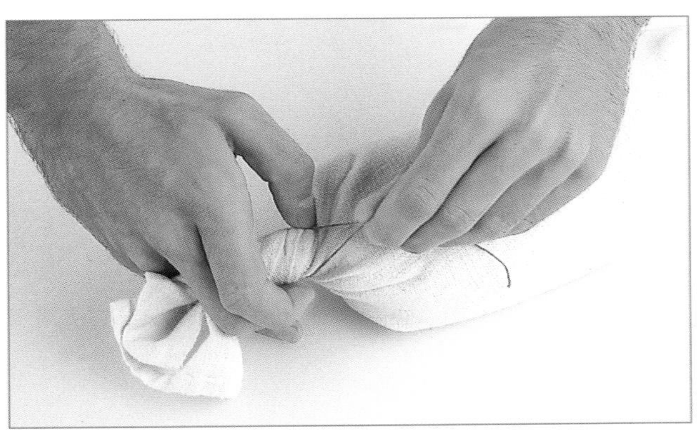

5. 양쪽 끝을 비틀어 꼬아 발로틴을 막아준 다음 실로 묶는다.

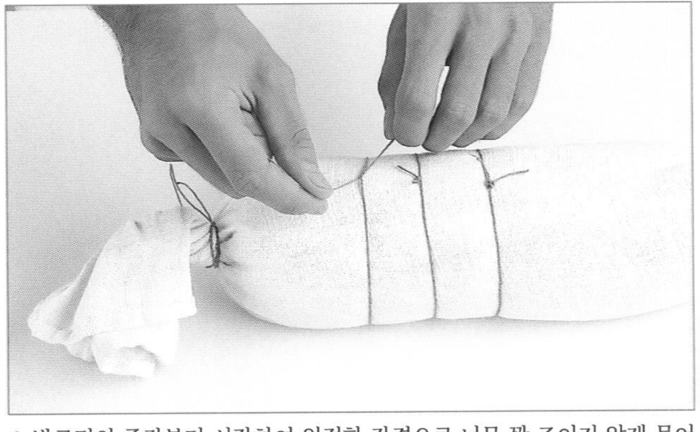

6. 발로틴의 중간부터 시작하여 일정한 간격으로 너무 꽉 조이지 않게 묶어준다.

20병이 들어가는 것으로 아버지의 이름을 딴 '나뷔코도노조르(Nabuchodonosor)'이다.

BALZAC (HONORÉ DE) 오노레 드 발자크 프랑스의 작가, 문학가(1799, Tours 출생–1850, Paris 타계). 발자크는 자신의 소설 작품에서 그라탱을 곁들인 메추리와 미로통 비프 스튜(bœuf miroton)를 좋아했던 사촌 퐁스(Le Cousin Pons) 등 여러 명의 미식가를 등장시켰을 뿐 아니라, 1830년대 파리의 유명 레스토랑의 장식에서 영감을 얻기도 했다.

그는 미식에 관한 글 모음집 『프랑스 미식가 또는 잘 사는 기술(*le Gastronome français ou l'Art de bien vivre*)』(1828)을 편찬했고, 『미식의 생리학(*Phisiologie gastronomique*)』(1830)을 출간하기도 했다. 또한 『현대적 자극제 개론(*Traité des excitants modernes*)』(1833)을 펴냈으며, 같은 주제를 다룬 글이 앙텔름 브리야 사바랭(Anthelme Brillat-Savarin)의 저서 『맛의 생리학(*Physiologie du goût*)』의 1839년 개정판 부록에 실리기도 했다.

BAMBOCHE (EN) 앙 방보슈 튀긴 염장 대구 요리를 가리키며 주로 달걀 프라이와 곁들여 먹는다. 이탈리아어 밤보치오(bamboccio)에서 온 단어로 생선 조각이 튀김 기름에 들어갔을 때 펄쩍 튀어 오르는듯한 모습에서 따온 것으로 추정된다.

▶ 레시피 : ŒUF FRIT.

BAMBOU 방부 대나무. 죽순. 벼과에 속하는 식물로 아시아 열대지방에서 많이 자란다. 어린 죽순은 연하고 아삭한 식감을 갖고 있으며 채소로 사용된다(**참조** pp.496~497 열대 및 이국적 채소 도감). 일본에서는 대나무 씨도 인기가 있는데, 아주 드물고 약간 전분기가 있어 텁텁하다. 한편 베트남과 중국에서는 음식을 찌는 데 대나무 잎을 사용하며, 캄보디아에서는 속이 빈 대나무 통에 다진 고기를 넣고 익히기도 한다. 유럽에서는 말린 죽순이나 통조림(플레인 혹은 식초에 절인 것)을 찾아볼 수 있다. 죽순은 수분이 많고 칼로리가 아주 낮으며 비타민 B와 인이 많이 함유되어 있다.

중국뿐 아니라 열대 아시아 지역에서 아주 많이 먹는 식재료인 죽순은 생으로 혹은 말려서, 얇게 저미거나 길쭉한 막대 모양으로 썰어서 다양한 전채 요리나 수프에 넣는다. 얇게 썰어 끓이거나 볶거나 양념에 자작하게 익힌 죽순은 고기나 생선요리에 가니시로 많이 활용된다. 베트남에서는 명절이나 음력설인 뗏(Têt) 축하 음식에 죽순이 포함되며 주로 말린 죽순과 돼지 족을 넣어 끓인 수프 등의 형태로 식탁에 오른다. 일본에서 죽순은 최고의 봄채소로 대우받고 있으며, 스키야키에 꼭 들어가는 재료다. 가정 요리에 연중 내내 자주 등장하는 채소이며 다도를 위한 정교하고 세련된 음식에도 많이 사용된다.

BANANA SPLIT 바나나 스플릿 미국에서 처음 선보인 아이스크림 디저트. 세로로 길게 가른 바나나(split은 '갈라 쪼개다'라는 뜻이다) 위에 아이스크림 세 스쿱(한 종류 또는 초콜릿, 바닐라 등 각기 다른 맛)을 얹고 초콜릿 소스를 뿌린 다음 생크림과 구운 아몬드 슬라이스로 장식한다. 초콜릿 소스 대신 딸기 쿨리를 끼얹어도 좋으며, 굵게 다진 헤이즐넛이나 머랭 코크로 장식하면 더욱 좋다.

▶ 레시피 : GLACE ET CRÈME GLACÉE.

BANANE 바난 바나나. 파초과에 속하는 대형 초본 식물인 바나나 나무의 열매. 원산지는 동남아시아(인도에서 필리핀까지) 지역이며 열대지방과 모든 대륙의 아열대 지방에서 재배된다. 바나나의 품종은 500가지가 넘는다. 나무 하나당 열매가 불과 몇 개에서 200개 이상까지 열리며, 과육은 흰색에 가깝고 살이 통통하며 익으면 비교적 단맛이 난다.

바나나를 크게 두 그룹으로 나누면 우선 과일로 먹는 바나나를 들 수 있다. 생으로 혹은 익혀서도 먹으며 심지어 짭짤한 일반 음식에 넣기도 한다. 또 다른 한 계열인 플랜틴 바나나류는 익혀 먹는 종류로 마치 채소처럼 사용된다(**참조** 아래의 바나나 도표, pp.404~405 열대 및 이국적 과일 도감).

■ **과일 바나나.** 르네상스 시절만 해도 매우 귀했던 바나나는 포르투갈 인들에 의해 프랑스에 들어왔고, 18세기부터는 많이 보급되었다.
두꺼운 껍질로 싸여 있는 바나나의 과육은 구매 이후에도 계속 후숙되며 며칠 정도는 보관이 가능하다(차가운 곳에 두면 검게 변하므로 냉장고에 보관하지 않는 것이 좋다). 어떤 방법으로 먹든지 항상 껍질은 벗기고, 살에 붙어 있는 흰색 섬유질은 제거한다.

열량(100g당 83Kcal 또는 347kJ)이 높아 먹으면 든든하고, 칼륨, 베타카로틴, 비타민 C, K, 당질(100g당 19g)이 풍부하며 특히 생과일로 먹는 바나나는 성장기에 아주 좋은 식품이다. 또한 펙틴을 함유하고 있어 질감이 쫀득하고 부드러우며 사과산이 들어 있어 생으로 먹었을 때 청량함을 느낄 수 있다. 바나나를 익히면 그 풍미는 더욱 진해진다. 설탕과 버터 또는 향이 있는 술을 넣고 익히면 풍미가 진한 디저트를 만들 수 있다. 크레올식(à la créole) 또는 앙티유(à l'antillaise) 요리에서는 플랜틴 바나나를 채소처럼 익혀 요리에 곁들여 먹는다.

말린 바나나는 생바나나보다 더 열량이 높고(100g당 285Kcal 또는 119kJ) 무기질(특히 칼륨) 함량이 훨씬 많아 운동선수들이 즐겨 먹는 식품이며, 콩포트나 건과일 샐러드에 넣어 먹어도 좋다.

■ **플랜틴 바나나.** 약간 각이 진 껍질은 녹색(덜 익었을 때)에서 노란색(완전히 익었을 때)을 띠며, 과육은 다소 분홍색이 나고 단단하다. 플랜틴 바나나는 일반 과일 바나나보다 더 굵고 긴 편이다. 완전히 익었을 때를 기준으로 일반 바나나보다 당도는 낮으나 전분질이 많아 열량이 더 높으며(100g당 122Kcal 또는 510kJ), 칼륨과 베타카로틴, 비타민C의 함량도 더 높다. 플랜틴 바나나는 덜 익은 상태 또는 완숙된 상태 모두 사용할 수 있으며 스튜, 죽, 튀김, 퓌레 등 다양하게 조리하여 앙티유, 라틴 아메리카, 아프리카의 주요리에 가니시로 사용된다.

---

bananes Beauharnais 바난 보아르네

보아르네 바나나 : 바나나 6개의 껍질을 벗기고 살에 붙은 하얀 섬유질을 떼어낸다. 레인지 톱과 오븐 모두 사용가능한 팬이나 용기에 버터를 바른 다음 바나나를 나란히 놓는다. 설탕을 뿌린 다음 럼 4테이블스푼을 뿌려준다. 불에 올려 익히기 시작하여 220°C로 예열한 오븐에 5분간 넣어 익힌다. 헤비크림을 얹은 다음 부순 마카롱 과자를 뿌려준다. 녹인 버터를 조금 뿌린 다음 아주 뜨거운 오븐에 잠깐 넣어 윤기나게 마무리한다.

---

bananes à la créole gratinées 바난 아 라 크레올 그라티네

크레올식 바나나 그라티네 : 바나나는 단단한 것으로 고른다. 껍질을 넓게 끝까지 벗기고 살을 한 덩어리로 꺼낸 다음 레몬즙을 뿌려둔다. 살을 꺼내고 남은 껍질을 끓는 물에 넣고 2분간 데친 뒤 찬물에 식혀 건져 물기를 닦는다. 살을 동그랗게 슬라이스한 다음 레몬즙, 설탕, 럼에 30분간 담가둔다. 데쳐낸 껍질에 과일 콩피를 잘게 썰어 섞은 라이스 푸딩을 한 켜 채운다. 그 위에 바나나 슬라이스를 세워 놓고 마카롱 과자를 잘게 부수어 뿌린다. 녹인 버터를 뿌린 다음 아주 뜨거운 오븐(약 300°C)에 넣어 그라탱처럼 굽는다.

---

bananes flambées 바난 플랑베

바나나 플랑베 : 단단한 바나나의 껍질을 벗기고 살에 붙은 흰색 섬유질을 제거한다. 버터를 넣은 팬에 바나나를 넣고 200°C로 예열한 오븐에서 15분간 익힌다. 또는 바닐라 시럽에 넣어 살이 뭉개지지 않도록 익힌다. 건져서 서빙 접시에 담는다. 럼, 아르마냑 또는 코냑을 데워 바나나에 부어준다. 불을 붙여 플랑베한 다음 바로 서빙한다.

beignets de banane ▶ BEIGNET

필립 콩티치니(PHILIPPE CONTICINI)의 레시피

croque-monsieur à la banane 크로크 무슈 아 라 바난

바나나 크로크 무슈 : 2인분

식빵 4조각의 한 면에 각각 버터를 살짝 바른 다음 비정제 황설탕을 두 꼬집씩 솔솔 뿌린다. 잘 익어 달콤한 큰 사이즈의 바나나를 동그란 모양으로 얇게 슬라이스한다. 식빵 두 쪽의 버터를 바르지 않은 면에 바나나를 올린다(한 장당 바나나 반 개). 그 위에 가당연유를 1테이블 스푼씩 넉넉히 뿌린 다음 생강가루 한 꼬집, 계핏가루 넉넉히 두 꼬집, 플뢰르 드 셀(fleur de sel)을 몇 알갱이 뿌린다. 버터를 발라둔 식빵 나머지 두 장으로 덮어준다. 이 때 버터를 바른 면이 위쪽으로 오게 놓는다. 크로크 무슈나 와플용 프레스에 넣고 노릇한 색이 날 때까지 눌러 굽는다.

바나나의 종류와 특징

품종	산지	외형	풍미
플랜테인 바나나 banane plantain	중미, 남미, 앙티유, 아프리카	굵고 길며 심지가 뚜렷하다.	분이 많아 텁텁하고 단맛이 적다.
피그 로즈 figue rose	코트디부아르 앙티유	중간 크기 핑크색 껍질	과일 향이 있으며 꽤 단맛이 난다.
피그 쉬크레 , 프레지네트 figue sucrée, ou freysinette	남미, 앙티유, 코트디부아르	아주 짧고 (6~8cm) 껍질이 얇으며 살이 단단하다.	아주 달콤하고 맛있다.
그랑드 넨, 자이안트 카벤디쉬 grande naine, ou giant cavendish	중미, 남미, 앙티유, 아프리카	길고 휜 형태 굵고 통통하다.	질감이 아주 부드럽고 향이 짙다.
프티트 넨, 드워프 카벤디쉬 petite naine, ou dwarf cavendish	카나리아 제도	중간 길이. 휜 형태로 되어 있다.	질감이 아주 부드럽고 향이 짙다.
포요 poyo	아프리카, 중미, 남미	길고 비교적 곧은 모양	질감이 아주 부드럽고 향이 짙다.

petites mousses de banane au gingembre 프티트 무스 드 바난 오 쟁장브르

생강향의 바나나 무스 : 4인분 / 준비 : 10분 / 냉장 : 1시간

라임 1개의 즙을 짠다. 잘 익은 바나나 큰 것 4개의 껍질을 벗기고 동그랗게 슬라이스해 볼에 담고 바로 라임즙을 뿌린다. 여기에 코코넛밀크 3~4테이블스푼을 넣고 블렌더로 갈아 고운 퓌레를 만든다. 생강가루 1티스푼, 액상과당(물엿, 콘시럽 등) 2테이블스푼을 넣고 잘 섞는다. 다른 큰 볼에 달걀흰자를 넣고 소금 한 꼬집을 넣어가며 거품을 올린 다음 바나나 퓌레 혼합물에 넣고 거품이 꺼지지 않도록 접어 돌려 올리듯이 살살 섞는다. 개인용 볼에 나누어 담고 냉장고에 1시간 동안 넣어두었다가 차갑게 서빙한다. 계절에 따라 열대과일 샐러드나 붉은 베리류를 고루 섞어 함께 서빙해도 좋다.

poulet sauté aux plantains ▶ POULET
tarte tiède au chocolat et à la banane ▶ TARTE

BANDOL 방돌 프로방스 방돌 지방의 AOC(원산지 명칭 보호) 와인. 알코올 도수가 높고 향과 맛이 풍부하며 바디감이 강한 와인으로 더 좋은 맛을 위해 오래 보관할 수 있다. 50%이상 무르베드르(mourvèdre) 포도품종으로 만들어지며 툴롱(Toulon)과 라 시오타(La Ciotat) 사이에 위치한 프로방스의 작은 항구마을 방돌 지역에서 생산된다(**참조** PROVENCE).

BANON 바농 바농 치즈. 프로방스 바농의 AOC(원산지 명칭 보호) 치즈로 염소젖(지방 40%)으로 만든 천연외피 연성치즈다(**참조** p.389 프랑스 치즈 도표). 오트 프로방스(haute Provence) 지방의 마을인 바농의 이름을 붙인 이 치즈는 지름 7.5~8.5cm, 두께 2~3cm 크기의 납작한 원통형으로 갈색 밤나무 잎으로 싼 다음 라피아 끈으로 묶어 포장한다. 바농 치즈는 오래 숙성된 풍미가 강하다. 바농과 비슷한 치즈에 세이보리(sarriette) 잔가지로 향을 낸 '페브르 다이(pèbre d'aï, '당나귀 후추'라는 뜻)'라는 치즈도 있다. 프로방스 사투리로 이 향신 허브를 지칭하는 단어다.

BANQUET 방케 연회. 축하연이나 사교, 정치적 행사를 위하여 많은 사람들이 초대해 즐기는 호화롭고 아주 성대한 식사. 14세기 초부터 사용되기 시작한 이 용어는 초대된 손님들이 앉았던 작은 벤치를 뜻하는 이탈리아어 '방케토(banchetto)'에서 유래했다.

■ **연회의 기능과 공적 효능.** 인류의 역사상 일찍부터 여럿이 함께 하는 공동 식사의 개념은 주술적 의식과 연계되어왔다. 각 개인은 사냥에서 운을 얻기 위해 자연의 신비한 힘으로부터 도움을 받아야 했다. 자신이 잡은 동물을 도살해 동반자들과 함께 먹으면서 육체적, 정신적 원기를 회복했다. 그리스의 제물 봉헌에는 늘 연회가 이어졌다. 고기를 구웠고, 제단에서 멀지 않은 자리에서 참석자들과 나누어 먹었다. 시민들이 고기를 먹을 수 있는 흔치 않은 기회였다. 이렇듯 연회는 아주 중요한 의미를 지닌 성찬의 행위였다. 마치 초창기 기독교인들이 성찬에 대한 가졌던 의미와 견줄 수 있다. 고대 그리스에서는 남자들끼리만 모이는 연회도 있었는데 특히 철학적인 토론과 사교적 놀이나 게임, 노래 등이 행해졌다. 플라톤은 자신의 책 『향연(*Le Banquet*)』에서 이에 대해 언급하였다. 공공 시민의 연회 역시 그리스인들로부터 탄생했는데, 그 목적은 고대인들의 명성을 기리고 숭배하는 것이었다. 의식의 성격을 가진 이 '도시의 식사(repas de la cité)'는 프뤼타네이온에서 열렸는데, 여기에는 선택된 사람들만이 참석할 수 있었고, 초대된 이들은 흰색 의상과 화관을 두른 복장을 갖춰 입고 입장했다.

■ **공공의 호사와 축제.** 연회가 사치스러움을 뽐내는 경연장이 된 것은 고대 로마시대부터로 샤를마뉴 대제 시절부터는 봉신(封臣)이 영주에게 일 년에 최소한 한 번 연회를 베푸는 것이 관행이 되었다. 성대한 의례와 화려한 장식은 불문율이으며 시의 관리들은 시민들과 그 영주가 마주하는 행사가 있을 때마다 연회를 주관했다. 1571년 파리시는 오스트리아의 황후인 엘리자베트 아말리에 오이게니 바이에른 여공작의 수도 입성을 축하하는 성대한 파티를 개최했 화려한 성찬 메뉴에는 고래 고기도 포함되어 있었다.

■ **권력과 정치.** 연회는 점점 많아졌고 점차 필연적으로 정치적 성격을 띠게 되었다. 루이 14세가 자신의 지지자들을 베르사유 궁에 초대할 때 무엇보다도 신경 쓴 것은 화려하고 성대한 연회를 베풂으로써 자신의 권력을 과시하는 일이었다. 이후 미식을 외교의 도구 반열에 올려놓았던 외무장관 탈레랑(Talleyrand)은 루이 18세에게 "폐하, 제게는 훈령보다 냄비가 더 필요하옵니다."라고 말했다. 연회는 내부 정치의 수단이 되었다. 19세기 중반 루이 필리프 1세의 집권 시절 프랑수아 기조(François Guizot) 장관은 정치적 목적의 공공 집회 권리를 폐지했다. 결과적으로 유권자들은 연회를 통해 모여 정치 의견을 교환하게 되었다. 기조 장관은 이마저도 사실상 금지했지만 이미 너무 늦었다. 자신감에 찬 왕은 "파리 시민들은 왕좌를 연회와 바꾸지는 않을 것"이라고 선언했다고 알려졌다.

■ **연회와 공화국.** 1889년 7월 14일 사디 카르노(Sadi Carnot) 대통령 집권하의 제3공화국 정부가 개최한 바스티유 함락 100주년 기념 연회는 파리의 팔레 드 랭뒤스트리(Palais de l'Industrie)에서 열렸으며, 여기에는 프랑스 전역의 시장 및 간부들이 모두 참석했다. 이와 같은 방식으로 1900년 9월 22일에도 그 유명한 '시 간부들의 연회(banquet des maires)'가 에밀 루베(Émile Loubet) 총리의 주관 하에 개최되었다. 프랑스 전국의 시 간부들에게 공화주의 정신을 고양하고자 한 취지의 이 연회 메뉴로는 벨뷔 소 안심 요리(filets de bœuf en Bellevue), 루앙 오리 테린(pains de caneton de Rouen), 브레스 닭 요리(poulardes de Bresse), 꿩 발로틴(ballottines de faisan) 등의 요리가 등장했다. 이 행사를 위해 천막을 설치해 놓은 튈르리 공원에는 22 295명의 하객이 모여들었고, 케이터링 업체인 포텔 에 샤보(Potel et Chabot)의 직원들의 음식 서빙을 받았다. 이들은 무려 7km나 되는 긴 테이블에 서빙하기 위해 자전거로 음식을 날랐다고 한다. 아직도 매년 7월 14일 프랑스 혁명 기념일이 되면 프랑스에서는 다양한 연회가 열린다.

BANQUIÈRE (À LA) (아 라) 방키에르 닭고기 크넬, 버섯, 송로버섯 슬라이스로 이루어진 고급스런 가니시를 지칭한다 ('은행가'라는 의미의 이름이 붙은 것도 이와 같은 부유한 이미지와 연관지어 생각할 수 있다). 주로 가금류나 송아지 흉선 요리에 곁들이고, 파테 앙 크루트(croûtes), 탱발(timbales), 볼로방(vol-au-vent) 등을 채우는 소로 사용되기도 하며 방키에르 소스(sauce bamquière)와 함께 서빙된다.

BANYULS 바뉠스 프랑스의 AOC 천연 감미 와인(뱅 두 나튀렐 Vin Doux Naturel) 중 하나로 이 와인이 생산되는 루시용(Roussillon) 지방의 네 개의 마을(Banyuls, Cerbère, Collioure, Port-Vendres) 중 하나의 이름을 따 왔다. 그르나슈 누아가 주 품종인 이 포도밭은 지중해의 북풍에 노출된 언덕에 펼쳐져 있으며 토양이 매우 건조하기 때문에 포도재배가 매우 힘들다. 바뉠스는 알코올을 첨가해 발효를 중단시킨 일종의 주정강화 와인으로 포도의 향과 단맛의 일부가 남아 있으며, 발효정지 시점이 빠를수록 당도는 더 높다. AOC(원산지 명칭 통제) 인증을 받으려면, 발효정지 작업이 수확연도가 끝나기 이전에 이루어지고 와인이 저장실에 이듬해 9월 1일까지 보관되어 있어야 한다. 단맛의 포도주와 말린 과일의 향이 나는 '바뉠스 그랑 크뤼 (banyuls grand cru)'는 오크통에서 최소 30개월 이상 보관된 와인에만 붙일 수 있는 명칭이다. 리터당 천연 포도당이 54g 이하인 경우 '드라이(sec, dry, brut)'로 분류된다.

BAR 바르 서서 또는 높은 바 의자에 앉아서 음료를 즐기는 주점. 대부분의 동네 주점은 카페나 담배 판매소를 겸한 '카페 바(cafés-bars)' 또는 '바 카페 타바(bars-cafés-tabacs)'이며, 이곳에서는 하루 종일 알코올 및 일반 음료, 간단한 스낵이나 음식을 소비할 수 있다. 바는 19세기 초에 등장한 용어로 살롱(saloon)이 계승된 형태의 업장으로, 음식을 먹는 장소와 차별화된 음료나 술을 마시는 곳이다. 이 단어는 술이나 음료가 준비되는 바 테이블을 뜻하는데, 발을 놓을 수 있도록 테이블을 따라 긴 막대(barre, 영어로는 bar)가 설치된 데서 따온 이름이기도 하다. 19세기 말 만국박람회들이 개최되면서 미국식 바는 유럽에 칵테일 바람을 몰고 왔다. 프랑스와 영국, 독일에서 초창기에 개업한 바들을 가리켜 사람들은 당연히 '아메리칸 바'라고 불렀다.

BAR (POISSON) 바르(푸아송) 농어. 농어목에 속하는 바다생선으로 특히 지중해에서 많이 잡히며 프로방스에서는 루(loup)라고도 부른다(**참조** pp.674~677 바다생선 도감). 먹성이 좋은 포획자인 농어는 길이가 35~80cm 정도 되며 파도가 많고 바위로 이루어진 지역에 많이 서식한다. 생선의 왕으로 여겨지며 외형은 전형적인 생선의 대표적인 모습을 하고 있다. 흔한 생선은 아니라 가격이 비싼 편이다. 오늘날 농어는 일반적으로 양식으로 생산되며, 약 400g씩 잘라서 판매하는 경우가 많다. 기름기가 더 많긴 하지만 자연산 농어보다 보존성이 높다. 농어는 살이 연하고 촘촘하며 매우 담백하고 섬세한 맛을 지니고 있고, 가시가 아주 적다. 고급 요리를 만들 수 있는 생선이다.

bar : 농어 준비하기

아가미와 배쪽 아래에 작은 칼집을 내어 내장을 빼낸 다음 꼬리에서 머리 쪽으로 비늘을 긁어 제거한다. 데쳐 익히는 경우에는 이 비늘이 부서지기 쉬운 연한 살을 보호하는 역할을 하므로 제거하지 않는다. 깨끗이 씻은 뒤 물기를 닦는다. 그릴에 구울 때는 살이 많은 등쪽에 칼집을 낸다.

제라르 루이(GÉRARD LOUIS)의 레시피

bar en croûte de sel 바르 앙 크루트 드 셀

소금 크러스트 농어 : 4인분

1.8kg짜리 농어 한 마리의 내장을 제거하고 깨끗이 씻는다. 비늘은 긁어내지 않은 상태로 배 속에 타임, 로즈마리, 펜넬 잎, 타라곤, 통후추 믹스 알갱이 몇 개를 넣어 채운다. 오븐용 용기에 게랑드(Guérande) 굵은 소금 3kg을 깔고 그 위에 생선을 놓은 뒤 1cm 두께로 덮어준다. 소금을 꼭꼭 눌러 잘 감싼 다음 분무기를 뿌려 물을 축여준다. 250°C 오븐에서 30~35분간 익힌다. 뚜껑이 있는 코코트 냄비에 깨끗이 씻은 누아무티에(Noirmoutier) 감자 12개를 넣고 굵은 소금 1꼬집과 타임, 로즈마리를 두 줄기씩 넣는다. 약불에서 30분간 익힌다. 오븐의 생선을 꺼내 해초로 장식한다. 서빙한 뒤 테이블에서 소금 크러스트를 칼로 깔끔하게 잘라낸다. 필레를 발라내어 뵈르 블랑과 감자(pomme de terre à la diable)를 곁들여 서빙한다.

bar grillé 바르 그리예

농어 구이 : 최대 1kg 짜리 농어 한 마리의 내장을 제거하고 손질한다. 소금과 후추를 넣은 올리브오일을 발라준다. 이중 그릴에 놓고 천천히 익히고 살이 부서지지 않도록 조심해서 뒤집는다. 남 프랑스에서는 작은 크기의 농어를 마른 펜넬 가지 위에 넣고 숯불에 구워 먹기도 하는데, 생선에 펜넬의 향이 배어 맛이 좋다. 안초비 버터, 메트르도텔 버터를 곁들이거나 아니스향의 술로 플랑베하여 서빙한다.

크리스토프 캉탱(CHRISTOPHE QUANTIN)의 레시피

filet de bar à la vapeur d'algues, légumes et coquillages mêlés 필레 드 바르 아 라 바푀르 달그, 레귐 에 코키야주 멜레

해초 증기에 찐 농어 필레, 채소와 조개 모둠 : 4인분 / 준비 : 1시간 / 조리 : 5~8분(생선)

1.5kg짜리 농어 한 마리를 손질한 뒤 필레를 뜬다. 가시를 제거하고 껍질을 벗긴 뒤 서빙용 사이즈로 잘라 냉장고에 보관한다. 생미역과 해초를 각각 60g씩 씻어둔다. 꼬막 400g, 고둥 400g을 소금물에 담가 해감한다. 당근 250g, 주키니 호박 250g을 씻은 뒤 4~5cm 정도 길이의 막대 모양(en jardinière)으로 썬다. 핑크 래디시 반 단의 줄기를 떼어내고 씻어둔다. 펜넬을 마름모꼴로 썬다. 브로콜리 250g을 준비한다. 준비한 모든 채소를 각각 끓는 소금물에 데친다. 샬롯 1개의 껍질을 벗기고 잘게 썬다. 양식홍합 400g을 깨끗이 솔로 문질러 씻고 수염은 떼어낸다. 끓는 물에 고둥을 넣고 삶는다. 같은 방법으로 꼬막과 홍합도 각각 따로 삶아낸다. 다 익은 고둥과 꼬막, 홍합은 껍질을 까서 살만 발라둔다. 꼬막과 홍합에서 흘러나온 즙은 따로 체에 걸러둔다. 찜 솥에 물 2.5리터를 끓인 다음 천일염 또는 굵은 회색 소금 알갱이 8g을 넣고 해초를 넣는다, 약하게 10분 정도 끓인다. 준비해둔 농어 필레에 고운 소금과 후추로 간한다. 생선을 찜기 바구니에 넣고 찜 솥에 넣은 다음 뚜껑을 덮고 생선 두께에 따라 5~8분간 찐다. 꼬막과 홍합에서 나온 즙 100ml를 끓인 다음 작게 썰어둔 차가운 버터 160g을 넣고 거품기로 세게 저으면서 에멀전화한다. 간을 맞추고 뜨겁게 보관한다. 생미역 10g을 잘게 썰어 깨끗이 헹군 다음 끓는 물에 데쳐 소스에 넣어준다. 채소와 조개류 살을 찜통에 넣어 잠깐 데운다. 접시 가운데 농어 필레를 놓고 채소와 고둥, 꼬막, 홍합을 둘레에 고루 놓는다. 가니시 위에 소스를 뿌린다. 농어 필레 위에 플뢰르 드 셀(fleur de sel) 알갱이를 조금 얹어 서빙한다.

filet de loup au caviar ▶ LOUP
loup au céleri-rave ▶ PLANCHA
loup en croûte sauce Choron ▶ LOUP

자크 막시맹(JACQUES MAXIMIN)의 레시피

loup « demi-deuil » 루 드미 되이유

송로버섯을 넣은 '드미 되이유' 농어찜 : 4인분 / 준비 : 30분 / 조리 : 15분

껍질과 가시를 제거한 600g짜리 농어 필레를 4등분한다. 엔다이브 4개의 잎을 하나씩 떼어 분리한 다음 채 썬다(길이 3cm, 폭 0.5cm). 40g 짜리 생 송로버섯 1개를 솔로 닦은 다음 아주 얇게 저민다. 소테팬에 생선과 엔다이브, 송로버섯을 넣고 소금, 후추를 뿌린다. 작게 썬 버터 200g을 고루 얹은 다음 베르무트(vermouth) 2테이블스푼, 물 250ml를 넣는다. 알루미늄 포일로 덮고 약한 불에서 15분간 익힌다. 중간에 생선을 한 번 뒤집어준다. 생선과 건더기를 조심스럽게 거품망으로 건져내고, 익힌 국물은 뜨겁게 보관한다. 접시에 엔다이브를 고루 깐 다음 그 위에 생선 토막 한 개를 놓고, 얇게 저민 송로버섯을 얹는다. 익힌 국물 소스를 끓인 다음 간을 맞추고 생선 위에 뿌린다.

mariné de loup de mer, saumon et noix de saint-jacques ▶ OQUILLE SAINT-JACQUES

조르주 푸벨(GEORGES POUVEL)의 레시피

suprême de blanc de bar en surprise printanière 쉬프렘 드 블랑 드 바르 앙 쉬르프리즈 프랭타니에르

봄채소를 곁들인 농어 필레 : 4인분 / 준비 : 40분 / 조리 : 25~30분

농어의 필레를 뜬 다음, 통통한 가운데 부분 위주로 160~180g짜리 조각 4개를 잘라 놓는다. 다듬고 남은 뼈와 서더리로 생선 육수(fumet de poisson)를 만든다. 줄기 양파(또는 쪽파) 50g을 잘게 송송 썰고, 펜넬 100g은 가늘게 채 썬다. 소렐(수영) 잎 100g도 가늘게 채 썰고, 양송이버섯 100g을 작은 막대 모양으로 썬다. 소테팬에 올리브오일 50ml를 넣고 양파를 수분이 나오고 색이 나지 않도록 볶는다. 펜넬과 버섯을 넣고 함께 3분간 볶는다. 이어서 소렐을 넣고 게랑드 소금과 바로 간 통후추를 넣어 간을 맞춘다. 수분이 완전히 날아갈 때까지 약한 불로 콩포트를 만들 듯이 익힌다(약 10~12분). 그동안 녹색이 짙은 상추 잎 큰 것 4장을 끓는 물에 데쳐 찬물에 재빨리 식힌다. 건져서 물기를 닦아낸다. 그릇 가운데 상추 잎을 깔고, 익힌 채소를 놓는다. 농어 필레에 소금, 후추로 간을 한 다음 채소 위에 놓은 다음 상추 잎으로 덮어 완전히 감싼다. 소테팬에 버터를 바른 다음 잘게 썬 샬롯 25g를 넣고 그 위에 상추에 싼 농어를 놓는다. 드라이 화이트와인 50ml와 식힌 생선 육수 200ml를 넣고 아주 약하게 끓을 때까지 가열한다. 버터를 칠한 유산지를 덮어준 뒤 6분 정도 약하게 끓인다. 생선을 건져내 뜨겁게 보관한다. 익힌 국물을 센 불로 가열해 반으로 졸인 다음 생크림 100ml를 넣는다. 다시 반으로 졸여 소스를 만든다. 주걱을 담갔다 뺐을 때 흐르지 않고 묻는 농도이면 적당하다. 불에서 내린 후 버터 40g을 넣어 균일하게 잘 섞는다. 소금과 후추로 간을 맞춘다. 따뜻한 접시에 소스를 담고 생선을 보기좋게 놓는다. 붓으로 윤기나게 소스를 발라준 다음 처빌 잎을 얹어 장식한다.

tresse de loup et saumon au caviar ▶ LOUP
tronçon de loup comme l'aimait Lucie Passédat ▶ LOUP

BAR TACHETÉ 바르 타슈테 점무늬가 있는 농어. 농어과에 속하는 바다생선으로 루빈(loubine) 또는 바다농어(perche de mer)라고도 불린다. 길이가 최대 60cm에 이르며 검은색 점무늬가 있어 일반 농어와 구별된다. 가스코뉴만에서 세네갈에 이르는 대서양 연안에 주로 서식하고, 특히 바닷물과 민물이 만나는 강의 어귀에 몰려 있다. 주로 굵은 소금으로 간해 요리한다.

BARATTE 바라트 버터 제조용 교유기(攪乳器), 버터 천(churn). 버터를 만들기 위해 유크림을 휘젓는 기구이다. 전통적 교유기는 티크나무로 만든 통 형태로 가로로 된 축을 중심으로 돌려 사용했다. 안쪽 벽에 고정된 방망이 같은 장치가 '휘젓는 작업(agitation)'을 더 효과적으로 해주는 구조다(옛 프랑스어 barate의 원뜻은 스칸디나비아 어인 baratta에서 유래한 것으로 '전투'라는 의미다). 현대에 사용되는 대량 공장생산용 교유기는 스테인리스 재질로 되어 있으며 연속식(continue)이다. 두드리며 휘젓는 역할을 하는 방망이와 반죽하는 기구가 장착된 이 교유기는 10~13°C의 온도로 유지되며, 분당 회전속도는 25~50회 정도이다.

BARBADINE 바르바딘 바르바딘, 자이언트 그라나딜라(Giant Granadilla), 자이언트 패션프루트(Giant Passionfruit). 시계꽃과에 속하는 덩

굴식물로 남미가 원산지이며 19세기에 앙티유(앤틸리스 제도)에 유입되었다. 달걀형을 한 열매는 크기가 25cm 정도 된다. 덜 익은 연두색 상태에서는 채소로 사용되며, 익으면서 색이 노르스름해지는데, 과육은 흰색으로 새콤한 맛이 난다. 음료나 잼, 소르베를 만드는 데 주로 사용된다. 껍질을 이용해 즐레를 만들기도 하며, 완숙된 상태에서는 마데이라 와인을 뿌려 스푼으로 떠먹기도 한다.

BARBARESCO 바르바레스코 피에몬테 지방에서 생산되는 이탈리아의 레드와인. 바롤로(barolo)와 마찬가지로 네비올로(nebbiolo) 품종 포도로 만들지만 더 가벼운 맛을 지니고 있는 와인이다. 바르바레스코(Barbaresco)와 네이베(Neive) 마을에서 생산되는 향이 아주 풍부한 이 와인은 과일 풍미의 섬세하고 고급스러운 맛이 특징이다.

BARBE À PAPA 바르브 아 파파 솜사탕. 설탕가루를 가열해 만드는 목화솜 같은 질감의 간식으로, 기본 흰색에 경우에 따라 색을 첨가하기도 한다. 빠른 속도로 회전하는 전동 기계의 탱크 안쪽 벽에 설탕가루를 넣으면 가열되면서 가는 실 같이 변한다. 이것을 막대에 감아내 부피감 있게 만든 것이 바로 솜사탕이다. 1900년 파리 만국박람회에서 등장한 프랑스 최초의 솜사탕 기계는 핸들을 돌려 작동시키는 형태였다.

BARBECUE 바르브큐 바비큐. 야외에서 고기나 생선을 꼬치에 꿰어 로스팅하거나 불에 굽는 도구로 주로 숯을 피워 사용한다. 숯불에 음식을 익히는 것은 가장 오래된 조리 방법이다. 바비큐의 원조는 아메리카로 서부개척 시대와 밀접한 연관이 있다. 오늘날 바비큐는 미국 남부, 남서부 주의 전형적인 식문화가 되었고, 그 규모도 엄청난 경우가 많다. 엄청난 크기의 고기 덩어리 또는 한 마리를 통으로 그대로 아주 내구력이 좋은 그릴 위에 얹거나, 땅을 우묵하게 판 화덕 위에 놓고 구운 다음 키드니 빈과 옥수수를 곁들여 먹는다. 바비큐는 특히 가족생활의 일부다. 햄버거, 로스트 치킨, 소시지, 스테이크 등은 기본 메뉴이며 그 밖에 생선, 굴, 랍스터 등도 바비큐로 구워 먹을 수 있다. 일본에는 또 하나의 바비큐 전통이 있다. 히바치(hibachi) 라고 불리는 숯불 화로로 식탁 위의 바비큐라고 부른다. 이 무쇠로 된 둥근 화로에는 석쇠 그릴이 있다. 미리 썰어 놓은 날 재료들이나 꼬치를 그 위에 놓고 각자 구워 먹는다.

■ **도구.** 프랑스에서 사용하는 모든 종류의 야외 취사도구는 Afnor(프랑스 표준화 기구)가 정한 규정에 부합해야 한다. 바비큐 시설의 크기는 정원, 테라스 또는 테이블 크기에 따라 달라진다. 화덕은 무쇠(쉽게 변형되지 않으나 무겁고 갈라지기 쉽다), 양철(충분한 두께가 있어야 한다) 재질이 주를 이룬다. 세로로 된 구조의 바비큐도 있는데, 이는 숯으로 익히는 데서 발생하는 유해성을 줄일 수 있다. 또 하나의 장점은 굽는 동안 떨어지는 기름이 불꽃도, 연기도 일으키지 않는다는 점이다. 직사각형 또는 원형 그릴은 강철로 되어 있으며 일반적으로 높이를 조절할 수 있게 되어 있다. 연료는 일반적으로 목탄 즉, 숯을 사용하는데 기왕이면 최대한 정화하여 탄소만 남은(carbon -épuré) 참숯을 사용하는 게 화력도 좋고 오래간다. 부탄가스나 태양광 에너지로 달군 현무암을 사용하여 바비큐를 하는 경우도 있다. 부지깽이, 집게, 바비큐 팬(fan), 장갑, 손잡이가 긴 스푼과 포크, 생선용 석쇠 등 다양한 도구를 준비하면 더욱 편리하게 바비큐를 즐길 수 있다.

■ **익히기.** 송아지나 살이 부서지기 쉬운 생선을 제외하고는 모든 재료를 바비큐로 구울 수 있다. 또한 채소(감자)나 심지어 과일(바나나)도 알루미늄 포일로 싸서 구워 먹는다. 옥수수, 피망, 토마토, 큰 사이즈의 버섯 등은 기름이나 녹인 버터를 발라 그릴 위에 직접 놓고 구울 수 있다. 어떤 고기들은 양념에 재워 굽는 것이 더 맛있는 경우도 있다. 재료를 굽기 시작하기 위해서는 숯이 충분히 타서 잉걸불 상태로 가라앉아 불길이 잔잔해질 때까지 기다려야 한다.

● **로티세리 스핏** 고기는 균형을 잘 맞춰 로티세리용 꼬챙이에 꿴 다음 잉걸불 가까이에서 구워 표면에 크러스트를 만들어야 즙이 흐르는 것을 막을 수 있다. 겉면에 크러스트가 만들어지면 열원에서 좀 더 멀리 장착하여 열기가 고기 중심부까지 스며들도록 하며 굽는다.

● **석쇠, 그릴** 쇠로 된 뜨거운 석쇠에 고기나 생선이 달라붙지 않도록 기름을 바른다. 생선은 내장을 제거해 손질하되 비늘은 그대로 둔 상태로 구워야 속살이 촉촉하게 유지된다. 영계는 반으로 갈라 내장을 제거한 뒤 납작하게 펴 굽는다(à la diable). 새우나 굴(껍질째)은 그대로 직접 석쇠 위에 올려 굽는다.

● **꼬치** 재료에 기름을 바르고, 모양이 흐트러지기 쉬운 재료(조개류 등)는 베이컨으로 한 번 감아서 꼬치에 꿴다. 곁들이는 소스는 일반적인 구운 요리, 또는 퐁뒤 부르기뇽에 곁들여 먹는 소스와 동일하다(페퍼 소스, 베아르네즈 소스, 타르타르 소스 등).

BARBERA 바르베라 이탈리아의 포도품종으로 피에몬테 지방에서 대량 생산되는 레드와인의 이름이이기도 하다. 바르베라 와인은 색이 짙고 산미가 강하며 과일향이 풍부하다. 비교적 어린 와인 상태에서 마시며, 병입 후 2차 발효를 하여 레드와인에서는 기대하기 힘든 약간의 기포성을 동반한 가볍고 상큼한 와인을 만들기도 한다.

BARBUE 바르뷔 광어. 브릴(brill). 가자미과와 비슷한 대문짝넙치과에 속하는 납작한 바다생선으로 길이가 30~75cm, 무게는 1~2kg, 큰 것은 3kg에 이른다(**참조** pp.674~677 바다생선 도감). 눈이 왼쪽에 있고 몸통의 윗면은 매끄러우며 회색 또는 베이지색 바탕에 진주빛의 작은 점들이 있다. 아랫면은 크림색을 띤 흰색이다. 대서양의 모래 해저에서 어획되며 그 개체수는 점점 줄어들고 있다. 대문짝넙치(turbot)와 비슷한 이 생선은 담백하고 섬세한 맛의 흰살을 갖고 있으며 영양가도 높다. 하지만 대문짝넙치와 달리 비늘이 있다. 조리 방법은 아주 다양한데 특히 와인(레드, 화이트 모두 포함), 샹파뉴, 시드르를 이용한 레시피가 대표적이다. 혹은 생선을 통째로 그릴이나 오븐에 굽기도 한다. 데쳐 익힌 다음 새우, 홍합, 굴, 민물가재 등을 곁들이기도 한다. 또한 다양한 소스를 곁들여 차갑게 서빙하기도 한다.

barbue : 광어 준비하기

생선을 통째로 익히거나, 브레이징 또는 국물에 데쳐 익히는 경우, 점무늬가 있는 쪽 면의 중앙으로 길게 칼집을 낸다. 필레를 살짝 들어 올린 다음 가시를 두세 군데 부러트려 익으면서 살의 모양이 변형되지 않도록 한다. 날것 상태로 필레를 뜰 경우 생선의 반점이 있는 쪽이 본인 쪽으로 오도록 놓는다. 가운데에 길게 칼집을 낸 다음 칼날을 살 아래로 뉘어 밀어 넣고 가시에서 분리해가며 잘라낸다. 머리와 꼬리 쪽을 끊어 필레를 들어낸다. 생선을 뒤집어 반대쪽 필레도 마찬가지 방법으로 떠낸다. 생선용 칼(couteau filet de sole, 날이 길고 탄력이 있어 살짝 휘어지며 끝이 뾰족하다)로 필레의 껍질을 제거한다.

barbue bonne femme 바르뷔 본 팜

와인에 익힌 광어 요리 : 광어를 손질한다. 레인지 톱과 오븐 모두 사용가능한 용기에 버터를 바른 다음, 껍질 벗겨 잘게 썬 샬롯, 다진 파슬리, 씻어서 얇게 썬 양송이버섯 250g을 고루 뿌려 담는다. 그 위에 생선을 놓고 드라이 화이트와인 100ml와 생선 육수 100ml를 붓는다. 버터를 잘게 썰어 조금 얹은 다음 불에 올려 끓으면 220°C로 예열한 오븐에 넣어 15~20분간 익힌다. 중간에 두세 번 익힘 국물을 끼얹어준다. 익히는 시간 마지막에는 알루미늄 포일을 덮어 생선이 너무 마르지 않게 한다.

barbue braisée 바르뷔 브레제

브레이징한 광어 요리 : 광어 한 마리를 통째로 손질해 준비한다. 껍질을 벗긴 당근 몇 개, 껍질 벗긴 양파 1~2개, 깨끗이 씻은 셀러리 1줄기를 얇게 썰어 버터에 노릇하게 슬쩍 볶는다. 파슬리 줄기와 타임, 월계수 잎을 넣어준다. 넙치 모양의 생선전용 찜기(turbotière) 바닥에 버터를 바른 다음 볶아 둔 채소를 깔아준다. 찜 망 위에 생선을 놓고 차가운 생선 육수를 재료 높이까지 채워준 다음 불에 올린다. 끓기 시작하면 220°C로 예열한 오븐에 넣고 15~20분간 익힌다. 중간중간 국물을 끼얹어준다. 생선을 꺼낸 뒤 껍질을 벗긴다. 살을 들어내고 가시를 제거한 다음 다시 살을 덮는다. 버터를 바른 서빙용 접시에 가시를 제거한 생선의 흰 면이 보이도록 뒤집어 놓는다. 생선을 익힌 국물을 체에 걸러 졸인 뒤 버터를 넣어 섞는다. 생선 위에 소스를 뿌린다. 생선을 익힐 때 생선 육수와 화이트와인을 반반씩 섞어 사용해도 좋다.

barbue au chambertin 바르뷔 오 샹베르탱

샹베르탱 와인에 익힌 광어 요리 : 광어 한 마리를 통째로 손질해 준비한다. 생선을 냄비에 넣고 깨끗이 씻은 작은 양송이버섯 24개를 빙 둘러 놓은 다음 생선 육수와 샹베르탱 와인을 반반씩 섞어 재료가 잠길 만큼 붓고 불에 올린다. 끓기 시작하면 220°C로 예열한 오븐에 넣고 15~20분간 익힌다. 중간중간 국물을 끼얹어준다. 생선을 꺼낸 뒤 살을 들어내고 가시를 제거한 다음 다시 살을 덮는다. 서빙 접시에 생선을 흰 면이 위로 오게 놓고 버섯을 빙 둘러 놓는다. 오븐 입구에 놓아 뜨겁게 유지한다. 생선을 익

흰 국물을 반으로 졸인 다음, 아주 약하게 끓는 상태에서 뵈르마니에(beurre manié)를 넉넉히 1테이블스푼 넣어 걸쭉하게 농도를 맞춘다. 차가운 버터 50g을 넣어 잘 섞은 뒤 체에 거른다. 생선의 흰 껍질을 벗긴 뒤 소스를 뿌린다. 부르기뇽식 방울양파 글레이즈를 곁들이기도 한다.

barbue à la dieppoise 바르뷔 아 라 디에푸아즈

디에푸아즈 소스 광어 요리 : 4인분 / 준비 : 40분 / 조리 : 30분

약 1kg짜리 광어를 손질한다. 홍합 1kg을 씻어 마리니에르 방식으로 익힌다(참조. p.556 MOULES MARINIÈRE). 홍합을 건져 껍질을 까고 수염을 제거한다. 홍합에서 나온 즙을 체에 거른 다음 홍합 살에 조금 부어둔다. 큰 사이즈의 양송이버섯 4개를 모양내어 돌려깎아 익힌다(참조. p.190). 새우 100g의 껍질을 깐 다음 팬에 버터 10g을 넣고 색이 나지 않게 볶는다. 생선을 익힐 용기에 붓으로 버터를 바르고 소금, 후추를 뿌린 다음, 잘게 썬 샬롯 1개를 고루 깔아준다. 그 위에 생선을 검은 껍질 쪽 면이 아래로 오게 놓고 소금, 후추로 간한다. 드라이 화이트와인 100ml, 체에 걸러 식혀둔 홍합 국물 200ml, 양송이버섯 익힌 국물 100ml을 넣고, 버터를 바른 유산지로 덮어준다. 불에 올린 다음 천천히 익혀 살살 끓기 시작하면 160°C 오븐으로 옮겨 8~10분간 익힌다. 검은색 면 껍질을 조심스럽게 벗긴 다음 버터를 칠한 서빙 접시에 놓는다. 다시 유산지로 덮어 뜨겁게 보관한다. 익힌 국물을 소테팬에 붓고 반으로 졸인 다음 생크림을 200ml 넣고 다시 졸여 들어 올렸을 때 주걱에 묻는 농도의 소스를 만든다. 불에서 내리고 작게 잘라둔 버터를 넣고 거품기로 세게 저어 에멀전화한다. 홍합과 새우를 건져 소스에 넣어준다. 생선에서 흘러나온 즙을 소스에 넣어 섞는다. 소금, 후추로 간을 맞춘다. 필요하면 레몬즙을 몇 방울 넣어도 좋다. 소스를 끓지 않을 정도로 데운다. 양송이버섯 4개를 생선 위에 올린 다음 디에푸아즈 소스(sauce à dieppoise)를 전체에 뿌려 서빙한다.

filets de barbue à la créole 필레 드 바르뷔 아 라 크레올

크레올식 광어 필레 : 광어의 필레를 떠 씻은 다음 소금, 후추로 간하고 카옌페퍼를 아주 조금 뿌린다. 밀가루를 묻혀 기름을 달군 팬에 튀기듯이 지진다. 레몬즙을 뿌린 다음 따뜻하게 데운 접시에 놓는다. 생선을 지진 팬에 다진 마늘과 파슬리(필레 6조각 기준 1테이블스푼)를 넣어 볶은 다음, 고추 향을 낸 기름을 몇 방울 뿌린다. 이 소스를 생선 필레에 뿌린다. 반으로 잘라 기름에 볶은 토마토, 필라프 라이스, 기름에 충분히 볶은 피망을 곁들여 서빙한다.

filets de barbue Véron 필레 드 바르뷔 베롱

베롱 소스 광어 필레 : 광어 필레를 길게 반으로 자른 다음 소금, 후추로 간한다. 버터를 바르고 빵가루를 묻힌 다음 녹인 버터를 뿌려 약한 불로 그릴에 굽는다. 따뜻하게 데운 접시에 놓고 베롱 소스(sauce Véron)를 뿌린다(참조. p.785).

BARDANE 바르단 우엉. 국화과에 속하는 대형 초본 식물로 미개간지에서 많이 볼 수 있다. 갈퀴덩굴(gratteron)을 비롯한 여러 별명 (teigne, herbe aux teigneux, glouteron)을 갖고 있는 이 식물은 살이 통통하고 긴 뿌리를 갖고 있으며, 샐서피(salsifis)나 아스파라거스와 같은 방법으로 조리해 먹는다. 약간 쌉싸름하면서도 상큼한 맛을 가진 어린 순과 잎은 수프를 만들거나 오래 익히는 조리법에 적당하며 특히 남 프랑스나 이탈리아에서 즐겨 먹는다. 몇몇 지역에서는 우엉의 큰 잎으로 버터나 치즈를 감싸 포장하는 경우도 있다. 유럽에서는 야생으로 자라며 생산지 지역에서만 채소로 소비되고 있다.

BARDER UNE VOLAILLE 가금류 라드로 덮어 실로 묶기

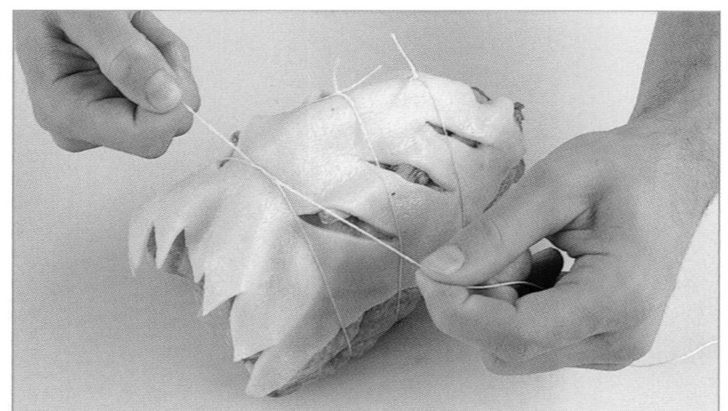

닭의 양 날개를 실로 묶는다. 얇게 슬라이스한 돼지비계(barde)를 적당한 크기로 잘라 닭 위에 덮고 주방용 실로 두 번 묶어준다. 한 군데 더 묶어 단단히 고정시킨다.

BARDE 바르드 돼지 등쪽의 넓적한 비계를 1mm두께로 얇게 저민 것. 소고기나 송아지고기 로스트, 몇몇 수렵육 조류와 가금류, 포피에트(paupiettes), 심지어 생선(통째로 굽는 경우)을 익힐 때 감싸 너무 센 열기로 인해 재료가 마르는 것을 방지하는 데 사용된다. 또한 시각적 효과를 증대하기 위해서도 사용된다. 비계는 감싼 재료의 맛을 변화시키기 때문에, 큰 덩어리로 익히는 경우 재료 무게의 10%, 작은 개인용 포션의 경우 13%를 초과해서는 안 된다. 자고새 새끼(perdreau)와 몇몇 수렵육 조류를 제외하고는 익힌 후 서빙할 때 비계를 제거한다. 그 밖에도 스튜 등을 끓일 때 냄비의 바닥과 옆면에 깔거나, 파테나 테린 등을 만들 때 틀 안에 깔고 표면에 덮는 용도로도 사용된다.

BARIGOULE (À LA) (아 라) 바리굴 아티초크에 속을 채워 익히는 조리법. 프로방스 사투리인 바리굴은 젖버섯의 한 종류를 지칭하는 이름이다. 원래 시골의 토종 레시피는 버섯처럼 아티초크의 밑동을 완전히 잘라낸 다음 기름을 뿌려 굽는 것이었다. 프로방스의 요리사들은 아티초크에 햄과 다진 버섯을 채워 넣는 이 레시피를 만들어냈다.

▶ 레시피 : ARTICHAUT.

BARMAN OU BARTENDER 바르만, 바텐더 바텐더. 카페의 바 카운터에서 맥주, 칵테일 등의 술이나 음료를 서빙하는 사람을 가리키는 영어 단어로 여성은 바 메이드(barmaid)라고 부른다. 대부분 칵테일 전문가로, 직접 만들어 서빙하고 마치 요리사가 새로운 요리를 만들어내듯이 새로운 칵테일 메뉴를 개발해내기도 한다. 대개 성을 뺀 이름만으로 유명세를 타는 바텐더들은 국제적인 믹솔로지스트 경력을 쌓는 경우가 많다. 요리학교나 호텔 경영 학교에서 이 과정의 수업을 개설하고 있기는 하지만 진정한 실력은 오랜 시간의 실무경험을 통해서만 얻을 수 있다. 이렇게 바텐더와 바의 정신은 계속 이어진다. 수준 높은 서비스, 소비자를 대하는 정중한 태도, 입이 무거운 신중한 매너(비밀을 알게 되는 경우가 많다)가 바로 핵심이다.

BAROLO 바롤로 피에몬테 지방의 언덕 지대 바롤로 마을 주변에서 생산되는 레드와인. 네비올로(nebbiolo) 포도품종으로 만드는 이 와인은 향이 풍부하고 바디감이 있으며 병입하기 전 오크통에서 숙성된다. 색이 짙으며 섬세하고 고급스러운 풍미를 지니고 있다.

BARON 바롱 양의 볼기등심(selle anglaise)과 두 개의 뒷 넓적다리(gigot) 부분을 포함하는 부위(**참조** p.22 양 정육 분할 도감). 원래는 소에 해당하는 용어였으나 너무나 거대한 부위여서 이 상태로 조리되는 경우는 거의 없다. 하지만 오븐에 로스트하거나 로티세리 꼬챙이에 꿰어 구운 뒤(**참조** MÉCHOUI) 채소(익힌 엔다이브, 그린빈스, 플라젤렛 강낭콩, 감자 등)를 곁들이고 육즙 소스를 끼얹은 이 양고기 부위 요리(baron d'agneau)는 프랑스의 가장 화려한 요리 중 하나다. 꼬챙이에 꿰어 로스팅한 허리등심살을 맛보고 감동한 잉글랜드 헨리 8세는 "허리살 경(Sir loin, Baron of beef)"라고 칭하고 기사 작위를 수여했다고 전해진다. 현재까지도 영어로 설로인(sirloin)은 허리등심(aloyau) 혹은 채끝(faux-filet)을 뜻하며, 로인(loin)은 등심(longe)를 가리킨다.

BARQUETTE 바르케트 짭짤하거나 달콤한 재료를 담는 타원형의 작은 크러스트, 타르트 셸(음식에 따라 속을 채우지 않고 바르케트 셸만 먼저 굽거나, 내용물을 채운 뒤 굽는다). 짭짤한 음식의 경우 오르되브르나 애피타이저로 따뜻하게 혹은 차갑게 서빙할 수 있고, 달콤한 바르케트의 경우는 과일이나 크림을 채워 넣은 파티스리의 일종이다. 또한 이 용어는 음식의 포장, 보존 또는 조리에 사용되는 플라스틱(전자레인지 사용 가능한 것)이나 알루미늄 재질의 다양한 용기를 가리키기도 한다(뚜껑 유무 상관없이 모두 포함).

barquette : 바르케트 크러스트 만들기

1인용 바르케트 15~18개 분량

체에 친 밀가루 250g, 소금 5g, 달걀노른자 1개, 버터 125g, 물 100ml를 혼합해 타르트 반죽(pâte à foncer)을 만든다. 파티스리용 바르케트에는 설탕을 10g 추가한다. 밀대로 반죽을 3mm 두께로 민 다음 테두리에 요철무늬가 있는 타원형 커터로 바르

케트 틀 사이즈에 맞춰 잘라 틀에 깔아준다. 반죽 바닥을 포크로 군데군데 찔러준 다음 200~220°C로 예열한 오븐에 넣어 8~10분간 굽는다.

BARQUETTES SALÉES 짭짤한 바르케트

barquettes aux anchois 바르케트 오 장슈아

안초비 바르케트 : 안초비의 소금기를 완전히 뺀 다음 필레만 떼어낸다. 버섯과 껍질을 벗긴 양파를 큐브 모양으로 썰어 버터에 볶고, 베샤멜 소스를 조금 넣어 섞는다. 굳은 빵의 속살을 가루로 만들어 바삭하게 볶는다. 안초비 필레를 송송 썰어 베샤멜 혼합물과 섞는다. 미리 구워낸 바르케트 크러스트에 혼합물을 채워 넣고 빵가루를 뿌린 다음 오븐에 잠깐 구워낸다.

barquettes aux champignons 바르케트 오 샹피뇽

버섯 바르케트 : 스크램블드 에그와 버섯 뒥셀(duxelles)을 만든다. 미리 구워둔 바르케트 크러스트에 스크램블드 에그를 한 켜 깔고 그 위에 버섯 뒥셀을 얹는다. 빵가루를 바삭하게 볶아 뿌린 다음 오븐에 몇 분간 구워낸다.

barquettes au fromage 바르케트 오 프로마주

치즈 바르케트 : 버섯을 얇게 썰어 버터에 노릇하게 볶는다. 베샤멜을 만든 다음 그뤼예르 치즈, 볶은 버섯을 넣어 섞는다. 혼합물을 바르케트에 채운 뒤 빵가루를 뿌린다. 녹인 버터를 뿌리고 오븐에 넣어 그라탱처럼 굽는다.

barquettes aux laitances 바르케트 오 레탕스

생선 이리 바르케트 : 생선의 이리를 데쳐 익힌다. 버섯을 얇게 썰어 볶는다. 베샤멜을 만든다. 바르케트 안에 버섯을 채워 넣고 이리를 얹는다. 베샤멜 소스를 덮어준 다음 가늘게 간 그뤼예르 치즈를 뿌리고 오븐에 넣고 그라탱처럼 굽는다.

barquettes aux œufs brouillés et aux asperges 바르케트 오 죄 부루이예 에 오 자스페르주

스크램블드 에그와 아스파라거스 바르케트 : 스크램블드 에그를 만들고 아스파라거스 윗동을 익혀둔다. 바르케트 크러스트에 달걀을 채우고 아스파라거스를 얹는다. 녹인 버터를 뿌린 뒤 오븐에서 데워낸다.

BARQUETTES SUCRÉES 달콤한 바르케트

barquettes aux abricots 바르케트 오 자브리코

살구 바르케트 : 약 15개 정도의 바르케트용 타르트 시트를 만든다. 체에 친 밀가루 250g, 소금 5g, 설탕 10g, 달걀노른자 1개, 버터 125g, 물 100ml을 섞어 반죽한다. 3~4mm 두께로 밀어 테두리에 요철무늬가 있는 타원형 커터로 바르케트 틀 사이즈에 맞춰 잘라낸 다음 틀에 깔아준다. 반죽 바닥을 포크로 군데군데 찔러준 다음 설탕을 작게 한 꼬집 솔솔 뿌린다. 살구는 씨를 빼고 4등분한다. 껍질이 위로 오게 하여 바르케트 안에 길이로 나란히 놓는다. 200°C로 예열한 오븐에 넣어 20분간 굽는다. 틀에서 꺼낸 뒤 식힘망에 올린다. 체에 거른 살구 마멀레이드를 바르케트에 뿌리고 껍질 깐 아몬드를 반쪽으로 갈라 얹는다.

barquettes aux framboises 바르케트 오 프랑부아즈

라즈베리 바르케트 : 파트 브리제로 바르케트 크러스트를 만들어 미리 구워 식혀둔다. 바르케트에 크렘 파티시에르를 채운 다음 라즈베리를 얹는다. 레드커런트 즐레(또는 라즈베리 즐레)를 따뜻하게 데워 과일 위에 씌운다.

barquettes aux marrons 바르케트 오 마롱

밤 바르케트 : 바르케트 크러스트를 미리 구워 식힌 다음 밤 크림을 채운다. 짤주머니로 샹티이 크림을 짜얹고 설탕을 입힌 바이올렛(violette 제비꽃)으로 장식한다. 혹은 두 면이 생기도록 돔 모양으로 밤 크림을 짜 얹은 다음 한 면은 커피, 다른 한 면은 초콜릿으로 글레이즈하고 바닐라 버터 크림을 경계선에 짜 올려 장식해도 좋다.

BARRACUDA 바라쿠다 바라쿠다. 창꼬치고기. 꼬치고기과에 속하는 열대 바다생선으로 주로 아프리카 연안에 서식하며 '가짜 강꼬치고기(faux brochet)'라는 이름으로 판매되기도 한다. 여러 종류가 있으며 모두 몸이 길쭉하고 대가리가 길고 넓적하며 주둥이가 뾰족하다. 가장 유명한 종류는 옆면에 금색 띠 모양이 있는 작은 바라쿠다로 길이는 1m가 채 되지 않는다. 이 생선은 프랑스의 시장에서 신선한 상태로 구입할 구 있으며, 살이 아주 맛있고 조리하기도 쉽다. 그릴에 굽거나 얇게 저민 카르파치오로 만들어 먹는다.

BARRIER (CHARLES) 샤를 바리에 프랑스의 요리사(1916, Saint-Mars-la-Pile 출생—2009, Saint-Cyr 타계). 농부의 아들로 태어난 그는 파티시에 견습생으로 첫 발을 딛고 부르주아 가정의 요리사가 되었다. 이후 투르(Tours) 트랑셰가의 레스토랑 르 네그르(le Nègre)의 셰프가 되면서(1944) 루아르 지방 미식의 중심인물이 된다. 그의 레스토랑은 1955년 첫 번째 미슐랭 별을, 1960년 미슐랭 두 번째 별을 받았고 자신의 이름으로 식당 이름을 바꾼 이후 1968년에는 세 번째 별 획득에 성공했다. 1958년 프랑스 요리 명장(MOF) 타이틀을 얻은 그는 클래식하면서도 모던함이 더해진 요리들로 건재함을 과시하며 영향력을 넓혀갔다. 대표적인 요리로는 세 가지 생선 테린, 건포도를 넣은 닭 간 무스, 푸아그라를 채운 돼지 족발 등이 있다. 그는 자신의 식당에서 빵을 직접 만들어 서빙했던 최초의 셰프들 중 하나다.

BARSAC 바르삭 보르도 지방의 코뮌(commune) 이름으로, 이 지역에서 생산되는 스위트 와인의 이름이기도 하다. 살구와 꿀 향이 짙은 이 스위트 와인은 세미용(semillon), 소비뇽(sauvignon)과 뮈스카델(muscadelle) 포도품종으로 만든다. 소테른(sauternes)보다는 훨씬 단맛이 덜하다(**참조** BORDELAIS).

BAS DE CARRÉ 바 드 카레 송아지의 목살(colier)과 윗갈비(côtes découvertes)부분을 포함하는 덩어리 부위(**참조** p.879 송아지 정육 분할 도감). 이 부위의 살은 일반적으로 뼈를 제거한 뒤 코코트 냄비에 익히는 로스트용으로 판매되며, 대개 정육점에서 말아 비계로 두른 뒤 실로 묶어 판매한다. 작게 썰어 블랑케트(blanquette) 스튜나 소테용으로도 사용한다. 뼈를 제거하지 않은 경우, 뼈가 붙은 등심인 윗갈비 상태(côtelettes découvertes)로 잘라 구입할 수 있는데, 이 부위는 목살보다 좀 더 연하고 가장 연한 안쪽 갈빗대살(côtelettes premières)부위나 안심(filet)보다 가격이 저렴하다.

BAS MORCEAUX 바 모르소 동물이 서 있는 자세를 기준으로 했을 때 하부에 위치한 정육 부위를 뜻한다(직역하면 '낮은 부위'라는 뜻이다). 이 부위의 살은 운동량이 많아 질기기 때문에 액체(물, 와인, 육수 등)에 넣고 익혀야 한다. 소의 경우 정강이(사태 포함), 양지, 치마살, 업진살, 차돌박이, 갈빗살, 송아지의 경우 앞사태, 정강이, 양지, 차돌양지, 삼겹양지 등의 뱃살, 양과 돼지의 경우 정강이와 삼겹살이 이 부위에 해당된다. 콜라겐과 지방이 풍부한 이 부위의 고기는 뭉근히 오래 익히는 방법(브레이징, 스튜, 포토푀, 찜, 부르기뇽, 나바랭 등)으로 조리하면 부드럽고 쫄깃하며 풍미가 깊다. 각종 향신 재료를 넣고 오랜 시간 끓여 향을 더해준다.

BASELLE 바젤 바셀라. 말라바 시금치. 낙규과에 속하는 초본식물로 일조량이 많고 온화한 기후를 가진 지역에서 자란다. 줄기가 자라면서 감아 말리는 덩굴형태인 이 식물은 줄기에 잎이 자라 달리는 대로 잘라내 먹으면 된다. 조리법은 시금치와 동일하다. 앙티유에서는 아크멜라(파라크레스, brède)처럼 조리해 먹는다.

BASELLE TUBÉREUSE ▶ 참조 ULLUCO

BASILIC 바질리크 바질. 꿀풀과에 속하는 향신 식물로 원산지는 인도다(**참조** pp.451~454 향신 허브 도감). 왕의 식물(royal plant)라는 의미의 그리스어 basiilikon phuton에서 따온 이 이름은 고대로부터 이 식물에 부여한 값어치를 증명해준다. 바질의 품종은 약 60여 개에 달하며 그 크기도 다양하다. 프로방스 요리 등에서 일반적으로 가장 많이 사용하는 녹색 바질(le grand vert)이 가장 많이 재배된다. 약간 매콤한듯한 향이 나며 입안을 따뜻하게 해주지만 바질의 맛은 상큼하고 가벼운 아니스 풍미가 난다. 피스투 수프나 미네스트로네에 빠져서는 안 되는 재료이며 올리브오일과 궁합이 잘 맞는다. 파스타에 다양한 형태로 첨가해 향을 더해줄 뿐 아니라 토마토와 피망 샐러드에 넣어도 아주 잘 어울린다.

▶ 레시피 : HUILE, LANGOUSTE, ROUGET-BARBET, WOK.

BASQUAISE (À LA) 아 라 바스케즈 바스크식의. 토마토, 피망, 마늘 그리고 대체적으로 바욘 생햄(jambon de Bayonne)이 들어간 요리를 지칭한

다. 바욘 지방의 특산 생햄인 '장봉 드 바욘'은 큰 덩어리의 고기 요리를 서빙할 때 볶은 포치니 버섯(cèpes)과 폼 안나(pommes Anna)와 함께 바스크 식 가니시로 곁들여진다.

▶ 레시피 : CALMAR, POULET.

BASQUE (PAYS) 페이 바스크 페이 바스크는 고유의 독특한 요리 정체성을 갖고 있다. 대표적인 음식으로는 바욘 생햄, 에스플레트 고추, 양젖 치즈, 비스케이만의 다랑어, 아두르강과 니벨르강의 뱀장어 새끼(pibales), 초콜릿을 들 수 있다. 이 지방 요리의 특징은 바스크식(à la basquaise)으로 일컬어지는 그 조리 방법의 색깔에서 특히 두드러진다. 요리에는 대부분 토마토와 피망, 마늘, 양파가 들어가고 바욘 생햄을 넣기도 하며, 물론 고추도 들어간다. 가장 잘 알려진 것은 에스플레트 고추(piment d'Espelette)다. 붉은색 또는 녹색의 고추를 생으로 혹은 말려서, 가루로 빻거나 다져서, 마리네이드하거나 속을 채워서, 퓌레로 혹은 식초 절임으로 다양하게 사용한다. 후추를 대신해 양념에 많이 사용하며 심지어 햄을 보존할 때도 향신료로 쓴다. 맵지 않은 녹색 고추를 부드럽게 볶은 피프라드(piperade)에, 팬에 지진 생햄이나 닭고기, 참치 등을 곁들인 스크램블드 에그나 오믈렛에도 에스플레트 칠리는 두루 사용된다. 자주 사용되는 채소로는 양배추를 들 수 있으며 주로 수프, 그라탱, 또는 소시지와 베이컨을 곁들인 프리카세(fricassée)로 조리해 먹는다.

옥수수 빵(mesture) 등 옛날 레시피에 많이 등장하던 옥수수는 점점 쌀에게 그 자리를 내어주고 있다. 쌀로 속을 채운 피망, 또는 삼겹살 라르동, 초리조, 고추, 양파, 토마토 소스를 넣어 만든 쌀 요리인 가추차(riz gachucha) 등을 예로 들 수 있다. 고기는 주로 스튜를 만들거나 구워서 먹는다. 양고기를 주재료로 한 요리는 피망과 토마토를 넣은 양고기 스튜(tchilindron), 속을 채운 어깨살, 향신료를 넣은 매콤한 양고기 부댕(tripotxa), 양 통구이(zikiro) 등이 대표적이다. 돼지고기는 대표적인 바욘 생햄(jambon de Bayonne)를 만드는 데 사용되며 그 밖에도 고추와 마늘을 넣은 작은 소시지(louquenkas)나 베이컨 등 개성 있는 샤퀴트리를 만드는 데 쓰인다. 마늘을 박아 굽거나 코코트 냄비에 뭉근히 익혀 조리하는 붉은색 또는 흰색 다랑어 살은 단연코 가장 인기 있는 생선이며 염장 대구가 그 뒤를 잇는다. 염장 대구는 피망과 양파로 만든 소스를 곁들이는 비스카이나(biskaïna), 혹은 수프로 만들어 먹는다. 유럽 대구의 일종인 메를루사(merlu)는 다양한 채소를 넣고 코코트 냄비에 익힌 요리(koskera)로 즐겨 먹는다. 바닷가재, 게 등의 갑각류 해산물은 원재료 그대로 익혀 먹거나 속을 채워 먹기도 하고, 오징어 류는 먹물과 함께 조리하기도 하는데, 주로 양파를 넣고 볶거나 속을 채워 익힌다. 페이 바스크의 치즈는 그 종류가 많진 않으나, 좋은 품질의 양젖 치즈 제품으로 인정받고 있다(ossau-iraty-brebis-pyrénées, AOC).

디저트는 투박한 스타일로 주로 옥수수를 주재료로 사용하여 플랑, 달콤한 죽(morokil), 갈레트, 튀김 과자(kruxpetas) 등을 만든다. 그러나 뭐니뭐니해도 가장 인기가 높은 것은 잇차수(Itxassou) 체리를 넣은 가토 바스크(gâteau basque)다. 또한 아주 고급 품질의 초콜릿(Bayonne)과 아몬드 누가(touron aux amandes)도 생산된다.

■ **수프.**

● **마늘 수프, 양배추 수프, 생선 수프.** 전통적인 음식인 수프로는 배추, 양파, 강낭콩, 마늘, 식초를 넣어 만드는 마늘 수프(elzekaria)와 흰 양배추 수프가 대표적이다. 가장 유명한 것은 생 장 드 뤼즈(Saint-Jean-de-Luz)의 '어부의 수프(ttoro)'인데 그 종류는 염장 대구와 채소만 넣는 아주 간단한 것에서부터 성대, 붕장어, 아귀, 대구머리뿐 아니라 랑구스틴(가시발새우), 홍합, 심지어 닭새우까지 넣은 화려한 생선 스튜에 이르기까지 다양하다. 이 모든 재료에 각종 향신 재료와 고추(매운 것, 맵지 않은 것 모두)를 넣어 맛을 낸다. 비아리츠(Biarritz)에서는 흰살 생선과 소렐을 넣어 만들며 마지막에 달걀노른자를 넣어 걸쭉하게 리에종한다.

■ **생선, 해산물.**

● **BESUGO, MARMITAKO, TRUITE AU JAMBON 붉은 도미 요리, 참치와 감자 스튜, 바욘 햄을 곁들인 송어구이.** 생선 조리법은 마늘과 고추 등을 넣은 간단한 것이 대부분이지만, 유럽 메를루사(colin)의 볼살(cocochas)이나 뱀장어 치어(pibales) 요리는 이 지방의 독특한 메뉴다. 전통적인 생선 요리로는 양파와 마늘, 피망과 함께 오븐에 익힌 붉은 도미(besugo, 크리스마스의 대표음식이다), 참치와 감자, 토마토, 고추, 마늘을 넣은 스튜(marmitako)를 꼽을 수 있다. 바욘 생햄을 곁들인 송어는 팬에 지져 굽는 요리다. 생선을 씻어 간을 한 다음 밀가루를 묻혀 소테팬에 튀기듯 지진다. 마늘, 식초를 넣어 팬에 지진 햄을 곁들이고 파슬리를 뿌려 서빙한다.

■ **육류.**

● **HACHUA 아슈아.** 작게 썬 소고기나 송아지 고기를 소테팬에 지진 다음 양파와 마늘, 고추를 넣고 뭉근히 익힌다. 소고기에 안초비를 넣어 익히거나, 레드 와인을 넣고 푹 찌듯이 익혀 먹기도 하고 피망을 넣고 끓여 스튜를 만들기도 한다.

● **소의 제1 위(양 양깃머리). GRAS-DOUBLE 그라 두블.** 베이컨, 향신 재료, 화이트와인을 넣어 만드는 바스크식 소 부속요리. 돼지 기름에 볶은 피망과 함께 서빙한다.

● **ÉPAULE DE VEAU 송아지 어깨살.** 바욘 생햄 슬라이스로 속을 채운 송아지 어깨살을 작은 방울양파와 함께 코코트 냄비에서 뭉근히 오래 익힌 다음 라이스를 곁들여 먹는다.

● **VOLAILLES 가금류 : POULET BASQUAISE 풀레 바스케즈.** 닭을 토막 내어 양파를 넣고 소테한 다음, 토마토, 피망, 깍둑 썬 바욘 생햄과 함께 코코트 냄비에 넣고 마늘, 고추 가루로 향을 내어 뭉근히 익힌 바스크식 대표 닭 요리. 일반적으로 흰 쌀밥을 곁들여 먹는다.

■ **파티스리.**

● **CATALAMBROCA 카탈랑브로카.** 밀가루, 설탕 베이스에 아몬드와 시트러스 제스트, 때로는 럼을 더해 향을 내는 이 전통 결혼축하용 케이크는 원추형 틀이 장착된 세로로 된 긴 꼬챙이에 꽂은 상태로 굽는다. 밑에 부어 구운 반죽이 익으면 그 위에 새 반죽을 조금씩 더해 붙여가며 층층이 익히는 방식으로 만든다.

● **KOKAS 코카.** 바스크식 플랑. 체리나 건자두 등의 과일을 곁들이기도 한다.

■ **와인, 리큐어.**

● **IROULÉGUY 이룰레기.** 바스크 지방의 유일한 AOC 와인으로 주 포도품종은 타나(tannat)이지만, 카베르네 프랑(cabernet franc)과 카베르네 소비뇽(cabernet sauvignon)도 함께 사용한다. 레드와인이 총생산의 2/3를 차지하며 로제와인도 몇 종류 있으나 화이트와인은 아주 드물다.

● **IZARRA 이자라.** 이 리큐어의 모방할 수 없는 특별한 맛은 복잡한 제조법에 그 비밀이 있다. 그린 이자라는 48종, 옐로 이자라는 32종의 약초와 허브로 만든 증류주에, 아르마냑에 재운 과일과 아카시아 꿀, 사프란에서 우려낸 향을 섞어 만든다.

BASSES CÔTES 바스 코트 소의 윗등심 부위. 소의 등쪽 첫 번째 5개 척추뼈를 감싸고 있는 불쑥 올라온 부분의 살을 가리킨다(**참조** pp.108~109 프랑스식 소 정육 분할 도감). 뼈를 제거한 이 부위의 살은 포토푀, 브레이징용, 또는 뵈프 부르기뇽 등 오래 뭉근히 끓이면 깊은 풍미를 낸다. 슬라이스해서 그릴에 굽거나 '파리 스타일 등심 스테이크(entrecôtes parisiennes)'로 구워 먹기도 한다. 비교적 기름기가 있으며, 미식가들이 아주 선호하는 부위다.

BASSINE 바신 원형의 대형 용기나 냄비를 통칭하는 용어로, 일반적으로 양쪽에 손잡이가 달려 있으며 음식물을 준비하거나 익히거나 보관하는 용도로 사용한다.

● **BASSINE À BLANCS D'ŒUF 바신 아 블랑 되프.** 도금하지 않은 구리로 된 반구형 큰 볼로 엄지손가락을 끼워 잡을 수 있는 고리가 한 개 달려 있다(**참조** CUL-DE-POULE). 달걀흰자 등을 거품 낼 때 사용한다.

● **BASSINE À LÉGUMES 바신 아 레귐 (손잡이 없음).** 양철이나 플라스틱 재질로 된 큰 용기로 채소를 씻을 때 주로 사용한다.

● **BASSINE À BLANCHIR 바신 아 블랑시르.** 도금하지 않은 구리로 된 원통형 들통으로 많은 양의 물을 넣고 녹색 채소 등을 데쳐 익힐 때 사용한다.

● **BASSINE À FRITURE 바신 아 프리튀르.** 알루미늄, 스테인리스, 또는 검은 양철로 된 튀김 냄비(이 이미지를 따서 négresse (검댕이 냄비)라는 이름으로도 불린다)로 기름을 털어내는 바구니 망이 보통 한 세트로 되어 있다(**참조** FRITEUSE).

● **BASSINE À RAGOÛT (OU RONDEAU HAUT) 바신 아 라구 (롱도 오).** 스튜용 냄비. 강화 알루미늄, 스테인리스 혹은 구리로 된 원통형 냄비로 깊이가 꽤 깊고 뚜껑이 있다. 채소 등을 익히거나 수프를 끓일 때 사용한다.

Barman 바텐더

"파리 리츠 호텔 헤밍웨이 바의 흰 제복을 입은 바텐더, 혹은 포시즌 조르주 생크 호텔 바의 검은색 유니폼을 입은 바텐더, 이들은 모두 뛰어난 대가들이다. 술에 대해 완벽한 지식, 정확한 믹싱 기술, 섬세한 배합량 조절 능력 덕에 하나하나의 칵테일을 음미하는 시간은 그 무엇과도 비교할 수 없는 아주 특별한 순간이 된다."

● **BASSINE À SUCRE 바신 아 쉬크르.** 설탕용 냄비. 도금하지 않은 구리로 된 반구형의 용기로 설탕을 끓여 시럽을 만들 때 사용한다.
● **BASSINE À CONFITURE 바신 아 콩피튀르.** 잼 제조용 냄비. 붉은색 구리로 된 잼 제조용 냄비로 테두리가 바깥으로 말려있다.
● **BASSINE-CALOTTE 바신 칼로트.** 양철이나 스테인리스로 된 용기로 주로 레스토랑 주방에서 반죽이나 혼합물, 크림 등을 섞거나 보관하는 용도로 쓰인다.

BA-TA-CLAN 바타클랑 절구로 찧은 생아몬드 가루에 달걀을 한 개씩 넣고 설탕, 럼, 밀가루를 섞어 만든 케이크. 요철무늬 테두리가 있는 납작한 원형 틀에 넣어 구운 뒤 바닐라로 향을 낸 퐁당 아이싱을 덮어준다. 이 케이크의 이름은 19세기 말에 문을 연 파리의 유명한 공연 카페인 바타클랑에서 따온 것이며, 레시피를 처음 소개한 사람은 파티시에 라캉(Pierre Lacam 1836~1902)이다.

BATELIÈRE (À LA) 아 라 바틀리에르 데친 양송이버섯, 윤기나게 글레이즈한 방울양파, 달걀프라이, 집게다리를 뒤로 꺾어 고정시킨 민물가재 등으로 구성된 가니시를 가리킨다. 이 음식은 또한 바르케트 모양으로(여기에서 이름이 유래했다) 만든 서대 필레를 지칭하기도 한다. 잘게 썬 민물가재와 홍합살 살피콩(salpicon) 위에 서대 필레를 얹고 화이트와인과 허브로 만든 소스를 뿌린 음식이다. 바틀리에르식 고등어 요리(maquereau à la batelière)는 구운 고등어와 소스 베르트(sauce verte)를 따로 서빙한다.

BÂTON OU BÂTONNET 바통, 바토네 프티푸르의 일종으로 퓌유타주나 아몬드 페이스트로 만든 길쭉한 스틱 모양의 구움 과자를 가리킨다. 케이크에 곁들이기도 하며, 뷔페의 디저트 코너에도 자주 등장한다. 또한 요리에서 쓰이는 용어인 '앙 바토네 (en bâtonnets)'는 주로 채소 등의 재료를 정사각면의 길쭉한 막대 모양으로 썬 것을 의미한다.

---

bâtonnets au cumin 바토네 오 퀴맹

커민 씨 스틱 쿠키 : 타르트 시트 반죽(파트 쉬크레)을 만들어 밀대로 편 다음 커민 씨를 뿌리고 길쭉한 스틱 모양(바토네)으로 자른다. 이것을 굴려 버터를 발라둔 오븐팬에 놓고 달걀물을 발라준다. 240°C로 예열한 오븐에서 10분간 구워낸다.

---

bâtons feuilletés glacés 바통 퓌유테 글라세

글레이즈드 페이스트리 스틱 : 파트 퓌유테 반죽을 3mm 두께로 민 다음 8cm 폭의 띠 모양으로 자른다. 글라스 루아얄(glace royal 슈거파우더와 달걀흰자를 혼합한 설탕 아이싱)을 발라 입힌 다음 띠 모양 반죽을 길게 이등분한다. 버터를 바른 베이킹팬에 놓고 200~210°C로 예열한 오븐에서 구워낸다.

---

bâtons glacés à la vanille 바통 글라세 아 라 바니유

바닐라 글레이즈드 페이스트리 스틱 : 아몬드 가루 250g과 슈거파우더 250g을 섞은 뒤 달걀흰자를 넣고 균일하게 혼합하여 글라스 루아얄(glace royal) 아이싱을 만든다. 바닐라 가루 1티스푼을 넣어 향을 낸다. 대리석 작업대에 기름을 바르고 퓌유테 반죽을 1cm 두께로 밀어 편 뒤, 글라스 루아얄을 한 켜 발라 덮어준다. 길이 10cm, 폭 2cm의 직사각형으로 길게 자른 다음, 버터를 바르고 밀가루를 묻혀둔 베이킹팬에 놓는다. 160°C로 예열한 오븐에서 10분간 구워낸다.

BÂTONNAGE 바토나주 긴 막대기(bâton)로 양조통 안의 와인을 휘저어 바닥에 가라앉은 효모 앙금 찌꺼기(lies)를 위로 띄워 퍼지게 하는 테크닉. 이 과정을 거치면 와인은 더욱 기름지며 복합적인 풍부한 향을 갖게 된다. 최상급 화이트와인을 숙성하는 과정에서 많이 사용하는 기법이다.

BATTE À CÔTELETTE 바트 아 코틀레트 고기 두드리기, 고기 망치. 뼈 붙은 등심, 에스칼로프, 등심 스테이크, 생선 필레 등을 납작하게 두드리는 도구. 스테인리스 재질로 된 납작한 정사각형으로 두드리는 면은 한쪽에 있고 위쪽 면에는 가운데가 올라오도록 양쪽이 경사면으로 되어 있으며 손잡이가 달려있다. 크기에 비해 꽤 무거운 편이다(약 900g).

BATTERIE DE CUISINE 바트리 드 퀴진 주방도구 및 집기 일체. 조리용 대형 용기. 주방 집기, 음식을 준비하거나 익히는 과정에 사용되는 소도구 등을 총칭하는 용어이다.
■ **역사.** 최초의 항아리와 잔은 흙과 나무로 만들어진 것이었고, 이후 청동이 등장했다. 히브리 민족은 쇠로된 솥을 사용했고 창이 두 개인 초기 형태의 포크로 음식을 찍어 먹었다. 조리 및 식사 도구가 현격하게 발전된 모습을 보인 것은 고대 그리스 시대였다. 고대 그리스인들은 점토로 만든 도자기 뿐 아니라 동, 철, 은으로 만든 깊고 뾰족한 모양의 단지들을 사용했으며 오늘날 우리가 쓰는 팬의 조상격인 도구를 화로불 위의 삼발이에 놓고 음식을 조리했다. 로마인들은 이와 같은 도구를 이어 받아 더욱 완성도를 높였다. 특히 정확한 특정 기능을 담당하는 주방 소도구들을 많이 고안해냈다. 고대 로마의 요리사들은 벽돌로 만든 오븐과 물이 나오는 개수대를 사용했다. 갈리아 족이 사용하던 주방도구들은 원시적인 초창기 형태의 것들(솥, 벽난로용 냄비 걸이, 사발 등)이었지만 동을 예술적으로 세공하는 기술을 보인 메로빙거 왕조시대부터는 새로운 형태의 도구들이 등장하기 시작했다. 유럽에서 정교한 세공의 물병이나, 쟁반, 그릇 등이 등장한 것은 십자군 전쟁 시대이다. 중세에는 연철로 벽난로나 굴뚝 소도구를 제작했으며, 다양한 종류의 특수 도구 및 집기들이 주방의 필수장비로 자리 잡았다. 우리가 사용하는 기본 주방도구의 대부분은 이미 르네상스 시대에도 존재하고 있었으나 기술적으로 더욱 완벽해졌고, 특히 새로운 소재가 개발되면서(물론 제조사들의 아이디어 진보도 포함된다) 현대의 주방도구는 더욱 다양해지고 세분화되었다.
■ **기본 주방도구.**
● **준비용 도구.** 반드시 주방에 갖추어야 할 필수적인 도구들이다.
- 도마, 칼 종류, 칼갈이, 라딩 니들, 주방용 실과 바늘
- 강판, 콜랜더, 거름망, 원뿔체, 야채 탈수기, 거품기, 채소 그라인더
- 주걱, 나무 주걱 및 스푼, 국자, 거품 국자, 깔대기, 캔 오프너, 와인 오프너, 맥주병 따개
- 레몬즙 짜개, 믹싱볼, 파티스리용 밀대, 짤주머니와 다양한 깍지, 롤링 반죽 커터
- 플라스틱 밀폐 용기, 유산지, 알루미늄 포일, 위생랩
● **조리용 도구.** 이들 중 몇몇은 서로 대체해 사용할 수 있다.
- 대형 곰솥. 가능하면 두 가지 크기로 구비한다.
- 큰 냄비와 코코트 무쇠 냄비(닭을 통째로 조리할 수 있는 큰 사이즈의 타원형이 좋다).
- 압력솥
- 오븐팬(논스틱 코팅된 것)
- 소테팬 1개, 프라이팬 2개(대, 소)
- 튀김용 냄비 또는 전기 튀김기
- 편수냄비(소스팬) 크기별로 5개 세트(12~24cm)와 뚜껑
- 그라탱 용기, 타원형 오븐용기
- 라므킨, 달걀용기(도기 재질)
- 파테용 테린 용기 2개(대, 소)
- 파티스리용 몰드(최소 타르트 링, 파운드케이크 틀, 분리형 스프링폼 팬, 샤를로트 틀, 사바랭 틀은 구비한다).
- 잼 제조용 냄비와 거품 국자
- 쿠스쿠스용 찜기 또는 전기 스티머
- 퐁뒤용 냄비와 워머
● **소형 가전 주방기기.** 주방에서의 작업을 편리하게 도와주는 소형 도구들.
- 전동 스탠드 믹서와 다양한 기능의 액세서리(다목적 푸드 프로세서도 구비하면 좋다)
- 분쇄기, 정육 분쇄기
- 커피 그라인더
- 가능하면 아이스크림 메이커도 구비하면 좋다.
● **도구들, 잊힌 도구들.** 외국의 요리들이 들어오면서 새로운 도구의 사용이 점점 일상화되었고, 옛 주방기기들은 사용빈도가 줄어들고 있다. 외국 음식을 접하게 되면서 주방에 새로 등장한 집기들로는 모로코의 타진, 중식팬인 웍, 일본식 테이블 화로인 히바치 등이 있으며, 파에야용 팬, 블리니 팬, 파스타 기계, 제빵기 등도 이에 해당한다. 반대로 점점 사라져가는 전통 도구로는 토기 그릇류, 나뭇가지로 만든 체, 치즈의 물기를 빼는 소쿠리 등이 있다.

BATTEUR 바퇴르 전동 믹서, 반죽, 거품기. 재료를 반죽, 혼합, 유화하는 회전 장치가 달린 전동 기구. 단순한 종류로는 달걀흰자 등의 거품을 내는 기계식 핸드 믹서를 들 수 있다. 최근에는 거품기, 혼합기 기능의 핀을 용도

에 맞게 장착할 수 있는 복합형 전동 스탠드형 믹서를 많이 사용하는 추세다. 회전 속도도 목적에 따라 조절할 수 있다(달걀흰자를 거품 낼 때는 고속, 크림류, 마요네즈, 크림 수프나 포타주 등은 중간 속도로, 소스, 고운 퓌레, 가벼운 죽 종류를 갈 때는 저속으로 맞춰 작동시킨다). 플라스틱 또는 금속 소재의 부속 장치들도 용도에 따라 다양하다.

- 둥근 고리 형 와이어 휩 : 달걀흰자의 거품을 내거나 생크림을 휘핑할 때 사용한다.
- 넓적한 사각 밴드 타입 거품기 : 마요네즈 등 소스를 혼합해 유화할 때 사용한다.
- 나선형 혹은 갈고리 형 도우훅 : 비교적 질척한 농도의 반죽을 혼합하거나 버터를 포마드 상태로 만들 때 사용한다.
- 회전날 : 퓌레, 블루테, 죽 등을 갈 때 사용한다.

이 모든 기능의 부품은 복합형 전동 스탠드 믹서의 일부로 포함된 경우가 많다.

BATTRE 바트르 재료를 섞어 질감이나 형태, 색깔 등을 변화시키기 위하여 세게 휘젓거나 치다. 발효 반죽에 탄력을 주기 위해 대리석 작업대에 놓고 손으로 반죽한다. 달걀흰자의 거품을 내기 위해 볼에 넣고 거품기로 치다. 달걀을 혼합물에 넣기 위해 포크로 오믈렛처럼 풀어준다.

BAU (CHRISTIAN) 크리스티안 바우 독일의 요리사(1966 Offenburg 출생). 독일 슈바르츠발트 트라우베 톤바흐(Traube Tonbach) 호텔의 레스토랑 슈와츠발드슈투브(Schwarzwaldstube)의 신입을 거쳐 하랄드 볼프아르트(Harald Wohlfahrt) 주방장의 수셰프를 지냈으며, 1996년 파리에서 태탱제 (Taittinger) 요리 경연대회의 대상을 수상했다. 1998년부터 자를란트 주의 모젤강 지역과 룩셈부르크 국경지방 페를 레니그(Perl-Lennig)의 카지노 호텔로 개조한 중세 고성 슐로스베르그(Schlossberg) 호텔의 주방을 맡게 되었고 2005년에 미슐랭 가이드 별 3개를 획득한다. 프랑스 전통 고급 요리의 영향을 그의 음식은 클래식하고 아름다운 스타일로 미식가들의 인기를 얻고 있다. 밤 부이용을 곁들인 시금치 라비올리, 가리비조개 카르파치오와 바삭하게 익힌 메추리알, 세 가지 방법으로 조리한 푸아그라 등은 그의 스타일을 잘 보여주는 메뉴들이다.

BAUDRUCHE 보드뤼슈 동물의 맹장에 해당하는 큰 창자의 일부로 다소 투명하고 탄력 있는 막으로 되어 있다. 가장 많이 사용되는 소의 창자는 손질한 다음 다양한 샤퀴트리(살라미, 앙두이예트, 부댕, 랑그 에카를라트, 모르타델라 등)를 싸는 케이싱으로 쓰인다. 현재 이 부위는 소의 특수 위험 물질(**참조** MATÉRIEL À RISQUES SPÉCIFIÉS)로 분류되어 있다.

BAUME-COQ 봄 코크 코스트마리(costmary). 국화과에 속하는 다년생 식물로 '망트 코크(menthe coq)' 또는 '그랑드 발사미크(grande balsamique)'라고도 불린다. 잎은 샐러드나 타불레, 리큐어의 향을 내는 데 쓰이며, 몇몇 영국 에일 맥주 제조에도 사용된다.

BAUMKUCHEN 바움쿠헨 접봉에 반죽을 구워낸 커다란 크기의 가운데가 뚫린 케이크, 오스트리아가 원조라고 알려진 이 케이크는 19세기에는 룩셈부르크와 독일에서 가족 행사나 축제 때 빠지지 않는 음식이 되었다. 스펀지케이크 반죽에 카다멈과 기타 향신료, 곱게 간 레몬 제스트, 바닐라, 럼을 넣어 향을 낸다. 이 흐르는 반죽을 화덕이나 오븐에 가로로 설치한 회전봉(일반적으로 원뿔형)에 한 켜씩 얇게 부어 돌린다. 구워지면 다시 그 위에 한 켜씩 부어 겹겹이 익히는 방식으로 완성한다. 다 구워진 바움쿠헨에는 켜마다 경계선이 보이는데 마치 통나무를 잘랐을 때 보이는 나이테와 비슷하다하여 독일어로 '나무 케이크'라는 뜻의 이 이름이 붙었다고 한다. 이 케이크는 촉촉하게 보관해야 하며 세로로 잘라 초콜릿 등으로 장식해 서빙한다. 높이가 무려 1m에 달하는 것도 있다.

BAUX-DE-PROVENCE (LES) 레 보 드 프로방스 프로방스의 AOC 와인. 레드와인(80%), 로제와인(20%) 모두 그르나슈(grenache), 시라(syrah), 무르베드르(mourvèdre), 카리냥(carignan) 포도품종으로 만들어지며 섬세하면서도 풍부한 맛을 내고, 부드러우면서도 특유의 개성이 있다.

BAVAROIS 바바루아 차가운 앙트르메의 일종으로 크렘 앙글레즈와 젤라틴을 넣은 과일 퓌레에 휘핑한 생크림이나 머랭 혹은 두 가지 모두를 더해 틀에 굳힌 케이크다. 요리 교본서들 중에는 바바루아를 이와 아주 비슷한 모스코비트(moscovite)와 혼동하여 설명한 경우도 있다. 오늘날 많은 종류의 케이크들이 다양한 향을 낸 바바루아 형태로 구성되어 있으며, 몇몇 파티스리는 이 제조법을 통해 좀 더 가벼운 질감과 맛을 내기도 한다. 줄무늬로 마블링 된 바바루아는 여러 색과 향을 섞어 구성한 경우이며 이를 층층이 교대로 틀에 채워 만든 것이다.

bavarois à la crème : 바바루아 아 라 크렘

크림 바바루아 : 생크림 350ml와 우유 150ml를 냉장고에 넣어둔다. 판 젤라틴(2g짜리) 5~7장을 찬물에 넣어 말랑하게 불린다. 우유 65ml에 바닐라 빈 1줄기를 길게 갈라 긁어 넣고 끓인다. 달걀노른자 8개와 설탕 250g을 섞는다. 끓는 우유를 불에서 내리고 바닐라 빈 줄기를 건진 다음 설탕 달걀 혼합물에 부어 섞는다. 다시 냄비로 모두 옮겨 담고 약한 불에 올린 뒤 계속 저어주며 가열한다. 끓지 않고, 스푼으로 떠 보았을 때 묻는 농도(nappante)가 되면 불에서 내리고 용기에 덜어내 식힌다. 이때도 쉬지 않고 계속 저어준다. 물을 꼭 짠 젤라틴을 넣고 섞는다. 차가운 생크림과 우유를 거품기로 저어 휘핑한다. 휘핑한 크림이 거품기에 묻기 시작하면 식은 바바루아 크림에 넣고 살살 섞는다. 바바루아 틀(혹은 사바랭 틀)에 기름을 살짝 바른 뒤 혼합물을 가득 채운다. 유산지로 덮고 냉장고에 최소 2시간 이상 넣어둔다. 틀에서 분리할 때는 틀 바닥을 뜨거운 물에 잠깐 담갔다 빼면 쉽다. 서빙용 접시나 다리가 있는 케이크 서빙 플레이트(compotier)를 바바루아 위에 얹고 민첩하고 빠른 동작으로 조심스럽게 뒤집어 틀에서 분리한다. 바바루아에 향을 더하려면 커피, 초콜릿, 레몬이나 오렌지 제스트, 리큐어, 프랄리네 등을 사용한다.

bavarois à la cévenole 바바루아 아 라 세브놀

세벤 마롱 크림 바바루아 : 바바루아 아 라 크렘(bavarois à la crème) 위에 키르슈로 향을 낸 마롱 글라세 퓌레를 같은 부피만큼 넣어 섞는다. 원형 틀에 기름을 살짝 바른 다음 이 내용물을 채워 넣고 냉장고에 넣어 굳힌다. 서빙 접시에 덜어낸 다음 짤주머니로 샹티이 크림을 짜 장식하고 반으로 쪼갠 마롱 글라세를 얹는다.

bavarois à la créole 바바루아 아 라 크레올

크레올식 바바루아 : 분리형 원형틀 안에 기름을 살짝 발라둔다. 럼으로 향을 낸 바바루아 아 라 크렘(bavarois à la crème)과 파인애플 바바루아를 층층이 교대로 깔아 틀을 채운다. 층 사이에 잘게 깍둑 썰어 럼에 절여둔 바나나를 깔아 분리해준다. 냉장고 얼음 칸에 3시간 동안 넣어둔다. 틀을 제거해 원형 서빙 접시에 덜어낸 다음 샹티이 크림을 짤주머니로 짜 장식한다. 피스타치오 슬라이스를 뿌린다.

bavarois aux fruits 바바루아 오 프뤼

푸르츠 바바루아 : 판 젤라틴(2g) 15장을 찬물에 넣어 말랑하게 불린다. 시럽(설탕 비중계 밀도 1.26) 500ml를 데운 뒤 물을 꼭 짠 젤라틴을 넣어 섞는다. 용기에 덜어 식힌다. 레몬즙 3개분과 과일 퓌레(살구, 파인애플, 블랙커런트, 딸기, 라즈베리 등)를 넣어준다. 차가운 더블크림 350ml와 우유 150ml를 휘핑한다. 휘핑한 크림이 거품기에 묻기 시작하면 설탕을 50g 넣어준다. 바바루아 아 라 크렘(bavarois à la crème)과 같은 방법으로 마무리한다. 완성된 바바루아 위에 해당 퓌레와 같은 과일 소스를 뿌려주면 더욱 좋다.

bavarois à la normande 바바루아 아 라 노르망드

노르망디식 바바루아 : 바바루아 틀 안에 칼바도스(calvados)로 향을 낸 바바루아 아 라 크렘(bavarois à la crème)을 한 켜 깔아준다. 사과 마멀레이드를 만든 다음, 찬물에 불려 꼭 짠 젤라틴을 넣어 섞는다. 차가운 더블크림과 우유를 휘핑하고, 거품기에 묻기 시작하면 설탕을 넣어준다. 여기에 사과 마멀레이드를 넣고 섞는다. 바바루아 틀 안에 채워 넣는다. 바바루아 아 라 크렘(bavarois à la crème)과 같은 방법으로 마무리한다.

bavarois de poivrons doux sur coulis de tomates acidulées ▶ POIVRON

bavarois rubané au chocolat et à la vanille 바바루아 뤼바네 오 쇼콜라 에 아 라 바니유

초코 바닐라 믹스 바바루아 : 향을 첨가하지 않은 바바루아 베이스를 만들어 휘핑한 생크림을 넣기 전에 반으로 나누어 두 개의 볼에 담는다. 초콜릿을 약한 불에 녹여 둘 중 하나의 바바루아 베이스에 섞는다. 두 개의 볼에 각각 휘핑한 생크림을 넣어 섞는다. 틀에 살짝 바른 다음 두 가지 크림 혼합물을 교대로 채워 층층이 넣는다. 하나의 층

이 굳은 다음에 다음 층을 넣어주어야 한다.

BAVETTE 바베트 소의 치마살. 소의 복부에 있는 넓적한 살 부위(**참조** pp.108~109 프랑스식 소 정육 분할 도감). 치마살(bavette d'aloyau)은 근섬유가 길고 근다발 조직이 촘촘하지 않기 때문에 육즙이 촉촉하고 맛있는 비프스테이크용으로 적합하다. 근조직이 좀 더 촘촘한 양지 업진안살(bavette de flanchet)은 일반적으로 좀 더 질기다. 포토푀용 바베트(bavette à pot-au-feu)라고 불리는 양지 업진살 역시 오래 끓이는 요리나 스튜 등에 적합하다. 이 부위는 공식 분할 명칭에 더 이상 표시되지 않는다.

▶ 레시피 : ŒUF.

BAZINE 바진 누룩(효모)을 첨가한 세몰리나를 기름과 함께 끓는 물에 익힌 죽의 일종. 찐득한 질감의 이 죽은 아랍 국가에서 라마단 기간 중 일출 전에 먹는 아침식사로 애용되며 보통 버터와 꿀, 레몬즙을 뿌려먹는다. 생선 수프를 끼얹거나 건포도, 볶은 고기 조각을 얹어 먹기도 한다. 이 죽은 효모를 넣지 않고 닭 육수에 끓여 스크램블드 에그를 곁들여 먹기도 하며, 완자처럼 동그랗게 빚어 육수에 익혀 먹기도 한다.

CONFECTIONNER UNE BÉARNAISE 베아르네즈 소스 만들기

1. 소테팬에 잘게 썬 샬롯, 식초, 굵게 부순 통후추, 다진 타라곤을 넣고 졸인다. 약간 물기가 남아 있어야 한다. 식힌 다음 달걀노른자를 넣고 섞는다.

2. 거품기로 잘 섞는다. 중탕으로 천천히 가열해 60~65°C가 되도록 한다. 계속 거품기로 잘 젓는다.

3.불에서 내린 다음 정제 버터의 맑은 윗부분을 조금씩 넣어주며 거품기로 젓는다. 소스를 고운 체나 면포에 거른 뒤 다진 타라곤을 넣는다.

BEARD (JAMES) 제임스 비어드 미국의 요리사이자 작가(1903~1985). 그의 부모는 미국 서부 태평양 연안에서 작은 호텔을 경영했다. 뉴욕으로 가기로 결정한 그는 극단에서의 여러 차례의 도전이 결실을 맺지 못하자 친구와 함께 케이터링 출장 요리 업체를 설립하여 성공을 거둔다. 첫 번째 책 『오르되브르와 카나페(*hors-d'oeuvres & canapés*)』를 출간했으며 1946년에는 NBC 채널에서 자신의 첫 번째 TV 방송 "아이 러브 투 잇 (I love to eat)"을 시작한다. 미국 요리의 아버지로 일컬어지는 그가 타계한 후 줄리아 차일드(Julia Child)는 그의 뉴욕 집을 기념관으로 만들었고, 쿠킹 스쿨을 경영했던 그의 제자 피터 컴프(Peter Kump)는 스승의 이름을 딴 재단을 창설했다. 매년 제임스 비어드 재단 어워드(James Beard Foundation Awards)는 미국 요리계의 우수한 전문가들을 선별해 상을 수여하고 있다.

BÉARNAISE 베아르네즈 베아르네즈 소스. 화이트와인, 잘게 썬 샬롯, 잘게 썬 타라곤, 굵게 으깬 통후추, 고운 소금 한 꼬집을 넣고 수분이 거의 없어질 때까지 졸인 후 뜨겁게 잘 저어 거품 낸 달걀노른자를 넣어 섞고, 버터를 넣고 유화해 만든 소스. 마지막에 다진 타라곤을 추가로 넣어준다. 달걀노른자는 아주 약하게 끓는 물 위에 용기를 올리고 중탕 상태에서 저으며 거품을 올려도 된다. 이 소스는 주로 구운 고기나 생선에 곁들인다. 이 소스를 베이스로 추가 재료를 더하여 여러 종류의 파생 소스를 만들 수 있다(Choron, Foyot, Paloise, Tyrolienne, Valois 소스 등). 유화한 소스가 분리된 경우에는 뜨거운 물(소스가 차가운 경우)이나 차가운 물(소스가 뜨거운 경우) 한 스푼을 조금씩 넣어주며 섞는다. 이 소스를 곁들이지 않았음에도 불구하고 '아 라 베아르네즈(à la Béarnaise)'라는 명칭이 붙은 요리들도 있다. 이들은 단지 베아른(Béarn) 지방의 요리에서 영감을 받은 레시피들이다.

▶ 레시피 : BOUDIN NOIR, CÈPE, GARBURE, POULE AU POT, SAUCE.

BÉATRIX 베아트릭스 주로 큰 덩어리의 육류 요리에 곁들이는 가니시로, 찌듯이 볶아 익힌 생 모렐 버섯, 돌려 깎아 윤기나게 익힌 작은 당근, 세로로 잘라 센 불에 지지듯 볶아낸 아티초크 속살, 기름에 튀기듯 볶거나 육수를 자작하게 넣고 익힌 햇감자로 구성된다. 이 명칭은 또한 익힌 닭 가슴살, 감자, 아스파라거스 윗동을 저지방 마요네즈로 버무린 다음 송로버섯 슬라이스를 얹은 샐러드를 지칭하기도 한다.

BEAUCAIRE 보케르 프로방스 요리를 연상시키는, 셀러리가 들어간 다양한 음식의 명칭이다. 보케르(Beaucaire)에서는 전통적으로 크리스마스 저녁식사 때 먹는 샐러드에 셀러리를 넣어 먹는다. 셀러리 줄기와 가늘게 채 썬 셀러리악, 엔다이브, 햄, 신맛이 있는 사과를 넣어 만들고 익힌 비트와 감자를 빙 둘러 놓는다. 보케르식 수프(soupe Beaucaire)는 양배추, 리크, 버터에 볶은 뒤 닭 육수를 넣어 익히고 바질과 마조람으로 향을 낸 셀러리가 주재료이다. 여기에 보리와 닭 간을 넣고 가늘게 간 치즈를 얹어 서빙한다. 보케르식 장어요리는 가시를 발라낸 장어에 다진 생선살을 채워 넣고 샬롯, 양파, 버섯 위에 올린 다음 화이트와인과 코냑을 조금 넣고 익혀 만든다. 발레 뒤 론(vallée du Rhône) 남부 지역의 전형적인 보케르의 빵은 아주 특별한 방식의 접기를 반복하여 만든다. 반죽을 직사각형 모양으로 만들고 난 다음 가운데를 길게 갈라 칼집낸다.

BEAUCE 보스 ▶ **참조 ORLÉANAIS, BEAUCE ET SOLOGNE**

BEAUFORT 보포르 보포르 AOC 치즈. 소젖(지방 48~55%)으로 만든 솔로 닦은 천연외피의 가열 압착 경성치즈(**참조** p.390 프랑스 치즈 도표). 구멍이 없으나 종종 가로로 가늘게 팬 홈이 생기기도 한다. 가장자리가 오목하게 들어간 커다란 맷돌 형태로 무게는 20~70kg, 지름은 35~75cm, 두께는 11~16cm 정도 된다. 섬세하고도 과일향이 나는 이 치즈의 풍미는 사부아(Savoie) 지방 모리엔(Maurienne), 보포르탱(Beaufortin), 타랑테즈(Tarentaise)의 목장에서 풀을 뜯어먹고 자라는 타랑테 품종(race tarine) 소의 젖으로부터 나온다.

▶ 레시피 : ARTICHAUT.

BEAUHARNAIS 보아르네 작게 토막 내어 조리한 육류 요리의 가니시로 속을 채운 버섯, 세로로 등분해 소테하거나 찌듯이 볶은 아티초크로 구성되어 있다. 또는 아티초크 속살 위에 반숙 달걀 얹은 것을 지칭하기도 한다. 바나나와 럼을 사용한 디저트류에 보아르네라는 이름이 붙은 것은 나폴레

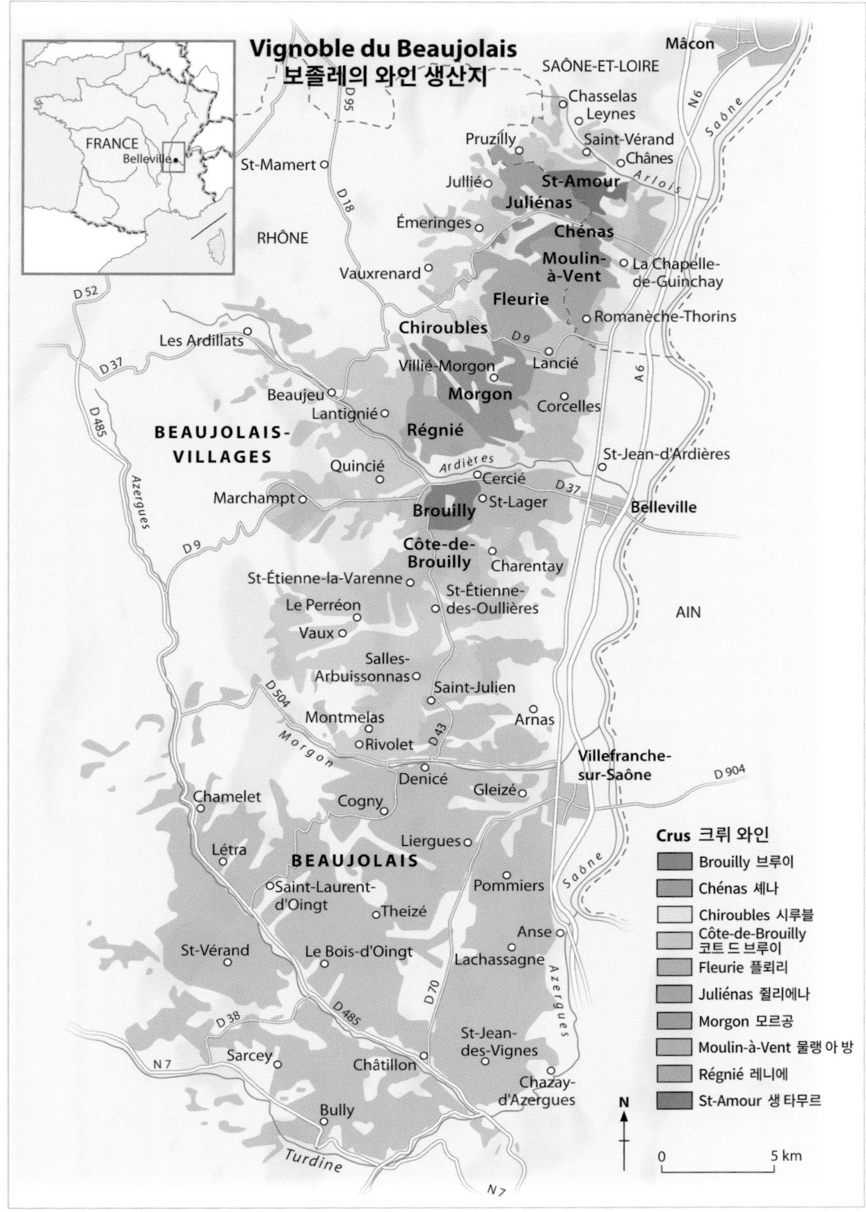

옹의 첫 번째 여인 조세핀(Joséphine de Beauharnais)이 크레올 출신이었다는 사실과 연관성이 있다.

▶ 레시피 : BANANE, TRUITE, VOLAILLE.

BEAUJOLAIS 보졸레 부르고뉴 남쪽에 위치한 포도재배 지역으로 레드 와인이 유명하다. 특히 매년 11월 출시되는 햇와인 보졸레 누보(beaujolais nouveau)가 유명한데, 이 가볍고 과일향이 나는 어린 와인은 본래 리옹의 전통식당인 부숑들이 포도 수확이 끝나고 몇 주 후에 서빙하던 것이었다. 오늘날 이 와인의 인기는 전 세계의 대도시들에서 점점 높아지고 있다. 가메(gamay) 품종으로 만드는 이 와인의 이름은 중세 도시인 보죄(Beaujeu)에서 따온 것으로, 오늘날에는 빌프랑슈 쉬르 손(Villefranche-sur-Saône)과 벨빌(Belleville)이 보졸레 누보의 진정한 중심지가 되었다.

■ **포도재배 지역과 포도품종.** 보졸레(Beaujolais)는 마콩(Mâcon) 남부에서 리옹 북서쪽 교외지역, 동쪽으로는 발레 드 라 손(vallée de la Saône)까지 이르는 지역으로, 약 22,900헥타르에 달하는 포도밭이 언덕 어귀부터 숲이 우거진 정상까지 펼쳐져 있다. 기후는 비교적 덥고 건조하며, 언덕 지형이 서쪽에서 불어오는 바람으로부터 포도나무를 보호해준다. 포도밭은 해발 500m 지대까지 펼쳐져 있다.

지질학적으로 다양한 특성을 가진 이 지역은 각 테루아 간의 차이가 현격히 드러난다. 남부 보졸레 빌프랑슈 쉬르 손(Villefranche-sur-Saône)과 발레 드 라제르그(vallée de l'Azergues) 사이의 점토질, 점토석회질 퇴적지대는 제조한 후 빠른 시일 내에 마실 수 있는 햇와인(vin de primeur)용 포도재배에 아주 적합하다. 빌프랑슈 북쪽의 보졸레 지방은 크뤼 와인 산지가 집중적으로 몰려 있다. 언덕 아래쪽의 시루블(chiroubles)이나 플뢰리(fleurie)는 재 성분을 함유한 점토질 밭이고, 모르공(morgon) 와인산지는 편암지대로 무거운 토질을 갖고 있다. 브루이(Brouilly)의 토양은 돌이 더 많고 금속 산화물, 석회질 잔해가 포함되어 있으며, 물랭 아 방(moulin-à-vent)의 토질은 망간이 많이 포함되어 있다.

이렇게 다양한 보졸레 지방의 토양에서 재배되는 포도품종은 가메(gamay)가 거의 대부분(98%)을 차지한다. 흰 즙을 가진 검은색 가메 포도는 이른 철에 싹이 트고 냉해에 약하지만 결빙 이후에도 다시 자란다.

■ **포도재배 지역과 포도품종.** 과일 향이 나고 즙이 많은 가메(gamay) 품종은 보졸레 와인 양조의 독특한 테크닉에 최적인 포도다. 이 지방에서는 '보졸레 방식'이라 불리는 특별한 탄산 침용 발효법(macération carbonique)을 사용한다. 으깨지 않은 포도송이를 직접 발효시키는 방법으로, 수확해 기계로 압착하는 방법과 다르다.

포도를 발효조 안에 넣고 밀폐한다. 탄산가스가 발산되면서 발효 중인 포도 알갱이 위로 응축된다. 이는 발효 속도를 늦추면서 살균제 역할을 한다. 위쪽의 포도송이가 아래쪽의 포도를 누르게 되고 발효조 바닥에 축적된 즙에서 발효가 일어난다. 이 첫 번째 단계가 끝나면 포도를 압착하고 선택적 효모주입과 열 조절을 동반한 새로운 발효과정을 시작한다. 이 기술은 포도의 색과 향을 최대한 추출해낼 수 있게 해준다. 프리뫼르(primeurs) 와인의 경우 발효는 최소한으로 제한된다. 반대로 크뤼 와인의 경우는 발효 시간이 길고 더 높은 온도에서 진행되며 이로 인해 탄닌 농축이 용이해진다. 그렇기 때문에 어떤 해에는 와인이 발효조 안에서 겨울 초입까지 천천히 발효되기도 한다. 이어서 오크통에서 이듬해 봄, 여름까지 숙성된 뒤 9월에 병입된다.

이 지역 와인은 전체가 보졸레 AOC(원산지 명칭 제한)로 보호받고 있으며, 알코올 도수가 좀 더 높은 경우는 보졸레 쉬페리외르(beaujolais supérieur)라는 명칭을 쓴다. 보졸레 빌라주 AO (AOC beaujolais-villages)는 보졸레 북쪽 지역 전체를 포함하며 여기에는 39개의 코뮌이 해당된다. 이 명칭으로 분류된 와인들은 아주 다른 타입의 와인이다. 일반적으로 크뤼 와인처럼 오래 보관할 수 없고 대부분 1~2년 안에 소비된다. 크뤼 와인 생산지는 보졸레 북쪽, 발레 드 라 손(vallée de la Saône)에 펼쳐진 산악지대에 밀집되어 있는데 이들 중 브루이(Brouilly), 셰나(Chénas), 시루블(Chirouble), 코트 드 브루이(Côte-de-Brouilly), 플뢰리(Fleurie), 쥘리에나(Juliénas), 모르공(Morgon), 물랭 아 방(Moulin-à-Vent), 레니에(Régnié), 생 타무르(Saint-Amour) 단 열 곳만 와인에 그 산지 이름을 붙일 수 있다. 보졸레에서 진정한 호평을 받고 있는 와인들이기도 하다.

BEAUJOLAIS (VIN) 보졸레 (와인) 가메(gamay) 품종 포도로 만든 와인으로, 갈증을 풀어주는 가볍고 상큼한 맛과 과일향이 나는 특징이 있다. 대부분 레드와인이며 어린 상태에서 시원한 온도로 마신다. 보졸레 지방의 화강암질 토양 테루아에서 생산된다(**참조** BEAUJOLAIS).

BEAUJOLAIS-VILLAGES 보졸레 빌라주 가메(gamay) 품종 포도로 만든 와인으로 과일 향이 나며 일반 보졸레 와인보다 더 바디감이 있고 알코올 도수도 높다(**참조** BEAUJOLAIS).

BEAUNE 본 옛 부르고뉴 공작이 거주하던 도시로 코트 드 본(côte de Beaune)의 중심에 위치하고 있으며 매년 열리는 오스피스 드 본(hospices de Beaune) 와인 경매 행사와 와인 판매로 전 세계에 널리 알려진 도시다. 오스피스 드 본은 1443년 부르고뉴의 재상 니콜라 롤랭(Nicolas

Rolin)과 그의 아내 기곤 드 살랭(Guigone de Salin)이 지역의 환자들을 수용할 목적으로 건립한 자선 구호소다. 이 자선 사업은 수 세기를 거쳐 오면서 수많은 기부를 받게 되었고 현재 유명한 와이너리(aloxe-corton, savigny-lès-beaune, beaune, pommard, monthélie, auxey-duresses, meursault 등)의 포도밭 43헥타르도 포함되어 있다. 해당 와인들은 매년 오스피스 드 본 건물인 '오텔 디외(hôtel-Dieu)'의 지하저장고로 들어가는데 이를 직접 유통하는 것이 아니라 매년 11월 세 번째 일요일에 열리는, 세계에서 가장 큰 규모의 자선 경매를 통해 판매된다(**참조** BOURGOGNE).

BEAUVILLIERS (ANTOINE) 앙투안 보빌리에 프랑스의 요리사(1754, Paris 출생–1817, Paris 타계). 1782년 당시 파리 최초의 진정한 레스토랑이었던 리슐리외가의 '라 그랑드 타베른 드 롱드르(la Grande Taverne de Londres)'를 연 그는 큰 성공을 거두었고, 이어서 프랑스 대혁명 바로 전 그의 이름을 내건 또 하나의 레스토랑을 팔레 루아얄 갈르리 드 발루아(galerie de Valois)에 열었다. 공포정치 치하에서 약간의 쇠퇴기를 겪기도 했으나 제정시대와 왕정복고시대에는 레스토랑을 잘 유지했다. 이 식당은 1825년에 폐업하기 전까지 영업을 계속 이어갔다. 프로방스 백작의 요리장이었던 보빌리에는 한쪽에 검을 차고 조리 및 식사 담당관(officier de bouche de réserve) 제복을 착용한 상태로 손님을 맞이했다. 그는 1814년 『요리사의 기술(*Art du cuisinier*)』를 집필하였고 앙토냉 카렘과 함께 『일상의 요리(*Cuisine ordinaire*)』를 공동 저술했다.

BEAUVILLIERS 보빌리에 주로 큰 덩어리로 브레이징한 육류 요리에 곁들이는 가니시를 지칭하는 용어로 버터에 익힌 샐서피, 씨와 속을 제거한 다음 골 퓌레를 채워 넣고 그라탱처럼 구운 토마토, 시금치를 넣은 크로메스키로 구성된다. 고기를 익힌 국물로 만든 소스를 곁들여낸다. 이 이름은 팔레 루아얄의 유명한 레스토랑 주인이자 요리사의 이름에서 따왔다.

▶ 레시피 : CROÛTE.

BEAUVILLIERS (GÂTEAU) 보빌리에 (케이크) 아몬드 가루와 설탕, 버터, 달걀, 많은 양의 밀가루(밀가루와 쌀가루)를 배합해 만든 꽤 단단한 질감의 케이크. 굽고 난 뒤 은박지로 싸서 보관한다. 가장 오래된 형태의 가토 드 부아야주(gâteau de voyage)라고 할 수 있다. 이와 비슷한 비스킷 종류인 봉발레(bonvalet) 또한 유명 파티시에 겸 레스토랑 주인의 이름을 딴 것이다.

BÉCASSE 베카스 멧도요. 도요과에 속하는 섭금류의 하나로 계절에 따라 이동하는 철새이다. 날개를 폈을 때 폭이 60cm 정도 되며 부리가 길다. 수렵육 조류 중 진미로 대우받는 멧도요는 3~4월과 10~11월이 사냥철이다(이 시기가 가장 기름지고 살이 연하다). 멧도요는 개체수도 적고 깃털이 낙엽색과 비슷하기 때문에 눈에 잘 띄지 않는다. 오래전부터 별미로 인기가 높아 미식가들이 선호하는 조류이나 판매는 금지되어 있다. 클래식 요리에서는 멧도요를 4~8일간 숙성시킨 다음 살미(salmis), 테린(terrine), 무스(mousse) 등을 만들었다. 현대 요리에서는 숙성하지 않고 조리하는 것을 선호하며 주로 로스팅한다.

bécasse : 멧도요 준비하기

멧도요는 실로 묶지 않고 날개와 다리를 몸통에 고정시킨다. 길고 뾰족한 부리를 두 넓적다리에 관통시키며 찔러 넣은 다음, 두 발을 들어 올려 함께 모아놓는다. 눈은 제거하는 게 관습이지만 모이주머니를 제외한 다른 내장은 빼내지 않는다. 익힌 뒤 내장은 카나페에 발라 먹거나 소스를 만든다.

bécasse en casserole à la périgourdine 베카스 앙 카스롤 아 라 페리구르딘

페리고르식 멧도요 요리 : 멧도요 내장을 다져 푸아그라, 큐브 모양으로 잘게 썬 송로버섯과 섞고 소금, 후추, 카트르 에피스(quatre-épices)로 간을 한 다음, 아르마냑을 한 번 둘러 넣어 소를 만든다. 이것을 멧도요 안에 채워 넣은 다음, 길고 뾰족한 부리를 넓적다리에 관통시키며 찔러 넣고 두 발을 들어 올려 함께 모아 고정시킨다. 코코트 냄비에 버터를 달군 뒤 멧도요의 겉을 고루 익힌다. 간을 하고 아르마냑을 작은 한 컵 넣어준다. 뚜껑을 덮고 275°C로 예열한 오븐에 넣어 15~18분간 익힌다. 냄비에서 멧도요를 건져낸 다음 수렵육 육수나 일반 육수를 아주 조금만 냄비에 부어 디글레이즈한다. 소스를 뜨겁게 데우고 멧도요를 그 냄비에 다시 넣은 다음 송로버섯을 얹어 서빙한다.

bécasse en cocotte à la crème 베카스 앙 코코트 아 라 크렘

크림 소스 멧도요 요리 : 페르고르식 멧도요 레시피와 같은 방법으로 익힌다. 코냑, 아르마냑, 칼바도스를 뿌려주고 생크림을 몇 스푼 넣는다. 뜨거운 오븐에 넣어 데운다.

레오폴드 무리에(LÉOPOLD MOURIER)의 레시피

bécasse froide à la Diane 베카스 프루아드 아 라 디안

차가운 멧도요 요리 : 멧도요를 레어로 로스트한 다음 가슴살을 잘라낸다. 몸통뼈와 내장에 푸아그라 한 조각(15g)과 버터 약간(4g), 넛멕과 고급 샴페인을 넣고 분쇄한다. 체에 긁어 곱게 내린 다음 넉넉히 간을 한다. 얇게 저민 뒤 샴페인에 담가 절인 생 송로버섯 위에 내장 소 혼합물을 얹는다. 잘라 놓은 멧도요 살과 소를 채운 송로버섯 슬라이스를 붙여 모양을 만든 다음 수렵육 육수로 진하게 만든 즐레를 뿌려 씌운다. 냉장고에 넣어 굳힌 뒤 서빙한다.

bécasse truffée rôtie 베카스 트뤼페 로티

송로버섯을 넣은 멧도요 로스트 : 작은 큐브 모양으로 썰어 버터에 슬쩍 볶은 송로버섯을 닭고기 다짐육 소에 넣어 섞는다. 내장을 꺼낸 멧도요 안에 소를 채워 넣는다. 얇게 저민 송로버섯을 멧도요의 껍질과 살 사이에 끼워 넣는다. 긴 부리를 넓적다리에 찔러 고정시키고 두 발을 모아 들어 실로 묶은 다음 냉장고에 24시간 넣어둔다. 간을 한 다음 250°C로 예열한 오븐에서 18~20분간 굽는다. 슬라이스한 빵에 버터를 바르고 오븐에 노릇하게 굽는다. 익힌 내장을 빵에 바른 다음 그 위에 멧도요 구이를 놓는다. 멧도요를 익힌 오븐 용기에 꼬냑이나 아르마냑을 한 바퀴 둘러 넣은 다음 디글레이즈하여 소스를 만든다. 멧도요에 소스를 뿌려 서빙한다.

장 쿠소(JEAN COUSSEAU)의 레시피

bécasses à la ficelle 베카스 아 라 피셀

끈으로 매달아 숯불에 익힌 멧도요 : 4인분 / 조리 : 20분

멧도요를 냉장고에 넣어 5일간 숙성시킨다(너무 신선해서도, 너무 많이 숙성되어서도 안 된다). 머리를 그대로 둔 채 털을 제거하고 내장은 빼내지 않는다. 소금을 뿌린 다음 끈으로 머리를 묶어 숯불 위에 매단다. 끈을 양 방향으로 돌려가며 20분 정도 천천히 굽는다. 구우면서 흘러 떨어지는 즙은 무쇠 용기에 받아내 구운 멧도요에 끼얹어준다. 멧도요의 실을 푼 다음 간과 내장을 분리해낸다. 여기에 푸아그라 60g과 소금, 후추, 아르마냑 20ml를 넣고 함께 다진다. 큼직하게 슬라이스한 빵을 구운 다음 내장 혼합물을 바르고 뜨겁게 보관한다. 쇠로 된 깔때기(긴 자루가 달리고 손잡이는 나무로 된 깔때기)를 숯불에 뜨겁게 달군다. 멧도요를 반으로 잘라 빵 위에 얹는다. 뜨겁게 달군 깔때기에 햄 100g을 구겨 넣고 햄에서 녹아나오는 기름을 멧도요에 뿌려준다. 숯불 재에 익힌 밤을 함께 곁들여 서빙한다.

bécasses à la fine champagne 베카스 아 라 핀 샹파뉴

샴페인 소스 맷도요 요리 : 멧도요를 무쇠 냄비에 익힌 다음 분할해 자르고, 서빙 접시에 따뜻하게 보관한다. 몸통뼈와 자투리를 압착한 다음 최대한 세게 짓이겨 즙을 추출한다. 창자, 간, 염통 등의 내장을 잘게 다진다. 멧도요를 익힌 냄비에 샴페인을 넣고 디글레이즈 한 다음, 뼈를 짓이겨 짜서 체에 거른 즙과 곱게 다진 내장을 넣어 섞는다. 레몬즙을 한 바퀴 둘러 넣고 카옌페퍼를 아주 조금 넣는다. 이 소스를 멧도요 위에 붓고 뜨겁게 서빙한다.

레스토랑 뤼카 카르통(LUCAS-CARTON, PARIS)의 레시피

bécasses rôties 베카스 로티

멧도요 로스트 : 5인분 / 준비 : 1시간 / 조리 : 15분

멧도요 10마리의 깃털을 제거하고 토치로 표면을 그슬려 털의 흔적을 말끔히 정리한 다음 모양을 잡아 주방용 실로 묶어 로스트 준비를 한다. 눈알은 빼내고 간을 한다. 소테팬에 스페인산 레드와인 3리터를 넣고 거의 수분이 날아가고 윤기나게 끈적이는 농도가 될 때까지 졸인다(au miroir). 냄비에 멧도요를 넣고 모든 면이 고루 노릇해지도록 지져 색을 낸 다음 240°C 오븐에 8분간 익힌다. 다리를 잘라내고 모든 내장을 꺼내 따로 보관한다(모이주머니는 버린다). 레어 상태의 가슴살을 조심스럽게 잘라낸다. 대가리는 따

로 보관하고 보기 좋게 다듬는다. 발라내고 난 나머지 뼈들은 모두 잘게 썬 다음 졸여둔 와인 미루아르에 넣고 송아지 육수 100ml를 넣는다. 약하게 30~40분 정도 끓인 다음 고운 체에 거른다. 간을 맞춘 뒤 뜨겁게 보관한다. 내장과 푸아그라 100g을 모두 고운 체에 긁어내린다. 코냑을 한 바퀴 뿌려준 다음 소금, 후추로 간을 맞춘다(내장이 덜 익은 경우에는 혼합 후 소스 팬에 넣고 다시 한 번 익힌다). 간을 확인한다. 두께 1cm로 슬라이스한 빵 10조각을 멧도요 기름 혹은 거위 기름에 지져 굽는다. 양념한 내장의 반은 빵에 바르고, 나머지 반은 소스에 넣어 농도를 맞춘다. 멧도요의 다리와 가슴살을 마지막으로 익힌 다음 간을 맞춘다. 개인용 접시 밑에 멧도요 가슴살 네 쪽과 다리 네 개를 놓는다. 맨 위에 토스트한 빵을 일인당 두 쪽씩 얹는다. 접시에 소스를 두르고 빵 위에 멧도요 머리를 두 개씩 올려 서빙한다.

폴 보퀴즈와 루이 페리에(PAUL BOCUSE & LOUIS PERRIER)의 레시피

bécasses rôties sur canapé 베카스 로티 쉬르 카나페

카나페 위에 얹은 멧도요 로스트 : 4인분

크고 통통한 멧도요 두 마리를 준비한다. 사용하기 바로 전에 깃털을 제거하고 익힐 준비를 해둔다. 오븐을 240°C로 예열한다. 크레송(물냉이) 반 단을 깨끗이 씻어 두 묶음으로 만든다. 멧도요에 소금, 후추로 간을 한 다음 정제 버터를 고루 바른다. 코코트 냄비에 넣고 오븐에 서 15~18분간 굽는다. 중간중간 흘러나온 육즙을 끼얹어준다. 식빵을 잘라 16cm x 8cm, 두께 3cm 크기의 카나페 두 장을 만든다. 중간을 적당히 파서 작은 상자 모양으로 만든 다음 팬에 정제 버터를 두르고 노릇하게 구워낸다. 멧도요를 구워낸 다음 내장을 조심스럽게 빼내 곱게 다진다. 버터 40g, 푸아그라 40g을 넣고 잘 섞고, 아르마냑을 몇 방울 넣어준다. 간을 맞춘 다음 레몬즙 2~3방울을 넣어 마무리한다(어떤 사냥꾼들은 이 레시피에 화이트 머스터드를 1/2 티스푼 정도 넣는 것을 선호하기도 한다). 카나페의 움푹 파 놓은 자리에 이 소를 채워 넣은 다음 오븐에 잠깐 넣어 그라탱처럼 굽는다. 멧도요를 익혔던 코코트 냄비의 기름을 대충 제거한 다음 아르마냑 1테이블스푼과 물 2테이블스푼을 넣어 디글레이즈하여 소스를 만든다. 끓인 다음 체에 거른다. 멧도요를 카나페 위에 놓고 크레송을 둘러 놓는다. 소스는 따로 담아 서빙한다.

salmis de bécasse ▶ SALMIS

장 폴 레피나스(JEAN-PAUL LESPINASSE)의 레시피

terrine de bécasse 테린 드 베카스

멧도요 테린 오븐을 150°C로 예열한다. 멧도요의 가슴살 420g을 굵직하게 길이로 자른다. 돼지고기 목구멍 살과 핏줄을 제거한 멧도요 나머지 살을 중간 크기 절삭망을 끼운 고기 분쇄기에 간다. 잘게 썬 샬롯을 버터에 넣고 반투명해질 때까지 볶은 다음 마지막에 깍둑 썬 닭 간 150g을 넣어준다. 분쇄육에 달걀 1개, 코냑 100ml, 아질산염 10g, 카트르 에피스(quatre-épices) 1꼬집을 넣고 섞어준다. 볶은 샬롯도 넣어 섞은 다음 간을 맞춘다. 익혀서 차갑게 식혀 큐브 모양으로 썬 푸아그라 200g과 수렵육 육수 120g을 넣고 섞는다. 테린 틀 바닥과 안쪽 벽에 크레핀(crepine)을 깐 다음 맨 아래에 얇게 저민 돼지 기름을 깔고 두 군데 칼집을 낸다. 만들어 놓은 소와 멧도요 가슴살을 번갈아 층층이 채워 넣는다. 중간중간 큐브로 썬 송로버섯도 넣어준다. 뜨거운 물을 채운 중탕 용기에 테린틀을 넣고 150°C 오븐에서 20분간 익힌 다음 온도를 120°C로 낮춘다. 주방용 탐침 온도계를 찔러보아 심부 온도가 62°C가 될 때까지 익힌다.

BÉCASSINE 베카신 메추라기도요, 꺅도요. 도요과에 속하는 섭금류의 하나로 계절에 따라 이동하는 철새이며 멧도요보다 조금 작다. 주로 늪지대, 연못, 초원 습지 등에 서식하며 사냥 시기는 8월~4월(최적기는 가을이다)이다. 깃털은 머리와 등쪽이 갈색에서 검은색을, 아래쪽은 흰색을 띠고 있다. 조리방법은 멧도요와 동일하다.

▶ 레시피 : PÂTÉ.

BECFIGUE 벡피그 꾀꼬리, 참새 등 연작류의 작은 새들을 지칭한다. 철새들의 이동시기인 가을에 이 새들은 프랑스를 거쳐 남쪽을 향해 날아가는데, 이 시기는 새들이 아주 좋아하는 무화과(figue, 여기에서 이름이 유래했다)와 포도가 한창 익을 무렵으로, 매년 피해가 발생한다. 앙텔름 브리야 사바랭이 아주 좋아했던 것으로 알려져 있지만 이미 이 새들은 고대 로마인들도 즐겨 먹고 있었다. 지나친 사냥으로 인해 오늘날은 보호되고 있는 종이다.

BÉCHAMEIL (LOUIS DE) 루이 드 베샤메이 프랑스의 금융가(1630-1703). 징세 청부인이었으며 필리프 2세 오를레앙 공작 가문의 재정감독관, 브르타뉴의 지방장관을 지냈던 누앵텔 후작 루이 드 베샤메이(Louis de Béchameil)는 루이 14세의 식사 및 주방 총괄 집사가 되었다. 그의 이름을 딴 소스를 그 자신이 직접 만들었다는 설이 있지만 신빙성이 크지는 않다. 이 이름은 베샤멜(béchamel)로 변형되었다. 이 소스는 아마도 왕의 요리사가 옛 레시피를 좀 더 완벽하게 개선하여 총 집사인 베샤메이의 이름을 붙인 것이 아닐까 추정된다. 미셸 게라르(Michel Guérard)는 베샤멜 후작의 이름을 붙여 녹아 내리는 루바브 아이스크림을 곁들인 촉촉하고 부드러운 디저트(Le gâteau mollet du marquis de Béchamel)를 선보였다.

BÉCHAMEL 베샤멜 베샤멜 소스. 루와 우유를 섞어 만든 흰색 소스로 원래는 아주 크리미한 블루테를 졸인 것이었으며, 이름은 베샤메이 후작(marquis de Béchameil)에서 유래했다. 달걀 요리, 채소, 가니시용 조개류, 그라탱 등에 많이 사용된다. 이 소스에 다른 재료를 첨가해 다양한 파생 소스를 만들 수 있다(**참조** AURORE, MORNAY, SOUBISE).

▶ 레시피 : BETTE, MAÏS, SAUCE.

BECK (HEINZ) 하인즈 벡 독일의 요리사(1963, Bayern 출생). 파사우(Passau) 호텔 조리 학교를 수학하고 프리부르 콜롬비 호텔에서 실습을 거친 뒤 캐퍼(Käfer), 뮌헨의 탄트리스(Tantris) 레스토랑을 거치며 하인즈 윙클러 셰프 지도하에 경험을 쌓았다. 이어서 윙클러 셰프의 이름으로 오픈한 아샤우(Aschau)의 미슐랭 3스타 레스토랑 레지덴츠(Residenz)의 수셰프로 옮긴다. 또한 하인즈 벡은 베를린의 대통령 관저의 행사 때도 그 기량을 발휘했다. 1994년 그는 독일을 떠나 이탈리아에 정착한다. 7개의 언덕이 있는 도시가 한눈에 내려다보이는 현대적 건물인 로마의 힐튼 카발리에리 호텔 맨 꼭대기 층에 자리한 '라 페르골라(la Pergola)' 레스토랑으로 자리를 옮긴 그는 이탈리아 요리에 대한 애정을 유감없이 발휘한다(그의 아내 테레사는 시칠리아 출신이다). 그는 또한 파스타와 지중해 요리에 대한 책들을 펴내기도 했다. 2006년 그의 레스토랑은 미슐랭 가이드의 별 셋을 획득했다.

BECQUETER 베크테 원래는 매사냥에 관련된 용어로 '부리로 쪼다'라는 뜻인데 일반적인 '먹다'의 의미로 통용되며 철자도 '벡테(becter)'로 간단해졌다. 새가 부리로 먹이를 쪼아 먹는 모습에 비유해 일상적인 표현으로는 '깨지락거리며 먹다(manger du bout des dents, chicoter)'라는 뜻으로 쓰이기도 한다.

BEIGLI 베글리 헝가리안 월넛 롤. 헝가리의 파티스리로 브리오슈 재료로 만든 반죽에 호두살과 양귀비 씨를 채워 넣고 돌돌 만 빵이다. 이 특별한 디저트는 크리스마스와 부활절 축일 때 특히 많이 먹는다.

BEIGNE 베뉴 퀘벡의 전통 파티스리로 밀가루, 달걀, 우유와 버터를 섞어 만든 발효반죽을 주로 링 모양으로 만들어 기름에 튀겨낸 일종의 도넛이다. 뜨겁게 혹은 상온으로, 그대로 먹거나 슈거파우더를 솔솔 뿌려 먹는다. 베뉴 수플레(beigne soufflé) 또는 크로키뇰(croquignole)은 슈 반죽으로 만든다. 베뉴(beigne)는 대량 생산되는 설탕에 묻힌 도넛을 지칭하기도 하며, 이는 북아메리카에서 패스트푸드에 속한다.

BEIGNET 베녜 튀김. 반죽을 기름에 튀긴 것으로 그 안에 날 재료 또는 익힌 재료를 감싸 튀기기도 한다. 재료에 따라 튀김은 오르되브르, 애피타이저 혹은 디저트로 서빙되며 거의 아주 뜨거운 상태로 소금 또는 설탕을 뿌려 먹는다. 사용된 튀김 반죽은 어떤 재료를 감싸 튀기는가에 따라 달라진다. 음식을 튀길 때는 일단 튀김옷을 입은 재료가 튀김 냄비 바닥으로 가라앉았다가 열의 작용으로 가벼워져 부풀면서 기름 위로 떠오르기 때문에 튀김용 기름은 언제나 넉넉하게 준비해야 한다. 튀기는 중간에 한 번 뒤집어준다. 튀김의 원리는 간단하지만 그 맛과 형태는 다양하다.

● **튀김 반죽을 입힌 베녜.** 보통 수분이 많은 재료를 튀길 때는 튀김옷을 입혀

Batterie de cuisine 주방도구와 집기

"다양한 종류의 소스팬, 프라이팬, 냄비와 솥, 그리고 크고 작은 주방 소도구들. 주방에서 사용하는 집기와 도구의 개수로 그곳의 작업과 활동을 가늠해볼 수 있다고 한다면, 에콜 페랑디 파리, 출장요리 업체 포텔 에 샤보, 그리고 레스토랑 가르니에와 엘렌 다로즈의 주방은 활기가 넘친다는 사실에 의심의 여지가 없다."

준다. 밀가루만 묻혀도 되고 밀가루, 달걀, 빵가루를 입히는 아 랑글레즈(à l'anglaise) 방법으로 튀겨도 좋다. 하지만 베녜를 만들기 위해서는 튀김 반죽을 만들어 입혀야 한다. 짭짤한 일반 음식 또는 달콤한 디저트 모두 튀김을 만들 수 있으며 생재료(빨리 익히기 위해 작게 썬다)와 익힌 재료(양념에 재우기도 한다)를 다양하게 사용한다. 꽃 튀김(제비꽃, 엘더베리, 백합)은 중세에 아주 인기가 높았다. 현재는 아카시아 꽃과 주키니 호박꽃 정도만 튀김에 사용하고 있다.

● **슈 반죽을 입힌 베녜.** 짭짤한 일반 요리로 서빙할 것인지 달콤한 음식인지 여부에 따라 슈 반죽을 오르되브르용 혹은 '부푸는 수플레 반죽(soufflés)'이라고 일컫는 디저트용으로 구분하여 만든다. 짭짤한 음식의 경우 수 반죽에는 가늘게 간 치즈, 잘게 깍둑 썬 햄, 아몬드 등을 첨가할 수 있다. 달콤한 슈 반죽으로는 베녜 수플레인 '페 드 논(pets-de-nonne)'을 만들 수 있다.

● **기본 브리오슈 반죽 베녜.** 비에누아(viennois) 또는 도핀(dauphine) 이라고 부르며 반죽을 링 모양으로 만들어(안에 잼을 채워 넣기도 한다) 뜨거운 (180°C) 기름에 튀겨내는 일종의 도넛이다. 부풀면서 노릇하게 튀겨지면 건져서 설탕을 뿌려 먹는다.

● **와플 반죽 베녜.** 반죽을 다양한 모양(별, 바르케트, 하트, 장미 등)의 와플 기계에 넣어 구워낸다. 그대로 먹거나 속을 도려낸 다음 소를 채워 먹기도 한다(croustades). 지방마다 가장 오래된 디저트 중에는 베녜가 포함되어 있는 경우가 많다. 특별히 향을 낸 반죽으로 만든 베녜는 축제나 명절 절기에 만들어 먹는 전통 간식이었다. 리옹의 뷔뉴(bugnes lyonnaises), 몽펠리에의 오레이예트(oreillettes de Montpellier), 베리의 뵈뇽(beugnons du Berry), 오베르뉴의 비뉴(bignes d'Auvergne), 스트라스부르의 루세트(roussettes de Strasbourg), 앙주의 투르티소(tourtisseaux d'Anjou), 낭트의 보트로 (bottereaux nantais) 등은 모두 각 지역의 특색을 살린 베녜들이다.

pâte à beignets : 파트 아 베녜

베녜 반죽 만들기 : 넓적한 볼에 체 친 밀가루 250g을 넣고 가운데를 움푹하게 만든 다음 달걀노른자 3개, 고운 소금 5g, 맥주 250ml를 넣어 잘 섞는다. 매끈한 반죽이 완성되면 기름 1티스푼을 표면에 아주 얇게 발라 막처럼 씌운 다음 약 1시간 동안 휴지시킨다. 사용하기 바로 전, 단단하게 거품 올린 달걀흰자 3개분을 넣고 주걱으로 살살 섞는다. 디저트용 튀김 반죽일 경우에는 설탕 30g을 추가한다.

BEIGNETS SALÉS 일반 요리용 짭짤한 튀김

제랄드 파세다(GÉRALD PASSÉDAT)의 레시피

beignets d'anémone de mer 베녜 다네몬 드 메르

말미잘 튀김 : 4인분 / 준비 : 2시간

파슬리 한 송이를 끓는 물에 데친 다음 찬물에 식힌다. 생선 육수 120ml를 넣고 블렌더로 간 다음 고운 체에 거른다. 간을 하고 올리브오일 1테이블스푼을 넣는다. 250g 짜리 오징어 한 마리를 씻어서 가늘고 길게 잘라 냉장고에 넣어둔다. 볼에 셰리식초 100ml를 넣고 말미잘 4마리를 재빨리 담가 뾰족한 촉수를 무력화시킨 다음 건져서 각각 4등분하고 다시 한 번 헹군다. 우유 120ml를 끓인 뒤 한천 0.5g을 넣어 녹인다. 간을 맞춘 다음 식힌다. 말미잘을 네 개의 작은 볼에 나누어 담고 식힌 우유를 말미잘 높이까지 붓는다. 랩을 씌워 냉장고에 넣어둔다. 튀김 반죽을 만든다. 우선 볼에 밀가루 100g과 동량의 옥수수 전분을 넣고 베이킹파우더 15g, 소금을 넣는다. 달걀노른자 1개를 넣은 뒤, 물 100ml와 맥주 150ml를 붓고 살살 저어준다. 잘 섞은 다음 2시간 동안 휴지시킨다. 브릭 페이스트리(feuilles de brick)을 3겹으로 준비한 다음 지름 5cm 크기의 원형 커터를 사용하여 모두 16개의 3겹짜리 원을 찍어낸다. 이 중 8개의 원 가운데에 말미잘을 놓고 나머지 8개의 원 가장자리에 물을 발라서 덮어 붙인다. 완성된 8개의 원반 모양을 튀김 반죽에 담갔다가 180°C로 데운 포도씨유 1리터에 담가 튀겨낸다. 건져서 소금으로 간을 한 다음 레몬즙을 뿌린다. 그동안 70°C의 스팀 오븐에 볼 3개를 넣어 데운다. 첫 번째 소테팬에 파슬리 즙을 넣어 데우고, 또 다른 팬에는 우유 500ml와 대두 레시틴 0.5g을 넣어 데운다. 간을 맞춘다. 오징어를 올리브오일을 달군 팬에 볶아낸 다음 그 팬에 레몬즙 1개분을 짜 넣어 디글레이즈한다. 데운 우유를 블렌더로 갈아 거품을 낸다. 아주 얇게 슬라이스한 펜넬 4장과 가늘게 채 썬 래디시 약간, 마이크로 채소(rock chives)를 섞은 다음 올리브오일을 조금 두르고 소금, 후추로 간을 맞춰 가볍게 드레싱한다. 증기 오븐에 데운 볼을 꺼내서 첫 번째 볼에는 거품 낸 우유를 붓고 아키텐 산 캐비아 15g을 얹는다. 두 번째 볼에는 파슬리 즙을 깔고 그 위에 오징어를 놓은 다음 샐러드를 올린다. 세 번째 볼에는 레몬을 뿌린 튀김을 담아 모두 함께 서빙한다.

beignets d'aubergine 베녜 도베르진

가지 튀김 : 가지의 껍질을 벗기고 동그랗게 썬다. 기름, 레몬즙, 다진 파슬리, 소금, 후추를 넣고 1시간 재운 다음 으깬다. 삶은 달걀노른자에 약간의 버터, 다진 파슬리를 넣고 포크나 블렌더로 잘 섞어 소를 만든 다음 가지에 놓고 말아 감싼다. 튀김 반죽에 담가 씌운 다음 뜨거운 기름에 튀겨낸다. 접시에 냅킨을 깔고 튀김을 서빙한다(브로콜리, 카르둔, 셀러리, 주키니 호박, 콜리플라워, 주키니 호박꽃, 샐서피, 토마토, 돼지감자, 포도나무 덩굴손 등도 같은 방법으로 튀긴다).

beignets de cervelle 베녜 드 세르벨

골 튀김 : 양의 골이나 송아지 골을 쿠르부이용(court-bouillon)에 데친다. 다진 파슬리와 레몬즙을 넣은 기름에 골을 재워둔다. 튀김 반죽에 담가 입힌 다음 뜨거운 기름에 튀겨낸다(레몬즙과 밀가루, 버터를 넣은 끓는 물(blanc)에 데쳐낸 송아지 장간막(fraise de veau)이나 송아지, 양의 척수(amourettes)도 같은 방법으로 튀긴다).

beignets à la florentine 베녜 아 라 플로랑틴

플로랑틴 시금치 튀김 : 시금치 퓌레를 만든 다음 약한 불에 올리고 나무 주걱으로 저어가며 수분을 날린다. 퓌레 250g에 되직하게 졸인 베샤멜 소스 200ml를 넣고 혼합한다. 가늘게 간 그뤼예르 치즈 50g을 넣어 섞은 다음 완전히 식힌다. 혼합물을 15개 정도로 소분하여 밀가루에 굴리고, 튀김 반죽에 담가 입힌다. 180°C 기름에 넣고 노릇해질 때까지 튀긴다. 건져서 키친타월에 기름을 뺀 다음 고운 소금을 뿌려 뜨겁게 서빙한다.

마크 므노(MARC MENEAU)의 레시피

beignets de foie gras (cromesquis) 베녜 드 푸아그라(크로메스키)

푸아그라 크로메스키 하루 전날, 소스 빌르루아(sauce Villeroy)를 만든다. 우선, 포트와인 250ml를 두 번에 나누어 소스팬에 넣고 센 불에서 졸인다. 여기에 생크림 750ml를 넣고 약하게 끓인다. 판 젤라틴 8장을 찬물에 4~5분 정도 담가 불린 다음 물을 꼭 짠다. 소스팬을 불에서 내리고, 익힌 뒤 체에 내려 퓌레로 만든 푸아그라 100g과 물을 꼭 짠 젤라틴을 약하게 끓는 생크림에 넣는다. 소금, 후추로 간을 하고 냉장고에 넣어둔다. 20cm x 15cm 크기의 우묵한 용기에 랩을 깔아준 다음 빌르루아 소스를 0.5cm 두께로 펼쳐놓는다. 냉장고에 20분간 넣어 굳힌다. 잘게 깍둑 썬 푸아그라 100g과 다진 송로버섯 20g을 그 위에 고루 뿌린다. 빌르루아 소스 나머지 반을 부어 덮어준 다음 냉장고에 하룻밤 넣어둔다. 다음 날 용기를 뒤집어 내용물을 도마에 쏟는다. 칼날을 뜨거운 물에 담갔다 뺀 다음 사방 1.5cm 크기의 큐브 모양으로 자른다. 크로메스키를 만든다. 우선, 자른 큐브를 밀가루 25g에 굴린 다음 잉여분은 털어낸다. 달걀 3개를 풀고 크로메스키를 담갔다 뺀 다음 빵가루 100g에 굴려 묻힌다. 이 같은 과정을 다시 한 번 반복해 두 겹의 튀김옷을 입힌다. 냉장고에 보관한다. 기름 750ml을 튀김 냄비에 넣고 가열한다. 냉장고에 넣어 두었던 크로메스키를 꺼내 다시 한 번 고운 빵가루를 묻힌 다음 기름에 두 개씩 넣고 2~3분간 튀긴다. 건져서 키친타월에 기름을 뺀 다음 오븐 문 위에 따뜻하게 보관한다. 다 튀겨지면 즉시 서빙한다. 이로 깨물지 말고 혀로 눌러 먹는다.

beignets de foie de raie 베녜 드 푸아 드 레

가오리 간 튀김 : 가오리의 간을 쿠르 부이용(court-bouillon)에 6분 정도 데친 다음 건져 식힌다. 튀김 반죽을 만든다. 간을 어슷하고 도톰하게 에스칼로프로 슬라이스한 다음 소금, 후추, 기름, 약간의 레몬즙에 30분~1시간 동안 재운다. 건져서 튀김반죽을 입히고 180°C 기름에 넣어 튀긴다. 건져서 기름을 뺀 다음 고운 소금을 뿌리고, 톱니 무늬를 내어 반으로 자른 레몬을 곁들여 뜨겁게 서빙한다.

beignets d'huître 베녜 뒤트르

굴 튀김 : 굴을 까면서 받아둔 물을 약하게 끓인 다음 굴 살을 넣어 데친다. 불을 끄고 그

대로 식힌다. 건져서 물기를 닦아낸 다음 기름, 레몬즙, 설탕, 소금에 30분간 재운다. 튀김 반죽에 담가 입힌 다음 뜨거운 기름에 튀긴다. 건져서 키친타월에 기름을 뺀 다음 고운 소금을 뿌린다. 레몬 웨지와 튀긴 파슬리를 곁들여 서빙한다.

beignets de langoustine 베녜 드 랑구스틴

랑구스틴 튀김 : 랑구스틴(가시발새우) 12마리의 살을 발라낸다. 올리브오일 3테이블스푼, 레몬즙 1.5테이블스푼, 다진 파슬리 1테이블스푼, 껍질을 벗겨 다진 마늘 1톨, 프로방스 허브 1티스푼, 소금, 후추, 카옌페퍼 약간을 혼합한 마리네이드 양념에 랑구스틴을 넣어 30분간 재운다. 튀김 반죽을 만들어 랑구스틴을 담가 입힌 뒤 뜨거운 기름에서 노릇하게 튀긴다. 건져서 키친타월로 기름을 제거한다. 톱니무늬를 내어 반으로 자른 레몬과 타르타르 소스를 곁들여 뜨겁게 서빙한다.

beignets de ris de veau 베녜 드 리 드 보

송아지 흉선 튀김 : 송아지 흉선을 데쳐낸 다음 모양을 다듬고 눌러 식힌다. 도톰하게 슬라이스한 송아지 흉선에 밀가루를 묻힌 다음, 묽게 만든 튀김 반죽을 입혀 180°C 기름에서 양면이 노릇해지도록 튀긴다. 건져서 기름을 뺀 다음 레몬 웨지, 올리브오일에 완전히 익혀 식힌 토마토 또는 허브를 넣은 마요네즈를 곁들여 서빙한다.

beignets de salsifis 베녜 드 살시피

샐서피 튀김 : 익힌 샐서피를 먹기 좋은 크기로 토막낸다(생 샐서피 또는 통조림 모두 사용 가능하다. 너무 단단하면 미리 익혀 사용한다). 물기를 닦고 밀가루를 묻힌 다음 튀김 반죽을 입혀 뜨거운 기름에 튀긴다. 냅킨을 깐 접시에 담아 서빙한다.

beignets soufflés 베녜 수플레

슈 튀김 : 설탕을 넣지 않은 슈 반죽 250g을 만든다. 스푼으로 반죽을 호두만 한 크기의 공 모양으로 떠서 뜨거운 기름에 넣고 노릇해질 때까지 튀긴다. 건져서 간을 한 다음 냅킨 위에 쌓아놓는다. 짭짤한 맛의 베녜 수플레는 안초비, 치즈, 양파 등으로 향을 더할 수 있다.

beignets soufflés à la toscane 베녜 수플레 아 라 토스칸

토스카나식 햄 치즈 슈 튀김 : 슈 반죽 300g에 넛멕을 조금 갈아 넣고, 파르메산 치즈 50g, 잘게 썬 햄 50g, 다진 송로버섯 약간을 넣고 섞는다. 동그랗게 뭉쳐 뜨거운 기름에 튀긴다. 애피타이저로 아주 뜨겁게 서빙한다.

BEIGNETS SUCRÉS 디저트용 달콤한 튀김

알랭 상드랭스(ALAIN SENDERENS)의 레시피

beignets d'ananas sauce pinacolada 베녜 다나나스 소스 피나콜라다

파인애플 튀김과 피냐콜라다 소스 맥주 250ml, 밀가루 200g, 생 이스트 15~20g, 소금 한 꼬집을 섞어 튀김 반죽을 만든 다음 상온에서 1시간 휴지시킨다. 파인애플 반 개의 껍질을 벗기고 슬라이스한 다음, 3등분으로 자른다. 키친타월로 하나하나 수분을 제거한다. 볼에 설탕 25~50g과 달걀노른자 6개를 넣고 색이 연해질 때까지 거품기로 섞는다. 여기에 파인애플 퓌레 250ml와 뜨거운 코코넛 밀크 250ml를 넣고 크렘 앙글레즈처럼 가열하여 피나콜라다 크림을 만든다. 럼 50ml를 넣고 섞은 뒤 식힌다. 파인애플 퓌레 500ml와 시럽(설탕 비중계 측정 밀도 1.2624. 물 500ml에 설탕 500g을 넣어 만든다) 150~300g을 혼합한 뒤 아이스크림 제조기에 돌려 소르베를 만든다. 잘라 놓은 파인애플 조각에 튀김 반죽을 입혀 아주 뜨거운 기름에 튀긴다. 건져서 슈거파우더를 뿌린 다음 토치로 글레이즈한다. 피나콜라다 크림을 접시에 담고 중앙에 소르베를 한 올린 다음 파인애플 튀김을 빙 둘러 놓는다.

beignets de banane 베녜 드 바난

바나나 튀김 : 바나나의 껍질을 벗긴 뒤 길게 자른다. 설탕을 넣은 럼에 1시간 재운다. 튀김 반죽을 입혀 뜨거운 기름에 튀긴다. 건져서 기름을 제거하고 설탕을 솔솔 뿌린 뒤 냅킨 위에 서빙한다.

beignets de fleurs d'acacia ▶ ACACIA

beignets à l'imbrucciata 베녜 아 랭브루치아타

브로치우 치즈 튀김 : 넓적한 볼에 체 친 밀가루 500g을 넣고 가운데를 움푹하게 만든 다음 달걀 3개, 소금 한 꼬집, 베이킹파우더 작은 포장 한 봉지(11g), 올리브오일 2테이블스푼을 넣고 혼합한다. 물 한 공기를 넣고 매끈한 반죽을 만든다. 면포로 덮고 상온에서 3시간 휴지시킨다. 생 브로치우 치즈를 슬라이스한다. 튀김 반죽을 얇게 입힌 다음 180°C 기름에 넣어 튀긴다. 건진 뒤 설탕을 뿌려 서빙한다.

beignets Nanette 베녜 나네트

크림을 채운 브리오슈 튀김 : 굳어 단단해진 브리오슈를 둥근 모양으로 슬라이스한다. 크렘 파티시에를 만든 다음 키르슈나 럼에 재운 잘게 썬 과일 콩피를 넣고 섞는다. 브리오슈에 이 크림을 놓고 두 장씩 붙인다. 과일 콩피를 절였던 것과 같은 오드비로 향을 낸 설탕 시럽을 조금 뿌려준다. 튀김 반죽에 담가 입힌 뒤 뜨거운 기름에 튀긴다. 건져서 슈거파우더를 뿌린 뒤 토치로 글레이즈한다.

beignets de pomme 베녜 드 폼

사과 튀김 : 애플 코어러를 사용해 사과의 속과 씨를 도려낸 다음 껍질을 벗기고 두께 4mm의 링 모양으로 썬다. 레몬즙을 뿌리고 코냑이나 칼바도스에 30분간 재워둔다. 건져서 물기를 털고 튀김 반죽을 입힌 뒤 뜨거운 기름에 튀긴다. 건져서 기름을 제거하고 고운 설탕을 뿌린다.

beignets soufflés fourrés aux cerises 베녜 수플레 푸레 오 스리즈

체리를 채워 넣은 슈 튀김 : 체리의 꼭지를 따고 씨를 뺀 다음 시럽에 넣고 끓인다. 체리를 건져낸 다음, 시럽을 주걱에 묻을 정도의 농도가 될 때까지 졸인다. 키르슈를 넣어 향을 낸다. 졸인 시럽에 체리를 다시 넣고 섞어 고루 버무린다. 슈 반죽으로 만든 달콤한 베녜 수플레인 페 드 논(참조. p.644 pets-de-nonne)을 만든 다음 뜨거울 때 한쪽을 갈라 체리를 채워 넣는다. 둥근 유리볼이나 다리가 달린 디저트용 플레이트에 담고 슈거파우더를 뿌려 서빙한다.

beignets viennois 베녜 비에누아

잼을 채운 비엔나식 도넛, 크라펜 : 밀가루 500g을 체에 친 다음 그 중 1/4을 작업대에 놓고 가운데를 우묵하게 만든다. 생 이스트 20g을 넣고 우유를 조금 부어 개어준 다음 따뜻한 물을 넉넉히 넣어가며 약간 말랑말랑한 르뱅(levain) 반죽을 만든다. 이 르뱅을 둥글게 뭉친 다음 윗면에 십자로 칼집을 내고 용기에 담아 덮은 뒤 따뜻한 곳에 둔다. 나머지 밀가루를 작업대에 쏟고 가운데를 움푹하게 만든 다음 달걀 4개와 따뜻한 물 2스푼을 넣고 섞는다. 반죽을 여러 번 접어 공기를 빼가며 반죽한다. 설탕 25g과 소금 15g에 물을 아주 조금만 넣고 녹인 다음 반죽에 섞어준다. 버터 200g을 부드럽게 으깨 섞어준다. 달걀 2개를 하나씩 넣어가며 잘 혼합한다. 여러 번 접어가며 균일하고 매끈하게 반죽한 다음 작업대에 넓게 펴 놓는다. 미리 준비해둔 르뱅을 가운데에 놓고 같이 혼합한다. 반죽을 둥글게 뭉친 다음 큰 볼에 넣고 면포로 덮어 따뜻한 곳에서 5~6시간 휴지시킨다. 반죽을 꺼내 펀칭하며 공기를 뺀 다음 잠시 그대로 둔다. 반죽을 둘로 나누어 0.5cm 두께로 민다. 한 면에 일정한 간격을 두고 살구잼을 조금씩 떠 놓는다. 잼을 놓은 부분 가장자리에 물을 바른 다음 다른 한 장의 반죽으로 덮는다. 물 바른 부분을 꼭 눌러 붙인 다음 지름 5cm 원형 커터로 동그란 모양을 잘라낸다. 오븐팬에 면포를 깔고 밀가루를 고루 뿌린다. 원형으로 자른 반죽을 그 위에 나란히 놓고 30분간 발효시킨다. 180°C 오븐에 넣어 튀긴다. 도넛이 부풀어오르고 한쪽 면이 노릇하게 익으면 뒤집어준다. 도넛을 건져 기름을 뺀 다음 냅킨 위에 놓고 슈거파우더를 뿌린다.

crème frite en beignets ▶ CRÈMES DE PÂTISSERIE
petits choux amandines en beignets ▶ CHOU

BEL PAESE 벨 파에제 이탈리아의 소젖(지방 45%) 치즈. 롬바르디아주에서 대량 생산되는 벨 파에제 치즈는 지름 20cm의 맷돌 형태로 은박지에 포장되어 판매된다. 부드러운 연성치즈로 노란색의 크리미한 질감을 지닌 이 치즈는 전 세계로부터 인기를 얻고 있다(bel paese 는 이탈리아어로 '아름다운 나라'라는 뜻이다).

BELGIQUE 벨지크 벨기에. 맥주로 유명한 나라 벨기에는 미식적인 측면으로 보았을 때, 수도 브뤼셀, 플랑드르 지역과 왈로니아 지역으로 나눌 수 있으며, 샤퀴트리와 파티스리가 동시에 아주 중요한 위치를 차지하고 있다. 리옹보다도 더 많은 미식 평가의 별을 보유하고 있다고 자국민들이 자부심을 갖고 있는 브뤼셀은 다양한 식문화가 대조를 보여주는 도시이기도 하다. 가는 곳마다 콘 모양에 담아 파는 프렌치프라이, 고둥이나 소라, 아기자기한 프랄린 초콜릿 세트, 달콤한 와플을 파는 노점상들이 즐비하다.

■ **고전적인 대표 요리.** 면적이 아주 작은 나라지만 벨기에에는 지역적 특성, 혹은 가정적 특징을 가진 유명한 음식들이 많다(리크와 치즈를 넣은 디낭식 파이 flamiche dinantaise, 근대와 치즈를 넣은 브라방식 타르트 tarte al djote brabançonne, 왈로니아의 설탕 시나몬 타르트, 리에주의 주니퍼베리 오드비인 진 genièvre liégeois, 여러 종류의 약초로 만든 앙베르의 독한 술인 élixir anversois 등). 또한 벨기에를 대표하는 클래식 요리들로 오슈포(hochepot, 포토푀의 일종), 스튜의 일종인 워터조이(waterzoï), '머리 없는 새'라는 뜻의 속을 채운 소고기 룰라드(vogels zonder kop)를 꼽을 수 있다. 감자와 엔다이브(witloof)는 물론이고 아스파라거스, 특히 유명 레스토랑 셰프들이 선호하는 흔하지 않은 봄철 식재료인 홉의 싹(jets de houblon), 브뤼셀 방울 양배추 등도 벨기에의 채소를 대표한다. 벨기에 사람들이 선호하는 생선으로는 특히 뱀장어(각종 허브를 넣은 그린 소스에 익힌 앙귀유 오 베르 anguille au ver, 파테, 와인에 익힌 뫼레트 meurette 또는 마틀로트 matelote, 스튜 요리 도브 daube 등)를 꼽을 수 있으며 명태(파피요트, 화이트와인에 조리)와 다양한 조리법으로 즐기는 청어가 그 뒤를 잇는다.

■ **외국의 영향.** 벨기에의 격동과 부침의 역사는 미식문화에도 흔적을 남겼다. 생선 에스카베슈(escabèche)나 비제(Visé)를 본 뜬 거위 요리(채소를 넣은 육수에 익힌 거위를 토막 낸 다음 빵가루에 묻혀 기름에 지진 것으로, 마늘과 크림으로 만든 소스와 곁들인다) 등은 16세기 스페인 요리의 영향을 받은 것이다. 유명한 아르덴의 말린 햄(jambon des Ardennes)은 고대 로마시대부터 이미 룩두눔(Lugdunum, 현재의 리옹)의 시장에서 판매되었다고 한다. 플랑드르 인들이 쿠크(couques) 과자를 만든 것도 아마 이곳의 갈로 로맹 레시피에서 영감을 얻었을 것으로 추정된다.

■ **치즈.** 소젖으로 만든 연성치즈인 림부르그(**참조** LIMBOURG)와 냄새가 아주 독한 브뤼셀 치즈(Brusselse kaas) 두 가지를 꼽을 수 있다,

■ **파티스리.** 다른 요리들 못지않게 파티스리 분야도 아주 종류가 다양하다. 나뮈르(Namur)와 브뤼셀의 와플, 얼음 설탕을 넣어 만든 베르비에(Verviers)의 브리오슈(brioche au sucre candi), 건포도와 우유, 버터를 넣어 만든 빵 크라미크(cramique), 스페퀼로스(spéculos), 아니스를 넣은 비스킷 모크 드 강(moques de Gand), 아몬드 빵, 팽 데피스, 그리고 녹은 버터가 줄줄 흐르는 그 유명한 디낭의 플라미슈(flamiche de Dinant) 등이 대표적이다.

■ **맥주.** 115개의 양조장에서 맥주를 생산하고 있는 벨기에는 맥주의 나라이자 동종 발효 주류의 대표적인 생산지로, 매우 다양한 종류의 맛을 선보이고 있다. 과일 등으로 향을 더한 곡류 발효주로는 괴즈(gueuze, geuze)가 가장 유명하며, 몇 년간 숙성한 램빅 맥주와 새로 만든 램빅을 블렌딩하여 만든다. 거품이 없는 램빅은 브뤼셀 지역의 특수한 효모를 주입하여 겨울에 만들어진다. 과일을 넣은 크릭(kriek)과 프랑부아즈(framboise)는 각각 체리나 라즈베리를 램빅에 침용하여 만든다. 맥주가 탄생한 수도원 이름(Chimay, Orval, Rochefort, Westmalle, West-Vleteren)을 그대로 사용하고 있는 트라피스트 맥주(bières trappistes)는 대부분의 경우 맛의 특성이 별로 없는 Leffe, Maredsous 등의 애비 맥주(bières d'abbaye)와 혼동되어서는 안 된다. 그 외에 블론드, 호박색, 브라운 색을 띤 맥주들도 흥미로운 종류가 많다. 프랑스의 와인과 경쟁하기도 하는 맥주는 벨기에의 특산 요리에도 종종 사용된다. 맥주를 넣은 고기 스튜인 카르보나드(carbonades), 건자두를 넣은 토끼 요리, 소의 췌장이나 고환 등의 부속과 꼬리, 고기를 함께 익힌 스튜의 일종인 쇠젤(choesels), 괴즈(gueuze)에 익힌 강꼬치고기, 맥주 소스의 서대 필레, 트라피스트 맥주 송아지 흉선 요리 등을 꼽을 수 있다.

BELLE-HÉLÈNE 벨 엘렌 오펜바흐의 유명한 오페레타 '아름다운 헬렌'의 제목을 따 요리에 붙인 명칭으로 1864년경 파리의 그랑 불르바르 레스토랑(restaurant des Grands Boulevards)의 여러 셰프들이 요리 이름에 사용했다. 벨 엘렌 안심스테이크는 가늘게 썬 감자튀김과 크레송, 베아르네즈 소스를 채워 넣은 아티초크 속살이 곁들여지고, 벨 엘렌 닭 가슴살 소테는 얇게 저민 송로버섯을 곁들인 아스파라거스 크로켓 위에 놓여 서빙된다. 큰 덩어리의 고기류 벨 엘렌 요리는 잘게 썬 토마토를 곁들인 버섯볶음, 버터에 슬쩍 볶은 신선한 완두콩, 갸름하게 돌려 깎아 버터, 소금, 설탕을 넣고 윤기나게 익힌 당근 글레이즈, 감자 크로켓 등을 주위에 빙 둘러 서빙한다. 마지막으로 앙트르메 벨 엘렌은 시럽에 포칭한 과일(주로 윌리엄 서양배)을 그대로 담가 식힌 뒤 건져 바닐라 아이스크림 위에 얹고 뜨거운 초콜릿 소스를 뿌려 내는 디저트다.

BELLET 벨레 벨레 와인. 바르(Var) 계곡 위에 위치한 높은 언덕지대에서 생산되는 니스의 와인으로 브라케(braquet), 폴 누아르(folle noire), 생소(cinsault) 품종 포도를 사용해 섬세한 레드와인과 가볍고 상큼한 맛의 로제와인을 생산한다. 또한 롤(rolle), 루산(roussan), 마요르캥(mayorquin) 포도품종으로 만드는 화이트와인은 선명한 산미와 청량감을 지니고 있다.

BELLEVUE (EN) (앙) 벨뷔 주로 갑각류 해산물이나 생선살, 닭고기를 익힌 다음 젤리를 씌워 윤기나게 굳힌 차가운 요리를 뜻한다. 랍스터나 랑구스트(닭새우)는 살을 메다이용으로 동그랗게 썬 다음 장식하고 윤기나게 젤리를 입혀 껍데기 위에 원 모양대로 놓아 플레이팅한다. 작은 수렵육 조류(멧도요, 메추리, 개똥지빠귀)는 뼈를 제거하고 속을 채운 다음 포칭해 익힌다. 식혀서 갈색 쇼프루아 소스를 뿌려 덮은 다음 장식을 얹고 젤리를 씌워 윤기나게 마무리한다.

BÉNÉDICTINE 베네딕틴 약초와 허브로 만든 높은 알코올 도수(43% Vol.)의 황갈색 리큐어. 아주 오래전 베네딕토 수도원의 한 이탈리아 수도사가 처음 만든 묘약의 제조법을 토대로 1863년 와인중개상 알렉상드르 르 그랑이 레시피를 복원해 베네딕틴이라는 이름을 붙여 상품화했다. 병 라벨에는 베네딕토회의 표어가 약자 D.O.M.(Deo Optimo Maximo, 최고, 최대의 신에게 바친다)으로 표기되어 있다. 베네딕틴의 제조 과정은 3년에 걸쳐 행해진다. 27종의 각기 다른 약초와 향 허브(히솝, 레몬밤, 당귀, 고수, 정향, 넛멕, 찻잎, 몰약 등)를 사용한 다섯 가지의 혼합물을 만들어 각각 따로 숙성한 다음 혼합한다. 여기에 설탕과 꿀을 더해 단맛을 낸 다음 마지막으로 사프란으로 색을 낸다.

BÉNÉDICTINE (À LA) (아 라) 베네딕틴 염장 대구와 감자 퓌레 또는 브랑다드(brandade)가 들어가는 요리를 지칭한다. 염장 대구는 전통적으로 육식을 금하던 사순절에 먹을 수 있는 생선이긴 하지만, 이 요리 이름이 붙은 요리 중 대다수에 송로버섯이 곁들여진다는 사실 때문에 종교적 이미지와 연관된 명칭은 종종 그 정당성이 떨어진다.

▶ 레시피 : BOUCHÉE (SALÉE), MORUE.

BÉNINCASE 베냉카즈 동아. 박과에 속하는 동양의 식물로 열매는 길쭉한 호박과 비슷하다. 약간 오이와 비슷한 맛이 나며, 동남아와 중국에서 즐겨 먹는다. 물에 삶아 익히거나 식초에 절여 장아찌 등을 만들어 먹는다.

BENTO 벤토 도시락을 뜻하는 일본어로 주로 집 밖에서 간단히 먹는 식사를 뜻하며 일반적으로 박스 형태의 용기(弁当箱,べんとうばこ)에 담겨 있다. 이러한 식사 형태는 12세기에 처음 생겨났으며, 오늘날 일본의 가장 보편적인 도시락은 흰 쌀밥 가운데 붉은 우메보시를 박아 일본 국기를 상징하는 형태다. 여기에 채소를 절인 저장식품 츠케모노(漬物,つけもの)와 몇 가지 채소 반찬을 곁들여 먹는다. 전통적으로 옻칠을 한 나무 용기를 사용했지만 현재는 점점 줄어들고 있으며 스티로폼 소재 등 일회용 용기를 더 많이 쓰는 추세다.

BERASATEGUI (MARTIN) 마르틴 베라사테기 스페인의 요리사(1960, San Sebastian 출생). 바스크 지방 산 세바스티안 도노스티아(Donostia) 구시가지의 가족이 운영하는 작은 레스토랑인 보데곤(Bodegon)에서 아버지의 지도를 받으며 요리를 처음 익힌 그는 프랑스로 가서 모나코의 알랭 뒤카스 레스토랑 루이 캥즈(Louis XV), 그르나드 쉬르 라두르(Grenade-sur-l'Adour)의 디디에 우디(Didier Oudill)에서 경력을 쌓는다. 이후 아버지의 레스토랑을 물려받은 그는 자신의 고향에서 15km 떨어진 라사르테(Lasarte)에 모던한 식당을 오픈한다. 균형감을 잃지 않는 절제된 창조력을 바탕으로 한 그의 요리는 놀라운 발전과 성과를 보여 1995년에 미슐랭 가이드의 별 한 개, 1997년에 두 개, 이어서 2001년에 별 셋을 획득한다. 이 밖에도 그는 빌바오의 구겐하임 미술관의 레스토랑, 테네리페섬의 아바마 호텔 레스토랑의 자문 역할을 맡고 있다. 단맛과 짠맛의 조화, 타파스와 같은 적은 양의 서빙 및 놀라움이 가득한 절묘한 식재료의 조합으로 그의 요리는 승승장구하고 있다. 적절한 즙의 사용이나 반투명의 젤리를 응용하

는 등 자신만의 세공과 기법으로 가벼운 요리를 만들어내고 있는 이 현대적인 요리사는 그 독창성을 충분히 인정받고 있다. 훈제 장어와 푸아그라, 방울양파, 청사과로 만든 캐러멜라이즈드 밀푀유, 크리미 감자 무스를 곁들인 염장 대구와 토마토 인퓨전, 콜리플라워 크림을 곁들인 굴과 비트 무스, 따뜻한 해산물 젤라틴 등은 그의 요리를 대표하는 걸작들이다.

BERCHOUX (JOSEPH) 조제프 베르슈 프랑스의 변호사, 시인(1765, Saint-Symphorien-de-Lay 출생–1839, Marcigny 타계). 그의 이름은 1801년 발간되어 큰 성공을 거둔 총 4편의 시 "미식 또는 식탁에 앉은 농부(Gastronomie ou l'Homme des champs à table)"를 통해 널리 알려졌다. 저자의 모든 철학은 이 구절에 녹아 있다. "시 한 편의 가치는 절대 한 끼 식사의 가치에 미치지 못한다.", "그 어떤 것도 식사하는 신사를 방해해서는 안 된다." 프랑스 어휘에 '가스트로노미(gastronomie)'라는 단어를 도입한 것도 바로 조제프 베르슈다. 전혀 공통점이 없는 여러 요리들이 그의 이름에 헌정되었다.

BERCY 베르시 와인과 샬롯을 베이스로 한 요리를 지칭한다. 파리의 베르시 지역은 오랜 기간 대형 유럽 와인시장이 있던 장소다. 1820년부터 이 근처에 우후죽순 생겨난 작은 식당들에서는 와인 소스를 곁들인 음식에 이 이름을 붙여 팔았다고 한다. 이 식당들은 주로 튀김 요리, 와인 소스 베이스의 마틀로트 생선 요리나 구운 고기 등을 팔았다(대표적인 요리는 그 유명한 앙트르코트 베르시, 즉 와인 소스 등심구이다).

▶ 레시피 : BEURRE COMPOSÉ, BŒUF, SAUCE, SOLE.

BERGAMOTE 베르가모트 운향과에 속하는 감귤류 베르가모트 나무의 열매로 이탈리아 칼라브리아, 프랑스의 코르시카섬, 그리고 중국에서 주로 재배된다. 노란색을 띤 작은 오렌지와 비슷한 모양에, 새콤한 맛을 지닌 베르가모트는 그 껍질에 에센스오일을 함유하고 있어 향수 제조나 당과류 제조에 사용된다. 껍질은 파티스리에서 많이 쓴다. 또한 베르가모트 천연 에센스로 향을 낸 황갈색의 납작한 정사각형의 사탕 이름이기도 하다. 1850년부터 전해오는 낭시의 특산물인 이 사탕은 상품 인증을 받은 프랑스 최초의 당과류이다. 또한 서양 배 품종의 하나인 베르가모트는 거의 둥근 모양에 누르스름한 껍질과 연한 살을 갖고 있으며 아주 달고 향이 짙다.

BERGERAC 베르주라크 프랑스의 도시명. 도르도뉴 지방의 코뮌으로 중세부터 포도재배지로 유명하다. 이곳의 와인(화이트, 레드, 로제)은 인근 보르들레 지역의 와인과 비슷하며 포도품종도 같다(**참조** PÉRIGORD).

BERLINGOT 베를랭고 베를랭고 사탕. 향을 입힌 사탕(주로 민트 향, 또는 과일 향)으로 피라미드 모양을 하고 있으며 투명색과 불투명의 줄무늬가 교대로 나 있다. 현재의 제조법은 루이 16세 시절 쿠에(Couet)라는 이름을 가진 한 부인이 개발해 후손들에게 전해주었다고 한다. 1851년 카르팡트라(Carpentras)의 귀스타브 에세릭(Gustave Eysséric)은 보클뤼즈(Vaucluse)산 페퍼민트를 향으로 사용해 이 레시피를 재현했다. 그녀는 당절임 과일을 만들고 남은 시럽을 이용해 이 지역 베를랭고 사탕에 특별한 맛을 냈다. 낭트(1780년부터), 생 캉탱(Saint-Quentin)과 캉(Caen)도 지역 특산 베를랭고 사탕으로 이름이 나 있다. 베를랭고는 우선 끓인 설탕에 향과 색을 낸 다음 각각 투명한 색, 여러 번 늘이는 작업을 반복한 불투명한 색 두 덩어리의 소시지 모양을 만든다. 두 덩어리를 합쳐 적당한 크기로 잘라 길게 늘여 베를랭고 기계(4개의 날이 달린 회전기계)에 넣어 돌린다. 굳으면 모양대로 자른다. 베를랭고는 좀 더 의미를 확장해 피라미드 모양의 종이 포장 박스나 삼각형 우유팩 등을 가리키기도 한다.

BERNIQUE 베르니크 삿갓조개, 배말, 따개비. 삿갓조개과의 바다 연체동물로 크기는 지름 3~7cm 정도이며 원뿔 모양의 두꺼운 껍데기 바깥 면은 흐린 회색이며, 조개 안쪽은 주황색을 띤 노란색이다(**참조** p.250 조개류 도표, pp.252~253 도감). 대서양 연안 바위 위에서 많이 찾아볼 수 있으며, 샤포 시누아(chapeau chinois), 파텔(patelle), 베르니클(bernicle)이라고도 불린다. 지중해의 삿갓조개는 안쪽이 반짝이는 푸른색을 띠며 아라페드(arapède)라는 이름을 갖고 있다. 칼로 검은색 내장을 제거하고 살을 떼어낸 뒤 레몬즙이나 비네그레트를 뿌려 날로 먹거나 버터를 조금 넣고 구워 먹기도 한다. 혹은 매콤한 토마토 소스를 넣고 냄비에 익히거나 다져서 소로 사용하기도 한다.

BERNIS (PIERRE DE) 피에르 드 베르니 프랑스의 외교관(1715, Saint-Marcel-d'Ardèche 출생–1794, Roma 타계). 퐁파두르 부인의 비호를 받았던 그는 추기경이 되었고 베니스 대사, 이어서 로마 교황청 대사를 지냈다. 공직을 수행할 때마다 그는 프랑스 요리의 적극적인 옹호자 역할을 했고, 요리사들은 이후, 특히 달걀과 아스파라거스가 들어가는 여러 가지 요리 이름에 그의 이름을 붙였다.

▶ 레시피 : ŒUF MOLLET.

BERNY 베르니 으깬 감자에 달걀물과 아몬드 슬라이스를 입혀 튀긴 크로켓. 이 명칭은 감자 크로켓 이외에 렌틸콩 퓌레를 채운 타르틀레트까지 포함한 가니시를 뜻하기도 한다. 주로 수렵육 요리에 곁들인다.

BERRICHONNE (À LA) 아 라 베리숀 베리(Berry) 지방의 음식이라는 뜻으로 요리 명칭 뒤에 붙는다. 베리숀 스타일의 큰 덩어리 육류 요리는 브레이징한 녹색 사보이 양배추(소를 채우기도 한다), 삶은 밤, 윤기나게 익힌 방울양파, 기름기가 적은 베이컨 슬라이스를 곁들여 낸다. 육즙 소스 쥐(jus)는 너무 농도가 걸쭉해지지 않도록 가볍게 리에종한다. 베리숀 닭고기 프리카세에는 햇당근을 곁들이고, 베리숀 감자 요리는 양파와 베이컨 라르동을 넣고 익힌다.

BERRY 베리 베리 지방의 음식은 양돈 및 양계, 양 목축의 영향을 많이 받았고, 자연스럽게 고기 위주의 요리가 지역 특산 음식의 대다수를 차지한다. 7시간 익힌 양 뒷다리 요리, 베리식 포토푀(송아지 정강이, 소고기, 양 어깨살을 넣어 끓인다), 베리식 송아지 요리(레드와인 소스에 익히고 경우에 따라 달걀 반숙을 곁들인다), 바르부이유 닭고기 스튜(와인 베이스의 소스에 피를 넣어 마무리한다) 등이 대표적이다. 현재는 셰르(Cher)와 앵드르(Indre)로 나뉜 이 옛 지방의 음식은 단순하면서도 투박한 맛과 오래 천천히 익히는 조리법이 특징이다. 내장이나 부속을 활용한 부르주(Bourges)식 양 콩팥 요리나 허브를 넣은 송아지 머리, 속을 채운 송아지 간 요리, 크림소스의 송아지(또는 양) 척수 요리 등도 지역 특산 음식으로 유명하다. 수프나 스튜(렌틸콩이나 키드니빈을 넣고 끓이며, 오리나 돼지 등의 자투리 기름 부위를 바삭하게 익힌 프리통(friton, grignaude라고도 한다)을 곁들이기도 한다)는 이 지역 음식에서 중요한 위치를 차지하고 있으며 감자(tartouffes라고 부른다)나 늙은 호박(케이크의 재료로도 사용한다)을 이용한 요리도 다양하다. 이 지역 포도밭에서는 다양한 AOC(원산지 명칭 통제) 와인(샤토메이앙 châteaumeillant, 뢰이 reuilly, 상세르 sancerre, 캥시 quincy, 메느투 살롱 ménetou-salon)과 로제와인, 레드 품종 포도로 만드는 화이트와인이 생산되며, 요리에 특히 와인을 많이 사용한다(레드와인 소스 달걀요리, 스튜, 와인 소스의 생선 요리인 마틀로트 등). 베리 지방의 치즈 대부분은 염소젖으로 만든 것이다(발랑세 valençay, 풀리니 pouiligny, 샤비뇰 chavignol, 셀 쉬르 셰르 selles-sur-cher). 체리(키르슈 제조), 배, 호두, 헤이즐넛 등 과수 재배도 활발해 각종 디저트(서양 배 파이 poirat, 펌프킨 파이 citrouillat, 사과 팬케이크 sanciaux, 튀김과자 beignets 등)뿐 아니라 당과류(헤이즐넛을 넣은 봉봉 Forestine de Bourges, 마지팬 디저트 massepain d'Issoudun, 캔디류 sucres d'orge, 딱딱한 비스킷 과자 croquets 등)에도 과일을 많이 활용한다.

BÉRUDGE 베뤼주 작은 크기의 보랏빛을 띤 붉은 자두. 주로 증류주를 만드는 데 사용되며, 아주 향이 좋은 오드비를 만들어낸다.

BÉRYX 베릭스 금눈돔. 금눈돔과에 속하는 납작한 생선으로, 오렌지빛 붉은색을 띠며 눈이 아주 크다. 롱 베릭스는 길이가 약 35cm 정도 되는 반면, 길이가 더 긴 커먼 베릭스(béryx commun)는 몸체가 더 두툼하고 길이가 40cm에 이른다. 주로 북대서양, 아일랜드에서 노르웨이에 이르는 해역에서 잡히며 수심 600m에 서식한다. 일반적으로 필레로 떠서 판매하며 한 마리 통째로 파는 경우는 드물다. 생물로 또는 냉동으로 모두 구입가능하며 보통 '분홍 도미 (dorade rose)'라는 이름으로 판매된다. 생선살이 아주 맛있어 인기가 좋다.

BESSET (JULES) 쥘 베세 프랑스 알비(Albi) 출신의 작가(1813–1893). 큰 성공을 거둔 책, 『요리의 기술(*Art culinaire*)』의 저자이며, 이 요리책으로 요리 아카데미의 명예 학위를 취득했다. 그는 이 책에서 전문 요리사뿐 아니라 일반 요리 애호가들도 사용할 수 있는 요리법을 소개했으며 특히 당시에는 흔하지 않았던 올리브오일의 활용을 폭넓게 다뤘다.

BÊTACAROTÈNE ▶ 참조 VITAMINE

BÊTISE 베티즈 민트로 향을 낸 사탕으로 그 기원은 1850년으로 올라간다. 캉브레(Cambrai)의 메종 아프생(maison Afchain)이 베티즈 사탕을 최초로 만들었다고 오랜 동안 주장하고 있지만 이 당과류가 처음 개발된 정확한 배경은 알려지지 않고 있다. 한 견습생이 재료(설탕, 글루코스 시럽, 민트) 계량을 실수로 잘 만들지 못했지만 당과류 제조사가 번뜩이는 재치를 발휘해 설탕 반죽에 공기를 불어넣었다. 이렇게 해서 아직 뜨거운 설탕 반죽 안에 미세한 상태의 기포가 주입돼 가벼운 질감의 불투명한 사탕이 탄생하게 되었다. 캉브레의 이 지역 특산 먹거리를 모방한 제품이 발랑스(Valence)에서 소티즈(sottises)라는 이름으로 나왔다. 베티즈와 소티즈는 둘 다 프랑스어로 '바보 같은 짓'이란 뜻이다.

BETTE 베트 근대. 명아주과에 속하는 비트와 같은 종의 식용 채소로 잎사귀만 먹는다. 블레트(blette), 푸아레(poirée) 혹은 주트(joutte)라는 이름으로도 알려졌다. 잎의 녹색 부분은 시금치만큼 맛이 강하진 않으며, 조리법은 동일하다. 가운데 잎맥으로 연결되는 넓고 연한 심 줄기 부분(**참조** CARDE)은 이 채소에 섬세한 맛을 더해주며, 조리방법은 카르둔(cardon)과 같다.

■ **사용.** 철 함량이 시금치와 비슷하고 칼륨, 베타카로틴 및 섬유소가 풍부한 근대는 원기를 북돋아주는 상큼한 맛의 채소다. 가정 요리는 물론이고, 지역 특선 요리(특히 리옹, 코르시카)에 자주 등장한다. 녹색 잎은 타르트, 소 재료, 수프 등에 사용하고, 잎맥 줄기 부분은 그라탱이나 소스를 곁들인 가니시를 만들어 먹는다. 근대 잎 투르트(tourte)는 니스의 디저트 중 하나다.

bettes : 근대 준비하기

근대의 녹색 잎을 떼어내고 줄기는 손으로 꺾어 질긴 섬유질을 제거한다(칼로 자르지 않는다). 줄기 부분을 6~8cm로 자른 다음 끓는 소금물이나 채소 익힘용 블랑(blanc pour légumes, 참조. p.102)에 넣어 데친다. 녹색 잎은 씻어서 끓는 물(소금을 넣어도 좋다)에 5분간 데쳐낸 뒤 찬물에 식혀 헹궈 물기를 제거해둔다.

bettes à la béchamel 베트 아 라 베샤멜

베샤멜 소스에 익힌 근대 줄기 : 근대 줄기 부분 750g을 채소 익힘용 블랑에 넣고 익혀 건진다. 소테팬에 농도가 묽은 베샤멜 소스 400ml와 근대 줄기를 넣고 뚜껑을 덮은 뒤 5분간 익힌다. 버터 50g을 넣고 잘 섞어 채소 서빙용 그릇에 담아낸다.

bettes au beurre 베트 오 뵈르

버터에 익힌 근대 줄기 : 근대 줄기 부분 1kg을 채소 익힘용 블랑이나 끓는 소금물에 넣고 완전히 익혀 건진다. 소테팬에 차가운 버터 75g과 근대 줄기를 넣고 뚜껑을 덮은 뒤 약한 불에서 15~20분간 찌듯이 익힌다. 건져서 채소 서빙용 그릇에 담고 소테팬에 남은 버터를 끼얹은 뒤 잘게 썬 파슬리를 뿌린다. 근대 줄기를 끓는 물에 5분간 데쳐 건져 찬물에 식힌 다음 소테팬에 버터 75g, 물 200ml와 함께 넣고 익혀도 된다. 마찬가지로 익히고 남은 버터액을 끼얹어 서빙한다.

bettes à la crème 베트 아 라 크렘

크림에 익힌 근대 줄기 : 근대 줄기 부분 750g을 채소 익힘용 블랑에 넣고 익혀 건진다. 소테팬에 버터 25g과 함께 넣고 뚜껑을 덮은 뒤 5분간 찌듯이 익힌다. 뜨거운 생크림 300ml를 넣고 반으로 졸아들 때까지 익힌다. 채소 서빙용 그릇에 담고 남은 크림을 끼얹어 서빙한다.

bettes à l'italienne 베트 아 리탈리엔

이탈리안 소스에 익힌 근대 줄기 : 근대 줄기 부분 750g을 채소 익힘용 블랑에 넣고 익혀 건진다. 근대 줄기가 잠길 만큼 넉넉한 양의 이탈리안 소스(sauce italienne)을 만든다. 소테팬에 근대 줄기와 소스를 넣고 잘 섞으며 약한 불로 뭉근히 익힌다. 간을 맞춘다. 잘게 썬 생 바질을 넉넉히 뿌려 서빙한다.

bettes au jus 베트 오 쥐

육즙 소스에 익힌 근대 줄기 : 근대 줄기 부분 750g을 채소 익힘용 블랑에 넣고 익혀 건진다. 소테팬에 갈색 송아지 육즙 소스(jus) 또는 송아지 육수와 근대 줄기를 넣고 뚜껑을 덮어 최소 10분 이상 뭉근히 익힌다. 작게 썬 버터 80g을 넣는다. 채소 서빙용 그릇에 담고 소테팬에 남은 육즙 소스를 끼얹어 낸다.

gratin de bettes au verjus ▶ GRATIN
jarret de veau poché et bettes mijotées ▶ VEAU
tourte aux feuilles de bette niçoise ▶ TOURTE

BETTERAVE 비트 명아주과에 속하는 살이 통통한 뿌리 식물. 식용 채소 비트는 붉은 당근(리옹 지방에서 부르는 명칭), 또는 붉은 뿌리라고도 불리며, 살이 부드럽고 보라색에 가까운 짙은 붉은색 혹은 오렌지빛 노란색을 띤다(**참조** 아래 도표, pp.498-499 뿌리채소 도감). 제당 산업, 증류, 동물 사료용으로도 여러 품종이 재배된다.

■ **사용.** 식용으로 소비하는 붉은 비트는 칼로리가 아주 낮다(100g당 7g의 당분, 30Kcal 또는 125kJ, 설탕 제조용 사탕무의 경우는 당 함유율이 22%를 넘기도 한다). 비트 뿌리에 해당하는 살은 생으로(채칼로 가늘게 썬다) 또는 익혀서 먹는다. 대개의 경우 차게 먹으며(오르되브르, 감자와 마타리 상추와 함께 섞은 샐러드 등), 경우에 따라 따뜻하게 서빙하기도 한다(멧돼지나 꿩 요리의 가니시, 수프 등). 비트는 플랑드르나 슬라브 지역 요리의 대표적인 식재료다(**참조** BORCHTCH, BOTVINIA).

길쭉한 모양의 뿌리를 가진 비트 품종이 둥근 비트보다 향도 진하고 맛도 더 달다. 익힌 상태로 판매되기도 하지만 가정에서도 직접 익힐 수 있다(오븐에서 익히거나 소금을 넣은 물에 2시간 30분간 삶는다. 또는 압력솥에서 30분간 익힌다). 비트에서 나는 특유의 흙냄새를 줄이려면 사용하기 하루 전날 깍둑 모양으로 썬 다음 식초를 넣은 물에 하룻밤 담가두면 된다.

동그란 순무 크기의 아주 작은 비트 역시 식초에 절여 보관해두고 먹을 수 있다(특히 독일에서 많이 먹는 방식으로, 주로 국물에 끓여 익힌 고기에 곁들여 먹는다). 붉은 비트를 꽃잎처럼 얇게 저민 뒤 건조시키거나 튀겨서 생선 요리에 곁들여내기도 한다.

▶ 레시피 : CRÈME (POTAGE), POTAGE, SALADE.

알랭 파사르(ALAIN PASSARD)의 레시피

betterave rouge en croûte de sel 베트라브 루즈 앙 크루트 드 셀

소금 크러스트를 씌워 익힌 비트 오븐을 150°C로 예열한다. 오븐팬 위에 게랑드산 회색 굵은 천일염 1.5kg의 반을 부어 약 4cm 두께의 받침을 만든다. 약 450g 정도의 비트 1개를 껍질째 놓고 나머지 소금으로 완전히 덮어준다. 오븐에 넣어 2시간 익힌 뒤, 최소 30분 이상 레스팅한다. 그대로 테이블에 낸 다음 소금 크러스트를 깬다. 비트를 꺼내 조심스럽게 껍질을

붉은 비트의 종류와 특징

유형	산지	출하시기	풍미
둥근 모양 (action, bolivar, globe, kestrel, monopoly, noire ronde hâtive, tardel, red ace, warrior)	루아레 Loiret	6월 -11월 중순	향이 진하지 않고 단맛이 적다.
	노르 파 드 칼레 Nord-Pas-de-Calais	5월 중순 – 11월 중순	
	브르타뉴 Bretagne	7월 중순 – 11월 중순	
납작한 모양 (noire d'Égypte)	발 드 루아르 Val de Loire	여름 내내	향이 진하다.
갸름한 원뿔형 (crapaudine)	프랑스 전역 toute la France	6월 – 11월	향이 진하고 달다
길쭉한 원통형 (cylindra)	유럽 전역 Europe	11월	향이 진하고 달다.

벗기면서 인원수대로 잘라 서빙한다. 12년 된 발사믹 식초를 뿌려 뜨거울 때 먹는다.

betteraves glacées 베트라브 글라세

윤기나게 글레이즈한 비트 : 4인분 / 준비 : 25분 / 조리 : 5~10분

붉은 생 비트의 껍질을 벗기고 씻은 다음 갸름하게 돌려 깎거나 멜론 볼러로 동그랗게 도려낸다. 다시 한 번 씻는다. 비트를 한 켜로 깔아 놓을 수 있는 크기의 소테팬을 준비해 비트를 넣고 재료 높이까지 물을 붓는다. 작게 썬 버터 40g, 설탕 20g, 소금 한 꼬집을 넣어준다. 팬 사이즈에 맞춰 자른 유산지를 덮고 약한 불로 수분이 완전히 없어질 때까지 익힌다. 타지 않도록 주의 깊게 지켜본다. 비트가 골고루 윤기나게 코팅되도록 팬을 흔들어 준다. 비트에 색이 날 정도로 익으면 안 된다. 서빙할 때까지 뜨겁게 보관한다.

프레데릭 앙통(FRÉDÉRIC ANTON)의 레시피

fines lamelles de betterave parfumées à la muscade, vieux comté préparé en fins copeaux, jus gras 핀 라멜 드 베트라브 파르퓌메 아 라 뮈스카드, 비외 콩테 프레파레 앙 팽 코포, 쥐 그라

넛멕으로 향을 낸 비트 슬라이스, 얇게 썬 콩테 치즈, 육즙 소스 : 4인분 / 준비 : 20분 / 조리 : 2분

익힌 비트 280g을 만돌린 슬라이서로 얇게 저민다. 지름 6cm 원형 커터로 한 장 한 장 모양을 찍어낸다. 용기 안쪽에 깐 마늘 한쪽을 문질러준 다음 올리브오일 50ml를 붓으로 발라준다. 통후추를 몇 번 갈아 뿌리고 넛멕도 갈아 뿌린다. 그 위에 동그랗게 자른 비트 슬라이스를 나란히 놓고 다시 올리브오일, 후추, 넛멕을 뿌려 반복해 비트를 얹는다. 냉장고에 넣어 재운다. 콩테 치즈 200g을 준비해 껍질을 벗긴다. 얇게 저민 다음 원형 커터로 잘라 냉장고에 넣어둔다. 서빙 접시에 원형 비트 슬라이스와 콩테 치즈를 교대로 조금씩 겹치게 놓고 살라만더(또는 브로일러)에 잠깐 굽는다. 닭 육즙 소스(jus de volaille) 20ml를 뿌리고 접시마다 8송이의 작은 별꽃(mouron des oiseaux)을 얹어 장식한다.

피에르 에르메 (PIERRE HERMÉ)의 레시피

fraises gariguettes aux agrumes et au jus de betterave rouge 프레즈 가리게트 오 자그림 에 오 쥐 드 베트라브 루즈

시트러스 향의 가리게트 딸기와 붉은 비트즙 소스 : 4~6인분 / 준비 : 40분 / 건조 : 1시간~1시간 20분 / 조리 : 1시간 20분 / 절이기 : 3시간

딸기 소르베 500ml를 준비한다. 오븐을 120°C로 예열한다. 익힌 붉은 비트를 만돌린 슬라이서로 얇게 저민 다음 유산지를 깐 오븐팬에 펼쳐 놓는다. 슈거파우더를 솔솔 뿌린 뒤 유산지로 덮고 그 위에 오븐용 그릴망을 얹는다. 오븐에 1시간~1시간 30분간 정도 넣어 건조시킨다. 오븐에 넣은 지 45분쯤 지난 뒤 그릴망과 비트 위의 유산지를 들어내고 계속 오븐에서 말린다. 시간이 지난 뒤 오븐에서 꺼내 건조한 곳에 둔다. 가리게트(gariguette) 딸기 1.5kg을 씻어서 꼭지를 딴다. 그중 600g을 내열 유리볼에 넣고 내열용 랩을 씌운 다음 중탕으로 45~60분간 익힌다. 체에 건져 딸기즙을 받아낸다. 통조림 비트의 건더기를 건져내고 즙은 따로 보관한다. 건진 비트를 체에 걸러 받아둔 딸기즙에 넣고 아주 약한 불에서 20분 정도 익힌다. 오렌지 제스트 1개분, 레몬 제스트 1개분을 넣고 통후추도 갈아 넣어준다. 불을 끄고 최소 3시간 이상 맛이 배도록 재운다. 비트를 건져 4등분한 뒤 접시에 담는다. 비트를 익힌 딸기즙에 비트 통조림 국물을 1/4 정도 섞어 냉장고에 넣어둔다. 볼에 더블크림 150ml를 넣고 거품이 일 때까지 휘핑한 다음 설탕 60g을 넣고 냉장고에 보관한다. 오렌지 4개의 껍질을 흰 부분까지 통째로 칼로 잘라 벗긴 다음, 속살만 세그먼트로 잘라낸다. 나머지 가리게트 딸기 900g을 각각 반으로 자른 뒤 우묵한 접시에 나누어 담는다. 비트와 오렌지 과육도 같이 담아준다. 냉장고에 넣어두었던 즙을 각 접시에 붓고 딸기소르베 크넬과 휘핑한 크림 크넬을 하나씩 얹는다. 두 종류의 크넬 사이에 말린 비트를 꽂아 바로 서빙한다.

BEUCHELLE 뵈셸 에두아르 니뇽(Édouard Nignon)이 20세기 초 처음 만든 투르(Tours) 지방의 더운 요리. 송아지 콩팥과 흉선을 섞고 버섯(모렐, 포치니, 표고), 크림, 버터를 넣어 만든다.

장 바르데(JEAN BARDET)의 레시피

beuchelle à la tourangelle 뵈셸 아 라 투랑젤

투르식 뵈셸 하루 전날, 약 200g 정도의 송아지 흉선 한 덩어리를 찬물에 담가 냉장고에 넣어둔다. 당일, 흉선을 건져 껍질을 벗기고 조심스럽게 핏줄과 주변을 둘러싼 기름을 제거한 다음 물기를 닦아준다. 중간 크기의 당근 1개, 중간 크기의 양파 1개, 셀러리 1줄기의 껍질을 벗기고 깍둑 썬다. 소테팬에 식용유 2테이블스푼과 버터 한 조각을 달군다. 흉선에 소금과 후추를 뿌려 간 한 뒤 소테팬에 넣고 센 불에서 노릇하게 양면을 지져낸다. 그 팬에 채소를 넣고 수분이 나오도록 볶아준다. 다시 송아지 흉선을 넣은 다음, 타임 한 줄기, 월계수 잎 반 장, 껍질을 벗기지 않은 마늘 한 톨을 넣는다. 잘 섞은 뒤 드라이 화이트와인(vouvray) 100ml와 닭 육수 200ml를 넣는다. 소금, 후추로 간을 한 다음 뚜껑을 덮고 약 20분간 끓인다. 송아지 흉선을 건져내 따뜻한 접시에 놓고 다른 접시로 덮어둔다. 익히고 남은 국물을 체에 걸러 작은 소스팬으로 옮긴다. 불에 올리고 헤비크림 200ml를 넣은 다음 걸쭉한 농도가 될 때까지 졸인다. 마지막에 버터를 한 조각 넣고 거품기로 잘 섞는다. 이 소스에 송아지 흉선을 넣는다. 찧은 마늘 한 톨을 넣어준다. 표고버섯은 기둥을 따내고 흙과 불순물을 깨끗이 닦아낸 다음 3mm 두께로 얇게 썬다. 팬에 버터를 거품이 일도록 녹인 다음 버섯을 넣고 노릇하게 볶는다. 소금, 후추로 간한다. 볶은 버섯을 건져 내 크림소스에 넣어준다. 송아지 콩팥은 기름과 핏줄 등을 꼼꼼히 제거한 뒤 날 것 상태에서 두께 3mm로 얇게 썬다. 팬에 버터를 넣고 거품이 일 때까지 달군 뒤 콩팥을 넣고 볶는다. 소금, 후추로 간한다. 한 장 한 장 뒤집어가며 뒷면에도 소금, 후추 간을 해준다. 불을 끄고 콩팥을 건져낸다. 따뜻하게 보관해둔 송아지 흉선을 3mm 두께로 썬 다음 접시에 콩팥과 함께 보기좋게 담는다. 버섯을 넣은 크림소스를 부어 서빙한다.

BEURRE 뵈르 버터. 우유의 지방 성분인 크림을 세게 휘저어 엉기게 한 다음 세척하고 응고시킨 유제품(지방 82%). 버터는 낮은 온도에서 굳고 고온에서는 액체화 한다(**참조** p.92 버터의 종류와 특징, 가열온도에 따른 버터의 상태변화 도표). 버터의 색깔은 흰색에 가까운 크림색에서 황금빛 노란색을 띠는데 이는 젖소가 먹은 식품에 따라 좌우된다(풀에는 카로틴 성분이 풍부해 이를 먹은 소젖은 좀 더 진한 노란색을 띤다). 현재 프랑스에서는 양이나 염소젖으로 만든 버터도 찾아볼 수 있다.

■ **역사.** 버터는 고대인들에게도 알려졌었고, 이를 고대 그리스인들에게 처음 전한 것은 스키타이족으로 알려졌다. 고대 그리스인들과 로마인들은 특히 버터를 약으로 여겼고(특히 상처를 아물게 하는 연고) 주로 기름 형태로 사용했다, 갈리아인들은 버터를 제조했고 이어서 게르마니아인들도 이것을 만들어 사용했다. 중세에 와서 농가나 작은 규모의 공방 등에서의 버터 생산은 점점 늘어갔다. 커다란 버터 덩어리를 수영 잎이나 다른 녹색 잎사귀로 산 것을 시장에서 판매했으며, 토기에 담고 소금물을 덮어 보관하기도 했다.

샤랑트 지방의 버터는 1880년대부터 명성을 얻기 시작했다. 본래 포도재배지였던 이 지역이 포도나무 진디병으로 황폐화된 이후 몇몇 농가가 주축이 되어 포도원 대신 풀이 있는 목초지를 만들기로 결정했다. 샤랑트 버터는 노르망디 버터만큼이나 유명해졌다. 당시 샤랑트의 대표 버터로 생바랑(Saint-Varent), 에쉬레(Echiré), 쉬르제르(Surgères, 바이올렛 맛이 난다고 알려졌다)이 생산되었고, 노르망디에서는 이지니(Isigny), 구르네(Gournay), 생트 메르 에글리즈(Sainte-Mère-Église), 뇌샤텔 앙 브레(Neufchâtel-en-Bray), 발로뉴(Valognes) 등이 유명했다.

소 목축업의 유형에 따라 유럽에서의 버터 지형 분포는 달라진다. 스칸디나비아 국가들과 네덜란드, 독일, 영국, 그리고 프랑스에서 아주 많이 사용하는 버터는 점점 오일류(혹은 돼지 기름 라드나 거위 기름)로 대체되는 추세이고 특히 남부로 내려올수록 그 현상이 더욱 두드러진다(하지만 북아프리카 중동국가들에서는 스멘 smen, smeun이라 부르는 정제 발효 버터를 많이 사용한다).

■ **영양학적 가치.** 버터에는 유지방의 모든 영양소가 함유되어 있다.

- 버터는 짧은 사슬과 중간 사슬 구조의 지방산 함량이 높기 때문에 그냥 섭취했을 경우 소화가 잘 된다. 반대로 오래 가열하면 좋지 않다.
- 어린이의 두뇌 형성에 도움을 준다.
- 비타민 A가 풍부하다. 하루 20g의 버터를 섭취할 경우 성인 기준 일일 필

버터의 분류와 특징

분류	지방함량	구성	보존기간 및 온도	사용
비멸균 생버터(cru), 비멸균 크림으로 만든 버터(de crème crue)	82 %	비멸균 생우유 또는 크림	DLC*: 최대 30일, 3~4°C	안정적인 유화 소스(산도가 더 높다)
엑스트라 팽(extra-fin)	82 %	저온살균 생크림(비냉동 보관, 비급속냉동)	DLUC**: 24개월, -14°C	그대로 사용하거나 반죽, 크림, 소스, 리에종, 혼합 버터, 과일 캐러멜화, 금방 익히는 그라탱 등
팽(fin)	82 %	저온살균 생크림, 냉동 보관 혹은 급속냉동한 크림(최대30%)	DLUO: 60일, 3~4°C DLC: 24개월, -14°C	조각으로 잘라서 사용, 소스나 크림, 피막 방지용, 정제 버터, 틀에 바르는 용도 등
요리용 버터(de cuisine, ou de cuisinier)	96 %	저온살균 생크림, 바닐린이나 카로틴 첨가	DLUO: 60일, 3~4°C	전문 용도: 브리오슈 파운드케이크, 마들렌 등. 녹는점이 낮다(30~32°C).
콩상트레(concentré)	99,8 %	저온살균 생크림, 바닐린이나 카로틴 첨가	DLUO: 9개월 15~20°C(최적 18°C)	전문 용도: 파티스리(퓌유타주, 크루아상, 버터 크림 등), 틀에 바르는 용도. 정제 버터(82%)를 대체할 수 있다.
저지방 버터(allégé) 라이트(léger)	60-65 % 39-41 %	저온살균 생크림, 녹말, 전분 혹은 기타 첨가물	DLUO: 7~8주, 0~6°C	샌드위치, 토스트, 카나페, 더운 요리(퓌레, 소스, 포타주)등에 그대로 사용, 볶음 요리 또는 파티스리에 익혀서 사용.
유사버터 스프레드류 (spécialité laitière à tartiner)	20-40 %	각 제품마다 포장에 표시되어 있음.	DLUO: 7~8주, 0~6°C	샌드위치, 토스트, 카나페 등에 그대로 사용, 뜨겁게 혹은 바로 녹여 사용(익히거나 유화하는 시간이 82% 버터보다 짧다).

* DLC : 소비유효기간 *date limite de consommation*
** DLUO : 권장소비기한 *date limite d'utilisation optimale* (이 표시는 제품을 안전하게 보존할 수 있도록 하는 권고 사항이다)

가열 온도에 따른 버터의 상태 변화

가열 조리	40 °C	56 °C	100 °C	165 °C	200 °C
물리화학적 현상	유화가 깨져 분리된다. 가열하지 않은 상태와 맛은 비슷하다.	단백질 응고, 맛이 더 살아나며 질감이 걸쭉해지고 색은 유백색이 된다.	단백질의 가수분해	산과 당의 응결. 색이 나며 고소한 헤이즐넛 향이 난다.	버터의 맛을 내주는 입자가 파괴된다.
요리시 적용	정제 버터, 소스 베아르네즈, 틀에 바르는 용도, 허브, 스파이스, 향 등의 용제로 사용한다.	흰색 소스와 그 파생 소스류, 더운 유화 소스류	브라운버터로 변하기 바로 전 단계	브라운버터 (헤이즐넛 버터, beurre noisette). 생선, 채소, 흰색 내장 및 부속에 곁들인다. 파티스리에도 사용.	예전에는 검은 버터 (beurre noir)라고 불렀다. 사용금지.
사용 팁	유화소스를 만들 때에는 버터를 천천히 넣어 섞는다.	소스 마지막에 넣어 더욱 부드럽고 가벼운 식감을 내준다.	이 단계를 놓치면 바로 색이 나며 탈 수 있으니 주의한다.	걸러서 정제 버터처럼 사용가능. 헤이즐넛 향이 더욱 뚜렷해진다.	사용금지.

요량의 20%를 제공한다.
- 비타민 D가 풍부하다. 하루 25g의 버터를 섭취할 경우 성인 기준 일일 필요량의 10%를 제공한다.
- 한편 콜레스테롤의 함량이 높아 포화지방을 흡수하게 된다.
- 마가린(지방 82%)과 비교했을 때 지방함량이 더 높지는 않고, 오일(지방 100%)보다는 낮다.
- 저지방 버터는 고온을 견디지 못하기 때문에 제과제빵용으로는 사용하지 않는 게 좋다.
- 기타 버터와 유사한 특수 유제품류(지방 20~40%)는 가열하지 않는다.

■ **버터와 기타 제품들.** 유럽에서 버터는 거의 전적으로 소젖을 원료로 만들어진다. 아프리카와 아시아에서는 물소, 낙타, 염소, 야크, 양, 말, 당나귀 등의 동물의 젖으로 만들기도 한다. 식품제조업체에서는 버터 대체식품들을 개발해왔는데 특히 마가린, 스웨덴의 브레고트(bregott, 크림과 식물성 기름), 호주의 버터린(butterine, 버터와 식물성 기름) 등을 예로 들 수 있다. 그러나 법적으로 버터는 "동물성 성분인 원료에 물리적인 과정을 가해 얻은 지방과 물의 유화물 형태 유제품"이다.

■ **제조와 보관.** 우선 우유에서 크림을 분리해낸 다음 비멸균 크림 또는 저온 살균한 크림을 숙성 탱크에 넣는다. 이 때 선택한 효모(버터에 그 향을 더해준다)를 넣어준다. 교동기(처닝기 churn, baratte)에 넣고 휘저으면 유화상태가 파괴되어 지방 입자가 뭉치고, 버터밀크(babeurre)가 남게 된다. 버터밀크를 제거한 뒤, 뭉친 버터를 세척하고 연압(練壓)한다. 좋은 버터는 상온에서 깨지거나 알갱이로 뭉치지 않으며, 끈적이는 상태로 변하지 않는다. 버터에서는 '헤이즐넛 향(de noisette, noiseté)'이라고 칭하는 은은하고 섬세한 향이 난다.

버터에 소금을 첨가한 가염 버터는 소금 함량이 0.5~3%인 반가염 버터(beurre demi-sel)와 3% 이상인 가염 버터(beurre salé)로 나뉜다. 무염 버터(beurre doux)는 소금 함량이 최소치이다.

버터는 다양한 포장으로 판매되고 있다. 농가에서 생산한 버터 덩어리를 원하는 만큼 잘라 판매하기도 하고, 1kg씩 바구니나 포장용기에 넣어 팔기도 한다. 그 밖에도 500g, 250g, 125g 단위의 사각형 모양 혹은 긴 원통형 모양으로 시중에서 쉽게 구입할 수 있으며, 7~30g짜리 개별 소형 포장 제품들도 나와 있다. 유산지와 알루미늄으로 포장하여 직사광선으로부터 보

"다양한 상태의 버터 모습. 레스토랑 가르니에는 물론이고 파리 에콜 페랑디에서도 버터의 사용은 일상 요리의 기본이다. 하지만 식탁 위에 올린 버터에서는 그 어떤 섬세한 세련미가 풍겨 나기도 한다."

호하며, 플라스틱 용기에 포장하기도 한다.

버터는 냉장고에 넣어두면 편리하게 보관할 수 있다. 단, 냄새를 쉽게 흡수하기 때문에 냉장고 안의 분리된 칸에 넣거나 밀폐된 통 안에 넣어두는 것이 좋다. 옛날에는 토기로 만든 특수 버터 용기에 소금물을 넣고 버터를 보관했다. 알루미늄 포일로 싸서 보관해도 좋다.

■ **사용.** 아무것도 첨가하지 않은 상태 그대로 토스트나 카나페, 샌드위치에 발라 먹는다. 또한 샤퀴트리, 해산물, 치즈에 곁들이기도 하며, 이때는 작은 개인용 버터용기에 서빙한다. 조개껍질 모양으로 생긴 버터나이프로 동그랗게 말아 긁거나 납작한 원형으로 잘라서 스테이크나 구운 생선, 또는 삶은 채소, 파스타, 라이스에 곁들여내기도 한다. 또한 다양한 재료를 섞어 혼합 버터(beurre composé)를 만들기도 한다.

버터는 서양 요리의 기본 재료다. 팬 프라이, 소테, 로스팅은 물론이고 브레이징 요리를 할 때도 버터를 쓴다. 하지만 쉽게 타기 때문에 요리용 정제 버터(**참조** BEURRE CLARIFIÉ)를 제외하고는 일반 오일이나 돼지 기름보다 사용이 까다롭다(**참조** p.92 버터의 종류와 특징, 가열온도에 따른 버터의 상태변화 도표). 풍미를 흡수하여 고착화하는 특징이 있는 버터는 더운 유화소스(베아르네즈, 홀랜다이즈 등의 에멀전 소스)나 루(roux)를 만드는 데 필수이며, 포타주에 넣어 풍미와 부드러움을 더하거나, 리에종(농후제) 재료로도 많이 쓰인다. 버터는 또한 파티스리(다른 유지류를 사용하지 않고 오로지 버터만 사용한 경우 순버터 pur beurre 제품으로 분류한다)에서도 중요한 재료로 특히 브리오슈, 크루아상, 사블레, 비스퀴 반죽, 슈 반죽, 구움 과자나 케이크, 타르트 등을 만들거나 파티스리에 채워 넣는 버터 베이스 크림을 만들 때도 사용된다. 정제 버터나 녹인 버터는 틀에 바르기도 하고 다양한 음식에 뿌리거나 바르는 데 쓰인다. 뿐만 아니라 트러플 초콜릿, 초코 퍼지, 캐러멜, 사과 버터, 레몬커드 등 각종 당과류를 만들 때도 사용된다.

■ **사용 팁.** 요리 시 버터의 특징과 장점을 살리기 위해 지켜야 할 사항이다.
- 아주 차가운 버터를 필러 등으로 얇게 저며 사용하면 타르트 반죽을 만들 때 더 잘 섞인다.
- 파티스리에 사용할 때 설탕을 넣은 버터는 소금을 함유한 버터보다 더 보존성이 좋다(설탕을 20~25% 넣고 섞는다).
- 팬에 미리 소금을 넣으면 버터를 녹여 지글지글 달굴 때 튀지 않는다.

beurre à la broche 뵈르 아 라 브로슈

꼬치에 꿰어 튀긴 버터 : 상온의 포마드 상태 버터 250g, 다진 처빌, 타라곤, 차이브, 레몬즙을 섞어 발로틴 모양으로 빚은 다음 나무 꼬치로 찔러 꿴다. 냉장고에 넣어둔다. 단단하게 굳으면 달걀과 빵가루를 번갈아 3번 묻혀 튀김옷을 입힌 다음 센 불에 놓고 녹은 버터를 끼얹어가며 8~10분간 익힌다. 크러스트 겉면이 노릇해질 때까지 계속 뒤집어가며 익힌 뒤 바로 서빙한다. 녹인 버터를 생선이나 채소 요리에 곁들여 서빙하는 독특한 방식으로 옛날에 아주 많이 사용되었다.

beurre Chivry 뵈르 시브리

시브리 허브 버터 : 파슬리, 타라곤, 처빌, 차이브 그리고 가능하다면 오이풀을 합하여 150g과 껍질을 벗기고 잘게 썬 샬롯 20g을 끓는 물에 3분간 데친다. 건져서 찬물에 식힌 뒤 꼭 짜 물기를 제거한다. 아주 잘게 다지거나 절구에 찧어 버터 200g과 잘 섞는다. 소금, 후추로 간한 다음 체에 긁어 곱게 내린다.

beurre fondu (sauce au beurre fondu) 뵈르 퐁뒤(소스 오 뵈르 퐁뒤)

녹인 버터 (녹인 버터 소스) : 4인분 / 준비 : 5분 / 조리 : 10분

차가운 버터를 작은 큐브모양으로 자른다. 작은 소스팬에 물 2테이블스푼, 레몬즙 반 개분, 고운 소금 한 꼬집, 카옌페퍼 칼끝으로 아주 소량을 넣고 끓인다. 잘라둔 버터의 1/4를 넣고 거품기로 세게 젓는다. 버터가 완전히 녹으면 나머지 버터의 반을 넣고 버터가 다시 끓어오를 때까지 거품기로 세게 젓는다. 바로 불에서 내린 뒤 나머지 버터를 모두 넣고 계속 저어준다. 이 녹인 버터 소스는 완전히 매끈하게 섞여 주걱에 묻는 농도가 되어야 하며 유백색을 띠어야 한다. 만든 소스는 40~50°C로 따뜻하게 보관한다. 데쳐 익히거나 구운 생선, 채소 등에 아주 잘 어울린다.

beurre maître d'hôtel 뵈르 메트르도텔

메트르도텔 버터 : 버터 200g을 나무 주걱으로 잘 저어 크리미한 포마드 상태로 만든 다음 고운 소금 6g, 통후추 간 것 1꼬집, 레몬즙 한 바퀴, 잘게 썬 파슬리 1테이블스푼를 넣고 섞는다. 스테이크나 생선구이, 튀기거나 튀김옷을 입혀 팬에 지져 익힌 생선, 갑각류 해산물에 곁들여낸다. 뿐만 아니라 삶아 익힌 채소(그린빈스 등)나 콩 요리를 마무리할 때도 잘 어울린다.

beurre manié 뵈르 마니에

밀가루 혼합 버터 : 나무 주걱으로 잘 저어 부드러운 포마드 상태로 만든 버터와 밀가루를 동량으로 섞는다. 뵈르 마니에는 마틀로트(matelote) 등의 요리나 소스에 조금씩 넣고 거품기로 섞어 농도를 맞추는 농후제(리에종) 역할을 한다.

beurre marchand de vin 뵈르 마르샹 드 뱅

마르샹 드 뱅 버터 : 샬롯의 껍질을 벗긴 뒤 잘게 다진다. 다진 샬롯 30g을 레드와인 300ml에 넣고 가열해 반으로 졸인다. 소고기 맑은 콩소메 300ml를 넣고 다시 끓여 거의 수분이 없어질 정도로 졸인다. 버터 150g을 나무 주걱으로 잘 저어 부드러운 포마드 상태로 만든 다음 졸인 소스를 넣고 섞는다. 잘게 썬 파슬리 1티스푼과 레몬즙 1/4개분을 넣는다. 소금, 후추로 간한다. 냉장고에 보관한다.

beurre noisette 뵈르 누아제트

브라운 버터, 헤이즐넛 버터 : 팬에 버터를 넣고 색이 갈색으로 변하면서 고소한 헤이즐넛 냄새가 날 때까지 약한 불로 천천히 가열한다. 단, 타서는 안 된다. 거품이 이는 상태의 브라운 버터를 양이나 송아지 골 요리나, 생선 이리, 데친 채소, 달걀, 쿠르부이용에 삶아 익힌 가오리에 곁들인다.

BEURRE BLANC 뵈르 블랑 뵈르 블랑 소스. 식초와 다진 샬롯을 졸인 다음 버터를 넣어 유화한 더운 소스. 강꼬치고기나 민물청어 등의 요리에 흔히 곁들이는 소스다. 낭트와 앙제의 주민들은 서로 자신들이 이 유명한 소스의 원조라고 주장하고 있다. 전해지는 이야기에 따르면 클레망스라는 이름의 한 낭트의 요리사가 하루는 자신의 주인 굴렌 후작에게 요리해 줄 강꼬치요리용으로 베아르네즈 소스를 만들려고 했는데 깜빡 잊고 달걀을 넣지 않았다고 한다. 그래도 소스는 성공적이었다. 클레망스는 이후 낭트 근처 라 슈뷔에트(La Chebuette)에 작은 식당을 열었는데 '메르 미셸(mère Michel)'이 뵈르 블랑 소스의 비법을 배운 곳이 바로 이곳이었다. 메르 미셸은 이후 파리의 레느캥가에 자신의 이름을 딴 유명한 식당 '라 메르 미셸(La Mère Michel)'을 열었다.

만드는 법 익히기 ▸ BEURRE BLANC, 실습 노트 P. III

beurre blanc 뵈르 블랑

뵈르 블랑 소스 : 샬롯 5~6개의 껍질을 벗기고 잘게 다진다. 소스팬에 샬롯을 넣고 와인 식초 250ml, 생선 육수 350ml, 갓 갈아낸 통후추를 넣고 1/3로 졸인다. 아주 차가운 버터 250g을 작게 자른다. 소스팬을 불에서 멀찌감치 내려놓은 다음 버터를 한 번에 넣고 거품이 없이 매끈한 상태로 혼합될 때까지 거품기로 세게 휘젓는다. 소금, 후추로 간을 맞춘다(더블크림 1테이블스푼을 뵈르 블랑에 넣으면 유화상태를 안정시킬 수 있다. 이것을 뵈르 낭테(beurre nantais)라고 부른다).

brochet au beurre blanc ▸ BROCHET

BEURRE CLARIFIÉ 뵈르 클라리피에 정제 버터. 약한 불에 천천히 녹여 수분과 산패의 원인이 되며 고온을 견디지 못하는, 지방 이외의 건조물질(matières sèches, dry matter)을 제거한 버터. 정제 버터는 여러 용도로 쓰인다. 특히 더운 유화소스를 만들거나 그라탱에 뿌리기도 하며, 프라이팬이나 오븐에 음식을 익힐 때 사용한다. 시중에서 판매하는 요리용 버터(beurre de cuisson)은 정제 버터와 같은 성질을 지닌 것이다. 인도 요리에서는 콩을 갈아 만든 퓌레나 쌀밥 등에 요리용 지방을 사용하듯, 파티스리에서도 정제한 지방을 종종 사용한다. 그중에서도 물소젖 버터를 원료로 만든 정제 지방을 최고로 친다(**참조** GHEE).

beurre clarifié 뵈르 클라리피에

정제 버터 : 소스팬에 버터 125g을 넣고 중탕 냄비 위에 얹는다. 약한 불로 완전히 녹인 다음 상온에 15분 정도 그대로 둔다. 거품망으로 표면에 뜬 거품을 조심스럽게 건져낸 다음 작은 국자로 깨끗한 기름을 떠낸다. 맨 밑바닥에 남은 유백색의 액체는 버린다.

BEURRE COMPOSÉ 뵈르 콩포제 혼합 맛버터. 버터(차가운 상태, 더운 상태 모두 포함)에 향을 더하거나 다른 재료를 혼합한 것으로 다양한 색깔과

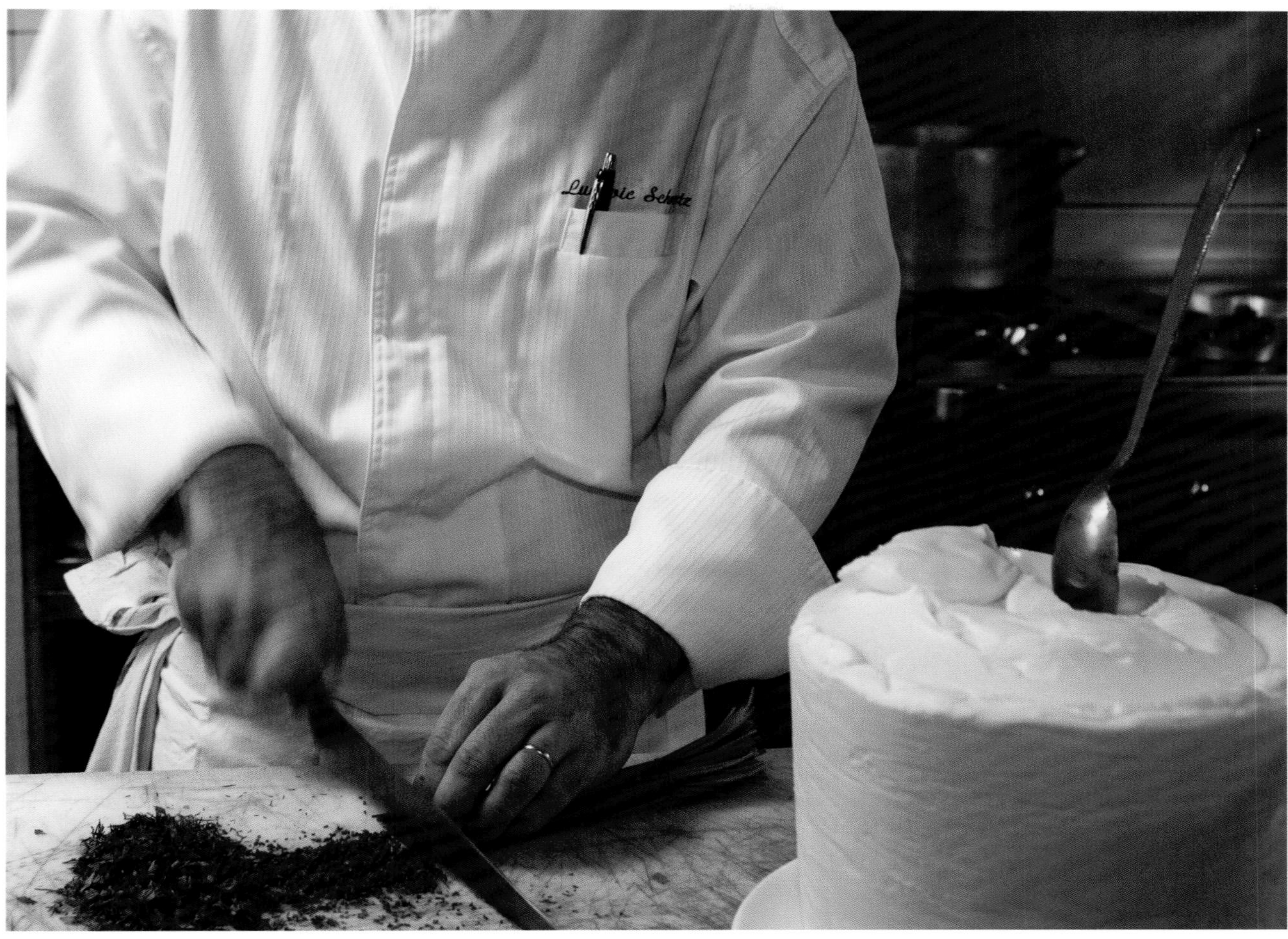

맛의 버터를 만들어낼 수 있다. 차가운 혼합 버터는 스테이크나 생선 구이에 곁들이거나 카나페 등의 스낵을 만들 때 사용한다. 더운 혼합 버터는 몇몇 소스의 마지막 단계에 넣어준다.

혼합 버터는 김밥 모양으로 만들어 유산지나 알루미늄 포일에 말아 싼 다음 냉장고에 며칠간 보관할 수 있으며, 필요할 때마다 1cm 두께로 동그랗게 썰어 사용한다.

- 생재료를 섞은 찬 혼합 버터 : 재료를 체에 긁어 곱게 내리거나, 절구에 찧거나, 다지거나, 잘게 썰거나, 갈아서 퓌레로 만든 다음 부드러운 포마드 상태의 버터와 혼합한다.
- 익힌 재료를 섞은 찬 혼합 버터 : 익힌 재료를 곱게 갈아 식힌 다음 부드러운 포마드 상태의 버터와 혼합한다.
- 더운 혼합 버터 : 갑각류의 껍데기를 방망이로 부순 뒤, 중탕으로 녹여 거품을 걷진 버터에 넣는다. 체에 걸러 굳힌다.

beurre composé : 혼합 버터 준비하기

혼합 버터를 만들려면 우선 버터를 나무 주걱으로 잘 저어 부드러운 포마드 상태로 만들어야 한다. 전동 기계를 사용할 수도 있지만 이는 대용량의 경우에만 적합하다. 아래 레시피에 소개된 혼합 재료는 버터 250g을 기준으로 한 분량이다.

beurre d'ail 뵈르 다이

마늘 버터 : 마늘 100g의 껍질을 벗긴 뒤 물에 7~8분 데친다. 물기를 닦은 뒤 블렌더로 갈아 퓌레를 만든다. 부드러운 포마드 상태의 버터와 섞는다. 마늘 버터는 몇몇 소스에 넣어 맛을 완성할 뿐 아니라 차가운 오르되브르에 발라 서빙하기도 한다. 샬롯이나 홀스래디시 버터도 같은 방법으로 만들 수 있다.

beurre d'amande 뵈르 다망드

아몬드 버터 : 아몬드 125g의 속껍질을 모두 벗긴 뒤 절구에 찧거나 블렌더로 갈아준다. 이때 찬물을 1테이블스푼 넣는다. 부드러운 포마드 버터와 섞은 뒤 체에 긁어 곱게 내린다. 프티푸르나 케이크를 만들 때 사용된다.

beurre d'anchois 뵈르 당슈아

안초비 버터 : 안초비의 소금기를 완전히 뺀 다음 필레만 발라내어 절구에 으깨거나 블렌더로 갈아 퓌레를 만든다. 간을 한 다음 레몬즙을 한 바퀴 둘러 넣고 부드러워진 버터와 섞는다. 이 버터는 한입 크기 파이나 카나페, 오르되브르 등에 사용되며 구운 생선이나 스테이크, 혹은 차가운 흰살 육류 등에 곁들여도 좋다.

beurre Bercy 뵈르 베르시

베르시 버터 : 4인분 / 준비 : 15분 / 조리 : 8분

소 사골 골수 50g을 큐브 모양으로 썰어 소금을 넣은 물에 데쳐낸다. 소테팬에 잘게 썬 샬롯과 드라이 화이트와인 200ml를 넣고 반으로 졸인 다음, 따뜻한 온도로 식힌다. 버터 160g을 부드러운 포마드 상태로 만든 다음, 졸인 샬롯과 와인, 데친 골수, 다진 파슬리 1테이블스푼, 레몬즙 반 개분, 고운 소금 6g, 통후추를 한 바퀴를 갈아 넣고 섞는다. 이 버터는 스테이크나 생선 구이 위에 얹어 서빙한다. 소스 용기에 담아 따로 내기도 한다.

beurre de citron 뵈르 드 시트롱

레몬 버터 : 레몬 제스트를 끓는 물에 데친 다음 최대한 곱게 다져 부드러운 포마드 버터에 넣어 섞어준다. 레몬즙 한 바퀴를 두르고 소금, 후추를 넣어 섞는다. 차가운 오르되브르에 발라 먹는다.

beurre Colbert ▶ SAUCE

beurre de crabe ou de crevette 뵈르 드 크라브, 뵈르 드 크르베트

게 또는 새우 버터 : 새우살이나 게살(쿠르부이용에 익혀 껍데기 및 연골뼈 등을 모두 제거하고 살만 발라낸 것) 250g을 절구에 곱게 찧거나 블렌더에 간다. 부드러운 포마

드 버터와 섞는다. 이 버터는 카나페, 오르되브르 또는 차가운 생선 요리에 사용하거나, 생선이나 갑각류 소스의 마무리에 넣어준다. 랍스터의 크리미한 내장, 생식소를 이용하여 같은 방법으로 랍스터 버터를 만들 수 있다.

beurre de cresson 뵈르 드 크레송

물냉이 버터 : 물냉이(워터크레스) 잎 150g을 끓는 물에 데친 뒤 찬물에 헹궈 건져 물기를 제거한다. 블렌더로 곱게 갈아 퓌레를 만든 다음 부드러운 포마드 상태의 버터와 섞는다. 소금, 후추로 간한다. 이 버터는 주로 카나페나 샌드위치 등에 사용한다. 물냉이 대신 타라곤을 사용하여 타라곤 버터를 만들 수 있다.

beurre d'écrevisse 뵈르 데크르비스

민물가재 버터 : 와인을 넣어 익힌(à la bordelaise) 민물가재의 껍데기와 자투리살 250g을 절구에 넣고 잘게 부순 다음 동량의 포마드 버터와 섞는다. 혼합한 버터를 소스팬에 넣고 중탕으로 천천히 녹인 다음 상온에 30분간 그대로 둔다. 체에 거른 뒤 다시 고운 면포에 한 번 더 걸러 냉장고에서 굳힌다. 카나페, 소스나 수프의 마무리 완성 단계, 또는 스터핑을 만드는 데 사용한다.

beurre pour escargots 뵈르 푸르 에스카르고

달팽이 요리용 버터 : 샬롯 25g과 파슬리 2테이블스푼을 다진다. 껍질을 깐 마늘 3톨을 곱게 으깬다. 부드러운 포마드 버터와 섞고 소금 5g, 후추 1g을 넣어 간을 한다.

beurre hôtelier 뵈르 오틀리에

호텔리어 버터 : 부드러운 포마드 상태의 버터에 다진 파슬리 2테이블스푼, 레몬즙 반 개분, 버섯 뒥셀(duxelles) 100g을 넣고 섞는다. 스테이크나 구운 생선 요리에 곁들여낸다.

beurre de laitance 뵈르 드 레탕스

생선 이리 버터 : 염장 훈제 청어의 이리 또는 데쳐서 식혀 물기를 제거한 잉어 이리를 체에 긁어내리거나 블렌더로 갈아 퓌레로 만든다. 부드러운 포마드 상태의 버터와 섞고 소금, 후추로 간한다. 이 버터는 몇몇 무겁지 않은 소스의 마무리 단계에 넣어준다. 이렇게 만든 소스는 주로 구운 생선이나 데쳐 익힌 생선 요리에 곁들여진다.

beurre de Montpellier 뵈르 드 몽플리에

몽펠리에 버터 : 이탈리안 파슬리 잎 10g, 처빌 잎 10g, 물냉이 잎 10g, 타라곤 잎 10g, 차이브 10g, 시금치 잎 10g, 샬롯 20g을 씻어 끓는 소금물에 데친 뒤 찬물에 식혀 헹궈 물기를 제거한다. 블렌더에 넣고 작은 오이 1개, 케이퍼 1티스푼, 소금기를 뺀 안초비 필레 1개, 마늘 작은 한 톨, 삶은 달걀노른자 1개와 함께 갈아준다. 부드러운 포마드 버터와 섞고, 소금, 후추로 간한다. 조금 더 부드러운 질감을 만들려면 아주 신선한 달걀노른자 1개와 올리브오일 80ml를 추가로 넣기도 한다.

beurre de poivron 뵈르 드 푸아브롱

피망 버터 : 큰 사이즈의 청피망 또는 홍피망 한 개의 씨를 뺀 다음 큐브 모양으로 썬다. 버터를 두른 팬에 넣고 뚜껑을 덮은 상태로 찌듯이 익힌다. 거의 퓌레가 될 정도로 푹 익은 피망을 부드러워진 포마드 상태의 버터와 섞고 소금, 후추, 카옌페퍼 약간을 넣어 간을 한다. 체에 긁어 곱게 내린다. 소스를 완성할 때 사용하거나 카나페 등에 발라먹는다.

beurre de roquefort 뵈르 드 로크포르

로크포르 치즈 버터 : 로크포르 치즈에 코냑이나 마르(marc) 증류주 1테이블스푼, 화이트 머스터드 1티스푼(선택)을 넣고 갈아 퓌레를 만든다. 부드러워진 포마드 상태의 버터와 섞는다. 카나페나 한 입 크기 파이, 퓌유테 스낵 등에 사용하거나, 생채소 스틱에 곁들여낸다.

endives braisées au beurre de spéculos, banane-citron vert ▶ ENDIVE
entrecôte au beurre d'anchois ▶ BŒUF
langouste grillée au beurre de basilic ▶ LANGOUSTE
médaillons de lotte au beurre de poivron rouge ▶ LOTTE DE MER

BEURRE DE GASCOGNE 뵈르 드 가스코뉴 송아지의 기름을 녹여 간을 한 다음 마늘 퓌레와 혼합한 것. 버터가 전혀 들어가지 않았음에도 '가스코뉴의 버터'라고 이름이 잘못 붙은 이 양념은 그릴에 구운 요리, 빵가루를 입혀 튀기거나 지진 음식 또는 삶아 익힌 채소 등에 곁들여 먹는다.

BEURRECK 뵈렉 치즈를 채워 넣은 터키식 튀김으로 주로 아뮈즈 부슈로 즐겨 먹는다. 뵈렉의 소는 비교적 되직하게 만든 베샤멜에 동유럽이나 중동지방에서 많이 먹는 양젖 치즈(katschkawalj)를 넣어 만든다. 이 치즈 대신 그뤼예르나 에멘탈(작은 큐브 모양으로 자르거나 가늘게 간다)을 사용해도 된다. 이 혼합물을 차갑게 식힌 뒤 가느다란 크넬 모양으로 빚어, 두께 2mm로 밀어 타원형(10cm x 5cm)으로 잘라낸 국수 반죽 피에 넣고 말아준다. 작은 시가 담배 모양으로 만든 뵈렉에 달걀물을 발라 가장자리를 잘 붙여 밀봉한 다음 뜨거운 기름에 넣어 8~10분간 튀긴다. 익으면 기름 위로 떠오른다.

BEURRER 뵈레 '버터를 바르다, 넣다'라는 뜻으로, 다음 세 가지 작업을 지칭한다.
- 음식에 버터를 넣어 섞다. 소스나 크림 수프를 만들 때 마지막에 잘게 썬 버터를 넣어줌으로써 지방의 풍미를 더해준다. 반죽에 버터를 넣어 더 기름지고 풍부한 맛과 식감을 내준다. 크루아상 등의 페이스트리를 만드는 용도의 푀유타주 반죽 시 데트랑프(초기 반죽)에 버터를 넣어준다. 가나슈에 버터를 넣어 더 부드럽고 크리미한 식감과 풍미를 내준다.
- 녹인 버터를 발라주다. 용기의 바닥, 각종 틀의 안쪽 면, 베이킹팬 표면이나 유산지 등에 녹인 버터를 붓으로 발라주면 음식물이 붙는 것을 방지할 수 있어 틀이나 용기에서 분리해내기 용이하다.
- 빵 위에 버터를 바르다.

BEURRIER 뵈리에 버터 용기. 유리, 도자기 혹은 스테인리스 재질로 된 버터 보관용 그릇(뚜껑이 있다). 또는 테이블용 버터 서빙 용기를 가리키기도 한다. 혼합 버터는 주로 소스 용기나 납작한 종지 모양의 접시에 서빙된다.

BHUJIA 부지아 인도의 채소 튀김. 주로 감자, 가지, 콜리플라워, 양파 등의 채소를 병아리콩 가루로 만든 반죽에 입혀 튀긴다.

BIARROTE (À LA) 아 라 비아로트 비아리츠(Biarritz)식의. 감자로 만든 갈레트(폼 뒤셰스 pommes duchesse 와 같은 혼합물로 만든다) 위에 작게 썬 고기를 얹고 볶은 포치니 버섯을 빙 둘러 놓은 요리를 지칭한다. 또한 이 명칭은 화이트와인을 넣은 닭고기 소테를 가리키기도 한다. 이 요리에도 볶은 포치니 버섯이 곁들여진다.

BICARBONATE DE SOUDE 비카르보나트 드 수드 베이킹소다, 중탄산나트륨. 탄산수소나트륨의 옛 명칭. 가루 형태로 사용되는 이 알칼리 혼합물은 가열하면 물을 연성화하여 마른 콩류를 쉽게 익도록 해줄 뿐 아니라 채소의 녹색을 보존해주는 역할도 한다. 중탄산나트륨은 베이킹파우더에 들어 있는, 반죽을 부풀게 하는 성분이다.

BICHOF 비쇼프 옛 알코올 음료 중 하나로 와인에 시트러스 과일, 향신료를 넣어 만들며 뜨겁게 혹은 차갑게 마신다. 오늘날 비쇼프는 상그리아(sangria)나 과일 칵테일로 대체되었다.

bichof au vin du Rhin 비쇼프 오 뱅 뒤 랭

미텔라인 와인 비쇼프 : 물 300ml에 설탕 250g, 오렌지 제스트와 레몬 제스트 각각 1개분, 정향 2개, 통 계피스틱 1개를 넣고 5분간 끓인다. 독일 미텔라인(Mittelrhein) 와인 750ml를 붓고 표면에 흰 거품이 살짝 올라올 때까지 가열한다. 체에 걸러 포트에 넣어 서빙하거나, 펀치용 큰 볼에 넣어 차갑게 서빙한다.

BIÈRE 비에르 맥주. 싹 틔운 곡류(주로 보리)로 즙을 만든 뒤 홉을 첨가하고 발효시켜 만든 알코올 음료. 프랑스와 벨기에의 법규는 꽤 많은 함량의 옥수수와 쌀의 첨가를 허가하는 반면 '맥주 순수령(Reinheitsgebot, 호프, 보리(맥아), 물, 효모 외에 다른 성분이 포함되면 '맥주'란 명칭을 쓸 수 없다)'에 따라 더욱 엄격한 관리를 하고 있는 독일은 이를 금지하고 있다.
■ **역사.** 맥주는 전 세계에서 가장 대중적이며 가장 오래된 알코올 음료로 알려져 있다. 이미 기원전 8,000년경 곡식으로 발효 술을 만든 최초의 흔적들이 에리코(현, 요르단)에서 발견된 바 있다.
메소포타미아와 이집트인들은 고대에 맥주를 가장 많이 마신 소비자들이었다. 그들은 맥주를 따뜻하게 마셨다. 이 맥주는 잘게 뜯어 물에 담근 보리빵을 커민, 도금양, 생강, 꿀로 향을 낸 대추야자 즙 안에 넣어 발효시

킨 것이었다.

갈리아족, 켈트족, 색슨족도 곡식으로 빚은 세르부아즈(cervoise)라는 맥주를 만들었는데 여기에는 아직 홉을 넣지 않았다. 홉이 맥주 제조에 도입되기 시작한 것은 13세기에 바바리아인 수도사들에 위해서이다.

맥주가 유럽(주로 북부와 동부 유럽에 해당한다. 프랑스를 포함한 남부 유럽에서는 와인을 만들었다)에서 오래전에 만들어지고 또 이것이 전 세계에 퍼져나가게 된 것은 순수한 물, 질 좋은 보리(모라바와 알자스산 보리는 최고의 품질이었다), 섬세한 향기와 맛의 홉 등 원재료와 깊은 연관이 있다.

■ **제조.** 보리는 전분이 풍부한 곡식이다. 하지만 효모가 존재하는 상황에서 자연적으로 발효되지 않는다(직접 발효되어 시드르나 포도주를 만드는 사과나 포도에 함유된 당과는 다르다). 그렇기 때문에 여러 단계의 처리과정을 거쳐 보리로부터, 발효해 술을 만들어낼 수 있는 즙(moût)을 얻어내야 한다.

● **MALTAGE 맥아로 만들기.** 보리 낟알을 물에 담가 수분을 흡수시킨 후 발아시킨다. 싹을 틔운 보리를 건조시킨 다음 가열하고 분쇄한다.

● **BRASSAGE 양조.** 이렇게 얻은 맥아는 곱게 빻는 과정을 거친 뒤 뜨거운 물에 담근다. 맥아 효소의 작용으로 전분은 당으로 변하여 침출된다. 이 담금 공정이 끝나면 여과기에 거르고, 쌉싸름한 맛과 향을 더하는 홉을 첨가한 뒤 끓여준다. 식힌 뒤 효모를 첨가한다.

맥주의 발효 방식에 따라 다음 세 가지로 분류된다.

- 하면 발효 (fermentation basse, 라거 발효). 7~8℃에서 7일간 발효. 대부분의 맥주(필스 또는 라거)가 이 방식으로 만들어지며 상큼하고 부드러운 맛과 맥아와 홉의 향이 특징이다.
- 상면 발효 (fermentation haute, 에일 발효). 14~25℃에서 3일간 발효. 풍부한 과일 맛이 나며 복합적인 향을 지닌 맥주를 만든다. 트라피스트 맥주나 벨기에의 수도원맥주, 프랑스 북부 지방의 비에르 드 가르드(bière de garde, 알코올 도수가 높은 저장 맥주), 영국의 에일(ale), 스타우트(stout), 독일의 바이젠비어(Weizenbier), 바이스비어(Weissbier), 알트비어(Altbier) 등이 여기에 해당한다.
- 자연 발효 (fermentation spontanée). 몇 주, 혹은 몇 개월간 오크통 발효. 옛날에 사용하던 이 방법(효모를 첨가하지 않음)은 아직도 벨기에 브뤼셀 지역에서 램빅(lambic)이나 괴즈(gueuze) 맥주를 만드는 데 사용된다. 프랑스 법령은 이들을 '유산발효 맥주'라는 이름으로 분류한다.

발효가 끝난 어린 맥주(bière verte라고도 한다)는 약 2~3주에서 몇 개월 동안 숙성한 후 여과하여 포장되며(병입, 캔 또는 오크통 등), 대개의 경우 저온멸균을 거친다.

■ **색깔과 알코올 도수.** 제조 기간과는 상관없는 맥주의 색깔은 가열과정과 관련이 있다. 가열하면서 생성되는 캐러멜이 맥주를 갈색으로 만들며 특유의 맛을 내준다. 비교적 연한 황금빛 맥주는 쓴맛이 두드러지는 편이다.

맥주의 플라토 도수(degré Plato)는 맥아즙이 발효되기 전 지녔던 당 추출물의 함량을 백분율로 표시한 것으로, 최종적인 알코올 도수는 이 수치의 1/3 혹은 1/4에 지나지 않는다. 일반 데일리 맥주의 경우 약 2~3% Vol., 고급 맥주의 경우 4~5% Vol., 그리고 특수 맥주의 경우 5~7% Vol. 정도 된다.

맥주에는 발효되지 않는 당(칼로리가 낮은 라이트 맥주에서는 제거한다)과 질소 물질, 무기질과 비타민이 함유되어 있으며, 1리터당 500Kcal(또는 2090kJ)의 열량을 낸다.

■ **프랑스 맥주와 그 밖의 외국 맥주.** 제조방식과 지역 전통에 따라 다양한 맥주가 생산되고 있다.

- 프랑스에서는 하면 발효의 황금색 맥주가 대부분을 차지하며, 이는 알자스 로렌(Mützig, Kronenbourg, Kanterbraü, Heineken), 북부 노르 지방(33 Export, Pelforth)에서 대량생산된다. 튀지 않는 무난한 맛을 지닌 이들 맥주는 시원한 청량감이 특징이다. 스페셜 맥주(1664, Gold, Old Lager)들은 좀 더 진한 향과 높은 알코올 도수를 자랑한다.

이러한 공장 대량생산 맥주 외에 소규모 공방 규모의 양조장들도 자체적으로 맥주를 생산하고 있으며 그 숫자도 점점 느는 추세다. 이들은 훨씬 개성이 강한 독특한 맥주들을 만들어낸다. 프랑스 북부의 저장맥주인 비에르 드 가르드(Jenlain, Ch'ti, Trois Monts, Épi de Facon 등)와 알자스 특선 맥주들((Schützenberger, Adelshoffen, Météor 등)이 대표적이다.

- 벨기에의 맥주는 그 종류가 더 다양하다. 고전적인 필스(Stella, Jupiter, Maës) 외에 독특한 산미를 가진 람빅과 괴즈(Mort Subite가 유명하다), 그리고 이 맥주에 과일을 섞은 것(kriek, framboise), 대부분 알코올 도수가 높고 향이 아주 진한 테라피스트 맥주(수도사들이 전통 방식으로 제조한 맥주)나 수도원 맥주, 밀과 스파이스로 만든 청량한 맛의 흰색 맥주, 농도가 짙은 상면 발효 맥주(Duvel, Martin's, De Koninck), 오크통에서 2년간 숙성한 붉은색 맥주(Rodenbach) 등을 꼽을 수 있다.
- 영국에서는 주로 펍에서 전통 에일 맥주(Bass, Burton, Newcastle, Fuller's, Youngs)를 접할 수 있다. 오크통에서 숙성된 이 맥주들은 다양한 향을 갖고 있다. 그 외에도 병입 포장으로 오래 저장할 수 있는(Thomas Hardy's Ale과 같은 맥주는 몇 년간 보관이 가능하다) 스타우트(stout)와 포터(porter)와 같은 흑맥주들도 있다. 아일랜드는 기네스(Guinness)와 머피스(Murphy's)로 완전한 검은색의 스타우트 맥주를 대중화시켰다. 이 맥주들은 쓴맛이 강하나 알코올 도수는 중간 정도이다.
- 독일에는 수백 개가 넘는 맥주 제조공장에서 생산되는 쓴맛의 황금색 맥주들 이외에도 독특한 개성을 가진 맥주들이 많다. 부드럽고 달콤한 맛이 있는 바이에른의 뮌헨 맥주, 쾰른, 뒤셀도르프 등지의 상면발효맥주 알트비어, 바이에른과 베를린의 밀맥주 바이젠비어, 밤베르크의 훈연 맥주 등을 꼽을 수 있다.
- 스위스에서는 독일 스타일 맥주를 제일 많이 접할 수 있으며, 옛날식 무알코올 맥주와 세계에서 가장 알코올 도수가 높은 맥주(Samichlaus, 14% Vol.)가 공존한다. 이 맥주는 일 년에 한 번, 성 니콜라스 축일을 위해 양조한다.
- 체코는 좋은 품질의 보리와 홉, 양조용 물의 독특한 화학성분 덕에 가장 정통적인 필스 맥주(Pilsen Urquell, Staropramen)를 생산하고 있다. 전 세계에서 체코의 필스 맥주를 모방한 제품들이 생산되고 있다.
- 캐나다에는 미국의 대형 맥주 생산업체(Molson, Labatt) 이외에도 소규모 독립 양조장들이 생겨나고 있다('Fin du Monde' 등의 맥주는 생산하는 퀘벡의 크래프트 브루어리 Unibroue는 가수 Robert Charlibois와의 협업을 이어가고 있다).

그 외의 국가들에서도 하면 발효 황금색 맥주가 거의 시장을 장악하고 있으며, 그중에서도 섬세하고 고급스러운 맛과 쌉싸름함이 돋보이는 덴마크의 맥주(Carlsberg, Tuborg)와 네덜란드 맥주(Amstel), 수준 높은 제조 기술로 생산하고 있는 일본 맥주들(Sapporo, Kirin)은 전 세계적으로 인기가 높다. 향이 강하지 않고 쓴맛이 약한 가벼운 맥주(Budweiser, Miller 등)가 주를 이루고 있는 미국에서도 몇 년 전부터 고급 품질의 아티장 맥주(San Francisco Steam Beer, Samuel Adams, Brooklyn, Chicago Legacy 등)들이 늘어나고 있다.

■ **사용.** 맥주는 음식과 함께 또는 그냥 마시는 일상적인 알코올 음료지만 칵테일을 만들거나 요리(수프, 잉어 등의 생선, 스튜, 카르보나드 등)에 사용되어 부드러움과 특유의 쌉싸름한 맛을 더해준다. 또한 치즈(gouda, maroilles 등)에 곁들이기도 하고 크레프나 튀김 반죽에 이스트 대신 넣어 가벼운 식감을 만들어 주기도 한다.

■ **시음.** 맥주의 특징을 결정하는 요소는 여러 가지가 있다. 타닌과 홉이 주는 쌉싸름한 맛(너무 쓴 정도가 되면 절대 안 된다), 맥주가 잘 만들어지고 제대로 여과되었음을 보여주는 투명도와 광도, 그리고 맥주를 따랐을 때 헤드 부분에 생기는 거품(독일에서는 이를 꽃이라고 부른다)인데, 이것이 안정적이며 모양을 잘 유지해야 한다. 그 밖에도 바디감, 기포성, 그리고 물론 맛 등이 주요 기준이 된다. 맥주용 잔으로는 다리가 달린 둥근 글라스나 긴 원통형 유리잔이 적합하다. 거품이 많은 맥주는 튤립 모양 잔이나 좁고 갸름한 플뤼트 잔이 어울린다. 손잡이가 달린 도기잔은 독일 맥주를 시원하게 마시기 좋다. 용량별로는 125ml(bock), 250ml(demi), 500ml(distingué), 1리터(parfait), 2리터(sérieux), 3리터(formidable)로 나뉜다. 손잡이가 달린 맥주잔은 보통 330ml가 기본 사이즈다. 맥주를 잔에 따를 때는 먼저 바닥에 직접 조금 부어 거품을 일으킨 다음 잔을 기울여 안쪽 면을 따라 부어 너무 많은 거품이 나지 않도록 한다. 마지막으로 잔을 똑바로 세워 헤드 부분에 거품을 채운다.

▶ 레시피 : CARPE, SOUPE.

BIFIDUS 비피뒤스 비피더스균(*bifidobacterium*). 사람의 장 속에 살고 있는 젖산균으로 모유를 먹는 영아에게 풍부하다. 이 유산균은 락토바실러스균 계열에 속한다. 단독으로 혹은 다른 균과 혼합하여 발효 우유, 요거트(**참조** YAOURT), 또는 비피더스 치즈 등 몸에 좋은 새로운 유제품들을 만들어낸다.

BIFTECK 비프테크 소고기를(더 넓은 의미로 말고기까지 포함) 100~200g 정도로 두껍지 않게 슬라이스해 그릴이나 팬에 구운 것(**참조** pp.108~109 프랑스식 소고기 정육 분할 도감)을 지칭하며 줄여서 '스테크(steak)'라고도 한다. 안심 스테이크인 투르느도(tournedos) 이외에도 포필레(faux-filet 채끝 등심), 럼스테크(rumsteck, 우둔살), 에귀예트(aiguillette, 설깃머리살) 등이 스테이크에 많이 사용된다. 설도의 보섭살이나 설깃살(tende-de-tranche, poire, merlan), 도가니살(araignée)도 연해서 스테이크용으로 적합하다. 치마살(bavette), 안창살(hampe), 갈비덧살(macreuse), 설깃살(tranche)은 특별한 맛이 있으며 토시살(onglet)은 레어로 구웠을 때 최상의 맛을 낸다.

BIGARADE 비가라드 비터 오렌지. 운향과에 속하는 감귤류인 비가라드나무의 열매로 주로 프랑스 남부에서 재배된다. 표면이 울퉁불퉁한 녹색 껍질을 가진 이 비터 오렌지는 주로 마멀레이드, 즐레나 잼을 만드는 데 사용된다. 이 나무의 꽃으로 오렌지 블로섬 워터를 만든다.

두꺼운 껍질에 들어 있는 에센스 오일은 아주 진한 향을 갖고 있다. 이 성분은 큐라소, 쿠앵트로, 그랑 마르니에 등의 증류 리큐어에 주로 사용된다. 전통적으로 '아 라 비가라드(à la bigarade)' 오리 요리는 팬 프라이한 오리에 비터 오렌지 소스를 뿌려 서빙한다.

▶ 레시피 : CANETON.

BIGARREAU ▶ 참조 CERISE

BIGNON (LOUIS) 루이 비뇽 프랑스의 요리사, 레스토랑 운영자(1816, Hérisson 출생–1906, Macau 타계). 파리의 '카페 도르세(Café d'Orsay)'에 서빙 종업원으로 일했던 그는 이어서 카페 드 푸아(Café de Foy)에서 근무했고 결국은 이 식당의 주인이 되었다. 1847년 동생에게 식당을 양도한 뒤 그는 카페 리슈(Café Riche)의 경영권을 획득했고 이곳을 파리 최고의 식당 중 하나로 만들었다. 그는 와인용 포도 재배뿐 아니라 농작물 재배에도 힘썼다. 프랑스 농업 종사자 협회의 창립회원이었던 그는 레스토랑 운영자로서는 최초로 레지옹 도뇌르 훈장을 받았다.

BIGORNEAU 비고르노 경단고둥. 작은 해양 복족류로 크기는 2~3cm 정도이며 주로 노르망디나 브르타뉴 연안에서 채취한다(**참조** p.250 조개류 도표, pp.252~253 도감). 껍데기는 갈색 또는 검정색이며 가는 줄무늬가 나선형으로 둘러져 있다. 지역에 따라 비뇨(vignot, vigneau), 브를랭(brelin), 리토린(littorine), 에스카르고 드 메르(escargot de mer), 기네트(guignette)라고도 불린다.

경단고둥은 찬물에 헹군 뒤 소금을 넣은 물이나 에스플레트 칠리가루를 넣은 쿠르부이용(court-bouilon)에 5분간 데쳐 식힌 다음 차갑게 먹는다. 뾰족한 바늘 꼬치를 이용해 껍데기에서 속살을 통째로 꺼낸다(살짝 삶아야 끊어지지 않고 쏙 빠진다). 호밀빵과 가염 버터를 곁들여 아뮈즈 부슈로 서빙하거나 샐러드에 넣는다.

BIGOS 비고스 잘게 썰어 절인 사우어크라우트 배추와 익힌 고기를 냄비에 켜켜이 넣고 끓인 폴란드 음식으로 '사냥꾼의 스튜'라고도 불린다. 구운 소시지를 곁들여내며, 보통 포타주 전 코스에 서빙한다.

bigos 비고스

폴란드식 비고스 스튜 : 익히지 않은 사우어크라우트 양배추 채 4kg을 물을 여러 번 바꿔가며 씻는다. 냄비에 넣고 차가운 물을 잠기도록 부은 다음 끓을 때까지 가열한다. 사과 4개의 껍질을 벗기고 속을 제거한 다음 깍둑 썰어 레몬즙을 뿌려둔다. 양파 큰 것 2개의 껍질을 벗겨 다진다. 사우어크라우트 양배추를 건져 물기를 뺀 뒤, 사과와 양파를 넣어 섞는다. 큰 냄비에 돼지 기름 4테이블스푼을 녹인 다음 양배추와 채소를 두툼하게 한 켜 깔고 그 위에 익혀서 작게 썬 고기류(오리, 소고기, 햄, 양고기, 염장 돼지 삼겹살, 노루고기 등)를 한 켜 올린다. 반복하여 교대로 쌓고 맨 위층은 사우어크라우트로 마무리한다. 중간중간 돼지 기름을 조금씩 더 넣어준다. 육수를 재료 높이만큼 붓고 뚜껑을 덮어 약한 불에서 1시간 30분간 익힌다. 흰색 루를 만들어 국물을 조금 넣고 갠 다음 냄비에 넣고 잘 섞어준다. 30분간 더 익혀 완성한다.

BILLOT 비요 통나무, 나무 도마. 고기 등을 자르는 받침대, 작업대. 옛날에는 이 두꺼운 통나무 도마에 3개의 나무 다리가 달려 있었다. 현재는 고정된 틀에 장착되어 있으며 나무 대신 습도와 온도변화에 손상이 없는 플라스틱이나 강도가 강한 흰색 소재 등을 사용한다.

BILLY BY 빌리 비 홍합 크림 수프 이름. 화이트와인에 양파, 파슬리, 셀러리, 생선 육수를 넣고 홍합을 넣어 익힌다. 여기에 생크림을 넣어 완성한 뒤 뜨겁게 혹은 차갑게 서빙한다. 건져낸 홍합과 파르메산 치즈를 넣어 만든 페이스트리 스틱을 곁들여낸다. 이 요리는 파리 막심(Maxim's) 레스토랑 셰프 바르트(Barthe)가 빌리(Billy)라는 이름을 가진 홍합을 아주 좋아하는 단골손님을 위해 만들었다고 전해진다. 또한, 빌리비(Billy By 혹은 Bilibi)가 1944년 노르망디 상륙작전 당시 빌(Bill)이라는 이름의 미국 장교에게 제공된 송별 음식이었고, 그 이름을 빌리 안녕(Billy, bye bye)에서 따왔다고 하는 설도 있다.

BIOTECHNOLOGIE 비오테크놀로지 바이오테크놀로지. 생물공학, 생명공학. 살아있는 미생물 등의 생물체를 이용하여 하나의 유기 물질을 다른 한 가지 혹은 여러 가지 물질로 변화시키는 기술을 통칭한다. 그 과정은 맥주나 빵, 치즈, 와인, 사우어크라우트 등의 발효와 같이 자연적으로 이루어질 수 있다.

하지만 오늘날의 바이오테크놀로지는 점점 유전공학에 의존하는 추세다. 요즘의 토마토는(유전자 변형) 녹색일 때 따지 않는다. 대신 나무에 붙은 채로 물러지지 않고 익는다. 마찬가지로 유전자 조작을 통해 농작물의 특성을 변형하여(유채, 옥수수, 콩 등) 해충 등의 피해에도 견디게 만들었으며, BST(Bovine somatotropin 소 성장 호르몬)와 같은 성장 호르몬으로 소젖 생산을 늘릴 수 있게 되었다.

모든 종류의 생명공학은 정부 등 공공 기관과 소비자 단체들에 의해 철저하고 엄격히 관리되고 있다.

BIRCHER-BENNER (MAXIMILIAN OSKAR) 막시밀리안 오스카 비르허 베너 스위스의 의사, 영양학자(1867, Aarau 출생–1939, Zurich 타계). 자신의 이름을 딴 식이요법 비르허뮤슬리(Birchermuesli)의 주창자로 유명하다. 그는 자신의 병원을 찾는 환자들에게 엄격한 채식 식단을 제안했다. 식이용법을 이행하는 환자들이 익힌 음식과 고기 국물을 섭취하던 시절 그는 건강과 활력을 되찾고 이를 유지하기 위해서는 생과일과 채소(물론 유제품과 달걀은 제한하지 않았다) 섭취가 필요하다고 강조했다. 그의 이러한 식이요법은 전 세계적으로 큰 성공을 거두었다.

BIRCHERMÜESLI 비르허뮤슬리 곡류, 견과류, 신선한 과일을 혼합한 다음 우유를 붓고 설탕을 뿌린 것으로 주 영양소, 비타민, 무기질 등이 풍부하다. 1900년경 스위스의 영양학자 비르허 베너(Bircher-Benner, 뮤슬리는 '혼합'을 뜻한다)가 처음 개발했으며 이후 스위스, 독일과 영미권 국가들에서 영양가 있는 아침식사로 인기를 끌었다. 여러 브랜드에서 뮤슬리 제품을 출시했으며 그 종류는 점점 다양해졌다. 가장 기본적인 구성은 오트밀, 밀싹, 아몬드, 건포도, 가늘게 간 신선한 사과에 설탕을 넣은 우유를 붓고 레몬을 뿌린 것이다.

여기에 동그랗게 썬 바나나, 가늘게 간 당근, 호두나 헤이즐넛, 연유 또는 마시는 요거트, 오렌지 주스나 자몽주스, 꿀이나 맥아 추출물(엿기름)을 더하기도 한다. 뮤슬리는 시리얼이 충분히 부풀도록 먹기 전에 미리 만드는 것이 좋다.

BIRDSEYE (CLARENCE) 클라렌스 버즈아이 미국의 사업가, 발명가(1886, New York 출생–1956, New York 타계). 1920년 캐나다 래브라도 주를 여행할 당시 에스키모인들이 낚시로 잡은 생선을 야외에서 급속 냉동한 뒤 몇 달간 보존하고 먹을 수 있다는 사실을 알게 되었다. 미국으로 돌아간 버즈아이는 급속 냉각 기술을 개발하는 데 성공했다. 하지만 1929년 미국 대공황이 닥치면서 이 기술과 그의 이름을 식품업체에 매각하는 데 실패했다.

BIREWECK 비르웨크 알자스의 과일 빵. 키르슈로 향을 낸 발효 반죽에 말린 과일과 설탕에 절인 과일을 넣는다. 길죽한 모양의 덩어리로 만들어 오븐에 구운 뒤 얇게 잘라 먹는다.

bireweck 비르웨크

알자스식 과일 빵, 비르웨크 : 껍질을 벗기고 속과 씨를 제거한 서양 배 500g, 사과 250g, 복숭아 250g, 말린 무화과 250g, 건살구 250g을 물에 넣고 익힌다. 과일이 흐물흐물해질 정도로 오래 익히면 안 된다. 생 이스트 30g에 과일 익힌 물을 조금 넣고 개어준 다음, 체에 친 밀가루 1kg에 넣고 섞어 말랑한 반죽을 만든다. 2시간 동안 부풀도록 휴지시킨다. 그동안 당절임한 세드라 레몬 100g과 안젤리카(당귀) 줄기 50g을 큐브 모양으로 잘게 썬다. 빵 반죽이 부풀면 펀칭하여 공기를 빼준 다음 잘게 썬 세드라와 안젤리카, 말라가 건포도 250g, 헤이즐넛 125g, 아몬드 125g, 호두살 125g, 끓는 물에 데친 오렌지 제스트 가늘게 채 썬 것 50g, 씨를 뺀 대추야자 125g, 익힌 과일을 모두 넣고 섞는다. 키르슈(체리 브랜디) 200ml를 넣고 잘 섞는다. 200g 정도씩 소분해 작은 빵 모양으로 만든 다음 표면에 물을 발라 매끈하게 해준다. 160°C로 예열한 오븐에 넣어 1시간 45분간 굽는다.

BIRIANI OU BYRIANI 비리아니 사프란으로 향을 낸 바스마티 쌀에 각종 향신료, 건포도, 캐슈너트 등을 넣고 만든 요리. 인도 북부 지방에서 많이 먹는 이 쌀 요리는 달걀, 닭고기, 양고기, 채소, 혹은 새우 등을 넣어 만들기도 한다.

BISCÔME 비스콤 스위스 루체른에서 전통적으로 성 니콜라스 축일(12월 6일)에 먹는 팽 데피스(pain d'épice 스파이스를 넣은 빵) 혹은 진저브레드 타입의 과자.

이 축일 행사의 클라이맥스는 마을을 행진하는 긴 행렬이다. 복음의 선구자 두 명이 앞장을 서면 이 비스콤 과자를 가득 채운 큰 광주리를 멘 성 니콜라스와, 한 해 동안 말을 잘 듣지 않은 아이들을 벌주는 회초리 할아버지들이 뒤를 따른다.

BISCOTTE 비스코트 밀가루, 물, 소금, 이스트에 설탕과 유지류를 넣은 반죽으로 만든 특수한 빵을 슬라이스한 바삭한 러스크 타입의 토스트를 지칭한다. 대부분 공장에서 대량생산하는 이 제품은 프랑스에서 대중적으로 많이 소비하는 대표적인 음식이다.

외국의 경우, 독일의 츠비바크(Zwiback)나 네덜란드의 동그란 토스트도 비슷한 종류다. 우선 빵을 틀에 넣어 구운 다음 슬라이스해 딱딱하게 마르면 오븐에 노릇한 색이 나게 굽는다. 바삭하여 부서지기 쉬운 질감이 되며 모양도 약간 우묵해진다.

원래 브뤼셀의 특산물인 비스코트는 고급 식품으로, 식이요법을 위한 것으로 인식되었다. 오늘날 이것은 아침식사나 일반 식사에 흔히 소비되고 있으며, 우유에 담가 적셔 스터핑을 만드는 데 넣거나 갈아서 빵가루를 만드는 등 요리에도 다양하게 쓰인다.

■ **영양학적 가치.** 비스코티에는 일반 빵의 5배에 해당하는 지방이 들어 있고 총 열량도 30%이상 더 높다. 다양한 식이요법에 따라 구성성분이 변형된 비스코티도 출시되고 있다(무염, 글루텐 보강, 통밀 사용 등). 제과업체들도 비스코트보다 지방과 설탕함량을 줄인 길쭉한 모양의 토스트 슬라이스 '팽 그리예(pain grillé)' 와 식빵 슬라이스 형태의 '빵 브레제(pain braisé)' 등 다양한 아침식사용 토스트 제품을 내놓았다. 비스코트는 음식을 너무 빨리 먹는 사람들에게 권할 만하다. 반드시 꼭꼭 씹어 먹어야 하기 때문이다.

BISCOTTE PARISIENNE 비스코트 파리지엔 오븐에 구운(일반적인 비스코트나 러스크처럼 두 번 굽지는 않는다) 가벼운 과자의 일종으로 아몬드 가루, 달걀노른자, 달걀흰자, 전분으로 만든 반죽에 키르슈를 넣어 향을 더한 뒤 버터를 발라둔 베이킹팬에 짤주머니로 짜놓고 굽는다.

BISCUIT 비스퀴 베이킹파우더나 거품 낸 달걀흰자를 넣어 가볍게 만든 파티스리. 원래 비스퀴는 아주 단단한 특수 밀가루로 반죽해 거의 부풀리지 않고 다양한 모양으로 바싹 구워내 보존하기 쉽게 만든 것이다. 그 종류도 다양한데 가장 널리 알려진 것들로는 제누아즈(génoise), 비스퀴 드 사부아(biscuit de Savoie), 롤 케이크(biscuit roulé), 비스퀴 망케(biscuit manqué), 파운드케이크(quatre-quarts) 등이 있다.

여기에 아몬드를 더하거나 레몬 제스트, 바닐라, 리큐어 등을 넣어 향을 내기도 하며 잼이나 버터 크림을 켜켜이 발라 채워 넣기도 한다.

오늘날, 제과업체에서 생산하는 비스킷, 쿠키류의 과자도 프랑스어로 비스퀴라고 부른다. 단맛 혹은 짭짤한 맛의 단단한 과자류로 대부분 열량이 높다(100g 기준 420~510Kcal, 혹은 1755~2130kJ).

원칙적으로 비스퀴는 그 이름이 가리키듯이 두 번 구워야 한다. 일반 빵보다 더 완전히 익혀 보존성을 높이는 것이다.

■ **역사.** 비스퀴가 언제 처음 만들어졌는지 정확한 시기는 알 수 없지만 고대 로마인들이 이미 만들어 먹었고, 베네치아 군인들과 오스만투르크인들도 이것을 먹었다고 전해진다. 수 세기 동안 군인이나 선원들의 기본 식량이 되었던 비스퀴는 이어서 항해사들이 비축해 놓는 특별한 빵이 되었다. 어떤 갈길이 멀고도 험난한 일을 시작할 때 '비스퀴 없이는 승선하지 말라' 라고 말하는 표현도 여기서 유래한 것이다. 샤토브리앙(Chateaubriand)은 자신의 여행기에서 "나는 언제나 외로움 속에서 배 안의 비스킷과 약간의 설탕, 그리고 레몬으로 식사를 때웠다."라고 썼다.

이처럼 오래 보존할 수 있다는 의미에서 19세기까지 저장 과자(biscuits de garde) 또는 가토 드 부아야주 즉, 여행 과자(biscuits de voyage)라고 불린 보빌리에(beauvilliers)나 봉발레(bonvalet)와 같은 단단한 비스킷은 은박지로 싸서 오래 두고 먹을 수 있었다.

프랑스에서 비스퀴가 처음 만들어진 것은 루이 14세 시대(1643~1715)이다. 1894년 군부대의 비스킷인 '팽 드 피에르(pain de pierre, 돌 빵)'은 전분, 설탕, 물, 질소물질, 재, 셀룰로즈로 만든 팽 드 게르(pain de guerre, 전쟁 빵)로 대체되었다. '군인 비스킷'이란 명칭은 작전 중인 군부대에까지 제대로 된 빵이 보급되고 나서야 사라지게 되었다.

옛날에는 몸에 좋다는 이유로 고기 육즙을 넣은 동물성 비스킷을 만들기도 했고, 제2차 세계대전을 겪으면서 각 학교에는 비타민이 함유된 비스킷을 배분하기도 했다.

오늘날에는 다양한 향을 낸 비타민 강화 비스킷 형태의 특별 식이요법, 또는 다이어트 식품들도 있다.

pâte à biscuit : 비스퀴 반죽하기

볼에 설탕 500g, 바닐라슈거 25g, 달걀노른자 10개를 넣고, 주걱으로 혼합물을 들어 올렸을 때 띠 모양으로 흘러내리는 상태가 될 때까지 잘 휘저어 섞는다. 달걀흰자 10개분에 소금을 한 꼬집 넣고 단단하게 거품을 올린 다음 설탕 달걀노른자 혼합물에 넣고 조심스럽게 섞어준다. 여기에 체에 친 밀가루 125g과 옥수수 전분 125g도 넣고 혼합한다(좀 더 간단하게 비스퀴를 만들려면 설탕 250g, 달걀 8개, 체에 친 밀가루 125g, 소금 한 꼬집으로 반죽을 만들어도 된다).

biscuit aux amandes 비스퀴 오 자망드

아몬드 비스퀴 : 속껍질까지 벗긴 뒤 달걀흰자 2개분과 함께 곱게 간 아몬드 가루 200g(비터 아몬드를 4~5개 추가해도 좋다)과 오렌지 블로섬 워터 몇 방울을 비스퀴 반죽에 넣어 섞는다. 틀에 버터를 칠하고 설탕을 뿌린다. 반죽을 틀의 높이 2/3까지 채운 다음 180°C로 예열한 오븐에서 굽는다. 틀에서 분리한 뒤 망에 올려 식힌다. 스펀지케이크를 가로로 3등분 한 다음, 맨 아래 켜에는 살구 마멀레이드, 중간 켜에는 라즈베리 즐레를 발라 차례로 쌓아올린다. 케이크 윗면과 옆면에 살구 나파주를 발라 씌운다. 바닐라 향을 낸 퐁당슈거로 아이싱한 뒤 다진 아몬드를 얹어 완성한다.

biscuit de chocolat « coulant » aux arômes de cacao, sirop chocolaté au thé d'Aubrac ▶ CHOCOLAT

biscuit à l'italienne 비스퀴 아 리탈리엔

이탈리안 비스퀴 : 볼에 설탕 500g, 바닐라슈거 10g, 달걀노른자 10개를 넣고 주걱으로 휘저어 섞는다. 달걀흰자에 소금을 한 꼬집 넣고 단단하게 거품을 올린 다음 혼합물에 넣고 조심스럽게 섞는다. 밀가루 125g과 전분 125g을 함께 체에 친 후 혼합물에 넣고 섞는다. 샤를로트 틀에 버터를 바르고 설탕과 전분을 뿌려둔다. 반죽 혼합물을 틀의 2/3까지만 채운 뒤 175°C로 예열한 오븐에서 굽는다.

biscuit mousseline à l'orange 비스퀴 무슬린 아 로랑주

오렌지 무슬린 비스퀴 : 비스퀴 반죽을 만든다. 샤를로트 틀에 버터(뜨거운 정제 버터)를 바르고, 슈거파우더를 넉넉히 뿌려둔다. 반죽을 틀의 2/3까지만 채운 뒤 180°C로 예열한 오븐에서 굽는다. 틀에서 분리한 뒤 망에 올려 식힌다. 가로로 이등분 한 다음 아래 켜에 큐라소를 조금 부어 적신다. 그 위에 오렌지 마멀레이드를 두툼하게 한 겹 바른 다음 위층을 덮는다. 큐라소를 조금 넣어 향을 낸 퐁당슈거로 아이싱 한 뒤, 당 절임한 오렌지 껍질 콩피로 모양을 만들어 장식한다. 블랙커런트와 라즈베리 쿨리를 곁들여 서빙한다.

biscuit roulé 비스퀴 룰레

롤 케이크 : 재료의 기본 분량을 반으로 나누어 비스퀴 반죽을 만든다. 베이킹팬에 유산지를 깐 다음 정제 버터를 붓으로 발라준다. 반죽을 붓고 스패출러를 사용하여 1cm 두께로 편다. 180°C로 예열한 오븐에서 10분간 굽는다. 비스퀴 표면에 노릇한 색이 나야 한다. 물 100ml에 설탕 100g을 넣고 끓여 시럽을 만든 다음 럼을 1티스푼 넣는다. 아몬드 슬라이스를 살짝 로스팅한다. 비스퀴를 오븐에서 꺼낸 다음 깨끗한 행주 위에 뒤집어 놓고 시럽을 뿌려 적신다. 그 위에 기호에 따라 살구 마멀레이드나 라즈베리 즐레를 펴 바른다. 행주를 이용하여 비스퀴를 말아준다. 양쪽 가장자리를 어슷하게 자른 다음 롤 케이크 전체에 살구 나파주를 발라 씌운다. 로스팅한 아몬드 슬라이스를 얹어 장식한다.

레스토랑 펠리니(FELLINI, PARIS)의 레시피

biscuits à l'anis 비스퀴 아 라니스

아니스 비스퀴 체에 친 밀가루 600g과 설탕 350g, 베이킹소다 5g, 달걀 5개, 속껍질까지 깐 아몬드 200g, 아니스 씨 50g을 혼합한다. 버터를 얇게 바른 베이킹팬에 이 반죽을 펼쳐 놓은 다음 160°C로 예열한 오븐에서 몇 분간 굽는다. 작게 잘라서 다시 오븐에 넣어 아주 단단해질 때까지 건조시킨다.

필립 베르잔(PHILIPPE BERZANE)의 레시피

biscuits au gingembre 비스퀴 오 쟁장브르

생강 비스퀴 녹인 버터 110g에 설탕 110g을 넣고 색이 연해질 때까지 거품기로 세게 휘저어 섞는다. 황금색이 나도록 만든 시럽(사탕수수 설탕 시럽) 110g, 밀가루 110g, 생강 4g을 넣고 잘 혼합한다. 반죽을 짤주머니에 넣고 베이킹 팬에 간격을 두고 길쭉하게 짜 놓는다. 180°C로 예열한 오븐에서 7~8분간 굽는다. 오븐에서 꺼낸 비스퀴를 작은 방망이에 둘러주고, 말린 부분이 풀어지지 않도록 연결 부분을 꼭 누른다.

메종 리기델(LA MAISON RIGUIDEL, QUIBERON)의 레시피

galettes bretonnes 갈레트 브르톤

브르타뉴식 갈레트 볼에 달걀노른자 1개, 달걀 3개, 계피를 넣은 설탕 600g을 넣고 잘 섞는다. 작게 잘라둔 상온의 브르타뉴 가염 버터 750g을 넣고 혼합물이 균일한 질감이 될 때까지 잘 저어 섞는다. 섞는 중간에 갈색 럼 아그리콜(rhum brun agricole), 바닐라 에센스, 베르가모트 에센스를 조금씩 넣어준다. 밀가루 1kg에 베이킹파우더를 넉넉히 한 꼬집 섞은 다음 함께 체에 친다. 혼합물에 밀가루를 넣고 섞기 시작한다. 밀가루를 뿌려둔 깨끗한 면포에 반죽을 모두 쏟는다. 중간중간 밀가루를 뿌려가며 면포를 이용해 약 3분간 반죽한다. 면포에 싼 채로 시원한 곳에 하룻밤 둔다(버터가 굳으니 냉장고에는 넣지 않는다). 다음 날 반죽을 500g씩 소분해 다섯 덩어리를 만든 다음 타르트 용기에 넣고 납작하게 만든다. 달걀에 우유를 조금 넣고 만든 달걀물을 붓으로 발라준 다음 포크로 무늬를 내준다. 210°C로 예열한 오븐에서 약 20분간 굽는다. 탄 냄새가 나지 않도록 주의 깊게 색과 냄새를 체크한다.

BISCUIT ANGLAIS 비스퀴 앙글레 영국식 비스킷. 단맛이 거의 없는 단단하고 마른 비스킷으로 1860년부터 영국이 대량으로 수출하여 영국 식민지는 물론이고 프랑스와 차 문화를 즐기는 모든 지역에서 큰 인기를 얻었다. 1862년 보르도의 한 제빵사의 아들인 오노레 장 올리베(Honoré-Jean Olibet)는 이 영국식 과자 제조 방식을 자신의 고향에 들여왔다.

BISCUIT AU CHOCOLAT SANS FARINE 비스퀴 오 쇼콜라 상 파린 밀가루를 넣지 않은 초콜릿 비스퀴. 달걀, 설탕, 녹인 초콜릿에 경우에 따라 코코아가루, 아몬드 페이스트, 버터를 더해 만든 반죽을 중간 온도의 오븐에 구워낸다. 그대로 먹거나 다른 앙트르메의 베이스 재료로 사용한다. 촉촉하고 부드러운 식감이 특징이다.

BISCUIT À LA CUILLÈRE 비스퀴 아 라 퀴예르 볼록 올라온 길쭉한 모양의 작은 비스킷으로, 반죽은 비스퀴 드 사부아와 비슷하면서 조금 더 가볍다. 이 비스퀴는 아이스크림을 사용하는 차가운 앙트르메의 틀 안쪽 벽에 둘러주는 용도로 많이 사용된다. 틴에 넣어 완전 밀폐해두면 2~3주간 보관할 수 있다.

BISCUIT DACQUOISE 비스퀴 다쿠아즈 다쿠아즈 비스퀴. 달걀흰자와 슈거파우더, 설탕을 혼합하여 만든 가벼운 질감의 비스퀴로 마치 마카롱 코크처럼 겉은 바삭하고 안은 부드럽고 촉촉하다. 전통적으로 아몬드 가루를 넣어 풍부한 맛을 내며 아몬드 대신 헤이즐넛, 피스타치오, 코코넛, 혹은 향신료를 넣기도 한다. 오늘날 다쿠아즈 비스퀴는 각종 앙트르메의 베이스로 특히 많이 사용된다.

BISCUIT GLACÉ 비스퀴 글라세 다양한 맛의 아이스크림과 파트 아 봉브(pâte à bombe 거품 낸 달걀흰자와 설탕 시럽을 섞은 것)를 교대로 켜켜이 쌓아 만든 아이스크림 케이크의 일종. 벽돌 모양 틀에 내용물을 쌓아 넣은 다음 냉동실에 넣어둔다(**참조** TRANCHE NAPOLITAINE).

또는 비스퀴나 머랭 베이스에 아이스크림(혹은 소르베, 파르페, 파트 아 봉브)을 채운 앙트르메를 지칭하기도 한다. 여기에 샹티이크림, 캔디드 푸르츠 또는 시럽에 절인 과일, 초콜릿 버미셀리(초콜릿 스프링클) 등을 얹어 장식한다. 비스퀴 콩테스 마리(biscuit comtesse-Marie)는 같은 이름을 가진 특별한 정사각형 틀을 사용하여 만드는데, 딸기 아이스크림을 틀 안에 깔고 안쪽 벽에 둘러준 다음 그 안에 바닐라 샹티이 크림을 채운 것이다.

BISCUIT À L'HUILE 비스퀴 아 륄 오일 비스퀴. 버터 대신 올리브오일을 사용해 만든 이탈리아의 부드럽고 녹진한 비스퀴. 달콤한 맛을 내는 이 비스퀴는 다양한 앙트르메의 베이스로 많이 사용되며, 과일 케이크나 초콜릿 케이크를 만들기도 한다.

BISCUIT JOCONDE 비스퀴 조콩드 밀가루, 설탕, 버터, 달걀노른자, 거품 올린 달걀흰자, 아몬드 가루로 만든 비스퀴. 얇게 펴기 쉽고, 이렇게 구운 비스퀴 조콩드(일종의 스펀지케이크 시트)는 오페라(opéra) 등 다양한 케이크의 기본 시트로 많이 사용된다.

BISCUIT DE REIMS 비스퀴 드 랭스 작고 길쭉한 모양을 한 가볍고 바삭한 식감의 비스퀴로 표면에 설탕이 뿌려져 있다. 원래 흰색이었던 이 비스퀴는 이후 양홍빛으로 색을 내고 바닐라 향을 더했다. 비스퀴 드 랭스는 예전에는 아주 맛이 달콤했던 샹파뉴에 곁들여 먹기 위해 처음 만들어졌다고 한다.

BISCUIT DE SAVOIE 비스퀴 드 사부아 거품 올린 달걀흰자를 넉넉히 넣어 아주 가벼운 식감을 내는 비스퀴 반죽으로 만든 스펀지케이크. 1348년 아메데오 6세 디 사보이아 백작의 요리장에 의해 처음 만들어졌다고 전해진다. 한편 부르제 호수 근처의 작은 도시 옌(Yenne)은 이 비스퀴의 원조임을 주장하며 지역 특산물로 지켜나가고 있다.

비스퀴 드 사부아는 또 다른 사부아지방의 특산 파티스리인 생 제니 브리오슈(brioche de Saint-Genix)를 지칭하는 '가토 드 사부아(gâteau de Savoie)와 혼동해서는 안 된다.

biscuit de Savoie 비스퀴 드 사부아

사부아 비스퀴 : 준비 : 15분 / 조리 : 45분

달걀 14개를 깨트려 흰자와 노른자를 분리한다. 오븐을 170°C로 예열한다. 볼에 설탕 500g, 바닐라 슈거 1작은 봉지, 달걀노른자를 넣고 색이 하얗게 변하고 매끈하게 섞일 때까지 잘 저어 혼합한다. 달걀흰자에 소금을 한 꼬집 넣고 단단하게 거품을 올린다. 혼합물에 넣고 조심스럽게 섞은 다음 체에 친 밀가루 185g과 전분 185g을 넣고 균일한 반죽이 되도록 계속 저어 섞는다. 지름 28cm 크기의 사부아 비스퀴(또는 제누아즈) 틀에 버터를 바르고 전분을 뿌린다. 반죽을 틀의 2/3까지 채운 다음 오븐에 넣어 45분간 굽는다. 꺼내서 틀을 분리해 식힌 다음 서빙한다.

BISCUITERIE 비스퀴트리 영국이 원조인 단단한 과자인 비스킷, 쿠키, 크래커 등을 만드는 제과산업(**참조** BISCUIT ANGLAIS). 전통 영국식 비스킷 레시피의 영감을 받아 제과업체들은 다양한 밀가루와 식물성 지방(순버터 쿠키는 제외), 설탕(자당뿐 아니라 글루코스와 맥아당도 사용), 전분, 우유, 달걀, 베이킹파우더를 사용하여 여러 종류의 비스킷 류를 활발히 생산해내고 있다. 과자 제조는 완전 자동화 시스템으로 이루어지지만, 프랑스

에서 몇몇 지역 특선 과자들은 아직도 옛 수공 방식으로 만들어지고 있다(croquets, macarons, biscuits à l'anis, bretzels 등).

비스킷 과자는 짭짤한 맛과 달콤한 맛 모두 다양하게 만들어지며, 일반적으로 반죽의 밀도에 따라 세 종류로 나뉘어진다.

● **하드 또는 세미 하드 반죽.** 프티 뵈르 버터 쿠키(petits-beurre), 티타임용 비스킷(샌드형 포함), 아침식사용 크래커, 사블레, 갈레트, 그 밖에 각종 아페리티프용 크래커와 비스킷, 짭짤한 맛 또는 향을 더한 과자들이 포함된다. 가장 많이 소비되는 이 종류의 비스킷은 재료의 70%가 밀가루이며 달걀은 포함되지 않는다.

● **소프트 반죽.** 이 반죽으로는 바삭하고 건조한 비스킷(레이디핑거 비스킷 boudoirs, 시가레트 cigarettes, 튀일 tuiles, 팔레 palets, 랑그드샤 langues-de-chat, 팔미에 palmiers 등)과 촉촉하고 부드러운 비스킷(비스퀴 아 라 퀴예르 biscuits à la cuillère, 노네트 nonnettes, 마들렌 madeleines, 마카롱 macarons, 로셰 rochers, 프티푸르 petits-fours, 콩골레 congolais, 크로키뇰 croquignoles 등) 두 가지 모두 만들 수 있다.

● **질척한 반죽 혼합물.** 와플 반죽이 대표적이다. 반죽 안의 액체(물이나 우유) 함량이 높은 반면 지방이나 밀가루 함량이 비교적 적다.

■ **사용.** 비스퀴와 쿠키, 크래커 등의 과자는 일반적으로 음료나 앙트르메 혹은 아이스크림과 곁들여 서빙되며, 함께 곁들이는 음료나 디저트에 따라 종류도 달라진다. 이들 중 몇몇은 케이크를 만드는 데 직접 사용되기도 한다 (샤를로트 또는 모카 케이크 등). 비스퀴는 영미권 국가와 북유럽에서 특히 많이 소비된다.

BISE (MARIUS) 마리위스 비즈 프랑스의 레스토랑 운영자(1894 Annecy 출생 – 1969 Talloires 타계). 안시 호수 유람선의 지배인이었던 그의 아버지는 1902년 호수 연안에 인접해 있는 탈루아르의 작은 식당을 하나 매입한다. '르 프티 샬레(Le Petit Chalet)'라고 이름 붙인 이곳에서는 주로 라바레(lavaret 연어목의 민물 흰생선), 북극곤들메기 등의 민물생선 튀김을 판매했다. 하루는 폴 세잔이 식사 값을 그림으로 지불하려 했으나 거절당했다는 일화도 있다. 제1차 세계대전 직후 파리에서 레스토랑 수업과 실습을 마치고 돌아온 마리위스는 아버지의 식당을 이어받는다. 솜씨 좋은 요리사였던 부인이 주방을 맡았고, 미슐랭 가이드의 별 셋을 획득한 1951년부터는 아들 프랑수아도 요리사로 합류했다. 1928년 규모를 확장한 르 프티 샬레는 '라 프티트 오베르주(La Petite Auberge)'로 이름이 바뀌었고 '오베르주 뒤 페르비즈(Auberge du Père Bise)로 알려지면서 미식의 명소로 자리잡았다. 프랑수아의 딸이자 마리위스의 손녀인 소피가 이 레스토랑의 주방을 잇고 있다.

BISE 비즈 도정한 밀 추출율(taux d'extraction)이 80~82%인 밀가루를 지칭한다. 이러한 밀가루로 만든 빵은 속살이 약간 회갈색(bise)을 띠며, 팽 비스(pain bis)라고 부른다.

BISON 비종 들소, 야생 버팔로. 아메리카 들소. 소과에 속하는, 몸집이 큰 야생 반추동물로 주로 북아메리카 평원에 서식한다. 아메리카 인디언들(그들은 물소의 고기뿐 아니라 기름, 가죽, 뿔까지 활용한다)에게 풍요와 번영의 상징인 들소는 19세기 말부터 마구잡이로 도살되었다. 현재 평원에서 서식하고 있는 들소 무리는 그 종을 보호하고 있으며, 정육용 들소는 농가에서 목축하고 있다. 또한 평원 들소보다 더 몸집이 큰 아메리카 삼림 들소(wood bison) 종류도 있다.

유럽에서는 1925년 이래로 야생종은 사라졌고 동물원에만 몇몇 남아 있는 정도다. 프랑스에서는 1,000마리 정도의 아메리카 들소가 특정 자연공원 내에서 서식하며 관리되고 있다. 또한 들소 고기는 캐나다와 폴란드에서 수입하고 있으며, 조리하는 방법은 소고기나 수렵육과 비슷하다.

■ **사용.** 들소 고기는 미국과 캐나다 서부에서 많이 소비된다. 살은 기름기가 적고 육즙이 풍부하며 특유의 풍미가 있으며, 특히 등의 혹 부분과 혀는 늘 선호하는 부위로 꼽힌다. 들소의 뒷다리 부분은 살이 많지 않기 때문에 암소와 교배해 더 살이 많은 버펄로(buffalo) 종으로 개량되었다.

아메리카 인디언과 그 혼혈족들은 들소의 살을 건조해 가루로 빻은 뒤 사골 골수, 기름, 베리류 열매를 넣어 섞고 압착해 페미컨(pemmican)을 만들어 먹는다. 들소 고기(미국에서는 버펄로)는 아직도 냉동 또는 건조 형태로 판매된다.

BISQUE 비스크 갑각류 해산물의 껍데기와 자투리에 양념 재료를 넣고 익힌 뒤 화이트와인과 코냑을 넣어 향을 내고 생크림을 넣어 만든 걸쭉한 국물로 주로 수프를 만들 때 사용한다. 사용한 갑각류의 살을 잘게 썰어 가니시로 올린다.

비스크라는 명칭이 조리 용어로 사용된 것은 17세기 중반에 이르러서이다. 원래의 비스크는 전혀 다른 것이었다. 버섯과 송아지 흉선, 닭 볏, 아티초크 속살, 양 육즙을 각각 따로 익혀 체에 긁어 곱게 내린 뒤 비둘기 수프에 넣어 농도를 낸 요리로, 1690년 8월 25일 루부아 장관이 생 루이 축일 연회에 루이 14세를 접대하면서 서빙했다고 전해진다.

***bisque d'écrevisse* 비스크 데크르비스**

민물가재 비스크 : 버터 40g에 미르푸아(양파, 당근, 셀러리를 깍둑 썬 것) 5~6테이블스푼을 넣고 색이 나지 않게 볶는다. 콩소메(또는 생선 육수) 1.25리터를 준비한다. 입자가 둥근 쌀 75g을 콩소메 500ml에 넣어 익힌다. 민물가재 18마리를 다듬어 깨끗이 씻는다. 미르푸아 채소를 볶고 있는 냄비에 넣은 뒤 소금, 통후추 간 것, 부케가르니 1개를 넣어준다. 색이 붉게 변할 때까지 잘 섞으며 볶는다. 코냑 3테이블스푼을 작은 국자에 넣어 뜨겁게 데운 다음 냄비에 붓고 불을 붙여 플랑베한다. 잘 저어준다. 드라이 화이트와인 100ml를 넣고 1/3이 되도록 졸인다. 콩소메 150m를 넣고 10분간 약한 불로 끓인다. 민물가재를 건져 식힌 뒤 껍데기를 까 살을 발라낸 다음 작은 큐브 모양으로 썰어둔다. 껍데기를 절구에 넣고 익힌 쌀, 민물가재 익힌 국물을 넣고 빻아준다(또는 푸드 프로세서에 갈아도 된다). 아주 고운 체에 꾹꾹 눌러가며 걸쭉한 즙을 받아낸다. 소스팬에 넣고 나머지 콩소메를 넣은 다음 5~6분간 끓인다. 서빙하기 바로 전 카옌페퍼 칼끝으로 아주 조금, 생크림 150ml, 그리고 작게 잘라둔 버터 60g을 한 번에 넣고 잘 저어주며 데운다. 썰어둔 가재 살을 얹어 아주 뜨겁게 서빙한다.

BITTER 비터 쓴맛을 내는 향료를 배합한 알코올 또는 비 알코올 음료. 프랑스어로 쓴맛은 아메르(amer)라고 한다. 대부분의 비터는 이탈리아에서 제조되며(Campari, Fernet-Branca 등), 와인이나 증류주 베이스에 각종 약초 추출물로 향을 내 만든다(아니스 뿌리, 팔각, 카모마일, 젠티안(용담 뿌리), 히솝, 오렌지 또는 레몬 껍질, 기나나무 껍질 등).

BITTERS 비터스 비터스. 쓴맛을 농축해 만든 향료로 칵테일 등에 몇 방울 넣어 향을 낸다. 1900년 이전에는 10개 이상의 제조사에서 비터스를 생산했는데, 이들 중 앙고스투라 비터스(Angostura bitters), 페이쇼즈 비터스(Peychaud's bitters) 그리고 오렌지 비터스인 리머슈미트(Riemerschmidt)가 오늘날 가장 유명하다.

BLAGNY 블라니 코트 드 본(côte de Beaune)의 AOC 레드와인으로 포도품종은 피노 누아이며, 뫼르소(Meursault)와 퓔리니 몽라셰(Puligny-Montrachet)에서 생산된다. 비교적 가볍고 향이 풍부하다(**참조** BOURGOGNE).

BLANC (ÉLISA, DITE LA MÈRE BLANC) 엘리자 블랑, 메르 블랑 프랑스의 요리사(1882, Vonnas 출생—1949, Vonnas 타계). 1902년 엘리자 제르베(Élisa Gervais)는 1872년 보나(Vonnas, Ain)에 소박한 여인숙을 오픈한 장 루이와 비르지니 블랑의 아들 아돌프와 결혼한다. 보나는 벨(Veyle)강이 흐르는 브레스(Bresse) 지방의 작은 마을이다. 엘리자는 이 지역의 질 좋은 식재료를 사용하여 일상적인 요리를 놀랍도록 훌륭하게 변신시킨다. 개구리 뒷다리 요리, 크림소스의 닭고기, 감자를 곁들인 보나식 크레프 등으로 그녀는 1929년 미슐랭 가이드의 첫 번째 별을, 1931년에 두 번째 별을 획득한다. 퀴르농스키는 "그녀의 식당에서 나오는 음식은 다 맛있다"라며 칭찬을 아끼지 않았고 메르 블랑을 '브레스의 영광'이자 '세계 최고의 여성 요리사'라고 치켜세웠다. 그녀의 며느리인 폴레트(Paulette)가 1934년 식당을 물려받았고 이어서 1965년에는 다음 세대인 그의 손자 조르주가 가업을 잇게 되었다.

BLANC (GEORGES) 조르주 블랑 프랑스의 요리사(1943, Bourg-en-Bress 출생). 그의 증조부는 1872년 보나(Vonnas)의 장터 옆에 여인숙을 열었고 아들 아돌프는 1902년 메르 블랑으로 불리는 아내 엘리자와 함께 그 여인숙 겸 식당을 이끌어간다. 1934년 메르 블랑은 맏아들 장과 며느리 폴레트에게 식당을 넘겼으며, 이어서 폴레트의 아들 조르주가 1965년부터 가업인 이 식당을 맡게 된다. 토농 레 뱅(Thonon-les Bains)의 조리학교를 우수한 성적으로 졸업한 그는 이 식당을 물려받아 드디어 1981년에 미슐랭 가이드의 별 셋을 획득한다. 또한 수영장은 물론 헬리포트까지 갖춘 최고급의 현대식 리조트 호텔을 열었으며 메인 레스토랑 이외에도 부르 강 브레스, 생 로랑 쉬르 손 등 주변 마을에 별도의 비스트로들을 함께 운영하기에 이르렀다. 할머니 메르 블랑의 식당 앙시엔 오베르주(L'Ancienne Auberge)를 재현해 블랑 빌리지 내에서 함께 운영 중이다. 브레스 닭의 옹호자인 그는 이 닭의 AOC 인증협회 회장을 맡고 있으며 그의 레스토랑 메뉴에도 자랑스럽게 선보이고 있다.

BLANC (À) 아 블랑 퀴송 아 블랑(cuisson à blanc)은 블라인드 베이킹, 즉 파트 브리제(pâte brisée)나 파트 아 퐁세(pâte à poncer) 등의 타르트 시트에 내용물을 채워 넣지 않은 상태에서 먼저 구워주는 것을 뜻한다. 속을 채워 구웠을 때 시트가 젖어 뭉개질 염려가 있는 크림, 또는 함께 굽기에는 고온에 민감한 과일 재료 등을 넣는 타르트를 만들 때 주로 사용하는 테크닉이다. 또한 '아 블랑'은 색이 나지 않도록 재료를 익힌다는 의미로도 쓰는 용어다.

▶ 레시피 : CROÛTE, RIS, SUPRÊME.

BLANC (AU) 오 블랑 퀴송 오 블랑(cuisson au blanc)은 물과 밀가루를 넣은 흰색 익힘액(**참조** BLANC DE CUISSON)이나 흰색 육수에 재료(특히 닭이나 송아지)를 넣어 데치거나 끓이는 것을 뜻한다.

레시피 : BOUILLON, FOND, FRAISE DE VEAU, POULARDE, RIZ.

BLANC (VIN) 뱅 블랑 화이트와인. 청포도나 붉은 포도 모두 사용해 만들 수 있다. 포도를 압착하고 색이 날 수 있는 껍질을 모두 제거한 다음 발효시켜 만든다. 부르고뉴 지방의 청포도인 샤르도네(chardonnay) 품종은 최고급 드라이 화이트와인을 만들어내고 있다. 한편 슈냉 블랑(chenin blanc)이나 세미용(semillon) 품종은 포도가 익은 정도에 따라 드라이한 와인을, 또는 귀부병(Botrytis cinerea)의 영향을 받은 경우에는 즙이 농축되어 단맛이 강한 와인을 만들 수 있다. 알자스의 대표적인 화이트와인 포도품종인 리슬링(riesling)과 게부르츠트라미너(gewurztraminer)도 마찬가지다.

피노 누아(pinot noir)나 피노 뫼니에(pinot meunier)와 같은 적포도로도 화이트와인을 만들 수 있으며, 이는 샹파뉴를 만드는 데 기본이 되는 품종들이다.

BLANC DE BLANCS 블랑 드 블랑 샤르도네, 소비뇽, 슈냉 블랑 등과 같이 오로지 청포도만 사용하여 만든 화이트와인을 지칭한다.

BLANC DE CUISSON 블랑 드 퀴송 물에 밀가루를 풀고 레몬즙(양이 많을 때는 흰 식초)을 넣은 것으로 흰색 부속이나 내장(주로 송아지 머리나 족), 또는 익는 동안 색이 검게 변할 수 있는 채소들(카르둔, 아티초크 속살, 샐서피 등)을 삶거나 데칠 때 사용하는 익힘액이다.

blanc pour abats et viandes 블랑 푸르 아바 에 비앙드

내장 및 부속, 고기용 흰색 익힘액 : 익히는 재료 1kg 기준 / 준비 : 15분

양의 혀나 족, 송아지 머리 등의 부속, 또는 닭 볏 등을 익히는 데 사용된다. 큰 소스팬이나 냄비에 물 1리터를 넣고 끓인다. 굵은 소금 10g, 식초 50ml, 소나 송아지의 콩팥 기름 20~30g, 길게 자른 당근 1개, 정향 1개를 박은 양파 큰 것 1개, 부케가르니 1개를 넣어준다. 볼에 밀가루 30g과 찬물 500ml를 넣고 거품기로 잘 저어 갠 다음 끓는 물에 넣어준다. 다시 끓어오르면 재료를 넣고 삶는다. 유산지를 냄비 크기에 맞춰 동그랗게 잘라 표면을 덮어준다.

blanc pour légumes 블랑 푸르 레귐

채소용 흰색 익힘액 : 익히는 채소 1kg 기준 / 준비 : 5분

근대의 엽맥 줄기, 카르둔, 아티초크 속살, 샐서피 등의 채소를 익히는 데 사용된다. 큰 소스팬이나 냄비에 물 1리터를 넣고 끓인다. 굵은 소금 10g, 레몬즙 1개분, 낙화생 기름 15ml를 넣는다. 볼에 밀가루 30g과 찬물 500ml를 넣고 거품기로 잘 저어 갠 다음 끓는 물에 넣어준다. 다시 끓어오르면 채소를 넣고 익힌다. 유산지를 냄비 크기에 맞춰 동그랗게 잘라 표면을 덮어준다. 다 익힌 후 채소를 식혀야 한다면, 익힘물에 그대로 담근 채로 둔다. 레몬즙은 같은 항산화 역할을 하는 아스코르빅산 2g으로 대체해도 된다.

BLANCHE 블랑슈 화이트 맥주, 화이트 비어, 밀맥주(wheat beer). 보리 이외에 밀이나 귀리를 어느 함량 이상 포함한 맥주를 지칭한다. 알코올 도수가 낮고 시큼한 맛이 나며 식욕을 돋우는 청량함이 특징이다. 벨기에, 특히 브라방 지역의 화이트 맥주는 필터링을 거치지 않아 탁하며 향이 첨가되어 있다. 독일어의 밀맥주 바이첸비어(Weizenbier 또는 Weißbier)는 효모를 한 번 걸러 색이 밝은 편이며 바이에른과 베를린에서 주로 생산된다.

BLANCHIR 블랑시르 조리용어로는 다음 세 가지 의미를 갖고 있다.
- 데치다. 미리 슬쩍 데치다. 날것 상태의 재료를 끓는 물(소금이나 식초를 넣기도 한다)에 넣어 데치다. 데친 재료는 즉시 찬물에 넣어 식힌 다음 건지거나, 또는 그냥 뜨거운 상태에서 건진 다음 본 익힘 과정을 진행한다. 이렇게 미리 데치는 목적은 재료를 단단하게 하기, 깨끗하게 정화, 소독하기, 소금기 제거하기, 떫은 맛 없애기, 껍질을 쉽게 벗기기, 부피를 줄이기 등 다양하다. 경우에 따라 재료를 찬물에 넣고 처음부터 함께 가열을 시작하여 끓이기도 한다(감자, 염장 삼겹살 라르동, 미리 물에 담가두었던 흰색 내장이나 부속, 닭고기, 고기 또는 뼈, 라이스푸딩용 쌀 등). 사보이 양배추나 양상추 등의 채소는 끓는 물에 바로 집어넣어 데친다.
- 달걀노른자와 설탕을 볼에 넣고, 거품이 나며 색이 흰색에 가깝도록 연해질 때까지 거품기로 힘차게 저어 섞다.
- 감자튀김을 할 때 첫 번째 기름에 넣어 색이 나지 않도록 튀겨내다. 바삭한 식감과 노릇한 색을 내려면 온도를 높인 뒤 다시 한 번 튀겨낸다.

BLANC-MANGER 블랑 망제 아몬드를 넣어 만든 젤리 푸딩의 일종으로 가장 오래된 디저트 중 하나다. 중세에는 이 이름이 샤퐁(거세 수탉)의 살코기나 곱게 간 송아지 고기를 젤리화해 굳힌 흰살 육류 테린류, 또는 꿀과 아몬드를 넣어 만든 달콤한 앙트르메를 가리켰다.

장 피에르 비가토(JEAN-PIERRE VIGATO)의 레시피

blanc-manger 블랑망제

판 젤라틴 10장을 찬물에 넣어 말랑하게 불린 다음 뜨겁게 데운 아몬드밀크 1리터에 넣고 잘 저은 뒤 식힌다. 아주 작은 큐브 모양(brunoise)으로 썬 파인애플과 딸기 각각 100g, 잘게 다진 민트 잎 10장, 주걱으로 휘핑한 생크림 1리터를 넣고 섞는다. 개인용 작은 사바랭 틀에 나누어 채운 뒤 냉장고에 2~3시간 넣어둔다. 블랑망제를 틀에서 분리해 접시에 담은 뒤, 가운데에 살구 쿨리를 넣고 가장자리에는 라즈베리 쿨리를 빙 둘러준다. 민트 잎과 과일, 설탕을 입힌 아몬드를 얹어 장식한다.

blanc à manger d'œuf, truffe noire ▶ ŒUF MOULÉ

BLANC DE NOIRS 블랑 드 누아 피노 누아와 같은 검은색 적포도 품종으로 만든 화이트와인을 지칭한다. 포도를 아주 일찍 압착하여, 색을 내는 요소인 껍질이 제거된 상태로 발효시킨다.

BLANC DE VOLAILLE 블랑 드 볼라이 닭 가슴살. 익힌 닭의 가슴뼈에 붙은 흰색 살을 잘라낸 것. 가슴살은 뼈 없는 상태로 날개까지 연결되어 길쭉한 형태로 서빙된다. 껍질과 살 사이에 얇게 저민 송로버섯을 밀어 넣어 익힌 뒤 쇼 프루아(chaud-froid)로 차갑게 또는 더운 요리로 소스를 끼얹어 서빙되는 경우, 모두 '쉬프렘(suprême)'이라고 불린다. 닭 가슴살은 특히 큐브 모양으로 썰거나 얄팍하게 썰어 사용하는 경우가 많다.

BLANQUETTE 블랑케트 흰살 육류(송아지, 닭, 토끼, 양)나 생선, 채소 등을 흰색 육수 혹은 향신 재료를 넣은 물에 넣어 익힌 스튜의 일종.

blanquette :블랑케트 만들기

고기나 생선을 사방 5cm 정도 크기의 정사각형으로 썰어 버터와 함께 냄비에 넣고 색이 나지 않게 지진다. 흰색 육수를 재료 높이만큼 붓고 간을 한 다음 센 불로 끓이기 시작한다. 거품을 건진다. 껍질 깐 양파 1~2개를 넣는다(이 중 한 개에는 정향을 한 개 박아준다). 중간 크기의 당근 1~2개의 껍질을 벗기고 4등분해서 넣고, 부케가르니도 한 개 넣어준다. 불을 줄여 약하게 끓는 상태로 익힌다(재료에 따라, 아귀는 15분, 닭고기는 45분, 송아지고기는 1시간 15분). 건더기를 건져 소테팬에 넣는다. 흰색 익힘액에 익힌(cuisson au blanc) 방울양파와 양송이버섯도 함께 넣고 뜨겁게 보관한다. 서빙하기 바로 전, 재료를 익힌 국물에 크림과 달걀노른자를 넣어 리에종한다. 레몬즙을 조금 넣어 새콤한 맛을 더한다. 우묵한 접시에 담아 서빙한다. 크레올식 라이스

(riz à la créole)을 곁들인다.

로제 베르제(ROGER VERGÉ)의 레시피

blanquette d'agneau aux haricots et pieds d'agneau
블랑케트 다뇨 오 아리코 에 피에 다뇨

콩과 양 족을 넣은 양고기 블랑케트 양 어깨살을 큼직한 큐브 모양으로 자른다. 재료가 잠길 정도로 찬물을 넉넉히 붓고 냉장고에 12시간 넣어 둔다. 중간에 물을 1~2회 갈아준다. 마른 콩(flageolets, cocos, lingots, pamiers)을 찬물에 넣고 12시간 정도 불린다. 정향을 박은 양파 1개, 당근 4개, 리크 1대, 부케가르니도 함께 넣어준다. 콩과 채소를 함께 끓이며 거품을 계속 건진다. 15분 정도 익힌 다음 소금을 넣는다. 양 족 3개를 레몬즙으로 비벼 문지른 다음 끓는 물에 10분간 데친다. 찬물에 식혀 헹군 다음 먹기 좋게 다듬는다. 밀가루 1테이블스푼(물에 개어 넣는다)과 레몬즙을 넣은 흰색 익힘액(blanc de cuisson)에 양 족과 당근 2개, 양파 1개, 부케가르니 1개, 통후추 알갱이를 넣고 약 2시간가량 끓여 익힌다. 냉장고에 두었던 양고기를 건져 찬물에 넣고 끓인다. 소고기 부이용 큐브 1개를 풀어 넣고, 당근 2개, 양파 1개, 부케가르니 1개, 통후추 알갱이와 약간의 소금을 넣는다. 양 족이 익으면 건져내 연골을 모두 제거하고 살만 큐브 모양으로 자른다. 양고기 건더기를 건져 우묵한 서빙용 그릇에 담고, 익힌 국물을 1리터가 될 때까지 졸인다. 더블크림 300ml에 디종 머스터드 3테이블스푼과 달걀노른자 4개를 넣고 잘 섞는다. 졸인 국물을 체에 거르면서 이 혼합물에 부어 섞는다. 계속 잘 저으며 약한 불에서 데운다. 소금, 후추로 간을 맞춘다. 한번 끓어오르기 시작하면 바로 불에서 내려 체에 거른 다음 양고기 위에 끼얹는다. 콩을 건져서 블랑케트 크림 스튜에 넣는다. 썰어 놓은 양족도 넣고 잘 섞는다.

BLANQUETTE DE LIMOUX 블랑케트 드 리무 카르카손(Carcassone, Aude)에서 가까운 리무(Limoux) 주변 지역에서 생산되는 AOC 화이트 스파클링 와인(**참조** LANGUEDOC).

BLAYAIS 블라예 메독(Médoc) 건너편 지롱드(Gironde) 강 우안에 위치한 포도재배지로 바디감이 있고 향이 풍부한 레드와인을 생산하고 있다. AOC 와인 '코트 드 블라예(côtes-de-blaye)'와 '프르미에 코트 드 블라예(premières côtes-de-blaye)'로 유명하다.

BLÉ 블레 밀. 벼과(화본과)에 속하는 일년생 곡식. 전분이 풍부한 낟알로 밀가루나 세몰리나를 만들며, 그냥 익히거나, 발아시키거나 부순 상태로 먹기도 한다(**참조** p.179 곡류 도표, pp.178~179 곡류 도감). 벼의 낟알은 단단하고 치밀한 섬유조직의 외피와 단백질과 지방이 풍부한 겨(밀기울)가 이중으로 감싸고 있으며, 인, 칼슘을 비롯한 다양한 무기질과 비타민을 함유하고 있다. 발아 밀은 단백질과 비타민 B군이 더 풍부하다. 밀에 들어 있는 글루텐을 소화시키기 어려운 불내증이 있는 사람들은 글루텐 프리 식품을 섭취한다.

■ **역사.** 신석기시대(기원전 9,000년~4,000년)부터 재배되어온 밀은 처음엔 전병이나 죽 형태로 먹었다. 고대 이집트인들에 이어 그리스와 로마인들은 이 곡식으로 빵을 만들었고, 이는 이후 유럽 북부와 서부에서 사용하는 빵의 원형이 되었다.

■ **사용.** 밀은 크게 두 종류로 분류된다. 연질의 보통계 밀은 제분하여 밀가루를 만들고 이는 빵, 비스코트, 파티스리, 비에누아즈리 등에 사용된다. 전맥(통밀)분은 밀 겨가 많이 남아 있는 상태에서 제분한 것이다. 경질의 듀럼밀은 분쇄해 작은 세몰리나 알갱이를 만들며, 이는 파스타나 쿠스쿠스를 만드는 데 사용된다.

곱게 간 밀의 낟알로 죽이나 완자, 크로켓, 비스킷 등을 만들기도 한다. 발아 밀은 아미노산과 무기질, 비타민 B, C가 풍부하다(**참조** BOULGHOUR, PILPIL).

프랑스에서 블레 누아(blé noir, 검은 밀)는 메밀(sarrasin)을 지칭하고, 블레 튀르크(blé turc, 터키 밀)는 옛날에 옥수수를 가리키는 용어였다. 블레 레귐(blé légume)은 듀럼밀 낟알을 선별해 미리 익힌 것으로, 조리할 때는 끓는 물에 익히기만 하면 된다. 소스를 곁들인 요리나 고기나 생선에 곁들여 먹는다. 혹은 케이크에 곁들이기도 한다.

블레 퀴에이 탕드르(blé cueilli tendre)는 동양의 방식에 따라 아직 녹색으로 덜 익어 연할 때 수확한 것으로, 간단한 조리만 해 그대로 먹을 수 있는 상태로 판매된다. 싹과 외피 없이 그대로 통째로, 건조나 분쇄하지 않은 상태로 나와 있다.

blé germé 블레 제르메

발아 밀 : 밀 낟알을 평평한 용기에 넣고 물에 담근 상태로 24시간 둔다. 헹궈서 다시 용기에 넣고 물 없이 24시간 둔다. 하지만 완전히 마르면 안 된다. 다시 한 번 씻는다. 흰색 싹이 조금 올라오면 당일에 사용한다. 그 상태로 혹은 말려서 분쇄한 다음 음식에 넣는다(포타주, 샐러드 등).

BLÉ D'INDE 블레 댕드 '인도 밀'이라는 뜻으로, 퀘백 지방에서 옥수수를 가리키는 명칭이다(**참조** MAÏS). 처음 아메리카에 상륙했을 때 아시아 대륙인 줄 알았던 유럽인들이 옥수수를 발견하고는 인도 밀이라 불렀다고 전해진다. '옥수수 수확제(épluchette de blé d'Inde)'는 친구들이 모여 즐기는 축제다. 삶은 옥수수에 버터를 바르고 소금을 뿌려 캠프파이어에 구워 먹는다. 아카디아에서는 옥수수를 씻어서 알갱이를 말린다. 이것을 찬물에 담가 불린 뒤 베이킹소다를 넣고 끓여 알갱이가 톡톡 터지도록 한 다음, 물을 여러 번 갈아가며 부드럽게 익힌다. 블레 댕드라는 명칭은 이미 오래전 표현이 되었지만 캐나다 퀘백 지방에서는 아직도 사용하고 있다.

안 데자르댕(ANNE DESJARDINS)의 레시피

soupe mousseuse au blé d'Inde (maïs) et champignons
수프 무쇠즈 오 블레 댕드 에 샹피뇽

옥수수 버섯 수프 : 6인분 / 준비 : 10분 / 조리 : 50분
생옥수수 2자루(혹은 냉동 옥수수 500g)의 껍질을 벗겨 알갱이를 칼로 잘라내고 자루줄기는 따로 보관한다. 양송이버섯(표고나 다른 야생버섯을 사용해도 된다) 10개의 밑동을 떼어낸 다음 갓 부분만 얇게 썬다. 올리브오일 30ml를 달군 팬에 얇게 썬 중간 크기 양파 1개, 생강 간 것 1테이블스푼, 작은 큐브 모양으로 썬 베이컨 1장, 떼어낸 버섯 밑동, 옥수수 알갱이 1/4을 넣고 노릇하게 볶는다. 애플사이더 식초 1테이블스푼과 드라이한 애플사이더 125ml를 넣어 디글레이즈한다. 3분간 약하게 끓인 다음 옥수수 줄기자루를 넣고, 닭육수 600ml, 더블크림(지방 35%) 200ml를 넣은 다음 45분간 약하게 끓인다. 체에 걸러 소스팬에 붓고 소금과 에스플레트 칠리가루로 간을 맞춘다. 서빙하기 전 수프를 데운다. 팬에 올리브오일 1테이블스푼을 달군 뒤 잘게 썬 베이컨 1장, 썰어둔 버섯, 나머지 옥수수 알갱이를 넣고 센 불에서 볶는다. 소금으로 간을 맞춘다. 수프를 핸드블렌더로 갈아 거품을 낸다. 뜨겁게 준비한 우묵한 접시에 수프를 담고 볶은 버섯, 베이컨, 옥수수를 얹는다. 잘게 썬 차이브를 뿌려 서빙한다.

BLENDER 블렌더 1922년(금주법 시대 중 1919~1933)에 미국에서 처음 만들어진 주방 가전제품으로, 뜨거운 우유 베이스의 무알코올 음료를 갈아 혼합하는 용도로 고안되었다. 현재는 다양한 종류의 칵테일 재료를 혼합할 때 사용한다. 바텐더는 블렌더에 잘게 부순 얼음과 다양한 재료(주로 잘게 썬 과일), 베이스 알코올, 과일 주스 등을 넣고 원하는 농도와 질감에 따라 속도를 조절하며 갈아준다. 이렇게 블렌더로 갈아 혼합한 칵테일은 질감이 균일하며, 잔에 따랐을 때 위에 생기는 가벼운 거품은 마실 때 기분을 좋게 해준다.

그 밖에도 각종 쿨리나 포타주, 과일 주스, 크렘 앙글레즈 등을 만들 때도 블렌더를 활용할 수 있다.

BLENNIE 블레니 청베도라치. 청베도라치과의 작은 생선으로, 황갈색의 껍질은 두껍고 점액질로 덮여 끈적하며 비늘이 없다. 최대 15cm 크기인 이 물고기는 프랑스 남부지방에서 유명한데, 주로 튀김으로 먹으며 '카게트(caguette)'라고 불린다.

BLETTE ▶ **참조 BETTE**

BLEU, PERSILLÉ 블뢰, 페르시에 블루치즈. 주로 산악지대(쥐라, 마시프 상트랄, 알프스)에서 생산되는 천연외피 푸른곰팡이 치즈를 통칭한다(**참조** 아래 도표). 이 치즈들은 모두 동일한 원리와 과정으로 만들어진다. 응고된 프레시 치즈(caillé)를 큐브 모양으로 잘라 물기를 제거하고 틀에 채워 넣는다. 응고가 이루어지는 동안 혹은 틀에 넣는 과정에서 푸른곰팡이의 일종인 페니실륨 로케포르피(Penicillium roqueforfi), 또는 아주 드물게는 페니실륨 글라우쿰(Penicillium glaucum) 포자를 주입한다(블루 드 테르미뇽 bleu de Termignon 치즈는 제외). 소금을 첨가한 다음 긴 바늘로 치즈를 찔러 공기가 주입되게 해주는데, 이것이 페니실륨균과 반응하여 치즈의 빈 공간을 메우거나 푸른색의 나뭇잎 모양을 형성하게 된다. 블루치즈는 대개 크리미하고 축축한 편이며 아이보리 혹은 크림색을 띤다. 외피는 천연 그대로의 상태로 건조한 편이며, 알루미늄 포장에 싸여 있는 경우도 있다. 프랑스 이외의 지역에서도 안에 푸른곰팡이가 있는 다양한 종류의 치즈를 만나볼 수 있다. 이탈리아의 고르곤졸라(gorgonzola), 덴마크의 다나블루(danablu), 노르웨이의 가말로스트(gamalost), 독일의 에델필츠(Edelpilz), 영국의 스틸턴(stilton), 블루체셔(blue cheshire), 블루체다(blue cheddar) 등을 꼽을 수 있다. 미국과 영국에는 프랑스의 블루치즈를 모방한 제품들도 많이 나와 있다.

■ **사용.** 블루치즈는 식사 마지막 코스에 단독으로 또는 다른 치즈들 이후에 서빙되어 그 풍미를 더욱 잘 맛볼 수 있다. 또한 카나페(버터, 다진 호두, 셀러리 등을 곁들인다)에 얹어 먹거나 샐러드, 지역에 따라 수프, 퐁뒤 등에도 사용된다. 고기 요리(함박 스테이크, 포피예트, 토끼고기 등)에 양념으로도 사용할 수 있으며 수플레, 퓌유테 또는 속을 채운 파이 등에도 두루 사용된다.

BLEU (AU) 오 블뢰 살아 있거나 아주 신선한 상태의 생선(송어, 잉어, 강꼬치고기 등)을 식초, 소금, 향신 재료를 넣은 쿠르부이용(court-bouillon)에 넣어 익히는 조리법. 생선 표면을 덮고 있는 점액(송어의 경우 아주 많다)이 식초에 반응해 푸른색을 띠게 된다. 또한 블루는 고기 익힘 정도를 가리키는 용어로, 레어보다 약간 덜 익은 상태이다(**참조** POINT [À]).

▶ 레시피 : TRUITE.

BLEUET 블뢰에 철쭉과에 속하는 월귤나무의 열매로 색깔이 블루베리와 비슷하며 퀘벡 지방에서 많이 재배된다. 야생 블루에는 더 섬세한 맛을 지니고 있다. 제철과일로 생으로 또는 익혀서 먹으며, 타르트, 케이크, 푸딩 등에도 사용한다.

▶ 레시피 : CARIBOU.

BLINI 블리니 작고 도톰하게 부친 짭짤한 맛의 크레프 또는 팬케이크로 원칙적으로 밀가루와 메밀가루를 섞어 발효시킨 반죽으로 만든다. 러시아 요리에서 블리니는 사워크림과 버터와 함께 캐비아 또는 훈제생선에 곁들여 오르되브르로 주로 서빙한다. 블리니는 바닥이 두껍고 높이가 있는 작은 팬에 부친다. 쌀 블리니(고운 밀가루와 쌀가루 혼합), 달걀 블리니(기본 반죽에 삶은 달걀을 다져 넣는다), 세몰리나, 밀크 블리니(메밀가루와 물 대신 듀럼밀 세몰리나와 우유를 넣는다), 당근을 갈아 넣은 블리니 등 그 종류가 다양하다.

---

blinis à la française 블리니 아 라 프랑세즈

프랑스식 블리니 : 우유 500ml에 생 이스트 20g과 밀가루 50g을 넣어 잘 갠 뒤 20분간 따뜻한 곳에 둔다. 체에 친 밀가루 250g, 달걀노른자 4개, 따뜻한 우유 300ml, 소금 넉넉히 한 꼬집을 넣어준다. 너무 많이 젓지 않고 섞는다. 마지막에 거품 올린 달걀

주요 블루치즈의 종류와 특징

명칭	생산지	지방 함량	지름, 두께	형태와 맛
블루 도베르뉴 bleu d'Auvergne(AOC)	캉탈 Cantal, 퓌드돔 Puy-de-Dôme, 오트 루아르 Haute-Loire	50 %	10-20 cm, 8-10 cm	단단하고 기름지며 푸른곰팡이가 고루 분포되어 있다. 냄새가 강하고, 약간 매콤한 듯 자극적인 풍미를 낸다.
블루 드 브레스 bleu de Bresse	앵 Ain	50 %	10 cm, 4,5-6,5 cm	껍질이 얇고 매끈하다. 푸른곰팡이가 드문드문 희미하게 있으며 질감은 탄력이 있다. 냄새는 중간 또는 강한 편이다.
블루 데 코스 bleu des Causses(AOC)	루에르그 Rouergue	45 %	20 cm, 8-10 cm	단단하고 기름지며 냄새가 강하다. 맛도 강한 편이다.
블루 드 코르스 bleu de Corse	코르시카 Corse	45 %	20 cm, 10 cm	푸른곰팡이가 고루 분포되어 있으며 색이 밝고 단단하다. 냄새가 강하고 맛도 강하고 자극적인 편이다.
블루 드 젝스, 오 쥐라 bleu de Gex, ou du haut Jura(AOC)	앵 Ain, 쥐라 Jura	50 %	30 cm, 8-9 cm	질감은 탄력이 있고 푸른곰팡이가 아주 촘촘히 분포되어 있다. 맛은 강한 편이며 약간 쌉싸름한 맛이 난다.
블루 드 라쾨유 bleu de Laqueuille	오베르뉴 Auvergne	45 %	20-22 cm, 8-10 cm	질감이 부드럽고, 찌르는 듯한 강한 냄새가 있다. 매콤한 맛이 난다
블루 드 루르드 bleu de Loudes, 블루 뒤 블레 bleu du Velay	오베르뉴 Auvergne	25-33 %	12 cm, 12-15 cm	단단한 질감으로 오래 숙성될수록 잘 부서진다. 풍미가 아주 강하다.
블루 뒤 케르시 bleu du Quercy	아키텐 Aquitaine	45 %	18-20 cm, 9-10 cm	단단하고 기름지며 냄새가 강하다. 맛도 강한 편이다.
블루 드 생트푸아 bleu de Sainte-Foy	사부아 Savoie	40-45 %	16-20 cm, 8-10 cm	매끈하고 잘 부서지는 질감이며, 풍미가 아주 강하다.
블루 드 티에작 bleu de Thiézac	캉탈 Cantal	45 %	18-20 cm, 9-10 cm	기름지며 냄새가 강하다. 고온에서 소금 간을 하는 이 치즈는 그 맛이 아주 강하다.
블루 뒤 베르코르 사스나주 bleu du Vercors-Sassenage(AOC)	베르코르 Vercors	48 %	30 cm, 8-9 cm	탄력이 있으며 껍질은 아주 밝은 색을 띤다. 냄새는 아주 강하지 않고 섬세하며, 맛은 매콤한 듯 자극적이고 약간 쌉싸름하다.

흰자 4개분과 휘핑한 생크림 100ml를 넣고 살살 섞는다. 1시간 동안 휴지시킨 다음 블리니를 부친다.

BLONDE 블롱드 황금색 맥주. 블론드 맥주. 전 세계적으로 가장 많이 소비되는 필스(pils) 타입의 황금색 맥주를 지칭한다. 일반적으로 하면 발효 맥주가 대부분이며, 가볍고 청량한 맛을 지니고 있다. 상면 발효 블론드 맥주도 있다. 무알코올에서부터 12% Vol.(La bière du Démon)까지 알코올 도수도 다양하고, 시원하고 직사광선이 들지 않는 곳에 보관하면 이 맥주의 품질을 상징하는 광도를 잘 유지할 수 있다.

BLONDE D'AQUITAINE 블롱드 다키텐 소 품종의 하나로 황금색을 띠며 프랑스 남서부 지방과 루아르 지방, 푸아투 샤랑트에서 생산된다(**참조** p.106 소의 품종과 특징 도표). 고기의 색깔은 붉은색이며 아주 맛이 좋기로 유명하다. 이 품종은 뼈가 비교적 가늘기 때문에 도체율이 높으며, 살의 조직이 촘촘하고 섬세하다.

BLONDIR 블롱디르 재료를 기름에 천천히 지져 노릇한 색을 내다. 특히 방울양파나 샬롯을 익힐 때 해당되는 방법이다. 또한 황금색 루(roux)를 만들 때 녹인 버터에 밀가루를 색이 나도록 볶는 것을 지칭하기도 한다.

BLOODY MARY 블러드 메리 롱 드링크 칵테일의 일종. 보드카, 토마토 주스, 레몬즙, 양념(우스터 소스, 타바스코, 셀러리 솔트)를 혼합한 뒤 얼음과 함께 낸다. 이 칵테일의 기원은 알려지지 않고 있으며, 1939년 메리 로즈, 1944년 레드 스내퍼, 1946년 블러디 메리로 이름이 여러 차례 바뀌었다.

▶ 레시피 : COCKTAIL.

BLUMENTHAL (HESTON) 헤스턴 블루먼솔 영국의 요리사(1966, London 출생).

템즈강을 따라 런던에서 35km 떨어진 한 미식 마을의 펍을 인수해 자신의 혁신적인 비스트로 '더 팻 덕(The Fat Duck)'을 열어 세상을 놀라게 한 그는 독학으로 요리에 입문했다. 청소년기에 부모님을 따라 갔던 프랑스 남부의 레스토랑 '우스토 드 보마니에르(Oustau de Baumanière)'에서 요리에 대한 강한 영감을 받은 그는 영국으로 돌아와 레몽 블랑(Raymond Blanc, Manoir aux Quat'Saisons), 영국 최초의 미슐랭 가이드 별 셋을 받은 마르코 피에르 화이트(Marco Pierre White), 그리고 이 젊은 요리 지망생을 후원하며 보살폈던 미셸 루(Michel Roux, Waterside Inn) 등 당시 유명하던 여러 셰프들과 연계를 이어갔다. 그는 놀라운 속도로 발전했고, 1995년 자신의 레스토랑을 오픈했다. 프랑스식 부르주아 요리로 시작했으나 영국의 물리학자 니콜라스 쿠르티(Nicolas Kurti)와 프랑스의 화학자 에르베 티스(Hervé This)와의 만남과 교류 이후 좀 더 혁신적인 요리를 선보인다. 1998년 미슐랭 가이드의 첫 번째 별을, 2002년에 두 번째 이어서 2004년에는 별 셋을 획득한다.

그가 선보인 요리 중 놀라운 애피타이저가 하나 있는데 이것은 입안을 깨끗이 씻어주며 후각을 자극한다. 녹차와 라임, 보드카를 혼합하여 액화질소에 담가 굳힌 것으로 마치 사탕처럼 입안에 넣으면 상큼한 입맛을 돋우어 다음 요리를 기다리게 만들어준다. 이어지는 음식들도 탄성을 자아내게 한다. 노랑 비트와 블러드 오렌지 젤리, 패션푸르트 즐레와 라벤더 향의 바로크식 굴 요리, 홀그레인 머스터드 아이스크림과 적채 가스파초, 메추리 젤리와 완두콩 퓌레, 랑구스틴 크림, 푸아그라 파르페 등 이어지는 음식들도 탄성을 자아내게 한다.

자연스럽게 클래식에 기초한 그의 요리는 어린 시절의 추억을 소환하는 맛의 마법을 보여준다. 하부고 햄을 곁들인 파슬리 소스의 달팽이 포리지, 토스트 소르베를 곁들인 정어리 등의 요리는 1960년대의 촌스러운 음식들을 우회적으로 재해석한 것들이다. 불가능해 보이는 조합을 현대적인 최고의 요리로 승화시키는 그의 스타일은 카탈루냐의 페란 아드리아의 실험적 요리와 닮아 있다.

BOCAL 보칼 밀폐용기, 병조림용 병. 입구가 넓고 돌려 덮는 메탈 뚜껑이나 고무 패킹과 철제 잠금 장치가 된 유리 뚜껑으로 밀폐할 수 있는 유리 용기. 소독한 식품이나 시럽, 식초 또는 술에 담근 과일 등을 보관할 때 사용된다. 밀폐 유리용기에 넣은 음식물을 가능하면 빛이 들지 않는 곳에 보관한다.

가정에서 만든 잼을 보관할 때에는 병에 넣고 플라스틱 패킹이 붙은 메탈 뚜껑으로 닫아 밀폐한다. 또는 셀로판지를 네모로 잘라 덮고 고무줄로 잘 밀봉하거나, 잼 위에 뜨겁게 녹인 파라핀을 흘려 넣어 얇게 한 켜 덮어준 다음 유산지로 뚜껑을 씌운다.

BOCK 보크 주로 한 개의 손잡이가 달려 있는 맥주 글라스로 용량은 보통 250ml이다.

프랑스와 벨기에에서 보크 비어(bock beer)는 중간 밀도의 가벼운 맥주를 가리킨다. 반대로 영미권 국가나 독일에서 보크비어는 원맥 즙의 농도가 높은 짙은색의 강한 맥주를 지칭한다.

니더작센주 아인베크에서 처음 생산된 보크 비어는 과거 바이에른주로 수출되었는데 바이에른 사람들이 아인베크를 'Oanbock'라고 잘못 발음하면서 이 이름이 붙었다고 전해진다. 보크(bock)는 염소를 뜻하는 단어로 이후 보크 비어의 라벨 그림으로 등장한다. '더블 보크 맥주'는 특히 바이에른주에서 도수가 더 높은 맥주를 지칭한다.

BOCUSE (PAUL) 폴 보퀴즈 프랑스의 요리사(1926, Collonges-au-Mont-d'Or 출생—2018, Collonges-au-Mont-d'Or 타계). 손(Saône)강을 따라 1765년 이래 생겨난 레스토랑들의 계보를 잇고 있는 폴 보퀴즈의 아버지 조르주 보퀴즈는 콜롱주에 있는 '오텔 레스토랑 뒤 퐁(hôtel-restaurant du Pont)'을 인수한다.

폴은 비엔(Vienne)의 페르낭 푸앵(Fernand Point), 이어서 파리의 뤼카 카르통(Lucas-Carton)과 라페루즈(Lapérouse) 등에서 수련을 마친 뒤 1942년부터 리옹의 한 식당에서 일을 시작한다. 마침내 1959년 자신의 가족이 운영하는 식당을 맡게 되고, 미식의 성지로 일구어나간다. 지역 특선 음식에 그리 현대적인 요소나 기술을 도입하지는 않았지만, 더 새롭고 정제된 요리로 발전시켰다. 해외에서 각종 강연회와 요리 강습을 여는 횟수가 늘어났고 드디어 프랑스 미식 대사로 부상하게 되었다. VGE 트러플 수프나 쇼롱 소스를 곁들인 페이스트리 크러스트 농어와 같은 시그니처 요리들뿐 아니라, 돋보이는 카리스마로도 유명한 이 셰프는 진정한 현대적 의미의 요리사로 거듭났다. 2년마다 '보퀴즈 도르(Bocuse d'Or)'라는 이름의 국제 요리대회가 보퀴즈 재단의 후원 하에 리옹에서 열린다. 또한 그는 리옹 근처 에퀼리에 요리 학교를 세우기도 했다.

BOER (JONNIE) 조니 보어 네덜란드의 요리사(1965, Giethoorn 출생). 네덜란드 북부 출신인 조니 보어는 치스 헬더(Cees Helder, Parkheuvel)에 이어 네덜란드에서 두 번째로 미슐랭 가이드의 별 셋을 획득한 셰프다. 낚시를 무척 좋아했던 그의 할아버지는 그가 어릴 때부터 청어, 뱀장어, 연어 등의 생선에 대한 모든 것을 가르쳐주었다. 이로부터 영감을 받아 바다의 요리에 흠뻑 매료된 그는 독학으로 요리를 익혔고, 15세기에 지어진 한 수도원에 딸린 옛 도서관(De Librije à Zwolle)을 개조해 자신의 레스토랑을 오픈했다. 버섯 샐러드를 곁들인 개구리 뒷다리 요리, 훈제 송아지 골수와 육즙 소스, 돼지감자 크림을 곁들인 대구 요리 등은 그가 자주 여행했던 프랑스의 고급 레스토랑에서 영감을 받아, 클래식 요리에 모던한 감각을 더해 만들어낸 메뉴들이다.

BŒUF 뵈프 소, 소고기. 모든 종류의 소(암송아지, 암소, 숫소, 거세한 어린 소, 거세하지 않은 황소, 숫송아지 등 소과에 속하는 모든 동물)의 고기, 정육을 지칭한다. 농사용 일 소나 가축용으로 온순하게 만들기 위해 거세한 수소는 거의 사라지는 추세다. 선사시대 조상들은 이미 들소를 사냥했고 그 후손이라 할 수 있는 소는 이미 4,000년 전부터 가축으로 길러졌으며, 최고의 고기를 제공하는 동물이 되었다. 샤를 5세(1338~1380) 집권 시절 살찐 소의 행렬은 파리의 멋진 축제였다. 이러한 전통은 프랑스 몇몇 지방에서 아직도 행해지고 있다. 프랑스에서는 매년 4백 만 마리의 소를 도축하고 있으며 정육 생산량으로 환산하면 약 140만 톤에 이른다. 많은 소비자들이 구워먹기 좋은 고급 부위만을 선호한다는 사실을 적용하지 않는다면, 수요를 충분히 채우는 양이다(연간 1인당 소비량 평균 22~23kg, 정육 기준).

소 한 마리를 반으로 분할한 반 짝은 앞부분 한 판과 뒷부분 한 판으로 이루어져 있고 특히 뒷판 쪽 고기는 선명한 붉은색을 띠며 윤기가 나고 탄력이 있고, 육즙도 풍부하다. 더욱 연하고 풍미를 갖게 하기 위해 이것을 숙성한다. 근육 사이사이에 있는 흰색 또는 약간 노르스름한 지방은 다소 촘촘하게 분포되어 있으며, 살 사이에 있는 기름 조각은 마블링을 형성한다. 소의 뒷부분은 빠른 시간 내에 익혀 먹을 수 있는 대부분의 고급 부위와 가장 연한 부분이 포함되어 있다(**참조** pp.108~109 프랑스식 소 정육 분할 도감). 소의 살코기는 동물성 단백질(100g당 24~28g), 생체 이용률이 좋은 헴 철(heme iron), 아연, 나이아신(비타민 B3), 비타민 B12가 풍부하다.

프랑스의 몇몇 소 품종은 AOC(원산지 명칭 통제), IGP(지리적 표시 보호), 또는 레드라벨(Label Rouge) 인증을 받았다.

aiguillette de bœuf en gelée 에귀예트 드 뵈프 앙 즐레

젤리로 굳힌 소고기 설깃머리살 : 냄비에 송아지 족 1개와 뼈를 몇 개 넣고 물을 채운 다음 끓인다. 찬물에 헹궈 물기를 닦아둔다. 햇 당근 750g과 양파 큰 것 1개를 동그랗게 썬다. 토마토 2개를 세로로 4등분한다. 마늘 작은 것 2톨의 껍질을 깐다. 오븐을 180°C로 예열한다. 무쇠 냄비에 식용유 3테이블스푼을 달군 뒤, 라딩 니들로 기름을 박은 소고기 설깃머리살 덩어리 1250g을 넣고 골고루 색이 나게 지진다. 둥글게 썬 당근과 파, 송아지 족과 뼈를 넣고 색이 나게 볶는다. 작은 국자로 기름을 건져낸 다음 토마토, 부케가르니 1개, 오렌지 껍질 작은 것 한 쪽, 굵은 소금 1꼬집, 통후추 간 것, 카옌페퍼 아주 조금, 드라이 화이트와인 250ml, 물 500ml를 넣어준다. 뚜껑을 덮고 끓을 때까지 가열한다. 이어서 오븐에 넣고 2시간 30분간 익힌다. 중간에 최소한 고기를 한 번은 뒤집어준다. 방울양파 30개의 껍질을 깐 다음 소테팬에 넣고 버터 20g, 설탕 깎아서 1티스푼, 소금 1꼬집, 그리고 양파가 잠길 정도의 물을 넣는다. 뚜껑을 덮지 않은 상태로 양파를 흔들어 굴려가며 살짝 캐러멜라이즈 될 때까지 익힌다. 고기가 익으면 우묵한 그릇이나 테린 용기에 당근, 방울양파와 함께 넣고 식힌다. 익힌 국물은 체에 거른다. 송아지 족의 뼈를 발라낸 다음 깍둑 썰어 국물에 넣고 10분간 끓인다. 고기를 냉장고에 넣어둔다. 가루 젤라틴 1/2 작은 봉지에 물을 아주 조금 넣고 잘 갠 다음 걸러둔 국물을 붓고 마데이라 와인 100ml를 넣어 섞는다. 약간 농도가 걸쭉해지면 고기에 부어 덮고 다시 냉장고에 넣어 굳힌다.

bavette à l'échalote 바베트 아 레샬로트

샬롯 소스의 소 업진살 구이 : 4인분 / 준비 : 15분 / 조리 : 8분

소 양지 업진안살(babette d'aloyau) 160~180g짜리 슬라이스 4조각의 기름을 제거하고 다듬는다. 회색 샬롯을 크기에 따라 4~6개 정도 잘게 다진다. 파슬리 2테이블스푼을 다져놓는다. 팬에 낙화생유 1티스푼과 버터 20g을 달군다. 고기에 소금, 후추로 간을 한 다음 팬에 놓고 한 면당 2분씩 지진다. 꺼내서 바트를 받친 망 위에 놓는다. 그 팬에 다진 샬롯을 넣고 약한 불에서 계속 저어가며 수분이 나오도록 익힌다. 약간 반투명해지면 와인식초 100ml를 넣고 30초간 졸인다. 불에서 내린 뒤 버터 40g을 넣고 잘 섞는다. 간을 체크한다. 서빙용 접시에 고기를 담고 샬롯 소스를 끼얹어준다. 다진 파슬리를 뿌려 서빙한다.

bavette grillée 바베트 그리예

업진살 구이 : 4인분 / 준비 : 10분 / 조리 : 8~10분

소 양지 업진안살(babette d'aloyau)을 160~180g짜리 슬라이스 4조각으로 잘라 기름을 제거하고 다듬는다. 오븐 브로일러를 240°C로 예열한다. 그릴 팬을 깨끗이 씻은 다음 키친타월로 기름을 얇게 발라준다. 고기 양면에 소금과 후추를 뿌린 다음 낙화생유를 얇게 바른다. 그릴 팬에 사선으로 놓고 2분간 구운 다음 위치를 90도를 돌려놓고 다시 2분간 구워 격자 모양의 그릴자국을 낸다. 뒤집어서 같은 방법으로 굽는다. 고기를 익히는 동안 찌르거나 누르지 않는다. 고기 두께나 원하는 익힘 정도(블루, 레어, 미디엄, 웰던)에 따라 굽는 시간은 조절할 수 있다.

미셸 브라스(MICHEL BRAS)의 레시피

bœuf de l'Aubrac 뵈프 드 로브락

오브락 로스트 비프 : 6인분

돼지비계는 한참 전에 미리 준비해 염장한 뒤 숙성실에서 에이징한다. 오랫동안 숙성하는 동안 지방에 향이 퍼지도록 다양한 향신료를 첨가한다. 안심 덩어리를 윗부분에서 시작해 반으로 길게 가른다. 맨 아랫부분은 붙어 있는 상태로 둔다. 칼집을 두 군데 내준다. 절단기를 사용하여 숙성해 둔 비계(라드)를 3mm 두께로 썬다. 얇게 썬 라드를 안심의 칼집 낸 곳에 넣고 너무 조이지 않게 실로 묶는다. 감자 큰 것 3개의 껍질을 벗긴 뒤 씻는다. 최대한 얇게 썬 다음 씻지 않는다. 유산지 위에 얇게 썬 감자를 1/3 정도씩 겹쳐 놓으며 가로 6cm, 세로 20cm의 띠 모양으로 놓는다. 소금을 뿌리고 정제 버터를 발라준 다음 130°C 오븐에 넣어 건조시킨다. 샬롯 12개의 껍질을 깐 다음 씻는다. 끓는 물에 소금을 넣고 샬롯을 데친다. 무쇠 냄비에 버터 150g과 샬롯을 넣고 천천히 콩피하듯이 익힌다. 뜨겁게 보관한다. 고기를 로티세리 오븐에서 익힌다. 처음에는 센 불에서 고기 겉면을 익혀준 다음, 불과 고기를 조금 떼어 둔 거리에서 은근하게 익힌다. 레어보다 살짝 덜 익힌 블루 상태로 굽는 것을 추천한다. 로스터리 오븐에서 꺼낸 다음 유산지를 덮어 따뜻한 장소에서 20분 정도 휴지시킨다. 고기를 잘라 서빙용 접시에 담고 플뢰르 드 셀(fleur de sel)과 통후추 간 것을 뿌려 간한다. 감자 칩을 세로로 얹는다. 버터에 익힌 샬롯 콩피를 골고루 놓고 그 버터를 몇 방울씩 접시에 점을 찍듯 뿌려준다.

bœuf bourguignon 뵈프 부르기뇽

부르기뇽 비프 스튜 : 생돼지 삼겹살 150g을 굵직한 라르동(lardon)으로 썰어 무쇠

주요 소의 품종과 특징

품종	생산지	소의 색깔	살의 형태
정육용 소 품종			
블롱드 다키텐 blonde d'Aquitaine	쉬드 우에스트 Sud-Ouest	밝은 황금색	조직 결이 아주 가늘고 연하며 색이 아주 붉다.
샤롤레즈 charolaise	상트르 Centre	흰색	약간 단단하다. 풍미가 강하다.
리무진 limousine	리무쟁 Limousin	짙은 황금색, 하부와 눈 주위는 색이 연하다.	지방이 고루 분포되어 있고, 조직 결이 가늘다. 풍미가 좋다.
노르망드 normande	노르망디, 브르타뉴 페이 드 루아르 Normandie, Bretagne, pays de Loire	얼룩무늬, 붉은색, 검은 줄무늬	노르스름한 마블링이 있으며 연하다. 맛이 아주 좋다.
파르트네즈(재래종 젖소) parthenaise	상트르 우에스트 Centre-Ouest	갈색, 코 점막은 검정색	풍미가 아주 좋다.
루즈 데 프레(멘 앙주) rouge des prés(Maine-Anjou)	페이 드 루아르 사르트, 마옌 pays de Loire, Sarthe, Mayenne	붉은색, 흰색	지방이 고루 분포되어 있고 색이 좋다. 큰 덩어리로 이용한다.
토종 재래품종			
오브락 Aubrac	마시프 상트랄 남부 sud du Massif central	짙은 황금색, 밝은 황금색, 코 점막은 검정색	비교적 진한 붉은색
가스콘 gasconne	피레네 Pyrénées	흰색, 회색	비교적 진한 붉은색
살레르 Salers	마시프 상트랄 Massif central	진한 마호가니색	지방이 고루 분포되어 있고 색이 진하다.

냄비에 기름을 두르고 지져 건져낸다. 스튜용 소고기 1kg을 사방 5cm 크기의 큐브 모양으로 썬 다음 같은 냄비에 넣고 고루 노릇한 색이 나게 지진다. 껍질을 벗겨 얄팍하게 썬 당근 2개와 양파 큰 것 2개를 넣고 수분이 나오도록 볶는다. 기름을 최대한 제거한다. 밀가루를 조금 뿌린 다음 오븐에 몇 분간 넣어 굽듯이 익힌다. 부르고뉴 와인 600ml와 송아지 육수를 재료가 잠길 정도로 붓고, 껍질을 벗겨 짓이긴 마늘 1톨, 토마토 페이스트 1테이블스푼, 부케가르니 1개를 넣어준다. 뚜껑을 덮고 약한 불로 2시간 15분~ 2시간 30분 정도 뭉근히 익힌다. 고기를 건져낸 다음 기름을 제거한다. 국물을 졸인 다음 체에 걸러 고기 위에 뿌린다. 라르동, 갈색이 나게 글레이즈한 방울양파 12개, 볶은 양송이버섯 200g을 넣어준다. 뜨겁게 데워 서빙한다. 부르고뉴에서는 마늘에 구운 빵 슬라이스를 곁들인다.

bœuf braisé porte-maillot 뵈프 브레제 포르트 마요

포르트 마요 소고기 찜 : 돼지비계(라드) 100g을 가는 막대 모양으로 썰어, 식용유 2/3, 코냑 1/3, 향신 허브와 다진 마늘, 소금, 후추 혼합물에 12시간 재워둔다. 기름을 떼고 손질한 소 설깃머리살 덩어리(1.5kg)에 라딩 니들을 사용해 비계를 박아준다. 무쇠 냄비에 고기와 화이트와인 200ml, 육수 200ml, 비계를 재웠던 마리네이드 양념을 넣고 찌듯이 익힌다. 방울양파 250g, 작고 둥근 순무 500g, 껍질을 벗긴 햇 당근에 버터, 약간의 설탕, 소금, 물을 넣고 글레이즈하여 윤기나게 익힌다. 그린빈스를 살캉하게 데쳐 건져둔다. 고기를 2시간 45분 정도 익힌 다음 방울양파, 당근, 순무를 넣고 10분간 더 익힌다. 길쭉한 서빙 접시에 고기를 놓고 가니시 채소를 빙 둘러 담는다. 뜨겁게 유지한다. 익힌 국물의 기름을 제거한 뒤 체에 걸러 졸인다. 가니시 채소에 잘게 썬 파슬리를 뿌리고, 소스는 작은 용기에 담아 따로 서빙한다.

bœuf à la ficelle 뵈프 아 라 피셀

실로 묶어 익힌 소고기 수육 : 6인분 – 준비 : 30분 – 조리 : 15~25분

리크 흰 부분 2대, 당근 4개, 셀러리 작은 줄기 1대, 셀러리악 1/4개의 껍질을 벗기고 씻어둔다. 리크는 길게 반으로 자르고, 당근은 동글게, 셀러리 줄기와 셀러리악은 큐브 모양으로 썬다. 냄비에 소고기 육수 2리터를 붓고 중불에서 끓인다. 준비한 채소를 모두 넣고 약간 단단한 정도로 약 10~15분 정도 익힌다. 고기 덩어리를 실로 묶고, 걸 수 있는 매듭을 두 군데 만든다. 나무 주걱을 이 매듭에 끼운 상태로 고기를 냄비에 걸쳐 넣어, 국물에 잠기되 바닥에 닿지 않게 한다. 약하게 끓는 상태로 고기 두께에 따라 15~25분 정도 익힌다. 뜨겁게 데운 서빙 접시에 고기를 슬라이스해 담고 채소를 둘러놓는다. 여러 가지 머스터드와 코르니숑, 케이퍼, 굵은 소금을 곁들여 아주 뜨겁게 서빙한다.

bœuf gros sel, bœuf bouilli 뵈프 그로 셀, 뵈프 부이이

굵은 소금을 곁들인 소고기 수육 : 냄비에 소 또는 송아지 뼈 750g과 물 2.5리터를 넣고 끓인다. 표면에 뜨는 거품과 냄비 벽 안쪽의 거품 및 불순물을 꼼꼼히 제거하며 1시간 동안 끓인다. 부위에 따라 1.250~2kg의 소고기(사태, 볼살, 부채살, 찜갈비, 꼬리 등)를 넣고 계속 끓이며 거품을 건진다. 껍질을 벗긴 당근 6개, 중간 크기 둥근 순무 3개, 가는 리크 6대 묶은 것, 셀러리 2줄기 토막 내어 묶은 것, 파스닙 한 조각, 양파 2개(그중 한 개는 정향을 박는다), 부케가르니 1개, 마늘 1~2톨을 넣어준다. 소금, 후추를 넣고 뚜껑을 덮은 뒤 약한 불에서 3시간 정도 익힌다. 고기를 건져 일정한 크기로 자른 뒤 서빙 접시에 담고 채소를 빙 둘러 놓는다. 굵은 소금, 양파 피클과 코르니숑, 머스터드를 곁들여 낸다. 사골뼈를 거즈에 싸서 냄비에 넣고 15분간 같이 끓인 다음 서빙할 때 뼈 안의 골수를 꺼내 구운 빵에 발라먹으면 좋다.

bœuf miroton 뵈프 미로통

미로통 소고기 그라탱 : 껍질을 벗겨 얇게 썬 양파 10스푼 정도를 버터 125g에 넣고 수분이 나오게 볶는다. 밀가루 1티스푼을 고루 솔솔 뿌린 뒤 계속 저으며 노릇한 색이 나도록 볶고, 식초 2테이블스푼, 육수(또는 화이트와인) 2테이블스푼을 넣어준다. 끓으면 불에서 내린다. 길쭉한 그라탱 용기에 이 소스의 반을 붓는다. 삶아서 식혀둔 소고기 500g을 얄팍하게 슬라이스한 다음 소스 위에 조금씩 겹치게 얹고 나머지 소스를 덮는다. 빵가루를 넉넉히 얹고 녹인 버터(혹은 고기 로스트하고 나온 기름)을 뿌린다. 230°C로 예열한 오븐에 넣고, 끓지 않는 상태로 익힌다. 잘게 썬 파슬리를 뿌려 아주 뜨겁게 서빙한다.

bœuf à la mode 뵈프 아 라 모드

아 라 모드 비프 스튜 : 돼지비계 250g을 막대 모양으로 썰어 코냑 100ml와 향신료에 5~6시간 재워둔다. 소 우둔살 덩어리(2kg)에 라딩 니들을 사용하여 길게 썰어둔 비계를 박고 소금, 후추로 넉넉히 간을 한다. 비계를 재워 두었던 코냑에 질 좋은 레드와인 최소 1리터 이상, 올리브오일 100ml, 껍질 벗겨 얇게 썬 양파 250g, 껍질 벗겨 동글게 썬 당근 1kg, 껍질 벗긴 마늘 2~3톨, 부케가르니 1개, 통후추 몇 알을 넣은 뒤 고기를 넣고 5~6시간 재운다. 뼈를 제거한 송아지 족 1개와 기름을 대충 제거한 돼지 껍데기 몇 장을 끓는 물에 삶는다. 고기를 마리네이드 액에서 건져내 물기를 꼼꼼히 닦아준다. 같이 재워두었던 부재료도 따로 건져둔다. 바닥이 두꺼운 무쇠 냄비에 올리브오일을 달군 뒤 고기 덩어리를 넣고 모든 면이 고루 색이 나도록 지진다. 같이 재웠던 부재료를 넣고, 삶아 데친 송아지 족과 돼지껍데기도 넣어준다. 고기를 재웠던 마리네이드 액과 육수 750ml를 넣고 소금으로 간을 한 다음 뚜껑을 덮어 불 위에서 가열한다. 끓으면 바로 200°C로 예열한 오븐에 넣고 2시간 30분간 익힌다. 고기를 일정한 크기로 썰어 접시에 놓고 당근과 깍둑 썬 송아지 족을 빙 둘러 담는다. 함께 익힌 국물 소스를 체에 거르며 고기 위에 부어 서빙한다.

bœuf salé 뵈프 살레

솔트 비프, 콘비프 (corned beef) : 소 양지머리나 치마살, 또는 부채살을 소금물에 넣고 며칠간 염지한다(여름 6~8일, 겨울 8~10일). 고기를 건져 맹물에 넣고 소금기를 빼면서 익힌다 (kg당 30분). 채소(익힌 적채 또는 녹색 양배추, 염장 양배추인 슈크루트 외에도 삶은 고기와 어울리는 다양한 채소)를 곁들여 뜨겁게 서빙한다. 스튜 요리의 재료로 사용하기도 한다. 압착해 식힌 뒤 차갑게 먹기도 한다.

bœuf Stroganov 뵈프 스트로가노프

비프 스트로가노프 : 소 안심 750g을 2.5cm 길이로 얄팍하게 썰어 소금, 후추로 간을 한다. 껍질을 벗기고 얇게 썬 양파 4개와 샬롯 3개, 껍질을 벗겨 동그랗게 썬 당근 큰 것 1개, 잘게 부순 월계수 잎 1장, 잎만 뗀 타임 작은 것 1줄기와 함께 도기 그릇에 넣는다. 화이트와인을 재료 높이까지 붓고 뚜껑을 덮은 다음 냉장고에 넣어 최소 12시간 재워둔다. 고기를 건져 물기를 닦아낸다. 마리네이드했던 국물을 반으로 졸인다. 버섯을 씻어서 얇게 썬 다음 소테팬에 버터 30g을 넣고 노릇하게 볶아내 뜨겁게 보관한다. 그 소테팬을 닦아내고 다시 버터 50g을 녹여 달군 다음 고기를 넣고 센 불에서 5분간 재빨리 볶는다. 타지 않도록 계속 저어 뒤집어준다. 미리 뜨겁게 데워둔 코냑 작은 한 잔을 붓고 불을 붙여 플랑베한다. 따뜻하게 데운 접시에 담는다. 마리네이드했던 액을 졸여 거른 뒤 버섯과 함께 소테팬에 넣고 데운다. 여기에 더블크림 150ml를 넣고 센 불에서 잘 저어 농도가 있는 소스를 만든다. 간을 맞춘 다음 고기 위에 붓는다. 잘게 썬 이탈리안 파슬리를 뿌린 뒤 아주 뜨겁게 서빙한다.

bouillon de bœuf ou marmite de bœuf ▶ BOUILLON
brochettes de filet de bœuf mariné ▶ BROCHETTE

côte de bœuf rôtie bouquetière de légumes 코트 드 뵈프 로티 부크티에르 드 레귐

채소를 곁들인 립 스테이크 : 두툼하게 자른 뼈(2개)가 붙은 꽃등심(본 인 립아이)에 소금, 후추를 뿌려 간한다. 녹인 버터를 뿌린 뒤, 250°C로 예열한 오븐에 넣어 굽는다(kg당 18분). 고기를 건져내고 알루미늄 포일을 씌운 뒤, 불을 끈 오븐 안에 넣고 오븐 문을 살짝 열어두어, 고기 내부에 열이 고루 퍼질 수 있도록 레스팅시킨다. 채소 가니시를 준비한다. 작은 당근과 작은 순무를 갸름하게 돌려 깎아 소금을 넣은 끓는 물에 데쳐 익힌다. 가는 그린빈스, 아티초크 속살, 작은 송이로 떼어낸 콜리플라워도 마찬가지로 데쳐 익힌다. 데친 채소를 모두 팬에 넣고 정제 버터에 한 번 슬쩍 데우듯이 볶는다. 데쳐 익힌 완두콩에 양파와 양배추를 넣고 버터에 볶은 다음 아티초크 속살 우묵한 부분에 채워 넣는다. 작은 햇감자를 버터에 노릇하게 익힌다. 서빙 접시에 고기를 놓고, 채소와 물냉이(크레송)를 빙 둘러 담는다. 고기를 익힌 팬에 육수를 넣고 디글레이즈한 다음 걸쭉한 농도로 졸여 소스를 만든다. 소스 용기에 담아 따로 서빙한다.

crème de mozzarella de bufflonne avec tartare de bœuf, raifort et câpres ▶ MOZZARELLA
croquettes de bœuf ▶ CROQUETTE

entrecôte Bercy 앙트르코트 베르시

베르시 버터 등심 스테이크 : 4인분 / 준비 : 20분 / 조리 : 5~10분

오븐 브로일러, 또는 그릴 팬을 240°C로 예열한다. 베르시 버터 160g을 만들어(참조. p.96 BEURRE BERCY) 소스 용기에 담고 굳지 않은 부드러운 상태를 유지한다. 각 350~400g짜리 꽃등심 스테이크 2개에 소금, 후추로 간을 한 다음 그릴에서 굽는다. 각 스테이크에 황금색 글라스 드 비앙드(glace de viande 육즙 글레이즈)를 1테이블스푼씩 뿌려 서빙 접시에 놓는다. 서빙한 뒤 테이블에서 직접 베르시 버터를 스

DÉCOUPE DU BŒUF 프랑스식 소 정육 분할

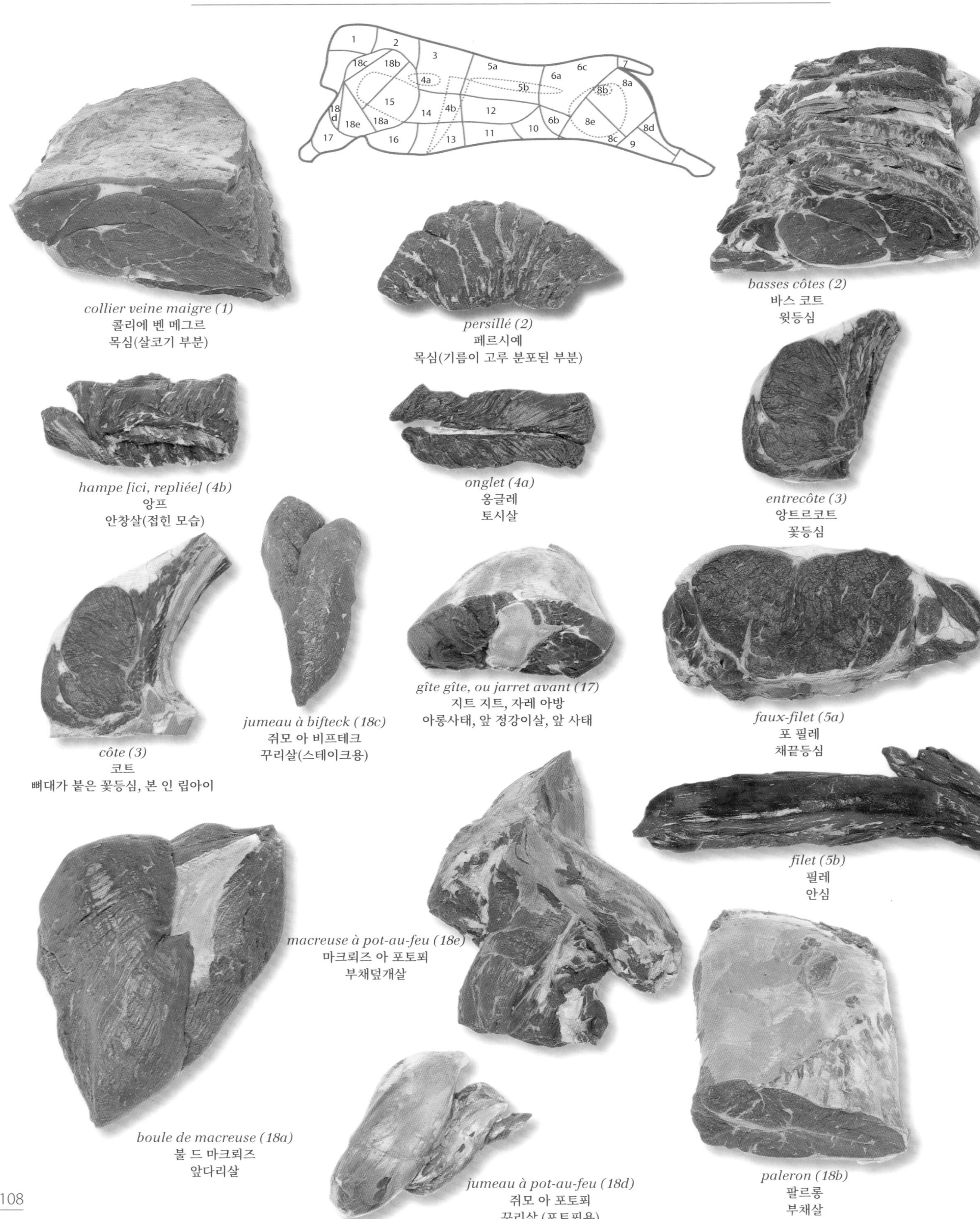

collier veine maigre (1)
콜리에 벤 메그르
목심(살코기 부분)

persillé (2)
페르시예
목심(기름이 고루 분포된 부분)

basses côtes (2)
바스 코트
윗등심

hampe [ici, repliée] (4b)
앙프
안창살(접힌 모습)

onglet (4a)
옹글레
토시살

entrecôte (3)
앙트르코트
꽃등심

côte (3)
코트
뼈대가 붙은 꽃등심, 본 인 립아이

jumeau à bifteck (18c)
쥐모 아 비프테크
꾸리살(스테이크용)

gîte gîte, ou jarret avant (17)
지트 지트, 자레 아방
아롱사태, 앞 정강이살, 앞 사태

faux-filet (5a)
포 필레
채끝등심

filet (5b)
필레
안심

macreuse à pot-au-feu (18e)
마크뢰즈 아 포토푀
부채덮개살

boule de macreuse (18a)
불 드 마크뢰즈
앞다리살

jumeau à pot-au-feu (18d)
쥐모 아 포토푀
꾸리살 (포토푀용)

paleron (18b)
팔르롱
부채살

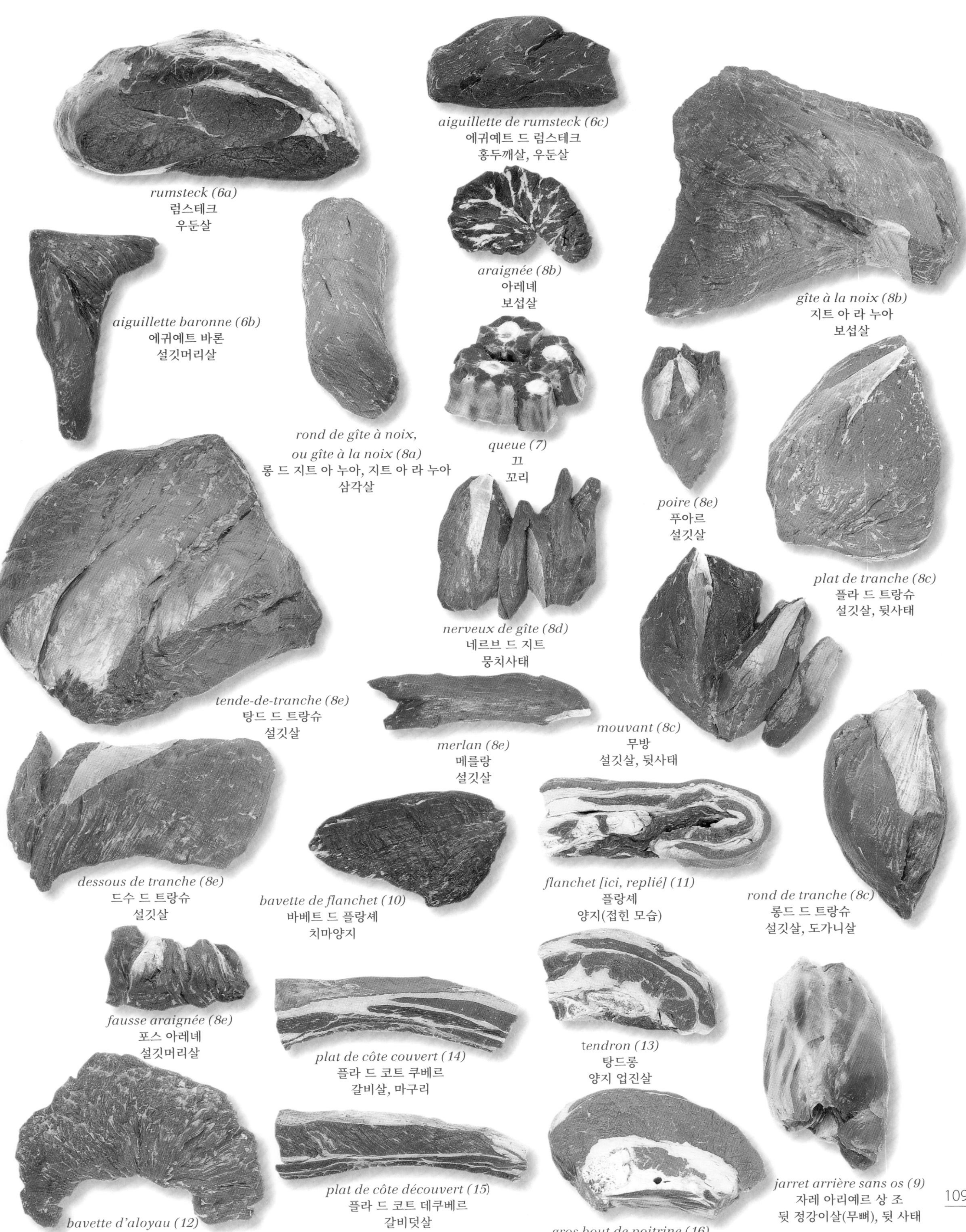

rumsteck (6a)
럼스테크
우둔살

aiguillette de rumsteck (6c)
에귀예트 드 럼스테크
홍두깨살, 우둔살

aiguillette baronne (6b)
에귀예트 바론
설깃머리살

araignée (8b)
아레녜
보섭살

gîte à la noix (8b)
지트 아 라 누아
보섭살

rond de gîte à noix,
ou gîte à la noix (8a)
롱 드 지트 아 누아, 지트 아 라 누아
삼각살

queue (7)
끄
꼬리

poire (8e)
푸아르
설깃살

plat de tranche (8c)
플라 드 트랑슈
설깃살, 뒷사태

nerveux de gîte (8d)
네르브 드 지트
뭉치사태

tende-de-tranche (8e)
탕드 드 트랑슈
설깃살

mouvant (8c)
무방
설깃살, 뒷사태

merlan (8e)
메를랑
설깃살

dessous de tranche (8e)
드수 드 트랑슈
설깃살

bavette de flanchet (10)
바베트 드 플랑셰
치마양지

flanchet [ici, replié] (11)
플랑셰
양지(접힌 모습)

rond de tranche (8c)
롱드 드 트랑슈
설깃살, 도가니살

fausse araignée (8e)
포스 아레녜
설깃머리살

plat de côte couvert (14)
플라 드 코트 쿠베르
갈비살, 마구리

tendron (13)
탕드롱
양지 업진살

jarret arrière sans os (9)
자레 아리에르 상 조
뒷 정강이살(무뼈), 뒷 사태

plat de côte découvert (15)
플라 드 코트 데쿠베르
갈비덧살

bavette d'aloyau (12)
바베트 달루아요
양지 업진안살

gros bout de poitrine (16)
그로 부 드 푸아트린
차돌박이, 양지머리

테이크 위에 얹어준다.

entrecôte au beurre d'anchois 앙트르코트 오 뵈르 당슈아

안초비 버터 등심 스테이크 : 4인분 / 준비 : 10분 / 조리 : 5~10분
오븐 브로일러, 또는 그릴 팬을 240°C로 예열한다. 안초비 버터 120g을 만들어(참조. p.96 BEURRE D'ANCHOIS) 소스 용기에 담고 굳지 않고 부드러운 상태를 유지한다. 각 350~400g짜리 꽃등심 스테이크 2개에 소금, 후추로 간을 한 다음 그릴에서 굽는다. 고기를 서빙 접시에 담고 정제 버터를 윤기나게 발라준다. 서빙한 뒤 테이블에서 직접 안초비 버터를 스테이크 위에 얹어준다.

entrecôte bordelaise 앙트르코트 보르들레즈

보르들레즈 소스를 곁들인 등심 스테이크 : 4인분 / 준비 : 40분 / 조리 : 5~10분
사골 골수 250g을 준비해 8개의 얇은 조각으로 자른 뒤 나머지는 깍둑 썬다. 찬물에 식초를 넣고 골수를 담가둔다. 보르들레즈 소스(참조. p.781 SAUCE BORDELAISE) 200ml를 만든 다음 중탕으로 뜨겁게 보관한다. 소테팬에 식용유 20ml와 버터 20g을 넣고 달군 다음 각 350~400g짜리 꽃등심 스테이크 2개를 지지듯 굽는다. 고기를 건져내고 소테팬의 기름을 제거한 다음 레드와인 50ml를 넣고 디글레이즈한다. 소스를 반으로 졸인다. 소금을 넣은 물에 골수를 넣고 끓지 않도록 약하게 데친다. 보르들레즈 소스를 소테팬에 붓고 간을 맞춘다. 버터 10g을 넣고 거품기로 잘 저어 섞은 다음, 데친 골수를 넣어준다. 서빙 접시에 고기를 놓고 정제 버터를 윤기나게 발라준 다음, 골수를 2조각씩 각각 얹는다. 다진 파슬리를 뿌린다. 보르들레즈 소스를 고기 주위에 빙 둘러준 다음 바로 서빙한다.

entrecôte grand-mère 앙트르코트 그랑 메르

그랑 메르 등심 스테이크 : 작은 방울양파 12개를 윤기나게 글레이즈해 익힌다. 양송이버섯 12개와 돼지 삼겹살 50g을 라르동으로 작게 썰어 각각 데쳐둔다. 뜨겁게 달군 팬에 등심을 넣고 센 불로 한 쪽 면을 익힌 뒤 뒤집어서 반 정도 익힌다. 이때 준비해둔 세 가지 가니시를 모두 넣고 고기를 미디엄으로 익힌다. 미리 뜨겁게 데워둔 서빙 접시에 고기와 가니시를 담고 뜨겁게 유지한다. 고기를 익힌 팬에 육수를 조금 붓고 디글레이즈하여 소스를 만든 다음 고기에 뿌린다. 잘게 썬 파슬리를 뿌린 뒤 노릇하게 튀기듯 익힌 감자를 곁들여 서빙한다.

entrecôte grillée 앙트르코트 그리예

등심 스테이크 : 4인분 / 준비 : 10분 / 조리 : 8~10분
크레송 반 단을 깨끗이 씻어 작은 두 다발로 만든 뒤 냉장고에 보관한다. 그릴을 200°C로 예열한다. 그릴을 깨끗이 닦고 키친타월로 기름을 발라준다. 꽃등심 양면에 소금과 후추로 간을 한 뒤 낙화생유를 얇게 발라준다. 그릴에 고기를 사선으로 놓고 2분간 구운 뒤 위치를 90도 돌려놓고 다시 2분간 구워 격자 모양의 그릴자국을 낸다. 뒤집어서 같은 방법을 굽는다. 굽는 동안 고기를 찌르거나 누르지 않는다. 고기 두께나 원하는 익힘 정도(블루, 레어, 미디엄, 웰던)에 따라 굽는 시간은 조절할 수 있다. 바트를 깐 그릴망 위에 고기를 놓고 3분 정도 레스팅하여 고기의 육즙이 고루 퍼지게 한다. 타원형 서빙 접시 중앙에 고기를 담고 그 옆에 크레송을 한 송이씩 놓은 다음 서빙한다.

entrecôte marchand de vin 앙트르코트 마르샹 드 뱅

와인 소스 등심 스테이크 : 4인분 / 준비 : 20분 / 조리 : 5~10분
그릴을 240°C로 예열한다. 마르샹 드 뱅 버터(참조. p.94 BEURRE MARCHAND DE VIN) 120g을 만들어 소스 용기에 담고 굳지 않은 부드러운 상태를 유지한다. 각 350~400g짜리 꽃등심 2개에 소금, 후추로 간을 한 다음 굽는다. 서빙 접시에 고기를 담고 정제 버터를 윤기나게 발라준다. 서빙한 뒤 테이블에서 직접 마르샹 드 뱅 버터를 스테이크 위에 얹어준다.

entrecôte Mirabeau 앙트르코트 미라보

미라보 등심 구이 : 그린올리브 15개 정도의 씨를 뺀 다음 끓는 물에 데친다. 안초비 버터(beurre d'anchois)를 2티스푼 정도 만든다. 타라곤 잎 몇 장을 끓는 물에 데친다. 얇게 썬 꽃등심을 굽는다. 그 위에 안초비 필레를 격자 모양으로 올리고 데친 타라곤 잎과 그린올리브, 안초비 버터를 아주 조금 동그랗게 말아 얹는다.

entrecôte poêlée (sautée) 앙트르코트 푸알레 (소테)

등심 스테이크 : 4인분 / 준비 : 5분 / 조리 : 6~8분
소테팬이나 프라이팬에 버터 15g을 녹여 달군다. 각 350~400g짜리 꽃등심 2개에 소금과 후추로 간을 한 다음 뜨겁게 달군 버터에 지지듯이 굽는다. 노릇한 색이 날 때까지 양면을 각각 3분씩 굽는다. 녹은 버터를 고기에 계속 끼얹어주며 굽는다. 원하는 익힘 정도(블루, 레어, 미디엄, 웰던)에 따라 굽는 시간은 조절할 수 있다. 바트를 깐 그릴망 위에 고기를 놓고 3분 정도 레스팅하여 고기의 육즙이 고루 퍼지게 한다. 타원형 서빙 접시 중앙에 고기를 놓고, 소테팬에 눌어붙은 육즙을 디글레이즈하여 소스를 만든 다음 고기와 함께 서빙한다.

entrecôte poêlée à la bourguignonne 앙트르코트 푸알레 아 라 부르기뇽

부르고뉴식 등심 스테이크 : 팬에 버터를 달군 뒤 500g 짜리 꽃등심 한 덩어리를 지지듯이 굽는다. 고기를 서빙용 접시에 담고 뜨겁게 유지한다. 고기를 구운 팬에 부르고뉴 레드와인 100ml를 붓고 디글레이즈한 다음 거의 시럽 농도에 가까울 정도로 졸인다. 송아지 육수 100ml를 넣고 끓인다. 불에서 내린 뒤 버터 30g을 넣고 거품기로 잘 섞는다. 간을 맞춘 다음 스테이크에 끼얹어 서빙한다.

entrecôte poêlée à la lyonnaise 앙트르코트 푸알레 아 라 리오네즈

리옹식 등심 스테이크 : 양파 큰 것 2개의 껍질을 벗기고 얇게 썰어 버터에 볶는다. 버터를 달군 소테팬에 400~500g 짜리 꽃등심 한 덩어리를 지지듯이 굽는다. 3/4 정도 구웠을 때 양파를 넣어준다. 모두 서빙용 접시에 담고 따뜻하게 보관한다. 소테팬에 식초 2테이블스푼과 데미글라스 100ml를 넣어 디글레이즈한 다음 졸인다. 다진 파슬리 1티스푼을 넣고 잘 섞은 뒤 소스를 고기에 뿌려 서빙한다.

entrecôte vert-pré 앙트르코트 베르 프레

크레송과 녹색 버터를 곁들인 등심 스테이크 : 4인분 / 준비 : 30분 / 조리 : 10분
메트르도텔 버터(참조. p.94 BEURRE MAÎTRE D'HÔTEL) 120g을 만들어 소스 용기에 담고, 굳지 않은 부드러운 상태를 유지한다. 튀김기 온도를 170°C로 예열한다. 감자(bintje 종) 800g을 가늘게 채 썬 다음 물에 씻어 건져 물기를 제거하고 튀긴다. 소금을 뿌린 뒤 따뜻하게 보관한다. 브로일러(그릴)를 240°C로 예열한다. 크레송(물냉이) 1/4단을 씻어 두 다발로 만들어 냉장고에 넣어둔다. 각 350~400g의 꽃등심 2개에 소금, 후추로 간을 한 다음 브로일러에 굽는다. 서빙 접시 중앙에 고기를 놓고 정제 버터를 발라 윤기를 내준다. 양쪽 끝에 감자튀김을 한 줌씩 담고 크레송을 한 송이씩 놓는다. 서빙한 뒤 테이블에서 직접 메트르도텔 버터를 스테이크 위에 얹어준다.

estouffade de bœuf ▶ ESTOUFFADE

faux-filet braisé 포 필레 브레제

소 채끝등심 찜 : 돼지비계를 가는 막대 모양으로 잘라 코냑, 소금, 후추, 카트르 에피스(quatre-épices)를 섞은 양념에 30분 정도 재운다. 라딩 니들을 사용해 비계를 채끝 등심 덩어리에 박아 넣는다. 고기에 소금, 후추로 간을 한 뒤 타임, 월계수 잎, 다진 파슬리, 껍질 벗겨 으깬 마늘 한 톨을 넣은 화이트와인(또는 레드와인)에 12시간 동안 재운다. 고기를 건져 버터나 식용유를 달군 팬에 지져 고루 색을 낸다. 양파 큰 것 2개와 당근 큰 것 2개의 껍질을 벗긴 뒤 큐브 모양이나 동그랗게 썰어 버터에 볶는다. 작게 썬 송아지 뼈 몇 개를 오븐에 넣어 색이 나게 굽는다. 스튜용 냄비에 채소를 깔고 그 위에 고기를 놓는다. 색이 나게 구운 뼈와 데쳐 삶은 뒤 뼈를 바른 송아지 족 1~2개를 넣고 고기를 재웠던 마리네이드 와인, 토마토 페이스트 2~3테이블스푼을 넣는다. 육수를 재료 높이만큼 채우고 부케가르니 1개, 소금, 후추를 넣은 뒤 뚜껑을 덮어 불에 올린다. 끓기 시작하면 200°C로 예열한 오븐에 넣어 2시간 30분간 익힌다. 작은 당근을 갸름하게 돌려 깎아 냄비에 넣고 1시간 더 익힌다. 방울양파에 물, 버터, 소금, 설탕을 넣고 글레이즈한다. 고기가 다 익으면 건져서 우묵한 접시에 담고 뜨겁게 보관한다. 익힌 냄비의 기름을 거둬내고 국물을 졸인 다음, 칡가루 전분(arrowroot)을 물에 조금 풀어 넣어 소스에 농도를 약간 내준다. 송아지 족을 큐브 모양으로 썰어 당근, 방울양파와 함께 고기 주변에 빙 둘러 놓고 소스를 끼얹어 서빙한다.

filet de bœuf en brioche 필레 드 뵈프 앙 브리오슈

브리오슈 크러스트 소 안심 로스트 : 체에 친 밀가루 500g, 생이스트 20g, 물 100ml, 고운 소금 10g, 중간 크기의 달걀 6개, 버터 250g을 혼합해 달지 않은 브리오슈 반죽을 만든다. 무쇠 냄비에 버터 25g과 식용유 3테이블스푼을 달군 다음, 로스트용으로 실로 묶은 소 안심 덩어리(1.5kg)를 센 불에 지져 고루 색을 낸다. 뚜껑을 닫지 않은 상태로 260°C로 예열한 오븐에 넣고 중간에 냄비의 기름을 두세 번 끼얹어주며 약 10분간 익힌다. 고기를 건져내 소금, 후추로 간을 한 다음 완전히 식힌다. 오븐 온도를 220°C로 낮춘다. 브리오슈 반죽을 고기를 감쌀 수 있는 크기의 직사각형으로 민다. 고기의 실을 제거한 뒤 브리오슈 반죽 긴 방향으로 가운데에 놓는다. 달걀을 풀어 고기에

발라준 다음 반죽의 넓은 한 면으로 덮어준다. 다른 한 쪽 면의 반죽 안쪽에 달걀물을 바르고 반쯤 싸인 고기를 굴리듯이 완전히 싸서 꼭꼭 누르며 잘 붙인다. 양쪽 끝 반죽의 남는 부분을 칼로 적당히 자른 뒤 잘 붙인다. 반죽 겉면 전체에 달걀물을 바른다. 남은 반죽 자투리를 이용하여 커터로 모양을 찍어내 표면에 장식한 다음 달걀물을 바른다. 오븐용 베이킹팬에 밀가루를 뿌리고 브리오슈 반죽으로 싼 고기를 놓는다. 오븐에 넣고 30분 익힌다. 페리괴 소스(sauce Périgueux)와 함께 서빙한다.

filet de bœuf à la Frascati 필레 드 뵈프 아 라 프라스카티

프라스카티식 소 안심 로스트 : 포트와인을 넣어 향을 낸 데미글라스 소스(sauce demi-glace)를 만든다. 사이즈가 큰 양송이버섯의 밑동을 뗀 다음 갓 부분만 버터에 찌듯이 익히거나 오븐에 굽는다. 머리 부분만 짧게 자른 그린 아스파라거스도 버터에 익힌다. 생 푸아그라(오리 푸아그라를 선택한다)를 도톰하고 어슷하게 슬라이스한 다음, 정제 버터를 달군 뜨거운 팬에 양면을 각각 1분씩 지져낸다. 준비한 모든 음식을 뜨겁게 보관한다. 소 안심에 소금, 후추로 간을 하고 식용유를 바른 뒤 240°C로 예열한 오븐에 넣어 약 15분 정도 굽는다. 양송이버섯의 2/3는 아스파라거스를 채워 넣고, 나머지 버섯은 마데이라 와인에 익힌 송로버섯(가늘게 채 썰거나 작게 다진다)을 채운다. 서빙 접시 가운데에 안심을 놓고, 버섯과 푸아그라를 둘러놓는다. 포트와인 데미글라스 소스를 조금 뿌려 서빙한다.

filet de bœuf à la matignon 필레 드 뵈프 아 라 마티뇽

채소 마티뇽을 곁들인 소 안심 로스트 : 소 안심 덩어리에 랑그 에카를라트(langue écarlate 소 혀를 염장한 뒤 양홍색을 입힌 샤퀴트리의 일종)와 송로버섯을 길쭉하게 잘라 박아 넣는다. 마티뇽(matignon, 양파, 셀러리, 당근 등을 작은 큐브모양으로 썰어 향신 허브와 소금, 후추로 간을 하고 익힌 것)을 안심 위에 덮어 발라준 다음 아주 얇게 썬 돼지비계로 전체를 감싼다. 주방용 실로 여러 군데를 감아 모양이 흐트러지지 않도록 묶어준다. 냄비에 넣고 고기 높이의 1/3까지 오도록 마데이라 와인을 부어준 다음 뚜껑을 덮고 오븐에 넣어 1시간 동안 뭉근히 익힌다. 실을 제거하고 돼지비계를 벗긴 다음 마티뇽 채소도 거두어낸다. 냄비의 기름을 제거한 다음 소스를 체에 걸러 고기에 끼얹고 오븐에 넣어 윤기나게 마무리한다. 마티뇽 채소를 고기 주위에 빙 둘러 놓는다. 나머지 소스는 용기에 담아 따로 서빙한다.

filet de bœuf Prince-Albert 필레 드 뵈프 프랭스 알베르

프린스 앨버트 소 안심 로스트 : 생 거위 간 푸아그라에 길쭉하게 썬 송로버섯을 박아 넣고, 코냑, 소금, 후추를 넣어 24시간 동안 냉장고에서 재운다. 라딩 니들을 사용하여 소 안심 덩어리에 돼지비계를 가늘게 박아준다. 고기를 길게 반으로 갈라 칼집을 낸 다음, 푸아그라를 넣고 다시 오므린 뒤 실로 단단히 묶는다. 냄비에 버터를 뜨겁게 달군 다음 안심 덩어리를 지져 고루 색을 낸다. 마티뇽(matignon, 양파, 셀러리, 당근 등을 작은 큐브 모양으로 썰어 향신허브와 소금, 후추로 간을 하고 익힌 것)을 안심 위에 덮어 발라준 다음 아주 얇게 썬 돼지비계로 전체를 감싼다. 실로 다시 한 번 묶어준다. 송아지 족에 향신 재료를 넣고 끓여 고기 익힐 국물을 만든다. 여기에 푸아그라를 재웠던 마리네이드 액을 넣어준다. 국물을 냄비에 붓고 소 안심을 넣은 뒤 포트와인을 넣어준다. 뚜껑을 덮고 불에 올려 끓기 시작하면 250°C로 예열한 오븐에 넣고 1시간 동안 익힌다. 맨 겉의 실을 제거한 다음 돼지비계와 마티뇽 채소를 거두어낸다. 익힌 국물을 체에 걸러 안심 로스트에 조금 뿌려준다. 290°C 오븐에 잠깐 넣어 윤기나게 마무리한다. 두 번째 실을 풀어 제거한 다음 서빙 접시에 담고, 버터에 찌듯이 익히거나 마데이라 와인에 넣고 익힌 송로버섯을 통째로 곁들여 놓는다. 기름을 제거하고 다시 고운 체에 거른 나머지 소스를 용기에 담아 따로 서빙한다.

제라르 비에(GÉRARD VIÉ)의 레시피

fondants de bœuf au chambertin 퐁당 드 뵈프 오 샹베르탱

샹베르탱 와인 소스의 소 볼살 찜 소 볼 살 2kg의 기름을 제거하고 다듬은 뒤 소금과 후추로 간한다. 기름을 달군 큰 코코트 무쇠냄비에 넣고 지져 고루 색을 낸다. 당근 2개, 리크 1대, 양파 1개, 셀러리 1줄기, 처빌 1/2단을 미르푸아(mirepoix)로 썬 다음 냄비에 넣어준다. 샹베르탱 레드 와인 2리터와 송아지 육수 1리터를 넣고 3시간 동안 약한 불로 뭉근히 익힌다. 고기를 건져 식힌 뒤 큼직하게 대충 찢어놓는다. 찻잔 6개에 크레핀(crépine, 돼지의 내장을 감싸고 있는 지방 그물망)을 깐 다음 찻잔 가장자리 바깥까지 나오도록 여유있게 놓는다. 익힌 고기와 채소를 섞어 반 정도 채운다. 생 오리 푸아그라를 작게 슬라이스한 다음 팬에 지져 고기 소 위에 올린 다음 다시 고기와 채소 혼합물을 덮어 채운다. 찻잔 밖으로 나온 크레핀 여유분을 덮어 팽팽히 감싸준다. 냉장고에 넣어둔다. 감자 1.5kg, 버터 200g, 생크림 200ml로 퓌레를 만든다. 고기를 익힌 국물을 반으로 졸인다. 크레핀으로 싼 고기를 찻잔에서 꺼내 소테팬에 놓고 졸인 소스를 부어준 다음 약한 불에서 15분간 익힌다. 주키니 호박 1개, 당근 1개의 껍질을 벗기고 브뤼누아즈(brunoise)로 잘게 깍둑 썰어 팬에 넣고 색이 나지 않게 볶는다. 뜨겁게 데운 서빙 접시에 고기를 놓고 소스를 끼얹는다. 브뤼누아즈로 썰어 볶은 채소를 빙 둘러 담은 뒤 처빌을 올려 장식한다. 감자 퓌레를 곁들여 서빙한다.

gras-double de bœuf à la bourgeoise ▶ GRAS-DOUBLE
gras-double de bœuf à la lyonnaise ▶ GRAS-DOUBLE
hachis de bœuf en gratin aux aubergines ▶ HACHIS
hachis de bœuf à l'italienne ▶ HACHIS
hochepot de queue de bœuf ▶ HOCHEPOT
joues de bœuf en daube ▶ JOUE
langue de bœuf à l'alsacienne ▶ LANGUE
paupiettes de bœuf Sainte-Menehould ▶ PAUPIETTE
queue de bœuf braisée en crépine ▶ QUEUE
salade de bœuf ▶ SALADE
steak and kidney pie ▶ STEAK AND KIDNEY PIE

로제 랄르망(ROGER LALLEMAND)의 레시피

steak au poivre 스테크 오 푸아브르

페퍼 스테이크 스테이크용 고기(우둔살 추천)를 두툼하게 썰어 굵게 으깬 통후추(mignonette)를 넉넉히 뿌린다. 정제 버터나 식용유를 뜨겁게 달군 소테팬에 고기를 지져 시어링한다. 중간 쯤 익었을 때 소금을 뿌린다. 다 익힌 스테이크를 꺼내 따뜻하게 보관한다. 소테팬의 기름을 제거하고 화이트와인 또는 코냑을 넣어 디글레이즈한 다음 잠깐 동안 가열해 졸인다. 데미글라스 2테이블스푼 또는 리에종한 송아지 육수(fond de veau lié)를 넣고 소스가 걸쭉한 농도가 될 때까지 졸인다. 차가운 버터를 넣고 거품기로 잘 섞어 마무리한다. 소금으로 간을 맞춘다. 스테이크에 소스를 끼얹어 서빙한다. 소스를 뿌리기 전 미리 코냑이나 아르마냑, 위스키, 샴페인 등을 뿌려 스테이크를 플랑베하기도 한다. 소스를 만들 때 맨 마지막에 크림을 추가로 넣어 마무리하는 방법도 많이 사용한다. 최근 몇 년 전부터는 페퍼 스테이크용으로 그린 페퍼콘이 많이 사용되고 있다.

steak tartare 스테크 타르타르

타르타르 스테이크 : 소고기(우둔, 채끝 또는 설도) 150~200g을 다진 뒤 소금, 후추로 간한다. 카옌페퍼를 아주 조금 넣고 우스터소스나 타바스코 소스를 몇 방울 넣는다. 고기를 둥글게 뭉쳐 우묵한 접시에 놓고 날 달걀노른자 한 개를 얹는다. 다진 양파 1티스푼, 물기를 털어낸 케이퍼 1티스푼, 다진 파슬리 넉넉히 한 꼬집, 다진 샬롯을 고기에 빙 둘러 놓는다. 토마토 케첩, 올리브오일, 우스터 소스와 함께 서빙한다.

tournedos Henri IV 투른느도 앙리 카트르

앙리 4세 안심 스테이크 : 4인분 / 준비 : 45분 / 조리 : 6~10분

작은 아티초크의 살을 돌려 깎아(참조. p.52) 채소용 흰 익힘액(참조. p.102 BLAMC POUR LÉGUMES)에 넣어 익힌다. 건져서 안의 털을 깨끗이 긁어낸다. 버터를 달군 소테팬에 넣고 각 아티초크 살 움푹한 중앙에 버터 5g과 소금 작은 한 꼬집씩을 넣어준 다음 뚜껑을 덮어 뜨겁게 유지한다. 감자 800g의 껍질을 깐 뒤 씻는다. 멜론 볼러를 사용하여 감자를 작고 동그란 방울 모양으로 파낸다. 물에 데친 뒤 낙화생유 40ml와 버터 20g을 넣고 팬에 튀기듯 익힌다. 건져서 소금을 뿌린 뒤 버터 10g을 넣고 뜨겁게 보관한다. 그릴을 240°C로 예열한다. 정제 버터(참조. p.95) 125g을 넣고 베아르네즈 소스를 만들어 뜨겁게 보관한다. 각 160~180g짜리 안심 4토막에 간을 한 다음 그릴에 굽는다. 그동안 동그랗게 익힌 감자를 아티초크 속살 가운데에 넣는다. 서빙 접시에 안심을 담고, 각 스테이크 주위에 베아르네즈 소스를 둘러준 다음(짤주머니를 사용하면 좋다), 가운데에 아티초크를 하나씩 놓는다. 바로 서빙한다. 남은 베아르네즈 소스는 용기에 담아 따로 낸다.

tournedos Masséna 투른느도 마세나

마세나 안심 스테이크 : 중간 크기의 아티초크 속살을 돌려 깎아 버터에 익힌다. 안심 1조각당 두 조각의 사골 골수를 잘라 쿠르부이용에 넣고 데친다. 지방을 줄인 가벼운 페리괴 소스(sauce Périgieux)를 만든다. 버터를 뜨겁게 달군 팬에 안심을 지져 구운 뒤 서빙 접시에 아티초크와 하나씩 교대로 담는다. 안심 위에 골수를 얹고 아티초크 위에 페리괴 소스를 뿌린다. 나머지 소스는 용기에 담아 따로 낸다.

tournedos Rossini 투른느도 로시니

로시니 안심 스테이크 : 버터를 달군 소테팬에 푸아그라 1조각과 얇게 저민 송로버섯 2조각을 지진다. 안심크기에 맞춰 동그랗게 자른 식빵 크루통을 튀기듯 굽는다. 버터를 뜨겁게 달군 팬에 안심을 지져 구운 다음 크루통 위에 놓는다. 그 위에 푸아그라와 송로버섯을 얹는다. 고기를 굽고 난 팬에 마데이라 와인을 넣어 디글레이즈하여 소스를 만든 다음 안심에 뿌려 서빙한다.

BŒUF À LA MODE (LE) 르 뵈프 아 라 모드 1792년 두 명의 마르세유 출신 형제가 파리 팔레 루아얄 근처에 문을 연 레스토랑으로, 프랑스 대혁명기 총재정부(Directoire) 시대에 정치인 티소(Pierre François Tissot)가 인수하여 남부 요리를 잘하는 명소로 만들었다. 새로 바꾼 간판에는 '멋지게' 옷을 입은 소 한 마리가 등장했는데, 이로 인해 큰 인기를 누리기도 했다. 왕정복고 시대에 티소는 이 소에게 '당시 유행하던 (à la mode du jour)' 숄을 둘러주고 화려한 모자를 씌웠다. 이 식당은 1936년 문을 닫았다. 이곳의 방명록에는 배우 베르트 보비(Berthe Bovy)와 피에르 프레네(Pierre Fresnay)가 남긴 재미있는 소견이 남아 있다. "나는 저 건너편 집 요리보다 너의 요리를 더 좋아해. 소(bœuf 황소)야, 덜 고약하거든(vache는 암소를 뜻하지만 고약하다는 뜻으로도 쓰인다)..."

맞은편에는 테아트르 프랑세(Théatre-Français)가 위치하고 있었다.

BOGUE 보그 도미과의 생선(boops라고도 한다)으로, 가스코뉴만과 지중해에 많이 서식한다(**참조** pp.674~677 바다생선 도감). 길이 20~30cm 정도의 유선형으로 등에 가시가 달려 있다. 특히 생선 수프를 끓일 때 많이 사용한다.

BOHÉMIENNE (À LA) 아 라 보에미엔 보헤미안 스타일의. 달걀 반숙, 살피콩 등 다양한 요리를 지칭하는 이름이며 또한 찬 요리에 곁들이는 소스 명칭이기도 하다. 차가운 베샤멜 베이스인 이 소스는 달걀노른자와 타라곤 식초를 넣은 기름을 섞어 유화한다.

보헤미안 치킨 소테(poulet sauté à la bohémienne)의 재료(마늘, 펜넬, 피망, 토마토)는 프로방스 요리인 부마니오(boumanio 프로방스어로 bohémienne의 의미) 또는 니스식 라타투이와 비슷하며 주로 흰 쌀밥에 곁들여 먹는다. 또한 보헤미안 스타일 양 등심구이에도 껍질을 벗기고 잘게 썬 토마토 콩카세와 튀긴 어니언링과 함께 흰 쌀밥을 곁들인다.

▶ 레시피 : POULET, SALPICON.

BOISSON 부아송 음료. 갈증을 해소하거나 인체 내 수분의 적정치를 유지하기 위해 마시는 액체. 가장 순수한 자연의 상태이며, 모든 생명체에 필수인 유일한 음료는 바로 물이다. 온대 기후 환경에서 하루 물 섭취 권장량은 1~1.5리터이며(인체에 필요한 양의 나머지 수분은 식품을 통해 제공된다), 이는 기온과 식품에 따라 달라질 수 있다. 고기, 간이 짭짤하거나 향신료가 들어간 음식, 또는 단 음식 등은 갈증을 유발한다.

■ **음료 제조에 따른 종류.** 물(탄산수 포함, 더운 물, 찬물 모두 포함)을 베이스로 하는 음료에는 레모네이드, 사이다, 탄산음료, 시럽, 육수, 침출음료 및 허브 차, 홍차, 커피, 코코아, 치커리뿌리 차 등 다양한 종류가 있다. 식물을 원료로 한 발효 또는 비발효 음료로는 와인, 애플 사이더, 맥주, 배로 담근 술, 벌꿀 술, 과일 및 채소 주스 등이 있으며, 이들을 증류해 오드비, 리큐어, 브랜디 등을 만든다. 동물성 원료인 우유는 그냥 마시거나 혼합해 마신다(밀크셰이크, 케피르 등).

■ **소비.** 음료의 소비는 기후와 지역에 따라 편차가 크고 종류도 다양하다. 일반적으로 동양인과 러시아인들은 식사 도중 음료를 마시지 않으며, 식사가 끝날 때 차를 마신다. 한편, 차는 물에 이어 전 세계에서 가장 많이 소비되는 음료다. 프랑스에서는 식사 때 주로 물(탄산수 포함), 맥주 또는 와인을 곁들여 마신다. 특히 몇몇 와인들은 음식의 맛을 더욱 끌어올리기도 한다. 식사 때 이외에도 각 상황에 맞는 다양한 음료를 선택해 마신다. 갈증을 없애는 청량한 음료를 제안하거나 티타임에 초대하기도 하고, 식사를 시작하기 전 아페리티프를 대접하기도 한다. 또한 결혼식과 연회 사이에 축하주 와인을 대접하기도 하며, 친구들과 가볍게 한잔 술을 즐기기도 한다.

옛날에는 대부분의 음료(맥주, 가정에서 담그는 각종 과일주, 아몬드 시럽, 비쇼프[bichof 레몬이나 오렌지를 넣은 단맛의 포도주] 등)를 가정이나 소규모 공방에서 제조했으나 오늘날에는 공장에서 대규모로 생산되며(특히 과일 주스류), 여러가지 형태의 처리(농축 주스, 가루, 냉동식품 등)를 거쳐 다양한 포장(병, 캔, 종이팩 등)으로 출시되고 있다.

■ **규정.** 프랑스에서 음료는 다섯 종류로 분류된다.

- 비 알코올 음료 (물, 과일 주스, 과일 음료[과즙 최소 10% 함유], 레모네이드 등)
- 비 증류 발효 음료(와인, 맥주, 애플 시드르, 알코올 도수 30% Vol.이하의 스위트와인 등)
- 알코올 도수 30% Vol.이상의 스위트 와인, 와인 베이스의 아페리티프, 붉은 베리류 과일로 만든 리큐어(18% Vol. 이하) 등
- 럼, 타피아(tafias) 등의 증류주
- 기타 모든 종류의 알코올 음료

BOLÉE 볼레 사기 또는 유약 칠한 도기로 만든 주발, 컵, 작은 볼. 귀퉁이 없이 매끈한 모양의 작은 볼로 손잡이가 한 개 달린 것도 있다. 크기는 다양하며 전통적으로 애플 사이더(cidre)를 따라 마신다. 코탕탱(Cotentin)에서는 모크(moque)라고 부른다. 볼레는 그릇뿐 아니라 담긴 내용물을 함께 지칭하기도 한다.

BOLET 볼레 그물버섯. 그물버섯과에 속하는, 숲에서 자라는 버섯으로, 나무의 뿌리와 결합하여 공생하는 균근이다. 갓의 아랫면을 채우고 있는 튜브 모양의 주름(tubes, foin)으로 구분할 수 있으며, 줄기 기둥은 대부분 통통하다. 많은 종류의 그물버섯이 식용가능하며 그 중 가장 많이 알려진 것은 세프, 즉 포치니 버섯이다(**참조** CÈPE).

BOLIVIE 볼리비 볼리비아. 페루와 함께 감자의 종주국인 볼리비아는 300종이 넘는 감자를 생산하고 있다. 특히 고산지대에서 밤에 얼렸다가 낮에 햇볕에 말리기를 반복해 만든 가벼운 감자 추뇨(chuño)를 즐겨 먹는다. 이 감자는 물에 담가 불린 다음 요리한다. 야외에서 만들어 파는, 고추를 넣은 매콤한 수프나 튀김류 이외에도, 코네호 에스티라도(conejo estirado, 토끼를 최대한 잡아 늘려 살을 아주 얇게 해 만든 요리)는 볼리비아의 대표 특선 요리로 꼽힌다.

BOLLITO MISTO 볼리토 미스토 포토푀(pot-au-feu)와 비슷한 이탈리아 중부 지방의 요리. 양파, 당근, 셀러리 줄기를 넣은 육수에 고기를 넣고 오래 끓여 익혀 만든다. 곁들이는 부재료 채소(당근, 순무, 셀러리악 등)는 고기 육수의 일부를 덜어 체에 거른 국물에 따로 익힌다.

bollito misto alla piemontese 볼리토 미스토 알라 피에몬테제

피에몬테식 볼리토 미스토 : 큰 냄비에 찬물을 넣고 소 찜갈비 500g, 소 꼬리 500g, 부채덮개살(또는 사태) 500g을 넣고 약한 불에서 거품을 건지며 천천히 가열한다. 끓기 시작하면 껍질 벗긴 양파 2개, 깨끗이 씻은 셀러리 줄기 3대, 껍질 벗긴 마늘 3톨, 이탈리안 파슬리 5줄기, 로즈마리 1줄기, 검은 통후추 10알, 천일염을 조금 넣어준다. 뚜껑을 덮고 1시간~1시간 30분간 끓인다. 고기가 연하게 익으면 그때그때 건져낸다. 다른 냄비에 송아지 혀 1개를 익힌 다음 껍질을 벗겨둔다. 코테키노(cotechino 굵직한 이탈리아의 생 소시지) 소시지를 군데군데 찔러준 다음 육수에 익힌다. 양파 1개와 셀러리 1줄기를 넣은 물에 송아지 머리 1개와 족 1개를 삶아둔다. 큰 서빙 접시에 아주 뜨거운 고기를 담고, 전통적인 소스(파슬리를 넣은 녹색 소스, 토마토와 당근을 넣은 붉은색 소스, 빵가루와 사골 골수를 넣은 페아라 pearà 소스)와 방울양파, 베로나 머스터드(감자 퓌레를 섞은 머스터드), 크레모나 머스터드(매운 맛이 강한 머스터드를 넣은 시럽에 여러 가지 과일을 졸인 것) 등을 곁들여 낸다.

BOLOGNAISE (À LA) 아 라 볼로녜즈 이탈리아 볼로냐식의. 특히 소고기와 채소를 넣고 끓인 걸쭉한 소스를 곁들인 음식을 지칭하는 경우가 많다. 이탈리아에서 파스타에 넣는 볼로녜즈 소스를 라구(ragù)라고 부르는데 이는 프랑스어로 스튜를 뜻하는 '라구(ragoût)'가 변형된 명칭이다.

▶ 레시피 : LASAGNES, SAUCE, TIMBALE.

BOMBE GLACÉE 봉브 글라세 아이스크림 케이크의 일종. 아이스크림이나 소르베를 발라 채운 반구형의 틀 안에 다양한 재료를 넣어 만든 봉브 혼합물을 넣고 냉동실에 얼린 아이스 디저트다.

appareil à bombe : 아파레이 아 봉브

봉브 혼합물 : 소스팬에 달걀노른자 32개와 설탕 시럽(비중계 밀도 1.2850) 1리터를 넣고 중탕으로 불에 올린다. 걸쭉해지면서 거품이 일 때까지 거품기로 계속 저으며 익힌 다음 고운 체에 거른다. 가볍게 거품이 일며 색이 하얗게 변할 때까지 다시 거품기로 계속 저으며 완전히 식힌다. 여기에 휘핑한 생크림을 동량으로 넣고 원하는 향을 더한 다음 살살 섞어준다.

chemiser un moule de glace : 틀에 아이스크림 발라 채우기

틀을 냉장고에 20분간 넣어 차갑게 준비한다. 틀에 깔아줄 아이스크림도 부드러워지도록 냉동실에서 냉장실로 옮겨 20분 정도 넣어둔다. 스패출러를 이용하여 아이스크림을 틀 바닥과 가장자리에 대충 펴 바른 다음 냉동실에 15분간 넣어둔다. 꺼내서 스패출러로 아이스크림을 매끈하게 정리한다. 다시 냉동실에 1시간 동안 넣어 두었다가 봉브 혼합물을 넣는다. 파르페를 만들 경우에는 매끈하게 다듬은 아이스크림 층에 파르페 혼합물을 바로 넣고 냉동실에 5~6시간 넣어둔다.

bombe Alhambra 봉브 알랑브라

알함브라 봉브 : 틀 안쪽 벽에 발라 채우기 - 바닐라 아이스크림. 중앙 부분 필링 : 딸기 봉브 혼합물(딸기 퓌레, 이탈리안 머랭, 샹티이 크림을 혼합한다). 틀에서 분리한 후, 키르슈에 절인 큰 사이즈의 딸기로 장식한다.

bombe archiduc 봉브 아르시뒥

아르시뒥 봉브 : 틀 안쪽 벽에 발라 채우기 - 딸기 아이스크림. 중앙 부분 필링 - 프랄리네 봉브 혼합물.

bombe Bourdaloue 봉브 부르달루

부르달루 봉브 : 틀 안쪽 벽에 발라 채우기 - 바닐라 아이스크림. 중앙 부분 필링 - 아니스 술(anisette)로 향을 낸 봉브 혼합물. 틀에서 분리한 후 캔디드 바이올렛(설탕을 입혀 말린 보라색 제비꽃잎)으로 장식한다.

CHEMISER UN MOULE DE GLACE
틀 안쪽 벽에 아이스크림 발라 채우기

1. 아주 차갑게 준비한 반구형 틀에 아이스크림을 넣어 채운다. 스패출러로 가볍게 두드려 공기를 빼주면서 누르듯이 틀 안쪽 면에 균일한 두께로 발라 채운다. 매끈하게 만들면서 여유분의 아이스크림이 틀 가장자리로 올라오도록 한다.

2. 틀을 채운 아이스크림의 두께가 전체적으로 균일해야 한다. 스패출러로 가장자리에 넘친 아이스크림을 말끔하게 잘라준다.

bombe Chateaubriand 봉브 샤토브리앙

샤토브리앙 봉브 : 틀 안쪽 벽에 발라 채우기 - 살구 아이스크림. 중앙 부분 필링 - 바닐라 봉브 혼합물에 키르슈에 담가둔 살구 콩피를 작은 큐브 모양으로 썰어 넣어준다.

bombe diplomate 봉브 디플로마트

디플로마트 봉브 : 틀 안쪽 벽에 발라 채우기 - 바닐라 아이스크림. 중앙 부분 필링 - 마라스키노(maraschino) 체리 리큐어를 넣은 봉브 혼합물에, 역시 이 리큐어에 담가두었던 과일 콩피를 작은 큐브 모양으로 썰어 넣어준다.

bombe Doria 봉브 도리아

도리아 봉브 : 틀 안쪽 벽에 발라 채우기 - 피스타치오 아이스크림. 중앙 부분 필링 : 바닐라 봉브 혼합물에 럼에 담가두었던 마롱 글라세를 작게 부수어 넣어준다. 틀에서 분리한 후 얇은 초콜릿으로 장식하면 좋다.

bombe duchesse 봉브 뒤셰스

뒤셰스 봉브 : 틀 안쪽 벽에 발라 채우기 - 파인애플 아이스크림. 중앙 부분 필링 : 서양 배 봉브 혼합물.

bombe Monselet 봉브 몽슬레

몽슬레 봉브 : 틀 안쪽 벽에 발라 채우기 - 만다린 오렌지 아이스크림. 중앙 부분 필링 - 포트와인을 넣은 봉브 혼합물에, 샴페인에 담가두었던 오렌지 껍질 콩피를 작은 큐브 모양으로 썰어 넣어준다.

bombe Montmorency 봉브 몽모랑시

몽모랑시 봉브 : 틀 안쪽 벽에 발라 채우기 - 키르슈 아이스크림. 중앙 부분 필링 : 체리 브랜디 키르슈를 넣은 봉브 혼합물.

BONBON 봉봉 설탕을 주재료로 만든 당과류, 사탕류 제품으로 빨아서 녹여먹거나 깨물어 먹을 수 있게 만든 것을 총칭한다.

■ **역사.** 이미 고대인들은 달콤한 사탕과자를 만들어 먹었다. 하지만 십자군이 동방에서 들여온 사탕수수로 만든 제대로 된 봉봉이 등장하기 시작한 것은 12세기부터다. 14세기는 아몬드 페이스트, 과일젤리, 사과 스틱 캔디, 잼, 마지팬, 누가의 전성기였다. 르네상스 시대에 처음 선보인 캔디 코팅 아몬드 드라제와 프랄린은 프랑수아 1세와 앙리 4세 시대까지 그 유행이 이어진다. 이후 봉봉은 점점 대중화되었지만, 대도시에 한정되었다. 17~18세기 파리의 콩피즈리 상점들은 부유층 부르주아들의 만남의 장소가 되었으며, 마롱 글라세 파스티유, 파피요트, 과일 콩피, 막대사탕 등 다양한 종류의 당과류가 생겨났다. 마침내 사탕무 설탕이 등장함에 따라 사탕은 더욱 많이 생산되었고 기발하고 재미있는 이름을 붙인 사탕들의 종류도 아주 많아졌다. 봉봉을 만드는 대규모 생산 공장이 처음 생긴 것은 19세기 말경이다. 오늘날 봉봉은 당과류의 큰 부분을 차지하고 있는 한 종류이면서, 각 지방의 달콤한 전통 먹거리로 큰 역할을 하고 있다. 낭시의 베르가모트, 캉브레의 베티즈, 낭트나 카르팡트라스의 베를랭고, 비시의 파스티유, 느베르의 네귀스, 툴루즈의 비올레트 등이 대표적이다. 이들 봉봉의 주 원재료는 설탕, 글루코스 시럽, 우유(전유, 저지방 우유 모두 포함), 아라비아 검, 아몬드, 헤이즐넛, 식물성 유지, 과일, 꿀, 버터이며 인공향이나 신맛, 식용색소의 첨가도 허용된다(**참조** ADDITIF ALIMENTAIRE). 오늘날 생산되는 당과류의 주력 품종 중 사탕이 가장 제일 많이 소비되고 있으며 껌, 씹어 먹는 캐러멜 류, 캐러멜 사탕과 토피, 과일 콩피 및 과일 젤리, 드라제(캔디 코팅 아몬드), 다양한 젤리, 감초 젤리, 퐁당 캔디, 하나씩 포장한 사탕, 리큐어를 넣은 봉봉, 전분 젤리 베이스의 봉봉 등이 그 뒤를 잇고 있다.

■ **제조.** 전통적인 봉봉 제조 과정은 설탕과 글루코스 시럽을 끓여 향과 색을 내는 것을 기본으로 하고 있다. 그 다음 덩어리를 길쭉한 소시지 모양으로 조금씩 부분적으로 식혀가면서 원하는 모양을 만들거나(일반 솔리드 봉봉) 속 내용물을 채워 넣는다(스터프드 봉봉).

• **Bonbons pleins 일반 솔리드 봉봉.** 베를랭고(berlingot), 베티즈(bêtises), 과일, 박하, 꿀, 식물이나 허브 맛의 새콤한 사탕, 개양귀비 맛의 사탕과자, 쉬크르 도르주 캔디(sucres d'orge), 사과 캔디 스틱, 막대사탕 등이 포함되며 두 개의 회전형 원통 사이에 넣어 모양을 만들어 내거나 알약 모양의 몰드에 찍어내기, 또는 프레스 방식으로 만들어낸다. 록스(rocks)

는 표면에 과일, 꽃, 글자 모양이 새겨진 원통형 봉봉으로 다양한 색깔의 설탕 반죽과 띠 모양을 혼합하여 만든다.

• Bonbons fourrés 속에 내용물을 채운 봉봉. 겉을 싸고 있는 단단한 캔디 안에 다양한 재료를 채워 넣는 사탕류. 페이스트 또는 액체 형태의 속 재료는 과육 퓌레, 프랄린, 커피 페이스트, 리큐어, 꿀 등 다양하다. 넣는 향의 종류에 따라 봉봉의 품질이 크게 좌우된다. '순 과일을 채운(fourré pur fruit)' 봉봉의 경우 명시된 해당 과일 과육만 들어갈 수 있다. '과일을 채운(fourré fruit)' 봉봉이라고 표시된 경우는 여러 종류의 과일 과육과 천연 향이 함유될 수 있다. '과일 향을 채운(fourré arôme fruit)' 봉봉은 천연 향을 넣거나 더 추가한 시럽을 채워 넣는다. 그 밖에 다른 종류의 사탕으로는 봉봉 퐈유테(캔디와 프랄리네를 겹겹이 붙여 만든 것), 꼬아 만든 쉬크르 토르(sucre tors), 보주 꿀 봉봉(miel des Vosges) 등이 있다. 퐁당슈거를 이용해 만든 봉봉도 있으며(사탕 또는 초콜릿 봉봉 등), 하나씩 포장한 파피요트 사탕과자, 리큐어를 넣은 봉봉(샤르동, 커피 빈 모양 봉봉, 리큐어를 넣은 달걀 모양의 색색 봉봉 등), 전문 젤리 베이스의 봉봉(모양, 색깔, 향이 다양하며, 벌크로 무게를 달아 판매하기도 한다) 등 그 종류가 매우 다양하다.

BONDELLE 봉델 유럽산 낙연어. 하우팅. 연어과의 민물생선으로 길이는 25cm 정도 되며 뇌샤텔호와 보덴호수에서 많이 잡힌다. 유럽에서 흔한 같은 종의 비슷한 생선(féra, lavaret, peled, vendace 등)과 혼동하기 쉽다. 훈제한 이 생선의 필레는 오르되브르로 인기가 높다.

---

filets de bondelle à la neuchâteloise 필레 드 봉델 아 라 뇌샤틀루아즈

뇌샤텔식 유럽 연어 필레 : 유럽 연어 봉델의 필레 800g을 준비해 껍질을 벗긴 다음 헹궈 물기를 닦아준다. 레몬즙을 뿌리고 소금, 후추로 양면에 간을 한다. 포피에트처럼 돌돌 말아 버터를 바른 용기에 놓고 뇌샤텔 로제 와인 400ml를 붓는다. 뚜껑을 덮고 약한 불에 익힌 다음 뜨겁게 보관한다. 생선을 익힌 국물을 졸인 다음 불에서 내리고 달걀노른자 2개, 생크림 100ml를 넣고 잘 섞어 리에종한다. 레몬즙을 조금 넣고 잘게 썬 차이브 20g을 넣은 다음 간을 맞춘다. 생선에 소스를 끼얹어 서빙한다.

BONITE 보니트 가다랑어, 줄삼치. 고등어과에 속하는 이동성 바다생선으로 참치와 사촌지간이라 할 수 있다. 크기는 평균 60cm 정도이며 큰 것은 1m에 달하기도 한다(**참조** pp.674~677 바다생선 도감, p.848 다랑어 도표). 등 줄무늬 가다랑어는 대서양(스코틀랜드 북부에서 열대지역까지), 지중해, 흑해의 온난해역에 자주 출몰한다. 배 줄무늬 가다랑어는 대서양, 태평양, 인도양의 열대 및 아열대 지역에 많이 서식한다. 이 기름진 생선의 조리법은 참치(다랑어)와 같다.

BONNE FEMME 본 팜 오래 뭉근히 끓인 투박한 가정식 요리를 지칭한다('가정식의' 또는 '시골풍의' 요리와 비슷). 주로 요리를 익힌 그릇째 서빙하는 경우가 많다.

abattis bonne femme ▶ ABATTIS
barbue bonne femme ▶ BARBUE
cœur de veau en casserole bonne femme ▶ CŒUR
cromesquis bonne femme ▶ CROMESQUI
grives bonne femme ▶ GRIVE
petits pois bonne femme ▶ PETIT POIS

---

potage bonne femme 포타주 본 팜

본 팜 시골풍 수프 : 4인분 / 준비 : 20분 / 조리 : 30분

리크(서양대파) 흰 부분 200g과 감자 500g의 껍질을 벗기고 씻는다. 리크를 길게 갈라 안의 심을 뺀 다음 잘게 썬다. 소스팬에 버터 20g을 녹인 뒤 리크를 넣고 수분이 나오게 천천히 볶는다. 찬물 또는 맑은 콩소메 125ml을 넣고 끓인다. 소금을 조금 넣어 간한다. 감자를 얇게 썬 다음 정사각형으로 작게 썰어 넣어준다. 약하게 끓는 상태로 8~10분간 익힌다. 거품이 올라오면 건진다. 바게트 빵을 얇게 썰어 오븐에서 낮은 온도로 굽는다. 포타주가 완성되면 간을 맞추고 수프 서빙용 그릇에 담는다. 작게 썰어둔 버터 40g을 넣어 섞은 뒤 바로 서빙한다. 구운 바게트를 곁들인다.

tomates farcies chaudes bonne femme ▶ TOMATE

BONNEFONS (NICOLAS DE) 니콜라 드 본퐁 17세기의 프랑스 작가. 루이 14세 궁정의 집사였던 그는 1651년 『프랑스 정원사(*Le Jardinier français*)』를, 1654년 『농촌의 미식(*Les Délices de la campagne*)』을 각각 펴냈다. 특히 이 책은 당시까지만 해도 여전히 중세의 영향을 받고 있던 프랑스 미식 역사에 있어 중요한 전환점이 되었다. 본퐁은 요리를 만들 때 언제나 청결해야 할 것, 메뉴는 다양해야 할 것, 그리고 무엇보다도 요리는 단순해야 함을 강조했다.

BONNEFOY 본푸아 1850년대 파리에 있던 한 레스토랑의 이름을 따 온 것으로, 특정한 생선 요리나 뫼니에르 방식으로(à la meunière) 조리한 생선 필레에 서빙되는 소스에 붙여진 이름이다. 샬롯을 볶다가 화이트와인을 붓고 졸인 뒤 체에 거르지 않은 보르들레즈 소스(sauce bordelaise)의 일종이다.

BONNES-MARES 본 마르 부르고뉴의 AOC 와인으로 포도품종은 피노 누아이다. 코트 드 뉘(côte de Nuits)의 그랑 크뤼 와인 중 하나로 샹볼(Chambolle)과 모레 생 드니(Morey-Saint-Denis)에서 생산된다. 향이 깊고 풍부하며 맛이 섬세하고 고급스럽다(**참조** BOURGOGNE).

BONNET 보네 벌집위. 반추동물의 제2위. 양(혹위)과 천엽 사이에 위치하며 레조(reseau), 또는 레티퀼럼(réticulum)이라고도 부른다. 소의 벌집위는 위와 창자 요리(gras-double, tripes)에 들어가는 재료다. 위벽 안의 소화 잔여물을 제거하고 뜨거운 물에 데친 다음 깨끗이 긁어 씻는다. 오랜 시간 삶은 뒤 요리한다. 양의 벌집위도 창자 부속 요리 트리푸(tripous)의 재료로 들어간다.

BONNET D'ÉVÊQUE 보네 데베크 '주교의 모자'라는 뜻으로, 가금류의 선골부를 뜻한다. 특히 칠면조의 꽁무니를 지칭하는데, 이 부분이 섰을 때의 모습이 주교의 모자를 닮았다고 해서 이 이름이 붙었다. 또한 이 표현은 주교관 형태로 접어 세워 놓은 냅킨을 가리키기도 한다.

BONNEZEAUX 본조 앙주(Anjou)의 AOC 화이트와인. 슈냉 블랑 품종의 포도로 만든 스위트 와인으로 바디감이 있으며, 풍부하고 복합적인 향이 특징이다(**참조** ANJOU).

BONTEMPS 봉탕 애플 사이더와 머스터드로 만든 소스의 이름으로, 주로 구운 육류나 가금류 요리에 곁들인다.

▶ 레시피 : SAUCE.

BORASSUS 보라쉬스 종려과에 속하는 아시아, 아프리카의 종려나무, 팜 트리. 보통 로니에(rônier 야자수)라고 불리며, 어린 순과 싹은 식용가능하다. 종려나무 열매 과육으로 만든 가루는 다양한 지역 특선 요리에 사용된다. 스리랑카에서는 이 가루를 이용해 품질 좋은 잼을 만들기도 한다. 수액은 발효 음료를 만드는 데 사용된다.

BORCHTCH 보르츄 보르쉬(borsch). 동유럽의 수프로 폴란드, 우크라이나, 러시아 등지에서 즐겨 먹는다. 이 수프는 1920년대에 러시아 이민자들이 프랑스로 유입되면서 처음으로 널리 퍼지게 된 동구권 음식 중 하나다. 아주 대중적인 이 음식은 그 종류도 매우 다양하며 경우에 따라 각종 재료를 풍성하게 넣어 만든다. 이 수프의 가장 큰 특징인 붉은색은 비트에서 나오며, 그 외에 다른 채소를 다양한 비율로 함께 넣어 끓인다. 기본 레시피는 포토푀용 고기를 베이스로 한다. 보르쉬 수프는 전통적으로 사워크림과 함께 서빙되며 깍둑 썬 고기를 양껏 넣어 먹는다. 루마니아의 보르쉬는 시큼한 맛이 나는 게 특징인데, 이는 알갱이를 떼어낸 옥수수자루를 발효시켜 만든 효모가 꽤 많이 들어가기 때문이다. 하지만 대부분의 경우는 비트 수프에 버섯과 흰 콩만 넣은 보르쉬(전형적인 폴란드식 가벼운 보르쉬)만 먹고 국물을 낸 고기는 다른 용도로 사용한다. 또한 생선 보르쉬나 시금치, 수영 잎, 돼지 목살(또는 소 꼬리)을 넣어 만든 녹색 보르쉬도 있다.

마담 비트비카와 S.소스킨(Mme. WITWICKA & S.SOSKINE)의 레시피

borchtch ukrainien 보르츄 위크레니엥

우크라이나식 보르쉬 껍질을 벗겨 잘게 다진 양파 2개와 얇게 썬 생 비트

200g을 돼지 기름에 볶는다. 냄비에 소 찜갈비 1kg과 물 2.5리터를 넣고 거품을 건져가며 끓인다. 식초 물에 헹군 뒤 가늘게 썬 흰 양배추 500g, 당근 3개, 파슬리 1줄기, 질긴 섬유질을 제거한 셀러리 줄기 몇 대 그리고 볶아둔 비트와 양파를 냄비에 모두 넣어준다. 소금 간을 한다. 다른 냄비에 물을 아주 조금 넣고, 완숙 토마토 4개를 끓여 익힌 다음 체에 걸러 수프 냄비에 넣고 2시간 동안 익힌다. 적당한 크기로 등분한 감자 몇 개를 넣는다. 돼지 기름에 밀가루를 볶아 루(roux)를 만든 다음 육수를 조금 떠 넣고 잘 개어준다. 이것을 수프 냄비에 넣고 잘 섞는다. 다진 펜넬 2테이블스푼을 넣어준다. 15분간 더 끓인 다음 서빙한다. 이 우크라이나식 보르쉬는 작은 볼에 담은 생크림을 곁들여 서빙한다. 또한 마늘을 곁들여 중간중간 깨물어 먹을 수 있도록 하며, 베이컨을 넣은 메밀죽(kacha), 그리고 고기, 쌀, 배추를 넣은 만두의 일종인 피로슈키(pirojki)와 함께 낸다.

BORDEAUX 보르도 보르도 와인. 지롱드(Gironde)지방에서 생산되는 모든 종류(레드, 로제, 클레레, 화이트(스위트 포함), 스파클링 와인)의 와인을 가리키는 명칭. 이들 중 몇몇은 전 세계적인 명성을 지니고 있다(**참조** BORDELAIS).

BORDEAUX CLAIRET 보르도 클레레 AOC 레드와인으로 포도품종은 카베르네 소비뇽, 카베르네 프랑, 메를로와 말벡이다. 로제와인에 가까운 가벼운 붉은색이며, 시원한 온도로 마신다. 타닌이 살짝 느껴지고 과일향이 풍부하며, 아주 청량한 맛이 특징이다. 보통 3년 내에 소비해야 한다.

BORDEAUX-CÔTES-DE-FRANCS 보르도 코트 드 프랑 생 테밀리옹(Saint-Émilion) 동쪽에 위치한 포도재배지로 주로 메를로, 카베르네 프랑, 카베르네 소비뇽 품종의 포도로 AOC 레드와인을 생산한다. 색이 진하고 바디감이 있으며 향이 풍부하다. 소비뇽과 세미용 품종의 화이트와인도 몇 종류 생산하고 있다.

BORDEAUX ROSÉ 보르도 로제 AOC 레드 와인으로 포도품종은 카베르네 소비뇽, 메를로, 카베르네 프랑, 말벡이다. 이 종류의 와인은 과일 향과 적절한 산미가 있는 상큼한 맛이 가장 큰 장점이자 특징으로, 생산된 지 2년 내에 소비하는 것이 좋다.

BORDELAIS 보르들레 보르도 지방. 보르들레 지방은 요리보다 와인으로 더 유명한 곳이긴 하지만, 우수한 품질의 지역 생산 재료를 이용한 특별한 요리를 맛볼 수 있는 미식의 고장이다. 포이악(Pauillac)의 양고기, 바자스(Bazas)와 아키텐(Aquitaine)의 소고기, 랑드(Landes)의 푸아그라, 다양한 수렵육들을 예로 들 수 있다. 이들 중 멧도요, 멧새, 개똥지빠귀, 염주비둘기, 야생메추리는 오늘날 더 이상 판매되지 않는다. 야생오리나 산토끼, 가렌(Garenne)의 토끼, 노루 등의 수렵육은 판매, 소비가 가능하다. 돼지고기 가공육인 샤퀴트리로는 그라통(grattons)이나 그르니에 메도캥(grenier médocain, 매콤한 맛의 내장 소시지 종류) 등이 대표적인 지역 특산품이다. 와인은 투박한 시골 스타일의 간단한 식사에 곁들일 뿐 아니라 요리에도 두루 활용된다, '아 라 보르들레즈'라는 이름이 붙은 요리의 기본 재료가 되었으며, 소 등심 스테이크, 송아지 간, 민물가재, 칠성장어 요리에 소스나 국물로 사용된다. 또한, 레시피가 다르긴 하지만 이 지방 요리에서는 아직도 소 사골 골수, 와인, 샬롯 등의 재료를 많이 찾아볼 수 있다. 보르들레 지방의 우수한 식재료를 언급할 때 빼놓을 수 없는 것으로는 마코(Macau)의 아티초크, 노지에서 재배한 리크와 풋마늘 등의 채소, 포치니 버섯, 그중에서도 특히 거친 껄껄이그물버섯(bolet brun)과 흔히 볼 수 없는 구릿빛 그물버섯(tête-de-nègre) 등이 있다. 이 버섯들은 그냥 버섯 요리로 먹거나 육류, 가금류 요리에 곁들인다.

바다가 인접해 있고, 거대한 지롱드강 어귀가 가까운 지리적 환경을 가진 보르들레 지방의 요리는 생선이 주를 이룬다. 정어리, 숭어, 염장 대구, 보구치(조기류) 등의 생선뿐 아니라 뱀장어(새끼 뱀장어는 피발 pibale이라고 부른다), 민물청어, 칠성장어와 같이 민물과 바다에서 모두 서식이 가능한 생선들도 있다. 민물청어는 수영 잎을 깔고 통째로 그 위에 얹어 오븐에 굽거나 토막 내 구워 보르들레즈 소스를 곁들여 먹는다. 이제는 거의 사라진 철갑상어의 알인 캐비아는 현재 양식을 통해 생산하고 있다. 이 지역의 파티스리 또한 그 섬세한 맛을 자랑한다. 생 테밀리옹의 마카롱이나 보르도의 카눌레만 예를 들어도 충분히 알 수 있다.

■ **수프.**

● **Tourin, CHAUDEAU 투랭, 쇼도.** 포도수확 개시일의 식사는 투랭 수프(마늘을 넣어 향을 낸 양파 수프로, 달걀과 식초를 넣어 걸쭉하게 리에종한 다음 빵 위에 부어 먹는다)로 시작한다. 마늘 대신 크림과 우유를 넣어 만들기도 한다. 이보다 더 투박한 시골풍 수프인 쇼도는 향신료로 맛을 낸 닭 육수와 화이트와인을 넣은, 국물과 에그노그의 중간 형태라고 할 수 있다.

■ **조개류.**

● **굴, 홍합.** 구운 크레피네트(송로버섯을 넣기도 함)에 아르카숑(Arcachon) 산 굴을 곁들여 먹는다. 이때는 앙트르 되 메르(entre-deux-mers)의 화이트와인을 함께 마신다. 크레피네트 대신 구운 소시지나 파테 혹은 그라통을 곁들여 먹기도 한다. 보르도식 홍합은 마리니에르 방식으로 조리한 다음 화이트소스(블루테)나 토마토 퓌레를 넣어 리에종해주면 더 맛있다.

■ **생선.**

● **소스 베르트를 곁들인 민물청어 구이, 보르도식 칠성장어 요리.** 민물청어의 내장을 제거하고 비늘을 그대로 둔 상태로 천일염과 후추를 발라 굽는다(포도나무 가지를 태운 불에 구우면 더욱 좋다). 와인식초에 담가 둔 샬롯에 차이브, 타라곤, 삶은 달걀을 넣어 만든 녹색 소스(sauce verte)를 곁들여 먹는다. 보르도식 칠성장어(lamproie à la bordelaise)는 레드와인 소스에 리크와 함께 생선을 넣고 뭉근히 익힌 스튜의 일종으로, 검은색에 가까운 장어 피를 넣어 소스를 걸쭉하게 리에종(liaison)한다.

■ **육류.**

● **돼지 : gratton bordelais, tricandilles 보르도식 그라통, 트리캉디유.** 지롱드 지방의 특산 음식인 보르도식 그라통은 돼지의 단단한 비계를 잘게 썰어 녹인 것과 얇게 썬 살코기를 동량으로 섞어 만든다. 약 12시간 동안 익힌 뒤 건져내 틀에 넣어 굳혀 12~20kg의 큰 덩어리로 만든다. 그라통은 주로 애피타이저로 차갑게 서빙되며, 빵을 곁들인 스낵이나 간단한 식사로도 많이 먹는다. 또한 돼지의 창자 및 내장을 구운 트리캉디유에 껍질째 익힌 감자를 곁들여 먹는다.

● **양 : 양 뒷다리 요리, 지고 gigot.** 포이악(pauillac)의 양고기 뒷다리에 파슬리를 섞은 빵가루를 입힌 뒤 오븐에 굽는다. 기름에 튀기듯 볶은 감자를 곁들여 먹으며 경우에 따라 얇게 저민 송로버섯을 추가하기도 한다. 소테르네(sauternais) 지방에서는 양고기에 질 좋은 와인을 넣고 프리카세 스타일로 조리해 먹는다.

● **Veau à la fanchette 팡셰트 송아지 요리.** 송아지 등심을 적당한 크기로 썰어 양념에 재운 뒤 자작하게 익힌다. 여기에 빵가루, 돼지비계, 샬롯, 파슬리를 넣고 마지막에 달걀을 넣어 소스를 리에종한다.

■ **파티스리.**

● **Niniches, fanchonnettes, gâteau des Rois 니니슈, 팡쇼네트, 가토 데 루아.** 니니슈는 초콜릿 맛이 나는 짙은 갈색의 말랑한 캐러멜이고, 팡쇼네트는 레몬 머랭을 얹은 아몬드 퍼퓨테 과자이다. 왕관 모양의 빵인 쿠론 보르들레(couronne bordelais)는 레몬, 오렌지, 오렌지블로섬 워터, 아르마냑을 넣은 반죽으로 만들며 세드라 레몬이나 멜론 콩피를 얹어 장식한다. 전통적으로 크리스마스나 주현절 축일 때 먹는 왕관 모양의 빵, 가토 데 루아(왕의 케이크라는 뜻)는 황금색이 나게 구운 빵 위에 우박설탕과 설탕에 절여 얇게 썬 세드라 레몬을 올린다.

■ **와인.** 오랜 역사를 지니고 있는 지롱드 지방의 포도재배와 와인 생산은 고대 갈로로망 시대에 탄생한 이래 중세를 거쳐 더욱 발전하였으며 19세기부터는 세계적으로 명성을 얻기 시작했다.

● **지역, 포도품종, 아펠라시옹.** 약 118,000헥타르의 포도재배지에서 57종의 AOC(원산지 명칭 통제) 와인이 생산되고 있다. 강과 하천을 경계로 크게 네 구역으로 나누어진다. 지롱드강과 가론강 좌안은 북쪽의 메독(médoc)에서 시작하여 페삭 레오냥(pessac-léognan)과 소테른(sauternes)을 아우르는 그라브(graves) 지역까지 펼쳐진다. 도르도뉴강과 가론강 사이에 위치한 앙트르 되 메르(entre-deux-mers)에서는 레드와 화이트와인 모두 생산되는데 특히 보르도(bordeaux)와 보르도 쉬페리외르(bordeaux supérieurs)를 주로 많이 생산한다. 지롱드 지방 동쪽의 리부르네(libournais) 지역은 생 테밀리옹(saint-émilion), 포므롤(pomerol), 프롱삭(fronsac) AOC 와인 생산지역을 포함하고 있다. 샤랑트(charente) 주변의 블라예(blayais)와 부르제(bourgeais)에서는 최상급 레드와인과 몇몇 종류의 화이트와인이 생산된다.

보르도 와인의 개성과 특징은 여러 포도 품종의 블렌딩이 좌우한다. 레드와인은 카베르네 소비뇽의 바디감과 타닌, 카베르네 프랑의 과일 향과 우아한 맛, 그리고 메를로의 부드럽고 풍부한 향을 적절히 배합해 만든다. 여기에 프티 베르도와 말벡을 더하기도 한다. 화이트와인은 풍부한 향을 지닌 세미용, 바디감이 있는 소비뇽과 섬세한 맛의 뮈스카델을 블렌딩한다.

● 와인 종류.

● Médoc 메독. 메독 지역의 상급 레드와인들은 뚜렷한 개성을 갖고 있으며 주 블렌딩 포도품종인 카베르네 소비뇽의 일반적인 특징을 잘 보여주고 있다. 직관적인 향과 맛을 지니고 있으며 타닌을 느낄 수 있는 이 와인은 더 좋은 맛을 위해 오래 보관할 수 있다. 지롱드와 가론강을 따라 북쪽에서 남쪽으로 이어지는 이 지역의 와인은 각 생산지 마을이 갖고 있는 테루아에 따라 조금씩 다른 개성을 드러낸다.

Saint-Estèphe 생 테스테프. 이 AOC 와인은 크뤼 클라세 5종과 아주 좋은 품질의 크뤼 부르주아 몇 종을 포함하고 있다. 진한 색, 강한 타닌, 풍부한 바디감이 특징이다.

Pauillac 포이악. 하천으로 나뉜 하나의 고원 지대에서 생산되는 포이악 와인은 바디감이 강하고 밀도가 높으며 타닌감도 강하지만 반면에 섬세하고 기품 있는 맛을 갖고 있다. 오랜 기간 보관한 후에야 비로소 그 장점이 제대로 살아난다. 이 AOC 와인에는 크뤼 클라세 18종이 있으며 그중 라피트 로칠드(lafite-rothschild), 라투르(latour), 무통 로칠드 (mouton-rothschild)는 '프르미에(premier)'급으로 분류된다.

Saint-Julien 생 쥘리앵. 메독 지방에서 가장 안정된 균형미를 보여주는 AOC와인으로 특히 알코올 도수가 높고 향이 풍부하며 조화롭고 우아한 맛을 가진 레드와인이 유명하다. 이 와인은 포이악(pauillac)에서 느낄 수 있는 파워풀한 바디감과 풍부한 향, 그리고 마고(margaux)가 가진 부드러움을 동시에 지니고 있다.

Margaux 마고. 메독 지방의 가장 남쪽에서 생산되는 AOC 와인으로 1855년 보르도 와인 공식 분류에서 크뤼 클라세로 분류된 와인의 1/3이 여기에 해당한다. 마고 와인은 부드럽고 섬세한 맛으로 세월이 지나면서 더욱 완벽해진다. 같은 이름의 프르미에 그랑 크뤼 샤토 마고로 전 세계적인 명성을 얻고 있다.

● Graves 그라브. 보르도에서 랑공(langon)에 이르는 가론강 좌안에 펼쳐진 광활한 지역으로 향이 풍부하고 알코올 도수가 높은 풀 바디 레드와인과 스위트 와인 그라브 쉬페리외르를 필두로 한 화이트와인을 생산하고 있다. 페삭 레오냥은 보르도의 프르미에 크뤼 클라세 오브리옹(haut-brion)을 비롯한 몇몇 최고급 도멘을 병합하면서 독립했다. 1959년부터 아펠라시옹 그라브는 상급 크뤼 클라세 와인들을 통합하는 추세다.

● Sauternais 소테르네. 풍부하고 화려한 맛과 꿀, 스파이스, 열대과일의 복합적인 향을 지닌 소테르네 지방의 스위트 와인(barsac 와인 포함)은 완전히 익어 수확시기가 지난 포도, 경우에 따라 귀부병의 영향을 받은 포도로 만든다. 소테른(sauternes)이 파워풀하고 풍부한 맛의 와인이라면 바르삭(barsac)은 좀 은은하고 섬세한 느낌의 스위트 와인이다.

● Entre-deux-Mers 앙트르 되 메르. 방대한 면적에 걸쳐 있는 이 지역에서는 '보르도'와 '보르도 쉬페리외르'의 대부분이 생산되며 소비뇽과 세미용 포도 품종으로 만드는 '앙트르 되 메르' 화이트와인도 생산하고 있다. 가론강을 따라 난 포도 경작지에서 생트 크루아 뒤 몽(sainte-croix-du-mont), 루피악, 카디악 등의 AOC 스위트와인을 생산하고 있다. 한편 프르미에르 코트 드 보르도(premières côtes de Bordeaux)는 이 지역에서 가장 좋은 품질의 레드와인을 생산하고 있다.

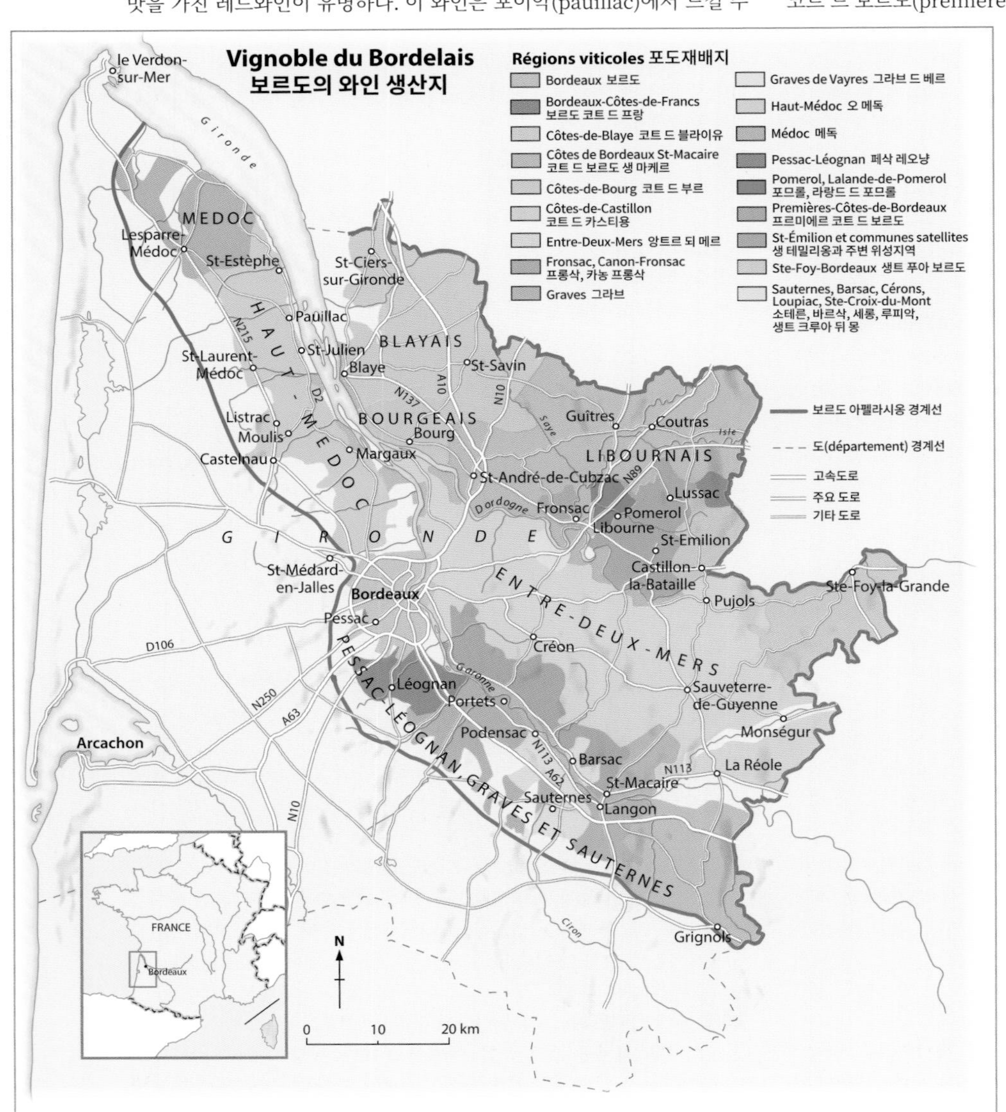

● Libournais 리부르네. 도르도뉴강 우안에 위치한 리부르네 지역 와인의 특징은 메를로 품종에서 온다. 이 포도로 만든 이 지역 AOC 고급 와인들은 산미가 적고 균형감이 있는 부드럽고 매력적인 맛과 향을 지니고 있다.

Saint-Émilion 생 테밀리옹. 이 지역 와인은 정기적인 재심사를 거쳐 그 등급 분류가 개정된다. 15종의 그랑 크뤼(샤토 앙젤뤼스 château angélus, 샤토 오존château ausone, 샤토 슈발 블랑château cheval-blanc, 샤토 카농château canon, 샤토 파 château pavie 등)와 46종의 크뤼 클라세가 이 아펠라시옹에 해당된다. 토양의 성질에 따라 힘이 있고 알코올 도수가 높은 특징을 지닌 와인 혹은 가볍고 균형감 있는 섬세한 맛과 향의 와인 등, 완전히 다른 성격의 와인이 만들어진다. 아펠라시옹 생 테밀리옹은 또한 그 위성지구에서 생산되는 뤼삭 생 테밀리옹(lussac-saint-émilion), 몽타뉴 생 테밀리옹(montagne-saint-émilion), 퓌스갱 생 테밀리옹(puisseguin-saint-émilion), 생 조르주 생 테밀리옹(saint-georges-saint-émilion) 으로도 유명하다.

Pomerol 포므롤. 포도밭 면적 총 800헥타르의 이 지역에서는 보르도의 최고가 와인인 페트뤼스(pétrus)를 비롯한 최상급 와인들이 생산된다. 포므롤은 알코올 도수가 비교적 높으며 화려하고 풍성한 부케, 부드러운 타닌감과 매끄러움을 지닌 매력적인 와인이다.

Lalande-de-Pomerol 랄랑드 드 포므롤. 포므롤과 같은 스타일의 와인이나 알코올 강도와 타닌 면에서 현저히 가벼운 느낌을 준다.

Fronsadais 프롱사데. 프롱삭(fronsac)에서는 밀도가 높고 바디감이 강하며 타닌을 느낄 수 있는 개성있는 와인이 생산된다. 카농 프롱삭(canon-fronsac) 와인은 프롱삭과 비슷하지만 대부분의 경우 알코올 도수와 바디감이 더 강하고 향과 맛이 풍부하다.
● Blayais-Bourgeais 블라예 부르제. 샤랑트와 경계를 이루는 이 지역은 지롱드강 우안의 포도밭을 점유하고 있다. 이 두 지역에서 가장 작은 면적의 포도밭에서 생산되는 AOC 코트 드 부르(côte-de-bourg)는 아주 균형감이 좋은 안정적인 와인으로 과일향이 풍부하고 오래 보관할 수 있는 레드와인이다. 또한 부드럽고 바디감이 좋으며 맛의 균형이 훌륭한 몇몇 화이트와인도 생산하고 있다. 블라예 지방의 와인은 코트 드 블라이유(côtes-de-blaye) 화이트와인과 프르미에르 코트 드 블라이유(premières-côtes-de-blaye) 레드와 화이트와인으로 나뉜다. 아펠라시옹 블라이유(또는 블라예)는 그 인기가 점점 높아지는 추세다.

BORDELAISE (À LA) 아 라 보르들레즈 보르도식의. 다양한 재료(달걀, 생선, 갑각류, 콩팥, 등심 등)로 만든 음식에 해당되지만 공통적으로 사골 골수와 샬롯, 그리고 특히 와인(생선, 흰살 육류 요리에는 화이트와인, 붉은 살 육류 요리에는 레드와인)으로 만든 소스를 곁들인 음식을 지칭한다.
▶ 레시피 : AGNEAU, BŒUF, BRIOCHE, CÈPE, CROQUET, ÉCREVISSE, FLAN, LAMPROIE, PÂTÉ, PÊCHE, ROGNON, SAUCE.

BORDURE 보르뒤르 모양을 만들거나 틀로 찍어내거나 혹은 잘라서 둥근 왕관 모양으로 음식 주위에 빙 둘러주는 가장자리 장식 또는 음식의 형태를 잡아주는 지지대 역할을 하는 음식을 가리킨다. 이때 사용되는 음식은 가운데의 본 음식과 같은 온도로 만든다. 간단한 것부터 복잡한 것에 이르기까지 가장자리 가니시나 장식은 주 요리가 찬 것인지 더운 것인지, 짭짤한 간이 있는 음식인지 단 디저트인지에 따라 달라진다.
- 더운 요리용 : 쌀, 세몰리나, 크넬용 혼합물, 폼 뒤셰스 등.
- 찬 요리용 : 삶은 달걀, 젤리(삼각형, 초승달, 큐브 모양 등으로 잘라서 둘러놓는다), 토마토(세로로 등분하거나 둥글게 슬라이스한다), 레몬, 오렌지(요철 무늬를 내어 반으로 자르거나 반을 잘라 슬라이스한다) 등.
- 디저트, 케이크 : 틀에 넣어 모양을 만든 크림, 링 모양 틀에 넣어 모양을 잡은 라이스 푸딩(riz impératrice), 세몰리나 등.

틀에 넣어 모양을 만들 때는 특별히 고안된 둥근 왕관 모양(굴곡 무늬가 있는 것, 매끈한 것 모두 가능)이나 사바랭 틀을 사용한다. 또한, 곁들임 음식을 담기 위해 요리 접시 위에 놓는 원이나 타원형(요철무늬 있는 것 포함)의 틀을 보르뒤르 또는 보르 드 플라(bords-de-plat)라도 부르기도 한다.

BOTHEREL (MARIE, VICOMTE DE) 마리 비콩트 드 보트렐 프랑스의 금융인, 정치인(1790, La Chapelle 출생 – 1859, Dinan 타계). 1839년 그는 파리와 교외 사이를 운행하는 식당 버스 아이디어를 고안해냈다. 더운 음식과 찬 음식을 버스 안에 언제나 조달할 수 있도록 그는 많은 비용을 들여 엄청난 규모의 생산 주방을 건설했고, 파리의 유명 인사들도 이 대규모의 초현대식 시설에 찬사를 보냈다. 하지만 이 사업은 실패로 끝났고 결국 매각되었다.

BOTTEREAU 보트로 다양한 모양(정사각형, 둥근 모양, 삼각형 등)으로 만든 달콤한 튀김과자로 샤랑트와 앙주 지방에서 사순절 세 번째 주 목요일에 만들어 먹었다. 뜨겁게 또는 차갑게 식혀 먹는다.

bottereaux 보트로

밀가루 400g, 소금 한 꼬집, 설탕 2테이블스푼, 달걀 푼 것 2개분, 럼 2테이블스푼, 생이스트 20g을 따뜻한 우유 100ml에 개어 푼 것을 혼합한다. 잘 섞어 반죽을 만든 다음 5mm 두께로 민다. 버터 125g을 조금씩 떼어 반죽 위에 고루 분산해 놓고 반으로 접는다. 밀대로 반죽을 다시 납작하게 밀어 버터가 잘 혼합되도록 한다. 둥글게 뭉친 다음 납작하게 눌렀다가 다시 공 모양으로 뭉친다. 3시간 동안 휴지시킨다. 3mm 두께로 얇게 민 다음 마름모꼴 또는 원형 쿠키커터로 모양을 찍어낸다. 뜨거운 기름에 넣어 튀긴 다음 기름을 탁탁 털어내며 건진다. 키친타월로 나머지 기름을 흡수한 다음 슈거파우더를 뿌린다.

BOTVINIA 보트비니아 비트 잎, 시금치, 수영 잎으로 만든 새콤달콤하고 차가운 러시아의 전통 수프. 오이나 훈제 생선을 넣어 먹는다.

BOUCAGE, BOUCAGE SAXIFRAGE 부카주, 부카주 사시프라주 백약이 참나물(Pimpinella saxifraga). 주로 양념으로 사용하는 미나릿과에 속하는 초본식물로 주로 어린잎을 샐러드에 넣어 먹거나 차로 우려 마신다.

BOUCANAGE 부카나주 훈연하기. 동물성 식재료를 보존하기 위해 착안된 초기의 방법 중 하나인 훈연은 오래전부터 아메리카와 오세아니아 원주민 시대부터 알려져 왔다. 일반적으로 염지를 마친 고기에 연기를(생 너도밤나무 또는 참나무 훈연 칩 사용) 입혀가며 건조한다. 축축한 나무에서 나는 연기가 고기 표면에 방울방울 맺히게 되는데, 이 연기는 훈제향이 풍부하지만 발암물질인 3-4벤조피렌을 함유하고 있으므로, 온도를 29°C로 제한하는 것을 권장한다. 이렇게 염지한 뒤 훈연 방식으로 말린 육류로는 프랑슈 콩테 지방 브레지(brési 소고기 사용), 남미의 샤르키(charqui, ch'arki 소, 양, 라마 고기 사용), 벨기에의 필레 당베르(filet d'Anvers, 소고기 사용), 미국, 캐나다의 페미컨(pemmican) 등이 있다. 약간 기름기가 있거나 지방이 아주 많은 생선에도 이 방식을 적용할 수 있다(안초비, 청어, 고등어 등).

BOUCANÉ 부카네 훈제고기. 몇몇 포유동물이나 조류, 생선 등의 고기를 햇볕과 연기에 건조시킨 것. 이 용어는 옥외 부뚜막에서 만드는 크레올식 요리를 지칭하기도 한다. 양 한 마리를 통째로 잡아 그 안에 오리와 야생 조류의 살, 양파, 향신료 등을 채운 뒤, 우묵하게 파서 숯을 피워 달궈둔 땅 구덩이에 넣는다. 잉걸불이 남은 숯과 뜨거운 모래로 덮은 뒤 2시간을 익힌다.

BOUCHE DU ROI 부슈 뒤 루아 '왕의 입'이라는 뜻으로, 앙시엥 레짐(절대 왕정 체제) 하의 궁정 주방에서 요리를 담당하던 인력을 총칭하는 용어다. 이들의 업무를 규정한 가장 오래된 칙령은 1281년에 작성되었다. 당시에 왕의 식사를 담당하던 부서인 '오스텔 뒤 루아(hostel du roi)'는 빵 관리부에 10명, 음료 시중드는 사람 10명, 요리 전담 32명, 과일 담당 4명으로 구성되어 있었다(**참조** ÉCHANSON, ÉCUYER TRANCHANT, SOMMELIER). 루이 14세 통치하에서의 '부슈 뒤 루아'는 근무 인원이 500명 이상이었으며 가장 지위가 높은 고관의 통솔 하에 움직이는, 위계질서가 엄격한 조직이었다. 왕궁의 식사 담당 업무는 7개의 부서로 나뉘어 이루어졌다. 우선 왕의 식사만 전담하는 부서에는 모두 '부슈(bouche)'라고 명시되어 있었다. 고블레(gobelet) 부서는 왕의 빵 담당 팀(paneterie-bouche)과 음료 담당 팀(échansonnerie-bouche)으로 이루어졌고, 이는 왕의 요리를 전담하는 주방(cuisine-bouche)과 긴밀히 연계되었다. 왕궁의 나머지 관료 및 직원 식사 준비도 각각 빵 담당(paneterie-commun), 음료 담당(échansonnerie-commun), 요리 담당(cuisine-commun) 부서로 나뉘어 이루어졌다. 여기에 과일 및 샹들리에, 촛불 담당자와 왕의 처소 난방을 위한 땔감 공급 담당자가 한 부서를 이루고 있었다. 이 7개의 주요부서 이외의 마지막 8번째 부서는 이 주방 및 서빙 담당자들과 시종들을 위한 식사를 준비했다.
■ **왕을 위한 요리 전담 주방.** 왕의 식사를 준비하는 이 주방은 가장 중요한 부서였다. 4명의 요리장, 4명의 로스터리 담당 요리사, 4명의 수프 담당 요리사, 4명의 파티시에가 주축이 되었고 여기에 3명의 소년이 잔심부름을 했으며 10명의 시종이 일을 도왔다. 이 밖에 식기 및 커틀러리를 관리하는 이들과 설거지 및 세탁 담당자들이 각각 업무를 분담했다. 또한 의자 및 테이블 운반을 전담하는 인력과 연락관이 있었는데, 이들은 왕이 이동할 때마다 동행했고, 그가 언제 식사를 하기 원하는지 즉시 주방에 알리는 임무를 담당했다. 왕이 사냥을 나갈 때면 와인 준비를 맡은 사람이 언제나 동행했으며 말 위에서 간단히 먹을 간식도 준비했다.
■ **부슈 제도의 와해.** 제복에 검을 차고 다닐 정도로 권위가 있었던 부슈 뒤 루아 직책은 그 임무가 대단히 엄중하고 명예로웠으나 막상 돌아오는 수입은 미미했다. 루이 14세 집권이 끝나갈 무렵 부유한 부르주아 계층이 이들을 고용하기 시작해 왕궁의 식사 서비스를 누리는 영광을 얻고자 했다. 왕의 주방 '부슈'는 1830년 루이 필리프 1세에 의해 완전히 폐지되었다.

BOUCHÉE (SALÉE) 부셰 (살레) 짭짤한 간이 있는 한 입 크기 페이스트리. 한 입에 먹을 수 있도록 작게 만든 애피타이저로, 파트 푀유테로 동그랗게 껍데기 크러스트를 만들고 그 안에 다양한 재료를 채워 넣는다.

bouchées salées : 부셰 살레

짭짤한 맛의 부셰 만들기 : 작업대에 밀가루를 뿌리고 파트 푀유테 반죽을 5mm로 민다. 젖은 헝겊으로 베이킹 팬을 한 번 닦아준다. 요철무늬가 있는 지름 8~10cm의 원형 쿠키커터를 사용해 모양을 찍어낸 다음 그중 반을 베이킹 팬에 놓는다. 약간 구부러진 가장자리가 굽는 도중에 수축되지 않도록 뒤집어 놓는다. 달걀물을 바른다. 약간 작은 사이즈의 원형 쿠키 커터로 나머지 원형 반죽의 안쪽을 잘라내 링 모양을 만든 다음 달걀물을 바른 반죽 위에 붙인다. 30분간 휴지시킨 뒤 180°C로 예열한 오븐에 넣어 12~15분간 굽는다. 페어링나이프 끝으로 조심스럽게 부셰의 윗뚜껑을 잘라내고 안쪽의 말랑한 반죽을 떼어낸다. 준비한 소 재료를 채워 넣는다.

bouchées à la bénédictine 부셰 아 라 베네딕틴

염장 대구를 채운 베네딕틴 부셰 : 염장 대구 브랑다드(brandade de morue)에 송로버섯을 작은 큐브 모양으로 썰어 넣어준 다음 퓌유테 크러스트에 채워 넣는다. 각 부셰마다 송로버섯 슬라이스를 한 장씩 얹어 장식한 다음 오븐에 살짝 구워 서빙한다.

bouchées aux champignons 부셰 오 샹피뇽

버섯을 채운 부셰 : 크림을 넣어 익힌 모렐 버섯 또는 잘게 썰어 익힌 뒤 크림 소스(베샤멜 100ml에 생크림 50ml를 섞는다)를 넣은 양송이버섯을 퓌유테 크러스트에 채워 넣는다.

bouchées aux crevettes 부셰 오 크르베트

새우를 채운 부셰 : 새우살 스튜(ragoût)에 새우 소스를 넣어 걸쭉하게 리에종 한 다음 퓌유테 크러스트에 채워 넣는다.

bouchées aux fruits de mer 부셰 오 프뤼 드 메르

해산물을 채운 부셰 : 해산물 스튜(ragoût)를 걸쭉하게 만든 다음 뜨거운 퓌유테 크러스트에 채워 넣는다. 잘라두었던 크러스트 뚜껑을 덮어 바로 서빙한다.

bouchées aux laitances 부셰 오 레탕스

생선 이리를 채운 부셰 : 후추 및 향신료를 넉넉히 넣은 쿠르부이용에 생선 이리를 넣고 약하게 끓이며 데친다. 건져서 잘게 깍둑 썬다. 크림 또는 블루테 소스를 넣고 잘 섞은 다음 퓌유테 크러스트에 채워 넣는다. 데친 분홍새우를 얹어 장식하면 더욱 좋다.

bouchées au ris de veau 부셰 오 리 드 보

송아지 흉선을 채운 부셰 : 흰색 익힘액(blanc)에 넣고 익힌 송아지 흉선을 잘게 썬다. 흉선을 익힌 국물로 만든 가벼운 블루테 소스에 크림을 넣고 송아지 흉선과 잘 섞은 뒤 퓌유테 크러스트에 채워 넣는다.

BOUCHÉE (SUCRÉE) 부셰 (쉬크레) 달콤한 맛의 부셰. 비스퀴 아 라 퀴예르(biscuit à la cuillère) 반죽으로 만든 크러스트를 구워 속을 파내고, 그 안에 크렘 파티시에나 잼, 혹은 둘을 합해 채워 넣은 뒤 색이 있는 퐁당슈거를 씌운 한입 크기의 프티푸르.

bouchées à l'abricot 부셰 아 라브리코

살구 부셰 : 밑이 둥근 볼에 설탕 250g과 달걀 8개를 넣고, 약한 불의 중탕 냄비 위에서 거품기로 잘 젓는다. 거품이 나고 색이 연해지면 체에 친 밀가루 200g과 럼 작은 한 잔과 합한 녹인 버터 200g을 넣어 섞는다. 미니 머핀틀에 3/4 정도만 채워 넣고 180°C로 예열한 오븐에서 약 20분간 구워낸다. 틀에서 꺼낸 뒤 망 위에 올려 식힌다. 부셰의 윗부분을 얇게 잘라낸 다음 아랫부분에 럼으로 향을 낸 살구 마멀레이드를 채운다. 그 위에 윗부분 뚜껑을 덮는다. 살구 마멀레이드를 졸인 뒤 럼을 넣어 향을 낸다. 이것을 부셰 윗면과 옆면에 빙 둘러 발라준 다음, 로스팅한 아몬드 슬라이스와 체리 콩피 한 개를 얹어 장식한다.

BOUCHÉE AU CHOCOLAT 부셰 오 쇼콜라 초콜릿 부셰. 초콜릿 베이스로 만들거나 초콜릿 코팅을 씌운 당과류(**참조** ROCHER, TRUFFE EN CHOCOLAT).

● Bouchées fourrées 부셰 푸레. 속을 채운 부셰. 색깔과 향을 낸 퐁당슈거, 프랄리네, 아몬드 페이스트, 말랑한 캐러멜, 누가, 리큐어, 리큐어에 담근 과일, 다양한 가나슈, 과일 젤리 등 다양한 재료들을 안에 채우고, 겉에는 카카오버터 함량이 높고 더운 온도에서 흐르는 상태가 되는 커버처 초콜릿을 씌운다.

● Bouchées moulées 부셰 물레. 틀에 넣어 만든 부셰. 녹인 커버처 초콜릿을 틀에 부어 채운 다음 틀 안쪽 벽에만 얇게 묻도록 한 뒤 바로 뒤집어 덜어낸다. 안에 들어가는 재료를 흘려 넣은 다음 다시 초콜릿 층으로 얇게 덮어씌운다.

CONFECTIONNER DES BOUCHÉES 부셰 만들기

1. 얇게 민 퓌유테 반죽을 요철무늬 원형 커터로 자른 뒤 뒤집어 놓는다. 달걀노른자를 가볍게 풀어 가장자리에 붓으로 발라준다.

2. 같은 크기의 링으로 잘라낸 반죽을 그 위에 얹어 붙인다. 풀어놓은 달걀을 전체에 한 번 더 발라준다. 달걀물이 옆으로 흘러내리지 않도록 주의한다.

BOUCHÉE À LA REINE 부셰 아 라 렌 볼로방. 퓌유테 크러스트 안에 잘게 썬 소 재료를 채운 더운 애피타이저. 이 작은 개인용 사이즈의 볼로방 아이디어를 처음으로 낸 사람이 루이 15세의 왕비인 마리 레슈친스카였다는 점에 착안해 '여왕의 부셰(bouchée à la reine)'라는 이름이 붙었다고 전해진다. 다른 여러 맛있는 요리와 디저트들처럼 최소한 이 음식을 유행시킨 것도 이 여왕이었을 것으로 추정할 수 있다. 그녀의 미각은 모든 미식 역사학자나 작가들이 인정하고 있다.

bouchées à la reine 부셰 아 라 렌

여왕의 부셰 : 파트 퓌유테로 부셰 크러스트를 굽는다. 부셰 아 라 렌에 채워 넣을 소를 만든다. 향신 재료를 넣은 육수에 삶아 익힌 닭 가슴살을 작은 큐브 모양으로 썬다. 송로버섯을 큐브 모양으로 썬 다음 화이트와인에 데친다. 아주 싱싱한 양송이버섯을 씻어 밑동을 잘라내고 4등분한다. 레몬즙을 뿌리고, 색이 나지 않게 버터에 익힌다. 닭 육수에 크림과 달걀노른자를 섞어 화이트소스를 만든다(육수 500ml 기준: 버터 40g, 밀가루 40g, 생크림 100ml, 달걀노른자 1개). 준비해둔 재료에 이 소스를 넣고 잘 섞는다. 퓌유테 크러스트를 180°C 오븐에 10분간 넣어 바삭하게 데운다. 크러스트 윗부분을 잘라내고 소 재료를 뜨겁게 데운 뒤 안에 채워 넣는다. 크러스트 뚜껑을 살짝 얹는다. 송아지 흉선, 크넬, 골 등을 잘게 썰어 흰색 익힘액(blanc)에 데쳐 익힌 뒤 소 재료에 넣어도 좋다(참조. p.907 VOL-AU-VENT FINANCIÈRE).

BOUCHÈRE (À LA) 아 라 부셰르 공통적으로 사골 골수가 들어 있는 다양한 음식을 총칭한다. 또한 식용유, 소금, 후추, 다진 파슬리에 재운 뼈 붙은 송아지 등심을 15분 정도 구운 스테이크를 지칭하기도 한다. 여기에는 파슬리를 넣은 계절 채소를 곁들여 서빙한다.

BOUCHERIE 부슈리 정육, 정육점, 정육업. 인간이 소비할 수 있는 가축의 가공과 판매에 관련된 작업을 총칭한다. 소, 송아지, 양, 돼지의 날고기 및 부속, 가금류와 수렵육 등을 판매하는 상점을 가리키기도 한다. 말고기류(말, 당나귀, 노새 고기)와 관련된 정육 분야나 정육점은 부슈리 이포파지크(hippophagique) 또는 부슈리 슈발린(chevaline)이라고 명시한다.

■ **역사.** 고대 로마시대부터 도살업자라는 직업은 법으로 규정되어왔고 특

권을 갖고 있었으며 고기의 종류에 따라 세분화되어 있었다. 로마의 정육 대가들에게서 영감을 받아 갈리아인들은 대를 이어 이 직업을 계속하는 전통을 중세부터 유지하고 있다. 파리에 처음으로 정육점이 생긴 것(현재, 샤틀레 광장에 생겼다)은 1096년이었다. 왕이 부여한 영업권을 가진 자본력 있는 대형 정육점 조합이 생겨나고, 오랫동안 몇몇 특정 가문에 의해 운영되면서 이들의 정치적 역할도 점점 커졌다. 그러나 16세기에 이들은 샤퀴트리 전문업자들에게 돼지고기 영업을 내주게 되었고, 1589년 채택된 법령은 정육업자의 권리와 의무에 관한 조항을 명시하였다. 특히 그 전까지 대강의 눈대중으로 팔던 고기를 반드시 저울에 계량해 판매하도록 의무화했다. 프랑스 혁명기 전까지 정육업자 협동조합은 약 20여 개 가문이 쥐락펴락했다. 이들은 매년 두 차례의 대규모 행사를 개최했다. 12월 6일에는 푸주한들의 수호성인인 성 니콜라우스 축일 행사가 열렸고, 사순절 바로 전 카니발인 마르디 그라(mardi gras) 때에는 온갖 장식을 한 살찐 소 퍼레이드를 개최했다(**참조** BŒUF).

■ **오늘날의 정육업.** 옛날에는 많은 정육점들이 살아 있는 가축을 직접 매입해 소매로 판매하기까지의 모든 공정과 작업을 전부 맡아서 했다. 오늘날의 정육점은 도축 후의 정육 덩어리, 준 도매 규모의 고기를 절단, 발골, 부위별 정형하고 판매용으로 진열 및 포장한다. 정육업은 아직도 수작업 비율이 큰 부분을 차지하는 식품 업종이다. 시장의 수요에 따라 최근에는 정육점에서 샤퀴트리 제품이나 조리된 식품 등도 함께 판매하는 추세다. 대형 수퍼마켓은 일반 개인들에게 판매하는 정육 매출의 80%를 차지하고 있다. 이들 고기는 바로 조리가 가능하도록 절단되어 있거나 현장에서 직접 잘라 판매하기도 하며 외부에서 납품받는 것들도 있다. 정육점에 원하는 대로 주문할 수도 있고 스스로 골라 구매하기도 한다. 포장은 주로 고객이 보는 앞에서 이루어지며 가축 위생법의 엄격한 통제를 받는다.

BOUCHON 부숑 병마개. 와인 병, 물병 등의 입구를 단단히 막는 원통형 마개로 코르크, 유리 혹은 고무 등의 재질로 만들어진다. 원래 와인은 기름 막을 덮은 뒤, 기름 먹인 대마를 씌운 볼트로 병 입구를 막아 보호했다. 코르크 병마개는 샴페인의 기포가 새어나오지 않도록 압력을 가해 막는 목적으로, 동 페리뇽 수도사가 최초로 사용했다. 탄성이 있고 유연하며 잘 썩지 않는 코르크는, 계속 숨을 쉬어야하는 와인 병마개의 소재로는 대체할 만한 것이 없을 정도로 최적이다. 기포성 사과주인 시드르나 샴페인 병의 경우 코르크 마개를 메탈 뚜껑과 철끈으로 한 번 더 묶어 고정시킨다. 그 밖에 돌려서 따는 캡슐형 병마개나 계량 눈금이 표시된 병뚜껑 등 다양한 형태의 병마개가 있다.

BOUCHON (ÉTABLISSEMENT) 부숑 (식당 시설) 리옹의 작은 전통 식당, 비스트로. 이곳에서는 리옹의 두 가지 미식 전통인 푸짐한 '마숑(mâchon 간단한 식사, 스낵)'과 '포(pot, 주로 보졸레를 마실 때 사용하는 450ml 용량의 병)'를 아직도 만나볼 수 있다. 이 단어는 건초나 짚, 나뭇잎 등을 뭉쳐서 만든 마개를 뜻하는 옛 프랑스어 부슈(bousche)에서 왔다. 옛날 마차꾼들이 한잔 하거나 식사를 하기 위해 들르며 말을 닦아주곤 했던 선술집들은 간판에 풀잎이나 짚을 많이 사용했었다.

BOUDIN ANTILLAIS 부댕 앙티예 앙티유식 부댕 소시지. 돼지피를 넣은 매콤한 맛의 통통한 소시지로 대표적인 크레올 음식이며 현지에서는 '부댕 코숑(돼지 부댕)'이라고 불린다. 주로 굽거나 돼지 기름을 두른 팬에 지져 먹는다. 또는 뜨거운 물에 데쳐서 먹기도 한다. 앙티유식 펀치를 곁들여 아페리티프로 즐겨 먹는 부댕 앙티예는 소시지 안의 내용물에 물기가 많아 흘러내리기 쉽기 때문에 한쪽 끝을 잡고 빨아먹을 수도 있다.

boudin antillais 부댕 앙티예

앙티유식 부댕 : 신선한 돼지 피 1.5리터에 식초 2테이블스푼을 섞어 응고를 방지한다. 굳은 식빵 250g을 잘게 부순 뒤 우유 반 컵을 넣어 적신다. 돼지 창자를 깨끗이 긁어내며 씻은 다음 뒤집어 씻고 물기를 닦아둔다. 레몬즙을 발라 문지른 다음 다시 뒤집어 놓는다. 양파 250g을 잘게 다져 돼지 기름 100g을 넣고 노릇한 색이 날 때까지 7~8분 정도 볶는다. 우유에 적신 빵가루와 돼지 피를 섞어 블렌더로 갈아준 다음 볼에 넣고 양파와 혼합한다. 마늘 4~5톨과 쥐똥고추 1개를 잘게 다진다. 차이브 20줄기를 잘게 썬 다음, 마늘, 고추와 함께 볼 안의 혼합물에 넣고 섞는다. 소금, 후추를 넣고 밀가루도 1테이블스푼 넣어준다. 손이나 나무 주걱으로 잘 섞은 다음 간을 맞춘다. 혼합물이 아주 매콤해야 한다. 돼지 창자의 한쪽 끝을 매듭지어 묶는다. 깔대기를 사용하여 창자에 내용물을 채워 넣는다. 다른 한쪽을 눌러가며 소를 공기 없이 채워 약 10cm 정도가 되면 창자를 여러 번 돌려 막아준 다음 계속 채워가며 마찬가지 방법으로 길이 10cm짜리 부댕을 만든다. 향신 재료(차이브, 월계수 잎, 고추, 올스파이스)를 넣은 끓는 물에 한 번에 넣고 아주 약하게 끓는 상태로 15분간 데쳐 익힌다. 건져서 식힌다.

BOUDIN BLANC 부댕 블랑 흰색 부댕 소시지. 흰살 육류를 곱게 다져 돼지비계나 송아지 고기, 혹은 생선살, 우유, 달걀, 밀가루(또는 빵가루)와 향신 양념을 섞어 돼지 창자에 채워 넣은 샤퀴트리의 일종이다(**참조** p.120 부댕 도표, pp.193~194 샤퀴트리 도감).

boudin blanc 부댕 블랑

흰색 부댕 : 껍질을 벗기고 닭 한 마리의 뼈를 제거하고 살코기만 발라낸 다음, 요크 햄 250g과 함께 분쇄기에 넣고 곱게 간다. 빵가루 150g을 체에 친 다음 이를 적실 정도의 분량만큼만 우유를 넣어준다. 약한 불에 올리고 잘 섞으며 걸쭉하게 만든 다음 식힌다. 양송이버섯 400g과 레몬즙 1/2개분, 잘게 다진 샬롯으로 흰색 뒥셀(duxelles)을 만든다. 물기가 없어질 때까지 바싹 볶은 다음 식힌다. 우유와 혼합한 빵가루, 곱게 간 닭고기와 햄 혼합물, 버섯 뒥셀, 달걀노른자 2개, 아몬드 가루 100g, 더블크림 200ml, 마데이라 와인 또는 셰리와인 1잔, 파프리카 가루 넉넉히 한 꼬집, 소금, 설탕, 카옌페퍼 칼끝으로 조금, 다진 파슬리 2테이블스푼, 타임 가루 넉넉히 1꼬집, 그리고 기호에 따라 송로버섯 자투리를 조금 넣고 모든 재료를 조심스럽게 섞는다. 달걀흰자 2개분을 거품 낸 다음 혼합물에 넣어 섞는다. 돼지 창자를 준비하고 부댕 앙티예와 같은 방법으로 소를 채운다. 마찬가지 방법으로 데쳐 익힌 다음 식힌다. 흙의 풍미가 난다.

BOUDIN NOIR 부댕 누아 검은색 부댕 소시지, 블러드 소시지, 블랙 푸딩. 혈액 응고에 관여하는 섬유소원(피브리노겐)을 제거한 동물의 피와 돼지비계를 기본재료로 하여 양념한 소를 창자에 채워 넣은 샤퀴트리의 일종. 긴 순대처럼 생긴 부댕은 원하는 길이로 잘라서, 또는 하나씩 양끝을 묶은 상태의 굵은 소시지 모양으로 판매한다(**참조** 뒷 페이지 부댕 도표, pp.193~194 샤퀴트리 도감). 지방에 따라 양파, 밤 등의 부재료를 넣기도 하며, 주로 삶은 감자나 감자 퓌레를 곁들여 먹는다. 프랑스 남서부 쉬드 우에스트 지방(특히 베아른)에서는 창자 껍질을 제거한 부댕을 병이나 캔에 포장한 제품을 구입할 수도 있다. 프랑스의 부댕은 이를 만드는 샤퀴트리 전문가의 개성에 따라 그 종류가 무궁무진하다. 부댕 누아는 기름지며 철이 풍부하게 함유되어 있다.

크리스티앙 파라(CHRISTIAN PARRA)의 레시피

boudin noir béarnais 부댕 누아 베아르네즈

베아른식 검은색 부댕 큰 냄비에 잘게 다진 돼지 목구멍살 1kg을 넣고 약한 불로 천천히 30분 정도 익힌다. 양파 1kg과 마늘 250g의 껍질을 벗긴 다음 냄비에 넣는다. 다진 타임 40g과 잘게 썬 파슬리 한 송이도 넣어준다. 뭉근하게 1시간 30분간 익힌다. 다른 냄비에 물을 넉넉히 붓고 굵은 소금을 녹인 다음 돼지머리 반 개와 리크 1kg, 정향을 박은 양파 500g, 붉은 고추 4개, 자르지 않은 당근 500g을 넣고 끓인다. 익으면 돼지머리를 건져 뼈를 발라낸 다음 머리고기와 리크를 함께 다져 첫 번째 냄비에 넣는다. 간을 맞추고 카트르 에피스를 넣어 향을 더한다. 피 5리터를 넣고 잘 젓는다. 병이나 캔에 넣고 2시간 동안 열탕소독한다. 슬라이스해 차갑게 서빙하거나 구워 먹는다.

boudin noir à la normande 부댕 누아 아 라 노르망드

노르망디식 검은색 부댕 : 신맛이 있는 사과 750g의 껍질을 벗겨 잘게 썬 다음 레몬즙을 뿌리고 버터를 두른 팬에서 노릇하게 볶는다. 데쳐 익힌 검은색 부댕 1kg을 일정한 크기로 자른 다음 팬에 버터를 두르고 지진다. 여기에 사과를 넣고 함께 센 불에서 잠깐 소테한 다음 바로 뜨겁게 서빙한다.

BOUGON 부공 염소젖(지방 46%)으로 만든 흰색 천연 외피의 연성치즈다. 라 모트 부공(La Mothe-Bougon) 협동조합에서만 독점 생산되고 있는 이 치즈는 둥근 나무상자로 포장해 판매되며, 지름 11cm, 두께 2.5cm, 무게는 250g이다. 염소젖의 질이 최상의 상태를 보여주는 5월에서 9월까지 풍미가 아주 좋다.

부댕의 종류와 특징

명칭	생산지	특징	풍미
부댕 블랑, 흰색 부댕 ***boudins blancs***			
카탈루냐식 부댕 블랑 boudin blanc catalan	피레네 오리앙 Pyrénées-Orient.	회색 빛을 띤 흰색의 굵은 소시지로 달걀을 많이 넣어 만든다. 전분질 무첨가.	허브 향이 강하다.
클래식 부댕 블랑 boudin blanc classique	프랑스 전역	돼지, 송아지, 닭 등의 살과 지방, 우유, 달걀을 혼합해 돼지창자에 채워 넣고 12~15cm 길이로 만든다.	녹진하고 닭고기의 감칠맛을 느낄 수 있으며, 재료의 밸런스가 좋다.
클래식 boudin blanc havrais	노르망디 Normandie	아주 오래전부터 먹어온 밝은 황색의 부댕으로 돼지비계(살코기는 넣지 않음), 우유, 달걀, 빵가루, 전분이나 쌀가루를 넣어 만든다.	꽤 기름지고 간이 세지 않으며 전반적으로 밍밍하다.
아브르식 부댕 블랑 boudin blanc au foie gras à la toulousaine	쉬드 우에스트 Sud-Ouest	아주 오래된 레시피에 따라 닭의 흰살, 돼지비계, 우유, 달걀을 섞고, 거위나 오리 푸아그라를 넣는다(20%).	아주 풍미가 좋다.
르텔 부댕 블랑 boudin blanc de Rethel (IGP)	아르덴 Ardennes	돼지 살코기와 비계, 우유, 달걀을 넣고 전분질을 첨가 하지 않은 클래식 부댕.	녹진하며 살코기가 많아 풍미가 좋다.
트러플 부댕 블랑 boudin blanc truffé	프랑스 전역	돼지 살코기와 비계, 송아지 또는 닭고기, 우유, 달걀을 넣고 송로버섯을 최소 3% 이상 넣는다.	송로버섯 향이 일품인 이 부댕은 크리스마스 때 특별히 즐겨 먹는다.
리슐리외 부댕 블랑 boudin à la Richelieu	프랑스 전역	닭 살코기, 경우에 따라 송로버섯을 넣고 넓적하게 빚은 뒤 돼지 크레핀으로 감싼다.	단단하지만 속은 부드러 우며, 송로버섯의 풍미가 좋다.
부녜트 드 카스트르 bougnette de Castres	쉬드 우에스트 Sud-Ouest	말사(malsat)와 비슷하며, 돼지 크레핀으로 감싼다.	오븐에 구워 익혀 바삭한 질감을 즐길 수 있다.
쿠드누oudenou	타른 Tarn	돼지껍데기와 달걀혼합물을 반씩 섞어 창자에 채운 뒤 물에 데쳐 익힌다.	오돌오돌한 식감과 녹진함을 느낄 수 있으며 매콤한 편이다.
말사, 부댕 블랑 드 페이 malsat, boudin blanc de pays	쉬드 우에스트 Sud-Ouest	돼지삼겹살과 달걀혼합물을 반씩 섞고 허브로 향을 낸 다음, 식용허가를 받은 소 창자에 채워 넣는다.	살코기가 풍부하며, 허브 향이 난다.
부댕 누아, 검은색 부댕 ***boudins noirs***			
블러드 소시지 bloedpens	벨기에 북부	허파를 포함한 부속과 비계를 섞어 소나 말의 대창에 채워 넣는다.	기름지고 무른 질감이다.
앙티유식 부댕 크레올식 부댕 boudin antillais, ou boudin créole	프랑스 전역	작은 크기로 줄줄이 엮어 만드는 소시지식 부댕으로 돼지 피, 빵가루, 우유, 쪽파 생 고추를 넣고 매끈하게 섞은 소를 채워 넣는다.	매콤하고 향신료 맛이 진한 전형적인 부댕.
오드식 부댕 boudin audois	오드 Aude	돼지 머리고기(40%), 목구멍 살, 껍데기, 족, 피를 섞어 소를 만든다.	돼지껍데기가 들어 있어 오돌오돌하며 쫄깃한 식감을 준다.
오베르뉴 부댕 boudin d'Auvergne	오베르뉴 Auvergne	기본 소에 껍질째 삶은 돼지 머리고기와 우유를 추가로 넣는다.	녹진하고 부드러우며 만드는 샤퀴트리업자에 따라 맛이 다양하다.
부르고뉴 부댕 boudin de Bour-gogne	부르고뉴 Bourgogne	기본 소에 우유와 쌀을 추가로 넣는다.	부드럽고 촉촉하다.
소 혀 부댕 boudin de langue, ou Zungenwurst	알자스 Alsace	기본 소에 돼지나 소의 혀(35~45%)를 첨가한 뒤 훈연한 소나 송아지의 대창에 채워 넣는다.	혀의 맛이 강하고, 녹진 하며 훈연향이 난다.
리옹 부댕 boudin de Lyon	론 Rhône	생 양파, 크림, 근대나 시금치를 추가한다.	양파 향이 강하고, 근대의 흙의 풍미가 난다.
생 로맹 부댕 누아 boudin noir de Saint-Romain	아브르 지역 région du Havre	돼지 피, 생 양파, 크림(10%)이 들어간다.	부드럽고 촉촉하며, 양파 맛이 난다.
파리 부댕 boudin de Paris	일 드 프랑스 Île-de-France	돼지 피, 비계, 익힌 양파를 각각 씩 혼합해 돼지 창자에 채워 넣는다. 소에 우유나 크림을 넣기도 한다.	녹진하며 다소 매콤하다.
푸아투 부댕 boudin du Poitou	푸아투 샤랑트 Poitou-Cha-rentes	돼지비계를 넣지 않으며, 시금치, 크림, 달걀, 설탕 세몰리나 또는 빵가루를 넣는다.	담백하고 녹진하며 허브와 시금치 향이 난다.
스트라스부르 부댕 알자스식 부댕 boudin de Strasbourg, boudin alsacien	알자스 Alsace	삶은 돼지껍데기와 우유에 적신 빵(10%) 을 추가로 넣는다.	독특한 훈연 향이 나며, 오돌오돌한 식감이 있다.
쉬드 우에스트 부댕 , 갈라바르 bou-din du Sud-Ouest, galabart	보르도 지역 région de Bordeaux	돼지머리(혀, 껍데기 포함) 전체와 허파, 다져 익힌 염통을 넣어 만든 굵직한 부댕. 그리고 경우에 따라 빵가루(이 경우 명시한다)를 첨가하기도 한다.	기름지지 않고 오돌오돌한 식감이 있는 매우 특별한 맛의 부댕이다.
부티파르 부티파롱 boutifar, ou boutifaron	루시용 Roussillon	빵가루를 넣지 않은 갈라바르. 붉은 고추를 넣는다.	맛이 강하고, 고추를 넣어 맵다.
쿠탕세 coutançais	영불해협 Manche	돼지 피(35%), 생 양파(30%), 비계를 섞어 돼지 대창에 채워 넣은 굵직한 부댕.	비교적 기름지고 양파 맛이 강하며, 그릴에 구우면 바삭하다.
고그 당주 gogue d'Anjou	앙주 Anjou	익힌 양파, 돼지고기와 피. 시금치, 근대를 넣은 굵직한 부댕.	채소와 허브의 풍미가 있다,
소시송 누아 saucisson noir, Schwarzwurst	알자스 Alsace	돼지 피, 껍데기, 귀, 머리고기, 뼈를 바른 족, 깍뚝 썬 비계, 소 창자로 만든 훈제 부댕.	훈연 향이 뚜렷하고, 겉이 바삭하며, 부드러우면서도 오돌오돌한 식감이 있다.

BOUILLABAISSE 부야베스 생선과 여러 향신 재료를 넣고 끓인 프로방스 요리. 특히 마르세유의 부야베스가 유명하며, 재료에 따라 그 종류가 다양하다. 원래 부야베스는 낚시를 마치고 돌아온 어부들이 바닷가에서 큰 냄비를 숯불 위에 걸어놓고 시장에 내다 팔지 못할 생선, 특히 스튜로 먹는 방법 외엔 뾰족한 조리방법이 없는 쏨뱅이(정통 부야베스의 필수 재료)와 같은 생선을 끓여 즉석에서 먹던 요리였다. 여기에 매미새우, 홍합, 작은 게 등 갑각류나 조개 등의 해물을 더해 맛을 냈다. 도시인들은 여기에 랑구스트(닭새우)를 넣기도 한다. 올리브오일, 후추, 사프란뿐 아니라 말린 오렌지 껍질을 넣어 향을 낸다.

정통 부야베스는 낚시로(트롤망으로 잡아 올린 것보다 더 맛이 좋다) 갓 잡은 바다연안 생선으로 만든다. 생선과 국물은 따로 서빙되는데, 이 수프를 마른 빵에 부어 적셔먹으며, 마르세유에서는 마레트(marette)라고 불리는 특별한 빵과 함께 먹는다.

또한 마늘을 문질러 향을 낸 크루통과 루이유(rouille) 소스, 파르메산 치즈, 심지어 말린 토마토와 루콜라 샐러드를 곁들이기도 한다. 프로방스 요리에는 이 외에 다른 종류의 생선 수프도 있다. 마르티그(Martigues)에서는 오징어와 그 먹물을 넣은 검은색 부야베스를 만들어 먹으며, 따로 익힌 감자를 곁들인다.

정어리와 염장 대구를 넣은 부야베스도 많이 즐겨 먹으며, 세트(Sète)의 부리드(bourride)나 툴롱(Toulon)의 르브세(revesset) 등도 비슷한 종류의 생선 수프다. 경우에 따라 국물에 화이트와인을 섞기도 한다. 프랑스의 여러 해안 지방은 각기 고유의 생선수프 레시피를 갖고 있다. 루시용의 부이나다(bouillinada), 브르타뉴의 코트리아드(cotriade), 샤랑트의 쇼드레(chaudrée, 미국의 수프 '차우더'의 기원이 되었다), 디에프의 마르미트(marmite), 플랑드르 지방의 워터조이(waterzoï), 바스크 지방의 토로(ttoro) 등이 대표적이다.

bouillabaisse de Marseille 부야베스 드 마르세유

마르세유 부야베스 : 준비한 생선(붕장어, 도미, 성대, 아귀, 명태, 쏨뱅이, 달고기 등) 2kg의 비늘을 제거하고 내장을 빼낸다. 대가리를 잘라낸 다음 적당한 크기로 토막낸다. 양파 1개, 마늘 1톨, 리크 2줄기, 셀러리 3줄기의 껍질을 벗기고 잘게 다져, 식용유 100ml를 달군 냄비에 넣고 노릇하게 볶는다. 소금, 후추로 간한다. 생선 대가리와 자투리를 넣고 잠기도록 물을 부은 뒤 끓인다. 불을 줄이고 약하게 20분 정도 끓인다. 고운 체에 눌러내려 국물을 받아둔다. 토마토 3개를 데쳐 껍질을 벗긴 뒤 속과 씨를 빼고 잘게 썬다. 냄비에 식용유를 두르고 껍질 벗겨 잘게 다진 양파 1개, 마늘 2톨, 펜넬 1개를 넣고 노릇하게 볶는다. 생선국물을 붓고 토마토, 부케가르니 1개를 넣는다. 쏨뱅이를 먼저 넣고 끓이면서 다음에 성대, 아귀, 붕장어, 도미 순으로 넣고, 솔로 잘 닦은 주름꽃게 10마리와 사프란 몇 가닥을 넣는다. 센 불로 8분 정도 끓인 뒤 달고기와 명태를 넣는다. 다시 5-6분 더 끓인다. 식빵 한 쪽에 국물을 부어 적신 뒤 꼭 짠다. 여기에 마늘 3톨, 다진 홍고추 1개를 넣고 절구에 찧어 마요네즈같은 질감의 루이유(rouille)를 만든다. 바게트 1개를 동그랗게 슬라이스한 다음 오븐에 구워 크루통을 만든다. 큰 접시에 생선과 주름꽃게를 놓고, 국물을 수프용 그릇에 따로 담는다. 루이유와 크루통을 곁들여 서빙한다.

BOUILLEUR DE CRU 부이이외르 드 크뤼 토지소유자, 농작인, 소작인을 뜻하는 용어다. 특히 직접 재배한 재료로 만든 와인, 애플 사이더, 서양 배 증류주, 마르(marc 포도 찌꺼기 증류주), 포도 찌꺼기 등을 직접 증류하거나 제3자를 통해 증류주를 만드는 포도재배자를 지칭한다. 1916년까지 생산자와 증류하는 사람이 '부이외르 드 크뤼'라는 같은 이름으로 혼용되었다. 오늘날 이 명칭은 생산자에만 해당하며, 증류를 전문으로 하는 직업인은 '부이외르 앙뷜랑(bouilleurs ambulants 이동식 증류 기술자)'이라고 부른다. 공식적인 명칭으로는 '루외르 달랑빅(loueur d'alambic 증류기 대여자)'이라 불리는 이들은 기계와 노하우를 파는 기술자였다. 자신의 증류기를 '공영 아틀리에(atelier public)'라고 불리는 장소에 설치하고 생산자들이 가져오는 수확물을 증류해 술을 만들었다. 생산자들은 자신의 농작물을 증류해 얻은 증류주 양 만큼 이들에게 값을 지불했다. 이 증류업 종사자들은 매년 자신들의 개인용 목적으로 증류한 술 첫 10리터에 대해서는 세금을 면제받는 혜택을 받았다. 2004년 가결된 법에 의거해 2007년 말까지 이 역사적인 세제 혜택은 사라질 것으로 예상되었으나 아직까지도 이들은 조세감면의 혜택을 누리고 있다.

BOUILLI 부이이 포토푀, 육수 또는 콩소메 등을 끓인 소고기를 가리킨다. 국물을 우려내고 남은 이 수육은 샐러드 등으로 차갑게 먹거나 슬라이스한 다음 데우거나 구워서 따뜻하게 먹는다. 또는 큼직한 큐브 모양으로 썰어 지지거나 맛이 강한 소스에 적셔 먹기도 한다. 다져서 뭉쳐 미트볼이나 크로메스키를 만들기도 하고 아시 파르마티에(hachis parmentier 셰퍼드 파이)에 넣는 재료로도 사용한다.

▶ 레시피 : BŒUF.

BOUILLIR 부이르 집어넣은 식재료를 익히기 위하여 액체(물, 육수, 쿠르 부이용 등)를 끓는 온도까지 가열하여 그 상태를 유지하다(**참조** p.295 익힘 방법 도표). 액체마다 일정한 온도 이상에서 끓는 현상이 일어난다(물은 100℃). '세게 펄펄(à gros bouillon)' 끓이는 것은 시간을 단축하기 위함이 아니라 물거품이 세게 일어 재료끼리 혹은 바닥에 들러붙는 것을 방지하기 위함이다. 또한 액체의 농도를 진하게 농축하기 위해 끓이기도 한다.

BOUILLON 부이용 고기나 채소를 끓인 액체로, 다른 재료를 삶을 때 물 대신 사용하거나 소스, 포타주 등을 만들 때 베이스로 쓰는 국물을 가리킨다. 육수 농축액, 액체나 고체 타입 부이용을 물에 희석해 쓰기도 한다.

'마르미트 아메리켄(marmite americaine)', '병에 든 부이용(bouillon à la bouteille)', '비프 티(beef tea)'라고도 불리는 미국식 육수는 특수 밀폐용기에서 고기와 채소를 무수분으로 중탕 가열하여 얻은 영양이 풍부한 농축 즙이다.

bouillon d'abattis 부이용 다바티

닭 자투리 육수 : 닭 4마리의 발, 날개 끝, 목 등의 자투리를 찬물 2리터에 넣고 가열한다, 중간 크기 당근 4개, 둥근 순무 2개, 리크 흰 부분 3대, 셀러리 2줄기와 파스닙 작은 한 조각의 껍질을 벗긴 뒤 납작하게 썬다. 닭 육수가 끓기 시작하면 거품을 건지고 채소를 모두 넣는다. 정향을 몇 개 박은 양파 1개와 부케가르니 1개, 으깬 마늘 2톨, 소금, 후추를 넣는다. 약하게 1시간 30분 정도 끓인다. 자투리를 건지고 살을 발라내 육수에 넣은 다음 레몬즙 1/2개분과 잘게 썬 파슬리를 넣고, 간을 맞춘 뒤 서빙한다. 그리스 식으로 육수에 쌀 2줌을 넣고 익힌 뒤 달걀노른자 한 개 또는 달걀 1개를 풀어서 넣어 걸쭉하게 섞어 먹기도 한다.

bouillon de bœuf, marmite de bœuf 부이용 드 뵈프, 마르미트 드 뵈프

소고기 육수 : 뼈와 기름을 제거한 소고기(부채살, 부채덮개살, 아롱사태, 꾸리살, 찜갈비 등)를 실로 묶는다. 뼈는 작게 토막낸다. 냄비에 모두 넣고 잠길 정도로 물을 붓는다. 소금을 넣고 끓인다. 기름과 거품을 건져준다. 양파를 반으로 갈라 색이 아주 진해질 때까지 팬에 구운 다음 냄비에 넣는다. 리크, 당근, 셀러리, 마늘, 부케가르니, 정향도 함께 넣어준다. 3시간 30분간 뚜껑을 열고 약하게 끓인다. 기름과 거품을 계속해서 꼼꼼히 건진다. 완성된 국물을 체에 거른다. 이 육수로 콩소메를 만들 수 있다.

옛 레시피

bouillon d'escargot 부이용 데스카르고

식용 달팽이 육수 식용 달팽이 36마리를 준비한다. 껍데기를 벗긴 다음 냄비에 넣고 물 3리터를 붓는다. 송아지 머리 400g, 씻어서 4등분으로 길게 자른 양상추 1개, 쇠비름 잎 1줌과 소금을 조금 넣고 가열한다. 거품을 건진다. 제대로 끓어오르면 불을 줄이고 겨우 끓을 정도로 약하게 2시간 동안 익힌다. 간을 맞춘 다음 국물을 체에 거른다.

1884년 약전(CODEX de 1884) 레시피

bouillon aux herbes 부이용 오 제르브

허브 육수 : 재료 : 신선한 생 소렐(수영)잎 40g, 신선한 양상추 잎 20g, 신선한 처빌 잎 10g, 천일염 2g, 차가운 버터 5g, 물 5리터. "깨끗이 씻은 채소와 허브 잎을 물에 완전히 익힌 다음 소금과 버터를 넣어 준다. 체에 거른다."
이 레시피는 아직 유효하다. 근대나 시금치를 넣어 함께 익혀도 좋으며, 서빙 시 파슬리와 레몬즙을 넣어준다.

bouillon de légumes 부이용 드 레귐

채소 육수 : 냄비에 리크, 당근, 셀러리, 경우에 따라 둥근 순무나 생 토마토, 파슬리 작

은 1송이를 넣고 물을 부은 다음 거품을 걷어가며 40분간 끓인다. 채소가 뭉개지지 않도록 주의하면서 체에 거른다.

---

bouillon de veau, fond blanc de veau 부이용 드 보, 퐁 드 보

송아지 육수 : 뼈와 기름을 제거한 송아지고기(정강이, 양지 등의 국물용 부위)를 실로 묶는다. 뼈를 잘게 썬다. 모두 냄비에 넣고 재료가 잠길 만큼 물을 부어 끓인다. 기름과 거품을 건져낸다. 리크, 당근, 셀러리, 정향 2개를 박은 양파 1개, 부케가르니 1개를 넣고 뚜껑을 연 상태로 약하게 2시간 30분간 끓인다. 기름과 거품을 계속해서 꼼꼼히 건져낸다. 국물을 체에 거른다. 이 육수로 송아지 블루테, 육즙 소스(jus) 및 기타 소스를 만들 수 있고, 채소를 브레이징하거나 크림 수프를 만들 때 국물로 사용하기도 한다.

crabes en bouillon ▶ CRABE

BOUILLON (ÉTABLISSEMENT) 부이용 (식당 시설) 균일가의 저렴한 메뉴를 선보이는 식당으로 프랑스에 19세기 말에 처음 등장했다(**참조** DUVAL). 초창기에 이 식당의 주 메뉴는 익힌 소고기와 그 국물이었다. 하지만 시간이 지나면서 푸짐하고도 가격이 저렴한 이 메뉴 외에 다른 메뉴들이 많아졌다. 파리에는 부이용 불랑(bouillon Boulant)이나 부이용 샤르티에(bouillon Chartier)를 비롯한 몇몇 대형 레스토랑 체인이 생겨났고, 이들 중 한 곳은 아직도 나무톱밥 바닥, 토네(Thonet) 가구 장식의 1900년 당시 인테리어와 보라색 잉크로 쓰인 메뉴를 그대로 간직한 채 영업을 계속하고 있다.

BOUKHA, BOUKHRA 부카, 부크라 알코올 도수가 약 36% Vol.인 무화과 오드비(증류주)로 튀니지에서 생산되며 북아프리카 전역에서 식후주로 마신다. 무화과(주로 터키의 Hordas 무화과)를 말려 발효시킨 뒤 연속식 증류기로 증류한다.

BOULANGER 불랑제 파리 풀리가(rue des Poulies, 현재 루브르가)에 생겼던 카페의 주인으로 파리 최초의 외식업 운영자이다. 소스나 조리한 음식, 스튜를 팔 수 있었던 당시 음식점 운영자 동업조합의 회원이 아니었던 그는 손님들에게 음료나 국물 음식을 서빙하는 부이용 레스토랑 형태로밖에 영업을 할 수 없었다. 1765년 어느 날 그는 화이트소스의 양 족을 손님에게 서빙했다. 기존 음식점 조합원들은 이에 반발해 법적 소송을 제기했으나, 의회는 양의 족 요리가 스튜(ragoût)는 아니라고 판결했다. 이후 이 식당은 성공을 거두었고, 불랑제 씨는 굵은 소금을 뿌린 닭 요리를 메뉴에 추가했다.

BOULANGÈRE (À LA) 아 라 불랑제르 주로 큰 덩어리의 양고기나 대구 등의 생선을 큰 통째로 오븐에 익힌(집집마다 오븐이 없던 시절 빵집의 오븐에서 구웠다는 기원을 따라 불랑제르라는 이름이 붙었다) 요리를 뜻한다. 감자, 얇게 썰어 버터에 한번 슬쩍 볶아낸 양파를 곁들인다.

BOULANGERIE 불랑주리 빵집, 베이커리. 빵을 만들고 판매하는 장소. 프랑스의 가정에서 빵을 만드는 관습이 사라지게 된 것은 제1차 세계대전이 끝나고 나서부터다. 빵을 만드는 일은 아직도 대부분 옛 아티장 방식으로 이루어진다.

■ **불랑주리의 역사.** 고대 이집트의 무덤 벽화에는 이미 잘 정비된 빵집의 모습들이 등장한다. 당시 그곳에서는 효모를 넣지 않은 무교병뿐 아니라 상류층을 위해 맥주 효모를 넣은 발효빵도 만들었다. 헤로도토스는 그리스인들이 이집트인들에게서 발효빵의 비밀을 배운 것이라고 말했다. 기원전 168년 마케도니아 왕 페르세우스와의 대결에서 승리한 로마인들은 그리스 제빵사들을 노예로 데려왔다.

서기 100년 트라야누스 황제는 제빵사 동업조합을 창설하고 많은 혜택을 부여했다. 폭동을 막기 위해 로마의 극빈층 시민들에게는 빵이 무상으로 배급되었다. 아우구스투스 황제 집권 시절 로마에는 인구 100만 명에 총 326개의 빵집이 있었다. 이는 곧이어 베이커리의 국유화로 이어져 제빵사들은 나라에서 직접 급여를 받는 대신 개인의 영업수익을 얻을 수 없게 되었다. 로마의 정복 이후 갈리아 제빵사들이 협동조합에 합류하게 되었다. 중세 초기부터 지방 농촌에서는 봉건영주들이 세금을 거두기 위해 그들의 농노들에게 영주의 방앗간에 와서 밀을 빻고 공동 오븐에 반죽을 굽도록 했다.

프랑스에 진정한 제빵업자 조합이 탄생하게 된 것은 12세기에 이르러서다. 이들은 타미지에(tamisiers, 또는 tameliers 체에 치는 사람들이라는 뜻)로 불렸는데, 이는 자신들에게 배달된 밀가루를 체에 쳐야 했기 때문이다. 필립 2세 왕은 이들에게 파리 내에서 빵을 만들 수 있는 독점권을 부여했다(당시 62곳이 있었다).

■ **왕의 칙령.** 13세기에 들어오면서 타미지에 대신 불랑제(boulanger 제빵사)라는 명칭이 쓰이기 시작했다. 이는 피카르디어 '불랑(boulenc)'에서 온 단어로 '빵을 둥글게 만드는 사람'이라는 뜻이다. 왕의 칙령에는 빵의 품질, 무게, 가격이 정확하게 명시되어 있었다. 무게가 미달된 빵은 몰수되어 가난한 시민들에게 공급되었다. 필립 4세 왕은 제빵 관련 법령을 개정하여 이때부터는 범법행위의 경중에 따라 벌금이 매겨지게 되었다. 그는 제빵사들의 특혜를 축소했고 일반 개인도 곡식 낟알을 구매할 수 있도록 허용했다. 샤를 5세 왕 시대에는 빵 판매 장소와 시간뿐 아니라 사용된 밀가루에 따라 각기 다른 가격을 법으로 제정했다.

17세기는 파리 불랑제리 역사에 한 획을 그은 시기였다. 빵 제조기술은 나날이 완벽해져갔고 제빵사들은 밀기울이 섞이지 않은 밀가루를 더욱 넉넉히 받아 쓸 수 있었으며 맥주 효모가 도입되었지만 그 사용은 제한되었다. 한편 시장의 수는 점점 늘어났다. 17세기 초 앙리 4세의 왕비인 마리 드 메디시스가 이탈리아 제빵사들을 대동하고 오면서 새로운 제품이 인기를 끌게 되었다. 파리지앵들은 점점 더 순 정제 밀가루로 만든 가볍고 흰 빵을 선호하게 되었다.

■ **프랑스 대혁명 이후.** 18세기, 밀 경작과 생산은 큰 발전을 보였고 기근의 공포는 차츰 희미해져갔다. 그러나 선견지명이 있던 왕실 행정부는 곡식을 대규모 비축했다.

1774년 재정 총 책임자였던 튀르고(Turgot) 재무장관은 왕국 전역에 자유로운 밀거래를 선언한다. 하지만 그 당시 농사가 아직 소규모 경작인들 주도하에 이루어지고 있었던 상황에서 이러한 결정은 시기상조였다. 이듬해엔 폭동과 밀 보관 창고 약탈이 이어지는 이른 바 '밀가루 전쟁'이 일어났다.

지속되던 식량부족 사태는 바스티유 습격 이후 더 심각해졌다. 파리에는 빵이 부족했고 시장의 여인들이 주도한 시민 시위대는 "제빵사를 찾으러 가자. 남녀 상관없다. 제빵사 조수라도 찾으러 가자"라고 외치며 베르사유 궁을 향한 도로를 점령했다.

1791년 3월 2일 입헌의회는 제빵 동업조합과 그 장인들 단체를 모두 해체했다. 제빵사들은 이제 자유롭게 생산과 판매를 할 수 있게 되었지만, 계속 공권력의 규제하에 머물렀다. 빵집의 제품들은 점점 발전되고 다양해졌다. 1840년부터는 비엔나식 페이스트리류의 빵인 비에누아즈리가 파리에서 큰 인기를 끌었다.

오늘날 프랑스인의 빵 소비가 줄어들었음에도 불구하고 많은 수의 베이커리가 영업 중이다(프랑스에는 3만 개 이상의 아티장 베이커리가 있다). 대량생산 업체에서도 막대한 자본을 투자해 빵의 품질을 높이는 데 주력하여 안정적인 시장 점유율을 유지하고 있다. 빵의 종류도 점점 다양해졌다. 제빵사들의 요청에 따라 '불랑주리(bouangerie)'라는 명칭은 1998년 5월 25일 법으로 공식 명문화되었다(**참조** PAIN).

■ **제빵 도구.** 고대부터 20세기 초기까지 제빵 도구는 실제적으로 거의 변하지 않았다. 고대 로마 벽화에서는 가축의 힘을 사용해 반죽하는 모습을 볼 수 있다. 기계식 반죽기가 처음 등장한 것은 1920년이다. 옛날 나무 장작이나 숯을 때던 화덕은 오늘날 전기, 가스 또는 중유를 사용하는 오븐으로 발전했다. 빵을 대량으로 생산하는 공장에서는 바퀴로 이동이 가능한 대형 랙을 직접 넣을 수 있는 로테이팅 오븐(대형 순환식 오븐)을 주로 사용하고, 아티장 불랑제리에서는 데크 오븐을 사용하는 경우가 많다.

다른 장비들 역시 발전을 이루었다. 고속 반죽기는 반죽을 산화시키면서 희게 만들어준다. 온도 조절이 가능한 발효실은 제빵사들로 하여금 원하는 시간과 목적에 따라 발효 속도를 맞출 수 있게 해준다. 또한 냉동기술의 발달도 빼놓을 수 없다. 이는 프랑스에서, 특히 대형 빵 생산업체에서는 일상적으로 반드시 필요한 시설이다.

BOULE DE BÂLE 불 드 발 짧고 통통한 스위스 바젤의 소시지. 곱게 간 돼지고기와 비계로 만든 소를 곧은 모양의 인조 창자에 채워 넣은 작은 크기의 소시지다. 고온에서 살짝 훈연한 뒤 70~75°C에서 재빨리 데쳐 식힌 것이다. 빵과 머스터드를 곁들이기도 하고 샐러드에 넣어 차갑게 먹거나, 그

냥 구워서 또는 크러스트를 씌워 구워 먹는다.

BOULE DE CUISSON 불 드 퀴송 구형 망. 다양한 크기의 구형 철망으로 반으로 나뉘어 열게 되어 있다. 안에 말린 찻잎을 넣어 물에 우리거나, 식재료를 넣어 끓는 물에 익히는 데 사용한다.

- 티 인퓨저(차 우림 망). 둥근 모양 또는 달걀 크기 정도의 타원형으로 소재는 알루미늄 또는 스테인리스이며 작은 구멍들이 나 있다. 뜨거운 물에 넣어 차를 우려낼 때 찻잎이 물에 흩어지는 것을 막아준다.
- 쌀 익힘용 망. 알루미늄으로 된 지름 14cm 정도의 구형 망으로 차 우림용 망보다 좀 더 큰 구멍들이 나 있다. 쌀은 익힐 때는 부피가 두 배로 늘어나므로 망에는 반만 채워야 한다. 주로 닭 육수를 끓일 때, 망에 넣은 쌀을 함께 익혀 곁들여 먹는다.
- 채소용 망. 가는 철사로 된 바구니형 망으로 두 개의 반구형 망을 고리로 닫을 수 있게 되어 있다. 육수를 끓일 때 향신채소 등을 망에 넣어 함께 끓이면 완성 후 국물을 체에 거르지 않고도 손쉽게 건져낼 수 있다.

BOULE DE LILLE ▶ 참조 MIMOLETTE

BOULE-DE-NEIGE 불 드 네주 샹티이 크림으로 덮은 구형 파티스리로, 얇게 구운 제누아즈 스펀지를 지름이 점점 작아지도록 여러 장을 잘라내고 그 사이사이에 버터 크림을 잘라 채운 뒤 겹쳐 쌓은 케이크의 일종이다. 또한 봉브 혼합물(appareil à bombe)를 멜론처럼 생긴 틀에 넣어 차게 굳힌 다음 샹티이 크림을 덮은 아이스크림 케이크를 지칭하기도 한다.

두 개의 작은 머랭 사이에 크림을 넣어 붙인 것, 건포도를 넣지 않은 바바에 키르슈 향 크림을 채운 다음 흰색 퐁당슈거 아이싱을 씌운 프티푸르를 가리키는 이름이기도 하다.

BOULETTE 불레트 다진 고기나 퓌레 등을 작고 둥글게 뭉쳐 브라운 소스나 토마토 소스와 함께 먹는 요리. 일반적으로 밀가루, 달걀, 빵가루를 묻혀 튀기거나 팬에 지져 익히며, 경우에 따라 물이나 육수에 삶아 익히기도 한다. 주로 남은 고기나 생선을 활용할 때 많이 쓰는 조리법이다(**참조** FRICADELLE, KLÖSSE, KNÖDEL).

BOULETTE D'AVESNES 불레트 다벤 생 마루알 치즈(maroilles frais) 잔여물에 파슬리, 타라곤, 향신료를 넣어 원뿔형으로 만든 치즈(**참조** p.389 프랑스 치즈 도표). 불그스름한 외피는 헝가리의 고추인 붉은 파프리카 가루를 뿌린 것이다. 티에라슈(Thiérache)의 특산품인 불레트 다벤 치즈는 밑변 지름 8cm, 높이 10cm 크기의 서양 배 모양 원뿔형으로, 수작업으로 모양을 만든다. 냄새가 아주 강하고 매콤하다.

BOULEY (DAVID) 데이빗 불리 미국의 요리사(1953, Storrs, Connecticut 출생). 프랑스인 할머니의 영향을 받아 파리 소르본대학에서 학업을 마치고 유럽의 유명 셰프들(폴 보퀴즈, 프레디 지라르데 등) 밑에서 수련을 거쳤다. 샌프란시스코에서 로제 베르제의 레스토랑에서 일했으며 뉴멕시코 산타페와 메사추세츠 케이프 코드에서 경력을 쌓은 뒤 뉴욕의 레스토랑 르 시르크(Le Cirque), 르 페리고르(Le Périgord), 라 코트 바스크(La Côte Basque)를 두루 거친다. 뉴욕 트라이베카에 오픈한 그의 레스토랑은 자갓 서베이에서 30점 만점에 29점을 얻는 쾌거를 이루었다. 그 이외에도 컨템퍼러리 비스트로 불리 베이커리(Bouley Bakery)와 중부 유럽 스타일 요리를 선보인 레스토랑 다뉴브(Danube, 1996년 폐업)는 이 열정적인 요리사의 철학과 개성을 잘 보여주고 있다.

BOULGHOUR, BULGHUR 불구르, 불거, 벌거 발아한 밀을 찐 다음 말려서 부순 것으로 중동국가 요리에서 많이 쓰인다. 벌거는 부피 3배에 해당하는 물에 넣고 수분이 모두 흡수될 때까지 익힌 후 버터를 넣어 녹인다. 또한 식초나 토마토소스를 넣은 물, 고기 육수나 잘게 썬 양파를 넣고 익히기도 한다. 건포도나 병아리콩, 미트볼 등을 넣어 함께 요리하기도 하고, 잠두콩이나 내장으로 만든 소시지를 넣기도 한다. 허브와 양의 간 등과 함께 소시지 소재료로 사용하기도 하며, 타불레(taboulé)를 넣어 섞기도 한다.

BOULUD (DANIEL) 다니엘 불뤼 프랑스의 요리사(1955, Lyon 출생). 리옹의 농부의 가정(그의 조부모는 생 피에르 드 샹디외에서 '카페 불뤼 Café Boulud'를 운영했다)에서 성장한 그는 미셸 게라르, 조르주 블랑, 로제 베르제 아래에서 요리를 배웠다. 코펜하겐을 거쳐 뉴욕에 입성한 그는 그곳에서 최고의 프랑스 요리사 중 한 명으로 명성을 얻었다. 시리오 마치오니가 운영하는 '르 시르크(Le Cirque)'의 셰프를 거쳐 자신의 이름을 건 레스토랑 '다니엘(Daniel)'을 오픈했다. 여러 권의 책을 출간했으며 모던 비스트로 DB와 자신의 조부모가 운영하던 식당의 이름을 딴 카페 불뤼도 함께 운영 중이다. 그는 미국의 식재료를 사용해 재해석한 모던하고 가벼운 네오 클래식 프렌치 요리의 전도사가 되었다. 미슐랭 가이드 뉴욕판 발간 첫 해에 별 둘을 획득했으며, 뉴욕타임즈 평가서에서 최고점인 별 넷을 받았다.

BOUQUET 부케 와인의 숙성과정에서 생기는 제3기의 향(발효로 인한 향이 아님)의 총체로, 완숙의 단계에 이르렀을 때 공기 중의 산소와 접촉하면 퍼져 나온다. 이 향들은 포도의 껍질(또는 껍질막)으로부터 나온다.

BOUQUET (CREVETTE) 부케 (크르베트) 길이 5~10cm의 분홍새우로 주로 노르망디나 브르타뉴에서 잡힌다(**참조** p.285 갑각류 해산물 도표, p.286-287 도감). 살아 있을 때는 회색빛을 띤 분홍색이며 익히면 붉은색이 된다. 생선 판매대에서 흔히 볼 수 없으며 값이 비싸다.

BOUQUET GARNI 부케가르니 향신의 목적으로 고른 허브나 식물을 작은 나뭇단처럼 묶거나 거즈에 싼 다음 음식물에 넣어 향을 내는 재료. 일반적으로 부케가르니는 파슬리 줄기 2~3개, 타임 잔가지 한 개, 마른 월계수 잎 1~2개가 기본구성이지만 지역에서 나는 허브의 종류에 따라 변화를 줄 수 있다. 셀러리 줄기나 리크, 세이보리, 세이지 등을 첨가하기도 하며, 특히 프로방스 지방에서는 로즈마리가 필수다.

BOUQUETIÈRE (À LA) 아 라 부크티에르 육류나 가금류 요리 혹은 소 안심 스테이크 둘레에 각종 색깔의 채소를 부케(꽃다발)처럼 빙 둘러 놓은 형태의 가니시를 지칭한다. 또한 마세두안으로 잘게 썬 채소를 베샤멜소스에 섞은 것을 뜻하기도 한다.

▶ 레시피 : BŒUF.

BOUQUETIN 부크탱 야생염소. 양아과에 속하는 작은 크기의 야생 반추동물로 아시아와 유럽(이탈리아, 스위스)의 산악지대에 많이 분포되어 있으며 프랑스 산악지대에도 수 천 마리가 서식하고 있다. 코르시카섬과 피레네 산악지방에 사는 야생염소들은 좀 더 크기가 작은 아종이다. 이 야생동물의 사냥은 해당 규정에 의해 엄격하게 제한되고 있다.

BOURBON 부르봉 버번, 버번위스키. 미국 위스키의 일종으로 그 이름은 18세기 말 미국에서 최초로 위스키가 생산된 것으로 알려진 켄터키주 버번에서 유래했다(**참조** p.909 위스키 도표). 버번위스키는 주원료인 옥수수에 호밀과 몰트를 다양한 비율로 첨가해 만든 증류주이다.

BOURBONNAIS 부르보네 프랑스의 부르보네 지방의 요리는 알리에(Allier)와 비슷하며 농촌의 전통에 탄탄한 기반을 두고 있다. 다양한 수프 이외에 이곳에서 많이 먹는 음식은 여러 가지 방법으로 조리하는 감자 요리다. 인근 베리(Berry) 지역의 감자 파이 트뤼피아(truffiat)처럼 굽거나, 그라탱을 만들거나, 가늘게 갈아서 혹은 으깨어 양념해 조리한다. 특히 크러스트를 씌운 파테(감자를 얇고 동그랗게 썰어 베이컨 라르동과 양파를 섞은 뒤 바트 브리제나 푀유테를 씌워 굽는다) 형태로도 많이 만든다. 한편, 이 지방의 특산품인 '퐁프 오 그라통(pompe aux gratton)'은 베이컨을 넣고 구운 브리오슈 빵이다. 도톰하고 작은 크기의 크레프인 상시오(sanciaux)는 그냥 먹기도 하지만 잘게 깍둑 썬 햄이나 프로마주 블랑, 버터에 볶은 사과 또는 잼 등을 채워 넣거나 곁들여 먹는다.

특히 이 지역의 가금류 요리는 훌륭한 풍미로 인기를 끌고 있는데, 레드와인에 조리한 다음 피를 넣어 리에종하거나 화이트와인을 넣어 익힌 닭, 또는 크림, 육수를 넣은 뒤샹베(à la Duchambais) 소스의 오리 요리 등이 대표적이며 주로 버터에 소테한 감자를 곁들여 먹는다. 전통적인 요리로는 수탉 스튜(civet de jaud), 와인 소스 거위 스튜(oyonnade)를 꼽을 수 있다. 프리카생(fricassin)은 새끼염소의 내장, 부속을 물에 삶아 익힌 뒤 버터에 지진 요리다.

디저트로는 가르구이오(gargouillau, 서양 배나 사과를 넣은 플랑의 일종)나 피캉샤뉴(piquenchâgne, 서양 배와 크렘 파티시에를 넣은 투르트 파이)가 대표적이다.

BOURDALOUE 부르달루 벨 에포크 시대에 파리 부르달루가(rue Bourdaloue)의 한 파티시에가 처음 만든 앙트르메의 이름이다. 반으로 잘라 시럽에 데친 윌리엄 서양 배를 바닐라 프랑지판 크림에 박아 넣고 마카롱 과자로 덮은 다음 오븐에 윤기나게 구워 만든다. 부르달루 타르트(tarte bourdaloue)도 마찬가지 재료를 타르트 시트에 채워 만든다. 세몰리나나 쌀로 만든 부르달루 푸딩은 다양한 시럽 조림 과일(살구, 복숭아, 파인애플 등)과 곁들여 먹는다. 봉브 부르달루(bombe Bourdaloue)는 아니스 술로 향을 낸다.

▶ 레시피 : ABRICOT, BOMBE.

BOURGEAIS 부르제 지롱드강 우안에 위치한 보르도 지역 포도재배지로 메독과 마주하고 있다. 이곳에서는 '코트 드 부르그(côtes-de-bourg, AOC)'라는 이름의 바디감이 좋은 레드와인과 화이트와인이 생산된다.

BOURGEOISE (À LA) 아 라 부르주아즈 화려하지 않은 전형적인 가정식 요리 스타일을 지칭한다. 특히 뭉근히 푹 익힌 소고기 요리가 대표적이며, 갸름하게 돌려 깎은 당근, 방울양파, 라르동을 고기 둘레에 빙 둘러 담아 서빙한다.

▶ 레시피 : DINDE, DINDON ET DINDONNEAU, GRAS-DOUBLE.

BOURGOGNE 부르고뉴 부르고뉴 공작들의 화려한 시대부터 훌륭한 와인으로 유명한 이 지방은 프랑스 미식의 중심지로 인정받고 있다. 샤롤레(Charolais)의 소고기, 브레스(Bresse)의 닭, 모르방(Morvan)의 햄과 수렵육, 손(Saône)강의 생선 등 이 지역에는 질 좋은 식재료가 풍부하다. 부르고뉴의 모든 음식은 레드와인이나 화이트와인을 넣어 맛을 더한다. 이렇게 와인을 넣고 조리한 음식은 '부르기뇽식(à la bourguinonne)'으로 불리며 주로 흰색 방울양파, 베이컨 라르동, 버섯이 곁들여진다. 이 특징을 가장 잘 반영한 대표적 요리인 부르고뉴식 소고기 스튜 '뵈프 부르기뇽(bœuf bourguinon)'은 와인을 넣고 뭉근히 익히는 스튜의 대명사가 되었다. 하지만 부르고뉴의 진정한 지역 특선요리는 아마도 뫼레트(meurette)일 것이다. 이것은 뵈프 부르기뇽에 들어가는 것과 같은 재료로 요리한 레드와인 소스 마틀로트(matelote)의 일종이다. 뫼레트는 달걀, 생선, 닭, 내장이나 부속 등으로도 만들 수 있다. 부르고뉴에서는 다양한 버섯이 많이 수확되고, 적은 양이긴 하지만 송로버섯도 채취할 수 있으며 꽤 다양한 종류의 채소도 풍부하다. 앙두이유와 함께 냄비에 익힌 흰 콩, 라르동을 넣은 양배추 채, 크림을 넣은 순무 요리, 마틀로트 리크, 머스터드와 크림을 넣은 비네그레트 양상추 등 채소요리 레시피가 독특하고 다양하다.

부르고뉴 요리의 소스 또한 그 종류가 매우 다양하다. 소스 아 라 샤블리지엔(à la chablisienne, 샤블리 와인을 넣은 것), 소스 아 라 디조네즈(à la dijonnaise, 머스터드를 넣은 것), 소스 아 라 니베르네즈(à la nivernaise, 화이트와인, 마늘, 샬롯을 넣은 것), 소스 아 라 마코네즈(à la mâconnaise, 방울양파와 허브를 넣은 것), 소스 아 라 모르방델(à la morvandelle, 햄을 넣은 것) 등이 대표적이다.

샤퀴트리 종류는 주로 소시송(judru, rosette, saucisson cendré 등)이 대부분을 차지하지만, 모르방의 파슬리를 넣은 햄(jambon persillé), 고기나 감자를 넣고 페이스트리로 감싸 만든 부르고뉴식 파이(tourte morvandelle), 앙두이유와 앙두이예트 등도 인기가 많다. 파슬리를 넣어 굳힌 햄인 장봉 페르시에(jambon persillé)는 디종의 특선 음식 중 하나다. 닭 요리도 이 지역의 와인을 아주 잘 활용한 것이 많은데, 대표적인 것이 바로 코코뱅(coq au vin)이다. 모르방에서는 닭에 생햄과 감자를 넣고 함께 조리한다. 가장 대표적인 생선 요리 두 가지를 꼽자면 화이트와인 소스의 포슈즈(pochouse)와 레드와인 소스의 뫼레트(meurette)를 들 수 있다. 민물가재(투르트 또는 키슈)와 개구리 뒷다리(크림 소스 프리카세)도 마늘과 파슬리 버터를 채운 부르고뉴 달팽이 요리와 함께 이 지역의 미식 전통을 잇고 있다. 블랙커런트와 기타 과일 리큐어로 디종은 이 분야를 대표하는 도시가 되었다. 디종의 다른 특산 먹거리로는 머스터드와 팽 데피스(pain d'épices)뿐 아니라 시골풍의 투박한 플라뮈스(flamusse, 사과 플랑)와 레지네(raisiné, 잘 익은 포도와 다른 과일로 만든 잼)도 꼽을 수 있다.

■ **생선.**

● **CARPE, ANGUILLE, BROCHET 잉어, 장어, 강꼬치고기.** 잉어는 구제르(gougère) 반죽으로 속을 채운 뒤 샬롯을 깐 냄비에 넣고 화이트와인을 부어 익히거나 양파와 레드와인을 넣고 익힌다. 장어는 쿠르부이용에 데쳐 익힌 뒤 토막 내어 튀겨서 머스터드를 넣어 만든 마요네즈를 곁들여 먹는다. 강꼬치고기는 돼지비계를 살에 박아 넣은 뒤 오븐에 굽거나 브레이징한다. 또는 곱게 갈아 크넬(quenelles)을 만들기도 한다.

■ **육류.**

● **POTÉE BOURGUIGNONNE, BEURSAUDES, SAUPIQUET 포테 부르기뇽, 뵈르소드, 소피케.** 포테 부르기뇽은 돼지 앞다리 살, 정강이, 비계와 계절 채소를 넣고 끓인 스튜의 일종이다. 시골풍의 투박한 음식인 뵈르소드는 익힌 돼지비계 자투리를 바싹 튀긴 것으로 오믈렛이나 샐러드에 넣어 먹는다. 모르방(Morvan)이나 아모뉴(Amognes)의 소피케는 두툼하게 슬라이스한 생햄을 팬에 지진 다음 샬롯, 후추, 주니퍼베리, 타라곤으로 양념한 와인 소스를 끼얹어 먹는 음식이다.

● **FILET DE CHAROLAIS, ABATS 샤롤레 소 안심, 부속 및 내장.** 모렐 버섯을 곁들인 샤롤레 소 안심요리(filet de charolais aux morilles)는 팬에 구운 고기에 농도가 너무 진하지 않은 와인 소스와 소테한 모렐 버섯을 곁들인다. 또한 레드와인에 익힌 소 염통, 라르동과 함께 와인에 익힌 소 꼬리 스튜 등 내장이나 부속을 이용한 요리들도 발달했다.

■ **가금류, 수렵육.**

● **POULARDE À LA BOURGEOISE, LIÈVRE À LA PIRON 부르주아식 닭 요리, 야생토끼 와인 스튜.** '풀라르드 아 라 부르주아즈'는 베이컨 라르동과 당근을 넣고 닭을 찌듯이 익힌 요리다. '리에브르 아 라 피롱'은 야생 토끼 등심살에 돼지비계를 박아 양념에 재워둔 다음 익혀서 크림소스를 곁들여 먹는 요리다.

■ **치즈.**

와인의 유명산지인 부르고뉴는 치즈 종류도 매우 다양하다. 냄새가 강한 치즈로는 에푸아스(époisses), 아미 드 샹베르탱(ami de chambertin), 에지 상드레(aisy cendré)등이 대표적이고, 비교적 순한 치즈는 수맹트랭(soumaintrain) 생 플로랑탱(saint-florentin) 등을 꼽을 수 있다. 또한 샤롤레(charolais, 포도찌꺼기 증류주인 마르에 담가 두기도 한다)와 같은 염소치즈, 수도원에서 만드는 시토(cîteaux), 피에르 키 비르(pierre-qui-vire)와 같은 치즈도 있다.

■ **디저트.**

● **CONFISERIES, TARTOUILLATS, CACOU, RIGODONS 당과류, 타르투이야, 카쿠, 리고동.** 지역 특산 당과류는 투르뉘(Tournus)의 코르니오트(corniottes), 디종(Dijon)의 카시신(cassissines), 샬롱 쉬르 손(Chalon-sur-Saône)의 카바슈(cabaches), 느베르(Nevers)의 누가틴(nougatines)과 네귀스(négus), 플라비니(Flavigny)의 아니스(anis) 등 그 종류가 다양하다. 좀 더 투박한 스타일의 지역 디저트로는 타르투이야(크레프 반죽에 과일을 섞어 오븐에 구운 파이의 일종), 카쿠(블랙체리 클라푸티) 또는 리고동(굳은 빵을 이용해 만드는 브레드 푸딩의 일종)을 꼽을 수 있다. 과일을 이용한 디저트가 많으며 그중 특히 체리, 야생버찌, 블랙커런트를 많이 사용한다.

■ **와인.**

이미 갈리아 시대부터 시작되었고 중세에는 수도사들에 의해, 이어서 부르고뉴 공작(14-15세기)들의 장려에 힘입어 더욱 발전한 이 지역의 포도재배는 욘(Yonne), 손 에 루아르(Saône-et-Loire), 론(Rhône), 코트 도르(Côte d'Or)에 걸친 광대한 지역에서 이루어지고 있다. 다양한 기후와 토양 그리고 작은 구획 분할이 특징인 부르고뉴의 포도밭은 아주 다른 개성을 가진 와인들을 생산하고 있다.

● **지역과 포도품종.** 부르고뉴의 포도밭은 북에서 남쪽으로 모두 5개의 지역, 즉 샤블리(Chablis)와 욘(Yonne), 코트 도르(Côte d'Or), 오트 코트(Hautes Côtes), 코트 샬로네즈(Côte chalonnaise), 마코네(Mâconnais)로 나뉘며, 주 포도품종은 피노 누아와 샤르도네이다.

● **CHABLIS ET YONNE 샤블리와 욘.** 샤블리 와인은 샤블리시와 19개의 마을에서 생산된다. 포도품종은 샤르도네로 겨울은 아주 춥고 여름은 뜨거운 이 지역의 대륙성 기후에서 잘 자란다. 샤블리 와인 중에는 4종류의 아펠라시옹(샤블리 빌라주, 프티 샤블리, 프르미에 크뤼, 그랑 크뤼)이 있으며 그랑 크뤼급으로는 7개가 있다.

샤블리 이외에 욘의 아펠라시옹은 부르고뉴 루즈(레드)와 부르고뉴 블랑(화이트)가 있는데 이들은 일반적으로 빌라주(village)라는 명칭이 뒤에 붙는다. 아펠라시옹 코트 도세르(Côtes-d'Auxerre)는 생 브리 르 비뇌

Bouteille et carafe 병과 카라프

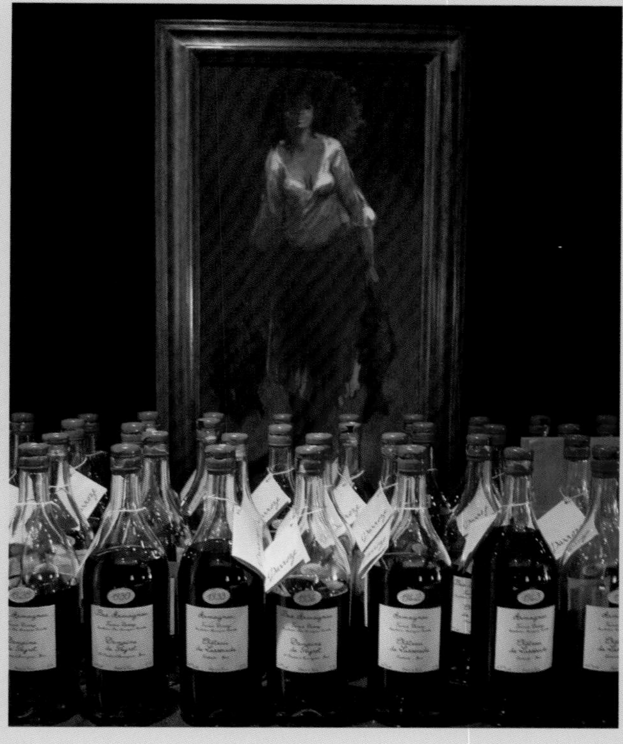

“포시즌 조르주 생크 호텔의 와인 저장실에는 와인들이 테이스팅을 기다리고 있고, 병들은 가득 쌓여 있다. 엘렌 다로즈 레스토랑의 홀, 놀라운 컬렉션의 아르마냑 병들이 손님을 맞이한다. 크리용 호텔의 리큐어와 오드비는 카라프에 담겨 손님에게 서빙된다.”

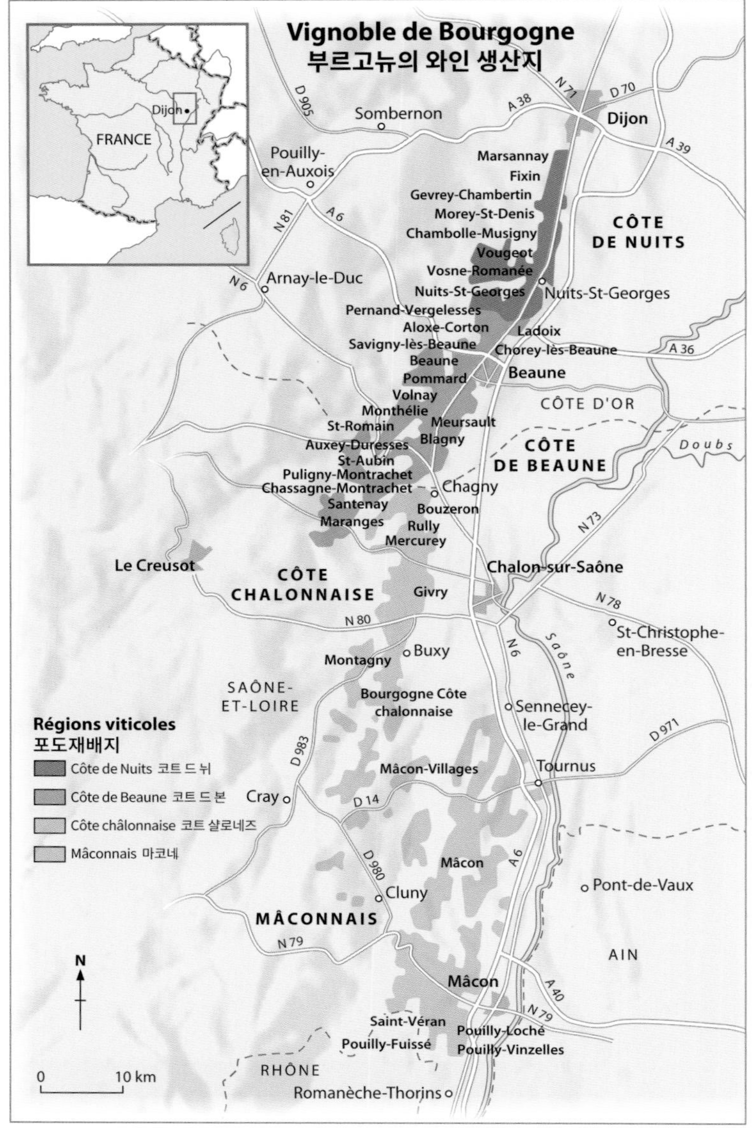

(Saint-Bris-le-Vineux), 오세르(Auxerre)와 인근 몇몇 마을에서 생산되는 와인이다. 베즐레(Vézelay)는 레드와 화이트와인 모두 생산하며, 생 브리(Saint-Bris)는 부르고뉴에 심은 유일한 소비뇽 블랑으로 만들어진다. 크레망 드 부르고뉴(레드, 화이트, 로제)는 욘에서 생산된다.

● CÔTE D'OR 코트 도르. 포도밭은 평지와 숲 언덕 사이의 경사면에 펼쳐져 있으며, 성층암으로 이루어진 지반은 최상급 와인을 만들어내는 중요한 요소다.

CÔTE DE NUITS 코트 드 뉘. 거의 피노 누아만 경작하는 포도밭으로 디종 남쪽 끝에서 시작하여 코르골루앵(Corgoloin)까지 22km에 걸쳐 있으며 각 마을마다 AOC 와인을 생산하고 있다. 코트 드 뉘는 아펠라시옹 픽생(fixin)을 비롯한 5종의 프르미에 크뤼 와인을 보유하고 있다.

즈브레 샹베르탱(Gevrey Chambertin)은 그랑 크뤼 9종, 프르미에 크뤼 28종이 생산되며, 모레 생 드니(Morey-Saint-Denis)는 그랑 크뤼 5종이 있고 이들은 모두 더 좋은 맛을 위해 오래 보관할 수 있다. 화려한 와인인 샹볼 뮈지니(Chambolle-Musigny)는 프르미에 크뤼와 2개의 그랑 크뤼를 갖고 있다. 이 둘 중 본 마르(Bonnes-Mares)가 알코올 도수고 높고 부케도 강렬한 풀 바디 와인이라면 뮤지니(Musigny)는 아주 세련되고 섬세한 맛을 지닌 와인이라 할 수 있다. 클로 드 부조(Clos-de-Vougeot) 와인은 바디감이 강하고 균형미가 뛰어난 풍부한 맛을 지니고 있다. 플라제 에세조(Flagey-Échezeaux)는 그랑 크뤼 에세조(échezeaux)를 보유하고 있다. 본 로마네(Vosne-Romanée)는 스파이스 향이 풍부한 프르미에 크뤼들과 6개의 그랑 크뤼를 갖고 있으며, 이들 중 리슈부르(richebourg), 타슈(tâche), 로마네 콩티(romanée-conti)가 가장 유명하다. 뉘 생 조르주(Nuits-Saint-Georges) 북부의 프르미에 크뤼 와인들은 대체로 향이 풍부하고 밸런스가 좋으며, 남쪽의 와인들은 알코올이 강하고 바디감이 있는 투박한 맛과 복합적인 향이 특징이다.

CÔTE DE BEAUNE 코트 드 본. 25km에 펼쳐진 포도재배지 내에 위치한 20개 정도의 마을이 해당되며, 마을마다 AOC 와인이 생산된다. 피노 누아로 만든 레드와인이 대부분을 차지하며, 오로지 뫼르소(Meursault)와 퓔리니 몽라셰(Puligny-Montrachet)에서만 샤르도네 품종의 최고급 화이트와인이 생산된다.

페르낭 베르즐레스(Pernand-Vergelesses)는 프르미에 크뤼 레드와인, 일 데 베르즐레스(île des vergelesses), 그리고 화이트와인으로 명성이 나 있다. 알록스 코르통(Aloxe-Corton)은 두 개의 그랑 크뤼를 보유하고 있다. 향이 아주 풍부한 레드와인 코르통(corton)과 스파이스 노트의 탁월하고 복합적인 부케와 헤이즐넛 맛을 지닌 화이트와인 코르통 샤를마뉴(Corton-charlemagne)이다. 사비니 레 본(Savigny-lès-Beaune)의 프르미에 크뤼 레드와인들은 매력적인 향과 가볍고 산미가 있는 청량한 과일 맛이 특징이다. 포마르(Pommard)는 레드와인만 생산하며, 이들 중 몇몇 프르미에 크뤼(Epenots, clos de la commeraine 등)는 유명세를 떨치고 있다. 볼네(Volnay)의 프르미에 크뤼 레드와인은 아주 섬세하고 고급스러운 맛을 갖고 있으며, 모텔리(Mothélie)의 레드와인은 향이 풍부하고 타닌과 바디감이 강한 특징을 갖고 있다. 오세 뒤레스(Auxey-Duresses)의 프르미에 크뤼 레드와인에서는 종종 라즈베리 향을 느낄 수 있다. 또한 이 지역 최상급 화이트와인은 토스트한 빵과 헤이즐넛의 고소한 풍미를 지니고 있다. 생 로맹(Saint-Romain)의 화이트와인은 아주 상큼한 맛을 갖고 있으며 레드와인은 꽉 짜인 바디감이 느껴진다. 뫼르소는 향이 강하고 피니시가 긴 프르미에 크뤼를 다수 갖고 있다. 블라니(Blagny)는 레드와인만 생산하며, 화이트 와인 위주인 퓔리니 몽라셰(Puligny-Montrachet)는 다수의 프르미에 크뤼와 5개의 그랑 크뤼를 보유하고 있다. 몽라셰 그랑 크뤼는 샤산 몽라셰(Chassagne-Montrachet)와 퓔리니 몽라셰로 나뉜다. 상트네(Santenay)의 몇몇 프르미에 크뤼 와인들은 타닌 밸런스와 바디감이 아주 좋다. 코트 드 본 바로 남쪽의 마랑주(Maranges)에서는 화이트와인과 섬세하고 고급스러운 맛으로 정평이 나있는 레드와인을 생산한다.

● HAUTES CÔTES 오트 코트. 코트 도르 서쪽에 펼쳐진 언덕에 위치한 포도밭으로 샤르도네, 알라고케, 피노 누아 품종이 재배된다. 아펠라시옹 부르고뉴 오트 코트 드 뉘(bourgogne-hautes-côtes-de-nuits), 또는 부르고뉴 오트 코트 드 본(bourgogne-hautes-côtes-de-beaune)이 이곳의 와인들이며, 손 에 루아르(Saône-et-Loire)의 마을들도 포함된다.

● CÔTE CHALONNAISE 코트 샬로네즈. 이 지역은 석회암과 이회토로 이루어진 토질과 충분한 일조량을 얻을 수 있는 가파른 언덕이라는 좋은 환경을 갖고 있다. 이 지역 와인은 일반 명칭 혹은 지역 명칭으로서의 아펠라시옹 부르고뉴와 AOC 부르고뉴 코트 샬로네즈(bourgogne-côte chalonnaise)가 있다. 주종인 레드와인은 피노 누아로 만들지만 경우에 따라 가메(gamay)와 블렌딩하기도 한다(bourgogne passetoutgrain). 샤르도네로 만드는 화이트와인은 가볍고 산미가 있으며 청량하다. 5개의 마을이 자신의 지명을 라벨에 사용할 수 있다. 부즈롱(Bouzeron)은 알리고테 포도로 유명하다. 륄리(Rully)의 프르미에 크뤼 19개는 레드와인이지만, 생산은 화이트와인이 주류를 이룬다. 메르퀴레(Mercurey) 와 지브리(Givry)는 주로 레드와인을 생산하며, 몽타니(Montagny)는 오직 화이트와인만 생산한다.

● MÂCONNAIS 마코네. 가장 남쪽에 있는 이 지역은 기후가 더 온화하고 가메와 샤르도네 품종 재배에 적합한 토양을 지니고 있으며 남부에 가장 좋은 경사지대가 몰려 있다. 마코네는 레드와인과 특히 AOC 마콩 쉬페리외르(AOC mâcon supérieur) 화이트와인, 그리고 좀 더 적은 양이긴 하지만 AOC 마콩(AOC mâcon)을 생산한다. 레드와인은 주로 피노 누아로 만들지만 부르고뉴 파스투그랭(passetoutgrain) 라벨의 레드와인은 대개 가메 품종과 블렌딩한 경우가 많다. 화이트와인은 푸이 퓌세(pouilly-fussé)와 생 베랑(saint-véran)이 대표적이다.

■ **지역 단위 아펠라시옹.** 와인들은 모두 부르고뉴라는 아펠라시옹을 받으며, 라벨에 포도품종을 표시할 수 있다. 부르고뉴 그랑 오르디네르(Bourgogne-grand-ordinaire)는 부르고뉴 지방 전체에서 생산되는 것을 포함하며 가메와 알리고테 품종 사용이 허용된다. 부르고뉴 알리고테(bourgogne aligoté)는 산미가 있고 청량한 맛의 드라이한 화이트와인이다. 부르고뉴 파스투그랭은 가메를 베이스로 한 레드와인을 지칭하지만 최소 1/3 이상 피노 누아를 사용해야 한다. 코트 도르의 주요 마을과 그 외 다른 지역들은 자신들 고유의 아펠라시옹을 갖고 있다. 하지만 AOC 와인 경계와 코뮌의 그것이 정확히 일치하는 것은 아니다. 뿐만 아니라 같은 코뮌의 포도밭이라 하더라도 그 마을 이름의 AOC를 얻지 못하고, 부르고뉴 AOC나 일반적인 광범위한 아펠라시옹만 사용가능한 경우도 있다. 포도원이 프르미에 크뤼 또는 그랑 크뤼로 분류된 경우는 라벨에 마을 이름, 와이너리 이름, 그리고 그 등급(프르미에 크뤼, 그랑 크뤼)를 명시해야 한다.

BOURGOGNE ALIGOTÉ 부르고뉴 알리고테 AOC 부르고뉴 화이트와인으로, 알리고테 품종의 포도로 만든다. 과일향이 나고 부드러우면서도 풍성한 바디감이 있는 와인으로 오래 보관하지 않고 마신다. 2001년부터 빌라주 부즈롱(village bouzeron) 와인이 AOC 인증을 받았다.

BOURGOGNE-CÔTE-CHALONNAISE 부르고뉴 코트 샬로네즈 샬롱 쉬르 손 서쪽과 코트 도르 남쪽 40km에 펼쳐져 있는 코트 샬로네즈에서 생산되는 AOC 와인. 레드와인은 피노 누아, 화이트와인은 샤르도네로 만들며, 코트 도르 생산 와인들보다 가볍지만 개성과 특징을 지닌 와인이다.

BOURGOGNE-GRAND-ORDINAIRE 부르고뉴 그랑 토르디네르 산지 명을 특정하지 않는 이 AOC 와인은 부르고뉴 지방 전역의 모든 아펠라시옹을 포함하며, 레드와 로제는 가메, 피노 누아(욘에서는 세자르 césar), 화이트의 경우는 샤르도네와 알리고테(욘에서는 사시 sacy) 등의 지역 포도 품종만 사용한다.

BOURGOGNE-HAUTES-CÔTES-DE-BEAUNE 부르고뉴 오트 코트 드 본 코트 도르 서쪽 언덕 지대에 위치한 포도밭에서 생산하는 부르고뉴 AOC 와인으로 포도품종은 샤르도네, 알리고테, 피노 누아다. 가까이 있는 코트 드 본의 와인보다 가벼운 맛의 이 와인들은 종종 아주 좋은 대안이 되기도 한다.

BOURGOGNE-HAUTES-CÔTES-DE-NUITS 부르고뉴 오트 코트 드 뉘 코트 도르 서쪽 언덕 지대에 위치한 포도밭에서 생산하는 부르고뉴 AOC 와인으로 품종은 샤르도네, 알리고테, 피노 누아다. 일조량이 풍부한 언덕지대에서 생산되는 코트 드 뉘의 대안으로 선택할 수 있는 아주 매력적인 와인이다.

BOURGOGNE PASSETOUTGRAIN 부르고뉴 파스투그랭 피노 누아, 가메 품종의 레드, 로제 AOC 와인으로 블렌딩 할 경우 반드시 피노 누아가 1/3 이상 포함되어 있어야 한다. 쉽게 마실 수 있으며 향이 좋고 청량감이 있는 와인으로 3년 이내에 마셔야 한다.

BOURGUEIL 부르괴이유 투렌(Touraine)의 AOC 와인으로 포도품종은 카베르네 프랑이다. 타닌이 강하고 바디감이 좋은 레드와인으로, 더 좋은 맛을 위해 오래 보관할 수 있다. 또한 과일향이 나고 부드럽고 풍성한 맛의 로제와인도 생산한다(**참조** TOURAINE).

BOURGUIGNONNE (À LA) 아 라 부르기뇬 부르기뇽식의. 주로 레드와인을 넣고 조리한 음식을 지칭하며 대표적인 음식으로 뵈프 부르기뇽을 들 수 있다. 대개 같은 이름을 붙인 부르기뇽식 가니시인 방울양파, 양송이버섯, 베이컨 라르동을 곁들인다. 이 밖에도 부르고뉴 지역음식(뫼레트, 달팽이요리, 스튜 등)에서 영감을 얻은 요리들을 가리키기도 한다.

▶ 레시피 : BALLOTTINE, BŒUF, CERISE, HARICOT ROUGE, SAUCE, TRUITE.

BOURRACHE 부라슈 보리지(borage). 지치과에 속하는 향이 있는 식물로 파란색, 흰색, 붉은색의 꽃이 핀다(**참조** pp.369-370 식용 꽃 도감, pp.451-454 향신 허브). 아랍어의 아부 라슈(abu rach, 땀의 아버지라는 뜻)가 기원인 이 식물의 이름은 차로 우려 마셨을 때 발한 효과를 볼 수 있다는 점과 연관이 있다. 보리지는 가벼운 향기가 나며 오이와 굴의 맛이 진하게 난다. 어린 잎을 다져서 샐러드, 소스, 비네그레트 등에 넣어 향을 낸다. 독일인들은 스튜나 쿠르부이용의 향을 내는 데 사용하기도 하고, 스페인에서는 채소로 사용하며 동유럽 인들은 포도나무 잎처럼 안에 재료를 넣고 싸서 먹는다. 보리지 꽃은 튀기거나 설탕에 절이기도 하며, 파티스리의 장식용으로도 많이 쓰인다.

BOURRICHE 부리슈 굴 바구니. 조개류나 특히 굴을 담아 옮기는 용도의 길쭉한 바구니로 옛날에는 버들가지로 엮어 만들었으며, 사냥한 동물이나 생선 등을 담아 나르는 데도 사용되었다. 오늘날에는 버들가지 대신 나무껍질로 엮어 만든다. 굴 양식업자들은 직사각형 바구니에는 움푹한 굴을, 둥근 부리슈 바구니에는 납작한 굴을 담아 보낸다.

BOURRIDE 부리드 전형적인 프로방스 스타일의 생선 수프로 마지막에 끓인 국물을 체에 거른 뒤 아이올리(aïoli)를 섞어 농도를 맞춘다. 세트(Sète)식 정통 부리드는 아귀를 넣어 만든다. 세트 이외의 지방에서는 주로 명태, 농어, 숭어, 도미 등을 섞어 사용한다.

bourride sétoise 부리드 세투아즈

세트(Sète)식 생선 수프 : 껍질을 제거한 아귀 살 1kg을 토막으로 자른다. 냄비에 물 1리터, 화이트와인 1리터, 껍질을 벗겨 얇게 썬 리크 흰 부분 1대, 양파 2개, 당근 2개, 다진 마늘 2톨, 부케가르니 1개, 말린 오렌지 껍질 약간, 소금, 후추를 넣고 아귀를 넣은 다음 센 불로 20분간 끓인다. 생선을 건져 마른 빵을 한쪽씩 담은 접시에 각각 놓는다. 사프란을 살짝 뿌린다. 생선 익힌 국물을 체나 고운 면포에 거른 뒤 센 불에 올려 반으로 졸인 다음 불에서 내리고 아주 되직한 아이올리를 넣어 개어준다. 이 소스를 생선에 뿌려 서빙한다.

BOUTEFAS 부트파 스위스 보(Vaud)주가 원산지인 소시송. 프랑스어권 스위스에서 아주 즐겨 먹는 이 소시송은 돼지 살코기와 비계를 굵직하게 다져 얇은 창자에 채워 넣어 만든다. 약한 불로 오랜 시간 데쳐 익힌 뒤 슈크루트와 겨울 채소를 곁들여 먹는다.

BOUTEILLE 부테이 병. 액체를 담아 보관하는 용도의 입구가 좁은 용기. 광천수, 과일주스, 시드르, 맥주, 증류주, 기름, 식초 등은 다양한 형태와 용량, 재질의 병에 담겨져 판매된다(**참조** p.128 다양한 병 도감). 샴페인 병은 그 용량에 따라 매그넘(magnum), 제로보암(jéroboam), 나뷔코도노조르(nabuchodonosor) 등의 특별한 이름으로 불린다.

■ **암포라, 술통(배럴), 병.** 고대에는 양쪽에 손잡이가 달린 항아리인 암포라에 포도주를 담아 보존하고 운송했지만 결국엔 변질되었다. 갈리아인이 처음 만든 것으로 추정되는 나무 술통은 괄목할 만한 발전을 보여준 것이었다. 중세에는 식사 테이블에서 주석으로 된 긴 병이나 주전자에 포도주를 담아 서빙했다. 유리병에 담아 보관하는 것이 일반화된 것은 18세기에 이르러서였다. 19세기 중반까지는 유리를 하나하나 일일이 불어서 병을 만들었기 때문에 유리 공방마다 병 모양이나 용량이 달랐고, 심지어 같은 제품이라도 조금씩 차이가 났다. 와인 거래가 활발해지면서 와인병은 전체적으로 통일화되지 않고 지역마다 고유한 모양을 갖게 되었다.

기계를 이용해 생산한 병을 처음으로 사용한 것은 1878년 코냑용 병이었다. 그때부터 자동 주형 시스템이 표준화되었고 곧 법으로 인정되었다. 제각각 특별한 병을 개발해내는 것이 유행이 되었고 각 와인 생산업자들은 자신들만의 고유한 병을 원했다. 하지만 가장 클래식한 디자인이 제일 인기가 많았다.

■ **와인 서빙.** 와인은 원래의 병에 담긴 상태로 바로 세워 서빙하는 것이 일반적이다. 와인 바스켓에 병을 비스듬히 뉘어 두는 경우는 침전물이 있을 수 있는 아주 오래된 와인에 국한된다. 서빙 전에 비스듬히 뉘어두었다가 디켄팅한다. 디켄팅을 하지 않는 경우에는 몇 시간 동안 병을 바로 세워둔다.

BOUTEILLES (MISE EN) 미장부테유 병입하기. 와인을 병에 넣는 작업. 라벨에 "mise en bouteilles au château (주로 보르도 와인의 경우)" 또는 "à la propriété" 라고 표시된 것은 생산지에서 직접 병입했다는 증명이다.

BOUTIFAR 부티파르 카탈루냐식 굵은 부댕 누아. 돼지고기의 살과 비계, 피를 넣어 만든다. 지름이 8-10cm 정도이며 주로 차게 먹는다(**참조** BOUDIN NOIR).

BOUTON-DE-CULOTTE 부통 드 퀼로트 염소젖(지방 45%)으로 만든 회갈색 외피의 연성치즈. 하지만 아주 건조하고 부스러지는 질감 상태로 먹

는다(**참조** p.392 프랑스 치즈 도표). 뾰족한 윗부분이 잘려나간 원뿔형으로 넉넉한 한 입 크기 정도로 작은 이 치즈는 아주 강하고 자극적인 풍미를 지녔으며 보졸레 와인과 잘 어울린다.

BOUZERON 부즈롱 알리고테 품종으로 만든 부르고뉴 화이트와인. 2001년 빌라주 부즈롱(village Bouzeron)은 AOC 급으로 격상되었다. 석회질이 많은 토양에서 생산되는 이 와인은 가벼운 산미가 주는 청량함과 부드러움을 동시에 갖고 있다.

BOUZOURATE 부주라트 중동국가에서 즐겨 먹는 시원한 음료. 말려서 로스팅한 뒤 곱게 간 멜론 씨를 물에 불린 다음 고운 거즈주머니에 넣고 눌러 짠다. 이렇게 해서 얻은 달콤한 즙을 차게 해서 마신다.

BOUZY 부지 렝스(Reims) 산악지대에 위치한 코뮌으로 이곳에서 생산되는 레드와인의 이름이기도 하다. 피노 누아로 만드는 이 와인은 비기포성 와인으로 가벼우면서도 섬세한 맛과 과일향이 특징이다(**참조** CHAMPAGNE).

BOYAU 부아요 창자, 내장. 속을 비우고 뒤집어서 깨끗이 씻고 잔여물을 긁어낸 동물의 창자로 샤퀴트리나 고기 염장시 내용물을 보호하는 케이싱 용으로 사용된다. 가는 소창과 굵은 대창이 이에 해당되며 종종 쇼댕(chodin)이라고도 불린다. 특수 위험 물질(**참조** MATÉRIEL À RISQUES SPÉCIFIÉS)로 분류된 소의 창자는 더 이상 소시송이나 소시지에 사용하지 않는다. 양의 창자는 메르게즈(merguez)와 치폴라타(chipolata) 소시지를 만드는 데 쓰이며, 돼지 창자는 각종 소시지, 소시송(살라미), 부댕 등의 껍질로 많이 사용된다. 돼지의 직장(항문이 그대로 남아 있다)은 로제트(rosette)와 같은 통통한 모양의 소시송과 살라미 등을 만드는 데 쓰인다. 돼지 위와 같은 내장은 대부분의 앙두이예트와 앙두이유의 기본 재료로 사용된다. 인조 창자도 있다.

BRAGANCE 브라강스 소 안심 스테이크나 양 안심 요리의 가니시로 크로켓 감자, 팬에 뚜껑을 덮고 익힌 작은 토마토, 베아르네즈 소스로 구성되어 있다. 이 이름은 1910년 혁명 전까지 포르투갈을 지배했던 마지막 왕조 이름에서 따온 것이다. 브라강스는 또한 케이크 이름이기도 하다. 둥근 제누아즈 스펀지 케이크를 가로로 이등분 한 다음 오렌지 리큐어를 넣은 시럽으로 적셔준다. 아랫단 스펀지에 오렌지 리큐어, 버터, 다진 오렌지 껍질 콩피를 섞은 크렘 앙글레즈를 바른 다음 윗단을 얹는다. 케이크 전체를 같은 크렘 앙글레즈로 덮어 씌우고 오렌지 껍질 콩피를 얹어 장식한다.

BRAISER 브레제 브레이징하다. 뚜껑을 덮고 국물을 자작하게 넣은 뒤 약한 불(또는 오븐)에서 뭉근히 오래 익히다. 재료가 완전히 연하게 익어야 한다(굽는 용도가 아닌 오래 익히는 부위의 고기, 양배추, 엔다이브, 아티초크, 양상추 등의 채소, 큰 덩어리의 가금류 등)(**참조** p.295 조리 방법 도표). 브레제는 또한 살이 단단한 생선(장어, 잉어, 아귀, 연어, 다랑어 등)을 익히는 방법을 지칭하기도 한다. 이때는 고기류를 익히는 것 보다는 짧은 시간이 소요된다.

■ **익히기.** 브레이징할 고기는 미리 라드를 박아 향신액에 마리네이드 해둔다. 두 단계에 걸쳐 익히는데, 우선 기름을 두른 팬을 뜨겁게 달군 뒤 지져 고루 색을 낸다. 이렇게 겉면을 지지면 육즙을 안으로 집중시킬 수 있고, 나중에 향신채소(마늘, 샬롯, 양파, 당근 등)와 국물(물, 육수, 와인)을 넣고 끓일 때 그 맛이 충분히 우러나오게 된다. 오래 가열하면서 소스는 더욱 농축되고 맛이 깊어진다. 다 익으면 건더기를 건지고 국물을 체에 거른다. 기름을 제거하고 필요하면 국물을 더 졸인다. 알맞은 리에종 재료를 추가해 원하는 농도의 소스를 만들 수 있다. 익히는 재료가 수분을 많이 함유한 경우(특히 채소류)에는 국물을 아주 조금만 잡고 익힌다. 생선을 익힐 때는 국물을 너무 많이 잡지 말고 미리 기름에 볶아둔 향신 재료를 함께 넣어준다. 토막 낸 생선, 길게 썬 연체류, 토막으로 썬 갑각류 등은 향신 재료와 함께

BOUTEILLES 다양한 종류의 와인 병

clavelin du Jura
클라블랭 뒤 쥐라
쥐라의 병 존(620ml)

bordeaux, verte
보르도, 베르트
보르도 와인 병 (녹색)

bordeaux, blanche
보르도, 블랑슈
보르도 와인 병 (흰색)

bourgogne
부르고뉴
부르고뉴 와인병

champagne, verte
샹파뉴, 베르트
샹파뉴 병(녹색)

champagne, blanche
샹파뉴, 블랑슈
샹파뉴 병 (흰색)

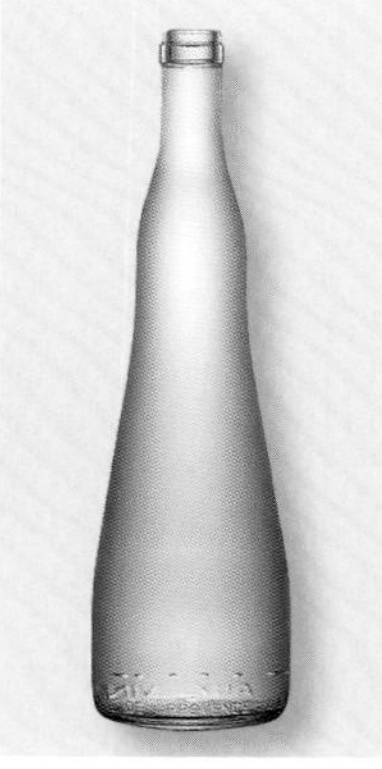

provence
프로방스
프로방스 와인 병

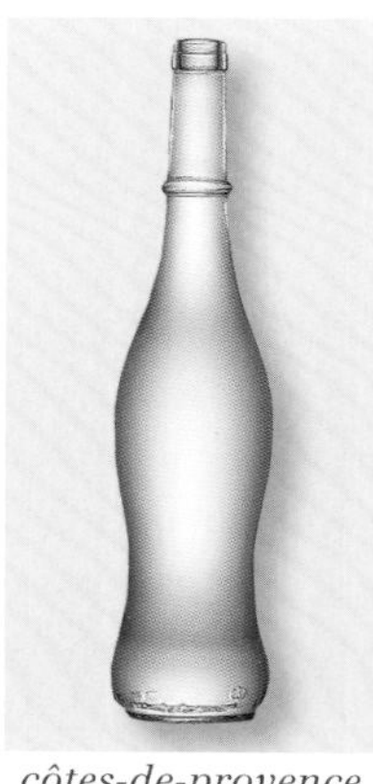

côtes-de-provence
코트 드 프로방스
코트 드 프로방스 와인 병

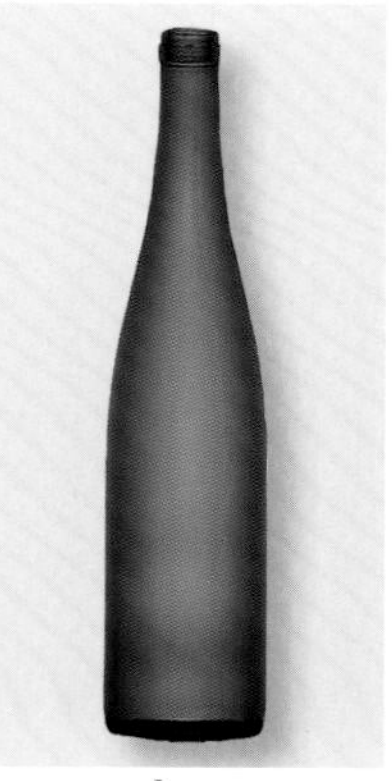

alsace
알자스
알자스 와인 병

côtes-du-rhône
코트 뒤 론
코트 뒤 론 와인 병

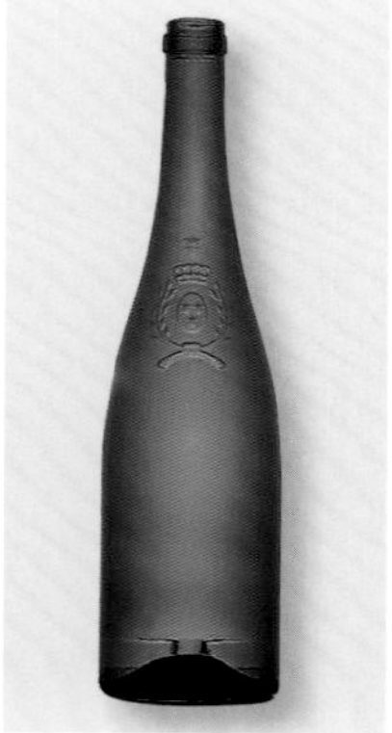

anjou
앙주
앙주 와인 병

익히기 전 미리 기름이나 버터에 고루 지져두어야 한다. 익히면서 중간중간 국물을 끼얹어준다.

BRAISIÈRE 브레지에르 브레이징용 대형 냄비. 모서리가 둥근 직사각형 모양의 용기로, 상자 뚜껑처럼 꼭 맞게 씌워지는 뚜껑이 있으며 양쪽에 손잡이가 달려 있다. 이 뚜껑은 음식물을 찌듯이 익힐 때 생기는 물이 흘러내리지 않고 모일 수 있도록 움푹한 모양을 한 경우도 있다. 알루미늄이나 주석도금을 한 구리를 소재로 만들어지며 주로 레스토랑에서 뭉근히 오래 끓이는 요리를 만들 때 사용된다. 일반 가정에서는 대개 무쇠로 된 코코트 냄비를 많이 쓴다.

옛날에는 토기에 음식 재료를 넣고 직접 잉걸불에서 익혔고, 고루 익도록 뚜껑을 덮어 사용했다. 이 단어는 또한 갈색 육수를 의미하기도 한다. 송아지와 소의 뼈에 밀가루를 살짝 뿌려 오븐에 구워 색을 낸 다음 당근, 양파, 마늘 등의 향신채소와 부케가르니 등의 향신료를 넣고 국물을 잡아 오래 뭉근하게 끓인다. 기름을 제거하고 체에 거르면 갈색육수가 완성된다(이 육수는 다양한 브라운소스를 만드는 데 사용된다).

BRANCAS 브랑카 토막 내거나 슬라이스한 육류나 닭고기에 곁들이는 가니시 이름으로 폼 안나(pommes Anna) 감자와 크림 소스를 넣은 양상추 시포나드(chiffonnade)로 구성된다. 또한 광어 요리, 콩소메 이름으로도 쓰인다.

BRANDADE 브랑다드 곱게 간 염장 대구 살에 올리브오일과 우유를 넣고 휘저어 섞은 것. 랑그독 지방과 프로방스의 특산물로 크루통 빵을 곁들여 먹는다. 님(Nîmes)에서는 크루통에 마늘을 발라 먹는 반면, 마르세유(Marseille)나 툴롱(Toulon)에서는 바르지 않는다. 전통 레시피는 아니지만 가정에서는 감자 퓌레를 염장 대구 살에 섞어 보다 저렴한 비용으로 브랑다드를 만들기도 한다. 브랑다드를 아주 좋아했던 것으로 유명한 프랑스의 제2대 대통령 아돌프 티에르(Adolphe Thiers)는 자신의 친구인 역사학자 미녜(Mignet)가 님(Nîmes)에서부터 단지에 넣어 보내준 브랑다드를 자신의 서재에서 혼자 먹었다고 한다.

brandade de morue nîmoise 브랑다드 드 모뤼 니무아즈

님(Nîmes)식 염장 대구 브랑다드 : 염장 대구 1kg를 물에 담가 소금기를 뺀다. 중간에 물을 여러 번 갈아준다. 토막으로 자른 다음 약하게 끓는 물에 8분간 데친다. 건져서 껍질과 가시를 제거한 뒤 살을 켜켜이 부순다. 바닥이 두꺼운 소스팬에 올리브오일 200ml를 뜨겁게 달군 다음 염장 대구 살을 넣고 나무 주걱으로 저으며 약한 불에서 잘 섞는다. 생선 페이스트가 곱게 섞이면 불에서 내리고 올리브오일 400~500ml, 끓인 우유(또는 생크림) 250ml를 교대로 조금씩 넣어주면서 계속 잘 저어 섞는다. 소금, 흰 후추로 간을 한다. 균일한 흰색의 생선 페이스트는 감자 퓌레와 같은 질감이 되어야 한다. 브랑다드를 탱발(timbale)이나 우묵한 접시에 돔 모양으로 담는다. 삼각형으로 잘라 기름에 구운 식빵에 마늘을 바른 크루통을 곁들여 서빙한다.

BRANDY 브랜디 영미권 국가에서 오드비를 가리키는 단어로, 브랜디 단독으로 사용된 경우는 코냑이나 피스코와 같은 포도주 증류주를 뜻한다. 과일 이름이 붙은 경우는 해당 과일의 증류주 또는 오드비를 섞은 리큐어를 뜻한다. 예를 들어 '애플 브랜디'는 칼바도스를 말한다.

BRAS (MICHEL) 미셸 브라스 프랑스의 요리사(1946, Gabriac 출생). 대장장이인 아버지와 요리사인 어머니 밑에서 자란 그는 라기올(Laguiole)의 주택(Lou Mazuc)을 매입해 연 레스토랑으로 미슐랭 가이드의 별 두 개를 받는다(1982년과 1987년). 1992년 해발 1,000m 오브락 고원 위에 넓은 현대식 레스토랑을 오픈했고 1999년에는 미슐랭 별 셋을 획득한다. 허브를 활용한 그의 혁신적인 요리는 동시대 많은 요리사들에게 영감을 주었다. 각종 채소를 각각 따로 조리해 한 접시에 플레이팅한 가르구이유(gargouille)나 퐁당 쇼콜라 (biscuit de chocolat coulant)와 같은 그의 시그니처 요리들은 많은 요리사들이 모방한 메뉴다. 그는 창조적이었지만 자신의 테루아에 그 기반을 두었으며, 혼자 있기를 좋아했지만 철저한 팀의 일원이었던 요리사였다. 부인 지네트는 와인 리스트를 구성하는 데 많은 도움을 주었다. 현재는 아들 세바스티앵(1971 Laguiole 출생)이 그 뒤를 잇고 있다.

BRASSERIE 브라스리 맥주를 마시는 선술집. 1850년 이전 이 명칭은 맥주 양조장을 뜻했다. 오늘날 브라스리는 맥주 등의 음료를 서빙하는 카페-레스토랑과 같은 의미로 쓰이고 있다. 브라스리에서는 간단한 음식 또한 하루 중 언제든지 주문할 수 있다. 브라스리의 메뉴는 생맥주와 슈크루트, 굴 플레이트, 알자스 와인들이 주를 이루고 있지만, 그 외에도 다양한 더운 요리, 찬 요리들이 메뉴에 올라있다. 전통 브라스리는 독일 바바리아 지방에서 시작되었다.1589년 뮌헨에 문을 연 가장 오래된 브라스들 중 하나는 아직도 영업 중이다. 파리에서는 1870년 전쟁 이후 파리로 피난 온 알자스와 로렌 사람들에 의해 브라스리가 부상하기 시작했다. 당시 파리의 유명 카페 만큼이나 멋있게 장식을 했고, 곧 우아한 모임의 장소로 자리 잡았다. 1870년부터 1940년까지 브라스리는 문인, 예술가, 언론인, 정치인들이 자주 드나들면서 그 인기가 날로 높아갔다. 이들은 여기서 토론을 하고 술을 마셨으며 글을 쓰고 식사도 했다. 지금은 사라졌지만 브라스리 푸세(Pousset)는 작가와 언론인들의 아지트였고, 마르티르가에 있었던 한 브라스리에는 예술가들이 늘 드나들었다. 몇 년 전부터 맥주의 인기가 다시 높아지면서 프랑스 맥주뿐 아니라 해외의 다양한 맥주를 전문적으로 파는 브라스리들이 늘어나고 있다. '벨기에 바', 또는 '맥주 아카데미'라는 이름을 내세우며 이 맥주 전문 브라스리들은 300여 종이 넘는 맥주와 샤퀴트리, 치즈, 홍합 등의 안주를 서빙하고 있다.

BRAZIER (EUGÉNIE, DITE LA MÈRE BRAZIER) 외제니 브라지에, 메르 브라지에 프랑스의 여성 요리사(1895, Bourg-en Bresse 출생–1977, Le Mas-Rillier 타계). 브레스의 농부의 딸로 태어는 그녀는 1933년 리옹의 '메르 브라지에' 식당과 콜 드 라 뤼에르(col de la Luère)에 있는 또 한 곳의 식당 모두 미슐랭 가이드 별 셋을 얻는 쾌거를 이룬 최초의 셰프이자 최초의 여성이다. 메르 필루(Mère Filloux)의 식당에서 견습생으로 일하면서 질 좋은 재료를 사용해 단순한 조리법으로 음식을 만드는 법을 배운 그녀는 1921년 소박한 규모의 자신의 식당을 차리고, 마요네즈 소스의 랑구스틴, 완두콩을 곁들인 비둘기 요리, 애플 플랑베 등의 요리를 선보인다. 이후, 높은 지대의 신선한 공기를 쐬는 게 좋겠다는 의사의 조언에 따라 그녀는 리옹에서 20km 떨어진 해발 680m 위치의 한 별장에 새로 둥지를 틀었고 이곳에서 영광을 누린다. 리옹의 식당은 그녀 밑에서 요리를 배운 아들 가스통이 바통을 이어받았다. 새롭게 오픈한 식당은 나무 장식의 멋진 장소로 탈바꿈하게 되었고 전 세계 미식가들을 끌어 모았다. 1961년 미슐랭 가이드의 별을 모두 잃기도 했지만 바로 이듬해에 별 한 개를 회복했고, 1963년에는 전격적으로 별 셋을 한 번에 거머쥐었다(이는 이례적인 일이었다). 푸아그라를 곁들인 아티초크 속살, 생선 크넬 그라탱, 드미되이유 닭 요리 등은 메르 브라지에가 내놓은 당대 최고의 메뉴였다.

BREAD SAUCE 브레드 소스 우유, 빵 속살, 다진 양파, 정향을 넣어 걸쭉하게 만든 영국식 화이트소스로 주로 깃털달린 수렵육 조류나 로스트한 가금류에 곁들인다(**참조** SAUCE). 버터에 노릇하게 구운 빵가루를 곁들여내기도 한다.

BREAKFAST 브렉퍼스트 아침식사. 19세기에 등장한 영국식 아침식사는 차가운 고기류, 맥주, 파테, 치즈로 구성되어 있었고 주로 남성들 위주의 식사였다. 가족 간의 유대감을 중시하는 빅토리아 시대의 사회분위기로 인해 당시 아침식사는 하루 중 제일 중요한 것이었다. 따라서 여러 가지 음식이 풍성하게 준비되었고 오랜 시간에 걸쳐 식사가 이루어졌다. 햄, 갈랑틴, 오믈렛, 소 혀, 케제리에다 자고새 로스트까지 상에 올랐고, 이어서 과일, 콩포트와 홍차, 꿀, 다양한 비스킷 류가 서빙되었다.

오늘날 아침식사는 기상하자마자 마시는 차(또는 커피)로 시작해 과일주스, 시리얼(오트밀이나 콘플레이크), 달걀프라이와 구운 베이컨 또는 소시지, 때때로 훈제 청어(굽거나 데친다)등을 먹는 게 일반적이다. 여기에 항상 구운 토스트, 버터, 오렌지 마멀레이드를 곁들이며 커피나 홍차, 우유 등을 함께 마신다. 때로 스콘이나 오트밀 팬케이크, 모닝롤 등의 빵이 추가로 서빙되기도 한다. 아침식사도 지역에 따라 특색이 있는데, 웨일즈 지방에서는 버터밀크에 끓인 오트밀 죽, 랭커셔주에서는 구운 블랙푸딩을 즐겨 먹는다. 독일이나 스칸디나비아 국가, 네덜란드인들도 많이 즐기는 영국식 아침식사는 옛날에 비하면 많이 간소해지긴 했지만, 그래도 프랑스식 컨티넨탈 브렉퍼스트보다는 훨씬 구성이 푸짐하다(**참조** BRUNCH).

BRÉBANT-VACHETTE 브레방 바셰트 파리 푸아소니에르 대로(boulevard Poissonnière)에 위치한 레스토랑. 제2제정 시대, 당대 유명한 예술가와 문인, 엘리트층의 모임으로 명성을 날렸던 곳이다. 1780년 문을 연 이래 소유주와 이름이 여러 번 바뀐 바 있는 이 식당은 바셰트(Vachette, 작가 쥐젠 샤베트의 아버지)가 개조한 이후, 예술 애호가였던 레스토랑 운영자 폴 브레방(Paul Brébant)이 인수했다. 에밀 졸라, 알퐁스 도데, 귀스타브 플로베르 등의 문인들이 참여했던 '뵈프 나튀르(Bœuf nature)' 디너 모임, 금융 및 재계 인사와 문학가들의 교류 모임이었던 '빅시오(Bixio)' 디너, 작가이자 비평가였던 생트 뵈브(Sainte-Beuve)가 이끈 '마니(Magny)' 디너가 열렸던 곳도 바로 이 화려한 브레방 레스토랑에서였다.

BREBIS 브르비 암양. 양의 암컷으로 젖을 이용해 주로 치즈를 만들며, 가임기의 마지막 즉 4년~6년생의 경우는 고기로 소비한다. 성장한 암양 고기는 어린 양이나 수컷 양보다 지방이 많고 붉은색을 띤 살은 단단하며 냄새가 강한 편이라 특별한 조리가 필요하다. 대부분은 양(mouton, mutton)으로 통칭하여 판매된다. 암양의 젖은 지방(64%), 단백질(56%), 무기질(8.5%)이 일반 젖소보다 많이 함유되어 있으며, 유당의 비율이 약간 낮아 소화가 더 잘 된다. 양젖 치즈는 전통적으로 고원이나 산악지대에서 많이 생산되며 로크포르(Roquefort), 코르시카의 브로치우(brocciu)와 니올로(niolo), 베아른의 올로롱(oloron)과 라뤙스(laruns), 바스크 지방의 에스바레슈(esbareich), 아르네기(arnéguy), 오소이라티(ossau-iraty) 등이 대표적이다. 스페인의 만체고(manchego), 세라(serra), 포르투갈의 라바사우(rabaçal), 세르파(serpa), 이탈리아의 페코리노(pecorino), 그리스의 페타(feta). 발칸반도 지역의 다양한 종류의 카슈카발(kaschkaval) 등도 대표적인 양젖 치즈 종류다. 프레시 양젖 치즈는 주로 설탕과 생크림을 곁들여 먹으며 타르트를 만들거나 파이 등의 속을 채우는 데 사용된다.

BRÈDE 브레드 시금치와 비슷한 방법으로 조리해 먹는 모든 초본식물을 가리킨다. 비름, 명아주, 스필란테스 아크멜라(파라 크레스), 번행초 등이 이에 해당한다.

BRÉHAN 브레앙 주로 큰 덩어리의 육류 요리에 곁들이는 가니시 음식으로 잠두콩 퓌레를 채운 아티초크 속살, 홀랜다이즈 소스를 끼얹은 콜리플라워, 파슬리를 뿌린 감자 등으로 구성된다.

BRÈME 브렘 잉어의 일종. 잉어과에 속하는 납작한 민물생선으로 길이 60cm, 무게 3kg 정도의 크기다. 최대 길이 80cm, 무게 9kg까지 나간다. 등쪽은 녹색빛을 띠는 갈색이며 옆면과 배는 황금빛이 나는 회색을 하고 있다. 요리에 사용하려면 최소 1kg 이상 되는 것을 골라야 한다. 물에 담가두어 흙냄새를 제거한다. 뼈째 가늘게 썬 다음 튀김옷을 입혀 튀겨먹거나(goujonnette), 일반 잉어와 마찬가지 방법으로 조리한다.

BRESAOLA DE LA VALTELLINA 브레사올라 드 라 발텔리나 소의 넓적다리를 숯불에 말리고 향을 낸 롬바르디아의 염장 건조 햄. 스위스의 염장건조육인 비앙드 드 그리종(viande des Grisons)과 비슷한 브레사올라는 얇게 썰어서 그냥 먹거나 카르파치오로 서빙한다.

BRÉSIL 브레질 브라질. 포르투갈의 영향을 많이 받은 브라질의 요리는 남미에서 가장 다양하고 세련된 요리 중 하나다. 아메리카 원주민들은 마니옥(카사바) 가루, 카카오, 고구마, 낙화생, 참마, 바나나, 코코넛, 팜유 등의 현지 재료를 가미해 개성있는 브라질 요리를 만든다. 국민 요리인 페이조아다(feijiada 검은콩과 염장 고기를 넣은 스튜)는 전통적으로 바티다(batida 사탕수수 증류주와 라임을 넣은 칵테일)를 마신 후 먹는다.

브라질 북동부에서는 생선과 해산물을 많이 먹는다. 프리타다 디 마리스쿠스(fritada de mariscos 홍합, 굴, 게 등의 해산물 모둠 튀김), 바타파(vatapa 코코넛을 넣은 왕새우 요리), 키드니 빈을 곁들인 해산물 볼 또는 튀김 요리가 대표적이며, 닭 요리인 친칭 디 갈리냐(xinxin de galinha 마니옥을 곁들인 땅콩 새우소스 닭 프리카세)에 새우를 넣기도 한다.

브라질의 파티스리 또한 유명하다. 다양한 향의 크림, 코코넛, 건자두, 달걀, 설탕을 혼합해 만든 케이크(여기에 천사의 볼, 소녀의 침, 시어머니의 눈 등 각종 특색 있는 이름을 붙인다)를 대표적으로 꼽을 수 있다. 중부 지방의 요리로는 아르헨티나와 마찬가지로 츄라스코(churrasco 바비큐 고기)가 대표적이다. 또한 구아바 잼을 곁들인 프레시 치즈는 아주 흔한 간식이다. 남부 지방의 요리는 더욱 풍성하다. 내장 및 부속 스튜, 과일을 채운 가금류를 많이 먹으며, 검은콩, 마니옥, 라르동을 넣은 퓌레는 주식으로 소비된다. 열대과일의 종류도 무궁무진하며 전국적으로 많이 소비된다.

BRESSANE 브레산 브리오슈 반죽으로 만든 납작한 갈레트. 굽기 전에 작게 썬 버터 조각과 설탕을 뿌린다. 크렘 파티시에 또는 반으로 잘라 씨를 뺀 살구를 얹기도 한다.

BRESSANE (À LA) 아 라 브레산 브레스의, 브레스식의. 브레스(Bresse)산 닭이 주재료가 되는 다양한 요리를 지칭한다. 푸아그라와 버섯을 채워 브레이징 하거나 팬에 익힌 닭(껍질과 살 사이에 송로버섯 슬라이스를 밀어 넣기도 한다), 닭 간 플랑 또는 가토, 퓌유테와 믹스드 샐러드 등을 꼽을 수 있다.

BRESSE ET DOMBES 브레스, 동브 엥(Ain) 지방은 세 가지의 미식 전통을 갖고 있다. 가장 대표적인 브레스산 닭은 간단한 클래식 레시피(크림소스 닭 요리) 뿐 아니라 좀 더 복잡한 요리(민물가재를 넣은 닭 요리, 닭 간 플랑 등) 등으로 그 맛과 우수성이 증명되고 있다. 생선이 풍부한 호수로 프랑스에서 가장 유명한 동브는 잉어 튀김, 속을 채우거나 오븐에 익힌 잉어, 페르시야드를 넣은 개구리 뒷다리 소테, 맑은 국물이나 크림에 익힌 민물가재 등의 요리를 통해 그 이름이 널리 알려진 곳이다. 또한 오리 요리(순무를 곁들인 오리 로스트), 개똥지빠귀 안에 포도를 채운 다음 포도나무 잎과 얇은 돼지비계로 싸 익힌 (à la vigneronne) 요리로 유명하다. 이 새는 귀해져서 점점 양식 메추리로 대체하는 추세다. 뷔제(Bugey)는 특히 『맛의 생리학(*Physiologie du goût*)』의 저자인 미식가 장 앙텔름 브리야 사바랭(Jean-Anthelme Brillat-Savarin)의 고향으로 명성이 나 있는 곳이다.

이 같은 지역 특산 음식 이외에도 리옹의 유명 셰프들이 그 가치를 다시 잘 살려내어 선보인 농촌 전통 음식들로, 구운 고기나 닭에 곁들이는 작은 옥수수 전병인 갈레트 드 페루즈(galettes de Pérouge) 또는 갈레트 드 빌레르 레 동브(galettes de Villers-les Dombes)를 꼽을 수 있다. 오늘날엔 이를 퓌유타주나 브리오슈 반죽으로 만든다. 프티 파테 드 벨레(petits pâtés de Belley) 또는 살레 드 뷔제(salé du Bugey)는 빵 반죽에 양파와 호두를 넣어 구운 뜨거운 갈레트로 지역 와인을 곁들여 먹는다.

■ **와인.** 여러 개의 작은 분할면으로 이루어진 뷔제의 포도밭에서는 레드, 화이트, 로제와인이 모두 생산된다. 가장 유명한 것은 뷔제 스파클링(bugey effervescent)과 뷔제 세르동(bugey-cerdon) 이다.

BRESTOIS 브레스투아 브레스트(Brest)의 특산 케이크로 비교적 오래 보관할 수 있다. 아몬드 가루를 더해 만든 제누아즈 반죽에 레몬 에센스와 오렌지 리큐어를 넣는다. 작은 브리오슈 틀에 넣어 구워낸 다음 망에 올려 식힌 브레스투아는 알루미늄 포일로 감싸 두면 며칠간 보관할 수 있다. 큰 사이즈의 분리형 틀에 굽기도 하며 이 경우에는 가로로 이등분해 살구 마멀레이드를 채운다. 겉면에도 살구 나파주를 바른 다음 아몬드 슬라이스를 얹어 장식한다.

BRETAGNE 브르타뉴 소박한 자연의 맛이 특징인 브르타뉴의 요리는 풍부하고 질 좋은 재료로부터 나온다. 장제(Janzé)의 닭, 게메네(Guéméné)의 앙두이유, 캉칼(Cancale)의 굴, 기름에 절인 정어리, 가염 버터, 푸에낭(Fouesnant)의 시드르, 플루가스텔(Plougastel)의 딸기 등이 대표적 특산 식재료이다. 이 외에도 프랑스 돼지의 절반 이상, 닭의 3/4, 젖소의 거의 1/3이 브르타뉴에서 길러진다. 아르모르(Armor) 지방은 흔히 '황금벨트'로 불리는데, 이는 당근, 순무, 마타리 상추, 감자, 완두콩, 아티초크(gros camus) 등 최상급 품질의 다양한 채소들이 이 지역에서 다량 재배되기 때문이다. 레옹(Léon)에서는 콜리플라워 재배가 수 세기 동안 이어져왔으며, 주로 로스코프식(à la roscovite) 레시피로 조리해 먹는다. 브르타뉴는 또한 코코 드 팽폴(coco de paimpol)을 비롯한 흰 강낭콩으로도 유명하다. 이 콩들은 그냥 먹거나 양 뒷다리 로스트 등의 요리에 곁들인다. 양고기는 아뇨 드 프레살레(agneau de pré salé 바닷가 초장에서 풀을 뜯어 먹고 자란 어린 양)를 최고로 치며 뒷다리뿐 아니라 갈비, 어깨살 등도 인기가 높다. 송아지는 주로 명절이나 축일 특별음식(송아지 허벅지살 스튜 rouelle 또는 송아지 넓적다리 찜 fricandeau)으로 많이 먹으며 내장이나 부속도 요리에 많이 사용한다. 돼지는 거의 모든 요리에 등장한다. 레시피마다 돼지비계 라드의 사용은 기본이며 특히 양배추, 감자 또는 양파를 조리할 때 많이 사용한다. 소시지 종류로는 부댕 누아(돼지 피를 넣어 만든 소시지, 버터나 밀가루를 섞어 넣거나 배추를 넣기도 한다) 이외에도 그 유명한 게메네의 앙두이유와 브르타뉴식 파테(pâté breton)을 빼놓을 수 없다.

그러나 뭐니뭐니 해도 브르타뉴 요리의 가장 특별한 재료는 바로 생선 및 해산물, 즉 가까운 연안이나 먼 바다에서 잡히는 생선, 양식 굴과 홍합, 조개류 들이다. 시드르를 넣어 익힌 새우, 속을 채운 대합조개, 정어리 필레 요리, 굵은 소금을 뿌린 노랑촉수, 화이트와인에 절인 고등어 등은 간단하고도 싱싱하게 재료들을 즐길 수 있는 요리이다. 이 지방의 해산물 모듬 플레이트에는 굴(그중에서도 특히 belon)이 물론 제일 인기가 있으며, 그 밖에도 화려한 블루 랍스터나 소박한 경단 고둥 등 다양한 해산물이 올라간다. 브르타뉴에는 랍스터, 게(tourteaux, araignées de mer), 랑구스틴(가시발새우), 전복 등 각종 조개와 갑각류 해산물이 풍부하다. 홍합은 화이트와인을 넣은 마리니에르식(à la marinière), 그라탱, 수프로 또는 크림을 넣어 조리한다(à la sauce bretonne). 또한 연안에서의 어획으로 품질과 신선도가 뛰어난 생선들을 제공한다. 줄낚시로 잡은 농어, 명태, 넙치, 노랑촉수, 달고기 등이 대표적이다.

밀가루로 반죽해 부친 크레프에 달콤한 재료를 곁들인 것 또는 메밀가루를 넣은 반죽에 짭짤한 재료를 곁들인 갈레트 등 브르타뉴 크레프의 명성은 그 종류를 막론하고 전국으로 퍼져나갔다. 레이스처럼 파삭한 과자인 크레프 당텔(crèpes dentelles)과 버터 맛이 진한 갈레트 브르톤(galettes bretonnes)도 마찬가지다. 과일 중 특히 오래전부터 이 지방에서 재배해 온 딸기와 사과는 우수한 품질로 인기가 높으며 생산량도 아주 많다.

■ 수프와 채소.

● MITONNÉE, SOUPE DE SARRASIN, GODAILLE 오래 끓인 수프, 메밀 수프, 생선 수프 고다이유. 브르타뉴의 전통 수프로는 우유를 넣은 미토네(mitonnée), 메밀 수프(옛날에는 메밀죽을 끓여 먹었으며 견과류나 베이컨을 넣기도 했다)를 꼽을 수 있다. 물론 브르타뉴인들은 생선 수프의 대가들이며 각 지역마다 특별한 메뉴를 선보이고 있다. 두아르느네(Douarnenez)의 정어리 수프, 로리앙(Lorient)의 고다이유(godaille 허브, 향신 재료, 식초, 굳은 빵을 넣은 생선 머리 수프), 허브, 감자를 넣은 생 자퀴(Saint-Jacut)의 홍합 수프, 토마토와 소렐을 넣은 모르비앙(Morbihan)의 수프나 사프란을 넣은 코르누아이(Cornouaille)의 수프 등이 대표적이다.

● CHOU EN DARÉE, EN BARDATT, PATATEZ FRIKEZ, SAUCISSES 버터와 양배추, 속을 채운 양배추, 감자 요리, 감자 크로켓. 수프나 스튜 요리의 기본 재료인 녹색 양배추는 가염 버터만 넉넉히 곁들이면 아주 맛있다(chou en darée). 좀 더 든든한 양배추 요리로는 토끼와 돼지고기로 속을 채운 바르다트(bardatte)가 있다. 트레뵈르뎅(Trébeurden)에서는 감자에 베이컨과 양파를 넣고 익혀 마지막에 으깬 다음 녹인 버터와 섞어 먹는다(patatez frikez). 또는 감자 퓌레에 허브와 달걀을 넣고 잘 섞은 다음 소시지 모양으로 길쭉하고 둥글게 뭉쳐 기름에 튀겨 먹는다(saucisses).

■ 생선.

● COTRIADE, THON, BARBUE, ANGUILLE 코트리아드, 다랑어, 광어, 장어. 정어리, 도미, 고등어, 아귀 등의 생선도 많이 사용한다. 코트리아드는 붕장어, 고등어, 양놀래기, 명태, 대구 등의 생선을 넣고 끓인 생선 수프이다. 건자두를 넣은 다랑어 스튜, 캉칼의 광어 요리, 플로에르멜(Ploërmel)의 장어요리(마리네이드한 다음 굽는다)도 유명하다.

■ 육류.

● 돼지. 샤퀴트리 : KIG HA FARS, CHOTEN, PORCHÉ. 돼지비계는 수많은 레시피에 쓰인다. 그중 가장 오래된 요리는 키그 하 파르스(kig ha farz)로 천으로 된 주머니에 세몰리나(또는 메밀가루)와 채소를 넣고 돼지비계와 함께 익힌 것이다. 퐁라베(Pont-l'Abbé)지방의 돼지머리 요리(choten bigouden)나 렌(Rennes)의 카스(casse), 돌(Dol)의 포르셰(porché)와 같이 각종 내장, 부속(돼지 머리와 족, 송아지 족, 기름이 붙은 상태의 송아지 장간막, 돼지 껍데기 등)과 향신 재료를 넣어 만든 요리들도 즐겨 먹는다. 모를래(Morlaix)의 본 인 햄(bone in ham) 이외에 사과를 넣은 돼지 등심, 양배추와 밤을 넣은 돼지 앞다리살 요리도 대표적인 요리다. 또한 생 말로(Saint-Malo)의 시드르 내장 요리나 반(Vannes)의 화이트와인에 익힌(à la mode) 내장요리들도 주목할 만하다.

● 소, 양, 송아지 : 스튜, 로스트. 메밀 퓌레와 함께 서빙되는 브레스트(Brest)의 스튜 요리를 비롯한 브르타뉴의 다양한 스튜는 강한 개성을 갖고 있다.

● 닭, 토끼. 두 가지의 대표요리를 꼽을 수 있다. 렌(Rennes)의 닭 요리(화이트와인에 익히고 건자두를 곁들인다)와 장제(Janzé)의 영계 로스트다. 또한 뮈스카데 와인에 익힌 토끼요리와 아티초크를 넣은 닭 요리도 빼놓을 수 없다. 수렵육 요리로는 밤을 넣은 산토끼요리와 시드르에 익힌 야생오리를 꼽을 수 있다.

■ 디저트.

● 파티스리, CHOUCHEN 봉밀주. 버터와 설탕이 듬뿍 든 퀸아망(kouign-amann), 건자두 파이인 파르(far aux pruneaux), 바삭한 건빵의 일종인 크라클랭(craquelins bretons)은 브르타뉴 파티스리의 대표주자다. 이 밖에도 쇼카르(chocart, 계피와 레몬즙을 넣고 설탕에 졸인 사과를 채운 퓌유테 반죽의 쇼송), 오렌지 블로섬 워터 케이크, 아몬드 과자(bigouden aux amandes), 메밀, 우유로 반죽하고 럼으로 향을 낸 팬케이크(pouloudig), 베르가모트로 향을 낸 생 탄 도레(Sainte-Anne-d'Auray)의 케이크, 생 브리악 쉬르 메르(Saint-Briac-sur-Mer)의 생 무화과 케이크 등을 꼽을 수 있다. 브르타뉴의 봉밀주, 슈셴(chouchen)은 그냥 마시거나 과일에 넣어 향을 낸다.

BRETON 브르통 피에스 몽테의 일종. 색색의 퐁당슈거를 씌우고 장식한 아몬드 비스퀴를 피라미드 형태로 쌓아올린 것으로 주로 대형 연회나 뷔페의 장식으로 활용된다. 가토 브르통(gâteau breton)은 가염 버터와 달걀노른자를 듬뿍 넣어 만든 도톰하고 동그란 모양의 과자로, 달걀물을 입히고 줄무늬를 낸 다음 구워낸다. 갸름한 나베트(navette) 모양으로 만들기도 한다.

▶ 레시피 : BISCUIT, FAR BRETON.

BRETONNE (À LA) 아 라 브르톤 브르타뉴의, 브르타뉴식의. 브르타뉴의 특산물인 흰 강낭콩(콩 그대로 또는 퓌레로)을 곁들인 요리를 지칭하며 주로 양고기(뒷다리, 어깨) 요리가 이에 해당한다. 또한 달걀(반숙, 수란 또는 에그프라이)에 끼얹어 먹는 소스를 가리키기도 하며, 각종 채소와 블루테, 크림 소스를 곁들인 생선 필레 요리 또한 '아 라 브르톤'이라 부른다.

▶ 레시피 : ARTICHAUT, CRABE, HOMARD, SAUCE.

BRETZEL 브레첼 프레첼, 프레젤(pretzel). 알자스 지방과 독일의 바삭하고 짭조름한 과자로 맥주에 곁들여 먹는다. 완전히 묶이지 않은 매듭모양의 과자인 프레젤은 반죽을 끓는 물에 한 번 데친 다음 굵은 소금과 커민 씨를 뿌리고 오븐에서 단단하게 굽는다. 맨 처음에는 십자가를 원으로 둘러싼 모양이었으나 형태가 잘 유지되지 않아 현재의 매듭 모양으로 바뀌었다는 설이 있다. 오늘날에는 프레젤 반죽을 작은 샌드위치빵 모양으로 만들기도 하며 모리세트(mauricettes)라고 부른다.

BRICELET 브리슬레 스위스식 얇은 와플 과자. 다양한 조각 무늬가 새겨진 둥근, 또는 정사각형의 아주 얇은 와플과자로 브리슬레 전용 틀로 구워낸다. 스위스 각 지역마다 반죽의 농도와 레시피가 다양하며, 주로 달콤한 맛으로 아이스크림, 각종 크림, 또는 커피에 곁들여 먹는다. 곱게 빻은 커민 씨나 치즈를 넣은 짭조름한 브리슬레는 아페리티프로 즐겨 먹는다. 아주 얇아서 몇 초만 구우면 완성되는 브리슬레는 바로 돌돌 말거나 4등분으로 접는다. 콘 모양으로 만들어서 약간 단맛이 나는 휘핑크림을 채워 먹기도 한다.

bricelets vaudois 브리슬레 보두아

보(Vaud)식 브리슬레 : 버터 60g에 설탕 100g을 넣고 거품이 일 때까지 잘 섞는다. 달걀 1개와 달걀노른자 1개, 생크림 250ml, 소금 한 꼬집을 넣는다. 레몬 제스트 1개분을 그레이터로 갈아 넣고 잘 섞은 다음 체에 친 밀가루 200g을 넣는다. 재빨리 반죽한 다음, 국자나 스푼으로 쇠로 된 틀에 조금씩 붓는다. 원하는 두께에 따라 힘을 조절하며 틀을 눌러 굽는다.

BRICK 브리크 브릭 치즈. 소젖(지방 45%)으로 만든 미국 치즈. 유럽 치즈 수입품이나 모방제품이 대부분인 미국(위스콘신)에서 자체적으로 개발해 낸 치즈다(**참조** p.400 외국 치즈). 탄력 있는 질감으로 작은 구멍이 곳곳에 뚫려 있는 이 치즈는 체다와 비슷하면서 좀 더 강한 풍미를 갖고 있다. 길이 25cm, 폭 12.5cm, 두께 7cm 크기의 벽돌 모양 덩어리로 판매된다. 주로 샌드위치나 카나페, 햄버거용으로 사용된다.

BRICQUEBEC OU PROVIDENCE DE LA TRAPPE DE BRICQUEBEC 브리크벡, 프로비당스 드 라 트라프 드 브리크벡 소젖(지방 45%)으로 만드는

세척 외피 비가열 압착치즈(반경성)로 수도원에서 만들었다. 현재는 코탕탱(Cotentin) 협동조합에서 지름 22cm, 두께 4cm의 원반형으로 만들어 판매한다. 순한 맛과 지하 저장고의 좋은 향을 갖고 있는 이 치즈는 연중 내내 최상의 맛과 품질을 유지한다.

BRIDER 브리데 로스트용 가금류(또는 수렵육 조류)에 조리용 바늘을 찔러 넣어 몸을 관통하며 한번 또는 두 번에 걸쳐 실로 꿰어 묶는 방법으로, 익히는 동안 다리와 날개를 몸통에 딱 붙여 고정시켜준다. 이 작업은 기본 손질을 마치고 가금류의 두 다리를 모아 끝을 묶고, 날개를 목 뒤쪽 안으로 집어넣은 뒤 진행한다. 완성된 요리는 플레이팅하기 전 반드시 실을 제거해야 한다. 이 과정에서 다리 아래쪽 가려져 있던 부분이 잘 익었나를 확인할 수 있다. 덜 익은 부분이 있으면 다시 익혀 완성한다.

● **다리를 몸통에 꽂아 넣은 닭 묶기.** 닭을 브레이징, 포칭하거나 통째로 팬에 익히는 경우(다시 말해 익히는 동안 여러 번 움직여야 하거나 어떤 특별한 장식 모양을 위해 발을 등쪽에 낸 칼집 안으로 찔러 넣어야 하는 경우[en entrée])에 몸을 실로 묶어주면 모양을 더 안정적으로 고정시킬 수 있다.

만드는법 익히기 ▶ 로스트용 닭 묶기 참조(부록 : 조리 테크닉 및 노하우 p.VIII)

BRIE 브리 브리 치즈. 소젖(지방 45%)으로 만드는 연성치즈로 붉은 기가 도는 흰색 외피를 갖고 있으며, 일 드 프랑스(Île-de-France)가 원산지다(**참조** 옆 페이지 브리 치즈 도표, p.389 프랑스 치즈 도표). 브리 치즈는 다양한 크기의 큰 원반형으로 생산되며 대개 짚이나 나무 받침에 놓여 있다. 밝은 노랑색, 짚 빛깔 또는 황금색을 띠며 과일향의 풍미를 갖고 있다.

■ **역사.** 브리(brie)라는 명칭은 17~18세기부터 파리 지역에서 생산되어 주로 수도에서 소비되는 여러 유명한 연성치즈에 붙은 이름이다. 하지만 단지에 담긴 '액체와 같이 흐르는' 질감의 '황금색'으로 숙성된 지방성분이 높은 '최고급 품질' 치즈라는 설명은 오늘날 우리가 알고 있는 브리 치즈, 또는 비슷한 종류인 모(Meaux), 믈룅(Melun)의 브리 치즈와는 전혀 다른 것이었다. 상류층 사람들은 숙성된 것 또는 프레시(흰색) 모(meaux) 치즈를 선호했는데, 이들은 수송을 거치는 동안 더 완전하게 숙성되어 마치 마루알(maroilles)이나 에푸아스(époisses)와 비슷해졌다. 1878년 쿨로미에(Coulommiers)의 브리 치즈는 파리 만국박람회에 다른 브리 치즈들과는 별개로 독립 출품되기도 했다. 이렇게 센 에 마른(Seine-et-Marne) 지방에서 같은 테크닉을 기반으로 한 다양한 종류의 치즈가 대량 생산됨에 따라, 이들 치즈의 숙성 책임자들은 조합을 형성하였고 시장에서의 판매를 담당했으며 브리와 같은 타입의 다른 치즈들도 만들게 되었다.

■ **사용.** 브리는 다른 치즈와 마찬가지로 식사 끝 순서에 서빙되지만, 아뮈즈 부슈용으로 작은 크로켓이나 카나페를 만드는 데도 사용할 수 있다. 옛날에는 투르트(tourte) 반죽을 만드는 데 쓰기도 했다(알렉상드르 뒤마에 따르면 브리오슈 반죽에도 넣었다고 하며, 브리를 베이스로 하여 만들었다는 사실에서 브리오슈라는 이름이 유래했다고도 전해진다). 브리 치즈는 오늘날 농가가 아닌 유제품 업체에서 대량생산되지만 여전히 큰 인기를 누리고 있다. 대표적인 종류로는 AOC 인증을 받은 모(Meaux)와 믈룅(Melun)의 브리 치즈, 몽트로(Montereau), 쿨로미에(Coulommiers), 낭지스(Nangis) 의 브리 치즈가 있으며, 이는 모두 비멸균 생 소젖 또는 저온멸균 소젖으로 만든다.

롤랑 바르텔레미(ROLAND BARTHÉLEMY)의 레시피

brie aux truffes 브리 오 트뤼프

송로버섯을 넣은 브리 치즈 스패출러로 브리 치즈의 껍질 윗면을 조심스럽게 잘라낸다. 다진 송로버섯 또는 얇게 벗긴 송로버섯 껍질 50g을 펴 얹은 다음 마스카르포네 250g을 덮어준다. 냉장고에 최소 12시간 이상 넣어둔다. 치즈를 반으로 자른 다음 겹쳐 얹어준다. 얇게 썰어 서빙한다.

BRIGADE DE CUISINE 브리가드 드 퀴진 주방 직원 팀. 어느 정도 이상 되는 규모의 식당에서 일하는 요리사 및 부속 서비스를 제공하는 인력 팀, 사단을 말한다. 업계 은어로 '그로 보네(gros bonnet 큰 모자)'라고도 불리는 '셰프 드 퀴진(chef de cuisine)'을 필두로 그 밑에 한 명 또는 여러 명의 수셰프(sous-chef)가 있으며, 이들은 각 파트장인 셰프 드 파르티(chefs de partie, 소스 담당, 채소 가니시 담당 등)'를 이끌고 있다. 업장의 규모에 따라 셰프 드 파르티 아래 몇 명의 코미(commis 초보 요리사)나 수련생(apprentis)들이 업무를 돕기도 한다.

일반적인 브리가드의 구성은 다음과 같다.

- 셰프 가르드 망제(chef garde-manger) : 배달된 식재료 인수, 냉장고 등에 보관, 재고 점검을 담당하며 차가운 요리들을 만든다(뷔페, 오르되브르, 소스, 테린 등). 또한 정육이나 생선의 분할, 절단을 담당한다.
- 셰프 소시에(chef saucier) : 식재료의 소테잉, 디글레이징(데글라세), 팬

프라잉, 포칭을 담당한다(육류나 가금류). 육수와 소스를 만든다(생선 소스 제외).

- 셰프 로티쇠르(chef rôtisseur) : 오븐에 로스트, 그릴에 굽기, 튀기기 등의 조리를 담당하며 튀기거나 굽는 모든 채소 요리(특히 감자)를 전담한다. 그릴 요리에 곁들여지는 버터도 만든다. 옛날에는 이 파트에 그리아르댕(grillardin, 그릴 담당자)와 프리튀리에(friturier, 튀김 담당자)도 따로 있었다.

- 셰프 푸아소니에(chef poissonnier) : 모든 종류의 생선, 조개류, 갑각류 등 해산물의 조리(그릴에 굽거나 튀기기 제외)와 육수, 소스 만들기를 담당한다. 규모가 작은 주방에서는 셰프 소시에가 이를 담당한다.

- 셰프 앙트르메티에(chef entremétier) : 모든 채소 가니시 조리(그릴에 굽거나 튀기기 제외)를 담당한다. 포타주뿐 아니라 더운 애피타이저를 만들기도 하며 따로 파티시에가 없는 주방에서는 디저트도 만든다. 달걀 요리(오믈렛, 스크램블드 에그 등)도 이 파트에서 담당한다.

- 투르낭 (tournant) : 휴가 등으로 결원이 생긴 부서에서 대신 업무를 담당한다.

- 코뮈나르(communard) : 직원들의 식사를 준비한다. 조직 규모가 작은 주방에서는 주로 로티쇠르가 이를 담당한다.

- 파티시에(pâtissier) : 모든 종류의 파티스리, 디저트, 비에누아즈리, 파스타 등을 만든다. 옛날에는 이 파트에 글라시에(glacier, 아이스크림 담당자)와 콩피죄르(confiseur, 당과류 담당자)도 따로 있었다.

그 외의 업무(그릇 및 기타 집기 설거지 및 관리 등)를 담당하는 직원으로 플롱제(plonger, 설거지 담당, 경우에 따라 생선 비늘 제거 등의 기본 손질도 담당한다), 아르장티에(argentier, 커틀러리 등의 은제품 관리 담당자), 베슬리에(vaisselier, 식기 관리 담당자), 가르송 드 퀴진(garçon de cuisine, 주방 심부름 담당자) 등이 있고, 경우에 따라 채소 껍질 까는 일을 전담하는 레귀미에(léguimier)를 두는 곳도 있다. 이러한 주방의 인력 구성은 오늘날 점점 간소화되는 추세다. 메뉴도 옛날보다 간단해졌고 성능 좋은 기계, 장비들을 사용하게 되었으며 반 정도 손질되거나 조리된 제품들을 많이 사용하면서 요리사의 숫자를 획기적으로 줄일 수 있게 되었다. 최근의 주방 구성은 대부분 더운 요리 담당(생선이나 고기 담당 파트는 그에 곁들이는 가니시 채소들도 함께 담당한다), 찬 요리 담당, 그리고 파티스리, 세 파트로 나뉘어진다.

BRIGNOLES 브리뇰 바르(Var) 지방 브리뇰의 갈색 자두. 주로 말려서 씨를 뺀 다음 지역 특산 파티스리에 많이 사용한다. 옛날 밝은 노랑색의 브리뇰 자두는 그 크기와 모양 때문에 '피스톨(pistole, 옛 금화)'이라고도 불렸다.

BRIK 브리크 북아프리카 마그레브 지역에서 많이 사용하는 아주 얇은 밀전병의 일종으로 다진 양고기 살과 양파, 민트를 채워 넣고 달걀 한 개를 얹어 접은 다음 팬에 튀기듯 지진다. 잘 늘어나고 탄력성이 있는 아주 얇은 브릭 페이스트리는 밀가루, 물, 소금으로 만든 묽은 반죽을 아주 까다롭고 정교한 테크닉에 따라 올리브 오일을 두른 팬에 익힌다. 손바닥을 찬물에 담갔다가 반죽에 넣은 다음 소량씩 덜어 둥그런 모양으로 돌려가며 팬에 아주 얇게 바르듯이 펴준다. 붓을 사용해 펴발라도 좋다. 칼을 이용하여 아주 재빠른 동작으로 구멍이 나지 않도록 조심하며 얇은 브릭을 떼어내 마른 면포 위에 놓는다. 오늘날 브릭 페이스트리는 대형 매장 냉장 코너에서 쉽게 구입할 수 있으며, 크레프처럼 짭짤한 속재료(달걀, 고기, 치즈 등) 또는 달콤한 재료(아몬드, 꿀, 과일 등)을 채워 먹는다.

brik à l'œuf 브리크 아 뢰프

달걀을 채운 브릭 페이스트리 : 브릭 페이스트리 위에 달걀을 한 개 깨어 얹은 다음 소금, 후추, 다진 생 파슬리와 고수를 각각 한 꼬집씩 뿌린다. 대각선으로 반 접은 뒤 양쪽 끝과 모서리를 잘 붙여 달걀이 흘러나오지 않도록 밀봉한다. 뜨거운 기름에 넣어 튀긴다, 기름을 부어주며 노릇한 색이 나면서 부풀도록 한다. 키친타월에 놓고 기름을 뺀 다음 뜨겁게 서빙한다.

브리 치즈의 종류와 특징

명칭	시기	지름, 두께	숙성기간
브리 드 모 brie de Meaux (AOC)	5월~10월	35-37 cm, 2,5 cm	1개월
브리 드 믈룅 brie de Melun (AOC)	6월~10월	27-28 cm, 3 cm	1개월 이상
브리 드 몽트로 brie de Montereau	5월~10월	18 cm, 2,5 cm	1~2개월
쿨로미에 coulommiers	10월~4월	25 cm, 3 cm	1개월

BRILLAT-SAVARIN (JEAN-ANTHELME) 장 앙텔름 브리야 사바랭 프랑스의 법관, 미식가(1755, Belley 출생—1826, Saint-Denis 타계). 어린 시절을 뷔제(Bugey)에서 보내며 요리에 눈을 뜬 브리야 사바랭은 자신의 성(Savarin)을 따르는 조건으로 재산을 물려준 이모의 성을 갖고 있다. 디종에서 법학을 공부하고 젊은 시절 변호사로 활동했던 그는 입법 의회 의원으로 선출되어 이후 앵(Ain)의 민사재판소장을 거쳐, 벨레의 시장, 국민병 지휘관을 역임했다. 지롱드 당의 몰락 이후 스위스로 망명한 그는 마침내 미국에 정착했고 그곳에서 프랑스어 교습과 바이올린 연주로 생활을 이어갔다. 미국에서 칠면조 요리나 웰시 레어빗과 같은 음식을 처음으로 접했을 뿐 아니라 보스턴의 프랑스 요리사들에게 스크램블드 에그 만드는 기술을 가르치기도 했으며, 거위 스튜, 콘비프, 펀치를 즐겨 먹었다.

■ **프랑스로의 귀환.** 1796년 그는 프랑스 귀환 허가를 얻었으나 모든 재산을 포기해야 했다. 1800년 파기원의 판사로 임명된 그는 남은 평생 동안 역임했다. 독신이었던 그는 고고학, 천문학, 화학 그리고 물론 미식에 관심이 많아 늘 맛있는 식당을 찾아 다녔고, 가까운 지인들을 자주 초대해 직접 요리를 대접하기도 했다. 1825년 12월 8일, 그가 타계하기 두 달 전, 그를 유명하게 만든 책『맛의 생리학(*Physiologie du goût ou Méditations de gastronomie transcendante, ouvrage théorique, historique et à l'ordre du jour, dédié aux gastronomes parisiens par un professeur, membre de plusieurs sociétés littéraires et savantes*)』이 서점에 등장한다.

■ **미식학적 사유.** 이 책은 곧 큰 성공을 거둔다. 브리야 사바랭의 목표는 미식을 화학, 물리학, 의학, 해부학과 연계하여 진정한 학문의 반열에 올려놓는 것이었다. 이러한 관점에서 그는 '목마름'을 잠재적이며 습관적인 갈증(기본적으로 몸의 수분 균형 상태를 위해 물을 필요로 하는 자연적인 갈증), 꾸며낸 또는 의도된 욕구에 의한 갈증(술이나 선호하는 음료를 추구하는 갈증), 격렬히 필요한 갈증(말을 많이 하거나 날씨가 더운 환경 등 더욱 강하게 몸이 갈증을 느끼는 경우)의 세 종류로 구분했고, 음식의 맛에 대해 이야기했다. 또한 인간이 음식을 먹을 때 혀가 어떻게 움직이는지를(입술 밖으로 나오거나 뺨 안쪽과 구개 사이에서 둥근 모양을 그리며 움직임 또는 혀를 위 아래로 구부리며 입술과 잇몸 사이의 반원형 골 사이의 음식을 모으는 동작 등) 세밀하게 관찰하였으며, 맛의 역학적 분석에 깊이 몰두했다.

그는 소식과 비만, 식이요법이 휴식, 절식, 피로, 죽음에 미치는 영향 등에 대해 설파했다. 교육적인 접근 방식으로 자신의 생각을 전하면서 그는 미식이라는 분야를 마치 하나의 학문처럼 인과관계에 기초한 주제로서 다루게 되었다. 그는 수많은 일화의 스토리텔러일 뿐 아니라 식탐의 옹호자였다. 그의 저서는 끊임없이 재발간되었으며, 특히 식견을 갖추고 유복하며 과거를 존중하는 동시에 발전을 동경하고 행복한 생활을 지향하는 품위 있는 부르주아 층들에게 좋은 미식교육 지침서가 되었다.

이 책의 백미는 포토푀, 푹 끓인 고기, 닭, 수렵육, 송로버섯, 설탕, 커피, 초콜릿 등의 식재료와 요리에 관한 브리야 사바랭의 고찰이 나타난 페이지들이다.『요리에 대한 철학적 역사(*Histoire philosophique de la cuisine*)』또한 그의 박식하고도 깊은 조예와 유머를 엿볼 수 있는 책이다. 불의 발견부터 루이 16세 시대까지를 다루고 있으며 1810~1920년 시절의 파리 레스토랑들에 대한 언급으로 끝을 장식하고 있다.

브리야 사바랭이라는 이름은 타르틀레트를 비롯하여 크루스타드나 오믈렛에 넣는 잘게 썬 푸아그라와 송로버섯 가니시에 이르기까지 여러 종류의 음식 이름에도 붙게 되었다. 아스파라거스 윗동과 반숙 달걀로 이루어진 곁들임 음식도 브리야 사바랭식 가니시라고 부른다.

BRILLAT-SAVARIN (FROMAGE) 브리야 사바랭 (프로마주) 브리야 사바랭 치즈. 소젖(지방 40%)으로 만든 흰색 천연 외피 연성 트리플 크림치즈(**참조** p.389 프랑스의 치즈)로 '치즈가 없는 식사는 한쪽 눈이 없는 미녀와 같다'고 주장한 미식가 브리야 사바랭의 이름을 붙였다. 마른(Marne)과 오트 마른(Haute-Marne)에서 생산되며 다양한 크기의 원반형을 하고 있고 두께는 3.5cm 정도다. 순한 풍미를 갖고 있으며 크림 향이 난다.

BRIMONT 브리몽 클래식 요리에서 주로 장식성이 강한 요리에 붙여지는 이름이다. 아마도 옛날 관습이 그러했듯이 요리사가 주인에게 헌정하는 요리들인 것으로 추정된다.

▶ 레시피 : ESTURGEON, ŒUF MOLLET.

BRINDAMOUR 브랭다무르 양젖(지방 45%)으로 만든 코르시카의 연성 치즈로 외피는 타임과 세이보리로 싸여 있다. 모서리가 둥그스름한 두툼한 정사각형을 하고 있으며 무게는 600~800g 정도 된다. 플뢰르 뒤 마키(fleur du maquis 잡목 숲의 꽃이라는 뜻)라고도 불리며 맛을 순하고 향이 좋다.

BRIOCHE 브리오슈 브리오슈 빵. 가벼우며, 이스트의 작용으로 부풀어오른 발효반죽 파티스리로 버터와 달걀의 함량에 따라 다소 결이 곱기도 하다. 기본 반죽은 밀가루, 이스트, 물 또는 우유, 설탕, 소금, 달걀, 버터를 혼합해서 만든다. 브리오슈 반죽에 버터를 푀유타주 방식, 즉 여러 번 접어 밀기 테크닉을 사용해 혼합하면 브리오슈 푀유테를 만들 수 있다. 브리오슈는 다양한 틀 모양으로 만들 수 있다. 머리를 얹은 모양의 브리오슈 파리지엔은 반죽을 각기 다른 크기로 둥그렇게 뭉친 뒤 작은 것을 큰 것 위에 얹어 굽는다. 브리오슈 낭테르는 분할 면이 뚜렷한 직육면체이며, 높이가 있는 원통형인 브리오슈 무슬린은 가장 세련되고 섬세하다.

브리오슈는 가장 널리 퍼진 지역 특산 파티스리 중 하나다. 노르망디의 둥글넓적한 브리오슈 팔뤼(fallue), 프랄린을 섞은 생 제니(Saint-Genix)의 브리오슈, 보르도의 크리스마스 빵인 가토 데 루아(gâteau des Rois) 또는 토르티용(tortillon), 방데(Vendée)의 가테 드 라 마리에(gâtais de la mariée 일명 신부 케이크. 지름이 1.3m에 이르기도 한다), 헤이즐넛, 건포도와 말린 서양 배를 채운 보주(Vosges)의 브리오슈, 프로마주 블랑 또는 그뤼예르 치즈를 넣은 가나(Gannat)의 브리오슈 이외에도 푸아스(fouace), 퐁프(pompe), 쿠크(couque), 크라미크(cramique), 덩케르크(Dunkerque)의 쾨크보테랑(koeckbotteram), 코르시카의 캉파닐리스(campanilis), 베아른(Béarn)의 파스티스(pastis) 등이 대표적이다.

■ **사용.** 브리오슈는 주로 디저트로 또는 티타임에 차와 곁들여 먹으며 그 외에 요리에서도 여러 가지 용도로 활용된다. 기본 브리오슈 반죽은 생선이나 소 안심을 감싸서 굽는 크러스트로 사용되며, 브리오슈 무슬린은 푸아그라나 소시송, 리옹식 세르블라 소시지를 감싸 조리하는 데 쓰인다. 브리오슈 반죽으로 재료에 옷을 입혀 기름에 튀기기도 한다. 잘게 썬 재료(짭조름한 간이 있는 것, 달콤한 것 모두 가능)를 브리오슈 크러스트로 감싸 1인용 크기로 서빙하면 더운 애피타이저나 디저트로 아주 좋다.

---

pâte à brioche fine **:** 파트 아 브리오슈 핀

결이 고운 브리오슈 반죽 만들기 : 반죽기에 밀가루 500g, 생 이스트 14g, 설탕 50g을 넣고 섞는다. 달걀 4개와 소금을 깎아서 2티스푼 넣고 섞어준다. 반죽기를 중간 속도로 맞춘 뒤 달걀 3개를 하나씩 추가로 넣어준다. 반죽이 믹싱볼 벽에 더 이상 달라붙지 않을 정도가 되면 작게 썰어둔 버터 400g을 넣고 다시 벽에 붙지 않을 때까지 혼합한다. 용기에 덜어내고 랩을 씌운 뒤 따뜻한 곳(22°C)에서 2~3시간 동안 1차 발효 시킨다 (부피가 두 배가 될 때까지). 반죽을 작업대에 덜어낸 다음 주먹으로 공기를 빼며 펀칭하여 원래의 부피로 되돌린다. 다시 랩으로 덮어 냉장고에 넣고 1시간~1시간 15분 정도 2차 발효시킨다. 다시 주먹으로 펀칭하며 공기를 빼준다. 반죽을 소분해 성형한 다음 마지막으로 다시 한 번 발효시킨 뒤 오븐에 굽는다. 일반 브리오슈도 마찬가지 방법으로 만든다. 단 버터를 175g만 넣는다.

---

brioche bordelaise 브리오슈 보르들레즈

보르도식 브리오슈 : 브리오슈 반죽 300g으로 두툼한 원반 모양을 만든다. 캔디드 프루츠(과일 콩피) 65g을 곱게 다져 브리오슈 반죽에 펼쳐 놓고 가장자리를 가운데로 접으며 둥글게 뭉친다. 버터를 바른 베이킹 팬에 반죽을 놓고 10분간 휴지시킨다. 엄지손가락으로 가운데 구멍을 뚫고 반죽을 조심스럽게 늘여 왕관 모양으로 만든다. 가운데 구멍 지름이 10cm 정도 되면 늘이는 것을 멈추고 1시간 30분간 휴지시킨다. 달걀 한 개를 포크로 푼 다음 왕관 모양 반죽에 고루 발라준다. 각설탕 30g을 면포에 놓고 덮은 뒤 파티스리용 밀대로 눌러 부순다. 물을 묻힌 가위로 링 모양의 빵 반죽 위에 5mm 깊이로 비스듬한 칼집을 고루 내준다. 200°C로 예열한 오븐에서 최소 30분간 굽는다. 꺼낸 뒤 캔디드 푸르츠와 부순 설탕을 얹어 장식한다.

---

brioche aux fruits 브리오슈 오 프뤼

과일 브리오슈 : 프랑지판(frangipane 아몬드 가루, 버터, 설탕, 달걀로 만든 페이스트)과 브리오슈 반죽을 만든다. 제철과일(자두와 살구, 복숭아와 서양 배, 자두와 서양 배 등)을 준비해 굵직한 큐브 모양으로 썬 다음 과일 브랜디, 설탕, 레몬즙을 넣고 재운다. 가장자리가 높지 않은 원형 파이틀에 버터를 바른 다음 브리오슈 반죽을 깔아준다. 프랑지판을 바닥에 펴 발라 채운 다음 과일을 건져 고루 넣어준다. 다시 브리오슈 반죽으로 덮고 가장자리를 잘 붙인다. 1시간 동안 휴지시킨 다음 달걀물을 바르고 오븐에 굽는다. 슈거파우더를 뿌린 뒤 뜨겁게 서빙한다.

une nouvelle présentation de la brioche lyonnaise aux pralines de Saint-Genix ▶ PRALINE

---

brioche parisienne 브리오슈 파리지엔

파리지엔 브리오슈 : 브리오슈 반죽 280g을 각각 240g, 40g으로 나눈 뒤 둥글게 뭉친다. 240g짜리가 몸통, 40g짜리가 머리 부분이 된다. 손에 밀가루를 묻히고 큰 덩어리 반죽을 작업대 바닥에 굴려가며 완벽한 구형을 만든다. 500g 용량의 꽃모양 브리오슈 틀에 넣는다, 40g짜리 작은 반죽은 서양 배 모양으로 한쪽이 약간 뾰족하도록 만든다. 큰 반죽의 가운데를 눌러 우묵하게 한 다음 작은 반죽의 뾰족한 부분을 박고 살짝 눌러준다. 상온에서 1시간 30분 정도 발효시켜 부피가 두 배가 되도록 한다. 물을 묻힌 가위로 큰 반죽에 가장자리에서 머리 방향으로 작은 칼집을 고루 내준다. 달걀물을 바른 뒤 200°C로 예열한 오븐에서 30분간 굽는다. 따뜻할 때 틀에서 꺼낸다.

---

brioche polonaise 브리오슈 폴로네즈

폴란드식 브리오슈 : 약 800g짜리 파리지엔 브리오슈를 만든다. 캔디드 프루츠 200g을 작은 큐브 모양으로 썬 다음 키르슈에 재운다. 설탕 200g, 물 250ml, 키르슈 리큐어용 잔으로 한 개를 넣고 끓여 시럽을 만든다. 밀가루 60g, 달걀노른자 4개분, 설탕 100g, 바닐라슈거 작은 1봉지, 우유 500ml로 크렘 파티시에를 만든다. 여기에 버터 40g을 더해 잘 섞은 다음 키르슈에 재운 캔디드 푸르츠를 넣어준다. 파리지엔 브리오슈의 머리 부분을 떼어낸 다음 몸통 부분을 가로로 잘라 여러 층을 만든다. 시럽을 적신 다음 과일 넣은 크림을 층층이 두껍게 발라준다. 브리오슈 층을 쌓아 원래 모양을 만든 다음 머리 부분을 다시 얹어준다. 달걀흰자 4개분에 설탕 60g을 넣고 단단하게 거품을 올린 다음 브리오슈 겉을 완전히 덮는다. 슈거파우더를 솔솔 뿌리고(최대 2테이블스푼) 아몬드 슬라이스(약 100g)를 고루 얹는다. 260°C로 예열한 오븐에 넣어 5분간 색을 낸다. 완전히 식힌 뒤 서빙한다.

오귀스트 프랄뤼(AUGUSTE PRALUS)의 레시피

brioche praluline 브리오슈 프랄뤼린

프랄뤼린 브리오슈 전동 스탠드 믹서 볼에 밀가루 500g, 천일염 10g, 맥주 효모 20g, 설탕 20g을 넣고 혼합한다. 달걀 5개와 물 200ml를 넣고 5~10분간 반죽한 다음 작게 잘라둔 버터 250g을 넣고 섞는다. 반죽을 냉장고에 하룻밤 넣어 휴지시킨다. 반죽을 3등분한 다음 각각 지름 30cm 크기로 민다. 굵게 부순 프랄린 200g을 각 반죽 가운데에 놓고 봉투처럼 접는다. 파트 푀유테를 만드는 방법과 마찬가지로 접어밀기를 두 차례 해준 다음 모서리를 접어 둥글게 뭉친다. 60°C 스팀오븐에 넣어 1시간 동안 발효시킨 다음 180°C 오븐에서 30분간 굽는다.

---

brioche roulée aux raisins 브리오슈 룰레 오 레쟁

건포도 롤 브리오슈 : 건포도 70g에 럼 4테이블스푼을 넣고 불린다. 지름 22cm 제누아즈용 원형틀에 버터를 바른다. 브리오슈 반죽 140g을 밀어 틀에 깔아준 다음 크렘 파티시에를 3mm 두께로 펴바른다. 반죽 160g을 밀대로 밀어 폭 12cm, 길이 20cm의 직사각형을 만든다. 여기에 크렘 파티시에를 덮어준 다음 럼에 절인 건포도를 고루 깔아준다. 세로로 길게 말아 길이 20cm의 롤을 만든 다음 동일한 두께로 6등분한다. 이 롤 조각을 틀 안의 브리오슈 반죽 위에 평평하게 얹은 다음 따뜻한 곳에서 2시간 동안 발효시킨다. 달걀물을 발라준 다음 200°C로 예열한 오븐에서 30분간 굽는다. 꺼내서 바닐라 시럽 또는 럼 시럽을 뿌려 적셔준다. 따뜻한 온도가 되면 틀에서 분리한다. 완전히 식힌다. 슈거파우더 60g에 뜨거운 물 2스푼을 넣고 개어둔 시럽을 브리오슈에 붓으로 발라준다.

---

brioche de Saint-Genix 브리오슈 드 생 제니

생 제니 브리오슈 : 르뱅 500g에 오렌지 블로섬 워터 3/4컵을 넣고 섞는다. 소금 10g을 넣고, 달걀 4개를 한 개씩 넣으며 섞어준다. 밀가루 600g을 넣는다. 다시 달걀 4개

를 한 개씩 넣어준다. 설탕 300g을 두 번에 나누어 넣고 섞는다. 반죽이 믹싱볼 안쪽 벽에 더 이상 달라붙지 않을 정도가 되면 상온의 부드러운 버터 350g을 넣고 잘 섞는다. 반죽을 덜어낸 다음 여러 개로 나누어 둥글게 뭉친다. 각각 달걀물을 바른 다음 레드 프랄린을 몇 개씩 박아준다. 180°C로 예열한 오븐에 넣어 굽는다.

brioches aux anchois 브리오슈 오 장슈아

안초비 브리오슈 : 설탕을 넣지 않은 일반 브리오슈 반죽을 아주 작은 파리지엔 브리오슈 틀(꽃모양)에 넣고 구워낸 뒤 완전히 식힌다. 알루미늄 포일에 싸서 냉장고에 1시간 넣어둔다. 브리오슈의 머리 부분을 떼어낸 다음 조심스럽게 몸통 부분의 파낸다. 파낸 속은 잘게 부수어 상온의 부드러운 안초비 버터와 섞은 뒤 브리오슈에 채워 넣고 머리 부분 뚜껑을 다시 덮어준다. 서빙할 때까지 차갑게 보관한다. 휘핑한 크림을 소에 조금 섞어주면 더욱 가벼운 맛을 즐길 수 있다.

filet de bœuf en brioche ▶ BŒUF
saucisson en brioche à la lyonnaise ▶ SAUCISSON

BRIQUE DU FOREZ 브리크 뒤 포레즈 염소젖으로 만든 천연 외피 연성 치즈(셰브르통 chèvreton이라고도 부른다). 염소와 소젖(지방 40~45%)을 혼합해 만들기도 한다. 무게 250~400g의 벽돌 모양으로 만드는 이 치즈는 론 알프 지방의 포레즈에서 생산된다. 고소한 헤이즐넛 풍미가 나며 특히 5월~10월에는 그 맛이 더욱 좋다.

BRIQUE DU LIVRADOIS 브리크 뒤 리브라두아 오베르뉴 지방에서 생산되는 염소젖 치즈로 브리크 뒤 포레즈와 비슷하다(**참조** BRIQUE DU FOREZ).

BRISSE (BARON LÉON) 바롱 레옹 브리스 바롱 브리스. 프랑스의 언론인, 미식 저널리스트(1813, Gémenos 출생–1876, Fontenay-aux-Roses 타계). 지방 산림청에서의 공무원 생활을 접고 파리로 올라간 그는 미식 저술 활동에 집중했으며, 일간지 라 리베르테(La Liberté)에 매일 다른 요리를 한 가지씩 소개했다. 이 레시피들을 모은 책이 1868년 『바롱 브리스의 366가지 메뉴(*les Trois Cent Soixante-Six Menus du baron Brisse*)』라는 타이틀로 출간되었다. 그는 이 밖에 『부르주아 및 일반 가정에서 활용할 수 있는 요리법(*Recettes à l'usage des ménages bourgeois et des petits ménages*)』(1868)도 펴냈다. 사람들은 그가 요리를 할 줄 모른다고 비난도 했고, 실제로 그의 레시피들 중에는 때로 제멋대로인 것들도 있었다. 하지만 푸아그라 테린과 가르뷔르(garbure 수프의 일종)의 조리법은 완벽하게 설명하고 있다. 큰 덩어리의 육류 요리에 곁들이는 가니시에 그의 이름이 붙은 것도 있는데, 이는 다진 닭고기를 채운 양파와 속을 채운 올리브 타르트로 구성된 것이다.

BRISTOL 브리스톨 소나 양고기 로스트 등 큰 덩어리의 육류 요리, 양고기 안심 또는 투르느도(tournedos 소 안심 스테이크)에 곁들이는 가니시로, 파리의 브리스톨 호텔에서 그 이름을 따왔다. 이는 작은 크기의 리조토 크로켓, 버터에 익힌 플라즐레(제비콩), 노릇하게 팬에 익힌 폼 샤토(pommes château)로 구성되어 있다.

BROCCIU, BROCCIU CORSE 브로치우, 브로치우 코르스 코르시카의 브로치우 치즈. 탈지유(양젖, 염소젖, 소젖, 혹은 혼합)로 만든 코르시카의 AOC 생 치즈로 경우에 따라 비멸균 생우유(지방 40%)를 추가로 넣는다(**참조** p.389 프랑스 치즈 도표). 이 혼합물을 끓여 단백질이 침전시킨 뒤 틀에 넣는다. 브로치우 치즈는 겨울, 봄에 주로 생으로 먹는다. 또는 소금으로 간을 한 뒤 마른 수선화 잎으로 싸 냉장고에서 숙성시킬 수 있다. 이 치즈는 파이나 갈레트, 채소 등에 채우는 코르시카 전통 요리나 파티스리에 다양하게 사용된다(imbrucciata, fiadone 등).

fiadone 피아돈

코르시카 치즈케이크 피아돈 : 4인분/ 수분 빼기 : 3시간 / 준비 : 20분 / 조리 : 35분

생 브로치우 치즈 250g를 고운 거즈에 싼 다음 체에 놓고 물기를 뺀다. 길이 7~8cm 정도 되는 레몬 반 개의 제스트를 얇게 도려낸 다음 끓는 물(또는 아쿠아비타 미네랄 워터 1테이블스푼을 사용한다)에 3분간 데친다. 건져서 잘게 다진다. 달걀 3개를 깨서 노른자와 흰자를 분리한다. 노른자에 설탕 100g을 넣고 매끈하고 크리미한 질감이 될 때까지 거품기로 잘 섞는다. 여기에 브로치우 치즈와 레몬 제스트를 넣고 섞는다. 달걀흰자에 소금 1꼬집을 넣고 거품을 낸 다음 혼합물에 넣고 주걱으로 같은 방향으로 돌려가며 조심스럽게 섞는다. 분리형 파이틀에 버터를 바른 다음 혼합물을 붓는다. 표면을 매끈하고 평평하게 한 다음 180°C로 예열한 오븐에서 35분간 굽는다. 식힌 다음 틀에서 분리한다.

BROCHE À RÔTIR 브로슈 아 로티르 바비큐 또는 로스트용 쇠 꼬치. 절단한 고기나 동물(양, 수렵육, 가금류) 한 마리를 통째로 꿸 수 있는 뾰족한 메탈 꼬챙이. 이 꼬챙이에 고기를 꿰어 가로로 또는 세로로 놓고 불에 굽는다(**참조** BARBECUE, BROCHETTE, RÔTISSOIRE, TOURNEBROCHE).

이 방식은 재료를 완벽하게 굽는 데 좋은 방법이다. 첫 단계는 고온에서 빨리 구워 표면의 육즙을 응고시키고 색이 나도록 강하게 지지는 효과를 낸다(특히 육즙이 많은 붉은 살 육류나 수렵육 등 익히기 전 겉면 시어링이 필요한 고기류). 이어서 두 번째 단계는 좀 더 약한 세기의 불로 원하는 익힘 정도만큼 살 안쪽을 익힌다.

BROCHE À TREMPER 브로슈 아 트랑페 디핑포크. 나무 손잡이에 스텐으로 된 자루가 연결되어 있고 끝은 나선형 또는 링 모양이나 이가 두 개 혹은 세 개인 가는 포크 모양으로 마무리된 주방 소도구. 봉봉을 설탕 퐁당이나 녹인 초콜릿에 담가 코팅할 때 또는 프티푸르나 과일 절임 등을 시럽에 담가 글레이즈 할 때 사용된다.

BROCHET 브로셰 강꼬치고기. 파이크(pike). 민물에 사는 꼬치고기와의 육식 생선. 두상이 길쭉하며, 작고 뾰족한 이빨이 있는 턱뼈가 매우 발달되어 있다(**참조** pp.672~673 민물생선 도감). 방추형을 한 몸의 길이는 최소 50cm에서 70cm에 이르며 녹색과 갈색이 혼합되어 있고 배는 은빛을 띠고 있다. 강에 서식하는 루아르(Loire)와 뷔제(Bugey)의 강꼬치고기는 흰색 살의 탱글탱글하고도 섬세한 맛으로 호평을 받고 있다. 캐나다에서는 큰 사이즈의 강꼬치고기가 많이 잡히지만 이 중 가장 인기가 좋은 것은 크기가 훨씬 큰 노던 파이크(muskellunge)이다. 강꼬치고기는 가시가 많기 때문에 주로 곱게 갈아 크넬(quenelles)을 만든다. 또한 살을 이용해 테린을 만들기에도 적합하다. 뵈르 블랑(beurre blanc) 소스를 곁들이는 고전적 조리방법 이외에 화이트 또는 레드와인에 익히기도 하며, 피시볼을 만들어 차게 먹거나(à la juive), 로스트, 에스카베슈(escabèche), 혹은 다진 돼지고기를 채워 조리하기도 한다.

brochet au beurre blanc 브로셰 오 뵈르 블랑

뵈르 블랑 소스의 강꼬치고기 : 강꼬치고기의 내장을 제거하고 깨끗이 씻은 뒤 지느러미와 꼬리를 자른다. 생선용 냄비에 쿠르부이용을 준비한 다음 약 30분 정도 끓인 뒤 식힌다. 여기에 생선을 넣고 다시 가열해 끓기 시작하면 불을 줄이고 아주 약하게 끓는 상태로 12~20분간 데쳐 익힌 다음 불에서 내린다. 뵈르 블랑 소스를 만든다(참조. p.95 BEURRE BLANC). 생선을 건져 긴 접시에 놓고 생 파슬리 잎을 조금 넣은 뵈르 블랑 소스를 뿌리거나 따로 소스 용기에 서빙한다.

앙드레 기요 (ANDRÉ GUILLOT)의 레시피

brochet du meunier 브로셰 뒤 뫼니에

밀가루를 묻혀 지진 강꼬치고기 : 700~800g짜리 작은 강꼬치고기 3마리를 준비해 비늘을 긁고 수염과 지느러미를 잘라낸 다음 내장을 제거하고 깨끗이 씻는다. 적당한 크기로 토막 낸 다음 소금, 후추를 고루 뿌리고 우유에 담갔다 건져 밀가루를 묻힌다. 소테팬에 버터 200g과 식용유 1스푼을 넣고 달군 뒤 생선을 넣고 너무 세지 않은 불에 튀기듯이 지진다. 다른 팬에 버터를 달군 뒤 얇게 썬 양파 4개를 넣고 투명하게 볶는다. 생선이 노릇해지면 볶은 양파를 넣고, 아주 질 좋은 화이트와인 식초 50ml를 넣어준다. 소스가 반으로 줄어들 때까지 졸인다. 소금, 후추로 간을 맞추고 버터에 구운 식빵 크루통을 일인당 2조각씩 곁들여 서빙한다.

godiveau lyonnais ou farce de brochet à la lyonnaise ▶ GODIVEAU
quenelles de brochet : préparation ▶ QUENELLE
quenelles de brochet à la lyonnaise ▶ QUENELLE
quenelles de brochet mousseline ▶ QUENELLE
quenelles Nantua ▶ QUENELLE

BROCHETTE 브로셰트 꼬치. 꼬챙이. 대개 스테인리스로 된 긴 꼬치로 작게 썬 재료를 끼워 그릴이나 숯불에 굽는 데 사용한다. 특별한 경우에는 나무로 된 꼬챙이도 사용한다. 브로셰트는 꼬챙이 이외에 그 상태로 구운 꼬

2 x 200€
1/2 Saint Jacques/Truffe
1/2 Turbot
1/2 Foie gras
1/2 Ris de veau
1/2 Pigeonneau
rosé
23
14
2 Vol au Vent
21

Brigade de cuisine 주방을 이루는 팀원들

"주방에서의 생활을 떠올릴 때 빼놓을 수 없는 것은 바로 역동적으로 바삐 움직이는 팀원들의 모습이다. 크리용 호텔 , 리츠 파리, 케이터링 업체인 포텔 에 샤보의 주방 모습. 총주방장인 셰프 드 퀴진의 감독 하에 각자 자신이 맡은 파트의 일에 열심히 집중하고 있다."

치 요리 자체, 즉 주재료를 혹은 부재료와 번갈아 끼워 익힌 것을 지칭하기도 한다. 재료를 향신 재료를 넣은 오일, 허브, 마늘, 오드비 등에 미리 재워 두었다가 구우면 더욱 연한 꼬치구이를 만들 수 있다. 꼬치에 구운 요리는 오르되브르, 주 요리에 모두 적합하며, 특정 국가들에서는 아주 인기 있는 메뉴다(**참조** ATTEREAU, CHACHLIK, HÂTELET, KEBAB).

alouettes en brochettes ▶ ALOUETTE
anguille à l'anglaise en brochettes▶ ANGUILLE

---

brochettes de coquilles Saint-Jacques et d'huîtres à la Villeroi 브로셰트 드 코키유 생 자크 에 뒤트르 아 라 빌르루아

빌르루아 소스 가리비, 굴 꼬치 튀김 : 가리비 조개의 살과 주황색 생식소를 함께 데쳐낸다. 껍데기를 깐 굴을 굴에서 흘러나온 물에 넣고 살짝 데친다. 식힌 다음 건져서 하나씩 교대로 꼬치에 끼워준다. 빌르루아 소스를 바르고 밀가루, 달걀, 빵가루를 묻혀 기름에 튀긴다. 튀긴 파슬리와 레몬을 곁들여 서빙한다.

---

brochettes de filet de bœuf mariné 브로셰트 드 필레 드 뵈프 마리네

양념에 재운 소고기 안심 꼬치구이 : 올리브오일 150ml, 소금, 후추, 다진 허브를 섞은 마리네이드 양념에 사방 3cm 크기 큐브 모양으로 썬 소고기 안심 500g과 라르동으로 썬 베이컨 150~200g을 넣고 30분 정도 재운다. 청피망 1개의 씨와 흰색 속심을 제거한 뒤 사방 3cm 크기의 정사각형으로 썬다. 양송이 버섯의 밑동을 바싹 자른 뒤 레몬즙을 뿌려둔다. 팬에 기름을 두르고 피망과 양송이를 함께 볶는다. 피망의 숨이 죽으면 바로 건져내 물기를 턴다. 꼬치에 양송이버섯 1개, 줄기 양파 1개, 체리토마토 1개, 피망 1조각, 베이컨 라르동 1개, 소고기 안심 1개를 두 번에 걸쳐 끼워준다. 마지막은 줄기양파로 마무리한다. 센 불에서 7~8분 굽는다.

---

brochettes de fruits de mer 브로셰트 드 프뤼 드 메르

해산물 꼬치구이 : 올리브오일에 레몬즙을 넉넉히 넣고 다진 허브와 마늘, 잎만 뗀 생타임, 소금, 후추를 넣어 마리네이드 양념을 만든다. 굴에서 흘러나온 물에 1분간 데친 굴 살, 뜨거운 오븐에 넣어 입이 벌어지게 한 홍합 살, 생 가리비 살, 랑구스틴 살, 왕새우 등의 해산물을 이 양념에 넣어 30분 정도 재운다. 해산물의 물기를 털지 말고 그대로 꼬치에 교대로 끼워준다. 싱싱한 작은 양송이버섯을 사이사이 길이로 넣어준다. 센 불에 굽는다.

---

brochettes d'huîtres à l'anglaise 브로셰트 뒤트르 아 랑글레즈

영국식 굴 베이컨 말이 꼬치구이 : 살이 통통한 굴의 껍데기를 깐 다음 흰 통후추를 조금 갈아 뿌린다. 얇게 썬 베이컨으로 굴을 하나씩 돌돌 말아 싼 다음 꼬치에 끼워 2분간 굽는다. 따뜻하게 구운 식빵 토스트 위에 얹어 서빙한다.

> 올랭프 베르시니(OLYMPE VERSINI)의 레시피
>
> ***brochettes de moules*** 브로셰트 드 물
>
> **홍합 꼬치구이** 센 불로 가열해 홍합의 입을 연 다음 살을 꺼낸다. 얇은 베이컨 조각과 토마토를 교대로 넣으며 홍합살을 꼬치에 끼워준다. 후추를 뿌린 뒤 오븐 브로일러에서 1분간 굽는다.

brochettes de ris d'agneau ou de veau 브로셰트 드 리 다뇨, 브로셰트 드 리 드 보

양 또는 송아지 흉선 꼬치구이 : 흉선을 데친 뒤 깨끗이 씻어 큐브 모양으로 자른다. 생 삼겹살 라르동도 끓는 물에 데친 다음 흉선과 함께 마리네이드 양념에 재운다. 작은 크기의 토마토를 2등분 또는 4등분한다. 모든 재료를 꼬치에 교대로 끼운 다음 센 불에서 굽는다.

---

brochettes de rognons 브로셰트 드 로뇽

콩팥 꼬치구이 : 양 콩팥의 막을 제거하고 둘로 갈라 연 다음 중간에 있는 기름을 떼어낸다. 기름을 바르고 소금, 후추를 뿌린 다음 꼬치에 끼워 센 불에 굽는다. 또는 콩팥에 양념을 한 다음 녹인 버터에 굴리고 흰 빵가루를 묻힌 뒤, 끓는 물에 데쳐 둔 라르동과 교대로 꼬치에 끼워준다. 여기에 다시 한 번 녹인 버터를 뿌린 다음 센 불에 굽는다. 동그랗게 슬라이스한 메트르도텔 버터(beurre maître d'hôtel)를 곁들여 서빙한다(도톰하게 슬라이스한 송아지 또는 양의 흉선, 작게 썬 소고기나 양고기, 닭 간 등도 같은 방법으로 꼬치에 끼워 구울 수 있다).

cigales de mer au safran en brochettes ▶ CIGALE DE MER

BROCOLI 브로콜리 십자화과에 속하는 배추 종류로, 재배하여 살이 통통한 꽃 순 부분을 먹는다. 길이는 약 15cm 정도 되며(**참조** p.215 배추 도감), 줄기와 다발 부분(잎은 떼어낸다)을 아스파라거스와 같은 방법으로 조리해 먹는다(퓌레, 그라탱, 또는 고기요리 가니시 등).

---

brocolis à la crème 브로콜리 아 라 크렘

브로콜리 크림 수프 : 브로콜리 1kg의 굵은 심지 부분은 잘라내고 다발 부분만 남겨 조심스럽게 씻는다. 물 2리터를 끓인 뒤 소금과 으깬 마늘 2톨을 넣고 브로콜리를 넣어 삶는다. 적당히 연하게 익으면 건진 다음 굵직하게 다진다. 소테팬에 버터 50g을 노릇한 색이 나도록 달군 다음 생크림 150~200ml를 넣어 섞는다. 크림의 색도 노릇해지면 브로콜리를 넣어준다. 후추를 넣고 소금 간도 맞춘다. 5분간 약하게 끓인 다음 뜨겁게 서빙한다.

poulet farci à la vapeur, ragoût de brocolis ▶ POULET

BROODKAAS 브로드카스 브로드카스 치즈, 브루카스 치즈. 저온 멸균한 소젖(지방 40%)으로 만든 반경성 압축 치즈로 외피는 노랑색 또는 붉은색 파라핀으로 덮여 있다. 2~4kg의 덩어리로 만들어지며 에담 치즈가 지닌 특성을 모두 갖고 있다.

BROSME 브로슴 대구과의 생선, 커스크(cusk). 대구과에 속하는 바다생선으로 스코틀랜드 북서부, 유럽 북부, 캐나다 연안의 깊은 해양에 서식한다. 평균 크기는 60~80cm이며 큰 것은 1.1m에 이른다. 수염이 있고 머리 부분이 크며 등지느러미는 아주 독특한 모양을 하고 있다. 불로뉴(Boulogne)에서는 로케트(loquette), 생 말로(Saint-Malo)에서는 푸스 모뤼(pousse-morue)라고 부르며, 어획 시기는 4월에서 7월이다. 주로 대구와 같은 방법으로 조리하며, 특히 훈제한 필레인 토르스크(torsk)를 자주 접할 수 있다.

BROU DE NOIX 브루 드 누아 호두주, 호두술. 녹색 호두껍데기나 호두 살로 만드는 케르시(Quercy), 도피네(Dauphiné) 및 중부 프랑스 지방의 전통 리큐어. 완전히 영글지 않아 아직 연한 호두열매 껍데기의 속을 비운 다음 곱게 분쇄해 계피, 육두구를 넣고 증류주에 담가 재운다. 여기에 설탕 시럽을 더한 뒤 필터에 거른다. 주로 식후주로 마신다.

BROUET 브루에 죽, 수프. 현재는 대충 끓인 간소한 스튜의 뜻으로 통용되지만 중세에는 모든 종류의 포타주, 끓인 음식, 소스 등을 총칭하던 용어였다.

BROUFADO 브루파도 프로방스식 비프 스튜. 프로방스의 특선 요리로 양념에 재운 소고기에 향신 재료, 코르니숑 또는 케이퍼와 안초비 필레를 넣어 뭉근하게 익힌다. 도브(daube 국물이 자작한 스튜의 일종)와 비슷하며, 옛 뱃사람들의 오래된 레시피로 알려져 있다.

---

broufado 브루파도

소 우둔살 800g을 사방 5cm 크기의 큐브 모양으로 썬다. 레드와인 식초 반 컵, 올리브오일 3테이블스푼, 오드비 1잔, 부케가르니 큰 것 1개, 껍질 벗겨 링으로 썬 양파 큰 것 1개, 후추를 혼합해 마리네이드 양념을 만든 다음 고기를 넣고 냉장고에 24시간 재워둔다. 중간에 3번 정도 고기를 뒤적여 고루 양념이 배게 한다. 안초비 6마리의 염분을 뺀다. 고기를 건져 올리브오일 2테이블스푼을 뜨겁게 달군 냄비에 넣고 색이 나도록 지진다. 다진 양파 1개를 넣고 고기를 재웠던 마리네이드 액과 와인 1컵(레드, 화이트 모두 가능)을 넣어준다. 끓으면 불에서 내리고 뚜껑을 덮어 200°C로 예열한 오븐에 넣어 2시간 동안 익힌다. 초절임 방울양파 몇 개와 동글게 썬 코르니숑 3~4개를 넣고 15분 정도 더 익힌다. 소금기를 뺀 안초비를 씻어서 필레만 잘라낸 다음 잘게 썰어 뵈르 마니에(beurre manié 버터와 밀가루를 동량으로 혼합한 것) 1티스푼과 섞는다. 이것을 냄비에 넣고 잘 저어준다. 껍질째 익힌 감자를 곁들여 뜨겁게 서빙한다.

BROUILLY 브루이 보졸레 AOC 와인으로 포도품종은 가메(gamay)이다. 블랙베리와 블루베리 등 과일의 향이 풍부하며 산미와 타닌이 적절히 배합된 바디감이 있는 와인이다(**참조** BEAUJOLAIS).

BROUSSE 브루스 브로치우 치즈와 마찬가지로 염소젖(brousse du Rove) 또는 양젖(brousse du Var)으로 만든 프레시 치즈(**참조** p.389 프랑스 치즈 도표). 흰색을 띠고 있으며 풍미가 순한 이 치즈는 주로 설탕, 생크림, 과일

을 첨가해 먹으며, 각종 허브, 마늘, 다진 양파 등을 넣은 비네그레트를 뿌려 먹기도 한다.

BROUTARD 브루타르 풀을 뜯어먹는 어린 소. 정육 소 품종의 어린 수컷(드물게 암컷)으로 주로 9~12개월 사이에 도축된 것을 지칭한다. 어미 소의 젖을 먹고 자라 풀을 뜯어먹기도 하고 건초와 곡식 낟알을 먹는다. 고기는 기름기가 적고 연하며 송아지와 소고기의 중간정도 되는 색을 하고 있으며 맛은 덜하다.

BROWNIE 브라우니 북미 지역의 전통 케이크로, 이름은 이것의 색깔인 '브라운'에서 따온 것이다. 넓적한 베이킹 팬에 구운 초콜릿 비스퀴의 일종으로 피칸을 넣어 만든다. 설탕과 버터 사용량이 많아 살짝 덜 구우면 표면은 바삭하고 안은 촉촉하고 말랑한 독특한 식감을 즐길 수 있다. 정사각형으로 잘라 생크림이나 크렘 앙글레즈를 곁들여 서빙한다.

BRUGNON 브뤼뇽 유도(油桃)(자두의 일종). 껍질이 매끈하고 가운데 큰 핵(씨)가 있으며 복숭아 맛이 나는 과일로 자두나무와 복숭아나무의 교배종이다. 살은 중앙의 큰 씨에 달라붙어 있다(**참조** NECTARINE ET BRUGNON).

BRÛLER 브륄레 타다. 태우다. 지나친 가열로 인해 검게 변해 더 이상 먹을 수 없을 정도의 상태가 되다. 반죽이 '브륄레' 된 경우는 밀가루와 지방이 너무 천천히 섞여 혼합물이 기름진 상태가 된 것을 말한다(브리오슈 반죽을 만들 때 상온이 너무 높아도 이와 같은 현상이 일어난다). 달걀노른자와 설탕을 함께 넣고 저어 섞지 않은 상태로 그냥 두면 노란색의 작은 입자가 생겨 크림이나 반죽에 혼합하기 어려워진다. 이 경우 달걀노른자가 설탕으로 인해 삭은 것으로 역시 '브륄레'되었다고 표현한다.

BRÛLOT 브륄로 음식 등에 뿌려 불을 붙이는 화주. 마시기 전, 술이나 음료에 붓고 나서, 또는 음식에 첨가하기 전에 불을 붙여 플랑베하는 오드비(증류주). 브륄로는 오드비에 적신 각설탕을 가리키기도 하는데, 이것을 잔 위에 걸쳐놓은 스푼 위에 놓고 불을 붙여 플랑베한 뒤 커피에 빠트려 먹는다. '카페 브륄로'는 루이지애나의 대표적인 술이다. 럼에 설탕, 계피, 정향을 꽂은 오렌지 껍질, 레몬 제스트를 넣고 플랑베하며 데운다. 설탕이 녹으면 여기에 뜨거운 커피를 붓는다. 체에 걸러 뜨거운 잔에 따라 먹는다. 이탈리아에서는 불 붙여 플랑베한 아니스 술(anisette)을 커피 원두 위에 붓는다(**참조** SAMBUCA).

BRUNCH 브런치 미국에서 시작된 식사 형태로 아침과 점심식사를 뜻하는 '브렉퍼스트'와 '런치'의 합성어다. 주로 일요일 오전 10시에서 정오에 먹는 브런치의 메뉴는 영국식 아침식사의 전통 음식과 차가운 요리들이 주를 이룬다. 베이컨을 곁들인 달걀, 스크램블드 에그, 콘플레이크와 유제품, 과일과 그린 샐러드, 마멀레이드나 메이플 시럽을 곁들인 팬케이크, 밀크셰이크, 과일 주스, 차, 커피 등이 기본이고 심지어 파이 종류나 샤퀴트리가 포함되기도 한다. 가정에서 간단히 준비할 수 있는 브런치 메뉴로는 건포도 롤빵, 콘 브레드 프렌치토스트 등이 있다.

BRUNE 브륀 맥주의 갈색. 밝은 호박색에서 불투명하고 짙은 밤색까지 맥아가 발효되면서 맥주가 띠는 색을 말한다. 맥아를 오래 가열할수록 색은 짙어진다.

BRUNEAU (JEAN-PIERRE) 장 피에르 브뤼노 벨기에의 요리사(1943, Namur 출생). 벨기에 강쇼렌(한스호런) 지역 브뤼셀의 식당들을 대표하는 셰프 중 한 명인 그는 1977년 미슐랭 가이드의 별 한 개를, 1982년 두 번째 별을, 1988년 세 번째 별을 획득했다. 가벼우면서도 아주 세련되고 고급스러운 프랑스 요리를 선보이고 있다.

BRUNOISE 브뤼누아즈 채소를 1~2mm크기 큐브 모양으로 아주 잘게 써는 방법, 또는 이렇게 잘게 썰어 놓은 결과물. 당근, 순무, 셀러리악 등의 채소를 혼합한 것이나 단일 종류의 채소를 썬 것 모두 해당한다. 브뤼누아즈는 주로 버터에 색이 나지 않게 볶거나 포타주 등의 수프, 소스에 넣기도 하며 소를 만들 때 사용하기도 한다. 또한 다양한 요리에 넣어 재료에 향과 맛을 더해준다(민물가재 요리, 오소부코 등). 바로 썰어 사용하는 것이 일반적이며, 미리 썰어둔 경우는 잠시 젖은 행주로 덮어둔다.

BRUXELLOISE (À LA) 아 라 브뤼셀루아즈 브뤼셀식의. 익힌 브뤼셀 방울 양배추, 자작하게 익힌 엔다이브와 퐁 샤토 감자로 구성된 가니시를 지칭한다. 주로 소테한 고기 요리나 로스트한 큰 덩어리 육류 요리에 곁들인다. 브뤼셀루아즈 달걀 요리에는 방울양배추 또는 엔다이브가 곁들여진다.
▶ 레시피 : CHOESELS.

BRUYÈRE (SERGE) 세르주 브뤼예르 퀘벡의 프랑스 요리사(1951, Saint-Galmier 출생 – 1994, Québec 타계). 폴 보퀴즈와 장과 피에르 트루아그로 형제의 레스토랑에서 견습을 마친 그는 1976년 몬트리올로 이민을 떠난다. 4년 후 퀘벡시에 자신의 레스토랑(À la table de Serge Bruyère)를 열었고, 1988년에는 미국의 한 여행사가 이곳을 그해 세계 최고의 식당으로 선정하기도 했다. 누벨 퀴진에 기반을 두고 퀘벡에서 풀어가는 그의 요리는 프랑스 요리의 새로운 면모와 퀘벡 현지를 대표하는 재료들이 잘 조화를 이룬 것으로 큰 성공을 거두었다.

BÛCHE DE NOËL 뷔슈 드 노엘 통나무 모양의 크리스마스 전통 케이크. 일반적으로 얇은 직사각형 제누아즈 스펀지 사이사이에 크림을 채우고 겹쳐 놓거나 말아서 모양을 만든 다음 초콜릿 버터 크림을 별 모양 깍지를 끼운 짤주머니로 짜 덮어씌우며 통나무 껍질 질감을 내준다. 아몬드 페이스트로 만든 호랑가시나무 잎 모양과 머랭으로 만든 버섯, 그리고 작은 인형 모형들로 장식한다.

피에르 에르메(PIERRE HERMÉ)의 레시피

bûche au chocolat et à la framboise 뷔슈 오 쇼콜라 에 아 라 프랑부아즈

초콜릿 라즈베리 뷔슈 케이크 : 8~10인분 / 준비 : 45분(2~3일 전 미리 준비) + 20분(그다음 날) /조리 : 10분 / 냉장 : 1~2일

첫째 날, 비스퀴 스펀지 반죽 400g을 만든다. 밀가루 100g과 코코아 가루 100g을 섞어 체에 친다. 버터 45g을 약한 불에서 녹인 뒤 따뜻한 온도로 식힌다. 달걀흰자 3개분을 거품기로 쳐서 단단하게 거품을 올린다. 이때 설탕 50g을 중간에 두 번에 나누어 넣으며 거품을 올린다. 설탕 50g과 달걀노른자 5개를 거품기로 섞은 다음 2테이블스푼을 덜어내 아직 따뜻한 상태의 녹인 버터와 섞는다. 잘 섞은 뒤 거품 낸 달걀흰자를 넣고 주걱으로 살살 떠올리듯 돌려가며 조심스럽게 혼합한다. 균일하게 섞이면 밀가루와 코코아가루 혼합물을 살살 뿌리듯 넣어준다. 나머지 설탕, 달걀노른자 혼합물도 마찬가지로 조심스럽게 넣고 잘 섞는다. 오븐을 240°C로 예열한다. 베이킹 팬에 유산지를 깔고 반죽을 30cm x 40cm, 두께 1cm의 직사각형으로 펴 깔아준다. 오븐에서 8~10분간 구운 뒤 꺼내 식힌다. 유산지 위에 베이킹 팬을 뒤집어 놓고 비스퀴를 덜어낸 다음 윗면의 유산지를 떼어낸다. 시럽을 만든다. 물 800ml와 설탕 80g을 가열하여 끓으면 불에서 내려 식힌다. 라즈베리 브랜디 60ml를 넣는다. 다크초콜릿 가나슈 320g을 만든다(참조. p.410 GANACHE AU CHOCOLAT). 여기에 상온의 부드러운 버터 160g을 넣고 섞는다. 라즈베리 잼 300g을 넣어준다. 비스퀴에 붓으로 시럽을 발라 적신다. 완성된 가나슈를 비스퀴 전체에 고루 펴 바른 다음 비스퀴를 돌돌 말아준다. 랩으로 잘 싼 다음 냉장고에 보관한다. 다음 날, 카카오 70% 다크 초콜릿을 잘게 다진다. 코코아가루 10g을 체에 친다. 생크림 150ml를 소스팬에 넣고 코코아가루를 넣는다. 거품기로 잘 저어 섞은 다음 가열한다, 끓으면 바로 불에서 내리고 다진 초콜릿 중앙에 조금 붓는다. 살살 저어 섞는다. 나머지 생크림도 천천히 부어 넣으면서 계속 거품기로 저어 섞는다. 초콜릿이 매끈하게 혼합되면 핸드블렌더로 2분간 갈아준 다음 식힌다. 크리미한 질감이 되었을 때 뷔슈 케이크 표면에 발라 씌운다. 포크를 사용해 나뭇결의 줄무늬를 내준다. 냉장고에 하루에서 이틀간 보관한다. 먹기 1시간 전에 냉장고에서 미리 꺼내둔다. 생 라즈베리로 장식한다.

bûche aux marrons 뷔슈 오 마롱

밤 뷔슈 케이크 : 오븐을 220°C로 예열한다. 제누아즈 스펀지 반죽을 만든다(참조. p.418 PÂTE À GÉNOISE). 유산지를 깐 베이킹 팬에 반죽을 직사각형으로 펴놓은 다음 오븐에서 10~15분간 굽는다. 버터 70g을 거품이 날 때까지 잘 저은 뒤(가열하지 않는다), 밤 페이스트 260g, 밤 퓌레 280g을 넣고 거품기로 잘 섞는다. 판 젤라틴(각 2g) 3장을 찬물에 불려 건진다. 생크림 200ml를 끓인 다음 물을 꼭 짠 젤라틴을

넣어 섞고 이것을 버터와 밤 혼합물에 넣어준다. 계속 거품기로 저으며 잘 섞어준다. 럼, 코냑 또는 위스키 35ml를 넣은 뒤, 휘핑한 생크림 300ml를 넣고 살살 섞는다. 시럽(설탕비중계 밀도 1.26)에 기호에 따라 리큐어나 브랜디 100ml와 물 20ml를 넣어 섞은 다음 제누아즈 스펀지에 붓으로 발라 적신다. 그 위에 크림 혼합물을 펴 바른다. 밤 콩피 부스러기나 마롱 글라세 조각을 고루 뿌린 다음 긴 쪽 면을 기준으로 돌돌 말아준다. 제누아즈를 구운 유산지로 단단히 싼 다음 냉장고에 몇 시간 동안 넣어둔다. 마지막으로 플레인 버터 크림 300ml와 밤 페이스트 80g을 섞어 뷔슈 케이크 겉면에 발라 씌운다. 케이크의 양쪽 끝 면을 비스듬하게 잘라 뷔슈 위에 얹어 통나무의 옹이 모양을 낸다.

BUCHTELN 부흐텔 오스트리아에서 즐겨 먹는 자두를 넣은 빵. 발효 반죽으로 만든 정사각형 빵에 자두잼과 프로마주 블랑 또는 다진 헤이즐넛을 채워 넣고 따뜻한 곳에 부풀게 둔다. 낮은 온도의 오븐에 구운 다음 바로 건자두 콩포트와 크렘 앙글레즈를 곁들여 먹는다.

BUFFALO 버펄로 들소를 뜻하는 영어 명칭(**참조** BISON).

BUFFET 뷔페 대형 테이블에 식탁보를 깔고 다양한 음식과 디저트를 차려놓은 연회용 상차림(**참조** COCKTAIL, LUNCH).

● **짭짤한 음식류.** 대부분 한입 크기 부셰(bouchée) 형태로 준비된다(하지만 갈랑틴, 파테 앙 크루트, 젤리를 씌워 굳힌 생선, 고기나 가금류 쇼 프루아, 젤리화한 달걀 요리 등은 고전 뷔페 테이블에 원 모습 그대로 차려졌다).

- 식빵 또는 호밀빵으로 만든 샌드위치와 카나페는 일정하게 자른 형태로 플레이팅되며 곁들임 재료를 함께 놓거나 장식을 하기도 한다.
- 속을 채운 미니 브레드.
- 큐브 모양으로 썬 치즈, 올리브, 햄 등을 꼬치나 이쑤시개에 하나씩 끼워 고슴도치 모양으로 플레이팅한다.
- 바르케트(barquettes)와 타르틀레트(tartelettes) 안에 마요네즈 베이스의 차가운 스터핑 또는 레물라드(rémoulade)를 채워 넣는다.
- 팽 쉬르프리즈 (pain-surprises) : 커다란 호밀빵 덩어리의 속을 파내고 각종 향신 재료를 넣은 퓌레와 다진 호두, 치즈, 햄 등을 넣은 미니 샌드위치를 채워 넣는다.
- 다양한 가니시를 얹은 따뜻한 토스트.
- 미니 사이즈의 따뜻한 음식 : 피자, 키슈, 치즈 페이스트리 스틱, 안초비 부셰, 치즈 부셰, 베이컨으로 감싼 건자두, 짭조름한 페이스트리, 칵테일 소시지, 튀김 등.

● **달콤한 디저트류.** 마찬가지로 다양한 종류의 디저트들이 동시에 차려져 있으며 작은 사이즈로 준비된다.

- 타르틀레트(미니 타르트)와 바르케트.
- 프티 슈, 밀푀유, 속을 채운 비스퀴, 한 입 크기 작은 사각형으로 자른 케이크류(초콜릿 파베, 모카 등)
- 아이싱을 입힌 프티푸르, 아몬드 페이스트로 코팅한 과일 등.
- 과일 플래터 또는 과일 바구니, 과일 샐러드, 화채류, 다양한 맛의 미니 크림.

시골풍 뷔페는 전통식보다 간단하고 형식에 얽매이지 않는 편이다. 프로슈토나 익힌 햄 류, 다양한 샤퀴트리를 비롯한 콜드컷에 양념이나 곁들임 음식이 같이 차려진다. 생채소를 썰어 바구니에 담아 놓고 차가운 소스를 곁들인다. 치즈 플래터 옆에 다양한 재료로 만든 각종 샐러드를 구비해 놓는 편이며 맥주나 와인 등의 음료는 보통 뷔페용 술통 채로 놓여 있어 원하는 만큼 각자 따라 마실 수 있다. 다양한 과일을 담은 바구니와 타르트가 디저트로, 캉파뉴 브레드, 호밀빵 등이 기본으로 준비된다.

BUFFLE 뷔플 물소. 소과에 속하는 반추동물로 아프리카에서는 야생으로 서식하며, 인도에서는 가축으로 길러진다. 어린 물소의 고기, 특히 암컷의 경우는 연하며 일반 소고기와 비슷하다. 물소의 젖은 일반 소보다 지방 함량이 높다(지방 함량 7%). 인도에서는 물소 젖으로 수라티(surati)를 비롯한 각종 치즈를 만들며, 이탈리에서도 모차렐라를 만든다. 특히 부리엘로(burriello)는 남부 이탈리아에서 가장 고급으로 치는 물소 젖 모차렐라 치즈다.

BUGLOSSE 뷔글로스 앙쿠사(Anchusa). 지치과에 속하는 초본 식물로 주로 유럽에서 많이 자라며 도톰하고 까끌까끌한 잎을 갖고 있다. 보리지(bourrache)와 비슷한 이 식물은 용도도 거의 같다. 꽃은 청량음료를 만드는 데 사용되기도 한다.

BUGNE 뷔뉴 리옹의 큼직한 튀김 과자로 전통적으로 마르디 그라(사순절 전의 화요일) 등의 축일에 만들어 먹었다. 중세에는 아름에서 디종에 이르기까지 튀김 장수들이 노상에서 뷔뉴를 팔았다. 원래 뷔뉴 반죽은 밀가루, 물, 이스트, 오렌지 블로섬으로 만들었다. 성 수요일 전까지는 기름진 음식이 허용됨에 따라 여기에 우유, 버터, 달걀을 추가로 넣게 되었고, 이로써 뷔뉴는 진정한 파티스리의 한 종류가 되었다. 커팅 롤러로 잘라 손으로 직접 매듭 모양을 만드는 이 튀김 과자는 뜨겁게 먹는 게 더 맛있다.

---

bugnes lyonnaises 뷔뉴 리오네즈

리옹식 튀김과자 뷔뉴 : 체에 친 밀가루 250g의 가운데를 우물처럼 움푹하게 만든다. 여기에 부드러워진 버터 50g, 설탕 30g, 소금 넉넉히 한 꼬집, 달걀 푼 것 2개분, 럼, 오드비, 혹은 오렌지 블로섬 워터 리큐어 잔으로 하나를 넣어준다. 잘 섞어 충분히 반죽한 다음 둥글게 뭉쳐 냉장고에서 5~6시간 휴지시킨다. 반죽을 5mm 두께로 민 다음 길이 10cm, 폭 4cm 크기의 띠 모양으로 자른다. 가운데 5cm 길이로 칼집을 낸 다음 한쪽 끝을 넣어 통과시켜 타래과와 같은 매듭 모양을 만든다. 뜨거운 기름에 넣고 중간에 한 번 뒤집어 주며 노릇하게 튀겨낸다. 건져서 키친타월에 기름을 뺀 다음 슈거파우더를 뿌린다.

BUISSON 뷔송 음식을 피라미드 모양으로 높이 쌓는 전통적 플레이팅 방법으로, 옛날에 채소(아스파라거스), 갑각류 해산물에 많이 사용되었다. 민물가재를 서빙할 때 현재도 이 방식이 많이 쓰인다. 또한 이 용어는 바다빙어 튀김이나 길쭉하게 썬 서대살 튀김에 튀긴 파슬리를 곁들여 돔처럼 쌓아올린 플레이팅을 지칭하기도 한다.

---

buisson d'écrevisses 뷔송 데크르비스

민물가재 뷔송 : 민물가재(크로우피시)를 여러 향신료를 넣은 국물 '나주(nage)'에 익힌 뒤 건진다. 둥근 서빙용 접시에 원뿔형으로 만든 냅킨을 놓고 바닥을 평평하게 접어 안정적으로 지탱시킨다. 가재의 두 집게발을 조심스럽게 뒤로 꺾어 끝을 꼬리 윗부분에 찔러 넣는다. 꼬리가 공중에 매달리도록 냅킨 위에 나란히 걸어놓는다.

BULGARIE 뷜가리 불가리아. 오스만투르크의 지배(14세기부터)를 오랫동안 받았던 불가리아의 요리는 메제(mezze 포도나무 잎으로 소를 싼 사르마 등으로 구성된 다양한 전채 플레이트), 할와(halva 깨나 너트로 만든 당과류 및 다양한 디저트류), 라키아(rakia 발효된 과일로 만든 브랜디) 등 터키와 중동의 영향이 뚜렷하다. 요거트는 불가리아 요리의 기본 재료로 스튜, 기유베치(ghiuvetch 향신료를 넣고 뭉근하게 끓인 고기와 채소 스튜. 달걀과 요거트를 빙 둘러 낸다) 등에 사용하며, 타라토르(tarator 요거트와 다진 호두를 넣고 버무린 오이) 등 생채소 요리나 샐러드에 넣기도 한다.

가장 인기 있는 음식은 닭고기와 양의 창자나 내장을 넣고 끓인 푸짐한 초르바(tchorba) 수프이며 그 밖에 염장 건조한 고기(pasterma), 케밥체타(kebabcheta 다진 고기를 길쭉하게 빚어 구운 것), 시시체타(chichtcheta 고기 꼬치구이), 바니차(baniztsa 치즈와 야채를 넣은 페이스트리 빵) 등도 즐겨 먹는 메뉴들이다. 시레네(sirene)는 소금물에 염지해 만드는 유명한 흰색 양젖 치즈다.

■ **와인.** 옛 트라키아 지역(오늘날의 불가리아, 터키, 그리스)에서 이미 3,000년 전 포도나무를 재배하고 있었지만, 불가리아에서 포도주를 생산하기 시작한 것은 비교적 최근의 일이다. 공산 체제하에서 외화를 벌어들일 목적으로 발전하기 시작한 포도주 양조업은 오늘날 더 좋은 품질의 와인 생산을 위한 발전을 거듭하고 있다. 1990년대부터 불가리아 와인(특히 레드)은 독일, 영국, 폴란드의 와인애호가들의 호평을 받고 있다. 몇몇 지역 고유 포도품종(특히 북부 지방의 gamza, 남부 지방의 mavrud, 남서부의 그리스 접경지역의 melnik)으로 아주 좋은 품질의 레드와인을 만들고 있으며 이들은 모두 더 좋은 맛을 위해 오래 보관하기에 적합하다. 하지만 전체 포도재배지의 3/4에 해당하는 면적(11만 헥타르)에서 카베르네 소비뇽, 메를로, 피노 누아, 가메, 샤르도네 등 전 세계 포도주 애호가들이 선호하는 포도가 재배되고 있으며 이들로부터 상급의 와인을 생산하고 있다. 현재 포도재배 및 와인 양조는 농식품 생산업체들이 비교적 성공적으로 이

끌어나가고 있다. 옛 방식으로 온도 조절 없이 만들고 있는 화이트와인(포도품종 rkatsiteli)은 그리 주목받지 못하고 있다.

BULOT 뷜로 물레고둥. 물레고둥과에 속하는 바다 복족류로 크기는 6~10cm이며, 영불해협, 대서양 연안에 많이 서식한다(**참조** p.250 조개류 도표, p.252~253 도감). 녹색을 띤 방추형의 껍데기는 나선 모양으로 꼬여 있으며 뾰족한 가시는 없다. 지역에 따라 랑(ran), 뷔생(buccin) 또는 에그카르고 드 메르(escargot de mer 바다 달팽이)라고도 부른다. 지중해 지방에서는 뾰족한 가시가 있는 뿔고동(murex)을 바다 달팽이라고 부른다.

아주 크지 않은 물레고둥을 소금물에 넣고 2시간 정도 해감한 뒤 물에 헹군다. 향신료를 넣은 쿠르부이용을 끓인 다음 고둥을 넣고 8~10분간 삶는다. 버터를 바른 빵을 곁들여 먹는다. 마요네즈를 찍어먹기도 한다.

BUN 번 모닝빵, 모닝롤. 건포도롤. 발효반죽으로 구운 작은 빵으로 건포도가 들어 있으며 주로 영국에서 아침식사 때에 홍차에 곁들여 먹는다. 옛날에 성 금요일에 먹던 파티스리였으며, 오늘날에도 부활절에 많이 먹는다. 빵을 가로로 가른 뒤 버터를 발라 뜨거울 때 먹기도 한다. 이렇게 녹은 버터를 머금은 빵을 배스 번(bath bun)라고 한다. 크로스 번(cross bun)은 빵을 굽기 전 X자로 칼집을 낸 다음 바로 그 자리에 가는 끈처럼 만든 반죽이나 캔디드 오렌지 필을 얹어준다. 반죽에 계피를 넣어 향을 내기도 한다.

buns 번

모닝롤 : 생 이스트 25g을 볼에 부수어 놓고 우유 한 잔을 넣어 잘 개어준 다음 상온에 둔다. 달걀 1개에 고운 소금 1티스푼을 넣고 풀어준다. 깨끗이 씻은 레몬 1개의 제스트를 그레이터로 갈아 우유 500ml, 부드러워진 버터 125g, 설탕 100g, 건포도 125g과 함께 볼에 넣고 잘 섞는다. 풀어놓은 달걀과 우유에 개어 둔 이스트를 넣고 밀가루 650g을 넣어준다. 탄력 있는 반죽이 되도록 잘 섞는다. 부피가 두 배로 부풀 때까지 약 5시간 정도 발효시킨다. 반죽을 소분해 각각 귤 크기 정도로 동그랗게 만든다. 버터를 바른 큰 메탈 박스에 반죽을 넣고 표면에 버터를 바른다. 뚜껑을 덮고 5시간 동안 부풀도록 둔다. 또는 작은 빵 반죽들을 베이킹 팬에 놓고 공기가 통하지 않는 찬장 안에 넣어둔다. 200°C로 예열한 오븐에서 20분간 굽는다. 굽기가 완성되기 몇 분 전에 우유 1컵에 설탕 1테이블스푼을 섞어 빵 표면에 발라준다.

BUSECCA 뷔제카 스위스 티치노 지방의 수프로, 인접한 롬바르디아 전통의 영향을 받은 음식이다. 토마토를 비롯한 각종 채소, 송아지 창자나 장간막 등의 재료를 넣어 만들며 그 종류도 매우 다양하다. 마조람, 세이지, 생 바질을 혼합한 퓌레를 넣어 향을 내며, 가늘게 간 치즈를 뿌려 먹는다.

BUTTERNUT SQUASH 버터넛 스쿼시 땅콩호박. 박과에 속하는 길쭉한 땅콩 모양의 호박. 부드럽고 크리미한 살과 버터의 풍미를 갖고 있으며, 아래쪽 둥근 부분에 씨가 들어 있다. 현재 유럽에서도 재배되고 있다.

크리스토프 캉탱(CHRISTOPHE QUANTIN)의 레시피

crème de courge « butternut » 크렘 드 쿠르주 '버터넛'

버터넛 스쿼시 크림 수프 : 4인분 / 준비 : 45분 / 조리 : 20분

리크 흰 부분 80g을 송송 썬 다음 버터 40g과 함께 큰 소스팬에 넣고 수분이 나오도록 볶는다. 찬물 1리터를 넣고 가열해 끓으면 소금을 넣어준다. 껍질을 벗긴 뒤 씻은 감자(bintje 품종) 100g과 버터넛 스쿼시 호박 400g을 굵직한 큐브 모양으로 썬다. 감자와 버터넛 스쿼시를 소스팬에 넣고 끓인다. 소금 간을 한 다음 뚜껑을 덮고 약한 불로 약 20분 정도 끓인다. 중간에 거품을 건져준다. 채소 그라인더나 핸드 블렌더로 갈아준 다음 체에 거른다. 더블크림 100ml를 넣고 가열해 끓으면 바로 불을 끈다. 간을 맞춘 뒤 큰 수프 용기에 옮겨 담고 처빌을 몇 줄기 얹어 서빙한다.

BUZET 뷔제 가론강 좌안 아젱(Agen)과 토냉스(Tonneins) 사이에 위치한 포도밭. 메를로, 카베르네 프랑, 카베르네 소비뇽, 말벡 등의 포도품종으로 AOC 레드와인과 로제와인을, 세미용, 소비뇽, 뮈스카델 포도로 화이트와인을 생산한다. 레드와인이 거의 대부분을 차지하며 섬세하고 고급스러운 맛과 오래 보관할 수 있는 특징을 갖고 있다(**참조** GASCOGNE).

BYZANTINE (À LA) 아 라 비잔틴 육류, 특히 소고기 요리에 곁들이는 가니시의 하나로 주로 오븐에 노릇하게 구운 감자 크루스타드, 크림을 넣은 콜리플라워 퓌레, 반으로 잘라 버섯 뒥셀을 채운 다음 허브 위에 놓고 오븐에 익힌 양상추로 구성된다. 이 가니시는 '브장송(Besançon)식의' 라는 뜻의 '아 라 비종틴(à la bisontine)'이라고도 불린다.

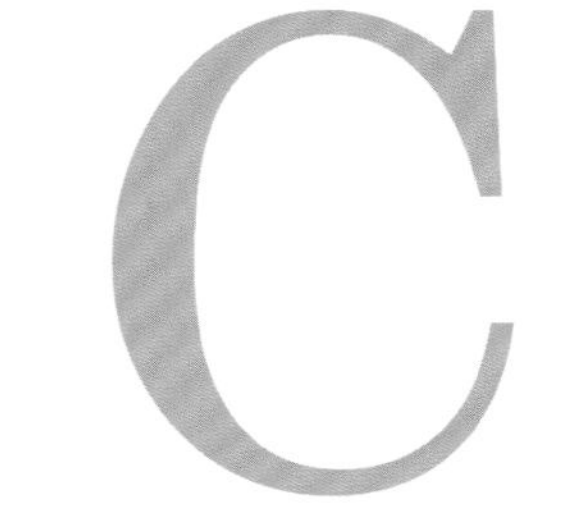

CABARDÈS 카바르데스 향의 부케가 좋고 섬세한 맛을 가진 랑그독 루시용 지방의 AOC 레드, 또는 로제와인으로 포도품종은 생소(cinsault), 그르나슈(grenache), 무르베드르(mourvèdre), 시라(syrah), 카리냥(carignan)이다. 카르카손 북쪽 오드 지방, 미네르부아에 인접한 한 포도원에서 생산된다.

CABARET 카바레 소박한 규모의 선술집으로 옛날에는 주로 와인을 팔았다. 오늘날 '카바레'라는 용어는 일반적으로 자리에 앉아서 공연을 보며 술을 마시는 장소를 의미한다.

타베른(taverne)과 카바레의 구분은 17세기경까지 명확했다. 카바레는 이후 그냥 술 한잔 하는 곳이 아니라 테이블에 앉아 술과 음식을 곁들일 수 있는 곳으로 발전했다. 13세기 소르본 대학 학생들은 '트루아 마이예(Trois Mailletz)' 카바레에 모여 시끌벅적하게 즐겼고, 16세기에 시인 피에르 드 롱사르는 포부르 생 마르셀에 있던 '르 사보(Le Sabot)'의 열혈 단골이었다. 17세기 변호사이자 석학 메나주(Ménage)는 아예 모베르 광장 근처에 있던 '에퀴 다르장(l'Écu d'argent)'으로 거의 주거지를 옮기다시피 했으며 얼마 더 지난 후에는 장 라신, 장 드 라 퐁텐, 니콜라 부알로와 같은 문인들이 '에페 드 부아(l'Épée de bois)'와 '무통 블랑(le Mouton blanc, rue de la Verrerie)'에서 자주 모임을 가졌다.

이처럼 카바레는 아주 인기 있는 모임의 장소가 되었고 특히 문인들과 예술가들의 아지트가 되었다. 이는 이후 카페, 레스토랑, 브라스리가 담당했던 역할의 전신이라고 볼 수 있다. 19세기에 3류 카바레들은 낭만파 문인들을 끌어들였다. 이들 몇몇은 아주 허름한 술집이었다. 당시 낭만파 시인 제라르 드 네르발이 목을 매 스스로 목숨을 끊은 곳은 바로 카바레 '샤 블랑(Chat blanc)'이었다.

CABÉCOU 카베쿠 작은 크기의 염소치즈로 원산지 이름(Entraygues, Fel, Quercy-Rouergue, Perigord)을 뒤에 붙인다. 카베쿠는 프랑스 남서부 쉬드 우에스트 지방(Sud-Ouest)의 염소에 붙인 이름이다. 연성치즈로 지름 5~7cm, 높이 2~3cm, 무게 80g의 원반형인 이 치즈는 외피가 흰색 또는 크림색이며 푸른곰팡이가 조금 박혀 있는 것도 있다. 로카마두르 카베쿠(cabécou de Rocamadour)는 더 크기가 작으며(35g), 로(Lot), 아베롱(Aveyron), 코레즈(Corrèze), 도르도뉴(Dordogne), 타른 에 가론(Tarn-et-Garonne)에서 생산된다(**참조** ROCAMADOUR).

CABERNET D'ANJOU 카베르네 당주 카베르네 소비뇽과 카베르네 프랑 포도품종으로 만드는 앙주의 AOC 로제와인. 가볍고 상큼하며 적당한 산미와 약간의 단맛을 지니고 있고 향이 아주 섬세하다. 아페리티프로 아주 좋으며 멜론과 함께 먹으면 잘 어울린다.

CABERNET FRANC 카베르네 프랑 보르도가 원산지인 포도품종으로 프랑스 내 총 27,000헥타르 면적의 포도밭에서 재배된다. 지역에 따라 부셰(bouchet), 카르부에(carbouet), 플랑트 데 사블(plante des sable 모래의 식물이란 뜻으로 보르도 지방에서 쓰는 명칭이다), 부시(bouchy 피레네 지방), 브르통(breton) 또는 베롱(véron 발 드 루아르 지방) 등 다양한 이름으로 불린다. 포도송이는 그리 크지 않고 비교적 성글며 약간 푸른빛을 띠는 검은색 작은 알갱이가 달려 있다. 껍질이 얇아 회색 곰팡이에 취약하다.

카베르네 프랑은 대다수의 보르도 AOC 레드와인 제조에 사용되며 주로 카베르네 소비뇽, 메를로, 말벡 등과 블렌딩한다. 발 드 루아르 지방에서는 단독으로도 사용되며(chinon, bourgueil, saint-nicolas-de bourgueil, saumur-champigny의 와인들), 와인에 라즈베리와 바이올렛(제비꽃) 향을 내준다. 가능한 한 빨리 마셔야 한다.

CABERNET DE SAUMUR 카베르네 드 소뮈르 루아르 지방 소뮈르에서 소규모 생산되는 AOC 로제 와인. 카베르네 프랑과 소비뇽 품종으로 만들며 상큼한 과일 맛이 나며 부드러운 산미를 갖고 있다.

CABERNET-SAUVIGNON 카베르네 소비뇽 보르도가 원산지이며 가장 고급 포도품종 중 하나인 카베르네 소비뇽은 프랑스 내 총 31,000헥타르 면적의 포도밭에서 재배된다(수확량은 헥타르당 40헥토리터로 제한된다). 척박하고 건조한 토양에서 잘 자라는 이 포도는 송이다발이 크지 않고 검은색 알갱이는 작은 편이다. 껍질은 두꺼우나 질기지 않고 아삭하다.

카베르네 소비뇽은 대다수의 보르도 AOC 레드와인 블렌딩의 큰 부분을 차지하며, 와인에 짙은 색깔과 타닌을 제공하고 바이올렛(제비꽃)과 피망 향을 낸다. 몇 년 이상 오크통에서 숙성기간을 거쳐야 비로소 제 기량을 보여줄 수 있는 최적의 상태에 이른다. 단독으로 사용할 경우 와인이 너무 떫어 어린 상태에서는 마시기 힘들다.

CABILLAUD 카비오 대구. 대서양 참대구. 대구과에 속하는 생물 생선을 지칭하며, 염장 건조한 대구는 따로 부르는 이름(morue)이 있다.(**참조** p.674~677 바다생선 도감). 최대 길이가 1.5m에 달하는 이 생선의 몸체는 힘이 있고 길쭉하며 지느러미가 잘 발달해 있다. 머리가 큰 편이며 큰 아가리에는 톱니 모양 이빨이 나 있다. 등과 옆면은 녹색이 도는 회색에서 갈색을 띠며 어두운 반점이 있고 배쪽은 허연색을 하고 있다. 주로 한류해역에 많이 서식하며 암컷은 최대 5백만 개의 알을 낳는다. 훈연한 대구알은 '가짜 보타르가(fausse poutargue)' 라는 이름의 어란으로 판매되고 있다. 대구는 기름기가 적어 담백한(100g당 68Kcal 또는 284kJ, 지방 1%) 대표적인 생선이며, 무기질이 풍부하다.

■ **사용.** 대구의 살은 흰색을 띠며 맛이 섬세하고 겹겹이 분리된다. 조리 방법도 다양하다. 가장 작은 크기인 1~3kg짜리 대구(모뤼에트 moruette라고 불린다)는 보통 필레 상태로 판매된다, 손실율이 거의 50%에 육박하기 때문이다. 이 필레는 오븐에 굽거나 화이트와인을 넣고 브레이징, 또는 향신재료를 넣은 쿠르부이용에 데쳐 익힌 다음 소스를 곁들여 차갑게 혹은 뜨겁게 서빙한다.

일반적으로 많이 먹는 큰 사이즈의 대구는 필레(filet), 세로로 자른 토막(darne), 또는 스테이크용으로 자른 토막(tronçon) 등으로 절단해 사용한다. 세로로 자른 토막은 '아 랑글레즈(à l'anglaise)' 또는 '아 라 뫼니에르(à la meunière)' 방법으로 조리하고, 필레를 적당한 크기로 자른 대구는 주로 오븐에 익히거나 쿠르부이용, 화이트와인 등에 넣어 익힌다.

대구는 굽는 경우가 극히 드문데 이는 살이 매우 야들야들해서 겹겹이 분리되기 때문이다. 꼬리 쪽 살은 모양이 아주 보기 좋으며(굽거나 브레이징), 머리 쪽에 가까운 살은 모양은 그리 깔끔하지 않으나 맛은 아주 좋다. 그 밖에도 대구를 이용해 크로켓, 테린, 그라탱, 코키유(coquilles 가리비 등의 조개류 껍데기에 살에 소로 채워 넣은 것), 무스 등을 만든다. 냉동 필레로도 구입할 수 있으며 튀김옷을 입힌 상태로 냉동한 제품들도 있어 간편히 사용할 수 있다. 훈제 대구알은 타라마(tarama)를 만드는 데 사용된다.

cabillaud braisé à la flamande 카비오 브레제 아 라 플라망드

플랑드르식 와인 소스 대구 요리 : 대구 필레를 스테이크처럼 적당한 크기로 잘라 소금, 후추를 뿌린다. 오븐 용기에 버터를 바르고 다진 샬롯과 파슬리를 뿌린 다음 생선 살을 놓고 화이트와인을 생선이 겨우 잠길 정도로 자작하게 붓는다. 껍질을 칼로 잘라 벗긴 레몬을 동그랗게 슬라이스해 생선 토막마다 한 개씩 얹은 다음 불에 올려 가열한다. 끓기 시작하면 바로 200°C 오븐에 넣어 10분간 익힌다. 생선을 건져 서빙용 접시에 담는다. 생선을 익힌 국물을 끓인 뒤 부숑 비스코트(biscotte 러스크 식빵)를 넣어 농도를 맞춘다. 생선에 소스를 뿌리고 잘게 썬 파슬리를 뿌려 서빙한다.

cabillaud étuvé à la crème 카비오 에튀베 아 라 크렘

크림 소스 대구 요리 : 대구 필레 800g을 사방 5cm 크기의 큐브 모양으로 썰어 소금, 후추로 간한다. 다진 양파 150g을 버터에 투명하게 볶은 뒤 생선 큐브를 넣고 살짝 익힌다. 드라이 화이트와인 200ml를 넣고 1/4로 졸인다. 생크림 200ml를 넣고 뚜껑을 덮어 완전히 익힌 다음 뚜껑을 열고 센 불에서 크림 소스를 졸인다.

장 피에르 비가토(JEAN-PIERRE VIGATO)의 레시피

cabillaud fraîcheur 카비오 프레셰르

신선한 허브 소스 농어 요리 이탈리안 파슬리 반 단, 고수 반 단, 민트 반 단을 굵직하게 다진다. 흰 양파 2개를 잘게 썰어 허브와 섞는다. 레몬즙 80ml, 낙화생 기름 50ml, 물 50ml, 간장 20ml, 소금, 후추를 섞어 소스를 만든다. 토마토의 껍질을 벗기고 세로로 등분한 뒤 속과 씨를 빼고 마름모꼴로 잘라놓는다. 4개의 접시 가장자리에 토마토를 놓고 가운데에 시금치 어린잎을 30g씩 놓는다. 각 200g씩 등분한 대구 필레를 증기에 찐 다음 허브와 섞은 소스를 골고루 묻힌다. 시금치 위에 생선 토막을 놓고 허브 소스를 뿌린다.

cabillaud à l'indienne 카비오 아 랭디엔

인도식 커리 소스 대구 요리 : 대구를 길이 방향과 수직으로 자른 것 4토막(또는 필레 2장)에 소금, 후추로 밑간을 한다. 양파 큰 것 3개의 껍질을 벗겨 다진다. 토마토 4개의 껍질을 벗기고 속과 씨를 뺀 다음 과육만 잘게 썬다. 껍질 벗긴 마늘 2톨과 파슬리 작은 한 송이를 다진다. 소테팬에 식용유 4테이블스푼을 달군 뒤 양파와 토마토를 넣어 볶는다. 뚜껑을 덮고 약 20분간 익힌 다음 소금, 후추로 간 하고 마늘, 파슬리를 넣는다. 10분간 더 익힌 다음 코코트 냄비에 깔아준다. 그 위에 대구 토막을 얹고 커리 가루를 넉넉히 1테이블스푼 뿌리고 식용유 2테이블스푼, 드라이 화이트와인 150ml을 뿌린다. 불에 올려 가열해 끓기 시작하면 220°C로 예열한 오븐에 넣어 20분간 익힌다. 중간에 서너 번 생선에 국물을 뿌려준다. 인도식 라이스를 곁들여 서빙한다.

cabillaud rôti 카비오 로티

대구 구이 : 1.5kg짜리 대구 한 마리를 손질한 다음 소금, 후추로 밑간을 한다. 식용유와 레몬즙을 뿌려 30분간 재운다. 생선을 건져 꼬챙이에 꿴 다음, 녹인 버터를 붓으로 고루 발라준다. 기름 또는 녹인 버터를 중간중간 끼얹으며 센 불에서 굽는다. 서빙 접시에 담고 뜨겁게 유지한다. 생선을 굽고 난 팬에 드라이 화이트와인을 부어 디글레이즈한 다음 졸여 소스를 만든다. 생선에 뿌려 서빙한다. 또는 대구를 오븐에 구워도 된다. 단, 생선을 그릴망 위에 얹어 익히는 동안 생선에서 나오는 즙에 흥건해지지 않도록 해야 한다.

cabillaud sauté à la crème 카비오 소테 아 라 크렘

크림 소스 대구 소테 : 대구 살 4토막에 소금, 후추를 뿌려 밑간을 한다. 소테팬에 버터를 달군 뒤 생선을 센 불에 지져 겉을 익힌다. 더블 크림을 생선 높이의 반 정도까지 부은 뒤 뚜껑을 닫고 완전히 익힌다. 생선을 건져 서빙 접시에 담고 뜨겁게 유지한다. 남은 크림 소스를 졸인 다음 차가운 버터를 깍아서 2스푼 넣고 거품기로 잘 섞는다. 대구에 소스를 끼얹어 서빙한다.

CABINET PARTICULIER 카비네 파르티퀼리에 별실, 별도의 룸. 고급 레스토랑 등에서 고객들이 조용히 따로 모임이나 식사를 할 수 있도록 준비된 프라이빗 살롱. 19세기 후반과 20세기 제2 제정시대와 벨 에포크 시대에 걸쳐 파리에서 크게 유행했던 유명 레스토랑(Café Anglais, Prunier, Lapérouse 등)의 별실은 미식보다는 연애사나 벨 에포크 당시 유명 인사들의 사생활 보호와 더 밀접하게 연관되어 있었다.

CABOULOT 카불로 싸구려 카페나 선술집. 간단한 음식과 음료, 주류를 파는 도시 근교나 시골의 작은 카페 또는 소박한 외관의 식당을 가리킨다.

CACAHOUÈTE, CACAHUÈTE 카카우에트, 카카위에트 땅콩. 콩과 식물인 낙화생 열매로 대량으로 생산되며 주로 식용유를 만드는 데 사용된다. '땅에서 나는 피스타치오'라고도 불리는 땅콩은 생산량의 약 20%가 '카카우에트 드 부슈(cacahouète de bouche)' 품종이며, 로스팅한 뒤 벌크로 판매된다. 깍지 상태로 혹은 깍지를 까서 소금 간을 한 상태도 구입할 수 있다(**참조** p.572 견과류, 밤 도감).

■ **사용.** 무염 땅콩을 각종 샐러드에 잣 대신 넣거나, 파티스리에 아몬드나 피스타치오 대신 넣기도 한다. 가염 땅콩은 주로 아페리티프로 많이 먹는다. 미국에서는 영양가가 아주 높은 땅콩 버터를 만들어 빵에 발라 먹거나 카나페에 얹어 생채소와 곁들여 먹는다. 아프리카에서는 피넛버터를 소스에 넣어 맛을 더하기도 한다.

■ **영양학적 가치.** 열량이 아주 높으며(100g당 560Kcal 또는 2341kJ) 몸에 이로운 불포화지방과 칼슘, 철, 비타민 E의 함량이 높다.

CACAO 카카오 아욱과에 속하는 높이 4~12m의 열대 식물인 카카오나무의 열매 추출물. 카보스(cabosse)라고 불리는 열매에는 25~40개의 씨, 혹은 굵직한 콩이 들어 있는데 종류에 따라 납작하거나 통통하고 색은 회색, 보라색, 푸른색을 띠고 있다. 완전히 익어 짙은 노란색이 되면 이 씨를 꺼내 한데 모은 뒤 발효시키는데 이 과정에서 향이 살아난다. 이어서 여러 처리 과정을 거쳐 초콜릿으로 변신하게 된다(**참조** CHOCOLAT).

■ **역사.** 아즈텍 사람들은 카카오나무를 가장 아름다운 천국의 나무로 여겼고, 배고픔과 갈증을 진정시키고 병을 치료하는 등 여러 가지 효능이 있다고 믿었다. 신대륙의 발견 덕에 1524년에 처음으로 카카오를 실은 배가 스페인에 입항하게 되었다.

■ **품종.** 카카오는 몇몇 품종으로 나뉜다.

- 포라스테로(forasteros) : 전 세계 카카오 생산의 80%를 차지하는 가장 일반적인 품종으로 쌉싸름하고 신맛을 갖고 있다.
- 크리올로(criollos) : 전 세계 카카오 생산의 단 1%를 차지하며 약간의 쌉싸름한 맛이 있지만 부드럽고 고급스러운 풍미를 갖고 있다.
- 트리니타리오(trinitarios) : 전체 생산의 19%을 차지하는 크리니타리오는 위의 두 품종의 교배종으로 맛이 섬세하고 지방 함량이 높다.

베네주엘라에서 생산되는 '카라크(caraque)'라는 이름의 최상급 카카오는 섬세한 맛이 일품이며 향이 좋고 부드럽게 녹는다. 브라질의 카카오 '마라냥(maragnan)'은 기분 좋은 쌉쌀한 맛을 갖고 있으며, 에콰도르와 앙티유산 카카오의 직관적인 맛은 희미한 다른 풍미마저 살려주는 역할을 한다.

아프리카의 카카오는 생산량이 많지만 품질은 평범한 수준으로 주로 대량생산 초콜릿의 원료로 쓰인다. 스리랑카와 자바섬에서 생산되는 카카오도 사용하고 있다.

■ **사용.** 카카오는 그 용도에 따라 다양한 형태로 사용된다.

● **PÂTE DE CACAO 카카오 페이스트.** 카카오 또는 초콜릿을 베이스로 하여 생산되는 모든 제품의 원재료이다. 쓴맛을 지닌 부드러운 이 카카오 매스는 발효, 건조, 선별, 세척, 싹 제거, 탈피(깨진 껍질 조각이 5% 이상 포함되면 안 된다), 배전 과정을 거친 카카오 원두를 분쇄하고 정련해 얻을 수 있다. 장시간 그라인딩하는 콘칭 작업의 기술에 따라 카카오 매스 입자의 미세함과 부드러운 정도가 결정된다. 카카오가 지니고 있는 천연 지방 성분은 품종에 따라 45~60%이다.

● **BEURRE DE CACAO 카카오 버터.** 카카오 버터는 카카오 페이스트에서 추출하는 천연 지방으로 포화지방산 함량이 높다. 무색, 무취의 카카오 버터는 초콜릿에 부드럽게 흐르는 질감을 주어 파티스리나 당과류를 코팅할 수 있게 해준다. 미크리오(Mycryo) 버터는 무미의 저온보관 카카오 버터 분말로 커버처 초콜릿의 신속한 템퍼링 작업을 가능하게 해줄 뿐 아니라 바바루아 크림, 무스 등을 만들 때 젤라틴 대용으로 사용하기도 한다. 초콜릿 전문 재료상에서 구입할 수 있다.

● **POUDRE DE CACAO 카카오 파우더.** 네덜란드인 반 후텐이 1828년 처음 발명한 카카오 파우더(코코아 가루)는 지방 성분인 카카오 버터를 거의 모두 제거한 카카오 페이스트를 분쇄해 가루로 만든 것이다. 지방 함량이 20% 정도 남아 있지만, 8%까지로 낮출 수 있다.

● **GRUÉ DE CACAO 카카오 닙스.** 로스팅한 카카오 콩의 껍질을 제거한 뒤 알갱이로 분쇄한 것으로 아삭한 식감과 구운 카카오 향이 특징이다. 다양한 파티스리나 당과류 제조에 사용되며, 경우에 따라 짭짤한 일반 음식에 넣기도 한다(예: 푸아그라).

● **AMANDE DE CACAO 카카오 콩.** 분쇄하지 않은 카카오 원두로 아페리티프 주류나 리큐어, 특히 크렘 드 카카오(crème de cacao 카카오 리큐어)의 향을 내는 데 쓰인다.

▶ 레시피 : SORBET.

CACCIOCAVALLO 카초카발로 카초카발로 치즈. 소젖(지방 44%)으로 만든 이탈리아의 치즈. 길게 늘어지는 성질의 압착 치즈로 주로 훈연해 만들고 외피는 밀짚 빛깔 노란색이다(**참조** p.400 외국 치즈 도표). 크기와 무게(200~300g)가 다양하며 풍미가 강하고 경우에 따라 자극적인 맛을 내기도 한다. 식사 끝 코스에 서빙되며, 오래 숙성되어(최대 1년) 단단해진 경우는 가늘게 갈아서 먹기도 한다.

CACHETER 카슈테 봉인, 봉합하다. 병의 입구를 특수 봉랍(cire à cacheter)으로 완전히 봉인하다. 코르크 마개를 병 입구에 끝까지 넣어 막은 뒤 이 입구를 중탕에 녹인 봉랍에 넣어 씌운다. 약 20분 정도 후면 굳는다.

CACTUS 칵튀스 선인장. 선인장과에 속하는 다육식물. 멕시코에서 노팔(nopales)이라 불리는 두툼한 선인장 잎은 가시를 제거한 다음 샐러드를 만들어 먹는다. 선인장의 열매인 백련초(figue de Barbarie)도 식용 가능하다.

CADILLAC 카디악 보르도의 AOC 스위트 화이트와인으로 포도품종은 세미용, 소비뇽, 뮈스카델이다. 수확시기가 지난 과숙된 포도로 만드는 이 와인은 주로 디저트 와인으로, 또는 푸아그라를 곁들이거나 아페리티프로 마신다(**참조** BORDELAIS).

CAFÉ 카페 커피. 꼭두서니과에 속하는 소관목인 커피나무 열매 속의 씨앗으로 원산지는 에티오피아다. 커피나무의 열매는 작은 체리 모양으로 붉은 색을 띠고 있다(**참조** 아래 도표).

■ **역사.** 같은 이름의 음료인 커피가 발명되고 그 효능이 알려짐에 따라 수많은 이야기들이 생겨났고 그중에는 근거 없는 전설들도 분분했다. 하지만 1420년 아덴(Aden 현재 예멘 남부)에서 커피를 마셨다는 사실이 확인되었고, 이 관습은 시리아, 콘스탄티노플(1550)로 이어졌다고 한다. 이를 서유럽에 처음 들여온 것은 1615년 베네치아 사람들이었으며, 프랑스에는 1669년 루이 14세의 궁정에 처음 소개되었다.

처음에는 치료의 효능을 가진 신기한 식품으로 여겨졌던 커피는 이후 '새로운 향(arôme nouveau)'이라는 이름으로 불리며 왕실과 귀족층에서 인기 있는 음료가 되었다. 1687년 커피 밀(분쇄기)이 처음 선보이면서 더욱 많은 사람들이 커피를 즐기게 되었다.

1690년 커피나무 묘목 한 그루를 파리 식물원에 심었는데, 이 나무는 열대 식물이어서 주로 아프리카, 남미, 앙티유 제도, 인도, 파키스탄, 중국에서 더 많이 재배하게 되었다. 오늘날 전 세계 생산량의 95%를 차지하고 있는 2대 원종으로는 최고의 커피로 평가받고 있는 코페아 아라비카(*coffea arabica*)와 로부스타로 대표되는 코페아 카네포라(*coffea canephora*)가 있다.

■ **품종.** 커피 생산국은 모두 적도 지역에 위치하고 있다. 전 세계 커피 생산량(연간 1억 포대 이상, 1포대 60kg 기준)은 아라비카가 2/3, 로부스타가 1/3을 각각 차지하고 있으며, 로부스타는 아시아 지역(인도, 인도네시아, 베트남)에서 생산이 증가하는 추세다. 세계 제일의 커피 수출국인 브라질은 주로 아라비카 종을 생산한다. 프랑스의 커피 소비는 옛 아프리카 식민지(코트디부아르는 아프리카의 최대 커피 생산지다)로부터 공급받아온 로부스타가 오랫동안 주류를 이루었으나 현재는 더 섬세하고 고급스러운 맛의 아라비카가 이를 제치고 선두로 올라섰다. 아라비카 커피나무는 재배가 까다롭고 예민한 식물로 특히 고원지대에서 잘 자란다. 아라비카 고급 품종은 모두 라틴 아메리카(콜롬비아 수프리모, 코스타리카 투르농, 과테말라 안티구아 등)와 동아프리카(에티오피아 시다모 등)에서 재배된다. 매장에서 판매되는 커피 제품들은 아라비카 로부스타 블렌딩 제품, 각기 다른 산지의 아라비카를 혼합한 것, 최고급 단일 원두 품종에 이르기까지 그 종류가 다양하다.

■ **제조.** 커피 열매를 수확한 다음 각 커피 체리에 들어 있는 두 개의 씨앗을 껍질과 분리해 꺼내는 방법은 두 가지가 있다. 많은 양의 물을 필요로 하는 습식 가공은 원두를 세척하여 더욱 고품질의 커피를 만들어준다. 한편 커피 열매를 말린 뒤 절구 등을 이용해 껍질을 벗기는 건식 가공은 비용 부담은 적지만 원두가 덜 균일해지는 단점이 있다. 누르스름한 녹색의 커피 생두는 선별 작업을 마친 뒤 판매 또는 수출된다. 이 상태에서는 아직 풍미나 향이 없다. 주로 소비국에서 이루어지는 로스팅 작업을 통해서야 비로소 열작용으로 인한 커피 색의 변화 및 맛과 향의 발현이 이루어진다. 180~250°C 온도에서 커피 생두를 지속적으로 움직여가며 로스팅하면 그 부피가 늘어나고 착색도 강해진다. 배전 정도에 따라 호박색 블론드에서 중간 갈색(robe de moine, 수도승의 가운이라 불리며 프랑스에서 가장 보편적인 배전의 커피색이다), 거의 검정에 가까운 갈색을 낸다. 로스팅 시간이 길어질수록 커피의 쓴맛이 강해지고 신맛은 약해진다. 커피 로스팅의 관건은 소비자의 기호에 맞는 적절한 블렌딩과 일정치 않은 원두의 수확상태에서도 늘 안정적인 품질을 유지하는 데 있다.

세계 커피 시장의 급격한 가격 변동은 특히 제3세계의 가난한 커피 재배농가에 치명적인 경제적 손실을 줄 수 있다. '공정무역 커피(fair trade coffee)'라는 개념은 공정한 가격의 커피 거래를 통해 소비자 판매가에 큰 영향을 미치지 않도록 하여 이들에게 적정한 수익을 보장해주는 취지의 제도이다.

커피의 종류와 특징

품종	산지	원두 형태	풍미
아라비카 arabica	중남미, 아프리카(에티오피아, 케냐)	중간 크기, 양끝이 둥글고 중간에 패인 선이 구불구불하다.	풍부하고 부드러우며 고급스러운 맛, 향이 좋으며, 맛이 강하고 산지에 따라 섬세한 맛의 차이가 있다.
로부스타 robusta	아프리카(코트티부아르, 앙골라, 콩고), 인도네시아, 베트남, 브라질	작고 모양이 고르지 않다. 중간에 패인 선이 곧다.	카페인 함량이 높고 맛이 강하다. 바디감이 강하다.
모카는 에티오피아와 예멘에서 생산되는 아라비카를 가리킨다. 호박색과 녹색을 띠며 원두 크기는 중간 정도이고 고급스러운 맛과 풍부한 향을 지니고 있다.			

■ **사용.** 커피는 보통 분쇄(다양한 굵기)해 진공포장하거나 원두 상태로 판매된다. 향이 빨리 날아가고 공기와 접촉하면 산패되기 쉬우므로 잘 밀봉해 서늘하고 습기가 없는 곳에 보관해야 하며 개봉 후에는 빠른 시일 내에 소비하는 것이 좋다. 원두는 그때그때 필요한 만큼 갈아 사용하는 것이 좋다. 다양한 에스프레소 기계가 보급되면서 일회용 캡슐 형태의 분쇄 커피도 등장했다. 1930년대에 첫선을 보인 디카페인 커피는 카페인 함량이 0.1% 미만이다. 1960년대부터는 뜨거운 물에 직접 녹여 타 먹는 인스턴트 커피가 개발되었다. 분무 건조법, 동결 건조법(진공 상태에서 건조하는 방식으로 훨씬 좋은 향을 낸다)을 사용하며, 디카페인 인스턴트 커피도 있다. 오늘날 프랑스에서 소비되는 커피의 20%는 인스턴트 커피다. 또한 액상 커피 에센스는 파티스리나 당과류에 향을 내는 재료로 많이 사용된다.

CAFÉ (BOISSON) 카페(음료) 커피. 가루로 분쇄한 커피 원두를 우려낸 음료로 블랙커피, 아침식사로 즐겨 마시는 카페오레(또는 크림을 넣은 커피), 저녁에도 부담없이 마실 수 있는 디카페인 커피, 에스프레소 커피 등 종류가 다양하다. 전 세계 모든 나라에서 커피는 손님을 맞이할 때나 사회생활의 중요한 순간에 꼭 필요할 뿐 아니라 맛의 즐거움을 주는 음료로 독보적인 위치를 차지하고 있다.

■ **세계의 커피.** 프랑스에서 상류층 사람들이 식사를 마치고 커피를 마시는 습관을 갖게 된 것은 17세기 말 부터다. 나라와 지역에 따라 다양한 강도와 향의 커피를 즐겨 마신다. 아주 진한 커피에 차가운 물 한 잔을 곁들이기도 하고(그리스 ,터키 및 중동국가들), 다소 달게 마시기도 하며(대개 사탕수수 설탕을 선호한다), 작은 초콜릿(스위스, 독일, 네덜란드)이나 쿠키(벨기에, 영국)를 함께 내기도 한다. 특히 북부지방에서는 종종 생크림을 곁들인다. 아라비카 커피의 요람인 에티오피아에서 커피는 언제나 진정한 예식의 대상이다. 미국은 세계 제일의 커피 수입국이지만 커피 소비량(연간 일인당 4.5kg)은 핀란드(13kg), 노르웨이(11kg)에 훨씬 못 미치는 수치다. 벨기에의 커피 소비량은 연간 일인당 약 8kg, 프랑스는 6kg이다.

■ **터키식 혹은 프랑스식.** 커피는 일반적으로 다음 두 가지 방법으로 만든다.

● **터키식 방법.** 터키식 커피는 직접 불에 끓이는 방법으로 만든다. 밑이 넓고 입구가 좁은 모양의 커피용 작은 편수 냄비에 물을 끓인 다음 아주 곱게 분쇄한 커피와 거의 동량의 설탕을 넣고 다시 불에 올려 끓을 때까지 가열한다. 끓으면 바로 불에서 내렸다가 한 김 가라앉으면 다시 불에 올려 끓이기를 3번에 걸쳐 재빨리 반복한다. 불에서 내리고 찬물을 몇 방울 넣어 커피 찌꺼기를 가라앉힌 다음 뜨거운 커피를 작은 잔에 따라 서빙한다. 터키식 커피는 지중해 연안이나 중동 국가에서 많이 마신다. 아라비아 반도 지역에서는 종종 카다멈 씨(또는 가루)를 첨가하기도 한다. 그리스에서는 터키식 커피를 '그릭 커피'라고 부른다.

● **프랑스식 방법.** 커피를 끓이지 않고 물에 우려내는 인퓨징 기법은 프랑스에서 시작되었다. 뜨거운 물을 커피(입자가 터키식 커피만큼 곱지는 않다) 위에 부어 우려내 필터로 거른다. 시대에 따라 추출 방법과 도구가 변화했다. 초창기에 사용되던 도자기로 된 커피 메이커(두 단으로 나뉘어짐)에서부터 가열해 필터링하는 커피 메이커(밸브와 압력계가 달린 모카 포트의 일종), 피스톤으로 누르게 된 구조의 커피 프레스, 오늘날 일반화된 전기 드립식 커피 메이커 등에 이르기까지 다양한 장비들이 나타났다. 프랑스식으로 추출한 커피는 끓이거나 다시 데우지 않는다. 정통파들은 물 선택에 있어서도 미네랄 워터나 염소수의 사용을 그리 추천하지 않는다.

■ **응용.** 에스프레소(expresso, 이탈리아어는 espresso)는 이탈리아식 블랙커피로 오스트리아에서도 모카(moka 단, 모카 원두 품종을 의미하는 것은 아니다)라는 이름으로 아주 대중적이다. 필터 안에 압착해 담은 고운 커피가루에 압력을 가한 끓는 물을 통과시켜 추출해내는 방법이다. 프랑스에서는 오래전부터 펌프식 전기 에스프레소 기계가 모카 포트를 대신해왔다. 작은 사이즈의 에스프레소 기계도 다양하게 개발되어 가정에서도 손쉽게 구비하여 사용할 수 있게 되었다(**참조** EXPRESSO [MACHINE À]). 수도물 사용은 정수기로 필터링하지 않는 한 추천하지 않는다. 또한 이탈리아의 유명한 커피로 카푸치노(cappuccino 이 커피의 밝은 갈색이 성 프란체스코 수도사들의 가운 색을 연상시킨다고 하여 이와 같은 이름이 붙었다)를 빼놓을 수 없다. 진한 커피에 거품을 낸 크림이나 스팀 압력을 가해 데운 우유를 넣은 것으로 코코아 가루를 한 꼬집 뿌려 서빙한다(오스트리아에서는 카푸치너 kapuziner라고 부른다). 오스트리아 빈으로부터 들어온 카페 크렘(cafe crème 비엔나 커피)은 휘핑한 생크림이나 생 더블 크림 한 스푼을 커피 위에 얹고 젓지 않은 상태로 서빙하는 것이다. 프랑스에서는 이미 커피에 우유를 섞어 마시고 있었다. 1720년 커피 문화가 유입된 남미에서는 최상급 품종의 커피 원두는 주로 수출하고 있으며, 현지에서는 틴토(tinto 아주 단맛의 진한 블랙 커피)를 많이 마신다. 아르헨티나와 멕시코에서는 설탕과 함께 로스팅하여 캐러멜 향이 강한 커피를 마시기도 한다. 앙티유에서는 바닐라, 계피, 생강 등의 향신료로 커피에 향을 더하기도 한다.

■ **영양학적 가치.** 설탕을 넣지 않은 커피는 칼로리가 아주 낮다. 커피의 주성분인 카페인은 여러 가지 효능이 있다. 수면을 조절하는 기능은 개인에 따라 조금씩 차이가 있다(아라비카보다 로부스타가 카페인 함량이 더 높다). 카페인은 지적 신체적 측면에서 신경계를 자극하여 각성 효과를 증대시켜 불면을 초래한다는 연구 결과가 나와 있다. 혈관에 이러한 영향을 주어 두통이나 심장질환에도 효과적이다. 하지만 지나친 섭취는 다소 심각한 신경 장애를 일으킬 위험이 있다. 우유를 넣은 카페오레는 유당불내증이 있는 사람들에게는 소화가 어려울 수 있다.

café champignon ▶ CHAMPIGNON

---

café glacé 카페 글라세

커피 아이스크림 : 아주 진한 커피 1리터를 준비한다. 볼에 각설탕 500g를 넣고 뜨거운 커피를 붓는다. 뚜껑을 덮고 완전히 식힌다. 더블 크림 1리터를 넣고 아이스크림 기계에 넣고 돌려 아주 부드러운 질감의 커피 아이스크림을 만든다.

---

café irlandais : irish coffee 카페 이를랑데

아이리시 커피 : 유리잔을 데운 뒤 설탕과 위스키(1잔)를 붓는다. 여기에 뜨거운 블랙커피를 부어 채운 다음 잘 젓는다. 생크림을 조금 넣어 완성한 뒤 바로 서빙한다(크림은 커피 상단에 머물러 있어야 한다. 바닥으로 가라앉는 것을 막으려면 우유를 조금 섞어서 스푼을 따라 천천히 흘려 넣는다).

---

café d'Italie : cappuccino 카페 디탈리

카푸치노 : 진한 에스프레소 커피를 준비한다. 동량의 우유를 스팀으로 데운다(끓이지는 않는다). 큰 커피 잔에 커피를 넣고 우유를 부어 얹은 다음 코코아 가루를 뿌려 서빙한다.

---

café de Java : moka 카페 드 자바

모카 : 블랙커피 1잔과 핫 초콜릿 1잔을 섞는다. 끓이지는 않는다. 기호에 맞게 설탕을 넣어 마신다.

café liégeois ▶ CAFÉ LIÉGEOIS

---

café turc 카페 튀르크

터키시 커피 : 터키식 커피용 편수 냄비에 물 1컵 반을 넣는다. 여기에 설탕 6티스푼을 넣고 끓인다. 아주 곱게 간 커피를 넉넉히 3테이블스푼 넣은 다음 불에 올린다. 끓으면 바로 내려 한 김 가라앉힌 뒤 바로 또 끓이기를 빠르게 3번 반복한다. 불에서 내린 뒤 찬물을 몇 방울 넣어준다. 커피 표면에 생긴 크레마를 스푼으로 떠서 커피 잔 4개에 고루 담는다. 커피를 아주 천천히 잔에 따라 서빙한다.

---

café viennois 카페 비에누아

비엔나 커피 : 진한 커피 한 잔을 준비한 다음, 휘핑크림을 얹어 서빙한다.

caramels durs au café ▶ CARAMEL (BONBON)
choux au café ▶ CHOU
choux à la crème Chiboust au café ▶ CHOU
dacquoise au café ▶ DACQUOISE
essence de café ▶ ESSENCE
glace au café ▶ GLACE ET CRÈME GLACÉE
progrès au café ▶ PROGRÈS
tartelettes au café ▶ TARTELETTE

CAFÉ (ÉTABLISSEMENT) 카페(업소, 매장) 주로 음료(커피뿐 아니라 맥주, 와인, 아페리티프, 과일 주스 등)와 간단한 식사류(크로크무슈, 샌드위치, 각종 샐러드, 샤퀴트리 및 콜드컷 등)를 판매하는 장소. 최초의 카페는 1550년 콘스탄티노플에서 문을 열었다. 파리에서는 1672년 파스칼이라는 이름의 한 아르메니아인이 매년 열리는 생제르맹 장터 축제에서 작은 노점을 차리고 잔으로 커피를 팔았고, 이는 대성공을 거두었다.

■ **파리의 카페들.** 팔레 루아얄, 그랑 불르바르, 센강 좌안 리브고슈, 부냐(bougnats). 현대적 의미의 최초의 카페는 1686년 한 이탈리아인이 연 프로코프(Procope)이다. 1696년에는 청량음료 및 오드비 판매자 동업조합이 생겨났다. 얼마 지나지 않아 카페는 새로운 라이프 스타일의 일부가 되었다. 사람들은 이곳에서 신문을 읽고 체스나 카드게임도 즐겼으며 서로 정보를 나누었고 담배도 피웠다. 카페의 기성세대 및 체제에 반발하는 분위기도 무르익어갔다. 각종 소모임의 장소가 된 카페에는 예술가, 서정시인, 사관이나 관리들, 문인 등 다양한 계층의 고객이 드나들었다.

17세기와 특히 18세기에 카페는 작가와 문학평론가들의 아지트가 되었으며 라퐁텐, 크레비용, 퐁트넬과 백과전서파 문인들이 단골이었다. 팔레 루아얄 회랑('혁명의 회랑'이라 일컬어진다)을 따라 생겨난 카페들은 한 시대를 풍미했다. 사람들은 이곳에 모여 정치를 논하고 갓 등장한 새로운 연사들의 스피치를 경청하기도 했다. 또한 장안의 유행 패션을 선도하는 멋쟁이들의 모임장소가 되었다. 격동의 혁명기가 시작된 이후 19세기 초에는 전원풍 카페, 공연할 수 있는 무대를 갖춘 카페, 공원 내 카페들이 생겨났지만 부르봉 왕정이 복귀하면서 다시 카페에서의 정치적 모임은 유행이 되었다. 낭만파 문인들은 팔레 루아얄 지역에 더 이상 자주 드나들지 않았고 문인들의 모임은 주로 차를 마시는 살롱으로 옮겨갔다. 곧이어 파리의 주요 대로인 그랑 불르바르 거리는 수도의 가장 인기 있는 곳이 되었고 아이스크림 장수나 레스토랑 업자들은 대중을 끌어 모았다. 당시 카페는 클럽, 모임장소 같은 형태였다. 인기 있는 카페 테라스에는 예술가, 가수, 문인, 세련된 멋쟁이, 직장 여성들, 유행을 따르는 젊은이들이 드나들었다. 리브 고슈(센강 좌안)의 카페들은 점점 더 그 존재감을 더해갔다. 당대를 주름잡던 문인, 시인 및 지식층 인사들의 아지트가 된 것이다.

1900년대에는 몽마르트르의 카페들로 예술가들이 몰려들면서 뜨는 동네가 되었다. 오늘날까지도 파리 카페의 전통은 계속 이어지고 있다. 19세기, 오베르뉴 사람들(bougnats 포도주와 석탄을 팔던 상인들)이 파리에 올라와 골목 한 모퉁이에 연 작은 카페들도 자리를 잡았다. 이 동네 카페에서 손님들은 프티 누아(petit noir 커피), 발롱 드 루즈(ballon de rouge 잔으로 파는 와인)를 마시거나 카운터에 서서 파스티스를 즐겼으며, 카드게임을 하거나 담소를 나누었다. 동전을 넣고 하는 오락기 소음은 자연스러운 배경음이었다. 이는 파리뿐 아니라 시골에도 깊숙이 뿌리를 내리고 있는 전형적인 카페, 바, 담배 가게(café-bar-tabac)를 겸한 상점의 모습이었다.

■ **유럽의 카페.** 파리에서 카페를 운영하던 아르메니아인 파스칼이 이주해 간 영국에서는 커피가 도입된 초창기만 해도 이것이 마치 알코올 중독에 대항하는 만병통치약처럼 여겨졌다. 17세기 말 커피하우스는 정당들의 공식 모임 장소가 되었다. 하지만 맥주 양조업자 조합은 이에 대한 반대로 기선을 잡았다. 오늘날 영국에서 커피숍은 샌드위치와 커피, 차, 청량음료 등을 파는 작은 매장을 가리킨다.

독일에서는 함부르크, 베를린, 그리고 작가들과 참신하고 위트 있는 지식인들이 자주 드나들던 인쇄의 도시 라이프치히에 카페들이 생겨났다. 베를린에서는 카페가 가수들의 무대였던 카바레의 전통 역할까지 맡게 되었다. 독일인에게 커피는 주로 집에서, 여러 가지 파티스리를 곁들여 마시는 것이며, 특히 여성들의 음료로 인식되어 있다. 남성은 맥주를 마시는 게 일반화되어 있다.

오스트리아 빈에서는 터키 군인들이 1683년 전쟁 중 약탈한 커피 500부대를 남겨놓고 간 다음부터 카페가 안정적으로 자리잡았다. 이 커피는 전쟁을 승리로 이끈 영웅 쿨치츠키에게 인도되었고 그는 터키식 커피를 비엔나 커피로 변형시켰으며 빈 사람들은 이 커피에 크루아상을 곁들여 먹게 되었다. 빈에서는 가정이나 일터에서 늘 커피를 마신다. 아침에 신문을 읽으면서, 오후에 업무를 볼 때도, 저녁때 담소를 나누거나 손님을 맞이할 때, 당구 게임을 할 때 등 커피는 생활의 일부다. 연주 공연을 하는 카페(café-concert)가 처음 생긴 것도 빈에서다. 옛 모습 그대로 전통을 이어가는 빈의 유서 깊은 카페로는 란트만(Landtmann), 하벨카(Hawelka, 문인과 예술가들이 자주 찾던 곳으로 유명하다), 그리고 오스트리아를 대표하는 카페인 자허(Sacher)를 꼽을 수 있다. 이와 같이 티 살롱과 중요한 정치적 모임의 장소를 겸한 화려한 카페의 모습은 리스본이나 부다페스트에서도 찾아볼 수 있다.

이탈리아에 카페가 처음 등장한 것은 17세기(프랑스의 초창기 카페가 생기기 이전)부터이며, 특히 베네치아에서는 카페 부티크(커피숍)가 일상생활에 빠르게 파고들었다. 하지만 가장 유명한 카페들은 18세기에 문을 열었는데, 로마의 그레코(Greco), 베네치아의 플로리안(Florian)이 대표적이다. 특히 플로리안 카페는 산마르코 광장 아케이드 아래서 펼쳐지는 콘서트와 화려하고 고풍스러운 장식의 여러 개로 나뉜 살롱으로 유명하다.

CAFÉ ANGLAIS 카페 앙글레 1802년에 오픈한 식당으로 파리 이탈리안 대로(boulevard des Italiens)에 위치했다. 이곳에서는 영국식 '포크를 사용하는 점심식사(고기 등을 곁들인 간단한 런치)'메뉴가 서빙되었다(**참조** CAFÉ HARDY). 초창기 손님들은 주로 마차꾼이나 하인들이었으나 1822년 새 주인이 된 폴 슈브뢰이(Paul Chevreuil)는 이곳을 로스트와 그릴 요리로 유명한 인기 있는 레스토랑으로 탈바꿈시켰다.

카페 앙글레가 미식의 명소로 이름을 알리기 시작한 것은 아돌프 뒤글레레 셰프가 주방을 맡게 되면서부터다. 이후 이 레스토랑은 재계 인사들과 파리의 부유층 명사들의 단골명소가 되었다. 이 식당은 1913년 폐업했고 건물은 철거되었지만 그 카브(와인 저장고)의 와인들과 당대 유명 인사들이 회동했던 다이닝룸인 '르 그랑 세즈(Le Grand Seize)'의 목공예 장식은 앙드레 테라이(André Terrail)가 모두 인수했다. 라 투르 다르장(La Tour d'Argent)의 오너인 그는 카페 앙글레 마지막 소유주의 딸과 결혼했다.

CAFÉ HARDY 카페 아르디 1799년 파리 이탈리안 대로(boulevard des Italiens)에 오픈한 식당으로 1804년 마담 아르디(Hardy)가 '포크를 사용하는 점심식사' 메뉴를 선보이면서 일약 유명해지기 시작했다. 고기 등을 곁들인 이 메뉴는 아주 가격이 비쌌다. 손님들은 직접 원하는 고기를 고를 수 있었고 홀 매니저는 이를 포크로 찍어 흰 대리석 화덕 안에 있는 은으로 된 그릴에 구워 서빙했다. 정치가 캉바세레스는 "아르디 식당에 가려면 아주 부자(riche)여야 하고, 리슈(Riche, 같은 대로에 있던 또 다른 유명 카페의 이름)에 가려면 아주 과감해야(hardi) 한다"라고 단언했다. 1836년 경 이 식당은 쇠락했고 이어서 건물은 철거되었다. 이후 그 자리에 라 메종 도레(La Maison dorée)가 들어섰다.

CAFÉ AU LAIT 카페 오 레 커피에 우유를 섞은 것으로 프랑스에서 아침식사 때 가장 많이 마시는 음료다. 오스트리아 빈에서 온 카페오레의 인기는 17세기 말부터 시작되었으며, 마리 앙투아네트도 좋아했다. 소화가 잘 안되고, 세련되지 않다는 주장도 있을 정도로 호불호가 나뉘지만 17세기에는 영양학적으로도 우수하다는 이유로 권장되었다. 프랑스 북부와 동부 지방에서는 오랫동안 저녁식사로 카페오레 한 사발과 잼이나 버터를 바른 빵, 치즈를 먹어왔다.

CAFÉ LIÉGEOIS 카페 리에주아 빈에서 처음 탄생한 커피 디저트로, 아이스크림과 커피에 생크림을 올린 것이다. 현재도 유럽 전역에서 인기가 높은 메뉴다.

café liégeois 카페 리에주아

생크림을 얹은 아이스크림 커피 : 아이스크림 서빙용 글라스에 아주 진한 아이스커피 2잔을 넣고 바닐라(또는 커피) 아이스크림 3스쿱을 담는다. 샹티이 크림을 별 모양 깍지를 끼운 짤주머니로 보기좋게 짜 얹는다. 초콜릿을 입힌 커피원두 알갱이나 초콜릿 버미셀리 스프링클을 뿌려 장식한다.

CAFÉ DE LA PAIX 카페 드 라 페 1862년 문을 연 카페로 파리 카푸신 대로(boulevard des Capucines) 그랑 호텔 1층에 자리하고 있으며 건축가 가르니에(Charles Garnier)가 실내장식을 담당했다. 벨 에포크 시절, 당시 유행을 좇던 파리의 속물들이 이 살롱에 모여들어 가스등 조명 아래에서 '포크를 사용하는 점심식사'를 즐기거나(**참조** CAFÉ HARDY). 오페라 공연이 끝난 뒤 이 호텔의 유명한 셰프들(20세기 초 에두아르 니뇽, 오귀스트 에스코피에가 이 호텔의 주방을 거쳤다)의 대표 요리를 맛보려고 늦은 밤 몰려들기도 했다. 음악가 쥘 마스네, 에밀 졸라, 기 드 모파상, 미국의 트루먼 부통령, 르클레르, 마리아 칼라스, 샤갈 등이 단골로 드나들었던 카페 드 라 페는 명실상부한 국제적 사교계 인사들의 모임 장소였다.

CAFÉ DE PARIS 카페 드 파리 1822년 파리 이탈리안 대로(boulevard des Italiens)에 문을 연 이래 1856년 사라질 때까지 '엘레강스의 성지'로 군림하던 곳이다. 당시를 주름잡던 문인 뮈세, 발자크, 뒤마, 고티에, 베롱뿐 아니라 장안의 멋쟁이와 우아한 계층들이 대거 드나들었던 이곳은 파리지엥들의 명소가 되었다. 아주 훌륭한 음식을 선보였으나 야간 영업은 하지 않았다. 이 카페의 소유주 에르포르 후작부인은 임대차 계약서에 계절을 막론하고 밤 10시에는 식당 문을 닫을 것을 명시해놓았다. 오페라 애비뉴(avenue de l'Opéra)에서 1878년부터 1953년까지 영업한 같은 이름의 또 하나의 카페 드 파리 역시 우아하고 인기가 많은 장소였으며, 가격도 만만치 않게 높았다. 20세기 말 이곳에는 공쿠르와 동료 문인들, 훗날 에드워드 7세 영국 국왕이 된 웨일즈 왕세자 등이 단골손님이었으며, 명망 있는 셰프들이 시대의 획을 긋는 새로운 요리들을 만들어냈다.

CAFÉINE 카페인 커피(1~2%), 차(1.5~3%), 콜라 열매(2~3%) 등에 들어 있는 알칼로이드의 일종으로 흥분, 강장, 이뇨 효과가 있으며 중독성이 있다. 사람에 따라 소량을 섭취한 경우라도 심장박동이 빨라지거나 신경이 흥분될 수 있으며 수면장애, 두통, 소화불량 등을 초래할 수 있다. 커피 한 잔에 들어 있는 카페인의 양은 원두 종류에 따라 다르며(로부스타는 아라비카 원두의 2.5배의 카페인이 들어 있다), 차의 경우도 마찬가지이다. 카페인 성분을 제거한 커피, 차, 콜라도 있다.

CAFETIÈRE 카프티에르 커피 메이커, 커피 주전자, 커피 포트. 커피를 만들거나 서빙하는 용도의 주방도구. 프랑스에 커피가 도입되기 시작하면서 커피포트는 18세기 루이15세 집권 시대에 널리 사용되었다. 당시 커피 주전자는 알코올 램프로 데울 수 있는 워머도 포함되어 있었다. 오랜 기간 주로 두 가지 형태의 커피 주전자가 사용되었는데 그중 하나는 인퓨저(infusoir) 타입으로 커피를 망에 넣고 뜨거운 물로 우리는 방식이다. 또 한 가지는 1850년 처음 등장한 뒤벨루아식 커피 메이커(cafetière à la Dubelloy)로 도자기 재질의 불룩한 모양인 '할머니의 커피 포트'와 비슷한 타입이다. 두 차례의 세계대전 사이 또 다른 방식의 커피 메이커(코나 타입)이 유행처럼 번져갔다. 강화유리로 된 두 개의 둥근 용기가 위 아래로 연결된 장치를 알코올 램프로 가열하는 방식이다. 열을 받으면 아랫부분의 물이 커피를 통과해 위로 올라갔다가 다시 아래로 내려오고 위로 올라가는 과정을 두세 번 거친다. 1950년대에 이르러서야 물과 커피를 각각 분리된 두 용기에 넣어 연결한 뒤 직접 불에 올려 가열하는 이탈리아식 커피 포트 모델이 등장했다. 또한 특수 종이 필터를 사용하는 커피 메이커, 피스톤 장치를 눌러서 커피를 우리는 커피 프레스 등도 속속 선보이게 된다(**참조** PERCOLATEUR).

원두를 아주 곱게 분쇄할 수 있는 커피 그라인더까지 장착된 전기 커피 메이커들은 압력추출(에스프레소)이나 필터링(증기방식으로 방울방울 추출된다)으로 작동되며 물의 양을 조절함으로써 커피의 농도로 선택할 수 있다. 다양한 소재로 만들어진 서빙용 커피 주전자는 호텔의 티 살롱 같은 곳을 제외하면 오늘날 그 사용이 점점 줄어드는 추세이다. 전기 커피메이커의 사용이 보편화되면서 기계에 장착된 포트에서 직접 커피를 따라 마시는 게 일반적이다.

CAHORS 카오르 프랑스 남서부 쉬드 우에스트 지방의 AOC 레드와인으로 색이 진하고 바디감이 좋으며 알코올 도수가 높고 균형감이 있다. 석회질 고원에 위치한 포도원에서 생산되며 주 포도품종은 코(côt) 혹은 말벡(malbec)이다. 더 좋은 맛을 위해 오래 보관하기에 적합한 와인이다.

CAILLE 카유 메추라기. 꿩과에 속하는 작은 철새로 크기는 더 작지만 자고새(perdrix)와 비슷하며 프랑스 평원지대에 4월~10월중 서식한다. 점점 희귀해지고 있는 조류 중 하나다. 캐나다에서는 야생 메추라기를 버지니아 메추라기(Virginia quail)이라고 부른다. 현재는 동부 아시아 원산의 한 품종인 메추라기를 닭처럼 농장에서 키우고 있다(**참조** p.905~906 가금류, 토끼 도표, p.904 도감). 가을철이 되면 살이 통통하게 오르고 기름기가 도는 메추라기는 섬세한 풍미로 인기가 높다. 사냥으로 잡은 메추라기는 기타 수렵육과는 달리, 서늘한 곳에 오래 건조시키지 않는다. 가둬 길러 통통해진 메추리와 같은 방법으로 조리한다. 향이 덜할 수 있지만 살의 풍미는 좋다. 메추라기(150~200g)는 언제나 내장을 제거한 다음 얇은 라드로 덮어 묶은 뒤 오븐이나 그릴에 굽거나(주로 꼬치에 꿰어 굽는다), 소테, 브레이징(포도를 넣고 익힌다), 또는 속을 채우기도 하고 카나페로 서빙하기도 한다. 그 밖에도 파테, 쇼 프루아(chaud-froid), 테린 등을 만들기도 한다. 메추라기 알은 미라벨 자두 크기만 하며 녹색빛을 띤 누르스름한 껍질에 갈색 반점이 있다. 완숙으로 익혀 먹으며 코코트 냄비 요리에 넣기도 하고 젤리를 씌워 굳히기도 한다.

cailles en casserole Cinq-Mars 카유 앙 카스롤 생 마르

생 마르식 메추라기 냄비 요리 : 메추라기의 깃털과 내장을 제거한 뒤 토치로 그슬리고 실로 묶는다. 당근, 양파, 셀러리를 가늘게 채 썰어 버터에 볶은 뒤 소금, 후추로 간한다. 메추라기를 버터에 지져 고루 색을 낸 다음 소금, 후추로 간한다. 볶은 채소의 반을 메추라기 위에 덮고 셰리와인을 2~3테이블스푼 뿌린 다음 뚜껑을 덮고 250°C로 예열한 오븐에서 10분간 익힌다. 메추리의 실을 풀어 제거한 다음 오븐용 팬이나 코코트 냄비에 넣는다. 가늘게 채 썬 버섯(야생버섯이 좋다)과 송로버섯 또는 송로버섯 자투리를 넣고 나머지 볶아둔 채소도 모두 넣어 덮어준다. 메추리를 오븐에 익히고 남은 국물도 부어준 다음 코냑 2테이블스푼을 넣고 작게 썬 버터를 몇 조각 올린다. 냄비 뚜껑을 덮고, 밀가루 반죽으로 테두리를 잘 붙여 밀봉한다. 큰 용기에 물을 넣고 냄비를 그 안에 넣어 중탕으로 가열한 다음 물이 끓기 시작하면 바로 210°C로 낮춰둔 오븐에 넣고 30분간 더 익힌다. 밀가루 반죽을 떼어내고 뚜껑을 연 다음 뜨겁게 서빙한다.

cailles aux cerises 카유 오 스리즈

체리를 넣은 메추라기 요리 : 꼭지를 따고 씨를 제거한 그리요트 체리 1kg을 설탕 250g과 물 100ml와 함께 냄비에 넣고 8~10분간 익힌다. 레드커런트 잼 3테이블스푼을 넣고 5분간 더 익힌다. 메추라기를 오븐에 굽는다. 익힌 메추라기에 체리 과육과 즙을 넣고 함께 데운다. 서빙용 접시에 메추라기를 놓고 체리를 빙 둘러 담아 서빙한다.

옛 레시피

cailles en chemise 카유 앙 슈미즈

돼지 창자에 넣어 익힌 메추라기 돼지 창자를 깨끗이 씻는다. 닭 간, 샬롯, 돼지비계를 곱게 갈아 혼합한 소(farce à gratin)를 메추라기 안에 채운 뒤 실로 다리와 날개를 몸통에 붙여 묶고 소금, 후추로 간한다. 메추라기를 한 마리씩 돼지 창자에 넣고 양 끝을 실로 동여맨다. 끓고 있는 맑은 육수에 메추라기를 넣고 약하게 끓는 상태로 약 20분간 데쳐 익힌다. 건져서 메추라기를 돼지 창자에서 꺼낸다. 익힌 국물을 졸여서 메추라기에 끼얹는다. 육수 대신 향신료를 넣고 진하게 끓인 닭 콩소메를 사용해도 좋다.

cailles farcies en caisses 카유 파르시 앙 케스

속을 채운 메추라기 요리 : 메추라기 8마리의 깃털과 내장을 제거한 뒤 뼈를 발라낸다. 파르스 아 그라탱(farce à gratin 샬롯, 닭 간, 돼지비계를 혼합해 곱게 간 소) 175g에 다진 닭 간 3~4개 분과 잘게 썬 송로버섯 자투리 1테이블스푼을 넣어 섞는다. 메추라기에 이 소를 채우고 모양을 잡은 뒤, 버터 바른 유산지로 한 마리씩 감싼다. 코코트 냄비에 버터를 바르고, 메추라기를 나란히 붙여 촘촘하게 넣어준다. 녹인 버터를 조금 뿌리고, 소금, 후추로 간한다. 뚜껑을 덮어 250°C로 예열한 오븐에서 18~20분간 익힌다. 냄비에서 메추라기를 꺼내 유산지를 벗겨낸 다음, 종이(또는 포일)로 된 타원형 케이스에 넣는다. 메추라기를 익힌 냄비에 마데이라 와인을 넣고 디글레이즈해 만든 소스를 뿌린 다음 오븐에 5분간 넣었다가 꺼낸다. 서빙용 플레이트에 담아낸다. 같은 방법으로 카유 앙 케스 아 리탈리엔(cailles en caisses à l'italienne 이탈리안 소스를 끼얹는다), 카유 랑발(cailles Lamballe 잘게 채 썬 버섯과 송로버섯에 크림을 넣어 섞은 다음 그 위에 메추라기를 얹는다), 카유 뤼퀼뤼스(cailles Lucullus 작게 썬 푸아그라와 송로버섯을 곁들인다), 카유 아 라 미르푸아(cailles à la mirepoix 익힌 국물 소스에 미리 볶아 익힌 채소 미르푸아를 섞는다), 카유 몽 브리(cailles Mont-Bry 송로버섯을 넣은 닭고기로 속을 채우고, 샴페인으로 디글레이즈한 국물 소스를 끼얹어준다. 닭 볏과 콩팥을 곁들인다), 카유 아 라 페리괴(cailles à la Périgueux 송로버섯을 얇게 저며 덮어준 다음 페리괴 소스를 끼얹는다), 카유 아 라 스트라스부르주아즈(cailles à la strasbourgeoise 스트라스부르그산 푸아그라를 채운다) 등을 만들 수 있다.

cailles farcies Monselet 카유 파르시 몽슬레

몽슬레식 속을 채운 메추라기 요리 : 메추라기의 깃털과 내장을 제거한 뒤 몸통뼈를 발라낸다. 작은 큐브 모양으로 썬 송로버섯과 푸아그라를 메추라기 안에 채워 넣는다. 거즈 주머니로 한 마리씩 싼 다음 수렵육 육수(뼈와 자투리 살을 볶다가 마데이라 와인을 넣어 디글레이즈한 뒤 육수나 물을 넣어 끓여낸 것)에 넣어 15분간 삶아 익힌다. 메추라기를 건져 거즈를 벗겨내고 토기 냄비에 넣는다. 어슷하게 썬 아티초크 속살을 버터에 노릇하게 지져 넣어준다. 양송이버섯과 도톰하게 저민 송로버섯도 함께 넣어준다. 메추라기 삶은 국물을 체에 거른 다음 동량의 더블 크림을 넣고 졸인다. 이 소스를 메추라기에 끼얹은 다음 뚜껑을 덮고 180°C 오븐에 넣어 10분간 익힌다. 냄비 그대로 서빙한다.

cailles farcies à la périgourdine en gelée 카유 파르시 아 라 페리구르딘 앙 즐레

속을 채워 젤리화한 페리고르식 메추라기 요리 : 곱게 간 닭고기 소(참조. p.353 FARCE DE VOLAILLE)에 큐브 모양으로 썬 푸아그라를 섞어 메추라기 안에 채워 넣는다. 메추라기의 모양을 잡은 다음 한 마리씩 거즈 주머니로 싼다. 마데이라 와인으로 향을 낸 아스픽 육수(fond de viande)에 넣고 20~25분간 삶아 익힌 다음 그대로 식힌다. 국물이 젤리화하여 굳기 전에 메추라기를 건져낸 다음 거즈 주머니를 벗기고 물기를 닦아준다. 얕은 토기 그릇에 보기 좋게 담고 젤리 국물을 체에 걸러 메추라기에 끼얹어준다. 서빙할 때까지 냉장고에 넣어둔다.

cailles en feuilles de vigne 카유 앙 푀유 드 비뉴

포도나무 잎으로 싼 메추라기 요리 : 포도나무 잎 큰 것 4장을 준비해 씻어 말린다(통조림 제품의 경우 여러 번 충분히 헹군 뒤 물기를 제거하고 잎 꼭지를 떼어낸다). 메추라기 4마리의 내장을 제거한 뒤 소금, 후추를 뿌려둔다. 가슴살과 다리에 버터를 넉넉히 바른 다음 포도나무 잎을 가슴 쪽에 붙이고 가장자리를 아래로 접어 넣는다. 얇게 썬 라드 2장을 메추라기에 둘러 감싼 다음 실로 묶어 고정한다. 알루미늄 포일로 한 마리씩 단단하게 싼다. 뜨거운 오븐이나 숯 더미에 넣어 20분간 익힌다. 또는 꼬챙이에 꿰어 15분간 굽는다. 실을 풀고 라드를 떼어낸 다음 길게 반으로 잘라 서빙한다. 감자 칩, 크레송, 버섯을 끼워 구운 꼬치 등을 곁들인다.

cailles grillées petit-duc 카유 그리예 프티 뒥

프티 뒥 메추라기 구이 : 메추라기에 버터를 바르고 빵가루를 입혀 브로일러에 굽는다. 폼 안나(pommes Anna) 감자 위에 메추라기를 얹고, 구운 버섯 큰 것을 하나씩 올린다. 수렵육 육수에 마데이라 와인을 넣어 졸이고 버터를 섞어 만든 소스를 메추라기에 몇 스푼 뿌린다.

cailles à la romaine 카유 아 라 로멘

완두콩과 햄을 넣은 메추라기 요리 : 줄기양파를 12개 정도 준비해 껍질을 벗겨 다진다. 익힌 햄 100g을 작은 큐브 모양으로 썬다. 깍지에서 빼낸 완두콩 1kg을 준비한다. 코코트 냄비에 버터 30g을 녹인 뒤 줄기양파와 햄을 노릇하게 볶는다. 완두콩을 넣고 소금 한 꼬집, 설탕 한 꼬집, 부케가르니 1개를 넣어준다. 뚜껑을 닫고 약한 불에서 20분간 뭉근히 익힌다. 메추라기 8마리를 손질해 모양을 잡은 다음 버터를 달군 다른 냄비에 넣고 뜨거운 불에서 지진다. 익힌 채소를 모두 넣고 뚜껑을 덮은 뒤 230°C로 예열한 오븐에 넣어 20분간 익힌다. 냄비 그대로 서빙한다.

cailles rôties 카유 로티

메추라기 로스트 : 메추라기를 포도나무 잎으로 싼 뒤 얇게 저민 돼지비계를 감싸 두르고 실로 묶는다. 꼬챙이에 끼워 직화로 또는 오븐에 넣어 15~20분간 굽는다. 굽거나 버터에 지져낸 식빵 카나페에 닭 간, 샬롯, 돼지비계로 만든 스터핑(farce à gratin)을 바른다. 그 위에 메추라기를 놓고 크레송을 곁들여 서빙한다. 메추라기를 구울 때 나온 육즙을 디글레이즈 하여 소스를 만든 다음 따로 곁들여 낸다.

페란 아드리아(FERRAN ADRIÀ)의 레시피

œufs de caille caramélisés 외 드 카유 카라멜리제

캐러멜라이즈한 메추리알 : 10인분

얇은 캐러멜 시트 만들기. 퐁당슈거 200g과 글루코스 시럽 100g을 녹인 뒤 잘 섞어 중불에서 160°C가 될 때까지 가열한다. 유산지에 1~2mm로 얇게 편 다음 사방 5cm 정사각형으로 잘라둔다. 오븐을 170°C로 예열한다. 오븐 팬에 조리용 유산지를 2장 깔아준다. 그 사이에 캐러멜 시트를 한 장 넣고 녹을 때까지 5분간 가열한다. 유산지 위로 밀대를 밀어 아주 얇게 편 다음 사방 2.5cm 정사각형으로 자른다. 나머지 캐러멜 시트도 같은 방법으로 만들어준다. 메추리알을 노른자가 터지지 않게 조심하면서 깐다. 물 1리터에 화이트와인 식초 10ml를 넣고 끓인다. 거품기로 물을 저어 회오리를 만든 다음 까놓은 메추리알을 조심스럽게 넣어준다. 물 위로 뜨는 흰자를 거품국자로 거두어낸다. 10초간 살짝 데친 뒤 메추리알을 건져낸다. 차가운 소금물에 담가 식힌다. 행구어 종이행주에 놓고 물기를 뺀다. 칼끝으로 너덜너덜한 흰자를 깔끔하게 잘라낸다. 메탈 오븐팬 위에 유산지를 깐 다음 데친 메추리알을 놓고 그 위에 얇은 캐러멜 시트를 한 장씩 얹는다. 살라만더 그릴에 잠깐 넣어 캐러멜 시트가 메추리알에 붙도록 한다. 뒤집어서 반대쪽 면에도 캐러멜 시트를 얹은 뒤 마찬가지로 살라만더 그릴에 가열하여 붙인다. 모두 완성한 다음 넛멕 가루와 검은 후추를 조금 뿌린다. 디저트용 스푼에 캐러멜 시트를 코팅한 메추리알을 한 개씩 얹어놓고 그 위에 회색 소금을 조금 뿌려 서빙한다.

œufs de caille en coque d'oursin ▶ ŒUF À LA COQUE

CAILLÉ 카이예 커드 우유에 응유효소를 넣거나 가열했을 때 얻을 수 있는 불용성 상태의 응고된 카제인을 가리킨다. 카이예는 신맛(유산균 첨가)이 나거나 부드러운 단맛(동물성 응유효소 키모신, 무화과 나무, 파인애플, 아티초크 등의 식물성 응유효소 첨가)이 난다. 치즈 제조 공정의 첫 단계에서 생성되는 카이예(커드)는 신선한 상태로 먹을 수 있으며, 다양한 요리에 사용된다. 리옹의 세르벨 드 카뉘(cervelle de canut 프레시 커드 치즈에 허브와 올리브오일 등의 양념을 섞은 스프레드의 일종), 달콤한 커드 치즈, 랑드 지방의 스모크드 커드, 휘핑한 크림을 섞어 더욱 풍부한 맛을 내는 크레메(crémet) 치즈 등이 대표적이다. 발효된 커드는 특히 강한 풍미의 치즈를 만드는 데 사용된다.

CAILLEBOTTE 카유보트 오니(Aunis)와 생통주(Saintonge)에서 생산되는 소젖, 생통주와 푸아투(Poitou)의 염소젖(지방 함량은 다양하다)으로 만든 생 치즈(**참조** p.389 프랑스 치즈 도표). 무게와 모양이 다양하고 주로 농가에서 만들며, 야생 아티초크 꽃 샤르도네트(chardonnette)를 한 꼬집 넣어 우유를 응고시킨다. 이 치즈의 물을 빼는 광주리 이름을 따 '종셰(jonchée)'라고도 부른다.

caillebottes poitevines 카유보트 푸아트빈

푸아투식 카유보트 크림 치즈 : 샤르도네트(야생 아티초크 꽃) 한 꼬집을 아주 소량의 물에 5~6시간 동안 담가둔다. 이 즙을 생우유 1리터에 넣고 서서히 응고될 때까지 둔다. 응고된 덩어리를 사각형으로 자르고 그대로 약한 불로 가열해 끓인다. 덩어리가 분리되고 유청(petit-lait, whey)에 둥둥 뜨면 익은 것이다. 식힌 뒤 유청은 덜어내고 생우유를 넣어준다. 생크림을 얹고 설탕을 뿌려 먹는다.

CAILLETTE 카이예트 다진 돼지고기(살코기, 비계, 간 등)와 시금치, 근대, 상추 등의 녹색 채소를 섞어 양념한 소를 크레핀으로 싼 다음 오븐에 익힌 미트볼과 비슷한 형태의 파테로 차게 먹거나 다시 데워서 먹는다(**참조** p.623 파테 도표). 아르데슈(Ardèche)가 이 음식의 원조라고 알려져 있으나 프랑스 남동부 쉬드 에스트 지방 전역에서 쉽게 찾아볼 수 있다. 지역과 심지어 마을에 따라 사용하는 양념과 부재료가 다양하다. 트리카스탱(trecastin)의 카이예트에는 피에르라트(Pierrelatte)산 송로버섯이 들어가고, 수아양(Soyans)에서는 시금치를 넣어 만들며, 샤뵈이(Chabeuil 이 마을에서는 1967년 '카이예트 애호가 기사단[Confrérie des chevaliers du Taste-Caillette]이 발족되었다)에서는 녹색 채소를, 발랑스(Valence)에서는 돼지 간과 근대를, 퓌제 테니에(Puget-Théniers)에서는 퓌제식 돼지 간을 넣는다. 코르누아이유(Cornouailles)의 카이예트는 머스터드 소스와 감자 퓌레와 함께 서빙된다.

'카이예트'는 또한 송아지, 새끼염소, 소의 마지막 네 번째 위를 지칭하는 용어이기도 하다. 살아 있는 동물의 위 점막에 존재하는 레닌은 우유를 응고시키는 성질이 있다(카이예트라는 이름도 여기서 유래했다). 이를 원료로 만든 레닛은 치즈를 만드는 응유효소로 사용된다.

caillettes ardéchoises 카이예트 아르데슈아즈

아르데슈식 카이예트 : 근대 잎 250g, 시금치 250g, 민들레 잎, 쐐기풀, 개양귀비를 각각 넉넉히 한 줌씩 끓는 물에 데쳐 건진 뒤 잘게 다진다. 돼지 간과 허파를 250g씩 준비해 약간의 돼지비계와 섞어 잘게 다진다. 양파 1개를 다져 돼지 기름에 노릇하게 볶은 다음 다져 놓은 돼지 소, 채소, 마늘 약간, 소금, 후추를 넣고 잘 저으면서 익힌다. 재료를 뭉쳐 귤 크기의 미트볼 8개를 빚은 다음 돼지 크레핀으로 싼다. 우묵한 토기 그릇에 촘촘하게 담고 얇은 비계를 한 장씩 덮어준 다음 220°C로 예열한 오븐에서 10분간 익힌다. 식힌다. 카이예트는 도기 항아리에 넣고 라드기름으로 덮어 보관한다. 돼지 기름에 지져 뜨겁게 먹거나 차갑게 서빙한다. 민들레 잎 샐러드를 곁들인다.

CAISSE, CAISSETTE 케스, 케세트 요리나 파티스리, 당과류 제조에 사용되는 도구로 다양한 소재로 된 케이스, 박스형 용기 등을 가리킨다. 음식을 둥근 모양 또는 타원형의 케이스에 담아 서빙하는 앙 케스(en caisse) 또는

앙 케세트(en caissette) 방식은 주로 따뜻한 오르되브르 또는 작은 사이즈의 애피타이저 등을 만들 때 사용한다.

프티푸르나 몇몇 당과류 디저트, 파티스리 등은 주로 가장자리에 잔주름이 잡힌 종이 케이스에 넣는 경우가 많다. '케스 드 바시(caisse de Wassy)'는 종이 케이스에 넣은 아몬드를 넣은 머랭 과자로 샹파뉴 지방의 특산 당과류다.

케스는 또한 직사각형의 납작한 제누아즈 틀(caisse à génoise), 아스파라거스 조리용 용기(caisse de cuisson à asperge), 중탕 용기(caisse à bain-marie) 등의 주방 집기를 지칭하기도 한다.

CAKE 케크 파운드케이크. 프랑스에서는 정확한 레시피가 있는 파티스리의 한 종류이다. 길쭉한 직육면체 형태의 파운드케이크로 베이킹파우더를 넣은 반죽에 당절임한 과일과 건포도 등을 넣고 위에는 아몬드 슬라이스를 뿌린 다음 가장자리가 높은 틀에 유산지를 깔고 구워낸다.

파운드케이크를 성공적으로 만들기 위해서는 설탕과 밀가루의 비율을 정확히 지켜서 과일이 바닥으로 몰리지 않고 반죽에 고루 분포되게 하는 것이 중요하다. 구울 때의 온도조절도 신경 써야 한다. 처음엔 높은 온도에서 굽기 시작하여 서서히 온도를 낮춘다. 보관 시에는 알루미늄 포일로 싸서 밀폐용기에 넣어두면 좋다. 슬라이스해서 주로 차에 곁들여 먹는다.

영국과 미국에서 앞에 특정 설명이나 지명을 붙인 '케이크'라는 명칭은 일반적인 케이크나 디저트 류 파티스리를 의미한다. 지역 특산 케이크(Dundee cake, Eccles cake), 결혼식, 크리스마스, 생일 등 특별한 기념일이나 축일용 케이크(wedding cake, christmas cake, birthday cake), 일반 가정에서 흔히 만들어먹는 케이크(sponge cake, almond cake, plum cake, chocolate cake, pound cake 등), 혹은 비스킷이나 과자 종류(oak-cakes, shortcakes 등)을 모두 포함하여 지칭한다.

cake 케크

프루츠 파운드케이크 : 버터 125g을 상온에 두어 부드럽게 만든다. 볼에 부드러워진 버터 125g, 설탕 125g, 소금 1꼬집을 넣고 섞는다. 달걀 3개를 하나씩 넣으며 섞어준다. 다른 볼에 밀가루 180g과 베이킹파우더 1작은 봉지를 넣고 섞는다. 코린트 건포도(또는 캔디드 프루츠) 250g을 물에 헹궈 물기를 제거한 다음 밀가루에 넣고 나무 주걱으로 잘 섞는다. 첫 번째 볼에 넣고 잘 혼합한 다음 냉장고에서 30분간 휴지시킨다. 바닥 길이 23cm의 파운드케이크 틀에 버터를 바르고 유산지를 바닥과 안쪽 벽에 대준다. 유산지에도 버터를 발라준 다음 반죽을 넣는다. 240°C로 예열한 오븐에서 10분간 구운 뒤 온도를 180°C로 낮추고 45분간 굽는다. 칼 끝으로 찔러보아 아무것도 묻지 않으면 다 익은 것이다. 따뜻한 정도로 식으면 틀에서 분리한 다음 망 위에서 식힌다.

cake au miel et aux cerises confites 케크 오 미엘 에 오 스리즈 콩피트

허니 앤 체리 파운드케이크 : 설탕 100g, 잘게 썬 부드러운 버터 100g, 소금 넉넉히 한 꼬집을 잘 섞은 다음 액상 꿀 2테이블스푼을 넣는다. 베이킹파우더 1작은 봉지와 밀가루 200g을 함께 체에 쳐 넣어준 다음 달걀 3개를 하나씩 넣으며 섞는다. 럼 2테이블스푼을 넣어 향을 낸다. 설탕에 조린 체리 콩피(125g)를 반으로 잘라 반죽에 넣고 섞는다. 버터를 바른 파운드케이크 틀에 바로 넣고 190°C로 예열한 오븐에서 45분간 굽는다. 겉면의 색이 너무 빨리 짙어지면 알루미늄 포일로 덮어준다. 파운드케이크가 다 익으면 따뜻한 온도로 식힌 후 틀에서 꺼낸다. 망에 올려 완전히 식힌 다음 체리 콩피와 설탕에 절인 안젤리카 줄기(bâtonnets d'angélique)를 얹어 장식한다.

petits cakes du Yorkshire 프티 케크 뒤 요크셔

요크셔 미니 파운드케이크 : 생 이스트 15g에 따뜻한 우유 1/3컵을 부어 잘 개어준다. 체에 친 밀가루 125g을 넣고 섞어 손가락에 달라붙을 정도의 말랑한 반죽을 만든다. 작업대에 놓고 굴려 둥근 덩어리를 만든 다음 이 르뱅(효모, 발효종)을 행주로 덮어 부피가 두 배로 늘어날 때까지 휴지시킨다. 설탕 75g과 부드러워진 버터 100g을 잘 섞는다. 체에 친 밀가루 125g을 넣은 다음 달걀 2개를 하나씩 넣으며 섞어준다. 캔디드 프루츠 125g과 설탕 절임 생강 한 쪽을 작은 큐브 모양으로 썬 다음 반죽에 넣어준다. 부푼 르뱅을 여러 번 펀칭해준 다음 반죽에 넣어 혼합한다. 반죽을 8등분한 다음 각각 원통형으로 만든다. 달걀을 풀어 우유를 조금 넣어 섞는다. 원통형 반죽에 이 달걀물을 고루 발라준 다음, 버터를 바른 베이킹 팬에 간격을 넉넉히 두고 놓는다. 2시간 동안 발효시킨다. 180°C로 예열한 오븐에 넣어 30~35분간 굽는다. 표면이 노릇한 색이 나야 한다.

CALCIUM 칼시엄 칼슘. 인체에 꼭 필요한 무기질로 거의 대부분이 뼈와 치아에 축적된다. 뼈 조직을 구성하고 유지하는데 꼭 필요하며 심장의 규칙적인 박동이나 혈액 응고에도 중요한 역할을 한다. 성인의 하루 칼슘 필요량은 800mg(성장기나 임신 기간 중에는 1,000mg, 수유하는 산모나 노인층은 1,200mg)이다. 비타민 D는 칼슘의 흡수와 축적을 돕는 중요한 역할을 한다.

주요 칼슘 공급원은 우유(1리터당 1,250mg), 요거트(우유와 같다), 치즈(100g당 75~1,200mg) 등이다. 그 밖에도 달걀, 두부, 뼈째 먹는 정어리 통조림, 아몬드, 헤이즐넛, 오렌지, 각종 채소에 칼슘이 함유되어 있다. 칼슘 함량이 높은 미네랄 워터(라벨에 표시됨)도 있으나 과도한 칼슘 섭취는 삼가는 게 좋다.

CALDEIRADA 칼데라다 오징어, 조개 등의 해산물과 생선에 화이트와인을 넣고 끓인 포르투갈식 걸쭉한 스튜 요리. 올리브오일에 노릇하게 구운 빵 위에 부어 먹는다.

caldeirada 칼데라다

포르투갈식 해산물 스튜 : 다진 양파 1개, 다진 피망 1/4개, 껍질을 벗긴 뒤 속과 씨를 빼내고 잘게 썬 토마토 작은 것 2개분, 다진 마늘 1/2티스푼, 소금, 갓 갈아낸 검은 후추를 섞는다. 바닥이 두꺼운 코코트 냄비에 올리브오일 50ml와 대합조개 12개를 넣고 섞어놓은 채소의 반을 덮어준다. 껍질과 가시를 제거하고 토막 낸 생선 400g, 깨끗이 씻어 링으로 썬 오징어 300g을 넣는다. 나머지 채소를 모두 넣어준다. 화이트와인 200ml를 넣고 불에 올린다. 끓으면 뚜껑을 덮고 불을 줄인 다음 20분간 뭉근하게 끓인다. 팬에 올리브오일 50ml를 달군 다음 식빵 4조각을 양면 모두 노릇하게 굽는다. 종이행주에 놓고 기름을 뺀 다음 각 접시에 한 장씩 깔아준다. 생선 스튜 국물을 한 국자씩 부어준 다음 생선, 조개, 오징어를 고루 얹는다. 잘게 썬 파슬리를 넉넉히 뿌려 서빙한다.

CALDO VERDE 칼두 베르데 포르투갈을 대표하는 전통 요리로 올리브오일, 감자, 녹색 양배추를 넣어 끓인 수프이며, 마늘 소시지를 넣어 먹는다. 옥수수 빵과 레드와인을 곁들여 먹는다. 향이 아주 좋은 진한 녹색의 포르투갈 양배추를 가늘게 썰어 넣는다.

CALEBASSE 칼바스 박, 호리병 박, 조롱박. 박과에 속하는 다양한 식물의 열매를 총칭한다. 단맛의 박(calebasse douce)은 아메리카와 아프리카의 덩굴 관목에서 열리며, 흰색 살은 연하고 맛이 좋아 생으로 샐러드에 넣어 먹기도 하고, 오븐에 익히거나 죽으로 끓이기도 한다. 또한 마르티니크에서는 베이컨과 허브를 넣고 스튜를 만들기도 하고, 스리랑카에서는 소고기와 함께 카레에 넣기도 한다. 일본에서는 특정 품종 박의 살을 얇게 썰어 말린 뒤 수프 등에 넣어먹기도 한다. 박은 말리면 단단한 나무와 같은 질감이 된다. 속을 파낸 박 껍데기는 호리병 모양의 수통, 바가지, 그릇 등의 주방도구를 만들 수 있다.

남미에서는 박 즙을 추출해 시럽을 만들기도 한다.

CALENDAIRE (CUISINE) 칼랑데르(퀴진) 전통적으로 명절이나 축일에 만드는 요리와 파티스리 목록으로, 주로 종교적 행사나 추수, 포도 수확 등 일상의 행사 때 준비하는 음식들이다. 이들은 평소에 먹는 검소하고 단출한 종류의 음식에서 벗어나 영양가가 많은 음식들이 대부분이며 풍성한 식사라는 주술적이고도 상징적인 의미를 지닌다.

CALISSON 칼리송 엑상프로방스의 특산품인 작은 보트 모양의 달콤한 과자로 아주 오래전부터 만들어 먹은 것으로 알려졌다. 일반적으로 껍질을 벗긴 아몬드 가루와 과일 콩피(멜론에 오렌지를 조금 더한다)를 섞고 오렌지 블로섬 워터와 시럽을 넣어 만든다. 이 혼합물을 무교병(pain azyme 효모를 사용하지 않고 만든 얇은 밀가루 크래커나 전병) 시트 위에 얹고 글라스 루아얄(glace royale 슈거파우더에 달걀흰자를 섞은 아이싱)을 덮어준다.

CALMAR 칼마르 오징어. 바다에 사는 10각류 연체동물로 칼라마르(calamar) 또는 앙코르네(encornet 앙코르네는 경우에 따라 갑오징어나 문어 등 다른 두족류 동물을 지칭하기도 한다)라고도 불린다. 비슷한 종류로는 갑오징어(seiche)가 있다. 바스크 지방에서는 시피롱(chipiron), 프랑스 남부 지방에서는 작은 크기의 오징어나 갑오징어 구별 없이 모두 쉬피옹(supion)이라고 부른다. 오징어는 보통 크기가 50cm 정도이고 방추형

의 몸은 거무스름한 막으로 덮여 있으며 두 개의 삼각형 지느러미가 뒤쪽에 붙어 있다. 작은 구형의 머리에는 10개의 발이 달려 있으며 그중 두 개는 아주 길다.

또한, 갑오징어와 마찬가지로 먹물주머니를 갖고 있다. 보통 한 마리를 통째로 구입해 딱딱한 입을 떼어내고 몸을 빳빳하게 지탱해주는 투명한 뼈(가늘고 긴 모양 때문에 거위 깃털이라고도 불린다)를 제거한다. 손질해 세척하거나 말려서 파는 것도 있다.

지중해 연안 국가에서는 토마토를 채워 요리하거나, 소스 아메리켄이나 화이트와인을 넣어 익힌다. 또한 아이올리 소스와 함께 차갑게 먹기도 하며, 튀김 요리로도 많이 활용한다. 가장 전통적인 오징어 요리는 스페인에서 찾아볼 수 있는데, 바로 오징어 먹물 소스에 익힌 것이다(calamares en su tinta). 베네치아에서도 이 방식으로 조리하며, 주로 폴렌타를 곁들인다.

브루노 치리노(BRUNO CIRINO)의 레시피

calmars farcis 칼마르 파르시

속을 채운 오징어 : 4인분

길이 10cm 정도의 작은 오징어 8마리를 준비해 다리와 몸통을 분리한다. 안쪽의 얇은 뼈를 빼내고 껍질을 벗긴 뒤 충분히 헹군다. 물기를 닦고 소금을 뿌린다. 후추를 넉넉히 뿌린다. 다리를 다져 올리브오일 100g을 달군 소스팬에 넣고 볶는다. 다진 줄기양파 80g을 넣고 수분이 없어질 때까지 10분 정도 약한 불로 볶는다. 다진 파슬리 2테이블스푼, 작은 큐브 모양으로 썰어 버터에 튀긴 식빵 40g, 싹을 제거한 뒤 다진 마늘 1톨, 에스플레트 칠리가루 1꼬집을 넣고 잘 섞어준다. 이 소를 오징어 몸통에 채워 넣고 입구를 나무꼬챙이나 이쑤시개 등으로 찔러 막아준다. 팬에 올리브오일을 두르고 오징어를 굴려가며 고루 색을 낸다. 피망 200g을 브로일러에 구운 뒤 껍질을 벗기고 속의 씨를 제거한다. 토마토 500g을 뜨거운 물에 데쳐낸 뒤 껍질을 벗기고 속과 씨를 제거한다. 블랙올리브 24개의 씨를 뺀다. 이 채소들과 올리브를 작은 냄비 바닥에 깔고 그 위에 오징어를 놓는다. 뚜껑을 덮고 200°C로 예열한 오븐에 넣어 1시간 30분간 익힌다. 중간중간 국물을 끼얹어준다. 간을 확인한 뒤 다진 파슬리를 뿌려 서빙한다.

calmars sautés à la basquaise 칼마르 소테 아 라 바스케즈

바스크식 오징어 소테 : 오징어 몸통 살 500g을 씻어 물기를 닦은 뒤 길게 썬다. 청피망과 홍피망을 섞어 4~5개 정도 준비해 속의 씨를 제거하고 길쭉하게 썬다. 양파 4개를 굵직하게 채 썬다. 토마토 500g의 껍질을 벗기고 속과 씨를 빼낸다. 기름을 달군 팬에 피망, 양파, 오징어와 으깬 마늘 1~2톨을 넣고 볶는다. 15분 정도 익힌 뒤 토마토와 부케가르니를 넣어준다. 소금, 후추로 간한다. 뚜껑을 반쯤 덮고 10분 정도 약한 불로 뭉근히 익힌다. 잘게 썬 파슬리를 뿌려 서빙한다.

CALORIE 칼로리 영양학에서 말하는 대 칼로리(Cal) 또는 킬로칼로리(Kcal)를 가리키며, 이는 실제 물리학에서 말하는 칼로리(cal)의 1000배에 해당한다. 1킬로칼로리는 물 1리터의 온도를 15°C에서 16°C(표준기압)로 올리는 데 필요한 열량을 의미한다. 또한 영양학에서 사용되는 단위로, 식품이 제공하는 열량과 인체가 필요로 하는 열량을 나타낸다. 국제적으로 통용되는 단위는 킬로줄(kilojoule, kJ)이며 1kJ=0.24Kcal, 1Kcal=4.18kJ이다.

우리 몸이 필요로 하는 열량은 성별, 키, 몸무게, 기후, 개인의 활동량에 따라 다르다. 열량 소비는 인류가 한 곳에 정착함에 따라 점점 줄어들었다. 프랑스인을 위한 열량 권장량(국립 식품 영양 권장 연구소 CNERNA 제공)은 육체적 활동량에 따라 남성 기준 하루 2,100~3,000Kcal, 여성은 1,800~2,200Kcal이다. 성장기에는 필요 열량이 50%까지 증가할 수 있으며 신체 활동량이 늘어나면 시간 당 200~400Kcal가 더 필요할 수 있다.

식품을 섭취함으로써 얻는 열량은 그 음식의 단백질(1g당 4.1Kcal), 지방(1g당 9.3Kcal), 탄수화물(1g당 4.1Kcal)함량에 의해 결정된다. 무기질, 비타민, 수분은 칼로리가 없다. 알코올은 1g당 7Kcal를 제공한다(1리터 기준 와인은 600Kcal, 코냑은 3,000Kcal). 균형 있는 영양 섭취를 위해서는 총 열량의 12~15%는 단백질, 30~35%는 지방, 50~55%은 탄수화물에서 얻는 것이 이상적이다. 과도한 열량 섭취는 비만이나 심혈관계의 질병을 초래할 수 있다.

CALVADOS 칼바도스 노르망디의 사과 발효주인 시드르(cidre)를 오래된 전통 방식으로 증류한 브랜디로 알코올 도수는 40% Vol.이다. 1942년 처음으로 원산지 명칭 통제(AOC) 인증을 받았다.

■ **제조.** 칼바도스 제조 조건 및 생산지 세 곳의 경계는 관련 법규에 자세히 명시되어 있다. AOC 칼바도스의 생산지역은 바스 노르망디 대부분의 지역(Mayenne, Sarthe)과 센 마리팀(Seine-Maritime) 지방의 페이 드 브레(pays de Bray)에 펼쳐져 있다. AOC 칼바도스 페이 도주(Calvados Pays d'Auge)는 칼바도스 지방에서만 생산된다. AOC 칼바도스 동프롱테(Calvados Domfrontais)는 오른(Orne) 지방의 동프롱(Domfront)에서 생산된다.

AOC 칼바도스 제조용 사과는 약 수 십종이 허가되어 있으며, 이들은 쌉싸름한 맛, 달고 쌉싸름한 맛, 단맛, 신맛 품종으로 분류되어 있다. AOC 칼바도스 페이 도주는 2번의 증류 과정을 거쳐 만들어지며 오크통에서 최소 2년간 숙성해야 한다. AOC 칼바도스 동프롱테는 배 즙이 최소 30% 포함된다는 특징이 있으며 오크통에서 최소 3년 이상 숙성되어야 한다.

오크통에서 숙성된 칼바도스는 그 최소 기간에 따라 2년 이상의 경우 '트루아 제투알(trois étoiles 3스타)' 또는 '트루아 폼(trois pommes)', 3년 이상은 '비외(vieux)' 또는 '레제르브(réserve)', 4년 이상은 'VO' 또는 '비에이유 레제르브(vieille réserve)', 5년 이상은 'VSOP', 그리고 6년 이상은 엑스트라(extra), 나폴레옹(Napoléon), 오르 다주(hors d'âge), 아주 앵코뉘(âge inconnu)라는 명칭의 제품으로 판매된다.

■ **사용.** 엄격한 규제 하에 생산되는 칼바도스는 프랑스 최고의 브랜디 중 하나가 되었으며, 외국에서도 인기가 높다(미국에서는 애플 잭 apple jack, 영국에서는 애플 브랜디 apple brandy로 불린다). 오래 숙성된 칼바도스는 주로 튤립 모양의 잔에 따라 식후주로 마신다. 노르망디와 브르타뉴 사람들은 커피와 칼바도스를 함께 서빙하거나 커피를 마신 아직 따뜻한 잔에 칼바도스를 따라 마시는 '카페 칼바(café calva)'를 즐긴다(**참조** TROU NORMAND). 칼바도스는 요리뿐 아니라 디저트, 특히 노르망디의 대표 레시피에 다양하게 사용된다(칼바도스 크림소스의 닭 또는 양 뒷다리 요리, 사과 디저트, 오믈렛 또는 크레프 플랑베 등).

▶ 레시피 : SORBET.

CAMBACÉRÈS (JEAN-JACQUES RÉGIS DE) 장 자크 레지스 드 캉바세레스 프랑스의 법률가, 정치가, 미식가(1754, Montpellier 출생—1824, Paris 타계). 여러 공직을 역임하며 능력과 권위를 쌓은 그는 요리에 있어서도 솜씨가 출중한 사람이었다. 그의 식탁은 탈레랑(Talleyrand)의 식탁과 함께 파리에서 가장 화려하다고 인정받았다. 그는 직접 메뉴를 선정했고 그의 취향과 입맛대로 만들게 했다.

그는 종종 미식가였던 에그르푀유(Aigrefeuille) 후작과 같이 식사를 하며 자신의 음식을 맛보게 했다. 그는 1805년부터 그리모 드 라 레니에르(Grimod de La Reynière)가 주관하는 식사의 시식 평가단의 대표를 맡았다. 대단한 미식가이자 대식가였던 그는 나폴레옹을 대신하여 저명인사들을 접대하기도 했다. 루이 18세가 유배지에서 귀환을 허용한 이후 파리로 돌아온 그는 뇌졸중으로 70세의 생을 마감했다. 아주 공이 많이 들어가는 세 가지 요리에 그의 이름이 붙었다. 닭, 비둘기, 민물가재로 만든 크림 수프에 같은 재료 고기를 갈아 만든 크넬을 얹은 요리, 마카로니와 푸아그라 탱발, 그리고 민물가재와 송로버섯을 넣은 무지개송어 요리이다.

CAMBODGE 캄보주 캄보디아. 캄보디아의 요리는 기본적으로 농산물을 재료로 한 것이 주를 이룬다. 이 나라 인구의 대부분은 쌀농사, 채소 및 과일 재배 그리고 어획으로 식재료를 조달하고 있다.

■ **채소와 생선.** 캄보디아인들은 수프를 즐겨 먹는다. 각종 채소와 고기, 생선, 또는 닭고기로 만든 수프에 레몬, 레몬그라스와 다양한 향신 허브를 넣은 카코(kâko)가 대표적이다. 샐러드 또한 아주 대중적이며 종류도 다양한데, 특히 닭고기와 채소를 넣고 피시소스, 레몬즙, 민트와 고추로 양념한 노암(nhoam)과 염장해서 말린 생선을 넣은 그린 망고 샐러드가 유명하다. 생선은 싱싱한 상태로 구워 먹거나 채소와 함께 볶아 먹는다. 훈제한 생선으로는 쁘라혹(prahoc)이라는 아주 짠 생선 젓갈을 만들어 몇 년간 보관해 두고 먹는다. 익힌 쁘라혹은 안루옥 툭 크뢰웅(anluok teuk kroeung 구운

생선과 레몬, 고추를 혼합한 소스) 소스에도 넣는다. 이 소스는 채소 및 다양한 식물, 꽃, 과일 등에 곁들여 먹는다.

■ **디저트.** 캄보디아인들은 식후에 일반적으로 과일만을 먹는다. 망고, 바나나, 파파야, 오렌지, 리치, 용안 등 그 종류가 다양하다. 파티스리 재료로는 달걀, 설탕, 코코넛 밀크가 주로 사용된다(가장 인기 있는 파티스리는 yeup, vôy, kroap-khnor, san-khyas 등이다). 그 밖에 찹쌀(ansâm-chrouk, tréap-bay)이나 해초 젤리로 만든 디저트(chahuoy-ktiset) 등도 있다.

CAMBRIDGE 캉브리지 케임브리지. 케임브리지 소스. 영국 요리에서 사용하는 에멀전 소스 중 하나로 안초비, 달걀노른자, 머스터드로 만든다. 주로 차가운 고기 요리에 곁들인다.

▶ 레시피 : SAUCE.

CAMEMBERT 카망베르 카망베르 치즈. 일부 지방을 제거한 비멸균 소젖으로 만든 치즈로 지름 10.5~11cm, 두께 3cm, 무게 250g 크기로 만든다. 페니실리움 칸디둠(Penicillium candidum)이라는 곰팡이가 핀 흰색 외피를 갖고 있으며 불그스름한 색이 군데군데 나 있다(붉은 박테리아 Bre-vibacterium linens)[**참조** p.389 프랑스 치즈 도표]. 이 치즈가 '발명된'것은 18세기로 전해지고 있지만 사실 처음 선을 보인 것은 한 세기가 지난 제2 제정시대였다. 당시에 비무티에(Vimoutiers)까지 철로가 놓여 지역 전체가 대도시와 연계되었다. 공사가 진행되는 동안 치즈 제조업체가 꾸준히 늘어 1850년부터 1950년 사이 1,380곳의 치즈 공방이 생겨났고 이들 중 반 이상이 카망베르를 생산했는데, 오늘날의 그것과는 전혀 다른 치즈였다. 당시의 카망베르는 작은 리바로(livarot) 치즈의 일종으로 2리터의 비멸균 생 우유를 굳힌 커드를 틀에 넣어 덩어리로 만든 다음 자연적으로 물이 빠지게 하고 몇 주간 숙성시켜 만들었다. 이를 종이로 싼 뒤 호밀이나 밀 볏짚으로 6개씩 원통형으로 감싸 말아 '파이요(paillot)'를 만들어 배송했다. 이 리바로가 우유의 생화학적 변화를 거쳐 오늘날의 카망베르가 된 것이다. 열차 수송 덕에 빠른 배송이 가능해져 소비는 늘어났고, 하루 수천 개의 치즈를 만들기 위해 필요한 원재료를 매일 마차로 실어 날라야 했다. 그런데 한나절 만에 우유는 산성화되면서 변했다. 그때부터 박테리아의 활동으로 인해 원 우유는 액체 상태의 요거트로 변한 것이다. 여기에 응유효소만 첨가해서 탄생한 것이 바로 카망베르다.

■ **제조.** 하루 전날 착유한 소젖에 젖산균 스타터와 염화물을 접종한다. 이는 치즈의 응고를 도와주는 효과가 있다. 다음 날 우유를 34°C까지 가열한 다음 수조에 넣고 응유효소를 첨가해 응고시킨다. 50분 정도 지난 뒤 응고된 커드를 작은 국자로 떠서 총 5번에 걸쳐 틀에 부어준다. 5겹으로 붓는 동안 부서지지 않도록 주의한다. 틀 아래로 유청은 금방 빠진다. 약 20년 전부터는 커드를 틀에 채우는 작업이 자동화되어 한 번에 8~10개를 동시에 진행할 수 있게 되었다. 농가에서 생산되는 카망베르는 그 작업이 매우 까다롭기 때문에 점점 사라지는 추세이며, 현재는 바스 노르망디 지역의 약 10곳의 공방에서 생산을 이어가고 있다.

1983년 8월 AOC(원산지 명칭 통제) 인증을 받은 노르망디 카망베르(camembert de Normandie)는 노르망디 지방 다섯 곳(Calvados, Eure, Manche, Orne, Seine-Maritime)에서 '생산되고, 발효되고, 숙성되고, 포장된', 국자로 떠서 틀에 부어 채우는 방식으로 만든 비멸균 생 소젖 치즈만을 지칭한다.

AOC 카망베르 이외에 일반적으로 카망베르라고 불리는 치즈에는 저온 멸균된 우유로 만든 흰색의 벨벳 같은 외피를 가진 것도 있으나, 그 맛은 정통 방식의 AOC 치즈만 못하다. 카망베르의 품질이 상급이 아닐 경우에는 외피를 잘라낸 다음 버터와 섞어 카나페를 만들거나 수플레, 크로켓 등에 사용하면 좋다.

CAMERANI (BARTHÉLEMY-ANDRÉ) 바르텔레미 앙드레 카메라니 이탈리아 출신의 연극배우, 미식가(1735, Ferrara 출생–1816, Paris 타계). 1767년 파리에서 배우 생활을 시작한 그는 파바르(Favart)와 페도(Fey-deau) 극장의 경영인을 지내기도 했으나, 정작 유명세를 탄 것은 미식가로서의 행보 때문이다. 그리모 드 라 레니에르가 주관한 식사의 시식 평가단의 일원이었던 그는 자신이 만든 마카로니와 닭 간을 넣은 수프에 그 이름도 함께 남겼다. 한편 클래식 프랑스 요리에서 '카메라니'라는 명칭은 주로 데쳐 익힌 닭고기나 송아지 흉선에 곁들이는 가니시의 일종으로, 푸아그라 퓌레를 채운 작은 타르틀레트(그 위에 얇게 저민 송로버섯과 닭 볏 모양으로 자른 랑그 에카를라트 langue écarlate 를 얹는다)와 이탈리아식 마카로니, 소스 쉬프렘(sauce suprême)으로 구성된다.

CAMOMILLE ROMAINE 카모미유 로멘 로만 카모마일. 국화과에 속하는 약용 초본식물(**참조** p.369~370 식용 꽃 도감). 카모마일은 구토와 두통을 완화하고 소화 장애를 개선시키며 식욕을 돋우는 효능이 있다. 주로 차로 우려서 마신다.

CAMPANULE RAIPONCE 캉파뉠 레퐁스 초롱꽃. 초롱꽃과에 속하는 초본 식물로 잎으로 샐러드를 만들어 먹고 뿌리는 가늘게 채 썰어 생으로 먹거나 물에 데쳐 먹는다. 푸른색 종 모양으로 생긴 꽃은 샐러드의 장식용으로 쓰인다.

CANADA 카나다 캐나다. 캐나다 영토의 4/5는 수역과 산림으로 이루어져 있어 털이 있는 수렵육(덩치가 큰 사슴류와 작은 포유류)과 깃털달린 수렵육 조류(거위, 오리, 자고새)가 많이 서식하고 바다생선 및 민물생선(연어, 송어, 강꼬치고기)이 풍부하다. 하지만 이 맛있는 식재료들은 대부분 판매가 금지되어 있어 개인 소비에만 국한된다.

맛있는 식재료가 풍부함에도 불구하고 캐나다의 일상 요리는 인종과 생활조건이 아주 비슷한 미국과 거의 비슷하다.

■ **지역 특산물.** 서부의 브리티시컬럼비아주는 태평양을 마주하고 있다. 밴쿠버의 차이나타운은 샌프란시스코 차이나타운에 이어 미주 지역 최대 규모이며, 영국식 전통이 잘 살아 있다(아직도 전통식 하이 티 high tea를 서빙하는 곳이 많다). 해산물과 오카나간 밸리 과수원의 과일로 만든 고급 요리가 발달했으며, 오랜 전통의 사워도우 빵도 인기를 얻고 있다.

초원지대의 음식 전통은 중부 유럽의 유대인, 스칸디나비아인, 아이슬란드인, 메노파 교도들로부터 이어져온 것이며 특히 우크라이나의 영향이 지배적이다(보르쉬 수프, 피로시키, 설탕에 절인 장미꽃잎 등).

블루베리와 비슷한 현지의 야생 베리인 사스카툰(saskatoon, june-berry)은 파이(saskatoon pie)를 만들 때 많이 사용한다. 캐나다 북부 피스 리버의 꿀은 세계적으로 유명하며, 지역 특산품인 야생 쌀(wild rice, zizanie)은 깃털 달린 수렵육 조류와 아주 잘 어울린다.

온타리오주는 영국의 전통음식(스테이크 앤 키드니 파이, 요크셔 푸딩, 트리플)뿐 아니라 독일식(각종 샤퀴트리, 당근 케이크), 메노파 교도식 음식(슈플라이 파이, 당밀 비스킷)을 쉽게 접할 수 있으며, 비교적 최근에 유입된 헝가리와 이탈리아 이민자의 음식도 일반화되어 있다. 이곳의 특별한 요리로는 스파이스드 비프(spiced beef 양념에 재워 익힌 소고기를 눌러 놓은 뒤 얇게 슬라이스해 차갑게 먹는다)와 과일을 채운 돼지고기 안심을 꼽을 수 있다.

애틀랜틱 캐나다 지역은 바다에서 나는 식재료가 풍부하다. 특히 혀와 볼 살을 별미로 치는 대구는 그대로 또는 염장해서 감자와 짭짤한 허브를 곁들여 소스 없이 먹는다. 청어, 고등어, 바다빙어, 가자미, 광어 등의 생선도 마찬가지로 비교적 단순하게 조리해 즐겨 먹는다.

캐나다 남동부의 옛 프랑스 식민지인 아카디아의 요리는 오랜 동안 외부에 많이 알려지지 않았으나 프랑스의 추억을 간직한 채 독특한 방식으로 발전했다(fricot 스튜 요리, pots-en-pots 해산물이나 닭고기를 채운 파이, râpures 곱게 간 감자로 만든 rappie pie 등). 또한 감자, 생선, 조개 등을 이용한 몇몇 전통 요리가 아주 섬세하고 맛있는 요리로 발전했다(blé d'Inde lessivé 옥수수를 불려 고기, 채소 등을 넣고 끓인 죽, poutine à trou 베리류 과일과 사과를 넣고 크러스트로 감싸 구운 파이로 가운데 구멍이 하나 나있다).

■ **퀘벡의 요리.** 퀘벡주의 요리는 앵글로색슨 전통과 노르망디의 옛 레시피들이 아주 조화롭고 풍성하게 결합된 형태이다. 다양한 고기, 수렵육 등으로 만든 미트파이(tourtières, cipâtes 또는 cipaille), 고기(pig's feet meatball ragout 돼지 족발 스튜)나 콩을 뭉근히 오래 끓인 스튜(maple baked beans, pea soup)는 농촌의 식탁을 오랫동안 지배해온 든든한 고열량 음식이다.

이후 이와 같은 투박한 시골 음식들은 점점 세련된 스타일로 발전하여 몬트리올과 퀘벡시는 북미 지역의 미식 본고장으로 자리 잡았다. 프랑스 클래식 요리와 '누벨 퀴진(nouvelle cuisine)'에서 영감을 받아 사과, 메이플 시럽 등 캐나다의 대표적인 식재료를 훌륭하게 응용한 브롬 호수 오리 요리(Brome Lake Duck)나 로스트 스모크드 햄과 같은 요리가 탄생했다. 초봄에 딸 수 있는 고사리 어린 순(crosses de violon, têtes de violon)은 순록 요리나 가스페 반도의 연어와 곁들여 먹는다. 그 외에도 새로 유입된 이주민들의 영향으로 그리스, 이탈리아, 레바논, 베트남 요리도 일상적인 음식이 되었다.

■ **와인.** 거의 모든 캐나다 와인은 5대호에 속하는 온타리오호와 이리호 사이 기슭을 따라 펼쳐진 좁은 띠 모양의 지역에서 생산된다.

1988년부터 프랑스 AOC(원산지 명칭 통제) 제도와 비슷한 VQA (Vintners Quality Alliance 양조업자 품질 동맹) 인증 및 관리 하에 캐나다 포도재배지는 세 지역으로 분할되었다.

- 온타리오. 캐나다 전체 와인 생산의 80%를 차지하는 가장 큰 포도재배지다.
- 브리티시 콜럼비아. 캐나다 와인 중 약 15%를 생산한다.
- 퀘벡. 와인 생산량이 미미하며 주로 혹독한 기후에 잘 견디는 교배 포도품종인 세발 블랑(seyval blanc)으로 화이트와인을 생산한다.

19세기 초에 만들어진 포도원에서는 주로 미국 품종의 포도(concord, carawba, niagara, agarvan)를 경작했다. 테이블 와인은 레드, 로제, 화이트 모두 '여우 맛(goût de renard, foxé 여우 등 야수의 냄새가 강해 불쾌한 향)'이라 불리는 독특한 특징을 갖고 있다. 이 와인은 부족한 일조량을 보완하고자 발효 전 포도즙에 설탕을 첨가한 것들이 대부분이다. 유럽의 포트와인, 셰리, 베르무트 등에는 한참 못 미치지만 무겁고 단맛이 아주 강한 스위트 와인들도 생산된다. 아이스와인은 아주 추운 이곳 기후에서 줄기에 달린 채 언 포도로 만든다. 이 포도를 압착해 얼음, 즉 수분을 제거하고 남은 순수한 농축 포도즙으로 만드는 캐나다의 아이스와인은 오늘날 세계적으로 명성을 얻고 있다.

CANAPÉ 카나페 다양한 모양과 두께로 자른 빵에 스프레드를 바르거나 각종 재료를 얹은 음식. 주로 뷔페나 간단한 점심식사, 칵테일 파티, 아페리티프용으로 차갑게 혹은 식사의 애피타이저 코스에 따뜻하게 서빙된다. 또한 카나페 빵에 얹은(sur canapé) 요리를 지칭할 때도 쓰이는 용어다. 수렵육 조류 로스트를 얹어 내는 카나페는 빵을 버터에 튀긴 다음 닭 간 등으로 만든 스프레드나 익힌 조류의 내장 퓌레, 푸아그라 등을 바른다.

bécasses rôties sur canapé ▶B ÉCASSE

canapés : 카나페 만들기

두 장의 빵을 겹치는 샌드위치와 달리 카나페는 한 장의 빵이 필요하다. 빵을 미리 살짝 구워 사용하기도 한다. 차가운 카나페용으로 가장자리를 잘라낸 식빵이나 호밀빵을 사용하고, 따뜻하게 서빙하는 카나페용으로는 캉파뉴 브레드, 식빵, 통밀빵을 사각형, 원형 또는 삼각형으로 자른다. 빵이 마르지 않도록 먹기 바로 직전에 준비하고, 축축한 행주로 덮어둔다. 카나페 위에 바르거나 얹는 재료는 혼합버터, 무스, 잘게 썬 생선이나 닭고기, 얇게 슬라이스한 고기 등 종류가 무궁무진하다.

canapés aux anchois 카나페 오 장슈아

안초비 카나페 : 살짝 구운 식빵을 안초비 필레 길이에 맞춰 자른 다음 몽플리에 버터(beurre de Montpellier)를 바른다. 삶은 달걀의 노른자와 흰자를 분리해 각각 다진 다음 카나페에 나누어 얹고 그 위에 안초비 필레를 카나페 한 개당 두 개씩 올린다. 다진 파슬리를 뿌려 서빙한다.

canapés à l'anguille fumée

훈제 장어 카나페 : 동그랗게 자른 식빵에 머스터드 버터나 홀스래디시 버터를 바른다. 훈제 장어 슬라이스 2~3장을 약간씩 겹치게 꽃모양으로 둘러 얹는다. 삶은 달걀 노른자와 다진 차이브로 띠 모양으로 만들어 각각 둘러준다. 레몬즙을 살짝 뿌린다.

canapés à la bayonnaise 카나페 아 라 바요네즈

바욘식 카나페 : 식빵에 허브를 섞은 버터를 바른 다음 빵 크기로 자른 바욘 햄(jambon de Bayonne)을 얹는다. 즐레(gelée)를 발라 윤기나게 마무리한다.

canapés aux crevettes (ou au homard, à la langouste) 카나페 오 크르베트(오 오마르, 아 라 랑구스트)

새우(또는 랍스터, 닭새우) 카나페 : 동그랗게 자른 식빵에 새우(랍스터, 닭새우) 버터를 바른 다음 새우살(또는 동그랗게 슬라이스한 랍스터나 닭새우 살)을 꽃모양으로 올린다. 잘게 썬 파슬리를 둘레에 뿌리거나 새우 버터를 가늘게 짜 둘러준다.

canapés aux laitances 카나페 오 레탕스

생선 이리 카나페 : 청어나 잉어, 혹은 고등어의 이리를 뫼니에르 방식(à la meunière)으로 조심스럽게 익힌다. 구운 빵에 버터를 바르고 이리를 얹은 다음 레몬즙을 조금 뿌린다. 요철무늬를 내어 자른 레몬 슬라이스를 하나 얹어 장식한다.

canapés à la parisienne 카나페 아 라 파리지엔

파리지엔 카나페 : 가장자리를 잘라낸 식빵을 직사각형으로 자른 뒤 처빌 버터를 바른다. 그 위에 얇게 슬라이스한 닭 가슴살(데쳐 익힌 것)을 놓고 송로버섯 한 조각과 타라곤 잎을 얹는다. 마요네즈를 살짝 발라 덮어준다. 잘게 다진 즐레를 가장자리에 둘러준다.

canapés au saumon fumé 카나페 오 소몽 퓌메

훈제연어 카나페 : 식빵에 버터를 바른 뒤 빵과 같은 크기로 자른 훈제연어를 얹는다. 요철무늬를 내어 자른 레몬 슬라이스 반쪽을 얹어 장식한다.

CANARD 카나르 오리. 기러기오리과에 속하는 물갈퀴가 있는 조류로 중국에서는 2,000년 전부터 가축으로 키워왔다. 현재는 농가에서 사육하는 대표적 가금류로 프랑스에서는 카나르 낭테(canard nantais 또는 canard de Challands)와 카나르 드 바르바리(canard de barbarie, 생산량의 대부분을 차지한다)가 대표적인 품종이다. 프랑스 남서부 쉬드 우에스트 지방에서는 이 둘의 교배종인 뮐라르(mulard)를 많이 키우며, 푸아그라 생산을 위해 특별히 살찌우고 있다. 루앙(Rouen)의 품질 좋은 오리, 특히 뒤클레르(duclair 노르망디의 마을 이름)는 대부분 지역 내에서만 판매된다. 또한 야생 청둥오리(canard colvert) 수컷과 일반 가축용 암컷의 교배종은 미식가들에게 인기가 많다. 종류에 상관없이 도살한 오리는 3일 내에 소비되어야 한다.

■ **익히기.** 아주 연함: 꼬치에 꿰어 굽는다. 연함: 오븐에서 로스팅(살이 핑크빛이 돌 정도로만) 한다. 약간 퍽퍽함: 브레이징 또는 로스트(속을 채운다), 주로 양파, 순무, 올리브, 신맛의 과일 등과 함께 익힌다. 아주 퍽퍽함: 파테, 발로틴, 카술레. 비교적 어린 오리를 고르는 게 좋다(**참조** CANETON, CANETTE). 하지만 너무 어린 오리는 가슴뼈 골 조직이 충분히 단단해지지 않아 살이 덜 형성되어 고기 양이 적다.

오늘날 식당에서는 성숙되어 살이 충분히 있는 오리를 사용해야 하는 요리(속을 채운 오리, 또는 브레이징 요리 등)에도 전부 어린 오리를 사용하는 추세다. 오리는 부위별로 잘라서(다리, 가슴살), 또는 속을 채워 로스팅한 상태로 서빙된다.

크리스티안 마시아(CHRISTIANE MASSIA)의 레시피

aiguillettes de canard au vinaigre de miel 에귀예트 드 카나르 오 비네그르 드 미엘

꿀을 넣은 식초 소스의 오리 가슴살 안심 1인당 가슴살 안심 2~3개를 준비해 소금, 후추로 밑간한다. 소스팬에 버터를 녹이고 다진 샬롯 4개를 넣어 투명하게 볶는다. 노릇한 색이 나기 시작하면 액상 꿀(아카시아 꿀이 좋다) 4티스푼을 넣고 약 2분정도 끓여 졸인다. 레드와인 식초 4티스푼을 넣고 다시 1분간 더 끓인다. 오리 가슴살은 따로 구워 뜨거운 접시 위에 담는다. 소스를 뿌려 바로 서빙한다. 가늘게 채 썰어 튀긴 감자(pommes paille), 흰 쌀밥 또는 당근과 순무 볶음을 곁들인다.

canard à l'agenaise 카나르 아 라즈네즈

건자두를 곁들인 아쟁(Agen)식 오리 요리 : 약 2kg짜리 오리를 토치로 그슬려 잔털을 제거한다. 몸 안쪽에 소금, 후추로 간을 한 다음 씨를 빼고 아르마냑에 담갔던 건자두(프룬)를 열 개 정도 채워 넣는다. 실로 꿰매 봉한다. 무쇠 냄비에 버터 25g을 달군 뒤 오리를 넣고 고루 노릇하게 색이 나도록 지진 다음 아르마냑을 작은 잔으로 하나 붓고 불을 붙여 플랑베한다. 뚜껑을 덮고 40분간 익힌다. 오렌지 반 개분의 제스트를 긁

어낸 다음 정향 2개, 넛멕 간 것 약간, 으깬 통후추 5~6알, 타임 1줄기, 월계수 잎 1장과 함께 소스팬에 넣는다. 여기에 보르도 와인 반 병을 붓고 5분 정도 아주 약하게 끓인다. 팬에 잘게 썬 베이컨 라르동 100g, 작은 큐브로 썬 당근(가운데 심을 제외한 짙은 주황색 부분만) 2테이블스푼, 같은 모양으로 썬 셀러리 1테이블스푼, 다진 양파 큰 것 1개분을 넣고 튀기듯 볶는다. 버터를 약간 첨가해도 좋다. 밀가루 1티스푼을 솔솔 뿌린 다음 향이 우러난 와인을 체에 거르며 부어준다. 소금, 후추로 간을 맞추고 잘 저은 뒤 아주 약하게 20분간 끓인다. 오리를 건져 낸 뒤 뜨겁게 보관한다. 오리를 익힌 냄비에 와인 소스를 넣고 디글레이즈한다. 여기에 아르마냑을 작은 잔으로 하나 넣고 씨를 뺀 건살구를 20개 정도 넣은 다음 뜨겁게 데운다. 접시 가운데 오리를 놓고 건자두를 빙 둘러 놓은 다음 소스를 끼얹어 서빙한다.

canard à l'ananas 카나르 아 라나나스

파인애플을 곁들인 오리 요리 : 오리 간에 소금과 후추로 간을 한 뒤 어린 오리 안에 채워 넣고 사지를 몸통에 붙여 묶는다. 무쇠 냄비에 버터를 두르고 오리의 겉을 약 20분간 지져 고루 색을 낸 다음 소금, 후추로 간을 한다. 럼을 뿌리고 불을 붙여 플랑베한다. 파인애플 통조림 시럽 몇 스푼, 레몬즙 1테이블스푼, 그린 페퍼콘 1테이블스푼을 넣고 뚜껑을 덮은 뒤 30분간 익힌다. 파인애플 슬라이스를 버터에 익힌 뒤 오리 냄비에 넣고 5분간 약한 불로 뭉근하게 더 익힌다. 간을 맞춘다. 오리를 부위별로 커팅해 서빙 접시에 담고 파인애플을 곁들여 놓은 다음 익힌 소스를 끼얹어 서빙한다.

알랭 상드랭스(ALAIN SENDERENS)의 레시피

canard Apicius 카나르 아피시위스

아피키우스 오리 요리 : 2인분 / 준비 : 45분 / 조리 : 30분

2kg짜리 오리를 토치로 그슬려 잔털과 깃털 자국을 제거하고 내장을 빼낸다. 말린 딜 한 꼬집을 넣고 끓인 물에 오리를 넣고 10초간 데친 다음 팬에 지져 겉면에 색을 낸다. 씨를 뺀 대추야자 100g의 껍질을 벗긴 뒤 끓는 소금물에 데쳐 건진다. 깨끗한 행주에 놓고 물기를 제거한 다음 채소 그라인더에 갈아 내린다, 다시 체에 곱게 두 번 긁어내린 뒤 냉장고에 넣어둔다. 그래니 스미스 사과 1개를 깎아 속과 씨를 제거한 다음 굵직하게 세로로 등분한다. 끓는 물에 데쳐 찬물에 식힌다. 소테팬에 버터 5g을 녹인 뒤 사과를 볶고, 사프란 꽃술 1줄기, 유럽 모과 마멀레이드 10g을 넣어준다. 뚜껑을 덮고 중불에서 10~15분간 익힌다. 사과를 건져 포크로 대충 으깬다. 긴 순무를 1cm 두께로 두 장 잘라낸 다음 원형 커터로 모양을 찍어낸다. 소금물에 데쳐 익힌 뒤 찬물에 헹궈 식힌다. 소스팬에 꿀 5g과 아피키우스 향신료 믹스(고수 씨 2테이블스푼, 굵게 으깬 통후추 2테이블스푼, 오레가노 3테이블스푼, 캐러웨이 씨 1/2테이블스푼을 혼합한 것) 10g을 넣고 가열해 캐러멜을 만든 다음, 졸여 농축한 올드 빈티지 와인 식초 10ml를 넣어 디글레이즈한다. 여기에 진하게 졸인 오리 육수를 넣고 향이 우러나오게 둔다. 소금으로 간을 한 다음 식초를 아주 조금 넣는다. 체에 거른다. 230°C로 예열한 오븐에 오리를 넣고 15분간 구운 뒤 꺼내서 같은 시간 동안 레스팅한다. 다리와 닭 봉을 잘라낸 다음 다시 오븐에 넣어 5분간 굽는다. 가슴살을 잘라낸다. 설탕 20g을 물에 녹여 캐러멜을 만든 다음, 데친 순무를 넣고 데운다. 꿀 10g에 아피키우스 향신료 믹스 5g을 넣고 가열해 다른 캐러멜을 만든 다음 유산지에 펴 놓는다. 식으면 5mm 두께의 길쭉한 모양으로 자른다. 사과 퓌레를 데운 뒤 소금과 소량의 식초를 넣는다. 대추야자 퓌레를 데운 다음 잘게 썬 민트 5g과 다진 생강 5g을 넣어 섞는다. 마찬가지로 식초를 조금 넣고 소금으로 간을 맞춘다. 오리 가슴살을 오븐에 5분간 넣어 데운다. 그동안 소테팬에 다리를 조심스럽게 데우고 소스를 넣어 골고루 묻힌다. 길쭉한 접시에 사과 퓌레를 크넬(quenelle) 모양으로 맨 위 왼쪽에 놓고 그 옆에 동그란 순무를 놓는다. 대추야자 퓌레도 크넬로 만들어 놓는다. 가슴살을 6쪽으로 어슷하게 썰어 바로 그 아래 놓고 막대 모양으로 잘라둔 캐러멜을 하나씩 얹는다. 접시 오른쪽에 트러플 비네그레트로 버무린 채소 샐러드 5g을 깔고 소스를 씌워 데운 다리를 그 위에 놓는다. 아피키우스 소스는 따로 담아 서빙한다.

레몽 올리베르(RAYMOND OLIVER)의 레시피

canard farci à la rouennaise 카나르 파르시 아 라 루아네즈

루아네즈 소스를 곁들인 속을 채운 오리 1.5kg짜리 오리 한 마리의 내장을 꺼내고 토치로 그슬려 잔털과 깃털 자국을 제거한 다음 실로 묶는다. 버터를 조금 넣어 달군 무쇠 냄비에 다진 양파 25g, 오리 간 2개, 파슬리 몇 줄기, 다진 돼지비계 100g을 넣고 볶는다. 고루 노릇한 색이 나면 불에서 내려 식힌다. 이 소를 오리 안에 넣어 채우고 소금, 후추로 간을 한 다음 얇은 돼지비계로 감싸 실로 묶어준다. 무쇠 냄비에 버터, 굵직하게 썬 채소(양파 1개, 당근 2개, 셀러리 1줄기)와 함께 오리를 넣는다. 250°C로 예열한 오븐에 넣어 약 30분간 구운 뒤 마지막에 비계를 벗겨낸다. 구운 오리를 꺼내 뜨겁게 보관한다. 오리를 익히고 난 즙을 체에 거른 뒤 기름기를 제거한다. 오리를 다시 냄비에 넣고 마데이라 와인을 뿌린 다음 육수를 넣는다. 익힌 즙을 다시 넣어준 다음 육수를 더 넣고 뚜껑을 덮어 몇 분간 끓인다. 뜨거운 접시에 오리를 담고 루아네즈 소스(sauce rouennaise) 또는 오리를 익힌 즙을 체에 거른 뒤 뵈르 마니에(beurre manié)를 넣어 농도를 맞춘 소스를 따로 용기에 담아낸다.

레몽 올리베르(RAYMOND OLIVER)의 레시피

canard aux mangues 카나르 오 망그

망고를 곁들인 오리 요리 너무 많이 익지 않은 망고를 골라 껍질을 벗기고 씨를 제거한다. 즙은 모아둔다. 과육과 즙을 소스팬에 넣고 살구나 복숭아 리큐어를 조금 넣은 뒤 뚜껑을 덮고 약한 불에서 익힌다. 오리의 깃털을 뽑고 속의 내장을 꺼낸 다음 토치로 그슬려 잔털과 깃털자국을 제거한다. 실로 묶은 다음 소금, 후추로 밑간을 하고 돼지 기름을 살짝 발라둔다. 오븐용 로스트 팬에 오리를 넣고 깍둑 썬 양파, 당근, 셀러리와 타임, 월계수 잎, 물 2테이블스푼을 넣어준다. 오븐에 넣어 굽는다. 살이 핑크빛을 띠는 로제 상태로 익으면(1.2kg짜리 루앙 오리 기준 약 35분), 익히면서 나온 즙은 오븐 용기에 받아놓고, 오리는 건져 뜨거운 접시에 보관한다. 다리는 잘라내 따로 둔다. 로스팅 팬에 화이트와인 반 컵 또는 육수를 붓고 약한 불로 끓인다. 다른 소스팬에 설탕 2테이블스푼을 넣고 주걱으로 잘 저으며 녹여 캐러멜을 만든다. 이 캐러멜에 식초 1테이블스푼, 망고 즙, 오리를 익힌 육즙 소스를 넣고 약한 불로 끓인다. 오리를 부위별로 커팅 한 다음 두툼하게 자른 뜨거운 망고를 곁들여 놓고 소스를 뿌려 서빙한다.

레스토랑 질(RESTAURANT GILL, ROUEN)의 레시피

canard aux navets confits et au cidre 카나르 오 나베 콩피 에 오 시드르

순무 콩피와 시드르 소스를 곁들인 오리 요리 2kg짜리 오리의 자투리 부위와 둥글게 썬 양파 1개, 당근 1개를 오븐에 로스트한 다음 육수를 만든다. 다른 냄비에 시드르(cidre 애플사이더) 1리터, 껍질 벗겨 작게 썬 감자 1개와 순무 큰 것 2개를 넣고 끓인다. 시드르가 반으로 졸아들면 맑은 육수 1리터를 넣고 약한 불로 20분간 끓인 다음 체에 거른다. 오리를 오븐에 넣어 굽는다. 다리가 밑으로 가게 놓고 양쪽을 각각 10분씩, 등이 아래로 오게 놓은 상태로 5분을 굽는다. 꺼내서 레스팅한다. 버터 50g을 달군 소테팬에 설탕 한 꼬집을 넣고, 작고 둥근 순무 24개를 넣어 노릇하게 지진다. 시드르 육즙 소스를 넣고 디글레이즈한 다음 순무를 3/4 정도 익힌다. 무쇠 냄비에 오리와 순무, 육즙 소스를 넣고 약한 불로 10분간 뭉근히 끓인다. 소스에 버터 50g을 넣고 거품기로 잘 저어 섞은 뒤 생 고수 1단을 잘게 썰어 넣는다. 시드르를 한 바퀴 둘러 완성한다.

레스토랑 라세르(RESTAURANT LASSERRE. PARIS)의 레시피

canard à l'orange Lasserre 카나르 아 로랑주 라세르

라세르 오렌지 오리 크고 싱싱한 오렌지 6개를 아주 잘 드는 칼로 껍질 속의 흰 부분까지 한 번에 잘라 벗겨낸 뒤 속살만 세그먼트로 잘라낸다. 냄비에 버터 200g을 넣고 약 2kg짜리 어린 낭트 오리(caneton nantais) 한 마리를 넣어 노릇하게 고루 지진 다음 뚜껑을 덮고 약한 불로 45분간 익힌다. 그랑 마르니에 100ml를 붓고 5분간 더 끓인 다음 오리를 건져낸다. 종이로 덮어 뜨겁게 보관한다. 오리를 익히고 냄비에 남은 즙을 체에 걸러 소스팬에 옮겨 담고 식초 1테이블스푼, 설탕 1테이블스푼, 오렌지 즙 작은 국자로 한 개분, 갈색 육수 150ml를 넣어준다. 거품을 걷어가며 아주 약하게 10분 정도 끓인다. 거품과 기름을 깔끔히 제거한 다음 체에 거른다. 간을 맞춘 다음 만다린(Mandarine) 오렌지 리큐어 50ml를 넣어 섞는다. 농도를 더 걸

쪽하게 만들려면 뵈르 마니에(beurre manié) 20g을 넣어 리에종한다. 잘라둔 오렌지 과육을 작은 소테팬에 넣고 소스를 4~5테이블스푼 넣어 데운다. 끓기 시작하면 바로 불에서 내린다. 오리를 부위별로 커팅한 다음 길다란 접시에 담고 가장자리에 오렌지 과육 세그먼트를 둘러놓는다. 소스를 뿌려 서빙한다. 남은 소스는 용기에 담아 따로 서빙한다.

canard rouennais en chemise 카나르 루아네 앙 슈미즈

돼지 방광에 넣어 익힌 루앙 오리 : 루앙 오리(canard rouennais)의 가슴 용골뼈(V자 모양의 가는 뼈로 위시본이라고도 한다)를 제거한다. 다진 돼지비계 125g을 팬에 녹인 뒤 다진 양파를 넉넉히 1테이블스푼 넣고 투명해질 때까지 볶는다. 오리 간 한 개를 통째로 넣고, 얇게 슬라이스한 2~3개의 간(오리 또는 닭 간)을 추가로 넣은 다음 소금, 후추, 카르트에피스(quatre-épices) 1꼬집, 다진 파슬리를 넣어준다. 버터에 지져 어느 정도 단단하게 익으면 식혀서 전부 블렌더로 간다. 이 소를 오리에 채워 넣고 실로 묶은 다음 뜨거운 오븐(최소 275°C 이상)에서 8~12분간 굽는다. 오리를 완전히 식힌 뒤 미리 찬물에 담가두었던 돼지 방광에 머리를 아래쪽으로 가게 넣고 입구를 묶는다. 맑은 국물에 넣고 45분간 삶는다. 건져서 그대로 접시에 담아 서빙한다. 소스 루아네즈(참조. p.784 SAUCE ROUENNAISE)를 소스용기에 담아 따로 낸다.

canard Voisin 카나르 부아쟁

젤리화한 살미 소스와 오리 가슴살 테린 : 루앙 오리 한 마리를 오븐에 구워 살이 핑크색이 돌도록 로제(rosé)로 익힌다(230°C 오븐에서 약 30분). 식힌 뒤 가슴살을 잘라낸다. 뼈와 자투리를 잘게 잘라 살미 소스(sauce salmis)를 만든다. 체에 거르고 기름을 제거한 다음 동량의 고기 육수 즐레(gelée de viande)를 넣고 가열해 졸인다. 다시 한 번 체에 거른다. 탱발(timbale) 틀 바닥에 이 소스를 한 켜 깔아준 다음 젤리화되어 굳으면 어슷하게 슬라이스한 오리 가슴살을 놓는다. 사이사이에 송로버섯을 교대로 놓고 그 위에 다시 소스를 덮어준다. 젤리 층이 반쯤 굳으면 재료를 넣고 다시 소스를 끼얹는 방식으로 반복해 채워 넣는다. 맨 윗층을 젤리화한 소스로 마무리한다. 냉장고에 보관하고 아주 차갑게 서빙한다.

dodine de canard ▶ DODINE

filets de canard rouennais glacés à l'orange 필레 드 카나르 루아네 글라세 아 로랑주

오렌지를 곁들인 오리 가슴살 쇼 프루아 : 2kg짜리 오리 한 마리를 240°C로 예열한 오븐에서 35분간 구워 살이 핑크색이 돌도록 로제(rosé)로 익힌다. 다리를 잘라낸다. 가슴살을 가늘고 길게 자른 다음 오렌지 즙을 넣은 갈색 쇼프루아 소스(sauce chaud-froid)를 끼얹어 씌운다. 송로버섯과 V자의 갈매기 모양으로 작게 자른 오렌지 껍질로 장식한다. 그 위에 즐레(gelée)를 윤이 나게 발라준 다음 냉장고에 넣어 굳힌다. 잘라둔 다리는 살만 발라내 갈아서 무스를 만든 다음 작은 큐브 모양으로 썬 송로버섯과 섞어준다. 돔 모양의 틀에 이 무스를 채운 뒤 냉장고에 넣어 굳힌다. 이 틀의 지름 크기에 맞춰 식빵을 원형으로 잘라 버터를 바른다. 접시에 빵을 놓고 그 위에 틀에서 분리한 무스를 엎어 놓는다. 닭 가슴살을 촘촘히 붙여 무스 위에 놓는다. 반쯤 굳은 즐레 몇 스푼을 접시에 빙 둘러 뿌린다. 닭 가슴살 옆에 속껍질까지 한 번에 칼로 벗긴 오렌지 과육 세그먼트를 놓는다. 속을 비운 오렌지 껍질을 작은 바구니처럼 활용해 포트와인 젤리를 반쯤 채워 곁들여도 좋다.

foie gras de canard, truffe et céleri-rave en cocotte luttée ▶ FOIE GRAS
mousse de foie gras de canard ▶ MOUSSE
pâté de foie de porc et de canard gras ▶ PÂTÉ

rôti de canard du lac Brome à l'érable 로티 드 카나르 뒤 락 브롬 아 레라블

메이플 시럽을 바른 오리 로스트 : 윌리엄 서양 배 2개의 껍질을 벗기고 반으로 잘라 속과 씨를 제거한다. 팬에 설탕 50g, 레몬즙 2개분, 오렌지 즙 2개분, 드라이 화이트와인 250ml를 넣고 가열한다. 끓기 시작하면 서양 배를 넣고 순 메이플시럽 250ml와 올스파이스 가루 한 꼬집을 넣고 약한 불로 익힌다. 배가 흐물흐물해지면 건져서 따뜻하게 보관한다. 브롬 호(캐나다)의 오리 두 마리를 깨끗이 씻어 가슴살 껍질을 포크로 군데군데 찔러준 다음 밑간을 한다. 오리를 오븐 용기에 넣고 오븐에서 200°C로 15분간 굽는다. 당근 2개, 양파 2개, 셀러리 3줄기, 샐서피 1개, 마늘 2톨의 껍질을 벗겨 모두 다진 다음 정향 2개, 월계수 잎 2장, 다진 타임 한 송이와 함께 오리를 익히는 데 넣어준다. 온도를 150°C로 낮춘다. 오븐 용기의 기름을 제거한 뒤 10분 간격으로 메이플 시럽 즙을 오리에 끼얹어준다. 같이 익히는 채소가 색이 노릇해지기 시작하면 닭 육수 500ml를 붓는다. 계속 오리에 소스를 끼얹어주며 익힌다(총 1시간 30분). 오리가 익으면 건져내 뜨겁게 보관한다. 오븐 용기에 남은 기름을 최대한 제거한다. 익힌 즙과 채소를 작은 팬으로 옮기고 불에 올려 가열한다. 토마토 퓌레 1테이블스푼을 넣고 2~3분간 볶는다. 다시 닭 육수 500ml를 넣고 약한 불로 15분 정도 끓인다. 오리의 뼈를 발라 자른 다음 조각들을 접시에 담고 서양 배를 부채꼴로 놓아 장식한다. 소스와 메이플시럽을 뿌려 서빙한다.

soufflé de canard rouennais (caneton rouennais soufflé) ▶ SOUFFLÉ
tartines de chèvre et canard fumé sur ratatouille ▶ RATATOUILLE

CANARD LAQUÉ 카나르 라케 중국식 오리 로스트. 중국의 전통 요리로 통 오리에 새콤달콤한 소스를 발라 윤기나게 구운 것이다. 작게 잘라 따뜻하게 또는 차갑게 먹는다.

■ **만들기.** 소스는 간장, 오향, 꿀, 기름, 식초, 밀가루, 생강, 화학 조미료(글루타민산염), 붉은 식용색소, 청주, 고추기름, 베이킹파우더를 혼합해 만든다(농도가 걸쭉하고 단맛과 향신료 향이 나는 호이신 소스로 대체할 수 있다).

내장을 제거한 오리를 바늘로 여러 군데 찔러 양념 소스에 하룻밤 재운 다음 매달아 놓는다. 오리에 소스를 붓으로 여러 번 발라주는데 매번 소스가 마른 뒤에 다시 덧발라주어야 윤기나는 황금색의 바삭한 껍질을 만들 수 있다. 꼬챙이에 끼워 구울 때도 그 육즙과 반짝이는 소스를 여러 번에 걸쳐 끼얹어주어야 한다. 이 요리의 성패는 얼마나 소스가 많이 배어들었나에 달려 있다. 완성된 오리는 고기의 결과 반대로 잘라 조각으로 서빙된다. 상추와 새콤달콤한 대파 흰 부분 또는 오이가 함께 서빙된다. 이 중국식 오리 로스트는 길거리 작은 점포나 식당에서 만들어 판매한다.

CANARD « À LA PÉKINOISE » 카나르 아 라 페키누아즈 북경오리, 베이징 덕, 페킹 덕. 중국의 관리나 상류층이 즐겨 먹던 전통 고급요리.

■ **만들기.** 내장을 제거한 오리를 씻어서 끓는 물에 잠깐 데친 다음 물기를 닦아둔다. 껍질과 살 사이에 공기를 불어넣어 통통하게 부풀린다. 쪽파, 회향 씨, 생강, 셀러리, 참기름을 혼합해 오리 안에 채워 넣고 실로 꿰매 봉한 다음 바람이 통하는 곳에 매달아둔다. 30분마다 꿀과 밀가루 혼합물을 발라준다. 3시간이 지난 후 오븐에 굽는다. 이때도 오리에서 흘러나오는 육즙과 약간의 참기름을 섞어 계속 끼얹어준다.

■ **서빙.** 페킹 덕을 서빙할 때는 정확한 법칙이 있다. 껍질만 3 x 4cm 크기 사각형으로 잘라 서빙한다. 각자 따뜻한 얇은 밀전병에 이 껍질을 한 조각 올리고, 길쭉하게 썬 파 한 조각을 매실, 설탕, 마늘로 만든 장에 찍어 얹은 다음 밀전병을 젓가락으로 말아 싸먹는다. 이렇게 껍질만 서빙하는 것이 전통적 방식이며 남은 고기는 다른 요리용으로 사용한다. 또한 커팅한 다음 다시 원래모양대로 맞춘 오리를 손님에게 먼저 보여주는 것이 관례이다.

CANARD À LA PRESSE 카나르 아 라 프레스 19세기 초 루앙에서 메슈네(Robert Méchenet)라는 요리사가 처음 개발한 레시피로, 샤르트르 공작이 파리에서도 충분히 인기를 얻을 것이라고 칭찬한 덕에 즉시 성공을 거둔 메뉴다.

유명한 요리사 프레데릭 들레르(Frédéric Delair)가 레스토랑 투르 다르장(la Tour d'Argent)의 주방을 맡게 된 1890년경, 그는 판매되는 카나르 아 라 프레스 요리에 일일이 고유 번호를 매겨 이 식당의 시그니처 요리로 만들면 좋겠다는 생각을 했다. 1996년 말, 그 숫자는 백만에 이르렀다. 이들 오리 중에는 당시 웨일즈 왕자였던 에드워드 7세(N° 328, 1890년), 시어도어 루스벨트 전 미국 대통령(N° 33 642), 덴마크의 엘리자베스 공주(N° 185 387), 찰리 채플린(N° 253 652) 등에게 서빙된 것들도 있었다.

카나르 아 라 프레스는 오리 전담 셰프가 직접 손님 앞에서 시연하고 서빙한다. 생으로 잘라낸 가슴살은 이동식 불 위에서 지진 다음 레드와인을 졸인 소스에 익힌다. 그릴에 구워 서빙되는 다리를 제외한 나머지 부분은 나사와 같은 레버를 돌려 누르는 특수 기계에 넣어 압착한다. 여기에서 나오는 피와 즙에 코냑을 넣고 졸인 다음 마지막에 버터를 섞어 소스를 완성한다. 이 소스를 가슴살에 붓고 익힌다.

CANARD SAUVAGE 카나르 소바주 야생 오리. 물에서 사는 야생 오리로 가축 오리의 조상 격이다. 프랑스에 가장 많은 야생종인 청둥오리는 가장 덩치가 크다(**참조** COLVERT). 수컷은 녹색과 회색의 깃털에 갈색과 흰색이 부분적으로 섞여 있으며 암컷은 갈색 깃털을 갖고 있다. 10월에서 3월

까지 이동이 거의 없는 청둥오리는 날씨가 아주 추울 때만 남쪽으로 내려간다. 현재는 사육도 하고 있으며 대도시의 물가에서 많이 찾아볼 수 있다.

미식가들이 인정하는 다른 종류의 야생 오리로는 주걱 모양의 부리를 가진 넓적부리 오리(souchet), 회색과 흰색 깃털에 날개에는 갈색 테두리가 있는 알락오리(chipeau, 주로 동부 지방에 서식), 몸집이 작고 해안지방에 주로 서식하는 홍머리오리(siffleur), 고방오리(pilet 다른 종류에 비해 선호도가 떨어진다) 등이 있다. 혹부리오리(tadorne)와 비오리(harle) 는 현재 종 보존 대상이다.

야생 오리는 일반적으로 다리와 가슴살만 먹는다(한 마리는 2인분). 이 야생동물 고기는 절대 오래 숙성하지 않는다. 살이 연한 어린 오리의 경우 살이 신선할 때 꼬치에 꿰어 숯불에 굽거나 오븐에 로스트해 먹는다. 개월 수가 오래된 오리는 살미(salmis) 또는 프리카세(fricassé) 로 조리해 먹는 것이 좋다. 일반 집오리 조리방식을 야생 오리에도 적용해 비슷하게 만들 수 있다.

---

canard sauvage au porto 카나르 소바주 오 포르토

포트와인 소스 야생 오리 : 오리를 250°C로 예열한 오븐에서 20분간 굽는다. 다리를 잘라내 따뜻하게 보관한다. 다리에 살짝 칼집을 낸 다음 소금, 후추로 간 하고 정제버터를 발라 팬에 굽는다. 포트와인 150ml를 넣고 반으로 졸인다. 가슴살을 길고 가늘게 썬 다음 따뜻하게 데운 긴 접시에 담고 그 옆에 구운 다리를 놓는다. 뜨겁게 유지한다. 자투리와 뼈를 잘게 잘라 압착한 즙에 포트와인을 붓고 졸인다. 작게 썬 버터 50g을 넣고 거품기로 잘 저어 섞는다. 오리에 소스를 부어 서빙한다.

레스토랑 라페루즈(RESTAURANT LAPÉROUSE. PARIS)의 레시피

colvert au poivre vert 콜베르 오 푸아브르 베르

그린 페퍼콘 소스 청둥오리 약 1.4kg짜리 청둥오리의 안과 밖에 모두 소금, 후추를 뿌린 다음 오븐용 로스팅 팬에 놓는다. 식용유 3테이블스푼을 고루 뿌린 다음 중간 온도(약 200°C) 오븐에서 30분간 굽는다. 마지막에는 알루미늄 포일을 덮어 겉이 타지 않도록 한다. 그래니 스미스 사과 2개의 껍질을 벗겨 반으로 잘라 속과 씨를 제거한다. 적당한 크기로 자른 사과를 중간 온도의 오븐에서 약 10분간 익힌다. 소스팬에 화이트와인 80ml, 아르마냑 20ml을 넣고 가열해 약 1/3로 졸인다. 그린 페퍼콘 담금액 한 캔 분량과 오리 육수(또는 닭 육수) 60ml를 넣어준 다음 다시 2~3분간 졸인다. 생크림 200ml를 넣고 소금 간을 약하게 한 다음 원하는 농도로 리에종한다. 마지막에 간을 다시 확인한 다음 포트와인 20ml와 그린 페퍼콘 15g을 넣는다. 청둥오리 가슴살을 잘라 서빙 접시에 담고 소스를 뿌린 다음 사과를 곁들여 낸다.

---

poitrine de colvert rôtie et cuisses poêlées au vin de Bourgogne 푸아트린 드 콜베르 로티 에 퀴스 푸알레 오 뱅 드 부르고뉴

부르고뉴 와인 소스 청둥오리 : 4인분 / 준비 : 1시간 30분(육수 조리시간 포함) / 조리 : 30분

청둥오리 2마리를 손질한 다음 다리를 잘라낸다. 척추뼈의 전체 모양을 그대로 유지한 채 가슴살을 분리해낸다. 다리의 기름을 제거하고 넓적다리의 뼈를 제거한다. 굵게 간 통후추로 모두 문질러 냉장고에 넣어둔다. 자투리 부위와 뼈를 잘게 부순 뒤 냄비에 볶는다. 타닌이 강하고 바디감이 있는 부르고뉴 와인을 붓고 약하게 1시간 끓인다. 오븐을 200°C로 예열한다. 잘게 썬 채소 브뤼누아즈를 깐 팬에 오리 다리를 넣고 약 20분간 지져 익힌 다음 건져 따뜻하게 보관한다. 그 팬의 기름을 제거하고 포트와인 100ml를 넣어 디글레이즈한 다음 몇 분간 졸인다. 수렵육 육수를 체에 걸러 이 팬에 넣은 다음 반으로 졸이고 아주 고운 체에 다시 거른다. 버터를 한 조각 넣고 거품기로 잘 저어 섞는다. 간을 확인한 다음 끓지 않도록 주의하면서 뜨겁게 유지한다. 오리 가슴살 두 덩어리에 굵은 소금을 뿌려 간 한 뒤 오븐에서 10분간 굽는다(가장 적당히 익은 상태는 꼬챙이로 찔렀을 때 피가 껍질 위로 한 방울 올라온다는 뜻인 à la goutte de sang이라고 부른다). 꺼내서 5~6분간 레스팅한다. 서빙 접시에 오리 다리를 담고 가슴살을 얇고 길게 썰어 부채꼴 모양으로 펼쳐 놓는다. 소스를 접시 바닥에 붓고 다리살 위에 아주 얇게 뿌린 뒤 남은 것은 따로 소스 용기에 담아 서빙한다. 버터에 윤기나게 익힌 비트, 순무, 방울양파와 감자 퓌레 또는 무화과 퓌레 크넬, 포도알을 곁들인다.

CANCALAISE (À LA) 아 라 캉칼레즈 캉칼(Cancale)식의. 기본적으로 굴이 들어가거나 곁들여진 생선 요리를 가리킨다. 캉칼식 명태, 서대, 광어 요리 등에는 데친 굴, 새우살을 곁들이며 소스 노르망드(sauce normande 캉칼은 브르타뉴 지방임에도 불구)나 화이트와인 소스를 뿌린다.

타피오카를 넣은 캉칼식 생선 수프에도 데친 굴이 들어간다. 여기에 때때로 가늘게 썬 서대 필레나 강꼬치고기 크넬을 더 추가한다.

▶ 레시피 : ORMEAU, SALPICON, SOLE.

CANCOILLOTTE 캉쿠아요트 프랑슈 콩테 지방의 치즈로 떠먹거나 발라 먹는다. 지방을 제거한 소젖으로 만들어 오래 숙성한 헤이즐넛 크기의 단단한 알갱이 치즈인 메통(metton 냄새가 아주 강하다)으로 만든다. 메통 치즈에 소금물이나 버터를 넣고 녹여 만드는 캉쿠아요트는 밝은 노랑색의 균일하고 매끈한 페이스트 질감으로 과일향이 많이 난다. 주로 화이트와인으로 향을 내며, 따뜻하게 먹는다.

뫼즈(Meuse)에서 메쟁(mégin)이라는 이름으로 알려진 로렌식 캉쿠아요트는 생 커드인 프로마주 블랑으로 만든다. 이것을 건조시킨 뒤 잘라서 후추와 소금을 뿌려 몇 달 동안 숙성한다. 로렌의 캉쿠아료트는 펜넬로 향을 내는데, 이 특유의 아니스 향이 이 지역의 특징을 잘 살려준다고 할 수 있다.

CANDI 캉디 정제하고 결정화시킨 설탕을 지칭한다(**참조** p.823 설탕 도표). 캉디 슈거(얼음설탕, 얼음사탕, rock sugar)는 흰색 또는 갈색의 불규칙한 결정 모양을 하고 있으며 농축 설탕 시럽을 천천히 결정화하여 얻는다.

샴페인을 만들거나 과일 브랜디, 또는 가정에서 담그는 과실주용으로 사용되며, 퐁당 아이싱 슈거, 설탕을 씌운 과일(fruits déguisés), 아몬드 페이스트 등의 당과류 제조에도 쓰인다.

원하는 재료에 캉디 슈거를 입히기 위해서는 우선 설탕 1kg에 물 400ml를 넣고 1분간 끓인 뒤 식힌다. 결정화할 재료를 사각틀 용기(candissoire) 안의 망에 놓은 다음 그 위에 다른 망을 한 장 놓는다. 녹인 설탕을 부어 덮어준 다음 유산지로 덮고 12시간을 그대로 둔다. 이렇게 하면 결정화되어 굳은 설탕이 재료를 한 켜 덮게 된다.

CANDISSOIRE 캉디수아르 양철로 된 큰 직사각형 용기로 가장자리는 그리 높지 않고 약간 넓게 벌어진 모습이다. 바닥에는 양철로 된 망을 놓게 되어 있다. 녹인 설탕을 씌운 뒤 굳히기 위해 재료(과일이나 프티 푸르 등)를 올려두는 데 쓰인다. 또한 리큐어 등에 담근 작은 파티스리류를 얹어 여분의 액체가 흘러내리도록 두기도 한다(1인용 크기의 바바 등).

CANE 칸 오리의 암컷. 보통 수컷보다 크기는 작지만 살은 더 통통하며 살이 더 맛있고 섬세하며 연해 로스트용으로 선호한다.

오리 알은 녹색이 도는 흰색 껍질을 갖고 있으며 무게는 80~120g 정도 된다. 아시아 지역에서 즐겨 먹으며, 세균이 있는 경우가 많기 때문에 반드시 완숙으로 익혀 먹어야 한다.

CANETON, CANETTE 카네통, 카네트 태어난 지 2개월 이내의 어린 오리를 지칭한다. 대개 4개월까지는 살이 아주 연하다. 오늘날 레스토랑들이 내놓는 일반적인 '오리(canard)' 요리는 자신들의 편의에 따라 이와 같은 어린 카네통을 쓰는 경우가 많다.

aiguillettes de caneton au poivre vert ▶ POIVRE
ballottine de caneton ▶ BALLOTTINE

---

caneton à la bigarade 카네통 아 라 비가라드

비터 오렌지 소스 오리 요리 : 비터 오렌지 한 개와 레몬 반개의 제스트를 얇게 저며낸 뒤 가늘게 채 썬다. 끓는 물에 데친 뒤 찬물에 식혀 건져둔다. 버터를 두른 팬에 실로 묶은 새끼 오리 한 마리를 45분간 지져 익힌다. 살이 핑크빛을 띠는 로제 상태가 되어야 한다. 건져서 실을 제거한 다음 접시에 놓는다. 오리를 익힌 팬에 화이트와인 100ml를 넣어 디글레이즈 한 뒤 송아지 육수나 약간 묽은 데미글라스 또는 진하게 졸인 닭 육수 300ml를 붓는다. 각설탕 2개를 식초 2테이블스푼에 녹여 만든 식초 캐러멜을 여기에 넣어준다. 끓어오르면 불을 줄이거나 불에서 내렸다가 다시 올리기를 몇 번 반복한 다음, 오렌지와 레몬 반개의 즙을 넣고 졸인다. 체에 거른 뒤 오렌지와 레몬 제스트를 넣는다. 오리에 이 소스를 끼얹어 서빙한다.

레스토랑 라페루즈(RESTAURANT LAPÉROUSE. PARIS)의 레시피

caneton de Colette 카네통 드 콜레트

오리 피와 간 소스의 '콜레트' 오리 요리 2.2kg짜리 낭트 오리(canard nantais) 한 마리의 내장을 빼내고 토치로 그슬려 잔털과 깃털 자국을 제거한 뒤 실로 묶는다. 익힌 후 커팅이 쉽도록 V자 모양의 용골뼈(위시본)를 제거한다. 오리를 오븐에 넣어 25분간 굽는다. 소테팬에 오리 간을 넣고 센 불에서 볶아낸(아주 살짝만 익힌다) 다음 소금, 후추, 카트르에피스(quatre-épices)을 넣고 포크로 으깨 섞는다. 질 좋은 샴페인 반 잔, 포트와인 반 잔을 넣고 불을 붙여 플랑베한 다음 센 불에서 졸인다. 오리의 다리를 떼어내고 가슴살을 잘라 긴 접시에 놓는다. 약간 덜 익은 다리는 버터를 두른 팬에 다시 한 번 추가로 익힌다. 접시 위의 다리와 날개 모두 뜨겁게 유지한다. 오리의 몸통뼈를 둘로 잘라 프레스 기계에 넣고 압착해 최대한의 피와 즙을 추출한 다음 졸여둔 오리 간과 섞어 가열한다. 소스가 끓으면 바로 불에서 내린 뒤 아주 고운 체에 거르면서 오리 고기 위에 뿌린다.

피에르와 자니 글레즈(PIERRE ET JANY GLEIZE)의 레시피

caneton au miel de lavande et au citron 카네통 오 미엘 드 라방드 에 오 시트롱

라벤더 꿀과 레몬 소스 오리 요리 소테팬에 기름을 두르고 채소 미르푸아(mirepoix) 2테이블스푼을 볶는다. 1.5kg짜리 오리새끼 2마리의 자투리 부위를 소테팬에 넣고 노릇한 색이 날 때까지 채소와 함께 잘 저으며 볶아준다. 화이트와인과 물을 반씩 섞어 재료의 높이까지 붓는다. 뚜껑을 덮고 30분간 약하게 끓인다. 오리에 소금, 후추를 뿌리고 버터를 두른 팬에서 20분간 지지며 익힌 다음 꺼낸다. 살이 핑크빛을 띠는 로제 상태가 되어야 한다. 오리를 익힌 버터는 따라 버리고 레몬즙 2개분과 라벤더 꿀 1티스푼을 넣어 디글레이즈한다. 거의 액체가 없어질 때까지 바싹 졸인 다음 오리 육즙 소스 끓인 것을 체에 걸러 2테이블스푼 넣어준다. 버터 1조각을 넣고 거품기로 잘 저으며 섞는다. 오리 가슴살을 길쭉하게 썬다. 오리 다리는 잘라낸 다음 브로일러에 양면 모두 잠깐씩 더 익힌다. 소스의 간을 맞춘 다음 오리에 끼얹어 서빙한다.

레스토랑 라 투르 다르장(RESTAURANT LA TOUR D'ARGENT, PARIS)의 레시피

caneton Tour d'Argent 카네통 투르 다르장

투르 다르장 오리 요리 1.6kg짜리 오리 2마리(질식시켜 잡은 것)를 고온의 오븐에서 25~30분간 굽는다. 오리 간을 블렌더로 갈아 작고 우묵한 은 용기에 담는다. 여기에 올드 빈티지 마데이라 와인 40ml와 코냑 작은 잔으로 하나 분량을 넣고 레몬즙을 한 바퀴 둘러 넣는다. 오리의 다리는 잘라낸 뒤 그릴에 더 익힌다. 가슴살의 껍질을 벗긴 뒤 아주 얇고 최대한 넓적하게 슬라이스한다. 가슴살을 간 혼합물 그릇에 넣는다. 남은 오리 몸통뼈를 가위로 몇 번 절단한 뒤 오리 전용 프레스 기계에 넣고 나사처럼 생긴 둥근 레버를 돌려 압착해 피를 최대한 추출한다. 압착할 때 기계 안에 향신료로 양념한 콩소메를 넉넉히 한 컵 넣어준다. 추출한 즙을 오리 가슴살 위에 붓고 용기를 불에 올린 다음 약 25분간 계속 저으며 졸인다. 소스가 걸쭉해지면 완성된 것이다. 뜨거운 접시에 오리 가슴살을 담고 소스를 넉넉히 끼얹는다. 튀겨서 부풀린 폼 수플레(pommes soufflées)를 곁들인다. 이어서 구운 오리다리에 샐러드를 조금 곁들여 서빙한다.

terrine de caneton ▶ TERRINE

CANNE À SUCRE 칸 아 쉬크르 사탕수수. 벼과에 속하는 식물로 인도와 자바 섬이 원산지이며 줄기에는 설탕 성분이 풍부한 진액이 들어 있다(자당 14%). 사탕수수 농사가 본격적으로 시작된 것은 아메리카 신대륙 발견 이후로, 대규모 농장 재배가 이루어졌다. 오늘날 사탕수수는 전 세계의 고온 다습한 지역에서 널리 재배되고 있다. 프랑스령 앙티유에서는 '칸 드 부슈(canne de bouche)'라는 이름의 사탕수수를 재배하는데, 주로 껍질을 벗겨낸 뒤 입에 넣고 씹어 단 물을 빨아먹는다.

공장에서 대량으로 사탕수수 줄기를 분쇄하여 추출하는 사탕수수 즙(vesou)은 설탕을 만드는 원료로 쓰인다. 또한 이를 즉시 발효한 다음 증류하여 값싼 럼의 일종인 타피아(tafia)나 럼 아그리콜(rhum agricole 사탕수수 즙을 발효, 증류해 만든 럼으로, 당밀로 만든 일반 럼과 구분된다) 등을 만든다.

CANNEBERGE 칸베르주 야생 크랜베리. 넌출월귤. 철쭉과에 속하는 붉은색의 작은 베리로 신맛이 나며 북아메리카 이탄층 토양에서 야생으로 자란다(**참조** pp.406~407 붉은 베리류 과일 도감). 이 야생 베리는 캐나다 퀘벡 지방(atoca라고 불린다), 애틀랜틱 캐나다(pomme-de-pré), 미국(cranberry)의 전통 음식, 특히 추수감사절 특선 음식인 칠면조 구이에 소스, 잼, 젤리 등으로 꼭 곁들여진다. 나무를 베어낸 토양에서 크랜베리 재배가 처음 시작된 것은 영국 식민시대 초창기(18세기 중반)로 거슬러 올라간다. 10월 수확기가 되면 장관이 연출된다. 크랜베리 재배지에 물을 대어 채우면 작고 붉은 이 열매가 물 위에 둥둥 떠 마치 거대한 카펫을 연상시킨다. 이렇게 물에 떠오른 열매를 모아 진공 기계로 거두어들인다.

새콤하고 톡 쏘는 맛이 있는 크랜베리 주스는 다양한 칵테일 제조에도 사용된다.

▶ 레시피 : CARIBOU.

CANNELÉ 카늘레 보르도의 작은 구움 과자. 밀가루, 우유, 달걀, 설탕으로 만들며 바닐라로 향을 낸다.

갈색을 띤 작은 원통형의 이 파티스리는 전통적으로 카늘레 틀(moules à cannelés)에 반죽을 넣어 굽는다. 단단한 듯 바삭한 겉면과는 대조적으로 속은 말랑하고 럼과 바닐라 향이 난다.

프레데릭 E. 그라세(FRÉDÉRICK E. GRASSER)의 레시피

cannelés 카늘레

바닐라 빈 줄기 2개를 길게 갈라 작은 칼로 가루를 긁어낸 다음 줄기 껍데기와 함께 우유 500ml에 넣고 가열한다. 끓으면 불을 끄고 최소 8시간 이상 향을 우려낸다. 줄기를 건진다. 슈거파우더 250g과 밀가루 100g(T45 박력분)을 따로 체에 친다. 소스팬에 버터 50g을 녹인 뒤 식힌다. 볼에 달걀 2개, 달걀노른자 2개를 넣고 거품기로 풀어준 다음 슈거파우더를 넣고 섞는다. 이어서 럼, 녹인 버터, 밀가루를 넣는다. 마지막에 차가운 우유를 넣고 계속 잘 저으며 섞는다. 랩을 씌운 뒤 냉장고에 24시간 넣어둔다(4°C에서 4일간 보관가능하다. 카늘레는 구우면 당일 안에 소비해야 하므로, 필요한 만큼만 굽고 남은 반죽은 냉장고에 보관해둘 수 있다. 매번 사용하기 전에 반죽을 주걱으로 뒤집어 주고 거품기로 2분 정도 저어 섞는다). 카늘레 틀을 냉장고에 넣어두었다가 꺼내 붓으로 안쪽에 버터를 바른다. 틀 높이의 1cm를 남기고 반죽을 채운 뒤 210°C로 예열한 오븐에서 1시간 동안 굽는다. 뜨거울 때 틀에서 분리한 뒤 망에 올려 식힌다. 상온으로 먹는다.

CANNELER 카늘레 골이 지는 모양으로 길게 파내다. 전용 칼(canneleur, couteau à canneler) 또는 페어링나이프(couteau d'office)를 사용해 채소(당근, 버섯 등)나 과일(레몬, 오렌지 등) 표면에 V자로 골이 패이도록 좁고 긴 선으로 나란히 파내다.

또한 퓌레나 무스의 표면에 주걱이나 포크를 사용해 선 모양으로 눌러주는 것도 '카늘레'라고 지칭한다. 밀대로 민 반죽을 요철 무늬가 있는 반죽 커터로 자른 경우에도 카늘레(cannelé)라고 표현하며, 짤주머니에 사용하는 별 모양 깍지도 두이유 카늘레(douille cannelée)라고 부른다.

CANNELLE 카넬 계피, 시나몬. 녹나무과에 속하는 여러 종류의 열대 소관목 껍질로 주로 향신료로 쓰인다(**참조** pp.338~339 향신료 도감). 외피가 떨어져 나가고 마르면 이 나무껍질은 돌돌 말려 튜브 모양이 되며(이탈리아어로 cannella라고 한다) 품종에 따라 옅은 황갈색 또는 짙은 회색을 띤다. 계피는 감미롭고 잘 스며드는 향을 갖고 있으며 따뜻하고 자극적인 풍미를 낸다. 가루와 에센스 타입으로도 구입할 수 있다. 실론섬과 중국산 계피 나무를 가장 상품으로 친다.

■ **사용.** 고대인들은 이미 포도주에 계피를 넣어 향을 냈다. 프랑스와 벨기에에서 계피는 주로 콩포트나 디저트, 뱅쇼(vin chaud) 등에 넣어 향을 내

Caramel 캐러멜

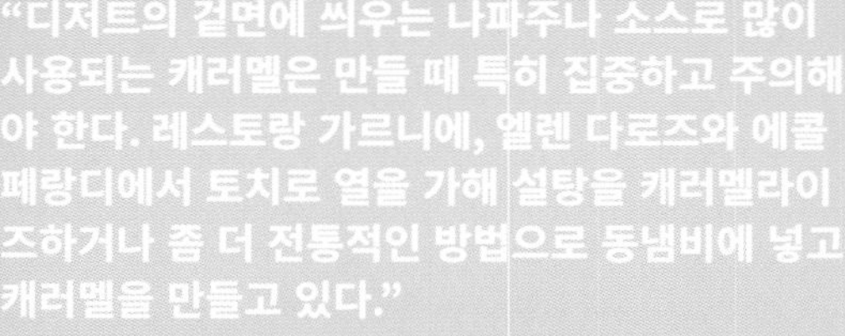

"디저트의 겉면에 씌우는 나파주나 소스로 많이 사용되는 캐러멜은 만들 때 특히 집중하고 주의해야 한다. 레스토랑 가르니에, 엘렌 다로즈와 에콜 페랑디에서 토치로 열을 가해 설탕을 캐러멜라이즈하거나 좀 더 전통적인 방법으로 동냄비에 넣고 캐러멜을 만들고 있다."

는 데 쓰인다. 동유럽과 아시아에서는 파티스리뿐 아니라 수프나 고기 요리에 넣는 등 훨씬 더 다양한 용도로 사용된다.

▶ 레시피 : SUCRE, VIN CHAUD.

CANNELLONIS 카넬로니 파스타의 일종으로 이탈리아 전통 요리의 이름이기도 하다(카넬로니는 이탈리아어로 굵은 파이프를 뜻한다). 듀럼밀로 만든 사각형의 넓적한 파스타를 끓는 물에 삶아 고기로 만든 소를 가운데 채우고 원통형으로 말아준다. 대개의 경우 토마토 소스, 베샤멜 소스, 혹은 파메산 치즈를 덮어 그라탱처럼 오븐에서 익힌다. 시중에는 속을 채워 넣으면 되는 원통형의 건조 카넬로니 파스타도 나와 있다.

pâte à cannellonis : 카넬로니 피 만들기

체에 친 밀가루 200g, 소금 넉넉히 한 꼬집, 달걀 2개를 혼합하고 물을 적당량 넣어 말랑하고 매끈한 반죽을 만든다. 둥글게 뭉쳐 젖은 면포로 싼 다음 냉장고에 최소 한 시간 이상 넣어둔다. 작업대에 밀가루를 뿌리고 반죽을 약 3mm 두께로 민다. 커팅롤러를 사용하여 6 x 8cm 크기의 직사각형으로 자른 다음 한 시간 동안 말린다. 냄비에 물을 넉넉히 끓이고 소금을 넣는다. 잘라놓은 피를 넣고 4분간 삶아 건져 찬물에 식힌다. 건져서 젖은 행주에 펴놓는다.

cannellonis à la florentine 카넬로니 아 라 플로랑틴

시금치 소를 넣은 카넬로니 : 4인분 / 준비 : 1시간 / 건조 : 1시간 / 조리 : 40분

밀가루 200g으로 카넬로니 파스타 반죽을 만든다. 3mm 두께로 민 다음 6 x 10cm 크기의 직사각형으로 8장을 잘라낸다. 중간에 뒤집어가며 상온에서 1시간 동안 건조시킨다. 시금치 1kg을 끓는 소금물에 데쳐낸 뒤(참조. p.340 시금치 준비하기와 익히기) 찬물에 재빨리 헹구어 식힌 다음 건져서 꼭 짜둔다. 끓는 소금물에 달걀 2개를 넣고 10분간 완숙으로 삶는다. 시금치를 굵직하게 다진다. 팬에 버터 40g을 달궈 거품이 일기 시작하면 시금치를 넣고 데운다. 삶은 달걀을 으깨 시금치에 넣은 다음 생달걀 노른자 2개, 더블 크림 100ml, 가늘게 간 파메산 치즈 40g, 고운 소금, 통후추 간 것, 넛멕 간 것을 약간 넣고 잘 섞는다. 끓지 않도록 주의하면서 약한 불로 데운 다음 식힌다. 오븐을 275°C로 예열한다. 베샤멜 소스 50g을 만든다(참조. p.780 SAUCE BÉCHAMEL). 냄비에 물을 넉넉히 끓이고 소금을 넣은 다음 카넬로니 파스타를 넣고 4분간 삶아 건진다. 찬물에 재빨리 식힌 뒤 건져 젖은 행주 위에 펴놓는다. 시금치 소를 각 파스타 중앙에 채워놓고 원통형으로 돌돌 말아 끝을 붙인다. 버터를 바른 오븐 용기에 카넬로니를 나란히 놓고(말아 붙인 이음 부분이 아래로 오도록 한다) 따뜻한 베샤멜 소스를 덮어준다. 가늘게 간 파르메산 치즈 20g을 뿌리고 작게 썬 버터를 3~4조각 고루 얹어준다. 오븐에 넣어 12~15분간 그라탱처럼 익힌다.

cannellonis à la viande 카넬로니 아 라 비앙드

고기 소를 채운 카넬로니 : 팬에 올리브오일과 잘게 썬 당근, 양파, 셀러리를 깐 다음 그 위에 600g 짜리 송아지고기 한 덩어리를 놓고 굽는다. 익힌 고기를 잘게 다진 다음 달걀 1개, 가늘게 간 파메산 치즈 60g, 다진 파슬리 5줄기, 우유에 적셔 익힌 식빵 2장, 소금, 후추, 넛멕가루를 넣고 잘 섞는다. 직사각형으로 자른 카넬로니 파스타에 소를 채우고 돌돌 말아준다. 버터를 바른 오븐 용기에 카넬로니를 나란히 담고 볼로네즈 소스(sauce bolonaise)를 끼얹어 덮는다. 베샤멜 소스도 조금 얹은 다음, 잘게 썬 버터를 군데군데 올린다. 275°C로 예열한 오븐에서 20분간 그라탱처럼 굽는다.

CANOLE 카놀 로슈슈아르(Rochechouart, Haute-Vienne)의 특산물인 노릇하게 구운 작은 과자. 카놀이 처음 만들어진 것은 1371년으로 거슬러 올라간다. 100년 전쟁 당시 적에게 포위당한 이 마을 주민들은 게슬랭(Bertrand du Guesclin) 사령관이 이끈 승리 덕에 자유를 되찾았고 당시 주둔하던 영국군 기지를 약탈했다. 그곳에서 밀가루와 신선한 달걀을 발견해 이 작은 과자를 만들었고, 적군 대위의 이름인 로버트 카놀(Robert Canolles 혹은 Knolles) 경의 이름을 붙였다고 한다.

CANOTIÈRE (À LA) 아 라 카노티에르 일반적으로 데쳐 익힌 민물생선에 소스 바타르드(sauce bâtarde 버터 베이스의 화이트소스)를 끼얹은 요리를 지칭한다. 또한 잉어 요리의 명칭이기도 하다. 잉어 속에 생선 무스를 채워 넣고 화이트와인을 섞은 생선 육수를 부어 오븐에 익힌다. 생선을 건져 잘게 썬 샬롯, 얇게 썬 버섯, 레몬즙과 함께 그라탱 용기에 넣고 빵가루를 덮은 뒤 오븐에 구워낸다. 소스는 잉어를 오븐에 익히고 난 국물을 졸인 다음 버터를 섞어 만든다. 비슷한 방법으로 와인과 양파를 넣고 조리한 마틀로트 생선 요리(matelote à la canotière)를 가리키기도 한다. 카노티에는 '노 젓는 뱃사람'이란 뜻이다.

▶ 레시피 : MATELOTE.

CANNELER 채소에 길게 홈을 내어 깍기

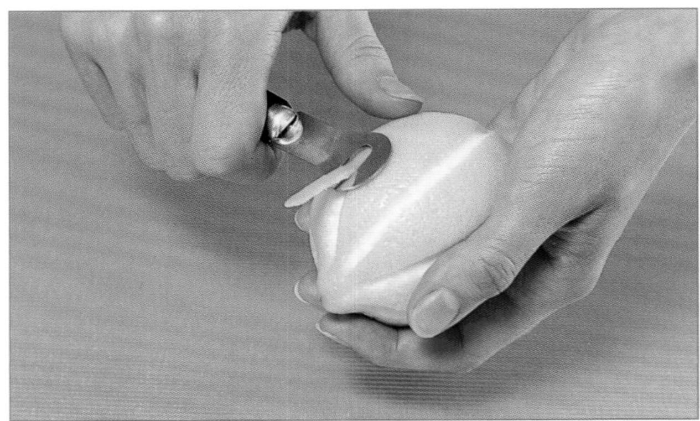

레몬 껍질에 홈 내기. 한 손으로 레몬을 잡고 다른 손으로 길게 홈을 내며 껍질을 잘라낸다.

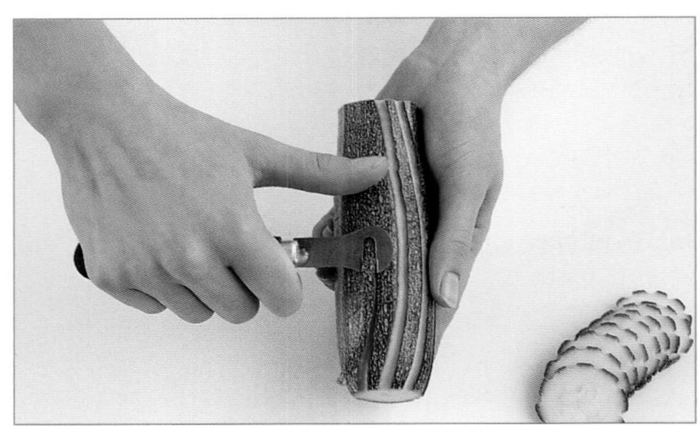

주키니 호박에 홈 내기. 주키니 호박의 양끝을 길이와 수직으로 잘라낸 다음 일정한 간격으로 길게 홈을 내며 껍질을 잘라낸다.

CANTAL, FOURME DE CANTAL 캉탈, 푸름 드 캉탈 소젖(지방 45% 이상)으로 만든 오베르뉴의 AOC 치즈로 천연외피를 솔로 문질러 씻은 비가열 압착치즈다(**참조** p.390 프랑스 치즈 도표). 지름 35~45cm, 높이 35~40cm 커다란 원통형으로 무게는 35~45kg 정도다.

아이보리색을 띠고 있으며 입자가 고운 캉탈 치즈는 숙성 정도에 따라 쫀득한 질감에 순한 맛과 너트 향을 지니고 있으며, 숙성 기간이 길어지면 조금 더 단단해지고 풍미도 진해진다. AOC 규정에 따라 생산 지역이 제한된다.

저온 살균한 우유로 대량으로 만드는 캉탈 레티에(cantal laitier)는 연중 내내 생산된다. 비멸균 생 소젖을 이용해 소규모로 생산하는 캉탈 페르미에(cantal fermier)는 캉탈 지방 산에 있는 목장 농가에서 만들며 여름과 가을이 가장 좋은 시기다. 치즈 애호가들은 두꺼운 외피가 갈색 반점을 형성하며 치즈 안쪽으로 박히기 시작하는 3개월 숙성된 캉탈을 좋아한다. 이때의 캉탈은 약간 쌉싸름한 맛이 지니고 있다. 식사 마지막 코스에 주로 가볍고 과일향이 나는 와인과 곁들여 먹는 캉탈 치즈는 그라탱, 크루트, 수프나 수플레 등의 요리에도 두루 사용된다. 캉탈을 넣어 만드는 지역 특산 음식으로는 파트랑크(patranque 빵과 치즈, 크림, 우유 등을 넣어 만든다), 트뤼파드(truffade 얇게 썰어 기름에 익힌 감자에 치즈를 넣어 녹인 요리) 등이 있다.

CANTONAISE (À LA) 아 라 캉토네즈 광동식의. 광동식 볶음밥은 다양한 재료와 함께 쌀알이 하나하나 분리되도록 고슬고슬하게 볶은 요리다. 흰 쌀밥을 미리 지어 중간중간 주걱으로 뒤적여 가며 몇 시간 동안 식힌다. 팬에 돼지 기름과 소금을 넣고 얇게 썬 베이컨, 작게 썬 셀러리, 새우를 넣

고 볶다가 밥을 넣고 함께 볶는다. 뜨겁게 익으면 달걀을 풀어 넣고 익을 정도로만 볶는다. 이 밖에 게살이나 해물, 죽순, 완두콩 등을 넣기도 한다. 간장과 청주를 조금 넣어 간을 맞춘다.

CAPELAN 카플랑 열빙어. 케이플린. 대구과에 속하는 바다 생선으로 특히 지중해에 많이 서식한다. 작은 명태와 비슷하게 몸 길이는 15cm 정도 되는데 몸은 훨씬 가늘고 약하다. 3개의 등지느러미와 두 개의 뒷지느러미 혹은 갈라진 배지느러미가 있고 몸통은 작달막하고 다부진 형태를 하고 있다. 등쪽은 누르스름한 갈색, 옆면은 은회색을 띠고 있으며 머리가 큰 편이다. 흔히 남방대구(tacaud)와 혼동하기도 한다. 열빙어의 살은 쉽게 부서지며, 특히 생선 수프에 많이 사용한다.

캐나다 퀘벡에서는 스멜트(빙어의 일종)와 비슷한 은색 작은 생선을 가리킨다. 5월이면 암컷이 세인트로렌스 만 해안에 무리로 몰려들어 알을 낳는다. 이어서 며칠이 지난 뒤 수컷이 몰려와 이리를 뿌려 수정이 이루어진다. 열빙어는 대부분 그대로 불에 굽거나 튀겨먹는다.

CAPILLAIRE 카필레르 차꼬리고사리. 양치류에 속하는 고사리의 일종으로 점액질의 끈적끈적하고 향이 있는 잎을 우려 차로 마시거나 시럽형 기침약을 만드는 데 사용한다. 옛날에 카필레르 시럽은 따뜻한 음료 특히 바바루아즈(bavaroise 차, 우유, 리큐어로 만든 따뜻한 음료)에 달콤한 맛을 내기 위해 넣기도 했다.

포르투갈, 특히 리스본에서 많이 마시는 음료 카필레(capilé)는 이 고사리 시럽에 곱게 간 레몬 제스트와 시원한 물을 넣어 섞은 것이다.

CAPILOTADE 카필로타드 먹고 남은 익힌 고기(닭, 소, 송아지)의 살이 완전히 풀어지도록 푹 익힌 옛날식 스튜. 현재도 '앙 카필로타드(en capilotade)'하는 이름은 작게 썬 고기를 푹 익힌 요리를 지칭하는 일상 용어로 사용된다.

CAPITAINE 카피텐 민어과에 속하는 바다 생선으로 서부 아프리카 연안에 서식하며 강 어귀까지 흘러들어가기도 한다. 서로 비슷한 여러 조기류 생선이 이에 해당한다(ombrine courbine, maigre, corb 등). 길이 50~120cm, 무게 최대 50kg의 이 생선은 은빛 몸통에 비스듬한 점무늬가 있으며 측면에 선이 나 있다. 싱싱한 상태에서 보면 농어와 혼동할 수도 있다. 핑크빛을 띤 흰 살은 맛이 아주 섬세하며 익혀도 잘 부서지지 않는다.

주로 증기에 찌거나 연어처럼 한 면만 구워서 먹고, 파피요트, 또는 잘게 다져 허브와 레몬즙을 넣어 타르타르를 만들기도 한다. 세네갈에서는 국민음식인 티에부디엔(생선을 넣은 쌀 요리)에 넣는다(**참조** TIÉ BOU DIÉNÉ).

---

capitaine en feuille de bananier 카피텐 앙 푀이유 드 바나니에

바나나 잎에 싼 카피텐 : 중간 크기의 바나나 잎 4장을 깨끗이 씻은 뒤 가운데 굵은 잎맥을 잘라내고 끓는 물에 잠깐 담갔다 건져 숨을 죽인다. 잎을 펼쳐 놓고 각각 카피텐 생선 필레를 한 개씩 얹는다. 토마토 2개를 끓는 물에 데쳐 껍질을 벗기고 속을 뺀 다음 잘게 썰어둔다. 양파 1개의 껍질을 벗기고 굵직하게 다진다. 생선 필레에 소금, 후추로 간을 한 다음 토마토와 양파를 고루 얹는다. 바나나 잎을 파피요트처럼 접어 싼 다음 이음 부분을 이쑤시개로 봉한다. 찜통에 넣고 30분간 찐다. 소스로 양념한 오크라를 곁들여 서빙한다.

CAPONATA 카포나타 튀긴 가지, 셀러리, 토마토를 올리브오일에 볶아 익힌 시칠리아의 채소 요리로 다양한 재료와 양념을 넣어 만든다. 주로 오르되브르로 차게 먹는다.

---

caponata 카포나타

가지 4개를 씻어 큐브 모양으로 썬 다음 올리브오일에 튀긴다. 건져서 기름을 털어낸다. 잘게 다진 양파를 기름에 넣고 볶은 다음 토마토 소스 500g을 넣는다. 다른 소스팬에 단맛이 강한 식초를 넣고 염장 케이퍼 100g을 찬물에 헹궈 넣는다. 씨를 뺀 그린 올리브와 굵직하게 다진 셀러리 속대도 한 개 넣어준 다음 약하게 끓인다. 재료가 아삭하게 익으면 토마토소스 냄비에 넣고 10분간 더 끓인다. 불을 줄이고 가지를 넣은 뒤 잘 저으며 15분간 익힌다. 식혀서 냉장고에 보관한다. 다음 날 다진 삶은 달걀, 삶아서 잘게 다진 작은 문어, 기름에 절인 정어리, 해산물 등을 카포나타에 얹고 다진 파슬리를 뿌려 서빙한다.

CÂPRE 카프르 케이퍼. 카파리스과에 속하는 관목의 꽃봉오리로 동아시아가 원산지이며 기후가 더운 지역, 특히 프로방스 전역에서 널리 재배된다. 작은 꽃봉오리인 케이퍼는 아주 어린 새싹(3일 이내)을 채취한다. 고대 로마인들은 이미 케이퍼를 생선 요리 소스에 넣는 양념으로 사용했다. 식초에 담가 피클을 만들거나 염수에 절인 형태로 요리 양념 또는 피자 토핑 등 다양하게 사용한다. 또한 쌀 요리나 미트볼(양, 송아지 고기)에 넣어 향을 내기도하며 특히 머스터드, 홀스래디시와 궁합이 좋다.

케이퍼의 향을 유지하기 위해서는 익혀서는 안 되며 요리의 완성단계 마지막에 넣는 것이 좋다. 올리브 크기의 케이퍼 열매(cornichon du câprier 라고 불린다)도 마찬가지 방법으로 조리한다.

CAPUCIN 카퓌생 그뤼예르 치즈 슈 반죽을 채워 넣은 짭짤한 맛의 타르틀레트로 주로 더운 애피타이저로 서빙된다.

---

capucins 카퓌생

치즈 슈 타르틀레트 : 밀가루 200g, 부드러워진 버터 100g, 소금 넉넉히 한 꼬집, 찬물 3~4테이블스푼을 섞어 반죽을 만든 다음 아주 얇게 민다. 원형으로 잘라 타르틀레트 틀 8개에 반죽 시트를 깔아준다. 소스팬에 물 250ml, 버터 50g, 소금 넉넉히 1꼬집을 넣고 끓인다. 밀가루 125g을 한 번에 넣은 다음 잘 저어 섞어 수분을 날린 뒤 불에서 내리고 달걀 3개를 하나씩 넣어 혼합한다. 가늘게 간 그뤼예르 치즈 75g을 넣어 섞는다. 이 반죽을 각 타르트 틀에 동그랗게 짜 넣은 뒤 190°C로 예열한 오븐에서 굽는다. 뜨겁게 서빙한다.

CAPUCINE 카퓌신 한련, 한련화. 한련화과에 속하는 관상식물로 잎과 꽃을 샐러드에 넣어 먹기도 한다. 또한 다른 샐러드에 장식 또는 양념으로도 사용된다(**참조** pp.369~370 식용 꽃 도감). 아직 연한 꽃봉오리와 씨앗은 타라곤 식초에 절여 케이퍼 대용으로 쓸 수 있다. 케이퍼보다 좀 뻣뻣하지만 향은 더 풍부하다.

'뿌리 한련화'라고 불리는 마슈아(mashua)는 페루가 원산지이며, 뿌리로 피클로 만들어 오르되브르 또는 육류 콜드컷에 곁들여 먹는다.

CAQUELON 카클롱 토기 또는 주철로 된 작은 냄비로 안쪽 면에 유약 칠이나 법랑 코팅이 되어 있다. 주로 뭉근히 오래 끓이는 요리에 사용된다. 옛날에는 이 냄비를 뜨거운 숯불에 놓고 음식을 끓이기도 했다. 가스나 전기 레인지를 사용할 경우에는 삼발이 받침틀 등을 이용해 직접 열원에 닿지 않도록 떼어놓고 가열해야 한다. 맨 처음 사용할 때 냄비 안쪽 면을 마늘로 문질러주면 갈라지는 것을 막을 수 있다.

CARAFE 카라프 유리 또는 크리스털로 만든 용기로 밑은 넓고 목은 좁고 긴 병 모양이며 같은 재질의 마개로 덮어 막아둘 수도 있다. 카라프는 물(이 경우 에귀에르 aiguière라는 이름으로 불린다)이나 와인(**참조** DÉCANTER)을 담아 서빙하는 데 사용된다. 그 밖에 리큐어나 증류주 등의 술도 카라프 또는 뚜껑이 있는 카라퐁(carafons bouchés)에 넣어 보관한다.

한편 '카라프 와인'은 주로 가볍고 상큼한 맛의 저렴하고 어린 와인을 지칭하며 식당에서는 이 와인들을 병이 아닌 카라프(또는 피셰 pichet)에 담아 서빙한다.

CARAMBOLE 카랑볼 카람볼라, 스타 프루트, 오렴자. 괭이밥과에 속하는 오렴자 나무의 열매로 말레이 반도가 원산지이며 프랑스령 앙티유, 인도네시아, 브라질 등지에서도 재배된다(**참조** pp.404~405 열대 및 이국적 과일 도감). 황금빛 노란색의 길쭉한 모양으로 표면이 날개처럼 돌출되어 자르면 별 모양의 단면이 나온다. 살에 즙이 많고 새콤한 맛이 나며, 주로 생으로 슬라이스해서 크림이나 설탕을 곁들여 디저트로 먹거나 아보카도처럼 비네그레트 드레싱을 뿌려 먹기도 한다.

CARAMEL 카라멜 캐러멜. 설탕을 녹여 끓인 것으로, 가열로 인해 갈색을 띤다. 150°C 이상으로 가열하면(**참조** SUCRE) 설탕 시럽은 색이 변하며 차츰 단맛이 없어지게 되고 처음에는 약하게 타는 냄새가 나기 시작하다가 점점 그 강도가 강해진다. 어느 시점을 넘어가게 되면 타서 쓴맛이 나 먹을 수 없는 상태에 이르게 된다.

캐러멜을 사용하는 용도에 따라 시럽을 끓일 때 온도를 잘 체크하고 정확한 시점에 가열을 멈추어야 원하는 결과물을 얻을 수 있다.

■ **만들기.** 캐러멜을 성공적으로 만들기 위해서는 반드시 지켜야 할 몇 가지

CONFECTIONNER DU CARAMEL 캐러멜 만들기

1. 냄비에 설탕과 물을 넣고 불에 올린다. 물에 적신 붓으로 냄비 안쪽 벽을 주기적으로 닦아주면서 가열한다.

2. 끓기 시작하면 다시 붓으로 냄비 안쪽 벽을 붓으로 닦아준다. 주걱을 담갔다 빼 캐러멜의 색을 확인한다.

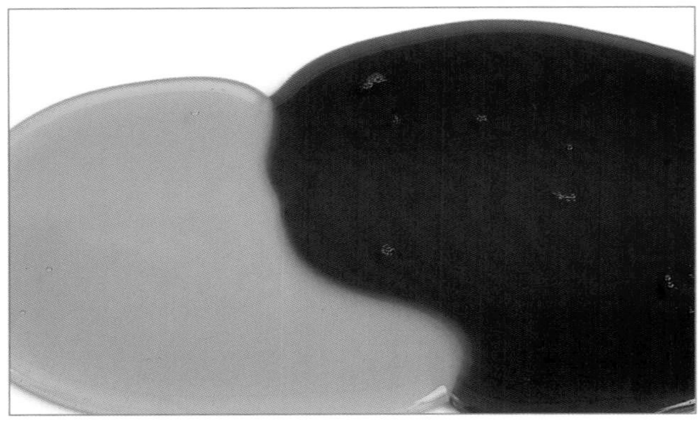

3. 용도에 따라 원하는 색깔에 도달하면 바로 불에서 내려 가열을 중단한다. 주로 황금색 캐러멜은 데코레이션용으로, 짙은 갈색은 풍미를 내는 데 사용된다.

주의사항이 있다. 고른 열 분산을 위해 스테인리스, 두꺼운 알루미늄, 또는 도금하지 않은 구리 재질의 소스팬을 사용한다(모든 종류의 도금, 유약처리, 법랑 코팅 냄비는 사용하지 않는다). 설탕은 정백당을 사용한다. 반드시 저울로 계량하고 각설탕을 쓸 경우에는 한 조각의 무게를 정확히 파악하여 계산한다. 프랑스의 각설탕(N°4 기준) 한 조각은 5g이다. 소스팬에 설탕을 넣고 물을 첨가해 완전히 적신다. 레몬즙이나 식초 몇 방울 혹은 글루코스 시럽 몇 그램을 넣어준다. 중불에 올리고 소스팬을 앞뒤로 움직여주며 열을 고루 분산시킨다. 가열하는 동안 색이 변하는 상태를 주의 깊게 지켜본다.

- **아주 밝은 색 캐러멜.** 거의 흰색에 가까우며 프티푸르 또는 프뤼 데기제(fruits déguisé 건과일과 마지팬으로 만든 당과류)의 코팅용으로 사용한다. 소스팬의 가장자리가 황색을 띠기 시작하면 바로 가열을 멈춘다. 식초 1티스푼을 넣으면 액체 상태가 더 오래 유지된다.
- **황금색 캐러멜.** 황금빛을 띤 캐러멜로 슈에 입히거나 시트러스 과일 슬라이스에 덮어씌울 때, 머랭을 붙일 때, 피에스 몽테를 조립할 때 사용된다. 적은 양씩 만들어 사용한다(한 번에 설탕량 최대 200~300g). 많은 양을 사용하다보면 작업 중간에 캐러멜이 굳어 재가열하여 흐르는 상태를 만들어야 하는데 이 때 색이 더 진해질 우려가 있기 때문이다.
- **중간색 캐러멜.** 밝은 마호가니 색의 캐러멜로 틀에 캐러멜을 깔거나, 누가틴을 만들 때, 푸딩, 크림, 아이스크림, 라이스푸딩, 외 아 라 네즈(œufs à la neige) 등에 씌워줄 때 사용한다. 절대 케이크 틀에 직접 캐러멜을 만들지 않는다.
- **중간에 가열을 멈춘 캐러멜.** 마호가니 색이 되었을 때 소량의 물이나 오렌지 즙(crêpes Suzette 크레프 쉬제트의 경우)을 넣어 가열을 중단한 뒤 조심스럽게 따라낸다. 부분적으로 굳으면 다시 약불에 올려 녹인다. 캐러멜 향을 내는 데 사용된다.
- **갈색 캐러멜.** 호박색 톤의 갈색을 띠는 캐러멜로 콩소메, 소스, 스튜 등에 색을 낼 때 사용된다. 190°C 이상 온도가 올라가면 설탕이 타게 되어 더 이상 사용할 수 없게 된다.

또한 몇몇 레시피에서는 물을 넣지 않고 설탕만 녹여 캐러멜을 만들 수 있다(누가틴, 아이스크림 용).

병이나 봉지 포장으로 시중에 판매되는 캐러멜을 사용하여 디저트에 향을 내거나 틀에 깔아줄 수 있으며 각종 케이크의 나파주용으로도 사용할 수 있다.

캐러멜은 또한 식용색소(E150)이기도 하다. 특히 리큐어나 아페리티프 주류, 또는 시판 소스 제품 등에 첨가되어 있다.

caramel 카라멜

캐러멜, 캐러멜 소스 : 소스팬에 설탕을 넣고 물을 조금 부어 적신 다음 녹인다. 약한 불에 올려 천천히 색이 나도록 가열한다. 시럽이 황갈색으로 변하면 물을 한 컵 부어 캐러멜이 끓는 것을 가라앉힌 다음 다시 불을 세게 올린다. 몇 분간 더 끓이면 아름다운 황갈색의 캐러멜을 얻을 수 있다. 앙토냉 카렘(Antonin Carême)은 "너무 센 불에 태워서 쓴맛이 나는 캐러멜, 속칭 태워 색을 낸 액체"라고 빈정거리며 말했다.

caramel à napper 카라멜 아 나페

코팅용 캐러멜 : 소스팬을 중불에 올리고 설탕 100g을 조금씩 넣어가며 녹인다. 설탕이 캐러멜화되면 버터 20g과 끓는 생크림 80ml를 넣어준다. 다시 가열하여 끓으면 바로 불에서 내려 식힌 뒤 사용한다. 가염 버터를 사용하면 혀 돌기를 따끔따끔하게 자극할 수도 있는 캐러멜의 너무 단 맛을 중화시켜주는 효과를 낼 수 있다.

carottes nouvelles confites en cocotte, caramel au pain d'épice ▶ CAROTTE
crème caramel ▶ CRÈMES D'ENTREMETS
crème renversée au caramel et aux morilles ▶ MORILLE
gâteau de riz au caramel ▶ GÂTEAU DE RIZ
île flottante au caramel ▶ ÎLE FLOTTANTE
sauce au caramel ▶ SAUCE DE DESSERT

CARAMEL (BONBON) 카라멜(봉봉) 사탕류의 캐러멜을 가리킨다. 대개 정사각형으로 되어 있는 캐러멜 사탕은 설탕과 글루코스 시럽 또는 끓인 전화당의 혼합물에 유제품(생우유, 우유 분말 또는 연유, 버터, 크림), 식물성 지방과 향(카카오, 커피, 바닐라, 헤이즐넛 등)을 첨가해 만든다. 재료의 함량 비율이나 익힌 정도, 완제품의 형태, 향에 따라 부르는 명칭이 다양하다(캐러멜 캔디, 소프트 캐러멜, 퍼지, 홉피, 토피 등). 하지만 풍미를 내 주는 가장 중요한 재료는 우유다. 프랑스에서는 우유와 유제품으로 유명한 도시인 이지니(Isigny)에서 만드는 캐러멜이 높은 명성을 얻고 있다.

caramels durs au café 카라멜 뒤르 오 카페

커피 캐러멜 캔디 : 바닥이 두꺼운 소스팬에 설탕 250g, 생크림 100ml, 커피 에센스 20ml, 레몬즙 12방울 정도를 넣고 섞는다. 나무 주걱으로 저으면서 142°C가 될 때까지 가열한다. 대리석 작업대 바닥과 캐러멜용 스텐 프레임에 기름을 바른 다음 캐러멜을 부어 굳힌다. 완전히 식히지는 않는다. 프레임 틀을 빼내고 긴 스패출러로 캐러멜 밑을 한 번 훑어 캐러멜을 대리석 바닥에서 떼어준다. 사방 2cm 정사각형으로 자른다.

caramels mous au beurre salé 카라멜 무 오 뵈르 살레

솔티드 버터 소프트 캐러멜 : 바닥이 두꺼운 소스팬에 설탕 250g, 우유 100ml, 꿀 또는 글루코스 시럽 80g을 넣고 섞는다. 바닐라빈 한 줄기를 길게 갈라 긁은 뒤 소스팬에 넣고 나무 주걱으로 저으며 가열한다. 끓으면 가염 버터 150g을 조금씩 넣으며 혼합한 뒤 불을 줄인다. 계속 저어주며 120°C가 될 때까지 가열한다. 대리석 작업대 바닥과 스텐 각봉 4개, 또는 지름 18cm 타르트 링에 기름을 바른다. 소스팬에서 바닐라빈 줄기를 건져낸 다음 각봉으로 만든 사각형 프레임 또는 타르트 링 안에 캐러멜을 붓는다. 2~3시간 동안 완전히 식힌 후 원하는 크기로 자른다.

앙리 르 루(HENRI LE ROUX)의 레시피

caramels mous au chocolat noir et au beurre salé 카라멜 무 오 쇼콜라 누아 에 오 뵈르 살레

솔티드 버터 다크 초콜릿 소프트 캐러멜 : 약 35개분

하루 전날, 가염 버터 100g에 고운 소금 3g을 넣고 섞은 다음 15g, 85g으로 각각 나누어둔다. 카카오 99% 초콜릿 50g을 칼로 다져 소스팬에 넣고 중탕으로 녹인다. 다른 소스팬에 글루코스 시럽 100g과 물을 넣고 약한 불로 가열한다. 여기에 설탕 250g을 넣고 잘 섞으며 황금색 캐러멜이 될 때까지 가열한다. 불에서 내리고 버터 15g을 넣어 설탕이 계속 익는 것을 중단시킨다. 따뜻하게 데운 생크림 200ml를 캐러멜에 천천히 부으며 잘 저어준다. 다시 불에 올려 가열하면서 나머지 버터 85g을 넣는다. 118°C가 되면 불에서 내린다. 녹인 초콜릿을 넣고 조심스럽게 저어 매끈하게 섞는다. 냉장고에 넣어두었던 차가운 접시 위에 캐러멜을 몇 방울 떨어트려 농도를 체크한다. 말랑한 상태가 되어야 한다. 32 x 15 cm 크기의 직사각형 용기에 유산지를 깔고 초콜릿 캐러멜을 부어 1.5cm 두께로 편다. 다음 날까지 상온에 둔다. 다음 날 캐러멜을 용기에서 꺼내 유산지를 떼어내고 도마 위에 놓는다. 칼에 포도씨유를 발라준 다음 사방 2cm 크기의 정사각형으로 자른다. 캐러멜을 하나하나 셀로판지로 싼다.

CARAMÉLISER 카라멜리제 캐러멜화하다. 설탕을 약한 불로 가열해 캐러멜로 변화시키다. 철저한 정밀함을 요구하는 이 조리작업은 특히 제과제빵에서 많이 시행되며 라므킨 안에 캐러멜을 깔아 입히기, 캐러멜을 넣어 향 내기(라이스 푸딩에 캐러멜을 넣는다), 또는 당과류 등에 캐러멜을 씌우기(프뤼 데기제, 슈 등에 캐러멜을 코팅한다) 등을 두루 통칭한다.

또한 파티스리에 설탕을 뿌린 다음 살라만더나 브로일러에 잠깐 구워 색을 내는 것을 뜻하기도 한다. 모양내어 돌려 깍은 채소를 설탕, 소량의 물, 버터, 소금을 넣고 윤이 나게 익혀 글레이즈할 때도 살짝 캐러멜라이즈된다.

'카라멜리제(caraméliser)'는 또한 고기 등을 익히고 난 용기 바닥에 남은 육즙을 가열해서 눌어붙게 하는 과정을 가리킨다. 이렇게 캐러멜라이즈되어 눌어붙은 상태에서 기름을 제거한 다음, 선택한 액체를 부어 디글레이즈한다. 이 작업을 통해 농축 육즙(jus), 소스, 육수 등에 더 진한 맛을 낼 수 있다. 캐러멜라이즈 되었다는 것은 외양 또는 맛, 색깔 면에서 캐러멜화가 일어난 상태를 통칭한다.

caraméliser un moule 중탕용 틀 안에 캐러멜 입히기

중탕으로 내용물을 익힐 틀이나 라므킨(ramekin)에 아직 뜨거운 코팅용 캐러멜(caramel à napper)을 붓고 바로 틀을 돌려 캐러멜이 굳기 전에 바닥과 안쪽 옆면을 고른 두께로 입혀준다.

compote poire-pomme caramélisée ▶ COMPOTE
crème caramélisée à la cassonade ▶ CRÈME BRÛLÉE OU CARAMÉLISÉE
œufs de caille caramélisés ▶ CAILLE

CARBONADE 카르보나드 플랑드르 지방의 특선 요리로 슬라이스한 소고기를 팬에 지져 익힌 뒤 양파와 맥주를 넣고 끓인 스튜의 일종이다. 또한 카르보나드(carbonade, carbonnade)는 돼지고기(치맛살 또는 목심) 구이나 레드와인을 넣어 익힌 프랑스 남부 지방의 소고기 스튜 요리 등을 가리키기도 한다(**참조** CHARBONNÉE).

carbonade à la flamande 카르보나드 아 라 플라망드

CONFECTIONNER UNE CAGE EN CARAMEL 캐러멜 케이지 만들기

1. 미리 기름을 발라둔 국자 뒷면에 액체 캐러멜을 흘려 놓는다. 포크로 왔다갔다 하며 선을 만들어 덮는다.

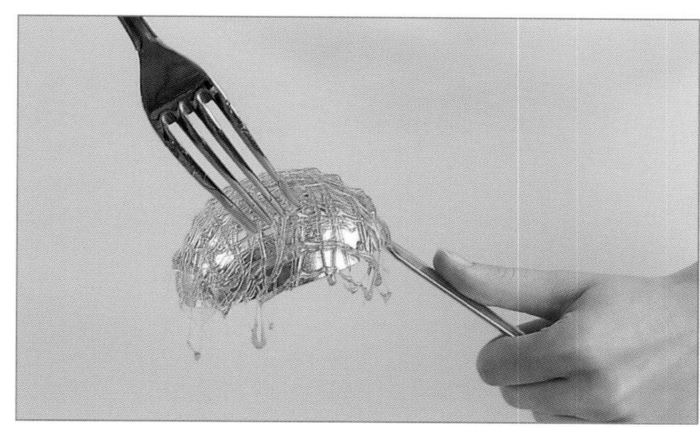

2. 포크를 사용해 캐러멜 선을 가로 세로로 교차시켜 촘촘한 망 모양을 만든다.

3. 국자 위로 넘친 부분은 잘라낸 다음 깨지지 않도록 조심스럽게 케이지 모양을 국자에서 떼어낸다.

플랑드르식 비프 스튜 : 양파 250g을 얇게 썬다. 소 안창살 또는 부채살 750g을 작게 썰거나 얇게 슬라이스한 다음 돼지 기름 40g을 달군 팬에서 센 불로 지져 색을 낸다. 고기를 건져 내고 그 기름에 양파를 노릇하게 볶는다. 작은 무쇠냄비에 고기와 양파를 교대로 깔아준 다음 소금, 후추로 간하고 부케가르니를 한 개 넣는다. 고기와 양파를 볶아낸 팬에 맥주 600ml와 소고기 육수 반 컵을 넣고 디글레이즈 한다. 소스팬에 버터 25g, 밀가루 25g을 넣고 볶아 갈색 루를 만든다. 디글레이즈해 끓인 국물을 루에 넣고 비정제 황설탕 1/2 티스푼을 넣어준다. 간을 맞춘다. 이 혼합물을 고기 냄비에 넣고 뚜껑을 덮은 뒤 2시간 30분간 아주 약한 불로 뭉근히 익힌다. 냄비 그대로 서빙한다.

CARCASSE 카르카스 동물의 도체. 도살한 뒤 피를 빼고 내장을 제거하고 가죽을 벗긴(돼지는 제외) 동물의 뼈대에 살이 힘줄과 건막으로 연결돼 붙어 있는 상태를 말한다.

DÉCOUPE DE GROS DU BŒUF 소고기 대분할

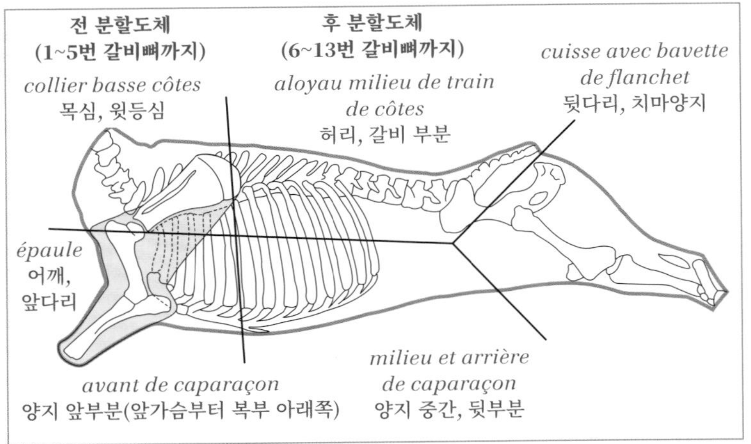

소의 도체는 척추를 중심으로 둘로 절단된다. 골수는 진공으로 빨아들여 제거하고 척수관과 척추 끝부분은 떼어낸다(**참조** MATÉRIEL À RISQUES SPÉCIFIÉS). 이렇게 반으로 길게 자른 도체를 갈비뼈 5번과 6번 사이를 기준으로 수직 방향으로 다시 반으로 각각 절단한다. 이렇게 하면 두 덩어리의 전 분할도체(갈비뼈1~5번까지의 앞부분 AV5)와 두 덩어리의 후 분할도체(갈비뼈 6번~13번까지의 뒷부분 AR8)를 얻게 된다. 그 다음 이 덩어리를 오래 익혀야 하는 질긴 부위와 일정시간 숙성을 거친 후 구이 등 단시간 조리가 가능한 살 부위로 나눈다(**참조** 위의 그림 및 pp.108~109 프랑스식 소 정육 분할 도감). 송아지와 양의 도체는 분할하지 않고 그대로 수급된다.

정육의 도체는 도살 단계부터 수의학 당국의 면밀한 검열을 받으며, 소해면상뇌병증(Bovine spongiform encephalopathy, BSE, 광우병) 검색을 위해 숨뇌(연수)를 채취한다.

유럽 내에서의 투명하고 원활한 유통을 위해 도체, 2분할도체, 4분할도체들은 정육 외관 및 구조, 비육상태, 색깔(송아지만 해당)을 기호로 명시한 인증 스탬프를 받는다.

CARDAMOME 카르다몸 카다멈. 생강과에 속하는 향료 식물로 인도 말라바르 연안이 원산지다. 열매껍질 속에 있는 씨앗을 말려서 향신료로 사용하는데 주로 동양, 특히 인도에서는 쌀이나 전병, 오믈렛, 미트볼, 국수 등에 넣어 향을 낸다(**참조** pp.338~339 향신료 도감). 북유럽 국가에서는 뱅쇼, 콩포트, 타르트 또는 몇몇 샤퀴트리에도 카다멈을 넣는다.

CARDE 카르드 식용가능한 근대의 흰 줄기 부분으로 프로방스와 론 지방에서 즐겨 먹는 채소다. 물이나 채소 삶는 블랑(blanc 밀가루와 레몬즙을 넣은 데침용 물)에 익힌 뒤 육즙 소스나 토마토 소스, 또는 진한 양념을 한 크림소스 등을 곁들이면 본래의 밋밋한 맛을 보강할 수 있다.

CARDINAL 카르디날 바다생선에 랍스터 슬라이스(주로 얇게 썬 송로버섯 슬라이스를 곁들인다)를 곁들이거나 랍스터 쿨리와 혼합한 화이트 소스를 끼얹은 요리를 지칭한다. 카르디날리제(cardinaliser)는 갑각류 해산물을 쿠르부이용에 익혔을 때 그 껍질이 붉게 변하는 현상(추기경 [cardinal] 의 가운과 같은 색)을 뜻한다.

또한 붉은 베리류 과일 쿨리로 글라사주를 입힌 아이스크림 케이크(bombe cardinal)나 차가운 과일(생과일 혹은 시럽에 익힌 과일)과 디저트(종종 바닐라 아이스크림에 이 과일을 얹고 딸기나 라즈베리 쿨리를 뿌리기도 한다)를 지칭한다. 또는 시럽에 익혀 따뜻하게 서빙하는 과일 디저트도 '카르디날'이라 부르는데, 이때 과일을 익힌 시럽에 블랙커런트 리큐어를 추가로 넣고 졸여 소스처럼 끼얹어 서빙한다(특히 poire cardinal).

▶ 레시피 : CROÛTE, HOMARD, SAUCE.

CARDINE 카르딘 작은 넙치, 가자미의 일종. 대문짝넙치과에 속하는 길쭉하고 납작한 바다생선으로 가자미(limande sloop, limande rose, limande cardine)로도 불린다. 흰색 카르딘이나 네 개의 반점이 있는 것 모두 갈색의 눈이 왼쪽에 몰려 있고 몸의 반대편 쪽은 회색빛이 도는 흰색이다. 입이 크고 지느러미는 가늘고 긴 술로 이루어져 있다. 몸의 길이는 평균 40cm이고 프랑스 해안지역 전역과 캐나다에서 많이 잡힌다. 캐나다에서는 '여름의 선물(cadeau d'été)'이라는 이름을 갖고 있다. 비늘은 쉽게 벗겨지며 살은 연하고 무른 편이다.

기름기가 적은 이 생선은 가자미처럼 필레를 떠서 다양한 방법으로 조리한다.

CARDON 카르동 카르둔. 아티초크와 마찬가지로 국화과에 속하는 식용 채소인 카르둔은 맛도 아티초크와 비슷하다. 늦가을부터 겨울까지가 제철이며 리옹 지역의 카르둔이 특히 유명하다. 프랑스 남부 지방에서는 전통적으로 크리스마스 식사에 반드시 포함되는 식재료이고, 투르에서는 그라탱으로 즐겨 먹는다.

구입할 때는 줄기 부분이 단단하고 크림색이 나며 넓적하고 살이 통통한 것, 잎 부분과 뿌리 위쪽이 같이 달려 있는 것을 고른다. 소금을 넣은 찬물에 담가두면 며칠 간 보관할 수 있다. 카르둔은 튀기거나 사골을 곁들여 먹을 뿐 아니라 비네그레트 소스를 곁들여 차갑게 먹기도 한다. 육즙 소스, 버터, 베샤멜 소스, 크림, 허브 등을 넣고 조리하며 주로 육류요리(흰 살, 붉은 살 고기 모두 포함)에 곁들여 먹는다.

cardons : 카르둔 익히기

카르둔의 밑동을 깨끗이 씻고 단단한 줄기는 제거한다. 연한 줄기를 하나씩 떼어 분리한 다음 질긴 섬유질을 벗겨낸다. 8cm 길이로 자른 뒤 레몬즙을 뿌려 갈변을 방지한다. 중앙의 속심지를 4등분한다. 채소 익힘용 블랑(blanc 밀가루와 레몬즙을 넣은 데침용 물)을 끓인 다음 카르둔 줄기와 심을 모두 넣는다. 다시 끓어오르면 불을 낮춘 뒤 뚜껑을 덮고 2시간 정도 익힌다.

cardons à la moelle 카르동 아 라 무알

사골을 곁들인 카르둔 : 익힌 카르둔을 건져 채소 서빙 그릇에 담는다. 동그랗게 슬라이스한 속심을 함께 담고, 소금물에 데쳐 익힌 골수도 얄팍하게 썰어 넣는다. 크림 소스를 끼얹고 잘게 썬 파슬리를 뿌려 서빙한다.

sandre grillé aux cardons, filet d'huile d'olive et citron ▶ SANDRE
tagine de bœuf aux cardons ▶ TAGINE

CARÊME 카렘 사순절. 그리스도교의교회력 절기중 하나로 부활절 전 40일간의 금식과 절제, 기도와 회개의 기간(일요일에는 예외적으로 기름진 음식이 허용됨)을 뜻한다. 본래 이 기간 중에는 고기, 기름, 달걀을 먹는 것이 엄격히 금지되었다. 식사는 주로 마른 채소 위주로 이루어졌다. 하지만 타협의 대안이 생겨났다. 성직자에게 헌금을 봉헌함으로써 적게나마 버터와 달걀뿐 아니라 비버와 같은 물에 사는 동물도 생선으로 간주해 먹는 것이 허용되었다. 요리에서는 달걀 대신 잉어 살을 이용해 국물을 걸쭉하게 리에종했고, 파티스리에서도 동물성 지방이나 달걀을 사용할 수 없는 제약을 다양한 방법으로 극복했다. 크로캉, 크라클렝, 에쇼데(échaudés 반죽을 끓는 물에 한 번 데쳐낸 다음 오븐에 구운 과자), 꿀을 넣은 밀가루 케이크, 아몬드를 끓인 죽을 예로 들 수 있다.

금식과 절제는 요리사들로 하여금 다양한 상상력을 발휘하여 음식을 탄생시킨 계기가 되었다. 사순절 기간 몇 주간 동안 내리 식탁에 오르던 염장 대구는 조리법이 가장 다양한 생선 중 하나가 되었다.

CARÊME (MARIE-ANTOINE, 일명 ANTONIN) 마리 앙투안(앙토냉) 카렘 프랑스의 파티시에, 요리사(1784, Paris 출생–1833, Paris 타계). 형제가 많은 가난한 가정에서 태어난 앙토냉 카렘은 불과 10살의 나이에 부모에게 버림받아 거리로 내몰렸다. 그는 파리 외곽(barrière du Maine)의 한 싸구려 식당 주인의 도움으로 거처를 얻을 수 있었고 그 식당에서 요리의 기초를 배우게 된다. 16세가 된 그는 당시 파리 최고의 파티시에 중 한 명인 실뱅 바이이(Sylvain Bailly)'의 제과점에 견습생으로 들어갔고, 그의 도움으로 국립 도서관에서 공부도 할 수 있게 되었다. 이때 카렘은 이후 자신의 파티스리의 기초가 될 건축에 관한 책을 많이 읽고 직접 도면을 그리기도 했다. 또한 언제나 조언과 지원을 아끼지 않았던 장 아비스(Jean Avice)와도 만나게 된다. 재능이 뛰어난 데다 노력을 게을리하지 않았던 카렘은 곧 두각을 나타내기 시작했고, 당시 바이이 제과점 단골이었던 탈레랑(Talleyrand)은 자신의 집에서 요리사로 근무할 것을 제안했다.

■ **당대 유명 인사들의 요리사.** 카렘은 12년 동안 탈레랑의 요리사로 일했다. 또한 이후 영국의 왕이 된 당시 섭정 왕자 조지 4세의 요리를 담당했을 뿐 아니라, 알렉산드르 1세의 요리를 위해 러시아로 초빙되기도 했다(비록 너무 짧은 기간만 머무른 탓에 대제를 위해 요리하지는 못했으나 보르쉬 수프와 쿨리비악 등 러시아의 유명한 전통음식을 프랑스에 들여오기도 했다). 그 외에도 오스트리아 빈 왕실, 영국 대사, 바그라시옹 공주, 영국의 스튜어드 경 등 당대 내로라하는 명사들의 요리를 담당했다. 마지막 몇 년은 금융계의 거물인 로칠드 남작의 주방을 맡았다. 카렘은 50살의 나이에 세상을 떠났다. 시인 로랑 타일라드(Laurent Tailhade)는 "천재성의 불꽃에 그리고 구이용 화덕의 숯불연기에 타" 소멸했다고 표현했다. 이른 나이에 타계했지만 카렘은 평생의 꿈을 이루었다. 그것은 바로 "지금 우리가 살고 있는 이 시대에, 내 직업에 대한 모든 것을 기록한 책을 펴내는 것"이었다. 카렘이 저술한 책으로는 일러스트를 곁들인 파티스리 책『파티시에 피토레스크(*Pâtissier pittoresque*)』(1815),『프랑스의 메트르 도텔(*Maître d'hôtel français*)』(1822),『파리의 왕실 파티시에(*Pâtissier royal parisien*)』(1825), 그리고 특히 전 5권으로 이루어진『19세기 요리의 기술(*l'Art de la cuisine au XIXe siècle*)』(1833)(다섯 권 중 마지막 두 권은 제자 플뤼므레 Plumerey가 집필했다) 등이 있다. 이 책들에서는 황제, 국왕, 왕자들을 위해 만들어진 화려한 요리들이 소개되고 있다.

■ **카렘의 업적.** 카렘은 집정정부 시대에 새롭게 등장한 귀족층의 화려함과 격식에 대한 열망을 간파했다. 그는 이 새로운 사회의 정에 지도층을 위한 화려하고도 세련된 고급 음식을 개발해냈다. 그의 몇몇 레시피 중 특히 소스류는 아주 유명해졌다. 프랑스 고급 요리의 진정한 창시자라 할 수 있는 그는 이러한 요리문화를 프랑스를 대표하는 자산으로 승격시켰다.

요리 기기나 도구에도 관심을 보였던 그는 몇몇 주방도구를 새로 디자인하고 설탕공예용 냄비 모양을 변형하기도 했으며 각종 틀을 만들어냈다. 심지어 조리사들의 모자 모양에 대해서도 고민했다. 볼로방(vol-au-vent)과 대형 머랭 과자를 처음 만들어 선보인 것도 카렘이었다. 그는 걸출한 파티시에였을 뿐 아니라 소스나 수프에도 일가견이 있는 요리사였다.『요리의 기술(*Art de la cuisine*)』에는 프랑스의 소스와 수프 레시피 186종, 외국 것 103종이 소개되었다). 그에게 경의를 표하기 위해 여러 레시피와 요리에 그의 이름이 붙어 있다.

▶ 레시피 : ŒUF MOLLET.

CARI 카리 카레, 커리. 인도의 향신료 믹스로 가루, 페이스트 형태 모두 포함된다. 또한 커리로 향을 내거나 노란 색을 낸 요리를 지칭하기도 한다.

■ **구성 재료.** 인도에서는 각 요리사마다 자신만의 커리 혼합법이 있을 정도로 그 구성 재료 및 혼합 비율이 다양하며 이는 지역, 카스트 그리고 용도에 따라 달라진다. 서양에서 커리 믹스(18세기에 도입)는 일정한 고정 레시피에 따라 만들어진다. 오늘날 커리 제품은 순한 맛, 매운맛, 아주 매운 맛으로 분류되어 출시되고 있다. 커리의 기본적인 향신료 성분으로는 강황, 고수, 커민, 후추(필수), 정향, 카다멈, 생강, 육두구(넛멕), 타마린, 고추(선택)가 있다. 여기에 펜넬, 캐러웨이, 인삼, 말린 바질, 머스터드 씨, 계피 등을 첨가해 더욱 개성 있는 맛을 만들기도 한다. 스리랑카에서는 코코넛 밀크나 요거트를 넣기도 하고 태국에서는 건새우 페이스트 까삐(kapi)를 첨가한다. 인도의 커리는 걸쭉한 것, 묽은 것, 물기 없이 뻑뻑한 것, 가루 등이 있으며, 색깔도 흰색에서 골든 브라운 혹은 붉은색, 녹색 등 재료에 따라 다양하다.

■ **사용.** 동양에서는 여러 종류의 채식 요리(병아리 콩 가루, 렌틸콩, 쌀을 기본으로 한 요리) 및 고기, 생선 요리에 커리를 넣어 향을 낸다. 서양에서는 주로 돼지, 닭, 양고기에 커리를 넣어 조리한다. 커리의 조리법은 다음 세 종류가 있다.

- **인도식.** 적당한 크기로 썬 고기를 잘게 썬 양파와 샬롯을 넣고 냄비에 지져 노릇하게 색을 낸 다음 건진다. 그 냄비에 토마토 스튜와 커리(경우에 따라 코코넛 밀크를 넣기도 한다), 향신료를 넣고 뭉근히 끓이다가 고기와 육수를 넣어 함께 익힌다.
- **중국식.** 고기를 아주 작게 썬 다음 커리와 간장에 재워둔다. 돼지기름을 달군 뜨거운 웍에 고기를 한 번에 넣고 향신 재료를 넣은 다음 함께 볶아 익힌다.
- **영국식.** 적당한 크기로 썬 고기에 밀가루, 이어서 커리 가루를 묻힌 다음 육수를 붓고 스튜처럼 익힌다.

그 밖에도 커리는 해산물 필라프, 비스크, 토마토 수프, 렌틸콩 스튜, 채소 요리에 넣어 향을 더할 뿐 아니라, 생선에 곁들이는 마요네즈나 혼합 버터에 향신료로도 사용된다.

cari d'agneau 카리 다뇨

양고기 커리 : 곱게 간 생강 1테이블스푼(또는 생강가루 1티스푼), 사프란 약간(0.1g 정도), 식용유 2테이블스푼, 카옌페퍼 넉넉히 1꼬집, 소금, 후추를 혼합한다. 양 목심 또는 어깨살을 적당한 크기로 자른 뒤 양념에 굴려 고루 묻히고 1시간 동안 그대로 재운다. 토마토 큰 것 3개의 껍질을 벗기고 잘게 썬다. 무쇠냄비에 돼지기름을 달군 뒤 고기를 넣고 지져 노릇하게 색을 낸 다음 건진다. 같은 냄비에 양파 큰 것 4개를 얇게 채 썰어 넣고 5분간 볶은 다음, 썰어둔 토마토와 커리 1테이블스푼, 잘게 다진 마늘 3톨, 부케가르니 1개를 넣는다. 신맛이 있는 사과 큰 것 1개의 껍질을 벗기고 강판에 갈아 냄비에 넣고 2~3분간 잘 저어주며 익힌다. 고기를 다시 냄비에 넣고 잘 섞은 다음 코코넛밀크 혹은 저지방 우유 작은 볼 한 개 분량을 넣는다. 뚜껑을 덮고 40분간 뭉근하게 익힌다. 간을 맞춘 다음 인도식 라이스를 곁들여 뜨겁게 서빙한다. 캐슈너트, 건포도, 파인애플, 레몬즙을 뿌린 바나나를 다른 그릇에 각각 따로 담아낸다.

몽 브리(MONT-BRY)의 레시피

cari de poulet 카리 드 풀레

치킨 커리 중간 크기의 닭 한 마리를 준비해 내장을 제거하고 토치로 그슬려 잔털과 깃털자국을 제거한다. 껍질을 벗기고 분할한 다음 사지를 각각 3~4토막으로 자른다(토막 낼 때는 뼈가 작은 조각으로 부스러지지 않도록 말끔하게 잘라야 한다). 돼지기름 또는 버터를 달군 냄비에 중간 크기 양파 2개, 햄 100g, 껍질 벗긴 사과(reinette)를 모두 잘게 다져 넣고 으깬 마늘, 타임, 월계수 잎, 계피, 카다멈, 메이스 가루로 양념해 볶아준다. 여기에 닭고기를 넣고 함께 익힌다. 고기가 어느 정도 익어 단단해지면 너무 진한 색이 나지 않게 잘 저어 섞은 뒤 커리 2스푼을 넣어준다. 껍질을 벗기고 속과 씨를 제거한 뒤 잘게 썬 토마토 2개를 넣은 다음 코코넛 밀크 250ml(없으면 아몬드 밀크로 대체)를 넣어준다. 뚜껑을 덮고 불을 줄인 다음 35분간 뭉근히 끓인다. 서빙하기 10분 전에 더블 크림 150ml와 레몬즙 1개분을 넣어준다. 한 번에 졸여 원하는 농도의 소스를 만든다. 서빙용기에 닭고기를 담고 라이스와 함께 서빙한다. 라이스는 다음과 같은 방법으로 만든다. 쌀 250g을 소금물에 넣고 중간 중간 잘 저어주며 15분간 익힌다. 쌀을 건져 여러 번 찬물에 헹군다. 오븐용 팬에 쌀을 넣고 행주로 덮어 싼 다음 식품건조기나 아주 약한 낮은 온도의 오븐에 넣고 15분간 건조시킨다.

CARIBOU 카리부 순록. 덩치가 큰 캐나다의 사슴으로 사냥 조건을 엄격하게 관리하여 개체수를 보호하고 있으며, 현재까지 에스키모들에 의해 판매가 이루어지고 있다. 순록의 분할과 조리법은 유럽의 수렵육 사슴을 취급하는 방법과 동일하다. 일반적으로 순록 고기는 '레어' 상태로 먹으며 소스 푸아브라드(sauce poivrade)를 곁들인다, 가니시로는 레드와인에 익힌 서양 배 혹은 가을 제철 채소 요리(셀러리악 퓌레 또는 가늘게 간 비트 등)를 함께 낸다.

카리부는 또한 스위트 레드와인에 천연 증류주를 혼합한 퀘벡 지방의 아페리티프 식전주 이름이기도 하다.

장 술라르(JEAN SOULARD)의 레시피

longe de caribou aux atocas (canneberges) 롱주 드 카리부 오 아토카(칸베르주)

크랜베리를 곁들인 순록 등심 요리 : 4인분 / 준비 : 30분 / 조리 : 2시간

오븐을 150°C로 예열한다. 오븐팬에 잘게 썬 수렵육 뼈 1kg과 자투리 고기를 펼쳐놓고 오븐에 넣어 갈색이 나도록 약 40분간 굽는다. 여기에 당근 작은 것 1개, 양파 작은 것 1개를 작게 썰어 넣어준다. 토마토 1개와 주니퍼베리 알갱이 4~5개도 함께 넣은 다음 오븐에 다시 넣고 4~5분간 익힌다. 오븐에서 꺼낸 뒤 기름을 제거하고 내용물을 냄비에 옮겨 담는다. 그 오븐팬에 레드와인 500ml, 물 1리터, 부케가르니 1개, 토마토 페이스트 30g을 넣고 간을 한 다음 뚜껑을 덮지 않은 상태로 약하게 1시간 30분간 끓인다. 거품과 기름을 건져내고 체에 거른 뒤 다시 불에 올려 500ml가 되도록 졸여 수렵육 육수를 만든다. 간을 맞춘 뒤 냉장고에 보관한다. 오븐을 175°C로 예열한다. 팬에 식용유 150ml를 달군 뒤 뼈를 제거한 순록 등심 덩어리를 고루 지져 색을 낸 다음 오븐에 넣어 20분간 익힌다. 꺼내서 따뜻하게 보관한다. 이 팬에 오렌지 즙 500ml와 꿀 1테이블스푼을 넣고 가열한다. 끓으면 크랜베리 165g을 넣고 몇 분간 더 끓인다. 크랜베리를 건져 뜨겁게 보관한다. 팬에 수렵육 육수를 넣고 졸여 소스 180ml를 만든다. 마지막에 타임과 오레가노 다진 것 15g을 넣어준다. 다른 팬에 다진 샬롯 30g을 넣고 볶은 다음 밤 퓌레 500ml를 넣고 같이 데운다. 소스를 각 서빙 접시에 붓고 동그랗게 메다이옹(médaillon)으로 썬 등심을 소스 위에 놓는다. 크랜베리를 가운데 올리고, 테이블스푼 2개를 이용해 밤 퓌레를 크넬 모양으로 만들어 양쪽에 하나씩 놓는다.

안 데자르댕(ANNE DESJARDINS)의 레시피

longe de caribou, bleuets sauvages, poivre vert et baies de genièvre 롱주 드 카리부, 블루에 소바주, 푸아브르 베르 에 베 드 주니에브르

야생 블루베리, 그린 페퍼콘, 주니퍼베리를 곁들인 순록 등심 요리 : 6인분 / 준비 : 15분 / 조리 : 20분

주니퍼베리 알갱이 3개와 그린 페퍼콘 1티스푼을 절구에 넣고 빻은 뒤 소금을 한 꼬집 넣는다. 기름을 잘라낸 1.2kg짜리 순록 등심 덩어리에 이 양념을 고루 발라 씌운다. 바닥이 두꺼운 냄비에 버터 1테이블스푼과 동량의 올리브오일을 넣고 뜨겁게 달군 뒤 등심을 넣고 원하는 익힘 정도로 고루 지져 굽는다. 고기를 건져 뜨겁게 보관한다. 그 팬에 얇게 썬 샬롯 1개와 야생 블루베리 45g을 넣고 1분간 익힌다. 올드 빈티지 발사믹 식초 50ml와 레드와인 200ml를 넣고 디글레이즈한 다음, 송아지 육수(또는 수렵육 육수) 200ml를 넣는다. 반으로 졸인 뒤 체에 거르고 다시 약한 불에 올린다. 야생 블루베리 45g을 다시 넣고 그린 페퍼콘 몇 알, 버터 한 조각을 넣는다. 간을 보고 필요하면 소금을 더 넣는다. 등심 덩어리를 보기좋게 잘라 뜨거운 접시에 놓고 소스를 붓는다. 팬에 볶은 돼지감자를 곁들여 서빙한다.

CARICOLE 카리콜 브뤼셀에서 경단고둥(bigorneau)을 부르는 명칭. 전통 방식대로 셀러리를 많이 넣어 강하게 향을 낸 쿠르부이용에 넣어 익혀 먹는다. 파는 방식도 옛날 그대로 길거리 노점 상인들이 리어카에 실은 알록달록한 큰 냄비에서 꺼내 통통한 속살을 껍데기에서 꺼내준다.

CARIGNAN (À LA) 아 라 카리냥 양 안심이나 소 안심을 소테한 다음 폼 안나(pommes Anna 작고 둥근 타르틀레트 모양으로 구운 얇은 감자)위에 얹은 요리. 고기를 지진 팬의 기름을 제거한 다음 포트와인으로 디글레이즈하고 토마토 맛을 더한 송아지 육수를 넣어 졸여 소스를 만든 뒤 끼얹어 서빙한다. 가니시로는 버터에 익힌 아스타라거스 윗동, 뒤셰스 감자에 달걀을 섞고 빵가루를 입혀 튀긴 다음 가운데를 파서 푸아그라 퓌레를 채운 것을 곁들인다.

또한 시럽에 데쳐 익힌 서양 배, 복숭아 또는 사과의 속을 파낸 뒤 초콜릿 아이스크림을 채워 넣고 제누아즈 시트 위에 얹은 다음 바닐라 퐁당 아이싱을 씌운 차가운 디저트를 가리키기도 한다.

CARMÉLITE (À LA) 아 라 카르멜리트 닭 가슴살에 쇼 프루아 소스를 끼얹어 덮고 송로버섯 슬라이스로 장식한 다음 민물가재 무슬린과 살을 곁들여 담은 찬 요리를 가리킨다.

또한 플랑 크러스트에 달걀(반숙 또는 수란)을 채우고 크림 소스 홍합을 얹은 뒤 화이트와인 소스를 뿌린 요리를 지칭하기도 한다.

CARMEN 카르멘 토마토나 피망이 들어간 다양한 요리(콩소메, 달걀, 서대 필레 등)를 가리키며, 일반적으로 간과 맛이 강한 에스파뇰식(à l'espagnole) 양념을 하거나 그러한 가니시를 곁들인다. 카르멘 샐러드는 익힌 쌀, 큐브 모양으로 썬 닭 가슴살, 길고 가늘게 썬 홍피망, 머스터드와 다진 타라곤 비네그레트를 넣어 양념한 완두콩을 넣어 만든다.

CARMIN 카르맹 붉은색 천연색소로 양홍(cochenille 연지벌레에서 짜낸 염료), 또는 카르민산(acide carminique E120)을 뜻한다. 이 식용 색소(**참조** ADDITIF ALIMENTAIRE)는 샤퀴트리, 염장 가공육, 통조림 새우, 건어물, 시럽, 리큐어, 아페리티프 주류, 치즈, 가향 우유 등에 주로 사용되며 특히 당과류나 파티스리에 많이 쓰인다.

CARNAVAL 카르나발 사육제, 카니발. 사순절이 시작되기 바로 전날인 마르디 그라(Mardi gras)에 앞서 며칠간 열리는 가면무도회 등의 축제를 뜻한다.

■ **기원.** 카니발의 기원은 고대 로마의 3월 초하루 축제까지 올라가는데, 농촌에서 자연의 만물이 소생하는 것을 축하하는 제례의식이었다. 이 축제 기간에는 금기가 풀어졌고, 변장도 허용되었다. 함성 속에 짚으로 만든 인형을 태우는 의식이 진행되기도 했다. 농촌에서 늘 주술적 의식이 음식 축제와 연계되어 있는 것도 이 같은 이유에서다.

■ **풍성한 고기.** 이론상으로 사육제 기간은 주현절로부터 재의 수요일까지지만 옛날에 그 정점을 이룬 것은 사순절이 시작되기 바로 전날인 마르디 그라(기름진 화요일)의 식사였다. 전통적으로 이 날은 모든 종류의 고기를 풍성하게 먹었다(살찐 소 퍼레이드의 풍습도 여기서 유래했다[**참조** BŒUF]). 샹파뉴 지방에서는 이 날 식사에 돼지 족발을, 아르데슈에서는 돼지 귀를 먹었다. 마른 지방에서는 당일 투계 시합에서 승리한 수탉을, 투렌에서는 염소 뒷다리 요리를, 리무쟁에서는 속을 채운 토끼를, 케르시에서는 샐서피 소스를 곁들인 닭 토막을 채운 커다란 볼로방이 상에 오른다. 프로방스에서는 각종 재료를 아이올리 소스에 찍어 먹는 그랑 아이올리 플레이트가 필수이며 니베르네에서는 누들을 넣은 맑은 수프, 채소와 함께 익힌 소고기 국물 요리, 피를 넣은 소스(또는 화이트 소스)의 닭 요리, 칠면조 혹은 거위 로스트, 마늘과 호두오일 드레싱의 샐러드, 크림을 곁들인 프로마주 블랑, 건자두 타르트와 포도 찌꺼기로 만든 화주 등을 갖추어 먹었다. 이러한 축제가 열리면 수많은 사람들이 몰려들었기 때문에 값이 싸면서도 빨리 만들 수 있는 디저트가 등장했다. 크레프, 와플, 튀김 과자 등의 전통이 이로부터 시작되었다.

오늘날 벨기에에서는 카니발 축일이면 베를리너 도넛을 먹으며 축제를 즐기고 있으며, 리에주 지방 말메디(Malmédy)에서는 비트와 각종 재료를 넣고 마요네즈로 버무린 러시안 샐러드를 즐겨 먹는다. 벨기에 서부 투르네(Tournai)에서는 마르디 그라 하루 전날, '주현절 월요일의 토끼요리(lapin du lundi perdu)'를 만든다. 퀘벡에서는 카니발 축일에 카리부(caribou)라는 알코올 음료를 즐겨 마신다. 순수 증류주(40~80% Vol.)와 레드와인을 혼합한 것으로 길거리에서 따뜻하게 마시며 몸을 녹인다. 스위스 바젤에서는 밀가루 수프(Basler Mehlsuppe)와 양파와 치즈로 만든 타르트(Zwiibele- und Kääswäjie)를 즐겨 먹고, 루체른에서는 넓적한 튀김 과자(Fasnacht Chuechli)를 먹는 풍습이 있다.

CAROLINE 카롤린 달지 않은 슈 반죽으로 만든 미니 사이즈의 에클레어로 오븐에 구워낸 뒤 치즈나 햄으로 만든 소를 채워 넣거나 캐비아, 연어 무스, 푸아그라 등을 곁들인다. 따뜻하게 또는 차갑게 먹을 수 있으며 뷔페에 주로 많이 서빙된다. 에클레르 카롤리(éclairs 'Karoly'라고도 부른다).

또한 카롤린은 미니 에클레어 모양의 프티푸르를 지칭하기도 한다. 슈 반죽을 오븐에 구워낸 뒤 플레인 또는 향을 첨가한 크렘 파티시에를 채워 넣고 퐁당슈거 아이싱, 캐러멜 시럽, 초콜릿 미루아르 등으로 윗면을 입혀 준다.

carolines à la hollandaise 카롤린 아 라 올랑데즈

네덜란드식 미니 에클레어 : 설탕을 넣지 않은 슈 반죽을 만든다. 베이킹 팬에 약 4cm 길이의 작은 에클레어를 짤주머니로 짜 놓은 다음 달걀물을 바르고 190°C로 예열한 오븐에서 굽는다. 꺼내서 망에 올려 식힌다. 염장 청어 필레의 소금기를 뺀 다음 가시를 발라내고 물기를 닦는다. 삶은 달걀노른자 2개, 버터 80g을 넣고 곱게 찧거나 블렌더로 살짝 갈아 혼합한다. 잘게 썬 차이브와 파슬리를 각각 1스푼씩 넣어 섞는다. 에클레어의 옆면에 칼집을 내 벌려준 다음, 소를 짤주머니로 짜 넣는다. 녹인 버터를 에클레어에 바른 뒤 바로 달걀노른자 약간과 다진 파슬리를 뿌린다. 서빙할 때까지 냉장고에 보관한다.

CAROTTE 카로트 당근. 미나리과에 속하는 채소로 뿌리 부분을 먹는다. 옛날에는 흰색이었으나 현재는 주황색을 띠고 있다(**참조** 오른 쪽 당근 도표, pp.498~499 뿌리채소 도감).

프랑스에서 당근은 감자에 이어 두 번째로 많이 소비되는 채소다. 낭테(nantais) 품종이 신선 유통되고 있으며, 나머지는 대부분 식품 제조업체

공장으로 대량 공급된다.

■ **역사.** 고대의 조상들은 당근이 시력에 좋다는 효능은 인정했지만 채소로서 즐겨 먹지는 않았다. 르네상스 시대까지만 해도 당근은 누르스름하고 질기며 속은 단단하게 목질화된 뿌리에 불과했고, 다른 순무 종류의 뿌리채소보다 나을 것 없이 여겨졌으며 고급 식재료로는 전혀 취급받지 못했다. 조금씩 맛과 품질이 개량되면서 재배종 당근이 시장에서 판매되기 시작했다. 지금과 같이 오렌지색을 띠게 된 것은 16세기에 이르러서이다.

■ **사용.** 당근은 어린 햇채소 상태인 것이 더욱 좋다. 날로 그냥 먹거나 가늘게 채칼로 썰어 비네그레트 드레싱이나 레몬, 올리브오일, 소금, 후추로 양념해 먹는다. 혹은 안초비, 건포도, 참치 살, 견과류 등을 넣어 샐러드로 즐기기도 하며, 착즙해 주스로도 마실 수 있다. 익히는 조리법으로는 글라세(glacées 버터, 설탕, 소금, 물을 넣고 윤기나게 익힌다) 또는 크림이나 허브를 넣어 익히거나, 비시(Vichy 버터와 설탕을 넣고 볶다가 물 또는 육수를 넣어 익힌다), 자르디니에르(jardinière 작게 썰어 다른 채소와 함께 익힌다), 퓌레, 수플레 등 다양한 종류가 있다. 또한 포타주, 스튜, 고기나 채소 요리 및 육수를 낼 때도 향신 채소로 사용한다(brunoise, court-bouillon 등). 당근은 그 용도와 익히는 시간에 따라 얇고 동글게 슬라이스, 토막으로 자르기, 길쭉한 막대 모양, 큐브 모양, 가늘게 채 썰기 등 써는 방법이 다양하다. 캔이나 병조림으로 나온 제품에는 아주 작은 크기의 당근을 양념 없이 저장한 것뿐 아니라 작게 깍둑 썬 것, 또는 완두콩과 혼합한 것 등이 있다. 당근은 살균한 뒤 냉동보관이 가능하다.

■ **영양학적 가치.** 당근은 수분을 많이 함유하고 있으며100g당 열량은 40Kcal(또는 167kJ)이다. 또한 자당(100g당 7g)과 무기질(특히 칼륨), 비타민(주요 항산화물질인 비타민 A가 가장 많이 들어 있는 채소다), 그리고 펙틴이 풍부하다.

---

carottes glacées 카로트 글라세

당근 글레이즈 : 통통하고 짧은 햇 당근의 껍질을 벗기고 일정한 모양으로 돌려 깎는다. 소테팬에 한 켜로 깐 다음 재료높이까지 찬물을 넣는다. 물 500ml 기준, 설탕 30g, 버터 60g, 설탕 6g을 넣고 가열한다. 세게 끓어오르면 불을 줄이고 유산지를 팬의 크기로 잘라 덮어준다. 물이 거의 졸아들 때까지 익힌다. 당근이 알맞은 상태로 익으면 팬을 흔들어 고루 윤기나게 굴려준다. 당근 글라세는 베샤멜 소스(마지막에 소스를 몇 스푼 넣어준다), 버터, 크림(뜨거운 크림을 넣고 1/3로 졸인다), 허브(잘게 썬 파슬리나 처빌을 뿌려준다), 육즙 소스(송아지 육수나 닭 육수 쥐(jus)를 몇 스푼 넣어준다) 등을 넣어 만들기도 한다.

프레데릭 앙통(FRÉDÉRIC ANTON)의 레시피

carottes nouvelles confites en cocotte, caramel au pain d'épice 카로트 누벨 콩피트 앙 코코트, 카라멜 오 팽 데피스

햇 당근 콩피와 팽 데피스 캐러멜 소스 : 4인분 / 준비 : 20분 / 냉장 : 2시간 / 조리 : 20분

팽 데피스 40g을 큐브 모양으로 자른 뒤 볼에 넣고 드라이 화이트와인 100g을 넣어 적신다. 냉장고에 2시간 동안 넣어 불린다. 소스팬에 흰색 닭 육수 100ml를 넣고 끓인 다음 와인에 불린 팽 데피스를 넣고 15분간 끓인다. 다른 소스팬에 설탕 15g을 녹여 캐러멜을 만들고 와인식초 10ml를 넣어 디글레이즈한다. 캐러멜을 팽 데피스 소스에 넣고 다시 20분을 끓인 다음 체에 거른다. 간을 맞춘다. 중간 크기의 햇 당근 20개의 껍질을 벗기고 씻은 뒤 길쭉한 원통형으로 돌려 깎는다. 연한 줄기부분은 따로 보관한다. 볼에 당근과 소금 3g, 설탕 3g을 넣고 잘 섞는다. 무쇠 냄비에 올리브오일 40ml을 천천히 달군 다음 당근을 넣고 고루 슬쩍 볶는다. 닭 육수 200ml와 버터 20g을 넣고 뚜껑을 덮은 뒤 20분간 익힌다. 뚜껑을 열고 아카시아꿀 30g을 넣는다. 셰리 식초 10ml를 넣고 디글레이즈한 다음 당근을 윤기나게 고루 코팅한다. 불 옆에 따뜻하게 보관한다. 접시에 당근을 5개씩 놓고 팽 데피스 소스를 끼얹는다. 150°C 기름에 튀긴 햇 당근 줄기를 위에 얹고 마른 팽 데피스 가루 3g을 뿌려 서빙한다.

---

carottes aux raisins 카로트 오 레쟁

건포도를 넣은 당근 요리 : 햇 당근을 동그랗게 썬 다음 버터를 녹인 팬에 재빨리 볶는다. 물을 재료 높이만큼 붓고 부르고뉴 마르(marc de Bourgogne 포도 찌꺼기를 증류해 만든 화주)를 한 스푼 넣는다. 15분간 끓인 뒤 씨를 뺀 말라가(Málaga) 건포도를 한 줌 넣는다. 뚜껑을 닫고 약한 불에서 익혀 완성한다.

---

carottes Vichy 카로트 비시

비시 당근 요리 : 햇 당근 800g의 껍질을 벗긴 뒤 동그랗고 얇게 슬라이스한다. 소테팬에 넣고 재료 높이만큼 물을 부어준 다음, 물 500ml 기준으로 소금 6g, 설탕 넉넉히 한 꼬집을 넣어준다. 물이 다 스며들 때까지 약한 불로 익힌다. 버터 30g을 잘게 잘라 얹고 잘게 썬 파슬리를 뿌려 서빙한다.

purée de carotte ▶ PURÉE
rouelle de thon aux épices et aux carottes ▶ THON
salade de carotte à l'orange ▶ SALADE

CAROUBE 카루브 캐러브. 캐롭. 콩깍지에 들어 있는 캐롭나무 열매로 콩과식물에 속하며 지중해 지방에서 자란다. 캐롭 열매는 최대 길이가 30cm에 이르며 그 과육은 영양가가 풍부하고 상큼한 맛이 나며 당밀에 견줄 정도로 설탕이 풍부하게 함유되어 있다. 분쇄하여 잼이나 리큐어, 전통 밀전병(kabyle)을 만들기도 한다. 식품 제조업체에서는 팽창제나 증점제로 캐롭 가루를 많이 사용한다. 또한 소아의 장염을 예방하는 데도 사용된다.

CARPACCIO 카르파초 이탈리아의 전채 요리로 생 소고기 채끝 등심을 얇게 슬라이스해 약간 묽은 마요네즈 소스를 곁들여 차갑게 낸다. 1950년 베네치아의 해리스 바(Harry's Bar, 파리의 해리스 바와는 관계없음)에서 처음 선보인 이 요리의 이름은 르네상스 시대의 베니스 화가인 비토레 카르파초(Vittore Carpaccio)에 경의를 표하는 의미에서 따 온 것이다.

해리스 바(HARRY'S BAR, VENISE)의 레시피

carpaccio 카르파초

아주 연한 소 채끝등심 1.3kg짜리 덩어리의 기름과 힘줄, 연골 등을 제거해

당근의 주요 품종과 특징

품종	산지	제철	모양
암스테르담 짧은 당근 court d'Amsterdam	브르타뉴, 랑드 Bretagne, Landes	3월 말~10월 말	짤막하고 껍질이 매끈하다.
demi-long nantais	랑드, 스페인, 이탈리아, 이스라엘 Landes, Espagne, Italie, Israël	3월 말~6월 말	중간 사이즈의 긴 원통형으로 끝이 둥글고 껍질이 매끈하며 선명한 오렌지색이다.
자이언트 플래키 long et gros flakkee, berlicum	영불해협, 랑드, 브르타뉴, 부슈 뒤 론, 지롱드, 보클뤼즈 Manche (dont la créances en lavée et non lavée), Landes, Bretagne, Bouches-du-Rhône, Gironde, Vaucluse	6월 말-4월 말	색이 다양하고 껍질이 매끈하거나 약간 주름이 있다.
	Aisne, Somme, Bretagne	6월 말-12월 말	

깔끔한 원통형으로 다듬은 다음 냉동실에 넣어둔다. 썰기 좋을 정도로 단단해진 소고기를 잘 드는 칼로 아주 얇게 슬라이스한다. 접시에 펼쳐 놓고 소금을 조금 뿌린 다음 냉장고에 최소 5분 이상 넣어둔다. 마요네즈 200ml에 우스터소스 1~2티스푼, 레몬즙 1티스푼을 섞고 소금, 흰 후추를 넣는다. 고기 위에 소스를 모양내어 조금 뿌린 뒤 서빙한다.

selle d'agneau de lait en carpaccio au pistou ▶ AGNEAU

CARPE 카르프 잉어. 잉어과에 속하는 민물생선으로 현재는 특히 남부, 동부 유럽에서 많이 양식한다(**참조** pp.672~673 민물생선 도감). 잉어는 원래 흑해에서 만주까지의 해역에 많이 서식했다. 중국에서는 이미 2000여 년 전부터 잉어를 기르기 시작했고, 아주 즐겨 먹으며 특히 입술을 가장 별미로 친다. 고대 로마인들에 의해 유럽에 들어온 것으로 추정되는 잉어는 연못 지대나 유량이 적은 수역지대에 많이 서식하게 되었다. 다부진 몸통을 가진 잉어는 큰 것은 길이가 75cm에 달하며 두꺼운 비늘로 덮여 있다(등쪽은 거무스름한 갈색, 몸통 측면은 황금색, 배쪽은 흰색). 입은 작고 이빨이 없으며 4개의 살 수염이 달려있다. 교배를 통하여 생산량이 가장 많은 품종(carpe cuir[몸통 가운데와 지느러미 밑 부분 외에는 비늘이 없다], carpe miroir[지느러미 밑 부분에만 비늘이 있으며 가장 맛이 좋다])을 개발해냈다. 프랑스 시장에서는 아시아산 냉동 잉어를 구입할 수 있으며 이 살은 프랑스산 양식 잉어보다 더 단단하고 풍미가 있다. 캐나다에서도 잉어와 비슷한 종류의 생선을 찾아볼 수 있다(**참조** CORÉGONE).

잉어를 구입할 때는 살이 통통한 것을 고른다. 활어인 경우, 목구멍 깊숙이 자리하고 있어 꺼내기 힘든 쓸개주머니를 반드시 제거해야 한다. 내장을 빼내고 비늘을 제거한 다음 식초를 섞은 물에 담가 두는 것이 좋다. 중간에 물을 여러 번 바꿔준다. 잉어는 오븐에 로스트 하거나 속을 채워 조리하거나(특히 유대식 소를 채운 잉어 요리 carpe farcie à la juive), 그릴에 굽기도 하고, 쿠르부이용(또는 식초물)에 데쳐 익힌다. 그 밖에도 마틀로트(특히 맥주를 넣어서)를 만들거나, 화이트와인을 넣어 조리하기도 한다. 작은 잉어나 잉어의 치어는 주로 튀겨서 먹는다.

---

carpe à la bière 카르프 아 라 비에르

맥주를 넣은 잉어 요리 : 약 2kg짜리 잉어 한 마리를 손질한 다음 이리를 조심스럽게 떼어낸다. 생선 안과 겉에 소금과 후추를 고루 뿌려 밑간을 한다. 버터를 달군 팬에 얇게 썬 양파 150g을 넣고 뚜껑을 덮은 다음 색이 나지 않게 볶는다. 팽 데피스 30g을 큐브 모양으로 썬다. 셀러리 줄기 50g의 질긴 섬유질을 벗겨낸 다음 얇게 썬다. 버터를 바른 오븐팬에 양파, 팽 데피스, 셀러리를 깔고 잉어를 놓는다. 부케가르니를 1개 넣고 재료의 높이만큼 독일 맥주(Munich 타입)를 붓는다. 170°C로 예열한 오븐에 넣고 30분간 익힌다. 냄비에 쿠르부이용을 조금 넣고 이리를 데쳐 익힌 다음 건져 도톰하게 슬라이스한다. 생선을 꺼내 서빙 접시에 담고 이리도 곁들여 놓은 다음 뜨겁게 보관한다. 생선을 익힌 국물을 2/3가 되도록 졸인 뒤 체에 거르고 버터를 넣어 거품기로 잘 섞는다. 소스 용기에 따로 담아 생선과 함께 서빙한다.

---

carpe Chambord 카르프 샹보르

샹보르 잉어 요리 : 4인분

2kg짜리 잉어(carpe miroir) 한 마리를 손질한 다음 아가미 쪽으로 내장을 제거하고 깨끗이 씻는다. 찬물 3리터에 식초 100ml를 넣고 생선을 2시간 동안 담가둔다. 이리도 물에 담가둔다. 야생버섯 200g을 잘게 다진 다음 버터 30g을 달군 팬에 넣고 볶는다. 소금, 후추로 간을 한 뒤 식힌다. 생선살을 이용한 무슬린 스터핑 250g을 만든다(참조. p.354 FARCE MOUSSELINE DE POISSON). 잉어 이리를 체에 곱게 눌러 내린 다음 소에 넣고 혼합한다. 볶은 버섯도 넣어준다. 생선을 식초 물에서 건져 흐르는 물에 헹군 다음 물기를 닦아준다. 머리 아래쪽으로 칼집을 낸 다음 생선용 칼의 날을 껍질과 살 사이로 밀어 넣어 몸통 전체의 껍질을 떼어낸다. 준비해둔 소를 짤주머니에 넣고 생선 아가미 쪽으로 끼워 조심스럽게 짜 넣는다. 배쪽으로 불룩하게 찬 소를 고루 분산해 원래 생선 모양이 되도록 잘 매만진다. 페어링나이프 끝을 이용해 작은 막대모양으로 자른 송로버섯 100g과 돼지비계 100g을 교대로 박아 넣는다. 오븐을 225°C로 예열한다. 소스팬에 타닌이 강한 풀바디 레드와인 750ml를 넣고 가열해 2/3가 되도록 졸인다. 당근 50g, 양파 50g, 리크 흰 부분 1대, 셀러리 줄기 1대, 양송이버섯 100g을 모두 브뤼누아즈(brunoise)로 잘게 썬다. 버터 50g을 달군 냄비에 이 브뤼누아즈를 모두 넣고 수분이 나오도록 볶는다. 부케가르니 1개와 속의 싹을 제거하고 으깬 마늘을 1톨 넣고 소금, 후추로 간한다. 생선 크기에 알맞은 오븐 용기에 버터를 바르고, 볶은 채소 브뤼누아즈를 깐 다음 잉어를 그 위에 놓는다. 졸인 레드와인과 생선 육수를 섞은 뒤 생선 높이의 2/3정도까지 부어준다. 버터를 칠한 알루미늄 포일로 덮어준다. 불에 올려 가열한 다음 약하게 끓기 시작하면 오븐에 넣어 약 35~40분간 익힌다. 중간중간 생선에 국물을 끼얹어준다. 생선을 오븐에서 꺼낸 뒤 건져 다시 알루미늄 포일로 덮어 뜨겁게 보관한다. 남은 국물을 반으로 졸인다. 버터 30g과 밀가루 30g을 볶아 황금색 루를 만든다. 여기에 생선 익힌 국물 졸인 것을 넣고 토마토 페이스트 1테이블스푼을 넣은 다음 거품을 건지며 30분간 끓여 소스를 만든다. 주걱에 묻을 정도의 농도가 된 소스를 체에 거른 다음 불에서 내린 상태에서 차가운 버터 40g을 넣고 거품기로 잘 저어 섞는다. 간을 맞춘다. 생선을 서빙 접시에 담고 다시 오븐에서 몇 분간 뜨겁게 데운다. 뜨거운 소스를 끼얹은 다음 샹보르 가니시(garniture Chambord)를 보기 좋게 둘러놓는다.

---

carpe à la chinoise 카르프 아 라 시누아즈

중국식 잉어 요리 : 약 1.5kg짜리 잉어 한 마리를 깨끗이 씻어 내장을 제거한 다음 토막 낸다. 껍질을 깐 양파 큰 것 2개를 잘게 다진 다음 기름을 두른 냄비에 넣어 노릇하게 볶는다. 여기에 식초 2테이블스푼, 설탕 깎아서 1테이블스푼, 곱게 간 생강 1디저트스푼, 청주(또는 셰리와인) 1~2테이블스푼, 소금, 후추, 물 200ml를 넣고 잘 저어준다. 뚜껑을 덮고 10분간 약한 불로 끓인다. 팬에 기름을 두르고 생선 토막을 넣어 10분간 지진 뒤 소스 냄비에 넣고 4~5분간 더 익혀 완성한다.

---

carpe à la juive 카르프 아 라 쥐이브

유대교식 잉어 요리 : 1kg짜리 잉어 한 마리의 비늘을 긁어내고 배를 갈라 내장을 제거한다. 알은 조심스럽게 꺼내 따로 보관한다. 생선을 토막으로 자른 다음 굵은 소금을 뿌려 20~30분간 재운다. 건져서 물기를 닦고 알과 함께 그릇에 담아둔다. 작은 볼에 다진 파슬리와 마늘 2~3톨을 섞어둔다. 식용유 3~4테이블스푼을 달군 무쇠 냄비에 생선 토막과 알을 지진 다음 건져 놓는다. 냄비의 기름에 밀가루 2테이블스푼을 풀어 갠 다음 냄비 높이 2/3까지 물을 붓는다. 소금, 후추를 넣고 마늘과 섞어둔 파슬리를 넣는다. 이어서 생선 토막과 알을 넣고 약하게 20분 정도 끓여 익힌다. 생선과 알을 건져 우묵한 접시에 담는다. 남은 국물은 1/3이 될 때까지 약한 불로 졸여 소스를 만든다. 소스를 끼얹은 뒤 냉장고에 넣어 젤리처럼 굳힌다. 따뜻하게 또는 차갑게 서빙한다.

CARRAGHÉNANE 카라제난 카라지난. 홍조류 해초의 추출물로 만든 첨가물로 식품의 증점제, 안정제, 겔화제로 많이 쓰인다(**참조** ADDITIF ALIMENTAIRE). 유제품, 샤퀴트리, 가공육, 간편식, 생선 등의 분쇄가공식품(맛살, 어묵 등) 제조에 많이 사용되며 저지방 식품에 지방을 대체하는 역할로 쓰이기도 한다.

CARRÉ 카레 정육의 갈비 랙(양, 돼지, 송아지 등)으로 중간갈비(côtes secondes)와 아랫갈비(côtes premières)를 포함한다(**참조** pp.22, 699, 879 정육 분할 도감). 갈비 랙은 일반적으로 하나씩 잘라(côtes, côtelettes) 그릴이나 팬에서 굽는다.

양갈비(어린 양이 더 맛이 좋다)는 기름을 어느 정도 발라낸다. 갈빗대 위쪽 손잡이는 긁어 뼈가 드러나게 하고, 척추뼈는 홈을 내어 서빙시 커팅이 용이하게 해준다(**참조** SELLE). 양갈비 랙은 그냥 접시에 뉘여 놓거나(à plat) 또는 둥근 왕관 모양(en couronne)으로 플레이팅하여 서빙한다.

송아지 갈비는 뼈를 잘라낸 다음 로스트한다. 오븐에 구울 때 뼈를 주위에 둘러놓고 함께 익히면 풍미를 더해줄 수 있다. 돼지 갈비는 뼈를 제거하고 실로 묶어 익히면 훌륭한 등심 로스트를 만들 수 있다. 하지만 뼈를 붙인 상태로 함께 익힌 고기가 더 맛있으므로, 갈비 랙의 척추뼈에 칼집을 내 벌리거나 잘라낸 다음 갈비위쪽 뼈를 살려 함께 서빙하는 것이 좋다. 샤퀴트리에서는 염장이나 훈연 등의 가공을 거친 갈비로 베이컨, 론조(lonzo. lonzu 코르시카의 염장건조 훈제 돼지 안심), 훈제갈비 등을 만든다.

▶ 레시피 : AGNEAU, PORC.

CARRÉ (FERDINAND) 페르디낭 카레 프랑스의 공학자(1824 Moislains, Somme 출생—1900 Pommeuse, Seine-et-Marne 타계)로 냉장 방식을 연구한 선구자이다. 1859년부터 최초의 냉각기를 만들었으며 그중 하나는 같은 해 마르세유의 벨탕(Velten) 맥주양조장에 설치되었다. 1877년 냉장고 생산 업체를 세워 독일, 영국, 미국으로 수출하던 그는 공학자 텔리에(Tellier)가 1856년에 처음 고안한 실험을 재현했다. 부에노스아이레스 행 선박(Paraguay 호)에 냉장 시설을 설치했다. 돌아오는 편에 대량의 아르

Casserole 소스팬

"파리의 에콜 페랑디, 엘렌 다로즈 레스토랑, 리츠 호텔. 소스팬 없는 주방이란 상상할 수도 없다. 전통과 현대를 잇는 이 소스팬들은 가장 좋은 성능을 가진 도구라는 장점뿐 아니라, 쉽고 효율적으로 사용할 수 있는 여러 꼼꼼한 면모를 겸비하고 있다. 국물을 붓기 편하도록 부리 모양으로 된 가장자리, 바깥쪽으로 감아 감친 둘레, 뜨겁지 않도록 절연설계가 된 손잡이 등의 세심한 디테일이 바로 그것이다."

Préparation d'un carré d'agneau 양갈비 손질하기

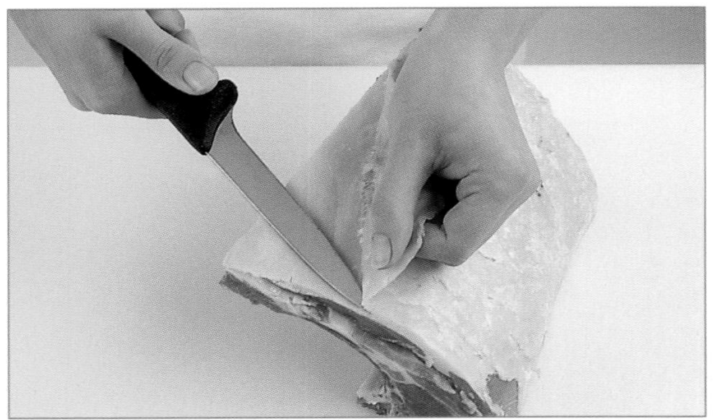

1. 딱딱한 양피지 같은 양갈비 껍질을 좁은 곳부터 시작하여 넓은 면 방향으로 잡아당기며 떼어낸다. 너무 두껍지 않은 기름 층만 고기 살을 덮도록 남겨둔다.

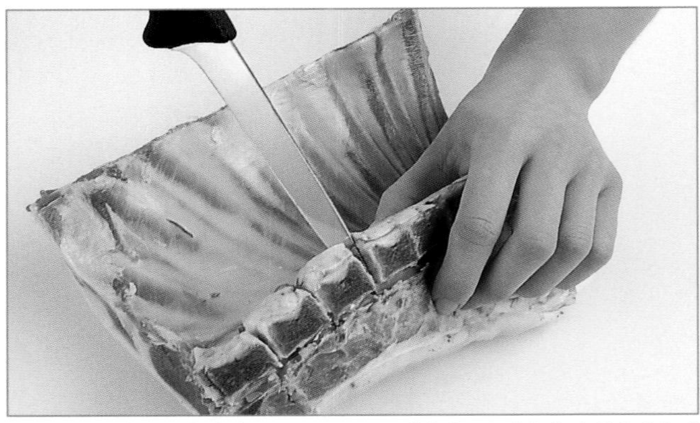

2. 양갈비 랙의 기름이 아래로 오도록 놓고 보닝나이프를 사용해 각 척추뼈와 갈비 사이를 잘라 칼집을 낸다.

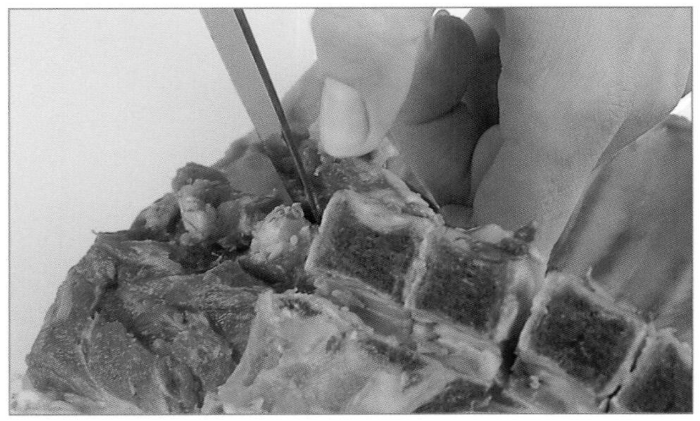

3. 척추뼈를 살에서 완전히 떼어낸다.

4. 한 손으로 갈비뼈 쪽을 잡고 남은 기름과 등쪽 힘줄을 잘라낸다.

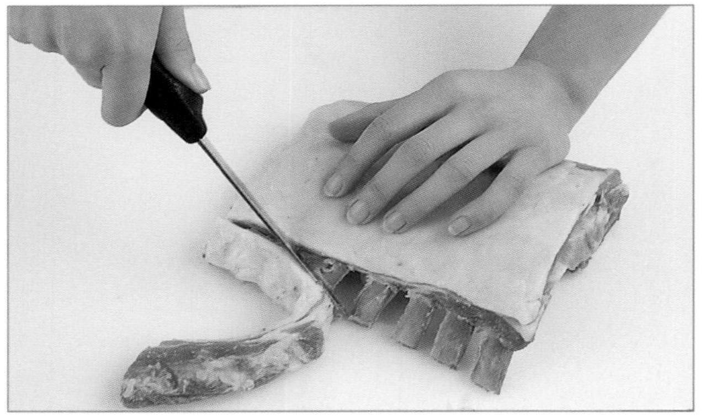

5. 갈비 대 망쇼네(manchonner)하기 : 갈비 뼈 끝에서 2cm 되는 지점을 길게 잘라낸다. 뼈에 붙어 있는 살을 깔끔히 칼로 긁어, 일정한 길이와 모양으로 뼈가 하얗게 드러나게 한다.

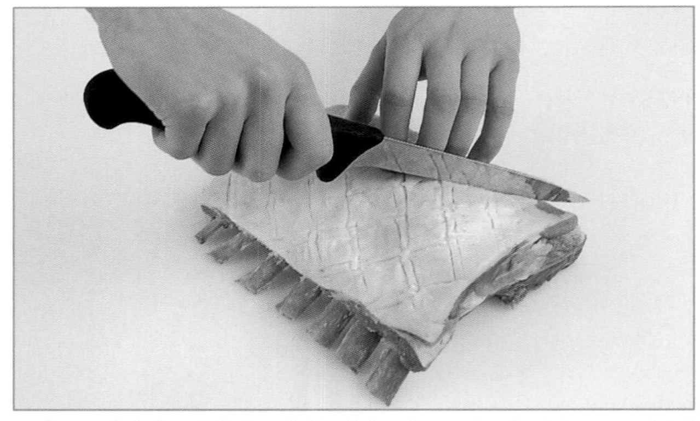

6. 기름 쪽 면에 너무 깊지 않은 칼집을 십자 모양으로 내준다. 익히는 도중 기름이 잘 흘러내리고 양념이 잘 배게 하는 효과가 있다.

헨티나 고기를 실은 선박이 세네갈 연안에서 좌초되어 두 달이나 움직이지 못하고 수송이 지연되었으나, 고기는 완벽한 상태로 무사히 프랑스 르 아브르항까지 도착했다. 이를 축하하는 큰 연회가 열렸다.

CARRÉ DE L'EST 카레 드 레스트 저온 멸균한 소젖(지방 45%)으로 만드는 흰색 외피의 연성치즈로 샹파뉴, 로렌 지방에서 대량 생산된다(**참조** p.389 프랑스 치즈 도표). 사방 8~10cm 크기의 정사각형으로 두께는 2.5~3cm 정도이며 나무 박스나 상자에 포장되어 판매된다. 맛이 순하고 크리미한 질감을 지닌 치즈다.

정사각형을 뜻하는 '카레(carré)'라는 명칭은 또한 브레(Bray)나 오주(Auge) 지방의 노르망디 치즈를 가리키기도 한다.

CARRELET ▶ 참조 PLIE

CARROTCAKE 캐롯케이크 당근케이크. 전형적인 북미 스타일 케이크로 밀가루, 달걀, 향신료, 설탕, 기름으로 만든 반죽에 곱게 간(또는 잘게 썬) 당근을 혼합해 굽는다. 두툼하고 촉촉한 당근케이크에 바닐라 크림을 프로스팅해서 먹으며 호두나 건포도를 넣기도 한다.

CARTE 카르트 메뉴. 레스토랑에서 서빙 가능한 모든 음식을 나열한 식단표로 손님들은 이 리스트에서 요리를 선택해 자신들의 식사 코스를 구성한다. 직접 손으로 쓰거나 인쇄하고 경우에 따라 장식이 되어있기도 한 이 메뉴에는 세트 메뉴나 추천 메뉴 또는 오늘의 특선 요리, 계절 한정 메뉴나 지역 특선 메뉴 등이 소개되기도 한다. 일반적으로 메뉴에는 서빙 순서에 따라 차가운 전채, 더운 전채, 생선, 고기, 가니시, 디저트 항목별로 요리가 나열된다. 디저트 메뉴는 점점 따로 제공되는 추세다.

최근의 메뉴들은 과거에 비해 더 짧으면서도 알찬 구성을 보이고 있으며 레스토랑마다 자신들의 특별 요리를 개성있게 선보이고 있다.

와인 리스트의 경우 선택의 폭에 맞춰 다양하게 선별해 놓고 있으며 업장에 따라 최상급의 고급 와인을 지역별로 구비해 놓은 곳도 있다.

CARTHAME 카르탐 잇꽃. 홍화. 국화과에 속하는 채유식물. 중동, 아시아 지역이 원산지인 이 식물은 프랑스 남부에서도 재배되며 약재나 염료로도 사용된다. 홍화씨에서 추출한 기름은 콜레스테롤이 적게 함유되어 있고, 가느다란 홍화 꽃잎은 때때로 사프란 대용으로 쓰이기도 하는데(영국인들은 이 꽃을 '잡종 사프란'이라 부르기도 한다), 그 풍미는 약간 더 쓴맛을 갖고 있다. 특히 이 꽃은 음식에 색을 내거나 쌀 요리에 향을 내는 재료로 많이 쓰인다. 자마이카에서는 홍화를 고추, 정향과 혼합해 향신료로 사용한다.

CARVI 카르비 캐러웨이 미나리과에 속하는 향료식물. 중부 유럽과 북부 유럽에서 흔히 볼 수 있으며, 그 맛과 모양의 유사함 때문에 '초원의 커민(cumin des prés)', '가짜 회향씨(faux anis)' 혹은 '산에서 나는 커민(cumin des montagnes)'이라고도 불린다(**참조** pp.338~339 향신료 도감). 캐러웨이는 주로 길쭉한 모양의 갈색 씨를 재배해 말려서 향신료로 사용하며, 특히 프랑스 동부에서는 슈크루트나 스튜에 향을 내거나 치즈(고다, 뮌스터)에 곁들인다.

헝가리와 독일에서는 굴라쉬(goulache), 빵, 파티스리에 향신료로 많이 사용하고 영국에서는 익힌 감자와 비스킷 반죽에 넣기도 하며, 프랑스에서는 보주(Vosges) 지방의 드라제(dragée)의 향을 내는 데 쓰인다. 이 밖에 캐러웨이는 특히 각종 리큐어(kummel, vespetro, schnaps, aquavit 등)를 만드는 데 향신료로 많이 사용된다.

CASANOVA DE SEINGALT (GIOVANNI GIACOMO) 지오반니 지아코모 카사노바 드 생갈 자코모 카사노바. 이탈리아의 모험가(1725 Venice 출생 – 1798 Dux, Bohemia 타계)로 특히 화려한 여성 편력으로 유명하다. 그는 당시 유럽 생활의 관습과 규범 등을 면밀히 관찰했는데 특히 식습관이나 자신의 미식적 취향은 그의 자전적 저서『회고록(*Mémoires*)』의 큰 부분을 차지한다. 여성들을 만나 연애행각을 일삼는 사이사이 그는 맛있다고 소문난 파테, 론 지방의 귀한 에르미타주 화이트와인, 그르노블의 리큐어, 제노바의 포치니 버섯, 라이프치히의 종달새 꼬치구이 등 산해진미를 맛보기 위해 길을 돌아가는 것도 서슴지 않았다. 그가 즐겨 먹었던 송로버섯, 굴, 샴페인, 마라스키노 리큐어 등은 정력을 증강시키는 음식으로 알려져 있다.

CASSATE 카사트 카사타, 카사타 케이크. 이탈리아의 아이스크림 케이크로 반구형 틀에 바닐라 아이스크림, 과일 아이스크림을 순서대로 발라 채운 다음 봉브 혼합물(appareil à bombe)을 넣어 차갑게 굳힌 것이다. 어떤 지역에서는 리코타 치즈, 초콜릿 세이빙, 캔디드 프루츠를 추가하기도 한다.

---

cassate à la fraise 카사트 아 라 프레즈

딸기 카사타 아이스크림 케이크 : 딸기 아이스크림과 바닐라 아이스크림을 각각 50ml씩 준비한다. 캔디드 프루트(당절임 과일)를 작은 큐브로 썰어 오드비나 리큐어에 담가두었다가 휘핑한 샹티이 크림 400ml에 넣고 섞는다. 반구형 틀에 바닐라 아이스크림을 한 켜 채운 다음 샹티이 크림을 덮고 크림이 굳을 때까지 냉동실에 넣어둔다. 꺼내서 딸기 아이스크림을 잘 눌러가며 매끈하게 덮어준 다음 다시 냉동실에 넣어 굳힌다.

CASSE-CROÛTE 카스 크루트 스낵, 요기, 간단한 식사. 간단하고 빨리 먹을 수 있는 식사로 일반적으로 빵, 치즈, 샤퀴트리 정도로 구성된다. 일상 구어에서 '카세 라 크루트(casser la croûte 혹은 더 은어적인 표현으로는 la graine)'는 '재빨리 먹다'라는 뜻이다. 즉 빵을 나이프로 자른 뒤 리예트, 소시송, 카망베르 등을 채워 간단히 먹는 것을 의미한다. 주로 아침 시간에 먹는 리옹의 전통 식사인 마숑 리오네(mâchon lyonnais)도 이러한 식사 습관에서 유래했다. '카스 크루트'는 원래 이가 없는 노인들이 딱딱한 빵의 껍질을 부수는 데 사용했던 도구를 지칭한다.

CASSE-NOISETTES, CASSE-NOIX 카스 누아제트, 카스 누아 호두까기. 호두나 헤이즐넛 등 껍데기가 딱딱한 견과류를 눌러 깨트리는 도구. 주로 크롬강 소재로 된 집게 형태로, 조이는 장치를 두 단계로 조절할 수 있어서 각기 다른 크기의 견과류를 깰 수 있다. 큰 나사 모양의 레버를 돌려 누르는 방식의 원통형 나무로 된 호두까기도 있다.

CASSEROLE 카스롤 소스팬, 편수 냄비. 조리도구의 일종으로 원통형으로 된 다양한 사이즈의 냄비들을 가리킨다. 긴 손잡이가 한 개 달려 있고 대개 뚜껑이 있는 편수 냄비 시리즈로 식당 주방에서는 뤼스(russe)라고도 부른다.

구리로 된 최초의 소스팬이 등장한 것은 14세기였다. 한 개의 긴 손잡이가 달린 형태라 기존 솥보다 훨씬 다루기 편리했지만, 당시에는 주석 도금 완성도가 많이 떨어져 실제로 많이 사용되진 않았다. 오늘날 소스팬은 일반적으로 크기별로 5가지 종류가 한 세트로 판매된다(물론 육즙 소스(jus)용, 폼 안나(pommes Anna)용 등 특수한 목적의 모델들도 다양하게 출시되고 있다), 또한 소재도 다양해 알루미늄(그중에는 논스틱 코팅 처리가 된 것도 있다), 스테인리스, 무쇠, 법랑 코팅 양철, 니켈, 스테인리스 구리, 글라스세라믹, 내열자기 등의 제품들을 선택할 수 있다. 소스팬을 고를 때는 특히 바닥 재질(전기 레인지나 인덕션 레인지 등에 사용할 때 주의해야 한다), 내구성, 안정성, 사용의 편리성 등을 고려해야 하며 너무 무겁진 않은지, 메탈의 경우 절연이 잘 되어 있는지(손잡이 탈부착이 가능한 것도 있다), 내용물을 따르기 편한 구조인지(새 부리처럼 생겨 붓기 쉬운 입구, 또는 냄비 둘레가 약간 말려 붓기 쉽게 만든 구조 등), 유지관리가 편리한지 여부를 살펴보아야 한다.

소스팬은 주로 액체를 데우거나 재료에 국물을 잡아 익힐 때 또는 음식물을 데울 때(주로 중탕) 많이 사용한다. 요리명이나 조리법에 '앙 카스롤(en casserole)'이라는 명칭이 붙은 것은 대개 스튜 냄비(cocotte)에도 조리 가능하다.

CASSEROLE (APPRÊT) 카스롤(요리) 캐서롤. 주로 쌀을 넣고 익힌 카솔레트(cassolette)나 탱발(timbale), 혹은 폼 뒤셰스 반죽을 넣어 만든 클래식 요리를 가리킨다. 오늘날에는 잘 사용되지 않는 요리명칭으로 다양한 소를 채워 넣거나(특히 볼로방의 경우), 무스, 잘게 썰거나 다진 비계, 고기, 수렵육 퓌레, 송아지나 양 흉선, 송로버섯을 넣은 푸아그라 등을 넣는다. 또는 사강식(à la Sagan), 베네치아식(à la vénitienne), 부크티에르(à la bouquetière), 레장스(à la régence), 낭투아(à la Nantua) 식의 가니시를 넣어 만들기도 한다.

bécasse en casserole à la périgourdine ▶ BÉCASSE
cailles en casserole Cinq-Mars ▶ CAILLE
cœur de veau en casserole bonne femme ▶ CŒUR
côtes de veau en casserole à la paysanne ▶ VEAU

CASSIS 카시스 까막까치밥, 카시스, 블랙커런트. 까치밥나무과에 속하는 관목인 까막까치밥 나무 열매로 원산지는 북유럽이다. 카시스 열매는 검정색 베리 알갱이가 달린 송이 모양으로 즙이 많고 향이 좋다(**참조** pp.406~407 붉은 과일류 도감).

부르고뉴 지방에서 주로 많이 생산되는 카시스는 오를레앙, 오트 사부아 지역이나 독일, 벨기에, 네덜란드 등지에서도 생산된다. 비타민 C가 아주 풍부하며 구연산, 칼륨, 칼슘(100g당 60mg)이 많이 함유되어 있다.

■ **사용.** 색이 아주 짙고 윤이 나며 알갱이가 작은 '누아 드 부르고뉴(noir de Bourgogne)' 품종은 특히 향이 진하고 맛이 좋다. 알이 굵고 송이가 성근 품종들은 대개 수분이 많다. 여름이 수확철인 카시스는 보통 과일처럼 먹을 수 있게 신선 상태로 판매되는 경우가 드물다. 대부분 즐레, 잼, 주스, 시럽, 그리고 특히 리큐어(crème de cassis)를 만드는 데 사용된다. 냉동, 퓌레 제품은 소르베, 바바루아, 샤를로트, 수플레, 타르트 등 파티스리에서 광범위하게 사용된다. 또한 시중에서 말린 카시스도 구매할 수 있으며 파티스리에서 코린트 건포도 대신 사용되기도 한다.

▶ 레시피 : CHARLOTTE, SAUCE DE DESSERT, SIROP, SORBET.

CASSIS (LIQUEUR) 카시스(리큐어) 크렘 드 카시스, 카시스 리큐어. 카시스 베리를 증류주에 담가 침출시키고 설탕을 첨가(증류주 1리터당 과일 325~375g, 설탕 400g)해 만든 리큐어로 향이 아주 진하다. 알코올 도수가 16~18% Vol. 정도인 '크렘 드 카시스(crème de cassis)'는 디종과 코트 도르 지방의 대표적인 특산품이며, 1841년 클로드 졸리(Claude Joly)라는 이름의 한 술 제조업자가 처음 개발해 만들었다. 카시스 리큐어는 멜레 카스(mêlé-cass 화주 또는 오드비 2/3에 카시스 주 1/3을 혼합한 술), 카디날(cardinal 보졸레 레드와인에 카시스 주를 섞은 술)을 비롯한 각종 칵테일을 만들 때도 사용한다. 특히 키르(Kir)가 등장하고 나서 크렘 드 카시스의 생산은 현격히 늘어났다.

CASSIS (VIN) 카시스(와인) 마르세유와 라 시오타(La Ciotat) 사이에 위치한 카시스 항구 근처 포도밭에서 생산되는 AOC 화이트 또는 레드와인으로 상큼하고 가벼우며 향이 좋다. 화이트와인의 포도품종은 위니블랑, 소비뇽, 그르나슈 블랑, 클레레트, 마르산이며, 레드와인 포도품종은 그르나슈, 카리냥, 무르베드르, 생소, 바르바루이다.

CASSOLETTE 카솔레트 두 개의 손잡이 혹은 한 개의 짤막한 자루 손잡이가 달린 작은 용기로 대부분 내열자기, 강화유리 또는 메탈 소재로 되어 있으며 주로 더운 애피타이저를 만들거나 서빙할 때, 오르되브르나 차가운 앙트르메를 담아낼 때 사용한다. 카솔레트는 음식 자체를 지칭하는 명칭이기도 하다. 살피콩과 다양한 스튜(송아지 흉선, 다진 닭고기, 버섯, 생선 무스 등)에 화이트 또는 브라운 소스를 넣어 걸쭉하게 만드는 카솔레트 요리뿐 아니라 향을 내어 끓인 크림, 시럽 등에 데쳐 졸인 과일을 넣은 디저트용 카솔레트도 포함된다.

프레디 지라르데(FREDY GIRARDET)의 레시피

cassolettes de saint-jacques aux endives 카솔레트 드 생 자크 오 장디브

엔다이브를 곁들인 가리비 카솔레트 엔다이브 1kg을 1cm크기로 송송 썬 다음 씻어 건져 레몬즙을 뿌려둔다. 소금과 설탕을 뿌린 뒤 낙화생유 2테이블스푼을 넣는다. 버터를 함께 넣고 뚜껑을 닫은 뒤 7~8분간 볶아 익힌다. 가리비조개의 껍데기를 까고 살만 발라낸 다음 팬에 지진다. 소금, 후추, 그리고 카옌페퍼를 아주 약간 뿌린다. 가리비 살의 겉은 노릇하게 색이 나고(약 3~4분) 속은 거의 익지 않은 상태가 되어야 한다. 카솔레트에 엔다이브를 깔고 가리비 살을 얹는다. 포트와인 50g을 1/3이 되도록 졸인 다음 레몬즙 1개분을 넣는다. 잘게 썬 버터 50g을 넣고 거품기로 잘 저어 유화한다. 아주 잘게 썬 레몬 제스트를 조금 넣어준 다음 소스를 가리비에 끼얹어 서빙한다.

CASSONADE 카소나드 비정제 황설탕. 사탕수수 즙에서 추출해 결정화한 천연 설탕(**참조** p.823 설탕 도표)으로 색은 갈색을 띠고 있으며 은은한 럼 풍미가 난다. 북미에서는 백설탕 대용으로 종종 사용한다.

처트니와 같이 새콤달콤한 음식을 만들 때 주로 사용하고, 여러 종류의 캐나다 전통 요리(fèves au lard 베이크드 빈) 혹은 프랑스 북부의 요리(야생 토끼 스튜, 플랑드르식 적채요리, 부댕 누아 등)와 남부의 요리(양고기를 넣은 페즈나(Pézanas) 파테)에도 사용된다. 카소나드 설탕은 파리스리에서도 타르트, 브리오슈 케이크, 푸딩 등에 독특한 향을 더해주며, 특히 크렘 브륄레나 크렘 카탈란의 표면을 캐러멜라이즈할 때 사용된다.

▶ 레시피 : CRÈME BRÛLÉE.

CASSOULET 카술레 프랑스 랑그독 지방의 특선 요리인 카술레는 돼지 껍데기와 양념, 향신 재료를 넣고 익힌 흰 강낭콩과 각종 고기를 푹 익혀 그라탱처럼 마무리한 스튜의 일종이다.

■ **재료 구성.** 카술레는 기본 재료인 콩의 선택에 따라 그 맛과 푹 익었을 때의 부드러움이 달라지며, 어떤 고기를 넣어 끓이냐에 따라 그 개성과 맛이 결정된다. 카스텔노다리(Castelnaudary)의 카술레는 주로 돼지(등심, 뒷다리, 정강이, 소시송, 비계 껍데기 등)를 넣고 경우에 따라 거위 다리 콩피를 추가하기도 한다.

카르카손(Carcassonne)의 카술레에는 양 뒷다리를 추가로 넣으며, 사냥 시즌일 때는 자고새 고기를 넣기도 한다. 툴루즈(Toulouse)의 카술레는 카스텔노다리와 같은 재료이지만 그 양을 좀 적게 넣으며 대신 삼겹살 비계, 툴루즈 소세지, 양고기, 거위나 오리 콩피를 넣어 맛을 더 풍부하게 해준다.

이 밖에도 몽토방(Montauban 파미에 강낭콩에 오리나 거위 콩피, 생 소시지, 마늘 소시송을 넣는다)이나 코맹주(Comminges 돼지 껍데기와 양고기를 넣는다)의 레시피처럼 약간 변형된 카술레도 있다.

1966년 프랑스 미식 총회(états généraux de la Gastronomie française)는 카술레가 반드시 지켜야할 재료 구성 비율을 명시했다. 돼지고기, 양고기, 또는 거위 콩피 최소 30%, 콩, 육즙 소스, 생 비계 껍데기와 향신 재료 70%의 재료 비율을 준수해야만 한다.

■ **만들기.** 카술레를 만들기 위해서는 여러 재료를 동시에 익히며 준비해야 한다. 우선 콩을 익혀야 하고, 여기에 함께 넣을 고기(돼지와 양고기를 각각 따로 익힌다)를 익힌다. 돼지 등심을 뭉근히 익히거나 양을 넣을 때에는 스튜처럼 푹 익혀두고, 소시지류도 따로 익힌다.

재료를 모두 합한 뒤 마지막에 뿌리는 빵가루는 노릇한 표면 크러스트를 만드는 데 꼭 필요하다. 정통파들은 사소한 디테일도 간과하지 않는다. 카술레를 익히는 토기 냄비의 바닥을 마늘로 문질러줄 것, 특히 익히는 중간 중간 크러스트를 여러 번(카스텔노다리에서는 7회, 툴루즈에서는 8회라고 주장한다!) 주걱으로 눌러줄 것을 강조한다.

프로스페르 몽타녜(PROSPER MONTAGNÉ)의 레시피

cassoulet 카술레

8인분

미리 찬물에 담가 몇 시간(너무 오래 담가두지 않는다) 동안 불린 마른 흰 강낭콩 1리터와 돼지 염장 삼겹살 300g, 돼지비계 껍데기(접어 뭉쳐 끈으로 묶어준다) 200g, 당근 1개, 정향을 박은 양파 1개, 마늘 3톨을 넣은 부케가르니 1개를 냄비에 넣는다. 소금으로 간을 하고(삼겹살에 간이 있으므로 소금을 너무 많이 넣지 않는다), 콩이 충분히 잠길 정도로 물을 부어준다. 약하게 끓는 상태로 콩을 완전히 익힌다. 콩이 터지거나 뭉그러짐 없이 모양을 그대로 유지하도록 한다. 그동안 소테팬에 돼지 기름이나 거위기름을 녹인 뒤 돼지 목심 750g, 뼈를 발라낸 양 윗갈비살 500g 을 지진다. 소금, 후추로 고루 간한다. 고기를 고루 지진 다음 소테팬에 다진 양파 200g, 부케가르니 1개, 으깬 마늘 2톨을 넣어준다. 뚜껑을 덮고 익히면서 중간에 육즙 소스나 육수 국물을 넣어준다(원하는 경우 소스에 토마토 퓌레 몇 스푼 또는 껍질 벗겨 씨를 빼고 잘게 썬 생 토마토 3개를 넣어도 좋다). 콩이 거의 익었으면 향신 채소와 부케가르니를 건져내고 그 냄비에 돼지고기, 양고기, 마늘 소시송, 거위나 오리 콩피, 그리고 경우에 따라 쥐라 지방의 훈연 생 소시지도 넣어준다. 약한 불로 1시간 정도 뭉근하게 익힌다. 고기를 모두 건져낸 다음 같은 두께로 썬다. 돼지 껍데기는 직사각형으로 자르고 소시송은 껍질을 벗긴 다음 슬라이스한다. 소시지는 작게 토막낸다. 크고 우묵한 토기 냄비에 돼지껍데기를 깔고 콩을 한 켜 놓은 다음 고기와 소시지, 소시송을 고루 놓고 소스를 붓는다. 다시 콩으로 덮고 고기를 교대로 놓는다. 매 켜마다 통후추를 갈아 뿌린다. 마지막 층에 콩을 덮은 다음 삼겹살과 돼지껍질을 놓고 소시송 슬라이스를 몇 개 얹는다. 황금색 빵가루를 뿌려 덮은 뒤 거위 기름을 뿌려준다. 오븐에 넣고 뭉근하게 약 1시간 30분간 익힌다. 토기 냄비 그대로 서빙한다.

CASTAGNOLE 카스타뇰 크로미스, 자리돔. 새다래과에 속하는 바다생선으로 '그랑드 카스타뇰(grande castagnole)'이라고도 부르며, 대서양 연안에서는 '바다의 제비(hirondelle de mer)', 지중해 지방에서는 '카스타뇰라(castagnola)'라는 이름으로 판매된다. 이 어종은 인도양과 태평양에서도 서식한다. 평균 몸길이가 40~60cm, 최대 70cm에 이르고 검은 회색의 타원형을 하고 있으며 검은색 꼬리지느러미는 깊이 팬 V자 모양이다. 살은 아주 맛이 좋으며 주로 필레를 떠서 조리한다.

CASTIGLIONE 카스티글리온 프랑스 제2제정시대 요리의 가니시나 장식법을 이어받은 클래식 요리(고기, 생선)를 가리킨다. 작게 자른 고기를 소테한 다음 버터에 볶은 가지 슬라이스 위에 놓는다. 그 위에 데쳐 익힌 사골 골수를 슬라이스해 얹고, 리조토를 채워 그라탱처럼 구운 큰 양송이버섯을 곁들인다. 서대나 광어, 명태 등의 생선 필레는 화이트와인에 윤기나게 익힌 다음 버섯과 도톰하게 썬 랍스터, 삶은 감자를 곁들인다. .

CASTILLANE (À LA) 아 라 카스틸란 소 안심이나 양고기 안심을 팬에 소테한 다음 그 위에 올리브오일을 넣고 졸인 토마토 콩카세(tomates concassées 경우에 따라 타르틀레트 안에 채워 넣기도 한다. 이때는 고기 옆에 곁들여 놓는다)를 얹은 요리를 지칭한다. 이 요리에는 감자 크로켓과 어니언 링 튀김이 곁들여지고, 소스는 토마토를 넣은 송아지 육수를 고기 익힌 팬에 넣어 디글레이즈해서 만든다.

CASTOR 카스토르 비버 비버과에 속하는 설치류 동물로 현재 보호대상이다. 옛날에 프랑스에서는 비에브르(bièvre)라고 불렸으며 꽤 많이 서식했

다. 사냥으로 잡아 고기를 먹고, 털도 활용했다. 가톨릭 교회에서도 사실상 비버 고기는 기름지지 않은 것으로 규정하여 물에 사는 다른 모든 수렵육과 마찬가지로 사순절 기간 동안에도 먹을 수 있었다.

비버는 최근 유럽에 들어온 남미의 뉴트리아와 혼동해서는 안 된다. 주로 모피를 사용하고 고기를 먹기 위해 사육한다. 살은 은은한 사향 냄새가 나며 각종 파테를 비롯한 여러 음식에 사용한다.

비버를 즐겨 먹는 퀘벡에서는 주로 겨울철에 사냥하여 개인용으로만 소비한다. 판매는 금지되어 있다. 비버 고기는 오랫동안 나쁜 맛이 난다고 여겨졌다. 왜냐하면 영어의 castor oil(피마자 기름. 식용으로 사용할 수 없다)을 비버 오일(huile de castor)로 잘못 해석해왔기 때문이다.

비버는 각종 채소를 작게 썰어 안에 채운 다음 크레핀으로 감싸 통으로 오븐에 굽는다. 꼬리는 껍질과 살 사이에 기름층이 생길때까지 쿠르부이용에 넣고 삶아 익힌다. 접시에 꼬리를 놓고 뼈를 따라 길게 칼집을 낸 다음 송아지 흉선과 비슷한 질감의 회색빛 물질을 꺼낸다. 3cm 두께로 잘라 따뜻한 접시에 놓고, 야생 과일 즐레를 베이스로 만든 뜨거운 소스 4종을 곁들여 서빙한다(민트, 스쿼시베리(squashberry, 또는 mooseberry), 야생 포도, 크랜베리 등).

CATALANE (À LA) 아 라 카탈란 카탈루냐식의. 일반적으로 스페인 요리에서 영감을 받은 여러 가지 가니시를 지칭한다(카날루냐는 특히 해산물, 생선, 마늘로 유명하다).

카탈루냐식 닭고기(또는 양고기나 송아지) 소테에는 아몬드와 레몬 콩피를 가니시로 곁들인다. 큰 덩어리로 서빙하는 고기 요리에는 기름에 지지듯 볶은 가지와 필라프 라이스를, 소나 양고기 안심 구이는 아티초크 속살 위에 얹고 구운 토마토를 둘러 담아낸다.

▶ 레시피 : AUBERGINE, ŒUF POÊLÉ, POIVRON, SAUCISSE.

CAUCHOISE (À LA) 아 라 코슈아즈 코(Caux) 지방을 대표하는 여러 요리를 지칭하며, 특히 야생 토끼 요리가 대표적이다. 토끼 허리 등심살에 향신재료를 넣고 화이트와인에 재운 뒤 오븐에 익힌다. 그 국물을 이용해 만든 소스를 졸인 다음 더블 크림과 머스터드를 섞고 토끼 고기에 끼얹는다. 버터에 볶은 사과(reinette 품종)을 곁들여낸다.

또한 시드르(cidre)를 넣고 오븐에 익힌 서대 요리를 뜻하기도 하는데, 소스는 생선 익힌 국물을 졸인 뒤 버터를 섞어 만들어 생선에 끼얹어준다. 민물가재를 곁들여 서빙한다. 코슈아즈 샐러드는 동글게 슬라이스한 감자, 잘게 썬 셀러리 줄기, 익힌 햄 가늘게 채 썬 것을 생크림, 시드르 식초, 처빌을 섞어 만든 드레싱으로 버무린 것이다.

CAVE À LIQUEURS 카브 아 리쾨르 양주 서빙용 세트, 보관용 궤. 흑단 등의 고급 세공가구 또는 상감세공을 한 화려한 케이스로 손잡이가 달린 것도 있다. 안에는 칸막이가 있어 술병과 카라프, 그에 어울리는 잔들을 정리해 보관할 수 있게 되어 있다.

CAVE À VINS 카브 아 뱅 와인 저장고, 보관소. 와인을 보관하는 장소는 빛이 들지 않고 약간의 습기가 있으며(70%) 일정한 온도(14~16℃)가 유지되는 서늘한 곳이어야 한다. 또한 나쁜 냄새가 스며들지 않아야 하고 진동이 없어야 한다. 습도가 너무 높으면 와인 병마개 외부에 곰팡이가 생길 수 있는데, 이것은 포도주에 직접적인 영향은 주지 않지만 시간이 오래 지나면 코르크 마개를 부식시켜 물러지게 할 우려가 있다. 반대로 너무 건조하면 병마개가 단단해지면서 수축된다. 그러면 와인병은 밀폐상태가 느슨해져(bouteille couleuse) 더 빨리 숙성된다.

와인병은 나무 또는 메탈로 된 보관랙 칸에 가로로 뉘어 보관하며 주로 산지와 연도별로 구분해 정리한다. 와인 저장고를 효율적으로 관리하기 위해서는 소장한 모든 와인 목록(이름, 연도, 가격, 공급자, 수령 날짜, 소비 날짜, 테이스팅 노트 등)을 자세히 기록해두는 책자가 필수적이다. 산화를 초래하는 빛보다 온도 변화에는 조금 덜 민감한 오드비(브랜디)나 리큐어 종류는 선반에 세워서 보관한다. 또한 알코올 도수가 높기 때문에 병마개에 술이 직접 닿으면 삭아서 금방 손상되기 쉽다. 오늘날에는 온도조절 장치, 진동방지 시스템, 습도계가 장착된 와인셀러 제품들이 많이 출시돼 각 와인들이 필요로 하는 최적의 환경에서 보관할 수 있게 되었다.

CAVEAU (LE) 르 카보 1729년 피롱(Piron), 콜레(Collé), 갈레(Gallet), 크레비용(Crébillon fils)이 주축이 되어 만든 문학, 음주, 샹송. 미식 모임이다. 토론의 규칙을 어기는 모든 멤버는 물을 마셔야 한다고 규정에 명시되어 있었다. 1757년 해산되었으나 1796년 카보 모데른(le Caveau moderne)으로 다시 활동을 시작했으며 몇 년 동안 미식에 관련된 간행물을 발간했다. 1834년에 다시 카보라는 이름으로 대체되었다.

CAVIAR 카비아르 캐비아. 철갑상어 알. 철갑상어를 염장하여 일정기간 숙성시킨 것으로 캐비아의 전통은 러시아에서 시작되었다. 프랑스에 처음 도입된 것은 1920년대 아르메니아 출신 페트로시안(Petrossian) 형제에 의해서다. 철갑상어는 바다에 서식하지만 산란기가 되면 러시아와 아시아의 큰 강 하구로 올라온다. 현재는 거의(98%) 카스피해에서 어획하고 있다. 제정 러시아의 붕괴 이후 소비에트 연방은 오랜 세월동안 캐비아의 독점 공급자였다. 1953년 세계 최대의 캐비아 생산국인 소련은 자신들이 조업활동을 해오던 카스피해 이란 연안에서의 어획권을 이란에게 이양했다.

프랑스에서는 1950년까지 아키텐 지방에서 지롱드강 하구의 철갑상어로부터 채취한 자연산 캐비아를 생산했다. 몇 년 전부터는 러시아 원산 품종(Acipenser baeri)을 양식하여 캐비아를 생산할 수 있게 되었다. 현재 생산량은 많지 않지만 양식 시스템이 완전한 체계를 갖춰지면 그 전망은 아주 밝다. 한편 미국, 특히 캘리포니아에서도 다른 종류의 철갑상어(Acipenser transmontanus) 양식이 이루어지고 있다.

철갑상어 알(암컷 전체 무게의 10%를 차지한다)은 암컷의 배에서 꺼낸 뒤 씻어서 체에 거르고 소금물에 절인다. 건져서 캔에 포장한다. 캐비아는 알갱이 상태의 캐비어와 프레스드 캐비아로 분류된다(**참조** p.172 캐비아 도표). 화이트 캐비아는 알비노 철갑상어의 알로 아주 희귀하다. 캐비아는 보관에 특히 주의해야 하며 주로 차갑게 생으로 먹는다. 블리니와 사워크림 또는 구운 토스트에 버터를 살짝 발라 곁들여 먹는다.

crème de cresson de fontaine au caviar sevruga ▶ CRESSON
filet de loup au caviar ▶ LOUP

조엘 로뷔숑(JOËL ROBUCHON)의 레시피

frivolités de saumon fumé au caviar **프리볼리테 드 소몽 퓌메 오 카비아르**

무스로 속을 채우고 캐비아를 얹은 훈제연어 : 훈제연어 슬라이스 큰 것 6장을 17 x 7cm 크기의 직사각형으로 잘라둔다. 자르고 남은 자투리 살을 블렌더에 간 다음 상온의 버터 5g을 넣고 살짝 갈아 섞는다. 새우 육수 60ml를 약한 불에 올려 데운다. 젤라틴 1장 반을 찬물에 넣어 말랑하게 불린 다음 물기를 꼭 짜서 새우 육수에 넣고 잘 저어 녹인다. 이 혼합물을 연어살을 간 블렌더에 붓고 우스터소스 1방울, 타바스코 2방울 넣는다. 블렌더를 두세 번 정도만 짧게 돌려 섞는다. 차가운 볼에 아주 차가운 생크림 125ml를 넣고 거품기로 휘핑한다. 거품기를 들었을 때 끝이 뾰족해질 정도로 단단하게 휘핑한다. 휘핑한 크림의 1/3을 연어 무스에 넣고 조심스럽게 섞은 다음 나머지 2/3을 전부 넣어준다. 작업대 위에 연어 슬라이스보다 조금 큰 사이즈로 랩을 깐 다음 훈제연어를 놓는다. 가운데에 연어 무스 3테이블스푼을 길게 짜 놓고 랩을 이용하여 조심스럽게 굴려 시가 모양으로 말아준다. 직사각형의 긴 두 면이 겹쳐져야 한다. 랩의 양 끝을 비틀어 막아준 다음 접시에 나란히 담아 냉장고에 2~24시간 동안 보관한다. 랩을 벗겨내고 반으로 자른다. 차가운 접시에 훈제연어 말이를 V자로 놓고, 캐비아를 긴 줄 모양으로 얹어준다. 레몬 슬라이스로 장식한 뒤 서빙한다.

gelée de caviar à la crème de chou-fleur ▶ GELÉE DE CUISINE
gougères aux céleri-rave et céleri-branche, crème de caviar ▶ GOUGÈRE
mousse de pommes de terre éclatées au caviar ▶ POMME DE TERRE
tresse de loup et saumon au caviar ▶ LOUP

CAVOUR 카부르 이탈리아의 정치가인 카밀로 벤조 카부르 백작(Camillo Benso Conte di Cavour)의 고향인 피에몬테 요리 스타일의 두 가지 가니시를 지칭한다. 하나는 송아지 에스칼로프 또는 흉선 요리인데, 주재료를 소테한 다음 리에종한 육수로 디글레이즈해 소스를 만든다. 이것을 폴렌타 갈레트 위에 얹고 닭 간 퓌레를 채운 포치니 버섯 구이를 둘러놓는다. 얇게 슬라이스한 화이트 송로버섯을 얹어준다. '카부르'라고 불리는 또 하나의 가니시는 주로 큰 덩어리의 고기 요리에 곁들이는 것으로 세몰리나 크로켓과 라비올리로 구성된다.

캐비아의 종류와 특징

산지	형태	입자 크기	풍미
프레스드 타입 *pressé*	너무 많이 숙성된 알로 만든 검은색 페이스트 형태	-	맛이 강하다.
알갱이 타입 *en grains*			
beluga(2-5 % du marché)	짙은 회색과 밝은 회색이 섞임.	굵다.	섬세하고 맛이 아주 좋으며 기름지다.
오세트라(시장 점유율 40~45%) ossetra, ou osciètre (40-45 % du marché)	검정에 가까운 회색, 황금갈색 톤이 혼합됨.	중간	짭조름한 바다의 풍미가 강한 섬세한 맛.
세브루가(시장 점유율 50~55%) sevruga(50-55 % du marché)	회색에서 검정	작다.	맛이 두드러지고 짭짤하다.
바에리(프랑스 양식) baeri(élevage français)	검정	작다.	맛이 두드러지고 굴 껍질 향이 난다.
트란스몬타누스(미국 양식) transmontanus(élevage américain)	검정	작다.	맛이 섬세하고 균형감이 있으며 짭조름한 바다의 풍미가 있다.

CÉBETTE 세베트 쪽파, 골파. 마늘과에 속하는 가는 파의 일종으로 프랑스 남동부에서 주로 생산되며 단으로 묶어 판매한다. 향이 있는 양념으로 사용하며 색이 연한 뿌리 부분과 잎의 밑동을 주로 먹는다. 프로마주 블랑을 풀어 잘게 썬 쪽파를 넣어먹거나 샐러드, 생채소에 곁들이면 좋다.

CÉDRAT 세드라 세드라 레몬. 시트론. 중국이 원산지인 시트러스 과일로 운향과에 속하는 레몬 나무와 비슷한 시트론 나무의 열매다(**참조** p.222 레몬 도감). 프랑스에서는 코트 다쥐르와 코르시카섬에서 주로 재배된다. 레몬보다 크고 약간 서양 배 모양과 비슷한 세드라는 껍질이 두껍고 울퉁불퉁하다. 이 두꺼운 껍질을 시럽에 졸여 콩피, 또는 잼을 만드는 데 사용한다. 그 밖에도 리큐어, 다양한 파티스리(파운드케이크, 비스퀴, 푸딩 등)를 만드는 데 사용된다.

CÉLERI 셀르리 셀러리. 미나리과에 속하는 식용 채소로 줄기, 잎맥, 이파리, 뿌리, 씨를 모두 먹을 수 있다(**참조** p.173 셀러리 도표). 향료 식물인 야생 셀러리가 자연 도태되어 생긴 채소로 그 씨앗은 향신료로 쓰인다. 셀러리는 두 종류로 나뉜다. 줄기 셀러리는 잎 꼭지를 키운 것이고, 셀러리악은 뿌리를 비대하게 기른 것이다. 자라서 올라올 때마다 잘라서 쓰는 잎 셀러리는 잎맥 줄기가 가늘고 아주 연하며 향신 허브처럼 사용된다. 셀러리는 열량이 아주 낮고 무기질(칼슘, 칼륨), 섬유소, 비타민 C가 풍부하다.

셀러리 소금은 곱게 간 셀러리 씨와 고운 소금을 혼합한 것으로 토마토 주스, 채소 크림 수프, 샐러드 소스 등에 사용하여 간을 맞출 뿐 아니라 향도 더해준다. 또한 저염식 식단에도 사용된다.

CÉLERI-BRANCHE 셀르리 브랑슈 줄기 셀러리. 잎은 녹색 또는 황금색, 잎맥은 흰색을 띠고 통통하며 윤이 나고 신선한 상태에서는 탁 부러질 정도로 단단하다. 밑동부분은 꽤 묵직해 전체 무게는 1kg를 넘기도 한다(**참조** p.173 셀러리 도표). 소화가 잘 되고 열량이 아주 적으며 칼슘, 칼륨, 염화나트륨, 섬유소가 풍부하다.

■ **육류.** 줄기 셀러리는 차가운 소금물에 줄기 밑 부분을 담가두면 싱싱한 상태로 며칠간 보관할 수 있다(시들 염려가 있으니 냉장고에는 넣어두지 않는다). 잎맥 부분은 생으로 먹거나(소금만 찍어 먹거나 샐러드에 넣는다) 익혀 먹는다. 잎은 생으로 혹은 말려서 샐러드, 포타주, 소스, 쿠르부이용, 익히는 국물 등에 향신재료로 넣어준다. 통조림(가미하지 않은 셀러리 밑동 속살, 가니시 용으로 자른 것 등)으로 나온 제품도 있으며, 냉동 보관도 가능하다.

céleri-branche : 줄기 셀러리 준비하기

바깥쪽의 아주 단단하고 질긴 잎맥과 녹색 줄기 끝, 이파리는 떼어낸다. 밑동을 한 번에 잘라내 약 20cm 정도 길이의 셀러리 중간 부분만 남긴다.

생으로 먹는 경우 : 줄기를 하나씩 떼어 분리한 다음 씻어서 질긴 섬유질을 벗겨낸다.

익혀 먹는 경우 : 짧게 자른 밑동을 차가운 물로 씻는다. 줄기 사이사이를 벌려가며 깨끗이 씻는다. 질긴 섬유질을 벗겨낸 다음 다시 헹궈준다. 끓는 소금물에 넣고 10분간 데쳐 익힌다. 건져서 안쪽에 소금을 뿌리고 줄기를 작은 다발로 묶어준다. 베샤멜 소스를 넣어 익히거나 그라탱을 만들 수 있으며, 육즙 소스를 넣어 익히거나 또는 사골 골수를 넣어 조리한다. 퓌레로 만들어 수프, 포타주에 넣기도 하며 삶거나 브레이징 한 닭 요리에 곁들이는 영국식 소스(sauce anglaise)에도 넣는다.

céleris braisés (au gras ou au maigre) 셀르리 브레제

브레이즈드 셀러리 : 셀러리 밑동 속대를 면포 위에 펼쳐 놓고 살짝 열어 안쪽에 소금, 후추로 간을 한다. 굵기에 따라 두 세 개씩 모아 작은 다발로 묶은 다음, 버터를 바르고 돼지비계 껍데기와 얇게 썬 양파와 당근을 깐 코코트 냄비에 넣는다. 약간 기름기가 있는 흰 닭 육수나 고기 육수를 재료 높이까지 붓고 부케가르니를 1개 넣는다. 소금, 후추로 간한다. 불에 올려 가열해 끓기 시작하면 뚜껑을 덮고 180°C로 예열한 오븐에 넣어 1시간 30분간 익힌다. 기름기 없이 익히려면 냄비 바닥에 비계 껍데기를 깔지 말고, 육수 대신 물을 넣어 익힌다.

céleri-branche à la milanaise 셀르리 브랑슈 아 라 밀라네즈

밀라노식 줄기 셀러리 요리 : 셀러리 한 뭉치를 준비해 줄기의 질긴 섬유질을 벗겨내고 적당한 길이로 토막 낸 다음 밀가루와 레몬즙을 넣은 물에 10분간 삶아 익힌다. 건져서 완전히 수분을 털어낸다. 그라탱 용기에 버터를 바르고 셀러리 반을 깔아준 뒤 가늘게 간 파메산 치즈를 뿌려 얹는다. 나머지 셀러리를 놓고 다음 다시 치즈로 덮는다. 녹인 버터를 뿌린 다음 260°C로 예열한 오븐에 넣어 윗면의 치즈가 녹아 노릇해지도록 굽는다. 갈색이 나도록 녹인 버터(beurre noisette)을 몇 스푼 뿌려 서빙한다.

céleris à la crème 셀르리 아 라 크렘

크림 소스 셀러리 : 셀러리 한 뭉치의 줄기를 데쳐 익힌 다음 세로로 길게 이등분한다. 버터를 바른 코코트 냄비에 나란히 놓고 소금, 후추를 넉넉히 뿌린다. 너무 진하지 않은 육수(기름기가 없는 것을 선호한다면 그냥 물을 넣는다)를 재료가 잠길 정도로 붓고 불 위에 올린다. 끓기 시작하면 뚜껑을 덮고 180°C 오븐에서 1시간 동안 익힌다. 셀러리를 건진 다음 반으로 접어 채소 서빙 용기에 담는다. 익힌 국물을 체에 거르고 기름을 제거한 뒤 졸인다. 베샤멜 소스 50ml를 넣고 섞은 다음 더블 크림 200ml를 넣고 반으로 졸인다. 버터 1스푼을 넣고 거품기로 섞은 다음 체에 다시 거른다. 셀러리 위에 끼얹어 서빙한다.

consommé à l'essence de céleri ou d'estragon ▶ CONSOMMÉ
gougères aux céleri-rave et céleri-branche ▶ GOUGÈRE
potage-purée de céleri ▶ POTAGE
poularde au céleri ▶ POULARDE

CÉLERI-RAVE 셀르리 라브 셀러리악. 뿌리 셀러리. 살이 통통한 뿌리를 재배해 식용으로 사용하는 셀러리로 거의 흰색을 띠며 익었을 때 무게는 800g~2kg 정도 된다. 잎으로 덮힌 채로 판매되며 묵직하고 단단한 것이 좋다(**참조** 다음 셀러리 도표, pp.498~499 뿌리채소 도감). 생으로 또는 익혀

서 먹으며, 가늘게 채 썰어 식초에 절인 통조림 제품도 구입할 수 있다. 줄기 셀러리와 마찬가지로 셀러리악도 아주 소화가 잘 되며 열량이 아주 낮다. 무기질(칼슘, 칼륨, 인, 염화나트륨) 함량이 높으며, 특히 섬유소와 비타민 B9이 풍부하다.

céleri-rave : 셀러리악 준비하기

셀러리악의 껍질을 감자처럼 벗긴 뒤 씻어서 레몬즙을 바른다.

생으로 먹는 경우 : 강판으로 간 다음 레몬즙을 뿌려 갈변을 막는다. 기호에 맞게 양념을 해 레물라드를 만들거나 비네그레트(향을 더해도 좋다)를 넣어 버무린다.

익혀 먹는 경우 : 작게 썰어 끓는 소금물에 넣고 5분간 익힌다. 너무 푹 무르지 않고 어느 정도 단단함을 유지해야 한다. 브레이징 또는 육즙 소스에 익히거나 냄비에 함께 푹 익혀 가니시로 사용한다. 퓌레와 크림 수프가 가장 섬세한 맛을 낸다.

céleri farci à la paysanne 셀르리 파르시 아 라 페이잔

속을 채운 시골풍 셀러리악 : 작은 셀러리악을 반으로 자른 뒤 끓는 소금물에 데쳐 익힌다. 셀러리악의 가장자리에 약 1cm 두께로 벽을 남겨두고 속을 파낸다. 파낸 살을 작은 큐브 모양으로 썬 다음, 미리 잘게 큐브 모양으로 썰어 버터에 볶아둔 당근과 양파에 동량(부피)으로 섞어준다. 소금, 후추로 간한다. 속을 파낸 셀러리악 반쪽에 이 소를 채워 넣는다. 오븐 용기에 속을 채운 셀러리악을 나란히 놓고 가늘게 간 그뤼예르 치즈를 뿌린 다음 작게 썬 버터를 고루 얹어준다. 육수 반 컵을 부어준 다음 200°C로 예열한 오븐에 넣어 10분간 익힌다.

céleri en julienne 셀르리 앙 쥘리엔

채 썰어 익힌 셀러리악 : 셀러리악 1개의 껍질을 벗기고 굵직하게 채 썬 다음 끓는 물에 넣어 3분간 데쳐낸다. 찬물에 헹궈 식힌 다음 건진다. 소테팬에 넣고 버터와 아주 소량의 설탕을 넣는다. 뚜껑을 덮고 약한 불에서 15분간 찌듯이 익힌다. 잘게 썬 허브를 뿌려 완성한다.

céleri en rémoulade 셀르리 앙 레물라드

셀러리 레물라드 : 500g짜리 셀러리악 1개의 껍질을 벗긴 뒤 레몬즙을 뿌려 갈변을 막는다. 칼로 가늘게 채 썰거나 강판이나 채칼로 가늘게 간다. 소스 레물라드 150~200ml를 조금씩 넣으며 섞어준다(참조 p.784 SAUCE RÉMOULADE).

gougères aux céleri-rave et céleri-branche ▶ GOUGÈRE
loup au céleri-rave ▶ PLANCHA

필립 브론(PHILIPPE BRAUN)의 레시피

salade folichonne de céleri-rave aux truffes 살라드 폴리숀 드 셀르리 라브 오 트뤼프

송로버섯을 넣은 셀러리악 샐러드 : 셰리 식초 1테이블스푼, 포도씨유 3테이블스푼, 소금 한 꼬집, 검은 통후추를 몇 바퀴 갈아 넣고 비네그레트를 만든다. 달걀노른자 1개, 맛이 강한 머스터드 20g, 소금 한 꼬집, 포도씨유 250ml, 셰리 식초 1테이블스푼을 섞어 마요네즈를 만든다. 껍질을 벗긴 셀러리악 300g을 강판으로 가늘게 간다. 생 송로버섯 100g을 씻어 솔로 문지른 다음 말린 뒤 껍질을 벗긴다. 동그란 모양으로 얇게 슬라이스 해둔다. 송로버섯 자투리와 껍질을 대충 다진다. 셀러리악에 마요네즈 120g과 다진 송로버섯, 레몬즙 한 바퀴를 뿌리고 잘 섞는다. 소금, 후추로 간한다. 송로버섯 슬라이스를 비네그레트에 담가 묻힌다. 각 접시에 셀러리를 소복하게 담은 뒤 송로버섯 슬라이스를 얹어 서빙한다.

salade de saint-jacques sur un céleri rémoulade ▶ SALADE
velouté de châtaigne au foie gras et céleri au lard fumé ▶ VELOUTÉ

CÉLESTINE 셀레스틴 버섯과 껍질 벗긴 토마토를 넣고 소테한 닭고기 요리를 지칭한다. 닭고기를 소테팬에 익힌 뒤 코냑을 붓고 불을 붙여 플랑베한다. 화이트와인과 리에종한 육수(fond lié)를 붓고 끓인다. 다진 마늘과 파슬리를 뿌려 서빙한다.

이 명칭은 또한 카피오카를 넣어 걸쭉하게 리에종한 닭 콩소메를 가리키기도 한다. 이 콩소메에는 허브를 넣은 크레프를 가늘게 썬 것, 데친 닭 가슴살, 처빌을 넣어준다. 여기에 들어가는 재료들 중 몇몇은 '셀레스틴' 오믈렛의 재료와도 동일하다.

CENDRE (SOUS LA) 수 라 상드르 상드르는 '재'라는 뜻의 프랑스어로, 아궁이 화덕이나 나무로 땐 불에, 혹은 그 숯이나 재 속에 넣어 음식을 익히는 토속적 방법을 지칭한다. 주로 감자나 송로버섯 또는 가금류 등의 동물을 익힐 때 사용할 수 있는 방법으로 특히 진흙을 입혀 구운 닭 요리를 예로 들 수 있다.

- **감자.** 큰 사이즈의 감자(belles de Fontenay)를 씻은 뒤 물기를 닦는다. 불이 꺼진 숯 아래 집어넣고 35~40분간 휘젓지 말고 두어 익힌다. 꺼내서 겉을 닦은 뒤 가염 버터와 함께 서빙한다. 잉걸불이 아직 강하고 재가 많지 않을 때는 알루미늄 포일에 싸서 구워도 된다.
- **송로버섯.** 송로버섯을 흐르는 찬물에서 솔질하며 씻은 뒤 물기를 닦아준다. 코냑이나 아르마냑을 묻힌 뒤 알루미늄 포일로 하나씩 싼다. 잉걸불이 아직 강하게 살아 있으면 토기로 된 파이틀 등의 용기에 담아 숯 안으로 밀어 넣고 재로 덮어준다. 불이 꺼진 상태에서는 직접 재 밑에 넣어 여열로 35~45분간 익힌다.

CENDRÉ 상드레 프랑스 여러 지역(샹파뉴, 오를레아네, 루아르 계곡 등)에서 생산되는 치즈와 관련된 표현이다. 재(cendre)가 아니라 목탄 가루를 이용해 만든 치즈를 가리키는데, 목탄에는 치즈에 포함된 지방의 비누화를 일으키고 독특한 맛을 발생시키는 성분인 가성 칼륨이 풍부하다. 목탄은 치즈의 유장분리, 외피 생성, 필요한 박테리아 번식을 돕고 균일한 외관을 생성하는 역할을 한다.

CENTRIFUGEUSE 상트리퓌죄즈 원심분리기. 고속 회전을 통해 야채나 과일의 즙을 추출하는 기기(압착하여 즙을 짜는 감귤류는 제외). 거름망이 과육, 씨, 껍질을 걸러낸다. 추출한 즙으로 음료, 아이스크림, 소르베, 젤리 등을 만든다.

셀러리의 종류와 특징

품종	산지	출하 시기	외형
줄기 셀러리 *céleri-branche ou à côtes*			
황금색 타입 type doré 황금색 개량종 géant doré amélioré	루아르 지방, 도시의 그린벨트 지역	6월 말-12월	잎이 노란색이고 잎맥줄기가 도톰하다. 겉은 노란색, 속대는 흰색을 띠고 있다.
골든 스파르탄, golden spartan 파톰 셀프 블랜칭 pathom self blanching	피레네 오리앙탈, 바르, 알프 마리팀, 도시의 그린벨트 지역	9월 말-3월 말	
녹색 타입 type vert, 다켈트, 톨 유타, 탱고 darkelt, tall utah, tango, 베르 델른 vert d'Elne	피레네 오리앙탈, Pyrénées-Orientales 바르, 알프 마리팀 Var, Alpes-Maritimes 도시의 그린벨트 지역	6월 말-12월	잎이 녹색이고 잎맥줄기가 도톰하다. 겉은 녹색을 띠며, 흰색의 속대는 아주 촘촘하다.
잎 샐러리 *céleri à couper* 앙베르, 베르 델른 anvers, vert d'Elne	도시의 그린벨트 지역	5월-12월	녹색을 띤 잎맥 줄기는 가늘고 움푹하게 골이 있으며, 연하다
셀러리악, 뿌리 셀러리 *céleri-rave, céleri-boule* 모나르슈, 프린츠, 렉스 monarch, prinz, rex	북부지방 노르, 영불해협 샤랑트, 루아레, 코트 도르, 엥, 알자스 Nord, Manche, Charente, Loiret, Côte-d'Or, Ain, Alsace	6월 말-12월	잎이 녹색이고 뿌리모양이 불룩한 원통형이며, 겉면이 우툴두툴하다.

CÉPAGE 세파주 포도품종. 식물의 '품종'이라는 뜻으로 와인 생산자들이 사용하는 용어이다. 모든 세파주는 약 2천만 년 전부터 존재해온 포도과 덩굴식물인 비티스 비니페라(Vitis Vinifera) 종을 조상으로 한다. 오늘날 알려진 여러 포도품종들은 시간의 흐름에 따라 토양과 기후에 맞춰 선별된 것들로, 현존하는 5000종 이상의 포도 가운데 프랑스에서 재배하여 사용하는 것은 약 50여 종뿐이다. 이 품종들은 파종법으로 번식시킬 수 없으며 꺾꽂이, 휘묻이, 접목만이 가능하다.

각 재배 지역마다 해당 와인의 특성을 결정짓는 포도품종이 있다. 프랑스 국립원산지명칭관리국(INAO)는 각 원산지 명칭을 구성하는 포도품종을 규정해두었다. 한편, 하나의 와인을 만드는 데 여러 품종의 포도가 사용되는 경우도 많다. 예를 들어 보르도 레드와인에는 카베르네 프랑, 카베르네 소비뇽, 메를로가 사용되며, 론 지방의 샤또 뇌프 뒤 파프 레드와인에는 각기 다른 13종의 포도가 사용될 수 있다. 반대로 부르고뉴 레드와인에는 오로지 피노, 보졸레에는 가메만을 사용한다. 알자스에서는 일반적으로 와인 이름에 포도품종명을 붙이지만,(실바네, 리슬링, 게부르츠트라미너 등) 프랑스의 여타 와인 생산자의 명칭은 각 지역 고유의 전통에 따라 정해진다. 랑그독 루시용과 같은 특정 지역에서는 몇 년 전부터 '세파주 와인(vin de cépage)'을 개발 중이다. 세파주 와인은 한 가지 포도품종만으로 만들어지며 그 이름이 라벨 위에 명시된다. 이러한 와인은 보통 '뱅 드 페이(vin de pays)' 등급으로 분류되며 차후 '뱅 드 타블 Vin de table'의 자리를 차지하는 것을 목표로 삼고 있다. 대부분의 포도품종들은 세계 각지에 분포하며, 전 세계 와인 생산국들의 풍토에 적응하여 자라고 있다.

CÈPE 세프 그물버섯, 포치니 버섯, 세프 버섯. 식용 가능한 그물 버섯류의 통칭(**참조** 위의 도표와 p.188-189 버섯 도표)으로, 작달막하고 통통한 대가 나무의 밑동(가스코뉴 방언으로 세프 cep)을 닮았다. 20종 이상의 식용 세프 버섯이 존재한다. 통통한 대와 갓 안쪽 면을 뒤덮고 있는 특유의 튜브형 자실층('프앙 foin' 혹은 '바르브 barbe')으로 구분할 수 있다. 세프는 18세기부터 먹어왔는데, 세프 드 보르도의 품질을 인정했던 낭시의 스타니슬라스 레슈친스키의 궁전에서 퍼지기 시작했다.

■ **사용.** 일반적으로 어린 세프 버섯이 더 건강에 좋으며(벌레 먹지 않은 것) 더 귀하다. 그러나 다 자라 성숙한(자실층이 노랑이나 올리브 빛 노랑을 띠는 것) 것이 맛은 더 좋다. 습한 날씨에는 자실층이 점액질로 뒤덮이는데 이는 제거해야 한다. 질 좋은 세프 버섯은 생식이 가능하여 얇게 썰어 샐러드로 먹을 수 있다. 그러나 오믈렛, 블루테 수프, 가니시(콩피, 도브 스튜, 민물고기 요리 곁들임 용)로 익혀 먹을 때 훨씬 맛이 좋다. 보관을 위해 살균, 냉동, 건조 및 기름 절임이 가능하다. 세프 버섯을 활용한 요리는 지역별로

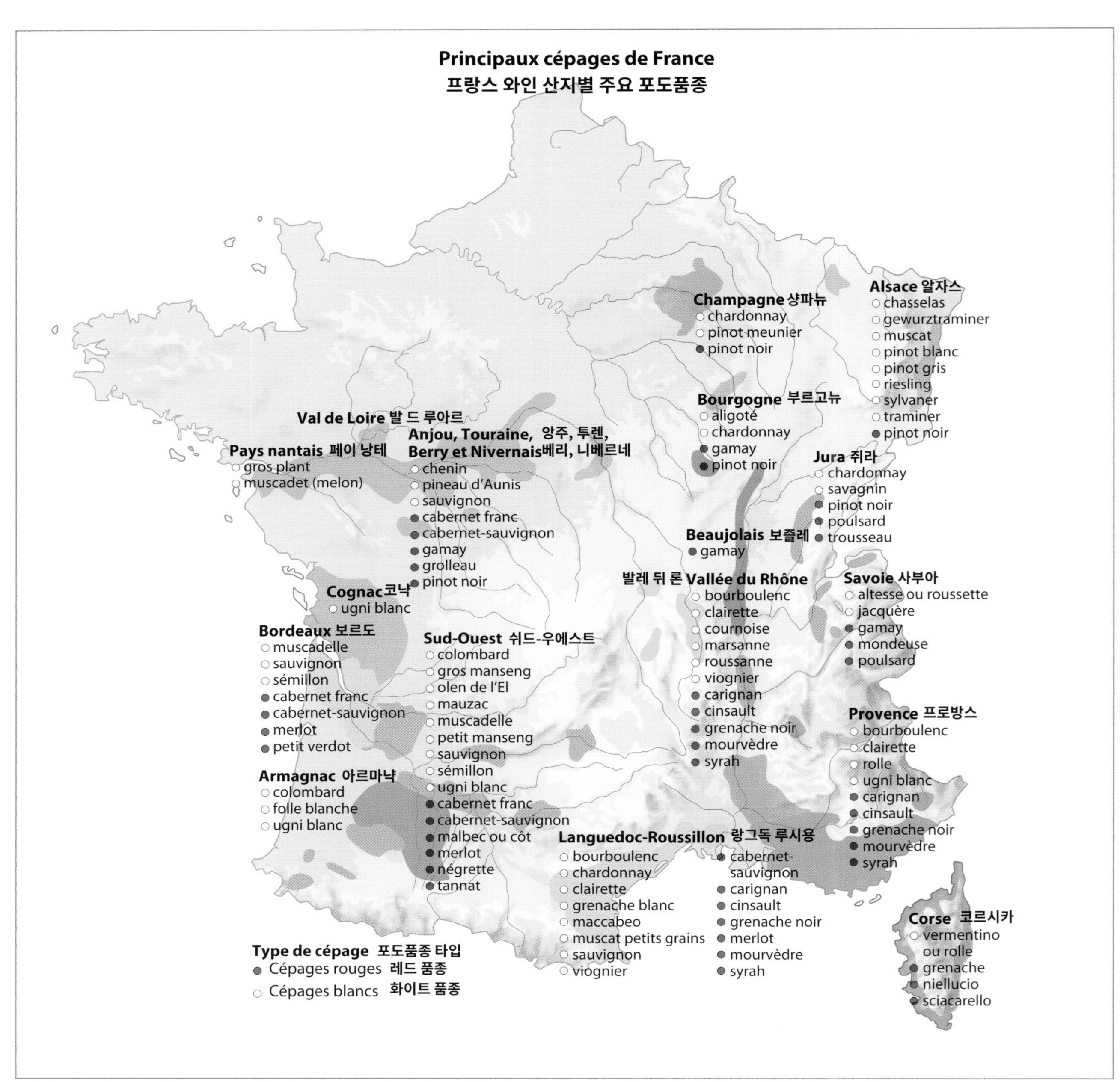

Cave à vins 와인 저장고

"파리 포시즌스 조르주 생크 호텔의 와인 저장실에는 페트뤼스(Pétrus)를 비롯한 다양한 종류의 최상급 명품 와인들이 구비되어 있다. 와인관리 장부를 항시 정확하게 업데이트함으로써 소믈리에들은 재고 파악, 발주 납품 및 판매 내역 등 저장고의 현황을 체크하고 관리할 수 있다."

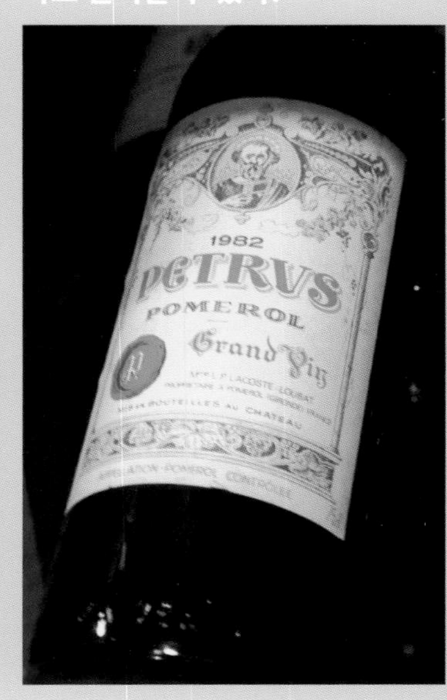

식용 그물버섯의 종류와 특징

명칭	서식지	수확 시기	외형	살
넓은 의미에서의 그물버섯 *bolets au sens large*				
부속그물버섯 bolet appendiculé *(Boletus appendiculatus)*	잎이 무성한 나무, 점토석회질 토양	8-9월	갓은 베이지색에 마른 펠트 질감이며 주름살은 황금색 또는 레몬색이다. 대는 단단하고 볼록하며 잔뿌리가 있고 유황색을 띤다.	단단하고 촘촘한 질감, 연한 노란색에 미세하게 푸른빛이 돈다.
갈색그물버섯 bolet bai *(Boletus badius)*	평야 및 산지, 소나무, 참나무, 그 외 수지류 수목(전나무)이 자라는 숲	10-11월	진한 밤색의 갓은 펠트 질감에 가까운 무광으로 부드럽고, 습한 날에는 매우 끈적끈적해진다. 대는 다소 통통하고, 두툼한 것도 드물게 볼 수 있다. 주름은 연한 갈색 또는 황록색을 띤다.	희미한 노랑, 다소 푸른빛이 돈다.
독그물버섯 bolet blafard *(Boletus luridus)*	노지의 성긴 떡갈나무들 사이, 석회질의 따뜻한 토양	8-10월	갓은 오렌지, 진한 벽돌색에서 보르도 레드 색을 띤다. 대는 약간 통통하고 세로무늬 그물눈이 도드라져있다.	노란색에 진한 푸른색이 돈다.
남빛둘레그물버섯 bolet indigo ou indigotier *(Gyroporus cyanescens)*	석회질 모래 위 시든 떡갈나무, 따뜻하고 건조한 곳	10-11월	갓은 희거나 연한 황갈색이다. 대에는 공동이 있으며 수직으로 분할되어 있고 표면은 울퉁불퉁하다.	깨끗한 흰색, 만지거나 자르면 프러시안 블루로 색이 변한다.
비단그물버섯 bolet jaune des pins, ou « nonette voilée » *(Suillus luteus)*	소나무 숲(해송, 구주소나무, 흑송 등)	10-11월	갓은 밀크커피색에 매우 끈적거리며 점성이 있고 노란 미세한 구멍이 나있다. 대 위쪽에 턱받이가 달려있고 주름은 노란색이다.	균일하고 옅은 노란색
붉은대그물버섯 bolet à pied rouge *(Boletus erythropus)*	오래된 호산성 참나무 숲	9-11월	갓은 적갈색, 진한 밤색이며 무광에 부드럽고, 습한 날엔 끈적끈적하다. 진한 붉은색 구멍이 있고 대에는 붉은 반점이 있으며 그물눈은 없다.	노란색이며 매우 진한 청색으로 변한다.
큰그물버섯 bolet royal *(Boletus regius)*	잎이 무성한 숲, 점토 석회질 토양	6월 말-10월 말	갓은 밝은 적색에 건조하고 펠트 질감. 주름은 황금색이나 레몬색을 띠며 대는 묵직하고 촘촘하며 두툼하게 부푼 모양이다. 유황색에 그물눈이 있다.	옅고 고른 황색
엄밀한 의미에서의 그물버섯, 세프(포치니 버섯) 또는 세프 노블 *bolets au sens strict, ou cèpes, ou cèpes nobles*				
그물버섯 cèpe de Bordeaux *(Boletus edulis)*	활엽수(특히 참나무, 밤나무)와 침엽수(독일 가문비나무, 전나무)	9-10월	갓은 밤색이며 가장자리가 희고 끈끈한 각피로 싸여 있다. 대는 통통하고 작으며 색이 연하고 그물눈이 있다.	균일한 흰색
그물버섯아재비 cèpe d'été ou réticulé *(Boletus aestivalis, B. reticulatus)*	들판, 보통 활엽수(특히 참나무, 밤나무)	5-6월, 9-10월	갓은 무광에 미끄덩거리지 않는 부드러운 감촉이며 담황색을 띤 베이지 색이다. 대는 담황색을 띤 베이지색에 작달막하며 그물눈이 있다.	균일한 흰색
소나무 그물버섯 cèpe des pins de montagne *(Boletus pinophilus, B. pinicola)*	산속이나 언덕, 특히 수지류 수목(구주소나무, 독일가문비나무)에서 잘 자라며 종종 밤나무에서도 발견된다.	9-11월 말	갓은 적갈색, 대는 적갈색에 굵고 통통하며 묵직하고 그물눈이 있다.	균일한 흰색
구릿빛그물버섯 tête-de-nègre, ou cèpe bronzé, ou cèpe noir *(Boletus aereus)*	잎이 무성하며 건조한 편인 숲 속(참나무, 밤나무)	10-11월	갓은 거무스름한 진한 밤색에 통통하다. 대는 높고 색이 진하며 볼록하고 통통하며 그물눈이 있다.	균일한 흰색

도 다양한데 특히 오베르뉴에서는 세프 노블(주로 밤나무 밑에서 자라 '샤테뉴레'라고도 불린다.)에 소를 채워 요리하며, 아키텐 지역에서는 냄비 요리인 코코트(cocotte), 소를 채운 파르시(farcis) 혹은 화덕이나 숯불의 여열로 익히는 방식인 '수 라 상드르(sous la cendre)'로 요리한다. 푸아투와 쉬드 우에스트(프랑스 남서부 지역)에서는 호두 기름에 구워먹는다. 세프 드 보르도는 언제나 기름(버터는 쓰지 않는다)에 조리하며 마늘이나 파슬리를 곁들인다. 오슈 지방은 화이트와인을 넣은 세프 요리로 유명하고 가스코뉴에서는 '아 라 비앙드'(마늘을 넣고 생 햄을 곁들인다) 방식이나 구이, 캐서롤 혹은 살라미에 곁들여 먹는다.

cèpes à la bordelaise 세프 아 라 보르들레즈

보르도식 포치니 버섯 요리 : 버섯을 다듬는다. 크기가 큰 것은 어슷하게 사등분, 중간 크기는 수직으로 이등분하고, 작은 것은 그대로 사용한다. 팬에 오일, 레몬즙을 함께 넣고 뚜껑을 덮은 상태로 5분간 쪄내듯 익힌다. 버섯을 건져 기름을 달군 팬에 넣고 소금, 후추로 간을 한 다음 센 불에 튀기듯 살짝 볶아낸다. 페르시야드(persillade 다진 파슬리와 마늘을 섞은 양념)를 넣고 버무린 다음 뜨겁게 서빙한다(파리에서는 '세프 아 라 보르들레즈'의 조리법이 약간 다르다. 버섯을 볶다가 다진 샬롯, 튀긴 빵가루, 다진 파슬리를 넣고 마무리한다).

cèpes au gratin 세프 오 그라탱

포치니 버섯 그라탱 : 버섯의 갓과 대를 분리해둔다. 소금, 후추로 간한 뒤 버터나 기름에 전체를 한 번 슬쩍 볶아 건져둔다. 갓만 골라내 버터나 기름을 발라놓은 그라탱 그릇에 뒤집어 정렬한다. 대는 잘게 샬롯(버섯 200g당 1개), 파슬리와 함께 다져둔다. 기름에 볶은 다음 소금과 후추로 간하고 잘게 부순 생 빵가루를 넣어(버섯 대 200g당 1테이블스푼) 고루 섞는다. 이것으로 갓을 채우고 표면에 생 빵가루를 뿌린다. 기름이나 녹인 버터를 살짝 뿌린 뒤 275°C~300°C로 예열한 오븐에서 그라탱처럼 구워낸다.

cèpes grillés 세프 그리예

포치니 버섯 구이 : 작고 아주 신선한 포치니 버섯을 잘 닦고 다듬는다. 갓에 칼집을 낸 다음 올리브오일, 레몬즙, 마늘, 다진 파슬리, 소금, 후추에 30분간 재워둔다. 건져내

그릴이나 직화로 굽는다. 잘게 썬 파슬리를 뿌려낸다.

cèpes à la hongroise 세프 아 라 옹그루아즈

헝가리식 포치니 버섯 요리 : 포치니 버섯을 다듬어 씻는다. 큰 것은 도톰하고 어슷하게 슬라이스하거나 반듯하게 썰고 작은 것은 그대로 사용한다. 버터를 녹인 팬에 다진 양파(버섯 500g당 넉넉히 2테이블스푼), 소금, 후추, 파프리카 가루(버섯 500g당 1 티스푼)와 함께 버섯을 넣고 찌듯이 볶아 익힌다. 생크림을 재료가 잠길 정도로 넣은 다음, 뚜껑을 연 상태로 졸인다. 그대로 마무리 하거나 잘게 썬 파슬리를 뿌린다.

cèpes marinés à chaud 세프 마리네 아 쇼

뜨겁게 마리네이드한 포치니 버섯 요리 : 포치니 버섯 750g을 다듬고 씻은 다음 도톰한 두께로 어슷하게 썬다. 기름에 2분간 튀겨낸 다음 차가운 물에 식혀 건진다. 종이 행주이나 면포로 물기를 꼼꼼히 닦아낸다. 올리브오일 200ml, 와인 식초 3테이블스푼, 다진 펜넬 1테이블스푼, 다진 레몬 제스트 1티스푼, 4등분한 월계수 잎 1장, 타임 작은 줄기 2개, 소금, 갓 갈아놓은 후추를 섞어 살짝 끓어오를 때까지 가열한 후 5분간 그대로 끓인다. 물기를 제거한 버섯을 토기 등의 내열용기에 넣고, 끓는 마리네이드 액을 체에 거르며 버섯이 잠기도록 붓는다. 껍질 벗긴 마늘 큰 것 2톨과 파슬리 스푼을 모두 다져 넣어준다. 향이 고루 배도록 잘 저어준 다음 최소 24시간 동안 냉장고에 두었다가 서빙한다.

cèpes à la mode béarnaise 세프 아 라 모드 베아르네즈

베아르네즈 포치니 버섯 요리 : 크기가 큰 포치니 버섯을 다듬어 씻은 다음 예열한 오븐에 잠깐 넣어 배어나오는 물기를 뺀다. 마늘을 편으로 썰어 버섯에 박아넣고 소금, 후추로 간 한 뒤 기름을 발라준다. 숯 잉걸불이나 수직형 그릴에 굽는다. 빵가루, 마늘, 파슬리 다진 것을 기름에 볶은 다음, 구운 버섯에 뿌려 바로 서빙한다.

cèpes à la provençale 세프 아 라 프로방살

프로방스식 포치니 버섯 요리 : 보르도식 포치니 버섯과 같은 방식으로 만든다. 단, 일반식용유(또는 낙화생유) 대신 올리브 오일을 사용한다. 다진 마늘을 추가로 넣고 강한 불에 빠르게 볶는다.

cèpes en terrine 세프 앙 테린

포치니 버섯 테린 : 포치니 버섯 750g을 다듬어 씻는다. 갓과 대를 분리한다. 버섯 대, 껍질 벗긴 마늘 3~4톨, 껍질 벗긴 샬롯 3~4개, 파슬리 작은 묶음 한 송이를 모두 다진 다음 올리브오일 3테이블스푼을 두른 소테팬에 볶는다. 소금, 후추로 간한다. 버섯의 갓은 따로 팬에 넣고 올리브오일 2테이블스푼, 소금을 넣어 뚜껑을 덮은 상태로 가열해 수분을 뺀 다음 건져낸다. 테린 용기의 바닥과 벽을 아주 얇게 썬 베이컨으로 덮어 깔아준다. 여기에 버섯의 갓을 한 층 깔고, 다져 볶은 소로 덮어준 다음, 그 위로 다시 갓을 한 층 깐다. 베이컨으로 표면을 덮는다. 뚜껑을 덮고 200°C로 예열한 오븐에 테린을 넣는다. 50분간 익힌다.

magret de palombes aux cèpes ▶ PALOMBE

장 클로드 페레로(JEAN-CLAUDE FERRERO)의 레시피

têtes de cèpe grillées au four 테트 드 세프 그리에 오 푸르

오븐에 구운 포치니 버섯 모양이 좋은 포치니 버섯 갓 4개를 씻지 말고 잘 닦는다. 갓 윗부분에 십자로 칼집을 낸다. 소금 간을 살짝 한 다음 후추를 뿌리고 올리브 오일을 한 방울 넣는다. 300°C로 예열한 오븐에 5분간 굽는다. 버섯을 뒤집고 소금, 후추를 아주 조금만 뿌려 간한 다음, 다시 오븐에 3분간 굽는다. 갓을 뒤집을 상태로 담고 얇게 썬 푸아그라(foie gras mi-cuit)(혹은 주사위 모양으로 썰어 살짝 구운 파르마 햄)를 채운다. 셰리 식초와 올리브오일로 드레싱한 트레비소 샐러드를 곁들여 낸다.

롤랑 뒤랑(ROLAND DURAND)의 레시피

velouté de cèpes aux huîtres 블루테 드 세프 오 쥐트르

굴을 넣은 포치니 버섯 크림 수프 : 4인분

냄비에 올리브오일 3 테이블스푼을 두른 다음, 얇게 썬 포치니 버섯 500g을 넣고 색이 나지 않고 수분이 나오도록 볶는다. 그 위에 닭 육수 700ml를 붓고, 간을 하지 않은 상태로 10초간 익힌다. 생크림 200ml를 넣고 2분간 더 익힌다. 큰 움푹굴 15개의 껍질을 깐다. 크림을 넣고 익힌 블루테에 굴 세 개를 넣고 핸드블렌더로 갈아준 다음, 소금, 후추로 간한다. 버터 20g과 레몬 즙 1/2개분을 넣는다. 우묵한 수프접시에 각각 껍질 깐 굴을 세 개씩 담고 아주 뜨거운 블루테를 붓는다. 처빌 잎을 올리고 작은 크루통을 곁들여 낸다.

CERCLE À TARTE 세르클 아 타르트 타르트 링, 타르트 세르클. 양철, 스테인리스 재질의 원형 틀로, '플랑 서클(cercle à flan)'이라고도 부른다. 용도에 따라 크기(지름 6~34 cm)가 다양하며, 많은 제과장들이 타르트나 플랑 제조 시 바닥이 있는 일반 틀보다 많이 사용하고 있다. 오븐팬 위에 직접 올려 굽기 때문에 타르트 등의 시트 반죽에 열이 더 잘 전달될 뿐 아니라, 다 구운 뒤 테두리 링만 조심스레 들어 올리면 간편하게 분리해낼 수 있다.

CÉRÉALE 세레알 곡물, 곡류. 로마 신화에 나오는 수확의 여신 세레스(Cérès)에서 따온 이름으로, 낟알이 인간의 양식(또한 목축업이나 산업용)으로 쓰이는 식물을 지칭한다(**참조** p.179 곡류 도표, pp.178~179 곡류 도감). 대부분 벼과에 속하며, 밀(연질밀), 듀럼밀, 스펠타밀, 쌀, 옥수수, 보리, 귀리, 호밀, 조, 수수 등이 이에 포함된다. 메밀('검은 밀'이라고도 칭한다)은 마디풀과에 속하며, 퀴노아(**참조** QUINOA)는 명아주과에 속한다. 낟알 형태 그대로 먹기도 하지만(옥수수, 쌀), 대부분은 제분해서 먹는다. 또한 세몰리나, 플레이크, 뻥튀기, 가공 곡물, 미리 익힘 공정을 거친 곡물의 형태도 찾아볼 수 있다. 곡물에는 탄수화물 함량이 높고 단백질과 비타민B도 함유하고 있으나, 아미노산과 칼슘은 부족하다.

CERF 세르 사슴. 온대 지역에 서식하는 야생 반추동물로, 사슴과의 일종이다. 무게는 최대 200kg에 달하며, 잡아서 고기를 식용으로 소비한다(**참조** p.421 수렵육 도표). 새끼 사슴(6개월 이하)의 고기를 최고로 치며, 어린 암사슴을 수사슴보다 고급으로 여긴다.

사슴은 중세시대부터 귀한 대접을 받았는데, 구이, 스튜 등으로 요리해 먹었으며, 사슴 정강이 포타주가 유명했다. 16세기에는 녹용을 저며 튀긴 것을 먹었고, 혀, 코, 귀를 요리한 '므뉘 드루아(menus droits)'를 즐기기도 했다. 뿔은 갈아서 젤리나 앙트르메를 만드는 데 사용했다.

오늘날 프랑스에서는 지역마다 사슴 사냥을 규제하고 있으나, 매년 약 36,500마리의 사슴이 포획되는 것으로 추정된다. 캐나다에서는 흰꼬리사슴(노새 사슴, 검은 꼬리 사슴도 찾아볼 수 있다)이 10월에서 11월 사이에 가장 인기 있는 대형 수렵육이다.

이미 고대 로마 시대 때부터 행해진 사슴 사육은 그 규모가 점점 커졌다. 약 15~20개월 사이에 도축한 수사슴의 고기는 붉은색으로 매우 맛있고 식감이 좋다. 노루와 같은 방식으로 조리한다.

CERFEUIL 세르푀이 처빌. 미나리과에 속하는 남 러시아에서 유래하여 유럽 전역에서 찾아볼 수 있다(**참조** p.451~454 향신 허브 도감). 처빌은 생으로 사용하는 양념의 일종으로, 특히 잎은 포타주, 오믈렛에 얹어 내거나, 소스(베아르네즈, 그리비슈, 비네그레트)에 향을 더하기도 하며, 민물 생선 요리(오 베르 au vert), 가금류, 흰살 육류 요리 등에 사용된다. 아니스 향이 살짝 나고, 약간의 머스크 향도 있으나 향이 금세 날아가는 편이다. 지나치게 가열하거나 많은 양의 오일과 섞지 않는 것이 좋다.

일반적인 허브 처빌과 처빌 프리제(cerfeuil frisé 장식용) 외에 결절 뿌리 처빌도 있는데, 섬세한 맛의 채소이나 보기 드물고, 잎에 독성이 있다(**참조** p.498-499 야채-뿌리 도감). 그 덩이뿌리는 향이 강하고 전분이 풍부하다. 두루미냉이(초석잠)와 같은 방법으로 먹는다.

▶ 레시피 : ESSENCE, MARINIÈRE (À LA).

CERISE 스리즈 체리. 장미과에 속하는 관목인 벚나무의 열매. 체리의 외피는 다소 짙은 붉은색부터 연한 노란색까지 농담이 다양하고, 과육은 종에 따라 단맛의 정도가 조금씩 차이가 나며 신맛도 갖고 있다(사과산)(**참조** p.182 체리 도표, 옆 페이지 도감). 체리는 꼭지가 붙어 있는 상태로 판매되며, 꼭지의 초록색이 신선도를 나타낸다. 그러나 일부 품종(스페인 피코타스)의 경우, 열개(핵과와 꼭지 사이의 분리)가 자연적으로 일어나 꼭지 없이 수확하기도 한다. 체리는 수분(82%), 당분(13~17%), 칼륨, 카로틴, 엽산이 풍부하다. 비가로(bigarreau) 종 100g의 열량은 77Kcal 혹은 321kJ이며, 영국 체리는 100g당 56 Kcal 혹은 234 kJ이다.

CÉRÉALES ET PRODUITS DÉRIVÉS 곡류 및 파생 곡물류

blé dur
블레 뒤르. 듀럼밀, durum wheat

blé pourpre
블레 푸르프르. 자색 밀, purple wheat

flocons de blé
플로콩 드 블레. 밀 플레이크, wheat flakes

avoine
아부안. 귀리, 오트, oats

sarrasin
사라쟁. 메밀, buckwheat

seigle
세글. 호밀, rye

flocons d'avoine
플로콩 다부안. 오트밀, 귀리 플레이크

sarrasin grillé, ou kacha
사라쟁 그리예, 카샤. 볶은 메밀, roasted buckwheat

flocons de seigle
플로콩 드 세글. 호밀 플레이크, rye flakes

blé
블레. 밀, wheat

millet noir
미예 누아. 검은 조, black millet

semoule de blé dur
스물 드 블레 뒤르. 듀럼밀 세몰리나, durum semolina

maïs
마이스. 옥수수 corn

maïs pop-corn
마이스 팝콘. 팝콘 옥수수 pop-corn

maïs sucré
마이스 쉬크레. 스위트 콘 sweet corn

semoule de maïs grain fin
스물 드 마이스(그랭 팽). 폴렌타(고운 입자), polenta

orge
오르주. 보리, barley

amarante
아마랑트. 아마란스, amaranth

semoule de maïs gros grain
스물 드 마이스(그로 그랭). 폴렌타(굵은 입자), polenta

orge perlé
오르주 페를레. 정맥(精麥), pearl barley

quinoa
키노아. 퀴노아 quinoa

주요 곡물의 종류와 특징

종류	수확 시기	외형
귀리 avoine	6~7월	길고 가는 낟알이 깃털 모양의 긴 껍질에 싸여 있다.
밀, 혹은 연질밀 blé ou froment	6~7월	낟알이 두 쪽의 껍질, 혹은 외피로 쌓여 있고 줄기, 혹은 가지에 잎이 교차로 나 있다.
스펠타밀 혹은 외알밀 épeautre ou engrain	8월	아래로 늘어지는 이삭에 유선형의 겨가 붙어 있다.
옥수수 maïs	10~11월	낟알이 촘촘히 붙어 있다. 줄기 한 대에 커다란 이삭이 달린다.
조 millet ou mil	8~9월	낟알이 매우 작고 동그랗다. 줄기는 속이 차 있다.
보리 orge	6~7월	납작한 잎, 꽃들이 이삭에 모여 핀다.
쌀 riz	10월	낟알은 길쭉하고 잔털 없이 매끈하다. 아래쪽에 씨눈이 있고 통통한 배젖이 바깥쪽으로 붙어 있다.
메밀 sarrasin ou blé noir	6~7월	분질이 풍부한 검은 낟알. 줄기는 잎사귀에 뒤덮여 있다.
호밀 seigle	6~7월	이삭에 꽃자루 없이 짧고 좁은 왕겨가 붙어 있다.
수수 sorgho	10월	낟알이 작고 붉은색을 띠며 줄기는 속이 차 있다.

유럽의 체리나무는 소아시아에서 유래한 두 종과 관련이 있으며, 중세 시대부터 재배하기 시작했다. 야생 체리, 혹은 스위트 체리나무에서 비가로 종과 기뉴(guigne)종이 나왔으며, 이는 그대로 먹어도 좋을 뿐만 아니라 타르트나 가정식 설탕 절임을 만들기도 한다. 사워 체리나무에서는 아마렐(amarelle) 종과 그리오트(griotte) 종이 나왔으며, 이들은 시럽이나 오드비(eau-de-vie)에 담가 절이거나 과일 당절임, 잼 등을 만드는 데 주로 사용한다. '영국' 체리라고 불리는 품종들은 대개 신맛이 있으며 주로 브랜디에 절이는 용도로 많이 쓰인다.

■ **사용.** 체리는 그대로 콩포트, 과일 화채나 샐러드, 쿠프 글라세(coupe glacée)를 만들거나 타르트, 플랑, 수플레, 클라푸티, 블랙포레스트 케이크 등에 사용된다. 나폴레옹 종은 당과류에 많이 사용된다. 체리 당절임은 파운드케이크과 각종 푸딩뿐 아니라 다양한 케이크 장식에 없어서는 안 될 재료이다. 신맛이 나는 종류(그리오트나 몽모랑시 종)는 리큐어에 절여 초콜릿 봉봉에 넣기도 한다. 또한 알자스나 독일에서는 수프를 만들기도 하고, 새콤달콤한 양념액이나 식초에 피클처럼 절여두었다가 수렵육이나 오리 요리에 넣어 조리하거나 곁들여 먹기도 한다.

체리로 만든 리큐어나 증류주 중 알아둘 법 한 것으로는 체리 앙글레(cherry anglais), 앙주의 기뇰레(guignolet), 프로방스의 라타피아(ratafia), 이탈리아의 마라스키노(marasquin), 알자스의 키르슈(kirsch)가 있다. 또한 발효시킨 체리 즙으로 '체리 와인'을 만들기도 하고, 벨기에에서는 람빅 맥주에 체리 향을 넣은 크릭 람빅(kriek lambic)을 만든다. 말린 체리 꼭지와 체리 꽃은 이뇨와 정화 작용을 하는 차로 쓰인다.

체리는 냉동시키기 쉬운 과일로, 그대로 냉동한 것, 꼭지를 뗀 것, 씨를 빼지 않은 것, 설탕 시럽을 씌운 것 등이 있다.

체리와 비슷한 모양을 한 기타 붉은 과일류에 종종 체리라는 이름을 붙이기도 한다. 소귀나무 열매(양매)를 '곰 체리', 꽈리를 '유대인의 체리', 타르트에 많이 쓰이는 새콤한 아세롤라를 '앤틸리스 체리'라고도 부른다.

beignets soufflés fourrés aux cerises ▶ BEIGNET
cailles aux cerises ▶ CAILLE
cake au miel et aux cerises confites ▶ CAKE

cerises à l'eau-de-vie 스리즈 아 로드비

오드비에 담근 체리 : 유리 내열용기를 열탕소독한다. 얼음설탕을 오드비에 넣고 녹인다(1리터당 얼음사탕 350g). 그리오트나 몽모랑시 체리를 모양이 좋은 것으로 골라둔다. 체리 꼭지를 절반 길이로 자르고 반대편에는 바늘로 구멍을 내둔다. 유리 용기에 체리를 담고, 설탕이 녹은 오드비를 체리가 완전히 잠기도록 붓는다. 밀폐 후 서늘하고 빛이 닿지 않는 곳에 보관한다. 3개월 후에 먹는다.

cerises confites fourrées à la pâte d'amande 스리즈 콩피트 푸레 아 라 파트 다망드

아몬드 페이스트를 채운 체리 콩피 : 아몬드 가루 125g, 설탕 250g, 글루코스 시럽 25g, 물 80ml, 키르슈를 넣고 아몬드 페이스트를 만든다. 체리 콩피 50개를 완전히 분리되지 않게 갈라둔다. 아몬드 페이스트를 작은 올리브 모양으로 빚어 체리 하나하나에 집어넣는다. 슈거파우더를 뿌려놓은 쟁반에 속을 채운 체리를 올린다.

cerises déguisées dites « marquises » 스리즈 데기제 "마르키즈"

설탕 옷을 입힌 "마르키즈" 체리 : 오드비에 담근 체리 약 50알을(꼭지가 붙어 있는 상태) 건져낸 다음 물기를 닦아 제거한다. 바닥이 두꺼운 작은 냄비에 퐁당슈거 375g을 넣는다. 강불로 가열하며 키르슈 1/2컵을 넣고 나무 주걱으로 섞는다. 퐁당슈거가 녹아 부드럽게 풀리면 불에서 내린 다음, 붉은 식용색소를 3~4 방울 섞고 힘차게 젓는다. 대리석 작업대 위에 슈거파우더를 조금 뿌려둔다. 체리 꼭지를 잡고 퐁당슈거에 담갔다 뺀다. 초과분은 냄비로 흘러내리도록 둔다. 슈거파우더를 뿌려둔 작업대 위에 체리를 잠시 놓아두었다가(슈거파우더가 달라붙는 것을 막아준다) 어느 정도 표면이 굳으면 개별 종이 케이스에 하나씩 옮겨 담는다. 퐁당슈거는 색소 없이 사용할 수도 있고, 절반만 색을 들여 분홍색 체리 25개, 흰색 체리 25개로 만들어도 좋다.

cerises flambées à la bourguignonne 스리즈 플랑베 아 라 부르기뇬

부르고뉴식 체리 플랑베 : 체리 꼭지를 따고 씨를 뺀다. 체리에 설탕과 물(과일 1kg당 설탕 350g, 물 1/3컵)을 넣고 약불에서 8~10분간 익힌다. 레드커런트 즐레를 2~3테이블스푼 넣고 약불에서 5분간 더 졸인다. 체리를 플랑베용 팬에 옮겨 담은 후 작은 냄비나 국자로 뜨겁게 데운 마르 드 부르고뉴(marc de Bourgogne 포도 찌꺼기를 이용한 증류주)를 끼얹는다. 불을 붙여 바로 서빙한다.

cerises jubilé 스리즈 쥐빌레

체리 주빌레 : 체리 플랑베와 만드는 방법은 같다. 단, 시럽에 칡 녹말가루(애로루트)를 조금 섞어 농도를 걸쭉하게 한 다음, 체리를 개인용 카솔레트에 옮겨 담고 시럽을 끼얹는다. 서빙 시 카솔레트 하나당 키르슈를 한 스푼씩 넣고 불을 붙여 플랑베한다.

cerises au vinaigre à l'allemande 스리즈 오 비네그르 아 랄르망드

독일식 체리 식초 절임 : 체리의 꼭지를 따고 조심스레 씻은 다음 물기를 닦고 씨를 뺀다. 내열 유리용기를 열탕 소독하고 체리를 담는다. 식초 1리터, 비정제 황설탕(혹은 일반 설탕) 200g, 정향 3개, 통계피 1조각, 아주 소량의 넛멕을 섞어 끓인 다음 식힌다. 유리 용기에 체리가 완전히 잠기도록 부은 다음 밀폐하여 어두운 곳에 보관한다. 2개월 후에 먹는다.

chaussons de Paul Reboux ▶ CHAUSSON
compote de cerise ▶ COMPOTE
crêpes aux cerises ▶ CRÊPE
flan de cerises à la danoise ▶ FLAN
sirop de cerise ▶ SIROP
soupe aux cerises ▶ SOUPE
suc de cerise ▶ SUC
tarte aux cerises à l'allemande (Kirschkuchen) ▶ TARTE

CERISE SUR LE GÂTEAU 스리즈 쉬르 르 가토 체리를 얹은 초콜릿 케이크. 1993년 얀 페너스(Yann Pennor's)가 디자인하고 피에르 에르메(Pierre Hermé 프랑스 파티시에, 1961년생)가 제작한 밀크 초콜릿 케이크. 케이크 베이스로 우선 다쿠아즈 비스퀴(아몬드 가루에 버터 크림을 섞어 만든다)를 무스링 맨 밑에 깐 다음 프랄리네 푀유테를 스패출러로 펴 바르고 얇게 굳힌 밀크 초콜릿 디스크를 놓는다. 그 위에 초콜릿 가나슈를 펴 놓고 두 번째 밀크 초콜릿 디스트를 올려 덮어준다. 초콜릿 샹티이 크림으로 맨 위를 채운 다음 급속 냉동한다. 여기까지 원형으로 준비한 제품을 정확히 6등분한다. 특수 제작한 몰드 안에 템퍼링하여 녹인 밀크 초콜릿을 부어 틀 벽에 묻힌 뒤 잉여분을 흐르게 두고 굳힌다. 이 셸 안에 6등분한 케이크 조각을 세로로 겹쳐 쌓아 넣는다. 틀에서 빼 낸 뒤 식용 금박으로 금색 표시줄을 그리고 체리 콩피 한 개를 맨 위에 얹어 장식한다. 완성된 제품은 특별 제작한 상자에 들어가는데, 그 모양이 마치 측면에서 본 커다란 케이크 조각을 연상시킨다.

CERNER 세르네 페어링나이프를 이용해 과일 껍질에 깊지 않게 칼집을 넣다. 사과를 통째로 오븐에 익힐 때 가로로 이등분 하듯이 중간 지점에 빙 둘러 칼집을 내주면 익는 동안 터지는 것을 방지할 수 있다. 밤에도 칼집을 내주면 껍질 벗기기가 편해진다. 과일에 칼집을 내면 속의 과육을 파내는 작업도 쉽게 할 수 있다. 멜론의 경우 윗부분(꼭지를 중심으로 작은 원 뚜껑 모양으로 칼집을 내 제거한다)의 껍데기와 과육을 한 번에 칼집 내어 잘라낸 뒤 살을 파낼 수 있다. 자몽의 중앙에 칼집을 내 반으로 잘라 속껍질과 과육을 분리해내기도 한다. 토마토에 소를 채워 넣을 때도 꼭지 쪽이나 밑면에 칼집을 내 조금 잘라낸 다음 속을 파낸다.

마지막으로, 볼로방(vol-au-vent)이나 부셰(bouchée)용으로 밀어놓은 반죽을 '세르네'한다는 것은 굽고 난 후 뚜껑이 될 부분 둘레에 쿠키 커터나 페어링나이프로 금을 그어 표시한다는 뜻이다.

CÉRONS 세롱 단맛이 나는 AOC 화이트 와인으로 포도품종은 세미용, 소비뇽, 뮈스카델이다. 소테르네(Sauternais) 북부 자갈밭 포도원에서 생산되며 향과 섬세함으로 유명하다(**참조** BORDELAIS).

CERTIFICATION DE CONFORMITÉ 세르티피카시옹 드 콩포르미테 농식품 품질 인증서. 이 인증서는 국가가 인정한 독립된 외부 기관이 작성한 조건 명세서에 규정되어 있고, 또한 국립 상표 인증 위원회(CNLC)가 인준한 세부 사양(생산, 포장, 원산지, 제조, 식품의 풍미 또는 물리화학적 특성 등) 요건에 부합하는 경우 발급받을 수 있다.

CERVELAS 세르블라 짧고 굵은 소시지. 비계가 섞은 돼지 분쇄육을 사용

stark hardy giant
스타크 하디 자이언트

sunburst
선버스트

burlat
뷔를라. 얼리블랏, early burlat

marmotte
마르모트. 마모트

summit
서미트

guillaume
기욤

van
반. 밴 체리

reverchon
르베르숑

géant d'Hedelfingen
제앙 데델핑겐. 헤델핑겐

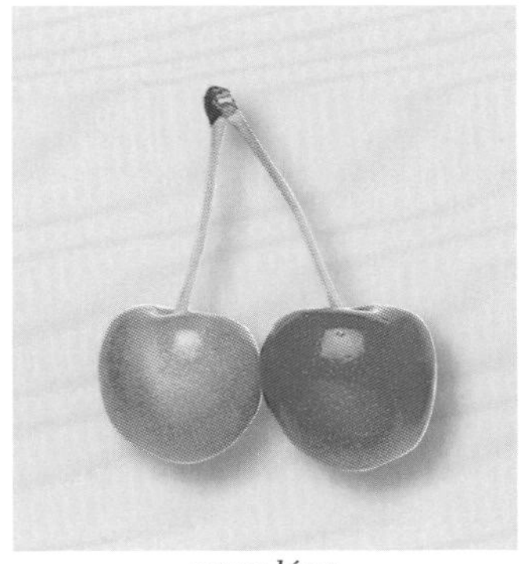
napoléon
나폴레옹

griotte
그리오트

duroni 3
뒤로니 트루아

cornouille mâle
코르누이유 말. 유럽 산수유
열매. 코넬리안 체리
cornelian cherry

체리의 주요 품종과 특징

품종	지역	수확 시기	외형	과육
스위트 체리				
비가로 *bigarreaux*				
바다초니, 누아르 드 메셰 badacsony, noire de Méched	론 알프, 랑그독, 쉬드-우에스트, 발 드 루아르 Rhône-Alpes, Languedoc, Sud-Ouest, Val de Loire	6월 말~7월 중순	자줏빛으로 알이 굵고 심장 모양을 하고 있으며 꼭지가 길다.	붉은색을 띠며, 약간 단단하다.
벨주 belge	프로방스 Provence	6월 말~7월 중순	자주빛으로 알이 굵고 심장 모양을 하고 있으며 꼭지가 길다.	붉은색을 띠며, 약간 단단하다.
뷔를라 혹은 아티프 뷔를라 burlat ou hâtif burlat	랑그독 루시용, 프로방스, 쉬드 우에스트, 론 알프 Languedoc-Roussillon, Provence, Sud-Ouest, Rhône-Alpes	5월 중순~ 6월 중순	알이 굵고 콩팥 모양을 하고 있으며 약간 납작하다. 짙은 붉은색으로 윤기가 난다.	붉은색을 띠며, 과육이 무르다.
뒤로니 3 duroni 3	랑그독, 론 알프, 프로방스, 쉬드 우에스트, 발 드 루아르 Languedoc, Rhône-Alpes, Provence, Sud-Ouest, Val de Loire	6월 중순~7월 초	알이 굵고 콩팥 모양을 하고 있으며, 붉은색이다.	분홍색이 나며 즙이 많고 아삭한 식감을 갖고 있다.
가넷 마가르 Garnet® magar	프로방스, 랑그독 루시용, 론 알프 Provence, Languedoc-Roussillon, Rhône-Alpes	6월	알이 굵고 모양이 둥글며, 짙은 붉은색을 띤다.	분홍색이 나며 식감이 아삭하다.
제앙 데델핑겐 géant d'Hedelfingen	쉬드 에스트, 쉬드 우에스트 Sud-Est, Sud-Ouest	6월 중순~ 7월 중순	알은 중간 크기로 약간 갸름하고, 짙은 자주색이다.	식감이 아삭하고 연하며 은은한 향이 난다.
기욤 guillaume	발레 뒤 론 vallée du Rhône	6월	알이 작은 편으로 심장 모양을 하고 있다.	붉은색에서 진한 자주색을 띠며 균일하다,
마르모트 marmotte	욘 Yonne	6월 중순~ 7월 중순	알은 중간 크기로 심장 모양을 하고 있으며 검붉은 자주색이다.	붉은색을 띤다.
나폴레옹 napoléon	프로방스, 랑그독 Provence, Languedoc	6월 중순~7월 초	알은 중간 크기로 약간 갸름하며, 연한 노란색과 벽돌빛 붉은색이 섞여 있다.	흰색을 띠며 향긋하다.
르베르숑 reverchon	발레 뒤 론 vallée du Rhône	6월초~7월 중순	알이 큼직한 편으로 심장 모양을 하고 있으며, 윤기 나는 짙은 붉은색을 띤다.	분홍색을 띠며 식감이 아삭하고 육질이 아주 단단하다. 달콤하며 약간 새콤한 맛도 난다.
스타크 하디 자이언트 stark hardy giant	론 알프, 쉬드-우에스트, 프로방스 Rhône-Alpes, Sud-Ouest, Provence	6월초~7월초	알이 굵고 콩팥 모양을 하고 있으며 둥그스름하다. 자주색을 띤다.	연한 붉은색을 띠며 육질이 단단하다.
서밋 summit	쉬드 에스트, 쉬드 우에스트 Sud-Est, Sud-Ouest	6월 중순~ 7월 중순	알이 굵고 콩팥 모양을 하고 있으며, 윤기 나는 붉은색을 띤다.	분홍색을 띤다.
선버스트 sunburst	발레 뒤 론 vallée du Rhône	6월 중순~ 7월 중순	알이 크고 둥글다.	붉은색을 띤다.
스윗하트 Sweet-eart®	발레 뒤 론, 쉬드 우에스트, 발 드 루아르 vallée du Rhône, Sud-Ouest, Val de Loire	6월 말~7월 중순	알은 중간 크기로 콩팥 모양을 하고 있다. 윤기 나는 붉은색이며 희미한 반점이 있다.	분홍색이며 육질이 꽤 단단하고 즙이 많다.
반 van	쉬드 에스트, 쉬드 우에스트 Sud-Est, Sud-Ouest	6월 중순~ 7월 중순	알이 굵고 콩팥 모양을 하고 있으며 약간 납작하다. 윤기나는 붉은색을 띤다.	붉은색이며 육질이 단단하고 약간 새콤하다.
기뉴 *guignes*				
아티브 드 발 hâtive de Bâle	루시용, 프로방스 Roussillon, Provence	5월 중순~5월말	알이 작고 둥근 형태이며 검붉은 자주색을 띤다.	분홍색을 띠며 살이 연하고 새콤하면서도 달다.
얼리 리버스 early rivers	쉬드 에스트, 쉬드 우에스트 Sud-Est, Sud-Ouest	5월 중순~5월말	알이 꽤 굵은 편으로 둥근 형태를 하고 있으며 오렌지빛 붉은색을 띤다.	붉은색이며 살이 연하고 즙이 많다.
사워 체리				
아마렐 *amarelle*				
몽모랑시, 페라시다 montmorency, ferracida	프랑스 전역	6월 중순~6월 말	알이 작고 둥근 형태이며 균일한 주황색을 띤다.	흰색으로 살이 연하고 신맛이 강하다.
그리오트 *griotte*				
그리오트 뒤 노르 griotte du Nord	프랑스 전역	6월 말~7월 중순	알이 작고 둥근 형태이며 선홍색에서 검붉은 색을 띤다.	붉은색을 띠며 살이 연하고 신맛이 강하다.
영국 체리	프랑스 전역	6월 초~7월 중순	알이 작고 둥근 형태로 밝은 빨강색이다.	살이 연하고 반투명하며 새콤한 맛이 난다.

하며, 훈제한 것도 있다. 후추나 마늘로 맛을 돋우고, 생으로 혹은 익혀서 판매한다(**참조** p.786 생 소시지 도표, p.193~194 샤퀴트리 도감). 옛날에는 '세르블라'라는 이름의 유래이기도 한 골(cervelle)을 넣어 만들기도 했다. 일명 '익혀 먹는 소시지'라고도 부르는 대부분의 세르블라는 채소와 함께 익힌다. 스트라스부르그 세르블라는 6~8cm 길이의 소시지가 줄줄이 연결된 형태로, 붉은색으로 물들인 케이싱이 사용된다. 튀기거나 차갑게, 샐러드로, 또는 양파 비네그레트를 곁들여 먹기도 한다. 순 돈육으로만 만드는 리옹식 고급 세르블라에는 송로버섯이나 피스타치오가 들어 있다. 생 소시지로 또는 조리 준비가 된 상태로 판매하며 뜨겁게 서빙한다. 옛날에는 생선 세르블라도 존재했다. 랭스 지역의 특산품으로 육류 섭취가 금기시 되었던 사순절에 만들어 먹었는데 주로 강꼬치고기 살, 감자, 버터, 달걀로 만들어 데쳐 익혔다. 오늘날에는 여러 가지 생선과 해물로 만든다.

cervelas farcis aux épinards 세르블라 파르시 오 제피나르

소를 채운 세르블라 소시지와 시금치 : 소금물에 생 시금치(1.5kg) 혹은 냉동 시금치(800g)를 익힌다. 세르블라 소시지 4개를 찬물이 든 냄비에 넣고 끓어오르기 전까지 가열한다. 터지는 것을 막기 위해 끓이지 않는다. 시금치를 건져 물기를 꼭 눌러 짠 다음 버터 30g을 넣고 데운다. 팬에 버터 20g을 녹인 뒤 달걀 6개, 소금, 후추, 생크림 넉넉히 한 스푼을 넣고 익혀 스크램블 에그를 만든다. 서빙 접시에 시금치를 깐다. 세르블라 소시지를 건져내 길이의 3/4정도 칼집을 내 가른 다음 달걀 스크램블을 채워 넣는다. 시금치 위에 올린다.

CERVELLE 세르벨 골, 뇌장. 정육용 동물의 골(**참조** p.10 부속 및 내장 도표). 동물 뇌염의 인간 전염 위험이 의심되어 다 자란 소와 양의 골은 소비가 금지되어 있다(**참조** MATÉRIEL À RISQUES SPÉCIFIÉS [MRS]). 붉은색 부속에 해당하는 골은 지질(100g당 9g), 콜레스테롤(100g 당 2g), 인(100g 당 320mg)의 함량이 높다. 어린 양의 골(약 100g)과 송아지의 골(300g~350g)은 매우 섬세한 맛을 갖고 있다. 돼지 골은 요리에서 거의 사용되지 않는다. 골은 보통 '뫼니에르식'으로 요리하며, 볼로방(vol-au-vent), 크루스타드(croustade), 탱발(timbale)의 속을 채우는데도 사용된다.

cervelle : 골 준비하기

골을 흐르는 찬물에 씻는다. 골을 감싸고 있는 막과 핏줄을 제거한다. 식초를 넣은 물에 1시간 담가 피를 뺀 다음 다시 한 번 씻는다. 여기까지 준비가 끝났으면 소금물에 데치거나 쿠르부이용에 넣고 아주 약하게 끓여 익힌다. 또는 도톰하게 어슷 썰어 버터나 기름을 두른 팬에 직접 익힌다.

attereaux de cervelles d'agneau à la Villeroi ▶ ATTEREAU (BROCHETTE)

beignets de cervelle ▶ BEIGNET

cervelle de veau frite à l'anglaise 세르벨 드 보 프리트 아 랑글레즈

빵가루를 입혀 튀긴 송아지 골 : 송아지 골 1개를 손질하여 쿠르부이용에 10분간 익힌 다음, 흐르는 찬물에 식히고 물기를 닦아낸다. 도톰하게 어슷 썰어 식용유 1테이블스푼, 레몬즙, 다진 파슬리, 소금, 후추를 섞은 것에 30분 간 재운다. 앙글레즈식으로 밀가루, 달걀, 빵가루를 입혀 튀겨낸 다음, 냅킨을 깔아놓은 접시 위에 담고 튀긴 파슬리 잎을 곁들인다.

cervelle de veau en meurette 세르벨 드 보 앙 뫼레트

레드와인 소스 송아지 골 요리 : 송아지 골 1개를 손질하여 준비해둔다. 당근 1개, 양파 큰 것 1개의 껍질을 벗겨 얄팍하게 썬 다음 소테팬에 넣고, 부케 가르니 1개, 으깬 마늘 1개, 소금, 후추도 넣어준다. 부르고뉴 레드와인 200~300ml와 부르고뉴 마르(marc de Bourgogne) 1테이블스푼을 넣고 30분간 약불에 끓인다. 작은 크루통을 버터에 튀긴다. 송아지 골을 와인 소스에 넣고 약하게 끓이며 데쳐 익힌 다음 건져낸다. 서빙 접시에 담아 뜨겁게 유지한다. 송아지 골을 익힌 와인 소스에 뵈르 마니에(beurre manié 상온의 부드러운 버터와 밀가루를 동량으로 섞은 것)를 넣고 농도를 맞춘 다음 골 위에 붓는다. 튀긴 크루통으로 장식한다.

cervelle de veau en panier 세르벨 드 보 앙 파니에

바스켓 모양의 토마토와 송아지 골 : 향신료를 듬뿍 넣은 쿠르부이용에 송아지 골 1개를 익힌 다음 그대로 식혀 얇은 두께로 어슷하게 썬다. 올리브오일, 다진 마늘 아주 조금, 레몬즙, 소금, 후추를 섞은 것에 송아지 골을 넣고 재운다. 크기가 고른 토마토 큰 것 3개를 씻어 꼭지를 제거하고 물기를 닦는다. 토마토 높이의 2/3까지 수직으로 칼집을 여러 개 낸 다음 사이사이에 송아지 골을 끼운다. 앙슈아야드(anchoiade 안초비, 마늘, 올리브오일을 혼합해 만든 양념)를 곁들여 낸다.

cervelles à la meunière 세르벨 아 라 뫼니에르

뫼니에르 골 요리 : 식초를 넣은 찬물에 어린 양이나 송아지의 골을 담가 피를 뺀 다음 헹군다(어린 양의 골은 통째로, 송아지 골은 슬라이스한다). 소금, 후추를 뿌리고 밀가루를 입힌다. 팬에 버터를 달군 다음 골을 넣고 노릇하게 익힌다. 접시에 올린 후 잘게 썬 파슬리를 뿌리고 레몬즙을 한 바퀴 둘러준다. 팬에 버터를 조금 더 넣고 황갈색이 날 때까지 가열한 다음(beurre noisette) 골 위에 끼얹는다.

purée de cervelle ▶ PURÉE

salpicon à la cervelle ▶ SALPICON

soufflé de cervelle à la chanoinesse ▶ SOUFFLÉ

CERVELLE DE CANUT 세르벨 드 카뉘 리옹식 생 치즈로, 전통적으로 부숑(bouchon 리옹의 전통 음식을 내는 작은 식당)에서 가벼운 아침식사로 서빙한다. '클라크레(claqueret)'라고도 불리며, 너무 묽지 않은 프로마주 블랑에 소금, 후추를 넣고 잘 저은 다음, 다진 샬롯, 다진 허브와 생크림을 넣은 것이다. 마늘, 화이트와인, 올리브오일을 살짝 섞는 경우도 있다. 세르벨 드 카뉘는 흔히 껍질 채 익혀 속을 파낸 감자 안에 담아낸다.

장 폴 라콩브(JEAN-PAUL LACOMBE)의 레시피

cervelle de canut 세르벨 드 카뉘

생크림과 허브를 넣은 크림 치즈 스프레드 : 전날 프로마주 블랑 500g을 소쿠리에 담아 물기를 빼둔다. 당일, 처빌 1/2단, 차이브 1/2단, 파슬리 1/2단, 샬롯 1개를 다져 프로마주 블랑에 넣고 고무 주걱이나 나무 주걱으로 잘 섞는다. 올리브오일 50ml, 소금 10g, 후추 2g, 생크림 150ml를 더한다. 다른 볼에 생크림 150ml를 넣고 거품기로 가볍게 휘핑한 다음 혼합물에 넣고 조심스럽게 섞는다. 냉장고에 보관했다가 차갑게 낸다.

CERVOISE 세르부아즈 맥주의 전신인 알코올 음료로 갈리아인들이 보리나 다른 곡물(귀리, 호밀 혹은 밀)을 발효시켜 만들었으며 다양한 향신료로 향을 냈다. 본래 세르부아즈는 사기 항아리에서 숙성시켰으나, 이후 갈리아족이 발명한 큰 술통으로 대체하였다.

이베리아어로 세르베사(cerveza)라고 하며, 세르베자(cerveja)는 맥주를 뜻한다.

CÉTEAU 세토 납서대과에 속하는 작고 납작한 생선. 웨지 솔. 프랑스 루아르에서 아르카숑(총 어획량의 절반은 마렌-올레롱 지역에서 잡힌다)에 걸친 지역에서 많이 잡히는 생선이며, 아프리카 연안에도 흔하다(**참조** p.805 서대 도표, p.674-677 바다 생선 도감). 프랑스 남서부 지역에서는 '랑그 드 샤(langue de chat)' 또는 '랑그 다보카(langue d'avocat)'라고도 불린다. 길이가 25cm를 넘는 경우는 거의 없으며 껍질은 밝은 갈색이다. 살이 연해 부서지기 쉽고 내장을 빼내지 않고 조리하기 때문에 신선하게 먹으려면 빠른 시일 내에 소비해야 한다. 주로 아주 뜨거운 기름에 튀겨 먹는다.

CÉVENOLE (À LA) (아 라) 세브놀 세벤(Cévennes)식의. 아르데슈 특산품인 밤을 넣은 달콤하거나 짭짤한 요리에 붙이는 이름. 밤을 퓌레, 스튜, 통째로, 포칭 등의 방법으로 준비하여 구이나 브레이징한 육류(돼지 갈비, 양, 송아지 흉선, 소 안심, 털이 있는 수렵육) 요리에 곁들인다.

▶ 레시피 : BAVAROIS, PANNEQUET.

CEVICHE 세비체 스페인 정복이 있기 오래전부터 즐겨 먹던 페루 연안지역의 대표적인 요리. 날생선, 해산물을 작게 잘라 라임즙, 소금, 매운 고추(아히 리모 aji limo)에 마리네이드한 다음 링 모양으로 자른 생 양파, 삶은 옥수수 조각, 차가운 고구마와 함께 서빙한다. 최근 등장한 티라디토(tiradito)라는 새로운 세비체는 카르파치오로 얇게 썬 생선을 라임즙과 다양한 매운 고추로 만든 크림에 마리네이드하여 양파 없이 먹는다.

파스칼 바르보(PASCAL BARBOT)의 레시피

ceviche de daurade, rhubarbe et huile de piment 세비체

드 도라드, 뤼바르브 에 윌 드 피멍
도미 세비체, 루바브, 고추 기름 크림 : 이틀 전, 에스플레트 고추 1개, 포도씨유 100ml를 섞어 고추 기름을 준비한다. 고추 향이 우러나도록 48시간 동안 서늘한 곳에 둔다. 당일, 완벽하게 손질한 도미 필레 400g를 두께 5mm의 큐브 모양으로 자른다. 라임 즙과 제스트 1개 분, 껍질과 씨를 제거하고 주사위 모양으로 썬 토마토 1개, 껍질을 벗기고 브뤼누아즈(brunoise 아주 작은 큐브 모양)로 썬 루바브 80g, 플뢰르 드 셀, 후추를 섞어 차가운 마리네이드 양념을 준비한다. 고추 기름을 거른다. 용기에 마리네이드 양념과 고추 기름 3스푼, 도미 살을 넣고 살살 섞는다. 필요하면 플뢰르 드 셀을 더 넣는다. 생선에 양념이 배도록 20분간 그대로 둔다. 서빙 바로 전에 다진 고수 잎 2테이블스푼, 녹색 잎까지 아주 얇게 송송 썬 쪽파 2테이블스푼을 더해 낸다.

ceviche de mérou ▶ MÉROU

CHABICHOU DU POITOU 샤비슈 뒤 푸아투 염소 젖(지방 함량 45%)으로 만드는 푸아투 지역의 AOC 치즈. 작은 크기의 연성치즈로 천연 외피가 숙성 기간에 따라 푸른 색이나 회색으로 변한다(**참조** p.392 프랑스 치즈 도표). 위로 갈수록 좁아지는 원통형으로 무게는 약 100g 정도 된다. 농장에서 직접 만든 경우 포장 없이, 대량 생산품인 경우 종이 포장이 된 상태로 판매된다. 생 치즈 상태로, 또는 숙성시켜 먹는다. 숙성시킨 경우 딱딱하지 않지만 약간 단단한 편이며 상당히 강한 맛과 진한 염소향이 난다.

CHABLIS 샤블리 부르고뉴 AOC 화이트와인. 드라이하고 산미가 있는 와인으로 샤르도네 품종으로 만든다. 전 세계적으로 유명하며, 토네르(Tonnerre)와 오세르(Auxerre) 사이(**참조** BOURGOGNE) 일조량이 풍부한 구릉지대에서 생산된다.

CHACHLIK 샤슬리크 샤슬릭. 러시아식 꼬치 요리로 조지아에서 처음 만들어졌다. 생 양고기(도축 후 얼마간 묵힌 넓적다리 고기)를 큐브 모양으로 잘라 타임, 넛멕, 월계수 잎, 양파로 향을 낸 비네그레트에 재운 다음 꼬치에 꿰어 굽는다. 녹인 버터를 뿌린 밥과 함께 서빙한다. 양고기 큐브 사이사이에 생 햄이나 링으로 썬 양파를 교대로 끼워넣기도 한다.

CHAI 셰 차이, 저장고, 술 저장고. 프랑스 남부, 남서부, 서부에서 쓰는 용어로 와인 양조 과정에 사용되는 저장고를 가리키며, '셀리에(cellier)' 혹은 '퀴브리(cuverie)' 라고도 불린다. 온도 변화를 피할 수 있고 포도 수확 후 이어지는 모든 과정에 용이하도록 기능적으로 만들어져야 하는 공간이다. 메트르 드 셰(maître de chai, 포도주 양조 책임자)는 '철학자이자 과학자, 수 세기에 걸쳐 쌓여온 관찰, 연구, 전통을 바탕으로 포도주 양조를 담당하는 전문가'로, 와인을 옮겨 담거나, 병입하는 최적기를 결정한다. 가죽 앞치마를 입고, 피펫과 타스트뱅을 사용하는데, 무엇보다도 시각, 후각, 미각이 가장 중요한 자질이다.

CHAIR À SAUCISSE 셰르 아 소시스 소시지 미트, 소시지용 다짐육, 소시지 스터핑. 돼지의 살코기와 비계를 잘게 다져 섞고 간을 한다. 샤퀴트리에서 소시지 소는 긴 모양의 소시지(치폴라타, 툴루즈 소시지 등)를 만드는 데 쓰인다. 다양한 재료로 향을 내며, 채소(가지, 주키니 호박, 토마토)나 육류(포피에트, 가금류)의 속을 채우거나 가정식 테린, 파테를 만드는 데 사용하기도 한다.

chair à saucisse 셰르 아 소시스
소시지용 다짐육 : 돼지 살코기와 비계를 동량 무게로 준비한다. 촘촘한 절삭망을 장착한 고기분쇄기에 곱게 갈아 다짐육 1kg 당 소금 30g의 비율로 간을 한다. 경우에 따라 송로버섯 다진 것 또는 자투리 조각을 넣거나 곱게 다진 양파, 마늘, 소금, 후추, 다진 허브를 넣어 향을 낸다.

chair à saucisse fine, farce fine de porc 셰르 아 소시스, 파르스 핀 드 포르
곱게 간 소시지용 돼지 다짐육 : 위의 살코기와 비계를 촘촘한 절삭망을 장착한 고기분쇄기에 곱게 두 번 갈거나, 한 번 간 다음 체에 긁어내린다. 양념은 위와 같다.

CHAKCHOUKA 샥슈카 아랍 국가들과 북아프리카 마그레브 지역의 전통 요리. 피망, 토마토, 양파를 기름에 볶고 고추, 아리사(harissa), 토마토 소스로 양념한 스튜의 일종으로 경우에 따라 여기에 달걀을 깨 넣기도 한다. 달걀이 다 익으면 마른 민트 잎을 뿌린다. 피망 대신 완두콩, 잠두콩, 감자 또는 주키니 호박과 섞은 가지를 넣기도 한다. 주로 구운 메르게즈 소시지나 말린 고기 슬라이스를 곁들인다.

CHALEUTH 샬뢰트 왕관 모양 또는 반죽을 땋아 만든 모양의 유대식 빵으로 주로 중부 유럽에서 많이 먹는다. 이 빵은 주로 금요일 저녁부터 토요일 저녁 사이에 먹었는데, 안식일(shabbat) 중에는 빵을 자르는 것이 금지되었기 때문이다(샬뢰트는 뜯기 쉽다). 샬뢰트는 빵가루, 얇게 썬 사과, 달걀, 설탕, 럼, 건포도, 계핏가루를 혼합해 만든다. 혼합물 반죽을 기름 칠한 주물 냄비에 담아 오븐에 구워 따뜻하게 먹는다. 또는 얇게 썬 사과를 설탕, 계핏가루와 섞은 뒤 밀어놓은 반죽 시트 두 장 사이에 채운 다음, 마찬가지로 주물 냄비에 넣고 맨 위에 작은 조각으로 자른 버터를 올려 익히기도 한다.

CHALONNAISE (À LA) (아 라) 샬로네즈 흔치 않은 전통 가니시로, 수탉의 콩팥과 볏, 버섯, 송로버섯 슬라이스를 쉬프렘 소스(sauce suprême)에 넣은 것이다. 가금류나 송아지 흉선 요리에 곁들여 먹으며, 프랑스의 소도시 샬롱 쉬르 손(Chalon-sur-Saône)에서 그 이름을 따왔다.

CHAMBARAN, CHAMBARAND 샹바랑 도피네 지역의 치즈로 비멸균 생 소젖(지방함량 45%)으로 만든다. 천연 세척외피의 연성치즈이며 가볍게 압착하여 만든다(**참조** p.390 프랑스 치즈 도표). 샹바랑 수도원의 트라피스트회 수녀들이 생산하는 이 치즈는 직경 8cm의 작고 둥글납작한 모양에 중량 160g으로 만들거나, 직경 11~18cm, 중량 300g~2kg의 큰 사이즈로 만든다. 매끈하고 연한 황갈색을 띠며 부드럽고 크리미한 맛을 갖고 있다.

CHAMBERTIN 샹베르탱 부르고뉴 AOC 레드와인으로, 피노 누아 품종으로 만들며 향이 매우 풍부하다. 입 안에서 느끼는 맛이 풍부하고, 복합적이며 감미롭고 독보적으로 긴 피니시를 자랑한다. 나폴레옹 1세가 좋아했던 와인이기도 하다(**참조** BOURGOGNE).
▶ 레시피 : BARBUE, BŒUF, SAUMON.

CHAMBERTIN-CLOS DE BÈZE 샹베르탱 클로 드 베즈 부르고뉴 AOC 레드와인. 피노 누아 품종으로 만든다. 입안에 넣었을 때 풍성하고 조화로운 맛이 오래가며 알코올 도수도 높으면서 균형감이 있다. 샹베르탱 만큼이나 풍부한 맛을 지닌 우아하고 기품있는 와인이다.

CHAMBOLLE-MUSIGNY 샹볼 뮈지니 부르고뉴 AOC 와인. 세련되고 향기로우며 섬세하다. 피노 누아 품종으로 만들며, 이 와인의 산지는 코트 드 뉘(côte de Nuits)에서 가장 유명한 포도밭 중 하나이며, 본 마르(bonnes-mares) 역시 이곳에서 생산된다(**참조** BOURGOGNE).

CHAMBORD 샹보르 큰 생선을 통째로 조리한 클래식 요리에 붙는 이름(잉어, 연어, 가자미)으로, 까다로운 요리여서 세심한 준비를 필요로 한다. 생선에 소를 채워 레드와인에 넣고 익힌다. 생선살을 다져 만든 크넬, 가자미 필레, 팬에 지진 생선 이리, 버섯 갓, 올리브 모양으로 돌려 깎은 송로버섯, 쿠르부이용에 익힌 민물가재 등을 가니시로 곁들여 낸다.
▶ 레시피 :CARPE.

CHAMBRER 샹브레 와인의 온도를 천천히 이상적인 음용 온도에 맞추다. 화이트나 로제와인은 8~10°C 사이에서, 대부분의 레드와인은 15~18°C에서 마신다. 와인은 절대로 인위적으로, 혹은 급격하게 데워서는 안 되며, 저장고에서 충분히 일찍 꺼내 자연스레 천천히 적정 온도에 도달하게 두는 것이 좋다.

CHAMEAU 샤모 낙타. 등에 혹을 하나(단봉낙타) 또는 두 개(쌍봉낙타) 갖고 있는 반추동물. 낙타고기는 식용가능하며, 특히 어린 낙타의 연한 고기는 송아지고기와 비슷하다. 넓적다리 고기는 다져서 미트볼로, 혹은 통째로 마리네이드하여 요리하며, 염통과 창자 등의 부속도 먹는다. 몽골에서는 낙타 혹의 지방으로 만든 버터가 널리 사용되기도 한다. 암낙타의 젖은 풍부한 영양소를 고르게 함유하고 있다. 파리가 독일군에 포위되었던 1870년 당시 레스토랑 부아장(Voisin)에서는 크리스마스 이브 특별 메뉴에 낙타 요리가 등장하기도 했다.

CHAMOIS 샤무아 알프스 산양. 유럽의 산간지역에 서식하는 야생 포유류

로, 소과에 속한다. 피레네 지방에서는 '이자르(isard)'라는 이름으로 불린다. 알프스 산양의 고기는 연하고 맛이 좋아 귀하게 여기며, 3년생 미만일 경우는 더욱 좋다. 이 동물의 사냥은 취미활동의 일환이라 할지라도 매우 엄격한 규제를 받고 있으며, 고기의 판매는 금지되어 있다. 늙은 산양의 고기는 마리네이드하여 강한 수렵육 향과 질긴 육질을 완화시키는 것이 좋으며, 조리방식은 노루고기와 같다.

CHAMPAGNE ET ARDENNES 샹파뉴와 아르덴 벨기에 국경에서 부르고뉴 코트 도르(Cote d'Or)에 걸친 넓은 지역으로, 오랜 전통 미식의 발상지로 이름이 높다. 트루아의 앙두예트(andouillette de Troyes), 레텔의 부댕 블랑(boudin blanc de Rethel), 랭스(Reims)의 비스퀴나 햄, 생트 므누(Sainte-Menehould)식 양 족 혹은 돼지 족 요리, 샤우르스(Chaource)와 랑그르(Langres)의 치즈 등이 유명하다.

드넓은 아르덴의 숲을 지배하는 것은 수렵육이다. 사슴, 노루, 멧돼지(파테, 구이, 테린, 투르트), 산토끼(스튜, 파테, 테린) 외에도, 다양한 조류(메추리, 개똥지빠귀, 자고새, 멧도요)에 샴페인을 넣기도 하고 벨기에나 북유럽 식으로 주니퍼베리를 넣어 요리하기도 한다.

민물고기(민물농어, 송어, 민물청어, 강꼬치고기, 뱀장어)는 마틀로트(matelote 와인을 넣은 스튜), 브레이징, 튀김, 포칭하거나 지역 생산 와인(발포성 또는 비발포성)을 넣어 요리한다.

또한 이 지역의 시골풍 요리들로는 돼지고기와 채소를 넣고 끓인 스튜인 포테(potée), 베이컨을 넣은 민들레 샐러드, 감자, 양파, 흰 배추 또는 적채 등을 넣고 튀긴 양파를 올린 올린 따뜻한 샐러드 등을 꼽을 수 있다. 돼지고기는 이 지방 요리 대부분에 들어가는 재료다. 세이지를 넣은 돼지 갈비, 금작화 나무로 훈연한 아르덴 생 햄, 랭스 햄, 부댕 블랑(boudin blanc)과 앙두이에트 등 매우 다양하게 사용된다. 이 지역 요리의 가장 큰 특징은 일명 '생트 므누식(à la Sainte-Menehould)'이라 불리는 조리법이다. 주로 정육 동물의 부속(양의 족이나 목, 소의 혀, 꼬리, 돼지 족 등)뿐 아니라 가오리 날개 등 다양한 요리에 적용되는 이 조리방식은 우선 재료를 쿠르부이용에 먼저 푹 익힌 다음 식혀 빵가루를 입히고 굽는다. 머스터드를 곁들이며, 전통적으로 으깬 완두콩 퓨레를 곁들여 먹는다.

곡식만 먹여 키운 닭의 조리법 중에 독창적인 것으로는 닭과 돼지 껍데기를 함께 넣어 뭉근히 끓이는 '새끼돼지 껍질에 요리한' 닭을 들 수 있다. 거위는 전통 식재료로, 소를 채워 요리하거나 로스트, 뭉근히 익혀 조리한다(마르네즈식 거위 스튜는 버터와 감자를 넣는다). 프랑스의 유일한 붉은 깃털 가금류인 아르덴의 붉은 칠면조도 빼놓을 수 없는 독특하고 전통적인 식재료이다.

이 지역은 일반적으로 통칭하는 파티스리에 비해 과자와 당과류들이 훨씬 다양하게 발달했다. 랭스의 핑크 비스킷(biscuit rose)는 이미 널리 알려진 대표적 과자이고, 그 외에도 크로키뇰(croquignole), 크로케트(croquette), 노네트(nonnette), 팽 데피스(pain d'épice), 바닐라 바통(bâton vanillé), 마카롱(마스팽이라는 이름이 더 많이 쓰인다), 마들렌을 꼽을 수 있다.

■ **수프와 채소.**

● **수프. potée, joute, bayenne 포테, 주트, 바옌.** 이 지역은 수프가 매우 유명하다. 잠두콩, 콩, 소렐 수프에 우유나 생크림을 넣기도 하고, 샹파뉴 마르(marc de champagne)로 향을 낸 양파 수프를 만들기도 한다.

푸짐한 샹파뉴식 포테는 포도 수확철에 꼭 빠지지 않는 음식으로, 신선한 채소를 넉넉히 넣고 마른 콩을 더해 끓인다. 고기는 돼지 정강이 햄, 베이컨, 데친 소시지, 훈제 햄 등을 넣는다. 주트(돼지비계와 배추를 둥그렇게 뭉친 다음 라르동과 함께 팬에 지진다)와 베이컨 조각과 함께 팬프라이한 라드를 넣은 양배추 롤)와 바옌 또는 바인(껍질째 슬라이스한 감자와 얇게 썬 양파를 교대로 켜켜이 깔고 사이사이 마늘, 소금, 후추를 넣은 다음 물이나 와인으로 국물을 잡아 오븐에 익힌 요리) 역시 시골풍의 전통을 보여주는 요리이다.

■ **생선, 갑각류 해물.**

● **Matelote, écrevisses 마틀로트, 민물가재.** 샹파뉴식 마틀로트는 뱀장어, 작은 강꼬치고기, 잉어의 치어, 작은 잉어류 생선에 향신재료를 넉넉히 넣고, 화이트 와인이나 레드 와인에 익혀 만드는 요리로 지역에 따라 종류가 다양하다. 오늘날 점점 찾아보기 어려워진 민물가재는 쿠르부이용에 익힌 다음 랭스의 명물인 팽 아 라 렌(pain à la reine 민물가재 쿨리를 곁들인 생선무스)를 만드는 데 사용한다.

■ **육류.**

● **돼지와 샤퀴트리.** 파테 앙 크루트(pâté en croûte)는 가금류, 돼지, 송아지 고기를 섞어 속을 채우는 것이 특징이다. 성 마르티노 축일(Saint-Martin 11월 11일)에 먹는 전통음식인 우예트(ouyettes)는 거위로 만든 파테를 크러스트로 감싼 작은 크기의 부셰(bouchée)다. '샹파뉴식'이라 칭하는 스터핑은 또한 크레피네트(crépinette)나 포피에트(paupiette)를 만드는 데도 사용된다.

● **소, 양, 송아지.** 샹파뉴의 고기요리는 단순한 로스트보다는 좀 더 복잡한 조리법의 음식이 많다. 루아식 부채 모양 소고기 요리(얇게 썰어 오븐에 익힘), 마리네이드한 소 넓적다리, 팬에 지진 뒤 그라탱처럼 노릇하게 구워낸 송아지 에스칼로프 등을 예로 들 수 있다. 그 밖에 랭스 풍으로 소를 채워 넣은 양 족, 생크림을 넣고 조리한 송아지의 콩팥이나 흉선 등 부속 및 내장 요리도 즐겨 먹는다.

● **가금류, 수렵육.** 와인을 넣고 요리한 가금류 요리가 유명하다. 몽타뉴 드 랭스(Montagne de Reims)의 레드 와인인 부지(bouzy)는 코코뱅(coq au vin), 산토끼 스튜 요리에 쓰이며, 닭이나 어린 토끼 요리는 샴페인을 넣는다. 굴토끼(lapin de garenne)는 양파와 아르덴 햄과 함께 화이트와인에 넣고 뭉근히 익힌다.

■ **치즈.** 치즈의 종류가 다양하다. 샤우르스(chaource)는 흰색 외피에 크리미한 질감을 가진 연성치즈이다. 에브리 르 샤텔(évry-le-châtel) 로크루아(rocroi), 리세(riceys), 상드레 드 샹파뉴(cendré de champagne) 등이 대표적이다. 또한 오렌지 톤의 황색 세척 외피 연성치즈인 랑그르(langre)는 에푸아스(époisse)에 버금가는 강한 맛을 갖고 있다.

■ **파티스리.**

● **Darioles, tantimolles, tartes 다리올, 탕티몰, 타르트.** 랭스는 달콤한 디저트의 고장이다. 그 유명한 핑크 비스킷(비스퀴 로즈) 외에도, 이곳에서는 성 레미지오 축일(Saint-Rémi 10월 1일)이면 파트 브리제(pâte brisée)에 크림 파티시에를 채운 작은 타르트인 다리올을 만날 수 있다. 탕티몰이라 불리는 크레프, 우유 플랑의 일종인 크뫼(quemeu) 타르트, 쌀 타르트, 수프 도레(soupe dorée 달걀을 입혀 팬에 구운 프렌치토스트의 일종), 건자두 타르트와 샹파뉴 크림과 같이 향을 낸 크림 종류도 이 지역을 대표하는 디저트다. 샹파뉴 크림은 지역에서 나는 와인으로 향을 낸 사바용의 일종이다.

■ **와인.** 샹파뉴 와인은 오늘날 고급 와인의 명성을 얻기까지 오랜 기간 발전을 거듭해왔다. 동 페리뇽 수도사가 샹파뉴 생산의 발전을 완성한 것은 17세기에 이르러서이다. 와인의 왕이라 할 수 있는 샴페인은 이렇게 탄생했다.

● **지역, 포도품종.** 3만 5천 헥타르에 이르는 샹파뉴의 포도밭은 고른 백악층 기반암으로 이루어져 있으며, 주요 생산지역은 지형과 강에 따라 몽타뉴 드 랭스(Montagne de Reims), 에페르네(Épernay) 인근의 코트 데 블랑(Côte des Blancs), 발레 드 라 마른(vallée de la Marne), 로브(l'Aube)의 포도밭까지 네 구역으로 나뉜다. 포도밭이 위치한 마을은 테루아(terroir)를 나타내는 크뤼 등급표에 따라 구분된다. 100% 등급에 해당하는 마을의 와인은 '그랑 크뤼', 90~99% 등급은 '프르미에 크뤼' 표시가 가능하다. 토양과 일조량 노출 정도에 따라 품종이 정해지며, 이를 블렌딩하여 샴페인을 만든다. 샤르도네는 섬세함과 우아함을, 피노 누아는 바디감과 균형감을, 피노 뫼니에는 과실향과 상큼한 맛을 더해준다.

● **종류와 타입.** 봄이 되면 와인은 블렌딩과 병입을 거쳐 2차 발효에 들어간다. 블렌딩과 관련하여 각 생산자들은 샹파뉴를 만드는 포도 3종인 샤르도네, 피노 누아, 피노 뫼니에의 배합 비율 및 지역, 생산연도 선택의 묘를 살려 자신들의 고유한 '논 빈티지 브뤗' 퀴베를 만든다. 각 와이너리의 이러한 개성이 바로 와인의 품질과 명성을 좌우한다. 실제로 샴페인은 특별히 작황이 좋은 해에만 빈티지를 표시한 와인을 만들며, 최상급 와인은 스페셜 퀴베 제조를 위해 보관해두는 경우가 많다. 샴페인은 브뤗(brut 드라이하고 상큼한 맛)이나 드미 섹(demi-sec 부드럽고 단맛)으로 나뉜다. AOC 등급 샴페인 명칭은 블렌딩한 발포성 와인에 붙일 수 있다. 블랑 드 블랑(blanc de blancs)은 100% 샤르도네로 만들며, 드물게는 피노로만 만든 블랑 드 누아(blancs de noirs)도 찾아볼 수 있다. 또한 '코토 샹프누아(coteaux champenois)'라는 이름으로 '비발포성' 와인도 소량 생산되고

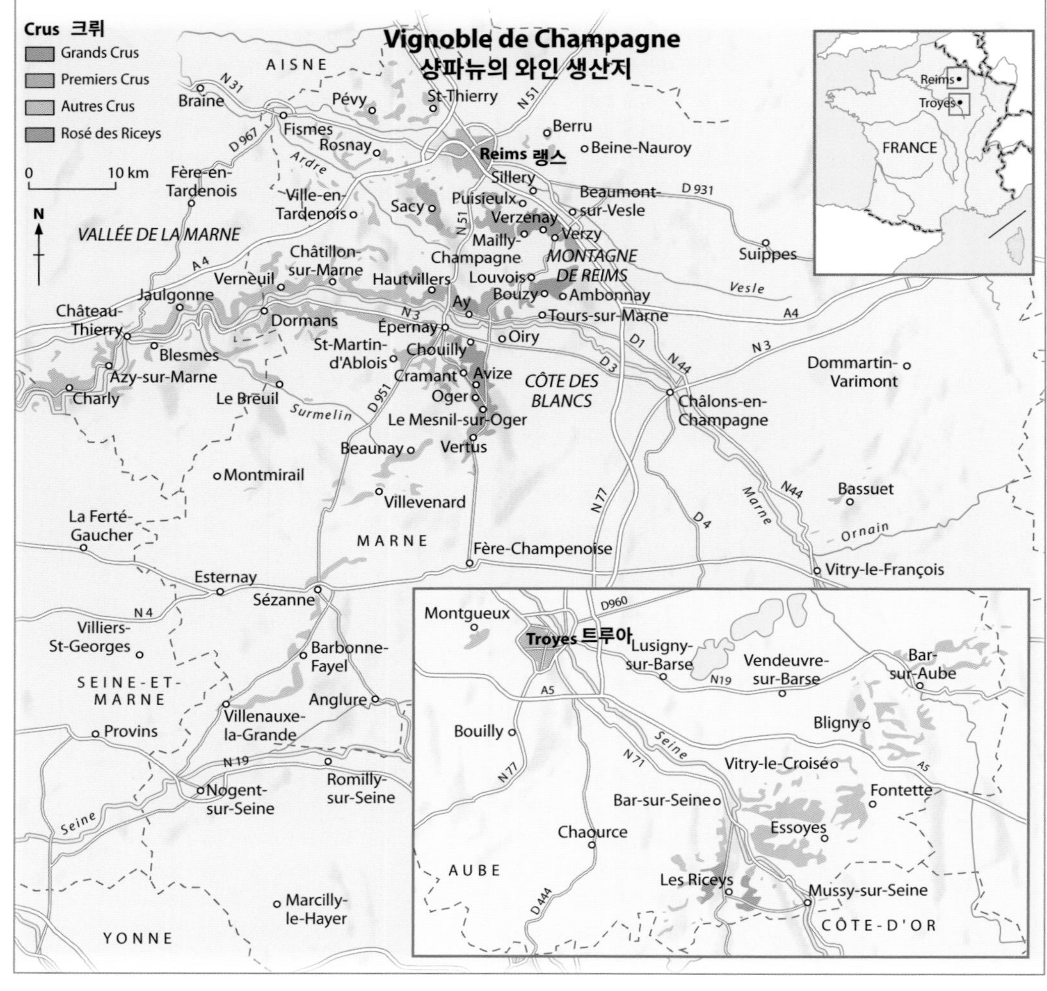

있으며, 화이트 와인과 몇몇 레드 와인에는 부지(Bouzy), 아이(Ay), 퀴미에르(Cumières)처럼 생산한 마을의 이름을 붙이기도 한다.

CHAMPAGNE (VIN) 샴파뉴(뱅) 샴페인. 샴파뉴 지방에서 생산되는 발포성 화이트와인으로, 샤르도네, 피노 누아, 피노 뫼니에 품종으로 만든다. 르네상스 시대 말기까지 샴파뉴 와인은 부르고뉴와 마찬가지로 '비발포성' 와인이었다.

17세기에 베네딕토회 수도사였던 동 페리뇽이 '샹프누아즈(champenoise)'라는 발효 방식을 발전시켰다는 사실은 잘 알려져 있다. 뿐만 아니라 그는 각기 다른 오크통의 와인을 혼합하는 방법을 시도하기도 했다.

■ **생산.** 모든 와인은 향이 뿜어져 나오기 시작하는 시기인 봄이 되면 자연적으로 '활동을 시작'하는 경향이 있으며, 이 발효과정에서 탄산가스가 발생한다. 일반적으로 발효 탱크나 양조통에서 이 가스가 빠져 나가지만, 일단 병입해 놓은 후에도 와인 안에는 가스가 내부에 남아 있어 약하나마 발포성을 띠게 된다(옛날에는 샴페인을 '악마의 와인' 또는 '마개가 튀어 나가는 와인'이라고 불렀다). 비발포성 와인이라도 두꺼운 유리병에 넣고 마개를 단단히 막아두면 가스가 내부에 머무르게 되는 것이다.

오늘날 샴파뉴 지역의 와인 생산자들은 먼저 비발포성 화이트와인을 만든 다음, 봄이 되면 사탕수수 설탕, 효모와 함께 병입하여 탄산가스가 발생하는 2차 발효를 일으킨다. 이 '발포화(prise de mousse)' 과정은 약 3개월이 소요되지만, 저장고에서 보내는 시간은 보통 훨씬 더 길다.

병은 일정 주기에 따라 돌려주고(르뮈아주 remuage), 병 입구에 침전된 효모 찌꺼기를 제거한 후(데고르주망 dégorgement), 마지막으로 설탕, 오래 된 와인, 오드비를 섞은 '리쾨르 덱스페디시옹(liqueur d'expédition)'을 첨가한다. 이 과정에서 잔당 함량에 따라 '드미 섹(demi-sec 간식이나 디저트용)'이나 '브륏(brut 식전주, 식사용 와인, 특히 갑각류, 육류, 흰 살 가금류 요리에 곁들이거나 또는 파티의 마무리용)'같은 샴페인의 특성이 결정된다.

클래식한 샴페인 병은 750ml 용량으로 일반 와인 병보다 두께가 두껍고 가스의 압력을 견뎌야하기 때문에 바닥의 움푹 들어간 홈도 더 깊다. 19세기 샴파뉴의 네고시앙(포도주 중개상)들이 다양한 용량의 병들을 만들어냈는데, 그중 가장 잘 알려진 것으로는 매그넘(magnum 1.5리터), 제로보암(jéroboam 3리터), 나부쇼도노소르(nabuchodonosor 15리터)가 있다.

■ **시음.** 샴페인은 빛과 온도 변화에 민감하다. 지나치게 오래되면 상큼함과 기포가 줄어들고 진한 황금색을 띠게 된다. 샴페인은 18세기부터 프랑스와 전 세계에서 훌륭한 축제의 와인으로 자리매김해왔다.

샴페인은 차갑게(frappé) 서빙하되 얼음물처럼 심하게 차가우면(glacé) 절대 안 된다. 마개가 튀어 오르게 두어서는 안 되며, 오히려 병을 상당히 기울인 상태로 마개를 붙들어 병목에 가스가 머물러 있게 해야 압력차로 인한 기포 손실을 줄일 수 있다. 샴페인은 조심스럽게 잔에 따르는데, 입구가 넓은 쿠프(coupe) 글라스보다 길쭉한 샴페인 잔인 플뤼트(flûte)가 기포를 오래 즐기기에 더 적합하다. '사블레 르 샴파뉴(Sabler le champagne, sabrer [칼의 무딘 쪽 날로 재빨리 쳐서 병목을 잘라내는 방법]가 아니다)라는 표현은 '샴페인을 마신다'는 뜻이다.

▶ 레시피 : COCKTAIL.

CHAMPEAUX 샹포 샹포 레스토랑. 1800년, 파리의 부르스 광장에 샹포(Champeaux)라는 이름의 한 업자가 오픈한 레스토랑으로, 푸짐한 식사와 금융가 및 사업가들을 위한 빠른 서비스로 특히 유명했다. 샹포 닭 요리가 주요 메뉴 중 하나였다. 닭을 조각으로 잘라 버터에 소테한 다음 오븐에 익힌다. 닭 육수로 팬을 디글레이징해 소스를 만들고, 방울 양파와 로스팅한 코코트 감자(pommes cocotte)를 곁들여 냈다. 1903년, 첫 공쿠르(Goucourt) 문학상의 시상식이 샹포에서 열렸다. 공쿠르 아카데미 회원들은 그랑 호텔(Grand Hotel)을 떠나 샹포에서 몇 차례 모임을 가졌고, 이후 레스토랑 드루앙(Drouant)으로 장소를 옮겼다. 샹포는 그로부터 5년 후 문을 닫았다.

CHAMPIGNON 샹피뇽 버섯. 버섯류 또는 자실체는 땅속의 균사체가 축축하고 탄소가 풍부한(부식토, 뿌리, 숲) 영양 공급원을 바탕으로 자라난 것이다. 버섯의 영양소 중 단백질은 잎채소보다 풍부하며 열량은 매우 낮다(모렐 버섯 100g 당: 40kJ, 느타리: 45kJ, 꾀꼬리버섯: 47kJ, 알버섯: 58kJ, 뿔나무버섯: 63 kJ, 양송이버섯: 67kJ, 거친껄껄이 그물버섯: 76 kJ, 포치니 버섯: 85 kJ, 송로버섯: 115kJ).

식용 버섯(**참조** p.188~189 버섯 도감)에는 재배용 버섯(양송이버섯, 민자주방망이버섯, 갓버섯, 표고버섯)과 야생 채취 버섯(그물버섯, 알버섯, 턱수염버섯, 뿔나팔버섯, 꾀꼬리버섯)이 포함된다. 모렐(곰보버섯)과 트러플(송로버섯)은 매우 오래전부터 미식적으로 가치가 높은 재료로서의 명성을 누리고 있다.

야생 버섯 채취는 야생 베리류 열매 채취만큼이나 오랜 역사를 갖고 있는 것으로 보인다. 일부 버섯은 치명적인 독을 갖고 있기 때문에 버섯을 안전하게 채취하기 위해서는 기본적으로 버섯에 대해 잘 알아야 한다. 의심이 되는 경우에는 균류학자나 약제사에게 감정을 받아야 한다. 채집한 것이든, 구입한 것이든, 버섯은 신선하고 어리며 벌레가 먹지 않은 상태여야 하며, 가능한 한 빨리 조리하는 것이 좋다. 꾀꼬리 버섯이나 포치니 버섯은 서늘한 곳에서 2~3일 보관이 가능하지만, 갓버섯이나 먹물버섯은 보관할 수 없기 때문이다. 버섯은 일반적으로 매우 쉽게 부패한다.

■ **준비.** 야생 채취 버섯의 향을 온전히 보존하기 위해서는 버섯을 씻거나 껍질을 벗겨서는 안 된다. 처음에는 젖은 면포로, 그 다음에는 마른 면포로 닦아준다. 버섯 대는 질기고 섬유질이 많거나 벌레 먹은 경우 잘라내고, 그렇지 않다면 흙이 묻어 있는 밑동만 제거한다. 그물 버섯의 경우, 버섯 갓 안쪽이 너무 무를 때는 제거하며, 갓 안쪽에 주름이 있는 버섯들은 너무 많이 자란 경우 해당 부분만 잘라 다듬는다. 버섯에 흙이 너무 많이 묻어 있다면, 재빨리 씻고 경우에 따라 물을 여러 번 갈아 헹궈주기도 하지만(모렐 버섯의 경우), 절대로 물에 담가 두지는 않는다. 예외적인 경우에만 데쳐서 쓴다.

■ **사용.** 버섯은 독자적으로 요리 재료가 되거나 또는 가니시로 사용이 가능한 포치니, 지롤, 양송이버섯을 제외하면, 일반 채소라기보다는 주로 맛을 돋우는 섬세한 양념 역할을 하는 경우가 대부분이다. 일부 버섯은 생식이 가능하지만(알버섯, 먹물버섯, 양송이버섯, 꽃송이버섯), 대부분은 익혀 먹어야 한다. 약불에서 뚜껑을 덮고 천천히 익혀 버섯에서 물이 나오면, 이를 포타주의 베이스로 사용할 수도 있다. 기름(낙화생유, 카놀라유, 해바라기유, 특히 올리브오일이 좋다)이나 버터에 재빨리 볶기도 하며, 소스나 스튜에 직접 넣는 것도 가능하다. 너무 오래 익히면 풍미가 떨어지고 식감도 질겨진다. 소금은 조리 마지막에 넣으며 경우에 따라 마늘, 샬롯, 파슬리로 맛을 돋운다. 단, 버섯의 은은한 향을 가리지 않도록 적당량만 사용한다.

■ **보관.** 수분이 적은 품종(꾀꼬리 버섯, 선녀낙엽버섯, 모렐 버섯)이나 포치니 버섯류(갓을 얇게 슬라이스한 상태로 말린다)는 건조에 적합하다. 즙이 많은 품종은 저장용 병에 담아 살균하여 보관하거나 냉동시킬 수 있다. 버섯은 기름, 식초, 소금물에 절여 보관하기도 한다(통조림 버섯들은 따로 조리하지 않은 상태이거나 소금물에 전처리가 되어 있는데, 맛이 떨어지거나 변질된 경우가 많다).

■ **버섯 향.** 버섯의 특징적인 향은 다른 식품에서도 찾아볼 수 있는데, 일부 흰색 외피 치즈나 소금물로 외피를 세척한 치즈를 예로 들 수 있다. 이는 미생물의 작용에 의한 리놀렌산 분해과정에서 나타나는 냄새로, 주요 인은 우리가 잘 알고 있는 '(화학적 의미의) 알코올'이며, 이를 많이 함유하고 있는 양송이버섯의 특징이기도 하다.

장 쇼벨(JEAN CHAUVEL)의 레시피

café champignon 카페 샹피뇽

버섯 커피 : 10인분 / 준비 : 25분 / 조리 : 1시간 30분

우유 250ml 와 생크림 250ml를 냄비에 넣고 끓인다. 여기에 레몬그라스 40g, 로스팅한 커피 원두 5개를 넣는다. 찬물에 미리 불려둔 젤라틴 3장의 물기를 꼭 짠 후 냄비에 넣고 섞는다. 30분간 향을 우려낸다. 고운 체에 거른 뒤 휘핑 사이펀(가스 캡슐 2개)에 넣고 뜨겁게 보관한다. 높이가 얕고 큰 스테인리스 냄비를 불 위에 올린 뒤 커피 원두 15알, 정향 2개, 팔각 2개, 레몬그라스 줄기 2개, 통계피 스틱 2개, 주니퍼베리 2알을 넣고 로스팅한다. 여기에 씻어서 밑동을 잘라낸 양송이버섯 3kg를 넣는다. 이어서 신선한 지롤 버섯 200g, 회색 꾀꼬리버섯 200g, 말린 포치니 버섯 80g(미리 찬물에 불린 후 물기를 짠다)을 넣는다. 버섯이 잠길 정도로 물을 붓고 끓어오를 때까지 가열한 다음 뚜껑을 덮고 1시간 30분간 익힌다. 고운 체에 걸러 뜨겁게 보관한다. 버섯 익힌 물을 커피 잔의 3/4 지점까지 채운 다음, 그 위에 카푸치노처럼 휘핑 사이펀의 크림을 짜 얹는다. 커피 잔마다 통카 빈을 조금씩 갈아 올린다.

레지스 마르콩(RÉGIS MARCON)의 레시피

poêlée de champignons sauvages 푸알레 드 샹피뇽 소바주

야생버섯 볶음 포치니 버섯 150g, 동량의 꽃송이버섯, 뿔나팔버섯, 턱수염버섯, 꾀꼬리버섯 120~150g, 선녀낙엽버섯 100g, 동량의 민자주방망이버섯, 노란 꾀꼬리버섯을 준비한다. 버섯을 깨끗이 손질하고 닦는다. 필요하다면 씻는다. 선녀낙엽버섯과 민자주방망이 버섯의 대를 제거한다. 물 1리터에 소금 15g을 넣고 가열한다. 물이 끓으면 민자주방망이 버섯을 넣고 2분간 데친다. 거품국자를 이용해 버섯을 건져낸 다음 얼음물에 담가 식힌다. 이어서 선녀낙엽버섯을 30초간 데쳐내 얼음물에 식힌다. 뿔나팔 버섯도 같은 방식으로 데쳐 식힌다. 얼음물에 식힌 모든 버섯은 건져서 털어낸 다음 물기를 꼼꼼히 닦아낸다. 포치니 버섯은 4등분하고 꽃송이 버섯, 꾀꼬리버섯, 턱수염버섯 중 큰 것은 적당한 크기로 자른다. 바닥이 두툼한 작은 냄비에 버터 60g을 달군 뒤 잘게 썬 샬롯 3개, 소금 1꼬집을 넣고 반투명해질 때까지 볶아둔다. 코팅 팬에 녹인 버터 2테이블스푼과 올리브 오일을 넣고 달군 다음, 타임 작은 줄기 1개, 주니퍼베리 3알, 껍질째 으깬 마늘 2톨을 넣는다. 팬의 버터와 기름이 충분히 뜨거워지면 포치니 버섯을 넣고 나무 주걱으로 저으며 3~4분간 볶아 가볍게 색을 낸다. 이어서 순서대로 꽃송이버섯, 턱수염버섯, 꾀꼬리버섯을 넣는다. 이 버섯들이 모두 익으면 나머지 버섯들을 넣는다. 마늘과 타임을 건져낸다. 볶아둔 샬롯을 넣고 소금, 후추로 간한다. 팬에 버터 80~100g, 다진 파슬리, 처빌, 차이브를 2테이블스푼 넣고 섞은 뒤 뜨겁게 서빙한다.

soupe mousseuse au blé d'Inde (maïs) et champignons ▶ BLÉ D'INDE

CHAMPIGNON DE PARIS 샹피뇽 드 파리 양송이버섯. 주름버섯류, 혹은 아가리쿠스(agaricus)속의 재배종으로, 갓이 통통하며 분홍빛이 도는 주름을 갖고 있다. 이 주름은 오래되면 진한 초콜릿색으로 변한다(**참조** p.188~189 버섯 도감). 양송이는 '갓'에 따라 다양한 종류로 나뉜다. 갓의 색깔은 흰색부터 흑갈색까지 다양하며 진한 색이 향이 더 좋다. 모든 양송이 버섯은 열량은 아주 낮다(100g당 16Kcal 또는 67kJ).

주름버섯의 재배가 발전한 것은 루이 14세 때이며, 건축가이자 원예가였던 라 캥티니(La Quintinie)에 의해 크게 확대되었다. '파리의' 버섯이라고 불리는 양송이는 나폴레옹 시대에 파리 15구의 폐쇄된 채석장에서 대량으로 생산되었다. 이후 노르(Nord), 지롱드(Gironde), 발 드 루아르(Val de Loire)가 파리 근교 지역과 함께 주요 생산지로 남아 있다.

■ **사용.** 연중 내내 구할 수 있는 양송이버섯은 단단하면서도 부드러운 질감이 매우 좋다. 풍부한 생산량, 양송이만이 지닌 특성, 향으로 요리사들의 사랑을 받고 있으며, 조리 방법도 매우 다양해 소를 채워 넣기도 하고 다지거나 얇게 썰어 조리하며 때로는 장식으로도 사용한다. 양송이는 어리고 갓이 피지 않았으며 매우 단단한 상태일 경우 생식이 가능하다. 생크림과 허브, 로크포르 치즈를 넣은 소스, 비네그레트를 넣거나 해산물과 함께 조리하기도 하고 믹스드 샐러드에 넣기도 한다. 또한 화이트와인, 레몬즙, 고수 씨를 넣고 그리스풍으로 조리해 전채요리로 내기도 한다. 얇게 썰거나 4등분한 것을 팬에 재빨리 볶아 고기, 생선, 가금류 요리에 곁들이기도 하고, 오믈렛에 넣기도 한다. 모양내어 돌려 깎거나 속을 채운 또는 구운 양송이버섯은 많은 클래식 가니시(벨 엘렌 Belle Hélène, 아 라 부르기뇬 à la bourguignonne, 샹보르Chambord, 아 라 포레스티에르 à la forestière, 아 라 골루아즈 à la gauloise, 리슐리외 Richelieu 등)에 사용된다.

양송이는 소스에도 폭넓게 활용되며, 주로 가늘게 채 썰거나 레몬즙, 버터, 소금을 넣은 물에 익힌다(cuit au blanc). 양송이버섯을 넣은 소스로는 샤쇠르(chasseur), 아 라 피낭시에르(à la financière), 고다르(Godard), 아 리탈리엔(à l'italienne), 마틀로트(matelote), 폴리냑(Polignac), 레장스(Régence), 쉬프렘(suprême) 등이 있다. 뒥셀(duxelles)은 양송이를 주재료로 사용한다. 그 밖에도 양송이는 흔히 치즈나 햄과 곁들여 크루트(croûte), 부셰(bouchée), 타르트, 그라탱, 카나페, 파르시(farci) 등에 사용하기 좋다. 양송이버섯은 통조림 제품으로도 쉽게 구할 수 있다(균일한 크기의 버섯을 통째로 담은 엑스트라와, 최고급, 고급, 그리고 조각 네 종류로 나뉜다). 그 외에 동결건조 처리한 것도 있고, 농축 에센스 형태의 제품도 판매되고 있는데 이는 주로 소스의 향을 내는 데 사용된다.

champignons de Paris : 양송이버섯 준비하기

흙이 묻은 밑동을 잘라내고 여러 번, 그러나 재빨리 찬물에 씻는다. 즉시 사용하지 않는 경우에는 변색을 막기 위해 레몬즙을 뿌려둔다.

barquettes aux champignons ▶ BARQUETTE

blanc de champignon 블랑 드 샹피뇽

버섯 익힘액 : 물 100ml에 버터 40g, 레몬즙 1/2개분, 소금 6g을 넣고 끓어오를 때까

CHAMPIGNONS 버섯

pholiote changeante
폴리오트 샹장트. 무리우산버섯

marasme d'Oréade
마라슴 도레아드. 선녀낙엽버섯

girolle
지롤. 꾀꼬리버섯

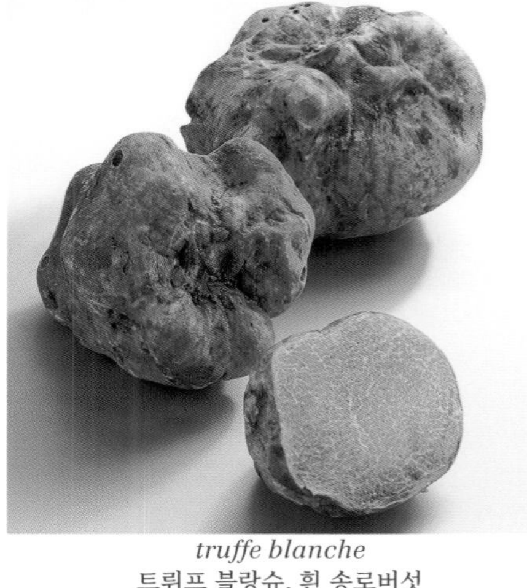

truffe blanche
트뤼프 블랑슈. 흰 송로버섯

coprin chevelu
코프랭. 슈블뤼. 먹물버섯

cèpe tête-de-nègre
세프 테트 드 네그르. 구릿빛 그물버섯

truffe noire
트뤼프 누아. 검은 송로버섯

morille
모리유. 모렐 버섯, 곰보버섯

cèpe de Bordeaux
세프 드 보르도. 포치니 버섯, 그물버섯

lépiote élevée
레피오트 엘르베. 큰갓버섯

pleurote en forme d'huître jaune
플뢰로트 앙 포름 뒤트르 존느. 노랑 느타리버섯

chanterelle en tube
샹트렐 앙 튀브. 깔때기 뿔나팔버섯

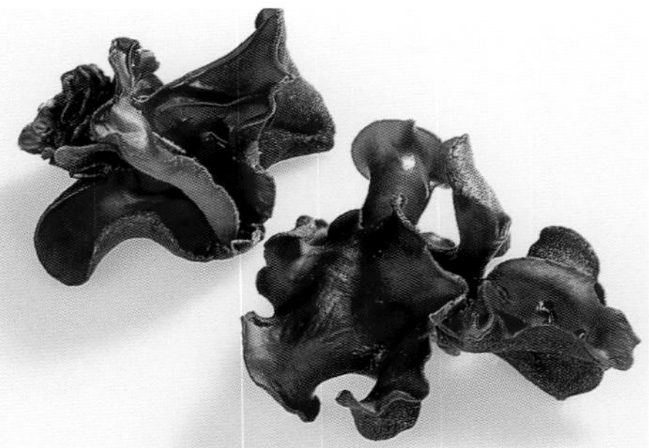
oreille de chat, oreille de judas
오레이유 드 샤, 오레이유 드 쥐다. 목이버섯

pleurote en huître
플뢰로트 앙 위트르. 느타리버섯

pleurote du panicaut
플뢰로트 뒤 파니코. 큰느타리, 새송이버섯

trompette-des-morts, craterelle
트롱페트 데 모르, 크라트렐. 뿔나팔버섯

pied-bleu
피에 블뢰. 민자주방망이 버섯

hydne, pied-de-mouton
이든, 피에 드 무통. 턱수염버섯

tricholome terreux
트리콜롬 테뢰. 땅 송이버섯

laccaire améthyste
라케르 아메티스트. 자주졸각버섯

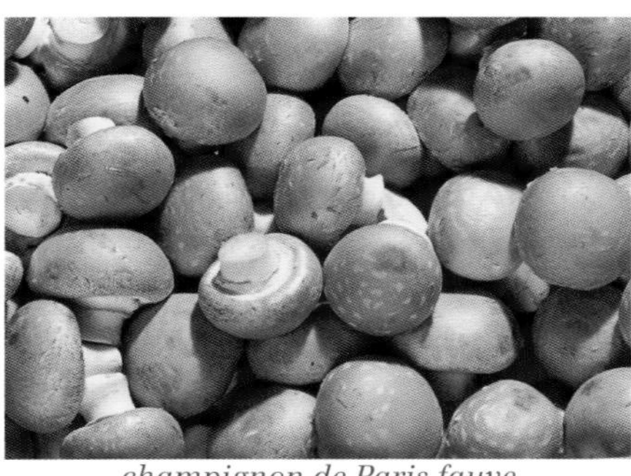
champignon de Paris fauve
샹피뇽 드 파리 포브. 황갈색 양송이버섯

lactaire
락테르. 젖버섯

amanite des Césars, oronge vraie
아마니트 데 세자르, 오롱주 브레. 민달걀버섯

champignon de Paris blanc
샹피뇽 드 파리 블랑. 흰 양송이버섯

shiitake
시이타케. 표고버섯

지 가열한다. 여기에 버섯 300g을 넣고 6분간 끓인 뒤 건진다. 버섯 익힌 물은 화이트 소스, 생선 육수 또는 마리네이드 액의 향을 내는 데 사용한다.

bouchées aux champignons ▶ BOUCHÉE (SALÉE)

champignons à l'anglaise 샹피뇽 아 랑글레즈

메트르도텔 버터를 채워 구운 양송이버섯 : 모양이 좋은 양송이버섯을 골라 다듬고 씻은 다음 바로 레몬즙을 뿌리고 대를 떼어낸다. 버섯 갓에 소금, 후추를 뿌려 간을 한 뒤 메트르 도텔 버터(beurre maître d'hôtel)를 조금씩 채운다. 그라탱 용기에 한 켜로 놓은 다음 200°C로 예열한 오븐에 12~15분 익힌다. 작게 자른 식빵 슬라이스를 구운 뒤 양송이버섯을 하나씩 올린다.

champignons au beurre 샹피뇽 오 뵈르

버터에 익힌 양송이버섯 : 양송이를 씻어 다듬은 뒤 날것인 상태로 크기에 따라 어슷하게 2~3등분 한다. 소금, 후추로 간한다. 팬에 버터를 달군 뒤 버섯을 넣고 센 불에 볶아 노릇하게 색을 낸 다음 채소 서빙용기에 담는다. 경우에 따라 잘게 썬 다진 허브를 추가하거나 리옹 식으로 얇게 썬 양파를 버터에 볶아 넣기도 한다. 또는 졸인 크림을 넣고 부드럽고 크리미하게 익혀 내기도 한다(포치니 버섯, 주름버섯, 꾀꼬리 버섯, 지롤, 모렐, 선녀낙엽버섯, 알버섯도 같은 방식으로 조리한다).

champignons farcis 샹피뇽 파르시

속을 채운 양송이버섯 : 균일한 크기의 큼직한 양송이를 고른다. 대를 전부 떼어내 소를 채워 넣을 수 있는 공간을 확보한다. 갓을 씻어 물기를 닦아낸다. 버터나 기름을 칠한 오븐 용기에 정렬한 다음 소금 후추로 간한다. 기름이나 녹인 버터를 바른 다음 180°C로 예열한 오븐에 5분간 굽는다. 구운 버섯에 뒥셀을 넉넉히 한 스푼씩 넣어 돔 모양으로 봉긋하게 채운다. 고운 빵가루를 뿌리고 올리브유를 끼얹어 그라탱처럼 노릇하게 굽는다(소를 채운 기타 채소요리와 마찬가지로, 버섯도 브뤼누아즈, 살코기소, 미르푸아, 퓨레, 살피콩, 리조토 등 다양한 소를 채워 요리할 수 있다).

champignons en garniture 샹피뇽 앙 가르니튀르

버섯 가니시 : 버터에 달군 소테팬에 버섯을 넣고 재빨리 볶아 건진다. 그 소테팬에 마데이라 와인을 넣어 디글레이즈한 다음 졸인다. 육수 또는 데미글라스를 붓고 반으로 졸인다. 체에 거른다. 볶아둔 버섯을 이 소스에 다시 넣는다. 이렇게 조리한 버섯 가니시는 블랑케트(blanquette), 프리카세(fricassée), 에스칼로프(escalope), 달걀, 생선, 송아지 흉선 등 매우 다양한 요리에 곁들일 수 있을 뿐만 아니라 부셰(bouchée), 투르트(tourte), 작은 볼로방 등의 속을 채우는 데도 사용할 수 있다.

champignons à la grecque 샹피뇽 아 라 그레크

그리스식 버섯 : 4인분 / 준비 : 30분 / 조리 : 12분

작은 크기의 양송이버섯(champignons boutons) 600g을 씻어둔다. 손질한다. 작은 쪽파(줄기양파) 120g(약 12개)의 껍질을 벗겨 씻는다. 레몬 1개의 즙을 짜 놓는다. 부케가르니를 1개 만든다. 마늘 1톨의 벗긴 뒤 반으로 갈라 싹을 제거한다. 요리용 거즈에 고수 씨 15알, 통후추 20알, 준비한 마늘 1톨을 넣고 감싼 다음 실로 묶는다. 소테팬에 올리브오일 50ml를 달군 다음 쪽파를 넣고 수분이 나오고 색이 나지 않게 5분간 볶는다. 여기에 양송이를 통째로(버튼 양송이보다 큰 사이즈를 사용한 경우는 어슷하게 썬다) 넣고 레몬즙, 드라이 화이트 와인 100ml, 부케가르니, 소금, 향신료 주머니를 넣는다. 끓어오르도록 센 불로 가열한 다음 뚜껑을 덮고 5~6분간 익힌다. 뚜껑을 열고 필요시 센 불로 졸여 버섯 즙이 진한 농도와 시럽과 같은 질감으로 버섯에 고루 코팅될 수 있도록 한다. 부케가르니와 향신료 주머니를 건져낸다. 간을 확인한다. 오르되브르(hors-d'oeuvre)용 길쭉한 접시에 담아 식힌다. 이 요리는 차갑게 먹는다.

champignons à la poulette 샹피뇽 아 라 풀레트

풀레트 소스를 넣은 버섯 요리 : 씻어 손질한 버섯을 버터와 함께 팬에 넣고 뚜껑을 덮은 뒤 색이 나지 않게 찌듯이 익힌다. 소스의 농도를 맞출 만큼의 풀레트 소스를 넣고 리에종한 다음, 간을 맞춘다. 따뜻하게 데운 채소 서빙용기에 버섯을 담고 잘게 썬 허브를 뿌린다.

crème de champignon ▶ CRÈME (POTAGE)
crêpes aux champignons ▶ CRÊPE
duxelles de champignons ▶ DUXELLES
essence de champignon ▶ ESSENCE
farce aux champignons ▶ FARCE

롤랑 뒤랑(ROLAND DURAND)의 레시피

vichyssoise de champignons à l'angélique 비시수아즈 드 샹피뇽 아 랑젤리크

안젤리카를 넣은 버섯 비시수아즈 안젤리카(서양당귀) 잎 10장을 데쳐 물기를 제거하고 굵게 다진 뒤 생크림 200ml를 넣고 블렌더로 간다. 냉장고에 보관한다. 생 안젤리카 줄기 1개를 얇게 썬 다음 버터 20g과 함께 냄비에 넣고 수분이 나오도록 약불에 볶는다. 여기에 닭 육수 700ml를 넣고 끓어오를 때까지 가열한다. 뚜껑을 덮고 불을 끈 다음 30분간 향을 우려낸다. 흰색 양송이버섯 300g을 씻어 얇게 썬 다음 차가운 버터 30g과 함께 이 냄비에 넣고 5분간 익힌다. 식혀서 블렌더 볼에 옮겨 담고 안젤리카 잎과 혼합한 크림을 넣은 뒤 함께 갈아준다. 소금과 백후추로 간하고 레몬즙 1/2개분을 넣는다. 새하얀 양송이버섯 작은 것 10개를 얇게 썬다. 비시수아즈를 볼이나 우묵한 접시에 담고 양송이 슬라이스를 표면에 뿌려낸다.

CHAMPIGNONS EXOTIQUES 샹피뇽 에그조티크 이국적인 버섯류. 극동 지역에서 자라는 버섯류로, 특히 일식과 중식에 많이 사용된다. 유럽에서는 생 버섯이나 말린 것, 또는 절이거나 조리된 채소 믹스의 형태로 찾아볼 수 있다.

목이버섯(중국 요리에 많이 사용되며 '유다의 귀'라는 별칭으로도 불린다)과 표고버섯은 샐러드, 수프, 다진 채소, 가니시, 채소 볶음 등에 두루 사용된다. 초고버섯은 맛이 섬세하며 모든 종류의 수프나 고기볶음 등에 넣으면 풍미를 더할 수 있다.

CHAMPVALLON 샹발롱 얇게 썰어 볶은 양파를 한 켜 깔고 겉을 지진 양갈비를 놓은 다음 얇게 썰어 볶아 익힌 감자로 한 켜 덮어 오븐에 익힌 요리의 이름. 이 고전적인 요리의 역사는 루이 14세 시기까지 거슬러 올라가는데, 왕의 정부 중 하나가 이 요리로 왕의 식탐을 충족시킴으로써 맹트농 후작부인의 위세를 밀어냈다고 한다(맹트농 후작부인은 양갈비 파피요트를 처음 만들었다).

▶ 레시피 : MOUTON.

CHANDELEUR 샹들뢰르 성촉절. 아기 예수의 봉헌과 성모 마리아의 정결례를 기념하는 가톨릭 축일(2월 2일)이다. 프랑스에서는 이 축일을 기념하며 크레프와 튀김과자를 먹는다. 샹들뢰르는 라틴어 페스타 칸델라룸(festa candelarum 촛불 축제)에서 왔는데, 이는 예로부터 오늘날에 이르기까지 이 축일에 교회에서 많은 초를 켜기 때문이다. 또한 2월 2일은 혹독한 겨울이 지나가고 들판의 농사를 다시 시작하는 시기와 맞물린다. 이날 밀가루를 이용해 태양을 상징하는 둥글고 황금색이 나는 음식(크레프)을 만들어 먹는 이유를 아마도 여기서 찾을 수 있을 것이다. 지난해 수확한 밀가루를 사용하는 것 역시 예전에는 미래의 수확에 대한 축복을 비는 뜻이었다.

성촉절에 먹는 전통 크레프와 관련해서는 많은 미신이 전해내려 온다. 부르고뉴에서는 장롱 위에 크레프를 한 장 올려 두어야 한 해 쓸 돈이 부족하지 않다고 믿는다. 그리고 크레프를 만들 때 본인의 크레프를 뒤집다 실수로 떨어트린 사람에게는 불운이 온다고 한다.

1812년 성촉절에 나폴레옹은 러시아 원정으로의 출발을 앞두고 말메종(Malmaison)성에서 크레프를 만들었다. 그는 다섯 개 중 네 개의 크레프를 성공시켜 네 번의 전투에서 승리할 것을 점쳤다고 한다. 그러나 실패한 다섯 번째 크레프가 걱정이었는데, 모스크바 화재가 일어난 날 나폴레옹은 네이 장군에게 "이게 그 다섯 번째 크레프로군 !"이라 말했다고 전해진다.

CHANFAÏNA 찬파이나 앤틸리스(앙티유) 제도의 요리이다. 얇게 저며 튀긴 양의 간을 토기에 담고, 4등분하여 기름에 튀긴 토마토, 으깬 마늘, 얇게 썬 파프리카로 덮는다. 스페인에서 찬파이나(또는 산파이나)는 카탈루냐의 대표적인 소스로, 양파, 피망, 작은 조각으로 썰어 끓는 기름에 익힌 다양하고 신선한 채소, 생 민트, 파슬리, 커민, 후추를 넣어 만든다. 주로 가금류, 흰살 육류 또는 랍스터 에스칼로프에 곁들인다.

CHANOINESSE (À LA) (아 라) 샤누아네스 샤누아네스식. 다양한 음식명에 붙는 표현으로, 앙시앙 레짐(Ancien Régime) 시기 특권층이었던 성당 참사원(chanoine)들의 화려한 식문화에서 비롯되었다(프랑스어의 '비 드 샤누안 vie de chanoine(풍족한 생활)', '그라 꼼 엉 샤누안 gras comme un chanoine(살이 찌다, 부유해지다)' 등의 표현을 보면 알 수 있는 부분

Champignon 버섯

"둥근 팬에 기름이나 버터를 두르고 얇게 썬 버섯을 재빨리 볶아내는 것은 고전 중의 고전이다. 포텔 에 샤보나 에콜 페랑디 파리에서 만든 이 버섯 요리는 풍미가 좋고 섬세한 맛을 지닌 곁들임 음식일 뿐 아니라 그 자체만으로도 손색 없는 요리이다."

이기도 하다). 샤누아네스식 암탉 요리는 삶아 익힌 닭을 접시에 놓고, 민물 가재 쿨리를 넣은 쉬프렘 소스에 뜨겁게 버무린 민물가재 살을 타르틀레트에 채워 빙 둘러 놓은 요리다. 민물가재 쿨리는 같은 이름을 붙인 크림 수프나 블루테에도 들어간다. 한편 샤누아네스 송아지 흉선과 달걀 반숙, 수란 등은 크림에 익힌 당근과 송로버섯을 곁들이고 셰리 식초로 맛을 돋운 송아지 육수 소스를 끼얹어 낸다.

▶ 레시피 : SOUFFLÉ.

CHANTECLER 샹트클레르 다양한 랍스터나 닭새우 요리에 붙이는 이름. 갑각류를 길게 2등분하고 그 위로 가볍게 커리 가루를 뿌린 다음 버터에 노릇하게 굽는다. 살은 도톰하게 어슷 썰어 다시 껍질 안에 담고 이것을 접시 위에 깔아놓은 밥 위에 올린다. 커리 가루를 넣은 낭튀아 소스(sauce Nantua)를 끼얹고 버섯, 새우, 수탉 볏을 곁들인 다음 그라탱처럼 노릇하게 굽는다. 또한 샹트클레르는 양 안심(noisette)이나 소 안심(tournedos) 요리에 곁들이는 가니시를 지칭하기도 한다. 버터에 지져 익힌 안심에 가늘게 채썬 송로버섯을 넣은 포트와인 소스를 끼얹고 수탉 볏을 박은 어린 양의 콩팥을 곁들인다. 아스파라거스의 뾰족한 윗부분을 넣은 타르틀레트와 함께 서빙한다.

CHANTERELLE 샹트렐 꾀꼬리버섯. 숲속에서 나는 버섯으로, 갓이 깔때기 모양으로 움푹 파여 있으며 갓의 주름은 대의 밑동까지 이어진다(**참조** p.188~189 버섯 도감). 보통 오렌지빛 노란색을 띠는 샹트렐 코뮌(chanterelle commune)이나 지롤(girolle) 종을 가장 상품으로 친다. 모든 꾀꼬리버섯은 대부분 향이 좋다. 너무 센 불에 익히면 질겨질 수 있으니 약한 불로 천천히 익히는 것이 좋다. 주로 흰살 육류(송아지, 닭)에 곁들이거나 오믈렛에 넣는다.

CHANTILLY 샹티이 휘핑한 생크림이 공통적으로 들어가는 다양한 요리나 디저트를 지칭한다. 설탕을 넣고 휘핑하여 차갑게 사용하며 경우에 따라 향을 첨가하기도 하는 크렘 샹티이는 다양한 앙트르메(바바루아, 샤를로트, 쿠프 글라세, 차갑게 먹는 각종 크림, 머랭, 바슈랭 등)에 곁들임이나 마무리용으로 사용되고, 혹은 직접 앙트르메를 구성하는 재료로도 활용된다. 설탕을 넣지 않고 휘핑한 크림은, 마요네즈와 같은 찬 에멀전 소스나 홀랜다이즈 소스같은 더운 에멀전 소스를 만드는 데 넣기도 하는데, 이처럼 휘핑한 크림을 넣은 소스들은 '무슬린'이라 부른다. 샹티이라는 이름은 콩데(les Condés) 가문이 소유했던 샹티이 성에서 유래했는데, 특히 17세기 바텔(Vatel)이 요리장을 맡았을 당시 이곳의 요리는 그 명성이 대단했다. 하지만 요리 이름에 '아 라 샹티이(à la Chantilly)' 혹은 '샹티이(Chantilly)'라는 표현이 실제로 등장하기 시작한 것은 19세기에 이르러서다.

▶ 레시피 : CHARLOTTE, CHOU, CRÈME FRAÎCHE, POULARDE, SAVARIN.

CHAOURCE 샤우르스 샹파뉴 지방의 AOC 치즈. 소젖(유지방 50%)으로 만든 흰색 외피의 연성치즈이다(**참조** p.389 프랑스 치즈 도감). 직경 12cm, 두께 6cm의 원통형으로 중량은 약 600g이다(작은 제품도 있다). 질감이 크리미하고 색이 매우 희며 진한 우유 풍미와 과일의 향을 느낄 수 있다.

CHAPATI 차파티 밀가루와 정제 버터로 만든 인도식 전병 또는 납작한 빵. 바닥이 두툼한 팬에 반죽을 놓고 살짝 부풀어오르며 바삭해지도록 구워 먹는다. 좀 더 말랑하게 구운 차파티에는 생강과 커민으로 양념한 다진 시금치를 채워 넣기도 한다.

CHAPEL (ALAIN) 알랭 샤펠 프랑스의 요리사(1937, Lyon 출생—1990, Avignon 타계). 아버지 로제 샤펠은 1938년 미오네(Mionnay, Ain)에서 '라 메르 샤를(la Mère Charles)' 이라는 작은 식당 겸 여관을 인수했고, 그로부터 32년 후 이곳은 레스토랑 알랭 샤펠(Alain Chapel)이 되었다. 알랭 샤펠은 젊은 시절 장 비냐르(Jean Vignard)의 식당 '셰 쥘리에트(Chez Juliette, Lyon)에서 견습을 거친 뒤, 페르낭 푸앙(Fernand Point)의 '라 피라미드(La Pyramide, Vienne)에서 경력을 쌓았다. 1960~1967년 '투르 드 프랑스(tour de France de compagnonnage 프랑스 전역을 돌며 전문가와 장인으로부터 기술을 전수받는 교육 과정)'에 참가하며 전국의 명장들에게 기술과 노하우를 배웠고, 1972년에는 프랑스 국가 명장(MOF) 자격을 획득했다. 아버지와 함께 일했던 그는 이후 홀로 식당을 운영해갔고, 1973년에는 드디어 미슐랭 가이드의 별 셋을 받았다. 그는 '뤼시엥 탕드레(Lucien Tendret)식의 가토 드 푸아 블롱(gateau de foies blonds)'과 같은 주옥같은 요리들이 탄생시켰을 뿐 아니라 각 구성요소들이 자세히 설명되어 있는 시적인 메뉴의 혁신을 이루어냈고, 이는 이후 그의 유명한 제자 알랭 뒤카스(Alain Ducasse)에 의해 발전을 거듭하게 된다. 알랭 샤펠이 세상을 떠난 후 그의 아내 쉬잔은 샤펠의 계승자 필립 주스(Philippe Jousse)와 함께 탁월한 레스토랑 경영을 이어갔다. 주요 저작으로는『요리, 레시피 그 이상의 것(*la Cuisine, c'est beaucoup plus que des recettes*)』(1987)이 있다.

CHAPELLE-CHAMBERTIN 샤펠 샹베르탱 부르고뉴 AOC 레드와인. 샹베르탱에 바로 인접한 포도밭에서 생산되는 와인으로 피노 누아 품종으로 만들며, 스타일 면에서 샹베르탱 와인과 비슷한 특징을 갖고 있지만 약간 더 가볍다.

CHAPELURE 샤플뤼르 빵가루. 빵을 말려 가루로 만든 것으로, 주로 튀김옷이나 그라탱을 만드는데 많이 쓰인다. 옛날에는 빵의 껍질을 잘라내 갈아서 저온의 오븐에 건조시켜 만들었다. 흰색 빵가루(chapelure blanche)는 굳은 빵 속살을 체에 내려 굽지 않고 말려 만들며, 주로 튀김 재료에 마지막으로 입힌다. 오래 보관할 수는 없다. 황금색 빵가루(chapelure blonde)는 오븐에 살짝 로스팅하는 과정을 거치거나, 빵의 크러스트 혹은 과자처럼 바싹 구운 비스코트(biscotte)를 절구에 빻아 만든다. 그라탱용으로 적합하며 유리 밀폐용기에 보관한다. 오늘날 시중에 판매되는 빵가루는 대부분 공장에서 대량생산된 제품이다.

CHAPON 샤퐁 어린 수탉을 거세한 뒤 살을 찌운 것으로 살이 매우 연하다(**참조** pp.905~906 가금류, 토끼 도표, p.904 가금류, 토끼 도감). 샤퐁(6kg 이하)의 연한 육질과 풍미는 근육에 고루 분포된 지방에서 나온다.

샤퐁 사육은 거의 사라졌다가, 1980년대부터 브레스(Bresse), 서부 지역(Ouest), 랑드(Landes) 등지에서 다시 활성화됐다. 일반 샤퐁은 밀집형 배터리 케이지에서 사육하여 4개월 정도 지나 도살한다. 좀 더 넓은 환경에서 방사하여 키우는 브레스산 샤퐁(chapon de Bresse, AOC)은 7~8개월 정도 지난 뒤 도살해 바로 털을 완전히 제거하고 씻은 다음, 천으로 동여매 이틀간 냉장실에 매달아둔다. 암탉과 같은 방식으로 요리하며, 로스팅용 꼬치에 꽂아 굽는 것 보다 오븐에 익히는 편이 더 맛있다.

CHAPTALISATION 샵탈리자시옹 보당. 와인의 도수를 높이기 위해 알코올 발효 중 포도즙에 설탕을 첨가하는 기법. 포도즙 1리터당 설탕 17g을 첨가하면 알코올 도수가 1도 높아진다. 이러한 설탕(사탕무 설탕 혹은 사탕수수 설탕) 첨가는 그 실행과 목적에 있어 엄격한 규제를 받는다. 샤프탈리자시옹이라는 용어는 이 기법을 개발한 화학자이자 정치인 장 앙투안 샵탈(Jean-Antoine Chaptal, 1756-1832)의 이름에서 따왔다.

CHARBONNÉE 샤르보네 숯불구이. 베리(Berry) 지방에서는 돼지 피로 농도를 조절한 돼지 스튜를 지칭하기도 한다. 일 드 프랑스(Île-de-France) 지역에서는 양파, 당근, 향신 재료를 넣고 레드와인에 오래 익힌 뒤 돼지 피로 농도를 맞춘 쇠고기 스튜를 말한다.

CHARCUTERIE 샤퀴트리 돼지, 가금류, 수렵육, 양, 소의 고기와 부속 및 내장 등을 이용해 만드는 가공식품을 통칭한다. 최근에는 생선이나 갑각류 해산물의 살을 사용하기도 한다(**참조** pp.193~194 샤퀴트리 도감). 이 용어는 또한 육가공 식품을 판매하는 매장이나 이에 관련된 생산, 판매, 유통업계를 지칭하기도 한다. 샤퀴트리는 특히 오랜 전통의 양돈 역사를 가진 국가들에서 특히 발달해왔다(독일, 벨기에, 프랑스, 네덜란드, 이탈리아, 스페인).

■ **역사.** 전문적인 업종으로서의 샤퀴트리의 기원은 고대 로마 시대로 거슬러 올라간다. 프랑스에서는 1475년에야 파리 재판소의 칙령을 통해 '돼지가공육, 소시지, 부댕 제조 장인들'에게 익혀 조리한 돼지고기 살(사순절 기간에는 생선도 포함)을 판매할 수 있는 권한을 부여하였다. 이듬해 이들은 고기를 구워 판매하는 로티쇠르(rôtisseurs 혹은 oyers)와는 차별화된 특별 직업군을 이루었고, 1513년에 이르러서야 정육점의 중개를 거치지 않고 돼지고기를 직접 공급받을 권리를 확보하게 된다.

■ **사용.** 다양한 종류의 샤퀴트리들(염장육, 소시지와 살라미, 파테, 리예트, 앙두이유, 부댕, 소시지용 분쇄육, 햄, 갈랑틴, 파테 앙 크루트, 데워 먹을 수

Charcuterie 샤퀴트리

jambon cuit
장봉 퀴. 쿡드 햄

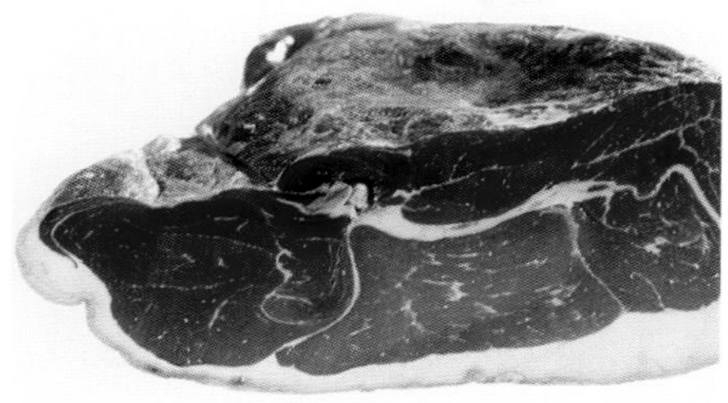
jambon Serrano
장봉 세라노. 세라노 건조 햄

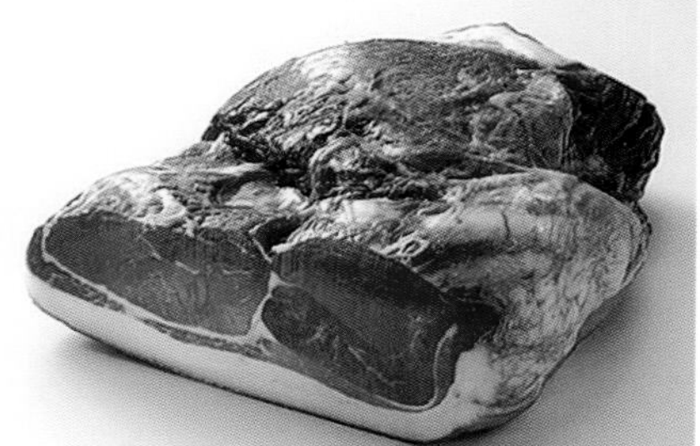
jambon à l'os de Westphalie
장봉 아 로스 드 웨스트팔리. 베스트팔렌 햄

jambon cru du Tyrol du Sud
장봉 크뤼 뒤 티롤 뒤 쉬드. 티롤 훈제 생 햄, 스펙

poitrine crue fumée (porc)
푸아트린 크뤼 퓌메. 훈제 판체타

bacon
훈제 등심 베이컨

viande des Grisons
비앙드 데 그리종. 그리종 염장 건조 소고기

filet de poitrine de dinde fumé
필레 드 푸아트린 드 댕드 퓌메. 터키 브레스트 훈제 햄

salsiz des Grisons
살시즈 데 그리종. 살시즈 훈제 또는 건조 소시지

chorizo blanco iberico
초리조 블랑코 이베리코. 화이트 이베리코 초리조

chorizoto iberico de Jabugo
초리조토 이베리코 데 하부고. 하부고 이베리코 초리조

longaniza de pascua
롱가니사 데 파스쿠아. 스페인 부활절 소시지

gendarme
장다름. 장다름 소시지

coppa
코파

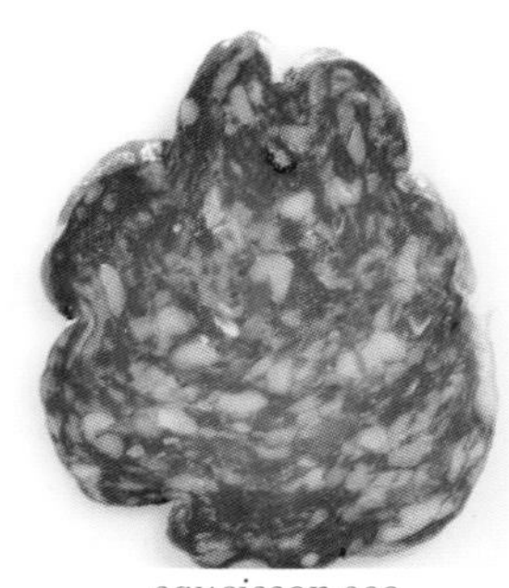
saucisson sec
소시송 섹. 건조 소시송

salami toscan
살라미 토스칸. 토스카나 살라미

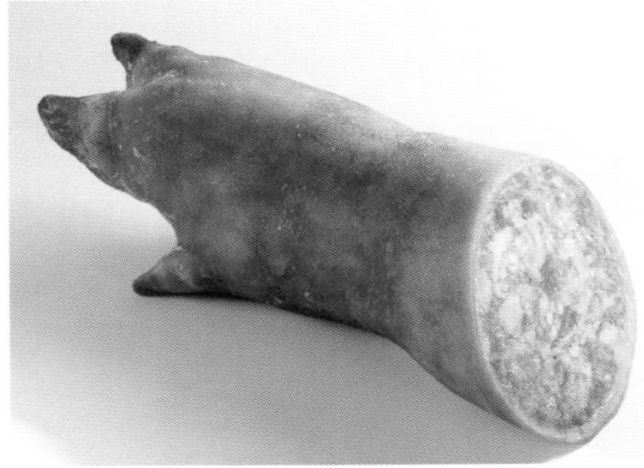

zampone
잠포네. 잠포네 족발 소시지

saucisson à l'ail
소시송 아 라이. 마늘 소시지

boudin au mètre
부댕 오 메트르

boudin blanc
부댕 블랑. 화이트 부댕

black pudding
블랙 푸딩

morcilla asturiana
모르시야 아스투리아나. 아스투리아스 블러드 소시지

morcilla murciana
모르시야 무르시아나. 무르시아 블러드 소시지

saucisse de Francfort
소시스 드 프랑포르. 프랑크프루트 소시지

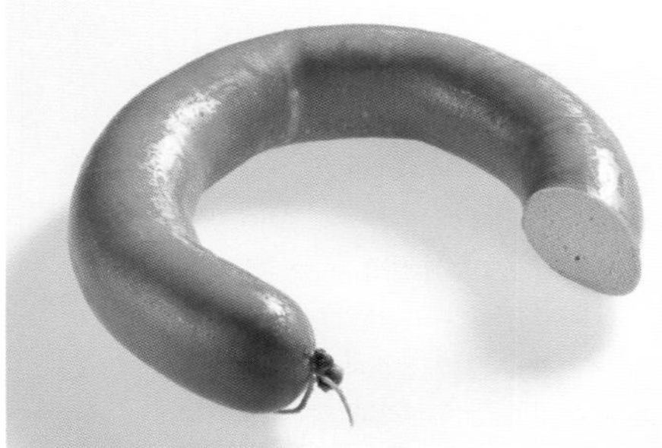

saucisse de viande d'Alsace
소시스 드 비앙드 달자스. 알자스 소시지

knacks
크낙스. 크낙부어스트

cervelas
세르블라. 세르블라 소시지

cervelas au hachage fin
세르블라 오 아샤주 팽. 고운 입자 세르블라 소시지

saucisse de Lyon de veau
소시스 드 리옹 드 보. 리옹 송아지 소시지

haggis écossais
아기스 에코세. 해기스

있는 조리식품, 각종 스터핑 등)이 오랜 세월 지역 특산품으로 그 명맥을 이어오고 있다. 이들은 대부분 염장과 훈연 방식으로 만들어진다. 19세기 말, 샤퀴트리 요리가 연회 메뉴에 등장하게 된 것은 샤퀴트리 전문가 루이 프랑수아 드론(Louis-Francois Drone) 덕분이었다. 1825년 사르트(Sarthe)에서 태어나 제2제정 시기에 파리에 정착한 드론은 샤퀴트리 분야에 새로운 가공법을 선보였다. '샤퀴트리계의 카렘'이라 불렸던 드론은 기념비적인 저서 『구식과 신식 샤퀴트리 개론(*Traité de la charcuterie ancienne et moderne*)』을 남겼다. 1893년 12월 9일, 피가로 지에는 귀스타브 카를랭(파리의 유명 셰프, 『모던 퀴진(*la Cuisine Moderne*)』(1887)의 저자) 셰프의 오로지 '샤퀴트리로만 구성된' 코스 메뉴가 실리기도 했다.

1963년에는 돼지고기 및 샤퀴트리의 연구 및 홍보를 목적으로 하는 동호인 성격의 단체인 생 앙투안 기사단(confrérie des Chevaliers de Saint-Antoine)이 창설되었다.

CHARCUTIÈRE (À LA) (아 라) 샤퀴티에르 소스 샤퀴티에르(sauce charcutière)를 곁들여 서빙하는 다양한 샤퀴트리 요리를 지칭한다. 특히 '코트 샤퀴티에르(côte charcutière 소테팬에 익힌 돼지갈비 요리)가 대표적이며 그 밖에도 돼지갈비 로스트, 크레피네트, 크로메스키 등도 해당된다. 샤퀴티에르 소스는 로베르 소스(양파와 화이트와인 베이스)에 가늘게 채 썬 코르니숑을 넣어 만든다. 샤퀴티에르 달걀(œufs à la charcutière)는 수란, 또는 반숙으로 익힌 달걀을 팬에 지져 익힌 크레피네트 위에 올린 후, 농도가 걸쭉하게 졸인 샤퀴티에르 소스를 끼얹어 내는 요리다.

CHARDONNAY 샤르도네 화이트와인을 만드는 데 사용되는 청포도품종으로, 가장 고급스러운 품종 중 하나이며 부르고뉴가 원산지다. 쥐라 지방에서는 믈롱 블랑(melon blanc), 욘에서는 루소(roussot), 코트 도르에서는 누아리앙 블랑(noirien blanc), 마른에서는 에피네트(épinette), 알자스에서는 바이스 클레브네르(weiss klevner), 바이스 에들러(weiss edler), 바이스 실베르(weiss silber) 등 재배지에 따라 다양한 이름으로 불린다. 송이마다 호박 빛 노란색 포도알이 촘촘하게 달려있으며 즙이 달콤한 샤르도네 품종은 몽라셰(montrachet), 뫼르소(meursault), 코르통 샤를마뉴(corton-charlemagne), 샤블리(chablis), 푸이 퓌세(pouilly-fuissé) 등 황금빛을 띤 부르고뉴의 최상급 화이트 와인 제조에 사용된다. 뿐만 아니라, 에페르네(Épernay)의 코트 데 블랑(côte des Blancs)에서 생산되는 고급 샴페인에도 쓰인다. 샤르도네는 전 세계 여러 곳의 포도밭에서도 완벽하게 적응하여 생산되고 있는 품종이다.

CHARENTES 샤랑트 프랑스의 옛 앙구무아(Angoumois), 오니(Aunis), 생통주(Saintonge)주(州)를 통합한 지역으로 양질의 식재료를 기반으로 한 매력적인 식문화를 자랑한다. 바다에서 얻는 조개류, 갑각류 해산물, 생선을 이용하여 투박한 스타일부터 아주 세련된 요리에 이르기까지 다양한 요리들을 만든다. 굴에 파테의 일종인 그리용(grillon)과 그라통(gratton)을 곁들이거나 속을 채워 굽기도 하고, 살만 떼어내 얇은 베이컨으로 감싼 뒤 꼬치에 꿰어 익혀 먹는다. 양식 홍합은 수프, 에클라드(éclade 솔잎 구이), 혹은 무클라드(mouclade 커리를 넣은 크림소스 홍합스튜)로 요리한다. 빵가루, 마늘, 잘게 썬 파슬리를 채운 맛조개(샤랑트 사람들이 좋아하는 또 다른 별미 달팽이와 같은 방식으로 요리한다), 대합, 국자가리비, 새조개, 갑오징어, 튀긴 가오리, 가자미 뫼니에르, 서대, 농어, 노랑 촉수 등을 즐겨 먹으며, 특히 정어리는 아주 싱싱해 버터를 바른 빵에 날로 얹어 오르되브르로 먹기도 한다. 서대류 등의 납작한 생선이나 오징어는 맛있는 해물스튜인 생통주식 쇼드레(chaudrée saintongeaise)의 주재료가 된다.

양질의 쇠고기와 해변의 목장에서 기른 양고기로는 샤랑트식 스튜(송아지 족, 당근, 화이트와인, 그리고 빠질 수 없는 코냑을 넣고 뭉근하게 끓인다), 연분홍 빛 송아지 고기, 생통주식 송아지머리 요리, 앙굴렘식 창자 요리를 만든다. 샤퀴트리 요리로는 지구리(gigourit 돼지 껍데기, 부속 및 내장 등에 와인을 넣고 뭉근히 오래 끓인다)나 샤랑트식 그리옹(기름에 돼지고기를 향신 재료와 함께 돼지기름에 넣고 오래 익힌 리예트, 또는 파테의 일종)과 같은 시골풍의 투박한 음식들을 꼽을 수 있다.

오니의 완두콩, 잠두콩, 흰색(모제트 콩) 또는 붉은색 강낭콩, 래디시, 근대, 양배추, 양송이 버섯, 야생 버섯 등 질 좋은 채소도 풍부하다. 생통주의 복숭아 및 천도복숭아, 생 포르세르(Saint-Porchaire)의 사과, 샤슬라(chasselas)포도는 이 지역 과수원들의 자랑이다. 이 모든 식재료들을 냄비에 담아 요리하는 데 있어 필수적인 재료인 버터 역시 샤랑트 지역의 특산품이다. 샤랑트의 버터는 노르망디에서 생산되는 최고급 버터에 견줄만한 최상급 품질로 명성이 높다. 또한 프레쉬 크림 치즈인 종셰(jonchée), 카유보트(caillebotte)와 염소젖 치즈(Oleron)가 유명하다.

디저트로는 메르베유(merveille), 잼을 넣은 크뤼샤드(cruchade), 치즈 케이크인 가토 오 프로마주(gâteau au fromage), 코냑을 넣은 초콜릿 타르틀레트, 프랑지판 타르트, 과일 콩피, 안젤리카 리큐어 등이 대표적이다. 레드 와인은 비교적 평범한 편이며, 화이트의 경우 주로 코냑(**참조** COGNAC) 생산용으로 만들어진다. 코냑 지역에서 생산되는 피노(pineau 포도즙에 코냑을 섞어 만든다)도 인기가 많은 리큐어다.

CHARLOTTE 샤를로트 현대식 파티스리의 일종인 샤를로트는 따뜻한 것과 차가운 것 두 종류로 나뉜다. 일반적으로 제과용 무스링의 안쪽 벽을 레이디핑거 비스퀴(biscuits à la cuillère) 또는 색이나 무늬를 넣은 비스퀴 조콩드(얇은 스펀지 시트의 일종) 띠로 둘러준 다음, 가운데에 바바루아즈, 초콜릿 무스, 큐브 모양으로 썬 과일, 시럽이나 리큐어에 적신 제누아즈 스펀지를 채워 넣고 과일이나 초콜릿 셰이빙으로 장식해 만든다.

샤를로트가 처음 등장한 것은 18세기 말엽으로, 영국식 디저트를 본뜬 것이었다. 위로 갈수록 조금씩 넓어지는 둥근 틀 안에 버터를 바른 식빵 슬라이스로 바닥과 안쪽 벽을 깔고 둘러준 다음, 레몬과 계피로 향을 더한 걸쭉한 과일(주로 사과) 마멀레이드 채워 오븐에 구웠다. 뒤집어 틀에서 분리한 다음 따뜻한 상태로 차가운 크렘 앙글레즈를 곁들여 먹었다.

러시아식 샤를로트를 처음으로 만들어낸 사람은 앙토넹 카렘(Antonin Carême)이다. 굽지 않는 차가운 앙트르메로 보통 리큐어나 커피로 적신 레이디핑거 비스퀴로 안쪽 벽을 두른 샤를로트 틀에 바닐라 바바루아 혼합물(혹은 초콜릿 무스, 커피 무스, 아파레이 아 봉브, 또는 샹티이 크림)을 채워 만든 것이다. 이것을 냉장고에 넣어 차갑게 식힌 뒤 틀을 제거하고 서빙한다. 달콤한 디저트 뿐 아니라 짭짤한 간이 있는 일반 음식 샤를로트를 만들 수 있다. 주로 채소나 생선을 사용하는데 이 경우에는 테두리 없이 만든다. 단, 샤를로트 틀을 사용해 만들기 때문에 같은 이름으로 부른다.

appareil à charlotte froide 아파레이 아 샤를로트 프루아드

차가운 샤를로트 기본 필링 : 판 젤라틴 2장(2g x 2)에 아주 소량의 물을 넣어 불린다. 뜨거운 크렘 앙글레즈 500ml에 젤라틴을 넣고 거의 완전히 식을 때까지 나무 주걱으로 계속 젓는다. 더블 크림 250ml에 우유 100ml, 길게 갈라 긁어낸 바닐라 빈 2줄기의 가루를 섞어 거품기로 휘핑한 다음. 식힌 크렘 앙글레즈에 넣고 조심스럽게 섞는다.

charlotte froide : 차가운 샤를로트 만들기

설탕 150~200g과 물 200~250ml를 섞어 시럽을 만든다. 여기에 원하는 리큐어를 60ml 섞어 향을 낸다. 레이디핑거 비스퀴 20개를 준비한다. 비스퀴 몇 개를 시럽에 담가 샤를로트 틀 바닥에 깔아준다. 나머지 비스퀴도 시럽에 적신 다음 틀 높이에 맞춰 안쪽 벽을 빽빽하게 채운다(비스퀴의 절단면은 바닥에 닿도록 한다). 샤를로트 필링을 부어 속을 채운다. 남은 비스퀴들을 시럽에 살짝 담갔다 빼 표면을 덮는다. 샤를로트 틀을 바닥에 대고 탁탁 쳐 기포를 빼 평평하게 한 다음, 서빙 전까지 냉장 보관한다(아이스 샤를로트일 경우 냉동실에 넣는다). 틀을 제거하고 장식한다. 레이디핑거 비스퀴는 랑그 드 샤(langues-de-chat)나 얇게 썬 사부아 비스퀴(biscuit de Savoie)로 대체할 수 있다.

CHARLOTTES SALÉES 일반 요리용 짭짤한 샤를로트

알랭 샤펠(ALAIN CHAPEL)의 레시피

charlotte de légumes 샤를로트 드 레귐

채소 샤를로트 : 아주 가는 그린 아스파라거스 1 kg의 껍질을 벗긴다. 넉넉한 양의 소금물에 삶아 익힌 후 건져 물기를 뺀다. 마무리 장식용으로 6개를 따로 남겨 놓고, 나머지는 모두 고운 체에 긁어내린다. 체에 내려 얻은 아스파라거스 퓌레를 작은 냄비에 담고 약불에 올려 수분을 날린다. 작은 크기의 토마토 12개를 끓는 물에 잠깐 담갔다 뺀 다음 껍질을 벗기고 속과 씨를 제거한다. 약불에 뭉근하게 익힌 다음 소금과 후추로 간한다. 작은 줄기 양파(쪽파) 12개의 껍질을 벗기고 버터에 굴리듯 볶은 다음 육수를 넣고

흐물흐물해질 때까지 익힌다. 달걀노른자 1개로 사바용(sabayon)을 만든다. 볼에 달걀 2개와 소금, 후추를 넣은 다음 거품기로 풀어준다. 여기에 토마토, 아스파라거스 퓌레, 줄기양파, 사바용의 절반을 넣는다. 나무 주걱으로 조심스럽게 저어 재료가 고루 섞이도록 한다. 생크림 100ml를 오븐에 넣어 따뜻하게 데운 다음 가볍게 휘핑하여 위의 혼합물에 넣는다. 샤를로트 틀에 버터를 꼼꼼하게 바른다. 준비한 혼합물을 채운 다음 175°C로 예열한 오븐에 넣고 1시간가량 익힌다. 남겨놓은 아스파라거스 6개를 중탕으로 데운다. 오븐에 익힌 샤를로트를 틀에 서빙용 접시를 대고 뒤집어 분리한다. 데운 아스파라거스로 가장자리를 빙 둘러 장식한다. 남은 사바용 절반을 끼얹는다.

베르나르 파코(BERNARD PACAUD)의 레시피

charlotte aux rougets 샤를로트 오 루제

노랑 촉수 샤를로트 : 가지 1 kg을 씻어 물기를 닦은 다음 길게 2등분한다. 속살에 칼집을 내고 소금을 뿌리고 1시간 동안 절여 수분을 뺀다. 그동안 150g짜리 노랑 촉수 6마리의 비늘과 내장을 제거한다. 껍질은 벗기지 않는다. 생선 간은 따로 보관해두고, 생선 필레를 떠낸다. 가지를 건져 물기를 닦아낸 다음 올리브오일을 발라 225°C로 예열한 오븐에 넣어 굽는다. 가지 살이 완전히 익어 물러지면 스푼을 이용해 긁어낸다. 레몬즙을 넣고 퓌레 상태로 으깬 다음, 버터 150g, 소금, 후추, 아주 약간의 마늘을 넣고 약불에 올려 잘 저으며 익힌다. 따로 보관해둔 생선 간을 다져 넣고 섞는다. 생선 필레에 소금, 후추 간을 하고 올리브 오일을 두른 팬에 구운 다음 표면의 기름기를 제거한다. 샤를로트 틀에 버터를 칠하고 필레를 깐다. 가지 퓌레 혼합물을 넣어 채운다. 접시로 살짝 눌러준 다음, 최소 2시간 이상 냉장고에 넣어둔다. 생 토마토로 만든 쿨리를 곁들여 서빙한다

CHARLOTTES SUCRÉES 달콤한 디저트용 샤를로트

charlotte à la chantilly 샤를로트 아 라 샹티이

샹티이 크림 샤를로트 : 레이디핑거 비스퀴(18~22개)로 샤를로트 틀의 바닥을 깔고 안쪽 벽을 둘러준다. 생크림 500ml를 휘핑해 샹티이 크림을 만든 다음, 작은 주사위 모양으로 썬 과일 콩피 또는 생과일 3테이블 스푼을 넣고 조심스럽게 섞는다. 샤를로트 틀에 넣어 채운 뒤 서빙 전까지 냉장 보관한다. 틀에서 꺼내 과일 콩피로 장식한다.

피에르 모뒤(PIERRE MAUDUIT TRAITEUR)의 레시피

charlotte au chocolat 샤를로트 오 쇼콜라

초콜릿 샤를로트 : 하루 전날, 판 젤라틴(2g) 7장을 차가운 물에 불려둔다. 다음 날 우유 500ml, 달걀노른자 6개, 설탕 70g를 사용해 크렘 앙글레즈를 만든다. 85°C까지 익힌 뒤 불에서 내린다. 여기에 다크 커버처 초콜릿 180g, 순 카카오 페이스트 110g, 물을 꼭 짠 젤라틴을 넣고 식힌다. 블렌더로 갈아 지방 입자를 곱게 만들고 매끈한 질감이 되도록 한다. 생크림 700ml을 휘핑해 만든 샹티이 크림을 넣고 조심스럽게 섞는다. 레이디핑거 비스퀴 300g을 준비해 샤를로트 틀의 바닥에 깔고 안쪽 벽에 둘러준다. 준비해둔 초콜릿 바바루아 혼합물을 넣어 채운다. 최소 4시간 이상 냉장 보관한다. 틀에서 분리한 다음 필러로 깎아 만든 초콜릿 셰이빙을 얹어 장식한다. 크렘 앙글레즈를 곁들여 서빙한다.

피에르 모뒤(PIERRE MAUDUIT TRAITEUR)의 레시피

charlotte aux fraises 샤를로트 오 프레즈

딸기 샤를로트 : 하루 전날, 판 젤라틴(2g) 6장을 차가운 물에 불려둔다. 다음 날, 싱싱한 딸기 1.2kg을 으깨 퓌레로 만든 다음 체에 곱게 내린다. 600g을 계량해 냄비에 넣고 설탕 60g과 섞은 다음 40°C로 데운다. 물을 꼭 짠 젤라틴을 넣고 섞은 뒤 식힌다. 블렌더로 간 다음 생크림 750ml를 휘핑해 만든 샹티이 크림을 넣고 조심스럽게 섞는다. 레이디핑거 비스퀴를 샤를로트 틀 안에 깔고, 딸기 바바루아를 채운다. 비스퀴로 표면을 덮고 최소 4시간 냉장고에 넣어 둔다. 틀에서 분리한 다음 슈거파우더를 뿌린다. 딸기 퓌레 400g, 레몬즙 반 개분, 설탕 120g을 섞어 만든 딸기 쿨리에 담가 둔 큰 딸기를 얹어 장식한다. 딸기 쿨리를 소스 용기에 담아 함께 서빙한다.

charlotte glacée au cassis 샤를로트 글라세 오 카시스

블랙커런트 샤를로트 글라세 : 레이디핑거 비스퀴를 준비한 샤를로트 틀 크기에 맞게 자른 다음 블랙커런트 시럽에 적셔 틀 안쪽 벽과 바닥에 깐다. 블랙커런트 아이스크림과 시럽에 적신 비스퀴를 교대로 층층이 넣어 틀을 채운 다음 맨 윗면은 비스퀴로 덮어 마무리 한다. 틀을 바닥에 탁탁 쳐 기포를 빼고 냉동고에 넣는다. 서빙 직전에 틀에서 분리한다. 경우에 따라 크렘 앙글레즈를 곁들이거나 샹티이 크림과 시럽에 절인 블랙커런트로 장식한다.

프랑시스 방드낭드(FRANCIS VANDENHENDE)의 레시피

charlotte aux marrons 샤를로트 오 마롱

밤 샤를로트 : 밤 퓌레 200g 과 밤 크림 120g을 섞은 다음, 퓨어몰트 위스키 30ml를 넣는다. 판 젤라틴(2g) 2장을 차가운 물에 불린 다음, 따뜻하게 데운 생크림 3테이블스푼에 넣고 녹인다. 밤 퓨레 혼합물에 넣어 섞는다. 생크림 150ml에 바닐라슈거(작은 포장 2개 분량)를 넣고 휘핑해 샹티이 크림을 만든다. 여기에 밤 혼합물을 여러 번에 나눠 넣고 조심스럽게 섞는다. 위스키 30ml와 동량의 설탕 시럽을 섞은 위스키 시럽에 레이디핑거 비스퀴를 적신 다음 샤를로트 틀의 바닥과 안쪽 벽에 깐다. 밤 혼합물의 절반을 틀에 붓고 마롱 글라세 조각 60g을 고루 넣은 다음 나머지 밤 혼합물을 채워 넣는다. 최소 6시간 이상 냉장고에 넣어둔다.

마크 애베를랭(MARC HAEBERLIN)의 레시피

charlotte au pain d'épice et aux fruits secs d'hiver

겨울 건과일을 넣은 팽 데피스 샤를로트 : 우유 200ml를 뜨겁게 데운다. 잡화 꿀 35g을 냄비에 담고 뜨거운 우유를 넣어 풀어준다. 잘게 다진 오렌지 껍질 콩피 20g과 레몬 껍질 콩피 20g, 강판에 간 생강 50g, 계핏가루 1 티스푼, 정향 1개를 빻은 가루, 그레이터에 간 넛멕 1 꼬집을 넣고 불에서 내린 뒤 그대로 두어 향을 우려낸다. 달걀노른자 4개에 설탕 20g을 넣고 색이 연해지고 부피가 약 2배가 될 때까지 거품기로 세게 저어 섞는다. 이것을 향이 우러난 우유에 넣고 약불에 올린 뒤 계속 저으면서 약간 되직해질 때까지 가열한다. 끓지 않도록 주의한다. 불에서 내린다. 판 젤라틴(2g) 3장을 찬물에 불린 다음 꼭 짜서 뜨거운 과일 콩피 크림에 넣어 섞는다. 오븐 브로일러 아래 다진 아몬드와 헤이즐넛 40g을 넣고 살짝 색이 나도록 로스팅한다. 아주 차가운 생크림 250ml를 볼에 담고, 들어올렸을 때 거품기 살 사이사이로 끝이 뾰족한 모양이 생길 때까지 휘핑한다. 휘핑한 크림을 과일 콩피 크림에 넣고 섞은 다음 구운 아몬드와 헤이즐넛을 넣는다. 키르슈 10ml를 넣어 향을 낸 다음 냉장 보관한다. 설탕 시럽 250ml와 키르슈 20ml를 섞는다. 이 시럽에 팽 데피스 슬라이스 12장을 재빨리 담갔다 꺼낸 다음, 서로 조금씩 겹치도록 하여 샤를로트 틀의 벽과 바닥에 깔아준다. 차갑게 식힌 크림 혼합물을 틀에 넣어 채운다. 틀을 바닥에 대고 탁탁 쳐 기포를 빼고 팽 데피스로 표면을 덮는다. 최소 6시간 냉장고에서 넣어둔다. 입구가 넓은 둥근 유리그릇에 건과일 믹스(건자두, 건살구, 건무화과, 코린트 건포도)와 뜨거운 게부르츠트라미너 와인을 조금 넣어 절인 생 포도를 담는다. 샤를로트틀에 서빙 접시를 대고 뒤집어 틀에서 분리한 다음 누가틴 가루를 뿌려 서빙한다. 건과일을 담은 유리볼을 함께 낸다.

피에르 모뒤(PIERRE MAUDUIT TRAITEUR)의 레시피

charlotte aux poires 샤를로트 오 푸아르

서양 배 샤를로트 : 판 젤라틴(2g) 8장을 찬물에 불린 뒤 물기를 꼭 짠다. 우유 500ml, 설탕 250g, 달걀노른자 8개, 바닐라 빈 1개로 크렘 앙글레즈를 만든다. 불에서 내린 다음 젤라틴을 넣어 섞는다. 크렘 앙글레즈가 완전히 식으면 윌리엄 서양 배 리큐어 125ml를 넣어 섞는다. 이어서 샹티이 크림 750ml를 넣고 조심스럽게 섞는다. 윌리엄 서양 배 1kg의 껍질을 벗겨 물 250ml, 설탕 500g으로 만든 시럽에 포칭한다. 배를 적당한 두께로 썬다. 샤를로트 틀 안쪽 바닥과 벽에 레이디핑거 비스퀴를 깔고 둘러준 다음, 준비한 크림과 배를 번갈아 켜켜이 채운다. 4시간 동안 냉장고에서 차갑게 굳힌다. 산딸기 퓌레 300g, 슈거파우더 125g, 레몬즙 1개분으로 쿨리를 만든

다. 샤를로트를 틀에서 분리하여 쿨리와 함께 서빙한다.

피에르 에르메(PIERRE HERMÉ)의 레시피

charlotte riviéra 샤를로트 리비에라

리비에라 샤를로트 준비 : 1시간 / 절임 : 5~6 시간 / 굽기 : 5분 / 냉장 : 4시간

복숭아 당절임을 만든다. 물 750ml에 설탕 380g, 통 계피 스틱 1개, 레몬 5개를 넣고 끓인다. 껍질을 벗기고 이등분해 씨를 제거한 복숭아 1kg을 끓는 시럽에 넣고 불을 끈다. 그대로 5~6시간 절인다. 복숭아를 건져 두툼하게 슬라이스한다. 민트 즙을 만든다. 한 단 분량의 생 민트 잎을 다져 설탕 60g, 물 160ml을 끓인 뜨거운 시럽에 넣는다. 블렌더로 곱게 간다. 레몬 크림을 만든다. 레몬 3개 분량의 제스트를 곱게 다진다. 레몬즙 100ml를 짠다. 볼에 달걀 2개, 설탕 135g, 레몬 제스트, 즙을 넣고 섞은 다음 중탕냄비 위에 올려 계속 저으며 끓어오르기 직전까지 가열한다. 체에 거른 다음, 따뜻한 상태로 식힌 레몬 크림에 버터 300g을 넣고 거품기로 계속 저으면서 녹인다(핸드 블렌더를 사용하면 더 좋다). 레이디핑거 비스퀴 18개의 납작한 면에 민트 즙을 적신 뒤, 버터를 칠하고 설탕을 묻혀둔 샤를로트 틀(직경 18cm) 안쪽 벽에 둘러준다. 준비한 레몬 크림의 절반을 틀 바닥에 채우고 잘라놓은 복숭아 1/3을 올린 다음, 민트 즙을 적신 비스퀴로 덮는다. 나머지 레몬 크림을 다시 채우고 남아 있는 복숭아의 절반을 넣은 뒤 비스퀴로 덮어 마무리한다. 남은 복숭아 절임은 냉장고에 보관한다. 채운 틀은 적어도 4시간 동안 냉장고에서 굳힌다. 샤를로트 틀을 재빨리 뜨거운 물에 담갔다 꺼낸 다음 틀 위에 접시를 대고 뒤집어 분리해낸다. 슈거파우더를 뿌리고 복숭아를 화관 모양으로 올려 장식한다. 뜨겁게 데운 서양 모과 즐레 또는 사과 즐레를 바른다. 레드커런트 3~4 송이, 또는 야생딸기 몇 개를 얹어 장식한다. 아주 차갑게 서빙한다.

CHARMES-CHAMBERTIN 샤름 샹베르탱 부르고뉴 AOC 레드와인. 피노 누아 품종으로 만들며, 그 유명한 샹베르탱 군에 속한 지역에서 생산된다. 진정한 섬세함을 지닌 고급 와인이다.

CHARMOULA 샤르물라 새콤달콤하고 되직한 아랍식 소스. 향신료(라스 엘 하누트 ras el-hanout, 월계수 잎, 말린 장미 봉오리)를 넣고 푹 익힌 매콤한 양파에 식초를 더해 만든다. 얇게 썬 당근, 셀러리, 샬롯을 넣기도 한다. 차갑게 혹은 따뜻하게 먹을 수 있으며 구운 고기, 특히 낙타나 수렵육 요리에 곁들인다. 마리네이드한 다음 건져내 밀가루를 입혀 튀긴 생선(가다랑어, 참치, 도미)에 끼얹기도 하는데, 이 경우, 샤르물라 소스가 보존성을 높이는 역할을 하여 음식을 며칠간 보관할 수 있다.

CHAROLAISE 샤롤레즈 몸이 흰색인 정육용 소 품종이다. 중량이 비교적 많이 나가고 체격이 좋으며 일반적으로 지방이 적은 정육을 얻을 수 있다(**참조** p.106 소 품종 도감). 샤롤레즈 종은 프랑스 뿐 만 아니라 외국에서 다른 종과의 교배에 주로 이용된다. 레스토랑에서 '파베 드 샤롤레(pavé de charolais)'는 두툼하게 구운 쇠고기 조각을 뜻한다. 옛날에는 이 용어가 쇠고기 스튜의 일종인 포토퓌(pot-au-feu)용으로 쓰이는 소의 척골 윗부분의 힘줄 및 인접 부위 살을 지칭했다. 그러나 이 부위를 따로 분할하는 정형 방식은 오늘날 더는 쓰이지 않는다.

CHAROLLAIS 샤롤레 염소젖(지방 45 %)으로 만드는 부르고뉴 치즈. 푸른색이 도는 천연 외피의 연성치즈이다(**참조** p. 392 프랑스 치즈 도감). 중량은 약 200g이고, 부르고뉴 지역의 아티장 염소 치즈의 전형적인 형태인 직경 5 cm, 두께 8cm의 원통 모양이다. 숙성 정도에 따라 헤이즐넛 풍미의 강도가 달라지며, 4월에서 12월 사이에 가장 맛이 좋다. 샤롤레는 매우 맛이 아주 좋은 염소 치즈로 평가된다.

CHARTRES (À LA) 아 라 샤르트르 타라곤을 넣은 다양한 달걀 요리, 또는 고기 요리에 붙는 이름이다. 타라곤을 넣고 브레이징한 다음 타라곤 향의 육즙 소스(jus)를 끼얹은 양 갈비, 팬에 소테한 소 안심(tournedos) 양 고기 안심(noisette)에 타라곤 육수로 디글레이징한 소스와 데친 타라곤 잎을 곁들인 요리 등을 예로 들 수 있다.

샤르트르식 달걀은 완숙으로 익힌 뒤 타라곤 쇼 프루아(chaud-froid) 소스를 끼얹고 타라곤 잎과 젤리를 씌워 굳힌 것, 또는 반숙으로(혹은 틀에) 익혀 토스트 위에 올린 뒤 타라곤으로 향을 낸 농축 쥐(jus) 소스를 뿌리고 타라곤 잎을 곁들인 것을 말한다.

CHARTREUSE 샤르트뢰즈 고급 정통 요리의 일종으로 채소, 특히 브레이징한 양배추와 육류, 또는 수렵육을 사용한다. 돔 모양 틀에 여러 색깔의 재료를 교대로 층층이 채워 넣는다. 중탕으로 익혀 틀에서 분리한 다음 뜨겁게 서빙한다. 위대한 요리사 앙토넹 카렘은 샤르트뢰즈를 '앙트레의 여왕'으로 꼽았다. 옛날에는 샤르트뢰즈를 오직 채소로만 만들었는데, 그 이름이 샤르트르회 수도사의 채식 식단을 연상시킨다. 오늘날에는 양배추를 넣은 자고새 요리로 만드는 경우가 흔해 '자고새 샤르트뢰즈'라고 불리기도 한다. 달걀 샤르트뢰즈의 경우, 브레이징한 양배추 외에 다른 채소도 곁들인다. 또한 생선(예를 들어 참치) 샤르트뢰즈를 만드는 것도 가능한데, 양배추를 양상추로 대체하고 소렐로 약간의 신맛을 더한다.

▶ 레시피 : ŒUF MOULÉ, PIGEON ET PIGEONNEAU.

CHARTREUSE (LIQUEUR) 샤르트뢰즈(리쾨르) 다양한 종류의 약초와 허브를 넣어 만드는 리큐어로, 그 제조법은 매우 오래되었다. 현재까지도 여전히 그르노블(Grenoble) 근교 부아롱(Voiron)의 그랑드 샤르트뢰즈(Grande-Chartreuse) 수도원에서 샤르트르회 수도사들이 만들어내고 있다. 이 제조법의 초안 필사본을 접하게 된 것은 1735년으로 추정되며, 수도사들은 이를 해독하여 묘약을 만들어냈고 주로 약용으로 사용했다. 그러나 1789년 수도회가 해체되며 이 제조법은 얼마간 자취를 감추게 된다.

프랑스 제정 시기에, 우연하게도 이 제조법의 사본이 내무부의 문헌보관부서에 접수된다. 이 먼지 쌓인 기묘한 문서를 이해하는 사람은 없었고, 등재가 거부된 자료는 다시 수도원으로 돌려보내졌다. 그러는 사이 제조법이 재구성되었고, 1835년 수도사들은 영약이자 '초록빛 리큐어'인 샤르트뢰즈의 제조를 다시 시작한다.

현재도 수도원에서는 여전히 알코올 71도의 '식물성 영약주(élixir végétal)', 그린 샤르트뢰즈(55% Vol), 조금 순한 도수의 옐로우 샤르트뢰즈(40% Vol. 1840년부터 제조)를 생산하고 있다.

이후 두 번째 스페인 유배기간 동안(1903~1929) 수도사들은 타라고나 지역에서 같은 이름의 리큐어를 만들어 팔았다. 샤르트뢰즈의 제조법은 비밀로 남아 있으나, 멜리사, 히솝, 안젤리카(서양당귀) 잎, 계피, 메이스(육두구 껍질), 사프란 등이 들어간다는 것은 알려져 있다. 이러한 재료들은 원기를 돋우는 역할을 한다.

CHASSAGNE-MONTRACHET 샤사뉴 몽라셰 코트 드 본(côte de Beaune)에서 생산되는 AOC 레드, 화이트와인. 코트 드 본은 그랑 크뤼 3종, 프르미에 크뤼 18종이 생산되는 지역이다. 샤르도네 품종을 사용한 화이트와인은 매우 드라이하고 향이 풍부하며 부드럽고 입안에서의 피니시가 길다. 피노 누아로 레드와인은 다른 코트 드 본 와인에 비해 균형감이 좋고 알코올 도수가 높으며 적절한 타닌과 풍부한 향기를 지닌 풀바디 와인으로 오래 보관해둘 수 있다. 일부 코트 드 뉘(côtes-de-nuits) 레드와인을 연상시키기도 한다(**참조** BOURGOGNE).

CHASSE-MARÉE 샤스 마레 생선 운반 마차, 또는 마부. 13세기부터 운행된 짐마차로 바다에서 잡은 생선과 특히 굴을 싣고 노르망디와 피카르디 연안에서 출발하여 생선의 큰 소비지인 파리의 포부르 푸아소니에르(foubourg Poissonnière)까지 최대한 빨리 나르던 운송수단이었다. 이들은 역참에서 절대적 우선권을 가졌으며, 말에 매단 작은 종을 울려 도착을 알렸다. 배로 센강을 거슬러 올라와 상대적으로 낮은 가격에 팔리던 '강으로 온 굴'과 구별해 '바다에서 출발한 짐마차'를 통해 직송된 굴을 '위트르 드 샤스(huîtres de chasse)'라고 불렀다.

CHASSEUR 샤쇠르 작은 크기의 건조 소시송(250g 이하). 전통적으로 돼지 살코기와 비계로 만들며, 경우에 따라 곱게 간 쇠고기와 돼지비계를 섞어 만들기도 한다. 급속 건조를 거친 후 저온 훈연한 샤쇠르(또는 샤쇠르 소시송)는 먹음직스러운 황색을 띠고 있다.

CHASSEUR (APPRÊT) 샤쇠르(요리) 팬에 소테한 주재료(콩팥, 메다이옹, 에스칼로프, 송아지 갈비, 특히 닭)에 버섯, 샬롯, 화이트와인, 토마토로 만든 소스를 곁들인 요리를 지칭한다. 이 소스는 소테한 닭 간에 곁들이거나 수란, 또는 달걀 프라이와도 잘 어울리며 오믈렛 안에 채워넣기도 한다.

클래식 요리에서 '샤쇠르(사냥꾼)'는 수렵육 퓌레를 이용한 다양한 요리

(포타주, 부셰, 달걀 코코트)를 가리킨다.
▶ 레시피 : ABATTIS, POULET, SALPICON, SAUCE, SAUTÉ, VEAU.

CHÂTAIGNE ET MARRON 샤테뉴와 마롱 밤. 너도밤나무과 식물인 밤나무의 열매로 대개 익혀 먹는다(**참조** p.572 견과류, 밤 도감). 보통 가시가 있는 밤송이 안에 막으로 칸이 나뉘어 있고 크기가 일정하지 않은 밤알(샤테뉴)이 두세 개 들어 있거나, 균일한 모양의 큰 밤알(마롱) 한 개가 들어 있다(마롱은 크기가 큰 샤테뉴라고 할 수 있으며, 한 개의 밤알이 밤송이를 완전히 채우고 있다. 가을에서 이듬해 1월까지 수확하여 사용한다.)

■ **사용.** 밤은 매우 오랜 세월 인간과 동물의 식량으로서 중요한 역할을 해왔다. 브르타뉴, 리무쟁, 마시프 상트랄(Massif central), 코르시카, 사르데냐(산성 토양 지역)에서 주로 생산된다.

코르시카에서는 밤(샤테뉴)으로 브릴롤리(brilloli)나 밤 폴렌타, 케이크의 일종인 카스타냐키(castagnacci)를 만든다. 세벤(Cévennes)과 쉬드우에스트(Sud-Ouest) 지역에서는 수프, 죽의 일종인 부이이(bouillie), 잼 등을 만들며 요리 재료에 채워넣는 소에 밤을 넣기도 한다. 발레(Valais) 지역의 브리졸레(brisolée)는 팬에 구운 밤, 고랭지 목장 치즈, 스위스식 염장육의 일종인 비앙드 데 그리종(viande des Grisons), 호밀빵을 아직 숙성이 끝나지 않은 햇 화이트와인과 함께 먹는 요리이다. 샤테뉴는 특히 퓌레와 밤 크림인 '크렘 드 마롱(crème de marron)', 그리고 밤가루를 만드는데 많이 쓰인다. 군밤으로도 먹는다.

마롱은 주로 고급 요리의 재료로 쓰이며 통째로 사용하는 경우가 많다. 그대로 저장한 것, 또는 냉동이나 진공포장 상태로 유통된다. 깃털이 있는 조류나 털이 있는 수렵육 요리에 곁들이며 밤을 넣은 칠면조 요리에도 빠질 수 없는 재료이다. 제과와 당과류 분야에서도 중요한 역할을 한다(**참조** MARRON GLACÉ). 익힌 밤의 100g당 열량은 170 Kcal 또는 710kJ로 영양가가 높다. 엽산의 훌륭한 공급원이며 칼륨, 전분(30%)이 풍부하다.

---

châtaignes et marrons frais : épluchage

생밤 껍질 벗기기 : 끝이 뾰족한 칼로 밤의 볼록 솟은 면에 단단한 겉껍질과 속껍질까지 가르며 칼집을 낸다. 오븐팬에 물을 아주 조금만 넣고 칼집 낸 밤을 한 켜로 놓은 뒤 250 °C로 예열된 오븐에서 8분 간 굽는다. 오븐에서 꺼내 아직 뜨거울 때 껍질을 벗긴다. 칼집을 낸 다음 아주 뜨거운 기름에 2-3분 넣어 튀기거나, 끓는 물에 5분간 삶는 방법도 있다. 또는 생 밤 상태에서 겉껍질을 벗기고 옅은 소금물에 담가 20분간 끓인다. 이렇게 하면 속껍질을 쉽게 벗길 수 있다. 그대로 먹거나, 데친 채소와 마찬가지 방법으로 요리에 사용할 수도 있다.

barquettes aux marrons ▶ BARQUETTE
bûche aux marrons ▶ BÛCHE DE NOËL

알랭 뒤투르니에(ALAIN DUTOURNIER)의 레시피

« cappuccino » de châtaignes à la truffe blanche d'Alba, bouillon mousseux de poule faisane '카르파치오' 드 샤테뉴 아 라 트뤼프 블랑슈 달바, 부이용 무쇠 드 풀 프잔

알바산 화이트 트러플을 넣은 밤 '카르파치오', 거품을 낸 까투리 부이용 : 6인분

하루 전날, 까투리 날개의 뼈를 제거하고 껍질을 벗긴다. 으깬 주니퍼 베리 10알에 넛멕을 갈아 넣고, 샤르트뢰즈 리큐어 1/2잔, 머스터드 1테이블스푼을 섞는다. 이 양념을 까투리 가슴살에 바르고 소금, 후추를 뿌린 다음 냉장 보관한다. 다리는 굵게 다지고 뼈와 내장은 잘게 잘라둔다. 팬에 버터를 녹이고 까투리의 간과 함께 잘라놓은 뼈와 내장을 센 불에 지진다. 기름기를 제거하고, 당근 2개, 정향 1개, 양파 2개, 셀러리 1줄기, 부케가르니 1개, 마늘 4톨을 적당한 크기로 잘라 넣는다. 재료가 잠길 정도로 물을 붓고 뚜껑을 덮은 채로 약한 불에서 1시간 30분 끓인다. 중간중간 거품과 기름기를 제거한다. 밤 1kg에 칼집을 낸 다음 아니스 씨로 향을 낸 소금물에 20분 동안 삶는다. 찬물에 식혀 속껍질까지 모두 벗긴다. 당일, 양념해둔 까투리 가슴살을 찜기에 넣고 약 20분간 찐다. 체에 거른 까투리 육수와 생크림 100ml에 밤 분량 절반을 넣고 블렌더로 간 다음 약한 불에서 10분간 끓인다. 비멸균 생 크림으로 만든 버터 125g을 조금씩 넣으며 농도를 조절한다. 소금, 후추로 간을 맞추고 카다멈 가루를 칼끝으로 아주 조금만 떠 넣어준다. 생크림 150 ml를 휘핑한 다음, 익혀서 으깬 오리 푸아그라 50g과 섞어 '푸아그라 샹티이(chantilly au foie gras)'를 만든다. 나머지 밤과 까투리 가슴살을 얇게 저며 미리 데워놓은 수프 그릇, 볼 또는 우묵한 포타주 접시에 깔고 김이 모락모락 나는 뜨거운 밤 부이용을 붓는다. '푸아그라 샹티이'를 크넬(quenelle) 모양으로 만들어 수프 위에 올리고 처빌 잎으로 장식한다. 테이블에 서빙한 뒤 좋은 품질의 피에몬테산 화이트 트러플을 얇게 슬라이스하여 수프 위에 넉넉하게 올린다.

charlotte aux marrons ▶ CHARLOTTE

---

châtaignes étuvées 샤테뉴 에튀베

찐 밤 : 4인분 / 준비: 30분 / 조리: 40분

밤 750g의 껍질을 벗긴다. 버터를 바른 소테팬에 밤을 한 켜로 놓고 콩소메나 닭 육수를 밤이 잠기도록 붓는다. 셀러리 1대를 넣어 향을 낸다. 간을 확인하고 경우에 따라 설탕을 1티스푼 넣어준다. 가열한 다음 약하게 끓기 시작하면 뚜껑을 덮고 약한 불에 40분간 익힌다. 조리 중간 중간 밤에 육수를 조심스럽게 끼얹어준다. 그러나 밤이 깨지는 것을 피하기 위해 휘젓지는 않는다.

compote de marron ▶ COMPOTE
confiture de marron ▶ CONFITURE
croquettes de marron ▶ CROQUETTE
dindonneau rôti farci aux marrons ▶ DINDE, DINDON ET DINDONNEAU
homard aux truffes et châtaignes en cocotte ▶ HOMARD
mousse de lièvre aux marrons ▶ MOUSSE
parmentier de panais, châtaignes et truffe noire du Périgord ▶ PANAIS
tarte aux marrons et aux poires ▶ TARTE
tronçon de turbot rôti, endives braisées et mousseline de châtaigne ▶ TURBOT
vacherin au marron ▶ VACHERIN
velouté de châtaigne au foie gras et céleri au lard fumé ▶ VELOUTÉ

CHÂTAIGNE D'EAU 샤테뉴 도 물밤. 워터 체스트넛. 마름 열매(macre), 남방개(éléocharis)의 다른 이름. 네 개의 뾰족한 끝이 있는 마름(Trapa natans)은 유럽 수생식물의 열매로 밤처럼 퓌레를 만들거나 소금물에 삶기도 하고, 볶아먹기도 한다. 소테하여 먹는다. 아시아 수생식물의 열매인 남방개는 익혀서 코코넛 밀크, 열대 과일, 과일 소르베 등과 함께 먹는다. 아시아 식품 상점에서 조리준비가 된 진공 포장 제품을 구입할 수 있다.

CHÂTEAU 샤토 보르도의 와인 생산업장, 와이너리. 호화로운 성을 연상시키는 명칭 탓에 혼동을 일으키는 경우가 많다. 일반적으로 와이너리의 샤토는 성처럼 화려한 장소는 아니며 포도밭에 둘러싸인 아름다운 시골풍 저택으로 이루어져 있다.

부르고뉴의 '클리마(climat 포도밭 분할 구획)'와 마찬가지로 샤토는 해당 도멘(domaine)의 포도밭에서 난 포도만으로 와인을 만들며, 일반적으로 생산연도인 빈티지를 표시한다. 보르도에는 5000개 이상의 샤토가 등록되어 있으며, 그중 약 200곳만이 공식적인 등급 체계에 속해있다.

보르도 와인에서는 '샤토'라는 단어에 고유 명사를 이어 붙인 명칭이 곧 브랜드명에 해당한다.

CHÂTEAU (APPRÊT) 샤토(요리) 폼 샤토. 감자를 양끝이 좁아지는 드럼통 모양으로 돌려 깎아 버터, 또는 정제 버터에 익힌 요리. 경우에 따라 작게 썬 베이컨 라르동과 함께 조리하기도 한다(**참조** p.691 감자 요리 도감). 폼 샤토(pommes château)는 베아르네즈 소스(sauce béarnaise)를 곁들인 샤토브리앙(chateaubriand) 안심 스테이크의 전통 가니시다. 폼 샤토는 이 외에도 다양한 가니시(마레셰르 maraîchère, 오를로프 Orloff, 리슐리외 Richelieu 등)에 포함된다.

CHÂTEAU-AUSONE 샤토 오존 향과 맛이 풍부하고 알코올 도수가 높은 우아한 보르도 레드와인으로 포도품종은 메를로와 카베르네 프랑이며 생테밀리옹(Saint-Émilion) 프르미에 그랑 크뤼(premiers grands crus) 와인 18종 중 하나다. 4세기에 라틴 시인 아우소니우스가 거주했던 저택 유적지에 포도원이 위치하고 있다(**참조** BORDELAIS).

CHATEAUBRIAND 샤토브리앙 쇠고기 안심을 약 3cm 두께로 자른 매우 연한 스테이크 컷. 샤토브리앙은 그릴에 굽거나 팬프라이 하여 소스(베아르네즈 소스 sauce béarnaise가 가장 대표적이다)와 함께 서빙한다. 레

스토랑에서는 다른 좋은 부위에서 잘라낸 소고기를 샤토브리앙처럼 조리해 플레이팅하고 샤토 감자를 곁들여 낸 요리를 '샤토(château)'라고 줄여서 부르기도 한다. 옛날에는 화이트와인과 샬롯을 졸인 다음 데미글라스를 넣고 버터, 타라곤, 레몬즙을 더해 마무리한 소스를 샤토브리앙 스테이크에 곁들여 냈다.

CHÂTEAU-CHALON 샤토 샬롱 쥐라(Jura) 지방의 AOC 옐로우 와인(vin jaune)으로 가장 높은 명성을 누리고 있다. 황금빛 호박색을 띠고 있으며 호두와 스파이스의 독특한 향을 갖고 있다. 사바냉 품종으로 만들며 매우 드라이한 와인이다. 깊은 풍미가 입안을 가득 채우며, 피니시도 상당히 길다. 클라블랭(clavelin)이라는 용량 620ml 짜리의 특별한 병에 담겨 판매된다(**참조** FRANCHE-COMTÉ).

CHÂTEAU CHEVAL-BLANC 샤토 슈발 블랑 보르도 레드와인. 카베르네 프랑과 메를로 품종으로 만든다. 생테밀리옹 프르미에 그랑 크뤼(premiers grands crus) 와인 18종 가운데 하나이며, 포도밭은 '포므롤(pomerol)'지역과 아주 가깝다. 색이 진하고 바디 균형감이 아주 좋으며 알코올 도수도 높은 와인으로 향이 풍부하고 입안에서의 피니시도 길다. 세계에서 가장 유명한 와인 중 하나다(**참조** BORDELAIS).

CHÂTEAU-GRILLET 샤토 그리예 발레 뒤 론(vallée du Rhône) 지역의 AOC 화이트 와인으로, 희귀한 비오니에 단일 품종으로 만드는 고급 와인이다. 탁월한 부케를 자랑하는 이 와인은 불과 2.5헥타르 규모의 포도밭에서 소량 생산된다(**참조** LYONNAIS ET FOREZ).

CHÂTEAU HAUT-BRION 샤토 오 브리옹 보르도 레드와인. 타닌이 강하고 보기 드물게 섬세하며 복합적인 부케를 지닌 풀 바디 와인이다. 카베르네 소비뇽과 메를로, 카베르네 프랑 품종으로 만든다. 그라브(Graves) 와인 중 1855년 등급 심사에서 유일하게 '프르미에 크뤼(premier cru)' 등급을 받은 샤토 오 브리옹은 보르도 지역에서 가장 오래된 포도원 중 한 곳에서 생산된다(문헌기록은 16세기 초반까지 거슬러 올라간다). 또한 샤토 오 브리옹에서는 세미용, 소비뇽 품종을 사용한 드라이하고 섬세한 풍미의 화이트와인도 소량 생산하고 있다(**참조** BORDELAIS).

CHÂTEAU LAFITE-ROTHSCHILD 샤토 라피트 로칠드 매우 기품 있는 보르도 레드와인으로 카베르네 소비뇽, 메를로, 카베르네 프랑 품종으로 만든다. 아주 매끄럽고 부드러우면서도 산미와 타닌이 건재한 이 와인은 1855년 등급 심사에서 메독 프르미에 크뤼에 선정된 4종 중 하나다. 오 메독(haut Medoc) 지역의 포이약(Pauillac) 마을에서 멀지 않은 작은 언덕 위의 포도밭에서 생산된다(**참조** BORDELAIS).

CHÂTEAU LATOUR 샤토 라투르 경이롭고, 탁월한 부케를 지닌 보르도 레드와인으로 카베르네 소비뇽, 메를로, 프티 베르도, 카베르네 프랑 품종으로 만든다. 메독 프르미에 크뤼 와인 4종 가운데 하나로, 포이약 언덕 위에 위치한 매우 건조하고 척박한 자갈 토양의 포도밭에서 생산된다(**참조** BORDELAIS).

CHÂTEAU MARGAUX 샤토 마고 메독 프르미에 크뤼 와인으로 카베르네 소비뇽, 메를로, 프티 베르도, 카베르네 프랑 품종으로 만든다. 매끄럽고 벨벳처럼 부드러우며 완벽한 균형감을 지니고 있으며, 섬세하고 기품있는 최고의 우아함을 자랑하는 아주 특별한 와인이다(**참조** BORDELAIS).

CHÂTEAU MOUTON-ROTHSCHILD 샤토 무통 로칠드 세계적인 명성의 보르도 레드와인. 풍미가 진하고 알코올 도수도 높으며 향이 풍부한 와인으로 카베르네 소비뇽, 메를로, 카베르네 프랑, 프티 베르도 품종으로 만든다. 메독 프르미에 크뤼 와인 4종 가운데 하나이며 1973년부터 매해 다른 유명 아티스트가 라벨 그림을 그린다(**참조** BORDELAIS).

CHÂTEAUNEUF-DU-PAPE 샤토뇌프 뒤 파프 알코올 도수가 높고 깊은 풍미가 입안을 가득 채워주며, 균형있는 바디감과 향이 돋보이는 AOC 레드와인으로 남부 발레 뒤 론(vallée du Rhône)에서 생산된다(상대적으로 생산량이 적은 화이트와인 역시 훌륭하다). 아비뇽에 위치한 교황의 여름 별장에서 가까운 석회질 덤불숲에 포도원이 위치해 있다(**참조** RHÔNE). 레드와인은 그르나슈, 시라, 무르베드르, 생소, 카리냥 품종으로, 화이트와인은 클레레트, 부르불랑, 루산, 마르산, 그르나슈 블랑, 픽풀 품종으로 만든다.

CHÂTEAU D'YQUEM 샤토 디켐 소테른 지역에서 생산하는 보르도 화이트와인. 세미용과 소비뇽 품종으로 만든다. 이견의 여지없이 세계 최고의 스위트 화이트와인(vin blanc liquoreux)으로 꼽힌다. 포도의 '귀부' 현상이 충분히 이루어지면 포도를 한 알 한 알 수확하여 만든다(**참조** BORDELAIS).

CHÂTELAINE (À LA) 아 라 샤트렌 비교적 단순한 주재료에 곁들이는 다양한 가니시를 지칭한다. 달걀 요리의 경우 '아 라 샤트렌' 가니시에는 마롱(밤)이 들어가고, 육류 요리에는 동그랗게 돌려 깎아 익힌 아티초크 속살이 곁들여진다. 큰 덩어리의 고기 요리에는 수비즈(Soubise) 밤 퓌레로 움푹한 부분을 채워 그라탱처럼 노릇하게 구운 아티초크 속살, 브레이징한 양상추와 누아제트 감자(pommes noisettes)를 곁들인다. 작게 잘라 소테팬에 지진 고기의 가니시로는, 고기 익힌 팬에 흰색 육수를 넣어 디글레이징한 다음 뚜껑을 덮어 상태로 쪄내듯 익힌 아티초크 속살과 누아제트 감자를 낸다.

또한 아티초크 속살을 4등분하여 버터에 볶은 뒤 껍질을 벗긴 작은 토마토, 브레이징한 셀러리 밑동, 샤토 감자(pommes château)와 함께 서빙하기도 한다.

CHÂTRER 샤트레 갑각류의 내장을 제거하다. 민물가재나 랑구스틴 등의 갑각류 해산물을 익히기 전, 쓴맛이 날 수 있는 등쪽의 검은 내장을 제거하다.

CHAUCHAT 쇼샤 생선(서대, 가자미, 명태)을 통으로 또는 필레로 와인과 향신료 등에 포칭한 다음, 생선을 익힌 국물을 졸여 달걀노른자로 농도를 내고(리에종) 버터를 넣어 마무리한 베샤멜 소스를 끼얹은 요리. 동그랗게 슬라이스해 물에 삶아 익힌 감자로 가장자리를 장식한다.

CHAUD-FROID 쇼 프루아 뜨겁게 조리한 다음 차갑게 내는 요리를 말한다. 육류, 가금류, 생선 또는 수렵육 요리 모두 가능하다. 재료를 조리한 다음 식혀 브라운 또는 화이트 소스를 끼얹고 즐레(gelée)로 윤이 나게 마무리한다. 요리사 카렘(Carême)의 시대 이래로 쇼 프루아식 플레이팅은 크게 간소화되었으나 여전히 섬세한 기술을 요하는 장식적인 성격이 매우 강한 요리로 남아 있다.

쇼 프루아 소스를 끼얹은 가금류 및 수렵육에 얇게 저민 송로버섯이나 삶은 달걀흰자, 랑그 에카를라트(langue écarlate) 등으로 장식한 다음, 젤라틴을 적게 넣어 묽은 농도를 지닌 투명한 즐레를 얇게 입혀 윤기를 낸다.

미식가들의 은밀한 모임인 100인 클럽(Club des Cent)의 회원이었던 은행가 프랑수아 브로카르(François Brocard)는 쇼 프루아라는 용어의 어원에 대해 매우 상세한 연구를 하였다. 그는 1855년에 폼페이 유적지에서 '뜨겁고 차갑다'라는 뜻의 라틴어 '칼리두스 프리기두스(calidus frigidus)'라고 적힌 화병이 발견된 것으로 미루어보아 이 어원이 고대 로마에서 유래한 것으로 추정할 수 있다고 주장했다. 그러나 1759년 룩셈부르크의 장군이 이 요리법을 개발했다는 설, 또는 1774년 왕실 주방에서 더운 애피타이저를 담당했던 쇼 프루아(Chaufroix)라는 이름의 요리사가 처음 만들었다는 설 등 의견이 분분하다.

쇼 프루아 레시피는 19세기 초 알렉상드르 그리모 드 라 레니에르(Alexandre Grimod de La Reynière), 앙투안 보빌리에(Antoine Beauvilliers), 앙토넹 카렘(Antonin Carême)의 기록에서 찾아볼 수 있다. 그러나 19세기 말에는 부르주아 요리서 몇 권에 등장할 뿐이다. 그러한 탓에 명칭의 기원은 여전히 불분명한 채로 남아 있다.

ballottine de poularde en chaud-froid ▶ BALLOTTINE

---

chaud-froid de faisan **쇼 프루아 드 프장**

꿩 쇼 프루아 : 버터를 달군 주물 냄비에 꿩을 넣고 옅은 분홍빛이 남아 있는 상태(rosé)로 익힌다. 4조각 또는 6조각으로 자른다. 꿩 껍질을 제거하고 완전히 식힌 후 냉장고에 1시간 넣어둔다. 수렵육 육수로 갈색 쇼 프루아 소스를 만든 다음 송로버섯 농축 에센스를 넣어 향을 더한다 . 마데이라 와인으로 향을 낸 맑은 즐레(gelée)도 준비한다. 식은 꿩 조각을 그릴 망 위에 올린다. 준비한 소스를 끼얹은 다음 냉장고에 넣어 굳힌다. 다시 한 번 소스를 끼얹는다. 데코레이션 재료를 준비 한다(송로버섯 조각, 타라곤 잎, 얇게 썬 당근의 주황색 조각이나 리크의 녹색부분, 삶은 달걀흰자 슬라이

스 등). 장식용 조각을 하나씩 즐레에 담가 입힌 뒤 꿩 조각을 꾸민다. 마지막으로 남은 즐레를 꿩 조각 전체에 발라 윤기를 낸 다음 냉장한다. 서빙용 접시에 놓고 굳은 젤리를 잘게 썰어 곁들인다.

chaud-froid de poulet 쇼 프루아 드 풀레

닭 쇼 프루아 : 1.8~2 kg짜리 닭 한 마리의 내장을 빼내고, 토치로 그슬려 잔털과 깃털자국을 제거한 뒤 조리용 실로 사지를 묶어 모양을 잡아둔다. 끓는 물에 3분간 데친다. 다른 냄비에 물을 끓인 다음 길게 반으로 갈라 칼집 낸 송아지 족 1개와, 닭 아랫날개 500g을 넣어 데친다. 찬물에 헹군 뒤 물기를 뺀다. 양파 2개, 마늘 2톨, 당근 3개, 홍피망 1/2개의 껍질을 벗긴다. 리크 3대의 흰 부분만 준비하여 깨끗이 씻는다. 양파 한 개 당 정향을 2개씩 박아둔다. 칼날을 뉘어 마늘을 납작하게 으깬다. 송아지 족, 닭의 아랫날개, 목, 발, 모래주머니. 염통, 간을 모두 냄비에 넣고 재료가 잠기도록 물을 부은 뒤 끓어오를 때까지 가열한다. 거품을 걷어내고 준비한 채소와 부케가르니 1개, 통후추 5알, 소금을 넣는다. 1시간 동안 약하게 끓인다. 건더기 고기를 건지고 닭을 넣은 다음 다시 1시간을 약하게 끓인다. 닭을 건져내 껍질을 벗기고 국물은 체에 거른다. 닭을 다시 체에 거른 뜨거운 국물에 넣고 그 상태로 식힌다. 체에 거른 육수에 담근 상태로 식힌다. 판 젤라틴 3장을 찬물에 넣고 불린다. 육수에 타라곤 1/2단을 넣고 400ml가 될 때까지 졸인 다음, 물을 꼭 짠 젤라틴을 넣고 녹인다. 계속 저으며 생크림 300ml를 넣어 섞고, 이어서 달걀노른자 1개, 레몬즙 1/2개분을 넣는다. 이렇게 준비한 소스를 용기에 얇게 깔고 냉장고에 넣어 식힌다. 닭을 8조각으로 분할하고 넓적다리는 뼈를 제거한다. 식힌 소스에 닭 조각을 하나씩 담갔다 건져 입힌 뒤 알루미늄 호일을 밑에 받친 그릴 망 위에 놓고 30분 냉장고에 넣어둔다. 같은 과정을 두 번 더 반복해 닭에 쇼 프루아 소스를 총 세 번 입힌다. 소스를 입히는 과정 사이사이 닭을 냉장고에 넣어 소스를 굳힌다. 잣과 타라곤 잎으로 닭을 장식한다. 5~6시간 냉장 후 간을 넉넉히 한 가는 그린빈스 샐러드나 쇠비름 샐러드를 곁들여 낸다.

chaud-froid de saumon 쇼 프루아 드 소몽

연어 쇼 프루아 : 연어 필레 조각 또는 수직으로 썬 토막을 약하게 끓는 생선 육수에 데쳐 익힌다. 이때 생선 육수는 향신재료를 넉넉히 넣어 사용한 뒤 쇼 프루아 소스에 사용한다. 연어 조각이 익으면(약간 단단한 상태여야 한다) 불을 끄고 그대로 식힌 다음 건져서 그릴 망 위에 올린다. 생선을 익히고 난 육수를 체에 걸러 쇼 프루아 소스를 만든 뒤 묽게 흐르는 상태를 유지하며 연어 조각에 끼얹는다. 소스를 입힌 후에는 냉장고에 넣어 굳혀가며 이 과정을 연속해서 총 세 번 해준다. 세 번째 소스 입히기를 마치면 얇고 동그랗게 저민 송로버섯(또는 블랙 올리브)과 섬세하게 자른 썬 초록색 피망 조각으로 장식한다. 아주 묽고 투명하게 만든 즐레를 발라 윤기나게 마무리한다.

sauce chaud-froid blanche pour abats blancs, œufs et volailles ▶ SAUCE

sauce chaud-froid brune ordinaire pour viandes diverses ▶ SAUCE

sauce chaud-froid brune de volaille ▶ SAUCE

CHAUDIN 쇼댕 돼지 대창의 일부분으로 다양한 샤퀴트리 제품의 외피(케이싱)로 사용된다. 돼지 창자, 내장 등과 섞어 샤퀴트리 소시지의 일종인 앙두이유(andouilles) 및 앙두이예트(andouillettes)의 재료로 쓰이기도 한다.

CHAUDRÉE 쇼드레 방데(Vendée)와 생통주(Saintonge) 연안 지방의 생선 수프. 작은 가오리, 서대, 작은 오징어로 만들며 뱀장어, 성대 토막 등을 넣기도 한다. 뮈스카데(muscadet) 와인에 버터, 타임, 월계수 잎, 약간의 마늘을 넣고 붕장어 같은 단단한 생선부터 익힌다. 캄파뉴 빵 위에 수프를 붓고 생선을 따로 서빙 하는 푸라(Fouras)식 쇼드레는 대서양의 부야베스(bouillabaisse)로 널리 알려져 있으며, 샤랑트(Charente) 연안 전역에서 찾아볼 수 있다. 불로네(boulonnais) 연안의 '코디에르(caudière)'와 베르크(Berck)의 '코드레(caudrée)'는 북부 해안가 지역의 유사한 수프들이다. 한편, 퀘벡에서 쇼드레는 생선이나 해산물에 양파, 셀러리, 감자를 넣어 끓인 걸쭉한 수프를 가리킨다. 우럭조개(또는 대합조개) 쇼드레는 뉴잉글랜드의 클램차우더와 비슷하다.

chaudrée gaspésienne 쇼드레 가스페지엔

가스페지(Gaspésie)식 쇼드레 : 염장 삼겹살 125g을 얇게 썬다. 냄비에 넣고 약한 불에서 노릇한 색이 살짝 나도록 볶는다. 그 위에 차례로 썰어놓은 말린 염장대구 혀 200g, 말린 염장대구 볼 살 200g, 깍둑 썬 감자 250g, 다진 양파 125g을 넣는다. 소금, 후추로 간하고 재료가 잠길 만큼 물을 부은 다음 45분간 뭉근하게 끓인다. 뜨겁게 서빙한다.

chaudrée saintongeaise 쇼드레 생통제즈

생통주식 쇼드레 : 버터 50g을 두른 냄비에 껍질 벗겨 다진 마늘 100g, 껍질 벗겨 얇게 썬 샬롯 2개, 잘게 썬 이탈리안 파슬리, 타라곤 다진 것을 넣고 뚜껑을 덮어 찌듯이 익힌 다음 후추를 뿌린다. 화이트와인 500ml, 생선 육수 500ml를 붓고 부케가르니 1개를 넣고 1시간 동안 약한 불로 끓인다. 큰 소테팬에 올리브오일을 두르고 익는 시간이 오래 걸리는 생선부터 순서대로 넣어준다. 토막 낸 바다뱀장어 200g, 작은 가오리 200g, 서대 또는 납서대 200g, 가자미 또는 넙치 200g, 작은 갑오징어 200g, 살아있는 랑구스틴 200g을 순서대로 넣어 노릇하게 익힌다. 이어서 끓여둔 생선 육수에 동일한 순서대로 생선을 넣고 3~4분 더 익힌다. 마지막으로 160°C로 예열한 오븐에 10분 동안 넣어 마무리한다. 생선을 익힌 국물 소스에 버터 200g을 넣고 농도를 맞춘다. 마늘로 문질러 향을 낸 다음 버터를 얇게 발라 오븐에 구워낸 작은 크루통을 곁들여 서빙한다.

CHAUFFE-PLAT 쇼프 플라 채핑 디쉬. 식사 중 서빙 플레이트와 내용물을 따뜻하게 유지시키는 용도의 테이블 용구. 요리의 받침대로도 쓰인다. 초기에는 숯불이나 목탄, 뜨거운 물을 채워 사용했다. 오늘날에는 대부분이 전기제품이며, 가스, 초, 알코올을 사용하기도 한다.

CHAUSSON 쇼송 반원형의 페이스트리로, 보통 1인용으로 만든다. 파트 푀유테(pâte feuilletée)를 둥근 모양으로 밀어 과일 콩포트(전통적으로 사과)를 넣고 반죽을 접어 덮는다. 따뜻하게 또는 차갑게 먹는다.

쇼송은 짭짤하게 만들기도 한다. 이 경우 아주 뜨거운 상태로 오르되브르(hors-d'oeuvre)나 전채 요리로 서빙하며 작은 큐브 모양으로 썬 다양한 재료(생선, 가금류, 수렵육, 햄, 버섯 등)로 속을 채운다(**참조** EMPANADA, RISSOLE)

chaussons : 쇼송 만들기

파트 푀이유테를 3mm 두께로 민다. 직경 5~15cm 원형 커터로 반죽을 재단한다. 원의 반쪽 가운데에 물기가 적은 소를 올린다. 반죽 가장자리에는 닿지 않도록 한다. 비어 있는 반대쪽 반원을 접어 내용물을 덮고 가장자리를 꼭꼭 눌러 집으며 반죽을 붙인다. 칼끝으로 문양을 그어 장식한 다음 달걀물을 바른다. 고온의 오븐에 굽는다.

chaussons de Paul Reboux 쇼송 드 폴 르부

폴 르부식 쇼송 : 밀가루 2컵, 버터 100g, 소금 15g에 재료가 말랑하게 뭉쳐질 정도로만 물을 넣어 섞는다. 반죽을 어느 정도 치댄 후 2시간 휴지시킨다. 밀대를 사용해 반죽을 1cm 두께로 민다. 컵이나 작은 볼을 이용해 반죽을 원형으로 잘라낸다. 씨를 빼고 설탕에 버무린 체리를 올린 다음 쇼송을 접어 가장자리를 붙인다. 뜨거운 기름에 튀긴 다음, 바닐라슈거를 뿌려 낸다.

chaussons aux pommes et aux pruneaux 쇼송 오 폼 에 오 프뤼노

사과 건자두 쇼송 : 씨를 뺀 건자두 250g을 따뜻한 물에 담가두고 코린트 건포도 50g을 씻어 럼이 들어 있는 작은 컵에 넣는다. 사과 4개의 껍질을 벗기고 슬라이스하여 냄비에 담고 물 1/2컵, 설탕 50g을 넣는다. 20분간 익힌 다음 갈아준다. 이렇게 만든 사과 콩포트를 다시 냄비에 담고 럼에서 건진 건포도, 버터 30g을 넣어 약한 불에서 저어가며 수분을 증발시킨다. 건자두를 건져 다른 냄비에 담고 연하게 우린 차 100㎖, 설탕 50g, 레몬 제스트 1개 분량을 넣는다. 10분 간 약하게 끓여 푸드 밀에 간다. 건자두 콩포트를 약한 불에 올려 뚜껑을 덮지 않은 상태로 수분을 증발시킨다. 푀유테 반죽 500g을 밀어 편다. 직경 15cm 커터를 이용해 원형 반죽을 8개 찍어낸다. 살짝 더 밀어 타원형으로 늘린다. 붓으로 반죽 가장자리에 달걀물을 바르고 타원의 한쪽 절반 위에 사과 콩포트와 건 자두 콩포트를 섞지 않고 따로 올린다. 비어 있는 반죽 절반을 접어 콩포트를 덮고 손가락으로 가장자리를 눌러 잘 붙인다. 물을 살짝 바른 오븐 팬에 쇼송을 올리고 달걀물을 바른다. 반죽 표면에 칼끝으로 가볍게 마름모 무늬를 낸다. 225°C로 예열한 오븐에 25분간 구워 따뜻하게 서빙하거나 식힌 뒤 슈거파우더를 뿌려낸다.

앙드레 픽(ANDRÉ PIC)의 레시피

chaussons aux truffes 쇼송 오 트뤼프

송로버섯 쇼송 : 6인분

파트 푀유테 250g을 3mm 두께로 민다. 모양이 좋은 순중량 40g짜리 송로버섯 6개를 준비해 표면을 깎아낸다(깎은 자투리는 가니시용으로 모아서

다진다). 졸인 송아지 육수(데미글라스) 10g을 준비한다. 깎은 송로버섯에 졸인 육수를 바르고 간 한 다음, 아주 얇게 저민(최대 1mm) 라드 슬라이스로 감싼다. 12cm 커터로 원형 푀유테 반죽 6개를 잘라낸다. 각각의 원 한가운데에서 약간 아래쪽으로 송로버섯을 하나씩 놓는다. 반죽 가장자리에 붓으로 물을 바른 다음 반죽을 접어 붙이고 쇼송 모양으로 성형한다. 오븐을 180°C로 예열한다. 달걀노른자 1개를 풀어 쇼송에 두 번 바르고 180°C도 오븐에 넣어 5분간 구운 다음, 온도를 220°C로 올려 10-15분간 굽는다. 미니 채소(당근, 무, 리크)를 소금물에 익힌 다음 잘게 썬 송로버섯 조각과 함께 버터에 볶아 곁들인다.

CHAUSSON NAPOLITAIN 쇼송 나폴리텐 나폴리식 쇼송. 파트 푀유테를 이용한 나폴리식 비에누아즈리로, 리코타 치즈, 과일 콩피로 속을 채운다. 프랑스에서는 이것을 약간 변형하여 슈 반죽 2/3, 크렘 파티시에 1/3을 섞은 것에 건포도와 과일 콩피를 넣고 약간의 오렌지 블로섬 향을 섞어 쇼송 속을 채운다.

CHAVIGNOL ▶ **참조** CROTTIN DE CHAVIGNOL

CHAYOTE 샤요트 차요테. 박과에 속하는 덩굴 박으로 프랑스령 앙티유에서는 크리스토핀(cristophine), 레위니옹에서는 슈슈(chouchou), 마다가스카르와 폴리네시아에서는 슈슈트(chouchoute) 또는 소세티(sosety)라고 부른다. 차요테는 주로 열매를 채소(**참조** p.496-497 열대 채소 도감)처럼 먹는다. 원산지인 멕시코에서는 아스파라거스처럼 어린 줄기 새순을 먹기도 하며, 그 외 열대지역 국가나 북아프리카 마그레브 지역에서 재배된다. 열량은 낮은 편으로 100g당 12kcal 또는 50kJ 정도이다. 속살은 희고 단단하며 균일한 질감에 심심하고 수분이 많다. 열매가 다 익기 전에는 생식이 가능하며, 껍질을 벗기고 씨를 제거한 후 얇게 썰어 주로 샐러드로 먹는다. 싹이 나기 시작하면 다 익은 것인데, 껍질을 벗긴 후 퓌레로 갈아 튀김의 일종인 아크라(acras)를 만들거나, 그라탱, 매콤한 요리로 만들어 먹는다. 특히 베이컨과 코코넛 밀크를 넣어 만든 라타투이의 일종인 망주 멜(mange-mêle)에 빠질 수 없는 재료다.

chayotes à la martiniquaise 샤요트 아 라 마르티니케즈

마르티니크식 차요테 : 차요테를 소금물에 5분간 삶은 다음 면포로 감싸 꼭 짜서 물기를 제거한다. 빵을 우유에 적셔 삶은 차요테와 섞는다. 쪽파의 껍질을 벗겨 잘게 송송 썬 다음 노릇하게 색이 날 때까지 버터에 볶는다. 차요테와 빵 섞은 것에 넣는다. 소금, 후추로 간을 한 뒤 그라탱 그릇 바닥에 깐다. 평평하게 표면을 정리하고 올리브오일을 끼얹는다. 갓 갈아낸 빵가루를 뿌리고 오븐에 넣어 표면이 노릇해지도록 데운다. 뜨겁게 서빙한다.

CHEDDAR 체다 소젖으로 만드는 영국 치즈(지방 45-50%)다. 압착 치즈인 체다의 천연 외피는 왁스 먹인 천으로 감싸둔다(**참조** p.400 외국 치즈 도표). 직경 35-40cm에 그와 비슷한 두께를 가진 큰 원통형으로 중량은 27-35kg 정도이다. 간혹 450g의 작은 덩어리도 찾아볼 수 있다(1840년 빅토리아 여왕은 500kg의 거대한 체다 치즈를 결혼 선물로 받았다고 한다). 영국 서머셋(Somerset)주의 체다 마을이 원산지로, 현재는 앵글로색슨 국가 전역에서 대량 생산되고 있다. 몰딩 전 커드에 열을 가해 숙성시키는 경우를 체더링(**참조** CHEDDARISATION)이라고 하며, 체더링을 한 치즈는 노란색을 띤다. 또한 오렌지색을 입힐 수도 있다. 미국에서는 데이지 롱혼(daisy longhorn), 플랫(flat) 또는 트윈(twin), 캐나다에서는 스토어(store) 또는 벌크(bulk)라는 이름으로도 판매된다. 그러나 이들의 제조 공정은 영국의 체다치즈와 비교하면 상당한 차이가 있다. 풍미가 강한 편으로 고소한너트 향이 있으며 단맛이나 신맛은 거의 없다. 장기간 숙성시킬 경우(건식 저장고에서 2년까지), 치즈 속에 진한 푸른 반점이 나타나는데, 이를 블루 체다라고 한다. 주로 아침식사 메뉴에 포함되거나 짭짤한 비스킷 제조에 흔히 쓰이며, 화이트와인에 적신 빵 위에 치즈를 얹어 녹먹는 크루트 오 프로마주(croûtes au fromage), 샐러드, 카나페, 햄버거 등을 만드는 데 사용한다. 식후 마데이라와인, 포트와인, 셰리, 라거 맥주에 곁들여 내기도 한다.

CHEDDARISATION 셰다리자시옹 체더링. 체다, 캉탈 등의 치즈를 만드는 데 사용되는 기법. 체더링은 응유 효소와 발효균를 넣어 만든 커드를 잘게 부순, 38°C까지 가열하고 압착기로 눌러 유청이 최대한 빠져나오도록 하는 방법이다. 이렇게 수분을 최대한 제거한 치즈는 더욱 치밀한 조직과 경도를 갖게 된다.

CHEESECAKE 치즈 케이크 프레시 치즈의 일종인 프로마주 블랑(fromage blanc)을 사용한 미국식 케이크. 크리미하며 밀도가 높은 케이크로, 뉴욕의 전통 유대식 레시피가 가장 유명하다. 먼저 잘게 부순 크래커, 버터, 설탕을 섞어 만든 반죽을 타르트 틀 바닥에 펼쳐 깔아준다. 그 위에 크림 치즈(미국식 밀도 높은 프로마주 블랑), 달걀, 설탕을 섞은 필링을 채운다. 오븐에 구운 다음 식혀 틀에서 꺼낸다. 생과일을 올리거나 붉은 베리류 과일 쿨리를 뿌려 서빙하기도 한다.

피에르 에르메(PIERRE HERMÉ)의 레시피

cheesecake 치즈 케이크

치즈 케이크 : 10-12인분

사블레 브르통(또는 버터 비스킷) 160g을 포크로 잘게 부순다. 상온의 부드러운 포마드 상태 버터 80g을 넣어 골고루 섞는다. 오븐 팬에 유산지를 깔고 직경 25cm, 높이 4cm 스테인리스 타르트 링을 올린다. 타르트 링 바닥에 사블레 반죽을 깐다. 볼에 달걀노른자 2개, 달걀 6개를 섞는다. 반죽기에 플랫 비터를 끼우고 필라델피아 크림 치즈나 스프레드용 프로마주 블랑 1.125kg을 저속으로 부드럽게 풀어준다. 생크림 90mℓ, 달걀 섞어둔 것, 설탕 375g, 체에 친 밀가루 60g을 순서대로 섞는다. 타르트 링 안을 채운 다음 100°C로 예열한 오븐에 1시간 30분 굽는다. 굽기를 확인하려면 오븐 팬을 살짝 움직여본다. 케이크의 한가운데가 굳어 있어야 하며, 만약 표면이 흔들리면 더 굽는다. 식혀서 냉장 보관했다가 서빙한다.

CHEF DE CUISINE 셰프 드 퀴진 주방장, 요리장. 주방의 조직과 구성, 운영을 담당하는 직위. 주방장은 코스와 메뉴 구성, 제안, 작업 노트 등을 정한다. 요리의 원가를 결정하는 것 또한 주방장의 일이며, 재료 수급뿐 아니라 주방장 지휘 하에 직원들이 만드는 요리의 질을 책임진다. 견습생을 포함한 주방 직원들의 교육을 담당하며 자신의 노하우를 전수한다. 레스토랑 및 호텔의 여타 서비스 부서와 주방의 간의 관계를 조율하는 역할도 담당한다. 중세시대에 이미 궁정 주방장들은 중요 인사들이었으며 상당한 예산을 관리했다. 앙시엥 레짐 시기 테이블 서비스를 담당하는 고관들은 오랫동안 고기 자르는 일을 담당하는 시종을 거쳐 주방을 책임지는 요리장, 그리고 식사 관리관의 지위를 누렸다. 주방장은 귀족과 마찬가지로 옆구리에 검을 차고 다녔으며 작위까지 받은 이들도 많았다.

CHEMINÉE 슈미네 굴뚝. 파테 앙 크루트, 투르트, 파이 등을 오븐에 넣기 전 표면을 덮는 반죽 위에 낸 작은 구멍. 이 구멍을 통해 조리 중에 발생하는 증기가 쉽게 빠져나갈 수 있다. 슈미네에는 보통 알루미늄 포일로 만든 튜브나 작은 금속 깍지를 굴뚝 모양으로 세워둔다. 굽기가 끝나면 이 굴뚝을 통해 경우에 따라 액상 즐레나 생크림을 흘려 넣는다. 서빙 전에 제거한다.

CHEMISE (EN) (앙) 슈미즈 껍질째. 다양한 재료나 준비물을 껍질째, 또는 표면을 감싼 상태로 조리할 때 사용하는 표현이다. 마늘의 경우, 스튜나 구이에 향을 내기위해 껍질을 벗기지 않고 통으로 조리하는 것을 말한다(경우에 따라, 다 익은 마늘 속살을 요리 국물에 짜 내 껍질을 건져내고 서빙하기도 한다). 감자는 껍질째 물에 삶은 것을 가리킨다(앙 로브 데 샹 en robe des champs이라는 표현을 쓰기도 한다). 비둘기 요리의 경우 햄 슬라이스로 감싸 주물 냄비 넣고 조리한 것(향신재료와 육수를 넣고 함께 익히며, 중간에 와인식초를 조금 넣는다)을 말한다. 앙 슈미즈 새끼 오리(caneton en chemise)는 속을 채운 후 면포로 동여매 갈색 육수에 삶아 익힌 후 오렌지 세그먼트와 루아네즈 소스(sauce rouennaise)를 곁들여 낸 것이다. 송로버섯의 경우 버터를 칠한 유산지로 감싸 오븐에 구워낸 것을 뜻한다.

▶ 레시피 : CAILLE, CANARD, POULET.

CHEMISER 슈미제 틀 바닥이나 둘레 안쪽 벽에 조리물이 들러붙지 않고 조리 후 쉽게 벗겨낼 수 있도록 다양한 두께의 층 또는 막을 형성하는 작업을 뜻하며, 해당 요리에 들어가는 다양한 재료 중 선택해 사용한다. 육수를 이용한 젤리인 아스픽(aspic)의 경우, 사용할 틀에 먼저 젤리 육수를 한 겹 얇게 깔아 굳히는 과정이 이에 해당한다. 크렘 카라멜이나 라이스 푸

딩 케이크 등은 틀 바닥에 캐러멜을 깔아둔다. 봉브 글라세(**참조** BOMBE GLACÉE)를 만들 때는 틀에 먼저 크림이나 아이스크림을 바른 다음 그 속을 아이스크림이나 준비된 내용물로 채운다. 샤를로트는 레이디 핑거 비스킷이나 제누아즈 시트, 식빵 슬라이스로 틀을 슈미제 한다. 또한, 틀 바닥과 안쪽 벽에 버터를 칠한 유산지를 깔고 대주는 것도 해당된다.

CHÉNAS 셰나 보졸레의 크뤼 와인 중 하나로 화강암질 토양에서 자란 가메 품종 포도로 만든다. 알코올 도수가 높고 바디감이 풍부하며 장미와 바이올렛의 아로마를 지닌 고급스럽고 섬세한 와인이다(**참조** BEAUJOLAIS).

CHENIN BLANC 슈냉 블랑 화이트와인 양조용 포도품종으로 앙주(Anjou)가 원산지이며, 플랑 당주(plant d'Anjou), 블랑 당주(blanc d'Anjou), 플랑 드 브레제(plan de Brézé), 피네 당주(pinet d'Anjou), 피노 드 라 루아르(pinot de la Loire), 피노 당주(pinot d'Anjou), 피노 드 사브니에르(pinot de Savennières)이라는 이름으로도 불린다. 슈냉 블랑의 포도알은 상당히 촘촘하게 송이에 달려 있으며 크기는 중간 정도이다. 과육은 씹는 맛이 있고, 황금빛 노란색을 띠며 밀도가 높다. 즙이 달아 코토 뒤 레이용(coteaux-du-layon), 코토 드 소뮈르(coteaux-de-saumur), 본느조(bonnezeaux), 카르 드 숌(quarts-de-chaume)의 스위트 와인들을 만드는 데 사용된다. 또한 슈냉 블랑은 코토 드 라 루아르(coteaux-de-la-loire)와 사브니에르(savennières)의 드라이하고 알코올 도수가 높으며 향이 풍부한 와인을 만드는 데 사용한다. 투렌 지역의 몽루이(Montlouis)에서는 비발포성의 드라이한 와인에, 부브레(Vouvray)에서는 드라이한 와인과 스위트와인, 발포성 와인과 비발포성 와인 양조에 두루 사용된다. 이 품종은 해외의 다양한 기후나 풍토 환경에 잘 적응한다.

CHÈRE 셰르 음식, 좋은 음식. 식사 중 질적인 측면에서 맛있고 풍성한 음식을 가리켜 본 셰르라고 표현한다. 그러나 본래 셰르라는 단어는 얼굴이라는 뜻의 라틴어 카라(cara)에서 유래하였으며 표정, 대접이라는 뜻을 지니고 있다. 누군가에게 본 셰르를 한다는 것은 그 사람을 상냥하고 밝게 맞이함을 뜻했다. 프랑스 속담 "밝은 얼굴은 식사 한끼나 다름없다"는 친절한 응대가 좋은 식사 한끼만큼의 기쁨을 준다는 뜻이다.

CHERRY BRANDY 체리 브랜디 체리 리큐어. 씨를 빼지 않고 짓이긴 체리 퓌레를 증류주에 담가 만든다. 영국에서 유래했으며 꽤 달고, 묽은 시럽과 비슷한 질감에 루비처럼 붉은색을 띤다. 체리, 또는 체리 브랜디라고 부르며 주로 식후주로 마신다(**참조** SHERRY).

요즘에는 색이 진하고 달콤한 기뉴(guignes) 체리와 신맛과 향이 더 강한 그리오트(griottes) 체리를 주로 사용한다. 체리 브랜디는 마라스키노나 기뇰레 등의 리큐어와 비슷한 주류이다.

CHERVIS 셰르비 감자개발나물. 산형과의 식물로 원산지는 중국이다. 과거에는 전분기가 있고 단맛이 나는 뿌리를 얻기 위해 많이 재배했으며 샐서피처럼 조리해 먹었다. 수확량이 적어 최근에는 점점 사라지고 있는 추세다.

CHESHIRE, CHESTER 체셔, 체스터 소젖으로 만드는 영국의 반경성치즈(지방 45%). 비가열 압착 방식으로 만들고 주황색을 낸 치즈로 오일로 문질러 닦은 천연외피를 지니고(**참조** p.400 외국 치즈 도표). 높이 35-40cm의 원통형이며 무게는 22-40kg이다. 체셔주에서 유래했으며 영국에서 가장 오래된 치즈이다. 향이나 맛이 그리 두드러지지는 않지만 아주 오래 숙성된 경우(2년까지)에는 좀 더 강한 풍미를 지닌다. 이 독특한 맛의 요인은 소가 풀을 뜯으며 자라는 방목장 토양의 소금기이다. 체셔 치즈는 레드(가장 유명), 화이트, 블루(아주 드문 편이다) 세 가지 유형이 있다. 전통적인 치즈 토스트의 일종인 웰시 레어빗(welsh rarebit)을 만드는 데 빠질 수 없는 재료이기도 하다.

CHEVAL 슈발 말. 말과에 속하는 가축으로 수세기 동안 교통과 농업의 수단으로 길러왔다. 이 동물의 고기를 도축하여 먹기 시작한 것은 19세기에 이르러서이다. 짐수레를 끌던 말을 잡아 얻은 값싼 고기는 이포파지크(Hippophagiques)라는 말고기 전문점(1864년 낭시에 처음 개점)에서 판매했다. 말고기 소비는 공식적으로 1811년까지 금지되었다가 이후 합법화되었으나 오랫동안 논란의 대상이었다. 소비량은 여전히 매우 적은 편으로, 1993년 1인당 연간 쇠고기 소비량은 23kg이었던 것에 반에 말고기의 소비량은 0.7kg에 불과했다. 말고기는 기름기가 적고 철이 풍부하다.

■ **품종.** 말은 기마종(서러브레드, 앵글로아랍, 트로터)과 복마종(아르덴, 페르슈롱, 브르통, 불로네)으로 나뉜다. 노새는 수컷 당나귀와 암컷 말을 교배시켜 얻으며, 버새는 수컷 말과 암컷 당나귀의 교잡종이다. 조랑말은 크기가 작은 말을 지칭하며, 암 망아지는 말의 어린 새끼 암컷을 말한다. 거세마는 거세한 수말이며, 종마는 거세하지 않은, 씨를 받기 위해 기르는 말이다. 프랑스는 국내생산량 외에도 북미, 중유럽, 동유럽에서 말고기를 수입하고 있다.

■ **사용.** 말고기는 쇠고기보다 덜 단단하다. 그러나 공기와 접촉 시 빨리 산화돼 보관이 까다롭다. 아주 연하기 때문에 숙성 없이 먹을 수 있으며(도축 후 2-4일 이내), 결핵이나 촌충 감염 염려가 없어 생으로 먹을 수도 있다(예: 말고기 타르타르 스테이크). 그러나 대부분의 경우 짧은 시간에 익혀 먹는다(스테이크, 구이). 돼지비계 또는 살코기와 섞어 세르블라 소시지나 모르타델라 햄, 건조 소시송(아를 소시송)등을 만드는 데 쓰이기도 한다.

퀘벡에서는 뒤늦게 말고기가 식용으로 소비되기 시작했다. 오늘날 말고기는 콜레스테롤 제한이나 호르몬 관련 질병을 앓고 있는 사람들에게 쇠고기의 좋은 대체품으로 각광 받고 있다. 지역산일 경우 냉장육으로 판매되며 근래에는 전문점이 아닌 곳에서도 쉽게 찾아볼 수 있다.

---

rôti de cheval en chevreuil 로티 드 슈발 앙 슈브뢰이

수렵육 스타일 말고기 로스트 : 말고기 우둔살(약 1.5kg)를 조리용 실로 묶어 모양을 잡는다. 드라이한 화이트와인 500mℓ, 와인 식초 1/2컵, 낙화생유 또는 해바라기유 3-4 테이블스푼, 껍질을 벗긴 양파 큰 것 1개, 껍질을 벗겨 슬라이스한 당근 1개, 껍질 벗겨 으깬 굵은 마늘 2톨, 다진 파슬리 약간, 타임 1줄기, 굵게 다진 월계수 잎 1장, 정향 2-3개, 통후추 2-3알을 섞는다. 이렇게 준비한 마리네이드액에 고기를 최소 36시간 재운다. 중간에 2-3번 뒤집는다. 굽기 전에 고기 표면의 물기를 닦아내고 소금 후추로 간한 다음 녹인 버터를 충분히 바른다. 275°C로 예열한 오븐에 일반 로스트와 같은 방법으로 굽는다. 굽는 시간은 고기 1kg당 25분으로 계산한다. 고기를 꺼내 서빙 접시에 담아 뜨겁게 보관한다. 고기를 구운 팬에 남은 육즙을 마리네이드 용액으로 디글레이즈한 다음 졸인다. 농도를 맞추고 체에 거른다. 버터에 소테한 감자와 크랜베리 소스, 또는 부드러운 밤 퓌레를 곁들여 낸다.

CHEVAL (À) (아) 슈발 서빙 사이즈로 자른 쇠고기(스테이크, 햄버거, 등심)를 구운 뒤 계란 프라이를 한 개 또는 두 개 얹은 요리를 말한다. 말을 탄 천사라는 뜻의 에인절스 온 홀스백(앙주 아 슈발 anges à cheval)은 굴을 얇게 썬 베이컨으로 싸서 구운 뒤 토스트 위에 얹은 것이다.

CHEVALER 슈발레 괴다, 겹치다. 요리의 구성물(슬라이스, 에스칼로프 등)을 부분적으로 포개지게끔 접시에 놓는 방법을 말한다. 긴 접시 위에는 조금씩 겹쳐가며 일렬로 늘어놓거나 2개, 3개씩 교대로 포개 놓는 5점 형으로, 원형 접시위에는 화관 모양으로 조금씩 겹쳐 가며 빙 둘러 담는다.

CHEVALIÈRE (À LA) (아 라) 슈발리에르 매우 공들여 화려하게 장식한 두 가지 요리에 사용하는 표현으로, 하나는 서대, 다른 하나는 달걀 요리다. 서대 필레를 포칭한 다음 곱게 간 생선살로 만든 소 위에 놓고 민물가재 머리 부분을 곁들인다. 가장자리에는 굴, 데쳐 익힌 버섯, 아메리켄 소스에 슬쩍 볶아낸 가재 몸통을 빙 둘러 놓는다. 얇게 저민 송로버섯 슬라이스로 장식한다. 슈발리에르 달걀 요리는 버섯, 닭의 콩팥과 볏을 블루테 소스로 걸쭉하게 섞은 가니시를 곁들여 낸다.

CHEVERNY 슈베르니 발 드 루아르 지역의 AOC 와인으로 레드는 과실향이 느껴지며 로제는 산뜻한 산미가 있다. 화이트와인은 슈냉, 므뉘 피노, 샤르도네, 로모랑탱, 소비뇽 품종 포도로 만들며, 레드와 로제와인 양조에는 가메, 피노 누아, 코 품종이 사용된다(**참조** TOURAINE).

CHEVET (GERMAIN CHARLES) (제르맹 샤를) 슈베 파리의 조리식품 상인이자 식자재상(?-1832 Paris 타계). 파리 팔레 루아얄 근처에 가게를 연 이후 조리식품점의 왕조를 이루었다고 말할 수 있을 정도로 제정시대에 큰 인기를 누렸다. 그리모 드 라 레니에르, 발자크, 로시니, 브리야 사바랭이 그의 가게에 드나들었으며, 대형 수렵육(사슴, 멧돼지 등)인 브네종, 푸아그

라, 생선, 파테, 갑각류 해산물 등을 취급했다. 국제적으로도 명성을 날렸던 이 업체는 후손들이 그 명맥을 이어갔다. 한편, 1844년에는 파리의 다른 유명 조리식품점 집안의 딸이었던 앙리에트 펠리시테 코르셀레(Henriette Félicité Corcellet)가 슈베 집안의 일원과 결혼하기도 했다.

CHÈVRE 염소 염소 계열의 가축으로 기본적으로 젖과 새끼 염소를 얻기 위해 키운다. 프랑스에서 염소고기를 정육으로 사용하기 위해 목축을 하는 주요 지역은 푸아투, 베리, 도핀, 투렌이며, 주요 사육 품종은 샤무아 알파인(베이지색, 붉은 갈색)종과 자넨종(흰색)이다.

■ **사용.** 염소 고기는 육질이 꽤 단단한 편으로 맛은 좋으나 양과 비슷한 강한 향이 난다. 염소 목축 지역에서 즐겨 먹으며, 주로 어린 염소는 로스트하거나 마리네이드 해서 익혀 먹는다. 또한 산간 지역에서는 이를 염장한 뒤 훈연, 건조하여 먹기도 한다. 오늘날 숫염소의 고기는 어릴 때 잡은 것만 먹지만, 지난 수세기동안 강한 냄새와 단단한 육질에도 불구하고 가난한 이들을 위한 육류로 많이 소비되었다. 노루의 암컷 또한 셰브르(또는 셰브레트)라고 불린다.

CHÈVRE (FROMAGE) 셰브르(치즈) 염소젖 치즈. 오직 염소젖만을 사용해 만든 치즈를 총칭한다. 지방 함량은 다양하며, 일반적으로는 25%(특히 겨울철)에서 45% 선이다. 미 셰브르(mi-chèvre) 치즈는 우유와 염소젖을 섞어 만들며, 염소젖 함량은 최소 25% 이상이다. 유명한 염소 치즈로는 생 모르 드 투렌(sainte-maure-de-touraine), 풀리니 생 피에르(pouligny-saint-pierre), 발랑세(valençay), 셀 쉬르 셰르(selles-sur-cher) 등이 있다.

▶ 레시피 : RATATOUILLE.

CHEVREAU 슈브로 새끼 염소. 아주 어린 수컷(4주에서 4개월령 사이)만을 정육용으로 도축한다. 젖을 짜기 위한 암컷은 정육용으로 도축하지 않는다. 슈브로 또는 카브리(cabris, 어린 염소) 상태는 생후 매우 짧은 기간 동안만 해당되며, 3월 중순부터 5월 초까지 찾아볼 수 있다. 새끼 염소의 고기는 아직 어미의 젖을 먹는 새끼 양의 고기와 비슷하다. 보통 구워서 먹으며 대부분의 레시피에서(특히 코르시카와 스페인) 향신료를 듬뿍 사용하는 경향이 있다.

CHEVRET 슈브레 소젖으로 만드는 프랑슈 콩테 지방의 흰색 외피 연성 치즈이다. 비멸균 생우유, 저온멸균 우유를 모두 사용하며, 그 이름은 옛날 염소 치즈를 사용했던 것에서 유래했다. 중량은 150-200g이며 정사각형이나 직사각형으로 만든다. 투박하고 향토적인 풍미와 고소한 너트 향을 지니고 있다.

CHEVREUIL 슈브뢰이 노루, 흰꼬리사슴. 사슴과의 소형 반추동물로 온대 삼림에 주로 서식한다. 수렵육으로 인기가 높아지는 추세이며(독일), 목축 개체 수도 꾸준히 늘고 있다(한 해 250,000마리 도축). 생후 6개월까지는 팡(faon), 18개월까지는 암수 모두 슈브리야르(chevrillard)라고 부른다. 다 자란 수컷(무게 20-25kg)은 브로카르(brocard), 암컷은 셰브르(chèvre) 또는 슈브레트(chevrette)라고 부른다(**참조** p.421 수렵육 도표).

■ **사용.** 노루 고기는 어두운 적색을 띠고 있으며 풍미가 좋다. 특히 어린 노루고기는 연하고 맛이 좋아 굳이 마리네이드할 필요가 없다(고기 안쪽이 분홍색을 띠는 로제 상태로 익힌다).가장 맛있는 부위는 갈빗대와 갈비에서 발라낸 동그란 알등심, 안심이다. 소테하여 푸아브라드 소스(sauce poivrade)나 그랑 브뇌르 소스(sauce grand veneur)를 곁들여 낸다. 볼기등심과 넓적다리는 주로 구이로 먹는다. 또한 노루고기로 스튜도 만드는데, 여기에는 밤 퓌레, 푸아브라드 소스, 체리, 레드커런트 즐레, 육즙에 졸인 배 등을 곁들인다. 캐나다에서는 노루를 버지니아 사슴이라고 부른다.

civet de chevreuil ▶ CIVET

côtelettes de chevreuil sautées minute 코틀레트 드 슈브뢰이 소테 미뉘트

노루 갈비 소테 : 노루 갈비 8대에 올리브오일 3테이블스푼, 껍질 벗겨 으깬 마늘 아주 작은 것 1톨, 레몬즙 1테이블스푼, 끓는 물에 데친 후 다진 레몬 제스트 1테이블스푼, 다진 파슬리 1테이블스푼, 소금, 후추를 넣고 30분간 재운다. 마리네이드 양념이 고루 배도록 중간에 갈빗대를 서너 번 뒤집어 준다. 작은 버섯(가능하면 야생 버섯이 좋다) 500g의 흙과 불순물을 제거하고 재빨리 헹궈낸 다음 물기를 제거한다. 버터를 달군 팬에 버섯, 다진 샬롯 1개, 다진 양파 1개를 넣고 강한 불에 재빨리 볶는다. 팬에 버터 20g을 뜨겁게 달군 뒤 마리네이드한 갈빗대를 건져내 그대로 센 불에서 노릇한 색이 나도록 지진다. 코냑 1잔(리큐어 잔 기준)을 끼얹고 불을 붙여 플랑베한다. 접시에 왕관 모양으로 빙 둘러 놓고 가운데 버섯을 담는다. 레몬으로 향을 낸 사과 콩포트를 곁들이고, 경우에 따라 푸아브라드 소스와 함께 낸다.

côtelettes de chevreuil sautées à la mode d'Uzès 코틀레트 드 슈브뢰이 소테 아 라 모드 뒤제

위제(Uzès)식 노루 갈비 소테 : 크루통을 기름에 바삭하게 튀기듯 볶고, 도핀 감자 튀김을 만든다. 물에 데친 오렌지 제스트와 식초에 절인 코르니숑을 가늘게 채 썬다. 팬에 기름을 달군 뒤 강한 불에 갈빗대를 지지듯 굽는다. 고기를 건지고 팬에 식초, 갈색 육즙 소스, 생크림을 넣어 디글레이즈한 뒤 채 썰어 놓은 재료와 약간의 아몬드 슬라이스를 넣는다. 이 소스를 뜨거운 갈비 위에 끼얹는다. 크루통, 도핀 감자 튀김을 곁들여 낸다.

cuissot de chevreuil rôti 퀴소 드 슈브뢰이 로티

노루 넓적다리 로스트 : 준비: 20분 / 조리: 넓적다리 중량에 따라 다름

오븐을 250°C로 예열한다. 가죽을 벗긴 후 고기를 덮고 있는 얇은 근막을 제거하고 손질한다. 넓적다리 뼈 끝부분에 붙어 있는 살을 칼로 긁어내 깨끗하게 다듬은 뒤, 무게를 측정해 굽는 시간을 계산한다. 1kg당 12-15분으로 잡는다. 돼지비계를 가늘고 길게 잘라 라딩 니들로 넓적다리 살에 군데군데 찔러 넣는다. 로스팅 팬에 놓고 정제 버터를 충분히 발라준 다음 소금, 후추로 간한다. 오븐에 넣고 15분마다 뒤집어가며 굽는다. 중간중간 흘러내린 즙과 정제 버터를 고루 끼얹어준다. 다 구워진 넓적다리는 망 위에 얹어 팬 안에 두고 오븐에서 익힌 시간의 절반에 해당하는 시간 동안 따뜻하게 휴지시킨다. 그동안 로스트에 곁들일 육즙 소스를 만들거나, 푸아브라드 소스, 스위트 앤 사워 소스 등 곁들일 소스를 완성한다. 브레이징한 밤, 사과, 야생 버섯 등 사냥 철에 어울리는 가니시를 준비한다.

filets de chevreuil d'Anticosti 필레 드 슈브뢰이 당티코스티

안티코스티 노루 안심 : 노루 안심 900g을 손질한 다음 소금, 후추, 올리브오일 50㎖를 끼얹어 12시간 동안 재운다. 숯불이나 전기 그릴 등의 열원으로부터 15cm가량 떨어진 위치에서 원하는 익힘 정도에 따라 고기를 굽는다. 레드커런트 즐레 50㎖에 우스터 소스 1티스푼을 넣고 약한 불에서 저으며 녹인다. 불에서 내린 뒤 차가운 버터 60g을 넣고 거품기로 잘 저으며 농도를 조절한다. 아주 뜨거운 안심에 소스를 곁들여 서빙한다.

filets mignons de chevreuil 필레 미뇽 드 슈브뢰이

노루 필레 미뇽 : 4인분 / 준비: 15분 / 조리: 4분

사슴의 볼기등심 큰 부위 뼈 아래 붙어 있는 가늘고 긴 살코기인 필레 미뇽 500-600g을 손질한다. 볼기 등심 큰 덩어리는 비교적 큰 등심 살코기 덩어리도 길게 잘라내어 사용할 수 있는 부위다. 필레 미뇽을 살짝 눌러 납작하게 만든 다음 돼지비계 50g을 군데군데 찔러 넣고 소금, 후추로 간한다. 소테팬에 낙화생유 1테이블스푼을 달군 뒤 필레 미뇽을 넣고 강한 불로 고루 지지듯이 굽는다. 또는 고기에 기름을 바른 뒤 그릴에 직접 구워도 좋다. 이상적인 익힘 정도는 필레 심부에 옅은 분홍빛이 남아 있는 로제 상태로 굽는 것이다. 야생 버섯, 사과 또는 모과, 신선 채소 퓌레 등 제철 식재료로 만든 가니시를 준비한다. 푸아브라드 소스, 또는 고기를 지져낸 팬을 디글레이즈한 다음 향신료로 가볍게 맛을 낸 소스를 곁들여 낸다.

베르나르 루아조(BERNARD LOISEAU)의 레시피

noisettes de chevreuil au vin rouge et poires rôties
누아제트 드 슈브뢰이 오 뱅 루즈 에 푸아르 로티

레드와인 소스를 곁들인 노루 등심과 구운 서양 배 : 부르고뉴 레드와인 500㎖를 냄비에 붓고 끓인다. 성냥으로 불을 붙여 알코올을 날린다. 껍질을 벗겨 다진 샬롯 1개를 넣고 와인이 1/4이 될 때까지 졸인다. 당근 퓌레 100g을 넣고 잘 섞는다. 소금, 후추로 간한다. 서양 배 4개의 껍질을 벗긴 뒤 반으로 잘라 속과 씨를 제거하고, 각각 꼭지 쪽은 붙은 상태를 유지하며 부채 모양으로 펼쳐지도록 슬라이스한다. 팬에 버터 30g을 녹이고 서양 배를 넣은 다음 약한 불로 익힌다. 소테팬에 버터 30g을 넣고 가열해 거품이 일기 시작 하면, 50g씩 등분한 노루 등심살(noisette, 갈빗대에 붙은 원통

모양의 살코기) 12조각을 넣는다. 소금, 후추로 간한다. 각 면을 2분씩 충분히 강한 불에 익히고, 로제 상태를 유지한다. 레드와인 소스를 다시 데운다. 작게 잘라둔 버터 140g을 넣고 거품기로 세게 휘저으며 완전히 혼합한다. 소금, 후추로 간한다. 노루 등심살을 팬에서 꺼낸 뒤 종이타월 위에 올려 기름기를 제거한다. 소테팬에 물을 조금 붓고 눌어붙은 육즙을 디글레이즈한다. 1분간 졸인 다음 이 즙을 레드와인 소스에 넣는다. 익힌 서양 배를 건져낸 뒤 종이타월로 물기를 제거한다. 뜨겁게 준비한 4개의 서빙 접시 바닥에 소스를 조금씩 붓고 그 위에 노루 등심을 올린다. 구운 서양 배를 빙 둘러 놓는다.

selle de chevreuil grand veneur 셀 드 슈브뢰이 그랑 브뇌르

그랑 브뇌르 소스를 곁들인 노루 볼기등심 : 노루 볼기등심 부위를 손질한다. 코냑, 다진 파슬리, 소금, 후추, 오일 약간을 넣고 마리네이드한 돼지비계를 가늘게 썰어 라딩 니들로 고기에 군데군데 찔러 넣는다. 볼기등심을 오븐에서 로스팅한 뒤 브레이징한 밤이나 밤 퓌레, 도핀 감자 튀김, 그랑 브뇌르 소스를 곁들여 낸다.

CHEVREUIL (EN) (앙) 슈브뢰이 노루, 사슴 등의 덩치가 큰 수렵육과 같은 방식으로 요리한 육류에 사용하는 표현이다. 소 안심(tournedos), 양의 등심 살코기를 마리네이드한 다음 건져 버터에 소테하고 푸아브라드 소스, 밤 퓌레와 함께 서빙한다. 소의 필레 미뇽, 말고기 로스트, 양 넓적다리도 앙 슈브뢰이 방식으로 조리할 수 있다(다듬기, 돼지비계 찔러 박기, 마리네이드, 굽기, 수렵육 소스를 곁들여 서빙).

▶ 레시피 : AGNEAU, CHEVAL, MARINADE.

CHEVREUIL (SAUCE) 슈브뢰이(소스) 슈브뢰이 소스. 덩치가 큰 수렵육 요리나 슈브뢰이식(en cheveruil)으로 요리한 기타 육류에 곁들이는 영국식 소스로 로벅 소스(rŒbuck sauce)라고도 불린다.

▶ 레시피 : SAUCE.

CHEVREUSE 슈브뢰즈 슈브뢰즈식. 다양한 클래식 요리에 사용하는 명칭이다. 양 등심살(noisette)이나 쇠고기 안심(tournedos)에 곁들이는 슈브뢰즈 가니시는 폼 누아제트(pommes noisettes, 감자 퓌레를 작고 동그랗게 빚어 튀긴 것)와 버섯 뒥셀을 채운 아티초크 속살에 녹인 버터를 발라 윤기를 낸 송로버섯 슬라이스를 얹은 것으로 구성된다. 고기를 익힌 팬에 마데이라 와인과 데미글라스를 부어 디글레이즈하여 소스를 만든 뒤 고기에 끼얹어 서빙한다. 슈브뢰즈 블루테는 걸쭉한 닭고기 크림 수프에 처빌 잎을 넣은 것이다. 슈브뢰즈 오믈렛은 결절 뿌리 처빌을 다져 버터에 푹 익힌 것과 데친 처빌 잎으로 속을 채운다. 슈브뢰즈 달걀은 서니 사이드업으로 오븐에서 익힌 뒤(au miroir), 가늘게 간 치즈를 뿌리고 되직하게 만든 완두콩 퓌레로 가장자리를 둘러 서빙한다. 슈브뢰즈라는 명칭이 붙은 요리는 대부분 채소를 사용한다는 공통점이 있다. 슈브뢰즈 계곡(vallée de Chevreuse) 지역은 18세기부터 주요 채소 산지로 이름이 높았다.

CHEVROTIN 슈브로탱 슈브로탱 치즈. 염소젖으로 만드는 사부아 지역 AOC 치즈(지방 45%). 압착 치즈이며 세척 천연외피를 갖고 있다(**참조** p. 392 프랑스 치즈 도감). 산악지역 농가에서 생산되는 슈브로탱 치즈는 지름 9-12cm, 두께 3-4.5cm, 중량 250-350g의 원반형이며, 작은 르블로숑 치즈를 닮았다. 알프스 고지대 초장의 꽃을 뜯어먹는 염소들의 젖을 사용하여 향이 매우 풍부하다.

CHÈVROTON DU BOURBONNAIS 셰브로통 뒤 부르보네 염소젖으로 만드는 부르보네 지방의 천연외피 연성치즈(지방 45%). 뾰족한 끝이 잘린 작은 원뿔 모양으로 만들어지며, 바닥의 지름은 6-8cm, 두께는 5-6cm이다. 크리미하고 고소한 너트향이 난다.

CHEWING-GUM 츄잉 검 씹는 고무라는 뜻의 영어 단어다. 중앙아메리카의 숲에 자생하는 사포딜라에서 얻는 천연 고무인 치클(chicle)에서 유래했다. 멕시코인들은 이 천연 고무를 말려 작은 띠 모양으로 잘라 씹는 습관이 있었다. 민트향을 낸 글루코스 시럽을 넣고 품질을 개선한 치클은 전 세계로 퍼졌다. 프랑스에는 1918년 프랑스 전선에 원군으로 온 퍼싱 장군의 군대를 통해 처음 전해졌다. 1987년에는 최초의 무설탕 츄잉 검이 등장했다. 츄잉 검은 천연 또는 합성 고무와 레진의 혼합물을 가열해 말랑한 상태로 반죽한 다음 여기에 설탕 또는 감미료, 부드러운 질감을 위한 글리세린 또는 레시틴, 그 외 향료, 색소 등 다양한 첨가물을 넣고 만든다. 완성한 반죽은 압연 롤러(사탕 모양)와 사출기(판 모양)를 이용해 성형하고 특정 온도와 습도를 유지한 상태에서 6~48시간 숙성하여 완성한다.

CHIANTI 키안티 키안티 와인. 이탈리아 토스카나 지역의 와인이다. 일반적으로 마시는 어린 와인 제품들은 짚으로 싼 목이 긴 피아스코(fiasco) 병에 담아 판매되며, 상급의 크뤼들은 보르도 타입의 병에 담고 빈티지를 표시한다. 상급 와인인 키안티 클라시코(chianti classico)는 피렌체와 시에나 사이의 아주 작은 지역에서 생산되며, 황금색 바탕에 검정 수탉이 그려진 인장으로 구분한다. 보다 대중적인 다른 제품들은 인근 6개의 지역에서 훨씬 대량으로 만들며 제품별로 질적인 차이가 크다.

CHIBOUST 시부스트 19세기 파리 생토노레 거리에서 영업했던 제과사. 1846년, 그는 자신의 가게가 있는 거리의 이름이자 제과사의 수호성인의 이름이기도 한 생토노레(saint-honoré)라는 파티스리를 개발해냈다. 이 디저트에 전통적으로 사용되는 시부스트 크림은 보통 바닐라로 향을 낸 크렘 파티시에를 만든 뒤 따뜻한 상태에서 달걀흰자로 만든 머랭을 넣고 살살 섞어 질감을 가볍게 만든 것이다. 제과사들 가운데는 생토노레에 샹티이 크림만 사용하는 경우도 있다.

▶ 레시피 : CHOU, CRÈMES DE PÂTISSERIE.

CHICHA 시샤 치차. 스페인의 아메리카 정복 이전부터 존재한 알코올 음료로 페루에서 유래했다. 옥수수 낟알(또는 다른 곡물)을 빻아 끓인 뒤 발효시킨 술로 막걸리와 비슷하며 볼리비아, 콜롬비아, 에콰도르, 페루에서 특히 많이 마신다. 시원하게 마시는 음료로 인기가 높은 치차 모라다(chicha morada)는 자색 옥수수와 과일을 원료로 만든 단맛의 비알코올 음료다.

CHICON 시콩 치콘, 엔다이브, 벨기에 엔다이브. 1848년 브뤼셀의 시장에 처음으로 등장했다. 치콘은 치커리 상추 뿌리에서 돋아난 먹을 수 있는 부분에 해당하며, 벨기에에서는 매우 인기 있는 겨울 채소이다. 특히 치콘 그라탱은 벨기에 전역에서 가장 유명한 레시피이기도 하다.

CHICORÉE 시코레 엔다이브, 치커리. 국화과의 식용식물로 잎을 생으로 또는 익혀서 먹는다. 종에 따라 다소 씁쓸한 맛이 난다(**참조** 치커리 도표, p.206 도감) 구릴로(gourilos)라고 부르는 속대도 먹을 수 있으며, 뿌리를 사용하기 위한 목적으로 재배하기도 한다(커피 치커리).

● CHICORÉE SAUVAGE 시코레 소바주. 야생 치커리. 봄 내내 수확할 수 있으며 어리고 잎이 연할 때 먹는다. 쓴맛이 매우 강해 샐러드로는 먹지 않고 가늘게 채 썰어 사용한다. 니스식 잎채소 샐러드에도 들어간다. 그늘진 곳에 다시 심으면 겨울철에 소위 개량종이 다시 돋아나는데, 연하고 약간 씁쓸한 맛이 나는 흰색 치커리이다. 비네그레트 드레싱을 곁들이거나 길고 가늘게 썰어 식초에 절인다.

● CHICORÉE FRISÉE 시코레 프리제. 프리제 치커리, 프리제. 넓은 잎 꽃상추처럼 주로 샐러드로 먹는다. 속 중심부는 희거나 노란색이며 잎이 매우 얇고 가장자리가 꼬불꼬불하며 바깥쪽으로 갈수록 녹색으로 변한다. 샬롯, 머스터드 또는 마늘을 넣은 비네그레트 드레싱으로 맛을 돋우고, 마늘 크루통(chapon)이나 작게 자른 베이컨 조각을 곁들이기도 한다. 서부 지방에서는 버터에 익힌 흰 강낭콩과 함께 호두오일 드레싱을 곁들여 먹는다.

● CHICORÉE À CAFÉ 시코레 아 카페. 커피 치커리. 주로 프랑스 북부 덩케르크(Dunkerque, Nord) 지역에서 선별된 품종들로 크고 매끈한 뿌리 수확을 목적으로 재배한다. 수확한 뿌리는 로스팅 과정을 거쳐 치커리 차 또는 치커리 커피 제품으로 가공 생산된다. 주로 원두 형태, 수용성 가루 또는 농축액 제품으로 출시되고 있다. 치커리 차는 쌉쌀한 맛이 나고 색이 짙으며, 일반적으로 아침에 커피와 섞어 마신다.

gourilos étuvés à la crème 구릴로 에튀베 아 라 크렘

크림에 익힌 엔다이브 속대 : 엔다이브 속대 12개를 손질하여 씻는다. 끓는 소금물에 4-5분 데친 후 차가운 물에 식혀 건져 물기를 제거한다. 팬에 버터 50g을 녹이고 엔다이브 속대를 넣은 다음 육수 12테이블스푼을 넣는다. 뚜껑을 덮고 약한 불에 40-45분 익힌다. 그릇에 담은 뒤 익힌 버터 국물을 끼얹고 잘게 썬 파슬리를 뿌린다. 또는 뜨겁게 데운 생크림 150㎖를 엔다이브 속대에 넣고 7-8분 정도 뭉근하게 익힌 뒤 서빙 용기에 크림 소스와 함께 담고 잘게 썬 파슬리를 뿌린다.

salade de chicorée aux lardons ▶ SALADE

CHIFFONNADE 시포나드 가늘게 채썰기. 소렐, 엔다이브 또는 양상추 등을 가늘게 채 썬 것을 말한다. 앙 시포나드(en chiffonnade) 썰기는 도마위에 녹색 잎채소를 겹쳐 놓고 가늘게 채 써는 것이다. 이렇게 썬 채소들은 주로 생으로 먹거나, 버터를 넣고 볶기도 하며 여기에 육수나 우유, 크림 등을 넣고 익혀 포타주의 건더기로도 활용한다.

chiffonnade d'endives à la crème 시포나드 당디브 아 라 크렘

<u>**크림을 넣고 익힌 엔다이브 시포나드**</u> : 엔다이브의 흙이나 불순물을 닦아낸 다음 뿌리 쪽 쓴맛이 나는 원뿔 모양의 속심을 잘라낸다. 물에 담그지 말고 흐르는 물에 씻어 헹군다. 물기를 완전히 빼고 약 1cm 폭으로 가늘게 썬다. 소테팬에 버터를 녹인 뒤(엔다이브 1kg당 40-50g) 엔다이브를 넣고 잘 저으며 볶는다. 설탕 1/2 티스푼, 레몬즙 2테이블스푼, 소금, 후추를 넣고 뚜껑을 덮은 다음 약한 불에 30-35분간 익힌다. 생크림 100-150㎖를 넣고 뚜껑을 연 상태로 센 불에서 가열한다. 뜨겁게 서빙한다.

chiffonnade de laitue cuite 시포나드 드 레튀 퀴트

<u>**양상추 시포나드**</u> : 양상추 밑동에서 잎을 떼어내 분리한 다음 굵은 잎맥은 제거한다. 흐르는 물에 가볍게 씻어 물기를 제거한 후 가늘게 썬다. 소테팬에 버터를 녹인 뒤(상추 500g당 40g) 양상추를 넣고 소금을 뿌린다. 뚜껑을 연 상태로 채소의 수분이 완전히 증발할 때까지 천천히 익힌다. 더블 크림 2테이블스푼을 넣고 뜨겁게 데워 서빙한다.

chiffonnade d'oseille 시포나드 도제이

<u>**소렐 시포나드**</u> : 소렐 잎을 준비해 억센 것은 골라내고 싱싱한 것으로만 추려낸다. 씻어서 물기를 제거하고 시포나드로 가늘게 썬다. 주물냄비에 버터를 녹이되, 색이 나지 않도록 주의한다(소렐 200g당 버터 30g). 소렐 잎을 넣고 뚜껑을 3/4정도만 덮은 상태로 잎의 수분이 모두 날아갈 때까지 약한 불로 익힌다. 시포나드는 그대로 요리에 곁들여 내거나, 더블 크림을 넣고 졸여 사용한다. 믹스 시포나드는 대개 소렐 잎과 양상추 잎을 섞은 것을 가리킨다.

CHILD (JULIA) (줄리아) 차일드 미국의 요리사이자 작가(1912, Pasadena 출생—2004, Santa Barbara 타계). 결혼 전 이름은 줄리아 캐롤린 맥 윌리엄스로, 미술을 전공했으며 농구 선수로 활동했다(신장 188cm). 프랑스 요리에 심취하여 여러 언론 기사(특히 '보스턴 글로브' 및 TV 프로그램을 통해 프랑스 요리를 미국에 소개했으며, 『프랑스 셰프의 요리책(*The French Chef Cookbook*)』, 『줄리아 차일드의 주방에서(*From Julia Child's Kitchen*)』 등의 레시피 북을 출간했다. 또한 캘리포니아 나파 밸리에 있는 아메리칸 인스티튜트 오브 와인 앤드 푸드(American Institute of Wine and Food)의 창립 멤버이기도 하다. 1966년에는 타임 지 표지를 장식하기도 했으며, 종종 코미디 쇼에서 풍자될 정도로 미국에서는 저명한 요리 선생으로 이름을 남겼다.

CHILI 칠레 칠레 요리는 기본적으로 양고기를 중심으로 한 육류에 기반을 두고 있으며, 구워 먹는 요리가 많다. 해산물도 풍부하게 사용하는데, 그중에서도 붕장어 수프가 매우 유명하다. 특히 다른 라틴 아메리카 국가들과 마찬가지로 거의 모든 요리에 고추와 양파로 맛을 낸다. 곱창 등의 내장, 채소, 말린 고기 등을 넣은 스튜의 일종인 추페(chupes)를 많이 만들어 먹으며, 엠파나다(고기나 생선으로 소를 채운 만두 모양의 파이)도 그 종류가 매우 다양하다.

■ **와인.** 칠레는 프랑스와 스페인 와인 양조의 영향을 많이 받았으며, 남미 대륙에서 가장 질 좋은 와인을 생산한다. 18세기 말 포도 농사가 처음으로 시작된 칠레에는 오늘날 175,000헥타르에 이르는 포도밭이 태평양 연안을 따라 위도 30-40° 사이에 걸쳐, 1,200km 길이로 자리하고 있다. 토양은 비옥하고 토질이 다양하며, 일조량이 풍부하고 기후가 온화해 봄 서리를 걱정하지 않아도 된다. 부족한 비는 안데스 산맥의 눈이 녹아 흐르는 물을 이

주요 치커리 품종의 특징

품종	원산지	출하 시기	외형
야생 치커리 개량종 *chicorée sauvage améliorée* (chicorée barbe-de-capucin)	일반 녹지대	9월 말-3월 말	색이 야들야들하고 구불구불하며 희끄무레하거나 초록색이다. 잎이 넓다.
프리제 치커리 *chicorées frisées*			
팡칼리에르, 뤼펙 pancalière, ruffec	일반 녹지대	6월 말-9월 말	노랑에서 녹색 잎, 매우 얇다.
왈론 wallonne	프로방스, 루시용, 알프-마리팀	9월 말-3월 말	잎이 꼬불꼬불하고 중심은 흰색 또는 노란색이다.
슈가로프 *chicorée pain-de-sucre*	일반 녹지대	9월 말-3월 말	길쭉한 덩어리 모양으로 색이 옅은 잎들이 감싸고 있다.
라디키오 *chicorées rouges*			
키오자 라디키오 chicorée rouge de Chioggia	일반 녹지대, 발 드 루아르, 이탈리아	9월 말-3월 말	진한 붉은 색 잎을 가진 단단하고 큼직한 구형이다.
트레비소 라디키오 chicorée rouge de Trévise	일반 녹지대, 발 드 루아르, 이탈리아	9월 말-3월 말	잎이 길쭉하고 밑동 쪽은 연한 녹색을 띠며 위로 올라갈수록 붉어진다.
베로나 라디키오 chicorée rouge de Vérone	일반 녹지대, 발 드 루아르, 이탈리아	9월 말-3월 말	붉은 잎을 지닌 작은 구형이다.
에스카롤 *chicorées scaroles*			
바타비안 엔다이브, 컬드 엔다이브 grosse maraîchère, grosse bouclée, etc.	일반 녹지대	6월 말 -9월 말	잎사귀가 풍성하거나 약간 잘려 있다. 중심은 흰색이다.
	프로방스, 루시용	9월 말-3월 말	
엔다이브, 브뤼셀 치커리* *endive*, ou chicorée de Witloof ou de Bruxelles*	Nord, Bretagne, Belgique, Hollande	연중	잎은 흰색으로 가장자리 끝은 약간 노란색을 띤다. 단단하다.

* 베로나 라디키오와 엔다이브를 교배종인 붉은 엔다이브도 있다. 수요가 많지 않아 재배하는 경우가 드물다.

CHICORÉES 치커리

chicorée de Trévise
시코레 드 트레비즈. 트레비소 라디키오

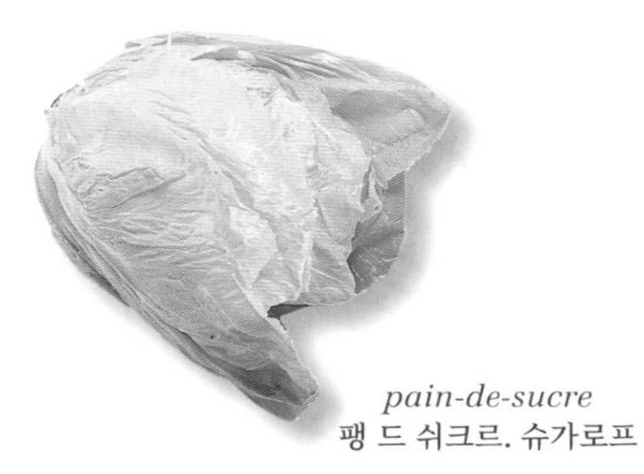

pain-de-sucre
팽 드 쉬크르. 슈가로프

chicorée rouge
시코레 루즈. 라디키오

chicorée en rosette
세코레 앙 로제트. 그린 로제트

endive, chicorée de Witloof
앙디브, 시코레 드 위트로프. 엔다이브

endive rouge
앙디브 루즈. 레드 엔다이브

chicorée en rosette rouge
시코레 앙 로제트 루즈. 레드 로제트

barbe-de-capucin étiolée
바르브 드 카퓌생 데투알레. 바르브 드 카푸생 치커리

chicorée rouge de Vérone
시코레 루즈 드 베론. 베로나 라디키오

chicorée rubin
시코레 뤼뱅. 루빈 라디키오

frisée
프리제. 치커리

scarole
스카롤. 에스카롤

chicorée sauvage améliorée
시코레 소바주 아멜리오레.
야생 치커리 개량종

frisée très fine maraîchère
프리제 트레 핀 마레셰르.
가는 치커리

용한 관개시설로 보충한다. 칠레 와인 생산은 두 주요 산지에 집중돼 있다.
● **중부 지역.** 중부 지역의 북부는 알코올이 풍부한 와인을 생산하며, 이 와인들은 주로 브랜디를 만드는 데 쓰인다. 센트럴 밸리 지역은 카베르네 소비뇽, 카베르네 프랑, 메를로, 샤르도네, 소비뇽 블랑, 리슬링 등 좋은 품종들을 많이 재배하며, 보르도 스타일의 와인 생산 기법을 적용하고 있다. 이 지역 남부에서는 파이스(pais) 품종을 주로 재배하며, 조금 투박한 스타일의 대중적인 와인들을 만든다. 남부의 와인은 최적의 양조 조건이 허락된 경우에 한해 중급 정도의 마실 만한 와인들이 생산된다.
● **SECANO 세카노.** 중부 지역의 주 포도품종은 파이스(pais)이며, 좋은 품질의 와인을 생산한다. 세카노 남부 지역은 특히 소비뇽 블랑, 리슬링, 뮈스카와 같은 화이트와인 품종을 재배하기에 아주 적합한 환경을 갖고 있다. 양질의 와인을 생산하며 생산량이 매우 적은 편이다. 괄목할 만한 발전을 이룬 칠레 와인은 전 세계로 수출되고 있다.

CHILI CON CARNE 칠리 콘 카르네 다진 쇠고기에 잘게 썬 양파를 넣고 고추와 커민 가루로 양념하여 뭉근하게 오래 끓인 매콤한 스튜의 일종이다. 칠리를 끓이는 중간에 붉은 강낭콩을 넣어 익힌 뒤 함께 서빙한다. 텍사스 개척시대 옛 요리의 대표적인 메뉴로 멕시코 요리의 영향을 받았으며(스페인어로 칠리 콘 카르네는 문자 그대로 고기를 곁들인 고추라는 뜻이다), 미국 전역에 걸쳐 매우 인기 있는 요리다.

CHIMAY 시메 일명 탈리엥 부인으로 알려진 벨기에의 귀족 시메 공비(princesse de Chimay)에게 헌정했던 여러 요리에 붙는 명칭이다. 시메 암탉 요리는 버터에 볶은 누들과 소를 채운 닭을 팬에 지져 익히고, 남은 육즙으로 만든 소스(jus)를 끼얹어 서빙한다. 여기에 다발로 묶어 익힌 아스파라거스 헤드 부분과 누들을 가니시로 곁들인다. 시메 스타일 달걀 요리는 완숙(또는 반숙)으로 익힌 달걀에 버섯을 넣고 그라탱처럼 구워낸 것으로, 이 명칭이 붙은 요리 중 가장 유명하다.

▶ 레시피 : ŒUF DUR.

CHINCHARD 셍샤르 대서양 전갱이. 전갱이과의 바다생선으로 몸통이 길쭉하고 길이는 40-50cm 정도이다. 등은 청회색, 옆면은 은빛으로 측선은 뼈처럼 단단한 방패비늘로 덮여 있다. 머리 쪽은 매끈하고 꼬리 쪽은 가시처럼 뾰족뾰족하다. 온난해역에 넓게 분포하고 있으며 여름에서 가을 사이에 많이 잡힌다. 대서양 전갱이는 소렐이라 불리기도 하며, 대개 고등어와 같은 방법으로 조리한다. 통조림으로도 만드는데, 가미하지 않은 스탠다드 타입과 토마토 소스에 저장한 종류가 가장 일반적이다.

CHINE 신 중국. 중국에서 요리와 식생활은 언제나 철학자, 작가, 황제들의 대담과 사색의 주제였다. 전통적으로 철학, 종교, 음식 사이에 경계란 없으며, 식사와 관련된 의식이나 요리 의 유형 등은 각기 그에 부합하는 상징성을 갖고 있다. 중국 미식이 갖고 있는 또 하나의 근본적 특징은 조화를 추구하는 것인데, 이는 대조를 통하여 얻어진다. 예를 들어 바삭한 음식 다음 순서로는 크리미한 식감의 요리가 함께 나오고, 맵거나 향신료의 풍미가 강한 요리에는 순한 음식을 곁들인다.

중국 요리의 독창성과 섬세함은 기본적인 네 가지 맛(신맛, 짠맛, 쓴맛, 단맛)을 하나의 요리에 조화롭게 혼합함으로써 표현된다.

■ **거대함과 신비로움.** 중국인들은 수 세기에 걸쳐 음식 문화를 아주 중요하게 여겼고(노자는 큰 황국을 다스릴 때는 작은 생선 굽듯 하라고 비유하기도 했다) 그 애착은 점점 그 수위가 높아져 급기야 서양인의 눈에는 약간 두려울 만큼 신비로운 경지에 이르게 되었다. 게다가 몸에 좋은 음식에 대한 집착은 종종 강장 식품에 대한 탐닉과 보신용 요리의 발달로 이어졌다(상어 지느러미, 제비집, 호랑이 뼈. 송화단 등).

위대한 중화제국의 최고급 전통에 기반을 둔 중국 요리의 대표 메뉴에는 심지어 곰 발바닥, 잉어 입술, 코뿔소 겨드랑이, 개구리 위 요리까지 포함될 정도였다. 이 음식들은 맛과 향, 색깔 등이 주는 기본적 만족감 외에도 신비한 주술적 효능이 더해져 그 약효에 대한 믿음이 배가되었다.

■ **기본 원칙.** 연료 사정이 열악하다 보니 중국 요리는 식재료를 익히는 방식에 있어 제약을 많이 받았다. 따라서 요리사들은 재료의 속성에 따라 깍둑 썰기, 편으로 썰기, 주사위 모양, 막대 모양, 동글납작한 모양으로 썰기, 쌀알 모양으로 썰기 등 모든 재료를 작게 자르는 방식을 고안해 냈다. 이렇게 하면 익는 시간이 줄고, 재료에 양념이 고루 잘 배어들 뿐 아니라 보기에 좋아 장식 효과도 줄 수 있었다.

조리법 중에서는 고온에서 팬에 재빨리 볶는 방식이 가장 널리 쓰이며, 식재료의 즙과 맛을 잘 보존할 수 있다(종류가 매우 다양한 탕 종류는 전통적으로 큰 화구에서 센 불로 끓이며, 건더기가 들어가는 경우 재료가 풀어져 걸쭉하고 텁텁해지면 안 된다). 또한 소스를 만들 때 주로 넣는 육수는 언제나 맑은 것을 사용한다. 한편, 아름다운 플레이팅 또한 매우 중요하게 여겼다. 자고로 요리란 사람들로 하여금 먹고 싶은 생각이 들도록 이목을 끌어야 한다고 생각했기 때문이다.

■ **일상 음식과 향토 요리.** 중국식 식사는 찬 음식, 더운 음식, 마지막으로 가벼운 수프, 그리고 경우에 따라 후식으로 구성된다. 특별한 예식에 나오는 정찬의 경우는 반대로 걸쭉한 수프가 서빙되며, 기본 메뉴 이외에 특별한 메인 요리(예, 북경오리)가 준비된다. 식사 말미에는 맑은 탕과 달콤한 후식이 제공된다.

쌀밥이 식사에 반드시 포함되지는 않는다. 북부 지방은 쌀 생산량이 적기 때문에 남부만큼 쌀을 많이 소비하지 않는다. 대신 증기로 찐 밀가루 빵을 즐겨 먹으며, 중부 지방에서는 밀 전병을 많이 먹는다. 쌀밥은 개인 밥공기에 담아 처음부터 상에 차려 놓는다. 식사가 끝날 무렵 새 밥을 서빙하지만 그것에는 손을 대지 않는 것이 예의다(아직도 배가 고프다는 인상을 주기 때문이다). 식사를 할 때는 차보다는 주로 쌀이나 수수로 빚은 곡주, 또는 맥주를 주로 곁들여 마신다.

북부 지역 요리는 약한 불에 뭉근하게 익히거나, 중국 팬에 튀기는 조리법을 많이 사용하며 대체로 음식이 담백하고 향신료를 많이 사용한다. 북경의 명물 요리들은(탕수 소스 돼지고기 완자, 생강을 넣고 볶은 쇠고기, 팔보반 등) 그 역사가 아주 오래된 것들이다. 동부지역에서는 홍(紅) 요리의 핵심인 간장을 주로 사용하며, 해산물 요리가 많다. 수프, 튀김, 밀전병요리가 다양하며 제비집 수프(**참조** NIDS d'HIRONDELLE)가 처음 탄생한 곳이기도 하다. 서부와 중부지방에서는 생선을 주로 말려 먹으며, 요리에 버섯을 많이 사용한다. 또한 당절임 과일(금귤)도 찾아볼 수 있다. 남부지방에서는 생선, 조개류, 갑각류 해산물을 요리에 많이 사용한다(소를 채운 농어, 게 튀김, 굴소스 전복 요리, 쌀국수를 곁들인 새우, 샥스핀 수프 등).

■ **식재료.** 여러 가지 기본 식재료들은 중국 전역에서 공통적으로 소비된다. 그중 대표적인 달걀은 신선한 상태로 익힌 것(달걀 프라이 또는 찜), 오리알로 만든 피단(송화단), 달걀 조림(삶은 달걀을 양파와 진한 육수 등에 넣고 졸인 것)등 요리 종류가 다양하다. 국수와 당면(쌀, 녹두, 밀)도 그 종류가 매우 많으며, 채소 요리는 그 식감과 맛에 따라 주 요리에 어울리는 것으로 준비해 항상 곁들여 먹는다. 전통적으로 주로 삶거나 쪄서 먹으며 절대 날 것으로 먹지 않는다.

생과일은 종류가 매우 다양해 후식으로 즐기며(리치, 용안, 망고, 파파야), 경우에 따라 아몬드 과자, 깨를 넣은 튀김과자와 함께 먹기도 하고 언제나 차를 함께 마신다.

중국요리의 대부분은 서양 식재료로도 만들 수 있지만, 중국 고유의 특별한 식재료들도 존재한다. 채소 중에는 목이버섯, 표고버섯, 초고버섯, 말린 백합꽃(金針菜 노란색을 띠며 은은한 단맛이 있다), 대두(콩, 콩나물, 콩기름, 간장, 두반장 등), 연꽃(연밥, 연잎, 연근), 붉은 대추, 미역, 물밤, 배추, 죽순, 바나나 블로섬 등이 있다. 해산물로는 전복, 해파리(말려두며 잘라서 냉채에 쓴다), 훈제 장어, 생선 부레를 들 수 있다. 민물고기 중에서는 강꼬치고기, 잉어를 특히 즐겨 먹는다.

쌀은 다양한 품종이 존재하며 그중에는 찹쌀과 향미도 있으며, 떡을 만드는 데 사용하기도 한다. 향신료, 향료, 양념장도 중국 요리에서 빼놓을 수 없는 재료다. 반면 우유와 유제품은 드물다.

많이 마시는 음료는 잘 알려져 있다시피 차(정식 식사에는 곁들이지 않는다)를 꼽을 수 있으며 두유, 설탕을 넣은 깨즙이나 인삼 음료도 즐겨 마신다. 쌀로 빚은 술(황주)는 따뜻하게 데워 마시며, 조리 시 양념으로도 쓰인다. 백주 중 가장 잘 알려진 것으로는 수수와 장미를 원료로 만드는 고량주인 메이꾸이루지유(玫瑰露酒)를 꼽을 수 있으며 식사 중 요리 사이사이에 마신다.

■ **식사 예법.** 기본 세팅은 접시 위에 올린 볼, 젓가락, 스푼으로 구성된다. 연회에는 술잔, 찻잔, 두 번째 볼을 추가한다. 기름지거나 손을 사용하는 요리를 먹은 후에는 따뜻하고 향기가 나는 물수건을 돌리는 게 상례다. 가족 식사에는 모든 요리를 한 상에 차려내는 수평식 서빙이, 연회에는 시식 온

도가 서로 다른 요리들을 순차적으로 내는 수직식 서빙이 일반적이다. 주빈석은 보통 연장자에게 돌아가며 다이닝 룸 남쪽, 입구를 마주보는 자리에 배치된다. 전통적으로는 테이블 한편에 여성들이 앉고, 반대편에 남성들이 앉는다.

■ **와인.** 연간 1,000만 헥토리터 규모의 와인 생산량을 갖고 있는 중국은 360,000헥타르 규모의 포도원을 집중적으로 발전시키고 있다. 달콤한 맛의 화이트와인이 인기 있으며, 최근에는 드라이한 화이트와인과 레드와인 생산에 많은 노력을 기울이고 있다.

▶ 레시피 : CARPE, SALADE, THÉ.

CHINOIS 시누아 체, 원뿔체, 거름망. 원뿔 모양에 손잡이가 달린 체로, 망의 촘촘함, 크기 등에 따라 다양한 타입이 있다. 눈 간격이 아주 촘촘한 얇은 금속 망 시누아는 매우 곱고 매끈하게 걸러야 하는 육수, 소스, 부드러운 크림, 시럽, 즐레용으로 사용한다. 타공식 스테인리스 시누아는 되직한 소스를 거르는 데 주로 사용되며, 이 때 절굿공이나 작은 국자 등을 이용해 뭉친 덩어리를 풀어 주면 효과적이다.

CHINOIS CONFIT 시누아 콩피 중국식 금귤 콩피, 금귤 당절임. 쌉싸름한 맛이 나는 작은 오렌지를 설탕 시럽의 당도를 점점 높여가며 여러 번 절였다 건져낸 다음 표면에 글레이즈를 입힌 것이다. 이 콩피에 사용하는 금귤은 중국 금귤 품종인데, 시칠리아의 야생에서도 자란다. 약간 단단해야 설탕에 절이기 적합하기 때문에 금귤이 완전히 익기 전에 수확하여 녹색인 경우가 많다. 노란 것은 다 익혀 딴 것이고, 붉은 것은 노란 금귤에 물을 들인 것이다.

CHINON 시농 루아르 지방의 AOC 와인으로 레드, 로제, 화이트를 생산한다. 과실 향과 산미가 있으며, 주로 카베르네 프랑 품종으로 만든다. 16세기 작가 라블레의 가족은 성벽 아래서 포도원을 운영했는데, 시농은 그가 높이 평가하여 찬사를 보냈던 와인이기도 하다(**참조** TOURAINE).

CHINONAISE (À LA) (아 라) 시노네즈 시농(Chinon)식의. 큰 덩어리로 서빙하는 육류 요리에 곁들이는 전통적인 가니시의 일종으로, 파슬리를 뿌린 감자와 다진 돈육 스터핑을 채워 브레이징한 사보이 양배추 롤로 구성된다. 시농 지역에서는 산토끼와 칠성장어를 호두 기름에 팬프라이한 요리 역시 아 라 시노네즈라고 부른다.

CHIPOLATA 시폴라타 치폴라타. 직경 약 2cm의 작은 생소시지로 중간 굵기로 간 돈육 소시지 스터핑을 양의 소창 막에 채워 만든다(**참조** p.786 생소시지 표). 팬이나 그릴에 구워 먹는다.

---

chipolatas au risotto à la piémontaise 시폴라타 오 리조토 아 라 피에몬테즈

<u>**피에몬테식 치폴라타 리소토**</u> : 리소토를 만든다. 단, 리소토 쌀 양의 절반(부피 기준)에 해당하는 양배추를 데쳐 다진 뒤 처음부터 리소토에 함께 넣고 익힌다. 완성한 리소토를 사바랭 틀에 붓고, 서비스 접시 위에서 뒤집어 틀에서 분리한 다음 따뜻하게 보관한다. 치폴라타 6개에 가볍게 구멍을 내고 버터를 두른 팬에 재빨리 노릇하게 지지듯 굽는다. 팬에 화이트와인 1잔을 붓고 뚜껑을 절반가량 덮어서 마저 익힌다. 화이트 송로버섯 슬라이스를 몇 조각 넣어준다. 링 모양의 리소토 가운데 치폴라타를 담는다. 소시지를 지진 팬에 진하게 졸인 콩소메 1/2컵을 넣고 다시 절반으로 졸인 다음 소시지 위에 붓는다.

CHIPOLATA (À LA) (아 라) 시폴라타 치폴라타식. 수렵육, 브레이징한 가금류, 정육, 달걀 요리 등에 곁들이는 가니시의 일종. 자작하게 졸인 밤, 윤기나게 익힌 미니 양파, 미니 당근 글라세, 버섯 볶음, 데친 후 팬에 볶은 베이컨 등으로 구성되며 여기에 지져 익힌 치폴라타가 추가된다. 경우에 따라 이 가니시 재료를 졸인 마데이라 소스를 넣고 한 번 데워 서빙하기도 한다.

클래식 요리에서 이 명칭은 돼지 콩팥, 돼지분쇄육, 작은 소시지로 만든 푸딩을 뜻한다.

CHIPS 칩스 감자칩, 칩스. 감자를 얇게 썰어 튀긴 뒤 소금을 뿌린 것으로 보통 대량 생산하여 봉지에 포장해 판매한다. 향을 내거나(예, 베이컨 맛), 라이트(오일과 소금을 덜 사용한 것) 제품도 있다. 칩스는 아페리티프 음료에 안주로 곁들이거나 그릴, 로스트 요리 등에 함께 낸다. 이 경우에는 뜨겁게 서빙하기도 한다.

CHIQUE 시크 설탕을 끓여 만든 굵은 사탕으로 불투명하고 아몬드가 들어 있으며 민트, 아니스 또는 레몬으로 향을 낸다. 특히 몽뤼송(Montluçon)과 알로(Allauch)의 시크 사탕이 유명하다.

CHIQUETER 시크테 겹쳐 놓은 페이스트리 반죽 두 장의 가장자리에 과도의 칼끝 등쪽을 이용해 일정한 간격으로 비스듬한 자국을 가볍게 찍는 테크닉(볼로방, 투르트, 알뤼메트, 갈레트 데 루아 등). 가장자리를 붙여 봉합하고, 모양을 보기좋게 마무리하기 위한 작업이다.

CHIROUBLES 시루블 보졸레 지방의 AOC 크뤼와인. 가메(gamay) 품종의 포도로 만드는 이 와인은 매우 우아함과 섬세하며 부드러움의 밸런스가 아주 좋은 보졸레 지역의 매력적인 와인이다(**참조** BEAUJOLAIS).

CHIVRY 시브리 허브를 넣은 혼합 버터의 명칭으로(**참조** CHIVRY), 주로 차가운 오르되브르에 곁들인다. 또한 일명 시브리 소스에 향을 내는 용도로도 사용한다. 생선 요리에 곁들이는 시브리 소스는 생선 육수를 베이스로 하며, 삶아 익힌 닭 요리나 달걀 반숙, 수란 등과 함께 서빙하는 시브리 소스의 경우는 닭 육수 블루테로 만든다.

▶ 레시피 : BEURRE.

CHOCOLAT 쇼콜라 초콜릿. 기본적으로 카카오 매스와 설탕 혼합물로 이루어진 식품으로 따뜻한 상태에서 오랜 시간 동안 정련한 뒤 판 모양 틀에 굳혀 만든다. 우유, 꿀, 견과류 등을 넣기도 한다.

■ **역사.** 유럽에서 음료 형태의 초콜릿의 소비가 유행하기 시작한 것은 16세기부터이지만 당시에는 귀족이나 상류층의 전유물이었다. 1826년 네덜란드인 반 호텐(Van Houten)이 물에 녹는 카카오 분말을 발명한 데 이어, 1847년 영국에서 최초의 판형(태블릿) 초콜릿 제품이 출시되면서 고형 초콜릿의 소비와 인기는 급속히 증가했다. 1870년 프랑스의 므니에(Menier)와 그의 자손들이 누아지엘(Noisiel)에 세운 공장 덕분에 초콜릿은 대중화되었다. 1901년에 이르러 스위스의 로돌프 린트(Rodolphe Lindt)는 카카오 매스의 콘칭 기법(카카오 매스와 설탕, 경우에 따라 우유를 교반, 정련하는 과정)을 개발하였고, 이를 통해 오늘날 우리가 즐기는 다양한 초콜릿의 품질을 완성할 수 있었다. 스위스인 헨리 네슬레(Henri Nestle)가 발명한 분유를 다니엘 피터(Daniel Peter)가 초콜릿과 혼합해 최초로 밀크 초콜릿 제품을 선보였다. 프랑스에서는 연간 1인당 6.8kg의 초콜릿을 소비한다..

■ **영양학적 가치.** 일찍이 의학계에서는 초콜릿을 열병, 흉통, 위통에 효능이 있는 건강 음료로 인정했다. 카카오는 1758년 약전에 포함되었으며, 18-19세기의 당과제조사들은 대개 약제사의 역할도 겸했다. 설탕과 카카오로만 만든 혼합물을 지칭하는 건강 초콜릿이라는 명칭은 20세기 초까지도 통용되었다. 초콜릿은 부피 대비 열량이 높다(100g당 열량은 500kcal 또는 2,090kJ). 우유의 포함 여부에 따라 초콜릿은 탄수화물 55-62%, 지방 30%, 단백질 2-9%로 이루어지며 칼슘, 마그네슘, 철분, 인, 그리고 특히 칼륨을 함유하고 있다. 또한 초콜릿에는 카페인과 비슷한 각성 효과가 있는

CHIQUETER UNE ABAISSE 밀어놓은 반죽 가장자리 봉합과 무늬 찍기

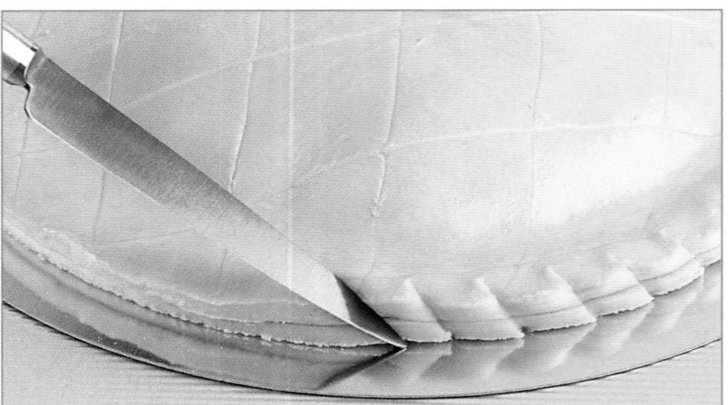

반죽 위를 칼끝 등쪽으로 가볍게 누른 다음 마치 쉼표(,)를 찍듯이 안쪽으로 올려 붙인다.

알칼로이드인 테오브로민 성분이 포함돼 있다.

■ **법적 명칭.** 2003년 7월 29일자 프랑스 법령에는 2000년에 제정된 카카오, 초콜릿에 대한 유럽 연합 강령이 명기돼 있다. 초콜릿의 명칭은 판형이나 봉봉 등 그 유형과 관계없이 모든 초콜릿에 일률적으로 적용된다.

● **다크 초콜릿.** 설탕과 카카오의 혼합물로 카카오 함량은 최소 35%이며, 그중 17%는 카카오 버터로 이루어져 있다. 다크, 엑스트라, 파인, 슈페리어, 시식용 등의 수식어는 카카오 함량 최소 43%, 그중 26%의 카카오 버터를 함유하고 있음을 뜻한다. 이는 프랑스 내에서 판매되고 있는 판형 초콜릿 대부분에 적용된다.

● **밀크 초콜릿과 화이트 초콜릿.** 주로 녹여 사용하는 밀크 초콜릿과 밀크 초콜릿(다른 추가 설명이 없는 경우)은 각각 최소 20-25%의 카카오와 14-20%의 우유 및 유제품의 건조 성분을 함유하고 있다. 슈페리어, 엑스트라, 파인 밀크 초콜릿이나, 시식용 밀크 초콜릿은 최소 30%의 카카오, 18%의 우유 및 유제품 건조 성분을 함유한다. 화이트 초콜릿은 최소 20%의 카카오 버터와 14%의 우유 및 유제품 건조 성분을 포함한다.

● **커버처 초콜릿.** 카카오 버터가 더 많이 들어 있는 커버처 초콜릿은 그 함유율이 최소 31% 이상으로 점성이 높아 템퍼링, 봉봉 제작, 제과용 글레이즈 등 전문 초콜릿 작업이 가능하다.

초콜릿(다크, 밀크, 화이트)에 카카오 버터가 아닌 식물성 유지를 첨가한 경우 별도의 명칭을 붙이지는 않는다. 식물성 유지는 카카오 버터와 같은 종류로 간주되어 초콜릿 명칭 사용 기준에 부합하는 카카오와 카카오 버터 함량의 법적 최소 비율 범위(최대 5%)를 넘지 않는 보충분으로 들어가기 때문이다. 단, 카카오 버터 이외에 식물성 유지를 함유하고 있다는 설명을 포장지에 읽을 수 있게 표기해야 한다. 또한 필링 초콜릿, 필링 태블릿 초콜릿, 헤이즐넛 잔두야 초콜릿 등 적법한 첨가 재료를 표시한 명칭들도 별도로 존재하며 디저트용 초콜릿 또는 제과용 초콜릿뿐 아니라 초콜릿 스프레드, 잼, 즐레, 모든 초콜릿 당과류(초콜릿 바, 봉봉, 트러플 초콜릿 등) 등 다양한 상업적 명칭이 사용되고 있다.

■ **초콜릿의 품질.** 초콜릿의 품질은 원재료 즉 카카오 원두 선별부터 시작하여 로스팅, 분쇄, 콘칭 등 각 제조 공정에 기울인 노력에 따라 결정된다. 카카오 버터 함량이 높을수록 초콜릿은 부드럽고 매끈해지며, 설탕이 많이 들어갈수록 쓴맛이 줄어든다. 습기와 냄새를 피해 약 18℃의 서늘한 곳에서 보관 시 수개월간 유지 가능하다. 케이크와 앙트르메용으로는 카카오 함량이 높은 초콜릿(가루 또는 판형)을 사용하는 것이 좋은데, 이때 무설탕 카카오를 추가로 넣어 더욱 진한 초콜릿 풍미를 내기도 한다. 특정 용도(광택제, 퐁당, 데커레이션, 글레이즈 등)에는 커버처 초콜릿을 사용한다. 초콜릿 케이크의 기본을 이루는 것은 보통 비스퀴, 제누아즈 등의 스펀지 또는 머랭이다. 크렘 파티시에나 프렌치 버터 크림(**참조** GANACHE)에 초콜릿을 넣기도 하는데, 이런 크림들은 특히 에클레어나 슈의 필링용, 또는 나파주용 소스로 사용된다. 초콜릿은 아이스크림과 소르베 등의 빙과류(빙과류 코팅 포함)의 맛을 내는 용도뿐 아니라 익혀 만드는 크림류, 작은 용기에 넣어 굳혀 먹는 크림 디저트에도 사용한다. 샤를로트, 수플레, 다양한 무스를 만들 수도 있다. 그 외에도 초콜릿은 과자류 제조에서 샌드 크래커의 필링용 크림이나 비스킷 글레이징 등으로 쓰이며, 비에누아즈리에서는 팽 오 쇼콜라에 들어가는 재료다. 당과와 초콜릿은 엄밀히 말해 매우 가까운 이웃이다. 한입 크기 부셰, 봉봉, 트러플 초콜릿, 로셰, 캐러멜, 토피, 체리 봉봉, 오랑제트, 만우절 초콜릿, 부활절 달걀 모양 초콜릿 등 많은 제품이 두 분야에 동시에 관련돼 있다.

반면 초콜릿의 사용이 가장 덜 알려진 분야는 아마도 요리 쪽일 것이다. 아즈텍 문명에서는 요리에 초콜릿을 일상적으로 사용했고, 그중에서도 고추와 참깨를 넣은 초콜릿 소스 칠면조 스튜인 몰레 포블라노 데 과홀로테(mole poblano de guajolote)는 아직도 멕시코 요리의 대표 메뉴로 남아 있다. 프랑스 미식 저술가 레옹 브리스(Léon Brisse, 일명 바롱 브리스)는 이미 1869년, 자신의 글을 기고하던 일간지에 초콜릿 소스의 검둥오리라는 다소 기발한 요리의 레시피를 소개한 바 있다. 스페인에는 비터 초콜릿을 넣은 소스 요리가 두 가지 있는데, 송아지 혀 요리와 랍스터 요리로 모두 아라곤 지방의 특선 음식이다. 시칠리아에서는 초콜릿을 넣은 토끼 스튜를 맛볼 수 있다.

avocat soufflé au chocolat ▶ AVOCAT

CIGARETTES EN CHOCOLAT 초콜릿 시가레트 만들기

대리석 작업대 위에 녹인 초콜릿을 붓고 스패출러를 이용해 얇게 펴준다. 초콜릿이 식으면 스테인리스 삼각 스패출러를 이용해 조심스럽게 눌러 밀어내듯 초콜릿을 긁어 말아준다.

라 메종 뒤 쇼콜라(LA MAISON DU CHOCOLAT, PARIS)의 레시피

bacchus 바쿠스

바쿠스 : 하루 전날, 설타나 건포도 또는 캘리포니아산 건포도 200g을 따뜻한 물에 넣고 물을 여러 번 갈아 주며 잘 씻어 헹군다. 물기를 뺀 뒤 냄비에 넣고 약한 불에 올려 저으면서 수분을 날린다. 건포도가 나른하게 물러지면 뜨거울 때 럼 50mℓ를 붓는다. 조심스럽게 불을 붙여 플랑베한 다음 스테인리스나 유리 용기에 옮겨 담고 냉장고에서 24시간 동안 재워 둔다. 오븐을 170-180°C로 예열한다. 쉭세 반죽 시트 2장을 만든다. 먼저 달걀흰자 6개의 거품을 낸 다음 설탕 80g, 아몬드 가루 100g을 넣고 주걱으로 들어올리듯 조심스레 섞는다. 이 혼합물의 절반을 깍지를 끼운 짤주머니나 스패출러를 이용해 오븐 팬에 펴 바르고 굽는다. 반죽이 노릇하게 구워지면 오븐에서 꺼내고 나머지 절반도 같은 방법으로 굽는다. 초콜릿 제누아즈 시트(참조. p.418)와 가나슈(참조. p.410)도 만든다. 물 1컵, 설탕 1컵, 럼 약간을 넣고 만든 시럽을 제누아즈에 발라 적신다. 가나슈에 건포도를 섞고, 이 중 1/3은 케이크 글레이징용으로 따로 보관한다. 케이크를 조립한다. 먼저 케이크용 링 안에 구워 놓은 쉭세 반죽 시트를 한 장 깐 다음 초콜릿 제누아즈 시트를 놓고 건포도 가나슈를 한 켜 펴바른다. 두 번째 쉭세 반죽 시트를 올린다. 이 상태로 마무리하거나 따로 남겨둔 가나슈로 케이크 표면을 덮는다. 냉장고에 넣고 최소 24시간 보관한다. 다음 날, 케이크 링을 제거한 후 럼으로 플랑베한 건포도 몇 알을 올려 장식한다.

bavarois rubané au chocolat et à la vanille ▶ BAVAROIS

미셸 브라스(MICHEL BRAS)의 레시피

biscuit de chocolat « coulant », aux arômes de cacao, sirop chocolaté au thé d'Aubrac 비스퀴 드 쇼콜라 쿨랑, 오자롬 드 카카오, 시로 쇼콜라테 오 테 도브락

오브락 허브티 향의 초코 시럽을 곁들인 퐁당 쇼콜라 : 초콜릿 필링을 하루 전날 준비한다. 잘게 부순 커버처 초콜릿 120g에 액상 생크림 200mℓ, 버터 50g, 물 60mℓ를 넣고 약한 불에서 중탕으로 천천히 녹인다. 혼합물을 직경 4.5cm, 높이 3.5cm 원형 틀 6개에 각각 붓고 얼린다. 설탕 30g, 글루코스 시럽 6g, 전분 3g, 물 100mℓ를 거품기로 섞은 뒤 한번 끓여 완전히 혼합한다. 시럽을 불에서 내린 뒤 오브락 허브 티 또는 민트 티 한줌을 넣고 향을 우려낸다. 차갑게 보관한다. 바닥이 두꺼운 냄비에 설탕 50g과 약간의 물을 넣고 캐러멜 색이 날 때까지 가열한다. 차가운 물 60mℓ를 조심스럽게 넣고 캐러멜 가열을 중단한다. 이어서 코코아 가루 30g, 소금을 칼끝으로 조금 넣은 다음 2-3분 끓인다. 필요한 경우 블렌더로 갈아 매끈하게 섞는다. 이렇게 준비한 카카오 쿨리를 냉장 보관한다. 유산지를 폭 7cm, 길이 25cm 크기의 띠 모양 6개로 자른 다음 정제 버터를 바르고 직경 5.5cm, 높이 4cm 무스링 6개의 안쪽에 각각 대준다. 무스링 안쪽에 코코아 가루를 뿌려둔다. 서빙 몇 시간 전, 초콜릿 충전물을 틀에서 분리한 다음 다시 냉동실에 보관한다. 잘게 부순 커버처 초콜릿 110g을 중탕으로 녹인다. 불

Joyeux Anniversaire

Chocolat 초콜릿

"초콜릿은 탐식가들의 죄책감을 덜어줄 만큼 많은 효능을 지니고 있다. 우리는 태블릿 초콜릿이나 봉봉을 깨물어 먹거나 초콜릿 음료를 마시고, 팽 오 쇼콜라에 끼워 넣기도 하며 케이크를 만들어 먹는 등 다양한 방법으로 즐긴다. 파리의 에콜 페랑디, 리츠 호텔, 포텔 에 샤보 등 그 어떤 곳에서든 초콜릿은 언제나 축제다."

에서 내린 뒤 버터 50g, 아몬드 가루 40g, 쌀가루 40g, 달걀노른자 2개를 넣고 살살 혼합한다. 달걀흰자 2개를 휘저어 거품을 낸 뒤 설탕 90g을 넣어가며 더 단단하게 머랭을 올린다. 혼합물에 머랭을 넣고 주걱으로 돌려가며 살살 섞는다. 이 비스퀴 반죽을 깍지를 끼운 짤주머니로 짜 준비해둔 무스링 바닥에 깔아준 다음 냉동시킨 초콜릿 충전물을 정확히 한 가운데에 놓는다. 나머지 비스퀴 반죽으로 표면을 덮고 매끈하게 정돈한 다음 냉동고에서 6시간 얼린다. 얼린 비스퀴를 오븐 팬에 놓고 180°C 오븐에 20분간 굽는다. 서빙 접시에 오브락 허브티 시럽을 조금 깔고 초콜릿 쿨리를 한 바퀴 둘러놓는다. 구운 비스퀴를 조심스럽게 틀에서 꺼내 가장자리의 유산지 띠를 제거한 다음 접시에 담아낸다.

bûche au chocolat et à la framboise ▶ BÛCHE DE NOËL
caramels mous au chocolat noir et au beurre salé ▶ CARAMEL
charlotte au chocolat ▶ CHARLOTTE
chocolat Chantilly ▶ GASTRONOMIE MOLÉCULAIRE
choux au chocolat ▶ CHOU
éclairs au chocolat ▶ ÉCLAIR
gâteau au chocolat de Suzy ▶ GÂTEAU

미셸 게라르(MICHEL GUÉRARD)의 레시피

gâteau au chocolat de maman Guérard 가토 오 쇼콜라 드 마망 게라르

마망 게라르의 초콜릿 케이크 : 버터 280g, 초콜릿 280g을 중탕으로 녹인다. 볼에 달걀노른자 9개, 설탕 280g을 넣고 색이 연해지고 가벼운 질감이 나도록 거품기로 휘저어 섞는다(중탕 냄비 위에 볼을 올리고 약하게 가열하면서 혼합해도 좋다). 두 혼합물을 섞는다. 달걀흰자 5개를 거품 낸 다음 혼합물에 넣고 조심스럽게 섞는다. 버터를 바르고 밀가루를 묻혀 둔 케이크 틀에 준비한 혼합물의 2/3를 채운 뒤 낮은 온도의 오븐에 굽는다. 틀에서 케이크를 꺼내 식힌 다음, 남은 초콜릿 크림 1/3로 표면을 발라 덮은 후 서빙한다. 냉장고에 일주일 정도 보관 가능하며, 구운 케이크에 초콜릿 크림을 바르기 전, 럼 4테이블스푼으로 붓으로 발라 적셔도 좋다.

gâteau aux marrons et au chocolat ▶ MARRON GLACÉ

glaçage au chocolat 글라사주 오 쇼콜라

초콜릿 글라사주 : 8인분 / 준비: 20분 / 조리: 8분

먼저 초콜릿 소스 100g을 만든다. 카카오 70% 다크초콜릿 25g을 칼로 다져 바닥이 두꺼운 냄비에 넣고 물 50mℓ, 설탕 15g, 더블 크림 250mℓ를 더한다. 약한 불로 끓을 때까지 가열한 다음, 주걱으로 저어가며 매끈한 질감의 소스가 완성될 때까지 익힌다. 농도는 나팡트(nappante, 주걱을 들어 올린 뒤 손가락으로 그어 자국을 냈을 때 흐르지 않고 그대로 남아 있는) 상태가 되어야 한다. 초콜릿(카카오 70%) 100g을 잘게 다진다. 냄비에 생크림 80mℓ를 넣고 끓을 때까지 가열한다. 끓기 시작하면 바로 불에서 내린 뒤 다진 초콜릿을 약간 넣고 주걱으로 아주 천천히 냄비 가운데에서 바깥 방향으로 저어가며 섞는다. 같은 방식으로 남은 초콜릿을 여러 번에 나눠 넣고 섞는다. 온도가 60°C 이하로 떨어지면, 작게 자른 버터 20g을 넣고 최대한 적게 저어 녹인 다음, 초콜릿 소스를 넣고 섞는다. 마찬가지로 젓는 것은 최대한 삼간다. 혼합물은 균일하게 섞여야 한다. 초콜릿 글라사주는 따뜻한 온도(35-40°C)로 사용한다.

glace au chocolat noir ▶ GLACE ET CRÈME GLACÉE
lièvre au chocolat ▶ LIÈVRE
marquise au chocolat ▶ MARQUISE
mille-feuille au chocolat ▶ MILLE-FEUILLE
mole poblano du couvent de Santa Rosa ▶ MOLE POBLANO
mousse au chocolat ▶ MOUSSE
profiteroles au chocolat ▶ PROFITEROLE
sauce au chocolat ▶ SAUCE DE DESSERT
saumon KKO ▶ SAUMON
tarte au chocolat au lait et à l'ananas rôti ▶ TARTE
tartelettes au chocolat ▶ TARTELETTE
tarte tiède au chocolat et à la banane ▶ TARTE
truffes au chocolat noir ▶ TRUFFE EN CHOCOLAT

CHOCOLAT (BOISSON) 쇼콜라(음료) 초콜릿(음료). 차갑거나 따뜻한 음료로 초콜릿이나 코코아 가루를 물이나 우유에 풀어서 만든다. 스페인의 멕시코 정복 당시 아즈텍인들은 카카오 원두를 이용해 거품이 일어나는 음료를 만들었고 일부 요리에도 사용했다. 그들은 카카오 원두를 구워 분쇄한 다음 카사바(마니옥) 가루나 밀가루, 각종 향신료를 넣고 소콜라틀(xocolatl)이라는 음료를 만들어 마셨다. 이후 여기에 꿀과 설탕, 계피를 더했으며 용연향과 사향을 넣는 경우도 있었다. 소콜라틀은 상류층이나 접할 수 있는 음료였지만, 스페인 정복자들은 이 걸쭉하고 쓴맛 나는 음료를 좋아하지 않았다. 예수회 선교사들이 이 이국적인 음료에 사탕수수 설탕을 넣어 맛을 개선했고, 이후 식민지 정복자들은 소콜라틀을 유럽에 수입하게 된다.

■ **초콜릿의 빠른 확산.** 초콜릿은 16세기 스페인, 플랑드르, 오스트리아, 네덜란드, 이탈리아, 프랑스에 빠르게 확산되었다. 그러나 초콜릿 음료의 소비는 오랫동안 귀족이나 상류층 계층을 중심으로 이루어졌다. 루이 14세의 집권 이후부터 프랑스 대혁명 시기까지 베르사유 궁정에서는 거품 낸 초콜릿 음료를 즐겨 마셨다. 반 호텐이 19세기 초 물에 녹는 카카오를 발명함으로써 초콜릿 음료의 대중화가 가속화되었다. 오늘날에도 물론 옛날식 초콜릿 음료를 선호하는 이들이 있지만, 매장에는 간단하게 물이나 우유 등에 타 먹을 수 있는 초콜릿 맛의 다양한 파우더 제품들이 출시돼 있다.

- CACAO EN POUDRE 카카오 가루. 100% 카카오 파우더는 최소 20% 이상의 카카오 버터를 함유한다. 함량이 그보다 적은 경우에는 저지방 카카오 파우더라고 부른다.
- CHOCOLAT EN POUDRE 초콜릿 가루. 설탕과 카카오 파우더(최소 32%)의 혼합물로 저지방 또는 탈지방 제품 및 주로 녹여서 사용하는 초콜릿 파우더 또는 가당 카카오 등 다양한 종류가 출시돼 있다. 초콜릿 파우더에는 수용성을 높이기 위한 유화제가 들어갈 수 있고, 바닐라 또는 계피 같은 천연 또는 합성 향료를 사용할 수 있다.
- 아침식사용 인스턴트 가루 믹스. 열량이 높고 초콜릿 함량은 낮다. 다양한 종류의 곡물 가루, 달걀 또는 우유 분말, 향료를 넣거나 비타민이나 무기질이 첨가될 수 있다.

chocolat chaud à l'ancienne 쇼콜라 쇼 아 랑시엔

옛날식 핫 초콜릿 : 카카오 67% 다크 초콜릿 125g을 칼로 다져 볼에 담아둔다. 냄비에 생수 500mℓ, 설탕 50g을 넣고 끓인다. 여기에 카카오 가루 25g을 넣고 거품기로 세게 휘젓는다. 다시 한 번 끓인 다음 불에서 내린다. 다진 초콜릿 위에 세 번에 나눠 붓는다. 중심으로부터 점점 큰 동심원을 그리며 나무 스푼으로 천천히 섞는다. 핸드블렌더로 5분간 갈아 혼합한다. 핫 초콜릿을 4개의 잔에 나눠 담아 뜨거울 때 낸다.

HOCOLATIÈRE 쇼콜라티에르 핫 초콜릿을 서빙하는 주전자의 일종. 높이가 꽤 있는 용기로 윗부분이 잘린 원뿔 모양 또는 불룩하게 배가 나온 듯한 모양이며, 내용물을 따를 수 있는 부리 모양의 주둥이와 나무로 된 긴 손잡이가 수평 방향으로 달려 있다. 뚜껑 가운데에는 구멍이 있어 긴 막대 형태의 거품기를 꽂을 수 있다. 서빙 시 이 거품기를 휘저으면 거품이 풍성한 핫 초콜릿을 만들어 따를 수 있다.

CHOESELS 쇠젤 벨기에의 특선 요리. 쇠젤은 벨기에의 프랑스 계통 방언인 왈롱어로 황소의 고환을 의미하지만 실제로는 소의 지라로 만드는 경우가 많다. 이 명칭이 붙은 요리는 대부분 일반 고기와 다양한 부속에 양파와 맥주를 넣고 약불에서 뭉근히 끓인 스튜 종류다.

피에르 위낭스(PIERRE WYNANTS)의 레시피

choesels au lambic et à la bruxelloise 쇠젤 오 람빅 에 아 라 브뤼셀루아즈

람빅 맥주를 넣어 끓인 브뤼셀식 쇠젤 스튜 : 6인분

소테팬에 버터 125g을 녹인 뒤 양송이버섯 1.1kg을 넣고 노릇하게 볶는다. 간을 한 뒤 닭 육수 650mℓ를 붓는다. 로스트 비프를 구우면서 흘러나온 소기름 125g을 다른 냄비에 옮겨 데운 뒤 쇠젤(소 고환) 300g, 반으로 자른 송아지 족 2개분, 암 송아지 흉선 375g, 토막 낸 소꼬리 2개를 넣는다. 소금으로 밑간을 한 뒤 뚜껑을 덮고 45분간 푹 익힌다. 얇게 썬 흰 양파 450g과 적당한 크기로 썬 송아지 양지 750g을 넣고 30분 더 익힌다. 여기에 크게 깍둑 썬 소 콩팥 375g을 넣고 표면이 어느 정도 단단해지면 람빅 맥주 1,275mℓ를 붓는다. 타임 3줄기, 월계수 잎 3장, 반으로 자른 마늘 1통, 토마토 페이스트 85g, 카트르 에피스(생강, 정향, 넛멕, 후추를 혼합한 4가지 향신료 믹스) 칼끝으로 조금씩 2번, 으깬 주니퍼 베리 6알, 카옌페퍼 1자밤을

넣은 다음 뚜껑을 덮고 30분 익힌다. 소의 지라 375g을 추가하고 버섯 익힌 국물을 넣는다. 20분간 익힌 다음 송아지 족을 제외한 나머지 고기를 전부 건져내고 15분간 더 익힌다. 고기를 모두 큼직하게 썬 다음 양송이버섯과 함께 냄비에 다시 넣는다. 따로 데쳐 익혀둔 소고기 미트볼 250g도 함께 넣어준다. 껍질째 익힌 감자를 곁들여 낸다.

CHOISEUL 슈아죌 서대를 통째로 또는 서대 필레를 떠 포칭해 익힌 뒤 가늘게 채 썬 흰색 송로버섯을 넣은 화이트와인 소스를 끼얹어 내는 요리를 지칭한다.

CHOISY 슈아지 양상추가 들어간 다양한 요리를 가리키는 명칭. 고기 요리에 곁들이는 슈아지 가니시는 샤토 감자와 브레이징한 양상추로 구성된다. 슈아지 오믈렛은 크림을 넣어 익힌 양상추 시포나드로 속을 채우고 크림소스를 빙 둘러 서빙한다. 슈아지 서대는 포칭해 익힌 뒤 화이트와인 소스를 끼얹은 요리로 가늘게 썬 양상추와 버섯을 곁들여 낸다. 슈아지 포타주는 양상추 크림 수프를 지칭한다.

CHOPE 쇼프 비어스타인. 손잡이가 달린 큰 원통형 잔으로 주로 맥주잔으로 쓰인다. 쇼프는 대부분 토기나 도자기, 두꺼운 유리 또는 주석으로 만들어지며 본체와 연결된 뚜껑이 달린 경우도 있다.

일반적인 쇼프의 용량은 330mℓ이나 500mℓ, 1ℓ, 심지어 2ℓ짜리도 있다. 또한 크리스털이나 컷 글라스로 만든 200mℓ 용량 위스키 잔을 쇼프라고 부르기도 한다.

CHOP SUEY 찹 수이 19세기 말 미국으로 건너온 화교들이 미국인 고객들을 상대로 만들어낸 대중적인 미국식 중화요리. 콩나물을 비롯한 갖가지 동양 채소들을 넣고 볶은 일품 요리로, 경우에 따라 해산물이나 닭고기, 돼지고기 등을 넣기도 한다.

CHORBA 초르바 아랍식 수프. 적당한 크기로 자른 양 갈비와 꼬리에 양파와 토마토를 넣고 기름에 볶은 뒤 주키니 호박, 마늘, 타임, 월계수 잎을 넣고 국물을 넉넉히 잡아 끓인 수프로 마지막에 검은 후추와 붉은색 후추로 향을 더한다. 초르바는 걸쭉한 편이며, 병아리 콩, 곡물, 생선 등을 건더기로 넣기도 한다. 수프를 서빙하기 전에 마카로니와 베르미첼리를 넣어준다. 이 수프는 지역에 따라 다양한 형태로 존재하는데, 특히 발칸 반도 국가의 음식 가운데 이와 유사한 것으로는 유고슬라비아 전통 수프인 코르바(corba)와 루마니아 또는 불가리아의 쵸르바 수프(ciorba)를 꼽을 수 있다.

CHORIZO 초리조 초리소, 초리조. 생으로 판매하는 경우도 간혹 있지만, 대개는 고추, 파프리카, 마늘로 양념한 돼지고기 분쇄육으로 속을 채워 건조시킨 길쭉한 모양의 소시지(**참조** 아래 도표 및 p.193-194 샤퀴트리 도감)를 지칭한다. 스터핑 재료는 레시피에 따라 순 돈육, 돼지고기와 소고기 혼합, 또는 말고기, 당나귀, 노새 고기 등 다양하다.

스페인이 원산지인 이 소시지는 피멘톤(pimenton, 스페인 파프리카의 한 종류)으로 향을 낸다. 초리소는 살라미처럼 그대로 썰어 먹거나 기름에 지져 먹는다. 특히 스페인을 대표하는 요리인 코시도(cocido)와 파에야(paella)에 빠지지 않는 재료다.

CHORON 쇼롱 19세기 말 활동했던 캉(Caen) 출신의 프랑스 요리사. 파리 생토노레 가(街) 261번지에서 유명세를 떨치던 카페 부아쟁(Café Voisin)의 주방장이 된 쇼롱은 구운 생선 요리나 안심 스테이크, 반숙 달걀 등에 곁들이는 더운 에멀전 소스 한 종류(토마토를 넣은 베아르네즈 소스)와 서빙용 크기로 잘라 소테한 고기 요리에 곁들이는 가니시(누아제트 감자 튀김, 버터에 조리한 완두콩이나 아스파라거스 윗동을 채운 아티초크 속살)를 개발했고 여기에 자신의 이름을 붙였다.

▶ 레시피 : SAUCE.

CHOU 슈 슈 반죽을 두 번 익혀 완성하는 부푼 형태의 작은 파티스리로 대부분 크림 등의 충전물을 채워 차게 먹는다. 제과에서 슈는 크로캉부슈를 만드는 데 사용될 뿐 아니라, 충전물이나 글레이징에 변화를 주어 다양한 종류의 차가운 프티푸르를 만들 수 있다. 짭짤한 내용물로 속을 채운 슈는 오르되브르로 많이 서빙된다. 이때 사용되는 슈 반죽은 요리용이라 불리며 도핀 감자나 뇨키의 반죽 등으로 요리에서 두루 사용된다.

pâte à choux d'office : 파 타 슈 도피스

요리용 슈 반죽 만들기 : 냄비에 물 1ℓ, 버터 250g, 소금 10g, 넛멕 1자밤을 넣고 끓인다. 불에서 내린 뒤, 체 친 밀가루 600g을 냄비 안에 흩뿌리듯 한 번에 넣고 나무 주걱으로 잘 섞어준다. 다시 불 위에 올린 뒤 반죽이 냄비 벽에 달라붙지 않을 때까지 힘 있게 저어주며 수분을 날린다. 불에서 내리고 반죽을 다른 용기로 옮긴 뒤 달걀 14-15개를 2개씩 넣고 그 때마다 세게 저으며 섞어준다.

pâte à choux sucrée : 파 타 슈 쉬크레

설탕을 넣은 슈 반죽 : 요리용 슈 반죽과 만드는 법은 동일하나 설탕이 들어가는 슈 반죽은 제과용으로 사용된다. 재료는 다음과 같다. 물 250mℓ, 우유 250mℓ, 버터 225g, 체 친 밀가루 275g, 소금 10g, 설탕 10g, 달걀 10개.

짭짤한 맛의 슈

choux au fromage 슈 오 프로마주

치즈 슈 : 버터 30g, 밀가루 30g, 우유 300mℓ를 사용해 베샤멜을 만든 다음, 가늘게 간 그뤼에르나 체스터(chester) 치즈 75g(또는 파르메산 치즈 50g), 넛멕 가루 약간, 소금, 후추를 첨가한다. 혼합물이 미지근해지면, 깍지 낀 짤주머니에 넣고 구워 놓은 슈(약 12개)에 채운다. 알루미늄 포일을 덮고 160°C 오븐에서 은근히 가열한다(치즈의 양을 반으로 줄이고 잘게 깍둑썬 햄 75g을 추가해도 좋다).

choux à la mousse de foie gras 슈 아 라 무스 드 푸아그라

푸아그라 무스를 채운 슈 : 생크림을 휘핑한 다음 푸아그라 무스와 동량(부피 기준)으로 살살 섞는다. 구워서 식혀둔 슈(약 12개) 안에 내용물을 채운 뒤 서빙 시까지 냉장보관한다.

choux à la Nantua 슈 아 라 낭튀아

민물가재 무스를 채운 슈 : 구워서 식힌 작은 슈 안에 차갑게 식힌 민물가재 무스를 채운다. 서빙할 때까지 냉장보관하며, 서빙할 때 따뜻한 낭튀아 소스를 곁들이기도 한다.

choux vert-pré 슈 베르 프레

녹색 채소 슈 : 완두콩, 녹색 강낭콩, 아스파라거스 윗동 등의 퓌레에 크림을 넣어 걸쭉하게 농도를 맞춘 다음 짤주머니를 이용해 작은 슈에 채운다.

달콤한 맛의 슈

choux au café 슈 오 카페

커피 슈 : 크렘 파티시에를 만든 뒤 커피 에센스 또는 뜨거운 물을 조금 넣고 녹인 인스턴트 커피를 넣어 향을 낸다. 퐁당슈거 200g에 커피 에센스나 물 2테이블스푼을 넣고 녹인 인스턴트 커피로 향을 낸 뒤 가열하여 흐르는 농도로 만든다. 짤주머니에 가는 깍지를 끼운 짤주머니를 사용하여 슈 밑면에 구멍을 뚫고 커피 향 크렘 파티시에를 채워 넣는다. 슈를 거꾸로 들고 윗부분의 반 정도를 퐁당슈거에 담갔다 뺀다. 망 위에 놓고 식힌다.

초리소의 종류별 특징

명칭	원산지	외형	용도
스페인 초리소 (칸팀팔로 cantimpalo, 팜플로나 pam-plona, 사모라 samora, 부르고스 burgos)	스페인	규격과 형태가 다양하며 피멘톤이 함유되어 짙은 붉은색을 띤다. 건조 소시지이며, 훈제한 것도 있다.	오르되브르, 아페리티프 등으로 서빙할 때는 차갑게 먹는다. 코시도, 파에야, 오믈렛 등 더운 요리에 넣어 먹기도 한다.
프랑스 초리소 (스페인 초리소에서 파생된 품종)	프랑스 전역	돼지 창자에 스터핑을 채워 넣고 U자 형태로 구부린 소시지(굵기 약 2cm)모양, 또는 약 15cm길이로 만든다. 고추와 파프리카로 인해 붉은 색을 띤다.	애피타이저나 아페리티프로 먹을 때, 카나페 위에 얹을 때는 차갑게 서빙한다. 지중해 특산 더운 요리에 넣어 먹기도 한다.

choux au chocolat 슈 오 쇼콜라

초콜릿 슈 : 크렘 파티시에를 만든 뒤 초콜릿 향을 가미한다. 코코아 가루 50g에 물 2테이블스푼을 넣어 갠 다음 퐁당슈거 200g과 혼합해 초콜릿 향 퐁당슈거를 만든다. 커피 슈와 마찬가지 방법으로 완성한다.

choux à la crème Chantilly en forme de cygne 슈 아 라 크렘 샹티이 앙 포름 드 시뉴

백조 모양의 샹티이 크림 슈 : 슈 반죽을 만든 다음 지름 15mm 원형 깍지를 끼운 짤주머니에 채워 넣는다. 기름을 바른 오븐 팬에 10개의 타원형 슈(백조의 몸통이 될 부분. 개당 1테이블스푼 정도의 반죽 사용)를 짜 놓는다. 지름 4-5mm 깍지로 교체한다. 오븐 팬에 5-6cm 길이의 S(백조의 목이 될 부분)자로 반죽을 짜 놓는다. 180°C로 예열한 오븐에 넣고 타원형 슈 반죽은 18-20분간, S자 반죽은 15분간 굽는다. 굽는 동안 샹티이 크림을 준비한다. 아주 차가운 볼에 차가운 생크림 400mℓ, 차가운 우유 100mℓ, 바닐라슈거 작은 1봉지를 넣고 거품기로 휘핑한다. 크림이 걸쭉해지기 시작하면 설탕 40g을 넣고 계속 휘핑해 샹티이 크림을 완성한다. 냉장 보관한다. 오븐을 끄고 문을 열어 안에 있는 슈를 식힌다. 타원형 슈의 윗부분을 뚜껑처럼 가로로 자른 다음 길이로 이등분한다(백조의 날개가 될 부분). 굵은 별모양 깍지를 끼운 짤주머니에 샹티이 크림을 넣고 타원형 슈 마다 돔 형태로 가득 채운다. 타원형 슈의 한쪽 끝에 S자 슈를 하나씩 박아 고정하고, 크림 속에 날개 모양의 슈를 양쪽으로 꽂는다. 전체적으로 슈거파우더를 뿌려 마무리한다.

choux à la crème Chiboust au café 슈 아 라 크렘 시부스트 오 카페

커피 향 시부스트 크림을 채운 슈 : 슈 12개 분량의 반죽을 준비한다. 버터를 바른 오븐 팬에 구 형태로 슈를 짜고 그 위에 아몬드 슬라이스를 얹는다. 슈를 오븐에 구운 다음 식힌다. 커피로 향을 낸 시부스트 크림을 슈에 채운다. 크림이 굳도록 냉장고에 넣어둔다.

petits choux amandines en beignets 쁘띠 슈 아망딘 앙 베녜

아몬드를 넣은 미니 슈 튀김 : 오븐 팬에 아몬드 슬라이스 50g을 펼쳐 놓고 250°C로 예열한 오븐에서 노릇해질 때까지 굽는다. 색이 난 아몬드 슬라이스를 슈 반죽 500g과 섞는다. 튀김용 기름을 175°C로 예열한다. 티스푼으로 슈 반죽을 뜬 뒤 다른 숟가락으로 밀어내며 작은 구형을 만들어 튀김 기름에 떨어뜨린다. 다 익으면(약 6분) 반죽이 저절로 뒤집어진다. 스무 개 가량의 반죽을 두 번에 나눠 튀겨 서로 달라붙지 않도록 한다. 종이타월에 놓고 기름을 제거한 뒤 전체적으로 슈거파우더를 뿌려 뜨거울 때 서빙한다. 과일 소스(살구, 체리, 라즈베리 등)를 곁들여도 좋다.

CHOU (LÉGUME) 슈(채소) 양배추. 십자화과에 속하는 잎이 무성한 채소(**참조** p.216 양배추 도표 및 도감). 야생 상태에서 자라는 갯배추가 유럽에 유입된 것은 4천 년도 넘은 일이다. 약효로 인해 인기를 얻게 된 갯배추는 빠른 속도로 음식의 영역에 들어와 수프의 주재료가 되면서 널리 쓰이게 되었다. 재배와 자연 도태를 통해 방울양배추, 콜리플라워, 브로콜리, 루타바가, 콜라비, 흰 양배추, 사보이 양배추, 적채 같은 다양한 종류의 양배추가 탄생했다. 배추가 프랑스에 소개된 것은 18세기부터였다.

또한 앤틸리스 제도에서 재배되는 여러 식물 중에도 양배추라는 이름으로 불리는 것들이 있는데, 팜 하트(야자순 chou palmiste), 말랑가(천남성과 식물인 아룸의 뿌리 chou caraïbe) 등이 이에 해당한다.

CHOU DE BRUXELLES 슈 드 브뤼셀 싹 양배추, 방울양배추, 브뤼셀 미니양배추. 특정 양배추 종에 열리는 방울 모양의 식용 싹으로 위로 길게 뻗은 줄기를 따라 층을 이루고 있는 잎겨드랑이에 달려 자란다(**참조** p.216 양배추 도표).

주로 벨기에 및 프랑스 북부 지방에서 재배되나 원산지는 이탈리아다. 방울양배추는 유황과 칼륨, 비타민 B9, C가 풍부하며 열량은 100g당 54kcal(226kJ)이다.

주로 한번 데친 뒤 끓는 물에 삶아 육류 요리(버터, 크림, 화이트 소스)에 곁들여 먹으며 그 외에 그라탱, 퓌레를 만들기도 한다. 브레이징한 뒤 라르동, 버섯과 함께 요리하거나 샐러드에 넣어 차갑게 먹을 수도 있다. 브라방(Brabant)이나 브뤼셀(Bruxelles)식 가니시에 반드시 들어가는 재료다.

방울양배추는 신선 상태뿐 아니라 통조림을 비롯한 보존 포장제품(양념을 첨가하지 않고 멸균하거나 한번 익혀서 알루미늄 호일로 포장)으로도 판매되며, 냉동 보관이 용이하다. 선명한 초록색을 띠고 있으며 잎이 촘촘히 붙어 있는 것을 골라야 한다. 속심을 잘라낸 뒤 맨 겉에 있는 잎 1-2장을 떼어내고 식초 물에 씻어 사용한다.

choux de Bruxelles à l'anglaise 슈 드 브뤼셀 아 랑글레즈

소금물에 삶은 방울양배추 : 끓는 소금물에 방울양배추를 넣는다. 뚜껑을 연채로 30분간 팔팔 끓이며 익힌 다음 건져서 물기를 제거한다. 채소 서빙 용기에 옮겨 담은 뒤 차가운 버터를 곁들여 낸다. 크기가 큰 경우에는 끓는 물에 미리 한번 데쳐 식힌 다음 위와 같은 조리 방법으로 마무리한다.

choux de Bruxelles au beurre ou à la crème 슈 드 브뤼셀 오 뵈르 우 아 라 크렘

버터나 크림에 익힌 방울양배추 : 끓는 소금물에 방울양배추를 넣고 뚜껑을 연 채 삶는다. 약간 단단한 상태를 유지할 정도로만 익힌다. 팬에 버터를 달군 뒤 물기를 뺀 양배추를 넣고 볶는다. 간을 맞춘 다음 뚜껑을 덮고 찌듯이 푹 익힌다. 버터 대신 생크림(양배추 750g기준 100mℓ)을 방울양배추에 끼얹은 다음 뚜껑을 덮고 조리를 마무리해도 된다.

choux de Bruxelles gratinés 슈 드 브뤼셀 그라티네

방울양배추 그라탱 : 방울양배추에 버터를 넣고 익힌다. 이 때 간을 충분히 한다. 그라탱 용기에 버터를 고루 바른 뒤 방울양배추를 놓고 가늘게 간 치즈를 뿌린다. 녹인 버터를 조금 뿌린 다음 275°C로 예열한 오븐에 넣어 그라탱 표면이 노릇해지도록 10분 정도 구워 낸다.

choux de Bruxelles en purée 슈 드 브뤼셀 앙 퓌레

방울양배추 퓌레 : 방울양배추에 버터를 넣고 35분간 익힌 다음 푸드 밀에 넣고 간다. 이렇게 만들어진 퓌레를 약한 불에 올린 뒤 잘 저으며 수분을 증발시킨다. 퓌레 부피의 1/4에 해당하는 양의 감자 퓌레와 생크림(퓌레 1ℓ당 100mℓ)을 넣고 섞는다. 소금, 후추로 간을 맞춘 뒤 아주 뜨거운 상태로 흰살 육류 요리에 곁들여낸다.

choux de Bruxelles sautés 슈 드 브뤼셀 소테

방울양배추 소테 : 팬에 버터를 달군 뒤 삶은 양배추를 넣고 노릇해지도록 지지듯 볶는다. 채소 서빙 용기에 옮겨 담은 뒤 잘게 썬 파슬리를 뿌린다.

CHOU CARAÏBE 슈 카라이브 캐리비안 캐비지. 천남성과에 속하는 아룸(arum)류 식물의 뿌리인 말랑가(malanga)를 뜻한다. 앤틸러스 제도에서 재배되며 순무처럼 조리하여 채소로 먹는다. 캐리비안 캐비지, 이와 유사한 품종인 애쉰 캐비지(chou d'Asheen)는 모두 잎을 이용해 앙티유식 스튜를 만들거나 이 지역의 대표 요리인 콜롬보(Colombo) 또는 커리에 곁들여 먹기도 한다. 뿌리인 말랑가는 강판에 갈아서 동그란 모양으로 튀겨 아크라를 만든다. 이 뿌리로부터 전분을 추출하거나 음료(laodgi, 자메이카 전통 음료)를 만들기도 한다.

CHOU CHINOIS 슈 시누아 배추, 중국 배추, 차이니즈 캐비지. 중국에서 재배하는 배추 류의 일종으로 유럽의 시장에서는 6월에서 3월까지 배추와 청경채(**참조**. 위의 도표 및 p.215 도감), 두 종류의 중국 배추를 찾아볼 수 있다. 짜거나 신맛, 또는 단맛으로 절인 통조림 제품도 나와 있다.

- PAK-CHOÏ 팍 초이. 청경채. 셀러리 줄기처럼 조리한다. 중화요리에서는 청경채를 가늘게 썰어 센 불에 볶거나 소스를 넣고 익혀 돼지고기, 생선, 갑각류에 양념처럼 곁들인다.
- PÉ-TSAÏ 페 차이. 배추. 가늘게 썬 다음 샐러드에 넣어 생으로 먹거나 살짝 데쳐낸 뒤 육즙소스에 또는 새콤달콤한 맛으로 조리하여 먹는다.

chou chinois à la pékinoise 슈 시누아 아 라 페키누아즈

북경식 배추 요리 : 배추의 겉잎은 떼고 속대를 10cm 크기로 썬다. 얇게 슬라이스한 햄을 같은 크기로 썬다. 줄기양파 5-6대를 줄기까지 모두 송송 썬다. 소테팬에 기름 2테이블스푼을 달군 뒤 배추를 넣고 센 불에서 2-3분간 볶는다. 찜기에 배추, 줄기양파를 넣고 고운 소금을 조금 뿌린 다음 30분간 찐다. 배추 켜켜 사이에 햄을 넣고 4-5분간 더 찐다. 배추와 햄을 함께 담아 서빙한다.

chou chinois à la sichuanaise 슈 시누아 아 라 스추아네즈

CHOUX 양배추

chou-fleur violet
슈 플뢰르 비올레. 자색 콜리플라워

brocoli à jets verts
브로콜리 아 제 베르. 그린 브로콜리

mini-brocoli à pomme (romanesco)
미니 브로콜리 아 폼(로마네스코).
미니 로마네스코 브로콜리

chou-fleur
슈 플뢰르. 콜리플라워

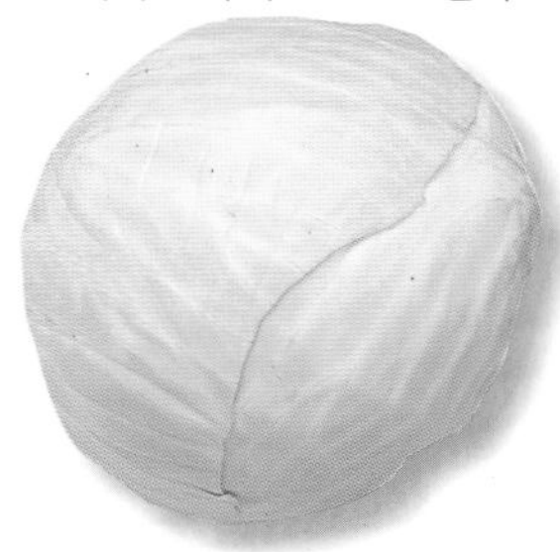

chou blanc à choucroute
슈 블랑 아 슈크루트. 흰 양배추

chou vert pointu (type cabus)
슈 베르 푸앵튀(cabus 양배추 종류). 고깔 양배추.

brocoli à pomme (romanesco)
브로콜리 아 폼(로마네스코).
로마네스코 브로콜리

chou rouge (type cabus)
브로콜리 아 폼(로마네스코). 로마네스코 브로콜리

pak-choï, ou chou de Pékin
팍 초이, 슈 드 페켕. 청경채(중국
배추의 일종)

pé-tsaï, chou chinois
슈 시누아. 배추,

chou vert frisé de Milan
슈 베르 프리제 드 밀랑.
사보이 양배추

양배추 주요 품종과 특징

유형	원산지	시기	외형
방울양배추 *chou de Bruxelles*	벨기에, 노르 파 드 칼레, 피니스테르, 발 드 루아르	10-3월	싹 모양이 작은 결구 양배추를 닮았다. 길게 뻗은 줄기를 따라 지름이 2-4cm인 싹이 달려 있다.
중국 배추 *choux chinois*			
청경채	피레네-오리엔탈, 일반 녹지	12월 말- 3월 말	근대 밑동과 비슷한 모양으로 소라 껍데기 모양의 초록 잎이 덮여 있다.
배추	발 드 루아르, 오를레앙, 피레네-오리엔탈, 일반 녹지	6월 말-12월 중순	얇은 잎이 달린 로메인 상추와 유사하다. 밑 부분은 희끄무레한 색이고 윗부분은 연녹색이다.
콜리플라워 *chou-fleur*			
흰색, 노란색, 보라색 콜리플라워	브르타뉴, 발 드 루아르	연중	꽃송이가 흰색, 연두색, 짙은 보라색을 띠며 크기가 큰 것 또는 미니 사이즈가 있다.
	영불해협 연안	9월 말-6월 말	
	프로방스	10월-12월 말	
	노르 파 드 칼레	6월 중순-10월 중순	
로마네스코 콜리플라워	이탈리아	가을-겨울	꽃송이가 옅은 노란색이며 프랙털 구조를 갖고 있다.
	브르타뉴	8-12월	
그린 콜리플라워	이탈리아, 스페인	가을-겨울	꽃송이가 초록색이다.
	브르타뉴	7월-11월 말	
스웨덴 순무 *choux-navets*			
스웨덴 순무	동부 지역, 오베르뉴, 브르타뉴	9-3월	뿌리가 크고 과육이 흰색이다.
루타바가 rutabaga	일반 녹지	9-3월	구형의 큰 뿌리로 과육은 노란색이다.
결구 양배추 *choux pommés*			
흰 양배추	프랑스 전역, 네덜란드	4월	구형으로 외부는 연녹색, 내부는 흰색으로 작은 것에서 중간 크기까지 있다. 표면이 매끄러운 잎이 달린 양배추이다.
사보이 양배추	프랑스 전역	연중	물집처럼 볼록볼록한 모양의 잎이 곱슬곱슬하게 붙어 있다. 또는 매끈한 잎이 달린 구 형태로 중간 크기부터 대형까지 있고 납작하거나 둥근 모양, 한쪽 끝이 뾰족한 것도 있다.
	브르타뉴(연안), 코탕탱	9월	
적채	일반 녹지, 네덜란드	연중	붉은 보라색의 양배추로 원형 또는 타원형이다. 작은 것부터 중간 크기까지 있다.
슈크루트용 양배추	샹파뉴(오브), 알자스, 사르트	9월 말-10월 말	구 형태로 사이즈가 크며 흰색이다. 일반적인 원형 양배추.
콜라비 *chou-rave*	일반 녹지	6-3월	보랏빛 또는 초록빛을 띠는 공 모양이다.
반결구 양배추 *chou vert en feuilles*	ceintures vertes des villes	연중	다발로 판매되며 초록색의 구불구불한 잎이 달려 있다.

사천식 배추 요리 : 배추 한 통을 준비하고 흙과 불순물을 제거한 후 약 3cm 크기로 썰어 깨끗이 씻는다. 끓는 물에 데친 뒤 찬물에 식혔다가 건져서 물기를 뺀다. 팬에 기름 3테이블스푼을 넣고 달군 뒤 다진 마늘 한 톨을 노릇해질 때까지 볶는다. 배추를 넣고 약간의 사천 고추와 소금을 넣고 잘 저으며 1분간 볶는다. 마르(marc) 1티스푼과 설탕 1티스푼을 넣고 1분간 잘 저으며 익힌다. 간을 맞춘 뒤 아주 뜨겁게 서빙한다.

CHOUCROUTE 슈크루트 가늘게 썬 흰 양배추를 소금에 절여 발효시킨 것으로 주로 삶은 감자와 다양한 고기, 햄, 소시지 등의 샤퀴트리를 곁들여 먹는다. 이 단어는 시큼한 풀이라는 뜻을 가진 독일어 자우어크라우트(Sauerkraut)에서 파생된 알자스어 쉬르크뤼(sûrkrût)에서 왔다. 슈크루트는 이렇게 만들어진 양배추 절임뿐 아니라 다른 재료를 함께 곁들여 먹는 그 요리 자체의 명칭이기도 한다.

슈크루트는 알자스 지역의 특선 요리이며 인근 로렌 지역과 독일의 여러 지역(슈바르츠발트, 바이에른주 등)에서도 즐겨 먹는 음식이다.

슈크루트에 사용되는 양배추 중 가장 유명한 것은 알자스 지역 재래 품종인 캥탈 달자스(quintal d'Alsace)으로, 이것을 가늘게 썰어 나무통이나 토기로 된 단지에 넣고 절이는 전통적인 방식으로 슈크루트를 만든다.

■ **만드는 법.** 양배추의 녹색 겉잎과 상한 이파리를 떼어 버리고 단단한 속심도 제거한다. 양배추 슬라이스용 특수 채칼이나 날이 넓은 칼을 사용해서 양배추를 아주 가는 끈 모양으로 썬 다음 씻어서 물기를 완전히 제거한다.

토기로 된 큰 용기 바닥에 넓은 양배추 잎이나 포도나무 잎을 깔고 그 위에 양배추를 켜켜이 놓는다. 한 켜를 깔 때마다 굵은 소금을 덮어준 다음 주니퍼베리를 뿌린다. 마지막 층까지 쌓아올린 뒤 굵은 소금을 한 줌 뿌리고 면포를 씌운다. 용기 지름보다 작은 크기의 뚜껑을 얹고 무거운 돌로 눌러준다. 다음 날이면 돌 무게로 인해 배추의 수위가 좀 내려가고 물이 뚜껑 위로 올라오는데, 이는 매우 정상적인 현상이다. 내용물이 담긴 용기를 서늘한 곳에 놓고 슈크루트를 발효시킨다. 약 3주가 지나 양배추 위에 더 이상 거품이 뜨지 않게 되면 그때부터 슈크루트를 먹을 수 있다. 안에 들어 있는 액체를 차가운 새 물로 교체해준다. 매번 일정량의 슈크루트를 덜어 내고 나면 표면에 생기는 노출된 액체는 따라 버리고 그 위에 면포를 다시 덮은 뒤 마찬가지로 뚜껑을 덮고 돌로 눌러 놓는다. 그리고 차가운 새 물을 보충해준다.

1921년 미식 작가 퀴르농스키(Curnonsky)와 마르셀 루프(Marcel Rouff)는 자신들의 저서 『맛있는 프랑스(*France gastronomique*)』에서 진짜 슈크루트 조리법을 소개하기도 했다. 이 레시피에 따르면 진정한 슈

크루트에는 신성한 소시지 3종(프랑크푸르트, 스트라스부르, 몽벨리아르 소시지)과 양의 양지살, 소 우둔살, 거위 넓적다리, 그 외 여러 가지 염장육이 들어가야 한다.

독일식 슈크루트는 라인강 유역에서 생산되는 포도주를 넣고 조리한다. 보통 그릴에 구운 뉘른베르크 소시지, 프랑크푸르트 소시지, 훈제 돼지 등갈비, 정강이살, 돼지 뒷다리 햄 등과 함께 서빙된다. 여기에 삶은 감자 대신 사과를 곁들여 먹는다.

생선을 곁들이는 응용 버전 슈크루트의 경우는 리즐링(riesling)이나 실바네르(sylvaner) 와인에 재워 놓은 양배추 절임을 닭 육수 또는 와인에 넣고 익힌다. 여기에 훈제연어, 훈제대구, 염장대구, 대문짝넙치, 가리비, 아귀, 어육 소시지 등의 생선과 다양한 가니시를 곁들여 먹는다. 뵈르 블랑(beurre blanc) 소스나 무슬린 소스(sauce mousseline) 등을 함께 서빙한다. 이와 같은 생선 슈크루트 레시피는 큰 성공을 거두었다.

■ **앙시(Hansi)의 레시피.** 일명 앙시 아저씨(oncle Hansi)라고 불렸던 알자스 출신의 유명 만화가 장 자크 왈츠(Jean-Jacques Waltz, 1873 – 1951)는 자신의 고향 콜마(Colmar)의 슈크루트 레시피를 유일한 정통식이라 주장하며 아래와 같은 레시피를 소개하기도 했다.

주석도금 동냄비(또는 토기 냄비)에 돼지 기름이나 거위 기름 두 테이블스푼을 두른 뒤 잘게 썬 양파를 넣고 노릇한 색이 날 때까지 볶는다. 여기에 슈크루트 1파운드를 넣는다. 슈크루트는 너무 숙성된 것보다 생생한 상태로 딱 알맞게 익은 것이 좋으며, 아주 살짝 물에 헹구거나, 헹구지 않고 그대로 사용한다. 화이트와인 한 잔을 넉넉히 붓고, 작게 썬 사과 1개, 주니퍼베리 알갱이 10알 정도(작은 천으로 티백처럼 싸서 넣는다)를 넣어준다. 슈크루트가 거의 잠길 정도로 육수를 부은 뒤 뚜껑을 닫고 2-3시간 동안 익힌다. 서빙 1시간 전에 훈제 삼겹살 베이컨 1파운드를 넣는다. 서빙 30분 전에 키르슈를 작은 리큐어 잔으로 반 잔 넣어준다. 미리 뜨겁게 데워 놓은 원형 서빙 접시에 슈크루트를 담는다. 삼겹살과 등갈비, 콜마르 소시지(슈크루트 끓이는 냄비에 넣거나 따로 약하게 끓는 물에 넣어 미리 10분 정도 충분히 데워둔다)를 먹기 좋은 크기로 잘라 빙 둘러 놓는다. 껍질째 익힌 수분이 적은 포슬포슬한 감자를 곁들여 서빙한다.

슈크루트의 전통적인 가니시로는 일반적으로 훈제 삼겹살과 돼지 목살, 염장 돼지 등갈비, 끓는 물에 삶아 익힌 소시지 등을 가장 많이 먹는다.

슈크루트는 소위 알자스식 요리(가금류, 일반 고기요리, 돼지 앞다리살, 자고새, 달걀 프라이, 식용달팽이, 생선, 수프 등)에 곁들여 먹으며, 이러한 음식을 만드는 데 재료로도 사용된다.

choucroute à l'alsacienne 슈크루트 아 랄자시엔

알자스식 슈크루트 : 익히지 않은 슈크루트 2kg을 찬물로 헹군 뒤 물기를 제거하고 덩어리로 뭉쳐 있는 부분은 손으로 풀어준다. 오븐을 190°C로 예열한다. 당근 2-3개와 큰 양파 2개의 껍질을 벗긴 뒤 당근은 작은 큐브모양으로 썰고, 양파에는 정향을 한 개씩 박는다. 작은 거즈 천에 껍질 깐 마늘 2쪽, 통후추 1티스푼, 주니퍼베리 1티스푼을 넣고 티백처럼 묶어준다. 주물 냄비 바닥과 벽면에 돼지 기름이나 거위 기름을 바른 뒤 슈크루트의 절반 정도를 깔아준다. 그 위에 당근, 양파, 묶어 놓은 향신료 주머니, 부케가르니 1개, 염장 돼지 뒷다리를 놓고 남은 슈크루트도 전부 넣어준다. 알자스산 드라이 화이트와인 1잔을 넣고 내용물이 잠길 정도로 물을 충분히 붓는다. 소금 간을 약하게 한 뒤 뚜껑을 덮고 불 위에서 가열한다. 끓기 시작하면 오븐에 넣고 1시간 동안 익힌다. 끓인다. 슈크루트 안에 돼지 훈제 앞다리살 한 덩어리(중간 크기), 500-750g짜리 훈제 삼겹살 1덩어리를 넣고 뚜껑을 덮은 뒤 다시 불에 올려 가열하고, 끓기 시작하면 오븐에 넣는다. 1시간 30분 동안 익힌 다음 삼겹살 덩어리를 건져내고 감자 1.25kg을 넣는다. 30분간 더 익힌다. 아주 약하게 끓는 물에 스트라스부르 소시지 6-8개를 넣고 데친다. 슈크루트가 다 익으면 향신료 티백, 부케가르니, 정향을 건져낸 뒤 삼겹살을 다시 넣고 10분간 데운다. 큰 접시에 슈크루트를 담고 감자, 소시지, 일정한 두께로 자른 고기 재료들을 보기 좋게 곁들인다.

기 피에르 보만(GUY-PIERRE BAUMANN)의 레시피

choucroute aux poissons 슈크루트 오 푸아송

생선 슈크루트 : 주물 냄비에 거위 기름 70g을 넣는다. 껍질을 벗기고 얇게 썬 양파와 다진 마늘 3톨을 넣고 색이 나지 않게 볶는다. 작은 거즈 천에 월계수 잎 1/2장, 타임 1줄기, 주니퍼베리 몇 알, 커민 2티스푼을 넣고 티백처럼 묶어 냄비 안에 넣는다. 따뜻한 물에 헹궈 손으로 물기를 꼭 짠 슈크루트 1.2kg과 훈제 삼겹살 또는 반염지(또는 훈제) 돼지 정강이 살을 냄비에 넣는다. 드라이 화이트와인(알자스산이면 더 좋다) 200mℓ, 물 한 컵, 굵은 소금 2-3자밤, 갓 갈아낸 후추를 약간 넣는다. 뚜껑을 덮고 1시간 30분간 뭉근히 익힌다. 차가운 우유에 100g짜리 훈제대구 4조각을 차가운 우유에 넣고 가열한다. 끓기 시작하면 불을 줄인 뒤 약하게 끓는 상태로 10분간 익힌다. 불을 끈 다음 뜨겁게 보관한다. 팬에 버터를 조금 바르고 다진 샬롯을 고루 뿌린 뒤 드라이 화이트와인 1컵과 물 1컵을 붓는다. 여기에 연어 필렛 400g, 토막 낸 아귀 살 400g을 넣고 소금, 후추로 살짝 간 한다. 알루미늄 호일로 뚜껑을 덮고 뜨거운 오븐에서 10분간 익힌다. 익히는 국물이 끓어오르면 안 된다. 로스팅팬을 오븐에서 꺼내 생선을 뒤집어 놓고 뜨겁게 유지한다. 작은 소스팬에 다진 샬롯 4개, 화이트와인 100mℓ, 화이트와인 식초 150mℓ를 넣는다. 수분이 모두 증발할 때까지 센 불로 졸인 다음 생크림 150mℓ를 넣는다. 2분간 끓인 뒤 불을 줄이고 작은 조각으로 잘라둔 버터 400g을 넣는다. 계속 거품기로 저으며 섞는다. 소금, 후추로 간을 맞춘 뒤 체에 거른다. 냄비에서 돼지고기를 건져낸 다음 슈크루트를 접시에 담고 그 위에 생선을 올린다. 익힌 분홍새우와 홍합으로 얹고 소스를 끼얹는다. 딜과 처빌, 큐브 모양으로 잘게 썬 토마토를 뿌려 장식한 뒤 아주 뜨거운 상태로 낸다.

navets en choucroute ▶ NAVET
salade de choucroute à l'allemande ▶ SALADE

CHOU-FLEUR 슈 플뢰르 콜리플라워. 꽃송이가 비대하게 발달된 양배추의 한 유형(**참조** p.216 양배추 도표 p.215 도감)이다. 흰색(간혹 연한 녹색)의 구형 꽃머리 부분인 콜리플라워는 아주 조직이 치밀하고 단단하며, 통통하고 빽빽한 살이 짤막한 잔가지처럼 갈래를 이루며 붙어 있다. 겉은 푸른빛이 도는 녹색의 아삭한 잎으로 둘러싸여 있으며, 이 잎이 싱싱한 것이 안쪽의 콜리플라워 헤드 부분의 상태도 좋다. 콜리플라워의 줄기와 속심 부분은 수프를 만들거나 채소 테린 등에 넣어 활용하면 좋다. 로마네스코 브로콜리는 일반 콜리플라워와 약간 다르다. 연한 녹색으로 일반 콜리플라워보다 더 원추형에 가까우며, 헤드 부분이 확연히 더 돌출되어 있어 독특한 시각적 아름다움도 제공한다.

콜리플라워는 칼로리가 낮고(100g당 30kcal 또는 125kJ), 유황, 칼륨, 철분, 비타민(특히 비타민 C와 B9)이 풍부하며 양배추류 가운데 가장 소화가 잘된다. 고대 로마 시대에 이미 알려진 콜리플라워는 16세기 중반 키프로스와 이탈리아를 통해 프랑스에 들어온 이후 바로 활발하게 재배되었으며, 특히 브르타뉴 지역은 유럽 최대의 콜리플라워 생산지다.

■ **사용.** 콜리플라워는 생채소로 소금에 찍어 먹거나 각종 야채를 넣고 뭉근하게 익혀 먹기도 하며 물에 삶아 포타주, 퓌레, 차가운 샐러드용으로 사용한다. 또한 수플레, 그라탱, 아 라 올랑데즈(à la hollandaise), 아 라 폴로네즈(à la polonaise) 식으로 조리하거나 한번 끓는 물에 데친 뒤 볶음, 소테, 튀김으로 만들어 먹기도 하며 피클 만들 때 넣기도 한다. 콜리플라워는 뒤바리(Du Barry)식 요리나 가니시를 구성하는 대표적 재료다.

콜리플라워는 통째로(식초 물에 담갔다가 맑은 물로 헹궈 사용) 익히거나 작은 꽃송이 모양대로 떼어 분리한 다음 깨끗이 씻어 익힌다. 익히는 동안 강한 냄새가 나는 경우가 많다. 콜리플라워를 익힐 때는 소금을 넣지 않은 물에서 팔팔 끓여 일단 한번 데친 뒤 채소 데침용 블랑액에 넣어 익히는 게 좋다. 이 때 굳은 빵 한 조각을 같이 넣으면 특유의 유황 냄새를 어느 정도 제거할 수 있다. 마지막에 레몬즙을 넣어 주면 변색을 막고 탱글탱글한 식감을 유지할 수 있다.

chou-fleur au gratin 슈 플뢰르 오 그라탱

콜리플라워 그라탱 : 콜리플라워를 작은 꽃송이 모양대로 떼어 분리한 다음 소금물에 삶거나 증기에 찐다. 버터 두른 팬에 노릇하게 볶은 뒤, 미리 버터 발라둔 그라탱용 오븐 용기에 옮겨 담고 모르네 소스를 끼얹는다. 가늘게 간 그뤼에르 치즈를 고루 얹고 녹인 버터를 뿌린 다음 275°C로 예열한 오븐에서 그라탱을 10분 정도 노릇하게 굽는다(그뤼에르 치즈 대신 파르메산 치즈를 사용해도 좋으며, 콜리플라워를 놓기 전 그라탱 바닥에도 조금 뿌려 준다).

chou-fleur à la polonaise 슈 플뢰르 아 라 폴로네즈

폴란드식 콜리플라워 : 콜리플라워를 큼직한 꽃송이 모양으로 떼어 분리한 다음 압력솥에 찐다. 증기가 배출되기 시작한 순간부터 4분 정도만 익혀 약간 단단한 상태를 유지한다. 원형 서빙 접시에 콜리플라워를 원래 모양대로 조합하여 담고, 삶은 달걀 다진 것 2-3개와 잘게 썬 파슬리를 뿌린 뒤 따뜻하게 유지한다. 녹인 버터 75g를 팬에 넣고 여기에 굳은 빵 속살 75g을 잘게 부수어 넣는다. 황금색이 날 때까지 볶아 뜨거운 상태에서 콜리플라워 위에 고루 부어 서빙한다.

gelée de caviar à la crème de chou-fleur ▶ GELÉE DE CUISINE
pickles de chou-fleur et de tomate ▶ PICKLES
rougets à la mandarine et purée de chou-fleur ▶ ROUGET-BARBET

CHOUM 초움 중국 및 동남아시아 국가에서 소비되는 증류주. 발효된 쌀을 증류하여 만든 술로 과일이나 꽃 에센스를 넣어 향을 첨가하기도 한다.

CHOU PALMISTE 슈 팔미스트 캐비지야자, 팜 하트, 야자 순. 일부 야자나무, 특히 앙티유를 비롯한 서인도제도의 캐비지야자나무 말단에 달리는 열매의 새순으로 코코 캐비지 글루글루 캐비지 티코코 캐비지라고도 불린다. 연한 부분은 생으로 얇게 썰어 샐러드로 사용하며, 좀 더 단단한 부분은 익혀서 아크라, 그라탱, 오믈렛 가니시로 사용한다. 맛은 아티초크와 약간 비슷하다. 유사하다. 팜하트(heart of palm, coeur de palmier)라는 이름의 통조림 제품으로도 판매된다.

---

chou palmiste en daube 슈 팔미스트 앙 도브

야자 순 스튜 : 야자 순을 흐르는 물에 헹군 뒤 물기를 닦아 제거한다. 소테팬에 돼지기름을 넣는다. 야자 순을 5cm 크기로 자른 뒤, 익는 동안 모양이 흐트러지지 않도록 하나씩 실로 묶어 소테팬에 가지런히 놓는다. 약한 불에서 30분 정도 노릇하게 지져 익힌다. 토마토 퓌레 1테이블스푼을 넣은 뒤 진하게 농축된 닭 육수를 자작하게 붓고 졸인다. 잠깐 오븐에 넣었다가 표면이 그라탱처럼 노릇해지기 전에 꺼내 접시에 담고 졸인 소스를 조금 끼얹어 서빙한다.

CHOU POMMÉ 슈 포메 결구(結球) 양배추. 여러 겹의 잎사귀가 구 모양으로 겹쳐지며 속을 채운 각종 양배추를 통칭한다. 색과 형태에 따라 다양한 종류로 분류되며, 겉잎이 매끄러운 고깔 양배추(chous cabus), 올록볼록한 기포가 있거나 구불구불한 잎이 달린 사보이 양배추(choux de Milan) 모두 여기에 속한다(**참조** p.216 양배추 도표 p.215 도감).

양배추는 칼로리가 낮고 무기질과 비타민(특히 날로 섭취할 때)이 풍부하다. 여러 종류의 가니시(플랑드르식, 오베르뉴식, 베리식, 스트라스부르식)로 사용되며, 클래식 요리뿐 아니라 투박한 시골풍의 요리에도 두루 쓰인다. 수프, 포테 등의 재료로 많이 쓰이며, 양배추 잎 안에 소를 채워 만드는 슈 파르시(chou farci)와 같은 요리도 인기 있는 메뉴다.

프랑스 동부와 북부 요리에서는 대부분 흰 양배추와 적채를 많이 사용하고, 중부, 서부, 남부 요리에는 녹색 양배추가 더 많이 활용된다.

---

chou braisé 슈 브레제

브레이징한 양배추 : 양배추를 데친 뒤 건져서 찬물에 식힌 다음 물기를 제거한다. 잎을 한 장씩 떼어 내고 굵은 잎맥도 제거한다. 당근 껍질을 필러로 벗긴 뒤 깍둑 썬다. 비계를 절반 정도만 제거한 돼지 껍데기를 주물 냄비 바닥에 깔고 그 위에 깍둑 썬 당근과 양배추를 켜켜이 쌓는다. 소금, 후추, 간 넛멕, 정향 1개를 박은 양파, 부케가르니 한 개를 넣어준다. 재료의 2/3 높이까지 육수를 붓고 아주 얇게 저민 돼지비계를 한 장 덮어준다. 뚜껑을 덮고 불 위에서 가열한다. 끓기 시작하면 180°C로 예열된 오븐에 넣고 1시간 30분 동안 익힌다.

---

chou farci 슈 파르시

속을 채운 양배추 : 물에 소금을 넣고 끓인 뒤 양배추를 통째로 넣고 7-8분 정도 데친다. 흐르는 찬물에 식힌 다음 물기를 빼고 속심을 도려낸다. 물에 적신 얇은 면포(또는 거즈)를 작업대에 펼친다. 그 위에 일정 길이로 자른 주방용 실 4개를 방사형으로 교차시켜 놓는다. 모든 실이 교차하는 중간 지점에 양배추를 놓고 큰 잎을 한 장씩 벌려 놓는다. 가장 중앙에 있는 잎들은 빼낸 다음 잘게 다져 소금, 후추 간을 한 돼지분쇄육과 동량(부피 기준)으로 섞는다. 양배추의 가운데 빈 부분에 이 소를 채운 다음, 둘러싸고 있는 넓은 잎들을 중앙으로 모아 덮어 둥근 양배추 형태를 만든다. 그 위에 아주 얇게 저민 돼지비계나 베이컨 두 줄을 십자 모양으로 감싸 얹은 다음 실로 묶어 형태를 유지한다. 면포로 양배추를 감싼 뒤 다시 실로 묶는다. 주물 냄비 바닥에 비계를 반 정도만 제거한 돼지 껍데기를 깔고 베이컨 100g, 당근 150g, 양파 150g을 모두 작게 깍둑 썰어 넣는다. 그 위에 양배추를 놓고 기름기가 있는 육수를 재료가 겨우 잠길 정도로 붓는다. 뚜껑을 덮고 불 위에서 가열한 다음 끓기 시작하면 200°C로 예열된 오븐에 넣어 1시간 30분 동안 익힌다. 양배추를 건져 면포를 벗겨내고 비계를 떼어낸다. 우묵한 접시에 담은 뒤 뜨겁게 유지한다. 냄비에 남은 국물을 반으로 졸인 뒤 양배추에 끼얹어 서빙한다.

---

chou rouge à la flamande 슈 루즈 아 라 플라망드

플랑드르식 적채 요리 : 적채의 겉잎을 떼어내고 세로로 4등분 한 다음 아랫부분에 있는 단단한 속심을 잘라낸다. 양배추를 가늘게 썰어 씻은 뒤 물기를 제거한다. 주물 냄비에 버터 40g을 녹인 뒤 양배추를 넣고 소금, 후추, 식초 1테이블스푼으로 간을 한 뒤 뚜껑을 덮은 상태로 약한 불에서 익힌다. 그동안 새콤한 맛이 있는 사과 3-4개의 껍질을 벗겨 4등분하고 속과 씨를 제거한 뒤 얇게 슬라이스한다. 양배추를 1시간 정도 익힌 뒤 사과를 넣고 비정제 황설탕 1테이블스푼을 솔솔 뿌려준다. 다시 뚜껑을 덮고 20분간 더 익힌다.

---

chou rouge à la limousine 슈 루즈 아 라 리무진

리무쟁식 적채 요리 : 양배추의 겉잎을 떼어내고 단단한 속심을 도려낸 다음 가늘고 길게 썬다. 주물 냄비에 돼지 기름 4테이블스푼을 녹인 뒤 양배추와 알이 굵은 밤 20개가량을 속껍질까지 까서 넣는다. 육수를 재료의 높이까지 붓고 소금, 후추로 간한 뒤 뚜껑을 덮고 1시간 30분동안 약한 불로 뭉근히 익힌다. 돼지 등심 로스트나 폭찹 등에 곁들여 서빙한다.

faisan au chou ▶ FAISAN
morue à la santpolenque, au chou vert et pommes de terre, sauce légère à l'ail ▶ MORUE
paupiettes de chou ▶ PAUPIETTE
paupiettes de chou aux coquillages façon « Georges Pouvel » ▶ PAUPIETTE
perdrix au chou ▶ PERDREAU ET PERDRIX
salade de chou rouge ▶ SALADE
salade de perdrix au chou ▶ SALADE

CHOUQUETTE 슈케트 속을 채우지 않은 작은 슈로 우박설탕이나 분태 아몬드 또는 둘을 모두 얹어 구워 낸다. 슈 반죽을 사용해 만들며 대개 베이커리나 파티스리에서 중량을 달아 판매한다.

CHOU-RAVE 슈 라브 콜라비. 양배추에서 분화한 식용 채소(순무양배추라고도 부른다)로 줄기가 비대해져 순무처럼 구형을 하고 있으며 크기는 오렌지만 하다(**참조** p.216 양배추 도표, p.498-499 뿌리채소 도감). 어릴수록 식감이 연하며 순무 또는 셀러리악과 같은 방법으로 조리해 먹는다.

CHRISTMAS CAKE 크리스마스 케이크 영국에서 전통적으로 크리스마스 시즌에 먹는 프루츠 케이크(크리스마스 푸딩은 크리스마스 정찬 후에 먹는다). 잉글랜드식 크리스마스 케이크(아일랜드식과 스코틀랜드식[아이싱을 씌우지 않은 던디 케이크 Dundee cake]도 있으며 둘은 아주 비슷하다)는 큰 사이즈의 둥글고 평평한 모양으로 반죽은 파운드케이크와 비슷하며 말린 과일, 당절임 과일, 아몬드, 향신료, 리큐어 등이 풍성하게 들어간다. 구워낸 케이크에 살구 나파주를 바르고 경우에 따라 얇게 민 마지팬으로 윗면과 둘레를 덮는다. 이어서 로열 아이싱을 두툼하게 씌운 뒤 모양을 내어 장식한다. 당절임한 체리와 크리스마스 분위기를 살려주는 잉글리시 홀리(호랑가시나무) 가지를 얹어 완성한다.

CHRISTMAS PUDDING 크리스마스 푸딩 영국의 크리스마스 전통 케이크로 소 콩팥 기름, 건포도, 빵가루, 밀가루, 당절임 과일을 기본 재료로 하여 만든다. 케이크 반죽을 넣은 용기를 끓는 물 위에 놓고 몇 시간 동안 중탕으로 익힌 뒤 브랜디나 럼을 붓고 불을 붙여 뜨거운 채로 서빙한다. 크리스마스 푸딩은 미리 만들어 놓을수록 좋으며 아주 오랫동안 보관할 수 있다(냉장보관 시 1년까지 가능). 예전에는 큰 구형으로 만들어 면포로 감싸 익혔지만, 요즘은 주로 도기로 된 우묵하고 둥근 틀을 사용하며, 면포로 싸는 방법은 여전히 이용되고 있다.

Christmas pudding 크리스마스 푸딩

크리스마스 푸딩 : 소 콩팥 기름 500g을 잘게 자른다. 씨를 제거한 설타나 건포도와 코린트 건포도를 각각 250g씩 준비한다. 당절임한 과일 껍질 250g(또는 캔디드 오렌지 필 125g, 당절임 체리 125g), 속껍질까지 벗긴 아몬드 125g, 레몬 제스트 2개분을 모

두 잘게 다진 뒤 재료를 모두 볼에 담고, 갓 갈아낸 빵가루 500g, 밀가루 125g, 카트르 에피스 25g, 계피 25g, 넛멕 반 개 간 것, 소금 한 자밤을 넣어 잘 섞어준다. 여기에 우유 300mℓ, 풀어 놓은 달걀 7-8개를 하나씩 넣으며 섞는다. 럼(또는 브랜디) 2잔, 레몬즙 2개분을 넣는다. 모든 재료를 잘 섞어 균일한 반죽을 만든다. 밀가루를 뿌린 면포에 반죽을 넣고 싼 다음 공 모양으로 만들어 입구를 실로 단단히 묶거나 기름을 바른 우묵한 원형 도기 틀에 반죽을 채워 넣고 유산지나 면포로 덮는다. 끓는 물에 넣어 약 4시간 동안 익힌다(틀에 넣어 중탕으로 익히는 경우 시간을 좀 더 넉넉히 잡아야 하며 반대로 면포에 싼 푸딩이 물과 직접 접촉하는 경우에는 시간이 덜 걸린다. 두 경우 모두 1시간 정도 더 익혀도 아무 문제가 없다). 푸딩을 싼 면포 또는 익힌 틀 그대로 서늘한 곳에 두면 최소 3주 이상 보관할 수 있다. 푸딩을 먹을 때는 중탕으로 2시간 동안 다시 데운 다음 면포를 벗기거나 틀에서 분리한다. 잉글리시 홀리(호랑가시나무) 가지로 장식한 다음 럼이나 브랜디를 뿌리고 불을 붙여 서빙한다.

CHRYSANTHÈME COMESTIBLE 크리장템 코메스티블 식용 국화. 국화과의 식물로 6월경에 싹이 나기 시작하며 꽃잎은 노란색으로 물냉이 맛이 난다. 일본, 중국, 베트남 등지에서 샐러드용으로 사용된다(**참조** p.369-370 식용 꽃 도감). 꽃은 말려서 차처럼 향을 우려내 마시기도 한다.

CHTCHI 슈치 러시아식 진한 수프의 일종으로, 절인 양배추를 진한 육수에 넣고 익힌 다음 미리 끓는 물에 데쳐 둔 소 양지머리와 오리(또는 닭) 살코기, 염장 삼겹살, 훈제 소시지 등을 넣고 함께 끓여준다. Tschy, Stschy 라고 표기하기도 하며, 수프 용기에 담아 러시아식 사워크림인 스메타나와 회향 또는 다진 파슬리를 얹어 서빙한다.

또한 시금치, 수영, 쐐기풀 등의 녹색 잎채소를 넣어 만들기도 한다.

CHURROS 추로스 추로, 추로스. 가늘고 긴 모양의 스페인식 튀김 과자로 구부리거나 돌돌 만 형태로도 만든다. 밀가루, 물, 소금으로 만든 반죽을 별 모양 깍지를 끼운 짤주머니에 채운 다음 뜨거운 기름에 짜 넣고 튀긴다. 추로스에 설탕을 뿌려 아침 식사로 먹기도 한다.

CHUTNEY 처트니 과일 또는 채소(또는 둘을 혼합하기도 한다)에 식초와 설탕, 향신료를 넣어 잼 같은 농도가 될 때까지 익힌 새콤달콤한 양념이다.

인도 전통 음식의 일부이지만 실상 처트니(강한 향신료를 뜻하는 힌두스탄어 chatni에서 유래된 영어 단어)는 피클과 마찬가지로 식민지 시대부터 시작된 영국 특산 음식이라고 할 수 있다.

처트니는 다양한 열대 과일(망고, 코코넛, 파인애플, 타마린드 과육 등)뿐 아니라 서구에서 쉽게 구할 수 있는 재료들(가지, 토마토, 양파, 멜론, 포도, 체리, 사과 등)로도 만들 수 있다. 재료를 갈아 고운 퓌레처럼 만든 처트니도 있는 반면 굵직한 덩어리가 씹히는 것들도 있다. 어떤 종류의 처트니든 모두 시럽 농도의 즙이 있는 것이 특징이며, 어떤 것들은 아주 매운 맛을 갖고 있다.

재료를 2시간 정도 익힌 뒤 유리병에 밀봉해 잼처럼 보관한다. 처트니는 간이 심심하거나 자극적인 맛이 없는 요리에 양념처럼 곁들여 맛을 돋우기도 하며, 특히 찬 음식(닭, 생선, 햄, 삶은 고기 남은 것 등)과 함께 먹으면 아주 잘 어울린다.

올리비에 롤렝제(OLIVIER ROELLINGER)의 레시피

chutney 쇠트네

처트니 : 속과 씨를 제거한 홍피망 1/4쪽을 3mm 크기로 깍둑 썬다. 배 1개, 그래니스미스 사과 1개, 파인애플 1개의 껍질을 벗겨 5mm 크기로 깍둑 썬다. 생강 30g의 껍질을 벗겨 잘게 다진다. 냄비에 쌀 식초 2테이블스푼과 비정제 황설탕 2테이블스푼을 넣고 가열한다. 끓기 시작하면 잘게 썰어 둔 피망과 과일, 생강, 코린트 건포도 1테이블스푼, 커민 씨 5알을 넣어준다. 센 불로 15분간 팔팔 끓인다. 불에서 내린 뒤 밀폐용 유리병에 넣는다. 냉장고에서 며칠간 보관할 수 있다.

chutney à l'ananas 쇠트네 아 라나나스

파인애플 처트니 : 냄비에 흰색 식초 1ℓ와 갈색 설탕 500g, 겨자씨 2테이블스푼, 정향 5개, 통계피 스틱 1개, 생강가루 깎아서 1티스푼을 넣고 15분간 끓인다. 무가당 파인애플 청크 통조림 큰 것 2개의 액체를 따라낸 뒤 과육만 냄비에 넣는다. 설타나 건포도 또는 말라가 건포도 250g을 넣어준다. 뚜껑을 덮지 않은 상태로 혼합물이 마멀레이드 농도가 될 때까지 약불에서 익힌다. 열탕 소독한 유리 밀폐용기에 뜨거운 처트니를 담는다.

chutney aux oignons d'Espagne 쇠트네 오 조니옹 데스파뉴

스페인 양파 처트니 : 스페인 양파(알이 굵고 맵지 않은 양파) 2kg을 껍질을 벗겨 링 모양으로 저민다. 주물 냄비에 양파와 비정제 황설탕 700g, 말라가 건포도 또는 설타나 건포도 400g, 드라이 화이트와인 400mℓ, 화이트와인 식초 400mℓ, 마늘 2톨, 잘게 썬 생강 콩피 300g, 커리 파우더 1자밤, 정향 5개를 넣고 가열한다. 끓기 시작하면 그때부터 1시간 45분-2시간 동안 익힌다. 식힌 뒤 유리 밀폐용기에 넣는다.

CHYPRE 시프르 키프로스. 키프로스의 요리는 그리스와 터키, 양쪽으로부터 영향을 받았다. 신들이 인간들과의 만찬을 즐겼다는 이 키프로스 섬은 융숭한 접대 문화의 전통이 살아 있는 곳이다.

■ **애피타이저.** 함께 음식을 나누는 기쁨과 손님을 대접하는 문화의 상징인 메제(Mezze, 전채 요리 모둠 플래터)는 아주 대중적인 유대 전통음식이다.

메제데스(mezedhes)는 오르되브르를 뜻하기도 하고, 작게 자른 여러 재료의 조합을 의미하기도 한다. 가지 수가 많고 다양하게 구성된 메제 상차림에는 훈제 햄, 훈제 소시지(키프리아카 루카니카 kipriaka loukanica), 올리브, 달걀, 잠두콩과 같이 간단한 음식들 외에도 샐러드(가지가 들어간 멜린자노살라타 melintzanosalata)나 좀 더 조리 과정이 복잡한 키베(koupes, kibbeh, 향신료를 넣어 양념한 다진 고기를 밀가루 반죽으로 감싸 튀긴 음식) 등도 포함된다.

쌀로 만드는 또 하나의 대표적인 요리인 필라프는 렌틸콩이나 시금치에 곁들여 먹는다. 쌀은 밀가루로 대체할 수 있다.

마늘, 스파이스, 향신 허브는 키프로스 미식에서 요리에서 빼놓을 수 없을 만큼 널리 쓰이는 재료다.

■ **육류와 생선.** 육류(소고기, 양고기, 송아지고기, 특히 돼지고기)는 주로 꼬치에 꿰어 석쇠에 굽거나 라구 형태(보디노 카사롤라스vodhino casarolas, 쇠고기 라구)로 만들어 먹는다. 다진 고기는 각종 채소에 채워 넣는 지중해 스타일 요리를 만드는 데 사용되며 무사카(moussaka)나 칼로이르카(kaloyirka, 다진 고기를 넣은 파스타)와 같은 요리에도 들어간다.

다른 지중해 지역 국가들과 마찬가지로 키프로스에서는 해산물을 많이 먹는다. 염장대구, 황새치, 문어, 오징어 등을 즐겨 먹으며 주로 오븐에 익히고 석쇠에 굽거나 소스를 넣어 조리한다(양파를 곁들인 문어 요리인 옥타포디 스티파도 octaphodhi stifado, 속을 채운 오징어 요리인 카마마리아 이예미스타 kamamaria yiemsta 등).

■ **과일과 디저트.** 시트러스 과일의 종류가 다양해 각종 시럽과 리큐어의 생산이 활발하며 특히 만다린 귤 리큐어가 유명하다. 제과류는 특히 동구권이나 중동 지역 전통 레시피의 영향을 받아 시럽과 꿀을 듬뿍 넣은 디저트들이 많다(로크마데스 lokmades, 피시에스 pishies).

■ **와인.** 키프로스의 와인은 이미 고대 이집트인과 그리스인, 로마인들이 즐겨 마셨으며, 중세에는 십자군 병사들에 의해 서유럽 전역에 전파되었다. 키프로스는 세계에서 가장 오래된 와인 중 하나인 코만다리아(commandaria)를 생산한다. 이 와인은 레드, 로제와인용 마브로(mavro)와 화이트용 시니스테리(xynisteri) 포도품종으로 만들어진다. 수확시기를 훨씬 지나 완전히 무르익고 단맛이 농축된 상태에서 딴 적포도와 청포도를 블렌딩해 만든 이 스위트 와인은 이미 8세기 전부터 제조되어 왔다(코만다리아라는 이름은 12-13세기에 활동했던 기독교의 성전기사단, commanderie de Templiers을 연상시킨다). 단맛이 강하고 향이 풍부하며, 와인에서는 찾아보기 쉽지 않은 팽 데피스(pain d'épices) 노트 및 코린트 건포도, 꿀 향을 갖고 있다.

대부분의 포도밭(18,000헥타르)에서 마브로를 재배하고 이것으로 알코올 도수가 높고 꽉 찬 바디감의 레드와인과 로제와인을 생산한다. 이 와인들은 현지에서 아주 인기가 많다. 시니스테리 품종으로는 아프로디테(aphrodite)나 아르시노에(arsinoé) 같은 우수한 품질의 드라이 화이트와인을 생산한다.

CIABATA / CHAPATA 치아바타 또는 차파타 치아바타 빵. 주로 이탈리아 북부, 특히 롬바르디아에서 즐겨 먹는 빵으로 넓적한 직사각형 모양을 하고 있어 이와 같은 이름으로 불린다(이탈리아어로 치아바타는 실내화라는 뜻

이다). 수분 함량이 높으며 장시간 발효한 반죽으로 구운 치아바타 빵은 발효 시간이 길다. 빵 속살은 폭신하고 부드러우며 진한 올리브유 향이 난다. 크러스트는 얇고 매끈하며 일반적으로는 표면에 밀가루를 뿌린다.

CIBOULE & CIBOULETTE 시불, 시불레트 쪽파(ciboule), 차이브, 서양실파(ciboulette). 두 종류 모두 마늘, 양파와 마찬가지로 파과에 속하는 방향성 식물들이다(**참조** p.451-454 향신 허브 도감). 통통하고 속이 비어 있는 녹색의 시불레트 줄기는 시불(또는 cive)의 줄기보다 가늘며 마늘 향 또한 덜하다. 시불레트와 시불은 타라곤, 파슬리, 처빌 등과 마찬가지로 향신허브 식물에 해당한다. 줄기뿐 아니라 흰색 구근 부분도 통통하게 여문 경우 얇게 송송 썰어 요리에 사용한다.

중국이 원산지인 식물로 동남아시아 요리에 아주 많이 사용되는 재료다. 신선한 생차이브는 아주 잘게 송송 썰어 샐러드 드레싱에 알싸한 향을 더하거나 크림 치즈에 섞어 향을 내기도 한다. 또한 오믈렛에 넣어 향을 더해주거나 조리 시 채소를 작은 단으로 묶을 때 끈처럼 사용하기도 한다.

▶ 레시피 : TOMATE.

CIDRE 시드르 사과주, 애플사이더. 시드르는 사과즙을 자연 발효시켜 만든 알코올 음료로 이미 고대에도 제조되었던 것으로 전해진다. 프랑스에서는 샤를마뉴 대제가 처음으로 시드르 제조에 관한 법규를 제정했다. 시드르의 생산은 12세기, 사과나무 재배에 안성맞춤인 기후를 가진 노르망디와 브르타뉴 지역을 중심으로 점점 증가했으며, 급기야 갈리아족의 세르부아즈(호프를 넣지 않고 보리 등의 곡물로 빚은 발효주로 맥주의 조상 격)를 밀어내고 그 자리를 차지하게 되었다.

칼바도스(Calvados), 망슈(Manche), 오른(Orne), 일에빌렌(Ille-et-Vilaine), 마옌(Mayenne)은 시드르 생산량이 가장 많은 지역이며, 디낭(Dinan)과 푸에낭(Fouesnant) 산 시드르도 유명하다. 영국에서도 시드르를 생산하고 있으며 소비량도 많은 편이다. 일반적으로 영국 시드르는 프랑스 시드르보다 색이 밝고 알코올 도수가 더 높다(설탕이나 사과농축액을 넣어 맛을 보강하는 공정이 금지돼 있다).

■ **제조.** 시드르 제조의 관건은 수백 종에 달하는 다양한 사과 중 최적의 것들을 선별하고 이들을 조화롭게 블렌딩하여 밸런스가 좋은 시드르를 만드는 것이다. 사과는 완전히 익은 상태로 수확하고 그대로 며칠간 쌓아 두었다가 분쇄한 뒤 압착하여 즙을 추출한다. 사과즙은 발효균이나 설탕의 첨가 없이 약 한 달가량 자연발효시킨다. 침전물이나 맛에 영향을 줄 수 있는 불순물을 제거해 더욱 순수하고 정제된 시드르를 만들기 위해 찌꺼기를 걸러주는 과정(soutirage)을 1-2회 거친다. 이후 시드르의 품질과 판매 방식에 따라 필터링 여부가 결정되며, 원거리 배송의 경우에는 저온살균 과정을 통해 안정화시킨다. 병입한 시드르는 탄산 가스로 채워져 있기 때문에 기분 좋은 기포는 물론 과일 향이 가득한 청량감을 유지할 수 있다. 시드르는 갈증을 해소하는 청량 알코올 음료인 동시에 식사에 곁들일 수 있는 주류라고도 할 수 있다.

■ **규정.** 관련 법규에 따르면 시드르(cidre)라는 명칭은 생사과즙(또는 생배와 사과의 혼합물)을 발효한 것에만 붙일 수 있다. 순수 즙(pur jus)이란 표시는 물을 첨가하지 않은 시드르에만 해당된다. 시드르의 알코올 도수가 최소 4.5%Vol. 이상이면 브뤼(brut), 3%Vol. 이하면 두(doux)라는 명칭을 붙일 수 있다. 스위스에서 시드르 두는 발효되지 않은 사과즙을 지칭한다. 미국에서 사이더(cider)는 착즙한 사과주스를, 하드 사이더(hard cider)는 시드르를 의미한다.

시드르 부셰(cidre bouché)라는 명칭은 전통적 제조 방식에 따라, 병입 시 잔류 당을 일정량 남겨두는 것을 의미한다. 남은 당은 특유의 향과 기포를 만들어내기 때문에 병마개를 샴페인처럼 철사로 단단히 묶어야 한다.

노르망디의 몇몇 지역에서 시드르를 증류해 만드는 브랜디(오드비)는 아펠라시옹 칼바도스 콩트롤레(appellation calvados controlée)라는 AOC 표시를 할 수 있다(**참조** CALVADOS).

▶ 레시피 : CANARD, CREVETTE, LAPIN, NAVET.

CIGALE DE MER 시갈 드 메르 매미새우. 바위가 많은 해저에 서식하는 갑각류 해산물로 닭새우와 비슷하다(영어로는 슬리퍼 랍스터라고 부른다). 몸은 갈색 또는 녹색을 띠고 있고 꼬리의 힘이 강하며, 살은 고급스럽고 섬세한 맛을 갖고 있다(**참조** p.285 갑각류 해산물 도표). 총 5개의 종이 있으며 그중 가장 잘 알려진 것은 큰 매미새우(지중해산. 길이 최장 45cm, 무게 2kg)와 작은 매미새우(길이 7-10cm)다. 매미새우는 집게발이 없으며 두 쌍의 더듬이를 갖고 있는데 이 중 한 쌍은 넓적한 판 형태다. 알은 소스에 넣어 조리하기도 한다.

---

cigales de mer au safran en brochettes 시갈 드 메르 오 사프랑 앙 브로셰트

사프란 향을 입힌 매미새우 꼬치 : 작은 매미새우 몇 마리를 씻은 뒤 물기를 닦아낸다. 약간의 사프란과 올리브유, 레몬즙, 다진 마늘, 잘게 썬 파슬리, 잎만 떼어낸 타임, 소금, 후추를 혼합한 양념에 매미새우를 넣고 30분 최소 30분 이상 재운다. 매미새우를 꼬치에 끼우고 센 불에서 석쇠에 굽는다.

CIGARETTE 시가레트 튜브 모양의 바삭한 구움과자로 러시아 담배라는 뜻의 시가레트 뤼스(cigarette russe)라고도 부른다. 랑그드샤와 같은 반죽으로 만들며, 오븐 팬 위에 납작한 원반 모양으로 펴서 굽는다. 오븐에서 꺼낸 뒤 과자가 아직 따뜻하여 말랑말랑할 때 동그란 나무 스틱에 말아 가는 원통형으로 만든다.

---

cigarettes russes 시가레트 뤼스

러시아 시가레트 : 제과용 오븐 팬에 버터를 바른다. 오븐을 180°C로 예열한다. 버터 100g을 중탕으로 녹인다. 달걀흰자 4개에 소금 1자밤을 넣고 휘핑하여 단단한 거품을 올린다. 볼에 밀가루 90g, 설탕 160g, 바닐라슈거 1작은 봉지, 녹인 버터를 넣어 섞은 다음, 거품 낸 달걀흰자를 넣고 주걱으로 살살 돌려가며 섞는다. 오븐 팬 위에 반죽을 얇게 펴 놓은 뒤 지름 8cm의 얇은 원반 모양으로 자른다. 살짝 노릇한 색이 날 때까지 오븐에서 10분간 굽는다. 오븐 팬에서 반죽을 뗀 뒤 바로 시가레트 모양으로 돌돌 만다. 완전히 식힌 다음 쿠키 틴에 넣어 보관한다.

CINGHALAISE (À LA) (아 라) 생갈레즈 스리랑카 싱할라식 소스(sauce cinghalaise)를 곁들인 찬 생선 요리나 흰살 육류를 지칭한다. 싱할라 소스는 잘게 썬 채소에 각종 허브를 넣고 오일 드레싱으로 버무린 비네그레트의 일종으로, 소스에 들어간 커리는 스리랑카(실론) 요리의 풍미를 내 준다.

CINQ-ÉPICES 생크 에피스 오향. 팔각, 정향, 회향, 계피, 후추 등 다섯 가지 향신료를 혼합한 양념 믹스. 분말 형태로 빻아 간장, 글루타민산염 등과 함께 사용한다. 오향은 육류나 가금류나 일반육을 굽거나 소테하기 전에 바르는 양념으로도 사용된다.

▶ 레시피 : PORC.

CINQUIÈME GAMME 생키엠 감 식품 제조 및 저장 방식 분류 중 제5그룹에 해당하는 멸균 진공포장 식품을 가리킨다. 고온 처리(채소나 일부 조리 식품은 저온살균하면 상온에 보관할 수 있다) 또는 적정 온도(육류와 생선은 85°C 이하)로 처리한 조리, 반조리 음식을 지칭하며 포장된 상태로 매장 신선코너에 진열되어 판매된다(이 상태로 며칠간 냉장보관이 가능하다). 보관 시간과 온도를 함께 감안하여 지키는 것이 관건이며, 제품 레이블에 명시된 냉장 보관(0-3°C) 기간을 잘 준수해야 위생 안전을 철저히 유지할 수 있다.

CINQUIÈME QUARTIER 생키엠 카르티에 제5의 부위라는 뜻으로 정육용 동물의 도체(척추를 중심으로 두 덩이의 전 분할도체와 두 덩이의 후 분할도체, 총 네 부분으로 나뉜다)에 해당하지 않는 모든 부위를 총칭한다. 이 부위에는 붉은색 부속 및 내장, 흰색 부속 및 내장, 가죽, 뿔 등의 기타 부산물이 모두 포함된다(**참조** ABATS, ISSUES).

CIOPPINO 치오피노 해산물이 풍부한 지역에서 많이 먹는 캘리포니아식 요리로 흰살생선, 대하, 대합조개, 홍합 등에 마늘, 토마토, 화이트와인을 넣고 끓인 곁들인 해산물 스튜의 일종이다.

CIPAILLE / CIPÂTE 시파유, 시파트 두꺼운 주물 냄비에 다양한 재료를 넣은 뒤 항상 두툼한 반죽 크러스트를 덮어 오븐에서 몇 시간 동안 익힌 퀘벡 지방의 요리다. 생선 타르트(sea-pie)의 영어 이름을 따 시파유라고 부르게 되었다고 주장하는 사람도 있고, 반죽 시트 여섯 장(six-pâtes)을 사용하여 이 파이를 만들었기 때문에 시파트라는 이름이 붙었다고 말하는 사람도 있다. 전통적으로 산토끼와 자고새를 포함한 여섯 종류의 고기(six viandes)

CISELER DES HERBES 허브 잘게 썰기

손가락을 오므려 한 손으로 허브를 잡고 다른 한 손을 사용해 칼끝으로 허브를 자른다. 이때 칼날 부분이 살짝 바깥쪽을 향해 기울어져 있어야 한다.

로 만든 파테(paté)에서 이 명칭이 유래했다고 주장하기도 한다.

대가족을 위한 이 요리는 이제 명절이나 특별한 축일 식사 때가 아니면 찾아보기 힘든 음식이 되었다. 베리류의 작은 과일(라즈베리, 블루베리 등) 시파유는 과일 사이사이에 총 6겹의 파트 브리제가 들어가며, 바닥이 깊은 타르트 틀에 넣어 굽는다.

cipaille au lièvre 시파이 오 리에브르

산토끼 시파유 : 밀가루 325g, 베이킹파우더 7g, 소금 7g, 유지류 85g, 우유 100mℓ, 물 100mℓ를 혼합해 시트용 반죽을 만든다. 무쇠 냄비 바닥에 얇게 슬라이스한 염장 삼겹살 30g을 깔고 그 위에 깍둑썬 닭가슴살 175g, 깍둑 썬 산토끼 살코기 175g, 다진 돼지고기 125g, 잘게 썬 양파 250g을 펴 놓는다. 기호에 따라 혼합한 향신료 가루를 뿌린다. 소금, 후추로 간 한 뒤 깍둑 썬 감자 300g을 넣는다. 반죽을 크기에 맞춰 민 다음 덮어준다. 고기와 양파를 동량으로 추가한다. 재료의 3/4 정도 높이까지 물을 붓는다. 맨 위에 반죽을 다시 한 장 덮은 뒤, 익는 동안 수증기가 빠져나가도록 가운데에 칼집을 낸다. 뚜껑을 덮고 180°C로 예열한 오븐에 넣어 2시간 익힌 뒤 오븐 온도를 130°C로 낮추고 2시간 더 익혀 완성한다.

CISEAUX & CISAILLES 시조, 시자유 가위와 절단기. 두 개의 날로 이루어진 조리 도구로 대부분 세척 시 분해할 수 있게 돼 있다. 손잡이에 다양한 용도로 사용할 수 있는 홈이나 돌출부와 같은 장치(병따개, 호두까기, 헤이즐넛 까는 기구, 통조림 오프너, 씨 제거기 등)가 달려 있는 것도 있다.

- **요리용 가위**. 19-32cm 길이의 일자 날로 이루어져 있으며 향신용 허브를 자르거나 특정 채소, 고기를 손질하기 위해 일부분을 떼어낼 때 사용한다.
- **생선용 가위**. 날이 크고 튼튼하며, 일자뿐 아니라 홈이 팬 톱니 날로 된 것도 있다. 생선을 손질하고 다듬을 때(지느러미, 꼬리, 척추가시, 측면에 붙어 있는 가시를 자르는 용도) 사용한다.
- **가금류용 가위(전지용 가위)**. 날이 더 짧고 두꺼우며 매우 튼튼하다. 익힘 여부와 관계없이 가금류를 토막으로 자르거나 일부 뼈를 절단하는 등의 용도로 쓰인다.
- **포도용 가위**. 은이나 은도금으로 된 테이블 액세서리로, 커다란 포도송이를 작게 분할해 자를 때 사용한다.

CISELER 시즐레 몸체가 통통한 도톰한 생선(특히 고등어)나 앙두이에트 표면에 너무 깊지 않게 비스듬히 칼집을 내다. 이렇게 손질한 재료는 양념이 더 빨리 잘 배어 든다. 또한 채소나 향신 허브를 시즐레 한다는 것은 아주 잘게, 아주 가늘게 또는 아주 작은 주사위 모양으로 써는 것을 의미한다.

CÎTEAUX 시토 소젖으로 만든 부르고뉴 지방의 세척외피 비가열 압착치즈(지방 45%)(**참조** p.390 프랑스 치즈 도표). 시토(Cîteaux, Côte-d'Or) 수도원의 수도사들이 만드는 치즈로 지름 18cm, 두께 4cm, 무게 1kg 가량의 원반형이다. 생 폴랭(saint-paulin) 치즈와 비슷한 종류이나 시토 치즈의 과일 풍미가 훨씬 진하다.

CITRON 시트롱 레몬. 시트러스류의 과일로 운향과 식물인 레몬나무의 열매다. 레몬의 과육은 신맛이 나고 과즙이 많으며 향이 있는 노란색의 다소 두꺼운 껍질로 싸여 있다(**참조** p.223 레몬 도표, p.222 도감). 녹색 레몬이라는 뜻의 시트롱 베르라고도 불리는 라임은 레몬의 사촌격인 시트러스류 과일이며, 지중해 라임과 세드라(cédrat, 레몬보다 껍질이 두껍고 신맛이 덜하며 시트론이라고도 불린다)도 같은 부류에 해당한다(**참조** CÉDRAT, CITRON VERT, LIME).

■ **역사.** 인도 또는 말레이시아가 원산지인 레몬 나무는 아시리아 제국에 도입된 이후 고대 그리스와 로마로 전파되었다. 이곳에서는 레몬의 조상격인 세드라(페르시아의 사과로 불렸다)가 이미 요리의 양념으로 또는 의학적 효능을 지닌 열매로 널리 사용되었다. 중세에는 십자군 원정대가 팔레스타인으로부터 레몬을 비롯한 몇몇 시트러스 식물을 들여왔고 이에 따라 스페인, 북아프리카, 이탈리아에서 본격적인 재배가 시작되었다. 프랑스에는 18세기까지 초등학생들이 학년을 마치면서 선생님들에게 드리는 사례의 뜻으로 레몬을 선물하는 풍습이 있었다.

레몬은 또한 미용 제품(시대별 유행에 따라 여성들은 레몬이 안색을 밝게 하고 입술 색을 아름다운 진홍빛으로 만들어 준다고 믿었다)으로도 사용되었다. 특히 비타민 C, 비타민 PP, 구연산, 칼슘이 풍부하여 괴혈병(각종 출혈을 동반하며 대항해시대에 뱃사람들을 괴롭힌 질병이었다) 치료에 탁월한 효과가 있다.

요즘에는 레몬을 연중 쉽게 구할 수 있으며, 요리, 제과, 당과류 및 음료 제조업 분야에서 다양하게 사용되고 있다.

■ **즙.** 손으로 눌러 짜거나 레몬 압착기를 이용하여 얻을 수 있는 레몬즙은 무엇보다(일부 채소의 갈변을 방지하는) 천연 산화방지제로 활용되며, 블랑케트나 라구 등 다양한 요리에도 쓰인다. 또한 마리네이드액이나 쿠르부이용에 넣기도 하고, 생채소 양념이나 샐러드 드레싱에 식초 대용으로, 몇몇 소스에도 새콤한 맛을 내는 용도로 쓰인다. 아이스크림, 소르베, 그라니타, 청량음료 등에는 대량으로 사용되기도 한다. 남미와 오세아니아 지역에서는 날 생선을 레몬즙에 담가 놓는 것이 하나의 익힘 방식으로 간주되는 경우가 많다(**참조** COCKTAIL, JUS DE FRUIT, LIMONADE).

■ **제스트와 껍질.** 시트러스류 열매는 대부분 디페닐 처리(레이블에 명시됨)를 거치므로, 껍질을 사용할 경우에는 유기농 또는 무농약, 무처리 레몬을 고르는 것이 좋다. 레몬 제스트는 용도에 따라 강판으로 갈거나 필러를 사용해 얇게 저며 내기도 하고 설탕으로 문질러 긁어낼 수도 있다. 주로 제과(크림, 플랑, 무스, 수플레, 타르트)에서 향을 내는 데 사용되며, 레몬 콩피나 시트로나(citronnat, 당절임한 제스트) 상태로 비스퀴나 파운드케이크 등에 넣기도 한다.

■ **과일.** 레몬을 원형 슬라이스 또는 웨지 형태로 잘라 해산물 모둠 플래터, 생선튀김, 짭짤한 튀김 요리, 빵가루를 입혀 튀기거나 부친 요리에 곁들인다. 또한 전통적으로 홍차에 곁들여 낸다. 레몬 과육은 몇몇 스튜류와 소테, 타진 요리에 양념으로 사용되기도 한다. 소금물에 절인 레몬은 북아프리카 마그레브 지역의 생선 및 고기 요리에 향을 내는 재료로 무척 자주 사용된다. 이 지역에서는 전통적인 재료인 지중해라임 대신 레몬을 사용하는 경우가 많다. 그 외에도 레몬은 잼, 마멀레이드, 레몬 커드, 처트니, 타르트를 만드는 데 사용되며, 레몬 속을 통째로 비운 뒤 그 껍질 안에 레몬 과육으로 만든 소르베나 아이스크림을 채워 얼린 디저트(citrons givrés, citrons glacés)를 만들기도 한다.

■ **에센스 오일.** 레몬은 당과류와 리큐어 제조에 천연 향료로 사용된다. 일부 가향 차에 향을 내는 데 쓰이기도 한다.

achards de légumes au citron ▶ ACHARD
beurre de citron ▶ BEURRE COMPOSÉ
caneton au miel de lavande et au citron ▶ CANETON ET CANETTE

citron soufflé 시트롱 수플레

레몬 수플레 : 냄비에 버터 100g을 넣고 잘 저어 부드러운 포마드 상태로 만든다. 설탕 60g과 체 친 밀가루 100g을 넣은 다음 끓인 우유 300mℓ를 부어 잘 섞는다. 주걱으로 저으면서 내용물을 끓인 다음 슈 반죽을 만들 듯 수분을 증발시킨다. 불에서 내린 뒤 레몬즙 2개분, 달걀노른자 5개, 단단히 거품 올린 달걀흰자 6개분, 설탕 40g, 끓는 물에 데친 뒤 잘게 다진 레몬 제스트 2테이블스푼을 넣고 잘 섞는다. 수플레 용기에 버터를 바른 뒤 설탕을 묻혀 둔다. 수플레 혼합물을 채워 넣은 뒤 100°C로 예열된 오븐에서 40분간 중탕으로 익힌다. 레몬 제스트로 향을 낸 크렘 앙글레즈와 함께 서빙한다. 작게 만든 피낭시에를 머핀용 종이 케이스에 담아 함께 내도 좋다.

citrons confits 시트롱 콩피

레몬 콩피 : 무농약 또는 무처리 레몬 1kg를 씻어 물기를 닦은 뒤 가로로 두툼하게 슬라이스한다. 고운 소금 3테이블스푼을 고루 뿌려 12시간가량 절인다(크기가 작은 레몬은 세로로 4등분해 절여도 된다). 건져서 물기를 꼼꼼히 제거한 뒤 넓은 밀폐용기 유리병에 차곡차곡 담고 내용물이 잠길 때까지 올리브오일을 붓는다. 직사광선을 피해 서늘하고 건조한 곳에 최소 1달간 보관해두었다가 먹는다. 개봉 후 덜어 먹고 난 뒤에는 반드시 뚜껑을 밀폐해둔다.

citrons farcis 시트롱 파르시

속을 채운 레몬 :올리브를 30개 정도 준비해 씨를 뺀 다음 6개는 따로 남겨 두고 나머지는 파슬리 한 송이와 함께 다진다. 껍질이 두껍고 큰 레몬 6개의 꼭지 부분을 뚜껑처럼 잘라낸다. 끝이 날카로운 작은 숟가락을 이용해 껍질에 구멍을 내지 않고 속을 완전히 파낸다. 통조림(플레인) 참치 또는 연어의 살을 잘게 부수고 껍질과 가시를 제거한다. 속껍질까지 제거한 레몬 과육과 즙, 다진 올리브와 파슬리, 삶은 달걀노른자 4개, 작은 볼 1개 분량의 아이올리 소스를 모두 생선살에 넣고 섞은 뒤 간을 맞춘다. 이 소 혼합물을 레몬 껍데기 안에 채워 넣고 블랙 올리브를 각각 한 개씩 올려 장식한 뒤 서빙할 때까지 냉장고에 넣어 둔다(참치 또는 연어와 아이올리 소스 조합 대신 정어리와 오일, 버터 베이스로 소를 만들어 사용해도 좋다).

citrons givrés 시트롱 지브레

소르베를 채운 레몬 : 껍질이 두꺼운 무공해, 무처리 레몬을 큰 것으로 준비해 꼭지 부분을 뚜껑처럼 가로로 잘라낸다. 가장자리가 날카로운 숟가락을 이용해 껍질에 구멍을 내지 않고 속을 완전히 파낸 뒤 냉장고에 넣어둔다. 파낸 레몬 과육을 착즙하여 체에 거른 다음 레몬 소르베를 만든다. 소르베가 완성되면 냉장고에 두었던 레몬 껍데기 안에 채워 넣고, 잘라두었던 뚜껑을 덮는다. 서빙 전까지 냉동 보관한다. 아몬드 페이스트로 만든 잎으로 장식한다.

confiture de citron ▶ CONFITURE
crème au citron ▶ CRÈMES D'ENTREMETS
daurade royale au citron confit ▶ DAURADE ROYALE ET DORADES
délice au citron ▶ DÉLICE ET DÉLICIEUX
filets mignons de veau au citron ▶ VEAU
flan meringué au citron ▶ FLAN
gratin de fraises au sabayon de citron ▶ GRATIN
lemon curd ▶ LEMON CURD
lemon squash ▶ COCKTAIL
manqué au citron ▶ MANQUÉ
mousse de citron ▶ MOUSSE
poulet au citron ▶ POULET
sandre grillé aux cardons, filet d'huile d'olive et citron ▶ SANDRE
sardines aux asperges vertes et au citron de Menton confit ▶ SARDINE
sorbet au citron ▶ SORBET
tarte meringuée au citron ▶ TARTE
zestes de citron confits au vinaigre ▶ ZESTE

CITRONNADE 시트로나드 레몬에이드. 생수 또는 병입된 탄산수에 레몬즙(한 잔당 3테이블스푼)과 설탕을 섞어 만든 청량음료. 미리 만들어 레몬 제스트를 넣은 다음 냉장 보관하면서 향을 우려내는 것이 좋다. 고운 체에 걸러 서빙한다. 한편 프레시 레몬 착즙 주스(citron pressé)는 마실 때 바로 잔에 착즙해 물과 섞어 서빙한다.

CITRONNELLE 시트로넬 레몬그라스. 벼과에 속하는 방향성 식물로 말레이시아가 원산지이며 레몬을 연상시키는 향이 난다(**참조** p.451-454 향신 허브 도감). 말린 잎은 인도네시아 음식과 중국음식뿐 아니라, 생선을 재우는 양념이나 육류의 구이 요리에 많이 사용된다.

시트로넬은 또한 브랜디에 레몬 제스트의 향을 우려낸 리큐어의 일종으로 바베이도스의 물(eau des Barbades)이라고도 불린다.

시트로넬이라는 명칭은 레몬과 유사한 향이 나는 여러 식물(서던우드, 몰다비카, 레몬 유칼립투스, 레몬 밤, 레몬 버베나 등)에 붙이기도 한다.

CITRONS 레몬

cédrat
세드라. 세드라 레몬, 시트론

citron jaune d'Espagne
시트롱 존느 데스파뉴. 스페인 레몬

limette de Thaïlande
리메트 드 타일랑드. 카피르 라임

citron jaune de Menton
시트롱 존느 드 망통. 망통산 레몬

citron jaune de Nice
시트롱 존느 드 니스. 니스산 레몬

lime, ou citron vert
라임, 시트롱 베르. 라임

레몬의 주요 품종과 종류와 특징

종류	원산지	시기	맛과 외형
노란 레몬 *citrons jaunes*			
유레카 eureka	미국	연중	녹색 빛이 도는 노란색으로 껍질이 얇고 과즙이 풍부하며 시고 향이 진하다.
인테르도나토 interdonato	이탈리아 남부, 시칠리아	9-10월	베르나보다 길쭉하고 씨가 없으며 과육알갱이가 잘고 과즙이 많으며 시다.
프리모피오레 primofiore	이탈리아, 스페인	10-12월	껍질이 얇고 한쪽 끝이 유두 모양으로 돌출되어 있는 특징이 있다. 씨가 거의 없고 과즙이 아주 많다.
베르델리 verdelli	이탈리아, 스페인	5-9월	녹색에 가까우며 과즙이 적고 향이 약하다.
베르나 verna	이탈리아, 스페인	2-7월	짙은 노란색으로 씨가 없고 과즙이 아주 많다.
라임, 그린 레몬 *lime, ou citron vert*	앤틸러스 제도, 남아메리카	연중	보통 초록색이나 가끔 노란 빛을 띠기도 한다. 과즙이 풍부하고 신맛이 아주 강하다.

CITRONNER 시트로네 요리에 레몬즙을 첨가하거나 마무리 과정에서 식재료에 뿌리는 것을 의미한다(**참조** ACIDULER). 반으로 자른 레몬 단면으로 몇몇 채소(아티초크 밑동, 셀러리악, 양송이 버섯)의 표면을 문지르거나 즙을 뿌려 갈변을 막는 작업을 지칭하기도 한다.

CITRON VERT / LIME 시트롱 베르 또는 라임 라임. 레몬의 사촌 격인 운향과의 시트러스 과일. 레몬보다 크기가 작고 모양이 둥글며 껍질은 선명한 초록색을 띤다. 과육은 매우 시고 향과 즙이 더 풍부하다. 라임은 주로 열대 지역(코트디부아르, 브라질, 앤틸리스 제도, 오세아니아)에서 재배되며 크레올 요리와 브라질 요리(생선 또는 고기로 만든 스튜, 마리네이드한 닭 요리, 잼, 소르베, 펀치, 칵테일)에 널리 사용된다. 이 지역 국가에서는 라임즙에 재워놓는 것을 일종의 익힘 방법으로 많이 사용한다.

라임 제스트는 일반 레몬 제스트와 사용법이 같다. 설탕이나 럼에 재워 병에 저장하면 오랫동안 보관할 수 있으며, 라임 껍질에 문질러 제스트의 에센스오일 향을 머금은 설탕은 밀폐용기에 보관했다가 차, 크림, 우유 등에 넣어 향을 낼 때 사용하면 좋다.

▶ 레시피 : SALADE DE FRUITS, SOUFFLÉ.

CITROUILLE 시트루이 호박, 주황색 호박. 박과에 속하는 식물로, 일반적으로는 큰 사이즈의 주황색 호박을 가리키지만 요리에서는 종종 과육이 더 달고 맛이 좋은 단호박(potiron)을 지칭하기도 한다(**참조** POTIRON).

주황색 호박은 수프, 퓌레, 파이 또는 타르트에 사용되며, 씨는 굽거나 소금을 뿌려 먹는다. 캐나다와 미국의 가정에서는 할로윈(10월 31일) 축제 때 이 호박으로 집안을 장식하기 때문에 이때 특히 인기가 높아진다.

▶ 레시피 : POTAGE.

CIVE ▶ 참조 CIBOULE ET CIBOULETTE

CIVET 시베 털이 있는 수렵육(굴토끼, 산토끼, 노루, 새끼 멧돼지)에 레드와인을 넣어 끓인 스튜로 마지막에 해당 동물의 피(경우에 따라 돼지 선지로 대체하기도 한다)로 농도를 맞춰 걸쭉한 질감과 특유의 색을 내준다. 일반적으로 방울양파와 베이컨 라르동을 함께 넣어 조리한다.

좀 더 넓은 의미로, 스튜처럼 소스가 자작하게 있는 일부 갑각류(랍스터), 생선(참치), 연체동물 요리까지 포함해 시베라고 부르기도 한다(디나르 Dinard 지역에서는 전복에 레드와인과 양파, 베이컨을 넣어 끓인 시베를 만들어 먹는다).

농촌에서는 거위의 자투리나 부속 등을 이용해 시베를 만들기도 한다(남서부 지역에서는 루에 레드와인을 부어 국물을 잡은 뒤 거위 고기와 양파, 오렌지 껍질을 넣고 뭉근히 끓인다).

civet de chevreuil 시베 드 슈브뢰이

노루 시베 : 야생 토끼 시베와 마찬가지로 노루 시베도 앞다리 살, 목살, 가슴살, 윗 갈비를 사용하여 만든다. 노루의 피를 구할 수 없으면 샤퀴트리 전문점 어디서나 구입할 수 있는 돼지 선지를 대신 사용한다.

로제 베르제(ROGER VERGÉ)의 레시피

civet de homard 시베 드 오마르

랍스터 시베 : 랍스터를 6토막으로 자르고, 집게살은 껍데기를 제거한다. 붉은 생식소(corail)와 머리 쪽에서 나오는 크리미한 내장은 따로 보관한다. 랍스터 살에 소금, 후추를 뿌린 뒤 기름 2테이블스푼을 뜨겁게 달군 냄비에 넣고 재빨리 지진다. 건져서 따뜻하게 보관한다. 냄비를 다시 불에 올린 뒤 버터 25g, 다진 샬롯 2-3개, 잘게 깍둑썬 당근 1/2개를 넣고 잘 저으며 볶는다. 여기에 랍스터를 다시 넣고 코냑 4테이블스푼을 부은 뒤 불을 붙여 플랑베한다. 레드 부르고뉴 와인 3/4병을 붓고 부케가르니를 넣는다. 소금, 후추로 간한 다음 뚜껑을 덮고 약한 불로 15분간 익힌다. 다른 냄비에 껍질 벗긴 방울양파 20개와 소금, 버터 1조각, 설탕 1자밤을 넣는다. 내용물이 잠길 정도로만 물을 붓고, 양파가 고루 노릇한 색을 낼 때까지 수분을 완전히 졸인다. 작은 크기의 양송이버섯을 버터와 함께 소테팬에 넣고 센 불로 지지듯 볶아 건져둔다. 볼에 버터 50g, 밀가루 1테이블스푼, 랍스터 생식소 및 식용 가능한 내장을 넣고 포크로 으깨며 잘 섞는다. 냄비에서 익힌 랍스터를 건져 껍데기를 벗겨내고, 남은 국물은 반이 되도록 졸인다. 우묵한 접시에 랍스터 살을 담고 방울양파와 양송이버섯을 보기좋게 고루 놓는다. 뜨거운 상태로 유지한다. 소스가 반으로 졸아들면, 준비해둔 버터, 밀가루, 랍스터 내장 혼합물을 넣고 거품기로 잘 저어 균일하게 섞는다. 최종적으로 간을 맞춘 뒤 소스를 고운 체에 걸러 랍스터 위에 끼얹는다. 뜨겁게 서빙한다.

civet de lièvre : 시베 드 리에브르

산토끼 시베 준비하기 : 토끼의 가죽을 벗기고 내장 부위를 조심스럽게 제거한다. 피를 꼼꼼히 모아 볼에 담은 뒤 와인 식초 2테이블스푼을 넣고 랩을 씌워 냉장고에 넣어둔다. 다른 볼에 간, 허파, 염통을 넣고 마찬가지로 랩으로 덮어 냉장 보관한다. 토끼를 일정한 크기의 조각으로 잘라 적당한 크기의 용기(스테인리스가 좋다)에 담는다. 얇게 썬 양파와 당근 각각 50g, 마늘 2톨, 파슬리 5-6줄기, 월계수 잎 1장, 타임 작은 가지 약간, 주니퍼베리 10알, 통후추 10알, 정향 1개를 넣는다. 타닌이 풍부한 좋은 품질의 풀 바디 레드와인 1ℓ를 붓고 코냑을 한 바퀴 두른다. 내용물이 마리네이드액에 충분히 잠겨야 한다. 잘 저어 섞어준 뒤 공기와의 접촉을 막기 위해 표면에 기름을 조심스럽게 두른다. 젓지 않고 뚜껑을 덮은 뒤 24시간 동안 냉장고에 넣어 재운다.

폴 애베를랭(PAUL HAEBERLIN)의 레시피

civet de lièvre 시베 드 리에브르

산토끼 시베 : 상태가 좋은 산토끼를 골라 가죽을 벗기고 내장을 조심스럽게 꺼낸 뒤, 피와 간은 따로 냉장 보관한다. 일정한 크기로 자른 뒤, 6등분한 양파 3개, 원형으로 썬 당근 1개, 타임 1줄기를 넣고 재료가 잠길 정도로 레드와인을 부어 하룻밤 재운다. 다음 날 아침, 건더기를 모두 체로 건져 물기를 제거한다. 팬에 기름 반 컵(100mℓ 정도)과 버터 40g을 달군 뒤 토끼고기를 넣고 양면이 노릇해지도록 지진다. 함께 마리네이드했던 양파와 당근도 넣고 볶는다. 재료를 모두 냄비에 옮겨 담고 밀가루를 솔솔 뿌린다. 고루 섞으며 볶아 밀가루가 어느 정도 익으면 마리네이드액으로 사용했던 와인을 붓고 코냑을 한 바퀴 두른다. 토마토 페이스트 1테이블스푼, 껍질째 으깬 마늘 2톨, 부케가르니 1개, 잘게 부순 월계수 잎 1/4장, 소금, 후추를 넣고 잘 섞은 뒤 약불에서 2시간 동안 뭉근히 익힌다. 다른 냄비에 방울양파와 약간의 물, 설탕 1티스푼을 넣고 익힌다. 양송이버섯 250g을 세로로 4등분

해 버터에 따로 볶아둔다. 베이컨 또는 염장 삼겹살 150g을 큐브 모양으로 잘라 끓는 물에 한 번 데쳐낸 뒤 팬에서 튀기듯 볶아준다. 다 익은 토끼고기를 건져 서빙 접시에 담고 뜨겁게 유지한다. 따로 보관해두었던 간을 잘게 다져 피와 혼합한 뒤 고기를 익힌 소스에 넣고 끓을 때까지 가열한다. 소스를 고운 체에 거른 뒤 방울양파와 양송이버섯, 베이컨 라르동을 넣어준다. 간을 맞춘 뒤 토끼고기 위에 넉넉히 부어 서빙한다.

civet de lièvre à la française 시베 드 리에브르 아 라 프랑세즈

프랑스식 산토끼 시베 : 토끼고기 손질과 마리네이드는 위의 일반적인 방법으로 준비한다. 기름기가 적은 염장삼겹살 200g을 라르동 모양으로 썰어 끓는 물에서 5분간 데친다. 물기를 제거한 뒤 소테팬에 버터 40g과 함께 넣고 튀기듯이 볶는다. 라르동을 건져 기름기를 털어낸다. 양파 큰 것 2개를 세로로 등분한 다음, 라르동을 지져낸 그 버터에 넣고 볶는다. 밀가루 2테이블스푼을 솔솔 뿌린 뒤 나무 주걱으로 저으면서 황금색이 날 때까지 볶는다. 마리네이드액에서 건져 수분을 제거한 토끼고기를 밀가루와 함께 볶은 양파 루(roux)에 넣고 계속 잘 저으며 볶는다(라르동을 볶아낸 다음 그 팬에 토끼고기를 넣고 살짝 겉만 익을 정도로 지져낸 뒤 넣어도 된다). 재료가 잠길 정도로 레드와인을 붓고 부케가르니 1개, 으깬 마늘 1톨을 넣은 다음 뚜껑을 덮어 약불에서 45분간 뭉근히 익힌다. 그동안 양송이버섯 24개의 갓 부분을 준비하여 버터에 볶아둔다. 토끼고기가 다 익으면 건져서 코코트용 주물 냄비에 옮겨 담는다. 돼지비계과 버섯을 넣는다. 마리네이드용으로 사용했던 액을 소테팬에 부어 토끼고기를 끓인 국물과 섞은 다음, 모두 코코트 냄비의 고기와 가니시에 부어준다. 뚜껑을 덮고 200°C 오븐에 넣어 약 1시간(조리 시간은 토끼의 나이에 따라 달라진다) 동안 익힌다. 그 동안 방울양파 24개에 버터와 물, 설탕을 넣고 윤기나게 익힌다. 빵을 삼각형 모양으로 잘라 버터에 튀겨 크루통을 만든다. 오븐에서의 조리가 마무리되기 5분 전에 토끼 간을 도톰하고 어슷하게 썰어 코코트 냄비에 넣는다. 토끼 피와 생크림 2-3테이블스푼을 섞은 뒤 소스에 넣고 잘 저어 농도를 맞춘다. 우묵한 접시에 산토끼 시베를 담고 방울양파와 크루통을 곁들여 서빙한다.

civet de marcassin 시베 드 마르카상

새끼 멧돼지 시베 : 만드는 방법은 산토끼 시베와 같으며, 새끼 멧돼지의 앞다리살, 목살, 뱃살 등을 사용한다.

레스토랑 라페루즈(LAPÉROUSE, PARIS)의 레시피

civet de râble de lièvre aux pâtes fraîches 시베 드 라블 드 리에브르 오 파트 프레슈

생 파스타를 곁들인 산토끼 허리등심 시베 : 당근 3개와 양파 1개의 껍질을 벗긴 뒤 깍둑 썬다. 샬롯 2개의 껍질을 깐 뒤 잘게 다진다. 껍질을 깐 마늘 2톨을 짓이긴다. 토끼 상체 부분(앞 다리와 가슴 포함) 2마리 분을 굵직하게 토막낸 뒤 버터 20g을 달군 코코트 냄비에 넣고 볶는다. 여기에 깍둑 썬 양파와 당근을 넣고 10분 정도 같이 볶아준다. 와인 식초 100mℓ, 레드와인 500mℓ, 마늘, 샬롯을 넣는다. 소금과 후추를 조금 넣어 간한 뒤 끓을 때까지 가열한다. 끓기 시작하면 불을 줄이고 부케가르니 1개를 넣은 뒤 2시간 동안 약하게 끓인다. 중간중간 표면에 뜨는 거품을 건져낸다. 채소를 모두 건져내 블렌더에 갈고, 나머지는 체에 거른다. 이때 작은 국자 등으로 꾹꾹 눌러 최대한 소스 육즙을 추출해낸다. 갈아 퓌레로 만든 채소를 이 국물에 넣고 아주 약한 불로 30분간 끓인다. 다시 체에 걸러 식힌 뒤 냉장보관하였다가 표면에 기름이 올라와 굳으면 걷어낸다(약 6시간 소요). 다시 불에 올려 5분간 졸인다. 불에서 내린 뒤 거품기로 잘 저어가며 토끼 피(돼지 피도 가능) 작은 병으로 한 개분을 넣는다. 이어서 버터 50g, 소금, 후추를 넣고 잘 섞는다. 마지막에 크랜베리 1티스푼을 넣어 소스를 완성한다. 동시에 토끼 허리등심 덩어리 2개에 소금, 후추로 간한 다음 기름을 달군 팬에 놓고 고루 익도록 뒤집어 가며 센 불로 지진다. 토끼 등심을 너무 두껍지 않게 어슷 썬다. 서빙 접시에 고기를 담고 소스를 끼얹은 뒤 알 덴테로 익힌 생 파스타를 곁들여 낸다.

CLAFOUTIS 클라푸티 리무쟁(Limousin)의 특산물인 시골풍 체리 파이. 오븐용 용기에 버터를 바른 뒤 블랙체리를 한 켜로 놓고 걸쭉한 농도의 크레프 반죽을 부어 굽는다. 슈거파우더를 뿌려 따뜻한 온도로 먹는다. 원칙적으로는 체리는 씨를 빼지 않고 사용한다. 익는 동안 체리 씨 특유의 향이 반죽에 배어 더욱 깊은 풍미를 내주기 때문이다. 깨끗이 씻은 뒤 꼭지만 따고 사용한다. 아카데미 프랑세즈(Académie française)는 클라푸티를 "과일을 넣은 플랑의 일종"이라고 정의했다가 리무쟁 주민들로부터 항의를 받아 "블랙체리를 넣은 케이크"로 수정해야만 했다. 하지만 실제로 클라푸티는 붉은 체리 또는 다른 과일을 사용하여 다양한 종류로 만들어진다.

clafoutis 클라푸티

체리 클라푸티 : 블랙체리 500g의 꼭지를 떼어내고 설탕 50g을 뿌린 뒤 최소 30분 동안 재워둔다. 파이 틀에 버터를 바르고 체리를 채운다. 밀가루 125g을 체에 쳐 볼에 넣고 소금 1자밤, 설탕 50g, 풀어 놓은 달걀 3개를 넣고 잘 저어 섞는다. 마지막으로 우유 300mℓ를 넣은 다음 다시 잘 섞는다. 체리 위에 이 반죽 혼합물을 붓고 180°C로 예열된 오븐에서 35-40분간 굽는다. 한 김 식혀 따뜻한 온도가 되면 슈거파우더를 뿌려 마무리한다.

CLAIE 클레 철망, 격자망. 형태나 크기, 재질, 기능이 다른 격자 철망을 통칭한다. 그릴 망이라고 불리는 스텐 철사 재질의 원형, 또는 직사각형 망은 오븐에서 구워낸 과자나 타르트 등의 파티스리를 틀에서 제거한 뒤 올려놓는 식힘망으로 주로 쓰이며, 그 외에 데쳐 익히는 요리에도 사용된다. 등나무 줄기나 밀짚으로 만든 채반은 치즈를 받쳐 수분을 빼는 용도로 사용되며(유리병을 충격으로부터 보호하기 위해 둘러주는 밀짚 망 커버는 클리스라고도 불린다), 나무로 된 격자 선반이나 얕은 박스형 클레는 지하 저장실 등에 채소나 과일을 보관할 때 쌓아두고 사용한다. 버들가지를 엮어 만든 망은 당절임한 건과일 등의 포장용으로 사용된다.

CLAIRET 클레레 가벼운 레드와인으로 완전한 핑크색은 아니지만 일반 레드와인보다 농도가 옅은 선명한 붉은색을 띤다. 어린 상태에서 시원한 온도로 마시는 클레레 와인은 타닌과 산미가 적어 맛이 부드러우며 과일 향이 난다. 충분히 익은 뒤 수확해 신맛이 거의 없는 포도로 만들며, 발효 시간(2-4일)은 짧은 편이다.

예전에 클레레는 화이트와인과 레드와인을 섞어 만든 와인 혹은 가벼운 레드와인을 지칭했다. 여기서 클라렛(claret)이라는 단어가 파생되었고, 앵글로색슨족들은 보르도 레드와인을 지칭하는 데 이 단어를 쓴다. 보르도 와인이 잉글랜드로 수출되기 시작했을 때 영국인들은 가볍고 색이 옅은, 즉 그해에 생산한 밝은 색의 가벼운 레드와인을 선호했다. 오늘날 영국인들은 빈티지와 관계없이 보르도 레드와인을 클라렛이라 부른다(**참조** BORDELAIS).

CLAIRETTE 클레레트 남프랑스 지역에서 재배되는 화이트와인용 포도품종 중 하나다. 잎이 아주 무성하게 자라는 특징을 가진 클레레트는 일반적인 기준으로 삼는 샤슬라(chasselas) 품종의 수확기보다 4주-5주 반 정도 늦은 제3기 수확 품종(cépage de 3ème époque)으로 10월 15일경이 되어야 무르익는 단계에 도달한다. 클레레트는 척박한 토양에도 잘 적응한다. 주로 뮈스카(muscat)와 블렌딩하여 여러 종류의 남 프랑스 와인 제조에 사용하며, 그중 3종류의 와인은 AOC 등급을 획득하였다.

CLAIRETTE DE DIE 클레레트 드 디 드롬(Drôme)주에서 생산되는 AOC 발포성 와인으로, 두 가지 방식으로 만들어진다. 클레레트 품종만을 사용한 스파클링 와인인 크레망 드 디(crémant de Die)는 샹파뉴 방식(méthode champenoise)으로 만들어진다. 또한 뮈스카(최소 75%)와 클레레트를 블렌딩해 만드는 발포 와인인 클레레트 드 디는 디 지역 전통 방식으로 만들어진다. 즉, 발효통에서의 포도즙 발효를 제한하고 잔당이 남은 상태에서 병입한 뒤 자연 발효가 계속 이루어지게 하는 방법이다.

CLAIRETTE DU LANGUEDOC & CLAIRETTE DE BELLEGARDE 클레레트 뒤 랑그독, 클레레트 드 벨가르드 클레레트 단일 품종으로 만든 드라이, 미디엄 드라이, 스위트 와인. 풍미가 진하고 아로마가 풍부하며 맛이 오래 지속된다.

CLAM 클램 대합. 백합과의 조개로 길이는 5-10cm이다. 껍데기가 크고 매끈하며 동심원 모양으로 아주 가는 줄무늬가 나 있다. 영어로 하드 클램이라고 불린다(**참조** p.250 조개 도표 p.252-253 도감). 대합은 1917년 미국인들에 의해 프랑스에 처음 들어왔다. 바다로 이어지는 강 하구 모래와 진흙이 섞인 수심에 많이 서식하며 특히 미국과 캐나다 동부 연안과 프랑스 샤랑트 지역에서 주로 채취한다. 마렌 올레롱(Marennes-Oléron)의 갯벌

양식장에서 소규모로 양식이 이루어지고 있으며, 이곳에서 5-6cm 크기의 대합이 출하된다. 날로 먹거나 굴처럼 요리하여 먹고 코모도르 식으로(à la commodore) 요리하여 먹는 경우도 있다. 뉴잉글랜드에서는 특히 튀겨 먹는 것을 선호한다. 클램 차우더(clam chowder)는 각종 채소와 양파, 대합을 넣고 끓인 뒤 감자, 경우에 따라 베이컨을 넣은 걸쭉한 수프로 뉴잉글랜드의 대표적인 음식이다. 또한 클램베이크(clambake)는 뜨겁게 달군 돌 위에 대합을 비롯한 조개류를 얹고 그 위에 해조류를 덮어 익혀 먹는 미국 동부 연안의 전형적인 피크닉 음식을 지칭한다.

▶ 레시피 : SOUPE.

CLAMART 클라마르 완두콩을 그대로 또는 퓌레로 넣은 여러 요리를 가리키는 명칭이다(클라마르는 과거 동그란 완두콩 재배로 이름난 도시였으나 최근에는 더 이상 재배하지 않는다). 이 명칭은 완두콩이 들어간 포타주(신선 완두콩 퓌레에 콩소메를 넣고 끓인 수프로 튀긴 크루통을 곁들여 먹는다), 수란(카나페에 완두콩 퓌레를 바른 뒤 수란을 얹는다)이나 스크램블드 에그(완두콩 알갱이를 넣고 함께 익힌다), 생크림을 넣은 완두콩 퓌레로 속을 채운 미니 볼로방뿐 아니라 신선 완두콩을 포함한 클라마르식 가니시를 곁들인 닭 코코트 요리, 소테, 송아지 흉선 요리 등에 다양하게 적용된다.

▶ 레시피 : ARTICHAUT, POULARDE.

CLAQUEBITOU 클라크비투 비멸균 생염소젖으로 만드는 부르고뉴의 프레시치즈(지방 45%)로 크리미한 질감을 갖고 있으며 마늘, 파슬리 등의 허브를 넣어 향을 낸다(**참조** p.392 프랑스 치즈 도표). 형태와 무게는 다양하고 냄새가 강하며, 허브 향 등의 풍미가 있어 구타이용(goûtaillon, 부르고뉴 지방어로 간식을 뜻한다)으로 인기가 높은 치즈다.

CLARENCE 클라랑스 공통적으로 모르네(Mornay) 소스 또는 커리로 향을 낸 뉴버그(Newburg) 소스를 곁들인 다양한 생선, 갑각류 요리를 가리킨다. 클라랑스 연어 코틀레트는 틀에 얄팍하게 썬 연어 에스칼로프를 깐 다음 연어와 랍스터 무스를 채우고 포칭하여 익힌 것이다. 틀에서 분리한 뒤 같은 무스를 깔아 놓은 접시에 올리고 버섯과 새우를 곁들인다. 소스는 용기에 담아 따로 서빙한다. 클라랑스 서대 필레는 쿠르부이용 등에 데쳐 익힌 뒤 꽃 모양으로 짜서 구운 뒤셰스 감자(pommes duchesse) 위에 올린다. 그 위에 소스를 뿌리고 송로버섯 슬라이스로 장식한다. 또한 이 용어는 파인애플 아이스크림으로 바닥을 깔고, 바이올렛 리큐어를 넣어 만든 봉브 베이스로 속을 채운 아이스디저트를 지칭하기도 한다.

CLARIFIER 클라리피에 정제하다. 탁한 물질을 투명하고 맑게 만드는 것을 의미한다. 정제의 대상은 주로 액체(육수, 주류 등)이지만 설탕이나 버터, 달걀(노른자와 흰자를 조금도 섞이지 않도록 완벽히 분리하는 것)에 대해서도 정제라는 용어를 사용한다.

• **버터 정제.** 버터를 중탕으로 녹이되 젓지 않고 두어 흰색 침전물인 유청을 제거하고 순수 버터만 분리해 내는 작업이다.

• **육수 정제.** 가정 요리에서는 대부분 소고기 육수나 닭 육수에 다양한 재료를 넣고 끓여 그대로 수프로 서빙하거나, 이들 육수를 소스, 스튜, 조림 요리 등의 국물로 사용한다. 하지만 고급 요리에서는 이 육수를 정제해서 사용한다. 육수를 정제하기 위해서는 우선 기름기 없는 다진 소고기와 달걀흰자, 아주 잘게 썬 향신재료를 섞어 준비한다. 이 고기 혼합물을 육수에 넣고 함께 가열하여 천천히 끓인다. 육수가 서서히 끓기 시작하면 혼합물 속의 달걀흰자가 응고되면서 국물 안에 떠 있는 뿌연 불순물이 흡착된다. 이로 인해 육수 맛이 흐려질 수 있지만 이는 정제용으로 투입된 담백한 소고기와 향신채소 풍미로 보완된다. 특히 육수를 이용해 즐레를 만들 경우에는 완벽히 투명하게 완성하는 것이 관건이므로 반드시 정제 과정을 거친 후 사용해야 한다.

• **와인 정제.** 와인을 혼탁하게 하는 물질을 제거하는 정화작업으로 여과와 흡착 과정을 통해 이루어진다. 이를 위해서는 발효를 마친 와인에 흡착력이 있는 청징제를 첨가해야 한다. 주로 단백질 성분인 청징제는 와인의 타닌 및 혼탁의 원인이 되는 물질과 반응을 일으켜 응고되며, 이렇게 응집된 물질이 발효통 안으로 가라앉음으로써 와인은 점차 맑아진다.

• **맥주와 시드르 정제.** 투명도(brillance)가 높은 맥주를 만들기 위해서는 발효, 숙성을 마친 뒤 생맥주 통이나 병, 캔 등에 넣기 전에 여과 과정을 거쳐야 한다. 탄산가스가 빠져 나가는 것을 막기 위해 이 작업은 얼기 직전

CLARIFIER DU BEURRE 버터 정제하기

1. 버터를 중탕으로 가열한다. 유청은 바닥에 가라앉고, 순수한 버터는 중간에, 가벼운 불순물들은 표면으로 떠오른다. 거품 국자로 불순물을 걷어낸다.

2. 바닥에 가라앉은 유청이 섞이지 않도록 주의하면서 작은 국자로 순수 버터를 조심스럽게 분리해 떠낸다(décanter).

까지 냉각시킨 가압 상태에서 이루어진다. 시드르는 압착기를 통과하면서 맑게 여과되어 나온다(디아스타아제가 첨가로 펙틴이 응고되어 시드르가 맑아진다). 이어서 공기와의 접촉을 차단한 상태로 사이펀을 사용해 통에 옮긴다.

• **시럽, 리큐어, 가정 제조 음료의 정제.** 시럽과 착즙 과일주스 및, 채소즙은 종이 여과지 또는 거즈나 면포에 거른다. 과일 발효주는 거품 낸 달걀흰자를 이용해서 정제한 뒤 여과한다. 리큐어는 일반적으로 깔때기에 면포를 깔고 여과하면 되지만, 경우에 따라 달걀흰자를 사용한 흡착 정제과정이 필요하다.

clarification du bouillon de pot-au-feu 클라리피카시옹 뒤 부이용 드 포토푀

소고기 육수 정제하기 : 기름기 없는 소 살코기 750g을 다진다. 당근 50g, 리크 녹색 부분 100g, 셀러리 줄기 작은 것 1대, 생토마토 2-3개를 잘게 썬다. 모든 재료를 볼에 담고 달걀 1개 분량의 흰자를 넣어 잘 섞은 뒤 냉장고에 15분간 넣어둔다. 식혀서 기름을 완전히 제거한 소고기 육수 2.5ℓ를 깊은 냄비에 붓는다. 준비해둔 정제용 소고기 혼합물을 육수에 넣고 거품기로 잘 저어 섞는다. 주걱으로 계속 저어주며 천천히 가열한다. 끓기 시작하면 주걱을 빼낸 뒤 1시간 30분간 아주 약하게 끓인다. 약간의 다진 처빌과 통후추 몇 알을 넣고 향을 우려낸다. 면포를 찬물에 적신 뒤 꼭 짜 체에 깔아준 다음 그 위로 육수를 부어 거른다.

CLAYTONE DE CUBA 클레이톤 드 퀴바 쇠비름과의 작은 식물로 겨울 쇠비름이라고도 불리며 채소밭에서 재배된다. 깔때기 모양을 한 동그란 잎은 쇠비름만큼이나 도톰하고 즙도 풍부하다. 시금치처럼 익혀 먹거나 수프를 만들어 먹는다.

CLÉMENTINE 클레망틴 클레멘타인. 운향과에 속하는 감귤류인 클레멘타인 나무의 과실로, 1902년 알제리에서 클레망(Clément) 신부가 처음 재배한 밀감나무와 오렌지나무의 교배종이다(**참조** 클레멘타인 도표, p.597 오

MER DES

Cocktail 칵테일

“세련된 축제 분위기를 음미하며 칵테일을 마신다는 것은 점점 매혹적으로 변해가는 삶의 기술을 터득한다는 의미이다.
고전적인 칵테일은 물론이고 때로는 참신한 믹솔로지를 만들어내기 위해 파리 리츠 호텔과
포시즌 조르주 생크 호텔의 바텐더들은 보스톤 셰이커, 호손 스트레이너, 바 스푼, 과도 등의 도구 일체를 구비해놓고 있다.”

렌지, 밀감, 클레멘타인 도감). 프랑스 특산 과일인 클레멘타인은 크기가 작은 구형으로 오렌지색을 띠며 단단하다. 껍질이 과육에 붙어 있으며 과즙이 풍부하고 새콤하다. 비타민 C가 많으며 냉장 보관해야 한다.

■ **용도.** 클레멘타인은 주로 생과일로 먹지만 당절임을 하거나 브랜디에 절일 수도 있다. 즙은 주로 소르베와 음료를 만드는 데 사용된다. 제과와 당과제조 분야에서는 오렌지와 같은 용도로 쓰인다. 클레멘타인으로 리큐어를 만들기도 하며, 비터 오렌지(bigarade)처럼 요리에 사용할 수도 있다. 영국인들은 클레멘타인 귤에 식초와 향신료를 첨가하여 피클처럼 만들어 먹는다.

CLERMONT 클레르몽 밤 또는 양배추가 포함된 다양한 요리에 붙여지는 명칭으로, 클레르몽 페랑(Clermont-Ferrand)이 주 도시인 오베르뉴의 지역 특산 요리들이 주를 이룬다. 큰 덩어리로 서빙되는 육류 요리에 곁들이는 클레르몽 가니시는 사보이양배추 포피에트와 튀기듯 노릇하게 지진 감자로 구성된다. 소스는 고기를 시어링한 소테팬에 눌어붙은 육즙에 고기를 브레이징한 국물이나 데미글라스를 넣고 디글레이즈해 만든다. 또한 서빙 사이즈로 작게 자른 고기 요리에 곁들이는 가니시는 아티초크 웨지 튀김과 밤 퓌레를 채워 자작하게 익힌 양파로 이루어지며, 마데이라 와인으로 디글레이즈한 소스를 전체적으로 끼얹어 서빙한다. 클레르몽 바바루아는 럼과 밤 퓌레로 만든 앙트르메로 차갑게 먹는다.

CLIMAT 클리마 포도밭 분할 구획. 부르고뉴 지방에서 포도재배를 하는 코뮌(commune, 최소 행정구역 단위)에 속한 각각의 포도밭 구획을 지칭한다. 이들 포도밭은 주로 프르미에 크뤼 또는 그랑 크뤼급 고급 와인을 생산하는 경우가 많다.

CLITOPILE PETITE-PRUNE 클리토필 프티트 프륀 그늘버섯. 송이과에 속하는 회백색의 버섯으로 소비량이 많으며 뫼니에(meunier) 또는 무스롱(mousseron)이라고도 불린다. 날 밀가루 냄새가 은은히 나는 살은 연해서 조리 시 빨리 익는다. 풍미가 덜한 버섯 요리에 함께 넣어주면 훨씬 깊은 맛을 낼 수 있다. 건조 분말로 만들어 양념으로 사용하기도 한다. 넣으면 요리의 아로마를 풍부하게 만들어 준다. 건조시켜 조미료로 사용하기도 한다. 독버섯 품종과 혼동하기 쉽기 때문에 채집 시 각별히 주의해야 한다.

CLOCHE 클로슈 종 모양의 그릇 덮개, 뚜껑. 스테인리스나 은 도금한 메탈 소재로 만들어진 종 모양의 덮개로 동그란 단추모양이나 라인 형태의 손잡이가 달려 있으며 서빙용 접시(움푹한 접시, 채소 서빙 용기 등)와 지름 크기가 맞는다. 음식을 따뜻하게 유지하기 위한 용도로 주로 레스토랑에서 사용되며 특히 1인분씩 플레이팅한 접시를 서빙할 때 많이 사용한다.

치즈를 덮어놓는 클로슈는 유리 또는 촘촘한 철망으로 되어 있으며, 치즈가 공기와 접촉하는 것을 막거나 파리의 접근으로부터 보호하기 위해 사용한다. 일반적으로 나무나 대리석으로 된 원형 치즈 플레이트 위에 덮어 놓는다.

CLOS-JOUVE (HENRI BELIN, DIT HENRI) 앙리 블랭 클로 주브(일명, 앙리) 프랑스 미식 평론가, 미식 작가(1908, Lyon 출생–1981, Paris 타계). 마르셀 그랑셰(Marcel Grancher)와 공동으로 아카데미 라블레(l'académie Rabelais)를 창립한 그는 라 쿠프 뒤 메이외르 포(la Coupe du meilleur pot, 보졸레를 비롯한 지역 최고의 특산 와인을 가장 많이 판매한 업장에 수여하는 상) 시상과 프랑스 최고 소믈리에 경연대회를 주최하였으며, 향토 음식에 대한 열정을 시로 표현하기도 했다. 『박식한 미식가의 부르고뉴 산책(*Le Promeneur lettré et gastronome en Bourgogne*)』(1951), 『맛집 수첩(*Carnet de croûtes*)』(1963) 등의 저서를 남겼다.

CLOS-DES-MORILLONS 클로 데 모리용 파리에서 생산되는 와인 중 하나로, 파리 15구 조르주 브라생스(Georges-Brassens) 공원 노대 경사지에 조성한 소규모 포도밭에서 만든다. 이곳은 옛날 모리용가의 대규모 도축장이 세워졌던 장소다. 매년 600병 정도의 포도주를 생산하며, 포도를 수확할 때면 지역 주민들은 물론이고 호기심 넘치는 방문객들이 함께 모여 즐거운 축제를 즐긴다.

CLOS-DE-VOUGEOT 클로 드 부조 부르고뉴에서 가장 유명한 클리마 가운데 하나인 코트 드 뉘(côte de Nuits)에서 생산된 그랑 크뤼 와인. 이 지역의 포도밭은 아주 작은 구획으로 분할되어 있으며 담장으로 나뉘어 있다. 피노 누아 품종으로 만들며 바디감이 풍부하고 섬세한 맛을 갖고 있으며 적당한 타닌을 함유하고 있어 더 좋은 맛을 위해 오래 보관할 수 있다. 입안에서의 피니시가 길며, 향이 매우 풍부하다(**참조** BOURGOGNE).

CLOSERIE DES LILAS (LA) (라) 클로즈리 데 릴라 1900년대 파리 몽파르나스 대로에 문을 연 카페 겸 레스토랑으로 이름은 건너편 롭세르바투아르가에 있던 댄스홀을 겸한 선술집 이름을 가져온 것이다. 처음에 '프라도 데테(Prado d'été)'라고 불렸던 이곳은 미술학교인 아카데미 드 라 그랑드 쇼미에르 출신의 '뷜리에(Bullier)'라는 청년이 매입해 라일락 나무를 심고 주로 학생들의 무도회장으로 운영했던 곳이다.

이후 뷜리에 무도회장의 인기가 시들해지면서 '라 클로즈리 데 릴라'라는 간판은 현재 이 레스토랑에 걸리게 되었다. 자유분방한 지성인들과 예술가들(폴 포르, 앙드레 살몽, 알프레드 자리, 프란시스 카르코, 샤를 크로, 지드, 피카소, 브라크, 레닌, 트로츠키)이 자주 드나들었던 이곳은 제1차 세계대전이 끝난 후 몽파르나스 거리의 야행성 손님들이 모이는 인기 있는 장소 중 한 곳이 되었다. 특히 미국 작가 어니스트 헤밍웨이는 이곳의 단골손님이었다.

CLOUTER 클루테 알이 굵은 생양파에 한 개 이상의 정향을 박아 넣어 익는 동안 내용물에 향이 우러나도록 하는 것을 의미한다. 또한 일반 육류, 가금류, 수렵육, 생선에 재료를 못으로 박아 넣듯이 찔러 넣는 것을 의미하기도 한다. 송로버섯, 익힌 햄, 양홍색 물을 들인 염장 우설을 가는 막대 모양으로 잘라 고기에 박아 넣거나, 송로버섯, 안초비 필레, 코르니숑 등을 마찬가지로 생선살에 박아 놓는 것 등을 예로 들 수 있다.

CLOVISSE 클로비스 백합과의 조개. 프랑스 연안 수심이 얕은 모래 해저에 서식한다. 최대 길이가 8cm 정도인 타원형으로 가짜 바지락(fausse palourde)으로도 불리며, 갈퀴 그레, 또는 저인망을 사용해 채집한다. 살은 맛이 아주 좋으며 날것 그대로 또는 속을 채워 익혀서 먹는다(**참조** PALOURDE).

COBIA 코비아 날새기. 날새기과에 속하는 바다생선으로 버뮤다에서 아르헨티나, 아프리카와 호주 등지의 열대 및 아열대 해역 암초 부근에 서식한다. 평균 몸길이 1m에 무게는 12kg이며, 약 15년이 된 것은 최대길이 2m에 무게 70kg에 육박한다. 회색 몸통에는 은빛의 좁은 띠무늬가 두 줄 있고, 머리는 크고 납작하게 눌린 모양이며 등지느러미 앞쪽으로는 짧고 뾰족한 가시 모양의 돌기가 일렬로 돋아나 있다. 날새기는 무리지어 서식하지

클레멘타인의 주요 품종와 특징

종류	원산지	시기	형태
베크리아 bekria	모로코	9월 말-10월 말	크기가 작고, 녹색에 부분적으로 오렌지색을 띠고 있으며 씨가 없다.
일반 클레멘타인 clémentine commune	코르시카, 모로코, 스페인	10월-12월 말	중, 대 사이즈로 껍질이 짙은 오렌지색이다. 씨가 몇 개 들어 있다.
코르시카 클레멘타인 clémentine de Corse	코르시카	11월-2월 초	크기가 작고 껍질은 붉은기가 있는 짙은 오렌지색이다. 잎이 2장씩 달려 있다.
몬트리올 클레멘타인 clémentine Monréal	스페인	10월	씨가 아주 많다.
피나 fina	스페인	10월 말-1월 말	작은 것부터 중간 크기까지 있다.
뉠, 오로발 nules, oroval	스페인	11월-2월	중, 대 사이즈로 껍질이 우툴두툴하며 씨가 몇 개 들어 있다.

않기 때문에 대량 어획이 어렵다. 날새기의 살은 상급으로 치며, 선어, 훈제, 냉동 상태로 판매되고 있다. 성장이 빠른 생선인 날새기의 양식은 1990년대부터 아시아에서 활발히 이루어지고 있다.

COCAGNE (PAYS DE) (페이 드) 코카뉴 코카뉴 나라. 무위도식하며 풍요와 행복을 누리고 사는 상상의 나라다. 코카뉴 지방의 신화(독일어와 이탈리아어로 남아 있다)는 특별히 플랑드르 전통에 뿌리를 내리고 있으며, 그 기원은 기근의 위협이 종종 현실로 다가오던 시대로 거슬러 올라간다.

전설 속에 등장하는 선택받은 행복한 이는 메밀가루 산에 나 있는 터널을 통과해 코카뉴 나라에 도달한다. 그곳에서 구운 돼지 한 마리가 등에 카빙 나이프를 둘러메고 걸어 다니는 모습을 목격한다. 식탁이 차려지고 그 위에는 여러 가지 파테와 타르트가 놓인다. 소시지로 만든 울타리도 보인다, 구운 비둘기가 그의 입 속으로 떨어진다. 더 확장된 의미로 예전에는 모두가 먹을 수 있도록 진수성찬을 풍족히 차려놓은 식탁을 코카뉴라 불렀다. 17세기 나폴리에서는 코카뉴(cuccagna)가 전통 축제를 의미했다. 이 축제가 열릴 때면 화해와 환희의 표시로 뜻으로 광장에 음식을 풍성하게 쌓아 놓았다.

COCHON 코숑 돼지 또는 돼지고기를 뜻하는 프랑스어(porc)의 동의어이며 일상 언어에서 많이 쓰인다. 특히 시골에서 돼지를 잡아 잔치(주로 크리스마스나 사육제 전)를 하거나 이것으로 염장육과 각종 샤퀴트리를 만들어 여럿이 푸짐한 식사를 즐기는 경우 코숑을 많이 사용한다. 예전에는 돼지를 잡아 갑자기 고기가 많아지면 돼지고기 식사, 성스러운 돼지고기 잔치 또는 돼지고기 포식 등의 이름을 붙여 잔치를 벌였다. 도축한 날 저녁에 바로 파티를 하거나 혹은 가장 가까운 일요일에 나누어 먹기도 했는데, 이때는 오로지 돼지고기만 먹었다. 돼지 피를 넣은 소시지의 일종인 부댕을 삶은 물로 수프를 만들어 먹기도 했다.

COCHON DE LAIT 코숑 드 레 젖먹이 돼지. 생후 2개월 미만, 무게가 15kg 미만일 때 도살한 새끼 돼지를 가리킨다. 일반적으로는 한 마리를 통째로 로스팅하여 근사한 요리로 서빙하지만 블랑케트나 스튜를 만들기도 한다. 고기 맛이 아주 좋아 중세 이후 유럽 전역에서 즐겨 먹는다. 특히 구운 애저 껍데기와 귀는 옛날에 아주 별미로 치는 요리였다. 스페인에서는 애저 껍데기를 가늘게 썰어 튀기듯이 바싹 볶은 뒤 독한 레드와인 리오하(rioja)와 함께 즐겨 먹는다.

영국식 애저구이(양파와 세이지로 속을 채워 통째로 로스트하고, 그 육즙과 마데이라 와인 소스를 뿌린 뒤 감자 퓌레와 건포도를 곁들여 서빙한다)는 1890년대 파리 중심가 유수 레스토랑들에서 인기를 끌던 요리다. 새끼 돼지를 이용한 또 다른 특별한 음식으로는 특히 프랑스 동부 지방에서 유명한 젤리를 씌워 굳힌 새끼 돼지(cochon de lait à la gelée)를 꼽을 수 있다.

COCHONNAILLE 코쇼나유 샤퀴트리의 동의어로 일상 언어에서 많이 쓰는 표현이다. 풍성하다는 의미를 암시할 때 농담 투로 또는 반어적 표현으로 사용하기도 한다. 시골식 뷔페 상차림에는 다양한 소시송, 갈랑틴, 햄, 파테, 앙두이유 같은 샤퀴트리 음식, 즉 코쇼나이유가 주인공인 경우가 많다. 이는 아마도 도시인들의 눈에는 풍성한 시골식 진수성찬으로 비춰질 것이다.

COCIDO 코시도 고기와 채소, 콩 등을 넣고 끓이는 스페인식 포토푀. 일반적으로 알려진 코시도의 기본 형태는 카스티야 지방에서 처음 생겨났으며 이를 바탕으로 지역에 따라 다양한 코시도 레시피가 발전했다. 마드리드식 코시도는 오랜 시간 뭉근히 끓인 요리로 3단계로 나누어 차례로 서빙된다. 우선, 체에 거른 국물에 가늘고 짧은 국수 모양의 파스타인 버미첼리를 넉넉히 넣어 먹는다. 여기엔 전통적으로 화이트와인을 곁들인다. 이어서 병아리콩과 큼직하게 익힌 채소(코시도 조리 마지막 단계에 냄비에 넣어준다) 건더기가 서빙되는데 대개 고기 국물이 잘 배어든 감자, 당근, 양배추로 구성된다. 마지막으로 고기 접시가 나온다. 여기에는 굵직하게 썬 쇠고기, 초리조, 돼지 염장육, 돼지 목살, 닭고기, 미트볼 등 다양한 종류의 고기가 고루 들어 있다(가끔 지역 특산품인 세라노 건조 햄의 사골 뼈나 부댕, 돼지비계 등이 포함되기도 한다). 채소와 고기 코스에는 소스도 곁들여지며 레드와인이 서빙된다. 이 모든 음식에 아주 바삭한 빵이 함께 서빙된다.

코시도는 여러 재료를 넣고 아주 푸짐하게 만들 수도 있고 또는 최소한으로 재료를 줄여 소박하게(병아리콩에 베이컨 한 덩어리만 넣고 끓인 아주 간단한 음식일 수도 있다) 만드는 등 다양한 예산으로 만들 수 있는 요리이며, 만들기 쉬울 뿐(전날 병아리콩을 물에 담가 불리는 것만 신경 쓰면 된다) 아니라 칼로리가 높아 먹으면 든든하다. 스페인과 포르투갈 전역에서 즐겨 먹는 기본 음식이라 할 수 있다.

카탈루냐식 코시도는 마른 강낭콩과 경우에 따라 쌀을 넣기도 하며 보티파라(botiffara)를 비롯한 지역 특산 소시지, 소꼬리 등을 넣어 만든다. 세 종류의 음식이 모두 한 접시에 서빙된다. 안달루시아식 코시도는 맛이 좀 더 가볍고 고추, 민트, 사프란, 그린빈스 등이 들어가 향이 풍부하다. 갈리시아식 코시도에는 반드시 돼지고기가 들어가며 줄기 이파리가 붙은 순무, 베이컨, 다양한 종류의 마른 강낭콩을 넣어 만든다.

COCK-A-LEECKIE 코카리키 스코틀랜드의 특선 요리이며, 이름 그대로 해석하면 닭과 리크란 뜻이다. 닭고기와 리크(서양 대파)를 기본 재료로 만든 이 푸짐한 수프는 보리를 넣어 걸쭉하게 만든다. 서빙 시 볼 바닥에 건자두 한 개를 넣고 수프를 담아 내는 것이 전통 방식이다. 여기서 파생된 것으로 닭 콩소메, 리크, 닭고기를 기본 재료로 하여 만든 좀 더 세련된 형태의 요리도 있다.

cock-a-leeckie 코카리키

닭고기 리크 수프 : 닭 콩소메를 만든다. 리크(서양 대파)의 흰 부분을 길고 가늘게 채 썬다(콩소메 1ℓ당 리크 200g). 냄비에 버터 20g와 리크를 넣은 뒤 약불에서 색이 나지 않도록 약 15분간 천천히 익힌다. 국물을 내는 데 사용했던 닭의 가슴살을 떼어내 가늘게 채 썬 다음 리크와 함께 콩소메에 넣어준다.

COCKTAIL 칵테일 증류주, 양조주, 혼성주, 발포주 등의 기주에 다양한 재료(리큐어, 과일 주스, 시럽, 향료 등)을 각기 다른 배합 비율로 섞어 만든 혼합 알코올 음료다. 선택한 기주에 따라 그에 맞는 기본 레시피가 존재하지만, 술을 넣지 않고도 칵테일도 만들 수 있다. 과일이나 채소를 이용한 조합도 그 가짓수가 무궁무진하다.

칵테일이 처음 탄생한 것은 19세기 말 미국에서이며, 이는 품질 좋은 양주들이 병입 판매되기 시작한 시점과 때를 같이 한다. 파리에 칵테일이 처음 소개된 것은 1889년 만국 박람회 때였으나 크게 인기를 끌었던 것은 모든 유럽 국가의 수도에 유명한 바들이 속속 문을 열었던 양차 세계대전 사이의 기간이었다. 칵테일 전문가인 바텐더들이 자신들이 만들어낸 칵테일에 고유의 이름을 붙이기 시작했고, 그것이 오늘날까지 이어지는 고전이 되었다.

전문가들은 칵테일을 여러 종류로 분류하는데(**참조** p.231 칵테일 도표) 이는 크게 세 가지 기준 즉, 재료의 조합, 제조 방법, 서빙 방식에 따라 나뉜다. 칵테일을 만드는 재료는 베이스가 되는 기주(진, 보드카, 칼바도스, 아르마냑 등), 쓴맛, 단맛, 경우에 따라서는 색깔도 첨가해 칵테일에 특별한 개성을 부여해주는 향 첨가제(비터스, 시럽, 리큐어 등), 그리고 추가적인 향을 보완하는 동시에 칵테일의 텍스처를 좌우하는 모디파이어(샴페인, 베르무트, 토닉워터, 비탄산수, 탄산수, 과일주스, 우유, 크림, 난황 등) 등 세 가지로 나눌 수 있다.

마지막으로 칵테일은 쇼트 드링크와 롱 드링크로 나뉜다. 이는 술과 술만을 혼합한 것인지 물이나 다른 액체를 섞어 희석한 것인지, 얼음 없이 칵테일 잔에 서빙하는지 혹은 얼음을 넣고 셰이커에 넣어 흔들어 섞는지 등의 요소에 따라 달라진다.

■ **조주 방법 및 재료.** 칵테일은 셰이커에 넣고 흔들어 만들거나 재료를 글라스에 직접 넣어 만든다. 리큐어나 시럽을 대시(dash) 또는 드롭(drop)으로 소량 첨가할 때는 비터 바틀(대시 바틀)이나 뚜껑에 스포이트가 달린 피펫 병을 사용한다. 서빙 시에는 칵테일 종류에 따라 글라스 가장자리에 레몬즙을 묻히고 설탕이나 소금을 가늘게 빙 둘러 묻히거나(스노우 스타일) 레몬 슬라이스, 올리브, 체리 등으로 장식하기도 한다. 마지막에 넛멕 가루, 후추, 설탕, 카카오 파우더를 살짝 뿌려 마무리하는 경우도 있다.

셰이커나 다양한 글라스(마티니 글라스, 테이스팅 글라스, 와인 글라스, 샴페인 플루트, 샷 글라스, 온더락 글라스, 하이볼 글라스, 토디 글라스 등) 뿐만 아니라 블렌더, 지거(메저 컵), 바 스푼(스푼 자체는 작지만 손잡이가 긴 특별한 스푼), 스트레이너(얼음, 가루 얼음, 과육 거르는), 얼음 집게, 과도, 빨대, 레몬 스퀴저, 머들러, 제스터 등의 도구도 필요하다.

LES GRANDS CLASSIQUES 클래식 칵테일

alexandra (ou brandy alexander) 알렉산드라(또는 브랜디 알렉산더)

알렉산드라 : 코냑 30mℓ, 다크 크렘 드 카카오(초콜릿 리큐어) 20mℓ, 생크림 20mℓ, 강판에 간 넛멕 가루

americano 아메리카노

아메리카노 : 비터 캄파리 35mℓ, 베르무트 로소 35mℓ, 레몬 제스트 1조각

bacardi 바카르디

바카디 : 바카디 럼 40mℓ, 레몬즙 20mℓ, 그레나딘(석류) 시럽 10mℓ

between-the-sheets 비트윈 더 쉬츠

비트윈 더 쉬츠 : 코냑 20mℓ, 푸에르토리코 럼 20mℓ, 트리플 섹 큐라소 10mℓ, 레몬즙 20mℓ

black russian 블랙 러시안

블랙 러시안 : 보드카 40mℓ, 커피 리큐어 20mℓ

bloody mary 블러디 매리

블러디 매리 : 보드카 40mℓ, 토마토 주스 120mℓ, 레몬 주스 5mℓ, 우스터 소스 5mℓ, 타바스코 소스 3방울, 셀러리 소금, 후추

bronx 브롱스

브롱스 : 진 50mℓ, 오렌지 주스 20mℓ, 드라이 베르무트 10mℓ, 베르무트 로소 10mℓ, 마라스키노 체리 1알

bullshot 불샷

불샷 : 보드카 40mℓ, 소고기 육수 120mℓ, 우스터 소스 10mℓ, 타바스코 소스 3방울, 셀러리 소금, 후추

burgos 부르고스

부르고스 : 코냑 50mℓ, 앙고스투라 비터스 4방울

caïpirinha 카이피리냐

카이피리냐 : 카샤사 50mℓ, 세로로 등분한 라임 웨지(라임 반 개분), 설탕 2스푼, 잘게 부순 얼음

champagne cocktail 샴페인 칵테일

샴페인 칵테일 : 샴페인 110mℓ, 코냑 20mℓ, 앙고스투라 비터스 비터스 2방울, 레몬 제스트 1조각, 각설탕 작은 1조각

clockwork orange 클락워크 오렌지

클락워크 오렌지 : 보드카 50mℓ, 오렌지 슬라이스(반 개), 설탕 2티스푼

cosmopolitan 코스모폴리탄

코스모폴리탄 : 보드카 40mℓ, 크랜베리주스 20mℓ, 라임즙 5mℓ, 트리플 섹 큐라소 5mℓ, 라임 제스트 1조각

daiquiri 다이키리

다이키리 : 화이트 럼 40mℓ, 라임즙 20mℓ, 사탕수수 시럽 10mℓ

french 75 프렌치 75

프렌치 75 : 샴페인 125mℓ, 진 30mℓ, 레몬즙 15mℓ, 사탕수수 시럽 10mℓ, 마라스키노 체리 1알

gimlet 김렛

김렛 : 플리머스 진 40mℓ, 라임 주스 코디얼 시럽 20mℓ

kashenka 카센카

카센카 : 보드카 50mℓ, 살짝 으깬 생딸기 4개, 설탕 1스푼, 잘게 부순 얼음

macka 매카

매카 : 진 40mℓ, 드라이 베르무트 10mℓ, 베르무트 로소 10mℓ, 크렘 드 카시스(카시스 리큐어) 10mℓ, 탄산수 110mℓ, 레몬 제스트 1조각

manhattan 맨하탄

맨하탄 : 라이 위스키 40mℓ, 베르무트 로소 30mℓ, 앙고스투라 비터스 2 방울, 마라스키노 체리 1알

margarita 마가리타

마가리타 : 아가베 100% 데킬라 40mℓ, 트리플 섹 큐라소 10mℓ, 라임즙 20mℓ, 잔 둘레에 소금을 묻혀 서빙한다.

mint julep 민트 줄렙

민트 줄렙 : 버번위스키 50mℓ, 민트 잎 6-8장, 설탕 2티스푼

mojito 모히토

모히토 : 쿠바 럼 40mℓ, 신선한 민트 잎 8-10장, 라임즙 20mℓ, 설탕 2스푼, 탄산수 60mℓ

moscow mule 모스쿠 뮐

모스코 뮬 : 보드카 40mℓ, 진저 비어 130mℓ, 라임즙 10mℓ, 라임 슬라이스 1개

negroni 네그로니

네그로니 : 캄파리 30mℓ, 베르무트 로소 30mℓ, 진 10mℓ, 레몬 제스트 1조각

old-fashioned 올드 패션드

올드 패션드 : 라이 위스키 50mℓ, 앙고스투라 비터스 4-5 방울, 각설탕 1조각, 물 20mℓ, 오렌지 제스트 1조각, 마라스키노 체리 1알

porto flip 포르토 플립

포트 플립: 코냑 40mℓ, 루비 포트와인 20mℓ, 설탕 1티스푼, 달걀노른자 1개분

ramos gin fizz 라모스 진 피즈

라모스 진 피즈 : 진 40mℓ, 달걀흰자 1개분, 레몬즙 15mℓ, 라임즙 10mℓ, 사탕수수 시럽 10mℓ, 생크림 10mℓ, 오렌지 블로섬 워터 3-4방울, 탄산수 80mℓ

rose 로즈

로즈 : 키르슈 40mℓ, 드라이 베르무트 20mℓ, 체리브랜디 10mℓ, 마라스키노 체리 1알

serendipiti 세렌디피티

세렌디피티 : 샴페인 120mℓ, 칼바도스 20mℓ, 사과 주스 30mℓ, 설탕 1스푼, 생민트 1줄기

side car 사이드 카

사이드 카 : 코냑 40mℓ, 트리플 섹 큐라소 10mℓ, 레몬즙 15mℓ

stinger 스팅거

스팅거 : 코냑 40mℓ, 화이트 민트 리큐어(crème de menthe blanche) 20mℓ

LES CLASSIQUES SANS ALCOOL 클래식 무알코올 칵테일

grabasco 그라바스코

그라바스코 : 토닉워터 120mℓ, 자몽주스 60mℓ, 타바스코 소스 2방울.

lemon squash 레몬스쿼시

레몬 스쿼시 : 껍질 벗긴 레몬 세그먼트 1개분, 설탕 2티스푼, 탄산수.

mango sparkle 망고 스파클르

스파클링 망고 : 망고주스 50mℓ, 사과주스 20mℓ, 레몬라임 소다 30mℓ, 라임 슬라이스 1개.

칵테일의 유형

유형	정의	칵테일	서빙 글라스
애프터 디너 after dinners	리큐어와 증류주의 혼합, 또는 두 가지 리큐어의 혼합 (얼음 추가 가능)	B&B, 러스티 네일, 블랙 러시안, 스팅거	더블 칵테일 글라스, 올드 패션드 글라스
코블러 cobblers	롱 드링크. 와인(포트와인, 셰리, 베르무트) 또는 브랜디 (코냑, 진, 위스키), 사탕수수 시럽 대시, 레몬즙, 잘게 부순 얼음, 큐라소	브랜디 코블러, 진 코블러, 위스키 코블러	키가 큰 텀블러
콜라다 coladas	셰이커 또는 블렌더를 사용해 만드는 롱 드링크. 증류주(럼, 데킬라, 진, 코냑), 파인애플 주스, 코코넛 리큐어, 파인애플과 체리로 장식.	피냐 콜라다, 초코 콜라다, 이탈리안 콜라다, 멕시칸 콜라다	텀블러
칼린스 collins	시원하게 마시는 롱 드링크. 브랜디(기호에 따라 선택), 설탕, 레몬즙, 탄산수. 레몬이나 체리로 장식.	톰 칼린스, 보드카 칼린스, 페피토 칼린스, 잭 칼린스, 샌디 칼린스, 럼 칼린스	키가 큰 텀블러
쿨러 coolers	롱 드링크. 브랜디, 설탕 또는 시럽, 과일 주스, 레몬 또는 오렌지 껍질, 진저 에일(또는 진저 비어, 시드르, 샴페인)	진 쿨러, 렘센 쿨러, 보드카 쿨러	키가 큰 텀블러
컵 cups	제철 과일, 설탕 또는 리큐어(큐라소, 쿠앵트로, 그랑 마니에르, 코냑), 샴페인 또는 와인, 시드르 또는 토닉워터	베르무트 컵, 핌스 넘버 원	텀블러, 핌스 글라스
데이지 daisies	재료를 잔에 직접 넣어 만드는 중간 용량 칵테일. 석류주스, 레몬즙 1/2, 베이스 증류주	잭 로즈, 핑크레이디, 클로버 클럽	텀블러
에그 노그 egg nogs	핫 또는 콜드. 달걀(또는 노른자만), 설탕, 베이스 증류주, 우유, 넛멕	브랜디 에그 노그, 럼 에그 노그, 셰리 에그 노그	텀블러
피즈 fizzes	셰이커를 사용해 제조하는 롱 드링크. 설탕, 레몬, 베이스 증류주, 달걀흰자 또는 노른자, 토닉워터	진 피즈, 브랜디 피즈, 럼 피즈, 골든 피즈	텀블러
플립 flips	핫 또는 콜드로 즐기는 중간 용량 칵테일. 설탕, 달걀 노른자, 와인(포트와인, 셰리, 베르무트) 또는 브랜디 (코냑, 진), 넛멕	포트 플립, 셰리 플립, 브랜디 플립	더블 칵테일 글라스
그록 grogs	따뜻하게 마시는 칵테일. 설탕(꿀 또는 당밀), 베이스 증류주, 끓는 물, 차 또는 커피, 레몬 슬라이스, 정향	그록	내열성이 강한 글라스 (펀치글라스)
하이볼 highballs	증류주, 탄산수, 비탄산수 또는 토닉 워터(진저, 진저비어, 콜라, 비터 레몬), 매우 대중적인 칵테일로 이들 중 위스키소다와 진토닉이 가장 유명.	위스키 콕, 쿠바 리브레, 보드카 토닉, 위스키 진저 에일	텀블러
쥴렙 juleps	롱 드링크. 생민트, 사탕수수 시럽, 소다수, 위스키, 스카치, 버번위스키, 코냑, 진	민트 쥴렙, 모히토, 럼 쥴렙, 샴페인 쥴립	텀블러
멀드 칵테일 mulls	다인용을 한꺼번에 만들어 나누어 따르는 핫 칵테일. 와인(포트와인, 셰리, 보르도), 달걀 푼 것, 향료(바닐라, 계피, 정향, 레몬 및 오렌지 제스트). 끓이지 않고 아주 약하게 시머링한다.	뱅쇼	내열성이 강한 글라스 (펀치글라스)
올드 패션드 old fashioned	작은 각설탕, 앙고스트라 비터스, 탄산수, 증류주(기호에 따라 선택), 얼음, 오렌지와 레몬 슬라이스, 체리로 장식. 재료를 글라스에 직접 넣어 제조.	버번 올드 패션드	올드 패션드 글라스
푸스카페 pousse-café	다양한 무게, 알코올 도수, 색을 지닌 액체를 분리해 부어 층을 이룬 레이어드 칵테일로 시각적 매력을 위해 섞지 않는다. 가장 무겁고 도수가 낮은 술부터 넣어준다.	레드 화이트 블루 레이어드 칵테일	길고 좁은 글라스에 빨대와 함께 서빙한다.
펀치 punches	롱 드링크 또는 중간 용량의 칵테일. 과일즙(레몬, 파인애플, 오렌지 등), 설탕 또는 사탕수수 시럽, 리큐어(마라스키노, 큐라소 등), 증류주(화이트 럼, 골드 럼). 따뜻하게 또는 차갑게 마신다.	티 펀치(쇼트 드링크), 플랜터스 펀치 (롱 드링크)	칵테일 글라스 또는 텀블러, 펀치 글라스
사워 sours	셰이커를 사용해 만드는 쇼트 드링크. 설탕, 레몬 또는 라임즙, 알코올(진, 위스키, 보드카, 코냑)	위스키 사워, 아마렐로 사워	칵테일 글라스
줌 zoom	꿀, 생크림, 베이스 증류주	허니문	칵테일 글라스

prairie oyster 프레리 오이스터

프레리 오이스터 : 달걀 1개, 우스터 소스 1티스푼, 케첩 1티스푼, 식초 1/2티스푼, 후추 한 자밤, 타바스코 소스 1 방울

pussy foot 푸시 풋

푸시 풋 : 오렌지즙 130mℓ, 그레나딘 시럽 10mℓ, 레몬즙 10mℓ, 라임즙10mℓ, 달걀노른자 1개.

santa maria 산타 마리아

산타 마리아 : 조각으로 자른 파인애플 1개, 자몽즙 200mℓ, 루콜라 20g, 우스터소스 10mℓ, 물 50mℓ.

shirley temple 셜리 템플

셜리 템플 : 진저에일 80mℓ, 레몬 라임 소다 80mℓ, 그레나딘 시럽 10mℓ, 라임 1/8개.

virgin colada 버진 콜라다

버진 콜라다 : 파인애플주스 140mℓ, 코코넛 리큐어 50mℓ, 파인애플 링 슬라이스 1/4쪽.

COCKTAIL (HORS-D'ŒUVRE) 칵테일(오르되브르) 요리에서 칵테일이란 단어는 칵테일 새우, 랍스터, 멜론 등의 다양한 재료를 보기 좋게 장식하여 서빙한 차가운 오르되브르를 뜻한다. 또한 여러 종류의 과일을 잘게 썰어 혼합한 것을 프루츠 칵테일이라고 부르기도 한다(**참조** MACÉDOINE).

cocktail de crabe 콕텔 드 크라브

게살 샐러드 칵테일 : 게(브라운 크랩 또는 스파이더 크랩) 2마리를 쿠르부이용에 익혀 살을 발라내거나 통조림 게살 또는 냉동게살을 사용한다(게살 약 400g). 화이트와인 한 컵에 잘게 다진 샬롯 3개를 넣고 수분이 완전히 날아갈 때까지 졸인다. 이 샬롯을 매콤한 마요네즈(달걀노른자 1개, 기름 250mℓ, 맛이 강한 겨자(화이트 머스터드) 1디저트스푼, 식초 1테이블스푼으로 만든 것)에 넣은 뒤 케첩 1테이블스푼, 다진 타라곤 1테이블스푼을 첨가하고 잘 섞는다. 소금, 후추, 카옌페퍼로 간을 맞춘다. 코냑 리큐어 잔으로 1개분을 넣어 향을 더한다. 이 소스를 잘게 부순 게살에 넣고 살살 섞어준다. 칵테일 잔이나 1인용 유리볼에 비네그레트로 드레싱한 양상추 시포나드를 깔고 그 위에 게살 샐러드를 얹은 뒤 냉장고에 보관한다. 서빙 직전, 잘게 썬 타라곤 잎을 뿌린다.

cocktail de crevette 콕텔 드 크르베트

새우 칵테일 : 게살 샐러드 칵테일과 같은 방법으로 만든다. 세로로 등분해 자른 토마토, 삶은 달걀, 큰 새우로 장식해 완성한다.

COCKTAIL (RÉUNION) 콕텔(모임) 칵테일 파티. 공적 또는 사적 사교모임(개회식, 오프닝 행사 등) 시 열리는 스탠딩 파티 형식의 연회, 리셉션을 의미한다. 초대된 손님들은 일반적으로 서서 담소를 나누며 샴페인, 주류, 과일주스 등의 음료와 한입 크기의 아뮈즈 부슈와 작은 사이즈의 디저트 및 스낵을 가볍게 즐긴다. 칵테일 파티는 일반적으로 오후 늦은 시간에 주로 실내 또는 지붕이나 장막이 있는 장소에서 열린다. 이와 비슷한 형식으로 정원 등의 야외에서 열리는 행사는 가든 파티라고 한다.

COCO 코코 레몬즙을 넣은 물에 마른 감초 스틱을 담가 향을 우려내 시원하게 마시는 음료로, 코코넛 밀크와 색이 비슷하다고 해서 같은 이름을 붙였다. 18세기와 19세기에 대단히 인기가 있었던 이 음료는 거리와 공원에서 코코 장수들이 팔았는데, 이들은 등에 작은 통을 이고 다니며 싼 값에 코코를 컵에 담아 판매했다.

COCOCHAS 코코샤 코코차. 바스크어로 유럽 메를루사(merlu, hake 민대구의 일종) 머리의 턱 아래쪽 부분이나 이중 턱 부위의 살을 가리킨다. 코코차 요리를 하려면 큰 대구를 선택해야 한다.

크리스티앙 파라(CHRISTIAN PARRA)의 레시피

cocochas en sauce verte 코코샤 앙 소스 베르트

그린 소스 코코차 : 깨끗이 씻은 홍합 1kg을 냄비에 넣고 화이트와인 100mℓ을 부어 익힌다. 홍합은 건져 샐러드 용으로 보관하고, 익힌 국물은 조심스럽게 체에 거른다. 토기 냄비(스페인식 카수엘라가 이상적이다)를 약불에 올리고 올리브오일 100mℓ를 달군 뒤 잘게 다진 양파 30g과 마늘 10g을 넣고 15분간 볶는다. 여기에 홍합 익힌 국물을 붓고 냄비 바닥에 1cm 정도만 남을 때까지 졸인다. 잘게 다진 파슬리 5g과 코코차 턱살 40개를 넣는다. 천천히 저으며 3-4분 익힌다. 국물이 끓어 진해지도록 둔다. 소금으로 간(홍합 국물이 짭짤하므로 미리 간을 본 다음 조절한다)을 맞추고 붉은 고춧가루를 조금 넣는다. 바로 서빙한다.

COCOTTE 코코트 주물 냄비, 코코트 냄비. 코코트는 원형 또는 타원형의 조리도구로, 바닥과 벽면이 두껍고 보통 2개의 손잡이와 딱 맞는 뚜껑이 있는 냄비의 일종으로, 적은 수분으로 재료를 천천히 익히기(스튜, 찜)에 적합하다. 코코트 냄비의 기원은 19세기 초로 거슬러 올라간 브레지에르(braisière 스튜 등 뭉근히 오래 끓이는 용도의 냄비)이며, 일반 가스레인지에서 사용하기 알맞은 제품으로 현대화되었다. 초기에는 열전도율이 높고 열을 고루 분산하며 음식을 오랫동안 따뜻하게 유지하는 장점을 가진 소재인 검은 주철, 즉 무쇠로 만들었으나 깨지거나 녹이 스는 단점이 있었다.

오늘날의 코코트 냄비는 무쇠에 법랑(무광 또는 유광)을 입힌 것이 주를 이루지만, 그 외에 주조 알루미늄(더 가볍다), 스테인레스 스틸(견고하지만 열전도율이 더 낮으며 더 비싸다), 구리(소형 모델)로 만든 제품들도 있다.

코코트 요리는 대부분의 경우 재료를 미리 센 불에서 한번 볶거나 지져 시어링한 뒤 약한 불에서 오랜 시간 뭉근히 익히는 단계로 넘어간다. 따라서 소재가 무엇이든 온도 변화를 잘 견뎌야 하며 재료가 달라붙지 않아야 한다. 열에 보다 천천히 데워지도록 바닥에 그릴 자국 홈이 팬 제품도 있다. 전기 인덕션이나 글라스세라믹 인덕션을 사용하는 경우에는 냄비 바닥이 평평해야 한다. 또한 어떤 코코트 냄비는 뚜껑 윗면이 움푹 파여 있어 그 위로 찬물을 부어 둘 수 있는데, 이렇게 하면 조리 중에 냄비 내부에서 발생하는 수증기가 차가운 뚜껑에 닿아 응결함으로써 다시 음식물 위로 떨어져 촉촉함을 유지시켜준다.

▶ 레시피 : ŒUF EN COCOTTE.

COCOTTE (POMMES) 코코트(감자) 코코트 감자. 감자를 작게 돌려 깎은 다음(올리브, 또는 마늘 알 모양) 노릇하게 팬에 지져낸 요리. 이 명칭은 머리에 깃털 장식 모자를 쓴 벨 에포크 시대 화류계 여성들의 모습이 닭을 닮았다고 하여 코코트(암탉)이라고 부르던 이름에서 따온 것이다.

CŒUR 쾨르 심장, 염통. 도축한 정육용 동물의 붉은색 부속(**참조** p.10 부속 및 내장 도표)중 하나인 염통을 의미한다. 중량 300kg 소의 염통은 약 2.8kg이며, 100kg짜리 송아지의 염통은 약 900g, 18kg짜리 어린 양의 염통은 대략 130g이다. 염통을 구입할 때는 붉은색이 선명하고 단단한 것을 골라야 한다. 염통은 지방이 없는 근육으로, 주위의 질긴 섬유 혈전을 제거한 뒤 사용한다. 가격이 저렴하며 미식 측면에서 높이 평가받는 식재료는 아니지만 맛있게 조리해 먹을 수 있다.

소 염통은 굽거나 브레이징해 먹으며 경우에 따라 소재료를 채워 조리하기도 한다. 또는 큐브 모양으로 썰어 꼬치구이를 만들 수도 있다(페루의 대표적인 꼬치 요리 안티쿠초스).

더 연한 암소의 염통을 더 상품으로 친다. 염통 중 가장 맛있는 것은 송아지 염통으로 이 또한 오븐에 굽거나 슬라이스해 팬에 지져 먹는다.

돼지, 어린 양, 양의 염통은 보통 찜이나 스튜를 만들어 먹는다. 가금류의 염통은 주로 꼬치구이로 먹고, 다져서 테린에 넣거나 겉면이 굳을 정도로 슬쩍 지져낸 다음 샐러드에 넣기도 한다.

cœur de veau en casserole bonne femme 쾨르 드 보 앙 카스롤 본 팜

본 팜 송아지 염통 캐서롤 : 송아지 염통을 깨끗하게 닦고 손질하여 소금과 후추로 간한 다음 버터를 두른 코코트 냄비에 볶는다. 염통을 건져낸다. 끓는 물에 한 번 데친 돼지비계를 냄비에 넣고 볶은 다음 방울양파를 넣는다. 염통을 다시 냄비에 넣고 작은 감자를 주위에 둘러놓는다. 뚜껑을 덮고 약한 불로 30분간 익힌다. 간을 맞춘다.

cœur de veau farci 쾨르 드 보 파르시

소를 채운 송아지 염통 : 송아지 염통을 깨끗하게 닦고 손질한 다음, 칼로 갈라 열어 안쪽의 혈전을 제거한다. 곱게 간 스터핑(또는 버섯 스터핑)을 염통 안에 채운 다음 크레핀(crépine 돼지의 대망)으로 감싼다. 냄비 바닥에 미르푸아(mirepoix)로 깍둑 썬 당근, 양파, 토마토를 깐다. 그 위에 간을 한 염통을 놓고 버터 몇 조각, 부케가르니를

넣어준다. 뚜껑을 덮고 150°C로 예열된 오븐에서 1시간 동안 익힌다. 조리 중간에 화이트와인을 붓고 자주 끼얹어 준다. 염통을 꺼내 뜨겁게 유지한다. 냄비 안에 리에종한 송아지 육수(fond de veau lié)를 넣고 2/3가 될 때까지 졸인 뒤 체에 거른다. 염통에 소스를 끼얹어 서빙한다.

cœur de veau grillé en brochettes 쾨르 드 보 그리에 앙 브로셰트

송아지 염통 꼬치구이 : 송아지 염통을 깨끗이 닦아 손질한 뒤 굵직한 큐브 모양으로 자른다. 작은 양송이버섯을 흐르는 물에 재빨리 헹궈 물기를 닦는다. 올리브오일, 레몬즙, 마늘, 다진 파슬리, 소금, 후추를 섞은 양념에 염통과 양송이버섯과 재운다. 염통과 버섯을 번갈아 꼬치에 꿴 다음 마지막에 아주 작은 체리 토마토나 올리브를 꽂아준다. 센 불에서 고루 굽는다.

cœur de veau sauté 쾨르 드 보 소테

송아지 염통 소테 : 송아지 염통을 깨끗이 닦아 손질한 뒤 얇게 어슷 썬다. 소금, 후추를 뿌린다. 팬에 버터를 녹여 거품이 일기 시작하면 염통 슬라이스를 넣고 센 불에서 지진다. 염통을 건져 뜨겁게 유지한다. 양송이버섯을 어슷하게 썰어 팬에 남은 버터에 넣고 노릇하게 볶은 뒤 염통에 곁들여 놓는다. 팬에 마데이라 와인을 붓고 디글레이즈한 다음 졸여 소스를 만든다. 버터 1테이블스푼을 넣고 섞은 뒤 소스를 염통에 끼얹는다.

cœurs d'agneau à l'anglaise 쾨르 다뇨 아 랑글레즈

영국식 새끼 양 염통 팬 프라이 : 양의 염통을 깨끗이 닦아 두툼한 슬라이스로 자른다. 소금, 후추로 간한 뒤 밀가루를 입혀 버터를 두른 팬에 센 불에서 지진다. 따뜻한 서빙 접시에 담는다. 팬에 약간의 마데이라 와인과 하비(Harvey) 소스를 넣고 디글레이즈한다. 염통 위에 끼얹는다. 잘게 싼 파슬리를 뿌려 낸다(영국에서는 간, 염통, 비장, 허파 등의 모든 내장 부위를 이와 같은 방법으로 요리한다. 비장과 허파는 미리 끓는 물에 데친 뒤 사용한다).

COGNAC 코냑 샤랑트(Charente) 지역의 작은 도시인 코냑(Cognac) 주변에서 생산되는 와인을 증류한 오드비(브랜디).

■ **역사.** 코냑 지역에서 와인 증류가 시작된 것은 그리 오래된 일이 아니다. 17세기까지 코냑 지방은 네덜란드와 북유럽 고객들에게 와인과 소금을 판매해 지역 경제를 유지해 왔다. 그러나 포도주 품질의 저하와 떠오르는 보르도 와인과의 새로운 경쟁으로 인해 샤랑트 지역의 와인이 급격한 침체기를 맞게 되자 와인 양조업자들은 포도주를 활용해 증류주를 만들기 시작했다. 처음에는 불황을 타개하기 위한 부득이한 수단으로 여겨졌던 증류주 제조는 이내 보편화되어 생산이 늘어났고, 얼마 되지 않아 코냑 지역의 브랜디는 최적의 기후와 토양 환경 덕분에 탁월한 품질을 인정받아 큰 명성을 누리게 되었다. 오늘날 코냑 제조는 법으로 정한 특정 지역에서 이루어지는데 여기에는 단 두 지방(샤랑트, 샤랑트 마리팀)만이 포함된다. 이곳에서 엄선하여 재배한 포도품종(위니 블랑이 주를 이루고 그 밖에 콜롱바르도 사용된다)을 원료로 한 화이트와인만을 사용하며, 증류도 해당 지역에서 이루어진다.

현존하는 여섯 개의 주요 아펠라시옹 원산지 지역은 각기 다른 특성을 지닌다. 그랑드 샹파뉴(Grande Champagne) 지역(코냑과 스공작 주변)은 섬세한 맛과 풍부한 향을 지닌 최고급 브랜디를 생산한다. 프티트 샹파뉴(Petite Champagne) 지역(남서쪽과 동쪽으로 그랑드 샹파뉴를 감싸고 있다)의 브랜디는 섬세함과 밸런스가 좀 떨어지며 숙성이 더 빠르다. 보르드리(Borderies) 지역(그랑드 샹파뉴 북쪽에 위치)의 생산품은 더 감미롭고 부드러운 풍미를 지닌다. 이 세 지역을 둥글게 감싸는 모양으로 위치한 팽 부아(Fins Bois), 봉 부아(Bons Bois), 부아 오르디네르(Bois ordinaires) 지역은 좀 더 토속적이며 투박한 스타일의 브랜디를 생산하는데, 실제로 이 지역 명칭을 달고 판매되는 경우는 매우 드물다. 한편, 특별한 명칭인 핀 샹파뉴(fine champagne)는 그랑드 샹파뉴와 프티트 샹파뉴를 블렌딩한 것으로, 그랑드 샹파뉴의 비율이 최소 50% 이상이다.

■ **제조.** 코냑은 샤랑트식 증류기(alambic charentais)라는 단식 증류기에서 2회 증류과정을 거쳐 만들어지는 오드비다. 우선 와인은 찌꺼기와 함께 먼저 예열기에서 가열된 후 증류기로 들어간다. 첫 번째 증류로 도수 30%Vol.의 알코올 원액인 브루이(brouillis)를 얻게 되며, 이를 다시 한 번 증류하여 본 쇼프(bonne chauffe)라고 불리는 원액, 즉 오드비를 얻는다. 생산자는 이 증류과정에서 맨 처음 나오는 초류(head)과 끝부분 후류(tail)를 제외한 중간 부분(heart), 즉 포도의 정수라 불리는 브랜디 원액만을 받아낸다. 이렇게 맑고 향이 진한 오드비 1ℓ를 얻기 위해서는 화이트와인 9ℓ가 필요하다. 알코올 도수 70%Vol.의 아직 다듬어지지 않은 거친 상태이며 맛도 좋지 않은 이 오드비는 이제 최소 2년 이상의 긴 숙성 단계로 들어가게 된다.

코냑의 숙성은 리무쟁(Limousin) 숲과 트롱세(Tronçais) 숲의 참나무를 햇볕 아래서 말리고 길들여 만든 오크통 안에서 이루어진다. 숙성 5년까지 코냑은 연한 노란색을 띠며 가벼운 바닐라 향이 난다. 5년에서 10년 사이에는 색이 진해지고 맛이 더욱 선명해진다. 30년까지 알코올 도수가 점차적으로 감소하고 당이 생성되면서 코냑은 더욱 부드러운 풍미를 갖게 된다. 맨 처음의 알코올 함량 70%Vol.에서 마시기에 적당한 수준인 40%Vol.까지 자연적으로 감소하는 데는 50년이 걸린다. 따라서 증류수를 첨가하여 인위적으로 알코올 함량을 감소시킨다. 코냑의 숙성에는 많은 비용이 든다. 매년 오크통 안에서 자연 증발되는 브랜디(천사의 몫이란 뜻인 엔젤스 셰어라고 부른다)의 양은 2천 만 병 이상으로 추산된다(연간 생산량 약 1억 7천 만 병).

숙성한 지 2년 내에는 절대 판매하지 않는 코냑은 숙성의 3년째부터 5년까지 쓰리 스타라는 등급으로 판매된다. VO, VSOP, 레제르브(Réserve) 등급은 5년, 나폴레옹(Napoléon), 엑스트라(Extra), 비에이유 레제르브(Vieille Réserve)는 6년 또는 그 이상의 숙성을 뜻한다. 실제로 판매되는 코냑의 다양한 품질은 각기 다른 숙성기간의 오드비, 다양한 크뤼를 조화롭게 블렌딩한 결과이다. 오래 숙성된 오드비(10년, 20년, 30년 또는 그 이상)와 숙성 기간이 그보다 짧은 것들을 블렌딩하며, 이때 혼합물의 년수는 가장 어린 코냑의 숙성 햇수를 기준으로 매겨진다. 병의 용량과 이름은 미뇨네트(mignonette, 3-60mℓ), 피아스크(fiasque, 16-180mℓ와 350mℓ), 부테이(bouteille, 700mℓ) 등 다양하고, 형태 또한 여러 가지이다. 또한 2병, 4병 또는 6병 사이즈의 매그넘(magnum)도 있다.

■ **소비.** 프랑스에서 코냑은 오랫동안 둥근 와인 잔 또는 튤립형 잔에 따라 식후주로 마시는 것이 관례였으며, 모든 향이 최대한 피어나도록 손바닥으로 천천히 돌려 따뜻한 온기를 더해가며 마셨다. 오늘날 코냑은 얼음을 넣어 온더락으로도 마시며, 식후주뿐 아니라 식전주로 즐기기도 한다. 또한 부르고스나 사이드카와 같은 다양한 칵테일의 베이스가 되기도 한다. 코냑은 유럽 대부분 지역에서 스트레이트로 마시지만, 앵글로색슨 국가들에서는 롱 드링크로도 마시며, 특히 영국(영국에서는 주로 브랜디라고 불린다)에서는 진저에일을 섞어 마시기도 한다. 미국에서는 여러 칵테일에 사용되며 캐나다에서는 차가운 비시(Vichy) 워터를 섞기도 한다. 극동지역에서는 식사 중에 스트레이트로 마시는 경우도 흔하다.

또한 코냑은 요리와 제과, 당과류 제조 시에도 사용되어 훌륭한 향을 낸다. 소스를 곁들인 음식, 불을 붙여 플랑베하는 요리에 주로 사용하며 그 외에도 재료를 재우거나 숙성할 때(초콜릿, 크레프, 술에 절인 과일, 토끼고기 코코트, 치킨 프리카세, 각종 사바용 등) 코냑을 넣어주면 좋은 향을 더할 수 있다.

COIGNARDE 쿠아냐르드 마르멜로 잼. 불어권 스위스 지역에서 즐겨 먹는 잼의 일종으로, 마르멜로(유럽 모과) 열매를 작게 잘라 농축 사과즙이나 배즙에 넣고 농도가 걸쭉해지고 짙은 색이 날 때까지 오랜 시간 동안 익혀 만든다. 쿠아냐르드는 그대로 먹거나 껍질째 익힌 감자에 곁들여 먹는다. 또한 케이크를 만드는 데 사용하기도 한다.

COING 쿠엥 마르멜로, 유럽 모과. 장미과에 속하는 마르멜로 나무의 열매로 둥근 모양 또는 서양 배 모양을 하고 있으며 노란색 껍질이 있고 익으면 얇은 솜털로 덮인다. 진한 향이 나고 과육은 단단하며 날로 먹으면 아주 떫은맛이 난다. 타닌과 펙틴이 풍부하다.

프랑스 동부에서 재배되는 마르멜로는 가을에 시장에 출하된다. 칼로리가 낮고(33kcal 또는 138kJ/100g) 칼륨이 풍부하다. 오늘날에도 마르멜로는 주로 설탕을 첨가하여 콩포트와 즐레, 라타피아(과실주), 과일 젤리 등을 만드는 데 사용한다. 중동 지역에서는 짭짤한 일반 요리의 재료로도 사용하는데, 피망처럼 소를 채우거나 타진, 스튜에 넣기도 하고 가금류(메추리, 닭) 구이에 곁들여 먹기도 한다. 코카서스와 이란이 원산지이며 사이도니아 배라고도 불리는 마르멜로는 예전부터 그리스인들이 즐겨 먹었고(속을 파내고 꿀을 채운 뒤 반죽으로 싸서 익혀 먹었다), 프랑스에서도 수 세기 전부터 알려져 왔다. 마르멜로는 요리에만 사용된 것이 아니다. 특히 그 씨

는 향수 제조나 의약품에도 사용되었다.

---

coings au four 쿠엥 오 푸르

오븐에 구운 마르멜로 : 베이킹 팬에 버터를 넓게 바른다. 잘 익은 마르멜로 4개의 껍질을 벗기고 애플 코어러를 사용해 속을 파내되 바닥까지 완전히 뚫지 않도록 한다. 생크림100mℓ과 설탕 65g을 혼합해 속을 파낸 마르멜로에 채운다. 설탕 130g을 과일 전체에 고루 뿌린 뒤 220°C 오븐에 넣어 30-35분간 익힌다. 익히면서 나오는 시럽과 과즙을 중간중간 끼얹어준다.

côtelettes de marcassin aux coings ▶ MARCASSIN
cotignac ▶ COTIGNAC
pâte de coing ▶ PÂTE DE FRUITS
selle de sanglier sauce aux coings ▶ SELLE
tagine d'agneau aux coings ▶TAGINE
tarte tacoing ▶ TARTE

COING DU JAPON 쿠엥 뒤 자퐁 모과, 일본 마르멜로. 붉은 꽃송이가 달리는 장미과의 관상목인 모과나무의 열매로 연한 녹색을 띤 달걀형이며 즙이 풍부하고 레몬 맛이 난다. 매우 단단한 이 열매는 가을에 열리는데 시장에 많이 출하되지는 않는다. 익혀야만 먹을 수 있으며 대부분 사과와 혼합해 즐레를 만드는 데 사용된다(모과 1.5kg 기준 사과 500g).

COINTREAU 쿠앵트로 비터 오렌지 껍질로 만든 리큐어로 1849년부터 생산되었다. 앙주뱅 아돌프(Angevins Adolphe)와 장 에두아르 쿠앵트로(Jean-Édouard Cointreau)가 오드비(브랜디)에 오렌지 껍질을 담가 트리플 섹(triple sec)이라는 리큐어를 만드는 독자적인 생산 방식을 고안해낸 것이다.

쿠앵트로는 지중해 연안의 달콤한 오렌지로도 만든다. 우선 껍질을 오드비에 하룻밤 담가 둔 뒤 증류하여 알코올 도수 80%Vol.의 원액을 얻는다. 증류과정 맨 처음 나오는 초류와 마지막의 후류를 제외한 중간 부분(coeur), 즉 정수에 해당하는 원액만을 받아놓는다. 재증류과정을 거친 오렌지 증류주는 가장 무거운 향 에센스와 오일의 분리를 통하여 새로운 증류 원액으로 탄생한다. 여기에 설탕, 주정, 물을 첨가하여 알코올 함량을 40%Vol.로 맞춘다. 주로 얼음을 넣어 온더락으로 마시며, 다양한 칵테일의 재료로도 사용 된다(마가리타, 사이드카).

COLA OU KOLA (NOIX DE) (누아 드) 콜라 콜라(열매). 남미와 아프리카에 자생하는 가시나무과 식물인 콜라나무의 열매로 이 지역에서는 각성제로 널리 사용된다. 카페인 함량은 커피와 유사하나 각성효과는 더 약하며 오래 지속된다. 미국과 유럽에서 콜라는 과자류 제조, 특히 콜라라고 불리는 탄산음료를 제조하는 데 사용된다. 과일과 식물의 천연추출물을 주성분으로 한 무알코올 음료인 콜라는 얼음과 섞어 차갑게 마시거나 레몬즙을 넣어 희석하기도 하며 몇몇 칵테일에도 사용된다(특히 위스키나 럼과 혼합한다).

COLBERT 콜베르 생선을 등쪽으로 길게 갈라 척추 가시를 제거한 뒤 빵가루를 입혀 튀겨낸 요리의 이름으로 메트르도텔 버터(beurre maître dhôtel)나 콜베르 버터(beurre Colbert) 등의 혼합 버터를 곁들여 서빙한다. 콜베르 버터는 구운 육류 및 생선 요리, 튀긴 굴, 달걀 반숙에 곁들여 먹기도 한다. 또한 콜베르 소스는 구운 육류 및 생선뿐 아니라 채소 요리에도 잘 어울린다. 콜베르라는 명칭은 치킨 수프(작게 돌려 깎은 채소와 아주 작은 수란 등을 넣어 먹는다), 달걀, 살구로 만든 앙트르메 이름에 붙이기도 한다.

▶ 레시피 : MERLAN, SAUCE.

COLCANNON 콜캐논 아일랜드에서 아주 대중적인 요리로, 으깬 감자에 양배추를 넣고 버터 또는 우유와 섞은 뒤 잘게 다진 차이브, 파슬리, 후추 등으로 양념한 음식이다.

COLÈRE (EN) (앙) 콜레르 명태를 통째로 튀긴 요리로, 생선을 둥그렇게 만들어 꼬리를 이빨 사이에 끼워 넣고 종이냅킨을 깐 접시에 담은 뒤 튀긴 파슬리와 레몬 웨지를 곁들여 낸다. 토마토 소스를 작은 용기에 담아 함께 서빙한다.

COLIN 콜랭 민대구. 헤이크. 명태 등의 민대구류 생선의 통상적 명칭이다(**참조** p.674-677 바다생선 도감). 이 생선은 부르주아 요리의 고급 클래식 메뉴(마요네즈 소스의 차가운 민대구 요리, 베르시 소스의 민대구살 필레, 시금치를 곁들인 민대구 요리 등)에 자주 사용된다. 흰 살을 가진 다른 종류의 몸이 통통한 바다생선을 판매할 때 콜랭이라는 명칭을 사용하는 것은 해당 어종의 공식 프랑스어 이름도 함께 명시할 경우에만 허용된다.

---

colin à la boulangère 콜랭 아 라 불랑제르

감자를 곁들인 민대구 오븐 구이 : 민대구 가운데 토막 1kg를 잘라내 소금과 후추로 밑간을 한다. 버터를 바른 그라탱 용기에 생선을 놓고 녹인 버터를 고루 뿌린다. 감자 750g과 양파 200g을 동그란 모양으로 아주 얇게 슬라이스한 다음 생선 주위에 둘러 놓는다. 소금, 후추로 간을 하고 타임, 월계수잎 가루를 뿌린다. 녹인 버터 30g을 뿌린 뒤 220°C로 예열된 오븐에 넣어30-35분간 익힌다. 중간중간 버터를 끼얹어준다. 잘게 썬 파슬리를 뿌린 뒤 그라탱 용기 그대로 서빙한다.

---

tranches de colin à la duxelles 트랑슈 드 콜랭 아 라 뒥셀

버섯 뒥셀을 넣은 민대구 : 양송이버섯 500g과 샬롯 2개를 씻어 다진다. 레몬즙 1테이블스푼을 넣고 섞는다. 팬에 버터 20g을 달군 뒤 다진 샬롯과 양송이버섯을 넣고 센 불에서 5분간 볶아 뒥셀을 만든다. 그라탱 용기에 버터를 바르고 뒥셀을 깔아준 다음, 가시 뼈와 수직 방향으로 도톰하게 슬라이스한 민대구 토막 4개를 놓는다. 화이트와인 1컵과 쿠르부이용 1컵을 붓고 버터 30g을 조금씩 떼어 고루 얹는다. 소금, 후추로 간하고 부케가르니 1개를 넣는다. 245°C로 예열된 오븐에 넣고 25분간 익힌다. 중간중간 물을 조금씩 보충해 뿌려준다. 생선을 건져 뜨겁게 보관한다. 남은 내용물은 졸여 소스를 만든다. 생선 토막을 다시 그라탱 용기에 담고 크림을 끼얹은 뒤 오븐에 넣어 5분간 더 익혀 완성한다.

COLIN DE VIRGINIE 콜랭 드 비르지니 콜린 메추라기, 밥 화이트 메추라기(bobwhite quail). 꿩과에 속하는 자고새의 한 종류로 북아메리카가 원산지이며 일부 열대 아프리카 지역에 널리 분포하고 있다. 최근 프랑스에 들어온 콜린 메추라기는 사냥이 허가된 조류 목록에 포함되었다. 사육을 시작한지는 얼마 되지 않았다. 메추라기와 비슷하며 조리법도 동일하다.

COLISÉE (LE) 르 콜리세 현재 파리의 샹젤리제 원형 교차로인 근처에 1770년에 세워진 대형 건물이다. 수천 명을 수용할 수 있는 곳으로 4개의 카페, 댄스홀, 연못, 상점가, 프리픽스 메뉴(고정가격 세트 메뉴)를 서빙하는 레스토랑, 작은 실내 정원들이 있었다. 르 콜리세는 새로운 개념의 복합 여가 공간으로 대단한 성공을 거두었고, 마리 앙투아네트 왕비도 이곳을 두 번이나 방문했다. 그러나 너무 넓고 운영이 미숙했던 탓에 파산했으며 1780년에 철거되어 현재는 거리 이름으로만 남아 있다.

COLLAGE 콜라주 흡착. 콜라주는 와인을 맑게 만드는 전통 정제방식 중 한 과정으로 발효를 마친 포도주에 흡착력이 있는 청징제(fining agent)를 첨가해 부유물을 흡착하는 방법이다. 그랑 크뤼 와인의 경우 거품 낸 달걀흰자를 넣어주고, 그 외 중저가 와인에는 소의 피, 젤라틴, 벤토나이트(점토질)를 청징제로 사용한다. 이러한 첨가물은 와인을 혼탁하게 하는 효모 잔여물을 비롯한 기타 부유물과 결합하여 응집되며, 이 접착물(colle)들은 천천히 오크통이나 숙성 탱크 바닥으로 가라앉는다. 이어서 맑게 남은 포도주만 따라 옮기는 과정인 수티라주(soutirage)가 진행된다.

COLLATION 콜라시옹 간식, 가벼운 식사. 카톨릭 신자들이 금식일에 먹는 가벼운 식사. 현대 언어에서 콜라시옹은 빠르게 먹는 식사를 의미하며 일반적으로 퇴근길에 간단히 먹는 끼니 등 일상적인 식사시간 외에 먹는 것을 말한다. 하지만 경우에 따라 비교적 푸짐할 수도 있다.

COLLER 콜레 물에 담가 불린 젤라틴을 요리나 디저트를 만드는 과정 중의 혼합물에 녹여 그 질감을 더 단단하게 굳히는 것을 뜻한다.

공소메, 젤리(일반적인 젤리 또는 묽은 잼과 같은 과일 즐레), 디저트용 혼합재료(예, 바바루아), 마요네즈 등에 사용한다. 또한 차가운 요리 위에 다양한 모양으로 자른 장식용 재료(얇게 썬 송로버섯 슬라이스, 리크 녹색 부분, 타라곤 잎, 처빌 등)를 얹은 뒤 녹인 젤리를 씌워 고정시키기도 한다.

COLLIER, COLLET 콜리에, 콜레 목심, 목살. 도축한 동물의 목 부분에 해당하는 정육 부위(**참조** p. 22, 108-109, 879 정육 분할 도감). 정육 분할 규정에 따르면 콜리에(collier)라는 명칭은 소, 송아지, 양에 사용하며 콜레

(collet)도 같은 뜻의 용어로 사용된다. 목심은 제1목뼈와 제7목뼈 사이에 있는 7개 이상의 근육으로 이루어져 있다.

소 목심은 원통형의 살코기와 지방이 있는 부분, 납작한 모양의 부채살 앞부분 일부로 이루어지며, 주로 브레이징, 포토푀, 소테, 아 라 모드(à la mode, 먼저 겉면을 시어링한 뒤 오랜 시간 뭉근히 익히는 조리법. 고기 덩어리에 돼지비계를 박아 넣기도 한다), 카르보나드(carbonade) 등 조리 시간이 긴 요리에 사용된다. 송아지 목심은 대부분 뼈를 제거한 상태로 판매 되며 로스트(앙 코코트), 소테, 블랑케트(blanquette) 등에 사용된다. 뼈를 제거하지 않은 양의 목심은 소테, 나바랭(navarin) 용으로 쓰인다. 돼지고기의 목심은 에신(échine)이라 불린다(**참조** ÉCHINE). 가금류에서 목은 자투리에 해당한다. 거위와 오리의 목은 그 껍질에 소를 채워 조리하기도 한다.

▶ 레시피 : PORC.

COLLIOURE 콜리우르 루시용(Roussillon) 지방의 AOC 와인으로 레드와 로제가 있다. 바디감이 풍부하고 알코올 도수가 높은 와인으로 바뉠스(Banyuls)와 같은 지역에서 생산된다. 주로 그르나슈 누아(grenache noir) 포도품종으로 만드는 콜리우르는 과일향이 나고 드라이하며 알코올 도수가 높은 풀 바디 와인이며, 수확 후 이듬해 7월이 될 때까지 오크통에서 숙성한 뒤 판매한다(**참조** ROUSSILLON).

COLLYBIE 콜리비 콜리비아, 애기버섯. 작고 가느다란 가닥 모양을 한 다양한 버섯 종류를 통칭한다. 크기는 크지 않으며 어떤 품종은 아주 미미한 것도 있다. 조직이 물러 금방 상하기 쉽다. 팽나무버섯(collybie patte-de-velours, flammuline à pied velouté) 종만이 요리용으로 사용되며 흰색 갓 부분을 먹는다. 극동 지역 국가에서는 아주 오래전부터 알려져 재배, 소비되어 온 버섯으로 비타민, 인, 칼륨이 풍부하다.

COLOMBIE 콜롬비아 콜롬비아 요리는 매우 양이 많고 푸짐하다. 실제로 콜롬비아 사람들은 대식가다. 아침식사로 토마토, 양파를 곁들인 스크램블드에그를 먹고, 하루 종일 타말(tamal)과 엠파나다(empanada)를 즐겨 먹는다. 식사 때는 주로 여러 재료를 한데 넣어 끓인 스튜 종류가 메인 요리가 된다. 대표적인 것으로 아히아코(ajiaco, 닭고기, 옥수수, 여러 종류의 감자, 아보카도를 넣고 고추로 매운 맛을 낸다)와 산코초(sancocho, 생선과 카사바, 플랜틴 바나나 등의 채소를 넣고 끓인 스튜)를 꼽을 수 있다. 여기에 옥수수 전병 아레파(arepas)를 빵처럼 곁들여 먹는다. 어디서나 흔히 찾아볼 수 있는 코코넛은 달콤한 디저트 외에 짭짤한 일반 요리에도 다양하게 쓰인다. 딸기, 오렌지뿐 아니라 파파야, 패션프루트 등의 열대과일을 많이 먹는다.

COLOMBIER 콜롱비에 1945년 제과사 가스통 르노트르(Gaston Lenôtre)가 노르망디의 퐁토드메르(Pont-Audemer)에서 아몬드와 당절임 과일을 주재료로 사용해 만든 케이크이다. 이 케이크의 이름은 평화의 상징인 비둘기(colombe)에 대한 찬사의 의미로 붙여졌으며, 실제로 케이크 중앙에 비둘기 모양 장식을 얹기도 한다.

가스통 르노트르(GASTON LENÔTRE)의 레시피

***colombier* 콜롱비에**

전동 스탠드 믹서 볼에 흰색 아몬드 페이스트 225g을 넣고 달걀 3개를 하나씩 차례로 넣어가며 5분간 천천히 혼합한다. 밀가루 20g과 감자 전분 20g을 넣고 살살 섞는다. 따뜻하게 녹인 버터 65g을 넣고, 전날 그랑 마르니에 1테이블스푼을 넣어 재워 둔 당절임 과일(비가로 체리, 오렌지, 안젤리카 줄기, 시트론) 130g을 마지막에 넣은 뒤 잘 섞는다. 오븐을 170°C로 예열한다. 틀에 버터를 바르고 아몬드 슬라이스를 바닥과 벽에 붙인 다음 혼합물을 붓는다. 오븐에 넣어 약 25분 굽는다. 오븐에서 꺼내 식힘망 위에 올리고 틀을 제거한다. 그랑 마니에르를 조금 뿌린다. 식힌 뒤 워터 아이싱(슈거파우더와 설탕 시럽 혼합물)으로 덮어준다. 설탕으로 만든 흰색 비둘기로 장식한다.

COLORANT 콜로랑 색소, 식용색소. 대량 생산 식품 또는 조리한 식품의 총체 또는 표면의 색상을 변경하기 위해 사용하는 식품첨가제(**참조** ADDITIF ALIMENTAIRE). 당과류 제조, 제과, 유제품 및 음료는 천연 또는 합성 색소가 가장 많이 사용되는 식품 산업 분야다.

색소의 사용은 새로운 일이 아니다. 이미 중세에 금잔화 꽃으로 버터에 색을 내어 사용했다는 기록이 있으며 이는 법규에도 명시되어 있었다고 한다. 또한 사프란, 시금치의 엽록소, 캐러멜을 이용해 요리에 색을 내온 것은 그 기원이 아주 먼 고대까지 거슬러 올라간다. 오늘날 색소의 사용은 법으로 명확하고 상세하게 규정하고 있으며, 특히 식품에 색소가 첨가된 경우에는 반드시 포장에 이를 명시해야 한다.

■ **천연 색소.** 양홍 또는 카민(E 120), 우유, 밀, 간, 달걀에서 추출하는 황색 리보플라민(E 101), 캐러멜(E 150)과 식용 숯(E 153)을 제외하면 거의 모두 식물에서 얻는다. 아래 내용을 참고한다.

● **황색.** 강황에서 추출한 커큐민(E 100)은 음료, 머스터드, 샤퀴트리, 유제품 등에 사용한다.

● **황색/적색.** 당근, 토마토, 파프리카에서 추출하는 카로티노이드(E 160, a, b, c 빅신, 아나토, 캡산틴, 캡소루빈)은 버터, 치즈, 아이스크림, 시럽, 리큐어, 당과류에 사용한다. 해조류 및 버섯에서 추출하는 잔토필(E 161)은 버터, 치즈, 잼, 음료, 수프, 사탕 등에 쓰인다.

● **적색.** 끓인 비트 뿌리에서 추출한 비트레드(E 162).

● **자색.** 가지, 블랙커런트, 적채에서 추출한 안토시아닌(E 163)은 아이스크림, 시럽, 오일, 샤퀴트리에 사용된다.

● **녹색.** 엽록소와 그 파생 물질(E 140)은 머스터드, 음료, 통조림 채소, 포타주, 염장식품, 잼 등에 사용된다.

■ **합성 색소.** 거의 대부분 적색 계통의 색을 띠는 아조화합물 색소가 가장 많이 쓰이는 부류이다. 아조루빈(E 122), 아마란스(E 123), 코치닐 레드 A(E 124), 리톨 루빈(E 180, 치즈 외피용으로만 사용) 등이 대표적이다. 또한 브릴리언트 블랙(E151), 타트라진(E102, 황색, 특히 건조 생선에 사용한다)도 같은 색소 군에 속한다. 페이턴트 블루 V(E 131)와 브릴리언트 그린(E 142)은 트리페닐메탄에서 파생된 물질이며, 레드 에리트로신(E 127)은 크산텐으로, 인디고틴(E 132), 인디고로 만든다. 표면용 색소로는 탄산칼슘(E 170), 이산화티탄(E 171), 산화철 안료(E 172), 알루미늄, 은, 금 안료(E173,174,175)등이 대표적이다.

COLORER 콜로레 색을 입히다, 색을 내다. 천연 색소(시금치의 녹색즙, 비트즙, 캐러멜, 토마토 페이스트, 갑각류의 내장 등)를 사용하여 요리(크림, 반죽 혼합물, 소스 등)의 색을 더 선명하게 살리거나 변경하는 것을 뜻한다. 한편, 고기에 색을 낸다는 것은 고기를 유지에 넣어 센 불에서 익히거나 복사열에 노출시켜 표면을 캐러멜화하는 것을 지칭한다.

COLRAVE 콜라브 콜라비. 일부 불어권 스위스 지역에서 양배추의 일종인 콜라비를 지칭하는 명칭이다. 납작한 모양, 둥근 모양, 볼록한 모양 등 품종이 다양하고, 녹색을 띤 흰색, 짙은 녹색, 푸른 자색 등 색상도 다양하다.

COLVERT 콜베르 청둥오리, 들오리. 기러기 오리과에 속하는 야생 철새인 청둥오리는 점점 이동이 줄어들면서 이제는 대도시에서도 쉽게 찾아볼 수 있게 되었다(**참조** p.421 수렵육 도표 p.905-906 가금류 및 토끼 도표). 다 자란 수컷(malart)의 깃털은 여러 색으로 이루어져 있다. 머리와 목은 푸른빛이 도는 짙은 초록색이며 대개 머리와 목 경계 부분에 흰색 띠 모양이 둘러져 있다. 등은 금속성의 푸른색을 띠며 목 아래쪽은 적갈색, 배는 회색빛이 나는 흰색, 날개는 잿빛 파랑색을 띈다.

암컷(bourre)은 몸집이 좀 더 작으며 새끼 청둥오리(halbran)와 마찬가지로 다소 짙은 베이지색의 깃털을 갖고 있다. 청둥오리는 일반 오리나 야생오리와 같은 방식으로 조리한다.

▶ 레시피 : CANARD SAUVAGE.

COLZA 콜자 유채꽃. 프랑스를 비롯한 유럽 전역에서 널리 재배되는 십자화과의 채유식물. 유분을 풍부하게 함유한 씨앗을 분쇄, 압착하여 기름을 고체부분(단백질)으로부터 분리해낸다. 이는 마찰을 가해 씨앗을 분쇄한 다음 고압으로 문지르며 착유하는 작업이며, 추출 후 남는 깻묵은 가축의 사료로 활용한다. 유채기름(카놀라유)은 특히 오메가 3가 풍부하기 때문에 (**참조** p.462 오일 도표) 요리용 기름으로 권장할 만하다. 보존성이 좋으며 약 0°C까지 액체 상태를 유지한다.

COMBAVA 콤바바 카피르 라임. 운향과에 속하는 식물의 열매로 짙은 녹색의 울퉁불퉁한 껍질을 가진 구형 라임의 일종이다. 콩바바 또는 공바바(gombava)라고도 불리며 특히 껍질 제스트의 향기가 매우 짙은 것이 특징이다. 열대 지역 요리에 많이 사용되는 재료로 사모사, 생선 타르타르 또는 생선 테린, 칵테일, 소스 등에 넣는다. 카피르 라임 잎은 냉동 보관이 용이하며, 태국과 말레이시아 요리에 많이 사용된다. 프랑스령 레위니옹에서는 칵테일 펀치와 루가이(rougail)를 만드는 데 카피르 라임 열매와 잎을 많이 사용한다.

COMINÉE 코미네 커민 요리. 커민(cumin)이 들어간 요리에 붙였던 옛 조리 명칭이다. 중세에는 수프나 가금류 요리 또는 생선 요리에 맛을 돋우기 위한 향신료로 커민을 자주 사용했다. 14세기 후반 출간된 타유방의 요리서 『비앙디에(*Viandier*)』에는 아몬드를 넣은 코미네(베르쥐를 넣은 가금류 블루테 수프의 일종으로 껍질을 벗긴 아몬드, 생강, 커민을 넣어 향을 더했다), 암탉 코미네(암탉 요리), 철갑상어 코미네(토막 낸 철갑상어를 커민과 아몬드와 함께 물에 넣고 끓인 요리) 요리법이 수록돼 있다.

옛날 조리법

cominée de gélines 코미네 드 젤린

암탉 코미네 : 암탉 코미네를 만들려면 우선 닭을 준비해 와인과 물에 푹 익힌다. 끓는 동안 기름을 건져낸다. 닭을 건진다. 달걀노른자를 풀어준 다음 닭 국물과 섞는다. 여기에 커민을 넣은 뒤 닭과 국물을 함께 서빙한다.

COMMERCE ÉQUITABLE 코메르스 에키타블 공정무역. 소규모 생산자, 협동조합, 특히 개발도상국 보호를 목적으로 노동, 사회 정책, 환경 분야에서 국제적으로 공정한 표준을 장려하기 위한 사회 운동. 특히 식품(커피, 차, 과일 등) 분야에서는 공정무역 인증 레이블(Max Havelaar, TransFair, Fairtrade 등)을 받은 상품 판매, 또는 이를 취급하는 전문 상점을 중심으로 한 판매를 통해 이루어지고 있다.

COMMODORE 코모도르 통째로 또는 큰 덩어리로 데쳐 익힌 생선에 곁들이는 가니시의 이름으로 대부분 고급 재료를 사용해 아주 공을 많이 들여 만든 요리들이다. 코모도르 가니시는 민물가재 살을 넣은 카솔레트(cassolette), 민물가재 버터를 섞어 곱게 으깬 명태살로 만든 크넬, 빌르루아(Villeroi) 소스를 곁들인 홍합으로 구성되며, 여기에 민물가재 버터로 만든 노르망디 소스(sauce normande)를 곁들인다.

생선을 주재료로 만드는 코모도르 콩소메는 마지막에 칡 녹말을 넣어 농도를 맞춘다. 데쳐서 잘게 썬 조갯살과 콩소메를 끓일 때 넣어 익힌 토마토를 작게 깍둑썰어 수프에 넣어 먹는다.

COMPLÉMENTATION 콩플레망타시옹 첨가, 보충, 보완. 식품에 일부 성분을 추가하는 작업으로, 일반적으로 비타민이나 무기질이 이에 해당된다. 식품 제조과정 중에 파괴된 성분을 복구시킨 경우에는 보증된(garanti en) 또는 복원된(restauré en)이라는 표현을 사용한다.

식품에 여러 성분이 다량으로 첨가되었을 때는 '풍부해진(enrichi en)'이라고 표시한다. 이 경우 보충된(complémenté en) 또는 추가된(supplémenté en)이라는 표현을 쓰기도 하는데 주로 유제품, 시리얼 제품, 과일주스 등에 해당된다.

보충, 보완이라는 의미의 콩플레망타시옹이라는 이 용어는 채식 위주의 식단에서도 언급된다. 예를 들어 채소로만 이루어진 식사를 하더라도 콩류와 곡물을 함께 섭취해 자칫 결핍될 수 있는 단백질을 보충할 것을 권장한다.

COMPOSANTS AROMATIQUES 콩포장 아로마티크 향 성분, 아로마 성분. 와인에 포함된 휘발성 분자로 그 와인의 부케(bouquet)를 만들어낸다. 향은 오로지 기체 상태로 직접 후각작용(냄새)과 비후방 후각작용(맛)을 통해 인지할 수 있다. 와인의 아로마 성분은 일반적으로 세 종류로 분류된다. 1차 아로마는 포도품종 고유의 향에 해당하며, 2차 아로마는 알코올 발효로 생성되는 향이다. 3차 아로마는 숙성의 향 또는 산화환원 반응에 의해 나타나는 향이라고도 불린다. 또한 와인은 꽃, 생과일, 말린 과일, 견과, 식물, 숲, 동물성, 향신료, 발삼(타르, 장뇌), 화학성(요오드, 식초 등), 화독(커피, 캐러멜, 땅콩, 훈연 등) 등 다양한 아로마 군으로 분류되기도 한다.

COMPOTE 콩포트 농도가 진하지 않은 설탕 시럽에 생과일 또는 말린 과일을 작게 잘라서 또는 통째로 넣고 졸여 만든 것으로, 잼처럼 오래 보관하지는 못한다. 생과일로 콩포트를 만들 때는 시럽에 넣고 아주 약하게 끓이며 익히거나 센 불에 끓여 조린다. 하나의 콩포트에 여러 가지 과일을 혼합해 넣기도 한다. 완성된 생과일 콩포트는 그대로 따뜻하게 또는 차갑게 먹으며, 휘핑한 크림을 얹은 뒤 계핏가루나 바닐라 슈거를 뿌리고 바삭한 비스킷을 곁들여 서빙하기도 한다. 이외에도 생과일 콩포트는 더 복잡한 레시피의 디저트(특히 아이스크림, 바바루아)에 넣기도 하며 각종 파티스리나 앙트르메(쇼송, 파이, 샤를로트)에 다양하게 사용된다.

말린 과일의 경우는 시럽에 조리기 전 찬물이나 따뜻한 물, 또는 차에 담갔다가 사용한다. 여기에 리큐어(키르슈, 럼, 아르마냑 등)를 첨가해 향을 더하기도 한다. 생과일이든 말린 과일이든 상관없이 콩포트를 만드는 데 사용하는 시럽(또는 완성된 콩포트)에는 바닐라, 레몬이나 오렌지 제스트, 계핏가루 또는 통계피(시럽용), 정향, 아몬드 가루, 코코넛 슈레드, 캔디드 프루트, 건포도 등을 넣어 다양하게 향을 낼 수 있다

콩포트라는 용어는 요리에도 쓰인다. 루(roux)를 볶은 냄비에 뼈를 제거한 가금류(비둘기, 자고새)나 토끼 고기를 넣고, 방울양파, 베이컨과 함께 약한 불에서 살이 완전히 부드러워질 때까지 충분히 익혀 만든 요리를 콩포트라고 부른다(**참조** PIGEON & PIGEONNEAU). 양파와 피망을 약한 불에 오래 익힌 것 또한 콩포트(compote) 또는 콩포테(compoté) 라고 칭한다.

compote d'abricots étuvés 콩포트 다브리코 에튀베

오븐에 익힌 살구 콩포트 : 반으로 잘라 씨를 제거한 살구를 로스팅 팬에 한 켜로 나란히 놓는다. 설탕을 뿌리고 180°C로 예열한 오븐에서 20분간 익힌다. 콩포트용 그릇에 담아낸다.

compote d'airelle 콩포트 데렐

크랜베리 콩포트 : 물 200mℓ에 설탕 500g, 그레이터에 간 레몬 제스트 1/2개분을 넣고 5분간 끓인다. 씻은 뒤 줄기에서 알알이 떼어낸 크랜베리 1kg을 넣는다. 센 불에서 10분간 끓인다. 거품 국자로 과일을 건져내 콩포트용 그릇에 담는다. 콩포트를 즉시 먹을 경우 시럽을 2/3로 졸이고, 며칠 후에 먹는다면 반으로 졸인다. 시럽을 과일에 붓고 최소 1시간 이상 냉장고에 넣어둔다.

compote de cerise 콩포트 드 스리즈

체리 콩포트 : 설탕 300g에 물 1/2컵을 부어 적신 뒤 시럽이 그로 불레(gros boulé) 상태가 될 때까지 가열한다. 씨를 제거한 체리 1kg을 넣고 뚜껑을 덮은 다음 아주 약한 불에 8분간 익힌다. 체리를 건져내 콩포트 그릇에 담는다. 남은 시럽에 키르슈를 리큐어 잔으로 한 번 붓고 잘 섞는다. 체리에 붓고 식힌다.

compote de figue sèche 콩포트 드 피그 세슈

말린 무화과 콩포트 : 무화과를 찬물에 담가 촉촉하게 불린다. 레드와인과 물을 동량으로 섞은 뒤 설탕을 넣고 끓여 시럽을 만든다(밀도 1.1995). 곱게 간 레몬 제스트를 넣는다. 끓는 시럽에 무화과를 넣고 아주 약한 불로 20-30분간 익힌다.

compote de fraise 콩포트 드 프레즈

딸기 콩포트 : 딸기를 씻어 물기를 제거하고 꼭지를 딴다. 조리하지 않은 상태로 콩포트용 그릇에 담는다. 오렌지 등으로 향을 낸 뜨거운 시럽(밀도 1.1159) 딸기 위에 끼얹는다.

compote de marron 콩포트 드 마롱

밤 콩포트 : 밤 껍질을 빙 둘러 속껍질 까지 닿도록 칼집을 낸 다음, 끓는 물에 5분간 넣었다 건져 뜨거운 상태에서 껍질을 벗긴다. 바닐라로 향을 낸 시럽(밀도 1.1609)에 밤을 넣고 약 45분간 약한 불로 익힌다. 콩포트용 그릇에 밤과 시럽을 붓는다. 식힌 다음, 먹기 전까지 냉장 보관한다.

compote de mirabelle 콩포트 드 미레이블

미레이블 자두 콩포트 : 미레이블 자두를 반으로 쪼개지 않은 채로 씨만 빼낸다. 끓는 시럽(밀도 1.1425)에 미레이블 자두를 넣고 10-12분간 익힌다. 아주 차갑게 하여 그대로 먹거나 생크림을 곁들인다.

compote de pêche 콩포트 드 페슈

복숭아 콩포트 : 바닐라 향 시럽(밀도 1.1425)을 만든다. 복숭아를 끓는 물에 30초간 넣었다 건져 찬물로 식힌 후 껍질을 벗긴다. 통째로 사용하거나 반으로 갈라 씨를 제거한다. 끓는 시럽에 복숭아를 넣는다. 이등분 한 것은 13분, 통째로 넣은 것은 18분간 약하게 끓인다.

compote poire-pomme caramélisée 콩포트 푸아르 폼 카라멜리제

캐러멜 시럽을 뿌린 서양 배, 사과 콩포트 : 서양 배와 사과를 따로 콩포트 상태로 익힌다. 과일을 건져 콩포트용 그릇에 교대로 담고 냉장고에 넣어둔다. 두 과일의 콩포트 시럽을 섞어 황금색이 돌기 시작할 때까지 졸인다. 끓는 시럽을 차가워진 과일 위에 붓고, 냉장고 밖에서 서늘하게 식힌다.

compote de pruneau 콩포트 드 프뤼노

건자두 콩포트 : 건자두가 너무 말라 있는 경우, 연하게 우린 따뜻한 차에 담가 말랑하게 불린다. 건져서 씨를 제거하고 냄비에 넣는다. 건자두의 높이까지 차가운 물(또는 화이트와인이나 레드와인)을 붓고 설탕(건자두 500g당 최대 100g), 레몬즙 2테이블스푼, 바닐라 슈거 작은 1봉지를 넣고 가열한다. 끓기 시작하면 불을 줄이고 약 40분간 익힌다. 따뜻하게, 또는 차갑게 먹는다. 씨를 빼지 않고 사용해도 무방하며, 물이나 와인의 양을 늘려 건자두에 시럽을 넉넉히 부어 서빙할 수도 있다. 충분히 졸인 뒤 체에 거른 이 콩포트는 퓌유테, 쇼송, 타르틀레트의 속을 채우는 데 사용하면 좋다.

compote de rhubarbe 콩포트 드 뤼바르브

루바브 콩포트 : 신선한 루바브 줄기의 질긴 섬유질을 조심스럽게 벗겨낸 뒤 6-8cm 길이로 자른다. 끓는 물에 3분간 데쳐 건진 뒤 찬물에 식힌다. 냄비에 담고 시럽(밀도 1.2850)을 부어 루바브가 완전히 잠기도록 한다. 뚜껑을 덮은 상태로 젓지 않고 익힌다. 따뜻하게 또는 차갑게 먹는다. 이 콩포트는 타르트의 필링으로도 사용할 수 있다.

compote du vieux vigneron 콩포트 뒤 비유 비뉴롱

와인 시럽에 졸인 과일 콩포트 : 약간 새콤한 맛이 있는 사과 1kg의 껍질을 벗기고 세로로 등분한다. 씨를 제거한 다음 바닥이 두꺼운 냄비에 설탕 150g과 함께 넣어준다. 뚜껑을 덮고 사과가 뭉그러질 때까지 약한 불로 익힌다. 다른 냄비에 설탕 600g과 레드와인 750mℓ를 넣고 끓여 시럽을 만든다. 서양 배 750g과 동량의 복숭아를 준비하여 껍질을 벗긴다. 배를 4등분하고 씨를 제거한다. 복숭아는 반으로 잘라 씨를 제거한다. 끓는 시럽에 정향 2-3개, 계핏가루 1/2티스푼, 복숭아와 서양 배를 넣고 15-18분간 익힌다. 사과에 버터 50g을 넣고 섞은 다음 콩포트용 그릇에 붓는다. 복숭아와 서양 배가 익으면 건져 사과 마멀레이드 위에 담는다. 신선한 포도알 250g 또는 연하게 우린 차에 불려둔 건포도를 끓는 시럽에 넣고 3분간 그대로 두었다 건져 콩포트 접시에 고루 얹는다. 시럽에서 정향을 건져낸 뒤 시럽이 농축될 때까지 졸인다. 콩포트에 끼얹고 완전히 식힌다.

COMPOTER 콩포테 콩포트로 만들다. 준비한 재료(양파, 토막 낸 토끼고기 등)를 약불에서 아주 천천히 익혀 콩포트나 마멀레이드 상태로 졸인다(**참조** CAPILOTADE).

COMTÉ 콩테 소젖으로 만든 프랑슈 콩테 지방의 AOC 치즈(지방 최소 45%). 가열 압착 방식의 경성치즈이며 솔로 닦아 세척한 천연외피는 황금빛 노란색에서 연한 갈색을 띠고 있다. 콩테 지방의 그뤼에르라고도 불리는 콩테 치즈는(**참조** p.390 프랑스 치즈 도표) 산악 지역 오두막 농가나, 그 역사가 13세기까지 거슬러 올라가는 치즈 공방 공동체(fruitière라고 부른다)에서 전통 가내수공업 방식으로 만들어진다. 콩테 치즈는 옆면이 일자로 떨어지거나 약간 볼록한 맷돌 형태로 지름 40-70cm, 두께 9-13cm에 중량은 35-40kg 정도이다. 콩테 치즈의 원산지 통제 명칭 표시는 제조한 달 표시와 함께 치즈에 붙어 있는 녹색 카제인 딱지에 명기돼 있다. 콩테 치즈는 아이보리 또는 연한 노란색을 띠며 냄새가 거의 없다. 또한 과일 풍미가 나고 향이 풍부하며 자극적인 맛은 전혀 없다. 주로 식사 마지막 코스에 먹으며, 그레이터에 갈거나 슬라이스하여 요리에서도 많이 사용한다(튀김, 카나페, 크루트, 퐁뒤, 그라탱, 혼합 샐러드, 수플레 등).

▶ 레시피 : BETTERAVE.

CONCASSER 콩카세 재료를 다소 굵게 다지거나 으깨다. 토마토의 경우 먼저 껍질과 씨를 제거하고 작은 주사위 모양으로 썬 것을 토마토 콩카세라고 한다. 파슬리, 처빌, 타라곤 등의 허브는 도마 위에 놓고 한 손으로 납작하게 누른 다음 빠르게 칼질하여 잘게 다지는 것을 의미한다. 육류, 가금류 또는 수렵육의 뼈, 생선의 가시 뼈를 굵직하게 토막내는 것을 콩카세라고 하는데 이는 주로 육수를 내는 데 사용된다. 콩카세한 후추는 굵게 빻은 상태로 미뇨네트(mignonnette)라는 이름으로 불린다.

또한 멜론 프라페나 캐비어를 아주 차갑게 서빙할 목적으로 그릇에 담을 얼음을 잘게 부수는 것도 콩카세에 해당한다.

CONCENTRÉ 콩상트레 농축물, 농축액. 증발이나 기타 처리 공정을 통해 수분 함량을 줄인 물질을 가리킨다. 요리에서는 육류, 가금류, 생선으로 만든 글라스(glace)가 이에 해당한다. 글라스는 육수를 약한 불에서 오랫동안 끓여 육즙을 시럽과 같은 형태로 농축시킨 것으로, 주로 소스의 맛을 더 진하게 만드는 데 사용된다. 토마토 페이스트는 껍질과 씨를 걸러낸 토마토 추출액을 졸여서 만든 고농축 퓌레로 소스, 스튜 등에 널리 쓰인다. 과일의 경우는 냉각 또는 가열을 이용한 대규모 처리 공정을 통해 농축즙을 얻어낸 뒤 이를 물로 희석하여 음료를 만들어낸다.연유는 진공방식으로 만들며 액상 또는 세미 페이스트 형태로 캔이나 튜브에 포장해 판매한다. 가당 또는 무가당이 있으며 보존성이 좋다. 글레이즈를 입히는 케이크나 디저트에 주로 쓰이며, 특히 대량 생산되는 당과류, 제과류에 많이 사용된다.

CONCOMBRE 콩콩브르 오이. 박과에 속하는 한해살이 덩굴식물의 열매로 주로 생으로 먹지만 익히거나 소금에 절이기도 한다. 히말라야가 원산지인 오이는 인도에서 3천 년 전부터 재배되었다. 이후 이집트에 유입되었고, 히브리 민족은 갈릴리에 오이를 심었다. 프랑스에서는 이미 9세기부터 오이를 먹었고, 농학자 장 드 라 캥티니(Jean de La Quintinie)는 온실에서 오이를 재배해 4월부터 루이 14세의 식탁에 올릴 수 있도록 했다.

즙이 많고 단단하며 긴 원통형인 오이는 연한 녹색 과육이 아삭하고 시원하며 약간 쓴맛이 난다. 얇은 껍질은 진하거나 연한 초록색이며 윤기가 나고 매끈하거나 또는 가시돌기가 있다(**참조** p.239 오이와 코르니숑 도표 p.238 도감). 네덜란드 형과 반 가시형 외에도 근동지역에서 전통적으로 재배되는 미니 오이도 있다. 미니 오이는 껍질이 매끄럽고 씨가 없는 경우가 많다. 코르니숑은 소형 오이 종으로 아주 어릴 때 수확한다. 수분이 풍부하고(96%), 칼로리가 낮은(100g당 12kcal 또는 50kJ) 오이는 무기질 이외에 과 약간의 비타민 C도 함유하고 있다.

■ **사용.** 구입 시에는 아주 신선하고 단단한 것을 고른다. 대부분 껍질을 벗겨 쓰는데, 껍질에서 쓴맛이 날 수 있기 때문이며 반 가시형일 경우 꼭 껍질을 제거해야 한다. 생으로 먹을 때는 소금에 절여 수분을 제거하는 것이 좋은데, 이렇게 하면 소화가 잘되고 쓴맛이 없어지는 반면 과육이 아삭한 질감이 줄어 말랑말랑해지고 오이 향은 옅어진다. 소금에 절인 오이는 물기를 잘 제거해야 양념이나 소스와 잘 혼합할 수 있다(타라곤 비네그레트, 크림, 요구르트 등).

오이는 익혀 먹기도 한다. 버터를 넣고 찌듯이 익히거나 소테하고 그라탱을 만들기도 한다 또한 육즙 소스나, 베샤멜 소스와 함께 육류와 생선 요리에 곁들이기도 하며, 속을 채워 생으로 또는 익혀 먹을 수도 있다. 오이는 보편적으로 많이 소비되는 채소이며 특히 북유럽과 동유럽(새콤달콤한 오이, 차가운 수프), 또는 지중해 국가(그리스풍 오이 요리, 민트를 넣은 오이, 가스파초, 샐러드) 요리에 널리 쓰인다.

concombre : préparation pour recettes chaudes 오이: 더운 요리를 위한 준비

오이 껍질을 벗기고 길게 반으로 갈라 씨를 파낸다. 일정한 크기로 자른 뒤 갸름한 콩깍지 모양으로 돌려 깎는다. 끓는 물에 2분간 데친 후 물기를 제거한다.

concombre : préparation pour recettes froides 오이: 차가운 요리를 위한 준비

오이 껍질을 벗기고 길게 반으로 갈라 씨를 파낸다. 이렇게 보관해 두었다가 속을 채우거나, 갸름한 콩깍지 모양으로 돌려 깎는다. 또는 용도에 따라 더 간단하게 반원형이나 4등분한 원형으로 자른다. 통 오이를 원형으로 슬라이스하기도 한다.

concombres à la crème 콩콩브르 아 라 크렘

크림을 넣은 오이 : 오이의 과육을 잘라 갸름한 콩깍지 모양으로 돌려 깎은 뒤 끓는 소금물에 데친다. 소테팬에 버터를 충분히 두르고 오이를 넣은 다음 소금, 후추를 뿌리고

뚜껑을 덮어 약한 불에서 10분간 익힌다. 이어 뜨겁게 데운 생크림을 넣고(오이 1kg 당 200mℓ) 뚜껑을 열고 좀 더 익혀 마무리한다. 오이를 건져낸 다음 그대로 먹거나 그라탱으로 만들 수 있으며 모르네(Mornay) 소스를 곁들이는 방식으로 서빙하기도 한다(참조. p. 783 sauce Mornay).

concombres farcis 콩콩브르 파르시

속을 채운 오이 : 일정한 모양의 중간 사이즈 오이 2개를 준비해 껍질을 벗긴 다음, 길게 반으로 갈라 씨를 파내고 과육을 조금 더 파낸다. 채워 넣을 소(farce à gratin 닭 간에 비계와 향신재료를 넣고 볶아 익힌 뒤 곱게 간 스터핑 재료)를 만든다. 오븐용 팬에 버터를 바르거나 기름을 떼어낸 돼지껍데기를 바닥에 깔아준다. 잘게 썬 당근과 양파를 그 위에 깔고 다진 파슬리를 조금 뿌린다. 반으로 자른 오이에 각각 소를 채우고 나란히 놓는다. 소고기 육수나 닭 육수를 재료의 2/3 높이까지 오도록 붓고 불에 올린다. 끓기 시작하면 225°C로 예열한 오븐에 넣고 35분간 익힌다. 스터핑 표면이 마르기 시작하면 쿠킹호일을 덮어준다. 오이를 서빙 접시에 담고 따뜻하게 유지한다. 남은 육수를 200mℓ가 될 때까지 졸인 다음 뵈르마니에(beurre manié 버터와 밀가루를 동량으로 혼합한 것) 한 스푼을 넣어 농도를 맞춘다. 소스를 오이 위에 붓고 뜨겁게 서빙한다.

porc sauté au concombre ▶ WOK

CONCOMBRES ET CORNICHONS
오이, 코르니숑

kiwano, ou métulon (Afrique australe)
키와노, 메틸롱(남부 아프리카). 키와노, 뿔참외

cornichon fin de Meaux
코르니숑 팽 드 모. 피클오이, 코르니숑 모(Meaux) 코르니숑

cornichon vert petit de Paris
코르니숑 베르 프티 드 파리. 작은 피클 오이. 파리 미니 코르니숑

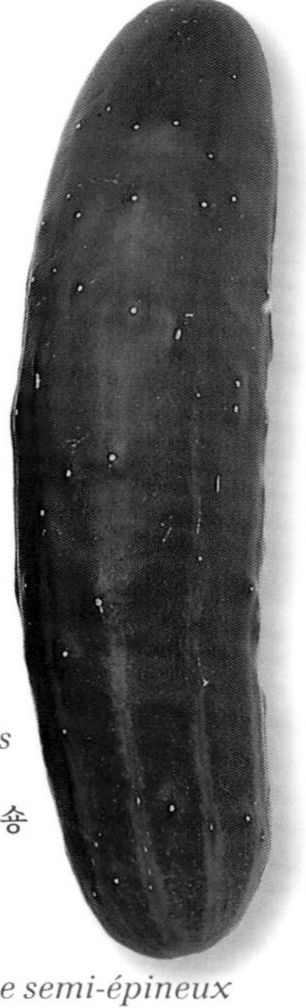

cornichon type semi-épineux
코르니숑 스미 에피뇌. 가시가 적은 오이. 반 가시형 코르니숑

concombre type hollandais
콩콩브르 올랑데. 네덜란드 오이

potage froid de concombre ▶ POTAGE
salade de concombre au yaourt ▶ SALADE

CONCOMBRE DES ANTILLES 콩콩브르 데 장티유 가시박. 오이와 비슷한 종으로 아프리카가 원산지이지만 앤틸리스 제도와 남아메리카(브라질)에서 많이 재배, 소비된다. 열매는 달걀형으로 가시가 많으며 서양 칠엽수(마로니에)와 비슷하다. 앙귀리(angurie)라고도 불리며 샐러드를 만들거나 코르니숑처럼 식초 절임으로 먹는다.

CONCORDE 콩코르드 덩어리로 서빙하는 육류 요리에 곁들이는 가니시로, 감자 퓌레, 돌려 깎아서 버터, 설탕, 소금, 물을 넣고 윤기 나게 익힌 햇당근 글레이즈, 버터에 볶은 완두콩으로 구성된다.

CONDÉ 콩데 17세기 프랑스의 왕세자 그랑 콩데(Grand Condé) 공과 그 후손을 위해 이 왕가의 전속 요리사가 만든 다양한 요리에 붙여진 명칭이다. 요리에 붉은 콩 퓌레를 곁들이는 것이 특징이다. 시럽에 익힌 과일과 라이스 푸딩으로 만든 차가운 앙트르메에도 이 이름을 붙여 부른다. 전통적으로 과일은 시럽에 절인 살구를 사용한다. 라이스 푸딩 케이크 위에 키르슈와 살구로 만든 소스를 끼얹고 살구를 빙 둘러 올린 다음 당절임한 체리와 과일로 장식한 디저트이다. 이 기본 레시피를 바탕으로 다양하게 응용한 앙트르메가 선보였으며 살구 대신 파인애플 슬라이스, 복숭아, 딸기 등을 사용하기도 한다. 그러나 라이스 푸딩과 과일 소스는 반드시 들어간다. 또한 콩데는 콩데 혼합물 또는 콩데라고 불리는 아몬드 로열 아이싱을 씌운 파트 푀유테 베이스의 작은 케이크를 지칭하기도 한다.

▶ 레시피 : ABRICOT, CRÊPE, POTAGE.

CONDIMENT 콩디망 양념, 컨디먼트. 식품 및 요리 본연의 맛을 향상시키고 식욕을 돋우며 소화를 촉진하거나 특정 재료를 보존하는 데 사용되는 식품 성분. 콩디망은 매우 광범위한 요소를 통칭하는 용어로, 향신료, 향신 허브, 소스, 과일 및 일부 조리 혼합물 등까지 모두 포함한다. 시즈닝이 요리를 만드는 과정에서 주로 간을 맞추기 위해 첨가하는 물질이라면, 콩디망은 더 좋은 맛을 낼 수 있는 맛의 궁합이나 미각적 조화에 따라 선택된다. 예를 들어 곁들여 먹는 식품(코르니숑, 과일 식초절임, 케첩, 머스터드 등)일 수도 있고, 식재료(스파이스 믹스, 허브, 견과류나 건과일, 송로버섯 등)나, 보존제(오일, 소금, 설탕, 식초 등)을 지칭할 수도 있다.

콩디망을 사용하는 관습은 요리 자체의 역사만큼이나 오래되었으며, 원래는 주로 보존 수단으로 쓰였다(로마의 가룸(garum)과 같이 매우 양념이 강한 소스, 초석(질산칼륨), 중세의 베르쥐). 콩디망은 식물성 원료(향료, 향신료, 건과일 또는 당절임 과일, 향신 채소 등)로 된 것이 대부분이지만, 베트남의 느억맘, 태국의 남플라, 필리핀의 파티스 등의 액젓류는 말려서 분쇄한 생선이나 조개를 주원료로 한다.

콩디망은 그대로 생으로 쓰거나 가공을 거쳐 다양한 형태로 사용한다. 콩디망은 각 나라의 식습관에 따라 그 종류와 특색도 다양하다. 앵글로색슨 국가에서는 각종 소스 및 유리병에 포장된 양념류(샐러드, 차가운 육류, 샤퀴트리, 포리지 등에 곁들인다)를 많이 소비한다.

동유럽과 북유럽 국가에서는, 새콤달콤한 맛이 콩디망의 기본 요소이며, 멕시코에서는 특히 카카오가 많이 사용된다. 그 외에 천연 색소(캐러멜, 비트즙, 시금치의 녹즙)와 에센스 및 엑스트렉트(멸치, 아니스, 아몬드 등의 농축추출물), 와인과 증류주, 일부 식용꽃, 치즈(블루치즈, 그뤼에르, 모차렐라, 파르메산) 등도 콩디망으로 사용된다.

CONDITIONNEMENT 콩디시온느망 포장, 패키징. 식품을 보존, 운송 및 소비자에게 제공하기 위한 기술 및 공정의 총체를 의미한다. 포장은 식료품의 영양가나 맛이 저해되지 않도록 보호해야 한다. 판매를 목적으로 하는 식품의 포장은 소비자의 시선을 끌면서 실용성을 갖추어야 하며 무엇보다도 해당 식품에 관한 정보를 잘 전달해야 한다(포장 식료품 레이블에 관한 1984년 프랑스 법령 기준. 벨기에도 거의 비슷한 시기인 1986년, 캐나다는 1975년, 스위스는 1995년 개정된 최신 법령으로 명시하고 있다).

옛날에는 버드나무로 엮은 광주리, 나무 박스, 도기 단지, 등나무 줄기나 잎으로 만든 발 등 식료품 운송을 위해 고안된 용기들을 사용했다(**참조** BOCAL, BOUTEILLE, CONSERVE, TONNEAU). 오늘날 각 식품은 그 특성에 딱 알맞게 개발된 포장 상태로 판매된다.

■ **단단한 자재.** 유리병부터 견고한 플라스틱에 이르기까지 단단한 포장재는 여러 장점을 갖고 있다.

● **유리.** 음식과 접촉해도 화학적 변화를 일으키지 않는 소재로, 빛 투과성이 있어(유색 유리는 예외) 비타민 B와 C가 조금씩 파괴되며 지방의 경우 산패를 유발한다. 재사용 가능하고 투명해 안의 내용물을 한눈에 볼 수 있는 장점이 있지만, 무겁고 냉동을 견디지 못한다.

● **스테인리스 스틸과 크롬강.** 살균 밀폐된 깡통(통조림 캔)과 재사용 가능한 박스(케이크 상자, 사탕 상자) 등을 만드는 데 사용한다. 방수가 되고 불투명하며 고온에 잘 견뎌 살균하기 용이하며 보존성이 우수하다.

● **종이 박스.** 고체나 분말류의 식료품을 포장할 때, 또는 튜브나 일회용 얇은 플라스틱으로 포장된 제품의 외장 덧포장재로 사용된다. 파라핀 처리나 비닐 코팅 처리가 된 재질은 습기에도 견딜 수 있어 액체 내용물을 담는 포장재로 사용되기도 한다.

● **알루미늄.** 음료수(소다류, 맥주)용 캔, 조리식품용 포장용기를 만드는 데 사용된다.

● **단단한 플라스틱.** 폴리스티렌(요구르트, 프로마주 블랑 등의 포장재), 폴리에틸렌(오일 병), 비닐, 페트병, 스티로폼(발포 폴리스틸렌, 완충, 보온 및 보냉 기능) 등이 이에 해당된다. 가볍고 대개 불투명하며, 방수가 잘 되고 무해성 검증을 거친 소재로, 이를 통해 포장 서비스 업계는 큰 발전을 이루었다(계량 캡, 유통 시스템 등).

■ **유연한 자재.** 요리 분야에서 이 포장재들은 눈에 띄게 발전했다.

● **가공되지 않은 종이.** 과일과 채소의 소매 판매(신문 용지는 금지됨) 및 케이크 등의 포장용으로 많이 사용된다. 냄새, 기름 및 습기가 투과되지만, 지방 흡수 방지(황산지) 처리를 하거나 비닐 코팅 처리를 해 방수력을 높인 종류도 있다.

● **셀로판.** 셀룰로오스 펄프를 원료로 한 얇은 필름 형태의 포장재로 대부분 아세트산 비닐로 코팅 처리를 하여 습기가 통하지 않는다. 전통적으로 마른 식재료나 당과류 포장용으로 많이 사용된다.

● **알루미늄 포일.** 자외선 차단, 건조 방지 및 냄새 흡수 방지에 가장 효과적인 포장재로 냉동 보관 및 급격한 온도변화에도 잘 견딘다. 그러나 약간이라도 산성을 띤 식품(레몬즙, 토마토 등)이나 샤퀴트리 등의 염장식품은 알루미늄 소재와 직접 접촉을 피하도록 한다. 화학작용으로 인해 신경세포에 유해한 독성이 발생할 수도 있기 때문이다.

● **플라스틱 필름 또는 식품 포장용 랩.** 가장 많이 사용되는 것은 폴리에틸렌으로 음식물과 접촉해도 변화를 일으키지 않으며 습기, 냄새, 냉기에 강하다. 블리스터(blister) 포장은 플라스틱 또는 두꺼운 종이 용기(개별포장 파티스리, 절단해 소분한 육류 등)에 내용물을 넣고 플라스틱 필름을 붙여 씌우는 포장법이다. 또한 쌀과 조리 식품을 쉽고 안전하게 요리 할 수 있는 폴리프로필렌 소재 조리용 봉투도 있다.

● **복합재.** 두 가지 이상의 요소(종이-폴리에틸렌, 알루미늄-폴리비닐)을 혼합하여 만든 것으로 해당 소재의 특장점을 결합할 수 있다. 주로 유지류 포장에 사용되고, 완전히 방수되어야 하는 용기의 밀폐에 사용된다.

● **특수 포장.** 이들 중에는 포장된 내용물의 사용을 편리하게 해주는 것들도 있다(펌프가 달려 있는 소스병, 전자레인지에 바로 넣을 수 있는 조리 음식, 스프레이 휘핑크림 등).

대량 생산 제품들은 대부분 진공 포장 또는 변형공기 포장법(MA 포장, modified atmosphere packaging)으로 패키징을 마친 뒤 출시되며 이는 장기간 보존을 가능케해준다(커팅 채소, 제분 제품, 동결건조 제품 등).

■ **재활용.** 식품 포장은 상당 양의 폐기물을 발생시킨다. 사용자가 가정용 쓰레기를 수거하는 기관이 정한 규정을 철저히 준수하여 이들을 분리 배출한다면, 사용된 포장재의 대부분은 재활용이 가능하다.

CONDRIEU 콩드리유 발레 뒤 론 지방의 AOC 화이트와인으로 비오니에 단일 포도품종으로 만든다. 알코올 함량이 풍부하고 바디감이 있으며 제비꽃과 살구의 희귀한 아로마를 지니고 있다. 소량 생산되며 프랑스 최고의 와인 중 하나로 꼽힌다(**참조** RHÔNE).

CONFIRE 콩피르 식품의 보존을 위해 그 재료 자체의 기름에 넣고 천천히 익히는 것(돼지, 거위, 오리 콩피)을 가리킨다. 또한 재료를 설탕으로 입히거나 설탕 시럽에 절이는 것(당과류, 과일 콩피), 유리병에 담아 술(브랜디에 절인 체리, 건자두), 식초(케이퍼, 피클, 오이피클) 또는 새콤달콤한 맛의 양념에 담가 절이는 것(처트니) 등을 뜻한다.

CONFISERIE 콩피즈리 당과류. 설탕을 원료로 한 식품. 이 용어는 콩피즈리의 특수 분야인 초콜릿(**참조** CHOCOLAT)을 제외한 설탕 과자, 단 과자, 사탕류를 지칭할 뿐만 아니라 당과류 제조업자의 매장, 설탕을 다루는 모든 수제 기법이나 대량 생산 기법을 총칭하기도 한다.

■ **당과 제품.** 당과류 제품은 여러 범주로 나뉜다.

- 끓인 설탕으로 만든 하드 캔디류: 새콤한 사탕, 베를랭고(Berlingot), 락캔디, 보리사탕, 막대 사탕, 사과 사탕, 베티즈 드 캉브레(bêtises de Cambrai) 등.
- 캐러멜과 토피
- 추잉껌
- 껌과 감초: 껌(캔디 껌, 감초 껌), 목사탕 젤리(감초 젤리, 대추 젤리), 감초(하드, 소프트)
- 퐁당(fondant): 소프트 캔디, 퐁당 아 로(fondants à l'eau), 저장용 설탕, 개별 포장 캔디, 리옹 파피요트 캔디(papillotes lyonnaises), 각종 사탕 필링
- 젤리화한 당과류: 소프트 기모브(guimauves), 소프트 머랭, 마시멜로
- 드라제(dragées)와 설탕 코팅한 봉봉: 아몬드, 은색, 초콜릿, 소프트 드라제
- 프랄린
- 누가

오이와 코르니숑의 주요 유형 및 특성

유형	산지	사가	형태
네덜란드 형 *hollandais* (카르고 cargo, 코로나 corona, 지롤라 girola, 레지나 régina, 벤투라 ventura, 비탈리스 vitalis, 등)	루아레(Loiret), 루아르 아틀란티크(Loire-Atlantique), 욘(Yonne), 맨 에 루아르(Maine-et-Loire), 엥드르 에 루아르(Indre-et-Loire)	2-11월	긴 원통형을 하고 있으며 표면은 짙은 녹색으로 윤이 난다.
	뫼즈(Meuse), 뫼르트 에 모젤(Meurthe-et-Moselle)	2-11월	
	로트 에 가론(Lot-et-Garonne), 오트 가론(Haute-Garonne)	4-9월	
	부슈 뒤 론(Bouches-du-Rhône)	3-10월	
	네덜란드	3월 말-6월 말	
	스페인	9월 말-12월 말	
작은 오이 *mini-concombres* (제이나 zeina, 이탈리안 italien, 펩키노, pepquino)	이스라엘	연중	길이가 짧고 윤이 나는 녹색을 띤다.
반 가시형 *semi-épineux*	프랑스 남동부, 남서부 지역	6월 말-9월 말	중간 크기로 윤이 나는 짙은 녹색을 띠고 있으며, 모양이 균일하고 군데군데 가시돌기가 있다.

- 평평한 원형 모양 드롭스와 알약 모양 드롭스
- 과일 젤리
- 아몬드 페이스트(칼리송 덱스 calissons d'Aix)

당과류 제조에는 설탕, 글루코스 시럽과 전화당, 꿀, 우유, 동물성 지방과 식물성 지방, 과일(생과일, 통조림 과일, 냉동 과일, 과일 퓌레), 카카오, 견과류, 아라비아 검, 펙틴, 전분, 젤라틴, 감초즙, 일부 산류(acid), 허가받은 천연 또는 합성 향료와 색소 등 다양한 원료가 사용된다.

프랑스에서 당과류의 1인당 연간 평균 소비량은 3.3kg로 추산된다(유럽에서 이탈리아만이 프랑스보다 당과류를 적게 소비한다). 대다수의 당과류 제품은 이른바 충동구매의 대상인데, 특히 어린이의 경우 그러하며 일 년 내내 매장에 진열된다. 그러나 그중에는 축일(세례식, 영성체식, 부활절, 크리스마스 등)에 먹는 특별한 것들도 있다. 특히 드라제(dragées), 마롱 글라세(marrons glacés), 파피요트 사탕(papillotes), 과일 당절임(fruits confits) 등을 예로 들 수 있다.

■ **역사.** 당과 제조기술의 역사는 매우 오래되었으며 새로운 원료가 발견되면서 발전해왔다. 초기에는 씨앗이나 과일에 꿀을 입혔고, 오늘날 중동 지방의 단 디저트와 비슷한 당과류를 만드는 데도 주로 꿀을 사용했다. 사탕수수 설탕이 유럽에 도입된 것은 중세의 십자군을 통해서였다. 17세기 말까지 약제사와 당과류 제조인들은 설탕으로 만든 제품의 제조와 판매권을 놓고 다퉜으나 결국 당과 제조인들이 완전히 독립된 동업조합으로서 인정받게 되었다. 19세기에 사탕무 설탕의 발명은 당과 제조업에 다시금 활기를 불어넣었다. 오늘날, 프랑스에서는 약 250개에 달하는 제조사(소규모 가족기업 및 대규모 제조업체)가 있으며 대체로 이들은 각기 다른 종류의 제품을 제조한다. 끓인 설탕 제품(하드 캔디류), 껌과 카라멜, 드라제와 설탕 코팅 껌 등의 제조는 고도의 기계 설비를 갖춘 업체들이 대량 생산하는 반면 과일젤리, 마지팬, 마롱글라세 등은 더 규모가 작은 업체 또는 소규모 공방에서 수작업으로 생산된다. 또한 몇몇 특산품들은 아직도 특정 지역의 전유물로 남아 있다.

CONFIT 콩피 조각으로 자른 가금류(거위, 오리 또는 칠면조) 또는 고기를 그 자체 지방에 익혀 병이나 단지에 넣어 저장한 음식이다(**참조** p.738 리예트 및 기타 고기 콩피 도표). 콩피는 가장 역사가 오래된 저장 음식의 형태로 프랑스 남서부 지방의 특선 음식이다.

■ **사용.** 콩피는 오래 보존할 수 있고, 찬 요리로 또는 더운 요리로 모두 먹을 수 있으며 섬세한 맛과 풍미를 지니고 있는 음식으로 제르(Gers), 페리고르(Périgord), 랑드(Landes)지역 미식에서 아주 특별한 위치를 차지하고 있다. 콩피는 시골풍 수프인 가르뷔르(garbure)와 카술레(cassoulet)에 들어가는 재료이며, 특히 포치니 버섯(바스크식), 소테한 감자(베아른식 또는 사를라식), 깍지를 깐 완두콩과 바욘 햄(jambon de Bayonne 랑드식), 버터에 볶은 소렐(페리고르식)이나 흰 강낭콩, 양배추, 렌틸콩을 곁들여 먹기도 한다. 인접한 다른 지방에도 각기 지역 특색을 띤 특선 콩피 요리가 있다. 생통주(Saintonge)의 뮐라트르(mulâtre 교잡종 오리) 콩피, 브랑톰(Brantôme)의 송로버섯을 넣은 거위 또는 칠면조 콩피, 보르도(Bordeaux)의 새끼 칠면조 콩피가 대표적이다.

■ **조리법.** 일반적으로 콩피라 하면 거위로 만든 것을 의미한다. 툴루즈(Toulouse)의 거위는 이 음식을 만드는 데 가장 적합한 동물로 친다. 먼저 거위를 부위별로 조각낸 다음 그레잘(grésale)이라고 불리는 넓은 그릇에 넣고 소금물에 염장한다. 향신 재료로 정향, 타임, 후추를 넣어준다. 기호에 따라 마늘과 월계수 잎을 넣기도 한다. 전통적으로 이 거위 콩피는 돼지를 도살해 파테, 테린, 샤퀴트리를 만드는 날 같이 만든다. 큰 구리 솥에 익힌 뒤 다 익었는지 확인하려면 다리와 날개에 주방용 바늘 꼬챙이를 찔러본다. 핏물이 묻어나오지 않으면 다 익은 것이다. 완성된 콩피를 일명 투팽(toupin)이라 불리는 도자기 단지에 넣는다. 빛이 투과되는 유리 재질 밀폐용기보다 저장에 더 적합하다. 마지막으로 거위 기름이나 돼지 기름(기름 밀도가 높아 밀폐 효과가 더 좋다)으로 완전히 덮어준다.

거위 이외에 다른 고기를 사용해 콩피를 만들기도 한다. 특히 암탉, 뿔닭, 토끼, 멧도요(제르 지방), 송아지 고기를 주로 사용한다.

로제르 라마제르(ROGER LAMAZÈRE)의 레시피

confit d'oie 콩피 두아

거위 콩피 : 기름지고 살이 오른 거위 한 마리를 준비하여 내장을 말끔히 빼어낸 뒤 뼈와 흉곽을 전부 제거한다. 네 토막(날개 2개와 다리 2개)으로 자른 다음 그릇에 담고 굵은 소금을 뿌린다(1kg당 12g). 냉장고에 넣어 26시간 동안 휴지시켜 소금이 살의 조직에 완전히 스며들도록 한다. 구리 솥에 거위 기름 2kg를 넣고 거위 고기를 2시간 동안 익힌다. 불을 줄여 기름이 아주 약하게 끓도록 한다. 도기 단지에 아주 뜨거운 거위 기름을 체로 거르면서 부어 넣은 다음 거위 조각을 넣어 완전히 기름에 잠기게 한다. 식힌 후 먼지가 들어가지 않도록 뚜껑을 덮는다. 도기 단지를 서늘한 지하실에 5-6개월 두면 정통 거위 콩피가 만들어진다. 오리 콩피도 같은 방식으로 만든다.

confit d'oie à la landaise 콩피 두아 아 라 랑데즈

랑드(Landes)식 거위 콩피 : 방울양파 8개의 껍질을 벗긴다. 바욘 햄 75g을 작은 주사위 모양으로 썬다. 코코트 냄비에 거위기름을 넉넉히 한 스푼 달군 뒤 양파와 햄을 넣고 5분간 볶는다. 깍지를 깐 완두콩 500g을 넣어준다. 밀가루 한 스푼을 뿌린 뒤 나무 주걱으로 잠시 저어준다. 물 150mℓ을 넣고 후추를 넣는다. 설탕 1티스푼을 넣어준다(햄이 짭짤하므로 소금은 따로 추가하지 않는다). 처빌을 넉넉히 넣어 만든 부케가르니 한 개를 넣은 뒤 뚜껑을 덮고 30분간 익힌다. 거위 콩피 조각을 넣고 완두콩이 푹 무를 때까지 익힌다.

CONFITURE 콩피튀르 잼. 과일을 통째로 혹은 작게 잘라서 자체의 즙뿐 아니라 설탕 시럽에 끓여 만든 식품(**참조** GELÉE DE FRUITS). 과일 대부분의 경우 1kg의 시판 제품을 만드는 데 사용하는 과육이나 과일퓌레(또는 둘을 합한 양)의 비율은 일반 잼(confiture)의 경우 350g, 엑스트라 잼(confiture extra)의 경우 450g보다 적지 않아야 한다고 관련법에 명시돼 있다. 잼 제조기술은 중동 지방에서 시작되었으며, 사탕수수 및 그 때까지 알려지지 않았던 몇몇 과일들을 발견한 십자군들에 의해 유럽에 소개되었다.

■ **과일의 선택.** 맛있는 잼을 만들려면 과일의 풍미를 최대한 살리기 위해 딱 알맞게 익은 상태의 상하지 않은 과일을 선택해야 한다. 몇몇 향신료(계피, 바닐라), 약간의 술(키르슈, 럼), 캐러멜(사과의 경우)을 추가하거나 또는 비슷한 계열의 과일이나 그 외에 더욱 진한 맛의 과일을 섞어 넣으면(감귤류 과일 혼합, 체리와 레드커런트, 복숭아와 라즈베리, 루바브와 딸기 등) 잼의 풍미를 더욱 살릴 수 있다. 복숭아나 멜론 잼의 경우 블랙베리나 산딸기를 추가하면 더욱 짙은 색을 낼 수 있다. 수박, 그린 토마토, 생호두, 열대과일(구아바, 망고, 코코넛) 등 일반적으로 많이 쓰지 않는 과일을 사용해 변화를 주는 것도 좋다. 작은 베리류(딸기나무 열매, 호손베리, 블랙베리, 블루베리 등) 과일 또한 좋은 결과물을 만들어 낼 수 있다. 꽃(바이올렛, 호박꽃, 장미)과 향신 재료(생강, 민트)를 사용하던 옛 레시피를 살려 잼을 만들기도 한다.

한편, 과일이 들어가지 않는 밀크 잼도 있다. 둘세 데 레체(dulce de leche)라고 불리며 특히 남미에서 대량으로 소비되는 이 잼은 바닐라나 계피로 향을 낸 가당우유를 천천히 졸여 만든다.

■ **제철과일.** 완전히 익은 제철과일을 선택한다.
- 12월-3월: 레몬, 오렌지, 자몽
- 5월: 루바브
- 6월: 딸기
- 7월: 딸기, 라즈베리, 체리, 레드커런트, 멜론
- 8월: 레드커런트, 블랙커런트, 살구, 멜론
- 9월: 복숭아, 미레이블 자두(mirabelle) , 블랙베리, 토마토, 렌 클로드 자두(reine-claude), 댐슨 자두(퀘츄, quetsche), 블루베리, 라즈베리
- 10월: 배, 무화과, 사과, 포도
- 11월: 마르멜로(유럽 모과), 오렌지, 사과, 단호박, 밤

■ **설탕의 역할.** 잼을 보존하는 데 필수적인 요소이다. 원칙적으로 씻고, 말리고, 꼭지를 따고, 껍질을 벗기고, 씨를 뺀 과일과 동량의 설탕을 넣는다. 그러나 수분 함량이 많은 과일의 경우 약간 증량하거나 펙틴이 풍부한 과일의 경우(또는 잼을 진득하게 만드는 겔화제를 사용하는 경우) 양을 줄이기도 한다. 설탕의 비율이 너무 낮거나 충분히 끓이지 않으면 잼이 발효되어 보존성이 떨어질 위험이 있다. 반대로 설탕이 너무 많으면 잼이 너무 농축되어 굳어지기 쉽다. 잼을 만들 때 설탕의 전부 또는 일부를 꿀로 대체할

수 있으며, 특히 레드커런트와 라즈베리의 경우 이에 적합하다.

■ **끓이기.** 과일에 따라 차이는 있지만 일정 온도 이하에서 잼은 묽은 액체 상태이고, 일정 온도를 넘어가면 타게 된다. 따라서 각각의 레시피에 명시된 온도를 일정하게 유지하도록 주의해야 한다(**참조** SUCRE). 끓이는 과정은 두 단계로 나뉜다.

● 1단계. 과일에 함유된 수분이 증발하는 단계로, 냄비에서 많은 양의 수증기가 나온다. 투명한 잼을 만들기 위해서는 이 단계의 마지막에 잼의 거품을 걷어낸다.

● 2단계. 과일을 익히는 단계로, 수증기 발생이 잦아들고 국물은 더 걸쭉해진다. 온도계를 사용해 온도를 조절한다. 대부분의 잼은 국자를 넣었다가 뺐을 때 잼이 미끄러지듯 하나의 덩어리로 흐르고 굳을 때까지(아 라 나프, à la nappe) 끓인다(밀도 1.29). 일부 과일은 당도 1.25만 되어도 충분하다.

과일의 향을 잘 보존하려면 센 불에서 빠르게 끓여 수분 증발을 가속화한다, 특히 잼이 걸쭉해지면 가끔 저어주고 과열될 우려가 있을 때는 열을 분산시키는 디퓨저를 불 위에 놓은 뒤 그 위에 냄비를 놓고 끓인다.

■ **병입.** 이 작업은 간단하지만 몇 가지 규칙을 지켜야 한다.

- 유리병을 꼼꼼히 씻은 뒤 끓는 물에 담가 열탕 소독한다. 깨끗한 행주 위에 뒤집어 놓고 닦지 않은 채 물기가 빠지게 둔다.
- 뜨거운 상태의 잼을 국자로 조금씩 병에 부어 최대한 가득 담는다. 넘치면 병 입구를 잘 닦아준다.
- 단지의 뚜껑을 덮는다(**참조** BOCAL). 표면에 단단한 막이 형성되지 않도록 잼이 식기 전에 뚜껑을 닫는 방법을 추천하는 사람들도 있고, 반대로 수증기 응결로 인한 곰팡이 발생을 피하기 위해 기다리는 것을 선호하는 사람들도 있다(즐레의 경우 굳을 때까지 기다렸다 뚜껑을 덮는다).

confiture d'abricot 콩피튀르 다브리코

살구 잼 : 씨를 제거한 잘 익은 살구 1kg 기준 설탕 1kg과 물 100mℓ을 준비한다. 냄비에 설탕과 물을 넣고 끓인다. 5분정도 끓인 후 거품을 걷어낸다. 살구를 넣고 아 라 나프(à la nappe) 상태로 끓인다(약 30분). 열탕 소독해둔 병에 담는다. 살구 씨 안에 든 아몬드 몇 개를 끓는 물에 데쳐 껍질을 벗긴 후 둘로 갈라 잼 끓이는 과정 마지막에 넣어주어도 좋다.

confiture de citron 콩피튀르 드 시트롱

레몬 잼 : (수확 후 약품이나 왁스 처리 등을 하지 않은) 레몬 1kg을 씻고 그중 1/3은 제스트(zeste)를 필러로 얇게 벗긴다. 이것을 끓는 물에 2분간 데친 뒤 찬물에 식히고, 얇은 실처럼 가늘게 썬다. 나머지 레몬 2/3는 두툼하게 슬라이스하고 나머지는 즙을 짜낸다. 냄비에 레몬즙과 잘라 놓은 레몬을 넣고 끓인다. 저으면서 5분 정도 끓인다. 가늘게 채 썬 레몬 제스트의 3/4을 넣고 설탕 1.1kg와 물 110mℓ을 넣어준다. 잘 저어 섞은 뒤 약한 불에서 20분 끓인다. 나머지 레몬 제스트를 바로 직접 냄비에 넣고 잘 섞으면서 3분 더 익힌다. 또는 잼을 원뿔체에 거른 뒤 다시 불에 올려 끓어오르면 제스트를 넣고 섞어준다. 열탕 소독한 유리병에 담는다.

confiture de fraise 콩피튀르 드 프레즈

딸기 잼 : 딸기 1kg을 씻어 물기를 제거한 후 꼭지를 딴다. 설탕 750g과 물 100mℓ을 넣어 불레(boulé) 상태가 될 때까지 끓인다(116°C, 밀도 1.35). 거품을 걷고 딸기를 넣은 뒤 몇 분간 끓여 수분이 빠져나오게 한다. 딸기를 건져낸 다음 남은 시럽을 불레 상태가 될 때까지 다시 끓인다. 딸기를 다시 냄비에 넣고 5-6분간 끓인다. 이때, 시럽은 아 라 나프 상태가 되어야 한다(101°C, 밀도 1.24). 보존성을 높이기 위해 리세(lissé) 상태까지 끓일 수도 있다(103°C, 밀도 1.29). 열탕 소독한 병에 담는다.

confiture de marron 콩피튀르 드 마롱

밤 잼 : 껍질을 깐 밤 2kg를 냄비에 넣고 찬물을 부은 뒤 40분간 끓여 익힌다. 밤을 건져 물기를 제거한 뒤 체에 곱게 긁어내린다. 이 밤 퓌레의 무게를 잰 후 동량의 설탕을 더해 냄비에 모두 넣는다. 이 혼합물 1kg당 100mℓ의 물을 넣고 바닐라 빈 2개를 넣어준다. 중불에서 계속 저어주며 리세 상태(103°C)가 될 때까지 익힌다. 불에서 내린 후 바닐라 빈을 건져 낸다. 열탕 소독한 병에 담는다.

confiture de melon 콩피튀르 드 믈롱

멜론 잼 : 멜론 과육 1kg을 작게 썰어 넓적한 큰 볼에 층층이 넣고 사이사이 설탕 750g을 뿌린다. 서늘한 곳에 3-4시간 두어 재운 후 냄비에 넣고 리세 상태가 될 때까지 끓인다. 열탕 소독한 병에 담는다.

confiture de mûre 콩피튀르 드 뮈르

블랙베리 잼 : 블랙베리를 준비해 상태가 안 좋은 것은 골라낸 뒤 꼭지를 떼어낸다. 계량하여 우묵한 용기에 넣고 물(과일 1kg당 1컵)을 부어 준 다음 최소 12시간 담가놓는다. 냄비에 블랙베리와 물을 옮겨 담은 뒤 레몬즙(과일 1kg당 1개분)을 넣고 가열한다. 약하게 10분간 끓는 상태를 유지한 다음 설탕(과일 1kg당 900g)을 넣고 잘 섞은 뒤 다시 가열한다. 끓어오르기 시작하면 거품을 건진다. 잘 저으며 15분간 끓인다. 열탕 소독한 병에 담는다.

confiture d'orange 콩피튀르 도랑주

오렌지 잼 : 즙이 많고 껍질이 얇은 오렌지 16개와 레몬 3개를 깨끗이 씻는다. 레몬 2개와 오렌지 4개의 제스트를 필러로 얇게 저며낸 뒤 곱게 다진다. 제스트를 벗겨낸 레몬과 오렌지는 하얀 속 껍질을 제거한다. 모든 과일을 반으로 잘라 가운데의 흰 부분과 씨를 빼내어 거즈 주머니에 넣고 동여맨 뒤 볼에 넣고 물 250mℓ을 붓는다. 반으로 자른 과일(껍질을 그대로 둔 것과 제스트 벗겨낸 것 모두)은 모두 얇게 동그랗게 슬라이스한 다음 다진 제스트와 함께 큰 냄비에 넣고 물 4ℓ를 붓는다. 이 상태로 24시간 동안 담가두고, 중간에 두세 번 뒤집어준다. 씨를 감싼 천 주머니를 넣은 뒤 뚜껑을 덮고 가열한다. 끓어오르면 뚜껑을 열고 2시간 동안 약하게 끓인다. 설탕 4kg을 넣고 섞은 뒤 다시 끓어오르면 불을 줄이고 약하게 끓이면서 저어준다. 거품을 걷고 30분간 더 끓인다. 열탕 소독한 병에 담는다.

confiture de reine-claude 콩피튀르 드 렌 클로드

렌 클로드 자두 잼 : 씨를 제거한 렌 클로드 자두 1kg당 설탕 750g, 물 100mℓ을 준비한다. 설탕과 물을 냄비에 붓고 가열한다. 5분간 끓인 뒤 거품을 제거한다. 자두를 넣고 시럽이 나무주걱을 덮을 때까지 익힌다(à la nappe, 약 104°C). 열탕 소독한 병에 담는다.

confiture de rhubarbe 콩피튀르 드 뤼바르브

루바브 잼 : 아주 신선한 루바브 줄기의 섬유질을 꼼꼼히 벗겨 제거한 뒤 작은 토막으로 송송 썬다. 루바브 1kg당 설탕 800g과 물 1/2컵을 냄비에 넣고 가열해 8분간 끓인다. 루바브를 넣고 아주 약하게 끓여 살이 뭉그러질 정도로 익힌다. 농도가 아 라 나프(à la nappe) 상태가 될 때까지 끓인다. 열탕 소독한 병에 담는다.

confiture de tomate rouge 콩피튀르 드 토마트 루주

붉은 토마토 잼 : 잘 익고 단단하며 아주 상태가 좋은 토마토를 골라 꼭지를 제거한다. 끓는 물에 1분간 담가 껍질을 벗기고 작게 썬다. 토마토에 동량 무게의 설탕과 레몬즙(토마토 1kg당 2개분)을 넣고 2시간 동안 재운다. 모두 냄비에 넣고 가열한다. 끓기 시작하면 불을 줄인 뒤 시럽이 아 라 나프(à la nappe) 상태가 될 때까지 익힌다(1시간-1시간15분). 열탕 소독한 병에 담는다. 잼에 농도가 생겨 빨리 되직해지도록 하려면 토마토 1kg당 사과 주스 300mℓ를 추가하거나 일반 설탕을 잼 전용 설탕으로 대체한다. 이 경우 끓기 시작한 후 익히는 시간이 4분으로 줄어든다.

confiture de tomate verte 콩피튀르 드 토마트 베르트

그린 토마토 잼 : 위의 레시피와 같이 그린 토마토를 준비한다. 단, 잼 전용 설탕과 함께 24시간 동안 재우고 끓여 만든다. 끓기 시작하면 4분간 더 익힌다. 열탕 소독한 병에 담는다.

CONFITURIER 콩피튀리에 유리, 도자기 또는 스테인리스로 된 작은 그릇으로 뚜껑에는 작은 홈이 파여져 있어 그 사이로 서빙용 스푼을 꽂아 넣을 수 있게 돼 있다. 잼이나 마멀레이드를 아침식사나 티 테이블에 서빙할 때 사용된다.

또한 문이 하나만 달린 오크나무나 과일나무로 된 작은 찬장도 콩피튀리에라고 부르는데, 주로 병입한 잼을 보관하는 용도로 쓰인다.

CONFRÉRIES & ASSOCIATIONS 콩프레리, 아소시아시옹 동업자 조합, 동호회, 협회, 특정 지역의 먹거리를 중심으로 이루어진 미식 또는 와인 애호가들의 모임이나 단체를 뜻한다. 이들은 모두 오랜 전통을 지키고 동업자들 간의 협동정신을 강조하며 지역 특산품을 홍보하고 그 맛을 옹호하는 공통의 사명감을 갖고 있다. 몇몇은 이미 중세에 창설되어 활동을 이어오고 있으며, 특히 알자스 와인 애호단체인 콩프레리 생테티엔(Confrérie

Saint-Étienne)은 그 기원이 14세기까지 거슬러 올라간다.

■ **와인 콩프레리.** 오랜 전통의 음주 모임과 중세 협동조합에 뿌리를 둔 와인 콩프레리들은 와인의 품질과 진정성을 지키고 홍보하는 것을 목적으로 한다. 특히 1905년 시작된 앙주의 술고래(Sacavins d'Anjou)와 타스트뱅 기사단(Chevaliers du Tastevin) 모임은 오랜 명성을 이어오고 있다. 타스트뱅 기사단 멤버들은 1934년 뉘 생 조르주(Nuits-Saint-Georges)에서 처음으로 갈라 디너 모임을 가졌다. 그 이후로 술이 넘쳐나고 노래도 곁들여진 푸짐한 만찬으로 이어지는 행사들이 샤토 뒤 클로 드 부조(château du Clos de Vougeot)에서 열리고 있으며, 이는 부르고뉴(Bourgogne) 와인을 전파하는 데 실로 지대한 역할을 했다. 미국을 비롯한 해외 각국에까지 그 지부가 생겼을 정도다.

● **보르도 지방.** 1949년 경기 침체를 타개하기 위한 방법의 일환으로 메독(Médoc) 와인 생산자들은 타스트뱅 기사단의 성공을 본보기로 삼아 보르도 와인 아카데미(Académie des vins de Bordeaux)와 대규모 와인 콩프레리인 메독, 그라브 봉탕 기사단(Commanderie du bontemps de Médoc et des Graves)을 창설하기로 결정한다. 예술계, 문학계, 관련 행정기관, 와인 중개상, 및 대학의 인사들은 와인색의 긴 벨벳 가운에 주름을 넣은 모슬린 천으로 된 모자를 쓰고 이 모임의 발족식에 참석했으며, 매년 포도나무 개화가 시작되는 6월 꽃 축제(fête de la Fleur)와 9월 포도 수확시기 발표 행사인 방 데 방당주(ban des vendanges)에서 회합을 이어나가고 있다.

이 단체의 성공적인 활약에 힘입어 다른 지역의 와인 애호가들도 이와 같은 봉탕 기사단을 결성했다. 보르도 와인 대의회(Grand Conseil de Bordeaux)에 소속된 이 콩프레리들은 과거에서 영감을 얻어 해당 지역의 역사, 또는 그곳에 살았던 역사적 인물과 관련된 이름을 선택했다. 옛 시의회를 뜻하는 쥐라드를 이름에 넣은 쥐라드 드 생 테밀리옹(Jurade de Saint-Émilion), 예루살렘 생 장 자선수도회 수도사(hospitaliers de Saint Jean de Jérusalem)의 업적을 기리는 이름을 딴 레 조스피탈리에 드 포므롤(Les Hospitaliers de Pomerol) 또는 리슐리외 공작을 지칭하는 명칭을 사용한 콩프레리 장티옴(Confrérie-Gentilhomme du Duché de Fronsac) 등을 예로 꼽을 수 있다.

● **BOURGOGNE 부르고뉴.** 이 지역의 자랑거리인 와인을 아끼고 옹호하는 애호가 모임은 활발한 활동을 통해 그 역할을 수행하고 있다. 타스트뱅 기사단(Chevaliers du Tastevin)은 연중 다양한 행사를 개최하는데, 특히 오스피스 드 본(Hospices de Beaune) 와인 자선 경매와 1월 22일 순회 축제의 형태로 개최되는 생 뱅상(Saint-Vincent) 행사가 대표적이다. 이 외에도 여러 콩프레리들의 활동이 다양하게 펼쳐진다. 하나님께 햇와인을 맛보게 했다고 전해지는 수호성인의 이름을 딴 마콩의 콩프레리 생 뱅상(Confrérie Saint-Vincent de Mâcon), 매년 11월 말 성 돼지(saint-cochon) 축제를 여는 필리에 샤블리지앵(Pilliers chablisiens), 11월 11일 소비뇽 축제를 개최하는 콩프레르 데 트루아 셉(Confrères des Trois-Ceps) 등을 대표적으로 꼽을 수 있다.

● **루아르 지방.** 루아르 지방, 그중에서도 많은 사람들이 프랑수아 라블레의 고향이라 주장하는 시농(Chinon)에는 여러 와인 애호가 단체 및 협회가 활발한 활동을 벌이고 있다. 부브레(Vouvray)의 본 담(Bonne Dame) 지하 와인 저장고에서 매년 두 차례의 모임을 갖는 샹트플뢰르 기사단(Chevaliers de la Chantepleure), 시농의 카브 펭트(Cave peinte) 지하 와인 저장고에서 모임을 갖는 앙토뇌르 라블레지앵(Entonneurs rabelaisiens), 옹젱(Onzain)의 콩파뇽 드 그랑 구지에(Compagnons de Grand Gousier), 앙리 3세풍의 검정 벨벳 모자가 인상적인 팽 구스티에 당주(Fins Goustiers d'Anjou) 등을 꼽을 수 있다. 또한 푸이이(Pouilly) 와인 홍보를 위한 푸이이 대법관 콩프레리(Confrerie des baillis de Pouilly), 낭트(Nantes)에 있는 브르타뉴(Bretagne) 공작의 성을 본부로 하는 브렛뱅 기사단(l'ordre des Chevaliers bretvins), 사각모를 쓰고 뮈스카데(Muscadet)와 그로플랑(gros-plant) 와인을 마시는 앙주의 술고래(Sacavins d'Anjou) 모임도 빼놓을 수 없다. 타 지역과 마찬가지로 이들 모두 화려한 단체복장을 갖추고 있다.

● **남서부와 남불 미디(Midi) 지방.** 남서부 역시 명성과 전통이 이어지는 곳으로, 이 지역의 콩프레리의 이름을 열거하기란 마치 역사 수업과도 같다. 베아른(Béarn)풍 베레모를 쓰고 주름장식 된 옷깃을 한 쥐랑송의 왕의 사법관(Viguiers royaux du Jurançon), 튀르상 기사단(Chevaliers de Tursan), 카오르 와인 콩프레리(Confrères du vin de Cahors) 또는 비네 드 베르주락 행정관(Consuls de la Vinée de Bergerac)와 같은 대규모 콩프레리 이외에도 리큐어 및 증류주 시음협회들이 별개로 활동하고 있다. 아르마냑의 근위병(Mousquetaires d'Armagnac), 콩프레리 드 라 라발레 다우 미요 에 레 담 드 랑젤리크(Confrérie de la Raballée dau Mighot et les Dames de lAngélique), 프랑 피노(Franc-Pineau), 피노 위원회(comité du Pineau), 요리사 모자와 녹색 망토를 입는 샤랑트의 증류기 콩프레리(Confrerie des alambics charentais)와 같은 모임들이다.

프랑스 남부 미디(Midi) 지방 와인이 갈리아에서 역사가 가장 오래되었다는 것은 잘 알려진 사실이다. 이러한 고대 역사의 영향으로 나르본(Narbonne)의 셉티매니아의 영사관(Consuls de Septimanie) 또는 앞치마와 빨간색에 금색의 장식이 있는 학생용 베레모를 쓰는 비도방의 술 따르는 사람(Échansons du Vidauban)등의 단체에는 라틴 계열의 흔적이 남아 있다. 샤토뇌프 뒤 파프(Châteauneuf-du-Pape)의 교황의 술 따르는 사람(Échansons du Pape) 모임은 지하 저장실을 여는 청동 열쇠를 상징 문양으로 삼았고, 검정 벨벳 옷깃이 달린 빨간색 망토를 입는 타벨의 코망되르 기사단(Commandeurs de Tavel)은 가르(Gard)의 로제와인 애호가 단체다. 루시용(Roussillon)과 코르비에르(Corbières)에 가까워지면 모자가 달린 카탈루냐식 의상을 입는 루시용의 코망드 마죄르(Commande majeure de Roussillon)와 같이 스페인의 색채가 뚜렷해진다.

■ **미식 콩프레리.** 미식 관련 콩프레리도 와인 콩프레리 만큼이나 숫자가 많고 종류도 다양하다. 주로 치즈, 샤퀴트리, 파티스리 등 지역 특산품 홍보를 위해 창설된 미식 콩프레리는 요리사나 식품 관련 업종 종사자 및 일반 미식가들로 구성된다.

자동차 문화의 태동기에 기자였던 루이 포레스트(Louis Forest)의 아이디어로 결성된 유명한 100인 클럽(Club des Cent)은 최소 40,000km를 이동한 미식가만을 진정한 식도락가로 인정할 것을 규칙으로 정해, 미식뿐 아니라 스포츠 측면의 성격도 띠고 있었다. 1929년 미식 전문 기자 퀴르농스키(Curnonsky)가 에두아르 드 포미안(Édouard de Pomiane), 모리스 매테를링크(Maurice Maeterlinck), 폴 르부(Paul Reboux), 폴리냑 후작(marquis de Polignac)과 함께 창설한 미식가 아카데미(Académie des Gastronomes)는 아카데미 프랑세즈(Académie française)에서 영감을 얻어 이루어졌으며, 이들 회원 40명은 각각 선조 중에 한 명에 대한 찬사의 글을 바쳐야 한다.

1883년 설립된 조제프 파브르의 요리 아카데미(Académie de cuisine de Joseph Favre)는 초기에 설립된 기관 중 하나로 최초의 요리학교의 모태가 되었다. 이를 모델로 삼아 설립된 기관으로는 부르 강 브레스(Bourg-en-Bresse)의 아카데미 그라네(Académie Granet), 미식 평론가 아카데미(Académie des chroniqueurs de table), 프랑스 요리 명인 협회(Maîtres Cuisiniers de France), 풀라르디에 드 브레스(Poulardiers de Bresse), 프로스페르 몽타녜 클럽(Club Prosper-Montagné) 등이 있다. 세계 미식가 협회(Ordre mondial des gourmets)와 연계되어 있는 단체인 셴 데 로티쇠르(Chaîne des rôtisseurs)는 올바르고 청렴한 운영을 통해 진정성 있고 충실한 프랑스 요리의 대표적 애호가 모임으로 뿌리를 내리고 있으며, 회원들에게 이 단체의 상징인 배지나 펜던트의 패용을 권장하고 있다.

프랑스의 오랜 전통 음식인 샤퀴트리는 지방마다 많은 애호가 단체를 탄생시켰다. 몇몇 콩프레리들은 앙두이유의 과학 기술을 놓고 서로 다투기도 한다. 현학적이고 식도락을 즐기는 아졸 계곡의 콩프레리 데 타스트 앙두이유(Confrérie des Taste-Andouilles du Val d'Ajol), 자르조의 구트 앙두이유 콩프레리(Confrérie du Goûte-Andouille de Jargeau), 정통 앙두이예트 애호가 친선협회(Association amicale des amateurs d'authentiques andouillettes, AAAAA) 등이 대표적인 애호가 단체이다. 이러한 협회들 중 가장 폐쇄적인 AAAAA는 회원이 단 5명밖에 없다. 돼지고기로 만든 샤퀴트리 분야에서는 프랑스 서부(Ouest 지방)가 그 위상을 지키고 있다. 이 지역의 단체로는 모르타뉴 오 페르슈의 구트 부댕 기사단(Confrérie des Chevaliers du Goûte-Boudin de Mortagne-au-Perche), 사르트식 리예트 기사단(Confrérie des Chevaliers des rillettes sarthoises), 노르망디 미식 콩프레리 중 하나인 트리피에르 도르(Tripière d'or) 등이 대표적이다. 파리의 경우 흰 상의와 검정색 안감을 댄 파란 케이프를 입는 생 탕투안 기사단(Chevaliers de Saint-Antoine)이 돼지 요리의 비법을 보유하고 있으며, 바스크 지방(Pays Basque)에는 바욘 햄 콩프레리(Confrérie du jambon de Bayonne)가 창설돼 있다.

치즈 분야도 마찬가지로 다양한 애호가 단체들이 활동 중이다. 특히 금색 끈 장식이 달린 초록색 의상을 입는 타스트 프로마주 기사단(Chevaliers du Taste-Fromage)와 보라색 단체복을 입는 파스트 프로마주 기사단(Chevaliers de Faste-Fromage) 등을 예로 들 수 있다.

프랑스의 거의 모든 요리 특산품에는 이를 좋아하고 옹호하는 애호가들의 독특한 모임이 결성돼 있다. 카스텔노다리의 카슐레 기사단(Confrérie du cassoulet de Castelnaudary), 부르고뉴 달팽이 미식가 협회(ordre du Collier de l'Escargot de Bourgogne), 타스트 키슈 미식가 협회(ordre du Taste-Quiche), 포슈즈 기사단(Confrérie des Chevaliers de la Pochouse), 프랑슈 콩테의 타스트 캉쿠아요트 기사단(Confrérie des Taste-Cancoillotte de Franche-Comté), 페리고르의 송로버섯과 푸아그라 애호가 협회(Maistres de la Truff et du Foie gras du Périgord), 코메르시의 마들렌 애호가 협회(Compagnie de la Madeleine de Commercy) 등 그 종류는 매우 다양하다. 갈랑 드 라 베르트 마렌(Galants de la Verte-Marennes)을 필두로한 굴 애호가 단체는 물론이고, 지역 채소 지킴이 모임인 코맹주의 타스토스 문젠토(Tastos mounjetos du Comminges), 솔로뉴의 망죄 데스파르주(Mangeux d'Esparges de Sologne), 아르장퇴유 아스파라거스의 친구들(Compagnons de l'Asperge d'Argenteuil) 등도 결성되어 활동 중이다.

CONGÉ 콩제 상품 반출 허가증, 납세필증. 프랑스 영토 내에서 유통되는 와인 및 리큐어, 증류주 등의 주류에 의무적으로 부착해야 하는 공식 문서로, 판매 전 의무 사항인 세금이 모두 납부되었다는 것을 증명한다. 병에 든 와인의 경우 보통 이 문서는 뚜껑 윗면에 입구에 납세필증 캡슐 형태(capsule-congé)로 붙어 있으며, DGDI(Direction générale des douanes et des impôts 세관, 세금총국) 표시가 되어 있다.

CONGÉLATEUR 콩젤라퇴르 냉동고. 전기로 전원이 공급되는 수납장 모양 또는 뚜껑이 있는 궤 모양의 냉각 가전제품으로, 최저 -24°C에서 음식물을 냉동한 후 -18 °C에서 최대 12개월까지 저장할 수 있다.

냉동고에는 4개의 유형이 있다(프랑스 공업 표준화 협회(Afnor)가 인증한 별 4개 레이블 기준). 양문형 모델(40-150ℓ)은 냉장고와 냉동고가 위아래로 결합된 형태다. 수납장형(50-600ℓ)은 수납 서랍이 있는 긴 수직형으로 최소한의 공간을 차지한다. 뚜껑이 있는 궤 타입(125-600ℓ)은 수평형으로 동급 용량 타제품과 비교했을 때 실제 용적 공간이 더 크다. 결합형(냉장고의 경우 200-500ℓ)은 냉장고와 수납장형 냉동고가 나란히 결합돼 있다.

CONGÉLATION 콩젤라시옹 냉동. 상하기 쉬운 식료품의 보존을 위해 심부온도를 최단시간 내에 -10°C, -18°C 까지 이르도록 냉각 처리하는 것을 뜻한다. 식품에 함유된 수분을 신속하게 결정화함으로써 세균의 번식을 막고 감각기관에 영향을 미치는 식품의 모든 특성과 영양소를 보존할 수 있다. 냉동은 음식을 속까지 완전히 얼리는 최초의 방법이다. 급속 냉동은 주로 대량 생산 공장 등에서 사용하는 보존 방법으로 관련 법규를 통해 규제되는 반면 일반 냉동은 주로 가정에서 이루어지며 안전하고(콜드체인이 중단되지 않아야 한다) 쉬운 보존법이다.

■ **제품.** 거의 모든 식료품이 냉동 가능하며, 경우에 따라 특별한 요령을 필요로 한다. 예를 들어 껍질째로는 냉동할 수 없는 달걀의 경우, 껍질을 깨서 가볍게 풀어준다. 반드시 지켜야 할 한 가지 기본 수칙은 최대로 신선한 상태의 식품이나 요리만을 냉동할 수 있다는 점이다. 고기는 사전에 일정 시간 에이징을 거쳐야 한다. 조리된 음식과 파티스리 반죽은 일반 가정에서 가장 많이 사용하는 냉동제품이다.

■ **준비.** 냉동할 식품은 각기 용도와 특성에 따라 알맞은 전 처리 작업이 필요하다.

- **채소.** 소금을 넣지 않고 끓인 물에 빠르게 데쳐(토마토와 버섯은 제외) 건진 뒤 얼음물에 담가 식히고 다시 물기를 뺀 후 최대한 말린다.
- **과일.** 꼭지와 씨를 제거한다. 물로 씻지 않고 꼼꼼히 닦은 후 설탕을 뿌린다(kg당 100g).
- **고기.** 최대한 기름을 제거한 뒤 가능하면 뼈를 제거하고 작은 조각으로 썬다.
- **가금류.** 깃털을 뽑아내고 내장을 제거한 뒤 불로 그슬려 잔털과 깃털자국을 없앤다. 기름을 제거하고 알루미늄 호일을 구겨 몸 안에 채운 뒤 실로 꿰맨다(또는 조각으로 자른다).
- **생선.** 내장을 제거하고 비늘을 벗긴 후 말린다. 생선을 통째로 냉동할 경우는 알루미늄 호일을 구겨 안에 채워 넣는다. 또는 토막 낸 뒤 지느러미를 잘라내고 말린다.
- **연성치즈.** 완전히 밀폐되도록 잘 싼다.
- **조리된 요리.** 조리가 완전히 끝나기 10-20분 전에 중단한다.
- **제과 반죽.** 반죽덩어리를 밀봉해 싼다. 또는 납작하게 밀어서 알루미늄 틀에 넣는다.

■ **포장.** 이 모든 제품들은 알루미늄 포일, 종이, 냉동 전용 비닐팩, 알루미늄 용기로 포장해야 하며 액체의 경우 우유팩과 같은 재질의 종이팩에 넣어 냉동한다(유리와 양철 소재는 절대 사용하지 않는다). 포장한 후에는 레이블을 붙이고, 냉동고 제조사의 지침을 철저히 준수해 냉동한다. 냉동하는 식품은 최대한 가깝게 배열하는 것이 좋다.

CONGELÉS 콩즐레 냉동을 위해 전 처리한 후 냉동고에 보관한 식품이나 요리를 지칭한다, 또는 냉동 처리 하에 판매 시까지 온도가 다음 범위 내에서 유지되는 시판 제품을 지칭한다. -20°C: 아이스크림을 비롯한 빙과류, -18°C: 수산물, 조리된 음식, -14°C: 버터, 동물성 지방, -12°C: 달걀 가공품, 토끼, 가금류, 부속 및 내장, -10°C: 고기 및 기타 식료품. 제품에 냉동일자를 명시해야 한다. 1차 냉동일자 뒤에는 C가 붙는다. 해동 후 가공과 재냉동을 한 경우에는 재냉동한 일자가 표기된다.

구입한 냉동 제품은 단열 용기에 신속히 옮겨 담고 별 3개(*** -18°C 냉동보관 가능) 또는 별 4개(**** -18°C ~ -24°C 급속냉동 및 보관 가능) 등급의 냉동실, 또는 냉동고에 넣어 보관한다.

■ **사용법.** 보통 가정에서 직접 냉동한 식품일 경우에는 사용 전 미리 해동하는 것을 피해야 한다. 그대로 끓는 소금물, 최대로 달군 오븐이나 그릴에 넣은 것만으로도 해동, 겉면만 익히기, 완전히 익히기가 모두 가능하다. 일반적으로 냉동 채소는 생채소보다 익히는 시간이 짧은 반면 고기는 냉동된 경우가 더 오래 걸린다. 조리된 음식은 바로 냄비에 넣거나 용기에 담아 오븐에 넣으면 매우 빠르게 익는다. 반면에 큰 덩어리째 얼린 식품(통째로 얼린 가금류, 로스트, 갑각류 등), 반죽 덩어리, 과일, 제과류 및 치즈는 해동이 필수적이다. 해동은 공기 중에 노출한 채 이루어지면 절대 안 되며 반드시 냉장고(식품의 종류와 부피에 따라 2~20시간)나 오븐(컨벡션 오븐 또는 전자레인지의 해동)을 이용한다. 어떠한 경우에도 재냉동은 금한다.

CONGOLAIS 콩골레 달걀(흰자나 노른자, 또는 전란), 잘게 간 코코넛, 설탕, 우유를 재료로 하여 만든 한입 크기의 프티푸르 또는 부셰(bouchée). 코코넛 로셰(rocher à la noix de coco)라고도 부른다.

CONGRE 콩그르 붕장어. 붕장어과의 생선으로 영불해협과 대서양에서 흔히 볼 수 있으며 브르타뉴에서는 실리 모르(sili mor), 가스코뉴에서는 오랏자(orratza)라고 불린다(**참조** p.674-677 바다생선 도감). 지중해 지방에서는 피엘라(fiéla) 또는 플라(fela)라는 이름으로 불린다. 0.5-1.5m(최대 3m)에 이르는 매끈하고 긴 몸통 때문에 흔히 바다장어라고도 불리는 붕장어는 껍질이 미끈하고 회갈색이며 비늘이 보이지 않고 무게는 5-15kg(큰 것은 30kg까지) 정도이다. 육식성 턱은 크게 발달해 있으며 단단한 이빨이 나 있다. 연중 생선 통째로 또는 토막으로 판매된다. 살은 단단하고 특별한 맛이 없는 편으로 주로 수프나 마틀로트(matelote)에 적합하다. 중간 부분에서 머리 쪽(꼬리 쪽보다 가시가 적다) 살 토막은 오븐에 구워 먹기도 한다.

CONSERVATEUR (ADDITIF) 콩세르바퇴르(첨가제) 방부제, 보존제. 식품의 화학적 또는 미생물학적 안정성을 높이고 판매 유효 기간을 늘리기 위한 목적으로 사용되는 화학 첨가물(**참조** ADDITIF ALIMENTAIRE). 방부제는 효과가 가장 확실한 첨가제에 속한다.

- **살균제.** 가장 일반적으로 쓰이는 보존제다. 특히 음료(와인, 맥주, 과일주스), 과일(건과류 및 과일 당절임), 새우와 감자에 사용되는 무수 아황산(E220)과 아황산염(E221-E226)이 이에 속한다. 이들은 칼슘의 물질대

사를 저해할 수 있고 비타민 B를 파괴한다. 버터와 샤퀴트리의 소금간 및 염장에 사용되는 질산염과 아질산염(E249-E252)은 초석(질산칼륨)의 현대적인 형태로 고기와 염장식품의 색을 고정시키고 특히 보툴리누스균의 활동을 억제한다. 그 외에도 소르빈산(E200, 치즈, 건자두, 과일 주스, 와인에 사용된다), 포름산(E236), 아세트산(E260, 식초), 젖산(E270, 우유, 당과류, 청량음료), 프로피온산(E280, 시판용 빵, 치즈를 비롯한 일부 발효제품) 및 이로부터 파생된 첨가제가 흔히 사용되며, 이들은 인체에 전혀 무해하다. 이들 중 여럿은 인체의 신진대사를 이루는 일부이다. 벤조산(E210)과 그 파생 첨가제(E211-217)만이 알레르기를 일으킬 수 있는데, 이 역시 매우 드물다.

● **항균제.** 주로 디페닐과 그 파생첨가제(E230-232), 티아벤다졸(E233)을 가리킨다. 바나나, 감귤류 껍질, 파인애플 꼭지와 그 포장용 종이의 표면을 처리하는 데 사용되며, 방부 처리 사실을 상품 레이블에 표기해야 한다. 이 방부제는 과일의 껍질에 스며들지는 않지만, 껍질 제스트를 사용하고자 할 때는 처리되지 않은 과일을 사용하는 것이 바람직하다. 캐나다 퀘벡 주에서는 방부제를 지칭하는 단어로 프레제르바티프(préservatif)를 사용한다(이 단어는 프랑스에서는 콘돔을 뜻한다).

CONSERVATION 콩세르바시옹 보존. 상하기 쉬운 식품을 소비 가능한 형태로 일정기간 동안 유지하는 것을 뜻한다. 대부분의 식품 보존 방식은 예로부터 대대로 내려오는 것이며 경험에서 유래한다. 19세기 말에 이루어진 생물학적 연구, 발견 및 테크놀로지의 발전을 통해 이 보존 방식은 현저한 진보를 이루었고 그 종류도 다양해졌다. 공장 대량생산, 공방 규모의 수작업 생산, 또는 일반 가정 등 그 규모에 상관없이 식품 보존의 목적은 천연 미생물이나 효소의 번식과 활동을 중단하거나 둔화시키고 식품의 변질을 막는 데 있다.

● **건조.** 식품에서 수분(생물학적 반응을 유발시킨다)의 대부분을 제거하는 방법. 말리기와 훈연은 고대시대부터 알려져 온 방법이다. 실제 가정에서 채소, 방향식물이나 버섯 등을 말리기 위해서는 통풍이 잘 되는 곳이나 햇볕에 노출시키는 것만으로도 충분하다. 과일의 경우 아주 낮은 온도로 설정한 일반 오븐에 넣어 건조시키면 똑같은 효과를 얻을 수 있다. 대량 생산 공장에서는 식품 종류에 따라 세 가지 장치(트레이 건조기, 분무 건조기, 또는 드럼 건조기)를 동원해 건조 작업을 진행한다. 동결건조는 급속 냉동된 제품을 진공상태에서 건조하는 것이다.

● **포화.** 포화 상태로 만드는 것 역시 덜 직접적인 방법으로 수분을 제거하는 결과를 가져온다. 설탕에 넣어 익히기(잼, 당과류) 또는 염장(날고기를 마른 소금이나 소금 포화용액에 담가 절인다)에 의한 보존이 바로 이 원리에 해당한다. 소금을 넣는 것은 버터의 보존에도 관여한다. 기름(방향 식물, 생선)에 저장하는 것 역시 아주 오래전부터 사용해온 방식이나 보존 기간에는 한계가 있다.

● **코팅.** 산소의 작용으로부터 식품을 보호한다. 전통적으로 달걀을 종이로 감싸거나 석회유에 담그고, 과일을 파라핀으로 코팅하고, 고기 콩피를 그 자체 지방에 넣어 보관하는 것 등을 예로 들 수 있다. 그러나 살균을 해야 훨씬 더 오래 저장할 수 있다.

● **살균 보존.** 살균제는 모든 미생물체가 살 수 없는 환경을 만드는 효능을 가진, 허가된 식품 첨가물 중 하나다. 고전적인 방법은 코르니숑, 피클, 처트니 등에 식초나 에그르 두(aigre-doux)를 넣거나, 과일에 증류주를 사용하는 것이다. 알코올 발효(와인, 맥주, 시드르, 브랜디)와 초산 발효(슈크루트) 또한, 보존의 정도가 각기 다르긴 하지만, 일종의 보존 방식이라 할 수 있다.

● **열 처리.** 가열 온도가 충분히 높고 처리 시간이 충분히 길다면 열은 효소와 미생물을 파괴하는 데 효과적이다. 저온살균 처리한 식품(우유, 냉장 보관용 반 저장식품 등)은 보존 기간(며칠-몇 개월)이 비교적 짧으며 반드시 냉장 보관해야 한다. 반면 고온살균 처리한 식품(통조림, 우유)은 상온에서 아주 오랜 기간 동안 보관할 수 있다(**참조** APPERTISATION). 하지만 이 두 방법 모두 일부 비타민의 파괴를 초래한다. 한편, 틴들식 살균법(tyndallisation, 식품을 끓는점에서 살균한 후 24시간 간격으로 2-3번 살균을 반복한다)은 완벽한 보존 테크닉이라고 할 수 없을 뿐 아니라 식품을 현저하게 변질시킨다.

● **냉각 처리.** 이 방식은 세기동안 자연의 얼음과 눈에 의존해왔다. -8°C 또는 -10°C의 온도 환경에서 효소와 박테리아의 활동은 둔화되지만 생식세포는 파괴되지 않는다. 냉장법(5-8°C)은 채소, 유제품, 개봉한 음료, 생고기 등을 며칠간 보관할 수 있게 해준다. 냉동법(냉동보관[-18°C] 또는 급속냉동[-40°C])은 수개월까지 장기보존을 가능케 할 뿐 아니라 식품의 맛과 영양의 품질 최상으로 유지해준다.

● **이온화.** 식품에 이온화 방사선을 조사하여 효소와 미생물을 파괴하고 그 생성 및 번식을 막는 작업을 지칭한다. 식품 업계에서는 주로 양파, 샬롯 및 마늘에 이 방식을 적용한다. 오늘날 가전제품 및 포장 기술의 발전으로 인해 식품의 보존기간은 점점 더 길어지고 있다(**참조** CONDITIONNEMENT).

CONSERVE 콩세르브 저장식품(통조림 또는 병조림). 식품을 액체나 기체가 새지 않는 용기에 넣어 밀봉한 뒤 증기 소독기에서 열처리 하여 실온 보존이 가능하도록 만든 것을 가리킨다(**참조** APPERTISATION).

열처리는 107-150°C 사이에서 이루어진다. 이 방법은 포자 형태를 포함한 모든 세균을 파괴하며, 주목적은 보툴리누스 중독을 일으키는 다양한 종류의 클로스트리디움 보툴리눔(Clostridium botulinum) 균을 파괴하기 위함이다. 열처리 온도가 높을수록 시간이 짧게 소요된다. 대부분의 액체류는 초고온(ultra haute température, UHT) 살균 처리하며, 이를 통해 식품에 함유된 영양소 특히 비타민을 더 잘 보존할 수 있다.

통조림의 레이블 부착은 의무적이다. 레이블에는 제조사의 이름과 주소뿐 아니라 모든 식품들과 마찬가지로 원재료명(조리 음식의 경우, 고기, 부재료, 육즙소스 등의 비율까지 명시한다)과 권장 소비 기한(date limite d'utilisation optimale, DLUO)이 표기되어야 한다. 통조림은 주로 공장에서 대량으로 제조된다. 가정에서 주로 접하는 제품은 이보다 낮은 강도의 열처리를 한 반 저장식품으로, 이들은 염장이나 냉각과 같은 보완 처리를 함께 사용한 경우가 많다. 반 저장식품은 냉장 보관해야하는 신선제품이기 때문에 소비 유효기한(date limite de consommation, DLC)과 0~+4°C에서 보관요라는 문구를 레이블에 반드시 표기해야 한다.

■ **제품.** 1990년 프랑스의 저장식품 연간 소비량은 1인당 43kg이었으나 현재는 35kg 이하로 감소했다. 과일, 채소, 생선, 조리식품, 소스, 수프류가 주를 이루며 특히 조리식품 중에는 라비올리가 가장 많이 판매된다. 어떤 식품들은 통조림으로 생산, 판매되면서 그 명성을 더 얻게 되었는데, 완두콩, 정어리, 참치, 보르도식 칠성장어 등이 이에 해당한다.

CONSOMMÉ 콩소메 일반적으로 식사를 시작 코스에 서빙하는 고기 또는 생선의 맑은 육수로 만든 수프로, 뜨겁게 또는 차게 먹는다.

● **CONSOMMÉ SIMPLE 심플 콩소메.** 쇠고기 육수(포토푀 국물)로 만든 맑은 수프로, 경우에 따라 얇게 썬 고기, 짧고 가는 수프용 버미첼리 또는 아주 가는 파스타인 엔젤 헤어, 타피오카, 가늘게 채 썬 채소, 사골 골수, 수란, 가늘게 간 치즈, 크루통, 작은 크넬, 라비올리 등을 넣기도 한다.

● **CONSOMMÉ DOUBLE 더블 콩소메.** 심플 콩소메를 맑게 정제해(**참조** CLARIFIER) 영양과 향을 더욱 풍부하게 만든 콩소메. 이 더블 콩소메는 국물을 낸 베이스 재료에 따라 그에 알맞은 다양한 가니시를 넣을 수 있다. 소고기와 닭고기 육수가 가장 많이 사용되고, 생선 사용은 적은 편이며 오늘날 수렵육으로 국물을 내는 경우는 아주 드물다. 또한 콩소메에 노른자, 생크림, 칡 녹말 등을 리에종 재료를 넣어 농도를 더하기도 한다.

차가운 콩소메는 서빙하기 전에 냉장고에 1-2시간 넣어둔다. 영양 성분이 진하게 농축되어 맛있는 즐레 형태를 띠게 된다. 경우에 따라 젤라틴을 첨가하여 응고성을 더욱 높이기도 한다.

CONSOMMÉS SIMPLES 심플 콩소메

---

consommé blanc simple 콩소메 블랑 샘플

맑은 소고기 콩소메 : 소고기의 살코기(정강이살, 부채덮개살, 아롱사태, 부채살, 꾸리살, 갈비살) 2kg과 정강이(뼈 포함) 1.5kg을 실로 묶어 큰 냄비에 넣는다(육즙을 최대한 많이 우려낼 수 있도록 정육점에서 뼈를 토막 내온다). 찬물 7ℓ를 붓고 가열한다. 표면에 떠오르는 알부민 층을 조심스럽게 걷어낸다. 굵은 소금을 조금 넣고(초반에 과도하게 소금을 넣는 것보다는 조리 막바지에 간을 맞추는 것이 낫다), 껍질을 깐 당근 큰 것 3-4개, 순무 100g(선택), 껍질을 벗긴 파스닙 100g, 씻어서 다발로 묶은 리크 350g, 섬유질을 벗겨낸 셀러리 줄기 2대, 정향 2개를 박은 중간 크기 양파 1개, 마늘 1

톨, 타임 1줄기, 월계수 잎 1/2장, 파슬리 줄기 6개를 넣는다. 아주 약하게 최소 4시간 동안 끓인다. 고기를 건져내고 국물을 원뿔체에 조심스럽게 거른다. 뜨거울 때 또는 차갑게 식혀(표면에 지방이 굳는다) 기름을 최대한 많이 걷어낸다. 이 흰색 콩소메는 포토퓌, 필라프 라이스, 스튜 등의 국물을 잡을 때 물 대신 사용할 수 있다.

consommé de poule faisane et panais ▶ PANAIS

consommé simple de gibier 콩소메 생플 드 지비에

수렵육 콩소메 : 노루의 앞다리 또는 목살 2kg, 산토끼의 흉곽 상부 및 앞다리 1kg, 꿩 1마리와 자고새 1마리(수렵육 수급 상황에 따라 재료의 구성 비율을 바꿀 수 있다)를 조각으로 잘라 깨끗이 씻은 뒤 로스팅 팬에 놓고 250°C로 예열한 오븐에 넣어 색깔을 낸다. 고기와 로스팅 팬에 흘러나온 육즙을 모두 큰 냄비에 넣은 뒤 찬물 6ℓ를 붓고 끓을 때까지 가열한다. 그동안 당근 300g, 리크 300g, 양파 300g, 셀러리 줄기 150g의 껍질을 벗기고 작게 썰어 고기를 구워냈던 로스팅 팬에 펼쳐 담고 오븐에서 구워낸다. 주니퍼베리 50g과 정향 3개를 거즈에 싸 동여맨다. 냄비의 국물이 끓기 시작하면 준비한 채소와 파슬리 줄기 50g, 깐 마늘 2톨, 타임 2줄기, 월계수 잎 1장, 소금 40g, 부케 가르니 1개와 거즈에 싼 향신료를 넣고 다시 끓여준다. 불을 줄이고 3시간 30분 동안 약하게 끓인다. 기름을 걷어내고 국물을 체에 거른다. 그대로 수프로 서빙하거나, 소고기 콩소메와 같은 방법으로 맑게 정제한다(콩소메를 만드는 데 사용한 고기는 뼈를 발라내고 퓌레로 갈거나 살피콩으로 잘게 썰어 다양한 가니시를 만드는 데 사용한다).

consommé simple de poisson 콩소메 생플 드 푸아송

생선 콩소메 : 맑은 소고기 콩소메와 같은 방법으로 만들되, 소고기 대신 강꼬치고기 1.5kg, 흰살 생선 뼈 600g, 대문짝넙치 대가리 1kg를 토막낸 뒤 깨끗하게 씻어 사용한다. 재료를 큰 냄비에 넣고 찬물 6ℓ를 부어 끓인다. 그동안 양파 300g, 리크 200g의 껍질을 벗기고 얇게 썬 다음 파슬리 줄기 80g, 셀러리 30g, 타임 1줄기, 월계수 잎 1장, 소금 40g, 화이트와인 600mℓ와 함께 냄비에 넣는다. 45분간 약하게 끓인다. 국물을 체에 거른다. 생선 콩소메 3ℓ를 정제하려면 생태 살이나 강꼬치고기 살 다진 것 1.5kg, 리크 150g, 파슬리 줄기 50g, 날달걀 흰자 4개분을 섞어 넣은 뒤 30분 동안만 약하게 끓인다. 체에 거른다.

consommé simple de volaille 콩소메 생플 드 볼라이유

닭 콩소메 : 맑은 소고기 콩소메와 같은 방법으로 만들되, 소고기 2kg 대신 암탉 1마리와 오븐에서 색을 낸 자투리 부위 및 뼈 3-4개를, 소 정강이 대신 송아지 정강이 750g을 사용한다. 닭 콩소메를 정제할 때는 다진 소고기 대신 잘게 토막 낸 닭 자투리 부위 4-5개를 넣어준다. 국물은 낸 암탉은 다른 용도로 사용한다.

CONSOMMÉS DOUBLES 콩소메 두블

consommé Bizet 콩소메 비제

비제 콩소메 : 곱게 간 닭고기에 다진 타라곤을 섞은 뒤 아주 작은 크기의 크넬 모양을 만든다. 아주 약하게 끓는 닭 콩소메 1.5ℓ에 크넬을 넣고 데쳐 익힌다. 콩소메를 정제한 다음 타피오카를 넣어 농도를 더한다. 익혀둔 크넬을 콩소메에 넣고 처빌 잎을 뿌린다. 잘게 썬 채소 브뤼누아즈를 채운 프로피트롤 슈와 함께 서빙한다.

consommé Brillat-Savarin 콩소메 브리야 사바랭

브리야 사바랭 콩소메 : 닭 콩소메 1.5ℓ에 옥수수 전분을 넣어 농도를 낸다. 삶은 닭가슴살 가늘게 채썬 것 2테이블스푼, 양상추와 소렐을 가늘게 썬 시포나드 2테이블스푼을 콩소메에 넣어준다. 처빌 잎을 뿌린다. 얇게 부쳐 가늘고 길게 썬 짭짤한 크레프 2테이블스푼을 따로 담아 서빙한다.

consommé à l'essence de céleri ou d'estragon 콩소메 아 레상스 드 셀르리 우 데스트라공

셀러리 또는 타라곤 에센스 콩소메 : 소고기 콩소메나 닭 콩소메 1.5ℓ를 정제한다. 이때 콩소메 정제용 혼합물 재료에 셀러리 밑동 속대 1개를 잘게 썰어 넣어준다. 또는 정제 재료를 넣고 끓인 뒤 체에 거르기 전에 생타라곤 잎 20g을 넣어준다.

consommé Florette 콩소메 플로레트

플로레트 콩소메 : 가늘게 채 썬 리크 150g을 버터에 넣고 나른해질 때까지 볶다가 맑은 육수를 조금 붓고 다시 물기가 없어질 때까지 졸이듯 익힌다. 풍부하게 향을 낸 콩소메 1.5ℓ에 쌀 2테이블스푼을 넣고 익힌다. 여기에 볶은 리크를 넣어준다. 아주 걸쭉한 생크림과 가늘게 간 파르메산 치즈를 함께 서빙한다.

consommé à l'impériale 콩소메 아 랭페리알

임페리얼 콩소메 : 수탉의 작은 볏과 콩팥을 약하게 끓는 육수에 넣고 데쳐 익힌다. 콩소메 1.5ℓ에 쌀 2테이블스푼을 넣고 익힌다. 익힌 완두콩 2-3 테이블스푼, 포칭한 닭 볏과 콩팥, 아주 가늘게 채 썬 짭짤한 크레프를 넣어준다.

consommé Léopold 콩소메 레오폴드

레오폴드 콩소메 : 가늘게 썬 소렐 시포나드를 버터에 나른하게 볶아 2테이블스푼 분량을 준비한다. 콩소메 1.5ℓ에 세몰리나 2테이블스푼을 넣어 익힌다. 볶은 소렐을 넣고 처빌 잎을 얹어 서빙한다.

consommé à la madrilène 콩소메 아 라 마드릴렌

마드리드식 콩소메 : 닭 콩소메 1.5ℓ를 만들어 정제하기 전, 체에 긁어내린 생토마토 과육 300mℓ을 넣어준다. 콩소메를 고운 체에 거른 다음 카옌페퍼를 칼끝으로 조금 집어 넣는다. 완전히 식힌 후 냉장고에 넣는다. 잔에 담아 차갑게 서빙한다. 육수에 익힌 홍피망을 아주 작은 주사위 모양으로 썰어 수프에 넣어주어도 좋다.

consommé Nesselrode 콩소메 네셀로드

네셀로데 콩소메 : 수렵육 콩소메와 짭짤한 미니 슈를 만든다. 슈의 반은 밤 퓌레와 이것의 1/3에 해당(무게 기준)하는 양파 퓌레를 섞어 만든 소를 채운다. 나머지 절반은 수분이 거의 없는 버섯 뒤셀을 채운다. 준비해둔 콩소메에 이 슈 프로피트롤(profiteroles)을 넣어 서빙한다.

consommé aux nids d'hirondelle 콩소메 오 니 디롱델

제비집 콩소메 : 진한 가금류 콩소메(중국에서는 전통적으로 오리 육수를 사용한다)를 만들어 맑게 정제한다. 제비집(평균 12g, 콩소메 1그릇당 1개)을 2시간 동안 찬물에 담가 불린다. 제비집이 반투명해지면 안에 있던 작은 부스러기(보통 알 껍데기)들을 모두 제거하고 끓는 물에 5분간 데친다. 건져 물기를 제거한 뒤 끓는 콩소메에 넣는다. 30-45분동안 아주 약하게 끓인다. 끓는 제비집을 넣은 콩소메를 도자기 그릇에 담아 서빙한다.

consommé Pepita 콩소메 페피타

페피타 콩소메 : 토마토로 맛을 낸 루아얄을 만들어 주사위 모양으로 잘게 썬다. 청피망 1개의 껍질을 벗기고 주사위 모양으로 잘게 썬다. 여기에 콩소메 약간을 넣어 익힌다. 토마토 페이스트 2테이블스푼에 파프리카 가루를 넣어 향을 낸 뒤 이것을 콩소메에 넣어 섞는다. 루아얄과 피망을 콩소메에 넣고 서빙한다.

consommé princesse 콩소메 프랭세스

프린세스 콩소메 : 작은 그린 아스파라거스 윗동 끝부분 15개에 버터에 넣고 자체의 수분으로 익힌다. 닭고기 살로 작은 크넬 15개를 만들어 풍성하게 향을 낸 끓는 육수에 넣고 데친다. 콩소메 1.5ℓ에 크넬과 아스파라거스를 넣고 처빌 잎을 얹는다.

consommé aux profiteroles 콩소메 오 프로피트롤

프로피트롤 콩소메 : 미니 슈 20개를 구운 뒤 고기, 수렵육, 채소 또는 닭고기 등의 살을 갈아 만든 소를 채운다. 콩소메에 타피오카를 넣어 농도를 낸 다음 처빌 잎을 뿌린다. 콩소메와 프로피트롤 슈를 따로 담아 서빙한다.

consommé à la reine 콩소메 아 라 렌

여왕을 위한 콩소메 : 닭 콩소메와 기본형 루아얄을 만든다. 쿠르부이용에 데쳐 익힌 닭가슴살을 가늘게 썬다. 자른다. 콩소메에 타피오카를 넣어 농도를 낸 다음 루아얄(주사위 모양이나 마름모 모양으로 자른다)과 닭가슴살 채를 넣어준다.

consommé Saint-Hubert 콩소메 생 튀베르

생 튀베르 콩소메 : 수렵육 콩소메 1.5ℓ를 만든 뒤 질 좋은 화이트와인 100mℓ을 넣고 타피오카를 넣어 농도를 조절한다. 잘게 썬 기본형 루아얄과 마데이라주를 넣어 익힌 뒤 채 썬 버섯을 콩소메에 넣어준다.

CONSTANTIA 콘스탄시아 17세기에 케이프타운 부근에 조성된, 남아

Coquillages et crustacés 조개와 갑각류

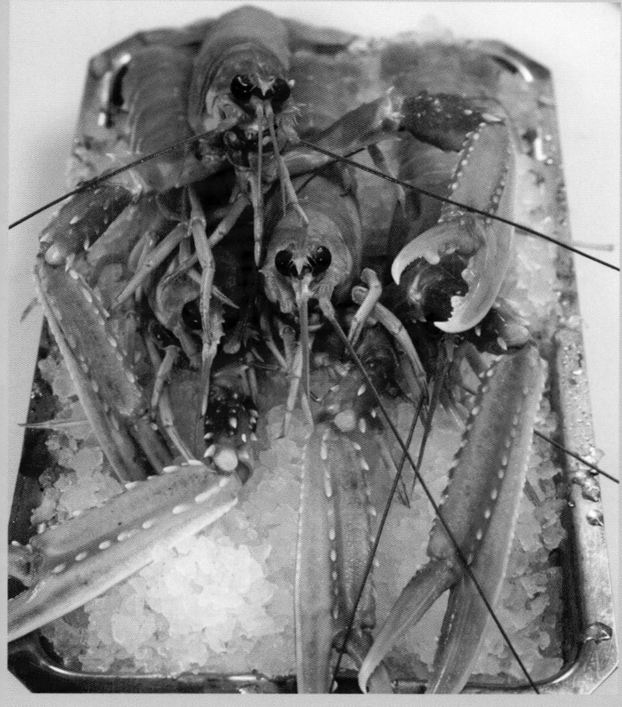

"가시발새우, 가리비조개, 성게. 굴을 비롯한 다양한 해산물들은 파티에 잘 어울린다. 최상급 신선도의 재료를 정확하고 섬세하게 조리한 해산물 요리들은 레스토랑 가르니에와 카이세키(KAISEKI), 크리용 호텔, 포텔 에 샤보 고객들의 식욕을 자극한다."

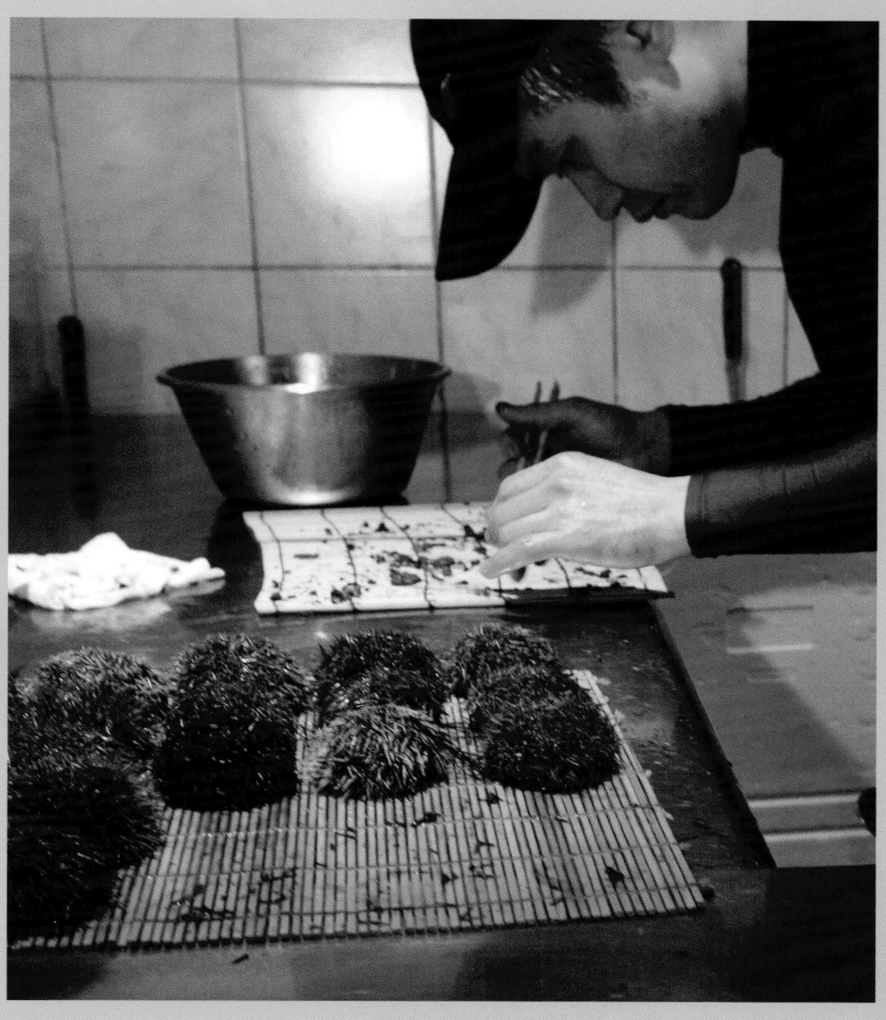

프리카공화국에서 가장 오래된 포도원에서 생산하는 와인이다. 19세기에 영국과 프랑스에서 콩스탕스 와인이라는 이름으로 큰 명성을 얻은 이 와인은 보르도 포도품종인 뮈스카델(muscadelle)로 만드는 주정강화와인이며 약간의 머스크 향이 있고 알코올 도수가 높다. 현재 소량 생산되고 있다.

CONTENANCE & CAPACITÉ 콩트낭스, 카파시테 용량. 용기 내부의 부피를 뜻하는 말로 용기에 담을 수 있는 내용물의 양을 결정한다. 일상적으로 카파시테는 병의 용량을 지칭하고 콩트낭스는 그 외의 용기에 사용된다. 명목상의 함량(용기의 용량)과 실제 함량(내용물의 실제 부피나 순중량) 사이에 항상 존재하는 차이는 표준화의 대상이 되었다. 특히 같은 용량임에도 무게가 달라지는 고온살균 처리한 밀폐 저장식품(통조림류), 와인과 맥주를 비롯한 주류를 예로 들 수 있다. 레이블의 e 표시는 포장업자가 이러한 오차에 대한 계측검사를 수행했다는 뜻이다(e는 대략을 뜻하는 영어의 estimate의 약자이다). 요리에서 흔히 일부 식품의 부피를 측정할 때 일상 용기를 사용하는데, 식품의 밀도와 제품을 눌러 담을 수 있다는 변수로 인해 무게가 달라진다(예를 들어 밀가루 1테이블스푼은 수북하게 담으면 30g, 깎아서 담으면 15g이다).
- 수프 접시: 250-300mℓ(250-300cm3)
- 볼: 350mℓ(350cm3)
- 티스푼: 5mℓ(5cm3)
- 디저트스푼: 10mℓ(10cm3)
- 테이블스푼: 15mℓ(15cm3)
- 커피 잔: 100mℓ(100cm3)
- 런치용 커피 잔: 200-250mℓ(200-250cm3)
- 모카 잔: 80-90mℓ(80-90cm3)
- 찻잔: 120-150mℓ(120-150cm3)
- 보르도 와인 글라스: 100-120mℓ(100-120cm3)
- 물잔: 200-250mℓ(200-250cm3)
- 리큐어 글라스: 25-30mℓ(25-30cm3)
- 마데이라 와인 글라스: 50-60mℓ(50-60cm3)
- 위스키 글라스: 200-250mℓ(200-250cm3)

CONTI 콩티 클래식 요리에서 렌틸콩이 들어간 요리에 붙여지는 명칭이다. 콩티 고기 요리(boucherie Conti)는 오븐에 로스트하거나 팬 프라이, 또는 브레이징한 고기에 기름기가 적은 염장 삼겹살 슬라이스와 이와 함께 익힌 렌틸콩 퓌레를 가니시로 곁들여낸다. 콩티 가니시(garniture Conti)는 렌틸콩 퓌레를 넣어 만든 크로켓과 뜨겁게 달군 유지에 넣어 튀기듯 볶은 감자로 구성된다. 콩티 달걀프라이에는 오로지 렌틸콩 퓌레만 가장자리에 놓을 수 있다. 콩티 포타주는 렌틸콩 퓌레에 육수를 넣어 희석한 수프로, 마지막에 차가운 버터를 넣어 리에종한 뒤 크루통을 넣어 먹는다.

CONTICINI (PHILIPPE) 필립 콩티치니 프랑스의 파티시에(1963, Choisy-le-Roi 출생). 막심(Maxim's)에서 견습 기간을 보내고 국가공인 직업적성자격증(CAP)을 취득한 후 파리 노트르담 데 샹가에 위치한 네자르(Nezard), 칸에 위치한 자크 시부아(Jacques Chibois)의 그레 달비옹(Gray d'Albion), 파리 세브르가의 펠티에(Peltier)에서 경력을 쌓았다. 이후 친형 크리스티앙(Christian)과 함께 라 타블르 당베르(la Table d'Anvers)를 개업했으며 그곳에서 그는 각종 무스, 크림, 앙트르메(entremets), 놀라운 맛과 색감을 지닌 아이스크림 등의 다양한 메뉴를 속속 선보이며 레스토랑 디저트의 일대 혁명을 일으켰다. 페트로시앙(Petrossian)에서 셰프로서, 펠티에에서 컨설팅 경험을 쌓아 이후 전업 컨설턴트로 활동했으며, 『상사시옹 누텔라(*Sensations Nutella*)』(2005)와 『맛의 집약(*Concentré de délices*』(2006) 등의 여러 저서 출간을 통해 기성제품을 새롭게 부활시켰다.

CONTISER 콩티제 작은 닭 볏 모양으로 자른 송로버섯이나 랑그 에카를라트(langue écarlate, 염장하여 익힌 뒤 양홍으로 붉게 물들인 우설) 슬라이스를 가금류, 수렵육이나 생선(주로 서대) 살 사이에 끼워 넣다. 익히지 않은 살덩어리에 일정한 간격으로 작게 칼집을 낸 다음, 준비한 장식물이 잘 붙도록 미리 달걀흰자에 담갔다가 끼운다.

CONVERSATION 콩베르사시옹 프랑스의 클래식 파티스리 중 하나인 콩베르사시옹 타르트는 파트 푀유테 시트에 아몬드 크림을 채우고 로열 아이싱(glace royale)으로 덮어준 뒤 가늘고 긴 띠 모양의 푀유타주를 마름모꼴 격자무늬로 얹어 완성한다. 18세기 말에 탄생했으며 이름은 그 당시에 유행하던 마담 데피네(Mme. d'Épinay)의 단편집 『에밀리의 대화록(*Conversation d'Émilie*)』(1774)에서 유래한 것이라고 한다.

---

conversations 콩베르사시옹

콩베르사시옹 타르트 : 달걀 3개의 흰자와 노른자를 분리한다. 상온의 버터 150g을 나무 주걱으로 잘 저어 포마드 상태로 만든 뒤 설탕 150g를 넣고 잘 섞는다. 노른자 3개를 하나씩 넣어 주며 혼합한다. 아몬드 가루 175g을 넣고 잘 저어 섞은 뒤 전분 50g, 바닐라슈거 작은 1봉지 분량을 넣는다. 파트 푀유테 반죽 400g을 3덩어리(2덩어리는 동량, 나머지 한 덩어리는 소량)로 나눈다. 동량의 푀유타주 반죽 두 덩어리를 밀대로 민다. 첫 번째 반죽 시트를 알맞게 자른 다음 미리 버터를 발라둔 8개의 타르틀레트 틀 바닥에 대준다. 아몬드 크림을 채워 넣고, 가장자리에 0.5cm의 간격을 남긴 상태가 되도록 고루 펴바른다. 둘레의 빈 테두리 공간에 물을 바른다. 내용물을 채운 8개의 틀을 나란히 붙여놓고 두 번째 반죽 시트로 전체를 덮은 다음 그 위로 밀대를 누르며 굴려준다. 이렇게 하면 각 틀 둘레에 반죽이 붙는 동시에 틀 모양으로 잘라진다. 달걀흰자 2개분에 슈거파우더 250g을 넣어가며 거품을 올려 로열 아이싱을 만든 다음 타르트 표면에 넉넉히 펴 발라준다. 마지막 세 번째 푀유타주 반죽 작은 덩어리를 납작하게 민 다음 3mm 폭의 긴 띠 모양으로 자른다. 로열 아이싱 위에 마름모꼴 격자무늬로 엮어가며 띠를 올린다. 15분간 냉장고에서 휴지시킨 후 180-190°C로 예열한 오븐에 넣어 30분간 굽는다. 차갑게 서빙한다.

CONVIVIALITÉ 콩비비알리테 1970년대에 채택되어 사용되기 시작한 사회학적 용어로 여러 사람이 함께 있을 때 느끼는 만족감, 특히 식사를 함께 나누는 즐거움으로 표현되는 행복감을 지칭한다. 모든 나라의 전통에서 함께 하는 식사는 기본적인 사회적 행위이며 이는 종종 환영을 상징하기도 한다. 특히 중동과 러시아 문명에서 그러한데 이들은 빵과 소금을 나누고 차 한 잔을 내어주면서 낯선 사람을 접대한다. 이러한 특별한 순간은 상호적 의무와 권리를 만들어낸다. 호스트는 손님을 보호하는 반면 손님은 자신을 접대하는 사람의 규칙을 존중하고 그의 신뢰를 깨서는 안 된다.

어떠한 사회에서든, 행복과 불행의 여부를 초월한 모든 삶의 상황이나 모든 종교적, 사회적 행사는 식사를 통해 또는 맛있는 간식이나 음식을 나눔으로써 축하하고 기념하는 것이 통상적이다.

COOKIE 쿠키 베이킹 팬에 반죽 혼합물을 올려 오븐에서 구운 바삭하고 달콤한 1인용 미국식 과자. 쿠키는 주로 모래와 같이 부슬부슬한 식감이며 초코 칩, 생강, 헤이즐넛, 피칸 등 다양한 재료를 추가하기도 한다.

피에르 에르메(PIERRE HERMÉ)의 레시피

cookies au chocolat noir 쿠키 오 쇼콜라 누아

다크 초콜릿 쿠키 : 약 30개 분량 / 준비: 15분 / 굽기: 1회 굽는 분량당 15분, 냉장: 2시간

밀가루 225g, 베이킹파우더 5g, 식용 베이킹소다 2g를 함께 체에 친다. 버터 150g을 조각으로 잘라 전동 스탠드 믹서 볼에 넣고 크리미해질 때까지 플랫비터로 돌려 풀어준다. 비정제 황설탕 240g과 천일염 5g을 넣는다. 설탕이 버터에 잘 섞일 때까지 다시 돌려준다. 달걀 1.5개(75g)을 넣고 3분간 더 혼합한다. 피칸 120g을 굵직하게 다진다. 카카오 70% 다크 초콜릿 240g을 잘게 썬다. 버터에 다진 피칸과 잘게 썬 초콜릿, 밀가루를 넣는다. 다시 2-3분간 돌려 혼합한다. 반죽을 공 모양으로 뭉친다. 유산지에 올린 뒤 길쭉하게 굴려 말아 지름 6cm의 김밥 모양으로 만든 뒤 2시간 동안 냉장에 넣어둔다. 오븐을 170°C로 예열한다. 냉장에서 반죽을 꺼내 1cm의 두께로 동그랗게 자른다. 오븐 팬에 유산지를 깔고 자른 반죽을 올린다. 오븐에서 12분간 굽는다. 반죽이 다 소진될 때까지 계속 굽는다. 오븐에서 꺼낸 쿠키는 망에 얹어 식힌다.

COPEAUX 코포 대팻밥, 작은 파이프 혹은 부채 모양의 가벼운 파티스리 데커레이션 재료. 포레 누아르(Forêt-noire) 케이크 위에 얹는 전형적인 초콜릿 데커레이션에도 이 이름을 붙인다. 판형 초콜릿 모서리를 칼날로 대

패질하듯이 긁거나 녹인 초콜릿을 대리석 작업대에 펼쳐 놓고 굳기 시작하면 긁어서 만든다.

COPPA 코파 이탈리아(티치노 지방) 또는 코르시카의 샤퀴트리로, 돼지 목심의 뼈를 발라내고 손질해 염장하고 레드와인과 마늘에 절인 뒤 창자에 채워 만든다(**참조** p.193, 194 샤퀴트리 도감). 카포콜로(capocollo)라고도 불리는 이 살라미는 건조시켜 만들지만 딱딱하지는 않다. 기름기가 많은 편이며 향이 좋고 섬세한 맛이 나는 코파는 그대로 얇게 슬라이스해 먹으며, 경우에 따라 베이컨처럼 사용하기도 한다.

COPRAH 코프라 코코넛 알맹이 과육의 껍질을 벗기고 햇빛에 말린 후 다진 것으로 이것을 압착해 오일을 추출한다. 오래전부터 비누 제조에 사용되어 온 코코넛 오일은 산패 가능성이 있는 모든 성질을 제거할 수 있게 된 이후 식품 분야에서 사용 가능하게 되었다. 그 이후, 높은 보존성과 중립적인 풍미 덕분에 다양한 이름의 식물성 유지로 상용화되었다.

COPRIN CHEVELU 코프랭 슈블뤼 먹물버섯. 주름이 있는 송이과의 버섯. 종모양의 버섯 갓이 밑동 쪽으로 처져 있으며 황갈색 타래로 덮여 있다(**참조** p.188-189 버섯 도감). 어릴 때 수확하고, 딴 후 몇 시간 내에 먹어야 한다. 모든 먹물버섯류는 수명이 짧고 급격히 부패하는 성질이 있다. 소금만 쳐서 그대로 먹거나 소량의 마늘과 함께 기름이나 버터에 볶아 먹으며 절대 술을 넣어서는 안 된다.

COQ 코크 닭. 닭과에 속하는 가축 조류로 수탉을 뜻한다(**참조** p.905-906 가금류 및 토끼 도표). 양계 농가에서 수탉은 번식용으로 효용가치가 다 할 때까지 길렀기 때문에 도살하는 시점에서는 나이가 많은 상태였고, 따라서 스튜처럼 오래 익히는 방법으로 요리했다. 오늘날 이와 같은 요리는 주로 영계 또는 암탉으로 만든다.

닭 볏과 콩팥은 옛날식 요리에서 매우 흔하게 볼 수 있는 가니시였다.

coq en pâte 코크 앙 파트

크러스트로 싼 수탉 오븐 구이 : 수탉의 내장을 제거하고 손질한 후 토치로 그슬려 잔털 및 깃털자국을 제거한다. V자 형의 위시본(용골돌기 뼈)를 떼어낸 다음, 굵게 깍둑 썬 푸아그라, 송로버섯(소금, 향신료를 뿌리고 코냑을 조금 뿌린다)과 곱게 다진 소를 넣어 넉넉히 채운다. 주방용 바늘과 실 두 개를 이용해 날개 부분과 다리 부분을 따로 꿰매 묶어준다. 버터 20g을 닭 전체에 고루 발라준다. 마티뇽(matignon, 양파, 당근, 셀러리 등의 채소를 잘게 썰어 버터에 볶은 것) 300g을 닭에 덮어 씌운 뒤, 찬물에 담갔다 물기를 닦아낸 돼지 크레핀으로 감싼다. 밀가루 500g, 버터 300g, 달걀 1개, 물 100mℓ, 소금 10g을 혼합해 반죽을 만든 다음 타원형으로 민다. 이 반죽 시트 위에 닭을 올려놓고 밀어놓은 또 한 장의 같은 반죽으로 덮는다. 가장자리를 눌러 집으면서 잘 붙인다(요즘은 보통 닭의 크기에 딱 맞는 타원형 테린 용기에 닭을 넣은 후 반죽으로 덮는다). 반죽 표면에 달걀물을 바른다. 익히는 동안 수증기가 빠져나갈 수 있도록 구멍을 뚫는다. 220°C로 예열한 오븐에서 1시간 20분간 익힌다. 조리가 끝날 때쯤에는 알루미늄 포일을 덮어 타지 않도록 보호한다. 페리괴 소스(sauce Périgueux)를 따로 담아 서빙한다.

coq au vin à la mode rustique 코코뱅 아 라 모드 뤼스티크

시골풍 코코뱅 : 수탉 한 마리를 토막 낸 다음 소금, 후추로 밑간을 한다. 흰 방울양파 12개의 껍질을 벗긴다. 기름기가 적은 염장 삼겹살 돼지비계 125g을 끓는 물에 데친다. 식용유 1테이블스푼과 버터 60g을 달군 코코트 냄비에 돼지비계과 양파를 넣고 노릇하게 볶은 뒤 건져 놓는다. 이 냄비에 닭을 넣고 지진다. 중간중간 여러번 뒤집어주며 노릇하게 지진 다음 양파와 라르동을 다시 넣고 잘 젓는다. 뜨겁게 데운 코냑 1테이블스푼을 냄비에 넣고 불을 붙여 플랑베한다. 레드와인 750mℓ을 조금씩 붓고, 부케 가르니 1개, 으깬 마늘 2톨을 넣는다. 서서히 가열해 끓기 시작하면 뚜껑을 덮고 1시간 동안 약불에서 뭉근히 끓인다. 흐르는 물에 재빨리 헹궈 물기를 제거한 양송이버섯 200g을 얇게 썬다. 버터 30g을 달군 팬에 버섯을 넣고 센 불에서 재빨리 볶아낸 뒤 냄비에 넣어준다. 20-25분간 더 끓인다. 서빙하기 몇 분 전 볼에 버터 60g과 밀가루 1테이블스푼을 넣고 잘 섞는다. 여기에 뜨거운 국물을 조금 넣고 잘 개어준 다음 조금씩 냄비에 넣어 농도를 맞춘다. 5분정도 잘 저으며 끓인 다음 닭의 피 3테이블스푼을 넣고 다시 5분간 계속 저으면서 걸쭉하게 끓인다. 작은 찐 감자 또는 소스 없는 파스타를 곁들여 아주 뜨겁게 서빙한다.

rognons de coq pour garnitures ▶ ROGNON

salpicon de crêtes de coq ▶ SALPICON

COQ DE BRUYÈRE 코크 드 브뤼예르 큰 뇌조, 웨스턴 캐퍼케일리(western capercaillie). 큰 뇌조라고도 불리는 뇌조과의 깃털 달린 엽조류. 크기는 칠면조와 비슷하며 다 큰 수컷은 무게가 8kg까지 나간다. 이 새의 수렵은 엄격히 규제되고 있다. 유럽 북부, 중부 지역, 프랑스에서는 아르덴, 보주, 피레네 등 추운 산악지대에 서식한다. 수지성 나무의 싹을 주 먹이로 삼기 때문에 살에서 수지의 맛이 강하게 난다. 요리에서는 큰 뇌조보다 알프스의 작은 뇌조나 검은 뇌조를 선호하는데, 이들은 살이 섬세하고 맛이 있으며, 색은 꿩고기보다 옅다. 주로 꿩과 같은 방법으로 조리해 먹는다. 캐나다에 큰 뇌조는 없지만, 여러 가지 다른 품종의 뇌조가 서식하고 있다.

COQ ROUGE 코크 루즈 카디날피시. 농어과에 속하는 물고기로, 주홍색 몸통에 여러 개의 푸른 점이 있는 것이 특징이다(**참조** p.674-677 바다생선 도감). 몸길이는 약 40cm로 서아프리카 연안 근해에서 흔히 볼 수 있다. 카디날피시가 속해 있는 그루퍼 어종 대부분의 생선과 마찬가지로 살의 맛이 아주 뛰어나며 손쉽게 조리해 먹을 수 있다. 주로 척추뼈와 수직으로 토막 내 그릴에 굽거나 얇게 저민 뒤 라임과 올리브오일에 재워 카르파초(carpaccio)로 먹는다.

COQUE 코크 꼬막. 크기 3-4cm의 작은 조개로 모래나 진흙 갯벌에 서식한다(**참조** p.250 조개류 도표). 쌍각 껍데기에는 각 26개의 선명한 홈이 나 있고, 안에는 조갯살과 주황색의 작은 내장이 들어 있다.

꼬막 조개는 모래를 머금고 있기 때문에 조리하기 전 바닷물 또는 소금을 넉넉히 넣은 물에 담가 12시간 정도 해감해야 한다. 리터 또는 킬로그램 단위로 판매되며, 날로 먹기도 하지만 홍합처럼 주로 익혀 먹는다. 에농(hénon)이라고 불리는 피카르디의 꼬막이 유명하다.

COQUE (À LA) (아 라) 코크 껍데기째, 껍데기에서 직접. 달걀을 끓는 물에 3-4분 넣어 살짝 반숙으로 익히는 조리법을 뜻하며 껍질째 달걀 컵에 담아 윗부분을 깨고 작은 스푼으로 떠먹는다. 이 표현은 껍질을 벗기지 않고 데쳐 익히는 요리에도 적용된다(예, 복숭아). 어떤 작가들은 배를 타는 선상 요리사들에게 붙여지는 이름인 메트르 코크(maître coq)에 빗대어 철자를 à la coq이라고 쓰기도 한다. 자체의 껍질에 든 채 직접 먹는 다양한 음식을 지칭하기도 한다(예, 아보카도, 아티초크).

▶ 레시피 : ŒUF À LA COQUE, PERDREAU ET PERDRIX.

COQUE (APPRÊT) 코크(요리, 파티스리) 비스퀴 프로그레(progrès)나 가토 쉭세(succès)용 머랭 반죽 혼합물을 구워낸 것으로 주로 프티푸르나 케이크를 만드는 데 사용된다. 프티푸르용으로 쓰이는 코크는 과일 마멀레이드, 가향 버터 크림 또는 밤 크림 등을 사이에 바르고 샌드위치처럼 두 개씩 마주 붙인다. 경우에 따라 퐁당으로 글레이징하기도 한다. 머랭은 프랄리네 크림, 샹티이 크림 또는 아이스크림을 사이에 넣고 두 장씩 붙인다.

COQUE (GÂTEAU) 코크(갸토) 당절임 과일을 반죽에 섞어 넣은 브리오슈 케이크로 프랑스 남부에서 부활절에 갸토 데 루아(gâteau des Rois)처럼 만들거나, 가족 행사 파티 때 둥근 왕관 모양으로 만들어 먹는다. 리무(Limoux)의 코크 케이크는 당절임 시트론(cédrat)을 넣어 만들며, 아베롱(Aveyron)에서는 오렌지 블로섬 워터, 시트론, 럼을 넣어 향을 낸다.

COQUELET 코클레 영계. 무게 500-600g 정도의 어린 닭으로, 오늘날 아주 많이 사용된다. 살이 겨우 영글어 빈약하고 풍미도 별로 없다(750-900g짜리 닭이 그나마 좀 나은 편이다). 영계는 주로 로스트, 그릴 또는 빵가루를 입혀 튀겨 먹으며, 강한 맛의 소스(레몬, 그린 페퍼)를 곁들인다. 일반 통닭처럼 자르지 않고, 길이로 반으로 갈라 서빙한다.

COQUELICOT 코클리코 양귀비. 양귀비 과에 속하는 식물로 진홍색의 꽃이 핀다. 꽃잎은 당과류에 색을 내는 천연색소로 사용된다. 특히 납작한 사각형 모양의 붉은색 캔디인 코클리코 드 느무르(coquelicots de Nemours)는 이 양귀비 꽃잎으로 색과 향을 낸 것이다. 수확하기 매우 까다로운 양귀비는 리큐어를 만드는 데도 쓰이며 얼마 전부터는 매우 향이 좋은 화이트와인 식초 제조에도 사용되고 있다. 옛날에는 양귀비 잎사귀를 소렐처럼 채소로 먹기도 했다.

COQUETTE 코케트 쿠쿠 라스(cuckoo wrasse). 양놀래기과의 바다 생선으로, 노르웨이에서 세네갈에 이르는 연안 근해 및 지중해에서 잡힌다. 양놀래기(labre)라고도 불리며 가끔 밸런 라스(ballan wrass)와 혼동되기도 하는 이 물고기는 길이가 40cm 정도이며 수명은 약 20년이다. 수초나 다시마 군락에 서식하며 작은 갑각류나 연체동물을 잡아먹는다. 브르타뉴에서는 양파를 밑에 깔고 이 생선을 놓은 다음 오븐에 구워 먹는다.

COQUILLAGE 코키야주 조개류. 요리에서 이 명칭은 식용가능한 모든 패류, 즉 패각이 달린 작은 연체동물을 지칭한다.

조개류(**참조** 조개류 도표 및 p.252-253 조개류 도감)는 쌍각류 또는 복족류로 나뉜다. 조개는 지방이 매우 적고 철분, 구리, 마그네슘, 요오드 및 나트륨이 매우 풍부하다. 최소 크기 이하로는 어획이 금지돼 있다(대합 4.5cm, 꼬막 3cm, 바지락과 국자가리비 3.5cm, 사마귀조개 4cm, 전복 9cm). 모든 조개류 운송포장 박스에는 원산지 및 수산물 양식 위생에 관한 정보 등을 명시한 레이블이 부착돼 있다. 조개류 양식은 콩킬리퀼튀르(conchyliculture)라고 부른다.

조개는 날로 먹거나 껍데기째 익혀 먹는다. 또는 종류에 따라 살만 발라낸 다음 조리하기도 한다. 이 경우 먼저 내장 덩어리를 떼어낸 다음 살을 양념에 재우거나 익힌다. 껍데기째 익히는 경우, 센 불로 조리한 후에도 입이 닫힌 것은 먹어서는 안 된다. 대부분의 해산물 모둠 플래터에는 조개류가 상당량 올라간다. 또한 홍합 요리인 물 마리니에르(moules marinières)처럼 조개류로만 만든 요리들도 있다.

▶ 레시피 : BAR (POISSON), COURGETTE, MARINIÈRE, PAUPIETTE.

COQUILLE 코키유 살피콩(salpicon), 퓌레 또는 라구(단일 재료 또는 혼합) 등을 각 재료에 어울리는 소스와 섞어 가리비 조개껍데기나 그와 비슷한 모양의 그릇에 담은 뒤 해당 소스를 끼얹은 요리. 여기에 보통 치즈나 빵가루 등을 뿌린 뒤 그라탱처럼 노릇하게 구워낸다. 오르되브르나 애피타이저로 뜨겁게 서빙하거나 차갑게 먹는다.

더운 코키유 요리는 사용하는 재료에 따라 그 종류가 매우 광범위하다. 버섯 뒥셀을 넣은 척수, 소스를 넣어 조리한 골, 새우와 섞은 광어 살, 노릇하게 가열한 버터에 지진 민물가재 살이나 홍어 간, 베샤멜 소스를 넣은 굴, 시금치와 함께 조리한 어백, 잘게 찢어 토마토 소스를 섞은 고기, 얇게 썬 닭고기 살, 홍합, 양의 흉선, 남은 생선 등 다양한 재료를 가리비조개 껍데기나 그와 비슷한 그릇에 담고 오븐에서 그라탱처럼 구워낸다.

차갑게 서빙하는 코키유는 보통 찬 소스로 버무린 조갯살, 마요네즈에 버무린 생선살, 연어, 새우, 동글게 어슷 썬 바닷가재 살, 굴 등을 사용한다. 보통 가늘게 썬 양상추 시포나드를 가리비조개껍데기나 그와 비슷한 그릇에 깔고 그 위에 준비한 재료를 담은 뒤 마요네즈, 동그랗게 자른 레몬 슬라이스, 블랙 올리브 등으로 장식한다.

---

coquilles chaudes de poisson à la Mornay 코키유 쇼드 드 푸아송 아 라 모르네

모르네 소스를 곁들인 생선 코키유 : 익힌 생선살 남은 것(1인당 100g)에 모르네 소스 300㎖, 다진 파슬리 1송이 분량을 넣고 잘 섞은 뒤 간을 맞춘다. 가리비조개껍데기나 그와 비슷한 그릇에 담는다. 가늘게 간 그뤼에르 치즈를 뿌리고 버터를 조금씩 떼어 고루 얹은 다음 260°C로 예열한 오븐에서 그라탱처럼 노릇하게 구워 낸다. 뜨겁게 서빙한다.

---

coquilles froides de homard 코키유 프루아드 드 오마르

차가운 바닷 가재 코키유 : 가늘게 썬 양상추 시포나드를 비네그레트 드레싱으로 가볍게 버무린 다음 가리비조개 껍데기에 고루 깔아준다. 쿠르부이용에 데쳐 익힌 바닷가재 살을 살피콩으로 작게 썰어 비네그레트로 드레싱한 다음 양상추 위에 얹어준다. 잘게 썬 파슬리와 처빌을 뿌린다. 코키유마다 어슷하게 슬라이스한 바닷가재 살을 두 조각씩 올린다. 별깍지를 끼운 짤주머니로 마요네즈를 짜 덮어준다. 양상추 속대 작은 잎과 세로로 등분한 삶은 달걀 웨지를 얹어 장식한다.

COQUILLE SAINT-JACQUES 코키유 생 자크 가리비조개. 가리비과의 쌍각 연체동물로, 한쪽 패각은 볼록하고 나머지 한쪽은 평평하며 접합부분 끝에서부터 방사형으로 16개의 홈이 나 있다. 수온 7-20°C 해역, 수심 5-40m의 모래나 자갈이 많은 해저에 부착되어 서식하며 이 기간이 지나면 이동이 심하다(**참조** p.252-253 조개류 및 기타 무척추 동물 도감). 가리비조개는 패각을 여닫으며 물을 분출하면서 움직인다. 크기는 10-15cm 정도이고, 12년 된 가리비조개는 최대 20cm까지 자란 것도 있으며, 무게는 300g

주요 조개류의 종류와 특징

명칭	원산지	제철	외형
쌍각류 *bivalves*			
밤색무늬 조개	영불해협, 대서양	10월-3월	얇은 각피로 덮여 있는 밤색 패각
대합	대서양, 미주	10월-2월	크고 매끈한 밝은 회색 패각
꼬막	영불해협, 대서양	9월-4월	미색이 도는 흰색 타원형 패각으로 여러 줄의 골이 패여 있다.
죽합, 맛조개	영불해협	3월-5월	길쭉한 직사각형 모양의 짙은 베이지색 패각
바지락	대서양, 지중해	연중	줄무늬가 있으며 종에 따라 회색, 분홍색, 푸른기가 돌거나 크림색을 띤다.
국자가리비	대서양, 지중해	3월 말-12월 말	밝은 밤색에 가까운 크림색 또는 진한 오렌지색 패각으로, 양쪽 귀 부분은 크기가 약간 다른 비대칭형이다.
사마귀조개	영불해협, 대서양	9월-3월	동심원 홈이 나 있으며 흰색과 회색이 섞인 패각
흰 국자가리비	영불해협, 대서양	11월-1월	흰색 또는 보랏빛이 나는 패각으로, 양쪽 귀 부분은 크기가 약간 다른 비대칭형이다.
백합	대서양, 지중해	연중	크고 매끈하며 윤기가 나고 반들반들한 밤색 패각
복족류 *gastéropodes*			
삿갓조개	대서양, 영불해협	연중	균일하고 타원형의 면에 따라 초록색, 또는 크림빛이 나는 감색 패각
경단고둥	대서양, 아일랜드	연중	방울 같은 모양의 갈색 또는 검은색 패각
물레고둥, 쇠고둥	영불해협, 지중해	2월-7월, 10월-12월	원뿔 모양의 배가 불룩하고 나선형의 초록빛에서 밝은 밤색 패각
수정고둥	앤틸리스 제도	연중	분홍색 패각이며, 안쪽은 자개빛이 난다.
전복	영불해협, 지중해	9월-5월	회색 타원형 패각이며, 안쪽은 자개빛이 난다.

에 이른다. 판매 가능한 최소 크기는 10.2cm이다.

가리비조개는 인간의 생활에 항상 존재해왔다. 이집트인들은 가장자리의 홈 있는 부분을 파내어 빗으로 사용했으며, 이를 뜻하는 라틴어 펙텐(pecten)에서 페뉴(peigne, 빗이라는 뜻)라는 성(姓)이 유래하기도 했다. 장수를 상징하는 가리비조개 모양은 카롤링거 왕들의 묘비 석관에 새겨지기도 했다. 산티아고 데 콤포스텔라(Saint-Jacques-de-Compostelle)의 순례자들은 샘에서 물을 마시기 위해 가리비조개의 껍데기를 사용하다가 순례의 증표로 가져가곤 했다. 메렐(mérelle)이라고 불리던 가리비조개는 이후 우리가 알고 있는 코키유 생 자크라는 이름을 얻게 된 것이다. 가리비조개는 루이15세 양식의 특징적인 장식 문양이기도 하다.

자웅동체인 가리비조개의 살에 내장처럼 붙어 있는 부분(corail)은 생식소이다. 수컷 생식소는 흰색이고, 암컷 생식소는 진홍색을 띠고 있으며 콜레스테롤 함량이 높다. 가리비조개의 살 비중은 품종과 계절에 따라 전체 무게의 약 13-20%에 해당한다. 살은 흰색으로 탱글탱글한 식감과 매우 고급스럽고 섬세한 풍미를 갖고 있다.

프랑스에서 가리비조개 양식은 치패를 키워 다시 바다에 옮기는 방식으로 이루어진다. 이 방법은 비록 양식 구역이 정해져 있다는 제약은 있지만, 어업활동을 유지할 수 있게 해준다. 오늘날 가리비조개 공급은 전 세계에서 이뤄지고 있으며 양식이 총 생산량의 70% 이상을 차지한다. 대부분의 수입 가리비는 냉동된다. 가리비의 명칭에 관련한 문제가 제기되고 있는데, 세계적으로 가리비 관자(noix de saint-jacques)라는 명칭의 사용은 작은 국자가리비인(Chlamys varia 와 Placopecten magellanicus) 종에까지도 허용되고 있기 때문이다. 생 코키유 생 자크(coquille Saint-Jacques)만이 대왕가리비(Pecten maximus 또는 P. jacobeus) 종에 속한다.

■ **사용.** 신선한 생물로 판매되는 가리비조개는 살아 있을 때 껍데기가 닫혀 있으며, 포장에 항상 품질 표시 위생 레이블이 부착되어야 한다. 일반적으로 익혀서 먹지만, 최근에는 생가리비 살을 오일이나 향신료 등에 마리네이드하여 먹는 방식이 유행처럼 확산되고 있다. 익혀 먹는 경우 껍데기 안에 넣은 상태로 아메리켄 소스나 샴페인 소스, 커리 소스를 곁들이기도 하고, 다양한 소스에 익힌 뒤 다시 껍데기에 담고 오븐에 살짝 구워 그라탱으로 즐기기도 한다. 또한 프로방스식으로 소테한 뒤 꼬치에 꿰어 서빙하거나, 차갑게 샐러드에 넣어 먹기도 한다.

프랑스인들은 1인당 가리비 소비량이 세계 최고일 정도로 가리비를 매우 즐겨 먹는다. 가리비는 축제 분위기의 식사에 단골로 오르는 상징적인 음식으로, 굴과 홍합에 이어 가장 많이 소비되는 해산물이다.

Pas à pas ▶ OUVRIR ET NETTOYER DES COQUILLES SAINT-JACQUES, 가리비조개껍데기 까기, 씻기, 실습 노트 P. XVI
brochettes de coquilles Saint-Jacques et d'huîtres à la Villeroi ▶ BROCHETTE
cassolettes de saint-jacques aux endives ▶ CASSOLETTE

장 & 폴 맹켈리(JEAN & PAUL MINCHELLI)의 레시피

coquilles Saint-Jacques crues 코키유 생 자크 크뤼

생 가리비 카르파초 : 크고 싱싱한 가리비 4개의 껍데기를 까고 살의 주변부를 다듬은 뒤 흐르는 물에 씻고 면포 위에 올려 물기를 제거한다. 살을 얇게 슬라이스한 다음 기름을 살짝 발라둔 차가운 접시 위에 놓는다. 붓으로 올리브오일을 바르고 후추를 그라인더로 한 바퀴 갈아 뿌려준다. 소금은 치지 않는다. 얇게 저민 가리비 생식소를 얹어 장식하고, 멜바 토스트(toast Melba)와 함께 서빙한다.

coquilles Saint-Jacques à la nage 코키유 생 자크 아 라 나주

향신 국물에 익힌 가리비 : 동그랗고 얇게 슬라이스한 당근 100g(둘레에 홈을 파서 모양을 내면 더욱 좋다), 얇게 썬 양파 100g, 다진 샬롯 4개, 으깬 마늘 1톨, 타임 1줄기,

COQUILLAGES ET AUTRES INVERTÉBRÉS 조개, 무척추동물

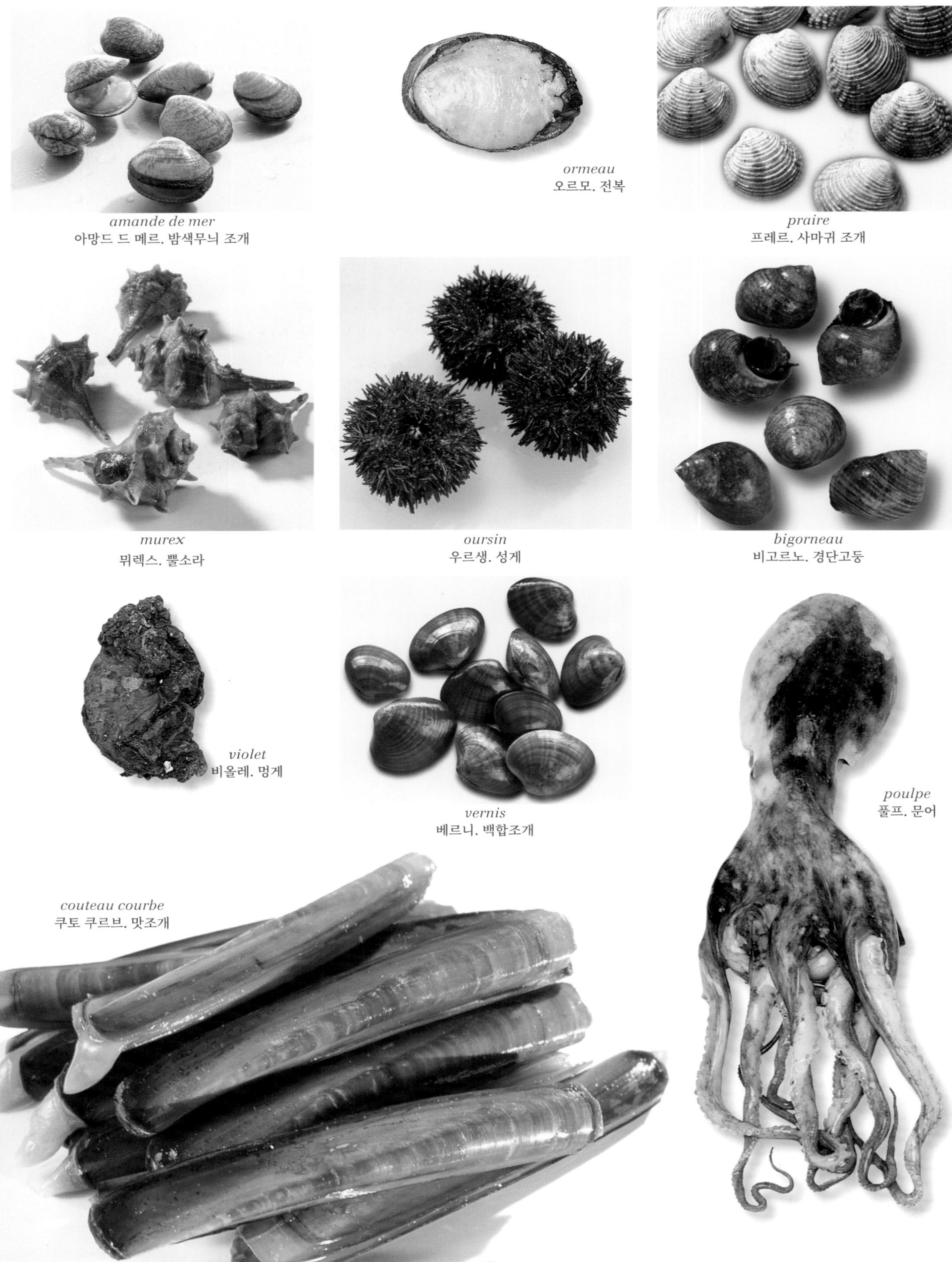

amande de mer
아망드 드 메르. 밤색무늬 조개

ormeau
오르모. 전복

praire
프레르. 사마귀 조개

murex
뮈렉스. 뿔소라

oursin
우르생. 성게

bigorneau
비고르노. 경단고둥

violet
비올레. 멍게

vernis
베르니. 백합조개

poulpe
풀프. 문어

couteau courbe
쿠토 쿠르브. 맛조개

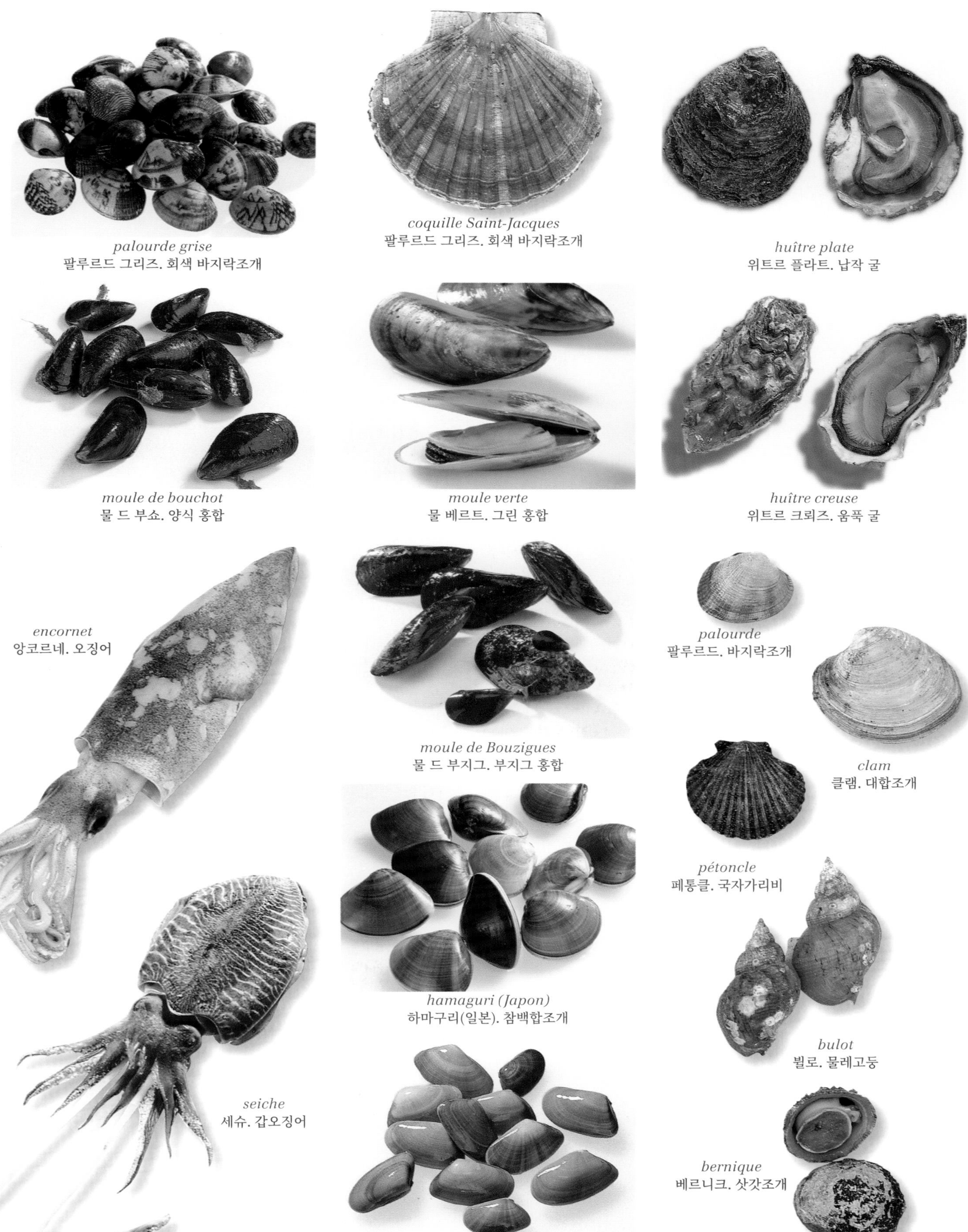

palourde grise
팔루르드 그리즈. 회색 바지락조개

coquille Saint-Jacques
팔루르드 그리즈. 회색 바지락조개

huître plate
위트르 플라트. 납작 굴

moule de bouchot
물 드 부쇼. 양식 홍합

moule verte
물 베르트. 그린 홍합

huître creuse
위트르 크뢰즈. 움푹 굴

encornet
앙코르네. 오징어

moule de Bouzigues
물 드 부지그. 부지그 홍합

palourde
팔루르드. 바지락조개

clam
클램. 대합조개

pétoncle
페통클. 국자가리비

hamaguri (Japon)
하마구리(일본). 참백합조개

bulot
뷜로. 물레고둥

seiche
세슈. 갑오징어

bernique
베르니크. 삿갓조개

olive de mer
올리브 드 메르. 삼각조개

월계수 잎 1/2장과 파슬리 줄기 약간을 냄비에 넣는다. 화이트와인 100mℓ와 물 200mℓ를 붓는다. 소금, 후추로 간하고 아주 약한 불에서 20분간 끓인 뒤 식힌다. 가리비 16개를 씻고 솔로 닦아 불룩한 부분이 아래로 가도록 놓고 오븐에 넣어 입이 열릴 정도로만 익힌다. 살을 꺼내 관자와 생식소에서 회색 수염을 떼어낸 다음 모두 물로 씻어 모래를 제거한다. 관자, 생식소, 수염을 모두 식혀둔 향신 국물에 넣고 천천히 가열한다. 끓으면 불을 줄인 뒤 5분간 약하게 데쳐 익힌다. 관자와 생식소를 건져내 뜨겁게 유지한다. 나머지를 15분간 약하게 더 끓인 후 수염을 건져낸다. 경우에 따라 생크림을 넣어도 좋다. 국물을 1/3정도 졸인 뒤 관자와 생식소 위에 끼얹는다.

---

mariné de loup de mer, saumon et noix de saint-jacques
마리네 드 루 드 메르, 소몽 에 누아 드 생 자크

마리네이드한 유럽 바다농어, 연어와 가리비 관자 : 생강 1뿌리의 껍질을 벗기고 가는 막대모양으로 썬 다음 올리브오일 100mℓ을 부어 2-3일간 향이 우러나오게 둔다. 농어 필레 250g, 생연어 필레 250g, 가리비관자 4개를 아주 얇게 썬 다음 접시에 4개에 나눠 조금씩 겹쳐가며 고루 펴 담는다. 천일염 1티스푼과 후추로 간한다. 딜 1/2단을 잘게 썰어 뿌리고 1시간 동안 재워둔다. 생강오일을 1 테이블스푼씩 고루 뿌리고 레몬즙을 한 번 두른다.

paupiette de chou aux coquillages « façon Georges Pouvel » ▶ PAUPIETTE

salade de saint-jacques sur un céleri rémoulade, aux pommes et marinière de coques, vinaigrette aux fruits de la Passion ▶ SALADE

CORAIL 코라이 랍스터나 닭새우의 대가리 쪽 흉곽 안에 있는 녹색 내장 부분으로 익으면 주황색으로 변한다. 이들 요리에 곁들이는 소스를 만들 때 이 부분을 주로 농후제로 사용한다. 가리비조개나 성게의 주황색 생식소를 지칭하기도 한다.

CORAZZA 코랏자 파리 팔레 루아얄에 있는 몽팡시에 아케이드 상점가에 1787년 문을 연 카페겸 아이스크림 판매점. 코랏자는 카페 드 푸아(Café de Foy)의 주인인 르 누아(Le Noir) 씨 소유였으며, 알렉상드르 그리모 드 라 레니에르(Alexandre Grimod de La Reynière)가 파리에서 가장 예쁜 카페 주인 중 한 명이라 칭했던 르 누아 씨의 부인이 운영했다.

이 카페에서는 특히 마라스키노와인 소르베와 파나셰(panaché)를 팔곤 했다. 19세기 초 샤를 10세의 옛 주방 책임자였던 한 사람이 이 카페를 인수해 레스토랑으로 변경했으며 1915년까지 운영되었다.

CORBIÈRES 코르비에르 오드(Aude) 계곡, 지중해, 루시용(Roussillon) 북부 경계 지역에 이르는 광활한 랑그독 지방의 포도밭으로, 이곳에서는 알코올 도수가 높고 바디감이 묵직한 AOC 레드와인, 과일 향을 지닌 섬세한 맛의 로제와인, 풍부한 향과 우아한 맛의 화이트와인 몇 종류가 생산된다(**참조** LANGUEDOC).

CORCELLET 코르슬레 파리의 식료품 상인. 프랑스 제정 시대 당시 팔레 루아얄 보졸레 상점가에 문을 열었다가 19세기 말에 오페라 대로로 이사한 파리의 유명한 식료품점 주인이다. 알렉상드르 그리모 드 라 레니에르(Alexandre Grimod de La Reynière)는 자신의 미식 가이드『식도락 여정(*Itinéraire gourmand*)』에서 코르슬레의 가게를 다음과 같이 예찬했다. "스트라스부르의 거위 간 파테와 툴루즈의 오리 간 파테, 루앙의 강 유역에서 키운 송아지 파테, 피티비에의 식용 종달새 파테, 샤르트르의 살찌운 암컷 영계와 물떼새 파테, 페리괴의 자고새 파테 등이 파리에 도착하면 바로 이곳으로 온다는 사실을 안다는 것만으로도 얼마나 행복한 일인가. 이 음식들은 늘 익숙한 그곳에서 네라크의 테린, 리옹의 모르타델라, 아를의 소시송, 트루아의 돼지 혀, 프레보 씨(M.Prévost)의 갈랑틴 등 다른 맛있는 동향 친구들과 만나 함께 지낸다..."

CORDER 코르데 조리한 식품이나 혼합물을 끈적끈적하고 단단하게 만들다. 반죽이 코르데한 것은 기본 반죽이 액체를 충분히 흡수하지 않았기 때문이다. 감자 퓌레가 코르데하다는 것은 감자를 체에 으깰 때 수직 방향으로 누르지 않고 돌리면서 으깨 점성이 생기며 끈끈해진 것을 뜻한다.

CORDIAL 코르디알 코디얼. 향이 있으며 주로 단맛이 나는 음료로 일반적으로 알코올이 함유되어 있으며, 사기를 북돋는 자양강장의 효능을 지니기도 한다. 프랑스에서 이제 이 단어는 집에서 만든 일부 음료(향 에센스 워터, 다양한 과일 리큐어 등으로 만든다) 에만 쓰이고 있다. 한편 영미권 국가에서는 특별한 향을 첨가한 증류주를 지칭하는 리큐어 또는 브랜디의 동의어로 사용된다.

CORDON-BLEU 코르동 블루 푸른 리본. 1578년 앙리 3세가 제정한 성령 기사단(ordre de Chevaliers Saint-Esprit)에 하사하던 훈장에 달린 푸른색의 넓은 리본을 뜻한다. 이 표현은 이후 훌륭한 자질을 지닌 사람에게 쓰였다가, 요리 솜씨가 뛰어난 여자 요리사를 지칭하게 되었다. 기사들의 긴 목걸이 형태의 리본 훈장과 여자 요리사의 파란색 앞치마의 끈이 유사한데서 착안하여 연관 지은 것으로 추정된다.

CORÉE 코레 한국. 한국 요리의 독창성은 중국과 일본이라는 두 이웃 강대국의 영향에 대항해 지켜온 오랜 전통에서 유래한다. 한국 요리는 단순한 식재료에 다양한 양념과 향신료에 결합해 만드는 것이 주를 이룬다. 마늘, 파, 대두, 홍고추, 깨, 생강, 인삼과 깻잎 이외에 나무가 우거진 산에서 손으로 채집한 진귀한 약초나 허브, 나물들을 두루 사용한다. 이 재료들을 적절히 넣어 채소, 고기나 생선 요리를 만들며, 조리법은 주로 뭉근하게 끓이거나, 찜, 볶음이 많다. 식사 때 이 요리들을 한 데 놓고 여럿이 나눠 먹으며, 밥과 경우에 따라 국만 개인 용기에 따로 서빙된다.

농지가 전 국토의 20%에 못 미치는 한국에서는 채소가 최고의 위치를 차지하고 있는데, 특히 발효한 배추로 만드는 김치(**참조** KIMCHI)는 거의 모든 끼니 때마다 상에 오른다. 가장 흔한 채식 요리는 비빔밥이며 이는 지역마다 조금씩 다른 특성을 지닌다. 그중 가장 맛있는 것으로는 토기로 만든 그릇에 밥과 잎채소, 꽃과 산에서 나는 뿌리채소를 담고 제철 향신료와 고추장에 비벼 먹는 요리다. 셀 수 없이 많은 약효를 지닌 인삼은 찹쌀, 대추, 마늘과 밤을 넣어 끓이는 삼계탕에 반드시 들어가는 재료이며, 그 밖에도 샐러드, 맑은 수프, 차, 술, 과자나 사탕, 쫀득한 정과 등을 만드는 데 다양하게 사용된다. 또 다른 독특한 재료인 도토리 가루는 조와 함께 쪄서 팥을 얹어 먹거나, 묵을 쑤어 파 양념을 곁들여 먹기도 한다. 또한 이 가루로 만든 반죽을 얇게 부쳐 전병을 만들기도 한다.

옛날에는 고기가 귀하고 비싸서 주로 얇게 저며 양념해 구워 먹는 불고기를 만들어 먹었다. 얇게 저민 소고기나 돼지고기를 설탕, 파, 후추, 참기름, 참깨를 넣은 간장에 재웠다가 화로에서 구워 상추 등의 생채소 및 한국 고유의 양념이나 소스를 곁들여 먹는다. 이 외에 고기를 오래 뭉근히 끓여 먹는 요리들도 발달했다.

대규모 어업의 발달로 생선, 갑각류, 연체동물 등 다양한 해산물을 풍족하게 공급할 수 있게 되었다. 채소나 고기 등과 마찬가지로 통조림 및 각종 가공식품이나 저장음식 등도 많아졌다. 특히 생선이나 각종 해산물을 염장하거나 양념에 절이고 혹은 발효시켜 만든 젓갈류는 그 종류가 매우 다양하다. 생선과 해초로 만든 액젓 등의 소스는 고기나 채소 요리에 향을 더하는 등 양념으로 두루 활용할 수 있다. 또한 해산물은 다른 재료와 섞어 조리하는 각종 요리에도 많이 사용된다. 다진 고기에 버섯과 각종 다진 채소를 섞어 만든 소를 얇게 저민 생선살로 말아 익힌 어선이나 소고기, 전복, 홍합을 당근, 양파 등의 향신 채소와 함께 간장에 조린 삼합장과 등을 예로 들 수 있다.

CORÉGONE 코레곤 코레고누스. 캐나다에서 지방이 적고 흰살을 가진 여러 민물고기 종을 총칭하는 이름으로 미국에서와 마찬가지로 화이트 피시라고도 부른다. 코레고누스로는 주로 생선 수프를 만들어 먹으며, 훈제한 살도 맛이 좋다. 알은 염장하여 오르되브르로 먹는다. 유럽에서는 코레고누스에 속하는 생선으로 레만 호수의 페라(féra)와 르 부르제 호수의 유럽 흰 송어(lavaret)가 있다(**참조** p.672-637 민물생선 도감)

CORIANDRE 코리앙드르 고수. 미나리과에 속하는 방향식물(**참조** p.451-454 향신 허브 도감)로 흔히 아랍 파슬리 또는 중국 파슬리라고도 불리며, 말린 씨(알갱이로 또는 가루를 내어 쓴다)와 잎(생으로 잘게 썰거나 말려서 쓴다)을 사용한다. 히브리인들은 고수 씨를 갈레트에 넣어 향을 냈고 로마인들은 고기를 저장하는 데 사용했다. 18세기 프랑스에서는 고수 씨에 설탕을 입혀 씹어 먹기도 했다. 하지만 이자라(Izarra)나 샤르트뢰즈(Chartreuse)와 같은 리큐어 제조에 쓰이는 것을 제외하면, 고수를 수프, 채소 요리, 마리네이드, 파티스리 등에 두루 사용한 지중해 국가들이나 고수 잎을 파슬리처럼 생채소나 기타 야채 요리에 넣어 먹었던 중동이나 아시아 국가들에 비해 프랑스에서는 아주 미미하게 고수를 활용했다. 독일에서는 고수를 양배추 양념과 수렵육을 재우는 마리네이드에 향신료로 넣는다. 고수가 가장 많이 쓰이는 음식은 그리스식 채소 요리와 피클처럼 식초에 절이는 저장 식품이다. 또한 고수는 파티스리에서 과일(파인애플, 딸기, 망고)에 맛을 더하는 향신료로도 사용된다.

CORME 코름 마가목 열매. 일반적으로 가정용 마가목으로 불리는 장미과의 마가목 열매. 초록빛이 돌거나 불그스름한 작은 서양 배를 닮은 마가목 열매(corme, sorbe)는 첫서리가 내린 이후에 수확하며, 농익으면 과육이 실하고 당도가 높아진다. 마가목 열매는 서양모과와 서비스베리처럼 조리하지 않고 먹는데, 그 맛이 이들을 능가한다. 프랑스 서부에서는 마가목 열매로 시드르를 연상시키는 코르메(cormé)라고 하는 발효주를 만든다.

CORNAS 코르나스 론 북쪽 지방의 AOC 레드와인으로, 마시프 상트랄의 지맥이자 발랑스의 거의 맞은편에 위치한 론강 우안에서 생산된다. 시라 품종 포도로 만드는 이 와인은 알코올 도수가 높고 바디감이 있으며 과일, 꽃, 스파이스의 부케가 풍부하다(**참조** RHÔNE).

CORNE 코른 스크래퍼. 손바닥 크기의 납작한 타원형이나 반달 모양의, 약간 탄성이 있는 소재로 만든 주방도구. 혼합물을 만들어 덜어낸 뒤 그 용기 벽에 남아있는 반죽이나 크림 등의 여분을 알뜰하게 긁어내거나 말라붙지 않도록 떼어내는 데 사용된다.

CORNE DE CERF 코른 드 세르 질경이과의 식물로, 사슴뿔질경이라고도 부르며 잎이 약간 끈적하고 달큰한 맛이 나는 잎은 수세기동안 봄철 샐러드 채소로 소비되고 있다.

CORNE DE GAZELLE 코른 드 가젤 영양의 뿔이란 이름을 가진 초승달 모양의 중동식 과자로, 두 종류의 혼합물(피와 소)을 사용해 만든다. 우선 아몬드 소를 만든다. 속껍질까지 벗겨 곱게 간 아몬드 가루에 설탕, 버터, 오렌지 블로섬 워터를 넣고 혼합한 뒤 손가락 굵기의 작은 소시지 모양으로 굴린다. 이어서 말랑하고 탄력 있는 밀가루 반죽으로 피를 만든다. 반죽을 혼합해 휴지시킨 뒤 두께가 2-3mm 정도 되도록 조심스럽게 잡아 늘리거나 밀대로 민다. 이 반죽을 사방 10-12cm 크기의 정사각형으로 재단한다. 여기에 갸름한 아몬드 소를 대각선으로 하나씩 올리고 돌돌 말고 양끝을 휘어 초승달 모양으로 만든다. 높지 않은 온도의 오븐에서 구워낸 뒤 슈거 파우더를 듬뿍 뿌린다.

CORNED-BEEF 콘드 비프 콘비프. 염지한 소고기 통조림으로 미국에서 처음 생산되었다. 콘비프는 소고기를 소금물에 담가 염지한 뒤 삶아서 잘게 찢고 여기에 우지나 육즙 즐레를 더해 캔에 채운 것이다. 군인들은 친근한 표현으로 군대에서 배급된 통조림 소고기를 생주(singe, 원숭이)라고 불렀다. 오늘날 콘비프는 주로 샐러드에 넣는 등 차갑게 먹거나 미로통 스튜(miroton)를 만들어 먹는다.

CORNET 코르네 콘, 원뿔형의 과자. 동그랗게 덜어낸 아이스크림 스쿱을 담는 데 쓰이는 콘은 대개 와플 반죽으로 만들지만, 필링을 채운 디저트인 코르네는 주로 파트 푀유테를 코르네 틀에 돌돌 감아 구워 만든다. 크렘 파티시에와 크렘 시부스트 또는 샹티이를 섞고 당절임 과일을 잘게 잘라 섞은 뒤 구워낸 코르네에 채워 넣는다. 오베르뉴 지방의 파티스리인 코르네 드 뮈라(cornet de Murat)는 랑그 드 샤(langue-de-chat) 반죽으로 만든 코르네 과자에 설탕을 넣고 휘핑한 생크림을 채우고, 주로 당절임한 바이올렛으로 장식한다.

요리에서는 슬라이스한 햄이나 연어 조각을 콘 모양으로 만 다음 차가운 소 재료를 채운 오르되브르(hors-d'œuvre)를 코르네라고 부른다.

---

cornets de saumon fumé aux œufs de poisson 코르네 드 소몽 퓌메 오 죄 드 푸아송

생선 알을 넣은 훈제 연어 코르네 : 작은 훈제 연어 슬라이스를 원뿔 모양으로 만 다음 생선알(캐비아, 연어알, 도치알 등)로 채운다. 가늘게 썬 양상추 시포나드를 비네그레트 드레싱으로 가볍게 버무린 뒤 접시에 담고 그 위에 연어 코르네를 올린다. 요철무늬를 내어 반으로 자른 레몬으로 장식한다. 생크림에 레몬즙 몇 방울과 홀스래디시를 섞은 뒤 알을 연어 코르네 맨 안쪽에 조금 채워 넣거나 소스 용기에 담아 따로 서빙해도 좋다. 따뜻한 블리니(blinis)를 곁들인다.

CORNICHON 코르니숑 박과에 속하는 오이 품종의 하나로, 아주 어린 열매를 수확해서 가장 흔하게는 식초에 절여 음식의 맛을 돋우는 곁들임 반찬이나 양념 재료로 사용한다(**참조** p.239 오이, 코르니숑 도표와 p.238 도감). 코르니숑은 이제 프랑스에서 거의 생산되지 않고 대부분 수입되며 특히 모로코에서 대량 들어오고 있다. 그나마 몇몇 품종은 아직 지방에서 소규모로 재배하고 있다.

- VERT PETIT DE PARIS 베르 프티 드 파리. 뾰족한 가시돌기가 있고 곧으며, 밝은 녹색에 맛이 좋고 아삭하다. 크기가 5cm일 때 딴다.
- FIN DE MEAUX 팽 드 모. 가시돌기가 덜 뾰족하고 모양이 더 길며 녹색이 짙고 수분이 많다. 식품업체에서 대량으로 많이 사용하는 품종이다.
- VERT DE MASSY 베르 드 마시. 꽤 뾰족한 가시돌기가 있고 아주 진한 녹색이다. 러시아식 코르니숑인 말로솔(malossol)이나 새콤달콤한 오이피클을 만드는 데 알맞다. 점차 더 균일하고 생산성이 좋은 신품종 코르니숑들이 시장에 등장하고 있다.

코르니숑을 씻고 솔로 닦은 뒤 소금물에 담가 수분을 뺀다(또는 큰 나무통에 넣고 소금을 뿌린다). 발효가 끝나면 소금기를 제거하고 씻은 후 끓는 물에 데친다. 여기에 양조 식초를 부어 담가 놓았다가 건져 유리병이나 항아리 같은 도기에 담는다. 각 제조사마다의 고유한 레시피에 따라 향신 재료를 첨가한 식초를 코르니숑이 잠기도록 붓는다. 가장 맛있는 것은 화이트와인 식초에 절인 것이 가장 맛있다. 오늘날에는 저온살균을 해 더 오랫동안 보존할 수 있다.

러시아, 폴란드, 독일 등에서도 코르니숑 저장식품을 만드는데, 대부분 더 굵고 껍질이 매끈한 오이를 사용해 새콤달콤하게 절여 먹는다. 프랑스의 코르니숑 대비 신맛은 훨씬 약하고 식감도 덜 아삭하다. 이들 국가에서는 코르니숑을 양념이라기보다는 일반 채소처럼 먹는 편이다. 또한 중부 유럽에서는 전통적으로 젖산 발효(**참조** FERMENTATION LACTIQUE)를 통해 코르니숑을 저장해 먹는데, 이는 양배추를 절여 저장하는 자우어크라우트와 유사하다. 프랑스 요리에서 코르니숑은 콜드 컷 육류, 죽의 일종인 부이이(bouilli), 파테, 테린, 샤퀴트리, 즐레(gelée)로 씌워 굳힌 찬 음식 등에 곁들여 먹는다. 소스 피캉트(piquante), 소스 샤퀴티에르(charcutière), 소스 아셰(hachée), 소스 라비고트(ravigote), 소스 그리비쉬(gribiche), 소스 레포름(Réforme 등의 소스를 만드는 데에도 들어가며, 혼합샐러드에도 사용된다.

---

cornichons au vinaigre, à chaud 코르니숑 오 비네그르, 아 쇼

코르니숑 초절임(뜨거운 식초 붓기) : 코르니숑 오이를 거친 천으로 문지른 다음 토기 그릇에 넣고 굵은 소금을 고루 뿌린다. 뒤적여 섞어준 뒤 24시간 동안 절인다. 코르니숑을 꺼내 하나씩 닦고 토기 그릇에 차곡차곡 넣은 뒤 끓인 식초(코르니숑용 무색)를 잠기도록 붓고 12시간 동안 재워둔다. 식초를 따라낸 뒤 새 식초(오이를 재운 식초 3ℓ당 새 식초 500㎖)를 추가해 다시 끓인다. 뜨거운 상태에서 바로 코르니숑에 붓는다. 다음 날 식초 물을 따라내고 같은 과정을 반복한 후 완전히 식힌다. 유리병을 열탕 소독한 후 면포에 엎어 물기를 말린다. 오이를 유리병에 층층이 담는다. 기호에 따라 선택한 향신료(월계수 잎 조각, 타임 줄기, 끓는 물에 살짝 데쳐 차가운 물에 식힌 후 말린 타라곤 줄기, 정향, 경우에 따라 유리병당 1-2개의 작은 고추)를 켜켜이 넣는다. 식힌 식초를 붓고 코르크 마개로 밀폐한 뒤 냉장고에 넣는다. 기호에 따라 2주-1달 후에 먹는다.

---

cornichons au vinaigre, à froid 코르니숑 오 비네그르, 아 프루아

코르니숑 초절임(차가운 식초 붓기) : 뜨거운 식초를 부어 만드는 코르니숑 식초 절임 레시피와 마찬가지로 오이를 소금에 절인다. 식초를 탄 물에 오이를 씻은 후 하나씩 닦아 병에 담는다. 껍질을 깐 흰 방울양파, 월계수 잎 조각, 타임 줄기, 끓는 물에 살짝 데쳐 차가운 물에 식힌 후 말린 타라곤 줄기, 정향 2-3개, 마늘 1-2톨, 작은 고추 1개, 검은 통후추 약간과 고수 씨 약간을 넣는다. 흰 식초를 재료가 잠길 정도로 붓고 코르크 마개로 병을 밀폐한 후 냉장 보관한다. 5-6주 후부터 먹을 수 있지만 시간이 지날수록(최대 1년까지) 더 맛이 좋아진다.

CORNISH PASTY 코니쉬 패스티 크러스트 안에 주로 짭짤한 소를 채운 작은 크기의 페이스트리로 영국 콘월 지방에서 처음 만들어졌다. 주석 광산의 광부들이 갱내에 내려갈 때 점심식사 대용으로 휴대했던 전통적인 음식

으로 안에 든 고기보다 크러스트 반죽이 더 많았다고 한다. 반죽은 밀가루, 으깬 감자, 버터, 물, 이스트, 소금으로 만든다. 정사각형으로 민 반죽 위에 다진 양고기, 얇게 썬 양파, 감자로 만든 소를 올린 후 반으로 접어 가장자리를 붙인다. 우유에 달걀을 풀어 붓으로 바른 뒤 뜨거운 오븐에서 굽는다. 다진 파슬리를 뿌려 뜨거운 애피타이저로 서빙한다.

CORNOUILLE 코르누이 유럽 산수유열매, 코넬리안 체리. 층층나무과에 속하며 숲속 또는 울타리 지대(프랑스 동부와 중부)에서 자라는 층층나무의 식용 열매이다(**참조** p.406-407 붉은 베리류 과일 도감). 여름 끝 무렵에 수확하는 코넬리안 체리(9월의 체리 cerises de septembre, 코르니올 cornioles, 코른 cornes이라고도 부른다) 열매는 색이 붉고 과육이 통통하며 올리브 정도 되는 크기의 타원형이다. 신맛이 나며 약간 기름진 풍미를 지닌다. 잘 익은 열매를 그대로 먹거나, 젤리 또는 당절임을 만들기도 하며, 막 익기 시작할 때 딴 것은 소금물에 절이기도 한다.

CORPS GRAS ▶ 참조 MATIÈRE GRASSE

CORRIGER 코리제 맛이나 간을 조절하다. 요리에서 너무 강하게 두드러지는 맛을 조절하기 위해 반대의 맛을 내는 재료를 넣어 중화시키다. 예를 들어, 토마토 소스에 설탕을 약간 넣으면 과한 신맛을 누그러뜨릴 수 있다. 음식이 너무 짠 경우에는 생감자 슬라이스 몇 조각이나 각설탕 하나를 잠깐 넣었다 빼면 소금을 흡수해 어느 정도 짠맛을 줄일 수 있다.

CORSE 코르스 코르시카, 코르시카섬. 밤과 훈제 돼지고기, 생선과 갑각류 해산물, 와인과 수렵육 등으로 대표되는 코르시카의 전통 음식은 산악지역과 지중해라는 지리적 특성을 동시에 지니고 있다. 올리브, 토마토, 가지, 감귤류 과일 등 일조량이 풍부한 지역에서 흔히 볼 수 있는 식재료 외에도 다른 곳에서는 희귀한 과일인 딸기나무 열매, 서양모과, 시트론과 견과류 등이 풍부하다. 옛날에 코르시카 식생활의 기본 재료로 널리 소비되던 밤은 오늘날 플랑, 케이크, 튀김 과자나 도넛, 잼을 만드는 데 주로 사용된다. 올리브와 올리브오일 역시 버터가 거의 들어가지 않는 코르시카 음식의 기본 요소 대열에 올라 있다. 매운 양념을 거의 사용하지 않는 코르시카 요리에 많이 사용되는 향신 재료로는 잡목 숲에서 나는 허브(타임, 로즈마리) 또는 텃밭에서 나는 허브(바질)뿐 아니라 민트, 보리지, 야생 회향, 유향나무, 안젤리카, 도금양 등이 있다.

코르시카의 음식은 무엇보다 가족적인 성격을 지녀왔다. 텃밭에서는 흰 강낭콩이나 붉은 강낭콩, 잠두콩, 병아리콩(수프와 스튜에 필수적인 재료다), 감자, 양배추, 단호박 등 다양한 채소를 재배한다. 코르시카의 수프는 마늘, 병아리콩, 각종 허브, 줄기양파, 밤, 강낭콩, 양배추 등 계절에 따라 다양한 재료로 만든다. 코르시카 연안 해역에는 금태, 유럽 황돔, 도미, 농어, 황새치, 달고기, 안초비, 가오리, 그루퍼, 곰치 등의 생선과 해산물이 풍부하며 이를 이용한 조리법도 다양하다. 대표적인 요리로는 올리브오일, 사프란, 오렌지 껍질, 타임, 월계수 잎, 펜넬, 마늘을 넣어 만드는 코르시카식 부야베스, 아지미누(azziminu)를 꼽을 수 있다. 스파이더 크랩, 랍스터, 닭새우는 그릴에 굽거나 쿠르부이용(court-bouillon)에 익혀 브로치우(brocciu)를 넣은 소스를 곁들여 먹는다. 자연 방목해 키운 코르시카 돼지의 고기는 향과 풍미가 뛰어나며, 이를 사용해 만든 샤퀴트리는 타의 추종을 불허할 만한 품질과 맛을 자랑한다. 양과 염소 고기는 그릴에 굽거나 스튜, 미트볼 등을 만들어 먹는다. 양과 염소의 젖으로 만드는 브로치우(brocciu) 치즈는 코르시카를 대표하는 특산물로, 임브루치아티(imbrucciati, 근대 잎을 넣은 파이), 피아돈(fiadone, 레몬제스트나 아쿠아비트로 향을 낸 코르시카식 치즈케이크), 도넛 등을 만드는 재료로도 사용된다.

■ **채소.**

• **BASTELLE, STORZAPRETI, SCIACCE 바스텔, 스토르자프레티, 시아치.** 채소를 주재료로 한 요리의 종류가 다양하고 조리법도 독특한 것이 많다. 대표적인 것으로 바스텔(호박이나 단호박, 시금치나 근대, 양파와 고기로 속을 채운 쇼송의 일종), 스토르자프레티(녹색 잎채소에 달걀과 치즈를 넣고 완자 모양으로 빚어 데친 뒤 그라탱처럼 오븐에 구운 요리), 시아치(반죽 시트에 감자, 토마토, 마늘로 속을 채운 파이의 일종) 등을 꼽을 수 있다. 주키니 호박, 가지, 아티초크는 보통 튀기거나 속을 채워 요리한다.

■ **샤퀴트리.**

• **PRISUTTU, PANZETTA, FICATELLU, COPPA, LONZO, SALAMU, GHIALATICCIU, TRIPETTE 프리주투, 판제타, 피카텔루코파, 론조, 살라무, 기알라티치우, 트리페트.** 프리주투(뒷다리 햄), 판제타(삼겹살) 등 코르시카의 샤퀴트리는 그 맛과 품질이 매우 뛰어나다. 간과 부속으로 만든 소시지로 그대로 익혀 먹거나 건조시켜 먹는 피카텔루, 뼈를 발라낸 목심을 말아서 건조한 코파, 돼지 안심을 염장, 건조한 론조, 기름기가 아주 적은 건조 소시송, 살라무 등 종류도 다양하다. 돼지의 위에 소를 채워 넣은 기알라티치우와 코코트 냄비에 뭉근히 익힌 곱창 요리인 트리페트도 빼놓을 수 없다.

■ **생선과 해산물.**

• **염장대구, 정어리, 안초비.** 염장대구는 주로 튀기거나 브랑다드(brandade), 또는 토마토, 안초비, 호두 등을 넣고 스튜를 만들어 먹는다. 브로치우 치즈에 잘게 썬 근대 잎과 파슬리, 마늘, 올리브오일을 섞어 만든 소를 채워 넣은 정어리튀김은 겉은 바삭하고 속은 부드러운 코르시카의 특선 요리다. 안치우타(anchiuta 안초비 퓌레)를 만드는 데 사용되는 안초비는 파이 종류를 만드는 데 넣거나 오븐에 구운 성대 등 다른 생선 요리에 곁들이기도 한다.

■ **고기, 부속 및 내장.**

• **PIVERUNATA 피베루나타, STUFATU 스투파투.** 코르시카 사람들은 고기 스튜를 즐겨 먹으며, 여기에 주로 염지 돈육인 프티 살레(petit salé)를 넣는다. 피베루나타는 어린 염소고기, 베이컨의 일종인 판제타(panzetta), 피망과 향신료 등을 넣고 뭉근히 끓인 스튜다. 스투파투는 소고기, 돼지고기, 햄, 토마토, 양파 등을 넣어 만드는 스튜인데 경우에 따라 자고새 고기를 사용하기도 한다.

• **ESTOMAC 위장, CURATELLA 쿠라텔라, TRIPETTE 트리페트.** 정육 이외에 부속이나 내장 부위를 활용한 지역 특선 요리들도 다양하다. 속을 채운 돼지 위, 로즈마리로 향을 낸 양 염통, 흉선, 간, 허파 꼬치(쿠라텔라), 양 곱창 냄비 요리(트리페트) 등을 즐겨 먹는다.

■ **치즈.** 브로치우(brocciu) 외에 코르시카에서 가장 유명한 치즈는 계절에 따라 염소나 양의 젖으로 만드는 연성치즈인 니올로(niolo)로 향이 매우 풍부하다. 베나코(venaco), 바스텔리카치아(bastelicaccia), 칼렌자나(calenzana), 사르테노(sarteno) 역시 세척 외피 또는 건조 외피 연성치즈에 해당한다.

■ **파티스리.**

• **PANZAROTTI, PASTIZZI, CONFITURES 판자로티, 파스티치, 잼.** 코르시카에서는 꿀, 잣, 아몬드를 마카롱, 비스코티류의 바삭한 과자나 갈레트를 비롯한 여러 디저트 특산품에 많이 사용한다. 판자로티(달콤한 라이스 볼 튀김)는 여전히 종교적 축제의 전통 음식으로 남아 있으며, 세몰리나로 만드는 파스티치는 지금도 매우 인기가 많다. 특히 포도, 밤, 무화과, 당절임 재료로 많이 쓰는 시트론, 딸기나무 열매 등 다른 곳에서는 보기 힘든 독특한 재료의 잼들이 많다.

■ **와인.** 화강암과 편암의 토질에 굴곡이 많은 지형과 충분한 일조량, 바다가 제공하는 습한 환경은 코르시카 포도밭의 최고의 지원군이다. 지역 토종 포도품종인 베르멘티노 블랑(화이트와인), 시아카렐로(로제, 레드와인), 니엘루치오(레드와인)을 주로 재배하며, 이들을 대개 코트 뒤 론이나 프로방스의 품종들과 블렌딩하여 양조한다. 뱅 드 코르스(vins-de-Corse) 아펠라시옹은 종종 하위 생산지역(칼비 Calvi, 피가리 Figari, 사르텐 Sartène, 포르토-베키오 Porto-Vecchio, 코토 뒤 캅 코르스 coteaux du cap Corse)도 레이블에 병기되고 있으며, 코르시카섬 대부분의 와인 공급을 책임진다.

특히 서부의 아작시오(ajaccio)와 북부 연안의 파트리모니오(patrimonio) 두 아펠라시옹은 밸런스가 좋과 향이 풍부한 훌륭한 와인으로 점점 두각을 나타내고 있다.

CORSE / VINS-DE-CORSE 코르스 / 뱅 드 코르스 코르시카 AOC 와인. 뱅 드 코르스는 파트리모니오(patrimonio) 아펠라시옹을 제외한 섬의 모든 포도원에서 생산되는 AOC 와인에 쓸 수 있는 명칭이다. 니엘루치오(niellucio), 시아카렐로(sciacarello), 그르나슈(grenache), 생소(cinsault), 무르베드르(mourvèdre), 바르바로사(barbarossa), 시라(syrah), 카리냥(carignan) 포도품종으로 레드와 로제와인을, 베르멘티노(vermentino), 위니 블랑(ugni blanc) 품종으로 섬세하고 우아한 맛과 과일 향을 지닌 풀바디 화이트와인을 생산한다.

CORSÉ 코르세 맛이나 농도가 진하다는 의미로, 커피의 경우 진한 블랙 커피를 가리킨다. 와인의 경우 알코올 도수가 높고 타닌 함량이 풍부하며 바디감이 강한 타입을 묘사하는 용어로도 쓰인다.

CORSER 코르세 음식의 풍미나 농도를 더욱 진하게 만들다. 농축된 성분(예를 들어 소스에 글라스 드 비앙드 농축액 첨가하기)이나 강하고 매운 향신재료를 더해 음식의 맛과 향을 진하게 만드는 것을 뜻한다. 묽은 액체를 졸여 농축함으로써 풍미를 더욱 진하게 하는 것도 이에 해당한다.

CORTON 코르통 코트 드 본(côte de Beaune)의 그랑 크뤼 AOC 레드 또는 화이트와인. 코르통의 대부분을 차지하는 레드와인은 피노 누아 품종의 포도로 만드는데, 바디감과 향이 풍부하고 섬세한 맛을 지니고 있으며 숙성에 오랜 시간이 필요하다. 아주 소량 생산되는 화이트와인은 샤르도네 품종으로 만들며, 향이 풍부하고 알코올 도수가 높으며 바디감과 밸런스가 좋다.

CORTON-CHARLEMAGNE 코르통-샤를마뉴 코트 드 본(côte de Beaune)의 그랑 크뤼 AOC 화이트와인. 풍부한 바디감과 밸런스를 지닌 와인으로 아로마가 풍부하고 특유의 기품과 섬세함이 있다. 거의 대부분이 알록스-코르통(Aloxe-Corton) 코뮌에서 생산된다(**참조** BOURGOGNE).

COSTIÈRES-DE-NÎMES 코스티에르 드 님 님 남부에서 생산되는 AOC 와인. 이곳의 화이트와인은 클레레트, 마르산, 루산, 롤 품종의 포도로 만들며, 상큼하고 가벼운 산미가 있고 밸런스가 좋다. 부드럽고 밀도가 높은 로제와인과 알코올 도수가 높고 바디감이 묵직한 레드와인은 카리냥, 생소, 그르나슈, 무르베드르, 시라 품종으로 만든다(**참조** LANGUEDOC).

CÔTE OU CÔTELETTE 코트, 코틀레트 갈빗대, 뼈대가 붙은 등심, 본 인 립 아이 촙(chop). 납작하고 길쭉하며 다소 휘어져 있는 정육용 동물의 흉곽 측면 뼈(**참조** p.22, 108, 109, 699, 879 정육 분할 부위 도감). 이 뼈들은 돼지(14-15쌍)와 말(18쌍)을 제외하고는 일반적으로 13개의 쌍으로 이루어져 있다. 정육에서 갈비는 등과 허리 부위에서 자른 것이며 갈비뼈의 윗부분, 척추뼈의 일부분과 거기에 붙어 있는 근육으로 이루어져 있다.

■ **소 갈빗대.** 뼈대가 있는 등심 부위 또는 코트 앙글레즈(côte anglaise)는 최고급 부위로 오븐에서 로스트하거나 그릴에 굽는다. 지방질이 많은 동물의 갈비는 더욱 풍미가 좋다. 이 부위는 갈빗대 덩어리인 립 부위에서 잘라낸 것으로, 척추뼈나 목심 쪽 마구리를 반드시 떼어내고 정형한다(**참조** MATÉRIEL À RISQUES SPÉCIFIÉS [MRS]). 배쪽 가까이 있는 찜갈비살이나 갈비덧살 부위는 주로 포토푀(pot-au-feu) 등에 넣거나, 힘줄을 제거한 뒤 꼬치용으로 사용하기도 한다.

■ **송아지 갈빗대.** 립 덩어리의 중앙쪽 아랫부분에서 정형한 갈비뼈 붙은 등심(côtes premières, secondes)은 연하고 가장 선호하는 부위로, 주로 팬에 지지거나 그릴에 굽는다. 목 부위에 가까운 윗등심 갈비(côtes découvertes)는 약간 더 질긴 편이며 가능하면 팬에 지져 익힌다.립의 가장 끝 허리쪽에서 정형한 코트 필레(côte-filet)는 꽤 넓은 등심살 부위로 갈빗대(côte)는 없다. 보통 소를 채워 조리하거나 빵가루를 입혀 기름에 지지기도 한다. 코트 파리지엔(côte parisienne)은 지방으로 둘러싸인 양지나 뱃살 부위에서 정형한 부위이다. 갈빗대를 하나하나 분리하지 않은 덩어리(carré)에서 뼈를 잘라낸 등심 덩어리는 로스트용으로 사용한다. 배쪽에 가까이 붙은 찜갈비살 부위는 블랑케트나 소테 등 비교적 오래 익히는 방법으로 조리해야 연하게 먹을 수 있다.

■ **돼지 갈빗대.** 가운데 부분 갈비는 목심, 뼈 붙은 등심, 안심 부위에서 정형한다. 목심 부위는 지방이 적고 연하고, 뼈 붙은 등심 부위는 좀 더 뻑뻑하며 윗부분과 아랫부분으로 나뉜다. 이 모든 부위들은 부분적으로 뼈를 발라내어 랙 전체를 오븐이나 로스터리 꼬챙이에 꿰어서 굽는다. 배쪽에 가까운 찜갈비살은 스튜의 일종인 포테(potée)나 염지하여 프티 살레(petit salé)로 사용한다. 베이비 백 립(폭립이라고도 하며 한국에서는 등갈비라고 부르지만 실제로는 돼지의 가슴통의 늑골로 이루어진 갈비이다) 부위처럼 슈크루트를 곁들여 먹기도 한다. 멧돼지와 새끼 멧돼지의 경우 갈비뼈가 붙은 살을 향신양념에 마리네이드한 뒤 팬에 구워 먹는다.

■ **양 갈비 또는 어린 양 갈비.** 갈비를 앞에서부터 뒤로 구분했을 때 맨 앞에 해당하는 윗갈비 5대(côtes découvertes 어깨에 해당하는 앞다리 윗부분으로부터 절단한다)는 지방이 적은 편이고, 맨 뒤쪽 갈빗대 4개(côtes secondes)는 좀 더 지방이 섞여 있다. 맨 중앙의 갈빗대 4개(côtes premières)에 붙은 살(noix)은 가장 실하며 양갈비 중 제일 상급으로 친다. 더 뒤로 내려가 허리쪽에 위치한 뼈가 없는 갈비살(côtes-filet)는 복부 막을 사이에 두고 연결되어 있으며 종종 더블 램 촙 형태로 판매되기도 한다(살을 갈라 펴지 않은 상태).

이 모든 부위들은 그릴에 굽거나 팬에 지진다. 램 랙은 일반적으로 여러 개의 갈빗대 덩어리를 그대로 오븐에 로스트한다.

▶ 레시피 : AGNEAU, BŒUF, CHEVREUIL, MARCASSIN, MOUTON, PORC, VEAU.

DÉCOUPER UNE CÔTE DE BŒUF 뼈 붙은 소 등심 자르기

1. 뼈를 덮고 있는 막에 포크를 찔러 넣는다. 고기를 찌르지 않고 칼로 뼈에서 분리해낸다.

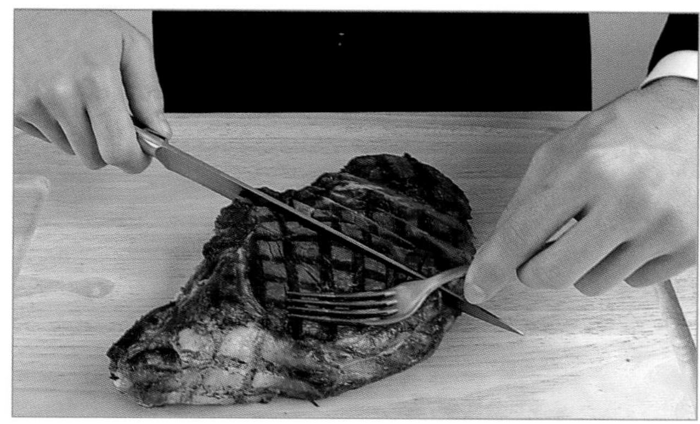
2. 포크의 등으로 고기를 살짝 눌러 고정시킨 뒤 몸 쪽을 향해 어슷하게 슬라이스 한다.

CÔTE CHALONNAISE 코트 샬로네즈 부르고뉴에서 가장 아름다운 포도재배 지역 중 하나로, 코트 도르(Côte-d'Or)에서 남쪽으로 이어지는 곳에 위치한다(**참조** BOURGOGNE).

CÔTE-DE-BEAUNE 코트 드 본 코트 도르(Côte-d'Or) 지역 남부에서 생산되는 레드와인과 화이트와인(아마도 코트 도르 지역 최고의 와인 중 하나일 것이다). 레드와인은 피노 누아, 화이트와인은 샤르도네 품종 포도로 만든다(**참조** BOURGOGNE).

CÔTE-DE-BROUILLY 코트 드 브루이 가메 품종의 포도로 만드는 보졸레 지방의 레드와인으로 그리오트 체리 향과 부드러운 맛을 갖고 있다. 브루이(Brouilly)산의 남쪽 측면 언덕에 위치한 포도원에서 생산된다(**참조** BEAUJOLAIS).

CÔTE-DE-NUITS 코트 드 뉘 세계적 명성을 누리고 있는 부르고뉴 와인으로 레드가 주를 이루고 있으며, 이 중 최상급 크뤼들은 고유 생산지의 클리마(climat, 포도밭 분할 구획) 이름이 레이블에 표시된다. 레드와인은 피노 누아, 화이트와인은 샤르도네 포도로 만든다(**참조** BOURGOGNE).

CÔTE-ROANNAISE 코트 로아네즈 로안(Roanne) 근교 루아르강의 양안에서 생산되는 AOC 레드 또는 로제와인으로 가메 품종을 사용한다. 약간의 산미를 지닌 가볍고 상큼한 풍미의 와인이다.

CÔTE-RÔTIE 코트 로티 론(Rhône)강 우안의 빈(Vienne) 건너편 가파른 언덕에 위치한 코트 로티에서 생산되는 AOC 레드와인으로 포도품종은 시라(최소 80%)와 비오니에(viognier)이다. 프랑스에서 바디감이 가장 풍부하고 밸런스가 좋으며 입안에서의 피니시가 긴 고급 레드와인 중 하나다.

COTEAUX-D'AIX 코토 덱스 엑상프로방스(Aix-en-Provence) 주변 지역에서 생산되는 AOC 와인으로 레드, 화이트 모두 해당되며 특히 풍부한 맛을 지닌 로제와인이 강세다. 레드와 로제와인의 주 포도품종은 그르나슈, 생소, 쿠누아즈, 무르베드르, 시라, 화이트와인은 부르블랑, 클레레트, 그르나슈 블랑과 베르멘티노 품종으로 만든다(**참조** PROVENCE).

COTEAUX-DE-L'AUBANCE 코토 드 로방스 루아르강의 지류인 오방스(Aubance)강 연안 생산되는 발 드 루아르 AOC 화이트와인이다. 포도품종은 슈냉이며 꿀과 꽃 아로마를 지니고 있다(**참조** ANJOU).

COTEAUX-CHAMPENOIS 코토 샹프누아 아펠라시옹 샹파뉴(Champagne) 지역에서 생산되는 AOC 화이트, 레드, 로제와인으로 샹파뉴와는 비발포성으로 만들어진다(**참조** CHAMPAGNE). 레드와 로제와인은 피노 누아와 피노뫼니에, 화이트는 샤르도네 품종 포도로 만든다.

COTEAUX-DU-LANGUEDOC 코토 뒤 랑그독 오드(Aude), 가르(Gard), 특히 에로(Hérault) 지방에서 생산되는 AOC 레드, 로제, 화이트와인으로 알코올이 풍부하고 바디감이 강하다. 과거 생산량이 많은 지역이었던 이곳의 와인들은 오늘날 괄목할 만한 품질 개선이 이루어지면서 그 명성을 점점 확대해가고 있다(**참조** LANGUEDOC). 아펠라시옹 피투(fitou)와 마찬가지로 코토 뒤 랑그독 레드와 로제와인의 주요 포도품종은 카리냥(carignan), 그르나슈, 르도네르 플뤼(lledoner pelut), 생소, 무르베드르와 시라이다.

COTEAUX-DU-LAYON 코토 뒤 레이옹 루아르 지방 앙주(Anjou)의 AOC 화이트와인. 슈냉 블랑 품종의 포도로 만드는 이 와인은 마르멜로, 꿀, 흰 꽃 아로마를 지니고 있으며 단맛과 산미의 밸런스가 뛰어나다(**참조** ANJOU).

COTEAUX-DU-LYONNAIS 코토 뒤 리요네 리옹 서부 낮은 산악지대에 위치한 여러 코뮌에서 생산되는 AOC 와인이다. 레드 및 로제와인은 가메 품종의 포도로, 과일 향과 신선한 맛이 풍부한 화이트와인은 샤르도네와 알리고테 품종으로 만든다.

COTECHINO 코테키노 간소금과 향신료로 간을 한 이탈리아의 생소시지로 건조, 훈제하지 않은 이탈리아의 생소시지. 주로 스튜의 일종인 포테(potée)에 다른 재료와 함께 넣고 익혀 먹는다.

CÔTELETTE 코틀레트 갈비. 정육의 한 부위로 주로 갈빗대에 붙은 등심살을 가리킨다(**참조** CÔTE). 요리에서 가금류 코틀레트는 가슴살 안심과 같은 방법으로 조리한 날개에 해당한다. 연어 코틀레트는 다른(darne 척추뼈와 수직 방향으로 자른 토막)으로 토막 내 즐레를 씌우거나 글레이징한 차가운 요리로 가리비 껍데기에 담아내거나 접시에 빙 둘러 서빙, 또는 바르케트(barquette)에 담아내기도 한다.

▶ 레시피 : AGNEAU, CHEVREUIL, MARCASSIN, MOUTON, SAUMON.

CÔTELETTE COMPOSÉE 코틀레트 콩포제 뼈를 발라내고 다진 고기 또는 생선살에 양념이나 소스를 넣고 혼합한 뒤 뼈 붙은 등심 모양의 납작한 패티로 빚어 빵가루를 입힌 뒤 버터에 튀기듯 지진 음식이다. 같은 방법으로 달걀 코틀레트도 만들 수 있다. 삶은 달걀을 아주 잘게 썬다. 되직하게 졸인 베샤멜소스를 식힌 뒤 날 달걀노른자를 넣고 잘 섞어준다. 다진 삶은 달걀에 이 소스를 넣고 잘 버무려 섞은 다음 뼈 달린 갈비 모양의 패티를 만든다. 밀가루, 달걀, 빵가루를 입혀 버터에 지지거나 튀긴다. 버섯, 햄 또는 랑그 에카를라트(langue écarlate, 염지해서 익힌 우설)를 추가하기도 한다.

CÔTES-DE-BOURG 코트 드 부르 보르도 지롱드(Gironde)강 우안의 언덕 지대에 위치한 블라예(Blayais)와 부르제(Bourgeais) 포도원에서 생산되는 AOC 와인이다. 레드와인은 메를로, 카베르네 프랑, 카베르네 소비뇽, 말벡 품종의 포도로 만들며, 화이트와인은 소비뇽, 세미용, 뮈스카델 품종이 사용된다. 개성이 강한 와인이며 섬세한 부드러움을 지니고 있다.

CÔTES-DE-CASTILLON 코트 드 카스티용 생테밀리옹(Saint-Émilion)에 인접한 지역에서 생산되는 AOC 레드와인이다. 메를로, 카베르네 소비뇽, 카베르네 프랑, 말벡 품종의 포도로 만드는 이 와인은 바디감이 강하며 풍부한 부드러움을 선사한다.

CÔTES-DU-FRONTONNAIS 코트 뒤 프롱토네 타른(Tarn)의 계단식 포도원에서 생산되는 AOC 로제와인과 특히 레드와인을 지칭하며, 포도품종은 네그레트, 카베르네 소비뇽, 시라, 가메이다. 레드와인은 가벼우면서도 과일향을 갖고 있으며, 네그레트 품종이 포함된 경우는 타닌과 알코올 함량이 높은 바디감 있는 와인이 만들어진다(**참조** LANGUEDOC).

CÔTES-DU-JURA 코트 뒤 쥐라 쥐라(Jura) 산악지대 기슭에 펼쳐진 포도원에서 생산되는 AOC 레드, 로제, 화이트와인이다(**참조** FRANCHE-COMTÉ). 레드와 로제와인은 피노 누아, 풀사르, 트루소 품종 포도로, 화이트와인은 샤르도네와 사바냉 품종으로 만든다.

CÔTES-DU-LUBERON 코트 뒤 뤼베롱 오트 프로방스(Haute-Provence) 지방에서 생산되는 바디감이 좋은 AOC 레드, 로제, 화이트와인이다(**참조** PROVENCE). 레드와 로제와인은 그르나슈, 시라, 무르베드르, 생소, 쿠르누아즈, 카리냥 품종 포도로 만들며, 화이트와인은 클레레트와 부르불랑 품종을 사용한다.

CÔTES-DE-PROVENCE 코트 드 프로방스 니스와 마르세유 사이에 위치한 포도원에서 생산되는 레드, 화이트, 그리고 특히 시원한 온도로 마시는 어린 로제와인을 지칭한다(**참조** PROVENCE). 레드와 로제와인은 생소, 그르나슈, 무르베드르, 티부렝, 카리냥 품종 포도로 만들며, 화이트와인은 클레레트, 세미용, 위니 블랑, 베르멘티노 품종을 사용한다.

CÔTES-DU-RHÔNE 코트 뒤 론 론강 유역의 리옹과 아비뇽 사이의 포도원에서 생산되는 레드, 로제, 화이트와인으로 햇빛을 흠뻑 받은 풍부한 맛과 향 및 높은 알코올 함량을 지니고 있다(가장 유명한 몇몇은 생산지 고유의 AOC 명칭으로 판매된다). 이들 중 몇몇 코뮌의 레드와인은 코트 뒤 루시용 빌라주(côtes-du roussillon-villages) AOC 인증을 받았다(**참조** RHÔNE). 레드와 로제와인은 그르나슈, 시라, 무르베드르, 생소, 카리냥 품종 포도로 만들며, 화이트와인은 클레레트, 부르불랑, 루산, 픽풀, 마르산 품종을 사용한다.

CÔTES-DU-RHÔNE-VILLAGES 코트 뒤 론 빌라주 가르(Gard)와 보클뤼즈(Vaucluse), 그리고 특히 드롬(Drôme) 지역에서 생산되는 AOC 레드, 로제, 화이트와인으로, 포도품종은 코트 뒤 론과 같다(**참조** RHÔNE).

CÔTES-DU-ROUSSILLON 코트 뒤 루시용 지중해에서부터 피레네 오리앙탈 카니구(Canigou) 산맥 기슭에 이르는 지역에 펼쳐진 포도원에서 생산되는 풀바디 레드와인, 과일향이 풍부한 로제와인, 화이트와인을 가리킨다(**참조** ROUSSILLON). 레드와 로제와인은 카리냥, 생소, 그르나슈, 르도네르 플뤼 품종 포도로 만들며, 화이트와인은 마카베오와 투르바 품종을 사용한다.

CÔTES-DU-VENTOUX 코트 뒤 방투 방투산의 건조하고 햇빛이 잘 드는 언덕 경사면 포도원에서 생산되는 AOC 와인이다. 특히 부드러운 맛과 과일 향을 지닌 레드와인이 주를 이루며, 로제와 화이트와인도 일부 생산한다(**참조** PROVENCE). 레드와 로제와인은 그르나슈, 시라, 무르베드르, 생소, 카리냥 품종의 포도로 만들며, 화이트와인은 클레레트, 부르불랑, 루산, 그르나슈 블랑 품종을 사용한다.

COTIGNAC 코티냑 마르멜로(유럽 모과)로 만든 아주 달고 투명한 젤리. 마르멜로에 물을 넣고 끓인 즙에 설탕과 글루코스 시럽을 넣고 즐레처럼 끓인 뒤 얇은 나무로 된 납작한 원형 케이스에 넣어 굳힌다. 코티냑의 분홍색은 이 과일이 건조되면서 이루어진 자연 산화의 결과이다. 아직도 인기가 많은 이 젤리는 아주 오래전에 처음 만들어져 대대로 이어지는 것으로, 특히 오를레앙(Orléans)의 지역 특산품이다.

cotignac 코티냑

마르멜로(유럽 모과)를 씻어 껍질을 벗긴 뒤 씨를 제거한다. 씨는 따로 모아 거즈 티백에 넣고 잘 동여맨다. 마르멜로를 세로로 등분한 뒤 아주 약간의 물(과육 1kg당 1/2컵), 씨를 싼 주머니와 함께 냄비에 넣는다. 과육이 포크로 눌러 쉽게 으스러질 때까지 약한

Coulis 쿨리

"채소나 갑각류 베이스의 쿨리는 요리를 플레이팅할 때 장식용으로 사용할 수 있다. 파리 에콜 페랑디에서 배우는 보다 맛있는 쿨리, 포텔 에 샤보에서 섬세하게 만드는 쿨리의 모습."

불로 천천히 익힌다. 씨 주머니를 눌러 짠 뒤 건져낸다. 과육을 갈아 퓌레로 만든 뒤 계량한다. 퓌레 500g당 설탕 400g을 냄비에 함께 넣고 잘 섞은 뒤 가열한다. 나무 주걱으로 저으면서 졸인다. 마멀레이드를 차가운 접시 표면에 떨어뜨렸을 때 퍼지지 않을 정도가 되면 완성된 농도다. 넓은 오븐팬이나 트레이에 기름을 바른 뒤 마멀레이드를 쏟아 균일한 두께로 편 후 건조시킨다. 정사각형으로 잘라 설탕에 굴려 고루 묻힌다.

CÔTOYER 코투아예 오븐에 굽고 있는 음식의 모든 면이 열원에 차례로 노출될 수 있도록 뒤집거나 위치를 바꿔 돌려주는 것을 뜻한다.

COTRIADE 코트리아드 브르타뉴의 생선 수프. 생선에 버터나 돼지 기름, 양파와 감자를 넣어 만든 브르타뉴 연안의 생선 수프로 옛날에는 장작불(cotrets) 위에 솥을 매달거나 고정시켜 놓고 끓여 먹었다. 부야베스와 마찬가지로 코트리아드도 어부들이 비싼 고급 생선(대문짝넙치, 서대 등)을 모두 판매한 뒤 남은 소박하고 평범한 생선들로 만들어 먹었다.

cotriade 코트리아드

양파 큰 것 3개를 세로로 자른 다음, 버터 25g 또는 돼지 기름과 함께 큰 솥에 넣고 볶는다. 물 3ℓ를 붓는다. 감자 6개의 껍질을 벗기고 큼직하게 등분한 뒤 넣어준다. 타임, 월계수 잎 및 기타 향신 허브를 넣어 향을 낸다. 가열한 뒤 끓기 시작하면 15분간 더 끓여 익힌다. 끓인다. 토막 낸 생선 1.5kg(정어리, 고등어, 도미, 아귀, 민대구, 붕장어, 성대, 노랑촉수, 전갱이, 경우에 따라 큰 생선의 대가리 1-2개를 넣는다. 지방이 많은 생선이 총 중량의 1/4를 넘지 않도록 한다)을 넣는다. 약 10분간 더 익혀준다. 우묵한 접시에 슬라이스한 빵을 깔고 이 수프의 국물을 붓는다. 생선과 감자는 따로 접시에 담아 서빙한다. 비네그레트소스를 따로 용기에 담아 곁들인다.

COTTAGE CHEESE 코티지 치즈 소젖으로 만든 유지방 4-8%의 영국 생치즈(**참조** p.396 외국 치즈 도표). 모양과 크기는 다양하며, 말랑하고 부드러운 질감 또는 입자가 있는 질감의 치즈로 신맛이 있어 특히 미국을 비롯한 여러 나라에서 디저트, 파티스리 재료로 많이 사용한다.

COU 쿠 목. 가금류의 목을 지칭하며 이는 일반 정육용 동물의 목살에 해당하는 부위다(**참조** COLLIER). 속을 채운 오리나 거위 목은 프랑스 남서부의 특선 요리다. 목의 뼈를 조심스럽게 발라낸 후 껍질의 한쪽 끝을 꿰맨다. 여기에 가금류 살과 돼지고기, 약간의 푸아그라와 아르마냑, 송로버섯즙을 섞어 만든 소를 채워 넣은 뒤 오리 기름이나 거위 기름에 익힌다. 차갑게 먹거나 페리괴 소스(sauce Périgueux)를 곁들여 더운 요리로 서빙한다.

COUCHER 쿠셰 오븐용 베이킹 팬에 반죽, 크림, 필링 등을 짤주머니로 짜 놓다. 이 작업은 깍지를 일정 각도로 기울어지도록 잘 잡고 아주 일정하게 이루어져야 한다. 깍지의 모양과 작업 동작에 따라 최종 결과물의 모양이 결정된다. 슈 반죽을 긴 원통형으로 짜 에클레르(éclair)를 만들고, 랑그 드 샤(langue-de-chat) 반죽은 얇고 길쭉한 모양으로 짠다. 뒤셰스 감자(pommes duchesse)는 혼합물을 별모양 깍지로 틀어올리듯 봉긋하게 짠다(**참조** DRESSER, POUSSER).

COUENNE 쿠안 뻣뻣한 털을 제거한 돼지 껍데기. 돼지 껍데기는 다소 두껍고 지방이 붙어 있다. 도살 후 끓는 물에 데치고 불로 그슬린 다음 긁어낸다. 껍데기는 정육 부위에 따라 그대로 붙여두거나 분리해낸다. 껍데기만 잘라낸 경우는 주로 코코트 요리나 브레이징 조리시 냄비 바닥에 까는 용도로 사용하거나 즐레, 쥐, 부이용을 만드는 데 넣기도 한다. 또한 돼지 머리고기를 베이스로 한 샤퀴트리에도 돼지 껍데기를 넣는 경우가 많다. 또한 프랑스의 여러 지방 특선 요리, 외국 요리에서도 맛을 내는 역할을 한다. 재료로 다양하게 사용된다. 브레조드 수프(soupe bréjaude), 잠포네(zampone), 카술레(cassoulet), 쿠드누(coudenou)를 비롯한 다양한 샤퀴트리 등이 대표적이다. 향신료를 넣은 육수에 돼지 껍데기를 익힌 뒤 발로틴(ballotine), 룰라드(roulade), 갈랑틴(galantine)을 만들기도 한다.

COUGNOU 쿠뉴 길쭉한 타원형에 양쪽 끝을 동그랗고 통통하게 만든 벨기에의 크리스마스 빵. 쿠뉴(쿠뇰 cougnole, 코키유 coquille)는 밀가루에 우유와 달걀, 버터, 약간의 설탕을 넣어 만든 발효반죽으로 만드는 일종의 브리오슈 빵이다. 맛을 풍부하게 한 발효 반죽으로 만든다. 설탕 또는 백악으로 만든 아기 예수 모형을 빵 가운데에 올려 장식한다.

COULEMELLE 쿨르멜 큰갓버섯. 송이과에 속하는 갓버섯(**참조** LÉPIOTE)의 일반적으로 지칭한다(라틴어로 작은 기둥을 뜻하는 columella에서 유래했다). 숲속 나무 사이나 빈 터에서 자라며, 아주 고급스러운 맛을 지니고 있다. 튀기거나 볶아서, 또는 구워 먹으며, 익히지 않고 샐러드로 먹을 수도 있다.

COULER 쿨레 오븐에 구운 뒤 식힌 파테 앙 크루트(pâté en croûte)의 수증기 구멍(굴뚝이라는 의미의 슈미네(cheminée)라고 부르며, 은박지나 판지 등을 튜브 모양으로 말아 구멍에 끼워주면 즐레를 부어 넣는 작업을 더욱 쉽게 할 수 있다)을 통해 따뜻한 온도의 즐레를 부어 넣는 것을 뜻한다. 즐레는 향을 내어 만든 뒤 따뜻한 온도로 만들어 식은 파테 앙 크루트에 넣어 굳게 한다. 굽는 동안 생긴 크러스트와 소 재료 사이의 빈 공간에 즐레가 채워지고 굳으면 파테가 전체적으로 꽉 차면서 모양이 잡히고, 결과적으로 슬라이스로 썰기가 더 용이해진다.

COULIS 쿨리 채소(갈아서 체에 거른 토마토)나 갑각류에 양념을 하고 끓여 얻은 액체상태의 퓌레를 가리키며, 이는 소스에 넣어 풍미를 더욱 진하게 만들거나(또는 소스 자체로 사용되기도 한다), 수프류를 만들 때 주로 사용된다(**참조** BISQUE). 과일 쿨리는 살이 많고 향이 좋은 과일로 만든 소스라고 할 수 있다. 생과일 혹은 몇 분 정도 살짝 익힌 과일로 만들며 붉은색 과일(레드커런트, 딸기, 산딸기), 노란색 과일(살구, 미레이블 자두), 야생 과일(블랙베리, 블루베리), 열대 과일(키위) 등을 주로 사용한다. 더운 디저트, 차가운 디저트, 아이스크림 또는 시럽 등에 익힌 과일에 곁들인다.

coulis de fruits frais 쿨리 드 프뤼 프레

생과일 쿨리 : 1kg의 살구, 딸기, 산딸기, 복숭아, 레드커런트 등을 씻는다. 과일에 따라 껍질을 벗기고, 씨를 빼거나 송이에서 알갱이를 따 분리한다. 과육이 약간 단단한 과일(살구, 루바브 등)은 몇 분 정도 익힌다. 필요한 경우 작게 자르고 슈거파우더(과일의 산도에 따라 50-300g)와 함께 블렌더로 3-4분간 연속으로 갈아준다. 과일이 너무 달거나 반대로 너무 밍밍하면 레몬을 약간 넣어 맛을 살려준다.

coulis de tomate (condiment) 쿨리 드 토마트(콩디망)

토마토 쿨리(양념) : 잘 익은 토마토를 고르되 단단하고 과육이 많아야 한다. 끓는 물에 20초 정도 담갔다 건져 찬물에 식힌 뒤 바로 껍질을 벗긴다. 반으로 자른 후 씨를 제거한다. 과육에 소금을 뿌린 후 물기가 빠지도록 뒤집는다. 과육에 약간의 레몬즙과 설탕(과일 1kg당 설탕 1티스푼)을 넣고 블렌더로 간다. 묽은 액체 상태의 퓌레를 몇 분간 끓여서 졸인다. 체에 거른다. 소금과 후추로 간을 한다. 완전히 식힌다.

filets de sole à la vapeur au coulis de tomate ▶ SOLE

COULOMMIERS 쿨로미에 젖소젖으로 만든 브리 지방의 흰색 외피 연성치즈(지방 45-50%)(**참조** p.133 브리치즈 도표, p.389 프랑스 치즈 도표). 쿨로미에는 직경 13cm, 두께 3cm의 원반형에 무게는 약 500g이며, 기름진 텍스처와 강한 풍미를 지니고 있다.

COUP DE FEU 쿠 드 푀 불 자국, 그슬림. 식재료가 강한 불에 급격하게 노출되거나(구이), 음식이 지나치게 강한 열을 받은(파티스리) 결과 나타나는

COUCHER DE LA PÂTE À CHOUX 슈 반죽 짜기

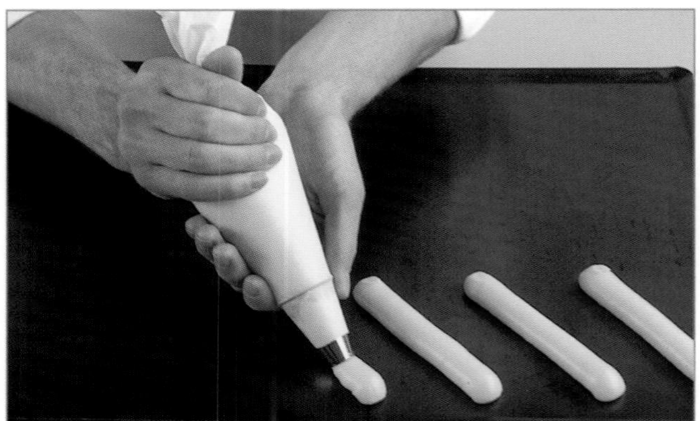

깍지를 끼운 짤주머니에 슈 반죽을 채운다. 한 손으로 짤주머니를 받쳐 잡고 다른 손으로 주머니를 누르며 손가락 모양으로 일정하게 짜 놓는다.

갈색으로 눌은 혹은 검게 탄 자국. 쿠 드 푀를 피하기 위해 요리를 오븐에 넣을 때 버터 바른 유산지로 덮어주기도 한다. 요식업에서 쿠 드 푀는 주방의 업무 강도가 가장 높은 시간대를 지칭하는 일상적인 표현이다. 주방에는 모든 화구가 켜져 있고, 조리 팀의 각 구성원은 자신이 맡은 파트에서 바쁘게 임무를 수행하며, 서비스 팀 또한 주방을 드나들며 홀이 가능한 한 빠르게 돌아가도록 움직여야 하는 가장 긴박하고 바쁜 상황을 말한다.

COUPAGE 쿠파주 블렌딩. 빈티지와 생산 지역이 다른 와인을 혼합하는 것을 말한다. 일반적으로 같은 포도품종의 와인들을 혼합한다. 이와 같은 블렌딩 작업은 와인의 질을 높이고 밸런스를 최적화하기 위한 목적으로, 대부분의 경우 와인 중개상(네고시앙)이 담당한다.

COUPE 쿠프 동그란 모양의 잔으로 크기는 다양하며 굽이 있는 경우도 있다. 주로 크림, 아이스크림, 과일 화채 등을 내는 데 사용하며, 이러한 메뉴 자체에 쿠프라는 이름을 붙이기도 한다. 샴페인용 쿠프 글라스(coupe à champagne)는 일반 와인 잔처럼 다리가 있으며, 잔의 깊이보다 지름이 더 넓다.

coupes de crème Hawaii 쿠프 드 크렘 하와이

하와이 크림 쿠프 : 아몬드 밀크 500mℓ를 냉장고에 넣어둔다. 딸기 300g을 씻어 물기를 살살 닦은 뒤 꼭지를 따고 큰 것은 반으로 자른다. 파인애플 한 개의 껍질을 벗겨 과육을 깍둑 썬다. 다리가 달린 유리 그릇(쿠프)에 딸기와 파인애플을 담은 뒤 아몬드 밀크와 라즈베리 쿨리 100g을 끼얹는다. 별 깍지를 끼운 짤주머니에 샹티이 크림을 넣고 돔 모양으로 짜 올려 완성한다.

피에르 에르메(PIERRE HERMÉ)의 레시피

coupes glacées au chocolat noir et à la menthe 쿠프 글라세 오 쇼콜라 누아 에 아 라 망트

다크 초콜릿 소르베 민트 아이스크림 선데 : 6인분 / 준비: 35분+10분 / 향 우려내기: 5분+5분 / 조리 20분+4분 / 냉동:30분 / 냉장: 2시간

하루 전날, 민트 아이스크림 베이스를 만든다. 생민트 55g을 씻어 15g은 냉장고에 남겨두고 나머지는 굵게 다진다. 우유 500mℓ와 생크림 120mℓ를 냄비에 넣고 가열한다. 끓으면 불에서 내린 뒤 다진 민트를 넣는다. 잘 섞은 뒤 뚜껑을 덮고 5분간 향을 우려낸다. 우려내는 시간을 그 이상 잡지 않는다. 체에 걸러둔다. 체에 남은 민트도 냉장고에 따로 보관한다. 달걀노른자 6개와 설탕 100g을 핸드믹서로 3분간 혼합한다. 여기에 민트 향이 우러난 크림을 가늘게 부어주며 계속 섞는다. 혼합물을 냄비에 넣고 중불에 올린 다음 계속 저으며 농도가 되직해질 때까지 익힌다. 단, 끓지 않도록 주의한다. 얼음을 채운 큰 볼에 뜨거운 크림 냄비 바닥을 담그고 5분간 저으며 걸쭉하고 매끈한 질감이 되도록 마무리한다. 냉장고에 보관해둔 다진 민트를 냄비에 넣어준 뒤 핸드블렌더로 갈아 혼합한다. 뚜껑을 닫고 향이 잘 배게 이튿날까지 냉장고에 넣어둔다. 당일, 이 크림 혼합물을 아이스크림 메이커에 넣고 돌린다. 따로 남겨두었던 생민트 15g을 잘게 썬다. 아이스크림이 굳기 시작하면 민트를 넣는다. 카카오 70% 다크초콜릿 셰이빙 100g도 함께 넣어준 다음 후추를 약간 뿌린다. 잘 섞은 뒤 서빙 전까지 냉동실에 넣어둔다. 다크 초콜릿 소르베를 만든다. 카카오 70% 다크 초콜릿 100g을 다진다. 생수 250mℓ에 설탕 100g을 넣고 가열한다. 끓기 시작하면 다진 초콜릿을 넣고 힘차게 저어 섞는다. 계속해서 저으며 2-3분간 끓인다. 볼에 옮겨 담은 뒤, 얼음을 채운 큰 용기에 올려둔다. 중간중간 저으며 식힌다. 혼합물을 아이스크림 메이커에 넣고 돌려 소르베를 만든다. 사용 직전까지 냉동실에 보관한다. 민트 젤리를 만든다. 판 젤라틴 1.5장(3g)을 찬물에 불린다. 생민트 잎 80g을 씻어 굵직하게 다진다. 물 300mℓ에 설탕 80g을 넣고 가열한 뒤 끓으면 바로 불에서 내린다. 다진 민트 잎을 넣는다. 잘 섞어준 뒤 뚜껑을 덮고 딱 5분 동안만 향을 우려낸다. 젤라틴을 건져 꼭 짜 물기를 제거한 다음 뜨거운 시럽에 넣는다. 블렌더로 갈아 체에 거른다. 이렇게 준비한 젤리 혼합물을 우묵한 접시에 붓고 냉장고에 넣어 굳힌다. 쿠프 잔 6개에 민트 젤리를 나눠 담는다. 각 잔마다 다크초콜릿 소르베 1스쿱, 민트 아이스크림 2스쿱을 담는다. 냉동고에 미리 차갑게 넣어둔 볼에 생크림 200mℓ를 넣고 단단하게 휘핑한다. 별깍지를 끼운 짤주머니에 이 샹티이 크림을 넣고 각 아이스크림 쿠프 위에 동그랗게 짜 얹는다. 바로 서빙한다.

피에르 에르메(PIERRE HERMÉ)의 레시피

coupes glacées aux marrons glacés 쿠프 글라세 오 마롱 글라세

마롱 글라세를 넣은 아이스크림 쿠프 : 6인분 / 준비: 30분 / 냉동: 30분

바닐라 아이스크림 750mℓ를 만들어 부드러운 상태로 유지시켜둔다. 아이스크림을 미리 만들어 냉동해두었다면 30분 전에 미리 냉동실에서 꺼내둔다. 샹티이 크림 400g을 만든다. 잘게 부순 마롱 글라세 조각 150g을 으깨지지 않게 주의하며 바닐라 아이스크림에 섞은 다음 각 쿠프 잔에 동그란 스쿱이나 갸름한 크넬 모양으로 떠 담는다. 별 깍지를 끼운 짤주머니나 스푼을 이용해 작은 돔 모양으로 샹티이 크림을 올린다. 초콜릿 버미첼리를 뿌린다. 마롱 글라세 조각을 넣는 대신 시판 밤 아이스크림을 사용할 수도 있다. 밤 아이스크림 1ℓ를 동량의 바닐라 아이스크림과 섞어 사용한다.

coupes Jamaïque 쿠프 자마이크

자메이카식 커피 아이스크림 쿠프 : 끓인 우유에 커피 에센스 1스푼을 넣고 커피 아이스크림 500mℓ를 만든다. 쿠프 잔 6개를 냉장고에 차갑게 넣어둔다. 코린트 건포도 160g을 물에 헹군 뒤 럼 100mℓ에 담가 상온에 1시간 둔다. 파인애플은 껍질을 벗긴 뒤 주사위 모양으로 깍둑 썬다. 파인애플을 쿠프 잔에 나눠 담고 커피 아이스크림을 올린다. 그 위에 건포도를 얹어준다.

COUPERET 쿠프레 클리버 나이프. 스테인리스강으로 만들어진 넓고 짧은 칼로 도끼 모양을 하고 있다. 정육점용 클리버 나이프의 무게는 약 1.5kg으로 큰 뼈를 자르거나 고기를 납작하게 펴는 데 사용한다. 전문가용 또는 가정용 클리버는 뼈나 정육의 도체를 부수고 자르는 용도로 쓰인다.

COUPOLE (LA) (라) 쿠폴 파리 몽파르나스 대로에 있는 레스토랑, 바, 브라스리로 1927년에 문을 열었다. 파리의 예술특구 라 뤼슈(la Ruche)의 화가들, 장 콕토의 영향을 받았던 음악가 모임 레 시스(les Six)의 작곡가들, 망명한 정치가들, 시인들, 프랑스에서 아직 알려지지 않았던 외국인 예술가들(후지타 쓰구하루, 헤밍웨이, 피카소, 세르게이 에이젠슈타인 등)이 이 식당 단골의 핵심인사들이었다. 라 쿠폴은 돔(Dôme, 1910년 개업), 셀렉트(Select, 1923년 개업)와 함께 몽파르나스 일대에서 활동하던 몽파르노들(montparnos)의 아지트가 되었다. 사람들은 바에서 재즈를 듣기 위해 이곳을 찾기도 했다. 라 쿠폴의 실내장식은 1988년 리노베이션을 거쳐 초기 상태 그대로 복원되었다.

COUQUE 쿠크 플랑드르식 케이크, 빵 또는 과자로 아침 식사로 먹거나 티타임에 차와 곁들여 먹는다. 또는 따뜻하게 데워 둘로 갈라 버터를 발라 먹는다. 쿠크는 코린트 건포도를 넣은 브리오슈 반죽, 팽 데피스 반죽(베르비에의 특산물), 푀유테 반죽(표면에 아이싱을 덮는다)등으로 만든다. 벨기에 디낭(Dinant)의 쿠크가 유명하다.

COURBINE 쿠르빈 보구치, 백조기. 민어과의 생선으로 지중해와 대서양(가스코뉴 만)에서 많이 잡힌다. 농어와 모양이 비슷하며 메그르(maigre)라는 이름으로도 알려졌다. 평균 몸길이는 약 1m인데, 큰 것은 2m까지 자라기도 한다. 살의 맛이 좋으며, 농어와 같은 방법으로 요리한다.

COURCHAMPS (PIERRE MARIE JEAN, COMTE DE) 피에르 마리 장 쿠르샹 백작 작가, 프랑스의 미식가(1783, Saint-Servan-Saint-Malo 출생—1849, Paris 타계). 1839년 그가 익명으로 출간한 『교양의 모험가(*Aventirier des lettres*)』는 새로운 개념의 미각의 생리학 또는 프랑스 고전 및 현대 요리 백과사전이라 평가할 수 있으며, 풍부한 일화, 삽화, 요리 비법 및 단호한 어조의 평가를 담고 있다.

COURGE 쿠르주 호박. 박과에 속하는 다양한 채소 열매를 가리키는 총칭. 호박은 살이 부드럽고 수분이 많으며 다소 두툼한 껍질로 덮여 있다. 대부분 완전히 여물었을 때 수확해 먹으나, 완숙되지 않은 상태로 먹을 수 있는 종류도 있다(패티팬 스쿼시). 이들은 보통 열대 지방이 원산지인 경우가 많다. 엄밀한 의미의 쿠르주(영어로는 squash)는 호박속(Cucurbita)에 속하며 아메리카 대륙이 원산지이다. 늙은 호박, 단호박, 할로윈 장식으로 많이 쓰는 주황색 서양호박, 터번 호박 등은 모양이 둥글고 통통하며 속살은 황색 또는 붉은색을 띤다. 이 호박들은 주로 가을과 겨울철에 먹는다(수프, 그

COURGETTES 주키니 호박

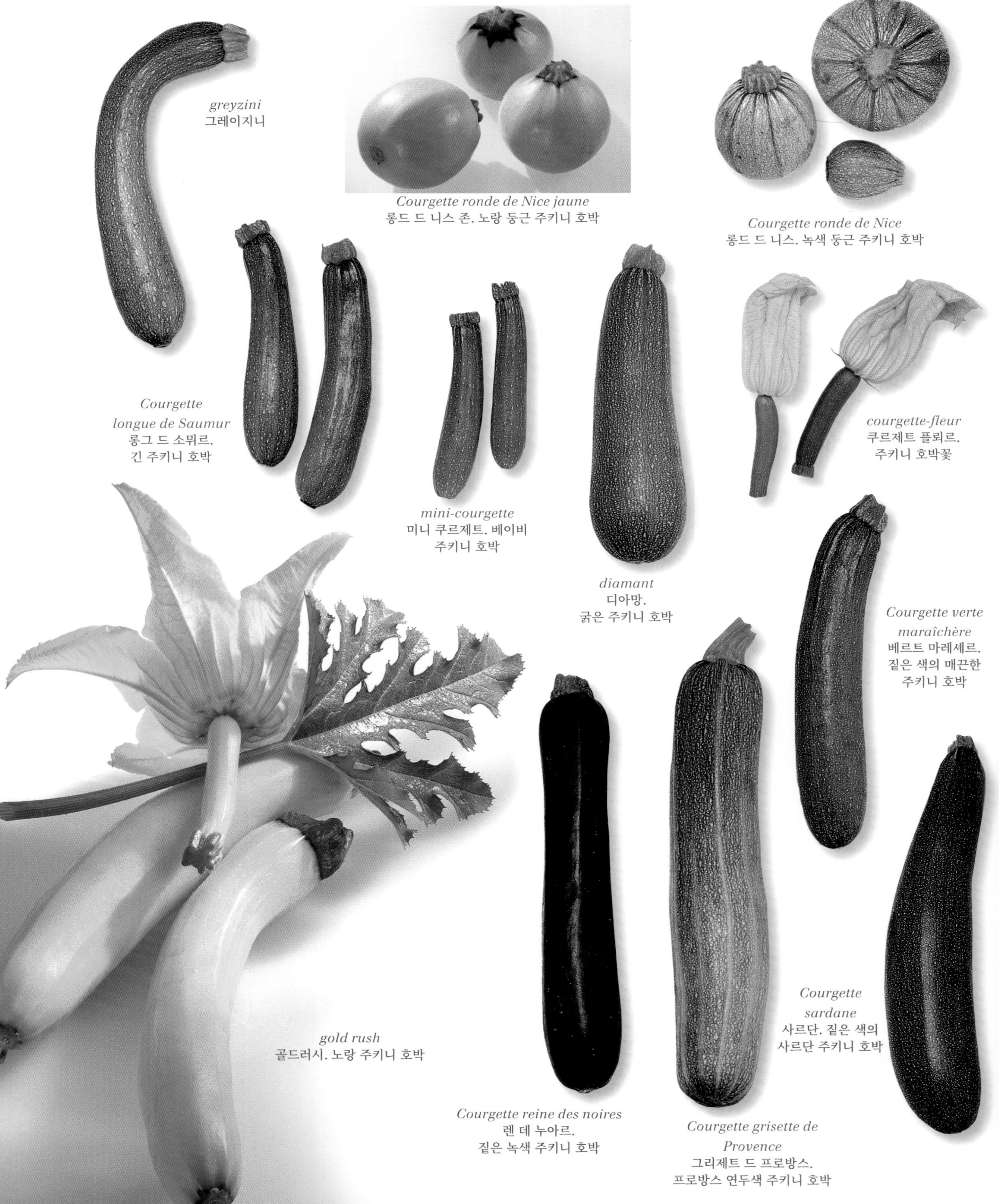

greyzini
그레이지니

Courgette ronde de Nice jaune
롱드 드 니스 존. 노랑 둥근 주키니 호박

Courgette ronde de Nice
롱드 드 니스. 녹색 둥근 주키니 호박

Courgette longue de Saumur
롱그 드 소뮈르.
긴 주키니 호박

mini-courgette
미니 쿠르제트. 베이비
주키니 호박

diamant
디아망.
굵은 주키니 호박

courgette-fleur
쿠르제트 플뢰르.
주키니 호박꽃

Courgette verte maraîchère
베르트 마레셰르.
짙은 색의 매끈한
주키니 호박

Courgette sardane
사르단. 짙은 색의
사르단 주키니 호박

gold rush
골드러시. 노랑 주키니 호박

Courgette reine des noires
렌 데 누아르.
짙은 녹색 주키니 호박

Courgette grisette de Provence
그리제트 드 프로방스.
프로방스 연두색 주키니 호박

라탱, 퓌레, 수플레 등의 요리뿐 아니라 호박파이 같은 디저트를 만들기도 한다). 붉은 밤호박이라고도 불리는 단호박은 이름처럼 밤과 비슷한 맛이 난다. 패티팬 스쿼시는 육질이 단단하며 맛은 아티초크를 연상시킨다. 크기가 아주 작은 것들은 피클로 만들어두고 먹기도 한다. 호리병 박이나 알록달록한 색과 다양한 모양의 콜로신트 호박은 주로 장식용으로 쓰인다. 겨울 호박이나 겉면이 노란 계열의 호박이라 불리는 종류들은 모양이 길쭉하고 일반 주키니 호박에 비해 더 통통하고 특별한 맛이 없으며 수분이 많다. 조리방법은 주키니 호박과 같다. 프로방스의 납작하고 둥근 호박은 골이 아주 또렷하고 아름다운 구릿빛을 띠며 점점 더 시장에 많이 출하되고 있다.

캐나다에서는 국수 호박을 통째로 익힌 뒤 흰색의 가는 섬유질 속살을 긁어내 스파게티처럼 요리해 먹는다. 작은 서양호박들은 버터와 메이플 시럽을 넣고 오븐에 굽는다. 호박씨는 물에 끓여 익힌 다음 오븐에 굽는다.

courge au gratin 쿠르주 오 그라탱

호박 그라탱 : 큰 호박의 껍질을 벗기고, 중간 굵기로 자른 후 씨를 제거한다. 끓는 소금물에 4-5분간 데친 다음 건져 물기를 제거한다. 버터를 발라 둔 그라탱 용기에 호박을 넣고 강판에 간 치즈를 뿌린다. 녹인 버터를 뿌린 뒤 중간 불의 오븐에서 치즈가 노릇해지도록 노릇하게 굽는다. 호박 조각에 사이사이에 슬라이스한 양파를 교차로 섞어 놓아도 좋다.

크리스토프 캉탱(CHRISTOPHE QUANTIN)의 레시피

rémoulade de courge spaghetti aux trompettes et ris de veau 레물라드 드 쿠르주 스파게티 오 트롱페트 에 리 드 보

뿔나팔버섯을 넣은 국수 호박 레물라드와 송아지 흉선 : 4인분, 준비: 40분, 조리:45분

하루 전날, 송아지 흉선 400g을 찬물에 담가둔다. 끓는 물에 2분간 데친 뒤 찬물에 식혀서 표면의 막을 제거하고 무거운 것으로 눌러 냉장고에 보관한다. 요리 당일, 송아지 흉선을 익힘액에 넣고 브레이징(braiser à blanc) 한다(참조. p.102). 약 1kg짜리 국수 호박 1개를 씻어 포크로 고루 찔러준 다음 소금물에 25분간 삶는다. 찬물에 식힌 뒤 길게 반으로 잘라 씨를 제거한다. 포크로 호박 살을 결결이 긁어내 국수가닥 모양으로 풀어헤쳐 놓는다. 뿔나팔버섯 125g의 흙을 털고 닦아낸 다음 흐르는 물에 재빨리 헹군다. 가늘게 채 썰어둔다. 포도씨유 120mℓ, 셰리 식초 50mℓ, 화이트 머스터드 1테이블스푼으로 약간, 소금, 후추를 혼합해 비네그레트를 만든다. 힘차게 저어 유화시킨 다음 잘게 썬 차이브를 1테이블스푼 넣는다. 송아지 흉선을 약 20 조각으로 어슷하게 썬 다음 소금, 후추로 간하고 밀가루를 묻힌다. 팬에 버터 25g을 달군 뒤 송아지 흉선을 넣고 센 불에서 튀기듯이 지진다. 다른 팬에 버터 15g을 달궈 거품이 일기 시작하면 준비해둔 버섯을 넣고 센 불에서 재빨리 볶는다. 간을 한 뒤 따뜻하게 보관한다. 국수호박 스파게티와 버섯을 섞은 뒤 비네그레트를 드레싱으로 버무린다. 아몬드 슬라이스 50g을 굽는다. 국수 호박과 버섯 레물라드를 접시 가운데 소복하게 담은 뒤 송아지 흉선 5조각을 빙 둘러 얹는다. 구운 아몬드 슬라이스를 뿌린다. 비네그레트 소스를 가장자리에 가볍게 빙 둘러준 다음 바로 서빙한다.

COURGETTE 쿠르제트 주키니 호박, 돼지호박. 박과의 한해살이 식물 열매로 아주 어릴 때 수확한다. 길쭉하거나 구형이며, 껍질은 녹색 또는 노란색이며 매끈하고 윤이 난다(**참조** p.264 주키니 호박 도표 p.262 주키니 호박 도감). 주키니 호박은 육질이 단단하고, 수분이 많으며 칼로리가 아주 낮다(익힌 주키니 호박 100g의 열량은 11kcal 또는 46kJ). 또한 칼륨이 풍부하고 비타민 B9, C를 함유하고 있다.

오랫동안 지중해 요리에 사용되어온 주키니 호박은 60년 전부터 모든 대도시 근교의 녹지에서 재배되고 있으며, 스페인, 이탈리아, 모로코에서 그해 첫 수확한 햇 호박이 수입되고 있다. 연중 시장에서 찾아볼 수 있는 품종 중에서는 녹색을 띤 작고 가느다란 모양의 디아망 품종이 가장 맛이 좋다. 아주 섬세한 주키니 꽃 또한 식용가능하다. 골드러시(gold rush) 같은 노란색 주키니 호박뿐 아니라, 예전에는 회색빛이 도는 것으로 유명했던 니스의 둥근 주키니 호박 등도 시장에 점점 더 많이 출하되고 있다. 버터 주키니(색이 연하고 쓴맛이 거의 없으며 씨가 없다)와 화이트 주키니 역시 현재 아주 큰 인기를 누리고 있다.

■ **사용.** 연한 호박은 껍질을 벗기지 않고 그대로 사용해도 된다. 일반적으로 1인분은 250g 정도로 잡는다(라타투이나 카포나타의 경우는 150g). 찌거나 호박 자체의 즙으로 요리하는 것이 좋다.

팬에 볶거나 튀긴 것 또는 튀김 반죽을 입혀 튀긴 주키니 호박은 근어류(poisson de roche, 락피쉬), 양, 송아지 고기와 잘 어울린다. 소금물에 익힌 주키니는 넛멕을 넣은 베샤멜 소스나 커리 또는 고춧가루를 넣은 매콤한 인도식 소스로 맛을 내기도 한다. 호박은 소 재료나 그라탱을 만들기에 적합할 뿐 아니라 감자, 소를 채운 토마토와도 잘 어울린다. 슬라이스 또는 막대 모양으로 길쭉하게 썬 다음 끓는 물에 데쳐 식힌 주키니 호박을 샐러드에 넣기도 한다(올리브, 삶은 달걀, 토마토, 민트를 함께 넣는다). 영국에서는 주키니 호박으로 잼을 만들어 먹기도 하는데 때로 생강을 넣어 향을 내기도 한다. 또한 주키니 호박을 이용해 피클을 만들기도 한다. 주키니 꽃은 소를 채워 요리하거나 튀김 반죽을 입혀 튀겨 먹는다. 또한 샐러드 장식으로도 사용된다.

courgette : 주키니 호박 준비

주키니 호박의 꼭지를 제거하고 깨끗이 닦는다. 감자 필러로 껍질을 완전히(퓌레용은 반드시 완전히 제거하며 튀김용은 원하는 대로 준비), 혹은 벗겨낸 부분 사이로 껍질을 조금씩 남기며 부분적으로(예. 라타투이) 벗긴다. 혹은 껍질째 사용한다(소를 채운 주키니, 타진).

courgettes à la créole 쿠르제트 아 라 크레올

크레올식 주키니 호박 요리 : 주키니 호박을 길게 반으로 잘라 씨를 긁어낸다. 과육을 주사위 모양으로 썰어 돼지 기름을 약간 두른 팬에 노릇하게 볶는다. 소금을 뿌리고 뚜껑을 덮은 뒤 약불에서 20-25분간 익힌다. 사이사이 저어준다. 주사위 모양이 뭉그러지면 포크를 이용해 으깬다. 계속 저으며 주키니 마멀레이드가 노릇한 색이 날 때까지 익힌다. 아주 뜨겁게 서빙한다.

courgettes farcies 쿠르제트 파르시

소를 채운 주키니 호박 : 주키니 호박을 길게 반으로 잘라 작은 스푼으로 속을 파낸다. 끓는 소금물에 데친 후 건진다. 쌀을 끓는 물에 넣고 센 불에서 데친 뒤 건져 찬물에 식힌다. 건져낸 쌀에 다진 양고기(브레이징하거나 오븐에 구운 것), 다져서 버터에 슬쩍 볶은 양파, 다진 펜넬, 마늘 다진 것 칼끝으로 조금, 소금, 후추를 넣고 섞는다. 이렇게 만든 소를 반으로 자른 주키니 호박의 파낸 부분에 수북하게 올라오도록 채워 넣는다. 버터를 발라둔 로스팅 팬에 소를 채운 주키니 호박을 나란히 붙여놓고 토마토소스를 부어준다. 약불에 올리고 천천히 가열한다. 끓어오르기 시작하면 뚜껑을 덮고 185°C로 예열한 오븐에 넣어 계속 익힌다. 중간중간 팬 바닥에 고인 소스를 호박에 끼얹는다.

courgettes à l'indienne 쿠르제트 아 렝디엔

인도식 주키니 호박 : 4인분, 준비:30분, 조리:30분

주키니 호박 1 kg의 껍질을 벗겨 씻은 뒤 큰 올리브 모양으로 돌려 깎는다. 방울양파 12개의 껍질을 벗기고 씻는다. 마늘 1톨을 반으로 갈라 안의 싹을 제거한다. 생고수 1줄기를 추가로 넣은 부케가르니를 만든다. 소테팬에 버터 40g을 달군 뒤 방울양파를 색이 나지 않게 약 10분간 볶는다. 돌려 깎은 호박, 마늘, 커리가루 1테이블스푼, 소금, 후추, 부케가르니를 넣는다. 잘 섞어준 다음 뚜껑을 덮고 10-15분간 약불로 찌듯이 익힌다. 뚜껑을 열고 부케가르니, 마늘을 꺼낸 다음 센 불로 가열해 채소의 물기를 완전히 날린다. 간을 맞추고 채소 서빙용 그릇에 담는다.

courgettes à la mentonnaise 쿠르제트 아 라 망토네즈

망통식 주키니 호박 요리 : 주키니 호박을 길게 반으로 자른 뒤, 각각 가장자리를 1cm 남겨두고 살에 작은 칼집을 7-8개씩 내준다. 소금을 뿌린 뒤 키친타올 위에 뒤집어 놓고 수분이 빠지도록 한다. 물기를 닦아낸 뒤 올리브오일을 두른 팬에 노릇하게 지진다. 호박 살을 긁어내 다진다. 시금치를 끓는 물에 데쳐 꼭 짠 뒤 다져서 버터에 익힌다. 호박 살과 시금치를 동량(부피기준)으로 혼합해 소를 만든 뒤 속을 긁어낸 호박 안에 채운다. 로스팅 팬에 주키니 호박을 나란히 놓고 가늘게 간 파르메산 치즈를 깍아서 1테이블스푼, 다진마늘 칼끝으로 약간, 다진 파슬리를 뿌린다. 빵가루를 얹고 올리브오일을 고루 뿌린 뒤 250°C로 예열한 오븐에 넣어 그라탱처럼 노릇하게 굽는다.

courgettes à la niçoise 쿠르제트 아 라 니수아즈

주키니 호박의 주요 품종과 특징

품종	지역	출하 시기	모양
흰색, 연두색			
버지니아 화이트 주키니 blanche de Virginie	남동 지역(Sud-Est), 론 알프(Rhône-Alpes), 아키텐(Aquitaine), 대도시 주변 녹지	경작 방식(하우스 또는 노지 재배)에 따라 4-10월	아주 길쭉하다.
밝은 녹색			
그레이지니 greyzini	남동 지역(Sud-Est), 론 알프(Rhône-Alpes), 아키텐(Aquitaine), 대도시 주변 녹지	경작 방식(하우스 또는 노지 재배)에 따라 4-10월	길쭉하고 살짝 휘어 있다.
마블링 무늬의 선명한 녹색			
프로방스 연두색 주키니 grisette de Provence	남동 지역(Sud-Est), 론 알프(Rhône-Alpes), 아키텐(Aquitaine), 대도시 주변 녹지	경작 방식(하우스 또는 노지 재배)에 따라 4-10월	길쭉하다.
녹색			
디아망 주키니 diamant	남동 지역(Sud-Est), 론 알프(Rhône-Alpes), 아키텐(Aquitaine), 대도시 주변 녹지	경작 방식(하우스 또는 노지 재배)에 따라 4-10월	약간 길쭉하다.
짙은 녹색			
앰배서더 주키니, 짙은 색 사르단 주키니, 짙은 녹색 주키니 ambassador, sardane, reine des noires	남동 지역(Sud-Est), 론 알프(Rhône-Alpes), 아키텐(Aquitaine), 대도시 주변 녹지	경작 방식(하우스 또는 노지 재배)에 따라 4-10월	길쭉하다.
짙은 색 매끈한 주키니 verte maraîchère	코트 다쥐르(Côte d'Azur)	경작 방식(하우스 또는 노지 재배)에 따라 4-10월	길쭉하다.
소뮈르 긴 주키니 longue de Saumur	발 드 루아르(Val de Loire)	4-10월	길쭉하다.
황색			
골드러시 gold rush	남동 지역(Sud-Est), 론 알프(Rhône-Alpes), 아키텐(Aquitaine), 대도시 주변 녹지	경작 방식(하우스 또는 노지 재배)에 따라 4-10월	길쭉하다.
회색빛, 마블링 무늬, 줄무늬			
니스 둥근 주키니 ronde de Nice	코트 다쥐르(Côte d'Azur)	4-10월	둥근 모양으로 짧고 통통하다.

니스식 주키니 호박 요리 : 4인분 / 준비:40분 / 조리:40분

토마토 750g의 과육을 졸여 농축 퓌레(fondue de tomate)를 만든다(참조. p.377). 주키니 껍질을 줄무늬로 남겨두며 부분적으로 벗긴 뒤 씻어서 4-5mm 두께로 자른다. 소테팬에 올리브 오일 50mℓ를 달군 뒤 호박을 넣고 강한 불에서 몇 분간 볶는다. 졸인 토마토 퐁뒤를 넣고 불을 줄인 다음 12-15분간 뭉근히 익힌다. 소금과 후추로 간을 맞추고 야채 서빙용 그릇에 담는다. 다진 파슬리 1테이블스푼을 뿌려낸다.

안 소피 픽(ANNE-SOPHIE PIC)의 레시피

fleurs de courgette farcies aux coquillages 플뢰르 드 쿠르제트 파르시 오 코키아주

조갯살을 채운 주키니 호박 꽃 : 주키니 호박 1개 또는 2개를 준비한다(씨가 없고 껍질 색이 연한 비올롱(violon) 품종이 좋다). 호박을 잘게 브뤼누아즈(brunoise)로 썰어, 껍질 부분 100g, 흰 속살 부분 100g을 각각 나눠둔다. 팬에 올리브오일을 두른 후 껍질 부분 호박과 타임 1줄기, 싹을 제거한 마늘 1톨을 넣고 센 불에 볶는다. 간을 하고 식힌다. 토마토 3개의 껍질을 벗기고 과육만 잘게 썬 다음, 호박 속살 브뤼누아즈와 함께 팬에 넣고 수분이 완전히 증발할 때까지 약한 불에서 잘 저으며 익힌다. 간을 한다.

양식 홍합 100g과 바지락조개 100g을 마리니에르식(à la marinière)으로 익힌다. 껍데기를 벗기고 수염 및 가장자리 너덜너덜한 부분은 떼어낸 다음 살만 굵직하게 다진다. 모든 재료를 볼에 넣고 파르메산 치즈 100g, 달걀 푼 것(소에 끈기를 주는 용도) 한 개, 잘게 썬 혼합 허브(처빌, 딜, 이탈리안 파슬리, 고수 잎 등)를 섞어 소를 만든다. 간을 맞춘다. 꽃이 붙어 있는 주키니 호박(꽃+주키니) 4개를 준비한다. 각 꽃마다 소를 조금씩 채우고 끝부분을 접어 마무리한다. 주키니 꽃에 약간의 올리브 오일, 소금, 후추를 뿌린 뒤 흰색 닭 육수 100mℓ를 넣고 8-10분간 익힌다. 꽃의 모양이 망가지지 않도록 주의한다(속 채운 주키니 꽃을 랩으로 말아 증기로 쪄도 된다). 올리브오일을 살짝 바르고 플뢰르 드 셀(fleur de sel)을 조금 뿌린 뒤 서빙한다.

로제 베르제(ROGER VERGÉ)의 레시피 『내 방앗간의 축제(*LES FÊTES DE MON MOULIN*)』, (FLAMMARION 출판) 수록

fleurs de courgette aux truffes 플뢰르 드 쿠르제트 오 트뤼프

송로버섯을 넣은 주키니 호박꽃 : 요리 몇 시간 전, 양송이버섯 500g의 흙 묻은 밑동을 잘라낸다. 버섯이 물러지지 않도록 흐르는 물에 재빨리 씻어낸다. 버섯을 잘게 다진 후 즉시 레몬즙 1/2개분을 뿌려 갈변을 막는다. 팬에 버터 1테이블스푼을 달군 뒤 다진 샬롯 1테이블스푼을 넣는다. 버터가 지글거리기 시작하면 다진 버섯을 넣고 간을 한 다음 3-4분간 저어가며 익힌다. 스테인리스(색이 검게 변하는 것을 막는다) 체를 작은 냄비 위에 걸쳐둔 뒤 버섯을 걸러준다. 버섯에서 나온 즙은 따로 보관해둔다. 체에 거른 버섯은 다시 팬으로 옮겨 담고 센 불에서 수분을 날려준다. 도기 볼에 생크림 5테이블스푼, 달걀노른자 2개를 넣고 거품기로 섞는다. 버섯이 들어 있는 팬에 붓고 거품기로 섞으며 2분간 익힌다. 간을 확인하고 식힌다. 검은 보클뤼즈(Vaucluse)산 검은 송로버섯 6개(각 15g)를 병에서 건진다. 송로버섯즙을 버섯즙에 섞는다. 호박꽃 6개를 준비해 물에 씻지 않고 조심스럽게 닦는다. 꽃잎을 벌리고 준비한 버섯 소를 1디저트스푼씩 넣는다. 가운데 송로버섯을 한 개씩 넣고 꽃잎을 오무린다. 물을 채운 찜기 위 칸에 소를 채운 호박꽃을 놓고 알루미늄 포일로 덮는다. 아주 연한 햇 시금치(또는 마타리상추) 500g의 줄기를 따고 다듬어 씻는다. 혼합해둔 양송이버섯과 송로버섯즙을 3테이블스푼 정도가 될 때까지 졸여 농축한다. 여기에 작게

썬 버터 250g을 조금씩 넣으며 거품기로 잘 섞는다. 소금, 후추로 간한 뒤 보관한다. 호박꽃을 15분간 찐다. 소스를 중탕으로 데운다. 서빙 접시에 생 시금치 또는 마타리상추 잎을 깔고 호박꽃을 올린 다음 소금과 후추를 그라인더로 갈아 뿌린다. 버섯즙 버터 소스를 끼얹는다. 처빌 잎을 올려 장식한 뒤 서빙한다.

purée de courgette ▶ PURÉE

안 소피 픽(ANNE SOPHIE PIC)의 레시피

soupe glacée de courgette à la menthe 수프 글라세 드 쿠르제트 아 라 망트

민트향의 차가운 주키니 수프 : 4인분

소테팬에 올리브오일 20mℓ를 달군 뒤 흰 양파 40g과 편으로 썬 햇마늘(또는 반을 갈라 싹을 제거한 마늘) 10g을 넣고 약한 불에서 색이 나지 않게 볶는다. 얇게 썬 주키니 호박 500g(껍질색이 연하고 씨가 적은 버터 주키니가 좋다)을 넣고 소금을 살짝 뿌린 뒤 전체를 색이 나지 않게 볶는다. 흰색 육수 500mℓ를 재료 높이까지 붓고 생민트 10장을 넣는다. 강한 불에서 익힌다. 민트 잎을 건져 내고 블렌더로 간 뒤 체에 내린다. 소금과 후추로 간을 맞추고 색을 그대로 유지하도록 재빨리 식힌다. 우묵한 접시에 수프를 담고 올리브오일을 한 바퀴 둘러 낸다.

필립 고베(PHILIPPE GOBET)의 레시피

tartare de courgettes crues aux amandes fraîches et parmesan 타르타르 드 쿠르제트 크뤼 오 자망드 프레쉬 에 파르므장

생 아몬드와 파르메산 치즈를 넣은 주키니 호박 타르타르 : 4인분

살이 연한 주키니 호박 작은 것 4개를 브뤼누아즈(brunoise)로 잘게 썰어 볼에 담는다. 올리브오일 2테이블스푼, 라임즙 몇 방울과 타임 꽃을 조금 넣는다. 소금, 후추를 뿌리고 커리 가루를 칼끝으로 아주 조금 떠 넣는다. 껍질 벗긴 생아몬드 50g을 넣는다. 재료를 잘 섞은 뒤 작은 개인용 서빙 볼에 담고, 필러로 저며 낸 파르메산 치즈 셰이빙 30g을 얹어준다. 플뢰르 드 셀(fleur de sel)을 조금 뿌려 서빙한다.

COURONNE 쿠론 화관, 왕관 모양, 환형, 요리나 디저트 등을 화관 모양으로 빙 둘러 담는 방식을 뜻한다. 사바랭 틀에 익히거나, 테두리 모양으로 플레이팅한 것(특히 쌀 요리) 또는 원형 접시 위에 음식을 링 모양으로 담은 것 등을 가리키며 일반적으로 가운데 공간에는 가니시 등 다른 음식을 채워 넣는 경우가 많다. 터번 또는 보르뒤르라는 용어를 사용하기도 한다(**참조** TURBAN, BOTDURE). 브리오슈나 빵을 쿠론 형태의 틀에 넣어 굽기도 한다.

couronne de pommes à la normande 쿠론 드 폼 아 라 노르망드

노르망디식 사과 쿠론 : 과육이 단단한 사과(골덴, 그래니스미스 품종)의 껍질을 벗기고 속과 씨를 제거한 후 반으로 잘라 바닐라 시럽에 익힌다. 시럽에 담근 채로 식힌 후 건져 물기를 제거한다. 칼바도스로 향을 낸 크림 필링을 만들어 가장자리가 매끈한 화관형 틀에 넣고 중탕으로 익힌다. 식힌 다음 틀을 제거하고 원형 접시 위에 놓는다. 시럽에 익힌 사과를 중앙에 돔 모양으로 소복하게 쌓아 놓는다. 단단하게 휘핑한 샹티이 크림으로 장식한다. 칼바도스로 향을 낸 살구 소스를 곁들여 서빙한다.

croûtes en couronne à la Montmorency ▶ CROÛTE

COURT-BOUILLON 쿠르부이용 익힘 물. 향신료나 허브 등으로 향을 내고 종종 식초나 와인을 넣은 액체로 주로 생선과 갑각류를 익히는 데 사용되며, 흰색 부속이나 내장류 조리용으로도 쓰인다. 시판용으로 나와 있는 동결건조형 쿠르부이용을 구입해 사용할 수도 있다(간단하게 물에 타서 사용함).

■ **생선 익히기.** 생선 익힘용 쿠르부이용은 언제나 완전히 식힌 상태로 사용한다. 길쭉한 모양의 생선용 냄비나 큰 냄비를 사용하며, 크기가 큰 재료들은 면포에 싸서 넣기도 한다. 식은 쿠르부이용을 먼저 냄비에 붓고 이어서 생선을 넣는다(끓는 쿠르부이용을 넣으면 생선살이 수축된다). 끓어오를 때까지 함께 가열한 다음 불을 줄여 아주 약하게 끓는 상태를 유지한다. 익은 생선살은 응고되어 단단하면서도 부드러워야 한다(생선의 단백질인 알부민이 척추뼈에 이르는 부분까지 응고된다). 살아있는 갑각류의 경우에만 끓는 쿠르부이용에 넣고 펄펄 끓는 상태로 익힌다.

익히는 도중 줄어들어 쿠르부이용이 충분하지 않은 경우에는 면포나 셀러리 잎으로 생선을 덮어 표면이 건조되는 것을 방지한다. 그러나 이때 찬물을 추가해서는 안 된다. 조리 후, 뜨겁게 먹는 생선은 익힘 국물에서 건져 접시에 담고 소스는 따로 서빙하며, 전통적으로 삶은 감자를 곁들인다. 차갑게 내는 생선은 쿠르부이용 안에서 그대로 식힌 후 껍질을 벗긴다.

원칙적으로, 사용한 쿠르부이용은 버리지 않고 체에 걸러 포타주나 화이트소스를 만드는 데 사용할 수 있다. 또는 소독한 유리병에 보관해두었다 다시 익힘액으로 사용해도 된다.

court-bouillon « eau de sel » 쿠르부이용 오 드 셀

소금물 쿠르부이용 : 물 1ℓ당 15g의 소금을 넣고 끓인다. 가장 간단한 쿠르부이용인 소금물은 일반적으로 향을 첨가하지 않고 사용한다. 그러나 취향에 따라 약간의 타임과 월계수 잎을 첨가할 수도 있다.

court-bouillon au lait 쿠르부이용 오 레

우유 쿠르부이용 : 우유와 물을 반씩 섞어 소금을 넣고(ℓ당 15g) 익힐 재료의 높이만큼만 붓는다. 껍질을 칼로 벗긴 뒤 슬라이스한 레몬 몇 조각을 넣는다. 이 쿠르부이용은 특히 광어나 대문짝넙치와 같은 납작한 생선 또는 훈제대구나 염장대구(이 경우에는 소금을 넣지 않는다)를 익히는 데 사용된다.

court-bouillon pour poissons d'eau douce 쿠르부이용 푸르 푸아송 도 두스

민물생선용 쿠르부이용 : 동그랗게 썬 당근 300g, 얇게 썬 양파 300g, 물 3ℓ, 소금 30g, 부케가르니 1개(타임 1줄기, 월계수 잎 1/2장, 파슬리 3줄기)를 냄비에 넣고 20분간 끓인다. 통후추를 10알 정도 넣고 식초 250mℓ를 넣어준다. 10분간 우려낸 뒤 체에 거른다.

court-bouillon pour poissons de mer 쿠르부이용 푸르 푸아송 드 메르

바다생선용 쿠르부이용 : 내장을 제거하고 깨끗이 씻은 생선을 크기에 맞는 용기에 넣는다. 생선 높이까지 찬물을 붓는다. 껍질을 제거한 레몬 슬라이스 몇 조각과 굵은 천일염(ℓ당 15g)을 넣는다. 끓어오를 때까지 가열한 후 불을 줄여 아주 약하게 끓는 상태에서 원하는 정도로 재료를 익힌다.

court-bouillon au vin 쿠르부이용 오 뱅

와인 쿠르부이용 : 냄비에 물 2.5ℓ, 드라이한 일반 화이트와인 또는 특정 크뤼 화이트와인 500mℓ, 동그랗게 썬 당근 50g, 가늘게 썬 양파 50g, 타임 1줄기, 월계수 잎 1/4장, 경우에 따라 셀러리 작은 줄기 1대, 파슬리 1줄기, 굵은 소금 30g을 넣는다. 끓어오를 때까지 가열하여 20분간 익힌다. 통후추 10g을 넣고 10분간 향을 우려낸다. 체에 거른다. 이 쿠르부이용은 갑각류와 생선을 익히는 데 사용된다.

homard au court-bouillon ▶ HOMARD

COURTINE (ROBERT JULIEN) (로베르 쥘리앵) 쿠르틴 작가이자 미식 칼럼니스트(1910, Paris 출생–1998, Colombes 타계). 파리의 서민 가정에서 태어난 그는 전전(戰前) 매체에서 연극 및 연예 물에 관한 글을 썼다. 2차 대전 당시 나치 독일 점령기의 대독 협력 언론매체(la Gerbe, Au Pilori, le Bulletin anti-maçonnique)에도 기고했던 그는 이후 리베라시옹(Libération)지에서 미식 담당 기고가로 전향했다. 르몽드(Le monde)지는 그를 위해 기고란을 마련했고 그는 라 레이니에르(La Reynière)라는 이름으로 글을 썼다. 그는 또한 『발자크의 식탁(*Balzac à table*)』, 『매그레 부인의 레시피 노트(*les Cahiers de recettes de Madame Maigret*)』, 『나의 가장 놀라운 식사(*Mes repas les plus étonnants*)』 등 많은 저서를 남겼다. 전통 프랑스 요리의 옹호자로서 누벨 퀴진(nouvelle cuisine)의 확산에 반대했으며, 이 주제를 놓고 젊은 동료 앙리 고(Henri Gault)와 크리스티앙 미요(Christian Millau)와 많은 논쟁을 일으키기도 했다.

아카데미 라블레(Académie Rabelais) 회원으로, 여성 요리사 연합(l'ARC)을 후원했고, 저서, 서문, 사전, 칼럼을 통해 각 지방의 향토요리 전통과 레시피를 재조명하고 알리는 데 많은 노력을 기울였다.

COUSCOUS 쿠스쿠스 북아프리카 마그레브 지역의 전통 요리로 듀럼밀 세몰리나가 주재료이며 경우에 따라 보리나 프리카(freekeh, 청보리)를 사

용하기도 한다. 프랑스인들이 이 요리를 처음 발견한 것은 샤를 10세가 집권하던 알제리 정복 시기(1830)이다.

알제리, 모로코, 튀니지의 대표 음식인 쿠스쿠스(kouskoussi)는 주 요리에 이어 서빙되는데, 주로 알제리에서는 양고기 로스트 메슈이(méchoui)를 서빙한 후에, 모로코에서는 타진 요리에 이어 서빙되며, 세몰리나 알갱이를 손으로 뭉쳐서 작은 볼 모양으로 만들어 먹는다. 이 세 나라의 쿠스쿠스 모두 세몰리나와 부이용(마르가 marga, 각종 재료를 넣어 끓인 국물)이라는 기본재료는 동일하지만, 곁들여 넣는 부재료에 따라 그 종류는 아주 다채로워진다. 쿠스쿠스에는 잠두콩이나 다양한 채소(아티초크, 가지, 근대, 카르둔 줄기, 주키니, 펜넬, 완두콩, 감자) 또는 고기를 넣어 만들 수 있다. 생잠두콩과 건포도를 넣어 만든 쿠스쿠스인 메스푸프(mesfouf)는 금식을 해야 하는 라마단 기간 중 새벽식사로 먹으며, 유청(leben)이나 응유(raïb)를 곁들여 마신다.

사하라식 쿠스쿠스는 곁들이는 채소나 국물 없이 먹는다. 쿠스쿠스는 토끼고기, 자고새, 양고기를 넣어 만들기도 한다. 가장 독특한 쿠스쿠스는 생선(도미 또는 대구)을 넣어 만든 것이라 할 수 있다. 한편 튀니지에는 육류, 생선, 채소를 넣는 대신 건포도, 아몬드, 피스타치오, 대추야자, 호두 등을 넣은 세몰리나에 차가운 우유를 끼얹어 달게 먹는 쿠스쿠스도 존재한다.

모로코식 양고기나 닭고기 쿠스쿠스는 두 가지 국물과 함께 내기도 하는데, 하나는 세몰리나를 적시기 위한 것이고, 하나는 붉은 고추를 넣어 맵게 만든 양념의 일종이다. 다양한 재료(주키니 호박, 순무, 양파, 병아리 콩, 건포도)를 장시간 조리하여 일종의 콩피처럼 완전히 익혀 졸인다. 그 외에 계피를 넣은 달콤한 쿠스쿠스도 있다.

나라마다 다양한 형태의 쿠스쿠스가 존재하지만, 쿠스쿠스 요리에는 변치 않는 두 가지 중요한 요소가 있으며, 이들이 없다면 진정한 쿠스쿠스라고 하기 어렵다. 하나는 세몰리나의 질인데 이는 특히 세몰리나를 준비하는 과정에서 손으로 고루 알갱이를 분산해 펼치고 찜기에 익히는 기술과 노하우에 달려 있다. 다른 하나는(가장 많이 먹는 쿠스쿠스는 짭짤한 일반요리임을 감안할 때) 고기의 맛이다. 특히 이 풍미는 함께 국물에 넣고 끓이는 채소와 향신료(특히 중동식 5가지 향신료 믹스 라스 알 하누트)의 선택에 따라 크게 달라진다.

couscous : 세몰리나 준비하기

쿠스쿠스용 찜기 아랫단 냄비에 물이나 육수 2/3까지 채우고 센 불로 가열한다. 끓기 시작하면, 세몰리나를 넣은 찜통 윗단(keskès)을 올려놓고 두 층의 접합 부분에 면보를 둘러 증기가 빠져나가는 것을 막는다. 뚜껑을 덮고 익힌다. 약 30분 후 세몰리나를 꺼내 가장자리가 어느 정도 높은 큰 원형 접시에 펼쳐 놓는다. 손에 오일을 묻힌 뒤 뭉친 알갱이를 고루 부순다. 세몰리나를 다시 찜통에 넣어 익히고 덜어내어 펼치는 과정을 두 번 더 반복한다. 세 번째 익히고 난 세몰리나 위에 작게 깍둑 썬 버터를 올려 서빙한다. 두 번째나 세 번째 익히는 과정에서 쿠스쿠스의 가니시인 채소나 고기를 찜통 아랫단 냄비에 넣어준다. 건포도는 윗단 찜기 안의 세몰리나와 섞는다.

couscous aux légumes 쿠스쿠스 오 레귐

채소 쿠스쿠스 : 세몰리나를 첫 번째 익힌 후, 쿠스쿠스 찜기 아랫단 냄비에 병아리 콩(24시간 불린 것), 잠두콩(신선한 것), 얇게 썬 양파, 작게 썬 순무와 당근, 둥글게 슬라이스한 토마토 등 준비한 채소를 모두 넣고 소금 간을 한다. 물이나 채소 육수를 2/3 높이까지 채운 다음 윗단 찜기(케스케스)를 얹는다. 서빙 전, 간을 확인하고 기호에 따라 흑후추 또는 다양한 향신료(네 가지 혼합 향신료인 칼랏 다카 qâlat daqqa, 또는 다섯 가지 혼합 향신료 라스 알 하누트 rās al-hānout)를 넣어 풍미를 더한다. 작게 자른 버터 조각을 넣어준다(이론적으로는 아랍식 정제 버터인 스뮌 smeun을 사용). 이 밖에 아티초크, 근대, 양배추, 카르둔 잎맥 줄기, 주키니 호박, 완두콩, 감자 등 더욱 다양한 채소 선택도 가능하다.

couscous au poisson 쿠스쿠스 오 푸아송

생선 쿠스쿠스 : 쿠스쿠스용 찜기 윗단에 명태 필레를 넣고 증기에 10분간 찐다. 명태 살을 부순 다음 강판에 간 양파, 곱게 다진 마늘, 파프리카 가루, 하리사, 다진 파슬리, 소금, 후추, 달걀 1개, 찬물에 적셔 불린 굳은 빵을 넣고 잘 섞는다. 이 반죽을 경단 모양으로 빚어 팬에 노릇하게 지진다. 세몰리나 1.5kg을 쿠스쿠스 찜기에 익혀 준비한다. 도미 4마리 또는 1.5kg짜리 그루퍼 1마리의 비늘을 긁어내고 손질한 다음 내장을 제거한다. 올리브오일 3테이블스푼, 펜넬 씨 2티스푼, 커민 가루 2티스푼, 카옌페퍼 넉넉히 1자밤, 스위트 파프리카 가루 1티스푼을 섞은 양념을 생선에 바른 뒤 30분간 재운다. 냄비에 올리브오일을 두르고 얇게 썬 양파 3개분, 동그랗게 썬 호박 3개와 당근 4개, 4등분한 아티초크 밑동 2개를 넣고 볶는다. 물 1.5ℓ를 붓는다. 불려둔 병아리콩과 신선한 잠두콩, 카옌페퍼 1자밤, 껍질 벗겨 작은 큐브 모양으로 썬 토마토 3개, 정향 2개, 통계피 작은 것 1조각, 커민 1티스푼, 그리고 기호에 따라 물에 갠 하리사를 넣어준다. 약하게 끓는 상태로 20분간 익힌다. 서빙 15분 전, 생선을 굽는다. 세몰리나를 접시 위에 돔 모양으로 수북이 담고, 구운 생선과 명태살 완자를 곁들여 놓는다. 채소와 국물을 따로 담아낸다. 경우에 따라 생선을 채소와 함께 부이용에 넣고 익히기도 하며, 이때 양배추 1개, 중간 크기 감자 6개, 반으로 자른 피망 4개분을 추가로 넣어도 좋다.

couscous à la viande 쿠스쿠스 아 라 비앙드

고기 쿠스쿠스 : 세몰리나 1.5kg을 준비하여 쿠스쿠스용 찜기에 한 번 익힌다. 찜기 아랫단 냄비의 물을 따라낸다. 1.8kg짜리 닭 한 마리, 양 앞다리 살 작은 덩어리를 적당한 크기로 자른 뒤 양 목심 8조각과 함께 찜기 아랫단 냄비에 넣는다. 올리브오일 5테이블스푼을 넣고 고기를 노릇하게 지진다. 이등분한 양파 네 개를 넣어 노릇하게 굽는다. 이어서 길게 이등분한 당근 8개, 얇게 썬 리크 4대와 펜넬 1개분, 껍질을 벗기고 잘게 썬 토마토 6개, 물에 개어놓은 토마토 페이스트, 으깬 마늘 4톨, 부케가르니 1개, 굵은 소금 작게 한 줌을 넣고, 재료가 잠기도록 찬물을 붓는다. 미리 24시간 불려놓은 병아리 콩을 넣는다. 뚜껑을 덮고 20-25분간 끓인다. 세로로 등분한 둥근 순무 4개, 굵직하게 토막 낸 주키니 호박 큰 것 4개, 4등분한 아티초크 속살 작은 것 4개를 넣어준다. 세몰리나를 넣은 찜기 윗단 케스케스를 냄비 위에 얹힌 다음 뚜껑을 덮고 30분간 더 익힌다. 양고기 간 것 450g에 파슬리 작은 1다발, 마늘 2톨, 양파 2개를 다져 넣는다. 식빵 4장을 잘게 뜯어 우유에 적신 뒤 꼭 짜서 혼합물에 넣고, 하리사 1티스푼, 소금, 후추로 간을 한 다음 충분히 치대어 섞는다. 고기 혼합물을 8등분하여 작은 미트볼 모양으로 빚는다. 밀가루에 굴려 묻힌 뒤 올리브오일을 두른 팬에 넣고 센 불에서 노릇하게 지져 익힌다. 세몰리나가 익으면 넓은 접시에 담고 버터 조각을 얹은 뒤 고기, 기름에 지진 메르게즈 소시지와 양고기 미트볼을 곁들여 놓는다. 채소와 국물은 수프 그릇에 담아 함께 낸다.

COUSCOUSSIER 쿠스쿠시에 쿠스쿠스용 찜기. 알루미늄이나 스테인리스 강으로 만든 조리 용기로, 아랫단 냄비 위에 윗단 찜기 부분이 포개지는 구조로 돼 있다. 아랫단 냄비는 보통 배가 나온 볼록한 모양으로 손잡이가 양쪽에 달려 있으며, 여기에 채소육수나 나 고기육수(또는 그냥 물)을 붓고 끓인다. 케스케스(keskès)라고 불리는 윗단 찜기는 바닥에 작은 구멍들이 뚫려 있으며, 세몰리나 또는 증기로 익혀야 하는 재료를 넣는다. 쿠스쿠시에는 뚜껑으로 덮게 되어 있는데 종종 뚜껑에도 증기 배출용 구멍이 뚫려있는 경우를 볼 수 있다. 옛날 북아프리카 마그레브 국가에서 사용하던 쿠스쿠시에는 토기나 나래새를 꼬아 만든 단순한 그릇의 형태였다. 구멍이 뚫려있는 이 용기에 세몰리나를 넣고, 육수를 채운 일반 솥에 얹어 증기로 익힐 수 있었다.

COUSINETTE 쿠지네트 녹색 채소 잎으로 만든 베아른(Béarn) 지방의 수프. 우묵한 접시에 얇게 슬라이스한 빵을 넣고 그 위에 수프를 부어 먹는다.

cousinette 쿠지네트

쿠지네트 채소 수프 : 시금치 잎 150g, 근대 잎 150g, 양상추 잎 150g, 소렐 잎 50g, 아욱 잎 작게 한 줌을 씻는다. 시포나드로 아주 가늘게 썰어 버터 또는 거위 기름 50g을 녹인 팬에 넣고 약한 불로 볶는다. 뚜껑을 덮고 10분간 찌듯이 익힌다. 닭 육수(또는 물) 1.5ℓ를 붓고, 경우에 따라 얇게 썬 감자 250g을 넣은 뒤 30분간 더 끓인다. 서빙할 때 간을 맞추고 차가운 버터 한 조각을 넣는다. 얇게 썰어 오븐에 말린 빵 조각 위에 수프를 부어 낸다.

COUTEAU 쿠토 칼, 나이프. 날과 자루로 이루어진 절삭 도구. 칼날은 칼코등이를 두른 자루 속에 박힌 슴베(또는 칼 꼬리) 부분으로 이어진다. 슴베와 칼날 사이에는 돌출된 굴대가 있어 칼을 뉘여 놓았을 때 칼날이 식탁 표면에 닿지 않도록 돼 있다. 손잡이에 칼코등이가 없는 경우, 슴베는 두 개의 판(손잡이 스케일) 사이에 고정되는데 이 부분이 칼자루가 된다. 스테인리스강이 일반화되기 전까지 과일과 생선 칼(은 제품)을 제외한 칼날은 강철로 만들었다. 그러나 요리용 칼은 탄소강이 스테인리스보다 날을 세우기 쉽고 날카로움이 더 오래 지속된다.

■ **식탁용 나이프.** 나이프의 조상은 규석 뗀석기다. 최초의 칼날은 동으로 된 것이었으며, 이후 철로 만들기 시작했다. 16세기 말까지 나이프는 접시 위에서 음식을 자르고 찌르는 역할을 동시에 맡았으며 빵을 자르는 데도 쓰였다. 또한 칼은 개인 물품으로 사람들은 칼을 허리띠에 지니고 다녔다. 코가 둥근 칼은 1630년경 등장했으며, 이때부터 칼끝으로 이를 쑤시지 않는다는 교양의 예법이 생겨났다. 17세기에는 식사용 나이프들이 용도에 따라 다양해지기 시작했다. 오늘날 고기 나이프, 생선 나이프, 치즈(칼끝이 둘로 갈라져 구부러진 형태)와 케이크 나이프는 기본 식탁용 커트러리로 자리 잡았다. 손님들은 각자 큰 나이프(또는 테이블 나이프)를 사용하며, 경우에 따라 스테이크용 나이프(톱니와 홈이 있거나 특수한 날), 요리에 따라 다양한 소형 나이프(자몽, 생선, 치즈, 과일, 디저트용)를 쓰기도 한다. 버터를 바르는 용도로 고안된 스프레드 나이프는 칼날이 예리하지 않으며 끝이 둥글다. 빵 칼에는 톱니가 있다.

■ **요리용 나이프.** 요리사의 칼은 음악가의 악기만큼이나 개인적인 도구로, 그 무게나 균형, 형태가 결정적인 역할을 한다. 기본적인 나이프 구성에는 다음과 같은 품목이 포함된다. 부처스 나이프(발골용 나이프는 크기가 작고 칼날이 짧으며 손잡이 쪽은 폭이 넓고 칼끝은 뾰족하다. 고기를 자르는 칼은 칼날이 길고 폭이 넓으며 끝이 뾰족하다), 식도와 클리버(무겁고 견고하며 두꺼운 나이프로 뼈를 가르거나 조각낼 때, 고기를 자를 때 사용한다), 생선용 필레 나이프(칼날이 길고 약간의 탄성이 있어 유연하게 휘어지며 끝이 뾰족하다), 햄 나이프(칼날이 길고 유연하며 끝이 둥글다. 홈이나 골이 있다), 셰프 나이프(날이 넓고 견고하며 끝이 뾰족하다. 자르기, 저미기, 다지기 등에 사용한다), 과도 또는 페어링 나이프(가장 작고 가장 많이 사용하는 칼로 날이 뾰족하고 좁은 편이다. 채소와 과일의 껍질을 깎는 용도 이외에 모든 자잘한 작업에 두루 사용된다), 베지터블 나이프(채소용으로 고안된 칼), 베이컨 슬라이스 나이프(날이 아주 길고 유연하며 끝이 뾰족하다) 등이 있다.

가정의 주방에서는 일반적으로 톱니가 있는 빵 칼(전기제품을 사용할 수도 있다), 식도, 과도 두 자루, 카빙 나이프, 그리고 경우에 따라 햄 나이프와 생선 필레 나이프가 필요하다. 여기에 채소나 과일의 껍질을 벗기기 위한 필러 나이프(또는 에코놈 économe), 토마토 나이프(아주 가는 톱니가 달려 있음), 굴 전용 나이프(뾰족하고 짧으며 두꺼운 날에 손 보호대가 있는 모델 또는 종두 칼 모양의 굴 까는 도구), 제스터, 재료 표면에 홈을 파는 도구인 카늘뢰르(canneleur), 비늘을 제거하는 에카이외르(écailleur) 등이 추가되어 전체 구성을 완성한다. 제과제빵 분야에서는 스프레드 나이프(길고 끝이 둥근 모양)로 글레이즈를 바르고, 일자 또는 L자 스패출러(탄성이 있어 유연하고 날이 없음)를 이용해 타르트나 크레프를 들어올린다. 빵 칼은 스펀지 시트, 케이크, 브리오슈 등을 자를 때 사용한다.

■ **전문가용 나이프.** 요리나 정육 전문가를 위한 다양한 칼이 존재한다. 클리버(직사각형에 아주 두툼한 날, 뼈를 자를 때 사용), 푀이유 아 팡드르(feuille à fendre, 클리버와 비슷한 모양과 용도를 지닌 칼로, 날이 아주 넓고 더 얇으며 아랫면이 둥글다. 주로 양, 돼지의 볼기살이나 갈비짝 등을 자를 때 사용한다), 돼지비계 및 베이컨 슬라이서(두께를 조정할 수 있는 나사가 장착돼 있다), 살코기 나이프(주걱처럼 넓적한 곡선 모양의 날을 가진 칼로 클리버 형태와 비슷하며 고기를 잘게 다질 뿐 아니라 칼날로 옮기기 편리하게 돼 있다), 가리비용 나이프(날이 넓적하고 짧다), 슈발리에(chevalier)라고 불리는 힘줄 및 근막 제거용 나이프, 감자튀김용 나이프 또는 채칼(칼날에 일정한 간격을 두고 작은 날이 수직으로 붙어 있어 감자를 길쭉한 프렌치프라이 모양으로 자르기 쉽게 돼 있다), 양파 칼(날에 투명한 플라스틱 덮개가 있어 양파를 썰 때 눈물이 나지 않는다), 생선 나이프(칼날에 톱니가 있다), 훈제 연어용 나이프(날에 일정 간격으로 움푹한 홈이 있으며 길고 탄성이 있어 유연하다), 살라미 나이프(칼날에 톱니가 있으며, 손잡이는 날과 일직선상에 있지 않고 각을 이루고 있다), 냉동식품용 칼(날이 두껍고 톱니가 있다. 일정하지 않은 모양의 톱니가 날의 한쪽 면 또는 위아래 양쪽에 전부 달려있고, 칼날 끝도 뾰족한 모양을 한 것이 많다) 등이 있다.

COUTEAU (COQUILLAGE) 쿠토(조개) 맛조개, 긴맛. 죽합과의 조개로 긴 칼집 모양을 하고 있다(**참조** p.250 조개 도표 p.252-253 조개 도감). 썰물 때에 맛조개는 모래 속으로 깊이 박혀 있는데, 그 구멍에 굵은 소금을 조금 뿌리면 밖으로 나온다. 두 종류의 주요 품종(10-20cm 길이의 쿠토 드루아 couteau droit, 또는 레이저 클램, 10-15cm 길이의 약간 휘어진 모양을 한 쿠토 쿠르브 couteau courbe)이 있으며 이들 모두 먼저 해감을 시킨 후 생으로 먹거나 익혀 먹는다(특히 익혀 먹을 때는 반드시 모래를 완전히 해감해야 한다). 또는 소를 채워 요리하기도 한다. 캐나다에서는 여러 종류의 맛조개(대서양)와 레이저 클램(태평양)을 찾아볼 수 있으며, 바지락보다 더 인기가 있다.

COUVERCLE 쿠베르클 뚜껑, 커버. 납작하고 손잡이 또는 단추 모양 꼭지가 달려있는 주방 용품. 조리용 용기(솥, 코코트, 냄비)를 덮어 내용물이 바깥으로 분출되거나 수분 또는 맛의 정수가 증발하는 것을 막는다. 납작하고 평평한 것 이외에 볼록한 모양(소테팬용)이나 우묵하게 들어간 모양(일부 코코트 냄비 뚜껑의 경우에 해당하며 물을 담아두기 위한 용도)도 있다. 채소 서빙용 그릇, 수프 서빙용 그릇 등 일부 테이블웨어에도 뚜껑이 있다.

COUVERT 쿠베르 커버, 식사도구, 테이블웨어. 손님 한 사람에게 제공되는 식사 도구 일습(접시, 유리잔, 나이프, 포크, 스푼)과 식탁에 마련된 손님의 자리를 뜻한다. 전문 용어로 커버는 포크와 스푼만을 가리킨다. 15세기까지 커버를 씌운 서빙(servir à couvert), 즉 식사 테이블이나 진열대에 차려놓은 음식을 넓은 흰색 천으로 덮어두는 것이 관례였다. 이는 손님들에게 음식으로 인한 음독을 피하기 위해 최대한의 주의를 기울였음을 보여주기 위한 것이었다. 여기서 상을 차린다는 뜻의 커버를 놓다(mettre le couvert)라는 표현이 유래했다. 앙시엥 레짐 시기에 궁정의 식사는 그 규모에 따라 공식적인 만찬(le grand couvert) 또는 성찬(궁정의 나인들이나 왕족 전체 앞에서 왕 한사람에게만 차려지던 독상 식사), 왕의 사적인 식사(le petit couvert) 또는 번거로운 예식 절차가 없는 식사(왕이 가까운 사람들과 함께 들던 식사), 그리고 아주 개인적인 야식 식사(le très petit couvert, 하지만 이 역시 세 코스로 구성되었다)로 구분되었다. 간소화되기는 했지만 오늘날까지 이어지고 있는 식사 방식이 형성된 것은 18세기부터 특히 19세기에 이르는 시기였다.

커버는 전통적으로 냅킨 접는 법, 유리잔 개수, 포크의 위치(왼쪽, 포크날 끝을 식탁보에 닿게 엎어 놓는 프랑스식 또는 위로 향하게 두는 영국식), 나이프의 위치(오른쪽, 날이 안쪽을 향하게 놓는다), 수프 스푼의 위치(경우에 따라 오른쪽이나 바깥쪽, 프랑스식 또는 영국식) 등 정확한 배열 기준을 따른다. 은도금 기술의 확산 이후, 테이블 식기용 금은세공술은 대부분 과거의 스타일을 복제하는 수준에 머물러 있었다. 20세기 초 모던 스타일이 영향을 미치기 시작했으나, 본격적인 재 부흥기는 장 퓌포르카(Jean Puiforcat, 1918년 이후)를 통해 도래했다. 그는 장식성을 뛰어넘는 형태를 강조한 스타일을 만들어냈다. 또한 독일과 북유럽의 금은세공업자들은 테이블웨어의 기능적인 측면, 특히 편리한 사용과 재료의 아름다움(나무, 강철, 플렉시글라스)을 강조함으로써 유럽의 테이블웨어 디자인 분야에서 결정적인 역할을 하였다.

오늘날에는 스테인리스 스틸로 만든 테이블웨어가 무광, 유광 모두 포함하여 다양한 종류로 출시돼 있다. 그중에는 은공예품을 복제한 모델도 있으나 식기세척기 사용이 가능하여 편리하게 사용할 수 있다.

COUVRIR 쿠브리르 뚜껑을 덮다. 표면을 덮은 상태로 익혀야 하는 요리의 용기 위에 뚜껑을 올리다. 일부 채소(예, 콜리플라워)의 경우 뚜껑 대신 유산지(버터를 바르기도 한다)로 덮어주어도 좋다. 이는 요리가 마르는 것을 방지할 뿐 아니라 식는 동안 표면에 막이 생기는 것을 막아주기도 한다(예, 크렘 파티시에르). 몇몇 요리들은(도브, 파테, 테린 등) 밀폐 상태로 익혀야 한다. 뚜껑을 덮어 완전히 밀폐하기 위해 밀가루 반죽(repère)으로 만든 띠로 연결 부위를 둘러 붙여주기도 한다(**참조** LUTER).

COZIDO 코지도 포르투갈과 스페인식 포토푀(pot-au-feu)의 일종으로 초리조, 양배추, 당근, 병아리 콩, 흰 강낭콩, 돼지 귀, 부댕 누아(boudin noir, 간 고기, 우유에 적신 빵가루로 만든다) 또는 부댕 블랑(boudin blanc, 간 고기와 대량의 동물성 지방을 넣어 만든다)과 비슷한 샤퀴트리 재료가 들어간다. 코지도의 국물에는 가늘고 짧은 파스타인 버미첼리를 넣어 수프로 먹는다.

CRABE 크라브 게, 크랩. 십각류의 일반적인 명칭으로, 퇴화한 배가 크고 단단한 등딱지에 덮여 있는 것이 특징이다(**참조** p.285 바다 갑각류 도표 p.286-287 도감). 다섯 쌍의 다리는 종에 따라 모양과 크기가 달라지지만, 첫 번째 쌍은 언제나 강력한 집게발로 이루어져 있다(스파이더 크랩의 경우는 집게발이 눈에 띌 정도로 크게 발달하지는 않았다). 프랑스에서 주로 소비되는 것은 네 종류로, 등딱지에 뾰족하고 날카로운 가시가 전방을 향해 돋은 스파이더 크랩(직경 약 20cm), 몸집이 더 크고 한 쌍의 집게발이 아주 발달한 브라운 크랩(45cm 크기에 5kg까지 자란다), 훨씬 작은 사이즈(8-10cm)의 그린 크랩 또는 유럽 꽃게, 거의 네모에 가까운 등딱지와 물갈퀴가 달린 발을 가진 약 10cm 크기의 주름꽃게(또는 벨벳 크랩)이다. 바위 또는 자갈 바닥을 선호하는 브라운 크랩을 제외하면 모두 해초가 무성한 연안 해저에 서식한다. 캐나다에서는 통조림에 많이 쓰이는 킹크랩과 섬세한 맛의 살로 인기가 아주 높은 스노우크랩, 이 두 종류가 많이 소비되고 있다.

■**사용.** 게살은 고급스럽고 섬세한 맛을 가지고 있으나 다리 껍데기를 까서 살을 발라내는 과정은 시간도 오래 걸리고 꼼꼼함이 요구되는 까다로운 작업이다. 내장과 알은 특히 일부 애호가들의 사랑을 받는 재료로, 마요네즈를 곁들여 작은 숟가락으로 등딱지를 긁어 먹는다. 게는 살아 있고, 무거우며 속이 꽉 찬 것을 사야 하지만, 이미 익힌 것을 팔기도 한다. 게 껍데기 안에 소를 채워 넣고 조리하는 경우가 많다.

해산물 플래터에 게를 서빙하는 경우 마요네즈와 함께 전용 집게와 가느다란 두발 포크, 손을 닦을 수 있는 수건이나 레몬 물 핑거볼을 곁들여 낸다. 크기가 작은 게는 수프, 비스크, 쿨리 등에 사용한다. 가미하지 않은 게살 통조림(발라낸 게살 덩어리 또는 잘게 부순 것) 제품도 출시돼 있다.

aspic de crabe ▶ ASPIC
avocats farcis au crabe ▶ AVOCAT
beurre de crabe ▶ BEURRE COMPOSÉ
cocktail de crabe ▶ COCKTAIL (HORS-D'ŒUVRE)

crabes en bouillon 크라브 앙 부이용

게살 부이용 : 양파 큰 것 한 개를 다진다. 토마토 4개의 껍질을 벗기고 속을 빼낸 뒤 잘게 썬다. 큰 마늘 두 톨의 껍질을 벗기고 으깬다. 브라운 크랩 두 마리를 끓는 소금물에 넣고 3분간 익힌 다음 집게발과 다리를 떼어내고 등딱지 속을 긁어낸다. 등딱지와 다리(살이 들어 있는 상태)를 잘게 자른 다음 돼지 기름 30g이나 오일 2테이블스푼을 두른 팬에 넣고 다진 양파와 함께 볶는다. 토마토, 생강가루 넉넉히 1자밤, 사프란 0.1g, 카옌페퍼 1자밤, 마늘, 타임 1줄기를 넣는다. 육수(생선, 고기 또는 닭)를 넉넉히 붓고 뚜껑을 덮은 후 약한 불에서 약 2시간 뭉근히 끓인다. 체에 걸러준다. 이때 국자 등으로 꾹꾹 눌러가며 최대한 걸쭉하고 진한 국물을 받아낸다. 간을 맞춘다. 집게발을 깨트려 살을 꺼낸다. 게딱지에서 파낸 살을 4등분으로 자른다. 돼지 기름이나 오일을 두른 팬에 살을 모두 넣고 볶는다. 여기에 소스를 붓고 다시 한 번 가열해 5-6분간 끓인다. 수프 서빙용 그릇에 담아낸다. 크레올 라이스를 다른 그릇에 담아 함께 서빙한다.

crabes à la bretonne 크라브 아 라 브르톤

브르타뉴식 크랩 : 레몬 또는 식초를 넣고 끓인 쿠르부이용에 살아있는 게를 넣고 8-10분 익힌 다음 건져 식힌다. 다리와 집게발을 떼어내고, 등딱지 속을 긁어낸다. 비운 껍데기는 깨끗이 씻어둔다. 등딱지에서 꺼낸 내용물을 반으로 잘라 등딱지 안에 다시 넣은 다음, 다리와 집게발을 빙 둘러 놓는다. 파슬리나 양상추 잎을 곁들인다. 마요네즈와 함께 서빙한다.

crabes farcis à la martiniquaise 크라브 파르시 아 라 마르티니케즈

마르티니크식 소를 채운 크랩 : 중간 크기 브라운 크랩 4마리를 깨끗이 닦아 끓는 쿠르부이용에 넣고 익힌다. 굳은 빵 속살 볼 1개 분량에 우유 한 컵을 넣어 적신다. 슬라이스한 햄 3장의 껍질을 제거한 뒤 잘게 다진다. 샬롯 5-6개를 따로 다져둔다. 오일이나 버터를 달군 팬에 샬롯을 넣고 노릇하게 볶는다. 파슬리 작은 한 송이와 마늘 3-4톨을 다진 뒤 샬롯에 넣고 잘 섞으며 볶는다. 곁대로 잘게 부순 게살, 카옌페퍼 넉넉히 1자밤, 우유를 꼭 짠 빵 속살, 다진 햄을 넣는다. 잘 섞은 다음 다시 데운다. 간을 맞춘다. 소 혼합물은 카옌페퍼를 충분히 넣어 매콤한 맛을 내는 것이 좋다. 달걀노른자 두 개에 화이트 럼 2스푼을 넣고 풀어 소 혼합물에 넣고, 재료가 끈기 있게 잘 뭉치도록 고루 섞는다. 이것을 게 등딱지에 다시 채운다. 빵 껍질까지 함께 분쇄한 갈색 빵가루를 얹고 녹인 버터를 뿌린다. 너무 높지 않은 온도로 예열한 오븐에 넣고 그라탱처럼 노릇하게 구워낸다.

fines lamelles d'avocat et chair de crabe ▶ AVOCAT

조엘 로뷔숑(JOËL ROBUCHON)의 레시피

mille-feuille de tomate au crabe 밀푀유 드 토마트 오 크라브

게살 토마토 밀푀유 : 4인분

큰 사이즈의 토마토 16개의 껍질을 벗긴 뒤 과육을 길이 12cm, 너비 5cm 크기의 넓적한 띠 모양으로 자른다. 자른 토마토를 오븐 팬 2장 사이에 놓고 2-3시간 눌러 둔다. 익힌 게의 크리미한 내장 또는 알 부분을 체에 곱게 긁어내린다. 게살 240g에 커리 가루 칼끝으로 약간, 포도씨유를 넣어 만든 마요네즈 3테이블스푼을 섞는다. 레몬즙 1개분, 곱게 다진 타라곤 1티스푼, 체에 내린 크리미한 내장과 알을 넣고 잘 섞은 뒤 냉장고에 보관한다. 싱싱한 양상추 잎 10장과 크레송 반 단을 잘게 썰어 따로 보관한다. 그래니스미스 사과 1개와 아보카도 1개를 5mm 크기의 작은 큐브 모양으로 썬다. 토마토 쿨리를 만든다. 우선 씨를 제거한 토마토 과육 200g을 간 다음 토마토 페이스트 35g, 토마토 케찹 50g, 셰리 식초 70mℓ, 셀러리 소금, 그라인더로 간 후추, 타바스코 그리고 마지막으로 올리브오일 70mℓ를 순서대로 넣으며 잘 섞는다. 고운 체에 두 번 거른다. 간을 확인한다. 서빙하기 전, 접시 4개에 각각 토마토 쿨리를 깔아준다. 녹색 채소 잎 천연 클로로필(시금치즙 농축액 등)을 조금 넣어 색을 낸 마요네즈 1테이블스푼을 짤 주머니 모양으로 접은 종이 코르네(cornet)에 넣고 쿨리 둘레에 작은 녹색 점을 찍어 접시를 장식해둔다. 토마토를 눌러두었던 오븐 팬을 제거한다. 토마토 띠 위에 올리브오일과 셰리 식초를 한 바퀴 둘러 뿌린다. 그라인더로 간 후추와 플뢰르 드 셀(fleur de sel)을 뿌려둔다. 잘게 썬 양상추와 크레송에 각각 비네그레트 드레싱을 조금씩 넣고 따로 살살 버무린다. 사과와 아보카도를 섞은 뒤 마찬가지로 약간의 비네그레트를 넣어 양념해둔다. 토마토 띠 위에 양상추를 조금 얹고 양념한 게살을 한 층 덮어준다. 다시 토마토를 얹고 그 위에 크레송을 약간 올린 다음 사과, 아보카도 섞은 것을 깔아준다. 다시 토마토를 올리고 양상추, 게살을 올린 다음 마지막에 토마토로 덮어 마무리한다. 나머지 3개의 접시에 담을 밀푀유도 같은 방법으로 만든다. 각 밀푀유를 길쭉한 마름모꼴로 자른다. 포크를 이용해 올리브오일과 셰리 식초를 몇 방울씩 밀푀유에 뿌린 다음 플뢰르 드 셀을 조금 얹는다. 밀푀유를 각 접시 중앙에 놓고 양 끝에 처빌 잎을 올려 장식한다. 차갑게 서빙한다.

soufflé au crabe ▶ SOUFFLÉ

CRACKER 크래커 영국에서 처음 선보인 짭짤한 비스킷으로, 가볍고 바삭하며 얇은 층에 아주 잘 부서지는 질감을 갖고 있다. 앵글로색슨 국가에서는 주로 치즈와 함께 먹는다. 진정한 크래커는 중성적인 맛으로(순밀, 유지 성분), 상표가 크래커에 찍혀 있는 경우가 많다. 프랑스의 크래커는 더 작고 얇고 바삭하다. 크기, 형태, 맛이 아주 다양하며 아페리티프에 주로 낸다.

CRAMBÉ 크람베 갯배추, 씨 케일(sea kale). 십자화과의 야생 배추로 모래언덕에서 자라며 바다의 양배추(chou maritime)라고도 부른다. 보호종으로 영국에서 재배된다. 생으로 또는 데쳐서 먹으며, 주로 아페리티프로 서빙한다.

CRAPAUDINE (EN) (앙) 크라포딘 작은 닭, 영계 또는 비둘기를 요리하는 방법의 일종이다. 가금류의 척추뼈를 따라 등쪽을 반으로 갈라 납작하게 누른 다음(모양이 두꺼비 crapaud와 비슷하다) 튀김옷을 입혀 구운 것으로, 육즙이 응축되어 맛이 좋다. 삶은 달걀흰자를 동그랗게 슬라이스한 다음 동그란 송로버섯 슬라이스를 얹어 눈 모양으로 만든 것을 얹어 장식하기도 한다. 씻어서 작은 다발로 만든 크레송을 곁들여 놓고, 메트르도텔 버터(beurre maître d'hôtel)와 소스 디아블(sauce diable) 또는 소스 로베르(sauce Robert)를 함께 낸다.

만드는 법 익히기 ▶ *Découper une volaille en crapaudine*, 가금류 크라포딘으로, 실습 노트 P.VII

pigeon en crapaudine : 피종 앙 크라포딘

비둘기 크라포딘 준비하기 : 비둘기의 내장을 꼼꼼히 제거한 다음 토치로 겉을 그슬려 남아 있는 잔 깃털을 모두 없앤다. 발과 날개의 끝에서 첫 번째 관절을 잘라낸다. 비둘

기를 가슴뼈가 아래로 가게 엎어놓은 다음 척추뼈 쪽을 목에서 꽁지까지 길게 가른다. 양쪽으로 벌려 비둘기를 납작하게 만들고 목 부위 쪽의 작은 뼈를 제거한다. 칼끝을 이용해 척추와 갈비뼈를 제거한다. 양쪽 허벅지가 시작되는 부분 껍질에 칼집을 낸 다음 비둘기 다리 끝을 집어넣어 통과시킨다.

CRAQUELIN 크라클랭 가볍고 바삭한 작은 페이스트리, 과자. 비스퀴(구움과자, 생 말로 Saint-Malo, 비닉 Binic, 방데 Vendée, 봄 레 담 Beaume-les-Dames의 특산품인 바삭한 구움과자), 일종의 에쇼데(échaudé, 특히 코탕탱 Cotentin 반도 지역), 혹은 이스트와 설탕을 넣지 않은 반죽을 이용해 여러 가지 모양으로 만든 과자를 뜻하기도 한다. 옛날의 크라클랭은 삼각모를 닮은 형태였다. 프랑스 북부에서는 크라미크(cramique)라고 불리기도 하며, 건포도를 넣은 브리오슈의 일종을 뜻한다. 또한 누가틴을 중간 굵직하게 부순 것을 크라클랭이라고도 하는데, 봉봉 캔디나 초콜릿 봉봉, 프랄리네 초콜릿, 프렌치 버터 크림 등에 넣는다.

CRAQUELOT 크라클로 갓 담가 금방 먹는 훈제청어로 훈연 정도가 가볍다. 프랑스 북부 지역, 특히 덩케르크와 플랑드르 지방에서 10-12월에 만들며, 만든 지 2-3일 안에 먹는다. 덩케르크에서는 훈연 향을 부드럽게 중화시키기 위해 우유에 담갔다 구워서 차가운 버터를 곁들여 먹는다.

CRATERELLE ▶ **참조 TROMPETTE-DES-MORTS**

CREAM CHEESE 크림 치즈 소젖으로 만든 미국식 연성 생치즈(유지방 함량 최소 33%)이다. 항상 차갑게 먹으며 양파, 마늘, 차이브, 딜 등을 섞기도 한다. 되직하고 녹진한 질감으로 치즈케이크의 기본 재료로 사용된다. 베이글(링 모양의 빵)에 발라 먹기도 한다.

CRÉCY 크레시 당근이 들어가는 다양한 요리에 붙는 명칭이다. 주로 당근 퓌레로 사용되는 경우가 많으나(퓌레 크레시 purée Crécy)는 당근 포타주의 베이스가 되며 그 외에 삶은 달걀, 오믈렛, 가자미 필레 등 다양한 요리의 가니시로도 사용된다), 다른 형태도 찾아볼 수 있다. 예를 들어 콩소메 크레시(consommé Crécy)에는 작은 주사위 모양으로 썬 당근 브뤼누아즈가 들어가며, 안심 스테이크인 투르느도 크레시(tournedos Crécy)에는 갸름하게 돌려 깎아 버터, 설탕, 소금, 물에 윤기 나게 익힌 당근 글레이즈가 가니시로 곁들여진다.

▶ 레시피 : POTAGE.

CRÉMANT 크레망 약한 발포성을 가진 스파클링 와인. 크라망(Cramant) 산을 최고의 크레망 중 하나로 친다. 다른 와인 생산지에서도 지역에 따라 다른 포도품종을 사용하여 크레망이라는 이름의 스파클링 와인을 생산한다. 원산지 통제 명칭(AOC) 크레망으로는 현재 알자스 크레망, 부르고뉴 크레망, 디(die) 크레망, 리무 크레망, 루아르 크레망, 쥐라 크레망 등이 있다. 이들 중 잘 만들어진 몇몇 크레망은 훌륭한 가성비를 자랑한다.

CRÈME 크렘 설탕 함량이 아주 높은(ℓ당 최소 250g, 크렘 드 카시스 crème de cassis의 경우, ℓ당 400g) 과일 리큐어. 이 용어는 언제나 크렘이라는 단어 다음에 사용된 과일, 향료의 이름이나 리큐어를 특징짓는 명칭을 붙여 부른다. 설탕 시럽을 넣은 브랜디에 과일, 식물, 꽃 등 다양한 재료를 담가 그 향을 용출해 만든다. 크렘은 일반적으로 작은 잔에 따라 식후주로 마신다. 몇몇 칵테일에 들어가기도 하며 종종 얼음과 물을 타 식전주로 마시는 경우도 있다.

CRÈME (POTAGE) 크렘(포타주) 포타주. 크림 수프. 흰색 육수(옛날에는 우유와 화이트 루로 만들었다) 또는 베샤멜로 만드는 크림 수프로 밀가루나 쌀가루 또는 옥수수 전분으로 걸쭉한 농도를 내고, 마무리로 생크림을 넣어 부드럽고 매끈한 질감으로 완성한다(달걀노른자를 넣는 경우 블루테(velouté)가 된다). 크림 수프의 주재료로는 채소, 쌀(또는 보리), 갑각류 또는 가금류가 사용된다. 보통 처빌 잎, 장식 재료, 크루통 등을 곁들인다.

crème (potage) : méthode de base 크렘(포타주)

크림 수프: 기본 조리법 : 선택한 채소를 얄팍하게 끓는 소금물에 데친 다음, 버터를 넣고 색이 나지 않게 익힌다. 채소(아티초크, 아스파라거스, 셀러리, 버섯, 콜리플라워, 크레송(물냉이), 엔다이브, 양상추, 리크) 500g당 버터 40-50g을 사용한다. 버터 30g에 밀가루 40g을 넣고 볶은 화이트 루에 우유 850mℓ를 넣어 익혀 베샤멜 소스 800mℓ를 만든다. 이 베샤멜 소스와 익힌 채소를 혼합한 뒤 아주 약하게 끓는 상태로 12-18분간 익힌다. 블렌더로 간 다음 체에 내린다. 화이트 콩소메(육류가 들어가지 않는 크림 수프의 경우에는 우유를 사용) 몇 테이블스푼을 넣고 풀어준다. 뜨겁게 데우고 간을 맞춘다. 생크림 200mℓ를 넣고 잘 저으며 데운다.

crème d'artichaut 크렘 다르티쇼

아티초크 크림 수프 : 아티초크 밑동 속살 큰 것 8개를 얄팍하게 썰어 끓는 소금물에 12분간 데쳐낸 다음 버터를 넣고 색이 나지 않게 익힌다. 베샤멜 800mℓ를 넣고 아주 약하게 끓인다. 크림 수프 기본 조리법에 따라 마무리한다.

클로드 페로(CLAUDE PEYROT)의 레시피

crème de betterave ou crème Violetta 크렘 드 베트라브 우 크렘 비올레타

비트 크림 수프 또는 비올레타 크림 수프 : 붉은색 비트 150g을 오븐에서 익혀 전기 분쇄기로 잘게 다진 뒤 블렌더에 간다. 체에 곱게 내려 레몬즙을 뿌린다. 베샤멜 500㎖를 넣어 섞은 뒤 진하게 졸인 콩소메 500㎖를 넣고 풀어준다. 10분간 약하게 끓인다. 생크림 100㎖를 붓고 끓지 않도록 주의하며 가열한다. 가늘게 채 썬 비트 50g을 넣는다. 바이올렛 꽃잎을 뿌려 서빙한다.

crème de champignon 크렘 드 샹피뇽

버섯 크림 수프 : 버섯 600g을 깨끗이 닦아 손질한 뒤 100g은 따로 남겨둔다. 나머지 500g을 버터에 넣고 색이 나지 않게 익힌다. 아티초크 크림 수프와 같은 방식으로 마무리한다. 남겨둔 버섯 100g을 가늘게 채 썰어 수프에 넣어준다.

crème de courge « butternut » ▶ BUTTERNUT SQUASH

crème de crevette 크렘 드 크르베트

새우 크림 수프 : 당근 50g, 양파 50g, 샬롯 50g을 브뤼누아즈로 잘게 썬다. 버터 30g을 넣고 약한 불에서 색이 나지 않고 수분이 나오도록 볶는다. 여기에 대가리를 떼어낸 새우 350g을 넣고 센 불에 재빨리 볶는다. 소금, 후추로 간한다. 화이트와인 500㎖를 넣고, 코냑 1테이블스푼으로 불을 붙여 플랑베 한다. 5분간 끓인다. 새우 12마리를 건져내 따로 보관해두고 나머지는 전부 블렌더로 간다. 베샤멜 800㎖를 넣는다. 크림 수프 기본 조리법대로 마무리한다. 남겨둔 새우 12마리의 껍질을 벗기고 서빙 시 수프에 넣는다.

crème Du Barry 크렘 뒤 바리

뒤 바리 콜리플라워 크림 수프 : 새하얀 콜리플라워 작은 것을 증기로 찐다. 단, 콜리플라워가 쉽게 부서질 때까지 평소보다 더 오래 익힌다. 블렌더에 간 다음 베샤멜 800㎖를 넣고 아티초크 크림 수프와 같은 방법으로 마무리한다.

crème d'endive 크렘 당디브

엔다이브 크림 수프 : 엔다이브를 씻어 손질한 뒤 밑동의 씁쓸한 부분을 원뿔 모양으로 도려낸다. 물에 담그지 않고 흐르는 물에 재빨리 씻어낸 다음 물기를 닦아낸다. 가늘게 송송 썬다. 버터를 넣고 뚜껑을 덮어 색이 나지 않게 익힌다. 아티초크 크림 수프와 같은 방법으로 마무리한다.

crème d'estragon 크렘 데스트라공

타라곤 크림 수프 : 타라곤 잎 100g을 굵게 다진 후 드라이 화이트와인 150㎖를 넣고 끓여 수분이 완전히 날아가도록 졸인다. 되직한 베샤멜 350㎖를 넣고 소금, 후추를 뿌린 뒤 끓어오를 때까지 가열한 다음 고운 체에 거른다. 다시 데운 다음 차가운 버터 1테이블스푼을 넣는다.

필립 브룬(PHILIPPE BRAUN)의 레시피

crème de laitue, fondue aux oignons de printemps 크렘 드 레튀, 퐁뒤 오 조뇽 드 프렝탕

양상추 크림 수프와 스프링 어니언 수플레 : 양상추 4개를 씻어 다듬은 뒤 끓는 소금물에 데쳐낸다. 찬물에 넣어 식혀 바로 건져낸다. 깨끗한 행주로 눌러 물기를 짠 다음 가늘게 시포나드(chiffonnade)로 썬다. 양파 1개의 껍질을 벗겨 잘게 썰고 버터 30g와 함께 볶는다. 여기에 양상추 시포나드를 넣고 색이 나지 않고 수분이 나오도록 4-5분간 볶아준다. 닭 육수 1ℓ를 붓고 5분간 끓인 뒤 블렌더로 갈아둔다. 줄기양파(또는 쪽파) 30대의 껍질을 벗긴 뒤 흰 부분만 송송 썰어 물 2테이블스푼을 넣고 뚜껑을 덮은 채로 20분간 익힌다. 블렌더에 간다. 이 퓌레 300g에 전분 4.5g, 달걀노른자 3개를 넣고 걸쭉하게 잘 섞는다. 소금으로 간한다. 달걀흰자 90g에 난백분말 24g을 섞고 거품기로 휘핑한 다음 줄기양파 퓌레에 넣고 주걱으로 살살 섞어준다. 버터를 발라둔 틀 6개에 이 혼합물을 채운 뒤 식품용 내열 랩을 덮어 80°C로 예열한 오븐에서 12분간 익힌다. 양상추 수프를 다시 뜨겁게 데운 후 생크림 100㎖와 버터 50g을 넣어준다. 간을 맞추고 거품기로 잘 섞어 유화한다. 우묵한 접시에 이 크림 수프를 담고, 줄기양파 수플레를 틀에서 분리해 하나씩 놓는다. 바삭하게 구운 베이컨 슬라이스를 수플레마다 한 장씩 꽂아 서빙한다.

에릭 부슈누아르(ÉRIC BOUCHENOIRE)의 레시피

crème de langoustine à la truffe 크렘 드 랑구스틴 아 라 트뤼프

송로버섯을 넣은 랑구스틴 크림 수프 : 4인분 / 준비: 30분 / 블루테 익히기: 10분

랑구스틴(가시발새우) 1.5kg(약 12마리)의 껍질을 벗긴다. 대가리는 따로 남겨둔다. 가시발새우 살 등쪽의 가느다란 내장을 꼼꼼히 제거한 다음 냉장 보관한다. 팬에 올리브오일 1테이블스푼을 두르고 얇게 썬 펜넬 1개, 잘게 썬 샬롯 1개, 얇게 송송 썬 셀러리 줄기 1대와 양파 1개, 부케가르니 1개를 넣는다. 중불에서 색이 나지 않게 4분간 볶아둔다. 주물 냄비에 올리브오일 1테이블스푼을 넣고 센 불로 뜨겁게 달군 다음 가시발새우 대가리를 넣는다. 세게 저어주며 3-4분간 강한 불에 볶는다. 볶아둔 채소를 넣고 생크림 1ℓ를 부은 다음 소금으로 간하고 카옌페퍼 1자밤을 더한다. 끓어오를 때까지 가열한다. 불을 줄여 약하게 10분간 끓인다. 불에서 내린 뒤 랩을 씌우고 10분 휴지시킨다. 국자로 가시발새우 머리를 가볍게 눌러가며 수프를 고운 체에 내린다. 냄비에 넣고 끓어오를 때까지 가열한다. 작은 조각으로 잘라둔 차가운 버터 40g을 넣고 거품기로 잘 섞는다. 레몬즙 1티스푼, 코냑 1티스푼을 더하고 소금으로 간을 맞춘 뒤 카옌페퍼 1자밤을 넣는다. 약한 불 위에 중탕 상태로 보관해둔다. 냉장고에 보관해둔 가시발새우 살 12개를 소금과 카옌페퍼로 간한다. 논스틱 코팅 팬에 올리브오일을 한 바퀴 두르고 달군 다음 새우를 넣고 고루 노릇하게 지진다. 종이타월에 놓고 기름기를 제거한다. 수프 볼 하나에 새우를 3마리씩 담고 아주 뜨거운 랑구스틴 크림 수프를 붓는다. 다진 송로버섯 1테이블스푼을 고루 뿌려 서빙한다.

crème d'orge 크렘 도르주

보리 크림 수프 : 보리쌀 300g을 씻어 따뜻한 물에 1시간 불린다. 셀러리 줄기 1대의 질긴 섬유질을 벗겨낸 다음 잘게 송송 썬다. 화이트 콩소메 1ℓ에 보리와 셀러리를 넣고 아주 약하게 끓는 상태로 2시간 30분간 익힌다. 고운 체에 거른 뒤 화이트 콩소메 또는 우유 몇 스푼을 넣어 풀어준다. 다시 가열한 다음 생크림 200㎖를 넣어 섞는다.

crème de poireau 크렘 드 푸아로

리크 크림 수프 : 리크(서양 대파) 흰 부분 500g을 깨끗이 씻어 송송 썬 다음 끓는 물에 데친다. 물기를 꼭 짜낸 뒤 버터를 넣고 색이 나지 않게 볶는다. 아티초크 크림 수프와 같은 방식으로 마무리한다.

crème de riz au gras 크렘 드 리 오 그라

버터를 넣은 쌀 크림 수프 : 쌀 175g을 끓는 물에 데친 다음 건진다. 데친 쌀과 버터 25g을 화이트 콩소메 1ℓ에 넣고 45분간 익힌다. 블렌더에 갈아 체에 내린다. 화이트 콩소메 몇 스푼을 넣어 풀어준다. 중불에 올린 뒤 더블 크림 200㎖를 넣고 거품기로 저으며 가열한다.

crème de volaille 크렘 드 볼라이

치킨 크림 수프 : 살이 연한 작은 암탉(또는 영계) 한 마리를 화이트 콩소메 1ℓ와 함께 솥에 넣고 끓어오를 때까지 가열한다. 거품을 걷어내고 부케가르니(리크의 흰 부분 2대와 셀러리 1대를 추가해 묶는다) 한 개를 넣는다. 뚜껑을 덮고 닭 살이 뼈에서 떨어질 때까지 약한 불로 익힌다. 닭을 건져내 껍질과 뼈를 제거한다. 닭 가슴살은 따로 보관해두고 나머지 살코기는 모두 분쇄기에 갈아 퓌레 상태를 만든 뒤 체에 긁어 곱게 내린다. 가슴살은 가늘게 결결이 찢은 뒤 콩소메를 자작하게 부어 따뜻하게 보관한다. 체에 내린 살코기 퓌레에 베샤멜 800㎖를 섞고 끓어오를 때까지 가열한다. 닭 익힌 국물 몇 스푼을 넣고 거품기로 잘 저어 섞는다. 체에 한 번 더 걸러 내린다. 더블 크림 100㎖를 붓고 거품기로 저어주며 약불에서 가열한다. 가늘게 찢어둔 가슴살을 넣어 서빙한다.

CRÈME BRÛLÉE / CARAMÉLISÉE 크렘 브륄레 또는 크렘 카라멜리제 달걀노른자, 설탕, 우유 또는 크림을 섞어 만든 크림 디저트로 향을 첨가하는 경우가 많고 오븐에 익히는 방식으로 모양을 굳힌다. 차갑게 두었다가 비정제 황설탕을 표면에 뿌리고 토치 등으로 열을 가해 캐러멜라이즈한 뒤 서빙한다. 단단하게 굳은 얇은 설탕 막을 스푼으로 깨트려 안의 크림과 함께 먹는다.

생크림의 다양한 종류별 특성

종류	제조방식	보관	용도 및 사용 온도	특징
비멸균 원유 크림 crème crue	8°C에서 탈지 후 냉장	DLC*: 7일 (4°C 이하)	뜨겁게 또는 차갑게 사용.	휘핑에 적합, 높은 유지방 함량, 차가운 소스에 사용.
사워크림 crème aigre	유산균 발효	DLC: 제품 포장 표기에 따름	차갑게, 또는 가볍게 데워 사용.	휘핑에 부적합, 생크림과 레몬즙을 섞어 대체 가능.
크렘 프레슈 에페스 crème fraîche épaisse	저온멸균, 숙성	DLC:≤30일, 개봉 후 48시간 (4-6°C 이하)	가열, 농축, 농후제(리에종) 용도로 적합.	분량의 차가운 우유 10-20%에 해당하는 찬 우유와 섞어 휘핑 가능, 장시간 졸이기 가능, 음식에 신맛을 주는 역할, 술 또는 산미가 들어간 소스용, 차가운 소스 나파주용으로 적합, 타르트 타탱에 곁들임.
더블 크림 crème double	숙성	DLC: ≤30일, 개봉 후 48시간 (4-6°C 이하)	가열, 농축, 농후제(리에종) 용도로 적합.	휘핑이 쉽지 않음, 유지방 함량은 보통 40%, 제과, 요리용(예, 블루테)으로 사용 가능.
액상 생크림 crème fraîche liquide	저온멸균	DLC: ≤15, 개봉 후 48시간 (4-6°C 이하)	가열, 농축에 적합. 샹티이 크림용으로 최적.	휘핑에 적합, UHT 또는 고온멸균 크림에 비해 변하기 쉬움, 며칠이 지나면 시큼한 맛이 나며 되직해짐.
고온멸균 액상 크림 crème liquide stérilisée	115°C에서 15-20분 가열 후 냉각	DLUO**:8개월, 개봉 후 48시간 (6°C 이하)	가열, 농축에 적합.	휘핑에 최적, 이상적인 유지방 비율은 32-35%
초고온 멸균 액상 크림 crème liquide UHT***	150°C에서 2초 가열 후 급속 냉각	DLUO: 4개월, 개봉 후 48시간 (6°C 이하)	가열, 농축에 적합. 가열조리시 안정성이 뛰어남.	즉석 소스용 휘핑에 최적. 가볍고 안정적인 소스 용으로 휘핑하여 사용, 뜨겁게 사용할 경우 산 성분(레몬, 식초)과 만나면 되직해짐.
라이트 크림 crème légère	저지방 액상 또는 되직한 액상 크림	제품 특성에 따름	차갑게 사용하는 것이 가장 좋음.	휘핑에 부적합, 비멸균 원유로 만드는 경우는 없음, 유지방함량 12-30%, 차가운 저지방 소스용

* DLC: 소비기한(date limite de consommation)
** DLUO: 최적 사용 기한(date limite d'utilisation optimale, 이 지침은 제품의 감각수용성 특질을 보존하기 위한 권장 사용 기한에 해당한다)
*** UHT: 초고온(Ultra Haute Temperature) 순간 살균

조엘 로뷔숑(JOËL ROBUCHON)의 레시피

crème caramélisée à la cassonade **크렘 카라멜리제 아 라 카소나드**

황설탕 크렘 브륄레 : 바닐라 빈을 길게 반으로 갈라 가루를 칼로 긁어낸다. 볼에 달걀노른자 3개, 설탕 60g, 바닐라 빈 가루를 함께 넣고 거품기로 잘 섞는다. 생크림 300mℓ와 우유 50mℓ를 혼합한 뒤 거품기로 힘차게 섞어주며 조금씩 부어 넣는다. 체에 거른다. 준비한 혼합물을 작고 납작한 사기 그릇에 약 1.5cm 높이로 채운다. 90°C로 예열한 오븐에서 30분간 익힌다. 완전히 식힌 뒤 1시간 냉장고에 넣어둔다. 크림 위에 황설탕 100g을 뿌린다. 고온으로 예열한 브로일러 또는 살라만더 아래 넣어 설탕을 캐러멜화한다. 다시 냉장고에 30분 두었다 서빙한다.

CRÈME CATALANE 크렘 카탈란 카탈루냐식 크림 디저트. 스페인식 익힌 크림으로 크렘 파티시에르(crème pâtissière)와 상당히 비슷하나, 재료 비율이 약간 달라 농도가 더 되직하며 주로 레몬 제스트, 계피로 향을 낸다. 전통적으로 바닥이 평평한 도기 라므킨(ramequin)에 담아내며, 표면을 캐러멜화하는 경우가 많다.

CRÈME FRAÎCHE 크렘 프레슈 생크림. 우유의 지방으로 미백색에 부드럽고 녹진한 질감을 가졌다. 유지방 함량은 30-40%이며 그 밖에 비 지방성 물질, 수분으로 이루어져 있다. 크렘 프레슈는 비멸균 생우유 크림(crue) 또는 저온멸균 크림(pasteurisée)을 가리키며(고온멸균, 냉동은 해당되지 않는다), 여기에는 흐르는 타입의 액상형, 농도가 되직한 형태 모두 포함된다(**참조** 생크림 도표).19세기 말까지 크림은 우유를 서늘한 곳에 24시간 두어 만들었다. 유지방 알갱이 입자가 표면에 떠오르면 스푼으로 크림을 떠냈다. 오늘날에는 원심분리 탈지기를 통해 크림을 분리 추출해내며, 이 탈지력이 크림의 유지방 비율을 결정한다.

- CRÈME CRUE 비멸균 원유 크림. 어떤 가열처리도 거치지 않고 탈지 후 즉시 냉장시킨 것이다.
- CRÈME FRAÎCHE LIQUIDE 액상 생크림. 저온멸균 처리한 크림으로 발효균 접종은 하지 않는다. 알자스산 액상 생크림은 레이블 루즈(Label Rouge)인증을 받았다.
- CRÈME FRAÎCHE ÉPAISSE 크렘 프레슈 에페스. 저온멸균 후 유산균 접종과 숙성을 거쳐 만든다. AOC 등급 크림으로 이지니 생크림(크렘 프레슈 디지니 crème fraîche d'Isigny)이 있으며 유지방 함량은 최소 35%이다.
- CRÈME UHT 초고온 멸균 크림. 고온멸균한 제품으로 크렘 프레슈라는 명칭은 사용할 수 없다. 그러나 품질이 우수하고 사용이 편리하여 요식업에서 아주 널리 사용된다.
- CRÈME DOUBLE 더블 크림. 유지방 함량을 높인 크림이다.
- CRÈME AIGRE 사워크림. 유산균 발효를 통해 만들어지고, 따라서 보존기간이 짧다. 독일, 앵글로색슨 국가, 러시아, 폴란드 요리에 특히 많이 사용된다(**참조** SMITANE).

비멸균 생우유를 끓였을 때 표면에 생기는 우유 크림(crème de lait)은 특히 가정에서 만드는 몇몇 케이크에 풍부한 맛을 내기 위해 사용된다.

crème Chantilly : 크렘 샹티이

샹티이 크림 만들기 : 헤비 크림과 우유 또는 액상 생크림을 냉장고에 넣어둔다. 사용할 믹싱볼도 냉장고에 넣어 차갑게 준비한다. 아주 차가운 헤비 크림(2-6°C)과 그의 1/3에 해당하는 양(부피 기준)의 차가운 우유를 넣고 거품을 내기 시작한다(실내 온도가 18°C 이상인 경우, 얼음을 채운 큰 볼 위에 믹싱 볼을 올려두고 휘핑해야 한다). 크림 거품이 올라오기 시작하면, 설탕(크림 1ℓ당 60-80g)과 액상 바닐라 에센스 또는 바닐라슈거를 넣고 크림이 거품기 살에 뭉쳐 달라붙을 때 까지 단단하게 휘핑한다. 사용 시까지 냉장 보관해둔다.

charlotte à la chantilly ▶ CHARLOTTE
choux à la crème Chantilly ▶ CHOU
savarin aux fruits rouges et à la chantilly ▶ SAVARIN

crème fouettée 크렘 푸에테

휩드 크림 : 농도가 아주 되직한 크렘 프레슈과 우유를 냉장고에 넣어둔다. 사용 시, 크렘 프레슈와 그의 1/3에 해당하는 양(부피 기준)의 차가운 우유를 섞고, 부피가 두 배

VÉRIFIER LA PRISE D'UNE CRÈME ANGLAISE 크렘 앙글레즈 농도 확인하기

크렘 앙글레즈에 주걱을 담근다. 주걱 위로 손가락을 그어 자국을 낸다. 손가락 자국이 그대로 있고 크림이 흘러내리지 않으면 농도가 적당히 완성된 것이다.

로 부풀어오를 때까지 휘핑한다. 너무 오래 휘핑하거나(유지방이 분리되어 버터로 변할 수 있다) 너무 단시간(크림이 올라오지 않는다) 휘핑하지 않도록 주의한다.

CRÈME DE MARRON 크렘 드 마롱 밤 크림. 부드러운 질감의 가당 밤 퓌레로 당과류와 제과에 사용되며, 아르데슈(Ardèche) 지방의 특산품으로 유명하다. 크렘 드 마롱은 차가운 디저트(바바루아, 아이스크림, 바슈랭 등)를 만드는 데 주로 사용되며 경우에 따라 마롱 글라세를 함께 넣기도 한다. 또한 다양한 파티스리나 케이크의 필링으로도 사용 가능하며(바르케트, 크레프, 롤 케이크, 머랭 등), 비스퀴 반죽의 맛을 더욱 풍성하게 해주는 역할도 한다(제누아즈, 원형 스펀지케이크, 파운드케이크 등). 밤 크림은 그대로 차갑게 하여 샹티이 크림, 구움과자류를 곁들여 먹기도 한다.

CRÉMER 크레메 크림을 넣다. 요리(포타주, 소스)에 생크림을 넣는 것을 뜻한다. 크림은 요리의 농도를 맞추고 부드럽고 매끈한 식감을 줄 뿐 아니라 맛을 순하게 만든다. 코코트 에그(œuf cocotte)를 익히기 전에 생크림을 한 스푼 끼얹어 크레메(crémer) 하기도 한다.

CRÈMES D'ENTREMETS 크렘 당트르메 앙트르메 크림. 우유, 달걀, 설탕을 기본 재료로 으로 간단하게 만든 크림이다. 주로 차가운 상태로 사용되며, 액상으로 또는 되직하게 굳혀 만들기도 한다. 가정에서 만드는 디저트나 케이크 대부분에 들어갈 뿐 아니라 바바루아, 샤를로트, 푸딩의 기본 구성물로도 사용된다.

● CRÈMES PRISES 크렘 프리즈. 익혀 굳힌 뒤 틀을 제거하고 뒤집어 서빙하는 크렘 카라멜(crème renversée au caramel)의 기본 레시피이다. 틀에 넣어 굳힌 크림(crèmes moulées), 우유 달걀 크림(œufs au lait), 플랑(flan), 라므킨에 담은 크림(crèmes en ramequin) 또는 크림 디저트(petits pots de crème)라고도 불린다(**참조** DIPLOMATE, ÎLE FLOTTANTE, PUDDING). 블루테(veloutée)라고 불리는 일부 크림 디저트에는 달걀 대신 전분 또는 밀가루가 들어가기도 한다.

● CRÈMES LIQUIDES 크렘 리키드. 액상 형태의 각종 크림. 크렘 앙글레즈(crème anglaise) 레시피를 기본으로 하며 제과에서 아주 다양하게 사용한다(분말 형태로도 출시되어 있으며, 영어로는 커스터드 파우더 custard powder라고 한다). 각종 사바용(sabayon) 역시 이 종류에 속한다.

크렘 앙글레즈는 전통적으로 머랭을 이용한 디저트인 외 아 라 네주(oeufs à la neige)에 함께 서빙하며, 그 외에 비스퀴, 브리오슈, 샤를로트, 제누아즈, 푸딩 등에도 곁들인다.

crème anglaise :크렘 앙글레즈 만들기

설탕 125g과 달걀노른자 5-6개를 볼에 넣고 거품기로 섞는다. 우유(전유) 500mℓ에 바닐라 또는 레몬이나 오렌지 제스트 1개분을 넣고 끓인다. 달걀노른자와 설탕 혼합물에 뜨거운 우유를 조금씩 부으며 계속 거품기로 저어준다. 이것을 다시 냄비에 옮겨 담고 약불에 올린 뒤 계속 저어주며 가열한다. 끓어오르려는 첫 신호가 보이면 바로 불에서 내렸다 올리기를 반복하며 온도를 85°C로 유지하고 이 상태에서 5분간 저으며 크림을 익힌다. 혼합물 안의 달걀노른자가 충분히 익어 크림이 스푼을 코팅하듯 감싸는 상태로 묻어야 한다. 완성된 크림을 아주 고운 체에 거른 다음 용기에 담아 얼음을 채운 큰 볼 위에 올린 채로 완전히 식힌다. 서빙하기 전까지 24시간 동안 냉장고에 보관한다. 이때 유산균의 숙성이 일어나 특유의 향이 깊어진다. 크렘 앙글레즈는 차가운 상태에서 다양한 리큐어를 첨가해 향을 낼 수 있으며, 오븐의 브로일러 아래 몇 분간 넣어 표면을 매끈하게 글레이징하기도 한다(오 미루아 au miroir).

crème anglaise collée 크렘 앙글레즈 콜레

젤리화한 크렘 앙글레즈 : 크렘 앙글레즈가 다 익어 완성되며, 찬물에 불려 물기를 짠 판 젤라틴(2g) 5-6장을 넣어 녹인다. 체에 거른 뒤 저어주며 완전히 식힌다. 이 크림은 바바루아와 러시아식 샤를로트를 만드는 데 사용된다.

crème caramel 크렘 카라멜

크렘 카라멜, 커스터드 푸딩 : 캐러멜 만들기 : 냄비에 설탕 150g, 물 50mℓ를 넣고 센 불에서 빨리 끓인다. 캐러멜에 진한 황금색이 나기 시작하면 바로 불에서 내리고 뜨거운 물 1테이블스푼을 넣는다. 이 캐러멜을 개인용 틀에 나눠 담고 틀을 조심스럽게 돌려가며 바닥과 안쪽 벽에 2-3mm 두께로 깔아준다.

달콤한 크림 혼합물 만들기 : 우유 1ℓ에 길게 둘로 가른 바닐라 빈 1개를 넣고 끓인다. 볼에 설탕 200g과 달걀 6-7개를 넣고 색이 연해질 때까지 거품기로 잘 섞는다. 끓는 우유를 달걀 혼합물에 조금씩 부으며 계속 거품기로 저어준다. 아주 고운 체에 거른 뒤 표면의 거품을 꼼꼼히 제거한다. 캐러멜을 깔아둔 틀에 크림을 붓고 180°C로 예열한 오븐에 넣어 중탕으로 30분간 익힌다. 식혀서 냉장고에 넣어둔다. 서빙용 그릇이나 접시 위에 뒤집어 놓고 틀을 제거한다.

crème au citron 크렘 오 시트롱

레몬 크림 : 크림 500g 분량 / 준비: 20분 / 조리: 5분

레몬 3개의 제스트를 벗겨 곱게 다진다. 레몬은 착즙하여 즙 100mℓ를 준비한다. 볼에 달걀 2개, 설탕 135g, 레몬 제스트, 레몬즙을 넣고 섞는다. 물이 끓는 냄비 위에 볼을 올리고 중탕 상태로 중간중간 저어가며 끓기 직전의 온도(82-83°C)까지 익힌다. 체에 걸러 용기에 담은 후 바로 얼음을 채운 볼에 올려 따뜻한 온도(55-60°C)가 될 때까지 저어주며 식힌다. 아주 잘게 자른 버터 165g을 넣고 거품기로 저어가며 매끈하게 혼합한다. 블렌더로 갈아 아주 곱고 균일한 질감의 크림을 만든다. 냉장고(4°C)에 2시간 보관해두었다 사용한다.

crème renversée 크렘 랑베르세

랑베르세 크림 : 길게 갈라 긁은 바닐라빈 1개를 우유 500mℓ에 넣고 끓여 향을 우려낸 뒤 건진다. 볼에 달걀 2개, 달걀노른자 4개, 설탕 125g을 넣어 섞은 다음 끓인 우유를 조금씩 부어가며 세게 저어준다. 버터를 바르거나 캐러멜을 바닥과 안쪽 벽에 입혀둔 원형 틀에 이 크림 혼합물을 붓는다. 틀을 중탕 상태로 불 위에 올린다. 중탕용 물이 약하게 끓기 시작하면 전체를 그대로 200°C로 예열한 오븐에 넣는다. 35분간 오븐에서 중탕으로 익힌 후 꺼내 완전히 식힌다. 접시에 뒤집어 놓고 틀을 벗겨낸 다음 냉장고에 보관한다. 이 랑베르세(거꾸로 엎어 틀에서 분리해 서빙한다는 의미) 크림은 우유에 초콜릿 100g을 섞어 만들 수도 있다.

crème renversée au caramel de morilles ▶ MORILLE

CRÈMES DE PÂTISSERIE 크렘 드 파티스리 제과용 크림. 우유, 달걀, 설탕을 기본으로 만든 다양한 크림으로 농도와 질감은 다양하다. 크림만 단독으로 서빙되는 경우는 없으며, 각종 앙트르메 디저트 및 케이크의 구성물로 사용된다.

● 샹티이 크림 또는 휩드 크림. 생크림에 설탕과 바닐라 등을 넣고 휘핑한 크림으로, 앙트르메, 붉은 베리류 과일, 프로마주 블랑, 와플 등에 곁들인다. 특히 차가운 디저트의 필링이나 장식용으로 많이 사용되며, 파르페, 수플레 글라세(soufflés glacés), 차가운 바바루아와 샤를로트의 구성물로도 쓰인다(생크림에 설탕과 바닐라 등을 넣고 휘핑한 크림으로, 앙트르메, 붉은 베리류 과일, 프로마주 블랑, 와플 등에 곁들인다. 특히 차가운 디저트의 필링이나 장식용으로 많이 사용되며, 파르페, 수플레 글라세(soufflés glacés), 차가운 바바루아와 샤를로트의 구성물로도 쓰인다(**참조** CRÈME FRAÎCHE).

● 크렘 파티시에. 달걀, 설탕, 우유, 밀가루(크림의 농도를 내준다)를 기본 재료로 만드는 크림으로 다양한 파티스리의 충전물이나 구성재료로 쓰이며, 따뜻하거나 차갑게 서빙되는 일부 앙트르메에도 사용된다.

Crème 크림

"맛있는 휩드 크림과 샹티이 크림. 크림은 식탐의 신호탄이다.
크리용 호텔, 포텔 에 샤보 또는 파리 에콜 페랑디의 파티시에들이
사랑이 담긴 손길로 크림을 휘핑하거나, 바바에 마무리 작업을 하는 모습은 너무도 매력적이다."

● 프렌치 버터 크림. 버터, 설탕, 달걀, 향료 등의 기본 재료를 섞어 유화시킨 크림으로 만드는 방식은 다양하다. 이 크림은 언제나 최상 품질의 버터와 아주 신선한 달걀을 사용해야 한다.
● 아몬드 크림. 설탕, 버터, 아몬드 가루, 달걀을 섞어 만드는 크림으로 경우에 따라 럼으로 향을 더하기도 한다. 브리오슈 반죽 또는 퓌유테 반죽으로 만드는 다양한 파티스리의 필링이나 구성 재료로 사용된다.

crème d'amande dite frangipane : 크렘 다망드, 프랑지판

프랑지판 아몬드 크림 만들기 : 슈거파우더 165g, 아몬드 크림 165g, 옥수수 전분 2티스푼을 섞어 체에 내린다. 볼에 상온의 버터 135g을 넣고 부드럽게 저어 포마드 상태로 만들어둔다. 거품이 일 정도로 휘핑하면 안 된다(버터를 무스 상태로 만들면 굽는 동안 크림이 부풀어 올랐다 변형되며 주저앉는다). 슈거파우더 혼합물을 버터와 섞은 뒤 달걀 두 개를 하나씩 넣으며 나무 주걱으로 잘 저어 섞는다. 사탕수수즙을 증류해 만든 아그리콜 브라운 럼(rhum brun agricole) 1테이블스푼을 넣고 마지막으로 크렘 파티시에 300g을 넣은 뒤 잘 섞는다. 랩을 씌워 냉장 보관한다.

crème au beurre à l'anglaise 크렘 오 뵈르 아 랑글레즈

영국식 버터 크림 : 크림 500g 분량 / 준비: 25분 / 조리: 5분
냄비에 달걀노른자 2개, 설탕 60g, 차가운 우유 70mℓ를 넣고 크렘 앙글레즈처럼 익힌다. 바닐라는 넣지 않는다. 혼합물이 익으면(끓기 직전의 상태로) 불에서 내린 뒤 완전히 식을 때까지 핸드믹서를 중속으로 돌리며 섞는다. 볼에 버터 250g을 넣고 거품기로 저어 부드럽고 가벼운 상태로 만든 다음, 식힌 크림을 넣고 잘 섞는다. 마지막으로 이탈리안 머랭(참조. p.539 MERINGUE ITALIENNE) 120g을 넣고 주걱으로 들어올리는 동작으로 살살 섞어준다.

crème au beurre au sirop 크렘 오 뵈르 오 시로

시럽을 넣은 버터 크림 : 크림 500g 분량, 준비: 20분, 조리: 5분
작은 냄비에 물 50mℓ를 붓고 설탕 140g을 넣는다. 약불에 올리고, 납작한 붓을 물에 담가 냄비 안쪽 가장자리의 설탕 자국을 닦아가며 끓어오를 때까지 가열한다. 시럽을 프티 불레(petit boulé, 설탕 온도계 기준 120°C) 단계까지 끓인다. 볼에 달걀 2개, 달걀노른자 2개를 넣고 핸드믹서로 색이 연해지고 거품이 날 때까지 휘핑한다. 시럽이 준비되면 믹서를 저속으로 돌리며 달걀 위로 아주 가늘게 시럽을 넣어준다. 가능하다면 완전히 식을 때까지 전동 스탠드 믹서로 휘핑을 계속해준다. 이렇게 하면 혼합물을 훨씬 빨리 식힐 수 있다. 거품기를 계속 돌리는 상태에서 포마드 상태의 부드러운 버터 250g을 넣고 완전히 혼합한다. 크림이 매끈하고 균일한 질감이 되면 냉장 보관한다. 코냑, 쿠앵트로, 그랑 마르니에, 키르슈, 럼 아그리콜 등을 20mℓ 정도 넣거나, 인스턴트 커피 10g을 물에 갠 것, 또는 피스타치오 페이스트 1테이블스푼을 넣어 향을 내도 좋다.

crème Chiboust 크렘 시부스트

시부스트 크림 : 크림 500g 분량, 준비: 25분, 조리: 5분
달걀 4개를 깨서 흰자와 노른자를 분리한다. 노른자와 설탕 20g, 옥수수 전분 20g, 차가운 우유 300mℓ를 사용해 크렘 파티시에를 만든다. 판 젤라틴(2g) 2장을 충분한 양의 찬물에 불려 물기를 꼭 짠 다음, 뜨거운 크렘 파티시에에 넣고 잘 저어 완전히 녹인다. 크림을 불에서 내린다. 볼에 달걀흰자 4개와 추가로 흰자 한 개를 더 넣은 뒤 거품을 올린다. 설탕 30g을 조금씩 넣어주며 계속 거품기를 돌려 머랭을 완성한 다음 그중 1/4을 크렘 파티시에에 먼저 넣어 섞는다. 이 혼합물을 다시 나머지 흰자 머랭 위에 붓고 거품기를 이용해 살살 섞어준다. 즉시 사용한다.
choux à la crème Chiboust au café ▶ CHOU

crème frite en beignets 크렘 프리트 앙 베녜

크림 베녜(튀김 과자) : 우유 500mℓ에 바닐라슈거 작은 1봉지를 넣고 끓인다. 볼에 달걀노른자 5개와 설탕 130g을 넣고 색이 연해질 때까지 거품기로 섞는다. 여기에 밀가루 80g을 넣고 잘 섞은 다음 세게 저어주며 끓인 우유를 붓는다. 혼합물을 다시 냄비에 담고 잘 저어주며 약한 불에 3분간 익힌 후 불에서 내리고 따뜻한 온도로 식힌다. 버터를 바른 오븐 팬에 크림을 펼쳐 놓고(두께 약 1.5cm) 완전히 식힌다. 식어 굳은 크림을 직사각형, 마름모 또는 원형으로 자른다. 튀김 반죽에 담갔다가 180°C로 예열한 기름에 튀긴 다음 건져서 설탕을 뿌려낸다.

crème frite aux fruits confits 크렘 프리트 오 프뤼 콩피

과일 당절임을 넣은 크림 튀김 : 그랑 마르니에 100mℓ에 아주 작은 주사위 모양으로 썬 과일 당절임 100g을 담가 절인다. 위의 크림 베녜와 같은 방법으로 튀김용 크림을 만든 다음, 과일 당절임을 섞는다. 기름을 살짝 바른 오븐 팬에 크림을 2cm 두께로 펼쳐 식힌 후 냉장고에 2-3시간 넣어둔다. 식어 굳은 크림을 길쭉한 마름모꼴로 자른다. 달걀 1개를 풀어준다. 마름모꼴 크림을 달걀물에 담갔다 뺀 다음 빵가루를 묻힌다. 180°C로 예열한 기름에 튀겨낸 후 종이타월에 놓고 기름기를 제거한다. 슈거파우더를 뿌려 뜨거운 상태로 서빙한다.

crème pâtissière à la vanille 크렘 파티시에르 아 라 바니유

바닐라 크렘 파티시에 : 크림 500g 분량 / 준비: 20분 / 조리: 5분
바닐라 빈 깍지 1개 반을 길게 갈라 안의 가루를 긁어낸다. 바닥이 두꺼운 냄비에 옥수수전분 30g과 설탕 40g을 넣는다. 여기에 차가운 우유 350mℓ를 붓고 거품기로 젓는다. 바닐라 빈 깍지와 빈을 모두 넣고 거품기로 계속 저으며 끓어오를 때까지 가열한다. 볼에 달걀노른자 4개와 설탕 40g을 넣고 거품기로 3분간 저어 섞는다. 계속 저으며 뜨거운 우유를 조금 부어 섞는다. 이 혼합물을 다시 냄비에 옮겨 담고 거품기로 저으며 익힌다. 끓어오르기 시작하면 바로 불에서 내린다. 불 밖으로 꺼낸다. 바닐라 빈 깍지를 건져내고 크림을 볼에 덜어낸 다음 얼음을 채운 큰 볼 위에서 식힌다. 크림이 따뜻한 정도로 식으면(50°C), 잘게 썬 버터 35g을 넣고 거품기로 세게 저으며 완전히 혼합한다. 크렘 파티시에를 익히는 마무리 단계에서 갈아놓은 다크 초콜릿 250g을 두세 번에 나눠 넣어 초콜릿 향을 내는 것도 가능하다. 초콜릿이 완전히 녹을 때까지 잘 섞어주어야 한다.
savarin à la crème pâtissière ▶ SAVARIN

비아르(VIARD)와 푸레(FOURET)의 『궁중 요리사(*CUISINIER ROYAL*)』(1828) 수록 레시피

crème plombières 크렘 플롱비에르

플롱비에르 크림 : 냄비에 달걀노른자 8개, 쌀가루 1스푼을 넣는다. 신선한 우유 3잔을 끓기 직전까지 가열하여 이 냄비에 부은 다음 약불에 올리고 나무 주걱으로 저어가며 익힌다. 크림이 되직해지기 시작하면 불에서 내린 뒤 매끈해지도록 잘 섞는다. 이어서 다시 불 위에 올려 몇 분간 익힌다. 잘 만들어진 크렘 파티시에의 농도가 되어야 한다. 여기에 설탕 약 170g과 소금 약간을 넣고 잘 섞는다. 크림을 다른 냄비나 볼에 덜어낸 다음 얼음을 채운 볼 위에 올려 중간에 한 번씩 저어가며 식힌다. 식으면서 크림은 조금 되직해진다. 서빙 전, 식은 크림에 리큐어 반 잔을 넣어 향을 낸 다음 질 좋은 크림 휘핑한 것을 한 그릇 넣고 살살 섞는다. 재료가 모두 균일하게 혼합되면 가벼우면서도 완벽하게 부드러운 블루테 크림이 완성된다. 준비한 크림을 은 소스팬이나 작은 단지에 몽글몽글하게 담아낸다. 또는 케이크의 표면 크러스트 위, 가운데를 우물 모양으로 파낸 비스퀴 또는 아몬드 페이스트를 밀어 잔 모양으로 만든 쿠프(coupe)에 담아낸다.

CRÉOLE (À LA) (아 라) 크레올 크레올식의. 프랑스령 앙티유 요리의 영향을 받은 다양한 요리나 디저트에 붙는 명칭이다. 이 명칭은 특히 쌀 요리(많은 양의 물에 익혀 건져낸 후 버터를 바른 팬에 담아 오븐에 말리듯 익힌 것)에 붙는 경우가 많다. 크레올식 라이스는 육류, 가금류, 생선, 갑각류 요리에 곁들여 서빙되며 경우에 따라 토마토, 파프리카, 양파 등을 넣고 조리하기도 한다. 크레올식 디저트나 달콤한 요리의 특징은 럼, 파인애플, 바닐라 또는 바나나를 많이 사용한다는 점이다.

상당히 광범위 사용되는 이 명칭은 종종 앙티유(또는 앤틸리스)식(à l'antillaise), 군도식(des îles), 더 나아가 부르봉식(Bourbon) 등의 이름과 혼동되어 쓰이기도 한다.

▶ 레시피 : ANANAS, BANANE, BARBUE, BAVAROIS, COURGETTE, FOIE, MORUE, PANNEQUET, POULET, REQUIN, RIZ.

CRÉOLE (CUISINE) 크레올(요리) 크레올 요리는 고대 아프리카의 혼재된 식문화 전통에 그 기반을 두고 있으며, 그 전통이 뿌리 내린 여러 열대지역 국가에서 각각의 환경과 개성에 맞게 조금씩 적응된 모습으로 자리 잡았다(루이지애나, 브라질 또는 프랑스, 영국, 스페인, 네덜란드의 옛 식민지들인 앤틸리스 제도, 인도, 레위니옹섬 등이 이에 해당한다).

크레올 요리는 무엇보다도 지역 색이 강한 재료(허브, 갑각류, 열대 과일과 채소)를 사용한다는 점과 한 그릇의 요리 안에 여러 재료를 조합해 내는 방식을 특징으로 들 수 있다. 단맛과 짠맛의 조합, 매콤한 맛의 스튜류,

튀김 요리를 즐겨 먹으며, 구이 요리는 그리 흔하지 않다(**참조** AFRIQUE NOIRE, ANTILLES FRANÇAISES, RÉUNION [LA]).

CRÊPE 크레프 크레프, 크레프. 부드러운 반죽으로 얇게 부쳐낸 팬케이크의 일종으로 달콤하게 또는 식사대용으로 짭짤하게 먹을 수 있으며, 주로 납작한 프라이 팬, 무쇠 팬, 또는 크레프 전용 전기팬을 사용해 만든다.

성촉절(Chandeleur)과 사순절 전 화요일(Mardi gras)에 먹는 크레프는 자연의 소생, 가정 생활, 부와 행복에 대한 바람을 담고 있다(크레프 팬 손잡이를 잡고 크레프를 뒤집으며 소원을 빌거나, 다른 손 안에 동전을 쥔 채 크레프를 위로 던지는 풍습이 있다). 프랑스 전역(독일과 미국, 오스트리아 등의 외국에서도 많이 즐겨 먹는다)에서 인기가 있으며, 다양한 맛과 두께 차이가 존재한다. 샹파뉴 지방에서는 탕티몰(tantimolles), 피카르디에서는 랑디몰(landimolles), 아르곤에서는 시알라드(chialades), 리무쟁과 베리에서는 크라피오(crapiaux), 베아른에서는 크레스페(crespets)라고 부르는 등, 지역에 따라 다양한 이름을 갖고 있기도 하다.

프랑스 서부 지역에서는 연중 크레프를 만들어 먹으며, 특히 브르타뉴 지방에서는 순밀 크레프와 메밀 갈레트(튀일이라고 불리는 무쇠 팬에 부친다)를 만들어 가염 버터와 함께 먹는다. 켕페르(quimper)의 명물인 레이스 크레프(crêpes dentelles)는 구운 비스킷의 일종으로 아주 얇은 크레프를 말아서 만든 바삭한 과자이다. 중부의 오베르뉴, 로렌, 리요네 지역에서는 크레프 반죽에 얇게 썬 감자나 감자 퓌레를 보충(더 나아가 대체)해 넣어 부리올(bourriols), 크리크(criques), 마트팽(matefaims) 등을 만들어 먹기도 한다.

■ **사용.** 클래식 요리에서 크레프는 다양한 재료를 넣은 되직한 베샤멜이나 블루테 소스 베이스의 소를 채워 따뜻한 오르되브르로 서빙한다. 또는 얇게 부친 크레프를 가느다란 끈 모양으로 잘라 수프에 넣어 먹기도 한다. 그러나 가장 인기 있는 것은 설탕을 뿌리거나 달콤한 필링을 채운 디저트 크레프이다. 보통 따뜻하게 서빙하며 향이 좋은 리큐어를 넣고 불을 붙여 플랑베하기도 한다. 또한 도톰하게 부푼 수플레 타입의 팬케이크나 케이크 형태로도 만들어 먹는다.

pâte à crêpes salée : 파트 아 크레프 살레

짭짤한 크레프 반죽 준비하기 : 밀가루 500g을 체에 쳐 볼에 넣는다. 달걀 5-6개에 소금을 넉넉히 1자밤 넣고 풀어준 다음 밀가루에 넣고 살살 섞는다. 우유 1ℓ 또는 더 가벼운 질감의 크레프를 원한다면 우유 500mℓ, 물 500mℓ를 반반씩 섞어넣고 반죽을 풀어준다(물을 맥주로 대체하거나, 우유를 화이트 콩소메로 대체하고 녹인 버터 25g을 넣어 섞어도 된다). 상온에서 2시간 휴지시킨다. 크레프를 부치기 전, 물 100-200mℓ를 섞어 반죽을 풀어준다.

pâte à crêpes de sarrasin : 파트 아 크레프 드 사라쟁

메밀 크레프 반죽 준비하기 : 메밀가루 250g과 밀가루 250g(또는 메밀가루 500g)을 체에 쳐 볼에 넣는다. 달걀 5-6개에 소금 넉넉히 1자밤, 후추 1자밤을 넣고 풀어준 다음 밀가루에 넣고 살살 섞는다. 달걀 5-6개에 소금 1큰 자밤, 후추 1자밤을 넣고 멍울을 충분히 풀어준 다음 체 친 가루에 넣고 살살 섞는다. 우유 500mℓ와 물 700mℓ를 조금씩 넣고 반죽을 푼 다음 식용유 3-4테이블스푼을 넣어 섞는다. 상온에 2시간 휴지시킨다. 크레프를 부치기 전, 반죽에 물 100mℓ를 섞어 풀어준다.

pâte à crêpes sucrée : 파트 아 크레프 쉬크레

달콤한 크레프 반죽 준비하기 : 밀가루 500g을 체에 쳐 볼에 넣는다. 여기에 바닐라슈거 작은 1봉지 또는 바닐라 에센스 몇 방울을 넣고 섞는다. 달걀 5-6개를 풀어 소금 작은 1자밤을 넣은 뒤 밀가루 혼합물에 넣고 살살 섞어준다. 우유 3/4ℓ와 물 1/4ℓ를 조금씩 부으며 반죽을 푼다. 럼, 코냑, 칼바도스 또는 그랑 마르니에 1 작은 잔을 넣어 향을 낸다. 녹인 버터 40g을 넣어 섞는다. 상온에서 2시간 휴지시킨다. 크레프를 부치기 전, 물 100-200mℓ를 섞어 반죽을 풀어준다. 일반적으로 설탕은 테이블에서 먹기 바로 직전에 뿌리는 것이 좋다.

CRÊPES SALÉES 크레프 살레
짭짤한 맛의 크레프

crêpes aux champignons 크레프 오 샹피뇽

버섯 크레프 : 짭짤한 크레프 반죽을 만들어 상온에서 2시간 휴지시킨다. 버섯 500g, 샬롯 1-2개, 마늘 작은 것 1톨, 버터 20g, 소금, 후추로 뒥셀을 만들고 베샤멜 소스 300mℓ(또는 더블 크림 6테이블스푼으로 대체)을 준비한다. 크레프를 12장 부친다. 베샤멜과 뒥셀을 섞는다. 크레프에 뒥셀 혼합물을 크게 한 스푼씩 올린 뒤 돌돌 말아준다. 버터를 살짝 발라둔 로스팅 팬에 크레프 롤을 나란히 붙여 정렬한 다음 가늘게 간 치즈 60g을 고루 얹고 녹인 버터 30g을 뿌린다. 브로일러 아래 놓고 그라탱처럼 노릇하게 굽거나 아주 뜨거운 오븐에 넣어 데운다. 아주 뜨거운 상태로 서빙한다.

crêpes gratinées aux épinards 크레프 그라티네 오 제피나르

시금치 크레프 그라탱 : 짭짤한 크레프 반죽으로 12장을 부친다. 크림을 넣은 시금치(épinards à la crème)를 만든다(12테이블스푼 분량). 크레프 한 장에 크림 시금치 1테이블스푼을 올리고 돌돌 말아준다. 버섯 크레프와 같은 방식으로 마무리한다.

crêpes au jambon 크레프 오 장봉

햄 크레프 : 짭짤한 크레프 반죽으로 12장을 부친다. 버터 40g, 밀가루 40g, 우유 500mℓ, 넛멕, 소금, 후추를 넣고 베샤멜을 만든다. 햄 150g(익힌 햄)을 작은 큐브 모양으로 썬다. 햄을 베샤멜 소스와 섞고 가늘게 간 치즈 50g을 넣는다. 따뜻한 온도로 식힌다. 이 혼합물을 크레프에 펴 바른 다음 돌돌 말아준다. 버터를 살짝 발라둔 로스팅 팬에 크레프 롤을 나란히 붙여 정렬한 다음 가늘게 간 치즈 50g을 고루 얹고 녹인 버터 25g을 뿌린다. 275-300°C로 예열한 오븐에 넣어 그라탱처럼 노릇하게 구워낸다.

crêpes à l'œuf et au fromage 크레프 아 뢰프 에 오 프로마주

달걀 치즈 크레프 : 메밀가루 반죽으로 크레프를 부친다. 뒷면을 굽기 위해 크레프를 한 번 뒤집은 다음, 가운데에 달걀 한 개를 깨 올린다. 달걀흰자가 굳으면 소금과 후추로 살짝 간을 하고, 가늘게 간 치즈를 뿌린 뒤 사방을 접어 정사각형으로 만든다. 즉시 서빙한다.

crêpes au roquefort 크레프 오 로크포르

로크포르 치즈 크레프 : 짭짤한 크레프 반죽으로 12장을 부친다. 베샤멜 12테이블스푼과 페이스트 형태로 부드럽게 으깨둔 로크포르 치즈 4스푼을 혼합한다. 후추와 약간의 넛멕으로 간한 뒤 잘 저어 섞는다. 크레프 위에 이 치즈 혼합물을 크게 한 스푼씩 놓고 돌돌 말아준다. 버터를 살짝 발라둔 로스팅 팬에 크레프 롤을 나란히 붙여 정렬한다. 가늘게 간 치즈를 뿌린 뒤 280°C로 예열한 오븐에 넣어 노릇하게 구워낸다.

crêpes vonnassiennes de la Mère Blanc ▶ POMME DE TERRE

CRÊPES SUCRÉES 크레프 쉬크레
달콤한 맛의 크레프

crêpes aux cerises 크레프 오 스리즈

체리 크레프 : 크레프 반죽을 만들어 상온에 2시간 휴지시킨다. 생체리(400g) 또는 시럽에 절인 체리(시럽에서 건진 체리 300g)의 꼭지를 따고 씨를 제거한다. 둘로 갈라 반죽에 섞는다. 따뜻한 장소에서 다시 2시간 휴지시킨다. 팬에 버터를 두르고 크레프를 부친다. 끓는 물이 담긴 냄비 위에 올려놓고 따뜻하게 유지한다. 크레프 표면에 오렌지 잼(약 200g 필요)을 얇게 바르고 돌돌 말아 로스팅 팬에 나란히 놓는다. 설탕을 뿌리고 250°C로 예열한 오븐에 넣어 윤기나게 구워낸다.

crêpes des chartreux 크레프 데 샤르트뢰

샤르트뢰즈를 넣은 크레프 : 크레프 반죽을 만들어 상온에 2시간 휴지시킨다. 포마드 상태로 부드럽게 만든 버터 50g, 설탕 50g, 잘게 부순 머랭 과자 3개, 그린 샤르트뢰즈 50mℓ를 섞어 필링을 만든다. 마카롱 코크 6개를 잘게 부수어 크레프 반죽에 넣는다. 강판으로 곱게 간 오렌지 제스트 1개분과 코냑 50mℓ도 반죽에 넣고 잘 섞는다. 물 100mℓ를 넣어 반죽을 풀어준다. 크레프를 부친 뒤 필링 혼합물을 펴 바르고 4절로 접는다. 슈거파우더를 뿌리고 아주 뜨겁게 서빙한다.

crêpes Condé 크레프 콩데

콩데 크레프 : 크레프 반죽을 만들어 상온에 2시간 휴지시킨다. 당절임 과일 50g을 아주 작은 주사위 모양으로 썰어 럼 100mℓ에 담가 절인다. 냄비에 물 2ℓ를 끓인 다음 입자가 둥근 쌀 100g을 몇 초간 담갔다 빼 찬물에 헹구고 물기를 뺀다. 오븐을 200°C로 예열한다. 우유 400mℓ에 바닐라 빈 1개를 길게 갈라 넣고 끓인 다음 깍지는 건져낸다. 여기에 설탕 80g, 버터 30g, 소금 넉넉히 한 자밤, 건져둔 쌀을 넣는다. 다시 한 번 끓을 때까지 가열한 뒤 잘 저어주고 로스팅 팬 안에 전부 붓는다. 알루미늄 포일로 표면

을 덮고 오븐에 넣어 20분간 익힌다. 크레프를 부친 뒤 끓는 물이 들어 있는 냄비 위에 올려 따뜻하게 유지한다. 쌀이 익으면 잘 젓고 뜨거운 김이 나가도록 5분 정도 식혀둔 뒤 달걀노른자 3개를 하나씩 넣으며 섞는다. 이어 당절임 과일과 재워두었던 럼을 함께 넣고 잘 섞어준다. 크레프에 이 혼합물을 넣고 돌돌 말아 로스팅 팬에 나란히 붙여 정렬한다. 슈거파우더를 뿌린다. 오븐 온도를 250°C로 올린 뒤 크레프를 넣고 몇 분간 노릇하게 구워낸다. 즉시 서빙한다.

레스토랑 라세르(LASSERRE, PARIS)의 레시피

crêpes flambées Mylène 크레프 플랑베 밀렌

밀렌의 플랑베 크레프 : 크레프 6장을 얇게 부친다. 팬에 버터 1조각, 설탕 80g, 오렌지즙 2개분, 레몬즙 1개분, 코냑 아페리티프 글라스로 1/2잔을 넣은 뒤 약불로 가열해 절반으로 졸인다. 크레프 위에 시럽에 절인 배 1/2개를 어슷하게 썰어 놓고 말아준다. 소스를 졸인 팬에 크레프 롤을 넣고 약불로 가열하며 소스가 잘 스며들도록 한다. 이어서 미레이블 자두 브랜디 한 잔을 끼얹고 불을 붙인 후 팬을 흔들어가며 플랑베(flamber)한다. 크레프 롤 위에 구운 아몬드 슬라이스를 뿌리고 뜨겁게 보관한다. 졸인 시럽에 버터 한 조각을 넣고 거품기로 잘 저어 혼합한다. 크레프에 이 소스를 끼얹은 뒤 아주 뜨거운 상태로 서빙한다.

crêpes normandes 크레프 노르망드

노르망디 크레프 : 크레프 반죽을 만들어 상온에 2시간 휴지시킨다. 사과 2개의 껍질을 깎아 4등분 하고 씨를 제거한 다음 아주 얇게 슬라이스한다(소량의 칼바도스에 담가 재워두기도 한다). 팬에 버터 40g을 달군 뒤 다음 사과 슬라이스를 넣고 뭉개지지 않도록 조심스럽게 저으며 노릇하게 익힌 뒤 식혀둔다. 사과를 크레프 반죽에 넣는다. 크레프를 부친 다음 슈거파우더를 뿌려가며 한 장 한 장 접시 위에 쌓는다. 아주 뜨거운 상태로 서빙한다. 생크림을 곁들여 낸다.

crêpes à la russe 크레프 아 라 뤼스

러시아식 크레프 : 우유 600mℓ를 따뜻하게 데운다. 데운 우유를 조금 덜어 생이스트 16g을 개어 푼 다음 다시 나머지 우유와 섞는다. 여기에 설탕 20g, 생크림 200mℓ, 소금 넉넉히 1자밤을 넣어준다. 우묵한 용기에 밀가루 400g을 넣고 우유 혼합물을 조금씩 부어가며 잘 섞는다. 따뜻한 장소에서 1시간 발효시킨다. 달걀흰자 2개를 단단하게 거품 낸 다음 반죽에 넣고 주걱으로 조심스럽게 섞어준다. 이때 너무 휘휘 젓지 않고 반죽을 자르듯이 떠서 들어 올리는 동작으로 살살 섞어주어야 한다. 크레프가 부풀고 노릇해지도록 부쳐낸다. 완성되는 대로 바로 돌돌 말아 따뜻하게 데운 서빙 접시에 담고 슈거파우더를 넉넉하게 뿌린다. 아주 뜨거운 상태로 서빙한다.

crêpes Suzette 크레프 쉬제트

크레프 쉬제트 : 크레프 반죽을 만든 다음 귤즙 1개분, 큐라소 1스푼, 올리브오일 2테이블스푼을 넣어 섞는다. 상온에서 2시간 휴지시킨다. 상온의 버터 50g에 귤즙과 곱게 간 제스트 1개분, 큐라소 1스푼, 설탕 50g을 넣고 섞어 부드러운 상태로 만든다. 바닥이 두꺼운 팬에 크레프를 아주 얇게 부친다. 귤 버터를 조금 펴 바르고 4절로 접어 팬에 하나씩 다시 넣은 다음 약한 불에 데운다. 따뜻한 접시에 약간씩 겹쳐지게 담아 서빙한다.

CRÊPERIE 크레프리 크레프 전문점. 브르타뉴에서 처음 선보인 크레프 전문 식당으로 주문에 따라 다양한 재료를 넣어 달콤하게 또는 짭짤하게 요리한 밀 크레프와 메밀 갈레트를 맛볼 수 있다. 오늘날 크레프 전문점은 어디서나, 심지어 브르타뉴에서 아주 먼 곳에서도 찾아볼 수 있다. 크레프에 시드르 한 사발은 빼놓을 수 없으며 정어리 구이와 같은 다른 브르타뉴 특산 요리를 맛 볼 수 있는 경우도 있다.

CRÊPIÈRE 크레피에르 크레프 팬, 크레프 메이커. 크레프를 굽는 팬으로 바닥이 납작하고 가장자리 운두가 낮다. 특히 메밀 갈레트를 부치는 데 사용하는 무쇠 크레프 팬은 튀일(tuile), 갈레티에르(galettière) 또는 갈투아르(galtoire)라는 이름으로도 불린다. 오늘날에는 가스 또는 전기로 작동하는 테이블용 크레프 메이커도 존재하며 열 팬에는 보통 눌음 방지 코팅이 돼 있다.

CRÉPINE 크레핀 대망. 도축된 동물의 내장을 감싸고 있는 지방 막(대망막), 또는 복막(투알레트 toilette)을 지칭한다. 크레핀은 보다 정확히는 돼지 대망을 가리키는 용어다. 샤르퀴트리에서는 크레핀을 물에 담가 불린 후 소시지 소를 감싸 크레피네트(**참조** CRÉPINETTE)를 만들거나 테린 또는 파테의 표면을 덮는 데 사용한다. 그 밖에도 여러 요리에 사용되는 크레핀은 주로 다진 재료를 감싸 익히는 동안 모양을 유지시켜주며(양 갈비, 소를 채운 양배추 롤, 푸아그라, 지방을 찔러 넣은 송아지 간, 프리캉도, 소를 채운 개똥지빠귀, 토끼 또는 족 요리 등) 풍부한 맛을 내는 역할을 한다.
▶ 레시피 : QUEUE.

CRÉPINETTE 크레피네트 작고 납작한 소시지로 대개 비계가 섞인 돼지 다짐육으로 만들며 경우에 따라 다진 파슬리를 섞은 첨가한 뒤 크레핀으로 감싸준다. 아르카숑만(灣) 지역의 전통 샤퀴트리이다(**참조** p.786 생소시지 도표).

크레피네트는 양, 송아지 또는 가금류의 고기로 만들기도 한다. 잘게 깍둑썬 살코기에 양송이버섯, 야생 버섯 또는 송로버섯을 섞고 화이트 루나 브라운 루를 조금 넣어 끈기 있게 뭉친다. 여기에 곱게 간 스터핑용 고기를 얇게 한 겹 덮어씌운 다음 크레핀 막으로 감싼다. 크레피네트는 녹인 버터를 발라준 다음 경우에 따라 흰색 빵가루를 입혀 그릴에 굽거나 팬에 지져 익히며 또는 오븐에 굽기도 한다. 감자 퓌레나 렌틸콩 또는 불랑제르 감자와 함께 내며, 송로버섯이 들어간 경우에는 페리괴 소스를, 돼지고기 또는 가금류 고기만으로 만들었을 경우에는 샤쇠르 소스, 샤르퀴티에르 소스 및 다른 소스를 곁들인다. 지롱드(Gironde) 지방에서는 크레피네트를 팬에 지져 익힌 뒤 아르카숑만에서 나는 굴과 화이트와인을 곁들여 먹는다.

송로버섯을 넣은 돼지 족과 매콤한 양념을 한 돼지고기 스터핑 소로 만든 작은 크레피네트를 피에 드 상드리옹(pieds de Cendrillon, 신데렐라의 발)이라고 부르는데, 옛날에는 이것을 버터 바른 유산지로 감싸 숯불 재 속에 묻어 익혔다.

crépinettes de lapin 크레피네트 드 라팽

토끼고기 크레피네트 : 약 1.5kg짜리 토끼를 부위 별로 토막 낸다. 허리 등심과 뒤쪽 넓적다리의 뼈를 제거한다. 소금과 후추를 조금 뿌린다. 허리 등심은 3조각으로 자른다. 돼지 크레핀을 물에 담가둔다. 샬롯 1-2개의 껍질을 벗기고 양송이버섯 250g의 흙을 닦아낸 다음 재빨리 헹궈둔다. 샬롯과 버섯을 파슬리 1송이, 베이컨 400g과 함께 다진 다음 후추를 뿌리고 타임과 월계수 잎 가루 조금, 코냑 또는 마르(marc) 1테이블스푼을 넣어 섞는다. 팬에 버터를 조금 두른 뒤 다져 놓은 재료를 모두 넣고 센 불에서 볶아준다. 준비해둔 토끼고기 조각에 이 스터핑 재료를 채워 넣은 뒤 살을 위로 여며 덮어준다. 크레핀의 물기를 닦아낸 뒤 작업대 위에 조심스럽게 펼친 다음 5등분한다. 여기에 토끼 조각을 올려놓고 둥글게 말아 감싼 다음 버터를 살짝 발라둔 로스팅 팬에 놓는다. 녹인 버터를 조금 뿌린 뒤 275-300°C로 예열한 오븐에 넣는다. 한쪽 면이 노릇하게 익으면 뒤집어준다. 이때 오븐 온도를 220°C로 낮추고 30분 정도 더 굽는다.

crépinettes de porc 크레피네트 드 포르

돼지고기 크레피네트 : 곱게 간 돼지고기 또는 비계가 섞인 소시지 스터핑용 돼지 분쇄육에 잘게 다진 허브를 넣고 코냑으로 향을 낸 다음 100g씩 소분하여 납작한 패티 모양 소시지로 빚는다. 찬물에 담갔다 물기를 꼭 짠 돼지 크레핀을 직사각형으로 잘라 빚어놓은 소시지 소를 감싼다. 밀가루, 달걀물, 고운 빵가루를 입히는 앙글레즈(anglaise)식 튀김옷 또는 갓 갈아낸 신선한 빵가루를 입힌다. 녹인 버터를 뿌린 뒤 그릴에 천천히 굽는다. 감자 퓌레나 완두콩 퓌레, 또는 익혀서 버터로 마무리한 녹색 채소 등을 곁들인다.

CRÉPY 크레피 샤슬라 품종 포도로 만드는 사부아 지역의 와인으로 아주 신선하고 가벼운 산미와 과실향이 특징이며 레만 호수의 프랑스 쪽 연안 지역에서 생산된다. 원산지 통제 명칭(AOC) 인증을 받은 와인이다(**참조** DAUPHINÉ, SAVOIE & VIVARAIS).

CRESSON 크레송 크레송, 물냉이, 워터크레스. 여러해살이 식물인 크레송은 그 종류가 다양하며(**참조** 다음 페이지 크레송 도표, p.451-454 향신 허브 도감), 녹색 잎을 생으로 또는 익혀서 먹는다. 열량이 매우 낮고(100g당 17 kcal 또는 71 kJ) 비타민 C(100g당 60mg)와 카로틴이 아주 풍부하며, 비타민 B9, 철분, 칼슘 함량 또한 높다. 깨끗하게 관리된 물에서 재배되며, 먹기 전에는 항상 싱싱한 것으로만 세심하게 골라 씻은 뒤 물기를 제거해야 한다. 야생에서도 자라나는데, 이 경우 심각한 질병을 일으킬 수 있는 거대간

질의 유충이 기생할 수 있다. 크레송의 일종인 물냉이는 이미 13세기부터 프랑스에서 야생 상태로 서식했으나 약용으로만 쓰였다. 점차 시골풍 수프에 사용하기 시작했지만 채취 식물로 남아 있는 상태였다(여전히 보주 산맥에서는 잎이 통통하고 겨자향이 나는 괭이눈을 채취한다). 1810년에 프랑스인들은 크레송 재배 방법을 발견했으며, 이어 독일에서 실용화에 성공했다. 상리스(Senlis)에서 지역 특산물로 재배하기 시작한 크레송은 이내 미식 재료로 자리를 잡게 된다. 카페 리쉬(Café Riche)의 메뉴에 크레송 퓌레가 등장한 것은 1850년이다.

beurre de cresson ▶ BEURRE COMPOSÉ

필립 르장드르(PHILIPPE LEGENDRE)의 레시피

***crème de cresson de fontaine au caviar sevruga* 크렘 드 크레송 드 퐁텐 오 카비아 세브루가**

세브루가 캐비아를 넣은 물냉이 크림 수프 : 10인분 / 준비: 45분 / 조리: 30분

크레송 5단의 잎을 딴다. 잎과 줄기를 따로 씻어 물기를 제거한다. 냄비에 물 4ℓ를 넣고 끓어오를 때까지 가열한다. 굵은 천일염 150g과 크레송 잎을 넣는다. 4-5분간 데친 후 얼음물에 식혀 건져 물기를 완전히 뺀다. 블렌더에 크레송 잎을 넣고 아주 고운 퓌레가 될 때까지 갈아 냉장고에 보관한다. 다른 냄비에 버터 50g을 녹인 뒤 얇게 썬 양파 1개와 리크 흰 부분 1대, 크레송 줄기를 넣고 색이 나지 않게 약한 불로 볶는다. 흰색 닭 육수 1.5ℓ와 통후추 5g을 넣는다. 아주 약하게 끓는 상태로 10분간 익힌 다음, 생크림 1ℓ를 넣고 10분 더 익힌다. 고운 체에 붓고 건더기를 누르지 않은 상태로 크레송 크림을 걸러 보관한다. 볼에 생크림 200g을 붓고 거품기로 휘핑한다. 레몬즙 반 개분을 넣는다. 소스 용기 2개에 나눠 담고 냉장고에 보관한다. 서빙 전 크레송 크림을 다시 한 번 끓인 다음 크레송 잎 퓌레를 넣고 거품기로 세게 젓는다. 뜨겁게 데운 볼에 크레송 크림 수프를 담고, 서빙하기 바로 전에 휘핑한 크림 1스푼을 넣어준다. 그 위에 세브루가 캐비아 10g을 작은 크넬 모양으로 떠서 올려준다.

CRESSONNIÈRE (À LA) (아 라) 크레소니에르 크레송을 주재료로 하여 만든 요리를 가리킨다. 크레소니에르 포타주는 크레송과 감자를 갈아 만든 크림 수프에 데친 크레송 잎을 넣은 것이다. 크레소니에르 샐러드는 감자와 크레송을 섞은 샐러드에 삶은 달걀 다진 것과 잘게 썬 파슬리를 뿌려 낸 것이다.

CRÊTE DE COQ 크레트 드 코크 수탉의 볏. 수탉 머리 위에 달린 통통하고 붉은 돌기. 요리용으로 사용하는 닭 볏은 꽤 크고 통통해야 하는데, 요즘은 찾아보기 어렵다. 닭 벗은 아직도 바르케트나 크루스타드의 가니시로 사용된다. 옛날에는 수탉의 콩팥과 함께 닭 볏이 다양한 요리에 사용되었다(앙바사드리스 ambassadrice, 샬로네즈 chalonnaise, 피낭시에르 financière, 골루아즈 gauloise, 고다르 godard 등의 요리). 때때로 랑그 에카를라트(langue écarlate, 염장하여 익힌 뒤 붉은 물을 들인 우설)나 송로버섯 슬라이스를 닭 볏 모양으로 오려 사용하기도 한다.

***crêtes de coq* :크레트 드 코크**

수탉 볏 손질하기 : 바늘로 닭 볏을 가볍게 몇 번 찌른 다음 흐르는 물에 담가 손가락으로 꾹꾹 눌러가며 피를 뺀다. 차가운 물과 함께 냄비에 넣고 강한 불에 올려 볏을 덮고 있는 표면의 막이 들뜰 때까지 가열한다. 볏을 건진 다음 고운 소금을 묻혀 하나씩 면포로 문지르며 표피를 완전히 벗겨낸다. 다시 한 번 흐르는 물에 담가 핏물과 불순물을 뺀다. 볏이 하얗게 변하면 끓는 흰색 익힘액(blanc de cuisson)에 넣고 35분간 끓인 뒤 건져낸다.

salpicon de crêtes de coq ▶ SALPICON

CRETONNÉE DE POIS 크레토네 드 푸아 완두콩 크레토네. 완두콩으로 만든 퓌레의 일종으로 중세 요리 중 하나이다. 완두콩을 쩌내듯 익힌 뒤 돼지 기름에 볶아 고운 퓌레를 만든다. 여기에 사프란, 생강을 넣은 우유에 적신 빵 속살과 익힌 가금류 살코기를 섞는다. 달걀노른자를 넣고 고루 섞어 마무리한다. 슬라이스한 닭 가슴살에 곁들여 서빙한다.

CRETONS 크르통 퀘벡 지방의 샤퀴트리로 리예트(rillettes)와 비슷하다. 크르통은 정향을 박은 양파와 부케가르니를 넣은 물에 깍둑 썬 돼지 앞다리 살과 비계를 삶은 다음 잘게 다져서 그 육즙과 기름에 뭉근하게 익혀 만든다.

CREUSOIS 크뢰주아 1994년 크뢰즈(Creuse) 지방의 파티시에 조합에서 개발한 케이크. 피낭시에와 비슷하며 둥글고 꽤 납작한 모양으로, 헤이즐넛 가루(아몬드는 넣지 않는다)를 넉넉히 넣어 만든 아주 촉촉하고 부드러운 스펀지케이크다. 보존성이 상당히 좋다.

CREVER (FAIRE) (페르) 크르베 쌀알을 소금물에 재빨리 끓여 쌀의 전분기를 일부 제거하다. 이 작업을 미리 해두면 라이스 푸딩의 일종인 리 오 레(riz au lait)를 더욱 쉽게 익힐 수 있다.

CREVETTE 크르베트 새우, 작은 새우. 바다 또는 민물에 사는 소형 십각류를 통칭하는 용어이다. 새우류는 복부가 발달했으며 껍질이 단단하지 않고 살이 맛있어 아주 인기가 높다(**참조** p.285 갑각류 해산물 도표 p.286-287 도감).

■ **품종.** 많은 새우 품종이 전 세계적으로 대량 어획의 대상이 되고 있다.

● **북반구.** 북반구 새우의 다리 중 앞쪽 1/3은 집게발이 없으며, 알은 배쪽에 달린 다리에 고정시킨 채로 바깥쪽에 품고 있다.

– 줄새우(crevette rose bouquet). 길이 5-10cm 정도의 아주 인기가 많은 품종으로 유럽과 북아프리카 마그레브 지역 암석이 많은 해안에서 잡힌다. 노르망디와 브르타뉴산이 유명하다.

– 분홍새우, 로즈새우(crevette rose). 길이 5-7cm 정도의 고급 새우 품종으로 대서양 북부에서 잡힌다.

– 곰새우 또는 갈색 새우(crevette grise, boucaud). 길이는 5cm 정도로 생물 상태에서는 투명한 회색이며 익힌 후에는 갈색 빛이 돈다. 가장 맛있는 종으로 꼽히며 프랑스 망슈(Manche 영불해협) 연안과 북해에서 집중적으로 잡힌다.

– 북쪽 분홍새우(crevette rose nordique). 길이는 5-7cm 정도로 프랑스 생 로랑 만과 캐나다에서 주로 잡히며 특히 퀘벡주에서 많이 소비된다..

● **남반구.** 남반구 새우의 다리 중 앞쪽 삼분의 일은 더 발달해 있으며, 알은 몸 안에 품는다.

– 알제리 분홍새우(crevette rose d'Algérie). 길이는 15-20cm 정도이며

크레송의 주요 품종과 특징

품종	생산지	수확시기	형태
큰다닥냉이 또는 크레송(나도냉이) cresson alénois, cresson de terre	벨기에와 영국에서 아주 흔히 찾아볼 수 있다.	연중	작은 녹색 잎이 잘게 갈라진 형태로 꽃 모양을 이룬다.
크레송(물냉이) cresson de fontaine	일 드 프랑스 남부와 북부, 파 드 칼레, 센 마리팀, 우아즈, 도시 인근 그린벨트	연중	넓고 갈라지지 않은 타원형의 선명한 녹색 잎을 갖고 있다. 잎 줄기는 연하고 수분이 많다. 아주 맛이 좋으며 매콤한 맛이 나기도 한다.
크레송(나도냉이) 또는 가든 크레스 cresson de jardin, cresson de terre	프랑스 전역	4-11월	물냉이보다 더 진한 녹색에 보라색이 도는 경우도 있다. 잎은 윤기가 나며 줄기가 여러 갈래로 갈라져 있는 형태이다.
파라크레스 또는 아크멜라 cresson de Pará, brède mafane	프랑스, 마다가스카르, 브라질	여름	하트 모양의 녹색 잎을 갖고 있으며, 블랙베리 모양의 노란색 또는 붉은색 두상화가 핀다.
꽃냉이 또는 크레소네트 cresson des prés, cressonnette	프랑스 전역	연중	물냉이를 닮았으나 잎이 더 작고 단단하며 줄기는 더 짧다.

지중해와 대서양 심해에서 잡힌다. 스페인에서는 이 새우가 자라 일정 크기에 도달한 것을 감바(Gamba)라고 부른다.
– 열대 분홍새우 또는 세네갈 새우(crevette rose tropicale, crevette du Sénégal). 길이는 15cm 정도로 알제리 분홍새우에 비해 더 색이 옅다. 열대 아프리카의 해안 지대, 석호와 강 하구 등지에서 잡힌다.
– 카라모트(caramote) 또는 지중해 분홍 왕새우, 길이는 15-20cm 정도이며 지중해 해안가에서 잡힌다.

오늘날 새우잡이는 브르타뉴, 노르망디, 벨기에, 독일의 몇몇 항구를 제외하고는 대규모로 산업화되었다. 플랑드르의 우스되인케르크(Oostduinkerke, 플랑드르)에서는 1년에 한 번 전통적인 승마 새우잡이 행사가 벌어진다. 연안 가에서 말에 큰 바구니를 얹고 어부가 올라탄 상태로 물이 말 가슴팍까지 차오르도록 입수하여 양쪽에서 트롤망을 끌고 가는 방식이다. 새우 소비가 급증하면서 최근 10여년 사이 새우 양식이 획기적으로 늘었다. 열대지방이 원산지인 새우는 지구상 전역에서 빠른 성장을 위한 최적의 환경하에서 양식되고 있다.

■ **사용.** 판매를 위한 새우는 대부분 어획 즉시 트롤선에서 익힌다. 이렇게 익힌 새우는 윤기가 나며 몸통이 다소 구부러져 있다. 살이 탱글탱글한지, 껍데기를 까기 쉬운지의 여부는 새우의 신선도에 따라 달라진다. 시장에서는 껍질을 제거한 생새우, 통조림, 냉동 상태의 새우, 또는 껍질째 통째로 급속 냉동한 새우도 구입할 수 있다.

바닷물이나 소금물에 삶은 새우는 그대로 차가운 버터를 곁들여 먹거나 다양한 오르되브르(무스, 샐러드, 가리비 조개껍데기에 채워 넣은 요리인 코키유 등), 가니시, 소스(소스 디에푸아즈, 소스 주앙빌, 소스 노르망드 등) 등에 사용한다. 동남아 국가와 일본, 중국 등지에서도 새우는 구이, 절임, 건조, 튀김 등 다양한 형태로 폭넓게 소비된다. 스페인과 앙티유 지역의 요리를 대표하는 감바스는 대부분 통째로 튀기거나 꼬치에 꿰어 굽는다.

중국, 베트남의 명물인 새우 칩 튀김은 아주 가볍고 바삭한 식감의 흰색 칩 형태이다. 새우를 갈아 만든 반죽을 얇게 햇빛에 말린 뒤 꽃잎 모양으로 자른 것으로 아주 뜨거운 튀김 기름에 넣으면 바삭하게 부풀어오른다. 식사 전에 아뮈즈 부슈로 즐겨 먹으며, 이국적인 오르되브르에 곁들여 내기도 한다.

beurre de crevette ▶ BEURRE COMPOSÉ
bouchées aux crevettes ▶ BOUCHÉE (SALÉE)
canapés aux crevettes ▶ CANAPÉ
cocktail d'avocat aux crevettes ▶ AVOCAT
cocktail de crevette ▶ COCKTAIL (HORS-D'ŒUVRE)
cœurs de palmier aux crevettes ▶ PALMIER
crème de crevette ▶ CRÈME (POTAGE)

미셸 브뤼노(MICHEL BRUNEAU)의 레시피

crevettes au cidre 크르베트 오 시드르

시드르에 익힌 새우 : 팬에 가염 버터 50g과 올리브오일을 조금 넣고 달군다. 섞인 기름이 지글거리며 거품을 내기 시작하면 살아 있는 곰새우를 넣고 즉시 뚜껑을 닫는다. 팬을 흔들어가며 익힌다. 3분 후 단맛이 없는 수제 시드르(애플사이더) 100㎖를 붓고 졸인다. 새우를 건져 깨끗한 면포에 놓고 굵은 천일염과 후추를 뿌린 뒤 고루 흔들어준다. 따뜻할 때 버터 바른 빵과 시드르를 곁들여 먹는다. 향을 낸 시드르에 담가 익히는 방법도 가능하다. 드라이 시드르 1ℓ, 굵은 소금 20g, 타임, 월계수, 검은 통후추 10알, 슬라이스한 사과 1개를 넣고 10분간 졸인다. 여기에 살아있는 새우를 넣고 30초간 끓인다. 이어 새우를 건져 면포에 담고 소금과 후추를 뿌려 잘 흔들어 섞는다.

crevettes sautées au whisky 크르베트 소테 오 위스키

위스키를 넣은 새우 소테 : 살아있는 곰새우 또는 분홍 새우를 씻어 물기를 뺀다. 팬에 오일을 뜨겁게 달군 뒤 새우를 넣고 센 불에서 재빨리 볶는다. 후추를 뿌리고 카옌페퍼를 아주 조금 넣는다. 위스키, 코냑 또는 마르(marc)를 붓고(새우 500g당 작은 잔으로 1개 분량) 불을 붙여 플랑베한다.

farce de crevette ▶ FARCE
mousse de crevettes ▶ MOUSSE
œufs brouillés aux crevettes ▶ ŒUF BROUILLÉ
pomelos aux crevettes ▶ PAMPLEMOUSSE ET POMELO
purée de crevette ▶ PURÉE
tempura de crevette ▶ TEMPURA

CRIS DE PARIS 크리 드 파리 파리의 외침이라는 뜻으로 옛날 파리의 과일, 채소, 치즈, 정육, 생선, 조리 식품, 과자 등을 팔던 행상들이 외치던 선전구를 말한다. 행상들이 물건을 팔 때 외칠 수 있는 권리는 1220년에 제정되었으며 본래는 와인, 오일, 양파, 물, 잠두와 완두콩 판매에만 해당되었다(조합의 모임 개최, 부고, 분실물 신고, 미아와 말을 잃어버렸을 때도 소리를 질러 알릴 수 있었다).

그러나 시간이 지남에 따라 선전구들이 등장하며 바뀌기 시작했다. 초기에는 "물 팔아요!", "크라포아(crapois, 염장 고래고기)가 왔어요!"(고래고기 장수), "즐거움이 왔습니다!"(작은 와플의 일종인 우블리 oublie 장수) 등의 단순한 외침이었다. 그런가 하면 뜨개질 스웨터를 입은 채소 장사들이 외치던 "마르샹 다이(Marchand d'ail, 마늘장수가 왔어요)!"는 "샹 다이(chand d'ail)!"로 축약되기도 했다(오늘날 샹다이 chandail는 니트 스웨터를 뜻하는 단어다). 그러던 것이 점차 대충 운율을 맞춘 4행구에 가까워졌다. 우블리를 파는 노점 상인들만이 19세기 말까지 거리에서 큰 목소리로 외치며 손님을 모으고 이 과자를 팔았다.

CRISTE-MARINE 크리스트 마린 돌회향의 일종. 록 샘파이어(rock samphire)를 가리키는 크리트멈(crithmum)의 일반 명칭으로, 미나릿과의 여러해살이 식물이다. 바닷가, 바위 틈 또는 돌이 많은 땅에서 자라 돌을 뚫고 난다는 뜻의 페르스 피에르(perce-pierre)라는 이름으로 불리기도 한다. 잎은 통통하고 요오드가 풍부하며 수프나 샐러드의 맛을 돋우는 역할을 한다. 특히 코르니숑처럼 식초에 절여 차가운 전채 요리에 향을 내는 데 쓰기도 한다. 록 샘파이어는 쇠비름처럼 버터에 볶아 먹기도 한다.

CRISTOPHINE OU CHRISTOPHINE ▶ **참조 CHAYOTE**

CROCODILE 크로코딜 악어. 크로커다일과의 파충류로 열대 지방 전역에 서식한다. 미시시피강 유역과 중국의 엘리게이터, 중미와 남미의 카이만(caiman), 인도의 가비알(gavial) 등이 모두 해당된다. 보통 어린 악어의 발과 꼬리를 식용으로 소비하는데, 육질이 희고 단단하다. 주로 스튜나 구이로 요리하며 항상 향신료를 듬뿍 사용한다.

CROISSANT 크루아상 겹겹이 층이 있는 푀유타주 발효 반죽으로 만든 작은 빵으로, 납작하게 밀어놓은 삼각형 반죽을 말아 초승달 모양으로 구부린 형태이다.

■ **역사.** 비에누아즈리(viennoiserie)의 일종인 크루아상의 기원은 터키군이 오스트리아의 수도를 침공한 시기(1683)로 거슬러 올라간다. 어느 날 밤, 비엔나의 제빵사들은 적군들이 갱도를 파는 소리를 듣고 이를 알려 공습을 막아낼 수 있었다고 한다. 오스만 군이 패배하자 폴란드의 국왕 얀 3세 소비에스키는 이 제빵사들에게 이 공로를 후세에 길이 전할 수 있는 파티스리를 만들어 팔도록 특권을 부여했다. 독일의 회언헨(Hörnchen, 독일어로 작은 뿔이라는 뜻) 역시 여기에서 생겨났으며 터키 깃발의 초승달 모양을 본 따 만들었다. 프랑스에서는 오스트리아 출신의 마리 앙투아네트가 1770년 궁정에 크루아상을 처음 소개했다. 전해져 내려오는 또 다른 설에 따르면 크루아상 발명의 공은 폴란드 출신의 한 빈 카페 주인이었던 콜시츠키(Kolschitsky)에게로 돌아간다. 빈 포위 중 보여준 용기에 대한 보상으로 그는 터키군이 남기고 간 커피 자루를 받았고, 그는 이 커피를 초승달 모양의 페이스트리와 함께 팔 것을 생각해냈다. 크루아상은 본래 개량 제빵 반죽(pâte à pain améliorée)을 사용해 만들었다. 오늘날 크루아상은 구부리지 않은 긴 모양으로 만들기도 한다. 햄, 치즈, 버섯 등을 채워 따뜻한 오르되브르로 낼 수도 있다. 또한 아몬드 페이스트에 잣, 아몬드 슬라이스를 넣고 반원형으로 작게 빚은 구움과자 역시 크루아상이라고 부른다.

croissants parisiens : préparation 크루아상 파리지엥

파리식 크루아상 만들기 : 제빵용 생이스트 30g을 우유 1/4ℓ에 개어준다. 밀가루 500g을 체에 쳐 볼에 넣고 설탕 60g, 소금 10g을 넣어준다. 가운데를 움푹하게 만든 뒤 이스트를 푼 우유를 붓는다. 손가락으로 가장자리의 밀가루를 재빨리 섞어준다. 액체가 모두 흡수되면 반죽을 면포로 덮어 상온에서 30분-1시간 휴지시킨다. 반죽이 부풀어오르는 동안 내부에서 발생하는 큰 기포는 반죽을 접어가며 펀칭해 제거한다. 이후 반죽을 차갑게 보관한 뒤, 말랑한 상태로 준비한 버터 250g를 넣어 파트 푀

유테(pâte feuilletée)와 같은 방식으로 작업한다. 단, 푀유타주 접어 미는 과정은 3절 접기 기준 3회만 진행한다. 휴지시킨다. 반죽을 납작하게 밀어 길쭉한 삼각형으로 재단한다. 삼각형 밑변에서 꼭대기 방향으로 말아준다. 크루아상의 모양을 완성하여 오븐 팬에 올린다. 바람이 통하지 않는 곳에 두고 15-45분간(실내 온도에 따라 조절) 발효시킨다. 달걀노른자를 풀어 붓으로 발라준 다음 220°C오븐에서 10분간 굽는다.

croissants aux amandes 크루아상 오 자망드

아몬드 크루아상 : 하루 묵은 크루아상을 준비하여 가로로 2등분한 다음, 바바용 시럽(밀도 1.2736)에 담갔다 뺀다. 크루아상 안쪽과 표면에 아몬드크림을 바른다. 크루아상을 붙여 원래 모양대로 만든 뒤 아몬드 슬라이스를 뿌린다. 180°C로 예열한 오븐에 18분 구워낸 뒤 슈거파우더를 뿌린다. 시간이 지나 약간 굳은 크루아상을 다시 부드럽게 만들어주는 방법으로 아주 흔히 사용된다.

croissants au fromage 크루아상 오 프로마주

치즈 크루아상 : 크루아상을 가로로 가르고 안에 버터를 바른다. 얇게 저민 그뤼에르 또는 에멘탈 치즈를 사이에 넣고 후추를 뿌린다. 275°C로 예열한 오븐에 구워 뜨거울 때 서빙한다. 버터와 치즈는 되직하게 졸인 치즈 베샤멜로 대체 가능하다.

croissants aux pignons 크루아상 오 피뇽

잣 크루아상 쿠키 : 작은 냄비에 물 4테이블스푼, 설탕 4테이블스푼을 넣고 끓어오를 때까지 가열한 다음 시럽을 바로 불에서 내린다. 볼에 밀가루 50g, 아몬드 가루 150g, 설탕 200g, 달걀흰자 3개를 넣고 섞는다. 반죽이 균일한 상태로 섞이면 세 덩어리로 나눈 다음 각 덩어리를 10등분 한다. 각 반죽 조각을 직경 1cm의 작은 초승달 모양으로 성형한다. 오븐을 200°C로 예열한 다음 오븐용 철판에 기름을 살짝 바른 유산지를 깐다. 달걀 2개를 잘 저어 푼 다음 초승달 모양 반죽을 하나씩 넣었다 뺀다. 바로 잣 200g 위에 굴려 묻힌 뒤 준비해둔 철판 위에 놓고 오븐에서 10분간 굽는다. 꺼낸 뒤 붓으로 시럽을 바른다. 유산지와 철판 사이에 물을 조금 부어 스며들도록 한 다음 조심스럽게 과자를 떼어낸다.

CROISSANT ALSACIEN 크루아상 알자시엥 알자스식 크루아상. 아주 인기가 많은 알자스 지방의 특산물로 견과류 가루에 달걀흰자 또는 설탕을 섞어 속을 채운다.

croissant alsacien 크루아상 알자시엥

알자스식 크루아상 : 크루아상 반죽을 만들어 자른다. 설탕 500g, 보메 30° 시럽(밀도 1.2736) 100g, 갓 갈아낸 호두, 아몬드, 헤이즐넛 가루 200g를 섞는다. 준비한 필링을 크루아상 반죽에 넣고 말아 220°C로 예열한 오븐에 10분간 구운 다음 표면에 흰색 퐁당슈거 아이싱을 발라준다. 따뜻하게 서빙한다.

CROMESQUI 크로메스키 주로 오르되브르로 먹는 따뜻한 튀김 요리로 폴란드에서 처음 만들어졌다. 한 가지 또는 여러 가지 재료를 작은 주사위 모양인 살피콩(salpicon)으로 썬 뒤 걸쭉하게 졸인 소스와 달걀노른자를 섞어준다. 이 살피콩 혼합물을 차갑게 보관했다가 사각형 모양으로 잘라 밀가루를 입히거나 얇게 부친 짭짤한 크레프(또는 돼지 크레핀으로 싼다)로 감싼다. 이어서 튀김 반죽을 입힌 뒤 뜨거운 기름에 튀겨낸다. 크로메스키는 냅킨이나 종이타월에 올려 뜨겁게 서빙한다. 달콤한 재료로 만들어 후식으로 내는 것도 가능하다.

cromesquis : préparation 크로메스키 만들기

옛날 방식 : 크로메스키 소(고기를 넣은 것과 넣지 않은 것 모두 포함)를 만들어 식힌 다음 개당 60-70g 단위로 소분한다. 뒤셰스 감자용 퓌레 혼합물을 얇게 밀어 나눠둔 크로켓 소를 넣고 빚어 여민 다음, 아주 얇게 부쳐낸 짭짤한 크레프로 감싼다.

프랑스식 : 소분한 크로메스키 소에 밀가루를 입힌 다음 작은 직육면체나 원통형 코르크 모양으로 빚는다.

폴란드식 : 소분한 크로메스키 소를 아주 얇고 넓게 부쳐낸 짭짤한 크레프로 감싼다.

러시아식 : 소분한 크로메스키 소를 돼지 크레핀 망 조각으로 감싼다.

크로메스키를 하나씩 튀김 반죽에 담가 입힌 뒤 180°C로 예열한 기름에 튀겨 낸다. 노릇한 색이 나면 건져서 종이타월 위에 놓고 기름을 뺀 뒤 소금을 뿌린다. 냅킨 위에 피라미드형으로 수북하게 쌓고 튀긴 파슬리 잎을 곁들인다. 크로메스키 소에 사용한 재료와 어울리는 소스와 함께 낸다.

cromesquis bonne femme 크로메스키 본 팜

본 팜 크로메스키 : 소고기 500g을 물에 삶아 그대로 담가둔다. 다진 양파 2테이블스푼을 버터 또는 돼지 기름 1테이블스푼에 볶아 나른해지도록 익힌다. 여기에 밀가루 1테이블스푼을 뿌리고 노릇하게 볶는다. 고기를 익힌 육수를 아주 진하게 졸여 그중 200mℓ를 양파에 넣고 잘 저어 섞은 다음 약한 불로 15분 익힌다. 여기에 달걀노른자 2개를 넣고 잘 섞어 걸쭉하게 농도를 맞춘다. 익힌 소고기를 아주 작은 주사위 모양으로 썰어 준비한 소스에 넣고 섞는다. 함께 다시 데운 다음 완전히 식힌다. 식힌 소 혼합물을 개당 60-70g 단위로 소분한 다음 와인 코르크 모양으로 빚는다. 밀가루에 굴려준 뒤 튀김 반죽을 입힌다. 크로메스키 기본 레시피에 따라 마무리한다.

cromesquis à la florentine 크로메스키 아 라 플로랑틴

시금치 크로메스키 : 시금치에 버터를 넣고 뚜껑을 덮어 익힌 다음 약한 불에서 수분을 날린다. 여기에 걸쭉하게 농축한 베샤멜과 가늘게 간 파르메산 치즈를 넣고 잘 섞는다. 준비한 소를 아주 얇게 부쳐낸 짭짤한 크레프에 넣고 싼다. 튀김 반죽을 입혀 뜨거운 기름에 튀긴다.

CROQUANTE 크로캉트 큰 사이즈의 파티스리인 크로캉트는 옛날에는 테이블 끝이나 뷔페 테이블 위를 장식하는 용도로 쓰였다. 크로캉트는 녹색 또는 분홍색으로 물들인 설탕 글라사주를 입힌 반죽 시트 위에 익힌 아몬드 페이스트 띠를 엮어 얹어 만든다. 여기에 속을 파내고 당절임 체리를 채운 원형 푀유타주를 올려 전체를 장식한다. 또는 링 모양의 과자인 젱블레트에 글라사주를 입힌 뒤 크로캉부슈 모양으로 쌓아올려 만들기도 한다.

또한 크로캉트 또는 크로캉이라 부르는 작은 구움과자도 있는데, 이로 깨물면 바삭하고 깨지는 비스킷의 일종이다. 생 제니에(Saint-Geniez)의 크로캉은 아몬드와 헤이즐넛을 섞어 만든다. 파리식 크로캉은 당과류 봉봉이다.

CROQUE-AU-SEL (À LA) (아 라) 크로크 오 셀 소금만 뿌려 아삭하게 먹는다는 의미로, 생채소에 기본적으로 소금만 뿌려 서빙하는 경우를 지칭하나 차가운 버터를 곁들이기도 한다. 주로 아주 신선한 햇 아티초크, 래디시, 잠두콩, 토마토, 오이 등의 채소를 이 방식으로 먹는다. 요리사 로제 라마제르(Roger Lamazère)를 비롯한 많은 미식가들이 보증하는 신선한 송로버섯을 맛보는 가장 좋은 방법이기도 하다.

CROQUEMBOUCHE 크로캉부슈 원뿔형의 장식용 디저트 조형물로 여러 개의 작은 파티스리나 당과류 과자 등을 쌓아서 만든다. 이 구성물들 하나하나마다 설탕 시럽 글레이즈를 입혀 씹었을 때 입안에서 파삭하게 깨지는 식감이 나는 것에서 그 이름이 유래했다. 크로캉부슈는 보통 누가틴(nougatine) 받침대 위에 쌓아 만든다. 원뿔 모양 틀을 중심에 세워두고 조립하기도 하는데, 이 틀 역시 크로캉부슈라고 부른다. 쌓아 올린 구성물들이 서로 잘 붙어 고정되고 접착용으로 쓴 캐러멜이 완전히 굳으면 안쪽의 틀을 제거한다. 뷔페나 결혼 연회 또는 첫 영성체 예식 등에 특별히 준비하는 전통 디저트이다. 정통 크로캉부슈는 작은 슈로 만들며 속에 크림(크렘 파티시에 또는 기타 크림)을 채우거나 빈 상태로 쓰기도 한다. 슈에 그랑 카세(grand cassé) 단계까지 가열한 설탕 시럽을 입혀 붙여가며 쌓아 올린다. 아몬드 페이스트나 설탕 코팅을 입힌 과일, 링 모양의 과자인 젱블레트(gimblette), 아몬드 페이스트로 만든 작은 과자들, 머랭, 누가틴 등을 사용하기도 한다. 크로캉부슈를 장식하는 방법은 매우 다양하다.

croquembouche 크로캉부슈

크로캉부슈 : 15인분 / 준비: 1시간 30분 + 1시간 / 조리: 10분 + 18-20분

파트 쉬크레(pâte sucrée) 만들기(500g 분량). 달걀 1개를 볼에 풀어둔다. 바닐라 빈 깍지 1/2개를 길게 갈라 안의 가루를 긁어낸다. 잘게 썬 버터 125g을 볼에 넣고 아주 부드러운 상태로 만든 다음 슈거파우더 85g, 아몬드 가루 25g, 고운 소금 1 작은 티스푼, 바닐라 빈, 달걀, 마지막으로 체 친 밀가루 210g을 순서대로 넣는다. 새로운 재료를 넣을 때마다 완전히 섞이도록 잘 저어준다. 둥글게 뭉친 뒤 손으로 납작하게 누른다. 식품용 랩으로 감싸 냉장고(4°C)에 넣어 휴지시킨다.

크로캉부슈 만들기 : 하루 전날, 파트 쉬크레, 슈 반죽 800g(참조. p.213), 럼, 키르슈 또는 그랑 마르니에 500mℓ로 향을 낸 크렘 파티시에 1kg(참조. p.274)을 만든다. 오븐을 200°C로 예열한다. 깍지를 끼운 짤주머니로 슈 75개를 짠 다음 오븐에 10분간 굽는다. 작업 당일, 아주 가는 깍지를 끼운 짤주머니에 크렘 파티시에를 넣은 뒤 슈

바닥에 구멍을 내고 크림을 채운다. 오븐을 180°C로 예열한다. 파트 쉬크레 180g을 4mm 두께로 민다. 지름 22cm 원형으로 자른 뒤 유산지를 깐 오븐 팬에 놓고 오븐에 20분간 굽는다. 각설탕 350g에 물 200㎖를 넣고 가열하여 연한 색 캐러멜을 만든다. 설탕이 결정화하여 캐러멜이 굳는 것을 막기 위해 식초 1.5티스푼을 넣고 잘 섞어둔다. 먼저 각 슈의 윗부분을 캐러멜에 담가 묻힌 다음 모두 오븐 팬 위에 올려둔다. 크로캉부슈를 올릴 접시 위에 구운 파트 쉬크레 원반을 놓고, 지름 14cm 볼의 겉면에 오일을 바른 다음 그 위에 엎어 놓는다. 각설탕 350g, 물 200㎖, 식초 1.5티스푼으로 연한 색 캐러멜을 새로 만든다. 이번에는 슈의 바닥 부분에 캐러멜을 묻혀 볼 가장자리에 화관 모양으로 슈를 이어 붙인다. 캐러멜을 묻힌 슈의 윗부분이 케이크의 바깥을 향하도록 붙인다. 볼을 제거하고 슈를 계속해서 쌓아올린다. 윗단의 슈가 아랫단의 슈 사이사이에 위치하도록 교차시키고 간격을 조금씩 좁혀가며 붙인다. 슈 사이의 빈 공간에 캐러멜로 드라제(dragée) 200g을 붙여 장식을 마무리한다. 빠른 시간 내에 서빙한다.

CROQUE-MONSIEUR 크로크 무슈 버터를 바른 두 장의 식빵 두 장에 그뤼에르 치즈 슬라이스와 기름기가 적은 햄을 넣어 만든 더운 샌드위치이다. 크로크 무슈는 버터를 넣은 팬이 또는 그릴에서 양면을 모두 굽는다. 윗면에 그뤼에르를 넣은 베샤멜을 끼얹고 그라탱처럼 브로일러에 노릇하게 굽기도 하며, 햄 대신 닭가슴살을 넣거나 그뤼에르를 고다 치즈로 대체할 수도 있다. 여기에 더해 토마토 슬라이스, 더 나아가 파인애플 슬라이스를 넣기도 한다. 윗면에 써니 사이드 업 달걀 프라이를 얹은 것은 크로크 마담(croque-madame)이라고 부른다. 최초의 크로크 무슈는 1910년 파리 카퓌신(Capucines) 대로의 한 카페에서 탄생했다. 여전히 카페, 브라스리, 스낵 요리의 전형으로 남아 있으며 애피타이저나 따뜻한 오르되브르로 등장하기도 한다.

▶ 레시피 : BANANE.

CROQUET 크로케 막대기 모양 또는 납작하고 길쭉한 모양의 구움과자로 보통 아몬드 가루, 설탕, 달걀흰자로 만든다. 크로케 또는 크로케트(croquette)의 대부분은 지방 특산물이며 베리(Berry), 솔로뉴(Sologne), 페리고르(Perigord), 니베르네(Nivernais), 상스(Sens), 바르 쉬르 오브(Bar-sur-Aube), 보르도(Bordeaux), 벵소브르(Vinsobres), 발랑스(Valence) 등이 그 산지로 유명하다.

croquets de Bar-sur-Aube 크로케 드 바르 쉬르 오브

바르 쉬르 오브식 크로케 : 볼에 설탕 500g, 아몬드 가루 250g을 넣어 섞은 뒤 달걀흰자 8개를 하나씩 넣는다. 체 친 밀가루 275g과 바닐라슈거 10g을 넣고 살살 섞는다. 반죽을 작업대 위에 붓고 길고 납작한 모양으로 잘라 기름을 바른 오븐 팬에 정렬한다. 180°C로 예열한 오븐에 굽는다. 뜨거울 때 팬에서 떼어내 철판이나 대리석 작업대 위에서 식힌 후 유리 단지나 밀폐되는 틴 용기에 담아 건조한 장소에 보관한다.

croquets bordelais 크로케 보르들레

보르도식 크로케 : 껍질을 벗긴 아몬드 300g과 껍질을 벗기지 않은 아몬드 150g을 곱게 다진 뒤 설탕 300g, 부드럽게 만든 버터 120g, 달걀 2개, 레몬 제스트 또는 오렌지 제스트 1개분, 베이킹파우더 작은 1봉지, 소금 1자밤을 넣고 잘 섞는다. 반죽을 직경 5cm 크기 작은 원통형으로 밀고 약간 납작하게 누른 다음 너비 1cm 토막으로 자른다. 유산지를 깐 오븐 팬에 자른 크로케를 놓고 달걀물을 바른다. 포크 끝을 이용해 달걀물을 바른 표면 위에 선을 그어 장식한다. 190°C로 예열한 오븐에서 15분간 굽는다.

CROQUETTE 크로케트 크로켓. 짭짤하거나 달콤하게 만드는 작은 튀김 요리. 오르되브르(생선, 육류, 가금류, 햄, 버섯, 송아지 흉선 등으로 만든 크로켓)로 뜨겁게 먹거나 요리의 가니시(특히 감자 크로켓), 또는 디저트(쌀, 밤, 세몰리나 크로켓)로 서빙한다. 기본 크로켓 재료 혼합물은 대개 걸쭉하게 만든 소스(화이트, 쉬프렘, 블루테, 인디언, 토마토 소스 등을 들 수 있으며, 감자 크로켓에는 치즈를 넣은 베샤멜, 달콤한 크로켓에는 크렘 파티시에를 사용한다)를 넣어 잘 뭉치도록 혼합한다. 크로켓은 와인 코르크 모양, 납작한 원형, 스틱 형, 볼 또는 직사각형 등으로 빚는다. 일반적으로 밀가루, 달걀, 빵가루를 묻혀 아주 뜨거운 기름에 바싹 튀겨내 노릇하게 완성한다.

접시 위에 튀김용 종이나 접은 냅킨을 깔고 그 위에 크로켓을 쌓거나 피라미드형, 또는 화관 모양으로 올리고, 경우에 따라 튀긴 파슬리를 곁들인다. 언제나 크로켓에 사용한 주재료와 어울리는 소스를 함께 곁들여 낸다. 소테하거나 그릴에 구운 고기 요리에 생선 크로켓이나 감자 크로켓을 곁들여 내는 형태가 가장 보편적이다. 후식용 크로켓은 수분을 많이 날려 아주 되직하게 만든 크렘 파티시에만으로도 만들 수 있다. 크림을 넓게 펴 굳힌 뒤 갸름한 마름모나 직사각형으로 잘라 튀김옷을 입힌 다음 뜨거운 기름에 튀겨낸다(크림 튀김crème frite).

CROQUETTES SALÉES 크로케트 살레
짭짤한 맛의 크로켓

croquettes de bœuf 크로케트 드 뵈프

소고기 크로켓 : 물에 삶아 익힌 소고기와 기름기 없는 햄을 작은 큐브 모양으로 썬다. 충분히 졸여 되직하게 만든 베샤멜 소스와 재료를 섞은 다음 달걀노른자 1개를 넣는다. 완전히 식힌다. 개당 50-70g 분량으로 소분한다. 밀가루, 달걀, 빵가루를 입혀 아주 뜨겁게 예열한 기름(180°C)에 튀겨낸다. 향신료로 맛을 돋운 토마토 소스와 함께 낸다.

croquettes de fromage 크로케트 드 프로마주

치즈 크로켓

레시피 1 : 끓는 베샤멜에 생크림 100㎖와 가늘게 간 치즈(그뤼에르, 올랑드) 125g을 넣는다. 잘 저어 혼합한 뒤 간을 맞춘다. 완전히 식힌다. 개당 60-70g 분량으로 소분한다. 공 모양으로 빚어 밀가루, 달걀, 빵가루를 입힌 다음 아주 뜨거운 기름(180°C)에 튀긴다.

레시피 2 : 달걀 3개와 달걀노른자 2개를 완전히 푼다. 믹싱 볼에 체 친 밀가루 50g, 쌀가루 50g을 넣고 풀어놓은 달걀을 부어준 뒤 잘 섞는다. 끓인 우유 500㎖를 넣고 잘 풀어준 다음 소금, 후추, 넛멕, 약간의 카옌페퍼를 넣어 간을 한다. 끓어오를 때까지 가열한 다음 계속 저으며 5분간 익힌다. 가늘게 간 그뤼에르 치즈 125g을 넣고 잘 저으며 녹인다. 완전히 식힌다. 개당 60-70g 분량으로 소분하여 튀김옷을 입힌 다음 아주 뜨거운 기름에 튀긴다(180°C).

croquettes Montrouge 크로케트 몽루즈

몽루즈식 크로켓 : 수분을 충분히 날린 버섯 뒥셀과 그 1/2에 해당(부피 기준)하는 잘게 썬 햄, 1/3에 해당(부피 기준)하는 빵 속살(우유에 담가 적신 뒤 꼭 짠 것)을 섞는다. 잘게 자른 파슬리와 달걀노른자(뒥셀 혼합물 250g당 2개분)를 넣고 잘 혼합한 뒤 간을 확인한다. 혼합물을 귤 크기로 동그랗게 빚는다. 살짝 눌러 납작하게 만든 다음 밀가루, 달걀, 빵가루를 입히고 아주 뜨거운 기름(180°C)에 튀긴다. 건져내 키친타월에 얹어 기름기를 제거하고 고운 소금을 뿌린다.

croquettes de morue 크로케트 드 모뤼

염장대구 크로켓 : 염장 건대구를 물에 담가 소금기를 뺀 다음 물에 데쳐 익힌다. 살을 결결이 아주 잘게 부순다. 생선 양의 1/3에 해당(부피 기준)하는 뒤셰스 감자용 퓌레를 섞어준 뒤 베샤멜을 적당량 넣어 혼합물이 잘 엉기도록 한다. 동글게 빚은 크로켓을 아주 뜨거운 기름(180°C)에 넣어 튀긴다. 토마토 소스를 곁들여 낸다.

croquettes de pomme de terre 크로케트 드 폼 드 테르

감자 크로켓 : 감자(분질 감자) 1.5kg의 껍질을 벗겨 세로로 등분한 다음 끓는 소금물에 최소 20분 익힌다. 건져서 바트를 받친 망 위에 올린 다음 250°C로 예열한 오븐에 넣고 표면이 하얗게 포슬포슬해질 때까지 건조시킨다. 감자를 퓌레 상태로 으깨고 수분을 날린 뒤 버터 150g을 넣는다. 여기에 포크로 저어 완전히 푼 달걀노른자 5개를 조금씩 넣으며 섞는다. 넓은 용기에 오일을 바르고 감자 퓌레를 펼쳐 담은 뒤 완전히 식힌다. 손에 밀가루를 묻히고 퓌레를 여러 개의 공 모양으로 뭉쳐 굴린 다음 길고 가는 원통형으로 밀어 6-7cm 길이로 자른다. 양끝을 살짝 둥글려준다. 밀가루, 달걀, 빵가루를 입혀 아주 뜨거운 기름(180°C)에 3분간 튀긴다. 튀겨낸 크로켓을 종이타월에 올려 기름기를 제거하고 로스트 요리나 그릴에 구운 고기 요리에 곁들여 즉시 서빙한다.

croquettes à la viennoise 크로케트 아 라 비에누아즈

비엔나식 크로켓 : 쿠르부이용에 데친 어린 양 흉선, 기름기 없는 햄, 버터에 색이 나지 않게 볶은 버섯을 동량으로 준비해 작은 주사위 모양으로 썬다. 다져서 버터에 볶은 양파(양 흉선과 부피 기준 동량)를 더한다. 걸쭉하게 졸인 블루테(velouté) 소스에 파프리카 가루를 넣어 양념한 뒤 재료에 적당량을 넣고 잘 섞어준다. 작고 둥글납작한 모양으로 빚어 일반 크로켓 조리 방식으로 튀겨낸다. 튀긴 어니언 링과 파프리카를 넣은 토마토 소스를 곁들여 서빙한다.

CROQUETTES SUCRÉES 크로케트 쉬크레
달콤한 맛의 크로켓

croquettes aux abricots 크로케트 오 자브리코

살구 크로켓 : 시럽에 절인 살구 500g을 건져 물기를 제거하고 굵직하게 깍둑 썬다. 아주 되직하게 만든 크렘 파티시에 400㎖를 넣고 잘 섞는다. 럼을 넣어 향을 낸 다음 완전히 식힌다. 혼합물을 개당 60-70g 단위로 소분한다. 공 모양으로 굴려 빚은 다음 가볍게 눌러 납작하게 만든다. 밀가루, 풀어 놓은 달걀, 이어서 갓 갈아낸 빵가루를 순서대로 입힌다. 아주 뜨겁게 예열한 기름(180°C)에 튀겨낸 뒤 뜨거운 살구 소스와 함께 서빙한다.

croquettes de marron 크로케트 드 마롱

밤 크로켓 : 밤을 끓는 물에 잠깐 데쳐낸 뒤 껍질을 벗긴다. 바닐라로 향을 낸 라이트 시럽(물 1ℓ당 설탕 500g)에 밤을 넣어 익힌다. 익힌 밤을 갈아 퓌레를 만든 뒤 퓌레 500g당 달걀노른자 5개, 버터 50g 비율로 섞는다. 오븐팬에 넓게 펴 담고 완전히 식힌다. 개당 60-70g 분량의 직사각형으로 자른 다음 밀가루, 달걀, 빵가루를 입혀 아주 뜨거운 기름(180°C)에 튀긴다. 코냑 또는 아르마냑으로 향을 낸 체리 소스를 곁들여 서빙한다.

CROSNE 크론 두루미냉이, 초석잠. 꿀풀과의 식물로 프랑스에서는 크론(Crosne, Essonne) 지역에서 처음으로 재배하기 시작했으며 그 덩이줄기를 식용으로 소비한다. 원산지는 일본으로, 맛이 섬세하며 샐서피(서양 우엉의 일종)나 아티초크와 같은 약간의 단맛을 갖고 있다. 굵은 소금으로 비벼 끓는 물에 데쳐낸 다음 튀기거나 버터를 넣고 뚜껑을 덮어 익혀 먹는다. 돼지감자와 같은 방식으로 요리하기도 한다.

crosnes : préparation 크론

두루미냉이 준비하기 : 올이 굵은 면포에 두루미냉이를 놓고 굵은 소금을 한 줌 뿌린다. 면포로 감싸 세게 흔들어주면서 비벼 겉껍질 막을 벗겨낸다. 물에 씻어 남아있는 껍질을 모두 제거한 다음 끓는 소금물에 데친다. 버터를 두른 팬에 두루미냉이를 넣은 뒤 뚜껑을 덮고 색이 나지 않게 찌듯이 익힌다. 다른 양념 추가 없이 그대로 가니시로 낸다. 또는 크림, 허브, 육즙 소스 등을 넣고 조리하기도 한다.

기 사부아(GUY SAVOY)의 레시피

crosnes aux oursins 크론 오 주르생

성게 알을 넣어 요리한 두루미냉이 : 두루미냉이 150g을 씻어 물기를 뺀다. 냄비에 넣고 재료가 잠기도록 물을 부은 다음 버터와 소금을 20g씩 넣는다. 물이 다 증발할 때까지 익힌 뒤 따뜻하게 보관한다. 블렌더에 성게 알 2마리 분과 버터 130g을 블렌더로 갈아 매끈하고 균일한 질감이 될 때까지 섞는다. 별도로 성게 알 16개를 자체에서 나온 물 일부와 함께 따뜻하게 데운다. 성게에서 나온 물 나머지 분량에 생크림을 1스푼 섞고 끓어오를 때까지 가열한 다음, 거품기로 저어가며 준비해둔 성게 알 버터를 조금씩 섞는다. 후추를 뿌린 다음 레몬즙 1/2개분을 넣고 체에 거른다. 데운 성게 알을 건져 두루미 냉이와 함께 접시에 올리고 버터 소스를 끼얹는다. 경우에 따라 데쳐 버터에 소테한 시금치 잎을 몇 장 곁들인다.

CROTTIN DE CHAVIGNOL / CHAVIGNOL 크로탱 드 샤비뇰 / 샤비뇰 염소젖으로 만드는 상세르(Sancerre)의 AOC 치즈(유지방 최소 45%). 천연 외피 연성치즈로 표면에 흰색, 푸른색 또는 갈색 곰팡이가 듬성듬성 피어 있다(**참조** p.392 프랑스 치즈 도표). 납작하게 눌린 작은 공 모양을 하고 있으며 중량은 약 60g 정도이다. 일반적으로 4주간 숙성하며 경우에 따라 그 기간은 3개월까지 길어지기도 한다. 이렇게 오랜 시간 숙성한 치즈는 부서지는 질감을 갖게 되며 풍미가 아주 강해진다. 더 신선한 상태로 먹기도 하는데, 이때는 아직 맛이 순하고 새하얀 색을 띠고 있다. 샤비뇰은 후식으로 먹는 치즈이나 수플레, 샐러드 등에 사용하기도 한다.

앙리 포주롱(HENRI FAUGERON)의 레시피

crottins de Chavignol rôtis sur salade aux noix de la Corrèze 크로탱 드 샤비뇰 로티 쉬르 살라드 오 누아 드 라 코레즈

크로탱 드 샤비뇰 치즈를 올린 코레즈 호두 샐러드 : 충분히 숙성된 크로탱 드 샤비뇰 치즈 6개를 오븐팬에 놓고 275-300°C로 예열한 오븐에 3-4분 구워 일부 기름기가 빠지도록 한다. 캉파뉴 빵 슬라이스 6장에 버터를 발라 노릇하게 구운 뒤 치즈를 올린다. 기호에 따라 선택한 그린 샐러드 채소를 와인 식초 비네그레트로 살살 버무린 다음 호두살 60g을 고루 뿌린다. 치즈 올린 빵을 샐러드 위에 얹어 서빙한다.

CROUPION 크루피옹 선골부, 꽁지. 가금류와 조류의 몸체 뒷부분 끄트머리로, 등 척추의 마지막 두 개 뼈로 이루어져 있으며 꼬리 깃털이 달려 있다(**참조** BONNET d'ÉVÊQUE). 오리, 암탉, 영계, 거위 등은 조리하기 전 꽁지 양쪽에 있는 기름샘을 제거해야 한다. 고기에 좋지 않은 잡내를 줄 수 있기 때문이다.

CROUSTADE 크루스타드 짭짤한 소를 채우거나 얹은 바삭한 빵 또는 페이스트리. 다양한 크기로 만들 수 있으며 주로 타르트 반죽, 퍼유타주, 퐁 뒤셰스(pomme duchesse) 혼합물, 세몰리나 또는 쌀로 만든 반죽을 튀기거나 오븐에 굽는다. 서빙 직전, 다양한 재료를 잘게 썰어 익힌 살피콩(salpicon), 스튜, 채소 또는 퓌레 등을 어울리는 걸쭉한 소스와 잘 섞은 뒤 구운 크루스타드에 얹거나 채워 준다. 중세에 처음 만들어진 크루스타드는 주로 따뜻한 오르되브르로 많이 먹지만, 정통 고급 요리의 클래식한 가니시로 사용하기도 한다.

croustade de pommes à la québécoise ▶ POMME

croustades de foies de volaille 크루스타드 드 푸아 드 볼라이

가금류 간 크루스타드 : 4인분

타르트 반죽(pâte à foncer)으로 만든 지름 10cm 크기 크루스타드 시트 4개를 오븐에 미리 따로 구워둔다. 가금류의 간 240g을 준비하여 근막과 핏줄을 꼼꼼히 제거한 뒤 간엽을 분리하고 도톰하고 어슷하게 썰어 소금, 후추를 뿌린다. 팬에 버터 30g을 뜨겁게 달군 뒤 가금류 간을 넣고 센 불에서 소테한다. 건져둔다. 버터 30g을 녹인 팬에 잘게 썬 샬롯 50g과 깨끗이 씻어 얇게 썬 양송이버섯 120g을 넣고 노릇하게 볶는다. 소금, 후추로 간한다. 비어 있는 크루스타드를 오븐에 데운다. 버섯과 간에 마데이라 소스 4-6테이블스푼을 넣고 섞어준 뒤 불 위에 올려 살짝 끓어오르기 전까지만 가열하여 뜨겁게 데운다. 이렇게 준비한 소 혼합물을 트루스타드에 채워 담아 오르되브르로 아주 뜨겁게 낸다. 마데이라 와인에 따뜻하게 데운 송로버섯 슬라이스(20g)를 얹어 장식하면 더욱 좋다.

croustades Montrouge 크루스타드 몽루즈

몽루즈 크루스타드 : 4인분

곱게 다진 버섯 400g에 잘게 썬 샬롯 100g, 레몬즙 1/2개를 넣고 볶는다. 기호에 맞게 소금과 후추로 간을 한다. 더블 크림 100㎖를 넣고 충분히 졸인다. 이렇게 준비한 스터핑으로 미리 따로 구워둔 크루스타드를 채운다. 가늘게 간 파르메산 치즈 20g을 고루 뿌린 뒤 250°C로 예열한 오븐에 넣어 그라탱처럼 노릇하게 구워낸다. 오르되브르로 뜨겁게 서빙한다.

croustades de pommes de terre duchesse 크루스타드 드 폼 드 테르 뒤셰스

뒤셰스 감자 크루스타드 : 4인분

뒤셰스 감자용 퓌레 혼합물(참조. p.693 POMMES DUCHESSE) 800g을 기름 바른 오븐팬에 4-5cm 두께로 넓게 펼친 다음 완전히 식힌다. 원형 쿠키 커터를 이용해 지름 7cm 크기의 원반 4개를 찍어낸다. 밀가루, 달걀, 빵가루를 입힌다. 가장자리에서 1cm 안쪽에 3-4cm 깊이로 원모양을 찍어 가니시 채울 자리를 표시해둔다. 아주 뜨거운 기름(180°C)에 튀긴다. 건져서 종이타월로 기름기를 제거한다. 표시해둔 가운데 원을 도려내 뚜껑을 따고 안쪽을 눌러 바닥과 벽의 두께를 약 1cm로 다듬는다. 이렇게 준비한 크루스타드를 볼로방(vol-au-vent)용 소 또는 다양한 채소 등으로 채운 다음 오르되브르로 낸다.

croustades vert-pré 크루스타드 베르 프레

녹색 채소 크루스타드 : 4인분

뒤셰스 감자 반죽(참조 상단 레시피)으로 크루스타드 4개를 만든다. 잘게 송송 썬 그린 빈스 100g, 완두콩 100g, 아스파라거스 머리 부분 100g 섞은 뒤 버터 20g을 넣고 살짝 볶는다. 4등분하여 크루스타드를 채운다. 오르되브르로 낸다.

perdreaux en croustade ▶ PERDREAU ET PERDRIX

CROÛTE 크루트 요리나 제과의 구성물을 채우거나 얹는 용도로 사용되는 구운 반죽 크러스트 또는 슬라이스한 빵을 지칭한다. 단맛 또는 짭짤한 맛(부셰, 푀유타주, 플랑, 타르트, 탱발, 볼로방 등) 혼합물을 담는 일부 크루트는 반죽 시트(파트 푀유테, 파트 브리제, 파트 아 퐁세)만 미리 따로 초벌로 구워 사용한다. 일부 요리에서는 크루트가 요리 겉면을 덮는 역할을 한다(쿨리비악 koulibiac, 파테 앙 크루트 paté en croûte).

따뜻한 오르되브르로 서빙하는 크루트는 원형 또는 정사각형으로 두툼하게 자른 식빵의 가운데를 약간 파내 우묵하게 만들고 버터를 발라 노릇하게 구운 다음 다양한 가니시(햄, 버섯, 안초비, 해산물 등)를 채워 얹는다. 여기에 걸쭉하게 졸인 소스를 끼얹고 오븐에 넣어 그라탱처럼 노릇하게 구워 마무리한다. 따뜻한 디저트로 서빙하는 크루트는 말라 굳은 사바랭, 브리오슈, 또는 브리오슈 계열 빵 슬라이스를 사용한다. 설탕이나 다양한 글레이즈를 발라 오븐에 윤기나게 구워낸 다음 시럽에 포칭한 과일 또는 과일 콩피를 올리거나, 시럽에 적셔 아몬드 슬라이스를 뿌리기도 하며 혹은 간단히 잼을 바르는 등의 방법으로 마무리할 수도 있다.

croûte : préparation 크루트

크루트 만들기 : 말라 굳은 묵은 식빵을 지름 4-5cm, 두께 2cm의 원형으로 슬라이스한다. 지름이 더 작은 원형 커터를 이용해 크루트 표면 중앙을 살짝 눌러 자국을 낸다. 팬에 정제 버터, 오일 또는 마가린을 녹인 뒤 튀기듯 양면을 지진다. 건져서 자국 낸 가운데 부분을 파낸 뒤 가니시를 채운다.

croûte à flan cuite à blanc : préparation 크루트 아 플랑 퀴트 아 블랑

플랑 시트 미리 초벌로 굽기 : 타르트 바닥 반죽 350g을 만들어 3mm 두께로 민다. 투르트 틀이나 지름 28cm 플랑 틀에 버터를 바르고 밀가루를 묻힌다. 너무 많이 묻은 밀가루는 탁탁 흔들어 털어낸다. 밀어 놓은 반죽을 틀에 앉힌다. 가장자리에도 시트가 잘 밀착되도록 꼼꼼히 대준다. 틀의 둘레 맨 윗부분은 좀 더 두툼하게 손으로 매만져 굽는 동안 수축되지 않도록 해준다. 밀대를 틀 위로 한 번 굴려 가장자리 밖으로 나온 초과분을 제거한다. 바닥을 포크로 군데군데 찔러둔다. 반죽 위에(바닥과 안쪽 벽) 버터를 얇게 바른 유산지나 알루미늄 호일을 깐다. 200°C로 예열한 오븐에 10분 굽는다. 종이를 떼어낸 다음 달걀물을 바르고 다시 오븐에 3-4분 구워 말린다. 가니시를 채워 사용한다.

croûte à timbale garnie : préparation 크루트 아 탱발 가르니

가니시를 채운 탱발 크루트 만들기 : 탱발(timbale) 또는 샤를로트 틀에 버터를 발라둔다. 단단한 면 파스타에 물을 조금 적신 뒤 틀 안쪽에 붙여 무늬 장식을 해준다. 그 위에 놓을 타르트 반죽 시트에 잘 붙도록 표면에도 물을 발라둔다. 타르트 반죽 400g을 굴려 둥글게 뭉친 다음 두께 6mm로 밀어 지름 20cm 원형으로 자른다. 여기에 가볍게 밀가루를 뿌리고 반으로 접은 다음, 가장자리가 원의 중심쪽으로 접어 만나도록 모아 다시 매끈한 원형으로 민다. 이 반죽 시트를 틀 안에 깔고 가장자리를 잘 붙인다. 틀 밖으로 넘치는 부분은 잘라낸다. 버터를 바른 유산지를 깔고(버터를 바른 부분이 반죽에 붙도록) 마른 콩을 채운다. 그 위에 돔 모양으로 종이를 올린 다음, 1.5mm 두께로 얇게 민 원반형 반죽을 얹는다. 이 뚜껑 반죽의 가장자리와 탱발 틀 테두리를 손으로 꼭꼭 누르며 여며 붙인 다음, 파티스리용 핀처(톱니가 있는 핀셋)를 이용해 일정한 간격으로 반죽을 집어 장식한다. 뚜껑 반죽에 물을 묻히고, 얇게 민 반죽을 쿠키 커터로 찍어내 만든 장식 문양(나뭇잎, 꽃, 꽃잎처럼 구불구불한 고리 모양 등)을 붙인다. 뚜껑 한가운데에 작은 구멍을 뚫어 굴뚝을 만든다. 표면에 달걀 물을 바르고 190°C로 예열한 오븐에서 35-40분간 굽는다.(뚜껑 반죽을 볼로방용 원형 커터 위에 얹어 따로 구워도 된다). 오븐에서 틀을 꺼내 뚜껑 가장자리를 칼끝으로 돌려 연다. 뚜껑을 벗겨내고 종이와 속을 채운 콩 등을 꺼낸 다음 크루트 내부에 달걀 물을 바른다. 틀은 제거하지 않은 채로 다시 오븐에 넣은 다음 문을 약간 열어둔 상태로 몇 분간 구워 말린다. 말린 크루트를 꺼내 그릴 망 위에 올린 다음 뚜껑과 함께 따뜻하게 보관해둔다. 가니시를 데워 탱발 크루트 속을 채운 다음 뚜껑을 덮는다. 즉시 서빙한다.

croûte à vol-au-vent : préparation 크루트 아 볼로방

볼로방 크루트 만들기 : 얇은 겹의 푀유테 반죽 500g을 만든다. 반죽을 이등분하여 4mm 두께로 민다. 타르트 링을 이용해 지름 15cm의 원형으로 2장을 잘라낸다. 물을 살짝 바른 베이킹 팬에 반죽 시트 한 장을 뒤집어 놓는다. 지름 12cm 또는 13cm 타르트 링을 두 번째 반죽 시트의 중앙에 놓고 일정한 두께의 테두리가 나오도록 가운데 부분을 찍어낸다. 첫 번째 반죽 표면에 물을 바른 다음, 링 모양만 남은 두 번째 반죽을 뒤집어 얹어준다. 두 번째 반죽에서 잘라낸 작은 원형을 밀어 편 뒤 지름 15cm 타르트 링으로 다시 찍어 잘라낸다. 볼로방 가장자리에 물을 바르고 그 위에 이 세 번째 반죽을 올린다. 표면에 달걀물을 바르고 작은 칼을 이용해 중앙에 우물처럼 비어 있는 부분(안쪽의 지름 12-13cm 짜리 원)의 둘레를 따라 뚜껑에 금을 그어준다. 볼로방 가장자리를 따라 일정한 간격으로 살짝 칼집을 내주고 표면에 줄무늬를 내준다. 220°C로 예열한 오븐에 15분간 굽는다. 오븐에서 꺼내 식힘 망 위에 올리고, 뚜껑이 부서지지 않도록 조심스럽게 뚜껑을 잘라낸다. 도려낸 뚜껑 부분을 그릴 위에 두고 말랑한 속을 파낸다. 볼로방을 따뜻하게 보관한다. 가니시를 데워 볼로방 크루트에 담고 뚜껑을 얹어 즉시 서빙한다.

CROÛTES SALÉES 크루트 살레
짭짤한 맛 크루트

alouettes en croûte ▶ ALOUETTE

croûtes Brillat-Savarin 크루트 브리야 사바랭

브리야 사바랭 크루트 : 4인분
타르트 시트 반죽으로 만든 지름 10cm 크기의 애피타이저용 크루트 4개를 미리 따로 구워둔다. 어린 양 또는 송아지 흉선 200g, 소테 한 버섯 80g을 잘게 썬다. 경우에 따라 닭 볏 40g, 닭 콩팥 40g도 함께 섞기도 한다. 데미글라스 소스 또는 졸여 농축시킨 마데이라 소스 8테이블스푼을 넣고 잘 섞으며 데워준 뒤 크루트에 채워 넣는다.

croûtes cardinal 크루트 카르디날

카르디날 크루트 : 4인분
크루트 4개를 만들어 둔다. 랍스터 살 240g(도톰하고 어슷하게 썬 꼬리 살 네 조각은 따로 보관해둔다), 송로버섯 80g을 잘게 썬다. 랍스터 버터 40g을 넣어 마무리한 베샤멜소스 8테이블스푼을 넣고 잘 섞으며 데운 뒤 각 크루트에 채워 넣는다. 빵가루 40g을 뿌리고 아주 뜨거운 오븐에서 그라탱처럼 노릇하게 구워낸다. 따로 준비해둔 랍스터 살을 한 조각씩 얹고 얇게 저민 송로버섯 슬라이스를 한 장씩 올려 장식한다.

croûtes à la diable 크루트 아 라 디아블

디아블 크루트 : 4인분
익힌 햄 240g, 버터 25g을 넣고 색이 나지 않게 볶은 버섯 120g을 잘게 썬다. 졸여 농축한 데미글라스 소스에 카옌페퍼를 넣어 맛을 낸 다음 잘게 썬 재료에 넣고 잘 섞으며 데운다. 이 혼합물을 크루트 4개에 나누어 채운 뒤 빵가루를 뿌린다. 아주 뜨거운 오븐에 넣어 그라탱처럼 노릇하게 구워낸다.

croûtes à la livonienne 크루트 아 라 리보니엔

리보니아식 크루트 : 4인분
훈제청어 이리 160g을 곱게 갈아 퓌레로 만든 뒤 동량(부피 기준)의 베샤멜을 섞어 크루트에 채운다. 훈제청어 살 40g, 레몬즙을 뿌린 동량의 사과(reinette 품종)를 잘게 썰어 각 크루트에 1스푼씩 넣어준다. 잘게 뜯은 빵 속살 40g을 고루 얹은 뒤 275°C로 예열한 오븐에 넣고 그라탱처럼 노릇하게 구워낸다.

croûtes à la moelle 크루트 아 라 무알

소 골수 크루트 : 4인분
식빵을 두께 1.5cm로 슬라이스한 다음, 사방 4cm 크기의 정사각형 4개를 잘라낸다. 칼을 이용해 가장자리로부터 5mm 안쪽에 테두리를 그은 다음 정제 버터를 녹인 팬에 튀기듯이 모든 면을 고루 지진다. 선을 표시해둔 가운데 부분을 파낸다. 약하게 끓는 소금물에 소 골수 400g를 데쳐 익힌 다음, 졸여 농축한 송아지 육수(또는 데미글라스) 50mℓ를 넣고 섞으며 데운다. 화이트와인 50mℓ를 넣고 졸인 다진 샬롯 100g을 넣어 맛을 돋운다. 이 소 혼합물을 빵 크루트 안에 채운다. 끓기 직전의 소금물에 데쳐낸 다음 물기를 제거한 소 골수 슬라이스를 각 크루트 위에 하나씩(총 100g) 올린다. 그 위에 송로버섯 슬라이스 작은 것을 한 조각씩(총 25g)를 얹는다. 송로버섯이 없을 경우 갓 갈아낸 빵 속살(또는 녹인 버터를 뿌린 황갈색 빵가루) 40g을 뿌려 크루트를 덮는다. 통후추를 조금씩 갈아 올린다. 275°C로 예열한 오븐에 넣어 그라탱처럼 노릇하게 구워낸다. 아주 뜨겁게 서빙한다.

croûtes à la reine

여왕의 크루트 : 4인분

Croissant 크루아상

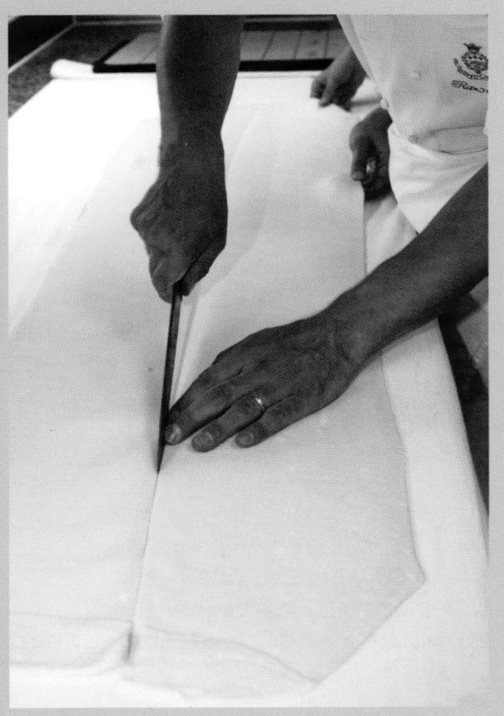

"파리 리츠 호텔과 포텔 에 샤보 에서는 매일 프랑스식 아침식사의 상징인 버터 크루아상을 만든다. 전해오는 이야기에 따르면, 터키군 깃발의 초승달을 연상시키는 이 페이스트리는 1683년 빈 점령 이후 오스만 군에 맞서 쟁취해낸 승리를 기념하기 위해 만들어졌다고 한다."

크림을 넣은 가금류 퓌레 400g을 만든다. 식빵 4장에 버터를 바르고 브로일러 아래에 넣어 노릇하게 구워낸 뒤 퓌레를 바른다. 황갈색 빵가루 40g을 얹고 정제 버터 20g을 고루 뿌린 다음 275°C로 예열한 오븐에 넣어 그라탱처럼 노릇하게 구워낸다.

grives en croûte à l'ardennaise ▶ GRIVE
paté en croûte « pavé du roy » ▶ PÂTÉ
pâté de veau et de jambon en croûte ▶ PÂTÉ
poulet en croûte de sel ▶ POULET
saumon en croûte ▶ SAUMON

CROÛTES SUCRÉES 크루트 쉬크레
달콤한 맛 크루트

croûtes en couronne à la Montmorency 크루트 앙 쿠론 아 라 몽모랑시

몽모랑시식 왕관 크루트 : 4인분

말라 굳은 브리오슈를 잘라 가로 세로 6 x 4cm, 두께 1.5cm 의 직사각형 8장을 만든다. 베이킹 팬에 놓고 슈거파우더 25g을 솔솔 뿌린 뒤 오븐에 넣어 표면의 설탕을 윤기나게 녹인다. 그 위에 체리브랜디로 향을 낸 아몬드 크림 60g을 얇게 발라준 다음 둥근 내열용기에 왕관 모양으로 빙 둘러 촘촘하게 채워 넣는다. 브로일러 아래에 넣어 노릇하게 굽는다. 씨를 뺀 체리 120g을 바닐라 향 설탕 시럽에 넣어 포칭한 뒤 건져서 용기 가운데 빈 공간에 넣어준다. 당절임 체리 10g, 마름모꼴로 썬 안젤리카 줄기 콩피 10g, 속껍질을 벗긴 뒤 반으로 쪼갠 아몬드 10g을 얹어 장식한다. 체리브랜디를 넣은 레드 커런트 소스 80g을 장식용 체리에 윤기나게 발라준다. 이 소스는 따로 조금 담아 곁들여 서빙한다.

croûtes en turban Beauvilliers 크루트 앙 튀르방 보빌리에

보빌리에 터번 크루트 : 말라 굳은 브리오슈를 잘라 너비 4cm, 길이 6cm의 직사각형 12조각을 만든다. 베이킹 팬에 나란히 놓고 설탕 30g을 솔솔 뿌린 뒤 오븐에 넣어 표면의 설탕을 윤기나게 녹인다. 바나나 6개의 껍질을 벗겨 길게 2등분 한다. 버터를 바른 오븐 팬에 놓고 얇게 설탕을 뿌린 다음 250°C로 예열한 오븐에 5분간 굽는다. 둥근 내열 용기에 바나나와 브리오슈 슬라이스를 교대로 촘촘히 놓으며 마치 터번 모양처럼 빙 둘러 쌓는다. 설탕과 바닐라를 넣고 달걀노른자 3개를 섞어 걸쭉하게 만든 세몰리나 밀크 푸딩(semoule au lait) 300g을 만든다. 과일브랜디 30mℓ를 넣고 절인 당절임 과일 60g을 잘게 썰어 푸딩에 섞는다. 이 푸딩을 터번 가운데 빈 공간에 채워 넣는다. 곱게 부순 마카롱 과자 60g을 전체에 고루 뿌린 뒤 녹인 버터 20g을 끼얹어 오븐에서 그라탱처럼 노릇하게 구워낸다. 서빙 시, 럼 또는 과일브랜디 20mℓ를 넣어 향을 낸 살구 소스 80g을 가장자리에 한 바퀴 둘러준다(세몰리나 푸딩 대신 오렌지 제스트로 향을 낸 되직한 크렘 파티시에에 반으로 쪼갠 아몬드를 섞어 넣어주면 몰타식 바나나 크루트(croûte aux bananes à la maltaise)가 된다).

CROÛTE À POTAGE 크루트 아 포타주 수프에 곁들여 먹는 크루트. 가늘고 긴 빵인 플뤼트를 5cm 길이로 자른 것으로 속을 일부 파내거나 길게 이등분한 다음 오븐에 구워 건조시킨다. 그대로 사용하거나 다양한 가니시를 얹어서, 또는 소를 채워 먹는다. 이 크루트는 수프, 포타주 등을 먹을 때 곁들이며, 보통 따로 담아낸다. 옛날식 크루트는 솥에 푹 끓인 요리에 함께 넣어 익힌 채소를 채운 것이다(다지거나 체에 곱게 내려 사용한다). 크루트 오 포는 포토푀의 기름을 빵에 뿌려 오븐에 노릇하게 구운 것을 말한다. 또한 포토푀 국물에 잘게 썬 채소, 가늘게 간 그뤼에르 치즈, 동그랗게 썰어 속을 파낸 뒤 오븐에 구운 플뤼트 빵을 넣어 먹는 것을 콩소메 크루트 오 포라고 부르기도 한다. 크루트 디아블로탱은 비교적 얇게 썬 빵에 걸쭉하게 만든 베샤멜을 바르고 가늘게 간 치즈와 카옌페퍼 1자밤을 뿌린 다음 오븐에 넣어 그라탱처럼 노릇하게 구워낸 것이다. 서빙 시 따로 담아낸다. 가니시 없이 빵만 곁들이는 경우는 크루통이라고도 불린다(노릇하게 구워 서빙하며, 마늘로 문질러 향을 입히기도 한다).

CROÛTON 크루통 다양한 모양의 작은 빵 조각으로 토스터나 그릴에 굽기, 버터를 발라 노릇하게 굽기, 기름에 튀기기, 오븐에 구워 건조시키기 등 다양한 방법으로 만들며, 마늘을 문질러 향을 내기도 한다. 큐브 모양으로 자른 크루통은 몇몇 요리(수프, 그린샐러드, 스크램블드 에그, 오믈렛, 버터에 볶은 시금치 등) 또는 다양한 재료로 구성된 식사에 가니시로 사용된다. 하트, 마름모, 초승달, 길쭉한 스틱, 동그라미, 별 등 그 모양이 다양한 크루통은 소스를 곁들인 요리 또는 각종 퓌레 등에 곁들여져 바삭한 식감을 주는 역할을 하며 서빙 접시의 가장자리를 장식하는 용도로도 쓰인다. 비슷한 맥락에서, 차갑게 서빙하는 요리의 장식을 위해 칼이나 쿠키 커터로 모양내어 자른 젤리를 크루통이라 부르기도 한다.

폴 맹슐리(PAUL MINCHELLI)의 레시피

croûtons au thym 크루통 오 텡

타임 크루통 : 통마늘 1/2개의 껍질을 벗겨 마늘 알의 싹을 제거한 다음, 가염 버터 100g, 이탈리안 파슬리 1티스푼, 타임 가루 1티스푼, 타임 잎 1티스푼, 오레가노 1티스푼, 마조람 1티스푼, 안초비 작은 캔 1개와 함께 들어있는 오일, 갓 갈아낸 후추 1티스푼을 함께 넣고 블렌더로 간다. 말라 굳은 바게트를 사선으로 슬라이스해 준비한 혼합물을 넉넉히 바른 다음 오븐 브로일러 아래에 넣고 겉은 바삭하고 속은 말랑해지도록 굽는다.

CROZE (AUSTIN DE) (오스텡 드) 크로즈 프랑스의 작가(1866, Lyon 출생—1937 Lyon 타계), 민속학, 미식 전문가. 1923년과 1924년 추계 박람회 향토의 날 행사의 발기인으로 각 지역 고유의 요리법과 농산물을 보전하고 전파하는 데 기여했다. 그의 대표적 저서인 『프랑스의 지역 요리(*les Plats régionaux de France*)』(1928)는 1,400여 종의 지역 특선 요리들을 수록하고 있으며 오늘날까지도 그 권위를 인정받는 전통 유산으로 남아 있다. 그는 또한 『식탁의 생리학(*Psychologie de la table*)』을 집필했다.

CROZES-HERMITAGE 크로즈 에르미타주 북부 론 지방의 AOC 와인. 시라 품종의 포도로 만드는 바디감이 강하고 알코올이 풍부한 레드와인이 주를 이루며, 소량의 화이트와인도 생산된다. 유명한 에르미타주 와인 생산지에 인접한 와이너리에서 생산된다(**참조** RHÔNE).

CROZETS 크로제 밀가루, 감자 퓌레, 달걀, 물, 호두 기름을 섞어 만든 도피네식 크넬(quenelles dauphinoises). 크로제는 물에 데쳐 건져낸 다음 잘게 부순 블루치즈, 가늘게 간 그뤼에르 치즈와 함께 그라탱 용기에 층층이 넣고 아주 뜨거운 돼지기름을 뿌려 오븐에 노릇하게 구워낸다. 크리스마스 이브에 먹는 전통적인 음식 중 하나이다.

CRU 크뤼 특별한 개성을 지닌 고급 와인을 생산하는 포도원 또는 부르고뉴 와인 생산지의 포도밭 구획(클리마 climat라고도 한다)을 지칭하는 용어로, 가장 뛰어난 크뤼는 그랑 크뤼(grand cru) 또는 프르미에 크뤼(premier cru)라는 명칭으로 불린다. 이 용어는 또한 특정 도멘(샤토 château라고도 부른다)에서 생산되는 보르도 와인을 가리키기도 한다. 1855년 제정된 보르도 와인 공식 등급 제도는 가장 뛰어난 와인들을 선별하여 프르미에 크뤼(또는 프르미에 그랑 크뤼)로 정하고 품질에 따라 1등급부터 5등급까지로 분류했다.

CRU BOURGEOIS 크뤼 부르주아 1855년 품질등급에서 제외된 보르도 메독(Médoc) 와인 중 그랑 크뤼에 뒤지지 않는 몇몇을 지칭하는 용어. 크뤼 부르주아는 크뤼 부르주아 엑셉시오넬(cru bourgeois exceptionnel), 크뤼 부르주아 쉬페리외르(cru bourgeois supérieur), 크뤼 부르주아(cru bourgeois)의 세 부류로 나뉜다. 크뤼 부르주아에는 두 개의 지역 아펠라시옹(메독 médoc, 오 메독 haut-médoc)과 여섯 개의 마을 명 아펠라시옹(생 테스테프 saint-estèphe, 포이악 pauillac, 생 쥘리앵 saint-julien, 물리 moulis, 리스트락 listrac, 마고 margaux)이 포함돼 있다.

CRUCHADE 크뤼샤드 크루자드. 옥수수 가루에 우유 또는 물을 넣어 끓인 죽의 일종으로 프랑스 남서부 지역의 전통 음식이다. 베아른(Béarn)에서는 이 걸쭉한 죽을 식힌 뒤 균일한 크기로 잘라 튀겨 먹는다. 생통주(Saintonge)의 크뤼샤드는 튀긴 옥수수 갈레트 형태이며 잼을 곁들여 먹는다. 랑드(Landes)의 크뤼샤드는 작은 튀김 과자에 가까우며 짭짤하게 또는 달콤하게 먹는다.

CRU CLASSÉ 크뤼 클라세 INAO(프랑스 국립 원산지 명칭 관리 기구 Institut national des appellations d'origine)에서 인정하는 등급에 해당하는 크뤼에만 사용하는 용어로 1855년 보르도 와인 등급 제정에 포함된 메독, 소테른, 그라브, 생테밀리옹 등 이외에 1955년 등급 인정을 받은 코트 드 프로방스도 포함된다.

CRUDITÉS 크뤼디테 생채소 또는 생과일. 오르되브르로 내며 보통 자르거나 채칼로 썰어서, 또는 스틱 모양으로 잘라 차가운 소스를 곁들인다. 작은 아티초크, 아보카도 슬라이스, 미니 당근, 셀러리 줄기, 셀러리악, 버섯, 콜리플라워, 적채, 오이, 펜넬, 신선한 잠두콩, 피망, 다양한 색의 파프리카, 래디시, 토마토, 레몬즙을 뿌린 바나나 슬라이스, 세로로 등분한 오렌지, 자몽, 사과 등이 포함된다. 비트의 경우 익혔다 할지라도 크뤼디테에 해당된다. 재료를 혼합해 내는 샐러드와는 달리, 보통 재료 각각을 묶음 별로 담아내며 여러 가지 소스(허브를 넣은 마요네즈, 타라곤 비네그레트, 안초비 소스, 크림치즈 소스 등)를 곁들인다. 크뤼디테 플레이트에는 마요네즈를 곁들인 삶은 달걀이 추가될 수 있다.

▶ 레시피 : SALADE.

CRUMBLE 크럼블 영국의 특선 음식인 크럼블은 전통적으로 과일(사과, 배, 루바브, 복숭아, 체리) 위에 버터, 밀가루, 설탕 또는 아몬드 가루를 섞어 만든 반죽을 소보처럼 굵게 부수어 덮어준 것이다(crumble은 잘게 부수다라는 뜻이다). 크럼블 반죽은 굽기 전에 뿌려 얹는다. 크럼블은 디저트뿐 아니라 채소(호박, 단호박, 토마토 등)를 이용해 짭짤한 요리로 만들 수도 있다.

파스칼 오랭(PASCAL ORAIN)의 레시피

apple crumble 애플 크럼블

사과 크럼블 : 체 친 밀가루 150g, 작게 자른 버터 150g, 설탕 150g을 볼에 담고 손가락으로 비벼가며 빵가루처럼 부슬부슬한 질감이 될 때까지 섞어준다. 사과 1.5kg의 껍질을 벗기고 씨를 제거한다. 적당한 크기로 세로로 갈라 로스팅 팬에 정렬한 뒤 소보로 반죽으로 덮는다. 210°C로 예열한 오븐에 30분간 굽는다. 크렘 앙글레즈 또는 더블 크림을 곁들여 서빙한다.

CRUMPET 크럼펫 작은 팬케이크의 일종인 크럼펫은 발효 반죽을 도톰하고 동그랗게 팬에 구운 것으로 달콤한 디저트는 물론 짭짤한 요리로도 먹는다. 스펀지처럼 폭신한 질감으로 지름 7cm 크기의 링 틀에 굽는다. 영국에서 크럼펫은 촉촉하고 부드러운 상태로 따뜻하게 먹는다. 녹인 버터 또는 오렌지 마멀레이드를 곁들여 주로 애프터눈 티에 내거나 아침식사로 먹는다.

crumpets au roquefort 크럼펫 오 로크포르

로크포르 치즈 크럼펫 : 블렌더에 로크포르 250g, 체다 250g을 간 다음 베샤멜 250㎖를 넣어 잘 섞는다. 소금, 후추로 간 한 다음 머스터드 1티스푼을 더한다. 중탕으로 녹인다. 녹인 치즈 혼합물을 작고 도톰하게 부친 크레프에 펴 바른 다음 돌돌 말고 붓으로 버터를 바른다. 오븐에 노릇하게 구워 1cm 두께로 자른다.

CRUSTACÉ 크뤼스타세 갑각류. 절지동물 문에 속하는 갑각류 동물로 바닷물 또는 민물에 서식한다(**참조** 하단의 바다 갑각류 도표와 p.286-287 도감). 모든 갑각류는 살아 있는 것을 구입해야 한다. 얼음을 깐 박스에 담거나 미리 익혀서 판매하는 경우도 있으며, 냉동이나 통조림 제품도 찾아볼 수 있다. 게나 랍스터는 무거울수록 좋으며, 집게발이 붙어 있어야 한다.
■ **사용.** 갑각류는 아메리칸 소스를 곁들이거나(민물가재, 벨벳 크랩, 랍스터, 닭새우, 가시발새우), 비스크(동종 갑각류 사용), 튀김(새우 또는 가시발새우) 등 아주 다양한 방식으로 요리한다. 쿠르부이용에 삶거나(모든 종류), 그릴에 구워(랍스터, 닭새우) 먹기도 한다. 또한 차가운 오르되브르로 내기도 한다. 큰 갑각류들은 껍질을 벗겨서(발, 집게, 머리 부분) 서빙하며 작은 것들은 통째로 내거나 머리와 꼬리만 제거해준다. 갑각류는 프랑스뿐 아니라 아시아(새우 칩, 게 튀김, 소를 채운 게), 북미(그릴드

주요 바다 갑각류의 종류와 특징

명칭	원산지	출하 시기	외형
게 *crabes*			
스파이더 크랩 araignée de mer	대서양, 영불해협	4-8월	크기는 12-20cm로 붉은색을 띠고 있으며 다리가 길다, 살은 아주 섬세한 맛을 갖고 있다.
꼬마매미새우(희귀종) cigale de mer	지중해	연중	작달막하고 다부진 몸통에 적갈색을 띠고 있다.
그린 크랩(유럽 꽃게) crabe vert, crabe enragé	대서양, 지중해	연중	크기가 작고 녹색 빛을 띤 갈색이다.
벨벳 크랩 étrille	대서양, 영불해협	5-8월	작고 납작하며 갈색을 띤 몸에 벨벳과 같은 짧은 털이 나 있다. 살이 아주 섬세하고 맛있다.
브라운 크랩 tourteau	대서양, 영불해협	5-9월	작달막하고 다부진 몸통에 큰 집게발이 있으며 갈색을 띠고 있다.
새우 *crevettes*			
줄새우 bouquet	브르타뉴, 방데	9-12월	크기는 5-10cm 정도이며 분홍빛이 도는 회색(날것) 또는 붉은색(익힌 것)을 띠고 있다.
갈색 새우 crevette grise	대서양, 영국해협, 북해	연중	크기는 5cm 정도이며 회색(날것) 또는 갈색(익힌 것)을 띠고 있다.
북쪽 분홍 새우 crevette rose nordique	북대서양, 북태평양	연중	크기는 5-7cm 정도이며 분홍빛이 도는 회색(날것) 또는 분홍색(익힌 것)을 띠고 있다.
열대 분홍 새우 crevette rose tropicale	열대 서아프리카, 인도네시아, 태국, 기아나, 양식어장	연중	크기는 9-12cm 또는 15cm 정도이며 분홍빛이 도는 회색(날것) 또는 분홍색(익힌 것)을 띠고 있다.
랍스터, 바닷가재 *homards*			
아메리칸 랍스터 homard américain	캐나다(동부 해안), 미국(북동부)	연중	초록빛을 띤 갈색 몸에 갈고리 모양의 이마 뿔이 나 있다. 껍데기 윗부분은 주황색을 띠고 있으며, 살은 흰색으로 탱글탱글하다.
유러피안 랍스터 homard européen	대서양, 지중해	6-8월	짙은 청색 또는 연한 청색을 띠며 곧은 이마 뿔이 나 있다. 살은 흰색이며 아주 맛이 좋다.
닭새우, 랑구스트, 스파이니 랍스터 *langoustes*			
케이프 록 랍스터 langouste du Cap	남아프리카공화국	9-12월	껍데기가 비늘로 덮여 있으며 적갈색, 또는 균일하고 진한 벽돌색을 띠고 있다.
캐리비안 스파이니 랍스터 langouste de Cuba	앤틸리스 제도	연중	껍데기는 적갈색을 띠며 2번째와 6번째 마디에 희고 둥근 반점이 두 개씩 있다.
핑크 닭새우(포르투갈 닭새우) langouste rose, langouste du Portugal	대서양	3월 말-8월 말	몸이 작달막하고 껍데기에는 밝은 색의 작은 반점들이 박혀 있다.
레드 닭새우 (브르타뉴 닭새우) langouste rouge, langouste royale, langouste bretonne	영국해협, 대서양, 지중해	3월 말-8월 말	몸이 작달막하고 껍데기는 적갈색 또는 자색이 나는 붉은색을 띠고 있다. 뾰족한 돌기가 있으며 각 껍질 마디마다 밝은 색의 삼각형 모양 반점이 두 개씩 나 있다.
그린 닭새우(모리타니 닭새우) langouste verte, langouste de Mauritanie)	서아프리카	6-10월	소촉각이 달린 긴 더듬이를 갖고 있으며 껍데기는 청록색을 띤다. 각 마디마다 밝은 색의 띠 모양과 희고 둥근 2개의 반점이 나 있다.
스캄피(가시발새우) 랑구스틴 *langoustine*	유럽	4-8월	분홍색을 띠며 집게발이 각기둥 형태의 긴 집게발을 갖고 있다.

CRUSTACÉS 갑각류 해산물

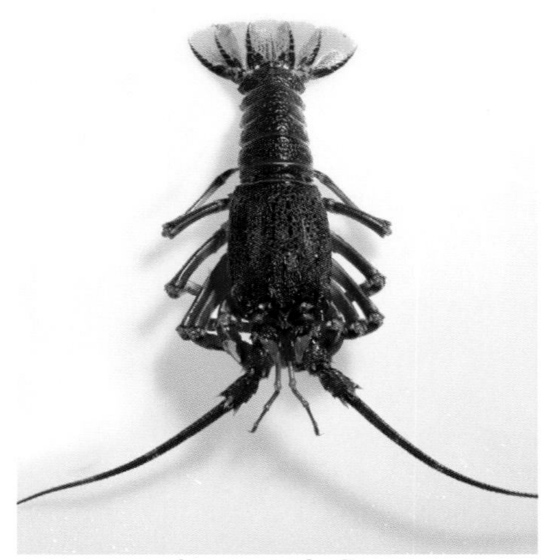

langouste du Cap
랑구스트 뒤 캅. 닭새우, 스파이니 랍스터,
케이프 록 랍스터

écrevisse
에크르비스. 민물가재, 크레이피시

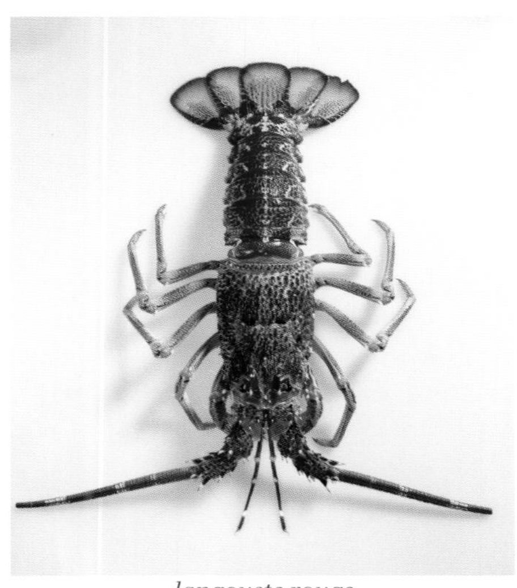

langouste rouge
랑구스틴 루즈. 레드 닭새우, 스파이니 랍스터

langouste rose
랑구스틴 로즈. 핑크 닭새우,
스파이니 랍스터

langoustine
랑구스틴. 스캄피, 가시발새우, 노르웨이 랍스터

squille commune
스키유 코뮌. 갯가재

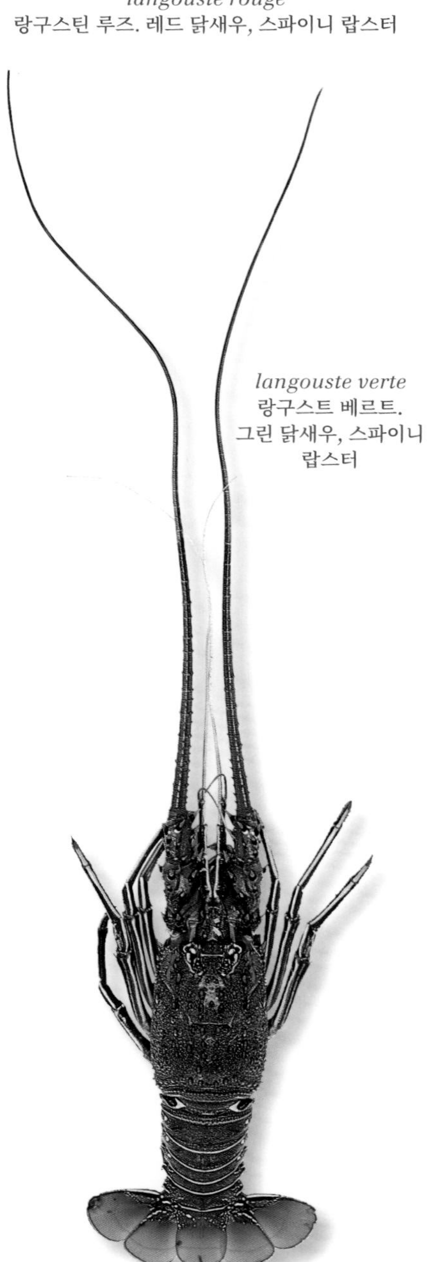

langouste verte
랑구스트 베르트.
그린 닭새우, 스파이니
랍스터

langouste australienne
랑구스트 오스트랄리엔, 호주 닭새우

homard européen
오마르 외로페엥. 유러피언 랍스터

homard canadien
오마르 카나디엥. 캐내디언 랍스터

tourteau (vu de dessous)
투르토(위). 브라운 크랩

étrille
에트리유. 벨벳 게, 벨벳 크랩

crabe mouton
크라브 무통. 킹크랩

tourteau (vu de dessus)
투르토(아래). 브라운 크랩

crabe vert
크라브 베르. 유럽 꽃게, 그린 크랩

tourteau américain
투르토 아메리켕. 아메리칸 브라운 크랩

bouquet cru
부케 크뤼. 줄새우

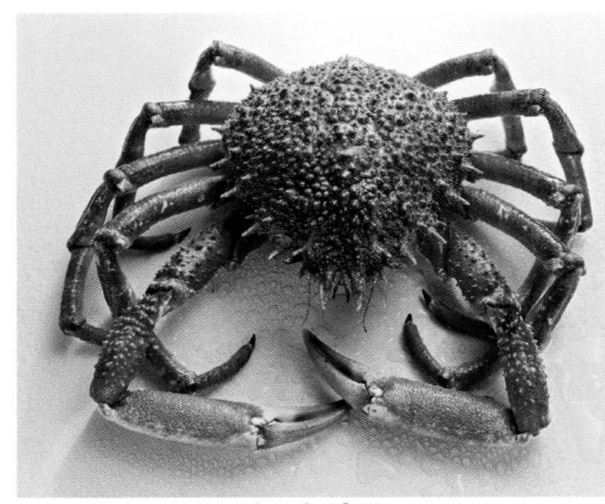
araignée de mer
아레녜 드 메르. 스파이더 크랩

caramote
카라모트. 분홍 왕새우

랍스터, 새우칵테일) 등지에서도 인기가 많다.

▶ 레시피 : RAGOÛT.

CUBA LIBRE 쿠바 리브레 롱 드링크 칵테일로 하이볼 종류에 속하며(**참조** COCKTAIL), 앵글로 색슨 국가들과 라틴 아메리카 지역에서 아주 많이 마신다. 쿠바 리브레는 바카디 럼에 코카콜라를 섞어 만들며, 라임이나 레몬 슬라이스를 곁들여 낸다.

CUCHAULE 퀴숄 프리부르에서 처음 만들어진 스위스 빵으로, 흰 밀가루, 버터, 우유에 약간의 설탕을 넣고 사프란으로 향을 내어 만든다. 표면에 격자무늬를 내고 달걀물을 발라 굽는다. 퀴숄은 버터와 베니숑(Bénichon) 머스터드를 발라 아침식사로 먹거나, 아페리티프로 화이트와인을 마실 때 곁들이기도 한다.

CUILLÈRE / CUILLER 퀴이에르 / 퀴이에 숟가락, 스푼. 오목하게 파인 부분(숟가락 바닥)과 다양한 길이의 손잡이 자루로 이루어진 도구로 음식(대개의 경우 액체로 된 것)을 뜨거나, 섞거나 서빙할 때 또는 맛을 볼 때 사용한다.

■ **식탁용 스푼.** 식사 용도로 사용되는 스푼은 대부분, 적어도 음식을 뜨는 숟가락의 바닥 부분만큼은 금속 재질로 돼 있다. 개인용 커트러리 세트에는 일반적으로 테이블스푼(가장 큰 스푼), 수프용 스푼, 디저트용 스푼이 포함된다. 여기에 용도에 따라 특별한 스푼들이 추가되는데, 콩소메, 자몽, 굴, 떠먹는 반숙 달걀, 소스, 앙트르메, 아이스크림, 커피, 모카용 스푼 등 그 종류가 다양하다. 더 특수한 것으로는 칵테일 또는 시럽용 스푼(디아블로탱 diablotin이라고도 부르는 손잡이가 아주 긴 스푼), 티스푼 등이 있다.

서빙용 커트러리도 음식 종류에 따라 형태가 다양하다. 생선, 샐러드(드레싱의 산미로 인해 화학반응이 일어나지 않도록 나무, 뿔 또는 플라스틱 재질로 만든다), 소스(기름기를 따로 떠낼 수 있도록 둘레 양쪽의 모양이 다르게 생겼다), 소금, 머스터드, 설탕, 잼, 꿀, 과일 샐러드(한쪽이 부리 모양으로 생겨 액체를 따르기도 쉽다), 올리브(나무 재질로 구멍이 뚫려 있다), 딸기, 얼음(금속 재질로 구멍이 뚫려 있다) 용 등 용도에 맞게 특별히 고안된 여러 가지 스푼을 적절히 사용한다.

■ **주방용 스푼.** 주방에서 조리용으로 사용하는 스푼들 또한 용도에 따라 형태와 재질이 달라진다. 재료를 익히며 기름이나 소스를 끼얹어 주는 용도의 아로제(arroser) 스푼(측면에 기울어진 부리가 달린 작은 국자), 스튜용 스푼(부리가 반듯하다), 시식용 스푼(입을 데지 않도록 도자기 재질로 돼 있다) 등이 있다(**참조** LOUCHE, MOUVETTE, SPATULE). 납작한 주걱 모양의 아이스크림용 스푼은 주로 아이스 디저트인 봉브 틀 등에 내용물을 채워 넣을 때 사용하며, 둥근 공 모양으로 퍼서 그대로 옮겨 담을 수 있는 레버가 달린 반구형 아이스크림 스쿱은 서빙용 쿠프 잔이나 과자 콘에 담을 때 편리하게 사용할 수 있다. 또한 파리지엔 스푼이라고도 불리는 멜론 볼러는 타원형, 골이 파인 것, 원형의 숟가락 바닥에 구멍이 한 개 뚫려 있으며, 특히 과일(사과 또는 멜론)을 방울 모양으로 쉽게 도려낼 수 있다.

CUISEUR À RIZ 퀴죄르 아 리 전기밥솥, 라이스 쿠커. 아시아에서 개발된 주방 가전 도구로 쌀을 익혀 밥을 짓는 용도로 사용한다. 탈부착이 가능하고 대개 눌음 방지 코팅이 된 밥통을 열판 위에 올리는 구조이다. 쌀을 씻어 찬물에 담가 솥에 넣고 작동 시켜 물이 다 흡수 되면 익은 것이다. 구멍 뚫린 찜기가 함께 들어 있는 제품도 있어 증기로 채소를 찌는 용도로도 사용할 수 있다.

CUISINE 퀴진 주방, 부엌. 음식을 준비하는 공간. 독립된 공간으로서의 주방이 등장한 것은 기원전 5세기경이나, 고대의 주방은 종교적인 성격을 지니고 있었다. 육류나 채소를 익히는 화덕은 가정의 수호신을 모시는 제단이기도 했다. 큰 저택의 로마식 주방은 이미 당시에도 저수통, 개수대, 빵 화덕, 작업대에서 향신료를 빻을 수 있도록 만든 공간, 청동 삼각대 등이 아주 잘 갖춰져 있었다.

중세의 성 안에서 주방은 가장 중요한 공간 중 하나였으며 이곳에서는 일이 끊임없이 이어졌다. 아주 넓은 공간에 거대한 굴뚝 아궁이가 하나 또는 여러 개 자리하였으며, 다양한 부속 공간이 늘어났다(빵 저장고, 과일 저장고, 술 창고 등). 반대로 부르주아 주택과 농가의 주방은 손님을 맞이하고, 요리를 하고, 식사를 하는 공용 공간인 경우가 많았다.

르네상스 시대에는 주방 정비와 실내 장식이 개선되었다. 루이 15세 치하에서 요리문화는 진정한 재탄생을 겪었으며, 귀족 저택의 주방은 사치스러울 정도로 호화로운 경우도 생겨났다. 19세기에 조리 도구 및 용기, 특히 화덕, 스토브 등의 기술적인 발전이 이루어지면서 주방은 오늘날 위대한 요리사들이 일컫는 진정한 작업실로 자리잡게 된다. 당대 부르주아 계층의 생활상을 반영하여 주방은 집안의 다른 공간과 분명히 구분된 공간이 되었고 고용인들을 위한 출입문도 따로 마련되어 있었다. 이 출입문은 지하(특히 영국 빅토리아 여왕 시기) 또는 긴 복도 끝에 위치하는 경우도 있었다. 주방은 저울, 커트러리를 비롯한 식사용 집기, 식기 건조대, 향신료 통, 냄비 세트 등 점점 많은 장비와 도구들을 갖추게 되었다. 이 공간은 코르동 블루(cordon-bleu)라고 불리는, 또는 독일에서 3K(Kinder 아이, Kirche 교회, Küche 주방)로 대변되는 전형적인 가정주부의 영역이기도 했다.

전문적인 영역에서는 19세기에 레스토랑들 내에서 점점 더 많은 발전과 정비가 이루어졌으며 작업장인 주방에는 오븐, 냄비와 셀 수 없이 많은 조리 도구들이 갖춰져 수백 가지 다른 요리를 조리하고 서빙하는 것이 가능해졌다. 우리 시대의 대형 레스토랑은 이때 갖추어진 형태를 현대화시킨 것일 뿐이다. 20세기에는 조명과 난방시설이 발전하고 인테리어 장식에 대한 관심이 높아졌을 뿐 아니라 냉장, 보존 기기들이 잇달아 등장하면서 주방이 점점 주거공간에 편입되는 현상이 나타난다. 가용 공간이 협소해짐에 따라 점점 더 기능적인 공간 정비가 이루어졌다(블록형 주방 설비를 갖춘 시스템 키친, 식사 공간 및 가구의 등장 등).

CUISINE D'ASSEMBLAGE 퀴진 다상블라주 조립 요리라는 뜻으로, 전처리 또는 반 조리된 식재료를 이용하여 요리를 완성하는 것을 뜻한다. 신선한 식재료를 공장 등의 중앙 주방에서 대량으로 또는 소규모 공방에서 수작업으로 손질하여 초벌 준비를 끝낸 다음 차후에 개별적으로 요리하여 완성하는 방식이다(단체 급식, 식당 공급용 등). 식재료는 껍질을 벗기고, 다듬고, 썰고, 규격대로 가공하고 경우에 따라서는 미리 익히기도 한다. 건조 또는 동결 건조한 제품들도 있다(특히 육수와 육즙 소스). 이 모든 과정은 메인 주방에서 이루어지고, 각 식품의 종류 및 이후 사용을 위한 제약 등을 감안하여 맞춤형으로 포장된다. 이어서 제품은 단체급식 주방이나 레스토랑 주방 등으로 보내지며, 그곳의 요리사가 요리를 마무리하게 된다(준비된 재료 조합 및 부차적 요소를 가미하는 등의 요리 개성화).

CUISINE CLASSIQUE 퀴진 클라시크 고전 요리, 클래식 요리. 모든 요리사들이 알고 숙달해야 하는 기본 요리들을 총칭한다. 이 클래식 요리들의 조리법은 앙토냉 카렘(A. Carême)의 『19세기 프랑스 요리(*L'Art de la cuisine française au XIXe siècle*)』(1833), 위르뱅 뒤부아(U. Dubois)와 에밀 베르나르(E. Bernard)의 『고전 요리(*la Cuisine classique*)』(1856), 쥘 구페(J. Gouffé)의 『요리서(*Livre de cuisine*)』(1867), 오귀스트 에스코피에(A. Escoffier)의 의 『요리 안내서(*le Guide culinaire*)』(1903), 프로스페르 몽타녜(P. Montagné)와 프로스페르 살(P. Salles)의 『요리 대백과(*Grand livre de la cuisine*)』(1929) 등 몇몇 기본서와 유명한 요리 개론서들에 수록돼 있다. 클래식 요리는 지역 전통 요리의 유산이기도 하다. 수많은 현대 요리사들은 기본이 되는 이 클래식 요리를 연마하고 그로부터 영감을 얻어 당대 최고의 위대한 요리들을 탄생시켰다.

CUISINE FRANÇAISE (HISTOIRE DE LA) (이스투아르 드 라) 퀴진 프랑세즈 프랑스 요리의 역사. 고대 갈리아 농민들은 이미 조, 귀리, 보리 또는 밀 등으로 갈레트를 만들었다. 솜씨 좋은 사냥꾼이었던 이들은 사냥한 고기뿐 아니라 가금류와 돼지고기를 먹었으며 돼지 기름을 다른 요리에 사용하기도 했다. 숲속에 서식하는 멧돼지 무리가 많았기 때문에 이들은 고기를 보존하기 위한 염장과 훈제 기술이 개발해냈고, 라르다리(lardarii)라고 불리던 갈리아의 육가공품 제조업자들은 로마까지 샤퀴트리 제품을 수출할 정도로 그 명성이 자자했다. 식사에는 주로 세르부아즈(보리 맥주)를 곁들였지만 오래전부터 고대 그리스인들이 포도나무를 들여오고 이탈리아 와인을 수입했던 마르세유 지역의 와인을 함께 마시기도 했다.

■ **로마인부터 이방인까지.** 고급 요리의 전통을 지닌 고대 로마의 영향은 서기 1세기부터 특히 갈리아의 상류층을 중심으로 확산되기 시작했으며, 아피키우스(Apicius)의 요리법은 중세까지 전해진다. 갈로 로망(gallo-romain) 귀족은 로마인들처럼 비스듬히 누워서 식사를 하였고 잠두콩, 병

아리 콩, 달팽이, 굴, 호두를 채운 들쥐, 그리고 꿀을 넣은 제비꽃 잼과 같은 음식을 즐겼다. 올리브오일을 사용하는 요리가 점차 늘어났으며 과수원이 발달했다. 뤼테스(Lutèce, 파리의 옛 이름)에서는 무화과나무가 자라기도 했다. 포도나무도 도처에 많이 심었다. 이탈리아 포도품종은 보르도(Bordeaux), 발레 뒤 론(vallée du Rhône), 부르고뉴(Bourgogne), 모젤(Moselle)에서 잘 적응하였다. 얼마 지나지 않아 이 지역의 와인들이 로마 와인을 제치고 제국의 시장을 점령하였고, 이러한 성공에 뒤이어 갈리아 인들은 포도주의 더 나은 보관을 위해 큰 술통을 발명했다.

게르만족의 침략, 파괴 및 불안한 정세로 인해 갈리아에는 비극적인 식량 부족이 이어졌다. 중세 초기에는 기근이 계속되었다. 메로빙거나 카롤링거 왕조 시대 귀족의 식탁에는 향신료로 맛을 낸 다양한 종류의 수렵육(멧돼지, 들소, 순록, 심지어 낙타)이 올라왔던 반면, 서민들은 귀리죽으로 끼니를 때우기 일쑤였다. 텃밭에서 나는 뿌리채소에 돼지비계를 넣고 끓인 수프가 기본 식단이었으며, 고기는 특별한 때에만 먹을 수 있었다. 농업 기술은 퇴행하여 자급자족 체제의 경제로 변화하였다. 7세기까지 농산물이 거의 유통되지 않은 탓에 빈곤한 생활은 악화를 거듭 하게 된다.

■ **교회의 영향.** 그러나 고대 문화유산, 특히 미식 문화는 자신들의 저택에 머물러 있던 세습귀족 가문들이 그 명맥을 이어갔다. 대 수도원들 역시 이 유산의 보존에 기여한다. 그들은 육체노동을 예찬했고 대규모의 토지 개간 작업을 진행했다. 대 수도원의 비호 하에 화덕, 음식을 만들기 위한 작업 공방, 순례자를 위한 여인숙이 발달한다. 수도사들은 포도품종의 선택과 치즈의 제조 및 숙성에 열중하였다. 또한 일주일에 여러 차례, 그리고 사순절 동안 육식을 금하는 교회력에 따라 바다와 민물에 사는 생선들을 많이 소비하게 되었다. 잉어, 강꼬치고기와 뱀장어는 양어장에서 길러서 공급하기에 이르렀으며, 굴 운반을 담당했던 마차인 샤스 마레(**참조** CHASSE-MARÉE)가 생선과 굴을 파리까지 운반했다. 그 결과 염장이나 훈제 기법을 이용한 보존 기술이 발달하였다. 카롤링거 왕조(9-10세기)의 대도시와 대수도원의 곡식 창고와 지하 저장실은 가득 차 있었고, 연회는 호화로웠다. 그러나 시골에서는 빵을 흠뻑 적신 수프인 포타주가 한끼 식사였다. 음료일 뿐 아니라 음식으로 여겨졌던 포도주는 대량으로 소비되었다.

■ **지중해의 개방.** 봉건 사회의 구조는 상대적인 사회적 안정을 되찾는 데 기여한다. 물물교환에 바탕을 둔 경제생활이 재개되면서 도시들이 부상했고 이곳에서는 직공과 노동자와 같이 더 가난한 시민들 위에 군림하는 새로운 부르주아 계급이 출현했다. 도시는 상품전시회나 시장의 발달을 견인할 수 있는 규칙적인 물자보급을 필요로 한다. 이 시기에 북유럽과 남유럽 간의 무역 교류가 더 증가되는 한편 십자군 원정과 성지 순례를 통해 유럽과 동방의 교류도 활발해진다. 그 과정에서 여러 새로운 물품이 큰 인기를 얻게 되는데, 시트러스류 과일, 말린 과일 및 향신료(계피, 정향, 생강, 육두구, 후추)가 왕과 영주의 식탁에 오르기 시작한다. 향신료 및 약으로 간주되었던 설탕은 점차 요리로 사용 영역을 넓혀갔다. 중세 도시는 여행자를 행복하게 했으며, 음식과 관련된 모든 직업을 찾아 볼 수 있었다. 구이 전문 식당에서 거위 로스트를 주문하고, 만들어 파는 그린 소스를 구입해 곁들여 먹을 수도 있었고, 주문하면 바로 제과사가 뜨겁게 구워 주는 파테를 즐기는 일도 가능해졌다. 치즈는 신선하게 먹거나 스터핑 혼합물 또는 잘게 다진 다른 재료와 섞어 먹었다.

■ **호화로운 식사.** 영주는 성안의 모두를 위한 식사를 책임질 의무가 있었다. 자신의 가족뿐 아니라 시종 및 가신을 포함한 모든 식솔을 먹여 살릴 책임이 있었다. 하인은 넓은 방에 나무 발판과 판자를 설치하여 상을 차린다. 식사에 참가한 사람들은 스푼 한 개를 사용해 음식을 먹었고 경우에 따라 한 개의 나이프를 사용하기도 했지만 포크는 없었다. 식사는 여러 코스로 구성되었는데 메인 요리는 계절 소스를 곁들인 구운 고기나 생선이었다. 이어 당과류 디저트와 꿀, 향신료를 넣은 달콤한 맛의 식후주인 히포크라스(hypocras)가 서빙된다. 왕의 연회에 등장하는 상차림은 깃털로 장식한 공작새 요리, 옆면에서 새떼가 쏟아져 나오는 파테(pâté), 와인이 샘솟는 분수가 등장하는 등 진정한 장관을 연출했다.

■ **위대한 세기의 기록.** 이 시기 이탈리아는 유럽 문화의 중심 역할을 하게 된다. 카트린 드 메디시스(Catherine de Médicis)가 이탈리아 요리사들을 데려오면서 프랑스 요리를 변화시켰다고 흔히들 이야기한다. 이탈리아가 당시 채소, 제과, 파스타와 아이스크림 등에 관한 미각을 프랑스에 전했다고는 하나 두 나라의 전통이 섞였다고 보는 것이 더 정확할 것이다.

1550년대부터 이탈리아의 카페 주인들은 프랑스인들에게 소르베 만드는 법을 가르쳐주었고 1세기 후에는 아이스크림 만드는 법을 전수해주었다. 양념이 아주 강한 요리는 큰 성공을 거두지 못했다. 요리책들이 출간되고 널리 퍼져나가게 된 것도 바로 이 시기였다. 그중 가장 잘 알려진 것은 비스킷 레시피와 초창기의 밀푀유를 선보인 프랑수와 드 라 바렌(François de La Varenne)의 요리책이다. 루이 14세 시대에는 모든 면에서 화려한 취향이 강세였고, 테이블 서빙 역시 무대 공연처럼 화려했지만 왕이 특히나 좋아했던 것은 좋은 음식이었다. 채소에 대한 그의 열정에 힘입어 농학자 장 드 라 켕티니(Jean de La Quintinie)가 온실 재배 기술을 개발했다. 그 결과 3월에 완두콩을, 4월에 딸기를 수확할 수 있게 되었다. 아주 인기가 높았던 굴과 어린 양고기는 정교한 요리들을 탄생시켰다. 레시피와 계율을 운문으로 남긴 재정관 루이 드 베샤메이(Louis de Béchameil)의 유명한 베샤멜 소스를 예로 들 수 있다.

새로 수입 된 커피, 차 및 초콜릿은 귀족들 사이에서 인기를 얻었다. 이 이국적인 음료들은 파리에서 1686년에 문을 연 카페 프로코프(Café Procope)같은 전문점에서 맛볼 수 있었다. 이곳에서는 과일 주스, 아이스크림과 소르베, 외국 와인, 히포크라스(hypocras)뿐 아니라 보리(또는 아몬드) 페이스트, 과일 콩피(confit) 같은 달콤한 디저트를 즐길 수도 있었다.

■ **소박한 저녁식사와 파르망티에르(parmentière).** 섭정 시기를 포함하여 루이 15세의 통치 기간은 프랑스 요리의 황금기였다. 동시에 프랑스 농촌에서는 작물 생산량이 늘어나면서 기근이 거의 사라졌다. 계몽주의 시대는 식사의 즐거움과 정신의 쾌락을 연결 지었으며 위대한 요리사들은 요리를 통해 상상력 대결을 펼쳤다. 그들은 육즙의 풍미를 소스에 더해줄 수 있는 베이스재료인 각종 육수(fonds) 만드는 법을 발견해냈다. 푸아그라 파테는 스트라스부르 콩타드(Contades) 총사령관의 요리사였던 장 피에르 클로즈(Jean-Pierre Clause)가 창작한 요리이며, 송로버섯을 넣은 푸아그라 요리는 보르도 의회 초대 의장의 요리사였던 니콜라 프랑수아 두아옝(Nicolas-François Doyen)의 아이디어에서 나왔다. 마리 레슈친스카(Marie Leszczynska)의 요리사였던 뱅상 라 샤펠(Vincent La Chapelle)은 그녀를 위해 여왕의 부셰(bouchée à la reine)를 만들었으며, 수비즈(Soubise) 사령관 저택의 식사 담당관 집사였던 프랑수아 마랭(François Marin)은 고기에 노릇하게 색을 내 굽는 법과 육즙을 디글레이징하는 방법을 가르쳤다. 부유한 금융가들의 저택과 초창기 레스토랑에서 요리는 발전을 거듭한다. 제과사와 당과 제조업자(confiseur)들은 서로 재능을 겨뤘으며, 사람들은 비프스테이크, 커리, 마데이라 와인과 같은 외국의 특산품에 대해서도 알게 되었다. 한편, 꾸준한 식량 공급에 대한 인식과 염려 덕에 농산물의 경작 방식과 곡물 보존 방법은 점점 발전해갔다. 앙투안 파르망티에(Antoine Parmentier)는 감자 사용법에 대한 여러 보고서를 발표하여 감자가 훌륭한 식재료가 되는 데 기여하였다.

■ **프랑스 혁명부터 제2제정까지.** 프랑스 혁명은 프랑스 요리 발전사에 격변을 일으켰다. 하지만 과거 귀족 가문에서 일하던 유명 요리사들은 레스토랑을 열거나 부르주아 계층의 요리사로 들어가면서 요리의 새로운 도약을 일구어나간다. 라기피에르(Laguipière) 셰프와 미식가 루이 퀴시(Louis Cussy)는 제정시대의 사치스러운 면을 잘 보여준다. 특히 유명한 것은 캉바세레스(Cambacérès)와 탈레랑(Talleyrand) 두 가문의 성찬이다. 그리모 드 라 레니에르(Alexandre Grimod de La Reynière)가 유행시키고 앙텔름 브리야 사바랭(Anthelme Brillat-Savarin)이 한층 빛낸 미식 문학 또한 중요한 역할을 하게 된다.

19세기 중반에는 철도를 통해 보다 신선한 재료 공급이 가능해졌고 축산업이 놀라운 발전을 이루었다. 프랑스 미식 문화를 발전시킨 다른 지표를 살펴보자면 부이용 뒤발(bouillons Duval, 소고기 국물을 판매하던 최초의 식당), 나폴레옹 3세의 통치, 레스토랑의 저렴한 세트 메뉴 구성, 가스 스토브의 발명 등을 들 수 있다. 또한 그 어느 때보다도 많은 카페와 레스토랑이 생겨났는데, 그중 대다수는 입시세(入市稅)가 부과되는 파리 시내를 벗어난 외곽 지역에 자리 잡았다. 팔레 루아얄(Palais-Royal)에 이어 파리 중심의 몇몇 대로(Boulevard) 변에는 유명한 레스토랑들이 우후죽순 생겨났다. 조세프 파브르(Joseph Favre)는 카페 드 라 페(Café de la Paix)에서 경력을 시작하여, 이후 카페 리슈(Café Riche)에서 일했다. 아돌프 뒤글레레(Adolphe Dugléré)는 카페 앙글레(Café Anglais)에서 일하며 맛있는 메뉴들을 만들어냈다. 오펜바흐(Offenbach)의 위대한 제롤슈타인 공작부인(Grande Duchesse de Gerolstein)관람을 위해 방문한 프로이센의 국왕 빌헬름 1세(1867)와 러시아의 알렉산드르 2세는 카페 앙글레(Café Anglais)에서 식사를 즐기기도 했다.

■ **20세기.** 20세기에 접어들면서 프랑스 요리는 전 세계로부터 최고로 인정받기 시작한다. 프랑스 요리사들이 버킹엄 궁전과 상트페테르부르크 겨울 궁전뿐 아니라 세계 특급 호텔의 주방을 장악하게 되었고 파리는 세계 미식의 수도로 자리매김한다. 벨 에포크(Belle Epoque) 시대의 주인공은 뒤부아(Dubois), 에스코피에(Escoffier), 비뇽(Bignon)이었다. 아카데미 공쿠르(Académie Goncourt)는 1903년 첫 번째 만찬을 개최했고, 요리사 프로스페르 몽타녜(Prosper Montagné)는 1920년대에서 가장 고급스러운 레스토랑을 오픈한다. 또한 파리로 올라온 오베르뉴와 페리고르 지역 출신들이 연 동네 비스트로들이 유행하기도 했으며, 미식 모임들의 활동 역시 성행했다. 제 2차 세계대전 후, 블랑케트(blanquette), 부야베스(bouillabaisse), 카술레(cassoulet), 슈크루트(choucroute), 트리프(tripe), 타르트 타탱(tarte Tatin) 등 지방 미식 유산의 풍요로움을 간직한 대표적 클래식 메뉴들이 계속해서 인기를 누린다. 1971년 파리 프레스(Paris-Presse)의 기자 앙리 고(Henri Gault)와 크리스티앙 미요(Christian Millau)는 의기투합하여 누벨 퀴진(nouvelle cuisine)을 주창한다. 누벨 퀴진은 본연의 맛을 가리는 진하고 기름진 소스와 지나치게 오래 익히는 조리법을 피하고 서빙 분량을 줄이는 데 초점을 둔다. 오늘날, 위대한 요리사들은 재료의 풍미를 최대한 보존하는 동시에 최고의 전통과 창조의 매력을 조화롭게 담아내기 위해 최선을 다하고 있다. 21세기 초에는 스페인의 몇몇 요리 창작물(엘 불리의 페란 아드리아)에서 많은 부분을 차용해 요리하는 것이 유행처럼 번져, 에멀션, 즐레, 무스 등을 시대 혁신의 정점에 올려놓기도 했다(**참조** CUISINIERS & CUISINIÈRES d'AUJOURd'HUI).

CUISINE MOLÉCULAIRE 퀴진 몰레퀼레르 분자 요리. 분자 미식에서 나온 요리의 한 흐름을 말한다(**참조** GASTRONOMIE MOLÉCULAIRE).

CUISINER 퀴지네 요리하다. 식재료를 섭취 가능하고 맛있는 상태로 만들다. 준비 단계의 조리 기술(껍질 벗기기, 썰기, 다듬기 등의 밑 손질)과 다양한 익히기 방식을 통해 자연 그대로의 식재료를 하나의 요리로 변신시킨다. 여기에 더해 마무리 완성 작업, 간하기, 장식 은 요리의 가치를 더욱 높인다. 이 다양한 작업 과정은 대부분 일정 시간을 필요로 한다. 구이, 생채소 플레이트 등은 요리한 것이라고 할 수 없다. 조리 식품이라는 표현은 대량 또는 작은 공방 규모의 주방에서 만들어 차가운 상태(냉동, 급냉)나 밀봉된 유리병, 통조림(스튜, 도브, 곱창 요리, 특히 소스를 곁들인 요리) 등에 보관한 음식을 가리킨다.

CUISINIÈRE 퀴지니에르 스토브, 가스레인지. 가스나 전기로 작동하는 조리 기기로 화덕의 현대적인 형태라고 할 수 있다. 전통적인 일체형 모델은 화구 상판과 오븐으로 구성되어 있으며 따로 분리된 것도 있다(**참조** FOUR, FOUR À MICRO-ONDES). 요리사들이 피아노라고 부르는 스토브와 화덕은 오랫동안 동의어로 사용되어왔다. 에두아르 드 포미안(Édouard de Pomiane)은 1934년 새롭게 등장한 가스 스토브의 사용을 권장하면서도 그것을 여전히 화덕이라고 불렀다. 얼마 지나지 않아 전기를 사용하는 버너와 스토브가 나오기 시작했으나 일부 모델, 특히 농촌 지역에서 사용하는 종류들은 여전히 장작, 석탄 또는 가정용 중유를 연료로 쓰는 방식으로 제작된 것이었다. 일반적으로 요리사들은 조절이 쉬운 불꽃 방식의 화구를 선호하나, 전기 방식은 주방 공간의 온도를 상대적으로 덜 상승시키며 위험도 적은 편이다. 게다가 필요한 열의 세기를 더욱 정교하게 조정할 수 있기도 하다. 또한 전기 오븐은 약간의 습기를 유지하여 특히 제과 제빵용으로 사용 시 훌륭한 결과물을 낼 수 있다. 오늘날에는 글라스세라믹 재질의 쿡 탑과 인덕션 레인지가 점점 널리 보급되고 있다.

■ **쿡탑.** 3-5개의 화구로 이루어져 있으며, 가스 화구나 전기 핫플레이트, 또는 이 두 가지가 조합된 콤비 방식으로 구성된다.

● **가스 화구.** 급속, 또는 초 급속 방식(시간당 화력 2,000-3,000kcal)으로 단일 또는 단계별 화력 조절이 가능하고(자동 점화 및 소화, 아주 유연한 불 조절 가능) 불 조절이 즉각적이다.

● **전기 핫플레이트.** 온도 조절장치 또는 온도 감응 장치가 내장되어 있어 원하는 온도에 도달하면 전력 공급이 중단된다. 불 조절이 쉽고 제어가 가능하나 최대 화력까지 도달하는 데 몇 분 정도 소요되고 식는 데도 일정 시간이 필요하다. 전기 핫플레이트는 불꽃이나 연기를 발생시키지 않으며 냄비 바닥이 검어지지도 않는다. 그러나 바닥이 두꺼운 냄비를 사용해야 하며, 이들은 비교적 가격대가 높은 편이다.

● **글라스세라믹 쿡탑.** 불투명한 대형 유리판과 같은 형태로 상판 아래쪽에 다양한 가열 장치(전기 저항을 이용한 복사열판 및 필라멘트 램프를 사용하는 할로겐 열판)들이 내장되어 있어 표시된 자리에 광선을 통해 열을 전달한다.

● **인덕션.** 인덕션 레인지 역시 글라스 세라믹 판으로 덮여 있다. 열판 내부에서는 유도체(인덕터)가 코일에 자기장을 발생시킨다. 인덕션 위에 올려놓은 모든 조리 용기(자성을 일으키는 금속 재질)는 자기장을 가두는데, 여기서 유도 전류가 발생하여 냄비 바닥을 데우고 이어 내용물을 데우게 된다. 이때 용기를 올려놓지 않은 열판의 나머지 부분은 차가운 상태를 유지하며, 냄비를 열판에서 떼는 순간 그 부분의 가열은 중단된다.

■ **스토브의 선택.** 일체형 스토브는 그릴, 전기 로스팅 회전봉, 오븐 내부 조명 램프, 자동 조리기능, 전자식 점화 등 다양한 옵션 선택이 가능하다. 최고 사양의 스토브는 규모가 상당한 기기로 세련된 외관을 자랑한다. 두 개 또는 4개의 오븐과 여러 장치(접시용 워머, 그리들, 내장형 핫 팟 등)들을 갖추고 있어 전문가용 스토브의 가정형 모델이라 할 수 있다.

CUISINIERS D'AUTREFOIS 퀴지니에 도트르푸아 옛 요리사들. 이미 중세 시대에 동업 조합을 결성한 바 있는 요리사들은 위계에 따른 공동체를 구성했다. 16세기, 앙리 4세 집권 시절 요리사 조합은 여러 분과로 나뉘었다. 로티쇠르(rôtisseur)는 대형 육류를 다루었으며 파티시에(pâtissier)는 가금류, 파테, 투르트 등을, 비네그리에(vinaigrier)는 소스를 만들었다. 트레퇴르(traiteur)의 경우 주방장, 요리사이자 포르트샤프(porte-chape, 샤프는 요리를 따뜻하게 유지시키는 돔형 뚜껑을 말하며, 포르트샤프는 요리 뚜껑을 들고 있는 사람을 의미한다)로서 결혼식 피로연이나 각종 잔치, 다과회, 가정의 다양한 식사 등을 담당했다. 이 요리사들(오늘날 우리가 부르는 명칭인 셰프 퀴니지에 chefs cuisiniers 에 해당한다)은 견습 기간을 마치면 고기나 생선으로 뛰어난 작품을 만들어 각 조합원들에게 6파운드씩 나누어 주어야 했다. 높은 반열에 오른 요리사들은 존경받는 인물들이었으며, 일부는 타유방(Taillevent, 14세기)처럼 작위를 받기도 했다. 가장 위대한 인물로는 의심의 여지없이 앙토넹 카렘(Antonin Careme, 19세기)을 꼽을 수 있을 것이다. 앙시엥 레짐 체제에서는 엄밀히 말해 요리사의 역할을 맡았던 요리 관리인 오피시에 드 퀴진(officier de cuisine)과 바텔(Vatel)처럼 식사 업무를 총괄하는 요리장 역할을 맡았던 오피시에 드 부슈(officier de bouche)를 구분했다. 18세기부터 셰프들은 큰 흰색 모자(bonnet)를 썼으며(여기서 그로 보네 gros bonnet, 큰 모자라는 뜻) 이라는 요리사들의 별명이 유래했다), 이것으로 조수들과 구분할 수 있었다. 길고 높은 요리사 모자인 토크(toque)가 등장한 것은 1820년대인 것으로 추정된다(런던의 사보이 호텔에는 셰프들이 전통적으로 작은 검정색 토크를 착용한다). 요리사들의 수호성인은 성 포르투나(Saint Fortunat, 푸아티에의 주교이자 7세기의 저명한 시인)와 그에게 훌륭한 식사를 자주 대접했던 성 라드공드(Sainte Radegonde, 수도원의 설립자로 포르투나가 이 수도원의 신부가 되었다)이다.

CUISINIERS & CUISINIÈRES D'AUJOURD'HUI 퀴지니에, 퀴지니에르 도주르뒤 요리사들, 오늘날의 요리사들. 맛, 아이디어, 노하우, 진정성을 지닌 요리사, 리츠의 요리사 기 르게(Guy Legay)에게 바쳐진 이 헌사는 타유방 또는 앙토넹 카렘의 것이었을지도 모른다. 진정한 변화는 요리에 대한 신화가 깨진 것이었다. 옛날, 제한된 숫자의 특권층, 고급 호텔의 고객이나 몇몇 부호의 저택에 드나들던 지인들의 전유물이었던 제9의 예술, 요리는 더욱 폭넓은 대중에게 개방되었다. 자동차, 여행, 비즈니스의 발전도 여기에 크게 기여했다. 미식 애호가들은 지역 곳곳을 찾아다니기 시작했으며, 재능 있는 요리사들은 지역 식재료를 활용하여 옛 조리법을 시대에 맞게 응용해냈다. 진지한 노력을 보여준 솜씨 좋은 요리사들과 셰프들은 그에 걸맞은 빛나는 명성을 얻었다. 모든 예술이 그러하듯 요리에도 불세출의 인물, 걸작품들이 등장했으며, 이를 모방한 것들 또는 가짜들도 있었다. 보 드 프로방스(Baux-de-Provence)에 위치한 레스토랑 우스토 드 보마니에르(Oustau de Baumanière)의 레이몽 튈리에(Raymond Thuillier)가

Techniques en cuisine 요리 테크닉

**"채칼로 가늘게 썬 감자, 소테 팬이나 찜기를 이용한 정확한 익힘, 플레이팅 기술.
파리의 에콜 페랑디, 리츠 호텔, 포텔 에 샤보에서는 같은 의식이 행해진다.
이는 바로 주방의 구성원들이 다양한 테크닉을 시험하고 자신들의 노하우를 가늠해보는 순간이다."**

Techniques en cuisine 요리 테크닉

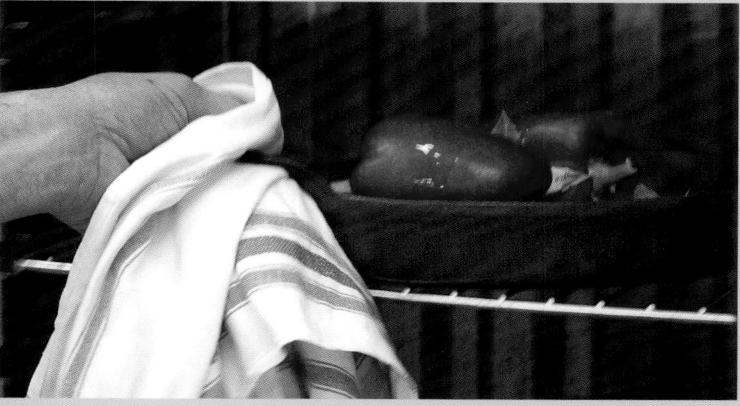

"열기가 가득한 파리의 에콜 페랑디, 리츠 호텔, 포텔 에 샤보, 레스토랑 가르니에와 레스토랑 엘렌 다로즈 주방의 모습. 이곳에서 일어나는 일들을 전부 예측하기란 불가능하다. 채소의 껍질을 벗기고, 돌려 깎고, 강판에 간다. 요리를 데우고, 섞고, 플랑베하며, 다양한 익힘 방법이 등장한다. 솜씨 좋고 숙련된 동작은 이곳에서 필수적이다."

말한 것처럼 오늘날 위대한 요리사들은 진정한 기업의 수장으로, 지속적으로 대중과 만나며 행복을 파는 장사꾼이 되어야 한다. 요리사들은 생각을 활짝 열었고 이제는 더 이상 조언을 아끼지 않는다. 많은 조리서적 출판을 통해 자신들의 노하우나 비법도 아낌없이 나눌 뿐 아니라 미디어 출연도 망설이지 않게 되었다. 이 분야의 선구자는 파리 르 그랑 베푸르(Le Grand Vefour)의 요리사인 레몽 올리베르(Raymond Oliver, 1909, Langon 출생-1990, Paris 타계)이다. 1953년 최초로 TV 요리 프로그램에 고정 출연하게 된 그는 랑공식 억양이 가미된 친절한 설명으로 요리기술과 자신의 솜씨를 유감없이 보여주었다.

■ **전설적인 요리사들과 떠오르는 세대.** 이름 높은 요리사들은 가업을 계승과 상관없이 대부분 부모나 유명 요리사 밑에서 일을 배우며 기초를 다지고 실전에서 충분히 경력을 쌓은 이후 비로소 그 존재감을 드러냈다. 레스토랑 막심(Maxims)의 악셀 윙베르(Alex Humbert), 뤼카 카르통(Lucas Carton)의 가스통 리샤르(Gaston Richard), 비엔(Vienne)에 위치한 라 피라미드의 페르낭 푸앵(Fernand Point)이 그러한 경우에 해당한다. 이 거장들이 콜롱주(Collonges)의 폴 보퀴즈(Paul Bocuse), 무쟁(Mougins)의 로제 베르제(Roger Vergé), 일라외제른(Illhaeusern)의 애베를렝(Haeberlin) 형제, 로안(Roanne)의 트루아그로(Troisgros) 형제 등 다음 세대 요리사 군단 전체를 양성했다고 해도 과언이 아니다. 몇몇 유서 깊은 대형 레스토랑들은 2, 3세대에서 더 나아가 4세대에 걸쳐 대대로 그 명성을 이어가고 있다. 운영해오고 있다. 로안(Roanne)의 미셸 트루아그로(Michel Troisgros), 발랑스(Valence)의 안 소피 픽(Anne-Sophie Pic), 일라외제른의 마크 애베를렝(Marc Haeberlin), 샤니(Chagny)의 자크 라믈루아즈(Jacques Lameloise), 보 드 프로방스(Baux-de-Provence)의 장 앙드레 샤리알(Jean-Andre Charial) 등을 예로 들 수 있다.

또한 새로운 오너 셰프들도 등장했다. 조엘 로뷔숑(Joël Robuchon), 기 사부아(Guy Savoy), 알랭 상드랭스(Alain Senderens), 카레 데 푀이양(Carré des Feuillants)의 알랭 뒤투르니에(Alain Dutournier), 아르페주(Arpege)의 알랭 파사르(Alain Passard), 앙브루아지(Ambroisie)의 베르나르 파코(Bernard Pacaud) 등을 꼽을 수 있으며 이들은 모두 파리에서 레스토랑을 운영했다. 지방도 이에 뒤지지 않는다. 보나(Vonnas)에는 터줏대감 조르주 블랑(Georges Blanc)의 입지가 확고하고, 코트 도르(Côte d'Or)의 베르나르 루아조(Bernard Loiseau) 레스토랑은 솔리외(Saulieu)에서의 비극적인 죽음에도 불구하고 그 요리의 명맥이 이어지고 있다. 생 페르 수 베즐레(Saint-Père-sous-Vézelay)에 위치한 레스페랑스(l'Espérance)의 마크 므노(Marc Meneau), 주아니(Joigny)에 위치한 라 코트 생 자크(la Côte Saint Jacques)의 미셸 & 장 미셸 로랭(Michel et Jean-Michel Lorain), 생 테티엔(Saint-Étienne)에서 파리로 옮겨온 피에르 가니에르(Pierre Gagnaire), 스트라스부르(Strasbourg)의 앙투안 베스테르만(Antoine Westermann), 같은 도시에 위치한 크로코딜(Crocodile)의 에밀 융(Émile Jung), 외제니 레 뱅(Eugénie-les-Bains)의 미셸 게라르(Michel Guérard) 등도 빼놓을 수 없다. 모나코에 위치한 오텔 드 파리(Hôtel de Paris)에서 시작해 파리로 진출한 알랭 뒤카스(Alain Ducasse)는 파리를 교두보로 다시 세계 정복에 나섰으며, 라기욜(Laguiole)의 미셸 브라스(Michel Bras), 캉칼(Cancale)의 올리비에 뢸랭제(Olivier Roellinger), 므제브(Megève)의 안시 호숫가에 자리 잡은 마크 베라(Marc Veyrat) 또한 훌륭한 요리사로서의 행보를 계속 이어나가고 있다.

일부 요리사들은 외국으로 진출해 자신들의 재능을 발휘하며 오랜 미식전통을 전파하는 길을 선택했으며 목적지는 역사, 지리, 문화에 따라 다양했다. 이들을 가장 먼저 맞이한 받아들인 나라는 영국이었다. 요리사들의 이민은 낭트 칙령의 폐지(1685)로 신교도들이 추방당했던 시기에 처음 시작 되었다(1685). 영국을 개척한 당대의 선구자로는 알베르 & 미셸 루(Albert et Michel Roux) 형제를 꼽을 수 있다. 1967년 런던에 처음으로 레스토랑을 열던 당시, 그들은 순수한 요식업을 지향했다. 알베르 루는 런던 메이페어(Mayfair)에 위치한 가브로슈(Gavroche)의 주방을 아들 미셸(Michel Roux, Jr.)에게 물려주었으며, 동생 미셸은 버크셔의 브레이 온 템즈(Bray-on-Thames)에 워터사이드 인(Waterside Inn)을 열었다. 레몽 블랑(Raymond Blanc)은 옥스퍼드셔의 그레이트 밀턴(Great Milton)에 위치한 자신의 레스토랑 마누아 오 카트르 세종(Manoir aux QuatSaisons)에서 뛰어난 실력을 보여주었다. 그러나 영국 본토 출신 차세대 요리사들이 부상하기 시작했으며 이들 중에는 프랑스에서 요리 공부를 마친 이들도 있었다. 첼시의 미슐랭 3스타 셰프인 고든 램지(Gordon Ramsay)나 놀라운 창의력의 소유자인 팻 덕(Fat Duck)의 헤스턴 블루멘설(Heston Blumenthal) 등은 스타 반열에 올랐다.

불어권 국가들에서도 프랑스 요리사들은 두각을 나타낸다. 스위스에서는 크리시에(Crissier)의 프레디 지라르데(Frédy Girardet), 몽트뢰에 위치한 퐁 드 브렁(Pont de Brent)의 제라르 라베(Gérard Rabaey), 발레(Valais)주에 위치한 베르비에(Verbier)의 롤랑 피에로(Roland Pierroz)를 꼽을 수 있다. 벨기에에는 브뤼셀에 위치한 콤 셰 수아(Comme chez soi)의 피에르 위낭(Pierre Wynants), 브뤼헤 드 카르멜리에(De Karmeliet)의 거트 반 헤크(Gert Van Hecke), 크루이슈템(Kruishoutem) 호프 반 클레브(Hof van Cleve)의 페터 구센(Peter Goosens) 등이 있다. 스페인에서는 창의적인 재능을 지닌 셰프들이 눈부신 활약을 보여준다. 이미 미디어를 통해 너무나 유명해진 로제스(Roses)의 엘 불리(El Bulli)를 대표하는 페란 아드리아(Ferran Adria), 페이 바스크(Pay basque)에 위치한 라사르테(Lasarte)의 마르틴 베라사테이(Martin Berasategui), 산 세바스티안에서 가장 존경받는 셰프이자 가장 오래된 미슐랭 3스타 셰프인 후안 마리 아르작(Juan-Mari Arzak), 그리고 카탈루냐 지역 산 셀로니(San Celoni)에 위치한 칸 파베스(Can Fabes)의 산티 산타마리아(Santi Santamaria)가 대표적이다.

미국에서 위대한 셰프들은 새로운 정복자가 되었다. 장 조지 봉게리히텐(Jean-Georges Vongerichten)은 뉴욕에 수많은 레스토랑을 오픈하며 자신의 제국을 세웠으며(조조 Jojo, 봉 Vong, 장 조지 Jean-Georges, 페리 스트리트 Perry Street, 스파이시 Spicy, 누가틴 Nougatine), 다니엘 불뤼(Daniel Boulud) 역시 뉴욕에서 최고의 셰프 중 하나로 명성을 날리고 있다. 뉴욕의 퍼 세(Per Se)뿐 아니라 캘리포니아 욘트빌의 프렌치 런드리(French Laundry)를 총괄하고 있는 토마스 켈러(Thomas Keller), 버지니아에 위치한 더 인 앳 리틀 워싱턴(The Inn at Little Washington)의 패트릭 오코널(Patrick O'Connel)도 빼놓을 수 없다.

■ **여성과 여성 요리사들.** 여성들은 지방의 향토 요리와 부르주아 미식 분야 발전에 지대한 영향을 미쳤음에도 불구하고 오랜 세월 전문 요리 분야에서는 소외되어 왔다. 이제 이러한 시대가 끝났다는 점에는 아무도 이의를 제기할 수 없을 것이다. 시간이 지나면서 리옹의 어머니들(mères lyonnaises, 리옹 출신의 여성 요리사들을 지칭한다)의 당당한 계승자임을 자처하는 훌륭한 여성 요리사들이 등장했다. 대표적 인물로는 메르 블랑(mère blanc)과 메르 브라지에(mère brazier)를 들 수 있으며, 그들의 가장 빛나는 제자는 바로 폴 보퀴즈다. 파리 라 비에이(la Vieille)의 아드리엔 비아쟁(Adrienne Biasin) 역시 그들의 제자로 남기만을 바란다. 콩드리유(Condrieu)에 위치한 보 리바주(Beau Rivage)의 카스탱(Castaing) 여사는 크넬(quenelles)요리와 식초를 넣은 닭 요리로 유명하다. 또한 마르세유 파탈랭(Patalain)의 쉬잔 카글리아(Suzanne Quaglia)는 위대한 마르세유의 어머니들(mères marseillaises) 중 하나로 길이 남을 것이다.

오늘날, 많은 여성 요리사들이 두각을 드러내고 있다. 엘렌 다로즈(Hélène Darroze), 카트린 게라즈(Catherine Guerraz), 플로라 미쿨라(Flora Mikula), 파리에서 레스토랑 올랭프(Olympe)를 운영하고 있는 도미니크 베르시니(Dominique Versini) 등이 대표주자이며 안느 소피 픽(Anne-Sophie Pic)은 미슐랭 가이드 3스타를 획득한 최초의 여성 요리사로 발랑스에서 레스토랑을 운영하고 있다. 루마랭(Lourmarin)에 위치한 라 페니에르(la Fénière) 렌 사뮈(Reine Sammut), 로렌 지방 스티링 벤델(Stiring-Wendel)의 에글로프(Egloff) 자매, 아베롱(Aveyron) 벨카스텔(Belcastel)의 파주갈티에(Fagegaltier) 자매 등도 실력파 여성 요리사들이다. 이탈리아에서 활약하는 여성 요리사로는 나디아 산티니(Nadia Santini, 달 페스카토레 Dal Pescatore), 아니 페올데(Annie Feolde, 에노테카 핀키오리 Enoteca Pinchiorri) 또는 루이자 발라자(Luisa Valazza, 알 소리소 Al Sorriso)등을 꼽을 수 있다. 스페인에서도 카탈루냐 산 폴 데 마르(Sant Pol de Mar)의 카르메 루스카옐다(Carme Ruscalleda)가 미슐랭 가이드 3스타를 거머쥐는 쾌거를 이뤘다.

CUISSEAU 퀴소 넓적다리를 포함한 둔부. 송아지의 둔부 전체를 지칭하며 여기에는 우둔, 설도, 사태, 정강이 살이 모두 포함된다.

CUISSE-DAMES 퀴스 담 스위스의 작은 튀김 과자. 키르슈를 넣어 향을 낸 반죽을 갸름한 모양으로 튀겨낸다. 스위스의 프랑스어 사용 지역에서는 반죽을 말아 넉넉한 양의 기름에 튀겨내는데, 이때 반죽이 부풀면서 긴 방향으로 갈라진다. 아주아(Ajoie) 지역에서는 이 과자를 피에 드 비슈(pieds-de-biche, 암사슴의 발)라고 부른다.

CUISSON 퀴송 조리, 익힘. 열의 작용을 통해 식재료를 섭취 가능하고 더 먹음직스러우며 맛있게 만드는 요리 공정이다. 많은 과일과 채소는 생으로 먹을 수 있으며, 고기, 생선, 달걀도 어떤 것들은 생식이 가능하나 대부분은 익혀 먹는다. 기본 조리 방식 여덟 가지에는 튀김, 그릴, 로스트, 소테, 프리카세(소스에 담가 익히기), 삶거나 찌기, 브레이징, 팬 프라이(**참조** 다음 페이지의 조리 방법 도표)가 있다. 전분질 식품, 아스파라거스, 감자, 마르멜로 등 일부 식재료는 먹기 전 반드시 익혀야 한다.

■ **조리의 역할.** 우리가 일상적으로 생각하는 것보다 훨씬 다양하다.

● **성분의 변화.** 식품을 익히면 연화, 응고, 팽창, 용해 등 생화학적 성분의 변화가 일어나면서 섭취 가능한 상태(쌀, 밀가루), 또는 흡수하기 쉬운 상태가 된다. 또한 채소와 과일을 익히면 펙틴과 복합당(예: 전분)의 분해가 일어나 더 부드럽고 소화가 잘 된 다. 고기와 생선은 익히는 과정에서 먼저 색깔의 변화가 일어나며(62°C를 기점으로 날것에서 익힌 상태가 된다), 이어 자체 수분의 양이 줄어든다(68°C를 기점으로 촉촉한 상태에서 마른 상태가 된다). 조리 시간과 온도에 따라, 익히는 과정을 통해 육류의 결합 조직(콜라겐)이 파괴되어 육질이 더 연해지기도 한다.

● **외관상의 변화.** 음식을 조리하면 색(그라탱, 그릴, 로스트, 채소 글레이징, 설탕)이나 부피의 팽창(빵, 수플레)으로 외관상의 변화를 일으킨다.

● **맛의 정수와 주요 영양소 졸이기 또는 추출.** 이 변화들은 응축(끓는 물이나 뜨거운 유지 성분에 식품을 넣고 표면을 빠르게 지지듯이 익혀 재료가 가진

조리 방법의 종류와 특징

조리 방식	도구, 매질, 온도	식재료	변화 현상		온도(°C)		시간
			표면	심부	조리 후 꺼냈을 때	휴지 후 최종 상태 *	
튀기기	튀김기(오일, 기타 지방 성분): 170-220°C	육류, 생선, 달걀	응고, 급속한 색 변화	로제(rosé)	48	58-60	익히는 재료의 부피에 따라 다름.
				즙이 촉촉함	52-56	62-68	
				건조함	60-70	70-80	
				바삭함	100	100	
		채소	색 변화	익음	80-100	100	
			바삭함	바삭함	100	100	
그릴, 굽기	그릴(지방 성분을 거의 넣지 않는다): 200-250°C	붉은 살 육류	빠른 응고, 색 변화	블루 레어	45	56-58	한 면당 2분**
				레어	50	58-60	한 면당 3분
				로제	52-54	60-62	한 면당 4분
팬 프라이 볶기, 지지기	프라이팬, (지방 성분): 150-200°C	붉은/흰색 살 육류, 생선	지진 자국 (그릴)	미디엄	56-60	63-68	한 면당 6분
				웰던	62 이상	68 이상	한 면당 6분 이상
		달걀 프라이, 오믈렛, 스크램블드에그	흰자 응고	덜 익음	62	66	45-90초
			노른자 응고	익음	75	85	45-90초
		채소	색 변화	익음	85-90	90-100	오래 걸림
로스트	핫 에어 오븐: 220-250°C, 컨벡션 오븐: 180-220°C 스팀 오븐: 50-100°C, 180-220°C	붉은/흰색 살 육류, 가금류	1. 색 변화 2. 심부 온도 상승	블루 레어	35-40	54-56	1. 15-20분 2. 두께에 따라 다름.
				레어	40-45	56-58	
				로제	45-50	60	
				미디엄	60	62-68	
				웰던	65	70-80	
		생선		익음	50	65-68	
		채소	익음	익음	100	100	15-20분
프리카세	프라이팬, 소테(오일): 120-140°C	흰색 살 육류	응고	익음, 촉촉함	90-100	62-68	적당시간
소테	소테 팬(오일: 시어링 색내기 용, 육즙 또는 소스: 마무리 완성용): 90-100°C. 압력솥: 105-107°C	붉은 살 육류	색 내기, 지진 자국	익지 않음	30-35	–	15-20분
		흰색 육류	1. 응고 2. 익음	익음, 건조함	–	95-100	부위의 연한 정도에 따라 달라짐.
브레이징	소테 팬, 코코트 냄비, 압력솥: 90-220°C	붉은/흰색 살 육류, 생선, 채소	1. 색 변화	익지 않음	25	–	15-20분
			2. 익음(즙, 소스)	익음, 건조함	–	95-100	부위의 연한 정도에 따라 달라짐.
삶기, 데치기	코코트 냄비, 소스팬, 압력솥: 90-100°C	붉은/흰색 살 육류, 생선	익음(물, 소스, 즙)	익음, 건조함	100	100	부위의 연한 정도에 따라 달라짐.
	압력솥, 소스팬: 102-107°C	채소, 달걀, 생선, 크넬	익음(물, 즙)	익음	100	100	3-25분
증기에 찌기	전기스티머, 쿠스쿠스용 2단 찜기 망, 압력솥: 95°C	생선, 채소	익음	익음	–	–	15-25분

* 최종 상태의 온도는 익힌 재료를 꺼낸 뒤 열이 내부로 고루 분산되도록 휴지시키는 과정을 감안한 것이다.
** 제시된 시간은 25mm 두께로 썬 고기 조각을 기준으로 한다.

맛 성분의 정수가 빠져나가지 않도록 한다), 확장(맛 성분의 정수가 액체에 퍼지도록 하여 모든 재료에 배어들도록 한다) 또는 혼합방식(먼저 재료의 겉면을 강하게 구운 후 액체를 부어 익히는 브레이징 등)을 통해 일어난다. 이렇게 조리한 음식의 소화 용이성은 익힌 지방 성분의 비율에 따라 달라진다. 조리 방식은 이 소화 용이성뿐 아니라 음식의 열량에도 영향을 미친다.
● **향과 맛의 강화.** 조리를 하면 식품의 맛을 더욱 끌어올릴 수 있다. 반대로 너무 지나친 경우에는 맛을 약화시키기도 한다(산미, 쓴맛). 소스를 만들 때 넣는 양념, 향신 재료, 와인 등은 그 자체 고유의 맛과 향을 더할 뿐 아니라 우려내기, 플랑베, 졸이기 등의 과정을 통해 해당 요리 주재료의 풍미와 혼합되어 더욱 복합적이고 깊은 맛을 내준다.
● **유해 성분의 제거.** 온도에 따라 열은 미생물의 일부를 파괴한다.
■ **매질.** 네 가지 매질에 따라 익힘 방식을 나눠볼 수 있다.
● **물.** 찬물 또는 끓는 물에 담그기. 아주 약하게 끓는 상태를 유지하며 삶거나 펄펄 끓이기, 끓는 물에 잠깐 넣어 데치거나 약하게 끓는 물에 오래 익히기, 증기로 찌기(향을 더하기도 한다), 중탕하기(뚜껑을 덮는 경우도 있다), 미리 물에 담가두었다 익히기 등.
● **지방.** 다량 또는 소량 사용(팬 프라이, 소테, 튀김), 센 불 또는 약한 불 사용, 조리시 기름을 완전히 입히는지의 여부 등.
● **공기.** 불꽃 또는 열기에 직접 접촉(구이용 꼬치, 바비큐용 그릴, 재에 묻어 익히기) 또는 건조한 열기 속에 넣어 익히는 방식(오븐).
● **밀폐 조리, 저수분 조리.** 기의 뚜껑을 닫거나 보통은 완전히 밀봉한 상태로 익힌다. 대부분의 경우 재료를 센 불에 지진 뒤 이 방식으로 익히며 소량의 국물과 향신 재료를 함께 넣어준다. 유지 성분을 전혀 넣지 않는 경우도 있다.
■ **조리 시간.** 조리 시간은 매우 다양하며, 압력솥이나 전자레인지 등 특정 기기를 사용하여 단축할 수도 있다(**참조** AUTOCUISEUR, FOUR À MICRO-ONDES). 경우에 따라 분 단위로 정확히 조리시간을 준수해야 하며(포칭, 로스트), 반대로 어떤 것들은 시간이 좀 길어져도 크게 문제 되지 않는다(약한 불에 뭉근하게 익히기). 경우에 따라서는 재료가 부분적으로 덜 익은 상태에서 익히기를 멈춘다(레어로 익힌 스테이크).
■ **수비드 조리.** 최근에 등장한 식재료 처리 기술로, 필요한 장비 및 작업 방식 등이 복잡하고 번거로운 탓에 아직은 전문 요리사들의 영역(대량 생산, 레스토랑)으로 남아 있다. 이 익힘 방식은 8가지의 기본 조리방식과 다른 별개의 테크닉이지만 이들과 상호보완적으로 함께 사용되기도 한다. 수비드 조리를 시작하기 전 일반 조리 테크닉 중 적합한 방식(그릴, 소테, 증기에 찌기 등)으로 전 처리해 재료에 색을 내거나 미리 어느 정도 응고시키기도 한다. 수비드 조리는 그 형태나 조리시간 면에서 볼 때, 밀폐된 냄비에 재료를 넣고 자체의 수분으로 익히는 저수분 조리(vase clos)나 약한 불에 뭉근히 오래 익히는 조리법(mijotage)과 비슷하다. 정확한 온도로 진행되며, 식재료는 전용 비닐 팩에 넣고 진공상태로 수축하여 열전달 효율성을 높인다. 그 상태로 물에 담그거나 끼얹어 익히면 재료의 향을 유지할 수 있으며 산화나 오염의 염려 없이 보존할 수 있다.

CUISSON-EXTRUSION 퀴송 엑스트뤼지옹 압출성형 조리. 최근에 개발된 공정으로 식품을 아주 가벼운 질감으로 만들어준다. 재료에 강한 압력을 가한 상태로 스크루를 통과시키면 출구에서 감압으로 인한 급속도의 팽창작용이 일어나 독특한 질감이 만들어진다. 주로 아침식사용 시리얼 퍼프(곡류 뻥튀기), 아주 가볍고 바삭한 스낵(칩이나 깡 종류 등), 일부 동물용 사료 등에 적용되는 기술이다.

CUISSOT 퀴소 사슴, 노루, 멧돼지의 볼기 부위를 가리킨다. 사슴이나 노루의 경우 지그(gigue)라고도 부른다.

CUIT-VAPEUR 퀴 바푀르 찜 솥, 찜 냄비. 음식을 증기로 찔 수 있도록 만들어진 특수한 형태의 냄비로 구멍이 난 찜 판을 한 개 또는 여러 개 겹쳐 쌓아 올릴 수 있는 구조다. 채소나 생선을 증기로 찌는 조리 방식에 알맞다. 서로 다른 음식을 한꺼번에 익힐 수 있다는 장점이 있으며, 쿠스쿠시에용 2단 찜기 대신 사용할 수도 있다. 전기 찜기 제품도 다양하게 출시되어 있으며 대개 타원형 모양이다.

CUIVRE 퀴브르 구리. 인체에 소량 존재하는 미량 원소로, 철의 흡수와 운반을 도울 뿐 아니라 면역 체계의 원활한 작용과 뼈의 무기질화에도 관여한다. 구리는 통곡물, 녹색 채소, 간, 초콜릿, 패류, 갑각류를 통해 섭취할 수 있다. 발효 과정에 개입하여 일부 미생물의 증식을 원활하게 하며, 가열 압착치즈 속에 구멍이 생기는 과정에도 구리가 작용한다.

CUIVRE (MÉTAL) 퀴브르(금속) 구리, 동. 붉은색 금속으로 전통적으로 특수 조리용구 제작에 사용된다. 구리는 훌륭한 열 전도체라는 장점을 갖고 있는 반면 습기에 노출되면 표면이 아주 빠르게 녹청(산화구리)으로 덮이며 비타민 C를 파괴한다. 그러므로 구리로 된 조리도구는 내부에 순 주석 도금을 해야 하며, 주기적으로 덧입혀 주어야 한다. 이러한 불편을 해소하기 위해 10여 년 전부터 녹슬지 않는 압연 구리의 사용이 일반화되었다. 구리판과 스테인리스 강판을 열간 압연하여 만드는 이 합금은 내구성이 아주 좋고 관리가 쉽다. 버터 또는 오일을 사용한 조리, 소스를 비롯해 약한 불을 사용해 뭉근하게 오래 익히는 모든 요리에 이상적이다.

CUL-DE-POULE 퀴 드 풀 믹싱 볼. 밑이 둥근 반구형의 큰 양푼으로 주로 거품기로 달걀흰자를 쳐 거품을 올릴 때 사용한다. 옛날에는 주석 도금을 하지 않은 구리로 되어 있었으나 오늘날의 믹싱 볼은 스테인리스강으로 만들며 더 나아가 플라스틱 재질로 된 것도 찾아볼 수 있다. 다양한 제과제빵 재료 혼합물을 만들 때도 사용할 수 있다.

CULOTTE 퀼로트 우둔. 소나 송아지의 뒷부분, 둔부를 가리키는 옛 명칭(**참조** p.108, 109, 879 육류 분할 도감). 소의 설도 앞쪽과 우둔 살 뒤쪽에 해당하는 부위로, 오늘날 설도와 양지를 분리할 때 흔히 따로 떼어놓는 설깃머리살 부위까지 포함한다. 이 부위는 주로 브레이징, 도브(daube 스튜의 일종), 포토푀(pot-au-feu)로 조리한다. 오늘날 이 부위 중 일부 살은 스테이크 용으로도 사용한다. 송아지 퀼로트는 볼기살과 설도 뒷부분의 작은 부위까지 포함한다. 송아지 고기 중 고급 부위에 해당하며 뼈를 제거하지 않은 상태로 익히기도 한다. 오늘날에는 주로 슬라이스하여 그릴이나 팬에 굽는다. 양의 퀼로트는 준도매상에서 유통하는 큰 덩어리로, 넓적다리 두 개가 분리되지 않고 붙어 있는 뒤쪽 부위 전체를 가리킨다.

CULTIVATEUR 퀼티바퇴르 텃밭의 수프. 큼직하게 썬 채소와 염장 삼겹살을 넣어 끓인 맑은 수프의 명칭으로, 돼지비계와 채소를 넣어 끓인 소박한 시골풍 수프의 레스토랑 버전이다. 작은 주사위 모양으로 썬 베이컨을 얹어 내며, 경우에 따라 얇게 썬 캄파뉴 빵 슬라이스 위에 수프를 부어 서빙하기도 한다.

CUMBERLAND (SAUCE) 컴버랜드(소스) 컴버랜드 소스. 새콤달콤한 맛의 차가운 영국식 소스로 포트와인, 오렌지즙, 레몬즙 , 머스터드, 레드커런트 젤리, 샬롯을 섞어 만든다. 컴버랜드 소스는 브네종(덩치가 큰 수렵육 요리), 햄, 양고기 등에 곁들여 낸다.
▶ 레시피 : SAUCE.

CUMIN 퀴맹 커민, 쿠민, 큐민. 십자화과의 방향성 식물로 원산지는 투르크스탄이며 오래전부터 지중해 지역에 퍼졌고, 유럽에는 기독교 시대에 전해졌다(**참조** p.338-339 향신료 도감). 길쭉한 알갱이 모양에 표면에 골이 있으며 삐죽하게 털이 나 있다. 따뜻한 풍미의 향신료로 매콤하며 톡 쏘는 쓴맛이 난다. 오늘날 커민은 지중해 국가들뿐 아니라 독일 북부, 러시아, 노르웨이에서도 재배된다. 고대 로마인들은 소스에 향을 내거나 육류를 보존하는 데 커민을 사용했으며, 구운 생선에 곁들이기도 했다. 중세 조리법에도 커민의 활용은 자주 등장한다(**참조** COMINÉE). 오늘날 커민은 빵(특히 동유럽), 일부 샤퀴트리와 몇몇 치즈에 향을 내는 데 사용된다.
▶ 레시피 : AUBERGINE, BÂTONNET.

CUP 컵 과일과 와인으로 만든 알코올 음료로 주로 커다란 펀치 볼에 재료를 혼합해 만든다(**참조** COCKTAIL). 컵은 특히 1950년대 칵테일 파티나 댄스 파티에서 인기가 높았다. 유행했다. 리큐어, 증류주, 와인(화이트, 레드 또는 스파클링), 더 나아가 시드르, 맥주 또는 샴페인 등을 섞어 뒤 과일(껍질을 벗긴 시트러스 과육, 브랜디에 절인 체리, 배, 복숭아, 바나나 등)을 담가 절여 만든다. 차갑게 하여 둥근 와인 글라스, 쿠프 또는 과일 주스 잔에 서빙한다.

***cider cup* 사이더 컵**

사이더 컵 : 2ℓ 용량 피처에 칼바도스 1잔, 마라스키노 1잔, 큐라소 1잔, 단맛이 있는

시드르 1ℓ를 섞는다. 얼음 큰 것 1조각과 껍질을 벗겨 슬라이스한 오렌지 1개를 넣는다. 토닉 워터를 붓고 부드럽게 저은 다음, 작게 썬 계절 과일을 넣어준다.

Saint-James cup 생 제임스 컵

세인트 제임스 컵 : 큰 단지에 설탕 200g을 넣고 물 1/4ℓ를 부어 녹인다. 코냑 1/2ℓ, 럼 1/2ℓ, 큐라소 1잔, 진하게 우린 차가운 티 1ℓ, 부순 얼음을 섞는다. 서빙 시 고급 시드르(cidre bouché) 1병을 섞어준다.

CURAÇAO 큐라소 네덜란드인들이 처음 만든 오렌지 리큐어로 네덜란드 령 앤틸리스 제도의 큐라소섬에서 자라는 과일들(특히 비터 오렌지)의 껍질을 이용해 만들기 시작했으며, 전 세계의 여러 증류소에서 생산되면서 인기를 얻었다. 아주 향이 진하며, 식후주로 마신다. 큐라소는 수플레나 차가운 프루츠 칵테일에 넣어 향을 내며, 비스퀴와 제누아즈를 촉촉하게 적시거나, 크레프 쉬제트(suzette)를 만들 때도 사용한다. 요리에 사용하는 경우(오렌지 소스 오리 요리)도 있으며, 여러 종류의 칵테일 제조에도 들어간다.

CURCUMA 쿼르퀴마 강황, 터메릭, 쿠르쿠마. 열대 지방에서 자라는 생강과의 초본식물로, 향신료 또는 색소로 사용되며, 그중에서도 벵갈산 강황을 가장 고급으로 친다(**참조** p.338-339 향신료 도감). 강황으로부터 추출한 커큐민(E 100)은 유제품, 당과류, 음료, 머스터드 등에 색을 내는 데 사용된다. 뿌리줄기는 분말로 빻아 사용하는데, 사프란과 색이 비슷하고 더 쓴맛이 나며, 커리 믹스에 들어간다. 강황은 동남아시아와 인도에서 많이 사용하며 주로 쌀, 콩류, 매콤한 소스, 생선이나 조개 요리에 넣는다.

CURNONSKY (MAURICE EDMOND SAILLAND, DIT) 모리스 에드몽 사이앙, 일명 퀴르농스키 프랑스의 작가, 언론인, 미식가(1872, Anger 출생—1956, Paris 타계). 1891년 문학을 공부하기 위해 파리로 온 그는 곧 전업 작가가 되기로 결심한다. 프랑스와 러시아의 관계가 우호적이었던 당시, 필명을 찾고 있던 그에게 알퐁스 알레(Alphonse Allais)가 스키(sky) 로 끝나는 이름이 어떨지?(pourquoi pas sky)라고 제안했다. 그는 이 프랑스어 문장을 바로 라틴어로 직역하여 퀴르 cur(pourquoi: 왜), 농 non(pas: -이 아니다), 스키(sky)라는 이름을 만들었다. 그는 여러 일간지 및 간행물에 글을 기고했으며, 특히 콜레트(Colette)의 첫 남편이자 많은 소설과 희곡을 남긴 윌리(Henry Gauthier-Villars, 일명 Willy)가 노예들(nègres)이라고 불렀던 대필 작가 중 한명이었다. 그는 또한 윌리의 다른 대필 작가이자 친구였던 툴레(Paul-Jean Toulet)와 함께 페르디카스(Perdiccas)라는 필명으로 여러 작품(『반 과부(*Demi-Veuve*)』, 『직업 애인(*Métier d'amant*)』) 등을 출간해 성공을 거두었다. 이 책들을 통하여 문단에 이름을 알린 그는 이후 무대 가수이자 풍자가였던 드라넴(Charles Armand Ménard, 일명 Dranem, 이름 Ménard를 거꾸로 썼다.)과 몽팡시에(Montpensier) 백작의 대필 작가로도 활동했다.

■ **미식가들의 황태자.** 퀴르농스키는 마침내 자신의 경험과 작가로서의 재능, 앙제 출신 특유의 왕성한 식욕을 미식에 바친다. 1921년 그는 친구였던 마르셀 루프(Marcel Rouff)와 함께 『미식의 나라 프랑스(*la France gastronomique*)』 시리즈 28편을 집필한다. 이 두 가스트로노마드(gastronomades, 미식 방랑객이라는 뜻으로 퀴르농스키가 만든 신조어이다)의 프랑스 일주기는 수천 명의 독자들로 하여금 향토 미식의 풍성함에 눈을 뜨게 했다. 또한, 퀴르농스키는 잡지 르 봉 지트(le Bon Gîte)와 라 본 타블(la Bonne Table)지가 1927년 주최한 미식가들의 황태자(prinde des Gastronomes) 선발 투표에서 왕관을 차지했다.

키 185cm, 몸무게 120kg의 넉넉한 풍채를 지닌 퀴르농스키는 막심(Maxims), 베베르(Weber) 혹은 클로즈리 데 릴라(Closerie des Lilas) 등에 즐겨 드나들며 굳건한 식욕을 보여주었다. 그의 저서로는 『프랑스 지방의 요리법(*les Recettes des provinces de France*)』, 『프랑스 미식의 보물(*le Trésor gastronomique de la France*』,(오스탱 드 크로즈 공저, 1933), 『프랑스의 미식가들(*les Fines Gueules de France*)』(피에르 앙드리외 공저, 1935) 등이 있다. 또한 미식가 아카데미(Académie des gastronomes, 1930)의 창립자이자, 초대 회장을 지냈다. 그는 브리야 사바랭식의 화려한 문구들을 즐겨 구사했다. 그러나 퀴르농스키는 일부 파리 대형 레스토랑들의 지나치게 세련된 풍조보다는 부르주아 요리와 향토요리에 더 가치를 부여했다. '좋은 요리란, 본연의 맛을 지닌 것이다'라는 명언이 잘 알려져 있다.

■ **브르타뉴에서 은퇴기까지.** 제2차 세계대전 당시 퀴르농스키는 브르타뉴의 리엑 쉬르 벨롱(Riec-sur-Bélon)에 위치한 멜라니 루아(Mélanie Rouat)의 집에 피난처를 마련한다. 그녀가 운영하는 작은 호텔 겸 레스토랑은 퀴르농스키가 발견한 곳 중 하나다. 그는 자신이 책을 통해 세상에 알린 이 장소에서 집필을 이어간다. 퀴르농스키는 미식과 정치를 연계하여 프랑스인들을 묘사한 다음과 같은 인용구를 남기기도 했다. "극우파들은 외교 연회의 정찬만을 인정하고, 우파는 전통 가정요리와 오래된 리큐어, 오랫동안 천천히 끓여 만든 요리를 사랑한다. 중도파는 지역주의를 좋아하며 레스토랑에 다니며 먹는 것을 즐긴다. 좌파는 간편하게 빨리 먹을 수 있는 요리(오믈렛과 슬라이스 햄)로 만족하지만 가스트로노마디즘(gastronomadisme 미식 방랑)을 실천하는 이들이며, 극좌파는 이국적인 요리 애호가 집단이다."

1950년대 파리로 돌아온 퀴르농스키는 사망하기 전까지(그는 앙리 베르그송 광장에 위치한 자신의 건물 4층 창문에서 떨어진다) 비할 데 없는 영광을 누렸다. 1952년 10월 12일 그의 80세 생일을 기리고자(그는 같은 해 7월 타계했다) 프랑스 요리, 와인 잡지인 퀴진 에 뱅 드 프랑스(Cuisine et Vins de France, 1946년 퀴르농스키가 창간함)와 미식작가 로베르 쿠르틴(Robert Courtine)의 제안에 따라 일 드 프랑스(Île-de-France) 지역의 80개 레스토랑 운영자들은 자신들의 식당 홀에서 이황태자가 평소 즐겨 앉았던 자리에 다음과 같은 문구가 새겨진 동판을 두었다. " 이곳은 미식가들의 황태자로 선출된, 프랑스 요리의 수호자이자 묘사가였던 이 레스토랑의 명예고객, 모리스 에드몽 사이양 퀴르농스키의 자리입니다."

CURRY ▶ **참조 CARI**

CUSSY (LOUIS, MARQUIS DE) 루이 퀴시 후작 제정시대 궁정의 재상이자 유명한 미식가(1766 Coutances 출생-1837 Paris 타계). 그는 자신의 저서 『식탁의 정석(*Les Classiques de la table*)』(1843)에서 여러 페이지를 할애해 역사적 미식에 대해 논하였다. 또한 브리야 사바랭이 인정한 몇 가지 수정점들(Quelques corrections acceptées par M. Brillat-Savarin)이라는 제목의 기사에서 그는 브리야 사바랭의 20개 명언 중 15번(요리사는 만들어지지만 고기 굽는 사람은 타고난다)을 "요리사는 만들어지고 고기 굽는 사람도 만들어지지만 소스를 만드는 사람은 타고난다"로 수정해 발표했다. 요리사들은 여러 요리들 가운데 서빙사이즈로 잘라 소테한 고기나 브레이징한 가금류에 곁들이는 가니시에 그의 이름을 붙여 헌정했다. 이 퀴시 가니시(garniture cussy)는 아티초크 밑동에 버섯 퓌레를 채운 뒤 오븐에 그라탱처럼 노릇하게 구운 것으로, 그 위에 수탉 콩팥과 얇게 저민 송로버섯을 얹고 포트와인이나 마데이라 와인 소스를 끼얹어 서빙했다.

▶ 레시피 : SALPICON.

CUVÉE 퀴베 통 하나의 분량이란 뜻으로 한 포도원에서 생산된, 명칭과 생산 연도가 같은 와인을 지칭한다. 한 양조 통에서 나온 것, 또는 여러 통에서 발효된 와인을 블렌딩한 것 모두 포함된다. 테트 드 퀴베(tête de cuvée) 또는 프르미에르 퀴베(première cuvée)라는 표현은 그 해 수확한 가장 우수한 와인을 가리킨다.

CYRNIKI 시르니키 크리미한 프레시치즈를 넣어 만드는 폴란드식 크로켓으로 러시아 요리에 속하기도 한다. 프레시치즈에 달걀을 섞고 이어서 밀가루, 소금, 후추를 넣는다. 이렇게 만든 말랑한 반죽을 밀어 삼각형 또는 두께 2cm, 지름 5cm의 원반 모양으로 자르고 밀가루를 입힌 다음, 버터를 두른 팬에 노릇하게 지진다. 시르니키(또는 시에르니키 cierniki)는 사워크림을 곁들여 따뜻한 오르되브르로 먹는다. 또는 반죽을 포칭하여 익혀낸 뒤 녹인 버터와 함께 서빙하거나, 납작한 탱발 틀에 넣어 구운 뒤 가늘게 간 치즈와 버터를 얹어 내기도 한다.

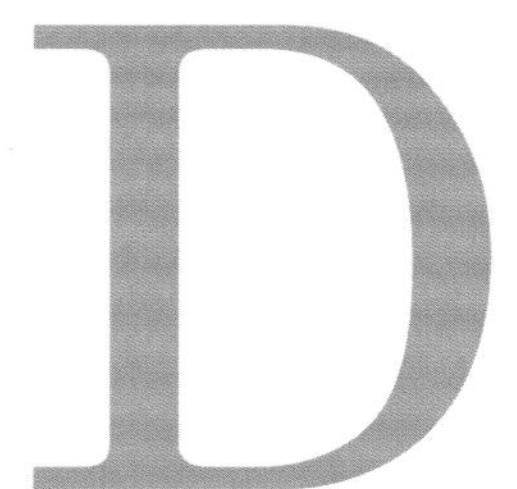

DACQUOISE 다쿠아즈 다쿠아즈. 프랑스 남서부 쉬드 우에스트 지방의 전통 케이크 또는 과자로 팔루아(palois)라고도 불린다(다쿠아즈는 닥스 Dax, 팔루아는 포 Pau의 주민을 뜻한다). 아몬드(혹은 헤이즐넛, 코코넛, 피스타치오를 넣기도 한다)를 넣은 머랭 반죽으로 2-3개의 원반형 시트를 구워낸 다음, 각 켜 사이에 다양한 향의 프렌치 버터 크림이나 무스, 가나슈, 바바루아 등을 채워 샌드위치처럼 겹쳐 놓고 슈거파우더를 뿌려 완성한다. 다쿠아즈를 성공적으로 만드는 관건은 시트에 있는데, 이는 머랭과 비스퀴의 중간 정도로 가볍고 바삭한 동시에 부드러움을 지니고 있다.

피에르 에르메(PIERRE HERMÉ)의 레시피

dacquoise au café 다쿠아즈 오 카페

커피 다쿠아즈 : 6-8인분 / 준비: 40분 / 조리: 35분

오븐을 170°C로 예열한다. 아몬드 다쿠아즈 반죽 480g을 만든다. 우선 슈거파우더 150g과 아몬드 가루 135g을 섞어 체에 치면서 유산지 위에 쏟는다. 볼에 달걀흰자 5개분을 넣고 핸드믹서로 거품을 낸다. 설탕 50g을 세 번에 나누어 넣으며 계속 거품기로 섞어 부드러운 질감의 머랭을 만든다. 슈거파우더와 섞은 아몬드 가루를 천천히 뿌려 넣고, 주걱으로 들어 올리듯이 조심스럽게 섞는다. 이때 거품기는 사용하지 않는다. 깍지(9호)를 끼운 짤주머니에 반죽을 채워 넣고, 유산지를 깐 베이킹 팬 위에 중앙에서부터 시작하여 달팽이 모양으로 지름 22cm 크기 원반형 2개를 짜 놓는다. 오븐에서 35분간 구워낸 뒤 식힌다. 커피 버터 크림 400g을 만든다. 소스팬에 신선한 우유(전유) 300mℓ를 넣고 끓을 때까지 가열한다. 곱게 간 커피가루 10g을 넣고 30분간 향이 우러나도록 둔다. 달걀노른자 4개와 설탕 75g을 3분 정도 거품기로 잘 섞는다. 여기에 커피향이 우러난 우유를 체에 걸러 가늘게 붓고 잘 저어준다. 다시 중불에 올리고 계속 저어주면서 크렘 앙글레즈를 만들듯이 가열해 끓기 전까지 익힌다. 불에서 내린 소스팬을 얼음물에 담가 따뜻한 온도로 식힌다. 작게 잘라둔 버터 30g을 넣고 계속 저어 섞은 뒤 식힌다. 샹티이 크림 75g을 넣고 주걱으로 들어 올리듯이 조심스럽게 섞는다. 굵은 깍지를 끼운 짤주머니에 이 크림을 채운 뒤, 구워 놓은 다쿠아즈 시트 한 장에 한 켜 짜 얹는다. 두 번째 다쿠아즈 시트를 올린 뒤 살짝 눌러 고정시킨다. 다쿠아즈 위에 로스팅한 아몬드 슬라이스를 고루 얹고 슈거파우더를 뿌려 완성한다.

DAIKON 다이콩 무. 십자화과에 속하는 식용 채소. 원통형의 굵은 뿌리 형태로 동아시아에서 많이 재배되며 일본 무 또는 사츠마 무라고도 불린다(**참조** pp. 498-499 뿌리채소 도감). 뿌리는 모양이 길고 통통하며 색은 하얗고, 뿌리와 이어지는 부분은 녹색을 띤다. 큰 것은 길이가 1m에 달하기도 하고 무게는 수 킬로그램까지 나간다. 일본에서는 얇게 썰어 생으로 샐러드에 넣어 먹거나 가늘게 채 쳐 생선회에 곁들이기도 한다. 또는 납작하게 썰어 국에 넣는 등 프랑스의 순무(navet)처럼 익혀서 먹는 방법도 다양하며, 소금에 절여 장아찌로 만들어 먹기도 한다.

DAIM 댕 다마사슴. 사슴과에 속하는 작은 크기의 반추 동물로 온대 기후에서 서식하며 생후 6개월까지는 펑(faon), 6개월에서 1년까지는 에르(hère)라고 부른다. 수컷은 세 차례의 뿔 갈이를 거치면 성장이 끝난다. 이 동물의 살은 야생 동물 향이 강해 알코올 도수가 아주 높고 타닌이 풍부한 와인에 재워 두어야 하며, 조리법은 일반 사슴고기와 비슷하다. 암컷과 어린 사슴의 고기는 육향이 덜 강한 편이며, 오븐에 로스트해 먹을 수 있다. 캐나다 퀘벡주, 특히 몬트리올 동쪽에 위치한 에스트리 지방에서는 다마사슴을 목축하여 고기를 판매하고 있다.

DAIQUIRI 다이키리 다이키리, 다이커리. 화이트 럼에 라임즙과 설탕 시럽 등을 넣은 칵테일. 일반적으로 미리 냉장고에 넣어둔 차가운 글라스에 서빙하며, 경우에 따라 탄산수를 넣어 희석하기도 한다.

▶ **레시피** : COCKTAIL.

DAL 달 달. 콩과 식물을 총칭하는 힌디어로, 모든 종류의 완두콩이나 강낭콩을 가리킨다. 채식 위주의 인도, 파키스탄, 스리랑카의 식문화에서 필수 단백질 공급원으로서 매우 중요한 위치를 차지한다.

■ **사용.** 다음 세 가지 종류의 달을 가장 많이 먹는다. 녹두(mung dal, 황금색 콩 또는 앙티유의 노랑색 콩) 알갱이는 껍질이 녹색, 갈색 또는 붉은색으로, 익히지 않고 샐러드에 넣어 차갑게 먹거나 기 버터에 볶아 먹는다. 또한 쌀밥에 섞거나 익힌 생선, 고기 스튜 등에 곁들이기도 하고 퓌레를 만들어 소스나 양념을 걸쭉하게 만드는 데 쓰기도 한다. 동부와 비슷한 우라드콩(urid dal, urad dal)은 말려서 가루로 빻아 전병을 만들거나 죽을 쑤는 데 사용한다. 붉은색 작은 렌틸콩인 마주르 달(maisur dal, masoor dal)은 익힌 뒤 갈아서 주로 튀김을 만든다.

달을 가장 간단히 요리해 먹으려면 물에 삶은 뒤 강황, 곱게 간 생강, 고춧가루(또는 커민, 고수)로 양념해 겨자씨를 넣은 양파 퓌레와 함께 내면 된다. 여기에 쌀밥이나 감자, 아몬드 슬라이스를 곁들인다.

DAMASSINE 다마신 서양 자두의 일종으로, 금빛 적갈색을 띠며 갸름하고 작다. 특히 스위스에서 인기가 높고, 이 과일을 증류해 만드는 아주아(Ajoie) 지방의 다마신 오드비가 유명하다. 또한 아주 맛있는 타르트를 만드는 데 사용되기도 한다.

DAME BLANCHE 담 블랑슈 전체적으로 흰색 또는 연한 색을 띠는 다양한 디저트를 뜻한다. 특히 바닐라 아이스크림에 휘핑 크림을 얹고 대비되는 색깔의 초콜릿 소스를 뿌린 디저트를 예로 들 수 있다. 시럽이나 리큐어 등에 절인 과일을 곁들이기도 한다. 이 명칭은 또한 타피오카를 넣어 약간 농도를 준 닭 콩소메에 아몬드와 닭 아랫날개 루아얄을 얹은 요리를 지칭하기도 한다. 담 블랑슈라는 이름은 파티스리에도 쓰이는데, 제누아즈 시트에 크림과 당절임한 과일 콩피를 채우고 이탈리안 머랭을 씌운 케이크, 레몬을 넣은 일 플로탕트, 혹은 아몬드 아이스크림을 가리킨다.

▶ **레시피 :** PÊCHE.

DAME-JEANNE 담 잔 최대 50ℓ까지 액체를 담을 수 있는 크기의 유리나 토기로 된 커다란 병. 일반적으로 광주리에 싸여 있는데 전통적으로 포도주나 스피릿 류의 술을 운반하는 데 사용되었다. 보르도 지역의 담 잔의 용량은 약 2.5ℓ다(와인병 매그넘과 더블 매그넘의 중간). 와인과 관련된 이 지역과 영국의 밀접한 관계를 고려하면 영어의 '드미존(demijohn)'은 이 프랑스어 단어를 잘못 발음하여 변형된 것임을 알 수 있다.

DAMIER 다미에 럼으로 향을 낸 제누아즈에 프랄리네 버터 크림으로 속을 채우고 겉면을 씌운 케이크. 아몬드 슬라이스를 케이크 전체에 뿌린 다음 윗면을 격자무늬(damier)로 장식한다.

DAMPFNUDEL 담프뉘델 담프누델. 독일과 프랑스 알자스 지역에서 즐겨 먹는 디저트 빵. 발효 반죽으로 만들어 오븐에 찌듯 구운 동그란 빵에 콩포트와 시럽에 절인 과일, 잼, 바닐라 커스터드 등을 곁들이고 설탕과 계피를 뿌려 먹는다. 또는 럼을 넣은 살구 마멀레이드로 속을 채운 뒤 작은 쇼송 모양으로 접어 굽기도 한다. 원래 담프누델은 설탕이 들어가지 않았고 주로 그린 샐러드와 함께 먹었다.

DANABLU 다나블루 대니쉬 블루치즈. 소젖(지방 50-60%)으로 만든 덴마크의 AOC 블루치즈로 외피는 흰색에 가깝다(**참조** p.396 외국 치즈 도감). 보통 2.5-3kg의 맷돌 모양을 하고 있으나 다른 형태로도 판매된다. 덴마크의 블루치즈 종류 중 가장 유명한 다나블루는 제1차 세계대전 이전에 처음 만들어졌으며 강한 풍미와 자극적인 맛을 갖고 있다. 이 치즈는 IGP(지리적 표시 보호) 인증을 받았다.

DANEMARK 단마크 덴마크. 알차고 풍성한 덴마크의 요리는 크림과 버터를 넉넉히 사용한다. 청어, 돼지고기, 감자는 덴마크의 대표적인 식재료다. 흔히 덴마크에서는 청어를 60가지 방법으로 조리한다고 한다. 향신료나 식초에 절이거나 매콤한 향신 소스를 곁들이거나 팬에 지지는 등 그 종류가 매우 다양하다. 연어, 뱀장어, 생선 알 등에 홀스래디시 크림을 곁들여 먹는 노르딕 플레이트(assiettes nordiques)에도 청어는 빠지지 않는다. 덴마크 요리에서 생선은 매우 큰 비중을 차지한다. 주로 사용되는 생선만 해도 대구, 해덕대구, 청몰바대구, 가자미, 연어, 뱀장어 등 다양한 종류가 있으며 튀김, 오븐 이나 찜, 건조 등 조리법 역시 무척 다양하다. 고기류는 스튜나 로스트, 혹은 다져서 조리한다. 건자두와 사과를 채운 돼지 목심, 껍질을 바삭하게 구운 로스트 포크, 덴마크식 함박 스테이크인 하케뵈프(hakkebøf, 다진 소고기와 양파로 만든 완자에 브라운소스를 끼얹은 것) 등이 대표적이다. 가금류는 명절이나 축일의 단골 메뉴로 파슬리를 채운 닭, 오리, 거위 로스트 등을 즐겨 먹는다. 곁들임 용 채소로는 주로 노릇하게 캐러멜라이즈한 감자, 브레이징한 양배추, 데쳐 삶아 다져서 크림 소스를 넣은 케일 등을 많이 먹는다.

또 한 가지 특징은 많은 채소가 양념을 만드는 데 사용된다는 점과 향신료(커민, 정향, 양귀비씨 등)가 음식에서 매우 중요한 역할을 한다는 사실이다. 치즈 중에서는 호두와 버터 맛이 나는 경성치즈 삼쇠(samsø)와 그 비슷한 몇몇 종류(danbo, fynbo, elbo)를 대표로 꼽을 수 있다.

■ **뷔페.** 덴마크인들의 점심식사는 이 나라를 대표하는 찬 음식 중심의 콜드 뷔페(koldt bord) 형식으로 차려진다. 다진 고기와 양파에 달걀을 넣어 빚은 미트볼(frikadeller), 간 파테 슬라이스, 새우, 오이 샐러드, 베이컨이나 훈제 장어를 넣은 스크램블드 에그, 골 튀김, 로스트 포크 등이 상에 오른다. 여기에 반드시 스뫼레브뢰드(smørrebrød 갈색 통밀 빵이나 호밀 빵)를 곁들여 버터를 바른 다음 원하는 재료를 얹어 먹는다.

호밀 빵에 간 파테 한 장, 베이컨 한 장, 토마토 슬라이스 한 장, 즐레 한 켜를 놓고 곱게 간 홀스래디시를 얹어 먹는 유명한 오픈 샌드위치는 한스 안데르센에서 그 이름을 따왔다.

성 루치아 성축일인 12월 13일부터 시작되는 스칸디나비아 지역의 크리스마스 시즌에는 온 가족이 모여 사과와 건자두를 채운 거위나 오리 로스트를 먹는다. 또한 휘핑한 크림을 얹은 라이스 푸딩도 먹는데, 마치 프랑스의 가토 데 루아(gâteau des Rois)처럼 안에 아몬드 페브가 한 개 감춰져 있다.

■ **디저트.** 덴마크의 디저트에는 붉은 베리류 과일과 사과가 가장 많이 사용된다. 체리 플랑 타르트, 과일 푸딩, 뢰드그뢰드(rødgrød 붉은 베리 콩포트에 생크림을 곁들인 디저트) 등이 대표적이다.

그 밖에도 다양한 필링을 채워 넣은 커다란 페이스트리 쇼송이나 마지팬으로 만든 링 모양을 층층이 쌓고 과일 콩피로 장식한 뒤 슈거파우더를 뿌린 대형 케이크 크란세케이(kransekage)도 아주 유명하다. 덴마크 사람들은 브룬케아(brunkager 각종 스파이스, 아몬드, 비정제 황설탕을 넣어 만든 과자), 진저브레드 쿠키, 버터 사블레 등의 과자를 가정에서 많이 만들어 먹는다.

■ **주류.** 곡류로 만든 맥주, 감자와 곡류 베이스에 다양한 허브와 향신료를 더한 아쿠아비트(aquavit, akvavit) 등의 오드비를 대표로 꼽을 수 있다.

DANICHEFF 다니셰프 다니셰프 샐러드. 채소 데침용 블랑(blanc)에 익힌 뒤 가늘게 채 썬 아티초크 속살, 가늘게 썬 생양송이버섯과 데쳐 익힌 셀러리악, 얇고 동글게 썬 삶은 감자, 아스파라거스 헤드를 넣어 만든 샐러드. 농도가 묽은 마요네즈로 드레싱한 다음 삶은 달걀, 송로버섯 슬라이스, 민물가재 살을 얹어 서빙한다.

DÃO 당 포르투갈의 광활한 지역 이름으로, 약 2만 헥타르의 밭에서 포도가 재배되고 있다. 특히 타닌이 있는 레드와인을 주로 생산하고 있으며, 최고급 크뤼 와인은 해발 200-500m에 위치한 화강암 토양의 언덕지대에서 만들어진다. 다우 와인 중 몇몇은 부르고뉴 와인에 견줄 정도로 품질이 향상되었다.

DARBLAY 다르블레 줄리엔 다르블레 수프. 리크와 감자를 갈아 만든 수프(potage Parmentier)에 가늘게 채 썬(julienne) 당근, 무, 셀러리 등의 채소를 넣고 달걀노른자와 생크림으로 농도를 맞춘 뒤 처빌을 얹어 낸다.

DARIOLE 다리올 작은 크기의 파티스리로 '다리올'이라는 같은 이름의, 위가 약간 넓어지는 원통형 틀에 구워 만든다. 이 작은 틀은 개인 사이즈의 바바, 플랑, 파운드케이크, 라이스푸딩, 채소 케이크를 만들 때도 사용된다. 요리에서 말하는 다리올은 치즈를 넣은 타르틀레트나 작은 크기의 치즈 플랑의 일종이다.

DARNE 다른 주로 큰 생선(명태, 연어, 다랑어 등) 날것을 뼈와 수직 방향으로 두툼하게 자른 토막을 지칭한다. 미식 아카데미 사전에서는 이 용어를 생선을 얇게 자른 토막이나 어슷하게 자른 에스칼로프를 의미하는 달(dalle)과 분명히 차별화해 명시하고 있다. 다른'과 달' 모두 향신료를 넣은 액체에 데쳐 익히거나 브레이징, 구이로 조리 가능하며, 달은 소테팬에 지져 먹기도 한다.

DARPHIN 다르팽 감자를 가늘게 썰어 팬에 익힌 뒤 오븐에 구워 낸 두툼한 갈레트의 일종이다. 노릇하게 익은 양면은 바삭하고 안은 촉촉하다(**참조** p.691 감자 조리법 도표)

DARTOIS 다르투아 더운 오르되브르 또는 파티스리의 일종으로 두 장의 길고 넓적한 푀유타주 반죽 안에 달콤하거나 짭짤한 소를 넣어 구워낸다.

DARTOIS SALÉS 짭짤한 다르투아

dartois aux anchois 다르투아 오 장슈아

안초비 다르투아 : 파트 푀유테 반죽과 생선살 소를 만든다. 파트 푀유테 반죽을 얇게 민 다음 같은 크기와 두께의 직사각형으로 두 장 잘라둔다. 생선살 소에 안초비 버터를 넣고 섞는다. 퍼유테 반죽 한 장에 가장자리를 1cm 남기고 소를 발라준다. 기름에 저장한 안초비 필레를 얹고 다시 소를 한 켜 덮어준 다음 나머지 푀유테 반죽을 얹는다. 가장자리를 눌러가며 꼼꼼히 붙인다. 240°C로 예열한 오븐에 넣고 25분간 굽는다.

dartois aux fruits de mer 다르투아 오 프뤼 드 메르

해산물 다르투아 : 파트 푀유테 반죽 400g을 만든다. 랑구스틴(가시발새우) 8마리를 쿠르부이용에 넣고 3분간 데쳐 익힌다. 냄비에 화이트와인 100㎖, 생크림 150㎖, 다진 샬롯 1개분, 소금, 후추를 넣고 가리비조개 살 8개를 넣은 뒤 3분간 데쳐 익힌다. 랑구스틴을 건져 껍데기를 깐 다음 살을 적당한 크기로 썬다. 가리비조개 살을 건져내 큐브 모양으로 썬다. 랑구스틴과 가리비에 껍질 벗긴 새우 50g을 더한 뒤 버터에 데운다. 칼바도스나 마르를 붓고 불을 붙여 플랑베한다. 가리비조개 익힌 국물을 해산물에 붓고 뵈르마니에(beurre manié) 1테이블스푼을 넣어 걸쭉하게 리에종(liaison)한다. 이렇게 준비한 소를 안초비 다르투아와 마찬가지 방법으로 푀유테 반죽에 넣고 나머지 한 장을 덮어 붙인 다음 오븐에 구워 완성한다.

dartois sucrés 달콤한 다르투아

dartois à la confiture d'abricot 다르투아 아 라 콩피튀르 다브리코

살구잼 다르투아 : 파트 푀유테 반죽 500g을 만들어 냉장고에 1시간 넣어둔다. 반죽을 둘로 나누어 3mm 두께로 민 다음 15 x 25cm 크기의 직사각형 두 장을 잘라낸다. 한 장을 베이킹 팬에 놓고 살구 잼(400g)을 얹는다. 나머지 한 장의 푀유타주 반죽을 덮어 가장자리를 잘 붙인 다음 220°C로 예열한 오븐에서 15분간 구워낸다. 슈거파우더를 뿌린 뒤 오븐에 넣어 5분간 캐러멜라이즈한다. 따뜻한 온도로 서빙한다.

dartois à la frangipane 다르투아 아 라 프랑지판

프랑지판 다르투아 : 파트 푀유테 반죽 500g을 만들어 냉장고에 1시간 넣어둔다. 프랑지판을 만든다. 우선 상온의 버터를 주걱으로 저어 부드럽게 만든다. 볼에 달걀노른자 2개와 아몬드 가루 125g, 설탕 125g, 바닐라슈거 작은 한 봉지, 포마드 상태로 부드러워진 버터를 넣고 잘 섞는다. 파트 푀유테 반죽을 밀어 25x15cm 크기의 직사각형 두 장을 만든다. 프랑지판을 살구잼 다르투아와 마찬가지 방법으로 푀유테 반죽에 발라 넣고 나머지 한 장을 덮어 붙인 다음 오븐에 구워 완성한다.

DARTOIS OU D'ARTOIS 다르투아 프랑스의 샤를 10세 왕이 즉위하기 이전에 불리던 칭호인 아르투아 백작에게 헌정된 다양한 요리에 붙인 이름으로 추정된다. 큰 덩어리 육류 요리에 곁들이는 다르투아식 가니시는 당근과 무를 갸름하게 모양내어 돌려 깎아 글레이즈 한 것, 브레이징한 셀러리 속대, 튀기듯 노릇하게 지진 감자로 구성되며 고기를 중심으로 꽃다발 모양으로 빙 둘러 놓는다. 다르투아 크림 수프(crème Dartois)는 흰 강낭콩 퓌레에 가늘게 썬 채소를 넣은 포타주다. 다르투아식 양 볼기와 넓적다리 요리(baron d'agneau Dartois)는 완두콩을 넣은 감자 크루스타드를 빙 둘러 놓았으며 마데이라 와인 소스를 함께 냈다.

DASHI 다시 맛국물. 다시마와 말린 가다랑어 포, 그 외에 다양한 재료(표고버섯 또는 멸치 등의 각종 건어)를 넣고 끓여 맛을 우려낸 육수를 뜻하는 용어로, 일본에서는 이 국물을 다양한 요리에 사용한다. 새콤달콤한 음식용으로 사용하기 위해 설탕을 넣기도 하고, 술을 넣어 잡내를 없애거나 간장, 된장 등을 넣어 간을 더하고 맛을 내기도 하며 가늘게 썬 채소를 넣기도 한다.

DATTE 다트 대추야자. 종려과에 속하는 대추야자나무의 열매로 송이로 뭉쳐 열린다(**참조** pp.404-405 열대 및 이국적 과일 도감). 갈색의 열매는 살이 통통하며 길이가 약 4cm 정도 된다. 섬유소가 풍부하고 열량이 높으며(100g당 300kcal 또는 1254kJ, 대추야자 한 개의 무게는 약 10g이다) 빨리 흡수되는 당의 함량이 매우 높다. 또한 철, 칼슘, 칼륨, 인, 마그네슘, 비타민(B1, B2, PP) 이 풍부해 인체 근육과 신경계 강화에 도움을 주는 식품이다.

고대 그리스인들은 고기나 생선용 소스에 대추야자를 넣었고 다양한 파티스리에도 사용했다. 페르시아만에서 처음 발견된 대추나무는 칼데아인들에게는 생명의 나무(열매와 봉오리 싹을 먹고 수액은 음료로 마셨으며, 줄기의 식물섬유로는 옷감을 짰고 씨는 태워 연료로 사용했으므로 하나도 버릴 게 없을 정도로 활용도가 높았다)로 여겨졌으며 오늘날에는 북부 아프리카 마그레브 지역과 이집트, 아라비아 반도에서 대량 생산된다. 이들 중 껍질이 아주 얇고 매끈한 튀니지의 데글레 누르(deglet nour), 단맛이 아주 강한 할라위(halawi), 오렌지 빛 갈색 껍질을 지니고 향이 아주 좋은 칼레세(khaleseh) 등 몇몇 품종만이 유럽에 수출되고 있다. 대추야자는 송이 줄기에 달린 채로 벌크로 무게를 달아 판매하거나 상자에 포장된 제품으로 판매된다.

■ **사용.** 프랑스에서 대추야자는 주로 달콤한 디저트나 간식으로 많이 소비된다. 속을 채우거나 겉에 시럽을 코팅한 제품도 나와 있다. 북부 아프리카 마그레브 지역 요리에서 대추야자는 타진, 달콤한 맛의 쿠스쿠스, 닭고기 스튜, 커리 등의 향이 강한 음식 등에 다양하게 쓰이며 심지어 생선(민물청어)를 채우는 소로도 사용된다. 베녜(튀김 과자), 누가, 당절임 대추야자 및 잼 등 파티스리나 당과류 제조에서도 사탕수수는 중요한 역할을 하는 재료다. 대추야자나무의 수액으로는 회색빛의 달콤한 와인을 만드는데, 발효가 빨리 진행되며 기포성을 띤다. 이 상큼한 음료는 인도에서도 소비된다. 또한 인도에서는 매콤한 향신료 소스나 처트니, 단 과자류나 갈레트 등을 만들 때 대추야자를 많이 사용한다. 이라크에서는 대추야자즙을 수프나 생채소 샐러드에 양념으로 넣기도 한다.

DAUBE 도브 육류와 가금류, 나아가 몇몇 채소와 참치까지 포함한 재료의 조리 방법으로, 주재료에 국물과 향신 재료를 넣고 뚜껑을 덮어 찌듯이 푹 익히는 요리다. 다른 수식어 없이 그냥 '도브'라고만 표시된 경우는 남부 지방 각지에서 즐겨 먹는 와인소스 소고기 스튜를 의미한다.

▶ 레시피 : CHOU PALMISTE, DINDE, DINDON ET DINDONNEAU, JOUE, THON.

DAUBIÈRE 도비에르 토기나 무쇠 또는 주석 도금한 구리로 된 용기로 도브, 찜 등의 오래 끓이는 요리를 만들 때 사용한다. 브레이징 용 냄비(braisière)와 마찬가지로 원래는 숯 잉걸불에서 음식을 익히는 용도로 고안되었으며, 뚜껑 위에 숯불이나 끓는 물을 놓을 수 있도록 가운데가 우묵하고 가장자리가 높이 올라온 모양을 하고 있다. 오늘날에는 오븐에서 오래 뭉근히 익히는 용도로 사용된다.

DAUDET (LÉON) 레옹 도데 프랑스의 작가, 언론인(1867, Paris 출생—1942, Rémy-de-Provence 타계). 1907년부터 악시옹 프랑세즈(Action Française)의 회원으로 샤를 모라(Charles Maurras)와 함께 주동자로 활동했으며, 완고하고 직선적인 설전과 논쟁의 주인공이기도 했던 그는 당대 손꼽히는 미식가 중 한 사람이었다. 레옹 도데는 그의 저서『파리의 생활(*Paris vécu*)』(1930)에서 레스토랑과 요리사들을 통해 본 파리의 생활상을 그려냈다. 그는 레스토랑 라 그릴(la Grille)의 열성 단골이었는데, 이곳은 일간지 뤼마니테(l'Humanité) 신문사와 당시 정기 간행물을 발간하던 악시옹 프랑세즈 기자 및 언론인들이 자주 드나들면서 미로통(miroton 소고기와 양파를 넣은 스튜)과 프티 살레(petit salé 염장 돼지고기)를 함께 즐겼던 '진짜 비스트로'였다. 그뿐 아니라 도데는 투르 다르장(Tour d'Argent)도 자주 방문했으며 그곳에서 친구 바빈스키와 푸아그라에 곁들이는 치커리 샐러드에 '압생트를 살짝 뿌리면' 어떻게 더 좋은지에 대해 논하기도 했다. 이 식당의 유명한 메뉴인 피로 만든 소스의 오리 요리(canard au sang)의 카빙을 담당하던 프레데릭에 대한 묘사는 유명하다. 또한 웨버(Weber) 카페에서 포도와 배를 주문해 먹으면서 그는 마르셀 프루스트를 '커다란 외투에 폭 싸여 어린 사슴같은 눈빛으로 바라보던 젊은 청년'이라고 묘사하기도 했다.

아카데미 공쿠르(Académie Goncourt)의 창립 회원이었던 그는 1903년 첫 공쿠르 문학상 시상 오찬을 르 그랑 호텔(le Grand Hôtel)에서 주최했다. 이어서 샹포(Champeaux), 카페 드 파리(le Café de Paris), 드루앙(Drouant)에서 매년 시상식과 오찬이 거행되었다. 도데는 세상을 떠날 때까지 이 행사의 메뉴를 직접 세심하게 구성하는 열정을 보였다. 그는 또한 리옹(및 리옹의 세 번째 강이라 불린 보졸레 지역)과 프로방스 요리의 예찬자였다. '만병의 최고 치료약은 좋은 음식을 먹는 것'이라는 믿음이 확고했던 그는 자신을 만족시키는 훌륭한 요리사를 만날 때면 흥이 절로 났다. 방크 가에 있던 단골 식당의 '마담 제노(madame Génot)'라는 요리사의 음식을 아주 좋아했던 그는 '음악가 중 베토벤, 시인 중 보들레르, 화가 중엔 렘브란트가 있다면 미식계에는 바로 이 요리사가 있다'며 칭송했다.

DAUMONT (À LA) 아 라 도몽 왕정복고시대(아마도 오몽 Aumont 공작에 헌정했던 것으로 추정된다)부터 이어져 내려오는 화려하고 성대한 가니시 요리를 뜻하며 이는 주로 브레이징한 큰 생선(민물청어, 연어, 대문짝넙치) 요리에 곁들여진다. 이 가니시는 생선 크넬, 얇게 슬라이스한 송로버섯, 낭튀아 소스의 민물가재 살, 양송이버섯, 빵가루를 입혀 튀긴 생선 이리 등으로 구성된다. 오늘날 이 명칭은 다소 간소화된 생선 요리와 달걀 반

숙이나 수란 요리에 민물가재와 양송이버섯을 넣고 낭튀아 소스를 곁들인 음식을 지칭한다.

▶ 레시피 : SOLE.

DAUPHINE (À LA) 아 라 도핀 폼 도핀(pommes dauphine) 감자와 같은 방법으로 조리한 채소(셀러리악, 가지 등)을 지칭한다. 만들어놓은 채소 퓌레에 물기가 너무 많은 경우에는 오븐에 넣어 수분을 날린다(특히 주키니 호박). 아 라 도핀식의 고기 요리에는 폼 도핀이 곁들여 서빙된다. 이 혼합물에 가늘게 간 치즈나 바욘 햄을 넣어 크로켓을 만들기도 한다(**참조** LORETTE).

DAUPHINE (POMMES) 폼 도핀 폼 도핀 감자 요리. 감자를 삶아 퓌레로 만든 다음 슈 반죽과 혼합해 동그란 모양으로 기름에 튀겨낸 것으로 주로 고기나 수렵육 로스트 요리에 곁들인다.

DAUPHINÉ, SAVOIE ET VIVARAIS 도피네, 사부아, 비바레 혹독한 환경의 산악 지대와 일조량이 풍부한 론 강 주변 계곡에 위치한 이 지역은 지리적 다양성만큼이나 생산되는 먹거리도 다양하다. 사부아 지역의 호수에서 잡히는 섬세한 맛의 생선은 그 품질이 으뜸이다. 송어(truite)를 비롯해 백송어 féra, lavaret), 민물대구 모오케(lote), 유럽 민물농어(perche), 북극곤들메기(omble chevalier) 등의 생선을 식초와 소금, 향신 재료를 넣은 쿠르부이용에 데쳐 익히거나(au bleu), 뫼니에르, 브레이징 방식으로 조리한다. 특히 생선에 포치니 버섯을 넣고 함께 브레이징하는 안시식(à annecyenne) 레시피는 옛날식이라는 의미의 아 랑시엔(à l'ancienne)으로 굳어졌다. 산악지대에서 만드는 전통 샤퀴트리 이외에도, 목축이 활발한 이 지역에서는 송아지 고기가 많이 생산된다. 또한 고랭지에서 방목한 양들도 훌륭한 품질의 고기를 공급하고 있다. 도피네 지방은 이제르 호 근처에서 생산되는 메추라기 또는 드롬의 뿔닭 등 품질 좋은 가금류로 유명하다. 아르데슈 또한 사냥의 고장으로 명성이 난 곳으로 수렵육 조리법이 상당히 발달해 있다.

이 지방의 요리는 아주 투박한 스타일이다. 이는 혹독한 겨울 날씨와도 관련이 있어 보이며, 이 때문인지 '있는 재료로 만들어 먹는' 요리들이 주를 이룬다. 즉 현지에서 재배한 채소와 유제품을 이용한 것들이다. 감자, 근대, 카르둔, 단호박 등의 채소는 주로 그라탱으로 만들어 먹는데, 그중 가장 많이 알려진 것이 바로 그라탱 도피누아(gratin dophinois)이다. 감자와 생크림을 주재료로 한 이 그라탱은 오븐에서 오래 익힌다. 한편 그라탱 사부아야르(gratin savoyard)는 육수에 익힌 감자에 반드시 보포르(beaufort) 치즈를 넣어 만들며 경우에 따라 베이컨이 들어가기도 하지만, 생크림이나 달걀은 넣지 않는다. 파르시 드 루아장(farci de l'Oisans) 또한 대표적인 요리로 간단히 조리한 채소와 달걀, 허브를 넣고 채소 파테나 허브를 넣은 투르통(tourton)처럼 만들어 먹는다. 특히 루아양의 라비올리는(ravioles de Royans)은 반죽 안에 파슬리, 그뤼에르 치즈와 프레시 생 마르슬랭 치즈를 넣어 만든다. 유일하게 AOC 인증을 받은 그르노블산 호두는 재배 후 15일까지 생호두로 소비된다. 말린 호두는 그냥 먹거나 샐러드에 넣기도 하며, 꿀과 함께 디저트에도 많이 이용한다. 프로방스임을 알리는 드롬 지역에서는 복숭아, 자두, 아몬드가 많이 생산되며 맛도 아주 좋다. 이탈리아와 멀지 않은 사부아 지방에서는 밀가루와 세몰리나 베이스의 특산 음식들이 여럿 있다. 수렵육 조류나 스튜 등에 곁들이면 아주 좋은 옥수수 폴렌타, 톰 프레시(tomme fraîche) 치즈를 넣은 라비올리, 제누아즈 만큼이나 가볍고 부드러운 비스퀴 드 사부아, 피데 누들 파스타(fidés 단면이 정사각형인 굵은 버미첼리), 타이유랭(taillerins 홈 메이드 띠 모양 파스타) 등이 대표적이며, 특히 유명한 크로제(crozets 메밀로 만든 납작한 사각형의 파스타)에 브라운 버터와 녹인 보포르 치즈를 뿌려 먹는 요리를 빼놓을 수 없다.

파티스리류도 풍성하고 그 종류도 다양하다. 포뉴(pogne 큰 사이즈의 브리오슈), 생 제니의 브리오슈(brioche de Saint-Genix), 비스퀴 드 사부아, 크라클롱(craquelons), 튀김과자인 뷔뉴(bugnes)와 크르세(cressets), 와플의 일종인 브리슬레(bricelets)와 장벨(jambelles), 그르노블의 호두 케이크 이외에도 이 지역의 특선 리큐어인 샤르트뢰즈(chartreuse)나 제네피(génépi)로 향을 낸 다양한 디저트 들을 꼽을 수 있다.

■ **수프와 채소.**

● **누들 수프, 채소 수프, 밤 수프.** 종류가 매우 다양한 수프는 대부분 소렐, 속껍질까지 벗기고 반으로 가른 완두콩, 양파, 쌀, 타임, 양배추, 단호박, 쐐기풀, 생크림, 치즈, 수프용 버미첼리(calot) 등을 기본 재료로 사용한다. 수프 드 튈랭(soupe de Tullin)은 송아지 정강이를 넣고 끓인 육수에 각종 채소를 넣고 뭉근히 오래 끓인 것으로 수프 도피누아즈(soupe dauphinoise)와 비슷하다. 아르데슈의 쿠지나(cousinat)는 밤, 사과, 건자두를 넣어 만든 수프이다.

● **푼티, 크로제, 파르송.** 이 지역의 요리는 감자를 사용한 것이 아주 많다. 주로 감자에 마늘이나 식초를 넣고 소테하거나 베이컨과 치즈를 넣고 타르트를 만든다. 그 밖에도 갈레트의 일종인 크리크(criques), 우유를 넣고 으깬 푼티(pountis), 치즈와 섞어 만든 감자 크넬 리올(rioles)이나 크로제(crozets), 서양 배를 넣어 만든 감자 그라탱 프리코(fricot), 르블로숑 치즈를 넣은 프리카세 등을 만들어 먹는다. 또한 감자에 건자두와 건체리, 베이컨, 밀가루를 넣고 두툼하게 구워낸 파르송(farçon)도 사부아 지방의 특선 음식이다.

■ **생선.** 식초와 소금, 향신 재료를 넣은 쿠르부이용에 데쳐 익히거나(au bleu), 뫼니에르 또는 화이트와인에 익히는 조리법이 민물 생선을 가장 맛있게 먹을 수 있는 방법이긴 하지만, 그 외에도 크넬이나 수플레, 또는 화이트와인에 장어, 송어, 돌잉어 등의 생선을 넣어 끓인 뱃사공들의 음식 마틀로트(matelote)스튜도 즐겨 먹는 메뉴다. 민물농어(perche)는 레드와인에, 백송어(féra)는 뫼니에르, 크림소스, 젤리를 씌워 굳혀서, 또는 필레를 떠서 아 라 토노네즈(à la thononaise 화이트와인에 익힌 뒤 버섯과 햄을 넣은 소스를 얹는다) 스타일로 요리한다.

■ **육류, 부속 및 내장, 샤퀴트리.**

● **도브, 그리야드 마리니에르, 마르모트 송아지 요리.** 도피네 또는 비바레식 소고기, 또는 송아지 스튜인 도브(daubes), 소고기를 한 번 지져낸 뒤 양파, 안초비, 화이트와인을 넣고 찌듯이 푹 익힌 스튜인 그리야드 마리니에르(grillade marinière), 송아지 뼈 등심 그라탱이나 마르모트(marmotte 돼지비계와 안초비 필레를 박아 넣은 뒤 양파와 각종 향신 재료를 넣고 소테한다), 치즈를 넣은 송아지 에스칼로프, 톤(Thônes)식 송아지 족, 엑스(Aix)식 송아지 안심(양파, 순무, 당근, 셀러리, 밤을 넣고 브레이징한다) 등의 요리가 대표적이다.

● **데파르드, 돼지 족, 카이옹, 자이유.** 부속이나 내장을 활용한 요리도 다양하다. 크레스트의 데파르드(deffarde de Crest)는 토기 냄비에 양의 족과 창자, 화이트와인, 토마토와 향신 재료를 넣고 끓인 스튜의 일종이다. 돼지 족은 뼈를 제거하고 속을 채운 다음 크레피네트를 만들어 화이트와인에 익혀 먹는다. 카이옹(caïon)은 돼지고기를 레드와인에 익힌 스튜이며 피를 넣어 소스를 리에종한다. 자이유(jaille)는 돼지 목살과 사과(reinette)를 넣어 만든다.

● **소시지와 소시송.** 아트리오(attriau), 디오(diot), 프로모니에(promonier), 굵게 다져 만든 소시송 드 캉파뉴(saucisson de campagne), 세르 슈발리에의 양배추 소시지, 펜넬을 넣은 뮈르송(murçon) 등 그 종류가 다양하다. 사보데(sabodet)는 돼지머리와 혀, 살코기를 넣어 만든 소시송이다.

■ **가금류와 수렵육.** 닭은 로스트하거나 마늘을 껍질째 넣고 소테하기도 하며, 포치니 버섯과 민물가재를 넣은 블랑케트를 만들기도 한다. 코코뱅을 만들 때는 이 지역에서 생산되는 크레피(Crépy) 와인을 사용한다. 도피누아식 영계 요리는 소테팬에 화이트와인과 모렐 버섯을 넣고 익힌다. 수렵육이 풍부한 이 지역에는 그 조리법도 다양하다. 멧돼지는 주로 스튜(civet)나 머리 요리를 즐겨 먹으며, 새끼 멧돼지는 갈비살을 구워먹는다. 가렌의 야생 토끼로는 토끼고기 콩피, 올리브를 넣은 토끼 요리, 테린을 만든다. 자고새는 구워서 화이트와인을 넣고 뭉근히 익힌 다음 작게 잘라 테린 틀에 베이컨, 보포르 치즈, 버미첼리와 함께 켜켜이 넣어준다.

■ **치즈.** 피코동(picodon), 펠라르동(pélardon), 보포르(beaufort), 르블로숑(reblochon), 아봉당스(abondance), 생 마르슬랭(saint-marcellin), 블루 뒤 베르코르 사스나주(bleu du Vercors-Sassenage)는 AOC 인증을 받은 치즈들이다. 그 외에도 로즈레(rogeret)와 톰(tommes), 세락(sérac)과 블루 드 테르미뇽(bleu de Termignon) 치즈를 꼽을 수 있다.

■ **파티스리.**

● **당과류, 쿠브, 스위스 드 발랑스, 리솔.** 대표적인 당과류로는 사원의 자두(pruneaux fleuris de Sahune), 투롱 드 가프(touron de Gap), 프리바의 마롱 글라세와 마롱 크림, 몽텔리마르의 누가 등이 있다. 쿠브 드 크레스트

(couve de Crest)는 알을 품고 있는 암탉 모양을 잘라 얹은 파이의 일종이며, 스위스 드 발랑스(suisses de Valence)는 사람 모양의 비스킷이다. 리솔(rissoles)은 반죽에 서양 배, 자두, 사과, 건포도, 무화과 등을 채워 넣고 오븐에 굽거나 팬에 지져 익힌 작은 크기의 시골 전통 간식이다.

■ **와인.** 지리적 환경이 매우 다양하고 곳곳마다 개성이 강한 사부아 지방에서는 바디감이 있으면서도 산미가 균형적인 산뜻한 화이트와인이 생산된다. 몽되즈(mondeuse) 품종 포도로 만드는 레드와인은 예상치 못한 매력적인 야생의 풍미를 지니고 있다. 디(Die) 주변 지역에서는 클레레트 포도를 재배한다. 발레 뒤 론 지역의 동쪽 끝에 위치한 코토 뒤 트리카스탱(coteaux-du-tricastin)에서는 레드와 로제와인이 생산된다.

DAUPHINOISE (À LA) 아 라 도피누아즈 도피네식 감자 그라탱을 지칭할 때 쓰이는 명칭이다(**참조** p.691 감자 조리법 도표). '진짜' 도피누아즈 그라탱(Lans-en Vercos, Villard-de-Lans, Autrans, Sassenage의 네 개의 산악지역 정통 레시피)에는 치즈, 우유, 달걀이 들어가지 않고 오직 동그랗게 썬 노란색 살의 감자와 생크림만, 마늘을 문지르고 버터를 바른 그라탱 용기에 넣어 익힌다. 그럼에도 불구하고 그라탱 도피누아는 달걀, 우유, 생크림 혼합물을 감자에 붓고 가늘게 간 치즈를 뿌린 뒤 오븐에 굽는 경우가 많다. 그라탱 사부아야르의 경우는 동글게 썬 감자와 가늘게 간 보포르 치즈를 켜켜이 교대로 쌓은 다음 잘게 썬 버터를 몇 조각 얹고 마지막에 육수를 부어 덮은 뒤 오븐에 익힌다.

DAURADE ROYALE ET DORADES 도라드 루아얄, 도라드 귀족 도미와 일반 도미. 도미과에 속하는 황금빛 또는 은빛이 나는 바다생선으로 바다의 잉어(brème de mer)라고도 불린다(**참조** 아래 도표 pp.674-677 바다생선 도감). 이 생선을 아주 선호했던 고대인들은 매콤하고 강한 소스를 넣어 조리하고 과일을 곁들여 먹었다. 도미는 기름기가 적어 열량이 낮으며(100g당 80kcal 또는 334kJ) 마그네슘이 풍부하다. 프랑스에서는 오직 귀족 도미(daurade royale)만 스펠링 'au'로 표기할 수 있다.

- 귀족 도미(daurade royale) 또는 참도미(vraue daurade)는 지중해와 가스코뉴 만 지역에서 잡히며, 양식도 이루어지고 있다. 크기는 30-50cm, 무게는 최대 3kg까지 나간다. 비늘은 은빛을 띠고 있으며 눈 주위에 황금색 띠 모양이 있다. 생선이 싱싱할수록 색이 더욱 윤기가 난다. 살은 매우 희고 조직감이 치밀하면서도 부드러우며, 섬세하고 고급스럽다.
- 분홍 도미(dorade rose)는 특히 대서양에서 많이 어획되며 최대 무게는 3kg에 이른다. 비교적 황금색에 가까우며 지느러미가 분홍색이고 아가미 주위에 검은 반점이 있다. 살은 귀족도미만큼 조직이 탱글탱글하진 않고 덜 촉촉하지만 맛은 좋다.
- 회색 도미(dorade grise)는 몸통이 회색이고 반짝임이 없으며 크기는 20-40cm, 무게는 300g-2kg 정도이다. 다른 도미들에 비해 살의 맛이 떨어지지만 아주 흔하게 구할 수 있고 가격도 훨씬 저렴하다는 장점이 있다.

생물 도미는 한 마리 통째로 내장을 제거한 상태로 판매된다. 비늘이 크고 아주 많으며 견고하게 붙어 있어 잘 떨어지지 않는다. 또한 냉동한 필레 상태로도 구입할 수 있다. 주로 그릴에 굽거나 오븐에 로스트, 또는 향신료를 넣고 데쳐 익히거나 해초를 넣고 증기에 쪄서 먹는다. 지중해 지역에서는 꼬챙이에 꿰어 굽고 병아리콩이나 강낭콩을 곁들여 먹는다. 사시미용으로도 아주 훌륭한 생선이다.

ceviche de daurade, rhubarbe et huile de piment ▶ CEVICHE

장 & 폴 맹슐리(JEAN ET PAUL MINCHELLI)의 레시피

daurade royale braisée aux quartiers de pomme 도라드 루아얄 브레제 오 카르티에 드 폼

사과를 곁들인 귀족 도미 : 800g짜리 도미 한 마리의 비늘을 제거한 뒤 내장을 빼낸다. 간은 따로 보관한다. 키친타월로 생선을 깨끗이 닦는다. 샬롯 3개와 양파 한 개의 껍질을 벗기고 다진다. 펜넬 작은 것 한 개의 껍질을 벗긴 뒤 얇게 썬다. 마늘 두 톨을 껍질째 으깬다. 라임 제스트 1개분을 끓는 물에 데친다. 라임을 둥글게 슬라이스한다. 로스팅용 용기에 마른 펜넬 줄기를 한 켜 깔고 썰어둔 펜넬의 2/3를 놓는다. 그 위에 다진 샬롯과 양파, 마늘, 라임 제스트, 파슬리 줄기를 놓는다. 생선육수 250mℓ를 붓고 올리브오일 1테이블스푼, 화이트 럼 2테이블스푼을 넣는다. 끓을 때까지 가열한다. 생선의 한쪽 면에 칼집을 세 번 넣고 아가미로 라임 슬라이스와 나머지 펜넬을 밀어 넣는다. 사과 한 개의 껍질을 벗긴 뒤 8등분한다. 도미를 채소 위에 얹고 사과와 생선 간을 빙 둘러 놓는다. 기름을 한 번 둘러준 다음 소금, 후추로 간한다. 160°C로 예열한 오븐에서 20-25분간 익힌다. 도미를 서빙 접시에 담고 사과, 펜넬을 고루 놓는다. 생선 익힌 국물을 체에 거른 뒤 센 불로 졸인다. 소스 용기에 따로 담아 서빙한다.

daurade royale au citron confit 도라드 루아얄 오 시트롱 콩피

레몬 콩피와 함께 익힌 귀족 도미 : 큰 도미 한 마리의 비늘과 내장을 제거하고, 등을 따라 살짝 칼집을 내준다. 그라탱용 오븐용기에 기름을 바른 뒤 오일에 저장한 레몬 콩피 슬라이스 8조각을 깔아준다. 그 위에 생선을 놓고 소금, 후추로 간한다. 고수 씨 작은 한 줌을 뿌린 다음 레몬 콩피 슬라이스 6조각을 얹는다. 레몬즙 2테이블스푼을 뿌리고 올리브오일도 몇 스푼 뿌린다. 230°C로 예열한 오븐에서 30분간 익힌다. 중간에 국물을 여러 번 끼얹어준다.

dorade farcie au fenouil 도라드 파르시 오 프누이

펜넬을 채워 익힌 도미 : 약 1.5kg짜리 도미 한 마리의 비늘과 내장, 아가미를 제거한 뒤 씻어서 물기를 닦아준다. 소금, 후추로 간한다. 등쪽으로 칼집을 내고 척추 뼈 양쪽으로 날을 밀어 넣은 다음 뼈의 머리 쪽과 꼬리 쪽을 잘라 빼낸다. 굳은 빵 속살에 우유 250mℓ를 넣어 적신다. 빵을 꼭 짠 뒤, 아주 얇게 썬 펜넬 1개분, 파스티스 2테이블스푼, 레몬즙 1테이블스푼, 월계수 잎과 타임 잎을 넣어 섞어준다. 생선 안에 이 소를 채우고 발로틴처럼 주방용 실로 묶어준다. 너무 꽉 조이게 묶지 않는다. 그라탱 용기에 버터를 바르고 다진 샬롯 2개분을 고루 뿌린다. 그 위에 생선을 놓고 화이트와인(또는 화이트와인과 생선 육수를 혼합한 것)을 재료 높이의 1/3정도까지 오게 붓는다. 올리브오일을 둘러준 다음 250°C로 예열한 오븐에서 30분간 익힌다. 중간에 국물을 여러 번 끼얹어 준다. 오븐에서 익히는 마지막 몇 분간은 생선이 너무 마르지 않도록 알루미늄 포일로 덮어준다.

dorades meunière 도라드 뫼니에르

도미 뫼니에르 : 작은 크기(한 마리당 600g이하)의 도미를 준비하여 비늘과 내장을 제거하고 등쪽에 칼집을 낸다. 소금, 후추로 간 한 뒤 밀가루를 묻힌다. 너무 많이 묻은 밀가루는 탁탁 털어낸다. 팬에 버터를 달군 다음 생선을 놓고 양면을 노릇하게 굽는다. 건져서 긴 접시에 담고 잘게 썬 파슬리와 레몬즙을 뿌린 뒤 뜨겁게 유지한다. 팬에 버터를 추가로 넣고 연한 갈색이 나기 시작할 때까지 가열한다(beurre noisette). 거품이 이는 뜨거운 버터를 생선 위에 뿌린 뒤 바로 서빙한다.

귀족도미와 일반도미의 종류 및 특징

품종	산지	출하시기	외형	살의 특징
귀족 도미 daurade royale	지중해, 가스코뉴만	5-10월	눈 사이에 황금색 띠 모양이 있고, 비늘은 회색이며 아가미 위쪽에 검은 반점이 있다.	섬세하고 탱글탱글하며 향이 좋다.
	양식	연중		섬세하고 탱글탱글하며 향이 좋다. 자연산보다는 좀 맛이 덜하다.
회색 도미 dorade grise/griset	영불해협, 대서양	연중	은빛이 나는 회색	살이 희고 섬세하며 지방이 적어 담백하다. 질감이 탱탱하지 않다.
분홍 도미 dorade rose, pageot rose	가스코뉴만, 아프리카	연중	붉은빛이 도는 갈색으로 아가미 위쪽에서 시작되는 측면 선 초입에 검은 반점이 있다.	살이 탱탱한 편이며 향이 좋다.
일반 도미 pageot commun	지중해	9월-11월	짙은 분홍색을 띠며 가슴지느러미 뿌리 부분에 붉은색 반점이 있다.	살이 희며 탱탱한 편이다. 맛도 꽤 좋다.

filets de dorade à la julienne de légumes 필레 드 도라드 아 라 쥘리엔 드 레귐

채 썬 채소를 곁들인 도미 필레 : 약 1.2kg짜리 도미 한 마리의 비늘과 내장을 제거한 뒤 씻어서 물기를 닦아낸다. 필레를 뜬 다음 껍질을 벗긴다. 리크 흰 부분 2대, 질긴 섬유질을 벗긴 셀러리 줄기 2대, 펜넬 반 개, 햇 순무 2개, 당근 1개를 모두 가늘게 채 썬다. 버터 40g을 녹인 팬에 채 썬 채소를 넣어 수분이 나오고 색이 나지 않게 볶는다. 간을 맞춘 뒤 오븐 용기 바닥에 깔아준다. 도미 필레에 소금, 후추로 간을 한 뒤 채소 위에 놓는다. 레몬즙을 뿌리고 생크림 200mℓ를 넣은 뒤 가열한다. 끓기 시작하면 220°C로 예열한 오븐에 넣고 10분간 더 익힌다. 생선 필레를 건져 서빙 접시에 담는다. 소스의 농도와 간을 확인한다. 크림소스와 채 썬 야채 가니시를 생선에 끼얹은 다음 처빌 잎을 조금 얹어 바로 서빙한다.

DÉBARRASSER 데바라세 음식을 식히거나 보관할 목적으로 조리 용기(소테팬, 소스팬, 냄비, 솥 등)에서 다른 용기(밑이 평평한 스텐 볼, 손잡이가 달린 들통, 음식 수거용 바트 등)로 옮겨 담다. 식당 주방에서 준비 작업 상황을 데바라세(débarrasser une mise en place) 한다는 표현은 가스레인지나 작업대 위의 모든 사용했던 도구와 기물들을 치우고 정리함을 뜻한다.

DÉCANTER 데캉테 육수 등의 혼탁한 액체를 일정시간 동안 가만히 두어 부유하던 불순물이 가라앉은 다음 맑아진 윗물을 따라내다. 버터를 녹인 뒤 표면에 뜨는 거품을 걷지고, 바닥에 가라앉은 유청을 제외한 정제 버터를 따라내다. 육수 또는 소스에 익힌 고기 건더기를 건져내다. 이때 익힌 액체는 체에 걸러 고기 이외에 향신용으로 넣었던 재료를 제거하고 경우에 따라 리에종을 해 원하는 농도의 소스를 만든다. 소스가 완성되면 미리 건져둔 고기 건더기를 다시 넣고 마지막에 함께 다시 한 번 약한 불로 끓이거나 데운다. 와인을 디캔터 또는 카라프에 조심스럽게 옮겨 붓다. 디캔팅한 다음 일정 시간 놓아두면 어린 와인의 경우 향이 더 살아날 수 있고, 오래 보관한 와인일 경우는 병 안에 생긴 불순물을 제거할 수 있다. 하지만 이 작업은 산화 현상을 초래하기 때문에 경우에 따라서는 와인(특히 오래된 와인)에 더 해를 줄 수도 있다.

DÉCOCTION 데콕시옹 끓이는 과정을 통해 식재료가 갖고 있는 성분을 추출해내는 방법. 식품(향료 식물, 채소, 고기 등)을 물에 넣고 재료에 따라 일정시간 끓인다. 이 방법을 통해서 고기 육수나 채소 국물, 쿠르부이용, 향신료 추출물 등을 얻는다.

DÉCORATION 데코라시옹 장식. 데커레이션. 요리의 플레이팅이나 외관을 더욱 아름답고 완벽하게 만들기 위해 진행하는 모든 작업을 통칭한다. 특히 찬 요리(벨뷔 bellevue, 아스픽 aspic, 쇼 프루아 chaud-froid, 젤리를 씌워 굳힌 생선, 아 라 파리지엔 à la parisienne 형식의 요리들), 육류와 가금류(특별한 가니시와 함께 플레이팅하는 경우), 믹스드 샐러드, 파티스리 및 케이크 등이 그 대상이 된다. 꾸밈없고 소탈하게, 종종 요리를 만든 그릇이나 냄비 그대로 서빙하기도 하는 지방 요리에서는 장식의 존재가 그리 부각되지 않지만, 왕실의 요리에서는 그 화려함이 과도한 수준에 이르기도 했다. 14세기 타유방의 요리 장식에서는 새의 모양을 재구성해 만들거나, 상징적인 색을 맞춰 사용하기도 했고, 19세기 앙토냉 카렘의 경우에도 건축물을 연상시키는 정교하고 화려한 피에스 몽테를 만들어냈다.

오늘날 요리에 사용되는 장식은 대부분 먹을 수 있는 천연재료를 사용하는 추세이며, 조화를 이루거나 혹은 대비가 되는 색깔과 모양으로 만들고 있다. 부각시키고자 하는 요리, 작업시간, 요리 서빙 상황, 갖고 있는 재료나 도구에 따라 그에 알맞은 데커레이션을 해야 하며, 이는 정확하고도 섬세한 기술을 요하기도 한다. 또한 각자의 창의적인 아이디어를 발휘하여, 서빙된 요리의 맛과 냄새를 경험하기 전에 이미 시각적으로 사람들의 관심을 집중시키는 효과를 내야 한다. 음식 데커레이션은 언제나 미리 준비하고 계획해야 한다(준비 재료 확보, 가공 및 변형 작업 완료, 작업 준비 및 배치, 집기류 미리 준비 등). 또한 다양한 색을 낼 수 있는 재료를 미리 준비해둔다(시금치, 크레송을 이용한 녹색, 비트나 래디시의 붉은색, 붉은색 또는 검정색의 도치알, 달걀의 흰색과 노란색 등). 그 외에도 데커레이션 재료들을 어떤 모양이나 크기(주사위, 큐브, 공 모양, 머랭에 무늬를 입힐 인두, 그릴에 격자무늬 내기 등)로 사용할 것인지, 어떤 질감(고체, 가루, 과립 입자, 부드러운 질감, 젤라틴과 같은 질감 등)으로 표현할 것인지에 대한 다양한 가능성과 변수를 예상해두어야 한다. 일본과 중국의 요리사들은 요리의 장식적인 면에 특히 공을 많이 들인다. 채소나 생선을 모양내어 깎거나 써는 기술은 가히 그 자체로서 하나의 예술의 경지라고 해도 과언이 아니다. 장식용으로 사용된 재료들은 물론 언제나 다 먹게 되지는 않지만, 대부분 먹을 수 있는 것들이다.

- 뫼니에르 생선 요리나 슈니첼, 오렌지 소스 오리 요리 등에 장식으로 곁들이는 가장자리에 요철무늬 낸 오렌지나 레몬.
- 구운 육류나 로스트 요리에 곁들이는 크레송 다발.
- 퍼유타주로 반달 모양을 내 구운 것(fleuron), 삼각형의 크루통당 드 루(dents de loup), 소스가 있는 육류나 생선 요리, 시금치 등에 곁들이는 크루통.
- 샐러드나 오르되브르용으로 사용되는 삶은 달걀(다진 것, 슬라이스).
- 생선이나 오르되브르 장식용 생파슬리.
- 뒤셰스 감자, 가늘게 썰거나 새 둥지, 바구니 등의 모양으로 만들어 튀긴 감자.
- 동그랗게 슬라이스, 부채꼴 또는 장미 모양을 낸 토마토, 타라곤, 레몬 껍질, 붉은 과일 껍질, 래디시, 송로버섯, 마요네즈 등

그 외에 먹을 수 없는 다양한 장식 재료도 필요하다.

다양한 모양의 레이스 페이퍼 또는 와플모양의 엠보싱 페이퍼: 더운 오르되브르나 파테 등

- 파피요트, 양 갈비, 송아지 뼈 등심, 양 뒷다리 등의 뼈에 끼우는 레이스 페이퍼 손잡이
- 나룻배 모양으로 접은 냅킨(생선용), 정사각형으로 접은 냅킨(토스트 또는 봉브 글라세용)
- 생선, 갑각류 해산물, 닭 쉬프렘, 푸아그라 메다이용 등을 위한 받침대 등

DÉCOUPER 데쿠페 자르다. 익힌 육류, 가금류, 수렵육, 생선을 테이블에 서빙하기 위해 자르다, 혹은 요리를 만들기 위해 날것 상태의 이 재료들을 자르다(**참조** DÉPECER, DÉSOSSER, DÉTAILLER, ESCALOPER, LEVER). 고대에는 전문가들이 나무로 된 조립 모형을 이용해 가금류 절단 방법을 가르치는 실습수업을 했다. 중세의 영주들은 고기 커팅을 하면서 자신의 솜씨를 과시하기도 했으며, 13세기 역사학자였던 장 드 주앵빌(Jean de Joinville)은 언젠가 자신이 나바라 왕의 식탁에서 고기를 커팅한 적이 있다고 잘난 체하기도 했다. 17세기에는 젊은 시종들에게 고기마다 어디가 가장 맛있는 부위인지 구분하는 법을 알려주면서 고기를 분할해 절단하는 법을 훈련시키기도 했다. 예를 들어 땅에 발을 딛고 사는 조류는 날개, 공중을 나는 조류는 넓적다리, 큰 사이즈의 가금류 로스트의 경우는 가슴살, 새끼 돼지는 껍데기와 귀, 야생 산토끼나 집토끼는 허리 등심살과 다리가 가장 으뜸가는 부위라고 교육했다. 큰 사이즈의 생선(연어, 강꼬치고기)은 둘로 자른 다음 제일 맛있는 부위로 치는 머리 쪽을 그날의 가장 주요한 내빈 앞에 놓았다. 이렇듯 고기나 생선을 자르는 기술은 당시에 가장 중요한 일이었고, 언제나 특별한 격식이나 의식이 따랐다(**참조** ÉCUYER TRANCHANT).

현대의 고기 커팅 담당자, 특히 레스토랑에서 이 작업을 하는 사람은 요리 실력과 해부학적 지식을 겸비해야 하고 능숙한 손 기술과 더불어 절도 있는 동작의 우아함도 갖춰야 한다. 모든 고기 부위마다(어린 양의 볼기 등심과 넓적다리가 연결된 큰 부위인 바롱(baron), 갈비 랙, 안심, 뒷다리, 볼기 등심 등) 각각 특별한 절단 기술을 요하며 이는 가금류나 수렵육 조류(오리, 칠면조, 거위, 비둘기, 닭)의 경우도 마찬가지이다.일반적으로 정육 부위를 분할할 때는 근섬유 조직 방향과 수직으로 자른다. 자른 부위는 최대한 면적이 넓게 펼쳐져야 하고 두께도 일정해야 한다. 요리를 코스로 하나씩 내는 러시아식 서빙 방식(고기나 생선이 이미 절단된 상태로 접시에 담겨 나온다)이 도입되면서 과거에 홀 서빙 매니저가 자부심을 갖고 임했던 이 작업은 식탁에서 점점 사라져갔다.

DÉCOUPOIR 데쿠푸아르 원뿔 모양으로 생긴 작은 커팅 도구로 양철이나 스테인리스 또는 합성소재로 되어 있다. 절단면이 격자, 하트, 별, 나뭇잎, 창살, 클로버 등의 무늬로 된 것도 있다. 얇게 저민 송로버섯, 토마토 슬라이스 또는 굳힌 젤리 등을 장식용으로 모양내어 자를 때 주로 사용한다. 또한 파티스리에서 밀어놓은 반죽을 자르기 위해 사용하는 쿠키 커터를 지칭하기도 한다.

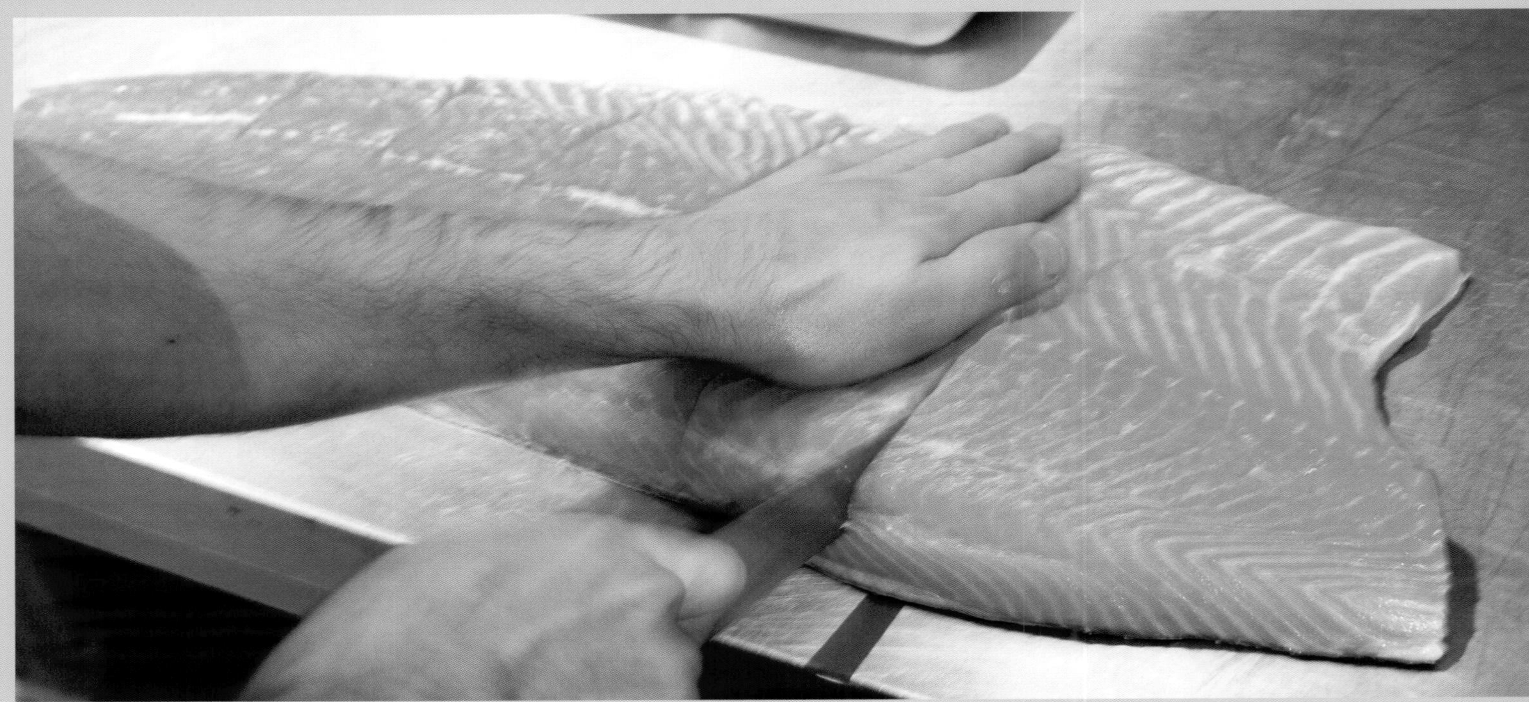

Découper 자르기

"에콜 페랑디, 레스토랑 가르니에, 엘렌 다로즈, 타쿠치에서 정성스럽게 간 칼로 고기와 생선을 완벽히 깔끔하게 써는 모습.
솜씨 좋은 커팅 담당자인 요리사들은 손님들에게 최상급 요리를 서빙하기 위해 가장 좋은 생선이나 고기를 고르는 데 최선을 다한다."

설탕시럽의 보메(Baumé) 도와 밀도(densité) 환산표

보메 도	밀도	보메 도	밀도	보메 도	밀도
5	=1,0359	16	=1,1247	27	=1,2301
6	=1,0434	17	=1,1335	28	=1,2407
7	=1,0509	18	=1,1425	29	=1,2515
8	=1,0587	19	=1,1515	30	=1,2624
9	=1,0665	20	=1,1609	31	=1,2736
10	=1,0745	21	=1,1699	32	=1,2850
11	=1,0825	22	=1,1799	33	=1,2964
12	=1,0907	23	=1,1896	34	=1,3082
13	=1,0989	24	=1,1995	35	=1,3199
14	=1,1074	25	=1,2095	36	=1,3319
15	=1,1159	26	=1,2197	-	-

DÉCUIRE 데퀴르 설탕 시럽, 잼, 캐러멜을 끓인 뒤 일정량의 찬물을 조금씩 넣으며 잘 저어 온도를 낮추고 농도를 부드럽게 해주다.

DÉFARDE 데파르드 도피네 지방, 특히 디(Die)와 크레스트(Crest)의 특선 요리. 양의 족과 창자를 당근, 양파, 리크, 월계수 잎, 정향을 넣은 쿠르부이용에 삶아낸 뒤 토기냄비에 화이트와인, 향을 더한 토마토 쿨리와 함께 넣고 오븐에서 뭉근히 오래 익힌 요리이며, 경우에 따라 케이퍼와 식초로 상큼한 맛을 더하기도 한다. 데파르드(delfarde라고 표기하기도 한다)는 다진 마늘과 파슬리를 곁들여 서빙한다.

DE FRUCTU 드 프뤽튀 중세 시대, 각자 비용을 나누어 내는 식사 모임 때 테이블을 대여해주던 사람에게 부과된 소소한 비용(과일, 서비스 등). 이 용어는 라틴어 법률적 표현인 쿠라레 데 프룩투(curare de fructu)에서 따온 것으로 '과일을 담당하다'라는 의미이다.

이 용어는 또한 유명 인사들 사이에서는 17세기까지 이어져 온 크리스마스 이브 날 성직자를 맞이하는 풍습을 뜻하기도 한다. 저녁 예배 후에는 수도 참사회원이 이날 오후에 불렀던 응답송의 첫 소절(de fructu ventris tui, 너의 깊은 곳의 열매로부터)로 축복의 식사를 시작했다고 한다.

DÉGLACER 데글라세 디글레이즈하다. 팬이나 냄비에 재료를 튀기듯 지지거나 소테한 뒤 각 요리에 알맞게 선택한 액체(와인, 마데이라 와인, 콩소메, 육수, 생크림, 식초 등)를 조금 부어 남아 눌어붙은 맛즙(suc)를 불려 녹여내는 방법을 뜻한다. 이는 주로 남은 맛즙을 이용하여 농축 육즙(jus)이나 소스를 만들기 위함이다.

가열하면 맛즙은 용기 바닥에 눌어붙어 캐러멜라이즈된다. 만약 익혀낸 재료(수렵육, 고기 메다이용, 큰 덩어리의 정육, 생선, 닭, 소 안심 등)를 건져냈을 때 냄비나 팬에 기름과 섞여 남아 있는 갈색 입자의 색이 충분히 진해지지 않은 경우에는, 불에 올려 몇 분간 더 가열해 바싹 눌어붙게 한 다음(faire pincer) 익히면서 나온 기름을 제거하고 디글레이징을 진행한다.

불 위에 올린 상태에서 액체를 조금 붓고 눌어붙은 맛즙이 전부 녹아 갈색 액체가 될 때까지 가열한다. 필요하면 액체를 원하는 농도까지 졸인다. 와인의 경우 이 과정에서 알코올 성분이 날아가 신맛이 약해진다. 디글레이징하기 전에 보통 술을 조금 붓고 불을 붙여 플랑베 해준다.

디글레이즈한 액체가 졸아들면 고기 육수(맑은 육수, 리에종한 육수 모두 포함)나 생선 육수 등을 붓고 더 졸여 농축 육즙이나 소스를 만든다.

간을 맞춘 다음 원뿔체에 걸러, 뜨겁게 보관해둔 요리에 끼얹어준다.

DÉGORGER 데고르제 물에 담가 불순물을 빼다. 소금에 절여 수분을 빼다. 육류, 가금류, 생선이나 부속 등의 재료를 찬물(식초를 넣기도 한다)에 넣고 중간에 물을 여러 번 갈아주며 일정 시간 동안 담가 불순물이나 피를 제거하는 작업을 뜻한다. 특히 '흰색의' 요리 만들 때 유용하다. 혹은 민물생선의 경우 이 과정을 통해 흙냄새를 어느 정도 제거할 수 있다.

채소(특히 오이와 양배추)에 소금을 뿌려 수분이 빼는 방법을 뜻하기도 한다. 이렇게 절여 어느 정도 수분이 빠진 채소는 소화가 더 용이하다.

또한 식용달팽이에 소금이나 밀기울 가루를 뿌려 죽지 않게 하거나 살을 더 연하게 만드는 것을 뜻한다. 이 상태로 뚜껑을 닫은 용기에 며칠간 보관할 수 있다.

DÉGRAISSER 데그레세 기름을 제거하다. 식재료, 요리, 또는 요리한 용기 안의 과도한 기름을 제거하거나 덜어내다. 작은 정육용 칼을 이용해 날고기 또는 익힌 고기의 기름을 제거한다. 뜨거운 국물에 뜬 기름을 작은 국자나 스푼으로 떠낸다. 차가운 액체의 경우에는 표면에 굳은 기름을 망국자 등으로 떠내 제거한다(체에 조심스럽게 걸러내도 좋다).

맑게 정제한 뜨거운 콩소메의 기름을 더욱 완벽하게 제거하기 위해서는 키친타월을 표면에 살짝 얹어 흡수해내면 된다. 소테팬, 프라이팬 또는 오븐용 팬 등에 재료를 익혔을 때는, 조리과정에서 흘러나온 기름을 우선 제거한 다음 디글레이즈한다.

DÉGRAISSIS 데그레시 제거해낸 기름. 육수, 소스, 소스 요리나 브레이징한 요리 등에서 거두어낸 기름, 또는 고기를 소테하거나 로스트한 경우, 디글레이즈하기 전에 팬에서 제거해낸 기름을 뜻한다.

옛날에는 이 기름을 정제하고 체에 걸러 도자기 그릇에 보관했다가 채소를 익히는 데 사용했다. 이 절약형 재활용 기름은 영양학적이나 위생 면에서 권장할 만하지 않아 더 이상 사용하지 않게 되었다.

DEGRÉ BAUMÉ 드그레 보메 보메 도. 시럽 밀도 측정계(pèse-sirop, syrup density meter)를 사용해 측정한 옛 방식의 설탕 용액의 밀도. 1962년 1월 1일 이후로 모든 측정 기기는 밀도 눈금으로 표시된다(**참조** 위의 설탕시럽의 보메 도와 밀도 환산표).

DÉGUSTATION 데귀스타시옹 테이스팅, 시식, 시음, 맛 평가. 식품의 질을 맛으로 평가하는 것. 특히 버터, 오일, 푸아그라, 초콜릿 등은 전문 맛 감정사가 있다. 파리시 연구소에서는 물 시음 전문가를 고용하여 하루에도 여러 번씩 식용수 시음 테스트를 하고 있다. 하지만 이 용어가 특히 많이 거론되는 분야는 와인과 오드비(브랜디) 테이스팅이다. 와인 시음 전문가는 시각, 후각, 미각, 촉각을 통해 와인의 품질과 특징을 판별한다(블라인드 테이스팅이라 불리는 시음은 와인 이름과 원산지를 공개하지 않고 진행한다).

● L'ŒIL 눈. 와인 감정사는 우선 잔의 스템 부분을 잡고 흰 바탕을 배경으로 기울인 뒤 색을 관찰한다. 색과 투명도로 와인의 상태(맑고 윤이 나는 상태여야 한다)와 나이를 알 수 있다(어린 레드와인은 루비색에 가까운 선명한 붉은색이며 가장자리는 보랏빛을 띤다. 어느 정도 보관햇수가 있는 레드와인은 석류색이고 둘레는 오렌지 빛이 나며 색이 진하지 않다. 어린 화이트와인은 색이 거의 없으며 가장자리는 연한 녹색을 띠나 시간이 갈수록 둘레가 점점 황금빛으로 변한다). 와인 잔을 돌려보았을 때 안쪽 벽에 천천히 흐르는 눈물이 많을수록 알코올 함량이 높다는 것을 의미한다.

● LE NEZ 코. 와인 감정사는 잔에 코를 가까이 대고 깊이 향을 들여 마셔 전반적인 첫 번째 향 정보를 얻는다. 인지한 향의 강도를 적어놓는다. 와인 잔을 천천히 돌린 뒤 다시 코를 가까이 대고 향을 맡아본다. 향이 퍼져 첫 번째보다 더 진해진 것을 느낄 수 있을 것이다. 이어서 향을 동물, 식물, 꽃, 훈연, 스파이스, 미네랄 등 여러 구성요소로 나누어 분석한다. 이러한 다각적인 관찰을 통하여 와인 향의 강도, 개성, 우아함 등을 평가할 수 있다. 와인의 후각적 인지로 얻을 수 있는 정보는 전체 테이스팅의 70%를 차지한다. 여러 번의 테이스팅 노트를 통해서 어린 와인의 상태와 숙성 정도를 알 수 있다. 포도 품종에서 나오는 첫 번째 향, 알코올 발효에 기인한 두 번째 향, 그리고 와인의 숙성과 관련되어 있으면서 복합적인 향의 총체인 부케를 표현해주는 세 번째 향이 그것이다.

● LA BOUCHE 입. 와인 감정사는 입안에 와인을 넣고 혀 위의 맛 돌기로 단맛, 짠맛, 쓴맛, 신맛의 네 가지 기본 맛을 느껴본다. 단맛은 와인이 가진 과일맛과 알코올과 관련이 있으며 부드럽고 달콤하며 기름진 느낌을 준다. 와인을 지탱하고 있는 중추라고 할 수 있는 신맛은 바디감과 구조를 제공하며 상큼함을 느끼게 해주고 과일 맛을 더 북돋워준다. 오랜 시간 보관함에 따라 소멸하는 경향이 있다. 쓴맛은 레드와인의 골격과 입안에서의 질감을 풍부하게 만들어주는 타닌의 존재와 연관돼 있다. 타닌이 너무 많거나 어린 경우 와인은 떫은맛이 나고 반대로 너무 없으면 바디감이 부족해진다. 와인에서 짠맛은 매우 드물다.

DÉGUSTER UN VIN 와인 테이스팅하기

1. 엄지와 검지 사이로 와인 잔의 스템이나 베이스 부분을 잡고, 약간 멀리 떼어 기울인 상태에서 색을 관찰한다.

2. 잔 안의 와인을 천천히 돌려 공기와 접촉시킨 다음 다시 와인이 제자리로 오도록 기다린다. 와인 잔 안쪽 벽에 방울방울 맺힌 눈물의 농도와 흘러내리는 속도를 관찰한다.

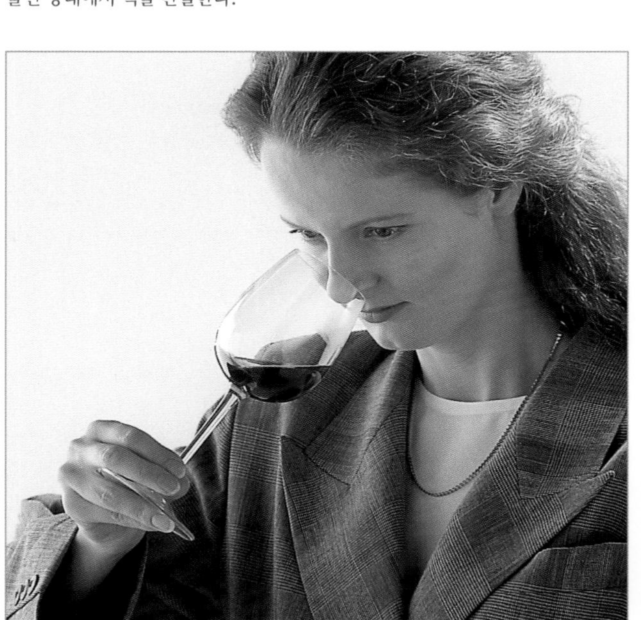

3. 코를 가까이 대고 짧게 그리고 깊게 번갈아 들이마시며 향을 맡아본다. 부케를 구성하는 여러 향을 세밀하게 나누어 분석한다.

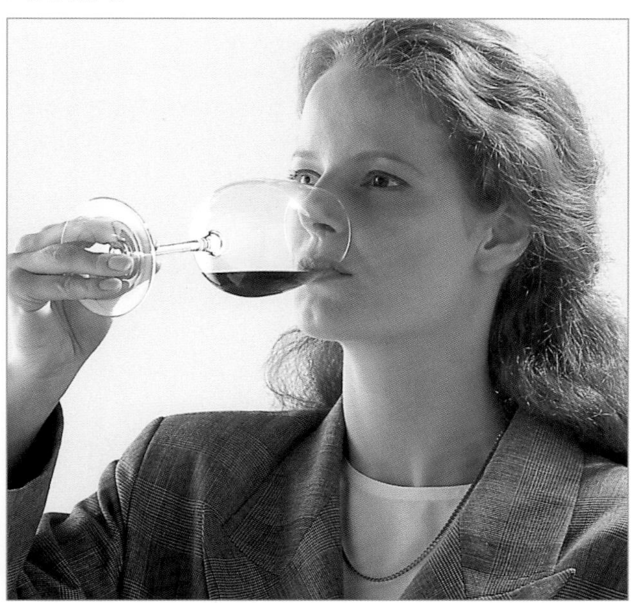

4. 입 안에 적당량을 물고 맛을 본다. 몇 초간 입안에서 굴리듯 움직여 침과 섞이도록 한 다음(씹는다 mâcher라고 표현한다), 입술을 뾰족하게 내밀고 후루룩 숨을 들이마셔 와인에 공기를 불어넣어준다.

시음자는 또한 와인의 촉각적 특징도 분석한다. 알코올 함량이 높은 와인은 기름진 느낌을 주고, 타닌은 레드와인에 다소 떫은맛을 내준다. 스파클링 와인의 경우는 기포가 주는 접촉성이 일정하게 느껴지지만 부담스러울 정도로 강하지는 않다. 이들 구성요소가 하나라도 너무 과도하면 와인의 균형이 깨져 불쾌감을 줄 수 있다.

마지막으로 와인을 입에 문 채로 입술로 공기를 들이마시며 다시 한 번 향을 끌어올려 음미해본다. 와인을 삼키거나 테이스팅 후 뱉어낸 이후에도 그 맛은 입안에 남아 있게 된다. 잔향이 계속되기 때문이다. 이 모든 단계가 전체적으로 기분 좋은 일관성을 지닐 때 비로소 조화로운 와인이라고 말할 수 있다.

DÉJEUNER 데죄네 점심식사. 프랑스어로 아침 식사를 프티 데죄네(petit déjeuner 작은 점심이라는 의미), 점심은 데죄네라고 부른다. 하지만 그 어원(라틴어 disjunare 공복을 끊다라는 의미다)을 살펴보면 데죄네는 하루의 첫 번째 끼니를 뜻하며 주로 빵과 수프, 그리고 커피나 차, 코코아가 등장하기 전까지는 와인으로 구성된 식사였다.

프랑스에서 정오에 점심을 먹는 관습은 대혁명 시대에 생겨났다. 그 이전까지 하루의 한가운데 먹는 식사는 디네(dîner)라고 불렀다.

하지만 제헌의회 정례 회의가 12시에 시작되어 6시경이나 되어 폐회함에 따라 의원들의 점심(dîner) 식사는 아주 늦은 오후로 밀려나게 되었다. 아침부터 거의 초저녁까지 굶을 수 없었던 의원들은 오전 11시경 아침식사보다는 좀 더 풍성한 두 번째 끼니를 먹게 되었다.

1804년 아르디(Hardy) 라는 이름의 부인은 파리 이탈리앵 극장 근처 대로변에 있는 한 카페에서 포크를 사용해 먹는 점심(déjeuner à la fourchette) 메뉴를 개발해 손님들에게 갈비, 콩팥, 소시지 및 다양한 구운 요리를 뷔페식으로 서빙했다(**참조** CAFÉ HARDY). 카바레와 카페의 인기가 높아지고 레스토랑들이 점점 늘어나면서 점심식사는 사회생활의 중요한 시간이 되었다.

오늘날 많은 국가에서 점심식사는 예전에 비해 그 규모가 많이 축소되어 빠른 시간에 간단히 먹을 수 있는 메뉴가 주를 이루고 있으며, 대개 낮 12시 반에서 한 시 사이에 먹는다.

또한 직장인들 사이에는 '비즈니스 런치'가 생겨났고, 공쿠르 문학상 시상식처럼 특별한 행사를 겸한 오찬 모임도 이루어졌다(**참조** DROUANT). 하지만 오늘날까지도 일요일의 점심식사는 가족과의 생활의 상징으로 남아있다.

DELAGE (GÉRARD) 제라르 들라주 퀘벡 출신의 언론인, 변호사, 미식가(1912, Nominingue 출생–1991, Montreal 타계). 대학에서 법학을 전공한 그는 1952년, 당시 뉴욕에 정착한 유럽 요리사들이 대다수 구성원이었던 뉴욕 에스코피에 협회(Sociéte des amis d'Escoffier)의 회원이 되었다. 또한 캐나다 내에서 수준 높은 프랑스 요리와 와인을 홍보하고 발전시키기 위한 여러 미식, 와인 모임과 단체를 결성했다. 퀘벡 호텔 관광 협회의 주요 창립 멤버이며 법조인이기도 한 그는 주류에 관한 법 개정을 위해 많은 노력을 쏟아붓기도 했으며, 1972년에는 몬트리올에서 세계 미식 학회를 개최했다.

『대식가와 미식가(*Gloutons et goutmets*)』의 저자이기도 한 그는 호텔 조리학교 졸업생들에게 장학금을 수여하는 재단을 설립하여 이들이 안정적으로 고등교육기관에 진학해 호텔 경영 및 관광 관련 학업을 이어나가고, 더 높은 수준의 요리와 와인 분야의 실력을 쌓아나갈 수 있도록 지원을 아끼지 않았다.

DELAVEYNE (JEAN) 장 들라벤 프랑스의 요리사(1919, Marolles-en-Hurepoix 출생–1996 Paris 타계). 팔레 도르세에서 초보 파티시에로 수련을 거친 뒤 1935년부터 요리사 훈련을 받은 그는 영국으로 건너가 여러 호텔에서 셰프로 근무했다. 1957년 파리 근교 부지발(Bougival)의 카멜리아(Camélia)라는 숙식을 겸한 소박한 호텔에 정착한 그는 이 작은 식당을 전 세계적으로 유명한 곳으로 탈바꿈시켰다.

조엘 로뷔숑이 '조화의 발명가'라고 칭송했던 장 들라벤은 버섯 전문가였으며 훌륭한 교육자로서 후대의 요리사들을 위한 길을 터주었다. 심플함이 돋보이는 요리로 명성을 얻게 된 그는 1963년에 미슐랭 가이드 첫 번째 별, 1972년에 두 번째 별을 획득한다. 1985년 레스토랑 사업을 접은 그는 이후 주로 컨설팅 업무에 집중했다(특히 파리의 le Regain 레스토랑).

DÉLAYER 델레예 녹이다, 개다. 음식에 액체를 첨가하여 더 잘 흐를 수 있는 농도로 만들다.

DELESSERT (BENJAMIN) 벵자맹 들레세르 프랑스의 기업가(1773, Lyon 출생–1847, Paris 타계). 1801년 파리 파시(passy) 구역에 제당 공장을 세운 그는 1812년 사탕무에서 설탕을 추출하는 기술을 개발했다(**참조** ACHARD, MARGGRAF). 직접 공장 시설을 방문했던 나폴레옹 1세는 대륙 봉쇄령을 강화할 수 있는 이와 같은 기술개발의 중요성에 공감했고, 영국인들의 유럽 대륙 항구에서의 교역활동을 금지했다. 앙티유로부터 들여오는 사탕수수를 수입하지 않아도 됐기 때문이다. 나폴레옹 1세는 들레세르에게 막대한 자금을 지원했고 북부 지방 광활한 대지에 사탕무 재배를 할당했다.

벵자맹 들레세르는 또한 정치에도 입문했으며, 프랑스 케스 데파르뉴 은행(caisses d'épargne)의 창립자중 한 사람이 되었다.

DÉLICE ET DÉLICIEUX 델리스, 델리시외 다른 단어와 함께 쓰여 맛있다는 상상력을 불러일으키는 용어로, 주로 파티시에가 자신의 다양한 디저트, 케이크의 이름에 많이 붙여 사용한다.

délice au citron 델리스 오 시트롱

레몬 델리스 케이크 : 버터 100g을 약한 불에 중탕으로 녹인다. 밀가루 250g과 베이킹파우더 작은 1봉지를 섞은 뒤 녹인 버터, 달걀 4개, 설탕 200g, 레몬 제스트와 즙 1개분, 작은 주사위 모양으로 썬 과일 콩피 100g을 넣고 혼합한다. 균일하고 매끈하게 섞은 다음, 지름 25cm 분리형 원형틀에 반죽을 붓고 190°C로 예열한 오븐에서 약 40분간 굽는다. 설탕 125g에 물 50mℓ를 넣고 120°C까지 끓여 시럽(불레 boulé 상태)을 만든 뒤 달걀노른자 4개와 버터 125g을 섞어 버터크림을 만든다. 여기에 곱게 간 레몬 제스트와 레몬즙 1개분을 넣는다. 케이크가 다 구워지면(손가락으로 만졌을 때 말랑하면서 탄성이 있어야 한다), 틀에서 분리하고 망에 올려 완전히 식힌 다음 가로로 3등분한다. 3층으로 자른 케이크에 레몬즙을 넣은 시럽을 붓으로 발라 적신다. 두 장의 케이크 위에 레몬 버터 크림을 스패출러로 두툼하게 발라 얹는다. 두 장을 겹쳐 쌓은 뒤 맨 마지막 케이크로 덮어준다. 슈거파우더를 넉넉히 뿌린 뒤 서빙하기 전까지 시원한 곳에 보관한다. 냉장고에 넣지 않는다.

délices aux noix 델리스 오 누아

호두 델리스 타르틀레트 : 볼에 밀가루 125g, 상온의 부드러운 버터 60g, 달걀 1개, 물 4테이블스푼, 설탕 40g, 소금 1자밤을 넣고 주걱으로 섞는다. 매끈하고 균일하게 혼합된 반죽을 둥글게 뭉친 뒤 냉장고에 넣어둔다. 상온의 부드러운 버터 70g을 잘 저어 포마드 상태로 만든다. 여기에 설탕 70g, 달걀 1개, 아몬드 가루 70g 그리고 마지막으로 전분 30g을 넣고 잘 섞는다. 냉장고의 반죽을 꺼내 2mm 두께로 민 다음 원형으로 8개를 잘라내 타르틀레트 틀에 깔아준다. 포크로 군데군데 반죽 시트를 찌른 다음 아몬드 크림을 덮어준다. 190°C로 예열한 오븐에서 15분간 굽는다. 설탕 125g에 물 50mℓ를 넣고 120°C까지 끓여 시럽(불레 boulé 상태)을 만든 뒤 달걀노른자 4개와 버터 125g을 섞어 버터 크림을 만든다. 여기에 커피 에센스 1티스푼을 넣어 향을 낸다. 호두살 100g을 다져 이 크림에 넣는다. 타르틀레트가 식으면 틀에서 분리하고 호두 버터 크림을 돔 모양으로 채워 넣는다. 냉장고나 시원한 곳에 30분간 보관한다. 퐁당슈거 아이싱 250g을 약 32°C로 따뜻하게 데운 다음 커피 에센스를 몇 방울 넣어 향을 낸다. 쉽게 발라지도록 물을 아주 조금 넣어준다. 타르틀레트의 크림 돔 부분을 시트 바로 윗부분까지 퐁당슈거에 담갔다 뺀 다음 작은 스패출러로 표면을 매끈하게 마무리해준다. 호두 살 반개를 각각 한 개씩 얹은 다음 서빙 전까지 냉장고에 넣어둔다.

délicieux surprise 델리시외 쉬르프리즈

딜리셔스 서프라이즈 : 잘게 썬 초콜릿 130g을 약한 불에서 중탕으로 녹인다. 생크림 1테이블스푼, 버터 20g, 우유 1테이블스푼, 그레이터로 곱게 간 오렌지 제스트 1개분을 넣고 잘 섞은 뒤 중탕 상태로 뜨겁게 유지한다. 브리오슈 무슬린(brioche mousseline)을 두툼하게 6조각으로 슬라이스해 바트에 펼쳐놓고 럼 100mℓ를 고루 뿌린다. 서양 배 3개의 껍질을 벗기고 속을 제거한 뒤 얇팍하게 썰어 브리오슈 위에 얹는다. 생크림 150mℓ에 아주 찬 우유 1테이블스푼을 넣고, 설탕 60g을 조금씩 넣어가며 거품기로 휘핑한다. 휘핑한 크림을 브리오슈 위에 돔처럼 올린 다음 뜨거운 초콜릿 소스를 끼얹는다.

DELIKATESSEN 델리카테슨 맛있는(délicats) 음식, 별미를 지칭하는 용어로 18세기에 독일에서 처음 사용되었다. 오늘날 게르만 문화권 국가와 미국에서 이 단어는 독일 샤퀴트리, 외국 특산 식품, 고급 와인이나 양주, 과자류나 열대과일, 수입 치즈, 피클 및 통조림, 팽 데피스, 잼, 당과류, 초콜릿 등을 판매하는 고급 식품점을 가리킨다.

DELTEIL (JOSEPH) 조제프 델테이 프랑스의 작가(1894, Vollar-en-Val 출생–1978, Grabels 타계). 파리의 문인들과 활발하게 교류했던 그는 1930년 은퇴 후 랑그독 지방으로 내려간다. 그가 살던 집 입구 정면 위에는 "검소하게 살아라(Vivre de peu)"라는 공자의 격언이 새겨져 있었다. 저서 『구석기시대의 요리(*La Cuisine paleolithique*)』(Robert Morel 출판, 1964)에서 그는 자연주의적 또는 원초적 요리 레시피들을 소개하고 있다, 뿐만 아니라 정확하고 분별력 있는 지침이나 요리 팁을 제시해 놓았다. 예를 들어 '로스트하는 고기를 찌르지 마라, 피가 나온다', '햄은 염장 40일, 매달아 말려 40일, 그리고 40일에 걸쳐 먹는다'는 식이다. 또한 재료를 익히는 시간에 대해서도 짤막하게 공식을 알려준다. 그는 '돼지는 걷는 속도로, 소는 속보로, 수렵육은 질주하는 속도로' 라고 비유했다.

DEMI-DEUIL 드미 되이유 프랑스어로 약식 상복을 뜻하는 이 용어는 요리에서 흰색과 검은색 재료로 구성된 음식을 가리킨다. 전통적으로 흰색 재료(갑각류 해산물 살, 수란, 감자 샐러드, 흰색 국물에 데쳐 익힌 송아지 흉선, 국물에 삶은 닭백숙)에 검은색 송로버섯을 곁들이는 요리가 대부분이다. 주로 얇게 저미거나 가늘게 썬 송로버섯을 흰 재료에 칼집을 넣고 끼워 넣거나, 겉에 붙이거나 장식으로 곁들인 다음 쉬프렘 소스를 끼얹는다.

드미 되이유 닭 요리(poularde demi-deuil)는 리옹을 대표하는 요리 중 하나이며 특히 옛 리옹의 여성 요리사 메르 필리우의 레시피가 유명하다. 송로버섯을 넣고 곱게 갈아 만든 소를 닭 안에 채워 넣고, 얇게 저민 송

로버섯을 닭의 껍질과 살 사이에 밀어 넣은 다음 국물에 삶아 익힌다. 그 닭 육수에 익힌 채소를 곁들여 담고 익힌 국물을 체에 걸러 끼얹어준다.
▶ 레시피 : BAR (POISSON), SALADE.

DEMIDOF 드미도프 황제 나폴레옹 1세의 조카인 마틸드 보나파르트의 남편이자 프랑스 제2 제정 시대의 소문난 방탕자 중 한명인 아나톨 드미도프 왕자에게 헌정된 다양한 요리 이름이다. 그는 레스토랑 라 메종 도레(la Maison Dorée)의 단골이었는데, 훗날 그의 이름이 붙은 닭 요리 하나는 바로 이곳의 메뉴였다.

이 명칭은 또한 모양내어 돌려 깎은 당근과 순무, 송로버섯, 완두콩, 곱게 간 닭고기 살에 허브를 넣어 만든 크넬을 넣은 닭 콩소메를 가리킨다. 또한 데쳐 익힌 다음 푸아그라 퓌레와 섞고 빌르루아 소스(sauce Villeroy)를 씌운 뒤 빵가루에 굴려 튀겨낸 닭 볏 요리의 이름이기도 하다. 팬 프라이한 꿩고기, 소테팬에 지진 닭고기, 송아지 흉선 등의 요리에는 닭 볏 모양으로 썬 각종 채소와 얇게 저민 송로버섯이 가니시로 곁들여지며, 고기를 익히고 남은 국물을 체에 거른 뒤 졸여 만든 소스를 끼얹어 서빙한다.
▶ 레시피 : POULARDE.

DEMI-GLACE 드미 글라스 데미 글라스, 데미글라스 소스. 리에종한 갈색 육수에 맑은 송아지 갈색 육수를 넣고 거품과 불순물을 꼼꼼히 건져가며 졸인 농축시킨 것. 여기에 넣는 양념이나 향신 재료에 따라 다양한 용도의 브라운 소스를 만들 수 있다(포트와인 소스, 마데이라 와인 소스, 페리괴 소스 등).

DEMI-SEL 드미 셸 저온 멸균한 소젖(지방 40%)으로 만든 프레시 치즈로 2% 미만의 소금을 첨가해 만든다. 1872년 노르망디에서 처음 선보인 드미 셸 치즈는 공장에서 대량으로 생산되며 작은 정사각형으로 알루미늄 종이에 포장되어 판매된다. 맛은 순하며 우유 냄새가 은은히 난다. 이 치즈는 빵에 발라먹거나 허브, 파프리카 가루, 후추 등을 넣어 섞어 먹기도 하며 특히 카나페용으로 많이 사용된다.

DÉMOULER 데물레 틀에서 분리하다. 요리나 파티스리를 틀에서 꺼내는 작업을 뜻하며 더운 것과 찬 것 모두 해당한다. 틀에서 익힌 뒤 분리하지 않고 그대로 서빙하는 음식은 단 몇 종류뿐이다. 틀을 빼내는 작업은 대체로 까다롭고 세심한 집중력을 필요로 한다.

- **아스픽, 젤리 상태로 굳힌 요리.** 틀의 바닥을 뜨거운 물(끓는 물은 안 된다)에 몇 초간 담갔다 뺀다. 틀을 잡고 가로로 살살 흔든 다음 칼날을 내용물 가장자리에 밀어 넣고 한 번 빙 돌려 틀 안쪽 벽에서 떼어준다. 서빙할 접시를 틀 위에 엎어 놓고 조심스럽게 그러나 재빨리 뒤집어준다. 틀을 위로 들어 올려 빼낸다. 크림 디저트류나 플랑도 마찬가지 방법으로 틀에서 빼낸다.
- **제누아즈, 비스퀴, 스펀지케이크.** 오븐에서 구워 꺼낸 뒤 바로 틀에서 분리하고 망에 올려 식힌다. 케이크 반죽을 넣어 굽기 전, 틀에 미리 버터(정제 버터)를 칠하고 밀가루를 묻혀두면 더욱 쉽게 틀을 빼낼 수 있다.
- **틀에 약간 붙은 케이크.** 틀을 접시나 쟁반 위에 뒤집어 놓고 틀 바닥 위에 젖은 행주를 올려놓는다. 또는 틀을 오븐에서 꺼내자마자 차가운 대리석 작업대나 도자기 싱크대 위에 놓는다. 수분이 생기면 틀을 분리하기가 쉬워진다. 타르트의 경우 바닥이 있는 틀 대신 링을 사용하면 훨씬 편리하다(**참조** MOULE).
- **아이스크림.** 틀 가장자리에 찬물을 한번 둘러준 다음, 아이스크림이 녹지 않도록 아주 짧게 따뜻한 물에 담갔다 재빨리 뺀다. 틀 안쪽 벽으로 칼을 밀어 넣고 벽 쪽으로 누르며 한 바퀴 돌린다. 아이스크림을 자르지 않도록 주의한다. 접은 헝겊 냅킨이나 종이 냅킨을 아이스크림 위에 놓고 그 위에 서빙용 접시를 엎어놓는다. 뒤집은 다음 틀을 위로 들어 올려 빼낸다.

요리계에서 은어로 사용되는 데물레는 '실수로 접시나 음식을 바닥에 떨어뜨리다' 또는 '엄청난 양의 일을 해내다'라는 뜻이다.

DÉNERVER 데네르베 힘줄을 제거하다. 날고기나 가금류의 질긴 힘줄 부분(건막, 근육을 부분적으로 둘러싸고 있는 흰색 막 등)을 제거하다. 로스트용, 소테나 그릴에 굽는 고기의 힘줄을 제거하면 익히기도 용이하고 더욱 깔끔하고 보기 좋은 플레이팅을 할 수 있다. 보통 정육용 작은 칼을 사용한다.

DENIS (LAHANA DENIS, DIT) 드니 라아나(일명, 드니) 프랑스의 요리사, 레스토랑 운영자(1909, Bordeaux 출생–1981, Spain 타계). 파리에 자신의 식당 셰 드니(Chez Denis)를 열었으며 새로운 요리, 호화롭고 완벽한 미식 문화를 옹호하는 데 전념했다. 풍부한 교양을 갖춘 인물로 열정에 이끌려 요리사가 된 그는 이 직업에 대해 제대로 배우지 못했다고 비난하는 셰프들에게 "나는 상속받은 유산을 여섯 개나 내다 팔 정도로 돈을 써가며 좋은 식당은 다 다니며 먹어봤습니다. 맛있고 좋은 음식이 뭔지 잘 안다구요"라고 응수했다. 그는 자신과 같은 오늘날의 미식가들이 브레스 닭가슴살, 샹베르탱 와인으로 요리한 멧새 쇼 프루아, 냅킨에 올린 신선한 생송로버섯, 샤토 라투르 1945년산 등의 최고급 요리에 거금을 지불할 능력이 충분히 있다는 사실을 확신했다. 하지만 그는 파산했고 식당은 문을 닫았다. 렌느캥 가와 플로베르 가 코너에 위치한 이 식당은 현재 미셸 로스탕이 인수해 운영 중이다. 저서 『드니의 요리(*la Cuisine de Denis*)』(Laffont 출판, 1975)에는 요리의 기초 테크닉과 요령 및 기본 레시피들이 간단하고 명료하고 아주 올바르게 소개되어 있다.

DÉNOYAUTEUR OU ÉNOYAUTEUR 데누아요퇴르, 에누아요퇴르 씨 제거기. 체리나 올리브 등의 살을 손상하지 않고 씨를 빼내는 집게형 도구. 손잡이 자루 끝에는 밑면에 구멍이 하나 있는 작은 컵 모양이 달려 있고 또 하나의 자루는 컵 부분에 넣은 열매를 위에서 눌러 씨를 제거하는 역할을 한다.

DENSITÉ 당시테 밀도. 물질의 질량을 부피로 나눈 값. 일정 부피의 질량을 4°C의 물과 같은 부피로 나눈 값.

식용 액체의 밀도 측정은 특히 와인, 맥주, 시드르 등의 양조, 유지류(오일, 마가린) 제조, 우유(지방 함량), 샤퀴트리용 염장액 등에 있어 매우 중요하다.

설탕의 농도(특히 잼, 사탕 등의 당과류 제조시) 역시 더 이상 보메 도(**참조** DEGRÉS BAUMÉ)가 아닌 밀도로 측정된다. 길쭉하고 눈금이 새겨진 시럽 농도 측정계를 해당 액체에 넣어(이 도구는 액체에 뜬다) 밀도를 잰다.

DENT DE LOUP 당 드 루 '늑대의 이빨'이라는 뜻의 이 용어는 요리의 장식, 또는 가니시로 사용하는 삼각형의 크루통을 지칭한다, 뾰족한 부분이 바깥을 향하게 하여 요리 둘레에 빙 둘러준다. 더운 음식에 곁들이는 당 드 루는 식빵을 잘라서 튀기거나 푀유타주로 모양을 만들어 오븐에 굽는다. 차가운 요리용으로는 굳힌 젤리 띠를 잘라 만든다.

파티스리에서 당 드 루는 피에스 몽테 가장자리에 붙인 삼각형의 누가틴을 가리킨다. 또한 바삭한 쿠키를 뜻하기도 한다. 어떤 것은 길쭉하고 양 끝이 뾰족하며 레몬이나 오드비(특히 알자스 지방)로 향을 더하기도 하며, 또 어떤 것은 초승달 모양으로 커민이나 아니스 씨를 뿌려 굽기도 한다.

DÉPECER 데페세 정육용 칼을 사용하여 큰 덩어리의 고기, 혹은 짐승 한 마리 전체를 부위별로 잘라 분할하다. 특히 털이 있는 덩치가 큰 수렵육의 경우는 우선 가죽을 벗기고 꼼꼼하게 내장을 제거해야 한다.

송아지의 둔부 넓적다리(정강이 불포함)를 분할하면 근섬유의 결을 따라 넓적다리 가장 안쪽 살(noix), 앞부분 살(noix pâtissière), 후면에 있는 살(sous-noix)을 분리해 잘라낼 수 있다.

DÉPOUILLER 데푸이예 육수나 소스 등의 액체를 약하게 끓이는 상태에서 표면에 지저분한 거품처럼 올라오는 모든 불순물을 떠내다. 스푼이나 거품 국자 또는 작은 국자를 사용하여 모두 거두어낸다. 끓이는 중간 액체를 추가하는 경우 다시 거품을 제거해야하며, 끓이는 내내 새로 거품이 올라오면 그때마다 거두어낸다(글라스 또는 데미글라스).

이 용어는 또한 '짐승의 가죽을 벗기다'라는 뜻도 있다(털이 있는 수렵육, 토끼). 붕장어나 뱀장어 등의 생선의 껍질을 벗기는 것은 에코르셰(écorcher)라고 한다. 햄(장봉)의 껍질을 잘라내는 것(découenner)을 뜻하기도 한다.

DERBY 데르비, 더비 1900년대에 처음 선보인 닭 요리로 당시 몬테카를로 호텔 드 파리의 주방을 총괄하던 셰프 지루아(Giroix)가 만들었으며, 프랑스 요리를 무척 사랑한 영국의 한 유명한 가문의 가족 중 한 사람의 이름을 붙였다.

더비 치킨(poularde Derby)은 송로버섯을 넣은 쌀과 푸아그라를 채운 뒤 팬에 익힌다. 포트와인에 익힌 송로버섯과 도톰하고 어슷하게 썰어 버터에 지진 푸아그라를 곁들이며, 팬에 남은 육즙에 포트와인을 넣고 디글레이즈한 소스를 끼얹어 서빙한다.

한편 더비 블루테(velouté Derby)는 커리로 향을 낸 쌀과 양파로 만든 크림 수프로 물에 익힌 쌀, 푸아그라와 다진 송로버섯으로 만든 크넬을 얹어 서빙한다.

DERBY (FROMAGE) 데르비(치즈) 더비 치즈. 원산지는 영국 더비셔(Derbyshire)이며 소젖(지방 45%)으로 만든 비가열 압착치즈로 기름진 천연외피를 갖고 있고, 체다치즈와 매우 비슷하다(**참조** p.400 외국 치즈 도표). 모양은 맷돌 형태로 그 크기는 다양하다(5-15kg). 숙성 기간은 보통 2개월인데 좀 더 샤프한 풍미의 올드 더비 치즈는 10개월까지 숙성되기도 한다. 간혹 녹색의 마블링이 보이는 경우도 있는데, 이것은 치즈 커드에 다진 세이지 잎이나 세이지 에센스를 섞은 것으로 색깔뿐 아니라 향도 더해준다. 세이지 더비라고 불리며 크리스마스 때에 즐겨 먹는 치즈다. 포트와인, 마데이라 와인, 또는 셰리와인을 곁들인다.

DÉROBER 데로베 껍질을 벗기다. 잠두콩을 콩깍지에서 꺼낸 뒤 콩알 하나하나의 껍질(robe)을 벗기다. 더 범위를 넓히면 껍질째 익힌(en robe des champs) 감자의 껍질이나 끓는 물에 데친 토마토의 껍질을 벗기는 것까지 포함할 수 있다.

DERRIEN (MARCEL) 마르셀 데리앵 프랑스의 파티시에(1938 Ainay-le-Vieil 출생). 1968년 프랑스 제과 명장(MOF) 타이틀을 획득했으며, 예술의 친구 베리(Berry l'ami des Arts)라는 이름으로 프랑스 전국 순회 연수(compagnon du Tour de France)에 참가했다. 베리 생 타망 몽트롱의 메종 미슈(maison Michou)와 이수뎅의 보스케(Bosquet)에서 수련을 마친 그는 파리로 올라가 파티시에 에티엔 톨로니아(Étienne Tholoniat)에게서 설탕 수업을 이수한다.1964년 레 장들리(Les Andelys)에 정착했고 1990년부터는 에콜 르노트르(école Lenôtre)의 교장을 역임했으며, 현재까지도 명예 교장 및 고문으로 활동하고 있다. 그가 만든 파티스리로는 보나파르트(마카롱 반죽과 초콜릿), 앙돌리지엥(아몬드 머랭과 프랄리네 크림)이 대표적이다. 그는 또한 상데르 베인트라웁(SG Sender)과 함께『프랑스 제과 및 당과류의 역사(*La Grande Histoire de la pâtisserie-confiserie française*)』(2003)를 공동 출간하기도 했다.

DERVAL 데르발 소 안심스테이크(tournedos) 또는 양 안심(noisette d'agneau) 요리에 곁들이는 가니시 이름으로, 세로로 등분해 버터에 볶은 아티초크 속살이 주를 이룬다.

DÉSAUGIERS (MARC ANTOINE) 마크 앙투안 데조지에 프랑스의 풍자 가요작가, 시인(1772, Fréjus 출생—1827, Paris 타계). 그는 식탁에서 술과 음식을 나누며 부를 수 있는 노래를 여럿 작곡했으며, 음주와 미식 문학 모임인 카보 모데른(Caveau modern)의 총무로 활동했다. 그의 철학은 묘비명에 쓰여진 이 글 한 구절에 잘 요약돼있다.

"나는 내가 성대한 식사를 하는 도중에
죽음이 내게 덮쳐왔으면 좋겠다.
사람들이 네 개의 커다란 요리 접시 사이에
나를 묻고 식탁보로 덮어주기 바라며,
내 무덤 위에
이 짧은 묘비명을 써주었으면 한다.
먹다 체해 세상을 떠난
최초의 시인 여기 잠들다."

DESCAR 데카르 큰 덩어리 고기 요리에 곁들이는 가니시 이름으로, 주로 버터에 익힌 큐브 모양으로 썬 닭 가슴살을 채운 아티초크 속살과 감자 크로켓으로 구성된다. 이 명칭이 붙게 된 것은 19세기 초, 당시 루이 18세 왕의 수석 요리 담당관이었던 레 카르의 공작(duc des Cars)에게 경의를 표한 것이었다. 소문난 미식가였던 그는 소화불량으로 사망했다.

DES ESSARTS (DENIS DÉCHANET, DIT) 드니 데샹, 일명 데 제사르 프랑스의 연극배우(1737, Langres 출생—1793, Barèges 타계). 법조인으로 검사 생활을 했던 그는 연극에 대한 강한 열정으로 배우가 되었다. 그는 은행가나 농민 역할을 자주 맡았는데, 지칠 줄 모르는 식욕과 전설적인 식탐 때문에 연극 공연을 하면서 엄청 살이 찌게 되었다. 당시 그와 함께 했던 사람들은 데 제사르가 맛있는 음식을 접할 때면 매우 명랑해지고 흥분했다고 강조했다. 그는 "맛있는 요리는 순수한 의식을 위한 거름이다."라고 말했으며, "양 뒷다리는 속이려다 들통 난 거짓말쟁이처럼 꼼짝 못하게 괴롭혀야 하고, 젊은 독일처녀처럼 황금색이 나야 하며, 카리브 남자처럼 피가 흘러야 한다."라며 요리에 대한 자신의 의견을 피력하기도 했다. 그는 치료차 종종 찾았던 온천지에서 뇌졸중으로 세상을 떠났다.

DÉSHYDRATÉS (PRODUITS) 데지드라테(식품, 제품) 식재료 또는 만들어진 음식을 구성하고 있는 수분의 상당량을 제거한 상태를 말한다.

식품의 수분을 제거하는 목적은 다양하다. 보다 오랫동안 보관할 수 있고, 무게와 부피를 줄여 운송과 저장이 더욱 용이해질 뿐 아니라, 준비 시간도 줄일 수 있다(커피, 우유, 포타주 및 각종 인스턴트 식품 등). 수분 제거는 크게 다음 두 가지 방법으로 이루어진다.

● CONCENTRATION 농축. 증발, 여과 혹은 원심분리법을 통해 부분적으로 수분을 제거하는 방식이다. 경우에 따라 차이는 있지만 식품(채소 농축액, 고기 추출액, 과일즙, 포타주 등)은 대략 원래 함유한 수분량의 1/3에서 반 정도를 그대로 보존하게 되고 따라서 액체 상태도 유지된다. 농축하는 것만으로는 안전하게 보관할 수 없다. 열탕 살균이나 냉동 과정을 거친 뒤 보관해야 한다.

● DESSICCATION 건조. 수분을 완전히 없애 마른 상태로 만드는 방법. 식품의 질감에 따라 다양한 방법으로 이루어진다.

- 터널 건조법: 고체 물질을 작게 썬 다음 오븐이나 터널식 건조기에 넣고, 뜨겁고 건조한 공기가 나오는 방향과 반대 방향으로 천천히 진행시킨다. 더운 공기가 습기를 조금씩 빼앗아간다.
- 드럼 건조법: 기계의 롤러가 돌 때 전연성이 좋은 액체 또는 풀 상태의 식품(유아용 분유, 포타주, 퓌레 등)이 얇은 막으로 펴 발라지고, 이는 롤러 내부의 뜨거운 온도에 의해서 건조된다. 건조된 막을 기계 날이 긁어낸 뒤 가루나 미세 알갱이로 분쇄한다.
- 분무 건조법: 액체 식품(커피, 우유 등)를 미립자로 분무하면 더운 공기와 만나 건조된 뒤 가루 형태로 떨어진다.

이러한 과정을 거치면 평균적으로 원래 함유하고 있던 수분의 6%밖에 남지 않으며, 건조된 식품은 밀폐용기에 넣어 오래 보관할 수 있다(**참조** LYOPHILISATION).

DÉSHYDRATEUR 데지드라퇴르 과일, 채소, 버섯, 고기, 생선, 허브 등을 건조할 수 있도록 설계된 전기 제품. 식품을 얇게 썰어 건조기 안의 선반에 펼쳐놓은 다음 기계 안의 더운 공기로 여러 시간 동안 건조시킨다. 건조된 식품은 본래의 영양소와 풍미를 그대로 지닌 상태에서 약 12개월 동안 보관할 수 있다. 그냥 먹어도 좋고 뜨거운 물에 넣어 불려 요리에 사용할 수도 있다.

DÉSOSSER 데조세 뼈를 제거하다. 정육이나 가금류, 또는 수렵육의 뼈를 부분적으로 혹은 모두 제거하는 작업을 뜻한다. 뼈 제거 전용 나이프를 사용하여 정육 날고기의 뼈를 발골해 떼어낸다. 각 부위를 손상없이 정확하게 발골, 분할하려면 해당 동물의 해부학적 지식을 지니고 있어야 한다(**참조** POULET).

또한 생선을 통째로 사용해 소를 채우는 요리의 경우 척추뼈 가시를 제거해내는 작업을 뜻하기도 한다. '가시를 제거하다'라는 의미일 때는 데자레테(désarêter)를 통상적으로 많이 사용한다.

DESSALER 데살레 염분을 제거하다, 소금기를 빼다. 염수에 담가 보관했던 식품의 소금기를 부분적으로 혹은 완전히 제거하다. 보통 찬물(흐르는 수돗물 또는 통에 받아 놓은 물 모두 가능)에 염장식품을 담가 두면 차츰 소금이 녹아 그릇의 바닥으로 가라앉는다. 염장대구의 염분을 뺄 때도 이와 같은 방법으로 하루 전날 찬물에 담가 놓고, 중간에 물을 여러 번 갈아준다. 스톡피시(stockfisch)는 소금기를 빼는 데 며칠이 걸린다. 염장돼지 어깨살이나 뒷다리 살 등은 물에 데쳐 익히기 몇 시간 전에 찬물에 담가 소금기를 빼준다. 라르동으로 잘게 썬 염장삼겹살은 따로 소금기를 제거하지 않고 물에 데쳐 사용하면 된다.

흔히 요리에서 "저장용 소금은 간을 하는 소금이 아니다"라고 말한다. 따라서, 심하다 싶을 정도로 소금기를 많이 뺀 다음 다시 원하는 만큼의 간을 하는 편이 그 반대의 경우보다 낫다는 뜻이다.

DESSÉCHER 데세셰 수분을 날리다. 음식물에 함유된 너무 많은 수분을 약한 불로 가열하여 제거하다. 감자 퓌레에 버터와 우유를 넣어 섞기 전, 으깬 감자를 불에 올려 포슬포슬해지도록 수분을 날린다.

또한 이 용어는 슈 반죽의 첫 번째 익힘 과정에서 흔히 사용한다. 물, 버터, 밀가루, 소금 또는 설탕을 센 불에서 나무 주걱으로 힘차게 저어 섞으며, 혼합물이 냄비 벽에 더 이상 달라붙지 않을 때까지 익히는 과정인데, 이때 잉여의 수분을 증발시킨 다음, 달걀을 넣어 섞는다. 슈 반죽의 두 번째 익힘은 오븐에서 굽는 과정이다.

DESSERT 데세르 디저트. 식사 중 맨 마지막에 먹는 음식. 이 용어는 치즈까지 포함, 달콤한 음식(케이크 등의 앙트르메, 파티스리, 아이스크림 등)과 원칙적으로 치즈 다음에 서빙되는 생과일을 모두 통칭한다. 점심식사의 경우는 치즈가 디저트를 대신하기도 한다.

이 단어는 데세르비르(desservir 서빙되었던 것을 치우다)에서 온 것으로, 결과적으로 이전까지 식탁에 서빙되었던 음식과 그에 관련된 커트러리 도구 들을 모두 거두어들인 뒤에 식사 참석자에게 제공하는 모든 음식을 지칭한다. 하지만 그 의미는 이제 변화되었고, 특히 앙트르메(**참조** ENTREMETS)의 의미도 과거와는 달라졌다.

디저트 플레이팅은 옛날이 오늘날보다 훨씬 화려했는데 특히 큰 연회의 식사에서는 더 두드러졌다. 식사가 시작될 때부터 이미 피에스 몽테와 디저트 장식(bouts de table)이 식탁 위에 놓였고, 달콤한 앙트르메들(entremets de douceur)이 코스마다 이어져 나왔다. 데세르가 오늘날의 디저트의 의미를 갖게 된 것은 1850년경이었다.

■ **역사.** 고대인들은 대부분 생과일이나 말린 과일, 유제품 또는 꿀로 식사를 마무리했다. 중세에 프랑스에서 주요 달콤한 요리들이 대개 고기 요리 사이에 서빙되었으며, 젤리, 콩포트, 플랑, 블랑망제, 투르트, 니욀(nieules 둥글고 납작한 과자), 푸아스(fouaces 왕관 모양의 달콤한 빵), 에쇼데(échaudés 반죽을 물에 데친 후 구운 빵의 일종), 와플과 다양한 갈레트 등으로 구성되었다. 순수한 의미의 디저트로는 이쉬(issue 향료를 넣은 포도주 한 잔과 작은 와플 과자), 그리고 이어서 부트오르(boutehors 향신료와 과일 콩피로 만든 드라제)가 서빙되었다.

17세기에는 디저트 구성이 더욱 화려해졌고 꽃으로 장식되기도 했다. 마지팬, 누가, 과일로 쌓은 피라미드, 과일 콩피와 잼, 비스킷, 각종 크림, 사탕, 오렌지 블로섬으로 향을 낸 설탕을 입힌 아몬드, 호두, 피스타치오, 마롱 글라세 등이 포함되었다. 17세기 말에는 아이스크림이 등장했다. 이 당시는 파티스리의 다양화가 정점에 달했던 시기로, 기본 반죽(푀유타주, 제누아즈, 머랭, 슈 반죽 등)을 바탕으로 응용한 여러 종류의 파티스리가 속속 선을 보였다. 20세기에 들어 식품제조 산업이 발달하면서 인스턴트 디저트가 등장하기 시작했다. 혼합가루 제품들이 출시되어, 우유에 풀어 오븐에 익히기만 하면 플랑이나 향이 나는 앙트르메 등을 만들 수 있게 되었다.

■ **지역 특산 디저트와 외국 디저트.** 파리의 유명 파티시에들이 만드는 디저트 이외에 각 지방을 대표하는 특선 디저트들은 프랑스 미식 문화의 다양성을 촘촘하게 잘 보여준다. 노르망디의 부르들로(bourdelot), 푸아투의 브루아예(broyé), 리무쟁의 클라푸티(clafoutis), 앙주의 크레메(crémet), 알자스의 에이에르쿠카스(eierkückas), 코르시카의 피아돈(fiadone), 오베르뉴의 플로냐르드(flaugnarde)와 피티비에(pithiviers). 브르타뉴의 퀸아망(kouign-amann), 로망의 포뉴(pogne), 베리의 푸아라(poirat) 이외에도 다양한 종류의 베녜, 브리오슈, 크레프, 와플 등이 있으며, 특히 프로방스 지방에서 크리스마스 이브에 전통적으로 즐겨 먹는 13가지 디저트(treize desserts de Provence)를 대표적으로 꼽을 수 있다.

영국, 독일, 오스트리아와 벨기에는 버터, 크림, 우유, 달걀, 초콜릿이 풍부하고 그 품질도 우수하여 이를 이용한 디저트와 파티스리이 매우 다양하다. 지중해 지역과 동남아, 남미 국가들에서는 당과류와 과일류 디저트가 현저히 큰 비중을 차지하고 있다. 동유럽에서는 식사를 마칠 때 익힌 과일, 브리오슈, 향신료를 넣어 구운 비스킷류를 주로 먹는다. 중국이나 일본에는 전통적으로 디저트 문화가 그리 발달하지 않았다. 미국에서는 아이스크림, 파이, 크림을 채운 스펀지케이크가 특히 인기 있는 디저트이며, 그 외에 과일과 팬케이크도 즐겨 먹는다.

■ **알맞은 디저트의 선택.** 메뉴를 구성함에 있어 디저트는 그 이전에 서빙된 요리의 성격과 양을 고려하여, 미각을 충족시키면서도 전체 코스의 균형을 이루는 것으로 선택해야 한다. 메인 요리가 그릴에 구운 고기인지 혹은 소스가 있는 고기요리인지, 생선인지 수렵육인지, 치즈 플레이트가 서빙되는지, 계절이 언제인지(제철과일), 그리고 일 년 중 특별한 절기나 축일인지의 여부도 모두 고려해야할 요소다. 또한 메뉴에 지역 특선 요리나 이국적인 음식이 포함되어 있는 경우에는 그와 조화를 맞춘 디저트를 선택하면 효과가 배가될 수 있다.

어떤 식당에서는 자신들의 메뉴판에 있는 모든 디저트를 카트에 준비한 그랑 데세르(grand dessert)를 서빙하기도 한다. 손님들이 원하는 것을 직접 고르면 큰 접시에 조금씩 샘플러로 덜어준다.

디저트라는 주제에 대해 작가들의 견해는 적어도 일치하지는 않는다.

모리스 데 옹비오(Maurice des Ombiaux)는 자신의 저서 『식탁 개론(*le Traité de la table*)』(1947)에서 다음과 같이 썼다. "한 미식가의 말에 따르면, 고상한 디저트의 매력은 오래 숙성된 치즈, 잼, 그리고 마치 셰리주처럼 오래되고 따뜻한 드라이한 와인 안에 들어 있다. 루이 13세의 주방장이던 라 샤펠은 맛있는 식사를 마친 후 또 디저트를 찾는 사람은 모두 자신의 위 때문에 정신을 망치는 미친 사람이라고 주장했다. 케이크, 푸티푸르, 과일 등 이 옹기종기 보기 좋은 디저트는 젊은 여인들과 아가씨들을 식탁에 붙들어두려고 이탈리아로부터 우리에게로 온 것이다(...) 디저트는 짧게 강렬하게 먹어야만 맛있다. 치즈보다 더 강렬한 맛이 어디 있을까?(...) 오늘날 미식가들이 까다롭게 잔소리하지 않는다면 오르되브르와 파티스리 디저트 사이에 제대로 된 요리라고는 대체 무엇이 남을까?

디저트 순서가 되면 절제해서 드시라. 이미 배가 불러 소화가 힘들어진 상태에서 오로지 식탐에 이끌려 달디 단 케이크와 당과로 다시 식사를 시작하는 것은 경계해야 한다. 우리만 먹는 게 아니라 여성분들에게도 아이스크림에 이어, 그리냥 백작부인이 좋아했다는 프티푸르, 그리요트 체리와 다른 과자를 권한다."

셰프 드니는 이렇게 반격한다. "앙트르메, 파티스리, 당과류가 없는 좋은 식사란 없다. 식사가 치즈에서 끝나는 것을 본다는 것은 나에게 있어 너무도 말이 안 되는 일이라서, 아예 생각조차 해본 적이 없다."

위젠 브리포는 『파리의 식탁(*Paris à table*)』(1846)에서 모리스 데 옹비오보다 훨씬 이전에 이렇게 말했다. "디저트는 식사에 씌우는 왕관이다. 아름다운 디저트를 구성하려면 당과 제조자, 장식가, 화가, 건축가, 아이스크림 제조사, 조각가, 그리고 플로리스트가 되어야 한다. 그 화려함은 시각적인 즐거움이다. 진짜 미식가는 이를 만지지 않고 감탄하며 찬미한다. 디저트의 광채로 인해 치즈를 잊어서는 안 된다. 치즈는 훌륭한 식사의 보충역이자 나쁜 식사의 별도 추가분이다."

DESSERTE 데세르트 익힌 고기나 가금류, 혹은 생선을 쓰고 남은 것으로, 다른 요리에 활용할 수 있는 것을 지칭한다. 이들 재료를 활용한 가장 간단한 요리는 다양한 고기 슬라이스를 차갑게 내는 영국식 콜드 컷 플레이트(assiette anglaise)이다. 남은 고기나 생선은 찬 요리(카나페, 생선그라탱, 무스, 비프샐러드, 믹스드 샐러드 등)와 더운 요리(소고기 찜, 부셰, 크로켓, 스터핑 재료, 셰퍼드 파이, 필라프, 리소토 등)로 다양하게 활용된다.

앙시엥 레짐 시대에는 왕실 주방 담당관들이 궁의 주방에서 사용하고 남은 고기를 요리판매점이나 레스토랑 주인에게 되팔기도 했다. 또한 이 단어는 식탁에서 치운 요리를 올려놓던 작은 선반 탁자를 뜻하기도 한다.

DESSUS-DE-CÔTES 드쉬 드 코트 소 뼈등심 덩어리의 중간에 위치한 부위로 꽃등심 과 연결돼 있다. 두 개의 근육으로 이루어져 있으며 주로 포토푀, 도브, 부르기뇽 스튜 등을 만드는 데 사용한다.

DÉTAILLER 데타이예 자르다. 고기, 생선, 채소나 과일을 주사위 모양, 큐브 모양, 얇고 둥근 모양, 슬라이스 등으로 썰다. 쥘리엔, 브뤼누아즈, 미르푸아, 마세두안 등의 모양으로 썰 수 있고 생선은 척추뼈와 수직으로 자르거나, 작은 토막으로, 또는 필레로 잘라낼 수 있다. 고기는 각 정육 부위에 따라 자르는 방법이 특별하고, 어떤 부위는 특정 모양과 두께로 잘라야 한다. 또한 빵을 만들 때 반죽을 밀어 편 뒤 다양한 모양을 틀로 찍어내거나 칼로 잘라내는 것을 뜻한다(크루아상 등).

DÉTENDRE 데탕드르 묽게 풀어주다. 반죽이나 재료혼합물에 액체나 그 외 적당한 물질(육수, 우유 또는 풀어놓은 달걀)를 첨가하여 부드럽게 풀어주다.

Dessert 디저트

"우리는 대부분 달콤한 음식으로 식사를 마치는 것을 좋아한다. 포텔 에 샤보, 크리용 호텔, 파리 리츠 호텔에서는 과일의 풍미가 물씬 풍기는 딸기와 라즈베리가 가벼운 무스와 함께 식사의 피날레를 장식하고 있다.
에콜 페랑디에서는 바닐라로 향을 낸 디저트가 서빙되며, 레스토랑 가르니에에서는 유행에 따라 베린에 담은 디저트를 선보인다."

DÉTREMPE 데트랑프 밀가루와 물을 다양한 비율로 섞은 혼합물로, 요리나 파티스리용 반죽을 만드는 과정 중 다른 재료(버터, 우유, 달걀 등)를 넣어 섞기 전 첫 단계에 해당한다. 요리 냄비 뚜껑 둘레에 붙여 밀봉하는 용도 이외엔 이 초벌 반죽 상태로만 사용되는 경우는 드물다. 다른 재료를 첨가하기 전에 10분 정도 냉장고에 넣어 휴지시키는 게 좋다. 데트랑프 초벌 반죽을 만들 때는 필요한 양의 물을 밀가루에 모두 넣고 흡수시키면서 손가락 끝으로 섞어준다. 너무 많이 치대지 않도록 주의한다.

DEUX MAGOTS (LES) 레 되 마고 되 마고 카페. 파리 생 제르맹 데 프레 구역에 위치한 카페로 문인들의 발길이 잦았던 곳이다. 바로 근처에는 라이벌 격인 카페 드 플로르(Café de Flore)가 자리하고 있다. 1873년 이 장소에서 영업하던 신상 의류매장은 당시 흥행에 성공했던 연극 제목 "중국에서 온 두 명의 다부진 남자들(Les Deux Magots de la Chine)"에서 따온 이름을 가게 명칭으로 쓰고 있었다. 카페는 이 상호를 그대로 이어 사용하고 있으며, 아직도 홀 중앙 기둥 위에는 제목 속의 두 인물인 듯한 두 개의 중국인 동상이 설치돼 있다. 이 카페는 당시 문학잡지 "르 메르퀴르 드 프랑스(Le Mercure de France)"의 공동 집필진에 이어 지로두, 브르통, 사르트르, 시몬 드 보부아르 등의 문인들이 자주 드나들면서 센강 좌안의 지식층들의 만남의 장소가 되었다.

DIABLE 디아블 기공이 있는 토기 재질의 주방용 그릇으로 뚜껑이 있으며 몇몇 종류의 채소(감자, 비트를 껍질째 익히거나 밤, 양파 등을 익힌다)를 국물 없이 익히는 데 사용된다. 가장 흔한 형태는 바닥이 평평한 편수 냄비 모양의 팬 두 개가 서로 마주 포개져 뚜껑처럼 맞물린 것으로, 조리 중간에 뒤집어줄 수 있다. 샤랑트의 디아블은 배가 통통한 코코트 냄비처럼 생겼으며 딱 맞는 뚜껑을 덮게 되어 있고 손잡이가 하나 달려 있다. 디아블은 절대 씻지 않는다. 왜냐하면 토기가 말라 있을수록 채소가 부드럽고 포실하게 익기 때문이다. 맨 처음 사용할 때는 안쪽 벽을 마늘로 문질러주기도 한다. 원칙적으로 뜨거운 숯 잉걸불 안에 넣어 음식을 익히지만 일반 오븐에 넣어도 무방하다. 전기 레인지나 가스불에 직접 올릴 경우에는, 열 분산용 받침대를 놓은 뒤 그 위에 올려 가열해야 균열이 생기지 않는다.

DIABLE (À LA) 아 라 디아블 육류, 가금류, 생선, 갑각류 해산물, 부속 및 내장 등을 먹기 좋은 잘라 양념하고 경우에 따라서는 머스터드를 발라준 다음 빵가루를 입혀 구운 뒤 매콤한 디아블 소스(sauce diable, sauce à la diable)를 곁들여 서빙하는 요리를 뜻한다.

영국 요리에서도 '데블드(devilled)'라는 명칭으로 불리는 아주 일상적인 메뉴다. 특히 닭이나 비둘기 디아블 요리는 등을 갈라 납작하게 벌린 뒤 양념을 하고 그릴에 굽는다. 이어서 빵가루를 덮은 다음 노릇하게 구워 마무리하고, 당연히 디아블 소스를 곁들여 서빙한다.

croûtes à la diable ▶ CROÛTE
harengs à la diable ▶ HARENG

A. 쉬잔(A. SUZANNE)의 레시피

mets endiablés 메 앙디아블레

맵게 양념한 요리 : 영국에서는 먹고 남은 가금류나 수렵육 고기 자른 것, 또는 로스팅하거나 브레이징한 고기 뼈에 살과 기름이 조금 남아 붙어 있는 것 등을 활용해 대개 매콤한 요리를 만든다. 영국식 머스터드 1테이블스푼, 각종 허브를 섞은 머스터드 1테이블스푼, 올리브오일 2테이블스푼, 달걀 노른자 2개분, 우스터 소스 1티스푼, 소금, 안초비 페이스트, 카옌페퍼 1/3 티스푼을 혼합해 고기에 발라 입힌다. 센 불의 그릴에 올려 노릇하게 굽는다. 맛있는 육즙 소스(jus)를 뿌려 아주 뜨겁게 서빙한다.

oreilles de veau grillées à la diable ▶ OREILLE
sauce diable ▶ SAUCE
sauce à la diable à l'anglaise ▶ SAUCE

DIABLOTIN 디아블로탱 동그란 모양으로 아주 얇게 슬라이스한 빵에 경우에 따라서 되직한 베샤멜 소스를 덮고, 가늘게 간 치즈를 뿌린 뒤 오븐에 넣어 그라탱처럼 구워낸 요리를 지칭한다. 주로 포타주나 콩소메 수프를 곁들여 먹는다. 로크포르 치즈로 만든 디아블로탱은 아뮈즈 부슈로 서빙하기도 한다. 한편 옛날 요리에서 이 용어는 우유, 달걀, 설탕, 밀가루로 만든 크렘 프리트 반죽(crème frite)을 튀겨낸 작은 과자를 뜻한다.

diablotins au fromage 디아블로탱 오 프로마주

치즈 디아블로탱 : 가는 바게트 빵을 5-6mm 두께로 얇고 동그랗게 썬 다음 버터를 바르고 그라탱 용기에 넣는다. 가늘게 간 치즈(잘 녹아내리는 보포르, 콩테, 에멘탈, 또는 잘 녹아내리지 않는 파르메산 등)를 뿌리거나 얇게 썬 치즈(에담, 그뤼예르)를 덮어준 뒤 오븐 브로일러 아래에 넣고 높은 온도에서 그라탱처럼 구워낸다.

diablotins aux noix et au roquefort 디아블로탱 오 누아 에 오 로크포르

호두와 로크포르 치즈 디아블로탱 : 가는 바게트 빵을 5-6mm 두께로 얇고 동그랗게 썬다. 버터와 로크포르 치즈를 동량으로 섞는다. 호두살을 굵직하게 다져 넣어준다(혼합물 75g당 호두 1테이블스푼). 빵에 바른 다음 275°C로 예열한 오븐에 넣어 굽는다.

DIABOLO 디아볼로 사이다에 시럽(보통 민트나 석류 시럽)을 섞은 무알콜 청량음료.

DIANE (À LA) 아 라 디안 수렵육과 관련이 있거나 수렵육을 사용하여 만든 요리로 고대 로마의 '사냥의 여신 다이아나'에게 헌정하여 그 이름을 붙인 음식들을 지칭한다. 사냥한 큰 짐승을 자른 고기는 소테팬에 지져 익힌 뒤 소스 디안(sauce Diane, 소스 푸아브라드에 휘핑한 크림을 더하고 송로버섯을 넣은 것)을 끼얹고 곱게 다진 수렵육 스터핑을 바른 크루통과 밤 퓌레를 곁들여 서빙한다. 메추리(caille à la diane)는 토마토를 넣은 데미글라스 육수에 넣고 뭉근히 익힌 다음 작은 크넬과 볶은 양상추, 닭 볏과 콩팥을 곁들여 낸다. 또한 달걀 반숙, 크러스트를 씌워 익힌 코코트 요리, 혹은 소스 샤쇠르의 버섯 바르케트에 곁들이거나 포트와인으로 향을 낸 크림 수프 베이스로 사용되는 수렵육 퓌레에도 이 이름을 붙인다. 또한 수렵육 콩소메에 각기 다른 가니시를 넣은 수프를 가리키기도 한다.

▶ 레시피 : BÉCASSE, OMELETTE.

DIEPPOISE (À LA) 아 라 디에푸아즈 노르망디의 항구 마을 디에프(Dieppe)식이라는 의미로 주로 생선 요리에 붙이는 명칭이다. 알렉상드르 뒤마는 이미 1872년 자신의 책 『요리대사전(*Grand Dictionnaire de cuisine*)에서 '가장 맛있는 서대는 아마색을 띠고 있는 것이며, 이는 디에프 해역에서 잡을 수 있다'라고 주장했다. 서대, 명태 또는 광어를 통째로 또는 필레로 떠서 화이트와인에 익힌다. 홍합과 새우(경우에 따라 버섯을 추가하기도 한다)를 곁들이고, 생선을 익힌 국물과 홍합을 익힌 즙을 섞어 만든 화이트와인 소스를 뿌려 서빙한다. 또한 이 용어를 강꼬치고기나 심지어는 아티초크 요리에 쓰기도 한다. 디에푸아즈 가니시(홍합, 새우살, 흰색 데침액(blanc)에 익힌 양송이버섯)는 부셰, 바르케트, 샐러드나 블루테 소스 등에도 사용된다. 이 노르망디 항구마을의 특선 요리인 화이트와인에 재운 고등어와 청어 역시 '아 라 디에푸아즈(à la dieppoise)'라는 수식어가 붙는다.

▶ 레시피 : BARBUE, SOLE.

DIÉTÉTICIEN 디에테티시엥 영양사. 기술적, 병행의학적 교육을 받은 식이요법 및 식품 위생 전문가. 의사는 아니며 처방이 있는 경우에만 식이요법 식단을 제안할 수 있다. 병원 내 환자들의 식생활에 관한 제반 업무(식단구성, 관리, 식이요법 설명 등), 학교 급식을 비롯한 각종 단체 식사 관련 업무(식단구성, 컨설팅, 교육 등)를 담당하며, 그 외에도 식품회사와 연계하여 식이요법용 제품 개발에 관여하거나, 영양 장애를 겪고 있는 사람들과의 상담, 또는 미디어 등에 식생활, 건강 관련 정보나 자료를 제공하기도 한다(**참조** NUTRITIONNISTE).

DIÉTÉTIQUE 디에테티크 식이요법, 영양학. 보다 건강한 신체와 건전한 식생활을 위해 준수해야 하는 식품 위생에 관한 모든 규칙을 통칭한다. 우리가 먹는 식품의 영양학적 가치에 대해 연구, 분석하고, 영양결핍이나 영양불량이 초래할 수 있는 질병을 밝혀내며, 각기 다른 소비자 군에 알맞은 1일 필요 섭취량을 산출한다. 영양학은 단순한 식이요법 식단의 시행을 넘어 영양섭취와 관련한 심리학적, 사회학적 요인과도 밀접하게 연결돼 있다. 뿐만 아니라 식품의 질과 조리법, 익히는 방식 등이 그 음식의 영양학적 가치에 영향을 줄 수 있다는 점을 감안할 때, 요리에 관한 문제도 영양학에서 다루어야 대상과 무관하지 않다. 한편, 특수 식이요법(심장질환, 당뇨, 비만 등)에 관련된 분야는 따로 분리해서 다룬다(diétothérapie).

DIÉTÉTIQUES (PRODUITS) 디에테티크(식품, 제품) 특정 소비자 군(소아, 임산부, 노인, 운동선수 등)이나 환자들(비만, 당뇨, 심혈관 질환, 암, 에이즈 등)의 특별한 필요에 맞춰 생산된 식품을 통칭한다.

유럽에서는 식이요법이나 다이어트식품 또는 특수 식단 대상자들을 위해 개발된 제품들은 모두 유럽연합 강령의 규제를 받는다(89/398/CEE, 96/84/CE와 2001/15/CE 강령에 의해 개정됨). 여기에는 6개 그룹으로 분류된 식품에 관한 전반적 지침 사항이 명시되어 있다(월령별 유아용 분유, 곡류를 재료로 한 식품과 유아 및 소아용 식품, 체중 감량을 위한 저칼로리 식이요법용 식품(식사 대용식품 포함), 특수 의료 목적의 식품, 근육 소모량이 많은 사람들을 위한 식품, 그리고 탄수화물 대사 장애를 겪고 있는 사람들을 위한 식품으로 분류돼 있다). 또한 이들 식품의 레이블 성분표시에 관한 규정을 명시한 강령(200/13/CE)을 준수해야 한다. 특히 상기 분류 그룹 중 처음 4개에 해당하는 식품 및 그 레이블 표시에 관한 특수 강령(특히 91/321/CEE, 96/5/CE, 96/8/CE, 1999/21/CE)은 별도로 마련돼 있다.

프랑스 법규에는 유럽연합의 강령에 의거, 위와 같은 조항들이 명시돼 있다(1991.8.29. 강령 827호, 2001.11.15. 법령 1068, 2000.9.20.과 2003.6.5. 포고령). 물론 유럽연합 법에 위배되지 않는 기존 조항들(1986.8.4, 1976.7.1, 1977.7.20, 1978.3.30, 1988.12.21 포고령)은 그대로 유지되고 있다. 특히 생물학적, 미생물학적 기준으로 보았을 때 확실하고도 명확하게 특수 식단이 필요한 당뇨병 환자 군과 소아기 식이요법을 위한 식품에 관해 자세히 명시되어 있다. 식이요법 제품에 관련된 벨기에의 법규는 일반적으로 유럽연합의 강령을 따른다. 하지만 상기 열거한 제품들은 그 외에도 특별 식이요법을 위한 식품에 관한 왕립 법령(1991.2.18)을 준수하여야 한다. 캐나다에서 식이요법용 식품들은 식약품에 관한 규정 조항에 등록되어 있어야 한다. 스위스에서는 2005년 11월 23일부터 시행된 특수 식품에 관련한 연방 내무부의 행정명령을 따른다. 주요 식이요법 식품군으로는 저염식(무염 비스킷 등), 저탄수화물식, 저열량식 등과 단순 단백질, 지질, 지방산 또는 트리글리세리드가 적게 함유되어 있거나 제한된 일정량만큼만 공급하는 식품들이다. 그 외에도 글루텐프리 식품(파스타, 비스코트 등), 비타민, 아미노산, 마그네슘 등이 일정량 이상 함유된 식품, 에너지 소모량이 많은 층이나 성장기 연령층을 위한 특수 식품들이 있다.

DIFFUSEUR 디퓌죄르 열 분산용 받침. 손잡이가 한 개 달린 둥근 모양 혹은 정사각형의 메탈 판 또는 두 겹으로 된 타공 양철 판으로 열원과 음식을 익히는 용기 사이에 놓아 가열을 늦추는 데 사용한다. 또는 용기 재질이 강한 열을 견디지 못하는 경우에 열을 분산시킴으로써 급격한 가열로부터 보호해주는 역할을 한다.

DIGESTIF 디제스티프 식후주. 식사를 마친 후 마시는 리큐어나 브랜디, 오드비. 디제스티프라는 단어의 원뜻처럼 소화시키는 목적보다는 마시며 즐기는 의미가 더 크다. 스트레이트로, 혹은 차가운 글라스에 얼음을 넣고 언더락으로 마신다. 리큐어용 잔이나 테이스팅용 작은 잔을 사용하기도 한다.

DIJONNAISE (À LA) 아 라 디조네즈 디종식의. 디종의 특산 재료가 포함된 음식을 지칭한다. 가령 단 요리나 디저트에 블랙커런트(카시스)를 넣고, 짭짤한 일반 음식에는 머스터드를 많이 사용한다. 특히 그릴에 구운 고기나 차갑게 서빙하는 고기에 머스터드가 들어간 차가운 소스를 곁들이는 것을 예로 들 수 있다.

▶ 레시피 : MAQUEREAU, SAUCE.

DINDE, DINDON ET DINDONNEAU 댕드, 댕동, 댕도노 칠면조. 닭과에 속하는 조류로, 식용 목적으로 사육한다(**참조** pp.905-906 가금류, 토끼 도표, p.904 도감). 북아메리카에서 들여온 원조 품종으로부터 파생된 여러 품종에 따라 그 크기가 다양하다. 제르(Gers) 지방은 원래 덩치가 큰 검은색 전통 칠면조 생산으로 유명했는데, 이후 좀 더 작은 사이즈의 새로운 품종이 개발되었고 3.5-5kg 정도의 칠면조를 생산하게 되었다. 하지만 몇몇 사육농가들은 큰 사이즈의 칠면조를 전문적으로 키운다. 이들은 주로 부위별로 분할해 사용하거나 샤퀴트리 등으로 소비된다(가슴살 에스칼로프, 다리, 로스트용으로 묶은 안심, 가슴살 안심, 갈랑틴 등). 새끼 칠면조(dindonneau, dindette)는 생후 25주까지 사육된 것을 가리키며, 그 이후에는 칠면조(dinde)라고 한다. 요리에서는 암수 구분 없이 모두 '댕드(dinde)'라고 부르지만 수컷(dindon)의 살이 더 퍽퍽하다. 칠면조 고기는 전반적으로 기름기가 적다.

■ **역사.** 아메리카 대륙을 인도로 착각한 스페인 정복자들은 16세기 초 멕시코에서 칠면조를 처음 발견하고는 '인도 닭(poule d'Inde)'이라고 불렀다. 칠면조가 프랑스인들의 식탁에 처음 등장한 것은 1570년 샤를 9세의 결혼식에서였지만, 요리로 소비가 일상화된 것은 1630년에 이르러서다. 영국에서는 심지어 크리스마스의 전통 음식이던 거위 로스트의 자리를 칠면조가 대신 차지하게 되었다. 자칭 칠면조 애호가였던 브리야 사바랭(Brillat-Savarin)은 자신의 저서에서 이 '인도 수탉(coq d'Inde)'에 대해 길게 기술했다. "칠면조는 17세기 말경 유럽에 등장했다. 이를 들여온 것은 예수회 수도사들인데, 그들은 특히 자신들이 소유했던 부르주 근교 농장에서 대량으로 칠면조를 길렀다(...) 그래서 옛날에도 그렇고 지금까지도 여러 지방에서 칠면조를 구어로 '제쥐이트(jésuite 예수회 수도사)'라고 부르게 된 것이다." 미국과 멕시코에서는 아직도 칠면조가 야생 상태로 서식한다. 하지만 멕시코에서는 이미 아즈텍 시대에 가축으로 사육되었고, 카카오 소스로 만든 칠면조 요리(mole poblano de guajolote)는 국민 음식이 되었다. 미국에서 칠면조는 초창기의 식민지 개척자들이 야생 칠면조 덕에 기근에서 벗어난 이후로, 추수감사절을 대표하는 음식이 되었다. 콘 브레드로 칠면조 속을 채운 뒤 오븐에 굽고, 육즙으로 만든 그레이비 소스와 크렌베리 젤리를 함께 서빙한다. 일반적으로 감자와 펌프킨 퓌레를 곁들여 먹는다. 퀘벡에서는 새해 첫날, 다진 고기 소 또는 기름기가 없는 담백한 소를 채워 구운 칠면조를 먹는다.

■ **사용.** 칠면조는 이제 요리에서 자주 사용되는 식재료가 되었고, 통째로 구운 칠면조는 특히 크리스마스와 같은 전통 명절 파티를 상징하는 요리가 되었다. 조르주 바르바랭(Georges Barbarin)은 칠면조를 이렇게 묘사했다. "산 칠면조는 바보 같다. 죽은 칠면조는 영혼으로 가득하다(...). 한 손님이 신성하게 칠면조 해체 의식을 거행한다. 아랫다리는 화려하고, 날개는 살살 녹으며, 모래주머니는 열정이 넘치고, 간은 크림처럼 부드럽다. 그는 골을 꺼내고 목을 내리친다. 가슴살을 칼로 떼어내고 안심을 길게 자른다. 이제 바삭하게 비스듬히 놓여 소스에 잠긴 넓적다리만 남았다. 허물 벗고 해체된 칠면조는 난파위기의 범선 혹은 성당의 뼈대를 닮았다."

■ **조리.** 칠면조는 어리고 기름지며 목이 짧고 숨통이 유연하며 탄력 있는 것이 좋다. 내장을 제거하려면 배 오른쪽에 칼집을 내고 발의 힘줄까지 모두 꺼낸다. 익힌 뒤 더 쉽게 카빙하기 위해서는 V자 모양의 용골뼈인 위시본을 제거하는 게 좋다. 일반적으로 흉곽 전체를 얇은 돼지비계나 베이컨으로 감싸, 익히는 동안 살이 마르지 않고 촉촉하게 유지되도록 한다.

날개, 가슴살 에스칼로프, 넓적다리, 내장 등으로 만드는 요리 이외에 칠면조는 로스트하거나 속을 채워 익힌다. 혹은 브레이징하거나 스튜를 만들기도 한다(거위 요리처럼 '아 라 부르주아즈' 혹은 '아 라 치폴라타' 가니시를 곁들인다). 새끼 칠면조는 그릴에 굽거나 닭처럼 프리카세를 만들기도 하며 코코트 냄비에 익히기도 한다(가지, 아티초크, 버섯, 작은 양파, 튀기듯 노릇하게 지진 감자를 곁들인다).

ailerons de dindonneau farcis braisés 엘르롱 드 댕도노 파르시 브레제

속을 채워 브레이징한 칠면조 날개 요리 : 어린 칠면조 날개 6개를 토치로 그슬려 잔털을 제거하고 깨끗이 씻는다. 껍질이 찢어지지 않게 조심하면서 뼈를 꼼꼼히 제거한다. 곱게 간 돼지고기, 닭고기, 크넬 소를 채워 넣은 뒤 얇게 저민 돼지비계로 하나씩 감싸고 주방용 실로 묶는다. 버터를 바른 소테팬 바닥에 비계껍데기를 깔고 둥근 모양으로 얇게 썬 양파 50g, 당근 50g을 고루 펴 놓는다. 부케가르니 1개와 칠면조 날개를 놓는다. 소금, 후추로 간을 한 다음 뚜껑을 덮고 약한 불로 15분간 익힌다. 드라이 화이트와인 200mℓ(또는 마데이라 와인)을 붓고 뚜껑을 연 상태로 수분이 완전히 없어질 때까지 졸인다. 닭 육수나 송아지 육수 200mℓ를 붓고 가열한다. 끓으면 뚜껑을 닫고 200°C로 예열한 오븐에 넣어 40분간 익힌다. 날개를 건져내 실을 풀고 비계를 걷어낸다. 250°C 오븐에 넣어 윤기나게 마무리한 다음 둥근 서빙 접시에 담는다. 팬의 기름을 제거한 뒤 남은 국물을 졸이고 체에 거르면서 날개 위에 끼얹어준다. 베리숀(berrichonne), 샤틀렌(châtelaine), 슈아지(Choisy), 피낭시에르(financière), 포레스티에르(forestière), 고다르(Godard), 자르디니에르(jardinière), 랑그도시엔(languedocienne), 마세두안(macédoine), 밀라네즈(milanaise), 피에몬테즈(piémontaise) 등의 가니시를 곁들인다. 혹은 필라프 라이스나 리소토를 함께 내도 좋다.

ailerons de dindonneau Sainte-Menehould 엘르롱 드 댕도노 생트 므누

생트 므누 칠면조 날개 요리 : 어린 칠면조 날개와 향신 재료를 소테팬에 넣고 지진 뒤 육수를 자작하게 넣고 모양이 흐트러지지 않게 주의하며 오븐에서 50분 정도 브레이징한다(braiser). 날개를 건져 식힌다. 날개에 녹인 버터나 돼지 기름을 조금 뿌린 뒤, 갓 갈아낸 빵가루를 묻힌다. 냉장고에 한 시간 동안 넣어둔다. 녹인 버터를 뿌리고 250°C에 넣어 노릇해질 때까지 약 15분간 굽는다.

cuisses de dindonneau braisées 퀴스 드 댕도노 브레제

브레이징한 칠면조 넓적다리 살 : 어린 칠면조 넓적다리의 뼈를 제거하고 닭고기 스터핑(farce de volaille)을 채운다. 작은 발로틴 모양으로 말아서 끈으로 묶는다. 소테팬에 넣고 향신 재료와 함께 지진 다음 흰색, 또는 갈색 육수를 자작하게 붓고 오븐에서 브레이징한다. 칠면조 고기를 건져낸 다음 높은 온도의 오븐에 넣어 윤기나게 마무리한다. 서빙 접시에 담고, 익힌 소스를 체에 걸러 끼얹는다. 채소 퓌레, 브레이징한 채소(당근, 셀러리 등), 라이스, 무슬린 감자 퓌레(pommes mousseline) 등을 곁들인다. 날개나 가슴살을 다른 용도로 사용하고 남은 큰 사이즈의 칠면조 넓적다리 살도 이와 같은 방식으로 조리할 수 있다.

『요리사 이자보(*MA CUISINIÈRE ISABEAU*)』(1796)의 레시피

cuisses de dindon réveillantes 퀴스 드 댕동 레베이앙트

송아지 흉선 소스를 곁들인 칠면조 넓적다리 요리 : 로스트한 칠면조의 넓적다리 두 개를 코코트 냄비에 넣고 샴페인 150mℓ와 동량의 물을 붓는다. 부케가르니 1개, 정향 2개, 소금, 후추를 넣고 약한 불로 1시간가량 끓인다. 그동안 송아지 흉선 300g을 데친 뒤 껍질을 벗기고 묵직한 것으로 눌러 물기를 빼 모양을 잡는다(parer un riz de veau). 주사위 모양으로 썬 다음, 버터를 두른 소테팬에 다진 허브와 버섯 200g과 함께 넣고 센 불로 지지듯 볶는다. 육수와 샴페인을 각각 100mℓ씩 넣고 약한 불로 1시간 동안 뭉근히 익힌다. 기름에 담긴 안초비 필레 2개와 케이퍼 1테이블스푼, 씨를 제거한 그린올리브 한 줌을 다진다. 냄비를 불에서 내린 뒤 넣어 섞는다. 넓적다리를 둘로 잘라 접시에 담고, 송아지 흉선 소스를 끼얹어 서빙한다.

dindonneau en daube à la bourgeoise 댕도노 앙 도브 아 라 부르주아즈

부르주아즈 가니시를 곁들인 칠면조 스튜 : 살이 연한 칠면조 한 마리를 소테팬에 넣고 향신 재료와 함께 지진 다음 갈색 육수를 자작하게 붓고 오븐에서 브레이징한다. 3/4 정도 익었을 때 건져내고, 익힌 국물은 체에 거른다. 칠면조를 다시 브레이징 냄비에 넣고 부르주아즈 가니시(모양내어 돌려 깎은 햇 당근을 3/4정도 익힌 것, 윤기 나게 익힌 방울 양파 글레이즈, 물에 데친 뒤 튀기듯 지진 염장 삼겹살)를 빙둘러 놓는다. 걸러둔 국물을 붓고 뚜껑을 덮은 뒤 약한 불로 익혀 마무리한다.

dindonneau rôti 댕도노 로티

칠면조 로스트 : 어린 칠면조의 안쪽에 소금과 후추로 간을 한 뒤 바늘로 꿰매 고정시킨다. 얇게 저민 돼지비계를 가슴과 등에 덮은 뒤 실로 묶고 오븐에 넣어 로스트한다. 1.5kg 짜리 한 마리 기준 꼬챙이에 꿰어 로스터리에 굽는 경우는 1시간, 오븐에 넣어 굽는 경우는 50-55분 정도 잡는다. 완전히 익기 전에 돼지비계를 벗겨내 마지막에 노릇하게 색이 나도록 해준다. 익힌 육즙으로 만든 소스를 체에 거르고 기름을 제거한 뒤 곁들인다. 크레송과 함께 접시에 담아 서빙한다.

dindonneau rôti farci aux marrons 댕도노 로티 파르시 오 마롱

밤을 채운 칠면조 로스트 : 밤 1kg에 칼집을 내고 끓는 물에 데쳐낸 뒤 껍질을 벗긴다. 육수에 넣고 반 정도만 익힌다. 돼지 크레핀(crépine) 큰 것 한 조각을 찬물에 담가둔다. 밤을 건져 크레핀에 놓고 길쭉하게 말아 싼다. 1.5kg짜리 어린 칠면조 안에 크레핀으로 싼 밤을 채워 넣고 입구를 주방용 바늘로 꿰맨다. 얇게 저민 돼지비계로 칠면조를 감싼 다음 실로 묶어 200°C로 예열한 오븐에 넣고 1시간-1시간 15분간 익힌다. 완전히 익기 몇 분 전에 돼지비계를 걷어내고 노릇하게 구워 마무리한다. 익힌 육즙으로 만든 소스를 체에 거르고 기름을 제거한 뒤 함께 서빙한다.

dindonneau truffé 댕도노 트뤼페

송로버섯을 넣은 칠면조 요리 : 돼지비계 500g과 생푸아그라 250g을 굵직하게 깍둑 썬 다음 갈아서 퓌레를 만든다. 여기에 송로버섯을 다져 섞고 소금, 후추, 카트르 에피스를 넣는다. 이 소를 고운 체에 긁어내린 뒤 녹인다. 타임과 월계수 잎을 조금 넣고 약불에서 10분간 익힌다. 코냑 2테이블스푼을 넣고 완전히 식힌다. 어린 칠면조 한 마리를 손질한 다음 내장을 모두 제거한다. 목 부분의 긴 껍질은 그대로 두어 소를 채운 뒤 꿰매 봉할 수 있도록 한다. 얇게 저민 송로버섯에 소금, 후추를 뿌리고 코냑에 적신 뒤 칠면조 껍질과 살 사이에 밀어 넣는다. 준비한 소를 칠면조 안에 채워 넣고 꿰매 봉한다. 버터를 칠한 유산지로 싼 다음 냉장고에 최소 24시간 넣어둔다. 얇게 저민 돼지비계로 칠면조를 감싸준 다음 다시 버터 바른 유산지로 싸서 무쇠 냄비에 넣고 뚜껑을 연 채로 210°C 오븐에서 굽는다(1kg당 25-30분 소요). 마지막에 유산지와 비계를 걷어낸 다음 노릇하게 구워 마무리한다. 서빙 플레이트에 담고 뜨겁게 유지한다. 냄비에 남은 육즙을 디글레이즈하고 졸여서 소스(jus)를 만든 다음, 소스 용기에 따로 담아 서빙한다.

poupeton de dindonneau Brillat-Savarin ▶ POUPETON

DÎNER 디네 현대적 의미로서의 저녁식사. 앙시엥 레짐 시대 말까지만 해도 아침 또는 정오에 먹는 식사를 뜻했다. 원래 이 단어는 오전 7시, 이어서 9시나 10시에 예배를 마친 뒤 먹는 식사를 의미했다. 주로 베이컨, 달걀, 생선을 먹었던 디네(dîner)는 오후 5시경 먹는 저녁식사 수페(souper)와 더불어 하루 식사 중 가장 중요한 끼니였다. 중세 시대에 이탈리아 살레르노 의과 대학은 "새벽 5시에 기상하여 9시에 아침식사(dîner)를 하고, 오후 5시에 저녁식사(souper)를 한 뒤 밤 9시에 취침하면 99세까지 장수할 수 있다"라며 권장하기도 했다. 하지만 매일 행하던 예배 의식이 예전처럼 엄격히 지켜지지 않고 느슨해지면서 오전에 먹던 '디네'는 점차적으로 낮 시간으로 미루어졌고, 자연스레 아침에 일어나면 가볍게 요기하는 식사 습관이 생겨났다(이것을 데죄네 déjeuner 라고 불렀다. 오늘날의 아침식사(petit déjeuner)처럼 프티(petit)는 아직 붙이지 않았다). 루이 13세, 14세 때는 정오에 '디네'를 먹었다. 앙투안 퓌르티에르는 다음과 같이 말했다. "사람을 만나러 갈 때는 11시에서 정오 사이에 가는 것이 적당하며 특히 12시가 지나면 곤란하다. 왜냐하면 식사 시작 시간이라 방해가 될 수 있기 때문이다 (...) 아직 11시밖에 안 됐는데 점심식사 타령을 하는 것은, 마치 식사시간 바로 전에 찾아와 어쩔 수 없이 함께 식사를 할 수밖에 없는 식객과 비슷하다. 이들을 '정오의 악마'라고도 부른다. 혹은 정오에 식탁을 다 차려놓았는데 때마침 무슨 일이라도 있는 듯 당신의 집에 어물쩍 찾아오는 사람들을 뜻하기도 한다(chercheurs de midi)."

18세기에는 점심식사 디네가 오후 2시까지 늦춰졌지만 그래도 저녁식사 수페(souper)가 하루식사 중 제일 큰 부분을 차지했다. 프랑스 대혁명 시기에 디네는 급기야 오후 아주 늦게 먹는 끼니로 자리 잡게 되었고, 원래 저녁식사였던 수페는 도시에서 파티 등이 있을 때 늦게 먹었다. 습관이 그다지 변하지 않은 시골에서는 그 후에도 오랫동안 저녁식사를 수페라고 불렀다. 오늘날 유럽에서 저녁식사는 보통 저녁 8시경에 먹으며 북유럽 국가들의 경우는 조금 이른 시간에, 지중해 국가들은 좀 더 늦게 먹는다. 알렉상드르 뒤마는 디네를 다음과 같이 정의했다. "영혼을 가진 자들에 의해서만 그에 어울리게 매일 이루어지는 가장 중요한 왜냐하면 디네는 단순히 먹는 행위만을 의미하는 게 아니기 때문이다.(...) 식사 중에는 차분하면서도 유쾌함을 담은 말들이 오가야 한다. 대화는 식사 중에 마시는 와인의 루비색과 함께 반짝반짝 빛나야 하고, 달콤한 디저트처럼 부드럽고 감미로워야 하며, 커피와 같이 진정한 깊이감을 지녀야 한다."

DIPLOMATE 디플로마트 디플로마트 케이크. 정확한 명칭은 '푸딩 아 라 디플로마트(pudding à la diplomate)'이며, 익히는 과정이 포함된 것과 냉장고에 차갑게 굳힌 것 두 종류가 있다. 첫 번째 디플로마트 케이크는 굳은 브리오슈에 우유를 적신 레이어와 과일 콩피, 살구 마멀레이드를 교대로 층층이 쌓은 뒤 익히지 않은 크렘 앙글레즈 혼합물을 덮어준다. 중탕으로 오븐에 익힌 뒤 차갑게 식힌다. 틀에서 분리한 다음 크렘 앙글레즈, 과일 쿨리 또는 초콜릿 소스를 곁들여 먹는다. 두 번째 디플로마트 케이크는 좀 더 흔히 접하는 형태로, 틀 안에 럼이나 키르슈 시럽을 적신 레이디핑거 비스퀴와 과일 콩피, 살구 마멀레이드, 바바루아 크림(또는 기타 달걀 베이스의 커스터드류 크림)을 교대로 층층이 쌓아 만든다. 냉장고에 넣어 두었다가 틀을 제거한 뒤 과일 쿨리나 크렘 앙글레즈를 곁들여 서빙한다.

1인용 디플로마트는 바르케트(barquette) 셸 안에 과일 콩피를 섞은 크림을 채운 뒤 살구 나파주를 바르고 퐁당슈거로 아이싱한 디저트다. 당절임한 체리를 올려 장식한다. 또한 아이스크림 디저트인 봉브 글라세(bombe glacée)를 지칭하기도 하는데, 여기에도 마찬가지로 과일 콩피가 들어가는 것이 특징이다.

bombe diplomate ▶ BOMBE GLACÉE

diplomate au bavarois 디플로마트 오 바바루아

바바루아 크림 디플로마트 케이크 : 건포도(raisins de Smyrne) 50g을 씻어둔다. 물 100mℓ에 설탕 100g을 넣고 끓을 때까지 가열한 뒤 불을 끄고 건포도를 넣는다. 건포도를 건진 뒤 시럽은 따로 보관한다. 과일 콩피(당절임 과일, 캔디드 프루츠) 50g을 작은 주사위 모양으로 썰어 럼 50mℓ에 담가둔다. 판 젤라틴 3장을 찬물에 담가 말랑하게 불린다. 우유 500mℓ에 길게 갈라 긁은 바닐라빈 1/2개를 넣고 끓을 때까지 가열한다. 볼에 달걀노른자 4개와 설탕 125g을 넣고 색이 연해질 때까지 거품기로 힘차게 섞는다. 여기에 끓는 우유를 조금씩 부으며 나무 주걱으로 계속 저어 섞는다. 이 혼합물을 다시 우유 냄비에 옮긴 뒤 약불에 올리고 주걱으로 저으며 익힌다. 주걱에 묻는 농도(à la nappe)가 될 때까지 익힌 뒤, 물기를 꼭 짠 젤라틴을 넣고 잘 섞는다. 완성된 바바루아 크림을 체에 내린 다음 완전히 식힌다. 생크림 200mℓ에 찬 우유 1테이블스푼을 넣고 휘핑해 샹티이 크림을 만든 다음, 완전히 식은(그러나 아직 유동성이 있는 액체 상태인) 바바루아 크림에 넣고 조심스럽게 섞는다. 샤를로트 틀에 기름을 발라둔다. 건포도를 담갔던 시럽과 과일 콩피를 담가둔 럼을 혼합한 뒤 여기에 레이디핑거 비스퀴 200g을 적신다. 틀 바닥에 과일 콩피를 몇 개 놓고 바바루아 크림을 한 켜 깔아준 다음 시럽에 적신 비스퀴를 놓는다. 과일 콩피를 고루 뿌려 얹고 살구 마멀레이드를 조금 끼얹어 바른다. 이 순서대로 반복하여 층층이 쌓아 틀을 채운다. 냉장고에 최소 2시간 동안 넣어둔다. 살구 마멀레이드를 약불에 녹인 뒤 럼 50mℓ와 섞는다. 디플로마트 케이크에 부어 씌워준다.

diplomate aux fruits confits 디플로마트 오 프뤼 콩피

과일 콩피 디플로마트 케이크 : 굵직하게 다진 과일 콩피 100g과 건포도 80g을 럼 100mℓ에 담가둔다. 브리오슈 식빵 500g을 슬라이스한 다음 가장자리를 잘라낸다. 버터를 발라 베이킹 팬에 놓고 오븐에서 노릇하게 구워낸다. 용량 1.5ℓ 크기의 샤를로트 틀에 버터를 칠한 다음 설탕을 묻혀둔다. 맨 밑에 브리오슈 빵을 한 켜 깔아준 다음, 럼에 담가두었던 과일 콩피와 건포도를 건져 고루 놓는다. 이렇게 교대로 쌓아 틀을 채운다. 볼에 설탕 200g과 우유 100mℓ, 바닐라 슈거 작은 봉지 1개 분량을 넣고 섞는다. 달걀 6개를 포크로 잘 풀어 넣어준 다음 과일 콩피와 건포도를 담가두었던 럼을 넣는다. 이것을 틀에 부어 빵에 스며들도록 둔다. 150°C로 예열한 오븐에 중탕으로 넣고 1시간 동안 익힌다. 케이크 틀을 넣은 중탕물이 끓으면 안 된다. 꺼내서 완전히 식힌 다음 틀에서 분리한다. 과일 콩피 30g을 통째로 올려 장식한다. 크렘 앙글레즈 또는 과일 쿨리를 곁들여 서빙한다.

DIPLOMATE (À LA) 아 라 디플로마트 송로버섯과 랍스터를 넣어 고급스럽고 호화로운 요리를 가리킨다. 소스 디플로마트(sauce diplomate)는 소스 노르망드(sauce normande) 베이스에 랍스터 버터와 송로버섯, 다진 랍스터 살을 넣은 것이다. 소스 디플로마트에 송로버섯 에센스와 다진 송로버섯을 추가로 넣은 것을 소스 리슈(sauce riche)라고 부른다. 이 소스들은 주로 고급 생선 요리(달고기, 서대, 대문짝넙치 등)에 곁들여진다.

▶ 레시피 : SOLE.

DISTILLATION 디스틸라시옹 증류. 액체를 끓는점까지 가열했을 때 분리된 휘발성 성분을 응축시켜 그 일부를 다시 모으는 방법을 가리키며, 이는 증류주 제조의 가장 기초가 되는 작업이다. 물보다 가벼운 알코올은 물의 끓는점보다 낮은 온도에서 기화된다. 알코올 성분이 들어 있는 액체를 이 둘의 끓는점 사이(두 끓는점 온도 포함)의 온도로 가열했을 때 발생하는 증기를 냉각을 통해 응축하여 모을 수 있고, 이렇게 만들어진 액체는 알코올 함량이 훨씬 더 높아진다. 알람빅 증류기를 이용해 와인이나 발효된 즙을 증류해냄으로써 알코올도수가 훨씬 높은 '증류주'라는 분야가 탄생했다. 아랍인들이 발명한 이 증류기는 중세 연금술사와 의사들이 주로 사용했다고 한다. 1309년 아르노 드 빌뇌브(Arnaud de Villeneuve)는 왕에게 헌정한 한 저서에서 자신이 포도주를 증류해 만들어낸 '오드비'에 대해 언급했다.

현대적 의미의 증류가 처음 등장한 것은 1800년 영국의 화학자 에드워드 아담이 발명한 정류(精留) 기술을 통해서다. 반복적인 재증류를 통해 알코올의 맛을 제거한다. 이때 나쁜 맛이 제거되는 동시에 좋은 맛도 함께 사라지게 됨에 따라 향 성분을 추가로 넣게 되었다(진, 보트카, 아쿠아비트 등). 증류는 오랫동안 가정이나 소규모 공방에서 행해지는 기술이었다. 주류 소비에 있어 이 증류주가 상당한 수입원이 된다고 판단한 여러 나라의 정부는 개인의 알람빅 증류기 사용을 금지하거나 제한하였고, 공동 증류 작업에 대해서도 꽤 높은 세금을 부과했다(**참조** BOUILLEUR DE CRU).

DIVAN LE PELETIER 디방 르 펠티에 1837년 파리 르 펠티에 가에 르페브르라는 이름의 주인이 오픈한 맥주집으로 상호명은 '카페 뒤 디방(Café du Divan)'이었다. 같은 거리에 위치한 오페라 가르니에와 가까운 위치 덕에 예술가와 문인들이 많이 드나들었다. 오노레 드 발자크와 폴 가바르니는 이곳에서 알프레드 드 뮈세(그는 압생트가 든 맥주 애호가였다), 에르네스트 메소니에, 오노레 도미에, 앙리 모니에와 자주 회동했다. 당시 한 역사학자는 이곳을 일컬어 '19세기의 프로코프(Procope)라고 할 수 있는 문인들의 아지트'라고 칭송했다. 이곳에서는 맥주 이외에도 자유분방한 이름을 붙인 각종 리큐어들이 인기가 높았다(Parfait Amour, Crinoline, Alma, Sébastopol, Ligue impériale, le Retour du Banni 등). 이 카페는 1859년 폐점했다.

DLC (DATE LIMITE DE CONSOMMATION) 다트 리미트 드 콩소마시옹 소비 유효 기한. 보존 기간이 짧아 그 기간이 지나면 세균이 번식해 상하거나 인체에 위험을 초래할 수 있는 식품을 언제까지 소비해야 한다는 날짜 표시이다. 관련 법규(소비에 관한 법 조항 R.112-9)의 통제를 받고 있는 식품을 제외하고는 이 유효기간은 해당 전문가들의 평가에 따라 정해진다. 관련 법규에 따라 유효기간을 정하는 경우에 이 날짜는 일정 보존 온도를 기준으로 산출되며, 제품 포장에 "X월 X일까지 소비할 것(à consommer jusqu'au)"이라고 정확히 명시해야 한다.

DLUO (DATE LIMITE D'UTILISATION OPTIMALE) 다트 리미트 뒤틸리자시옹 옵티말 최적 사용 기한. 권장 소비 기한. 식품을 가장 좋은 상태에서 소비하도록 제안한 최적 사용 기한이다. 해당 기한이 지나면 그 식품이 인체 건강에 위험을 미치는 요소를 만들어내지는 않지만, 감각기관(시각, 미각, 후각, 촉각 등)에 인지되는 영향이나 물리적, 영양학적인 질과 특성이 일부 또는 전부 소실될 우려가 있다. 소비에 관한 법 조항(R.112-9)에 따르면, 이 기한은 포장에 'X월 X일까지 소비 권장(à consommer de préférence avant)'(3개월 이내)라고 표시한다. 3개월에서 18개월까지는 월, 일과 더불어 반드시 연도도 표시하고, 18개월 이상 장기 보존식품인 경우에는 기한 연도를 표시한다.

DODINE 도딘 도딘 소스 또는 도딘 소스의 가금류 요리. 중세 요리의 클래식 소스로 타유방(Taillevent)은 세 가지의 레시피 즉, 흰색 도딘, 붉은색 도딘, 베르쥐 도딘 레시피를 만들었다. 도딘 소스는 가금류를 굽고 난 뒤 팬에 남은 기름과 육즙에 각 레시피에 따라 베르쥐(verjus 익지 않은 신 포도즙), 레드와인 또는 우유를 넣어 디글레이즈해 만든다. 여기에 구운 빵을 넣어 농도를 걸쭉하게 만들고, 파슬리나 기타 향신료를 넣어 향을 낸다. 1602년 출간된 책『순수한 즐거움(*l'Honeste Volupté*)』(Il Platina 저)에는 닭 간까지 들어간 더욱 세련된 레시피가 자세히 소개되었다. 오늘날 화려한 고급 요리에서는 아직도 '도딘 오리 또는 뿔닭(canard à la dodine, pintade à la dodine)이라는 명칭을 쓴다. 우선 가금류를 로스트한 뒤 서빙할 조각을 커팅한다. 길쭉게 자른 가슴살과 넓적다리를 따로 보관한다. 몸통뼈를 탁탁 잘라 당근, 양파(또는 버섯)와 함께 기름에 볶다가 와인을 부어 디글레이즈한 다음, 향신료와 해당 가금류를 익힐 때 흘러나온 육즙을 넣고 졸인다. 체에 거른 뒤 곱게 다진 가금류 생간과 살을 넣어준 다음 생크림으로 농도를 조절한다. 잘라 놓은 고기 조각을 뜨거운 접시에 담고 소스를 끼얹어 서빙한다. 도딘 오리 요리는 아키텐, 부르고뉴(샹베르탱 와인 사용), 모르방, 투렌 지방의 유명한 특선 요리다. '도딘(dodine)'이란 용어는 그 의미가 변해 실제로 발로틴(ballotine)을 지칭하기도 한다. 이는 아마도 통통하다는 의미의 단어 '도뒤(dodu)'와 발음이 비슷하기 때문일 것이다.

dodine de canard 도딘 드 카나르

도딘 소스 오리 : 오리 한 마리의 뼈를 꼼꼼히 제거한다. 이때 껍질을 손상하지 않고 가슴살에 칼집을 내지 않도록 주의한다. 껍질로부터 살을 모두 떼어낸다. 가슴살을 길쭉하게 잘라 코냑 2테이블스푼, 카트르 에피스 1자밤(quatre-épices), 소금, 후추를 넣고 냉장고에 24시간 동안 넣어 재운다. 찢어지지 않은 돼지 크레핀(crépine)을 찬물에 담가놓는다. 오리의 나머지 살에 돼지비계 250g, 돼지 살코기 250g, 송아지고

기 250g, 깨끗이 씻은 양송이버섯 250g, 아몬드 가루 50g, 파슬리 작은 다발 한 묶음을 넣고 모두 잘게 다진다. 여기에 얇고 작게 썬 송로버섯 2테이블스푼, 달걀 1개, 소금, 후추를 넣고 잘 치대어 섞는다. 이 소를 아주 조금 떼어내 팬에 익혀 간을 보고, 부족하면 간을 조절한다. 오리 껍질을 작업대에 펼쳐 놓고, 준비한 소의 1/2을 펴 깔아준다. 그 위에 길게 잘라둔 가슴살을 가지런히 놓은 뒤 나머지 소로 덮어준다. 껍질의 목과 꽁무늬 쪽 끝을 가운데로 모아 접고 동그랗고 길쭉하게 말아준다. 크레핀을 건져 물기를 닦은 다음 작업대 위에 펼쳐 놓는다. 말아놓은 도딘을 그 위에 놓고 잘 감싸준다. 크레핀의 남은 부분은 잘라낸다. 조리용 실로 전체를 단단하게 묶은 다음 무쇠 냄비에 넣고 자작하게 국물을 잡아 200°C 오븐에서 약 1시간 30분-1시간 45분간 브레이징한다. 중간에 화이트와인을 조금씩 뿌려준다. 찔러보아 맑은 육즙이 흘러나오면 다 익은 것이다. 건져서 실을 풀고 녹지 않은 크레핀은 떼어낸다. 냄비 안의 기름을 제거한 뒤 포트와인 2테이블스푼을 넣어 디글레이즈하고, 육수 몇 테이블스푼을 넣고 끓여 소스를 만든다. 도딘을 도톰하게 슬라이스해 서빙 접시에 담고 크레송을 빙 둘러 놓는다. 소스를 곁들여 서빙한다. 이 도딘은 그린 샐러드나 믹스드 샐러드를 곁들여 차갑게 먹기도 한다.

DOLIC OU DOLIQUE 돌리크 동부콩류. 콩과에 속하는 덩굴식물로 강낭콩과 비슷하고 품종이 다양하며 주로 열대지방에서 많이 재배된다. 다양한 이름(dolic mongette, haricot kilomètre, cornille)으로 불리며 중국, 루이지애나, 프랑스 남부 일부 지역(이곳에서는 banette라고 부른다), 이탈리아 등지에서 널리 생산되는 동부콩은 알이 작은 강낭콩을 닮았다. 어린 콩깍지는 그린빈스처럼 그대로 먹고, 콩이 다 성숙해 익으면 깍지에서 꺼내 일반 마른 콩처럼 소비한다. 또한 이 품종 중 하나인 줄콩(dolic asperge)은 그 깍지가 아주 긴(최대 1m) 특징이 있으며, 콩의 색이 다양하다. 이 밖에도 까치콩(dolic d'Égypte), 히카마(dolic bulbeux, jicama), 편두(dolic lablab) 등이 아프리카와 앙티유에서 재배된다.

DOLMA 돌마 채소에 소를 채워 만든 터키, 그리스의 요리이며, 이름은 '채워 넣다'라는 뜻의 터키어 동사 '돌두르마크(doldurmak)'에서 파생된 것이다. 가장 널리 알려진 돌마는 포도나무(yalanci) 잎(dolma)에 쌀과 다진 양고기를 넣고 돌돌 말아 싼 것이다. 그 외에 피망, 주키니 호박, 가지, 토마토 등의 채소의 속을 파낸 뒤 소를 채워 넣거나, 양배추 잎, 무화과나무 잎, 개암나무 잎 등을 이용해 소 재료를 말아 싸기도 한다. 고기 소를 채운 돌마는 따뜻하게 먹으며 주로 요거트 소스를 곁들인다. 고기가 들어가지 않은 돌마는 대개 오르되브르로 차게 서빙된다.

yalanci dolmas 얄란즈 돌마

쌀과 양고기를 채운 포도나무 잎 돌마 : 싱싱한 포도나무 잎 큰 것을 60장 준비해 끓는 물에 데친다(최대 2분). 찬물에 식힌 뒤 건져 물기를 닦는다. 쌀 125g에 기름이나 버터를 넣고 반 정도만 익혀둔다. 양파 400g의 껍질을 벗기고 굵직하게 다진 다음 올리브오일에 색이 나지 않게 볶는다. 양고기 250g을 다져 팬에 노릇하게 볶는다. 생민트 잎 1테이블스푼을 다져놓는다. 이 소 재료를 모두 혼합한 뒤 둥글게 뭉쳐 각 포도나무 잎에 하나씩 놓는다. 잎의 줄기 꼭지 부분과 반대쪽 뾰족한 부분을 가운데로 접은 다음 원통형으로 돌돌 말아 주방용 실로 묶는다. 소테팬에 기름을 두르고 돌마를 촘촘히 붙여 한 켜로 깐다. 올리브오일 4테이블스푼, 레몬즙 2개분, 육수 1컵을 넣어준다. 고수씨를 1테이블스푼 넣은 다음 뚜껑을 덮고 약하게 끓는 상태로 30분간 익힌다. 돌마를 건져내 실을 푼다. 따뜻한 온도로 서빙한다.

DOMBES ▶ **참조 BRESSE ET DOMBES**

DOMYOJI AGE 도묘지 아게 새우 찹쌀 튀김(どみょじあげ). 쪄서 건조시킨 찹쌀을 새우에 묻혀 튀긴 전형적인 일본 요리. 얇게 저민 피망, 가지와 레몬 슬라이스를 곁들여 서빙한다. 식감, 색, 맛의 대비가 조화를 이룬 대표적인 요리들 중 하나로 일본의 미식가들에게 인기가 높다.

DORADE ▶ **참조 DAURADE ROYALE ET DORADES**

DORADE CORYPHÈNE 도라드 코리펜 만새기. 몸이 납작한 원양성 대형 물고기로 메탈릭한 청록색을 띠며 크기는 평균 1m 정도지만, 큰 것은 2m에 이르기도 한다(**참조** pp.674-677 바다생선 도감). 태평양, 대서양, 인도양의 해역과 지중해에서 줄낚시나 트롤리로 어획한다. 살이 탱탱하고 맛이 좋아 인기가 높은 생선이다.

DORER À L'ŒUF 달걀물 바르기

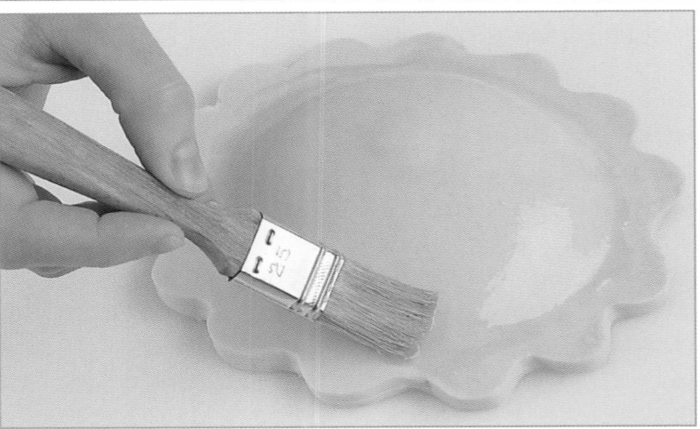

달걀을 풀어 갈레트의 중앙과 가장자리에 붓으로 고루 발라준다. 가장자리에 너무 많이 몰린 달걀물은 가운데 쪽으로 밀어 올려준다.

DORÉ 도레 캐나다에서 민물농어(sandre, zander)를 지칭하는 명칭이며, 황금빛(doré)으로 빛나는 껍질 때문에 붙여진 이름이다. 푸른색, 검정색, 황색 종류가 있으며 호전적이고 사나운 본성이 있어 낚시꾼들에게 아주 인기가 높은 물고기다. 유럽 민물농어(sandre)보다 작으며 조리법은 일반 민물농어나 기타 살이 단단한 생선들과 같다.

DORER 도레 달걀물을 바르다. 달걀을 풀고 경우에 따라 약간의 물이나 우유를 넣어 희석한 다음 붓으로 반죽에 발라준다. 달걀물(dorure)을 발라주면 크러스트를 노릇하고 윤기나게 구울 수 있다. 푀유타주, 투르트와 파이, 브리오슈, 슈 반죽, 파테 앙 트루트 등의 표면에 달걀 혹은 달걀노른자를 풀어 발라준다. 그 외에 쿠키나 비스킷, 프티푸르, 구움과자 등에 달걀과 캐러멜, 우유 또는 꿀을 넣은 물을 섞어 발라주기도 한다.

DORIA 도리아 다양한 클래식 요리에 붙는 이름으로, 아마도 19세기 카페 앙글레(Café Anglais)의 단골이었던 유명한 제노바 왕족 중 한 사람에게 헌정되었던 메뉴들인 것으로 추정된다. 이 요리들은 이탈리아를 연상케 하는 국기의 색깔(익힌 오이, 화이트 베르무트 등)을 많이 사용했고, 화이트 트러플(흰 송로버섯)이 들어간 점은 피에몬테 지방을 떠올리게 해준다.
▶ 레시피 : BOMBE GLACÉE.

DOS 도 등, 등 부위. 몸집이 큰 수렵육 몸 골격의 상부로 등과 허리 부위에 해당한다. 이 부위에는 갈빗대와 안심(허리 부분)이 위치한다. 갈빗대를 포함하지 않는 토끼의 허리 등심살(râble)과 혼동하면 안 된다. 생선의 등은 척추 뼈 양쪽으로 살이 있는 부위 전체를 지칭한다. 이 부위는 배쪽보다 두툼하고 살이 많다.

DOUCEÂTRE 두사트르 뚜렷하지 않고 밍밍한 맛을 뜻하는 형용사로 부정적인 뉘앙스를 내포하고 있다. 예를 들어 충분히 달지 않은 디저트, 맛이 밍밍한 소스, 드라이와 스위트 사이에서 존재감이 확실하지 않은 어정쩡한 와인 등을 지칭할 때 '두사트르'라는 표현을 쓴다.

DOUGHNUT 도넛 발효 반죽을 튀긴 빵으로 북미 전 지역, 그중에서도 특히 정착 초기 당시 비슷한 류의 파티스리를 만들어 먹었던 독일인과 스칸디나비아인들이 모여 살던 지역에서 많이 즐겨 먹는다. 일반적으로 링 모양으로 만드는 도넛은 안에 레드커런트 즐레를 채우기도 하며, 슈거파우더를 뿌려 전통적으로 뜨거울 때 먹는다.

doughnuts 도넛

생 이스트 15g을 따뜻한 우유 1컵에 넣고 개어준다. 우묵한 용기에 체에 친 밀가루 500g, 설탕 100-125g, 소금 넉넉히 한 자밤, 넛멕 간 것 1/2티스푼을 넣고 잘 섞은 다음 가운데를 움푹하게 만든다. 달걀 한 개를 풀어 넣고 밀가루를 충분히 섞는다. 달걀 2개를 하나씩 넣고, 녹인 버터를 넣으면서 잘 혼합한다. 이스트를 넣은 따뜻한 우유를 조금씩 넣어가며 탄력이 생길 때까지 반죽한다. 부피가 두 배로 부풀 때까지 상온에서 휴지시킨다. 반죽을 1cm 두께로 민 다음 지름 6-7cm 원형 커터로 잘라낸다. 180°C 기름에서 노릇하게 부풀어오를 때까지 튀긴다. 건져서 키친타월에 기름기를 뺀 다음 슈거파우더를 뿌려 뜨겁게 서빙한다. 메이플 시럽이나 레드커런트 콩포트를 곁들인다.

DOUILLET (PÈRE) OU PERDOUILLET 페르두이에 17-18세기에 유행하던 요리 중 특히 새끼돼지로 만든 것에 붙여진 명칭이다(cochon au père douillet). 새끼돼지를 부위 별로 잘라 화이트와인과 향신 재료를 넣고 뭉근히 익힌 뒤 레몬을 곁들여 서빙한다. 로앙(Rohan) 왕자의 왕실 주방에서 고기 커팅을 담당했던(écuyer tranchant) 피에르 드 륀(Pierre de Lune)은 자신의 저서 『요리사(*le Cuisinier*)』(1654)에서 그 조리법을 자세히 기술했다. 이 요리는 차게, 따뜻하게, 혹은 뜨겁게 모두 서빙이 가능하며, 심지어 오리를 사용해 만들기도 했다. 므농(Menon)은 『부르주아 요리사(*la Cuisinière bourgeoise*)』(1742)에서 부위별 '페르 두이에 돼지 요리'에 관한 보다 발전되고 상세한 레시피를 제시했다. 돼지를 육수 국물에 익혀 그 자체에서 나온 콜라겐 젤리를 씌운 상태로 식힌 다음 큰 서빙 접시에 모양을 다시 맞춰 플레이팅하고 민물가재로 장식하여 서빙한다. 또한 송아지 흉선을 위한 조리법도 있는데 이는 석류알과 베르쥐로 향을 낸 소스를 곁들인 것이었다.

DOUILLON 두이용 노르망디의 파티스리. 사과나 배의 속을 파낸 뒤 버터, 설탕, 계피를 섞어 채우고 얇게 민 반죽으로 감싸 오븐에 굽는다.

***douillons* 두이용**

서양 배 두이용 : 밀가루 500g, 부드러워진 버터 350g, 달걀 2개, 우유 3테이블스푼, 설탕 20g, 소금 1티스푼을 혼합한다. 균일하게 섞인 반죽을 둥글게 뭉쳐 냉장고에 보관한다. 서양 배 작은 것 8개의 껍질을 벗기고 속을 파낸다. 여기에 버터 한 조각을 넣고 190°C로 예열한 오븐에서 10분간 익힌다. 완전히 식힌다. 오븐은 그대로 켜둔다. 반죽을 2mm 두께로 밀어 서양 배 크기에 알맞은 정사각형 8개로 잘라둔다. 서양 배의 물기를 완전히 털어낸 뒤 각 반죽 중앙에 한 개씩 놓는다. 사각형 반죽의 네 귀퉁이를 살짝 잡아당기면서 가운데로 모아 올려 반죽이 만나는 면과 끝을 잘 붙인다. 손가락에 물을 묻히고 꼭꼭 눌러 집어준다. 칼끝으로 반죽 위에 선 모양을 그어준다. 달걀노른자 1개를 풀고 우유 2테이블스푼을 섞은 달걀물을 두이용에 발라준 다음 180°C 오븐에서 약 30분간 굽는다. 뜨겁게, 따뜻하게 혹은 차게 서빙하고, 크렘 프레쉬(crème fraiche)를 곁들인다.

DOUM 둠 둠야자나무(doun palm). 이집트가 원산지인 아프리카의 야자나무로 열매를 먹을 수 있으며, 수액을 추출해 야자술을 만든다. 알렉상드르 뒤마는 『요리 대사전(*Grand Dictionnaire de cuisine*)』(1872)에서 "둠야자나무에서는 아주 상큼한 열매가 열리는데, 나는 거기서 팽 데피스 맛을 느낄 수 있었다. 카이로의 한 여인은 나를 환영하며 헤나로 붉게 물들인 가는 손으로 시원한 둠 야자 소르베를 건네주었다."라고 썼다.

DOURO 두로 두에로강. 도루강. 스페인에서 시작해 포르투갈로 흘러들어가는 이베리아 반도의 강으로, 리베라 델 두에로(Ribera del Duero)등을 비롯한 스페인의 여러 와인 생산지를 관통하여 포르투갈까지 이어진다. 도루 밸리는 포트와인의 요람이며, 이 지역 세 곳에서 생산된다(Cirna Cargo, Baixo Cargo, Alto Duoro).

DOUX 두 달콤한 맛을 뜻한다. 오랫동안 단맛은 각종 과일에 함유된 당이나 꿀을 통해 얻을 수 있었으며, 이어서 사탕수수나 사탕무에서 추출한 설탕이 널리 사용하게 되었다. 요리에서 달콤한 맛은 이러한 성분이 내주는 특별한 풍미다.

DRAGÉE 드라제 아몬드에 흰색 또는 다양한 색을 낸 단단한 설탕을 코팅해 매끈하게 굳힌 당과류의 일종. 아몬드 대신 헤이즐넛, 피스타치오, 누가틴, 아몬드 페이스트, 초콜릿, 리큐어 등을 사용해도 된다.

■ **역사.** 꿀을 입힌 아몬드는 이미 고대 그리스 로마인들이 즐겨 먹던 달콤한 간식이다. 오늘날과 같은 형태의 드라제가 처음 언급된 것은 1220년 베르덩(Verdun) 시의 옛 문헌에서다. 당시 약제사들은(당시만 해도 '당과류 제조자'들과 혼용되었다) 아니스, 고수, 펜넬 씨 등 다양한 향신료에 꿀을 입혀 굳힌 '방 안의 향신료(épices de chambre)'를 만들었는데, 이는 입에 넣고 씹어 구취를 정화하거나 소화를 돕는 목적으로 사용되었다. 사탕수수가 유럽에 도입되면서 초창기 드라제가 등장했다. 안에는(noyau 핵이라고 부른다) 아몬드나 호박씨 또는 오이씨가 들었으며 겉은 단단한 설탕을 씌운 형태였다. 1660년 콜베르(Colbert)는 베르덩에서 '드라제가 대량으로 생산되고 있다'고 보고했다. 특히 호화로운 세례식이 이루어질 때 드라제를 선물했다고 한다. 오늘날 베르덩은 '드라제의 도시'로 남게 되었다. 또한 포탄 모양으로 만든 초콜릿인 오뷔 드 베르덩(obus de Verdun)에는 실제로 탄두 끝에 심지가 달려 있는데, 여기에 불을 붙이면 잠시 후 초콜릿 포탄이 터지면서 그 안의 드라제와 색색의 종이 및 자잘한 파티 용품들이 쏟아져 나온다. 1850년까지만 해도 드라제 제조는 작은 공방에서 수작업으로 이루어졌다. 매달아 놓은 원형 통을 돌리면서 아몬드에 설탕이 고루 입혀지도록 했다. 1850년에는 터빈식 기계가 처음 등장했고 그 이후 만드는 공정은 더욱 발전되었다(설탕 시럽을 압축 분사해 알맹이 재료에 씌운 뒤 송풍 건조시킨다).

■ **드라제의 종류.** 아몬드, 헤이즐넛, 피스타치오, 누가틴 드라제 또는 속을 채워 넣은 드라제 모두 안의 내용물만(noyau) 다를 뿐 만드는 공정은 같다. 가장 널리 알려진 드라제로는 이탈리아의 아볼라(avola, 납작하고 모양이 일정하다)와 스페인의 플라네타(planeta 약간 통통하며 모양이 일정하지 않다)등을 꼽을 수 있다. 알맹이를 터빈 기계 안에 넣고 아라비아 검과 설탕 혼합물을 세 번 적신 다음 농축 설탕 시럽으로 코팅하고, 다시 전분을 넣은 설탕시럽에 데친다. 그 다음 표면을 매끄럽게 하거나 색을 입히는 과정을 거쳐 완성된다. 초콜릿, 누가, 퐁당슈거, 아몬드 페이스트 또는 리큐어 드라제는 안의 내용물(noyau)이 흘러내리는 유동성이 있거나 틀로 모양을 찍어낸 것들이다. 대표적인 것으로는 올리브 드 프로방스(olives de Provence), 자갈 혹은 조약돌 모양의 다양한 드라제(cailloux, galets), 리큐어를 넣은 달걀 모양의 드라제(les œufs à la liqueur), 아니스 드 플라비니(anis de Flavigny) 등이 있다. 은색 알갱이 드라제 '실버 펄(perles d'argent)'은 설탕에 젤라틴 베이스의 용액을 씌운 뒤 식용 순 은으로 코팅한 것이다. 강낭콩이나 완두콩 모양으로 만든 소프트 드라제(dragées à froid, dragées Julienne 이라고도 부른다)는 아르파종이나 수아송의 것들(chevriers d'Arpajon, haricots de Soissons 등)이 유명하며, 단단한 투명 또는 불투명 캔디에 희석한 글루코스를 입힌 뒤 슈거파우더로 코팅해 만든다.

DRAMBUIE 드랑뷔이 드램부이. 위스키 베이스에 헤더 꿀과 향 허브를 첨가해 만든 스코틀랜드의 리큐어로 알코올 도수는 40%Vol.이다. 스트레이트 또는 언더락으로 마시며 레몬 껍질을 넣어 마시기도 한다. 제조법은 맥키넌(Mackinnon) 가문이 보유하고 있으며, 1909년부터 상업적으로 판매되기 시작했다. 전해 내려오는 이야기에 따르면, 비밀로 지켜졌던 이 술의 제조법이 1745년 스튜어트 왕가의 찰리 에드워드 왕자에 의해 맥키넌 가문에게 전해졌다고 한다. 유럽 대륙에서는 그리 알려지지 않았지만 미국과 영국에서는 아주 인기가 높다.

DRESSER 드레세 플레이팅하다. 그릇에 음식을 담다. 서빙용 접시에 주재료, 가니시, 소스, 장식용 재료 등을 보기 좋게 배열해 담는 작업을 뜻한다. 파티스리에서 '반죽을 드레세(dresser une pâte)'하는 것은 밀대로 밀거나 틀에 앉히기 또는 짤주머니에 넣어 짜놓기 등을 의미한다. 식당 주방에서 플레이팅은 요리의 모든 구성요소가 동시에 정확하게 완성되었을 때 이루어진다. 더운 요리의 경우 일사천리로 빨리 이루어지며 소스나 장식 등의 마지막 터치로 완성된다. 주재료에 곁들이는 가니시는 항상 철저하게 준비되어 있어야 한다. 파슬리나 송이로 묶어둔 크레송 등은 얼음물에 담가 마지막까지 신선한 상태를 유지해야 하고, 다진 파슬리와 잘게 썬 양파도 면포로 덮어 마르지 않게 보관해야 한다. 양송이버섯은 레몬즙을 뿌려두어 갈변을 막아야하며 튀긴 파슬리는 뜨겁게 유지해야 하고, 혼합 버터는 긴 원통형으로 만들어 랩으로 싸 냉장고에 보관해둔다. 플레이팅에 필요한 도구는 음식을 낼 접시, 오르되브르 등을 담는 길쭉한 접시와 칸이 나뉘어 있는 접시, 원형 볼이나 잔, 탱발, 서빙용 코코트 동냄비(특히 수렵육 요리 서빙시), 채소용 서빙 용기, 소스 용기, 샐러드 접시, 수프 용기, 테린, 작은 볼, 토스트 홀더 등 다양하다. 요리에 따라 특별한 서빙 도구가 필요하기도 하다. 굴이나 해산물은 다리받침 위에 놓인 대형 플레이트에 잘게 부순 얼음을 깔고 서빙한다. 또한 어떤 요리들은 테이블 위에서 음식이 식지 않도록 워머가 필요한 것도 있다. 그밖에도 에스카르고용 접시와 집게, 아스파라거스용 길쭉하고 우묵한 접시 등이 재료에 따른 전용 그릇이 필요하다.

■ **서빙 방법.** 음식은 대부분 큰 플레이트에 서빙된다. 모양에 따라 겹쳐서 나란히 놓거나 교대로 떼어 놓기도 하고 돔 형태로 쌓거나 피라미드형 또는 왕관 모양으로 빙 둘러 놓기도 한다. 수렵육이나 가금류 요리는 크루통을 깔고 그 위에 놓는 방식이 일반적이다. 감자는 플레이팅의 단골 재료

다. 폼 뒤셰스(pommes duchesse)로 가장자리를 장식하거나 폼 파이유(pommes paille)로 새 둥지 모양을 만들기도 하고, 동글동글하게 튀긴 폼 누아제트(pommes noisettes)를 소복이 쌓아내기도 한다. 아티초크 속살, 토마토, 버섯의 갓 등은 가니시 플레이팅용으로 아주 많이 사용된다. 오늘날에는 1인용 분량을 직접 접시에 담아 소스를 뿌리고 가니시를 곁들여내는 개인별 접시 플레이팅(service à l'assiette)이 점점 많아지는 추세이다.

DROUANT 드루앙 1880년 샤를 드루앙이 파리 가이옹 광장과 생 오귀스탱 가 코너에 오픈한 레스토랑. 해산물 요리로 특히 유명한 이 레스토랑은 장 아잘베르(Jean Ajalbert), 레옹 도데(Léon Daudet), 옥타브 미르보(Octave Mirbeau), 로니 형제(frères Rosny) 등 언론인과 문인 고객층이 두터웠다. 레스토랑 드루앙의 인기는 점점 높아져갔으며, 탁월한 와인 셀렉션(특히 화이트와인)으로 명성을 얻었다. 조르주 클레망소가 창간한 일간지 "라 쥐스티스(La Justice)"의 기자들은 매주 금요일 저녁 드루앙에서 정례 식사 회동을 가졌고, 장 아잘베르는 드루앙 측에 '괜찮은 수준의 요리와 공정한 가격의 와인, 그리고 2층 별실을 제공해줄 것'을 제안했다.

하지만 이 레스토랑이 진정으로 문학 역사의 한 장소로 중요한 의미를 지니게 된 것은 공쿠르(Goncourt) 문학 아카데미가 르 그랑 호텔, 샤포, 카페 드 파리에 이어 이곳에서 정례 모임 및 시상식을 개최하게 되면서부터다. 공쿠르 아카데미 회원 중에는 청어 예찬자인 위스만(Huysmans), 압트의 당과류와 부야베스 애호가인 레오 라르기예(Léo Larguier), 라울 퐁숑(Raoul Ponchon) 등 미식가가 여럿 있었다. 특히 레옹 도데(Léon Daudet)는 회원들의 식사에 블랑 드 블랑 샴페인 서빙을 처음 시작했으며, 이 관습은 아직도 그대로 시행되고 있다. 에드몽 드 공쿠르(Édmond de Goncourt)는 자신의 유언에 식사 비용은 일인당 20프랑으로 정해야 한다고 명시했고, 이에 따라 아직도 공쿠르 아카데미 회원은 이에 해당하는 금액을 유로로 환산해 지불하고 있다. 또한 전통에 따르면 식사 메뉴 구성은 가장 최근에 선출된 회원이 하도록 되어 있었으나 실제로는 옥타브 미르보의 계제에 맞지 않는 주도 하에 멤버 중 가장 미식가인 회원과 총무의 의견을 반영해 이루어졌다. 특히 옥타브 미르보는 1907년 적채요리를 메뉴에 넣었다가 식사 참석자들의 거부감을 사기도 했다. 이렇게 만들어진 메뉴들은 수십 년을 거쳐 오며 전통에 따라 레스토랑 3층에 있는 '살롱 루이 16세'의 능직 테이블보를 깐 원탁 위에 서빙되었다(금을 도금한 은제 커틀러리에는 참석자 10명의 이름이 새겨져 있었고, 이들은 따로 함에 보관되어 있었다).

- 1933(수상자: 앙드레 말로, 『인간의 조건(*la Condition humaine*)』: 굴, 오븐에 익힌 강꼬치고기 요리, 칠면조 로스트와 납작한 감자 요리, 보르도식 포치니버섯, 치즈, 프랄리네 아이스크림과 과일.
- 1954(수상자: 시몬 드 보부아르, 『레 망다랭(*les Mandarins*)』: 굴, 대문짝넙치 구이, 샴페인 소스의 브레스 닭 요리, 치즈, 리큐르를 넣은 수플레와 과일
- 1981(수상자: 루시엥 보다르, 『안 마리(*Anne-Marie*)』: 카스피해산 벨루가 캐비아, 포트와인 젤리를 곁들인 푸아그라, 드루앙 특선 랍스터요리, 생위베르 노루 다리요리, 밤 크림, 치즈, 헤이즐넛을 넣은 아이스 수플레, 미냐르디즈.

DRY 드라이 달지 않은 술, 드라이한 술. 베르무트나 진 등의 맛을 지칭하는 용어로, 스위트(doux)의 반대 개념이다. 더 확장해 설탕 함유량이 적은 모든 주류와 그 술이 들어간 칵테일까지 총칭하기도 한다(**참조** COCKTAIL). 그러나 샴페인에 적용되는 경우에는 엑스트라 드라이(extra-dry 꽤 드라이함), 또는 브뤼(brut 매우 드라이함)에 비해 약간 단맛이 있음을 뜻한다. 또한 드라이(Dry)는 미국인들(007 제임스 본드가 좋아하는 칵테일이다)이 매우 선호하는 아주 드라이한 칵테일의 명칭이기도 하다(드라이 마티니 한 방울, 드라이 진 칵테일 계량용 잔 1개 분량(보통 40mℓ), 올리브 1개, 레몬 껍질).

DU BARRY 뒤 바리 콜리플라워가 들어가는 다양한 요리에 붙는 명칭이다. 고기 요리에 곁들이는 뒤 바리 가니시는 주로 폼 샤토(pommes château) 와 콜리플라워(작게 떼어내 데쳐 익혀 행주로 물기를 제거한 콜리플라워에 소스 모르네를 끼얹은 뒤 가늘게 간 치즈를 뿌려 브로일러에 노릇하게 구워낸다)로 구성된다. 이 요리들은 모두 루이 15세의 정부였던 르 바리의 백작부인(comtesse du Barry)에게 헌정된 것들이다. 왜냐하면 당시 메뉴 이름이나 새로운 요리에는 왕의 애첩 이름을 붙이는 것이 관례였고, 크림소스 콜리플라워가 바로 그러한 요리였기 때문이다.

▶ 레시피 : CRÈME (POTAGE), OMELETTE, POTAGE, SALADE.

DUBLEY 뒤블레 큰 덩어리의 고기 요리에 곁들이는 가니시 명칭으로 구운 버섯, 버섯 퓌레를 채워 넣은 폼 뒤셰스 크루스타드로 구성된다,

DUBOIS (URBAIN FRANÇOIS) 위르뱅 프랑수아 뒤부아 프랑스의 요리사(1818, Trets 출생-1901, Nice 타계). 파리의 토르토니(Tortoni)에서 요리에 입문한 뒤 로셰 드 캉칼(Rocher de Cancale)과 카페 앙글레(Café Anglais)를 거친 그는 이후 해외로 진출해 러시아의 오를로프 왕자의 전속 요리사로 일하기도 했고, 독일에서는 전직 나폴레옹 3세의 요리사였던 에밀 베르나르(1826-1897)와 함께 빌헬름 1세의 황실 주방을 맡기도 했다. 고급 연회 식사에서 점차 러시아식(à la russe) 서빙이 늘어나게 된 것은 이를 처음 도입한 요리사 뒤부아의 공로이다. 에밀 베르나르와 공동으로 펴낸 『클래식 요리(*la Cuisine classique*)』(1856)는 그가 이룬 이론적 업적의 기념비와 같은 작품이며, 그 외에도 『모든 나라의 요리(*la Cuisine de tous les pays*)』(1868), 『예술적 요리(*la Cuisine artistique*)』(1870), 『요리사들의 지침서(*l'École des cuisinières*)』(1876), 『도시와 농촌의 부르주아 누벨 퀴진(*la Nouvelle Cuisine bourgeoise pour la ville et pour la campagne*)』(1878), 『파티시에 당과류 제조사 대백과(*le Grand Livre des pâtissiers et des confiseur*)』(1883), 『오늘날의 요리(*la Cuisine d'aujourd'hui*)』(1889), 『오늘날의 파티스리(*la Pâtisserie d'aujourd'hui*)』(1894) 등의 저서를 남겼다.

DUCASSE (ALAIN) 알랭 뒤카스 프랑스의 요리사(1956, Orthez 출생). 랑드 지방의 농부 가정에서 성장한 그는 요리사가 되기 위한 정석 코스를 밟는다. 수스통(Soustons)의 파비용 랑데(Pavillon Landais), 보르도의 호텔 조리학교를 거친 뒤, 외제니 레 뱅(Eugénie-les-Bains)의 미셸 게라르(Michel Guérard), 무쟁(Mougins)의 로제 베르제(Roger Berger)와 파리의 르노트르(Lenôtre)의 지도하에 수련을 쌓았다. 미오네의 알랭 샤펠에게서 그는 요리에 사용하는 재료에 대한 존중의 의미를 깨달았다. 1984년 주앙 레 팽(Juan-les-Pins)의 '테라스 오 주아나(Terrasse au Juana)'에서 미슐랭 가이드의 별 2개를 받은 그는 이어서 1987년 모나코의 오텔 드 파리(Hôtel de Paris)의 주방 총책임자로 입성해 레스토랑 루이캥즈(Louis XV)를 오픈한다. 1990년 이 레스토랑은 미슐랭 가이드의 별 셋을 획득한다. 1997년 파리로 진출한 그는 오텔 뒤 파르크(Hôtel du Parc)에 이어 플라자 아테네(Plaza Athénée)에서, 2005년에는 뉴욕 에섹스 하우스(Essex House)에서 각각 별 셋을 받는 등 그 활동무대를 넓혀간다. 그 사이 세트 메뉴 위주의 캐주얼한 식당들(Spoon, Bar et Boeuf)을 파리, 도쿄, 모나코, 생 트로페, 런던, 모리셔스 등에 오픈했으며 복고풍 비스트로(Aux Lyonnais, Benoît)와 옛 식당의 정취를 풍기면서도 현대적인 맛을 내는 식당들을 선보이기도 했다(l'Abbaye de La Celle, la Bastide de Moustiers, Ostapé). 그의 이 같은 활발한 행보는 에스코피에와 세자르 리츠에 이어 세계 어디에나 자신이 동시에 존재할 수 있음을 증명해 보이는 듯했다. 또한 그는 기본 참고서가 될 만한 다수의 요리책(특히 남부 해안 지방의 요리)을 출간했으며, 요리 학교를 운영하며 전 세계 고급 레스토랑에서 실력을 발휘한 인재들을 양성하는 데 힘을 쏟고 있다.

DUCHESSE 뒤셰스 애피타이저나 가니시 또는 디저트(예를 들어 프로피트롤)로 서빙되는 짭짤한 맛 또는 단맛의 슈. 짭짤한 뒤셰스는 주로 무스나 살피콩을 채워 넣는다. 디저트로 서빙되는 뒤셰스는 바닐라 크렘 파티시에나 샹티이 크림을 채운 뒤 퐁당슈거 등으로 아이싱 하고, 다진 피스타치오나 아몬드 슬라이스 또는 코코아 가루를 뿌린다. 뒤셰스는 머랭 셸이나 랑그 드 샤 반죽을 동그랗게 구워낸 과자에 향을 낸 프렌치 버터크림을 발라 샌드처럼 붙인 프티푸르를 지칭하기도 한다. 그 외에 아주 맛있는 겨울철 서양 배 품종의 이름이기도 한 뒤셰스는 서양 배가 들어가는 다양한 디저트에도 종종 붙는 명칭이다.

duchesses (petits-fours) **뒤셰스(프티푸르)**

베이킹 팬 3장에 버터를 바르고 밀가루를 뿌려둔다. 볼에 아몬드 가루 100g, 설탕 100g, 밀가루 40g을 넣고 섞는다. 달걀흰자 6개분을 휘핑해 단단히 거품을 낸 다음 가

루재료와 조심스럽게 섞는다. 녹인 버터 40g을 넣어준다. 혼합물을 짤주머니에 넣고 베이킹 팬에 조금씩 짜 놓는다. 275°C로 예열한 오븐에서 4-5분간 굽는다. 오븐에서 꺼내 동그란 과자를 바닥에서 떼어낸다. 녹인 버터 40g과 프랄리네 200g을 잘 섞은 다음, 두 장의 과자 사이에 바르고 샌드위치처럼 붙인다. 서빙 전까지 냉장고에 보관한다.

DUCHESSE (À LA) 아 라 뒤셰스 폼 뒤셰스(pommes duchesse)를 곁들이거나 빙 둘러 장식한 요리를 지칭한다(수란, 소 안심 스테이크, 생선 그라탱 등). 파티스리에서 '아 라 뒤셰스'는 아몬드가 들어간 것을 가리킨다.

▶ 레시피 : AMANDINE, BOMBE GLACÉE.

DUCHESSE (POMMES) 폼 뒤셰스 뒤셰스 감자, 뒤셰스 포테이토. 감자를 으깬 퓌레에 버터와 달걀노른자를 섞어 짤주머니로 모양내어 짠 뒤 오븐에 구운 것으로 주로 고기요리에 가니시로 곁들인다. 폼 뒤셰스는 또한 장식용으로도 사용된다(음식의 테두리 장식, 조개껍데기나 조개 모양 그릇에 담은 음식, 크루스타드, 카솔레트 등). 또는 빵가루를 묻혀 튀겨 크로켓을 만들 수도 있다. 송로버섯을 넣어 풍미를 더하기도 하고, 겉에 아몬드 슬라이스를 묻혀 동그란 크로켓으로 튀기기도 한다. 이것을 폼 베르니(pommes Berny)라고 한다. 한편 다진 햄을 섞고 가는 버미첼리를 표면에 묻혀 길죽한 원통형으로 튀겨낸 것을 폼 생 플로랑탱(pommes saint-florentin)이라 부른다.

▶ 레시피 : POMME DE TERRE.

DUCLOUX (JEAN) 장 뒤클루 프랑스의 요리사(1920, Tournus 출생–2011, Tournus 타계). 당과류 제조업자의 손자였던 그는 솔리외에 있는 알렉상드르 뒤멘(Alexandre Dumaine)의 레스토랑에서 처음 요리에 입문한다. 이후 디종에서 견습 기간을 마친 뒤 앙리 라쿠쇼(Henry Racouchot)의 식당 레 트루아 프장(les Trois faisans)에서 일한다. 12년 후 고향 투르뉘에 그뢰즈(Greuze)라는 식당을 연 그는 식재료를 존중하며 전통을 지켜나가는 요리사로서 진솔한 요리 행보를 이어간다. 그의 식당은 1949년 미슐랭 가이드의 첫 번째 별을, 1978년 두 번째 별을 획득한다. 장 뒤클루는 1987년에 저서 『전통 요리(*La Cuisine traditionnelle*)』를 출간했다. 그의 파테 앙 크루트, 라쿠쇼 강꼬치고기 크넬, 기름을 발라내지 않은 꽃등심 요리는 전설적인 메뉴로 남아 있다.

DUGLÉRÉ (ADOLPHE) 아돌프 뒤글레레 프랑스의 요리사(1805, Bordeaux 출생–1884, Paris 타계). 앙토냉 카렘의 제자인 그는 로칠드 가문의 요리장으로 일했으며 이후 레 프레르 프로방소(les Frères provençaux)의 주방을 총괄했다. 1866년 카페 앙글레(Café Anglais)의 총괄 셰프가 되었고 이 레스토랑의 역사와 함께 남는 인물이 되었다. 사람들은 그를 '명상을 위해 조용히 혼자 있는 것을 즐기는 과묵한 예술가'라고 묘사했다. 그의 요리로 카페 앙글레는 제2제정시대 유명 식당으로서의 명성을 널리 떨치게 되었다. 제르미니 포타주, 폼 안나, 뒤글레레 스타일 서대와 농어 요리, 영국식 수플레 등이 대표적인 인기 메뉴였다. 1867년에는 러시아 황제 알렉산드르 2세, 프로이센의 빌헬름 1세, 독일의 비스마르크가 참석한 '세 황제의 만찬(dîner des Trois Empereurs)'이 카페 앙글레에서 있었고, 뒤글레레 셰프가 구성한 메뉴로 진행되었다.

'요리계의 모차르트'
아돌프 뒤글레레가 제안하는
1867년 6월 7일 만찬 메뉴

수프 POTAGES
포타주 앵페라트리스 potage impératrice
포타주 퐁탕주 potage Fontanges

오르되브르 HORS-D'ŒUVRE
수플레 아 라 렌 soufflés à la reine

를르베 RELEVÉS
베네치아풍의 서대 필레 filets de sole à la vénitienne
대문짝넙치 에스칼로프 그라탱 escalopes de turbot au gratin
양 볼기등심과 브르통 퓌레 selle de mouton purée bretonne

앙트레 ENTRÉES
포르투갈식 닭고기 요리 poulet à la portugaise
더운 메추리 파테 pâté chaud de cailles
파리스타일 랍스터 요리 homard à la parisienne
샴페인 소르베 sorbets au vin

로스트 RÔTIS
루앙식 새끼오리 구이 caneton à la rouennaise
카나페 위에 얹은 멧새 구이 ortolans sur canapés

앙트르메 ENTREMETS
스페인식 가지 요리 aubergines à l'espagnole
아스파라거스 asperges en branches
카솔레트 프랭세스 cassolettes princesse

디저트 DESSERTS
봉브 글라세 bombes glacées

와인 VINS
마데이라 madère "Retour de l'Inde"
셰리 xérès
샤토 디켐 1847 château-d'yquem 1847
샤토 마고 1847 château-margaux 1847
샤토 라피트 1847 château-lafite 1847
샤토 라투르 1848 château-latour 1848
샹베르탱 1846 chambertin 1846
로드레 샴페인 champagne Roederer

▶ 레시피 : SOLE, TURBOT.

DUMAINE (ALEXANDRE) 알렉상드르 뒤멘 프랑스의 요리사(1895, Digoin 출생–1974, Digoin 타계). 12살의 나이에 파레 르 모니알 호텔 주방에서 견습을 시작한 알렉상드르 뒤멘은 차곡차곡 요리 수업을 밟아나가며 경력을 쌓았고, 당시 유명한 식당 여러 곳(비시와 칸의 르 칼튼(le Carlton)에 이어, 파리의 카페 드 파리(Café de Paris)와 오텔 루부아(hôtel Louvois), 알제리 비스크라의 오텔 드 로아지스(hôtel de l'Oisis) 등)에서 실력있는 셰프로 이름을 떨쳤다. 1932년 솔리외(Saulieu)에 자신의 레스토랑 오텔 드 라 코트 도르(hôtel de la Côte-d'Or)를 오픈한 그는 아내와 함께 이곳을 훌륭한 미식의 성지로 일구어냈다. 그의 레스토랑은 비엔의 페르낭 푸엥(Fernand Point), 발랑스의 앙드레 픽(André Pic)과 더불어 1930년대에서 1950년대에 가장 인기 있던 지방 요리의 3대 명소 중 하나였다. 1964년 현역에서 은퇴한 그는 앙리 클로주브(Henry Clos-Jouve)와 함께 레시피를 담은 회상록 『나의 요리(*Ma cuisine*)』를 집필했다.

DUMAS (ALEXANDRE) 알렉상드르 뒤마 프랑스의 작가(1802, Villers-Cotterêts 출생–1870, Dieppe 타계). 1869년 젊은 편집자 알퐁스 르메르가 내놓았던 『요리대사전(*Grand Dictionnaire de cuisine*)』의 집필 제안을 수락한다. 이 기념비적인 거대한 작업(총 1,152페이지)의 집필을 위해 조용한 환경이 필요했던 뒤마는 은퇴 후 자신의 요리사인 마리와 함께 로스코프에 정착한다. 집필 작업은 뒤마가 타계하기 몇 주 전인 1870년 3월에 끝났고, 책은 1872년에 출간되었다. 뒤마는 이 괄목할 만한 대작과 함께 그의 이름 또한 후손 대대로 남게 되리라 확신했다. 앙토냉 카렘의 제자인 조제프 뷔유모(Joseph Vuillemot)의 도움이 있긴 했지만 이 책은 엄격히 요리 측면에서만 보자면 그다지 신뢰할 만한 수준은 아니다. 뷔유모는 1882년 이 사전의 개정 요약 편집본을 다시 출간했다. 하지만 내용상의 오류나 누락, 때로는 저자의 신랄한 주장에도 불구하고 이 책은 정신이 번쩍 들도록 민첩하고도 재미있는 문체로 쓰였을 뿐 아니라 학구적이면서도 해학적인 글과 재미있는 일화가 가득하다. 아르나볼디(J. Arnaboldi)는 "입맛을 다루는 무협 소설 중 가장 맛있는 작품이다"라고 평가했다.

뒤마는 또한 파리의 여러 레스토랑의 충실한 단골이었다. 라 메종 도레가 있던 건물에 자신의 정식 사무실이 있었다. 그는 또한 브레방 바셰트, 로셰 드 캉칼, 자키 클럽(여기서 자신이 아끼던 젊 구페와 자주 식사를 즐겼다), 레스토랑 드 프랑스(마들렌 광장에 있는 이 식당에서 그의 친구 뷔유모는 뒤마를 위한 유명한 만찬을 열었다, 메뉴는 포르토스 랍스터, 몬테크리스토 안심 스테이크, 뒤마 샐러드, 고랑플로(gorenflot) 등이 서빙되었다) 등의 레스토랑에 자주 드나들었다. 뒤마는 자신이 직접 샐러드 드레싱을 만드는 데 명예를 걸었다. "샐러드 볼에 2인분 기준 삶은 달걀노른자 1개를 넣고 기름을 넣은 다음 잘 으깨 페이스트처럼 만든다. 여기에 처빌, 짓이긴 타임, 곱게 으깬 안초비, 다진 코르니숑, 삶은 달걀흰자를 다져 넣는다. 소금, 후추로 간한다. 여기에 아주 좋은 식초를 넣어 개어준 다음 샐러드 재료를 넣는다. 이때 시종을 불러 샐러드를 잘 섞으라고 말한다. 끝나면 나는 손을 높이 들고 파프리카 가루 한 자밤을 떨어뜨린다. 이제 먹기만 하

Dresser 플레이팅

"셰프들에게 있어서 서빙할 음식을 그릇에 담는 작업은 그들의 창의성을 드러내고 자신만의 개성이 넘치는 마지막 손길을 담아 요리를 더욱 빛나게 할 수 있는 좋은 기회다. 파리 리츠 호텔과 레스토랑 가르니에, 엘렌 다로즈, 에콜 페랑디, 크리용 호텔의 요리사들은 고객에게 최대의 즐거움을 선사하고자 최선을 다해 자신들의 상상력을 발휘하여 아름다운 플레이팅을 하고 있다."

면 된다." 뒤마의 또 한 가지 유명한 샐러드인 송로버섯 샐러드는 은 나이프로 얇게 저민 송로버섯을 넣고 주인의 기분에 따라 샴페인, 리큐어 혹은 아몬드 밀크를 드레싱에 넣는다.

DUMPLING 덤플링 반죽을 동그랗게 빚어 액체에 삶아낸 완자의 일종으로 일반 요리에 가니시로 곁들이거나 달콤한 디저트로 서빙한다. 앵글로색슨 요리에서 아주 흔히 볼 수 있으며, 오스트리아와 독일의 크뇌델(Knödel)이나 클뢰세(Klösse)와 비슷하다. 빵 반죽 베이스의 덤플링은 전통적으로 당근과 함께 국물에 푹 익힌 소고기, 완두콩 퓌레 등에 곁들여 먹는 전형적인 런던 '코크니(cockneys)' 음식으로 여전히 많이 먹는 메뉴다. 이 덤플링 크넬은 밀가루에 소기름을 섞어서 만들며 끓는 고기국물에 삶아낸다.

영국식 애플 덤플링은 발효 반죽으로 만든 두이용(**참조** DOUILLON)의 일종이다. 미국에서 덤플링은 밀가루, 이스트, 버터, 우유를 넣어 만든다. 호두만 한 크기로 동그랗게 빚어 채소 수프나 스튜 국물, 소고기나 닭고기 콩소메에 데쳐 익힌다. 반죽에 옥수수 가루나 감자 퓌레, 가늘게 간 치즈나 빵가루를 넣기도 한다. 아주 약하게 끓는 물에 데쳐 익힌 뒤, 고기 로스트나 삶은 고기 등에 곁들여 먹는다. 달콤한 맛의 덤플링은 과일 향을 낸 시럽에 데쳐 콩포트, 마멀레이드, 녹인 버터나 크림 등을 곁들여 먹는다. 경우에 따라 덤플링 안에 과일을 채워 넣기도 한다.

DUNAND 뒤낭 스위스 출신의 부자(父子) 요리사(Dunan, Dunant으로 표기된 경우도 있다). 아버지 뒤낭은 콩데 친왕의 총주방장이었다. 아들 뒤낭이 이를 이어받았고 1793년 콩데 친왕이 유배 길에 오를 때 동행하게 된다. 12년 후 프랑스로 귀환한 아들 뒤낭은 나폴레옹 1세의 요리를 담당하게 된다. 마렝고 치킨을 처음 만든 요리사로 알려져 있지만 실제로 프랑스가 오스트리아와의 전쟁에서 승리한 것은 1800년의 일인 반면, 뒤낭은 1805년까지 콩데 친왕의 요리사로 일했다. 한편 식탁에서 거의 시간을 보내지 않았던 나폴레옹 황제는 뒤낭의 크레피네트를 아주 좋아했다고 전해진다. 제국의 몰락 이후 뒤낭은 베리 공작의 요리사로 들어갔으나, 나폴레옹이 복위한 백일천하 시절 다시 나폴레옹의 요리사로 복귀한다. 하지만 이후 세인트헬레나로 유배된 그를 따라가지는 않았다.

DURAND 뒤랑 레스토랑 뒤랑. 파리 마들렌 광장에 위치한 레스토랑으로 현재는 사라졌지만 뤼셰(A. Luchet)에 따르면 1860년대에 카페 리슈(Café Riche), 카페 아르디(Café Hardy)에 이어 '세 번째로 훌륭한 맛과 분위기의 명소'였다고 한다. 단골손님 중에는 문인과 정치가들이 많았으며 특히 불랑제, 아나톨 프랑스, 에밀 졸라(그는 이곳에서 『나는 고발한다(*J'accuse*)』를 집필하기도 했다) 등이 자주 드나들었다. 셰프 부아롱(Voiron)이 소스 모르네(sauce Mornay)를 처음 선보인 것도 이 레스토랑에서다.

DURAND (CHARLES) 샤를 뒤랑 프랑스의 요리사(1766, Alès 출생—1854, Nîmes 타계). '프로방스 요리계의 카렘'이라는 별명을 얻은 뒤랑은 아를, 님, 몽펠리에 지역 주교의 요리사였다. 1790년에 고향에서 식당을 개업한 그는 이어서 1800년 님(Nîmes)에 자신의 레스토랑을 연다. 특히 그는 지방 요리들이 해당 지역 바깥에는 전혀 알려지지 않았던 시절인 1830년에 프로방스의 정통 레시피들을 엮은 책 『요리사 뒤랑(*le Cuisinier Durand*)』을 펴냈고, 이를 통해 파리에 브랑다드와 남프랑스의 여러 요리들을 전파했다.

DURIAN 뒤리앙 두리안. 아욱과에 속하는 나무로 말레이시아가 원산지인 두리안은 동남아시아, 특히 베트남과 필리핀에서 많이 재배되고 주로 소비된다(**참조** pp. 404-405 열대 및 이국적 과일 도감). 약간 길쭉하고 큰 멜론 형태로 무게는 최대 5kg에 육박한다. 녹색을 띤 단단한 껍질에 싸여 있는데 껍질 표면은 굵고 뾰족한 돌기가 피라미드형으로 솟아 있다. 흰색 또는 연한 노란색을 띤 과육은 크리미하고 풍미가 좋으며 안에는 윤기나는 밝은 갈색의 큰 씨들이 들어 있다. 하지만 너무 익으면 썩은 인분을 연상시킬 정도의 심한 냄새를 풍긴다. 두리안 열매는 완숙 후 껍데기에 균열이 가기 시작할 때 먹는다. 생으로 아무것도 첨가하지 않고 작은 스푼으로 떠먹거나 오르되브르, 디저트로 많이 먹는다. 씨는 밤처럼 구워 먹을 수 있다. 또한 설탕과 생크림을 넣고 마멀레이드를 만들어 먹기도 한다. 자바섬에서는 코코넛 밀크를 넣고 과일 젤리를 만들어 먹는다. 두리안이 유럽에 처음 등장한 것은 1975년경이다.

DUROC 뒤록 제정시대의 사령관 제로 뒤록(Géraud Duroc)(1772, Pont-à-Mousson 출생—1813, Markersdorf 타계)에게 헌정된 요리 이름이다. 적당한 크기로 자른 고기나 가금류를 소테한 다음 노릇하게 지진 햇감자(pommes cocotte)를 곁들인다. 잘게 썬 토마토를 얹고, 고기를 익힌 팬에 남은 육즙으로 만든 소스 샤쇠르(sauce chasseur)를 끼얹어낸다.

DUSE 뒤즈 이탈리아의 연극배우 엘레오노라 두세(1858, Vigevano 출생—1924, Pittsburg 타계)에 경의를 표하고자 그 이름을 붙인 요리 가니시다. 버터에 살짝 익힌 생 그린빈스와 껍질을 벗겨 익힌 토마토, 파르망티에 감자로 이루어지며 주로 큰 덩어리로 서빙되는 고기 요리에 곁들인다. 이 명칭은 또한 서대 필레(소를 채워 데쳐 익히거나 사바랭 틀에 쌀과 함께 넣어 모양을 만든다)를 왕관처럼 빙 둘러 놓고 소스 모르네를 끼얹은 뒤 윤기나게 살짝 구워낸 요리를 지칭한다. 생선으로 빙 두른 가운데 빈 공간에는 화이트와인 소스와 섞은 잘게 썬 새우살을 채워 넣고 다진 송로버섯을 뿌려 서빙한다.

DUTOURNIER (ALAIN) 알랭 뒤투르니에 프랑스의 요리사(1949, Cagnotte 출생). 랑드 지방의 한 마을에서 태어났으며 목수인 아버지와 요리사 어머니를 둔 알랭 뒤투르니에는 자신의 뿌리에 충실한 요리사다. 툴루즈에 있는 피레네 호텔 조리학교에서 학업을 마친 그는 파리로 올라가 1973년에 트루 가스콩(le Trou Gascon), 1986년 카레 데 푀이양(Carré des Feuillants), 그리고 2004년에는 핀초(Pinxo) 레스토랑을 열었다. 동시에 운영하고 있는 이 업장들은 그가 지닌 역량의 각기 다른 세 가지 면모를 잘 보여준다. 트루 가스콩(미슐랭 1스타)은 프랑스 남서부의 식재료(랑드 지방의 햄 또는 카슐레 등)를 활용한 전통 비스트로이고, 카레 데 푀이양(미슐랭 2스타)은 새로운 창조와 전통을 바탕으로 한 고급 파인다이닝을 표방한다. 핀초는 그 이름이 보여주듯 스페인 바스크 지방의 타파스 바 형태의 식당으로 상상력을 발휘한 현대적인 메뉴를 선보인다. 그의 요리 중 알바산 화이트 트러플을 넣은 밤 카푸치노 수프, 더운 포치니 버섯 파테, 피스타치오 비스퀴 뤼스 등은 가장 인기 있는 메뉴다. 그는 자신의 레시피를 모아 엮은 책 『나의 요리, 카레 데 푀이양의 랑드 요리(*Ma cuisine: des Landes au Carré des Feuillants*)』(2000)를 출간했다.

DUVAL (PIERRE-LOUIS) 피에르 루이 뒤발 프랑스의 정육점 주인(1811, Montlhery 출생—1870, Paris 타계). 옛 튈르리 궁에 정육을 납품했으며, 파리에서 여러 개의 정육점을 운영하고 있던 그는 1860년 단일 메뉴(푹 끓여 익힌 소고기와 국물)를 정찰 가격으로 파는 작은 식당 오픈 계획을 세운다. 이렇게 탄생한 몽테스키외 가의 첫 번째 부이용(bouillon) 식당은 곧 12개로 늘어났다. 아들 알렉상드르는 이 체인을 성공적으로 키워나갔고 엄청난 부를 축적했다. 파리에서 아주 잘 알려진 특출한 인물로, 풍자가로부터 '부이용 계의 고드프루아(Godefroi de Bouillon)'라는 별명을 얻기도 한 그는 식당 여종업원들을 위한 행진곡(Marche des petites bonnes)를 작곡하기도 했다. 그의 부이용에서 서빙을 담당했던 여종업원들은 모두 흰색 레이스 캡을 쓰고 있었으며, 이는 레스토랑의 전통적인 남성 서버인 가르송(garçon)을 대신하게 된 첫 사례다.

DUXELLES 뒥셀 다진 양송이버섯과 양파, 샬롯을 버터에 숨이 죽도록 볶은 것. 뒥셀은 주로 소를 채우는 용도로 쓰이며, 소스나 다양한 요리의 가니시 또는 구성 재료로 널리 활용된다. 이 요리들은 대부분 이름에 '아 라 뒥셀(à la duxelles)'이라고 명시돼 있다.

***duxelles de champignons* 뒥셀 드 샹피뇽**

양송이버섯 뒥셀 : 양송이버섯 250g의 밑동에 묻은 흙을 깨끗이 닦아내고 물에 재빨리 헹궈 씻은 다음, 물기를 닦아내고 잘게 다진다. 양파 1개와 작은 샬롯 1개를 잘게 썬다. 소테팬에 버터를 넉넉히 한 조각 넣고 달군 다음 양파와 샬롯을 넣고 수분이 나오도록 볶는다. 이어서 다진 버섯을 넣고 소금, 후추, 넛멕 간 것 약간(생선 요리에 곁들이는 경우는 제외)을 넣어준다. 센 불에서 볶으며 채소에서 나온 수분을 증발시킨다. 뚜껑을 덮어 보관한다. 뒥셀을 요리의 가니시로 사용할 경우에는 생크림 1테이블스푼을 넣는다.

fonds d'artichaut à la duxelles ▶ ARTICHAUT
navets farcis à la duxelles ▶ NAVET
sauce duxelles ▶ SAUCE
tranches de colin à la duxelles ▶ COLIN

E

EAU 오 물. 가장 천연의 성질을 띤 음료로, 신체 기능과 유지에 필수불가결한 성분이다(신진대사와 체온조절, 체내기관 수분공급 등을 위해서는 체중 1kg당 하루 40㎖의 물이 필요하다). 마실 수 있는 물은 무색투명, 무취이어야 하며 특히 세균이 없는 순수한 상태여야 한다(빗물의 경우는 일반적으로 대기 중의 불순물이 함유돼 있다). 또한 석회질, 마그네슘, 인, 탄산 등이 고른 수준으로 아주 낮게 포함된 '연성'을 띠어야 하며, 또한 산소가 함유되어 있어야 한다. 산소량이 충분하지 않은 이른 바 '무거운 물(중수)'은 석회질이 다량 함유되어 있는 '날것 그대로의 물(eau crue)'로, 채소 등을 익히는 용도로 적합하지 않다. 무기염 비중이 높은 물에서는 종종 찝찔한 맛, 알칼리성의 씁쓸한 맛, 흙내 등이 나기도 한다. 처리를 거친 뒤 도시에 공급되는 수돗물은 간혹 약한 염소 냄새가 나기도 한다. 이 물의 수질, 특히 질산염 함량은 매우 엄격한 통제 하에 관리되고 있으며, 그 경계 수준은 위생상의 위험을 초래할 수 있는 함량을 훨씬 밑돈다. 하지만 수돗물을 영아에게 주어서는 절대 안 될 뿐 아니라 임산부들도 마시지 말 것을 권장한다. 특히 질산염 함량치가 높은 경우(몇몇 농업 지역이 해당된다)에는 식수로 금지돼 있다.

물은 영양학적으로 가장 이상적인 음료(끼니 사이나 공복 시 또는 아침 기상 직후)일 뿐 아니라 양조나 과일 음료 등을 만드는 데 반드시 필요한 원재료다. 뿐만 아니라 요리에서도 매우 중요한 역할을 하며(물에 익히는 조리법, 국물을 내는 요리, 포타주, 수프 등) 차나 커피 등 향이 있는 재료를 우려서 마시는 용도로도 사용된다. 일반 수돗물의 경우 석회질이 염기(알칼로이드)를 침전시켜 그 향의 많은 부분이 중화될 수 있으므로, 차 등을 우릴 때는 대개 천연광천수 사용을 권장한다. 물을 너무 오래 끓이면 점점 탄산가스가 많아지며 산소 함량이 줄어들어 중수에 가까워진다.

EAU DE DANTZIG 오 드 당치그 골드바서(Goldwasser). 세드라 레몬 제스트, 레몬 밤 잎, 메이스(육두구 껍질)를 담가 향을 낸 증류주를 필터로 여과한 뒤 설탕을 첨가하고 작은 입자의 22K 금박을 넣은 리큐어. 폴란드가 원산지인 이 단스크 골드 워터(eau d'or de Dantzig)는 특히 19세기에 인기가 많았다(독일어 이름으로 불렸다). 클래식 요리에서는 특히 로칠트 수플레(soufflé Rothschild)에 향을 내는 데 사용된다.

EAU MINÉRALE NATURELLE 오 미네랄 나튀렐 천연 광천수. 천연 미네랄 워터. 의학 아카데미의 소견에 의거하여 보건부의 공인 하에 확보한 수원에서 채수하는 천연 지하수. 최소 기준 이상의 미네랄 미량원소 성분 및 기타 인체에 유익한 무기질을 함유하고 있는 식용수로, 수원지에서 직접 병입하여 그 성분 및 특징을 그대로 보존한다. 또한 물의 성질에 변화를 초래할 수 있는 처리를 해서는 안 되며, 오로지 공기 주입, 산소 처리, 침전, 여과 작업만이 허용되고 있다.

주로 산악지대(프랑스에서는 특히 론 알프나 로베르뉴 지역)의 수원에서 나오는 광천수는 탄산이 없는 일반 물(자연적으로 탄산가스가 소멸된 경우이며 이는 제품 표시에 명시된다), 약간의 천연 탄산을 함유하고 있는 물, 또는 탄산이 첨가된 물(순수 가스를 주입하며, 이 또한 품질 표시에 명시된다) 등으로 나뉜다.

식사에 천연 광천수를 곁들여 서빙하는 경우가 점점 더 느는 추세이며, 특히 아페리티프에도 스파클링 광천수의 소비가 늘어나고 있다. 특별히 미네랄 성분(중탄산염, 황산염, 칼슘, 마그네슘, 불소 등)의 함량이 높은 광천수도 있으며, 제품 포장에 성분표시와 의학적 효능 및 금기 징후 등에 대해 명시돼 있다. 미네랄 함량 수준이 가장 낮은 광천수는 젖먹이 영아용으로 적합하다.

유럽에서 천연 광천수의 소비량은 이탈리아(1인당 연간 200ℓ 소비)가 가장 많으며 프랑스(150ℓ), 벨기에(145ℓ), 독일(130ℓ)이 뒤를 잇고 있다.

EAU DE SOURCE 오 드 수르스 샘물. 지하에서 채수한 물. 몸에 이로운 광물질을 함유하고 있지는 않다는 점에서 천연 광천수와 차별화된다. 그렇기 때문에 어떠한 경우라도 이 물은 의학적 효능이 있거나 미네랄이 함유돼 있다고 말할 수 없다. 시중에 판매되는 샘물은 수원지에서 병입되며, 그 처리와 관리는 엄격한 기준에 부합해야 한다. 공기주입, 침전, 여과 및 탄산가스 주입(제품 표시 레이블에 명시되어야 한다)만이 허용된다.

EAU-DE-VIE 오드비 증류를 통해 얻어지는 스피릿 주류. 연금술사들은 증류주를 생명의 물(라틴어 aqua vitae)이라고 불렀다. 본래 치료의 목적으로 제조되었던 오드비는 이후 증류 기술의 발전과 향의 부케를 더욱 복합적이고 풍성하게 해주는 다양한 향료의 첨가 덕에 그 자체로서 큰 인기를 얻게 되었다. 오드비라는 명칭은 처음에 포도주를 증류해 만든 알코올 도수 70%Vol. 이하의 술을 지칭했으나, 이후 모든 종류의 발효액을 원료로 한 모든 종류의 증류주를 통칭하게 되었다.

■ **제조.** 과일주를 증류해 만드는 흰색의 오드비로는 키르슈, 미레이블, 윌리암 서양 배 리큐어, 포도주를 원료로 한 오드비인 브랜디로는 코냑, 아르마냑 등이 있으며 사과 발효주인 시드르로는 칼바도스를 만든다(모든 '고급' 오드비의 이름은 대부분 그 생산지역에서 따온 것이며, 원산지 명칭 통제 대상으로 보호를 받고 있다).

그 밖에도 포도 지게미로 만든 증류주 마르(marc), 사탕 수수즙으로 만든 럼, 선인장 꽃 아가베즙으로 만든 테킬라, 곡류를 원료로 한 위스키, 버

샬롯의 종류 및 특징

품종	산지	출하 시기	외형
회색 품종 *type grise*			
그리젤 griselle	쉬드 에스트, 쉬드 우에스트	7월-2월	작고 갸름하며 베이지 톤의 회색을 띠며 살은 보라색이다.
저지 또는 로즈 품종 *type Jersey ou rose*			
롱 longue	브르타뉴, 발 드 루아르	연중	길쭉한 형태에 구릿빛을 띠며 살은 흰색 또는 핑크색이다.
세미 롱 demi-longue	브르타뉴, 발 드 루아르	연중	중간 크기로 구릿빛을 띠고 있으며 살은 흰색 또는 핑크색이다.
라운드 ronde	프랑스 동부	연중	짧고 둥근 형태로 구릿빛을 띠며 살은 흰색 또는 짙은 핑크색이다.

ÉCHALOTES 샬롯

échalote grise
에샬롯 그리즈. 회색 샬롯

type Jersey ou de Bretagne ronde
저지, 브르타뉴 롱드. 브르타뉴 라운드 샬롯

type Jersey ou de Bretagne demi-longue
저지, 브르타뉴 드미 롱그. 브르타뉴 세미 롱 샬롯

type Jersey ou de Bretagne longue
저지, 브르타뉴 롱그. 브르타뉴 롱 샬롯

échalote rose (Argentine)
샬롯 로즈(아르헨티나). 핑크 샬롯

번, 진, 아쿠아비트, 보드카(경우에 따라 감자로 만들기도 한다)와 슈냅스 등이 있다.

대부분의 오드비는 오크통에서 몇 년간 숙성된다. 나무와의 접촉을 통해 어린 술이 지닌 떫고 거친 특성이 부드러워지며 향이 더욱 살아나게 된다. 오늘날 이 숙성 기간은 엄격하게 관리되고 있으며, 병의 레이블에는 오드비의 특성과 숙성기간이 별 표시, 특정 약자 이니셜 및 프리미엄 명칭 등을 통해 명시돼 있다(**참조** ALCOOL).

대량 생산되는 증류주 오드비는 주로 칵테일이나 아페리티프(진, 보드카, 위스키)용으로 많이 소비된다. 더욱 향이 농축되어 있고 고급으로 인정받는 소규모 전통공방 생산 아티장 오드비는 식후주인 디제스티프로 많이 즐긴다. 이 둘 모두 요리나 파티스리에서 마리네이드, 플랑베, 향 내기 등 맛을 더하는 용도로 자주 사용된다.

▶ 레시피 : ABRICOT, CERISE, PRUNE.

ÉBARBER 에바르베 날생선의 지느러미를 가위로 잘라내다. 정어리나 빙어 등 크기가 아주 작은 어종을 제외한 모든 생선의 지느러미 제거 작업을 뜻한다. 또한 통째로 서빙되는 납작한 생선(광어, 서대, 대문짝넙치 등)의 지느러미 역할을 하는 연골질의 날개 수염(barbes)을 가위로 잘라내는 작업도 포함된다. 홍합이나 굴을 익히고 난 뒤 외투막 주변의 수염을 제거하거나, 수란을 익혀 건져낸 다음 가장자리에 실처럼 너덜너덜한 흰자를 잘라내 깔끔한 모양으로 다듬는 작업도 모두 에바르베라고 부른다.

ÉBOUILLANTER 에부이앙테 끓는 물에 데치다. 식재료의 질감을 단단하게 하기, 표면의 불순물을 제거하기, 껍질이 쉽게 벗겨지도록 하기, 조직을 연하게 만들기, 쓰거나 떫은맛을 없애기 등의 목적으로 식품을 끓는 물에 넣어 데치거나 익히는 과정을 가리킨다. 또한 잼 등을 담아 보관하기 전 유리병을 미리 끓는 물에 삶는 작업도 포함된다. 열탕소독 효과 및 뜨거운 내용물을 채워 넣을 때 갑작스런 온도변화로 인해 병이 깨지는 것을 막을 수 있다.

ÉCAILLER 에카이예 생선의 비늘을 제거하다. 세로로 뾰족한 날이 있는 전용 비늘 제거기로 긁어내면 쉽게 비늘을 제거할 수 있으며, 가리비조개 껍데기를 사용해도 된다. 또한, 조개류의 껍데기를 까는 작업을 의미하기도 한다. 외부에 굴 진열대가 있는 레스토랑에서 굴을 까는 사람을 에카이예라고 부르기도 하며, 의미를 확장해 조개와 해산물을 전문으로 판매하는 상인을 지칭하기도 한다.

ÉCALER 에칼레 반숙, 완숙 등으로 익힌 달걀의 껍데기를 벗기다. 익힌 달걀을 바로 찬물에 넣어 식힌 다음 평평한 작업대 바닥에 놓고 굴려 금을 내면 쉽게 껍질을 벗길 수 있다.

ÉCARLATE (À L') 아 레카를라트 돼지고기나 소고기를 초산염(醋酸鹽)수에 일정 시간 담가둔 것으로, 고기 덩어리 전체에 선명한 붉은색 물이 든다. 이것을 물에 데쳐 삶아낸다. 경우에 따라 붉은색 색소로 문질러 진한 붉은색을 내기도 한다. 주로 우설을 이용해 만들며, 채소를 곁들여 더운 요리로 내거나 또는 오르되브르로 차갑게 먹는다. 특히 아 레카를라트라는 명칭이 붙은 요리(붉은색의 소스나 토마토 등을 곁들인다)의 재료로 사용되며, 클래식 요리의 장식(닭의 볏 모양으로 오려 사용하기도 한다)으로도 많이 활용된다. 소의 양지 부위를 이용해 같은 방법으로 만들기도 하는데 이를 프레스드 비프(pressed beef)라고 부른다.

옛 요리 중 하나인 에카를라트 치즈(fromage à l'écarlate)는 민물가재를 넣은 혼합 버터의 일종으로 1749년 셰프 므농(Menon)이 자신의 저서 『주방장의 과학(*La Science du maître d'hôtel cuisinier*)』에서 그 조리법을 소개했다. 이 역시 붉은색을 띠고 있어 이와 같은 이름이 붙었다(에카를라트는 프랑스어로 진홍색이란 뜻이다).

ÉCHALOTE 에샬로트 샬롯. 부추과에 속하는 향신 식물로 갈라진 구근 형태를 띠고 있다(**참조** 옆의 샬롯 도표 및 도감). 중앙 아시아가 원산지이며, 프랑스에서는 이미 카롤링거 왕조 시대에 재배되고 있었다. 북부 유럽이 원산지인 저지(jersey) 품종 샬롯은 양파와 같은 계열에 속하지만 그 향이 더욱 섬세하다. 그밖에도 각 지역마다 생산되는 토종 품종들이 있지만 요리 재료로서의 큰 특색은 없다. 곰팡이가 슬지 않도록 주의하여 보관한다.

■ **사용.** 전통적으로 보르도 지방 요리에 많이 쓰이는 양념인 샬롯은 이어 낭트 지역과 노르망디 연안 지역 요리로 퍼져나갔고 마침내 파리식 요리에도 흔히 쓰이는 재료로 자리 잡았다. 잘게 썰어 샐러드, 생채소에 곁들이거나, 그릴에 굽거나 팬에 지진 생선 또는 고기(양의 간, 토시살, 노랑촉수 등) 요리에 사용된다. 또한 각종 소스(베르시, 베아르네즈 또는 레드와인 소스)나 뵈르 블랑을 만드는 데도 사용된다. 식초에 넣어 향을 내기도 하며(식초에 샬롯 1개를 넣어 약 2주간 담가둔다), 버터에 섞어 쓰기도 한다. 어린잎은 잘게 썰어 샐러드에 넣기도 한다. 또한 베트남, 중국 요리나 크레올 요리에서도 샬롯은 다양한 요리에 두루 쓰이는 식재료다.

프랑스 요리에서 샬롯은 아주 많이 쓰이는 재료다. 남부 지방에서는 마늘을 대신해서 혹은 함께 많이 사용되며 북부나 동부 지방에서는 양파와 함께 두루 쓰인다. 샬롯은 항상 잘게 썬 형태로 사용된다. 잘게 썰어 면포에 싸서 찬물에 담가 헹군 뒤 꼭 짜면 강한 매운맛이 조금 약해지고 빨리 산화되는 것도 방지할 수 있다. 다른 식재료에 냄새가 배기 쉬우므로 냉장고에 보관하는 것은 추천하지 않는다.

▶ 레시피 : AGNEAU, BŒUF, RIS, ROUGET-BARBET.

ÉCHANSON 에샹송 앙시엥 레짐 하의 왕실의 주방을 구성하던 직책 중 하나로 왕과 그 주변 왕실 가족이나 귀빈에게 마실 것을 서빙하고 관리하던 사람을 뜻한다. 이 직책은 왕의 주방 업무 중 가장 권위 있고 보수 및 혜택이 많은 자리 중 하나였다. 13세기 루이 9세 집권 시절부터 에샹송은 본래의 직무를 뛰어넘는 더욱 중요한 보직으로 부상하게 되었다. 심지어 그는 자신의 문장에 왕의 문장이 새겨진 두 개의 금도금 은 호리병 문양을 추가로 넣을 수 있는 특권을 누렸다.

당시 왕실 주방의 음료 관할 부서에는 꽤 큰 규모의 인력이 포함돼 있었다. 1285년에는 총 책임자인 그랑 에샹송(grand échanson) 외에 일반 에샹송 4명, 소믈리에 2명(와인 수급 당당), 와인 저장 책임자 2명(와인 카브와 술통 관리), 주류 감독관 2명(주류 담당), 집기 관리인 1명, 회계장부 담당관 1명으로 구성되어 있었다. 루이 14세 시대에는 12명의 책임 담당관과 4명의 보조, 소믈리에 4명(와인 수급, 와인 카브 관리, 집기 관리), 와인 저장고 총 관리인, 와인 배달 요원 4명과 보조 말 기수 2명(왕이 사냥을 나갈 때 간식과 와인 등의 음료를 준비해 동행하는 임무를 맡은 직책) 및 여러 명의 하인들이 포함되었다. 낭만주의 작가들의 시적 언어를 통해 다시 유행이 된 이 단어는 오늘날 술이나 음료를 따라주는 주인을 지칭하는 과장된 반어법의 표현이며 비꼬는 뉘앙스로 사용된다.

ÉCHAUDÉ 에쇼데 반죽을 끓는 물에 넣어 익힌 파티스리. 단맛과 짭짤한 맛 두 가지로 모두 즐길 수 있으며, 그 기원은 고대로부터 이어져온다. 밀가루, 물, 달걀, 버터로 만든 반죽을 직사각형 또는 정사각형으로 잘라 뜨거운 물에 데쳐 익힌 뒤 건져서 오븐에 구워 가볍고 바삭하게 만들었으며, 이는 프랑스에서 19세기까지 큰 인기를 누렸다. 마찬가지로 약하게 끓는 물에 데쳐 익힌 뒤 조리하는 뇨키 또한 특별한 에쇼데에 해당한다.

13세기의 에쇼데는 가장자리가 요철 무늬를 하고 있으며 원형, 삼각형 또는 하트 모양 등 다양한 형태로 잘라 만들었다. 에쇼데는 우블리(oublies, 틀에 눌러 바삭하게 구운 뒤 돌돌 만 과자로 중세부터 이어 내려오는 파티스리)처럼 길에서 파는 대표 간식이었다. 『요리대사전(*Grand Dictionnaire de cuisine*)』에서 알렉상드르 뒤마는 에쇼데를 "어른을 위한 것이라기보다는 새나 아이들에게 주기 적합한 달지 않은 과자의 일종"이라고 묘사했다. 18세기 초 이 파티스리를 다시 유행시킨 파리 베르리가의 파티시에 파바르(Favart)는 이것을 창시한 사람으로 오랫동안 알려져 왔다.

에쇼데는 아직도 여러 지방에서 전통 파티스리로 그 명맥을 유지하고 있으며, 특히 아베롱(아니스로 향을 낸다)과 서부 지역(Ouest, 크라클랭을 붙여 바삭하게 만든다)에서 많이 찾아볼 수 있다. 이스트를 넣은 발효 반죽으로 만들기도 한다.

ÉCHAUDER 에쇼데 정육의 부속이나 내장 등을 끓는 물에 데쳐 끈적한 점액질을 깨끗이 제거하고 요리하기 좋은 상태로 준비하는 작업을 말한다. 송아지나 돼지, 양 등의 머리나 발의 털을 제거하기 위해서는 끓는 물보다 약간 덜 뜨거운 온도의 물을 사용한다. 또한 가금류를 통째로 조리할 경우, 발을 뜨거운 온도(60-80°C)의 물에 약 15초 정도 담가두었다가 행주 등을 이용해 잡아당기면 비늘처럼 감싸고 있는 껍질을 쉽게 벗길 수 있다.

ÉCHEZEAUX 에셰조 부르고뉴의 AOC 레드와인. 피노 누아 품종으로 만든 아주 섬세한 맛을 지닌 풀바디 와인으로, 코트 드 뉘(côte-de-nuits) 아랫자락에 위치한 포도원에서 생산된다(**참조** BOURGOGNE).

ÉCHINE 에신 돼지 목살. 돼지의 경부와 등 앞부분에 걸친 부위로 살에 기름기가 꽤 있으며 연하다(**참조** p.699 돼지 정육 분할 도감). 이 부위에는 뼈 등심 부위 일부와 꼬치 요리용 부위, 로스트용 살(라드로 감싸주지 않아도 된다)이 포함된다. 또한 스튜용으로 사용하기도 한다. 척추 뼈 돌기의 뾰족뾰족한 모양 때문에 에피네(épinée, 가시 모양이라는 뜻)라고도 불리는 목심은 한 덩어리로 이루어진 부위로 뼈를 발라내거나 그대로 둔 상태 모두 사용가능하며 오래 뭉근히 익히는 브레이징 요리에도 적합하다. 에밀 졸라는 자신의 대표작『목로주점(*Assommoir*)』에서 "이 목심은 버터 같이 부드럽구나(...) 무언가 부드러운 고체가 창자에서부터 장화 속까지 흐르는 느낌이었다"라고 표현했다. 소의 목심 부위는 덩어리째 도매로 거래되었다. 파리식 정형으로 발골한 이 부위에는 뼈가 붙은 등심 부위 전체와 허리 윗부분 부위 등이 포함된다.

ÉCLAIR 에클레르 에클레어. 슈 반죽으로 만든 작고 길쭉한 모양의 파티스리로 크림을 채우고 퐁당슈거 등으로 글라사주를 입힌다. 짤주머니를 이용해 짜 굽는 길쭉한 모양의 크기는 프티푸르, 1인용 또는 대형 사이즈의 디저트 등 용도에 따라 달라진다. 굽고 난 에클레어를 길게 가르거나 밑면에 구멍을 뚫어 크림 파티시에(커피, 초콜릿 향 또는 럼이나 블랙커런트, 라즈베리 등의 과일 향)를 채워 넣는다. 윗부분에 같은 향을 낸 퐁당슈거로 글라사주를 입힌다. 에클레어 안에는 이 밖에도 샹티이 크림이나 밤 퓌레, 시럽에 절인 과일이나 생과일을 잘게 썰어 채워 넣기도 한다.

피에르 에르메(PIERRE HERMÉ)의 레시피

éclairs au chocolat 에클레르 오 쇼콜라

초콜릿 에클레어 : 12개 분량, 준비: 35분, 조리: 20분

오븐을 190°C로 예열한다. 슈 반죽 375g을 만든다(참조. p.213 PÂTE À CHOUX). 원형 깍지(14호)를 끼운 짤주머니에 넣고 유산지를 깐 베이킹 팬 위에 길이 12cm의 에클레어를 짜 놓는다. 오븐에 넣어 5분간 구운 뒤 오븐 문을 살짝 열어놓은 상태로 18-20분간 더 굽는다. 꺼내서 망에 올려 식힌다. 바닐라 크림 파티시에 800g을 만든다(참조. p.274 CRÈME PÂTISSIÈRE). 크림이 아직 뜨거울 때 잘게 다진 카카오 70% 다크 초콜릿 250g과 미리 끓여둔 생크림 200mℓ를 넣고 잘 섞는다. 중간중간 잘 저어주며 식힌다. 믹싱볼을 냉동실에 15분간 차갑게 넣어둔다. 여기에 생크림 100mℓ를 넣고 거품기로 휘핑해 단단한 샹티이 크림을 만든 다음, 완전히 식은 초콜릿 크렘 파티시에에 넣고 주걱으로 살살 섞는다. 원형 깍지(7호)를 끼운 짤주머니에 혼합물을 채워 넣는다. 깍지 팁으로 에클레어 바닥에 구멍을 세 군데 뚫고 크림을 채워 넣는다. 에클레어 양쪽 끝에서 1cm 떨어진 곳에 각각 한 곳, 그리고 중앙에 한 군데 구멍을 뚫어주면 된다. 다른 에클레어도 모두 같은 방법으로 크림을 채워 넣는다. 초콜릿 글라사주 200g을 만든다(참조. p.212 GLAÇAGE AU CHOCOLAT). 따뜻한 온도가 되면 에클레어 윗부분을 살짝 담갔다 빼 코팅한다. 글라사주가 굳도록 몇 초간 둔다. 마찬가지 방법으로 다른 에클레어에 모두 글라사주를 입힌다.

ÉCOLE DE SALERNE (L') 레콜 드 살레른 중세 시대에 아주 유명했던 이탈리아의 살레르노 의과대학. 장 드 밀랑(Jean de Milan)은 이 학교의 위생과 영양, 치료 요법 등의 기록을 모아 책을 펴냈고 이후 아르노 드 빌뇌브(Arnaud de Villeneuve)가 재발간했다. 여러 차례의 개정, 증보를 거친 이 책은 오랫동안 식이요법 및 영양학의 교본으로 사용되었으며 치료의 효능을 갖춘 레시피들을 다수 소개하고 있다. 라틴어로 쓰인 원본은 1500년경 프랑스어로 번역되었으며, 책 속의 내용은 숙지하여 기억하기 쉽도록 짤막한 시의 형태로 기록되어 있다.

순화된 포도주에 담가 둔 펜넬 씨는
사랑의 영혼에 활기를 불어 넣어 흥분시킨다.
늙은 사람은 회춘하여 기운이 왕성해지고
정액은 아직 쓸 만할 정도로 건강해진다.
간과 폐는 통증이 해소되며
장에 경련을 일으키는 바람은 깨끗이 사라진다.

ÉCORCHER 에코르셰 뱀장어 또는 붕장어의 대가리 둘레에 칼집을 낸 다음 한 번에 껍질을 꼬리까지 잡아당겨 벗겨내다. 데푸이예(dépouiller)라고도 한다.

ÉCOSSAISE (À L') 아 레코세즈 스코틀랜드식의. 스코틀랜드 요리 스타일의 포타주(scotch mutton broth). 맑은 양고기 육수에 큐브 모양으로 썬 삶은 양고기와 익힌 보리쌀, 잘게 썬 채소 브뤼누아즈를 넣은 수프의 일종이다. 큐브 모양으로 잘게 썬 각종 채소 브뤼누아즈는 흰색 부속이나 내장, 달걀, 데쳐 익힌 생선이나 삶은 닭고기에 곁들이는 스코틀랜드식 소스(sauce écossaise)에도 넣는다. 또한 이 명칭은 연어가 들어가는 다양한 요리, 특히 달걀 요리를 지칭하기도 한다.

▶ 레시피 : ŒUF MOLLET.

ÉCOT 에코 여럿이 함께한 식사의 공동 비용 중 각자의 분할 몫. 개인 분담금. 이 단어는 각자 비용을 지불하다(payer son écot)라는 표현에서만 사용된다. 옛날에는 계산서 총액, 심지어 식사한 손님 모두의 비용 총액을 지칭하기도 했다.

ÉCRÉMER 에크레메 우유에서 크림을 분리하다. 갓 짠 비멸균 전유를 24시간 가만히 두면 저절로 크림이 분리된다. 분리된 크림이 표면에 떠 쉽게 건져낼 수 있기 때문에 특히 가정용 파티스리에서는 이 방법을 사용하면 편리하다. 유제품 공장에서는 원심분리기를 사용한다.

ÉCREVISSE 에크르비스 민물가재. 크레이피시(crayfish). 유럽가재과에 속하는 민물 갑각류로 두 개의 집게발이 있고 크기는 12-15cm 정도 된다(**참조** pp.286-287 갑각류 해산물 도감). 지방에서 이미 중세 시대부터 소비되어온 민물가재는 17세기에서 18세기에 민물가재를 곁들인 비둘기 요리, 익혀서 붉은색을 띤 가재요리 혹은 민물가재 부댕 등을 통해 고급 요리에 등장하게 되었다. 하지만 본격적으로 유행이 되어 널리 퍼진 것은 19세기에 들어서이며, 제2제정시대와 벨 에포크 시대에는 점점 귀해져 가격도 상승했다. 가재를 쌓아올린 뷔송(buisson)과 가재로 만든 수프인 비스크(bisque)는 당시 가장 대표적인 인기 메뉴였다.

■ **종류.** 프랑스에서는 붉은발가재가 가장 맛이 좋고 수요도 많으며, 특히 오베르뉴 지방에 서식하는 가재를 선호한다. 흰집게발가재는 좀 더 크기가 작고 산악지대에 많이 분포되어 있으며, 돌가재는 알자스와 모르방의 산악지대 하천에서 주로 서식한다. 맛이 훨씬 떨어지는 아메리카 가재는 제1차 세계대전이 끝날 무렵 강과 하천으로 유입되었다. 민물가재는 하천의 오염, 남획, 질병 등으로 인해 그 개체수가 점점 줄어들고 있다. 시중에 유통되고 있는 종류의 대부분은 터키 가재라고도 불리는, 집게발이 가는 양식 얼룩집게가재다. 키운 지 2-3년 된 것으로 중부 유럽에서 생물 혹은 냉동 상태로 수입된다. 녹색의 몸 껍데기는 거칠거칠하며 마디는 주황색을 띤다.

■ **사용.** 민물가재에서 우리가 먹는 부분은 대개 꼬리에 해당하는 살 부분이다. 집게발은 게 망치나 집게 등의 도구로 부수면 약간의 살을 발라낼 수 있으며, 몸통 껍데기는 갈거나 잘게 부수어 비스크를 만들거나 혼합 버터에 넣는다. 쓴맛이 나는 창자는 조리하기 전에 반드시 제거해야 한다. 단, 가재를 이틀간 굶긴 경우에는 이 작업을 하지 않아도 된다.

민물가재는 몇몇 지방의 대표적 특선요리의 주재료다. 특히 쥐라, 알자스, 보르도, 리옹의 요리에서는 그라탱, 수플레, 쇼송, 리솔, 프리앙, '아 라 네주' 스타일의 음식, 무스, 탱발, 블루테 수프 등에 가재를 사용한다. 쿠르부이용에 익힌 가재가 통째로 서빙된 경우 손가락으로 집어 껍질을 벗겨 먹어도 매너에 어긋나지 않는다. 요리에 가니시로 곁들이는 경우 가재는 트루세(trousser, 익히기 전 가재의 집게를 위로 올려 뒤로 꺾은 뒤 그 끝을 흉부와 꼬리 사이 껍데기 안에 꽂아 고정시킨다)된 형태로 플레이팅한다.

beurre d'écrevisse ▶ BEURRE COMPOSÉ
bisque d'écrevisse ▶ BISQUE
buisson d'écrevisses▶ BUISSON

écrevisses à la bordelaise 에크르비스 아 라 보르들레즈

보르도식 민물가재 요리 : 채소를 아주 작은 큐브 모양으로 썬다. 소테팬에 민물가재 24마리를 넣고 팬을 흔들어가며 센 불에 볶는다. 소금과 후추로 간하고 카옌페퍼를 칼끝으로 조금 넣는다. 고루 붉은색이 나면 코냑을 넣고 불을 붙여 플랑베한 다음 드라이 화이트와인을 재료 높이까지 붓는다. 썰어둔 채소를 넣고 최대 10분 정도 익힌다. 가재를 건진 뒤 우묵한 그릇에 담고 뜨겁게 유지한다. 익힌 국물에 달걀노른자 2개를 풀어 잘 섞는다. 버터 40g을 넣고 거품기로 잘 저어 섞는다. 소스를 데우되 다시 끓이면 안 된다. 간을 맞춘다. 간이 약간 매콤해야 한다. 뜨거운 소스를 가재에 붓고 즉시 서빙한다.

écrevisses à la nage 에크르비스 아 라 나주

향신 국물에 익힌 민물가재 : 가리비 조개를 익힐 때와 같은 방법으로 나주(nage, 향신료 등을 넣어 만든 생선, 해산물 익힘용 국물)를 만들어 뜨거울 때 민물가재를 넣고 다시 끓인 뒤 약 2-5분간(크기에 따라 조절) 익힌다. 카옌페퍼를 칼끝으로 조금 집어 넣어 매콤한 맛을 낸 다음 가재를 국물 안에 그대로 넣은 상태로 식힌다. 서빙은 세 가지로 한다. 1) 볼에 가재와 국물을 담거나, 2) 가재를 건져낸 다음 남은 국물을 졸이고 마지막에 버터를 넣어 거품기로 섞은 다음 가재에 끼얹고 잘게 썬 파슬리를 뿌려 낸다. 이를 리에주식(à la liégeoise) 민물가재라고 부른다. 3) 가재를 국물에 그대로 식힌 뒤 건져서 차갑게 서빙하기도 한다.

앙드레 픽(ANDRÉ PIC)의 레시피

gratin d'écrevisses 그라탱 데크르비스

민물가재 그라탱 : 4인분

민물가재 4kg을 끓는 물에 넣어 2-3분간 데친 뒤 껍데기를 벗기고 버터에 소테한다. 소금, 후추로 간한 다음 팬에 그대로 둔다. 가재 버터를 만든다. 우선 녹인 버터 500g에 잘게 부순 가재 집게발을 넣고 약한 불로 가열한다. 물 200mℓ를 넣은 뒤 식힌다. 표면에 뜬 가재 버터를 조심스럽게 덜어낸다. 양송이버섯 250g을 씻어 얇게 썬 다음 버터에 볶는다. 레몬즙 1개분과 생크림 500mℓ를 넣고 익힌 뒤 고운 체에 거른다. 소스팬에 가재 버터 120g과 밀가루 60g을 넣고 몇 분간 잘 저으며 익힌다. 여기에 우유 500mℓ, 버섯을 넣고 익힌 크림 250mℓ를 넣고 잘 저어주며 가열한다. 송로버섯즙 200mℓ를 넣어준다. 간을 맞춘 뒤 체에 거른다. 서빙용 접시 바닥에 소스를 조금 부은 뒤 얇게 저민 송로버섯을 놓고 민물가재 살을 올린다. 다시 소스로 덮은 다음 오븐 브로일러에서 그라탱처럼 구워낸다.

ris de veau aux écrevisses ▶ RIS
sauce aux écrevisses ▶ SAUCE

장 폴 레피나스(JEAN-PAUL LESPINASSE)의 레시피

terrine d'écrevisses aux herbes 테린 데크르비스 오 제르브

허브를 곁들인 민물가재 테린 : 8인분 / 준비 : 1시간

오븐을 90°C로 예열하고 바트에 뜨거운 물을 넣어 중탕 조리를 준비한다. 당근 50g, 주키니 호박 50g을 브뤼누아즈(brunoise, 아주 작은 큐브 모양)로 썰어 끓는 소금물에 데쳐 건진다. 민물농어(sandre) 필레 500g을 미리 차갑게 준비해둔 푸드 프로세서 볼에 넣고 갈아 차갑게 식힌다. 밑이 둥근 볼에 생선살과 달걀 큰 것(70g) 1개, 소금과 후추 합해서 15g, 생크림 500g, 데쳐 둔 채소 브뤼누아즈를 넣고 손으로 섞는다. 껍데기를 벗긴 민물가재 살 400g을 넣어준다. 혼합물을 모두 테린 용기에 넣고 90°C 오븐에서 중탕으로 익힌다. 탐침 온도계로 찔러 심부 온도를 측정했을 때 63°C가 되면 완성된 것이다. 비네그레트 소스와 잘게 썬 허브(이탈리안 파슬리, 차이브, 타라곤, 처빌 등)를 넉넉히 곁들여 서빙한다.

timbale de queues d'écrevisse Nantua ▶ TIMBALE
timbale de sandre aux écrevisses et mousseline de potiron ▶ TIMBALE

ÉCUELLE 에퀴엘 동그랗고 우묵하며 테두리가 없는 작은 볼이나 사발. 주로 국물 등의 액체나 1인분의 음식을 담는 데 사용한다. 나무나 토기, 또는 주석으로 된 사발은 그 기원이 아주 오래된 최초의 식탁 용기 중 하나였다. 중세에는 사발 하나에 든 음식을 두 사람이 나눠 먹기도 했다. 오늘날 이 그릇은 도자기나 토기가 대부분이며 거의 시골풍 수프나 투박한 요리 등을 담는 용도로만 쓰인다.

ÉCUME, ESPUMA 에퀴, 에스푸마 거품, 에스푸마. 크림이나 퓌레, 약간의 젤라틴이 함유된 물이나 액체 혼합물 등을 휘핑 사이폰에 넣어 짜 낸 차가운 또는 더운 거품이나 무스를 지칭한다. 휘핑사이폰에 향과 맛을 낸 혼합물에 채워 넣은 뒤 가스 캡슐을 장착하고 눌러 짜면 아주 가벼운 질감의 거품을 만들어낼 수 있다. 1994년 카탈루냐의 셰프 페란 아드리아(Ferran Adrià)는 일반 요리(흰 강낭콩, 비트, 아몬드 퓌레)뿐 아니라 디

저트, 특히 타르트를 채우기 위한 차가운 거품을 만드는 데 처음으로 이 기법을 시도했다. 오늘날에는 달걀흰자나 전분, 생크림 등을 포함하여 사이폰으로 만드는 모든 결과물을 거품, 또는 에스푸마라고 칭한다.

▶ 레시피 : AMUSE-GUEULE, CHAMPIGNON, OMELETTE, VERRINE.

ÉCUMER 에퀴메 거품을 건져내다. 끓고 있는 액체 또는 음식(육수, 잼, 스튜 등의 국물 요리, 소스 등)의 표면에 떠오르는 거품을 제거하다. 오래 끓이는 음식의 경우 최대한 자주 거품을 건져내는 것이 좋다. 거품망, 작은 국자나 스푼 등을 이용한다.

ÉCUMOIRE 에퀴무아르 거품망, 거품 국자. 둥글고 넓적하며 안쪽으로 약간 휜 큰 스푼 모양의 국자로 작은 구멍들이 뚫려 있고 긴 손잡이 자루가 달려 있다. 소스나 육수 등을 끓일 때 위에 뜨는 거품을 건져내는 용도의 거품 국자는 주로 스텐, 알루미늄, 법랑 혹은 양철 소재다. 잼을 만들 때는 전통적으로 코팅하지 않은 구리 소재의 거품 국자를 사용한다. 논스틱 코팅용기 전용 거품 국자도 있다. 튀김 기름에서 재료를 건질 때는 거미줄 모양의 망국자인 아레네(**참조** ARAIGNÉE)를 사용한다.

ÉCUYER TRANCHANT 에퀴예 트랑샹 앙시앵 레짐 하의 왕의 주방에서 식사를 담당한 직책 중 하나로 고기를 커팅해 왕의 식탁에 서빙하는 일이 주 임무였다. 임무를 둘로 나누어 에퀴예 트랑샹이 고기를 카빙하고, 그랑 에퀴예 트랑샹(grand écuyer tranchant)이 서빙을 담당하기도 했다. '그랑'이라는 칭호는 오로지 왕을 담당한 직책에만 붙일 수 있어서 왕비의 서빙을 담당한 이는 프르미에 트랑샹(premier tranchant)이라고 불렀다. 에퀴예 트랑샹들은 귀족 신분이었으며, 자신들의 문장 아래쪽에 왕실 문양이 새겨진 나이프와 카빙 포크 모양을 집어넣을 수 있는 특권을 누렸다. 군주제가 시작되면서 이 직책의 명예는 점점 퇴색되었지만 이 위치로 인해 누릴 수 있는 각종 혜택으로 인해 실속있는 요직으로 남았다.

15세기 당시 고위 외교관이었던 올리비에 드 라 마르슈는 "에퀴예 트랑샹은 사비를 들여 자신들의 칼을 깨끗이 관리해야 했다"고 기록했다. 이 칼들은 왕의 문장이나 왕실을 상징하는 문양이 새겨진 아주 화려하고 고급스러운 기물이었고 당시 세 종류가 사용되었다. 가장 큰 칼은 폭이 넓고 양면에 날이 선 것으로 커팅 용도뿐 아니라 식사에 참석한 사람들에게 자른 조각을 선보이는 용도로도 쓰였다. 두 번째 칼 역시 큰 사이즈로 주로 로스트한 고기나 가금류를 자르는 데 사용되었다. 마지막 세 번째 칼은 조금 작은 크기로 파르팽(parepain)이라고 불렸으며 주로 자른 고기를 얹어 내는 빵 커팅 용도로 사용되었다(**참조** TRANCHOIR).

ÉDAM 에당 에담 치즈. 소젖으로 만든 비가열 압축 반경성치즈로 원산지는 네덜란드 북부의 항구도시 에담이다. 네덜란드에서 베스트빔스터(Westbeemster) 조합을 통해 생산되는 에담 치즈는 원산지 명칭 통제(Noord-Hollandse Edammer)를 받고 있다(**참조** p.400 외국 치즈 도표). 프랑스에서는 17세기 콜베르 장관 시절부터 네덜란드 에담을 모방한 치즈가 생산되었고 대부분 테트 드 모르(tête-de-Maure)라는 이름으로 출시되었고, 빨강색 파라핀으로 겉면을 싼 경우에는 네덜란드 치즈(fromage de Hollande, hollande gras)라고 불렸다. 지름 15cm 정도의 구형에 가까우며 3-6개월에 이르는 숙성 기간에 따라 노랑 혹은 붉은색의 파라핀 껍질을 갖고 있다. 에담은 식후 치즈 코스에 서빙될 뿐 아니라 요리에도 많이 사용한다. 숙성 기간이 짧거나(2-3개월) 절반가량 숙성된(-6개월) 에담치즈는 샌드위치나 크루트(빵에 얹어 오븐에 구운 토스트), 카나페, 크로크 무슈, 샐러드 용으로, 오래 숙성된 경우(6개월 이상)는 주로 그라탱, 수플레, 타르트에 많이 사용한다. 보르도에서는 큐브 모양으로 작게 잘라 카브에서 와인 테이스팅을 할 때 곁들이기도 한다. 또한 네덜란드령이었던 안틸레스 군도 퀴라소의 대표적인 요리인 케시예나(Keshy yena)에 들어가는 재료다.

---

keshy yena 케시 예나

도미 뫼니에르 : 숙성 기간이 짧은 에담치즈 덩어리를 준비한다. 윗면을 뚜껑처럼 도려 낸 다음 가장자리 두께 1.5cm를 남기고 칼을 이용해 속을 비운다. 파낸 치즈를 큐브 모양으로 썰고 돼지고기 또는 소고기를 깍둑썰거나 다져 익힌 스튜에 섞는다. 씨를 제거한 올리브, 작게 등분한 토마토, 잘게 썬 양파를 넣는다. 이 혼합물을 치즈의 빈 공간에 넣고 뚜껑을 덮은 뒤 꼬챙이 등으로 찔러 고정시킨다. 160°C로 예열한 오븐에 넣어 1시간 동안 익힌다.

EDDO 에도 토란. 타로, 토란류의 통통한 뿌리로 모양이 갸름하고 껍질에는 털이 있다. 전분과 수분(90%)뿐 아니라 칼륨이 풍부한 이 뿌리 채소는 카사바(마니옥)나 크기가 큰 일반 토란과 마찬가지 방법으로 조리해 먹는다. 자체의 맛이나 향은 없다.

EDELPILZKÄSE 에델필츠케제 소젖으로 만든 독일의 블루치즈로 경우에 따라 양젖(지방 55%)을 섞어 만들기도 한다. 치즈색은 연한 노란색이고 군데군데 푸른곰팡이 맥이 분포되어 있으며 외피는 천연이다(**참조** p.396 외국 치즈 도표). 독일 남부 바바리아 주 알프스 산악 지역에서 생산되며 맷돌형, 사각형 덩어리 또는 작은 분량 포장으로 판매된다. 풍미가 강하고 향이 자극적이다.

EDELZWICKER 에델츠비커 알자스의 화이트와인으로 여러 포도 품종(리슬링, 피노 그리, 실바네, 게부르츠트라미너, 뮈스카)을 블렌딩해 만든다. 경쾌하고 가벼운 산미가 있으며 과일향이 풍부하다. 가볍고 상큼하게 즐길 수 있는 와인으로 가격 대비 품질이 좋은 편이다.

ÉDOUARD VII 에드워드 7세 영국, 아일랜드의 국왕(1841, London 출생–1910, London 타계). 에드워드 7세 왕이 되기 이전 오랜 기간 웨일즈 왕자 신분이었을 당시 그는 파리의 유명인사 중 한 명이었다. 자타공인 미식가였던 그는 파리의 유명 레스토랑(Voisin, Café Hardy, Paillard 등)에 단골로 드나들었고, 그에게 헌정한 훌륭한 요리들이 메뉴로 하나둘 등장하게 되었다. 대표적으로 웨일즈 왕자 대문짝넙치 요리(turbot prince de Galles)는 데쳐 익힌 생선에 튀긴 굴과 홍합을 곁들인 다음, 커리로 매콤한 맛을 살리고 민물가재버터로 농도를 맞춘 샴페인 소스를 끼얹은 요리다.

즉위한 이후에도 훌륭한 요리와 미식에 대한 그의 관심과 열정은 이어졌다. 에두아르 7세 광어 요리(barbue Édouard VII)는 화이트와인에 데쳐 익힌 생선에 폼 뒤셰스 반죽을 반달 모양으로 구워낸 플뢰롱을 곁들이고 굴 무슬린 소스를 뿌려 낸 것이다. 에두아르 7세 닭 요리는 푸아그라, 쌀, 송로버섯을 채워 익힌 닭에 붉은 피망을 작은 큐브 모양으로 썰어 넣은 커리 소스를 끼얹고, 크림으로 버무린 오이를 곁들여 서빙한다. 에두아르 7세 달걀 요리는 잘게 깍둑 썬 송로버섯과 섞은 리소토 위에 붉은색으로 염지한 우설인 랑그 에카를라트(langue écarlate)를 얇게 썰어 얹고 그 위에 반숙 또는 수란을 올린 뒤 얇게 저민 송로버섯 슬라이스로 장식한 호화로운 요리다. 또한 에두아르 7세라는 이름의 파티스리도 있는데, 이는 바르케트(barquette) 모양의 작은 과자로 안에는 루바브를 채우고 겉면은 녹색 퐁당슈거로 글라사주한 것이다.

ÉDULCORANT 에뒬코랑 감미료. 인공 감미료. 당도가 아주 높은 합성 화학 감미료로 영양가는 없다. 아스파탐을 비롯한 몇몇 종류의 감미료는 거의 칼로리가 없거나 폴리올(무설탕 사탕이나 껌에 함유됨)처럼 칼로리가 아주 적은 것들도 있다. 식품 첨가제(**참조** ADDITIFS ALIMENTAIRES)로 분류되는 높은 당도의 인공 감미료로는 아스파탐(E 951), 아세설팜K(E 950), 사카린(E 954), 시클라메이트(E 952) 등이 있으며, 가루 또는 작은 알약 모양의 사탕 형태로 시판된다. 인공 감미료는 다양한 제품에 첨가되고 있는데, 인공감미료를 첨가한 경우 식품 레이블에 반드시 명시해야 한다. 이런 제품들은 주로 설탕량을 줄인 저칼로리 식품 제조에 사용된다.

EFFEUILLER 에프이예 샐러드용 채소나 아티초크 등의 잎을 한 겹씩 떼어내다. 익힌 생선살(특히 대구 종류)을 켜켜이 떼어놓다. 이렇게 살을 분리하면 가시를 모두 쉽게 제거할 수 있다.

EFFILER 에필레 그린빈스 깍지의 양끝을 엄지와 검지로 꺾어 아주 바짝 잘라낸 다음 실처럼 생긴 섬유질을 제거하다. 아몬드나 피스타치오의 경우 칼이나 특수 도구를 사용하여 길이로 얇게 저며내는 작업을 뜻한다. 이 의미를 확장시켜 닭 가슴살이나 오리 가슴살 안심을 얇게 슬라이스해 써는 것을 지칭하기도 한다. 가금류의 내장을 제거해 속을 비운 상태(volaille effilée)를 가리키기도 한다(**참조** VIDER). 어떤 셰프들은 특히 리크(서양 대파)를 실처럼 가늘게 길이로 채 썬 경우 에필로셰(effilocher)라는 용어를 사 용하기도 한다(타유방은 에슈블레escheveler라고 지칭했다). 개인별 접시로 서빙하는 경우에 쓰이는 에필로셰(effilochée)는 (가오리 날개살, 또는 콩피하여 푹 익힌 고기 등) 주재료인 생선이나 고기가 가늘게 찢어지기 좋은 상태의 요리를 뜻한다.

EGG SAUCE 에그 소스 영국 요리에서 쓰이는 더운 소스로 삶은 달걀과 버터로 만들며 주로 데쳐 익힌 생선에 곁들인다. 스카치 에그 소스(scotch egg sauce)는 삶은 달걀노른자를 퓌레로 으깨고 흰자는 잘게 다져 베샤멜 소스에 섞은 것으로 사용법은 일반 에그 소스와 동일하다.

▶ 레시피 : SAUCE.

ÉGLANTIER 에글랑티에 개장미. 장미과에 속하는 야생 장미나무로, 흔히 그라트 퀴(gratte-cul)라고 불리는 달걀형의 붉은색 열매를 이용해 주로 잼을 만든다(**참조** p.406 붉은 베리류 과일 도감). 실제로 그라트 퀴(학명은 cynorrhodon이다)는 열매가 아니라 뻣뻣한 털과 작고 단단한 씨 알갱이가 들어 있는 꽃받침에 해당하며, 안에 있는 알갱이들이 진짜 열매다. 따서 꼭지를 떼어낸 뒤 며칠 무르게 둔 다음 물에 넣고 끓인다. 그라인더로 여러 차례 곱게 갈아 부피 기준 동량의 설탕을 넣고 끓여 잼을 만든다. 이 열매를 이용해 무색 오드비를 만들기도 한다.

ÉGLEFIN 에글르팽 해덕대구. 대구과에 속하는 생선으로 염장대구로 많이 소비되는 모뤼와 서식지가 비슷하며 크기는 일반적으로 조금 더 작다(길이 1m 이하, 무게 최대 2-3kg)(**참조** pp. 674-677). 살은 기름기가 적고 탱글탱글하며 약간 분홍빛을 띤다. 내장을 제거한 상태로 통으로 판매하는 경우에는 때는 갈색빛이 도는 회색 몸통, 측면에 난 짙은 색깔의 줄 무늬와 첫 번째 등지느러미 아래에 있는 검은 반점으로 구분할 수 있다. 그러나 주로 필레로 잘라 판매하며 대구(cabillaud)나 유럽 메를루사(merlu)처럼 손질한다. 특히 훈제한 경우에는 해덕(haddock)이라고 불리는데, 이는 일반 생물 에글르팽을 지칭하는 영어 명칭이다.

ÉGOUTTER 에구테 건지다. 건져서 물기를 제거하다. 물에 씻은 날 재료, 또는 끓는 물에 익힌 뒤 흐르는 물이나 찬물에 헹군 재료를 건져 물기를 털어내다. 물기를 제거하는 정도와 시간은 식재료의 종류에 따라, 또 그 다음 조리과정이 어떤 것이냐에 따라 달라진다. 이 작업을 위해서는 다양한 도구가 사용된다. 녹색 채소는 체로 건지거나 그릴 망 등에 얹어 물기를 뺀다. 콜리플라워는 거품 국자를 사용해서 건져내 체망으로 옮긴다. 망에 면포를 깔아주기도 한다. 쌀이나 파스타류는 익힌 물과 함께 체망 위로 부어준다. 수란은 조심스럽게 건진 뒤 겹쳐 놓은 깨끗한 행주에 놓고 물기를 뺀다. 데친 시금치는 둥그렇게 뭉친 뒤 두 손으로 꼭 눌러 짠다.

이 용어는 또한 튀긴 음식을 건져 기름을 털고 제거하는 것을 뜻하기도 한다. 감자 튀김, 튀김옷을 입혀 튀긴 각종 베녜, 작은 생선 튀김 등이 모두 해당된다. 우선 거미줄 모양으로 생긴 튀김용 건지개로 건져 기름을 탁탁 털어낸 뒤 키친타월 위에 놓고 나머지 기름이 흡수되도록 한다(에퐁제 éponger라고도 한다). 특히 치즈 제조 과정에서 물을 빼는 이 과정은(자연적으로 빠지게 두든 인위적으로 빨리 물기를 제거하든) 그 방식을 막론하고 매우 중요하다. 이 작업을 통해 응고된 우유인 커드에서 유청을 제거할 수 있다. 생치즈의 경우는 치즈용 소쿠리에 넣고 수분을 빼낸다.

ÉGOUTTOIR 에구투아르 식기 건조대. 철망, 나무로 된 울타리 또는 망, 양철, 스텐, 플라스틱 등의 소재로 된 받침대로, 접시 등의 식기를 얹어 물기를 뺄 수 있도록 고안된 주방도구. 병을 걸어 물기를 말리는 원추형 건조대(if 또는 hérisson이라고 불린다)는 고슴도치처럼 가지 모양의 걸이가 삐죽삐죽 달려 있어 물에 씻은 병을 거꾸로 꽂아 말릴 수 있도록 고안되었다.

ÉGRUGEOIR 에그뤼주아르 단단한 나무(주로 회양목) 재질로 된 작은 절구. 굵은 소금이나 통후추를 넣고, 역시 나무로 된 작은 공이로 빻는다. 작은 소금, 후추 그라인더를 지칭하기도 한다. 이렇게 소금을 빻아 사용하면 굵은 소금이 갖고 있는 풍미를 유지할 수 있으며 통후추 역시 갓 갈아서 사용하면 더 향긋하다.

ÉGYPTE 에집트 이집트. 현대 이집트의 요리는 비교적 소박하고 다른 중동 국가, 또는 지중해 연안 국가들의 일상적인 식사와 거의 비슷하다. 하지만 파라오 시대의 이집트 요리는 매우 세련되고 고급스러운 면모를 지니고 있었다. 아스파라거스를 사용했고 수렵육 요리를 만들었으며 양파나 리크도 다양한 품종을 사용했을 뿐 아니라 강황을 비롯한 다채로운 향신료와 과일을 활용했다.

■ **채소와 고기.** 일상적인 주식으로 쌀보다는 옥수수 빵을 많이 먹는다. 갈색 잠두콩인 풀 메다메스뿐 아니라 오크라 등의 녹색 채소가 많이 소비된다. 잠두콩을 비롯한 말린 콩류는 이집트 요리에서 자주 사용되는 재료다. 이집트를 대표하는 유일한 전통 음식은 몰로키야(molokheya, mouloreija)라고 불리는 걸쭉한 녹색의 허브 수프다. 질감이 미끈하고 맛은 들척지근한 이 수프는 닭고기나 토끼고기, 각종 향신료와 토마토 소스를 넣어 만들기도 한다. 이집트에서 가장 많이 먹는 육류는 양고기(그릴에 굽거나 다져서 달걀, 채소 등과 함께 뭉근히 끓여 먹는다)이며, 소고기 소비는 아주 미미하다(소는 주로 밭을 가는 용도로 사용되며 살이 아주 질기다). 생선 또한 소비량이 아주 적지만, 왕새우(고추와 토마토를 넣은 리소토와 함께 먹는다)와 숭어알은 많이 먹는 편이다.

■ **디저트와 음료.** 이집트의 파티스리는 기타 중동국가들의 디저트와 비슷하며, 특히 로쿰과 바클라바를 즐겨 먹는다. 대추야자는 요리나 디저트에 두루 사용되는데, 주로 설탕에 절여 콩피하거나 말려서 먹고 또는 가루로 만들거나 끓여서 페이스트를 만들기도 한다. 대추야자로 만든 파티스리로는 특히 메네나스(menenas)가 유명하다. 이것은 오렌지 블로섬 워터로 향을 낸 아몬드 페이스트를 둥글게 빚은 뒤 씨를 바른 대추야자와 아몬드, 피스타치오에 계피로 향을 내 채워 넣고 오븐에 구운 과자다. 이집트의 과일은 아주 풍부하고 종류도 다양하다(시트러스 과일류, 바나나, 석류, 망고, 수박 등). 이집트에서는 특히 오렌지 블로섬 워터나 로즈 워터로 향을 낸 물, 또는 발효하지 않은 사탕수수즙, 히비스커스 꽃잎을 우린 붉은색 차인 카르카데(karkadè)를 많이 마신다. 이 차는 레드커런트 맛이 난다. 피라미드에 파라오의 미라와 함께 매장되었던 항아리에서 발견된 바 있는 고대의 유명한 와인을 다시 재현하고자 이집트인들은 오랫동안 노력을 기울여 왔다. 오늘날 이집트에서는 주로 수출용으로 꽤 좋은 품질의 와인을 생산하고 있다. 이 중 가장 유명한 것으로는 화이트와인 프톨레마이우스(Cru des Ptolémées)와 클레오파트라(reine Cléopâtre), 대추야자 향의 스위트 레드와인 오마르 카얌(omar khayyam)을 꼽을 수 있다.

ÉGYPTIENNE (À L') 아 레집시엔 이집트의, 이집트식의. 전체적으로 또는 부분적으로 쌀, 가지, 토마토가 들어 있는 다양한 음식을 지칭한다. 이집트식 가지 요리는 가지를 길게 갈라 속을 파낸 뒤 양파와 함께 다져서 다시 채운 요리로, 볶은 토마토와 함께 서빙된다. 이집트식 요리에 곁들이는 가니시는 대개 동글게 썬 가지, 필라프, 볶은 토마토로 구성된다. 이집트식 샐러드에는 익힌 쌀, 잘게 썬 닭 간, 햄, 버섯, 아티초크 속살, 완두콩, 껍질을 벗기고 속을 제거한 다음 잘게 썬 토마토, 홍피망 등이 들어간다. 이집트식 닭 요리는 양파, 버섯, 생햄을 넣고 소테한 요리다. 우묵한 토기에 닭고기와 채소 가니시를 켜켜이 쌓아 담은 뒤 토마토 슬라이스로 덮어준다. 뚜껑을 덮고 오븐에서 익힌 다음 마지막에 송아지 육수를 조금 넣어 완성한다. 이집트식 달걀프라이에는 토마토를 반으로 잘라 사프란 라이스를 채운 가니시를 함께 낸다. 이집트식 포타주는 쌀을 넣은 크림 수프로, 양파와 함께 버터에 충분히 볶은 리크를 넣어 만든다. 체에 거른 뒤 우유를 넣고 끓여 완성한다. 이집트식 크림 수프는 이집트 산 말린 노란콩으로 만든 다음 블렌더로 갈고 크림을 넣어 완성한다.

ÉLAN 엘랑 무스, 말코손바닥사슴. 사슴과에 속하는 덩치가 큰 반추동물로 북유럽, 시베리아(무스를 가축으로 사육하는 시도가 이루어졌다), 캐나다(orignal), 미국 등지에서 야생으로 서식한다. 이 동물은 몸집이 거대하고 번식이 왕성하며 사냥으로 많이 포획한다. 고기는 사슴 살과 비슷하며 조리법도 동일하다.

ÉLECTROMÉNAGER 엘렉트로메나제 가전제품. 가정에서 사용하는 모든 전기 기계나 도구를 총칭하는 용어다. 특히 주방 전자제품은 20세기에 들어 획기적인 발전이 이루어진 분야다. 1922년 프랑스 국립 발명 연구소 소장 장 루이 브르통은 과학기술을 가정에서 사용할 수 있도록 개발하여 여성들의 수고를 덜자는 의견을 냈다. 그는 새로운 발명품 경연대회를 주최했고, 이어서 전문가들과 대중에게 이러한 제품들을 선보이는 첫 가정용 기구 전시회(Salon des art ménagers)를 개최했다. 이 기구들은 처음엔 모두 기계식이었으나 얼마 지나지 않아 전기를 이용한 제품들이 등장했다. 1929년 전시회에서는 식기 세척기의 조상격인 첫 모델과 와플 기계, 전열 레인지 종류가 선보였다. 10년 후의 전시회에서는 전기 토스터, 전기 주전자와 냉장고가 등장했다. 전자제품의 발전이 급격히 이루어진 것은 1948년(전후 첫 번째 전시회)부터다. 1954년 프랑스 최초로 전동 믹서가 등장했

고, 1960년에는 고기 분쇄기, 전동 껍질까기, 자동 토스터, 1962년에는 전기 오븐, 1967년에는 전동 나이프, 1968년에는 완전 전자동 식기 세척기, 1970년에는 전기 튀김기가 각각 선을 보였다.

■ **소형 및 대형 가전제품.** 주방 소형 가전제품으로는 핸드 믹서, 전기 주전자, 커피 머신, 전동 착즙기, 전동 나이프, 크레프용 팬, 푸드 슬라이서, 전동 껍질까기, 전기 튀김기, 전기 와플기, 전기 토스터, 고기용 전기 그릴, 분쇄기, 블렌더, 커피밀, 전동 캔 오프너, 전동 레몬 착즙기, 전동 고기 슬라이서, 아이스크림 메이커, 요거트 메이커, 푸드 프로세서 등이 포함된다. 이들 중 몇몇은 최근에 아주 기능이 정교해지고 고급화되었다. 중대형 주방 가전제품으로는 식기 세척기 이외에도 조리기구 및 냉장보관용 기계의 등장을 꼽을 수 있다. 일체형 가스레인지와 오븐, 가스 및 전기레인지 상판, 회전식 로스터, 빌트인 오븐, 전자레인지, 냉장고와 냉동고 등이 이에 해당된다.

ÉLÉPHANT 엘레팡 코끼리. 코끼리과에 속하는 포유류 동물로 남부 아시아에서는 주로 짐을 나르는 가축으로 이용하며, 아프리카에서는 오래전부터 귀히 여겨온 사냥감이었다(특히 상아는 중요한 수입원이 되었다). 현재 코끼리의 사냥과 상아 유통은 엄격한 통제하에 보호받고 있다. 17세기 이래로 전해오는 여행자들과 사냥꾼들의 이야기에 따르면, 코끼리 고기는 매우 질기지만 오랜 시간 공기가 통하는 곳에서 숙성시킨 뒤 15시간 이상 익히면 아주 맛있어진다고 한다. 요리에서 주로 사용하는 부위는 발과 특히 긴 코이며 살의 젤라틴처럼 아주 쫀득하고 우설과 비슷하다.

ÉLEVAGE 엘르바주 포도주를 발효시킨 뒤 맛을 좋게 하고 보존성을 높이기 위해 행하는 일련의 작업을 총칭한다. 우이야주(ouillage, 오크통에 와인이 늘 가득 차 있도록 채워 넣음으로써 공기와의 접촉을 최소화하는 작업), 수티라주(soutirage, 와인에 나쁜 영향을 줄 수 있는 찌꺼기를 제거하기 위해 와인을 다른 오크통이나 발효조로 옮겨 담는 작업), 콜라주(collage, 달걀흰자나 벤토나이트 등의 물질을 첨가하여 부유중인 불순물 미립자를 제거하는 작업), 필트라시옹(filtration, 마지막으로 불순물을 걸러 맑게 하는 작업) 등의 과정을 통해 와인의 생물학적, 물리화학적 변화를 면밀히 관리할 수 있다. 대부분의 경우 숙성 과정은 오크통에서 이루어지고 천천히 공기와 접촉하면서 종류에 따라 몇 개월에서(보졸레, 뮈스카데), 1-2년(보르도, 부르고뉴) 또는 뱅 존의 경우 최소 6년간 지속된다.

EMBALLER 앙발레 싸다. 재료를 국물에 데치거나 뭉근히 오래 익힐 때 돼지 크레핀이나 얇은 거즈망 등으로 싸서 익는 동안 형태가 유지되게 한다. 샤퀴트리에서는 익힐 내용물을 틀에 채워 넣는 것을 뜻한다(갈랑틴, 간 파테 등).

EMBOSSER 앙보세 고기나 소 재료를 익히기 전에 망, 창자, 또는 틀에 채워 넣어 익힌 후의 모습이 되도록 미리 형태를 잡아주는 것을 가리킨다. 이 작업을 해두면 재료를 국물에 익혀 건지거나, 냄비에 찌듯 푹 익힐 때는 물론이고 건조시키거나 훈연할 때도 원 모양을 흐트러트리지 않고 비교적 온전히 유지할 수 있으며 중량의 손실도 줄일 수 있다.

ÉMEU 에뫼 에뮤. 몸길이가 약 1.6-1.8m 정도 되는 대형 주조류(走鳥類)로 호주가 원산지다. 오늘날 프랑스를 비롯한 여러 국가에서 에뮤는 식용으로 양식되고 있다. 생후 10-12개월이 지나 무게가 40kg에 이르면 도축한다. 살은 붉은색을 띠며 연하고 맛이 보통 수렵육과 비슷하며 조리법도 같다. 특히 가슴살, 가슴살 안심, 엉덩이살, 넓적다리살을 많이 사용한다.

ÉMINCÉ 에맹세 얄팍하게 썰거나 저민 것을 뜻한다. 주로 남은 고기를 활용한 대표적인 요리의 이름이기도 한 에맹세는 굽거나 브레이징 또는 국물에 삶은 고기를 얄팍하게 슬라이스해 서빙 용기에 담은 뒤 소스를 끼얹고 오븐에 다시 데워(고기를 촉촉함을 유지할 수 있도록 살짝만 가열한다) 내는 것을 지칭한다. 돼지고기나 닭, 송아지 고기처럼 다시 데우면 수분이 빠져 퍽퍽해지는 고기류보다는, 소나 양 혹은 노루 같은 수렵육을 주로 사용해 만든다. 소고기 에맹세에는 버섯을 넣은 마데이라 와인 소스(sauce madère), 골수를 얇게 썰어 넣은 보르들레즈 소스(sauce bordelaise)를 주로 곁들이고, 그 외에도 소스 샤쇠르(sauce chasseur), 리오네즈(lyonnaise), 피캉트(piquante), 로베르(Robert), 토마토(tomate) 혹은 이탈리안(italienne) 소스 등 다양한 소스를 끼얹어 오븐에 데워낸다. 여기에 소테한 감자, 버터나 크림에 버무린 녹색 채소, 브레이징한 채소, 퓌레, 파스타 혹은 리소토 등을 곁들여 먹는다. 노루고기 에맹세에는 소스 푸아브라드(poivrade), 소스 그랑 브뇌르(grand veneur), 혹은 소스 샤쇠르를 끼얹고, 밤 퓌레와 레드커런트 젤리를 곁들여 낸다. 양고기 에맹세에는 버섯 소스, 토마토 소스, 파프리카 소스, 인도 소스를 사용하며 쌀밥과 주키니 호박을 곁들인다. 돼지고기 에맹세에는 소스 피캉트, 소스 로베르 혹은 샤퀴트리 소스(sauce charcutière)에 감자 퓌레나 반으로 쪼갠 완두콩을 곁들인다. 송아지 고기나 가금류 에맹세에는 토마토 소스, 소스 루아얄(royale) 또는 소스 쉬프렘(sauce suprême)을 끼얹어낸다. 소고기 에맹세와 가니시는 동일하다. 더 넓은 의미로, 꼭 남은 재료의 재활용 요리가 아니더라도, 익히기 전에 재료를 얇게 잘라 조리한 다양한 요리를 모두 에맹세(émincés)라고 부르기도 한다. 송아지 에맹세의 경우가 그러한데, 이는 송아지 안심을 익히기 전 미리 슬라이스해 뜨거운 팬에 소량씩 재빨리 지져낸 다음 다시 팬에 모아 담고 육수나 데미글라스를 넣어 익힌 요리다. 경우에 따라 생크림을 넣기도 하며, 볶은 버섯을 곁들여 먹는다.

▶ 레시피 : VEAU.

ÉMINCER 에맹세 고기, 채소, 과일 등을 다소 얇은 두께로 슬라이스하거나 동그란 모양을 살려 얄팍하고 동일한 두께로 썬다. 재료를 도마에 놓고 큰 나이프로 썰거나(오이, 리크, 버섯, 서양 배, 사과 등) 만돌린 슬라이서, 또는 저미는 날을 장착한 푸드 프로세서를 이용한다(감자). 레스토랑 주방에는 토마토를 뭉개짐 없이 5mm 두께로 일정하게 자르거나 부채꼴 모양으로 길게 연결해 슬라이스할 수 있는 기구 등 특수 장비를 갖추어 놓기도 한다.

ÉMISSOLE 에미솔 까치상어, 별상어. 까치상어과에 속하는 작은 상어로 심해에 서식하며 여름이 되면 연안 지대에 출몰하기도 한다. 등에 흰색 반점이 있는 것과 뒤쪽 등지느러미 가장자리에 검은 점무늬가 있는 종류, 무늬 없이 매끈한 종류로 분류된다. 흔히 찾아보기 어려운 이 생선은 주로 껍질을 벗긴 상태의 소모네트(saumpnette)라는 이름으로 판매된다. 살이 맛있어 인기가 높으며 특히 노르망디 지방에서는 크림을 넣어 조리해 먹는다.

EMMENTHAL, EMMENTAL 에망탈 에멘탈 치즈. 소젖으로 만든 가열 압축 경성치즈. 이름은 이 치즈의 원산지인 스위스 베른주의 에메강 밸리 지역 에멘탈에서 따온 것이다(**참조** p.398 외국 치즈 도표). 이 치즈는 1815년 오른(Orne) 지방 솔리니 라 트라브(Soligny-la-Trappe)의 수도원 사제들에 의해서 처음 만들어졌고, 그들이 에멘탈이라는 이름을 붙였다. 이후 브르타뉴와 루아르 및 동부 지방(Ain, Isère, Savoie, Haute-Savoie, Haute-Marne, Vosges, Franche-Comté)에서 생산되기 시작했고 그랑 크뤼 레이블을 획득하게 되었다(**참조** p.390 프랑스 치즈 도표). 직경 70-100cm 크기의 커다란 맷돌 형태로 둘레가 약간 볼록하며 높이는 16-25cm, 무게는 70-130kg 정도다. 외피는 밝은 노란색이며 건조하고 매끈하다. 치즈 안쪽은 아이보리색을 띠며 단단하면서도 탄력이 있고 호두만 한 크기의 구멍이 듬성듬성 나 있다. 과일향이 나는 직관적인 맛을 갖고 있으며 냄새는 강한 편이다.

EMPANADA 엠파나다 스페인과 남미에서 즐겨 먹는 파이, 파테 앙 크루트, 쇼송류를 뜻하며 속에 고기, 생선, 옥수수 또는 치즈를 채워 넣는다. 스페인 갈리시아에서 처음 선보인 엠파나다는 닭고기, 양파, 피망을 채워 넣은 두툼한 파이인 클래식 버전 이외에 해산물, 정어리, 뱀장어, 칠성장어를 넣어 만들기도 한다. 본래 빵 발효반죽(엠파나다라는 이름도 '빵으로 감싸다'라는 의미인 empanar에서 유래했다)으로 만들었으나 최근에는 튀김 반죽이나 파트 푀유테를 많이 사용하며 일반적으로 뜨겁게 서빙한다.

칠레, 아르헨티나, 파라과이에서 엠파나다는 대부분 작은 크기의 파테 앙 크루트(틀에 넣지 않는다), 혹은 가장자리를 무늬 내어 말아 접은 만두 형태의 쇼송이다. 주로 다진 고기, 건포도, 올리브, 양파에 고추, 파프리카, 커민 등의 향신료를 넣은 소를 채워 넣는다. 오르되브르나 아뮈즈 부슈 등으로 즐겨 먹으며 아주 뜨겁게 서빙한다. 와인과 곁들여 먹는다.

레스토랑 아나이(RESTAURANT ANAHI, PARIS)의 레시피

***empanada* 엠파나다**

기름을 제거한 소고기 500g을 작은 큐브 모양으로 썬 다음 다진 양파 100g, 씨를 빼고 잘게 썬 파프리카와 잎 고추(leaf pimento, ignara) 각 20g, 커민 1티스푼, 으깬 마늘 한 톨을 넣고 약한 불에서 저어가며 뭉근히

Émincer 얇게 저미기

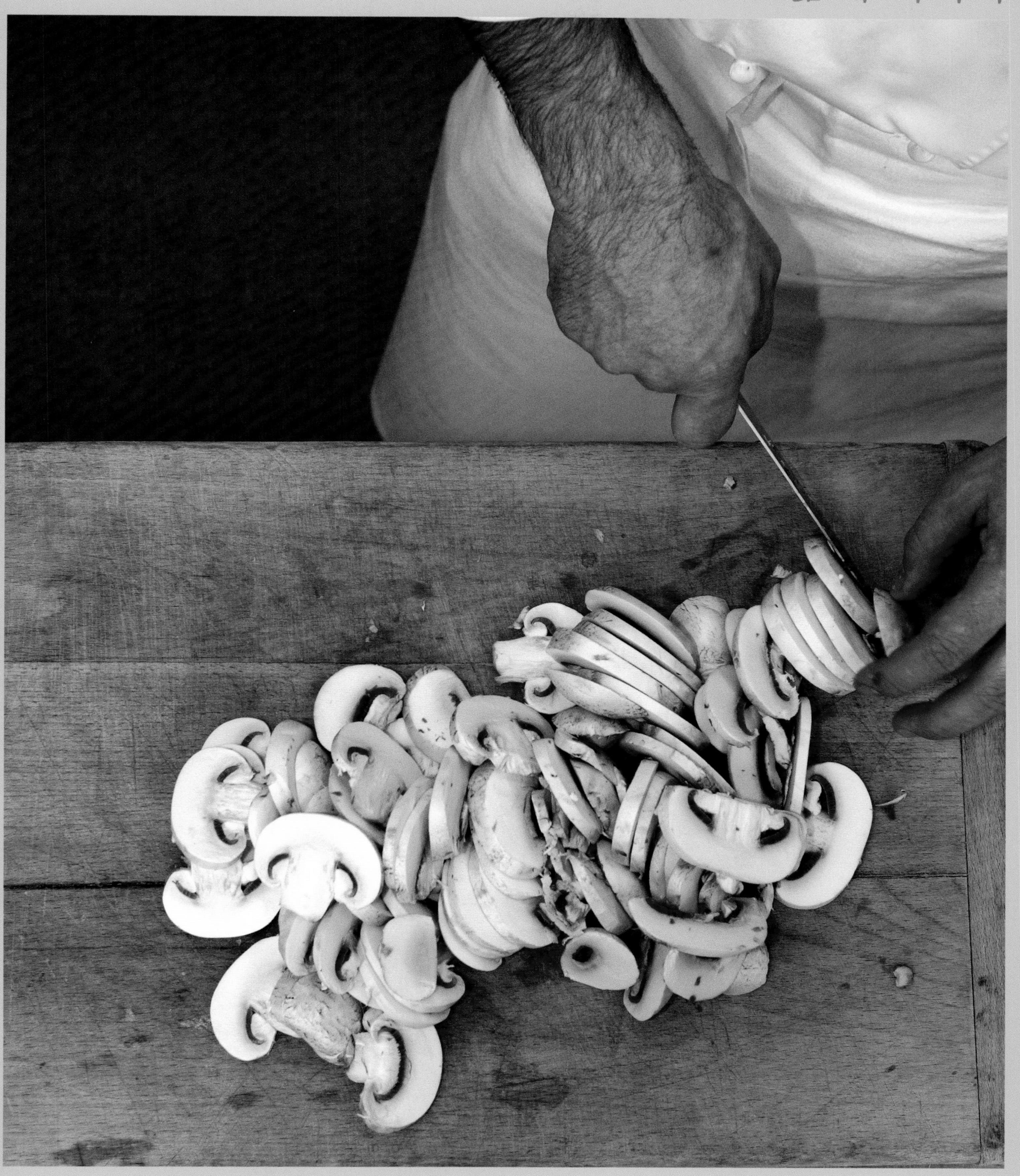

"포텔 에 샤보, 에콜 페랑디, 레스토랑 가르니에, 크리용 호텔, 파리 리츠 호텔의 요리사들이 과일과 채소를 균일한 두께로 써는 모습. 물론 종종 슬라이서 등의 도구를 활용하기도 하지만, 이처럼 노련한 솜씨는 감탄을 자아내기에 충분하다."

익힌다. 고기가 익으면 미리 물에 담가 불린 건포도 30g과 잘게 썬 삶은 달걀 1개를 넣어준다. 타르트 반죽에 이 소를 채워 넣고 파테처럼 감싸준다. 180°C로 예열한 오븐에서 30분간 굽는다. 아주 뜨겁게 서빙한다.

EMPEREUR 앙프뢰르 납작금눈돔과에 속하는 바다생선으로 오렌지 라피(orange roughy)라는 이름으로도 알려져 있다. 아일랜드에서 스페인에 이르는 대서양과 뉴질랜드 근처 태평양 심해에 서식하며 몸길이는 약 60cm 정도 된다. 붉은색을 띠며, 뒷지느러미보다 등지느러미가 더 긴 특징을 갖고 있다. 주로 필레로 떠서 판매하며, 살이 아구와 비슷하며 식감과 맛이 아주 좋다. 조리법도 아구와 동일하다.

EMPORTE-PIÈCE 앙포르트 피에스 쿠키 커터, 커팅틀. 양철, 스테인리스 또는 합성소재로 된 커팅틀로 원형, 반원형, 타원형, 삼각형 등 그 모양과 크기가 다양하며 매끈한 선 또는 요철 무늬가 있는 선으로 이루어져 있다. 이 도구는 주로 파티스리에서 사용되며, 반죽을 민 다음 원하는 모양을 일정하고 재빨리 찍어낼 수 있다(바르케트, 프티 사블레, 볼로방 등). 양철이나 스테인리스 소재의 기둥형 커터(emporte-pièce à colonne)를 사용하여 납작한 모양 이외에 다양한 크기의 원통 모양(특히 채소)을 찍어낼 수 있다.

ÉMULSIFIANT 에뮐시피앙 유화제. 서로 혼합되기 어려운 두 물질 즉 지방과 수성 용액이 섞이도록 도와주는 화합물이나 식품 첨가제를 가리킨다. 마요네즈를 만들 때는 단백질과 인지질로 이루어진 달걀노른자의 레시틴 성분이 유화제 역할을 한다. 몇몇 유화제는 인체에 무해한 식품 첨가물 리스트에 명시돼 있다(**참조** ADDITIFS ALIMENTAIRES). 천연유화제는 레시틴(E 322)과 식용 지방산 모노글리세라이드, 디글리세라이드(E 471)를 포함하고 있다. 레시틴 중 아몬드나 종자(특히 콩)에서 추출한 것은 주로 초콜릿에 사용하며, 달걀노른자에서 추출한 것은 우유 분말에 사용한다. 모노글리세라이드와 디글리세라이드는 마가린 또는 이미 만들어진 마요네즈에 유화 안정성을 더하기 위해 사용한다.

ÉMULSIFICATION 에뮐시피카시옹 유화, 에멀전화. 주로 세게 휘젓는 방법 등을 통해 액화된 지방을 아주 작은 방울 상태로 다른 액체에 안정적으로 분산되게 하는 조작 방법으로, 마요네즈를 만들 때 달걀노른자와 식초 혼합물에 기름을 넣어야 잘 섞이게 되는 원리다.

ÉMULSION 에뮐시옹 유화물, 유탁액, 에멀전. 한 액체를 그것과 혼합할 수 없는 다른 액체에 작은 방울 상태로 분산시켜 놓은 상태의 혼합물, 즉 유화된 혼합물을 가리킨다. 예를 들어 기름과 물은 서로 섞이지 않지만 유화제인 단백질 도움을 받아 기름을 물에 분산시켜 유화할 수 있다. 유화된 혼합물은 불안정하며, 그 종류에 따라 지속되는 시간이 다르다. 식품 유화물로는 마요네즈, 비네그레트, 마지막에 버터를 넣고 세게 저으며 유화한 와인 소스가 대표적이다. 에멀전 소스는 찬 소스(마요네즈와 그 파생 소스)와 더운 소스(홀랜다이즈 소스, 무슬린 소스 및 그 파생 소스)로 나뉜다.

EN-CAS 앙 카 간식, 가벼운 식사. 식사 시간 이외에 먹는 가벼운 음식으로 주로 찬 음식이 대부분을 차지한다. 옛날에 부유층에서는 여행에서 돌아온 사람들이 밤늦게 출출함을 달랠 수 있도록 작은 테이블에 치즈, 과일, 고기 콜드 컷 등을 차려냈다.

ENCHAUD 앙쇼 페리고르의 특선 음식으로 뼈를 제거한 돼지 안심을 돌돌 말아 묶은 뒤 코코트 냄비에 넣고 지져 색을 내고 오븐에서 익힌 음식이다. 경우에 따라 소를 채워 넣기도 한다. 차갑게 서빙한 앙쇼를 특히 즐겨 먹는다.

enchaud 앙쇼

돼지 안심 오븐 구이 : 돼지 안심 또는 등심 덩어리 1.5kg의 뼈를 제거하고 뼈는 따로 보관한다. 고기를 작업대에 펼쳐놓고 소금, 후추로 간을 한다. 타임을 잎만 떼어 뿌리고 마늘은 작게 잘라 고기에 고루 박는다. 고기를 단단히 말아 조리용 실로 묶은 뒤 냉장고에 하룻밤 넣어둔다. 다음 날, 코코트용 무쇠냄비에 돼지기름 2테이블스푼을 달군 뒤 고기를 넣고 고루 색이 나게 지진다. 흰색 육수 작은 한 컵을 붓고 타임 한 줄기와 뼈를 넣는다. 소금, 후추로 간한다. 뚜껑을 덮은 뒤 밀가루 반죽을 뚜껑 둘레에 붙여 단단히 밀봉한다. 180°C로 예열한 오븐에서 2시간 동안 익힌다. 고기가 익으면 건져낸 다음 뜨겁게 유지한다. 냄비에서 뼈와 타임을 건져낸 다음 기름을 최대한 제거한다. 흰색 육수 한 컵을 붓고 졸여 소스를 만든다. 고기에 소스를 붓고, 마늘을 넣고 소테한 감자를 곁들여 서빙한다.

ENCORNET 앙코르네 오징어. 십각류에 속하는 바다 연체동물로 지중해 연안 지역에서 아주 즐겨 먹는 해산물이다(**참조** pp. 252-253 조개, 무척추동물 도감). 경우에 따라 칼라마리(calmar, 오징어)와 혼용해 쓰이기도 한다. 프랑스 어시장에서는 삼각형 지느러미가 큰 흰 오징어와 좀 더 긴 사이즈의 붉은 오징어를 구입할 수 있으며, 둘 다 작은 머리에 열 개의 다리와 한 개의 먹물주머니가 달려 있다. 오징어의 속을 채운 뒤 토마토 소스와 함께 조리하거나 아메리칸 소스, 혹은 화이트와인을 넣고 익히기도 하며, 튀김으로도 즐겨 먹는다. 데친 뒤 차갑게 식혀 아이올리 소스나 먹물 소스를 곁들이기도 한다.

ENDAUBAGE 앙도바주 브레이징 요리를 만들기 위해 사용되는 재료를 총칭하며 이는 레시피에 따라 달라진다. 염장 삼겹살이나 돼지비계, 당근, 샬롯, 양파, 부케가르니, 와인, 리큐어 등의 술, 기름, 식초, 마늘, 후추, 소금, 다양한 향신 재료 등이 모두 포함된다.

ENDIVE 앙디브 엔다이브. 흰색 잎이 촘촘히 붙어 있으며 곧고 뾰족한 모양의 단단한 겨울 채소로, 치커리 뿌리를 어두운 곳에서 촉성 재배하여 수확한다(**참조** CHICORÉE). 벨기에에서는 시콩(chicon), 수도사의 턱수염(barbe-de-capucin), 비트로프(witloof 플랑드르어로 흰색 잎이란 뜻이다)라는 이름으로 불리며, 독일에서는 브뤼셀 치커리, 영국에서는 벨기에 치커리로 각각 불린다. 엔다이브는 소화가 잘 되고 칼로리가 아주 낮으며(100g당 20kcal, 84kJ) 수분이 풍부하고 칼륨, 셀레늄, 비타민 C, B1, B2, B3(니아신)이 함유돼 있다. 10월부터 5월까지가 제철이다.

■ **사용.** 시들거나 손상된 잎을 떼어낸 다음 흐르는 물에 재빨리 헹궈 물기를 닦아둔다. 쓴맛이 몰려 있는 밑동 부분은 잘라내고 사용하며, 주로 생으로 먹는다. 이 채소는 생으로 주로 샐러드에 넣어 먹는다(겨울 샐러드에 들어가는 재료인 비트, 경성치즈, 호두, 사과, 오렌지나 자몽 과육 세그먼트 등과 함께 넣고 비네그레트로 드레싱한다). 또한 익혀 먹는 조리법도 다양하다. 베샤멜 소스를 끼얹거나 브라운 버터(beurre noisette) 또는 송아지 갈색 육수를 뿌린 뒤 익히기도 하고 버터와 허브를 넣고 조리하기도 하며 그라탱과 퓌레로도 즐겨 먹는다. 뿐만 아니라 로스트 고기요리나 닭 요리에 가니시로도 아주 좋다. 그 외에 브레이징하거나 가늘게 썰어 요리할 수도 있고, 스튜에 넣기도 한다. 엔다이브는 그 자체로도 요리의 주재료로 손색이 없다. 냄비에 찌듯이 익힌 엔다이브를 햄으로 만 다음 포트와인과 건포도로 만든 소스를 끼얹어 내거나, 소를 채워 넣은 뒤 그라탱처럼 노릇하게 구워 서빙하기도 한다.

chiffonnade d'endives à la crème ▶ CHIFFONNADE
crème d'endive ▶ CRÈME (POTAGE)

endives braisées ou à l'étuvée 앙디브 브레제, 앙디브 에튀베

브레이징한 엔다이브, 또는 찌듯이 익힌 엔다이브 : 엔다이브 1kg를 준비한다. 냄비에 버터 30g, 소금 1자밤, 레몬즙 1/4개분, 물 50mℓ와 함께 엔다이브를 넣고 센불로 가열한다. 끓기 시작하면 불을 줄이고 35분간 익힌다.

파스칼 바르보(PASCAL BARBOT)의 레시피

endives braisées au beurre de spéculos, banane-citron vert 앙디브 브레제 오 뵈르 드 스페퀼로스, 바난 시트롱 베르

스페퀼로스 버터와 라임 향의 바나나를 곁들인 브레이즈드 엔다이브 : 4인분

하루 전날, 볼에 밀가루 500g을 넣고 가운데를 우묵하게 만든 다음 베이킹소다 1테이블스푼, 계핏가루 1/2테이블스푼, 정향 3개, 비정제 황설탕 300g, 달걀 3개, 부드럽게 만든 버터 400g, 소금 1자밤을 넣고 재료가 고루 섞이도록 천천히 혼합한다. 냉장고에 하룻밤 넣어둔다. 다음 날 반죽을 냄비에 넣고 계속 저어주며 약 20분 정도 약한 불로 가열하여 스페퀼로스 버터를 완성한다. 소테팬에 버터 20g을 녹인 뒤 설탕 1티스푼을 넣는다. 싱싱한 엔다이브를 반으로 잘라 단면이 바닥에 닿게 넣어준다. 통계피 스틱 1개, 정향 2개, 얇게 저민 레몬 슬라이스 8장, 타임 한 줄기, 오렌지즙 100mℓ를 넣고 약한 불로 천천히 1시간 동안 익힌다. 마지막에 적당히 캐러멜라이

즈 되도록 신경 써서 불을 조절한다. 엔다이브를 건져낸 다음 계핏가루, 타임, 플뢰르 드 셀 소금으로 간을 마무리한다. 라임 제스트를 넣어 버무린 바나나 슬라이스와 스페퀼로스 버터를 곁들여 서빙한다.

endives au jambon 앙디브 오 장봉

햄으로 싼 엔다이브 그라탱 : 엔다이브를 버터, 소금, 레몬즙, 물과 함께 냄비에 넣고 찌듯이 익힌다. 베샤멜 소스(엔다이브 한 개당 2-4테이블스푼)를 만든 다음 그뤼예르 치즈(소스 500mℓ당 60g)를 넣어 섞는다. 그라탱 용기에 버터를 바른다. 익힌 엔다이브를 건져서 하나씩 얇은 햄(jambon de Paris)으로 돌돌 만다. 그라탱 용기에 나란히 붙여 담은 뒤 아주 뜨거운 베샤멜 소스를 끼얹는다. 가늘게 간 그뤼예르 치즈를 뿌리고 버터 조각을 고루 얹은 다음, 275°C로 예열한 오븐에 넣어 그라탱처럼 노릇하게 구워낸다.

히어트 반 헤케(GEERT VAN HECKE)의 레시피

salade de chicon, pomme verte aux langoustines et lanières de poulet 살라드 드 시콩, 폼 베르트 오 랑구스틴 에 라니에르 드 풀레

청사과, 랑구스틴, 닭고기를 곁들인 엔다이브 샐러드 : 4인분

엔다이브 8개를 가늘게 채 썬 다음 조심스럽게 씻어 건진다. 청사과 2개를 잘라 속을 제거한 뒤 그중 한 개를 얇게 슬라이스해 접시에 부채꼴로 빙 둘러 깔아준다. 나머지 사과 한 개는 가늘게 채 썰어 엔다이브와 섞는다. 닭 다리 살을 길쭉하게 썰어 간장 1테이블스푼에 5분간 재운다. 밀가루를 묻힌 다음 180°C기름에 넣어 2분간 바삭하게 튀겨낸다. 랑구스틴(가시발새우) 12마리의 살을 약간의 올리브오일을 두른 팬에 살짝 지져 익힌다. 올리브오일 2테이블스푼, 머스터드 칼끝으로 아주 조금, 발사믹 식초 2테이블스푼을 섞어 만든 드레싱에 사과와 엔다이브를 넣고 조심스럽게 버무린다. 소금, 후추로 간한다. 접시에 깔아 둔 사과 위에 엔다이브 청사과 샐러드를 담고 그 위에 랑구스틴과 닭 튀김을 보기 좋게 얹는다. 생고수를 얹어 장식한다.

tronçon de turbot rôti, endives braisées et mousseline de châtaigne
▶ TURBOT

ENRICHI 앙리쉬 강화식품. 비타민, 무기질 등의 영양소가 상당량 보강된 식품을 지칭하는 용어로 특히 탄수화물, 지방, 단백질 위주의 식품이 이에 해당된다(운동선수, 영양 결핍자, 환자용 식품 등). 프랑스에서는 영양소가 보강돼 있다는 이 단어(enrichi)를 제품에 쓸 수 없지만, 오늘날 우유, 요거트, 시리얼, 과일 주스 등의 식품에서는 비타민과 무기질이 보강, 보충돼 있다거나 함유돼 있다(complémenté, supplémenté, à teneur garantie)는 비슷한 의미의 문구가 표시된 경우를 많이 볼 수 있다(**참조** COMPLÉMENTATION).

ENROBER 앙로베 소스 등을 씌우다. 코팅하다. 수분이 비교적 많은 재료를 튀길 때 튀김옷 반죽을 입히는 것을 지칭하며, 이렇게 하면 뜨거운 기름에서 익는 동안 차단막을 형성할 수 있다(특히 채소나 고기 부속 등을 튀길 때 유용하다). 또한 요리에 소스나 젤리를 끼얹어 씌워주는 것을 의미한다(쇼푸르아 등). 콩피한 음식은 반드시 기름으로 완전히 덮어두어야(enrobé) 더 안전하게 보존할 수 있다. 파티스리에서 앙로베는 케이크, 프티푸르 및 각종 당과류 등에 초콜릿, 퐁당슈거, 시럽 등을 씌우는 것을 의미한다. 막대를 꽂은 아이스크림 바에 초콜릿이나 프랄리네를 씌워 단단한 겉면을 만들기도 한다. 가나슈, 프랄리네, 아몬드 페이스트를 비롯한 여러 가지 필링으로 만든 다양한 모양(정사각형, 직사각형, 원형 등)과 두께의 초콜릿 봉봉에 밀크, 다크 또는 화이트 초콜릿으로 겉을 코팅해 매끈하고 단단한 표면을 완성해준다. 식품제조업, 특히 소시지 생산 분야에서는 케이싱으로 재료를 감싸는 작업을 의미하기도 하는데 이는 식품의 형태를 잡아줄 뿐 아니라 보존기간을 늘리는 데도 효과가 있다. 앙로베한 커피(café enrobé)는 원두 알갱이를 더 검고 윤기 나게 하는 처리를 거친 것이다.

ENTONNOIR 앙토누아 깔때기. 액체를 병이나 입구가 좁은 용기에 옮겨 넣을 때 사용하는 도구. 일반적으로 입구가 넓게 벌어진 원뿔형(오드비의 경우는 타원형)이며 유리, 스테인리스, 양철, 법랑, 플라스틱 등의 소재로 돼 있다. 당과류 제조에 쓰이는 깔때기(entonnoir à fondant) 형태의 분배기에는 구멍을 조절해서 막는 막대가 장착돼 있어 설탕 혼합물 등을 틀에 조금씩 조절하여 흘려 넣을 때 유용하다. 샤퀴트리에서 쓰는 소시지, 부댕, 세르블라용 깔때기(앙보수아르 embossoir라고도 한다)는 창자 등의 케이싱 안에 나무 막대기로 눌러 밀어 소를 채워 넣는 용도다.

ENTRECÔTE 앙트르코트 소 꽃등심살. 소의 등 뼈(5-10번)에 붙은 살을 잘라낸 등심 덩어리를 가리키며, 옛날에 통용된 것처럼 말 그대로 두 개의 뼈 사이에 있는 살을 의미하는 것은 아니다(**참조** pp.108-109 프랑스식 소 정육 분할 도감). 이 부위에는 지방이 고루 섞여 있어 연하고 풍미가 좋아 그릴이나 팬에 구워 먹기 적당하다. 윗등심 부위의 살도 마찬가지로 방법으로 조리해 먹지만 좀 더 질기다. 꽃등심을 구웠을 때 형태를 유지하고 그 풍미를 제대로 내기 위해서는 살의 두께가 최소 1.5cm는 되어야 한다. 주로 먹기 좋게 다듬고 기름을 어느 정도 제거한 다음 조리하며, 미리 가장자리에 칼집을 군데군데 내주면 익혔을 때 수축되는 것을 막을 수 있다.
▶ 레시피 : BŒUF.

ENTRE-DEUX-MERS 앙트르 되 메르 보르도의 AOC 와인. 드라이하고 가벼운 화이트와인으로 세미용, 소비뇽, 뮈스카델 품종 포도로 만든다. 가론강과 도르도뉴강이 흐르는 중간 지대의 포도밭에서 생산된다(**참조** BORDELAIS).

ENTRE-DEUX-MERS-HAUT-BENAUGE 앙트르 되 메르 오 브노주 가론강과 도르도뉴강 사이의 앙트르 되 메르 중심 지역에서 생산되는 화이트와인으로 세미용, 소비뇽, 뮈스카델 품종의 포도로 만들며, 바디감과 동시에 섬세한 풍미를 지니고 있다.

ENTRÉE 앙트레 클래식 코스 요리 서빙 순서에서 오르되브르(또는 포타주)와 생선(또는 이를 대체하는 요리)에 이어 세 번째로 나오는 요리, 즉 로스트 고기류(rôti) 바로 전에 서빙되는 요리를 뜻한다. 정찬 코스에서 앙트레는 소스를 곁들인 더운 요리, 혹은 찬 요리를 모두 서빙할 수 있다. 크루스타드, 탱발, 프티 파테 등을 총칭해 앙트레 믹스트(entrées mixtes)라고 부르기도 한다. 여러 종류의 앙트레를 함께 서빙하는 경우에는 재료나 요리법 등이 겹치지 않도록 각각 전혀 다른 종류로 준비해야 한다.

현재는 메뉴가 예전에 비해 간단해지고 요리 가짓수도 줄어드는 추세다. 메뉴 구성은 메인 코스를 중심으로 오르되브르나 수프류 한 가지 또는 애피타이저 한 가지, 주 요리에 이어 나오는 전통 코스인 샐러드, 그 이후 치즈와 디저트 정도로 이루어진다. 중세에는 당절임한 멜론 껍질, 굴 파이, 앙두이예트, 소시지, 치즈 타르트 등을 앙트레로 내기도 했다.

오늘날의 앙트레는 생선, 해산물, 캐비아, 푸아그라, 누들 및 다양한 파스타(뇨키, 마카로니, 스파게티, 라비올리, 크넬 등), 짭짤한 파티스리(페이스트리 부셰, 크루스타드, 더운 파테, 키슈, 짭짤한 타르트류, 탱발, 투르트, 볼로방 등), 달걀 요리, 수플레, 채소(아티초크 또는 아스파라거스) 등 그 종류가 매우 다양하다. 또한 오르되브르 범주에 해당하는 음식으로 차게 먹는 샤퀴트리, 생채소, 멜론, 양념에 마리네이드하거나 기름에 저장한 생선, 래디시, 믹스 샐러드 등을 꼽을 수 있다.

ENTREMETS 앙트르메 옛날 정찬 코스에서 로스트 요리(rôti) 다음에 나오는 모든 요리, 즉, 채소 요리와 달콤한 음식을 모두 통칭하는 용어이다. 중세 왕실에서 앙트르메는 실제로 식사 중간에 행해지는 공연이었다. 참석자들이 요리를 즐기는 동안 음악 연주, 광대들의 공연과 무용 등이 펼쳐졌다.

지금은 일상적으로 앙트르메라 하면 치즈 코스 이후에 나오는 달콤한 요리, 즉 디저트로 인식되고 있지만, 아직도 레스토랑 업계에서는 모든 채소 요리(주방 부서 중 앙트르메티에 entremettier가 담당한다)와 짭짤한 요리 앙트르메(짭짤한 크레프와 튀김, 크로켓, 빵에 토핑을 얹어 구운 크루트, 오믈렛, 수플레), 그리고 달콤한 음식을 전부 통합하여 지칭하는 용어로 쓰인다. 달콤한 음식은 또 더운 앙트르메(튀긴 디저트인 베녜, 크레프, 리큐어를 붓고 불을 붙여 플랑베한 과일, 달콤한 오믈렛과 수플레 등)와 차가운 앙트르메(바바루아, 블랑망제, 샤를로트, 콩포트, 페이스트리, 크림, 쌀이나 세몰리나 푸딩, 플랑, 시원한 과일, 쌀이나 세몰리나를 넣은 과일 디저트, 머랭, 외프 아 라 네주, 푸딩, 탱발 등), 그리고 아이스 디저트(아이스크림을 채운 비스퀴, 봉브, 무스, 아이스크림 디저트, 과일 껍질에 채워 얼린 소르베, 과일을 곁들인 아이스크림, 파르페, 소르베, 수플레, 바슈랭 등)으로 분류된다.

■ **역사.** 14세기 요리사 타유방(Taillevent)은 앙트르메로 프루멘티(fromentée 밀가루로 만든 죽의 일종), 브루에(brouet 걸쭉한 죽), 굴 스튜, 라이스푸딩, 젤리를 씌운 생선, 속을 채운 가금류, 무화과를 넣은 아몬드 밀크 등을 차려냈다. 이 요리들은 식사 코스 전체에 걸쳐 로스트 육류와 생선 요리 사이에 교대로 서빙되었으며 짭짤한 맛과 단맛의 요리들이 고루 섞여 있었다. 이 풍성한 앙트르메 중 몇몇에는 특별한 찬사가 따르기도 했는데, 예를 들어 '다시 깃털 옷을 입힌 백조'라든지 기타 피에스몽테 류의 화려한 것들이 그 대상이었다. 이들은 오로지 장식적인 효과만을 위한 것이었으며, 음악과 함께 성대하게 연회장에 등장했다. 1655년 니콜라 드 본퐁(Nicolas de Bonnefons)은 버터와 라드로 요리한 음식들, 다양한 종류의 달걀 요리, 양 뒷다리 육즙 소스에 익힌 요리 이외에도 갖가지 색의 젤리와 블랑망제 등의 달콤한 음식을 앙트르메로 서빙했으며, 후추를 뿌린 아티초크, 카르둔, 셀러리 등의 채소 요리를 중앙에 놓았다. 루이 14세 시절부터 19세기에 이르기까지 이렇게 앙트르메는 채소 요리와 달콤한 디저트를 모두 아우르는 개념으로 사용되었다.

1850년대까지만 해도 유명 레스토랑 베리(Véry)의 메뉴에는 앙트르메라는 항목에 각종 더운 채소 요리뿐 아니라 버섯을 얹은 페이스트리, 허브를 넣은 오믈렛, 베르쥐를 넣은 스크램블드에그, 이탈리아의 마카로니 등의 요리가 올라 있었다. 또한 달콤한 앙트르메로는 럼을 넣은 젤리, 크림을 채운 머랭, 잼을 곁들인 오믈렛, 살구 튀김, 체리 파이, 살구 샤를로트, 라이스 수플레 오믈렛 등을 서빙했다.

▶ 레시피 : ORANGE, SUBRIC.

ENZYME 앙짐 효소, 엔자임. 유기물질의 화학 반응을 가속화하는 촉매 역할의 단백질 분자로, 이 과정에서 대상 물질의 다른 성분의 변화를 초래하지 않으며, 반응 후에도 효소는 변하지 않고 그대로 남는다. 처음에 효소는 무생효모라는 개념으로 인식되어 페르망(ferment, 발효제)이라고 불렸으며, 이후 디아스타아제(diastase)라는 명칭으로 알려졌다. 오늘날에는 식품을 제조할 때 그 맛과 질감을 개선하기 위하여, 혹은 단순히 쉽게 소화되도록 하기 위해 효소를 사용한다. 효소가 사용되는 분야는 제과제빵, 치즈 제조, 과일 주스, 맥주 양조 등 점점 더 다양해지고 있다. 예를 들어 아밀라아제는 전분을 분해하여 빵 반죽을 부풀게 한다. 또한 고기나 생선을 접착하는 효소도 존재하는데, 이를 사용해 게맛살 어육(surimis)과 같은 새로운 제품을 만들어낼 수 있게 되었다. 유럽연합 내에서는 그 어떠한 종류의 식품 효소도 사전 허가 없이 사용할 수 없다.

ÉPAISSISSANT 에페시상 농후제. 식품(겔화된 초콜릿 우유, 아이스크림, 조리식품 등)의 점착성을 높여주는 식품 첨가물. 농후제는 해초(E 400-405), 캐로브 열매 콩(E 410), 구아(E 412), 과일(E 440a) 등 대부분 식품추출물을 원료로 사용한다.

ÉPAULE 에폴 어깨, 어깨살. 정육용 동물의 앞 다리 위쪽 부위를 지칭한다(**참조** pp. 22. 108, 109, 699, 879 정육 분할 도감). 소 어깨(앞다리) 부위는 뼈를 발라낸 다음(뼈에 붙어 있는 앞 사태 부위는 제외) 적당한 크기로 잘라 브레이징하거나 국물에 끓여 익힌다. 또는 오븐에 로스트하거나 그릴에 굽기도 한다. 송아지 어깨(앞다리) 부위도 마찬가지로 뼈를 제거한 뒤(뼈째 판매하는 앞 사태는 제외) 브레이징, 팬프라이, 소테, 로스트, 스튜, 커틀릿 등으로 조리한다. 혹은 소를 채워 말아 브레이징하거나 오븐에서 로스트한다. 양의 어깨(앞다리) 부위는 뼈를 제거한 뒤 마늘을 박거나 소를 채워 로스트한다. 혹은 뼈를 일부분만 제거한 뒤 뒷 넓적다리(gigot) 로스트 방식과 동일하게 익힌다. 돼지 어깨(앞다리) 부위는 통째로 쓰는 경우가 드물다. 목심 바로 아래 부분인 갈비살(로스트, 염장 또는 훈연)과 전지(주로 샤퀴트리로 가공된다)을 구분해 사용한다. 사슴이나 멧돼지 등의 수렵육의 어깨(앞다리) 부위는 넓적다리나 볼기살과 동일한 방법으로 조리하며, 주로 스튜(civet)를 만든다.

épaule d'agneau braisée et ses garnitures ▶ AGNEAU
épaule d'agneau farcie à l'albigeoise ▶ AGNEAU
épaule de mouton en ballon (ou en musette) ▶ MOUTON

épaule de mouton en pistache 에폴 드 무통 앙 피스타슈

마늘을 곁들인 양 어깨살 스튜 : 뼈를 제거한 양 어깨살을 발로틴처럼 돌돌 말아 실로 묶는다. 코코트 냄비 바닥에 훈연하지 않은 생햄 큰 것 한 장, 얇게 썬 양파와 당근을 각각 1개씩 깐 다음 고기를 넣는다. 소금, 후추로 간을 한 뒤 거위 기름이나 라드 2테이블스푼을 고루 뿌린다. 불에 올려 20-25분간 수분이 나오도록 익힌 뒤 고기를 건져내고, 냄비에 밀가루 2테이블스푼을 뿌린다. 몇 분간 익힌 뒤 화이트와인 200mℓ, 육수 400mℓ를 붓고 잘 섞는다. 체에 걸러둔다. 냄비에 다시 고기를 넣고, 주사위 모양으로 썬 햄을 넣어준다. 깐 마늘 50톨을 끓는 물에 데쳐 넣고 말린 오렌지 껍질을 넣은 부케가르니를 한 개 넣어준다. 걸러둔 육수를 붓고 뚜껑을 덮은 뒤 220°C로 예열한 오븐에 넣어 1시간 동안 익힌다. 고기를 건져 실을 제거한 뒤 뜨겁게 데워둔 접시에 담는다. 소스를 끼얹고 함께 익힌 마늘을 곁들여 낸다.

épaule de porc au cinq-épices ▶ PORC
épaule de veau farcie à l'anglaise ▶ VEAU

ÉPAZOTE 에파조트 양명아주. 명아주과에 속하는 방향성 식물로 잎이 넓고 가장자리가 뾰족뾰족한 피침형이다. 라틴 아메리카가 원산지인 이 식물은 높이가 1m 넘게 자라며 특별한 향이 있다. 떫은맛이 강한 편이며 약간 레몬향도 난다. 주로 멕시코의 콩 요리(frijoles)에 많이 사용한다. 또한 이 식물은 의학적 효능이 있는 것으로도 알려져 있다.

ÉPEAUTRE 에포트르 스펠트밀, 독일밀. 아주 오래된 밀 품종으로 여타 밀 종류들과는 달리 갈색 알곡이 마치 보리나 귀리처럼 왕겨에 강하게 달라붙어 있다(**참조** p.179 곡류 도표). 주로 맥주 제조에 쓰이는 큰 입자의 스펠트밀과는 구분되는 작은 입자의 스펠트밀(참밀의 일종)은 오트 프로방스 지방에서 다시 활기 있게 재배되기 시작했고, 지리적 표시 보호(IGP)를 받는 농산물이 되었다. 스펠트밀의 영양가는 일반 부드러운 밀과 동일하다.

탈곡한 스펠트밀은 쌀처럼 익혀 양고기 등에 곁들이기도 하고, 특히 프로방스에서는 시골풍 수프를 끓일 때 사용하며, 샐러드에 넣기도 한다. 스펠트밀 가루로는 빵, 파스타, 과자 등을 만든다.

galettes de sarrasin et petit épeautre fraîchement moulu aux carottes et poireaux ▶ SARRASIN

피에르 & 자니 글레즈(PIERRE ET JANY GLEIZE)의 레시피

soupe rustique d'épeautre du Contadour 수프 뤼스티크 데포트르 뒤 콩타두르

스페타밀을 넣은 콩타두르식 시골풍 수프 : 두 개의 볼을 준비하여 각각 스펠트밀 200g, 병아리콩 40g을 충분한 양의 물에 담가 하룻밤 불린다. 다음 날 호박 60g, 당근 40g, 셀러리 20g과 염장 삼겹살 40g을 모두 굵직하게 깍둑 썬다. 코코트 냄비에 잘라 놓은 재료와 익힌 소시지(murçon), 불린 스펠트밀과 병아리콩을 건져 넣은 뒤, 기름을 꼼꼼히 제거한 오리 육수 400mℓ와 물 400mℓ를 붓는다. 끓을 때까지 천천히 가열한 다음 소금, 후추로 간한다. 약불에서 2시간가량 익힌 뒤 오리 다리 6개를 넣고 1시간 더 끓인다. 각 접시에 담고 올리브오일을 한 방울씩 뿌린 다음 아주 뜨겁게 서빙한다. 다진 파슬리를 조금 뿌려도 좋다.

ÉPÉPINER 에페피네 과일, 채소의 씨나 속을 제거하다. 껍질을 벗긴 토마토의 씨를 작은 스푼으로 제거하거나 껍질 벗긴 포도 알갱이의 씨를 바늘이나 길게 편 클립 등으로 빼내는 작업도 모두 에페피네라고 한다.

ÉPERLAN 에페를랑 바다빙어, 스멜트(smelt). 바다빙어과에 속하는 작은 크기의 바다생선으로 연어와 같은 계열이며 살이 아주 섬세하고 맛있다. 최장 20cm 길이에 은빛을 띠고 있는 이 생선은 등지느러미 뒤쪽에 또 하나의 기름지느러미가 있어, 모양은 비슷하지만 맛이 덜하고 더 흔한 다른 생선들과 구분된다(**참조** pp.674-677 바다생선 도감). 빙어는 산란을 위해 강어귀로 회귀한다. 특히 노르망디 지방의 코드벡 앙 코(Caudebec-en-Caux, 이 마을을 상징하는 문장에도 빙어가 등장한다)에 많이 몰려오는데, 이곳에서는 영불해협의 메추라기(caille de la Manche) 또는 바다의 참새(becfigue des eaux)라는 별칭으로 불리기도 한다. 캐나다에서는 비슷한 어종인 무지개 빙어를 찾아볼 수 있는데, 배는 은빛을 띠고 등쪽은 올리브색 또는 짙은 녹색을 띠고 있다. 이들 중 일부는 큰 호수의 민물에서 일생을 보내며, 주로 이곳에서 대량으로 어획해 판매하고 있다.

바다빙어를 이용한 대표적 요리는 튀김이다(내장을 제거하고 헹군 뒤 물기를 닦은 뒤, 사용할 때까지 냉장고에 보관하거나 냉동한다). 그 외에 양념이나 오일에 재우거나, 굽거나, 화이트와인에 익히기도 하며, 뫼니에르 방

식으로 팬에 지지거나 그라탱으로 조리해 먹는다. 북유럽 국가에서 바다빙어는 기름이나 생선가루를 만드는 데 사용된다.

éperlans frits 에페를랑 프리

빙어 튀김 : 4인분 / 준비: 10분

내장을 제거한 작은 바다빙어 480g을 준비해 씻어서 물기를 닦아둔다. 파슬리 50g을 잎만 따서 씻은 뒤 물기를 완전히 말려 냉장고에 넣어둔다. 튀김 기름을 180°C로 가열한다. 빙어를 소량으로 한 줌씩 집어 우유 250㎖에 담갔다 뺀 뒤 밀가루에 굴려 묻힌다. 너무 많이 묻은 밀가루를 흔들어 털어낸 다음 뜨거운 기름에 넣어 튀긴다. 거미줄 모양의 튀김용 망 뜨개로 살살 저어준다. 노릇한 색이 나면 건져서 기름을 탁탁 턴 다음 키친타월에 놓고 기름을 뺀다. 고운 소금을 뿌려 간한다. 파슬리도 튀겨낸 다음 마찬가지로 소금으로 간한다. 접시에 뜨거운 빙어 튀김을 담고, 튀긴 파슬리로 보기 좋게 장식한다.

éperlans marinés 에페를랑 마리네

빙어 마리네이드 : 내장을 제거한 뒤 씻어서 물기를 닦은 빙어를 밀가루에 굴려 묻힌다. 나무 많이 묻은 밀가루를 흔들어 털어낸 다음 기름을 달군 팬에 노릇하게 지진다. 건져서 소금, 후추로 간하고 우묵한 용기에 나란히 놓는다. 껍질을 벗긴 양파를 얇게 썰어 끓는 물에 1분간 데친 뒤 찬물에 헹군다. 물기를 닦아낸 다음 빙어 위에 고루 펴 놓는다. 통후추 알갱이, 정향 2개, 타임, 월계수 잎을 넣고 식초를 뿌려 최소 24시간 재운다. 애피타이저용 접시에 담아 다른 차가운 오르되브르와 함께 서빙한다.

ÉPERONS BACHIQUES 에프롱 바시크 술을 부르다, 음주에 박차를 가한다는 의미로, 작가 프랑수아 라블레가 향신료를 넣은 염장 식품, 앙두이유와 소시송 등의 안주가 술을 더 마시게 부추긴다는 점을 강조한 은유적 표현이다. 에프롱은 승마용 구두 뒤축에 달린 박차를 뜻하며 이는 말에 박차를 가해 더 빨리 달리게 하는 상황을 음주에 비유한 것이다. 짭짤한 음식을 서빙하는 관행은 중세의 여인숙을 겸한 주막집에서 널리 성행했다. 주로 간단한 안주나 차가운 오르되브르 등으로 서빙되었다. 이 표현은 연회나 여럿이 모여 술을 마시는 모임에서 사용되며, 사람들은 이를 통해 부담없이 수수하게 음주를 즐기던 옛 분위기에 취하고 싶어 한다. 이는 또한 치즈에도 적용되었다. 그리모 드 라 레니에르(Grimod de la Reynière)는 치즈를 '술꾼의 비스킷'이라 불렀고, 생 타망(Saint-Amand)은 '바쿠스의 모과젤리(cotignac, 치즈처럼 나무로 된 둥근 케이스에 담겨 있다)'라 칭했다.

ÉPICE 에피스 향신료, 양념, 스파이스. 식물성 향 성분으로, 그 향이나 매콤한 풍미를 이용해 음식을 양념하는 데 사용한다(**참조** pp.338-339 향신료 도감). 스파이스는 향보다 맛에 더 관여한다는 점에서 일반 향신 재료와 구분된다.

■ **역사.** 대부분의 향신료는 원산지가 동양이다. 서양에 처음 알려진 스파이스는 인도 후추로 불리는 필발(piper longum, 롱 페퍼)이며, 이는 수 세기 동안 가장 희귀하고 비싼 생필품이었다. 고대 로마인들은 생강을 아주 즐겨 먹었으며 요리에 향신료를 언제나 넉넉히 사용했고, 이는 중세 요리 전반에 걸쳐 아주 특징적인 부분이 되었다. 유럽에서 향신료 사용이 도입된 것은 동로마제국 비잔틴인들에 의해서다. 아랍의 침입으로 인해 이것이 확산되는 데는 한계가 있었지만 요리에 향신료를 사용하는 행위는 관습으로 자리하게 되었다. 향신료는 식품을 향이 있는 소스에 재워 저장하거나, 너무 오래 숙성한 수렵육 고기의 강한 냄새를 잡는 데 효과적이었고, 때로는 오래 끓여 풍미가 다 빠져나간 재료에 맛을 입혀 주기도 했다.

12세기 십자군 원정 이후 향신료의 공급은 다시 활기를 찾기 시작했고 스파이스 루트(route des épices, 향신료 길)를 선점하려는 경쟁은 점점 치열해졌다. 유럽 내 향신료 배급을 베네치아가 거의 독점하게 되었는데, 16세기 대항해시대(grandes découvertes)에 유럽 국가들이 대항해를 시작한 것도, 이를 대체할 만한 원재료를 찾는 게 중요한 목적이었다. 향신료의 사용은 점점 늘어났고 가격도 내려갔다. 영국과 네덜란드는 동인도 회사를 세워 동양과의 향신료 무역 거래를 선점했다. 오랜 기간 높은 가격으로 귀하게 거래되었던 향신료는 가치가 매우 높은 선물로 오고갔다. 때로 세금이나 몸값 또는 관세 등이 향신료로 지불되기도 했다. 앙시엥 레짐 시대에 통용되던 에피스라는 단어의 특별한 의미도 이 같은 맥락에서 유래했다. 당시 이 용어는 소송인, 특히 승소한 쪽이 재판관에게 건네는 선물을 지칭했다. 이런 관행이 지속되면서 에피스는 재판관의 보수 명목으로 납부하는 의무적인 세금이 되었다. 이 관행은 대혁명을 통해 폐지되었다.

■ **요리와 향신료.** 금전, 재화를 뜻하는 에피스(épice)라는 단어에는 원래 특정 향신료뿐 아니라 설탕도 포함되었다. 당시에는 방에서 입가심이나 간식으로 먹는 향신료(épices de chambre, 잼, 당절임 과일, 회향, 아니스 향의 드라제, 마지팬, 누가 등)과 요리용 향신료(épices de cuisine)로 구분되었다. 요리에서 쓰이는 향신료 중에는 오늘날엔 그 범주에 든다고 할 수 없는 식품들(우유, 꿀, 설탕)과 지금은 사라진 것들(용연, 고량강, 사향), 혹은 라벤더(옛 명칭은 espic)와 카다멈(옛날에는 천국의 씨앗이라고 불렸다)처럼 이름이 바뀐 것들도 포함되어 있었다. 14세기에 타유방은 그의 저서『비앙디에(*Viandier*)』에서 자신이 판단하기에 꼭 필요하다고 여긴 향신료 목록을 소개했다. 생강, 계피, 정향, 카다멈, 필발, 후추, 감송, 계피 꽃, 사프란, 호두, 넛멕, 월계수 잎, 고량강, 매스틱(유향수지), 오리스(향붓꽃), 커민, 아몬드, 마늘, 양파, 쪽파, 샬롯을 기본으로, 여기에 녹색을 내는 향신료(파슬리, 소렐, 포도나무 잎, 까치밥나무 잎, 그린 스펠트밀)와 재료를 적셔주는 액체 향신료(화이트와인, 베르쥐, 식초, 육수, 기름, 우유, 아몬드 밀크)가 리스트에 포함되어 있었다.

좀 더 현대적 의미의 향신료로 타유방은 가루에 대해 언급했지만 그 구성 성분은 명시하지 않았다. 중세부터 17세기까지 향신료는 주로 가루로 간 형태를 의미하는 경우가 많았고, 이들은 매운 맛의 유무에 따라 강한 향신료 가루와 순한 향신료 가루로 나뉘게 된다. 앙토냉 카렘은 지나친 향신료의 사용이 좋은 요리를 해치는 요소 중 하나라고 생각했다. 그는『회고록(*Mémoires*)』에서 자신이 영국 조지 4세 왕의 궁정에서 일하기 이전, "왕실의 요리는 너무나 맛이 강하고 향이 지나쳐서 왕자가 며칠씩이나 계속되는 고통에 시달리기도 했다"고 전했다. 그럼에도 불구하고 향신료는 종종 귀족풍의 세련된 고급 요리의 표상으로 간주되었다. 플로베르의 책 부바르와 페퀴셰(Bouvard et Pécuchet)에 등장하는 페퀴셰는 마치 몸에서 불이 나는 것 같다며 특히 매운 스파이스를 싫어했는데, 이에 대해 보들레르는 향신료는 음식의 품격을 높여준다고 대답했다. 그는 있으나 마나 한 고기나 아무 맛이 나지 않는 생선은 거들떠보지도 않았고 이 요리들을 구하기 위해 모든 종류의 천연의 약을 소환했다. 고추, 영국식 양념가루, 사프란과 비슷한 식민지의 향신료, 이국적 가루 등은 그에게 있어 요리를 품격 있고 우아하게 만드는 데 없어서는 안 되는 재료인 듯했다.

■ **사용.** 오늘날 유럽에서는 예전보다 훨씬 향신료의 사용량이 줄었으며, 요리 종류에 따라 향신료 선택도 달라진다. 마리네이드에는 정향과 통후추, 와인 소스에는 넛멕과 계피, 부야베스와 파에야에는 사프란, 비스킷류에는 커민과 아니스, 수렵육 요리에는 주니퍼베리와 고수 등이 어울린다. 또한 스페인과 남미에서의 고추, 헝가리에서의 파프리카를 제외하고는 향을 내는 강도도 전반적으로 훨씬 약해졌다. 알갱이 또는 가루로 빻은 상태의 향신료는 벌크 또는 작은 병 포장으로 판매된다. 어느 정도의 공기 접촉을 위해서는 충분히 큰 용기에 보관하는 것이 좋다(**참조** CINQ-ÉPICES, PAIN D'ÉPICE, QUATRE-ÉPICES).

유럽 이외의 다른 나라에서도 아주 오래된 전통 요리를 살펴보면 향신료가 차지하는 역할이 오늘날보다 훨씬 중요했음을 알 수 있다. 향신료 배합이나 조리법이 프랑스 요리의 소스만큼이나 복잡한 인도의 경우가 그러하다. 향신료는 중국 요리에서도 많이 쓰이며, 맛과 향의 조합이 상당히 발달해 있다. 특히 팔각, 고수, 생강, 말린 고추, 깨 등을 많이 사용한다. 앙티유와 아프리카 요리에는 유럽에 잘 알려지지 않은 향신료가 많이 사용된다(꽃, 씨, 뿌리류, 곤충, 건어물 등). 한편 아랍권 국가에서는 짠맛, 매운맛, 단맛을 내는 향신료, 사프란, 로즈 워터, 후추, 고추 등이 많이 사용된다.

▶ 레시피 : COCKTAIL, POMME, POTIRON, THÉ, THON.

ÉPICERIE 에피스리 식료품 판매점. 다양한 종류의 식품을 한데 모아 판매하는 매장. 설탕, 밀가루, 커피, 차. 소금, 쌀, 파스타, 과자, 비스코트, 초콜릿뿐 아니라 신선 과일, 채소와 통조림 등의 저장식품, 음료, 유제품, 수입식품, 식이요법용 식품에 이르기까지 광범위한 종류의 식품을 갖춰 놓고 판매한다. 특히 포장된 식품 생산이 늘어나고 보존 방법이 발달함에 따라 에피스리에서 판매하는 식품군은 점점 다양해지고 있다.

■ **역사.** 옛날 식료품점 동업조합은 규모도 크고 그 위상도 대단했다. 여기에는 향신료 상인, 당과류를 파는 상인, 양초 제조상과 약제사들도 포함돼 있었다. 특히 약제사들은 무게 및 계량을 관할하는 독점권을 보유하여, 로

ÉPICES 향신료

poivre noir
푸아브르 누아. 흑후추

poivre blanc
푸아브르 블랑. 백후추

poivre vert sec
푸아브르 베르 섹. 건조 녹색 후추

baie rose de Bourbon, ou faux poivre
푸아브르 베 로즈 드 부르봉, 포 푸아브르.
핑크 후추, 부르봉 핑크 페퍼콘

poivre du Sichuan
푸아브르 드 스추안. 스추안 페퍼(사천 후추), 화자오

baie de genièvre
베 드 주니에브르. 주니퍼베리, 노간주나무 열매

piment de la Jamaïque
피망 드 라 자마이크. 올스파이스

piment du Chili
피망 뒤 칠리. 고추, 칠리 파우더

clou de girofle
클루 드 지로플. 정향

cannelle de Ceylan
카넬 드 셀랑. 실론 통계피

curcuma en poudre
퀴르퀴마 앙 푸드르. 강황, 울금, 터메릭

cannelle en poudre
카넬 앙 푸드르. 계핏가루

graine de sésame
그렌 드 세잠. 깨, 흰깨

graine de sésame noire
그렌 드 세잠 누아르. 검은깨, 흑임자

anis
아니스. 아니스 씨, 회향 씨

carvi
카르비. 캐러웨이

cumin
퀴맹. 커민

anis étoilé
아니스 에투알레. 팔각

macis
마시. 메이스, 육두구 껍질

noix de muscade
누아 드 뮈스카드. 넛멕, 육두구

cardamome verte
카르다몸 베르트. 카다멈, 그린 카다멈

fève tonka
페브 통카. 통카 빈

safran
사프랑. 사프란

vanille
바니유. 바닐라

galanga
갈랑가. 갈랑갈, 양강근

curcuma entier
퀴르퀴마 앙티에. 강황 뿌리

gingembre
쟁장브르. 생강

즈워터, 약용 제품, 밀랍, 설탕, 꿀 이외 향신료, 뱅 퀴(vin cuit, 발효한 포도즙을 가열한 뒤 생포도즙과 향신료를 넣은 농축 스위트와인) 등도 판매하게 되었다. 15세기 동업조합은 약제사와 식료품상으로 분리되었고, 식료품상은 다시 일용 잡화점, 당과류 상점, 양초 등을 파는 밀랍 제조상으로 세분화되었다. 식료품상 조합원이 되기 위해서는 누구나 고등법원 검사장 앞에서 서약을 해야만 했다. 18세기 상반기에 식료품점들은 향료와 오드비에 담근 과일, 로스팅하지 않은 커피 원두, 찻잎, 마른 콩류(레 알 중앙시장에서 삼분의 일을 받아와야 한다는 조건이 붙었다), 햄, 돼지고기(도매 규모)도 판매할 수 있게 되었다. 7월 왕정(1830-1848) 하에서 식료품점 상인은 순응주의 소시민층을 상징하는 풍자적인 캐릭터가 되었다.

■ **발전.** 옛날에는 식료품점 상인이 직접 벌크로 된 제품을 포장해 제조나 유통 관련 레이블 없이 판매했다(마른 콩, 당과류, 설탕 덩어리, 고객의 주문에 맞춰 볶은 커피원두 등). 판매자와 소비자의 관계가 끈끈했고, 원하는 만큼 소량으로 구매할 수 있었으며 심지어 매일 필요한 양만큼 구입해 가는 경우도 많았다. 이러한 전통적 매매 방식은 점차 셀프서비스 형태로 변화해갔다(제품은 포장된 상태로 매장에 진열되어 있으며, 무게로 달아 파는 방식은 점점 사라지고, 제품의 레이블 표시는 표준화되었다). 또는 고급 식료품점 형태로 발전해 흔히 구하기 힘든 귀한 식재료나 수입품 및 이국적인 재료들, 고급 샤퀴트리 제품 및 치즈 등 위주로 판매하게 되었다.

ÉPIGRAMME 에피그람 양의 삼겹살과 갈빗살 부위로 만든 요리로, 뼈를 제거해 다듬은 뒤 큼직하게 썰어 그릴에 굽거나 팬에 소테한다. 조리하기 전 고기를 육수에 넣어 미리 익히기도 한다. 에피그람은 빵가루(향신 허브를 섞기도 한다)를 입히거나 머스터드를 살짝 바른 뒤 굽거나 지진다. 이 명칭은 생선(광어, 서대 등)이나 깃털 달린 조류 수렵육 요리에도 적용된다.

épigrammes d'agneau 에피그람 다뇨

양고기 에피그람 : 양의 가슴살(삼겹살) 덩어리를 브레이징 하거나 흰색 육수를 자작하게 넣고 데쳐 익힌다. 건져서 뼈를 제거한 다음 무거운 것으로 눌러 식힌다. 균일한 크기로 잘라 달걀과 빵가루를 입힌다. 동량의 양갈비(뼈 붙은 것)도 준비하여 마찬가지로 달걀과 빵가루를 입힌다. 준비한 고기를 그릴에 굽거나 버터, 또는 기름을 두른 팬에 넣고 튀기듯 지진다. 원형 접시에 담고 갈빗대 손잡이에 레이스 페이퍼 손잡이를 끼워준다. 고기를 브레이징 한 소스를 졸여 체에 거른 뒤 주위에 둘러준다.

ÉPINARD 에피나르 시금치. 명아주과에 속하는 식용 식물로 잎은 짙은 녹색을 띠고 있으며 표면이 울룩불룩하거나 매끈하다. 주로 채소 요리로 익혀 먹지만 연한 어린잎은 생으로 샐러드에 넣기도 한다. 시금치는 수분 함량이 높고 열량이 낮으며(100g당 20-32kcal 또는 84-134kJ) 소화가 용이하고 무기질(특히 철)과 비타민(특히 비타민 B9(엽산)은 철의 체내 흡수를 돕는다)이 풍부하다.

원산지는 페르시아이며 고대인들에게는 알려지지 않았던 시금치는 중세 시대에 신선 채소로, 혹은 익혀서 다져 물을 꼭 짠 덩어리로 판매되었으며 에스피노슈(espinoche)라고 불렸다. 17세기에는 설탕을 넣고 조리했으며, 몽스트뢰 드 비로플레(monstrueux de Viroflay)와 메르베유 드 베르사유(merveille de Versailles)를 비롯해 10가지가 넘는 품종이 재배되었다.

■ **사용.** 오늘날 시금치는 언제든 구매할 수 있지만 특히 3월-5월이 제철이다. 겨울에 출시되는 품종은 여름 것보다 잎이 더 크다. 또한 통조림(잎 모양 그대로, 다진 것 또는 퓌레)과 냉동 제품(전체 소비의 80%를 차지한다)도 쉽게 구매할 수 있다. 시금치는 특유의 향 때문에 호불호가 갈린다. 기드 모파상은 시금치를 아주 싫어했는데 그의 수발을 들던 하인은 '테트라고니 시금치'라는 이름을 붙여서 권할 정도였다고 전해진다(사실 테트라곤은 호주, 뉴질랜드의 시금치 품종 중 하나인 번행초로 '여름 시금치'라고도 불리는 채소다). 시금치는 그대로 끓는 물에 데쳐 꼭 짠 다음 버터에 슬쩍 볶아 송아지나 닭, 또는 달걀 요리에 곁들이는 것이 일반적이지만 그 외에도 타르트나 티앙(tians), 리솔(rissoles), 파테 등의 지역 요리에도 두루 사용된다. 또한 요리에 채워 넣는 소(다른 허브와 혼합하는 경우가 많고 특히 소렐과 함께 많이 사용된다)를 만들거나 샐러드, 수플레, 퓌레, 그라탱에도 넣는다. 아 라 플로랑틴(à la florentine)이라는 이름이 붙은 요리는 시금치가 들어간 것이다.

épinards : 시금치 준비하기, 익히기

시금치 줄기를 흐르는 물에 씻고 시들거나 누런 잎은 떼어낸다. 코팅하지 않은 큰 구리냄비에 물을 넉넉히 끓인 다음 씻어 건진 시금치를 넣고 8분간 센 불에서 데친다. 손가락으로 잎을 눌러보아 익었는지 확인한다(햇 시금치가 아닌 경우에는 데치는 시간을 조금 더 늘릴 수 있다). 망에 건져낸 다음 찬물에 담근다. 찬물을 여러 차례 바꿔가며 재빨리 식힌다. 양손으로 뭉쳐 물을 꼭 짠다. 바로 사용하지 않는 경우에는 도자기 용기에 담아 냉장고나 서늘한 곳에 보관한다.

cervelas farcis aux épinards ▶ CERVELAS
crêpes gratinées aux épinards ▶ CRÊPE

épinards au gratin 에피나르 오 그라탱

시금치 그라탱 : 시금치를 씻어서 끓는 물에 데친 뒤 물기를 꼭 짠다. 그라탱 용기에 버터를 얇게 바른 다음 시금치를 펼쳐 놓는다. 너무 되지 않게 만든 베샤멜소스에 넛멕과 치즈를 넣고 섞은 뒤 시금치 위에 끼얹는다. 가늘게 간 치즈를 얹고 녹인 버터를 고루 뿌린 뒤 275-300°C로 예열한 오븐에 넣어 노릇하게 그라탱을 구워낸다. 치즈를 덮기 전 베샤멜소스 위에 반으로 자른 삶은 달걀을 한 켜 깔아도 좋다.

jeunes pousses d'épinard aux truffes noires ▶ TRUFFE
mille-feuilles de tofu mariné au carvi et tombée d'épinards, riz basmati aux échalotes ▶ TOFU
pain d'épinard à la romaine ▶ AIN DE CUISINE
subrics d'épinards ▶ SUBRIC

ÉPINÉE ▶ **참조** ÉCHINE

ÉPINE-VINETTE 에핀 비네트 유럽매자나무. 매자나무과에 속하는 가시가 있는 관목으로 건조한 토양과 양지 바른 곳에서 자란다. 진홍색의 작은 열매는 통통하고 갸름한 모양을 하고 있으며 10월경 달리기 시작한다(**참조** pp.406-407 붉은 베리류 과일 도감). 주석산과 말산이 풍부한 이 열매는 녹색일 때 따서 케이퍼처럼 식초에 절이기도 하고, 잘 익은 붉은 열매는 즐레나 시럽을 만든다. 옛날에는 익힌 뒤 건조해 고운 가루로 빻아 양념으로 쓰기도 했고 새콤한 맛이 나는 음료로도 활용했으며, 발효시켜 식초를 만들기도 했다.

ÉPLUCHER 에플뤼셰 과일이나 채소의 먹을 수 없는 부분을 제거하다. 일반적으로 껍질을 벗긴다(peler)는 의미로 쓰이지만 모든 경우에 해당하는 것은 아니다. 예를 들어 샐러드용 상추나 시금치, 양배추, 래디시 등의 경우에는 줄기, 뿌리, 거친 잎맥이나 시든 이파리 등을 떼어내는 작업을 뜻한다. 완두콩의 깍지를 까 콩알을 꺼내는 작업은 에코세(écosser), 그린빈스 껍질에 있는 질긴 섬유질을 떼어내는 것은 에필레(effiler), 토마토나 아몬드의 껍질을 벗기는 것은 몽데(monder)라는 정확한 용어를 사용한다. 어떤 식품들은 특별한 손질이 필요하다. 예를 들어 밤을 쉽게 익히기 위해 껍질에 빙 둘러 칼집을 내는 것은 세르네(cerner), 아스파라거스 줄기 껍질을 벗기는 것은 플레(peler), 초석잠(두루미냉이)에 소금을 뿌린 뒤 행주로 문질러 껍질을 벗기는 작업은 사세(sasser), 아티초크 안의 털 같은 속을 제거할 때는 데바라세(débarasser)라고 각각 표현한다.

에플뤼셰 작업은 보통 손으로, 혹은 다듬기용 과도나 껍질 벗기기용 필러를 사용해 이루어진다. 식당 주방에서는 많은 양을 처리해야 하므로 전동 감자 필러 등의 기계를 사용하지만(껍질 쓰레기는 손으로 깔 때 25%에서 기계 사용 시 5%로 줄어든다), 이 경우 기계를 빠져나온 감자를 일일이 확인해 싹이나 눈을 따로 도려내야 하는 번거로움이 따른다. 벗긴 껍질은 경우에 따라 재활용할 수 있다. 양배추의 단단한 심은 따로 보관했다가 포타주에 이용할 수 있고, 오이 껍질은 칵테일 장식으로 활용하기도 한다. 송로버섯의 경우는 껍질이나 자투리라는 명칭이 해당되지 않는다. 껍질이나 살 구분 없이 동일하며 모두 귀한 재료이기 때문이다. 좀 더 의미를 확대해서 닭 껍질에 박혀 있는 깃털 끝을 모두 제거하기 위해 쪽집게로 잔털이나 흔적을 모두 뽑아내는 것도 에플뤼셰라고 한다.

ÉPOISSES 에푸아스 에푸아스 치즈. 부르고뉴 지방의 AOC 치즈 중 하나로, 소젖으로 만든 세척 외피 연성치즈다. 지름 10cm, 두께 3-6cm 크기의 원반형으로 가운데가 약간 함몰되어 있는 형태이며(**참조** p.389 프랑스 치즈 도표), 따로 포장 없이 혹은 나무 상자에 넣어 판매하고 있다. 이 치즈의 파생종인 샹베르탱(le chambertin) 치즈는 부르고뉴 마르(marc)로 외피

Éplucher 껍질 벗기기

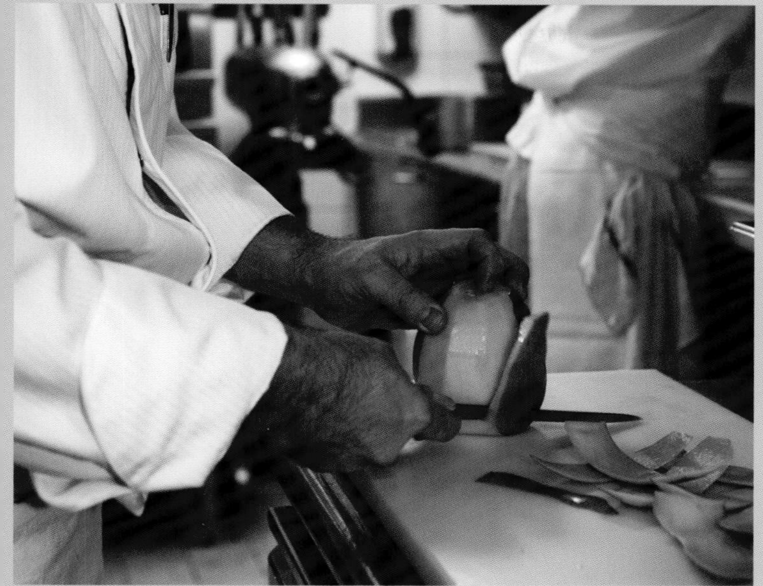

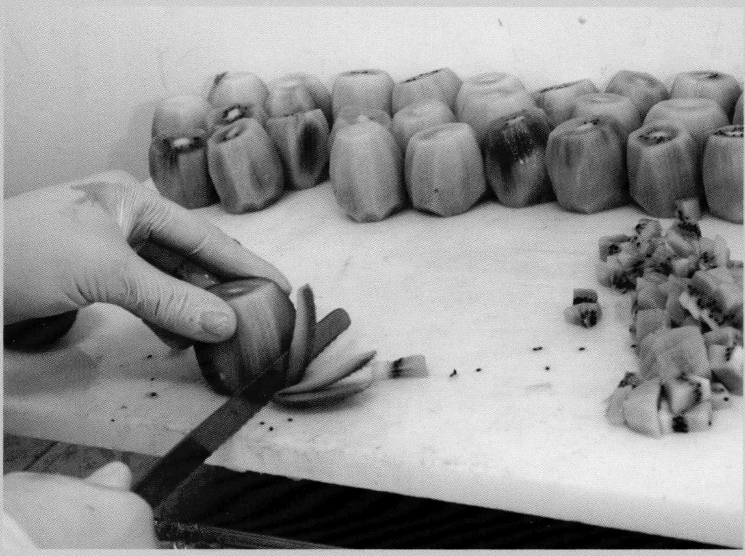

"과일과 채소의 껍질을 벗기는 일은 힘들고 손이 많이 가는 일이다. 물론 전동 필러 기계를 사용하면 훨씬 수월하지만, 마지막 마무리는 수작업으로 해야 훨씬 꼼꼼하고 정성스러운 결과물을 얻을 수 있다. 호텔 크리용, 에콜 페랑디, 파리 리츠 호텔, 레스토랑 가르니에, 엘렌 다로즈에서 껍질 벗기기는 하루를 시작하는 첫 번째 일과 중 하나다."

를 세척한 것이다. 말랑하고 크리미한 질감으로 숙성 기간에 따라 밝은 노랑에서 갈색에 가까운 노란색을 띠며, 냄새가 아주 강하다.

ÉQUATEUR 에쿠아퇴르 에콰도르. 에콰도르의 요리는 페루 요리와 아주 비슷하며, 대표적인 음식으로는 세비체를 꼽을 수 있다. 시장 어느 곳을 가도 식당에서 레몬즙에 절인 이 날생선 요리를 맛 볼 수 있다. 또한 에콰도르 인들은 타말, 옥수수 전병, 속을 채운 파테, 색이 화려하고 푸짐한 수프에 맛있는 작은 빵을 곁들여 먹는 것을 아주 좋아한다. 바나나는 품종이 매우 다양하며, 짭짤한 음식, 디저트 구분 없이 거의 모든 레시피에 등장한다. 강낭콩, 쌀, 옥수수, 감자도 늘 즐겨 먹는 식재료다. 모든 성인 대축일(Toussain)에는 조상의 묘에 봉헌하고 나누어 먹을 다양한 종류의 설탕 장식 과자를 만든다,

ÉQUILLE 에키유 양미리. 까나리과에 속하는 작은 생선으로 대서양, 북해, 영불해협에 많이 서식한다(**참조** p.674-677 바다생선 도감). 은빛을 띠고 있고 몸길이는 최장 25cm이며 주로 간조 때 갯벌에서 잡힌다. 랑송(lançon)이라고도 불리며(캐나다에서는 이 명칭으로 판매된다) 튀김으로만 조리해 먹는다.

ÉRABLE 에라블 메이플. 무환자나무과에 속하는 온대지방의 나무로 그중 한 품종인 사탕 단풍나무(erable à sucre)는 북아메리카 동북부, 특히 퀘벡 지역에서 많이(총 생산량의 70%) 자란다. 봄에 나무줄기를 절개해 채취한 무색의 수액을 부피 1/30-1/40이 되도록 끓여 졸이면 가열 정도에 따라 투명한 황금색을 띤 식물 풍미의 시럽, 또는 덩어리나 그래뉼 형태의 천연 순 설탕을 얻을 수 있다. 메이플은 초창기 개척자들에게는 거의 유일한 설탕 공급원이었다. 시간이 가면서 메이플 시럽은 점점 인기를 얻어 이제는 설탕의 위치를 넘보게 되었다.

오늘날 메이플 시럽은 주로 크레프나 아이스크림에 뿌리거나 무스, 수플레 등에 향을 내는 데 쓰인다. 엿과 비슷한 말랑한 캐러멜 사탕의 일종인 메이플 태피(tire d'erable, maple taffy)는 시럽을 좀 더 오래 끓인 후 눈 위에 부어 차갑게 굳힌 것이다. 또한, 걸쭉하게 끓여 졸인 메이플 시럽을 세게 휘저어 재빨리 식히면 메이플 버터(beurre d'érable)을 만들 수 있다. 그밖에도 아페리티프(식전주), 디제스티프(식후주), 젤리, 사탕 등 메이플 시럽을 이용한 다양한 제품이 생산되고 있다. '순수 메이플(érable pur)'이라는 명칭을 붙일 수 있는 조건은 엄격하게 통제되고 있다.

▶ 레시피 : TOURTE.

ÉSAÜ 에자위 에서. 클래식 요리에서 렌틸콩 퓌레에 흰색 육수나 콩소메를 넣어 끓인 걸쭉한 포타주에 붙인 이름으로, 이 수프는 콩티(Conti)나 슈아죌(Choiseul) 등의 다른 포타주의 베이스로도 사용된다. 에서는 성경에 나오는 인물로 자신의 장자 권리를 렌틸콩 죽 한 그릇에 쌍둥이 동생인 야곱에게 넘겼다. 에서라는 이름이 붙은 달걀 요리는 반숙 또는 수란을 렌틸콩 퓌레 위에 얹은 것(미리 시트만 구운 타르틀레트에 렌틸콩 퓌레를 채우고 그 위에 달걀을 얹거나, 버터에 바삭하게 구운 식빵 크루스타드의 속을 파내고 렌틸콩 퓌레를 채운 뒤 달걀을 얹어낸다)을 지칭한다. 송아지 육수를 졸인 뒤 버터를 넣어 만든 소스를 끼얹어 서빙한다.

ESCABÈCHE 에스카베슈 한 번 익힌 음식을 강한 맛의 양념에 재워 보존한 뒤 차갑게 먹는 요리. 스페인에서 처음 시작된 이 조리법은 주로 작은 생선을 사용한다. 이 요리는 지중해 연안 전역에 퍼지게 되었고, 지방마다 조금씩 다른 이름으로 불린다(북아프리카 국가에서는 scabetche, 이탈리아에서는 escabecio, scavece, 16-17세기 스페인의 점령 하에 있었던 벨기에에서는 escavèche). 프랑스 베리(Berry) 지방에서는 이와 아주 비슷한 요리인 모샘치 카르카메슈(à la cascamèche)를 찾아볼 수 있다.

에스카베슈 조리법은 생선뿐 아니라 가금류나 깃털달린 조류 수렵육 요리에도 적용된다. 스페인에서는 특히 자고새를 에스카베슈 방식으로 조리하기도 하는데, 마늘을 넣고 기름에 튀기듯 지진 자고새를 건져 향신 양념에 자작하게 재웠다가 차게 낸다. 칠레에서는 닭고기 에스카베슈를 같은 방법으로 만들어 레몬과 양파를 곁들여 차갑게 먹는다.

크리스티앙 기유랑(CHRISTIAN GUILLERAND)의 레시피

escabèche de sardines 에스카베슈 드 사르딘

정어리 에스카베슈 : 정어리의 내장과 비늘을 제거한 다음 대가리를 떼고 물기를 완전히 닦아 둔다. 팬에 올리브오일을 달군 뒤 정어리가 반 정도 잠기게 나란히 넣고 튀기듯 지진다. 노릇해지면 뒤집어 익힌 뒤 건져 우묵한 용기에 담는다. 정어리를 지진 기름에 동량의 새 기름을 추가한 뒤 뜨겁게 데운다. 기름의 1/4에 해당하는 식초와 1/8에 해당하는 물을 넣고 껍질을 깐 마늘, 타임, 로즈마리, 월계수 잎, 파슬리, 스페인 고추, 소금, 후추를 넣은 뒤 15분간 끓인다. 불에서 내려 식힌다. 마리네이드 혼합액을 정어리에 붓고 최소 24시간 동안 재워두었다 먹는다.

ESCALOPE 에스칼로프 송아지 고기를 얇게 슬라이스한 조각으로 주로 연하고 기름이 적은 우둔이나 설도 부위를 사용한다. 좀 더 아래쪽의 사태 부위나 어깨살, 볼기살 부위는 살이 질긴 편이며 힘줄이 많다. 얇게 슬라이스한 고기(scaloppine)로 만든 이탈리아의 살팀보카(saltimbocca)나 피카타(piccata)는 주로 안심 부위를 사용한다. 더 넓은 의미에서의 에스칼로프는 사이즈가 큰 생선살 필레(특히 연어) 또는 랍스터 살을 일정한 크기로 자른 것을 지칭하기도 한다. 이 용어는 푸아그라와 송아지 흉선을 도톰하고 어슷하게 썰 때도 적용된다.

송아지 에스칼로프는 타원형으로 일정하게 썬 다음 납작하게 두들기고, 익혔을 때 수축되는 것을 막기 위해 한쪽 가장자리에 칼집을 낸 다음 팬에 소테한다. 고기가 약간 건조해지고 풍미도 희미하기 때문에 대부분의 경우 소스를 곁들이며, 주로 크림 소스나 버섯 소스 등을 많이 사용한다. 에스칼로프를 이용한 대표적 요리로는 빵가루를 입힌 커틀렛(코톨레타 알라 밀라네세 또는 슈니첼)을 들 수 있으며, 그 외에 포피에트를 만들기도 한다. 돼지 뒷다리나 앞다리 살을 얇게 슬라이스한 것도 에스칼로프라고 부른다. 또한 칠면조 가슴살을 도톰하게 슬라이스해 놓은 것도 에스칼로프라고 하며, 송아지 에스칼로프와 같은 방법으로 조리한다.

escalopes à l'anversoise 에스칼로프 아 랑베르수아즈

앙베르식 에스칼로프 : 동그란 모양을 한 1cm 두께의 식빵 여러 장에 버터를 발라 브로일러에 구워 크루통을 만든다. 햇 알감자를 물에 데쳐 살짝 익힌 뒤 버터에 노릇하게 지진다. 홉의 새순(jet de houblon)을 크림 소스에 익힌다. 둥근 송아지 에스칼로프를 납작하게 두들긴 다음 소금, 후추로 간한다. 밀가루를 묻힌 뒤 정제버터를 달군 팬에 넣고 튀기듯 지진다. 건져서 뜨거운 상태로 식빵 크루통 위에 얹는다. 고기를 지진 팬에 화이트와인이나 맥주를 넣고 아주 진한 콩소메를 조금 부어준 다음 졸여 소스를 만든다. 이 소스를 에스칼로프에 붓고 감자와 홉 새순을 곁들여 뜨겁게 서빙한다.

escalopes Casimir 에스칼로프 카지미르

카시미르 에스칼로프 : 아티초크를 에스칼로프와 같은 개수로 준비한다. 아티초크 속살을 버터와 함께 팬에 넣고 약한 불에 은근히 찌듯이 익힌다. 채 썬 당근 4테이블스푼과 약간의 송로버섯 채를 따로 색이 나지 않게 볶아둔다. 안심을 에스칼로프로 잘라 납작하게 두드린 다음 소금, 후추, 파프리카 가루를 뿌려 간한다. 팬에 정제 버터를 달군 뒤 고기를 넣고 튀기듯이 지진다. 중간에 다진 양파 1테이블스푼을 넣어준다. 익힌 아티초크를 서빙용 접시에 담고 그 위에 고기 에스칼로프를 하나씩 얹는다. 당근 채를 곁들여 놓는다. 고기를 익힌 팬에 생크림을 넣어 디글레이즈한 다음 졸여 소스를 만든다. 에스칼로프 위에 소스를 끼얹고 채 썬 송로버섯으로 장식한다.

escalopes froides de foie gras aux raisins et aux truffes ▶ FOIE GRAS
escalopes de saumon cru aux deux poivres ▶ SAUMON
escalopes de saumon à l'oseille Troisgros ▶ SAUMON
escalopes à la viennoise ▶ VEAU

ESCALOPER 에스칼로페 고기, 두툼한 생선 필레, 랍스터 살 또는 특정 채소(버섯 갓, 아티초크 속살 등)를 일정한 두께로 어슷하게 슬라이스하다.

ESCARGOT 에스카르고 달팽이. 식용 달팽이. 헬릭스과에 속하는 육지 서식 복족류로 나이가 더해짐에 따라 나선형의 껍데기가 점점 커진다. 프랑스에서는 부르고뉴 에스카르고, 프티그리(petit-gris), 아카티나(achatine) 품종을 식용으로 소비한다.

- ESCARGOT DE BOURGOGNE. 부르고뉴 식용 달팽이. 포도밭의 달팽이 또는 그로 블랑(gros blanc)이라고도 불리며(직경 40-45mm), 옅은 황갈색 껍데기에 갈색 줄무늬가 있고 가장자리가 살짝 밖으로 말려 있다. 약 2-3년에 걸쳐 성장하며 양식은 어려운 편이다.
- PETIT-GRIS. 프티 그리. 갈색 껍데기(직경 26-30mm)에 연한 회갈색 나

선형 무늬가 있고 가장자리가 살짝 밖으로 말려 있다. 부르고뉴 달팽이와 다른 생태 환경에서 자란다. 살이 탱글탱글하며 맛이 좋다.

• ACHATINES. 자이언트 아프리칸 랜드 달팽이. 크기가 아주 크며(10-15cm) 살의 맛은 좀 떨어지는 편이다. 주로 통조림으로 판매되며, 중국, 인도네시아, 아프리카 등지에서 유입되고 있다. 프랑스 달팽이 품종은 점점 사라지면서 수입 물량이 대거 늘어나는 추세다. 에스카르고 채집 기간은 이 동물을 살아 있는 상태로 판매할 수 있는 기간과 더불어 규제되고 있으며 특히 그 최소 크기에 있어서 규정에 따라 통제를 받고 있다. 프티 그리 품종의 양식은 그리 수익률이 높지는 않으나, 프랑스 샤랑트 마리팀 지방에서 최근 몇 년간 늘어났다.

■ **역사.** 인류는 선사시대부터 달팽이를 식용으로 소비했으며, 문헌 자료에 의하면 고대 로마인들도 달팽이를 요리에 사용한 내용이 나온다. 그들은 에스카르고를 잡아 일정 장소에 모아놓고 살을 찌워 식용으로 소비했다.

갈리아인들 역시 달팽이를 즐겨 먹었던 것으로 추정된다. 중세 시대에 달팽이는 기름기가 적은 담백한 고기로 여겨졌다. 튀기거나 양파를 넣고 기름에 볶기도 했으며 또는 꼬치에 꿰어 굽거나 국물을 넣고 끓여 먹기도 했다. 17세기에는 그 소비가 줄어들었다. 19세기 초 외무장관 탈레랑은 요리사 앙토냉 카렘에게 러시아 황제를 위한 만찬 메뉴에 달팽이 요리를 넣을 것을 요청했고, 이를 계기로 달팽이는 다시 인기를 누리게 되었다.

오늘날 달팽이 요리는 지역마다 그 명칭이 다양하다. 샤랑트와 푸아투 지방에서는 카구이(cagouille)라고 불리며 "비가 내려 젖으면 달팽이 축제(Il pleut, il mouille, c'est la fête à la cagouille)"라는 속담도 있다. 생통주 지방에서는 피노(pineau, 샤랑트 지방의 달콤한 주정강화와인)를 넣은 달팽이 프리카세를 주로 만들어 먹는다.

남프랑스나 보르도에서는 염장 삼겹살, 햄, 향신 재료, 마늘, 올리브오일과 와인을 넣고 조리하거나 파이의 일종인 투르트(tourte), 퓌유테, 쇼송의 소를 만드는 데 사용한다. 또한 국물 요리나 프리카세, 꼬치, 장작불에 굽는 등 다양한 요리를 만든다. 부르고뉴식 달팽이 요리는 대표적으로 꼽히는 앙트레로, 부르고뉴 버터(에스카르고 버터라고도 부른다)를 채워 익힌 뒤 움푹하게 각각 자리가 패인 달팽이 전용 접시에 6마리씩 또는 12마리씩 껍데기째(또는 작은 종지에 담는다) 담아 뜨겁게 서빙한다. 콜레스테롤이 높은 음식이다. 지방 특선요리 중 쉬사렐(suçarelle)은 남동부 지역을 대표한다. 작은 달팽이를 펜넬과 로즈마리를 넣은 쿠르부이용에 삶아낸 다음, 올리브오일을 두른 팬에 양파, 토마토, 월계수 잎, 마늘, 후추를 넣고 볶는다. 이어서 밀가루를 뿌린 다음 육수와 레몬즙을 붓고 뭉근하게 오랫동안 끓인다. 뾰족한 것으로 껍데기 끝을 찔러 뚫은 뒤 살을 쏙 빨아먹는다.

기본적으로 버터를 넣고 익혀 껍질째 서빙하는 달팽이 요리는 알자스식(향신 재료로 향을 낸 즐레, 마늘버터, 아니스), 디종식(메트르도텔 버터), 이탈리아식(메트르도텔 버터, 파메산 치즈), 스위스 발레 주 스타일(고추를 넣은 로스트 육즙 소스, 마늘 버터, 차이브) 등 지역마다 조금씩 변화가 가미된 특색 있는 레시피를 선보인다. 소스를 곁들여 요리하는 경우에는 풀레트 소스를 필두로 아이올리, 베아르네즈소스뿐 아니라 레드와인, 화이트와인을 넣어 만들며, 아르마냑을 붓고 불을 붙여 플랑베하거나 팬에 볶기도 한다. 프티그리(petit gris) 달팽이의 알은 식용 가능하다(달팽이 캐비아로 불린다). 아주 섬세한 식감으로 다양한 요리에 잘 어울리며, 익히는 조리법도 문제없다. 그대로 사용하거나 향을 더하기도 하는데, 이 알을 사용함으로써 요리에 특별한 개성을 부여할 수 있다.

■ **껍데기 사용.** 19세기 초에 알렉상드르 그리모 드 라 레니에르는 조개류만을 사용한 레시피를 만들었고 이는 현재까지도 사용되고 있다. "곱게 간 수렵육이나 생선에 안초비 필레와 넛멕, 각종 향신료, 허브를 넣고 달걀노른자로 잘 엉기게 치대 섞어 소를 만든다. 깨끗이 씻어 뜨겁게 달군 달팽이 껍데기 안에 이 소를 채워 넣은 다음 아주 뜨겁게 서빙한다."

리기디 백작부인 유사 달팽이(escargots simulé comtesse Riguidi)는 "깨끗이 씻은 큰 사이즈의 달팽이 껍데기에, 버터에 지진 양 흉선을 집어넣고 나머지 빈 틈새는 닭고기를 곱게 갈아 크림을 넣고 잘게 다진 화이트 트러플을 섞은 소로 채워 넣는다." 이 가짜 달팽이를 오븐에 넣어 익히기만 하면 된다.

escargots : 달팽이 손질 및 준비하기

약 100마리 : 달팽이를 햇볕이 들지 않는 곳에 넣고 10-12일간 굶긴다. 물을 여러 번 바꿔가며 씻은 뒤 굵은소금 100g, 식초 100mℓ, 밀가루 100g과 함께 용기에 담고 잘 휘저어 섞는다. 뚜껑을 덮고 무거운 것으로 눌러둔다. 이 상태로 2-3시간 동안 달팽이가 해감을 토하도록 둔다. 다시 여러 번 물에 깨끗이 헹궈 미끌미끌하고 끈적거리는 불순물을 완전히 제거한다. 큰 냄비에 넣고 찬물을 넉넉히 부은 후 끓인다. 6분간 끓인 뒤 건져서 흐르는 찬물에 헹궈 식힌다. 달팽이를 껍질에서 꺼낸 다음 검은색 끝부분(배설강)을 잘라낸다. 간과 선(腺)으로 이루어진 또아리처럼 돌돌 말린 부분(총 무게의 1/4을 차지한다)은 그대로 둔다. 이 부분이 가장 맛이 좋으며, 영양소도 밀집돼 있다. 신맛이 없는 드라이 화이트와인 1ℓ, 물 1ℓ, 당근 1개, 줄기양파 1개, 샬롯 큰 것 1개, 부케가르니(파슬리 줄기, 타임 잔가지 몇 개, 월계수 잎 1장을 리크 잎으로 싼다)를 냄비에 넣고 여기에 손질한 달팽이 살을 넣는다. 살이 국물에 넉넉히 잠길 정도가 되어야 한다. 소금, 후추를 넣는다, 끓을 때까지 가열한 다음 불을 줄이고 아주 약하게 끓는 상태로 2시간 동안 익힌다. 물을 끈 다음 그대로 식힌다. 껍데기를 활용할 경우에는 깨끗이 씻은 뒤, 식소다를 약간 넣고 끓인 물에 30초간 데친다. 물로 충분히 헹군 다음 건져서 물기를 말린 뒤 사용한다.

beurre pour escargots ▶ BEURRE COMPOSÉ
bouillon d'escargot ▶ BOUILLON

리샤르 쿠탕소(RICHARD COUTANCEAU)의 레시피

cagouilles à la charentaise 카구이 아 라 샤랑테즈

샤랑트식 달팽이 요리 : 샤랑트산 프티 그리(petits gris) 달팽이 64마리를 향신료와 소금 간을 넉넉히 한 쿠르부이용에 넣고 15분간 삶는다. 팬에 기름을 조금 달군 뒤, 얇게 썬 양파 2개와 샬롯 1개, 다진 마늘 2톨, 돼지고기 분쇄육 200g을 넣고 5분간 노릇하게 볶는다. 껍질을 벗기고 잘게 썬 토마토 500g을 넣고 8-10분간 더 익힌다. 여기에 달팽이를 넣고 12분간 뭉근하게 끓인다. 서빙하기 바로 전, 잘게 썬 이탈리안 파슬리를 뿌린다. 잘 저어 섞은 뒤, 오븐에 노릇하게 구운 식빵 크루통을 곁들여 낸다.

자크 데코레(JACQUES DECORET)의 레시피

croque-escargot en coque de pain sur lit de jeunes pousses de salade et ricotta 크로크 에스카르고 앙 코크 드 팽 쉬르 리 드 죈느 푸스 드 살라드 에 리코타

빵가루를 묻힌 달팽이 튀김과 어린잎 샐러드 : 버터 250g을 상온에 두어 부드럽게 한 다음 잘 저어 포마드 상태로 만든다. 여기에 잘게 썬 파슬리 25g, 차이브 10g, 레몬즙 1/4개분, 다진 마늘 8g, 소금, 후추, 아니스 가루를 넣고 섞는다. 달팽이 52마리를 삶아 껍데기를 깐 다음, 다진 샬롯 15g과 함께 팬에 볶는다. 식힌 다음, 양념해둔 버터와 섞는다. 균일한 크기로 둥글게 뭉친 다음 냉장고에 1시간 동안 넣어둔다. 흰 빵가루에 밀가루와 달걀 한 개를 섞는다. 여기에 뭉쳐둔 달팽이와 버터를 넣고 굴려 고루 묻힌 다음 160°C 기름에 튀긴다. 팬에 어린잎 샐러드 채소 100g을 넣고 재빨리 슬쩍 볶아낸다. 간을 맞춘다. 접시에 샐러드를 놓고 그 위에 달팽이 볼 튀김을 얹은 뒤 리코타 치즈를 빙 둘러 뿌려낸다.

레스토랑 자크 카냐(RESTAURANT JACQUES CAGNA)의 레시피

escargots en coque de pomme de terre 에스카르고 앙 코크 드 폼 드 테르

감자 셀에 채운 달팽이 요리 : 토마토 1개, 샬롯 2개, 마늘 2톨, 차이브 1/2단, 파슬리 20g을 분쇄기에 넣고 곱게 다진 다음 버터 125g과 섞고 파스티스 10mℓ를 넣어 향을 낸다. 누아르무티에(Noirmoutier)산 감자 400g을 씻어 소금물에 넣고 15분간 익힌다. 포크로 찔러 익었는지 확인한 다음 건져 식힌다. 작은 스푼으로 가운데를 파낸 다음 소금, 후추로 간한다. 감자의 파낸 부분에 버터를 조금 넣고 프티 그리(petits-gris) 달팽이(신선 또는 냉동 모두 가능)를 3마리씩 채워 넣는다. 다시 버터로 덮어준 뒤 작은 로스팅 팬에 나란히 놓고 180-200°C로 예열한 오븐에서 5-8분간 익힌다. 잘게 다진 차이브와 큐브 모양으로 작게 썬 토마토 몇 조각을 올려 장식한다.

escargots en coquille à la bourguignonne 에스카르고 앙 코키유 아 라 부르기뇬

부르기뇽식 버터를 채운 달팽이 요리 : 달팽이 48마리 / 준비: 45분 / 조리: 7-8분

상온에 두어 부드러워진 버터 250g, 잘게 썬 샬롯 25g, 반으로 갈라 싹을 제거한 다음 곱게 간 마늘 15g(크기에 따라 약 3-4톨), 다진 파슬리 20g, 고운소금 12g, 흰 후추 2g을 블렌더로 1분간 곱게 갈아 혼합한다. 준비해둔 달팽이 껍데기 맨 밑에 혼합 버터를 조금씩 넣고 달팽이 살을 안으로 쑤욱 밀어 넣으며 한 개씩 채운다. 나머지 공간을 혼합 버터로 완전히 채운 뒤 오븐 용기나 도기로 된 에스카르고 전용 접시에 놓는다. 200°C로 예열한 오븐에서 7-8분가량 뜨겁게 데운다. 버터가 거품이 나되, 색이 날 때까지 구우면 안 된다. 아주 뜨겁게 서빙한다.

자크 라믈루아즈(JACQUES LAMELOISE)의 레시피

pommes de terre rattes grillées aux escargots de Bourgogne, suc de vin rouge et crème persillée 폼 드 테르 라트 그리예 오 제스카르고 드 부르고뉴, 쉭 드 뱅 루즈 에 크렘 페르시예

구운 감자에 얹은 부르고뉴 달팽이, 레드와인 소스와 파슬리 크림 : 6인분
라트 감자의 껍질을 벗긴 뒤 살캉하게 익을 정도로 증기에 찐다. 감자를 각각 길이로 3장씩 슬라이스한다(약 5mm 두께). 팬에 버터를 넣고 감자를 한 면만 살짝 노릇하게 지진다. 노릇해진 면에 에스카르고 버터를 발라준다. 미리 손질해 조리 준비를 마친 부르고뉴 달팽이 살 72마리분과 다진 샬롯 20g, 다진 차이브 약간을 팬에 넣고 볶는다. 감자 한 쪽 위에 달팽이 살을 4개씩 얹는다. 레드와인 농축 소스를 만든다. 우선 소스팬에 레드와인 500mℓ와 잘게 썬 샬롯 150g, 소금 한 자밤을 넣고 잘 섞은 다음 100mℓ가 될 때까지 졸인다. 버터 50g을 넣고 거품기로 세게 저어 혼합한 다음 간을 맞춘다. 파슬리 크림을 만든다. 우선 생크림 180mℓ를 2분간 끓인 뒤 에스카르고 버터 80g을 넣고 거품기로 잘 섞어준다. 여기에 잘게 다진 다양한 허브(처빌, 딜, 차이브, 타라곤, 이탈리안 파슬리) 60g 넣어 섞는다. 각 서빙 접시에 레드와인 농축소스를 대각선으로 뿌린 다음, 달팽이를 얹은 감자 슬라이스를 3개씩 놓는다. 파슬리 크림을 끼얹고 그 위에 허브 잎을 얹어 장식한다.

profiteroles de petits-gris à l'oie fumée 프로피트롤 드 프티 그리 아 루아 퓌메

훈제 거위 간을 곁들인 달팽이 슈 : 설탕을 넣지 않은 슈 반죽 250g을 만들어 베이킹 팬에 슈 12개를 짜 놓는다. 달걀물을 바른 뒤 노릇한 색이 나고 겉면이 바삭해질 때까지 오븐에서 굽는다. 싱싱하고 모양이 좋은 아스파라거스 6개의 껍질을 벗긴 뒤 끓는 소금물에 데친다. 식감이 살캉할 정도로만 익힌 뒤 건져 찬물에 식힌다. 머리 부분을 5cm 길이로 잘라낸 다음 세로로 반을 가른다. 줄기는 중간크기로 동그랗게 송송 썬다. 훈연한 거위 간 덩어리의 껍질을 제거한 뒤 2mm 두께로 6장을 슬라이스한 다음 8mm 폭으로 길게 썬다. 중간 크기의 달팽이 48마리를 익힌다. 두꺼운 냄비에 버터를 넣고 잘게 다진 샬롯을 숨이 죽도록 볶는다. 여기에 달팽이 살을 넣고 소금, 후추로 간한다. 1분간 잘 저어주며 볶는다. 드라이 화이트와인 150mℓ를 넣고 반으로 졸인다. 아니스 술을 한 바퀴 넣어주고 프로방스 허브도 한 자밤 넣는다. 생크림 300mℓ를 넣어 잘 섞은 다음, 약한 불로 2-3분 끓인다. 불에서 내린 뒤 에스카르고 버터 50g을 넣고 거품기로 잘 저어 섞는다. 잘라둔 훈연 거위 간을 넣어준다. 아스파라거스 머리 부분을 아주 뜨거운 물에 넣어 데운다. 슈의 윗부분을 뚜껑처럼 잘라낸다. 각 접시에 슈를 3개씩 놓고 한 개마다 달팽이 살 2개와 건더기를 채운다. 중앙에 달팽이 6개와 아스파라거스 머리와 송송 썰어둔 줄기를 놓고, 소스를 끼얹어 서빙한다.

ESCOFFIER (AUGUSTE) 오귀스트 에스코피에 프랑스의 요리사(1846, Villeneuve-Loubet 출생—1935, Monte-Carlo 타계). 13세의 나이에 삼촌의 식당에서 처음 요리를 배운 에스코피에는 이어서 니스의 유명 식당과 파리에서 견습생 시절을 보낸 뒤 다시 니스와 루체른, 몬테카를로에서 요리사로 활동한다. 63년간 이어진 요리사로서의 생활 중에는 특히 영국에서의 활약도 빛났다. 1892년 세자르 리츠(César Ritz)가 인수한 런던 사보이 호텔 오픈에 맞춰 총주방장으로 합류했고, 1989년에는 역시 세자르 리츠의 권유로 파리 리츠 호텔 주방을 총괄하게 되었으며, 이곳에서 1921년 은퇴할 때까지 요리사 생활을 이어갔다. 1870년 전쟁 당시에는 바젠 총사령관의 주방에서 일하기도 했고, 또한 유람선(Imperator호) 승선 요리사로 일할 때에는 독일 제국 황제 빌헬름 2세를 위한 만찬을 준비하기도 했다. 요리에 감명을 받은 황제는 에스코피에에게 '요리사들의 황제'라는 칭호를 수여했다.

국가로부터 레지옹 도뇌르 훈장(1920년 슈발리에 훈장, 8년 뒤 오피시에 훈장을 받았다)을 받은 그는 프랑스 요리가 세계적 명성을 누리는 데 가장 큰 기여를 한 요리사 중 하나다. 특히 그의 저서『요리 안내서(*le Guide Culinaire*)』(Philéas Gilbert, Émile Fétu와 공저, 1903),『메뉴 안내서(*le Livre des menus*)』(Philéas Gilbert, Émile Fétu와 공저, 1912),『나의 요리(*Ma cuisine*)』(1934) 등은 요리를 집대성한 역작으로 오늘날까지 그 가치를 인정받고 있다. 그는 또한 피치 멜바를 비롯한 여러 가지 메뉴를 개발한 장본인이기도 하다. 에스코피에는 새로운 요리의 창시자이기도 하지만 무엇보다도 주방에서의 작업 방식을 개혁한 인물이다. 주방 인력의 업무를 합리적으로 배분하였고, 요리사라는 직업의 이미지를 높이는 데도 앞장섰다. 또한 기존 전통 레시피에 있어 몇 가지 문제점을 제기해 개선하기도 했는데, 특히 소스 부문에 있어서 이미 한 물간 레시피라고 판단한 에스파뇰 소스(sauce espagnole)와 독일 소스(sauce allemande)를 생선 육수나 천연즙, 농축액 등으로 대체하기도 했다.

ESCOLIER 에스콜리에 기름치, 기름갈치꼬치. 갈치꼬치과에 속하는 바다생선으로 길이는 최대 2m, 무게는 45kg에 이른다. 짙은 갈색을 띠고 있으며 시간이 지날수록 검은색에 가까워진다. 해저 200-900m 심해에 서식하며 밤에는 수면으로 떠오른다. 아프리카 연안에서부터 인도네시아에 걸친 대서양과 태평양 열대 및 온대 해역에서 줄낚시로 잡는다. 육식 동물인 이 생선의 흰색 살은 탱글탱글하고 기름기가 있으며 연하고 부드럽다. 또한 불포화지방산이 풍부하며 익히고 난 후에도 그 모양을 잘 유지한다. 살을 길게 잘라낸 덩어리로, 냉동 상태로 또는 토막으로 잘라 마리네이드한 상태로 판매되며, 일본에서는 어묵으로도 많이 활용한다.

ESPADON 에스파동 황새치. 황새치과에 속하는 거대한(길이 2-5m, 무게 100-500kg) 바다생선으로 난류 해역 어디에나 많이 서식한다. 위턱뼈에 연결되어 길게 뻗은 칼 모양의 주둥이 때문에 바다의 검(劍)이라는 별명이 붙었다. 낚시 애호가들의 선망의 대상인 황새치의 살은 맛이 아주 좋으며, 다랑어 살과 비슷하다. 캐나다나 미국의 대서양 연안에서는 종종 생물로 매매되기도 하지만 주로 냉동 상태로 유통된다. 유럽의 시장에서는 점점 더 생물이 많아지는 추세이고, 이 어종의 수산 양식도 조금씩 늘어나고 있다. 소화를 돕기 위해 우선 10-15분 정도 데쳐 익힌 뒤 굽거나 브레이징 또는 오븐에 익혀 조리하는 것이 좋다.

ESPAGNE 에스파뉴 스페인. 스페인의 요리는 대부분 생선과 조개류, 그리고 신선한 채소가 주를 이루는 여름철 요리로 인식되어왔다. 스페인은 이슬람, 유대, 기독교 등 다양한 문화의 융합으로 생겨난 훌륭한 요리 문화유산을 자랑한다. 이러한 음식 문화는 각 지방마다 서로 다른 고유의 전통 요리들을 통해 다양하게 이어져오고 있다. 특히 지역마다 사용하는 과일과 채소의 다양한 품종에 따라 그 특징이 부각되는 경우가 많다.

■ **태양을 머금은 요리.** 지역마다 각각 다른 재료를 사용함으로써 다양하고 특색 있는 요리를 선보인다. 남부 지방은 돼지고기와 쌀, 북부는 소고기와 감자, 중부는 양고기와 병아리콩, 해안가 지대에서는 생선 및 해산물을 위주로 한 요리들이 발달했다. 전국적으로 많이 먹는 오야(olla)라는 유명한 냄비 요리는 스페인의 작가 세르반테스도 언급했듯이 스페인의 미식 요소가 잘 혼재되어 녹아 있는 대표적인 음식이다. 스페인 요리는 오야 포드리다(olla podrida)라는 훌륭한 요리와 그에 못지않은 사촌격인 코시도(cocido)와 푸체로(puchero)와 같은 투박하고 푸짐한 스튜 요리의 승리라고 할 수 있다. 새끼돼지 로스트(cochinillo asado), 카스티야의 양고기 로스트(cordero asados), 지방마다 특색있게 다양한 소를 채운 엠파나다(empanadas), 걸쭉한 수프(생선, 채소, 샤퀴트리)도 스페인 미식의 풍요로움과 견고함을 잘 보여주는 탄탄한 메뉴들이다. 히스패닉 요리 문화를 잘 보여주는 몇몇 대표 음식들은 색감이 화려할 뿐 아니라, 같은 요리 안에서 최대로 다양한 재료들의 조합을 보여준다. 플라맹코식 달걀 요리(향신료를 넣고 양념한 다진 고기와 채소 위에 달걀을 놓고 익힌 것으로 완두콩와 아스파라거스, 피망을 곁들인다), 다양한 재료를 넣고 만드는 차가운 수프의 대표주자인 안달루시아식 가스파초(카스티야와 라만차 지방에서는 아직도 갈리아노 galiano라고 불린다), 피와 황금색 옷(맵지 않은 고추와 사프란)을 입은 발렌시아의 파에야 등을 꼽을 수 있다.

■ **대표적인 정통 음식.** 스페인 사람들은 무어인들로부터 쌀을 요리하는 법, 카카오와 고추를 사용하는 법을 배웠으며 토마토를 사용할 수 있는 다양

한 요리법을 유럽에 도입했다. 스페인 요리의 특징은 가장 단순한 식재료를 잘 활용할 줄 안다는 것이다. 달걀만 해도 단순한 프라이뿐 아니라, 각종 재료를 넣은 오믈렛을 만들어 차게 또는 더운 요리로 먹으며, 말린 하몽과 섞어 먹거나 안초비와 고추를 채워 넣기도 한다. 마른 콩류는 아스투리아스의 파바다(fabada 흰 강낭콩, 초리조, 염장 삼겹살, 부댕 등을 넣고 만드는 스튜), 또는 병아리콩, 시금치, 염장대구를 넣은 수프 등에 들어간다. 닭은 뭉근히 익히거나 프리카세, 튀김으로 조리하며 주로 맵지 않은 고추, 마늘, 토마토를 넣어 만든다. 하지만 뭐니 뭐니 해도 그 요리법이 가장 다양한 것은 바로 염장대구(바칼라우 bacalao)다. 비스카야식(토마토, 양파, 피망, 삶은 달걀을 넣는다), 마드리드식 또는 수프로 크로켓 등으로 요리한다. 또한 생선 및 해산물은 스페인에서 가장 발달한 요리 분야다. 에스카베슈, 라구와 수프(발레아레스산 닭새우가재를 넣은 에스트레마두라의 칼데레타(caldereta) 스튜, 카탈루냐의 자르주엘라(zarzuela) 해산물 스튜, 이비자의 녹색, 붉은색 수프 등), 먹물에 요리한 오징어, 정어리와 왕새우 철판구이, 토마토 또는 감자와 흰 다랑어를 넣어 끓인 바스크 지방의 흰 다랑어 스튜 마르미타코(marmitako), 유럽 메를루사(대구의 일종) 튀김 등을 대표로 꼽을 수 있다.

■ **세련되고 섬세한 요리.** 스페인에는 특히 셰리 와인을 이용한 섬세하고 세련된 요리들도 있다(셰리 와인 소스의 송아지 콩팥 요리 등). 또한 인기가 많은 수렵육 요리는 화려한 고급 요리의 주 메뉴로 종종 등장하기도 한다(특히 자고새, 꿩, 멧돼지 등). 하지만 가장 정통적인 고유의 풍미는 각 지방음식의 특징에서 잘 나타난다. 특히 샤퀴트리 분야에서 두드러지며 그 종류도 다양하다. 세라노 하몽, 소시지, 초리조, 롱가니자(longaniza), 부티파라(butifarra) 등을 대표로 꼽을 수 있다. 가장 인기 있고 유명한 샤퀴트리는 대부분 이베리코 돼지로 만든다. 종류가 무척 다양한 스페인 치즈도 그냥 지나칠 수 없다. 스페인 치즈는 주로 염소나 양젖(만체고, 롱칼 등)으로 만들며, 간혹 소젖 또는 혼합유로 만든 것도 있다. 특히 바스크 지방의 양젖 치즈 이디아자발(idiazabal), 양젖 연성치즈 부르고스(burgos), 소젖으로 만든 발레아레스의 마혼(mahon), 소젖, 염소젖, 또는 양젖으로 만든 프레시치즈(queso fresco) 등이 대표적이다.

분주히 돌아가는 스페인 도시 거리에는 오렌지 꽃향기, 모닝 커피나 계피 향 핫 초콜릿에 곁들여 먹는 추로스, 아니스 향의 리큐어 등 각종 맛있는 풍미가 가득하다. 사람들은 바에 앉아 타파스를 즐긴다. 얇게 썬 햄, 자가제조 올리브 그리고 빼놓을 수 없는 국민 음식 감자를 넣은 스패니시 오믈렛(tortilla des patatas)을 아뮈즈 부슈처럼 조금씩 다양하게 맛본다. 지역 특색이나 기호에 따라 피노 셰리(fino de Jerez)나 지역 생산 화이트와인 혹은 시원한 맥주를 곁들여 마신다. 아스투리아나 바스크 지방에서는 투박하면서도 갈증을 풀어주는 애플 시드르로 대신하기도 한다. 더구나 스페인은 이 음료의 종주국이기도 하다. 상그리아는 시원한 음료를 찾는 관광객들의 단골 메뉴일 뿐이고, 현지인들이 갈증 해소를 위해 즐겨 마시는 진짜 음료는 오히려 오르차타 데 추파(horchata de chufa, 기름골의 뿌리인 타이거너츠즙에 설탕과 향신료를 첨가한 뒤 곱게 걸러 차게 마시는 고소한 맛의 음료)다. 설탕이나 휘핑한 생크림이 많이 들어간 파티스리, 플랑, 베녜, 푀유테, 잼을 넣은 롤케이크, 계피 비스킷이나 아니스 향의 비스킷, 모과 젤리 또는 멤브리요(membrillo, 치즈와 함께 먹는다), 아빌라의 독특한 특선 간식인 산타 테레사의 예마스(yemas 달걀노른자와 설탕으로 만든 동그랗고 부드러운 과자) 등 파티스리의 종류도 아주 풍성하다. 그 물론 아몬드와 꿀로 만든 누가의 일종인 그 유명한 투론(turrón)도 빼놓을 수 없다. 투론 데 알리칸테(turrón de Alicante 프랑스의 단단한 흰색 누가와 비슷하다)와 투론 데 히호나(turrón de Jijona 말랑하고 부드러우며 황금색을 띤 누가이다)는 지역 특산품으로 원산지 명칭 보호(AOP)를 받고 있다.

■ **와인.** 오늘날 스페인에는 원산지 명칭 보호(AOP)를 받는 세계적으로 유명한 와인들이 꽤 여럿 있는데, 우선 안달루시아 지방의 셰리(헤레즈 Jerez)를 꼽을 수 있다. 밝은 황금색을 띤 드라이한 와인인 피노(fino)와

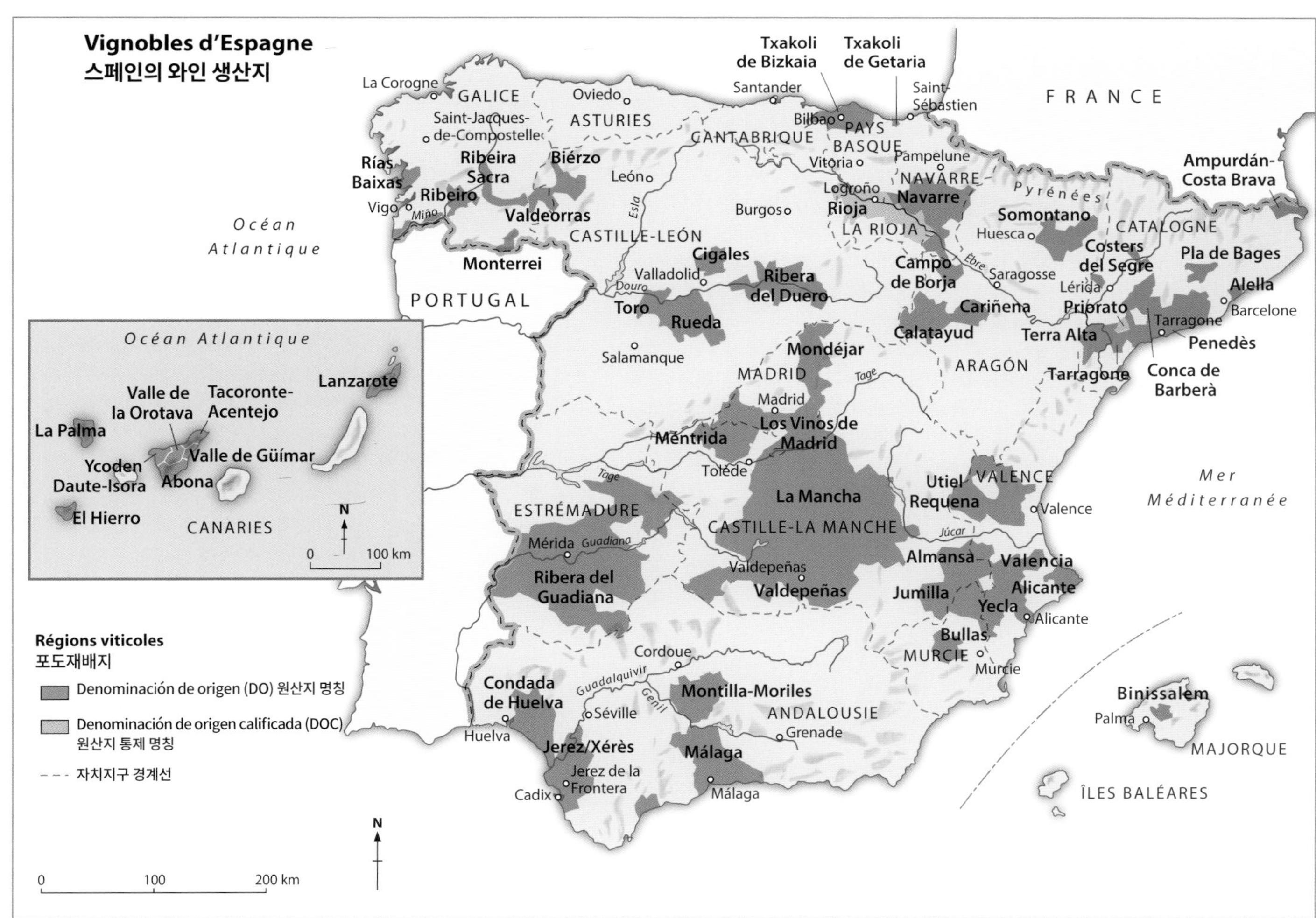

만자니야(manzanilla), 좀 더 색이 짙고 단맛이 있는 아몬티야도(amontillado)와 올로로소(oloroso)를 생산한다. 마드리드 북동쪽 에브레강 계곡에 위치한 유명한 와인산지 리오하(Rioja)는 레드와인으로 애호가들의 사랑을 받고 있다. 리베라(Ribera)와 두에로(Duero)는 유럽 내에서도 손꼽히는 와인에 속한다. 나바라(Navarra)는 로제와인이 유명하며 얼마 전부터는 부드러우면서 풍부한 향과 바디감이 있는 레드와인도 각광을 받고 있다. 갈리시아, 페네데스, 루에다 지방은 산미가 있으면서 가볍고 청량하며 향이 풍성한 화이트와인으로 유명하다. 스페인의 포도밭은 그 외의 다른 지역에도 펼쳐져 있다. 마드리드 남쪽의 라만차와 발데페냐스, 알리칸테, 카탈루냐 지방에서는 클래식 스파클링 와인인 카바(cava)가 주로 생산된다. 또한 셰리 이외에도 몬티야 모릴레스(montilla-moriles), 말라가(málaga), 모스카텔(moscatel)과 같은 리큐어도 있어 입맛과 기분을 동시에 사로잡는다.

ESPAGNOLE (À L') 아 레스파뇰 스페인식의. 스페인 요리에서 영감을 받은 다양한 요리를 지칭하며 주로 기름에 튀긴 음식이 많고, 토마토, 피망, 양파, 마늘 등이 들어간다. 스페인식 가니시(소테나 팬프라이한 자른 고기용)는 토마토 소스로 양념한 쌀을 채운 토마토, 브레이징한 피망과 양파, 마데이라 소스로 구성된다. 스페인식 마요네즈는 기본 마요네즈에 잘게 다진 햄, 머스터드, 마늘 칼끝으로 아주 조금, 레드페퍼를 섞은 것이다. 아 레스파뇰 이름이 붙은 요리 중에는 달걀 요리가 가장 다양하다. 반숙이나 수란을 피망을 잘게 썰어 채워 익힌 토마토에 얹고 토마토 소스를 끼얹은 뒤 튀긴 양파 링을 곁들여 낸다. 프라이한 달걀을 얇게 썬 양파 위에 얹고 볶은 토마토와 깍둑썰어 튀긴 피망을 곁들인다. 이것을 반으로 썬 토마토와 튀긴 양파 링으로 빙 둘러 접시에 놓은 다음 잘게 썬 피망을 섞은 토마토 소스를 곁들인다. 스크램블드 에그에 깍둑 썬 토마토와 피망을 넣고, 튀긴 양파 링을 곁들여낸다.

ESPRIT 에스프리 알콜라(alcoolat, 증류 알코올)의 옛 명칭으로, 향이 나는 식물이나 약초 등을 담가 둔 알코올을 증류해 얻는다. 블랙커런트 에스프리(esprit de cassis)는 다양한 리큐어나 주류의 성분으로 사용된다. 에스프리 드 뱅(esprit-de-vin 증류와인 브랜디)은 세 차례에 걸친 증류를 통해 얻는 일종의 오드비로 알코올 도수가 80%Vol. 이상이며 각종 리큐어를 만드는 데 사용된다.

ESSAI 에세 앙시엥 레짐 시절 왕실에서 왕이나 그 직계 손, 또는 고관들을 위해 진상되거나 차려진 음식, 음료에 독이 들어 있지는 않은지 미리 시식, 시음하는 절차를 가리킨다. 17세기까지 이 절차는 왕의 식사 담당 시종(écuyer)이 진행했다. 음식을 직접 먹어보거나 독성 물질에 닿으면 색이 변하는 시약을 사용해 안전한지 검사했다. 왕이 손을 닦는 데 사용하는 물수건은 물론이고, 왕의 음식을 서빙할 접시, 커트러리 등도 빵 조각으로 문질러 먹어보는 방식으로 철저히 체크했다. 왕의 식사에 사용될 집기는 이러한 점검을 마친 뒤 전용 찬장에 넣고 자물쇠로 채워 보관했다. 술을 비롯한 각종 음료의 경우도 시음 의식은 까다롭고 철저했다. 왕실 주방의 음료 담당자(échanson)의 주관 하에 엄격한 점검 절차가 진행되었다. 왕을 초청해 술을 대접하는 경우에는 그 초청자가 해당 음료를 미리 맛보는 시음 의식을 행하였고, 이는 곧 왕을 향한 특별한 배려였다.

ESSENCE 에상스 에센스. 향 성분이 든 물질을 농축한 것으로 요리의 맛을 더 진하게 내거나(혼합 버터, 스터핑 재료, 포타주, 샐러드, 소스 등) 향을 더하는 데(달콤한 크림류) 사용한다. 천연 에센스를 얻는 방법은 세 가지다. 과일이나 기타 향 재료(비터아몬드, 계피, 레몬, 오렌자, 장미 등)의 에센셜오일 증류, 향을 우리거나 끓인 액체를 졸여 농축(수렵육 뼈와 자투리 살을 끓인 국물, 처빌, 버섯, 타라곤, 생선 서더리, 토마토 등), 재료(마늘, 안초비, 양파, 송로버섯 등)를 식초나 와인 등에 담가 향이 배도록 재워두거나 우려내기 등의 방법을 사용할 수 있다. 시중에 판매되는 에센스는 인공 향과 색을 첨가해 그 효과를 강화한 것들도 있다.

consommé à l'essence de céleri ou d'estragon ▶ CONSOMMÉ

essence d'ail 에상스 다이

마늘 에센스 : 마늘 12톨의 껍질을 까 으깬다. 식초 1/2컵과 화이트와인 1컵을 가열한다. 끓으면 불에서 내려 마늘에 붓고 5-6시간 재운다. 체에 걸러 1/3이 되도록 졸인다.

essence de café 에상스 드 카페

커피 에센스 : 곱게 간 커피 분말에 끓는 물을 4차례에 나누어 붓는다(물 1ℓ당 커피 500g). 캐러멜을 조금 첨가하면 더욱 진한 색을 낼 수 있다.

essence de cerfeuil 에상스 드 세르푀유

처빌 에센스 : 생 처빌을 용도에 따라 화이트와인이나 식초에 담가 향을 우린다. 체에 거른 뒤 졸인다.

essence de champignon 에상스 드 샹피뇽

버섯 에센스 : 소스팬에 물 500mℓ, 버터 40g, 레몬즙 1/2개분, 소금 6g을 넣고 가열한다. 끓기 시작하면 깨끗이 씻은 버섯 250g을 넣고 10분간 끓인다. 버섯을 건져내고 국물을 반으로 졸인다. 냉장고에 보관한다.

essence de truffe 에상스 드 트뤼프

송로버섯 에센스 : 잘게 썬 송로버섯을 마데이라 와인에 넣고 아르마냑을 몇 방울 뿌린 뒤 뚜껑을 덮어 24시간 재운다. 고운 거즈에 거른 뒤 병에 넣어 막아둔다.

ESTAMINET 에스타미네 18세기까지 맥주나 와인을 마시고 흡연도 했던 선술집을 뜻하며 이 단어는 현재 프랑스 북부과 벨기에를 제외하고는 거의 쓰이지 않는다. 이 지역에서는 비스트로, 특히 흡연 가능한 커피숍이나 홀의 일부가 길 쪽으로 오픈된 카페를 지칭한다.

ESTOFINADO 에스토피나도 프로방스식 염장대구 요리로 이 이름은 스톡피시(stockfisch, 노르웨이의 말린 염장대구)라는 단어를 프로방스 방언으로 표기한 것이다. 특히 마르세유와 생트로페에서는 토마토, 양파, 마늘, 올리브오일과 각종 향신 재료를 넣고 매콤하게 끓인 염장 대구 스튜를 가리킨다. 비슷한 이름의 스토피카도(stoficado) 역시 아베롱(Aveyron)의 특선 음식이다. 데쳐 익힌 염장대구와 감자를 으깬 뒤 뜨거운 호두오일과 버터, 마늘, 파슬리, 풀어놓은 생달걀, 생크림을 넣고 잘 섞어 만든다.

앙젤 브라스(ANGÈLE BRAS)의 레시피

estofinado 에스토피나도

4인분

스톡피시(stockfisch 말린 염장대구) 1kg을 서너 토막으로 잘라 물에 48시간 담가놓는다. 중간에 물을 여러 번 갈아주며 소금기를 뺀다. 큰 냄비에 물을 3/4 정도 채운 뒤 생선을 넣고 약하게 끓는 상태로 25분간 익힌다. 불에서 내린 다음 그대로 식힌다. 생선을 건져둔다. 대구를 익힌 물에 껍질을 벗긴 감자 250g을 삶는다. 그동안 포크로 생선 가시를 발라놓는다. 감자가 익으면 건져서 포크로 으깬 뒤 생선살과 잎만 떼어 다진 파슬리 4줄기, 다진 마늘 2톨을 넣는다. 소금, 후추로 간을 한 뒤 나무주걱으로 잘 저어 섞는다. 신선한 날달걀 2개를 풀어준 다음, 껍질을 벗기고 잘게 썬 삶은 달걀 2개를 섞어준다. 이것을 생선, 감자 혼합물에 넣고, 끓는 우유 150mℓ를 조금씩 넣어주며 혼합한다. 소스팬에 호두 오일 150mℓ를 뜨겁게 데운 뒤 혼합물을 넣고 계속 잘 저어가며 센 불에서 15분간 익힌다. 레몬즙 1개분을 뿌린 뒤 즉시 서빙한다. 아주 뜨겁게 먹어야 하는 요리다.

ESTOUFFADE 에스투파드 재료를 찌듯이 뚜껑을 닫고 푹 익힌 요리를 지칭한다. 소고기나 송아지고기에 채소를 넉넉히 넣고 와인으로 향을 내어 푹 익힌 자작한 찜 요리 등이 이에 해당된다(프랑스 남부 여러 지역에서는 토마토 소스나 생토마토를 넣기도 한다).

estouffade de bœuf 에스투파드 드 뵈프

소고기 에스투파드 : 기름이 적은 염장 삼겹살 300g을 주사위 모양으로 썰어 끓는 물에 데친 다음, 버터를 녹인 소테팬에 넣고 노릇하게 지져 건져둔다. 소고기 1.5kg(부채살과 등심 반반)을 100g 정도 크기의 큼직한 큐브 모양으로 썰어 같은 팬에 넣고 버터에 튀기듯이 지진다. 중간 크기의 양파를 세로로 4등분하여 팬에 넣고 고기와 함께 볶는다. 소금, 후추로 간하고 마늘 1톨을 으깨 넣는다. 고기와 양파가 노릇해지면 밀가루 2테이블스푼을 고루 뿌리고 갈색이 나도록 잘 저으며 볶는다. 레드와인과 육수를 각각 1ℓ씩 붓고 잘 섞는다. 부케가르니 1개를 넣고 가열한다. 끓기 시작하면 뚜껑을 덮고 180°C로 예열한 오븐에서 2시간 30분-3시간 동안 익힌다. 고기를 건져낸다.

지져 둔 염장 삼겹살과 소고기를 코코트용 무쇠 냄비에 넣고, 먹기 좋은 크기로 썰어(도톰하게 저미거나 세로로 등분한다) 버터에 볶은 버섯(가능하면 야생버섯이 좋다) 300g을 넣는다. 고기를 건져내고 남은 국물의 기름을 제거한 다음 체에 걸러 졸인다. 이 소스를 코코트 냄비에 붓고 뚜껑을 연 상태로 약하게 25분간 끓인다. 우묵한 접시에 담아낸다.

estouffade de lapin au citron et à l'ail ▶ LAPIN

ESTOUFFAT 에스투파 신선한 흰 강낭콩에 염장 삼겹살, 마늘, 양파, 토마토를 넣고 뭉근하게 익힌 랑그독 지방의 요리. 프랑스 남서부 지방에서 이 단어는 또한 스튜(daube)나 냄비에 푹 익힌 찜 요리(estouffade)를 지칭하기도 한다. 오베르뉴 남쪽의 자고새 렌틸콩 스튜, 베아른의 돼지고기 스튜, 아젱의 야생토끼 스튜, 루시용과 오베르뉴의 소고기 스튜, 랑그독 지방의 곱창 스튜 등도 모두 에스투파라고 부른다.

estouffat de haricots à l'occitane 에스투파 드 아리코 아 록시탄

남프랑스식 강낭콩 스튜 : 당근 1개와 양파 1개의 껍질을 벗겨 깍둑썬 다음 거위 기름이나 돼지 라드를 두른 냄비에 노릇하게 볶는다. 물 1.5ℓ와 부케가르니 1개를 넣고 20분간 끓인다. 신선한 강낭콩 1.5ℓ를 넣고 3/4 정도만 익힌다. 콩을 건진다. 양파 150g의 껍질을 벗기고 다진다. 큰 토마토 2개의 껍질을 벗겨 작게 썬다. 마늘 한 톨의 껍질을 벗기고 으깬다. 염장 삼겹살 250g을 큐브 모양으로 썰어 끓는 물에 데쳐 건진다. 물기를 닦고 거위 기름이나 돼지 라드를 두른 팬에 지진다. 색이 노릇하게 나면 준비한 양파와 토마토, 마늘을 넣고 10분간 잘 저으며 익힌다. 건져둔 강낭콩을 넣고 뚜껑을 덮은 상태에서 약하게 끓여 완전히 익힌다. 약한 불에 뭉근히 익힌 돼지껍데기 200g을 추가해도 좋다. 말랑하게 익은 돼지껍데기를 정사각형으로 잘라 서빙 접시에 콩과 함께 담아낸다.

ESTRAGON 에스트라공 타라곤. 국화과에 속하는 방향성 식물로 중앙아시아가 원산지다(**참조** pp.451-454 향신 허브 도감). 다년생 초본인 타라곤은 꽃봉오리가 생기긴 하지만 꽃이 피지 않아 열매는 맺히지 않는다. 봄이 되면 풀 타래가 갈라져 나뉘면서 식물이 무성해진다. 러시아 타라곤은 색은 더 짙으나 향이 덜하며 파종으로 재배할 수 있다.

■ **사용.** 향이 강하고 맛도 진하며 따뜻함과 아니스 향을 느낄 수 있는 타라곤 잎은 16세기부터 프랑스 요리에 사용되어온 식용 허브다. 생타라곤 잎은 샐러드, 젤리로 덮은 요리, 각종 소스(베아르네즈, 그리비슈, 라비고트, 타르타르, 뱅상 소스 등)와 혼합 버터의 향을 내는 데 사용된다. 또한 닭고기, 장어(허브 소스 장어 스튜), 달걀, 채소 요리 등 익히는 조리법에도 사용되며 머스터드나 식초에 넣어 향을 내기도 한다. 퓌레나 크림을 만들어 페이스트리 부셰, 바르케트, 카나페, 버섯이나 아티초크에 채워 넣기도 한다. 타라곤은 냉동 또는 건조 상태로 쉽게 보존할 수 있다. 리큐어를 만들기도 하며 타라곤에서 추출한 에센셜 오일은 향수 제조에도 쓰인다.

▶ 레시피 : CONSOMMÉ, CRÈME (POTAGE), POULARDE, SAUCE, VINAIGRE.

ESTURGEON 에스튀르종 철갑상어. 철갑상어과에 속하는 대형 회유어로 바다에서 서식하다가 산란기가 되면 강으로 거슬러 올라간다. 철갑상어는 아주 오래된 물고기로 백악기 시대부터 지구상에 존재해왔다(**참조** pp.674-677 바다생선 도감). 이 물고기의 진화 형태는 아주 독특하며, 경골어류나 연골어류 그 어느 계열로도 뚜렷이 분류되지 않는다. 모두 25종이 서식하며 그중 16종은 회유어이고, 나머지 9종은 민물에서만 산다. 길이는 1-6m, 무게는 생후 120년에 최대 2,000kg에까지 이른다. 긴 방추형 몸은 두꺼운 비늘로 덮여 있으며 턱에는 이가 없다. 중세 시대에는 프랑스 센, 론, 지롱드(이 강에서는 최근에도 크레아 créat라는 이름으로 찾아볼 수 있다) 강에서 많이 잡혔다. 오늘날 철갑상어는 주로 흑해, 카스피해(특히 캐비아 채취를 위해 어획한다), 캐나다 등지에 분포한다. 이란과 구소련에서의 어획량이 줄면서 카스피해 연안의 철갑상어 부화장이 활기를 띠게 되었다. 프랑스에서는 시베리아산 민물 철갑상어종(Acipenser baeri)의 양식 기술이 개발되었다. 이 철갑상어는 길이가 1.2m, 무게는 생후 6년에 15kg정도 된다. 보통 2년 양식 후 2.5kg이 되면 판매된다. 현재 아키텐 지방에서는 캐비아 생산이 활발하다.

철갑상어는 러시아에서 아주 즐겨 먹는 생선이다(sterlet 종). 신선 상태로 조리하거나 소금에 절이기도 하고 훈연해서도 먹는다. 특히 척수(vésiga)를 파테의 소로 사용하기도 한다(**참조** KOULIBIAC). 살은 단단하며 꽤 기름진 편이다. 14세기에 이 귀한 음식(manger royal)은 꼬치구이로 또는 쿠르부이용에 익혀서 베르쥐나 머스터드를 넣은 강한 향의 소스와 곁들여 먹었다. 나폴레옹 3세 시대에도 이 생선 요리는 고급 진미였다. 당시만 해도 아직 캐비아가 미식가들의 관심을 끌지 못했다.

■ **사용.** 철갑상어는 송아지 요리와 조리법이 비슷하다(라드를 박아 익힌 프리캉도처럼 브레이징하기, 갈빗대가 붙은 등심처럼 토막 내어 그릴에 굽기, 에스칼로프처럼 썰어 소테하기, 와인 소스에 익히거나 오븐에 로스트하기 등). 러시아식 전통 철갑상어 요리에는 기다림(en attente)이라는 이름이 붙었다. 향신 재료를 넣은 쿠르부이용(물, 화이트와인, 새콤달콤한 오이 피클액을 혼합한다)에 오랜 시간 익힌 생선을 차갑게 서빙하며, 익힌 파슬리, 올리브, 버섯, 민물가재 살, 홀스래디시, 레몬, 말로솔 피클을 곁들인다. 또는 민물가재 버터를 넣어 마지막 농도를 부드럽게 맞춘 토마토 소스를 끼얹어 따뜻하게 먹기도 한다. 훈제로도 조리해도 아주 맛있다.

esturgeon à la Brimont 에스튀르종 아 라 브리몽

브리몽 철갑상어 : 작은 크기의 철갑상어 한 마리를 준비하여 필레를 떠낸 뒤 모양을 다듬고 안초비 필레를 군데군데 박는다. 로스팅 팬 바닥에 볶은 채소를 깔고 그 위에 생선 필레를 놓는다. 껍질을 벗기고 속과 씨를 제거한 뒤 깍둑썬 토마토 2개와 굵직한 큐브 모양으로 썬 버섯 4테이블스푼을 섞어 생선 위에 덮는다. 작은 햇감자를 소금물에 반 정도만 익혀 건진 뒤 생선 주위에 빙 둘러 놓는다. 드라이 화이트와인 100㎖를 뿌리고 잘게 썬 버터 50g을 고루 얹는다. 180°C로 예열한 오븐에서 15분간 익힌다. 중간에 국물을 자주 끼얹어준다. 마지막 5분이 남았을 때 오븐에서 꺼내 빵가루를 뿌린 다음 다시 오븐에 넣어 살짝 노릇한 색이 나도록 그라탱처럼 익혀 완성한다.

fricandeau d'esturgeon à la hongroise ▶ FRICANDEAU

ÉTAIN 에탱 주석. 가단성이 아주 좋은 백색 금속으로 공기 중에서 변성되지 않으며 식품(초콜릿, 당과류, 치즈, 소시송, 차 등)을 포장하는 용도인 얇은 은박 형태로 자주 쓰인다. 또는 양철과 구리 코팅에도 사용되는데, 특히 구리로 된 주방도구들의 산화를 막기 위해 주석으로 도금(étamage)하는 경우가 많다. 가용성이 아주 좋고(225°C에서 녹는다) 전연성도 높은 주석은 다양한 합금 소재로 사용된다(구리와 합금한 청동, 안티모니와 합금한 브리타니움, 납과 합금인 땜납 등). 옛날에는 주석으로 일정한 크기의 계량컵을 만들었고, 주전자와 일상 식기도 주석으로 된 것이 많았으며 지방마다 그 형태와 각인이 달랐다. 현대에 만드는 주석 합금 제품들은 최소 82% 이상 주석이 함유돼 있다(식품과 접촉하는 용기의 경우는 97%). 주석은 포도주, 맥주, 차 등의 맛을 변화시키지 않기 때문에 오늘날까지도 주류용 피처, 맥주잔, 찻주전자 소재로 많이 사용된다.

ÉTAMINE 에타민 면포. 조직이 너무 촘촘하지 않은 직물로 된 헝겊으로 쿨리나 즐레, 걸쭉한 소스, 과일 퓌레 등을 곱게 거르는 용도로 쓰인다. 체나 거름망에 천을 받치고 국자나 주걱으로 꾹꾹 눌러가며 음식을 걸러 내리거나, 혹은 천에 음식을 놓고 싼 다음 양쪽 끝을 서로 반대 방향으로 잡아 비트는 방식으로 액체를 곱게 짜낸다. 음식을 여과하는 용도로 사용되는 이 면포는 옛날에 말총, 울, 실크, 혹은 가는 철사로 만들었으며, 오늘날 면포는 마, 면, 나일론 실로 직조한 천이 대부분이다. 당과류에서는 특히 블랑셰(blanchet, 필터 천)이라고 부르며, 즐레나 과일 시럽 등을 만들 때 주로 사용한다.

ÉTATS-UNIS 에타쥐니 미국. 미국 요리라고해서 패스트푸드나 스낵용 에너지바 같은 식품만 있는 것은 아니다. 유럽에서 온 개척자들에 의해 유입된 요리에 이탈리아, 중국, 아프리카, 유대교의 영향이 가미되어 폭넓은 음식 문화가 형성되었다. 하지만 몇몇 기본 식재료들은 미국의 전통 속에 깊이 뿌리를 내리고 있다. 그중 가장 대표적인 것이 옥수수다. 팝콘으로 또는 녹인 버터를 발라 먹는 통 옥수수(corn on the cob)로 즐겨 먹으며, 끓여서 그리츠(hominy grits)을 만들거나 리마콩과 함께 서코태시(succotash)에 넣기도 한다. 옥수수 가루는 뉴멕시코의 토르티야나 빵, 과자의 재료로 사용된다. 서양호박 또한 수프, 파이, 케이크, 퓌레 등의 재료로 인기가 높다. 쌀은 뉴올리언스의 잠발라야(jambalaya), 더티 라이스(dirty rice 각종 고기 자투리와 다양한 향신료를 넣어 만든다)와 호핑존(hoppin'john 쌀, 베이컨, 동부콩을 넣어 만든다) 등 크레올식 요리의 기본 재료다.

■ **스튜와 튀김.** 서부영화에 등장하는 전형적인 개척자 아내들의 이미지에

는 늘 냄비나 프라이팬이 곁에 있었다. 실제로 냄비에 끓이거나 튀긴 요리가 미국 조리법의 대부분을 차지한다. 뉴잉글랜드 보일드 디너(포토푀의 일종), 보스턴 베이크드 빈, 텍사스의 칠리 콘 카르네, 필라델피아 페퍼팟(pepperpot), 켄터키의 보르구(burgoo), 크레올식 검보(gumbo) 등을 꼽을 수 있다. 또한 생선이나 해산물 베이스의 차우더나 과일 수프(뜨겁게 혹은 차갑게 먹는다) 등도 빼놓을 수 없다. 이 음식들은 모두 냄비에 넣고 뭉근히 끓여 만든다.

팬의 경우, 베이컨이나 달걀을 지지는 용도는 물론이고 염장대구 크로켓(codballs)이나 파니 도디즈(fanny dodies), 행타운 프라이(hangtown fry 굴과 베이컨을 넣은 오믈렛의 일종) 등을 만드는 데도 사용한다. 바비큐와 플랭크드 미트(planked meat, 떡갈나무나 히코리나무로 만든 도마나 보드에 생선이나 고기를 놓고 오븐에서 구워 그대로 서빙하는 요리)를 구워내는 의식은 자연스럽고 투박한 요리를 즐기는 미국인들의 취향을 잘 반영한다. 이들은 생선, 조개, 고기(갈비, 등심, 햄버거, 티본 스테이크 등) 등 다양한 재료를 야외에서 구워 먹는다. 추수감사절의 대표 요리들 또한 전통의 일부다. 콘브레드 스터핑을 채운 야생 칠면조 로스트에 크랜베리와 오렌지(또는 크랜베리) 소스를 곁들여 낸다. 이 외에도 정향을 박은 햄 스테이크과 위스키소스, 프라이드 치킨과 피칸파이 등이 대표적이다.

현대적인 요리 추세는 두 가지의 특징적인 음식에서 나타나고 있다. 시저샐러드(로메인 상추, 삶은 달걀, 크루통, 안초비, 파르메산 치즈)를 비롯한 샐러드의 종류가 점점 다양해지고 있다. 또한 생채소 등을 찍어먹는 딥소스(프로마주 블랑, 조개, 참치, 셀러리, 아보카도 등)와 샌드위치 등에 바르는 스프레드류도 매우 다양해지고 있다.

■ **파티스리.** 미국의 파티스리는 아직도 전통적 메뉴인 홈메이드 디저트, 번(bun)이나 롤(roll) 등의 작은 빵 종류, 쿠키나 브라우니 등의 비스킷류 등이 주를 이루고 있으며, 여기에 더해 팬케이크와 도넛, 애플파이(apple pandowdy), 파운드케이크(pound cake), 딸기 쇼트케이크(strawberry short-cake), 파인애플 타탱(upside down cake), 레몬 시폰 파이(lemon chiffon pie), 진저브레드(gingerbread), 사과 푸딩(brown betty), 치즈케이크 등 기타 다양한 케이크들이 인기가 있다. 또한 아이스 디저트인 아이스크림 선대나 바나나스플릿, 다양한 향의 수플레 글라세도 빼놓을 수 없다.

■ **지역 특선 음식.** 뉴잉글랜드 지역에서는 영국 본토 스타일의 수프, 로스트, 파이 등의 음식이 이어져오고 있으며 특히 해산물(조개, 랍스터, 염장대구 등)을 많이 소비한다. 펜실베니아와 위스콘신주에서는 독일 전통이 음식에서도 두드러지는 편으로 새콤달콤한 요리, 마리네이드한 고기와 유제품을 많이 먹는다. 미네소타주에서는 스칸디나비아풍 요리(스뫼르고스보르드, 청어 요리, 대니시 페이스트리 등)를 쉽게 접할 수 있으며, 미시간주는 네덜란드의 영향(와플, 스튜 등)을 체감할 수 있다. 오클라호마주에서는 아메리카 원주민들의 흔적이 묻어 있는 호밀빵(squaw bread)이나 육포, 훈제 고기 등을 즐겨 먹는다. 중동부 지역에서는 호수나 강에서 잡은 수산물이 널리 사용되며 남부 지역, 특히 루이지애나주는 프랑스의 색채가 짙고, 이는 특히 파티스리 분야에서 두드러진다. 플로리다에서는 거북이, 게, 새우 등을 요리해 먹으며, 버지니아주는 다양한 햄과 닭 요리로 유명하다. 남서부 지방은 스페인과 멕시코 영향을 받은 음식이 발달했다(라이스를 곁들인 닭 요리, 타말레, 피카디요, 타코 등). 서부 해안 지역 캘리포니아주에서는 해산물이 으뜸이며(치오피노), 과일도 아주 풍부하다. 오리건주는 미국 전역에 수렵육을 공급할 정도이며, 워싱턴주는 연어와 민물가재로 명성을 얻고 있다.

■ **와인.** 미국에서 소비되는 와인의 85%는 현지에서 생산된 것이며, 그중 90%는 캘리포니아산이다. 포도재배는 16세기 스페인의 정복자 코르테즈에 의해 처음 도입되었으며 19세기 후반 캘리포니아주가 미합중국에 통합되고 나서부터 본격적으로 발전하기 시작했다. 천혜의 기후와 최고의 토양 환경뿐 아니라 매력적이고 활기 넘치는 캘리포니아는 뉴월드 와인 재배지 중 가장 아름다운 곳이라 할 수 있다. 금주령 시대(1919-1933)와 대공황(1929)이라는 악재, 또한 필록세라 병충해 재앙(1880, 1990) 속에서도 굳건히 버틴 캘리포니아 와인은 이후 승승장구하게 되었다. 이곳에서는 토종 진판델 포도뿐 아니라 거의 모든 유럽 품종의 포도가 재배되며, 화이트, 레드, 로제, 스파클링, 주정강화와인, 리큐어 등 모든 종류의 와인이 생산된다. 캘리포니아의 고급 와인 레이블에는 일반적으로 주 포도품종(75% 이상을 차지해야 한다)이 명시돼 있다.

산타바바라의 포도밭에서는 피노 누아로 만든 레드와인과 샤르도네 품종의 알코올 도수가 비교적 높은 화이트와인이 주로 생산된다. 좀 더 동쪽에 위치한, 기온이 높고 광활한 센트럴 밸리에서는 항상 일정한 품질을 유지하는 풍부한 맛의 데일리 와인을 주 종목으로 만든다.

캘리포니아에서 가장 주목 받는 유명 와이너리들은 대부분 샌프란시스코 주변에 위치해 있다. 태평양을 가까이한 이 지역에서 포도나무는 서늘한 밤, 안개가 끼는 아침, 태양이 뜨거운 낮이라는 최적의 자연 환경을 누린다. 여름과 가을에 강우량은 적으나 관개가 허용되어 물을 공급할 수 있기

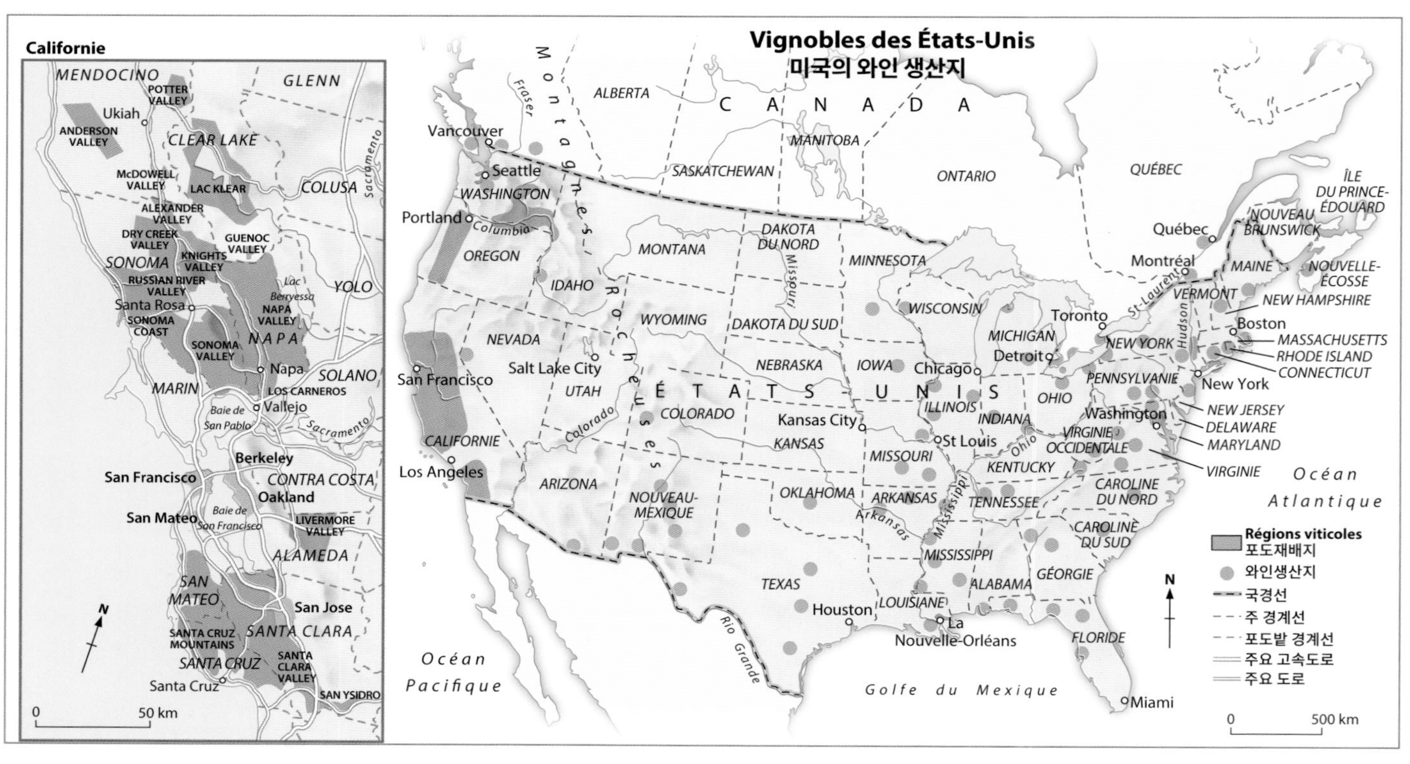

때문에 포도가 이상적으로 익는 데 큰 문제는 없다.

소노마 밸리에서 아주 상급의 레드와인과 화이트와인이 생산되고 있긴 있지만, 바로 가까운 곳에 위치한 나파밸리는 그 누구도 반박할 수 없는 미주 최고의 와인이 생산되는 곳이다. 메독과 생 테밀리옹을 합한 것과 맞먹는 면적에 250개 이상의 와이너리에서 보르도 포도품종(카베르네 소비뇽, 메를로)의 레드와인과 소비뇽과 샤르도네 품종의 화이트와인을 생산하고 있다. 특히 러더포드(Rutherford), 오크빌(Oakville), 스택스 립 디스트릭트(Stags Leap District) 등의 몇몇 포도밭은 이미 널리 인증된 최고의 클리마(climat 포도밭 구획)로 유명하다. 헥타르당 수확량을 50헥토리터로 제한하고, 프랑스 오크통에서 숙성하는 등 최상의 호사스러운 환경에서 만들어지는 이곳의 와인들은 그 뛰어난 맛과 조화로움이 세계 최고 수준이라고 해도 과언이 아니다. 이 지역에서는 샤토 무통 로칠드와 같은 프랑스 와이너리 소유주의 이름도 어렵지 않게 발견할 수 있다. 샤토 무통 로칠드는 이 지역 와인의 대부인 로버트 몬다비와 손을 잡았고, 무에서부터 출발하여 세계적으로 유명한 와인인 오퍼스 원(opus one)을 만들어냈다.

아페리티프 주류나 디저트 와인에는 원칙상 그 양조방법을 사용하는 유럽 와인의 본래 이름을 붙인다. 하지만 셰리, 포트와인, 토카이, 프롱티냥 스위트 와인이라고 주장하는 것들 중에는 본래의 정통 제품들과는 거리가 먼 것들이 대부분이다. 하지만, 샹파뉴 방식으로 제조한 스파클링 와인이나 스파클링 부르고뉴 와인들은 일반적으로 그 품질이 좋은 편이다. 특히 드라이한 맛의 브륏(brut) 스파클링 와인의 경우가 그러한데, 실제로 흔하지는 않다.

ÉTIQUETAGE ALIMENTAIRE 에티크타주 알리망테르 식품 품질 표시. 해당 식품에 관한 여러 가지 정보를 포장에 명시해놓은 것을 뜻한다.

■ **프랑스.** 프랑스의 식품 품질 표시(1984.12.7. 법령)에는 해당 식품의 이력(명칭, 생산일련번호, 원산국, 이들 정보가 바코드 형태로 표시되어 있어야 한다), 제조원과 포장업체 이름 및 주소, 제품의 구성 성분(혼합 재료 포함), 식품 첨가물(함유량이 높은 순으로 표기. 이들 중 특별한 주요 첨가물에 대해서는 함유율을 백분율로 표시한다) 및 알레르기 유발 가능성이 있는 원료와 그 파생물), 실중량 또는 부피(kg 단위로 표시), 판매 유효기간(신선식품) 혹은 권장 소비기간(통조림, 냉동식품), 또한 화학적 성분 구성 및 열량 등이 명시되어 있어야 한다. 사용된 유전자 조작 식품(GMO)은 관련 특별 규정의 통제를 받는다(**참조** ORGANISMES GÉNÉTIQUEMENT MODIFIÉS). 굴, 홍합, 조개류 등은 해양수산과학기술연구소가 발행한 위생표시를 부착하여 유통한다. 과일과 채소(원산지, 그리고 대부분 품종 또는 크기가 표시되어야 한다)는 4개의 등급으로 분류(각기 다른 색으로 표시)되어 표준화된 상태로 유통된다. 빨강색(엑스트라 등급) 표시는 어떠한 하자도 없는 최상 품질이며, 녹색(카테고리 1)은 모양이나 색상에 가벼운 결함은 있지만 품질은 우수한 상품, 노랑색(카테고리 2)은 시장에서 흔히 매매되는 상품의 품질로 해당 품종의 상품 가치로 보았을 때 최저 등급이다. 마지막으로 회색(카테고리 3) 표시가 붙은 것은 아주 열악한 수준의 품질로 특별한 예외 상황을 제외하고는 신선식품 시장에서 판매가 금지된다. 이러한 등급 분류는 포장 시 반드시 표시되지만, 식품은 빠른 시간 안에 변질될 수 있으므로 이 표시만을 맹신하면 안 된다. 한편, 보존 처리하지 않음(garanti sans traitement de conservation) 또는 수확 후 처리하지 않음(sans traitement après récolte)이라는 문구가 명시된 것은 해당 식품을 수확한 이후 어떤 종류의 보존 처리도 받지 않았음을 뜻한다. 하지만 처리하지 않음(non traité)이라고 표시된 것은 수확 전과 후 모두 어떠한 처리도 하지 않았음을 의미한다.

■ **프랑스어권 국가들.** 이들 국가의 식품 표시 관련 법 규정은 프랑스와 거의 비슷하다. 벨기에에서는 미리 포장된 식품에 판매용 명칭(이온 살균처리를 한 경우는 명시), 재료 리스트, 권장 소비기한 또는 소비 유효기간, 보관 및 사용 시 유의점, 제조원 및 포장업체 대표자 이름 또는 상호와 주소, 경우에 따라 사용방법, 원산지, 실 중량, 알코올 도수를(1.2%Vol 초과일 경우) 표기하도록 돼 있다. 과일과 채소는 세 등급(카테고리 1,2,3)으로 분류되며, 카테고리 3에 해당하는 식품은 상점에서 거의 판매되지 않는다. 또한 이 분류 등급에 따라 경매에서 가격이 결정되지만, 항상 품질이 그에 일치하지는 않는다.

캐나다에서 실행되고 있는 표준은 실질적으로 프랑스와 같지만, 연방 및 지방 법규가 이를 관할한다. 등급 분류는 일반적으로 크기나 외형의 기준에 따라 결정된다. 소고기는 13개 등급(캐나다 프라임, AAA-E까지), 가금류는 3개 등급(A, Utility, C)으로 분류된다. 과일과 채소는 품종과 원산지가 표기되며, 품질의 등급은 따로 분류되지 않는다. 식품의 영양 성분 표시는 대량 생산업체에서 만드는 대부분의 포장 제품에 반드시 명시하도록 의무화되어 있으며, 2007년 말부터 소규모 제조사들의 제품에도 반드시 명시하게 되었다.

스위스에서는 포장된 식품에 다음과 같은 사항을 명시해야 한다. 정확한 명칭, 식품 성분표, 유효기간 등의 날짜, 제조원과 포장업체 또는 수입처의 대표자 이름이나 상호, 주소, 생산국, 건강식품 및 주류(0.5%Vol 초과인 경우)의 알코올 도수 표기, 이온 살균처리를 한 경우 명시, GMO인 경우 표기(구성 성분이 GMO이거나 해당 생산품이 GMO 농산물인 경우 표시한다), 그리고 경우에 따라 사용방법, 식품 첨가물 유무, 영양 성분의 열량 표시 등의 정보를 제공해야 한다.

ÉTIQUETTE 에티케트 제품이나 그 포장에 부착되는 종이 레이블로, 해당 제품에 관하여 소비자에게 제공하고자 하는 여러 정보들이 표기돼 있다. 제품 레이블은 치즈, 와인, 증류주 등 그 원산지에 따라 품질이 달라지는 식품들, 잼이나 초콜릿처럼 구성 재료의 정확한 함유율이 중요한 식품들을 판매할 때 중요한 역할을 한다. 이러한 품질 표시를 통해 식품의 제조 이력이나 유통 과정을 파악할 수 있으며, 특히 굴, 홍합, 조개류 등에 부착되는 위생 안전 표시는 신선한 식품을 구매하는 데 도움을 준다.

■ **치즈.** 19세기 말 치즈 산업은 급속히 발전하였고, 시중에 판매하는 포장 치즈에 특별한 브랜드 레이블을 입히게 되었다. 나무 박스에 낙화를 그려 넣었고, 박스 위에 그림이 있는 레이블을 붙이거나 포장지에 인쇄해 넣었다. 하지만 많은 치즈들이 아직도 레이블 없이 그대로 판매되고 있다(브리, 염소 치즈, 경성치즈 등). 치즈의 제품 레이블에는 비멸균 생우유(au lait cru)로 만들었다는 표시, 지방 함량(지방 함량 20% 이하는 저지방(maigre), 20-30%는 라이트(allégé), 식품의 건조 추출물(extrait sec) 기준으로 표시한 이 수치는 관련 법규 시행에 따라 최종 제품의 총 중량을 기준으로 산정한다), 중량, 제조 지역(AOC 원산지 명칭 통제 해당 식품의 경우), 치즈 제조원 명칭, 상표 직인이나 조합 검인, 그 외의 특별한 추가 사항(순 염소젖으로 만들었음(pur chèvre), 자체 저장고에서 숙성함(affiné dans nos caves), 찌듯이 가열하는 숙성 과정을 거침(étuvé) 등) 등의 정보가 표시된다. 프랑스어권 다른 나라, 특히 프랑스와 거의 비슷한 치즈들을 생산하고 있는 스위스에서는 상황이 거의 비슷하다. 캐나다는 소비자 연합 단체들이 레이블 부착으로 인한 광고 비용을 부담하지 않겠다는 의도하에, 레이블 없는 치즈 판매를 적극 추진했으나 큰 성과를 보지 못했다.

■ **와인.** 와인 레이블은 시각적인 아름다움과 실용적인 효용성을 모두 갖고 있다. 경우에 따라 와인병 목에 따로 레이블 딱지가 걸려 있거나, 병 뒷면에 병에 든 내용물의 이력과 정보를 설명하는 또 하나의 작은 레이블이 붙은 것도 있다. 와인을 판매할 때 레이블 부착은 의무화되어 있으며, 여기에 표기하는 문구는 엄격한 규제에 따른다.

레이블을 읽는 것만으로 그 와인의 모든 것을 알 수는 없지만, 구매자의 입장에서 직접 시음해보기 전에는 그 와인에 대한 정보를 얻고 골라 선택할 수 있는 유일한 방법이다. 레이블은 초심자들도 해당 와인의 속성에 대한 정보를 한눈에 이해할 수 있도록 제작된다. 예를 들어 일반적으로 부담 없이 마시는 저렴한 가격대의 테이블 와인(vin de table)인지, 특정 지역의 와인인지 등을 알 수 있어야 한다. 레이블에 기재하는 내용과 문구는 철저하게 체계화되어 있다. 또한 레이블에 넣는 일러스트를 넣을 경우, 이것이 해당 와인의 산지나 품질에 대한 어떠한 혼동도 초래해서는 안 된다.

유럽의 법규는 특정 지역에서 생산된 고급 와인(프랑스 와인의 경우 AOC와 VDQS)과 비교적 저렴한 가격대의 테이블 와인(명칭 그대로의 뱅 드 타블르 vins de table), 지리적 명칭을 표시한 뱅 드 타블르(vins de table à indication géographique) 혹은 뱅 드 페이(vins de pays)를 모두 포함)을 구분하여 다루고 있다.

ÉTRILLE 에트리유 꽃게의 일종. 꽃게과에 속하는 갈색의 작은 게. 맨 뒤쪽에 붙은 발이 주걱처럼 납작한 모양인 것이 특징이며, 특히 대서양과 영불해협 해안에 많이 서식한다(**참조** p.285 바다 갑각류 해산물 도표, pp.286-287 바다 갑각류 해산물 도감). 짧고 뻣뻣한 털로 덮여 있으며 털게(crabe laineux), 헤엄 게(crabe nageur), 체리 게(crabe cerise), 또한 브르타뉴 지방에서는 염소(chèvre)라고도 불린다. 크기는 약 10cm 정도이고 껍데기를 벗기기 힘들지만 살은 아주 야들야들하고 맛이 좋다. 쿠르부이용에 삶아 익힌다(10분). 비스크나 쿨리에 넣으면 요리에 깊은 풍미를 더해줄 수 있다.

ÉTUVE 에튀브 식품 건조기, 건조 오븐. 일정온도를 유지할 수 있는 밀폐된 오븐의 일종으로 과일, 채소 및 말린 소시송, 쌀 등을 건조시키는 데 사용된다. 특히 제빵에서는 반죽을 넣어두어 발효를 촉진시키는 데 사용한다.

ÉTUVER 에튀베 재료를 냄비에 넣고 아주 소량의 기름이나 액체를 넣거나, 채소의 경우 그 자체 수분만으로 익히는 방법으로, 뚜껑을 닫은 상태에서 약한 불로 조리한다. 이 조리법은 아주 작은 주사위 모양이나 가는 채로 썬 각종 채소, 잘게 썬 양파와 샬롯, 토마토, 버섯, 주키니 호박처럼 익으면서 수분이 나오는 채소류를 색이 나지 않게 익히는 데 주로 사용된다. 또한 고기나 생선을 팬이 지진 뒤 자작하게 국물을 잡아 뭉근하게 익힐 때(브레이징)도 적용된다(**참조** FONDRE, FONDUE),

ÉVIDER 에비데 속을 비우다, 속을 파내다. 특별한 조리를 하기 전, 생과일이나 채소의 속을 파내는 작업을 뜻한다. 파낸 부분에는 채소나 다양한 재료로 만든 소를 채워 넣기도 한다. 멜론의 경우 우선 씨와 속을 제거한 뒤 멜론 볼러로 살을 동글동글하게 도려내 차갑게 서빙한다. 과일 껍데기에 소르베를 채운 프뤼 지브레(fruits givrés)도 같은 방법으로 만든다. 껍데기 모양을 그대로 살린 상태로 과육을 파내거나 꺼내 소르베를 만들고 껍데기에 다시 채워 본래 모양대로 재현한 뒤 냉동실에 얼린다. 사과의 경우 사과씨 제거기로 가운데를 찍어 속과 씨를 도려낸 다음 껍질째 오븐에 넣어 굽거나, 껍질을 벗긴 뒤 동그랗게 링 모양으로 썰고 튀김 반죽을 입혀 튀긴다.

ÉVISCÉRER 에비세레 내장을 들어내다. 정육 동물이나 가금류, 생선 또는 수렵육의 내장, 창자 등을 수작업으로 또는 기계를 이용해 제거해내다.

EXCELSIOR (FROMAGE) 엑셀시오르(치즈) 엑셀시어 치즈. 소젖으로 만든 노르망디의 흰색 외피 연성치즈(지방 72%). 표면은 흰색이며 황갈색의 얼룩이 희미하게 보인다. 넓적한 원통형에 모양은 매끈하지 않은 편이며 무게는 225g이다. 크리미한 질감을 가진 이 치즈는 맛이 순하고 은은한 헤이즐넛 향이 난다. 1890년 처음 만들어진 엑셀시어(이 명칭은 상표 등록이 돼 있다) 치즈는 가장 오래된 더블 혹은 트리플 크림 치즈다(같은 종류의 더블, 트리플 크림 치즈로 fin-de-siècle, explorateur, lucullus, brillat-savarin 등을 꼽을 수 있다).

EXHAUSTEUR DE GOÛT 에그조스퇴르 드 구 맛 증진제, 향미 증진제. 식품의 맛이나 향 또는 이 둘 모두를 높여주는 식품 첨가제(**참조** ADDITIF ALIMENTAIRE)를 뜻하는 용어로, 조미료(agent de sapidité)라고도 불린다. 가장 널리 알려진 것으로는 아시아 요리에서 많이 쓰이는 글루타민산 나트륨을 들 수 있다. 향미 증진제의 사용은 식품 첨가물 관련 법규 하에 관리되고 있다.

EXPRESSO (MACHINE À) 마신 아 엑스프레소 에스프레소 커피 머신. 진한 에스프레소 커피를 한 잔 또는 여러 잔 동시에 추출할 수 있는 커피 머신으로 전문 업소용과 가정용 등 종류와 규모가 다양하다. 이탈리아에서 처음 발명된 에스프레소 커피 머신은 여과 원리를 통해 커피를 만든다. 약 90°C까지 데워진 물이 압력(9-19바)에 의해 분사되면서 커피 분말(한 잔당 6-7g)을 통과하고, 30초 정도의 시간 안에 커피가 추출된다. 일반 가정용 또는 개인용 에스프레소 머신 중에는 두 장의 종이 필터 사이에 커피 분말을 싸거나, 밀봉된 1회용 캡슐 형태로 커피를 추출할 수 있는 간편한 모델들이 많다. 또한 대부분의 에스프레소 머신에는 카푸치노용 우유 거품을 낼 수 있도록 스팀 노즐이 장착돼 있다. 기계에 물때가 끼는 것을 막으려면 석회질을 걸러낸 연수(軟水) 사용을 권장한다.

EXPRIMER 엑스프리메 식물의 즙이나 수분, 또는 식품에 너무 많이 함유된 액체를 눌러 짜 제거하다(에소레 essorer라고도 한다). 토마토의 껍질을 벗겨 잘게 썰기 전 반으로 잘라 스푼으로 누르며 체망 위에서 눌러 물과 씨를 제거하는 과정, 시금치의 경우 데쳐낸 뒤 둥글게 뭉쳐 손으로 물을 꼭 짜는 작업 모두 이에 해당된다. 뒥셀용 다진 버섯을 볶기 전에 물기를 없애거나 다진 파슬리의 수분을 최대한 제거해 뽀송뽀송한 상태로 만들기 위해서는 행주나 또는 주머니 모양으로 접은 면포를 사용한다. 시트러스 과일(레몬, 오렌지, 자몽)의 즙을 짜기 위해서는 도구를 이용한다. 몇몇 소스를 만드는 레시피에는 재료를 원뿔체에 넣고 작은 국자로 꾹꾹 눌러 최대한 즙을 많이 추출하는 과정도 있다.

EXTRA 엑스트라 우수, 특급. 제한된 일정한 조건 안에서 특별히 우수한 특성을 지닌 제품에 붙이는 명칭이다. '엑스트라' 레이블(붉은 바탕에 흰 글씨)이 부착된 달걀은 가장 신선한 상태의 상품이다. 산란한 지 3일 이내에 포장된 것으로 이 명칭을 7일간 유지할 수 있다. 또한 과일과 채소도 붉은 레이블에 엑스트라 표기가 되어 있는 것들은 우수한 품질을 인정받은 농산물이다. 샹파뉴 엑스트라 섹(champagne extra-sec)은 아주 드라이한 샹페인을 지칭한다(가장 드라이한 샹페인은 브륏 brut이라고 표기돼 있다). 엑스트라 그라(extra-gras) 치즈는 지방 함유율이 45-60%인 것을 가리킨다(크렘 crème이라고도 불린다). 벨기에에서는 프랑스에서 통용되는 의미의 엑스트라 표기는 달걀에만 적용할 수 있으며, 캐나다에서 엑스트라는 특별히 크기가 큰 상품을 지칭하는 이외에 다른 의미는 없다.

EXTRACTEUR VAPEUR 엑스트락퇴르 바푀르 스팀 착즙기. 총 3단계로 쌓아 조립하게 고안된 스테인리스 재질의 냄비 형태로, 증기를 이용해 과일의 즙을 추출하는 주방도구다. 맨 위 찜기에 과일을 놓고, 맨 아래의 냄비에 물을 채워 끓이면 중간층 냄비에 있는 굴뚝 모양의 장치를 통해 증기를 발산하게 되고, 위에서 흐르는 과일즙이 중간층 냄비에 모이는 원리다. 특수 노즐 파이프를 연결해 이 즙을 외부로 받아내기도 한다. 이렇게 추출한 과일즙으로 주스, 시럽, 즐레, 과일 젤리, 콩포트 등을 만들 수 있다.

EXTRAIT 엑스트레 추출물, 농축액, 엑스트랙트. 고기 육수나 생선을 익히고 난 국물 등을 졸여 만든 농축액을 가리킨다. 이렇게 얻은 육수 글레이즈(glace)나 생선 육수(fumet) 등은 소스, 쿨리, 라구 등의 풍미를 더욱 진하게 만드는 데 사용된다. 수분이 완전히 증발할 때까지 졸이면 이 추출물은 고체 형태로 변한다. 고기나 생선 엑스트렉트로 판매되는 것들 중 대부분이 이 상태의 제품이다(고형 큐브 스톡 또는 태블릿 형태의 스톡으로 양파나 콩을 첨가하여 그 풍미를 더욱 높인 것들이다). 허브 등의 향신 재료와 과일 엑스트렉트를 시럽 제조에 이용할 때에는 관련 규정에 부합해야 한다. 시럽용 순 과일(pur fruit) 엑스트렉트에는 구연산이나 합성색소가 들어가서는 안 된다. 제과제빵에서 발효반죽의 숙성을 촉진하고 좀 더 가벼운 질감을 표현하고 풍미를 증진하기 위해 맥아추출물(엿기름)을 사용하기도 한다.

EXTRAIT SEC 엑스트레 섹 건조 추출물. 식품의 수분을 완전히 제거하여 건조시켰을 때 남는 물질을 뜻한다. 특히 치즈의 경우 건조 물질의 함량은 최대 23%로 정해져 있으며 이 비율이 지켜지지 않은 경우에는 반드시 명시해야 한다. 과거 치즈의 지방 함유율은 이 건조 물질을 기준으로 산출되었다. 지방 45%(건조 물질 기준)라고 알려진 콩테, 카망베르, 프로마주 블랑 등의 치즈 100g에는 각각의 수분함량을 고려해 계산했을 때 각 28g, 20g, 9g의 지방만이 들어 있을 뿐이다. 2007년부터 시행된 새로운 법규에는 이와 같은 산출방식이 변경되었다. 지방 함유율은 건조물 질 기준이 아닌 최종 완성된 제품의 총 중량 기준으로 산출되어, 완제품 100g당 지질 양의 형태로 영양 성분표에 표기된다. 이와 같은 레이블 표시 원칙은 다른 모든 식품들에도 동일하게 적용되고 있다. 와인과 맥주의 경우 건조 물질은 음료의 색, 향, 맛을 내주는 모든 고형 성분을 지칭한다. 술에서 물과 알코올 성분을 모두 증발시키고 남은 물질의 양이다. 포도주의 경우 지게미에 해당하는 이 물질은 보존에 방해가 되는 침적물에 불과하지만 맛과 향이 응집된 핵심부분이라고 할 수 있다.

EXTRUDÉ 엑스트뤼데 압출 성형한. 압출기를 통해 균일한 모양으로 성형해 낸 반죽을 뻥튀기하거나 열에 의해 부풀려 만든 칩 종류의 스낵을 총칭한다. 비스킷도 아니고 알곡류 과자도 아닌 이 스낵(칩, 플레이크, 뻥튀기 등 다양한 모양의 튀긴 스낵류)은 아주 가벼우며 마치 폴리스티렌(이 역시 압출 성형한다)을 연상시키는 형태를 띠고 있다.

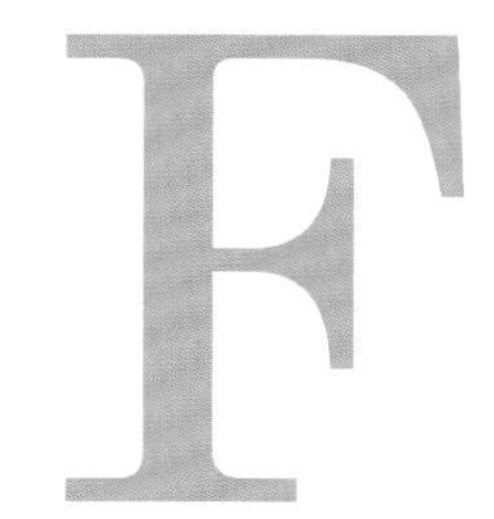

FAÏENCE 파이앙스 도자기에 무색 또는 유색 유약을 발라 방수성을 지니도록 코팅한 것으로 주로 식기로 많이 사용된다. 이회토와 모래를 혼합한 점토로 만드는 전통적인 도기는 불투명한 유약으로 덮여 있어 본래 흙의 색이 전혀 보이지 않는다. 아시아에서 처음 만들어진 도기의 생산은 이탈리아를 넘어 유럽 전역으로 전파되었다(Nevers, Rouen, Strasbourg, Delft 등). 프랑스에서는 16세기에 베르나르 팔리시(Bernard Palissy)에 의해 도기를 굽는 기술이 완성되었고, 지역마다 독특한 모양과 장식의 개성 있는 도자기들이 탄생하게 되었다.

18세기 영국인 조사이아 웨지우드(Josiah Wedgwood)가 처음 선보인 파인 차이나는 특별한 배합의 점토로 만들어져 아주 흰 색의 제품을 만들어 낼 수 있었고, 여기에 투명한 유약을 입혀 구워냈다(**참조** PORCELAINE).

일반적인 것이든 파인 차이나든 모든 도자기는 두 번, 경우에 따라서는 3번의 굽는 과정을 거친다. 초벌구이는 원료를 단단하게 만들고, 두 번째는 유약을 굳히는 과정이다. 도자기에 유약을 바르고 직접 문양을 넣지 않은 경우에는 두 번째 굽는 작업이 끝나고 문양을 그려 넣는다. 이어서 세 번째로 다시 한 번 구워 완성한다. 오늘날 대규모 도자기 제조업체들(Gien, Sarreguemines, Digoin)은 옛날의 클래식한 모델에 현대적 라이프스타일이 요구하는 조건(식기세척기에 사용 가능, 고온에 견딜 수 있을 것 등)들을 접목한 제품들을 재현하고 있다.

FAINE 펜 너도밤나무 열매. 참나무과에 속하는 너도밤나무의 열매로 피라미드처럼 생긴 작은 밤과 비슷한 모양을 하고 있다. 10월에 수확하는 너도밤나무 열매는 두세 쪽씩 갈색 꼬투리에 싸여 있으며, 열매 속에 있는 흰 씨는 지방질이 풍부하며 맛은 마치 헤이즐넛을 연상시킨다. 이 열매는 생으로 먹을 수 있지만 떫은맛이 강하기 때문에 대부분 구워 먹는 것을 선호한다. 오일을 추출해 요리에 사용하기도 한다.

FAISAN 프장 꿩. 꿩과에 속하는 깃털달린 수렵육으로 원산지는 아시아이며 중세 초기부터 유럽 풍토에 적응해 서식했다(**참조** p.421 수렵육 도표). 프랑스에서는 사육하는 꿩을 주기적으로 자연 방사해 보충했음에도 불구하고, 늘어나는 사냥으로 인해 그 개체수가 급격히 줄어들었다. 사육하는 꿩들은 자연 속에서의 번식을 위해 1월에 방사하거나 사냥철이 되면 풀어주는데, 이 경우 야생 꿩보다 맛이 훨씬 덜하다.

암컷이 수컷보다 살이 더 야들야들하고 맛있다. 아주 늙은 꿩은 서늘한 곳에서 혹은 건조한 상태로 2-3일 숙성한다(종에 맞은 자국이나 상처가 너무 큰 경우는 제외). 양식으로 기른 꿩은 부패할 우려가 있으므로 숙성하지 않는다.

북아메리카에서도 꿩을 가축처럼 사육했지만, 몇몇 지역에서는 다시 야생에서 키운다. 캐나다에서는 꿩 사냥 농장이 따로 있다. 8-12월에 사냥꾼들을 위해 이곳에 꿩을 풀어놓으며, 사냥 후 현장에서 도살한다.

■ **사용.** 어린 꿩은 로스트한다. 가능하면 미디엄으로 굽는 것을 권장하며 날개살은 핑크빛이 돌 정도로(로제) 굽는다. 또는 소를 채워 넣은 뒤 냄비에 자작하게 익히는데, 이때 주로 증류주나 와인 등을 넣어 향을 낸다. 일반적으로 날개와 다리살만 서빙한다. 몸통뼈는 국물을 내어 소스나 쿵소메를 만든다. 또한, 네 토막(가슴살 2, 다리 2)이나 여섯 토막(날개 2, 다리 2, 가슴 2)으로 자른 다음 소테, 프리카세로 조리하기도 한다. 다 자란 성숙한 꿩을 요리할 경우에는 샤르트뢰즈(chartreuse) 또는 살미(salmis)를 주로 만들며 익힌 양배추, 포치니 버섯, 생파스타, 염장 삼겹살과 양파를 넣고 볶은 감자 등을 곁들인다. 늙은 꿩은 도브(daube), 파테 또는 테린으로 만들어 먹는다. 하지만 뭐니 뭐니 해도 꿩으로 만든 요리 중 가장 으뜸으로 치는 것은 생트 알리앙스(faisan Sainte-Alliance) 꿩 요리다. 익힌 꿩을 빵 카나페 위에 놓고 멧도요 퓌레를 끼얹어 덮은 뒤 비터 오렌지를 빙 둘러 장식한 화려한 요리다.

faisan : 꿩 준비하기

꿩을 몇 시간 동안 냉장고에 넣어둔다. 이렇게 하면 깃털을 제거하기가 더 쉽다. 먼저 날개 쪽 큰 깃털을 비틀어 뽑고 이어서 몸통, 목, 날개 순서로 깃털을 뽑는다. 배의 오른쪽에 살짝 칼집을 내 준 뒤, 닭과 같은 방법으로 내장을 제거한다. 안쪽에 소금, 후추를 뿌린다. 얇은 돼지비계로 몸통을 덮은 다음 필요하면 실로 묶는다. 특히 로스트할 경우에는 사지를 최대한 몸쪽으로 붙여 단단히 고정시켜준다.

chaud-froid de faisan ▶ CHAUD-FROID

faisan au chou 프장 오 슈

양배추를 곁들인 꿩 요리 : 2-3일 정도 숙성시킨 늙은 꿩의 가슴살과 넓적다리에 길쭉하고 가늘게 썬 돼지비계를 군데군데 박아준다. 사지를 몸에 단단히 붙여 실로 묶어 고정한 뒤 코코트 냄비에 넣고 250°C로 예열한 오븐에 넣어 노릇하게 색을 낸다. 다른 냄비에 양배추 큰 것 1개와 돼지 삼겹살 덩어리 200g, 껍질을 벗겨 주사위 모양으로 썬 당근 2개, 큼직하게 만든 부케가르니 1개, 소금, 갓 갈아낸 후추를 넣고 반 정도 익힌다. 고루 색을 낸 꿩을 양배추 안에 넣고 뚜껑을 덮은 뒤 약한 불에서 1시간 동안 익힌다. 생소시지 작은 것 1개를 넣고 다시 1시간을 더 익힌다. 꿩을 건져내 실을 푼 다음 먹기 좋게 자른다. 부케가르니를 건진다. 돼지 삼겹살을 건져 슬라이스하고, 소시지도 동글게 썬다. 우묵한 그릇에 꿩과 가니시를 고루 담아낸다.

faisan en cocotte à l'alsacienne 프장 앙 코코트 아 랄자시엔

알자스식 꿩 냄비 요리 : 4인분 / 준비: 90분(깃털 제거 포함) + 10분 / 조리: 45분 하루 전날 꿩을 준비한다(참조. p.351). 오븐을 200°C로 예열한다. 꿩에 소금, 후추를 뿌려 밑간을 한다. 코코트 냄비에 거위 기름 40g을 녹인 뒤 꿩을 넣고 고루 노릇한 색이 나게 센 불에서 지진다. 뚜껑을 덮고 오븐에 넣어 20분간 익힌다. 꿩을 건져둔다. 냄비에 알자스산 드라이 화이트와인 100mℓ를 부어 디글레이즈한 다음 졸인다. 거위 기름 80g과 반 쯤 익힌 양배추 슈크루트 1kg를 잘 풀어 넣는다. 슈크루트 중앙에 꿩을 넣고, 볶은 염장 삼겹살 4장과 알자스식 세르블라(cervelas) 소시지 슬라이스 8장을 넣어준다. 뚜껑을 덮고 오븐에 넣어 25분간 익힌다. 꿩을 건져낸 뒤 부위별로 등분하고 모양을 보기 좋게 다듬는다. 서빙용 접시에 슈크루트를 깐 다음 꿩 조각을 얹는다. 염장 삼겹살과 소시지를 빙 둘러 담는다.

『나의 요리사 이자보(*MA CUISINIÈRE ISABEAU*)』(1796)의 레시피

faisan en filets au jus d'orange 프장 앙 필레 오 쥐 도랑주

오렌지즙 소스를 곁들인 꿩 요리 : 꿩의 살을 발라낸다. 남은 뼈를 잘게 잘라 분쇄기에 갈아 냄비에 넣고 송아지 육수와 단맛이 없는 샴페인 한 병, 소금, 후추를 넣고 끓인다. 약한 불로 졸여 체에 거른 뒤 다시 불에 올려 원하는 농도의 소스를 만든다. 염통과 간을 곱게 다져 넣고 10분간 더 약불로 끓인다. 꿩의 살을 가늘고 길쭉하게 자른 뒤 버터에 10분간 튀기듯 지진다. 다진 파슬리, 처빌, 차이브를 한 줌 넣어준다. 소스에 꿩의 살을 지지고 남은 즙과 오렌지즙 1개분을 넣고 잘 저어 섞는다. 접시에 꿩 고기를 담은 뒤 소스를 끼얹어 서빙한다.

faisan à la normande 프장 아 라 노르망드

노르망디식 꿩 요리 : 준비한 꿩을 코코트 냄비에 지져 고루 노릇한 색을 낸다. 사과 4개의 껍질을 벗긴 뒤 얇게 슬라이스한 다음 버터를 두른 팬에 넣고 센 불에서 노릇하게 지진다. 코코트 냄비에 사과를 꿩과 함께 넣고 뚜껑을 덮은 뒤 240°C로 예열한 오븐에서 45분간 익힌다. 서빙하기 5분 전 생크림 100mℓ와 칼바도스 1테이블스푼을 꿩에 뿌린다. 묶어둔 꿩의 실을 제거한 뒤 먹기 좋게 자른다. 사과를 곁들여 담고 아주 뜨겁게 서빙한다.

폴 애베를랭(PAUL HAEBERLIN)의 레시피

faisan au porto 장 오 포르토

포트와인 소스의 꿩 요리 : 어린 꿩 2마리(암컷이면 더욱 좋다)를 준비해 각각 4토막 또는 6토막으로 자른 다음 소금, 후추로 밑간을 한다. 팬에 버터 50g을 녹인 뒤 꿩을 노릇하게 지진다. 샬롯 4개의 껍질을 벗겨 다진 뒤 버터 20g과 함께 코코트 냄비에 넣고 투명해지도록 볶는다. 여기에 꿩을 넣고 포트와인 250mℓ를 붓는다. 뚜껑을 덮고 아주 약하게 20분간 끓인다. 꾀꼬리버섯(girolle) 300g을 키친타월로 깨끗이 닦은 뒤 버터에 볶는다. 꿩을 냄비에서 건져낸 다음 생크림 250mℓ를 넣고 디글레이즈한다. 버섯 익힐 때 나온 국물을 조금 넣고 졸여 소스를 만든다. 작게 잘라둔 버터 60g을 소스에 넣고 거품기로 잘 저어 혼합한다. 간을 확인한다. 꿩과 버섯을 소스에 넣고 아주 살짝 끓인다. 버터에 익힌 슈페츨레(Spätzles) 파스타를 곁들여 서빙한다.

장 플뢰리(JEAN FLEURY)의 레시피

salmis de faisan 살미 드 프장

구운 꿩 스튜 : 꿩 한 마리를 준비해 깃털을 뽑고 내장을 제거한 뒤 다듬어 실로 묶어둔다. 오븐에서 20분간 구워 레어 상태로 익힌다. 꿩은 건져내고 사용한 팬은 그대로 보관한다. 꿩은 다음과 같은 방법으로 여섯 토막 낸다. 우선 다리를 잘라내고, 날개를 자른다. 이때 가슴뼈에 살이 충분히 남아 있어야 한다. 가슴을 가로로 두 토막 낸다. 모두 깔끔히 다듬은 뒤 껍질을 벗긴다. 버터를 두른 소테팬에 꿩을 넣고 질 좋은 코냑을 몇 방울 뿌린다. 후추를 몇 바퀴 갈아 뿌린다. 뚜껑을 덮고 뜨겁게 보관한다. 남은 뼈와 껍질, 자투리 등을 모두 첫 번째 팬에 넣고 센 불에서 볶는다. 껍질을 까지 않은 마늘도 한 톨 넣고 같이 볶아준다. 불에서 내린 뒤 잘게 썬 샬롯 3개를 넣는다. 숨이 죽을 때까지 잘 섞은 뒤 팬 안의 기름을 제거한다. 코냑을 한 바퀴 넣어 디글레이즈한다. 질 좋은 레드와인 500mℓ를 붓고, 부케가르니(파슬리 줄기, 타임, 월계수잎)을 넣어 향을 낸다. 뚜껑을 연 상태로 몇 분간 끓인 뒤 수렵육 육수를 넉넉히 한 국자 넣는다. 뚜껑을 연 상태로 30분 정도 아주 약하게 끓인다. 중간에 거품을 꼼꼼히 건진다. 소스를 체에 넣고 눌러가며 최대한 많이 추출한 다음 다시 거품을 잘 건져가며 졸인다. 간은 맞춘다. 송로버섯즙을 조금 넣어 향을 낸 다음 고운 체에 거른다. 체에 곱게 내린 푸아그라 50g을 소스에 넣고 거품기로 잘 저어 섞는다. 소스를 꿩에 붓고, 버터에 볶은 양송이버섯을 넣어준다. 뜨겁게 데운 다음 우묵한 그릇이나 코코트 냄비에 담고 송로버섯 슬라이스를 얹어 준다. 마늘로 문지른 뒤 정제 버터에 노릇하게 구운 크루통에 닭 간으로 만든 소(farce à gratin)를 얹고 파슬리를 뿌려 곁들인다.

FAISANDAGE 프장다주 사냥한 고기의 숙성, 에이징. 수렵육의 살을 더 연하게 만들고, 숙성으로 생기는 특유의 풍미를 얻기 위하여 일정 시간 동안(최대 8일, 일부 애호가들은 더 오래 숙성하기도 한다) 서늘한 장소에 보관하는 과정을 뜻한다. 이 독특한 향은 내장 안의 세균이 근조직에 침투해 단백질을 분해하는 과정에서 만들어지는 것이며, 이때 생성되는 물질은 오래되면 독성을 띤다. 결과적으로 숙성한 수렵육 고기는 소화가 잘 되지 않는다. 복부에 상처를 입거나 탄환으로 손상된 부위가 있는 동물은 부패의 위험이 있기 때문에 절대로 숙성해서는 안 된다.

멧도요를 비롯한 몇몇 조류들은 내장을 들어내지 않는다. 하지만 덩치가 큰 수렵육(사슴, 멧돼지)은 가능한 빨리 내장을 빼내야 하며, 대개 단순한 숙성 단계(1-3일)만 거칠 뿐 그 이상 에이징하지는 않는다. 깃털 달린 조류 수렵육을 숙성할 때는 얇은 모슬린 천이나 면포로 감싼 뒤 서늘하고 건조한 곳, 가능하면 공기가 통하는 곳에 매달아둔다. 가장 오랫동안 숙성할 수 있는 조류는 멧도요이고 야생오리, 꿩, 새끼자고새가 그 뒤를 잇는다. 작은 조류는 일반적으로 사냥해 잡은 뒤 바로 먹는다. 털이 있는 수렵육은 2-4일 간 살이 연해지도록 숙성한다. 16세기 작가 미셸 드 몽테뉴나 브리야 사바랭이 권장했던 것처럼 풍미가 변할 때까지 놔두는 장시간 숙성은 더 이상 하지 않는 추세다. 19세기의 미식가이자 저술가인 샤를 몽슬레는 사냥한 고기의 숙성에 대해 '법정 공판일에 친절하신 사법관님께서 숙성한다고 주머니에 넣어 가져온 사냥감 고기 냄새 때문에 모든 동료들이 괴로워 눈살을 찌푸렸다'고 언급했다. 오늘날 수렵육을 오랜 시간 에이징하는 것이 미식적인 관점에서 장점으로 간주되는 경우는 드물다.

FAISSELLE 페셀 벽면에 구멍이 뚫려 있는 용기로, 생치즈를 넣어 물기를 빼는 용도로 쓰이는 틀의 일종이다. 각 지방과 만드는 치즈 유형에 따라 이 용기의 모양은 정사각형, 원통형, 하트 등이 있으며, 재질도 나무, 토기, 도자기, 버들가지, 꼬아 엮은 등나무, 양철, 플라스틱 등 다양한 종류가 있다. 몇몇 생치즈들은 이 틀에 넣은 상태 그대로 판매되기도 한다(특히 퐁텐블로 치즈의 경우).

FAITOUT 페투 중간 높이의 원통형 큰 냄비로 소재는 알루미늄, 스테인리스, 법랑, 무쇠 등으로 되어 있으며 두 개의 손잡이와 뚜껑이 있다. 페투(faitout 또는 fait-tout 무엇이든 만들 수 있다는 뜻)라는 이름이 말해주듯 이 냄비는 물에 끓이는 조리법부터 저수분으로 찌듯이 익히는(à l'étuvée) 요리까지 모두 가능하며, 또한 재질이 묵직하고 뚜껑이 잘 밀폐되는 제품의 경우는 뭉근히 오래 익히는 요리(mijotage)도 적합하다.

FALAFEL 팔라펠 팔라펠. 병아리콩 퓌레를 작고 동글게 빚어 기름에 튀긴 중동 음식. 전통적으로 피타 브레드에 샌드위치처럼 넣어 먹는다.

FALETTE 팔레트 오베르뉴 지방의 특선 음식으로 특히 에스팔리옹에서 유명하다. 소 재료를 채운 양 삼겹살(가슴살)을 당근과 양파와 함께 지진 다음 오븐에 넣어 오랜 시간 뭉근히 익힌 요리로, 고기를 슬라이스해 흰 강낭콩을 곁들여 먹는다.

레스토랑 랑바사드 도베르뉴(L'AMBASSADE D'AUVERGNE, PARIS)의 레시피

falettes 팔레트

양 삼겹살 덩어리 2개의 뼈를 발라낸 다음 소금, 후추로 간한다. 근대 녹색

잎 부분 300g, 시금치 200g, 파슬리 50g, 마늘 2톨, 양파 큰 것 1개를 모두 다진다. 우유에 적신 빵 속살 100g과 비계가 섞인 돼지 분쇄육을 넣고 잘 섞은 다음 소금, 후추로 간한다. 얇게 저민 돼지비계 위에 양 삼겹살을 넓적하게 펼쳐 놓은 뒤 준비한 소를 폭 길이에 맞춰 놓는다. 잘 싸서 말아 실로 단단히 묶는다. 소를 채워 말아 놓은 양 고기 두 덩어리를 둥글게 썬 양파 200g과 당근 100g과 함께 코코트 냄비에 넣고 지진다. 화이트와인을 냄비에 넣어 디글레이즈한 다음 양 육수를 재료 높이까지 붓는다. 마늘 반통을 까서 넣고 부케가르니도 한 개 넣어준다. 뚜껑을 덮고 중불에서 2시간 30분간 끓인다. 깍지를 깐 뒤 찬물에 2시간 동안 미리 불려둔 흰 강낭콩(coco 품종) 500g을 끓는 물에 데친 뒤 찬물에 헹궈 식힌다. 다른 냄비에 양파 100g, 오베르뉴 햄 100g, 토마토 100g을 주사위 모양으로 썰어 넣은 뒤 수분이 나오도록 잘 저으며 볶는다. 여기에 데친 강낭콩과 부케가르니를 넣고 양 육수를 재료 높이만큼 붓는다. 뚜껑을 덮고 아주 약하게 끓는 상태로 1시간 30분간 익힌다. 고기를 건져 한 김 식힌 뒤 실을 풀어 제거하고 겉을 싼 비계를 떼어낸다. 적당한 두께로 슬라이스한다. 고기를 익힌 냄비에 남은 육즙 국물을 체에 거른 뒤 졸여 소스를 만든다. 양고기 슬라이스를 접시에 담고 소스를 끼얹는다. 부드럽게 익힌 강낭콩은 따로 담아 서빙한다.

FAR BRETON 파르 브르통 프룬을 넣어 만드는 플랑의 일종으로, 따뜻하게 또는 차게 먹는다. 브르타뉴 전역에서 인기가 많은 파르(far)는 원래 듀럼밀, 일반 밀, 또는 메밀을 끓인 죽에 소금이나 설탕으로 간을 하고 건과일을 넣어 먹는 음식을 지칭했다.

파르 브르통은 슬라이스해 대부분 그대로 디저트로 먹는다. 또는 고기나 채소 요리의 가니시로 서빙하기도 한다.

far breton 파르 브르통

프룬 플랑 : 연하게 우린 따뜻한 홍차에 건포도(raisins de Corinthe) 125g과 프룬 400g을 넣어 불린다. 건져서 프룬의 씨를 빼낸다. 볼에 밀가루 250g을 붓고 가운데를 우묵하게 만든 다음 여기에 소금 넉넉히 한 자밤, 설탕 2테이블스푼, 달걀 푼 것 4개분을 넣고 잘 섞는다. 반죽에 우유 400mℓ를 넣고 개어 섞은 다음 건포도와 프룬을 넣어준다. 버터를 칠해둔 파이틀에 혼합물을 부어 채운 뒤 200°C로 예열한 오븐에 넣고 1시간 동안 구워낸다(윗면이 갈색이 나야 한다). 슈거파우더를 뿌린다.

FARCE 파르스 소, 소재료, 스터핑. 날 재료 또는 익힌 재료를 비교적 잘게 다져 양념한 것으로 수렵육, 채소, 달걀, 파스타, 생선, 정육, 가금류 등 요리에 채워 넣는 소를 가리킨다. 또한 다양한 발로틴(ballottines), 프리앙(friands), 갈랑틴(galantines), 파테(pâtés), 테린(terrines)뿐 아니라 소시지나 살라미의 베이스가 되기도 한다. 그 외에도 크루트(croûtes), 크루통(croûtons)이나 더운 카나페 위에 발라 얹기도 하며(이때는 파르스 아 그라탱 farce à gratin이라는 명칭으로 쓰인다), 고디보(godiveaux), 크넬(quenelles) 등을 만들거나 요리의 테두리로 사용하기도 한다. 물론 바르케트(barquettes), 부셰(bouchées), 타르틀레트(tartelettes)를 채우는 용도로도 사용된다.

지역에 따라 파르수(farçou), 파르송(farçon) 등 다양한 이름으로 불린다. 파르스는 크게 세 종류 즉, 채소 베이스의 담백한 소, 고기와 부속 위주의 기름진 소, 생선으로 만든 소로 나눌 수 있다.

기름기가 적고 담백한 파르스라 해도 필수 요건인 부드럽고 촉촉한 식감을 위해서 대부분 기름진 재료가 한 가지는 들어간다. 파르스는 일반적으로 곱게 간 고기나 생선살을 베이스로 하며 여기에 다양한 부재료를 추가해 특색 있는 맛과 식감을 살린다. 파르스의 간과 양념은 성패의 관건이다. 각종 스파이스, 향신 재료, 허브, 리큐어, 진하게 농축한 육수, 송로버섯 에센스, 소금, 후추 등의 양념뿐 아니라 경우에 따라서는 건과일이나 견과류를 넣기도 한다.

끓이는 음식에 들어가는 소는 언제나 간을 조금 세게 한다. 오븐에 굽는 로스트 요리의 소는 그보다 조금 약하게 간을 한다. 하지만 이 경우에는 재료(특히 가금류)가 오븐에서 익는 동안 마르는 것을 방지하기 위해 소 재료에 지방을 넉넉히 넣어야 한다.

FARCES GRASSES 기름진 스터핑

chair à saucisse fine ou farce fine de porc ▶ CHAIR À SAUCISSE

farce américaine 파르스 아메리켄

미국식 스터핑 : 베이컨을 아주 작은 주사위 모양으로 썰어 볶는다. 여기에 잘게 썬 양파를 넣고 색이 나지 않도록 약한 불에 볶는다. 불에서 내린 뒤 갓 갈아낸 빵가루를 넣고 기름기를 모두 흡수할 때까지 잘 섞는다. 소금, 후추로 간하고 세이지 가루와 타임 잎을 조금 넣어준다. 이 스터핑은 영계, 어린 비둘기, 뿔닭, 병아리 등을 채우는 소로 사용된다.

farce de foie 파르스 드 푸아

간 스터핑 : 돼지 생삼겹살 250g을 아주 작은 주사위 모양으로 썬다. 간(돼지, 송아지, 수렵육, 닭의 간 모두 가능) 300g을 큐브 모양으로 자른다. 소테팬에 버터 30g을 녹인 뒤 삼겹살을 노릇하게 볶아 건져내고, 그 팬에 간을 넣어 튀기듯이 지진다. 샬롯 40g와 양송이버섯 밑동 75g의 껍질을 벗긴 뒤 함께 다진다. 모든 재료를 소테팬에 넣고 고운 소금 12g, 흰 후추 4g, 카트르 에피스 2g, 타임 가는 줄기 1개분, 월계수 잎 1/2장을 넣어준다. 센 불에서 잘 저으며 2분간 데운다. 간을 건져낸 다음, 소테팬에 화이트와인 150mℓ를 넣고 나무 주걱으로 눌어붙은 바닥의 양념과 육즙을 긁으며 디글레이즈한다. 이것을 간에 붓고 버터 70g, 달걀노른자 3개를 넣은 뒤 블렌더로 갈아 아주 고운 퓌레를 만든다. 체에 긁어내린 뒤 나무 주걱으로 잘 섞어 냉장고에 보관한다. 주로 파테나 테린의 베이스로 사용된다.

farce à gratin 파르스 아 그라탱

그라탱 스터핑 : 생 돼지비계 150g을 간다. 샬롯 2개의 껍질을 벗긴 뒤 얇게 썬다. 양송이버섯 50g을 깨끗이 닦은 뒤 다진다. 소테팬에 비계를 넣고 천천히 가열한다. 비계가 녹으면 닭 간 300g과 샬롯, 버섯, 타임 작은 줄기 1개분, 월계수 잎 1/2장, 소금 넉넉히 한 자밤, 후추, 카트르 에피스 한 자밤을 작게 넣고 센 불에서 튀기듯, 닭 간이 살짝 익을 정도로만 볶는다. 코냑을 붓고 불을 붙여 플랑베한 다음 덜어내 재빨리 식힌다(간 스터핑은 핑크색이 돌 정도로(rosé) 익혀야 한다). 블렌더에 간 다음 고운 체에 긁어내린다. 아주 매끈한 질감이 될 때까지 주걱으로 잘 섞는다. 주방용 랩이나 버터를 바른 유산지로 덮어 냉장고에 보관한다. 빵 크루통에 이 스터핑을 바른 뒤 깃털 달린 작은 조류 수렵육을 얹어 서빙한다. 또는 살미(salmis)나 시베(civet)에 곁들이는 크루통에 발라 씌운다.

farce mousseline 파르스 무슬린

무슬린 스터핑 : 송아지, 가금류, 또는 잘 다듬고 힘줄을 제거한 수렵육 살 1kg을 아주 잘게 썰어 퓌레로 갈아준 다음 체에 긁어 곱게 내린다. 달걀흰자 4개분을 포크로 가볍게 푼다. 곱게 간 살코기를 볼에 담고 달걀흰자를 조금씩 넣으며 나무 주걱으로 잘 저으며 섞는다. 소금 20g과 흰 후추 3g을 넣고 잘 혼합한다. 다시 한 번 체에 긁어내린 뒤 냉장고에 2시간 동안 넣어둔다. 더블 크림(crème fraîche épaisse) 1.5ℓ도 같은 시간 동안 냉장고에 넣어둔다. 얼음을 가득 채운 양푼 위에 볼을 놓고 크림을 조금씩 넣어주며 나무 주걱으로 세게 저어 혼합한다. 이 스터핑은 무슬린, 무스, 고운 크넬 등을 만드는 데 사용된다.

farce de volaille 파르스 드 볼라이

가금류 스터핑 : 가금류의 살 600g, 송아지 살코기 200g, 돼지비계 900g을 작은 주사위 모양으로 썬 다음 분쇄기에 곱게 다진다. 여기에 달걀 3개, 소금 18g, 코냑 200mℓ를 넣고 잘 혼합한다. 체에 놓고 긁어 곱게 내린 뒤 냉장 보관한다.

godiveau à la graisse ou farce de veau à la glace ▶ GODIVEAU

FARCES MAIGRES 기름기가 없는 담백한 스터핑

farce aux champignons 파르스 오 샹피뇽

버섯 스터핑 : 샬롯 2개의 껍질을 벗기고 양송이버섯(또는 야생버섯) 175g을 깨끗이 닦은 뒤 모두 다진다. 팬에 버터 40g을 녹인 뒤 버섯과 샬롯을 넣고 센 불에서 볶는다. 넛멕 가루를 칼끝으로 조금 넣는다. 버섯에서 더 이상 수분이 나오지 않을 때까지 볶은 뒤 덜어내 식힌다. 파나드 100g을 만들어 볶아 놓은 버섯과 함께 블렌더로 간다. 달걀노른자 3개를 넣고 잘 혼합한다. 이 스터핑은 수렵육, 채소, 생선, 가금류를 채우는 데 사용된다.

farce pour terrine de légumes 파르스 푸르 테린 드 레귐

채소 테린용 스터핑 : 셀러리악 500g의 껍질을 벗긴 뒤 세로로 등분해 찜통에 찐다. 건져서 블렌더에 간 다음 오븐에 살짝 구워 수분을 날린다. 색이 나지 않게 주의한다. 믹

싱볼에 셀러리악 퓌레와 달걀노른자 2개, 생크림 150mℓ(crème UHT)를 넣고 핸드믹서로 혼합한 뒤, 단단히 거품 낸 달걀흰자를 넣고 주걱으로 돌리듯이 살살 섞어준다. 소금, 후추로 간하고 기호에 따라 넛멕을 넣는다. 이 퓌레에 다른 채소(주사위 모양으로 썬 당근, 완두콩, 데치거나 증기에 찐 그린빈스 등)를 동량으로 섞어 채소 테린을 만들기도 한다. 오븐에 굽거나 또는 중탕으로 익힌다.

FARCES DE POISSON 생선 스터핑

farce de crevette 파르스 드 크르베트

새우 스터핑 : 소금을 넣은 물에 곰새우 또는 분홍새우 125g을 데쳐 익힌다. 새우에 버터 100g을 넣고 절구에 찧어 분쇄한 뒤 고운 체에 긁어내린다. 이것의 반에 해당하는 무게의 삶은 달걀노른자를 고운 체에 내린 뒤 새우 퓌레에 넣고 잘 섞는다.

farce mousseline de poisson 파르스 무슬린 드 푸아송

생선 무슬린 스터핑 : 날 생선살(강꼬치고기, 명태. 연어. 서대, 대문짝넙치) 1kg에 소금 20g, 백후추 2g, 넛멕을 갈아서 1g 넣고 간을 한 뒤 넓적한 볼에 넣고 찧는다. 여기에 달걀흰자 4개를 한 개씩 넣어가며 블렌더로 간 다음 고운 체에 놓고 긁어내린다. 볼에 담고 나무 주걱으로 매끈하게 혼합하여 냉장고에 최소 2시간 동안 넣어둔다. 얼음을 가득 채운 양푼 위에 볼을 놓고 생크림 1.25ℓ를 조금씩 넣어가며 주걱으로 살살 혼합한다. 냉장고에 보관한다. 이 스터핑은 무슬린, 무스, 고운 크넬뿐 아니라 큰 사이즈의 생선 안에 채운 뒤 브레이징하기도 한다.

farce pour poisson 파르스 푸르 푸아송

생선용 스터핑 : 빵의 속살 250g을 잘게 뜯은 뒤 우유를 뿌려 적셔둔다. 파슬리 작은 한 줌을 다진다. 양파 75g과 샬롯 3개의 껍질을 벗긴 뒤 따로 다져둔다. 깨끗이 닦은 양송이버섯 150g을 다진다. 코코트 냄비에 버터 30g을 달군 뒤 다진 버섯과 양파, 파슬리를 넣고 몇 분간 볶는다. 소스팬에 샬롯과 화이트와인 1/2잔을 넣고 가열해 졸인 다음 혼합물에 넣고 잘 섞는다. 우유에 적신 빵을 꼭 짠 뒤 볼에 넣고 혼합물을 넣어 잘 치대며 섞는다. 달걀노른자 2개, 소금, 후추를 추가한다. 경우에 따라 넛멕 가루 칼끝으로 아주 조금과 다진 마늘 1/2톨을 넣고 잘 혼합한다. 주로 큰 사이즈의 민물생선에 채워 넣는 소로 사용된다.

godiveau lyonnais ou farce de brochet à la lyonnaise ▶ GODIVEAU

FARCI 파르시 페리고르 지방의 특선 음식(farci périgourdin)으로, 다져 만든 소를 양배추 잎으로 싸거나 닭에 채워 채소 국물 또는 고기 육수에 익히는 요리다.

farci 파르시

고기 소를 채운 양배추 요리 : 굳은 빵의 속살을 잘게 뜯은 뒤 기름기를 제거하지 않은 육수(또는 우유)를 조금 부어 적셔둔다. 생돼지고기(뒷다리살 또는 비곗살) 350g, 마늘 2톨, 샬롯 2개(또는 양파 1개), 파슬리, 타라곤 및 기타 허브류를 합해서 1송이다발을 모두 다진다. 닭 간을 다져 넣어주어도 좋다. 빵을 꼭 짠 뒤 혼합물에 넣고 소금, 후추, 그리고 카트르 에피스를 칼끝으로 조금 넣어준다. 달걀노른자 2-3개를 넣고 균일하게 혼합될 때까지 주걱으로 잘 치대 섞는다. 냉장고에 넣어둔다. 큰 양배추의 잎을 한 장씩 떼어 분리한 다음 끓는 물에 5분간 데친다. 흐르는 찬물에 식혀 건진 뒤 물기를 닦아내고 조금씩 겹쳐가며 동그랗게 펼쳐 놓는다. 소 혼합물을 둥글게 치대 그 위에 놓고 양배추를 가운데로 모아 접으며 감싸준다. 주방용 실로 묶거나 거즈로 싼 다음 채소 우린 물이나 육수에 넣고 1시간 45분간 익힌다. 건져서 실, 또는 거즈를 제거한 뒤 먹기 좋은 두께로 슬라이스해 아주 뜨겁게 서빙한다. 경우에 따라 국물 또는 닭고기를 같이 낸다. 또한 이 요리는 차갑게 먹기도 한다.

FARCIR 파르시르 소를 넣어 채우다. 고기, 생선, 조개류, 채소, 달걀, 과일 등에 기름진 소 혹은 담백한 소, 살피콩, 퓌레, 기타 다양한 혼합물을 주로 익히기 전에 채워 넣는 것을 지칭한다. 이는 익히지 않고 차게 먹는 스터핑 요리에도 적용된다.

대부분의 가금류나 조류는 소를 채워 조리할 수 있다. 정육에서는 특히 뼈를 제거한 앞다리(어깨)살, 삼겹살(가슴) 부위뿐 아니라 염통 혹은 뼈를 제거한 족 등도 안에 소를 채워 요리한다. 또한 포피에트를 만들거나 양, 또는 새끼돼지를 통으로 조리할 때 그 안에 각종 소를 채워 익히기도 한다.

생선의 경우는 바다생선, 민물생선 구분 없이 대개 통통한 모양을 한 종류에 소를 채운 요리가 많다. 가리비조개, 홍합, 사마귀조개, 식용 달팽이

등도 종종 이 방법으로 조리한다.

채소 중에는 가지, 양배추, 주키니 호박, 양파, 피망, 감자, 버섯 갓, 토마토뿐 아니라 레터스 속, 엔다이브 잎, 포도나무 잎 등에 소를 채워 넣는 조리법이 많이 사용된다. 과일의 경우 아보카도, 시트러스류, 멜론, 배, 사과 등을 꼽을 수 있다.

만드는 법 익히기 ▶ FARCIR UN POISSON PAR LE DOS, 등쪽으로 생선 소 채우기, 실습 노트 P. XI

만드는 법 익히기 ▶ FARCIR UNE VOLAILLE, 가금류 소 채우기, 실습 노트 P. VIII

FARINAGE 파리나주 밀가루 베이스의 요리나 디저트. 주 요리로 서빙되는 모든 종류의 파스타, 면, 플루트(floutes), 뇨키(gnocchis), 크네플(knepfles), 크뇌델(knödel), 크넬(quenelles) 등 밀가루를 주재료로 하는 음식을 총칭한다. 이 요리들은 특히 이탈리아, 오스트리아, 독일, 프랑스 알자스 지방 요리에서 많이 접할 수 있다. 밀가루 이외에 옥수수 가루(gaudes, miques, polenta)나 전분(bouilles, panades)을 사용한 요리나 세몰리나로 만든 앙트르메 등도 이에 해당한다. 하지만 파티스리나 크레프 류는 이 범주에 포함되지 않는다.

프랑스의 밀가루 등급 분류

밀가루 타입	회분 함유율	사용	평균 제분수율
45	0.50	제과용	67
55	0.50-0.60	일반 흰색 발효빵(pain courant)	75
65	0.62-0.75	전통 빵(pain 'tradition')	78
80	0.75-0.90	특수 빵(pain spécial)	80-86
110	1.00-1.20	갈색 빵(pain bis)	85-90
150	1.40	통밀 빵(pain complet)	90-98

FARINE 파린 밀가루, 곡식의 가루. 밀알이나 다른 종류의 알곡(귀리, 스펠타밀, 옥수수, 쌀, 호밀 등), 또는 분질 채소나 콩류(밤, 잠두콩, 렌틸콩, 병아리콩, 메밀, 대두 등)를 빻아 만든 가루를 총칭한다. 따로 설명이 없는 경우 이 명칭은 밀을 빻은 가루를 의미한다. 밀가루 이외의 다른 분말인 경우에는 그 재료의 이름을 제품 레이블에 명시해야 한다.

■ **제조.** 밀가루는 프랑스에서 가장 많이 사용되는 곡식인 밀(혹은 연질밀 froment)의 배유 부분만을 빻아 가루로 만든 것이다. 옛날에는 소규모 방앗간에서 맷돌로 곡식을 빻았으나 오늘날 밀가루는 거의 대부분 대형 제분공장에서 생산된다. 일반적으로 원통형 롤 제분기를 사용하는데, 처음에는 표면에 홈이 있는 브레이크 롤로 알곡 입자를 거칠게 부수고 이어서 면이 매끈한 활면 롤로 입자를 점점 더 곱게 분쇄한다. 부서지고 미세한 입자로 압연되는 과정에서 밀이 갖고 있는 주요 영양소, 특히 단백질과 무기질의 양이 감소한다. 밀 100kg당 얻을 수 있는 가루의 양, 즉 제분수율은 75-78%정도이다. 제분 과정을 거쳐 얻은 밀가루에는 전분, 글루텐, 물, 단당, 무기질, 지질, 비타민, 효소가 포함돼 있다.

■ **등급 분류.** 프랑스 밀가루는 타입 숫자(type 45-150)로 분류되며, 이는 밀가루 내 잔존 무기물의 양, 즉 회분 함유율(taux de cendres)을 아주 정밀하게 분석하고 측정하는 과정을 통해 결정된다. 무기물이 적게 함유된 밀가루일수록 더 정제된 상태임을 의미한다. 이렇게 분류된 밀가루는 그 타입에 따라 각각 용도도 다르다(**참조** p.354 프랑스의 밀가루 등급 분류 도표).

■ **품질 특징.** 밀가루는 제빵, 제과, 요리에 두루 사용된다. 시중에는 다양한 종류와 특성의 밀가루 제품이 나와 있으므로 용도에 따라 그에 알맞은 것을 골라 사용할 수 있다.

- **FARINE ORDINAIRE 일반 밀가루.** 연한 회색을 띠고 있으며 잘 부풀지 않고 단백질 함량이 낮은 편이다. 간단한 기본 파티스리(크루트, 파테용 반죽 등)용으로 적합하다.
- **FARINE PÂTISSIÈRE 제과용 밀가루.** 단백질 함량이 비교적 높아 글루텐이 풍부한 밀로 만든다. 반죽이 잘 부풀며 습부량(濕麩量)이 적다. 파운드케이크, 제누아즈, 과자 등을 만드는 데 적합하다.
- **FARINE SUPÉRIEURE 상급 밀가루.** 최상급 밀로 만드는 밀가루로 순도가 아주 높고 습기가 거의 없으며 응어리가 잘 생기지 않는다. 파린 드 그뤼오(farine de gruau 글루텐 함량이 높아 일반 밀보다 두 배로 잘 부푼다), 체에 친 고운 밀가루(farine fluide 또는 farine tamisée 덜 깨진 밀 입자로 만들며 소스의 농후제, 또는 와플, 크레프 등을 만드는 데 쓰인다), 케이크용 밀가루(farine à gateaux 베이킹파우더가 함유돼 있다)가 이에 해당한다.
- **FARINE COMPLÈTE 통밀가루.** 밀기울과 배아를 포함한 알곡 전체를 빻아서 만든 밀가루(TYPE 150)다.

이 밖에도 화학비료나 살충제를 살포하지 않고 재배한 밀로 만든 무공해 밀가루(FARINE BIOLOGIQUE)가 있다. 이 명칭을 붙이려면 최소 2년간 어떠한 식물 병충해 방제 제품(제초제, 화학비료 및 화학 처리, 살충제)도 사용하지 않은 파종 부지에서 재배해야 한다.

■ **품질 특징.** 기본 밀가루 이외에도 특히 제빵에 많이 사용되는 다양한 종류의 밀가루가 있다.

- **FARINE DE SEIGLE 호밀가루.** 호밀은 추위에 아주 강한 작물이다. 따라서 호밀가루 또한 북유럽 국가에서 아주 많이 찾아볼 수 있으며, 종종 일반 밀가루와 혼합해 사용하기도 한다.
- **FARINE DE GRUAU 그뤼오 밀가루.** 주로 미국산 밀에서 추출하며 두 종류(type 45, type 55)가 있다. 일반 밀보다 글루텐 함량이 높다.
- **FARINE DE GLUTEN 글루텐 가루.** 밀가루에서 추출한 글루텐 가루로 대부분 공장에서 생산한다. 몇몇 밀의 단점을 개선해주는 데 사용되며, 글루텐빵(pain de gluten)을 만드는 데도 쓰인다.
- **FARINE DE SARRASIN 메밀 가루.** 얇게 부치는 갈레트(밀가루와 섞어서 쓰기도 한다)나 특수 곡물빵을 만드는 데 사용된다.
- **FARINE DE SOJA 콩(대두) 가루.** 주로 제빵 개선제로 사용되며 특히 식빵 등을 만들 때 밀가루에 소량 첨가하면 부풀어오르는 성질이 증대된다.
- **FARINE DE MAÏS 옥수수 가루.** 주로 빵을 만들 때 밀가루와 섞어서 사용한다. 또한 랑드(Landes) 지방의 특선 음식인 에스카우툰(escaoutoun, 옥수수가루에 바스크 농가에서 생산한 양젖 치즈를 넣어 걸쭉하게 익힌 음식)을 만드는 주재료다.

● **FARINE DE POMME DE TERRE 감자 가루.** 밀가루에 감자 가루를 섞어 만든 빵은 색이 약간 노르스름하며 많이 부풀지 않는다. 감자 녹말(fécule)이라고도 불리며 파티스리 및 각종 과자 제조에도 사용된다.

● **FARINE DE RIZ 쌀 가루.** 쌀가루로는 빵을 만들 수 없다. 빵에 덧가루로 뿌리거나 전병 등을 만드는 데 사용한다.

● **FARINE D'ÉPEAUTRE 스펠타밀 가루.** 듀럼밀의 일종인 스펠타밀을 제분한 것으로 글루텐을 함유하고 있긴 하지만 일반 밀에 비해 그 특성이 떨어지기 때문에, 빵 반죽 시 이 점을 감안해야 한다.

● **FARINE D'ORGE 보릿가루.** 보릿가루만으로는 빵을 만들 수 없기 때문에 대개 밀가루에 섞어서 쓴다. 보리 시럽(sirop d'orgeat), 위스키, 맥주 및 가축용 사료를 만드는 데 사용된다.

● **FARINE D'AVOINE 귀리 가루.** 제빵용으로 쓰기에는 적합하지 않다. 겨를 벗기고 쪄서 익힌 귀리를 납작하게 누른 뒤 가볍게 볶아 말린 오트밀 형태로 요리에 사용하거나 특수 곡물빵 반죽에 넣는다.

● **FARINE DE MÉTEIL 혼합밀(밀, 호밀) 가루.** 밀과 호밀을 함께 파종해 재배한 알곡으로 만든다.

● **FARINE DE MEULES 맷돌로 빻은 밀가루.** 전통방식인 맷돌로 갈아낸 밀가루로 일반 공장의 롤 제분기를 사용한 것보다 입자가 거칠며, 발효가 더욱 잘 되는 장점이 있다.

● **MIXES 가루 믹스.** 특수 곡물빵이나 비에누아즈리 등을 만들기 위한 제품으로 전통 밀가루 베이스에, 반죽용 액체 재료를 제외한 모든 또는 일부 재료가 혼합돼 있다.

■ **영양학적 가치.** 글루텐 소화에 어려움을 겪는 사람들은 글루텐프리 가루(밤, 대두, 쌀 등)를 사용한다. 또한 일반 밀보다 소화가 비교적 용이한 글루텐이 들어있는 스펠트밀도 대안이 될 수 있다.

엘렌 다로즈(HÉLÈNE DARROZE)의 레시피

escaoutoun **에스카우툰**

4인분

바닥이 둥그스름한 냄비에 닭 육수 400mℓ와 옥수수 가루 120g을 넣고 불에 올리지 않은 상태에서 거품기로 잘 섞는다. 센 불에 올린 뒤 10분간 주걱으로 잘 저으며 익혀고, 슈 반죽을 만들 때처럼 수분을 날린다. 마스카르포네 치즈 250g과 가늘게 간 바스크산 양젖 치즈 200g을 넣어준다. 불 한쪽 구석에서 약 10분간 잘 섞으며 익힌다. 응어리가 생기지 않고 혼합물이 냄비 바닥에 눌어붙지 않도록 계속 저어주어야 한다. 마지막에 휘핑한 생크림 80mℓ를 넣고 소금과 에스플레트 칠리가루를 넣어 간을 맞춘다. 가을철에는 에스카우툰에 포치니버섯을 곁들인다. 포치니버섯 500g을 굵직하게 슬라이스한 다음 소금, 에스플레트 칠리가루로 간한다. 무쇠팬에 오리기름 30g을 녹인 뒤 버섯을 넣고 노릇한 색이 나도록 센 불에서 재빨리 볶는다. 이탈리안 파슬리 2줄기의 잎만 떼어낸 다음 마지막에 넣어준다. 뜨거운 에스카우툰을 4개의 우묵한 접시에 나눠 담고 그 위에 버섯을 올린 뒤 뜨거운 닭 육즙 소스(jus de volaille)를 둘러준다. 단단한 포치니버섯을 접시마다 한 개씩 얇게 슬라이스해 뿌린다. 에스카우툰에는 어떤 종류의 버섯을 곁들여도 다 잘 어울린다(곰보버섯, 꾀꼬리버섯, 뿔나팔버섯 등). 겨울에는 검은 송로버섯을 곁들이면 아주 좋다. 이 경우 바스크산 양젖 치즈를 몽도르 바슈랭(vacherin mont-d'or) 치즈 120g으로 대체하면 더욱 좋다. 생송로버섯을 얇게 슬라이스해 넉넉히 뿌린 뒤 갈색이 나도록 가열한 버터(beurre noisette)를 한 바퀴 둘러 서빙한다.

panade à la farine ▶ PANADE

FARINER 파리네 밀가루를 뿌리다, 묻히다. 재료를 밀가루로 덮거나 베이킹 틀, 작업대 바닥에 밀가루를 뿌리다. 식품을 튀기거나 소테하기 전에 밀가루를 묻힌 뒤 너무 많이 묻은 가루를 손가락으로 탁탁 털어낸다. 밀가루가 음식의 수분에 젖지 않고 마른 상태로 유지되어야 때문에 이 작업은 절대 미리 해놓지 않는다. 또한 달걀과 빵가루 튀김옷을 입힐 때에도 재료에 먼저 밀가루를 묻힌다. 토막 낸 고기나 닭 등을 냄비에 노릇하게 지져 익힌 뒤 자작하게 국물을 넣기 전에 소량의 밀가루를 솔솔 뿌리는 것을 지칭하기도 한다(**참조** SINGER).

파티스리 반죽을 밀어 펴거나 성형 작업 등을 할 때 바닥에 들러붙지 않도록 대리석 작업대에 밀가루를 뿌려준다. 또한 다양한 틀이나 베이킹 팬에 혼합물을 부어넣거나 반죽 시트를 깔기 전, 붓으로 정제버터를 바르고 밀가루를 얇게 묻힌 뒤 탁탁 털어준다. 이 작업을 해두면 오븐에서 굽고 난 후 틀을 쉽게 분리할 수 있고, 베이킹 팬에 깐 반죽이 너무 넓게 퍼지지 않고 굽기 시작하는 시점에 어느 정도 고정되는 효과를 볼 수 있다.

FARINEUX 파리뇌 전분질 식품. 전분을 제공할 수 있는 콩과 식물(잠두콩, 강낭콩, 렌틸콩, 완두콩 등)을 통칭하는 용어로 여기에는 콩류(신선, 건조 모두 포함), 감자와 같은 덩이 줄기식물, 밤 등의 열매가 모두 포함된다. 이들은 질소를 가장 많이 함유한 식물성 식품으로 채식 식단에서 중요한 역할을 차지한다. 다른 선진국들과 마찬가지로 프랑스에서 육류 소비는 늘고 있는 반면 이 전분질 식품의 소비는 크게 감소했다. 지중해 연안 국가(스페인과 북아프리카 마그레브 지역의 병아리콩과 잠두콩)와 남미(키드니빈과 검은 강낭콩), 특히 인도에서는 이 식물성 전분질이 많이 소비되고 있다.

FAUBONNE 포본 흰 강낭콩(또는 반으로 쪼갠 완두콩, 깍지를 깐 둥근 완두콩) 퓌레로 만든 걸쭉한 수프. 흰색 육수 또는 콩소메를 넣고 퓌레를 개어 농도를 맞춰 끓이며, 가늘게 채 썰어 버터에 볶은 채소(당근, 셀러리, 순무, 리크)와 파슬리를 넣고 마지막으로 처빌 잎을 얹어 완성한다. 옛날에는 굽거나 브레이징한 꿩 고기 살을 가늘고 길쭉하게 잘라 이 포타주에 곁들이기도 했다.

FAUCHON (AUGUSTE FÉLIX) 오귀스트 펠릭스 포숑 프랑스의 식료품점 상인(1856, Ellon 출생–1939, Paris 타계). 노르망디 출신인 포숑은 1886년 파리 마들렌 광장에 프랑스 최고의 제품만을 취급하는 식료품점을 열었다. 이곳에서는 고급 과자, 샤퀴트리, 당과류, 향신료, 치즈, 와인, 리큐어, 가금류 등을 판매했다. 이국적인 수입 식품에 대해 부정적이었던 포숑은 이러한 먹거리를 찾는 손님들이 오면 근처 식료품점 에디아르(Hédiard)로 보내곤 했다. 양차 세계대전 사이의 시기에 포숑의 사업은 크게 번창하여 파티스리를 겸한 살롱 드 테와 케이터링 서비스 분야로 확대되었다. 창립자의 타계 이후 포숑 식료품점은 프랑스의 고급 식품을 엄선해 판매하는 동시에 전 세계의 고급 특선 식품들도 취급하기 시작했다.

FAUGÈRES 포제르 랑그독 지방의 AOC 와인. 카리냥(carignan), 생소(cinsault), 무르베드르(mourvèdre), 그르나슈(grenache), 르도네르 플뤼(lledoner pelut) 품종 포도로 만드는 레드와인으로 색이 진하고 바디감이 있으며 풍부한 향과 섬세한 맛을 지니고 있다. 2004년부터 포제르 아펠라시옹 화이트와인도 생산되고 있다. 픽풀(picpoul), 부르불랑(bourboulenc), 마카베오(maccabeo) 품종으로 만든다.

FAUX-FILET 포 필레 소의 채끝살. 소의 허리 뒷부분에 위치한 등심근인 채끝, 채끝등심(**참조** pp.108-109 프랑스식 소 정육 분할 도감)을 지칭한다. 기름에 둘러싸여 있는 이 부위는 안심만큼 연하지는 않지만 맛은 더 좋은 최고급 부위다. 콩트르 필레(contre-filet)라고도 불리는 채끝은 발골하고 기름을 다듬은 뒤 덩어리로 로스트하거나 원하는 두께로 슬라이스한 다음 그릴이나 팬에 구워 먹는다.

▶ 레시피 : BŒUF.

FAVART 파바르 18세기 프랑스 극작가이자 오페라 코미크(Opéra-Comique) 극장의 사장이었던 샤를 시몽 파바르(Charles Simon Favart)에게 헌정된 닭 요리 또는 송아지 흉선 요리에 곁들인 화려한 가니시를 지칭한다. 파바르식 가니시는 타라곤을 넣은 닭고기 살 크넬과 크림소스 포치니 버섯 살피콩을 채운 타르틀레트로 구성되며, 졸여 농축한 닭 블루테에 민물가재 버터를 섞은 부드러운 소스를 곁들인다.

이 명칭은 또한 양 흉선, 트러플, 각종 버섯을 섞어 블루테 소스로 버무린 살피콩을 타르틀레트에 채워 넣고 그 위에 달걀반숙이나 수란을 얹은 요리를 가리키기도 한다.

또한 탱발(timbale)이라고 불리는 디저트에도 이 명칭을 사용한다. 과일을 통째로 혹은 반으로 자른 뒤 바닐라 향 밤과 혼합한다. 여기에 키르슈와 마롱글라세 퓌레를 넣은 살구시럽을 붓고 버무려 향이 배게 한 다음, 속을 파낸 리숄리외 브리오슈에 채워 넣는다. 조린 살구와 과일 콩피 퓌레로 겉을 씌워 완성한다.

FAVORITE (À LA) 아 라 파보리트 19세기에 등장한 다양한 요리에 붙은 명칭으로 당시 인기가 많았던 도니체티의 오페라 "라 파보리타(La Favorita, 1840)"의 공연을 기념하는 의미에서 그 이름을 따왔다. 포타주 아 라 파보리트(potage à la favorite)는 아스파라거스와 상추로 만든 크림 수프이며 아스파라거스 윗동 부분을 가니시로 얹어낸다. 또한 가늘게 채 썬 버섯과 아티초크 속살, 작은 감자 볼을 넣은 콩소메를 타피오카로 걸쭉하게 만들고 처빌을 올린 수프를 지칭하기도 한다. 아스파라거스 윗동은 서빙 사이즈로 잘라 소테한 고기 요리(도톰하고 어슷하게 썬 푸아그라를 곁들이고 그 위에 얇게 저민 송로버섯 슬라이스를 얹은 뒤 마데이라 와인과 데미글라스로 디글레이즈한 육즙 소스를 끼얹는다)의 가니시 또는 혼합 샐러드에서도 찾아볼 수 있다. 또한 큰 덩어리로 서빙하는 고기 요리에 곁들이는 아 라 파보리트 가니시도 있는데, 이는 아티초크 속살을 4등분해 소테팬에 볶은 것, 셀러리 속대, 폼 샤토(pommes château)로 구성된다.

FAVRE (JOSEPH) 조제프 파브르 스위스 출신 요리사(1849, Vex 출생—1903, Paris 타계). 스위스에서 견습생 시절을 보낸 뒤 파리로 와 슈베(Chevet)의 레스토랑에서 기량을 닦은 조제프 파브르는 이후 독일, 영국에서 경력을 쌓고 다시 파리로 돌아와 루이 비뇽(Bignon) 레스토랑 카페 리슈(Café Riche)에 정착한다. 특히 요리 이론가로 잘 알려진 그는 자신의 경험을 저서 『요리실무 및 식품위생 종합 사전(*Dictionnaire universel de cuisine pratique; encyclopédie illustrée d'hygiène alimentaire*)』(초판 1889-1891, 2판 1903)에 자세히 담아냈다. 1877년에 제네바에서 『조리 과학(*la Science culinaire*)』이라는 잡지를 창간했고, 2년 후에는 요리 발전을 위한 총 연합을 창설했으며 이는 1893년 요리 아카데미(Académie de cuisine)으로 발전했다.

FÉCULE 페퀼 전분, 녹말 가루. 식물의 뿌리나 덩이줄기, 줄기, 열매, 씨의 전분을 가루로 만든 것. 일반적으로 땅 속에 묻힌 식물(참마, 카사바, 감자 등)의 전분은 페퀼(fécule), 낟알(밀, 옥수수, 쌀 등)에서 추출한 전분은 아미동(amidon)이라고 부른다. 곡류(밀, 쌀 등)의 녹말, 감자 녹말, 이국적 식물(칡, 참마, 카사바, 살렙 등)의 녹말, 과실(밤, 도토리 등)의 녹말, 콩류(강낭콩, 렌틸콩, 완두콩 등)의 녹말 등으로 분류한다.

감자 전분은 특히 각종 식품 제조에 많이 사용된다(샤퀴트리, 앙트르메, 특수 식이요법용 밀가루, 파티스리, 푸딩 등). 요리에서 녹말은 주로 죽, 쿨리, 크림 등의 농도를 조절하는 농후제 역할을 하며, 옥수수, 감자, 칡, 카사바 녹말이 가장 많이 사용된다.

FÉCULENT 페퀼랑 전분 함량이 높은 채소나 열매를 지칭하며 여기에는 모든 종류의 전분질 식물이 포함된다(**참조** FARINEUX). 곡류와 더불어 주식으로 소비하는 식품으로 바나나, 밤, 참마, 카사바, 고구마, 감자 등이 대표적이다. 에너지를 공급해주는 식품으로 비타민C와 당질(전분)이 풍부하지만 단백질과 무기질 함량은 적다.

FÉDORA 페도라 큰 덩어리로 서빙하는 고기 요리에 곁들이는 가니시 명칭이다. 페도라 가니시는 아스파라거스 윗동을 채운 바르케트, 일정한 모양으로 돌려 깎아 버터, 물, 소금, 설탕을 넣고 글레이즈한 당근과 순무, 오렌지 과육 세그먼트, 자작하게 익힌 밤으로 구성된다.

FEIJOA 페이조아 피조아. 도금양과에 속하는 과실 소관목으로 원산지는 남미이며 20세기에 프랑스에 도입되었다. 길이 2-8cm의 타원형 열매는 늦가을에 익으며, 얇은 녹색 껍질로 싸여 있다. 요오드가 많이 함유되어 있는 피조아 열매 과육은 깔깔한 질감이 나며 맛은 딸기와 파인애플을 연상시킨다. 잘 익은 열매를 생으로 먹거나 소르베, 잼이나 즐레 등을 만들기도 한다. 시럽에 익혀 열대과일 화채에 넣어 먹어도 좋다.

FEIJOADA 페이조아다 브라질의 대표적 음식으로, 명칭에서 주재료가 검은 콩임을 알 수 있다(feijão는 콩을 뜻한다). 여럿이 모이는 파티나 잔치에 즐겨 먹는 이 푸짐한 브라질 요리는 프랑스의 카술레와 유사한 점이 많다.

feijoada 페이조아다

마른 검은콩 1kg을 12시간 동안 찬물에 담가 불린다. 다른 용기에 염장 돼지꼬리 1개, 기름기가 적은 베이컨 500g을 12시간 동안 찬물에 담가둔다. 둘 다 중간에 물을 여러 번 갈아준다. 마늘 5톨의 껍질을 깐다. 불린 콩을 건져 큰 냄비에 넣고 물을 넉넉히 채운 뒤 마늘 4톨과 월계수 잎 3장을 넣고 가열한다. 끓기 시작하면 불을 줄이고 1시간 동안 익힌다. 고기를 건져 물에 10분간 삶아둔다. 양파 1개의 껍질을 벗겨 다진다. 피망 2개의 속과 씨를 제거한 다음 가늘고 길쭉하게 썬다. 토마토 500g을 끓는 물에 잠깐 넣었다 빼 껍질을 벗긴 뒤 속과 씨를 제거하고 잘게 썬다. 파슬리와 차이브를 각각 작은 한 송이씩 잘게 썬다. 식용유 3테이블스푼을 달군 팬에 양파를 넣고 노릇해지도록 볶은 뒤 피망, 토마토, 마늘 한 톨, 파슬리를 넣어준다. 잘 저어가며 20분정도 중불에서 익힌다. 소금으로 간한다. 콩을 손으로 눌러보아 부드럽게 으스러지면 한 국자를 건지고 끓인 국물도 한 국자 떠내어 퓌레로 으깬 다음, 토마토 퓌레 팬에 넣어준다. 차이브를 넣고 섞는다. 익힌 생소시지 6개, 작은 훈제 소시지 6개, 초리조 1개를 동글게 슬라이스한다. 고기와 소시지를 모두 콩 삶는 냄비에 넣고 후추와 고춧가루를 뿌린 다음 다시 1시간을 끓인다. 중간쯤 끓였을 때 양파를 넣은 토마토 퓌레를 넣어준다. 소금 간을 맞춘 뒤 잘 섞는다. 구운 카사바 가루인 파로파(farofa)를 준비한다. 건포도 100g을 따뜻한 물에 불린다. 버터 40g을 달군 팬에 양파 큰 것 1개를 다져 넣고 노릇하게 볶는다. 소금으로 간한 뒤 카사바 가루 100g과 버터 35g을 넣고 황금색 모래와 같은 질감이 되도록 볶는다. 동그랗게 슬라이스한 바나나 1개와 불려둔 건포도, 구운 캐슈너트 50g을 넣어준다. 페이조아다를 흰쌀밥과 함께 접시에 담고 동그랗게 슬라이스한 오렌지와 양파를 곁들인다. 파로파는 따로 담아 서빙하고 각자 밥 위에 뿌려 먹는다.

FENDANT 팡당 스위스의 화이트와인으로 주로 론강 우안에 위치한 발레주에서 생산된다. 품종 이름이 팡당이며, 이는 샤슬라(chasselas)를 현지에서 부르는 명칭이다. 드라이한 이 와인은 섬세하고 우아하면서도 적당한 산미가 있어 상큼함을 느낄 수 있으며 알코올 도수는 높지 않은 편이다(10.5-11.8%Vol). 약간의 기포를 함유한 와인(vin perlant)도 생산되는데, 이는 이른 병입으로 소량의 가스가 생성되었기 때문이며 상큼함이 더욱 돋보인다. 하지만 샹파뉴 등의 일반 스파클링 와인 계열로 분류되지는 않는다. 팡당 와인은 포도를 재배한 마을 이름을 붙여 판매하며, 아주 드물게 와이너리 이름하에 출시되는 경우도 있다.

FENOUIL 프누이 펜넬, 회향. 미나리과에 속하는 아니스 향의 식물로 그 열매와 줄기, 구근을 스파이스, 향신 재료 또는 채소로 소비한다. 밑이 넓적하고 도톰한 잎이 서로 포개져 있는 모양의 펜넬 구근은 생채소로 먹거나 볶아 조리한다(**참조** pp. 451-454 향신 허브 도감). 생선을 익히는 용도의 쿠르부이용에 넣는 향신 재료로 야생 펜넬을 사용하기도 한다.

펜넬 구근(플로렌스 펜넬 fenouil de Florence라고도 불린다)은 10월에서 5월까지가 제철이며 루아르, 프로방스 지방과 이탈리아, 스페인 등지에서 주로 재배된다. 색이 희고 단단하며 둥근 모양을 한 것이 좋으며 얼룩이나 흠이 없어야 한다.

■ **사용.** 펜넬을 익혀 먹는 방법은 셀러리와 비슷하다. 브레이징하거나 버터에 볶기도 하고 소스를 넣고 뭉근히 끓여 익히기도 한다. 또한 그라탱(끓는 물에 데쳐낸 뒤 가늘게 간 치즈를 얹고 녹인 버터(레몬을 첨가하기도 한다)를 뿌린 다음 아주 뜨거운 오븐에 노릇하게 굽는다)을 만들기도 하며, 카르둔(cardon) 조리법과 마찬가지로 진한 송아지 갈색 육수를 넣고 익히거나 소 골수를 곁들인다. 생으로 먹을 때는 얇게 썰어 샐러드에 넣는다. 아니스 특유의 향을 갖고 있어 다른 몇몇 채소들과 섞어도 아주 좋고, 특히 생크림과 잘 어울린다.

dorade farcie au fenouil ▶ DAURADE ROYALE ET DORADES

fenouil braisé au gras 프누이 브레제 오 그라

비계와 육수에 익힌 펜넬 : 펜넬 구근을 다듬어 놓는다(줄기는 잘게 다져 보관해두었다가 샐러드에 넣어 향을 내는 재료로 사용한다). 끓는 물에 소금을 넣고, 펜넬을 5분간 데쳐낸 뒤 찬물에 헹궈 식힌다. 건져서 물기를 닦아둔다. 펜넬이 큰 경우에는 세로로 4등분하고 작은 것은 그대로 사용한다. 소테팬에 돼지비계 껍데기를 깐 다음 동그랗게 슬라이스한 양파와 당근을 놓는다. 그 위에 펜넬을 놓고 약간 기름기가 있는 육수를 몇 스푼 넣은 뒤 가열한다. 끓기 시작하면 뚜껑을 덮고 220°C로 예열한 오븐에서 40분간 익힌다. 고기요리에 곁들여 서빙한다.

rouget au four au fenouil ▶ ROUGET-BARBET

FENUGREC 페뉘그레크 호로파. 콩과에 속하는 방향성 식물로 원산지는 중동이다. 길쭉한 깍지 안에 든 갸름하고 납작한 씨앗은 맛이 쓰고 끈적끈적하다. 말린 호로파 잎은 그 향이 아주 진해 향신 재료로 쓰이는데 특

히 터키, 아라비아 반도의 국가들, 인도에서서는 다양한 양념을 만드는 데 사용한다.

옛날에 북아프리카 마그레브 국가에서는 여인들이 살을 찌울 목적으로 호로파 가루에 올리브오일과 설탕을 섞어 주기적으로 먹기도 했다. 서유럽에서 호로파는 식초나 오이 피클의 향을 내는 목적으로만 쓰인다.

FÉOLDE (ANNIE) 아니 페올드 프랑스 출신 이탈리아 요리사(1945, Nice 출생). 니스 네그레스코 호텔에서 근무했던 부모를 두었던 그녀는 훗날 독학으로 요리를 익혀 이탈리아에서 유명 셰프가 된다. 공무원으로 사회에 첫발을 내딛은 그녀는 파리에서 근무하다가 영어 연수를 위해 런던으로 건너간다. 이후 이탈리아로 간 그녀는 피렌체의 기벨리나가에 있던 에노테카 나치오날레(Enoteca Nazionale)의 소믈리에 조르지오 핀초리(Giorgio Pinchiorri)를 만나게 되었고 그와 함께 외식업의 길로 들어섰다. 처음에는 소믈리에 핀초리가 엄선한 와인에 곁들일 안주 몇 가지로 시작했으나 페올드는 요리에 점점 탐닉했고 열성적으로 일했다. 그녀의 열정과 실력은 날로 발전하여 1993년에는 이탈리아에서 최초로 미슐랭 가이드의 별 셋을 거머쥔 여성 셰프로 등극했다(1995년에 별 하나를 잃기도 했으나 2004년에 다시 되찾았다). 동반자의 이름을 딴 피렌체의 에노테카 핀초리(Enoteca Pinchiorri)는 미로처럼 숨어 있는 다이닝 룸, 프레스코화가 그려진 천장, 정원으로 연결되는 파티오, 엄청난 규모의 와인 저장고를 갖춘 아름다운 식당이다. 그녀는 이어서 도쿄에 에노테카의 지점과 칸티네타 핀초리(Cantinetta Pinchiorri)를 열었다.

스파게티 알라 키타라(pasta alla chitarra, 기타 줄이 장착된 도구에 납작한 반죽을 놓고 밀대로 밀어 국수 모양으로 잘라내는 생파스타), 블랙올리브 라비올리, 비둘기 고기와 포도를 곁들인 뇨키, 펜넬과 레몬 소스를 곁들인 성대, 캐러멜라이즈한 애저 요리 등이 그녀의 대표 메뉴다.

FER 페르 철분. 적혈구의 헤모글로빈과 근육의 미오글로빈을 이루는 주요 원소로, 성인 하루 필요량은 평균 10-15mg 정도이나 임산부(20-30mg)와 어린이는 더 많은 양을 필요로 한다.

철분이 많이 함유된 식품으로는 간, 고기, 조개류, 견과류, 달걀노른자, 콩류, 녹색 채소(시금치, 파슬리), 빵 등이 있으며, 치즈를 비롯한 유제품, 과일, 채소 등은 함유량이 비교적 적다. 식물성 철분은 동물성 철분과 같이 섭취했을 때 더 소화가 잘 된다(렌틸콩을 염장 돼지삼겹살과 같이 조리한 예를 보면 잘 알 수 있다). 비타민 C와 비타민 B9이 풍부한 식품은 철분 흡수에 도움을 주지만 커피, 차, 와인, 맥주 등의 타닌은 이를 저하시킨다. 철분을 지나치게 많이 섭취하는 것은 결핍만큼이나 건강에 해롭다.

FÉRA ▶ 참조 CORÉGONE

FER-BLANC 페르 블랑 양철. 양면에 주석을 입힌 얇은 연강(軟鋼) 철판을 뜻한다. 산성 물질과의 접촉으로 인한 부식에 강하고 물, 기름, 가스의 침투를 막을 뿐 아니라 열전도율이 높은 양철은 통조림 깡통의 재료로 가장 적합한 소재다. 또한 파티스리용 틀, 바트, 체, 거품 국자 등의 다양한 주방도구를 만드는 재질이다. 하지만 주석 도금이 고온에서 녹을 위험이 있기 때문에 음식을 가열해 익히는 용도로는 알루미늄이나 스테인리스 소재의 집기가 더 좋다.

FERLOUCHE, FARLOUCHE 페를루슈, 파를루슈 퀘벡식 당밀 타르트(tarte à la ferlouche) 안에 채워 넣는 필링 혼합물을 지칭한다. 냄비에 당밀 1컵, 비정제 황설탕 1컵, 물 3컵, 넛멕 가루 칼끝으로 아주 조금, 오렌지 제스트 1개분을 넣고 끓을 때까지 가열한다. 옥수수 전분 3테이블스푼에 찬물을 조금 넣고 개어둔다. 냄비를 불에서 내린 뒤 녹말물을 넣고 잘 저으며 다시 불에 올린다. 계속 저으며 걸쭉한 상태가 될 때까지 가열한다. 따뜻한 온도로 식으면 미리 구워 둔 타르트 시트에 부어 채우고 다진 호두와 건포도를 넣는다.

FERMENT 페르망 식품(맥주, 샤퀴트리, 치즈, 와인 등)의 발효를 일으키는 미생물(박테리아, 효모, 곰팡이)을 뜻한다. 치즈 제조과정에서 유산균은 발효작용을 통해 유당을 유산으로 분해한다. 또한 유산 발효균은 연성치즈를 가용화하며, 프로피온 발효균은 경성치즈가 숙성을 거치는 동안 지방 수치를 떨어뜨린다.

FERMENTATION 페르망타시옹 발효. 효모나 세균 등의 미생물이 자신이 가지고 있는 효소를 이용해 식품의 특정 유기물을 분해시키는 과정이다. 이 미생물들은 식품 안에 천연적으로 존재하거나 식품 제조과정에서 필요에 의해 첨가되기도 한다. 발효의 유형은 식품, 발효균, 산이나 알코올이 생성될 때까지 걸리는 진행 시간 등에 따라 달라지며. 식초 제조, 젖산 발효(우유, 곡류, 채소) 또는 알코올 발효가 모두 이에 해당한다.

대표적인 발효 식품으로는 발효 반죽(빵 등), 치즈, 케피르, 크므즈(발효시킨 말젖), 응유 프레시치즈, 요거트 등의 유제품, 육류(건조 소시송), 맥주, 시드르, 벌꿀 술, 호밀 맥주, 서양 배 증류주, 와인 등의 발효주가 있으며, 이 외에도 곡류(특히 인도와 아프리카에서 많이 찾아볼 수 있다)와 채소(슈크루트, 동유럽에서 많이 먹는 오이와 비트, 중국의 각종 채소 절임 등)를 발효시킨 식품을 들 수 있다. 극동 아시아 지역에서는 대두, 쌀, 깍지콩류, 생선(느억맘)으로 만든 다양한 발효식품이 많이 소비된다.

발효는 보존 기간을 늘리는 탁월한 방법이며 특히 소화가 잘 되고 단백질 효용성도 크게 높아지는 등 식품의 영양학적 가치를 더욱 증대시켜 준다.

FERMIÈRE (À LA) 아 라 페르미에르 버터에 익힌 각종 채소를 곁들이거나 함께 넣어 조리한 다양한 요리를 지칭하며, 주로 큰 덩어리로 서빙하는 고기, 가금류 냄비 요리나 팬프라이, 서빙 사이즈로 잘라 조리한 육류, 오븐에 익힌 생선 요리 등이 이에 해당한다. 채소 가니시는 오믈렛이나 포타주(얇게 썬 감자 또는 흰 강낭콩을 넣는다) 등에 넣거나 곁들이기도 한다.
▶ 레시피 : RISSOLE.

FERRÉ 페레 너무 뜨거운 그릴에 놓고 가열한 음식을 가리킨다. 이 경우 재료 표면에 갈색으로 나야 하는 그릴 자국이 검게 되며, 탄 맛이 나서 먹기 어렵다.

FERVAL 페르발 메인 요리에 곁들이는 가니시 명칭으로 브레이징한 아티초크 속살, 잘게 썬 햄을 채워 넣은 감자 크로켓으로 구성된다.

FESTONNER 페스토네 요리를 서빙하는 접시나 플레이트 가장자리에 장식 재료를 꽃줄 모양으로 빙 둘러 놓다. 요리의 특성(더운 요리 혹은 찬 요리)에 따라 식빵 크루통, 주사위 모양으로 썬 젤리, 껍질에 골을 낸 레몬을 반으로 길게 잘라 슬라이스한 것, 플뢰롱(fleuron) 등 알맞은 장식을 사용한다.

FETA 페타 페타 치즈(AOC). 양젖 또는 염소젖으로 만든 압축 프레시 치즈. 그리스 치즈 중 가장 널리 알려진 것으로 그 기원은 고대까지 올라간다(**참조** p.396 외국 치즈 도표). 1993년 AOC 인증을 받았다. 페타 치즈는 전통 방식에 따라 만든다. 응고된 응유(curd)를 자르고 저어가며 유청을 분리시킨 뒤, 물 빠짐 용기나 면포에 받쳐 나머지 유청이 빠지도록 둔다. 두툼하게 잘라 양면에 소금을 뿌린 다음 유청이나 염수를 채운 통에 차곡차곡 쌓아 넣는다.

산미가 있는 이 프레시 치즈는 지중해 동부 전역에서 아주 인기가 높으며 요리(푀유테, 그라탱, 샐러드 등)에 많이 이용된다. 오르되브르(mezze)로 즐겨 먹으며 그리스의 아니스향 리큐어인 우조에도 곁들인다(**참조** OUZO).

FEUILLE D'AUTOMNE 푀유 도톤 푀유 도톤(가을 낙엽) 초콜릿 케이크. 머랭과 초콜릿 무스 베이스의 원형 케이크를, 얇게 펴 주름잡은 나뭇잎 모양의 다크 초콜릿 프릴 장식으로 뒤덮은 것이다. 파티시에 가스통 르노트르(Gaston Lenôtre)가 처음 만들어 유명해진 이 케이크는 바닐라로 향을 낸 프렌치 머랭 두 층, 아몬드 머랭 한 층 사이사이에 버터 베이스의 초콜릿 무스를 채워 만든다.

FEUILLE DE DREUX 푀유 드 드뢰 프랑스 드뢰(Dreux) 근처 외르 에 루아르(Eure-et-Loir)에서 생산되는 치즈로 지방을 일부 제거한 소젖으로 만들며, 밤나무 잎으로 둘러싸인 것이 특징이다. 지름 15cm, 높이 3cm의 납작한 원통형으로 무게는 300g 정도다(**참조** p.389 프랑스 치즈 도표). 연한 미색을 띠고 있으며 외피는 흰색 곰팡이로 덮여 있고, 지방 함유율은 30%이다. 밤나무 잎(이 치즈의 이름도 드뢰의 잎이란 뜻이다)으로 덮인 상태에서 숙성된 이 치즈는 특유의 맛이 있으며 풍미가 강한 편이다.

FEUILLET 푀이예 반추동물의 세 번째 위에 해당하는 천엽(겹주름 위)을 뜻한다. 다른 부속과 함께 곱창 및 내장 요리의 재료로 사용되는 천엽은 안

Feuilleté 푀유테

"푀유타주 반죽은 가장 까다로운 파티스리 테크닉 중 하나다. 정확하게 만든 반죽을 반복적으로 밀고 접어주면서 사이사이 충분한 휴지 시간을 준수해야만 풍성하게 부풀고 바삭한 식감을 지닌 페이스트리를 만들어낼 수 있다. 성공적인 푀유타주 반죽을 만들기 위해 초집중하고 있는 파리 리츠 호텔의 요리사들. 레스토랑 가르니에의 애플 타르틀레트는 바삭하게 부풀어오른 푀유테의 모습을 잘 보여주고 있다."

쪽 벽이 잎처럼 생긴 여러 겹의 주름으로 이루어져 있다.

FEUILLETAGE 푀유타주 파트 푀유테(pâte feuilletée 퍼프 페이스트리) 반죽 또는 이를 구워 만든 파티스리를 가리킨다. 푀유타주는 데트랑프(détrempe) 반죽으로 버터를 감싼 뒤 투라주(tourage), 즉 반죽을 접고 밀대로 눌러 미는 과정을 여러 차례 반복하고 그 사이사이에 일정한 휴지시간을 두는 방법으로 만든다. 접어밀기 횟수가 많아질수록(최대 8회) 반죽 겹의 수가 많아지고 잘 부푼다. 이러한 과정을 거쳐 만들어진 파티스리를 푀유타주(feuilletage)라고 부른다.

■ **역사.** 파트 푀유테는 이미 고대 그리스인, 아랍인 시대부터 만들어졌으며, 당시에는 버터가 아닌 기름을 사용했다. 십자군을 통해 프랑스와 오스트리아에 들어오게 되었고, 중세 아미엥(Amiens)의 주교 로베르가 작성한 헌장(1311)에는 이미 푀유테 케이크(gâteau feuilleté)가 언급되어 있었다. 같은 시기, 카오르(Cahors)시에서는 기름으로 만든 파트 푀유테가 등장했으며, 이는 오랫동안 지역 특산물로 인기를 끌었다. 초승달 모양으로 만들어 구운 푀유타주인 플뢰롱(fleuron)은 15세기에 토스카나 대공 궁정에서 이미 시금치 요리의 장식으로 사용되었다. 파티스리 수련생으로 일했던 경험이 있는 화가 클로드 젤레(Claude Gellée, 1600-1682, 클로드 로랭 Claude Lorrain이라는 이름으로 더 잘 알려졌다)는 파트 푀유테를 '발명한' 사람으로 오랫동안 알려져 왔다. 이 주장에 반기를 든 사람은 푀이예(Feuillet)라는 운명적인 이름('잎사귀 겹'이라는 이름과 일치한다)을 가진 콩데 친왕의 파티시에였다. 앙토냉 카렘(Antonin Carême)은 자신의 책 『파리 왕실의 파티시에(*Pâtissier royal parisien*)』에서 파티시에 푀이예에 대한 칭찬을 적어 놓았다. 결정적으로 조제프 파브르(Joseph Favre)는 그의 저서 『요리 종합 사전(*Dictionnaire universel de cuisine*)』에서 푀이예가 파트 푀유테의 창시자라고 언급했다.

■ **사용.** 가볍고 황금색으로 구운 가볍고 바삭한 푀유타주는 그 목적에 상관없이 원칙적으로 설탕이 들어가지 않으며, 주로 소를 채워 넣어 굽거나, 바삭하게 구운 뒤 소재료를 곁들이거나 얹어 서빙하는 경우가 많다. 푀유타주는 알뤼메트(allumette), 부셰(bouchée), 플뢰롱(fleuron), 파이예트(paillette), 파테(pâté), 리솔(rissoles), 투르트(tourte), 볼로방(vol-au-vent 등)의 요리와 바르케트(barquette), 코르네(cornet), 다르투아(dartois), 갈레트(galette), 밀푀유(mille-feuilles), 피티비에(pithivier), 타르트(tarte), 타르틀레트(tartelette) 등 파티스리에서 여러 용도로 두루 사용된다. 접어밀기 과정의 횟수나 사용되는 지방(버터, 버터를 넣은 마가린, 돼지 기름, 거위 기름, 식용유 등)에 따라 만드는 방법도 다양하다. 달걀 노른자나 설탕, 럼 등을 넣기도 한다(비엔나식 파트 푀유테).

푀유타주 앵베르세(feuilletage inversée)의 특징은 클래식 푀유타주와 달리 밀가루의 일부를 버터와 섞어 사용한다. 또한 기본 데트랑프를 만든 뒤 버터와 밀가루 혼합물 안에 넣고(이는 일반 푀유타주 방식과 반대이다. 그래서 이름도 '거꾸로'라는 뜻의 앵베르세라고 부른다) 반죽을 시작하여 마찬가지로 여러 차례 접어밀기를 해주는 방식이다. 이 테크닉은 더욱 바삭하고 가볍게 부서지는 질감의 푀유타주를 만들어준다.

드미 푀유타주(demi-feuilletage)는 푀유타주 반죽을 목적에 맞게 잘라낸 다음 남은 자투리를 활용한 것인데, 반죽을 한데 뭉쳐 섞지 않고 층층이 쌓은 뒤 밀대로 밀어 작은 바르케트나 타르틀레트 시트, 또는 플뢰롱 등의 장식용 페이스트리를 만든다.

만드는 법 익히기 ▶ PRÉPARER UN FEUILLETAGE 푀유타주 만들기, 실습 노트 P. XXIII

pâte feuilletée : 파트 푀유테 만들기

우선 데트랑프 반죽을 만든다. 작업대에 밀가루 500g을 쏟아놓고 가운데를 움푹하게 만든 다음 소금 10g과 찬물 250g을 붓는다. 손으로 가운데에서 바깥쪽으로 돌려가며 밀가루에 물이 스며들도록 섞는다. 덩어리가 뭉치지 않도록 한다. 균일하게 혼합되도록 재빨리 반죽한 뒤 둥글게 뭉친다. 냉장고나 서늘한 곳에서 30분간 휴지시킨다. 버터 500g을 나무 주걱으로 치대가며 부드럽게 만든다(데트랑프 반죽과 완전히 동일한 질감이 되어야 한다). 작업대에 밀가루를 조금 뿌린 뒤 데트랑프 반죽을 밀대로 밀어 가로 세로 20cm의 정사각형을 만든 다음 네 귀퉁이를 밀어 사각형 날개처럼 만든다. 가운데 버터를 놓고 네 개의 날개 중 둘을 마주 보게 가운데로 모아 덮고,

나머지 두 개를 그 위로 접어 덮는다. 버터가 굳도록 냉장고에 15분간 넣어둔다. 다시 작업대에 밀가루를 아주 조금 뿌린 뒤 반죽을 놓고 길이 60cm, 폭 20cm으로 고르게 민다. 한쪽 끝을 1/3 길이로 접은 뒤 반대쪽 끝을 그 위에 접어 덮는다(3절 접기 1회). 다시 정사각형이 된 반죽을 90도 옆으로 돌린 뒤(접힌 층이 보이는 면이 밀대와 수직이 되도록 놓는다) 다시 살살 길게 밀어 마찬가지 방법으로 3절 접기를 반복한다. 냉장고에서 15분간 휴지시킨다. 같은 3절 접기 과정을 4번 더 반복한다(사이사이마다 15분씩 휴지시킨다). 매번 접어밀기가 끝날 때마다 반죽을 손끝으로 눌러 횟수를 표시해두면 편리하다. 마지막 접어밀기(tourage)가 끝나면 반죽을 원하는 두께에 맞춰 가로 세로 방향으로 넓게 민다. '3절 접기 6회를 마친 파트 푀유테(pâte feuilletée à six tours)'가 완성되었다.

pirojki feuilletés ▶ PIROJKI
tourteaux en feuilleté ▶ TOURTEAU

FEUILLETÉ 푀유테 페이스트리 반죽(pâte feuilletée)에 소(치즈, 햄 또는 해산물 등)를 채워 구운 것으로 길쭉한 스틱모양, 삼각형 등 다양한 모양의 더운 애피타이저로 서빙된다.

또한 페이스트리 반죽으로 만든 길쭉한 스틱에 달걀물을 바르고 커민, 가늘게 간 치즈나 파프리카 가루 등을 뿌려 구운 것으로 따뜻하게 또는 차갑게 서빙하거나 스낵으로 즐겨 먹는다.

bâtons feuilletés glacés ▶ BÂTONNET
croustades de foies de volaille ▶ CROUSTADE

feuilletés de foies de volaille 푀유테 드 푸아 드 볼라이

가금류 간 페이스트리 : 파트 푀유테로 파이 시트 또는 볼로방 모양의 크루스타드(croustade)를 만들어 구워둔다. 가금류(닭, 오리)의 간을 깨끗이 씻은 뒤 쓸개를 조심스럽게 제거한다. 간을 갈라진 모양대로 분리한 뒤 아주 얇게 저민다. 소금, 후추로 간을 하고 아주 뜨겁게 달군 버터에 넣어 센 불에서 재빨리 지져낸다. 잘게 다진 샬롯과 마늘, 허브, 깨끗이 씻어 얇게 썬 버섯을 버터에 넣고 마찬가지로 볶는다. 소금, 후추로 간한다. 페이스트리 크루스타드를 오븐에서 데운다. 볶은 버섯에 마데이라 와인을 넣어 재료가 와인과 고루 섞이도록 한 다음 볶아둔 간을 넣어 데운다. 바삭하게 데운 크루스타드 안에 뜨거운 간과 버섯볶음을 채워 넣는다. 얇게 저며 마데이라 와인에 데친 송로버섯으로 장식하면 더욱 좋다. 간과 버섯을 익힌 팬에 마데이라 와인을 넣고 디글레이즈 한 다음 걸쭉하게 졸여 소스를 만들기도 한다.

FEUILLETON 푀유통 얇게 썰어 납작하게 두드린 송아지나 돼지고기에 소를 얹고 다시 한 겹으로 덮는 방식으로 반복하여 쌓은 뒤 얇게 저민 돼지비계나 크레핀으로 싸고 실로 묶어 익힌 요리를 지칭한다. 푀유통은 또한 한 덩어리로 된 고기에 길게 칼집을 내 벌린 다음 소를 채워 넣고 실로 묶어 만들기도 한다. 이렇게 실로 묶은 고기는 냄비에 넣고 찜처럼 뭉근히 익히거나, 겉면을 지져 색을 낸 뒤 오븐에 넣어 브레이징한다. 부르주아식 가니시 또는 브레이징한 채소(셀러리, 엔다이브, 양상추 등)을 곁들여 서빙한다.

feuilleton de veau à l'ancienne 푀유통 드 보 아 랑시엔

옛날식 송아지 푀유통 : 송아지 고기(우둔살 또는 설도)를 얇게 잘라낸(10장) 다음 넓적한 고기 망치로 두드려 길쭉한 직사각형 모양으로 납작하게 편다. 소금, 후추로 간하고 카트르 에피스(quatre-épices)를 칼끝으로 조금 뿌린다. 돼지고기 분쇄육에 그에 1/3(부피 기준)에 해당하는 비계 스터핑(그라탱 스터핑 farce à gratin), 동량의 버섯 뒥셀(수분을 날린 뒤 달걀과 혼합해둔다)을 넣고 잘 섞어 입자가 고운 소를 만든다. 송아지 고기보다 약간 큰 사이즈의 얇은 비계를 깔고 그 위에 고기를 한 장 놓은 다음 소를 한 켜 얹는다. 그 위에 송아지 고기를 한 장 얹고 다시 소를 놓는 과정을 반복하며 계속 쌓아올린다. 마지막 맨 위 켜는 소를 얹어 마무리한다. 소 재료를 푀유통 옆면에도 붙여 감싸준다. 맨 밑에 깔아둔 돼지비계를 접어 전체를 잘 감싼 다음 모양을 균일하게 잡아 실로 묶는다. 깊이가 있는 냄비에 버터를 바른 다음 돼지비계 껍데기를 깔고 동글게 썬 양파와 당근을 고루 펼쳐 놓는다. 그 위에 실로 묶은 푀유통 고기를 넣고 부케가르니 1개를 넣은 다음 뚜껑을 덮고 20분간 수분이 나오도록 약한 불로 익힌다. 화이트와인 250mℓ를 붓고 반으로 졸인다. 갈색 송아지 육수 250mℓ를 넣고 거의 글레이즈 상태(glace)가 될 때가지 가열한다. 육즙 소스(jus) 500mℓ를 넣고 뚜껑을 덮은 뒤 190°C로 예열한 오븐에 넣고 1시간 45분 동안 익힌다. 익히는 중간에 국물을 여러 번 끼얹는다. 고기를 건져 실을 푼 다음 오븐용 플레이트에 놓고 익힌 국물 소스를 몇 스푼 끼얹어준다. 오븐에 넣어 윤기가 나도록 익힌다. 중간에 소스를 서너 번 더 뿌려준다. 나머지 국물 소스는 용기에 따로 담아 서빙한다.

FÈVE 페브 잠두, 누에콩, 파바 빈. 콩과에 속하는 식용식물로 깍지에 든 납작한 콩을 먹는다. 페르시아가 원산지인 잠두콩은 고대 초기부터 지중해 지역에 널리 알려졌으며 특히 고대 이집트에서 많이 소비되었다.

고대 로마인들은 사투르누스 축제 기간 중 갈레트에 이 콩을 한 개 넣어 만들었고, 이를 찾아내는 사람이 하루 동안 왕 행세를 하게 했다. 주현절에 갈레트 데 루아(galette des Rois)를 먹고 그 안의 잠두콩을 찾는 풍습은 이로부터 유래한 것이다. 오늘날에는 주로 콩 대신 작은 인형 모형을 넣어 만든다. 잠두콩 가루는 빵을 희게 만들기 위해 밀가루와 섞어 사용하기도 한다. 이 콩은 특정 체질을 가진 사람들에게 알레르기를 유발할 수 있다.

■ **사용.** 말린 상태에서도 풍부한 단백질과 섬유질, 비타민을 제공해주는 잠두콩은 모든 꼬투리 콩류 중 가장 열량이 높다(익힌 콩 100g당 50kcal 또는 209kJ).

프랑스에서는 남동부(Sud-Est)와 남서부 지방(Sud-Ouest)에서 주로 재배된다. 옛날에는 잠두콩의 소비량이 아주 많았으며, 강낭콩이 주로 사용되기 이전까지 카술레에 넣는 대표적 콩이었다. 중동이나 북아프리카에서는 아직도 잠두콩이 기본 식재료 중 하나다. 프랑스 남부에서 생산된 잠두콩은 5월에서 8월 말까지 신선한 상태로 시장에 나온다. 어린 잠두콩은 깍지를 까서 소금만 뿌려 생으로 먹을 수 있으며, 다 자라 익은 콩은 흰색의 질긴 속껍질까지 벗긴 뒤 끓는 물에 삶아 먹는다.

연중 구할 수 있는 말린 잠두콩은 열량이 훨씬 높다(100g당 343kcal 또는 1433kJ). 마른 콩은 익히기 전 물에 약 12시간 정도 담가 불려야 한다.

잠두콩 요리 중 가장 대표적인 것은 퓌레이며, 돼지고기와 아주 잘 어울린다. 잠두콩을 가장 맛있게 조리한 음식으로는 스페인 아스투리아스의 파바다(fabada)를 꼽을 수 있는데, 이것은 프랑스의 카술레와 비슷한 요리로 부댕, 초리조, 돼지고기 목살 또는 앞다리살, 흰 양배추 등을 넣고 만든다.

캐나다 아카디아에서는 잠두콩을 파요(fayot)라고 부른다. 메이플 베이크드 빈(fèves au lard et au sirop d'érable)'은 오늘날까지도 퀘벡주의 전통음식으로 꼽히는 대표적인 요리다. 우선 잠두콩을 물에 불린 뒤 물에 삶는다. 우묵한 토기에 콩을 넣고 얇게 썬 염장 삼겹살로 덮은 뒤 물을 붓고 간을 한다. 당밀, 꿀, 청고추, 머스터드 가루를 넣고 뚜껑을 덮은 뒤 너무 높지 않은 온도의 오븐에서 6-10시간 동안 뭉근히 끓인다. 마지막 30분은 뚜껑을 열고 오븐에 넣어 염장 삼겹살이 노릇하게 익도록 한다(**참조** GOURGANE).

조엘 로뷔숑(JOËL ROBUCHON)의 레시피

crème de fèves à la sarriette 크렘 드 페브 아 라 사리에트

세이보리를 넣은 잠두콩 크림 수프 : 4인분

잠두콩 2kg을 준비해 깍지를 깐다(깍지를 깐 콩으로는 500g). 끓는 소금물에 콩을 넣고 3분간 삶아 익힌 뒤 찬물에 헹궈 식혀 바로 건진다. 이 중 4테이블스푼 분량을 덜어내 속껍질을 제거한다. 세이보리 1단의 잎만 떼어 놓는다. 닭 육수 800mℓ를 가열해 끓기 시작하면 설탕 4g, 속껍질을 벗기지 않은 잠두콩, 세이보리 분량의 반을 넣고 다시 끓을 때까지 가열한다. 블렌더에 옮긴 뒤 갈아준다. 생크림 60mℓ와 잘게 썰어둔 버터를 넣는다. 소금과 후추로 간을 맞춘 뒤 다시 블렌더로 간다. 체에 걸러 작은 껍질 조각을 제거한다. 수프 서빙용 그릇에 속껍질을 벗긴 콩을 넣고 뜨거운 크림 수프를 붓는다. 나머지 세이보리 잎을 뿌린다. 뜨겁게 서빙한다.

morilles farcies aux fèves et poireaux ▶ MORILLE
purée de fèves fraîches ▶ PURÉE
tagine d'agneau aux fèves ▶ TAGINE
tarte croustillante de morilles du Puy-de-Dôme aux févettes ▶ MORILLE

제라르 비에(GÉRARD VIÉ)의 레시피

tartines de fèves 타르틴 드 페브

잠두콩 오픈 샌드위치 : 4인분

팬에 기름을 조금 두른 뒤, 사워도우 브레드 슬라이스 4장을 앞뒤로 노릇하게 굽는다. 마늘 한 톨의 껍질을 깐 다음 빵에 문질러준다. 완숙 토마토도 반으로 잘라 빵에 문지른다. 팬에 올리브오일 100mℓ를 넣고 뜨겁게 달궈지면 가리비 조갯살 4개(잠수부가 손으로 잡은 가리비조개 또는 큰 사이즈의 디에프 Dieppe산 가리비)를 센 불에서 1-2분(크기에 따라 조절한다)씩 양면을 노릇하게 지진다. 소금을 뿌린 뒤 불에서 내리고 길이로 4조각으로 썬다. 빵 위에 가리비를 놓고 속껍질까지 벗긴 작은 생잠두콩 250g을 고루 얹어준다. 플뢰르 드 셀(fleur de sel)과 타임 잎을 뿌린 뒤 타임 향을 우린 올리브오일을 뿌린다.

FIADONE 피아돈 코르시카식 치즈 케이크의 일종으로 주재료는 설탕, 브로치우 프레시 치즈, 레몬 제스트, 달걀이다. 만드는 방법은 여러 가지가 있는데, 그중 하나는 달걀노른자, 부드럽게 으깬 치즈, 레몬 제스트를 섞은 혼합물에 거품 낸 달걀흰자를 섞어 만드는 것이다. 여기에 약간의 오드비를 넣어 향을 내기도 한다.

▶ 레시피 : BROCCIU.

FIASQUE 피아스크 병목이 좁고 긴 병으로 불룩한 배 부분이 밀짚으로 싸여 있다. 피아스크는 이탈리아어로 와인 병을 뜻하는 피아스코에서 그 이름이 유래했으며 주로 키안티 와인 병으로 사용된다.

FIBRE 피브르 섬유질, 섬유소, 식이섬유. 식물성 식품에 함유된 일부분으로 셀룰로오스, 헤미셀룰로오스, 펙틴, 리그닌으로 이루어져 있다. 섬유소는 장에서 흡수되지는 않지만, 음식물의 장내 통과를 돕는 역할을 한다. 또한 지방과 당이 인체에 흡수되는 속도를 조절해 식후 급격한 혈당상승을 억제하는 역할을 하기 때문에 매 끼니마다 섬유소를 섭취하는 것이 바람직하다. 섬유소는 통곡류, 과일, 신선한 채소, 밀 겨 등에 특히 많이 함유돼 있다.

FICELLE 피셀 주방용 실. 대마나 아마로 만든 가는 끈으로 로스트, 브레이징, 포칭용 고기 덩어리를 묶는 데 사용한다. 또한 요리용 가금류의 사지를 묶거나 주방용 바늘을 이용해 몸을 통과시켜 고정하는 데 사용한다(**참조** BRIDER). 그 외에 고기나 가금류에 소를 채운 뒤 꿰매 봉하거나 포피에트, 소를 채운 양배추 등을 하나씩 묶는 데도 사용한다.

지고 아 라 피셀(gigot à la ficelle)은 양 뒷다리를 끈에 매달아 장작불

무화과의 주요 품종과 특징

품종	산지	출하시기	외형	풍미
비올레트 드 솔리에스(AOC), 부자소트 누아르, 비올레트, 바르니소트 누아르, 파리지엔 violette de Solliès(AOC), boujassotte noire, violette, barnissote noire, parisienne	바르, 발레 뒤 가포 Var, vallée du Gapeau	8월 중순-11월 중순	크기가 크고 납작한 팽이 모양을 하고 있다. 보라색 또는 검푸른 빛깔을 띠고 있으며 살은 라즈베리 같은 붉은색이다.	즙이 많지 않으며 맛이 아주 좋다.
피그 존(노랑 무화과) figue jaune	터키 이즈미르 지역(터키) Izmir, Turquie	6월-7월	말랑말랑하다.	좋은 품질에 속하지 않는다.
프티트 비올라세(작은 보라색 무화과) petite violacée	프로방스 Provence	8월말	크기가 작은 서양 배 모양을 하고 있다.	즙이 아주 많다.
마르세이예즈 marseillaise	부슈 뒤 론 Bouches-du-Rhône	9월부터	크기가 작고 껍질은 얇으며 흰색에 가까운 연두색이다.	단맛이 강하고 식감이 아주 부드럽다.
피그 누아르 드 카롱(카롱 블랙 무화과) figue noire de Caromb	프랑스, 아프가니스탄	7월-8월	길쭉한 모양을 하고 있으며 껍질이 아주 얇고 짙은 남보라색을 띠고 있다. 살은 진한 분홍색이다.	즙이 많고 단맛이 강하며 향이 아주 진하다.

앞에 걸어놓고 돌려가며 직화로 굽는 요리다. 먹는 맛보다 보는 즐거움이 더 큰 이 요리는 알렉상드르 뒤마가 만들어낸 조리법에 따른 것이다. 뵈프 아 라 피셀(bœuf à la ficelle)은 소고기를 고운 면포로 싸 실로 묶은 뒤 이를 냄비 손잡이 또는 냄비에 걸쳐 놓은 나무 주걱 자루에 매달아 고기가 냄비 바닥에 닿지 않은 상태로 국물에서 익히는 조리법이다.

술을 병입하거나 가정에서 만든 보존식품 등을 용기에 보관할 때 압력에 의해 코르크나 뚜껑이 튕겨져 나가는 것을 방지하기 위하여 주방용 실로 고정시키기도 한다. 제빵에서 피셀(ficelle)은 바게트 반 개의 무게에 해당하는 가늘고 긴 모양의 빵을 뜻한다.

▶ 레시피 : BÉCASSE, BŒUF.

FICELLE PICARDE 피셀 피카르드 피카르디(Picardie) 지방의 특선 음식인 짭짤한 크레프. 크레프에 햄 1/2장을 깔고 버섯 소스를 바른 뒤 돌돌 만다. 크림 소스를 끼얹고 가늘게 간 에멘탈 치즈를 뿌린 뒤 오븐에서 그라탱처럼 구워 서빙한다.

FICOÏDE GLACIALE 피코이드 글라시알 아이스플랜트. 번행초과에 속하는 식물로 아주 오래전부터 재배되는 여러해살이 잎채소다. 성에로 뒤덮인 듯한 도톰한 잎 때문에 아이스플랜트라는 이름이 붙었다. 날로 먹거나 시금치, 번행초처럼 익혀 먹는다.

FIEL 피엘 담즙. 정육용 동물, 가금류, 수렵육의 담즙으로 간에서 분비되어 쓸개주머니에 축적된다. 특히 가금류나 깃털달린 조류 수렵육의 내장을 제거할 때는 이 쓸개주머니가 터지지 않도록 주의해야 한다. 그 쓴맛 때문에 살의 풍미도 해칠 수 있기 때문이다.

FIGUE 피그 무화과. 뽕나무과에 속하는 무화과나무의 열매. 서양 배 모양 또는 구형으로 생긴 무화과는 신선한 과일로 그대로 먹거나 말려서 먹는다(**참조** p.362 무화과 도표, 아래 무화과 도감). 소아시아가 원산지인 무화과는 이미 고대에도 즐겨 먹었던 과일로, 로마인들은 익힌 햄과 함께 먹었고, 이집트인들처럼 거위의 사료로도 사용했다. 페니키아인들은 항해를 나갈 때면 말린 무화과를 챙겨가곤 했다. 아마도 이들로 인해 무과화가 타지에도 전파되었을 가능성이 높다. 상술에 능했던 코린트인들은 당시 귀한 대접을 받던 음식인 건포도에 값싼 무화과를 섞어 베네치아인들에게 팔아 넘겼다. 여기서 '반 무화과, 반 건포도(mi-figue, mi-raisin: 반은 좋고 반은 나쁜 애매한 상황)'라는 표현이 유래했다.

■ **생무화과.** 6월에서 11월까지 출하되는 생무화과는 과육에 상처가 나기 쉬워 오래 보존하기 어렵다. 열량(생무화과 100g당 52kcal 또는 217kJ)이 높은 편이며 당질, 칼륨, 비타민이 풍부하다. 완숙된 무화과는 표면에 살짝 균열이 생길 수 있으며 과일이 아주 무르지 않아도 손으로 누르면 쉽게 터진다. 꼭지 부분이 단단한 것이 싱싱하다. 무화과는 싱싱한 상태로 운송하기 위해 대부분 약간 덜 익은 상태에서 수확하는데, 이때는 과즙이 별로 많지 않다. 무화과는 크게 흰 무화과와 보라색 무화과 품종으로 나뉜다.

흰 무화과는 일반적으로 즙이 많으나 맛은 덜하다. 무화과는 또한 품종에 따라 크기, 과육, 껍질이 다양하다. 대표적인 디저트 과일인 무화과는 주로 생으로 먹거나 살구처럼 조리해 먹으며, 생햄에 곁들여 오르되브르로 서빙하기도 한다. 껍질이 비교적 두꺼운 보라색 무화과(violette)는 오리,

FIGUES 무화과

figue noire
피그 누아르. 검은 무화과

figue de Solliès
피그 드 솔리에스. 솔리에스 무화과

figue verte
피그 베르트. 녹색 무화과

figue noire de Caromb
피그 누아르 드 카롱. 카롱 검은 무화과

토끼, 뿔닭, 돼지고기 요리에 곁들이면 아주 좋다(우선 오븐에 구워 익힌 뒤 고기나 가금류 육즙 소스에 몇분간 약한 불로 뭉근히 익힌다). 또한 잼을 만들거나 터키의 부카(boukha)와 같은 발효 증류주를 만들기도 한다.
■ **사용.** 출하 초기에는 통통하고 갈색을 띠지만 시간이 지나면서 점점 더 말라 쪼그라들고 색도 연해진다.

라피아 줄기로 하나씩 묶여 있는 최상 품질의 건무화과는 그대로 먹거나 아몬드, 호두 등을 채워 넣는다. 또한 건무화과를 납작하게 눌러 여러 개를 빽빽이 담은 포장제품들도 많이 나와 있다. 대량으로 포장된 제품보다 원산지별로 벌크 판매하는 무화과를 구매하는 편이 더 좋다. 이탈리아산은 터키산보다 맛이 덜하며, 그리스산은 더 단단한 편이다. 건무화과는 콩포트를 만들거나 와인을 넣고 익히기도 하며 라이스 푸딩, 바닐라 크림 등에 곁들여 먹는다.

건무화과는 건살구처럼 돼지나 토끼고기에 잘 어울린다. 포트와인에 불린 뒤 고기 요리를 끓이는 냄비에 마지막에 넣어준다. 특히 브레이징한 뀡이나 뿔닭 요리에 넣으면 아주 맛있다. 또한 건무화과 발효음료인 피게트(figuette)를 만들기도 한다.

피그 드 바르바리(**참조** FIGUE DE BARBARIE)는 피그(figue)라는 이름과 달리 무화과는 아니라 멕시코가 원산지인 선인장 열매 백년초(Opuntia ficus indica)를 가리킨다.

compote de figue sèche ▶ COMPOTE
confit de foie gras, quenelles de figues et noix ▶ FOIE GRAS

---

figues au cabécou en coffret, salade de haricots verts aux raisins 피그 오 카베쿠 앙 코프레, 살라드 드 아리코 베르 오 레쟁

카베쿠 치즈를 채운 무화과, 건포도를 넣은 그린빈스 샐러드 : 카베쿠 염소 치즈 2개를 4등분한다. 무화과 8개의 윗부분을 1.5cm 정도 뚜껑처럼 가로로 잘라낸 다음 속을 1/3가량 파낸다. 차이브 1/2단을 굵직하게 다진다. 아주 가는 그린빈스 400g을 다듬어 씻은 뒤 끓는 소금물에 살캉거리게 삶아낸다. 건포도 60g을 비네그레트 소스 60㎖에 담가 말랑말랑해질 때까지 재운다. 잘라둔 치즈를 무화과 안에 하나씩 채워 넣는다. 요철 무늬가 있는 원형 쿠키 커터를 사용해 얇은 퓌유타주를 지름 6cm 원형으로 잘라내고 달걀물을 바른다. 그 위에 무화과를 하나씩 얹고 가장자리와 무화과 겉면에 달걀물을 발라준다. 210°C로 가열한 오븐에서 20분간 굽는다. 15분이 지났을 때, 잘라둔 무화과 뚜껑을 덮어준다. 그린빈스에 건포도 비네그레트를 넣고 버무린 다음 다진 차이브를 넣어준다. 접시에 그린빈스 샐러드를 깔고 무화과를 두 개씩 얹고 아몬드 슬라이스를 뿌려 장식한다.

---

figues fraîches au jambon cru 피그 프레슈 오 장봉 크뤼

생햄을 곁들인 무화과 : 아주 잘 익은 그러나 너무 무르지 않은 무화과(색은 무관)를 준비한다. 십자로 깊이 칼집을 낸다(꼭지가 떨어지지 않아야 한다). 자른 부분 입구의 껍질을 살짝 벗겨낸다. 파르마 프로슈토 또는 바욘 햄 같은 생햄을 깔때기 모양으로 말아준다. 접시에 무화과와 햄을 보기좋게 담아 차갑게 서빙한다.

---

figues à la mousse de framboise 피그 아 라 무스 드 프랑부아즈

라즈베리 무스를 곁들인 무화과 : 아주 잘 익은 그러나 너무 무르지 않은 무화과(흰색)의 껍질을 벗기고 세로로 4등분한다. 슈거파우더를 넣어 섞은 뒤 체에 긁어내린 라즈베리 250g에 휘핑한 샹티이크림 200㎖을 섞어 라즈베리 무스를 만든다. 개인용 유리볼에 무화과를 담고 무스로 덮은 뒤 냉장고에 30분간 두었다 서빙한다.

피에르 에르메(PIERRE HERMÉ)의 레시피

tarte aux figues noires et aux framboises 타르트 오 피그 누아르 에 오 프랑부아즈

무화과 라즈베리 타르트 : 4-6인분 / 준비: 10분 + 30분 / 휴지: 2시간 / 조리: 40분

파트 브리제(참조. p.631 PÂTE BRISÉE) 250g을 만든 뒤 냉장고에 2시간 동안 넣어 휴지시킨다. 프랑지판 아몬드 크림(참조. p.274 CRÈME D'AMANDE 'FRANGIPANE') 180g을 만든다. 파트 브리제 반죽을 2mm 두께로 밀어 논스틱 코팅을 한 지름 26cm 타르트 틀에 깔아준다. 포크로 바닥을 군데군데 찔러준다. 타르트 시트 위에 아몬드 크림을 고르게 펴 놓는다. 오븐을 180°C로 예열한다. 검은색 무화과 600g을 씻어 크기에 따라 세로로 4등분 또는 6등분한다. 꼭지가 위로 오고 껍질 쪽에 아몬드 크림에 닿도록 무화과를 조심스럽게 빙 둘러 놓는다. 오븐에서 40분간 굽는다. 오븐에서 꺼낸 뒤 5분간 그대로 식힌 뒤 틀을 제거해 식힘망에 올린다. 타르트가 식으면 설탕 50g과 계핏가루 1/3티스푼을 잘 섞어 그 위에 솔솔 뿌린다. 타르트 표면 전체에 생라즈베리를 고루 얹어 완성한다.

FIGUE DE BARBARIE 피그 드 바르바리 백년초의 일종. 선인장과에 속한 다육식물인 손바닥 선인장의 열매로 원산지는 중미이며 지중해 지역에서 많이 자란다. 오렌지빛을 띤 붉은색으로 달걀형인 이 열매의 두꺼운 껍질에는 가시가 가늘게 삐죽삐죽 나 있다. 오렌지빛이 도는 노란색의 살은 상큼하고 새콤한 맛이 나며 아삭한 씨가 박혀 있다. 먹기 전에 가시를 먼저 제거한 뒤 껍질을 벗긴다. 과일처럼 그냥 먹거나 콩포트를 만들며, 소르베 또는 잼을 만드는 데 넣기도 한다.

FILET 필레 정육의 안심. 정육의 허리부분 복부 안쪽의 근육을 지칭하며 운동량이 적어 가장 연한 부위다(**참조** pp. 22, 108, 109, 699, 879 정육 분할 도감).

소나 말의 안심은 여러 개의 근육이 한데 뭉쳐 있는 길쭉한 덩어리로 머리, 중앙, 꼬리로 나눈다. 정형을 마친 안심은 도체 총 중량의 약 2%에 불과하다. 얇게 저민 비계(barde)로 감싸거나 비계를 길쭉하게 썰어 박은 뒤 오븐에 구운 로스트비프는 아주 인기 많은 대표적 안심 요리로 꼽힌다. 두툼하게 잘라 안심 스테이크로 굽기도 한다(chateaubriand, tournedos).

필레 당베르(filet d'Anvers)는 엄지한 소 홍두깨살을 훈연한 뒤 건조시킨 것으로 햄처럼 얇게 슬라이스하여 날것으로 먹는다. 필레 아메리캥(filet américain)은 벨기에에서 비프 타르타르(steak tartare)를 지칭하는 이름이다. 송아지 안심은 소의 안심 부위와 같으며 통째로 익히거나 에스칼로프(escalope)로 슬라이스해 요리한다. 또는 좀 더 두툼하게 미뇽(mignon), 메다이용(médaillon) 또는 그르나댕(grenadin)으로 잘라 조리한다. 뼈가 붙어 있는 코트 필레(côte filet)는 허리 쪽 고기 전체에 해당하는 부위이며 뼈는 사전에 잘라내고 조리한다.

양고기(mouton)의 필레(filet) 또는 코트 필레(côte filet)는 대개 복부 근육의 일부와 붙어 있으며 갈빗대(1개 또는 더블) 모양을 따라 자른다. 볼기 등심을 덩어리로 로스트한 경우 셀 앙글레즈(selle anglaise)라고 부른다. 어린 양(agneau)의 필레 또는 코트 필레는 주로 뼈를 제거하고 기름을 발라낸 다음 동그랗게 말아 주방용 실로 묶는다. 이 상태로 익힌 뒤 도톰하게 자른 것을 누아제트(noisette)라고 부른다.

돼지고기 필레는 갈빗대를 따라 잘라서 조리하는데 손잡이 뼈는 포함되어 있지 않으며, 대부분의 경우 뼈를 제거한 뒤 통으로 로스트한다.

한편 가금류나 조류 수렵육의 길쭉한 가슴살(안심)도 필레라고 부른다(푸아그라용으로 사료를 주입해 기른 오리의 가슴살은 특별히 마그레 magret라고 한다).

생선의 경우는 척추뼈 가시를 따라 붙어 있는 살을 필레라고 하며 일반적으로 납작한 모양의 생선에서는 4장의 필레를, 통통한 모양의 생선은 두 장으로 필레를 떠낸다. 날생선 상태에서 필레 살을 잘라낸 다음 향신료를 넣은 액체에 데치거나 팬에 지져 익히고 레시피에 따라서는 양념에 마리네이드하거나 돌돌 말아 포피에트로 조리하기도 한다. 혹은 생선을 통째로 익힌 뒤 서빙 시 가시를 발라 필레만 분리해내기도 한다.

▶ 레시피 : BAR, BARBUE, BŒUF, BROCHETTE, DAURADE ROYALE ET DORADES, FAISAN, HARENG, LOUP, MAQUEREAU, ROUGET-BARBET, SOLE, TURBOT.

FILET MIGNON 필레 미뇽 흉곽 안에 위치한 소나 송아지의 길쭉한 여러 근육 덩어리로 등 척추뼈의 시작 부분을 따라 위치하는 작은 부위다. 기름을 떼고 손질한 필레 미뇽 한 개는 1-2인분 정도의 스테이크 분량이다. 다듬지 않은 상태로는 뵈프 부르기뇽 용으로 사용한다. 아주 연하고 풍미가 좋은 고급 부위다.

돼지와 노루에서도 필레 미뇽 부분을 요리에 자주 사용한다. 돼지의 필레 미뇽은 소고기의 안심 부분과 일치한다. 메다이용(médaillon)으로 동그랗고 도톰하게 잘라 오븐에 굽거나 팬에 지져 익힌다. 또는 작은 크기로 잘라 꼬치에 꿰어 굽는다(**참조** p.699 돼지고기 정육 분할 도감).

▶ 레시피 : CHEVREUIL, VEAU.

FILET DE SAXE 필레 드 삭스 소금에 절인 돼지 안심(비계를 두르기도 한

다)을 얇은 창자 껍질이나 셀로판 필름으로 감싼 뒤 훈연한다. 베이컨과 비슷하나 기름이 없고 더 부드럽다.

FILETER 필르테 생선의 필레를 뜨다. 이 작업(filetage)은 전용 작업대에서 이루어지며 가늘고 길쭉하며 약간 탄력이 있는 날을 가진 생선 필레 전용칼을 사용한다.

FILO (PÂTE) 파트 필로 필로 페이스트리. 아주 얇은 반죽 시트인 파트 필로는 밀가루, 물, 옥수수 전분으로 만든다. 터키와 그리스 요리에서 많이 사용되며(filo는 그리스어로 잎, 켜를 의미한다), 북아프리카 지역에서 많이 사용하는 브릭 페이스트리와 비슷하다. 실크처럼 얇고 하늘하늘한 필로 페이스트리는 전통적으로 바클라바를 비롯한 각종 디저트에 사용될 뿐 아니라, 치즈를 넣은 페이스트리 등 일반 짭짤한 요리로도 활용한다.

FILTRE 필트르 필터, 체. 구멍이 뚫린 망이나 체 등의 도구를 뜻하며 액체에서 고체 물질을 걸러 분리하는 데 사용한다. 요리에서는 주로 헝겊으로 된 망이나 얇은 면포 등에 액체를 부어 걸러내기도 한다.

커피 필터에는 분쇄한 커피를 넣고 그 위로 끓는 물을 부어 커피를 내린다. 커피 필터는 보통 구멍이 뚫린 메탈, 토기, 도자기 또는 헝겊(chaussette) 등으로 되어 있다. 오늘날 사용되는 다양한 커피 메이커는 대부분 깔때기 모양의 종이로 된 일회용 필터를 장착해 커피를 내린다. 필터 커피(café-filtre 또는 filtre)는 주로 메탈 소재로 된 개인용 필터를 이용해 직접 서빙 잔에 내린 커피를 지칭한다.

FINANCIER 피낭시에 기본 비스퀴 반죽에 아몬드 가루, 황금색이 나도록 가열한 버터, 거품 낸 달걀흰자를 추가해 만든 혼합물로 구워낸 타원형 또는 직사각형의 프티 가토 또는 구움과자. 같은 반죽을 큰 사이즈로 구운 뒤 아몬드 슬라이스와 과일 콩피를 얹어 장식하기도 한다. 작은 크기의 피낭시에는 글라사주를 씌운 프티푸르의 베이스로 사용되기도 하고, 큰 사이즈의 피낭시에는 점점 작아지는 여러 크기의 틀로 구워내 피에스 몽테(pièce montée)로 쌓아 올리기도 한다.

financiers aux amandes 피낭시에 오 자망드

아몬드 피낭시에 : 오븐을 200°C로 예열한다. 10 x 5cm 크기의 피낭시에 틀 16개에 버터를 칠한다. 밀가루 100g을 체쳐 넓은 볼에 담고 아몬드 가루 100g, 설탕 300g, 바닐라 슈거 2-3작은 봉지, 소금 1자밤을 넣은 뒤 잘 섞는다. 버터 150g을 황금색이 날 때까지 가열해 녹인다. 달걀흰자 8개에 소금 1자밤을 넣고 단단하게 거품을 올린 뒤 혼합물에 넣고 주걱으로 돌리듯이 살살 섞는다. 마지막으로 녹인 버터를 재빨리 넣어준다. 잘 섞은 뒤 피낭시에 틀에 붓고 노릇한 색이 날 때까지 오븐에서 15-20분간 굽는다. 틀에서 분리한 뒤 망에 올려 식힌다. 키르슈나 초콜릿을 넣은 퐁당슈거를 피낭시에 윗면에 입혀 글라사주한다.

FINANCIÈRE (À LA) 아 라 피낭시에르 서빙용 사이즈로 자른 고기 요리, 송아지 흉선 또는 팬 프라이한 가금류 등에 곁들이거나 부셰, 크루트, 탱발, 볼로방 등에 채워 넣는 소로 사용되는 아주 호화로운 클래식 가니시를 지칭한다. 아 라 피낭시에르 가니시는 수탉의 볏, 가금류 살로 만든 크넬, 버섯 갓, 그린 올리브, 마데이라 와인에 절인 송로버섯 잘게 썬 것을 마데이라 와인과 송로버섯 에센스로 맛을 낸 소스와 섞어 만든다. 같은 재료를 이용한 꼬치 요리로 아트로 아 라 피낭시에르(attereaux à la financière)도 있다.

▶ 레시피 : RIS, SAUCE, VOL-AU-VENT.

FINE CHAMPAGNE 핀 샹파뉴 아펠라시옹 코냑(Cognac) 지역 내의 최상급 두 곳, 즉 라 그랑드 샹파뉴(la Grande Champagne)와 라 프티트 샹파뉴(la Petite Champagne)의 크뤼를 블렌딩한 등급의 고급 코냑을 가리킨다(**참조** COGNAC). 법적으로 핀(fine)이라는 단어는 특정 지역에서 생산된 우수한 품질의 내추럴 오드비(eau-de-vie naturelle)를 지칭한다.

▶ 레시피 : BÉCASSE.

FINES HERBES 핀 제르브 허브, 향신 허브. 일반적으로 녹색을 띤 향 허브를 가리키며 생으로 잘게 자르거나 다져 소스, 프로마주 블랑 등에 넣어 향을 내거나 고기나 채소를 소테할 때, 또는 오믈렛에 넣기도 한다(**참조** pp. 451-454 향신 허브 도감). 주로 많이 사용되는 허브는 파슬리, 처빌, 타라곤, 쪽파, 차이브 등이며 이들을 다양하게 섞어 쓰기도 한다. 옛날에는 여기에 다진 버섯을 더해 쓰기도 했다. 어떤 셰프들은 이 외에도 셀러리나 펜넬 줄기, 바질, 로즈마리, 타임, 월계수 잎 등의 다양한 허브를 따로 쓰거나 부케가르니에 넣어 사용하기도 한다.

▶ 레시피 : GRENOUILLE, OMELETTE.

FINIR 피니르 끝마치다, 마무리하다, 완성하다. 하나의 요리가 간 맞춤, 농도 조절, 서빙을 위한 장식까지 모두 마쳐 완성되는 것을 뜻한다. 주로 포타주의 완성은 처빌 잎을 올려 장식하거나, 차가운 버터, 생크림으로 최종 농도를 조절해 마무리하는 것을 의미한다. 스튜류, 특히 수렵육 시베(civet)는 일반적으로 피를 넣어 소스를 리에종을 함으로써 완성된다. 소스 모르네(sauce Mornay)를 끼얹는 요리는 대개 그릴에 넣어 표면을 글레이즈하는 것으로 마무리된다.

FINLANDE 팽랑드 핀란드. 핀란드의 전통요리는 러시아, 북유럽, 서유럽 사이에 위치한 지리적 특성과 역사적 배경을 반영하고 있다.

■ **지역 특산물.** 핀란드에서는 발효한 채소(양배추 또는 순무로 만든 슈크루트, 소금물에 절인 오이와 비트 등)를 많이 먹는다. 카렐리아식 스튜인 카리알란파이스티(karjalanpaisti)는 알자스 지방의 베코프(baeckeoffe)에 들어가는 세 종류의 고기(돼지, 소, 양)를 넣어 만들며 와인 대신 물을 넣는다. 보르쉬(borchtch), 블리니(blinis), 카렐리안 피로시키(pirojki caréliens), 카리알란피라카(karjalanpiirakka 감자 퓌레나 쌀을 채워 넣은 호밀 파이로 녹인 버터와 삶은 달걀을 곁들여 서빙한다), 보르슈마크(vorschmack 양고기, 소고기, 염장 청어 등을 다진 뒤 마늘과 양파로 양념한 것)등은 슬라브 문화의 영향을 느끼게 해준다.

서부와 남부 지방에서는 풍성하고 다양한 종류의 찬 애피타이저들이 보여주듯 스칸디나비아 음식 문화의 전통을 이어가고 있다. 또한 파티스리, 빵도 다양하며 특히 카다멈 브리오슈인 풀라(pulla)를 즐겨 먹는다.

북부 지방은 라플란드 문화의 영향이 뚜렷하다. 순록 고기는 염장, 건조, 훈제하거나 골수와 함께 넣고 뭉근히 오래 끓여 먹는다. 또한 카르파초 형태의 날고기로 먹기도 한다. 가장 대표적인 요리로는 포롱카리스티스(poronkäristys 얇게 썬 순록고기를 소테한 요리로 설탕을 넣고 으깬 크랜베리와 감자 퓌레를 곁들여 먹는다)를 꼽을 수 있다.

■ **생선의 왕국.** 핀란드는 유럽에서 가장 큰 민물고기의 보고다. 발트해는 해수의 염도가 아주 낮기 때문에 호수에 사는 어종의 대부분이 이동해 서식한다. 뱀장어, 연어 송어(siika), 흰 송어(muikku), 곤들메기, 민물농어, 송어, 연어 등이 대표적이며, 잉어, 강꼬치고기, 청어 등도 풍부하다. 이들 생선은 주로 훈연, 염장하거나 마리네이드해서 먹는다. 칼라쿠코(kalakukko)는 호밀빵 반죽 안에 송어나 작은 농어, 돼지 삼겹살을 넣어 구운 특선 요리이며, 농어 필레 타르타르도 아주 인기가 많다. 여름이 끝나갈 무렵 파티 음식으로는 펜넬 꽃으로 향을 낸 쿠르부이용에 익힌 민물가재(크레이피시)가 화려한 요리로 상에 오르며, 여기에 보드카(koskenkorva)를 넉넉히 곁들여 마신다. 또한 자연에는 야생오리, 큰 사슴, 뇌조, 산토끼 등 사냥감이 풍부하다

■ **열매 채집.** 핀란드에서 과일 채집은 아주 일상적인 활동이다. 숲속에서 자라는 야생버섯은 피클, 스튜, 샐러드, 소스, 수프 등에 두루 쓰인다. 또한 다양한 종류의 베리류(크랜베리, 덩굴월귤 열매, 딸기, 야생 라즈베리, 블랙베리, 진들딸기(클라우드베리), 블루베리, 마가목 열매 등)는 음식에 곁들이거나 디저트(크림을 곁들인 앙트르메, 무스 등)에 사용되며 단맛이 나는 리큐어를 만들기도 한다(lakka 클라우드베리 리큐어).

FIORE SARDO 피오레 사르도 양젖으로 만든 사르데냐의 AOP 치즈(지방 45%)로 약하게 압착한 경성치즈이며 기름이나 비계를 입힌 뒤 솔질한 외피를 갖고 있다(**참조** p.398 외국 치즈 도감). 피오레 사르도 치즈는 위아래를 살짝 누른 원통형으로 무게는 1.4kg-5kg이다. 맛있는 헤이즐넛 향이 나며 숙성기간이 길어지면 냄새가 뚜렷하게 강해진다.

FITOU 피투 랑그독 지방의 AOC 레드와인으로 포도품종은 카리냥(carignan), 그르나슈(grenache), 르도네르 플뤼(lledoner pelut), 생소(cinsault), 무르베드르(mourvèdre), 시라(syrah)이다. 이 와인은 향이 풍부하고 알코올 도수가 높은 풀바디 와인으로, 나르본(Narbonne) 남쪽의 건조하고 척박한 언덕 지대인 코르비에르(Corbières)의 마을 9곳에서 생산된다(**참조** LANGUEDOC).

FIXIN 픽생 부르고뉴 코트 드 뉘(côte de Nuits) 북부에 위치한 픽생(fixin)에서 생산하는 레드와인으로 포도품종은 피노 누아다. 진한 색과 풍부한 향을 지닌 와인으로 가격대비 품질이 아주 좋은 편이다(**참조** BOURGOGNE).

FLAMANDE (À LA) 아 라 플라망드 플랑드르식의. 프랑스 북부 노르(Nord) 지방의 다양한 요리들을 지칭한다. 플랑드르식 가니시는 속을 채운 뒤 브레이징한 양배추 볼, 모양을 내어 돌려 깎아 윤기나게 익힌 당근(또는 순무) 글라세, 큼직하게 돌려 깎아 소금물에 삶은 감자(pommes à l'anglaise), 그리고 경우에 따라 배추와 함께 익힌 염장 삼겹살과 소시송 슬라이스로 구성된다. 거의 냄비 요리 스튜에 가까운 이 가니시는 주로 큰 덩어리로 서빙하는 고기(소 우둔살 등)나 브레이징한 거위, 그리고 드문 경우이긴 하지만 서빙 사이즈로 잘라 요리한 고기 등에 곁들인다. 주요리와 가니시에 전부 데미글라스, 송아지 육수. 또는 고기를 소테한 팬을 디글레이즈해 만든 소스를 끼얹어 서빙한다.

아 라 플라망드라는 명칭이 붙은 요리에 등장하는 대표적인 재료로는 브뤼셀 미니 양배추(동량의 감자와 함께 퓌레를 만들거나 콩소메에 가니시로 넣기도 한다)와 엔다이브(샐러드에 생으로 넣거나 잘게 채 썰어 익힌 뒤 오믈렛에 넣고 크림 소스를 곁들인다)를 꼽을 수 있다. 또한 삶은 달걀을 곁들인 아스파라거스 요리도 아 라 플라망드라고 부른다.

▶ 레시피 : ASPERGE, CABILLAUD, CARBONADE, CHOU POMMÉ.

FLAMBER 플랑베 가금류의 껍질을 불로 그슬려 잔털 등을 제거해 깨끗하게 다듬는 작업 또는 음식에 술을 뿌린 뒤 불을 붙여 향을 더하는 과정을 지칭한다.

플랑베 작업(flambage)은 닭 등의 가금류를 다듬어 준비하는 첫 과정이다. 닭의 몸을 잡아 늘인 상태에서 날개와 발, 목 부분을 재빨리 토치 불로 그슬린 다음, 잔털과 혹시라도 남아있을 수 있는 깃털뿌리 등을 꼼꼼히 제거한다(**참조** ÉPLUCHER).

조리 과정 중 플랑베할 때는 미리 뜨겁게 데운 술(코냑, 아르마냑, 칼바도스, 럼, 위스키 등)을 음식에 붓고 바로 불을 붙인다. 이것은 고기 등의 재료를 소테한 냄비에 술을 뿌린 뒤 디글레이징할 때(풀레 샤쇠르 poulet chasseur), 또는 요리를 익힐 국물을 붓기 전(코코뱅) 단계에서 주로 행해진다. 레스토랑에서는 크레프 쉬제트(crêpes suzette)나 오믈렛 노르베지엔(omelette norvégienne, 베이크드 알래스카)등의 더운 앙트르메를 서빙할 때 보조 테이블 워머에 올린 뒤 손님 테이블 앞에서 럼 또는 그랑 마르니에를 뿌려 직접 플랑베하기도 한다.

FLAMICHE OU FLAMIQUE 플라미슈, 플라미크 프랑스 북부 노르 지방의 달콤한 또는 짭짤한 타르트의 일종으로 다양한 종류의 소를 채워 넣는다. 옛날의 플라미슈는 빵 반죽으로 만든 단순한 갈레트였으며, 오븐에서 구워낸 뒤 녹인 버터를 뿌려 뜨겁게 먹었다. 오늘날에는 대개 채소 또는 치즈를 넣어 만든다. 채소 플라미슈는 익힌 채소에 달걀노른자를 풀어 섞은 뒤 시트 반죽에 채워 넣고 굽는다. 이 중 가장 유명한 것은 일명 플라미크 아 포리옹(flamique à porions)이라 불리는 피카르디(Picardie) 지방의 리크 플라미슈다. 이 지방에서는 늙은 호박과 양파를 넣은 플라미슈를 만들기도 한다. 치즈 플라미슈에는 일반적으로 마루알(maroilles)과 같이 풍미가 강한 치즈를 주로 사용한다. 옛날식 플라미슈는 3절 밀어접기 3회를 마친 푀유타주 반죽으로 시트를 만든 다음, 중간 정도 숙성된 마루알 치즈의 크러스트를 잘라내고 버터와 함께 넣어준다. 이 갈레트는 더운 앙트레로 서빙되며, 주로 맥주를 곁들여 먹는다. 에노(Hainaut) 지방에서는 치즈 플라미슈를 투르트(tourte) 형식으로 만들며, 디낭(Dinant)에서는 파이 틀에 일반 타르트 시트를 깔아준 다음, 풍미가 강한 치즈와 버터, 달걀 혼합물을 채워 굽는다.

flamiche aux poireaux 플라미슈 오 푸아로

리크 플라미슈 : 파트 브리제 500g을 반으로 나눠 원형으로 민다. 그중 하나는 좀 더 크게 밀어 지름 28cm 파이틀 바닥에 앉힌다. 서양 대파의 흰 부분 1kg를 얇게 송송 썰어 색이 나지 않고 나른해지도록 버터에 볶는다. 여기에 달걀노른자 3개를 넣어 섞은 뒤 간을 한다. 파이틀에 붓고 두 번째 원형 반죽을 덮는다. 가장자리를 꼭꼭 집어가며 잘 붙인다. 칼끝을 이용해 격자 무늬로 금을 살짝 그어준 다음 달걀물을 바른다. 익는 동안 공기가 빠져나갈 수 있도록 가운데 구멍을 뚫어준 다음 230°C로 예열한 오븐에서 35-40분간 굽는다. 윗면에 노릇한 색이 나면 오븐에서 꺼낸 뒤 뜨겁게 서빙한다.

FLAMRI 플람리 세몰리나로 만든 플랑으로 우유 대신 화이트와인을 넣어 만들며 붉은 베리류 과일 퓌레를 끼얹어 차갑게 먹는다(flamery라고도 쓴다).

FLAMUSSE 플라뮈스 부르고뉴와 니베르네 지방에서 만들어 먹는 시골풍의 사과 파이로 만드는 방법은 클라푸티와 동일하다.

flamusse aux pommes 플라뮈스 오 폼

애플 플라뮈스 : 넓적한 볼에 밀가루 60g을 놓고 가운데를 우묵하게 만든 다음 설탕 75g, 소금 1자밤, 달걀 푼 것 3개를 넣고 나무 주걱으로 잘 섞어 최대한 매끈한 반죽을 만든다. 우유 500mℓ를 조금씩 넣어가며 개어준다. 레넷 사과 3-4개의 껍질을 벗긴 뒤 얇게 슬라이스한다. 버터를 바른 파이 틀에 사과를 겹쳐가며 빙 둘러 놓은 뒤 반죽을 붓는다. 150°C로 예열한 오븐에 넣어 45분간 굽는다. 틀에서 분리한 뒤 뒤집어놓고 설탕을 넉넉히 뿌려 서빙한다.

FLAN 플랑 플랑 혼합물(또는 달걀과 섞은 크림)을 채워 넣은 짭짤한 또는 달콤한 타르트의 일종으로 종종 과일, 건포도, 닭 간, 해산물 등을 첨가하기도 한다. 메뉴에 따라 플랑은 짭짤한 맛의 더운 애피타이저나 달콤한 디저트로 서빙된다. 중세에 요리사들은 이미 여러 가지 종류의 플랑을 만들었다. 틀에 넣어 굳힌 크림 디저트류 또한 플랑이라고 부른다. 주로 캐러멜 향을 더한 것으로, 중탕으로 익히거나 틀에 넣어 굳힌 뒤 뒤집어 서빙하는 크렘 랑베르세, 크렘 카라멜 등이 이에 해당한다. 파티스리에서 플랑은 파트 브리제 시트에 익힌 크림(물 또는 우유, 달걀, 커스터드 분말)을 채워 넣고 다시 오븐에서 구워내는 타르트를 가리킨다.

croûte à flan cuite à blanc : préparation ▶ CROÛTE

FLANS SALÉS 일반 요리용 짭짤한 플랑

flan à la bordelaise 플랑 아 라 보르들레즈

보르도식 플랑 : 플랑 크러스트를 먼저 구워놓는다. 육수에 데쳐 익힌 소 사골 골수와 익힌 햄 살코기를 잘게 깍둑썰어 걸쭉하게 졸인 보르들레즈소스에 섞은 것을 크러스트 안에 채워 넣는다. 우선 햄을 먼저 넣고 그 위에 얇게 썬 골수와 도톰하게 어슷 썰어 녹인 버터에 노릇하게 볶은 포치니 버섯을 교대로 한 켜씩 쌓아준다. 노릇한 빵가루를 고루 얹고 녹인 버터를 뿌린다. 275°C로 예열한 오븐에 넣어 그라탱처럼 구워낸다. 잘게 썬 파슬리를 뿌려 뜨겁게 서빙한다.

flan à la florentine 플랑 아 라 플로랑틴

시금치를 넣은 플랑 : 플랑 크러스트를 먼저 구워놓는다. 시금치를 씻어 물기를 꼭 짠 뒤 굵직하게 썰고 버터에 볶는다. 크러스트 안에 시금치를 채운 다음 모르네소스(sauce Mornay)를 붓고 가늘게 간 치즈를 뿌린다. 녹인 버터를 고루 뿌린 뒤 275°C로 예열한 오븐에서 그라탱처럼 구워낸다.

flan de volaille Chavette 플랑 드 볼라이 샤베트

샤베트 닭 간 플랑 : 플랑 크러스트를 먼저 구워놓는다. 쓸개 등을 제거해 깨끗이 준비한 닭 간 500g을 모양대로 분리한 뒤 중간 두께로 어슷하게 썬다. 소금, 후추로 간을 한 다음 팬에 달군 뜨거운 버터에 넣고 센 불에서 재빨리 지져낸다. 간을 건져 뜨겁게 유지한다. 버섯 200g을 깨끗이 닦아 도톰하게 어슷 썬 다음, 간을 지진 그 버터에 넣고 노릇하게 볶는다. 소금, 후추로 간한 다음 건져서 볶아둔 간에 넣고 섞는다. 팬에 마데이라 와인 200mℓ를 붓고 디글레이즈한 다음 졸인다. 너무 되지 않은 베샤멜 소스 350mℓ와 생크림 200mℓ를 넣고 걸쭉한 농도가 될 때까지 졸인다. 소스를 체에 거른 뒤 간과 버섯에 넣고 끓지 않도록 주의하면서 살짝 데워 뜨겁게 유지한다. 달걀(8-10개)을 가볍게 풀어 아주 촉촉하고 부드러운 스크램블드 에그를 만들고, 마지막에 가늘게 간 파르메산 치즈 2테이블스푼과 버터 2테이블스푼을 넣어 섞는다. 타르트 시트 맨 밑에 닭 간과 버섯을 깔아준 다음 스크램블드 에그로 덮어준다. 가늘게 간 치즈를 고루 얹고 녹인 버터를 뿌린 다음 275°C로 예열한 오븐에 넣고 치즈가 노릇하게 녹을 때까지 1분간 구워낸다.

petits flans d'ail, crème de persil ▶ AIL

FLANS SUCRÉS 디저트용 달콤한 플랑

flan de cerises à la danoise 플랑 드 스리즈 아 라 다누아즈

덴마크식 체리 플랑 : 체리(bigarreaux)의 씨를 뺀 뒤 설탕과 아주 소량의 계핏가루를 넣고 재워둔다. 파트 브리제를 둥글게 밀어 파이 틀에 앉힌다. 체리를 건져 파이 시트 위에 넣어준다. 버터 125g, 설탕 125g, 아몬드 가루 125g, 달걀 2개 푼 것, 체리를 절이고 남은 즙을 섞어 체리 위에 부어준 다음 220°C로 예열한 오븐에 넣어 35-40분간 굽는다. 식힌 뒤 레드커런트 즐레를 발라준다. 럼으로 향을 낸 화이트 글라사주(glaçage blanc)로 덮어준다.

flan meringué au citron 플랑 므렝게 오 시트롱

레몬 머랭 플랑 : 플랑 크러스트를 먼저 구워놓는다. 레몬 2개의 제스트를 얇게 저며 낸 뒤 끓는 물에 2분간 데쳐 찬물에 헹군다. 건져 물기를 제거하고 아주 가늘게 채 썬다. 달걀 3개의 흰자와 노른자를 분리한다. 냄비에 밀가루 40g과 설탕 100g을 넣고 섞는다. 찬 우유 4테이블스푼을 넣고 개어준 다음, 뜨겁게 끓인 우유 200mℓ를 넣는다. 버터 40g, 달걀노른자 3개분, 레몬 제스트를 넣고 섞는다. 약한 불에 올린 뒤 계속 저으며 걸쭉해질 때까지 15분간 익힌다. 불에서 내린 뒤 레몬즙 1개분을 넣고 따뜻한 온도로 식힌다. 이 혼합물을 플랑 크러스트 안에 부어 채운다. 달걀흰자 3개분에 설탕 75g과 소금 1자밤을 넣어가며 단단하게 거품을 올린 다음 플랑 혼합물 위에 붓고 스패출러로 표면을 매끈하게 밀어준다. 240°C로 예열한 오븐에 넣고 머랭에 노릇한 색이 날 때까지 굽는다. 완전히 식힌 후 서빙한다.

flan parisien 플랑 파리지엥

파리지앵 플랑 : 파트 브리제 250g을 만들어 냉장고에서 2시간 동안 휴지시킨다. 반죽을 2mm 두께로 민 다음 지름 30cm 원형으로 자른다. 베이킹 팬에 놓고 냉장고에 30분간 넣어둔다. 지름 22cm, 높이 3cm 타르트 틀에 버터를 바른 뒤 밀어 놓은 파트 브리제를 깔고 옆면도 꼼꼼히 붙인다. 반죽의 남는 부분은 틀 위로 밀대를 한 번 굴려 잘라낸다. 냉장고에 2시간 동안 넣어둔다. 플랑 혼합물을 만든다. 우선 냄비에 우유 400mℓ와 생수 370mℓ를 넣고 뜨겁게 데운다. 다른 냄비에 달걀 4개, 설탕 210g, 커스터드 분말 60g을 넣고 거품기로 잘 저은 뒤 끓기 시작한 우유와 물 혼합물에 가늘게 넣어주며 잘 섞는다. 거품기로 계속 저어주며 가열해 혼합물이 다시 끓어오르기 시작하면 불에서 내린다. 오븐을 190°C로 예열한다. 타르트 시트 안에 플랑 혼합물을 부어 채운 뒤 오븐에서 1시간 동안 굽는다. 꺼내서 완전히 식힌 다음 냉장고에 3시간 동안 넣어둔다. 차갑게 서빙한다.

FLANCHET 플랑셰 양지. 복부 근육 아랫부분에 해당하는 두껍지 않은 정육 부위인 양지를 뜻한다(**참조** pp.108,109,879 정육 분할 도감). 소의 양지는 포토푀 등 주로 오래 끓여 국물과 함께 먹는 요리에 적합하다. 단, 이 부위 중 치마살(bavette)은 잘라서 스테이크 등의 구이로 먹기에 좋다. 송아지 양지는 블랑케트 또는 소테 요리에 적합하다.

FLANDRE, ARTOIS, PLAINES DU NORD 플랑드르, 아르투아, 플랜 뒤 노르 프랑스 북부의 플랑드르, 아르투아, 노르 지방 평원지대의 음식문화는 국경을 맞대고 있는 벨기에 플랑드르 지역과 비슷한 점이 많다. 북해에 접해 있는 플랑드르 마리팀(Flandre maritime) 지역은 생선(고등어와 청어는 주로 익히거나 훈연한다. 다양한 이름으로 불리는 훈제청어[kipper, bouffi, buckling, gendarme] 이외에도 서대, 대문짝넙치, 대구가 많이 잡힌다)이 풍부하고, 내륙의 습지 재배를 통해 양질의 채소(양배추, 리크, 이탄에 훈연한 아를뢰 마늘(ail d'Arleux), 엔다이브 등)가 공급된다. 또한 목축을 통해 품질 좋은 육류도 생산하고 있다. 이렇게 다양하고 질 좋은 식재료 덕에 풍성한 지역 요리가 발달할 수 있었고, 그중에서도 특히 대표적인 것은 냄비에 넣고 장시간 뭉근히 익히는 음식들이다.

■ **뭉근히 오래 익히는 요리.** 플랑드르 지역을 대표하는 수프는 맥주를 넣은 수프, 그린 수프, 붉은 비트 수프다. 생선 요리 중에서는 덩케르크의 염장 훈제 청어(craquelots de Dunkerque), 말린 생선(wam), 고등어(샬롯, 쪽파, 파슬리, 버터를 섞어 채워 넣는다), 플랑드르식 대구 요리(샬롯을 넣고 소테한 다음 화이트와인에 익힌다), 염장 훈제 청어 샐러드(감자와 비트를 넣는다), 맥주에 익힌 장어 요리 등을 대표로 꼽을 수 있다. 곰새우와 홍합 또한 대중적으로 인기가 많은 해산물이다. 육류 요리로는 캉브레(Cambrai)와 아르망티에르(Armentières)의 앙두이예트와 발랑시엔(Valenciennes)의 훈제 우설부터 전통 요리인 오슈포(hochepot, 플랑드르식 포토푀), 카르보나드(carbonades, 뭉근히 오래 익힌 새콤달콤한 양념의 소고기 찜), 포제브리슈(potjevlesch, 젤리처럼 굳힌 고기 테린), 플랑드르식 토끼 요리(프룬과 건포도를 넣는다)뿐 아니라 아르투아(Artois)식 양 족 요리, 맥주에 조리한 수탉 요리, 화이트 소스 닭 요리에 이르기까지 그 종류가 매우 다양하다. 채소는 플라미슈 파이를 만드는 데 사용되는 주재료다. 또한 릴(Lille)식 적채 요리(붉은 양배추, 사과, 양파를 넣고 3시간 동안 뭉근히 익힌 뒤 퓌레로 갈아 수플레 틀에 넣고 오븐에 굽는다)처럼 오래 익히는 요리에도 사용된다. 이 적채 요리는 전통적으로 속을 채운 거위나 칠면조 또는 수렵육 요리에 곁들여 먹는다. 엔다이브는 플랑드르식으로 오븐에 익혀 조리하거나 크림 소스를 넣어 만들며 주로 일반 생선 요리 또는 훈제 대구에 곁들여 먹는다.

■ **치즈와 디저트.** 이 지역의 치즈는 대부분 풍미가 강하다(bergues, le mont-des-cats, belval, boulette d'Avesnes(파프리카로 덮여 있다), gris de Lille, maroilles). 치즈는 오믈렛에 넣거나 플라미슈(마루알 치즈), 발랑시엔 치즈 타르트(goyère de Valenciennes, 마루알 치즈)를 만드는 데 사용된다. 사탕무 재배 덕에 설탕이 풍부해진 이 지역은 제과 및 당과류가 발전했고 그 종류도 매우 다양해졌다. 그중 대표적인 것으로는 아벤의 애플 파이(pâtés de pommes d'Avesnes), 자두 타르트, 루베의 크라클랭(craquelins de Roubaix), 카레 드 라누아(carrés de Lannoy), 갈로팽(galopin 우유, 달걀에 적신 브리오슈를 팬에 튀기듯 구운 일종의 프렌치토스트), 캉브레(Cambrai)의 과자와 캔디 등을 꼽을 수 있다. 이 지역의 전통적인 주류는 맥주다. 또한 비트나 곡류를 원료로 한 증류주를 만들기도 하며 대부분 주니퍼베리로 향을 낸다.

FLAUGNARDE 플로냐르드 오베르뉴, 리무쟁, 페리고르 지방의 특선 디저트(flangnarde, flognarde, flougnarde라고도 표기한다). 사과, 서양 배, 또는 프룬을 넣은 클라푸티의 일종으로 다양한 향을 첨가한다. 부풀어오른 두툼한 팬케이크 모양을 하고 있으며 따뜻한 온도로 혹은(퀴르농스의 추천에 따라) 차갑게 먹는다.

flaugnarde aux poires 플로냐르드 오 푸아르

서양 배 플로냐르드 : 볼에 달걀 4개와 설탕 100g을 넣고 거품이 일 때까지 잘 저어 혼합한다. 소금 1자밤을 섞은 밀가루 100g을 조금씩 넣으며 섞은 뒤 우유 1.5ℓ를 넣는다. 럼이나 오렌지 블로섬 워터 100mℓ를 넣어 향을 낸다. 서양 배 3개의 껍질을 벗기고 반으로 잘라 속을 제거한다. 배를 얇게 슬라이스해 혼합물에 넣어 섞는다. 가장자리가 약간 높은 오븐 팬이나 파이 틀에 버터를 바른 뒤 반죽 혼합물을 붓고 작게 자른 버터를 고루 얹는다. 220°C로 예열한 오븐에 넣어 30분간 굽는다. 설탕을 넉넉히 뿌려 서빙한다. 잼을 곁들이기도 한다.

FLAVEUR 플라뵈르 플레이버, 풍미. 어떤 음식으로부터 후각적, 미각적으로 동시에 느낄 수 있는 인지의 총체를 뜻하며, 경우에 따라 이는 온도, 촉각, 화학적 느낌을 포함할 수도 있다.

FLET 플레 넙치. 가자미과에 속하는 납작한 바다생선으로 주로 해안을 따라 서식한다. 바닷물과 민물이 만나는 수역을 좋아해 강어귀에서 많이 몰려있으며, 알리에(Allier)강까지 거슬러 올라가기도 한다(**참조** pp. 674-677 바다생선 도감). 평균 길이는 20cm 정도이며 최대 60cm에 이른다. 두 눈이 있는 면에는 반점이 있고 갈색을 띠고 있으며 해저 바닥에 붙어 있는 면은 흰색이다. 이 생선은 몸의 파동을 이용해 헤엄치며, 등지느러미와 배지느러미가 시작되는 부분에 일렬로 나 있는 돌기로 구분할 수 있다. 가자미와 혼동할 수도 있으나, 살은 맛이 떨어지는 편이다.

FLÉTAN, FLÉTAN DE L'ATLANTIQUE 플레탕, 플레낭 드 라트랑티크 대서양넙치, 가자미과에 속하는 납작한 바다생선으로 북대서양 전역의 한류 해역에 서식한다(**참조** pp.674-677 바다생선 도감). 이 어종 중 가장 크기가 큰 생선인 대서양넙치는 최대 길이 4m, 무게 300kg(생후 50년경)에 이른다. 큰 사이즈로 인해 세로로 헤엄치는 것이 가능하며, 해저 100-2,000m 사이 해역에서 잡을 수 있다. 반점이 있는 갈색 면에는 두 눈이 오른쪽에 몰려있으며, 측선은 가슴지느러미 위쪽으로 살짝 솟아 있다. 비타민이 풍부한 간은 따로 떼어내 조리할 수 있으며, 흰색 살은 기름기가 적어 담백하고 맛이 좋다. 필레를 뜨거나 여러 조각으로 잘라 조리하며, 또는 척추뼈 가시와 수직 방향으로 토막 내 사용하기도 한다. 신선, 냉동, 또는 훈제 상태로 구입할 수 있다.

FLÉTAN NOIR 플레탕 누아 대서양넙치(flétan)와 비슷한 생선으로 크기가 좀 더 작아 평균 50-70cm 정도이며, 최대 길이 1m, 무게는 45kg이다. 표면의 색은 거무스름하거나 짙은 남색으로 균일하며 측선은 가슴지느러미 위치에 똑바로 나 있다. 살은 흰색으로 대서양넙치만큼 탱글탱글하지는 못하지만 훈연하기에는 더 좋다. 그래서 생물 선어(鮮魚)로는 별로 인기가 없다.

FLEUR 플뢰르 꽃. 식용 꽃은 요리에 더해져 장식적, 미식적 효과를 내는 요소로 음식을 돋보이게 하는 역할을 한다(**참조** pp. 369-370 식용 꽃 도감).
■ **사용.** 유럽에서 꽃은 주로 음료에 향을 내거나 리큐어(선갈퀴 약초를 넣은 리큐어, 엘더베리 꽃 시드르, 히솝 꽃 시럽, 카네이션 라타피아 등)를 제조하는 데 사용된다. 뿐만 아니라 우리가 흔히 사용하는 향신료나 양념 중에도 다양한 꽃들이 있다(정향, 케이퍼, 식초에 절인 한련화, 말린 라벤더 꽃, 오렌지 블로섬 등). 식용 꽃은 포타주를 끓일 때 맨 마지막에 넣거나, 샐러드에 넣어 장식 효과를 내기도 한다. 보리지 꽃, 한련화, 인동덩굴 꽃, 개양귀비, 제비꽃 등을 재료의 색과 조화를 이루도록 빙 둘러 놓거나 작은 송이로 얹어 장식한다. 샐러드 드레싱의 식초 성분이 꽃의 색을 변하게 할 수 있으므로 맨 마지막에 사용하는 것이 좋다.

아카시아 꽃, 주키니 호박 꽃, 엘더베리 꽃, 재스민 꽃 등은 튀김으로도 만들어 먹으며, 특히 다양한 호박꽃은 속을 채워 조리하거나 오믈렛에 넣기도 한다. 버터에 재스민 꽃이나 오렌지 꽃, 레몬 꽃, 마늘 꽃잎을 섞어 독특한 혼합 버터를 만들기도 한다. 박하 꽃은 생선 요리에 아주 잘 어울리고, 보리수 꽃이나 재스민 꽃은 음식에 채울 소를 만드는 데 활용되기도 한다.

또한 식용 꽃은 향을 우려 음료로 마시거나, 식재료를 증기로 찔 때 넣어 향을 입히기도 한다. 특히 요리에서 야생 제비꽃은 소고기, 세이보리 꽃은 송아지 고기, 세이지 꽃은 돼지고기, 박하 꽃이나 타임 꽃은 양고기와 궁합이 잘 맞는다. 당과류에서도 식용 꽃은 항상 많이 사용되는 재료다. 로즈워터, 즐레, 로즈 잼, 슈거코팅 로즈 페탈, 오렌지 블로섬 프랄린, 슈거 코팅 제비꽃(또는 미모사, 물망초, 앵초꽃) 및 캔디 등 그 종류도 다양하다.

중동 국가에서는 장미 꽃봉오리를 말려 양념으로 사용하거나 장미꽃잎으로 잼을 만들기도 한다. 특히 동아시아 지역에서는 꽃을 직접 요리에 사용하기도 한다. 국화나 목련꽃잎을 샐러드에 넣어 먹기도 하고, 재스민이나 히비스커스 꽃을 닭이나 생선 요리에 곁들이거나 노란 백합을 소스, 육수 등에 넣기도 한다. 식료품 전문점이나 대형 매장에서는 소량으로 바스켓에 포장한 식용 꽃을 구입할 수 있다.

▶ 레시피 : ACACIA, COURGETTE.

FLEUR (MOISISSURE) 플뢰르(곰팡이) 치즈 외피에 핀 흰 곰팡이를 통칭한다. 특히 페니실륨 칸디둠(Penicillium candidum)을 주입한 소젖 연성치즈의 경우가 이에 해당한다. 치즈 제조 과정에서 첨가된 페니실륨 균은 숙성을 거치면서 흰색의 뽀얀 털과 같은 곰팡이로 덮인 외피를 만들어 낸다(브리, 카망베르 치즈). 천연 외피 염소치즈들도 자생적으로 흰 곰팡이가 피어난다.

FLEUR D'ORANGER 플뢰르 도랑제 오렌지 꽃, 오렌지 블로섬. 운향과에 속하는 오렌지 나무의 한 품종인 비터오렌지 나무(bigaradier)의 꽃을 지칭한다(**참조** pp.369-370 식용 꽃 도감). 이 꽃을 담가둔 물을 증기 증류 방식으로 추출해낸 오렌지 블로섬 워터(eau de fleur d'oranger)는 공장에서 대량 생산되며, 반죽이나 크림 등에 향을 더하는 용도로 제과, 당과류 제조에 많이 사용된다. 또한 오렌지 블로섬은 가정용 주류나 칵테일 등을 만드는 데 쓰이기도 한다. 이 꽃에 함유된 설탕은 파티스리에서 사용되며, 증류를 통해 향수를 만드는 데 많이 쓰이는 휘발성 에센셜 오일인 네롤리(néroli) 오일을 추출해낼 수 있다.

FLEURER 플뢰레 반죽이 들러붙는 것을 막기 위해 소량의 밀가루를 작업대에 뿌리거나 틀에 뿌리다. 제빵에서 플뢰레는 빵 표면에 밀가루를 솔솔 뿌리거나, 면포를 깐 바구니 틀(banneton)에 플뢰라주(fleurage 빵에 뿌리는 밀 또는 호밀 기울로 만든 가루)를 뿌리는 것을 뜻한다.

FLEURIE 플뢰리 보졸레 10대 크뤼로 분류된 AOC 레드와인 중 하나로 포도품종은 가메(gamay)이다. 과일향이 풍부한 가벼운 와인으로 시간이 지나면서 바이올렛과 아이리스 향이 피어난다(**참조** BEAUJOLAIS).

FLEURISTE (À LA) 아 라 플뢰리스트 서빙 사이즈로 잘라 팬에 소테한 고기에 폼 샤토(pommes château, 큼직한 타원형으로 돌려 깎아 삶은 감자)와 속을 채운 토마토(속을 파내 익힌 토마토 안에 잘게 썰어 버터에 살짝 볶은 채소를 채워 넣는다)를 곁들인 요리다.

FLEURON 플뢰롱 사용하고 남은 퓌유타주 반죽을 3mm 두께로 민 다음 가장자리에 요철이 있는 다양한 모양(작은 초승달, 물고기, 나뭇잎 모양 등)의 쿠키 커터로 잘라내고 달걀물을 발라 구운 페이스트리를 뜻한다. 구워낸 뒤 요리에 가니시로 곁들이거나, 모양으로 잘라낸 반죽을 파테 앙 크루트 윗면에 장식으로 붙여 굽기도 한다.

FLICOTEAUX 플리코토 파리 소르본 광장에 위치했던 레스토랑으로 균일가 세트 메뉴를 서빙했던 이 식당은 19세기 주머니가 얇은 학생, 언론인, 작가들이 자주 드나들었던 곳이다. 발자크는 천장이 낮은 두 개의 긴 홀과 그 안에 놓였던 좁은 테이블을 생생히 묘사했는데, 초창기 플리코토에서는 매주 일요일마다 테이블보를 새로 갈았으나 새로 오픈한 플리코토에서는 다른 식당들과의 '경쟁에서 밀리지 않도록' 주 2회 테이블보를 갈았다고 회상했다. 이곳의 요리에 관해서는 "암소고기가 주 메뉴였고 감자는 언제나 있었다. 바다에 명태와 고등어가 풍성할 때면 생선들이 플리코토로 튀어 올라왔다"라고 묘사했다.

FLOC DE GASCOGNE 플록 드 가스코뉴 가스코뉴 지방 특산 아페리티프 술로 아르마냑을 섞은 미스텔(mistelle, 포도즙에 증류주를 섞어 발효를 중단시킨 것)이다. 1990년 12월 13일 AOC 인증(약 780헥타르)을 받은 가스코뉴 플록은 알코올 도수 16-18%Vol.로, 발효 전의 포도즙(moût 알코올 도수 10%Vol.)과 오크통에서 최소 10개월 이상 숙성된 아르마냑(알코올 도수 52%Vol.이상)을 혼합한 것이다. 화이트 또는 로제가 있으며 주로 식전주로 마신다. 샤랑트의 피노(pineau des Charentes)와 비슷하다.

FLORE (CAFÉ DE) 카페 드 플로르 파리 생 제르맹 데프레 구역에 위치한 카페로 문인들이 많이 드나들었던 곳이다. 이 카페의 이름은 19세기 후반 카페 오픈 당시인 제2 제정시대에 바로 건너편 길에 건립된 그리스 로마 신화의 꽃의 여신 플로라의 동상에서 착안해 만들어졌다. 1899년에는 작가 샤를 모라스가 아지트로 삼아 자주 찾았으며 이어서 기욤 아폴리네르와 앙드레 살몽 등은 이곳에서 "레 수아레 드 파리(Les Soirées de Paris, 프랑스의 문학 예술 잡지)"의 집필활동을 했다. 카페 드 플로르는 실존주의 철학이 꽃피던 온상 중 한 곳이었다.

FLORENTINE (À LA) 아 라 플로랑틴 시금치(퓌레 또는 그대로 조리)와 대개의 경우 소스 모르네(sauce Mornay)가 곁들여진 다양한 생선이나 흰살 육류 요리, 달걀 요리 등을 지칭한다. 이탈리아에서 알라 피오렌티나(alla fiorentina)라는 명칭은 닭 육수에 익힌 곱창에 녹색 채소를 곁들이고 파르메산 치즈를 뿌린 요리(trippa alla fiorentina), 향신 재료를 넣고 뭉근히 익힌 돼지 등심 요리, 아티초크 속살을 넣은 오믈렛, 피렌체식 비프 스테이크(bistecca alla fiorentina) 등 전형적인 피렌체식 요리를 뜻한다.

▶ 레시피 : ARTICHAUT, BEIGNET, CANNELLONIS, CROMESQUIS, FLAN, FOIE, MINESTRONE, ŒUF MOLLET, SAUMON.

FLORIAN 플로리앙 큰 덩어리로 서빙하는 육류 요리에 곁들이는 가니시의 명칭으로, 브레이징한 양상추, 갈색이 나게 글레이즈한 방울양파, 모양을 내어 돌려 깎아 윤기나게 익힌 당근 글라세, 부드럽게 삶은 감자 등으로 구성된다.

FLOUTES 플루트 으깬 감자, 밀가루, 달걀, 크림을 섞어 크넬 모양으로 빚은 뒤 팬에 노릇하게 지져낸 쥐라 지방의 특선 음식. 전통적으로 고기 요리에 곁들여 먹는다.

FLÛTE 플뤼트 길고 가는 빵의 한 종류인 플뤼트의 무게는 약 200g으로 일반 바게트(250g)와 피셀(125g)의 중간 정도다. 일반적으로 바게트의 흰 반죽과는 달리 특수한 반죽으로 만드는 경우가 많다(flûte à l'ancienne, flûte de campagne).

FLÛTE (VERRE) 플뤼트(글라스) 샴페인이나 기타 스파클링 와인을 서빙하는 가늘고 긴 모양의 와인 잔을 지칭한다. 기포가 빨리 날아가는 것을 막

FLEURS COMESTIBLES 식용 꽃

capucine
카퓌신. 한련화

camomille
카모밀. 카모마일

rose de Provins
로즈 드 프로뱅스. 프로뱅스 장미

bégonia
베고니아. 베고니아

pissenlit
피상리. 민들레

violette de Toulouse
비올레트 드 툴루즈. 툴루즈 제비꽃

pensée miniature
팡세 미니아튀르. 미니 팬지

pâquerette
파크레트. 데이지

souci
수시. 금잔화

chrysanthème comestible
크리장템 코메스티블. 식용 국화

trèfle rouge
트레플 루즈. 붉은 토끼풀

fleur d'oranger
플뢰르 도랑제. 오렌지 블로섬

monarde
모나르드. 모나르다, 베르가못

sureau
쉬로. 딧나무 꽃, 엘더베리 꽃

populage des marais
포퓔라주 데 마레. 동의나물 꽃, 입금화(立金花)

bourrache
부라슈. 보리지

pélargonium
펠라르고니엄. 펠라고늄

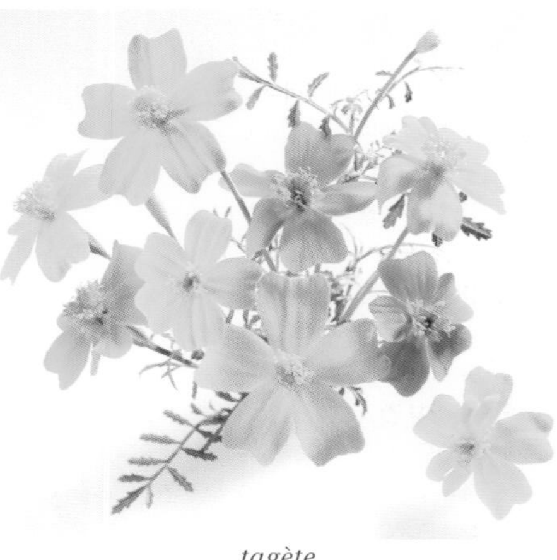

tagète
타제트. 매리골드

아주기 때문에 입구가 넓은 글라스보다 탄산을 더 오래 즐기며 마실 수 있다. 또한 플뤼트는 가늘고 키가 큰 와인병을 가리키는 명칭이다. 오래전부터 알자스, 모젤, 라인강 지역 화이트와인 병으로 사용되고 있으며, 최근에는 로제와인도 이 모양의 병에 담긴 제품이 많아졌다.

FOCACCIA 포카치아 푸가스와 마찬가지로 납작하고 둥근(지름 약 35cm) 모양의 이탈리아 빵으로, 올리브오일, 마늘, 세이지 잎으로 향을 더하고 경우에 따라 작게 깍둑 썬 햄을 넣기도 한다. 가벼운 식사에 곁들여 먹거나 샌드위치용으로 사용한다.

FOIE 푸아 간. 정육, 가금류, 수렵육 동물의 간으로 붉은색 내장에 해당한다(**참조** p.10 부속 및 내장 도표)

■**사용.** 모든 종류의 간 중에 가장 부드럽고 맛이 좋은 것은 송아지 간이다. 송아지 간은 통째로(돼지비계를 박아 오븐에 굽는다) 또는 도톰하게 슬라이스하여(그릴에 굽기, 팬 프라이, 소테, 소스를 곁들인 요리 등) 조리한다. 이탈리아와 프랑스 요리에서 송아지 간 요리는 으뜸가는 별미로 대우받는다. 이어서 순서대로 암송아지와 양의 간을 꼽을 수 있는데 이 둘 모두 식감이 아주 연하다(팬에 지지거나 꼬치에 꿰어 그릴에 굽는다). 소의 간은 맛은 좀 떨어지지만 가격은 훨씬 저렴하며 주로 팬에 지져 먹는다. 돼지 간은 다른 부재료와 함께 냄비에 익히는 코코트 요리를 만들기도 하지만 대부분은 샤퀴트리용(파테, 테린 등)으로 사용된다. 가금류 동물의 간 또한 요리에서 많이 쓰인다. 꼬치로 만들어 굽거나 리소토, 필라프 및 다양한 가니시에 넣는다. 브레스 닭의 황금색 간(foies blonds)은 닭 간 테린에 사용되는 아주 인기있는 재료다. 오리의 간은 푸아그라용으로 살찌운 것이 아닌 경우에도 그 맛이 아주 섬세하며, 특히 아르마냑과 건포도를 넣고 요리하면 아주 맛있다. 생선의 간 중에서 몇 종류는 먹을 수 있다. 특히 홍어와 아귀의 간은 요리에 사용한다. 염장대구의 간은 기름에 저장한 뒤 훈연해 차가운 카나페에 발라 먹는다.

attereaux de foies de volaille à la mirepoix ▶ ATTEREAU (BROCHETTE)
beignets de foie de raie ▶ BEIGNET
croustades de foies de volaille ▶ CROUSTADE
farce de foie ▶ FARCE
feuilletés de foies de volaille ▶ FEUILLETÉ

foie d'agneau persillé 푸아 다뇨 페르시예

파슬리를 뿌린 양 간 소테 : 4인분 / 준비: 10분 / 조리: 6분

양의 간을 각 75g씩 8조각으로 슬라이스한 다음 가장자리를 덮고 있는 투명한 막을 벗긴다. 마늘 4톨의 껍질을 벗기고 반으로 갈라 싹을 제거한 다음 곱게 다진다. 논스틱 코팅한 팬에 버터 40g을 녹인다. 양 간에 소금, 후추를 뿌린 뒤 튀기듯이 지진다. 살짝 핑크빛이 돌 정도인 로제(rosé) 상태로 익힌 뒤 서빙 접시에 담는다. 간을 지져낸 버터에 다진 마늘을 넣고 색이 나지 않게 볶는다. 와인 식초 4테이블스푼을 넣고 디글레이즈한 다음 끓을 때까지 가열한다. 소금, 후추로 간을 맞춘 뒤 양 간에 소스를 끼얹는다. 다진 파슬리를 뿌려 서빙한다.

foie de veau à l'anglaise 푸아 드 보 아 랑글레즈

영국식 송아지 간 소테 : 4인분 / 준비: 5분 / 조리: 6분

송아지 간을 각 150g씩 4조각으로 슬라이스한 다음 가장자리를 덮고 있는 투명한 막을 벗긴다. 얇게 썬 베이컨 슬라이스 8장의 껍질과 연골 뼈를 제거한다. 소테팬에 버터 20g을 녹인 뒤 베이컨을 너무 마르지 않을 정도로 볶는다. 건져서 접시에 담아 따뜻하게 보관한다. 송아지 간에 고운 소금과 갓 갈아낸 통후추를 뿌린 다음 베이컨을 볶은 기름에 튀기듯이 지진다. 살짝 핑크빛이 돌 정도인 로제(rosé) 상태로 익혀야 송아지 간의 섬세한 풍미를 최대로 끌어올릴 수 있다. 서빙 접시에 간을 담고 그 위에 베이컨을 올린다. 간을 지진 팬에 버터를 20g 더 넣고 살짝 갈색이 나기 시작할 때(beurre noisette)까지 가열한 다음 송아지 간에 뿌리고 바로 서빙한다.

foie de veau à la créole 푸아 드 보 아 라 크레올

크레올식 송아지 간 소테 : 4인분 / 준비: 30분 / 조리: 10-15분

돼지비계 80g을 작은 막대 모양으로 썰어 식용유, 라임즙, 소금, 후추, 다진 파슬리, 타임 잎, 잘게 부순 월계수 잎 혼합물에 몇 분간 담가 재운다. 중간 크기의 양파 1개를 잘게 썬다. 중간 크기의 토마토 2개의 껍질을 벗기고 속을 빼낸 뒤 잘게 썬다. 각 150g씩 자른 송아지 간 슬라이스 4장에 돼지비계를 박아 넣은 뒤 그 향신 양념에 다시 20분 정도 재운다. 송아지 간을 건져 뜨겁게 달군 논스틱 코팅팬에 놓고 센 불에서 지진다. 건져서 뜨겁게 유지한다. 간을 지진 기름에 마리네이드 향신 양념 남은 것을 모두 넣고 양파를 넣어 3분간 볶은 뒤 토마토를 넣는다. 소금, 후추로 간하고 약 8분간 익힌다. 송아지 간을 서빙 접시에 담고 소스를 끼얹은 뒤 다진 파슬리를 뿌려 바로 서빙한다.

foie de veau à la lyonnaise 푸아 드 보 아 라 리오네즈

리옹식 송아지 간 소테 : 송아지 간을 가늘고 길게 썰어 소금, 후추로 간 한 뒤 밀가루를 뿌려 버터에 노릇하게 지진다. 서빙 접시에 담고 뜨겁게 유지한다. 양파의 껍질을 벗기고 얇게 썬 다음 나른해질 때까지 버터에 볶는다. 여기에 육수를 농축한 글레이즈(glace de viande)를 넣고 섞은 뒤 간에 끼얹어 준다. 팬에 뜨겁게 데운 식초를 한 바퀴 뿌린 뒤 잘게 썬 파슬리를 뿌려 서빙한다. 토마토를 넣은 그린빈스와 곁들여 먹는다.

foie de veau rôti 푸아 드 보 로티

송아지 간 로스트 : 굵게 썬 돼지비계를 송아지 간 덩어리 한 개에 군데군데 박아준다. 코냑을 뿌리고 소금, 후추, 카트르 에피스 한 자밤 다진 파슬리를 뿌려 양념한다. 돼지 크레핀(미리 찬물에 담가두었다 꼭 짜고 물기를 닦은 뒤 잘 펴놓는다)으로 간을 감싼 뒤 주방용 실로 묶는다. 로스팅 팬에 넣고 220°C 오븐에서 10분간 구워 겉면에 색을 낸 다음 180°C로 온도를 낮춰 30분간 익힌다. 로스팅 팬에 남은 육즙에 화이트와인을 넣고 디글레이즈한 다음 맑은 송아지 육수를 넣고 졸여 소스를 만든다. 송아지 간 로스트의 실을 제거하고 소스를 함께 서빙한다. 윤기나게 익힌 당근 글레이즈를 곁들인다.

알렉상드르 뒤멘(ALEXANDRE DUMAINE)의 레시피

foie de veau à la Saulieu 푸아 드 보 아 라 솔리외

솔리외식 송아지 간 요리 : 송아지 간을 핑크빛이 돌 정도인 로제(rosé)로 익히려면 가능하면 덩어리로 사용하거나 두툼하게 썰어 익히는 게 좋다. 화이트와인에 향신 재료를 넣고 송아지 간을 몇 시간 재워둔 다음 돼지 크레핀으로 감싸고, 버터를 달군 소테팬에 넣어 고루 지진다. 소테팬의 버터를 덜어낸 다음 새 버터를 넣어준다. 화이트와인 한 잔을 붓고 뚜껑을 연 채로 끓여 증발시킨다. 약간의 마데이라 와인과 마리네이드했던 향신액을 넣고 뚜껑을 덮은 상태로 익힌다(파운드당 약 15분). 간을 건져낸다. 잘랐을 때 속이 로제로 익은 상태여야 한다. 소테팬에 송아지 육수를 조금 붓고 끓여 소스를 만든 뒤 고운 면포에 거른다. 간을 맞춘다. 밀가루와 레몬즙, 소금을 넣은 블랑(blanc) 익힘액에 삶아 건진 닭 볏과 콩팥에 소스 페리구르딘(sauce périgourdine)을 끼얹은 뒤 크루스타드에 채운다. 송아지 간에 크루스타드를 곁들여 서빙한다. 소스는 용기에 담아 따로 낸다.

foie de veau sauté à la florentine 푸아 드 보 소테 아 라 플로랑틴

시금치를 곁들인 송아지 간 소테 : 4인분 / 준비: 30분 / 조리: 6분

팬에 버터 40g을 달궈 거품이 일기 시작하면 어린 시금치 잎 800g을 넣고 숨이 죽도록 볶은 뒤 간을 맞춘다. 중간 크기 양파 1개의 껍질을 벗기고 둥글게 썰어 링을 하나씩 분리한다. 튀김 반죽(참조. p.632 PÂTE À FRIRE)에 담갔다 뺀 뒤 160°C 기름에 넣어 튀긴다. 뜨겁게 유지한다. 버터를 바른 서빙용 접시에 시금치를 깔고 뜨겁게 유지한다. 소테팬에 버터를 녹인 뒤 거품이 일기 시작하면 각 150g씩 자른 송아지 간 슬라이스 4장을 넣고 센 불에서 노릇하게 지져낸 다음 시금치 위에 놓는다. 소테팬에 화이트와인 100mℓ를 넣고 디글레이즈한 다음 졸인다. 이어서 송아지 육즙 소스 100mℓ를 넣고 끓을 때까지 가열한다. 간을 맞추고 불에서 내린 뒤 차가운 버터 한 조각을 넣고 거품기로 잘 저어 섞는다. 송아지 간에 소스를 끼얹고 그 위에 튀긴 양파 링을 보기 좋게 얹어 서빙한다.

foies de raie au vinaigre de cidre ▶ RAIE
fritots de foies de volaille ▶ FRITOT

알랭 샤펠(ALAIN CHAPEL)의 레시피

gâteau de foies blonds de poularde de Bresse, sauce aux queues d'écrevisse à la Lucien Tendret 갸토 드 푸아 블롱 드 풀라르드 드 브레스, 소스 오 쾨 데크르비스 아 라 뤼시엥 탕드레

브레스 닭 간 무스 테린, 뤼시엥 탕드레식 민물가재 소스 : 4인분 / 준비: 30분 / 조리: 1시간

우선 민물가재 소스를 만든다. 쿠르부이용 1ℓ에 붉은 발 민물가재 24마리를 넣어 익힌다. 껍질을 벗긴 뒤 살만 발라 소테팬에 넣고 소금, 후추로 간을 한 뒤, 얇게 썬 생송로버섯 몇 조각(선택사항)과 민물가재 버터(beurre d'écrevisse) 50g을 넣어준다. 센 불에서 볶은 뒤 샴페인 10mℓ을 넣어 디글레이즈 한다. 생크림 150mℓ를 넣고 1-2분간 끓인 뒤 불에서 내린다. 홀랜다이즈 소스 200mℓ를 넣고 거품기로 잘 섞는다. 소스를 뜨겁게 유지한다. 블렌더에 브레스 닭의 황금색 간 175g과 생크림 120g, 달걀노른자 3개, 달걀 3개를 넣고 갈아준다. 소금을 넣은 따뜻한 우유 350mℓ와 넛멕 가루와 카옌페퍼를 한 자밤씩 넣고 다시 간다. 오븐을 100°C로 예열한다. 테린 틀 안쪽에 버터를 바르고 혼합물을 틀 높이의 1cm 아래 지점까지 오도록 붓는다. 오븐용 바트에 망을 놓고 그 위에 테린을 얹는다. 바트에 뜨거운 물을 붓고 오븐에 넣어 중탕으로 익힌다. 테린 틀이 중탕 바트 바닥에 닿지 않도록 한다. 물이 끓지 않게 유지하면서 약 1시간을 익힌다. 테린 표면이 단단하고 매끈해야 한다. 손가락으로 눌러 익은 상태를 체크한다. 틀의 물기를 닦고, 뜨겁게 데워 놓은 서빙 접시에 엎어 틀을 분리한다. 소스를 끼얹어 낸다.

pâté de foies de volaille ▶ PÂTÉ
soufflé aux foies de volaille ▶ SOUFFLÉ
soupe aux boulettes de foie à la hongroise ▶ SOUPE

FOIE GRAS 푸아그라 기름진 간이란 뜻인 푸아그라는 가축으로 사육한 거위나 오리의 간으로, 당질 사료를 강제로 먹이는 가바주(gavage)를 통해 그 크기가 아주 비대해진 것이다. 거위나 다른 동물에게 먹이를 강제로 주입하는 가바주 방식은 파라오 시대 이집트인들에 의해 이미 행해졌다. 이후 로마인들은 무화과를 강제로 먹여 사육했고, 거위를 도살한 뒤 간을 빼내어 꿀을 넣은 우유에 몇 시간 동안 담가 향을 입혔다. 오늘날에는 주로 옥수수 사료를 먹인다. 이렇게 살찌워 비대해진 간은 거위의 경우 평균 600-900g, 오리는 400-600g 정도 된다. 무게가 더 많이 나가면 맛과 질에는 영향을 주지 않지만 조리 시 지방이 손실될(녹을) 위험이 더 크다. 프랑스는 쉬드 우에스트(거위, 오리), 방데, 루아르(오리), 알자스(거위) 등지에서 연간 약 17,000톤의 푸아그라를 생산한다. 이 중 2,000톤은 스페인과 일본으로 수출되며, 한편으로는 불가리아, 헝가리, 이스라엘에서 연간 3,000톤을 수입하기도 한다. 오슈(Auch)의 유명 요리사 앙드레 다갱(André Daguin)은 "우리 제르(Gers) 지방에서는 푸아그라 하면 더운 푸아그라 요리를 뜻한다. 뭐니 뭐니 해도 오리 간 푸아그라를 최고로 친다."라고 주장했다.

푸아그라의 색은 연한 미색에서 핑크빛을 띤 흰색이다. 상온에서 손가락으로 눌러보아 말랑하고 탄력이 있으며 혈종이 없어야 한다. 푸아그라를 다룰 때는 위생에 철저히 신경을 써야 하며, 반드시 장갑을 끼고 작업한다(리스테리아 균의 감염을 막기 위함이다). 생산, 보관, 운송에 이르기까지 언제나 냉장보관해야 함은 물론이다. 푸아그라를 베이스로 한 대부분의 식품에는 허용치 범위 내의 방부제(아질산염)가 함유돼 있다.

■ **종류.** 푸아그라는 통째로 또는 자르거나 분쇄하여 익히거나 다양한 요리에 재료로 사용된다. 푸아그라로 만든 식품들은 1994년부터 관련 규정의 통제를 받고 있다.

● FOIE GRAS CRU 생 푸아그라. 진공 포장으로 판매되며 특히 크리스마스 등 연말 파티 시즌에 수요가 아주 많다. 정확하고 섬세한 조리와 익힘 기술이 요구된다.

● FOIE GRAS FRAIS (OIE OU CANARD) 프레시 푸아그라. 샤퀴트리 전문점이나 식당에서 조리하여 익힌 것으로 일반적으로 원하는 양만큼 절단하여 구매할 수 있다. 2-4°C 온도에서 며칠간 보관가능하다(보통 1인당 50-70g 정도로 준비한다).

● FOIE GRAS « MI-CUIT » 한 번 익힌 푸아그라. 캔이나 밀폐 용기 또는 진공 비닐팩으로 밀봉한 뒤 저온멸균(pasteurisé) 과정을 거친 상태이다. 냉장고(4°C)에서 몇 달간 보관가능하다.

● FOIE GRAS EN CONSERVE 통조림 푸아그라. 증기 소독기에서 멸균을 거친 것으로 이로 인해 맛이 약간 떨어질 수 있다. 주로 밀폐형 유리 단지 포장으로 판매되며, 와인처럼 시간이 지나면서 맛이 더 좋아지며 몇 년간 보관할 수 있다.

● 다양한 푸아그라 제품들. 푸아그라 베이스의 식품들은 1994년 1월 1일 이후로 엄격한 신규 규정의 통제를 받고 있다. 푸아그라 앙티에(foie gras entier, 거위, 오리 모두 포함)는 간 덩어리 그대로인 제품이고, 일반 푸아그라(foie gras)는 작은 조각을 포함한다(거위와 오리의 간을 혼합하는 것은 금지되어 있다). 파르페 드 푸아(parfait de foie)는 푸아그라 함량이 최소 75% 이상(거위, 오리 혼합 가능) 되어야 한다. 메다이용(médaillon) 또는 파테 드 푸아(pâté de foie)와 무스 드 푸아(mousse de foie)는 푸아그라 함량이 50% 이상 되어야 한다.

■ **사용.** 거위 간, 오리 간을 막론하고 푸아그라는 항상 고급 식재료로 여겨진다. 요리 방식에 따라 푸아그라를 먹는 방법도 변화를 겪게 되었다. 옛날에는 푸아그라를 샐러드와 함께 먹었다. 오늘날은 주로 애피타이저로 토스트한 빵, 단맛이 있는 디저트 와인(vin liquoreux: 소테른 sauternes, 몽바지약 monbazillac, 쥐랑송 jurançon 등), 알자스 와인(게부르츠트라미너 gewurztraminer) 또는 주정강화 스위트 와인(vin doux naturel: 바뉠스 banyuls, 모리 maury, 뮈스카 드 리브잘트 muscat de Rivesaltes, 포트와인 porto 등)을 곁들여 먹는다. 누벨 퀴진에서도 기존의 클래식 요리 못지않게 푸아그라가 적극적으로 사용되었으며, 무화과, 리크의 녹색 부분, 단호박, 가리비조개, 국자가리비 등과 매칭하는 등 독창적인 조합을 선보이기도 했다. 클래식 요리에서 푸아그라는 아직도 음식의 격을 높이는 고급 재료다. 더운 요리(에스칼로프로 잘라 팬에 소테하거나 밀가루를 입혀 지지기, 건포도를 곁들이거나 마데이라 와인에 조리하기, 크루통 빵에 얹어내기, 수바로프식(à la Souvarov), 송로버섯이나 아티초크 곁들이기, 브리오슈, 쇼송, 코코트 요리, 크레핀에 싸서 조리하기, 무스, 팬케이크, 파테, 수플레 등)뿐 아니라 차갑게 서빙(아스픽, 코키유, 쇼 프루아, 젤리, 무스, 테린 및 스터핑 혼합물 등)하는 요리에도 다양하게 푸아그라를 사용한다. 아 라 페리구르딘(à la périgourdine)이란 명칭과 로시니(Rossini)라는 이름이 붙은 요리에는 대부분 푸아그라가 들어간다.

로제 라마제르(ROGER LAMAZÈRE)의 레시피

foie gras cru : préparation 푸아그라 크뤼

생 푸아그라 준비하기 : 끝이 가는 뾰족한 칼을 사용해 푸아그라의 힘줄을 제거한다. 제일 굵은 핏줄이 위치한 가장 불룩한 끝에서부터 시작하여 칼집을 내 가른 다음 핏줄을 떼어낸다. 칼로 조심스럽게 핏줄을 따라가며 당겨 떼어낸다. 혈관이 갈라지는 지류를 따라가며 핏줄과 잔 힘줄을 완벽히 제거한다. 펼쳐진 간에 고운 소금(1kg당 12g)과 갓 갈아낸 후추(1kg당 4g)로 간을 한다. 간을 다시 닫아 여민 뒤 얇은 면포로 단단히 감싸 냉장고에 하룻밤 넣어둔다.

aspic de foie gras ▶ ASPIC
beignets de foie gras (cromesquis) ▶ BEIGNET
choux à la mousse de foie gras ▶ CHOU

크리스티앙 콩스탕(CHRISTIAN CONSTANT)의 레시피

confit de foie gras, quenelles de figues et noix 콩피 드 푸아그라, 크넬 드 피그 에 누아

무화과 크넬과 호두를 곁들인 푸아그라 콩피 : 600g짜리 오리 간 한 개의 핏줄을 제거하고 게랑드 소금과 굵게 부순 통후추로 간한 뒤 다시 모양대로 감싸 24시간 동안 냉장고에 재워둔다. 간을 닦아 수분을 제거한 다음 차가운 액체 상태의 오리 기름 400g에 넣는다. 정향 2개, 통후추 10알, 마늘 한 톨을 넣고 약한 불에 올려 70°C 상태로 30분간 천천히 익힌다. 그 기름에 넣은 채로 24시간 휴지시킨 다음 꺼내서 겉면을 닦아준다. 게랑드 소금과 굵게 부순 통후추를 뿌린다. 말린 무화과 500g에 푸아그라 자투리를 넣고 블렌더에 퓌레 상태가 되도록 간 다음 크넬 모양을 만든다. 각종 채소를 혼합한 샐러드 100g에 비네그레트 소스 200mℓ를 넣어 살살 버무린다. 푸아그라를 도톰하게 슬라이스해 접시에 담고 샐러드와 무화과 크넬을 곁들여 놓는다. 호두, 젤리, 처빌 등으로 장식한다.

escalopes froides de foie gras aux raisins et aux truffes 에스칼로프 프루아드 드 푸아그라 오 레쟁 에 오 트뤼프

포도와 송로버섯을 곁들인 차가운 푸아그라 에스칼로프 : 핏줄을 제거한 뒤 면포에 싸 냉장고에 보관해두었던 생 푸아그라를 아주 진하고 풍미가 좋은 콩소메에 넣고 데쳐 익힌다. 꺼내서 식힌 뒤 다시 면포로 단단히 싸서 냉장고에 12시간 동안 넣어둔다. 도톰한 두께로 어슷하게 슬라이스한다. 각 푸아그라 에스칼로프 위에 큼직한 송로버섯 슬라이스 한 장을 얹고 즐레로 고정시킨 다음 표면에도 즐레를 윤기나게 발라준다. 껍질과 씨를 제거하고 약간의 샴페인에 재워두었던 포도알을 서빙 접시 중앙에 수북

Foie gras 푸아그라

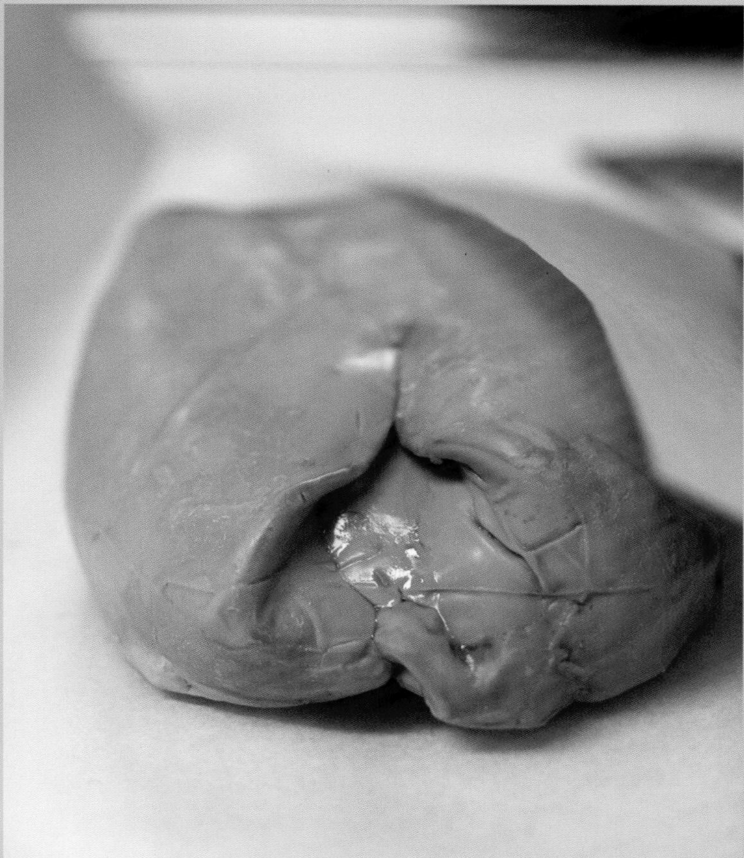

"연말 파티 음식의 상징이자 진정한 테루아의 산물인 푸아그라는 프랑스 가스트로노미의 꽃이다. 프레시, 테린, 팬프라이 등 다양한 조리법의 푸아그라는 그 자체만으로도 크리용 호텔, 포텔 에 샤보, 레스토랑 가르니에의 고객들에게 언제나 사랑받는 최고의 요리다."

이 담는다. 송로버섯을 얹은 푸아그라를 빙 둘러 놓는다. 포트와인으로 향을 낸 즐레를 전체에 끼얹고 뚜껑을 덮어 냉장고에 넣어둔다.

장 피에르 비피(JEAN-PIERRE BIFFI)의 레시피

fingers au foie gras 핑거즈 오 푸아그라

푸아그라를 채운 페이스트리 스틱 : 12개 분량

오븐을 190°C로 예열한다. 긴 나무젓가락 3개를 준비한다(길이 50cm, 지름 7mm). 푸아그라 기름을 바른 필로 페이스트리를 젓가락의 굵은 쪽부터 시작하여 돌돌 말아준다. 칼로 젓가락마다 페이스트리를 4등분해 칼집을 낸다. 오븐에서 6-7분 굽는다(색이 너무 진해지지 않도록 주의한다). 꺼낸 뒤 페이스트리 스틱을 조심스럽게 밀어 빼낸 뒤 식힌다. 푸아그라(foie gras mi-cuit) 120g을 블렌더로 간 다음 가는 깍지를 끼운 짤주머니를 사용하여 필로 페이스트리 스틱 안에 짜 넣는다. 건포도(raisin de Corinthe)로 양쪽 끝을 막아준다.

에르베 뤼소(HERVÉ LUSSAULT)의 레시피

foie gras de canard des Landes confit au vin jaune 푸아그라 드 카나르 데 랑드 콩피 오 뱅 존

뱅 존에 콩피한 랑드산 오리 푸아그라 : 6인분

500-600g짜리 오리 간 한 개의 핏줄을 꼼꼼히 제거한 다음 고운 소금 6g, 후추 1g을 뿌려 간한다. 뱅 존 20mℓ를 뿌린 뒤 원래 모양대로 여며 24시간 동안 냉장고에 넣어둔다. 오븐을 120°C로 예열한다. 푸아그라를 테린 용기에 넣고, 물을 1/3 정도 채운 중탕용 바트에 놓는다. 오븐에 넣어 중탕으로 15분간 익힌다. 푸아그라 덩어리를 꺼내 체에 놓고 기름을 뺀다. 다시 테린 용기에 넣은 뒤 냉장고에 2-3일간 넣어두었다 먹는다. 얇게 썰어 토스트한 식빵을 곁들인다.

엘렌 다로즈(HÉLÈNE DARROZE)의 레시피

foie gras de canard des Landes grillé au feu de bois, artichauts épineux et jus de barigoule 푸아그라 드 카나르 데 랑드 그리예 오 푀 드 부아, 아르티쇼 에피뇌 에 쥐 드 바리굴

숯불에 구운 랑드산 오리 푸아그라, 아티초크와 바리굴 소스 : 6인분

끝이 뾰족한 아티초크(artichauts épineux) 9개(또는 보라색 아티초크 12개)를 돌려 깎아 겉잎을 제거하고 살을 반으로 잘라 속의 털을 긁어낸다. 햄 자투리살 50g을 라르동으로 썰어둔다. 당근 100g과 양파 1개의 껍질을 벗긴다. 당근을 작게 깍둑 썰고 양파는 얇게 썬다. 팬에 오리 기름을 약간 두른 뒤 햄과 당근, 양파를 볶다가 주니퍼베리 1g, 고수 씨 1g, 마늘 1톨을 넣는다. 살짝 노릇한 색이 나면 아티초크를 넣고 볶는다. 통후추 1g, 소금, 에스플레트 칠리가루를 넣어 간을 한다. 화이트와인 50mℓ를 넣고 디글레이즈한 다음 완전히 증발할 때까지 졸인다. 흰색 육수 500mℓ와 부케가르니를 넣고 가운데 구멍을 뚫은 유산지로 덮어준 다음 약한 불로 끓인다. 아티초크가 익으면 마늘, 부케가르니, 주니퍼베리, 고수 씨, 통후추를 건져낸다. 체에 거른 뒤 국물을 보관한다. 필요하면 국물을 졸인다. 레몬 콩피 1/2개의 껍질을 가늘게 썰어 아티초크에 넣어준다. 700-750g짜리 랑드산 오리 푸아그라 한 덩어리를 6조각으로 도톰하게 슬라이스한다. 서빙하기 바로 직전, 소금과 에스플레트 칠리가루를 뿌려 간을 한 다음 숯불에 그릴을 놓고 각 면당 2-3분씩 굽는다. 또는 기름을 두르지 않은 상태로 뜨겁게 달군 논스틱 팬에 구워도 좋다. 안초비(anchois de Cantabrique) 15g을 작은 소테팬에 익힌다. 완전히 녹아 흐물어지면 아티초크 익힌 국물 300mℓ를 붓고 잠깐 동안 졸인다. 버터 20g을 넣고 거품기로 잘 섞어준다. 아티초크를 접시에 담고 그 옆에 푸아그라를 놓는다. 플뢰르 드 셀(fleur de sel) 2g을 뿌린다. 안초비 소스를 뿌린 뒤 서빙한다.

필립 브룬(PHILIPPE BRAUN)의 레시피

foie gras de canard, truffe et céleri-rave en cocotte lutée 푸아그라 드 카나르, 트뤼프 에 셀르리 라브 앙 코코트 뤼테

오리 푸아그라, 송로버섯, 셀러리악 코코트 : 500g짜리 셀러리악 2개의 둥근 모양을 유지하며 껍질을 벗긴 뒤 세로로 반을 자르고 그것을 다시 각각 세로로 6등분한다. 레몬즙을 뿌려둔다. 소테팬에 셀러리악을 한 켜로 깐 다음 진한 닭 육수를 재료 높이만큼 붓고, 팬의 크기로 자른 유산지를 덮어준다. 약하게 끓는 상태로 10분간 익힌다. 큰 냄비에 600g짜리 오리 푸아그라 2개를 넣고 육수를 부은 다음 가열한다. 끓기 시작하면 불을 줄이고 90°C 온도로 30분간 데쳐 익힌다. 두 개의 타원형 코코트 구리냄비(30 x 17cm)에 셀러리악을 12조각씩 넣고 익힌 국물을 300mℓ씩 넣는다. 다진 송로버섯을 30g씩 뿌린 다음 각각 푸아그라 1덩어리, 페리고르산 검은 송로버섯 슬라이스 120g을 넣고 게랑드 소금을 넉넉히 한 자밤씩 뿌린다. 냄비 뚜껑을 덮은 뒤 띠 모양으로 자른 파트 퓌유테 반죽 안쪽에 물을 묻히고 가장자리에 빙 둘러 붙여 밀봉한다. 반죽 겉면에 달걀물을 발라준다. 220°C로 예열한 오븐에서 12분간 익힌다. 반죽을 깨고 푸아그라를 꺼내 두께 1cm로 슬라이스한다. 우묵한 접시에 셀러리악과 송로버섯을 담고 그 위에 푸아그라를 얹은 뒤 게랑드 소금(플뢰르 드 셀)을 뿌려 서빙한다.

제라르 비에(GÉRARD VIÉ)의 레시피

foie gras de canard au vin de Banyuls 푸아그라 드 카나르 오 뱅 드 바뉠스

바뉠스 와인에 익힌 오리 푸아그라 : 4인분

3시간 전, 프레시 오리 푸아그라 100g짜리 슬라이스 4장에 소금을 뿌려둔다. 냄비에 바뉠스 와인 250mℓ와 닭 육수 250mℓ를 넣고 5분간 약하게 끓인다. 찬물에 담가 불려둔 판 젤라틴 3장을 꼭 짜서 넣는다. 끓기 시작하면 푸아그라를 넣고 한 면당 30초씩 약하게 끓는 상태로 데친다. 불을 끄고 그대로 5분 정도 식힌 다음 푸아그라를 건져 키친타월 위에 놓고 물기를 뺀다. 모두 거의 다 식으면 푸아그라 슬라이스를 젤리처럼 굳기 시작한 국물에 넣고 냉장고에 24시간 보관한다. 서빙 시 푸아그라 슬라이스에 소금과 후추를 조금씩 갈아 뿌린다.

gâteau de topinambour et foie gras à la truffe ▶ TOPINAMBOUR
mousse de foie gras de canard ou d'oie ▶ MOUSSE
pâté de foie gras truffé ▶ PÂTÉ
pigeon désossé au foie gras ▶ PIGEON ET PIGEONNEAU
pigeon et foie gras en chartreuse au jus de truffe ▶ PIGEON ET PIGEONNEAU
purée de foie gras ▶ PURÉE
purée de maïs au foie gras ▶ MAÏS
truffe en papillote et son foie gras d'oie ▶ TRUFFE
velouté de châtaigne au foie gras et céleri au lard fumé ▶ VELOUTÉ

FOIRE 푸아르 각종 상품(특히 식품)을 판매하는 대형 공공 장터의 성격을 띤 박람회로 특정 날짜와 장소에서 열린다. 만국 박람회나 가축 시장을 지칭하기도 하는 용어인 푸아르, 또는 지역 특산 먹거리를 전문적으로 파는 각종 행사를 뜻하는 푸아르와는 구분된다.

이러한 박람회의 전통은 12세기 샹파뉴 지방의 유명한 프로뱅(Provins), 트루아(Troyes), 라니(Lagny) 장터를 통해 처음 생겨났다. 매년 열리는 이 행사에서는 특히 이탈리아와 플랑드르 지방을 비롯한 유럽 각지의 도매상인들이 몰려들어 양털, 직물, 향신료 등의 상품을 도매로 거래하기도 했다. 매년 열리는 이와 같은 상품 박람회는 점점 그 숫자가 많아졌고 오늘날까지 다양한 행사가 이어지고 있다.

지역 박람회 중에는 세계적으로 알려진 것들도 몇몇 있지만 대부분은 가까운 시장의 성격을 띠는 경우가 많다. 생 드니(Saint-Denis)에서 열리는 푸아르 뒤 랑디(foire du Lendit)를 예로 들 수 있다. 파리에서는 노트르담 성당 앞 광장에서 오랫동안 푸아르 오 라르(foire aux lards 돼지 라드 시장)가 열렸다. 이것은 19세기에 골동품 시장과 합쳐지면서 고물과 햄 장터(foire à la ferraille et au jambon)라는 이름으로 바스티유 지역으로 옮겨갔다. 오늘날 이와 같은 즐거운 행사는 파리를 떠났고, 수도권의 몇몇 외곽 도시에서 새로운 장소를 찾았다.

특정 식품의 홍보를 위주로 하는 축제나 판매 행사는 이에 해당하지 않는다. 예를 들어 바욘의 햄 박람회, 시유니의 새끼 돼지 박람회, 콜마르의 슈크루트 데이, 뮌헨의 비어 축제, 이탈리아 알바의 화이트 트러플 박람회 등은 상품 박람회를 의미하는 푸아르에 포함되지 않는다.

FOISONNEMENT 푸아존느망 액체나 고체 물질이나 혼합물에 기포의 상

태로 가스(주로 공기)를 주입하여 부피를 늘리는 작업을 가리킨다. 생크림을 거품기로 쳐서 공기를 주입해 휩드 크림을 만드는 것이 바로 이에 해당한다.

FONCER 퐁세 코코트 냄비, 틀, 또는 테린 등의 바닥과 안쪽 벽에 돼지비계, 돼지 껍데기, 향신 재료, 반죽 등을 깔고 대어주는 작업을 뜻한다. 브레이징용 냄비에 향신 재료(얇게 썬 양파, 당근, 타임, 월계수 잎, 파슬리 마늘 등)나 기름 또는 영양분(돼지 껍데기, 뼈, 자투리고기, 염장 삼겹살 등)을 바닥에 깔기, 파테용 테린 용기에 얇게 썬 돼지비계 깔기, 파티스리용 틀의 바닥과 안쪽 벽에 모양과 크기를 맞춰(원형 커터를 사용해 알맞은 크기로 찍어내 준비하거나, 넉넉한 사이즈의 반죽 시트를 틀에 깐 다음 잉여분은 롤러로 한 번 밀어 잘라낸다) 얇게 민 반죽 시트를 앉히기 등이 모두 이에 해당한다. 타르트 링에 반죽 시트를 깔아줄 때 가장자리에 넉넉히 남는 부분을 다듬고 파티스리용 핀처로 빙 둘러 찍거나 손으로 집어서 무늬 장식 테두리를 만들어주기도 한다.

FOND 퐁 육수, 퐁, 스톡. 향신 재료를 넣고 끓인 국물, 부이용을 지칭하며 여기에는 기름기가 있는 것 또는 기름기가 없는 가벼운 것 모두 포함된다. 퐁(fond)은 소스를 만들 때 또는 스튜나 브레이징 요리의 국물을 잡을 때 주로 사용한다. 모든 재료를 직접 액체에 넣고 끓인 것을 흰색 육수(fond blanc), 재료에 색이 나도록 익힌 후 액체를 부어 만든 것을 갈색 육수(fond brun)이라고 한다. 경우에 따라 이러한 육수를 베이스로 만든 소스도 알르망드(allemande), 오로르(aurore), 풀레트(poulette), 쉬프렘(suprême) 등의 흰 소스와, 소스 베르시(Bercy), 보르들레즈(bordelaise), 에스파뇰(espagnole), 피캉트(piquante) 등의 갈색 소스로 분류해 부른다.
■ **사용.** 퐁은 맑은 상태로 혹은 리에종하여 농도가 있는 상태로 사용된다. 주로 송아지, 소, 가금류, 수렵육, 채소, 향신 재료(기름기가 없는 가벼운 육수)로 만들며, 생선 육수는 일반적으로 퓌메(fumet)라고 부른다. 그 밖에 요리를 만드는 데 필요한 기본 국물, 또는 그것을 베이스로 만든 혼합물로는 블랑(blanc), 브레지에르(braisière), 콩소메(consommé), 쿠르부이용(court-bouillon), 에상스(essence), 즐레(gelée), 마리나드(marinade), 마티뇽(matignon), 미르푸아(mirepoix), 루(roux), 소뮈르(saumure), 블루테(velouté) 등이 있다. 퐁(흰색 또는 갈색)은 만드는 시간과 공정이 길고 대부분 비용도 많이 들기 때문에 현실적으로 레스토랑 주방에서나 제대로 만들 수 있다. 일반 가정에서는 소스를 만들 때 주로 포토푀 국물을 이용한다. 더 간편하게는 끓는 물에 넣어 희석해 쓸 수 있는 고형 육수 추출물 제품을 활용하기도 한다.

전통적으로 레스토랑 주방에서 육수는 소스 담당 요리사(saucier)가 만들었다. 보통 많은 양을 미리 만들어 언제든지 사용할 수 있도록 준비해두었다. 물론 이 육수들의 보관 기간은 제한돼 있다. 이런 육수를 사용해 만든 몇몇 진한 소스들은 20세기 초 에스코피에나 이후 누벨 퀴진을 주창하던 요리사들에 의해 너무 무겁고 미식 측면에 있어서도 그리 우수하지 않다는 평가를 받기도 했다. 일반적으로 퐁(흰색, 갈색, 기름기 없이 가벼운 것 모두 포함)을 만들 때 향신 재료의 향은 입혀지지만 소금은 넣지 않는다. 소스 등을 완성할 때까지 육수는 간이 없는 상태로 사용하는 것이 일반적이다. 하지만 소금 알갱이(선택사항)는 다른 재료들과 액체 사이의 삼투현상을 더 쉽게 하여 국물에 재료 맛이 잘 스며들게 하는 효과가 있다.

fond blanc de veau 퐁 블랑 드 보

흰색 송아지 육수 : 송아지 앞다리(어깨)살 750g과 정강이 1kg의 뼈를 제거한 다음 주방용 실로 묶는다. 발라낸 뼈를 잘게 자른다. 모든 재료를 큰 냄비에 넣고 찬물을 재료가 잠기도록 부은 다음 끓을 때까지 가열한다. 거품을 건져가며 몇 분간 끓여 데친 뒤 흐르는 찬물에 깨끗이 헹궈 건진다. 다시 냄비에 넣고 찬물을 부은 뒤 끓을 때까지 가열한다. 거품과 기름을 완전히 거둬낸다. 끓기 시작하면 당근 125g, 양파 100g, 서양 대파 흰 부분 75g, 셀러리 75g, 부케가르니 1개를 넣는다. 3시간 30분 동안 일정한 상태로 약하게 끓인다. 기름을 제거한 다음 아주 고운 체 또는 면포를 깐 체에 거른다.

fond blanc de volaille 퐁 블랑 드 볼라이

흰색 닭 육수 : 송아지 고기와 뼈 대신 닭 한 마리, 닭 날개, 목, 발 등의 자투리와 뼈를 넣고 흰색 송아지 육수와 같은 방법으로 만든다.

fond brun clair 퐁 브룅 클레르

FONCER UN MOULE À TARTE 타르트 틀에 반죽 시트 앉히기

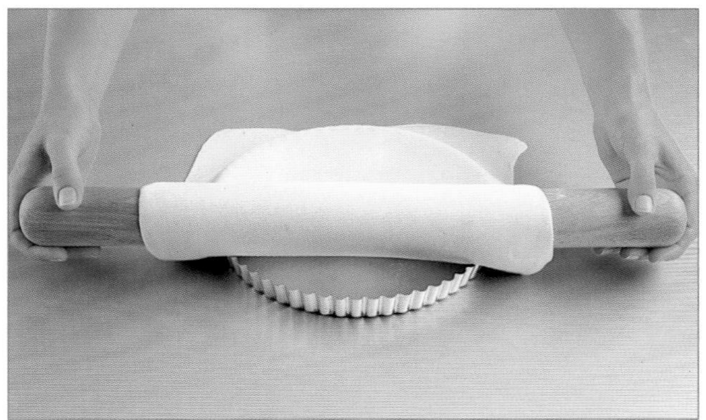

1. 얇게 민 반죽 시트를 틀 위로 옮긴다. 타르트 틀 모양에 맞춰 깔 수 있도록 여유 있게 펼쳐 얹는다.

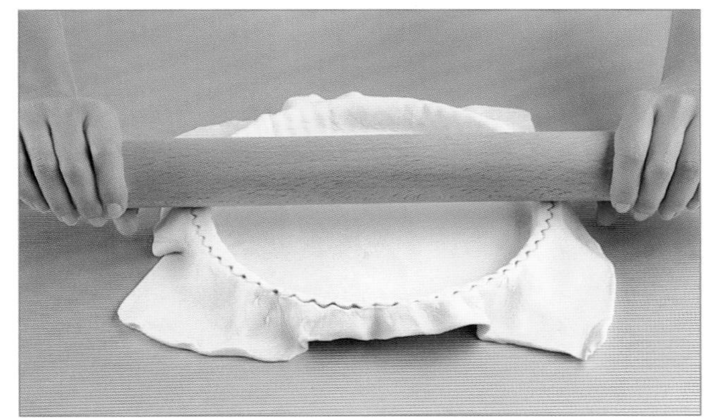

2. 밀대를 틀 위에 놓고 살짝 누르며 굴려 가장자리의 잉여분 반죽을 잘라낸다.

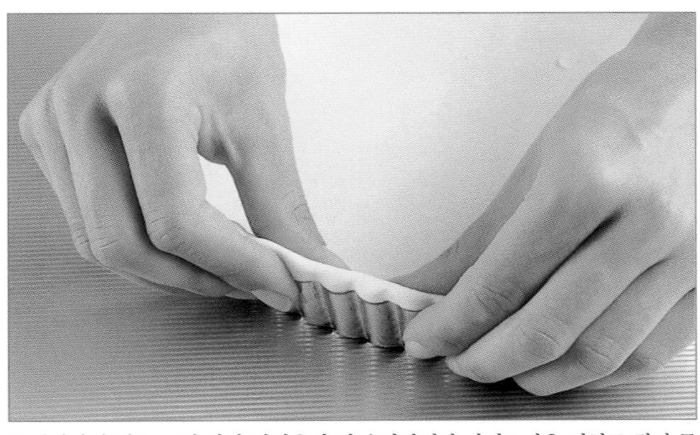

3. 가장자리 벽을 눌러 살짝 밀어올린 뒤 손가락이나 파티스리용 핀처로 집어 무늬 장식 테두리로 마무리한다.

맑은 갈색 육수 : 기름을 제거한 돼지 껍데기 150g, 햄 정강이살 125g을 끓는 물에 넣고 4-5분 데쳐낸다. 오래 끓여 국물을 내는 데 적합한, 기름이 적은 소고기 부위(사태, 부채살)와 송아지 정강이를 각각 1.25kg씩 준비해 뼈를 제거하고 굵직한 큐브 모양으로 썬다. 당근 150g과 양파 100g의 껍질을 벗기고 둥글게 썬다. 큰 냄비에 당근, 양파, 모든 고기 재료, 작게 썬 송아지 뼈 또는 소 뼈 500g, 돼지껍데기를 함께 넣고 오븐에 넣어 색을 낸다. 부케가르니 1개, 마늘 1톨과 물 500mℓ를 넣고 글레이즈(glace 글라스) 상태로 농축될 때까지 졸인다. 다시 한 번 물 500mℓ를 넣고 글레이즈가 되도록 졸인다. 물 2.5-3ℓ를 붓고 굵은 소금 15g을 넣은 뒤 끓을 때까지 가열한다. 끓기 시작하면 불을 줄이고 3시간 30분 동안 약하게 끓인다. 기름을 제거한 뒤 아주 고운 체 또는 면포를 깐 체에 거른다.

fond brun de veau 퐁 브룅 드 보

갈색 송아지 육수 : 송아지 앞다리(어깨)살과 정강이를 각각 1.25kg씩 준비해 뼈를 제거한 뒤 주방용 실로 묶는다. 송아지 뼈 500g을 잘게 자른다. 고기와 뼈를 냄비에 넣고 오븐에 구워 색을 낸다. 당근 150g과 양파 100g의 껍질을 벗기고 둥글게 썰어 고기 냄비에 넣고 부케가르니를 1개 넣는다. 뚜껑을 덮고 수분이 나오도록 약한 불로 15분

간 익힌다. 물 250㎖를 넣고 글레이즈(glace 글라스) 상태로 농축될 때까지 졸인다. 다시 한 번 물 250㎖를 넣고 글레이즈가 되도록 졸인다. 물 또는 흰색 육수 3ℓ를 붓고 끓을 때까지 가열한다. 거품을 건지고 소금을 조금만 넣어준다. 후추를 넣는다. 끓기 시작하면 불을 줄이고 3시간 30분 동안 약하게 끓인다. 기름을 제거한 뒤 아주 고운 체 또는 면포를 깐 체에 거른다.

---

fond de gibier 퐁 드 지비에

수렵육 육수 : 한 종류의 수렵육(암사슴, 노루, 산토끼, 새끼 멧돼지, 자고새, 나이가 많은 꿩 등) 가슴살과 국물용 부위 1.5kg을 주방용 실로 묶은 뒤 오븐에 구워 색을 낸다. 돼지 껍데기를 잘라 끓는 물에 데친 다음, 깍둑 썬 당근과 양파 미르푸아(mirepoix)와 함께 큰 냄비에 넣고 볶는다. 수렵육 고기를 넣고 화이트와인을 부어 디글레이즈한 다음 글레이즈(glace) 상태로 농축될 때까지 졸인다. 찬물을 붓고 부케가르니, 세이지, 로즈마리, 주니퍼베리, 정향을 넣는다. 끓을 때까지 가열한 다음 불을 줄이고 3시간 동안 아주 약하게 끓인다. 기름을 제거한 뒤 아주 고운 체 또는 면포를 깐 체에 거른다.

---

fond de veau lié 퐁 드 보 리에

리에종한 송아지 육수 : 갈색 송아지 육수 2ℓ를 3/4으로 졸인다. 사용하기 바로 전에 애로루트(칡 녹말) 15g을 차가운 송아지 육수 3테이블스푼과 섞어 개어준 다음 졸인 송아지 육수에 넣어 농도를 맞춘다(liaison). 체에 거른 뒤 중탕으로 뜨겁게 보관한다.

FOND DE PÂTISSERIE 퐁 드 파티스리 케이크나 파이, 타르트 등 각종 앙트르메를 구성하는 다양한 식감과 모양의 바닥 시트, 크러스트를 통칭한다. 여기에는 제누아즈 스펀지, 플랑 크러스트, 타르트 시트(파트 아 퐁세 또는 푀유타주), 코크, 머랭 시트 등이 모두 포함된다. 베리숑(berrichon), 나폴리탱(napolitain), 프로그레(progrès), 쉭세(succès) 등을 만들 때처럼 경우에 따라 아몬드나 헤이즐넛 가루를 섞을 수도 있으며, 파트 사블레로 만든 갈레트 등을 사용하기도 한다. 전문 매장이나 레스토랑에서는 미리 파티스리 시트를 만들어 놓은 다음 주문과 수요에 따라 필링을 채우고, 쌓아 모양을 만들고(피에스 몽테), 글레이즈, 아이싱, 장식 등으로 마무리한다.

---

fond napolitain 퐁 나폴리탱

나폴리탄 아몬드 시트 : 깍둑 썬 차가운 버터 250g을 밀가루 250g에 넣고 섞은 뒤 작업대 바닥에 놓고 손바닥으로 눌러 밀어 끊어가며 반죽한다. 여기에 설탕 250g, 아몬드 가루 250g, 달걀노른자 2-3개, 소금 1자밤을 넣고 재빨리 혼합한다. 너무 많이 치대지 않는다. 반죽을 5mm 두께로 민 다음 원형으로 잘라내 200°C로 예열한 오븐에서 굽는다. 완전히 식힌 후 필링을 채워 넣는다.

---

fond noix (noisettes) 퐁 누아(누아제트)

호두(또는 헤이즐넛) 시트 : 호두 또는 헤이즐넛 250g을 분쇄기로 갈아 설탕 250g과 섞는다. 달걀노른자 6-8개(달걀 크기에 따라 조절), 나무 주걱으로 저어 부드럽게 만든 버터 100g, 감자 전분(또는 옥수수 전분) 125g을 넣고 혼합한다. 소금 1자밤을 넣고 단단하게 거품 낸 달걀흰자 10-12개분을 넣고 주걱으로 살살 섞어준다. 베이킹 팬에 버터를 바르고 밀가루를 묻혀둔다. 반죽을 부어 펼쳐 놓은 다음(홀 사이즈 케이크 또는 개인용 프티 갸토용) 180°C로 예열한 오븐(스팀 방출 모드 système de buée ouvert)에서 노릇한 색이 날 때까지 굽는다.

---

fond perlé 퐁 페를레

페를레 시트 : 아몬드 가루 250g과 설탕 250g을 혼합한 뒤, 소금 1자밤을 넣고 단단하게 거품 낸 달걀흰자 10-12개분을 넣고 주걱으로 살살 섞어준다. 베이킹 팬에 버터를 바르고 밀가루를 묻혀둔다. 플랑(flan)용 링을 뜨거운 물에 잠시 담갔다 뺀 다음 베이킹 틀에 놓는다. 혼합물을 채우고 스패출러로 표면을 매끈하게 밀어준다. 슈거파우더를 뿌린 뒤 링을 제거하고 180°C 오븐(스팀 방출 모드 système de buée ouvert)에서 바삭하게 건조될 때까지 굽는다.

---

fond sablé 퐁 사블레

사블레 시트 : 체에 친 밀가루 250g을 작업대에 쏟아 놓고 가운데를 우묵하게 만든다. 여기에 잘게 썬 버터 200g, 달걀노른자 2개, 설탕 75g, 소금 1자밤, 바닐라 슈거 작은 한 봉지를 넣고 우선 이 재료들끼리 혼합한 다음, 밀가루와 조금씩 손가락으로 섞어준다. 손바닥으로 반죽을 끊듯이 눌러 밀며 재빨리 반죽한 다음 둥글게 뭉쳐 냉장고에 넣어둔다. 두께 4-5mm의 원형으로 민 다음 파이틀에 깔아준다. 타원형이나 원형 커터로 잘라낸 뒤 바르케트나 타르틀레트 틀에 앉힌다. 버터를 바른 베이킹 팬에 반죽을 직접 놓고 굽기도 한다.

---

fond à succès 퐁 아 쉭세

쉭세 시트 : 아몬드 가루 250g과 슈거파우더 250g을 혼합한 뒤 단단하게 거품 낸 달걀흰자 8개분을 넣고 살살 섞는다. 원하는 굵기의 원형 깍지를 끼운 짤주머니에 혼합물을 넣는다. 버터를 바르고 밀가루를 묻혀둔 베이킹 팬에 나선형 원반으로 반죽을 짜 놓은 다음 150°C로 예열한 오븐(스팀 방출 모드système de buée ouvert)에서 20분(작은 시트 기준), 또는 45분(크고 좀 더 두꺼운 시트 기준) 동안 구워낸다.

FONDANT 퐁당 퐁당슈거. 퐁당 아이싱 슈거. 설탕 시럽에 글루코스를 첨가한 다음 130°C(그랑 불레 grand boulé)까지 가열한 것으로, 대리석 작업대에 쏟아놓은 뒤 되직하고 불투명한 상태가 될 때까지 스패출러로 펼치고 모으기를 반복해 적당한 질감을 만든 다음 손으로 매만져 반죽한다. 말랑하고 균일한 질감의 흰색의 반죽은 완전히 밀폐해두면 쉽게 보관할 수 있다. 퐁당슈거는 특히 당과류(초콜릿, 봉봉 등)에 많이 사용되며, 용도에 따라 색이나 향을 더하기도 한다. 물, 묽은 시럽 또는 리큐어 등의 술을 조금 넣고 중탕으로 데워 미니 종이컵 포장지에 흘려 넣거나 마지팬, 건과일이나 생과일, 오드비에 절인 체리 등의 겉면을 코팅하는 데도 쓰인다. 파티스리에서는 무향 또는 초콜릿, 커피, 딸기, 라즈베리, 레몬, 오렌지 등의 향을 더한 다음 슈, 에클레어, 제누아즈, 밀푀유 등의 글라사주로 사용한다.

fondants de pommes amandine ▶ POMME

---

glace au fondant 글라스 오 퐁당

퐁당 아이싱 : 바닥이 두꺼운 냄비에 각설탕 2kg과 글루코스 80g, 물 120㎖를 넣고 센 불에서 녹여 가열한다. 118°C(불레 boulé)에 도달하면 불에서 내린다. 기름을 바른 대리석 작업대에 시럽을 쏟아 붓고 따뜻한 온도로 식힌다. 스패출러를 사용하여 시럽이 균일하고 매끈한 흰색이 될 때까지 시럽을 펼치고 모으기를 반복하며 섞어준다. 손으로 뭉쳐 밀폐용기에 담고 뚜껑을 덮은 뒤 냉장고나 시원한 곳에 보관한다. 퐁당을 사용할 때는 작은 냄비에 넣고 약한 불로 살짝 데운다. 아주 소량의 설탕 시럽(보메 30°, 끓는점 약 101.5°C, 밀도 1.1291)을 넣고 원하는 향(리큐어, 커피 에센스, 녹인 초콜릿 등)을 첨가한다.

FONDRE 퐁드르 녹다, 녹이다. 버터, 초콜릿, 고형 지방 등의 식품에 열을 가하여 액체로 만들다. 타는 것을 막기 위해 중탕하거나 열원과 식품이 든 용기 사이에 열 분산 장치를 설치하기도 하며, 녹이는 동안 나무 주걱으로 잘 저어준다. 또한 이 용어는 몇몇 채소에 기름을 넣고 다른 액체를 첨가하지 않은 상태에서 뚜껑을 덮은 뒤 채소 자체의 수분만으로 익히는 저수분 조리를 뜻하기도 한다(**참조** ÉTUVER, SUER).

FONDUE 퐁뒤 프랑스 알프스 지역과 스위스의 특선 요리로, 한 가지 또는 여러 종류의 경성치즈와 화이트와인, 향신 재료를 카클롱(caquelon)이라고 불리는 퐁뒤 전용 편수 냄비에 넣고 약한 불로 녹이며 먹는 음식이다. 퐁뒤 냄비를 테이블 위의 워머에 올리고, 작게 잘라놓은 빵을 긴 꼬챙이가 달린 이빨 두 개짜리 포크로 찍어 뜨겁게 녹인 치즈에 각자 찍어 먹는다.

앙텔름 브리야 사바랭이 그의 저서『맛의 생리학(*Physiologie du goût*)』에서 소개한 레시피는 치즈를 넣은 스크램블드 에그 정도이지만, 사부아 지방와 스위스의 정통 퐁뒤 레시피들은 아주 다양하다. 퐁뒤 콩투아즈(fondue comtoise, 오래 숙성해 과일 향이 나는 콩테 치즈와 중간 정도 숙성한 콩테 치즈, 드라이 화이트와인, 키르슈, 마늘을 넣어 만든다), 퐁뒤 오 캉탈(fondue au cantal, 오래 숙성한 캉탈 치즈, 드라이 화이트와인, 마늘), 퐁뒤 데 모스, 보두아즈(fondue des Mosses, vaudoise, 그뤼에르, 아펜젤, 바뉴 또는 틸지트 치즈, 말린 포치니 버섯, 드라이 화이트와인, 마늘, 자두 브랜디), 퐁뒤 프리부르주아즈(fondue fribourgeoise, 프리부르의 바슈랭 치즈, 마늘, 버터, 끓는 물), 퐁뒤 제신(fondue gessine, 과일향이 나는 콩테 치즈, 젝스(Gex)의 블루치즈, 드라이 화이트와인, 키르슈, 마늘), 퐁뒤 쥐라시엔(fondue jurassienne, 과일향이 나고 짭짤한 쥐라의 그뤼에르 치즈, 드라이 화이트와인, 키르슈, 마늘, 넛멕), 퐁뒤 로망드(fondue romande, 그뤼에르와 프리부르 치즈, 또는 그뤼에르 치즈만 사용, 경우에 따라 프리부르의 바슈랭 치즈도 넣는다. 드라이 스파클링 화이트와인, 키르슈, 마늘), 퐁뒤 사부아야르드(fondue savoyarde, 오래 숙성한 짭짤한 보포르 치즈, 과일향이 나는 보포르 치즈, 드라이 화이트와인, 키르슈) 등이 대표적이다. 한편 퐁뒤 노르망드(fondue normande, 카망베르, 퐁 레베크, 크러스트를 잘라낸 리바로 치즈, 생크림, 우유, 칼바도스, 샬롯)은 퐁뒤의 대표적인 응용 레시피다. 마지막으로 퐁뒤 피에몬테즈는 화이트 트러플(흰색 송로버섯)을 넣어 향을 내며 우묵한 접시에 크루통을 곁들여 서빙한다. 벨기에에서 퐁뒤는 치즈를 정사각형으로 잘라 튀겨낸 것을 가리킨다.

---

fondue à la piémontaise 퐁뒤 아 라 피에몽테즈

피에몬테식 퐁뒤 : 폰티나(fontina) 치즈 600g을 깍둑 썰어 좁은 용기에 넣고 차가운 우유를 잠기도록 부어 최소 2시간 동안 담가둔다. 치즈와 우유를 냄비에 넣고 달걀노른자 6개와 버터 120g을 넣어준다. 약한 불 위에 중탕으로 올린 다음 거품기로 계속 저으면서 혼합물이 크리미한 농도가 될 때까지 녹인다. 중탕용 냄비에 채운 물이 처음 끓어오르는 시점이 가장 적당한 때다. 우묵한 수프용 접시에 퐁뒤를 담고 식빵을 삼각형으로 작게 잘라 굽거나 버터에 지진 뒤 접시에 곁들여 서빙한다.

---

fondue valaisanne 퐁뒤 발레잔

스위스 발레(Valais)식 퐁뒤 : 토기로 된 퐁뒤 냄비 바닥에 마늘을 문지른다. 질이 좋은 그뤼예르 치즈(또는 보포르, 에멘탈, 콩테 치즈 혼합)를 1인당 150-200g씩 준비해 아주 얇게 썬다. 치즈를 퐁뒤 냄비에 넣은 뒤 드라이 화이트와인을 재료의 높이까지 붓고 불에 올린다(스위스에서는 주로 팡당(fendant) 와인을 넣는다). 잘 저으며 녹인다. 통후추를 조금 갈아 넣고, 키르슈 작은 글라스 한 잔에 디저트스푼 1개 분량의 전분을 개어 넣는다.

---

fondues belges au fromage 퐁뒤 벨주 오 프로마주

벨기에식 치즈 퐁뒤 : 버터 75g과 밀가루 65g을 볶아 황금색 루(roux blond)를 만든 다음 식힌다. 여기에 끓는 우유 50g을 붓고 거품기로 세게 저어 섞는다. 다시 불 위에 올리고 잠깐 동안 잘 저으며 끓인다. 소금, 후추, 넛멕으로 간한다. 체다(또는 숙성된 고다) 치즈 125g과 달걀노른자 4개를 넣고 잘 섞는다. 혼합물이 냄비 가장자리에 더 이상 붙지 않을 정도로 익으면 기름을 칠해둔 바트에 붓고 1cm 두께로 펴 놓는다. 표면에 버터를 바른 뒤 식힌다. 밀가루를 뿌린 작업대에 치즈 혼합물을 뒤집어 바트에서 분리한 다음 사방 5cm 정사각형으로 자른다. 달걀흰자에 담갔다가 빵가루를 입힌 뒤 180°C 기름에 넣어 노릇해질 때까지 튀긴다.

FONDUE BOURGUIGNONNE 퐁뒤 부르기뇬 부르고뉴식 퐁뒤. 큐브 모양으로 썬 소고기를 긴 꼬챙이로 찍어 퐁뒤 냄비에 데운 뜨거운 기름(180°C)에 익혀 먹는 요리다. 익힌 고기는 다양한 소스(소스 타르타르, 아이올리, 소스 베아르네즈 또는 소스 쇼롱 등)에 찍어 먹는다.

FONDUE CHINOISE 퐁뒤 시누아즈 샤부샤부. 14세기 몽고인들에 의해 극동 지방에 전해진 전통 요리로 원래는 양고기로 만들어 먹었다. 오늘날에는 퐁뒤 부르기뇬과 마찬가지 방법으로 먹는다. 가늘고 길쭉하게 썬 소고기와 돼지고기, 얇게 저민 가금류 가슴살, 생선살 완자 등을 숯불에 끓인 닭 육수에 넣어 익혀먹는다. 잘게 썬 생채소, 강낭콩 퓌레, 쌀국수 등을 곁들이기도 하며, 간장, 생강, 참기름으로 만든 소스에 찍어 먹는다. 베트남에서 샤브샤브는 축제나 잔치의 음식이다. 주로 소고기, 가금류, 새우나 생선을 육수에 담가 익혀 먹으며 새콤달콤한 양념을 더한 느억맘 소스에 찍어 먹는다. 경우에 따라 가리비조개, 오징어를 추가하기도 하며, 국물에 코코넛 밀크를 넣기도 한다.

FONDUE AU CHOCOLAT 퐁뒤 오 쇼콜라 초콜릿 퐁뒤. 다크 초콜릿을 중탕으로 녹인 뒤 버터, 우유, 생크림, 설탕을 섞어 액체 상태로 유지한다. 테이블용 워머에 초콜릿을 올려 따뜻하게 유지한 뒤 제누아즈 스펀지케이크, 비스퀴, 브리오슈, 또는 생과일, 과일 콩피 등을 각자 찍어 먹는다.

FONDUE DE LÉGUMES 퐁뒤 드 레귐 채소를 얇게 썰어 버터, 소량의 물이나 육수 등을 넣고 약한 불로 익힌 것으로 채소는 그 자체의 수분과 지방 안에서 천천히 익는다. 계속 가열해 거의 수분이 증발하면 거의 퓌레 상태의 퐁뒤가 된다. 한 가지 또는 여러 종류의 채소를 섞어서 익혀 주로 다른 요리를 구성하는 재료나 주 요리의 가니시로 사용된다. 특히 이렇게 익힌 토마토는 달걀 요리나 소스, 지중해식 가니시로 많이 사용하며, 스터핑에 섞어 차갑게 먹기도 한다. 또한 각종 오르되브르에 얹거나 생선 요리의 양념으로도 활용한다(같은 방법으로 조리한 양파도 같은 용도로 쓰인다). 이와 같은 토마토에 고수를 넣어 향을 낸 것을 아 라 그레크(à la greque, 그리스식)라고 부른다.

---

fondue de tomate 퐁뒤 드 토마트

퓌레처럼 익힌 토마토 퐁뒤 : 양파 100g의 껍질을 벗겨 다진다. 토마토 750g의 껍질을 벗기고 속을 제거한 뒤 잘게 깍둑 썬다. 바닥이 두꺼운 냄비에 버터 30g(또는 버터 15g과 올리브오일 2테이블스푼, 또는 올리브오일 3스푼)을 달군 뒤 양파를 넣고 노릇하게 볶는다. 토마토를 넣고 소금, 후추, 다진 마늘 1톨분, 타임을 많이 넣고 묶은 부케가르니 한 개를 넣은 뒤 뚜껑을 덮어 퓌레가 될 때까지 약한 불에 천천히 익힌다. 뚜껑을 열고 나무 주걱으로 저어가며 약간 묽은 페이스트 상태가 될 때까지 졸인다. 간을 맞추고 체에 긁어내린 뒤 다진 허브 1테이블스푼을 넣어준다.

soles de ligne à la fondue de poireau ▶ SOLE

FONTAINE 퐁텐 대리석 작업대나 도마 또는 넓적한 볼에 쏟아 놓은 밀가루의 가운데를 우묵하게 우물(puits) 모양으로 만들어 비워 놓은 공간을 뜻한다. 반죽에 들어가는 여러 재료를 여기에 넣은 뒤 손가락으로 밀가루를 조금씩 가운데로 밀어가며 혼합해준다.

FONTAINEBLEAU 퐁텐블로 생크림과 소젖으로 만든 프로마주 블랑(지방 60-75%)으로 만든 무스로 얇은 거즈로 싼 다음 파라핀 코팅 페이퍼로 만든 작은 용기에 담아낸다(**참조** p.389 프랑스 치즈 도표).

FONTAINEBLEAU (GARNITURE) 퐁텐블로(가니시) 서빙 사이즈로 잘라 소테한 고기(주로 소나 송아지, 양 등의 안심) 요리에 곁들이는 가니시로, 얇게 썬 각종 채소를 버터에 살짝 볶은 뒤, 오븐에 노릇하게 구운 폼 뒤셰스(pommes duchesse)에 얹어낸다.

FONTANGES 퐁탕주 깍지를 깐 완두콩으로 퓌레를 만든 뒤 콩소메를 넣어 묽게 농도를 조절한 포타주. 가늘게 채 썬 소렐(수영) 잎을 버터에 볶아 수프에 넣은 다음 처빌 잎을 뿌려준다. 생크림을 넣어 걸쭉한 크림 수프로 만들기도 한다. 달걀노른자와 생크림을 넣어 농도를 더하면 블루테가 된다.

FONTE 퐁트 주철, 무쇠. 쇠와 탄소의 합금인 주철은 다양한 주방도구에 쓰인다(무쇠 냄비, 그릴, 팬 등). 무겁고 내구력이 강하며 열을 오래 유지할 수 있는 주철 제품은 장시간 뭉근히 끓이는 요리뿐 아니라 뜨겁게 빠른 시간 내에 지져내는 구이 요리에도 적합하다. 색과 유약을 코팅한 에나멜 무쇠나 검은색의 무광 무쇠 용기는 불 위나 오븐에서 요리한 뒤 직접 테이블에 서빙할 수도 있다. 에나멜 무쇠 제품은 충격에 약하고 흠집에 가기 쉬우니 사용에 주의해야 한다. 알루미늄 주철은 쇠로 된 주철보다 훨씬 가벼우며 주방용기로 아주 많이 사용된다.

FONTENELLE (À LA) 아 라 퐁트넬 녹인 버터, 노른자가 흐르는 상태로 익힌 달걀 반숙을 껍데기째 아스파라거스에 곁들여 서빙하여 찍어 먹도록 한 요리다. 이 명칭은 철학자이자 프랑스 과학 아카데미의 종신 서기관이었던 베르나르 르 보비에 드 퐁트넬(Bernard Le Bovier de Fontenelle, 1657-1757)의 이름에서 따온 것인데, 그는 테라송(Terrasson) 신부가 아스파라거스에 비네그레트를 뿌려 먹는 것을 좋아했던 것만큼이나 이것을 버터 소스와 함께 먹기를 즐겼다고 한다. 테라송 신부를 식사에 초대한 어느 날 아스파라거스 요리를 낸 그는 손님의 식성을 고려해 반은 비네그레트 소스로, 반은 버터로 준비했다. 식탁에 앉은 신부가 급작스런 뇌졸중으로 쓰러지자 퐁트넬은 바로 주방의 요리사에게 "전부 버터로, 전부 버터로!"라고 외쳤다고 한다.

FONTINA 폰티나 폰티나 치즈. 비멸균 생소젖으로 만든 이탈리아의 AOP 치즈(지방 45-50%). 반가열 압축 치즈(반경성)로 외피는 솔질 세척하거나 기름을 입히기도 한다(**참조** p.398 외국 치즈 도표). 이탈리아 서북부 발레다오스타주에서 12세기부터 만들어온 폰티나 치즈는 지름 40-45cm, 두께 7-10cm의 맷돌 모양을 하고 있다. 손으로 눌렀을 때 탄력이 느껴지고 작은 구멍들이 듬성듬성 나 있으며 은은한 풍미와 아주 좋은 향을 갖고 있다. 피에몬테식 퐁뒤 등의 요리에도 사용되며, 오래 숙성된 것은 파르메산 치즈처럼 갈아서 쓰기도 한다.

FOOL 풀 영국의 아이스 디저트. 과일 퓌레를 고운 체에 내리고 설탕을 넣은 다음 냉동실에 넣어 차갑게 만든다. 단, 얼리지는 않는다. 과일 퓌레의 두 배 부피에 해당하는 휘핑 크림을 넣은 다음 유리볼이나 소르베용 글라스에 담아낸다.

FORESTIÈRE (À LA) 아 라 포레스티에르 소테하거나 버터에 익힌 야생 버섯(꾀꼬리버섯, 모렐 버섯, 또는 포치니 버섯 등)이 포함된 고기, 가금류, 달걀, 또는 채소 요리를 지칭한다. 고기 요리에 곁들이는 '아 라 포레스티에르' 가니시에는 버섯 이외에 작고 동그란 모양의 감자 크로켓(pommes de terre noisettes)이나 기름에 지지듯 볶은 감자, 끓는 물에 데쳐 팬에 튀기듯 지진 베이컨이 더해진다. 여기에 데미글라스 소스, 리에종한 송아지 육수 또는 해당 고기를 익히고 난 팬을 디글레이즈해 만든 소스를 곁들인다.

FORÊT-NOIRE (GÂTEAU DE LA) 가토 드 라 포레 누아르 포레 누아르 케이크, 블랙 포레스트 케이크. 독일에서 처음 선보인 초콜릿 케이크로 알자스 지방에서도 인기가 높다. 높이 6cm 정도의 원형 케이크인 포레 누아르는 키르슈(kirsch)를 적신 3장의 초콜릿 스펀지, 체리 콩포트, 샹티이 크림(초콜릿과 키르슈로 은은하게 향을 내기도 한다)으로 이루어진다. 꽃무늬로 짜 얹은 샹티이 크림과 초콜릿 셰이빙, 체리로 맨 윗면을 장식한다.

Forêt-Noire 포레 누아르

블랙 포레스트 케이크 : 6-8인분 / 준비: 15분 + 20분 / 조리: 25분 + 2분 / 냉장 3시간
하루 전날, 코코아 스펀지케이크를 만든다. 오븐을 180°C로 예열한다. 코코아 가루 35g과 밀가루 35g, 감자전분 35g을 함께 체에 친다. 버터 75g을 녹인다. 달걀노른자 8개 분과 설탕 75g을 거품기로 저어 섞는다. 달걀흰자에 거품을 내고 중간에 설탕 75g을 넣는다. 거품 낸 달걀흰자의 1/4을 달걀노른자, 설탕 혼합물에 넣고 주걱으로 살살 섞는다. 체에 친 가루 재료를 넣고 섞어준다. 이 혼합물을 3테이블스푼 정도 떠내 녹인 버터에 넣고 잘 저어 섞는다. 각 혼합물을 모두 거품 낸 달걀흰자에 넣고 주걱으로 살살 돌려가며 섞는다. 지름 22cm 원형 케이크 링에 버터를 바르고 밀가루를 묻힌 다음 유산지를 깐 베이킹 팬 위에 놓는다. 반죽을 부어 채운 뒤 오븐에 넣어 20-25분간 굽는다. 꺼내서 그대로 망에 올려 식힌다. 당일, 스펀지케이크의 링을 제거한 다음, 가로로 3등분하여 세 장의 시트를 만든다. 시럽을 만든다. 물 180mℓ에 설탕 100g을 녹여 가열한 뒤 끓으면 불에서 내리고 키르슈 50mℓ를 넣는다. 채워 넣을 크림을 만든다. 믹싱볼을 냉동실에 15분간 넣어 차갑게 만든다. 여기에 액상 생크림 600mℓ를 넣고 중간중간 바닐라슈거(2작은봉지)를 넣어가며 휘핑한다. 스펀지 시트 한 장을 서빙용 플레이트에 놓고 붓으로 시럽을 발라 적신다. 그 위에 샹티이 크림 1/3을 펴 바른 다음 그리오틴(griottines) 체리 30개를 살짝 박아 넣는다. 두 번째 스펀지로 덮고 시럽을 적신 다음 마찬가지로 샹티이 크림을 펴 바르고 체리를 박아 넣는다. 마지막 세 번째 스펀지 시트로 덮고 시럽을 적신다. 나머지 샹티이 크림으로 맨 위와 옆면을 모두 발라 덮는다. 돌돌 말아 긁은 초콜릿 셰이빙으로 전체를 덮어 장식한다.

FOREZ ▶ **참조 LYONNAIS ET FOREZ**

FORMER 포르메 주로 음식물을 익히기 전에 최종 형태를 만드는 것을 뜻한다. 빵 반죽을 틀에 넣기 전에 성형하기, 생선, 고기 또는 그 밖의 재료를 익히기 전에 소를 채우거나, 튀김옷을 입히거나 겉을 씌우기 등이 모두 이에 해당한다. 포르메는 또한 제누아즈 반죽이나 유화소스 등을 주걱으로 들어 올렸을 때 띠 모양으로 접히며 떨어지는 농도가 된 상태(former le ruban)를 가리키기도 한다. 이는 반죽을 틀에 넣기에 적합한 농도임을, 소스의 경우 익힘이 완성된 시점임을 의미한다.

FOUACE 푸아스 프랑스의 가장 오래된 파티스리 중 하나(**참조** p.605 지역 특산 빵 도표)인 푸아스는 원래 고운 밀가루로 만든 비발효 갈레트로 화덕에 남은 재의 잔열로 구워 먹었다. 푸가스(fougasse)라고도 불리는데 이 경우는 주로 짭짤한 속을 넣어 만든다. 푸아스는 프랑스의 여러 지방에서 만들어 먹던 빵이며 이들 중 몇몇 곳에서는 또 아직까지도 그 전통을 잇고 있다. 오늘날의 푸아스는 대부분의 경우 다양한 재료로 향을 내어 오븐에 넓적하게 구운 투박한 브리오슈 빵을 지칭하며, 특히 크리스마스나 연초(주현절)에 만들어 먹는다. 옛날에는 프랑스 서부 지방(Caen, Vannes, La Flèche, Tours)에서 널리 만들어 먹었으나 오늘날에는 남부 지방에서 더 자주 만나볼 수 있다. 루에르그 지방의 나작에서는 매년 푸아스 축제가 열린다. 랑그독 지방에서는 푸아스 빵에 돼지 껍질 튀김(gratton)을 넣어 만들어 프롱티냥(frontignan) 와인을 곁들여 먹는다. 오베르뉴 지방에서는 과일 콩피를 넣어 만들며, 프로방스에서 푸아스는 크리스마스에 먹는 13가지 디저트 중 하나이다. 푸가세트(fougassette) 또한 브리오슈 반죽으로 만드는 니스의 특산 빵으로, 작은 크기의 꼬아 놓은 형태이며 오렌지 블로섬, 사프란 또는 설탕에 절인 세드라 레몬을 넣어 향을 낸다.

fouace 푸아스

생 이스트 15g을 따뜻한 우유(또는 물)에 개어 푼다. 체에 친 밀가루 125g을 넣고 우유 또는 물을 넣어 약간 질척한 반죽을 만든다. 부피가 두 배로 부풀어오를 때까지 따뜻한 곳에 보관한다. 체에 친 밀가루 375g을 작업대에 쏟아 붓고 중앙에 우묵하게 공간을 만든 뒤 소금 넉넉히 한 자밤, 부드러워진 상온의 버터 100g, 럼(또는 코냑, 오렌지 블로섬) 작은 리큐어 글라스로 1잔, 설탕 50g(선택사항), 달걀 푼 것 4개를 넣는다. 우유나 물을 조금 넣어가며 밀가루와 조금씩 섞어 탄력있는 반죽을 만든다. 여기에 미리 부풀려 둔 이스트 반죽을 섞는다. 기호에 따라 잘게 썬 캔디드 프루트(150-200g)를 넣어준다. 탄력이 생기도록 반죽해 둥글게 뭉친 다음 십자로 칼집을 넣는다. 두 배로 부풀어오를 때까지 따뜻한 곳에 둔다. 원하는 모양(원형, 사각형, 또는 링 모양)으로 만들어, 버터를 바른 베이킹 팬에 놓고 달걀물을 바른 다음 230°C로 예열한 오븐에서 40분간 굽는다.

FOUET 푸에 거품기, 휘스크. 양철 또는 스테인리스 소재의 와이어를 구부리고 교차한 다음 끝을 모아 손잡이로 고정시킨 주방도구다.

- Fouet à blancs 거품내기용. 와이어 부분이 짧고 둥글고 탄력이 있으며 끝이 나무 손잡이에 연결돼 있다. 주로 달걀흰자의 거품을 내는 데 사용된다. 또한 감자 퓌레를 섞을 때, 달걀노른자와 설탕을 혼합할 때(특히 사바용을 만드는 경우), 생크림을 휘핑할 때도 사용된다.
- Fouet à sauce 소스용. 좀 더 긴 모양의 단단한 와이어가 메탈 손잡이에 연결돼 있다. 주로 소스에 버터를 넣어 섞거나 유화할 때 사용되며, 크림이나 각종 혼합물을 저어 덩어리가 생기지 않도록 풀어줄 때도 사용한다. 손 거품기는 점점 강철이나 플라스틱 소재의 거품기가 장착된 전동 믹서로 대치되는 추세다.

FOUGASSE 푸가스 올리브오일로 향을 낸 납작한 빵으로 약간의 단맛이 있고 흰색의 속은 말랑하고 촉촉하며 크러스트는 부드럽다(**참조** p.605 지역 특산 빵 도표). 프로방스의 특산물인 푸가스는 베이컨, 양파를 넣어 짭조름하게 만들거나 캔디드 프루트를 넣기도 하며, 경우에 따라 피자처럼 각종 토핑을 얹어 굽기도 한다.

FOUGÈRE 푸제르 고사리류. 양치류 식물로 캐나다 퀘벡주, 뉴브런즈윅주에서는 이른 봄에 꼬불꼬불한 어린 순(바이올린 꼬리, 또는 머리라고도 불린다)을 먹는다. 독일산 청나래고사리(Matteucia struthiopteris) 순에 해당하는 것으로 가장 많이 재배되는 종이다. 끓는 물에 몇 분간 데친 후 차갑게 먹거나 버터를 넣고 데운 뒤 레몬즙을 뿌려 먹는다. 고기나 생선 요리에 곁들이면 아주 좋다. 대부분의 고사리류에는 발암 물질 등의 독성이 있기 때문에 야생에서 식용 고사리를 채집하려면 상당한 노하우가 필요하다.

FOUGERU 푸주뤼 소젖으로 만든 브리(Brie) 지방의 연성치즈(지방 45-50%)로 흰 곰팡이로 덮인 외피는 약간 불그스름한 색을 띠고 있다(**참조** p.389 프랑스 치즈 도표). 지름 13cm, 두께 3-4cm, 무게 500-600g 정도의 원반형으로 고사리 잎이 덮여 있으며 쿨로미에(coulommiers) 치즈와 풍미가 비슷하다.

FOULER 풀레 소스나 퓌레, 포타주 등을 체나 면포에 거를 때 작은 국자나 나무 주걱을 사용하여 꾹꾹 눌러 짜 최대한 액체가 많이 추출되게 하다.

FOUQUET'S 푸케 파리 샹젤리제에 위치한 레스토랑, 카페. 원래는 삯마차의 마부들을 위한 작은 카페로 시작했으며(1901), 주인의 이름인 루이 푸케(Louis Fouquet)를 상호로 사용했다. 1910년 파리의 레스토랑 운영자이자 이 카페 창업자 자녀의 가정교사였던 레오폴드 무리에(Léopold Mourier)가 이곳을 인수한 뒤 영어식으로 푸케스(Fouquet's, 이는 파리의 식당 Maxim's를 본보기로 삼은 것이다)라고 이름을 바꿨으며 벨 에포크 스타일(1961년까지 잔존했다)로 리노베이션하면서 영국식 바와 그릴 룸을 만들었고, 2층에 레스토랑을 오픈했다. 1950년대 이후 이 레스토랑의 고객층은 특히 연극 및 영화 예술인들이 주를 이루었다.

FOUR 푸르 오븐. 빵을 굽는 화덕에서 파생된 조리 기구로 그 기원은 태고의 시대로 거슬러 올라간다. 현대식 오븐(레인지 상판과 일체형 또는 분리형)은 기본적으로 가스 또는 상하부 전열판을 통해 내부를 뜨겁게 하여 그 열기로 음식을 익히는 구조다(베이킹, 로스팅 등). 가스오븐, 전기오븐 구분 없이 대부분의 오븐은 모두 온도 조절기가 달려 있으며 일반적으로 60-

280°C까지 온도를 조절할 수 있다(유럽 제품들은 1-8 또는 10까지의 단계로 표시되어 있는 것들이 많다). 오븐은 사용하기 최소 10-15분 전에 원하는 온도로 예열해두는 것이 중요하다. 전통적인 오븐(자연대류 방식)은 아래쪽에만 센 열이 집중되며 고르게 분산되지 않는다는 단점이 있다. 이를 보완한 다기능 제품 중 하나인 강제대류식 컨벡션 오븐(열풍순환 오븐)은 내부에 장착된 팬이 돌면서 열을 전체적으로 고르게 전달하는 방식으로 일반 오븐보다 열효율이 높아 예열 및 요리시간이 단축된다.

스팀 오븐은 증기로 식품을 익히는 원리로, 식재료가 갖고 있는 본연의 풍미나 질감, 비타민 등의 영양소를 비교적 잘 보존할 수 있는 장점이 있다. 스팀 기능과 열풍순환 방식이 결합(두 기능을 따로 사용하거나 연계해 사용 가능)된 멀티 오븐은 조리에 최적화된 온도 제어가 용이하며, 특히 수비드 저온 조리를 하는 데 적합하다. 최근에는 일반 전기오븐과 전자레인지의 장점을 모아놓은 콤비 오븐 제품도 출시돼 있다.

오븐을 사용한 뒤 깨끗이 청소를 하지 않으면 잔여물의 탄내가 음식물에 밸 수 있다. 대부분의 오븐에는 촉매 라이너를 통한 자동청소 기능이 있다(요리가 끝날 때마다 열을 통해 내벽의 특수 코팅이 조리 중 튄 잔여 기름기를 제거한다). 또는 전기오븐의 경우, 고온(500°C)으로 벽면에 붙은 음식물, 기름 등을 전소시켜 제거하는 열분해 자동청소 기능이 장착돼 있다. 증기를 이용한 가수분해 세척이나 170°C에서 잔여물을 산화하는 시스템(구멍이 나 있는 세라믹 오븐 내벽) 등은 고온 열분해 청소방식보다 에너지 소모가 적다. 최첨단 기능을 갖춘 현대식 오븐이 속속 등장하고 있는 한편, 흙이나 내열 콘크리트 재질의 화덕 오븐에 전통 방식으로 빵이나 피자를 구워 먹는 레트로의 유행도 하나의 트렌드다.

FOUR À MICRO-ONDES 푸르 아 미크로 옹드 전자레인지. 극초단파를 이용해 음식물을 익히거나 데우는 전자 기기. 마그네트론을 통해 발생하는 극초단파(마이크로파)는 식품에 함유된 물 분자를 빠른 속도로 움직이게 하여 음식물을 단시간에 가열한다. 식품 속의 수분 구조가 성글수록(액체, 채소 등) 가열이 빠르고 고르게 이루어지며, 수분 결합이 단단한 식품(고기, 생선 등)일수록 가열 속도가 늦고 열이 고루 침투하기 어렵다. 마이크로파는 유리, 플라스틱, 세라믹 등의 소재는 투과하지만 금속에는 반사된다. 전자레인지를 사용할 때는 그 어떠한 금속물질(금속용기, 뚜껑, 알루미늄 용기나 포일 등)도 넣어서는 안 된다. 가열 중 음식물이 튀는 것을 방지하기 위하여 반드시 전자레인지용 뚜껑이나 랩을 씌우는 것이 좋다.

전자레인지는 음식을 익히는 시간을 획기적으로 줄일 수 있는 장점이 있긴 하지만 일반 오븐을 대체하기에는 제한이 많다. 고기를 노릇하게 구울 수 없으며 반죽을 부풀게 할 수도 없다. 하지만 음식을 해동하거나 데울 때, 버터를 부드럽게 만들 때, 초콜릿을 녹일 때 사용하기에는 아주 편리하다. 콤비오븐은 한 기계에 전자레인지와 클래식 전기오븐 기능을 결합한 제품이다.

FOURCHETTE 푸르셰트 포크. 테이블용, 주방 조리용 또는 서빙용 도구로 사용되는 포크는 이가 2-4개 달린 갈퀴 모양의 주방 집기. 베네치아 공화국 궁정의 식탁에서 포크의 사용을 접한 프랑스의 왕 앙리 3세는 1574년 이를 프랑스에 들여온다. 왕은 이 도구가 당시 유행하던 빳빳하게 풀 먹인 높은 칼라 장식 위로 음식을 떠 입에 넣기에 아주 편리하다고 여겼다.

식탁용 포크는 이미 금은 세공품으로 오래전부터 존재해왔다. 접히는 손잡이가 달린 것도 있었으며 주로 케이스에 넣어 보관했고, 개인적인 용도로만 사용되었다. 한편 주방에서도 음식물을 냄비에서 찍어 건지거나 로스트용 고기를 팬에 지질 때 큰 포크를 사용했다. 점차적으로 포크는 이가 3개 또는 4개 달린 형태로 바뀌어갔다.

오늘날에는 디아파종(diapason)이라 불리는 주방용 고기 포크만 이가 두 개 있는 형태다. 큰 사이즈의 이 포크는 곧거나 약간 굽은 모양의 가늘고 긴 이가 두 개 달려 있고 주방에서 가금류나 고기 등을 찍어 건지거나 옮길 때 주로 사용한다. 식탁에서 사용되는 포크에는 다양한 종류가 있다. 서빙용으로 사용되는 포크 중 샐러드용 포크는 스푼과, 육류 커팅용은 나이프와 세트를 이룬 것들이 많다. 개인용 커트러리로서의 포크는 생선용, 과일용이 따로 있을 정도이며, 그 크기는 작은 사이즈의 케이크용 포크에 이르기까지 다양하다. 그 밖에도 달팽이 요리, 굴, 게나 랍스터 등의 갑각류 해산물용(curettes), 퐁뒤용 등 요리에 따라 특수한 용도로 쓰이는 다양한 포크가 있다.

FOURME 푸름 마시프 상트랄 지역에서 생산되는 다양한 종류의 블루치즈(푸름 당베르 fourme d'Ambert, 푸름 드 몽브리종 fourme de Montbrison 등) 또는 압축 경성치즈(푸름 드 캉탈 fourme de Cantal, 푸름 드 라이욜 fourme de Laguiole). 프랑스어로 치즈를 뜻하는 프로마주(fromage)의 어원이기도 한 푸름(fourme)은 '형태를 만들다'라는 뜻의 라틴어 포르마(forma) 또는 포르마티카(formatica)에서 파생되었다.

• **FOURMES D'AMBERT, FOURME DE MONTBRISON 푸름 당베르, 푸름 드 몽브리종.** 루아르, 퓌 드 돔, 캉탈에서 생산되는 AOC 치즈로 지름보다 높이 사이즈가 더 긴 원통형을 하고 있으며 무게는 2kg 이상이다(**참조** p.390 프랑스 치즈 도표). 푸른곰팡이 압축 치즈(지방 50%)로 짙은 회색(푸름 당베르)과 주황색(푸름 드 모르비종)의 외피 안쪽으로 흰색과 붉은빛이 도는 곰팡이가 덮여 있으며 풍미가 아주 강하다. 푸름 드 피에르 쉬르 오트(fourme de Pierre-sur-Haute)와 푸름 뒤 포레즈(fourme du Forez)도 이들과 비슷한 종류다.

• **FOURME DU MÉZENC 푸름 뒤 메장크.** 천연 외피 푸른곰팡이 치즈(지방 30-40%)로 풍미가 강하며 모양은 원통형이다. 블루 뒤 블레(BLEU DU VELAY), 블루 드 루드(BLEU DE LOUDES) 또는 블루 드 코스타로(BLEU DE COSTAROS)라고도 불린다.

• **FOURME DE ROCHEFORT 푸름 드 로슈포르.** 주로 농가에서 만들어지는 원기둥모양의 이 치즈는 무게가 5-10kg이다. 회색빛이 도는 천연 외피의 비가열 압축 치즈로(지방 45%), 견과류 향과 산미를 띤 독특한 테루아의 풍미를 갖고 있다(**참조** CANTAL).

▶ 레시피 : SALADE.

FOURNEAU 푸르노 요리용 화덕, 레인지. 장작, 숯, 석탄, 중유, 가스, 전기로 열을 발생시켜 음식을 익히는 기구를 지칭한다. 초기 형태는 벽돌 미장에 두꺼운 양철판 또는 무쇠로 만들어졌던 화덕은 특히 식당의 주방에서 가장 기본이 되는 대형 시설이다. 상판은 평평한 무쇠 쿡탑으로 되어 있어 냄비 등을 손쉽게 밀어 수평이동할 수 있으며, 하나 이상의 화구가 있어 요리에 따라 해당 냄비나 팬을 알맞은 불 세기의 위치에 놓고 조리할 수 있다.

현대식 모델은 대형 부엌의 필요와 용도에 최적화하여 무쇠 판 레인지, 센 불 화구, 약한 불로 오래 끓이는 스토브 탑 등을 고루 갖추고 있다.

■ **역사.** 포타제(potager)라고 불리던 아궁이 형태의 초창기 화덕이 등장한 것은 18세기였고, 이는 그 이전까지 유일한 가열 조리 수단이었던 굴뚝 벽난로를 대체하면서 주방에 일대 혁신을 가져왔다. 포타제가 진화하면서 불의 세기가 다른 여러 개의 화구를 갖출 수 있게 되었고, 여러 개의 냄비를 동시에 올려놓고 지켜보면서 요리를 할 수 있게 되었다. 여러 가지 새로운 요리들이 탄생한 것도 이 시기이다. 또 한 가지의 결정적인 발전은 장작 숯을 때던 포타제 대신 석탄을 때는 무쇠 화덕의 등장이었다. 하지만 환기 상태는 여전히 좋지 않았다 했다. 런던에서 셰프 수아예(Soyer)가 주방에 가스레인지를 처음 도입한 것은 1850년에 이르러서였다.

FOURRER 푸레 채워 넣다. 음식(짭짤한 일반 요리 및 달콤한 디저트)에 각종 재료(익힌 것 또는 날것)를 채워 넣다. 오믈렛을 납작하게 익힌 뒤 접기 전에 속을 채우기, 크레프에 잼이나 크림을 바른 뒤 4등분으로 접거나 말기, 파티스리에서 비스퀴, 슈, 에클레어. 제누아즈 등에 버터 크림, 아몬드 크림, 크렘 파티시에 또는 잘게 썬 과일 등을 발라 채우기, 오르되브르로 서빙하는 작은 빵에 퓌레나 무스로 간 짭짤한 혼합물을 채워 넣기 등이 모두 여기에 해당한다.

FOUTOU 푸투 베냉과 코트디부아르에서 아주 즐겨 먹는 아프리카 전통 음식으로 카사바(마니옥) 뿌리와 거의 녹색인 플랜틴 바나나 또는 참마를 떡처럼 찧어서 만들며 다양한 소스에 곁들여 먹는다. 마니옥과 바나나를 물에 삶은 뒤 건져 으깨 매끈한 페이스트를 만든 다음 작은 빵 넓적한 전병 모양으로 빚는다. 곁들여 먹는 소스는 대부분 아주 진하고 양념이 강한 스튜 종류로 고기와 채소(양파, 토마토, 월계수 잎, 고추 등을 근대, 익힌 병아리콩, 작게 토막 낸 양고기와 돼지고기와 함께 기름을 넣고 뭉근히 익힌다) 또는 생선과 채소(팜너트, 게살, 가지, 오크라, 고추, 그린 바나나, 생선 살 필레)로 만든다.

FOYOT 푸아요 레스토랑 푸아요. 옛날 파리 투르농(Tournon)가와 보지라르(Vaugirard)가 코너에 위치했던 레스토랑으로, 프랑스 왕 루이 필리

딸기의 주요 품종과 특징

품종	산지	출하시기	외형과 풍미
뾰족한 모양			
belrubi	프랑스 전역	5월-6월	사이즈가 꽤 크고 자줏빛을 띤 붉은색이다.
cigoulette	프로방스	3월 말-5월 말	진홍색에 식감이 탱글탱글하며 맛의 밸런스가 좋다.
cireine	브르타뉴, 솔로뉴	5월-6월	모양이 길쭉하고 모양이 규칙적이며 진한 선홍색을 띠고 있다. 향이 진하고 단맛이 있다.
mara des bois	프랑스 전역	5월 중순-10월 말	크기가 작고 모양이 불규칙적이며 짙은 붉은색을 띤다. 숲 과일의 향과 새콤한 맛을 갖고 있다.
maraline	론, 아르데슈, 이제르, 드롬	5월 중순-6월 말	중간 크기로 주황색을 띤 붉은색에서 아주 진한 붉은색까지 다양하다. 살은 아주 부드러운 편이다.
seascape	도르도뉴	7월-11월	크고 불규칙한 모양으로 벽돌색에서 자줏빛을 띤 붉은색을 띠고 있으며 즙이 아주 많다.
valeta	론 알프, 아키텐, 브르타뉴	5월 말-7월 초	크고 자줏빛 붉은색을 띠고 있으며 과육이 단단하고 신맛이 거의 없다.
심장 모양			
ciflorette	보클뤼즈, 론 알프, 쉬드 우에스트 등	3월-5월 중순	갸름한 달걀형에 파스텔 톤 붉은색을 띠고 있으며, 꽃향기와 균형감 있는 단맛을 갖고 있다.
cigaline	도르도뉴, 소뮈루아, 솔로뉴, 론 알프	4월-5월	양쪽 끝이 뾰족한 갸름한 형태로 진홍색이다. 숲 과일의 향이 있으며 단맛이 있다.
darselect	도르도뉴, 발레 뒤 론, 솔로뉴 등	5월-6월	살이 통통하고 자줏빛 붉은색을 띠며 즙이 많고 향이 진하다.
elsanta	로트 에 가론, 도르도뉴, 론, 이제르 등	3월-6월, 8월-10월	알이 굵고 모양이 규칙적이며 진분홍색이 도는 붉은색이다. 향이 진하고 달콤하며 신맛이 거의 없다.
gariguette	가르, 보클뤼즈, 로트 에 가론, 브르타뉴 등	3월-6월 중순	중간 크기로 모양이 규칙적으로 갸름하다. 밝은 오렌지빛을 띤 붉은색으로 즙이 많고 새콤달콤하다.
pajaro	카르팡트라	4월-5월	알이 굵은 편으로 모양이 규칙적이며 짙은 붉은색을 띠고 있다. 당도가 꽤 높다.
둥근 모양			
darline	브르타뉴	5월말-6월 중순	알이 굵고 갸름한 달걀형으로 주홍색에서 밝은 벽돌색을 띠고 있다.
삼각형			
chandler	발 드 루아르	4월 중순-5월말	알이 굵고 갸름하며 모양이 불규칙적이고 자줏빛 붉은색을 띤다.
selva	아키텐, 발 드 루아르	7월-11월	중간에서 큰 사이즈로 모양이 불규칙한 편이다. 벽돌빛이 도는 붉은색이며 향이 진하고 달다.
야생 숲 딸기 fraise des bois	프랑스 전역	6월-9월	크기가 작고 모양이 불규칙하며 독특한 맛을 지니고 있다.

FRAISES 딸기

chandler
챈들러

elsanta
엘산타

pajaro
파야로

fraise des bois
야생 숲 딸기

gariguette
가리게트

selva
셀바

프 1세의 옛 주방장 니콜라 푸아요(Nicolas Foyot)가 1848년 인수해 운영했고, 1938년 폐점, 철거되었다. 뤽상부르궁(프랑스 상원 의사당)에서 가까운 위치라 상원의원 단골들이 많았으며, 풀레트 소스 양족 요리, 푸아요식 비둘기 요리, 어니스틴 감자 요리뿐 아니라 이 식당의 시그니처 메뉴이자 대표적 클래식 요리로 남아 있는 푸아요식 송아지 뼈 등심구이 요리가 인기를 누렸다.

▶ 레시피 : SAUCE, VEAU.

FRAISE 프레즈 딸기. 장미과에 속하는 덩굴식물인 딸기나무의 열매로 종류에 따라 농담이 조금씩 다른 붉은색을 띠고 있으며, 외형은 길고 뾰족한 모양, 심장 모양, 동그란 모양 등으로 분류된다(**참조** 옆 페이지 딸기 도표 및 도감). 당도가 높지 않으며 상큼한 맛을 지닌 과일인 딸기의 열량은 100g당 40kcal(또는 167kJ)이며 무기질과 비타민 C, B, 나이아신이 풍부하다. 흠집이 나거나 물러지기 쉬운 과일로 냉장고에 보관하되 그 기간은 매우 짧다.

■ **역사.** 딸기는 이미 고대 로마시대에 알려졌으며 치료의 효능으로 인기가 높았다. 중세의 연금술사들은 이 과일을 일종의 만병통치약으로 여겼고, 18세기의 작가 베르나르 퐁트넬(Bernard Fontenelle)은 딸기 덕에 장수할 수 있었다고 주장했다. 실제로 그는 백수(白壽)를 누렸다. 13세기까지만 해도 딸기는 야생 딸기 혹은 숲 딸기밖에 없었다. 재배를 시작하면서 더 알이 굵은 다양한 딸기 품종들이 개발되었고, 특히 출하 기간이 길어졌다. 루이 14세의 정원사였던 장 드 라 캥티니(Jean de La Quintinie)는 베르사유궁 정원 온실에서 딸기를 재배하기도 했다. 하지만 딸기의 본격적인 재배와 보급에 결정적인 영향을 미친 것은 우선 15세기 신대륙 탐험가들이 캐나다에서 들여온 신품종 버지니아 딸기나무(fraisier écarlate de Virginie)의 등장이었다. 이어서 딸기와 떼려야 뗄 수 없는 운명적인 이름의 항해가 앙투안 아메데 프레지에(Antoine Amédée Frézier, 프랑스어로 딸기나무를 뜻하는 프레지에 fraisier와 발음이 같다)는 남미 대륙으로부터 칠레 딸기를 프랑스에 들여왔다.

■ **사용.** 3월에 처음 출하되는 딸기는 스페인에서 생산되는 것들이다. 프랑스에서의 딸기 제철은 5월과 6월이고 어떤 것들은 11월까지도 출하되며, 남반구나 이스라엘 산딸기는 심지어 겨울에도 찾아볼 수 있다. 딸기는 생과일 디저트로 그냥 먹거나 설탕, 생크림, 휘핑한 샹티이 크림을 곁들여 먹기도 하며, 와인, 샴페인, 키르슈 등에 재우기도 하고 아이스크림에 얹거나 과일 화채에도 넣는다. 그 밖에도 바바루아, 아이스크림, 무스, 수플레, 타르트 등을 만드는 데 두루 사용할 수 있으며, 특히 향이 짙은 품종은 잼이나 콩포트를 만드는 데 최적이다.

cassate à la fraise ▶ CASSATE
charlotte aux fraises ▶ CHARLOTTE

---

chips de fraises 십스 드 프레즈

딸기 칩 : 오븐을 100°C로 예열한다. 잘 익은 딸기 500g을 재빨리 씻어 꼭지를 따고 건져 물기를 뺀다. 잘 드는 칼로 딸기를 얇게 썬 다음, 유산지를 깐 베이킹 팬에 한 개씩 겹쳐지지 않도록 나란히 놓는다. 슈거파우더를 솔솔 뿌린 뒤 오븐에 1시간 동안 넣어 건조시킨다. 딸기를 하나하나 뒤집어 놓고 다시 슈거파우더를 뿌린 다음 오븐에 넣어 30분간 건조시킨다. 딸기가 말랑말랑하고 쫀득한 상태를 넘어 바삭한 상태가 되어야 한다. 꺼내서 식힌 다음 조심스럽게 옮겨 밀폐용기에 보관한다.

compote de fraise ▶ COMPOTE
confiture de fraise ▶ CONFITURE
fraises confites, écume de citron de Menton ▶ VERRINE

---

fraises à la maltaise 프레즈 아 라 말테즈

오렌지 껍질에 채운 딸기 : 몰타 오렌지를 가로로 이등분한 뒤 속을 파낸다. 그릇처럼 평평하게 놓을 수 있도록 밑바닥 부분을 조금 잘라준 다음 냉장고에 넣어둔다. 오렌지 과육을 착즙한 뒤 체에 거른다. 향이 진한 작은 딸기를 씻은 뒤 물기를 살살 닦고 꼭지를 떼어낸다. 오렌지즙에 설탕, 큐라소나 쿠앵트로 리큐어를 조금 부어 섞은 다음 딸기에 붓고 냉장고에 넣어둔다. 차가워진 오렌지 껍질에 딸기를 담고, 잘게 부순 얼음을 주위에 둘러 낸다.

gratin de fraises au sabayon de citron ▶ GRATIN
mousse glacée à la fraise ▶ MOUSSE
pâte de fraise ▶ PÂTE DE FRUITS
rhubarbe aux fraises ▶ RHUBARBE
sirop de fraise ▶ SIROP
soufflé aux fraises ▶ SOUFFLÉ
tarte aux fraises ▶ TARTE

FRAISE DES BOIS 프레즈 데 부아 야생 딸기, 숲 딸기. 숲속, 잡목림 그늘 등지에서 자라는 작은 사이즈의 야생 딸기로 평지에서는 6월-7월 사이, 산악 지대에서는 8월-9월에 채취할 수 있다(**참조** 옆 페이지 딸기 도표 및 도감). 광택이 없는 진한 붉은색을 띠고 있으며 길이는 12mm를 넘지 않는다. 유럽에서 재배되는 다양한 딸기 품종의 원조로 풍미나 향에 있어서 으뜸으로 친다. 렌 데 발레(reine des vallées) 라는 이름으로 재배되기도 하는데 야생 딸기보다 조금 크지만 맛은 그에 못 미친다. 활용법은 일반 재배 딸기를 사용하는 레시피와 동일하다.

알랭 뒤카스(ALAIN DUCASSE)의 레시피

fraises des bois dans leur jus tiède, sorbet au mascarpone 프레즈 데 부아당 뢰르 쥐 티에드, 소르베 오 마스카르폰

따뜻한 딸기즙을 곁들인 야생딸기와 마스카르포네 소르베 : 4인분 / 준비: 30분

물 700mℓ와 설탕 440g을 끓여 시럽을 만든 다음 냄비를 얼음에 담가 식힌다. 레몬즙 50mℓ, 마스카르포네 250g, 프로마주 블랑 250g을 넣고 거품기로 섞는다. 아이스크림 메이커에 넣고 돌려 소르베를 만든 뒤 냉동실에 넣어둔다. 야생 딸기 250g을 씻어 내열 용기에 담고 설탕 75g과 잘 섞는다. 중탕 냄비 위에 올려 약한 불로 2시간 동안 익힌다. 면포에 걸러 즙을 받아둔다. 야생 딸기 500g을 4개의 우묵한 접시에 담고 마스카르포네 소르베를 크넬 모양으로 하나씩 얹은 다음 따뜻하게 데운 딸기즙을 끼얹어 서빙한다.

FRAISE DE VEAU 프레즈 드 보 송아지 소장을 갈라 씻은 뒤 기름을 제거하고 뜨거운 물에 꼬들꼬들해지도록 데쳐 익힌 것을 가리킨다. 꼬불꼬불한 모양이 옛날 복장의 레이스 목둘레 장식인 프레즈(fraise)와 닮았다(**참조** p.10 부속 및 내장 도표). 송아지 소장의 막은 단독으로 혹은 다른 부속들과 섞어 주로 앙두이예트를 만드는 재료로 사용하거나 곱창 요리에 넣는다. 쿠르부이용에 삶은 뒤 정사각형으로 썰어 소스 라비고트(sauce ravigote)를 곁들여 차갑게 먹거나, 소의 양깃머리처럼 조리해(샬롯이나 양파를 넣어 볶거나 소스 풀레트를 곁들인다) 더운 요리로 서빙하기도 한다. 또한 부셰 아 라 렌(bouchées à la reine)의 소를 만드는 데 넣기도 한다.

---

fraise de veau au blanc 프레즈 드 보 오 블랑

블랑 익힘액에 삶은 송아지 소장 : 소나 송아지 기름을 찬물에 담가 불순물을 제거한 다음 잘게 썬다. 송아지 소장을 씻어 주방용 실로 단단하게 묶는다. 찬물에 밀가루를 푼 다음(물 1ℓ당 넉넉히 한 스푼) 체에 걸러 냄비에 붓는다. 소금 6g, 식초(물 1ℓ당 1테이블스푼), 정향 2개를 박은 양파 1개, 부케가르니 1개와 썰어 놓은 기름을 넣고 가열한다. 끓기 시작하면 송아지 소장을 넣고 최소 1시간 30분 익힌다.

---

fraise de veau frite 프레즈 드 보 프리트

송아지 소장 튀김 : 데쳐 익힌 송아지 소장을 정사각형으로 썬다. 소금, 후추로 밑간을 하고 달걀과 빵가루를 묻혀 뜨거운 기름에 튀긴다. 종이타월에 놓고 기름을 뺀 다음 튀긴 파슬리와 레몬 조각을 곁들여 서빙한다. 소스 디아블(sauce diable)이나 소스 피캉트(sauce piquante)를 따로 담아낸다.

FRAISER 프레제 타르트 반죽을 대리석 작업대에 놓고 손바닥으로 눌러 으깨듯 밀어 끊어주는 작업을 가리킨다. 이 테크닉은 재료를 고루 섞어 균일한 혼합물을 만드는 동시에 반죽에 끈기가 생기는 것을 막는다. 우선 밀가루를 작업대에 붓고 가운데를 우묵하게 만든 다음 버터, 달걀, 물을 넣는다. 밀가루와 가운데 재료를 대충 섞은 다음 조금씩 떼어 손바닥으로 눌러 밀며 끊어준다(프라제 fraser라고도 한다). 이 조각들을 다시 뭉쳐 반죽을 하나의 큰 덩어리로 만든다.

FRAISIER 프레지에 정사각형의 제누아즈 스펀지 두 장에 키르슈 시럽을 적시고 키르슈로 향을 낸 버터 크림과 생딸기를 사이에 넣어 만든 케이크. 맨 윗면은 연분홍 빛으로 색을 낸 버터 크림이나 아몬드 페이스트 또는 이탈리안 머랭으로 덮고 딸기를 얹어 장식한다.

이 딸기 케이크는 여러 가지 응용 레시피로 만들어지며 프라가리아(fragaria) 또는 프레잘리아(fraisalia)라는 이름으로도 불린다. 아몬드 가루를 넣어 만든 제누아즈 스펀지에 키르슈를 넣은 딸기잼을 채워 여러 층으로 쌓은 뒤 살구 나파주와 핑크색 퐁당슈거로 글라사주한 케이크를 예로 들 수 있다. 이 케이크의 옆면 둘레에는 굵은 입자 우박설탕과 다진 아몬드를 붙이고 맨 윗면에는 붉은색 아몬드 페이스트로 만든 큰 딸기 모양과 설탕 시럽을 굳혀 만든 잎사귀 모양으로 장식한다. 또한 제누아즈 스펀지에 딸기 크림을 채우고 으깬 딸기를 넣은 핑크색 퐁당슈거로 글라사주 한 다음 생딸기를 둘러 장식한 케이크, 혹은 제누아즈 스펀지에 딸기 잼을 채우고 얇게 민 핑크색 아몬드 페이스트로 덮은 뒤 슈거파우더를 뿌리고 옆면 둘레에는 굵게 다진 구운 아몬드를 붙인 케이크 등 다양한 종류가 있다.

피에르 에르메(PIERRE HERMÉ)의 레시피

fraisier 프레지에

알이 굵은 딸기 1kg의 꼭지를 따고 붓으로 살살 문질러 닦는다. 설탕 75g과 물 70mℓ를 녹여 끓을 때까지 가열한 뒤 야생 라즈베리 리큐어와 키르슈를 각각 3테이블스푼씩 넣어 시럽을 만든다. 유산지를 깐 베이킹 팬에 직사각형(18 x 22cm) 제누아즈 스펀지 시트를 놓고 시럽 분량의 1/3을 발라 적신다. 버터 크림(crème au beurre) 500mℓ를 거품기로 가볍게 풀어준 다음 크렘 파티시에 100mℓ를 넣고 나무 주걱으로 잘 섞는다. 이 크림 혼합물의 1/3을 제누아즈 위에 평평하게 발라 얹은 다음 딸기를 뾰족한 부분이 위로 오게 하여 촘촘히 붙여 놓으면서 크림에 살짝 눌러 박는다. 키르슈 2테이블스푼을 고루 뿌린다. 긴 빵 나이프를 사용하여 딸기 윗부분을 가로로 잘라 평평하게 높이를 맞춰준 다음 나머지 크림으로 덮고 윗면과 옆면을 스패출러로 매끈하게 밀어준다. 두 번째 스펀지를 얹고 나머지 시럽을 발라 적신다. 녹색 아몬드 페이스트(80g)를 얇게 밀어 케이크를 덮어준다. 냉장고에 최소 8시간 동안 넣어둔다. 서빙하기 직전, 뜨거운 물에 담갔다 뺀 칼로 가장자리를 깔끔하게 자른다. 생딸기를 얇게 칼집 내어 부채꼴로 펼친 뒤 케이크 위에 얹어 장식한다. 살구 나파주 20g을 붓으로 발라 완성한다.

FRAMBOISE 프랑부아즈 산딸기, 라즈베리. 장미과에 속하는 숲속 야생 산딸기나무의 열매로 노지나 하우스 재배로도 수확하며 특히 발 드 루아르, 발레 뒤 론, 그 밖에 도시 그린벨트 지역에서 많이 생산된다(**참조** p.406-407 붉은 베리류 과일 도감). 라즈베리는 상하거나 물러지기 쉬운 과일로 보존 기간이 아주 짧다. 칼로리는 낮으며(100g당 40kcal 또는 168kJ) 펙틴이 풍부하다. 고대인들은 이 과일의 기원을 신화에서 찾는다. 요정 이다가 어린 주피터에게 주려고 베리를 따다가 가시덤불에 긁혀 피가 났고, 이로 인해 그 전까지 흰색이었던 산딸기가 붉은색으로 변했다는 이야기가 전해 내려온다. 이 과일의 재배가 시작된 것은 중세로 거슬러 올라간다. 18세기에는 재배법이 발달했으나 실질적으로 생산이 널리 증가한 것은 20세기에 이르러서다.

■ **품종.** 라즈베리는 달걀형 또는 원뿔형의 작은 열매로 크기는 손톱만 하고 붉은색 또는 노란색(새들이 덜 쪼아 먹는다)을 띠고 있다. 달고 신맛이 적으며 향이 아주 짙다. 일 년에 한번만 열매가 열리는 품종들(meeker, glen moy, schœnemann, mailing promise)은 대개 6월 말에서 7월 말 사이에 수확하고, 일 년에 두 번 열매가 열리는 품종들(héritage, lloyd george, hybrides)은 7월 중순에서 10월에 재배한다. 하우스 재배 계핏가루는 4월 중순이면 시장에 나오지만 6월 중순에서 10월까지 나오는 노지 재배 라즈베리에 비해 맛은 떨어진다. 또한 블랙베리와 라즈베리의 교배종으로 9월-10월에 출하되는 로건베리(loganberry)는 크기가 크고 짙은 붉은색을 띤 먹음직스런 모양과는 달리 맛은 밍밍한 편이다. 냉동 라즈베리는 연중 구입할 수 있다.

■ **사용.** 아주 맛있고 인기가 많은 디저트 과일인 라즈베리는 생으로 먹거나 설탕 또는 생크림을 곁들여 먹는다. 콩포트, 잼, 각종 앙트르메, 즐레, 시럽, 타르트, 아이스크림, 소르베 등에 두루 사용되며 발효주, 리큐어, 오드비 등의 재료로도 쓰인다. 시럽, 오드비에 담가 저장하기도 한다.

▶ 레시피 : AMANDE, BARQUETTE, BÛCHE DE NOËL, FIGUE, SORBET, SOUFFLÉ, SOUFFLÉ GLACÉ.

FRANÇAISE (À LA) 아 라 프랑세즈 프랑스식의. 주로 큰 덩어리로 서빙하는 고기에 다발로 묶어 익힌 아스파라거스 헤드, 브레이징한 양상추, 홀랜다이즈 소스를 끼얹은 콜리플라워, 튀긴 폼 뒤셰스(pommes duchesse)의 속을 파낸 뒤 잘게 썬 채소를 채워 넣은 것을 곁들인 요리를 가리킨다. 혹은 시금치와 폼 안나(pommes Anna)를 곁들이기도 한다. 아 라 프랑세즈 요리에는 주로 너무 농축되지 않은 데미글라스 소스 또는 맑은 송아지 육수로 만든 소스를 곁들인다. 본 팜(bonne femme)식으로 조리한 완두콩 요리에서 양상추와 줄기 양파를 뺀 것을 아 라 프랑세즈 완두콩이라고 부른다.

▶ 레시피 : BLINI, CIVET, MERINGUE, PETIT POIS, PUDDING.

FRANCHE-COMTÉ 프랑슈 콩테 가문비나무가 울창한 삼림 산악 지대이며 강과 호수의 고장이기도 한 프랑슈 콩테 지역은 치즈와 염장 가공육, 버섯, 생선을 비롯한 먹거리가 풍부하다. 돼지 훈연 가공육 생산의 오랜 전통을 이어오고 있는 이 지역의 샤퀴트리는 종류가 다양하고 맛도 좋아 인기가 많다. 그중 가장 대표적인 것은 모르토 소시지(saucisse de Morteau, 또는 jésus de Morteau)이며 향신 재료와 베이컨, 감자를 넣고 와인에 데쳐 먹는다.

프랑슈 콩테 지방의 오트 퀴진 메뉴 중에는 닭을 비롯한 가금류를 재료로 한 요리가 많다. 좀 더 색다른 것으로는 송아지 귀를 원뿔 컵 모양으로 만든 뒤 송아지 흉선과 닭고기, 버섯을 채워 놓은 요리를 들 수 있다. 수렵육 중에는 깃털 달린 조류가 많은 편이며, 개구리는 허브를 넣어 소테하거나 아르부아(Arbois) 와인을 넣은 소스 풀레트에 요리한다. 강꼬치고기는 크넬, 테린을 만들거나 크림 소스를 곁들이며, 그 이외에도 다양한 민물생선 요리가 발달했다. 뿔나팔버섯, 꾀꼬리버섯, 느타리버섯, 민달걀버섯, 모렐 버섯 등의 다양한 야생버섯은 고기 요리나 달걀에 곁들여 풍미를 더해줄 뿐만 아니라 그 자체만으로도 훌륭한 전채 요리로 손색이 없다. 그러나 그 무엇보다도 이 지역을 대표하는 으뜸 식재료는 민물가재다. 일반적으로 샬롯을 넣고 소테한 다음 뱅 존(vin jaune)과 크림을 넣어 조리하며, 경우에 따라 모렐 버섯을 함께 넣기도 한다. 또한 민물가재는 낭튀아 소스를 베이스로 하는 요리(à la Nantua)의 쿨리, 무스, 퓌레 등을 만드는 데 사용된다.

■ **수프와 채소.**

● **포테, 고드, 페숌.** 푸짐한 가정 요리를 대표하는 포테(potée)는 각종 채소에 훈제육, 돼지 앞다리 살, 햄, 모르토 소시지 등을 넣고 익힌 요리다. 수프는 주로 콩테 치즈, 신선한 채소, 깍지콩이나 마른 콩 등을 사용해 만들며, 때에 따라 보리, 앙두이유, 개구리, 처빌, 모렐 버섯 등의 재료를 넣어 변화를 주기도 한다. 고드(gaudes) 수프는 로스팅한 옥수수 가루를 물에 개어 끓인 죽의 일종으로 마지막에 차가운 우유나 크림을 넣어 먹는다. 몽벨리아르(Montbéliard)식 소시지 고기소를 채운 양배추 요리 또한 이 지역 특산 음식으로 페숌(fechum)이라고 불린다.

■ **육류와 가금류.**

● **소.** 와인을 넣은 소고기 스튜인 도브(daube)는 여럿이 모이는 파티에 자주 등장하는 음식이다. 하지만 소고기로 만든 음식 중 이 지역의 특산품으로 제일 먼저 꼽을 수 있는 것은 브레지(brési)다. 기름기가 적은 살코기를 향신 재료와 양념으로 문지르고 염장한 뒤 훈연, 건조한 것으로, 그리종(Grisons) 고기처럼 아주 얇게 슬라이스해서 먹는다.

● **돼지.** 대표적인 모르토 소시지와 마찬가지로 몽벨리아르 소시지(saucisse de Montbéliard) 또한 노간주나무 혹은 가문비나무에 훈연한 것으로 콩테 지방 요리에 많이 등장한다. 지역 특산 뤽쇠이 레 뱅(Luxeuil-les-Bains) 햄은 와인에 담갔다 건진 뒤 염장, 훈연, 건조해 만든 햄이다. 이 지역에서 가장 즐겨 먹는 요리인 포테에도 각종 훈제 돼지고기가 들어간다.

● **가금류.** 닭은 주로 아르부아(Arbois) 와인을 넣어 익히거나, 화이트 소스에 조리한 뒤 치즈를 얹어 그라탱처럼 굽기도 하고 모렐 버섯을 곁들이기도 한다. 베쥘리엔(à la vésulienne) 닭 요리는 베이컨과 양파를 채워 넣은 뒤 크러스트를 씌워 오븐에 굽고 파슬리 소스를 곁들인 것이다. 뱅 존(vin jaune)으로 디글레이즈한 뒤 모렐 버섯과 생크림을 넣어 만든 소스를 곁들여 먹는 수탉 요리는 콩테 지방의 클래식 메뉴 중 하나다.

■ **치즈.** 가장 유명한 것은 그뤼에르 드 콩테, 줄여서 콩테(comté) 치즈다. 경성치즈인 콩테는 은은한 과일 향이 나는 섬세한 맛을 갖고 있으며 요리에도 많이 사용된다. 모르비에(morbier)는 중간에 거무스름한 숯 층이 얇게 있는 경성치즈다. 캉쿠아요트(cancoillotte)는 구운 빵 위에 올려 따뜻하게 먹는다. 스푼으로 떠먹는 몽도르(mont-d'or) 또는 바슈랭 뒤 오 두

(vacherin du haut Doubs) 치즈는 감자, 햄, 코르니숑, 방울 양파 등을 곁들인다. 블뢰 드 젝스(bleu de Gex), 블뢰 뒤 오 쥐라(bleu du haut Jura), 블뢰 드 세트몽셀(bleu de Septmoncel) 등은 푸른곰팡이 치즈로 경우에 따라 그뤼예르 치즈, 레드와인, 버터, 마늘, 머스터드와 섞어 퐁뒤를 만들어 먹기도 한다. 그 밖에 그뤼예르와 같은 계열인 에멘탈, 경성치즈인 마미롤(mamirolle), 몇몇 지역 특산 염소치즈 등을 꼽을 수 있다.

■ **파티스리.**

● GALETTE DE GOUMEAU, BEIGNETS, BISCUITS. 와플과 베녜(beignet)는 축제 때면 어김없이 등장하는 파티스리다. 봄에 만들어 먹는 아카시아 꽃 튀김, 걸쭉한 옥수수 죽을 식혀 굳힌 다음 작게 잘라 튀긴 베녜 드 고드(beignet de gaudes), 달콤한 튀김과자인 페 드 논(pets-de-nonne), 메르베유(merveilles) 등이 대표적이다. 갈레트 드 구모(galette de goumeau)는 달걀과 생크림(crème du haut Jura), 설탕을 혼합해 채워 넣은 파이의 일종으로 이 지역 어디서나 쉽게 찾아볼 수 있다. 호두 타르트, 체리 수프, 키르슈를 넣은 오믈렛도 인기가 많은 계절 디저트다. 비스퀴(massepain, craquelin 등) 또한 그 종류가 다양하며 잼 종류도 독특한 것이 많다(매자나무 열매, 크랜베리). 그 외에도 아카시아 꿀, 보리수 꿀, 가문비나무 꿀이 유명하다.

■ **와인과 오드비.** 쥐라 지역을 대표하는 와인들로는 아르부아(arbois), 아르부아 퓌필랭(arbois pupillin), 코트 뒤 쥐라(côtes-du-jura), 샤토 샬롱(château-chalon, vin jaune), 레투알(l'étoile)을 꼽을 수 있다. 특히 뱅 존(vin jaune)과 뱅 파이유(vin paille)는 쥐라에서만 생산되는 독특한 와인이다. 또한 이 지역에서 생산되는 마르(포도 지게미를 증류한 화주)와 오드비도 그 품질이 뛰어나며, 특히 키르슈 드 푸주롤(kirsch de Fougerolles)이 유명하다.

FRANCILLON 프랑시용 감자, 익힌 홍합, 다진 셀러리, 송로버섯 등의 재료를 화이트와인 비네그레트 드레싱으로 양념한 샐러드의 이름이다. 이 샐러드의 원조 레시피는 1887년 1월 9일 코메디 프랑세즈에서 공연된 알렉상드르 뒤마(아들)의 희곡 작품『프랑시용(*Francillon*)』에서 처음 소개된 바 있다. 파리의 식당업자들은 미식 소재를 담은 이 문학작품 공연을 계기로 새로운 샐러드 요리를 자신들 식당 메뉴에 올렸다. 요리사 폴 브레방은 프랑시용 샐러드에 감자 대신 일본 초석잠을 넣어 일본 샐러드라는 이름으로 자신의 레스토랑 메뉴에 올렸다. 프랑시용이라는 명칭은 틀에 커피 아이스크림을 깔고 샴페인을 넣은 파트 아 봉브(pâte à bombe)를 채운 아이스 디저트인 봉브 글라세에 붙여진 이름이기도 하다. 또한 고등어 등의 생선 필레 요리를 지칭하기도 한다.

FRANGIPANE 프랑지판 프랑지판 크림. 우유, 설탕, 밀가루, 달걀, 버터, 부순 마카롱 과자 또는 아몬드 가루, 경우에 따라 비터 아몬드 에센스 몇 방울을 넣고 가열해 익힌 크림. 이 명칭은 17세기 파리에 정착했던 이탈리아 조향사 프란지파니(Frangipani)의 이름에서 따 온 것이다. 그는 비터아몬드 베이스의 장갑용 향수를 개발했는데, 파티시에들이 여기에서 영감을 얻었다고 한다. 프랑지판 크림은 주로 타르트 시트에 채워 넣거나 퓌유타주 파이나 크레프 등에 채워 넣는 데 사용된다. 클래식 요리에서 프랑지판은 닭이나 생선 등에 채워 넣는, 밀가루, 달걀노른자, 버터, 우유로 마치 슈 반죽 혼합물처럼 만든 파나드(panade)의 일종이다.

▶ 레시피 : CRÈMES DE PÂTISSERIE, DARTOIS.

FRAPPER 프라페 재빨리 식히다. 얼음에 채워 차갑게 하다. 아이스크림을 낮은 온도에 두어 녹지 않도록 완벽하게 보관하다. 크림이나 차가운 혼합물 주위에 부순 얼음을 둘러놓거나 냉동실에 넣어 굳히다. 부순 얼음을 채운 아이스버킷에 샴페인 병을 담가 칠링하다. 칵테일을 얼음과 함께 셰이커에 넣고 흔들다.

FRASCATI 프라스카티 1800년대에 파리에 있던 옛 카페의 이름. 정원을 갖춘 카페 겸 레스토랑이었던 이곳은 파리의 멋쟁이들이 모여 다과나 식사는 물론 게임을 하거나 춤을 추는 등 여흥을 즐기던 만남의 장소였다. 리슐리외가와 이탈리안 대로가 만나는 코너에 위치했던 이 카페는 가르키(Garchi)라는 나폴리 출신의 아이스크림 제조업자가 로마의 부유층을 위한 근교 유명 휴양지 중 하나인 '프라스카티'라는 이름으로 개업한 곳이다. 한편, 요리에서 프라스카티라는 명칭은 큰 덩어리로 서빙하는 고기에 곁들이는 가니시 및 여러 앙트르메 이름에도 사용된다.

▶ 레시피 : BŒUF.

FRASCATI (VIN) 프라스카티(와인) 이탈리아 라치오주, 특히 로마 주변 지역에서 생산되는 유명한 화이트와인이다. 고대부터 알려졌으며 인기를 누려온 프라스카티 와인의 주 포도품종은 말바시아 디 칸디아(malvasia di candia)와 트레비아노 토스카노(trebbiano toscano)이며, 드라이, 스위트, 스파클링 모두 생산된다. 이들 중 최상 품질(알코올 도수 12%Vol.이상)은 슈페리어(frascati superiore) 급으로 분류된다.

FRÉMIR 프레미르 액체가 완전히 끓기 전 약하게 끓어오르며 움직이기 시작하는 상태를 가리킨다. 재료를 물이나 쿠르부이용 또는 우유 등의 액체에 넣어 익힐 때, 특히 생선이나 달걀 등을 데쳐 익힐 때는 이렇게 약하게 끓는 상태로 일정 시간 유지해야 한다. 물이나 액체에 향을 우려낼 때도 완전히 이처럼 약하게 끓는 상태를 유지한다.

FRÊNE 프렌 유럽 물푸레나무. 목서과에 속하는 열대 지역의 나무로 이 잎을 이용해 가정에서 발효주나 차를 만든다. 이 나무의 어린 녹색 열매는 식초에 절여 케이퍼 대신 사용하기도 한다.

frénette 프레네트

물푸레나무 잎 발효주 : 물 2ℓ에 서양 물푸레나무 잎 50g과 얇게 썬 오렌지 껍질 10장을 넣고 30분간 끓인 뒤 고운 면포에 거른다. 여기에 설탕 3kg을 녹이고 구연산 30g을 넣어준다. 50ℓ 용량 술통에 붓는다. 이스트 30g을 차가운 캐러멜 2테이블스푼에 개어 준 다음 술통에 넣는다. 물을 채우고 8일간 발효시킨다. 병입한다.

FRENEUSE 프레뇌즈 프레뇌즈 수프. 순무와 감자 퓌레에 흰색 육수나 콩소메를 넣어 만든 포타주로 생크림을 넣어 농도를 조절한다. 작고 둥글게 깎은 순무를 넣기도 한다.

FRÈRES PROVENÇAUX (LES TROIS) 레 트루아 프레르 프로방소 프로방스 출신 세 명의 처남 매부 형제 마네이, 시몽, 바르텔레미가 1786년 파리 엘베시외스가(현재 생트 가)에 오픈했던 레스토랑이다. 합리적인 가격을 내세웠던 이 식당은 새로운 남프랑스 요리로 얼마 되지 않아 큰 성공을 거두었다. 마네이는 계속 식당을 맡아 운영했고, 나머지 두 형제는 콩티 가 친왕(prince de Conti)의 주방으로 들어갔다. 이후 다시 뭉친 세 형제는 팔레 루아얄(갈르리 드 보졸레)에 새로운 둥지를 틀었다. 이번에는 아주 세련된 최신식 고급 식당이었고, 그 명성과 인기는 19세기 초 내내 이어졌다.

1836년 레스토랑이 매각되면서 단골들은 떠났고 옛 영화는 퇴색되었다. 이후 제2제정시대에 고댕(Godin)에 이어 뒤글레레(Dugléré), 위렐(Hurel), 마지막으로 고야르(Goyard)가 주방을 이끌면서 이 레스토랑은 다시 성공가도를 달렸다. 1869년 완전히 폐업했다.

FRESSURE 프레쉬르 정육용 동물의 염통, 비장, 간, 허파 등 모든 내장을 통칭한다(**참조** p.10 부속 및 내장 도표). 소와 송아지의 경우 이 부위들은 도축 후 내장 적출 시 따로 분리된다. 양의 내장은 여러 지방에서 와인을 넣은 스튜 요리를 만든다. 돼지 내장에 돼지 피와 껍데기를 넣고 끓인 스튜는 방데 지방을 대표하는 특선 요리다. 경우에 따라 돼지 머리고기를 넣기도 한다.

FRIAND 프리앙 퓌유타주 반죽에 소시지용 돼지 분쇄육, 다진 고기, 햄, 또는 치즈 등의 소를 채워 오븐에 구워낸 작은 사이즈의 짭짤한 파이. 주로 더운 오르되브르로 서빙한다.프리앙은 또한 피낭시에와 비슷한 작은 파티스리를 지칭하는 용어로, 아몬드 가루와 달걀흰자를 넣어 만든 비스퀴 반죽을 갸름한 타원형의 바르케트나 직사각형 틀에 넣어 구워낸 과자를 뜻한다.

필립 고베(PHILIPPE GOBET)의 레시피

friand façon Lenôtre 프리앙 파송 르노트르

르노트르식 프리앙 : 4인분

소시지용 돼지고기 분쇄육 160g, 잘게 썬 익힌 햄 40g, 달걀 1개, 포트와인 1테이블스푼, 저온에 한 번 익힌 오리 푸아그라(foie gras de canard mi-cuit) 15g을 섞는다. 소금, 후추, 넛멕을 넣어 간한 뒤 분쇄기로 다진다. 오븐을 180°C로 예열한다. 긴 직사각형으로 자른 퓌유타주 반죽 위에

소를 얹은 뒤 또 한 장의 반죽을 덮고 가장자리를 잘 붙여 밀봉한다. 달걀 물을 바른 다음 2.5cm 간격으로 잘라 베이킹 팬 위에 놓는다. 오븐에 넣어 20분간 굽는다.

FRIANDISE 프리앙디즈 섬세하고 맛있는 식품으로 주로 단것이 이에 해당된다. 특히 이 용어는 끼니 사이에 집어먹는 작은 파티스리나 달콤한 맛의 스낵을 지칭하는 경우가 많다. 오후 간식으로 커피나 차를 곁들여 먹거나 또는 식사 코스에서 디저트까지 끝난 뒤 마무리용 프티푸르로, 주로 플레이트에 여러 종류를 고루 담아 서빙한다.

FRIBOURG 프리부르 프랑스에서 스위스 그뤼에르 치즈를 부르는 명칭이다. 스위스 프리부르 주에 위치한 '발레 드 라 그뤼에르'는 이 치즈가 생산되는 대표적인 곳이다.

FRICADELLE 프리카델 다진 고기나 기타 소 재료를 길쭉한 소시지 모양 또는 납작한 원형 패티 모양으로 빚은 것으로, 튀기거나 팬에 지져 익히고 경우에 따라 스튜에 건더기로 넣어 익히기도 한다. 벨기에 요리에 많이 등장하며 특히 독일에서는 맥주를 넣어 요리하기도 한다. 파프리카나 커리를 넣은 토마토 소스, 양념하지 않은 파스타, 라이스 또는 채소 퓌레 등을 곁들여 먹는다.

FRICANDEAU 프리캉도 송아지 뒷다리살을 두툼하게 자른 뒤 비계를 박고 익힌 요리. 프리캉도는 일반적으로 브레이징하거나 팬에 지져 익히며 시금치, 버터에 익힌 소렐, 완두콩 또는 잘게 썰어 익힌 채소 등을 곁들여 서빙한다. 또는 브레이징한 국물에 그대로 식힌 뒤 먹기도 한다. 경우에 따라서는 더 넓은 의미로 철갑상어나 다랑어, 연어를 척추뼈와 수직 방향으로 토막 내어 생선 육수에 브레이징한 생선 프리캉도 요리까지 포함하기도 한다.

또한 프리캉도는 프랑스 남서부 쉬드 우에스트 지방의 대표적인 샤퀴트리로, 다져서 향신료로 양념한 돼지고기(목구멍 살, 간, 콩팥 등)를 둥글게 빚은 뒤 크레핀으로 싸 오븐에 구운 것을 가리킨다. 즐레와 돼지기름을 입혀 굳힌 뒤 파테처럼 차갑게 먹는다(**참조** p.623 파테 도표)

fricandeau d'esturgeon à la hongroise 프리캉도 데스튀르종 아 라 옹그루아즈

헝가리식 철갑상어 프리캉도 : 철갑상어 살을 두툼하게 토막 낸 다음 돼지비계를 찔러 박는다. 팬에 버터를 녹인 뒤 잘게 썬 양파와 생선을 넣고 노릇하게 지진다. 소금, 파프리카 가루를 뿌리고 부케가르니 1개를 넣는다. 화이트와인 200mℓ를 넣고 졸인다. 생선 육수로 만든 블루테(velouté de maigre) 300mℓ를 넣고 180°C로 예열한 오븐에 익혀 마무리한다. 원형 접시에 생선을 담는다, 남은 소스에 버터를 넣고 잘 섞은 뒤 생선과 함께 낸다. 윤기나게 익힌 양파 글라세, 삶은 감자, 동그란 모양으로 도려낸 오이, 피망 퓌레를 곁들여 서빙한다.

fricandeau de veau à l'oseille 프리캉도 드 보 아 로제이

소렐을 곁들인 송아지 프리캉도 : 작은 막대 모양으로 자른 돼지비계에 코냑을 조금 뿌리고 다진 파슬리(선택사항)를 넣어준다. 3-4cm 두께로 썬 송아지 뒷다리 살에 비계를 찔러 박은 뒤, 잘게 썬 송아지 뼈와 함께 팬에 넣고 버터에 노릇하게 색이 나도록 지진다. 당근 2개와 양파 2개의 껍질을 벗기고 깍둑 썰어 버터에 볶은 뒤 브레이징용 냄비 바닥에 깔아준다. 송아지 프리캉도를 그 위에 놓고 송아지 뼈, 부케가르니, 삶은 뒤 뼈를 제거한 송아지 족 1/2개를 넣어준다. 화이트와인 또는 레드와인을 재료 높이의 반만큼 붓고 소금, 후추를 넣는다. 뚜껑을 덮고 불에 올려 끓을 때까지 가열한다. 뚜껑을 열고 220°C로 예열한 오븐에 넣어 1시간 동안 익힌다. 다시 냄비를 불에 올린다. 육수 500mℓ에 토마토 페이스트 1테이블스푼을 개어 풀어준 다음 재료 높이만큼 붓는다. 다시 끓을 때까지 가열한 뒤 오븐에 넣고 1시간 30분 동안 익힌다. 고기를 건져 로스팅 팬에 놓는다. 익힌 국물을 체에 걸러 고기에 뿌리고 오븐에 다시 잠깐 넣어 겉면 윤기나게 글레이즈 한다. 버터에 볶은 소렐(수영)을 곁들여 서빙한다. 남은 소스는 용기에 따로 담아낸다.

FRICASSÉE 프리카세 화이트 소스의 닭 또는 송아지 고기 요리로 경우에 따라 양고기를 사용하기도 한다. 고기를 먹기 좋은 크기로 자른 뒤 향신 재료를 넣고 약한 불에서 색이 나지 않고 살짝 단단해질 정도로만 지진다. 이어서 밀가루를 고루 뿌린 뒤 흰색 육수를 넣고 국물이 걸쭉해지도록 익힌다. 프리카세는 일반적으로 마지막에 크림을 첨가하며 하얗고 윤기나게 익힌 방울양파 글라세와 데친 버섯을 곁들인다. 이 용어는 또한 조각으로 잘라 먼저 소테한 뒤 소스에 익히는 생선 요리에도 적용된다. 옛날에 프리카세는 닭, 고기, 생선, 채소로 만든 화이트소스 또는 브라운소스 스튜였다. 17세기, 요리사 바렌은 송아지 간과 족, 닭, 비둘기, 사과, 아스파라거스 등의 재료로 만든 프리카세를 언급했다. 프리카세는 널리 알려진 대중적인 요리이긴 했지만 품위 있는 고급 요리로는 그다지 인정받지 못했다.

fricassée d'agneau 프리카세 다뇨

양고기 프리카세 : 양고기를 찬물에 담가 핏물과 불순물을 제거한 다음 물기를 닦아낸다. 소테팬에 버터를 달군 뒤 양고기를 넣고 색이 나지 않게 지진다. 소금, 후추로 간한다. 밀가루 2테이블스푼을 솔솔 뿌린 뒤 불 위에서 고루 섞는다. 흰색 육수 또는 콩소메를 붓고 부케가르니를 넣은 다음 끓을 때까지 가열한다. 불을 줄이고 뚜껑을 덮은 뒤 약하게 45분-1시간 동안 끓인다. 버섯을 버터에 볶고, 방울양파는 버터, 설탕, 소금, 물을 넣고 윤기나게 익혀둔다. 양고기를 건져낸 뒤 소테팬에 양파와 버섯을 넣고, 달걀노른자를 넣어 소스의 농도를 걸쭉하게 만든다(리에종). 따뜻하게 데워 놓은 우묵한 서빙 접시에 채소와 소스를 붓고 양고기를 담는다. 잘게 썬 파슬리를 뿌려 서빙한다.

fricassée de petits pois et gingembre au pamplemousse ▶ PETIT POIS

조르주 블랑(GEORGES BLANC)의 레시피

fricassée de volaille de Bresse de la Mère Blanc 프리카세 드 볼라이 드 브레스 드 라 메르 블랑

메르 블랑식 브레스 닭 프리카세 : 4인분

양파 큰 것 한 개의 껍질을 벗긴 뒤 4등분한다. 양송이버섯 10개를 씻어 물기를 말린 뒤 세로로 등분한다. 껍질을 벗기지 않은 마늘 2톨을 칼로 두드려 짓이긴다. 약 2kg짜리 브레스산 닭 한 마리의 내장을 제거한 뒤 4토막으로 잘라낸다. 소테팬에 버터 100g을 센 불에 달군 뒤 닭을 껍질이 바닥에 닿도록 놓고 지진다. 소금, 후추로 간하고 향신 재료를 넣어준다. 밀가루 2테이블스푼을 고루 뿌린 뒤 불 위에서 노릇해지도록 고루 섞으며 익힌다. 화이트와인 200mℓ를 붓고 디글레이즈한 다음 졸인다. 생크림 1ℓ를 넣고 잘 섞고 가열한다. 끓기 시작하면 불을 줄이고 30분간 약하게 끓인다. 닭을 건져 서빙 접시에 담는다. 소스를 고운 체에 거른 다음 기호에 따라 간을 조절한다. 닭에 소스를 끼얹고 즉시 서빙한다.

FRICHTI 프리슈티 격식을 차리지 않고 즐기는 소박한 가정식 음식, 식사. 이 단어는 1860년대에 알자스 군인들이 게르만 국가의 푸짐한 아침식사를 뜻하는 독일어 프뤼슈튁(Frühstück)을 '프리슈틱'이라고 발음한 것으로부터 왔다고 전해진다.

FRINAULT 프리노 소젖으로 만든 오를레앙의 연성치즈(지방 50%)로 천연 외피는 푸른 곰팡이색이 돌거나(습기가 있는 저장실에서 숙성된 경우) 살짝 잿빛(나무 박스에 넣어 숯 재에서 숙성한 경우)을 띠고있다. 지름 9cm, 두께 2cm의 원반형으로 말랑하고 쫀득하며 과일 풍미가 있다.

FRIRE 프리르 튀기다. 고온의 지방에 재료를 잠기게 넣어 익히는 조리법(**참조** p.295 조리 방법 도표). 먹기 직전에 이루어지는 조리법으로 주로 작은 크기로 자른 재료(날것, 익힌 것 모두 포함)의 물기를 제거한 상태로 튀긴다. 대부분의 경우 밀가루나 빵가루, 튀김 반죽, 크레프 반죽, 슈 반죽 등의 튀김옷을 입혀 크러스트가 노릇한 색이 날 때까지 익힌다.

▶ 레시피 : PÂTES DE CUISINE ET DE PÂTISSERIE.

FRITEUSE 프리퇴즈 튀김기. 재래식 튀김 냄비를 대신해 전기로 기름을 데워 음식을 튀길 수 있는 가전제품이다. 튀김기는 기름 용기와 열선, 온도 조절기, 뚜껑, 튀김 바스켓, 불이 들어오는 표시판 등으로 구성돼 있다. 튀김기는 뚜껑 없이 사용할 수도 있으며, 유조가 깊은 편이라 기름이 튀는 것을 어느 정도 막을 수 있다.

재료를 뜨거운 기름에 넣어 단단해지기 시작하면 표면을 이루는 튀김막이 기름이 재료 안으로 스며드는 것을 막아주며 또한 기름에 재료의 맛이 배는 것도 차단해준다.

FRITOT 프리토 작은 크기의 재료를 익힌 뒤 양념에 재워두었다가 묽은 튀

김 반죽(pâte à frire)을 입혀 뜨거운 기름에 넣어 익힌 짭짤한 튀김을 지칭한다(friteaux라고도 표기한다).

프리토는 식용 개구리 뒷다리, 굴, 홍합 살, 큐브 모양으로 썰거나 도톰하게 저민 연어, 반으로 자른 서대 필레, 부속 및 내장, 채소 등 다양한 재료를 튀겨 만든다. 기름을 털어 제거한 뒤 종이 냅킨을 깐 접시에 담고, 튀긴 파슬리와 레몬 웨지, 토마토소스를 곁들여 뜨겁게 서빙한다.

amourettes en fritots ▶ AMOURETTE

---

fritots de foies de volaille 프리코 드 푸아 드 볼라이

닭 간 튀김 : 닭 간(또는 오리 간) 500g을 생긴 모양대로 갈라 핏줄 등을 떼어낸 뒤 체에 내리거나 블렌더로 슬쩍 갈아 퓌레 상태로 만든다. 껍질 벗긴 샬롯 4개, 파슬리 작은 한 단, 마늘 작은 것 한 톨을 각각 곱게 다진다. 버터 25g을 팬에 녹인 뒤 샬롯을 넣고 숨이 죽도록 살짝 볶는다. 볼에 닭 간 퓌레, 마늘, 파슬리, 샬롯, 잘게 뜯은 식빵 속살 1컵, 달걀 2개 푼 것, 마데이라 와인 2테이블스푼, 생크림 2테이블스푼, 밀가루 1테이블스푼, 소금, 후추를 넣고 잘 섞은 다음 1시간 동안 휴지시킨다. 혼합물을 작은 귤 크기로 나눠 동그랗게 빚고 납작하게 살짝 누른 뒤 튀김 반죽을 입힌다. 180°C 기름에 넣어 튀겨낸 다음 튀긴 파슬리와 매콤한 토마토 소스를 곁들여 서빙한다.

---

fritots de grenouilles 프리코 드 그르누이

개구리 뒷다리 튀김 : 다진 마늘과 파슬리, 레몬즙, 소금, 후추를 기름에 조금 넣어 향을 낸다. 여기에 손질한 개구리 뒷다리를 넣고 30분간 재운다. 팬에 재빨리 지진 뒤 식힌다. 튀김 반죽을 입혀 180°C 기름에 튀긴다. 건져서 종이타월에 기름을 뺀 다음 튀긴 파슬리, 레몬 웨지와 함께 서빙한다. 인도 소스, 그리비슈 소스 또는 토마토 소스를 곁들여낸다.

FRITTO MISTO 프리토 미스토 이탈리아 요리를 대표하는 짭짤한 튀김 모둠으로, 도톰하게 저민 닭고기 살, 송아지 골 또는 흉선, 가금류의 간, 여러 가지 신선 채소, 리코타 또는 모차렐라 등의 치즈 등을 튀겨낸다. 재료는 한 번 익힌 뒤(고기류는 올리브오일에 재웠다 익힌다) 묽은 튀김 반죽을 씌워 뜨거운 기름에 튀긴다. 프리토 미스토는 레몬 웨지와 함께 내며, 경우에 따라서는 양념에 재웠다가 빵가루 튀김옷을 입힌 뒤 버터에 지져낸 작은 사이즈의 송아지 커틀릿을 곁들여 서빙한다.

FRITURE 프리튀르 튀김. 재료를 고온의 기름에 잠기도록 넣어 재빨리 익혀내는 조리법(**참조** p.295 조리 방법 도표). 적정 온도에서 최적의 시간을 지켜 완성한 튀김은 눅눅하지 않고 바삭하며 노릇한 색을 띤다.

■ **재료 준비.** 튀길 재료는 최대한 물기를 제거해야 한다. 수분이 100°C에서 증발하면서 튀김이 분리되거나 튈 위험이 있기 때문이다(일반적인 튀김 온도는 140-180°C). 알부민(응고)이나 전분 또는 설탕(캐러멜화)을 함유한 식품은 기름에 직접 담가 튀길 수 있다. 감자(껍질을 벗겨 씻은 뒤 스틱, 칩 등 다양한 모양(allumettes, chips, paille, pont-neuf, soufflées)으로 썰어 물기를 닦아내고 튀긴다), 달걀, 아주 작은 생선류(통풍이 되는 곳에서 잠시 말린 뒤 튀긴다), 요리나 파티스리의 브리오슈 반죽 또는 슈 반죽의 경우(튀기는 재료에 혼합된 경우 포함)가 이에 해당한다. 다른 재료들은 수분 함유량에 따라 적절한 튀김옷을 입혀 최대한 기름과의 접촉을 차단해야 한다.

생선은 통째로 또는 얇게 썰어 우선 차가운 우유에 담갔다가 소금 간을 하고 밀가루를 묻힌다. 너무 많이 묻은 밀가루는 톡톡 두드려 털어낸 뒤 튀긴다. 고기, 부속 및 내장, 가금류, 크로켓 등 물기가 있는 재료는 밀가루, 달걀, 빵가루(생 식빵으로 만들어 체에 내리거나, 마른 빵을 가루로 부순다)를 묻혀 3중으로 막을 입힌 뒤 튀긴다.

수분이 많이 함유된 채소와 과일은 반죽을 입혀 기름과의 직접 접촉을 완전히 차단한 뒤 튀긴다. 튀기는 재료는 너무 크지 않게 준비해야 열이 속까지 빨리 전달되어 잘 익는다. 감자의 경우 가는 막대 모양이나 얇은 칩 모양으로, 과일과 채소는 얇고 동그랗게 또는 작은 송이로 떼어 튀기며, 반죽 질감의 혼합물은 적당한 크기로 떼어서 튀긴다.

■ **기름 선택.** 기름은 순수 오일로 열에 잘 견디며 특유의 맛이나 향이 없는 것이 좋다. 혼합유는 권장하지 않는다. 버터와 마가린은 온도가 100°C 가까이 올라가면 분리되기 때문에 튀김 기름으로 적합하지 않다. 올리브오일, 낙화생유, 팜유, 해바라기유, 포도씨유, 호박씨유, 식물성 마가린 등의 기름은 쉽게 산패하지 않고 고온에 잘 견뎌(단, 해바라기유는 반복해서 가열할 경우 열에 잘 견디는 특성이 떨어진다) 튀김용으로 많이 사용된다. 소, 송아지, 말의 콩팥 기름과 돼지 콩팥 기름(특유의 누린내가 있는 양 기름이나 정제한 거위 기름은 사용하지 않는다)도 고온으로 가열하여 사용할 수 있다. 하지만 몸에 좋지 않은 동물성 기름을 튀김용으로 사용하는 경우는 적은 편이다.

튀김 기름을 관리, 보관할 때 몇 가지 주의할 점이 있다. 우선 사용하고 난 기름은 식힌 뒤 체에 걸러둔다. 한 번 사용한 기름에 새 기름을 추가로 넣는 것은 권장하지 않는다. 쓰고 남은 기름은 깨끗하게 걸러 보관해두었다가 가능할 때까지 재사용한 뒤 버리는 것이 좋다. 생선을 튀기는 기름, 짭짤한 음식과 달콤한 파티스리 재료를 튀기는 기름은 항상 분리해 사용하는 것이 좋다. 또한 기름을 여러 번 재사용하려면 반드시 뚜껑이 있는 밀폐용기에 보관한다.

■ **유의사항.** 몇 가지 사항만 주의하면 성공적인 튀김을 만들 수 있다.

- 이론상 재료와 튀김 기름의 비율은 부피 기준 1대 3이다.

튀김 용기에 기름을 반 정도만 채워야 튀기는 도중 기름이 튀거나 넘치는 것을 막을 수 있다. 기름이 설정한 온도에 도달한 뒤에는 튀기는 동안 그 온도를 일정하게 유지해야 한다.

- 온도가 떨어지면 재료를 새로 넣기 전에 기름만 다시 가열한 뒤 사용한다. 이렇게 하면 이어서 재료를 넣었을 때 거품이 일거나 넘치는 것을 줄일 수 있으며, 기름도 덜 흡수된다(덜 느끼하고 소화도 더 잘된다).
- 재료를 넣기에 적당한 온도가 되었는지 확인하려면 튀길 재료를 조금만 떼어 넣어본다. 20초 이내에 끓으면서 떠오르면 튀길 준비가 된 것이다.
- 튀김이 갈색으로 변하거나 연기가 날 때까지 두면 안 된다. 기름이 한계점 온도를 넘어가면(일반적으로 210-220°C) 독성을 띠기 때문이다.

■ **튀김 온도.** 튀김기름의 온도와 튀기는 시간에 따라 다음과 같이 3가지로 분류한다.

- 중간 온도에서의 튀김(140-160°C에서 15분): 프렌치프라이 등 감자의 초벌 튀김(아직 색이 나지 않는다) 또는 슬라이스한 생선 튀김에 적당하다.
- 뜨거운 온도에서의 튀김(160-175°C에서 25분): 튀김옷을 씌운 모든 튀김류, 튀기면서 부풀어오르는 도넛 또는 이미 익힌 재료를 튀겨 노릇한 색을 낼 때(크로켓 등) 적합하다.
- 아주 뜨거운 온도에서의 튀김(약 180°C에서 튀김 냄새가 나기 직전까지): 작은 생선류, 가늘게 채 썰거나(pommes paille) 얇은 칩(chips), 와플칩(gaufrettes) 모양으로 썬 감자 등 익히는 동시에 색을 내야하는 재료에 적합하다(아주 빠른 시간 내에 튀겨내야 한다). 또한 미리 한번 튀겨 놓은 프렌치프라이(pommes pont-neuf, allumettes, mignonnettes 등)의 두 번째 튀김도 해당된다.
- 튀김은 다 익으면 표면으로 떠오른다(도넛의 경우 떠오르면 뒤집어 다른 한쪽 면을 익혀야 한다). 이때 바로 튀김 바구니에 건져 탁탁 기름을 털어낸 다음, 종이타월에 놓고 남은 기름을 제거한다. 소금 또는 설탕을 솔솔 뿌린 뒤 종이냅킨을 깐 접시에 담아 서빙한다.

FROID 프루아 냉장, 냉각. 가장 오래된 식품 저장 방법인 냉각법은 이미 고대와 중세 시대부터 사용되었다(땅을 파서 만든 일종의 석빙고에 얼음 또는 눈을 채워 넣었다).

하지만 냉각 산업이 비약적인 발전을 이룬 것은 19세기 중반부터이며, 여기에는 냉장, 냉동 시설을 발명한 프랑스인 페르디낭 카레(Ferdinand Carré), 샤를 텔리에(Charles Tellier), 미국인 클라렌스 버즈아이(Birdseye)의 기여가 컸다.

식품을 보존하는 냉각온도는 효소와 박테리아의 활동이 둔화되어 음식의 변질을 멈추게 하는 온도인 영하 8-10°C로 정해졌다. 온도가 내려갈수록 보존기간은 길어진다.

신선식품, 냉동식품, 급속 냉동제품 및 얼음, 아이스크림 등의 올바른 보관을 위해 필요한 환경 조건의 총체를 콜드체인(chaîne du froid)이라고 부른다(**참조** CONGÉLATION, RÉFRIGÉRATEUR, SURGÉLATION).

냉동식품의 콜드체인이 부분적이라도 중단없이 이어지려면 제품은 처음 냉동된 시점부터 최종 사용할 때까지 계속하여 최소 영하 18°C를 유지해야 한다. 즉, 생산지와 유통업체에서 냉동실에 보관되어야 하고, 냉장, 냉동시설을 갖춘 운송수단으로 이동되어야 하며 매장에서도 특수 냉동고나 냉장 케이스에 넣은 상태로 판매되어야 한다.

소비자 또한 이러한 냉동제품 구입 시 보냉백에 넣어 운반하고 바로 냉

동실에 넣어 보관하는 등 이 콜드체인을 유지해야 한다. 한번 해동한 식품은 절대 다시 냉동하지 않는다.

FROMAGE 프로마주 치즈. 응고시킨 동물의 젖을 틀(라틴어로 forma, 프랑스어 fromage도 이 단어에서 유래했다)에 넣어 수분을 걸러내고 모양을 만들어 굳힌 식품으로, 프레시 치즈, 숙성 치즈, 가공 치즈로 분류된다(**참조** pp.389-395 프랑스 치즈 도표 및 도감, pp.396-400 외국 치즈 도표 및 도감).

■ **역사.** 치즈가 처음 등장한 것은 목축이 시작된 시점과 동일하다. 다 마시지 못하고 남은 우유를 오래 보관할 수 없었기 때문에 이를 다른 방법으로 활용하게 되었다. 응고시킨 우유를 눌러 수분을 짜낸 다음 소금을 뿌리고 돌에 얹어 햇볕에 건조시킨 것이다.

고대 그리스에서는 염소나 양의 젖으로 만든 프레시 치즈로 다양한 파티스리를 만들었으며, 건조시킨 치즈를 장시간 보존이 필요한 군인이나 선원들의 식량으로 사용하기도 했다. 또한 고대 로마의 농학자 콜뤼멜라(Columella)가 저술한 농학 개론서에 따르면, 치즈 제조법을 숙지한 고대 로마인들은 압착기 사용 덕에 압착 경성치즈 제조법을 터득하게 되었고(서기 1세기경), 수분이 적은 치즈, 훈연 치즈 등을 선호했다고 한다. 그들은 특히 치즈, 염장생선, 골, 가금류의 간, 삶은 달걀, 향신 재료를 넣은 치즈 스튜(ragoût de fromage)를 즐겨 먹었다.

몇 세기에 걸쳐 소규모 공방의 치즈 제조 기술이 발전함에 따라 치즈종류는 아주 다양해졌고, 각 지역마다 주력 생산품종도 등장했다(프랑스 서부(Ouest)와 북부(Nord) 지방의 연성치즈, 투렌(Touraine)과 푸아투(Poitou) 지방의 염소치즈, 중부 지방의 블루치즈, 알프스 산악 지방의 경성치즈 등). 수도원 또한 치즈 제조법의 발전에 있어 중요한 역할을 했다(묑스터, 생 폴랭, 트라피스트 치즈 등).

완전식품인 치즈는 옛날에 가난한 사람들이 주로 먹는 음식이었다(농부들의 식사에 늘 빠지지 않았다). 이러한 치즈가 본격적으로 대대적인 주목을 받기 시작한 것은 15세기 초 샤를 도를레앙 1세 공작이 궁녀들에게 새해 선물로 이것을 하사하면서부터다. 프랑스 시장에서는 네덜란드와 스위스의 치즈도 판매되었다.

17세기에 들어서 치즈는 요리(특히 소스)와 파티스리에 아주 많이 사용되었다. 프랑스 혁명기에는 치즈 수급의 어려움으로 그 인기가 줄어들었지만, 제정시대부터 다시 소비가 늘었으며 특히 에노(Hainaut)산 마루알, 노르망디의 뇌샤텔, 로크포르, 스위스 그뤼예르, 이탈리아의 파르메산 치즈는 인기가 아주 높았다. 또한 빈 회의(1814-1815) 만찬에 서빙되었던 브리 치즈는 '치즈의 왕'이라는 찬사를 받기도 했다.

20세기에는 저온살균 기술이 도입되면서 전통 유가공식품 생산의 산업화가 이루어졌고 신제품들이 속속 등장하기 시작했다. 오늘날에는 최첨단 보존 기술의 발전으로 치즈를 신선하게 최종 목적지까지 운송할 수 있는 시스템을 구축했다.

일반적으로 공장에서 대량생산되는 제품들보다는 농가나 소규모 공방에서 전통 아티장 방식으로 제조하는 치즈들이 더 맛이 좋아 인기가 높다. 특히 이들 중에서도 비멸균 생유로 만든 치즈는 저온 멸균유로 만든 제품보다 더 맛도 좋고, 고급 제품으로 여겨진다. 모든 치즈는 구매하는 계절에 따라 맛과 품질이 달라질 수 있다.

■ **제조.** 그 종류가 수 백 가지 이상인 치즈는 사용된 원유의 종류와 제조 방법에 따라 각기 다른 맛과 특성을 지니지만, 만드는 기본 공정은 동일하다.

• **MATURATION DU LAIT 원유 숙성(가열 치즈 제외).** 원유의 숙성은 자연적으로 또는 젖산균에 의해 이루어진다. 이것은 비멸균 생유에 천연적으로 존재하는 젖산균 또는 저온 멸균유의 경우 따로 첨가한 젖산균을 활성화하는 과정이라 할 수 있다. 이 발효균은 원유를 산성화하여 치즈를 만들 수 있는 상태로 만들어준다.

• **COAGULATION, CAILLAGE 응고.** 우유에 응유효소(레닛)를 첨가하면 카제인(우유의 단백질)이 응고되어 몽글몽글하게 뭉치면서 촘촘한 겔 상태가 된다. 우유가 고체 상태로 변한 이것을 커드라고 한다. 응고된 커드로부터 유청을 자연적, 또는 인위적 방법으로 분리해낸다.

• **DÉCAILLAGE ET ÉGOUTTAGE 커드 자르기, 유청 분리.** 커드를 잘게 자르고 액체 상태인 유청을 어느 정도 분리하면 프레시치즈가 된다. 커드를 휘저어 불규칙한 알갱이 상태로 만들거나, 반죽하듯이 섞고 가열한 다음 틀에 넣어 원하는 종류의 치즈를 만들 수 있다.

• **MOULAGE 틀에 넣기.** 커드(곰팡이 균을 내부에 주입하거나 외피에 뿌리기도 한다)를 틀에 채워 넣고 압착하면서 경우에 따라 추가적으로 유청을 더 제거해낸다. 틀에서 분리한 뒤 소금 간을 한다(표면에 마른 소금을 직접 뿌리거나 소금물에 담가둔다).

• **AFFINAGE 숙성.** 치즈가 발효되는 단계이다. 이 작업은 건조한 장소 또는 습기가 있는 곳(상대 습도 70-90%), 지하 저장고, 치즈 건조실 등에서 비교적 긴 시간 이루어진다. 이 숙성 과정을 통해 치즈는 텍스처, 색깔, 맛에서 각자 특성을 띠게 된다.

■ **치즈 분류.** 모든 치즈는 크게 다음과 같이 분류된다.

• **FROMAGES FRAIS 프레시 치즈.** 숙성을 거치지 않은 치즈이며, 우유에 아주 소량의 응유효소를 첨가해 응고시킨 것이다. 천천히 유청을 분리한 이 치즈는 수분 함량이 많으며, 경우에 따라 소금 간을 하거나 생크림과 혼합하기도 한다.

• **FROMAGES À PÂTE MOLLE ET À CROÛTE FLEURIE 흰색 외피 연성치즈.** 이 치즈의 커드는 젖산균 숙성과 응유효소의 첨가를 통해 만들어진다. 휘저어 섞는 경우는 아주 드물며 바로 유청을 분리한 뒤 틀에 넣는다. 커드가 굳은 다음 곰팡이균을 뿌리면 숙성되는 과정에서 솜털 같은 흰색 외피가 형성된다.

• **FROMAGES À PÂTE MOLLE ET À CROÛTE LAVÉE 세척 외피 연성치즈.** 이 치즈의 커드는 응유효소 첨가, 또는 젖산균 숙성과 응유효소 첨가를 둘 다 적용하여 만든다. 커드를 살짝 휘저어 섞은 뒤 일단 유청을 분리하고 틀에 넣는다. 소금물로 외피를 씻고 경우에 따라 숙성 단계에서 색소(아나토)를 첨가하기도 한다.

• **FROMAGES À PÂTE PERSILLÉE 블루치즈.** 우유가 응고된 뒤 커드를 잘게 자르고 경우에 따라 휘저은 다음, 틀에 넣어 숙성하기 전 곰팡이균을 주입한다. 숙성을 거치는 동안 커드 내 기공 또는 치즈 내부에 접종한 길을 따라 푸른곰팡이가 혈관처럼 가늘게 생성된다.

• **FROMAGES À PÂTE PRESSÉE NON CUITE 비가열 압착치즈(반 경성치즈).** 이 치즈의 커드는 젖산균 발효 없이 응유효소 첨가를 통해 만들어진다. 커드를 잘게 자른 뒤 압착하여 유청을 분리한 다음 휘젓거나 갈아 소금 간을 한다. 마지막으로 틀에 넣고 다시 압착한 다음 숙성한다.

• **FROMAGES À PÂTE PRESSÉE CUITE 가열 압착치즈(경성치즈).** 응유효소를 첨가하여 응고한 커드를 약 55°C에서 가열한 다음 적어도 1시간 동안 휘젓는다. 틀에 옮겨 담고 압착한다. 간이 배도록 일정 시간 소금물에 담가 둔 다음, 특수 발효균을 섞은 소금물로 규칙적으로 문질러 닦아주며 숙성한다.

• **FROMAGES DE CHÈVRE 염소치즈.** 흰색 외피 연성치즈로 커드는 젖산균 발효유에 약간의 응유효소를 첨가해 만든다. 숙성 초기에 곰팡이 균을 뿌린 것, 그대로 숙성한 것, 또는 외피에 숯가루가 덮인 것(CENDRÉ) 등이 있다.

• **기타.** 단일 양젖 치즈(양젖으로만 만든 것)와 양젖 혼합유(염소젖과 소젖, 양젖과 소젖)로 만든 치즈는 위의 모든 카테고리에 포함된다. 모차렐라처럼 길게 늘어나는 치즈(FROMAGE À PATE FILÉE)는 프레시, 건조, 훈연된 형태로 소비되며, 특별한 공정과정을 거쳐 만들어진다. 커드를 잘게 자른 다음 유청과 섞고 가열한다. 이것을 고무줄처럼 늘어나는 질감이 될 때까지 계속 치대며 반죽한다. 한편, 가공 치즈(**참조** FROMAGE FONDU)는 여러 치즈를 녹여 가공한 것이다.

■ **AOC(원산지 통제 명칭).** 몇몇 치즈(프랑스에서 40개 이상)들은 '원산지 통제 명칭(Appellation d'Origine Contrôlée)' 인증을 통해 해당 제품의 생산지, 제조방법, 품질 그리고 그중 몇 개는 비멸균 원유생산까지 보호받고 있다.

1992년 7월 14일 프랑스 AOC와 비슷한 효력의 유럽연합 차원 인증 시스템인 AOP(원산지 명칭 보호) 제도가 창시되었다. 프랑스에서는 AOC 인증 제품만이 AOP 인증 획득 신청 자격을 갖는다.

■ **영양학적 가치.** 가장 치즈는 열량이 높고 단백질이 풍부하다. 그뤼에르 치즈 100g에는 고기 100g보다 더 많은 양의 단백질이 들어 있다. 압착치즈(경성, 반경성)는 연성치즈보다 지방 함량이 더 많다. 또한 치즈는 칼슘(연성치즈보다 경성치즈에 더 많이 함유돼 있다) 및 비타민(B2, B12, A)이 풍부하다.

프랑스 치즈의 지방 함량은 건조 추출물 기준으로 산출된다. 지방 함유율 45%의 카망베르 치즈 100g 중 건조 추출물이 45g인 경우, 실제 총

Fromage 치즈

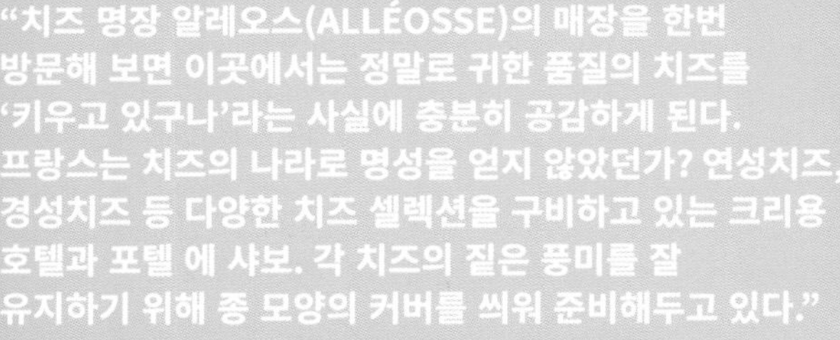

"치즈 명장 알레오스(ALLÉOSSE)의 매장을 한번 방문해 보면 이곳에서는 정말로 귀한 품질의 치즈를 '키우고 있구나'라는 사실에 충분히 공감하게 된다. 프랑스는 치즈의 나라로 명성을 얻지 않았던가? 연성치즈, 경성치즈 등 다양한 치즈 셀렉션을 구비하고 있는 크리용 호텔과 포텔 에 샤보. 각 치즈의 질은 풍미를 잘 유지하기 위해 종 모양의 커버를 씌워 준비해두고 있다."

20g의 지방이 포함되어 있는 것이다. 다른 나라에서는 대부분 치즈 총 중량 기준으로 지방 함량을 산출한다. 지방 함유율에 따라 20% 미만은 저지방(maigres, 20-30%는 라이트(allégés), 50-60%는 고지방(gras), 60% 이상은 더블 크림(doubles-crèmes), 75% 이상은 트리플 크림(triples-crèmes) 치즈로 구분한다. 지방 함량 30-50%인 치즈 그룹을 특정해 부르는 명칭은 따로 없다.

■ **보관.** 치즈는 잘 싸서 냉장고 아래 칸에 보관하고, 먹기 1시간 전에 미리 꺼내둔다. 연성치즈의 경우 속까지 완전히 숙성된 상태를 선호한다면 서늘한 장소에 며칠 두었다 먹는다. 블루치즈는 살짝 촉촉한 상태를 유지해야 하며, 오랜 전통에 따르면 그뤼에르 치즈는 각설탕 한 조각(각설탕이 녹기 시작하면 새것으로 바꿔 넣는다)과 함께 밀폐용기에 넣어 보관하는 것이 좋다고 한다.

일단 개봉한 치즈는 절단면이 마르지 않도록 잘 싸두되 공기가 통하도록 보관하는 것이 중요하다. 투명 랩이나 알루미늄 포일 등으로 잘 밀봉한 뒤 군데군데 찔러 작은 구멍을 내주면 좋다.

■ **서빙.** 옛날에는 치즈를 디저트로 먹었다. 19세기에는 남성들끼리 담배나 시가를 피우는 살롱에서 술에 곁들여 먹는 안주로 인식되기도 했다. 오늘날 치즈는 식사의 연장으로 메인 코스가 끝나는 샐러드와 디저트 사이에 서빙하는 것이 일반적이다.

서빙용 플레이트 재질은 치즈의 풍미에 영향을 주지 않는 것으로 선택해야 한다. 경우에 따라 버터를 곁들여 내기도 하는데 이 서빙 방식은 마치 치즈의 크러스트 부분을 먹느냐 잘라내느냐의 문제와 마찬가지로 논쟁의 주제가 되고 있다. 이에 관해서는 전문가들의 의견도 갈린다.

일반적으로 치즈 플레이트에는 적어도 경성치즈, 블루치즈, 연성치즈를 고루 선별하여 3가지 종류 이상을 서빙한다. 치즈 애호가라면 각기 다른 그룹에 속하는 다양한 치즈 5-6종류가 서빙된 플레이트, 혹은 잘 숙성된 아주 특별한 치즈 한 가지를 더 선호할 것이다.

치즈를 커팅할 때도 치즈마다의 규칙을 따른다. 또한 자른 치즈를 찍어 옮길 수 있도록 끝이 둘로 갈라진 치즈 전용 나이프를 한 개 또는 여러 개 곁들여 서빙한다. 일반적으로 치즈는 포크로 찍지 않기 때문이다.

와인은 치즈의 가장 좋은 동반자이지만 이 둘의 특성을 각각 제대로 살리는 좋은 궁합을 통해서만 더욱 그 빛을 발할 수 있다.

일반적으로 흰색 외피 연성치즈, 염소치즈, 압착 반경성치즈에는 가벼운 레드와인을, 세척 외피 연성치즈나 블루치즈에는 좀 더 바디감이 있는 와인을 곁들인다.

염소치즈는 과일향이 나는 드라이 화이트와인과도 잘 어울리고, 경성치즈나 퐁뒤용 치즈는 로제, 화이트와인, 로크포르와 같은 블루치즈는 스위트 화이트와인과 궁합이 좋으며, 특히 콩테 치즈는 쥐라 지방의 특산 와인인 뱅 존(vin jaune)과 함께 먹으면 아주 맛있다. 맥주와 시드르(사과 발효주) 또한 몇몇 치즈와 아주 잘 어울린다.

치즈의 맛을 제대로 즐기기 위해서는 다양한 맛과 식감의 빵을 함께 준비하는 것이 좋다(캉파뉴, 호밀빵, 크래커, 크내크브로드 등).

■ **치즈와 요리.** 다양한 종류의 치즈가 요리의 주재료 또는 부재료, 양념 등으로 두루 사용된다. 카나페, 파스타, 샐러드, 샌드위치 등 특별한 조리 없이 그대로 사용하는 요리도 많지만, 크레프, 피유테, 그라탱, 오믈렛, 피자, 소스(모르네), 수플레, 수프처럼 익히는 요리에 사용하는 경우가 더 많다. 또한 알리고(aligot), 크로크 무슈(croque-monsieur), 크루트(croûte), 플라미슈(flamiche), 퐁뒤(fondue), 구제르(gougère), 고예르(goyère), 그라탱(gratin), 임브루치아타(imbrucciata), 케시예나(keshy yena), 파트랑크(patranque), 라클레트(raclette), 트뤼파드(truffade), 웰시 레어빗(welsh rarebit) 등 치즈를 주재료로 하는 특별 요리들도 무척 다양하다. 프레시 치즈(크림 치즈)는 파티스리에서 특히 많이 사용된다.

▶ 레시피 : BARQUETTE, CHOU, CRÊPE, CROISSANT, CROQUETTE, DIABLOTIN, FONDUE, PANNEQUET, SOUFFLÉ, TERRINE.

FROMAGE D'ABBAYE ▶ **참조 TRAPPISTE (FROMAGE)**

FROMAGE DE CURÉ 프로마주 드 퀴레 비멸균 소젖 생유로 만든 치즈로 납작한 정사각형(사방 7.5cm, 높이 3cm, 무게 200g) 또는 원통형(지름 15cm, 무게 700-800g)이다(**참조** p.389 프랑스 치즈 도표). 외피는 얇은 편이고 노란색, 구릿빛 갈색을 띠고 있다. 숙성된 상태의 이 치즈는 말랑하고 탄력이 있으며 질감이 균일하다. 루아르아틀랑티크주(Loire-Atlantique)의 레츠(Retz)에서 생산된다.

FROMAGE FONDU 프로마주 퐁뒤 '녹인 치즈'라는 의미의 프로마주 퐁뒤는 가공 치즈(processed cheese)를 지칭한다. 여러 재료를 넣고 가열해 녹여 만든 치즈로 처음에는 경성치즈로만 만들었으나 현재는 프레시 치즈, 염소치즈, 블루치즈, 가열, 비가열치즈 등을 모두 사용한다. 주로 우유, 크림, 버터, 카제인을 더해 만들며, 경우에 따라 향 재료(햄, 파프리카, 후추, 훈제향, 호두, 건포도, 용융염)를 추가하기도 한다.

다양한 형태와 무게(20g-2kg)의 제품으로 판매되는 가공 치즈는 일반적으로 크리미한 스프레드류가 많다. 주로 빵에 발라 먹거나 카나페, 아뮈즈 부슈, 크로크무슈, 그라탱, 샌드위치용으로 사용한다.

FROMAGE FORT 프로마주 포르 한 가지 또는 여러 종류의 치즈(일반적으로 건조한 숙성 치즈)를 가늘게 갈거나 분쇄한 뒤 기름, 와인, 증류주, 육수, 그리고 기호에 따라 다양한 향신 재료와 함께 토기에 넣고 밀봉해 몇 주일(혹은 몇 개월) 저장한 것으로, 숙성이 끝나면 아주 강하고 자극적인 풍미를 띠게 된다. 영어로는 직역하여 스트롱 치즈(strong cheese)라고도 한다. 주로 가정에서 만드는 프로마주 포르는 보졸레, 리옹, 세벤, 프랑슈 콩테, 사부아, 도피네 지역의 토속 음식이지만 프로방스나 북부지방, 바스 노르망디(fromagée percheronne, 페르슈식 프로마제) 등지에서도 찾아볼 수 있다. 주로 빵에 발라 먹거나 구운 고기에 얹어 먹고 스푼으로 떠먹기도 한다. 알코올 도수가 높고 바디감이 있는 와인과 잘 어울린다.

FROMAGE FRAIS 프로마주 프레 프레시 치즈. 천연 젖산발효 또는 효소발효를 통해 얻는 생치즈로 숙성을 거치지 않으며 프로마주 블랑(fromage blanc)이라고도 부른다. 커드로부터 천천히 유청을 분리한 프레시 치즈는 60-82%의 수분을 함유하고 있다. 소젖으로 만들어 대량 생산되는 프레시 치즈 제품은 보통 용기에 포장되어 있으며 유효기간 내에 소비해야 한다. 저지방(지방 20% 미만), 고지방(지방 72%까지) 프레시 치즈 등 종류가 다양하며, 커드에 크림을 섞어 매끈하게 만든 크림 치즈 타입, 커드 그대로의 몽글몽글한 입자를 유지한 코티지 치즈 타입이 있다. 프레시 치즈는 설탕 또는 다양한 향을 더하거나 과일, 콩포트 등을 곁들이며, 껍질째 익힌 감자에 얹어 먹기도 한다. 세르벨 드 카뉘(**참조** CERVELLE DE CANUT)는 프레시 치즈에 약간의 소금 간을 하고 향신 허브를 넣은 리옹의 특선 음식이다. 이 외에 유청이나 버터 밀크로 만든 프레시 치즈(brousse, ricotta, serai 등)도 있는데, 이들은 온전한 우유 성분으로 만든 것이 아니기 때문에 가짜 치즈라고 불리기도 한다.

양젖이나 염소젖으로 만든 프레시 치즈는 특히 지중해나 발칸반도 국가에서 많이 생산되며 이 지역 요리에 많이 사용된다.

또한 프로마주 블랑은 러시아식 파티스리에도 많이 사용되는데, 부활절 치즈케이크(paskha), 티지 치즈로 만든 치즈케이크(vatrouchka), 치즈 크레프(nalesniki), 치즈 팬케이크(cyrniki) 등이 있으며 터키를 비롯한 중동요리(böreks 치즈를 채운 가지 요리)에도 널리 쓰인다. 전통 요리에서 프레시치즈는 부분적으로 크림을 대체하여 음식을 좀 더 가볍게 만드는 역할을 하며 샐러드 소스, 채소나 생선에 채워 넣는 소로도 사용된다. 특히 다양한 향을 더해 디저트를 만들거나 파티스리를 만드는 재료로도 두루 쓰인다(갈레트, 아이스크림, 수플레, 타르트 등).

cervelle de canut ▶ CERVELLE DE CANUT

---

gâteau au fromage blanc 갸토 오 프로마주 블랑

프로마주 블랑 케이크 : 프레시 프로마주 블랑(faisselle, ricotta 등) 200g을 2분간 거품기로 휘저어 혼합한다. 농약처리 하지 않은 오렌지 제스트 1개 분, 오렌지즙 3테이블스푼, 설탕 40g, 달걀노른자 2개를 넣으면서 계속 거품기를 돌려 혼합한 다음 감자전분 25g을 넣어 섞는다. 오븐을 200g로 예열한다. 달걀흰자 2개분에 소금을 한 자밤 넣고 거품을 낸다. 중간에 설탕 40g을 넣는다. 거품 올린 달걀흰자를 혼합물에 넣고 주걱으로 살살 섞는다. 틀에 부어 채운 뒤 오븐에서 20분간 굽는다. 따뜻한 온도로 식힌 후 틀을 제거한다.

tarte au fromage blanc ▶ TARTE

주요 프랑스 치즈의 종류와 특징

명칭	원유, 지방 함유율	원산지	생산 시기	텍스처, 풍미
프레시 치즈 *pâtes fraîches*				
불레트 드 캉브레 boulette de Cambrai	소, 45%	북부 지방 Nord	3월-10월	부드럽고 우유향이 있으며,풍미가 순한 편이고 향이 좋다.
브로시우, 코르시카 브로시우 brocciu, brocciu corse(AOC)	양, 염소, 소 40%	코르시카 Corse	11월-7월	말랑한 것 또는 단단한 것 두 종류가 있다, 풍미가 순한 편이고 소금간이 돼 있다.
브루스 뒤 바르 brousse du Var	양, 45%	니스 근교 comté de Nice	12월-3월	부드럽고 풍미가 순하다.
	염소, 45%	니스 근교 comté de Nice	3월-9월	부드럽고 풍미가 순하다.
카이유보트 caillebotte	소 또는 염소 % 유동적	푸아투 Poitou	6월-9월 말	부드럽고 크리미하며 풍미가 순하다.
크레메 낭테 crémet nantais	소, 45-50%	앙주 Anjou	연중	말랑말랑하고 크리미하며 풍미가 순하다.
퐁텐블로 fontainebleau	소, 72-75%	일 드 프랑스 Île-de-France	연중	녹진하고 말랑말랑하며 풍미가 아주 순하다.
종셰 니오르테즈 jonchée niortaise	염소, 45%	푸아투 Poitou	3월-9월	아주 말랑말랑하고 산미가 있다.
생 플로랑탱 saint-florentin	소, 50%	오세루아 Auxerrois	11월-6월	부드럽고 풍미가 순하며 약간 짭짤하다.
흰색 외피 연성치즈 *pâtes molles à croûte fleurie*				
천연외피 바농 banon(AOC) croûte naturelle	염소, 45%	프로방스 Provence	연중	크리미하며, 맛이 강하다.
브리 드 모(AOC) brie de Meaux(AOC)	소, 45%	브리 Brie	9월-3월	녹진하고 탄력이 있으며 순한 풍미부터 강한 맛까지 다양하다.
브리 드 믈룅 brie de Melun (AOC)	소, 45%	브리 Brie	11월-6월	부드러운 탄력이 있으며 순한 풍미부터 강한 맛까지 다양하다.
브리야 사바랭 brillat-savarin	소, 72%	샹파뉴 Champagne	연중	아주 녹진하고 풍미가 순하며 산미가 있다.
노르망디 카망베르 camembert de Normandie(AOC)	소, 45%	노르망디 Normandie	3월-10월	녹진하고 탄력이 있으며 풍미가 강하며 과일향이 난다.
카레 드 레스트 carré de l'Est	소, 40-50%	로렌, 알자스 Lorraine, Alsace	연중	탄력이 있으며 풍미가 순하다.
샤우르스 chaource(AOC)	소, 50%	샹파뉴 Champagne	6월-9월	녹진하고 풍미가 순하며 약간 신맛이 있다.
쿨로미에 coulommiers	소, 45-50%	브리 Brie	10월-4월	부드럽고 풍미가 강하다.
푀유 드 드뢰 feuille de Dreux	소, 30%	일 드 프랑스 Île-de-France	10월-6월	탄력이 있으며 과일향이 풍부하다.
푸주뤼 fougeru	소, 45%	브리 Brie	4월-10월	탄력이 있으며 풍미가 강하다.
뇌샤텔 neufchâtel(AOC)	소, 50%	페이 드 브레 pays de Bray	연중	부드럽고 풍미가 순하며 산미가 있다.
올리베 olivet	소, 45%	오를레아네 Orléanais	3월-10월	부드럽고 풍미가 순하며 과일향이 난다.
리세 상드레 riceys cendré	소, 30-45%	샹파뉴 Champagne	6월-11월	탄력이 있으며 고소한 너트향이 난다.
리고트 드 콩드리외 rigotte de Condrieu	소, 40%	리오네 Lyonnais	연중	매끈하며 산미가 있다. 건조된 경우에는 풍미가 강하다.
로크루아(상드레) rocroi(cendré)	소, 20-30%	아르덴 Ardennes	6월-12월	탄력 있고 과일향이 난다.
생 펠리시엥 saint-félicien	소, 60%	도피네 Dauphiné	4월-10월	부드럽고 탄력이 있으며, 은은한 너트 향이 난다.
생 마르슬랭 saint-marcellin	소, 50%	도피네 Dauphiné	4월-9월	탄력이 있고 풍미가 순하며 약간 신맛이 난다.
방돔 vendôme	소, 50%	오를레아네 Orléanais	6월-12월	말랑말랑하고 과일 맛이 나며 향이 풍부하다.
세척 외피 연성치즈 *pâtes molles à croûte lavée*				
에지 상드레 aisy cendré	소, 45-50%	옥수아 Auxois	9월-5월	단단하며 풍미가 아주 강하다.
바게트 드 랑, 바게트 드 티에라슈 baguette de Laon, baguette de Thiérache	소, 45-50%	피카르디 Picardie	연중	탄력이 있으며 풍미가 강하다.
베르그 bergues	소, 10-15%	플랑드르 Flandre	연중	단단하고 하얗게 부서지는 질감을 갖고 있으며 풍미는 순한 편이다.
불레트 다벤느 boulette d'Avesnes	소, 45%	플랑드르 Flandre	9월-5월	말랑말랑하고 후추 등의 향신료 노트가 강하며 매콤한 맛이 난다.
도팽 dauphin	소, 50%	에노 Hainaut	9월-3월	단단하고 입자가 느껴지는 질감을 갖고 있으며 맛이 강하고 향이 풍부하다.
에푸아스 époisses(AOC)	소, 50%	부르고뉴 Bourgogne	7월-2월	녹진하고 탄력이 있으며 맛이 아주 강하다.
프로마주 드 퀴레 fromage de curé	소, 40%	페이 낭테 pays nantais	연중	부드럽고 탄력이 있으며 강한 발효의 맛이 난다.

주요 프랑스 치즈의 종류와 특징

명칭	원유, 지방 함유율	원산지	생산 시기	텍스처, 풍미
세척 외피 연성치즈(계속) *pâtes molles à croûte lavée (suite)*				
그리 드 릴 gris de Lille	소, 45%	에노, 플랑드르 Hainaut, Flandre	9월-3월	탄력이 있고 부드러우며 짭짤한 맛이 나며 풍미가 강하다.
랑그르 langres(AOC)	소, 50%	샹파뉴 Champagne	6월-11월	탄력이 있으며 풍미가 강하다.
리바로 livarot(AOC)	소, 40-45%	노르망디 Normandie	5월-10월	탄력이 있으며 맛이 섬세하고 숙성의 풍미가 강하다.
마루알, 마롤 maroilles, marolles(AOC)	소, 45%	에노 Hainaut	6월-3월	탄력이 있고 녹진하며 풍미가 강하고 자극적인 맛이 난다.
몽도르, 바슈랭 뒤 오 두 mont-d'or, vacherin du haut Doubs(AOC)	소, 45%	두 Doubs	10월-3월	크리미하고 아주 부드러우며 풍미가 순하고 은은한 나무향이 난다.
묑스테르, 묑스테르 제로메 munster, munster- gerome(AOC)	소, 45%	알자스, 로렌 Alsace, Lorraine	6월-12월	녹진하고 탄력이 있으며 강한 풍미와 뚜렷한 맛을 지니고 있다.
파베 도주 pavé d'Auge	소, 50%	노르망디 Normandie	3월-11월	단단하면서 탄력이 있고 풍미가 강하며 약간 쌉싸름하다.
피에르 키 비르 pierre-qui-vire	소, 55-60%	부르고뉴 Bourgogne	6월-12월	단단하고 뚜렷한 맛을 갖고 있으며 향이 풍부하다.
퐁 레베크 pont-l'évêque(AOC)	소, 45%	노르망디 Normandie	6월-3월	부드럽고 탄력이 있으며 맛이 강하고 세련되고 섬세한 테루아의 풍미를 갖고 있다.
블루치즈 *pâtes persillées*				
블루 도베르뉴, 블루 드 라쾨이유, 블루 드 티에작 bleu d'Auvergne(AOC), bleu de Laqueuille, bleu de Thiézac	소, 50% 소, 45%	캉탈, 퓌 드 돔, Cantal, Puy-de-Dôme ,오 루아르 Haut-Loire	연중	단단하고 뚜렷한 풍미를 갖고 있으며 자극적인 맛이 난다.
블루 드 브레스 bleu de Bresse	소, 50%	엥 Ain	연중	크리미하고 탄력이 있으며 아주 부드럽다. 풍미는 순한 편이다.
블루 드 코스 bleu de Causses(AOC)	소, 45%	루에르그 Rouergue	연중	단단하고 여름엔 순한 맛을, 겨울엔 강한 풍미를 지닌다.
블루 드 코르스 bleu de Corse	소, 45	코르시카 Corse	7월-12월	단단하고 풍미가 강하며 자극적인 맛이 난다.
블루 드 젝스, 블루 드 오 쥐라 블루 드 세트몽셀 bleu de Gex, du haut Jura, de Sept-moncel (AOC)	소, 50%	엥, 쥐라 Ain, Jura	7월-3월	탄력이 있고 풍미가 순하며 산미와 고소한 너트향이 있다.
블루 뒤 베르코르 사스나주 bleu du Vercors- Sassenage(AOC)	소, 48%	베르코르 Vercors	연중	녹진한 질감과 쌉싸름한 맛을 갖고 있다.
푸름 당베르 fourme d'Ambert(AOC)	소, 50%	포레즈 Forez	9월-4월	녹진하고 탄력이 있으며 강한 풍미와 고소한 너트 향을 갖고 있다.
푸름 드 몽브리종 fourme de Montbrison(AOC)	소, 50%	포레즈 Forez	9월-4월	녹진하고 탄력이 있으며 강한 풍미와 고소한 너트 향을 갖고 있다.
로크포르 roquefort(AOC)	양, 52%	루에르그 Rouergue	9월-3월	탄력이 있고 풍미가 강하며 섬세한 맛을 갖고 있다.
생고를롱 saingorlon	소, 50%	쥐라, 오베르뉴 Jura, Auvergne	연중	부드럽고 풍미가 꽤 강하다.
가열 압착치즈 *pâtes pressées cuites*				
아봉당스 abondance(AOC)	소, 48%	오트 사부아 Haute-Savoie	11월-3월	탄력이 있으며 작은 구멍이 있으며 섬세한 맛과 뚜렷한 풍미를 갖고 있다. 고소한 너트 향이 난다.
보포르 beaufort(AOC)	소, 48-55%	사부아 Savoie	12월-9월	매끈하고 탄력이 있으며 짭짤한 맛과 과일 향을 갖고 있다.
콩테 comté(AOC)	소, 45%	프랑슈 콩테 Franche-Comté	9월-5월	탄력이 있으며, 과일 맛과 고소한 너트 향이 난다.
에망탈 프랑세 emmental francais	소, 45%	프랑스 전역	10월-1월	탄력이 있으며 매끈하고 선명한 구멍이 나 있다. 풍미는 순한 편이며 과일 향이 난다.
비가열 압착치즈 *pâtes pressées non cuites*				
벨발 belval	소, 40-45%	아르투아, 피카르디 Artois, Picardie	4월-12월	부드럽고 숙성 기간이 길어질수록 강한 풍미를 지닌다.
캉탈, 푸름 드 캉탈 cantal, fourme de Cantal(AOC)	소, 45%(최소)	오베르뉴 Auvergne	연중	단단하고 탄력이 우유와 너트향이 난다.
샹바랑 chambaran, chambarand	소, 45%	도피네 Dauphiné	6월-12월	크리미하고 탄력이 있으며 풍미가 순하고 고소한 너트 향이 난다.
시토 cîteaux	소, 45%	부르고뉴 Bourgogne	7월-12월	부드럽고 탄력이 있으며 풍미가 강하고 과일향이 풍부하다.
에슈르냑 échourgnac	소, 50%	페리고르 Périgord	연중	부드럽고 탄력이 있으며 풍미가 순하고 향이 풍부하다.
프로마주 데 피레네 fromage des Pyrénées	소, 50%	피레네 Pyrénées	연중	부드럽고 탄력이 있으며 풍미가 순하고 은은한 산미가 있다.
라이욜 laguiole(AOC)	소, 45%	오브락 Aubrac	1월-4월	단단하고 탄력이 있으며 뚜렷한 풍미와 약간 시큼한 맛이 난다.
마미롤 mamirolle	소, 40%	프랑슈 콩테 Franche-Comté	연중	단단하고 탄력이 있으며 숙성기간이 길수록 강한 풍미를 지닌다.
미몰레트 mimolette	소, 40%	플랑드르 Flandre	연중	단단하며 섬세한 맛과 너트 향을 갖고 있다.
몽 데 카 mont-des-cats	소, 45-50%	플랑드르 Flandre	연중	부드럽고 풍미가 순하며 우유 맛이 강하다.
모르비에 morbier	소, 45%	프랑슈 콩테 Franche-Comté	3월-10월	탄력이 있으며 뚜렷한 풍미와 과일 향을 갖고 있다.

FROMAGES FRANÇAIS 프랑스 치즈

brillat-savarin
브리야 사바랭

banon
바농

coulommiers
쿨로미에

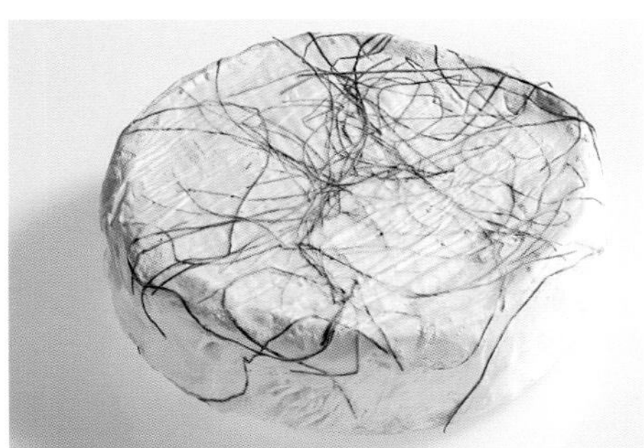

pithiviers au foin
피티비에 오 푸앵

chaource
샤우르스

cœur de Neufchâtel
쾨르 드 뇌샤텔

camembert
카망베르

brie de Meaux
브리 드 모

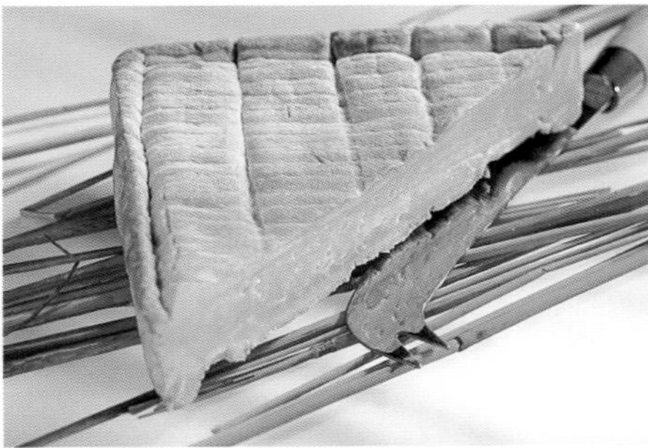

pont-l'évêque
퐁 레베크

munster
묑스테르. 뮌스터

pierre-qui-vire
피에르 키 비르

maroilles
마루알

주요 프랑스 치즈의 종류와 특징

명칭	원유, 지방 함유율	원산지	생산 시기	텍스처, 풍미
비가열 압착치즈(계속) *pâtes pressées non cuites (suite)*				
뮈롤 murol	소, 45%	오베르뉴 Auvergne	연중	쫀득하며 풍미가 순하다.
오소 이라티 브르비 피레네 ossau-iraty-brebis-pyrénées(AOC)	양, 50%	베아른, 페이 바스크 Béarn, Pays basque	5월-12월	탄력이 있으며 녹진한 것, 좀 단단한 것이 있으며 짙은 테루아의 풍미를 지닌다. 고소한 너트 향이 있다.
브리크벡, 프로비당스 드 라 트라프 브리크벡 bricquebec, providence de la trappe de Bricquebec	소, 45%	코탕탱 Cotentin	연중	탄력이 있으며 풍미가 순하고 은은한 과일 향이 난다.
르블로숑, 르블로숑 드 사부아 reblochon, reblochon de Savoie(AOC)	소, 45%	오트 사부아, 사부아 Haute-Savoie, Savoie	6월-12월	녹진하고 탄력이 있으면서도 크리미한 질감이다. 너트 향이 난다.
생 넥테르 saint-nectaire(AOC)	소, 45%	오베르뉴 Auvergne	6월-11월	탄력이 있고 녹진하며 고소한 너트향을 지닌 풍미가 강한 치즈다.
생 폴랭 saint-paulin	소, 40-42%	브르타뉴 Bretagne	연중	단단하면서도 안은 연하며 강한 풍미와 고소함을 지닌다.
살레르 salers(AOC)	소, 45%	오베르뉴 Auvergne	연중	단단하고 탄력이 있으며 강한 풍미와 과일 향을 갖고 있다.
사르테노 sarteno	양 또는 염소 50%	코르시카 Corse	3월-12월	단단하고 균일한 질감을 갖고 있으며 자극적인 맛이 난다.
타미에 tamié	소, 50%	사부아 Savoie	6월-12월	부드럽고 탄력이 있으며 순한 풍미와 약간 쌉싸름한 맛을 갖고 있다.
톰 데 보주 tome des Bauges(AOC)	소, 45%	사부아 Savoie	6월-11월	질감이 균일하고 약간 단단하며 탄력이 있다. 풍미가 순한 편이고 고소한 너트 향이 난다.
톰 드 사부아 tomme de Savoie	소, 20-40%	사부아 Savoie	6월-11월	질감이 균일하고 탄력이 있으며 풍미가 순하고 너트 향이 난다.
염소치즈 *chèvres*				
부통 드 퀼로트 bouton-de- culotte	염소, 45%	부르고뉴 Bourgogne	6월-12월	부서지는 건조한 질감으로 풍미가 강하고 자극적인 맛이 난다.
브리크 드 포레즈, 브리크 뒤 리브라두아 brique du Forez, brique du Livradois	염소, 염소젖 혼합, 40-45%	포레즈, 리브라두아 Forez, Livradois	6월-11월	단단하고 탄력이 있으며 은은하거나 짙은 너트 향을 갖고 있다.
샤비슈 뒤 푸아투 chabichu du Poitou(AOC)	염소, 45%	푸아투 Poitou	5월-11월	단단하고 부서지는 질감이며 풍미가 강하고 자극적인 맛을 갖고 있다.
샤롤레 charollais	염소, 45%	샤롤레 Charolais	3월-12월	단단한 질감과 고소한 너트 향을 갖고 있다.
슈브로탱 chevrotin(AOC)	염소, 45%	사부아 Savoie	7월-12월	부드럽고 탄력이 있으며 풍미가 순하고 염소 특유의 향이 있다.
클라크비투 claquebitou	염소	부르고뉴 Bourgogne	연중	부드러운 질감과 상큼한 맛을 갖고 있으며 향이 풍부하다.
크로탱 드 샤비뇰. 샤비뇰 crottin de Chavignol, chavignol(AOC)	염소, 45%	상세루아 Sancerrois	3월-12월	단단하고 질감이 균일하며 염소 특유의 풍미와 너트 향을 갖고 있다.
그라타롱 다레슈 grataron d'Arèches	염소, 45%	사부아 Savoie	6월-12월	단단한 편이며, 염소 특유의 풍미가 강하다.
마코네 mâconnais(AOC)	염소, 40-45%	부르고뉴 Bourgogne	4월-11월	반경성 질감으로 풍미가 순하고 고소한 너트 향이 있다.
몽 도르 드 리옹 mont-d'or de Lyon	염소, 45%	리오네 Lyonnais	3월-12월	단단한 편으로 너트향이 나며 풍미가 아주 좋다.
모테 mothais	염소, 45%	푸아투 Poitou	3월-9월	부드럽고 너트 향이 있으며 자극적인 맛이 나기도 한다.
니올로 niolo	염소, 45%	코르시카 Corse	5월-11월	단단하고 풍미가 강하며 자극적인 맛이 난다.
펠라르동 pélardon(AOC)	염소, 45%	세벤 Cévennes	3월-12월	밀도가 높고 단단한 편이며 너트 향이 강하다.
피코동 picodon(AOC)	염소, 45%	아르데슈, 드롬 Ardèche, Drôme	8월-12월	조직이 섬세하고 단단하며 잘 부서진다. 염소 특유의 풍미가 강하며 자극적인 맛이 난다.
풀리니 생 피에르 pouligny-saint-pierre(AOC)	염소, 45%	베리 Berry	4월-11월	단단하고 탄력이 있으며 풍미가 강하고 염소 특유의 향이 있다.
로카마두르 rocamadour(AOC)	염소, 45%	케르시 Quercy	4월-11월	부드러운 것, 약간 단단한 것이 있으며 우유 풍미가 강하고 너트 향이 난다.
생트 모르 드 투렌 sainte-maure de Touraine(AOC)	염소, 45%	투렌 Touraine	4월-9월	단단하고 균일한 질감을 갖고 있으며 염소 특유의 풍미와 복합적인 향을 갖고 있다.
셀 쉬르 셰르 selles-sur-cher(AOC)	염소, 45%	베리, 오를레아네 Berry, Orléanais	5월-11월	조직이 아주 섬세하며 단단한 편이다. 풍미가 순하며 너트 향이 난다.
발랑세 Valençay(AOC)	염소, 45%	베리 Berry	4월-11일	단단하고 풍미가 순하며 너트 향이 난다.

époisses
에푸아스

langres
랑그르

livarot
리바로

boulette d'Avesnes
불레트 다벤느

baguette de Laon
바게트 드 랑

fourme d'Ambert
푸름 당베르

bleu d'Auvergne
블루 도베르뉴

bleu des Causses
블루 데 코스

bleu de Gex
블루 드 젝스

emmental
에멘탈

comté
콩테

beaufort
보포르

salers
살레르

belval
벨발

saint-paulin
생 폴랭

cantal
캉탈

tomme de Savoie
톰 드 사부아

morbier
모르비에

mimolette
미몰레트

saint-nectaire
생 넥테르

reblochon
르블로숑

gaperon
가프롱

FROMAGE GLACÉ 프로마주 글라세 18세기 말, 19세기 초 원추형의 틀에 넣어 굳힌 아이스크림에 붙여진 이름으로, 원래는 다양한 향의 아이스크림 혼합물로 만든 것을 모두 의미했지만 이후 봉브 글라세(bombes glacées)를 지칭하게 되었다. 오늘날 치즈를 의미하는 프로마주(fromage)라는 용어는 당시에 응고된 우유를 발효시켜 만든 치즈뿐 아니라 우유, 크림, 설탕을 주재료로 만든 혼합물을 틀에 넣어 모양을 낸 모든 식품을 가리켰다. 예를 들어 바바루아도 '프로마주 바바루아'라고 불렀다. 제2 제정시대에 인기가 높았던 프로마주 글라세 중에서는 세드라 레몬 마멀레이드와 오렌지 블로섬 워터로 향을 낸 이탈리아식 프로마주(fromage à l'italienne), 계피와 정향으로 향을 낸 혼합물을 가늘게 간 파르메산 치즈를 뿌려 놓은 틀에 넣어 만든 파르메산 프로마주(fromage de parmesan), 휘핑한 크림과 세드라 레몬 제스트를 추가한 샹티이 프로마주(fromage à la chantilly)를 대표적으로 꼽을 수 있다.

FROMAGE DES PYRÉNÉES 프로마주 드 피레네 피레네 산악 지대의 다양한 치즈를 통칭하는 용어로 주로 양젖, 소젖, 혹은 둘을 섞은 혼합유로 만드는 비가열 압착치즈다. 솔로 문질러 닦은 천연 외피를 가진 이 치즈들은 대부분 아리에주(Ariège), 베아른(Béarn), 페이 바스크(Pays basque) 지방에서 생산된다(**참조** p.390 프랑스 치즈 도표). 직경 30cm, 높이 10cm 크기의 원통형으로 무게는 3.5-4.5kg 정도이다. 쫀득하면서 탄력이 있는 반 경성치즈로 작은 기공이 고루 분포되어 있으며 산미를 지니고 있다.

FROMAGE DE TÊTE 프로마주 드 테트 돼지머리 부위(골 제외) 살에 향신 재료를 넣고 익힌 뒤 즐레와 함께 틀에 넣고 눌러 굳힌 샤퀴트리의 일종으로, 경우에 따라 힘줄이 많은 부위(돼지 정강이 등)를 추가로 넣기도 한다. 프로마주 드 테트는 적당한 두께로 슬라이스하여 주로 애피타이저로 서빙한다. 머리고기 파테(pâté de tête), 돼지 프로마주(fromage de cochon)라고도 불린다.

FROMENT 프로망 밀. 다양한 품종의 밀(부드러운 밀, 듀럼밀, 스펠타밀)을 통칭하는 용어다(**참조** p.179 곡류 도표). 요리에서 특히 검은 밀(blé noir)이라고도 불리는 메밀(sarrasin)과의 혼동을 피하기 위해 블레(blé) 대신 프로망(froment)이라고 특정해 지칭하는 경우가 많다.

FROMENTÉE 프로망테 프루멘티. 기름진 국물이나 우유에 곡물을 넣고 끓인 죽의 일종으로 주로 앙트르메로 서빙되며, 투르(Tours)에서 처음 선보였다. 이 음식의 조리법은 주로 중세 요리 설명서에 기록되어 있으며, 특히 『파리 살림백과(*le Ménagier de Paris*)』(1383)에 소개된 바 있다.

FRONSAC 프롱삭 리부르네(Libournais)의 AOC 레드와인으로 포도품종은 카베르네 소비뇽, 카베르네 프랑, 말벡이며 과일 향이 나고 바디감이 풍부하다. 아펠라시옹 카농 프롱삭(canon-fronsac)은 프롱삭(Fronsac)과 생 미셸 드 프롱삭(Saint-Michel-de-Fronsac)의 코뮌들에서 생산된 것에만 한정된다(**참조** BORDELAIS).

FRUIT 프뤼 과일, 과실. 식용으로 사용하는 속씨식물의 열매로 씨를 포함하고 있다. 꽃을 피우고 난 뒤 맺히는 열매라는 정의로 볼 때 몇몇 채소(가지, 호박, 멜론, 토마토 등)도 해당되긴 하지만 일반적으로 우리가 과일이라고 부르는 것은 디저트로 먹거나 파티스리, 당과류 등에 사용하는 단맛의 열매를

brique du Forez
브리크 뒤 포레즈

charollais
샤롤레

sainte-maure de Touraine
생트 모르 드 투렌

bouton-de-culotte
부통 드 퀼로트

valençay
발랑세

chabichou du Poitou
샤비슈 뒤 푸아투

pouligny-saint-pierre
풀리니 생 피에르

rocamadour
로카마두르

pélardon
펠라르동

주요 프랑스 치즈의 종류와 특징

명칭	원유, 지방 함유율	원산지	생산 시기	텍스처, 풍미
프레시 치즈 *pâtes fraîches*				
부르고스 burgos	양 또는 소	스페인	연중	흰색의 단단한 치즈다.
코티지 치즈 cottage cheese	소, 4-8%	잉글랜드, 미국	연중	말랑말랑하고 풍미가 순하며 신맛이 없다.
페타 fera(AOP)	양 또는 염소	그리스	연중	흰색을 띠며 신맛과 짭짤한 맛을 지닌다.
크바크 Quark	소	독일	연중	말랑말랑하고 풍미가 순하며 신맛이 없다.
케소 프레스코 queso fresco	소, 염소, 또는 양	스페인	연중	입자가 있는 질감으로 두드러지는 향과 맛이 없어 담백하다.
리코타 ricotta	유청(양, 소, 염소), 20-30%	이탈리아	연중	몽글몽글한 입자가 있는 질감으로 새콤한 맛이 난다. 풍미는 순한 것부터 강한 것까지 다양하다.
토픈 Topfen	소	오스트리아	연중	우유를 가열해 만든 크리미하고 부드러운 치즈로 맛이 매우 강하다.
흰색 외피 연성치즈 *pâtes molles à croûte fleurie*				
아제이탕 azeitão(AOP)	양, 45%	포르투갈	11월-4월	겉은 단단하고 안은 크리미한 질감으로 약간 자극적인 풍미를 지닌다.
세르파 serpa(AOP)	양, 45-50%	포르투갈	10월-3월 말	말랑말랑하고 작은 기공이 있다. 풍미는 순한 편이며 약간 신맛이 난다.
세척 외피 연성치즈 *pâtes molles à croûte lavée*				
브뤼셀 치즈 fromage de Bruxelles	소	벨기에	연중	외피는 아주 짜고 투명한 형태를 하고 있으며 풍미가 매우 강하다.
에르브 herve(AOP)	소, 45%	벨기에	6월말-11월말	부드럽고 탄력이 있으며 풍미가 강한 편이다.
랭부르 limbourg	소, 20-50%	네덜란드, 벨기에	9월-3월	탄력이 있으며 풍미가 강하다.
마인저 한트케제 Mainzer Handkäse	소	독일	연중	수작업으로 형태를 만든 말랑말랑한 치즈로 풍미가 아주 강하다.
콰르티롤로 롬바르도 quartirolo lombardo(AOP)	소, 48%	이탈리아	연중	부서지기 쉬운 질감으로 밀도가 촘촘한 편이다. 섬세한 풍미와 복합적인 향을 지니고 있다.
세라 다 에스트렐라 serra-da-estrela(AOP)	양, 45-60%	포르투갈	12월-2월	촘촘한 조직의 녹진한 질감을 갖고 있으며 은은한 풍미와 약간 신맛을 지닌다.
바슈랭 프리부르주아, 프리부르주아 vacherin fribourgeois, fribourgeois(AOP)	소, 45-50%	스위스	연중	쫀득하고 탄력이 있으며 섬세한 풍미와 과일 향을 갖고 있다. 약간의 산미가 있다.
바슈랭 몽 도르 vacherin mont-d'or(AOP)	소, 45-50%	스위스	9월-6월	크리미하고 녹진한 질감으로 풍미가 순하다.
바이스라커 Weisslacker	소, 30-40%	독일	연중	부드럽고 풍미가 강한 편으로 자극적인 맛이 난다.
블루치즈 *pâtes persillées*				
카브랄레스 cabrales(AOP)	양, 염소, 또는 소, 45%	스페인	3월말-9월말	촘촘한 조직의 녹진한 질감을 갖고 있으며 풍미가 매우 강하고 자극적인 맛을 낸다.
다나블루 danablu(AOP)	소, 50-60%	덴마크	연중	말랑말랑하고 풍미가 강하며 약간 자극적인 맛을 지닌다.
에델필즈케제 Edelpilzkäse	소, 양, 55%	독일	연중	매끈하고 크리미한 질감으로 풍미가 강하며 자극적인 맛을 지니고 있다.
감메로스트 gammelost	소, 염소	노르웨이	6월-12월	단단하고 자극적인 맛이 난다.
고르곤졸라 gorgonzola(AOP)	소. 45-55%	이탈리아	연중	부드럽고 크리미하며 풍미가 강하다. 약간 자극적인 맛이 난다.
라나크 블루 lanark blue	양	스코틀랜드	연중	푸른곰팡이가 박혀 있고 오래 숙성된 것은 자극적인 맛이 난다.
스틸턴, 블루 스틸턴 stilton, blue stilton(AOP)	소, 50%	잉글랜드	9월 중순-3월 중순	크리미하면서 부서지기 쉬운 질감으로 풍미가 매우 강하다.
가열 압착치즈 *pâtes pressées cuites*				
알고이어 에멘탈러 Allgäuer Emmentaler(AOP)	소	독일	연중	에멘탈과 비슷하다.
아펜젤러 appenzeller	소, 50%	스위스	6월-3월	단단하고 작은 구멍이 나 있으며 과일향이 진한 편이다.
반 경성 아시아고 asiago(AOP) semi-cuite	소, 48%	이탈리아	연중	입자가 있는 질감으로 탄력이 있다. 풍미가 비교적 순하고 약간 자극적인 맛이 있다.
바뉴 bagnes	소, 45%	스위스	연중	단단하고 탄력이 있으며 과일 풍미가 난다. 향이 풍부하다.
반 경성 칸타브리아 cantabria(AOP) semi-cuite	소, 45%	스페인	연중	크리미하면서 탄력이 있으며 풍미가 순하고 우유 맛이 진하다.

FROMAGES ÉTRANGERS 외국 치즈

vacherin fribourgeois
바슈랭 프리부르주아

taleggio
탈레지오

danablu
대니시 블루

gorgonzola dolce latte
고르곤졸라 돌체 라테

gorgonzola
고르곤졸라

asiago d'allevo
아시아고 달레보

pecorino pepato
페코리노 페파토

pecorino romano
페코리노 로마노

fontina
폰티나

montasio mezzano
몬타지오 메자노

tête-de-moine
테트 드 무안

stilton
스틸턴

주요 외국 치즈의 종류와 특징

명칭	원유, 지방 함유율	원산지	생산 시기	텍스처, 풍미
가열 압착치즈(계속) ***pâtes pressées cuites (suite)***				
에멘탈 emmenthal	소, 45%	스위스	연중	단단하고 구멍이 있으며 기름지다. 풍미가 순하고 너트 향이 난다.
피오레 사르도 fiore sardo(AOP)	양, 45%		10월-6월	조직이 촘촘하고 풍미가 강하며 자극적인 맛이 난다.
반 경성 폰티나 fontina(AOP) semi-cuite	소, 45-50%	이탈리아	9월-12월	매끈하고 탄력이 있으며 향이 풍부하다. 고소한 너트 향이 난다.
그라나 파다노 grana padano(AOP)	소, 32%	이탈리아	연중	단단하고 부서지기 쉬운 질감을 갖고 있으며 맛이 섬세하다. 훈연향이 난다.
그레베 grevé	소, 28%	스웨덴	연중	단단하며 그뤼예르와 비슷하다,
그뤼예르 gruyère(AOP)	소, 45%	스위스	9월-2월	부드럽고 기름지며 작은 구멍이 나 있다. 섬세한 풍미와 너트 향이 있으며 맛이 강한 편이다.
헤르고오어르두스트 herrgårdost	소, 28%	스웨덴	연중	단단하고 우유의 풍미가 짙으며 맛이 강하다.
잘스버그 Jarlsberg	소	노르웨이	연중	흰색을 띠며 풍미가 순하다.
카세리 kasseri(AOP)	양, 40%	그리스	1월-7월	중간 정도의 경도로 풍미가 순하며 섬세한 맛이 있다.
몬시어 Mondseer	소	오스트리아	연중	풍미가 순하며 아베(수도원 치즈류)와 비슷하다.
몬타지오 montasio(AOP)	소, 40%	이탈리아	연중	매끈하고 작은 구멍이 나 있으며 향이 풍부하다. 고소한 너트 향이 있다.
미소스트 mysost	소, 20%	스칸디나비아	연중	매우 단단하며 약간 단맛이 있다.
니하이머 케제 Nieheimer Käse	소	독일	연중	홉의 잎으로 감싼 뒤 숙성한 치즈로 말랑말랑하고 풍미가 강하다.
파르미지아노 레지아노, 파르메산 parmigiano reggiano, parmesan(AOP)	소, 32-50%	이탈리아	연중	단단하고 입자가 있으며 과일 향과 우유 풍미가 있다.
페코리노 로마노 pecorino romano(AOP)	양, 36%	이탈리아	11월-6월	단단하고 풍미가 강하며 자극적인 맛이 있다.
페코리노 사르도 pecorino sardo(AOP)	양, 45%	이탈리아	12월-6월	조직이 치밀하고 단단하며 특유의 강한 풍미를 지닌다.
페코리노 시칠리아노 perocino siciliano(AOP)	양, 40%	이탈리아	3월말-6월 말	조직이 치밀하고 드문드문 구멍이 나 있다. 자극적인 맛이 난다.
페코리노 토스카노 pecorino toscano(AOP)	양, 40%	이탈리아	연중	비교적 단단한 질감을 갖고 있으며 향이 풍부하고 약간 짠맛이 난다.
슈브린츠 sbrinz	소, 45%	스위스	연중	조직이 치밀하고 단단하며 풍미가 강하다.
샤브지거 schabzieger	소, 0-5%	스위스	연중	단단하고 풍미가 강한 투박한 치즈로 허브 향이 강하다.
부어알베거 베르크케제 Vorarlberger Bergkäse(AOP)	소	오스트리아	연중	에멘탈과 비슷하다.

parmigiano reggiano, parmesan
파르미지아노 레지아노, 파르메산

passendale
파상달

gouda vieux
에이지드 구다

derby
더비

idiazábal
이디아자발

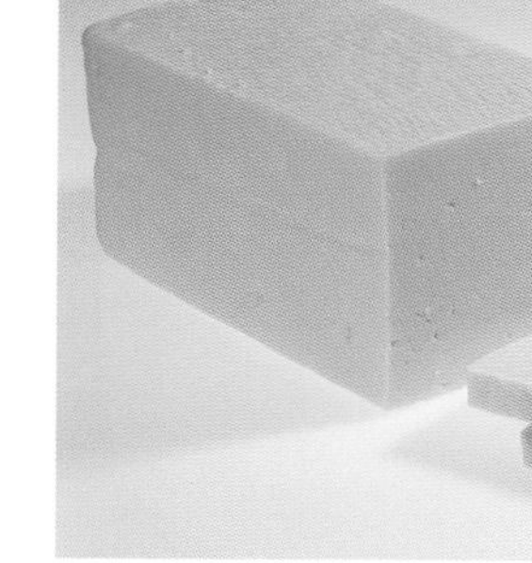

brick
브릭

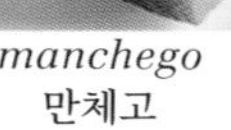

manchego
만체고

cheshire
체셔

édam
에담

cheddar
체다

kefalotyri
케팔로티리

samsø
삼쇠이

tilsit
틸지트

cacciocavallo
카초카발로

mozzarella di bufala
모차렐라 디 부팔라

주요 외국 치즈의 종류와 특징

명칭	원유, 지방 함유율	원산지	생산 시기	텍스처, 풍미
비가열 압착치즈 *pâtes pressées non cuites*				
브릭 brick	소, 45%	미국	연중	풍미가 순하고 약간 자극적인 맛이 나며 너트 향이 있다.
캐어필리 caerphilly	소, 약 48%	웨일스	연중	흰색을 띠고 있으며 약간 신맛이 있다.
카슈카발 cascaval, ca caval, katschkawalj, kashkaval	물소, 소	불가리아, 헝가리, 루마니아	3월-9월	크리미한 질감으로 풍미가 순하고 약간 짭짤하며 향이 풍부하다.
체다 cheddar, West Country farmhouse cheddar(AOP)	소, 45-50%	잉글랜드	연중	조직이 치밀하고 단단하며 매끈하다. 향이 좋으며 강한 풍미를 갖고 있다.
체셔, 체스터 cheshire, chester	소, 45%	잉글랜드	6월-9월	기름지고 부서지기 쉬운 질감으로 풍미는 약간 강한 편이다.
시메 chimay	소, 45%	벨기에	연중	녹진하고 탄력이 있으며 테루아의 특징이 두드러진다.
코미시카스 commissiekaas	소, 45%	네덜란드	연중	단단하지만 안은 녹진한 질감이다.
더비 derby	소, 45%	잉글랜드	연중	단단하고 너트 향이 있으며 자극적인 맛이 난다.
던롭 dunlop	소, 45%	스코틀랜드	연중	부서지기 쉬운 질감으로 흰색을 띠고 있으며 풍미는 순한 편이다.
에담, 노르트 홀란츠 에다머 édam, Noord- Hollandse Edammer(AOP)	소, 30-40%	네덜란드	연중	탄력이 있고 단단한 질감으로 풍미는 약간 강한 편이다.
글로스터, 싱글 글로스터 gloucester, Single Gloucester(AOP)	소, 48-50%	잉글랜드	6월-10월	반 경성치즈로 맛이 풍부하고 촉촉하다.
고다, 노르트 홀란트 하우다 gouda, Noord- Hollandse Gouda(AOP)	소, 48%	네덜란드	연중	약간 단단한 편으로 풍미가 순하고 맛이 섬세하다.
이디아자발 idiazábal(AOP)	양, 45%	스페인	연중	조직이 치밀하고 풍미가 강하며 약간 자극적인 맛을 갖고 있다.
케팔로티리 kefalotyri	염소 또는 양, 45%	그리스	연중	반 경성치즈로 우유 풍미가 강하고 약간의 산미가 있다.
랑카셔 lancashire(AOP)	소, 48%	잉글랜드	연중	부서지기 쉬운 질감의 반 경성치즈로 우유 풍미가 진하다.
레스터, 레드 레스터 leicester, red leicester	소, 45%	잉글랜드	연중	부서지기 쉬운 질감이며 기름지고 녹진하다.
마온 mahón(AOP)	소, 38%	스페인	연중	조직이 치밀하고 맛이 강하다. 짭짤하고 약간 신맛이 난다.
만체고 manchego(AOP)	양, 50%	스페인	연중	단단하고 안은 크리미하며 기름지다. 약간 자극적인 맛이 난다.
마레추 maredsous	소, 45%	벨기에	연중	탄력이 있으며 특유의 강한 풍미를 낸다.
나흘카스 nagelkass	소, 45%	네덜란드	연중	단단한 편이며 강한 정향 향이 특징이다.
오카 oka	소, 28%	퀘벡	연중	탄력이 있으며 과일 풍미가 난다.
파상달 passendale	소, 40%	벨기에	연중	단단하고 성근 조직에 구멍이 나 있으며 풍미가 순하다.
플라토 드 에르브 plateau de Herve	소, 45%	벨기에	연중	녹진하고 균일한 질감으로 테루아의 특징이 잘 살아난다.
라클레트 뒤 발레 raclette du Valais(AOP)	소, 30-35%	스위스	연중	겉은 단단하고 안은 기름지고 녹진한 질감을 갖고 있다. 섬세한 맛을 낸다.
롱칼 roncal(AOP)	양, 60%	스페인	12월-7월	단단하고 기공이 있으며 풍미가 강하고 약간 자극적인 맛을 낸다.
삼쇠이 samsø	소, 45%	덴마크	연중	단단하고 식감은 부드러우며 작은 구멍이 나 있다. 고소한 너트 향이 난다.
상 조르주 são jorge(AOP)	소, 45%	포르투갈	연중	단단하고 작은 구멍이 나 있으며 풍미가 강하고 자극적인 맛이 난다.
탈레지오 taleggio(AOP)	소, 48%	이탈리아	9월 말-3월	조직이 치밀하고 탄력이 있으며 과일 풍미를 지닌다.
티샷 teasajt	소, 45%	헝가리	4월-12월	말랑말랑하고 균일한 질감으로, 풍미가 순한 편이나 특유의 뚜렷한 맛이 있다.
테티야 tetilla(AOP)	소, 40-55%	스페인	연중	크리미하고 부드러우며 풍미가 순하고 약간의 산미가 있다.
틸지트, 틸지터 tilsit, Tilsiter	소, 45%	독일, 스위스	연중	밀도가 높으며 작은 구멍이 나 있다. 풍미가 순하며 과일 향이 난다.
웬즐리데일 wensleydale	소, 45%	잉글랜드	연중	풍미가 약간 강한 편이며, 푸른곰팡이나 크랜베리 등이 박혀 있는 종류도 있다.
염소치즈 *chèvres*				
예토스트, 제토스트 gjetost, getost	소 유청	노르웨이, 스웨덴	연중	캐러멜 색 또는 갈색을 띠고 있으며 단단하고 달콤 짭짤한 맛이 난다.
이보레스 ibores	염소, 55%	스페인	10월-6월	크리미하고 부드러운 질감으로 뚜렷한 풍미를 갖고 있으며 약간의 산미가 있다.
마요헤로 majojero(AOP)	염소, 50%	스페인	10월-6월	조직이 치밀하고 크리미하며 자극적인 풍미와 신맛을 갖고 있다.
녹아 늘어나는 치즈 *pâtes filées*				
카초카발로 실라노 cacciocavallo silano(AOP)	소, 44%	이탈리아	연중	아주 단단하며 풍미는 순한 편이고 약간 자극적인 맛을 낸다.
모차렐라 디 부팔라 캄파나 mozzarella di bufala campana(AOP)	물소, 52%	이탈리아	연중	부드러운 질감에 풍미는 순하고 약간의 산미가 있다.
프로볼로네 발파다나 provolone valpadana(AOP)	소, 45%	이탈리아	연중	단단하고 탄력이 있으며 섬세한 맛을 지닌다. 풍미가 순하며 자극적인 맛이 난다.

지칭한다. 과일은 대개 과육과 과즙이 풍부하고 설탕, 비타민이 함유돼 있다. 주로 달콤한 맛과 고유의 향을 활용해 다양한 음료나 디저트를 만든다.

열대 및 외국 과일을 포함해 모든 과일은 크게 세 그룹으로 분류할 수 있다.

- 수분(90%까지)과 비타민 C 함유량이 높은 과일: 시원하게 갈증을 해소해 주는 이 과일들은 우리 몸에 아스코르브산과 미네랄을 공급한다. 감귤류, 파인애플, 딸기, 복숭아, 배, 사과 등이 이에 해당하며, 당도에 따라 열량이 꽤 높아질 수 있다.
- 탄수화물 함량이 높은 과일: 밤, 대추야자, 건과일, 프룬 등이 이에 해당하며, 열량이 높다.
- 지방 함량이 높고 수분이 적은 과일: 아몬드, 헤이즐넛, 호두 등의 견과류로 칼슘과 비타민B가 풍부하며 열량이 아주 높다(100g당 약 650kcal 또는 2717kJ). 이들은 신선 과일을 대체할 수는 없지만, 영양 균형을 위해 반드시 필요한 식품군이다.

■ **열대 및 이국적 과일.** 수년 전부터 이 과일들은 시장에서 쉽게 찾아볼 수 있게 되었다. 이들 중에는 이미 고대부터 지중해 연안 지역에서 유럽으로 유입된 과일도 있고(북아프리카의 대추야자, 중동의 석류 등), 16세기 대항해 시대의 탐험가들이 들여온 것들도 있다(남미의 파인애플, 멕시코의 백련초, 아시아의 망고 등). 또한 비교적 최근에 유행을 타고 소비가 늘어난 과일들도 있다(**참조** pp.404-405 열대 및 이국적 과일 도감).

패션프루트(백향과), 키위, 타마린드를 비롯한 몇 가지 열대과일은 프랑스 남부지방 풍토에 적응해 재배되고 있다. 대부분 아주 달고 수분이 많은 이 과일들은 일반 과일이 들어가는 모든 디저트나 요리에 동일하게 사용할 수 있을 뿐 아니라, 한겨울에도 신선한 과일의 맛과 비타민을 공급해주는 식품으로 인기가 높다.

■ **디저트와 파티스리.** 후식이나 간식으로 먹는 생과일은 언제나 잘 익고 신선한 제철과일을 선택하는 것이 좋다. 생과일은 주로 시원하게 해 그냥 먹지만 그 외에도 와인에 데치기, 플랑베, 라이스나 세몰리나 푸딩에 넣기, 프레시 치즈에 곁들이기, 튀김, 꼬치, 오븐에 굽기 등 다양한 조리법으로 활용할 수 있다. 생과일은 바바루아, 샤를로트, 각종 크림 디저트, 즐레, 아이스크림, 차갑게 먹는 과일 수프인 칼트샬레(kaltschale), 키슬(kissel 걸쭉하게 만든 과일 즐레), 무스, 소르베, 수플레, 바슈랭 등을 만드는 재료로 사용되며, 작은 주사위 모양으로 썰어 쿠론, 크레프, 오믈렛, 푸딩, 터번 모양의 디저트에 채워 넣거나, 소스 또는 퓌레를 만들어 아이스크림이나 케이크 등에 끼얹어 먹기도 한다. 그 외에도 크루트, 플랑, 타르트, 탱발, 투르트 등에 채워 넣는 등 파티스리에서도 생과일의 활용도는 높다. 특히 해당 과일 산지(발 드 루아르, 페리고르, 로트 에 가론, 루시용, 프로방스, 발레 뒤 론, 코트 도르, 알자스 등)에는 이를 주재료로 한 다양한 특산 파티스리 제품이 발달해 있다.

■ **저장 음식과 요리.** 과일은 콩포트, 잼, 즐레, 마멀레이드 등을 만들 뿐 아니라, 각종 음료나 주류의 원료로도 사용된다. 과일을 저장하는 방법은 그 종류에 따라 다양하다. 아무것도 첨가하지 않은 그대로 또는 시럽에 담가 통조림, 또는 병조림 등으로 밀봉하여 열탕소독하거나, 설탕 혹은 식초를 넣고 콩피 상태로 만들어 저장하기도 하고, 어떤 것들은 오드비 등의 증류주에 담가둔다. 냉동하여 보관하기에 적합한 것들도 있으며, 다양한 과일을 말려서 보관해두면 오랫동안 건과일로 그 풍미를 즐길 수 있다. 또한 과일에서 추출한 천연 향은 당과류, 파티스리, 유제품, 음료 등에 다양하게 사용된다. 이렇게 과일은 주로 단 음식이나 디저트에 사용되지만, 고기, 생선, 가금류, 채소 등의 일반 요리에 넣거나 가니시로 곁들여 먹기도 한다. 요리에서 가장 많이 쓰이는 과일은 레몬이다. 그 외에도 파인애플, 바나나, 크랜베리, 레드커런트, 아몬드, 무화과, 자몽, 체리, 모과, 망고, 오렌지, 복숭아, 코코넛, 포도, 밤, 프룬, 사과 등의 과일이 요리에 따라 주재료와의 적절한 조합으로 사용된다.

▶ 레시피 : BAVAROIS, BRIOCHE, COULIS, GELÉE DE FRUITS, MERINGUE, PÂTE DE FRUITS, SALADE DE FRUITS, SAVARIN, SORBET.

FRUIT GIVRÉ 프뤼 지브레 과일의 껍질만 남기고 속을 꺼낸 뒤 그 과육으로 만든 아이스크림, 소르베, 수플레 글라세 혼합물 등을 채워 넣은 아이스 디저트로, 주로 시트러스 과일, 파인애플, 멜론, 감 등을 사용해 만든다. 프루츠 수플레(fruits soufflés 또는 fruits en surprise)도 마찬가지 방법으로 만든다. 이 경우, 과일 껍질을 용기 삼아 해당 과일로 맛을 낸 클래식 수플레 혼합물을 채워 넣은 뒤 오븐에 재빨리 구워낸다.

▶ 레시피 : CITRON, ORANGE, PAMPLEMOUSSE.

FRUIT À PAIN 프뤼 아 팽 빵나무 열매. 뽕나무과에 속하는 빵나무의 열매로 폴리네시아가 원산지이다(**참조** pp.496-497 열대 및 이국적 채소 도감). 일찍이 태평양의 섬들, 이어서 앙티유 제도에 널리 퍼진 빵나무 열매는 그 지역의 전통 먹거리로 자리 잡았다. 노예들의 식량으로 공급할 수 있을 거란 생각에 매료된 유럽의 초창기 탐험가들은 빵나무를 앙티유로 들여왔다. 이 열매는 둥근 형태로 지름이 20cm에 이르며 꺼칠꺼칠하고 밀랍을 씌운 듯한 질감의 연녹색 껍질로 싸여 있다. 과육은 희고 단단하며, 씨가 없다. 왜냐하면 이 과일은 수분(受粉)을 하지 않은 것이기 때문이다. 주로 튀기거나 구워 먹으며 경우에 따라 죽처럼 끓이거나 퓌레로 갈아서 먹기도 한다. 탄수화물의 함량이 높은 편이다.

FRUIT DE LA PASSION 프뤼 드 라 파시옹 패션프루트, 백향과. 시계꽃과에 속하는 꽃시계덩굴의 열매로 아메리카 대륙 열대지역이 원산지이며 아프리카, 호주, 말레이시아 등지에서도 재배된다(**참조** pp.404-405 열대 및 이국적 과일 도감). 시계꽃(grenadille) 또는 고난의 꽃(fleur de la Passion)이라고도 불리는 꽃시계덩굴(passiflore)은 꽃 중심부의 모양에서 그 이름을 따온 것으로, 이는 예수의 수난을 상징하는 여러 물건(가시관, 망치, 못 등)들을 연상시킨다. 달걀만 한 크기의 백향과는 황색이 나는 녹색, 또는 붉은 갈색의 가죽과 같은 껍질에 싸여 있다. 과일이 덜 익었을 때는 표면이 매끈하고 윤기가 나며, 익으면서 약간 쭈글쭈글해진다(마라쿠자라고도 부른다). 과육은 오렌지빛을 띤 노란색으로 신맛이 나고 향이 진하며 먹을 수 있는 검은 씨들이 들어있다. 백향과는 열량이 낮으며(100g당 46kcal 또는 193kJ), 비타민 A와 C가 풍부하다. 작은 스푼으로 그대로, 혹은 설탕을 첨가해 떠먹거나 기호에 따라 키르슈나 럼을 뿌려 먹기도 한다. 소르베, 음료, 즐레, 달콤한 크림 등을 만드는 데 주로 사용된다.

▶ 레시피 : LANGOUSTINE, SORBET, SOUFFLÉ.

FRUITIER 프뤼티에 과일 저장소, 과일 저장고. 농촌에서 신선 과일을 보관하는 창고 또는 건물을 지칭한다. 주로 사과와 배가 주를 이루며, 그 외에 포도, 모과, 호두, 직접 딴 과일들을 보관하는 데 그중에는 완숙 상태로만 소비되는 것들도 있다. 과일 저장소는 서늘하고 공기가 잘 통해야 하며 습도가 높지 않아야 한다. 보통 여러 층으로 된 선반 시설과 밀짚, 고사리 잎 등을 깔아 과일을 올려놓아도 서로 부딪히지 않도록 해놓은 바스켓 등을 갖추고 있다. 또한 과일이 직사광선에 노출되지 않도록 햇빛을 차단하는 장치도 필요하다. 또한 프뤼티에(frutier)라는 명칭은 앙시앙 레짐 하의 왕실 주방의 한 직책으로, 왕의 식사에 필요한 과일, 양초, 촛대 등의 수급을 관리하던 책임 담당관을 지칭하기도 한다.

FRUITS À L'ALCOOL 프뤼 아 랄콜 술에 담가 저장한 과일. 오드비(브랜디 또는 기타 증류주)에 담가 저장한 과일을 뜻하며, 그중에서도 특히 마라스키노 리큐어에 담근 비가로 버찌, 코냑에 담근 포도, 마르 오드비에 담근 그리오트 체리, 오렌지 리큐어에 담근 만다린 귤, 아르마냑에 담근 미레이블 자두와 말린 프룬, 칼바도스에 담근 작은 서양 배 등이 대표적이다. 이들은 과일 화채나 아이스크림 디저트에 넣거나, 다양한 코팅을 입힌 당과류(fruits déguisés 등)를 만들기도 하며, 커피를 마신 후 식후주와 곁들여 서빙하기도 한다.

FRUITS CONFITS 프뤼 콩피 당절임 과일, 과일 콩피, 캔디드 프루츠. 과일을 통째로 또는 적당한 크기로 잘라 설탕에 재운 것이다. 과일을 담가 절이는 설탕 시럽의 농도를 점점 높여가며 여러 번에 걸쳐 서서히 단맛을 흡수시키는데, 이 과정을 거치는 동안 시럽은 과일 자체에서 나오는 수분으로 천천히 대체된다(**참조** p.408 건과일, 과일 콩피 도감). 과일의 종류, 크기, 원산지 등에 따라 절이는 설탕 시럽의 농도와 양을 조절한다. 설탕 시럽은 정확한 온도로 가열해야 결정화되어 굳거나 캐러멜화 되는 것을 막을 수 있다. 설탕의 흡수는 점차적으로 천천히 이루어져 과일이 갈라지거나 모양이 말라 오그라들지 않으면서 과육의 속까지 충분히 스며들어야 한다.

과일 당절임의 원리는 올리비에 드 세르(Olivier de Serres)의 저서 『농업의 현장(*Théâtre d'agriculture*)』(1600)에 이미 자세히 소개돼 있다. 로마 교황청이 아비뇽으로 옮겨 온 아비뇽 유수 기간에 처음 선보여 인기를 얻은 당절임 과일은 14세기말 부터 프로방스 지방 압트(Apt)의 특산물로 유명세를 타기 시작했다. 중세에 '방에서 먹는 향신료(épices de chambre)'라고 불리던 과일 콩피는 그 인기가 더욱 높아졌으며, 특히 자두, 살구, 피스타치오, 잣, 개암 등이 대표적이었다. 이론상 모든 과일은 당절임이 가능하지만, 실제로 수분 함량이 너무 높은 몇몇 과일은 이와 같은 보존 방법에 적합하지 않다. 과육 이외에도 안젤리카(서양 당귀)의 줄기나 시트러스 과일(세드라, 레몬, 오렌지, 자몽)의 껍질, 몇몇 식물의 꽃(특히 제비꽃)이나 뿌리(생강) 등을 당절임해 사용하기도 한다.

■ **제조.** 당절임용 과일은 완숙되기 약간 전에 따거나 채집한 것을 사용해야 모양도 흐트러지지 않고 그 풍미를 최대한 살려 보존할 수 있다. 우선 과일을 뜨거운 물에 데친 다음(딸기, 살구 제외) 찬물에 식혀 건져낸다.

설탕 시럽은 농도가 낮은 것으로 시작하여 점점 더 농도가 높은 시럽으로 옮겨간다. 매번 설탕 시럽에 담가 졸이는 하나의 공정(시럽의 농도를 점점 높여가며 과일을 동냄비에 가열하는 과정)이 끝나면 다음 단계의 농도로 넘어가기 전에 과일을 그 시럽과 함께 토기 그릇에 담아 충분히 휴지시켜야 한다. 당절임하는 시간은 과일의 종류나 크기에 따라 달라진다(비가로 버찌의 경우 설탕 시럽에 담가 절이는 횟수가 몇 번이면 끝나지만, 사이즈가 큰 과일의 경우는 12회 정도 담가주어야 하기 때문에 길게는 1-2개월이 걸리기도 한다). 소위 '섬세한 고급' 과일(살구, 파인애플, 무화과, 딸기, 서양 배, 자두)의 경우 이러한 옛날 방식(à l'ancienne)이 여전히 그대로 적용되고 있다. 이들보다 좀 더 단단해 비교적 다루기 수월한 과일(비가로 버찌, 시트러스 껍질, 멜론)과 안젤리카 줄기 등은 설탕 시럽이 담긴 용기에 넣어 연속식(en continu)으로 당절임하며, 평균 6일 정도 걸려 완성한다.

이렇게 당절임을 마친 과일 표면에 글라사주를 입히면 모양도 깔끔할 뿐 아니라 집을 때 끈적이며 묻어나지 않으며 보관 기간도 더 늘어난다(서늘한 곳에서 6개월까지). 글라사주는 아주 농도가 높은 설탕 시럽으로 씌워준다. 어떤 과일들은 속을 파낸 뒤 자른 재료를 넣어 원래 모양처럼 재조립하기도 한다. 사이즈가 큰 딸기의 경우 설탕 시럽에 절인 뒤 속을 파내고 틀에 넣은 다음 더 작은 크기의 딸기 콩피를 채워 넣는다. 또한 씨를 뺀 살구 안에 당절임한 살구 과육을 채워 넣기도 한다.

■ **사용.** 당절임한 과일은 주로 당과류 간식으로 소비되지만 파티스리에서도 많이 사용한다. 잘게 썰어 케이크 반죽(브리오슈, 푸르츠 파운드케이크 등), 아이스크림 등에 넣거나 각종 디저트, 앙트르메의 장식으로도 사용한다(특히 안젤리카 줄기, 세드라 껍질, 체리 콩피). 디저트에 당절임 과일을 많이 사용하는 영국에서는 일반 요리에도 과일 콩피를 종종 사용한다. 중세에는 파테와 투르트에도 과일 콩피를 넣는 조리법이 아주 흔했다. 그중 양고기에 당절임한 세드라 껍질 콩피를 넣어 만드는 페즈나 파테(pâté de Pézenas)는 아직까지도 그대로 이어져오는 요리다. 한편 어떤 과일들은 소금에 절이기도 하는데, 특히 소금에 절인 레몬은 모로코식 타진 요리에 많이 사용된다.

▶ 레시피 : CERISE, CRÈMES DE PÂTISSERIE, DIPLOMATE.

FRUITS EN CONSERVE 프뤼 앙 콩세르브 통조림, 병조림 과일. 과육이 통통한 과일을 가미하지 않고, 혹은 설탕 시럽에 담가 병이나 캔에 넣고 밀폐한 뒤 열탕소독해 보존한 것을 뜻한다. 과일은 통째로 사용하거나 종류에 따라 잘라서 사용하기도 한다(복숭아나 살구 등은 반으로 갈라 씨를 뺀 상태로, 파인애플은 슬라이스로, 또는 여러 가지 과일을 잘게 깍둑 썬 칵테일 스타일로도 만든다). 서양 배와 같이 큰 과일은 껍질을 벗기고, 살구 등의 핵과는 씨를 제거한다. 하지만 비가로 버찌, 미레이블 자두, 라즈베리는 모양 그대로, 아무 첨가물 없이 원래 맛 그대로 저장한다. 이 같은 저장법은 과일의 영양성분에 거의 영향을 주지 않는다. 생과일로 섭취할 때와 동일한 양의 비타민을 그대로 함유하고 있다. 단, 무기질의 함량은 조금 변화가 있다.

■ **사용.** 통조림 과일은 생과일보다 활용도가 낮다(아이스크림이나 잼용으로 사용하지 않는다). 파티스리용으로 사용하기에는 대부분 수분이나 시럽 함유량이 많아서 데커레이션 정도로만 이용한다. 하지만 라이스(또는 세몰리나) 푸딩, 콩포트, 아이스크림 선디, 특히 과일 샐러드나 화채 등의 디저트에는 많이 활용되는 편이다. 한편 요리에서는 생과일을 대신하여 적절하게 사용할 수 있다(특히 파인애플, 살구, 복숭아). 과일 퓌레 또한 병조림 제품으로 출시되어 있다.

FRUITS DÉGUISÉS 프뤼 데기제 프티푸르의 일종으로 과일에 캐러멜 또는 퐁당슈거를 입히거나, 얼음사탕 시럽에 12시간 담갔다 건져 얇은 설탕막만 코팅된 상태로 굳힌 것 또는 설탕을 거의 첨가하지 않은 아몬드 페이스트로 과일 속을 채우거나 겉을 장식한 당과류를 지칭한다.

● **FRUITS GLACÉS AU CARAMEL 캐러멜을 입힌 과일.** 당절임한 뒤 적당한 크기로 잘라 아몬드 페이스트로 장식한 과일, 생과일 또는 오드비에 담가 절인 과일 등을 사용할 수 있다. 설탕에 글루코스 시럽을 넉넉히 넣고 섞은 뒤 가열해 그랑 카세(grand cassé 156°C) 상태의 캐러멜이 될 때까지 끓인다. 여기에 과일을 디핑 포크나 꼬챙이를 이용해 담갔다 뺀 다음 기름을 칠한 대리석 판에 놓고 식힌다. 아몬드(**참조** ABOUKIR), 오드비에 담가 절인 체리, 아몬드 페이스트를 채운 안젤리카, 슬라이스를 삼각형으로 잘라 당절임한 파인애플, 대추야자, 체리, 프룬, 무화과, 호두, 미레이블 자두, 오렌지 세그먼트, 생만다린 귤, 생포도알(또는 오드비에 담가둔 것), 밤(초콜릿 캐러멜을 입힌 것)등의 재료를 사용한다.

● **FRUITS DÉGUISÉS AU FONDANT 퐁당슈거를 입힌 과일.** 오드비에 담가 절인 모든 과일과 몇 종류의 생과일(딸기, 만다린 귤 슬라이스, 삼각형으로 썬 파인애플 슬라이스 등)을 퐁당슈거에 담갔다 빼 고루 입힌다. 렌 클로드 자두와 미레이블 자두는 끓는 물에 한번 데친 뒤 시럽에 담갔다가 사용한다. 퐁당슈거는 액체 상태로 만들고 다양한 향을 더한다. 경우에 따라 재료 과일과 어울리는 색을 내어 사용하기도 한다. 오드비에 담가둔 작은 살구(씨를 빼낸 다음 그 자리를 아몬드 페이스트로 채운다)는 통째로 분홍색 또는 흰색 퐁당슈거를 입힌다. 알이 굵은 블랙커런트는 코냑으로 향을 낸 보라색 퐁당슈거를, 오드비에 담가 절인 체리, 레드커런트 젤리를 채워 넣은 라즈베리, 생딸기 등은 분홍색 퐁당슈거를 입히고, 금귤은 노란색 또는 흰색 퐁당슈거를 씌운다. 또한 키르슈로 향을 낸 오드비에 담가 절인 작은 서양 배와 코냑에 담가둔 말라가 건포도는 주황색 퐁당슈거를, 렌 클로드 자두는 바닐라나 키르슈로 향을 낸 녹색 퐁당슈거를 각각 입힌다.

▶ 레시피 : CERISE.

FRUITS DE MER 프뤼 드 메르 해산물. 연체동물(고둥, 굴, 홍합 등), 조개류(바지락, 사마귀조개 등), 갑각류(스파이더 크랩, 새우, 닭새우, 브라운 크랩 등), 작은 크기의 바다 동물(성게 등)을 모두 포함한 해산물을 통칭한다. 이 용어는 특히 큰 쟁반에 잘게 부순 얼음과 해초를 깔고 여러 가지 해산물을 얹어 애피타이저로 서빙하는 해산물 모둠 플래터(plateau de fruits de mer)를 지칭할 때 많이 쓰인다. 여기에는 주로 버터와 호밀빵을 곁들인다.

해산물 모둠 플레이트에는 1인당 납작 굴 6개, 움푹 굴 6개, 대합조개 3개, 사마귀조개 3개, 바지락조개 3개, 홍합 몇 마리, 경단고둥 6개, 물레고둥 4개, 데쳐 익힌 줄새우 4마리, 곰새우 10마리, 랑구스틴(가시발새우) 2마리가 서빙되며, 여기에 경우에 따라 브라운 크랩 반 마리와 성게가 추가된다.

해산물은 여러 종류를 섞어 다양한 요리에 사용한다(소를 채운 부세나 오믈렛, 리소토 등). 경우에 따라 게와 가리비조개를 추가하기도 한다.

▶ 레시피 : BOUCHÉE (SALÉE), BROCHETTE, DARTOIS.

FRUITS RAFRAÎCHIS 프뤼 라프레시 과일 화채. 여러 가지 과일을 작게 자르거나 원래 모양 그대로, 껍질을 벗기고, 꼭지를 따내고 씨를 제거한 다음 설탕과 리큐어, 스위트와인 등에 절여 두었다가 유리 볼에 담고, 절여두었던 알코올 향의 시럽을 뿌려 아주 차게 먹는 디저트다. 생과일 대신 시럽에 담가두었던 과일을 사용해도 된다. 과일 콩피나 말린 과일을 장식용으로 사용한다.

fruits rafraîchis au kirsch et au marasquin 프뤼 라프레쉬 오 키르슈 에 오 마라스캥

키르슈와 마라스키노 리큐어를 넣은 과일 화채 : 복숭아 6개, 과육이 아주 연하고 부드러운 서양 배 3개, 사과 2개의 껍질을 벗긴 뒤 작은 크기로 납작납작하게 썬다. 바나나 4개의 껍질을 벗기고 동그랗게 썬다. 살구 6개를 작게 썬다. 과일을 모두 큰 볼에 넣고 딸기 25g, 라즈베리 75g, 청포도와 적포도알 125g을 추가한다. 설탕 5-6스푼을 뿌린 다음 키르슈 300mℓ와 마라스키노 리큐어 300mℓ를 고루 부어준다. 볼을 살살 흔들어 과일과 고루 섞이도록 한다. 볼 주위에 잘게 부순 얼음을 둘러준 다음 차갑게 1시간 동안 재운다. 서빙용 유리 볼에 담고 마찬가지로 주변에 얼음을 둘러놓은

뒤, 딸기 50g, 라즈베리 50g, 포도 알갱이, 껍질을 벗기고 반으로 쪼갠 생아몬드 24개를 얹어 장식한다.

FRUITS SÉCHÉS 프뤼 세셰 건과일, 말린 과일. 종종 견과류를 뜻하는 프뤼 섹(fruits secs)으로 잘못 호칭되는 이것은 정확히 말하면 즙이 있는 과육이 통통한 과일을 햇볕이나 오븐에서 건조시킨 것(살구, 바나나, 무화과, 복숭아, 배, 사과, 프룬, 포도 등)이다(**참조** p.408 건과일, 과일 콩피 도감). 말린 과일은 생과일의 영양성분을 그대로 보존하고 있으며 수분의 증발로 당분이 농축되어 동일 무게당 열량은 훨씬 높아진다(100g당 약 280kcal 또는 1170kJ). 그대로 스낵으로 먹거나(**참조** MENDIANT), 차 또는 따뜻한 물, 리큐어 등에 몇 시간 동안 담가 불린 뒤 사용한다. 건과일은 콩포트나 몇몇 디저트에 생과일 대신 사용할 수 있고, 파티스리에 사용하거나(과일 파운드케이크, 파르 브르통, 푸딩 등) 리큐어 등을 뿌려 플랑베하기도 한다(럼을 넣고 플랑베한 건포도). 당과류 제조(특히 대추야자와 프룬)에도 많이 사용되며, 요리에 넣기도 한다(살구를 넣은 양고기 스튜, 무화과를 곁들인 자고새 요리, 건포도를 넣은 스터핑, 프룬을 넣은 토끼고기 스튜, 타진 등).

FRUITS SECS 프뤼 섹 견과류. 즙이 있는 과육이 없으며 목질의 단단한 껍데기에 싸여 있는 아몬드, 땅콩, 헤이즐넛, 호두, 캐슈너트, 잣, 피스타치오 등의 견과류를 지칭한다(**참조** p.572 견과류, 밤 도감). 지방 함량이 매우 높아 채유 과일(fruits oléagineux)이라고도 불리며, 수분이 적고 열량이 높다. 수분 없이 마른 상태로 짭짤한 간이 되어 있는 것은 특히 아페리티프의 안주로 곁들이기 좋다. 견과류는 파티스리와 당과류(아몬드 페이스트, 누가, 각종 크림과 아이스크림의 향, 프랄린)에 많이 사용되며, 요리에 넣기도 한다(아몬드를 넣은 송어 요리 및 각종 스터핑, 호두나 잣을 넣은 샐러드, 피스타치오를 넣은 샤퀴트리 등).

charlotte au pain d'épice et aux fruits secs d'hiver ▶ CHARLOTTE

fruits secs salés grillés 프뤼 섹 살레 그리예

짭짤한 구운 견과류 : 오븐을 160°C로 예열한다. 볼에 여러 가지 견과류(껍질 벗긴 아몬드, 껍질 벗긴 헤이즐넛, 캐슈너트, 껍질 깐 피스타치오 등) 또는 한 가지 종류의 견과류를 넣는다. 달걀흰자 2개를 넣고 고루 버무린 다음 플뢰르 드 셀(fleur de sel) 10g, 고운 소금 5g, 사라왁 흑후추 간 것 4g, 흰색 식초 15mℓ를 넣어준다. 베이킹 팬에 견과를 펼쳐 오븐에 넣고 속까지 구워지도록 20-30분간(크기에 따라 조절) 굽는다.

FRUITS AU VINAIGRE 프뤼 오 비네그르 크기가 작은 과일을 식초, 향신료(계피, 정향, 후추 등)와 함께 밀폐용 병에 보관한 것으로, 너무 신맛이 강하게 배는 것을 중화하기 위해 설탕을 조금 넣는다. 주로 체리, 아주 싱싱한 포도 알갱이, 작은 녹색 멜론이나 녹색 호두 등으로 만든다.

또한 과일로 피클이나 처트니를 만들기도 한다. 새콤달콤한 맛을 가진 과일을 익히지 않고 식초와 향신료를 섞은 혼합액에 넣어 재우는데, 이때 많은 분량의 설탕이 들어간다. 차가운 고기류나 샤퀴트리 또는 국물에 푹 익힌 고기 등을 먹을 때 곁들인다.

FUDGE 퍼지 말랑말랑하고 입에서 녹는 캐러멜로 끈적이거나 달라붙지 않는다. 19세기에 처음 선보인 이 당과류는 캐러멜 레시피에서 분량을 잘못 계량해 넣은 결과로 탄생했다.

FULBERT-DUMONTEIL (JEAN CAMILLE) 장 카미유 퓔베르 뒤몽테이 프랑스의 언론인, 미식 작가(1831, Vergt 출생–1912, Neuilly-sur-Seine 타계). 동물학과 여행에 관심이 많았던 작가로 수많은 언론 기사와 글을 기고했으며 30여 권의 저서를 출간하는 등 왕성한 집필활동을 보였던 그는 알렉상드르 뒤마가 창간한 일간지 「르 무스크테르(le Mousquetaire)」에서 저널리스트로 첫발을 딛었고 이어서 「르 피가로(Le Figaro)」에서 집필을 이어갔다. 1906년 그는 '벨 에포크' 시대정신과 자신의 고향인 페리고르에 대한 애정을 담아낸 미식 관련 글 모음집 『맛있는 프랑스(*La France Gourmande*)』를 출간했다.

FUMAGE 퓌마주 훈제, 훈연. 고기와 생선을 저장하는 아주 오랜 방식으로, 다소 오랜 시간 나무 장작 연기를 쏘이는 방법을 뜻한다(**참조** BOUCANAGE). 훈제를 하면 식품이 건조되고, 식품에 방부 성분이 침착되며 표면에 진한 색이 난다. 또한 훈연 특유의 풍미와 향이 입혀진다.

훈제는 특히 돼지고기(목살, 베이컨용 안심, 뒷다리살, 앞다리살, 삼겹살), 샤퀴트리(앙두이유, 소시지, 살라미), 가금류(거위, 생닭 또는 익힌 닭, 익힌 칠면조 로스트), 몇몇 수렵육(꿩, 멧돼지)과 생선(장어, 철갑상어, 북해산 대구, 청어, 연어 등) 등을 저장을 위해 많이 사용되는 방법이다. 반드시 미리 소금을 뿌려 염장하거나 염수에 담가둔 이후 훈연 건조를 진행한다.

훈제에는 두 가지 방법이 있다. 냉훈법(저온 훈제, 30°C 이하)의 경우는 식품(고기와 부속 및 내장, 생선)에 느리게 연소되는 나무 재료의 연기를 쏘인다. 온훈법의 경우(특히 소시지)는 우선 덥고 습한 열풍(55-60°C)에 한 번 찌듯이 익혀 단백질을 응고시킨 후 짙은 연기(50-55°C)에 쏘여 훈연 건조한다. 훈연은 20분에서 며칠까지 걸릴 수 있다. 가장 많이 쓰이는 목재는 너도밤나무와 밤나무이며 향 에센스(브라이어 나무, 월계수 잎, 로즈마리, 세이지)를 넣기도 한다. 사부아 지방에서는 전나무 연기에 몇몇 종류의 소시지를 훈연하며, 브르타뉴 지방에서는 울렉스(골담초의 일종)를 돼지 뒷다리 햄 훈제에 사용하기도 한다. 안달루시아 지방에서는 초리조를 노간주나무 연기에 훈제하는데, 이 나무는 시칠리아에서 양젖 치즈를 훈연할 때도 사용한다. 미국에서는 아주 향기가 좋은 호두과 나무인 히코리 나무를 훈제에 널리 사용한다. 훈연 시설 및 훈연기의 형태는 다양하다. 벽돌로 된 굴뚝 타입이나 나무로 만든 피라미드 형태의 훈연기인 튀예(tuyé, 전통적으로 모르토 소시지를 훈제하는 시설이다)를 제외하면 대부분 훈제기는 스테인리스 등의 메탈로 되어 있으며, 연기는 언제나 습기가 있는 톱밥 등의 목재의 연소를 통해 발생한다. 최근에 사용되는 방법은(일부의 반박을 사고 있기도 하다) 사전에 유해 물질을 제거한 목재를 연소해 얻은 연기를 응축한 다음, 이 목초액을 큰 통에 넣고 훈연 장치에 분무하는 방식이다.

최근에는 개인 용도로 사용할 수 있는 작은 크기의 메탈 소재 훈제기도 시판되고 있다. 전기 코일, 가스 불꽃, 화덕이나 바비큐 숯불 등을 이용해 나무 톱밥이나 훈연칩에 불을 붙여 천천히 연소시키며 식품을 훈제할 수 있다.

FUMET 퓌메 식품에서 나는 향, 냄새를 의미한다. 요리에서 이 단어는 육수, 국물 등을 졸여 진한 맛이 우러난 액체를 지칭하며, 주로 소스나 요리 국물에 넣어 맛을 더 깊게 만들거나 요리에 자작하게 국물을 잡는 데 사용된다. 퓌메는 특히 버섯액과 생선의 육수를 가리키며, 기타 고기나 가금류, 수렵육 등의 육수나 국물은 일반적으로 퐁(fond)이라고 부른다. .

- FUMET DE CHAMPIGNON 버섯액. 양송이버섯에 버터를 넣고 익힌 뒤 레몬즙과 소금을 넣은 물을 넣고 진하게 졸여 얻은 농축즙이다. 몇몇 소스에 넣어 더욱 풍부하고 깊은 맛을 내준다.
- FUMET DE POISSON 생선 육수. 생선뼈와 자투리를 넣고 끓인 국물로, 생선살을 데치거나 브레이징할 때, 또는 소스를 만들 때 사용한다(노르망드 소스, 쉬프렘 소스, 화이트와인 소스 등).

fumet de poisson 퓌메 드 푸아송

생선 육수 : 요리에 쓰기 위해 살을 발라내고 남은 생선뼈와 서더리 2.5kg을 찬물에 담가 핏물을 빼고 깨끗이 씻은 뒤 잘게 썬다(광어, 가자미, 명태, 서대, 넙치 등). 껍질 벗긴 양파와 샬롯을 각각 125g씩 얇게 썬다. 양송이버섯 150g을 얇게 저며 썬다. 레몬 반 개의 즙을 짜둔다. 파슬리 줄기 25g을 주방용 실로 묶어둔다. 재료를 모두 생선뼈, 자투리와 함께 냄비에 넣고 타임 1줄기, 월계수 잎 1장, 레몬즙 1테이블스푼, 굵은 소금 10g을 넣은 다음 수분이 나오도록 볶는다. 물을 재료의 높이까지 붓고 끓을 때까지 가열한다. 기름과 거품을 건진 다음 불을 줄이고 뚜껑을 연 상태로 약하게 20분간 끓인다. 고운 체에 넣고 국자로 눌러가며 거른다. 식힌다.

FUSIL 퓌지 막대형 칼갈이. 샤프닝 스틸(sharpening steel). 가는 원통형 막대 모양의 칼 가는 도구로 고탄소강 소재로 만들어진다. 끝이 둥근 모양으로 가늘게 줄무늬 요철이 있고 손잡이에 고정되어 있으며, 대개 걸어둘 수 있도록 고리가 달려 있다.

FÛT, FUTAILLE 퓌, 퓌타이 포도주를 저장하기 위한 나무(주로 참나무)로 된 술통, 배럴을 지칭한다. 이 오크통은 지역마다 부르는 이름이 다양한데, 가장 일반적인 명칭은 보르도의 바리크(barrique, 225ℓ)다. 알자스에서는 푸드르(foudre, 약 1,000ℓ), 또는 옴(aume, 114ℓ)라는 명칭을 쓰고, 샤블리에서는 푀이예트(feuillette, 132ℓ), 샹파뉴에서는 크(queue, 216ℓ), 보졸레, 부르고뉴, 발 드 루아르, 발레 뒤 론 지역에서는 피에스(pièce, 215-225ℓ) 등 용량에 따라 다양한 이름으로 부른다.

FRUITS EXOTIQUES 열대 및 이국적 과일

rambutan
랑부탄, 람부탄

anone
아논. 커스터드애플

durian
뒤리앙. 두리안

litchi
리치

fruit de la Passion ovoïde
프뤼 드 라 파시옹 오보이드. 타원형 패션프루트

fruit de la Passion sphérique
프뤼 드 라 파시옹 스페리크. 둥근 패션프루트, 백향과

kaki dur, sharon
카키 뒤르, 샤론. 단감

kaki mou
카키 무. 감, 홍시

maracuja
마라쿠자(패션프루트의 일종)

salak (Thaïlande)
살락(태국)

pitahaya jaune
피타야 존느. 노란 용과

nèfle du Japon, loquat
네플 뒤 자퐁, 로쿠아트. 비파

sapote
사포트. 사포딜라

langsat
랑삿.

grenade
그르나드. 석류

papaye (Brésil)
파파이유. 파파야(브라질)

pepino (Colombie)
페피노 . 페피노 멜론(콜롬비아)

jujube
쥐쥐브. 대추

carambole
카랑볼. 카람볼라, 스타프루트

datte fraîche
다드 프레슈. 생대추야자

mangue (Mali)
망그. 망고(말리)

mangue « nam kun si » (Thaïlande)
망그 남 쿤 시(태국). 태국 남쿤시 망고

mangue « choke anan » (Thaïlande)
망그 쇼케 아난(태국). 태국 쇼케아난 망고

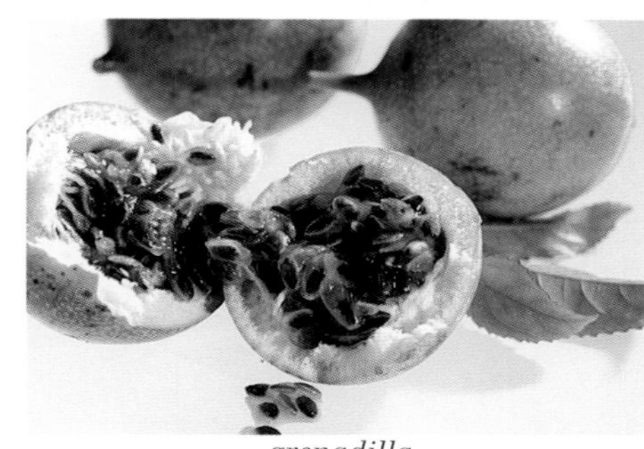
grenadilla
그르나디야(패션프루트의 일종) 스위트 그라나딜라

kiwi
키위

nashi
나시. 배, 나시 피어

Ugli
어글리. 어글리 프루트

banane
바난. 바나나

banane rose
바난 로즈. 레드 바나나

noix de coco
누아 드 코코. 코코넛

FRUITS ROUGES 붉은 베리류 과일

églantine
에글랑틴. 로즈 힙

prunelle
프뤼넬. 가시자두

épine-vinette
에핀 비네트, 유럽 매자나무 열매

airelle
에렐. 크랜베리

cynorrhodon, gratte-cul
시노로동, 그라트 퀴. 로즈 힙, 장미 열매

arbouse
아르부즈. 딸기나무 열매

groseille à maquereau rouge
그로제이 아 마크로 루즈. 레드 구스베리

cornouille mâle
코르누이유 말. 산수유 열매, 코르넬리안 체리

sureau noir
쉬로 누아. 블랙 엘더베리

fraise des bois
프레즈 데 부아. 야생 딸기

groseille à maquereau blanche
그로제이 아 마크로 블랑슈. 구스베리

aronia noir
아로니아 누아. 아로니아

cassis
카시스. 블랙커런트

aubépine
오베핀. 호손베리

groseille rouge
그로제이 루즈. 레드커런트

canneberge
칸베르주. 크랜베리

groseille blanche
그로제이 블랑슈. 화이트커런트

myrtille
미르티유. 블루베리, 빌베리

framboise jaune
프랑부아즈 존느. 노랑 라즈베리, 산딸기

framboise
프랑부아즈. 라즈베리, 산딸기

mûre sauvage
뮈르 소바주. 야생 블랙베리

FRUITS SÉCHÉS ET FRUITS CONFITS 건과일, 과일 콩피

abricot séché
아브리코 세셰. 건살구

ananas séché
아나나스 세셰. 말린 파인애플

banane séchée
바난 세셰. 말린 바나나

pomme séchée
폼 세셰. 말린 사과

figue d'Izmir séchée
피그 디즈미르 세셰. 말린 이즈미르 무화과.

figue d'Izmir au sirop
피그 디즈미르 오 시로. 시럽에 절인 이즈미르 무화과

datte séchée
다트 세셰. 말린 대추야자

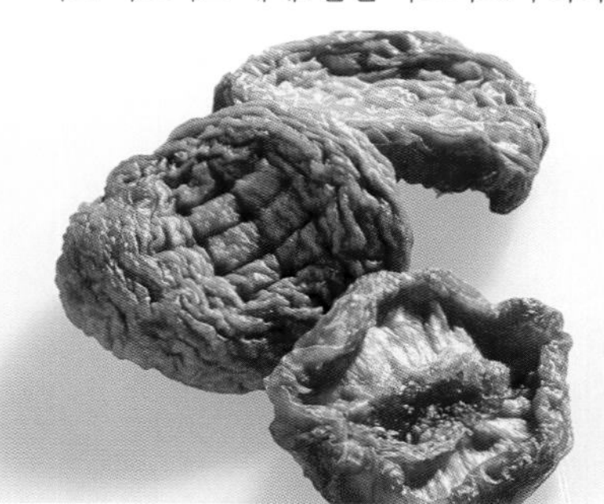

nectarine séchée
넥타린 세셰. 말린 천도복숭아

papaye séchée
파파이유 세셰. 말린 파파야

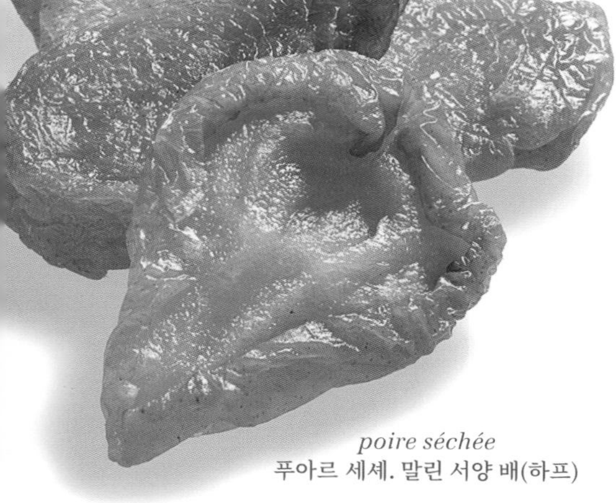

poire séchée
푸아르 세셰. 말린 서양 배(하프)

cerise séchée
스리즈 세셰. 말린 체리

pêche séchée
페슈 세셰. 말린 복숭아

mangue confite
망그 콩피트. 가당 건망고

poire séchée (entière)
말린 서양 배(홀)

G

GAGNAIRE (PIERRE) 피에르 가니에르 프랑스의 요리사(1950, Apinac 출생). 폴 보퀴즈의 식당에서 15세에 첫 번째 견습생 기간을 거친 그는 1968년 리옹에 있는 식당 탕트 알리스(Tante Alice)에서 초보 요리사로 일한다. 샐러드 파트와 당시 유행이던 드미 되이유 닭 요리를 주로 만들면서 실력을 다져갔다. 2년 동안 세계 각지를 돌아본 후 프랑스로 돌아온 그는 1976년 생 프리에스트 앙 자레(Saint-Priest-en-Jarez)에 있는 부친의 레스토랑 르 클로 플뢰리(le Clos Fleuri)의 주방에 합류한다. 4년 후 생 테티엔(Saint-Étienne) 중심가에 자신의 이름을 건 레스토랑을 오픈한 그는 미슐랭 가이드의 첫 번째 별을 획득한다. 1986년에는 두 번째 미슐랭 별을 받은 셰프가 되었다. 여러 차례 일본을 여행한 그는 새콤달콤하게 익힌 엔다이브를 곁들인 상추 잎에 싼 굴 요리와 프레시 염소 치즈를 곁들인 소꼬리 젤리 테린 등의 메뉴를 만들어낸다. 1993년, 생 테티엔의 아름다운 아르데코 양식 건물로 식당을 옮긴 그는 드디어 미슐랭의 세 번째 별을 얻게 된다. 하지만 1996년 이 식당은 파산했고, 가니에르는 파리로 올라가 새로운 모험에 도전한다. 파리에서 새로 오픈한 식당은 1997년 순식간에 미슐랭 별 두 개를 획득했고 여세를 몰아 1998년에는 별 셋을 거머쥠으로써 과거의 영광을 되찾았다. 피에르 가니에르는 프랑스 요리사들 중 가장 창조적인 인물로 꼽히고 있으며, 그의 메뉴는 현재도 끊임없이 변혁하고 있다.

GAILLAC 가이약 프랑스 남부 타른(Tarn)강 두 연안 지대의 AOC 와인으로 화이트, 레드, 로제와인 모두 생산된다. 이 아펠라시옹의 주요 특징은 와인 스타일이 무척 다양하다는 점이다(**참조** PYRÉNÉES). 화이트와인의 주요 포도품종은 모작(mauzac)이며 스위트 와인과 드라이 와인 모두 만든다. 드라이 화이트와인의 경우 아주 기분 좋은 미세 기포를 약간 함유하고 있다.

GALANGA 갈랑가 갈랑가, 갈랑갈, 양강근. 생강과에 속하는 동양의 향신료로 불그스름한 껍질 안에 주황색 또는 희끄무레한 색의 과육을 가진 뿌리줄기 식물이다(**참조** p.338-339 향신료 도감). 향은 사프란과 약간 비슷하며 특히 인도네시아와 태국 요리에 많이 사용된다.

GALANTINE 갈랑틴 수렵육, 토끼, 돼지, 송아지의 기름기가 적은 살코기 부위에 달걀, 향신료, 그 밖의 여러 재료들(푸아그라, 붉은 물을 들인 염장 우설, 피스타치오, 송로버섯 등)로 만든 소를 넣고 말아 익힌 음식이다.

갈랑틴은 대개 장방형의 테린 틀에 넣어 모양을 잡은 뒤 육수에 넣어 익힌다. 또한 면포에 넣고 길쭉한 원통형으로 싸서 익히기도 하는데, 이 경우에는 발로틴(ballottine)이라고 부른다(**참조** BALLOTTINE).

---

galantine de volaille 갈랑틴 드 볼라이

닭고기 갈랑틴 : 2kg짜리 암탉 한 마리를 토치로 그슬려 잔털과 깃털자국을 꼼꼼히 제거한 뒤 내장을 모두 꺼낸다. 발과 날개 끝을 잘라낸다. 닭의 등쪽에서 꽁무니 부분까지 길게 가른 뒤 살이나 껍질이 찢어지지 않게 조심하며 페어링 나이프로 뼈를 완전히 발라낸다. 뼈를 제거한 닭을 작업대 위에 펼쳐 놓고 가슴살 안심과 허벅지, 날개 살을 잘라낸 다음 일정한 크기로 깍둑 썬다. 뼈를 발라낸 돼지 목심 250g과 송아지 앞다리 살 250g을 블렌더에 넣고 곱게 간다. 돼지비계 150g, 익힌 햄(jambon d'York) 150g, 붉은색 물을 들인 염장 우설(langue écarlate) 150g을 작은 주사위 모양으로 썬 다음, 깍둑 썰어둔 닭고기 살, 껍질을 벗긴 피스타치오 150g, 갈아둔 고기 혼합물, 완전히 풀어둔 달걀 2개, 코냑 100mℓ, 소금, 후추, 카트르 에피스 1/2 티스푼을 넣고 섞는다. 손에 물을 묻힌 뒤 반죽을 치대 균일하게 섞어준 다음 둥글게 뭉치고 이어서 직사각형으로 만든다. 펼쳐 놓은 닭 위에 이 소 혼합물을 놓고 팽팽히 당겨가며(껍질이 찢어지지 않도록 조심한다) 가장자리를 접어 완전히 감싸준다. 얇은 면포나 행주를 물에 적셔 꼭 짠 뒤 갈랑틴을 놓고 단단히 말아준다. 면포의 양 끝 부분을 완전히 봉한 뒤, 주방용 실로 갈랑틴을 세로로 한 바퀴, 가로로 세 바퀴 둘러 묶어준다. 큰 뼈를 대충 제거한 송아지 족 2개, 비계 층을 잘라낸 신선한 돼지 껍데기 500g, 송아지 정강이살 2kg, 둥글게 썬 굵은 당근 2개, 정향을 2-3개를 박은 양파 큰 것 1개, 송송 썬 리크 2대, 셀러리 줄기를 많이 넣어 묶은 부케가르니 1개, 흰색 닭 육수 5ℓ, 경우에 따라 마데이라 와인 400mℓ, 소금과 후추를 물에 넣고 끓여 즐레 육수를 만들어둔다. 이 육수에 갈랑틴을 넣고 끓을 때까지 빠르게 가열한다. 불을 줄이고 약하게 끓는 상태로 3시간 동안 익힌다. 갈랑틴을 건져낸 뒤 면포를 눌러 물기를 어느 정도 뺀다. 작업대에 놓고 도마를 얹은 뒤 무거운 것으로 눌러 약간 납작하게 만든다. 갈랑틴을 익힌 즐레 국물은 기름을 건져낸 뒤 체에 거른 다음 맑게 클라리피에(clarifier)한다. 갈랑틴의 실을 모두 풀고 면포를 벗겨낸 다음 물기가 없도록 완벽하게 닦아준다. 즐레를 바르고 식혀 굳히는 과정을 반복해 여러 겹 입혀준다.

GALATHÉE 갈라테 새우붙이. 바다에 사는 작은 갑각류의 일종으로 매우 단단하게 석회화된 주홍색의 등껍질을 갖고 있으며, 폭보다 길이가 더 길고 짧은 털로 덮인 가로 융기가 있다. 이마뿔은 삼각형이고, 배는 흉곽 쪽으로 꺾이지 않고 배끼리 마주보는 구조로 휘어 접힌다. 새우붙이는 대서양과 지중해 40m 깊이의 암석 또는 자갈이 많은 바닥에 아주 많이 서식한다. 비스크를 만드는 데 주로 사용하며 랑구스킨(가시발새우) 대용으로 쓰이기도 한다.

GALETTE 갈레트 둥글고 납작한 형태의 케이크로 가장 오래된 파티스리 중 하나로 알려져 있다. 갈레트의 기원은 신석기시대로 올라가는데, 당시에는 곡식을 끓여 만든 걸쭉한 죽을 뜨거운 돌 위에 넓적하게 펴 구워먹었다고 한다. 오늘날에도 여전히 감자(얇게 썰거나 퓌레를 만들어 사용한다)나 귀리, 옥수수, 조 등의 곡류로 갈레트를 만들어 먹는다. 브르타뉴(Bretagne), 바스 노르망디(Basse-Normandie), 방데(Vendée) 지방에서 갈레트는 치즈, 달걀, 소시지, 구운 정어리 등으로 속을 채운 짭짤한 식사용 메밀 반죽 크레프를 뜻한다(**참조** CRÊPE) 더 특별한 의미로 갈레트는 브르타뉴의 특산물인 바삭한 버터 쿠키를 가리킨다. 이 밖에도 구움 과자나 바삭한 쿠키류를 부르는 용어로도 폭 넓게 사용된다. 원형 또는 가장자리가 톱니 모양으로 된 것도 있고 향도 다양하며, 속을 채운 것, 표면에 글라사주(특히 커피 또는 초콜릿)를 입힌 것 등 과자로서의 갈레트는 그 종류가 매우 다양하다.

또한 프랑스 북부 지역, 리옹, 파리 등지에서 주현절(Épiphanie)에 먹는 전통 페이스트리 케이크인 갈레트 데 루아(galette des Rois 왕의 케이크)를 지칭하기도 한다. 이 케이크는 주로 마지팬으로 속을 채워 만든다. 프랑스 남부 지역에서는 이와 비슷한 가토 데 루아를 만들어 먹으며 이날을 기념한다(**참조** GÂTEAU DES ROIS). 갈레트 안에 들어 있는 작은 콩 모양의 페브(fève)를 뽑는 사람이 하루 동안 왕이나 왕비 역할을 하는 풍습이 있다.

galette de pomme de terre 갈레트 드 폼 드 테르

감자 갈레트 : 200°C로 예열한 오븐에 알이 굵은 감자 6개를 40분 동안 익힌 뒤 속살을 파낸다. 파낸 감자 400g에 달걀노른자 4개를 하나씩 넣어 잘 섞은 뒤 소금 깎아서 1티스푼과 부드러워진 버터 150g을 넣고 혼합한다. 감자 반죽을 공처럼 둥그렇게 뭉쳐 굴려준 뒤 손바닥으로 납작하게 눌러준다. 다시 동그랗게 뭉치고 누르는 이 작업을 두 번 더 반복한다. 베이킹 팬에 버터를 바르고 반죽을 놓은 다음 납작하게 눌러 두께 4cm의 갈레트를 만든다. 표면에 칼끝으로 줄무늬를 그어 넣고 달걀물을 바른 뒤 220°C로 예열한 오븐에 굽는다.

장 뤽 푸조랑(JEAN-LUC POUJAURAN)의 레시피

galette des Rois 갈레트 데 루아

갈레트 데 루아 : 3절 접어밀기를 다섯 번 하여 만든 파트 푀유테 500g을 얇게 민 다음 갈레트 사이즈의 원형 시트를 두 장 잘라둔다. 한 장의 시트 가장자리 둘레를 따라 붓으로 달걀물을 바른다. 상온에서 부드러워진 버터 100g에 설탕 100g, 곱게 간 아몬드 100g, 달걀 2개, 액상 바닐라 몇 방울, 럼 1테이블스푼을 넣고 잘 섞는다. 여기에 크렘 파티시에 20mℓ을 첨가하고 잘 섞는다. 이 크림 혼합물을 갈레트 중심부에 펴 바르고 페브(fève)를 한 개 넣는다. 두 번째 원형 반죽으로 덮은 뒤 가장자리를 눌러 붙이고 포크나 핀처로 집어 빙 둘러가며 무늬를 내준다. 갈레트 표면에 붓으로 달걀물을 바른 후 냉장고에 넣어 1시간 동안 휴지시킨다. 190°C로 예열한 오븐에 25분간 구워낸다.

galettes bretonnes ▶ BISCUIT
galettes de sarrasin et petit épeautre fraîchement moulu aux carottes et poireaux ▶ SARRASIN

petites galettes orangines 프티트 갈레트 오랑진

오렌지 향의 미니 갈레트 : 체에 친 밀가루 250g을 작업대나 넓은 볼에 붓고 한가운데를 우묵하게 비운 다음 설탕 120g, 잘게 썬 버터 150g, 소금 1자밤, 강판에 간 오렌지 제스트 2개분, 달걀노른자 6개를 넣고 잘 섞는다. 반죽을 둥글게 뭉친 뒤 랩으로 싸 냉장고에 넣고 몇 시간 동안 휴지시킨다. 반죽을 5mm의 두께로 민 다음, 지름 5cm 크기의 주름 원형 쿠키 커터로 찍어낸다. 버터를 바른 베이킹 팬에 갈레트 반죽을 나란히 놓는다. 설탕 1자밤을 넣은 달걀물을 붓으로 발라준 다음 240°C로 예열한 오븐에 넣어 굽는다.

soupe au lait d'huître et galettes de sarrasin ▶ HUÎTRE

GALICIEN 갈리시엥 피스타치오 크림으로 속을 채우고 녹색 글라사주를 입힌 뒤 다진 피스타치오로 장식한 제누아즈 스펀지케이크. 19세기 초 인기 있던 파리의 레스토랑이자 도박 게임의 명소 카페 프라스카티(Frascati)에서 처음 선보인 케이크로 알려져 있다.

galicien 갈리시엥

피스타치오 스펀지케이크 : 피스타치오 200g의 껍질을 벗겨 다진다. 녹색 식용색소 3방울을 넣은 크렘 파티시에에 다진 피스타치오 분량의 반을 넣고 잘 섞은 뒤 따뜻한 온도로 식힌다. 버터 30g을 넣고 잘 섞어준다. 둥근 모양으로 구워낸 스펀지케이크를 가로로 세 겹으로 자른 뒤, 두 장에 피스타치오 크림을 발라 얹고 겹쳐 놓는다. 마지막 한 장의 스펀지를 맨 위에 덮어준다. 달걀흰자 3개분, 레몬즙 1개분, 슈거파우더 300g, 녹색 식용색소 3방울을 섞어 글라사주를 만든 뒤 케이크 전체를 씌워 발라준다. 남겨둔 다진 피스타치오를 뿌린 뒤 서빙할 때까지 냉장고에 보관한다.

GALLIANO 갈리아노 이탈리아 토스카나에서 1896년 처음 만들어진 아니스 향의 약초 리큐어. 수십 종의 허브, 꽃, 베리 열매, 뿌리(팔각, 라벤더, 바닐라 등)를 재료로 하여 만들어지며 노란색을 띤다. 알코올 도수는 30%Vol.이며 다양한 칵테일을 만드는 데 사용된다.

GAMAY 가메 흰색 즙을 가진 레드와인 양조용 포도품종으로 척박한 환경에서도 잘 자라며 번식력이 강하다. 주로 보졸레(Beaujolais), 부르고뉴(Bourgogne), 오베르뉴(Auvergne), 발 드 루아르(Val de Loire), 사부아 도피네(Savoie-Dauphiné) 지방에서 많이 재배된다. 이 품종은 미국, 브라질 그리고 호주의 풍토에도 잘 적응하여 재배되고 있다.

GAMMELOST 가멜로스트 가말로스트 치즈. 염소 또는 젖소의 탈지유로 만드는 노르웨이의 갈색 천연 외피 반경성치즈(지방 함량은 종류에 따라 다르다)로 황갈색을 띠고 있으며 군데군데 푸른곰팡이 맥이 퍼져 있다(**참조** p.396 외국 치즈 도표). 직육면체 또는 원통형 덩어리 형태로 무게는 2-3kg 정도이며 풍미가 강하고 냄새가 자극적이다.

GANACHE 가나슈 일반적으로 초콜릿과 생크림을 기본재료로 한 제과용 크림으로 다양한 디저트에 곁들이거나 케이크 또는 초콜릿 봉봉이나 사탕 등에 채워 넣기도 하며 프티푸르(작은 케이크나 쿠키들)를 만드는 데도 두루 사용한다. 초콜릿 제조업자들은 다양한 풍미의 초콜릿 봉봉을 만들기 위해 가나슈에 스파이스, 과일, 커피, 차 등을 첨가해 향을 내기도 한다.

ganache au chocolat 가나슈 오 쇼콜라

초콜릿 가나슈 : 가나슈 320g 분량, 준비: 10분, 조리: 약 2분

상온의 부드러운 버터 150g을 볼에 담는다. 버터가 완전히 크리미한 질감으로 부드러워질 때까지 포크로 잘 이긴다. 카카오 70% 다크초콜릿 160g 또는 밀크 초콜릿 180g을 빵 나이프로 잘게 다져 다른 볼에 담는다. 우유(전유) 110mℓ을 끓을 때까지 가열한 뒤 다진 초콜릿 중심부에 조금 부어준다. 나무 주걱으로 작은 동심원을 그리며 천천히 섞는다. 남은 우유를 조금씩 붓고 점점 더 큰 원 모양으로 계속 저으며 천천히 섞는다. 혼합물의 온도가 60°C 아래로 떨어지면 부드러워진 버터를 조금씩 떼어 넣으며 혼합한다. 너무 세게 휘젓지 말고 살살 섞어가며 혼합물의 부드럽고 녹진한 질감을 유지한다.

GAPERON 가프롱 가프롱 치즈. 오베르뉴 지방 리마뉴(Limagne, Puy-de-Dôme)의 몇몇 코뮌에서 생산되는 치즈로, 저지방 소젖과 10% 분량의 버터 밀크를 섞어서 만든다. 천연 외피를 지닌 비가열 연성치즈이며 ,외형은 지름 9cm 정도 크기의 약간 눌린 듯한 공 모양을 하고 있다. 마늘 또는 후추로 향을 내며, 풍미가 아주 강하다.

GARAM MASALA 가람 마살라 매운 향신료라는 뜻으로 인도 요리에 아주 많이 사용되는 향신료 믹스이다. 가람 마살라에는 일반적으로 카다멈, 커민, 정향, 계피, 육두구(껍질을 포함해 사용하기도 한다)이 들어간다. 하지만 기호에 따라 검은 통후추, 호로파 씨, 고수 씨 또는 회향 씨 등을 첨가하여 다양한 변화를 줄 수 있다. 각 재료의 향을 그대로 살리기 위해서는 사용하기 바로 직전에 가루로 빻아 혼합하는 것이 좋다. 가람 마살라는 언제나 아주 소량을 사용하며, 되도록 조리 마지막에 첨가한다.

GARBURE 가르뷔르 가르부르. 양배추를 비롯한 각종 채소와 거위(또는 오리) 콩피를 넣고 뭉근히 끓인 베아른(Béarn)식의 국물이 있는 스튜다. 옥수수를 넣은 가르부르인 브리스카(briscat) 등 넣는 재료에 따라 다양한 변화가 가능하다.

스테판 카라드(STÉPHANE CARRADE)의 레시피

garbure béarnaise 가르뷔르 베아르네즈

베아른식 가르부르 : 8인분

베아른산 납작한 흰 강낭콩(옥수수 강낭콩(haricots maïs)이라고 부른다) 500g을 찬물에 담가 12시간 동안 불린다. 감자 800g, 당근 200g, 파 200g, 순무 100g, 양파 큰 것 1개의 껍질을 벗겨 씻는다. 모두 큼직하게 깍둑 썰어 오리 기름을 약간 두른 냄비에 강낭콩과 함께 넣는다. 수분이 나오고 색이 나지 않게 볶다가 찬물 3.5ℓ를 붓는다. 뼈가 붙은 돼지 넓적다리 햄(camoc) 1덩어리, 부케가르니(타임, 월계수, 파슬리 줄기, 신선한 오레가노) 1개, 꼭지를 떼어내고 씨를 털어낸 뒤 말린 에스플레트 고추 1개를 넣어준다. 한소끔 끓여 거품을 걷어낸 다음 뚜껑을 덮고 약하게 끓는 상태로 1시간 동안 뭉근히 익힌다. 그동안 잠두콩 500g과 생완두콩 500g의 깍지를 깐다. 사보이 양배추의 단단한 심지를 제거하고 맨 바깥쪽 잎들은 떼어낸 다음 씻어서 세로로 등분한다. 냄비의 스튜를 1시간 끓인 뒤 양배추를 넣고 소금, 후추로 간한다. 45분 동안 더 끓인다. 마지막에 오리 콩피 윗날개봉 8

개, 완두콩과 잠두콩을 넣는다. 오리 기름 30g을 넣어 국물에 걸쭉한 풍미를 더한다. 마늘 3톨, 다진 파슬리 1/2단을 넣은 뒤 잘 저어 섞고 간을 맞춘다. 아주 뜨겁게 준비한 수프 서빙용 그릇에 담아낸다. 굳은 빵을 슬라이스한 다음 마늘을 문지르고 오리 기름을 발라 살짝 구워 접시에 하나씩 놓는다. 그 위에 뜨거운 스튜를 덜어 먹는다.

GARDE-MANGER 가르드 망제 나무 골조로 만들어진 케이지 형태의 가벼운 이동식 찬장으로 철망이나 플라스틱으로 된 모기장 망으로 둘러져 있어 공기가 잘 통하고 파리나 다른 곤충들로부터 음식을 안전하게 보관할 수 있다. 가르드 망제는 대부분 손잡이가 달려 있으며 예전에는 지하 창고나 주방 바깥쪽 창문 밑 서늘한 곳에 매달아 두었다. 아직도 치즈 보관용으로 종종 사용된다. 또한 중세부터 18세기까지 식량을 비축하는 서늘하고 바람이 잘 통하는 장소 역시 가르드 망제라 불렀다. 레스토랑이나 전문 주방에서 가르드 망제는 상하기 쉬운 식품들(생선, 고기, 샤퀴트리, 채소, 유제품 등)을 냉장 보관하는 장소를 지칭하며, 이곳에서 정육의 정형, 생선 손질, 테린 만들기 등 모든 날 식재료의 기본 손질 및 준비 작업이 이루어진다. 이외에 샐러드, 오르되브르, 훈제연어 등 차갑게 내는 다른 요리들도 이 파트에서 준비와 플레이팅을 담당한다.

GARDON 가르동 로치. 주로 풀이 무성한 민물에 서식하는 잉어과의 작은 물고기(**참조** p.672, 673의 민물생선 도표). 길이가 최대 30cm까지 자라며, 등은 녹색 빛을 띤 갈색이며 배는 은색이다. 주로 튀겨 먹으며 맛은 모샘치(goujon)와 비슷하다.

GARGOULETTE 가르굴레트 물 항아리. 다공질의 토기로 된 물 항아리로 수분 증발을 통해 물을 시원하게 보관할 수 있다. 대개 손잡이가 달려 있으며 물을 따르는 주둥이가 삐죽하게 나와 있어 입술을 대지 않고 입에 부어 마실 수도 있다.

GARIN (GEORGES) 조르쥬 가랭 프랑스 요리사(1912, Nuits-Saint-Georges 출생–1979, Solliès-Toucas 타계). 1961년 고향 부르고뉴를 떠나 파리에 입성한 그는 라그랑주가(rue Lagrange)에 자신의 이름을 딴 식당을 열었고, 이후 미슐랭 가이드의 별 두 개를 획득하며 승승장구한다. 후학 양성에도 열정을 아끼지 않았던 이 요리 명장은 (그의 제자 중 제라르 베송 Gérard Besson이 가장 유명하다) 채소 시포나드를 곁들이거나 포트와인에 데친 랍스터, 송어 수플레, 송로버섯을 넣은 에그 스크램블, 포도를 곁들인 송아지 간, 뫼르소 와인에 찐 닭 요리 등을 선보이며 미식가들의 입맛을 사로잡았다. 철학자이자 작가인 쿠르틴은 '검은색보다 흰색이 더 많은 동방박사 같은 수염, 무언가 신비하고 비밀스러운 목소리에 귀를 기울이듯 약간 갸우뚱한 커다란 머리, 조용하고 은밀하며 무거우리만치 부드러운 목소리, 마음을 평온하게 어루만지는 손... 교회나 성당에 가면 만나볼 수 있는 성인들의 석상과도 비슷한 느낌이다. 지상에 가까이 있지만 눈에는 하늘이 담겨 있다'라고 가랭을 묘사했다. 이 전형적인 현자는 파리 생활을 청산하고 남쪽으로 내려가 솔리에스 투카스(Solliès-Toucas)에 레스토랑 르 랭구스토(Le Lingousto)를 열고 프로방스의 햇살 아래에서 요리 인생을 완성했다.

GARLIN (GUSTAVE) 귀스타브 가를랭 '부르주아 가정'의 요리사(1838, Tonnerre 출생–1923 타계). 1887년에 요리 기본서『현대의 요리사 또는 요리법의 비밀(*le Cuisinier moderne ou les Secrets de l'art culinaire*)』를 출간하였으며 1891년에는 파리의 보나파르트가(rue Bonaparte)에 최초로 문을 연 요리 전문학교의 창립 멤버가 되었다.

GARNITURE 가르니튀르 가니시. 주 요리에 곁들여 내는 음식을 뜻하며 이것은 단일 재료로만 이루어지거나 혹은 여러 요소를 혼합해 만들기도 한다. 곁들임 음식은 언제나 주가 되는 요리에 따라 결정되며 경우에 따라 소스와 함께 만들어지기도 한다. 단일 가니시(garniture simple)는 한 가지 재료만으로 만들어지며 일반적으로 브레이징, 소테, 버터나 크림에 조리하는 채소, 쌀, 파스타나 면류가 주를 이룬다. 혼합 가니시(garniture composée)는 여러 재료들을 조합해 만든다. 여기에는 다양하게 조리한 버섯, 베이컨 라르동, 신선 채소, 방울양파 등 클래식 요리에 많이 등장하는 기본 가니시뿐 아니라 닭의 볏, 각종 재료를 얹은 오픈 샌드위치의 일종인 크루스타드, 크루통, '희귀한' 채소들, 크넬, 민물가재 살, 송로버섯 등 공이 많이 드는 섬세한 음식들이 모두 포함된다. 또한 여러 가지 재료를 잘게 깍둑 썰어 만든 살피콩(버섯, 크넬, 송아지 흉선, 가금류)을 익힌 뒤 소스에 걸쭉하게 섞어 되직한 스튜처럼 만든 것도 가니시로 활용도가 높다. 주로 바르케트(barquette) 또는 페이스트리 볼로방의 일종인 부셰(bouchée)에 채워 넣거나 카솔레트(cassolette)의 재료로 사용한다. 같은 고기나 생선 요리라 할지라도 곁들이는 가니시에 따라 그 요리는 여러 가지 다채로운 모습으로 새로 태어난다고 해도 과언이 아니다. 곁들임 음식의 종류나 서빙 방법, 명칭 등은 매우 다양하다. 부아쟁(Voisin), 쇼롱(Choron), 푸아요(Foyot), 라기피에르(Laguipière)처럼 요리를 처음 만들어 선보인 (지금은 고인이 된) 유명 셰프들의 이름을 따기도 하고, 카부르(Cavour), 콩데(Condé), 뒤바리(Du Barry), 로시니(Rossini), 탈레랑(Talleyrand) 등 헌정한 역사적 인물의 이름이나, 앙베르(anversoise), 아르장퇴이(Argenteuil), 보르도(bordelaise), 클라마르(Clamart), 낭튀아(Nantua), 페리괴(Périgueux)처럼 사용된 주재료가 생산되는 도시나 지역의 이름을 따기도 한다. 또한 그랑 브뇌르(grand veneur), 바틀리에르(batelière), 코모도르(commodore) 등 함께 내는 주요리를 연상시키거나 부크티에르(bouquetière), 자르디니에르(jardinière) 같이 모양, 플레이팅 방식 등을 암시하는 이름을 가진 가니시 등으로 분류할 수 있다.

GARNITURE AROMATIQUE 가니튀르 아로마티크 향신 재료. 요리에 더욱 풍부한 맛과 향을 내기 위한 목적으로 넣는 향신 재료로 주로 채소, 허브 등의 향료, 스파이스 등의 양념으로 구성되며 특히 장시간 익히는 요리에 넣으면 더욱 효과가 좋다. 요리에 따라 마늘, 주니퍼베리(노간주나무 열매), 부케가르니, 당근, 셀러리, 양파(정향을 박기도 한다), 리크(서양 대파), 파슬리 줄기 등을 넣어준다. 대부분의 경우 먹기 전 요리에서 건져낸다.

GARUM 가룸 고대 로마인들이 널리 애용하던 양념으로 생선의 내장과 살덩어리에 향신 허브를 넣고 소금에 절여 만든 액젓의 일종이다. 맛과 향과 매우 강한 가룸은 수많은 요리 레시피에 등장하며, 테이블 위에 비치해 놓고 뿌려 먹는 양념으로도 사용되었다.

GASCOGNE 가스코뉴 프랑스의 가스코뉴 지방. 가스코뉴의 요리는 버터보다는 거위 기름, 돼지 기름 또는 식용유를 주로 사용하며, 샬롯과 향신료 특히 마늘로 맛을 내는 음식들이 많다. 풍미가 훌륭하면서도 과하지 않은 특징을 갖고 있는 가스코뉴의 전통 요리들은 지역에서 생산되는 와인과 아주 잘 어울리며, 다양한 지역 특산 식재료들을 활용한 레시피를 선보이고 있다. 마르망드(Marmande)의 토마토, 무아삭(Moissac)의 샤슬라 청포도, 제르스(Gers)의 토종 샤퐁(거세 수탉), 몽토방(Montauban)의 멜론, 사과, 배, 렌 클로드 자두 등이 대표적이며, 특히 아쟁(Agen)의 프룬은 널리 유명세를 떨치고 있다. 검은색의 주름이 쪼글쪼글한 이 건자두는 오븐에서 말려 그 향을 그대로 보존하고 있다. 프룬은 베이컨으로 말아 구워 애피타이저로 서빙하거나 홍차나 럼, 디플로마트(오렌지 브랜디) 등에 담가 절여 디저트로 즐기기도 한다. 뿐만 아니라 어린 토끼고기 같은 육류 요리에 넣어도 아주 잘 어울린다. 옥수수를 먹인 거위와 오리들은 이 지방의 자랑이다. 오븐에 로스트하거나 프룬과 아르마냑을 넣은 아쟁식 오리 요리(canard à l'agenaise)처럼 오래 뭉근히 익히기도 한다. 푸아그라는 테린 또는 토르숑(면포에 싼 뒤 육수에 담가 익힌다) 방식으로 익히고 포도와 송로버섯을 곁들인다. 또는 이 지방의 AOC 화이트와인인 파슈렝크 뒤 빅 빌(pacherenc-du-vic-bilh) 와인을 넣고 조리하기도 하는데, 특별히 더운 것을 선호하는 경우를 제외하고는 대부분 차가운 상태로 도톰하게 슬라이스한 다음 과일을 곁들여 먹는다. 주로 콩피로 조리해 저장해두고 먹는 오리나 거위의 다리나 윗날개(봉) 등의 부위는 프라이팬에 놓고 약한 불로 천천히 가열해 노릇하게 지지거나 각종 계절 채소를 넣고 끓이는 가르부르 스튜에 넣어 풍미를 더하는 데 사용된다. 깃털 달린 수렵육 조류는 그 숫자가 점점 줄어들어 귀해지고 있지만 이 지역에서 사냥은 의식으로 남아 있다. 멧도요나 숲 비둘기는 아직도 로스트하거나 살미(salmis, 구운 새고기를 그 육즙 소스에 조리한 스튜)로 요리해 먹는다.

■ **수프와 채소.**

● **TOURIN, ESCAUTON, CHAUDEAU, COUSINAT, OUILLAT 투랭, 에스코통, 쇼도, 쿠지나, 우이아.** 대부분의 가스코뉴 수프들은 공통적으로 물, 거위 기름(혹은 돼지비계), 마늘, 양파를 주재료로 한다. 여기에 달걀 1개(흰자를 먼저 넣고 이어서 노른자를 넣는다)와 식초 한 스푼을 넣어 만든 것이 투랭이며(tourrin이나 touri라고도 한다) 경우에 따라 토마토를 넣어 색을 내기도 한다. 빵을 넣어 농도를 걸쭉하게 만들어 먹거나 서빙 시 그릇에 크루

통 빵을 먼저 담고 그 위에 수프를 부어 먹기도 한다. 에스코통은 이 지역에서 생산되는 햄과 각종 텃밭 채소, 향신 허브 등을 넣고 끓인 기름지고 푸짐한 수프다. 쇼도는 닭 육수와 화이트와인에 계피, 정향, 후추를 넣고 끓인 뒤 설탕을 넣고 풀어둔 달걀노른자에 부어 먹는다. 쿠지나(또는 쿠지네트)는 근대와 당근을 넣고 향신료로 은은하게 향을 낸 뒤 뭉근하게 끓인 채소 수프, 우이아는 양파 수프다. 수프의 재료로는 양배추뿐 아니라 단호박이나 잠두콩, 토마토도 많이 사용된다. 가스코뉴 사람들은 마늘을 무척 좋아해 마치 일반 채소처럼 사용한다. 양의 넓적다리 요리에 마늘을 껍질째 넣어 향을 내거나 마늘 퓌레를 곁들이기도 한다. 가스코뉴식의 채소 요리는 주로 얇게 썬 양파를 넣고 거위 기름에 튀기듯이 볶은 것들이 많다. 흰 강낭콩은 카술레(cassoulet), 에스투파(estouffat)에 반드시 들어가는 중요한 재료이며 수프와 샐러드에도 많이 넣어 먹는다.

■ **생선과 달팽이.**

● **건자두를 곁들인 장어요리, 달팽이 스튜.** 가스코뉴 사람들은 생선을 전채요리로 많이 서빙한다. 강꼬치고기는 그 크기에 따라 쿠르 부이용(court-bouillon)에 익히기도 하고 기름에 튀기거나 에스카베슈(escabèche)로 차갑게 내기도 한다. 아두르(l'Adour)강의 생연어나 훈제연어는 특별한 진미로 꼽힌다. 장어는 마늘과 레드와인을 넣어 요리하며 때때로 건자두를 넣고 마틀로트(matelote 레드와인과 양파를 넣어 끓인 생선 스튜의 일종)를 만들기도 한다. 가스코뉴의 회색 달팽이 프티 그리(petit gris)는 향신료와 이 지역 생산 햄, 화이트와인, 아르마냑 등을 넣고 뭉근히 익혀 스튜를 만들어 먹는다.

■ **육류와 가금류.** 양배추를 곁들인 돼지고기 콩피, 마디랑(madiran) 레드와인을 넣은 양 정강이 찜, 포치니 버섯을 넣은 소고기 포피에트, 가스코뉴식 송아지 내장 요리(송아지 뒷다리 살과 함께 넣고 장시간 뭉근하게 익힌다), 베아른식 앙두이유와 부댕, 또는 레드와인을 넣은 소고기 찜, 아르마냑을 넣은 산토끼 스튜, 가스코나드(gasconnade, 안초비를 박아 넣고 마늘로 향을 내어 오븐에 익힌 양 넓적다리 로스트), 단맛이 나는 길쭉한 모양의 재래종인 트레봉(Trébons) 산 양파를 넣은 닭 요리, 베아른식 닭백숙 등의 요리는 가스코뉴 지방의 전통을 이어오는 대표적인 클래식 메뉴들이다.

● **내장 및 부속 : ALICOT, TRESCAT, GALUTRES 알리코, 트레사, 갈뤼트르.** 가스코뉴 사람들은 내장과 부속을 무척 사랑한다. 가금류 염통을 꼬치에 꿰어 구워낸 뒤 닭 모래주머니 콩피 샐러드나 속을 채운 거위 목 요리에 곁들여 먹기도 하고, 거위나 오리의 몸통뼈나 자투리를 숯불에 구워먹기도 한다. 가금류를 손질하고 남은 목, 날개 끝, 내장 등의 자투리로 끓인 스튜인 알리코는 가스코뉴와 랑그독 지방의 특선 향토요리다. 트레사는 양의 곱창을 꼬아 익힌 뒤 달걀노른자를 넣어 걸쭉하게 만든 요리로 프랑스 남서부 지방 전역에서 쉽게 접할 수 있다('엮다'라는 의미의 트레세 tresser에서 그 이름이 유래했다). 한편 양곱창에 방울양파를 넣고 뭉근히 익힌 스튜의 일종인 갈뤼트르는 주로 타르브(Tarbes) 지방에서 즐겨 먹는 특선 요리다.

● **달걀 : 가스코뉴식 달걀 프라이, MASSACANAT 마사카나.** 달걀은 이 지역에서 생산되는 다른 식재료와도 잘 어울려 요리에 많이 활용된다. 페장삭(Vic-Fezensac) 소시지에 서니 사이드 업 달걀프라이를 곁들이고, 생햄, 토마토, 가지를 곁들인 가스코뉴식 달걀 프라이튀김, 푸아그라나 잘게 썰어 바삭하게 튀겨낸 오리(또는 거위) 껍질을 넣은 오믈렛 등을 만들기도 한다. 비고르(Bigorre) 지방에서 전통적으로 부활절 아침에 먹는 음식인 마사카나는 잘게 깍둑썰어 양파, 파슬리와 함께 노릇하게 튀기듯 볶은 송아지 고기를 넣은 오믈렛이다.

■ **치즈와 디저트.**

이 지역은 염소젖 숙성치즈인 다양한 종류의 카베쿠(cabécou)와 로카마두르(rocamadour), 그리고 산양젖으로 만드는 몇몇 경성치즈(오소 이라티 ossau-iraty-brebis-pyrenées AOC 치즈와 그 계열 파생 치즈 몇 가지)를 제외하고는 치즈 생산이 미미한 편이다.

● **PASTIS GASCON 파스티스 가스콩, 가스코뉴식 애플파이.** 가스코뉴를 대표하는 디저트인 파스티스 가스콩은 얇게 썬 사과를 아르마냑에 담가 절인 뒤 푀유테 반죽 시트에 넣고 오븐에 구운 애플파이의 일종으로, 오븐에서 꺼내는 즉시 아르마냑을 뿌려 향을 한층 더해준다. 그 외에 프랑지판 아몬드 크림과 건자두를 채워 넣은 아쟁식 갈레트(GALETTE AGENAISE), 얇은 옥수수 갈레트인 크뤼샤드(CRUCHADE), 제르스의 바삭한 페이스트리 과자인 푀이양틴(FEUILLANTINES DU GERS), 아르마냑에 절인 과일, 건자두 크림으로 속을 채운 프룬 등도 이 지역의 특선 디저트다. 베아른(BÉARN)에서는 이 지역의 묵직하고 독한 와인을 곁들여 요리를 먹은 뒤 브루아(BROYE, 옥수수 갈레트), 미야(MILLAS, 옥수수 가루와 아몬드를 넣은 플랑의 일종), 건자두를 넣은 갈레트(GALETTES AUX PRUNEAUX), 거위 기름으로 만든 푀유테 등의 든든한 디저트로 식사를 마무리한다.

■ **와인과 아르마냑.** 아주 오래전부터 재배해온 토종 포도품종으로 만드는 가스코뉴의 와인은 개성이 강하고 이들만의 고유한 특징을 지니고 있다. 알코올과 타닌 함량이 높고 바디감이 견고한 레드와인 마디랑(madiran), 열대과일, 아몬드, 헤이즐넛 아로마를 지닌 화이트와인 파슈렝크 뒤 빅 빌(pacherenc-du-vic-bilh) 이외에도 튀르상(tursan), 뷔제(buzet) 또는 코트 뒤 마르망데(côtes-du-marmandais) 와인들을 대표로 꼽을 수 있다. 또한 제르스(Gers) 지방 동쪽으로 펼쳐진 포도밭에서 만들어지는 오드비(eau-de-vie)인 아르마냑도 빼놓을 수 없다.

GASPACHO 가스파초 차갑게 먹는 스페인식 수프. 오이, 토마토, 양파, 피망, 빵의 속살 등의 기본재료에 올리브오일과 마늘을 넣고 맛을 낸다. 가스파초(gazpacho라고도 표기한다)는 전통적으로 특별한 맛을 더해주는 토기에 담아 서빙하며 세비야가 그 원조이지만, 지역에 따라 조금씩 변형된 다양한 레시피가 존재한다. 헤레스(Jerez)에서는 생양파를 둥글게 슬라이스해 넣어주며, 커민과 바질로 향을 내는 세고비아(Segovia)식 가스파초는 마요네즈 베이스의 에멀전 소스를 만든 뒤 재료를 넣고 갈아 만든다.

> 알리스 토클라(ALICE TOKLAS)의 레시피 『요리책(*LIVRE DE CUISINE*)』(ED. DE MINUIT 출판)에 수록
>
> ***gaspacho de Séville*** 가스파초 드 세비유
>
> **세비야의 가스파초 :** 찧은 마늘 4톨, 소금 1티스푼, 그라인더로 간 후추 1/2 티스푼, 껍질을 벗긴 뒤 으깬 중간 크기 토마토 2개의 과육을 볼에 넣고 잘 섞은 뒤 올리브오일 4테이블스푼을 한 방울씩 넣는다. 이어서 티슈의 두께만큼이나 얇게 썬 스페인 양파(단맛이 나는 재래종 양파) 1개, 씨를 제거하고 주사위 모양으로 썬 청피망 또는 홍피망 1개, 껍질을 벗긴 뒤 씨를 긁어내고 주사위 깍둑 썬 오이 1개, 빵 속살 뜯은 것 4 테이블스푼을 넣어준다. 물 3잔을 넣고 잘 섞는다. 아주 차게 서빙한다.

GASTRIQUE 가스트리크 식초에 설탕이나 꿀을 넣고 가열해 캐러멜 색이 날 때까지 졸인 뒤 액체(물, 와인, 육수, 등)를 넣어 익히기를 중단하고 희석한 것이다. 주로 과일이 들어간 요리(오렌지를 넣은 오리고기 등)에 사용되는 더운 소스를 만들 때 사용한다.

GASTRONOME (À LA) 아 라 가스트로놈 속을 채운 뒤 팬에 지져 익힌 가금류 또는 팬에 익힌 송아지 흉선 요리에, 데쳐 익힌 작은 송로버섯, 버터에 익힌 밤과 모렐 버섯을 곁들이고 수탉의 볏과 콩팥을 얹어 장식한 요리를 지칭한다. 소스는 주재료를 익힌 팬에 샴페인을 부어 디글레이즈한 다음 송로버섯 에센스로 향을 낸 데미글라스를 넣어 만든다. 이 명칭은 또한 코르크 병마개 모양으로 썬 감자를 버터에 소테한 뒤 글라스 드 비앙드(glace de viande) 농축 육즙에 슬쩍 졸이듯 굴려서 송로버섯을 곁들여 낸 것을 뜻하기도 한다.

GASTRONOMIE 가스트로노미 미식. 맛있는 음식을 먹는 것과 관련된 예술, 기술. 19세기 말 미식 작가 샤를 몽슬레(Charles Monselet)는 미식을 '어떠한 상황에서도, 어떠한 나이의 사람들이라도 모두 느낄 수 있는 즐거움'이라 정의했다. 가스트로노미라는 단어는 조제프 베르슈(Joseph Berchoux)의 저서 『가스트로노미 또는 식탁의 농부(*la Gastronomie ou l'Homme des champs à table*)』가 출간된 1801년부터 회자되며 유행하기 시작했다. 그로부터 2년 뒤에는 크로즈 마냥(Croze Magnan)의 『파리의 미식가(*le Gastronome à Paris*)』가 출간되었다. 1835년 가스트로노미라는 단어는 아카데미 프랑세즈 사전에 등재되면서 공식적으로 인정 받았다. 하지만 이미 16세기에 라블레는 자신의 책 『팡타그뤼엘 제4서(*le Quart Livre*)』에 대식가들로부터 존경받는 '가스테르 나리(messire Gaster)'를 등장시킨 바 있다. 한편 미식을 언어적으로 가장 잘 표현한 것은 미식 아카데미의 설립자이며 미식계의 황태자라고 불렸던 퀴르농스키(Curnonsky)였다. 그는 지역 특산 향토음식 찾아 여행하는 미식 애호가들을 가리키는

가스트로노마드(gastronomade, 미식 유목민이라는 의미)라는 용어를 만들어냈다. 진정한 미식가는 조리 예술이 보여줄 수 있는 가장 정제된 음식을 존중하면서 언제나 너무 과하지 않게 절제하며 소비한다. 그들은 평소에도 늘 가장 단순하지만 완성도에 있어서는 가장 도달하기 어려운 음식들을 추구한다. 장 프랑수아 르벨(Jean-Francois Revel)은 자신의 책『언어의 향연(*Un festin en paroles*)』에서 다음과 같이 말하고 있다. "미식가는 탐구자인 동시에 겁쟁이다. 그들이 탐색하는 태도는 매우 소심하다. 시간의 반은 과거에 만족했던 순간을 회상하는 데, 나머지 반은 미래에 닥쳐올 가능한 일들을 회의적으로 예측하는 데 보낼 뿐이다[...] 고대인과 현대인의 끝없는 논쟁이 있을 때, 그리고 능력과 부유함을 겸비하여 이 논쟁을 중재할 만한 역량을 갖춘 대중이 있을 때 가스트로노미는 존재한다."

GASTRONOMIE MOLÉCULAIRE 가스트로노미 몰레퀼레르 분자 미식학. 요리 활동에는 예술적 구성요소와 기술적 구성요소가 있어야 하며 이는 행복을 안겨주어야 한다고 주장하는 에르베 티스(Hervé This)와 니콜라 퀴르티(Nicholas Kurti)가 1988년 처음 소개한 학문 분야로 특히 화학과 물리의 관점에서 미식을 다루고 있다. 이 학문으로부터 여러 갈래의 분야가 생겨났는데, 그중 분자요리(cuisine moléculaire)는 과학 실험실에서 다루는 재료와 방법을 사용한다. 예를 들어, 달걀을 넣지 않은 초콜릿 무스인 초콜릿 샹티이 크림은 휘핑을 통한 에멀전(유화물)의 팽창을 반영한 것이고, 액체질소는 매우 고운 조직의 아이스크림과 소르베를 만들어주며, 탄산가스를 사용한 사이펀은 에스푸마와 무스를 만들어준다.

에르베 티스(HERVÉ THIS)의 레시피

chocolat Chantilly 쇼콜라 샹티이

초콜릿 샹티이 크림 : 냄비에 액체(물, 커피, 차 또는 오렌지 주스) 200g과 판 초콜릿 225g을 넣는다. 초콜릿이 녹아 액체와 유화되어 섞일 때까지 천천히 가열한다. 냄비를 얼음이나 차가운 물 위에 올린 다음 거품기로 저어 휘핑한다. 혼합물의 색이 연해지거나 거품기 자국이 흔적을 남기는 상태가 되면 휘젓기를 멈춘다. 농도는 휘핑한 크림과 동일하다.

GÂTEAU 가토 케이크. 반죽 또는 다양한 재료 혼합물(구운 후에 추가로 넣는 재료 포함)을 구워 익힌 달콤한 맛의 파티스리인 케이크류를 통칭하는 용어다. 모든 케이크는 각각 고유의 특징을 갖고 있으며 만드는 방법이나 사용하는 틀에 따라 형태도 다양하다. 기본이 되는 반죽과 혼합물은 가짓수가 그리 많지 않지만 케이크의 모양, 크기, 재료의 성질, 데커레이션 등에 변화를 주면 종류가 무한대로 다양해진다.

■ **역사.** 초창기의 케이크는 밀가루와 물로 만든 단순한 갈레트였고 여기에 점차 꿀, 씨앗, 달걀, 향신료, 버터, 크림, 우유 등을 섞어 넣게 되었다. 최근 무렵까지 시골에서는 케이크는 개량 빵 반죽(pâte à pain amélioré)에 각종 재료를 더해 만들었으며, 이를 통해 브리오슈(brioches), 폰뉴(pognes), 쿠크(couques), 푸아스(fouaces) 그리고 다양한 크라미크(cramiques)가 탄생하였다. 고대에는 오늘날의 와플처럼 두 장의 철판 사이에 반죽을 넣어 구웠으며, 프로마주 블랑을 베이스로 한 케이크도 만들었다. 중세의 케이크는 아직도 꽤 투박한 형태를 하고 있었지만 그 종류는 점점 다양해졌다. 가장 많이 만들어 먹었던 종류로는 도넛의 일종인 베녜(beignets), 카스 뮈조(casse-museaux), 다리올(darioles), 에쇼데(échaudés), 니욀(nieules), 우블리(oublies), 탈무즈(talmouses), 그리고 타르트(tartes) 등을 꼽을 수 있다. 곧이어 동업조합을 결성한 제과사들은 새로운 파티스리를 선보이는 창작자의 위상을 갖게 되었다. 특히 르네상스 시대에는 카트린 드 메디치가 프랑스 궁정에 데리고 온 이탈리아 요리사들의 영향을 많이 받았다. 브리오슈, 푀유타주, 오래 보존이 가능한 구움 과자류인 가토 드 부아야주(gateaux de voyage)뿐 아니라 부드러운 스펀지케이크인 비스퀴 무슬린(biscuits mousseline), 머랭(meringues) 그리고 무엇보다 장식적인 특성이 강한 거대한 피에스 몽테(pièce montée) 등이 대거 선을 보인 것도 바로 이 시기였다. 특히 18세기와 19세기에는 제과사들이 왕실 가족이나 황태자 또는 상류층 가문을 위해 일을 하는 경우가 늘어나면서 케이크는 우아함과 기발한 재능이 발현되는 걸작품으로 거듭났다.

■ **전통 레시피와 세계의 케이크.** 케이크 중 다수는 종교적 축일(성탄절, 부활절, 주현절, 성촉절)과 관련 있으며, 일종의 의식이나 상징적인 특징을 지닌다. 또한 예로부터 세례, 생일, 결혼 또는 단순히 일요일 가족 식사 등 일반적인 가정의 대소사에서도 케이크를 맛볼 수 있었다. 시골에서는 케이크가 일상생활의 일부로 여겨진다. 저녁식사를 마친 후나 모임에서도 케이크를 즐겨 먹으며, 장날 또는 농작물 타작으로 사람들이 모여 일하는 날에도 어김없이 케이크가 등장한다. 바클라바, 린처토르테, 파네토네, 푸딩, 슈트루델, 바트루슈카 등의 몇몇 외국 케이크는 프랑스에서도 인기가 많다. 장 폴 사르트르는 이러한 외국의 케이크를 각 나라별로 의인화한 놀라운 비유를 늘어놓았다. "케이크는 사람과 같다. 그것들은 얼굴을 닮았다. 스페인의 케이크는 허풍선이 인상을 풍기는 금욕주의자 같이 생겼으며 이로 씹으면 산산이 바스러져 내린다. 그리스의 케이크는 작은 등잔불처럼 기름져 꾹 누르면 기름이 뚝뚝 떨어질 정도다. 독일의 케이크는 면도용 크림처럼 부드러움이 넘친다. 이것은 뚱뚱하고 나긋나긋한 남자들이 맛과는 상관없이 그저 단것을 입안에 채워 넣기 위해 마구 먹을 수 있도록 만들어진 케이크다. 이탈리아의 케이크는 잔인하리만큼 완벽하다. 아주 자그마하고 명확하게 딱 떨어지며 프티푸르보다 겨우 조금 더 통통한 모습을 하고 있는 이 케이크들은 반짝반짝 존재감을 발산한다. 강렬하고 요란한 색들을 보면 먹고 싶다는 욕망은 사라지고 핸드페인팅 도자기처럼 콘솔 테이블 위에 모셔두면 어떨까라는 생각이 든다.",『낯선 느낌(*Dépaysement*)』(Gallimard 출판) 중에서.

■ **다양한 사이즈의 케이크.** 케이크는 일인용 또는 조각 케이크와 홀 사이즈로 나뉜다. 케이크의 명칭은 주로 처음 레시피를 개발한 사람이나 이를 헌정한 사람의 이름을 붙이거나 원조가 되는 지리적 명칭을 연상시키는 이름을 붙이는 경우가 많다. 하지만 점점 상상력을 동원한 멋진 이름이나 제조 방식과 연관된 용어의 사용이 늘어가는 추세다. 가토 섹(gâteaux secs)이라 불리는 구움과자류에는 프티푸르, 비스킷 등의 바삭한 과자류, 작은 갈레트 쿠키 등이 포함되며, 티타임에 함께 서빙하거나 아이스크림에 곁들이기도 한다. 또한 가토라는 명칭은 요리에서도 쓰인다. 곱게 간 채소 퓌레나 잘게 다진 다양한 재료들을 틀에 넣고 중탕으로 익힌 것을 지칭하며, 이들은 대개 애피타이저로 서빙되거나 주 요리의 가니시로 사용된다(닭 간, 당근, 콜리플라워로 만든 가토 등). 이는 요리에서 팽(pains)이라는 명칭으로도 불리는 채소 테린류(pains de légumes)에 해당한다(**참조** PAINS).

gâteau alcazar 가토 알카자르

알카자르 케이크 : 파트 쉬크레(타르트 시트 반죽) 250g을 밀어 편 다음 가장자리 둘레가 높은 원형 케이크틀 바닥과 안쪽 벽에 깐다. 바닥을 포크로 고루 찔러준 다음 살구잼 2테이블스푼을 바른다. 약한 불 위에 볼을 중탕으로 올린 뒤 달걀흰자 4개를 넣고 휘저으며 거품을 낸다. 설탕 125g을 조금씩 넣어가며 거품을 올린 뒤 아몬드 가루 60g, 밀가루 60g, 키르슈 1/2잔과 섞은 녹인 버터 25g을 넣고 잘 섞는다. 혼합물을 틀에 부은 뒤 200°C로 예열한 오븐에 넣고 윗면이 노릇해질 때까지 굽는다. 틀에서 분리한 다음 망 위에 얹어 식힌다. 아몬드 페이스트를 색이 연해질 때까지 주걱으로 잘 저어 부드럽게 풀어준 다음 별 모양 깍지를 끼운 짤주머니에 채워 넣는다. 케이크 윗면에 마름모꼴의 격자무늬로 선을 짜 얹고 가장자리 테두리도 둘러준다. 다시 오븐에 잠깐 넣어 장식으로 얹은 부분을 노릇하게 구워낸다. 살구잼 400g을 약한 불에서 졸인 다음 마름모꼴 빈칸에 발라 채운다. 반으로 쪼갠 피스타치오를 각 마름모 중앙에 하나씩 얹어 완성한다.

gâteau Alexandra 가토 알렉상드라

알렉산드라 케이크 : 바닥이 두꺼운 작은 냄비에 초콜릿 100g과 물 1테이블스푼을 넣고 가열해 녹인다. 볼에 달걀노른자 3개, 달걀 1개, 설탕 125g을 넣고 색이 연해질 때까지 거품기로 잘 저어 섞는다. 아몬드 가루 75g, 녹인 초콜릿, 밀가루 20g, 전분 80g을 넣고 잘 섞는다. 다른 볼에 달걀흰자 3개 분량과 소금 한 자밤을 넣고 아주 단단하게 거품을 올린 다음 반죽에 넣고 살살 섞는다. 녹인 버터 75g을 넣는다. 버터를 바르고 밀가루를 묻혀둔 사방 18cm 정사각형 틀에 반죽을 붓고 180°C로 예열한 오븐에 넣어 50분간 굽는다. 꺼내 식힌다. 살구잼 200g을 케이크 표면에 발라준 다음 냉장고에 10분간 넣어둔다. 초콜릿 80g에 물 2테이블스푼을 넣고 가열해 녹인다. 다른 냄비에 퐁당슈거 아이싱 200g을 넣고 따뜻하게 데워준다. 이 퐁당을 녹인 초콜릿과 섞어준다. 쉽게 펴 바를 수 있도록 흐를 정도의 농도가 되어야 한다. 초콜릿을 섞은 퐁당 아이싱을 케이크 전체에 발라 씌운 다음 스패출러로 매끈하게 밀어준다. 서빙할 때까지 냉장고에 보관한다.

수지 펠트리오(SUZY PELTRIAUX)의 레시피

gâteau au chocolat de Suzy 가토 오 쇼콜라 드 수지

수지의 초콜릿 케이크 : 6-8인분 / 준비: 10분 / 조리: 27분

오븐을 180°C로 예열한다. 카카오 60-64% 다크 초콜릿 250g을 빵 나이프로 잘게 다져 냄비에 넣고 중탕으로 녹인다. 볼에 달걀 4개와 설탕 220g을 넣고 거품기로 저어 혼합한다. 여기에 미리 녹여둔 버터 250g을 넣고 섞은 뒤 이어서 녹인 초콜릿을 넣어준다. 밀가루 70g을 체에 쳐 혼합물에 넣고 잘 섞는다. 지름 22cm의 가장자리 둘레가 높은 원형 케이크 틀에 버터를 바르고 밀가루를 묻혀둔다. 반죽 혼합물을 붓고 오븐에 넣어 25분간 굽는다. 굽는 동안 오븐 문 사이에 나무 주걱을 끼워 놓아 살짝 열린 채로 둔다. 오븐에서 꺼낸 뒤 틀을 제거하고 식힘망 위에 올려둔다. 케이크가 식은 뒤 서빙한다.

gâteau à la mandarine ▶ MANDARINE

gâteau manqué 가토 망케

가토 망케 : 버터 100g을 색이 나지 않게 녹인다. 달걀 6개의 흰자와 노른자를 분리한다. 볼에 달걀노른자, 설탕 200g, 바닐라슈거 작은 1봉을 넣고, 색이 연해지고 미세한 거품이 일기 시작할 때까지 거품기로 잘 휘저어 섞은 뒤 밀가루 150g을 고루 뿌려 넣고, 녹인 버터와 럼 1/2잔(리큐어 잔 기준)을 넣어준다. 균일하게 섞일 때까지 잘 저어준다. 다른 볼에 달걀흰자와 소금 한 자밤을 넣고 매우 단단하게 거품을 올린 뒤 반죽 혼합물에 넣고 주걱으로 살살 섞어준다. 둘레가 높은 원형틀(moule à manqué)에 버터 15g을 발라둔다. 틀에 반죽을 붓고 200°C로 예열한 오븐에서 40-45분간 굽는다. 오븐에서 꺼낸 뒤 따뜻한 온도로 식을 때까지 그대로 두었다가 틀을 제거하고 망 위에 올려 식힌다.

gâteau marbré 가토 마르브레

마블 케이크 : 버터 175g을 녹인 뒤 설탕 200g과 달걀노른자 3개를 넣고 거품기로 섞는다. 밀가루 175g과 베이킹파우더 1/2 작은 봉지를 섞어 체에 친 다음 혼합물에 넣고 잘 섞는다. 다른 볼에 달걀흰자 3개 분량을 넣고 단단하게 거품을 올린 뒤 반죽에 넣고 살살 섞어준다. 반죽을 반으로 나누고, 이 중 하나에 코코아 가루 25g을 섞는다. 버터를 발라 둔 파운드케이크 틀에 준비한 두 가지 반죽을 너무 두껍지 않게 층층이 번갈아 채워 넣는다. 200°C로 예열한 오븐에서 50분간 굽는다.

gâteau aux marrons et au chocolat ▶ MARRON GLACÉ

gâteau moka 가토 모카

모카 케이크 : 버터 90g을 색이 나지 않게 녹인다. 볼에 달걀노른자 5개와 설탕 150g를 넣고 색이 연해지고 미세한 거품이 일 때까지 거품기로 잘 휘저어 섞는다. 체에 친 밀가루 150g과 헤이즐넛 가루 50g을 고루 뿌려 넣고 섞어준다. 녹인 버터를 넣고 섞는다. 달걀흰자 5개분에 소금 1자밤을 넣고 단단하게 거품을 올린 뒤 혼합물에 넣고 주걱으로 살살 섞어준다. 버터를 발라둔 지름 20cm짜리 원형 케이크 틀에 반죽을 붓고 180°C로 예열한 오븐에서 35분 동안 굽는다. 오븐에서 꺼내자마자 틀에서 분리한 뒤 망 위에 올려 식힌다. 랩으로 덮어 냉장고에 1시간 넣어둔다. 작은 냄비에 설탕 150g과 물 2테이블스푼을 넣고 끓을 때까지 천천히 가열한다. 볼에 달걀노른자 4개를 넣고 이 뜨거운 시럽을 가늘게 부어가며 거품기를 힘차게 저어 섞는다. 혼합물이 식을 때까지 거품기를 계속 돌려준다. 이어서 작게 자른 상온의 버터 175g을 넣고 거품기로 잘 섞은 뒤 커피 에센스 1티스푼을 넣어준다. 잘 섞는다. 껍질을 벗기고 구운 헤이즐넛 150g을 곱게 다진다. 냉장고에 넣어두었던 스펀지케이크를 가로로 3등분해 잘라준다. 이 중 두 장 위에 각각 준비한 크림 양의 1/4씩 펴 바른 다음, 헤이즐넛을 50g씩 뿌린다. 세 장의 스펀지를 포개 쌓아 케이크 모양을 만들고, 남은 크림의 반으로 전체를 발라 덮어준다. 남은 헤이즐넛 50g을 케이크 둘레 옆면 전체에 고루 붙여준다. 마지막으로 남은 크림을 별모양 깍지를 끼운 짤주머니에 넣고, 케이크 윗면에 둥근 꽃 모양으로 일정하게 짜준다. 꽃모양 크림 장식 중앙에 다크 초콜릿 코팅 커피 원두를 한 알씩 올린다. 케이크를 밀폐용기에 넣고 냉장고에 최고 2시간 동안 넣어둔다. 차갑게 서빙한다. 모카 케이크는 하루 지난 뒤 먹으면 더 맛있다.

gâteau Montpensier 가토 몽팡시에

몽팡시에 케이크 : 당절임 과일 50g과 설타나 건포도(raisins de Smyrne) 50g을 럼 100mℓ에 담가 절인다. 넓은 볼에 밀가루 125g과 작게 썬 버터 80g을 넣고 손가락으로 부슬부슬하게 비벼가며 섞는다. 다른 볼에 달걀노른자 7개분과 설탕 125g를 넣고 색이 연해질 때까지 거품기로 휘저어 섞은 다음 아몬드 가루 100g을 넣어준다. 또 다른 볼에 달걀흰자 3개 분량과 소금 1 자밤을 넣어 단단히 거품을 올린 뒤 노른자 혼합물에 넣고 주걱으로 살살 섞는다. 럼에 절인 당절임 과일과 건포도를 건져 혼합물에 넣고 이어서 버터와 섞은 밀가루도 넣어준다. 나무 주걱으로 잘 섞는다. 지름 22cm 스펀지케이크 틀에 버터를 바르고 아몬드 슬라이스 50g을 고루 뿌린다. 반죽을 부어 채운 뒤 200°C로 예열한 오븐에서 30분간 굽는다. 틀에서 분리하고 망 위에 놓아 식힌다. 살구 잼 150g을 약한 불에 데워 체에 내린 뒤 케이크 표면에 발라준다. 서빙할 때까지 냉장고에 넣어둔다.

gâteau de patate douce 가토 드 파타트 두스

고구마 케이크 : 씨를 제거한 말라가 건포도 150g을 럼에 담가 재운다. 고구마 5개를 껍질째 물에 삶는다(소금을 넣지 않는다). 고구마의 껍질을 벗겨 아주 곱게 으깬 뒤 바닐라슈거 작은 1봉지와 밀가루 넉넉히 1테이블스푼을 넣고 힘차게 섞는다. 우유를 조금 넣어 부드럽게 풀고 달걀 3개를 하나씩 넣으며 잘 섞는다. 4번째 달걀은 노른자만 넣는다. 럼에 절인 건포도를 건져 넣고 고루 섞는다. 마지막에 달걀흰자의 거품을 올린 뒤 반죽에 넣고 매끈하고 가볍게 섞어준다. 버터를 발라둔 샤를로트 틀에 반죽을 부어 채운다. 중탕용 물을 채운 바트에 틀을 넣고 불에 올린다. 중탕용 물이 끓기 시작하면 200°C로 예열한 오븐으로 그대로 옮겨 넣고 중탕으로 40분간 익힌다. 크렘 앙글레즈를 곁들여 서빙한다.

바르바라 나바로(BARBARA NAVARRO)의 레시피

gâteau au potiron d'Halloween 가토 오 포티롱 달로윈

할로윈 호박 케이크 : 볼에 달걀 4개, 해바라기유 200mℓ, 익혀서 완전히 으깬 호박 살 400g을 넣고 거품기로 잘 저어 섞는다. 밀가루 350g, 베이킹파우더 작은 1봉지, 베이킹소다 1티스푼을 한데 체에 쳐 넣어준다. 설탕 250g, 계핏가루 3티스푼, 소금 1자밤, 다진 호두 200g을 넣고 잘 섞는다. 버터를 바르고 밀가루를 묻혀둔 왕관모양 케이크 틀에 반죽을 부어 채운 뒤 120°C로 예열한 오븐에서 1시간 굽는다. 틀에서 분리하고 망 위에 올린다. 슈거파우더 100g에 레몬즙을 넣어 개어준 다음 강판에 곱게 간 레몬 제스트 1티스푼을 섞는다. 이 글라사주를 케이크에 윤기 나게 발라 씌운다.

알렉상드르 뒤멘(ALEXANDRE DUMAINE)의 레시피

gâteau « le prélat » 가토 르 프렐라

'프렐라' 케이크 : 아주 진한 커피 1ℓ에 설탕을 조금 넣고 화이트 럼으로 향을 낸 다음 식힌다. 볼에 달걀 2개와 달걀노른자 6개를 넣고 거품기로 저어 섞는다. 여기에 필레 상태(105-107°C)까지 끓인 설탕 시럽 300g을 가늘게 부어주며 식을 때까지 거품기를 계속 돌려 섞는다. 부드럽게 녹인 다크 초콜릿 300g, 강판에 간 오렌지 제스트, 50% 정도만 휘핑한 더블 크림 750mℓ를 넣고 잘 섞는다. 버터를 발라둔 직사각형 틀 바닥에 커피를 살짝 적신 레이디핑거 비스킷을 깔아준다. 혼합물로 한 켜 덮는다. 커피에 적신 비스킷을 그 위에 다시 한 겹 깔아준 다음 혼합물을 덮는 과정을 반복해 틀 맨 윗부분까지 채운다. 맨 윗면은 커피 적신 비스킷 층으로 마무리한다. 냉장고에 24시간 넣어둔다. 틀을 제거한다. 말랑하게 녹인 초콜릿에 버터를 섞고 (초콜릿 1kg당 버터 300g 또는 향이 없는 식용유 1컵) 34°C 온도로 만든 뒤 케이크에 씌워준다.

GÂTEAU À LA BROCHE 가토 아 라 브로슈 바움쿠헨. 아베롱과 아리에주 사람들이 서로 원조라고 주장하는 지역 특산 케이크로 럼 또는 오렌지 블로섬 워터로 향을 낸 부드럽고 되직한 반죽으로 만든다. 불이 센 화덕에 기름 먹인 종이를 두른 길쭉한 원추형 나무가 장착된 특수 꼬챙이를 걸어놓고 이것이 천천히 회전하는 동안 반죽을 국자로 조금씩 떠서 덧붙여가며 구워내는 독특한 방식으로 만든다. 완성된 케이크는 조금씩 구워진 반죽이 색을 내며 나무의 나이테처럼 연속적인 층을 이루게 된다(**참조** BAUMKUCHEN)

GÂTEAU DE RIZ 가토 드 리 라이스 푸딩(riz au lait)를 기본으로 설탕과 달걀을 더해 만든 차가운 앙트르메로 과일(생과일, 건과일, 당절임)을 넣거나 크렘 앙글레즈 또는 붉은 베리류 과일 퓌레를 곁들여 서빙하기도 한다. 이 디저트의 성패는 쌀의 선택(낟알이 둥글고 찌지 않은 쌀을 사용한다)에 달려 있다.

gâteau de riz au caramel 가토 드 리 오 카라멜

캐러멜 라이스 푸딩 케이크 : 4-6인분 / 준비: 30분 / 조리: 45분

우선 라이스 푸딩을 400g을 만든다(참조. p.747 RIZ AU LAIT). 달걀 3개를 깨뜨려

Gâteau 케이크

"케이크는 그 맛이나 특성, 종류, 크기에 있어 무궁무진하게 다양한 종류가 있지만 그중에서도 특히 케이터링 업체 포텔 에 샤보와 레스토랑 가르니에의 작품들은 하나하나마다 그 맛은 물론이고 시각적으로도 충분한 매력을 갖추기 위해 훌륭한 솜씨로 정성스럽게 만들어지고 있다."

흰자와 노른자를 분리한다. 완성된 라이스 푸딩에서 바닐라 빈 깍지를 건져낸 뒤 설탕 175g과 달걀노른자를 넣고 잘 섞어준다. 달걀흰자에 소금 1자밤을 넣고 매우 단단하게 거품을 올린 뒤 라이스 푸딩 혼합물에 조금씩 넣으며 혼합한다. 오븐을 200°C로 예열한다. 냄비에 설탕 100g, 레몬즙 1/2개분, 물 1테이블스푼을 넣고 섞은 뒤 가열한다. 캐러멜 색이 나면 바로 불에서 내린 뒤 지름 20cm 샤를로트 틀에 절반을 붓고 틀을 돌려가며 바닥과 안쪽 벽에 고루 묻도록 해준다. 나머지 캐러멜 절반은 따로 보관해둔다. 라이스 푸딩 혼합물을 틀에 붓고 바닥에 탁탁 두드려 공기를 빼 평평하게 만든다. 중탕용 물을 담은 바트에 틀을 넣고 불에 올려 가열한다. 중탕물이 끓기 시작하면 오븐으로 틀과 함께 그대로 옮겨 넣고 45분간 중탕으로 더 익힌다. 꺼내서 식힌 뒤 서빙용 접시에 대고 뒤집으며 틀에서 분리한다. 따로 남겨두었던 캐러멜에 뜨거운 물을 조금 넣어 풀어준 다음 라이스 푸딩 케이크에 끼얹어 씌운다.

GÂTEAU DES ROIS 가토 데 루아 왕의 케이크. 주현절을 기념하며 먹는 전통적인 파티스리다. 케이크를 조각으로 잘라 나누어 먹는데 이때 케이크 안에 숨겨놓은 페브를 우연히 얻는 사람이 왕 또는 여왕으로 지명된다. 이 의식의 역사는 고대 로마시대로 거슬러 올라간다. 사투르누스 축제(해방의 시간) 금지되었던 모든 것들로부터 해방을 누리는 시간이었다. 이 기간 중에는 갈레트 안에 감춰진 페브 콩을 뽑는 사람이 하루 동안 왕의 행세를 하는 풍습이 있었다. 오늘날 프랑스에는 지역에 따라 왕의 케이크를 만들어 먹는 전통이 두 가지로 나뉜다. 우선 프랑스 북부와 리옹, 그리고 파리 지역에서는 푀유타주로 만든 갈레트를 만들어 먹으며 경우에 따라 프랑지판(frangipane) 크림을 채워 넣기도 한다. 한편 남부 지방에서는 브리오슈 빵 반죽으로 왕의 케이크를 만들며 주로 당절임 과일을 섞어 넣거나 오드비 또는 오렌지 블로섬 워터로 향을 낸다.

galette des Rois ▶ GALETTE

---

gâteau des Rois de Bordeaux 가토 데 루아 드 보르도

보르도의 가토 데 루아 : 8-10인분 / 준비: 30분 / 휴지: 3시간 + 1시간 / 조리: 30분

레몬(수확 후 무처리) 제스트 1개분을 갈아 넣은 브리오슈 반죽 1.5kg를 만든다. 3시간 동안 휴지시킨다. 반죽을 4등분 한 다음 손바닥으로 납작하게 누르고 가운데를 뚫어 왕관 모양으로 성형한다. 페브를 각 반죽 안에 한 개씩 박아 넣는다. 유산지를 깐 베이킹 팬에 반죽을 놓고 따뜻한 장소에 두어 최소 1시간 동안 반죽이 부풀어오르도록 발효시킨다. 오븐을 200°C로 예열한다. 달걀 1개를 풀어 붓으로 반죽 위에 발라준다. 오븐에 넣어 약 10분간 구운 다음 온도를 180°C로 낮추고 20분간 더 굽는다. 오븐에서 꺼낸다. 케이크의 윗면과 둘레에 당절임 시트론(cédrat) 250g과 당절임 멜론 250g을 잘게 썰어 고루 뿌려준다. 펄 슈거를 뿌린다. 식힌 후 서빙한다.

GÂTE-SAUCE 가트 소스 현대 언어에서는 요리사의 조수를 뜻한다. 이 용어는 원래 소스 청년(gars de sauce) 즉, 주방에서 소스를 담당하는 파트의 보조 직원을 지칭했다.

GAUFRE 고프르 와플. 벌집 모양의 올록볼록한 요철이 있는 얇고 가벼운 파티스리로 사용하는 틀에 따라 다양한 형태로 만들 수 있다. 와플 반죽은 밀가루, 버터, 설탕, 달걀 그리고 물 또는 우유로 만들며 대부분 향을 첨가한다. 다소 흐르는 듯한 농도의 액상 반죽을 오븐 대신 뜨겁게 달군 와플 틀에 붓고 틀 윗면을 덮은 다음 불에 올려 굽는다.

고대 그리스인들은 뜨거운 두 장의 철판 사이에 반죽을 넣어 아주 납작한 과자인 오벨리오스(obelios)를 구워 먹었다. 이러한 조리법은 중세까지 이어져, 오벨리오스 제조업자들은 납작한 모양, 돌돌 만 것 또는 콘 모양 등 다양한 종류의 우블리(oublies)를 만들어냈다. 13세기에 우블리는 고프르(와플)로 변신한다. 한 수공업자가 벌집 문양을 넣은 조리용 철판을 고안해냈고, 이것을 당시에 고프르(gaufres)라고 불렀다.

베네(beignet)나 크레프(crêpe)와 마찬가지로 와플 또한 시골에서 가장 흔히 즐겨 먹는 음식 중 하나였다. 오늘날에도 여전히 지방마다 고유의 레시피가 있으며, 그중에 짭짤한 와플도 있다. 현재도 와플은 크레프처럼 길거리에서 많이 판매되며 시장이 설 때도 어김없이 노점이 등장한다. 옛날에는 모든 종류의 축제, 수호성인 축일, 그 외에도 대중이 몰리는 행사가 열릴 때면 와플을 파는 상인들을 쉽게 만날 수 있었다. 이러한 전통은 특히 북부 지방(Nord)과 플랑드르(Flandres) 지방에서 아직도 이어지고 있다. 일반적으로 와플은 설탕을 뿌리거나 휘핑한 크림 또는 잼을 곁들여 뜨겁게 먹는다. 다양한 재료로 속을 채워 넣기도 한다.

---

gaufres : préparation 와플

와플 만들기 : 볼에 체 친 밀가루 500g, 베이킹파우더 1봉지, 소금 10g, 설탕 30-40g, 녹여서 식힌 버터 150g, 약간 거품이 나도록 균일하게 휘저어 푼 달걀 5개, 우유 800㎖(좀 더 가벼운 질감을 원하면 양을 늘린다)을 넣는다. 잘 저어 섞어 흐르는 농도의 완벽하게 매끈한 반죽을 만든다. 최소 1시간 동안 휴지시킨다. 와플 틀을 달군 뒤 기름을 바른다. 와플 틀을 열고 한쪽 면에 작은 국자로 반죽을 떠 부은 다음 틀을 닫는다. 양면에 고루 반죽이 분산되도록 뒤집어준다. 양면을 모두 익힌다. 틀을 열고 와플을 떼어낸 다음 슈거파우더를 뿌린다.

GAUFRETTE 고프레트 아주 얇은 와플 과자, 웨하스. 아주 건조하고 가벼운 작은 과자로 대부분 공장에서 대량으로 제조된다. 와플과 비슷하지만 농도가 더 되직한 반죽으로 만들어진다. 아주 건조한 상태로 판매되는 과자인 고프레트는 얇게 켜켜이 쌓은 형태, 부채 모양, 시가레트처럼 돌돌 만 형태 등이 있으며 잼이나 프랄리네 크림을 얇게 채워 샌드처럼 만들기도 한다. 아이스크림용 콘도 고프레트 반죽으로 만든다. 또한 이 명칭은 감자튀김의 한 종류를 뜻하기도 한다. 감자를 와플처럼 격자 모양으로 얇게 슬라이스해 튀겨낸 것을 지칭하며, 경우에 따라 이것을 망국자 두 개 사이에 넣고 튀겨 새 둥지 모양으로 우묵하게 만든 것을 가리키기도 한다(**참조** POMME DE TERRE).

---

gaufrettes hollandaises 고프레트 올랑데즈

네덜란드식 고프레트 : 체 친 밀가루 250g을 작업대나 넓은 볼에 쏟아놓고 중앙에 움푹하게 공간을 만든 다음 설탕 125g, 소금 1자밤, 선택한 향료(바닐라, 계피, 레몬 또는 오렌지 제스트)를 가운데에 넣어준다. 달걀흰자 1개를 넣고 설탕과 섞어준 다음 상온에서 부드러워진 버터 125g을 넣는다. 모든 재료를 잘 혼합한다. 반죽을 둥글게 뭉친다. 와플을 만들듯 반죽을 소분한 뒤 구워준다.

gaufrette de pomme de terre, crème au beurre noisette, caramel au beurre salé ▶ POMME DE TERRE

GAUFRIER 고프리에 와플 굽는 틀. 벌집 모양의 판 두 개가 경첩으로 연결되어 위 아래로 맞물린 무쇠 틀로, 이 사이에 와플 반죽을 넣어 굽는다. 수공으로 만든 와플 틀 중에는 때때로 아주 정교한 무늬 장식이 있는 진정한 걸작들도 있다. 반죽을 틀 사이에 넣고 열원(숯불, 풍로, 전기레인지)위에 놓고 익히며 반쯤 익으면 뒤집어 굽는다. 긴 손잡이가 달려 있어 손을 데지 않고 조작할 수 있다. 오늘날에는 전기 와플메이커를 많이 사용하는데 이들 중에는 크로크무슈, 고기 그릴, 심지어 크레프용 플레이트까지 세트로 구비되어 용도에 맞게 바꿔 끼워 사용할 수 있다.

GAULOISE (À LA) (아 라) 골루아즈 갈리아식의. 닭의 볏과 콩팥이 들어간 다양한 요리를 지칭하며 그리 흔하지는 않다. 기름기가 적은 햄으로 만든 루아얄(royale)을 넣고 경우에 따라 달걀노른자로 농도를 걸쭉하게 만든 토마토 풍미의 닭 콩소메, 달걀 반숙과 토마토 소스의 햄 살피콩을 얹은 크루통, 마데이라 와인 슈프림 소스에 익힌 트러플과 기타 버섯 살피콩을 채워 넣은 부셰 또는 타르트레트 등의 요리에 주로 닭 볏이나 콩팥을 얹어 서빙했다. 생선 요리에 곁들이는 아 라 골루아즈 가니시에는 콩팥과 닭 볏이 들어가지 않는다. 이 가니시는 마틀로트 소스에 걸쭉하게 익힌 트러플과 기타 버섯 살피콩을 채워 넣은 바르케트로 구성되며 집게발을 뒤로 올려 꺾고 꼬리 쪽에 끼워 고정시킨 뒤 쿠르부이용에 익힌 민물가재(écrevisses troussées)로 장식한다.

GAULT (HENRI), MILLAU (CHRISTIAN) 앙리 고, 크리스티앙 미요 앙리 고(1929, Pacy-sur-Eure 출생—2000, Paris 타계)와 크리스티앙 미요(1929, Paris 출생—2017, Paris 타계). 프랑스의 언론인, 미식 평론가. 파리 프레스(Paris-Presse)의 기자였던 고와 미요는 『파리 쥘리아르 가이드(*Guide Julliard de Paris*)』(1963), 『프랑스 미식 가이드(*Guide Gourmand de la France*)』(1970), 『웨이터, 들것을 부탁해요!(*Garçon, un brancard*)』 등 다수의 미식 관련 도서를 펴내며 큰 주목을 받았다. 책으로 성공을 거둔 이 두 사람은 여세를 몰아 자신들의 이름을 붙인 레스토랑 가이드와 잡지를 창간했고, 이는 곧 대표적인 맛집 평가서로 자리 잡았다. 두 사람은 1970년대 누벨 퀴진(nouvelle cuisine)이라는 새로운 트렌드를 주창하며 영광의 가도를 달린다. 자크 마니에르, 미셸 게라르, 알랭 상드랭 등의 셰프가 동참한 이 요리 스타일은 너무 오랜 시간 익히기, 지나치게 기교를 부린 재료의 조합, 너무 기름진 소스 등을 거부하고 좀 더 자유로운 창조

를 지향할 뿐 아니라 시장에 그때그때 나오는 신선한 제철 식재료를 사용한 요리를 추구했다. 폴 보퀴즈의 요리를 본보기로 삼기도 했으나 이후 이 요리사와 사이가 틀어졌다.

고와 미요는 자신들만의 문학적, 해학적인 스타일을 만들어냈으나 한편으로는 이에 대한 논쟁에 대해서도 적극적으로 반응하고 포용했다. 특히 미식 평론에 격언 등을 인용하거나 재치있는 언어 유희('무릎 꿇은 미식가, 샤펠(Chapel)은 대성당이다!' 등의 표현)를 적용한 것은 그때까지 타성에 젖었던 이 분야에 대한 신선한 시도였다.

특히 앙리 고는 자신의 이름으로 『볼 것과 먹을 것(*À voir et à manger*)』(1963), 그리고 『프랑스 레스토랑 베스트 50 가이드』를 펴냈다. 크리스티앙 미요는 앙리 고와 공동 명의로 소유하던 사업체를 매각한 뒤 작가로서의 행보를 이어갔다. 특히 『경기병의 질주(*Au galop des hussards*)』(1999), 『햇살 아래 전원(*Une campagne au soleil*)』(2002), 『신은 가스코뉴 사람인가?(*Dieu est-il gascon?*)』(2006) 등의 저서가 높은 평가를 받고 있다.

GAZ PROPULSEUR, GAZ D'EMBALLAGE 가즈 프로퓔쇠르, 가즈 당발라주 추출용 가스, 포장용 가스. 용기에서 제품을 추출해내기 위해(예: 휩드 크림 사이펀), 또는 식품을 보존하기 위해 만들어진 포장재의 내부 공기를 변경하기 위해 사용되는 식품 첨가물. 일반적으로 가장 많이 사용되는 가스는 추출용 가스의 경우 질소산화물이고, 포장용 가스의 경우는 질소, 탄산가스 그리고 산소다.

GAZETIN DU COMESTIBLE (LE) 르 가즈탱 뒤 코메스티블 18세기에 발행된 월간 정기 간행물로 1767년 1월부터 12월까지 발간된 단 열두 호만 남아 있다. 현대 요리 안내서의 조상 격이라 할 수 있는 이 정보지는 요리에 필요한 모든 식료품의 구입 정보를 독자들에게 제공해주었다.

GÉLATINE 젤라틴 젤라틴. 주로 돼지껍데기에서 추출한 무색 무취의 물질(유대인과 이슬람교도의 요리용으로는 소 껍데기에서 추출한 젤라틴을 사용한다)인 젤라틴은 가루 또는 반투명의 얇은 판형 제품으로 출시돼 있다. 차가운 물에 담가 불렸다가 끓는 물에 녹여 사용하거나 중탕 또는 전자레인지에 녹인 뒤(단독으로 또는 레시피에 제시된 액체에 녹인다) 재료에 넣어 혼합한다. 젤라틴은 주로 즐레를 씌워 굳힌 음식, 차가운 디저트, 아이스 디저트 등에 사용한다. 또한 과일 주스나 와인 제조 과정의 콜라주(collage, 더 맑은 와인을 만들기 위해 불순물을 흡착해 제거하는 과정)에도 사용되며, 대량 생산 당과류 제조에도 많이 쓰인다. 젤라틴은 과일이나 채소 퓌레에 소량을 혼합하여 휘핑 사이펀으로 가볍고 맛있는 거품(écume)을 짜내는 데 새롭게 쓰이고 있다(**참조** ÉCUME).

GELÉE DE CUISINE 즐레 드 퀴진 요리용 즐레, 젤리. 함유하고 있는 젤라틴 성분(주로 뼈에 들어 있다)이 식으면서 굳어 생성되는 반투명의 겔화 상태 물질을 지칭한다. 즐레는 기본 육수로 만들며 사용한 육수에 따라 흰색, 또는 갈색 등 다양한 종류가 있다. 일반적으로 젤라틴 성분을 많이 함유한 재료로 만든 육수는 식으면 자연스럽게 굳은 즐레를 얻을 수 있다. 그렇지 않은 경우에는 육수 국물을 맑게 하는 정화(clarifier) 단계 전에 찬물에 담가 말랑하게 불린 판 젤라틴을 첨가한. 일반적으로 즐레(또는 젤리)는 앙즐레(en gelée, 즐레를 넣어 굳힌) 타입의 찬 요리를 만들거나 기타 차가운 요리에 가니시로 곁들여 내며, 차가운 음식 겉면에 발라 광택을 내는 용도로도 사용된다. 고기, 가금류, 수렵육 즐레는 주재료의 대부분이 즐레와 비슷한 질감으로 이루어진 아스픽, 테린 등에 부어 함께 굳힌다. 갑각류 또는 생선 아스픽용으로 분말형 또는 판 젤라틴을 사용할 때는 체에 걸러 맑게 정화한 생선 육수에 풀거나 불린다. 즐레는 색을 내거나 리큐어 등의 술을 넣어 향을 내기도 한다.

aiguillette de bœuf en gelée ▶ BŒUF
cailles farcies à la périgourdine en gelée ▶ CAILLE
côtes de veau à la gelée ▶ VEAU

조엘 로뷔송(JOËL ROBUCHON)의 레시피

gelée de caviar à la crème de chou-fleur 즐레 드 카비아 아 라 크렘 드 슈 플뢰르

콜리플라워 크림 캐비아 즐레 : 불에 그슬려 잔털을 제거하고 반으로 자른 송아지 족 1개를 냄비에 넣고 소금물을 부은 뒤 끓을 때까지 가열한다. 불을 줄인 뒤 약하게 2분간 더 끓인 뒤 건져 흐르는 찬물에 헹궈 식힌다. 송아지 족과 소금 30g, 물 4ℓ을 다시 깨끗한 냄비에 다시 넣고 약하게 끓는 상태로 3시간 동안 뭉근히 익힌다. 체에 거른다. 콜리플라워를 끓는 물에 데친 뒤 찬물에 넣어 식혀 건진다. 냄비에 작은 송이로 떼어 분리한 콜리플라워와 닭 육수 600mℓ, 커리가루 1자밤을 넣고 20분 동안 익힌다. 체에 붓고 국자로 꾹꾹 눌러 내린 다음 육수를 500mℓ가 될 때까지 졸인다. 볼에 옥수수 전분 30g와 찬물 4테이블스푼을 넣고 개어준 뒤, 육수 작은 국자로 1개분을 붓고 잘 저어 혼합한다. 남은 육수는 계속 저으며 가열한다. 끓기 시작하면 풀어 놓은 전분물을 넣고 3분간 저으며 익힌다. 볼에 달걀노른자 1개와 액상 생크림 100mℓ를 넣고 섞은 뒤 육수를 조금 떠 넣고 거품기로 잘 저어 혼합한다. 이것을 다시 육수 냄비에 모두 붓고 잘 저어준다. 아주 약하게 끓어오르려고 하면 바로 불에서 내린다. 블렌더로 간 다음 체에 걸러 식힌다. 즐레용 국물을 끓여낸 송아지 족 1/2개를 아주 잘게 깍둑 썬다. 랍스터 껍데기를 잘게 부순 뒤 올리브오일을 달군 뜨거운 팬에 넣고 센 불에서 볶아준다. 샬롯 50g, 당근 30g, 셀러리 줄기 20g, 펜넬 30g, 양파 30g을 미르푸아로 깍둑 썰어 올리브오일 30mℓ를 달군 다른 냄비에 넣고 중불에서 수분이 나오고 색이 나지 않도록 5분 정도 볶는다. 이 채소들을 랍스터 껍데기를 볶은 팬에 넣고 섞는다. 소금과 굵게 부순 후추를 넣어 간한다. 잘 저어준 뒤 토마토 페이스트 1테이블스푼, 식힌 송아지 족 즐레, 잘게 썰어둔 송아지 족, 부케가르니 1개를 넣어준다. 아주 약하게 20분간 끓인다. 중간중간 거품을 건져낸다. 체에 걸러 불순물을 제거하면서 다른 냄비에 옮겨 붓고 다시 약하게 끓여 500mℓ 정도만 남을 때까지 졸인다. 표면에 뜨는 기름을 제거하면서 식힌다. 맑게 정화한 다음 고운 면포에 거르고 식힌다. 냉장고에 넣어 굳힌다. 서빙 시 즐레를 따뜻하게 데워 녹인다. 각 수프 볼에 캐비아를 20g씩 작은 돔 모양으로 만들어 넣고 액체 상태로 녹은 즐레 100mℓ를 부어준 뒤 냉장고에 넣어 굳힌다. 여기에 콜리플라워 크림을 50mℓ씩 끼얹어 덮어준 뒤 다시 냉장고에 넣는다. 허브의 클로로필 농축액을 섞어 녹색을 낸 마요네즈를 점점이 찍어 장식한 뒤 처빌 잎을 얹어 서빙한다.

gelée luxembourgeoise de porcelet ▶ PORC

gelée de poisson blanche 즐레 드 푸아송 블랑슈

흰색 생선 즐레 : 생선 육수를 만든다(참조. p.403 FUMET DE POISSON). 생선 육수 즐레 2ℓ를 정화(clarifier)하기 위한 재료 혼합물(곱게 다진 명태살 두 마리 분에 달걀 흰자를 섞는다)을 만들어 냄비에 넣고 식은 생선 육수를 붓는다. 잘 휘저어 섞는다. 천일염으로 간을 한다. 좀 더 농도가 있는 즐레를 원할 경우에는 찬물에 담가 말랑말랑하게 불린 판 젤라틴을 몇 장 넣어준다. 계속 저어주며 천천히 가열해 끓기 시작하면 불을 줄인다. 아주 약하게 20분간 끓인다. 체에 붓고 건더기를 누르지 않은 상태로 조심스럽게 국물만 받아낸다.

gelée de poisson au vin rouge 즐레 드 푸아송 오 뱅 루즈

레드와인 생선 즐레 : 이 즐레는 레드와인으로 국물을 잡아 끓인 생선육수와 일반 생선육수를 넣어 끓인 국물을 반반씩 섞어 만든다. 흰색 생선 즐레와 마찬가지 방법으로 정화하여 맑은 즐레 국물을 얻는다.

gelée de viande 즐레 드 비앙드

고기 즐레 : 소 아롱사태 1kg, 작게 썬 송아지 정강이살 500g, 송아지 족 1개, 송아지 사골 뼈 500g, 기름을 제거한 돼지 껍데기 250g을 오븐에 넣고 색이 나도록 굽는다. 양파 2개, 당근 4개, 서양 대파 1대의 껍질을 벗긴 뒤 얇게 썬다. 큰 냄비에 채소와 고기, 뼈, 주방용 실로 묶은 돼지 껍데기, 큼직하게 만든 부케가르니 1개, 소금 15g, 후추를 넣는다. 물 5ℓ를 붓고 끓을 때까지 가열한다. 떠오르는 거품은 건져낸다. 끓기 시작하면 아주 차가운 물을 한 국자 넣어준 다음 불을 줄이고 아주 약하게 끓는 상태로 3시간 동안 익힌다. 체에 고운 면포를 대 준 다음 끓인 국물을 조심스럽게 부어 거른다. 한김 식도록 두었다가 냉장고에 보관한다. 이렇게 하면 표면에 기름 층이 굳어 쉽게 제거할 수 있다. 소 살코기 200g과 달걀흰자 2개분, 처빌과 오레가노 작은 1송이씩을 섞어 육수 정화용 혼합물을 만든다. 여기에 식은 고기 국물을 넣고 함께 끓여 맑은 국물만 분리해둔다. 즐레에 마데이라 와인, 포트와인, 셰리와인 및 기타 리큐어를 넣어 향을 내기도 한다. 이와 같은 방법으로 만들되 고기와 뼈를 오븐에 구워 색 내는 과정을 생략하면 흰색 즐레용 육수를 만들 수 있다. 또한 이 즐레용 육수에 수렵육 뼈와 자투리 1.2kg(오븐에 구워 색을 낸 것)과 주니퍼베리를 넣고 끓이면 수렵육 즐레용 육수를 만들어낼 수 있으며, 오븐에 구워 색을 낸 닭 한 마리 또는 가금류 뼈와 자투리를 넣고 끓여주면 가금류 즐레용 육수를 얻을 수 있다.

jambon en gelée reine Pédauque ▶ JAMBON
perdreaux farcis à la gelée ▶ PERDREAU ET PERDRIX
poularde en gelée au champagne ▶ POULARDE

GELÉE D'ENTREMETS 즐레 당트르메 앙트르메 즐레, 디저트용 즐레. 과즙, 리큐어 또는 주정강화와인 베이스에 젤라틴을 넣어 만들어 후식으로 내는 달콤하고 차가운 앙트르메. 앙트르메 즐레를 만들기 위해서는 우선 리큐어(1ℓ 즐레 베이스 기준100㎖)나 주정강화와인(1ℓ 즐레 베이스 기준 400㎖) 또는 과일즙을 첨가한 즐레 베이스(젤라틴을 첨가한 액체 혼합물 베이스)를 만든다. 붉은 베리류 과일의 경우 자체의 펙틴 성분 함유량 정도에 따라 과즙 500g당 물 100-300㎖를 혼합해 체에 거른 뒤 젤라틴에 넣어 섞는다(즐레 베이스 1ℓ 기준 500㎖). 수분이 많은 과일(레몬, 귤, 오렌지, 포도 등)의 경우는 즐레 베이스에 체에 거른 과일즙만 넣어주면 된다. 가운데 큰 씨가 있는 핵과의 경우 해당 과일을 넣고 끓인 시럽을 즐레 베이스에 함께 넣어준다. 일반적으로 과일 즐레 베이스에는 리큐어를 넣어 향을 추가한다. 파인애플, 키위, 리치에는 젤라틴을 파괴하는 효소가 함유되어 있다. 이를 방지하기 위해서는 과일을 끓여 익혀 이 성분의 일부를 제거하거나 다른 종류의 겔화제를 사용해야 한다.

GELÉE DE FRUITS 즐레 드 프뤼 과일 즐레. 설탕과 과일즙 혼합물을 끓여서 만든 식품으로 묽은 농도의 젤리라고 할 수 있다. 즐레를 만들 수 있는 과일은 펙틴이 풍부한 종류만으로 제한되며 그 산도와 당도 역시 중요한 역할을 한다. 유럽모과, 레드커런트, 블랙베리(오디), 블루베리 또는 사과만을 단일로 사용하거나, 향이 풍부하지만 펙틴 함량은 적은 과일(블랙커런트, 라즈베리 등)을 레드커런트나 사과와 혼합해 사용한다. 즙을 얻기 위해서는 우선 열매들을 으깨 터트리거나 잘게 썰어 재우는 작업부터 시작한다. 이 때 과일의 핵이나 씨도 거즈 티백으로 싸서 같이 재운다. 이 두 경우 모두 아주 소량의 물을 넣고 뜨겁게 가열한다. 이어서 주서기로 착즙하거나 아주 고운 체에 내린다. 과일즙에 동량(무게 기준)의 설탕을 더한 뒤 끓인다. 즐레의 농도를 확인하려면 차가운 접시에 몇 방울을 떨어뜨려본다. 금방 굳으면 완성된 것이다.

gelée d'airelle ▶ AIRELLE

베르나르 베리레(BERNARD BERILLEY)의 레시피

gelée de fruits rouges 즐레 드 프뤼 루즈

붉은 베리류 과일 즐레 : 과일을 계량한 뒤 1kg당 100㎖의 물과 함께 냄비에 넣는다. 과일이 터져 뭉그러지도록 끓인다. 거품 국자 등으로 으깨준다. 즙을 체에 거른다. 받은 즙의 무게를 잰 다음 다시 냄비에 넣고 1kg당 800g의 설탕을 넣어준다(펙틴이 많이 함유된 블랙커런트, 레드커런트, 블루베리의 경우는 사탕수수 설탕 또는 일반 정백당을 사용한다. 라즈베리와 블랙베리의 경우는 펙틴이 첨가된 잼 전용 설탕을 사용한다. 빠른 시간에 센 불로 가열해 5분 정도 끓인다. 뜨거운 즐레를 열탕 소독해 놓은 병에 담고 밀폐해 보관한다.

GÉLIFIANT 젤리피앙 겔화제, 응고겔화제, 증점제. 식품의 질감을 개선하는 첨가물의 하나로 조리식품에 농도와 젤리의 형태를 제공한다(**참조** ADDITIF ALIMENTAIRE). 주요 겔화제로는 펙틴, 알긴산과 그 파생물, 아가아가(agar-agar 우뭇가사리 추출물로 만든 겔화 보조제인 한천 분말), 카라기난, 전분, 로커스트빈검이 있으며 주로 죽, 잼, 아이스크림, 앙트르메, 플랑을 만드는 데 사용된다.

GÉLINE DE TOURAINE 젤린 드 투렌 투렌의 암탉 품종. '검은 부인(dame noire)'이라는 별칭으로도 불리는 투렌 지방의 토종 암탉으로 깃털이 검정색이고 아주 선명한 붉은색의 볏을 갖고 있다. 2001년 라벨루즈(label rouge) 인증을 받았으며 살이 아주 맛있어 미식가들에게 인기가 높다.

GELINOTTE 젤리노트 뇌조, 들꿩. 뇌조과에 속하는 깃털 달린 수렵육 조류. '나무 암탉' 또는 '개암나무 암탉'이라고도 불리는 뇌조는 프랑스에서 개체수가 줄어들어 매우 희귀해졌고, 보주 지역, 쥐라 지역, 알프스와 피레네의 특정 지역에서만 잔존한다. 맛이 풍부한 이 야생조류는 수렵육의 숙성과정(faisangade) 없이 자고새와 같은 방법으로 요리한다. 이 새가 전나무의 싹을 먹고 자라는 시기에는 살에서 송진 맛이 나기도 한다. 이때는 우유에 담가두면 냄새를 좀 줄일 수 있다. 스코틀랜드의 붉은 뇌조는 그루즈(grouse)라고 불리며, 알프스 뇌조는 흰색 깃털을 갖고 있다. 캐나다에서는 몸집이 훨씬 큰 목도리뇌조가 국내에 서식하는 다수의 수렵육 조류 중 가장 인기 있다.

GENDARME 장다름 훈제청어, 납작하게 말린 소시지. 말리거나 훈제하여 뻣뻣해진 상태의 청어를 지칭하는 이름으로, 원래는 헌병이라는 뜻이다(**참조** HARENG). 이 용어는 또한 스위스의 납작한 직사각형의 작은 소시지를 가리키기도 한다. 알자스 지방, 독일 그리고 오스트리아에서도 소비되는 이 소시지는 소고기 살코기와 돼지비계를 주재료로 한 것으로 건조, 훈연시켜 만든다(**참조** p.193-194 샤퀴트리 도감).

GÉNÉPI 제네피 야생쑥. 국화과에 속하며 높은 산악 지대에서 자라는 야생쑥(쓴쑥속)의 일반 명칭이다. 원기를 돋우는 효능으로 유명한 야생쑥은 허브티에 들어가며, 제네피 데 잘프(génépi des Alpes) 같이 유명한 약초 증류 리큐어의 베이스로도 사용된다.

GENEVOISE (À LA) (아 라)즈느부아즈 소스 즈느부아즈(sauce genevoise)를 곁들인 생선 요리를 지칭한다. 즈느부아즈 소스는 생선 육수, 향신채소 미르푸아, 레드와인을 기본재료로 하여 만든 뒤 마지막에 버터를 넣고 거품기로 저어 혼합하고 안초비 페이스트로 향을 더해 완성한다. 원래는 소스 제누아즈(génoise)라고 불렸으며 몇몇 요리서에는 아직도 이와 비슷한, 그러나 화이트와인 베이스인 소스 제누아즈 레시피가 소개되어 있다. 소스 즈느부아즈의 변형인 소스 구르메(sauce gourmet)는 마지막에 랍스터 버터를 넣고 몽테(monter)한 다음 민물가재 살, 크넬, 송로버섯을 넣어 만든다. 이 소스는 주로 쿠르부이용에 익힌 장어 토막 요리에 끼얹어 서빙한다. 또한, 찬 생선요리에 곁들이는 소스 제누아즈(sauce génoise)는 각종 허브와 피스타치오, 아몬드를 곱게 갈아 퓌레로 만든 뒤 달걀노른자를 섞어 알맞은 농도로 리에종하고 레몬즙을 뿌린 다음 오일을 넣으며 에멀전화한 걸쭉한 소스다.

▶ 레시피 : SAUCE.

GENIÈVRE 즈니에브르 노간주나무 열매. 주니퍼베리. 측백나무과에 속하는 노간주나무의 일반 명칭이다. 거무스름한 열매 알갱이는 후추의 맛과 은은한 송진 향이 나며 요리와 리큐어 제조에 두루 사용된다(**참조** p.338-339 향신료 도감). 주니퍼베리는 알갱이 그대로 또는 빻아서 사용하며 수렵육 요리, 마리네이드(담금액)이나 쿠르부이용(익힘액)을 만들 때, 돼지고기 요리, 슈크루트 등의 다양한 북유럽 노르딕 요리에 널리 사용된다. 즈니에브르는 또한 북유럽에서 많이 소비되는 아주 향이 좋은 오드비 이름이다(프랑스에서는 genièvre, 네덜란드에서는 genever, schiedam, 벨기에에서는 pequet라고 부른다). 네덜란드에서는 이 오드비의 원재료로 보리, 호밀, 옥수수를 사용하며 여기에 향신료(아니스, 고수, 커민, 주니퍼베리)를 더한 뒤 증류해 만든다. 알코올 도수는 38-43%Vol.이다. 진(gin, genever이 변형된 영어 명칭), 몇몇 슈냅스(schnaps)와 아쿠아비(aquavits)를 제조할 때도 주니퍼베리가 들어간다. 또한 스칸디나비아 맥주 중에는 주니퍼베리로 향을 낸 것들도 몇 있다.

▶ 레시피 : MOUSSE.

GÉNISSE 제니스 암송아지. 일반적으로 생후 2년 이상이며 새끼를 한 번도 낳지 않은 암컷 소를 지칭한다. 암송아지는 고기와 부속의 품질이 좋아 인기가 높다.

GÉNOISE 제누아즈 이탈리아 제노바(Gênes)시의 이름을 딴 가벼운 파티스리로 스펀지케이크의 일종이다. 제누아즈 반죽은 달걀에 설탕을 넣고 중탕냄비에 올려 뜨거운 상태에서 거품기로 휘저어 섞은 뒤 밀가루와 녹인 버터를 섞어 만든다. 아몬드 가루, 당절임 과일을 섞어 넣기도 하고, 리큐어, 레몬이나 오렌지 껍질 제스트, 바닐라 등으로 향을 낼 수도 있다. 구워낸 제누아즈는 대개 증류주나 알코올을 넣은 시럽을 붓으로 발라 촉촉하게 적셔준 뒤 크림을 채우는 등 다양한 케이크의 구성 재료로 사용된다. 제누아즈를 가로로 잘라 층층이 잼이나 크림, 마멀레이드 등을 바른 뒤 쌓아 올려 케이크 모양을 만들고 글라사주를 씌운다. 기호에 맞게 데커레이션하여 완성한다. 오늘날, 제누아즈는 크림, 무스, 바바루아를 받쳐주는 기본 시트로 많이 사용된다.

pâte à génoise : préparation 파트 아 제누아즈

제누아즈 반죽 만들기 : 밀가루 200g을 체 친다. 버터 60g을 녹여 크림 형태를 유지하며 녹인 뒤 식힌다. 밑이 둥근 믹싱볼에 달걀 6개를 깨 넣고 설탕 200g을 흩뿌려 넣으며 거품기로 섞는다. 이 그릇을 중탕 냄비 위에 놓고 혼합물이 색이 연해지고 거품이 일 때까지 계속 휘젓는다(55-60°C). 중탕 냄비에서 내린 뒤 식을 때까지 저어준다. 혼합물 2스푼가량을 녹은 버터에 넣고 섞은 뒤 밀가루를 흩뿌려 넣는다. 나무 주걱으로 위로 떠 올리듯 잘 섞은 다음 혼합물 나머지도 모두 넣고 섞어준다. 버터를 바르고 밀가루를 묻혀둔 제누아즈 틀 2개에 반죽을 채우고 180°C로 예열한 오븐에서 30분 동안 구워낸다.

GENTIANE 장시안 용담. 용담과에 속하는 유럽의 산악지대(특히 쥐라와 알프스) 식물이며, 그 뿌리는 기나나무의 대용품으로 사용된다. 산악 주민들에게 노란색 큰 용담(루테아 용담 Gentiana lutea)은 진정한 만병통치약이었다. 오늘날 용담은 식욕을 돋우는 아페리티프나 식후 소화를 돕는 디제스티프로 주로 사용된다. 용담액 에센스는 쓴맛의 강장제로 여러 종류의 아페리티프를 만드는 데 사용된다.

GEORGETTE 조르제트 19세기 말 다양한 요리에 붙여진 명칭으로 1885년 보드빌(Vaudeville) 극장에서 성황리에 공연된 빅토리엥 사르두(Victorien Sardou) 작 연극 제목에서 따왔다. 극장에서 가까운 팔리야르(Paillard) 레스토랑에서 처음으로 서빙된 폼 조르제트(pommes Georgette)는 감자를 통째로 익혀 속을 파내고 아직 뜨거울 때 낭튀아 소스의 민물가재 살 스튜를 채워 넣은 것이다. 조르제트 에그도 수란 또는 스크램블드 에그를 감자 안에 넣고 낭튀아 소스 민물가재 스튜를 곁들여 먹는 요리다. 조르제트 수프는 토마토와 당근 퓌레를 섞은 뒤 타피오카와 버터를 넣어 걸쭉하게 만들거나 아티초크 블루테 수프에 타피오카 펄을 넣은 것이다. 또한 조르제트 크레프는 작게 깍둑 썬 파인애플 살피콩에 럼으로 향을 내고 살구 잼으로 버무린 다음 얇게 부친 크레프에 채운 것으로, 슈거파우더를 뿌린 뒤 윤기나게 오븐에서 살짝 구운 뒤 서빙한다.

GÉORGIE 제오르지 조지아. 비옥한 땅과 덥고 화창한 기후를 갖고 있는 조지아의 요리는 풍부한 과일과 채소를 활용한 것들이 많다.

■ **지중해식 요리.** 조지아의 요리는 지중해 연안 전역에서 즐겨 먹는 음식들과 많이 비슷하다. 아제르산달(adjersandal, 토마토와 튀긴 양파를 곁들여 오븐에서 구운 가지 요리) 또는 토마토를 넣은 닭 냄비 요리 등이 대표적이다. 고기, 특히 양고기는 주로 꼬치구이인 샤슬릭(chachlik)을 만들어 먹거나 향신료와 마늘에 재운 뒤 말려 파스티르마(pasterma)를 만든다. 이 요리들은 전통적으로 쌀과 함께 먹는다. 또한 조지아의 요리는 곁들이는 소스 종류도 아주 독특한 것들이 많다. 고기나 생선 가금류에는 호두 소스, 이 지역에서 많이 먹는 붉은 강낭콩(키드니빈) 요리에는 허브 소스, 특히 즐레를 입혀 굳힌 차가운 닭 요리에는 건자두 소스를 곁들여 먹는다. 그 밖에도 요거트, 경성치즈인 투추리(touchouri), 옥수수 죽 고미(ghomi) 등 다양한 지역 특산물이 인기를 누리고 있다.

■ **와인.** 조지아의 포도재배 역사는 기원전 7,000-5,000년에 이미 시작되었다고 전해진다. 흑해와 카스피해의 영향으로 변화를 입은 기후 덕에 포도재배 환경은 아주 좋아졌다. 약 천개에 가까운 포도나무 품종이 여기에 뿌리를 내렸는데, 그중 20여 종이 와인 양조용이다. 치누리(chinuri), 구르자니(gurdzhaani), 무르크라눌리(murkhranuli), 사페라비(saperavi), 타지츠카(tasitska), 치난달리(tsinandali), 촐리쿠리(tsolikouri) 등이 대표적이다. 가장 유명한 포도재배지로 꼽히는 두 곳은 카케티(Khaketie)와 이메레티(Imérétie)이다. 관개에 의존해 포도를 재배하는 카케티(Kakhetie)에서는 특히 오크통에서 3년간 숙성한 드라이하고 향이 좋은 화이트와인을 생산한다. 뿐만 아니라 탄닌 함량이 높은 짙은 루비색의 레드와인도 만들어내는데 이들 중 몇몇은 부르고뉴 레드와인을 연상시킨다. 이메레티(Imérétie)에서는 레드와인(크반츄카라khvantchkara는 스탈린이 좋아했던 와인이다)과 포도품종의 이름을 그대로 딴 화이트와인들을 생산한다. 또한 다양한 발포성 와인이 샹파뉴 방식(méthode champenoise)으로 만들어지고 있다.

GERMÉE (GRAINE) (그렌) 제르메 발아 싹, 움. 씨앗 또는 종자 안의 저장물질을 영양분으로 삼아 싹을 틔운 것을 가리키며, 이를 위해서는 씨앗이나 종자를 물에 담가 외피를 부드럽게 불려준다(**참조** p.420 발아 씨앗 도감). 아시아가 원산지인 숙주나물(더 정확히 녹두의 싹) 이외에도 알팔파, 렌틸콩, 병아리콩 등의 콩과류 발아 싹, 아스파라거스, 비트, 물냉이, 대파, 무 등의 새싹 채소, 그리고 밀, 퀴노아 등의 발아 곡물을 시장에서 찾아볼 수 있다. 이러한 발아 싹이나 발아채소, 씨앗 등은 작은 용기에 포장되어 마트 신선식품 선반에 진열된다. 가정에서도 며칠이면 발아 씨앗을 틔울 수 있다. 발아 싹은 식물 성장에 필요한 에너지를 농축하고 있기 때문에 영양이 풍부하고 비타 민 함량이 높다. 생으로 샐러드, 채소, 샌드위치 위에 뿌려 먹는다. 발아 싹 식품들은 자라서 생성된 곡식이나 채소보다 훨씬 더 소화가 잘 된다.

▶ 레시피 : BLÉ.

GERMINY 제르미니 작가 프랑시스 아뮈나테기(Francis Amunategui)가 '프랑스 은행 총재를 위한 포타주'라고 칭한 소렐 수프의 이름이다. 이 수프는 제르미니의 백작이자 방크 드 프랑스(Banque de France) 총재였던 샤를 가브리엘 르 베그(Charles Gabriel Le Bègue)의 요리사가 그에게 처음 만들어 헌정했던 요리다. 한편 다른 설에 따르면 파리의 카페 앙글레(Café Anglais)의 셰프가 같은 인물인 이 제르미니의 백작에게 경의를 표하고자 만들었다고도 한다.

▶ 레시피 : POTAGE.

GERMON 제르몽 날개다랑어. 고등어과에 속하는 대서양과 열대 해역의 작은 다랑어로 특히 프랑스 가스코뉴 만에서 많이 잡힌다(**참조** p.848 다랑어 도표). 살의 색이 연해 흰 다랑어라고도 불리며 보통 몸의 길이는 1m 이하이지만 큰 것은 1.5m에 달하기도 한다. 브르타뉴 지방에서 즐겨 먹으며, 안초비를 생선살에 박아 넣고 토마토, 양파, 마늘과 함께 화이트와인에 자작하게 조리듯 익혀 케이퍼를 곁들여 낸다. 통조림용 참치 중 최고로 치며, 생선살 필레 또한 아주 인기가 많다.

GÉSIER 제지에 모래주머니, 닭 모래집. 가금류의 근위를 지칭하며, 속의 불순물을 제거하고 푸르스름한 흰색을 띤 건막을 제거한 뒤 식용으로 사용할 수 있다. 가금류를 구입할 때는 모래주머니가 포함되어 있지 않은 경우도 있다. 모래주머니는 대부분 콩피나 통조림 형태(혼합 샐러드용)로 판매되며, 생모래주머니는 얇게 썰거나 다져서 사용하면 훨씬 쉽게 익힐 수 있다.

GET 27, GET 31 제트 뱅트세트, 제트 트랑테앵 청량하고 알코올 도수가 높은(21-24%Vol.) 민트 리큐어로, 당도가 아주 높기 때문에 크렘 드 망트(crème de menthe)라고도 부른다. 1796년 툴루즈 근처 르벨(Revel)에서 장 제트(Jean Get)가 처음 만들어 피퍼민트(pippermint)(영어로 페퍼민트)라고 이름 붙인 Get 27은 온더락으로 또는 물을 섞어 마신다. 영미권 국가에서는 잘게 부순 얼음)에 넣어 마시며, 아프리카와 중동 지역에서는 보통 탄산수를 타 희석해 마신다. Get 31은 흰색 민트로 만들어져 무색이다.

GÉVAUDAN ▶ 참조 ROUERGUE, AUBRAC ET GÉVAUDAN

GEVREY-CHAMBERTIN 즈브레 샹베르탱 부르고뉴의 AOC 레드와인 중 하나로 피노 누아 품종으로 만들어지며, 알코올 도수가 높고 바디감이 아주 좋다. 코트 드 뉘(côte de Nuits) 지역의 가장 북쪽에 위치한 코뮌 중 한 곳에서 생산되며 여기에는 샹베르탱(chambertin)과 샹베르탱 클로 드 베즈(chambertin-clos-de-bèze)라는 두 종류의 최고급 크뤼가 포함된다.(**참조** BOURGOGNE)

GEWURZTRAMINER 게뷔르츠트라미네르 화이트와인 양조용 포도품종의 이름이자 이 품종으로 만든 알자스 AOC 와인의 이름이기도 하다. 스파이스 노트의 아로마와 풍부하고 우아한 맛을 갖고 있으며 알코올 도수가 높다(**참조** ALSACE).

GHEE 기 인도 요리에서 자주 사용되는 정제 버터의 일종으로 물소 젖으로 만든 것이 가장 유명하다. 제과용 재료로, 조리용 기름으로, 콩류 퓌레나 쌀에 넣는 양념 등으로 두루 사용된다. 서민층에서는 참기름이나 머스터드 기름으로 기를 만들어 쓰기도 하며, 네팔에서는 야크 젖으로 만든다. 기는 동양 식료품점에서 구입할 수 있다.

GIANDUJA 지앙뒤자 잔두야. 이탈리아의 초콜릿 혼합물 잔두야. 카카오 건조물(matière sèche 수분을 제외한 건조 성분) 최소 32%, 탈지 건조 카카오 8%, 곱게 간 헤이즐넛 최소 20%, 최대 40%를 함유한 초콜릿 혼합물

Graines germées 발아 씨앗, 발아 싹

moutarde
무타르드. 머스터드 싹

seigle
세글. 호밀 싹

avoine
아부안. 귀리 싹

blé
블레. 밀 싹

orge
오르주. 보리 싹

fève de soja noire
페브 드 소자 누아르. 검은콩 싹, 검은 콩나물

haricot mungo
아리코 뭉고. 녹두 싹, 숙주

cresson
크레송. 크레송, 물냉이

fève de soja jaune
페브 드 소자 존. 대두 싹

petite lentille marron
프티트 랑티유 마롱. 갈색 렌틸콩 싹

tournesol
투른느솔. 해바리기씨 싹

alfalfa, ou luzerne
알팔파, 뤼제른. 알팔파

pois chiche
푸아 시쉬. 병아리콩 싹

radis
라디. 무싹, 무순

lentille
랑티유. 렌틸콩 싹

유통되는 수렵육의 종류와 특성

명칭	산지	시기	무게	외관
털이 있는 수렵육				
붉은 사슴, 또는 귀족사슴 (Cervus elaphus)	유럽	9월-2월 말(프랑스) 9월-12월(스위스, 벨기에)	100-220kg	털 빛깔: 적갈색(여름), 회갈색(겨울)
노루 (Capreolus capreolus)	유럽, 아시아	6월1일-2월 말	20-25kg	털 빛깔: 적갈색(여름), 짙은 회색 (겨울)
산토끼 (Oryctolagus cuniculus)	유럽, 중국	9월 말-3월 중순	1.2-2kg	등은 붉은 회색, 배는 흰색
유럽 산토끼, 또는 산토끼 (Lepus europaeus)	유럽, 아시아, 아메리카, 오세아니아	9월-2월 말	3-5kg	털 빛깔: 회갈색에서 붉은 황금색, 꼬리 위쪽은 검정색, 아래쪽은 흰색, 귀가 길고, 끝부분은 검정색.
멧돼지				
새끼 멧돼지(5개월-털갈이) bête rousse	유럽, 아시아, 북아프리카	8월 중순-2월 말	15-60 kg	적갈색 털
새끼 멧돼지(털갈이) bête de compagnie			60-80 kg	털색이 짙어짐
멧돼지 수컷(2-3살) ragot mâle			80-100 kg	털색이 짙어짐
멧돼지 수컷(3-4살) tiers-an mâle			100-110 kg	털색이 짙어짐
멧돼지 수컷(4-5살) quartenier mâle			110-120 kg	털색이 짙어짐
늙은 멧돼지(5살 이상) solitaire			120-250 kg	털색이 짙어짐
깃털달린 수렵 조류				
청둥오리, 들오리 (Anas platyrhynchos)	유럽	8월-2월	0.8-1.2kg	녹색과 회색 깃털, 밤색과 흰색(수컷) 또는 갈색(암컷) 깃털.
꿩(Phasianus colchicus)	프랑스, 북아메리카, 아시아	11월-2월	1.2-1.5kg	적갈색 깃털, 화려하게 반짝이는 광택 (수컷) 또는 베이지에서 갈색(암컷) 깃털. 꼬리가 매우 길다(수컷).
긴 꼬리 꿩(Syrmaticus reevesii)	중국 북부와 중부, 영국, 프랑스	9월-2월 말	1.4-1.6kg	금빛 나는 갈색 깃털, 머리는 흰색에 검정 줄무늬가 있으며 몸은 갈색과 금색(수컷) 또는 윤기가 덜 나는 진한 갈색 또는 밝은 갈색(암컷), 꼬리는 길고 (최대 1.8m), 검은 줄무늬가 있는 갈색과 흰색으로 되어 있다.
산비둘기 (Columba palumbus)	유럽	9월-2월	0.6kg	청회색 깃털, 목 측면과 날개에 흰색 횡선이 있다.
회색자고새 (Perdix perdix)	북반구	9월 말-12월 말	0.36kg	회갈색 깃털에 미색 반점이 있고 발과 부리는 청회색이다.
붉은 자고새 (Alectoris rufa)	유럽 남서부	9월 말-12월 말	0.35-0.6kg	깃털은 회색 바탕에 등은 적갈색, 가슴 부분은 흰색, 발과 부리는 붉은색이다.

이다. 토리노 지역의 특산물(피에몬테 지방은 헤이즐넛 산지로 유명하다)인 잔두야는 그 자체 그대로 또는 프랄리네 페이스트, 가나슈, 과일 페이스트나 아몬드 페이스트 등과 혼합 또는 레이어로 겹쳐지는 형태로 각종 초콜릿 봉봉이나 초콜릿 디저트의 구성 재료로 사용된다.

GIBELOTTE 지블로트 토끼고기 스튜의 일종으로 베이컨 라르동, 방울양파, 부케가르니를 함께 넣고 육수와 와인으로 국물을 잡아 만든다. 끓이는 중간에 양송이버섯을 넣어주고 마지막에 곱게 으깬 간을 넣어 마무리한다. 캐나다 퀘벡에서 지블로트는 채소와 생선을 넣고 끓인 스튜를 지칭한다.

---

gibelotte des îles Sorel 지블로트 데 질 소렐

퀘벡 소렐섬의 지블로트 : 냄비에 식용유 120mℓ를 뜨겁게 달군 뒤 다진 양파 25g을 넣고 볶는다. 소고기 부이용 큐브 1개를 풀어 둔 물 250mℓ를 붓고 깍둑썬 감자 500g을 넣은 뒤 소금, 후추로 간한다. 끓기 시작하면 불을 줄이고 10분 동안 뭉근히 끓인다. 토마토 크림 125mℓ을 넣고 10분간 더 익힌다. 완두콩 125g, 익힌 그린빈스 250g, 익힌 미니 당근 250g, 옥수수크림 150mℓ를 넣고 뜨겁게 가열한다. 간을 맞춘다. 다른 냄비에 물 2.5ℓ와 굵은 소금 30g을 넣고 끓인 뒤 1.5kg짜리 메기 한 마리를 넣고 5분간 데쳐 익힌다. 완성된 채소 스튜 위에 얹어 서빙한다.

GIBIER 지비에 수렵육. 사냥해서 잡은 동물을 총칭한다(**참조** p.421 수렵육 도표). 수렵 동물은 수 세기 동안 육식 식생활의 기본 공급원이었는데, 오늘날에는 아주 가끔이나 먹을 수 있는 음식이 되었다. 사냥은 관리 범위가 매우 제한된 취미활동이며(프랑스의 경우 30㎢당 사냥꾼 1명으로 산정한다) 야생동물의 관리를 위해 매우 유용하다. 실제로 생태계의 오염과 현대적인 농업 방식 실행으로 인해 작은 크기의 사냥감들(자고새, 꿩, 산토끼 등)은 개체수가 현저히 줄어든 반면 덩치가 큰 사냥용 동물들은 너무 많아졌다. 오늘날 매우 희귀해진 특정 종들은 사냥이 금지돼 있다.

퀘벡에서는 주민 여섯 명 중 한 명꼴로 사냥 허가증을 신청한다. 이 허가증 소지자에게는 산토끼, 마못 같은 포유류와 들꿩과 뇌조 등의 조류 사냥이 허용된다. 덩치가 큰 사냥 동물로는 흰꼬리사슴, 고라니, 곰, 캐나다 순록의 사냥만 허용된다(흰꼬리사슴과 고라니는 수컷으로 제한). 철새들의 사냥은 범아메리카 협정(캐나다, 미국, 멕시코)이 정한 바에 따른다. 사냥한 야생 동물은 개체수가 너무 많은 캐나다 순록만을 제외하고는 상업적으로 유통할 수 없다. 반면, 수렵 동물의 사육은 허용된다. 가지뿔영양(아메리카 영양), 다마사슴, 멧돼지, 와피티사슴은 정해진 구역 내에서 연중 사냥할 수 있다. 유럽에서 수렵육은 언제나 인기 있는 음식이며 미식가들이 선호하는 고급 요리의 재료로 쓰인다. 하지만 사육한 동물(메추라기, 꿩)이나 수입한 것이 아니라면 오로지 사냥 시즌에만 구입할 수 있다.

■ **털이 있는 수렵육과 깃털이 있는 수렵 조류.** 수렵육은 털이 있는 것과 깃털 달린 것, 두 개의 범주로 분류된다. 털이 있는 수렵육은 다시 덩치가 큰 짐승과 작은 동물로 나뉜다. 덩치가 큰 수렵육은 브네종(venaison) 또는 검은 고기(viande noire)라고도 부르며 여기에는 야생염소, 사슴, 샤무아영양, 노루, 다마사슴, 피레네산양, 무플론산양, 멧돼지 등이 포함된다. 크기가 작은 수렵 짐승에는 산토끼와 굴토끼가 포함된다.

깃털 달린 수렵 조류는 붉은 자고새, 멧도요, 큰 뇌조, 꿩, 들꿩, 각종 뇌조들, 자고새, 뜸부기, 산비둘기 등 산이나 들판에서 사냥으로 잡아들인 새들을 총칭한다. 종달새, 꾀꼬리, 개똥지빠귀, 티티새, 멧새 등 몸집이 아주 작은 조류는 따로 분류한다. 또한 물새 종류도 흑꼬리도요, 야생오리, 마도요, 야생거위, 쇠물닭, 상오리, 댕기물떼새 등 별도로 분류한다.

■ **탄력 있는 육질과 강한 풍미를 지닌 고기.** 사냥한 고기의 식감과 풍미는 그 동물의 생활양식과 먹이에 따라 결정되며, 그 특유의 향은 동물의 나이가 늘어날수록 더욱 뚜렷하고 짙어진다. 수렵육의 살은 일반 정육보다 조직이 치밀하고 색이 선명하며 지방질이 적고 단백질 함량이 더 높다. 수렵육은 소화하기 비교적 어렵다고 알려져 있으므로 너무 많이 섭취하지 않는 것이 좋다. 수렵 동물의 고기는 피를 제거하지 않은 사체 상태 그대로이므로 질병과 기생충의 보균체가 될 수도 있으며 때로는 납을 많이 함유하고 있을 수도 있다. 따라서 시판 유통되는 수렵육의 경우 위생검사가 이루어진다. 개인 사냥꾼들이 잡은 경우에는 이러한 위생검사가 이루어지지 않는다.

수렵육은 요리 전에 육질이 연해지고 맛이 좋아지는 숙성 상태에 이르도록 반드시 일정시간 동안 휴지시켜야 한다(**참조** FAISANDAGE). 숙성시키지 않은 수렵육은 바로 가죽을 벗기거나 깃털을 뽑은 뒤 내장을 꺼내고 서

DÉCOUPER UN GIGOT 양 넓적다리 고기 자르기

1. 양 뒷다리의 뼈 손잡이를 잡는다. 뼈의 주위를 돌려주면서 날카롭고 긴 주방칼로 정강이 부분을 절개해준다. 떼어내 보관한다.

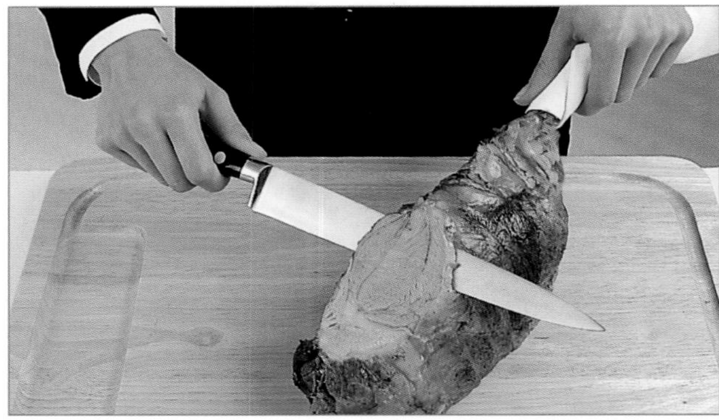

2. 넓적다리 안쪽 살(noix)이 아래로 오도록 놓고, 다리 후면부의 살(sous-noix)을 뼈와 평행한 방향으로 얇게 썬다.

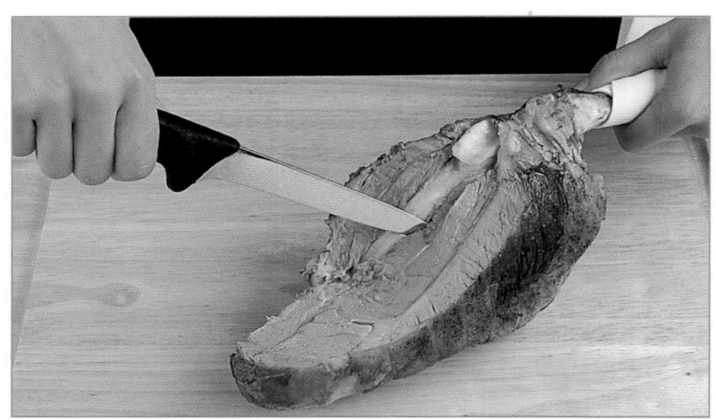

3. 고기용 식도를 사용해 대퇴골의 양쪽 끝부분을 너무 깊지 않게 절개해준다. 넓적다리 안쪽 살(noix)을 더 쉽게 썰 수 있도록 대퇴골을 살짝 빼내준다.

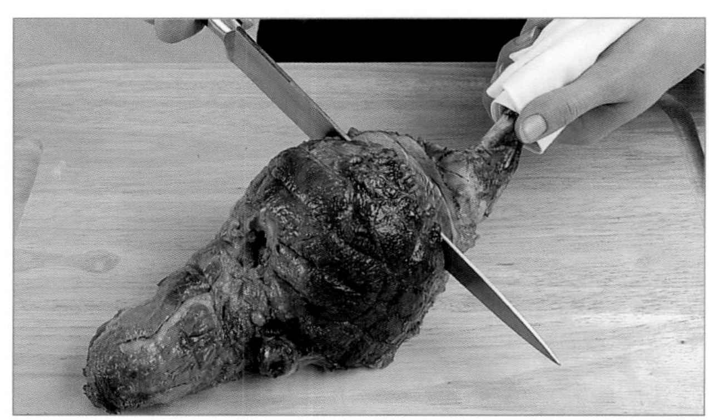

4. 뒷다리를 뒤집는다. 넓적다리 안쪽 살을 뼈와 수직 방향으로 얇게 잘라준다. 일부 요리사들은 정강이 입구를 잘라낸 뒤 넓적다리 안쪽 살(noix)을 먼저 자르는 방법을 선호하기도 한다.

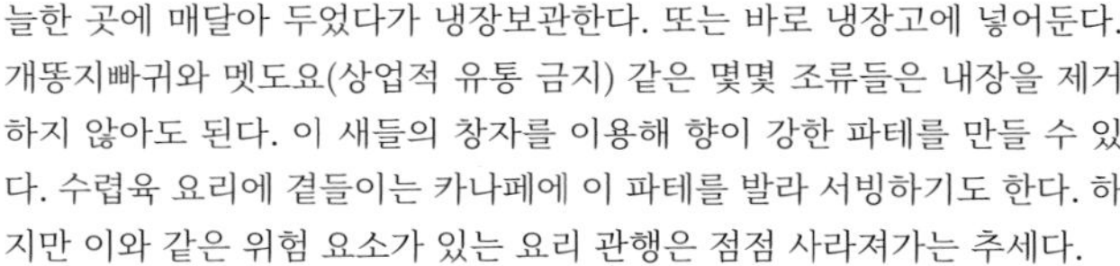

늘한 곳에 매달아 두었다가 냉장보관한다. 또는 바로 냉장고에 넣어둔다. 개똥지빠귀와 멧도요(상업적 유통 금지) 같은 몇몇 조류들은 내장을 제거하지 않아도 된다. 이 새들의 창자를 이용해 향이 강한 파테를 만들 수 있다. 수렵육 요리에 곁들이는 카나페에 이 파테를 발라 서빙하기도 한다. 하지만 이와 같은 위험 요소가 있는 요리 관행은 점점 사라져가는 추세다.

시판되는 수렵육은 이미 숙성된(maturé) 것들이다. 구매 시에는 신선하고(너무 오래 숙성하지 않는다) 어린 동물을 선택하는 것이 좋다. 새의 부리와 가슴뼈는 구부러져 있어야 하고, 무게와 연골을 확인해 털이 있는 짐승의 나이를 짐작할 수 있다.

■ **수렵육 요리.** 덩치가 큰 수렵육의 손질과 조리법 등은 일반 정육과 동일하다. 하지만 수렵육은 보통 마리네이드(재움)하여 조리하는 경우가 많다. 갈비뼈가 붙은 살덩어리(랙), 넓적다리살, 볼기등심 등의 부위는 주로 오븐에서 로스트한다. 목심, 앞다리살, 뱃살 등은 스튜와 시베(civet)로, 갈비(촙)와 안심은 소테하거나 그릴에 굽는다. 모든 위생상의 위험을 피하기 위하여 수렵육은 언제나 완전히 익혀 먹어야 한다. 하지만 갈비와 안심 및 기타 로스트는 살이 분홍빛을 띠는 정도인 로제(rosé)로 익힌다.

달콤한 맛의 가니시(과일)는 진한 소스를 곁들인 갈색 수렵육의 강한 맛을 잘 살려준다. 깃털 달린 수렵육 조류는 일반 가금류와 마찬가지로 조리한다. 또한 수렵육은 테린과 파테를 만드는 데도 많이 사용된다(수렵육 고기를 재료 전체의 20%만 넣어도 산토끼, 멧돼지 등 그 해당 짐승의 이름을 요리에 붙일 수 있다).

▶ 레시피 : CONSOMMÉ, FOND, PAIN DE CUISINE, PURÉE, SAUCE, VELOUTÉ.

GIGONDAS 지공다스 프로방스 방투산(mont Ventoux) 기슭의 포도밭에서 생산되는 AOC 레드와 로제와인으로 포도품종은 그르나슈(grenache), 시라(syrah), 무르베드르(mourvèdre), 생소(cinsault)이다. 바디감이 강하고 알코올 도수와 풍미가 진한 레드와인은 코트 뒤 론(côtes-du-Rhône) 최고의 와인 중 하나로 특히 2, 3년 숙성을 거친 것은 매우 훌륭하다. 드라이하고 과일 향이 풍부한 로제와인은 반대로 어린 시기에 마시는 것이 더 좋다(**참조** RHÔNE).

GIGOT 지고 양 뒷다리살. 양과 어린양의 볼기살(selle)과 허벅지(cuisse)의 전체를 이루는 정육 부위를 가리킨다. 짧게 자른 뒷다리살(gigot raccourci)은 볼기 쪽 부분을 포함하지 않는다(**참조** p.22 양 정육 분할 도표).

■ **사용.** 볼기살과 허벅지살 두 부위는 따로 요리할 수 있다. 주방용 실로 묶어 오븐에 익힌 볼기살 덩어리는 아주 훌륭한 로스트 요리가 되며, 허벅지 쪽 다리살은 그릴에 굽거나, 로스트, 삶아 익히거나 브레이징, 팬 프라이 등 다양한 조리법으로 활용할 수 있다. 지방질 첨가 없이 오븐에 굽는 것이 가장 적합하며, 만약 고기에 너무 기름기가 적은 경우는 미리 오일을 발라준다. 또한 향신 양념이나 와인에 마리네이드 한 다음 오븐에 익히면 브네종(덩치가 큰 수렵육) 풍미의 사냥꾼 스타일 지고(gigot chasseur)로 변신하게 된다.

살에 마늘을 찔러 넣고 오븐에 굽고 플라젤렛 콩을 곁들인 양 뒷다리 로스트(gigot rôti)는 가족 파티나 고급 식사 모임에서 많이 즐기는 전통 요리다. 그밖에도 화이트와인, 돼지비계, 양파를 넣고 조리하거나 주니퍼베리를 넣고 익힌 뒤 적채를 곁들이기도 하고, 민트 소스와 함께 내기도 한다. 또한 로스트로 서빙하고 남은 자투리 고기를 활용하기도 하고 터키식 꼬치 요리로 만들기도 하며 스튜나 찜 요리로도 즐겨 먹는 등 양 뒷다리 요리는 종류가 매우 다양하다. 7시간 익힌 양 뒷다리(gigot de sept heures)가 유명한 대표적 요리다(**참조** AGNEAU). 또한 양 뒷다리 요리는 아이올리 소스를 곁들이거나 즐레를 넣어 굳혀 테린처럼 만든 뒤 차갑게 먹기도 한다.

뒷다리살 손잡이 부분은 긴 뼈의 끝부분으로 종이로 된 레이스 캡을 씌워 서빙하기도 한다. 또한 큰 뒷다리 덩어리의 지탱을 도와주는 도구인 손잡이 뼈 홀더(manche à gigot)를 끼워 고정시킨 뒤 고기를 커팅하기도 한다. 바로 이 뼈 위에 붙어 있는 살이 정강이살(souris, shank)로 커다란 호두 모양으로 둥글게 생긴 아주 부들부들하고 연한 부위다. 넓은 뜻으로, 칠면조 또는 닭의 넓적다리와 드럼스틱을 지고(gigot)라도 부르기도 한다. 다리와 허벅지살을 모아서 주방용 실로 묶어 큰 덩어리로 만든 다음 오븐에서 로스트하거나 냄비에 넣고 오랜 시간 뭉근히 브레이징한다. 경우에 따라 다리 살에 소를 채워 넣기도 한다. 또한 지고(gigot)라는 용어는 토마토와 화이트와인을 넣고 자작하게 익힌 아귀 요리를 지칭할 때도 사용한다(gigot de lotte).

알랭 샤펠(ALAIN CHAPEL)의 레시피

gigot braisé aux petits oignons nouveaux **지고 브레제 오 프티 조뇽 누보**

작은 줄기양파를 넣고 브레이징한 양 뒷다리 요리 : 버터를 녹인 코코트 냄비에 양 뒷다리를 넣고 오븐에서 25분간 익힌 뒤 건져둔다. 코코트 냄비에 새로 버터를 넣은 뒤 줄기양파 1kg을 넣고 설탕을 조금 뿌려 노릇한 색이 나도록 볶는다. 뒷다리를 다시 양파 위에 놓고 오븐에 넣는다. 양파가 완전히 익으면 껍질 벗겨 8등분으로 자른 토마토 2개를 넣고 화이트와인 2잔을 붓는다. 뒷다리를 뒤집어가며 고루 윤기 나게 익도록 마무리한다. 농축한 소고기 육수를 중간에 조금씩 보충해 넣어준다. 뒷다리를 건져 슬라이스한 다음 서빙 접시에 담는다. 양파에 버터를 넣고 잘 섞으며 데운 다음 고기 위에 덮어준다.

GIGUE 지그 덩치가 큰 수렵육(노루, 사슴)의 넓적다리를 가리키며 퀴소(cuissot)라고도 불린다. 힘줄을 제거한 넓적다리 살에 길쭉하게 썬 돼지비계를 군데군데 박아준 다음 오븐에 굽는다. 경우에 따라 마리네이드한 다음 굽기도 한다. 수렵육 넓적다리 로스트에 곁들이는 클래식 가니시는 셀러리악 퓌레 또는 밤 퓌레, 야생버섯 볶음, 레드커런트 즐레로 구성된다. 칠면조 또는 새끼 칠면조의 넓적다리 또한 지그(gigue)라고 부른다.

GILBERT (PHILÉAS) 필레아스 질베르 프랑스의 요리사(1857, La Chapelle-sur-Dreuse 출생—1942, Couilly-Pont-aux-Dames 타계). 상스(Sens)에서의 요리사와 파티시에 견습 과정을 마친 그는 전국을 돌며 실무를 익히는 투르 드 프랑스(tour de France) 기간 중 오귀스트 에스코피에(Auguste Escoffier), 에밀 베르나르(Emile Bernard), 오잔(Ozanne), 프로스페르 몽타녜(Prosper Montagné) 등의 셰프들과 일할 기회를 얻었다. 이후 그는 재능 있는 실무가인 동시에 이론가, 석학으로 성장했다. 『회상적 요리(*la Cuisine rétrospective*)』, 『월별 요리(*la Cuisine de tous les mois*)』, 『각 시대별 식품과 요리 기술(*l'Alimentation et la Technique culinaire à travers les âges*)』 등 여러 권의 저서를 출간한 그는 에스코피에(Escoffier)의 『요리 안내서(*Guide culinaire*)』 집필에 참여했으며, 요리사전 『라루스 가스트로노미크(*Larousse gastronomique*)』(1938) 초판의 서문을 쓰기도 했다. 또한 그는 요리 전문 잡지와 신문에 다수의 기사를 기고했고, 그 글들을 통해 동종업계 인물들과 열띤 논쟁을 벌임으로써 많은 주목을 받게 되었다.

GILLIERS 질리에 스타니슬라스 레슈친스키(Stanislas Leszczynski) 왕의 주방장. 그는 1751년 『프랑스의 카나멜리스트(*le Cannaméliste français*)』를 출간했다(cannaméliste라는 단어는 사탕수수 또는 꿀수수의 옛 이름 cannamelle에서 유래했다). 이는 식도락의 역사와 특히 테이블 장식의 역사를 잘 보여주는 소중한 문헌이다. 로타(Lotha)가 새겨 만든 뒤퓌(Dupuis)의 삽화들은 이 책에서 18세기 유리세공과 금은세공의 걸작들을 잘 표현하고 있다.

GIMBLETTE 잼블레트 링 모양의 작은 과자로 프랑스 남서부 알비(Albi)의 특산물이다. 쟁블레트 반죽은 에쇼데(**참조** ÉCHAUDÉ)처럼 먼저 끓는 물에 데친 다음 건져서 말린 뒤 오븐에 넣어 노릇하게 구워준다. 알비(Albi)의 파티시에이며 『타른의 특선 먹거리에 관한 역사적 탐구(*Recherches historiques sur les spécialités gourmandes du Tarn*)』의 저자인 페르낭 몰리니에(Fernand Molinier)는 이 과자가 낭테르의 수도사들에 의해 처음 만들어졌고 그 레시피가 15세기 성당의 의전사제들에게 전해졌을 것이라 믿었다.

GIN 진 곡물로 만든 오드비(주로 옥수수, 보리 또는 호밀로 만든다)로 주로 앵글로색슨 국가들에서 만들어진다. 진은 특히 노간주나무열매(주니퍼베리)와 같이 식물성 원료로 향을 낸다(진의 이름은 노간주나무열매를 뜻하는 네덜란드어 genever에서 따왔다). 영국의 초창기 증류주 제조자들은 (17세기 말) 네덜란드 주니퍼베리 증류주 제네버(genever)의 맛과 외양을 모방한 오드비를 만들어내려고 노력했다. 당시는 제네버의 수입이 막 금지되었을 때였다. 진은 섞지 않고 스트레이트로, 크러시드 아이스와 혼합해 차갑게, 또는 온더락으로 마신다. 또한 브롱스, 프렌치 75, 매카를 비롯한 다수의 칵테일과 시원한 롱 드링크 등의 베이스 알코올로 사용된다. 가장 널리 알려진 것은 진, 레몬 주스, 설탕, 소다수를 혼합한 칵테일인 진 피즈(gin-fizz)다.

▶ 레시피 : COCKTAIL.

GINGEMBRE 쟁장브르 생강. 생강과에 속하는 식물로 원산지는 극동 아시아 지역이며 주로 기후가 더운 나라에서 재배된다. 매운 맛이 나는 방향성 뿌리인 생강은 신선한 상태로 또는 설탕에 절여 사용하며 가루로 만들어 쓰기도 한다(**참조** p.338-339 향신료 도감). 생강은 중세에 많이 즐겨 먹었으며 특히 진지베린 가루(poudre ziziberine)로 만들어 사용하였다. 16세기 왕궁의 요리사 타유방은 크르토네(cretonnées), 도딘(dodines), 갤리모프리 스튜(galimafrées)와 각종 수프에 이 생강가루를 넣어 향을 냈다. 유럽에서 생강은 제과나 당과류 제조(특히 알자스, 네덜란드, 영국에서 비스킷, 사탕, 잼, 케이크 등을 만드는 데 사용) 및 음료에 향을 내는 데도 사용되었다. 오늘날에는 동양 요리의 영향을 받아 생강이 양념으로서 다시 각광을 받게 되었다. 생강가루(또는 생으로, 갈아서)를 수프나 생선 및 갑각류 해산물 요리에 넣거나 신선한 생강을 얇게 썰어 초절임한 뒤 스시에 곁들여 먹기도 한다. 중국과 특히 일본에서는 쿠르부이용이나 마리네이드 절임액 또는 수프에도 생강을 많이 활용한다. 생강은 생선 요리에 가장 많이 쓰이는 양념이다. 심지어 요리와 요리 사이에 날 생강을 씹어 먹기도 한다. 인도와 파키스탄에서는 고기, 소스에 요리한 생선, 쌀밥, 채소 퓌레에 생강을 넣어 향을 내며 커리에 넣어 맛을 돋울 뿐 아니라 차로도 우려 마신다. 동남아 전역에서 설탕에 절인 편강은 가장 흔한 당과다.

▶ 레시피 : BISCUIT, PETIT POIS, PORC, THON.

GINGER BEER 진저비어 영국에서 많이 소비되는 저알코올 탄산음료로 설탕, 생강, 주석산 혼합물을 물에 탄 뒤 효모를 넣고 발효시켜 만든다. 생강의 알싸하고 매운 맛을 좋아하는 앵글로색슨 국가 사람들은 이것을 사용해 진저에일(캐러멜로 착색하고 생강 원액을 넣어 향을 낸 탄산수의 일종으로 진이나 위스키에 넣어 희석해 마신다)과 진저 와인(물, 생강, 효모, 설탕, 레몬, 건포도, 후추, 경우에 따라 증류주를 혼합해 발효시킨 음료)을 만들기도 한다. 진저와인에 위스키를 섞으면 위스키 맥(whisky mac)이 된다.

GINSENG 진생 인삼. 두릅나무과에 속하는 인삼의 뿌리로 한국과 만주의 산악지역에서 자란다. 각종 치유적, 주술적 심지어는 최음의 효능이 있어 중국인들에게는 생명의 뿌리로 여겨지는 인삼은 주로 원기를 보강하는 강장음료로 소비된다. 하지만 빈맥 증상이나 고혈압이 있는 사람에게는 권장하지 않는다. 인삼은 또한 정과 등의 당과류, 사탕, 물약 시럽, 연고 제조에도 사용된다. 인삼은 뿌리 통째로 술에 담가 저장하기도 하고 완전히 건조하여 달여 먹기도 한다. 또한 생강처럼 곱게 갈아 양념처럼 사용할 수도 있다. 맛은 회향과 비슷하다.

GIRARDET (FREDY) 프레디 지라르데 스위스의 요리사(1936, Lausanne 출생). 학업을 마친 이후 보졸레, 이어서 로안을 자주 오가던 지라르데는 이곳의 트루아그로(Troisgros) 형제가 운영하는 레스토랑에서 프랑스의 고급 요리에 눈을 뜨게 된다. 스위스 로잔 외곽에 위치한 작은 마을 크리시에(Crissier)의 오텔 드 빌 레스토랑(Restaurant l'Hôtel de Ville)에 정착한 그는 원산지가 어디든 상관없이(브르타뉴의 랍스터뿐 아니라 모로코의 새우도 요리에 사용한다) 좋은 품질의 재료를 최우선으로 하는 요리를 선보였다. 물론 스위스 보(Vaud) 지방의 전통을 자신의 요리에 담는 것도 소홀히 하지 않았다. 어떠한 것에도 과하게 치우치지 않고 맛의 조화를 이루어내는 데 있어 그의 엄격함과 정확성은 전설적이다. 그는 빠르게 세계 최고의 요리사로 등극했고 고와 미요(Gault & Millau) 레스토랑 평가 가이드는 처음으로 그의 식당에 최고점인 19.5/20을 주었다. 이론의 여지가 없는 그의 실력에 대한 인정은 1995년 발간된 스위스 미슐랭 가이드 초판에서 단번에 별 3개를 획득하는 쾌거로 이어진다.

식초를 넣은 더운 푸아그라 요리, 포므롤 와인 즐레와 굵게 부순 후추 미뇨네트를 곁들인 차가운 푸아그라, 볼로(Bolo) 송아지 콩팥 요리 등은 오랫동안 사랑받는 그의 대표적인 메뉴다. 그의 저서 『직설적인 요리(*la cuisine spontanée)*』(Robert Laffon 출판, 1994)에는 기본 레시피들이 소개돼 있다. 조엘 로뷔숑은 그에 대해 '모든 트렌드보다 앞서 있었으며 어떤 유행에도 굴복하지 않았다'고 말했다. 프레디 지라르데는 1999년에 자신의 수셰프였던 필립 로샤(Philippe Rochat)에게 주방의 바통을 넘겼다.

GIRAUMON 지로몽 터번 스쿼시. 박과에 속하는 호박의 일종으로 앤틸리스 제도와 몇몇 열대 국가에서 재배되며 프랑스에서도 기후에 적응하여 재배되고 있다. 큰 호박(3kg 이상)과 작은 호박(약 1kg) 등 여러 품종이 있는데, 지로몽 호박은 한번 자르게 되면 보관이 어렵기 때문에 작은 호박을 선택하는 게 더 좋다. 터키식 모자 또는 이로쿼이 인디언 호박이라고도 불리는 지로몽은 수분이 많고 열량이 낮다(100g당 31kcal 또는 130kJ).

과육은 단단하며 단맛이 나고 은은한 머스크 향이 난다. 오이처럼 생으로 먹는 경우도 있지만 일반적으로는 큰 호박처럼 익혀 먹는다. 특히 앤틸리스식 요리에는 지로모나드(giraumonade)라고 불리는 라타투이와 스튜류 등 지로몽을 익혀 만드는 다양한 레시피가 있다. 녹색 지로몽 호박은 그린 토마토로 잼을 만드는 것처럼 잼을 만드는 데 사용된다. 이 호박의 잎은 소렐처럼 조리해 먹기도 한다.

GIRELLE 지렐 놀래기의 일종. 양놀래기과에 속하는 작은 근해어로 지중해에 서식하며 색이 선명하고 등에 가시지느러미가 나있다. 살이 연하고 향이 좋지만 가시가 아주 많다. 지렐은 튀김으로 먹기도 하지만 무엇보다도 부야베스에 들어가는 기본 재료다.

GIROFLE (CLOU DE) (클루 드) 지로플 정향. 정향과에 속하는 정향나무의 꽃봉오리로 개화하기 전에 따서 햇빛에 말린 것이다(**참조** p.338-339 향신료 도감). 갈색을 띤 단단하고 작은 못 모양의 정향은 길이 약 12mm에 머리 부분은 직경 4mm 정도이며 맵고 강한 맛을 갖고 있다. 4세기경 유럽에 들어온 정향은 오랫동안 후추 못지않게 인기가 많은 향신료였다. 인도네시아 말루쿠 군도가 원산지로 이곳에서는 네덜란드인들이 오랫동안 정향 재배의 독점권을 소유하고 있었고, 17세기가 되어서야 프랑스령 레위니옹섬에 도입되기 시작했다. 중세에 이탈리아의 살레르노 의학교(Scuola Medica Salernitana)에서는 정향을 만병통치약으로 여겼으며, 정향을 박은 오렌지는 사람들을 흑사병으로부터 보호한다고 믿었다. 나폴리에서는 최음 효능이 있다고 알려진 정향정제를 만들기도 했다. 정향은 또한 고기와 샤퀴트리 보존용으로도 사용되었다. 오늘날 유럽에서 정향이 반드시 들어가는 음식은 몇 가지로 확실히 정해져 있다. 코르니숑과 피클, 오드비에 담근 과일, 식초에 절이는 음식, 레드와인소스 생선 마틀로트, 고기를 삶는 국물이나 브레이징 요리에 넣는 양파에 찔러 넣는 데 주로 사용된다. 또한 꿀이나 건과일을 넣은 파티스리에 넣어 향을 내거나 뱅쇼(vin chaud)를 끓일 때도 계피와 함께 넣는다. 그 밖에 인도식 향신료 믹스, 중동의 향신료 믹스인 라스 엘 하누트, 중국의 오향에도 들어간다.

▶ 레시피 : VIN CHAUD.

GIROLLE 지롤 회전형 치즈 셰이버. 크랭크 핸들(축 손잡이)이 세로로 장착된 작은 도구로 치즈를 얇게 긁어내는 데 사용된다. 특히 테트 드 무안(tête-de-moine)처럼 높은 원통형의 치즈에 축을 꽂고 핸들을 돌리면 얇고 규칙적인 카네이션 모양의 대팻밥을 쉽게 만들어낼 수 있으며, 이를 지롤이라고도 부른다.

GIROLLE (CHAMPIGNON) 지롤(버섯) 지롤버섯, 꾀꼬리버섯. 담자균류의 식용버섯으로 샹트렐(chanterelle)이라고도 불리는 깔때기 모양의 지롤 버섯은 활엽수 및 침엽수림에서 6월-10월에 채취된다(**참조** p.188-189 버섯도감). 갓의 아랫면은 일반적으로 촘촘한 겹주름이 없어 매끈하거나 다소 통통한 주름을 갖고 있다. 가장 유명하고 맛이 좋은 지롤 품종은 닭 볏이라는 뜻의 이름을 가진 크레트 드 코크(crête de coq) 종으로 살이 통통하고 줄기가 짧고 두툼하며 전체적으로 달걀색을 띠고 있다. 탁월한 맛으로 호평을 받고 있는 또 다른 두 종류는 깔때기 뿔나팔버섯(chanterelle en tube)과 갈색털 꾀꼬리버섯(chanterelle jaune)이다. 소나무 숲에서 무리를 지어 자라는 이 버섯들은 둘 다 가느다랗고 호리호리하며 살이 두툼하진 않지만 향이 매우 좋다. 지롤버섯은 볶아서 오믈렛, 스크램블드 에그에 넣거나 생선, 토끼고기 또는 송아지고기 요리에 곁들인다. 또한 각종 허브를 넣은 비네그레트 소스에 미리 버무려 놓았다가 생으로 먹기도 한다. 버섯을 씻을 때는 조심스럽게 다루어야 한다. 일반적으로 깨끗한 편인 작은 버섯들은 위아래를 솔로 살살 문질러 흙을 털어준다. 그 외의 것들은 흐르는 수돗물에 재빨리 헹군 뒤 건져서 종이타월에 놓고 물기를 빼준다.

GÎTE ARRIÈRE 지트 아리에르 뒷사태, 뭉치사태. 소의 설도 아래쪽, 도가니살 뒤쪽에 위치한 사태 부위로 아킬레스 건에 연결된 근육으로 이루어져 있으며 뒷 정강이의 일부를 감싸 쥐고 있는 구조다. 얼마 전까지만 해도 이 부위를 뭉치사태(nerveux de gîte à la noix) 또는 통마늘이라는 뜻의 구스 다이(gousse d'ail) 라고 불렀다. 이 부위는 포토푀, 소고기 찜, 뵈프 부르기뇽 스튜 등 뭉근히 오래 익히는 요리에 주로 사용된다. 또는 기름과 힘줄, 근막 등을 제거한 뒤 비프 스테이크로 조리하기도 한다.

GÎTE NOIX 지트 누아 보섭살, 도가니살, 삼각살. 소의 설도 바깥쪽과 붙어 있는 부위로 삼각살의 일부와 도가니살의 중심부로 이루어져 있다(**참조** p.108-109 프랑스식 소 정육 분할). 예전에는 지트 아 라 누아(gîte à la noix) 또는 스멜(semelle)이라고 불렸으며 홍두깨살과 뭉치사태까지 포함하는 부위였다. 원래는 뭉근히 오래 익히는 브레이징용으로만 주로 사용되었지만, 비프 스테이크로 구워 먹는 수요가 많아지면서 짧은 시간 안에 조리하는 부위로도 취급되기 시작했다. 또한 이 부위는 비프 타르타르와 꼬치 요리로도 많이 사용되며, 덩어리 그대로 또는 두 부분으로 나누어 얇은 비계로 싼 다음 주방용 실로 묶어 오븐에서 로스트하기도 한다. 뿐만 아니라 덩어리를 살짝 얼린 상태에서 아주 얇게 슬라이스하여 비프 카르파초를 만들기에도 적합한 부위다.

GIVRER 지브레 '성에로 덮다'라는 의미의 이 용어는 빈 유리잔에 얼음 몇 개를 넣고 재빨리 빙빙 돌려 안쪽 벽에 뿌연 냉기를 입히는 것을 가리키며, 주로 칵테일이나 오드비를 따르기 전 잔을 차갑게 준비하는 과정이다. 또한 칵테일 글라스의 테두리에 프로스팅을 입힌 것을 뜻하기도 하는데, 이러한 장식을 코롤레트 드 지브르(collerette de givre)라고 부른다. 칵테일 잔 가장자리에 레몬즙이나 달걀흰자를 적신 뒤 이것을 설탕(바닐라 향을 더한 것도 좋다), 소금(색을 내기도 한다) 또는 코코아 가루에 거꾸로 놓고 묻혀준다. 프뤼 지브레(**참조** FRUIT GIVRÉ)는 아이스 디저트의 일종으로 과일의 껍데기만 남기고 속을 파낸 다음 그 과육으로 만든 소르베를 다시 채워 얼린 것이다.

GIVRY 지브리 코트 샬로네즈(côte chalonnaise)의 AOC 와인으로 레드와인이 주를 이룬다. 피노누아 품종의 포도로 만드는 이 와인은 상큼하면서도 꽤 높은 알코올 도수를 지니고 있으며 체리와 라즈베리의 향이 풍부하다. 화이트와인은 샤르도네 품종으로 만든다(**참조** BOURGOGNE).

GLACE, CRÈME GLACÉE 글라스, 크렘 글라세 아이스크림. 과일, 커피, 초콜릿, 우유나 크림, 달걀노른자 등의 기본 재료에 때로는 브랜디나 리큐어를 더해 향을 낸 혼합물을 얼려 만든 디저트다. 아이스크림(소르베 포함)을 만들기 위해서는 혼합물을 냉각시키며 반죽해주는 기계를 사용한다. 간단한 구조의 가정용 전기 아이스크림 메이커의 경우 내용물을 채운 냉각용기를 미리 냉동실에 넣어 두었다 사용한다. 시간이 훨씬 단축되는 자동 아이스크림 메이커 또는 아이스크림 터빈은 전문 공장이나 업장 등에서 사용하는 기계와 같은 원리로 작동된다. 아이스크림은 일반적으로 틀에 담에 냉동실에 넣어둔다. 먹기 전에 틀을 따뜻한 물에 재빨리 담갔다 뺀 다음 서빙 용기에 뒤집어 놓고 틀에서 분리한다. 생과일이나 당절임 과일, 휘핑한 크림, 리큐어 향을 입힌 커피 원두 알갱이, 초콜릿 셰이빙 등으로 장식하여 서빙한다.

■ **셔벗에서 프로마주 글라세까지.** 중국인은 기원전 아주 옛날부터 차가운 음료나 디저트를 만들어 먹었다. 이들은 아랍인들에게 그 비법을 전해주었고, 아랍인들은 머지않아 달콤한 시럽을 빙설로 차갑게 만든 셔벗(sharbet, sherbet)(소르베 sorbet는 이 단어에서 유래했다)을 만들어냈다. 고대 그리스인과 로마인들은 과일 샐러드와 과일 퓌레에 꿀과 눈을 넣어 섞어 먹기도 했다. 마르코 폴로가 동양으로부터 얼음 없이도 식품을 차갑게 만드는 비법을 도입하게 된 것은 13세기에 이르러서다. 이 방법은 냉각하려는 물질을 채운 용기 위에 물과 초석을 혼합해 붓는 것이었다. 이러한 방법으로 얼려 굳힌 막대 빙과류는 이탈리아에서 큰 인기를 끌었다.

미래의 국왕 앙리 2세와의 결혼으로 1533년 프랑스에 온 카트린 드 메디시스는 이탈리아로부터 아이스 디저트를 궁정에 들여왔다. 하지만 파리 시민들은 한 세기가 지나서야, 즉 프란체스코 프로코피오(Francesco

Procopio)라는 사람이 커피숍의 일종인 카페 프로코프(café Procope)를 연 이후에야 아이스크림, 소르베를 비롯한 디저트들을 즐길 수 있게 되었고, 이는 곧 폭발적인 인기를 얻었다. 1750년경 프로코프의 계승자 뷔송(Buisson)은 이 아이스 디저트들을 사철 내내 판매하기로 결정했다. 해가 갈수록 아이스크림은 훨씬 섬세하고, 풍부하고, 진한 맛을 갖게 되었고 우유, 크림, 달걀을 넣어 만들기도 하였다. 18세기 말에는 원뿔형 틀에 굳힌 아이스크림인 프로마주 글라세(fromage glacé, 당시에는 치즈뿐 아니라 우유로 만든 모든 식품을 프로마주라고 불렀다)가 크게 유행했다.

■ **봉브 글라세에서 아이스크림까지.** 이어서 봉브 글라세(bombe glacée)가 등장했고, 이는 곧 아이스 디저트의 대표주자로 부상했다. 이탈리아의 토르토니(Tortoni)와 프라티(Pratti)는 고급스럽고 섬세한 맛의 아이스크림으로 유명해졌고, 특히 프라티는 1798년 아이스크림 케이크의 일종인 비스퀴 글라세(biscuit glacé)를 선보였다. 제2제정시대에는 베이크드 알래스카(omelette surprise, omelette norvégienne), 이어서 쿠프 글라세(coupe glacée), 무스, 파르페 등 다양한 아이스 디저트가 등장했다. 또한 1822년의 『왕실 메뉴 교본(*Préceptoral des menus royaux*)』 스타일에서 영감을 얻어 가장 세련되고 고급스러운 향의 조합을 만들어냈다. 20세기에 접어들면서 길거리에는 아이스크림 노점상들이 등장하기 시작했다. 미국은 특히 대량생산 아이스크림 분야에서 창의적인 행보를 보여주었다.

옛날 레시피들은 대량 생산 시스템에 맞추어 조금씩 수정되었다. 오늘날에는 식용 젤라틴, 달걀흰자. 아가아가(agar-agar, 한천 분말), 로커스트빈 검 등의 안정제 사용이 허용된다. 식용색소는 사탕류에 사용하는 것과 같고, 향 첨가물은 반드시 천연성분이어야 한다. 매우 엄밀하게 규정되는 구성성분에 따라 아이스크림은 다음 세 그룹으로 분류한다.

- 글라스 아 라 크렘, 크렘 글라세(glaces à la crème, crèmes glacées): 우유, 생크림, 설탕의 혼합물로 천연 향료나 과일(과육 또는 즙)을 넣어 향을 낸다.
- 달걀 아이스크림(glaces aux œufs): 달걀노른자, 우유, 설탕, 향료
- 시럽 아이스크림(glaces au sirop): 설탕과 향료에 물(향 재료가 과일 추출물인 경우)이나 우유(향 재료가 카카오, 커피, 프랄린 또는 바닐라인 경우)를 넣는다.

banana split 바나나 스플릿

아이스크림 혼합용 볼을 15분 동안 냉동실에 넣어둔다. 냄비를 아주 약한 불에 올린 뒤 설탕 20g을 바닥에 균일하게 깔아준다. 설탕이 녹으면 다시 설탕 20g을 부어준다. 설탕 175g을 모두 사용할 때까지 이렇게 녹이고 조금씩 넣어주는 작업을 계속 반복한다. 진한 캐러멜 색이 날 때까지 가열한다. 그동안, 냉동실에 넣어두었던 볼을 꺼내 생크림 50mℓ를 넣고 전동믹서로 휘핑한다. 캐러멜이 완성되면 바로 냄비를 불에서 내린 뒤 가염 버터 35g을 넣고 나무 주걱으로 8자를 그리며 잘 저어 섞는다. 여기에 휘핑한 크림을 넣고 잘 섞는다. 다른 냄비에 설탕 85g과 달걀노른자 3개를 넣고 거품기로 섞어준다. 세 번째 냄비에 전유 500mℓ와 생크림 100mℓ를 넣고 가열한다. 끓으면 불에서 내린 뒤 바로 버터를 넣은 캐러멜을 붓고 거품기로 계속 저어준다. 이 혼합물을 달걀노른자와 설탕을 섞어둔 냄비에 가늘게 흘려 넣으면서 계속 힘차게 저어준다. 냄비를 다시 약한 불에 올리고 나무주걱으로 8자를 그리며 냄비 가장자리까지 잘 섞으며 저어준다. 농도를 확인한다. 주걱 뒷부분 평평한 면에 묻은 크림을 손가락으로 길게 갈랐을 때 그 줄 자국이 그대로 남아 있으면 크림이 익은 것이다(85°C). 절대 끓여서는 안 된다. 크림을 볼에 덜어낸 다음, 얼음을 가득 채운 큰 볼 위에 올려놓고 부드럽고 녹진해지도록 4-5분간 계속해서 잘 저어준다. 식힌다. 중간에 가끔씩 저어준다. 완전히 식은 크림을 아이스크림 메이커에 넣고 기계 사용법에 따라 작동시켜 아이스크림을 만든다. 냉동실에 넣어둔다. 다크 초콜릿 아이스크림과 초콜릿 소스를 만든다(참조. 다음 레시피, p.785 SAUCE AU CHOCOLAT). 믹싱볼을 다시 15분 동안 냉동실에 넣어둔다. 차가워진 볼에 생크림 200mℓ를 넣고 휘핑한 다음 별모양 깍지를 끼운 짤주머니에 채워 넣는다. 냉장고에 넣어둔다. 바나나 6개의 껍질을 깐 다음 길이로 이등분한다. 레몬즙을 뿌린다. 논스틱 코팅 프라이팬에 아몬드 슬라이스 60g을 넣고 잘 섞으며 굽는다. 개인용 유리 볼 6개에 반으로 잘라둔 바나나를 나누어 담는다. 중앙에 캐러멜 아이스크림 1스쿱과 초콜릿 아이스크림 1스푼을 얹어준다. 휘핑한 크림을 둥근 꽃모양으로 짜 얹어 장식한다. 차가운 초콜릿 소스를 끼얹고 아몬드 슬라이스를 뿌린다.

glace à l'abricot 글라스 아 라브리코

살구 아이스크림 : 반으로 쪼개 씨를 제거한 살구를 블렌더에 간 뒤 체에 내린다. 살구 퓌레에 동량의 설탕 시럽(밀도: 1.2850)과 레몬즙 2개분(혼합물 1ℓ 기준. 혼합물의 설탕 밀도: 1.1515)을 첨가한다. 아이스크림 메이커에 넣고 돌려 아이스크림을 만든 뒤 틀에 넣어 냉동실에 보관한다.

glace aux amandes ▶ AMANDE

glace au café 글라스 오 카페

커피 아이스크림 : 냄비에 전유 500mℓ를 넣고 가열한다. 끓으면 불에서 내린 뒤 인스턴트 커피 3테이블스푼을 넣고 녹인다. 고운 체에 거른다. 다른 냄비에 달걀노른자 6개와 설탕 200g을 넣고 거품기로 살살 섞은 뒤 커피를 녹인 뜨거운 우유 붓고 불에 올린다. 잘 저어주며 83°C가 될 때까지 가열해 크렘 앙글레즈와 같은 농도로 익힌다. 끓지 않도록 주의한다. 얼음을 채운 큰 볼에 올려 완전히 식힌 뒤 휘핑해둔 샹티이 크림을 넣고 주걱으로 떠올리듯이 조심스럽게 섞는다. 아이스크림 메이커에 넣고 돌려 아이스크림을 만든 뒤 틀에 넣어 냉동실에 보관한다. 리큐어 향을 입힌 커피 원두 알갱이로 장식하기도 한다.

glace au chocolat noir 글라스 오 쇼콜라 누아

다크 초콜릿 아이스크림 : 카카오 64% 다크 초콜릿 240g을 빵 나이프로 잘게 다진다. 냄비에 전유 750mℓ와 우유 분말 30g, 설탕 80g를 넣고 가열한다. 끓기 시작하면 다진 초콜릿을 넣고 힘차게 저으며 혼합한다. 다시 한 번 끓어오르면 최대 1분간 유지한다. 큰 볼에 얼음을 채운 뒤 그 위에 더 작은 볼을 놓고 끓인 초콜릿 크림을 붓는다. 중간중간 저어주며 식힌다. 완전히 식은 초콜릿 크림을 아이스크림 메이커에 넣고 기계 사용법에 따라 작동시켜 아이스크림을 만든다. 아이스크림용 바트에 덜어낸 뒤 서빙 전까지 냉동실에 보관한다.

장 피에르 비가토(JEAN-PIERRE VIGATO)의 레시피

glace au miel 글라스 오 미엘

꿀 아이스크림 : 냄비에 전유 1ℓ를 넣고 가열해 끓으면 불을 끈 다음 여러 가지 향신료(검은 후추, 주니퍼베리, 정향, 계피 등)를 넣고 향을 우려낸다. 볼에 달걀노른자 10개와 욘느(Yonne) 산 검은 꿀 400g를 넣고 색이 연해질 때가지 거품기로 잘 섞는다. 여기에 향이 우러난 뜨거운 우유를 붓고 잘 섞은 뒤 다시 냄비로 옮겨 담는다. 불에 올려 85°C가 될 때까지 가열한다. 식힌 뒤 체에 거른다. 아이스크림 메이커에 넣고 돌려 아이스크림을 만든 뒤 틀에 넣어 냉동실에 보관한다.

엠마누엘 리옹(EMMANUEL RYON)의 레시피

glace liqueur de Baileys 글라스 리쾨르 드 베일리스

베일리스 리큐어 아이스크림 : 볼에 달걀노른자 140g, 아이스크림용 안정제 3g, 설탕 125g을 넣고 거품기로 잘 저어 섞는다. 냄비에 우유 500mℓ, 액상 생크림 225mℓ를 넣고 가열한다. 끓기 시작하면 달걀노른자, 안정제, 설탕 혼합물을 넣고 잘 저으며 85°C(크림이 주걱에 묻어 묽게 흐르지 않는 농도)가 될 때까지 가열해 익힌다. 핸드블렌더로 간 뒤 최대한 빨리 3°C까지 식힌다. 베일리스 리큐어 180mℓ을 넣어준 뒤 최소 4시간 냉장고에 넣어 숙성시킨다. 블렌더로 다시 한 번 매끈하게 갈아준 다음 아이스크림 메이커에 넣고 돌린다.

glace plombières 글라스 플롱비에르

플롱비에르 아이스크림 : 속껍질까지 벗긴 스위트아몬드 300g(비터아몬드 10g을 추가하기도 한다)에 우유 1/2잔을 조금씩 넣어주며 절구에 빻아주거나 블렌더에 갈아준다. 액상 생크림 1.5ℓ를 끓인 뒤 아몬드에 붓고 잘 섞는다. 고운 체에 넣고 최대한 눌러주며 걸러 내린다. 볼에 달걀노른자 12개와 설탕 300g을 넣고 색이 연해질 때까지 거품기로 잘 저어 섞는다. 냄비에 아몬드 우유를 넣고 가열한다. 끓으면 바로 불에서 내려 달걀노른자 혼합물에 붓고 거품기로 잘 저어 섞는다. 다시 냄비로 모두 옮겨 담고 약불에 올려 농도가 걸쭉해질 때까지 잘 저으며 천천히 익힌다. 얼음물에 냄비를 담근 채 계속 저어주며 식힌다. 크림이 완전히 식으면 아이스크림 메이커에 넣고 돌려 아이스크림을 만든다. 완성된 아이스크림이 아직 부드러울 때, 잘게 썰어 럼에 절여둔 당절임 과일 200g을 넣어 고루 섞어준다. 아주 차가운 더블 크림 400mℓ에 역시 아주 차가운 우유 150mℓ를 섞은 뒤 거품기로 휘핑한 다음 아이스크림과 혼합한다. 틀에 넣어 냉동실에 보관한다.

RÉALISER UN GLAÇAGE AU SUCRE 설탕 글라사주 입히기

1. 케이크의 옆면 가장자리까지 완전히 덮을 수 있도록 충분한 양의 설탕 아이싱을 붓는다(초과량은 망 사이의 틈으로 흘러내릴 것이다).

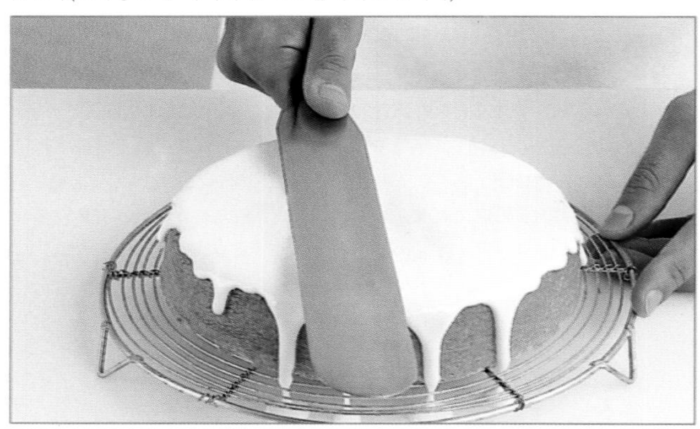

2. 제과용 스패출러를 평평하게 잡고 아이싱을 매끈하게 펴 바른다. 원형으로 돌려가며 가장자리까지 꼼꼼하게 발라 씌운다. 케이크 아래쪽에 흘러내린 부분은 깔끔하게 잘라 다듬어준다.

앙드레 다갱(ANDRÉ DAGUIN)의 레시피

glace aux truffes 글라스 오 트뤼프

송로버섯 아이스크림 : 냄비에 우유 1ℓ와 솔로 닦아 깨끗이 손질한 송로버섯 3개를 통째로 넣고 약 1시간 동안 끓인다. 그동안 볼에 달걀노른자 8개와 설탕 250g을 넣고 색이 연해질 때까지 거품기로 잘 저어 섞는다. 송로버섯을 건진 뒤 물기를 닦고 칼로 모서리 등을 잘라 모양을 다듬는다. 잘라낸 자투리는 잘게 다져둔다. 송로버섯 향이 우러난 뜨거운 우유를 달걀과 설탕 혼합물에 붓고 잘 섞은 뒤 가열해 크렘 앙글레즈를 만든다. 주걱으로 떠 올렸을 때 띠 모양으로 겹쳐지며 흘러내리는 농도가 되면, 잘게 다진 송로버섯 자투리를 넣어준다. 완전히 식힌 뒤 아이스크림 메이커에 넣고 돌린다. 다듬어 놓은 송로버섯을 가늘고 길게 채 썬다. 튤립 모양의 유리잔에 아이스크림과 채 썬 송로버섯을 한 켜씩 교대로 쌓아준다. 맨 위는 송로버섯으로 장식해 마무리한다.

GLACE DE CUISINE 글라스 드 퀴진 육수 농축액. 글레이즈. 고기, 가금류, 드물게는 수렵육, 또는 생선의 맑은 육수를 졸여 만든 시럽 농도의 농축액을 가리킨다. 글라스는 몇몇 소스를 만들 때 완성 단계에 넣어 더욱 깊고 진한 맛을 내는 데 사용한다. 농축 소스는 요리에 발라 씌운 뒤 오븐에 넣어 윤기 있게 마무리(글레이즈)할 때도 사용된다. 또한 글라스에 다른 재료들을 첨가한 뒤 소스의 베이스로 사용하기도 한다. 그 외에 포타주, 쿨리, 즐레 등을 만들 때도 많이 사용한다. 최근에는 추출물(extrait) 또는 농축액(essence)이라는 이름의 완제품 글라스도 시판되고 있으며, 주로 소고기와 채소 베이스로 만든 것들이 주를 이룬다. 대량 생산 시판 제품들은 아무래도 직접 만든 글라스보다 그 풍미가 제한적이긴 하다. 제대로 만들기 위해서는 공정과 시간이 오래 걸리는 이 농축액은 예전만큼 요리에서 큰 비중을 차지하지 않는 추세다.

glace de poisson 글라스 드 푸아송

생선 육수 농축액 : 생선 육수의 맑은 윗 국물을 조심스럽게 떠내 고운 면포에 거른 뒤 시럽 농도가 될 때까지 졸인다. 이 농축액을 소스에 넣어주면 더욱 깊은 풍미를 낼 수 있다. 또한 생선을 윤기나게 글레이즈하기 위해 오븐에 넣기 전에 발라준다.

glace de viande 글라스 드 비앙드

고기 육수 농축액 : 기름기를 완전히 제거한 맑은 갈색 육수를 절반으로 졸인다. 면포에 거른 다음 다시 한 번 졸이고 걸러준다. 다시 불에 올려 육수가 스푼에 묻는 농도가 될 때까지 졸인다. 매번 졸일 때마다 온도를 조금씩 낮춰가며 가열한다. 농축액을 작은 그릇에 덜어낸 다음 냉장고에 보관한다.

glace de volaille, glace de gibier 글라스 드 볼라이, 글라스 드 지비에

가금류 또는 수렵육 육수 농축액 : 가금류 또는 수렵육의 육수를 위와 같은 방법으로 졸여 농축액을 얻는다. 몇몇 소스에 첨가하거나 글라사주 용도로 사용되는 치킨 스톡 황금색 농축액을 만들기 위해서는 흰색 닭 육수를 같은 방법으로 졸이면 된다.

GLACE À RAFRAÎCHIR 글라스 아 라프레쉬르 얼음. 덩어리 얼음. 공장 생산 덩어리 예전에는 제빙기나 아이스박스의 냉매로, 오늘날은 상점과 레스토랑에서 신선한 특정 상품(해산물, 생선)을 진열하기 위하여 사용하는 공장 제조의 덩어리 얼음. 일반 개인용도로는 대부분 냉장고에서 얼린 얼음이 사용된다(특히 음료수용). 이 덩어리 얼음은 공인된 시설에서만 만들어진다.

GLACE DE SUCRE 글라스 드 쉬크르 아이싱, 설탕 아이싱. 슈거파우더를 기본 재료로 하여 만들며, 주로 제과와 당과제조에서 글라사주로 사용된다(**참조** GLACER).

GLACER 글라세 글레이즈. 요리의 표면에 윤기 나고 매끈한 층을 만들어 주는 것을 뜻한다. 이 단어는 또한 음료 또는 음식을 차갑게 하거나 굳히는 것을 의미하기도 한다.

■ **뜨거운 글라사주.** 일반적으로 한 덩어리로 된 음식을 오븐에 익히는 도중 또는 거의 다 익었을 때, 조리 중 흘러나온 육즙이나 육수 등을 규칙적으로 끼얹거나 발라주어 표면에 윤기 나는 얇은 층이 생기도록 하는 것을 뜻한다. 뜨거운 글라사주는 또한 특정 소스를 끼얹은 음식(짭짤한 것, 달콤한 것 모두 포함)을 아주 뜨거운 열원(살라만더 그릴 또는 오븐의 브로일러 아래)에 잠깐 가열해 표면을 노릇하게 마무리하는 조리 테크닉을 지칭하기도 한다. 이때 사용하는 소스들은 달걀노른자로 리에종한 것, 홀랜다이즈 소스, 사바용, 또는 차가운 버터나 크림을 조금씩 넣어 섞거나 크림을 넣고 졸여 만든 것이 주를 이룬다.

■ **채소 글라사주.** 채소 글레이즈. 방울양파, 갸름한 모양으로 돌려 깎은 당근 또는 순무에 물, 소금, 버터, 설탕을 넣고 액체가 거의 시럽 상태가 될 때까지 가열해 채소에 윤기 나는 막을 고루 입히고 살짝 캐러멜라이즈하는 조리 방법이다. 색이 나지 않게 글레이즈(glacé à blanc, 시럽 상태의 액체가 밝은 색을 유지할 때까지만 익힌다)하여 익힌 방울양파는 주로 흰색 소스의 요리(블랑케트)에 가니시로 사용된다. 가열 시간을 조금 더 늘리면 시럽이 갈색을 띠기 시작하면서 양파도 노릇하게 글레이즈되며(glacé à brun), 일반적으로 갈색 소스 요리에 곁들인다(송아지 소테, 마틀로트 등).

■ **앙트르메 글라사주.** 따뜻한 앙트르메 또는 차가운 앙트르메에 과일이나 초콜릿으로 만든 글레이즈(나파주, 또는 미루아르 라고도 불린다)를 얇게 입혀 반짝이고 매끈하게 완성하는 제과 기법을 뜻한다. 미루아(miroir)라는 이름이 붙은 파티스리에 주로 사용되는 방법이다.

■ **설탕 글라사주.** 퐁당슈거(**참조** FONDANT), 원당 아이싱, 물 아이싱(물 반 컵에 설탕 200g), 로얄 아이싱 등으로 케이크의 표면을 덮어주는 작업을 뜻한다. 이 아이싱(또는 프로스팅) 재료들은 향을 더하거나 색을 내 사용하기도 한다. 예를 들어 흰색 글라사주에는 레몬즙을 첨가하기도 하고, 한 가지 또는 여러 가지 식용색소를 사용해 색이 있는 아이싱을 만들어 쓰기도 한다. 당과류 제조에서도 과일(당절임 또는 리큐어에 담가 절인 것)이나 프티푸르를 카세(cassé, 140°C 내외) 농도로 끓인 설탕 시럽에 담가 반짝이고 단단한 코팅을 해준다. 한 예로 밤을 설탕 시럽에 절여 만든 마롱 글라세(marrons glacés)가 있다. 또한 케이크, 앙트르메, 수플레 등을 익힐 때 맨 마지막에 슈거파우더를 뿌려 표면을 캐러멜라이즈하면서 반짝이게 만드는 것도 글라사주라고 한다.

■ **차가운 글라사주.** 특정 음식을 잘게 부순 얼음 위 또는 얼음 안에 넣어 차갑게 만드는 것을 뜻한다. 글라세(glacée)라는 명칭은 아주 차갑게 내는 음

료를 지칭할 뿐 아니라 냉장고에 넣어 굳히거나 급속냉동한 차가운 파티스리를 의미하기도 한다. 이 용어는 또한 익힌 음식에 맑은 즐레 또는 갈색 즐레를 얇게 씌워주는 것을 뜻하기도 한다. 이렇게 즐레를 씌운 음식은 냉장고에 넣어 굳힌 뒤 차갑게 서빙한다.

GLOUCESTER 글로스터 소젖으로 만든 영국의 전통 치즈(지방 48-50%). 세척 외피를 갖고 있는 옅은 노란색의 비가열 압착치즈로 대개 적갈색의 밀랍 막으로 싸여 있다(**참조** p.400 외국 치즈 도표). 글로스터 치즈는 지름 20-30cm, 두께 10-15cm(싱글) 또는 20-35cm(더블) 크기의 원통형이다. 외피 안쪽에 종종 생기는 푸른색 막은 좋은 품질을 상징한다. 이 치즈는 약간 자극적이고 크리미한 풍미를 지니고 있으며, 샌드위치와 카나페용으로 많이 사용한다. 그 외에 과일 샐러드나 콩포트 등을 곁들여 후식으로도 많이 먹는다.

GLOUCESTER (SAUCE) 글로스터(소스) 차가운 영국식 소스의 일종으로, 아주 되직하게 만든 마요네즈에 사워크림과 레몬즙을 섞고 잘게 다진 회향으로 향을 내어 만든다. 경우에 따라 더비 소스(sauce Derby) 또는 에스코피에 소스(sauce Escoffier)를 조금 넣어 향을 내기도 한다.

GLUCIDE 글뤼시드 당질. 여러 식품(곡류, 과일, 채소, 콩류, 빵, 사탕이나 과자류, 음료수 등) 안에 들어 있는 기초 영양소(1g당 열량은 4.1kcal 또는 17,1 kJ이다)인 당질은 당 또는 탄수화물이라고도 불리며, 전부 단맛을 갖고 있는 것은 아니다. 당질은 크게 다음의 두 그룹으로 분류한다.
- 복합당(곡류, 파스타, 쌀, 콩류, 감자 등). 섭취 후 분해를 거쳐 천천히 흡수되기 때문에 '느린 당'으로 불리며, 여러 시간에 걸쳐 점진적으로 에너지를 방출한다.
- 단순당(설탕, 당과류, 설탕이 함유된 식품과 음료수, 과일, 과일 주스 등). 바로 체내에 소화 흡수되기 때문에 '빠른 당'으로도 불리며, 혈당을 빨리 높이고 즉시 에너지원으로 사용할 수 있다. 하지만 너무 많은 양을 섭취하면 비만 등 대사 장애의 원인이 된다.

당질 중에는 인체에 흡수되지 않고, 따라서 에너지를 공급하지 않는 것도 있는데 바로 식물성 식품의 당질 잔류물인 섬유질이 이에 해당한다(**참조** FIBRE). 따라서 녹색 채소는 당질이지만 당이라고는 할 수 없다. 균형 잡힌 식품 섭취는 50-55%의 당질(그중 10분의 1은 빠른 당의 형태)을 포함해야 한다. 또한 복합당 식품의 원활한 소화를 위해서는 반드시 꼭꼭 씹어 먹어야 한다. 식재료의 조합, 조리 준비 및 익히는 방식 등은 혈중 포도당 수치의 상승을 측정하는 혈당지수에 영향을 준다. 식사에 포함된 단순당은 단독 섭취할 때보다 천천히 흡수된다. 몇몇 복합당은 조리나 가공 후 빠른 당으로 변화되는 경우도 있다(곡류 플레이크, 아주 푹 익힌 파스타류, 감자퓌레 등).

GLUCOSE 글뤼코즈 포도당, 글루코스. 가장 단순한 당질로, 뇌세포 및 모든 세포들의 주요한 에너지원이 된다. 식이성 당질은 소화액에 의해 포도당으로 분해된 뒤 인체에 흡수되며 포도당 상태 그대로 음식에 존재하는 경우는 드물다. 포도당은 효모의 작용으로 발효되어 알코올을 만들어낸다. 글루코스 시럽(또는 녹말 시럽)은 점성이 있고 투명한 물질로 다양한 종류의 당으로 만든다. 주로 감자, 옥수수, 쌀 등의 녹말을 당화하여 만든 콘시럽이나 물엿 등이 이에 포함되며, 당과류 제조 시 설탕 시럽을 끈적하고 유연하게 만들기 위해 섞거나, 제과에서 나파주로 많이 쓰이는 살구 마멀레이드를 만드는 데 사용된다.

GLUTAMATE DE SODIUM 글루타마트 드 소디엄 글루탐산나트륨 또는 글루탐산모노나트륨, 일명 MSG. 동양 요리에 많이 사용되는 식품 첨가물로 다시마에서 추출한 물질을 원료로 만든다. 글루텐으로부터 만들어낸 화학조미료 글루탐산나트륨은 식품의 맛 증진제로 사용된다.

GLUTEN 글뤼텐 글루텐. 귀리, 밀, 보리, 호밀과 같은 곡류 안에 존재하는 두 가지 단백질의 혼합물. 의학에서는 이와 같은 소맥의 단백질 혼합물로만 제한하지만, 제분업에서는 말하는 글루텐이란 용어는 모든 곡류의 단백질을 가리킨다. 글루텐은 물과 만나면 탄성이 있고 가스가 투과하지 못하는 연속그물망을 형성하며, 이렇게 만든 반죽으로 빵을 만들 수 있게 된다. 글루텐은 때때로 일시적인 장내 트러블이나 글루텐 불내증 등의 원인이 되기도 하는데, 이 같은 증상은 특히 어린 아이들에게 많이 나타난다. 현미, 메밀, 조, 퀴노아는 글루텐 프리 곡류에 속하며, 견과류와 감자도 글루텐이 없다.

GNAEGI 내기 프랑스어권 스위스에서 사용되는 용어로 양배추, 말린 깍지콩 또는 순무 콩포트 등의 채소와 함께 익힌 짭짤한 돼지 부위들(코, 꼬리, 귀, 앞다리 종아리)을 지칭한다.

GNOCCHIS 뇨키 감자, 세몰리나, 또는 밀가루, 시금치 등을 기본 재료로 만든 반죽을 동그랗게 빚어 약하게 끓는 물에 데친 뒤 소스로 양념하거나 그라탱으로 오븐에 구운 음식으로, 주로 따뜻한 앙트레로 서빙한다. 이탈리아에서 처음 만들어진 뇨키의 영향을 받아 오스트리아, 헝가리 및 알자스 지방에도 크뇌델(Knödel), 뇨케(noques), 슈페츨레(Spätzle) 등 이와 비슷한 조리법의 요리들이 생겨났다. 뇨키는 로마식(à la romaine), 파리식(à la parisienne), 피에몬테식(à la piémontaise) 혹은 티롤식(à la tyrolienne, 우유를 넣지 않은 감자 퓌레, 달걀, 밀가루로 만든다)으로 나뉘며 조리법도 조금씩 다르다. 하지만 이외에도 기본 레시피를 응용해 만들 수 있는 방법은 무궁무진하다.

파올로 페트리니(PAOLO PETRINI)의 레시피

gnocchis aux herbes et aux tomates 뇨키 오 제르브 에 오 토마트

허브와 토마토 소스를 곁들인 뇨키 : 감자 500g을 씻은 뒤 껍질째 180°C 오븐에 넣어 40분 동안 굽는다. 아직 뜨거울 때 껍질을 깐 다음 으깨 퓌레로 만든다. 가운데를 우묵하게 만든 다음 따뜻한 온도로 식힌다. 빨갛게 잘 익은 토마토 500g의 껍질을 까고 속을 제거한 뒤 깍둑썬다. 올리브오일을 달군 소테팬에 양파 1/2개, 샬롯 1개, 셀러리 작은 줄기 1개를 모두 다져 넣고 마늘 1쪽을 넣은 뒤 노릇하게 볶는다. 불에서 내린다. 이어서 토마토를 넣고 몇 분 동안 볶은 뒤 바질, 로즈마리, 세이지, 민트를 각각 조금씩 넣는다. 소금, 후추로 간을 한 뒤 반으로 졸인다. 감자 퓌레에 밀가루 120g, 넛멕 가루 2자밤, 달걀노른자 3개, 그레이터에 갓 갈아낸 파르메산 치즈 50g을 넣고 잘 섞는다. 밀가루를 조금씩 추가해가며 잘 섞어 너무 마르지도, 너무 축축하지도 않은 반죽을 완성한다. 둥글게 뭉친다. 100g의 소분한 다음 밀가루를 뿌린 작업대 위에 놓고 소시지처럼 길게 굴려준다. 이것을 작은 크기로 자른 뒤 포크 등 위에 대고 살짝 눌러 안쪽은 약간 우묵하게 만들고 바깥쪽은 포크로 줄무늬를 내준다. 소금 간 한 뜨거운 물을 아주 약하게 끓는 상태로 유지한 다음 뇨키를 넣고 6-8분 정도 데친다. 토마토 소스를 뿌려 서빙한다.

---

gnocchis à la parisienne 뇨키 아 라 파리지엔

파리식 뇨키 : 물 대신 우유를 넣고 슈 반죽을 만든다. 넛멕을 갈아 넣어 향을 낸 다음 가늘게 간 파르메산 치즈를 넣고 섞는다(반죽 1kg당 치즈 150g). 물에 소금을 넣고(ℓ당 8g) 끓인다. 굵은 원형 깍지를 끼운 짤주머니에 슈 반죽을 채운 뒤 3cm 길이로 잘라가며 끓는 물에 넣는다. 몇 분간 데쳐 익힌 다음 건져서 면포에 놓고 물기를 제거한다. 그라탱 용기 바닥에 모르네 소스(sauce Mornay)를 깔고 뇨키를 나란히 놓는다. 소스로 덮어준 다음 가늘게 간 그뤼예르 치즈를 고루 얹고 녹인 버터를 뿌린다. 250°C로 예열한 오븐에서 노릇하게 구워 그라탱을 완성한다.

---

gnocchis à la romaine 뇨키 아 라 로멘

로마식 뇨키 : 냄비에 우유 500g을 끓인 뒤 세몰리나 125g을 넣고 잘 저으며 익힌다. 아주 걸쭉한 농도의 매끈한 죽 상태가 되면 소금, 후추, 넛멕 가루를 넣고, 이어서 가늘게 간 파르메산 치즈 100g과 버터 25g을 넣어준다. 따뜻한 온도로 식힌다. 가볍게 푼 달걀 1개와 달걀노른자 2개를 넣고 잘 섞는다. 베이킹 팬에 물을 묻힌 뒤 반죽을 일정한 두께로 넓게 펼쳐 놓는다. 완전히 식힌다. 지름 5cm 원형 쿠키 커터로 원반 모양을 찍어낸다. 로스팅 팬에 뇨키를 놓고 가늘게 간 파르메산 치즈를 넉넉히 뿌린다. 녹인 버터를 고루 뿌린 뒤 오븐에 넣고 그라탱처럼 노릇하게 구워낸다.

GOBERGE 고베르주 캐나다에서 검은 대구를 부르는 명칭. 북대서양에서 매사추세츠주 해안에 이르는 해역에서 잡힌다. 매사추세츠주에서는 이 생선을 보스톤 블루피쉬(Boston bluefish)라고 부른다. 특히 게맛살을 만드는 데 많이 사용하는 생선이다.

GOBET (PHILIPPE) 필립 고베 프랑스의 요리사, 제과사(1962, Belleville-sur-Saône 출생). 조르주 블랑(Georges Blanc)의 레스토랑에서 일

을 시작한 그는 이후 조엘 로뷔숑의 자맹(Jamin)과 레스토랑 조엘 로뷔숑(Restaurant Joël Robuchon)의 제과제빵 셰프로 일하면서 13년간 전 세계에서 경력을 쌓았다. 1993년에 프랑스 명장(Meilleur Ouvrier de France) 타이틀을 획득한 그는 에콜 르노트르의 제과와 요리 교수로 임용되었고 2004년에는 이 학교의 교장직을 맡는다. 그는 에콜 르노트르의 여러 출판물 제작에도 기여했으며 여러 권의 파티스리 서적을 집필했다.

GOBO 고보 우엉. 국화과에 속하는 뿌리 식물의 일종으로 길고 가늘며 갈색을 띠고 있다. 일본에서 주로 얇게 썰어 끓는 물에 데친 뒤 반찬으로 조리해 먹는다. 카르둔과 맛이 비슷하며 익힘용 국물에 넣거나 모둠채소 조림 등으로 조리해 먹는다.

GODARD 고다르 큰 덩어리로 서빙하는 고기, 닭 또는 송아지 흉선 등의 클래식 요리를 가리키는 명칭이다. 이 요리들은 서빙 플레이트에 담은 뒤 다양한 크기의 크넬과 자작하고 윤기 나게 브레이징한 양 흉선 또는 송로버섯을 박아 넣고 브레이징한 송아지 흉선(닭이나 고기 요리의 경우), 닭의 볏과 콩팥, 작은 송로버섯, 홈을 내어 돌려 깎은 양송이버섯 갓 등의 가니시를 빙 둘러 곁들인다. 화이트와인이나 샴페인, 깍둑 썬 햄으로 만든 소스를 그 위에 끼얹어 서빙한다.

▶ 레시피 : SAUCE.

GODIVEAU 고디보 송아지 고기와 소기름을 곱게 갈아 만든 소. 크넬 모양으로 빚어 익혀 따뜻한 애피타이저로 서빙하거나 볼로방의 속을 채우기도 하며 또는 고기 요리에 가니시로 곁들여내기도 한다. 고디보는 또한 생선 살이나 가금류의 살로 만들기도 한다. 살코기와 소기름은 아주 차가운 상태에서 크림이나 파나드(panade 버터를 넣은 끓는 물에 밀가루를 넣고 저어주며 수분을 날린 반죽), 달걀과 양념을 넣고 절구에 찧는다. 혼합물은 찰지고 매끈해지도록 오래 치대야 한다.

godiveau à la crème 고디보 아 라 크렘

크림을 넣어 섞은 송아지고기 고디보 : 송아지 허벅지 살 1kg과 소 콩팥 기름 1kg을 다진 뒤 각각 따로 절구에 찧는다. 둘을 섞고 소금 25g, 후추 5g, 넛멕 가루 1g, 달걀 4개, 달걀노른자 3개를 하나씩 넣어주며 절굿공이로 세게 분쇄한다. 혼합물을 체에 곱게 긁어내린다. 넓은 용기에 펼쳐 담고 다음날까지 얼음 위나 냉장고에 넣어둔다. 절구를 냉장고에 넣어두어 차갑게 만든 뒤 소를 다시 한 번 빻아준다. 여기에 생크림 700mℓ를 조금씩 넣으며 계속 절굿공이로 돌려가며 분쇄한다. 소를 동그랗게 하나만 빚어 끓는 물에 데친 뒤 식감을 확인한다. 너무 단단해 뻑뻑하면 반죽에 얼음물을 조금 추가하고, 너무 힘이 없어 느슨하면 달걀흰자를 조금 추가한다. 반죽을 완성한 뒤 크넬 모양으로 전부 빚어 끓는 물에 데쳐 익힌다.

godiveau à la graisse, farce de veau à la glace 고디보 아 라 그래스, 또는 파르스 드 보 아 라 글라스

송아지 고기와 소 콩팥 기름 고디보 : 송아지 살코기 1kg을 손질하고 기름기를 제거한 뒤 깍둑썬다. 수분이 없는 소 콩팥 기름 500g을 손질하고 핏줄을 꼼꼼히 제거한 다음 잘게 썬다. 살과 기름을 각각 따로 곱게 다진 뒤 소금 25g, 흰 후추 5g, 넛멕 가루 1g을 넣어준다. 절구에 넣고 따로 찧은 다음 혼합하여 다시 곱게 빻거나 블렌더에 간다. 달걀 8개를 한 개씩 넣으며 계속 갈아준다. 혼합물을 가는 체에 긁어내린 뒤 넓은 용기에 펼쳐 담고 다음날까지 얼음 위나 냉장고에 넣어둔다. 얼음물 700-800mℓ를 조금씩 넣어주며 다시 한 번 갈아준다. 잘 섞은 뒤 작게 한 개를 빚어 끓는 물에 익혀서 점도와 식감을 확인한다. 부족한 점을 보완해 소 반죽을 다시 완성한 다음 전부 크넬 모양으로 빚어 끓는 물에 데쳐 익힌다.

godiveau lyonnais, farce de brochet à la lyonnaise 고디보 리요네, 또는 파르스 드 브로셰 아 라 리오네즈

강꼬치고기 살로 만든 리옹식 고디보 : 소 콩팥 기름 500g의 핏줄을 제거하고 손질해 작게 썬 다음, 파나드(panade frangipane, 달걀노른자, 버터, 밀가루, 우유를 혼합해 익힌 되직한 크림)와 함께 넣고 절구에 다진다. 강꼬치고기(brochet) 살 500g을 첨가한다. 소금, 후추로 간한다. 주걱으로 힘차게 섞어준 다음 절구 공이로 곱게 간다. 고운 체에 긁어내린다. 용기에 담고 표면을 매끈하게 다듬은 뒤 냉장고에 보관한다.

GOGUES 고그 앙주(Anjou) 지방의 특선 샤퀴트리로 채소, 돼지비계, 생크림과 돼지피를 주재료로 하여 만든 부댕(boudin)의 일종이다(**참조** p.120 부댕 도표). 물에 데쳐 익힌 뒤 슬라이스해 팬에 지져 먹는다.

gogues 고그

앙주식 부댕, 고그 : 양파 250g, 근대 잎 250g, 시금치 잎 250g, 상추 잎 250g을 다진다. 소금, 후추로 간한 뒤 12시간 동안 휴지시킨다. 코코트 냄비에 돼지 기름 3테이블스푼을 넣고 채소를 모두 넣은 뒤 뚜껑을 덮고 아주 약한 불에서 색이 나지 않게 찌듯이 익힌다. 돼지비계 250g을 아주 작게 깍둑 썬 다음 팬에 가열해 색이 나지 않게 녹인 다음 냄비의 채소와 섞어준다. 계핏가루와 카트르 에피스를 각각 한 자밤씩 넣어준다. 불에서 내린 뒤 더블 크림 100mℓ와 돼지 피 250을 넣고 잘 섞어준다. 간을 맞춘다. 돼지 창자에 이 혼합물을 채워 넣는다. 10-15cm마다 창자를 돌려 분할해 가며 계속 채워준다. 아주 약하게 끓고 있는 소금물에 넣어 30분간 데쳐 익힌다. 물 위로 떠오르면 터지지 않게 조심하면서 옷핀 바늘로 살짝 찔러준다. 건져서 식힌다. 아주 도톰하게 썬 다음 버터나 돼지기름을 두른 팬에 노릇하게 지진다.

GOMASIO 고마시오 깨소금. 깨(**참조** SÉSAME)와 소금을 섞은 양념. 통깨와 굵은 소금을 혼합해 볶은 뒤 빻아준다. 깨소금은 생채소, 샐러드, 채소, 가금류 등에 맛을 내기 위한 조미료로 사용된다.

GOMBO, OKRA 곰보, 오크라 오크라, 검보. 무궁화 과에 속하는 열대 식용 식물로 원산지는 동아프리카, 동남아시아로 알려져 있으며 그리스의 뿔 또는 레이디 핑거라고도 불린다. 오크라의 품종은 모양에 따라 다양하다. 세로 줄무늬로 홈이 패 있으며 길쭉한 모양(길이 6-12cm)뿐 아니라 바미아(bamya, bamia)라는 이름의 짤막한(길이 3-4cm) 품종도 있다.

칼슘, 인, 철분과 비타민 C가 풍부하며 열량은 100g당 40kcal(또는 167kJ)이다. 녹색을 띠고 과육이 연하고 통통하며 속의 씨가 완전히 형성되지 않은, 완전히 익기 전 상태의 열매를 주로 많이 먹는다(옛날에는 완숙된 오크라의 씨를 말린 뒤 덖어 커피 대신 사용하기도 했다). 오크라는 외국 식재료 전문점에서 연중 신선한 것을 구입할 수 있으며, 말린 것이나 통조림(양념 무첨가) 제품도 시판되고 있다. 오크라는 끓는 물에 살짝 데쳐 찬물에 식힌 다음 버터에 익히거나 지방질을 넣고 브레이징하기도 하며, 크림소스를 곁들이거나 퓌레로 만들어 먹는다. 그 외에 레몬즙을 살짝 뿌려 먹거나, 찌듯이 익히거나, 튀김을 만들기도 하며 라이스를 곁들여 먹기도 한다. 타진(tagines), 푸투(foutou), 크레올식 라타투이에 넣기도 하며, 이집트에서는 주로 양고기에, 미국에서는 닭고기 요리에 곁들여 먹는다.

GOMME 곰 검, 고무. 특정 수목이나 식물에서 자연적으로 또는 외피를 절개하면 스며 나오는 끈적끈적하고 반투명 즙을 뜻한다.

● 순수한 의미에서의 검. 아래의 세 종류로 분류한다.

– 아라비아 검 gomme arabique : 아라비아 검은 수단과 이집트에서 자라는 두 종류의 아카시아나무(Acacia verek, Acacia arabica)의 분비액에서 얻는다. 아주 오래전부터 알려져 사용된 아라비아 검은 흰색 또는 적갈색의 작고 둥근 덩어리 형태로 부스러지기 쉽고 물에 빠르게 녹는다. 껌, 마시멜로, 감초 젤리의 베이스 재료이며, 드라제(dragée)의 속을 만들거나 몇몇 당과류의 피막제로도 사용된다. 또한 포도주의 정제 과정에서 청징제(fining agent)로 사용하는 등 화학적 처리에도 쓰인다.

– 트라가칸스 검 gomme adragante, gomme tragacanthe : 점도가 가장 높은 트라가칸스 검은 아시아, 시리아, 이란, 그리스에서 자라는 황기 계열의 트라가칸스 고무나무(Astragalus gummifer) 추출물로 완전히 불용성이다. 안정제, 유화제, 농후제 등의 식품 첨가물로 사용되며(대량 생산되는 앙트르메, 즐레, 마요네즈, 포타주 등의 식품), 아이스크림 제조 시 얼음 결정이 생기는 것을 막아줄 뿐 아니라 잼을 만들 때 설탕이 결정화되어 굳는 것을 방해한다. 트라가칸스 검은 또한 제약 분야에서도 사용된다. 콩과 식물의 종자 배유에서 얻는 구아 검(gomme de guar)도 트라가칸스 검과 같은 용도로 쓰인다.

– 노스트라스 검 gomme nostras : 체리나무 검 또는 프랑스 검이라고도 불리며 대부분의 벚나무과 수목, 특히 살구나무, 체리나무, 자두나무 등의 추출물에서 얻는다. 물에 잘 용해되지 않으며 점도가 아주 높다.

● Gommes-résines 수지 검, 수지 고무. 나무나 식물에서 분비되는 불투명하고 강한 냄새를 가진 물질로, 검, 수지, 수액 정수로 이루어져 있으며 물에 잘 녹지 않는다. 특히 아위(assafoetida, 아위 식물의 진), 유향(encens, 감람나무의 진), 자황(gomme-gutte, 클루시아과 나무의 진), 몰

약(myrrhe, 감람과 식물에서 얻는 함유수지 검), 오포파낙스(opoponas, opopanax, 교질 몰약), 스카모니아(scammonée) 등이 포함되며 이들은 주로 천연 약재로 쓰인다.

GONDOLE 공돌 곤돌라 모양의 냅킨 장식. 흰색 천으로 된 정사각형 냅킨에 유산지나 알루미늄 포일을 겹쳐 놓고 뾰족하게 접은 뒤 끝 부분을 휘게 해 마치 베니스의 곤돌라와 같은 모양으로 만든 장식이다. 레스토랑에서 이 곤돌라 모양 냅킨은 주로 긴 플레이트에 생선 한 마리를 통째로 서빙할 때 양 끝에 놓는 장식으로 사용한다.

GOOSSENS (PETER) 피터 호오센스 벨기에의 요리사(1964, Zottegem 출생). 플랑드르 출신인 그는 콕세이더의 테르 뒤넨(Ter Duinen) 호텔 조리학교에서 수학한 뒤 파리의 파비용 엘리제(Pavillon Élysées)와 프레 카틀랑(Pré Catelan), 플레지르(Plaisir)의 에콜 르노트르(l'école Lenôtre) 그리고 투아세(Thoissey)의 폴 블랑(Paul Blanc) 레스토랑에서 경력을 쌓았다. 이후 벨기에로 돌아온 그는 코르트레이크에서 얼마 떨어지지 않은 곳에 위치한, 베란넨만(Veranneman) 예술 재단으로 유명한 마을인 크루이슈템(Kruishoutem)의 한 농가에 현대 미술작품들로 간결하게 장식한 자신의 레스토랑을 열었다. 그곳에서 호오센스 셰프는 토스카나의 올리브오일, 송로버섯, 루콜라, 각종 버섯 등을 이용한 세련되고 모던한 요리를 선보인다. 1994년에 미슐랭 가이드의 첫 번째 별을, 2000년에 두 번째 별을 받았으며, 2005년 벨기에의 음식평론가로부터 '작은 천재'라는 호평을 받은 데 이어 드디어 세 번째 별을 획득했다. 반짝이게 구운 메추리 로스트와 셀러리악 볼로방, 송로버섯, 각종 야생버섯, 거위 푸아그라, 아삭하게 익힌 셀러리와 리크 볶음을 곁들인 양 등심 구이와 베이컨을 넣은 소스 등은 섬세하고 정확한 그의 솜씨를 엿볼 수 있는 대표 요리들이다.

GORENFLOT 고랭플로 19세기 중반 요리 이름에 붙였던 용어로, 육각형으로 된 큰 사이즈의 바바를 지칭했다. 또한 브레이징한 고기 요리에 곁들이는 가니시의 명칭이기도 하다. 이 가니시는 가늘게 채 썬 적채, 동그랗게 슬라이스한 세르블라 소시지, 속을 채운 감자 등으로 구성되었다. 이 이름은 알렉상드르 뒤마의 여러 소설에 등장하는 주인공인 한 허풍쟁이 수도사의 이름에서 유래했다.

GORGONZOLA 고르곤졸라 고르곤졸라 치즈. 소젖으로 만든 이탈리아의 AOC 블루치즈(지방 45-55%). 연한 미색 치즈 안에 녹색을 띤 푸른곰팡이가 마치 혈류가 퍼지듯 마블링 되어 있는 형태이며 천연외피는 회색에 붉은 얼룩이 섞여 있다(**참조** p.396 외국 치즈 도표). 지름 25-30cm, 두께 16-20cm의 바퀴 모양으로 대개 상표가 찍힌 은박 종이로 포장돼 있다. 냄새가 강하고 숙성(서늘하고 습한 저장고에서 건조 숙성) 정도에 따라 순한 맛에서 점점 자극적인 맛으로 변해간다. 고르곤졸라의 전통 제조 방식은 특별하다. 아침에 짠 우유의 뜨거운 커드를 틀 바닥, 옆면과 위쪽까지 둘러놓은 다음, 하루 전날 저녁에 만들어 놓은 차가운 커드를 안쪽 중앙에 넣어준다.

오랜 역사를 가진 고르곤졸라 치즈는 작은 큐브 모양으로 썰어 아페리티프로 내거나 로크포르 치즈처럼 샐러드에 넣기도 하고 카나페에 발라 먹거나 치즈 플레이트 구성에도 자주 등장한다. 뿐만 아니라 소스나 스터핑 재료에 넣거나 그라탱, 수플레, 퓌유테 등에 넣어 풍미를 더하기도 한다. 롬바르디아에서는 뜨거운 폴렌타에 고르곤졸라를 한 조각 녹여 서빙하기도 하며, 트리에스테 지역에서는 고르곤졸라, 마스카포네, 생크림, 안초비 페이스트, 커민, 차이브, 순한 맛의 머스터드를 혼합하여 후식으로 즐겨 먹는다.

GOTTSCHALK (ALFRED) 알프레드 고트샤크 스위스 출신의 의사, 학자(1873, Geneva 출생—1954, Paris 타계). 식품 의학 잡지 "그랑구지에(Grandgousier, 1934-1948)"를 창간했으며. 1948년에는 두 권으로 된 『식생활과 미식의 역사(*Histoire de l'alimentation et de la gastronomie*)』를 출간했다. 또한 그는 프로스페르 몽타녜(Prosper Montagné)와 함께, 1938년 출간된 『라루스 요리대사전(*Larousse gastronomique*)』의 초판 작업에 참여했다.

GOUDA 구다 고다 치즈, 하우다 치즈. 소젖으로 만든 네덜란드의 비가열 압착치즈(지방 48%)로 천연외피는 파라핀으로 싸여 있다(**참조** p.400 외국 치즈 도표). 지름 25-30cm, 두께 7cm의 둘레가 볼록한 맷돌 형태이며 무게는 약 15kg정도다. 2-3개월 숙성(황색 또는 무색 파라핀 처리 외피), 반 건조(빨간색 외피) 또는 완전 건조(노란색 외피)등 숙성 정도에 따라 치즈색은 연한 노랑에서 황갈색을 띤다. 고다 치즈는 소화가 잘 되며 칼슘이 풍부하다. AOP 인증을 받은 노르트홀란트 하우다(noord-hollandse gouda)는 숙성 기간이 길어짐에 따라 부드러운 상태에서 점점 단단해지고 풍미도 점점 강해진다. 전 세계적으로 이를 본뜬 치즈가 생산되고 있으며, 용도는 에담 치즈와 비슷하다.

GOUFFÉ (JULES) 쥘 구페 프랑스의 요리사(1807, Paris 출생—1877, Neuilly 타계). 파리에서 제과점을 운영하던 아버지 밑에서 처음 견습을 시작한 쥘 구페는 이후 앙토냉 카렘(Antonin Carême)의 문하생이 되었고, 1840년에서 1855년까지 포부르 생토노레(faubourg Saint-Honoré)의 한 유명한 레스토랑의 주방을 총괄했다. 이미 반은 은퇴한 상황이 되었을 때도 그는 황제 나폴레옹 3세의 만찬이 있을 때면 언제나 호출되어 요리를 담당했다. 그가 집필한 기본서인 『요리 총서(*Livre de cuisine*)』(1867)는 프로스페르 몽타녜(Prosper Montagné)에 의해 개정, 증보되어 여러 차례 재출간되었다. 그 외에도 『식품 보존에 관한 책(*Livre des conserves*)』(1869), 『제과에 관한 책(*Livre de pâtisserie*)』(1873), 『수프와 포타주에 관한 책(*Livre des soupes et des potages*)』(1875) 등의 저서를 남겼다. 그는 장식적 요리의 전도사(apôtre de la cuisine décorative)라는 별명으로 불렸다. 쥘 구페의 이름을 붙인 고기 요리도 있다. 서빙 사이즈로 잘라 소테한 고기에 마데이라 와인과 송아지 육수로 디글레이즈하고 마지막에 리에종한 소스를 끼얹어 서빙하는 요리다. 가니시로는 폼 뒤셰스 반죽으로 모양을 만들어 튀긴 뒤 속을 파내고 크림소스 모렐 버섯과 버터에 볶은 아스파라거스 헤드를 채운 작은 크루스타드(croustade)를 곁들여낸다.

GOUGÈRE 구제르 치즈를 넣은 슈. 치즈(콩테, 에멘탈, 그뤼예르)를 넣은 슈 반죽에 후추를 넣고 작은 공 모양 또는 왕관 모양으로 만들어 오븐에 구워낸다. 부르고뉴에서는 와이너리 지하 저장고 등에서 와인 시음을 할 때 차갑게 식은 구제르를 곁들여 먹기도 하지만, 일반적으로 구제르는 따뜻하게 먹으며 주로 애피타이저로 서빙한다.

***gougères* 구제르**

치즈 슈 : 짭짤한 맛의 슈 반죽 500g을 만든다. 만드는 과정 중 달걀을 넣은 다음 얇게 썬 그뤼예르 치즈 100g과 약간의 흰 후추를 넣고 잘 섞는다. 버터를 바른 베이킹 팬에 숟가락 두 개를 이용하여 반죽을 작은 공 모양으로 만들어 놓는다. 또는 깍지를 끼운 짤주머니에 반죽을 넣고 왕관 모양으로 짜준다. 달걀물을 바르고 얇게 썬 그뤼예르 조각을 뿌린다. 200°C로 예열한 오븐에 넣고 노릇한 색이 날 때까지 20분 정도 굽는다. 오븐을 끄고 오븐 문을 살짝 열어놓은 상태로 열기를 식힌다.

gougères aux céleri-rave et céleri-branche, crème de caviar
구제르 오 셀르리 라브 에 셀르리 브랑슈, 크렘 드 카비아르

셀러리악, 셀러리 줄기, 캐비아 크림을 넣어 만든 슈 : 굵은 별 깍지를 끼운 짤주머니에 구제르(gougère) 반죽 250mℓ를 채운다. 베이킹 팬에 지름 10cm 크기의 왕관 모양 4개를 짜 놓는다. 240°C로 예열한 오븐에서 노릇하게 구워낸 뒤 꺼내서 습기가 없는 곳에 보관한다. 가는 치커리 잎을 싱싱한 것으로 골라 씻은 뒤 굵직하게 썬 다음 소금, 후추, 레몬즙으로 간한다. 셀러리악과 셀러리 줄기를 다듬어 씻은 뒤 가는 막대 모양으로 썬다. 치커리 잎과 셀러리에 휘핑한 생크림 200mℓ와 캐비아 30g을 넣고, 캐비아 알이 뭉개지지 않도록 조심하며 포크 두 개로 살살 섞어준다. 각 서빙 접시에 마타리 상추 잎을 빙 둘러 담은 뒤 가로로 이등분한 구제르를 가운데 놓는다. 여기에 크림과 캐비아를 섞은 셀러리를 듬뿍 채워 넣은 뒤 나머지 구제르 반쪽을 덮어준다.

GOUJON 구종 모샘치. 잉어과에 속하는 작은 크기의 민물 생선으로 머리가 크고 입술이 두꺼우며 살은 아주 야들야들하고 맛이 좋다. 옛날에 아주 흔했던 생선으로, 특히 센(Seine)강과 마른(Marne)강 주변의 카페와 선술집 등에서 튀김 요리로 인기가 높았다. 모샘치의 내장을 빼내고 깨끗이 닦은 뒤(물로 씻지 않는다) 우유나 맥주에 잠시 담갔다 건진다. 소금, 후추로 밑간을 한 뒤 밀가루를 묻혀 뜨거운 기름에 튀긴다. 노릇한 색이 나며 바삭하게 튀겨지면 건져서 고운 소금을 뿌리고 레몬을 곁들여 오르되브르로 서빙한다(생선이 좀 큰 경우에는 두 번 튀겨준다. 우선 너무 높지 않은 온도의 기름에서 한 번 튀겨 익힌 뒤, 온도를 높인 기름에서 두 번째로 튀겨 노릇한 색을 내준다). 더 확장된 의미로는, 뼈를 발라낸 생선살을 가늘고 길쭉한 모양으로 비스듬히 잘라 마찬가지 방법으로 튀겨서 모샘치처럼 서빙하거나 요리에 가니시로 사용하는 것을 가리켜 구조네트(goujonnettes)라고 부른다.

GOULACHE 굴라슈 굴라쉬, 굴라시, 구야시. '소를 모는 목동(gulyás)'이라는 뜻의 이름을 가진 헝가리의 스튜 요리다. 소고기를 주재료로 하고, 양파와 파프리카(헝가리 고추)를 넣어 끓인 이 스튜는 주로 감자를 곁들여 먹는다. 이 음식의 기원은 헝가리라는 국가가 결성되기 전, 마자르족 유목민들이 자신들의 생활방식에 따라 음식을 만들어 먹던 시절인 9세기로 거슬러 올라간다. 당시에는 얄팍하게 썬 고기에 양파를 넣고 국물이 완전히 졸아들 때까지 끓인 후 햇볕에 말린 음식이었으며 가죽 부대에 담아 편리하게 이동할 수 있었다. 야영지에서 유목민들은 이 고기에 물을 붓고 순무를 넣어 끓인 스튜 또는 수프를 만들어 먹었다. 이 요리에 파프리카를 추가한 것은 한참 후의 일이었다. 굴라쉬는 전통적으로 보그라취(bogrács)라는 특별한 솥을 불 위에 매달아 놓고 끓여 먹는다. 굴라쉬의 레시피는 지역마다 조금씩 차이가 있지만, 정통파들은 밀가루를 넣어 국물을 걸쭉하게 만들거나 와인을 넣는 것을 허용하지 않는다. 먹기 바로 전 사워크림을 추가하는 것도 마찬가지다. 한편 비엔나식 굴라쉬(Goulasch)는 지역에 따라 타로냐(tarhonya, 달걀이 들어간 알갱이 모양의 파스타를 양파, 파슬리와 함께 돼지기름에 볶은 것)를 곁들이거나 취페트케(csipetke, 달걀과 밀가루로 만든 반죽을 작게 빚어 육수에 데친 새알심의 일종)를 넣어 먹는다. 헝가리 사람들은 이를 두고 본래의 맛이 약해진 굴라쉬라고 평가한다.

---

goulache 굴라쉬

양파 250g의 껍질을 벗긴 뒤 링 모양으로 얇게 썬다. 소 부채살 1.5kg을 약 80g의 작은 덩어리로 썬다. 코코트 냄비에 돼지 기름(라드) 100g을 달군 뒤 고기를 넣고 센 불에 지져 색을 낸다. 양파를 넣고 노릇한 색이 나도록 함께 볶아준다. 껍질을 벗기고 속을 제거한 뒤 세로로 등분한 토마토 500g, 으깬 마늘 1톨, 부케가르니 1개, 맵지 않은 파프리카 가루 1디저트스푼을 넣어준다. 소금과 후추로 간을 한다. 맑은 송아지 육수를 재료가 잠기도록 붓고 끓을 때까지 가열한다. 끓기 시작하면 불을 줄이고 뚜껑을 닫은 상태로 2시간 뭉근히 끓인다. 또는 220°C로 예열한 오븐에서 1시간 45분 동안 익힌다. 간을 맞춘다. 서빙용 스튜 그릇에 담아 아주 뜨겁게 낸다. 찐 감자를 곁들인다.

GOUMI 구미 뜰보리수. 보리수나무과에 속하는 낙엽관목의 열매로 극동아시아 지역이 원산지이며 오늘날에는 미국에서 많이 재배된다. 뜰보리수 열매는 껍질이 연하고 붉은색 또는 주홍색을 띠며 은색 점무늬가 촘촘히 나있다. 생으로 먹으면 약간 신맛이 난다. 주로 익혀서 콩포트를 만들거나 타르트의 필링으로 사용한다.

GOURGANE 구르간 퀘벡 지방에서 나는 굵직한 녹색 잠두콩으로 이 지역의 다양한 특선 요리에 자주 사용되는 재료다. 사그네(Saguenay) 지방에서는 잠두콩에 잘게 썬 염장 삼겹살, 당근, 양파, 소금물에 절인 각종 허브, 보리를 넣고 3시간 동안 푹 끓인 전통 수프를 즐겨 먹는다.

▶ 레시피 : SOUPE.

GOÛT 구 맛. 음식이 주는 자극을 통해 감각기관들이 인지하는 총제적인 느낌. 음식이 주는 자극은 주로 미각과 직접적인 관련이 있지만 그 외에 시각, 청각, 후각에도 영향을 미친다. 혀, 입천장, 구강의 미각 돌기 위에는 8,000개가 넘는 미뢰(맛봉오리)가 있다. 전통적으로 4가지 기본 맛은 짠맛과 신맛, 단맛과 쓴맛으로 나뉘며, 이들의 다양한 조합이 곧 각 음식의 맛을 결정한다. '매운', '시원한' 등의 느낌은 이 기본 맛 구분에는 포함되지 않는다. 미식의 관점에서 미각과 후각은 개별적으로 보지 않는다. 후각은 냄새의 식별을 통해 음식의 향을 밝혀낼 수 있는 감각이기 때문이다. 어떤 음식의 맛에 관해 이야기할 때 이를 정의하기 위해서는 미각돌기로부터 제공된 정보 못지않게 후각신경에 의해 전달된 정보도 중요하다.

GOÛTER 구테 맛을 보다. 알지 못하는 음식의 맛을 식별하다. 어떤 음식이나 음료를 소량 입에 넣어 맛, 농도 등을 느끼는 것을 뜻한다. 이때 느낀 맛의 감각이 그 음식의 외양, 색, 냄새가 주는 정보와 잘 맞는지 확인한다. 요리를 만드는 중간에도 종종 간을 보는데, 이는 경우에 따라 간을 정확히 맞추거나 요리의 완성도를 확인하기 위함이다.

GOÛTER (REPAS) 구테(르파) 간식. 점심과 저녁사이에 먹는 간단한 간식(**참조** DÉJEUNER, DINNER). 18세기까지 오후 5시경에 먹었던 구테는 주로 차가운 요리와 케이크, 치즈, 과일, 와인 등으로 구성된 거의 정식 끼니에 가까운 식사였다. 프랑스 대혁명 이후 점심과 저녁 식사시간의 변경으로 17시에 먹던 구테는 점차 사라졌다. 도시에서는 차와 케이크를 먹는 영국식 애프터눈 티(five o'clock tea)의 유행이 이를 대체하게 되었지만, 농촌에서는 밭일을 마친 오후 끝 무렵에 저녁을 겸한 간식을 먹는 관습이 여전히 이어졌다. 꽤 풍성한 음식으로 이루어진 이 끼니는 거의 저녁식사로 여겨질 만큼 넉넉했기 때문에, 늦은 밤에는 간단한 수프 한 그릇, 또는 우유와 빵 정도면 충분했다. 오늘날의 구테 또는 카트르 외르(quatre heures, 오후 4시를 뜻한다)는 대부분 아이들을 위한 간식을 지칭한다(과자, 초콜릿, 과일 주스, 우유, 빵 등). 저녁식사 시간이 더 늦은 스페인에서는 보통 오후 6시(오후의 중간으로 간주한다)에 커피나 핫 초콜릿에 페이스트리 빵 등을 곁들인 간식(merienda)을 즐겨 먹는다. 저녁식사 시간은 일반적으로 저녁 10시경이다.

GOÛTEUR 구퇴르 맛 평가사, 맛 감정사. 음료나 음식의 맛을 보고 그 품질을 평가하는 전문가(**참조** DÉGUSTATION). 전문적으로 훈련된 인간의 미각보다 더 정확하고 섬세하게 이를 평가할 수 있는 도구는 없으며, 특히 와인 분야에서는 더욱 그러하다. 파리에는 법원이나 관공서의 의뢰에 따라 와인을 테이스팅하는 전문 평가 업체(Compagnie de courtiers-gourmets-piqueurs)도 있으며, 그 기원은 필립 4세(Philippe le Bel) 시대까지 거슬러 올라간다. 식품 제조업체들도 이러한 맛 평가사와 같은 전문가의 도움을 필요로 한다. 커피, 버터, 푸아그라, 오일 등의 식품은 전문 맛 평가사들의 테이스팅을 거쳐 그 품질을 평가받는다.

GOYA 고야 여주. 오이와 비슷하게 생긴 박과에 속하는 열매로 쓴맛이 난다. 특히 일본 오키나와에서 반찬으로 즐겨 먹으며, 장수 식품으로 알려져 있다. 모리셔스섬에서는 여주(goya, margose)로 식초, 소금, 오일, 향신료 등에 절인 피클의 일종인 아차르(achards)를 만들어 먹는다.

GOYAVE 고야브 구아바. 도금향과에 속하는 구아바 나무의 열매로 아메리카 열대지역이 원산지이며 작은 서양 배, 사과 또는 호두 크기 등 그 품종이 다양하다. 프랑스의 구아바는 주로 브라질과 앤틸리스 제도(12월-1월) 또는 인도와 코트디부아르(11월-2월)에서 수입된다. 열량이 비교적 높은 편이며(100g당 52kcal 또는 217kJ), 특히 비타민 C, 나이아신, 카로틴, 인이 풍부하다. 껍질은 얇고 노란색을 띠며 완전히 익으면 검은 반점이 생기거나 대리석 모양의 녹색 얼룩이 생긴다. 과육은 주황빛을 띤 분홍색, 흰색 또는 노란색이다. 향이 짙고 싱그러우며 약간 새콤한 맛을 지닌 구아바에는 단단한 씨 알갱이가 다수 들어 있다. 달걀 크기만한 '인도의 배'라는 이름으로도 불리는 품종이 가장 인기가 많다.

■ **사용.** 잘 익은 상태의 구아바는 배처럼 칼로 껍질을 깎은 뒤 씨를 꼼꼼히 제거하고 그냥 생으로 먹는다(맛이 좀 덜 든 경우에는 설탕이나 럼을 조금 뿌려 먹는다). 또한 음료수, 아이스크림, 즐레 등을 만들 수도 있다. 브라질에서는 즐레를 만들 때 걸러낸 과육 퓌레로 젤리를 만들어 프레시 염소젖 치즈와 함께 후식으로 먹기도 한다. 설탕 시럽에 담긴 통조림 구아바도 있으며, 이는 주로 열대과일 화채 등을 만들 때 넣는다. 중국에서는 작은 사이즈의 딸기 구아바(goyave fraise, strawberry guava)를 즐겨 먹는다. 브라질이 원산지인 체리만한 크기의 딸기 구아바는 검정, 노랑, 붉은색 품종이 있고 과육은 흰색이며 향이 아주 진하다.

GOYÈRE 고예르 프랑스 북부, 특히 발랑시엔(Valenciennes)의 특산물인 치즈 타르트로 그 기원은 중세로 거슬러 올라간다. 당시 고예르는 프로마주 블랑(fromage blanc), 달걀, 비정제 황설탕(혹은 꿀) 혼합물에 오렌지 블로섬 워터로 향을 내 구운 치즈 타르트였다. 오늘날 이 타르트는 마루알(maroilles) 치즈를 듬뿍 넣은 형태로 변화했다(숙성된 흰색 마루알 사용). 애피타이저로 아주 뜨겁게 서빙하며 알코올 도수가 강한 맥주나 레드 와인을 곁들여 먹는다.

---

goyère 고예르

고예르 치즈 타르트 : 밀가루 250g, 달걀 1개, 버터 125g, 소금 넉넉히 한 자밤을 사용해 파트 브리제(pâte brisée)를 만든다. 두께 3mm로 밀어 파이틀에 깔아준 다음 시트만 미리 10-12분간 초벌로 구워낸다. 식힌다. 마루알 치즈 1/2개의 껍질을 벗기고 덩어리를 깍둑 썬 뒤, 물기를 뺀 프로마주 블랑 200g과 함께 체에 긁어내린다. 잘 풀어둔 달걀 3개, 생크림 2 테이블스푼, 소금 한 자밤을 이 치즈 혼합물에 넣고 후추를 넉넉히 뿌린 다음 잘 섞어준다. 미리 구워둔 타르트 시트에 혼합물을 채워 넣고 표면을 평평하게 해준다. 220°C로 예열한 오븐에서 20분 동안 굽는다. 오븐에서 꺼낸 뒤 칼끝으로 표면에 마름모꼴 선을 그어준다. 작게 깍둑썬 버터를 고루 얹은 뒤 다시 오븐에 15분간 굽는다. 아주 뜨겁게 서빙한다.

GOZETTE 고제트 파트 푀유테(pâte feuilletée), 파트 브리제(pâte brisée) 또는 파트 르베(pâte levée)로 만든 시트 안에 버터, 계피, 설탕을 넣고 팬에 익힌 사과 슬라이스를 넣고 주머니 모양으로 감싼 파티스리를 뜻한다. 사과를 채운 반죽 시트를 잘 붙여 봉하고 달걀노른자를 발라준 다음 낮은 온도의 오븐에서 굽는다(**참조** CHAUSSON).

GRADIN 그라댕 일반적으로 식빵을 잘라서 만든 음식 받침을 뜻하며, 주로 뷔페 상차림 등에서 쇼 프루아(chaud-froid)와 같은 차가운 요리를 플레이팅 할 때 밑에 깔아주는 용도로 쓰인다. 옛날에 그라댕은 파티스리나 당과류 플레이팅용으로도 많이 사용되었다. 당시에는 나무를 깎아 만든 받침대에 설탕 세공(pastillage), 아몬드 페이스트, 설탕으로 만든 모양 장식, 누가 등으로 장식한 것이었다. 이후 그라댕은 전부 먹을 수 있는 파티스리로 만들어졌다.

GRAINER 그레네 물질이 응집되지 않고 다수의 작은 알갱이로 부서지는 현상을 뜻한다. 이는 특히 달걀흰자를 쳐서 거품을 올렸을 때 곱게 부풀며 공기를 함유한 무스 형태로 뭉치지 않고 작은 입자로 분리되어 풀어지는 것을 지칭한다. 이 같은 현상은 주로 거품 낼 때 사용하는 용기의 기름기를 완전히 제거하지 않아 발생한다. 달걀흰자의 거품을 완전히 올리기 전 작은 기포가 생기기 시작할 때 식초 두 세 방울을 첨가하면 이를 어느 정도 개선할 수 있다. 또한 끓인 설탕 시럽이 굳어 결정화되고 뿌옇게 변하는 현상, 또는 퐁당슈거 혼합물을 너무 오래 가열했을 때 굳은 알갱이들이 생기는 현상 등도 그레네라고 한다.

GRAISSE ANIMALE 그레스 아니말 동물성 지방. 동물의 지방조직 안에 들어 있는 지질 성분. 미끈거리는 성질이 있고 낮은 온도에서 용해되며 주로 요리에서 지방질로 사용된다.

- 돼지의 등을 덮고 있는 지방(bardière)과 복부 삼겹살의 비계 층(lard)이 이에 해당한다. 또한 돼지 기름 라드(saindoux 또는 axonge)는 피하지방(주로 콩팥 주위의 지방), 비계(lard) 등의 돼지의 고형 지방을 녹여 정화한 것이다. 주로 프랑스 북부와 동부 요리에 많이 사용되며 포화지방산 함유량이 높다.
- 소의 지방은 이제 거의 식용으로 소비되지 않지만, 아직도 스코틀랜드와 잉글랜드에서는 파티스리, 푸딩, 스튜 등을 만들 때 전통 방식대로 소 콩팥 기름을 사용한다.
- 양의 콩팥을 둘러싸고 있는 기름 또는 꼬리 기름은 특히 동양 요리에 많이 사용된다.
- 거위 기름은 미식 측면에서 높이 평가받고 있는 재료로, 프랑스에서는 아키텐과 랑그독이라는 특정 지역에서 주로 생산된다. 또한 스칸디나비아와 유대 요리에서도 종종 사용된다.
- 송아지의 콩팥 기름은 몇몇 요리의 스터핑(소)을 만들 때 사용된다.

동물성 지방은 주로 식품 제조업체에서 많이 사용하며(과자류, 마가린 등) 대부분의 경우 포화지방(수소화 과정을 거친 트랜스지방)이다. 하지만 열대식물의 기름 및 식물성 지방이 도입되고 버터 사용이 늘어나면서 다행히도 식품 제조업에서의 동물성 지방의 역할은 감소되었다.

▶ 레시피 : GODIVEAU, TRUFFE.

GRAISSER 그레세 기름을 바르다. 조리 도중 음식물이 달라붙는 것을 방지하고 틀에서 쉽게 분리해낼 수 있도록 베이킹 팬이나 각종 베이킹 틀, 링 등의 안쪽 면에 버터 등의 유지 물질을 발라주는 것을 뜻한다.

GRAISSES VÉGÉTALES 그레스 베제탈 식물성 지방. 아프리카와 동양의 다수 국가에서 전통적으로 많이 사용될 뿐 아니라, 수소화된 코코넛 오일을 원료로 하는 베제탈린(Végétaline)과 같이 유럽에서 많이 소비되는 지방제품을 만드는 데도 사용된다. 식물성 지방은 대부분 톱 야자열매(chou palmiste, sabal palmetto), 코프라(coprah 코코넛 과육을 말린 것), 시어나무(karité)의 씨에서 추출한 물질이다. 대개 흰색을 띤 밀랍과 같은 직사각형 덩어리 형태로, 융점은 동물성 지방보다 낮지만 일반 오일들처럼 높은 온도를 잘 견디는 편이라 튀김 요리에 사용할 있으며, 이 기름을 사용한 요리는 소화도 더 잘된다.

GRAMMONT 그라몽 차가운 갑각류 요리의 명칭이며 주로 랍스터와 닭새우(스파이니 랍스터) 요리가 이에 해당한다. 랍스터를 쿠르부이용에 익혀 식힌다. 몸통 살(꼬리)을 동그랗게 어슷 썬 다음 얇게 저민 송로버섯으로 장식하고 윤기나게 즐레를 발라준다. 집게 살과 내장을 갈아 만든 무스를 머리와 가슴 껍데기에 채워준다. 굴을 데쳐 글레이즈한 뒤 잘라 놓은 몸통 살과 교대로 놓는다. 양상추 속잎과 파슬리로 장식한다. 이 명칭은 또한 가슴살을 저며 내고 흉곽 뼈를 들어낸 클래식 닭 요리를 지칭하기도 한다. 종달새 가슴살, 버섯 갓, 수탉의 볏과 콩팥을 송로버섯 향의 베샤멜소스를 넣고 버무려 데운 뒤 닭의 속을 채우고 그 위에 길쭉하게 썬 닭가슴살을 얹어준다. 이어서 쉬프렘 소스(sauce suprême)를 전체에 끼얹어 덮은 뒤 파르메산 치즈를 뿌리고 오븐에 넣어 그라탱처럼 굽는다.

GRAMOLATE 그라몰라트 그라몰라타. 그라니타의 일종으로 얼리는 시점에 소르베와 같은 방식으로 만든다. 그라몰라타(gramotate 또는 gramolata)는 식사 코스 중 입가심을 위한 클렌저(프랑스어로 트루 노르망 trou normand이라고 한다)용으로, 또는 칵테일파티 등에서 상큼한 소르베로 서빙된다. 이탈리아 요리의 양념인 그레몰라타(gremolata)와 혼동해서는 안 된다. 그레몰라타는 오렌지와 레몬의 제스트, 파슬리, 마늘을 다져 혼합한 양념으로 특히 오소부코(osso-buco)에 곁들여 먹는다.

GRANA PADANO 그라나 파다노 그라나 파다노 치즈. 부분적으로 탈지한 저지방 소젖으로 만든 이탈리아의 AOC 치즈(지방 32%). 가열 압축 경성 치즈로, 기름을 입힌 천연 외피를 갖고 있다(**참조** p.398 외국 치즈 도감). 둘레가 약간 볼록한 바퀴 모양이며 무게는 24-40kg 정도이다. 12세기부터 만들어지기 시작한 이 치즈는 알갱이 입자가 있고 아주 단단하며 약간 꼬릿한 훈연의 맛을 갖고 있다. 요리에서는 주로 가늘게 갈아서 사용하며 특히 이탈리아의 전통 수프인 미네스트로네(minestrone)에 넣어 먹는다.

GRANCHER (MARCEL ÉTIENNE) 마르셀 에티엔 그랑셰 프랑스의 작가, 출판인, 미식평론가(1897, Lons-le-Saunier 출생–1976, Le Cannet 타계). 젊은 시절을 리옹에서 보낸 그는 라블레 아카데미(l'académie Rabelais)와 리옹 미식가 아카데미(l'académie des Gastronomes lyonnais)를 설립하였으며 1937년에는 퀴르농스키와 함께 『미식의 수도, 리옹(*Lyon, capitale de la gastronomie*)』(1937)을 공동집필했다. 또한 그가 쓴 여러 소설 중에는 『마숑빌의 샤퀴티에(*le Charcutier de Mâchonville*)』(1942)와 같이 음식 이야기가 큰 부분을 차지하는 것들이 다수 있으며, 『앙리 4세의 와인에서 브리야 사바랭의 와인까지(*Des vins d'Henri IV à ceux de Brillat-Savarin*)』(1952)에서는 와인에 대해서도 전문가 수준의 필력을 보여주었다. 그는 저서 『식탁에서의 50년(*Cinquante Ans à table*)』(1953)에서 다음과 같이 묘사했다. "음식의 마법, 단어의 마법: 위대한 요리사는 곧 위대한 시인이다[...] 닭고기와 쌀, 개똥지빠귀와 포도, 꽃등심 스테이크와 감자, 파스타와 파르메산 치즈, 토마토와 가지, 수탉과 샹베르탱 와인, 멧도요와 고급 샴페인, 소 양깃머리와 양파... 이런 조합을 맨 처음 생각해 낸 요리사는 혹시 그 전에 시의 여신 뮤즈를 만나고 온 것이 아닐까? 하는 생각이 들기 때문이다."

GRAND-DUC 그랑 뒥 프랑스 제2제정시대(1852-1870)와 러시아 귀족들의 왕래가 잦았던 벨 에포크 시대에 파리의 레스토랑들에서 선보인 다양한 요리를 지칭한다. 그랑 뒥 요리에 공통적으로 쓰인 재료는 아스파라거스 윗동부분과 송로버섯이다. 그랑 뒥 살찐 칠면조 요리(la dinde étoffée grand-duc)는 마젠다 후작부인(marquise de Mazenda)의 주방장인 발미 주아유즈(M. Valmy-Joyeuse)가 1906년 만들어낸 아주 공이 많이 들어가는 독창적인 레시피의 요리다.

GRAND MARNIER 그랑 마르니에 오렌지와 포도주 오드비 베이스의 부드럽고 향이 좋은 고급 리큐어. 비터 오렌지 껍질을 주정에 침출한 뒤 증류한 추출물에 포도주 오드비를 블렌딩하여 만들며, 이때 혼합하는 오드비의 종류에 따라 등급이 나뉜다. 최상급인 코르동 루즈(Cordon Rouge)는 엄선한 고급 코냑과 블렌딩한 것으로 알코올 도수도 40%Vol.로 가장 높다. 한편 코르동 존(Cordon Jaune)은 일반 포도주 오드비를 혼합한다. 블렌딩한 리큐어는 오크통에서 수개월간 숙성한 뒤 여과하고당 성분을 첨가한다. 1880년 노플 르 샤토(Neauphle-le-Chateau)의 마르니에 라포스톨(Marnier-Lapostolle)사가 처음 제조하기 시작한 그랑 마르니에는 리큐어로 소비되며 특히 제과제빵용으로 많이 사용된다. 또한 다양한 칵테일 제조에도 들어간다.

GRAND-MÈRE 그랑 메르 할머니라는 뜻의 프랑스어로 본 팜(bonne femme) 또는 코코트(en cocotte) 요리와 비슷하게 쓰이는 요리 명칭이다. 특히 그랑 메르 닭 요리(poulet grand-mère)는 라르동, 갈색이 나게 글레이즈한 방울양파, 볶은 양송이버섯, 튀기듯 볶은 감자 등을 곁들인 닭 요리를 지칭한다.
▶ 레시피 : BŒUF.

GRAND VÉFOUR (LE) 르 그랑 베푸르 파리 팔레 루아얄(Palais-Royal)의 갈르리 드 보졸레(galerie de Beaujolais)에 위치한 유서 깊은 레스토랑. 1784년 카페 드 샤르트르(Café de Chartre)라는 이름으로 오픈했던 이 레스토랑은 1820년 장 베푸르(Jean Véfour)에 매각된다. 당대 유명세를 떨쳤던 이 레스토랑에는 나폴레옹 보나파르트(Napoléon Bonaparte), 앙텔름 브리야 사바랭(Anthelme Brillat-Savarin), 조아킴 뮈라(Joachim Murat), 알렉상드르 그리모 드 라 레이니에르(Alexandre Grimod de La Reynière)에 이어 알퐁스 드 라마르틴(Alphonse de Lamartine), 아돌프 티에르(Adolphe Thiers)와 샤를 오귀스트 생트 뵈브(Charles-Auguste Sainte-Beuve) 등이 단골로 드나들었고, 이들은 마렝고 치킨(poulet Marengo)과 닭고기 마요네즈 샐러드 등의 요리를 즐겨 먹었다. 프랑스 제2제정 시절, 장 베푸르의 형제 중 한 명이 팔레 루아얄에 또 하나의 레스토랑을 열었고, 사람들은 원래 있었던 식당을 그랑 베푸르(Grand Véfour), 새로 생긴 곳을 프티 베푸르(Petit Véfour, 1920년 폐업)로 구분해 부르곤 했다. 1948년 자신이 운영하던 레스토랑 막심(Maxim's)의 문을 닫은 루이 보다블(Louis Vaudable)은 그랑 베푸르를 인수하였고 젊은 셰프 레몽 올리베르(Raymond Oliver)를 영입한다. 2년 후 레몽 올리베르는 이 레스토랑을 인수해 오너 셰프가 되었다.

장 콕토(Jean Cocteau), 콜레트(Colette)와 엠마뉘엘 베를(Emmanuel Berl)은 이 식당을 편하게 자주 찾았던 단골이었고, 이곳을 미식의 성지로 격상시키는 데 지대한 공헌을 한 인물들이다. 이들 이름으로 헌정된 메뉴들이 여럿 생겨났으며, 오늘날에도 이들이 늘 앉아 식사했던 자리에는 이름이 표시된 작은 동판이 붙어 있다. 18세기의 인테리어 장식이 잘 보존되어 있어 오늘날에도 역사를 이어온 아름다운 홀에서 식사를 할 수 있다.

GRAND VENEUR 그랑 브뇌르 그랑 브뇌르 소스를 곁들인 수렵육 요리. 털이 있는 수렵육 고기를 큰 덩어리로 혹은 서빙 사이즈로 잘라 오븐에 로스트 또는 팬에 소테한 다음, 그랑 브뇌르 소스(sauce grand veneur)를 끼얹은 요리를 지칭한다. 브네종 소스(sauce venaison)라고도 불리는 그랑 브뇌르 소스는 푸아브라드 소스(sauce poivrade 경우에 따라 수렵육의 피를 넣기도 한다)에 레드커런트 즐레와 생크림을 추가한 것이다. 일반적으로 그랑 브뇌르 요리에는 밤 퓌레를 곁들인다.
▶ 레시피 : CHEVREUIL, SAUCE.

GRANITÉ 그라니테 그라니타. 이탈리아식 소르베. 파리에서는 19세기 아이스크림 제조자 토르티니(Tortoni) 가족이 운영하던 카페 토르토니에 의해 유행하기 시작했다. 거의 설탕을 넣지 않은 과일 시럽 또는 커피나 리큐어로 향을 낸 시럽을 반쯤 얼린 상태의 이 빙수는 오톨도톨한 얼음 알갱이 조직 때문에 그라니타(프랑스에서는 granité라고 부른다)라는 이름이 붙었다. 그라니타는 소르베용 유리볼이나 반구형 쿠프(coupe) 잔에 담아 식사 코스 중 입가심을 위한 클렌저(프랑스어로 트루 노르망 trou normand이라고 한다)용으로 또는 시원한 디저트로 서빙한다. 그라니타는 만들기도 쉽고 채소, 향신허브, 우려낸 차 등 다양한 재료를 사용한 응용이 가능하다.

granité au café 그라니테 오 카페
커피 그라니타 : 그라니타 1ℓ 분량
볼에 에스프레소 커피 500mℓ, 설탕 10g, 물 400mℓ를 넣고 섞어 냉동실에 넣는다. 1시간 30분 후 꺼내 주걱으로 잘 섞은 뒤 그라니타가 완전히 얼어 굳을 때까지 다시 냉동실에 넣어둔다.

granité au citron 그라니테 오 시트롱
레몬 그라니타 : 그라니타 1ℓ 분량
레몬 1개의 제스트를 얇게 벗겨 잘게 다진다. 레몬 2개를 착즙하고 과육은 따로 보관한다. 레몬즙 100mℓ을 계량해둔다. 볼에 물 700mℓ를 넣고 설탕 200g을 잘 저으며 녹인 다음 레몬제스트, 레몬즙, 레몬 과육을 넣어준다. 나무 주걱으로 잘 저은 뒤 냉동실에 넣는다. 1시간 30분 후 꺼내서 주걱으로 잘 섞은 뒤 그라니타가 완전히 얼어 굳을 때까지 다시 냉동실에 넣어둔다.

granité au melon ▶ MELON
gratin de pommes granny smith à l'amande, granité de cidre et raisins secs ▶ GRATIN

GRAPPA 그라파 이탈리아의 북부에서 제조되는 마르(marc) 브랜디. 그라파는 포도를 압착하고 남은 찌꺼기를 증류해 만들며 포도 품종은 뮈스카 또는 바롤로 지역의 포도가 대표적이다. 최상급 그라파는 피에몬테, 베네토, 프리울리, 트렌토에서 생산되며, 타닌의 맛을 순화시키기 위해 슬라보니아 오크통에서 숙성한다. 그라파는 요리에서도 사용된다. 특히 피에몬테의 특선 요리인 주니퍼베리와 타임으로 향을 내 브레이징한 산양 요리에 그라파를 넣어준다.

GRAPPIN 그라팽 긴 자루 손잡이가 달린 이 두 개짜리 포크로 주로 냄비 바닥에 있는 고기 덩어리를 건지는 용도로 사용된다. 로스트한 고기를 자를 때 찔러 고정시키는 서빙 포크와 혼동하지 않아야 한다.

GRAS ▶ 참조 MATIÈRE GRASSE

GRAS-DOUBLE 그라 두블 소의 제1위, 양, 양깃머리. 소의 양 부위만으로 만든 내장 조리 식품. 소의 양 부위를 뜨거운 물에 담가 데쳐낸 뒤 불순물을 깨끗이 긁어내고 흐르는 물에 씻는다. 틀에 넣어 직육면체 덩어리로 모양을 만든다. 대개 미리 한 번 익힌 뒤 슬라이스해서 판매한다(**참조** p.10 부속 및 내장 도표). 소의 양 부위는 여러 지방의 특선 음식에 많이 사용되는 재료로, 주로 매콤하고 강한 양념으로 요리한다. 양념에 재웠다가 튀기거나 구워 먹으며, 양파를 넣고 볶거나 익힌 토마토를 넣고 뭉근히 오래 끓이기도 한다. 또한 그라탱이나 스튜를 만들어 먹기도 한다. 타블리에 드 사푀르(tablier de sapeur)는 넓적한 정사각형으로 자른 소의 양 부위에 머스터드를 바른 뒤 밀가루, 달걀, 빵가루를 입혀 튀겨낸 음식이다. 보통 비네그레트(vinaigrette) 소스나 그리비슈 소스(sauce gribiche)를 곁들여 먹는다. 기름기가 좀 적은 송아지의 양 부위도 마찬가지 방법으로 조리하며, 경우에 따라 블랑케트를 만들거나 소스 풀레트를 곁들이기도(à la poulette) 한다. 또한 밀라노식 내장 스튜인 부제카의 주재료로도 사용된다(**참조** BUSECCA).

gras-double de bœuf à la bourgeoise 그라 두블 드 뵈프 아 라 부르주아즈
부르주아식 소의 양 : 끓는 물에 데친 소의 양 부위 750g을 정사각형으로 잘라준다. 작은 햇당근 24개의 껍질을 벗긴 뒤 물에 데친다. 방울양파 36개 정도의 껍질을 벗긴 뒤 2/3를 육수에 넣어 반 정도만 익힌다. 나머지 양파는 버터 50g을 넣은 냄비에 넣고 볶는다. 밀가루 1테이블스푼을 뿌린 뒤 계속 볶아 노릇한 색이 살짝 나기 시작하면 육수 600mℓ를 붓고 저어준 다음 6분정도 끓인다. 소의 양을 넣고 소금, 후추, 카옌페퍼 칼끝으로 떠서 조금, 부케가르니 1개를 넣고 센 불로 가열한다. 당근과 육수에 익혀둔 양파를 넣고 뚜껑을 덮은 뒤 1시간 30분 동안 뭉근하게 익힌다. 우묵한 그릇에 담고 잘게 썬 파슬리를 뿌린 뒤 서빙한다.

gras-double de bœuf à la lyonnaise 그라 두블르 드 뵈프 아 라 리요네즈
리옹식 소의 위 : 소의 양 부위 750g을 익혀서 건져 물기를 제거한 다음 가는 끈 모양으로 썬다. 팬에 버터나 돼지기름을 아주 뜨겁게 달군 뒤 소의 양을 센 불에서 볶는다, 소금, 후추로 간한다. 얇게 썰어 버터나 돼지 기름에 볶은 양파 4테이블스푼을 넣어준다. 잘 섞으며 볶는다. 우묵한 접시에 담는다. 재료를 볶은 팬에 식초를 한 바퀴 둘러 디글레이즈한 다음 요리에 끼얹고 잘게 썬 파슬리를 뿌려 서빙한다.

soupe au gras-double à la milanaise ▶ SOUPE

GRATARON 그라타롱 그라타롱 치즈. 염소젖으로 만든 사부아 지방의 치즈(지방 45%). 지름 7cm, 두께 6cm의 원통형으로 무게는 200-300g 정도이다. 아레슈 그라타롱(grataron d'Arèches)은 염소 풍미가 매우 강하다(**참조** p.392 프랑스 치즈 도감).

GRATIN 그라탱 음식의 표면에 가늘게 간 치즈를 뿌려(빵가루를 뿌리기도 한다) 덮은 뒤 열을 가해 노릇한 크러스트가 생기도록 한 것을 지칭한다. 옛날에 그라탱은 조리 용기에 눌어붙은 음식을 과자처럼 '긁어내던(gratter)'

것을 뜻했다. 좀 더 넓은 의미에서 그라탱은 생선, 고기, 채소 요리, 파스타뿐 아니라 심지어 달콤한 음식까지 포함한다. 그라탱을 만든다는 것은 음식이 촉촉하고 부드러운 식감과 풍미를 내면서도 마르지 않도록 일종의 보호막을 덮어준 뒤 오븐에 익히거나 뜨겁게 데워 겉면을 노릇하게 만드는 것을 뜻한다. 이 때 가열하는 음식은 날 재료(예를 들어 그라탱 도피누아)일 수도 있고, 이미 익힌 것일 수도 있다. 그라탱을 만들 때는 항상 몇 가지 규칙을 지켜야 한다. 오븐에 넣어 조리한 뒤 바로 식탁으로 옮겨 그대로 서빙할 수 있는 용기를 선택해야 하고, 내용물이 들러붙지 않도록 버터를 넉넉히 바른 뒤 사용해야 한다. 요리를 브로일러 아래 넣어 표면만 노릇하게 구워 완성하는 경우는 내용물 전체가 이미 아주 뜨겁게 데워진 상태여야 한다. 오븐에 넣어 전체적으로 익혀 그라탱을 만드는 경우에는 그릴 망 위에 올리거나 중탕으로 익혀야 한다. 특히 조리하기 섬세한 재료인 경우는 더욱 주의를 기울여야 한다. 조리한 용기째 서빙하는 요리인 그라탱은 주로 남은 고기 다진 것, 남은 닭고기 등을 재료로 하여 만드는 대표적인 가정 요리이지만 레스토랑에서 서빙하는 고급 요리로도 얼마든지 변신할 수 있다.

GRATINS SALÉS 그라탱 살레
짭짤한 맛의 그라탱

asperges au gratin ▶ ASPERGE
aubergines au gratin à la toulousaine ▶ AUBERGINE
bananes à la créole gratinées ▶ BANANE
cèpes au gratin ▶ CÈPE
chou-fleur au gratin ▶ CHOU-FLEUR
choux de Bruxelles gratinés ▶ CHOU DE BRUXELLES
courge au gratin ▶ COURGE
crêpes gratinées aux épinards ▶ CRÊPE
épinards au gratin ▶ ÉPINARD
farce à gratin ▶ FARCE

자크 마니에르(JACQUES MANIÈRE)의 레시피

gratin de bettes au verjus 그라탱 드 베트 오 베르쥐

신 포도즙을 넣은 근대 그라탱 : 근대 1kg의 질긴 섬유질을 벗겨낸 뒤 막대 모양으로 썬다. 화이트와인에 넣어 익힌 뒤 찬물에 헹구지 않고 건져둔다. 생크림 200mℓ를 약불에 올리고 거품기로 저으며 끓기 전까지 데운 다음 불에서 내린다. 베르쥐(verjus, 익지 않은 신 포도즙) 1/2잔, 달걀노른자 2개, 다진 파슬리 1테이블스푼, 소금, 후추를 섞어준다. 이 혼합물을 크림에 조금씩 넣으며 혼합한다. 그라탱 용기에 근대를 넣고 소스를 끼얹어 덮는다. 가늘게 간 캉탈(Cantal) 치즈를 뿌리고 작게 자른 버터 조각을 고루 얹은 뒤 오븐 온도(250°C부터 280°C까지)에 따라 약 4-6분 정도 표면이 노릇해지도록 굽는다.

안 소피 픽(ANNE-SOPHIE PIC)의 레시피

gratin dauphinois 그라탱 도피누아

도피테식 감자 그라탱 : 6인분

살이 노란 감자(벨 드 퐁트네 품종 belle de Fontenay) 1.2kg의 껍질을 벗겨 씻은 뒤 물기를 닦아준다. 길이 방향으로 놓고 2mm 두께로 얇게 슬라이스한다. 냄비에 생크림 500mℓ와 우유 500mℓ(소금으로 살짝 간을 하고 넛멕가루 1자밤, 싹을 제거한 뒤 다진 마늘 1톨을 넣어준다)를 넣고 끓을 때까지 가열한 다음 감자를 넣는다. 중불에서 약 10분간 익힌 뒤 불에서 내리고 10분정도 그대로 둔다. 우유와 크림 혼합물을 3/4 정도 남기고 감자를 건져낸다. 오븐을 240°C로 예열한다. 마늘 한 톨을 반으로 갈라 싹을 제거한 다음 그라탱 용기 안쪽을 문질러주고 이어서 버터를 바른다. 감자를 그라탱 용기에 넣는다. 우유와 크림 혼합물을 졸여 체에 거른 뒤 감자 높이까지 부어준다. 아주 차가운 무염 버터 40g을 작은 큐브 모양으로 잘라 고루 얹어준다. 오븐에 넣고 윗면이 노릇해질 때까지 굽는다. 표면을 노릇하게 만드는 것은 차가운 버터 조각들이다.

gratin d'écrevisses ▶ ÉCREVISSE

피에르 오르시(PIERRE ORSI)의 레시피

gratin de macaronis 그라탱 드 마카로니

마카로니 그라탱 : 소금을 넣은 끓는 물 2.5ℓ에 마카로니 300g을 넣고 5분간 익힌다. 들러붙지 않도록 나무 주걱으로 잘 저어준 다음 건져 차가운 물에 헹구고 물기를 빼둔다. 마카로니를 볼에 담고 우유를 잠길 만큼 부어준다. 그 상태로 뚜껑을 덮어 냉장고에 12시간 동안 넣어둔다. 다음날 마카로니를 건져내 소금, 후추를 넣고 잘 섞은 뒤 그라탱 용기 바닥에 한 켜 깔아준다. 스패출러로 고르게 펴준다. 가늘게 간 그뤼예르 치즈 75g을 뿌리고 작은 조각으로 자른 버터 30g을 고루 얹는다. 180°C로 예열한 오븐에서 10분간 익힌다. 이어서 중간 온도의 브로일러 아래 놓고 노릇한 색의 그라탱이 되도록 1분간 구운 뒤 아주 뜨겁게 서빙한다.

레스토랑 아나이(ANAHI, PARIS)의 레시피

gratin de maïs 그라탱 드 마이스

옥수수 그라탱 : 닭가슴살 2조각을 주사위 모양으로 썬다. 양파 2개와 올리브 75g을 아주 잘게 다진다. 재료를 모두 섞고 소금, 후추, 다진 고수 잎을 넣은 뒤 노릇하게 볶아준다. 불에서 내린다. 팬에 올리브오일을 두르고 다진 양파 2개, 껍질을 벗긴 뒤 속을 제거하고 잘게 썬 토마토 4개, 옥수수 알갱이 250g을 볶아준다. 로스팅 팬에 닭고기 혼합물 한 켜를 깔아준 다음 옥수수 퓌레를 한 켜 올린다. 이렇게 두 혼합물이 모두 소진될 때까지 교대로 층층이 넣어준다. 275°C로 예열한 오븐에 넣어 노릇해질 때까지 5분간 구워 그라탱을 완성한다. 아주 뜨겁게 서빙한다.

gratin d'œufs brouillés à l'antiboise ▶ ŒUF BROUILLÉ

gratin de potiron à la provençale 그라탱 드 포티롱 아 라 프로방살

프로방스식 호박 그라탱 : 잘 익은 주황색 둥근 호박의 껍질을 벗기고 씨와 섬유질 속을 긁어낸다. 호박 살을 작게 잘라 끓는 물에서 10분간 데친다. 찬물에 식혀 헹구고 건져둔다. 양파(호박 무게의 1/4 분량)의 껍질을 벗긴 뒤 얇게 썰어 팬에 넣고 색이 나지 않고 나른해지도록 익힌다. 그라탱 용기 안쪽에 마늘을 문지르고 버터를 발라준다. 바닥에 호박을 한 켜 깐 다음 양파, 이어서 나머지 호박을 채워 넣는다. 가늘게 간 치즈를 고루 얹고 올리브오일을 뿌린 뒤 230°C로 예열한 오븐에 넣어 노릇한 색이 나도록 굽는다.

hachis de bœuf en gratin aux aubergines ▶ HACHIS
navets au gratin ▶ NAVET
oreilles de porc au gratin ▶ OREILLE
poireaux au gratin ▶ POIREAU
salsifis au gratin ▶ SALSIFIS
sardines gratinées ▶ SARDINE

GRATINS SUCRÉS 그라탱 쉬크레
달콤한 맛의 그라탱

시몬 르메르(SIMONE LEMAIRE)의 레시피

gratin de fraises au sabayon de citron 그라탱 드 프레즈 오 사바용 드 시트롱

레몬 사바용 딸기 그라탱 : 알이 굵은 딸기 24개를 반으로 잘라 그라탱 용기에 절단면이 바닥을 향하도록 나란히 놓는다. 동냄비에 달걀 4개, 레몬 4개의 제스트와 즙, 설탕 100g, 작게 자른 버터 100g을 넣고 레몬 사바용(sabayon au citron)을 만든다. 중탕 냄비 위에 놓고 혼합물의 색이 연해지고 크리미한 거품이 일 때까지 거품기로 계속 세게 저어준다. 사바용을 딸기 위에 조심스럽게 끼얹어 덮은 뒤 브로일러 아래에 놓고 잠깐 가열해 노릇하게 구워낸다.

크리스토프 펠데르(CHRISTOPHE FELDER)의 레시피

gratin de pommes granny smith à l'amande, granité de cidre et raisins secs 그라탱 드 폼 그라니 스미스 아 라망드, 그라니테 드 시드르 에 래쟁 섹

아몬드 사바용, 건포도를 곁들인 사과 그라탱, 시드르 그라니타 : 6인분 / 준비: 30분

시드르 500mℓ에 사과 시럽 5테이블스푼을 섞어 아이스크림용 바트에 넣고 냉동실에서 2-3시간 얼린다. 그동안 그래니 스미스 사과 6개를 전부 세로로 10등분한 뒤 꼼꼼히 씨를 제거한다. 레몬즙 반 개분을 짜 사과에 뿌린 뒤 고루 섞어준다. 사과를 접시 2개에 나누어 담고 주방용 랩으로 완전히 밀봉한다. 전자레인지에 넣고 완전히 말랑말랑해지도록 익힌다. 사과가 한 번에 너무 뭉그러지지 않도록 전자레인지를 짧게 돌려 중간에 상태를 체크

해가며 조금씩 익힌다(전자레인지가 없을 경우, 설탕을 넣은 끓는 물에 사과조각을 넣고 5분간 데친다). 중탕 냄비를 준비한다. 물은 아주 약하게 끓는 상태를 유지한다. 내열유리 볼에 달걀노른자 6개, 사과 주스 4테이블스푼, 설탕 50g을 넣고 중탕 냄비 위에 올린다. 혼합물이 연한 미색이 되고 크리미한 거품이 일 때까지 거품기로 최소 5분간 저어 사바용을 만든다. 불에서 내린 뒤 계속 저어주며 마무리한다, 사바용은 아주 걸쭉해야 한다. 아몬드 가루 60g을 사바용에 넣고 잘 섞는다. 오븐을 브로일러 모드에 맞춘 뒤 예열한다. 사과를 우묵한 서빙 접시에 고루 나누어 담고 사바용을 끼얹어 덮은 뒤 건포도 50g을 나누어 얹는다. 오븐 브로일러에 3-4분간 구워 그라탱을 완성한다. 슈거파우더 50g을 솔솔 뿌린다. 냉동실에서 시드르 그라니타를 꺼내 포크로 결정입자가 살아 있도록 긁어낸다. 그라니타를 유리잔에 따로 담아 그라탱과 함께 서빙한다.

GRATINÉE 그라티네 양파 수프를 볼이나 작은 수프 그릇 또는 개인용 내열 도기에 담은 뒤 마른 빵과 가늘게 간 치즈를 얹어 아주 뜨거운 오븐에서 치즈가 노릇해질 때까지 구운 것을 가리킨다. 양파 수프(soupe à l'oignon)는 리옹식이지만 그라티네(gratinée)한 양파 수프는 파리 스타일이며 전통적으로 몽마르트와 레알 지역의 비스트로에서 늦은 야식으로 많이 서빙된다. 일반적으로, 그뤼예르, 콩테 또는 에멘탈 치즈를 사용하지만 캉탈이나 블루 도베르뉴 치즈를 넣어 그라티네를 만들기도 한다. 또한 과일 수프(soupe de fruits)를 오븐에 잠깐 넣어 겉면을 노릇하게 만드는 것 또한 그라티네라 부른다.

soupe gratinée à l'oignon 수프 그라티네 아 로뇽

양파 수프 그라티네 : 4인분

양파 큰 것 400g의 껍질을 벗긴 뒤 씻어 아주 얇게 썬다. 냄비에 버터 80g과 양파를 넣고 약한 불로 천천히 익힌다. 노릇한 색이 고루 날 때까지 잘 저어주며 약 30분간 볶는다. 바게트 빵을 균일한 크기로 동그랗게 슬라이스(12조각)한 다음, 낮은 온도(150°C)의 오븐에 구워 건조시킨다. 양파 냄비에 콩소메 1ℓ를 붓고 가열한다. 끓어오르기 시작하면 불을 줄인 뒤 5분 정도 더 끓인다. 소금 간을 맞추고 후추를 몇 바퀴 갈아 넣는다. 그라티네(gratinée)용 볼 4개에 양파 수프를 고루 나누어 담는다. 각 그릇마다 빵 3조각을 올린 뒤 가늘게 간 그뤼예르 치즈 40g로 덮어준다. 살라만더 그릴 아래 넣거나 220°C로 예열한 오븐에 넣고 치즈가 녹아 노릇해질 때까지 굽는다. 바로 서빙한다.

GRATINER 그라티네 음식을 오븐에 노릇하게 익히거나, 이미 익힌 음식을 마지막에 다시 가열해 표면에 노릇한 크러스트가 생기도록 구워내는 조리법을 가리킨다. 표면에 빵가루를 뿌리지 않은 음식을 그라티네 할 경우, 완전히 익으려면 겉면이 금세 짙은 갈색이 되기 쉽다. 반면, 이미 조리된 음식 위에 가늘게 간 치즈나 빵가루, 혹은 둘을 혼합해 뿌리고 버터를 몇 조각 얹은 뒤 오븐에 넣으면 노릇한 크러스트가 생기도록 쉽게 구워낼 수 있다(양파 수프 그라티네, 가리비 껍데기에 소를 채운 뒤 소스를 끼얹어 노릇하게 구워낸 음식, 모르네 소스를 끼얹어 구워낸 채소 등). 일반적으로 천천히 익혀내는 그라탱의 경우 오븐에 넣어 굽고, 이미 조리한 음식에 소스나 빵가루, 치즈 등을 얹어 노릇하게 마무리하는 경우는 브로일러나 살라만더 그릴 아래 넣어 재빨리 구워낸다.

GRATTONS 그라통 돼지 또는 거위의 자투리 기름을 녹인 뒤 잘게 썬 고기를 섞어 만든 투박한 스타일의 리예트(rillette)로 주로 차갑게 먹는다(그라트롱 gratterons 또는 프리통 fritons이라고도 한다). 오베르뉴의 그라통은 돼지 목구멍 살과 비계를 가늘게 썰어 제 기름에 익힌 뒤 다져서 틀에 넣고 눌러 만든다(**참조** p.738 리예트와 기타 고기 콩피 도표). 리옹식 그라통은 틀에 넣어 굳힌 것이 아니라 튀긴 것이다. 보르도식 그라통은 녹인 돼지기름에 살코기를 섞어 만든다. 레위니옹의 그라통은 돼지 껍데기를 돼지 기름에 아주 바삭하게 튀긴 것으로 몇몇 크레올 특선 요리에 곁들여 서빙한다. 작가 샤를 포로(Charles Forot)는 자신의 소설『숲 내음과 식탁의 향기(*Odeurs de forêt et fumets de table*)』에서 비바레(Vivarais)식 그라통 레시피를 제시했다. "잘게 썬 돼지비계를 대여섯 시간 동안 아주 약한 불에서 천천히 녹인다. 기름이 다 녹으면 토기 단지에 담는다. 냄비 바닥에 남은 자투리 고기에 소금, 후추, 향신료, 다진 파슬리, 다진 마늘 약간을 넣은 뒤 향이 고루 배도록 오랫동안 잘 저어준다. 혼합물을 기름이 담긴 단지에 넣어 섞는다." 거위 그라통은 다리 콩피를 만들고 남은 기름과 자투리살을 뜨거울 때 건져 만든다. 기름과 살을 섞어 고운 소금으로 간하고 틀에 넣어 누른 뒤 완전히 식힌다.

GRAVES 그라브 보르도 지역 랑드 숲 아래쪽, 가론강 좌안에 위치한 포도 재배지로 보르도의 AOC 와인 중 하나인 그라브 레드, 화이트와인을 생산한다. 그라브 레드와인은 향의 부케가 아주 풍부하며 포도품종은 카베르네 소비뇽(cabernet sauvignon), 카베르네 프랑(cabernet franc), 메를로(merlot)이다. 섬세한 맛과 바디감을 지닌 그라브 화이트와인은 세미용(semillon), 소비뇽(sauvignon), 뮈스카델(muscadelle) 품종으로 만든다. 그라브 쉬페리외르 AOC(grave supérieur AOC)는 스위트 화이트와인에만 해당한다(**참조** BORDELAIS).

GRÈCE 그레스 그리스. 그리스 요리의 특징이 돋보이는 음식은 향신 허브, 올리브오일, 레몬으로 맛을 낸 생선, 양고기 및 지중해풍 채소 요리들이 주를 이룬다. 또한 우조(ouzo)를 마시며 곁들여 먹는 다양한 아뮈즈 부슈(mezze), 찬물과 함께 서빙되는 아주 진한 커피, 기름지고 달콤한 파티스리 등을 즐기는 그리스의 식문화는 동유럽이나 중동 지역의 영향도 많이 받았음을 알 수 있다.

■ **고기와 생선.** 북부 지방에는 양고기가 비교적 풍부하며 주로 스튜(리크와 향신 재료를 넣고 끓이며 소스는 달걀노른자와 레몬즙을 넣어 걸쭉하게 리에종한다), 꼬치구이인 수블라키(souvlakis), 또는 다진 양고기에 향신료를 넣어 양념한 그리스식 미트볼 케프테데스(keftedes)를 만들어 먹는다. 남부 지방에는 고기 요리가 드문 편이며, 부속, 내장 등을 사용한 코코레치(kokoretsi, 양의 간, 비장, 허파 등을 창자로 돌돌 감싸 말아 구운 것)와 같은 특선요리를 만들어 먹는다. 그리스는 어딜 가나 생선이 풍성하다. 대부분 올리브오일을 발라 구운 뒤 레몬을 곁들이거나 향신 허브(아니스, 고수, 회향)를 넣고 오븐에 익힌다. 생선알은 그 유명한 타라마(tarama)를 만드는 재료다. 홍합은 매콤한 소스 요리로 즐기며, 고기에 마늘 향을 입혀 건조시키기도 한다(파스테르마 pasterma). 레몬은 아브고레모노(avgolemono 달걀과 레몬즙을 넣어 만든 수프로 쌀을 넣어 걸쭉하게 농도를 내준다)부터 스튜의 가니시, 양념에 마리네이드한 채소 요리뿐 아니라 달콤한 디저트(커스터드 푸딩, 세몰리나 케이크 등)에 이르기까지 두루 사용된다.

■ **채소.** 그리스 요리의 독창성은 채소 요리에서 그 진가를 발휘한다. 특히 가지는 무사카(moussaka)에 빠져서는 안 되는 재료이고, 소를 채워 익히거나 그라탱, 퓌레(피망과 요거트를 넣고 비네그레트로 상큼한 맛을 살린 걸쭉하고 차가운 수프인 타라토 tarato를 만드는 데 사용된다)를 만들기도 한다. 주키니호박은 다진 양고기를 넣은 허브 리소토로 속을 채워 조리한다. 그 밖에 아테네식으로 속을 채운 아티초크, 포도나무 잎이나 양배추 잎에 소를 넣어 돌돌 만 돌마(dolmas), 그리스식 양념에 마리네이드한 채소 등 그 종류가 매우 다양하다. 또한, 피타(pitta)는 시금치와 양젖 치즈를 넣어 만든 파이의 일종으로 액상 요거트와 함께 낸다. 이 액상 요거트는 오이, 요거트, 마늘로 만든 상큼한 오르되브르인 차지키(tzatziki)에도 들어간다.

■ **유제품.** 모든 발칸반도 국가들과 마찬가지로 그리스에서도 유제품은 식생활의 중요한 부분을 차지한다. 양젖 또는 염소젖으로 만드는 그리스 치즈는 호평을 받고 있으며 그 종류도 다양하다. 아그라파우(agrafaou), 아주 짭짤한 케팔로티리(kefalotyri), 스키로스(skyros) 등의 경성치즈뿐 아니라 그리스의 가장 유명한 치즈인 페타(프레시/숙성), 페타를 만들고 난 유청으로 만든 미치트라(mitzithra), 프레시 치즈로도 먹는 카세리(kasseri) 등의 연성치즈와 양젖 블루치즈인 코파니스티(kopanisti) 등이 대표적이다. 이 치즈들은 주로 스터핑용 재료, 그라탱, 소스를 만드는 데 사용되며 특히 부레카키아(bourekakia, 다진 채소나 고기, 생선, 페타 치즈, 허브를 섞어 만든 소를 채운 페이스트리로 주로 애피타이저로 즐겨 먹는다)의 소 재료에 들어간다. 또한 허브, 양파, 사워크림을 섞은 프로마주 블랑을 즐겨 먹으며, 토마토와 오이 샐러드에는 큐브 모양으로 자른 짭짤한 크림 치즈와 블랙 올리브를 함께 넣어준다.

■ **와인.** 고대부터 그리스 와인은 지중해 연안 세계에서 가장 유명세를 떨쳤다. 아직도 그리스에는 포도나무가 아주 많지만, 이는 주로 과일로 소비되거나 건포도를 만드는 데 쓰인다(특히 코린트 건포도). 한편 아주 독특한 송진 와인 레치나가 생산되며 주로 국내에서만 소비된다(**참조** RETSINA). 디저트 와인 중에서는 드라이하고 알코올 함량이 매우 높은(18%Vol.) 사모스(Samos)의 뮈스카(muscat)가 아주 유명하며, 파트라스(Patras)의 마

브로다프네(mavrodaphne), 모넴바시아(Monemvasia)의 스위트 와인 말부아지(malvoisie) 또한 인기가 높다.

GRÈCE ANTIQUE 그레스 앙티크 고대 그리스. 고대 그리스의 요리는 거의 알려지지 않았다. 로마의 요리와는 달리 그 어떤 레시피 모음집도 전해 내려오지 않았기 때문이다. 한편 서기 3세기경에 살았던 이집트인 자료편찬자 아테네(Athénée)는『현자들의 저녁식사(*le Dîner des savants*)』에서 당시 요리에 대한 설명, 특히 고대 그리스의 시인이자 유명한 미식가였던 아르케스트라토스(Archestrate, 기원전 4세기 중반)에 대한 자세한 자료들을 남겼다. 세련된 문명의 본거지였던 마그나 그라이키아(Magna Graecia, Grande-Grèce)의 시칠리아 출신으로 부유한 선주였던 아르케스트라토스는 19세기의 앙텔름 브리야 사바랭이 그러했듯이 식견을 갖춘 음식 전문가이자 여행을 즐기는 미식가였다. 그는 그리스 각 지역에서 나는 좋은 품질의 먹거리, 특히 이 섬나라 어디서나 흔하게 볼 수 있는 각종 생선과 이 재료들을 가장 맛있게 조리한 음식들을 찾아 전국을 샅샅이 돌아다녔다. 시인인 그는 다랑어, 기름에 튀긴 새끼뱀장어 실치(civelles) 등의 식재료에 대한 노래도 남겼다. 이 기름은 물론 올리브오일이다(신화에 따르면 지혜의 여신 아테나가 땅의 열매이자 평화의 상징인 올리브 나무를 아테네에 최초로 자라나게 했다고 전해진다).

고대인들은 또한 몇몇 음식에 들어가는 재료인 프레시 치즈를 지방처럼 사용하기도 했다. 아르케스트라토스와 동시대를 살았던 희극시인 아리스토파네스(Aristophane)에 따르면 당시 전투 중인 군인들의 식단은 치즈와 양파였다. 또한 당시에는 고기를 익히는 방법에 관한 활발한 논쟁도 존재했던 것으로 추정된다(특히 당대인들이 즐겨 먹던 산토끼와 개똥지빠귀를 익히는 법). 일부 사람들은 굽기 전에 미리 끓이는 방법을 주장했고 또 다른 부류의 사람들은 직접 불에 로스트하는 것을 선호했다. 하지만 고대 그리스인들은 고기를 굽는다는 것을 야만적인 방식으로 간주했다. 빵 제조 기술의 발달 또한 고대 그리스의 전유물로 당시 아테네에서 만들어지던 빵의 종류는 무려 72종에 달했으며, 몇 세기 후 로마의 제빵사들은 대부분이 그리스인들이었다. 그리스인들의 아침식사는 게다가 순 와인에 적신 빵이었다(와인에 물을 타지 않는 유일한 식사였다). 이어서 정오 무렵 간단한 식사를 하고, 늦은 오후에는 저녁식사를 기다리는 동안 간단한 간식으로 요기를 한다. 보통 아주 늦은 시간에 먹는 저녁식사는 여럿이 함께하는 친목 모임인 경우가 많으며 종종 파티로 길게 이어지며 대개 술을 많이 마시기도 한다.

파티스리류는 오늘날 지중해 연안 전역에서 흔히 보는 것들과 크게 다르지 않다. 꿀, 기름, 밀가루에 다양한 향을 넣고 반죽한 다음 아몬드, 대추야자열매, 양귀비 씨, 호두, 잣 등을 넣고 납작한 갈레트나 도넛 모양으로 만들어 먹었으며 경우에 따라 참깨를 뿌리고 프로마주 블랑과 스위트 와인을 곁들였다.

GRECQUE (À LA) (아 라)그레크 그리스식의. 그리스가 원산지이거나 단순히 지중해식 요리에서 영감을 받은 음식을 말한다. 그리스식 채소는 대부분 올리브오일과 레몬으로 향을 낸 마리네이드 양념에 익히며 대부분 오르되브르나 애피타이저로 차갑게 먹는다. 그리스식 필라프는 기본 재료인 쌀에 돼지 분쇄육, 완두콩, 주사위 모양으로 썬 홍피망을 넣어 만든다. 그리스식 생선 요리는 주로 셀러리, 회향, 고수 씨로 향을 낸 화이트와인 소스를 끼얹어 서빙한다.

champignons à la grecque ▶ CHAMPIGNON DE PARIS

엘렌 다로즈(HÉLÈNE DARROZE)의 레시피

légumes de printemps à la grecque 레귐 드 프랭탕 아 라 그레크

그리스식 봄 채소 : 6인분

그리스식 채소 익힘을 만든다. 우선, 잎 달린 작은 당근 주황색, 노란색 각각 3개씩, 미니 펜넬 6개, 미니 순무 12개, 래디시 12개, 보라색 작은 아티초크 6개, 줄기 양파 12개를 손질하고 씻는다. 당근은 1cm 두께로 어슷하게 썰고 펜넬은 길이로 이등분한다. 아티초크는 잎을 떼어내고 밑동 속살 부분만 돌려 깎은 뒤 반으로 자르고 속의 털을 제거한다. 소테팬에 오리 기름 60g를 달구고 채소를 볶아준다. 노릇한 색이 살짝 나기 시작하면 고수 씨 1g, 주니퍼베리 1g, 통후추 1g, 정향 1g, 마늘 3톨, 월계수 잎 6장을 넣고 소금과 에스플레트 칠리가루로 간을 한다. 와인 식초 300mℓ와 화이트와인 100mℓ를 부어 디글레이즈한다(déglacer). 수분이 완전히 없어질 때까지 졸인 뒤 흰색 닭 육수 750mℓ를 붓고 약불에서 익힌다. 육수는 중간중간 보충하면서 나누어 붓고, 채소 종류에 따라 먼저 익은 것들은 건져낸다. 다 익으면 남은 국물을 따로 덜어낸 다음, 필요하면 졸인다. 미니 주키니 호박 6개, 미니 리크(서양 대파) 6대, 화이트 아스파라거스(너무 굵지 않은 것) 머리 부분 12개, 그린 아스파라거스(너무 굵지 않은 것) 머리 부분 12개, 작은 근대 12개, 깍지를 깐 어린 잠두콩 50g은 소금을 넣은 끓는 물에 살짝 데쳐낸다. 졸여둔 그리스식 채소 익힘 국물 150mℓ에 올리브오일 100mℓ를 넣고 섞는다. 모든 채소를 이 소스에 넣고 가볍게 버무린 다음 식초를 몇 방울 뿌린다. 소금과 에스플레트 칠리가루로 최종 간을 맞춘다. 수분이 날아가도록 오븐에 구운 토마토 콩피 조각을 얹어 샐러드 볼에 서빙한다.

poissons marinés à la grecque ▶ POISSON

GRENADE 그르나드 석류. 부처꽃과에 속하는 석류나무의 열매로 원산지는 아시아다. 가죽처럼 질긴 빨간색의 껍질 안에 꽉 차 있는 과육은 통통한 살로 둘러싸인 수많은 주홍색 씨들로 이루어져 있으며 군데군데 흰색 막으로 분리돼 있다(**참조** p.404-405 열대 및 이국적 과일 도감). 석류는 맛이 달고 향이 좋으며 열량이 낮고(100g당 32kcal 또는 134kJ) 인과 펙틴이 풍부하다. 이집트인들은 석류를 발효시켜 독한 와인을 만들기도 했다. 고대인들은 석류 알갱이를 말려서 양념처럼 사용했으며, 특히 르네상스 시대까지는 석류가 약용으로 쓰이기도 했다. 루이 14세 시대에는 요리 레시피에 석류가 등장했고 특히 소스나 포타주를 만드는 데 사용되었다. 석류는 대부분 기후가 더운 나라(중미, 인도, 레바논, 파키스탄 등)에서 재배되며 프랑스 남부에서도 자란다. 프랑스에서 석류는 주로 신선 과일로, 또는 시원한 음료수로 소비되며, 몇몇 레바논 음식에 새콤한 풍미를 더해주는 석류 농축 시럽은 최근 요리사들로부터 좋은 호응을 얻고 있다. 다른 나라 요리에서도 석류는 재료나 양념으로 다양하게 사용된다. 동유럽이나 중동 요리에서는 석류 알갱이를 샐러드, 가지 퓌레, 달콤한 쿠스쿠스, 아몬드 크림 등에 넣어 먹으며, 인도와 파키스탄에서는 석류 알갱이를 으깨 고기 요리에 넣기도 한다.

GRENADIER 그르나디에 민태과에 속하는 조기와 비슷한 바다생선으로 대서양 심해에 서식하며 그린란드에서 가스코뉴만에 이르는 해역에서 잡힌다. 몸은 호리호리하고 끝이 뾰족하다. 생선살은 대부분 가시를 제거한 필레 상태로 판매되고 있으며, 곱게 갈아 생선 무슬린(mousseline)을 만드는 데 이상적이다.

GRENADIN 그르나댕 송아지 안심이나 설도 부위 허벅지 살을 도톰한 두께(약 2cm)의 그리 크지 않은(약 6-7cm) 동그란 모양으로 슬라이스한 조각을 가리킨다. 경우에 따라서는 돼지비계를 찔러 박아 익히는 동안 촉촉함을 보충해준다. 주로 그릴에 굽거나 팬 프라이한 뒤 브레이징한다. 버터를 두른 팬에 지져 익힌 작은 사이즈의 송아지 그르나댕 스테이크는 누아제트(noisette)라고 부르며, 칠면조 가슴살 또한 도톰하게 어슷썰어 그르나댕으로 조리하기도 한다. 그르나댕은 일반적으로 메다이옹(médaillon), 미뇽(mignon), 누아제트(noisette)라는 이름으로도 불린다. 한편 4-5mm 두께로 슬라이스한 송아지 고기는 피카타(piccata)라고 한다.

▶ 레시피 : VEAU.

GRENADINE 그르나딘 물에 석류 시럽을 섞은 시원한 음료. 석류 시럽(sirop de grenadine)은 예전에는 석류로 만들었지만 오늘날에는 식물성 물질, 시트르산, 다양한 붉은 베리류 과일, 천연향료를 혼합해 만든다. 석류 시럽은 또한 각종 칵테일, 디아볼로(diabolo), 아페리티프 등에 넣어 색을 내는 데도 사용된다(예를 들어 아니스 리큐어에 석류 시럽을 넣고 물로 희석한 토마트 tomate 등).

GRENOBLOISE (À LA) 아 라 그르노블루아즈 그르노블식의. 뫼니에르식으로 익힌(à la meunière) 생선에 케이퍼, 속껍질까지 칼로 도려낸 뒤 작은 주사위 모양으로 자른 레몬 과육을 곁들인 요리를 지칭한다. 노릇하게 지진 식빵 크루통을 추가하기도 한다.

GRENOUILLE 그르누이유 개구리. 민물에 사는 양서류 동물로 뒷다리를 식용으로 소비한다. 프랑스의 못, 늪지대, 개울가에 주로 서식하는 식용 청개구리는, 색이 더 진하고 짝짓기 시기에만 물에 접근하며 대부분 논이나 습지 또는 포도밭 둥지에 서식하는 적갈색 산개구리보다 더 맛이 좋다. 벨

기에에서는 개구리 포획이 금지되어 있으며 프랑스에서도 부분적으로 보호받고 있다. 프랑스의 식용 개구리 다리는 중부 유럽과 아시아에서 다량 수입되는데, 이들은 일반적으로 급속 냉동된 상태로 판매되며(급속 냉동 시, 잠재적 병원균을 파괴하기 위해 세슘 137, 코발트 60, 또는 입자 가속기에 쓰인다) 대부분 바로 조리할 수 있다. 개구리 다리는 그 자체의 맛이 특별히 없기 때문에 진한 풍미를 더한 요리로 만드는 경우가 많다. 블랑케트(blanquette)로 또는 크림이나 허브 등을 넣어 조리하며, 수프, 오믈렛, 무슬린 등의 요리를 만들기도 한다. 또한 마늘이나 페르시야드를 넣고 센 불에 볶거나 튀겨 먹기도 한다.

grenouilles : préparation 그르누이유

개구리 준비하기 : 개구리 목 껍질에 칼집을 내고 뒤쪽으로 잡아당기면서 가죽을 벗긴다. 뒷다리 두 개를 분리하지 않은 상태로 척추를 토막 쳐 잘라낸다. 발은 잘라 제거한다. 개구리 뒷다리를 아주 차가운 물에 담근다. 중간중간 물을 갈아주며 살이 통통하게 부풀고 뽀얗게 될 때까지 12시간 정도 불린다. 건져서 물기를 잘 닦아준다.

cuisses de grenouille aux fines herbes 퀴스 드 그르누이유 오 핀 제르브

허브를 뿌린 개구리 다리 소테 : 손질된 개구리 다리에 소금, 후추로 간을 한 다음 밀가루를 묻힌다. 밀가루, 달걀, 빵가루를 묻히는 앙글레즈 방식(à l'anglaise)으로 튀김옷을 입혀도 좋다. 팬에 버터나 올리브오일을 넉넉히 두른 뒤 센 불에서 7-8분간 소테한다. 건져 기름을 뺀 다음 뜨겁게 데워둔 서빙 접시에 수북하게 담아낸다. 잘게 썬 파슬리를 뿌리고 레몬즙을 짜 두른 뒤 서빙한다. 버터에 노릇하게 소테한 경우에는 그 버터를 뿌려 낸다. 오일에 지진 경우에는 개구리 다리를 건져낸 다음 메트르 도텔 버터(beurre maître d'hôtel)를 그 위에 고루 뿌린다. 껍질을 벗겨 삶은 감자를 곁들여 낸다.

미셸 트루아그로(MICHEL TROISGROS)의 레시피

cuisses de grenouille poêlées à la pâte de tamarin 퀴스 드 그르누이유 푸알레 아 라 파트 드 타마랭

타마린드 페이스트를 곁인 팬 프라이드 개구리 다리 : 4인분

타마린드 페이스트 20g과 마늘 1톨, 레몬그라스 1줄기, 커민 1자밤, 고수씨 1자밤, 다진 땅콩 1자밤을 절구에 넣고 곱게 찧는다. 구운 낙화생 기름 2테이블스푼을 넣고 잘 섞어둔다. 작게 떼어 분리한 콜리플라워 4송이 분량을 얇게 썰어 레몬즙, 구운 낙화생 기름, 소금과 후추로 간한다. 개구리 다리 400g에 밑간을 하고 밀가루를 묻힌 뒤 버터에 지진다. 준비해둔 향신료 양념을 개구리 다리 위에 조금씩 얹어준다. 서빙용 접시 4개에 다진 레몬 제스트를 조금씩 깔아준 뒤 개구리 다리를 나누어 담는다. 개구리 다리를 지진 버터를 고루 뿌린 뒤 콜리플라워 슬라이스를 보기 좋게 얹어 서빙한다.

fritots de grenouilles ▶ FRITOT

조르주 블랑(GEORGES BLANC)의 레시피

grenouilles persillées 그르누이유 페르시에

다진 파슬리를 곁들인 개구리 다리 : 4인분

신선한 개구리 다리 800g을 물에 헹궈 건진 다음 물기를 꼼꼼히 말린다. 마늘 4톨의 껍질을 벗기고 곱게 다진다. 파슬리 굵은 한단을 잎만 따 다듬은 뒤 씻어서 곱게 다진다. 파슬리와 마늘을 혼합해둔다. 개구리 다리를 면포 위에 한 켜로 깔고 밀가루를 뿌려 얇게 고루 입힌다. 큰 사이즈의 프라이팬 2개를 센 불에 달구고 각각 버터 100g씩을 녹인다. 버터가 뜨거워지고 거품이 일기 시작하면 개구리 다리를 넣고 소금, 후추로 간한다. 노릇한 색이 나면 하나씩 뒤집어준다. 불을 줄인 뒤 각 프라이팬에 버터 50g씩을 추가로 넣는다. 버터가 갈색으로 변하기 시작하면 불에서 내린다. 개구리 다리를 서빙 플레이트(불에 올릴 수 있는 것)에 담고, 팬에 남은 버터는 체에 걸러 개구리 다리 위에 뿌려준다. 이 플레이트를 센 불에 올려 가열해 버터가 다시 거품이 일기 시작하면 마늘, 파슬리 혼합물을 넣어준다. 바로 서빙한다.

베르나르 루아조(BERNARD LOISEAU)의 레시피

grenouilles à la purée d'ail et au jus de persil 그르누이 아 라 퓌레 다이 에 오 쥐 드 페르시

마늘 퓌레와 파슬리 소스를 곁들인 개구리 다리 : 파슬리 100g의 줄기를 떼어내고 잎만 다듬어 씻는다. 끓는 물에 3분 정도 익힌 재빨리 찬물에 식힌 다. 블렌더에 갈아 퓌레를 만든다. 마늘 4통 분량을 쪼갠 뒤 소금을 넣은 끓는 물에 넣어 2분간 데쳐낸다. 껍질을 벗긴 뒤 다시 끓는 물에 넣고 7-8분간 익힌다. 마늘이 완전히 무르게 익을 때까지 이 작업을 6-7회 정도 반복한다. 마늘을 블렌더에 간 다음 우유 500mℓ와 함께 냄비에 넣는다. 소금, 후추로 간한다. 개구리 다리에 소금, 후추로 밑간을 한 다음 올리브오일과 버터 한 조각을 달군 팬에 2-3분간 노릇하게 지진다. 파슬리 퓌레에 물 100mℓ를 넣고 데운다. 팬에 지진 개구리 다리를 건져 종이타월에 놓고 기름을 뺀다. 뜨겁게 데워 둔 접시 위에 파슬리 소스를 깔아준다. 마늘 퓌레를 중앙에 담고 개구리 다리를 빙 둘러 놓는다.

폴 애베르랭(PAUL HAEBERLIN) 의 레시피

mousseline de grenouilles 무슬린 드 그르누이유

개구리 무슬린 : 6인분

샬롯 4개를 다진다. 소테팬에 약간의 버터와 샬롯을 넣고 색이 나지 않고 수분이 나오도록 볶는다. 여기에 개구리 다리 1kg을 넣고 리슬링 와인 350mℓ를 붓는다. 소금, 후추를 넣고 뚜껑을 덮은 뒤 10분간 익힌다. 개구리 다리를 꺼내 살만 발라낸다. 익힌 국물을 체에 거른 뒤 다시 소테팬에 넣고 약불에서 반이 되도록 졸인다(소스로 사용). 두 번째 개구리 다리 1kg을 날것 상태로 살만 발라낸다. 이 개구리 살과 강꼬치고기(brochet) 살 200g을 가는 절삭망을 장착한 분쇄기에 넣고 갈아준다. 갈아 놓은 혼합물에 달걀흰자 2개를 넣고 크림 500mℓ를 조금씩 첨가해가면서 블렌더로 곱게 갈아 혼합한다. 소금, 후추로 간한다. 이 무스를 볼에 덜어 냉장고에 넣어둔다. 소금을 넣은 끓는 물에 시금치 500g을 넣고 5분간 데친다. 체로 받쳐 물을 뺀 다음 두 손으로 꼭 짜 수분을 완전히 제거한다. 소테팬에 버터 50g을 넣고 마늘 1톨을 껍질째 넣어 향을 낸다. 시금치를 넣고 소금, 후추로 간을 하며 5분간 볶는다. 오븐을 180°C로 예열한다. 개인용 라므킨(ramequin) 틀 8개에 버터를 바른다. 준비해둔 무스를 원형 깍지를 끼운 짤주머니에 채워 넣고 라므킨 틀 벽면에 짜 덮어준다. 가운데 빈 공간에는 익힌 개구리 다리 살 발라놓은 것을 채운 뒤 무스로 다시 덮어준다. 라므킨 틀을 중탕용 뜨거운 물을 넣은 바트에 나란히 넣고 오븐에서 15분간 중탕으로 익힌다. 틀에서 분리한 뒤 시금치를 곁들여 서빙한다.

potage aux grenouilles ▶ POTAGE

GRÈS 그레 석기(stoneware), 도자기, 도기. 불투명하고 밀도가 촘촘하며 단단한 도자기를 뜻한다. 일반적인 도기는 자기질화(유리화) 하는 점토의 색에 따라 갈색, 적색, 황색 또는 회색을 띠며, 점토와 장석의 혼합물로 된 고운 사암 도자기는 일반적으로 유약을 입힌다(알자스 도자기). 도기는 투박한 식기류 또는 식품 보관용 용기들을 제작하는 데 주로 사용된다.

GRESSIN 그레생 그리시니, 막대 빵. 오일을 넣은 빵 반죽으로 만들어 과자처럼 바삭하게 구운 연필 굵기의 길쭉한 빵 스틱. 이탈리아 토리노에서 처음 만들어진 그리니시(grissini)는 주로 식전 빵 대신 아뮈즈 부슈로 서빙된다(얇게 슬라이스한 햄을 돌돌 말아 내기도 한다).

GREUBONS 그뢰봉 돼지비계를 천천히 녹여 돼지 기름(라드)을 만들고 남은 찌꺼기를 뜻한다. 쥐라 지방에서 리용(rillons) 또는 그라봉(grabons)이라고도 불리는 이 진한 색의 비계 찌꺼기 조각들은 스위스의 짭짤한 페이스트리인 타이예 오 그뢰봉(taillé aux greubons)을 만드는 데 사용된다.

GRIBICHE 그리비슈 마요네즈의 파생 소스 중 하나로 차가운 소스다. 날달걀노른자 대신 삶은 달걀노른자가 들어가며, 케이퍼, 각종 허브, 삶은 달걀흰자 등을 추가로 넣어 만든다. 주로 송아지 머리 요리 또는 차가운 생선 요리에 곁들인다.

▶ 레시피 : SAUCE.

GRIFFE 그리프 앞 다리살, 꾸리살. 소의 어깨와 목심의 일부분을 덮고 있는 납작한 앞다리살 부위로 꾸리살에 해당한다. 지방질이 적어 오래 익히거나 국물을 내는 용도로 적합하다. 보통 기름기가 더 많고 연한 다른 부위들과 함께 넣어 포토푀를 끓일 때 많이 사용한다.

GRIL 그릴 석쇠, 그릴, 그릴 판. 고기나 생선, 채소 등을 굽는 데 사용되는 주방도구. 가장 오래된 형태의 석쇠는 버린 쇠로 만든 망에 손잡이가 한 개 있고 네 귀퉁이에 짧은 발이 달려 있는 모양으로 숯불 위에 올려놓고 사용

하도록 되어 있다. 미리 기름을 바른 뒤 큰 덩어리의 고기를 굽기에 적합하다. 또 다른 모델은 두 장의 쇠망이 경첩으로 연결된 형태로 그 사이에 구울 음식을 넣어 고정할 수 있다. 이들 석쇠의 단점은 기름이 숯불 위로 떨어져 불꽃이 더 타오르면서 유해한 연무가 발생한다는 것이다. 주철 또는 양철판으로 된 그릴은 전열판이나 가스레인지 화구에 직접 접촉하도록 쿡탑 위에 놓고 사용한다. 쇠 냄새가 나지 않도록 사용할 때마다 깨끗하게 닦아주어야 한다. 전기 오븐 또는 가스 오븐의 가열 모드 중 하나인 그릴(gril) 또는 그리유아(grilloir)는 오븐 내 브로일러나 적외선 열원으로 이루어져 있으며, 살라만더 그릴(salamandre)을 대신해 사용할 수 있다. 개별 사용이 가능한 독립형 전기 그릴은 열선을 통한 복사열로 혹은 직접 접촉을 통한 가열로 음식을 구울 수 있다. 음식을 직접 놓고 굽는 전기 그릴팬은 대부분 눌음 방지 코팅이 되어 있고 두꺼우며 표면이 평평한 것, 줄무늬 홈이 팬 것, 또는 위아래 두 개의 판이 경첩으로 연결된 것 등이 있다.

GRILLADE 그리야드 구운 고기를 지칭하며, 통상적으로 그릴에 구운 소고기를 가리킨다. 또한 돼지 앞다리 목덜미에서 뼈 등심 쪽을 따라 잘라낸 조각(항정살)의 명칭이기도 하다(**참조** p.699 돼지 정육 분할). 돼지 반 마리당 한 조각(약 400-500g)밖에 안 나오는 귀한 부위로 마블링이 있어 적당히 기름지고 식감이 쫄깃하며 풍미가 아주 좋다. 근섬유 조직이 한 방향으로 길기 때문에 결 반대 방향으로 썰어 익히면 더욱 연하게 먹을 수 있다. 주로 중불에 올려 팬에 굽거나 그릴에 구워 먹으며, 경우에 따라 밀가루, 달걀, 빵가루를 입혀 튀기기도 하고 또는 소를 채워 익히거나 큰 사이즈의 포피에트(paupiette)를 만들기도 한다.

GRILLE 그리유 망, 그릴 망, 식힘 망. 제과제빵에서 주로 많이 사용하는 원형 또는 직사각형의 양철이나 스텐 망으로 대부분 짧은 발이 있어 바닥에서 약간 뜨게 되어 있다. 몇몇 케이크의 경우 오븐에서 꺼내 틀을 제거한 뒤 바로 이 망 위에 올리면 식으면서 열기와 수분이 증발해 축축하게 물러지는 것을 방지할 수 있다. 그 외에도 그릴 망은 닭이나 고기 덩어리를 구울 때 필요한 오븐 액세서리로도 유용하다. 로스팅 팬 안에 그릴 망을 놓고 그 위에 고기를 얹으면 오븐에서 굽는 동안 육즙과 기름이 망 아래로 떨어져 고기가 육즙에 잠겨 젖은 채로 익는 것을 막아준다.

GRILLE-PAIN 그리유 팽 토스터. 슬라이스한 빵을 구울 때 사용하는 기구. 옛날의 빵 굽는 도구는 긴 손잡이가 달린 모양으로 숯불 곁에 놓고 구울 수 있었다. 이 방법은 특히 조직이 성근 빵의 경우 구수한 불향을 더욱 잘 입힐 수 있다. 또 다른 간단한 모델로는 가스레인지 화구 위에 놓고 사용하는 형태이며 이것은 열 분산기구(diffuseur)로도 사용된다. 철망 한 겹 또는 양철 판 두 겹으로 이루어진 석쇠 모양의 도구로 두 장의 철판 중 하나에는 구멍들이 촘촘히 뚫려 있다. 이 도구들은 빵에 좋지 않은 냄새를 남길 수 있으므로 가스 위에서 사용하지 않는 것이 좋다. 전기 토스터는 반자동(빵을 뒤집어야 한다)식과 자동식(빵 슬라이스가 다 구워지면 자동으로 튀어나오고, 온도조절 장치가 있어 열 단계를 조절할 수 있다)이 있다. 신선한 빵은 약간 굳은 빵보다 잘 안 구워지고 색도 덜 난다. 식빵, 갈색 빵, 캄파뉴 브레드 등 종류를 막론하고 구운 빵은 바로 먹는 것이 가장 좋다.

GRILLÉ AUX POMMES 그리예 오 폼 애플파이의 일종. 설탕에 졸인 사과 콩포트(바닐라로 향을 내기도 한다)를 넣어 만드는 직사각형의 페이스트리다. 얇게 민 파트 푀유테(pâte feuilletée) 반죽 위에 사과 콩포트를 얹고 격자무늬로 재단한 같은 반죽을 덮어 아주 뜨거운 온도의 오븐에서 굽는다.

GRILLER 그리예 굽다. 음식을 열작용에 직접 노출시켜 익히는 방식으로 복사열이나 직접 접촉을 통해 이루어지며, 숯, 장작, 포도나무 가지 등을 태운 불, 아주 뜨거운 돌판, 주철판, 또는 그릴을 사용하여 굽는다. 이 조리기술은 센 불로 식품의 겉면을 빨리 익혀 그 풍미를 온전히 보존해준다(**참조** p.295 조리 방법 도표). 특히 고기를 익힐 때는 단백질 표면의 캐러멜화 즉 크러스트화(croûtage)를 유발하여 식품 영양성분의 정수를 가두는 역할을 한다(고기에서 피가 흘러나오지 않도록 하려면 소금을 뿌리거나 찌르는 것을 피해야 한다). 보통 식품을 뜨거운 그릴에 올리기 전, 기름이나 녹인 버터를 발라준다. 고기 조각이 아주 뜨거운 그릴과 접촉하면 갈색의 덴 자국을 남기는데, 조리 중에 위치를 90도 돌려놓으면 바둑판 무늬의 그릴자국을 만들 수 있다. 고기의 중심부까지 잘 익혀야 하는 경우에는 우선 센 불로 구워 겉면의 크러스트를 형성한 다음 열의 강도를 줄인다. 또한 아몬드 슬라이스를 굽는다(griller)는 것은 오븐 팬 위에 얇게 슬라이스한 아몬드를 펼쳐놓고 뜨거운 오븐에 넣은 뒤 잘 저어주며 연한 노릇한 색이 고르게 날 때까지 로스팅하는 것을 뜻한다.

GRILL-ROOM 그릴 룸 이론상 구운 고기(grillade)만을 서빙하는 레스토랑. 1890년대에 생겨난 이 영어 표현은 특히 대형 호텔의 메인 레스토랑 홀에 적용되는 경우가 많다. 이곳에서는 대부분 정식 다이닝 레스토랑보다는 조리 공정이 간단한 요리를 서빙하며, 서비스 속도도 빠르게 돌아간다. 줄여서 그릴(grill)이라고 부르는 경우를 흔히 볼 수 있다.

GRIMOD DE LA REYNIÈRE (ALEXANDRE BALTHASAR LAURENT) 알렉상드르 발타자르 로랑 그리모 드 라 레니에 프랑스의 작가, 미식가(1758, Paris 출생–1837, Villiers-sur-Orge 타계). 부유한 징세청부인 집안의 막내로 태어난 그는 한 손은 갈퀴 모양, 다른 쪽 손은 마치 '거위 발'처럼 생긴 선천적 장애를 갖고 있었다. 어린 시절 어머니의 관심 밖으로 배척된 그는 가족에 대한 반항심이 가득했으며, 법률 공부를 하면서도 기이한 행동으로 눈길을 끌었다.

■ **독특한 취향과 기상천외한 식사.** 『독신자가 말하는 쾌락에 대한 철학적 성찰(*Réflexions philosophiques sur le plaisir par un célibataire*)』을 펴낸 그는 변호사 자격증을 취득했다. 1783년 1월 말 기억에 남을 만한 저녁 식사를 주최한 그는 식사에 참석할 손님들에게 다음과 같은 문구의 초대장을 보냈다. "음식 담당관이자 고등 법원 변호사, 뇌샤텔 신문(Journal de Neuchâtel)의 연극 부문 통신원인 알렉상드르 발타자르 로랑 그리모 드 라 레니에르 씨가 샹젤리제의 자택에서 주최하는 즐거운 식사의 장례 행렬과 발인식에 참석해주시기 바랍니다. 모이는 시간은 저녁 9시이며 식사는 10시부터 시작될 예정입니다." 테이블 중앙에는 정말로 영구대가 놓여 있었고, 모임의 호스트는 차려진 다양한 요리들이 모두 그의 아버지 사촌들이 만든 것임을 여러 차례 강조했다. 실제로 친할아버지가 가공육 제조업자였던 알렉상드르는 이처럼 부계 조상의 서민적인 혈통을 내세우며 귀족출신인 어머니에게 늘 상처를 주려고 했으나, 오히려 자신이 줄곧 보여 온 괴상한 행동으로 더 유명해졌다. 그는 아버지의 개인 저택에서 일주일에 두 번씩 살롱 모임을 열었다. 문학에 심취했던 그는 삼류시인들이나 대중작가뿐 아니라 보마르셰(Pierre Beaumarchais), 셰니에(André Chénier), 레티프 드 라 브르톤느(Nicolas-Edam Restif, Restif de La Bretonne) 등의 유명 작가들과도 활발히 교류했다. 이 모임에 참석하기 위한 단 하나의 조건은 커피 17잔을 연이어서 마실 수 있어야 한다는 것이었다. 그는 버터 바른 빵과 안초비만을, 토요일에는 소 등심 요리를 대접했다.

■ **은퇴에서 식료품점까지.** 충격적인 결투 사건이 비극으로 이어진 이후 젊은 변호사 가족들은 그의 귀양을 명하는 왕의 봉인장을 받게 된다. 1786년 4월, 알렉상드르는 낭시 근처의 베르나르 수도원으로 보내져 그곳에서 3년을 기거하게 되었다. 수도원장의 식탁을 통해 '잘 먹는 것'에 더욱 심취한 그는 이후 그가 은둔 생활을 하게 되는 리옹(Lyon)과 베지에(Béziers)에서 이 열정을 완성시킨다. 도매상 중개업자가 되어 생업을 이어가기로 결심한 그는 리옹 메르시에르(Mercière) 거리에 식료품, 잡화, 향수, 화장품 등을 취급하는 가게를 열었고, 이후 오랜 동안 남 프랑스 지방에서 상품 전시회가 열릴 때면 발품을 팔아 찾아 다녔다. 하지만 1792년 아버지가 세상을 떠난 후 파리로 돌아온 그는 어머니와의 관계를 회복했으며(공사장 사고에서 어머니를 구하기도 했다), 그가 기상천외한 식사모임을 여러 차례 주최했던 샹젤리제의 저택을 비롯한 아버지의 유산들을 회수하기 시작했다.

■ **미식가의 소명.** 그리모는 이어서 당시 새롭게 유행하기 시작한 장소인 레스토랑으로 관심을 돌렸다. 이러한 관심을 토대로 총 8권에 이르는 『미식가 연감(*Almanach des gourmands*)』(1804-1812)이 탄생하게 되었다. 이 책은 파리의 미식을 에피소드 별로 자세히 소개한 실용적 안내서의 성격을 띠고 있으며, 특히 여기에 포함된 '영양 만점의 맛 코스(itinéraire nutritif)' 챕터는 큰 인기를 끌었다. 1808년에는 이른바 '신 체제(Nouveau Régime)'에 새롭게 부상한 졸부들에게 접대의 기술과 매너를 가르치기 위한 『식사 주최자를 위한 개론서(*Manuel des amphitryons*)』를 출판했다. 또한 그는 미식심사단(jury dégustateur)을 결성해 홍보를 목적으로 평가를 원하는 레스토랑이나 식품 판매업자들이 제공한 요리와 음식을 맛보고 심사를 거친 뒤 일종의 자격증에 해당하는 인증서(légitimation)를 발급해주었다. 이 심사위원들 중 가장 영향력 있는 인물로는 캉바세레스(Jean-Jacques-Régis de Cambacérès), 퀴시 후작(marquis de Cussy),

그리고 의사이며 미식가인 가스탈디(Gastaldy)를 꼽을 수 있다. 하지만 얼마 못가서 이 미식 심사단은 활동을 접어야만 했다. 일부 심사위원들의 평가에 대해 항의가 빗발쳤고, 심지어 그리모마저도 이해관계에 얽혀 편향적이라는 비난을 받았기 때문이다. 그의 연감 출판은 소송 위협으로 일시 중단되기도 했다. 어머니의 죽음 이후 엄청난 재산을 물려받은 그는 20년 전부터 동거하던 배우와 결혼한 뒤 지방으로 내려가 은퇴 후의 여생을 보냈다. 그곳으로도 친구들은 변함없이 그를 찾아오곤 했다. 그는 크리스마스 이브에 세상을 떠났다.

GRIS DE LILLE 그리 드 릴 프랑스 북부와 벨기에에 걸쳐 있는 티에라슈(Thiérache, Aisne et Nord) 지역에서 생산되는 소젖 치즈(**참조** p.390 프랑스 치즈 도감). 오래 숙성한 마루알(maroilles) 치즈를 염수에 담가 만들며 냄새가 아주 독해 퓌앙 드 릴(Puant de Lille)이라고도 부른다. 사방 8.5cm 또는 13cm, 높이 6cm 크기의 네모난 덩어리 형태로 무게는 사이즈에 따라 200-800g 정도이다. 외피는 황갈색에서 회색이고, 치즈 속은 크림색이다. 소금물에 담가 숙성을 촉진시킨 치즈로 소금 함량이 건조물질 무게(poids sec)의 3.5%에 달한다. 이 치즈는 오드비에 곁들여 먹기도 한다.

GRIVE 그리브 개똥지빠귀. 티티새와 마찬가지로 지빠귀과에 속하는 작은 새이며 프랑스에는 약 12개의 종이 서식한다. 모두 가을과 겨울에 사냥하여 식용으로 소비하며 살이 섬세하고, 풍미는 새들의 먹이에 따라 조금씩 차이가 있다. 이들 중 다음 세 종류가 특히 많이 알려져 있다. 노래지빠귀(grive musicienne)는 가장 호리호리하고, 겨우살이 개똥지빠귀(draine)는 좀 더 통통하다. 크기가 더 작은 붉은날개 지빠귀(mauvis) 또한 인기가 높다. 캐나다에서는 곤충을 잡아먹는 보호종인 다양한 종류의 개똥지빠귀의 사냥이 모두 금지되어 있다. 개똥지빠귀는 메추라기와 같은 방법으로 요리한다. 특히 파테와 테린과 같은 특정 지역 요리의 재료로 많이 사용되며, 대부분의 경우 주니퍼베리를 넣고 조리한다.

grives bonne femme 그리브 본 팜

본 팜 개똥지빠귀 코코트 : 개똥지빠귀의 깃털을 뽑고 내장을 제거한 다음, 다리와 날개를 모아 몸을 둥그렇게 만들면서 실로 묶는다. 코코트 냄비에 버터를 녹인 뒤 개똥지빠귀를 넣고 노릇하게 색을 낸 다음 아주 작은 라르동으로 썬 베이컨을 넣고 약 15-18분간 익힌다. 빵을 작은 주사위 모양으로 썰어 버터에 튀긴다. 이 크루통을 마지막에 냄비에 넣어준다. 코냑을 한 바퀴 두른 뒤 조리 시 나온 즙을 개똥지빠귀 위에 뿌려준다. 코코트 냄비 그대로 서빙한다.

grives en croûte à l'ardennaise 그리브 앙 크루트 아 라르드네즈

빵 크러스트로 감싼 개똥지빠귀 : 돼지 크레핀(crépine)을 물에 담가 두었다가 건져 물기를 꼭 짠다. 개똥지빠귀의 등쪽을 갈라 척추, 갈비뼈, 가슴 용골뼈를 모두 떼어낸 뒤 안쪽에 소금, 후추와 아주 소량의 카옌페퍼를 뿌려 간을 한다. 곱게 갈아 만든 소에 잘게 깍둑 썬 푸아그라와 송로버섯, 부순 주니퍼베리를 넣고 소금, 후추로 간을 한 뒤 새 한 마리마다 각각 조금씩 채워 넣는다. 소를 채운 개똥지빠귀를 오무려 다시 모양을 잡은 뒤 한 마리씩 크레핀으로 감싸준다. 코코트 냄비에 기름을 달군 뒤 떼어둔 새의 뼈와 얇게 썬 당근과 양파 각각 1개 분량을 넣고 볶아준다. 그 위에 개똥지빠귀들을 나란히 촘촘하게 붙여 넣어준 다음 녹인 버터를 뿌리고 200°C로 예열한 오븐에 넣어 15-20분간 익힌다. 둥근 빵 한 개의 속을 파내고 버터를 바른 다음 오븐에서 노릇하게 굽는다. 닭 간과 비계를 넣어 만든 소(farce à gratin)를 빵 안에 발라준 다음 다시 오븐에 넣어 굽는다. 개똥지빠귀를 건져 크레핀을 벗긴 뒤 빵 안에 나란히 채워 넣는다. 뜨겁게 보관한다. 개똥지빠귀를 익힌 코코트 냄비에 셰리와인 200mℓ와 데미글라스 350mℓ를 넣고 디글레이즈한 다음 졸인다. 얇게 저민 송로버섯 몇 조각을 버터에 한번 슬쩍 데운 뒤 소스에 넣어준다. 빵에 담은 개똥지빠귀에 소스를 끼얹어 서빙한다.

grives à la liégeoise 그리브 아 라 리에주아즈

리에주식 개똥지빠귀 : 개똥지빠귀의 깃털을 뽑고 눈과 모이주머니를 제거한다. 내장은 그대로 둔다. 날개와 다리를 몸 쪽으로 접어 붙인 뒤 실로 묶어준다. 코코트 냄비에 버터를 달군 뒤 개똥지빠귀를 넣어 노릇한 색이 고르게 나도록 지진다. 뚜껑을 덮고 불을 줄인 뒤 약 15-18분 뭉근히 익힌다. 주니퍼베리 알갱이 10개를 곱게 찧어 냄비에 넣고 잘 저어준다. 겉껍질을 잘라낸 식빵 슬라이스를 반으로 잘라 버터에 튀긴다. 이 크루통 위에 개똥지빠귀를 얹어 놓고 뜨겁게 유지한다. 코코트 냄비에 수렵육 육수를 조금 넣어 디글레이즈한 다음 졸인다. 이 소스를 개똥지빠귀에 끼얹어 서빙한다.

grives à la polenta 그리브 아 라 폴렌타

폴렌타를 곁들인 개똥지빠귀 : 치즈 폴렌타(참조. p.684)를 만들어 원형 로스팅 팬에 붓고 3cm 두께로 펼쳐 놓는다. 개똥지빠귀를 200°C로 예열한 오븐에서 15분간 굽는다. 개똥지빠귀를 건져내고 냄비에 화이트와인을 넣어 디글레이즈(déglacer)한 뒤 졸여 소스를 만든다. 물을 묻힌 스푼의 등쪽으로 폴렌타를 눌러 개똥지빠귀 숫자만큼 우묵하게 자리를 만들어준다. 가늘게 간 치즈를 뿌린 다음 오븐에 넣어 색이 나게 굽는다. 움푹한 공간마다 새를 한 마리씩 놓고 졸인 소스를 뿌려 서빙한다.

GROG 그로그 주로 겨울에 마시는 전통적인 알코올 음료로, 끓는 물에 럼(또는 코냑, 키르슈, 위스키), 설탕(또는 꿀), 레몬을 섞어 만든다. 원래 그로그는 단순히 럼 한 잔에 물을 넣어 희석한 것이었다. 이 이름은 영국의 해군 사령관 버논(Edward Vernon)의 별명에서 따온 것이다. 평소 그로그램(grogram)이라 불리는 평직 재킷을 즐겨 입었던 그에게는 올드 그로그(Old Grog)라는 별명이 있었다. 1776년 그는 자신의 함대 승무원들에게 군 보급용 술에 물을 타 마실 것을 명령했다.

GRONDIN 그롱댕 성대. 양성대과에 속하는 여러 물고기들을 통상적으로 부르는 명칭으로 유럽 해안에 널리 서식하는 어종이다(**참조** p.674-677 바다생선 도감). 이 이름은 물고기를 물 밖으로 꺼냈을 때 내는 소리(grondements)에서 따 왔다. 성대는 모두 원통형의 몸에 방추형 꼬리와 갑옷처럼 단단한 골판으로 덮인 큰 머리를 갖고 있으며 주둥이가 길쭉하고 입이 크다. 길이는 20-60cm, 무게는 100g-1.2kg 정도이며 주로 색깔로 그 종류를 구분한다. 제비 성대(perlon)의 접힌 가슴 지느러미는 뒷면이 파란색이고, 회색 성대(grondin gris)는 회갈색을 띠고 있다. 붉은 성대(grondin rouge, rouget-grondin), 거문고 성대(grondin lyre), 코가 납작한 노랑촉수 성대(rouget camus) 등은 분홍색 또는 붉은색을 띠며 배쪽은 색이 더 밝다. 흰색의 살은 기름기가 적어 담백하고 식감은 탱탱한 편이며 때로는 약간 밍밍하다. 항상 잘 손질하고 지느러미를 꼼꼼히 제거한 다음 조리하며, 주로 쿠르부이용에 데치거나 수프 또는 부야베스를 만들어먹는다. 오븐에 익히거나 그릴에 굽기도 하는데, 껍질이 얇아 너무 센 불에서 부서지기 쉽기 때문에 특별한 주의가 필요하다.

grondins au four 그롱댕 오 푸르

오븐에 익힌 성대 : 약 400g짜리 싱싱한 성대 2마리의 내장을 제거한 뒤 재빨리 헹궈 물기를 닦아둔다. 등쪽에 어슷하게 3개 정도 칼집을 넣어준 다음 레몬즙을 몇 방울 뿌린다. 그라탱 용기에 버터를 바른 뒤 양파 2개, 샬롯 2개, 작은 마늘 1톨을 모두 잘게 다져 바닥에 깔아준다. 다진 파슬리를 뿌린다. 생선을 그 위에 놓고 화이트와인 200mℓ를 뿌린다. 녹인 버터 50g을 고루 뿌린 뒤 소금, 후추로 간한다. 타임을 조금 뿌린다. 레몬을 둥글게 슬라이스한 다음 성대의 칼집 낸 등쪽에 끼워 넣는다. 월계수 잎 1장을 잘라 고루 얹는다. 240°C로 예열한 오븐에서 20분간 익힌다. 중간에 여러 번 국물을 끼얹어 생선이 마르지 않게 해준다. 서빙 시 뜨겁게 데운 파스티스 4테이블스푼을 붓고 불을 붙여 플랑베하기도 한다.

GROSEILLE 그로제유 까치밥나무 열매, 커런트, 레드커런트, 화이트커런트. 까치밥나무과에 속하는 관목인 까치밥나무의 작은 열매이다. 빨간색 또는 흰색의 작은 베리 알갱이가 한 송이에 7-20개씩 달려 있다(**참조** p.406-407 붉은 베리류 과일 도감). 스칸디나비아 지역이 원산지인 까치밥나무 열매는 중세에 프랑스에 처음 들어왔다(스위스에서는 레지네 raisinet라고 부른다). 열량이 낮고(100g당 30kcal 또는 125kJ) 새콤한 맛(흰색 열매가 더 달다)을 내는 구연산이 풍부하며 비타민(특히 비타민 C)과 펙틴을 함유하고 있다. 라즈베리와 비슷한 진한 핑크색을 띤 품종인 그로제유 레쟁(groseille-raisin)은 향이 더욱 탁월하고 열매 알갱이가 샤슬라 포도(8월에 수확)알만 하며, 타르트 재료로 아주 인기가 높다. 까치밥나무열매는 발레 뒤 론, 코트 도르, 발 드 루아르 지역에서 재배되는데 점점 시장 출하량이 줄어 귀해졌고, 주로 해당 지역에서 소비된다(7월에 수확). 대량 잼 제조용으로는 폴란드와 헝가리에서 수입되는 냉동제품이 주로 사용된다.

■ **사용.** 까치밥나무열매는 그대로 생으로 먹거나(재빨리 씻어 알갱이를 줄기에서 분리한 다음 설탕을 뿌려 먹는다), 과일 화채에 넣기도 한다. 또한 시럽, 주스, 라타피아(ratafia) 리큐어의 재료로 쓰이며, 각종 차가운 디저트와 타르트를 만드는 데도 사용된다. 하지만 뭐니 뭐니 해도 잼과 즐레를 만드는 데 가장 많이 사용된다. 레드커런트 잼과 즐레는 제과제빵 분야뿐 아니라 요리에도 두루 사용된다.

gelée de fruits rouges ▶ GELÉE DE FRUIT

GROSEILLE À MAQUEREAU 그로제유 아 마크로 구스베리. 까치밥나무과에 속하는 구스베리나무의 열매이다. 보라색 달걀 모양에 고운 솜털에 난 것(발 드 루아르 지방에서 생산되며 아주 풍미가 좋고 맛있는 즙을 얻을 수 있다. 7월에 이 지역에서만 판매된다) 외에 연두색, 노랑색, 흰색을 띤 동그랗고 매끈한 종류가 있다(로렌 지방에서 소량 재배되며 역시 7월에 구입할 수 있다)(**참조** p.406-407 붉은 베리류 과일 도감). 구즈베리는 열량이 아주 낮고(100g당 30kcal 또는 125kJ) 당도가 낮으며 칼륨, 비타민 C 및 무기질이 풍부하다. 구즈베리는 네덜란드와 영국에서 대규모로 생산되는데, 이들 국가에서는 전통적으로 고등어(프랑스어로 고등어(maquereau) 커런트라는 이름은 여기에서 유래했다), 양 뒷다리 요리, 덩치가 큰 수렵육 요리에 곁들이는 새콤달콤한 소스를 만들 때 구스베리를 사용한다. 구스베리는 설탕을 뿌려 생으로 먹거나 타르트, 소르베, 아이스 디저트인 풀(참조 FOOL), 즐레, 시럽 등을 만든다. 또한 각종 푸딩, 처트니, 과일 샐러드나 화채에 넣기도 하며 요리에서는 몇몇 생선과 오리에 곁들여 먹는다.

GROS-PLANT 그로 플랑 낭트 지방(pays nantais)의 AOC 화이트와인. 그로플랑 품종(코냑 지방에서는 폴 블랑슈 folle blanche라고 부른다) 포도로 만드는 드라이하고 상큼한 와인이다. 원래 AOVDQS(우수 품질 제한 와인 appellation d'origine vin délimité de qualité supérieure) 등급이었으나, 2012년 AOC 등급으로 격상되었다(**참조** BRETAGNE).

GROUSE 그루즈 뇌조. 순계류에 속하는 들꿩과 비슷한 조류인 스코틀랜드 뇌조를 칭하는 영어 이름이다. 뇌조는 자작나무의 싹, 주니퍼베리(노간주나무 열매), 크랜베리(월귤나무 열매)를 먹고 자란다.영국과 스코틀랜드에 많이 서식하며 소비량도 많은 뇌조는 오랜 숙성하지 않고 먹는다. 우유에 미리 담갔다 오븐에 굽거나 브레이징하며, 새의 연령에 따라 파테나 테린을 만들기도 한다. 영국에서 매년 뇌조 사냥 시즌이 시작되는 8월 12일인 "영광스러운 12일(Glorious Twelfth)"은 국가적으로 중요한 행사다.

▶ 레시피 : TOURTE.

GRUAU 그뤼오 너무 곱지 않게 대충 빻아 껍질을 제거한 다양한 곡류 알갱이를 총칭한다. 그뤼오는 또한 밀알의 가장 단단한 부분, 즉 글루텐(밀가루의 단백질 성분)이 가장 풍부한 부분을 지칭하기도 한다. 그뤼오 밀가루(farine de gruau)는 굵은 밀가루를 매끈한 원통형 분쇄기로 곱게 갈아 만든 최상급 밀가루이다. 그뤼오 빵(pain de gruau) 또는 비엔나 빵(pain viennois)은 고소한 헤이즐넛 맛이 난다.

GRUMEAU 그뤼모 덩어리, 뭉친 알갱이. 액상의 물질(우유, 피)이 응고된 작은 조각, 또는 밀가루와 같은 분말 형태의 물질을 액체에 꼼꼼히 풀어주지 않고 대충 녹였을 때 생기는 작은 덩어리나 알갱이를 지칭한다. 특히 묽은 반죽(크레프 반죽, 튀김옷 반죽 등), 죽, 소스, 리에종 혼합물을 만들 때 완전히 저어 혼합하지 않으면 응어리가 생길 수 있다.

GRUYÈRE 그뤼예르 그뤼예르 치즈. 비멸균 생소젖으로 만든 스위스의 AOP 치즈(지방 45%). 솔로 닦고 세척한 외피를 가진 가열 압축 경성치즈(**참조** p.398 외국 치즈 도표)인 그뤼예르는 지름 55-65cm, 높이 9.5-12cm의 커다란 맷돌 형태로 무게는 25-45kg 정도이며, 프리부르(Fribourg), 뇌샤텔(Neuchâtel), 보(Vaud), 쥐라(Jura) 지방과 베른(Berne)주의 쿠르틀라리(Courtelary), 라 뇌브빌(Neuveville), 무티에(Moutier) 지구 및 몇몇 코뮌에서 생산된다. 스위스인들에게 그뤼예르는 9세기 초 프리부르주에 정착한 그뤼예르 백작(가문의 문장에는 두루미 한 마리가 그려져 있다)의 이름이다(프랑스에서는 스위스의 그뤼예르를 프리부르 fribourg라고 부른다). AOC 콩테(**참조** COMTÉ) 치즈 또한 '콩테의 그뤼예르(gruyère de comté)'라는 이름으로 판매된다. 한편 그뤼예르 데 보쥬(gruyère des Bauges)라는 명칭은 쥐라(Jura)를 벗어난 지역에서 생산된 콩테나 그뤼예르 치즈를 뜻한다. 더 크게 확장한 의미로 보면 프랑스에서는 종종 큰 맷돌 형태의 가열 압축 경성치즈(beaufort, comté, emmental 등)를 모두 그뤼예르라고 칭한다고도 볼 수 있다. 습기가 있는 저장고에서 6-16개월간 숙성되는 그뤼예르는 맛있는 과일 풍미를 갖고 있다. 후식으로 또는 샌드위치에 넣어 먹으며, 요리에서도 깍둑 썰거나 얇게 저미거나 가늘게 갈아서 퐁뒤, 그라탱, 수플레, 크루트, 크로크 무슈, 혼합 샐러드, 파스타와 쌀 요리에 넣는 양념 등 다양한 요리에 사용한다. 또한 프리부르 지방에서 머랭을 곁들여 즐겨 먹는 더블 크림 그뤼예르(crème double de gruyère)를 만드는 데 사용되기도 한다.

GUACAMOLE 구아카몰 구아카몰레, 과카몰레. 아보카도, 토마토, 양파, 라임즙과 향신료를 주재료로 하여 만든 중앙아메리카의 전통 살사이다. 멕시코에서 처음 만들어진 구아카몰레는 주로 옥수수 칩인 토토포스(totopos)를 곁들여 먹는다.

guacamole 구아카몰

구아카몰레 : 4인분 / 준비: 20분

양파 큰 것 1개의 껍질을 벗겨 잘게 썬다. 토마토 큰 것 1개의 껍질을 벗긴 뒤 속과 씨를 제거하고 과육만 잘게 깍둑 썬다. 라임 1개의 즙을 짠다. 아보카도 4개를 길게 반으로 갈라 씨를 빼고 스푼으로 살을 떠낸 뒤 라임즙을 뿌린다. 아보카도 과육을 블렌더 볼에 넣고 갈아 퓌레를 만든 뒤 고운 소금과 타바스코로 간을 한다. 샐러드 볼에 덜어낸 다음 썰어둔 양파와 토마토를 넣고 섞는다. 냉장고에 1시간 동안 넣어둔다.

GUADELOUPE ▶ **참조 ANTILLES FRANÇAISES**

GUÊLON 겔롱 달걀, 우유, 설탕 혼합물로, 루아얄 쉬크레(royale sucrée)와 비슷하다. 때로 크림이나 버터 밀크 또는 밀가루를 추가하기도 하는 이 혼합물은 과일 타르트를 만들 때 붓고 함께 익히는 걸쭉한 액체로 오븐에서 익는 동안 과일에서 흘러나오는 즙과 섞여 더욱 풍성한 맛을 내준다.

GUÉRARD (MICHEL) 미셸 게라르 프랑스의 요리사(1933, Vétheuil Val-d'Oise 출생). 호텔 크리용(Crillon)의 셰프 파티시에를 거친 뒤(1957년), 이어서 1958년에 제과 부문 프랑스 명장(Meilleur Ouvrier de France) 타이틀을 획득한 그는 1965년 파리 근교 아니에르(Asnières)에 식당 르 포토푀(le Pot-au-Feu)를 열었다. 자크 마니에르(Jacques Manière)를 비롯한 몇몇 요리사들과 함께 '누벨 퀴진'이라는 새로운 물결의 중심에 서서 한 시대를 풍미한 그는 1974년 프랑스 남서부의 외제니 레 뱅(Eugénie-les-Bains)으로 내려가 정착했으며 그곳에서 1977년에 미슐랭 가이드의 세 번째 별을 획득한다. 그는 특히 건강을 염두에 둔 자신만의 저지방 건강식(cuisine minceur) 개발에 매진하였고 냉동식품 분야와 연계해 이를 발전시켰으며, 여러 권의 저서를 출판하여 큰 성공을 거두기도 했다. 요리 접시에 종 모양의 덮개를 씌워 서빙하는 방식을 도입했으며, 로스트한 뒤 굴뚝 화덕에 훈제한 랍스터 요리, 크림 소스 버섯 요리(oreiller moelleux de mousserons), 불에 구운 노랑촉수 같은 대표 요리를 선보였다. 그의 디저트들(레몬 과육 수플레, 베샤멜 캐러멜 푸딩 등) 또한 수작으로 손꼽힌다.

GUEUZE 괴즈 괴즈 맥주. 향을 낸 곡류 베이스의 유산발효 맥주로 알코올 도수는 중간 정도이고(3.5-4.5%Vol.) 새콤하며 과일 향이 좋다. 벨기에에서 생산되는 괴즈 맥주는 갓 제조하여 신맛이 두드러지는 람빅 맥주(**참조** LAMBIC)와 오래 숙성시켜 단맛이 있는 람빅을 배합하여 만든다. 이렇게 블렌딩한 맥주를 병입한 뒤 샴페인과 같은 방법으로 1-2년 더 2차 발효를 시킨다. 괴즈 맥주는 브뤼셀식으로 크림 치즈를 바른 빵과 검은 무를 곁들여 먹는다. .

GUIGNOLET 기뇰레 체리 리큐어. 체리(guignes, griottes)를 주정에 일정 기간 담가두었다가 옮겨 담고 여과를 거친 뒤 설탕 시럽을 첨가해 만든 리큐어. 순 키르슈에 체리를 담가 만든 기뇰레 오 키르슈(guignolet au kirsch)는 맛과 향이 뛰어나다. 영국식 체리 브랜디보다 단맛이 강하고 알코올 도수가 낮은 이 술은 주로 식전 아페리티프로 많이 마신다. 일반적인 기뇰레는 보통 잔에 소량의 키르슈를 더해 풍미를 향상시키며, 이를 기뇰레 키르슈(guignolet kirsch)라고 한다.

GUILLOT (ANDRÉ) 앙드레 기요 프랑스의 요리사(1908, Faremoutiers 출생—1993, 타계). 16세에 이탈리아 대사관 주방에서 에스코피에(Auguste Escoffier)의 옛 제자였던 페르낭 쥐토(Fernand Juteau)의 지도하에 견습생 시절을 보낸 그는 부르주아 가정의 요리사로서 경력을 쌓았다(코트 다 쥐르로부터 신선한 채소를 롤스로이스로 날라다 먹었다던 갑부 작가이자 미식가 레몽 루셀(Raymond Roussel)의 가정에서 요리사로 일했으며, 이후에는 아우어슈테트(Auerstedt) 공작 집의 주방을 맡기도 했다). 1952년 그는 레스토랑 오베르주 뒤 비외 마를리(Auberge du Vieux-Marly)의 요리사로 정착하여 이곳을 훌륭한 미식 명소로 일구어냈다. 은퇴 후 그는 『위대한 부르주아 요리(*la Grande Cuisine bourgeoise*)』(1976), 『정말 가벼운 요리(*la Vraie Cuisine légère*)』(1981) 등의 저서를 통해 자신의 경험을 통해 쌓은 노하우를 기록하였고, 탄탄한 전통에 대한 비판도 서슴지 않았다. 오늘날의 유명 요리사들 중에서는 생 페르 수 베즐레(Saint-Père sous Vézelay)에 위치한 레스토랑 '레스페랑스(l'Espérance)'의 마크 므노(Marc Meneau), 베르사유(Versailles) '트루아 마르슈(Trois Marches)'의 제라르 비에(Gérard Vié) 등이 그의 영향을 받아 부르주아 요리에 대한 열정을 이어가고 있다.

GUIMAUVE 기모브 양아욱, 마시멜로. 무궁화과의 약용 식물로 들척지근한 맛을 갖고 있으며 몇몇 기침약이나 목캔디, 젤리의 성분으로 사용된다. 때로 접시꽃 모양으로 만들어 색을 입힌 쫀득한 당과에 이 이름을 붙이기도 하는데 모양만 비슷할 뿐 실제로 이 식물 성분은 전혀 들어 있지 않다.
– 말랑말랑한 기모브(guimauve molle 소프트 마시멜로)는 농도가 낮은 설탕 시럽에 달걀흰자, 젤라틴, 향료 등을 혼합해 틀에 넣어 건조시킨 것으로 주로 겉에 초콜릿을 입힌다.
– 앵글로색슨 국가에서 즐겨 먹는 마시멜로는 말랑말랑한 기모브(guimauve molle)를 약간 변형한 것으로 재료 혼합물을 출사기로 성형한 다음 전분을 섞은 슈거파우더를 표면에 입힌 것이다. 또한 크림처럼 발라먹는 페이스트 형태의 마시멜로 제품도 출시돼 있다. 오늘날에는 마시멜로를 넣은 호박그라탱처럼 마시멜로를 사용한 다양한 종류의 달콤한 음식을 만들기도 한다.
– 파트 드 기모브(pâte de guimauve)는 달걀흰자와 설탕 시럽을 휘저어 섞은 뒤 향과 색을 더해 만든 혼합물로 말랑말랑하고 길쭉한 막대 모양으로 만든 마시멜로 젤리의 일종이다.

GUINGUETTE 갱게트 주로 숲속이나 녹지가 있는 야외에 위치한 교외의 선술집을 지칭한다. 이곳에서는 식사와 음료를 즐길 수 있을 뿐 아니라 공휴일에는 댄스파티가 열리기도 했다. 18세기 파리의 갱게트는 센강을 따라 주로 튈르리 지역에 늘어서 있었다. 이곳들은 낭만주의 시대의 추억이 어린 장소였으며, 파리를 벗어난 외곽지역 사누아(Sannois)의 레 포르슈롱(Les Porcherons)과 벨빌(Belleville)의 언덕지대에 있던 르 페르 라 갈레트(le Père la Galette) 등에서도 그 향수를 느낄 수 있었다. 이와 같은 전통적 분위기는 마른(Marne)강을 따라 남아 있는 갱게트 업장들을 통해 아직도 그 명맥이 이어지고 있다.

GUITARE 기타르 초콜릿용 기타 커팅기. 일정한 간격의 금속 줄(마치 기타줄처럼 생긴 모양에서 이 이름을 따 왔다)들이 팽팽하게 장착된 수동 절단기로 초콜릿, 과일 젤리, 비스퀴 등을 긴 띠 모양이나 정사각형으로 빠르게 자를 수 있는 전문가용 도구다. 한편 폴리에틸렌 소재로 된 투명 시트인 기타 시트(feuille guitare)는 초콜릿을 붓고 성형해 굳히는 용도로 많이 사용되며, 쉽게 떼어낼 수 있고 윤기 나고 매끈한 표면을 만들 수 있다는 장점이 있다.

GULAB JAMUN 굴랍 자문 굴랍자문. 밀가루와 파니르(panir) 치즈를 기본 재료로 사용해 만든 반죽을 공 모양으로 빚어 기름에 튀긴 뒤 설탕 시럽에 담가 절인 인도의 전통 디저트다.

GUYANE 귀얀 프랑스령 기아나. 프랑스령 지역 중 가장 넓은 곳이라 할 수 있는 기아나의 요리는 프랑스령 앤틸리스 제도나 여타 남미의 국가들과는 달리 식재료와 요리 기술이 매우 풍부하다. 이 지역의 자생종 식물에 더해 수 세기에 걸쳐 바나나나무, 라임, 망고와 같은 아시아, 아프리카의 과일과 채소들이 유입되었고, 극동 지역의 향신료(계피, 정향, 강황, 생강, 후추, 등)들도 속속 전파되었다. 아직까지 명맥을 잇고 있는 아메리카 원주민들의 요리뿐 아니라 17, 18세기의 프랑스인, 흑인노예 지지 시대의 아프리카인, 19세기 이민의 물결을 타고 대거 유입된 중국과 인도인들의 음식까지 각종 조리법이 혼재된 기아나의 요리는 엄청난 다양성을 보유한 음식문화 유산을 탄생시켰다. 기아나의 대부분을 뒤덮고 있는 숲은 풍부한 수렵육의 보고이다. 페커리(남미의 멧돼지 종류), 브라질 맥, 이구아나 등의 수렵육을 이용해 로스트, 프리카세, 스튜 등을 만들어 먹으며 여기에 쌀밥이나 카사바 세몰리나를 곁들인다. 또한 지역을 가로지르는 강의 지류와 대하천에는 자메 구테(jamais goûté, 유목메기과의 물고기)나 울프 피시(aïmara)를 비롯한 수많은 어종이 서식하고 있으며, 대서양 연안에는 특히 마슈아랑(machoiran 메기어목 바다동자개과의 물고기), 팔리카(palika, 조기어류에 속하는 대서양 타폰 Atlantic tarpon), 프티트 괼(p'tites gueule)과 같은 이국적인 이름의 물고기가 풍부하다. 고기와 마찬가지로 생선들도 조리할 때까지 잘 보존하기 위해 훈제, 염장 처리를 하는 경우가 많다. 생선은 꼬치에 꿰어 굽거나 블라프(blaff), 도브 등의 스튜를 만들기도 하며 간단하게 그릴에 구워 먹기도 한다. 자연산 새우는 각종 향신료와 레몬, 향신 허브 양념에 재워 두었다가 팬에 지지거나 그릴에 구워 먹으며 왕새우의 경우 양파, 빵가루, 생선살로 만든 소를 채워 조리하기도 한다. 기아나에서 가장 흔한 고기인 돼지와 닭은 주로 콜롬보(colombo, 향신료 혼합물에 고기를 재워둔 다음 채소와 열대과일과 함께 기름에 볶아 익힌 요리)로 조리한다.

밀림이나 사바나 대초원의 화전과 벌목지에서 재배되는 덩이 줄기식물(카사바, 참마, 고구마 등), 붉은 강낭콩, 길쭉한 박 등은 각종 스튜나 콜롬보의 재료로 사용될 뿐 아니라 짭짤한 타르트의 소를 만드는 데 활용된다. 또한 카사바 뿌리를 곱게 빻아 만든 세몰리나인 쿠악(couac)으로는 갈레트를 만들어 수렵육 프리카세 요리에 곁들인다. 여기에 육두구(넛멕), 생강, 후추, 아치오테(로쿠, 아나토), 카옌 페퍼 등 다양한 향신료를 더해 요리의 맛을 돋우어준다. 품종이 매우 다양한 야자나무는 기아나의 요리에 아주 중요한 식재료를 공급한다. 야자열매를 이용한 이 지역의 특별한 식품으로는 코코넛 분말(farine-coco)과 아와라 부이용(bouillon d'awara 야자열매를 압착해 익혀 만든 걸쭉한 페이스트로 고기나 훈제 생선을 넣은 국물 요리 등에 들어간다)을 꼽을 수 있다. 망고, 그린 파파야, 구아바, 기아나 바나나, 코코넛, 등의 열대과일은 타르트나 소르베 같은 디저트뿐 아니라 짭짤한 음식에도 사용된다. 파인애플은 새콤하고 향이 좋은 발효 음료를 만드는 원료로 사용되며 여기에 바닐라와 레몬으로 향을 더하기도 한다. 사탕수수즙은 럼 아그리콜(rhum agricole)의 일종인 타피아(tafia)를 만드는 데 사용된다.

■ **채소.**

● **빵나무 열매 크로켓, 속을 채운 가지, 속을 채운 길쭉한 박.** 빵나무의 열매는 일반 채소처럼 사용된다. 전분질이 있는 과육을 익혀 으깬 뒤 이스트와 향신 재료(아치오테, 쥐똥고추, 마늘, 양파, 부케가르니)를 섞어 길쭉한 모양의 크로켓을 만든다. 기름에 튀겨낸 크로켓을 고기나 생선 요리에 곁들여 먹는다. 가지는 길게 갈라 속을 파낸 뒤 베이컨, 생햄, 돼지 분쇄육과 비계를 혼합한 소를 채워 익힌다. 기아나에서 많이 즐겨 먹는 매콤한 오이(concombre piquant, 크기가 작고 동그스름하며 표면에 뾰족한 돌기가 나있다)는 콜롬보와 아와라 부이용에 넣는다. 또는 베이컨을 넣고 볶은 뒤 고기나 생선 스튜 요리에 곁들인다. 또한 채찍오이(concombre longe)라고 불리는 길쭉한 박은 그 길이가 최대 70cm에 이르며 반드시 익혀 먹어야 한다. 속을 파낸 뒤 남은 자투리 고기, 생햄 또는 베이컨과 식빵 속 등을 채운 뒤 익혀 먹기도 한다.

■ **생선.**

● **노란 바다동자개 도브. 그린 파파야 스튜.** 생선 스튜의 일종인 노란 바다동자개(machoiran jaune) 도브를 만들기 위해서는 우선 토막 낸 생선을 마늘 향 레몬즙에 재운 뒤 빵가루를 묻혀 튀긴다. 이것을 코코트 냄비에 넣고 토마토, 양파, 레몬즙, 아치오테(로쿠), 부케가르니, 정향을 넣은 뒤 뭉근히 익힌다. 쌀밥 또는 참마 등의 채소를 곁들여 아주 뜨겁게 서빙한다. 그린 파파야 스튜는 훈제 생선을 주재료로 만든다. 훈연한 생선의 소금기를 뺀 다음 돼지비계와 염장 돼지꼬리, 토마토, 그린 파파야를 넣고 천천히 익힌 스튜이다.

■ **고기.**

● **돼지고기 콜롬보.** 레몬즙, 마늘, 커리, 후추를 혼합한 양념에 재워둔 돼지고기(앞다리 살)에 그린빈스, 감자, 매운 오이, 가지, 그린망고를 넣고 뭉근히 익힌다.

■ **디저트.**

● **코코넛 소르베와 콩테스.** 코코넛으로 만든 소르베에는 일반적으로 바닐라, 라임 제스트, 넛멕, 계피, 비터 오렌지 등을 더해 향을 낸다. 여기에 작은 과자인 콩테스(comtesse)를 곁들여 먹는다. 이 과자는 아이스크림이나 과일 샐러드 등에 곁들여 먹기도 한다.

HAAS (HANS) 한스 하스 독일의 요리사(1957, Wildschönau 출생). 오스트리아 티롤 출신으로 조용한 성품과 단단한 체구에 탁월한 손맛과 솜씨를 지닌 그는 명실상부한 뮌헨 최고의 요리사다. 에틀링엔의 에르프린츠(Erprinz), 프랑크푸르트의 브뤼켄켈러(Brükenkeller), 프랑스 일뢰이제른의 오베르주 드 릴(Auberge de l'Ill)에서 경력을 쌓은 뒤 뮌헨의 오베르진(Aubergine)에서 에카르트 위트지그만(Eckart Witzigmann) 셰프를 사사한 그는 1991년부터 뮌헨 슈바빙의 대학가 근처, 1970년대에 지어진 독특한 콘크리트 건물에 자리한 레스토랑 탄트리스(Tantris)의 주방을 맡고 있다. 이미 아샤우에서 미슐랭 가이드 별 3개를 획득한 바 있는 하인즈 윈클러(Heinz Winkler)의 레스토랑을 인수한 그는 자신의 요리로 미슐랭 별 2개를 획득했다. 대표적인 요리로는 단호박 콩포트를 곁들인 가리비조개, 메추리알과 흰 송로버섯 라비올리를 곁들인 대문짝넙치 요리, 거위를 사용한 오스트리아 스타일의 가벼운 수프, 투박한 시골풍 요리를 세련되게 재해석한 순무를 곁들인 송아지 룰라드 등을 꼽을 수 있다.

HABILLER 아비예 생선, 가금류 또는 엽조류를 조리하기 전 손질하여 준비하는 작업을 지칭한다.

- HABILLAGE D'UN POISSON 생선 준비하기. 수염이나 지느러미를 잘라내고, 비늘을 벗기고 내장을 제거한 뒤 씻는다. 생선의 모양(납작한 생선, 몸이 통통한 생선)이나 크기, 또는 용도에 따라 손질 작업은 달라진다. 예를 들어 작은 서대를 인당 한 마리씩 통째로 서빙하는 경우(SOLE PORTION)에는 검은 껍질만 제거하면 되는데, 살을 필레로 떠내는 경우(SOLE À FILET)는 따로 지느러미나 수염 등을 잘라내지 않아도 되며, 양면의 필레를 떠낸 뒤 껍질을 모두 제거한다.
- HABILLAGE D'UNE VOLAILLE OU D'UN GIBIER À PLUME 가금류 또는 엽조류 준비하기. 동물의 깃털을 뽑고 불에 그슬려 잔털과 깃털 자국을 제거한 다음 불필요한 부분을 잘라낸다. 가금류는 이어서 내장을 빼내고 대개의 경우 실로 묶는다. 이때 얇게 저민 돼지비계(barde)를 덮은 뒤 실로 묶기도 한다. 동물의 종류에 따라 준비 작업은 달라진다. 어떤 수렵육 조류들은 내장을 완전히 제거하지 않는다. 이어서 새의 다리와 날개를 몸 쪽으로 붙여 동그랗게 만든 뒤 실로 묶어주면 조리 준비가 끝난다. 경우에 따라 얇은 돼지비계로 감싼 뒤 실로 묶는다.

가금류나 조류를 부위별로 잘라 조리하는 경우, 또는 내장이나 자투리 부위, 가슴살, 안심 등을 따로 잘라내는 경우에는, 깃털을 제거하고 표면을 불로 그슬린 다음 내장을 빼내는 것으로 준비 작업이 끝난다.

HACCP (MÉTHODE) 식품안전관리인증기준 해썹(Hazard Analysis and Critical Control Points)이라고도 부른다. 이 제도는 식품 생산 및 조리의 모든 과정에서 발생할 수 있는 물리적, 화학적, 생물학적 위험 요인을 평가하는 시스템으로 1970년대에 미국에서 처음 도입되었다. 해썹 제도는 위해요소 분석, 위해요소를 제거하거나 일정 수준까지 줄일 수 있는 중요 관리점(Critical Control Points, CCP) 결정, CCP 한계기준 설정, CCP 모니터링 체계 확립, 개선 조치 방법 수립, 검증 절차 및 방법 수립, 문서화, 기록 유지 방법 설정 등의 7가지 원칙에 의거한다. 대형 식품제조업체들이 점차로 이 인증 시스템을 채택하면서 HACCP 제도는 1990년대부터 식품안전 분야의 표준화 및 법규의 국제적 기준이 되었다. 1993년에 유럽연합법에 처음 도입되었고, 2006년 1월 1일 이후 시행되고 있는 관련 법규는 이 제도에 기초하고 있으며(paquet hygiène, 식품 위생안전 수칙 총서), 이는 모든 식품 관련 분야에 적용된다(제한적 생산을 하는 지역 소규모 업체 제외).

HACHER 아셰 다지다, 잘게 썰다. 칼이나 분쇄기를 이용해 식품을 아주 작은 조각으로 잘라 다양한 굵기의 다진 입자나 페이스트 상태의 요리 재료를 만들거나 장식으로 사용(삶은 달걀흰자와 노른자, 또는 젤리를 잘게 다져 요리에 고명으로 올리는 등)하는 것을 뜻한다.

HACHIS 아시 고기, 생선, 채소(날것 또는 익힌 것 모두) 등을 아주 작은 조각으로 다진 것을 뜻하며, 주로 소(스터핑) 재료로 사용한다. 요리에서 아시는 특히 서빙하고 남은 고기를 활용해 만든 음식을 지칭한다. 가장 대표적인 예로 아시 파르망티에(hachis Parmentier, 다진 소고기와 감자 퓌레로 만든 그라탱의 일종)를 꼽을 수 있다. 이때 감자 퓌레 대신 다른 채소의 퓌레를 넣기도 한다. 또한 다진 소고기, 양고기, 토끼고기, 돼지고기에 버섯을 넣거나, 송아지 고기, 가금류 고기에 크림, 베샤멜 소스 또는 모르네 소스를 넣어 요리하기도 한다. 다진 고기는 미트볼, 카이예트(caillette), 크로켓, 프리카델(fricadelle) 등을 만드는 기본 재료로도 사용된다. 다진 생선살은 주로 다랑어나 염장대구처럼 식감이 단단한 생선으로 주로 만들며, 한 종류의 생선만 사용하는 것이 바람직하다.

---

hachis de bœuf en gratin aux aubergines 아시 드 뵈프 앙 그라탱 오 조베르진

<u>**다진 소고기 가지 그라탱**</u> : 다진 소고기, 다진 파슬리 1테이블스푼을 넣은 이탈리아식 미트 소스(hachis à l'italienne)를 만든다. 가지를 동그랗게 슬라이스한 다음, 기름을 두른 팬에 노릇하게 지진다. 버터를 바른 그라탱 용기에 가지를 깔고 소고기 소스로 덮어준다. 표면을 평평하게 만든 뒤 가늘게 간 파르메산 치즈와 빵가루를 뿌린다. 올리브유를 한 바퀴 두른 다음 230°C로 예열한 오븐에 넣어 표면이 노릇해질 때까지 구워 그라탱을 완성한다.

---

hachis de bœuf à l'italienne 아시 드 뵈프 아 리탈리엔

<u>**이탈리아식 미트 소스**</u> : 팬에 올리브유를 조금 달군 뒤 다진 양파 2테이블스푼을 넣고 숨이 죽도록 볶는다. 노릇한 색이 살짝 나기 시작하면 밀가루 1테이블스푼을 솔솔 뿌린 뒤 잘 섞어준다. 물(또는 육수) 200mℓ를 붓고 토마토 페이스트 2테이블스푼(육수 100mℓ에 개어둔 것)을 넣는다. 부케가르니와 으깬 마늘 1톨을 넣고 약한 불에서 20분간 뭉근히 익힌다. 불에서 내린 뒤 부케가르니를 건져내고 따뜻해질 때까지 식힌다. 삶은 고기나 브레이징해 익혀둔 고기를 잘게 다져 소스에 넣은 뒤 다시 뜨겁게 데운다.

---

hachis Parmentier 아시 파르망티에

<u>**아시 파르망티에(셰퍼드 파이)**</u> : 삶은 고기나 브레이징해 익힌 소고기 500g을 작은 주사위 모양으로 썰거나 굵직하게 다진다. 소테팬에 버터 25g을 달군 뒤 다진 양파 3개 분을 넣고 노릇하게 볶는다. 밀가루를 넉넉하게 1테이블스푼 뿌린 다음 노릇해질 때까지 볶는다. 포토푀 육수 200mℓ를 붓고 15분간 끓인다. 식힌 다음 소고기를 넣고 잘 섞는다. 그라탱 용기에 버터를 바른 뒤 고기 혼합물을 펼쳐 놓는다. 감자 퓌레를 그 위에 한 켜 깔아 덮고 빵가루를 뿌린다. 녹인 버터를 고루 뿌린 뒤 275°C로 예열한 오븐에 넣어 15분간 노릇하게 구워 그라탱을 완성한다.

HACHOIR 아슈아르 다지기, 분쇄기, 초퍼(chopper). 고기나 생선, 채소, 향신 허브 등을 다질 때 사용하는 주방도구. 전통적인 다짐용 도구(berceuse)인 허브 초퍼(herb chopper)는 안쪽으로 휜 칼날에 양쪽으로 손잡이가 달린 형태로 도마에 음식을 놓고 양쪽으로 번갈아 기울이며 눌러 다지는 나이프의 일종이다. 최근에는 이중날이 달린 제품도 출시되었다. 돌리는 핸들이 달린 수동 분쇄기(고기 민서)는 보통 나사로 된 죔쇠로 테이블에 고정시켜놓고 사용한다. 깔때기 모양의 투입구에 재료를 집어넣으면 회전날개형 칼날로 분쇄된 다음 탈착식 절삭망을 통해 원하는 입자 굵기로 갈려 나온다. 전기 분쇄기의 원리도 마찬가지다. 분쇄기는 다용도 푸드 프로세서나 스탠드 믹서에 액세서리로 구성돼 있는 경우도 있다. 그 밖에 원통형 투명 용기에 회전 날이 장착된 모델 등도 찾아볼 수 있다. 고기, 생선뿐 아니라 아몬드, 호두 등의 견과류나 생채소 등을 분쇄하는 데도 사용된다.

HADDOCK 아도크 훈제 해덕대구. 해덕대구(églefin)의 내장을 빼내고 대가리를 절단한 다음 길게 갈라 펼쳐 저온에서 천천히 훈연한 것을 지칭한다. 이 훈제생선의 특징이라 할 수 있는 오렌지 빛깔은 주로 아나토(로쿠)를 첨가해서 내는 경우가 많다. 훈제 해덕대구의 살은 촉촉하고 부드러우며 섬세한 향이 있다. 일반적으로 우유에 데쳐 익힌 뒤 찐 감자와 줄기시금치 등을 곁들여 먹으며, 경우에 따라 수란을 곁들인 다음 화이트 크림 소스를 끼얹어 서빙하기도 한다. 영국에서 해덕(haddock)은 생물 해덕대구를 뜻한다. 훈연한 해덕대구(smoked haddock)는 피난 해디(finnan haddie)라는 이름으로 불린다. 데쳐 익힌 훈제 해덕대구는 스코틀랜드식 아침식사 메뉴에 포함되며, 때로 오후 티타임에도 즐겨 먹는다. 그릴에 구운 뒤 녹인 버터를 곁들이거나 냄비에 찌듯이 익혀 커리 소스를 곁들여 먹기도 한다.

gâteau de potimarron, fraîcheur de haddock ▶ POTIMARRON

haddock à l'indienne 아도크 아 랭디엔

인도식 훈제 해덕대구 요리 : 훈제 해덕대구 500g을 차가운 우유에 2~3시간 담가둔다. 인도식 커리 소스를 만든다. 생선의 물기를 꼭 짠 다음 가시를 제거하고 정사각형으로 작게 썬다. 양파 큰 것 2개의 껍질을 벗긴 뒤 얇게 썬다. 버터를 녹인 팬에 양파를 넣고 투명하고 나른해지도록 볶는다. 따뜻한 온도로 식힌다. 여기에 생선을 넣고 커리 소스를 부은 뒤 뚜껑을 닫고 약한 불에서 10분간 익힌다. 인도식 라이스를 곁들여 서빙한다.

HAEBERLIN (MARC) 마크 애베를랭 프랑스의 요리사(1954, Colmar 출생). 요리사인 폴 애베를랭의 아들이자 홀 매니저 장 피에르 애베를랭의 조카인 그는 한 세기를 넘는 세월 동안 명맥을 이어온 일로이저른(Illhaeusern)의 가족 운영 레스토랑 오베르주 드 릴(Auberge de l'Ill)의 제4세대를 대표하는 인물이다. 그는 스트라스부르의 요리학교를 졸업한 뒤 라세르, 폴 보퀴즈, 장&피에르 트루아그로, 르노트르 등 프랑스 전역의 유명 레스토랑과 독일 에틀링겐의 에브프린츠(Erbprinz) 호텔에서 수련하며 실력을 쌓았다. 그의 아버지 폴 애베를랭은 1967년 미슐랭 가이드의 별 셋을 획득했다. 그후 마크는 연어 수플레, 개구리 무스 등의 요리로 그 전통을 이어가면서도 자신만의 감각을 더한 잠두콩과 팬 프라이드 거위 간을 곁들인 창자 샐러드, 캐비아 감자퓌레를 곁들인 정어리 등의 대표 메뉴를 선보이고 있다. 그는 최고급 레스토랑들의 미식 협회인 레 그랑드 타블 뒤 몽드(Les Grandes Tables du Monde, 1954년 Traditions et Qualité라는 명칭으로 파리에서 발족했다)의 회장직을 역임했다.

HAEBERLIN (PAUL) 폴 애베를랭 프랑스의 요리사(1923, Illhaeusern 출생). 알자스 지방의 일(Ill) 강가에 위치했던 아르브르 베르(L'Arbre Vert)는 콜마르(Colmar) 근처 일로이저른의 한 선술집 겸 식당이었다. 사람들은 이곳에서 마틀로트(matelote, 와인을 넣은 생선 스튜)와 댐슨 자두(quetsche) 타르트를 즐겨 먹곤 했다. 요리사 폴(Paul)과 홀을 담당하던 그의 동생 장 피에르(Jean-Pierre)는 1925년 아버지 프레데릭 쥘리앵(Frédéric-Julien)과 어머니 마르트 에브(Marthe-Ève)의 뒤를 이어 이 식당을 맡아 운영하게 된다. 오베르주 드 릴(Auberge de l'Ill)이라는 이름으로 변신한 이 식당은 제2차 세계대전이 끝난 후 새 건물로 단장한다. 전원풍의 아름다움이 돋보이는 식당 건물과 정원, 예술적 손길이 깃든 인테리어 장식(홀 매니저 장 피에르는 스트라스부르 미술대학 출신이다), 여기에 더해 폴이 만들어내는 훌륭한 알자스풍 전통음식 덕에 이 레스토랑은 전 세계에서 가장 유명한 곳 중 하나가 되었다. 폴 애베를랭은 러시아 황제의 요리사였던 조르주 베베르(Georges Weber)가 리보빌레(Ribeauvillé)에서 운영하던 레스토랑 페피니에르(la Pépinière) 및 파리의 로티스리 페리구르딘(Rôtisserie pérgourdine), 포카르디(Poccardi)에서 경력을 쌓았다. 푸아그라를 넣은 브리오슈, 프린스 블라드미르 랍스터, 개구리 수프와 수플레, 연어 수플레, 수바로프(Souvaroff) 트러플 수프(폴 보퀴즈는 이 음식에서 영감을 얻어 이후 VGE 트러플 수프를 선보인다), 노지 베(Nossi Bé) 소 안심 스테이크, 복숭아 플랑베 등은 기억에 남을 만한 그의 대표 메뉴들이다. 그의 레스토랑은 1952년 미슐랭 가이드의 첫 번째 별을 획득한 뒤 1957년에는 두 번째, 이어서 1967년에 드디어 세 번째 별을 거머쥐다. 아들 마크에게 주방을 넘긴 이후에도 그는 완성된 요리가 서빙되어 나가는 창구 앞에 서서 꼼꼼한 마지막 점검을 잊지 않았다.

HAGGIS 아기스 해기스. 스코틀랜드의 국민 음식인 해기스는 다진 양 내장(염통, 간, 허파)에 양파, 귀리, 양 기름을 섞어 만든 소를 양의 위에 채워 넣은 것이다. 냄새가 강한 이 요리(**참조** p.193, 194 샤퀴트리 도감)는 육수에 최소 2시간 이상 삶아 익힌다. 순무 퓌레나 육수에 함께 삶아 익힌 채소를 곁들여 서빙한다. 해기스에는 보통 순 몰트 위스키나 독한 맥주를 곁들여 마신다.

HALAL 알랄 할랄, 할랄 푸드. '허용된' 또는 '적법한'이라는 의미의 아랍어로 이슬람교도들이 소비할 수 있도록 허용된 식품을 지칭한다. 어떤 면에 있어서는 유대교의 코셔(**참조** KASHER)에 견줄 수 있는 이 할랄 식품 규정은 돼지, 피, 이슬람교 율법 의식에 따라 도살되지 않은 모든 동물과 술을 금한다. 프랑스에서 할랄 육류 인증은 국가 소관은 아니며 파리, 에브리, 리옹 지역의 회교사원에서 관할하고 있다.

HALÉVY 알레비 알레비는 두 가지 요리 즉, 수란 또는 반숙 달걀 요리와 데쳐 익힌 생선(대구, 대문짝넙치) 요리에 붙는 명칭으로, 이 요리들을 헌정했던 작곡가 자크 알레비(Jacques Halévy)의 이름에서 따왔다. 비교적 옛날식인 이 조리법은 특이하게도 한 요리에 두 가지 소스를 끼얹어 낸다. 알레비 에그는 두 개씩 서빙되는데, 타르틀레트 시트에 각각 얹은 한 개의 달걀을 반으로 나누어 한쪽에는 푹 익힌 토마토 소스를 나머지 반쪽에는 닭 가슴살을 잘게 썰어 넣은 블루테 소스를 끼얹는다. 여기에 글라스 드 비앙드(glace de viande) 농축 소스를 가운데 한 줄로 뿌려 경계를 나눠준다. 알레비 대구(cabillaud)는 뒤셰스 감자로 빙 둘러준 다음 위와 같은 두 가지 소스를 반반씩 끼얹어 서빙한다. 한편 알레비 대문짝넙치(turbot)는 뒤셰스 감자로 둘러주는 것은 같지만, 한쪽에는 잘게 다진 송로버섯과 화이트와인소스를, 나머지 반쪽에는 낭튀아소스와 잘게 다진 삶은 달걀흰자를 얹어준다.

HALICOT 알리코 양고기 스튜의 명칭. 아리코 드 무통(haricot de mouton)이라고도 불리지만 최소한 원조 레시피에는 강낭콩(haricot)이 들어가지 않는다. 게다가 이 레시피는 14세기 타유방 시절의 요리에서 찾아볼 수 있는데 당시는 강낭콩이 아직 프랑스에 도입되기 이전이었다. 오늘날의 알리코 스튜는 먹기 좋은 크기로 썬 고기와 순무, 양파, 감자에 때때로 껍질을 깐 강낭콩을 넣어 만든다.

▶ 레시피 : MOUTON.

HALLE 알 지붕이 덮인 넓은 장터를 뜻한다. 이미 길거리에 열렸던 로마시대의 대형 장터에서는 과일, 포도주나 오일 단지, 향신료, 생선 등을 층층이 놓고 팔았다. 파리의 주요 장터로는 중앙 시장인 레 알 상트랄(les Halles centrales, 그 기원은 1183년 필립 2세 국왕 시절까지 거슬러 올라간다)과 1765년에 생긴 밀과 밀가루 시장, 그리고 신선한 생선과 굴을 파는 시장이 있었다. 나폴레옹 3세 집권 시절 1851년부터 건축가 빅토르 발타르(Victor Baltard)의 설계로 지어진, 일명 우산이라고 불리던 철판 지붕이 덮인 공간에서 파리 중앙 시장(les Halles de Paris)은 1969년까지 식재료 총 도매시장으로 운영되었다. 오늘날 파리의 식료품 도매 시장은 렁지스(Rungis)에 대규모로 자리잡았다.

HALLOUMI 알루미 할루미 치즈. 전통적으로 염소젖과 양젖으로 만드는 키프로스의 치즈다(공장에서 대량 생산되는 일부 치즈는 소젖으로 만든다). 모양과 질감이 모차렐라를 연상시키지만 할루미 치즈가 훨씬 더 짭짤하며, 경

우에 따라 잘게 썬 민트잎이 들어 있는 것도 있다. 무게 220~270g 정도의 덩어리 형태이며 소금물이나 유청에 담가 보관한다. 슬라이스해서 주로 튀기거나 구워 먹으며, 채소를 곁들여 서빙하거나 샐러드에 넣어 먹기도 한다.

HÂLOIR 알루아르 치즈 건조실, 치즈 숙성실. 통풍이 되고 온도와 습도가 철저히 관리 통제되는 장소로, 치즈의 습도를 안정화하여 숙성되도록 하는 건조실을 가리킨다. 이곳에서 카망베르 치즈는 4~7일, 묑스테르 치즈는 열흘 정도, 염소 치즈는 2~3주간 숙성된다. 블루치즈에 주사기를 이용해 푸른 곰팡이균을 주입하는 것도 이곳에서 이루어진다.

HALVA 알바 할바, 할와(halwa), 터키쉬 딜라이트의 일종. 볶은 참깨를 곱게 간 타히니 페이스트와 설탕 시럽을 혼합해 만든 터키와 중동 지역의 당과류. 지방 함량이 높고 단맛이 강하며 약간 쌉쌀한 맛이 난다. 혼합물을 판형 틀에 넣고 굳혀 모양을 만든다. 특히 터키에는 밀가루나 세몰리나에 잣, 설탕, 우유, 물을 넣고 익혀 만든 할바(또는 헬바)도 있다.

HAMBURGER 암뷔르거 햄버거. 소고기 분쇄육을 도톰하고 둥글납작하게 만들어 구운 것으로 전통적인 미국식 바비큐의 기본 구성요소다. 함부르크 스타일의 구운 소고기라는 뜻의 햄버거 스테이크(hamburger steak)를 줄인 말로, 미국으로 이주한 독일 출신 개척자들에 의해 전해진 음식이다. 오늘날에는 스낵 바, 패스트푸드 판매점들을 통해 널리 대중화되었으며 달걀 프라이와 토마토 소스를 곁들이거나 양상추와 토마토 슬라이스와 함께 둥근 빵 사이에 끼워 먹는다. 퀘벡 지방에서는 앙부르주아(hambourgeois)라고 부른다.

HAMPE 앙프 안창살, 가로막살. 성숙한 소나 말의 횡격막을 분리해 정형한 특수 부위로 총 길이가 약 1.2m 정도 되는 길쭉하고 납작한 띠 모양을 하고 있다. 안창살은 근섬유의 결이 굵고 거칠며 짙은 붉은색을 띤다(**참조** p.108,109 소고기 정육 분할 도감). 건막을 떼어내고 표면에 살짝 칼집을 내어 약간 납작하게 만든 다음 길쭉한 비프 스테이크로 조리해 먹는다. 조직감이 단단한 편이나 육즙이 진하고 풍부하다. 이 부위는 센불에 살짝 구워 레어 상태로 먹는 것이 맛있으며, 팬에 소테해 먹기도 한다.

HARENG 아랑 청어. 북대서양에 많이 서식하는 청어과의 물고기(**참조** p.674~677 바다생선 도감). 방추형의 몸은 길이가 30cm를 넘지 않으며 녹색 빛이 반사되는 푸른색을 띠고 있고 배쪽은 은색이다. 큰 비늘로 덮여 있으나 긁으면 쉽게 떨어지며, 아가미 딱지가 매끈해 정어리와 구분된다. 청어는 중세시대부터 특히 북유럽의 중요한 식재료였으며 경제적인 측면에서도 수 세기 동안 향신료에 못지않은 중요한 역할을 했다. 해상법 초창기 규정의 대상이 되기도 한 청어는 식량으로, 무역 화폐로, 몸값으로, 선물 등으로 다양하게 사용되었다. 아직도 프랑스 북부 노르망디 지방 디에프(Dieppe)에서는 매년 11월 말이면 청어 축제가 열린다.

■ **사용.** 청어는 산란기 전인 10월~1월 사이에 알(곤이)이나 이리가 꽉 찬 상태에서 잡은 것(hareng plein 또는 bouvard)이 가장 맛이 좋지만 기름기도 가장 많다(지방 6%). 1월에서 3월까지의 산란기 이후 어획한 청어는 알과 이리가 없어 속이 빈 청어(hareng guais 또는 vide)로 불리며 기름기가 훨씬 적어 살이 더 퍽퍽하다. 신선한 생물 청어는 주로 파피요트, 그릴 구이, 팬 프라이하거나 오븐에 익혀 먹으며, 머스터드나 크림 소스를 곁들이기도 하고 속을 채워 조리하기도 한다. 이리나 알도 즐겨 먹으며 특히 청어 알은 훈제한 제품으로도 판매된다. 오늘날 염장 청어알에 검은색 물을 들여 작은 깡통에 포장한 뒤 아브루가(avruga)라는 이름을 붙인 제품을 쉽게 볼 수 있다. 철갑상어알 캐비아와 혼동할 수 있지만 이것은 저렴한 가격의 대용품에 불과하다. 청어는 북유럽 국가 전역에서 다양한 요리로 즐긴다. 러시아에서는 자쿠스키(zakouski), 스칸디나비아 지역에서는 스뫼르고스보르드(smörgåsborde) 등 뷔페 스타일로 차린 각종 애피타이저에 빠지지 않고 등장하며, 베를린에서는 튀겨서 뜨겁게 혹은 차갑게 먹는다. 노르웨이에서는 식초, 설탕, 머스터드, 생강 등을 넣어 새콤달콤한 요리로 즐겨 먹고 플랑드르 지방에서는 염장훈제 청어(hareng saur) 샐러드에 따뜻한 감자를 곁들여 먹는 것이 정석이다. 이 요리는 프랑스에서도 인기 있는 청어 요리가 되었다.

■ **저장.** 청어를 저장하는 방법은 여러 가지가 있으며 대부분은 염장을 한다.

- 염장 청어(hareng salé): 두 가지 형태로 분류할 수 있다. 디에프(Dieppe)나 불로뉴(Boulogne)의 작은 청어는 잡은 후 바로 선상에서 대가리를 절단한 뒤 통째로 소금에 절인다. 발트해의 큰 사이즈 청어는 두툼한 필레 형태로 염수가 담긴 통에 넣어 절인다.
- 염장 훈제 청어(hareng saur, pec): 2~6일간 소금에 절인 청어를 저온에서 약하게 훈제한 뒤 필레 상태로 비닐에 포장해 판매한다.
- 부피(bouffi), 블로터(bloater): 살짝 염장(최대 한나절)한 다음 짚 빛깔의 황색이 될 때까지 통째로 훈연한다. 냉장고에서 열흘 정도 보관할 수 있다.
- 버클링(Buckling): 청어를 소금에 몇 시간 동안 절인 뒤, 약간 익기 시작할 때까지 고온에서 훈연한다.
- 키퍼(kipper): 등에서 꼬리까지 길게 가른 뒤 납작하게 편 청어를 한 두 시간 소금에 절인 뒤 나무 훈연칩 연기에 양면 모두 약하게 훈제한다. 영국에서 전통적으로 아침식사에 먹는 음식이다. 냉장고에서 일주일간 보관할 수 있다.
- 장다름(gendarme): 청어를 9일간 소금에 절인 뒤 10~18시간 동안 훈연한다.
- 롤몹(rollmops) 및 발트해식 청어: 키퍼와 마찬가지로 청어의 등쪽을 길게 갈라 납작하게 편 다음 식초와 향신료에 재운다. 롤몹은 절인 청어를 코르니숑 오이 피클 위에 말아 감싼 것이다. 발트해식 청어는 필레 상태로 납작하게 서빙한다.

이외에도 다양한 양념(버섯, 레몬, 홀스래디시, 토마토 등)의 청어 통조림 제품이 출시돼 있다. 청어는 기생충을 보균하고 있어 고래회충증을 유발할 위험이 있다. 감염을 피하려면 70°C 이상이 고온에서 익히거나 최소 이틀 이상 냉동해야 한다.

harengs : préparation 청어 준비하기

신선 생물 청어의 경우, 배를 가르지 말고 비늘을 긁어낸 다음 아가미를 너무 많이 벌리지 않은 상태로 내장을 빼낸다. 이리와 알은 따로 보관한다. 씻은 뒤 물기를 닦는다. 통째로 익힐 때에는 등쪽에 양면 모두 살짝 칼집을 내준다. 필레를 뜰 때는 꼬리쪽부터 시작한 다음 지저분한 부분은 잘라 다듬고 재빨리 헹궈 물기를 닦는다. 염장 훈제 청어는 필레를 뜬 뒤 껍질을 벗기고 다듬어 우유에 담가 소금기를 뺀다. 염장 청어는 필레를 뜬 다음 우유, 또는 우유와 물 혼합물에 담가 소금기를 뺀다. 건져서 깔끔하게 다듬은 뒤 물기를 꼼꼼히 닦는다.

filets de hareng marinés à l'huile 필레 드 아랑 마리네 아 륄

오일에 재운 청어 필레 : 숯불에 훈연한 청어 필레를 넓적한 그릇에 담고 우유를 잠기도록 붓는다. 랩으로 덮은 다음 냉장고에 24시간 넣어둔다. 생선을 건져 물기를 닦는다. 그릇을 깨끗이 씻은 뒤 얇게 썬 양파 2개 분량의 반을 바닥에 깐다. 그 위에 청어 필레를 놓고 나머지 양파와 동그랗게 슬라이스한 당근, 고수 씨 몇 알, 잘게 부순 월계수 잎 1/2장을 얹는다. 타임의 잎만 조금 뿌려 넣는다. 낙화생유를 재료가 잠기도록 붓고 뚜껑을 씌운 뒤 냉장고 아래 칸에 넣어 48시간 동안 재운다.

harengs à la diable 아랑 아 라 디아블

디아블 소스를 곁들인 청어 구이 : 청어의 지느러미를 잘라내고 비늘을 제거한 뒤 씻는다. 아가미 쪽으로 내장을 빼낸다. 알이나 이리도 조심스럽게 함께 빼낸다. 생선의 안쪽을 씻은 뒤 물기를 꼼꼼히 닦는다. 등쪽에 양면 모두 세 군데씩 살짝 칼집을 낸다. 머스터드를 고루 발라준 다음 흰색 빵가루를 묻힌다. 기름을 뿌린 뒤 약한 불에 천천히 굽는다. 디아블 소스, 머스터드 소스 또는 라비고트 소스를 따로 담아 곁들여낸다.

harengs grillés 아랑 그리예

청어 구이 : 4인분, 준비: 15분, 조리: 10분

청어 4마리(작은 것은 8마리)를 준비해 종이타월로 닦아가며 비늘을 벗긴다. 지느러미를 잘라낸 다음 아가미 쪽으로 내장과 알 또는 이리를 모두 빼낸다. 깨끗이 씻은 뒤 물기를 닦아둔다. 그릴을 220°C로 예열한다. 생선이 고루 익고 기름이 잘 흘러내리도록 등쪽에 몇 개의 칼집을 아주 살짝 내준다. 고운 소금과 그라인드 후추로 간을 한다. 오일을 살짝 바른 다음 뜨거운 그릴에서 3~4분간 굽는다. 뒤집어서 다시 3~4분간 구운 뒤 팬에 놓고 약한 불 위에서 2~3분간 더 익혀 마무리한다. 차가운 생선용 머스터드 소스(참조. p.783)와 껍질째 익힌 감자를 곁들여 서빙한다.

harengs marinés 아랑 마리네

소금에 절여 향신 재료에 익힌 청어 : 작은 크기의 청어 열 마리 정도를 씻어서 손질한다. 고운 소금을 뿌린 뒤 6시간 정도 절인다. 양파와 당근을 각각 3개씩 얇게 썬다. 생선을 담을 만한 적당한 크기의 내열용기에 준비한 채소의 반을 깔아준 다음 잘게 썬 파슬리, 통후추 몇 알, 정향 2개, 월계수 잎 1장, 잎만 뗀 타임을 넣는다. 그 위에 생선을 놓고 화이트와인과 식초를 섞어 재료 높이까지만 붓는다. 나머지 채소를 덮어준다. 알루미늄 포일로 덮고 불에 올린다. 끓기 시작하면 225°C로 예열한 오븐에 넣어 20분간 익힌다. 꺼내서 그 상태로 식힌다. 냉장고에 넣어둔다.

laitances de hareng au verjus ▶LAITANCE

HARICOT À ÉCOSSER 아리코 아 에코세 깍지콩, 꼬투리 콩. 콩과에 속하는 꼬투리가 있는 콩을 지칭한다. 콩류는 반드시 익혀 먹어야 한다(**참조** p.446 깍지콩류 도표 및 옆 페이지 도감). 콩은 아메리카가 원산지이며 16세기에 처음으로 유럽에 등장했다. 이후 수 세기에 걸쳐서 다양한 종류의 알갱이 콩뿐 아니라 그린빈스처럼 껍질째 먹는 콩류가 재배되었다. 익힌 콩은 열량이 높고(100g당 100kcal 또는 418kJ) 소고기보다 단백질이 함량이 많으며(기타 아미노산 포함) 무기질과 비타민 B가 풍부하다.

깍지에 든 신선한 콩류로는 카술레를 비롯한 각종 스튜에 넣어 먹는 흰색의 통통한 코코(cocos)와 좀 더 갸름한 모양의 미슐레(michelets)가 있다. 또한 이 콩들은 서늘하고 건조한 장소에서 말려 사용하기도 한다. 일단 익힌 콩은 버터, 크림 소스에 조리하거나 퓌레, 그라탱 등을 만들기도 하고 차갑게 샐러드에 넣어 먹기도 한다. 콩은 아 라 베리숀(à la berrichonne), 아 라 샤퀴티에르(à la charcutière), 아 라 리오네즈(à la lyonnaise), 카술레(cassoulet), 에스투파(estouffat), 가르뷔르(garbure), 포테(potée) 등의 다양한 지역 특선요리나 칠리 콘 카르네(chili con carne), 페이조아다(feijoada), 푸체로(puchero) 같은 외국 요리에도 두루 활용된다. 또한 훈제 소시지나 툴루즈 소시지에 곁들여도 아주 좋다.

estouffat de haricots à l'occitane ▶ESTOUFFAT

haricots blancs à la crème 아리코 블랑 아 라 크렘

크림 소스 흰 강낭콩 그라탱 : 콩을 익혀 건진 뒤 냄비에 넣고 수분이 모두 증발할 때까지 약한 불로 가열한다. 생크림을 넣고 다시 뜨겁게 데운다. 로스팅 팬이나 그라탱 용기에 버터를 바른 뒤 콩을 넣고 흰색 빵가루를 덮어준다. 녹인 버터를 뿌린 뒤 250°C로 예열한 오븐에 넣어 그라탱처럼 노릇하게 구워낸다.

haricots à la tomate 아리코 아 라 토마트

토마토 소스에 익힌 강낭콩 : 콩 1kg에 기름기가 적은 염장 삼겹살 500g을 넣고 익힌다. 콩을 건져 냄비에 넣고 토마토 소스와 섞어 걸쭉하게 익힌다. 콩과 함께 익힌 염장 삼겹살을 깍둑 썰어 넣어준다. 10분 정도 약한 불에 뭉근히 익힌다.

palette de porc aux haricots blancs ▶PORC

salade de haricots à écosser 살라드 드 아리코 아 에코세

강낭콩 샐러드 : 4인분 / 준비: 30분 / 콩 불리기: 2시간(선택) / 조리: 1시간 ~2시간 30분

깍지에서 깐 신선한 흰 강낭콩(cocos frais) 600g을 준비해 익힌다. 물에 불리지 않고 약 1시간 동안 삶는다. 또는 말린 강낭콩(mogette 또는 coco de Paimpol, 참조. 옆 페이지) 320g을 불린 뒤 익힌다. 익힌 콩을 건져 따뜻한 온도로 식힌다. 스위트 양파 1개와 회색 샬롯 2개의 껍질을 벗긴 뒤 잘게 썬다. 와인 식초 30㎖, 고운 소금, 갓 갈아낸 후추, 화이트 머스터드 1테이블스푼, 호두 오일 100㎖를 혼합해 비네그레트 소스를 만든다. 따뜻한 콩에 비네그레트 소스를 넣고 버무린 다음 다진 허브(파슬리, 처빌, 차이브) 2테이블스푼을 넣어 완성한다.

HARICOT D'ESPAGNE 아리코 데스파뉴 붉은꽃 강낭콩. 콩과에 속하는 강낭콩의 한 종류로 스페인 강낭콩이라고도 불린다. 이 콩의 알갱이는 붉은 반점이 흰색 또는 검은 반점이 있는 붉은색이다(**참조** HARICOT À ÉCOSSER). 어린 콩은 스냅 피(**참조** HARICOTS MANGE-TOUT)처럼 꼬투리 깍지도 먹을 수 있다.

HARICOT DE LIMA 아리코 드 리마 리마콩. 콩과에 속하는 강낭콩의 한 종류로 주로 열대국가에서 재배된다(haricot du Cap, haricot de Siéva, haricot de Madagascar, haricot du Tchad라고도 불린다). 콩 알갱이는 일반적으로 잠두콩만 한 크기로 연두색을 띠며, 깍지에서 깐 신선한 흰 강낭콩과 같은 방법으로 조리한다(**참조** HARICOT À ÉCOSSER).

HARICOT MANGE-TOUT 아리코 망주 투 스냅 피(snap pea), 슈가 피(sugar pea), 깍지콩. 콩과에 속하는 강낭콩의 한 종류로 납작하거나 혹은 통통한 모양의 짧은 깍지콩이다. 안의 콩이 여물기 전에 껍질째 먹을 수 있는 콩으로 긴 섬유질 심이 없어 아삭하고 연하다. 연두색과 노란색이 있으며, 아주 가는 품종은 긴 줄기콩(haricots filets) 대신 요리에 많이 사용된다. 아리코 뵈르(haricot beurre)라고 불리는 노란색 깍지콩이 더 즙이 많다.

HARICOT MUNGO 아리코 뭉고 녹두. 극동 아시아 지역이 원산지인 콩 종류로 알갱이가 작고 녹색, 노란색, 갈색 등의 색이 있다(**참조** HARICOT À ÉCOSSER). 이 콩의 싹인 숙주(germes de soja, pousse de soja)를 생으로 혹은 살짝 데쳐서 가니시용 채소, 오르되브르 또는 동양식 샐러드에 많이 사용한다(**참조** p.420 발아 씨앗 도감).

HARICOT ROUGE 아리코 루즈 붉은 강낭콩, 키드니 빈. 아메리카, 스페인, 앤틸리스 제도 등지에서 아주 많이 소비되는 콩 종류로(**참조** HARICOT À ÉCOSSER) 텍사스 지역의 대표적인 소고기 스튜인 칠리 콘 카르네에 빠지지 않고 들어가는 재료다. 프랑스에서는 거의 재배되지 않으며 주로 레드와인과 베이컨을 넣고 요리한다.

haricots rouges à la bourguignonne 아리코 루즈 아 라 부르기뇬

부르기뇽 키드니 빈 와인 스튜 : 콩(신선한 콩, 불린 콩 모두 가능)에 기름기가 적은 베이컨, 동량으로 혼합한 레드와인과 물을 넣고 익힌다. 익은 콩을 건져 대충만 물을 털어낸 다음 소테팬으로 옮긴다. 베이컨을 주사위 모양으로 썰어 버터에 약한 불로 천천히 지진 뒤 콩과 섞는다. 재료를 익힌 와인 국물을 적당히 붓고, 밀가루와 버터를 동량으로 섞은 뵈르 마니에를 넣어 걸쭉하게 리에종하며 뜨겁게 데운다.

HARICOT SEC 아리코 섹 콩, 마른 콩. 콩 알갱이를 말려서 사용하는 꼬투리 콩류를 지칭한다(**참조** HARICOT À ÉCOSSER). 깍지를 깐 다음 말려서 판매하는 몇몇 품종의 콩들은 그 인기가 아주 높다.

• 플라젤렛 빈, 제비콩(FLAGEOLETS). 아주 섬세한 맛을 지닌 연두색 또는 흰색의 콩으로 질감이 부드럽다. 아르파종, 브르타뉴, 북부 노르 지방에서 재배되며, 완전히 익기 전인 8월~9월에 딴 연두색 플라젤렛 콩은 슈브리에(chevriers)라고도 불린다. 말린 콩으로, 통조림 또는 냉동 상태로 판매된다.

• LINGOTS 랭고. 크고 갸름한 모양에 색이 아주 흰 콩으로 북부 지방 노르와 방데에서 재배되며 말린 콩은 오랜 시간 보관이 가능하다.

비교적 소량 생산되는 수아송(soissons), 로뇽 드 코크(rognons de coq, 수탉의 콩팥이라는 뜻), 스위스 블랑(suisses blancs), 코코 블랑(cocos blancs) 등의 품종 또한 아주 맛이 좋다. 신선한 깍지콩과 마찬가지로 마른 콩류도 여러 지역 특선 요리에 많이 사용된다. 플라젤렛 빈은 양 뒷다리나 돼지 앞다리 요리에 곁들이는 대표적인 가니시다.

haricots secs : cuisson 마른 콩 익히기

마른 콩을 찬물에 담가 2시간 정도 불린다. 콩을 건지고 담갔던 물은 버린다. 콩을 큰 냄비에 넣고 찬물을 새로 넉넉히 부은 뒤 끓을 때까지 약한 불로 서서히 가열한다. 거품을 건지고 중간에 소금으로 간을 한다. 부케가르니, 껍질을 벗기고 정향 2개를 박은 양파 1개, 껍질 벗긴 마늘 한 톨, 껍질을 긁은 뒤 작은 주사위 모양으로 썬 당근 1개를 넣는다. 끓으면 뚜껑을 덮고 약하게 끓는 상태로 1시간 30분~2시간 30분 정도 익힌다.

blanquette d'agneau aux haricots et pieds d'agneau ▶BLANQUETTE

HARICOT VERT 아리코 베르 그린빈스. 긴 줄기 모양의 콩깍지를 먹는 콩과의 한 종류(**참조** p.446 그린빈스 도표, 옆 페이지 도감). 소화가 잘 되고 열량이 낮으며(100g당 39kcal 또는 163kJ) 섬유질과 비타민 A(베타카로틴)가 풍부하다.

• Haricots filets 긴 줄기콩. 바늘 줄기콩(haricots aiguilles)라고도 불리며 가늘고 긴 연두색 콩깍지를 먹는다. 껍질 봉합 부분을 따라 난 길고 가는 섬유질이 생기기 전의 어린 줄기콩을 수확해 먹는다. 현재는 원조 줄기콩 대신 아주 가는 망주 투 깍지콩(mange-tout extrafins)이 많이 소비되는 추세다.

• Haricots mange-tout 짧은 깍지콩. 일반적으로 깍지 봉합 부분에 질긴 섬유질이 없다. 색이 선명하고(녹색 또는 노란색) 윤기가 나는 것, 단단하고 꺾으면 탁 하고 부러지며 모양이 균일한 것으로 고른다. 섬유질 실이 있는지 확인하려면 하나를 꺾어 부러트려본다. 그린빈스는 구매 후 최대한 빨리 사용하는 것이 좋다. 양쪽 끝의 가는 실을 꺾어 깍지 전체의 섬유질까지

HARICOTS 강낭콩, 콩

borlotti
보를로티. 크랜베리 빈

flageolet vert
플라졸레 베르. 플라젤렛 빈

haricot rose d'Eyragues
아리코 로즈 데라그. 에라그 핑크 강낭콩

lingot blanc
랭고 블랑. 링고 빈, 흰 강낭콩

chevrier
슈브리에. 슈브리에 강낭콩

rognon de coq
로뇽 드 코크. 키드니 빈, 레드 키드니

haricot mungo
아리코 뭉고. 녹두

coco blanc
코코 블랑. 흰 강낭콩 코코 블랑

haricot à œil noir (Chine)
아리코 아 외이유 누아(중국). 동부콩, 블랙 아이드 빈

haricot kilomètre
아리코 킬로메트르. 갓끈동부

haricot vert princesse
아리코 베르 프랭세스. 그린 빈스, 풋강낭콩, 프린세스 프렌치 빈

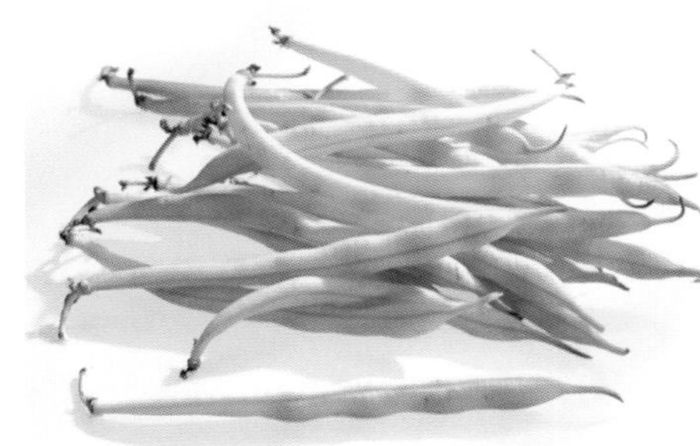
haricot beurre
아리코 뵈르. 왁스 빈스, 노랑 줄기콩

mange-tout (Kenya)
망주 투(케냐).
망주투, 스노우피

강낭콩의 주요 품종과 특징

품종	원산지	출하 시기	외형
빅 보를로토, 크랜베리 빈 big borlotto, langue de feu	프랑스 남동부, 이탈리아	7월~9월	콩알이 중간크기로 통통하며 흰색 바탕에 자주색 얼룩무늬가 있다. 깍지 역시 흰색 바탕에 자주색 무늬가 있다.
코코 블랑 coco blanc	프랑스 남동부	7월~9월	중간 크기의 통통한 콩으로 흰색을 띠며 동글동글하다.
코코 드 팽폴(AOC) coco de Paimpol(AOC)	팽폴 및 인근 지역, 트레고르(Trégor)	8월~11월 중순	깍지가 길고 노르스름한 바탕에 보랏빛 얼룩이 있다. 콩알은 굵다.
동부콩 haricot cornille	미국, 페루, 터키, 마다가스카르	여름	흰색 또는 미색 콩알에 검은색 눈이 있다.
플라젤렛 빈, 슈브리에 강낭콩 flageolet, chevrier	브레티니(Brétigny), 아르파종(Arpajon) 및 인근 지역, 브르타뉴, 프랑스 북부	8월~9월	중간 크기의 약간 휜 콩팥 모양의 콩으로 말린 상태에서도 연두색을 띤다.
플랑보, 보를로토 개량종 flambo, borlotto amélioré	프랑스 남동부, 이탈리아	7월~9월 (1년 2작)	빅 보를로토와 비슷하나 자주색 얼룩이 훨씬 진하고 많다.
붉은꽃 강낭콩 haricot d'Espagne	유럽, 남미, 북미	8월~9월	붉은 얼룩이 있는 흰색 콩알 또는 검은 얼룩 무늬가 있는 붉은색 콩알이다.
리마콩 haricot de Lima, haricot du Cap, pois du Cap	마다가스카르, 남미, 아프리카	2월~7월	크고 납작한 모양의 흰색 콩알.
	중미, 카리브 제도, 말레이시아	7월~12월	
녹두 haricot mungo	동아시아, 앤틸리스 제도	연중	콩알이 작고 올리브색을 띠며 누르스름한 얼룩이 듬성듬성 있다. [녹두의 싹인 숙주는 germes de soja(콩나물)라는 이름으로 잘못 통용되고 있다]
붉은 강낭콩, 키드니 빈 haricot rouge	북미, 남미, 중국	8월~9월	중간 크기의 껍질이 두꺼운 콩알로 짙은 자주색을 띤다.
보를로티 붉은 강낭콩, 핑크코코 haricot rouge borlotti, coco rose	프랑스, 이탈리아	여름	중간 크기의 연한 갈색 콩으로 적갈색 얼룩이 있다. 달콤한 맛이 난다.
노르 산 링고 빈(레드라벨, IGP) lingot du Nord(label rouge, IGP)	발레 드 라 리스(vallée de la Lys)	여름	콩알이 굵고 흰색을 띠며 껍질이 얇다(미리 불리지 않고 사용해도 된다).
긴 깍지 미슐레 강낭콩 michelet à longue cosse	프랑스 남부	8월~10월	중간 크기의 통통한 콩으로 결 무늬가 있다.
방데 산 모제트, 또는 방데산 코코, 링고 콩 mojette de Vendée, coco et lingot de Vendée	방데 숲 지역	여름	콩알 모양이 갸름한 직사각형에 가까우며 식감이 아주 부드럽다. 콩알 껍질이 얇고 윤기가 난다.
피 빈 pea bean	미국, 캐나다(온타리오주)	8월~9월	아주 작은 크기의 코코 블랑이라 할 수 있다.
로뇽 드 코크, 키드니 빈 rognon de coq	프랑스, 미국, 남미, 아프리카	8월~9월	콩팥 모양의 큰 콩알로 짙은 붉은색을 띠고 있다.
수아송 강낭콩 soissons	엔(Aisne), 수아송 지역	8월~9월	통통하고 식감이 포실포실한 아이보리색 콩이다.
타르베 강낭콩 tarbais(label rouge, IGP)	오트 피레네(Hautes-Pyrénées)	9월~10월	콩알이 흰색으로 껍질이 얇으며 식감이 아주 부드럽다(주로 카술레와 가르뷔르에 넣는다).

그린빈스의 주요 품종과 특징

품종	원산지	출하 시기	외형
긴 줄기콩 ***haricots filets***			
모르간, 가로넬, 팽벨, 세자르, 에귀용 등 morgane, garonel, finbel, césar, aiguillon, etc.	아키텐, 앙주, 프로방스, 도시 녹지대	6월~10월	길쭉한 녹색 줄기콩으로 섬유질 실이 없다.
	케냐	9월~6월	
바뇰산 가는 줄기콩 fin de Bagnols	쉬드 에스트(Sud-Est), 아키텐(Aquitaine), 발 드 루아르(Val de Loire), 도시 녹지대	6월 중순 ~9월 중순	전체적으로 녹색을 띤 가늘고 긴 줄기콩이다.
트리옹프 드 파르시 triomphe de Farcy	발 드 루아르(Val de Loire), 도시 녹지대	6월~9월	녹색에 보랏빛으로 드문드문 얼룩이 있으며 섬유질 실이 없다.
긴 깍지콩 ***haricots filets mange-tout***			
탈리스만, 델리넬, 앙제, 카피톨, 알레그리아 등 talisman, delinel, angers, capitole, allegria, etc.	쉬드 에스트(Sud-Est), 쉬드 우에스트(Sud-Ouest), 브르타뉴(Bretagne), 발 드 루아르(Val de Loire), 노르(Nord).	7월~9월	비교적 짤막한 중간 굵기의 깍지콩으로 섬유질 실이 없다.
망주투, 스냅피, 스노우피 ***haricots mange-tout***			
프리멜, 라다르, 소나트, 콘텐더 등 primel, radar, sonate, contender, etc.	스페인, 모로코	11월~6월	꽤 통통한 굵기의 녹색 깍지콩으로 섬유질 실이 없다.
	프랑스 전역	6월~10월	
노란색 스냅피 ***haricots mange-tout beurre***			
로캉쿠르 망주투, 로크도르 등 de Rocquencourt, rocdor, etc.	프랑스 전역, 도시 녹지대	7월~9월	꽤 통통한 굵기의 긴 깍지콩으로 황금색을 띠고 있다.
납작한 코코 그린빈스 ***coco plat***	쉬드 에스트(Sud-Est)	7월~9월	녹색을 띠며 길이가 짧고 아주 납작하다.
	스페인	10월~7월	길이가 길고 아주 납작하며 양끝이 살짝 휘어 있다.

잡아당겨 제거한 다음, 긴 것은 반으로 잘라 씻어 물기를 제거한다. 소금을 넣은 끓는 물에 데친 뒤 찬물에 헹구면 녹색이 더욱 선명해진다. 약간 살캉할 정도로만 익힌 뒤 각종 요리에 사용한다.

haricots verts : conserve 그린빈스(줄기콩) 저장하기

• **냉동** 싱싱한 것으로 골라 다듬은 뒤 끓는 물에 넣어 데친다. 물기를 닦아낸 다음 쟁반에 펼쳐 놓고 냉동한다. 이어서 냉동용 지퍼팩에 넣고 단단히 밀봉한 뒤 내용물 이름과 날짜를 표시한 뒤 다시 냉동실에 보관한다.

• **염장** 끓는 물에 데쳐 건진 뒤 물기를 닦은 줄기콩을 토기 단지에 켜켜이 넣고 사이사이마다 고운 소금을 뿌린다. 작은 널빤지로 누른 뒤 무거운 것을 올려둔다. 염장한 줄기콩을 조리하기 전 깨끗이 닦아준 다음 넉넉한 양의 끓는 물에 담가 데친다. 찬물에 한참 헹궈준다.

• **건조** 콩깍지 접합 부분을 따라 길게 섬유질 선을 떼어낸 다음 끓는 물에 3~4분간 데친다. 건져서 물기를 닦은 뒤 70°C 오븐에서 말린다. 조리하기 전 찬물에 몇 시간 담가 불린다. 지중해 지방에서는 줄기콩을 채반에 널어 햇볕에 말린다.

haricots verts : cuisson 그린빈스(줄기콩) 익히기

그린빈스의 양끝을 따고 섬유질 실을 제거한 다음 재빨리 물에 씻는다. 그린빈스 부피의 2~3배 되는 분량의 물에 소금을 넣고(물 1ℓ당 소금 10g) 펄펄 끓인 뒤 그린빈스를 넣고 뚜껑을 덮지 않은 상태에서 센불로 데친다. 아주 가는 줄기콩의 경우 약 8분간 익히고, 굵기에 따라 시간을 늘린다. 익은 줄기콩을 하나 건져 먹어본다. 약간 살캉한 듯 익었으면 건져내 레시피에 따라 조리한다. 바로 요리하지 않는 경우에는 망뜨개로 건진 뒤 즉시 얼음물에 넣어 더 이상 익는 것을 중단시킨다. 차갑게 식으면 바로 건져낸다.

figues au cabécou en coffret, salade de haricots verts aux raisins ▶ FIGUE
haricots verts sautés à l'ail ▶ WOK
salade de haricots verts ▶ SALADE

HARISSA 아리사 하리사. 북아프리카 마그레브 지역 및 중동의 양념인 하리사는 홍고추와 마늘(또는 양파), 통조림 토마토, 커민, 고수 씨, 오일을 혼합해 갈거나 곱게 빻은 페이스트의 일종이다. 재료를 갈아 완성한 하리사는 12시간 동안 숙성시킨 후 사용한다. 튀니지를 비롯한 북아프리카 지역 마그레브 요리에서는 하리사에 육수를 조금 넣어 갠 다음 쿠스쿠스에 넣거나, 수프, 말린 고기 등에 곁들여 먹는다.

HÂTELET / ATTELET 아틀레 한쪽 끝에 화려한 모양의 장식(닭, 갑각류, 산토끼, 물고기, 멧돼지 모양 등)이 달린 금속 재질의 꼬챙이로 화려한 연회 등의 식사에서 더운 음식 또는 찬 음식을 꽂아 차려내는 용도로 사용되었다. 아틀레에 꽂은 음식들은 주로 부채꼴 모양으로 플레이팅하는 경우가 많았다.

HAUSER (HELMUT EUGENE BENJAMIN GELLERT, DIT GAYELORD HAUSER) 헬무트 유진 벤저민 겔러트 하우저 (일명 게일로드 하우저) 미국의 영양학자(1895, Tübingen 출생—1984, Los Angeles 타계). 둔부 결핵을 앓았던 그는 한 스위스 의사의 처방과 지시를 따른 덕에 회복되었다. 이 치료 과정을 통해 그는 통곡류, 통밀가루, 마른 콩류, 맥주 효모, 대두, 요거트 등의 살아있는 자연 식품(aliments vivants)의 효능에 대해 확신을 갖게 되었다. 『건강의 메시지(*Message of Health*)』와 『음식사전(*Dictionary of Foods*)』을 집필한 하우저는 1950년 출간된 『젊게 삽시다, 더 오래 삽시다(*Live Young, Live Longer*)』로 전 세계적인 명성을 얻게 된다. 그는 이 책에서 식생활의 균형, 과일과 향신 허브의 중요성, 비타민과 무기질을 파괴하지 않는 조리법에 대한 여러 가지 기본 이론을 제시했다.

HAUT DE CÔTE 오 드 코트 갈빗살. 가슴살. 어린 양이나 성숙한 양의 뱃살과 갈비뼈 사이에 해당하는 가슴 부위를 지칭한다(**참조** p.22 양 정육 분할 도감). 이 부위는 다소 기름이 있어 양고기 스튜(halicot de mouton), 나바랭(navarin), 소테 요리 등으로 적합하다. 배쪽의 양지와 함께 뼈를 제거한 뒤 다듬으면 얇게 저민 덩어리인 뱃살(épigramme)이 나온다. 이 부위는 그릴에 직접 구워먹거나 미리 육수에 삶아 사용하기도 한다. 송아지의 이 부위는 갈빗대를 절단한 아랫부분으로 소의 찜갈비용 부위에 해당한다(**참조** p.879 송아지 정육 분할 도감). 주로 블랑케트 또는 소테용으로 많이 사용한다. 돼지의 이 부위는 보통 등갈비(travers) 또는 포크 립(porc rib)으로 불린다.

HAUTE PRESSION (CONSERVATION PAR) 오트 프레시옹 (콩세르바시옹 파르) 고압 처리(High Pressure Processing)를 통한 보존. 식품에 열을 사용하지 않고 3,500~6,000기압(bars 또는 kilopascals) 정도의 높은 압력을 가해 식품의 부패를 초래할 수 있는 미생물을 파괴하는 방법이다. 이 처리를 거친 식품은 위생상태가 개선되어 보존성이 높아지고 질감, 맛과 영양성분은 그대로 유지된다. 일본에서 많이 사용(과일 주스, 유제품 등)하는 고압 처리법은 프랑스에서 특히 신선 과일 주스 판매 분야에서 점점 많이 활용되고 있다(**참조** PASCALISATION).

HAUT-MÉDOC 오 메독 오 메독 지역의 AOC 레드와인으로 포도품종은 카베르네 소비뇽, 메를로, 카베르네 프랑, 프티 베르도, 말벡이다. 지롱드강 제일 상류에 위치한 메독 지역 일부에서 생산되며 가장 유명한 여섯 곳의 코뮌 아펠라시옹 샤토 즉, 물리스(Moulis), 리스트락(Listrac), 마고(Margaux), 생 쥘리앵(Saint-Julien), 포이약(Pauillac), 생테스테프(Saint-Estèphe)가 여기에 포함된다(**참조** BORDELAIS).

HÉDIARD (FERDINAND) 페르디낭 에디아르 프랑스의 식료품상(1832, La Loupe 출생—1898, Paris 타계). 원래 목수였던 그는 프랑스 전역을 도는 직업 훈련을 위해 르 아브르(Le Havre) 근처 고향을 떠나던 중 르 아브르 항구에서 각종 수입 생산품들을 접하게 된다. 그는 해외에서 들어온 이 식품들을 파리에 소개하기로 결심하였고, 1854년 콩투아르 데피스 에 데 콜로니(Comptoir d'épices et des colonies)라는 상호로 파리 노트르담 드 로레트 거리에 식료품 상점을 열었다. 이어서 1880년에는 마들렌 광장으로 옮겨 콩투아르 데 콜로니 에 드 랄제리(Comptoir des colonies et de l'Algérie)라는 새로운 이름으로 식료품 가게를 운영한다. 바로 이곳에서 실론 섬의 카다멈, 부르봉 바닐라, 터키의 오크라, 인도네시아의 망고스틴 등이 처음 판매되었으며, 파인애플도 정기적으로 수입되었다. 에디아르 이름을 단 이 매장은 아직도 파리 마들렌 광장에 남아 고급 식료품 전문점으로 명맥을 잇고 있으며, 해외 각국에 부티크 지점을 운영 중이다.

HELDER 엘데르 고기 요리에 붙은 이름으로, 네덜란드의 항구 이름을 딴 파리의 한 레스토랑 이름(Café du Helder)에서 유래했다. 적당한 크기로 썬 고기를 소테한 다음 크루통 위에 올리고 되직한 베아르네즈 소스로 빙 둘러준 뒤 잘게 썰어 푹 익힌 토마토 퓌레를 곁들인다. 고기를 소테한 팬에 마데이라 와인을 부어 디글레이즈한 다음 송아지 육즙(jus)을 넣고 소스를 만든 뒤 고기에 끼얹어 서빙한다. 이 명칭은 또한 속을 채운 러시아식 닭가슴살 커틀릿에 토마토 소스와 각종 채소를 곁들인 요리를 지칭하기도 한다.

HELDER (CORNELIUS, DIT CEES) 코르넬리위스 엘데르 (일명 케스) 케스 헬더. 네덜란드의 요리사(1948, Alkmaar 출생). 호텔 경영자, 암스테르담 호텔 드 유럽(Hôtel de l'Europe)의 와인 저장고 담당자, 홀랜드 아메리카 라인(Holland America Line) 크루즈의 연회 책임자, 디커 앤 타이즈(Dikker en Thijs)의 라인 쿡 등 다양한 호텔과 업장에서 경력을 쌓은 그는 뒤늦게 솔리외의 베르나르 루아조 레스토랑과 마를렌하임의 르 세르에서 본격적인 요리 수련을 거친 뒤 로테르담에 자신의 레스토랑 파크회벨(Parkheuvel)을 오픈한다. 공원 한 켠에 자리한 원형의 정자 스타일 건물로 모든 테이블에서 바다가 보이는 멋진 뷰를 갖고 있다. 이 레스토랑은 네덜란드에서 처음으로 미슐랭 가이드의 별 셋을 획득한 식당이 되었다(2002). 특히 생선과 해산물 요리에 두각을 나타낸 이 셰프의 대표적 요리로는 안초비 크림 소스의 대문짝넙치 요리와 감자 갈레트, 베르쥐에 데친 랍스터와 방울양파 등을 꼽을 수 있다.

HÉLIOGABALE / ÉLAGABAL 엘리오가발 엘라가발 엘라가발루스. 고대 로마의 황제(재위 204~222). 로마 황제들의 전기인 『히스토리아 아우구스타(*Historia Augousta*)』에 따르자면 엘라가발루스는 모든 면에서 무절제한 모습을 보였다고 전해지며 특히 음식 면에 있어서 두드러졌다고 한다. 그는 매일 저녁 테이블 서빙 세트의 색깔을 바꿔가며 화려한 연회를 열었고 특히 낙타 발뒤꿈치, 공작새의 혀, 수탉의 볏을 열광적으로 좋아했다고 한다.

HENRI IV 앙리 카트르 프랑스 국왕 앙리 4세의 이름이 음식에 붙여진 것으로, 서빙 사이즈로 자른 고기나 내장(주로 콩팥)을 굽거나 소테한 뒤 퐁뇌프 감자(pommes pont-neuf)와 베아르네즈 소스(베아른이 앙리 4세의 고향인 점에 착안해 이와 같은 이름이 붙었다)를 곁들인 요리를 말한다. 앙

MENTHE
CHOCOLAT

Herbes aromatiques 향신 허브

"풍성한 다발의 허브들, 혹은 작은 화분에 심은 세이지, 이탈리안 파슬리, 고수, 딜, 차이브, 민트 등의 다양한 허브들이 레스토랑 엘렌 다로즈, 가르니에, 에콜 페랑디, 크리용 호텔의 주방에서 향기를 발산하고 있다. 이 허브들의 잎만 떼거나 또는 잘게 다져 각종 소스나 그릴 요리, 기타 여러 세련된 요리에 넣으면 섬세한 향을 내줄 뿐 아니라 상큼한 장식 효과를 더해줄 것이다."

리 4세 안심구이는 다음과 같은 정확한 규칙대로 플레이팅한다. 우선 크레송(물냉이)를 서빙 접시 중앙에 놓고 안심 스테이크 사이에 퐁뇌프 감자를 두 개씩 크로스로 겹쳐 쌓아준다. 소스는 안심 위에 띠 모양으로 뿌려준다. 이 명칭은 또한 도톰하게 어슷 썬 닭가슴살을 버터에 지진 뒤, 버터를 섞은 글라스 드 비앙드(glace de viande)를 채운 아티초크 속살 위에 송로버섯 슬라이스와 함께 얹은 것을 가리키기도 한다. 이 요리 또한 베아르네즈 소스를 곁들인다.

HERBES AROMATIQUES 에르브 아로마티크 향신 허브. 녹색 잎을 가진 각종 야생 식물 또는 재배 채소, 허브 등을 총칭하는 용어로 신선한 상태로 또는 말려서 사용하며 다양한 향료의 원료가 되기도 한다(**참조** p.451~454 향신 허브 도감). 허브는 일반적인 용어로 요리에 사용하는 다양한 식물, 풀 등을 가리킨다. 세이보리, 레몬 타임, 로즈마리, 타라곤, 러비지, 바질, 히숍, 록 삼피어 등 이름이 있는 식물에 허브라는 단어를 붙여 별도의 이름으로 부르기도 한다(순서대로 herbe à âne, herbe au citron, herbe aux couronnes, herbe dragon, herbe à Maggi, herbe royale, herbe sacrée, herbe perce-pierre). 요리에서 전통적으로 허브는 대략 다음과 같이 분류하지만 명확한 기준은 없다.

- 텃밭 채소 허브로는 갯능쟁이(arroche), 물냉이(cresson), 시금치(épinard), 아이스플랜트(ficoïde glaciale), 상추(laitue), 소렐(oseille), 근대(poirée), 쇠비름(pourpier), 번행초(tétragone) 등이 있으며 주로 수프, 포타주, 샐러드, 또는 주 요리의 가니시로 사용된다.
- 샐러드용 허브(야생 또는 재배 루콜라, 박쥐란)라고도 불리는 양념용 허브에는 야생 셀러리, 셀러리, 처빌, 고수, 타라곤, 러비지, 파슬리 등이 있다.
- 프로방스 허브 믹스는 바질, 월계수잎, 로즈마리, 세이보리, 타임을 혼합해 다져 사용하며 경우에 따라 건조 혹은 냉동해 보관한다. 특히 그릴에 굽는 요리에 많이 사용된다.
- 베네치아 허브 믹스는 처빌, 타라곤, 파슬리, 소렐을 잘게 다져 뵈르 마니에에 넣어 섞는다.

▶ 레시피 : BOUILLON, GNOCCHIS, LANGOUSTE, NAGE, RAVIOLIS, SALADE, VINAIGRE.

HISTORIER UN CITRON 레몬 모양내어 반으로 자르기

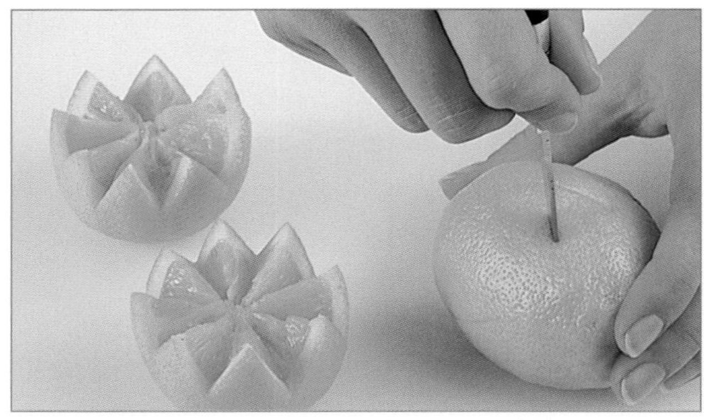

1. 레몬의 뾰족한 양끝을 자른다. 과일을 눕혀 단단히 잡고 다른 쪽 손으로 칼을 연필 쥐듯 세워 잡는다. 칼끝으로 뾰족뾰족하게 톱니 모양을 내며 자른다.

2. 칼끝을 레몬의 중심까지 밀어 넣으며 빙 둘러 자른 다음 반으로 분리한다. 이렇게 자른 레몬을 늑대 이빨 모양을 낸 것이라고 부른다.

HERBES À TORTUE 에르브 아 토르뛰 거북이 수프(soupe à la tortue)에 들어가는 향신 허브 믹스(바질, 처빌, 회향, 마조람, 세이보리)이며 그 외에 송아지 머릿고기나 푹 삶은 우설 요리의 냄새를 잡고 향을 내는 데도 사용된다.

HÉRISSON 에리송 고슴도치. 고슴도치과에 속하는 벌레를 먹고 사는 포유류 동물로 프랑스에서는 개코 고슴도치(hérisson-chien)와 돼지코 고슴도치(hérisson-cochon) 두 종을 구분한다. 돼지코 고슴도치만 식용가능하다. 살은 유럽 굴토끼보다 더 강한 맛이 나며, 보호종이긴 하지만 집시들이 주로 먹는다.

HERMAN (SERGIO) 세르지오 헤르만 네덜란드의 요리사(1970, Oostburg 출생). 벨기에 국경 근처에 위치한 네덜란드 레스토랑 아우드 슬뢰이스(Oud Sluis)의 이 젊은 요리사는 케스 헬더(Parkheuvel)와 조니 보어(Librije)에 이어 네덜란드에서 세 번째로 미슐랭 가이드의 별 셋을 획득했다. 벨기에 브뤼허에서 조리학교를 졸업하고 유명 레스토랑(Sluis의 Kaatje bij, Cas Spijkers)에서 견습을 거친 그는 1990년 가족 경영 레스토랑 아우드 슬뢰이스에서 아버지 로니(Ronnie)를 도와 주방 일을 본격적으로 시작한다. 이 식당은 당시까지 홍합 요리로 아주 유명한 곳이었다. 1992년부터 좀 더 크리에이티브한 요리 스타일로 방향을 전환한 그는 1995년에 미슐랭 가이드의 첫 번째 별을, 이어 1999년에는 두 번째 별을 받게 된다. 피에르 가니에르와 페란 아드리아가 선보이는 새로운 요리에서 영감을 얻은 그는 2005년 드디어 미슐랭 별 셋을 획득한다. 푸아그라 에멀전 소스와 청사과 즐레를 곁들인 게살 타르타르, 아티초크 크림과 가지 볶음, 올리브를 곁들인 대문짝넙치 등은 그의 스타일을 잘 보여주는 대표적인 요리다. 이 레스토랑은 2013년 문을 닫았고 헤르만은 2015년 벨기에 안트베르펜에 새로운 식당을 오픈했고 2016년에는 브뤼셀에 고급 프렌치프라이 전문점을 여는 등 활발한 행보를 이어가고 있다.

HERMÉ (PIERRE) 피에르 에르메 프랑스의 파티시에(1961, Colmar 출생). 4대째 이어져 내려오는 알자스의 제과제빵사 가정에서 태어난 그는 14세에 가스통 르노트르(Gaston Lenôtre) 밑에서 파티시에 수업을 시작한다. 20세 때 포숑(Fauchon)의 제과장이 된 그는 이곳에서 11년간 일한 뒤, 파리 루아얄 가의 라뒤레(Ladurée)로 옮겨 탁월한 솜씨를 발휘한다. 라뒤레는 샹젤리제에도 매장을 열고 큰 성공을 이어간다. 피에르 에르메는 도쿄에 진출해 파티스리 부티크와 살롱 드 테(salon de thé)를 오픈한 뒤 이어서 파리에도 자신의 이름을 건 부티크 두 곳을 센강 좌안 지구에 열었다. 그는 현존하는 프랑스 파티스리계의 선두 주자로, 되 밀푀유(deux mille-feuille), 장미향의 마카롱(이스파한)뿐 아니라 다양한 초콜릿 파티스리(호두, 피스타치오, 밀푀유) 등 수많은 시그니처 디저트를 히트시켰고 파티스리계의 디자이너라고 불리며 세계적인 명성을 얻고 있다. 그는 『라루스 디저트(*Larousse des desserts*)』(1997)를 비롯한 다수의 책을 통해 다양한 디저트 테크닉과 조리법을 소개하고 있다.

HERMITAGE 에르미타주 북쪽 론 지방의 AOC 레드와 화이트와인으로 탱 레르미타주(Tain-l'Hermitage)의 언덕 경사면에 펼쳐진 포도밭에서 생산된다. 시라(syrah) 품종으로 만드는 레드와인은 바디감이 풍부하고 밸런스가 아주 좋으며 향이 풍부하고 오래 보관하기에 적합하다. 화이트와인의 포도품종은 루산(roussane)과 마르산(marsane)이다(**참조** RHÔNE).

HERVE 에르브 에르브 치즈. 벨기에의 AOC 치즈(지방 45%). 소젖으로 만드는 연성치즈로 핑크빛을 띤 갈색 세척 외피를 갖고 있으며(**참조** p.396 외국 치즈 도표), 사방 5~10cm 크기의 큐브 모양이다. 6주의 숙성 기간을 거친 에르브 치즈는 맛이 순하지만 8주 이상 숙성되면 아주 자극적인 강한 풍미를 갖게 된다.

HISTORIER 이스토리에 장식용으로 모양을 내다. 플레이팅에 사용되는 재료를 서빙 접시나 용기에 담기 전에 장식용으로 모양을 만드는 것을 뜻한다. 특히 톱니 무늬를 내어 반으로 자른 레몬이나 오렌지를 바구니 형태로 만들어 띠 모양의 껍질로 장식한 것을 지칭한다. 모양낸 버섯 갓(tête de champignon historiée)은 양송이버섯의 갓을 보기 좋게 돌려 깎거나, 칼로 균일한 세로 홈을 내어 장식성을 높인 것을 뜻한다. 일반적으로 이와 같은 모양 장식은 주 요리를 더욱 돋보이게 하는 역할을 한다. 특히 즐레

HERBES AROMATIQUES 향신 허브

ache des marais
아슈 데 마레. 야생 셀러리

agastache
아가스타슈. 배초향

aneth
아네트. 딜

armoise commune
아르무아즈 코뮌. 쑥, 향쑥

basilic citron
바질리크 시트롱. 레몬 바질

basilic fin rouge
바질리크 팽 루즈. 작은 잎 레드 바질

basilic fin vert
바질리크 팽 베르. 작은 잎 녹색 바질

basilic à grandes feuilles
바질리크 아 그랑드 푀유. 넓은 잎 바질

basilic pourpre
바질리크 푸르프르. 자색 바질

basilic sauvage
바질리크 소바주. 야생 바질

basilic commun
바질리크 코묑. 바질

ciboulette
시불레트. 차이브

bourrache
부라슈. 보리지

fenouil
프누이. 펜넬 잎, 회향 풀

cerfeuil
세르푀이. 처빌

citronnelle
시트로넬. 레몬그라스

consoude
콩수드. 컴프리

coriandre
코리앙드르. 고수, 코리앤더, 실란트로

cresson de fontaine
크레송 드 퐁텐. 크레송, 물냉이

cresson de terre
크레송 드 테르. 크레송, 나도냉이

estragon
에스트라공. 타라곤

hysope anisée, agastache fenouil
이조프 아니제, 아가스타슈 프누이. 아니스히솝

hysope officinale
이조프 오피시날. 히솝

laurier
로리에. 월계수 잎

livèche
리베슈. 로바지, 러비지

marjolaine
마르졸렌. 마조람

mélisse
멜리스. 멜리사, 레몬 밤

menthe gingembre
망트 쟁장브르, 진저 민트

menthe poivrée anglaise mitcham
망트 푸아브레 앙글레즈 미참. 페퍼민트

menthe verte
망트 베르트. 민트, 스피아민트

mertensie maritime
메르탕지 마리팀. 오이스터 리프

origan
오리강. 오레가노

ortie brûlante
오르티 브륄랑트. 서양쐐기풀

oseille commune
오제이유 코뮌. 수영, 소렐

oseille ronde, oseille à écusson
오제이유 롱드, 오제이유 아 에퀴송. 방패꼴 잎 수영

persil frisé
페르시 프리제. 파슬리

persil plat
페르시 플라. 이탈리안 파슬리

pimprenelle
팽프르넬. 서양오이풀. 샐러드버넷

pourpier
푸르피에. 쇠비름

raifort
레포르. 양고추냉이, 홀스래디시

romarin
로마랭. 로즈마리

roquette
로케트. 루콜라, 로켓, 아르굴라

rue
뤼. 운향과 루, 루타

sarriette des jardins
사리예트 데 자르댕. 여름 세이보리

sarriette de montagne
사리예트 드 몽타뉴. 겨울 세이보리

sauge ananas
소주 아나나스. 파인애플 세이지

sauge officinale à feuilles rouges
소주 오피시날 아 푀이유 루즈. 자색 세이지

sauge officinale à grandes feuilles
소주 오피시날 아 그랑드 푀이유. 세이지

serpolet
세르폴레. 크리핑 타임, 와일드 타임

thym commun
탱 코묑. 타임

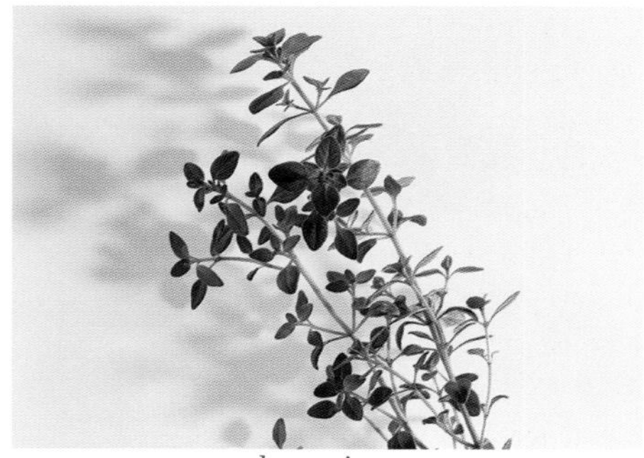
thym citron
탱 시트롱. 레몬 타임

thym de Corse
탱 드 코르스. 코르시카 타임

verveine citronnelle
베르벤 시트로넬. 레몬 버베나

나 쇼 프루아(chaud-froid) 소스를 끼얹어 표면을 굳히는 요리에 달걀흰자 장식, 얇게 썬 송로버섯이나 랑그 에카를라트(염장해 익힌 우설)를 모양내 자른 조각 등으로 장식하기도 한다. 또한 음양각의 문양이 있는 금속 틀을 지칭하기도 한다.

HOCHEPOT 오슈포 플랑드르 지방의 포토푀(pot-au-feu)라 할 수 있는 스튜의 일종으로 네덜란드어로는 허츠포트(hutspot)라고 한다. 돼지 귀와 꼬리, 소 양지와 꼬리, 양 앞다리살, 염장 삼겹살 등과 각종 스튜용 채소를 넣어 만들지만, 소꼬리가 주된 고기 재료 또는 유일한 고기 재료가 되는 경우도 많다. 채소는 익힌 통째로 또는 퓌레로 서빙된다. 플랑드르의 농촌에서 오슈포는 옛날에 다진 고기, 순무, 밤에 육수를 넣고 토기 냄비에 끓여 먹던 요리였다.

hochepot de queue de bœuf 오슈포 드 크 드 뵈프

플랑드르식 소꼬리 스튜 : 껍질을 벗긴 뒤 토막 낸 소꼬리 2개분, 적당한 크기로 자른 돼지 족 3개, 자르지 않은 돼지 귀 2개를 끓는 물에 데친다. 찬물에 헹군 뒤 유약을 입힌 토기 냄비에 넣는다. 새로 찬물을 붓고 끓을 때까지 가열한다. 중간중간 거품을 건져낸다. 굵은 소금과 통후추로 간한다. 불을 줄이고 2시간 동안 약하게 끓인다. 양배추 작은 것 2개를 세로로 적당히 등분한 뒤 끓는 물에 데쳐낸 다음 냄비에 넣는다. 리크(서양 대파) 2대, 셀러리 줄기 2대, 정향 1개를 박은 양파 1개, 마늘 몇 톨, 주니퍼베리 몇 알, 당근 4개, 동그란 순무 4개, 갸름한 타원형으로 돌려 깎은 셀러리악 1/2개분도 함께 넣어준다. 2시간 더 익힌다. 소꼬리와 돼지 족을 우묵한 그릇에 담고 주위에 채소를 빙 둘러 놓는다. 국물을 따로 담아 구운 빵을 곁들여 낸다.

HOLLANDAISE (À LA) (아 라) 올랑데즈 수란, 물에 삶은 채소(아티초크, 아스파라거스, 근대, 양배추 등), 또는 데쳐 익힌 생선 등에 홀랜다이스 소스(sauce hollandaise)를 끼얹거나 따로 담아 서빙하는 요리에 붙은 이름이다. 또한 문자 그대로 네덜란드 요리에서 영감을 받은 요리를 지칭하기도 한다(예를 들어 컵에 익혀 서빙하는 달걀 les œufs en tasse 등).

▶ 레시피 : CAROLINE, GAUFRETTE.

HOLLANDAISE (SAUCE) 올랑데즈 (소스) 홀랜다이즈 소스. 달걀과 버터를 유화시켜 만든 더운 소스. 이 소스에서 여러 파생 소스들이 탄생했으며, 추가로 넣는 재료(생크림, 오렌지 또는 귤즙과 제스트, 화이트 머스터드 등)에 따라 샹티이(또는 무슬린), 말테즈, 미카도, 머스터드소스 등으로 나뉜다. 홀랜다이즈 소스는 주로 쿠르부이용에 익힌 생선, 소금물에 삶은 채소, 달걀 요리에 곁들인다. 이 소스를 만들 때는 주석 도금한 구리 재질 또는 스테인리스 스틸 소테팬을 사용해야 한다. 알루미늄 소재의 경우, 소스를 푸르스름하게 변색시킬 수 있으니 피하는 것이 좋다. 또한 이 소스는 아주 높은 온도의 열에 매우 취약하므로 중탕으로 따뜻한 상태를 유지하며 보관한다. 만일 소스가 분리되면 물 한 스푼을 조금씩 넣으며 거품기로 저어 다시 유화시킨다. 이때 소스가 차가우면 뜨거운 물을, 소스가 뜨거우면 찬물을 넣어준다.

만드는 법 익히기 ▶ *Sauce hollandaise*, 홀랜다이즈 소스, 실습 노트 P.II

▶ 레시피 : SAUCE.

HOLLANDE (FROMAGES DE) 올랑드 (치즈) 네덜란드 치즈. 프랑스에서 네덜란드 치즈(에담, 고다)를 지칭하는 이름. 네덜란드에서 생산된 치즈는 항상 네덜란드(Hollande)라고 원산지가 표시된 명판 씰(plaque de caséine)이 외피에 박혀 있다. 1935년 네덜란드와 프랑스 사이에 체결된 무역 협정에 따라 네덜란드 치즈(fromage de Hollande)라는 명칭은 보호를 받고 있다.

HOMARD 오마르 랍스터, 바닷가재. 바닷가재과에 속하는 십각류로 한류 해역에 서식한다(**참조** p.285 바다 갑각류 해산물 도표, p.286~287 도감). 랍스터는 보통 보행성 바다 동물이라 칭하지만, 뒤로 가는 헤엄 속도도 매우 빠르다. 랍스터는 크기도 제일 크고 맛도 아주 좋아 가장 인기가 많은 고급 갑각류 해산물이다. 일반적으로 길이는 30cm(큰 것은 75cm에 육박하기도 한다)에 무게는 300~500g 정도다. 살에 지방이 적고(열량은 100g당 90kcal 또는 376kJ) 단백질과 무기질이 풍부하나, 밀도가 높아 식감이 뻑뻑하고 소화가 약간 어렵다. 랍스터의 몸은 두꺼운 외골격 딱지로 싸여 있으며, 작고 뾰족한 머리에는 붉은색의 긴 촉각이 달려 있다. 복부에는 일곱 마디의 체절이 있으며 조직이 촘촘하고 흰색을 띤 살로 가득 차 있다. 넓게 퍼진 모양을 하고 있는 마지막 꼬리 마디는 일반 생선의 지느러미처럼 헤엄칠 때 수평을 잡는 역할을 한다. 꼬리 살 밑면 배쪽에는 작은 배다리(복지)들이 달려 있다. 암컷의 경우 알을 품고 있어야 하기 때문에 복지가 더 발달한 모양으로 서로 교차돼 있다. 맨 앞쪽에는 통통하게 살이 찬 한 쌍의 집게발이 달려 있다. 매우 강력한 무기이기도 한 집게발은 양쪽 모양이 각기 다른데, 그중 하나는 부수고, 다른 하나는 자르는 역할을 한다. 이 집게의 위치에 따라 랍스터도 왼손잡이 또는 오른손잡이로 구분한다. 흉곽에는 내장과 알이 가득 차 있는데, 이것은 랍스터 요리의 소스를 만들 때 농도 조절용으로 사용되기도 한다.

■ **품종.** 옛날에는 랍스터가 브르타뉴 연안에 풍부하게 서식했지만 이제는 찾아보기 무척 어려워졌다. 유러피안 랍스터, 영국 랍스터, 노르웨이 랍스터는 보랏빛 또는 초록빛이 도는 청색으로 매우 인기가 높다. 발 아래로 노란색과 주황색을 띤 아메리칸 랍스터는 캐나다와 매사추세츠 동부 연안에서 잡히며, 아프리카 남쪽 해역의 케이프 랍스터는 갈색에 가깝다. 이들은 모두 보호종으로 지정돼 있다. 랍스터 양식은 1950년대 대서양 양쪽 연안에서 처음 시도되었으나 이 갑각류의 생장 속도가 너무 더딜 뿐 아니라, 동족끼리 잡아먹는 습성이 강해 현실적으로 어려운 것으로 판명되었다. 이것

이 바로 지금까지 랍스터가 특별한 음식으로 남아 있는 이유이다.

■ **사용.** 구입 시, 살아 있는 랍스터는 싸움의 흔적이나 절단되어 떨어져 나간 곳이 없어야 하며(특히 집게발), 특히 통째로 삶아 사용하는 경우는 더욱 흠이 없어야 한다. 보통 같은 크기 기준으로 볼 때 수컷보다 암컷이 더 무거워 좋은 것으로 치며, 맛도 더 섬세하다. 랍스터를 삶을 때는 산 채로 끓는 물에 통째로 담근다(짙은 붉은색으로 변한다). 이때 랍스터가 발버둥치는 것을 막기 위해 단단히 묶어 고정시킨 상태로 익힌다(이렇게 익혔을 때 살도 더 연하고 부드럽다). 다른 방식으로 조리할 때도 마찬가지로 산 채로 자른다. 모든 경우에 모래주머니(몸통에서 머리로 이어지는 부분에 위치)와 내장(몸통 속)은 제거한다. 랍스터 요리는 고급 요리로 명성이 높고 그 종류도 다양하며, 프랑스 미식에서도 가장 정통적인 레시피에 속한다. 껍데기째 조리하거나 샐러드, 아스픽(aspic) 젤리뿐 아니라 크로켓, 수플레, 무스를 만들기도 하며 필라프 라이스를 곁들여 먹기도 한다.

만드는 법 익히기 ▶ *Découper un homard vivant*, 살아 있는 랍스터 자르기, 실습 노트 P.XIV
aumonières de homard aux morilles ▶ MORILLE
civet de homard ▶ CIVET
coquilles froides de homard ▶ COQUILLE

올리비에 뢸렝제(OLIVIER ROELLINGER)의 레시피

homard à l'américaine 오마르 아 라메리켄

아메리켄 소스 랍스터 요리 : 각 800g짜리 살아 있는 랍스터 두 마리를 준비해 집게발을 묶고, 살이 있는 몸통(랍스터 테일) 부분을 세 토막으로 자른 다음 머리와 흉곽 부분을 길게 둘로 가른다. 붉은색 알(생식소), 내장과 피는 따로 보관한다. 코코트 냄비에 버터를 한 조각 넣고, 소금 간을 한 랍스터 테일 토막을 넣은 뒤 나무 주걱으로 저어가며 센 불에서 볶는다. 4~5분간 익힌 후 랍스터 테일 토막을 꺼내고 집게발을 넣어 5분간 볶은 다음 꺼낸다. 냄비 안의 기름기를 걷어낸 다음 얇게 썬 샬롯 6개, 둥글게 슬라이스한 당근 1개, 잘게 썬 토마토 6개, 카옌페퍼를 칼끝으로 약간 넣고 2~3분 볶는다. 위스키 40mℓ를 붓는다. 플랑베(flamber)는 하지 않는다. 잘 섞은 다음 산미가 적고 맛이 부드러운 화이트와인 200mℓ와 물 200mℓ를 넣는다. 끓어오를 때까지 가열한 다음 랍스터 머리, 흉곽을 넣고 45분간 끓인다. 따로 보관해둔 붉은색 알을 부드럽게 녹인 버터 100g, 코냑 40mℓ와 섞는다. 소금과 후추를 넣고 잘 섞은 뒤 체에 곱게 긁어내린다. 냄비에 끓인 아메리켄 소스를 랍스터 내장, 피와 함께 원뿔체에 거른 다음 코코트 냄비 안에 다시 담는다. 냄비를 아주 약한 불 위에 올리고 준비해둔 랍스터 알 혼합물을 조금씩 넣으며 섞는다. 볶아 놓은 랍스터 살 토막과 집게발을 소스에 넣고 약한 불에 4~5분간 데운다. 집게발을 먹기 좋게 깨트린다. 수프 서빙용 그릇에 랍스터 살 토막과 집게발을 담은 뒤 소스를 끼얹어 서빙한다.

미셸 미오슈(MICHEL MIOCHE)의 레시피

homard breton aux angéliques 오마르 브르통 오 앙젤리크

안젤리카를 넣은 브르타뉴산 랍스터 : 당근, 셀러리, 리크를 가늘게 채 썬 뒤 버터에 익힌다. 스틱 모양의 안젤리카(당귀) 줄기 공피를 채 썰고, 작은 주사위 모양, 장식용 마름모꼴로 썰어 끓는 물에 재빨리 데쳐낸다. 채소를 익히면서 나온 수분과 안젤리카 데친 물을 섞은 뒤 다진 양파 1개분, 부케가르니, 통후추 알갱이 몇 개, 셰리와인 150mℓ를 넣는다. 여기에 각 400g짜리 랍스터 4마리를 넣고 8~10분간 익힌다. 랍스터를 건져 껍데기를 전부 벗기고 집게발을 깨 속살을 꺼낸다. 뵈르 블랑 소스나 홀랜다이즈 소스를 만든 다음 여기에 작은 주사위 모양으로 썬 안젤리카를 넣는다. 우묵한 접시를 뜨겁게 데운 뒤 채 썬 채소와 안젤리카를 깔아준다. 그 위에 랍스터 살 조각과 집게발을 통째로 올린 다음 조각 몇 개에만 뵈르 블랑 소스 또는 홀랜다이즈 소스를 군데군데 끼얹는다. 소스를 뿌리지 않은 나머지 조각과 장식으로 놓은 머리 껍데기에 정제 버터를 발라 윤기를 내 준다. 마름모꼴로 썬 안젤리카 줄기를 얹어 장식한다.

homard cardinal 오마르 카디날

카디날 소스 랍스터 요리 : 랍스터 한 마리를 쿠르부이용에 익힌다. 건져서 따뜻하게 보관한다. 카디날 소스를 만든다(참조. p.781 SAUCE CARDINAL). 버섯 750g을 씻어 주사위 모양으로 썬 다음 버터에 색이 나지 않게 익힌다. 송로버섯을 주사위 모양으로 자른다. 랍스터를 길게 반으로 가른다. 몸통의 살을 꺼내 일정한 두께로 어슷하게 썬다. 집게발을 떼어내 살을 꺼낸 뒤 작은 주사위 모양으로 썰고 버섯과 송로버섯을 섞는다. 카디날 소스를 조금 넣어 섞어준다. 이렇게 준비한 살피콩을 랍스터 껍질 빈 곳에 채워 넣는다. 그 위에 어슷하게 썰어 둔 랍스터 살을 올리고 사이사이에 송로버섯 슬라이스를 끼워 넣는다. 나머지 카디날 소스를 끼얹는다. 가늘게 간 치즈를 뿌린다. 이렇게 준비한 랍스터 반쪽을 오븐팬 위에 잘 고정시켜 놓은 뒤 높은 온도로 예열한 오븐에 넣어 그라탱처럼 구워낸다.

homard au court-bouillon 오마르 오 쿠르부이용

쿠르부이용에 익힌 랍스터 : 물 2ℓ에 당근 2개, 리크 흰 부분 1대, 셀러리 1대 주사위 모양으로 썬 것, 부케가르니 1개, 정향 2개를 박은 양파 1개, 마늘 작은 것 1톨, 품질이 좋은 드라이 화이트와인 500mℓ, 와인식초 100mℓ, 소금, 후추, 카옌페퍼 약간을 넣어 쿠르부이용을 만든다. 끓어오를 때까지 가열한 다음 불을 줄이고 아주 약한 불로 30분간 끓인다. 랍스터를 씻어 쿠르부이용에 넣고 약하게 끓는 상태로 익힌다(400g짜리 랍스터 한 마리당 8분, 1kg짜리는 10분). 건져서 작은 나무판자에 묶어 모양을 잡아 고정시킨 다음 그 상태로 완전히 식힌다. 마리당 400~500g짜리 랍스터는 반으로 길게 갈라 서빙한다. 랍스터가 더 큰 경우는 몸통을 분리해 살을 꺼낸 후 동그랗게 썬다. 머리 흉곽 부분을 길게 둘로 가르고 집게발은 떼어내 껍질을 깬다. 동그랗게 썬 살을 몸통 껍데기 위에 놓고, 반으로 갈라 둔 머리를 접시에 놓아 랍스터의 모양대로 재구성한다. 집게발도 함께 올린 후 마요네즈를 곁들여 낸다.

알랭 페구레(ALAIN PÉGOURET)의 레시피

homard entier en salade 오마르 앙티에 앙 살라드

통 랍스터 샐러드 : 4인분 / 준비: 20분 / 조리: 20분

당근 3개, 펜넬 2개, 셀러리 4대, 양파 2개를 씻어 껍질을 긁어내거나 벗긴 다음 작게 썬다. 큰 냄비에 모든 채소를 담고 띠 모양으로 저며 낸 오렌지 제스트 4쪽, 부케가르니 1개, 고수 씨 5g, 팔각 1개, 굵게 부순 검은 후추 5g, 굵은 소금 50g을 넣는다. 물 4ℓ를 붓고 20분 간 끓인다. 화이트와인 500mℓ, 와인 식초 등의 유색 주류 식초 100mℓ를 넣는다. 이 끓는 나주(nage)에 각 500g짜리 블루 랍스터 4마리를 넣어 5분간 익힌 뒤 냄비를 불에서 내리고 따뜻한 온도가 될 때까지 그대로 둔다. 마요네즈 250g에 셰리와인 식초 40mℓ, 찬물 40mℓ, 고운 소금 4g을 넣고 풀어 소스를 만든다. 샐러드용으로 루콜라 100g, 루콜라 새순(riquette)100g, 경수채(일본에서 많이 먹는 샐러드 채소, 미즈나 또는 교나) 100g을 준비해 줄기 끝을 다듬는다. 치커리 한 송이, 트레비소 한 송이, 잎상추 한 송이의 잎을 뜯어 잎 끝 부분과 약간의 잎맥만을 남긴다. 마타리 상추(콘 샐러드) 속 잎 200g, 처빌 1단, 타라곤 2줄기, 딜 3줄기의 잎만 딴다. 샐러드와 허브 잎을 흐르는 물에 각각 씻은 다음 헹궈 물기를 제거하고 섞는다. 홍피망과 청피망을 한 개씩 씻어 겉껍질을 제거하고 아주 작은 브뤼누아즈(brunoise) 모양으로 썬다. 익힌 랍스터를 건져 껍데기를 벗긴다. 랍스터 몸통을 동그랗게 자른 다음, 집게발과 함께 놓고 소스를 끼얹는다. 샐러드 채소에 잘게 썬 피망을 섞고 나머지 소스로 살살 버무린다. 4개의 접시에 샐러드를 나눠 담고 그 위에 랍스터를 얹어 낸다.

homard grillé 오마르 그리예

랍스터 구이 : 오븐을 225°C로 예열한다. 각 400~500g짜리 랍스터 2마리를 끓는 물에 1분간 데쳐낸 다음 길게 이등분한다. 머리의 모래주머니와 몸통의 내장을 제거한다. 녹색을 띤 생식소를 조심스럽게 떼어낸 뒤 더블 크림 2테이블스푼, 달걀노른자 1개, 파프리카 가루 넉넉히 1자밤, 소금, 후추, 셰리와인 1티스푼, 프로방스 허브 믹스(herbes de Provence)나 다진 생바질 작은 1자밤을 넣어 섞고 블렌더로 가볍게 간다. 랍스터를 소금과 후추로 간 한 다음 껍데기 쪽이 바닥으로 가도록 로스팅 팬에 놓는다. 생식소로 만든 소스를 조금 끼얹어 1분간 오븐에 굽는다. 소스를 조금씩 추가로 끼얹어가며 굽는 과정을 2회 또는 3회 반복한다. 랍스터를 익히는 시간은 총 8분이다. 반으로 자른 랍스터를 한 접시당 2개씩 담는다. 반으로 자른 펜넬에 약간의 사프란과 작은 주사위 모양으로 썬 토마토 과육을 넣고 브레이징한 것, 또는 브로콜리를 곁들여 내기도 한다.

클로드 트루아그로(CLAUDE TROISGROS)의 레시피

homard en moqueca, cœurs de palmier et noix de cajou 오마르 앙 모케카, 쾨르 드 팔미에 에 누아 드 카주

팜 하트와 캐슈넛을 곁들인 랍스터 모케카 : 4인분

각 500g짜리 랍스터 4마리를 끓는 소금물에 삶아 건진 뒤 즉시 얼음물에 식힌다. 몸통과 집게발의 껍데기를 벗긴다. 껍데기는 육수를 만드는 데 사용한다. 코코넛 소스를 만든다. 우선 샬롯 100g, 마늘 2톨, 생강 5g을 모두 다져 버터에 색이 나지 않게 볶는다. 껍질을 벗긴 뒤 큐브 모양으로 잘게 썬 토마토 100g, 굵게 부순 고수 씨 20g를 넣고 함께 볶는다. 랍스터 껍데기로 만든 육수 250mℓ를 넣고 디글레이즈한 다음 절반으로 졸인다. 코코넛 밀크 150mℓ를 더한 후 끓어오를 때까지 가열한다. 소금, 후추, 설탕으로 간을 맞추고, 다진 고수 잎 20g을 넣어준다. 팜 하트 가니시를 만든다. 버터 60g을 녹인 팬에 깍둑썬 팜 하트(야자 순) 200g, 굵게 다진 캐슈넛 80g을 넣고 볶는다. 소금, 후추로 간한다. 랍스터 집게발과 몸통을 적당한 크기로 잘라 버터에 볶은 후 우묵한 서빙 접시에 담는다. 코코넛소스를 끼얹고 가니시를 올려 서빙한다.

homard à la Newburg 오마르 아 라 뉴버그

랍스터 뉴버그 : 각 500g짜리 활 랍스터 2마리를 씻어 솔로 닦은 다음, 아메리켄식(à l'américaine)으로 조리할 때처럼 일정한 크기로 토막 낸다. 알과 머리 껍질은 따로 보관해둔다. 토막 낸 랍스터를 소금과 후추로 간 하고 파프리카 가루를 조금 뿌린다. 소테팬에 버터 75g을 달군 뒤 랍스터 토막들을 넣고 나무 주걱으로 저어가며 노릇하게 볶는다. 한번 뒤집은 다음 뚜껑을 덮고 10분간 익힌다. 팬에서 버터를 따라낸 다음, 셰리와인 300mℓ를 붓고 강한 불로 졸인다. 생선 육수 300mℓ와 블루테 소스 300mℓ를 더한 다음, 뚜껑을 덮은 채로 15분 더 익힌다. 랍스터 조각을 건져 껍질 채 또는 껍질을 벗겨 우묵한 접시나 탱발(timbale)에 담는다. 랍스터를 익힌 소테팬에 생크림 400mℓ를 더 넣고 졸인다. 소스를 스푼 뒷면에 묻혀 보았을 때 묽게 흐르지 않고 매끈하게 덮는 농도가 돼야 한다. 고운 체에 긁어내린 뒤 차가운 버터 100g과 혼합해둔 랍스터 알을 소스에 넣고 거품기로 세게 저어 섞은 다음 랍스터 위에 붓는다.

장 & 폴 맹슐리(JEAN ET PAUL MINCHELLI)의 레시피

homard sauté à l'orange 오마르 소테 아 로랑주

오렌지를 넣은 랍스터 소테 : 450g~650g짜리 살아 있는 브르타뉴 랍스터 한 마리를 길게 이등분한다. 모래주머니를 제거하고 알, 피, 내장은 따로 보관한다. 집게발을 떼어내 조심스럽게 깬 다음, 소금 간을 한다. 식용유를 달군 팬에 짓이긴 마늘 2톨, 카옌페퍼 소량을 넣고 집게발을 볶는다. 잘 섞은 다음 재료 높이까지 기름을 붓고 약한 불로 가열한다. 체에 걸러둔다. 회색 샬롯 4개, 중간 크기 양파 1개를 슬라이스한다. 생타라곤 3줄기의 잎만 딴다. 수확 후 왁스나 화학처리하지 않은 오렌지 한 개를 둘로 나눠 반쪽은 굵직한 큐브 모양으로 썰고, 다른 반쪽은 그대로 둔다. 오븐 사용이 가능한 소테팬에 체에 걸러둔 랍스터 기름 4테이블스푼을 달군 후, 샬롯, 양파, 큐브 모양으로 썬 오렌지, 타라곤 잎 2줄기를 넣는다. 강한 불로 볶은 다음 내용물 전체를 팬의 가장자리로 밀어놓는다. 비워놓은 자리에 랍스터 반쪽 두 개를 살이 바닥에 닿도록 놓고 3분간 익힌 다음 나머지 오렌지 반 개의 즙을 짜 뿌린다. 불에서 내린다. 오븐의 브로일러를 켜둔다. 랍스터를 뒤집어 놓고 집게발을 빙 둘러 놓는다. 랍스터 알과 내장에 생크림 2테이블스푼을 넣고 블렌더로 간다. 랍스터 피와 코냑 1테이블스푼, 커리가루 칼끝으로 약간, 카옌페퍼 1자밤, 타라곤 잎 1줄기를 넣은 뒤 다시 한 번 갈아준다. 이 소스를 랍스터 머리 흉곽 부분에 채운다. 팬을 브로일러 아래 넣고 2~3분간 구워낸 뒤 바로 서빙한다.

조엘 로부숑(JOËL ROBUCHON)의 레시피

homard aux truffes et châtaignes en cocotte 오마르 오 트뤼프 에 샤테뉴 앙 코코트

송로버섯과 밤을 넣은 랍스터 코코트 : 각 450g짜리 브르타뉴 랍스터 암컷 두 마리를 끓는 물에 1분간 데쳐낸다. 몸통과 머리를 분리한 다음 몸통은 4조각으로 토막 낸다. 집게발을 떼어내 껍데기를 벗긴다. 랍스터의 알을 조심스럽게 떼어내 고운 체에 긁어내린 뒤 버터 50g과 섞는다. 랍스터 머리를 잘게 부순 다음 아주 뜨겁게 달군 올리브유에 볶는다. 여기에 샬롯 1개, 다진 마늘 1톨, 토마토 페이스트 1티스푼, 타임 1줄기, 타라곤 1줄기, 소금, 후추를 넣고 함께 볶아준다. 재료의 높이만큼 찬물을 붓고 끓어오를 때까지 가열한다. 끓기 시작하면 불을 줄이고 뚜껑을 덮은 상태로 약하게 10분간 끓인다. 국자로 꾹꾹 눌러가며 체에 거른다. 껍질 벗긴 밤 10개를 버터에 노릇하게 볶는다. 닭 육수 100mℓ를 붓고 부케가르니를 넣는다. 뚜껑을 덮고 오븐에 넣어 윤기 나게 익힌다. 토막 낸 랍스터 조각을 소금, 후추, 커리로 간한다. 올리브유를 아주 뜨겁게 달군 팬에 랍스터를 넣고 겉만 센 불에 지진다. 건져낸 다음 작은 주사위 모양으로 썬 송로버섯 20g을 그 팬에 넣는다. 랍스터 육수를 붓고 끓어오를 때까지 가열한다. 코코트 냄비에 랍스터 살 토막과 집게발 살을 넣고 바질잎 10장, 마늘 1톨, 팔각 1개, 로즈마리 1줄기, 송로버섯을 넣고 끓인 육수, 랍스터 알을 섞은 버터, 오븐에 익힌 밤을 모

두 넣는다. 코코트 냄비 뚜껑을 닫고 밀가루 반죽을 냄비와 뚜껑 사이에 둘러 붙여 밀봉한다. 여기에 달걀물을 바르고 240°C로 예열한 컨벡션 오븐에 넣어 10분간 익힌다. 오븐에서 꺼내자마자 코코트 냄비 그대로 서빙한다.

장 바르데(JEAN BARDET)의 레시피

minéralité de homard bleu de l'Atlantique 미네랄리테 드 오마르 블뢰 드 라틀랑티크

대서양 블루 랍스터의 미네랄리티 : 4인분 / 준비: 30분 / 조리: 30분
통발로 잡은 랍스터 2마리를 쿠르부이용에 넣고 4분간 익힌다. 몸통 전체의 껍데기를 벗기되 꼬리 쪽 마지막 마디 껍데기는 남겨둔다. 집게발을 깨고 속살을 발라내 통째로 보관한다. 랍스터 머리 흉곽을 각각 길이로 이등분하여 모래주머니와 아가미를 제거한다. 오븐을 220°C로 예열한다. 소스를 만든다. 우선 소테팬에 올리브유 100mℓ를 넣고 연기가 날 때까지 달군 뒤 잘라놓은 랍스터 머리를 넣고 5분간 강한 불에 볶는다. 이어서 코냑 50mℓ를 넣고 불을 붙여 플랑베한 다음 소테팬을 5분간 오븐에 넣어준다. 머리 흉곽이 노릇하게 구워지면 팬의 기름기를 닦아내고 잘게 부순다. 잘게 미르푸아로 썬 당근 2개, 양파 2개, 껍질째 짓이긴 마늘 4톨을 넣어준다. 잘 섞으며 3분간 수분이 나오도록 천천히 볶은 뒤 노릇하게 캐러멜라이즈한다. 시농(Chinon) 와인 1/2병을 붓고 수분이 거의 없어질 때까지 완전히 졸인다. 이어서 남은 시농 와인 반 병, 생선 육수 200mℓ를 넣어준다. 다시 약한 불에서 절반으로 졸인다. 같은 소테팬에 송아지 육즙 소스(jus) 200mℓ를 붓고 작은 부케가르니, 타라곤 2줄기, 사라왁(Sarawak) 통후추 10알, 고수 씨 알갱이 10개, 작게 부순 팔각 1개를 넣는다. 약한 불에 졸여 시럽과 같은 질감의 소스를 완성한다. 소스를 그대로 30분 휴지시킨 다음 조심스럽게 체로 걸러 다른 소테팬으로 옮긴다. 요리를 내기 전, 소스에 바질 잎 5장, 오렌지 제스트 3조각을 넣어준다. 버터 50g을 넣어 질감을 매끈하게 한 다음, 모리(Maury) 와인 100mℓ로 향을 내고 다시 한 번 고운 체에 거른다. 올리브유와 버터를 달군 팬에 이등분한 랍스터 몸통, 집게 살, 다리 마디를 모두 넣고 노릇하게 지진다. 소금과 후추로 간한다. 접시에 랍스터를 보기 좋게 담고 소스를 끼얹는다. 튀긴 바질 잎을 각 접시마다 3장씩 얹어 장식한다. 굵은 소금을 넉넉히 깔고 그 위에 얹어 오븐에 익힌 감자를 버터에 노릇하게 지져 곁들여 낸다.

크리스티앙 콩스탕(CHRISTIAN CONSTANT)의 레시피

moelleux de homard à la civette, pommes rattes 무알뢰 드 오마르 아 라 시베트, 폼 라트

차이브 크림 소스 랍스터와 라트 감자 : 오븐을 220°C로 예열한다. 감자(ratte 품종) 1kg을 씻은 다음, 그중 350g을 껍질째 소금물에 삶는다. 나머지 감자를 굵은 소금 위에 올린 후 알루미늄 호일로 덮고 오븐에 넣어 40분간 익힌다. 소금물에 익힌 감자의 껍질을 벗겨 둥글게 슬라이스한 다음 따뜻하게 보관한다. 생크림 250mℓ를 데운다. 오븐에 익힌 감자를 뜨거운 상태에서 껍질 벗긴 다음, 포크로 으깨며 뜨거운 생크림, 버터 80g, 넛멕 가루 약간을 넣어 섞고 소금, 후추로 간을 한다. 각 500g짜리 랍스터 4마리를 나주(nage)에 넣고 8~10분간 익힌다. 랍스터 껍데기를 벗겨 몸통은 동그란 모양으로 총 36장을 슬라이스한다. 집게 살, 다리 살, 남은 몸통 살은 모두 잘게 깍둑 썬 다음 감자 퓌레와 섞는다. 오븐 사용이 가능한 서빙 플레이트 위에 직경 9cm, 높이 1cm 크기의 링을 올린 후 감자 퓌레와 섞은 랍스터를 채운다. 오븐을 브로일러 모드로 3분간 예열한다. 휘핑한 생크림 8테이블스푼, 달걀노른자 2개, 가늘게 간 그뤼예르 치즈 50g, 넛멕을 섞고 소금과 후추로 간을 맞춘 뒤 링 안에 채운 내용물 위에 펴 바른다. 링 가장자리에 동그랗게 잘라둔 랍스터 슬라이스와 감자 슬라이스를 꽃 모양으로 빙 둘러 놓는다. 브로일러 아래 넣고 약 1분간 구워 색을 낸다. 서빙하기 직전 소스를 만든다. 생크림 300mℓ를 중간 불로 가열해 졸인 뒤 불에서 내리고 캐비아 60g, 잘게 썬 차이브 1단, 연어알 60g을 넣어 섞는다. 접시 위의 링을 조심스럽게 들어낸 다음 소스를 빙 둘러 뿌린다.

베르나르 파코(BERNARD PACAUD)의 레시피

navarin de homard et de pommes de terre nouvelles au romarin 나바랭 드 오마르 에 드 폼 드 테르 누벨 오 로마랭

로즈마리 향의 햇감자를 곁들인 랍스터 나바랭 : 4인분 / 준비: 2시간
각 600g짜리 활 랍스터 암컷 네 마리를 끓는 소금물에 담가 4분간 익힌다. 건져서 머리, 몸통, 집게발을 분리한 다음 몸통과 집게발은 보관해둔다. 당근 100g, 샬롯 100g, 마늘 1통을 미르푸아로 썰어 준비한다. 랍스터 육즙 소스를 만든다. 우선 랍스터 머리 흉곽을 잘게 부순 후 준비한 채소 미르푸아를 넣고 볶다가 물 1ℓ를 붓고 끓어오를 때까지 가열한다. 거품이 떠오르면 걷어낸다. 잘게 썬 토마토 과육과 로즈마리를 넣고 40분간 끓인 뒤 체에 거른다. 체에 거른 랍스터 육수를 절반으로 졸인다. 감자 24개의 껍질을 벗기고 씻는다. 버터를 충분히 두른 소테팬에 마늘 12알과 로즈마리 줄기를 넣은 다음 감자를 넣는다. 랍스터 육즙 소스 300mℓ를 부어 감자가 잠기도록 하고, 국물이 완전히 증발할 때까지 익힌다. 따뜻하게 보관한다. 감자를 익히는 동안 랍스터 집게의 껍데기를 벗기고 몸통 살을 껍데기째 균일한 크기의 토막으로 자른다. 팬에 버터를 두르고 랍스터 조각들을 센 불에서 볶는다. 코냑 100mℓ를 넣고 디글레이즈한 다음 졸인다. 랍스터는 다 익은 상태이다. 남은 랍스터 육즙 200mℓ를 강한 불로 가열해 절반으로 졸인 다음, 버터를 넣고 거품기로 잘 섞어 소스를 완성한다. 아주 뜨거운 접시에 랍스터 조각, 감자, 마늘을 보기 좋게 담은 뒤 소스를 전체적으로 고루 끼얹는다. 생로즈마리 줄기 작은 것을 하나 올린다. 아주 뜨겁게 서빙한다.

salade des pêcheurs au xérès ▶ LANGOUSTE
salpicon à l'américaine▶ SALPICON

HOMOGÉNÉISATION 오모제네이자시옹 균질화. 강한 압력을 가해 유지방 입자를 매우 미세한 입자 상태가 되도록 터뜨리는 테크닉이다. 이 과정을 거친 유지방 입자는 균일하게 분산되며 표면으로 떠오르지 않게 된다. 균질화는 우유의 보존을 위한 열처리(살균, 멸균)를 용이하게 하며 포장 용기 벽면을 따라 유크림이 침전되는 현상을 막아준다. 또한 우유의 소화를 쉽게 만든다.

HONGRIE 옹그리 헝가리. 헝가리 요리는 마자르 유목민족의 고대 전통에서 그 뿌리를 찾을 수 있다. 그들은 이동할 때 휴식 시 쉽고 빠른 요리가 가능한 보존 식품을 먹었다. 그 자취를 발견할 수 있는 대표적 예인 타르호냐(tarhonya)는 밀가루와 달걀로 만든 반죽을 작은 콩 알갱이처럼 만들어 말린 건조식품이다. 옛날에는 말린 고기를 넣어 죽처럼 끓여 먹었으며, 오늘날에는 소스 요리에 파스타처럼 곁들여 먹는다.

■ **파프리카의 왕국.** 헝가리 현대 요리에 가장 많이 사용되는 식재료는 어디서나 볼 수 있는 감자, 돼지 기름 라드, 베이컨, 양파, 사워크림이지만 그중에서도 가장 대표적인 것은 파프리카(단맛이 나는 고추로 처음 등장한 것은 18세기에 이르러서이다). 단맛이 강하고 붉은색을 띤 파프리카는 향이 강한 향신료라기보다는 양념이나 색소의 역할을 한다. 크기가 작고 길쭉한 모양의 이 피망은 굴라쉬(goulache, 양파 쇠고기 수프), 푀르쾰트(pörkölt, 굴라슈와 비슷하나 더 기름진 고기를 넣는다), 토카니(tokany, 얇고 길게 썬 고기 스튜), 파프리카쉬(paprikache, 흰살 육류 또는 생선 스튜) 등의 네 가지 기본 요리에 모두 사용된다. 헝가리식 점심식사는 보통 커민, 마늘, 파프리카로 향을 낸 걸쭉한 수프, 밀가루 음식(라드에 볶은 타르호냐, 작은 밀가루 뇨키인 갈루슈카, 짭짤하게 또는 달콤하게 양념한 국수, 또는 크베치 자두 잼을 넣은 라비올리), 또는 파프리카, 토마토, 양파, 베이컨, 소시지 슬라이스 등을 넣은 라타투이의 일종인 렉소(lecso)로 시작한다. 파프리카라는 단어는 슬라브어에서 유래했다. 크고 과육이 많으며 노랑부터 녹색, 오렌지를 거쳐 진한 붉은색에 이르기까지 매우 다양한 색을 지닌 채소를 지칭하기도 하는데, 색깔과는 무관하게 다양한 매운맛을 지니고 있다.

민물고기 요리 역시 수프 또는 즐레를 씌워 굳힌 요리, 쿠르부이용에 익힌 필레, 스튜 또는 오븐 구이 등 다양하게 선택할 수 있으며, 주로 녹색 피망과 베이컨을 곁들이거나 딜, 버섯, 크림 소스 등을 넣어 조리한다. 벌러톤(Balaton) 호수의 포고스(fogos)는 민물농어로 만든 요리로, 생선을 굽거나 화이트와인에 포칭하여 통째로 서빙한다. 민물가재는 파프리카 또는 크림을 넣어 걸쭉한 스튜처럼 만든 다음, 크레프와 퍼유테의 속을 채운다. 푸아그라 요리 또한 쉽게 찾아볼 수 있다.

■ **고귀한 이름들.** 헝가리 요리에는 예술가나 역사적으로 유명한 인물의 이름을 붙인 요리들이 많다. 냄비에 찌거나 끓인 닭 요리(poule au pot)의 일종인 우자지(Ujhàzi, 유명 배우), 레물라드 소스와 딜을 넣은 채소 마세두안 위에 즐레로 굳힌 달걀을 얹은 요리인 문카치(Munkacsy, 19세기의 위대한

화가), 잉어 알 푀르쾰트(pörkölt) 위에 수란을 얹은 카피스트란식 요리(à la Kapisztran, 성 프란치스코회 수도승이자, 터키 침공을 막아낸 영웅 카피스트라노를 기념한 이름), 초콜릿 무스를 채우고 초콜릿 글레이즈를 씌운 사각형 케이크인 리고 얀치(Rigò Jancsi, 집시 바이올리니스트) 등을 예로 들 수 있다. 일반적으로 육류에는 파프리카를 넣어 조리하지만, 딜로 향을 낸 슈크루트나 생채소를 곁들인 소 안심, 송아지 에스칼로프, 포크 촙, 훈제 베이컨과 같은 그릴 요리(파타니로스 fatanyeros)들처럼 파프리카가 들어가지 않는 요리도 몇 있다. 마조람, 토마토, 커민을 넣고 브레이징한 뒤 피망과 세몰리나를 곁들인 소 꽃등심도 대표적인 요리다. 뼈가 붙은 돼지 등심인 포크 촙의 요리법은 아주 다양하며 라드와 토마토를 주로 많이 사용한다. 이 기름지고 푸짐한 요리에는 주로 다양한 샐러드(커민과 홀스래디시를 넣은 비트, 소금을 뿌린 오이, 비네그레트로 드레싱한 양상추, 청피망(신선 또는 절임)을 곁들여 먹는다. 채소 역시 파프리카를 이용해 맛을 돋우는데, 대표적으로 크림 소스를 넣은 아스파라거스 그라탱, 버섯 스튜, 감자 요리 등을 꼽을 수 있다. 또한 그린 빈스, 타라곤을 넣은 양배추, 딜을 넣은 호박 요리 등에 사워크림을 넣어 풍미를 더하기도 한다. 치즈 중에서는 특히 소젖으로 만드는 비가열 압착 치즈인 테아샤이트(teasajt, 티 치즈)와 터키의 영향을 받은 카스카발(cascaval)을 대표적으로 꼽을 수 있으며, 카스카발의 경우 불가리아와 루마니아에서도 찾아볼 수 있다. 헝가리의 대표적인 파티스리로는 소를 채운 파이의 일종인 리솔(rissoles), 필링(프로마주 블랑, 잼, 굵게 부순 호두 등)을 넣은 크레프, 베녜 수플레, 타르트, 프로마주 블랑으로 만든 크넬, 그리고 다양한 형태의 헝가리식 페이스트리인 레테쉬(rétes)가 있다. 스트루델의 사촌격인 레테쉬는 사과, 체리, 양귀비 씨, 그리요트 체리, 호두뿐 아니라 짭짤한 필링을 넣어 만들기도 한다. 헝가리의 정통 디저트인 도보슈토르터(dobostorta)는 일곱 장의 얇은 스펀지 시트 사이에 초콜릿 버터 크림을 겹겹이 바르고 두툼한 캐러멜 글레이징을 덮은 케이크이다.

■ **와인.** 헝가리는 동유럽에서 가장 큰 와인 생산국으로 알려져 있다. 헝가리의 포도밭은 19세기 말, 포도나무뿌리 진딧물 필록세라에 이어 노균병으로 인해 큰 시련을 겪었다. 프랑스와 마찬가지로 이때 미국 포도품종으로의 교체가 이루어졌으며 필록세라 진딧물 퇴치를 위해 재배 면적의 절반에 모래를 덮었다. 헝가리의 와인 생산지(9만 3천 헥타르)는 오늘날 크게 대평원, 북부 트랜스 다뉴브, 남부 트랜스 다뉴브, 북부 헝가리 네 지역으로 나뉜다. 생산되는 와인의 60%는 화이트와인이며, 헝가리 포도품종(furmint, hárslevelü) 또는 유럽 품종(이탈리안 리슬링, 실바네, 트라미너, 피노 블랑, 소비뇽 등)으로 만든다.레드와인 양조용으로는 주로 커더르커(kádárka), 피노 누아, 케크브런코쉬(kekfrankos), 메독 누아, 카베르네 품종이 사용된다. 모든 와인의 이름은 생산지의 명칭을 따며 뒤에 포도품종의 이름을 붙이기도 한다. 가장 유명한 최상급 화이트와인은 토카이(Tokaj) 지역에서 생산되는 토카이(tokaji) 와인으로, 토커이 또는 토케(tokay)라는 이름으로 알려져 있다. 기타 화이트와인들은 에그리 비커베르(egri bikavér, 에게르 황소의 피라는 뜻), 빌라니 부르군디(villanyi-burgundi) 등의 몇몇 레드와인처럼 고급 품질로 분류된다. 대평원 지역에서는 일반 품질의 와인 대부분을 생산한다. 헝가리에서 생산되는 와인의 약 4/5는 자국에서 소비된다.

HONGROISE (À LA) (아 라) 옹그루아즈 헝가리식의. 파프리카를 사용한 요리를 지칭하는 일반적인 표현이다. 헝가리안 소스는 양파, 파프리카, 화이트와인에 블루테를 넣어 만든다. 특정한 용도에 따라 모르네 소스를 섞어 마무리하기도 하고(달걀 요리용), 졸인 생선 육수를 넣고 마지막에 버터를 넣어 섞거나(생선용), 데미글라스(고기 요리용), 블루테 또는 쉬프렘소스(가금류 요리용)로 마무리하기도 한다. 고기 요리에 곁들이는 헝가리식 가니시는 파프리카 가루를 넣은 모르네 소스를 끼얹고 다진 햄을 넣어 그라탱처럼 익힌 콜리플라워와 노릇하게 지진 감자로 이루어진다.

▶ 레시피 : CÈPE, FRICANDEAU, PÂTÉ, SAUCE, SOUPE.

HOPLOSTÈTE ROUGE ▶ **참조 EMPEREUR**

HORACE (QUINTUS HORATIUS FLACCUS) 오라스 (퀸투스 호라티우스 플라쿠스) 호라티우스. 고대 로마 시인(기원전 65년~기원전 8년). 베르길리우스와 마이케나스의 친구였던 호라티우스는 아우구스투스 황제의 총애를 받았다. 까다롭고 섬세한 미각의 소유자이자 세련된 예술가로 문학적 완벽을 추구했던 그는 소란스러운 로마보다 시골 생활을 선호했다. 호라티우스의 『송가(*les Odes*)』는 시인이 자주 마셨던 로마 와인들에 관한 정보의 원천이다. 그는 각 와인들이 지닌 장점을 비교할 줄 알았으며, 그에 알맞은 숙성 정도를 가늠할 수 있었다.

HORS-D'ŒUVRE 오르되브르 식사 코스 중 맨 처음에 나오는 음식. 정의하자면 '코스 외의'라는 뜻을 가진 오르되브르는 식욕을 돋우면서도 너무 무겁지 않아야 한다. 종종 아뮈즈 괼(amuse-gueule)이나 아뮈즈 부슈(amuse-bouche)와 혼용되며, 다양한 종류의 모둠 음식으로 이루어지기도 한다. 오르되브르는 더운 음식과 찬 음식으로 나뉜다. 찬 오르되브르에는 생선 또는 해산물을 마리네이드하거나 훈제한 것 또는 오일이나 식초를 뿌린 것, 각종 샤퀴트리, 올리브유에 익힌 뒤 차갑게 식혀 서빙하는 그리스식 채소 요리, 생선알, 생채소 외 다양한 요리(새우 칵테일, 소를 채운 달걀이나 즐레를 씌워 굳힌 달걀, 자몽의 과육과 다른 재료를 마요네즈 등으로 버무린 뒤 다시 자몽 껍질에 채워 넣은 요리, 혼합 샐러드 등)들이 포함된다. 옛날에는 애피타이저 전에 미리 나오는 요리 또는 작은 전채요리로 불리기도 했던 더운 오르되브르에는 베녜(beignet), 부셰(bouchée)뿐 아니라 크로메스키(cromesquis), 크로켓, 프리토(fritot), 작은 파테, 리솔(rissole) 등이 포함된다. 실제로 이 요리들은 더운 전채요리에 가깝다. 다양한 오르되브르라는 표현은 레스토랑에서 뷔페 형식 또는 하나의 플래터 위에 여러 종류의 음식을 모둠으로 서빙하는 방식(러시아식 오르되브르)을 뜻한다.

HOT DOG 핫도그 길쭉한 모양의 작은 브리오슈 빵을 길게 가른 뒤 뜨거운 프랑크푸르트 소시지를 끼워 넣고 약간 달콤한 맛이 나는 머스터드를 바른 것이다. 직역하면 '뜨거운 개'를 뜻하는 이 영어 표현은 1930년경 처음 등장했으며, 소시지처럼 몸이 긴 닥스훈트를 그린 미국의 한 카툰에서 비롯되었다. 변형된 샌드위치의 일종이라고 할 수 있는 핫도그는 스낵바를 통해 폭넓은 인기를 얻게 되었다.

HÔTELIÈRE (À L') (아) 로틀리에르 굽거나 소테한 고기나 생선 요리에 오틀리에 버터를 곁들여 낸 것을 가리킨다. 또한 곡물을 먹여 기른 닭의 뼈를 제거한 후, 수분을 날린 버섯 뒥셀을 섞은 돼지 분쇄육(소시지 소)을 채우고 조리용 실로 동여매 버터에 소테한 요리에도 이 명칭을 사용한다.

▶ 레시피 : BEURRE COMPOSÉ.

HOUBLON 우블롱 홉. 삼과에 속하는 여러해살이 덩굴 식물로 온대 지방에서 자라며, 암꽃은 주로 맥주 양조에 사용되어 특유의 쓴맛을 내는 역할을 한다(100~300g만으로도 맥주 100ℓ에 향을 내기에 충분하다). 홉 순(hop shoot)이라고도 불리는 덩굴 싹의 봉오리는 아스파라거스처럼 쓰기도 하는데, 특히 벨기에에서는 크림을 넣은 앙베르식(à l'anversoise) 요리에 사용되며, 전통적으로 수란이나 포칭한 가자미 요리에 곁들여 먹는다.

HOUMMOS 우무스 후무스, 허머스. 중동 국가와 동유럽, 그리스 등지에서 즐겨 먹는 전통 오르되브르로 이 지역의 모둠 전채 상차림인 메제의 일부로도 서빙된다(**참조** MEZZE). 익혀서 으깬 병아리콩에 타히니(중동식 참깨 페이스트), 레몬즙, 마늘 등을 섞어 만드는 딥소스 또는 스프레드의 일종이며 주로 피타 브레드 등에 곁들여 먹는다.

레스토랑 알 디완(AL DIWAN, PARIS)의 레시피

hoummos 우무스

후무스 : 깨끗이 씻은 병아리콩 350g을 물에 담가 12시간 불린다. 콩을 건져 냄비에 넣고 새 물을 콩이 잠기도록 넉넉히 붓는다. 베이킹소다 1테이블스푼을 넣고 센 불로 가열하여 끓기 시작하면 불을 줄이고 2시간 동안 익힌다. 익힌 병아리콩을 헹구어 식힌 다음 으깬다. 참깨오일 350mℓ, 소금, 그리고 경우에 따라 마늘 10g을 넣으면서 나무 주걱으로 잘 저어 섞는다. 이어서 레몬즙 250mℓ를 넣으며 혼합한다. 토기 그릇에 담고 파슬리, 익힌 병아리콩 또는 파프리카 가루를 뿌려 장식한다. 올리브유를 한 바퀴 둘러 서빙한다.

HUCHE 위슈 빵 보관용 케이스, 브레드 빈. 커다란 나무 궤짝으로 옛날에는 반죽을 하거나 빵을 보관하는 용도로 사용했다(오늘날에는 반죽기를 사용한다). 위슈의 동의어인 메(maie) 역시 위슈와 마찬가지로 향토색을 지닌 가구다.

Hors-d'œuvre 오르되브르

"베린, 라비올리, 작은 파테, 생선알, 생채소 탱발… 레스토랑 가르니에, 엘렌 다로즈, 크리용 호텔, 파리 리츠 호텔의 오르되브르들은 각자의 독창성을 자랑하며 섬세하고도 가벼운 맛으로 손님들의 식욕을 돋운다."

HUILE 윌 기름, 오일. 상온에서 유동성을 가지는 지방질. 미네랄 오일(광물유)과 동물성 오일(고래 기름, 대구 간유, 바다표범 기름) 등이 있으며, 일반적으로 요리에서 기름이라고 불리는 지방질은 씨앗, 열매 또는 뿌리 추출물로, 식물성 기름에 속한다(**참조** p.462 기름 도표). 식물성 기름의 열량은 100g당 900kcal 또는 3762kJ이며, 이로운 지방산을 다양한 비율로 함유하고 있다. 이들은 단일불포화 지방산과 다가불포화 지방산으로, 혈액순환에 도움을 주며 심혈관계 질환을 예방하고 콜레스테롤 수치를 낮추는 효과가 있다. 특히 필수 지방산인 오메가-6와 오메가-3를 함유하고 있으며, 비타민 E도 공급한다. 가장 오래된 기름은 고대 이집트에서 사용했던 참깨 기름으로 추정된다. 한편 그리스인들은 올리브유를 사용했다. 아테네에서 올리브나무는 신성한 나무이자, 도시가 지닌 생명력의 상징이었다. 이 기름은 식용은 물론 조명용 연료로 사용되었다. 기름은 순수한 버진 오일과 정제 오일로 구분하는데, 버진 오일에는 대부분 추출에 사용한 씨앗이나 열매의 본래 맛이 그대로 남아 있다. 판매되는 주요 버진 오일로는 올리브유, 해바라기씨유가 있으며 그 밖의 다양한 종자(홍화씨, 유채, 대두 등) 또는 열매(호두, 헤이즐넛 등)로도 만든다. 정제 오일은 외관(투명도, 색), 풍미(중성적인 맛), 식품 안정성, 보존성 등 일정 기준에 부합하는 품질의 기름을 생산하기 위해(정제) 처리 과정을 거친 것이다. 마지막으로 상온에서 고체 상태인 식물성 기름(코코넛유, 팜유, 팜핵유)을 가리키는 고체 지방이 있다. 이들은 고도의 포화지방이므로 섭취에 매우 주의해야 한다.

■ **사용.** 기름은 조리용(튀김, 볶음, 지짐, 굽기 등) 지방으로, 경우에 따라 버터와 섞어 사용한다. 찬 드레싱(비네그레트)이나 더운 시즈닝, 그 외에 다양한 소스나 양념(아이올리, 브랑다드, 마요네즈)에 들어가며, 보존수단이 되기도 한다(특히 생선, 염소 치즈, 각종 허브류). 육류, 수렵육, 생선의 마리네이드와 숙성에도 사용된다.

프랑스에서 가장 많이 사용되는 식용 기름으로는 땅콩 기름, 유채유, 올리브유, 해바라기씨유가 있다.

- 땅콩 기름(huile d'arachide, 낙화생유)은 열에 강하며(180°C 까지), 꼼꼼하게 걸러 사용하면 6~7회 정도 쓸 수 있다.
- 유채유(huile de colza, 카놀라유)는 중불까지 견딜 수 있으나 여러 번 사용하기는 어렵다. 주로 드레싱용으로 많이 쓰인다.
- 올리브유(huile d'olive)는 지중해 요리에서 다양하게 사용되며 미식의 재료로 인기가 매우 높다(심지어 소르베, 타르트 등의 디저트 레시피에 사용되는 경우도 볼 수 있다). 올레인 산의 최대 함량에 따라 버진 또는 엑스트라 버진으로 나뉘며, 대부분의 올리브유는 지중해 인근의 여러 지역에서 생산된 것을 블렌딩한 것이다.올리브유에는 엑 상 프로방스(Aix-en-Provence[그린 올리브로 만든 신선한 식물과 과실 향의 프뤼테 베르(fruité vert), 완전히 익은 올리브 열매로 만든 프뤼테 뮈르(fruité mûr)의 두 가지 타입이 있다]), 코르시카(Corse), 오트 프로방스(Haute-Provence), 발레 데 보 드 프로방스(Vallée des Baux-de-Provence), 니스(Nice), 님(Nîmes), 니옹스(Nyons), 프로방스(Provence) 등의 올리브유는 AOC 인증을 받았다. 가향 올리브유(바질, 레몬, 고추, 타임 등)과 꿀을 넣은 올리브유(코르시카)도 찾아볼 수 있다.
– 해바라기유(huile de tournesol)는 드레싱용 또는 튀김용 기름으로 적합하다.

상대적으로 적게 사용되지만 품질과 맛에서 떨어지지 않는 기름들도 다양하다.

- 대두유(huile de soja)는 농식품 산업에서 주로 쓰인다.
- 옥수수 배아유(huile de germes de maïs)는 해바라기유와 같은 특징을 갖고 있다.
- 호두 기름(huile de noix)은 프랑스 일부 지역에서 전통적으로 사용하는 오일이다.
- 헤이즐넛유(huile de noisette)은 진한 향을 갖고 있다.
- 포도씨유(huile de pépins de raisin)은 맛이 두드러지지 않아 육류를 재우는 데 적합하다.
- 호박씨유(huile de pépins de citrouille)는 북미 지역에서 생산된다.
- 아르간유(huile d'argan)에서는 머스크 향이 난다.
- 양귀비유(huile d'œillette 또는 huile blanche)은 검정 또는 자주색 양귀비 씨를 압착해 추출한다.

스위트 아몬드(당과와 제과에 사용된다), 밀 배아, 잣, 피스타치오, 피칸, 머스터드 씨, 자두 씨 오일은 상대적으로 소비가 적은 편이다. 홍화씨유, 참깨유는 중동과 아시아에서 매우 널리 사용한다. 페루에서 생산되는 잉카인치(inca-inchi) 오일은 오메가-3의 함량이 높다. 면화를 재배하는 일부 국가(말리, 차드, 토고 등)에서는 면화 씨 오일을 기본적인 식용 오일로 사용한다.

ceviche de daurade, rhubarbe et huile de piment ▶ CEVICHE
filets de hareng marinés à l'huile ▶ HARENG

huile d'ail 윌 다이

마늘 기름 : 마늘을 끓는 물에 데쳐서 곱게 간 다음 체에 긁어내린 것, 또는 강판에 간 뒤 면포에 꼭 짠 것을 올리브유에 넣는다.

huile au basilic 윌 오 바질릭

바질 오일 : 매우 신선한 바질 약 열 줄기를 씻어 물기를 제거한다. 바질 줄기를 병에 넣고 올리브유 2ℓ를 붓는다. 생마늘 작은 것 1통의 겉껍질을 제거해 마늘 알이 보이는 상태로 넣는다. 경우에 따라 샬롯 작은 것 한 개 또는 산(山) 샬롯 작은 조각을 한 개 넣는다. 병마개를 닫고 그늘진 곳에서 두 달간 숙성시킨다. 같은 방식으로 올리브유에 타라곤, 펜넬, 로즈마리, 세이보리 등의 넣어 향을 내기도 한다.

드레싱 및 조리용 오일

종류	맛	성분
땅콩*	중성적인 맛에 땅콩 향이 살짝 난다.	포화지방산 함량이 매우 높다.
옥수수	중성적인 맛에 곡물 향이 살짝 난다.	다가불포화지방산이 풍부하다(오메가6 함량이 높음)
버진 올리브*	과일 향	단일불포화지방산이 매우 풍부하다.
해바라기	중성적인 맛에 곡물 향이 살짝 난다.	다가불포화지방산(오메가-6 함량이 높음)과 비타민 E가 풍부하다.

* 땅콩 기름과 올리브유는 고온 조리(튀김, 웍 조리)도 가능하다

찬 드레싱용 오일

종류	맛	성분
아르간	진하고 향이 강하다.	다가불포화지방산과 단일불포화지방산이 매우 풍부하다.
유채*	중성적이며 녹색 채소의 맛이 살짝 난다.	다가불포화지방산(오메가-3 함량이 매우 높음)과 단일불포화지방산이 매우 풍부하다.
헤이즐넛	향이 강하다.	다가불포화지방산이 풍부하다.
버진 호두	매우 향이 강하다.	다가불포화지방산이 풍부하다.
포도 씨**	중성적인 맛.	다가불포화지방산, 비타민 E가 풍부하다.
참깨	특유의 진한 맛이 있다.	다가불포화지방산, 단일불포화지방산이 풍부하다.
대두	중성적이며 녹색 채소의 맛이 살짝 난다.	다가불포화지방산이 풍부하다(오메가-6 함량이 높음).

* 유채유는 약불 조리가 가능하다.
** 포도씨유는 퐁뒤(fondue)용 오일로도 사용 가능하다(퐁뒤 부르기뇽의 고기 익힘용).

huile pimentée 윌 피망테

칠리 오일 : 작은 카옌페퍼 6개를 끓는 물에 살짝 데쳐 가볍게 으깬 다음 병에 넣고 올리브유 1ℓ를 붓는다. 병을 막고 흔든다. 그늘에서 두 달간 숙성시킨 후 사용한다.

sandre grillé aux cardons, filet d'huile d'olive et citron ▶ SANDRE

HUILE ESSENTIELLE 윌 에상시엘 에센셜 오일, 정유. 천연 에센스라고도 불리는 기름 성분으로 향이 매우 강하며 꽃, 과일, 잎사귀, 씨앗, 껍질, 수지 또는 뿌리에서 얻는다. 에센셜 오일은 증기를 이용한 증류나 압착을 통해 만들어지며, 향수 제조 산업에 주로 사용되나 점차 식용 향료로도 쓰이고 있다. 바질, 오레가노, 정향, 로즈마리, 타임, 바닐라, 시트러스 류의 에센셜 오일을 찾아볼 수 있다. 몇 방울만으로도 샐러드, 채소, 육류 및 생선 요리의 소스, 디저트(크림, 과일 샐러드, 아이스크림 및 소르베, 타르트 반죽)에 충분히 향을 낼 수 있다. 유기농 에센셜 오일에는 색소도, 보존제도 들어가지 않는다. AOC 인증을 받은 오트 프로방스(Haute-Provence)의 라벤더 에센셜 오일도 있다.

HUILIER 윌리에 기름병. 목이 가는 병 두 개로 구성된 도구로 하나는 기름용, 하나는 식초 또는 레몬즙 등을 담는 용도다. 소금, 후추, 겨자통과 한 세트를 이루기도 한다. 오늘날 기름병은 식당 테이블 위에 비치되어 손님이 샐러드의 간을 기호에 맞게 조절할 수 있게 해준다.

HUÎTRE 위트르 굴. 쌍각류 연체동물인 굴은 식용 가능한 종이 다수 존재한다(**참조** p.464 굴 도표 p.252~253 굴 도감). 켈트인, 그리스인(굴을 양식했다), 로마인들은 굴을 많이 먹었다. 중세 시대에는 껍질째 파는 껍질 굴과 운송이 편하도록 껍질 없이 파리로 발송된 껍질을 제거한 굴을 구분했으며 껍질을 제거한 것은 상대적으로 낮은 취급을 받았다. 루이 14세의 의사는 굴을 껍질째 굽거나 튀기는 등 언제나 익혀 먹을 것을 권했다. 19세기까지 굴은 자연 밀집 서식지에서 자유롭게 채취가 가능했으며, 특히 벨기에 오스텐더(Ostende)산이 인기가 많았다.

■ **양식.** 오늘날 굴은 지속성을 유지하고 무엇보다 위생을 보증할 수 있는 방식으로 양식되며, 굴 역시 모든 어패류와 마찬가지로 위생 검증 표시를 부착한 상태로 판매된다. 프랑스에서 유통되는 굴의 종류는 두 가지가 있다. 납작하고 둥근 모양의 납작굴은 생산량이 전체 2%밖에 되지 않아 매우 귀하다. 길고 움푹 들어간 모양의 참굴 또는 움푹굴은 원산지가 태평양이라 때때로 일본 굴이라고도 불리며(캐나다에서도 생산된다), 총 출하량의 대부분을 차지한다. 이는 본래 다른 종류의 포르투갈 움푹굴(그리페아) 밀집 지역에서 발생한 돌림병을 해결하기 위해 새 환경에 적응시킨 종이다. 크기에 따라 움푹굴은 1에서 5호까지, 납작굴은 000에서 6호까지 숫자를 매겨 판매하며, 숫자가 작을수록 굴의 크기가 크다. 캐나다 동부 해안의 대서양 굴(말피크, 카라켓)은 움푹굴이다. 서부의 태평양 움푹굴은 20~30년까지도 살 수 있으며 길이가 30cm에 달하는 것도 있다. 굴 유생(어린 굴)의 생성지는 그리 중요하지 않다. 프랑스 굴의 70%가 아르카숑 연안에서 난다. 중요한 것은 지역마다 특징이 있는 양식과 양성 조건이다. 굴 양식에는 3~4년 정도의 시간이 걸리며 지속적인 관리가 필요하다. 굴이 자랄수록 공간이 더 필요하기 때문에 더 넓은 양식장으로 옮겨야 하며, 오염을 피하고 많은 천적들(경단고둥, 게, 불가사리, 바다 새, 문어, 가오리)로부터 보호해야 한다. 움푹굴의 약 50%는 클레르(claire)라고 부르는 자연 습지를 이용한 특유의 양성법을 쓰는 마렌 올레롱(Marennes-Oléron) 연안에서 생산된다. 이 지역의 오래된 염습지의 물은 상대적으로 염도가 낮지만 플랑크톤이 풍부한데, 그 안에서 미세조류인 푸른 규조류가 번식해 굴 아가미에 아름다운 녹색을 내준다. 굴의 품질에 따라 자연 습지 굴은 최소 3주에서 수개월간 양성되며, 밀집도는 다양하여 1평방미터당 40마리에서 적게는 1~2마리만을 키우기도 한다. 예를 들어 최고급 굴인 푸스 앙 클레르(pousse en claire)의 경우, 1평방미터당 굴 2개를 5~6개월 동안 기른다. 최근에는 3쌍의 염색체를 지녀 생식소가 발달하지 않는 3배체 굴도 존재한다. 3배체 굴은 장점이 분명하다. 연중 살이 통통하고 실한 상태를 유지하며, 생식을 하지 않고 가을부터 섭취가 가능하다.

■ **사용.** 굴은 12개 또는 6개씩 나무 바구니에 담아 팔거나 무게를 달아 판매한다. 살아있는 상태의 굴은 껍질을 닫고 있거나 건드리면 닫힌다. 또한 물이 가득 차 있기 때문에 비교적 무겁다. 굴 껍데기는 먹기 직전에 까야 한다. 굴이 통통한 제철인 겨울이나 유백색즙이 나오는 번식기인 여름철 모두 지방 함량은 1%로 매우 적은 반면, 단백질, 무기질, 미량 원소, 비타민은 풍부하다. 굴은 살아 있는 것을 생으로 먹으며, 그대로(흰 후추를 그라인더로 한 번 돌려 뿌리거나, 레몬즙, 차가운 버터, 호밀 빵을 곁들인다) 또는 다진 샬롯을 넣은 식초를 뿌려 먹는다. 그러나 굴은 매우 오래전부터 익혀서 찬 요리 또는 더운 요리로도 먹어 왔다. 데친 후 식혀 다양한 소스를 곁들여 먹거나 바르케트를 만들기도 한다. 또한 굴 껍데기째로, 또는 아티초크 밑동이나 크루스타드에 채워 넣고 오븐에서 그라탱처럼 구워내기도 한다. 그라탱은 항상 재빨리 해야 하며, 대부분의 경우 미리 데칠 필요는 없다.

또한 굴을 이용해 튀김, 꼬치, 크로켓, 수프, 콩소메 등 다양한 종류의 더운 요리도 만들 수 있다. 뿐만 아니라 생선 요리의 가니시로 쓰이며 심지어 붉은살 육류나 닭 요리에 곁들여 내기도 한다. 아르카숑(Arcachon)에서는 구운 치폴라타와 함께 서빙한다. 굴은 특히 영국과 미국 요리에서 인기가 아주 높은 식재료다(포타주, 소스, 에인절스 온 홀스백[굴을 얇은 베이컨으로 말아 꼬치로 찌른 뒤 구워낸 요리]).

attereaux d'huîtres ▶ ATTEREAU (BROCHETTE)
beignets d'huître ▶ BEIGNET
brochettes de coquilles Saint-Jacques et d'huîtres à la Villeroi ▶ BROCHETTE
brochettes d'huîtres à l'anglaise ▶ BROCHETTE

huîtres à la Boston 위트르 아 라 보스톤

보스톤식 굴 요리 : 납작굴 12개의 껍데기를 깐다. 살을 조심스럽게 떼어내 물기를 털어낸다. 깨끗이 씻은 굴 껍데기 안에 흰 후추를 조금 갈아 넣고 튀긴 빵가루 1자밤을 넣는다. 껍데기 안에 굴 살을 다시 넣고 가늘게 간 그뤼예르 치즈를 올린 다음 빵가루를 조금 뿌린다. 작게 썬 차가운 버터를 한 조각 얹어준다. 230°C로 예열한 오븐에 넣어 6~7분간 그라티네(gratiner)한다. 야채 튀김 또는 파르메산 치즈를 넣은 페이스트리 스틱을 곁들여 낸다.

헤이르트 판 헤케(GEERT VAN HECKE)의 레시피

huîtres creuses d'Ostende aux aromates 위트르 크뢰즈 도스텅드 오 자로마트

향신 양념을 올린 오스텐더산 움푹굴 : 움푹굴 24개의 껍데기를 까고 즙을 받아둔다. 굴을 분리한 다음 껍데기 안에 그대로 둔다. 삶은 달걀 두 개의 흰자와 노른자를 분리한 다음 각각 잘게 으깬다. 달걀흰자에 굴즙, 다진 샬롯 2개, 갓 다진 신선한 고수와 차이브 2테이블스푼, 레몬즙 1/2개분, 간장 1테이블스푼, 올리브유 6테이블스푼을 섞는다. 양념 소스를 굴 위에 넉넉하게 끼얹어준다. 달걀노른자를 조금 올려 장식한다.

기 사부아(GUY SAVOY)의 레시피

huîtres en nage glacée 위트르 앙 나주 글라세

나주 글레이즈를 씌운 굴 요리 : 물을 채운 냄비에 송아지 족 1개를 넣고 한소끔 끓어오를 때까지 가열한 다음 건진다. 맑은 물에 당근 1개, 양파 1개, 부케가르니 1개, 통후추 몇 알을 넣은 뒤 송아지 족을 넣고 익힌다. 익힌 재료를 체에 거른 뒤 국물은 식혀서 냉장고에 넣어 젤리로 굳힌다. 2호 사이즈 스페셜(spéciale n°2) 굴 24개의 껍데기를 까고 즙은 볼에 따로 받아둔다. 껍데기 깐 굴 16개는 냉장고에 보관한다. 팬에 생크림 200mℓ를 넣고 끓어오를 때까지 가열한 다음 거품기로 저으며 몇 분 간 익힌다. 불에서 내린 뒤 나머지 굴을 넣고 핸드블렌더로 갈아 퓌레 상태로 만든다. 각 서빙 접시 바닥에 이 굴 크림을 부어 깐 다음 식힌다. 그 위에 차가운 굴을 얹고 사이사이에 카늘뢰르(canneleur, 홈 파는 도구)로 가장자리에 홈을 낸 뒤 동그랗게 슬라이스한 당근을 끼운다. 잘게 다진 레몬 과육을 뿌리고, 아주 가늘게 썬 시금치 잎으로 장식한다. 송아지 족 젤리에 굴즙을 섞는다. 요리에 끼얹어 아주 차갑게 서빙한다.

제라르 부아예(GÉRARD BOYER)의 레시피

huîtres plates au champagne 위트르 플라트 오 샹파뉴

샴페인을 넣은 납작 굴 : 당근 3개, 리크 3대, 셀러리 1줄기를 가늘게 채 썬다. 납작굴 24개의 껍데기를 깐 다음 즙은 냄비에 받아둔다. 이 냄비에 단맛이 없는 샴페인 500mℓ를 넣고 절반으로 졸인다. 더블 크림 4테이블스푼을 더한다. 버터 300g을 조금씩 넣으면서 거품기로 휘저어 혼합한다. 카옌페퍼를 넣어 간한다. 채 썰어둔 채소를 소금물에 아삭하게 익힌다. 굴을 소스

에 30초간 담근다. 접시에 1인당 굴을 세 개씩 담고 뜨거운 채소를 조금씩 흩뿌려 올린 다음 끓는 소스를 끼얹는다.

pétoncles grillés et huîtres sautées au whisky canadien ▶ PÉTONCLE
potage aux huîtres ▶ POTAGE
poulet sauté aux huîtres ▶ POULET
sauce aux huîtres ▶ SAUCE

올리비에 롤렝제(OLIVIER ROELLINGER)의 레시피

soupe au lait d'huître et galettes de sarrasin 수프 오 레 뒤트르 에 갈레트 드 사라쟁

오이스터 밀크 수프와 메밀 갈레트 : 캉칼(Cancale)산 납작굴 큰 것 24개를 깐다. 흘러나오는 즙은 체에 걸러 따로 보관한다. 양파 1개, 리크 흰 부분 3cm 분량을 얇게 썬다. 모래밭에서 키운 당근 1개와 리크 녹색 부분 1대를 아주 작은 미르푸아로 썬다. 파슬리 잎과 쪽파 굵은 것 몇 대를 잘게 썬다. 메밀 갈레트 1장을 4등분 한다. 버터를 달군 팬에 양파와 리크 흰 부분을 넣고 색이 나지 않게 볶는다. 파슬리 줄기를 몇 개 다져 넣고 수분을 날리며 조금 더 볶는다. 따로 받아둔 굴즙과 단맛이 있는 화이트와인 50mℓ를 넣고 졸인다. 닭 육수 200mℓ를 넣는다. 끓기 바로 전 상태를 유지하며 약 20분간 뭉근하게 가열한다. 고운 체에 거른 뒤 우유 200mℓ를 넣고 80°C를 유지한다. 버터를 녹인 팬에 갈레트 조각을 슬쩍 데운 다음 돌돌 만다. 굴을 수프에 넣어 따뜻하게 데운 다음 미르푸아로 썬 채소를 더한다. 각 접시당 굴을 6개씩 수프와 함께 나누어 담고 잘게 썬 파와 파슬리를 뿌린 다음 갈레트 조각을 곁들여 낸다.

tartare de langoustines en fine gelée aux huîtres spéciales ▶ LANGOUSTINE
velouté de cèpes aux huîtres ▶ CÈPE

HUMECTANT 위멕탕 습윤제, 수화제. 습도가 낮은 주변 환경의 영향을 상쇄시키기 위해 사용하는 식품 첨가물. 습윤제는 일부 음식이 마르는 것을 방지하거나 분말 상태의 식품이 액체 안에서 더 쉽게 용해되도록 도와준다. 육수, 포타주 또는 수프, 분말 형태의 건조식품에 사용되는 습윤제는 삼인산염 또는 폴리인산염이다.

HURE 위르 머릿고기. 돼지 또는 멧돼지의 머릿고기로 만든 샤퀴트리의 일종. 파리식 위르는 돼지 혀와 돼지 껍데기를 틀에 굳혀 젤리화한 것이다. 알자스 지방에서는 붉은색 위르, 흰색 위르, 프랑크푸르트 위르로 그 종류가 나뉜다. 붉은색 위르는 붉은색 창자에 소를 채워 넣어 만든 프로마주 드 테트(fromage de tête, 돼지 머릿고기와 각종 부속을 익힌 뒤 눌러 굳힌 덩어리 편육의 일종)이고, 흰색 위르는 돼지 머릿고기, 장보노(jambonneau) 햄, 돼지 껍데기로 만든다. 프랑크푸르트 위르는 사이즈가 좀 더 작다. 위르라는 단어는 대가리 모양이 길쭉한 생선을 포함한 일부 동물의 머리를 지칭하기도 한다.

▶ 레시피 : SANGLIER.

HUSSARDE (À LA) (아 라) 위사르드 일반적으로 브레이징한 소고기에 감자와 소를 채운 가지를 곁들인 다음, 고기를 익힌 팬에 데미글라스를 넣어 디글레이즈한 소스를 끼얹고 강판에 간 홀스래디시를 곁들인 요리를 가리킨다. 또한 토마토로 맛을 낸 에스파뇰 소스에 얇게 썬 샬롯과 양파, 주사위 모양으로 썬 햄, 강판에 간 홀스래디시, 다진 파슬리를 더한 것을 위사르드 소스라고 부른다. 위사르드 가니시는 서빙 사이즈로 잘라 팬에 소테한 고기 요리에 곁들이는 음식으로, 반으로 자른 뒤 양파 퓌레를 얹은 토마토, 시금치 퓌레를 채운 버섯으로 구성되며 여기에 토마토 풍미의 데미글라스 소스를 끼얹어 낸다. 위사르드 소고기 안심(filet de bœuf à la hussarde)은 돼지비계를 니들로 찔러 넣고 로스팅한 안심에 노릇하게 구운 장미 모양 뒤셰스 감자, 바특하게 졸인 수비즈 소스를 끼얹은 구운 버섯을 곁들인 요리이며, 연한 위사르드 소스를 따로 담아 서빙한다. 위사르드 송아지 포피에트(paupiette de veau à la hussarde)는 송아지 고기를 곱게 다진 고디보(godiveau) 소로 감싸 덮어 브레이징한 뒤 꽃모양으로 짜 구운 뒤셰스 감자와 함께 왕관 모양으로 접시에 빙 둘러 담고 가장자리에는 위사르드식으로 속을 채운 작은 토마토(버섯과 햄을 넣은 달걀 스크램블로 토마토 속을 채운 다음 표면에 버터에 튀긴 빵가루를 뿌린 것)들을 둘러준 요리다. 위사르드 양 콩팥(rognons d'agneau à la hussarde)은 콩팥을 둘로 갈라 소테한 다음 위사르드 소스를 끼얹은 요리다. 뒤셰스 감자 반죽에 오래 볶은 양파와 휘저어 푼 달걀을 섞은 뒤 서빙 접시에 왕관 모양으로 빙 둘러 짜 얹고 그 위에 빵가루를 뿌려 오븐에 그라탱처럼 굽는다. 가운데 빈 공간에 소테한 양 콩팥을 담고 소스를 끼얹어 서빙한다.

HYDNE 이든 턱수염버섯. 버섯 갓 아래에 무르고 잘 떨어지는 침들이 달려있는 것이 특징인 턱수염버섯은 여러 종이 존재하며 활엽수림에서 자란다. 제철은 늦은 편으로, 늦가을 추위와 함께 시작 된다(**참조** p.188~189 버섯 도감). 피에 드 무통(pied-de-mouton)과 더 섬세한 맛을 지닌 붉은 턱수염버섯을 상품으로 친다. 꾀꼬리버섯과 조리방식은 같지만 좀 더 오래 익혀야 한다. 맛이 아주 고급스럽고 섬세하며 특히 속을 채운 토마토 요리나 스튜에 향을 내는 데 사용한다.

HYDROMEL 이드로멜 벌꿀주, 하이드로멜. 꿀과 물로 만든 음료 또는 술. 고대 그리스인들(꿀벌을 불멸의 상징으로 보았다)은 벌꿀주를 매우 귀하게 여겼으며, 로마인들은 마치 켈트인, 색슨인, 갈리아인, 스칸디나비아인들이 맥주를 마시는 만큼이나 이 벌꿀 술을 즐겨 마셨다. 하이드로멜은 중세 시대를 거쳐 18세기까지도 만들었으나 이후 맥주보다 빨리 뒤처져 와인에 그 자리를 내주게 되었다. 브르타뉴 지방에서는 슈셴(chouchen)이라고 부르며 영국의 미드(mead)와 마찬가지로(영국에서는 포도즙을 넣는다) 경우에 따라 사과즙을 첨가한다. 가티네(Gâtinais)와 오를레아네(Orleanais) 지방에서도 벌꿀주를 생산한다. 오늘날 슈센은 폴란드와 러시아에

주요 굴 품종과 특징

명칭	산지	외형	풍미
납작굴(유럽굴, *Ostrea edulis*)			
블롱 belon	브르타뉴	둥근 모양, 회갈색	강함. 짭조름한 바다의 맛.
부지그 bouzigues	토(Thau) 연안	둥근 모양, 종종 큰 것도 있다.	진함, 과실향, 짠맛
캉칼 cancale	북부 브르타뉴	둥근 모양, 밝은 갈색	짭조름한 바다의 맛.
그라베트 gravette	아르카숑 연안	녹황색, 크기가 작고 살이 통통함	짠맛이 적음
마렌 marennes	마렌 올레롱 연안	둥근 모양, 살이 녹색을 띤다.	특유의 섬세한 맛
움푹굴(참굴, *Crassostrea gigas*)			
캉칼 cancale	북부 브르타뉴	크림색	짠맛
핀 드 클레르 fine de claires*	마렌 올레롱 연안	녹색 또는 흰색 살	섬세하고 독특한 맛
스페시알 드 클레르 spéciale de claires*	마렌 올레롱 연안	살이 더욱 통통하며 녹색 또는 흰색을 띤다.	매우 고급스러운 독특한 맛
아르카숑 굴 huître d'Arcachon	아르카숑 연안	연한 녹색에서 진줏빛 회색을 띠며 살이 통통하다.	바다 향, 산지 특유의 풍미.
부지그 굴 huître de Bouzigues	지중해 연안	가장자리가 많이 깎여나간 형태	섬세한 맛
브르타뉴 굴 huître de Bretagne	브르타뉴	색이 매우 밝다.	짭쪼름하고 강한 바다의 맛
노르망디 굴 huître de Normandie	노르망디	진주 빛 회색으로 살이 통통하다.	섬세한 맛. 짭조름한 바다의 맛
데 굴 huître de Vendée	부르뇌프(Bourgneuf)만, 누아르무티에(Noirmoutier)	녹회색, 크기가 작고 살이 통통하다.	해조류의 독특한 향

* 마렌 올레롱(Marennes-Oléron)의 녹색을 띤 핀 드 클레르 베르트(fine de claires verte)와 스페시알 푸스 앙 클레르(speciale pousse en claire)는 레드 라벨(label rouge) 우수 마크 인증을 받았다.

서도 꾸준히 제조, 소비되고 있다. 하이드로멜의 가장 단순한 형태는 단맛이 나는 꿀물로, 물과 꿀을 섞은 것이다. 알코올 성분이 함유된 하이드로멜(13~15%Vol.)은 더 맛이 강하고 머스캣 향이 난다. 벌꿀주를 만들려면 우선 꿀과 물의 혼합물을 가열한 뒤 거품을 제거하고 식힌다. 이것을 다른 용기에 따라 옮겨 몇 주간 발효시킨 뒤 정화된 맑은 술만 따라낸다. 경우에 따라 화이트와인이나 맥주 효모를 넣어 발효를 돕기도 한다. 그러나 가장 중요한 것은 꿀이다. 하이드로멜에는 맛이 아주 섬세하고 향이 진한 최고급 꿀을 사용해야 한다. 이 술은 증류하여 브랜디로 만들기도 한다.

HYGROPHORE 이그로포르 벚꽃버섯. 끈끈한 점액으로 덮여 있으며 대개 원추형인 갓을 지닌 버섯으로, 흰색 또는 매우 화려한 색깔에 두툼한 주름이 특징이다. 몇몇 종들은 다른 버섯들이 드문 11월 또는 3월, 서리가 내리는 시기에 나기도 한다. 벚꽃버섯류 중 일부는 식용 가능하며 맛은 종류마다 조금씩 차이가 있다. 맛이 아주 좋은 흰색처녀버섯(hygrophore blanc-de-neige)을 비롯해, 끝말림벚꽃버섯(hygrophore de mars), 처녀버섯(hygrophore des près) 등을 주로 식용으로 소비한다. 주름버섯류와 같은 방식으로 요리하며, 익히기 전 갓 표면을 벗긴다.

HYSOPE 이조프 히숍. 꿀풀과의 방향성 식물로 지중해 연안이 원산지인 히숍은 쌉싸름하고 향이 강하며 박하처럼 톡 쏘는 맛이 난다. 고대와 중세 시대에 수프와 스터핑 혼합물의 향을 내는 데 주로 사용했으며(**참조** p.451~454 향신 허브 도감) 오늘날에는 주로 샤르트뢰즈, 베네딕틴 등의 리큐어 제조용으로 쓰인다. 어린 히숍 잎은 우려내 차로 마시기도 하며, 기름진 생선을 익힐 때 향신 양념으로 넣거나 스터핑 혼합물에 넣어 향을 내는 데 쓰이며 몇몇 샤퀴트리에도 들어간다. 그 외에도 과일 샐러드나 콩포트 등에 넣으면 독특한 맛을 낼 수 있다.

ICAQUE 이카크 코코 플럼, 이카코. 장미과의 관목인 코코 플럼 나무의 열매로, 앤틸리스 제도와 중앙아메리카에서 자란다. 껍질은 품종에 따라 노란색, 흰색, 붉은색 또는 보라색을 띤다. 흰색의 과육은 면화와 같이 폭신하고 말랑하며 약간 떫은맛이 난다. 중앙에는 먹을 수 있는 씨가 들어 있다. 코코 플럼, 파라다이스 플럼, 코튼 플럼 등으로 불리며, 그대로 생으로 먹거나 설탕 또는 식초에 절여 먹는다.

IGNAME 이냠 마, 참마. 마과에 속하는 덩굴식물의 덩이줄기로 약 십여 종이 존재한다. 대부분 열대종인 마는 주로 아프리카, 아시아, 오세아니아, 브라질, 앤틸리스 제도 등지에서 재배되며, 프랑스에서는 블루아(Blois) 지역에서 소량 생산하고 있다(**참조** p.496~497 열대 및 이국적 채소 도감). 마는 일반적으로 모양이 길고 무게가 20kg에 달하기도 한다. 속살은 희고, 간혹 노란색을 띠거나 품종에 따라 붉은색 또는 보라색 반점이 있는 것도 있다. 100g당 열량이 102kcal 또는 426kJ이며 전분을 매우 많이 함유하고 있는 마는 많은 열대 국가에서 기본 식량으로 소비된다. 주로 껍질을 벗긴 뒤 죽처럼 끓이거나 튀김 또는 조림을 만들어 먹는다. 서아프리카에서 가장 즐겨 먹는 마 요리는 푸튀(foutu)로, 껍질을 벗겨 물에 삶은 마를 나무 절구에 넣고 찧어 만든 찰진 반죽이다. 그 외에도 마는 다양한 방법으로 요리해 먹는다(퓌레, 그라탱, 스튜, 수프 등). 일부 아프리카 국가에서는 마를 끓는 물에 데쳐 자연 건조 시킨 다음 가루로 빻는다. 이렇게 만들어진 마 가루는 반죽(아말라, amala)이나 쿠스쿠스(와사와사, wassa-wassa) 형태로 다양한 요리에 사용된다.

IGP ▸ 참조 INDICATION GÉOGRAPHIQUE DE PROTECTION

ÎLE FLOTTANTE 일 플로탕트 플로팅 아일랜드. 달콤하게 거품 낸 달걀흰자를 중탕으로 익혀 크렘 앙글레즈 위에 올리고 캐러멜 소스를 끼얹은 아주 가벼운 식감의 디저트로, 구운 아몬드 슬라이스, 잘게 다진 아몬드나 헤이즐넛 프랄린, 굵게 부순 로즈 프랄린. 또는 가늘게 채 썬 레몬 제스트 등을 올려 장식한다(**참조** DAME-BLANCHE).

île flottante au caramel 일 플로탕트 오 카라멜

캐러멜소스를 곁들인 일 플로탕트 : 끓인 우유 1ℓ, 달걀노른자 10~12개, 설탕 150g으로 크렘 앙글레즈를 만든다. 완전히 식힌 뒤 큰 쿠프(coupe) 잔에 따른다. 달걀흰자 10개에 소금 넉넉히 한 자밤, 바닐라 슈거 1봉지를 넣고 단단하게 거품을 올린다. 둘레가 약간 높은 원형 케이크 틀에 오일을 바른 뒤 거품 낸 달걀흰자를 조심스럽게 붓는다. 뜨거운 물을 담은 중탕용 바트에 이 틀을 넣고 150°C로 예열한 오븐에 넣어 표면에 노릇한 색이 나기 시작할 때까지 약 30분간 중탕으로 익힌다. 완전히 식힌 다음 크렘 앙글레즈 위에 놓는다. 작은 냄비에 설탕 6테이블스푼을 넣고 설탕이 녹을 만큼만 물을 넣은 다음 가열하여 황금색 캐러멜을 만든다. 가늘게 띠를 그리며 뜨거운 캐러멜 시럽을 일 플로탕트 위에 붓는다. 냉장고에 보관한다.

ÎLE-DE-FRANCE 일 드 프랑스 파리를 중심으로 한 수도권 지역. 파리 토박이 시인이었던 프랑수아 비용(Francois Villon)은 15세기 자신의 시에서 "파리 여인들만 한 수다꾼은 없다"라고 읊으며 파리를 예찬했다. 오늘날 프랑스에서 가장 큰 시장 또한 여전히 파리 근교에 위치한 렁지스(Rungis) 도매시장이다. 왜냐하면 수도 파리는 언제나 가장 좋은 식재료의 집합소이며, 최고의 요리를 선보이는 전시장으로 남아 있기 때문이다. 미식작가 퀴르농스키(Curnonsky, 1872—1956)의 말에 따르면 파리에는 단순하고 기분 좋으며, 제대로 된 맛을 지니고 있으면서 장식적이지도, 복잡하지도 않은 좋은 음식의 전통과 즐겁고 친근하며 재기발랄하고 신속한 요리들이 존재한다. 치즈를 얹은 빵을 넣고 오븐에서 그라탱처럼 마무리한 양파 수프, 토마토와 마늘을 넣고 화이트와인에 소테한 마렝고 송아지 요리(요리사 뒤낭이 1800년 6월 14일 저녁 마렝고 전투에서 승리를 거둔 나폴레옹을 위해 만든 요리에서 유래했다), 먹고 남은 고기를 활용한 아주 맛있는 미트파이인 아시 파르망티에(hachis Parmentier) 등을 꼽을 수 있다. 아르장퇴이(Argenteuil)의 아스파라거스, 클라마르(Clamart)의 완두콩, 베리에르(Verrières)의 모렐 버섯, 쉬렌(Suresnes)의 와인, 마른(Marne)강 유역 선술집의 명물이었던 생선 튀김, 퐁투아즈(Pontoise)의 송아지 고기는 이제 기억 속에만 남아 있을 뿐이지만, 아직도 채소 재배는 일 드 프랑스 지역의 다양한 장소에서 활발히 이어지고 있으며, 특히 바게트 빵, 햄, 부댕 누아(boudin noir)와 파리식 마늘 소시송, 프로뱅(Provins) 장미잼, 모레 쉬르 루앙(Moret-sur-Loing)의 사탕(옛날에는 베네딕틴 수도회의 수녀들이 만들었다), 모(Meaux)의 머스터드 등 다수의 지역 특산물을 보존하고 있다. 제과나 디저트 분야에서도 일 드 프랑스 지역은 생 드니(Saint-Denis)의 탈무즈(talmouse, 치즈를 넣은 삼각형의 페이스트리)와 부르달루(bourdalou) 타르트부터 파리 브레스트(Paris-Brest)에 이르기까지 풍부한 유산을 자랑한다. 파리 브레스트는 슈 반죽으로 만든 부드럽고 촉촉한 파티스리로, 자전거 바퀴를 본 뜬 모양을 하고 있으며 프랄리네를 넣은 가벼운 크림으로 속을 채운다. 이것은 1891년 한 제과사가 파리와 브레스트 간 자전거 경주 대회를 기념하고자 처음 만들었다. 마지막으로 이 지역 요리에 있어 절대적인 지위를 자랑하는 리큐어인 누아요 드 푸아시(Noyaux de Poissy)와 그랑 마르니에(Grand Marnier)를 빼놓을 수 없다.

■ **포타주와 채소.**

● **POTAGE À LA PARISIENNE, POMMES DUCHESSE, 파리식 포타주, 뒤셰스 감자.** 아 라 파리지엔(à la parisienne)이라는 명칭은 보통, 감자, 브레이징한 양상추, 아티초크 속살, 양송이버섯 등의 다양한 채소 또는 채소 마세두안을 넣은 레시피에 사용된다. 아 라 파리지엔 포타주는 감자와 리크로 만들며 우유를 넣어 맛을 부드럽게 하고 마지막에 처빌을 뿌린다. 아스파라거스로 만드는 아르장퇴이 포타주, 크레송 크림 수프(cressonnière), 완두콩으로 만드는 생제르맹 포타주는 일 드 프랑스 지역에서 처음 선보인 수프들이다. 감자는 매우 다양한 방법으로 조리한다. 폼 파리지엔(멜론 볼러로 동그랗게 도려낸 감자를 버터와 오일에 노릇하게 지진다), 폼 뒤셰스(감자 퓌레에 간을 하고 달걀을 섞은 뒤 다양한 모양으로 짜 오븐에 굽는다), 폼 수플레(얇고 동그랗게 슬라이스한 감자를 낮은 온도에서 높은 온도의 튀김 팬으로 옮기며 두 번 튀겨 통통하게 부풀린다) 등이 대표적이며, 그 외에도 폼 알뤼메트(pommes allumettes)나 폼 퐁 뇌프(pommes pont-neuf) 처럼 굵기를 달리 해 튀긴 프렌치프라이 종류가 있다.

■ **육류와 가금류.**

● **NAVARIN, BŒUF MIROTON, POULET FRANCHARD,나바랭, 소고기 미로통, 프랑샤르 닭 요리.** 식당에서 오늘의 메뉴에 단골로 오르는 나바랭(채소를 곁들인 양고기 스튜), 미로통(삶아 익힌 소고기에 양파 소스를 끼얹고 오븐에서 그라탱처럼 익힌 요리), 혹은 그리비슈 송아지 머리(완숙 달걀, 케이퍼, 각종 허브, 머스터드로 만든 그리비슈 소스를 곁들인다), 간단한 페퍼 스테이크 등은 일 드 프랑스를 대표하는 요리들이다. 이와 더불어 푸아그라와 송로버섯 슬라이스를 곁들인 최고급 안심 스테이크인 투르느도 로시니(tournedos Rossini), 버섯을 넣은 베샤멜 소스를 끼얹어 오븐에서 마무리한 오를로프(Orloff) 송아지 요리와 같이 한층 더 섬세하고 고급스러운 요리들도 있다. 맛이 아주 좋은 살로 명성이 높은 재래종 우당(Houdan)

닭으로는 풀레 프랑샤르(poulet Franchard 닭을 토막 낸 다음 버섯과 각종 허브를 넣고 소테한다)와 같은 대중적인 요리를 만들거나, 좀 더 정교하고 품격있는 쇼 프루아(chaud-froid)를 만들기도 한다. 아티초크 속살과 감자를 곁들여 소테한 페르 라튀일(Père Lathuile) 닭 요리는 1814년 러시아의 파리 점령 당시 클리시(Clichy)의 한 여인숙 주인이 만들어낸 것이다.

■ **소스와 크림.**

● **HOLLANDAISE, SAUCE MORNAY, MAYONNAISE 홀랜다이즈 소스, 모르네 소스, 마요네즈.** 소스는 일 드 프랑스 지역 요리사들이 미식에 크게 공헌한 부분 중 하나로, 올랑데즈(달걀노른자와 버터로 만든다), 베아르네즈(달걀노른자와 버터에 샬롯, 허브, 식초를 넣는다), 베샤멜(버터와 밀가루로 만든 루에 우유를 넣어 만든다), 모르네(베샤멜에 치즈를 넣어 만든다) 소스 등을 대표로 꼽을 수 있다. 마요네즈는 대표적인 비스트로 메뉴인 셀러리 레물라드, 에그 마요 등에 곁들인다. 또한 잘게 썬 각종 채소 마세두안을 마요네즈로 버무려 아티초크 속살 밑동에 채워 넣거나 삶은 달걀의 노른자를 마요네즈로 양념해 흰자 안에 채워 넣은 가니시를 차가운 생선과 갑각류 해산물 요리에 빙 둘러 곁들이는 아 라 파리지엔식 요리에도 종종 활용된다.

● **BERCY 베르시.** 베르시는 오랫동안 파리의 큰 와인 시장이 있었던 동네로 주변에는 작은 레스토랑들이 많았다. 소 등심 스테이크, 송아지 콩팥이나 간 요리, 생선 튀김 및 마틀로트 스튜, 치폴라타 소시지와 토마토 소스를 곁들인 달걀 요리 등 포도주와 샬롯을 넣어 조리했거나 샬롯 버터를 곁들여 서빙하는 모든 요리들에는 베르시(Bercy)라는 이름이 붙게 되었다.

● **CHANTILLY 샹티이.** 샹티이라는 명칭이 붙은 모든 메뉴에는 공통적으로 휘핑한 생크림이 포함되며, 1821년부터 파리의 레스토랑에 등장하기 시작했다. 설탕을 넣지 않은 샹티이 크림은 마요네즈나 홀랜다이즈 소스를 좀 더 가볍게 만들기 위해 섞어준다. 설탕을 넣은 샹티이 크림은 바슈랭(VACHERIN), 머랭, 쿠프 글라세(COUPE GLACÉE)의 장식이나 바바루아(BAVAROIS)와 샤를로트(CHARLOTTE)를 만드는 데 사용된다.

■ **치즈.** 브리(Brie)의 각종 치즈들의 계보는 17세기와 18세기로 거슬러 올라간다. 퐁텐블로 치즈는 프로마주 블랑과 휘핑한 생크림을 혼합한 부드러운 크림 치즈의 일종이다.

■ **파티스리.** 주현절에 먹는 전통 파티스리인 푀유타주 갈레트는 그 역사가 아주 길다. 파이 반죽 안에 프랑지판이라는 이름의 아몬드 크림을 채우는 아이디어는 17세기 파리에 정착했던 이탈리아 출신 조향사 프란지파니(Frangipani)에게서 나왔다. 그 외에도 파리에서는 많은 파티스리 특산품이 탄생했다. 퓌 다무르(puits d'amour, 오페라의 제목을 따온 이름), 밀푀유(mille-feuille), 바바(baba)에서 파생된 것으로 미식가 브리야 사바랭(Brillat-Savarin, 1755–1826)에게 헌정된 사바랭, 시부스트 크림의 개발자이기도 한 제과사 시부스트(Chiboust)가 1846년 만들어낸 생토노레(saint-honoré) 등을 예로 들 수 있다.

IMAM BAYILDI 이맘 바일디 이맘(이슬람 성직자)이 이 음식을 맛보고 만족에 겨워 기절했다는 뜻이 담긴 이름의 터키 요리로, 길게 반으로 갈라 속을 파낸 가지에 가지 과육과 양파, 토마토로 만든 소를 채운 것이며 익힌 쌀이나 다양한 부재료(특히 건포도), 향신료, 향채 등을 더하기도 하지만 고기는 넣지 않는다. 이 요리는 뜨겁게 혹은 아주 차갑게 먹는다. 가지는 터키 요리에서 아주 많이 쓰이는 식재료로 속을 채워 조리하기도 하고 양고기 로스트의 가니시로 함께 내기도 한다. 정통 양식 요리에서 이맘 바일디식 가니시는 얇게 썰어 기름에 튀기듯 지진 가지, 반으로 잘라 소테한 토마토, 필라프 라이스로 구성되며 주로 소 안심 스테이크(tournedos)나 양 안심 구이(noisette)에 곁들여 서빙한다.

▶ 레시피 : AUBERGINE.

IMBIBER 앵비베 (액체에) 적시다. 몇몇 케이크에 시럽, 술 또는 리큐어를 발라 적셔 질감을 촉촉하게 하고 향을 입히는 작업을 말한다(제누아즈 시트, 바바, 레이디핑거 비스킷, 플럼 푸딩, 사바랭). 시로페(siroper)라고도 한다.

IMBRIQUER 앵브리케 재료를 마치 지붕의 기왓장처럼 부분적으로 서로 겹치도록 놓는 방식을 뜻한다. 일부 차가운 요리 표면에 얇게 슬라이스한 송로버섯을 이러한 오버래핑 방식으로 붙여 덮은 뒤 즐레를 발라 굳히기도 한다.

IMBRUCCIATA 임브루치아타 브로치우(**참조** BROCCIU) 치즈가 들어간 코르시카의 다양한 파티스리의 이름이며 특히 짭짤한 타르트와 달콤한 베녜를 지칭한다.

▶ 레시피 : BEIGNET.

IMPÉRATRICE (À L') 아 랭페라트리스 앵페라트리스(황후)식. 이름에 걸맞게 호화로운 고급 재료를 사용한 특징을 가진 클래식 요리를 뜻하며 여기에는 짭짤한 일반 요리와 달콤한 디저트 모두 포함된다. 닭을 주재료로 하는 앵페라트리스식 콩소메는 주사위 모양으로 썬 수탉의 볏과 콩팥, 작게 자른 루아얄(royale), 아스파라거스 윗동 부분, 처빌 잎줄기 등을 곁들인다. 앵페라트리스식 닭 요리와 가자미 요리에는 쉬프렘 소스를 사용한다. 그러나 무엇보다도 이 명칭은 라이스푸딩, 과일 콩피, 바바루아용 혼합물로 만든 앙트르메와 관계가 깊으며, 이 앙트르메는 모든 앵페라트리스식 과일(살구, 파인애플, 딸기 등) 디저트의 베이스로 사용된다.

IMPÉRIALE (À L') 아 랭페리알 앵페리알식. 다양한 고급 정통 요리에 사용되는 명칭으로 타피오카를 넣어 걸쭉하게 한 닭 콩소메에 크넬(quenelle), 수탉의 볏과 콩팥, 완두콩, 처빌을 곁들인 수프, 민물가재 살, 데쳐 익힌 생선이리, 가늘게 채 썬 송로버섯을 곁들인 다양한 생선 요리(가자미, 송어), 또는 푸아그라와 송로버섯 슬라이스를 곁들인 가금류 요리 등을 꼽을 수 있다.

▶ 레시피 : CONSOMMÉ.

INCISER 앵시제 칼집을 내다, 절개하다. 날을 잘 세운 칼로 재료에 깊거나 얕은 칼집을 내다. 생선 배에 칼집을 내 절개한 뒤 내장을 제거하거나, 양 뒷다리를 통째로 구울 때 군데군데 칼집을 내 마늘 알을 박아 넣기도 하며 과일의 껍질을 벗기거나 자르는 작업을 쉽게 하기 위해 칼집을 내기도 한다(**참조** CERNER). 생선을 굽거나 기름에 튀길 때 더 고르게 빨리 익히기 위해 칼집을 넣는 경우(**참조** CISELER), 또는 요리에 송로버섯 슬라이스를 끼워 넣기 위해 살짝 칼집을 넣는 경우(**참조** CONTISER) 등 그 목적에 따라 칼집의 크기와 깊이는 달라진다.

INCONNU 앵코뉘 넬마, 인코뉘. 연어과의 회유어로 캐나다 최북단 지역 앤더슨(Anderson)강과 알래스카의 쿠스코큄(Kuskokwim)강에서 잡힌다. 길이가 1.5m까지 자라기도 하며 20년이 넘은 것은 무게가 40kg에 달한다. 등은 청갈색, 측면은 은회색을 띠며 입이 아주 크다. '알려지지 않은'이라는 뜻의 독특한 이름은 17세기 프랑스의 식민지였던 뉴 프랑스(Nouvelle-France) 시대의 캐나다 모피 무역상들이 붙인 것이다. 이 생선의 살은 희고 부드러우며 약간 기름지다. 생물 또는 냉동으로 판매한다.

INCORPORER 앵코르포레 섞어 넣다. 요리의 준비물, 혼합물에 재료를 넣고 한데 잘 섞는 것을 뜻한다. 슈 반죽의 달걀은 하나씩 넣고 섞는다. 거품낸 달걀흰자는 비스퀴나 베녜(beignet) 반죽에 넣을 때는 주걱으로 반죽을 자르는 느낌으로 돌려가며 살살 혼합한다.

INDE ET PAKISTAN 인도와 파키스탄 인도의 음식은 대부분 쌀과 향신료, 콩류, 과일이 주를 이룬다. 종교의 영향 및 채식 위주의 식습관 또한 인도 대륙에 널리 영향을 미치고 있다. 그럼에도 불구하고 인도의 각 지방에는 독창적인 향토 요리들이 존재한다. 카슈미르는 고기와 병아리콩, 델리는 탄두리 요리, 봄베이는 식초를 넣은 돼지고기 요리, 벵갈은 매우 단 디저트와 생선 요리, 타밀나두는 타마린드, 세몰리나, 코코넛을 넣은 채소 요리로 각각 유명하다. 영국의 식민지 지배를 통해 커리나 처트니 같이 인도 요리에서 영향을 받은 음식과 양념들이 전 세계로 전파되었지만 전형적인 인도 요리는 그와 상당히 다르다.

■ **테이블 매너와 기본 식재료.** 인도인들은 오른손으로 든 전병 조각으로 음식을 집으며, 접시는 경우에 따라 바나나나무 잎으로 대체되기도 한다. 식사 중에는 물을 마시며, 차는 아침 또는 오후에 마신다. 과일 시럽과 코코넛 밀크, 희석하여 향을 낸 요거트 역시 즐겨 마시는 음료이다. 일부 사람들은 씹는 담배인 베텔(bétel, 빈랑나무 열매와 향신료를 넣는다)을 하루 종일 씹기도 한다. 인도 요리는 쌀, 콩 요리(dals)와 전병(chapati)을 기본으로 한다. 파인애플은 주로 오래 익히는 요리에 넣으며 땅콩은 그대로 먹기도 하고 소금을 뿌리거나 구워 먹는다. 애로루트(칡 녹말)는 케이크나 각종 단 음식을 만드는 데 사용한다. 바나나나무 순은 벵갈 지방에서 흔히 먹는 흔한 채소이고 여주 씨는 인기 있는 오르되브르이며 아삭하고 달콤한 물밤(남방개)은 간식으로 즐겨 먹는다. 대추야자는 각종 당과류의 필수 재료로 사용되며 무화과, 망고, 파파야는 채소처럼 사용한다. 님나무 잎은 생

으로 또는 튀겨서 쌀밥과 함께 전채 요리로 내거나, 말려서 양념처럼 사용한다. 인도인들은 필요할 때마다 그때그때, 또한 요리에 알맞은 배합으로 자신만의 커리가루 믹스를 만들어 쓴다. 그 외에 인도 요리에 필수적인 두 가지 재료로 기(정제 버터)와 연유(특히 디저트를 만드는 데 자주 이용된다)를 꼽을 수 있다.

■ **아뮈즈 괼과 쌀 요리.** 인도인들은 식전 아페리티프로 또는 차와 함께 내는 작고 다양한 요리들을 매우 즐겨 먹는다. 짭짤하거나 달콤한 것 모두 해당하는 이 요리들 중에서는 차나출(chanachur, 완두콩, 땅콩, 레몬, 고추, 렌틸콩 가루 등을 각각 튀겨낸 것), 고기를 넣은 작은 파테(pâté), 향신료를 넣은 생선 완자, 차트니(chatni, 처트니)를 곁들인 생선알, 가지, 콩 튀김, 요거트 소스를 곁들인 렌틸콩 튀김, 구운 캐슈넛, 니겔라(블랙 캐러웨이 또는 블랙 커민)을 뿌려 튀긴 뒤 시럽을 뿌린 작은 튀김과자 등이 대표적이다. 빵은 밀가루로 만든 납작한 난(naan), 렌틸 가루나 간 감자로 만든 전병 등으로 나뉘며 경우에 따라 소를 채워 코다이(kodai, 손잡이가 없는 팬 모양의 필수 주방도구)에 기(ghee) 버터를 두르고 노릇하게 구워먹는다. 쌀은 짭짤한 각 요리에 곁들여 먹으며, 소스 또는 으깬 채소와 섞거나 볶은 양파와 향신료를 넣어 익힌다. 축제 음식으로는 장립종 향미(바스마티, basmati)를 사용하는데, 주로 건포도, 아몬드 슬라이스, 완두콩, 카다멈, 계피, 정향을 넣어 익히는 폴라오(polao)로 만들어 새우, 고기와 함께 서빙 한다. 또는 향신료와 요거트에 재워 구운 닭을 넣고 육두구 꽃으로 향을 낸 후 채소를 곁들여 내는 쌀 요리인 무르히 비르야니(murhi biryani)의 레시피에 사용하기도 한다.

■ **생선과 육류.** 닭, 양, 돼지는 향신료를 넣어 스튜로 만들거나 양념에 재웠다가 굽는다. 닭을 조각으로 잘라 요거트, 마늘, 고추 소스를 곁들인 요리, 코코넛 또는 식초를 넣고 조리한 뒤 완숙 달걀을 곁들인 닭 요리 등이 있다. 유명한 특선 요리인 무르히 탄두리(murhi tandoori)는 토막 낸 닭을 붉은 고추와 향신료에 재운 다음 사프란을 발라 구워낸 것으로 생채소 샐러드와 함께 서빙한다. 양은 대개 향신료와 요거트를 넣고 스튜로 조리하며, 분쇄육으로 미트볼을 만들기도 한다. 돼지의 경우는 주로 새콤달콤하게 요리한다. 어린 양과 닭을 이용한 커리는 다양한 종류가 있으며 때로는 육류의 부속, 내장과 각종 채소를 넣은 커리를 만들기도 한다. 생선 또한 매우 다양한 방식으로 요리한다. 작은 생선 토막 튀김에 강황을 묻힌 뒤 콩 스튜인 달(dal)과 함께 내는 요리, 양파 샐러드를 곁들인 농어 튀김, 향신료와 요거트를 넣은 도미 요리, 잉어 커리와 채소 라이스, 가지소스를 곁들인 민물 청어(알로사) 요리, 생강, 코코넛 또는 민트를 넣고 삶은 왕새우 등을 꼽을 수 있다. 특히 머스터드 오일을 넣은 매콤한 숭어 스튜는 벵갈 지역을 대표하는 요리다.

■ **채소와 디저트.** 채소 요리는 대개 쌀밥이나 전병과 함께 서빙하는데, 감자와 고추를 넣은 쌉싸름한 코르니숑, 새우, 생강, 강황을 채워 넣은 주키니호박, 양귀비 씨를 넣은 감자, 차차디(chachadi, 머스터드 또는 코코넛을 넣은 새콤달콤한 라타투이의 일종) 등 강한 대조를 이루는 맛들이 조합된 경우가 많다. 일반적인 의미의 인도식 채식 요리에는 대부분 크림 치즈, 레몬, 달(dals)이 들어간다. 또한 인도 요리는 향신료를 많이 사용해 맵거나 강한 맛의 음식이 대다수이기 때문에 입안을 개운하게 해주는 생채소를 자연스럽게 많이 곁들여 먹게 되며 그 종류도 매우 다양하다. 요거트는 견과류, 우유와 더불어 디저트로도 먹으며 건포도, 아몬드, 카다멈을 넣어 먹기도 한다. 버미셀리 우유 푸딩에는 계피와 캐슈넛을 넣어 향을 낸다. 또한 피스타치오, 건포도, 장미 꽃잎을 넣은 크림 치즈, 그린 망고 밀크 푸딩, 바나나, 아몬드 또는 쌀 케이크 등을 즐겨 먹는다. 키르(khir)는 끓인 우유에 쌀과 견과류를 더하고 카다멈으로 향을 낸 것이다. 카제인(커드), 설탕, 우유로 만드는 산데쉬(sandesh)는 코코넛으로 향을 내며, 튀김(beignet)으로도 즐겨 먹는다.

INDICATION GÉOGRAPHIQUE DE PROTECTION (IGP) 앵디카시옹 제오그라피크 드 프로텍시옹(IGP) 지리적 표시 보호. 유럽 품질 인증 라벨의 하나인 IGP는 한 특정 지역, 특정 장소 고유의 생산품을 가리키며 그 품질, 명성 그 밖의 다른 특성들은 이 지리적 원산지에만 부여될 수 있고, 생산 그리고/또는 가공 그리고/또는 제조 또한 이 지리적 범주 안에서만 이루어진다(1992년 7월 14일 유럽 연합 규정에 의거). 요건에 부합하는 라벨이나 인증을 이미 획득한 생산품들만이 IGP 라벨 인증을 신청할 수 있다.

INDIENNE (À L') 아 랭디엔 인도식의. 생선, 달걀, 육류 또는 가금류, 더 나아가 채소로 만든 다양한 커리 요리에 붙는 명칭으로 대부분 인도식 쌀밥을 곁들여 낸다.

▶ 레시피 : CABILLAUD, COURGETTE, HADDOCK, RIZ, SAUCE, THÉ.

INDONÉSIE 앵도네지 인도네시아. 인도네시아의 요리는 쌀을 기본으로 다양한 곁들임 요리를 함께 먹으며 특히 향신료와 소스의 종류가 매우 많다. 서구화된 인도네시아 요리 중 가장 잘 알려진 것은 레이스타플(rijsttafel)또는 라이스 테이블로 네덜란드에서는 고전 요리로 자리를 잡았다. 또한 닭, 랍스터, 피망, 토마토를 곁들인 인도네시아식 볶음밥 나시고렝(nasi goreng)을 빼놓을 수 없다. 인도네시아 미식의 또 다른 원천은 닭고기와 돼지고기, 참마와 야자순(팜하트) 그리고 해산물이다. 인도네시아의 향신료와 양념들 중 일부는 유럽에서도 익숙한 것들이다(마늘, 정향, 샬롯, 월계수 잎, 넛멕, 양파, 사프란 등). 그 외에 말려서 가루를 낸 식물 뿌리, 카피르 라임(쯔룩 프룻 djeruk purut, 향이 매우 진한 작은 감귤류)을 비롯한 몇몇 과일 또는 타마린드, 붉은 고추, 트라시(trasi, 새우를 염장 발효한 페이스트 형태의 장)등이 있으며 특히 쌀, 채소, 고기 요리에 넣는 삼발(sambal) 소스를 많이 사용한다. 또한 커리나 쌀국수, 간장 등을 통해 인도와 중국의 음식문화의 영향을 찾아볼 수 있다. 열대 과일은 그대로 먹거나 루작(rudjak, 파인애플, 오이, 그린 망고와 히카마(jicama, 콩감자)를 넣고 설탕, 타마린드 페이스트, 식초, 트라시로 양념한다)과 같은 샐러드를 만들어 먹는다. 인도네시아를 대표하는 특선 요리인 사테(sate)는 작게 썬 고기를 대나무 꼬치에 끼워 구운 뒤 매콤한 양념 소스에 찍어 먹는 음식이다. 사테는 닭고기, 양고기, 돼지고기, 생선, 새우, 해산물로 만들기도 한다. 가장 일상적인 음료는 차, 코코넛 밀크, 과일 주스이며 그 외에 식물성 섬유질을 원료로 만든 발효 증류주인 아라크(arak)나 쌀 발효주 브렘(brem) 등의 지역 특산 술을 마시기도 한다.

INDUCTION (PLAQUE À) 플라크 아 앵뒥시옹 인덕션 플레이트 또는 인덕션 레인지. 인덕션 레인지는 전기로 작동하는 조리 기구로 현재 일반 가정 및 전문가용 주방에 점점 더 설치가 늘어나는 추세다. 표면이 글라스세라믹으로 덮인 상판 내부에서는 유도체가 코일에 자기장을 발생시키고 조절한다. 쿡탑 상판 위에 올려놓는 모든 금속 및 자성 용기(강화유리, 알루미늄, 구리는 제외)는 자기장을 가두게 되고 이것이 유도 흐름을 만들어 용기의 바닥과 그 안의 내용물을 데우는 원리다. 이때 상판의 나머지 부분은 차가운 상태이며, 용기를 상판에서 떼어내는 순간 가열은 중단된다. 상판에 강자성 강재로 만든 특수 인터페이스 디스크를 올리면 이것이 열을 전달하는 역할을 해 인덕션 레인지에서 사용할 수 없는 용기들로도 조리가 가능하다.

INFUSER 앵퓌제 우려내다. 방향성 물질 위에 뜨거운 액체를 붓고 액체가 식는 동안 재료의 향과 풍미를 주는 인자가 액체에 채워지기를 기다린다. 주로 각종 차와 허브티 등을 우려내지만, 요리 레시피에 따라 송로버섯 껍질이나 자투리를 화이트와인에 넣어 우려내거나(소스에 향을 내 줄 에센스를 얻기 위함), 바닐라 빈을 우유에, 혹은 계피와 정향을 레드와인에 넣어 향을 우려내기도 한다.

INFUSION 앵퓌지옹 향을 우려낸 액체, 인퓨전. 방향성 물질을 뜨거운 액체에 넣고 우려내고 식혀 얻은 결과물. 이 용어는 우려내기를 통해 얻은 음료, 특히 각종 차나 허브티를 지칭하기도 한다. 허브티는 소화를 돕는 효과가 있어 특히 저녁식사 후에 즐겨 마신다.

INSTANTANÉ 앵스탕타네 인스턴트, 즉석 조리식품. 태블릿 형태의 고체 육수나 분말 수프처럼 건조처리를 거쳐 물이나 뜨거운 우유를 붓기만 하면 되는 제품을 지칭하는 수식어다. 이러한 건조 제품들은 부피와 중량이 작아지고 장기 보관할 수 있다.

INTERDITS ALIMENTAIRES 엥테르디 알리망테르 식품 금기. 모든 인간 사회에는 특정 식품의 소비를 금지하는 규율이 있다. 이러한 금기는 특정 식품(특히 동물성), 가공 또는 준비 방식(도축, 익힘 방식, 다른 식품과의 혼합 등)에 적용될 수 있다. 사회 또는 종교 집단의 구성원과 관련되거나(**참조** HALAL, KASHER) 성별, 나이, 사회적 지위와 같은 특정 기준에 따른 분류, 또는 임신과 같은 개인적인 상태와 관계되는 경우도 있다. 어떤 식품 금기는 특정 시기에 관련되기도 한다. 특히 유년기에 이러한 금기 식품을 획득하는 방식과 그 다양한 종류라 하나의 사회적 혹은 문화적 현상을 형성할 수 있으며 이는 생리학적 원인에 의한 식품 과민증(우유, 글루텐 등)이나 특정 동식물 종(고래, 멧새 등)을 보호하기 위한 법적 제재와 같은 금기와는 구분해야 한다. 각 개인에 있어 금기 식품은 때로는 혐오 반응과 관련된 것으로, 이는 해당 식품의 섭취를 어렵게 하거나 더 나아가 불가능하게 만든다.

IODE 요오드 아이오딘. 요오드. 아이오딘은 인체에서 갑상선 호르몬 합성에 필수적인 미량원소다(아이오딘 결핍은 특히 갑상선종의 원인이 된다). 아이오딘의 주 섭취원은 해조류를 비롯한 해산물, 양파, 마늘, 우유, 빵이다. 그러나 이러한 식품 섭취를 통해서는 하루 필요량(150μg)의 50~60% 밖에 공급할 수 없다. 아이오딘 결핍의 위험을 피하기 위해 프랑스에서는 아이오딘 소금 판매를 허용했다(타 국가들에서는 아이오딘이 보강된 빵을 판매하기도 한다).

IONISATION 이오니자시옹 이온화. 이온선(감마선, 엑스선, 가속전자빔)을 이용한 식품 보존 처리 과정. 세계보건기구(WHO)의 규제를 받는 이온화는 1982년 프랑스에서 시작되었으며, 일부 채소의 발아 억제, 곡물 또는 견과류에 퍼지는 해충의 박멸 또는 퇴치, 병원성 미생물의 제거, 일부 과일(딸기, 망고 등)의 후숙 지연 등의 작용을 한다. 반면, 비타민이 부분적으로 파괴되고 고가의 비용이 든다는 단점이 있다. 주로 건조식품, 향신료 또는 조리 식품(예를 들어 기계로 분리한 가금류의 고기는 이온화하여 살모넬라균을 제거한다)들이 이온화 과정을 거친다. 이온화 처리된 제품(또는 그에 해당하는 로고)이라는 명시는 식품의 라벨에 표기돼야 하나, 그렇지 못한 경우도 있다.

IRANCY 이랑시 부르고뉴의 AOC 레드와인으로 피노 누아와 세자르 품종의 포도로 만든다. 포도원은 샤블리에서 남서쪽으로 15km 떨어진 곳에 위치한다. 색상이 진하고 과실향이 강하며 구조감이 좋다(세자르 품종 덕분이다). 좋은 빈티지의 이랑시 와인은 장기 숙성에 적합하다.

IRISH COFFEE 아이리시 커피 블랙커피, 위스키, 생크림을 베이스로 한 알코올 음료로 경우에 따라 디저트로 서빙하기도 한다. 아일랜드식 커피라는 뜻의 아이리시 커피는 먼저 롱 드링크 잔을 데운 다음, 그 안에 위스키 계량분을 붓고 아주 진한 커피로 잔을 채운 후 생크림을 덮어 완성한다. 1942년 아일랜드의 포인즈 공항에서 일했던 바텐더 조 셰리던(Joe Sheridan)이 처음 개발하였는데, 그는 추위에 떠는 미국인 승객들을 따뜻하게 해주고자 이 음료를 만들었다고 한다.

▶ 레시피 : CAFÉ (BOISSON).

IRISH STEW 아이리시 스튜 감자를 넣은 양고기 스튜. 감자는 16세기에 아일랜드에 도입된 이후 기본 주식으로 자리 잡았다. 진한 맛을 지닌 아이리시 스튜에서 감자는 양고기와 아주 훌륭한 조화를 이룬다. 스튜 냄비에 적당한 크기로 자른 양 목심을 동그랗게 슬라이스한 감자와 얇게 썬 양파와 교대로 켜켜이 넣은 뒤 국물을 잡아 약한 불에서 뭉근히 끓인다. 이 요리의 가장 고전적인 가니시는 향신료에 절인 적채다. 좀 더 현대적인 스타일의 아이리시 스튜는 어린 양고기에 순무, 당근, 파스닙 또는 보리를 넣어 만들며, 스타우트 맥주를 넣기도 한다.

IRLANDE 이를랑드 아일랜드. 고기와 유제품의 대량 생산국인 아일랜드의 요리는 단순한 음식, 주로 소고기나 어린 양고기로 만드는 고기 스튜와 채소 스튜(감자, 당근, 무, 파스닙 등)로 특징지을 수 있으며 소스류는 매우 드물다. 감자는 16세기에 도입된 이래로 거의 모든 요리에 사용되었다. 식생활에서 감자가 차지하는 중요한 역할은 1739년과 1845년의 경우(당시 노균병으로 인해 감자 수확을 망쳤다)를 비롯해 과거 여러 차례 겪었던 기근의 원인이 되기도 했다. 어업은 아일랜드의 또 다른 중요한 경제 분야이다. 생선(특히 청어, 고등어)과 해산물(랍스터, 새우, 조개 등)을 어획하며 특히 훈제연어를 즐겨 먹는 해안 지역을 중심으로 굴과 홍합이 생산된다. 디저트로는 아이리시 애플파이와 밤브랙(barmbrack, 건포도 빵)을 꼽을 수 있으며 주로 차에 곁들여 먹는다.

■ **아침 식사.** 전통적인 형태의 아침식사는 베이컨 슬라이스, 돼지고기 소시지, 달걀, 블랙 푸딩과 화이트 푸딩(부댕의 일종으로 피를 넣지 않은 것도 있다) 등 여러 종류의 프라이로 구성된다. 여기에 감자, 소테한 토마토나 버섯, 토스트나 소다 팔(soda farls, 밀가루와 발효유로 만드는 납작한 빵으로 이스트 대신 베이킹소다를 넣어 만든다)을 곁들여 차나 커피와 함께 먹는다. 6월 16일(블룸스 데이)에는 제임스 조이스의 작품 『율리시즈』 도입 장면에서 레오폴드 블룸이 먹은 아침식사를 기념해 튀긴 돼지 콩팥을 서빙한다. 얼스터 프라이(Ulster fry)는 얼스터 지역에서 먹는 변형된 형태의 조식으로, 블랙 푸딩이나 화이트 푸딩은 포함되지 않으나 포테이토 팔(감자로 만든 납작한 빵)과 소다 팔이 식탁에 오른다.

■ **채소.** 챔프(champ, 샬롯이 들어간 감자 퓌레) 또는 복스티(boxty, 일종의 감자 팬케이크), 등 대부분의 요리에 들어가는 감자 외에 양배추가 자주 사용되는데, 예를 들어 물에 삶아 염장 베이컨과 함께 먹기도 한다. 콜캐넌(colcannon)은 케일과 매시드 포테이토를 섞은 것으로 대개 우유나 크림을 넣고 리크, 양파, 파 또는 마늘로 향을 낸다.

■ **육류와 부속.** 소고기나 새끼 양고기로 만든 스튜가 다양하다. 가장 유명하며, 의심할 여지없이 가장 인기 있는 것은 아이리시 스튜(참조 IRISH STEW)로 오귀스트 에스코피에(Auguste Escoffier)의 『요리 안내서(*Le Guide culinaire*)』에도 수록돼 있다. 더블린에서는 코들(coddle)을 즐겨 먹는다. 이것은 익힌 돼지고기 소시지와 베이컨 슬라이스를 여러 겹으로 깔아 넣고, 둥글게 슬라이스한 감자, 양파와 함께 뭉근히 익힌 요리다. 간은 소금, 후추, 파슬리로만 한다. 돼지 부속은 부댕(푸딩이라고 부른다), 소시지, 내장 요리 등을 만드는 데 사용된다.

■ **맥주와 브랜디.** 기네스(Guinness), 아이리시 스타우트(irish stout) 또는 드라이 스타우트(dry stout) 등의 양조장 이름과 긴밀한 관계를 맺고 있는 아일랜드의 흑맥주는 색이 진하고 묵직하며 맛이 강하다. 상면발효 방식으로 만들며 곡물을 로스팅해 만든 맥아즙을 사용하기 때문에 커피 원두의 풍미가 은은히 난다. 단맛이 나는 것과 씁쓸한 것 두 종류가 있다. 스카치 위스키보다 종류가 적은 아이리시 위스키(whiskey, 아일랜드에서는 위스키 철자에 e를 넣는다)는 더 가볍고 순하며 피트(peat, 이탄)를 사용했을 때 나는 훈연의 풍미가 없다. 아이리시 위스키는 아이리시 커피(**참조** IRISH COFFEE)에 넣거나 베일리즈(Baileys) 같은 크림을 섞은 리큐어를 만들 때 사용된다.

IROULÉGUY 이룰레기 페이 바스크산 AOC 레드, 로제, 화이트와인으로 생테티엔 드 바이고리(Saint-Étienne-de-Baïgorry) 주변에 위치한 여러 구획으로 분할된 한 소규모 포도밭에서 생산된다. 레드와인은 카베르네 소비뇽, 카베르네 프랑, 타나(tannat) 품종으로 만들며 아로마가 풍부하고 타닌이 느껴지는 경우가 많다(**참조** BASQUE [PAYS]).

IRRORATEUR 이로라퇴르 방향기, 분무기. 식당을 향기롭게 하는 데 사용된 도구로 앙텔름 브리야 사바랭(1753~1826)이 발명하고 프랑스 산업 진흥원(la Société nationale d'encouragement pour l'industrie)에 출품까지 했던 것으로 전해진다. 그는 자신의 저서 『맛의 생리학(*Physiologie du goût*)』의 서문에서 이에 대해 암시하기도 했다.

ISARD 이자르 피레네의 영양. 알프스 산양 샤무아(chamois)와 비슷한 동물의 이름으로 피레네 지역에서는 이자르라고 부르며 무게는 30~35kg 정도이다. 피레네 영양의 살은 연하고 맛이 좋아 매우 인기가 많으며, 주로 넓적다리와 안심을 스튜 또는 구이로 조리해 먹는다. 피레네 영양은 특별 보호종이다. 사냥은 일 년에 며칠만 허가되거나 개체수를 제한하며 관리하는 사냥 현황표(plan de chasse)에 따라 엄격하게 통제된다. 유전학적 연구에 따르면 이자르와 샤무아는 서로 다른 종이었다고 한다.

ISSUES 이쉬 정육 부산물. 프랑스 정육에서 제 5등급에 해당하는 부속, 내장 부위 중 먹을 수 없는 부분(뿔, 림프절, 가죽, 털 등)을 지칭하는 정육 용어다. 지역에 따라 이 용어는 5등급 부위 전체(먹을 수 있는 부속과 산업용 가공 목적으로 쓰이는 부위)를 가리키거나 내장과 부속 또는 5등급 부위에서 손질, 처리된 부분을 뜻하기도 한다. 이쉬는 도축장의 허드레 부산물로 취급된다. 한편, 제분업계에서 이쉬는 밀을 도정했을 때 밀가루 이외에 부수적으로 나오는 다른 물질 즉 껍질 조각이나 밀기울 등을 뜻한다(issue de blé).

ITALIE 이탈리아 이탈리아 요리는 파스타, 리소토, 프리토 미스토(모둠 튀김), 피자 등으로 특히 해외에 널리 알려져 있다. 정통식이라면 더욱 맛이 훌륭한 이 요리들 이외에 밀라노나 볼로냐의 샤퀴트리, 모르타델라, 프로슈토와 살라미, 파르마 햄, 또는 모데나의 잠포네 등도 아주 유명하다. 오

일, 와인, 치즈(고르곤졸라, 그라나파다노와 그 파생 치즈들, 파르미지아노 레지아노 또는 파르메산, 페코리노, 리코타 등)뿐 아니라 탁월한 맛의 젤라토, 그라니타, 카사타와 커피 또한 훌륭한 품질로 인정받고 있다. 그러나 사실 이 몇 가지 예들은 제빵, 다양한 저장식품, 각종 육류로 만드는 샤퀴트리, 종류가 매우 다양한 치즈, 리큐어 등을 모두 포함한 이탈리아 식생활 전체에서 찾아볼 수 있는 지역 특선 먹거리들의 일부에 지나지 않는다. 이와 같은 여러 탁월한 품질의 음식들은 이탈리아가 프랑스보다도 더 폭넓은 식품 다양성을 지녔다는 사실을 증명한다. 우리가 잘 알고 있다고 생각하는 요리라도 그것이 아주 오래전에 프랑스에 스며들어 온 것이기 때문 정확하지 않거나 잘못된 경우가 있다. 오랜 전통의 계승자인 이탈리아의 미식은 고대의 요리들을 이어오고 있는 것들이 많다. 한 예로 폴렌타(polenta)는 카이사르의 병사들과 많은 고대 로마인들이 흔히 먹었던 곡물 죽을 그대로 차용한 것이다.

■ **지역 요리.** 불과 얼마 전까지만 해도 이탈리아의 미식 지도는 버터, 소젖 치즈, 쌀 그리고 바롤로(barolo)나 발폴리첼라(valpolicella) 와인의 고장인 북부 지방과 올리브유, 파스타, 마르살라 와인, 마유의 왕국이라고 할 수 있는 남부 지역으로 나뉘었다. 토스카나에서는 레스토랑들이 루카(Lucca) 지역의 오일, 피렌체식 등심 스테이크, 흰 강낭콩, 키안티 와인을 알리는 가교 역할을 했다. 이어 다른 지역들의 특선 음식들도 점점 인기를 얻어 피자는 이탈리아 북부를 점령했고, 리소토와 폴렌타는 남부 각지에 뿌리를 내렸다. 그 외에도 지역마다 강력한 대표주자들이 자리를 지키고 있다. 롬바르디아는 버터를 풍부하게 사용하는 밀라노식 요리와 채소 수프, 오소부코로 알려져 있다. 베네토 지방은 사프란을 넣은 생선과 해산물 요리, 리구리아 지방은 맛이 아주 좋은 스터핑, 페스토 같은 바질 베이스의 음식으로 유명하며, 에밀리오 지방의 모든 음식은 볼로냐로 통한다. 볼로냐는 이탈리아에서 프랑스의 리옹과 같은 미식의 중심지로 샤퀴트리와 종류가 무궁무진한 파스타로 유명세를 떨치고 있다. 토스카나는 올리브유와 그 유명한 키아니나(razzia chianina) 품종 소고기만을 사용하는 비스테카 알라 피오렌티나(bistecca alla fiorentina) 등의 요리를 자랑한다. 마르케 지역은 수렵육과 올리브, 라치오 지역은 튀김요리 또는 내장 스튜, 캄파니아 지역은 대중적인 음식과 고급 음식, 다양한 마카로니 소스가 유명하며 풀리아 지역은 이탈리아의 각종 재배 채소의 보고다. 칼라브리아 지역은 가지가 유명하고, 시칠리아는 각종 시트러스와 허브를 넣은 생선 파피요트, 사르데냐는 꿀과 보타르가(생선알)가 대표적인 특산물이다.

■ **쌀과 파스타.** 쌀이나 파스타는 익숙하게 즐기는 단순한 음식이지만, 이탈리아인들은 이를 기반으로 세련되고 고급스러운 요리를 만들어 먹는다. 쌀은 모든 풍미와 잘 어우러지는 이상적인 재료다. 쌀을 향이 있는 육수에 익히거나, 밀라노식으로 사프란의 색을 입히기도 하며 피에몬테식 탱발(닭고기와 화이트 트러플을 넣는다)을 만들기도 한다. 또한 마늘, 바질과 섞어 토마토나 피망에 채우기도 하며 베니스식 리시 에 비시(risi e bisi)처럼 완두콩이나 볶은 버섯을 넣고 리소토처럼 익힌 뒤 생선이나 해산물 요리에 곁들여 내기도 한다. 이탈리아 파스타의 명성은 전 세계를 휩쓸었다. 이탈리아에서는 파스타를 식사 초반에 내며, 버터, 파르메산 치즈를 곁들이거나 토마토 소스, 고기를 넣은 라구소스(볼로네제) 또는 카르보나라 소스(베이컨, 달걀노른자, 생크림, 후추, 가늘게 간 치즈 등을 사용해 만든다)등으로 조리한다. 또한 나폴리의 콘 레 봉골레(con le vongole) 스파게티(팬에서 익혀 입을 벌린 바지락, 올리브유, 마늘, 파슬리를 넣는다)처럼 세련된 맛의 파스타도 있다. 바질, 파슬리, 마조람에 오일과 파르메산 치즈, 마늘, 잣을 넣어 찧어 만드는 제노바식 소스인 페스토(pesto)는 트레네테(trenette, 납작한 스파게티) 요리에 사용한다. 카넬로니, 라비올리, 토르텔리니는 누구나 아는

이름이지만, 에밀리아의 카펠레티(cappelletti, 작은 모자라는 뜻의 라비올리의 일종으로 다진 닭고기, 치즈, 달걀로 만든 소를 채운다), 시금치와 리코타 치즈를 채워 넣고 호두 소스를 곁들이는 라비올리인 라팔로의 판소티(pansotti), 튀긴 가지, 리코타 치즈, 토마토 소스, 바질을 얹은 시칠리아식 스파게티 또는 파스타 콘 레 사르데(pasta con le sarde, 펜넬, 건포도, 잣을 넣은 소스를 끼얹은 마카로니에 신선한 정어리를 얹은 것) 등은 상대적으로 덜 알려져 있다.

■ **고기와 생선.** 이탈리아는 육류 소비량이 많은 나라다. 그 종류 또한 매우 다양하기 때문에 오소부코(osso-buco)만으로는 이탈리아의 고기 요리를 모두 알 수 없다. 고기를 많이 소비하는 피에몬테 지방에서는 그린 소스(파슬리, 마늘, 올리브유로 만든다)를 곁들인 볼리토 미스토(bollito misto, 다양한 종류의 고기를 넣고 끓인 포토푀의 일종)와 스트라코토 알 바롤로(stracotto al barolo, 와인을 넣은 소고기 스튜)를 즐겨 먹는다. 롬바르디아 사람들은 유명한 특산품인 크레모나 과일 머스터드(모스타르다 디 크레모나 mostarda di Cremona)를 넣은 매콤한 소스를 고기에 곁들여 먹으며, 부세카(busecca, 송아지 창자, 콩, 녹색 채소를 넣어 끓인 되직한 수프)를 즐겨 먹는다. 토스카나 사람들은 피렌체식 비스테카(bistecca alla florentina)에 큰 자부심을 갖고 있으며, 라티움은 어린 양고기 요리, 캄파니아는 생선 요리로 잘 알려져 있다. 알라 피자이올라(alla pizzaiola) 스타일의 요리는 이태리 전역에서 공통적으로 찾아볼 수 있다. 피자이올라 송아지 요리(vitella alla pizzaiola)는 얇게 저민 송아지 고기를 매우 뜨거운 기름에 지져낸 다음 토마토, 마늘, 오레가노로 맛을 낸 것이다. 특히 이탈리아의 송아지 요리는 놀라울 정도로 다양하다. 로마식 살팀보카(saltimbocca), 밀라노식 인볼티니(involtini, 햄 포피에트), 레몬 또는 마르살라 와인 소스를 곁들인 피카타(piccata), 작은 아티초크를 넣은 송아지 갈비 파피요트, 유명한 비텔로 토나토(vitello tonato, 익혀서 얇게 슬라이스한 송아지 고기에 참치와 케이퍼, 안초비로 만든 소스를 끼얹어내는 찬 요리), 리보르노의 올리브를 넣은 송아지 요리, 메시카니(messicani, 얇게 저민 송아지고기에 소를 채운 뒤 꼬치에 꿰어 버터에 소테하고, 화이트와인과 마르살라 와인으로 디글레이즈한다), 시칠리아의 파르수 마그루(farsu magru, 고기를 얇고 넓게 슬라이스해 삶은 달걀, 셀러리, 치즈, 소시지, 햄을 채우고 돌돌 말아 구운 요리) 등을 예로 들 수 있다. 가금류 요리의 가짓수는 이보다 적으나 발도스타나(Valdostana) 닭가슴살 요리(닭가슴살을 소테한 다음 화이트와인으로 디글레이즈하고 화이트 트러플과 폰티나 치즈를 올려 낸다)와 토스카나식 닭튀김, 그리고 폴렌타 위에 올려 내는 작은 새 꼬치구이는 언급하지 않을 수 없다. 생선 요리 역시 다양하다. 가장 많이 소비하는 바다생선의 경우 주로 올리브유, 화이트와인에 익히고 마늘과 파슬리로 맛을 내거나, 시칠리아에서처럼 아몬드를 채워 파피요트로 익히기도 한다. 호수가 많은 이탈리아에서는 민물고기 역시 매우 중요한 식재료다(담수에 사는 무지개 송어를 쿠르부이용에 익힌 뒤 과실향이 진한 올리브유와 레몬즙을 뿌려낸다. 또한 칠성장어에 마늘을 넣은 토마토 퓌레를 끼얹어 낸다). 생선 수프는 이탈리아 전역에서 즐겨 먹는 메뉴이며 각 지역마다 레시피가 매우 다르다.

■ **채소와 디저트.** 이탈리아는 채소가 풍부하며 조리방법에도 정통이 있다. 버터와 파르메산 치즈를 넣은 시금치, 소를 채운 주키니 호박과 피망, 버터나 올리브유에 찌듯이 익힌 아티초크 등 다양한 채소 요리가 있다. 상대적으로 덜 유명한 요리들 중에서도 주옥같이 훌륭한 것들이 있다. 피에몬테식 카르둔 요리(오일, 버터, 마늘 베이스의 따뜻한 유화소스에 카르둔을 찍어 먹는다), 올리브유를 곁들여 따뜻하게 먹는 파지올리(fagioli, 흰 강낭콩), 수란, 파르메산 치즈, 녹인 버터를 곁들인 아스파라거스, 잠두콩, 완두콩, 아티초크에 햄과 양파를 넣고 가늘게 채 썬 양상추와 함께 뭉근하게 익힌 요리 그 외에도 카폰 마그로(cappon magro, 오븐에 말리듯 구운 빵에 마늘을 문지르고 익힌 채소를 올린 다음 쿠르부이용에 익힌 쏨뱅이와 향신 재료에 올리브유를 넣으며 마요네즈처럼 휘저어 만든 페스토로 표면을 완전히 덮어준다) 등을 손에 꼽을 수 있다. 식사는 대개 치즈(고르곤졸라, 프로볼로네, 벨 파에제, 모차렐라)와 과일로 마무리하며 이어서 아주 진한 에스프레소를 마신다. 그러나 디저트를 빼놓을 수는 없다. 밀라노식 파네토네(panatone), 베니스의 바이콜리(baicoli, 레몬 향의 타원형 과자), 시칠리아식 마지팬, 피렌체식 자바이오네(zabaione, 사바용 커스터드 크림의 일종), 피에몬테식 아마레티(amaretti, 아몬드 마카롱 쿠키), 시칠리아식 카사타(cassata) 케이크, 다양한 레시피의 토르타 디 리코타(torta di ricotta), 마스카포네(**참조** MASCARPONE)를 베이스로 한 크림들과 아이스크림 등이 대표적이다.

■ **와인.** 남으로는 아프리카, 북으로는 알프스와 면해 있는 이탈리아는 일조량이 풍부하며 포도밭 면적이 910,000헥타르에 이르는 대규모 와인 생산국으로, 전 세계 최다 생산량을 자랑한다. 자국 내 소비량이 상당함에도 이탈리아는 세계 1위의 와인 수출국이다(연간 1500만hℓ). 1963년부터 이탈리아 정부는 유럽 연합의 법령에 따르기 위해 대규모 생산 규제에 힘쓰고 있으나 아직은 혼선의 여지가 남아 있는 상태다. 국가 기관이 원산지 명칭을 관리하며, 이 명칭은 단일하고 제한된 지역 또는 제한 및 보증된 지역에 부여된다. 원산지 통제 명칭을 뜻하는 데노미나치오네 디 오리지네 콘트롤라타(Denominazione di Origine Controllata, DOC)는 특정 기준에 부합하며 자격 심사를 받은 생산자가 생산한 와인에 부여된다. 데노미나치오네 디 오리지네 콘트롤라타 에 가란티타(denominazione di origine controllata e garantita, DOCG)는 고품질 와인에 부여되는 인증으로, 판매 용기가 5ℓ를 넘을 수 없으며 라벨에는 원산지, 생산자명, 병입 장소, 알코올 함량 등을 표기해야 한다. 고대부터 와인을 생산해온 이탈리아는 천 가지가 넘는 포도품종을 자랑하며, 그중 400종은 적극 추천되는 품종들이다. 가장 유명한 품종은 산지오베제(sangiovese, 키안티 와인을 만드는 데 쓰인다)와 네비올로(nebbiolo)이며 둘 다 적포도다. 수 세기에 걸쳐 타 품종 포도들이 특히 프랑스(메를로, 카베르네, 피노, 소비뇽 품종)와 라인강 유역(리슬링, 실바네, 트라미네 품종)으로부터 수입되었다. 많은 와인들이 생산된 지역명과 포도품종에서 따온 이름을 사용한다. 남부에서는 풀리아(장화를 닮은 이탈리아 지도의 굽 부분에 위치) 지역이 기록적인 생산량을 자랑한다. 이 지역의 와인은 색이 아주 진하고 알코올 함량이 매우 높으며, 생산량의 상당 부분이 블렌딩 와인이나 베르무트(vermouth) 제조용으로 사용된다. 북부의 피에몬테는 매우 유명한 아스티 스푸만테(asti spumante)의 본산지이지만 그 외에 이탈리아 최고의 두 레드와인인 바롤로(barolo)와 바르바레스코(barbaresco)과 바르베라(barbera)와 같이 또 다른 훌륭한 와인들의 생산지이기도 하다. 토스카나는 유명한 키안티(chianti)의 고향이며, 시칠리아에서는 마르살라(marsala)와 파로(faro), 베네토에서는 발폴리첼라(valpolicella), 캄파니아에서는 팔레르노(falerno)와 유명한 라크리마 크리스티(lacrima-christi), 라티움에서는 프라스카티(frascati)가 생산된다.

ITALIENNE (À L') 아 리탈리엔 이탈리아식. 정통 프랑스 요리에서 아 리탈리엔이라는 수식어는 고기, 생선, 채소 또는 달걀 등에 버섯 뒥셀, 다진 햄과 허브를 넣어 만든 이탈리안 소스를 곁들인 요리, 또는 세로로 등분한 아티초크 속살과 마카로니를 포함한 가니시를 곁들인 요리를 지칭한다. 일반적으로 알 덴테(al dente)로 익힌 파스타와 이탈리아의 다양한 정통 요리들을 이탈리아식이라 총칭하기도 한다. 또한 각종 채소를 혼합한 뒤 안초비 필레와 깍둑 썬 살라미를 넣고 마요네즈로 드레싱한 샐러드 역시 이탈리아식 샐러드라고 부른다. 레몬즙을 넣은 마요네즈에 어린 양이나 송아지 골 퓌레와 다진 파슬리를 섞은 차가운 이탈리아식 소스도 있다.

▶ 레시피 : TAUBERGINE, BETTE, BISCUIT, MERINGUE.

IVOIRE 이부아르 이부아르 소스. 쉬프렘 소스에 황금색 글라스 드 비앙드(고기 육수를 글레이즈 상태로 농축한 것)나 농축한 송아지 육수를 첨가한 소스로 주로 삶은 닭 요리에 끼얹어 서빙한다. 또한 이 소스를 아주 되직하게 만들어 대개 가금류로 만드는 쇼 프루아 표면에 씌우기도 한다. 이렇게 만든 쇼 프루아에는 아 리부아르(à l'ivoire)라는 수식어가 붙는다.

IZARRA 이자라 바스크어로 별을 뜻하는 이름을 가진 아르마냑 베이스의 약초 리큐어(상품명). 녹색(알코올 함량 48%) 또는 노란색(알코올 함량 40%)을 띠는 이자라 리큐어는 제조에 약 15개월이 소요된다. 네 가지 재료를 각각 따로 준비해 블렌딩하는 방식으로 만들어진다. 우선 약초와 향신료 혼합물을 색이 없는 중성 알코올에 담가 향을 우린 뒤 증류기를 사용해 증류해둔다. 그 외에 오래 숙성시킨 아르마냑에 담근 절인 과일, 설탕 시럽과 해당지역에서 생산된 아카시아 꿀, 사프란을 주재료로 해 색을 우려낸 인퓨전을 각각 준비한다. 녹색 이자라를 만드는 데는 48종, 노란색 이자라에는 32종의 약초가 사용된다.

JK

JALOUSIE 잘루지 프랑지판(frangipane) 크림을 채운 작은 퍼프 페이스트리로 윗면을 덮고 있는 구멍 난 파이 크러스트가 마치 창문의 블라인드(jalousie)를 닮았다고 하여 이 이름이 붙었다. 프랑지판 대신 사과 콩포트, 살구 마멀레이드 또는 잼을 넣기도 한다.

jalousies à l'abricot 잘루지 아 라브리코

살구 잘루지 : 푀유테 반죽 500g을 두께 3mm의 직사각형으로 민 다음, 너비 10cm의 띠 두 장으로 자른다. 그중 한 장의 가장자리 전체에 달걀물을 바른다. 달걀물을 바르지 않은 가운데 부분에 살구 마멀레이드 500g을 펴 올린다. 두 번째 반죽 띠를 길게 반으로 접은 다음 가장자리에서 1cm 여유를 두고 접힌 선 쪽으로 비스듬하게 칼집을 낸다. 다시 반죽을 펼쳐 마멀레이드를 올린 첫 번째 반죽 위에 덮는다. 가장자리를 꼭꼭 눌러 두 반죽을 잘 붙인 다음 끝을 반듯하게 잘라내 위아래가 맞도록 하고 작은 칼을 이용해 빙 둘러가며 칼집을 넣는다. 표면에 달걀물을 바르고 200°C로 예열한 오븐에 넣어 25~30분간 굽는다. 마멀레이드와 물을 1:2로 섞어 불 위에서 살짝 졸여 만든 살구 나파주를 파이 표면에 윤기나게 바른 다음 작은 설탕 알갱이를 솔솔 뿌린다. 완성된 잘루지 파이를 4cm 폭으로 잘라 따뜻하게 또는 차갑게 낸다.

JAMBALAYA 잠발라야 스페인 파에야의 영향을 받은 뉴올리언스의 명물 요리로, 향신료로 진하게 향을 낸 쌀에 닭고기와 햄을 넣어 만든다. 소시지, 피망, 토마토, 새우 또는 굴을 넣기도 한다.

jambalaya de poulet 잠발라야 드 풀레

닭고기 잠발라야 : 4인분 / 준비: 30분 / 조리: 쌀 익히기 18~20분

흰색 닭 육수에 닭 한 마리를 데쳐 익힌 다음 육수에 담근 상태로 식힌다. 닭을 건져 껍질을 제거하고 뼈를 발라낸다. 살코기를 작은 주사위 모양으로 썬다. 생햄 300g도 마찬가지 모양으로 썰어 버터 50g과 함께 팬에 넣고 뚜껑을 덮은 상태로 소테한다. 쌀 300~400g, 닭 익힌 육수, 소시지 스터핑용 분쇄육 혼합물 100g, 홍피망 100g, 작은 주사위 모양으로 썬 양파 100g으로 필라프 라이스를 만든다. 필라프 라이스가 다 익으면 미리 익혀둔 완두콩 50g을 넣어 섞는다. 햄이 익으면 썰어둔 닭고기를 넣고 고운 소금, 후추 간 것, 카옌페퍼로 간한다. 전체를 필라프 라이스와 섞어 아주 뜨거울 때 서빙한다.

JAMBE DE BOIS 장브 드 부아 무릎 도가니. 뼈를 제거하지 않은 소의 무릎 정강이 부위로 포토푀에 넣는 재료 중 하나다. 무릎 도가니 포타주는 옛날 푸짐한 대식가의 요리였으며, 1855년 레시피에 따르면 닭 한 마리, 자고새 두 마리, 둥글게 썬 송아지 정강이 살 2파운드, 다량의 채소가 들어간다. 리옹에서 유래하였으며, 요리사 폴 보퀴즈(Paul Bocuse)가 현대식으로 재해석한 바 있다.

JAMBON 장봉 햄, 하몬. 일반적으로 돼지 뒷다리살을 장기 보존 목적으로 가공한 샤퀴트리 제품이다(**참조** p.699 돼지 정육 분할 도감). 장봉은 통째 또는 슬라이스로, 차갑게, 익혀서, 날것으로 또는 건조시키거나 훈연하여 판매한다. 양질의 익힌 햄은 균일하고 선명한 분홍색을 띠고 있으며 살코기가 많고 돼지 껍질 아래로 얇은 지방층에 둘러싸여 있다. 돼지 앞다리살 역시 같은 방식으로 가공하지만, 여기에 장봉이라는 명칭을 사용할 수는 없으며 맛의 섬세함이 덜하다. 보통 햄이 들어가는 요리에 쓴다. 햄은 이미 고대 로마인들의 식탁에 등장했다. 갈리아인들은 고기 표면을 소금, 허브, 식초로 문지른 다음 말려 훈연하는 보존법을 알고 있었다. 중세에는 장봉을 부의 상징으로 여겼으며 오늘날에는 유럽 모든 국가에서 먹는다.

■ **사용.** 통째로 조리한 신선 돼지 뒷다리는 아주 맛있는 요리가 된다. 삶기, 브레이징, 그릴, 로스트(쌀, 버섯 또는 파인애플을 곁들인다)뿐 아니라 크러스트 반죽으로 겉을 감싼 뒤 익히기도 한다. 익힌 상태로 판매되는 경우, 다양한 요리에 손쉽게 사용할 수 있다(아스픽, 카나페, 속을 채운 뒤 코르네 모양으로 만 햄, 크레프, 크로크 무슈, 스터핑, 그라탱, 무스, 파테, 오믈렛을 비롯한 각종 달걀 요리들, 키슈, 샐러드, 샌드위치, 수플레 등). 생햄과 건조 햄은 주로 차가운 오르되브르로 먹지만, 요리의 구성 재료로 사용되기도 한다(알자스식, 바스크식, 리무쟁식 요리 등). 퀘벡에서는 염지액을 주사로 주입하고 경우에 따라 단풍나무로 훈연한 햄을 뼈를 제거하거나 뼈가 있는 상태로 통째로 서빙한다. 햄은 사전 조리 여부에 따라 적당한 시간 물에 삶는다. 지방 부위에 마름모꼴로 칼집을 내어 정향을 꽂고 머스터드 분말과 메이플 시럽(혹은 비정제 황설탕에 사과나 파인애플주스를 넣어 갠 것)을 섞어 바른다. 이것을 오븐에 구워 껍질이 노릇한 색이 나도록 마무리한다.

생 또는 익힌 햄의 특성은 예로부터 소금의 특성, 보존 과정, 돼지의 종, 먹이, 나이에 관련돼 있으며, 그에 따라 햄의 지리적 명칭이 결정되었다. 따라서 다양한 햄들이 지역과 관련된 명칭을 유지하고 있으나 몇몇 지역 햄들은 유럽 연합의 규제 대상이 되고 있으며, 오늘날에는 대부분의 경우 생산지와 관계없이 생산 방식에 따라 이름이 정해진다. 바욘(Bayonne) 햄, 리무쟁(Limousin)과 아르덴(Ardennes)의 건조 햄은 우수 품질 상품에 부여되는 라벨 루즈 인증을 받았다.

■ **쿡드 햄.** (**참조** p.472 샤퀴트리 도표, p.193, 194 도감) 햄을 염지액에 담그는 방식은 더 이상 사용하지 않는다. 대신 염지액을 주사한 후 뼈를 제거하고 손질하거나 먼저 뼈를 제거하고 손질 후 근육 부위에 염지액을 주사한다. 이어서 틀에 넣거나 면포로 감싸 증기로 찌거나 끓는 물에 삶는다. 일부 햄은 뼈째 익혀 그대로 판매하는데, 요크 햄(jambon d'York)이 이에 해당한다.

쿡드 햄의 주요 형태와 특징

형태	생산 방식	외형	맛
옛날식 햄 jambon à l'ancienne	첨가제 중 질산염과 아질산염만 사용가능하다. 냉동시키지 않은(냉장) 원재료로 만든다.	다양한 형태(직사각형, 둥근 빵 모양, 원통형)로 껍질이 붙은 것도 있으며 단면은 분홍색이다.	연함. 부드럽고 촉촉함.
브레이징 햄 jambon braisé	뚜껑을 닫은 단지 안에 소량의 브레이징 액을 넣고 익힌다.	황금빛 갈색이 나고 단면은 분홍색이며 식감이 연하다.	사용하는 브레이징 액에 따라 다름
갈색 햄 jambon bruni	색소를 함유한 코팅 용액으로 겉면을 어두운 색으로 처리하고 오븐에 넣는다. 직화로 태운 것이 아니다.	표면은 검고 단면은 분홍색이다.	약한 훈연향
특선 햄 jambon choix	냉장 또는 냉동 상태로 인산염을 최대 0.2%까지 첨가할 수 있다.	원형, 또는 직사각형의 덩어리로 단면이 약간 촉촉하다.	순한 맛
아르덴 쿠드 햄 jambon cuit des Ardennes	상급 품질의 돼지 뒷다리를 껍질째 익혀 손질한 후 뼈를 발라내고 틀에 넣어 강하게 훈연한다.	서양배 모양의 덩어리로 짙은 갈색이며 단면은 진한 분홍색을 띤다.	맛이 강하고 훈연향이 진함.
본 인 햄 veritable jambon cuit à l'os	뼈를 제거하지 않는다. 경우에 따라 쪄낸 후 훈연하며 대부분 향을 낸 육수에 익힌다. 압착은 하지 않는다.	뼈째 놓고 판매하거나 서빙한다. 단면은 분홍색이다.	매우 연하며 고유한 맛을 갖고 있다.
고급 햄 jambon superieur	신선 돼지 뒷다리에 인산염을 넣지 않고 만든다. 자가 제조 슈페리어(supérieur maison)햄은 판매 장소에서 직접 만든 것이다.	다양한 형태(직사각형, 둥근 빵 모양, 원통형), 껍질이 붙어 있는 것도 있으며, 단면은 분홍색이다.	매우 섬세한 맛.
토르숑 햄 jambon au torchon	행주(토르숑)로 감싼 뒤 면포, 주머니, 그물망 또는 얇은 띠로 감아 익힌다.	단면이 원형이고 분홍색을 띤다.	육수에 따라 달라짐.
프라하 햄 jambon de Prague	천천히 염지한 후(15~21일 소요) 건져 쪄내고 경우에 따라 훈연한다. 뼈째 익히며 빠르게 건조시킨다. 익힌 채로 또는 익히기 전 상태로 판매한다.	껍질은 진한 갈색(훈제) 또는 연한 갈색(찐 것)을 띤다. 수제로 슬라이스하며 단면은 연한 분홍색이다.	식감이 연하고 촉촉하며 특유의 맛이 난다(훈제).
요크 햄 jambon d'York	천천히 염지한 후(최소 7일) 건져 쪄내고 훈연하기도 한다. 뼈째 익힌다.	껍질은 진한 갈색(훈제) 또는 연한 갈색(찐 것)을 띤다. 수제로 슬라이스하며 단면은 연한 분홍색이다.	식감이 연하고 부드러우며 촉촉하다.

현대식 생산 기법에서는 대량생산 제품뿐 아니라 수제햄 역시 주사를 이용해 염지(약 10%)후 진공 회전 탱크 안에서 육질을 부드럽게 하고 진공포장용 비닐팩에 넣어 성형한다. 이어 신축성이 있는 그물망 또는 직육면체나 길쭉한 타원형 틀에 넣어 증기나 찌거나 액체에 담가 익히는데, 중량 손실을 최소화하기 위해 복잡하고 정교한 방식으로 온도를 높인다. 냉각 역시 정밀한 통제 하에 진행되며, 반드시 하루 또는 이틀간 휴지시킨 후 판매한다. 다양한 지역 특산 햄들이 저마다 자리를 지키고 있으며 특히 빵가루를 입힌 렝스 햄(jambon de Reims) 또는 파슬리를 넣은 부르고뉴 햄(jambon persillé de Bourgogne) 또는 모르방 햄(jambon persillé de Morban) 등이 유명하다. 이 두 파슬리 햄은 익힌 뒷다리살 장봉과 앞다리살 햄을 함께 사용하며 파슬리와 즐레를 넣고 틀에 넣어 모양을 잡는다.

■ **생햄과 건조 햄.** 이들 햄의 훈연 여부는 그 종류에 따라 달라진다(**참조** 옆 페이지 도표, p.193~194 샤퀴트리 도감). 전통적인 방식에서는 소금을 반복적으로 문지르며 염지액 주입은 하지 않는다(그러나 일부 지방 또는 산간지역 생햄 중에는 주사 염지를 하는 경우도 있다). 숙성은 가장 중요한 단계이다. 라벨 루즈 인증은 돼지의 품질, 염장 블렌딩 비율, 건조 기간 등을 보증한다.

aspic de jambon et de veau ▶ ASPIC
crêpes au jambon ▶ CRÊPE
endives au jambon ▶ ENDIVE

jambon braisé 장봉 브레제

브레이징 햄 : 신선 돼지 뒷다리 한 개를 준비해 타임과 월계수 잎 가루를 섞은 소금으로 표면을 문지른 다음 그대로 몇 시간 동안 재운다. 표면의 소금을 닦아낸 뒤 버터 50g을 넣은 팬에 지져 살짝 노릇한 색을 낸다. 작은 주사위 모양으로 썬 당근 250g, 질긴 섬유질을 벗겨내고 얇게 썬 셀러리 줄기 100g으로 마티뇽(matignon maigre, 햄을 넣지 않은 마티뇽)을 준비한다. 양파 50g의 껍질을 벗겨 다진다. 이 채소들을 버터 50g, 월계수잎 1장, 타임 1줄기, 소금, 후추, 설탕 1자밤, 마데이라 또는 리슬링 와인 200㎖와 함께 냄비에 넣고 뚜껑을 덮은 뒤 30분간 찌듯 익힌다. 수분을 졸인다. 준비해둔 돼지 뒷다리를 오븐 팬에 놓고 채소 마티뇽으로 덮은 후 녹인 버터를 끼얹고 버터 바른 유산지로 덮는다. 200°C로 예열한 오븐에 넣고 무게 1파운드당 20~25분으로 조리 시간을 계산해 굽는다. 중간중간 녹인 버터를 끼얹는다. 유산지와 마티뇽을 제거하고 완성된 햄을 따뜻한 서빙 접시 위에 올린다. 마데이라 와인과 육수를 1:2 비율로 섞어 햄을 구운 오븐 팬을 디글레이즈한 뒤 가열하여 절반으로 졸인다. 걷어낸 채소 마티뇽과 이 소스를 함께 블렌더로 갈아 햄 위에 끼얹는다.

크리스토프 퀴삭(CHRISTOPHE CUSSAC)의 레시피

jambon à la chablisienne 장봉 아 라 샤블리지엔

샤블리식 햄 : 줄기를 다듬어 씻은 시금치 1.5kg을 끓는 소금물에 재빨리 익힌 뒤 얼음물에 식히고 물기를 꼭 짜둔다. 샬롯 작은 것 1개를 잘게 썰어 버터 10g과 함께 냄비에 넣고 색이 나지 않게 볶는다. 샤블리 와인 200㎖를 넣고 20㎖가 될 때까지 졸인다. 닭 육수 200㎖를 첨가한 뒤 다시 절반으로 졸인다. 생크림 200㎖를 붓고 약간 걸쭉한 농도가 될 때까지 끓인다. 소금과 후추로 간한다. 팬에 버터 50g을 넣고 갈색이 나기 시작할 때까지 가열한 뒤 시금치를 넣는다. 껍질 벗긴 마늘 한 알을 포크로 찌른 뒤 이것으로 저어가며 시금치를 볶는다. 간을 맞춘다. 접시에 시금치를 담고 그 위로 미리 육수에 담가 데운 두툼한 익힌 햄(jambon blanc) 4장을 올린다. 소스를 끼얹어 180°C로 예열한 오븐에 몇 분간 굽는다.

jambon en gelée reine Pédauque 장봉 앙 즐레 렌 페도크

페도크 여왕의 즐레 햄 : 요크 햄 덩어리를 슬라이스해 뫼르소 화이트와인에 포칭한 후 식힌다. 이 햄 슬라이스들 위에 주사위 모양으로 썬 송로버섯을 넣은 푸아그라 퓌레를 한 켜씩 바른 뒤 다시 붙여 햄 덩어리 모양으로 복원한다. 포트와인을 넣은 쇼 프루아 소스를 햄에 끼얹어 덮어준다. 송로버섯 슬라이스로 장식한 다음 포트와인 즐레를 윤기나게 발라준다. 서빙 접시 위에 햄을 올리고 주사위 모양으로 썬 젤리를 빙 둘러 담는다.

jambon poché en pâte à l'ancienne 장봉 포셰 앙 파테 아 랑시엔

포칭한 햄으로 만든 옛날식 파테 : 요크 햄을 포칭하여 완전히 익힌다. 건져 손질한 다음 한 면을 캐러멜로 글레이징하고 완전히 식힌다. 크러스트 반죽(pâte à foncer) 600g, 채소 미르푸아 250g, 버섯 뒥셀 3스푼을 준비한다. 채소 미르푸아와 뒥셀을 섞고 송로버섯 1개를 다져 넣는다. 반죽을 4mm 두께로 민 다음 혼합한 채소를 가운데 펼쳐 올린다. 이때 반죽의 전체 면적이 햄의 표면적과 같도록 한다. 여기에 햄의 글레이징한 면이 아래로 오도록 놓고 반죽으로 감싼 후 가장자리를 여며 붙인다. 반죽을 붙인 부분이 바닥으로 가도록 하여 버터를 바른 오븐 팬에 올린다. 반죽 표면에 달걀물을 바르고, 남은 반죽 자투리로 모양을 잘라 붙여 장식한다. 표면에 증기가 빠져나갈 수

프랑스의 생햄과 건조 햄의 종류와 특징

형태	생산지	제조 방법	외형	맛
오베르뉴 햄 jambon d'Auvergne	오베르뉴	마른 소금에 절인 후 건조시킨다.	뼈째로 또는 뼈를 발라내 건조한 뒤 다시 뒷다리 모양으로 복원한다. 단면은 선명하며 진한 갈색을 띤다.	제조사, 염장, 건조 정도, 원재료의 질에 따라 달라진다.
바욘 햄(IGP) jambon de Bayonne (IGP)	프랑스 남서부	마른 소금에 절인 후 건조시킨다. 돼지 대퇴골 시작부분과 뒷다리에 돼지기름과 고춧가루를 발라 덮는다.		
라콘 햄 jambon de Lacaune	타른, 아베롱 남부, 오 랑그독 Tarn, Aveyron sud, haut Languedoc	마른 소금에 절인 후 건조시킨다.		
뤽쇠이 햄 jambon de Luxeuil	오트 손 haute-Saône	마른 소금에 절인 다음 와인에 담가둔다. 수지 류 목재를 이용해 약하게 훈연한다.	진한 갈색을 띠며 단면은 밝은 갈색이다.	매우 독특한 솔향이 난다.
사부아 햄 jambon de Savoie	사부아	경우에 따라 훈연한다.	진한 갈색을 띠며 단면은 연한 갈색이다.	풍미가 매우 강하며 상당히 짠 편이다.
방데 햄 jambon de Vendée	방데	뼈를 제거하고 마른 소금이나 염수에 절인다. 허브, 브랜디 등을 섞어 표면을 문지른다.	반 건조 햄으로 어두운 분홍색을 띠며 단면은 분홍색이다.	허브의 맛과 브랜디의 향이 두드러지는 강한 풍미의 햄이다.

외국의 생햄과 건조 햄의 종류와 특징

형태	생산지	제조 방법	외형	맛
독일				
슈바르츠발트 햄 jambon de la Foret-Noire	호흐슈바르츠발트	염장하여 소나무 톱밥과 잔가지 연기에 저온에서 천천히 장시간(2~3개월) 훈제한 다음 건조시킨다.	색이 매우 진한 단면	특유의 훈연향이 난다.
베스트팔렌 햄 jambon de Westphalie	베스트팔렌	소금물에 염지하여 지역 수목으로 저온에서 천천히 훈연한 다음 건조시킨다.	갈색, 색이 매우 진한 단면	고유의 독특한 맛을 갖고 있다.
벨기에				
아르덴 햄 jambon des Ardennes (AOP)	아르덴	염장 후 저온에서 훈연하고 건조시킨다.	갈색에서 진한 갈색.	특유의 훈연향이 난다.
스페인				
이베리코 햄 jambon ibérique	우엘바(안달루시아), 귀우엘로(살라망카), 바다호스(에스트레마두라)	건조시키고 18개월에서 2년 이상 숙성한다.	돼지발이 달려있으며 색이 매우 진하다. 지방층이 퍼져 있다.	풍미가 강하고 부드러운 맛을 지니고 있다. 지방의 산패 향과 비슷한 꼬릿한 향이 아주 약하게 난다.
세라노 햄 jambon serrano	스페인 전역	염장하여 건조시킨다.	대부분 발이 달려있으며 단면의 색이 진하다.	아주 맛이 좋다. 제조 방식에 따라 맛이 다양하다.
이탈리아				
파르마 햄 jambon de Parme (AOP)	에밀리아 로마냐, 롬바르디아, 베네토, 피에몬테	10개월(7~9kg)에서 12개월(7~9kg 이상)이 소요된다.	분홍빛이 도는 매우 연한 갈색 단면.	아주 섬세하고 독특하며 고급스러운 맛의 프로슈토다.
산 다니엘레 햄 jambon de San Daniele (AOP)	우디네, 프리울 남부	파르마 햄과 비슷하며 크기가 조금 더 크다.	발이 붙어 있으며 단면은 밝은 분홍빛이 도는 갈색이다.	아주 뛰어난 맛의 프로슈토로 부드럽고 풍성한 풍미와 고소한 너트향을 자랑한다.

있도록 구멍을 한 군데 뚫은 다음 190°C로 예열한 오븐에서 1시간 익힌다. 서빙 접시에 햄을 올리고 뚫어 놓은 구멍으로 페리괴소스 몇 스푼을 흘려 넣는다.

mousse froide de jambon ▶ MOUSSE
pâté de veau et de jambon en croûte ▶ PÂTÉ
petits pois au jambon à la languedocienne ▶ PETIT POIS
sandwich jambon-beurre à boire ▶ AMUSE-GUEULE

JAMBONNEAU 장보노 돼지 뒷다리(jambon)와 앞다리(épaule) 아랫부분에 위치한 정강이. 신선 상태로 가염 또는 훈연해 먹는다(**참조** p.699 돼지 정육 분할 도감). 브레이징과 포칭 등 오랜 시간 익히는 조리법을 주로 사용하며 슈크루트(choucroute)와 포테(potée)등에 들어간다. 익힌 샤퀴트리의 일종인 장보노 햄을 만들려면 우선 돼지 뒷다리 정강이를 염장한 뒤 향을 낸 육수에 삶아낸다. 덩어리 안의 뼈를 제거한 뒤 뜨거울 때 틀이나 면포를 이용해 원추형 모양으로 만든다. 대부분 겉에 빵가루를 입히며, 손잡이 부분으로 남겨둔 뼈에 흰색 레이스 종이 장식(papillote)을 끼워 서빙한다.

JAMBONNETTE ARDÉCHOISE 장보네트 아르데슈아즈 아르데슈식 장보네트. 아르데슈 지역의 익힌 샤퀴트리로 돼지 앞다리 살과 비계를 다져 양념한 후 돼지 껍질로 감싸 서양배 모양으로 만든다. 이 장보네트는 얇게 슬라이스해 먹는다.

JAMBONNETTE DE VOLAILLE 장보네트 드 볼라이 닭다리 장보네트. 큰 토종닭 또는 암탉의 다리 살을 잘라 뼈를 제거하고 갈랑틴 스터핑 혼합물(farce à galantine, 푸아그라, 주사위 모양으로 썬 지역생산 햄, 오래 숙성시킨 콩테 치즈 등)로 소를 채워 만든 익힌 샤퀴트리의 일종이다.

jambonnettes de volaille 장보네트 드 볼라이

닭다리 장보네트 : 살이 통통한 생닭 다리를 여러 개 준비한 뒤 각각 한 쪽에만 칼집을 내 뼈를 발라낸다. 다리에 소(파테 및 테린용 가금류 스터핑, 포칭, 브레이징, 로스트 가금류용 스터핑, 또는 버섯 스터핑)를 크게 1테이블스푼씩 채워 넣는다. 소가 빠져나오지 않도록 닭다리살을 말아 여며 작은 장보노 모양으로 만든 다음 조리용 실로 묶어 고정시킨다. 브레이징 햄과 같은 방식으로 익힌다.

JANCE 장스 중세 요리에 자주 등장하는 곁들임 소스로 밝은 색이 특징

이다. 『파리 가정살림 백서(*Le Menagier de Paris*)』(1393년경)에 등장하는 기름진 장스 소스는 우유로 만들며 달걀노른자로 농도를 맞추고 생강으로 향을 낸다. 담백한 장스 소스 레시피에서는 빻은 아몬드 가루, 빵, 베르쥐(신 포도즙)나 식초로 우유를 대신한다.

JAPON 자퐁 일본. 고급 일본 요리는 재료의 가짓수는 적지만 훌륭한 운율과 섬세함이 두드러진다. 일본 미식은 자연이 인간에게 선사하는 식재료의 맛을 기반으로 섬세한 조화(채소, 해산물, 쌀, 콩)를 이루고 있으며 담음새와 식기 역시 중요한 역할을 한다. 한편 일본 요리에서는 서구의 영향도 찾아볼 수 있다. 튀김 기술은 17세기 포르투갈 예수회에 의해 유입되었고, 서양식 식문화의 영향으로 과거 불교 계율에 의해 금기시되었던 육류 소비(특히 닭과 돼지)가 현저하게 증가했다. 일본의 국민 요리가 된 스키야키는 옛날 시골에서 은밀히 만들어 먹던 요리였다.

■ **음식과 계절의 조화.** 일본 요리에서 가장 중요시하는 원칙 중 하나는 제철 식재료 사용이다. 봄이 되면 찹쌀떡을 쪄어 달콤한 팥소를 채우고 역시 달게 만든 콩가루를 뿌린 휘파람새 모치(우구이스모치, うぐいすもち)를 먹으며 새 계절을 반긴다. 4월에는 매오징어를 회로 먹으며, 5월은 햇차(新茶)가 나는 시기다, 신차는 일반 녹차와 같은 초록빛이지만 맛이 부드럽고 향이 좋다. 또한 야들야들한 살을 지닌 작은 민물고기인 은어 철이기도 해 소금구이로 섬세한 맛을 즐긴다.

봄에는 어린이날이 있는데, 옛날에는 남자아이만을 위한 날이었으며 씩씩하고 용감한 아이로 자라기를 빌며 여러 가지 음식을 준비했다. 집게발을 세워서 접시에 담은 랑구스틴(가시발새우) 요리는 사무라이의 투구를, 참나무 잎으로 감싼 떡은 기운찬 성장을 상징했다.

여름에는 숯불에 구운 장어, 가쓰오부시, 쪽파, 생강을 곁들인 두부, 또는 차가운 메밀국수를 즐겨 먹는다. 무더운 8월에는 닭튀김, 으깬 우메보시를 채운 오이, 육수에 데친 송어, 성게 알 등 가볍고 산뜻한 음식을 주로 먹는다.

가을은 버섯, 특히 구운 고기 풍미가 일품인 송이버섯의 계절이다. 송이는 간장과 청주에 재웠다 굽거나 닭, 생선, 은행과 함께 증기에 쪄서 먹는다. 가을은 감과 밤의 계절이기도 하며 이 재료들은 초밥과도 훌륭한 조화를 이룬다. 음력 8월 보름인 중추절이 있는 9월에는 오이와 죽순을 삶으며 그 증기로 찐 전복, 장어와 삶은 달걀로 만든 롤을 먹는다.

겨울에는 다이콩 무(엷은 쓴맛이 나는 굵은 일본 무)를 넣은 문어 테린, 말린 버섯 수프 등, 보다 든든한 요리들이 등장한다. 11월에는 특히 쌀밥의 맛이 좋다. 일본어로 고항(ごはん)은 쌀밥을 뜻하지만 더 넓게는 식사를 의미하기도 한다. 겨울은 흰살 생선의 계절이기도 하며, 이 생선들은 주로 회, 구이 또는 튀김, 전골 또는 탕으로 먹는다. 연중 즐겨 먹는 고기나 채소를 넣은 탕면은 겨울의 혹한에 제격이다. 또한 겨울에 나는 맛있는 과일인 귤은 태양을 상징하며, 의례적인 새해 선물이기도 하다.

■ **기본 재료의 변주.** 일식에서는 같은 재료가 끊임없이 등장하지만 조리 방식은 매우 다양하다. 가장 먼저 꼽을 수 있는 재료는 대두콩으로 일본 된장인 미소, 두부, 간장 등을 만든다. 이어서 쌀을 꼽을 수 있는데 이 또한 일반 요리부터 달콤한 디저트에 이르기까지 그 레시피가 무궁무진하다. 그 외에 많이 쓰이는 독특한 재료들로는 쌀로 빚은 술 가운데 단맛이 나는 맛술과 도수가 높은 청주, 쌀 식초, 참기름, 고추냉이, 다이콩 무, 말린 박고지, 우엉, 실곤약, 죽순, 연근 등이 있다.

양념에 절인 보존 음식인 쓰케모노(漬物) 또한 종류가 다양하며(매실, 무, 생강, 성게알 등), 메밀, 밀 또는 쌀가루로 만든 면 종류도 굵은 것부터 아주 가는 것까지 여러 종류가 있다. 또한 바다에서 생산되는 식품 중에는 말리거나 가루로 분쇄, 또는 알약으로 만든 해조류를 압도적으로 많이 소비한다. 주로 소스나 국에 넣거나 가니시(김, 다시마, 미역)로 사용한다. 말린 가다랑어(가츠오부시) 또한 많이 사용되는 재료다. 생강, 후추, 고추, 겨자, 글루탐산나트륨, 각종 향신료와 파슬리, 실파를 필두로 한 신선한 허브 및 향신 채소류는 요리의 필수 재료다.

일식 요리에는 특별한 조리 기술이 필요하다. 예를 들어 생선은 주로 얇게 저며 회로 먹고(사시미), 닭은 소금을 뿌려 굽거나 새콤달콤한 소스에 재운 다음 튀겨 소스를 뿌려 낸다. 조리시간은 분 단위로 언제나 아주 정확하다. 상대적으로 많이 먹지 않는 소고기 요리는 거의 대부분 얇게 썰어 구워 먹거나 채소 육수에 재빨리 데쳐내는 샤부샤부 형태로 즐긴다.

대표적인 일식 조리 기법으로는 나베모노(식탁 위에서 재료를 직접 끓여 먹는 냄비 또는 전골 요리)와 니모노(조림. 맛을 낸 국물에 재료를 끓여 자작하게 익히는 요리)를 꼽을 수 있다. 증기를 이용한 찜 역시 아주 일반적인 조리법이다. 일식의 진정한 자랑거리는 튀김이다. 특히 튀김옷을 입힌 텐푸라를 튀길 때는 정교한 비율로 배합한 기름을 사용한다. 튀김은 주로 여러 가지 재료를 모둠으로 서빙하며 다양한 소스를 찍어 먹는다. 마지막으로 일본 요리의 썰기를 언급하지 않을 수 없다. 조리뿐 아니라 장식용 썰기에는 전문 도구와 상당한 솜씨가 필요하다.

■ **풍부한 해산물.** 난류와 한류가 만나는 일본 근해는 거대한 수조와도 같은 역할을 하며 훌륭한 맛과 다양성을 자랑하는 수많은 종류의 바다 생선, 다수의 식용 해조류, 고래, 조개류, 갑각류 해산물(전복, 조개, 게, 새우, 랍스터, 굴) 등을 제공한다. 일본인들은 생선과 해산물의 가장 큰 소비자이기도 하다. 참치, 가다랑어, 도미, 오징어를 가장 많이 소비하며, 특히 날생선살에 와사비, 간장을 곁들여 사시미로 먹거나 스시(날생선을 얹은 초밥 또는 생선이나 갑각류 살 등을 채워 만 김초밥 등)를 만들어 먹는다. 복어는 일본의 유명한 특산물로 내장에 치명적인 독이 있으나 살은 매우 인기가 있다. 복어 요리는 특정 레스토랑에서 맛볼 수 있으며 음식의 안전을 보장하기 위해 요리사는 전문 면허를 소지해야 한다. 복어는 흔히 튀김으로도 요리해 먹는다.

■ **일상과 축제.** 아침식사는 일반적으로 쌀밥과 김, 미소 된장국 또는 달걀요리로 구성된다. 상대적으로 간소하고 빠르게 먹는 점심은 달걀과 고기(돈가스나 햄버그 스테이크 등)를 곁들인 밥, 또는 차갑게 먹거나 뜨거운 국물이 있는 국수 등이 주를 이룬다. 이에 반해 저녁식사는 훨씬 푸짐하고 고급스러운 음식을 제대로 갖춰 먹는다. 전통적으로 국물 요리, 아삭한 채소요리, 찜 등을 포함해 최소 네 가지 요리를 곁들이며, 양념이 진한 맛과 상큼한 맛의 음식을 고루 안배한다. 다양한 식감과 맛에 변화를 주며 고루 배치하는 것은 일본 요리의 황금률 중 하나로 색, 질감, 형태는 맛만큼이나 중요한 요소로 여긴다. 차는 맥주와 함께 가장 널리 식사에 곁들이는 음료다. 다도는 전통적인 예식으로, 식이 진행되는 동안 사용되는 모든 것(숙우, 다관, 다반, 섬세한 티 푸드 등)은 거대한 조화를 상징하는 의식의 일부이다. 보통 가족끼리 또는 손님이 방문했을 때 다도 모임을 즐긴다. 달콤한 음식이나 작은 디저트류는 전통 축제에 등장하거나 과일처럼 식사와 식사 사이에 간식으로 먹는다. 축제나 큰 행사가 있을 때에는 각기 상징하는 바가 있는 음식들을 낸다. 일본의 전통 결혼식 날 먹는 조개탕(두 쪽의 조개껍질이 하나가 됨을 상징)이나, 행복을 비는 붉은 팥밥(팥을 넣어 지은 밥)등을 예로 들 수 있다.

새해 첫날에는 여러 단의 찬합에 담은 오세치 요리를 먹는다. 찹쌀을 쪄어 만든 떡은 찬합에 담지 않는 대신, 납작하게 빚어 채소와 함께 떡국에 넣거나(식사용), 팥소와 설탕을 곁들여 먹는다(후식). 이외에도 잉어, 밤, 국화 잎, 고사리, 오렌지, 어묵 등을 먹는다.

JAPONAISE (À LA) 아 라 자포네즈 일본식. 두루미냉이(초석잠)가 들어간 프랑스 클래식 요리에 붙이는 수식어다. 주로 덩어리째 로스트한 고기에 두루미냉이(버터와 찌듯이 익히거나 고기를 굽고 남은 육즙으로 만든 소스 또는 데미글라스 소스에 조리해 크루스타드로 서빙한다)나 소를 채운 오믈렛을 곁들인 요리를 지칭한다. 프랑시용 샐러드(salade Francillon)를 더러 일본식 샐러드(salade à la japonaise)라고 부르기도 한다. 또한 주로 오르되브르로 서빙되는 과일이 들어간 일본식 샐러드도 있다. 양상추 위에 깍둑 썬 파인애플, 오렌지, 토마토를 올리고 레몬즙을 넣은 생크림을 끼얹은 뒤 설탕을 뿌린 것이다. 복숭아 아이스크림에 녹차 무스를 채워 얼린 아이스 디저트인 봉브 글라세(bombe glacé)를 일본식이라 부르기도 한다.

▶ 레시피 : PÂTES DE CUISINE ET DE PÂTISSERIE.

JAQUE 자크 잭프루트, 바라밀. 뽕나무과의 열대 수목인 잭프루트 나무의 열매로 원산지는 인도이다. 커다란 타원형에 작고 뾰족한 촉이 표면에 돋아 있으며 중량이 30kg에 달하기도 한다. 푸르스름하거나 연녹색, 노랑 또는 갈색의 껍질이 흰색 또는 노란색 과육을 감싸고 있으며, 과육 속에는 커다란 씨가 들어 있다. 데친 후 껍질을 벗겨 끓여 먹거나 오븐에 구워 채소로 먹기도 한다. 씨는 밤처럼 굽거나 퓌레로 만들어 요리한다.

JARDINIÈRE 자르디니에르 당근, 무, 그린빈스를 기본으로 한 채소 믹스로 로스트 또는 소테한 고기, 팬 프라이한 가금류, 브레이징한 송아지 흉선 요리 등에 가니시로 사용한다. 당근과 무는 굵기 0.5cm, 길이 3~4cm의 가는 막대 모양으로 썰고 그린빈스는 짧게 토막 내거나 3~4cm 길이로 어슷썰기 한다. 각 재료는 끓는 소금물에 따로 데쳐낸 뒤 익힌 신선 완두콩과 함께 버터에 넣고 데우며 섞어준다. 경우에 따라 플라젤렛 콩과 작은 송이로 떼어 자른 콜리플라워를 더하기도 한다. 고기를 굽고 난 육즙으로 만든 소스 또는 맑은 송아지 육수를 끼얹는다.

JARRE 자르 토기 단지, 항아리. 큰 도자기 단지로 배가 불룩하고 입구가 넓다. 주로 오일이나 염장 생선 및 고기 등을 전통 방식에 따라 보관하는 용도로 사용한다.

JARRET 자레 정강이, 도가니. 소 뒷다리의 안쪽 근육 부위로 과거에는 지트지트(gîte-gîte)라고도 불렸다(**참조** p.108, 109 소 정육 분할 도감). 소 정강이로는 포토푀를 만든다. 양 또는 어린 양의 정강이는 뒷다리의 허벅지 아래쪽 수리 드 지고(souris de gigot)라고 불리는 부위(**참조** p.22 양 정육 분할 도감)에 해당한다.

송아지의 앞다리나 뒷다리의 정강이 부위는 젤라틴 질이 풍부하고 지방이 적으며 뼈에는 골수가 가득 차 있다(**참조** p.879 송아지 정육 분할 도감). 뼈를 발라내고 큐브 모양으로 썰어 소테, 브레이징하거나 블랑케트(blanquette) 등에 사용한다. 또는 통째로 쿠르부이용에 삶거나 포테(potée)에 넣기도 한다. 정강이를 뼈째 두툼하게 원통 모양으로 잘라 오소부코(osso-buco, osso à trou)를 만들기도 한다.

뼈를 제거한 돼지 정강이는 주로 팬에 소테하며, 통째로는 장보노를 만든다. 살이 더 많은 뒷다리 정강이는 햄처럼 로스트, 브레이징하거나 삶아 익힌다. 다만 살은 좀 질긴 편이다. 앞다리 정강이는 작게 잘라 브레이징하거나 삶아 익히며, 스튜로 조리하기도 한다. 반염장 돼지 정강이는 슈크루트와 포테의 훌륭한 재료가 된다.

jarret de veau à la provençale 자레 드 보 아 라 프로방살

프로방스식 송아지 정강이 요리 : 송아지 정강이 800g을 4cm 두께 원통형으로 자른 뒤 소금, 후추로 밑간을 한다. 올리브유 3테이블스푼을 아주 뜨겁게 달군 소테팬에 송아지 정강이를 노릇하게 지진다. 양파 껍질을 벗긴 뒤 잘게 다진 양파 150g을 이 소테팬에 넣고 노릇하게 볶는다. 껍질을 벗기고 씨를 제거한 다음 작은 입방체로 썬 토마토 600g, 드라이한 화이트와인 150mℓ, 부케가르니 1개를 넣는다. 잘 저어준 다음 육수 100mℓ, 짓이긴 마늘 2톨을 넣는다. 뚜껑을 덮고 1시간 20분 익힌 다음 뚜껑을 연 상태로 10분간 졸인다.

JASMIN 자스맹 재스민. 물푸레나무과에 속하는 소관목의 꽃으로 향이 매우 진하다. 극동 지역에서는 아라비안 재스민으로 차에 향을 내고, 중국 재스민으로 알려진 학 재스민은 제과뿐 아니라 요리에도 사용한다. 유럽에서 재스민은 주로 향수 제조에 사용된다.

▶ 레시피 : MARMELADE.

JASNIÈRES 자니에르 발레 드 라 루아르(vallée de la Lorire)의 AOC 화이트와인으로 슈냉 품종 포도로 만든다. 산미가 느껴지며 빈티지에 따라 풍부하고 밸런스가 좋은 풍미를 지니거나 부드러운 맛을 낸다. 더 좋은 맛을 위해 오래 보관할 수 있는 와인이다(**참조** TOURAINE).

JATTE 자트 넓고 큰 볼. 둥글고 깊이는 얕으며 테두리나 다리는 없는 용기로 주로 크림이나 유제품을 담는 용도로 사용한다. 보통 토기로 만들어지며 경우에 따라 도기나 강화유리로 된 것도 있다.

JESSICA 제시카 닭가슴살, 송아지 에스칼로프 또는 그르나댕(grenadin), 달걀 반숙 또는 수란에 곁들이는 가니시의 일종으로, 버터를 넣고 찌듯이 익힌 매우 작은 사이즈의 아티초크에 샬롯과 골수를 채운 것과 버터에 볶은 모렐 버섯을 작은 타르트 모양으로 만들어 구운 폼 안나(pomme Anna) 위에 올린 것이다. 여기에 졸인 송아지 육수를 넣고 송로버섯 에센스로 향을 낸 알망드소스를 곁들인다.

제시카 오믈렛은 잘게 썬 모렐 버섯과 아스파라거스 윗동에 크림을 넣고 걸쭉하게 익힌 다음 풀어 놓은 달걀 안에 채우고 오믈렛 모양으로 말아낸 것으로 가장자리에 샤토브리앙 소스를 둘러 서빙한다.

JÉSUITE 제주이트 프랑지판 크림을 채워 구운 작은 삼각형 모양의 페이스트리로 표면에 로열 아이싱을 씌운다. 옛날에는 이 페이스트리에 프랄리네나 초콜릿 등의 어두운 색 글라사주를 입혔고 가장자리가 말려 올라간 예수회 수도사들의 모자 모양으로 만들었다.

JÉSUS 제쥐 돼지 대창에 소를 채워 만든 아주 굵은 사이즈의 건조 소시송이다(**참조** p.787 소시지 도표). 스터핑은 로제트(rosette) 소시지와 같으며 순 돼지고기로만 만드는 것이 일반적이지만 돼지와 소를 섞는 경우도 있다. 건조하는 데 2개월 이상이 걸린다. 천연 케이싱으로 만든 굵은 사이즈의 익힌 소시송 또한 제쥐라고 부른다. 본래 농가에서 만들어 전통적으로 크리스마스 시즌에 프랑스 동부 전역, 특히 두(Doubs) 지방의 모르토(Morteau) 마을에서 먹었다. 데쳐 익힌 뒤 포테나 다양한 향토요리에 곁들인다.

레스토랑 장 폴 죄네(RESTAURANT JEAN-PAUL JEUNET, ARBOIS)의 레시피

jésus à la vigneronne 제쥐 아 라 비뉴론

포도원식 제쥐 소시송 : 물 2ℓ와 아르부아산 와인 1병에 껍질을 벗기고 정향을 박은 양파 2개, 부케가르니 1개, 소금, 후추를 넣어 쿠르부이용을 만든다. 여기에 포도 덩굴 줄기(신선 또는 말린 것) 1줌을 액체 위로 삐죽 나오도록 넣은 다음 30분 간 끓인다. 모르토산 제쥐 소시송 2개(각 400g짜리)를 포크로 군데군데 찔러준 다음 얇게 슬라이스한 오 쥐라(haut Jura) 지역 베이컨 8장과 함께 쿠르부이용에 넣어 익힌다. 여기에 감자 1.5kg을 껍질째 넣고(가능하면 리옹의 크넬이라고도 불리는 ratte 품종의 감자를 선택한다) 40분간 더 익힌다. 접시에 포도 덩굴 줄기를 올리고 소시송 슬라이스, 베이컨을 얹는다. 마지막으로 껍질을 벗긴 감자를 곁들인 다음 잘게 썬 이탈리안 파슬리 50g을 뿌린다.

JICAMA 지카마 히카마. 콩과에 속하는 둥근 모양의 멕시코산 덩이줄기식물인 히카마는 멜론만 한 크기에 속살이 희고 아삭아삭하며 즙이 많다. 옅은 단맛과 새콤한 맛이 나며 생으로 샐러드에 넣어 먹거나 익혀 먹는다.

JOINTOYER 주앵투아예 얇게 민 반죽을 겹쳐 만드는 파티스리의 접합부 라인을 메꾸어 매끈하게 정리하다. 보통 크림을 발라 표면을 만들고 가장자리를 균일하게 정리해 외관을 보기 좋게 하거나 글레이즈 효과를 내어 마무리한다.

JOINVILLE 주앵빌 포칭하여 익힌 납작한 생선 요리에 곁들이는 가니시와 소스의 한 종류로, 주앵빌 가니시(또는 살피콩)에는 새우살, 포칭한 버섯, 송로버섯이 사용되며, 주앵빌 소스는 가자미 블루테에 크림과 달걀노른자를 넣어 농도를 걸쭉하게 만들고 버섯 농축즙, 굴즙, 새우와 민물가재 버터로 맛을 낸다. 또한 노르망드 소스에 새우 버터를 넣거나, 새우 소스에 민물가재 버터를 넣고 가늘게 채 썬 송로버섯을 더해 브레이징한 생선 요리에 곁들이는 경우를 가리키기도 한다. 제과에서 주앵빌 케이크는 정사각형으로 자른 두 장의 퍼프 페이스트리 사이에 라즈베리 잼을 채워 만든 것이다.

▶ 레시피 : POIRE, SOLE.

JONCHÉE 종셰 종셰는 옛날에 양젖 또는 염소젖으로 만들던 치즈(니오르[Nior], 오니[Aunis] 또는 올레롱[Oléron] 지역, **참조** p.389 프랑스 치즈 도표)다. 오늘날 종셰는 샤랑트 마리팀 지방 로슈포르(Rochefort, Charente-Maritime) 인근에서 소젖으로 만든다. 응유 효소의 작용으로 응고된 커드 상태의 생치즈로 습지에서 자라는 골풀을 엮어 만든 발에 놓고 말아 방추형으로 만든다. 이 발은 판매 시까지 틀의 역할을 한다. 종셰 치즈는 물기를 완전히 뺀 다음 먹는다. 맛이 두드러지지 않아 크림, 과일 쿨리 혹은 달콤한 리큐어를 곁들여 먹기 좋다.

JOUANNE 주안 1823년 창업한 파리의 레스토랑으로 옛 레 알(Les Halles) 거리의 정육 및 부속 시장 근처에 처음 문을 열었다. 이웃한 파라몽(Pharamond) 레스토랑과 마찬가지로 이 식당도 캉(Caen)식 내장 요리로 유명했다. 1891년에는 클리시(Clichy) 대로 쪽으로 자리를 옮겨 손님들 역시 따라 움직였으며, 브르타뉴식 양 뒷다리 요리로 인기를 끌었다. 이후 도핀(Dauphine) 거리에 자리를 잡았고 1972년을 끝으로 영업을 종료했다. 반면 파라몽은 오늘날까지도 명물인 내장 요리와 시드르 및 통통하게 부풀려 튀긴 수플레 감자를 선보이고 있다.

Japon 일본

"날생선, 갑각류 해산물, 쌀밥, 신선한 제철 과일과 채소 등은 일본 요리의 섬세함을 이루는 요소들이다. 카이세키 레스토랑에서 요리의 조화는 조리기술, 맛, 색감의 정확한 균형에 의해 이루어진다. 요리사는 감성적인 작품이나 철학적 또는 시적 명상을 통해 영감을 얻는다."

JOUBARBE 주바르브 상록바위솔. 돌나물과의 다육식물로 통통한 잎이 꽃모양으로 나 있으며 아티초크를 닮았다. 큰 상록바위솔 또는 하우스릭(Houseleek)은 아티초크와 같은 방식으로 요리해 먹는다. 작은 상록바위솔(꿩의비름 또는 흰꽃 세덤) 역시 식용 가능하며, 잎을 잘라 샐러드로 먹는다.

JOUE 주 볼살. 정육용 동물의 저작근(교근)이다(**참조** p.10 내장 및 부속 도표). 소와 송아지, 돼지의 볼살은 수육이나 브레이징 또는 부르기뇽 스튜를 만드는 데 매우 적합한 부위다. 익히면 연해지고 젤라틴이 풍부해 식감이 쫀득하며 풍미도 진하다. 볼살은 기생충 유충 감염 여부를 확인하기 위해 축산 위생 당국에서 항상 검사하는 부위이기도 하다. 일부 생선의 볼살(특히 아귀와 가오리)은 진미로 치는 고급 부위에 해당한다.

joue de bœuf en daube 주 드 뵈프 앙 도브

쇠고기 볼 살 스튜 : 하루 전날, 쇠고기 볼살 두 덩어리 또는 네 덩어리를 깨끗이 손질한 뒤 기름과 불순물을 제거한다. 큼직하게 썰어 볼에 담고 소금, 후추, 올리브유 3테이블스푼, 드라이한 화이트와인 1컵, 타임, 월계수 잎을 넣은 뒤 랩을 씌워 냉장고에 12시간 동안 재워둔다. 당근 4개를 작은 큐브 모양으로 썬다. 염장 삼겹살 300g을 라르동 모양으로 썰어 3분간 끓는 물에 데친 뒤 찬물에 식혀 건진다. 그린올리브 300g의 씨를 제거하고 3분간 끓는 물에 데친다. 도브용 스튜 냄비에 버터 50g을 달군 뒤, 마리네이드 액에서 건져 표면의 물기를 제거한 고기, 당근, 염장 삼겹살 라르동, 올리브를 넣고 노릇하게 볶는다. 따뜻하게 데운 마리네이드 액, 화이트와인 750㎖, 짓이긴 마늘 4톨, 껍질을 벗긴 뒤 세로로 등분한 양파 6개 분량을 넣는다. 끓어오르기 시작하면 그 상태로 15분을 유지한다. 이어서 냄비의 뚜껑을 닫고 아주 약한 불에서 최소 3시간 동안 뭉근히익힌다.

JOULE 줄 국제적으로 공인(1980년대 이후)된 에너지 측정 단위다. 킬로줄(kJ)은 이론상 칼로리(cal) 또는 킬로칼로리(kcal)로 대체되지만(1kJ =0.24kcal/239Cal), 실생활에서 제품의 열량 표시 라벨에는 두 단위가 모두 표시돼 있는 경우가 많다. 일반적으로 킬로칼로리가 가장 많이 사용된다.

JUDIC 쥐딕 고기 요리, 소테한 닭이나 브레이징한 송아지 요리에 곁들이는 가니시의 일종으로 브레이징한 양상추, 속을 채운 작은 토마토, 폼 샤토 감자로 구성된다. 소스는 고기를 익힌 팬이나 냄비를 마데이라 와인과 데미글라스, 혹은 토마토를 넣은 데미글라스로 디글레이즈해 만든다.

데쳐 익힌 서대 필레에 양상추와 생선 크넬을 곁들인 다음 모르네 소스를 전체적으로 끼얹어 살라만더 그릴에 표면을 노릇하게 구워낸 요리 또한 쥐딕이라는 명칭으로 불린다. 주딕 포타주는 닭고기와 슈아지식 양상추로 만든 크림 수프다. 작은 양상추 잎에 다진 닭고기와 송로버섯, 수탉의 콩팥으로 만든 소를 채워 곁들인다.

JUDRU 쥐드뤼 모르방(Morvan) 지역의 건조 소시지로 짧고 울룩불룩한 둥근 모양이다. 굵직하게 다진 돼지 각 부위의 살코기와 비계를 포도 찌꺼기로 만든 증류주에 재웠다가 돼지 대창에 채워 만든다(**참조** p.787 소시송 도표).

JUIVE (À LA) 아 라 쥐이브 유대교식이라는 의미로 대개 차갑게 서빙되는 잉어 요리에 붙는 수식어다. 정통 클래식 요리에서는 양파를 넣고 팬에 지진 생선에 향신 재료와 화이트와인을 넣고 브레이징한 요리를 지칭한다. 익힌 국물에 다진 아몬드와 사프란, 생파슬리를 넣어 향을 내며 여기에 건포도, 설탕, 식초를 더하기도 한다. 또한 아티초크에 빵가루, 민트잎, 다진 마늘을 섞어 만든 소를 채운 뒤 기름에 튀긴 요리를 아 라 쥐이브 아티초크(artichauts à la juive)라 부르기도 한다.

▶ 레시피 : CARPE.

JUIVE (CUISINE) 퀴진 쥐이브 유대식 요리. 유대인의 미식은 유대력상의 축일, 안식일과 밀접하게 연관돼 있으며, 한편으로는 모든 디아스포라 국가의 요리들을 통합하는 역할을 해왔다. 유대교 식사의 기본이 되는 카슈루트(kashrout, **참조** KASHER) 율법은 유대 음식 문화의 다양성을 제한하는 요소라기보다는, 재료의 신선함을 최대한 보증하는 장치라고 볼 수 있다. 이 전통은 아직까지도 매우 분명한 영향력을 발휘하고 있다. 생선은 금요일에 준비해 토요일에 먹는데, 중동 유대인들은 주로 튀겨서, 유럽 유대인들은 소를 채워 요리한다. 합체와 죽음의 상징인 달걀은 다양한 축제 음식에 등장한다. 꿀은 약속의 땅을 연상시킨다. 반죽을 길게 땋아 만든 빵 할라(hallah)는 희생의 빵(pain de sacrifice)을 상기시킨다. 금식 기간(연중 최소 3일 이상)이 끝나면 유대인들은 호화롭고 풍성한 식사를 즐긴다. 유대교는 식탐과 음주벽에 반대하는 입장이지만 식탁에서의 즐거움을 죄악시하지는 않기 때문이다. 세파라드 유대인(séfarades, 지중해 연안 국가의 유대인)과 아슈케나지 유대인들(ashkenazes, 중부 유럽의 유대인)의 요리는 같은 뿌리에 기반을 두고 있다.

예를 들어 전자의 트피나(tfina)와 후자의 출랑(tchoulend)은 조리 과정이 같으며 종교적으로 불의 사용을 금하는 토요일에 따뜻한 요리를 먹을 수 있도록 해준다(둘 다 포토푀와 비슷한 스튜의 일종으로 옛날에는 냄비를 빵집 오븐 한 구석에 넣어 익히거나 가정에서 밤새 뭉근하게 끓여 만들었다). 반면 조리 방법과 지역 식재료는 맛에 깊은 영향을 미쳤다.

북아프리카의 유대인들은 쿠스쿠스를 많이 만들어 먹으며, 이란의 유대인들은 지파(gipa, 쌀을 채운 소의 위장)와 필라프 라이스를 즐긴다. 반면 아슈케나지 유대인들은 감자, 누들 푸딩(kugel), 물로 반죽한 국수인 로크셴(lokshen) 또는 고기를 채운 만두의 일종인 크레플레치(kreplech) 등의 파스타 류나 보르쉬(borchtch), 스트루델(Strudel), 토르텐(Torten) 등 러시아, 오스트리아의 요리를 선호한다. 전반적으로 유대식 요리에서는 튀김을 중시하며 앙트르메, 또는 단맛과 짠맛이 혼합된 요리로 즐겨 먹는다. 소를 채워 조리한 잉어, 설탕과 고기를 넣어 조리한 양파(세파라드식 결혼식 축하연에 제공되는 요리다), 또는 모로코식 파스텔라스(pastelas, 얇은 반죽에 꿀을 섞은 고기와 채소를 채운 납작한 만두의 일종으로 기름에 지지거나 튀겨 먹는다) 등을 예로 들 수 있다.

1948년 국가 수립 이후 이스라엘에서는 정통 유대식 요리와 미식이 발전을 거듭하고 있다. 밀려드는 이주민들의 파도는 각자의 요리 전통을 유지하는 경향이 있으나 일상에서 먹는 음식은 단순한 것들이 대부분이며 생채소(특히 오이와 아보카도), 유제품과 시트러스류 과일이 큰 비중을 차지한다. 이스라엘에서도 채소 퓌레, 향신료로 양념한 미트볼 등 인근의 중동 국가들에서 흔히 먹는 지역 특선 요리들을 찾아볼 수 있다. 또한 칠면조와 오리를 대규모로 사육하고 있으며(이들 중 새로운 종을 만들어내기도 했다), 푸아그라도 수출하고 있다.

JUJUBE 쥐쥐브 대추. 갈매나무과에 속하는 대추나무의 타원형 열매로 원산지는 중앙아시아다. 올리브만 한 크기에 껍질은 붉은색 또는 오렌지색을 띠며 표면이 매끈하고 질기다. 과육은 노르스름하거나 피스타치오와 같은 연두색을 띠며 부드럽고 단맛이 난다. 안에는 아주 단단한 씨가 들어 있다(**참조** p.404, 405 열대 및 이국적 과일 도감). 생대추(100g당 135kcal 또는 560kJ)에 비해 말린 것(100g당 314kcal 또는 1310kJ)의 열량이 훨씬 높은데, 이는 대추가 지닌 당분(32~74%) 때문이다. 프랑스에서 대추는 남부 지방 생산된다. 생것 또는 말린 것을 그대로 먹으며 파티스리(케이크, 튀김 과자)와 요리(고기 요리에 넣는 스터핑이나 수프)에 두루 사용한다.

JULES-VERNE 쥘 베른 큰 덩어리로 조리해 서빙하는 고기 요리 가니시의 일종으로 감자, 소를 채운 뒤 브레이징한 순무, 볶은 버섯을 고기 주변에 교대로 보기 좋게 담아낸다.

JULIÉNAS 쥘리에나 보졸레 AOC 와인의 10개 크뤼 중 하나로 산미와 타닌, 체리의 아로마를 지니고 있다. 더 좋은 맛을 위해 오래 보관할 수 있는 와인이다(**참조** BEAUJOLAIS).

JULIENNE 쥘리엔 한 가지 또는 여러 종류의 채소를 가늘고 길게 썰어놓은 것을 지칭한다. 먼저 칼(또는 만돌린 슬라이서)로 채소를 1~2mm 두께로 균일하게 자른 다음 겹쳐 놓고 3~5cm 길이로 가늘게 채 썬다. 완전히 익도록 충분히 볶은 뒤 포타주와 콩소메에 넣는 등 다양한 가니시로 사용한다. 식재료를 써는 방법 중 하나인 쥘리엔은 보다 광범위하게 사용된다. 생채소를 가늘게 채 썰어 오르되브르로 낼 뿐 아니라, 닭가슴살, 버섯, 코르니숑, 햄, 우설, 피망, 송로버섯, 레몬 제스트 등 다른 재료들도 이 방법으로 썰어 요리에 사용한다.

▶ 레시피 : CÉLERI-RAVE, DAURADE ROYALE ET DORADES.

JULIENNE (POISSON) ▶ **참조** LINGUE

JUMEAU 쥐모 소의 꾸리살, 상박살. 소 앞다리 부위에 속하며 두 부위로

나누어 각기 다른 방법으로 조리할 수 있다(**참조** p.108, 109 소 부위 도감). 우선 앞다리 견갑골 위에 위치한 꾸리살(jumeau à bifteck)은 다소 연한 부위를 포함하고 있어 주로 슬라이스하거나 꼬치구이용으로 썰어 조리한다. 상박골을 따라 붙어 있는 상박살(jumeau à pot-au-feu)은 젤라틴 질을 함유한 쫀득한 사태 앞쪽 부위로 뵈프 아 라 모드(bœuf à la mode), 소고기 찜 요리, 뵈프 부르기뇽이나 도브 스튜 등 주로 뭉근히 푹 익히는 요리에 적합하다.

JUNG (ÉMILE) 에밀 융 프랑스의 요리사(1941, Masevaux 출생). 에밀 융은 알자스 요리의 대가이자 이 지역 요리에 정통한 옹호자다. 스트라스부르의 메종 루즈(Maison rouge)에서 요리의 탄탄한 기본 소양을 닦은 그는 이후 파리의 푸케(Fouquet's), 막심(Maxim's), 르두아옝(Ledoyen), 리옹의 라 메르 기(la Mere Guy)를 거치며 경력을 쌓는다. 1965년 부모님이 운영하던 마즈보(Masevaux)의 오스텔르리 알자시엔(l'Hostellerie alsacienne)로 돌아와 주방을 맡은 그는 이듬해인 1966년 미슐랭 가이드의 첫 번째 별을 따낸다. 1971년 스트라스부르의 중심가에 자신의 레스토랑 크로코딜(le Crocodile)을 오픈한 그는 미슐랭의 별을 옮겨온다. 크로코딜은 나폴레옹의 한 장교가 이집트 원정에서 들여온 악어 박제가 장식된 화려한 공간으로, 1975년 융은 이곳에서 두 번째 별을 따낸다. 세 번째 별이 주어진 것은 1989년으로, 이는 융의 아내 모니크의 진두지휘로 완벽을 넘어선 서비스가 일궈낸 결과이기도 했다. 2002년 미슐랭 가이드는 융의 레스토랑에 부여했던 세 번째 별을 거두어갔다. 그러나 장소도 셰프도 변하지 않았다. 오 랭(haut-rhin) 남부 출신으로 꿈꾸는 시인의 분위기를 지닌 융은 장황하게 이야기를 늘어놓는 사람처럼 보이지만 요리는 매우 정교하고 정확하다. 그는 빅토르 위고, 모차르트 또는 쥘 베른과 같은 위인들을 위한 기념 메뉴를 구성하기도 했다. 개구리를 넣은 크레송 플랑, 거위 간을 곁들인 메추라기 콩피, 뵐플레 신부(père Woelfflé)의 슈크루트를 곁들인 농어 포피에트, 프린세스 홉 새순 요리는 아직도 그의 대표적 시그니처 메뉴로 많은 사랑을 받고 있다.

JURANÇON 쥐랑송 프랑스 남서부 지방의 AOC 화이트와인. 프티 망생(petit-manseng)과 쿠르뷔(courbu) 품종의 포도로 만들며, 피레네 산맥 기슭의 가파른 경사면에 위치한 포도밭에서 생산된다. 1553년 장차 프랑스의 왕이 되는 앙리 4세의 세례식에 사용된 것으로 유명한 쥐랑송은 스위트 와인으로 알코올 함량이 풍부하고 밸런스가 좋다. 단맛이 없는 쥐랑송 와인(라벨에 섹 sec이라는 표기가 돼 있는 경우)은 산미가 있고 가볍고 상큼하며 과일 향이 풍부하다(**참조** PYRÉNÉES).

JUS DE CUISSON 쥐 드 퀴송 재료를 조리하고 남은 즙. 맛과 영양 성분이 풍부한 액체로 육류나 채소를 익히는 과정에서 발생한다. 뚜껑을 닫은 상태로 조리 시 더 많은 즙이 추출되며, 고기를 구울 때도 즙이 흘러나온다. 익히는 중간중간 이 즙을 재료에 끼얹어주면 더욱 촉촉하게 조리할 수 있다. 맛이 좋고 향이 진한 즙을 조리 또는 마무리에 사용하는 일부 요리에 오 쥐(au jus, 즙을 곁들인)라는 표현을 사용하는데, 주로 채소, 코코트 에그, 파스타, 쌀 요리 등이 이에 해당한다. 또한 쥐(jus)는 음식의 향을 내는 베이스로, 강한 불에 구운 돼지 뼈와 즐레, 익힌 샤퀴트리 등을 약한 불에 오랫동안 뭉근히 고아서 만든다.

▶ 레시피 : BETTE, GRENOUILLE, PIGEON ET PIGEONNEAU, SALSIFIS.

JUS DE FRUIT 쥐 드 프뤼 과일 주스, 과일즙. 과일을 착즙 또는 원심 분리해 얻는 과즙으로 시원한 음료로 마시며 비타민(특히 비타민C)이 풍부하다. 과일즙은 그대로 또는 물이나 탄산수에 섞어 마신다. 현행 유럽 법령에서는 천연 과일 주스(상하지 않은 상태의 잘 익은 신선한 과일 또는 냉동 과일을 한 종류 또는 여러 종류 섞어 만든 것으로 사용한 과일의 즙이 가진 특유의 색, 향, 맛을 지님)와 농축액을 사용한 과일 주스(농축 과일즙에 농축시 즙에서 추출한 수분을 다시 섞어 향을 재구성하고 경우에 따라 과육과 파괴된 세포질 성분을 첨가하기도 함), 농축 주스(전체 성분 중 최소 50%의 수분을 제거함), 건조 과일 주스 또는 분말 주스(과일의 전체 수분 중 거의 대부분을 제거함), 그리고 과일 넥타(**참조** NECTAR)로 분류된다.

과일 주스의 열량은 물론 사용한 과일의 종류에 따라 달라지지만(예를 들어 포도 주스 1ℓ의 열량은 각설탕 30개와 같다), 첨가한 당분의 비율에 따라 달라지기도 한다. 신맛을 줄이고 단맛을 더할 목적으로 설탕을 첨가한 주스의 경우 판매 제품명에는 반드시 가당 또는 설탕 추가를 명기해야 하며 가당 성분의 최대 허용치에 따라 건조 성분을 기준으로 계산한 설탕의 양을 리터당 그램 수치로 표기해야 한다. 식이요법을 하는 경우, 특히 과일을 잘 먹지 않는 사람에게는 무가당 과일 주스만을 권장한다.

과일 주스는 주로 음료로 소비되지만, 아이스크림이나 소르베를 만드는 데도 사용된다. 요리에서는 주로 시트러스류 과일과 파인애플즙을 사용한다. 레몬즙은 특정 용도로 다양하게 쓰인다.

▶ 레시피 : COCKTAIL, FAISAN.

JUS LIÉ 쥐 리에 농도를 조절한 육즙, 리에종한 육즙 소스. 일반적으로 육류를 조리한 즙에 루 또는 조리 없이 바로 액체에 갠 전분을 넣어 농도를 걸쭉하게 조절한 것을 지칭한다. 오늘날 이 방식은 점점 덜 사용하는 추세다. 현대의 요리사들은 소스를 졸여서 원하는 농도를 완성하는 조리법을 선호하기 때문이다.

JUSSIÈRE 쥐시에르 서빙 사이즈로 잘라 조리하는 고기 요리에 곁들이는 가니시의 일종으로 소를 채운 양파, 브레이징한 양상추, 폼 샤토 감자로 구성되며 모양내어 돌려 깎아 윤기나게 익힌 당근 글라세를 추가하기도 한다.

KACHA 카샤 카하. 러시아와 폴란드에서 먹는 요리로 껍질을 벗긴 메밀로 만든 세몰리나를 물에 끓인 포리지의 일종이며, 지역에 따라 버터 등의 유지를 넣어 익히기도 한다. 러시아에서는 전통적으로 유약을 발라 구운 토기 틀에 담아 오븐에서 익힌 다음 버터를 넣어 납작하게 밀고 작은 전병 모양으로 잘라 포타주 또는 스튜에 곁들인다. 치즈, 달걀, 버섯을 더하거나 오븐에 넣어 그라탱처럼 구워내기도 한다.

KADAÏF 카다이프 엔젤 헤어(cheveux d'ange) 또는 중동 지역에서는 크나페(knafé)라고도 불리는 카다이프는 터키, 이스라엘을 비롯한 중동의 다양한 파티스리에 사용된다. 밀가루, 물, 옥수수 전분으로 만드는 아주 가는 굵기의 국수 가닥으로, 실타래처럼 뭉쳐 포장한 뒤 판매한다. 파티스리뿐 아니라 유럽에서는 카다이프로 감싸 오븐에 구운 새우 또는 치즈 요리 등 일반 요리를 만드는 데도 사용한다.

KAKI 카키 감, 홍시. 감나무 과에 속하는 감나무(일본어로 카키)의 열매로 원산지는 인도, 중국을 비롯한 동양이며, 유럽에 전파되어 재배되기 시작한 것은 19세기부터다. 감(프랑스에서는 plaquemine, figue caque, abricot du Japon 이라고도 불린다)은 오렌지색을 띤 토마토와 비슷하게 생겼다(**참조** p.404, 405 열대 및 이국적 과일 도감). 과육 또한 주황색이고 아주 말랑말랑하며 맛은 새콤달콤하고 약간 떫은맛이 난다. 품종에 따라 씨가 한 개에서 여덟 개까지 들어 있다. 100g당 열량은 64kcal 또는 268 kJ이며 칼륨(200mg)과 비타민C(7~22mg)가 풍부하다. 프랑스 시장에서는 12월과 1월에 이탈리아, 스페인, 중동 등지에서 수입된 감을 찾아볼 수 있다. 완숙된 감을 작은 스푼으로 떠먹거나 콩포트, 잼, 소르베 등을 만들기도 한다.

KARITÉ 카리테 시어나무(shea tree). 사포타과에 속하는 열대 아프리카의 나무로, 달콤한 과육을 지닌 타원형의 열매 안에 씨가 한 개씩 들어 있다. 이 씨를 말려 찧으면 칼슘과 비타민이 풍부하고 크리미한 페이스트가 되는데, 이것을 시어 버터라고 부른다. 야자나무도, 땅콩도 자라지 않는 일부 아프리카 국가에서는 이것을 요리용 기름으로 사용하기도 한다.

KASHER 카셰 코셔. 히브리어로 허용되고 관습적이며 율법에 적합함을 뜻하는 단어로 유대교에서 소비에 적합하다고 인정하는 모든 식재료를 지칭한다(kascher, kosher, casher, cascher, cacher, cawcher 등으로 표기하기도 한다).

카슈루트(kashrout, 정화의 율법 전체)는 그와 관련된 기본적인 법칙이다. 예를 들어, 카슈루트는 피를 먹는 것을 금지하고 있어 정육의 경우 동물의 경동맥을 잘라 피를 빼는 방법으로 도축한 다음 염장 및 세척해야 한다. 이 과정은 매우 엄격한 감독 하에 행해진다. 또한 송아지를 그 어미의 젖에 익히지 않는다는 내용도 명시하고 있어 결과적으로 육류와 우유(또는 버터와 같은 유제품이나 그것을 포함한 구성물)를 섞어 만든 음식뿐 아니라 이들을 한끼에 함께 먹는 것도 금지된다.

마지막으로 카슈루트는 육류에 있어 타호르(tahor, 허용된 것)와 타메(tame, 금지된 것)를 구분하며, 일부 동물에는 엄격한 금기를 적용한다. 돼지, 발굽이 갈라지지 않은 수렵 동물, 말, 갑각류, 패류, 비늘이 없는 생선, 파충류 그리고 말할 것도 없이 낙타와 하마를 먹는 것은 금지돼 있으며 포도주를 제외하고 다른 방식으로 만들어진 발효 음료도 마실 수 없다. 반대로 과일과 채소는 바로 취식이 가능한 것으로 여기나 허락된 음식이 금지된 물질과 접촉했을 경우에는 먹을 수 없다.

따라서 엄격하게 율법을 지키는 유대인들은 코셔 인증을 받은 식재료만을 구입한다.

KEBAB 케밥 고기로 꼬챙이에 꿰어 구운 터키식 꼬치(터키어로 케바비 kebabi라고 한다)로 발칸반도 국가들과 중동 지역에서도 찾아볼 수 있다. 시시 케밥(sis kebab)은 나무 또는 금속 꼬치에 큐브 모양으로 썬 양고기와 작은 주사위 모양으로 썬 양 비계를 교대로 꽂는다. 채소를 함께 꿰기도 하고 송아지, 심지어 물소고기 케밥도 있으며 다진 고기로 만든 미트볼 케밥 등 다양한 종류가 존재한다.

또한 케밥이라는 명칭은 회전식 구이(터키어로 도네르 케밥 döner kebab이라고 한다) 또는 그리스식 샌드위치를 가리키기도 한다. 그리스식 샌드위치는 대부분 송아지, 닭 또는 칠면조 고기로 속을 채운 일종의 따뜻한 샌드위치로, 수직으로 세운 꼬치에 구운 큰 덩어리 고기를 얇게 잘라 빵 사이에 끼워 넣은 것이다.

KEDGEREE 케저리 인도풍 영국 음식으로, 캐저리(cadgery), 카제리(kadgeri, 인도어 단어) 등으로도 부른다. 커리를 넣은 밥에 생선살 자투리(일반적으로 훈제 대구(haddock)를 사용하지만 영국의 영향으로 연어, 심지어 넙치를 쓰는 경우도 있다)와 삶은 달걀을 넣어 만든다.

KÉFIR 케피르 소젖이나 염소젖, 양젖으로 만드는 알코올 발효 유제품으로 원산지는 캅카스이다. 케피르의 발효를 일으키는 주요 미생물은 유산균과 알코올을 생성시키는 특별한 효모균이다.

KEFTEDES 케프테데스 코프타, 켑테데스. 터키를 대표하는 요리 중 하나인 코프타는 다진 고기에 돼지비계, 양념과 향신료를 섞고 경우에 따라 달걀을 넣어 끈기가 생기도록 치댄 다음 둥글납작하게 빚은 미트볼로 밀가루를 묻혀 기름에 튀기듯 지진다. 이 단어 자체는 헝가리어이지만 독일, 오스트리아, 그리스 요리에서도 코프타를 찾아볼 수 있다. 특히 그리스에서는 다진 양파를 섞어 맛을 돋운다.

KELLER (THOMAS) 토마스 켈러 미국의 요리사(1955, Camp Pendleton, Oceanside, California 출생). 캘리포니아에서 자란 토마스 켈러는 이후 플로리다로 이주해 로드 아일랜드 듄스 클럽(Dunes Club)의 롤랜드 헤닌(Roland Henin)으로부터 프랑스 클래식 요리의 기초를 배웠다. 이후 캐츠킬(Catskill)의 허드슨강 유역에 위치한 레스토랑 라 리브(La Rive)에서 첫 번째 요리사 생활을 시작한다. 뉴욕 웨스트버리(Westbury) 호텔의 폴로(Polo)에서 근무하였으며, 파리의 에콜 리츠 에스코피에(école Ritz Escoffier)에서 수업을 듣고 기 사부아(Guy Savoy), 제라르 베송(Gerard Besson)의 레스토랑과 타유방(Taillevent), 르 프레 카탈랑(le Pré Catelan)에서 견습을 거쳤다. 1984년 뉴욕으로 돌아온 켈러는 라 레제르브(la Réserve), 이어서 라켈(Rakel)에서 셰프로 일했고 드디어 1994년 나파 밸리 욘트빌에 문을 연 프렌치 런드리(French Laundry)를 통해 자신의 꿈을 실현시킨다. 돌과 나무로 지은 이 작은 오두막은 본래 오래된 폐가였으며 철로가 놓이며 세탁소가 들어와 영업을 하던 곳이었다. 그의 식당은 매우 빠른 성공을 거둔다. 콘에 채워 서빙하는 연어 타르타르, 타피오카 펄과 캐비아를 곁들인 데친 굴은 전용기로 욘트빌을 찾아오는 최상류층 미식가들을 사로잡았다.

1998년 켈러는 라스베이거스에 부숑(Bouchon)을 오픈했으며, 마침내 뉴욕의 퍼 세(Per Se)가 2005년 처음 발간된 미슐랭 가이드 뉴욕 편에서 별 세 개를 획득한다. 2006년에는 프렌치 런드리가 캘리포니아 레스토랑들 중에는 처음으로 별 셋을 받았으며 두 곳 모두 현재까지 별을 유지하고 있다. 정확한 맛, 정교한 조합, 유기농 채소와 같은 고급 식재료를 자유자재로 다루는 그의 요리에는 술수가 없으며 어떤 부분에서도 쉬운 길을 택하지 않는다. 이것이 그를 100% 미국인 셰프로서는 최초로 프랑스 요리의 대가 반열에 오르게 한 비결이다.

KELLOGG (WILL KEITH) 윌 키이스 켈로그 미국의 실업가(1860, Battle Creek, Michigan 출생－1951, Battle Creek, Michigan 타계). 유명한 영양학자이자 섭식장애 치료 전문 병원의 원장이었던 형과 함께 일했던 켈로그는 1894년 옥수수 알갱이를 플레이크 형태로 가공하는 방법을 개발해낸다. 이렇게 만들어진 콘플레이크는 그리스도 재림교인(켈로그 형제가 몸담고 있었던 종파)들이 권장하는 채식 식단에 적합한 것이었고 1898년에는 본격적으로 대량생산된다. 1906년부터는 켈로그 사가 콘플레이크를 안정적으로 유통하게 되었고, 이는 미국식 아침식사의 기본 품목으로 자리 잡게 된다.

KETCHUP 케첩 작은 병에 담아 판매하는 앵글로색슨식 양념으로 새콤달콤한 맛을 낸다. 현대의 케첩은 대개의 경우 토마토 케첩을 뜻하며, 토마토에 식초, 설탕, 소금, 다양한 향의 향신료(올스파이스, 정향, 계피 등)를 넣어 만든다. 버섯이나 호두로 만든 소스에 케첩이라는 명칭을 사용하기도 한다(버섯 케첩, 호두 케첩 등). 케첩은 고기 소스의 맛을 돋우는 데 사용하며 달걀, 파스타, 생선, 쌀, 튀김, 햄버그 스테이크, 타르타르 등에 곁들인다.

KIMCHI / GIMCHI 김치 배추와 무를 소금에 절인 뒤 고춧가루, 마늘, 생강 등으로 양념해 발효시킨 한국 음식이다. 전통적인 방법은 김칫독을 땅에 묻어 발효시키는 것이다. 김치의 종류는 매우 다양하며 그 재료만 해도 87가지에 달한다. 김치는 반찬으로 내거나 여러 한국 요리의 재료로 사용한다(**참조** CORÉE).

KIR 키르 크렘 드 카시스(crème de cassis)에 부르고뉴 화이트와인(일반적으로 알리고테 aligoté)을 섞어 만드는 식전주이다. 화이트와인과 크렘 드 카시스를 혼합한 클래식 키르인 블랑 카시스(blanc cassis)는 1904년 디종의 한 카페 종업원이었던 페브르(Faivre) 씨가 이 지역의 두 가지 특산물을 섞어보자는 아이디어를 내면서 처음 만들어졌다.

따라서 이 칵테일은 1945년에서 1968년까지 디종의 시장을 지냈던 가톨릭 참사원 키르(Kir) 씨보다 훨씬 이전에 있었던 것이다. 그는 1951년 11월 20일 이 술에 키르라는 이름을 붙였고 디종 시청의 명예 와인 칵테일로 지정했다. 이를 계기로 키르는 디종을 대표하는 유명한 음료가 되었다. 화이트와인 대신 샴페인을 넣은 경우에는 키르 루아얄(kir royal)이라 부른다. 또한 레드와인으로 대체하는 경우에는 코뮈나르(communard)가 된다.

KIRSCH 키르슈 체리브랜디(독일어 Kirsche). 알자스, 프랑슈 콩테, 슈바르츠 발트 지역에서 생산되며 일반적으로 블랙체리나 야생버찌를 통에 넣고 자연적으로 발효시킨 후 증류해 만든다. 향이 강하고 맛이 섬세한 키르슈는 보통 식후주(digestif)로 마시며, 파티스리 및 당과류 제조(시럽에 적신 비스퀴, 속을 채운 부셰, 가향 크림, 과일 샐러드 또는 플랑베용)에도 두루 사용된다. 또한 펀치나 일부 칵테일을 만드는 데도 들어간다.

▶ 레시피 : FRUITS RAFRAÎCHIS.

KISSEL 키셀 러시아식 차가운 디저트로, 전분을 넣어 농도를 되직하게 만들고 붉은 베리류 과일, 화이트와인 또는 커피로 향을 낸 달콤한 즐레이다. 키셀은 생크림을 곁들여 따뜻하게 내기도 한다.

KIWANO 키와노 뿔 참외, 뿔 오이. 녹색 얼룩이 섞인 노란색에 타원형을 한 오이의 일종이다. 박과 식물의 열매로 원산지는 남아프리카이며 포르투갈에서도 재배한다(**참조** p.238 오이 도감). 껍질에 돋아 있는 작은 돌기 때문에 메튈롱(métulon) 또는 뿔 메론(또는 뿔 오이)이라고도 부르며, 오이나 멜론을 연상시키는 맛이지만 신맛이 좀 더 강하다. 그대로 먹거나 주스로 마신다.

KIWI 키위 다래나무과 다래나무속 덩굴식물의 열매로 원산지는 중국이다. 주로 뉴질랜드에서 재배되며 캘리포니아, 이탈리아, 프랑스 남서부, 코르시카에서도 자란다(**참조** p.404, 405 열대 및 이국적 과일 도감). 중국의 까치밥나무열매(groseille de Chine)라고도 불리는 키위는 껍질이 솜털로 덮여 있고 녹색을 띤 갈색이다. 연두색을 띤 과육은 즙이 풍부하고 향이 진하며 새콤한 맛이 난다.

100g당 열량은 53kcal 또는 220kJ이며 비타민C가 매우 풍부하다. 반으로 잘라 작은 스푼으로 떠먹거나 껍질을 벗기고 큐브 또는 원형으로 잘라 디저트로 먹는다. 과일 샐러드, 타르트에도 사용된다. 메추라기 구이, 고등어 오븐 구이, 팬 프라이한 포크 촙에 곁들이며 차가운 고기나 생선

요리에 곁들이는 새콤달콤한 소스를 만들기도 한다.

KLEIN (JEAN-GEORGES) 장 조르주 클랭 프랑스의 요리사(1950, Ingwiller 출생). 스트라스부르 호텔 조리학교에서 공부했으며 보주(Vosges) 산속 빗슈(Bitche) 마을에 위치한 가족 운영 식당의 홀에서 일했다. 그의 어머니 릴리는 주방을 맡았으며 1988년 미슐랭 가이드로부터 별 한 개를 받았다. 파리 알랭 상드랭스(Alain Senderens)의 레스토랑과 르노트르(Lenôtre)에서 근무한 짧은 경력을 뒤로 하고, 그는 홀을 떠나 주방으로 들어간다. 글리옹 호텔 조리 학교(스위스)에서 공부한 후 런던 사보이 호텔과 모나코 에르미타주 호텔에서 견습을 마치고 돌아온 여동생 캐시(1956, Ingwiller 출생)가 홀을 맡았으며 그녀의 추진력 아래 클랭은 창의적인 요리를 추구해 나간다.

그는 피에르 가니에르의 레스토랑에 머무르며 요리를 공부하기도 했으며, 이후 페란 아드리아(엘 불리)의 레스토랑에서도 일하며 우정을 쌓았다. 클랭은 1998년 미슐랭 별 2개를 획득했으며 2002년에는 3개를 받았다. 즐레와 에멀전 소스에 대한 뛰어난 감각을 바탕으로 자신만의 개성 있는 개구리, 푸아그라, 애저 요리(건초를 넣고 코코트 냄비에 익힌 뒤 꿀을 발라 글레이즈했다)를 선보였으며, 그의 뿌리인 로렌과 알자스 지방의 전통을 잘 살려냈다.

KLÖSSE 클뢰세 독일, 오스트리아식 밀가루 경단으로 끓는 물에 데쳐 익힌다. 클뢰세는 녹인 버터, 구운 빵가루를 곁들여 서빙하거나 포타주나 소스 요리의 가니시로 내기도 한다. 폴란드 요리에서도 비슷한 음식인 클루스키(klouski)를 찾아볼 수 있는데 이것은 밀가루, 달걀, 설탕, 이스트로 만든 경단으로 디저트로 먹는다.

Klösse à la viennoise 클뢰세 아 라 비에누아즈

비엔나식 클뢰세 : 통밀 빵 550g의 껍질을 잘라내고 속살만 잘게 뜯어 끓인 우유 소량에 잠시 적셔둔다. 기름기 없는 햄 250g을 작은 주사위 모양으로 자른다. 다진 양파 175g에 버터 15g을 넣고 뚜껑을 덮어 푹 익힌다. 처빌 1테이블스푼, 타라곤 1테이블스푼을 곱게 다져 양파에 넣고 잘 섞는다. 밀가루 1스푼, 오믈렛용으로 멍울을 완전히 풀어놓은 달걀 3개를 넣는다. 소금, 후추, 넛멕을 넣어 간한 뒤 잘 섞는다. 이렇게 만든 반죽을 50g씩 소분하고 작은 스푼 두 개를 이용해 둥근 경단 모양으로 빚은 뒤 밀가루를 묻힌다. 냄비에 물을 넉넉히 담고 소금을 넣어준다. 끓어오를 때까지 가열한 다음 준비한 클뢰세를 넣어 12분간 익힌다. 빵의 속살을 잘게 부순 뒤 버터에 튀긴다. 클뢰세를 건진 다음 갈색이 나도록 가열한 브라운 버터(beurre noisette)를 끼얹고 튀긴 빵가루를 뿌린다.

KNEPFLES 크네플 알자스의 밀가루 음식으로 지역마다 철자와 정의가 다른 크네플은 달걀을 넣은 생파스타 반죽이나 감자 퓌레로 만든 크넬, 뇨키, 또는 경단 등을 총칭한다. 주로 애피타이저로 먹거나 고기 요리에 가니시로 곁들이며, 갈색이 나도록 가열한 브라운 버터와 노릇하게 튀긴 빵가루를 뿌려 내거나, 오븐에 그라탱처럼 구워서 또는 튀긴 크루통과 섞은 뒤 약간의 우유를 끼얹어 서빙한다.

Knepfles 크네플

크네플 : 볼에 밀가루 375g을 넣는다. 풀어놓은 달걀 2개, 소금 1자밤, 넛멕을 넣고 우유 250mℓ 또는 300mℓ를 조금씩 부으며 섞는다. 반죽을 약 2시간 휴지시킨다. 물 2ℓ에 소금을 넣고 끓어오를 때까지 가열한다. 작은 스푼 두 개를 이용해 미리 경단 모양으로 빚어놓은 크네플을 물에 넣고 10분간 데쳐 익힌 다음 건져 물기를 제거한다. 버터를 발라둔 그라탱 용기에 익힌 크네플을 담는다. 가늘게 간 그뤼예르 치즈 100g을 뿌리고 녹인 버터 75g을 끼얹는다. 250°C로 예열한 오븐에 넣어 노릇하게 그라탱처럼 구워낸다.

KNÖDEL 크뇌델 유럽 동부 지역에서 널리 즐겨 먹는 크넬(quenelle)의 일종으로 달콤한 디저트 또는 짭짤한 요리 모두 포함된다. 알자스와 독일에서 크뇌델(Knödl 또는 Knoedel로도 표기한다)은 국수 반죽으로 빚은 경단을 가리키며 크림이나 녹인 버터를 넣어 조리한다. 경우에 따라 반죽에 골수를 넣거나(마크뇌델, Markknödel) 퓌레로 으깬 소의 간(리버크뇌델, Leberknödel)을 추가하기도 한다. 체코와 슬로바키아에서는 우유에 적신 빵가루, 감자 퓌레 또는 발효 빵 반죽, 다진 양파와 고기를 혼합해 크뇌델을 만들기도 한다. 루마니아에서는 갈루스테(galuchte)라고 부른다. 대부분의 크뇌델은 달지 않게 만들며 주로 치킨 수프에 넣어 먹는다. 디저트로 먹는 크뇌델로는 굵직한 프룬(건자두)의 씨를 제거한 뒤 베녜 반죽을 입혀 튀긴 오스트리아의 츠베첸크뇌델(Zwetschenknödel), 또는 정사각형 모양의 반죽에 체리나 살구 콩포트 또는 건자두를 채운 것(루마니아의 트란실바니아식)을 꼽을 수 있다.

KNORR (CARL HEINRICH) 칼 하인리히 크노르 독일의 실업가(1800, Meedorf 출생–1875, Heilbronn 타계). 교사의 아들로 태어난 크노르는 부유한 농장주와의 두 번째 결혼으로 1838년 치커리와 커피 로스팅 공장을 설립하게 된다. 1875년 이후 그의 두 아들이 완두콩, 렌틸 콩, 강낭콩, 사고야자 분말 생산을 추가하여 포장해 팔기 시작하였으며, 이는 인스턴트 수프의 시초가 되었다.

KOMBU 콤부 다시마. 식용 해조류(**참조** p.660 해초 도감)의 일종으로 일본 요리에 많이 쓰이는 다시마는 검은색의 큰 잎 모양이며 말려서 보관한다. 불려서 국에 넣거나 생선에 곁들이며, 가니시의 맛을 돋우는 등의 용도로 사용한다.

KORN 콘 곡식 낟알로 만드는 독일의 오드비(브랜디)로 전통적으로 맥주를 마실 때 작은 샷 잔으로 곁들인다. 일반적으로 콘(kornbrand라고도 한다)의 라벨에는 양조에 사용된 곡식의 종류가 명시돼 있다. 콘을 생산하는 브랜드는 수백 종에 이르며 독일 북부와 루르(Ruhr)강 지역에서 증류한다.

KOUGLOF 쿠글로프 쿠겔호프. 건포도를 섞은 반죽을 높이가 있고 꼬임 무늬가 있는 왕관 모양의 틀에 넣어 구운 알자스의 브리오슈 빵이다. 구겔호프는 일요일 아침식사의 즐거움이라고 할 수 있다. 약간 굳어 눅눅해진 것이 더 맛있기 때문에 보통 전날 구워놓는다. 알자스의 와인과도 잘 어울린다.

kouglof 쿠글로프

쿠겔호프 : 코린트 건포도 40g을 연하게 우린 따뜻한 홍차에 담가둔다. 버터 175g을 상온에서 두어 부드럽게 만든다. 생이스트 22g을 따뜻한 우유 3테이블스푼에 갠 다음 밀가루 90g을 넣고 섞는다. 따뜻한 우유를 조금 넣어 말랑한 반죽을 만든다. 이렇게 르뱅(levain, 천연발효종) 반죽이 완성되었다. 이 르뱅 반죽을 둥글게 뭉쳐 볼에 담고 표면에 십자로 칼집을 낸 다음 따뜻한 곳에서 발효시킨다. 밀가루 260g을 작업대나 넓은 볼에 담고 가운데 우묵한 공간을 만든 다음 그 안에 달걀 2개, 따뜻한 물 한 스푼을 넣는다. 밀가루를 조금씩 가운데로 끌어와 달걀, 물과 섞어준다. 설탕 40g, 소금 1티스푼에 아주 소량의 물을 넣어 녹인 다음 부드러워진 버터와 함께 반죽에 넣어 섞는다. 이어서 추가로 달걀 2개를 하나씩 넣으며 계속해서 반죽을 치댄다. 반죽을 밀어 펼치고 그 위에 르뱅 반죽을 올린 다음 전체를 하나로 모아 작업대 위에 던지듯이 치대어 반죽한다. 마지막에 건포도를 넣고 고루 섞는다. 반죽을 우묵한 용기에 담아 면포로 덮고 따뜻한 곳에서 부피가 두 배가 될 때까지 발효시킨다. 구겔호프 틀에 버터를 바르고 내벽에 아몬드 슬라이스 100g을 뿌려둔다. 반죽을 긴 원통 모양으로 민 다음, 링 모양으로 틀에 채워 넣는다. 틀 높이의 절반 정도까지만 채운다. 다시 한 번 따뜻한 곳에서 휴지시켜 반죽이 틀 높이까지 부풀어 올라오도록 한다. 210°C로 예열한 오븐에서 40분간 굽는다. 구겔호프를 틀에서 꺼내 망에 올려 식힌 다음 슈거파우더를 살짝 뿌린다.

KOUIGN-AMANN 쿠이냐만 퀸아망. 브르타뉴 두아르느네(Douarnenez) 지역의 파티스리인 퀸아망은 빵 반죽(pâte à pain)으로 만든 두툼한 갈레트로 가염 또는 무염 버터, 설탕을 넣어 만든다. 파트 푀유테처럼 밀어접기를 반복해 만들기 때문에 여러 겹이 생겨 바삭하고 가벼운 식감을 선사한다. 브르타뉴 지방에서는 뜨거운 오븐에 구워내 설탕이 진하게 캐러멜화된 퀸아망을 따뜻하게 먹는 것을 선호한다.

피에르 에르메(PIERRE HERMÉ)의 레시피

kouign-amann 쿠이냐만

퀸아망 : 1인용 사이즈 25개분(또는 8인용 사이즈 2개분) / 준비: 20분 / 굽기: 30분(8인용 2개는 40분)

중력분 밀가루(T55) 550g, 플뢰르 드 셀 15g, 제빵용 생이스트 10g, 물 350g, 녹인 버터 20g을 섞어 말랑하고 균일한 질감의 반죽을 만든다. 상온에서 30분 휴지시킨다. 식품용 랩 두 장 사이에 버터 450g을 놓고 제과용 밀대로 밀어 두께 1cm의 정사각형을 만든다. 휴지를 마친 반죽을 버터보

다 더 큰 정사각형으로 밀고 그 위에 버터를 올린 다음 그 위로 반죽 네 귀퉁이를 모아 접어 버터를 완전히 감싼다. 냉장고에서 20분 휴지시킨다. 버터를 감싼 반죽을 밀대를 이용해 긴 직사각형으로 밀고 퓌유타주 반죽처럼 3절로 접는다(첫 번째 밀어접기, 참조. p.361). 랩으로 싼 다음 냉장고에 1시간 휴지시킨다. 같은 방식으로 반죽을 민 다음, 설탕 450g을 고루 뿌리고 두 번째 3절 접기를 한다. 다시 30분간 냉장 휴지시킨다. 오븐을 180°C로 예열한다. 반죽을 4mm 두께로 민 다음 사방 8cm 정사각형으로 자른다. 정사각형의 네 모퉁이를 반죽의 중앙으로 모아 접는다. 작은 링에 버터를 바르고 설탕을 뿌린 다음, 마찬가지로 버터를 바르고 설탕을 뿌려둔 오븐용 코팅 팬에 올린다. 여기에 반죽을 하나씩 채운 다음 24~26°C에서 1시간 30분간 발효시킨다. 부피가 처음의 두 배로 부풀어야 한다. 예열한 오븐에 넣어 25~30분간 굽는다. 상온으로 식힌 뒤 당일에 먹는다.

KOULIBIAC 쿨리비악 고기 또는 생선, 채소, 쌀, 삶은 달걀로 속을 채운 러시아의 전통 파테 앙 크루트(pâté en croûte). 유럽에서는 다양한 방식으로 응용된 레시피의 쿨리비악을 찾아볼 수 있다. 대개 쿨리비악(coulibiac으로 표기하기도 한다)은 시골식 파테의 일종인 파테 팡텡(pâté pantin)처럼 틀 없이 크러스트를 입혀 굽지만, 전통적인 쿨리비악 틀은 토기 재질로 생선 모양을 하고 있다.

---

koulibiac de saumon 쿨리비악 드 소몽

연어 쿨리비악 : 파트 퓌유테 반죽을 만들어 휴지시킨다. 달걀 3개를 삶고 쌀 100g을 익힌다. 껍질과 가시를 제거한 생연어 살 400g을 준비해 화이트와인 1컵, 부케가르니 1개, 파프리카 가루 10g을 넣은 소금물에 12분간 약한 불로 데쳐 익힌 다음, 담근 상태 그대로 식힌다. 샬롯 3개, 버섯 350g을 다져 버터 15g에 노릇하게 볶고 소금, 후추로 간한다. 듀럼밀 세몰리나 3테이블스푼을 소금물에 익힌다. 준비한 퓌유타주 반죽의 2/3를 3mm두께의 직사각형으로 민다. 그 위에 쌀, 잘게 썬 연어, 버섯, 세몰리나, 껍질을 벗겨 4등분한 완숙달걀을 올린다. 가장자리에는 여유 공간을 둔다. 비워놓은 반죽 가장자리를 들어 올려 채워놓은 재료 위로 접으며 덮어준다. 남은 반죽 1/3을 밀어 표면을 덮는다. 가장자리를 반듯이 집어 붙이며 두 반죽의 접합부를 완전히 봉한다. 남은 반죽으로 긴 띠 모양을 만들어 표면을 장식한다. 달걀물을 바른 다음 230°C로 예열한 오븐에 30분간 굽는다. 아주 뜨겁게 서빙한다. 녹인 버터를 따로 소스 그릇에 담아 함께 낸다.

KOULITCH 쿨리치 부활절에 먹는 러시아의 브리오슈. 높은 원통형의 빵으로 반죽에는 건포도, 당절임 과일, 사프란, 카다멈, 메이스, 바닐라가 들어간다. 구워낸 쿨리치에 설탕 글레이즈를 씌워 완성하며, 관습에 따라 삶은 달걀과 함께 먹는다.

KOUMIS 쿠미스 말 젖, 당나귀 젖 또는 소젖에 효모를 넣어 발효시킨 것이다. 소화가 매우 잘 되는 이 음료는 러시아에서 즐겨 마시며 유아의 설사를 다스리는 데 쓰이기도 한다.

KOUNAFA 쿠나파 쿠나파(또는 퀴네페)는 버터나 참기름에 노릇하게 튀긴 실처럼 가는 반죽을, 아몬드나 헤이즐넛 등의 견과류에 설탕을 넣고 빻은 페이스트와 교대로 켜켜이 쌓아 만든 중동 지방의 디저트다. 굽고 난 후 레몬즙과 로즈워터를 넣은 진한 시럽을 뿌려 적셔준다.

KRAPFEN 크라펜 이스트를 넣어 부풀린 발효 반죽에 살구잼, 산딸기잼, 또는 아몬드 페이스트 등을 채워 넣고 튀긴 독일, 오스트리아의 도넛이다. 뜨거울 때 크렘 앙글레즈나 살구 소스를 곁들여 먹는다.

KRIEK 크릭 곡물 베이스에 체리로 향을 낸 붉은색의 벨기에식 발효 맥주. 알코올 도수가 낮은 크릭 맥주는 전통과는 거리가 멀지만 블랙커런트(카시스), 라즈베리, 복숭아, 뮈스카 포도, 심지어 바나나 등으로 향을 낸 과일 람빅 맥주(**참조** LAMBIC)의 유행을 불러왔다.

KUMMEL 퀴멜 캐러웨이로 만드는 아니스 향 리큐어로 원산지는 네덜란드이다. 캐러웨이는 옛날에 초원의 커민(cumin des près, 독일어로 Kummel)이라는 이름으로 불리기도 했다. 단맛이 매우 강한 이 리큐어는 주로 얼음을 타서 마신다. 아이스크림과 시원한 과일 화채 등에 향을 내는 용도로 쓰이기도 한다.

KUMQUAT 쿰콰트 금귤. 운향과의 감귤류로 원산지는 중국 중부지방이며 극동 아시아, 호주, 아메리카 대륙에서 재배된다. 메추리알만 한 크기에 노란색 또는 진한 오렌지색을 띠며 껍질은 연하고 달콤하며 과육은 새콤한 맛이 난다. 100g당 열량은 65kcal 또는 272 kJ이고 카로틴, 칼륨, 칼슘이 풍부하다. 생으로(껍질째) 먹거나 당절임을 만들며, 잼, 마멀레이드 및 몇몇 케이크에도 사용된다. 가금류에 들어가는 스터핑 등 요리에서도 사용한다.

KWAS 크바스 호밀, 보리의 맥아즙 또는 물에 담가 발효시킨 호밀 빵가루로 만들고 민트나 주니퍼베리로 향을 낸 러시아의 수제 맥주다. 갈색을 띠며, 알코올 도수가 낮고 시큼한 맛과 동시에 옅은 단맛을 갖고 있다. 여름철 모스크바에서는 골목 곳곳을 누비는 작은 음료 운반차 뒤에서 크바스를 판매한다. 그대로 시원하게 마시거나 브랜디나 차를 섞기도 한다. 일부 수프 등 요리에도 쓰인다.

LABEL 라벨 표, 표지. 제품의 표장(étiquette)을 뜻하는 영어 단어로 프랑스어에서는 해당 식품이 이미 정해진 특성을 모두 지니고 있는 우수한 품질임을 입증하는 총괄적인 표시다. 따라서 특정 라벨을 받은 식품은 산지(부르보네 Bourbonnais의 샤롤레 charolais 쇠고기, 알자스의 낙농조합 우유로 제조한 액상 생크림), 사육 방식(루에 Loué 지역 농가에서 키우는 자연방사 닭, 남서부 지역 농가의 자연방사 흑칠면조) 또는 제조 요건(그랑 크뤼 프랑스 에멘탈, 라콘 Lacaune 지역의 염장육) 면에서 소비자들의 구미를 당기게 할 수 있는 요소를 갖고 있다고 할 수 있다.

모든 지리적 라벨은 지리적 표시 보호 IGP(**참조** INDICATION GÉOGRAPHIQUE DE PROTECTION) 체계에 등록되어야 한다. 그러나 이 라벨은 모조품의 위험에 대해 법적 보호를 보장받는 AOC(원산지 명칭 통제)(**참조** APPELLATION D'ORIGINE CONTROLÉE)와는 구분된다.

1960년 창안된 라벨 루즈(label rouge)는 리본이 달린 인장 모양의 디자인으로 프랑스 농림부의 인가를 받는다(그러나 국가의 공인을 받는 것은 아니다). 모든 라벨은 관련 분야의 모든 관계자들을 포함하는 단체 조직이 보유하고 있으며 공통적으로 품질이 우수한 제품들로 인정받는다. 라벨 부여는 항구적이지는 않으며, 시중 상품의 품질 개선 상황을 고려하여 그 평가기준이 정기적으로 보강, 수정된다. 라벨 루즈는 닭에 붙여진 우수 품질 표시로 잘 알려져 있지만, 그 외에 벨 드 퐁트네(belle de Fontenay) 감자, 브르타뉴의 염장육, 오손(Auxonne) 양파, 샬랑(Challans) 또는 방데(Vendée) 지방의 메추라기, 스코틀랜드의 연어 등에도 부여된다. 또한 농식품 품질 인증(**참조** CERTIFICATION DE CONFORMITÉ) 표시도 존재한다. 라벨이라는 단어는 모든 불어권 국가에서 거의 같은 뜻으로 쓰인다.

LABNE 라브네 크리미한 농도의 레바논 치즈로 향신 허브를 넣어 먹기도 하며 올리브유를 살짝 뿌려 아랍식 빵에 곁들여 먹는다.

LABSKAUS 랍스카우스 독일 북부의 요리로 염장 쇠고기, 양파, 청어(또는 안초비)를 잘게 다진 뒤 돼지 기름에 볶고 여기에 넛멕과 후추를 넣은 감자 퓌레를 더한다. 랍스카우스는 수란, 절인 비트, 코르니숑과 함께 서빙한다.

LACAM (PIERRE) 피에르 라캉 파티시에이자 프랑스 미식 역사가(1836, Saint-Amand-de-Belves 출생–1902, Paris 타계). 그는 여러 가지 프티푸르와 케이크, 특히 이탈리안 머랭을 이용한 앙트르메들을 개발했다. 라캉은 또한『프랑스와 해외의 새로운 제과사, 빙과제조인(*Nouveau Pâtissier-Glacier français et étranger*)』(1865), 기념비적인 저작인『파티스리의 역사적 지리적 회상록(*Mémorial historique et géographique de la pâtisserie*)』(1890),『프랑스와 이탈리아의 고전적, 예술적 빙과제조인(*Glacier classique et artistique en France et en Italie*)』(1893)의 저자이며 요리 전문잡지『프랑스와 해외의 요리(*la Cuisine française et étrangère*)』를 발간했다.

LACCAIRE 라케르 졸각버섯. 적갈색 오렌지색, 분홍색 또는 자색을 띠는 매우 작은 버섯의 총칭으로, 자실 층의 간격이 넓고 살이 통통하며 버섯 대는 가늘다(**참조** p.188~189 버섯 도감). 이들은 매우 흔한 버섯으로 삼림수들과 공생관계를 이루고 있다. 식용 졸각버섯은 다른 버섯들과 섞어 요리의 가니시로 곁들여먹는다.

LA CHAPELLE (VINCENT) 뱅상 라 샤펠 프랑스의 요리사(1703~?). 영국에서 체스터필드(Chesterfield) 경의 요리사로 일했으며 1733년 세 권으로 이루어진『현대적 요리사(*The Modern Cook*)』를 펴냈다. 이 책은 이후 여러 차례 재출간되었다. 샤펠은 이어서 네덜란드 오라녜 나사우(Orange-Nassau) 왕가의 왕자를 위해 일했으며, 퐁파두르 부인, 그리고 마침내 루이 15세의 요리사가 되었다. 샤펠의 책은 1735년 네 권짜리 프랑스어 버전으로 출간되었으며 1742년에는 한 권이 더 늘어났다. 에두아르 니뇽(Édouard Nignon)은 프랑스어판『현대적 요리사(*Le Cuisinier moderne*)』를 1930년에도 여전히 실용적인 저작으로 평가했다. 라 샤펠의 레시피들은 오늘날에도 여전히 만들어볼 만하다.

LA CLAPE 라 클라프 코토 뒤 랑그독(coteaux-du-languedoc)의 AOC 레드, 로제, 화이트와인으로 나르본(Narbonne) 근처에서 생산된다. 레드는 색이 짙고 알코올이 풍부하며 맛이 진하면서도 조화롭다. 부르불랑 품종 포도로 만드는 드라이 화이트와인은 섬세하고 고급스러운 맛을 지니고 있다(**참조** LANGUEDOC).

LACRIMA-CHRISTI 라크리마 크리스티 이탈리아의 화이트와인으로 그레코(greco)와 피아노(fiano) 품종 포도로 만들며 베수비오산 비탈지대에서 생산된다. 황금색 톤을 띠며 벨벳처럼 부드러우면서도 드라이한 이 와인에서는 일부 그라브(graves) 와인의 면모가 느껴지기도 한다. 그러나 생산량이 많았던 적은 없으며, 옛날에는 나폴리의 왕에게 진상되었다.

LACROIX (EUGÈNE) 외젠 라크루아 독일 요리사(1886, Altdorf 출생–1964, Francfort 타계). 하이델베르크에서 레스토랑을 운영하는 부모에게서 태어나 나폴레옹 3세의 요리사 수하에서 견습을 거쳤다. 스트라스부르에 자리를 잡고 이름을 알렸으나, 1918년 그곳을 떠나 프랑크푸르트에 정착했다. 크러스트로 감싼 푸아그라 요리와 맑은 거북 포타주 등의 메뉴를 개발했다.

LACTAIRE 락테르 젖버섯. 버섯의 일종으로 표면의 틈새로 흰색, 붉은색, 주황색, 보라색, 노란색, 회색 등을 띠는 젖이 흘러나온다. 이 점액은 공기와의 접촉으로 산화되면 색이 변한다(**참조** p.188~189 버섯 도감). 젖버섯은 대개 쓴맛이 난다. 젖버섯 류는 독은 없으나 대부분은 큰 미식적 가치가 없다. 다른 식용 버섯에 비해 아삭한 씹는 맛이 있어 즐겨 찾는 버섯이다.

LADOIX 라두아 코트 드 본(côte de Beaune) 북부에 위치한 와인 생산지로, 그 유명한 코르통(Corton)과 인접해 있는 라두아에서는 레드와인을 생산한다. 피노 누아 품종 포도로 만드는 라두아 AOC 레드는 직관적인 맛과 풍부한 알코올을 지니고 있으며 더 좋은 풍미를 위해 저장하기에 좋은 와인이다. 바디감이 묵직하고 알코올이 풍부하며 향이 좋은 샤르도네 품종의 화이트와인도 소량 생산하고 있다.

LAGOPÈDE ALPIN 라고페드 알팽 뇌조. 꿩과의 수렵 조류로 눈 자고새(perdrix des neiges)라고도 불린다. 프랑스의 알프스 및 피레네 산악지대와 캐나다에서 사냥한다. 프랑스에서는 지나친 사냥과 관광으로 인해 개체수 감소의 위협을 받고 있는 종이다.

LA GRANDE-RUE 라 그랑드 뤼 부르고뉴의 AOC 레드와인으로 포도품종은 피노 누아이며, 1992년 그랑 크뤼 등급에 포함되었다. 타쉬(la tâche), 로마네 생 비방(la romanée-saint-vivant), 로마네 콩티(la romanée-conti) 등 인근의 유명 포도밭의 와인들과 어깨를 견줄 만한 라 그랑드 뤼는 향이 풍부하고 알코올 함량이 높으며 입안에서 매끄러운 느낌과 깊은 맛을 선사한다. 더 좋은 풍미를 위해 오래 저장하기에 적합한 와인이다.

LAGUIOLE 라기욜, 라이욜 비멸균 생소젖으로 만드는 오베르뉴 지방 루에르그(Rouergue)의 AOC 치즈(지방 45%). 비가열 압착 방식으로 만든 반경성치즈로 솔로 닦은 천연 외피는 회색을 띠고 있다(**참조** p.390 프랑스 치즈 도표). 지름 40cm, 두께 35~40cm의 원통형으로 무게는 30~40kg 정도이다. 라기욜 치즈는 캉탈(Cantal)과 비슷하며, 산간 지역의 방목 초장에서 생산된다. 숙성 기간(습기가 있는 숙성실에서 3~6개월)에 따라 색이 진하기가 달라지며 맛이 강하고 7월부터 이듬해 3월, 4월까지가 가장 맛있다. 식사 후 후식이나 간식으로 먹는다. 양배추 수프나 빵을 적신 수프에 약간만 숙성시킨(demi-frais) 라기욜 치즈를 넣기도 한다. 프레시 라기욜 치즈로는 알리고(**참조** ALIGOT)를 만든다.

LAGUIPIÈRE 라기피에르 프랑스의 요리사(?—1812). 콩데(Condé) 왕자의 저택에서 요리사로 일하며 한 단계씩 경력을 쌓은 그는 콩데 왕자의 망명길에도 동행하였으며, 프랑스로 돌아와 나폴레옹 황제의 주방을 지휘했다. 당시 앙토넹 카렘이 그의 휘하에서 일했다. 이어서 뮈라(Joachim Murat) 장군의 요리사로 일했으며 그가 나폴리의 국왕으로 부임할 때도, 이어서 러시아 원정에 나설 때도 함께 했다. 리투아니아 빌니우스에서 추위를 이기지 못해 사망하였고, 그의 시신은 뮈라의 마차 뒤에 실려 프랑스로 돌아왔다. 위대한 셰프였던 라기피에르는 그 어떤 기록도 남기지 않았으나 그의 이름은 여러 레시피에 등장하며 그중 일부는 다른 요리사들이 그에게 헌정한 것으로 추정된다.

LAIT 레 우유, 젖. 자체적으로 당을 포함하고 있는 흰색의 불투명한 액체로 법적으로는 잘 먹이고 혹사시키지 않은 건강한 암 젖소로부터 전체적으로, 그리고 지속적으로 짜낸 완전한 생산물이라고 정의하고 있다. 젖은 포유류 암컷이 어린 새끼를 위해 분비하는 먹이로 다산과 풍요의 상징이기도 하다. 성경에 등장하는 약속의 땅은 젖과 꿀이 흐르는 땅이며, 모세는 양젖과 소의 젖을 하나님의 선물로 여겼다. 아시아와 인도에서는 등에 혹이 있는 인도혹소(zébu)와 물소를 성스러운 동물로 여긴다. 고대 그리스인들과 로마인들은 특히 염소와 양의 젖을 으뜸으로 쳤으며, 말, 낙타, 당나귀 젖도 즐겨 먹었다.

오늘날 프랑스에서 레(lait)라는 단어는 다른 표기가 없을 경우 가장 흔히 유통되고 소비되는 소의 젖, 즉 우유만을 지칭한다(**참조** 하단 우유의 종류 표). 기본 식품인 우유는(열량은 100g당 65kcal 또는 272 kJ)으로 평균적으로 ℓ당 수분 870g, 지질 35g, 질소 함유물 32g(95%는 단백질이며, 그중 하나인 카제인은 커드 형태로 응고된다), 락토스 45g(단맛이 약한 당), 다수의 무기질(7~10g으로 주로 칼슘)과 다양한 비타민으로 이루어져 있다. 우유의 성분은 치즈의 특성을 결정짓는 데 영향을 미친다. 그뤼에르(gruyère) 치즈의 경우, 매우 신선하고 산미가 거의 없는 우유를 사용해야 하며, 퐁 레베크(Pont-l'évêque)는 갓 짜낸 원유로 만든다. 카망베르(camembert)를 만들기 위해서는 약간의 산도가 필요하다. 버터의 맛 또한 소의 먹이에 따라 달라진다.

우유에는 많은 수의 세균이 존재하는데, 이는 우유의 자연 응고에 관여하며 병을 일으키기도 한다. 따라서 우유를 보관하기 위해서는 미생물의 번식을 억제하는 냉기나 이들을 파괴하는 열(저온살균과 고온멸균)이 필요하다.

■ **사용.** 프랑스의 우유 소비량은 1인당 연간 77ℓ로, 171ℓ를 기록해 세계 1위로 꼽히는 아일랜드와 비교하면 상대적으로 적은 편이다. 우유는 다양한 방식으로 소비된다. 생크림, 버터, 치즈, 요거트의 재료이며, 일반적으로 마시는 흰 우유뿐 아니라 과일 시럽, 바닐라, 초콜릿 등으로 맛을 낸 가향 우유 또한 인기 있는 음료이다. 차, 커피에 넣어 마시기도 하고 초콜릿 제조 및 몇몇 칵테일이나 혼합 음료(주로 과일을 넣은 밀크셰이크)에 쓰이기도 한다. 증점제나 향료를 넣어 우유 젤리 등의 디저트를 만들기도 하며, 유산균, 경우에 따라 효모의 작용으로 발효유(중동의 레벤 leben, 쿠미스 koumis, 케피르 kephir, 인도의 키르 khir, 사르데냐의 지오두 gioddu, 아이슬란드의 스퀴르 skyr 등)가 되기도 한다. 한편 우유를 처닝하고 남은 버터 밀크(babeurre, lait battu)는 레 리보(lait ribot, 버터 밀크로 으깬 감자 위에 부어 먹는다), 익힌 우유인 레 퀴(lait cuit 자연적으로 형성된 우유 커드를 약한 불로 데워 메밀 갈레트에 곁들여 먹는다), 레 마리(lait marri, 우유를 끓여 레 리보를 넣고 달콤하게 먹는다) 등 시골에서 다양한 방법으로 활용한다.

요리에서 우유는 특히 베샤멜(béchamel), 낭튀아(nantua), 수비즈(soubise) 소스 등 수많은 요리에 없어서는 안 될 재료이며, 수프와 포타주의 마무리, 그라탱, 몇몇 생선용 쿠르부이용뿐 아니라 일부 육류를 익히는 과정에도 사용된다. 디저트, 플랑, 앙트르메, 크렘 앙글레즈, 커스터드 푸딩, 파나코타 등에는 상당한 양의 우유가 들어가며, 아이스크림, 기본 반

우유의 주요 형태와 특징

형태	명칭	열처리 방식	보관	
			개봉 전	개봉 후
비멸균 cru	비가열 생우유, 냉장 비가열 생우유 lait cru, lait cru frais	착유 후 냉장, 산지 현장에서 포장	착유 후 48시간, ≤4°C	≤24 시간
저온살균 pasteurisé	포장 저온살균 우유, 냉장 저온살균 우유, 고급 저온살균 우유 lait pasteurisé conditionné, lait frais pasteurisé, lait pasteurisé de haute qualité	72~85°C(15~20초), 고급의 경우 72°C (15초). 살균 후 -4°C에서 급속 냉각.	DLC* : 7일, ≤4°C	2~3일(DLC 이내), 단체 급식 및 업장 사용 시 24시간.
초고온멸균 UHT***	UHT 멸균 우유 lait stérilisé UHT	140~150°C(1~5초), 멸균 후 급속 냉각 및 무균 포장.	DLC: 90일, ≤15°C	1~2일, 3°C
고온멸균 stérilisé	고온멸균 우유 lait stérilisé	포장 상태로 115°C 가열(15~20분).	DLC: 150일, ≤15°C	≤1~2일, 3°C
농축(연유) concentré	(무가당) 연유 lait concentré(non sucré)	저온살균, 진공상태에서 농축, 고온멸균	DLUO** : 12~18개월, ≤ 15°C	1~2일, 4°C
	가당연유 lait concentré sucré	설탕 70%를 추가 후 진공상태에서 농축.		
분유 en poudre	분유, 우유 분말, 바로 타 먹는 인스턴트 우유 lait en poudre, poudre de lait, à dissolution instantanée	저온살균, 농축, 열풍 건조	DLUO: ±14개월, 상온 보관	10일(전지 분유) 2주(저지방 분유) 3주(무지방 분유)

* DLC: 소비유효기간(date limite de consommation)

** DLUO: 권장소비기한(date limite d'utilisation optimale), 제품의 맛과 향 등 감각수용성 특성을 보존하기 위해 권장되는 소비기한이다.

*** UHT: 초고온(Ultra Haute Température).

죽(특히 농도가 묽은 튀김, 크레프, 와플 반죽류)에도 우유의 비중은 상당하다. 또한 우유에 설탕과 바닐라 향을 넣고 캐러멜처럼 졸인 우유잼을 만들기도 한다.

▶ 레시피 : COURT-BOUILLON, ŒUFS AU LAIT, PAIN AU LAIT, RIZ, TAPIOCA, THÉ, TURBOT.

LAIT D'AMANDE 레 다망드 아몬드 밀크. 분쇄한 아몬드에서 얻는 액체. 곱게 분쇄한 아몬드로 만드는 아몬드 밀크는 물을 넣어 희석한 뒤 젤라틴을 넣어 차가운 앙트르메나 쿠프 글라세(coupe glacée)를 만드는 데 사용한다. 또한 레 다망드는 정통 파티스리 중 하나로 아몬드 페이스트, 설탕, 달걀로 만든 원형 케이크의 이름이다. 구운 후 살구 나파주를 바르고, 얇게 민 아몬드 페이스트를 덮은 다음 흰색 글레이즈를 씌운다. 가장자리는 구운 아몬드 분태를 붙여 장식한다.

lait d'amande 레 다망드

아몬드 밀크 : 500mℓ 분량 / 준비: 10분(전날) / 냉장: 최소 12시간 / 조리: 약 3분

하루 전날, 냄비에 물 250mℓ, 설탕 100g을 넣고 끓을 때까지 가열한다. 불에서 내린 다. 여기에 아몬드 가루 170g, 키르슈 10mℓ를 넣고 섞는다. 뜨거운 상태에서 블렌더로 간 다음 체에 거른다. 최소 12시간 냉장 휴지시킨다. 다음 날, 비터 아몬드 에센스를 1방울 섞는다. 그 이상 넣으면 아몬드 밀크 맛이 매우 나빠질 수 있으니 주의한다.

lait d'amande aux framboises ▶ AMANDE

pigeons au lait d'amandes fraîches ▶ PIGEON ET PIGEONNEAU

LAIT DE POULE 레 드 풀 에그녹. 원기를 회복시키는 걸쭉한 음료로 뜨겁게 또는 차갑게 마신다. 달걀노른자에 설탕 1테이블스푼을 넣고 휘저어 섞은 다음 우유 한 컵을 붓고 거품기로 저어 섞는다. 오렌지 블로섬 워터를 넣어 향을 내기도 한다.

LAITANCE 레탕스 이리, 어백. 수컷 생선의 생식샘에서 나오는 분비물로, 희고 부드러운 주머니에 들어 있으며 인이 풍부하다. 보통 생선에 알이 꽉 차는 시기에 이리를 먹으며, 오일에 절이거나 훈연하여 저장하기도 한다. 주로 청어, 고등어, 잉어의 이리(브리야 사바랭이 좋아했던 오믈렛의 가니시)를 먹는다. 쿠르부이용에 데치거나 뫼니에르식으로 버터에 익혀 따뜻한 오르되브르로 서빙한다. 생선 요리에 곁들이기도 한다.

beurre de laitance ▶ BEURRE COMPOSÉ

bouchées aux laitances ▶ BOUCHÉE (SALÉE)

canapés aux laitances ▶ CANAPÉ

조엘 로뷔숑(JOËL ROBUCHON)의 레시피

laitances de hareng au verjus 레탕스 드 아랑 오 베르쥐

베르쥐를 넣은 청어 이리 : 화이트와인 식초 100mℓ를 넣은 찬물에 청어 이리 500g을 1시간 담가둔다. 이리 주변의 가는 혈관과 핏자국을 제거한다. 헹궈 건진 뒤 종이타월로 표면의 물기를 꼼꼼히 닦아내고 소금과 곱게 간 후추로 밑간을 한다. 밀가루를 입히고 살살 흔들어 너무 많이 묻지 않도록 털어낸 다음, 가는 바늘로 5~6군데를 찔러 조리 시 터지지 않도록 한다. 팬에 버터 40g과 올리브오일 50mℓ를 달군 뒤 조심스럽게 이리를 올린다. 양면을 각각 3~4분씩 노릇하게 지진다. 다른 팬에 버터 80g을 달군 뒤 작은 주사위 모양으로 썬 양송이버섯 80g과 새콤한 맛의 사과 80g을 넣고 4분간 볶는다. 여기에 작은 주사위 모양으로 썬 토마토 80g을 넣고 1분간 함께 볶은 다음, 알이 아주 작은 케이퍼(câpres surfines, 지름 7~8mm) 50g을 더한다. 소금, 후추로 간한다. 서빙 접시에 이리를 올린다. 이탈리안 파슬리 잎을 뿌린다. 준비한 가니시로 그 위를 덮어준다. 이리를 지진 팬의 기름기를 제거한 다음 애플사이더 식초 50mℓ, 베르쥐(verjus) 50mℓ를 넣고 디글레이즈한다. 접시 위에 이 소스를 끼얹어 아주 뜨겁게 서빙한다.

LAITUE 레튀 상추, 양상추. 국화과의 식물로 연중 생산되는 식용 채소인 다양한 종류의 상추를 총칭한다. 상추류는 잎을 생으로, 또는 익혀서 먹는다(**참조** p.487 상추류 도표, p.486 도감). 거의 모든 종류마다 각각 녹색, 노란색 또는 붉은색 품종이 존재한다. 예를 들어, 바타비아(batavia) 상추도 바타비아 블론드와 바타비아 레드 품종이 있으며, 롤로 계열 상추 역시 붉은색 롤로 로사(lollo rossa)와 연한 녹색을 띠는 롤로 비온다(lollo bionda)로 구분된다. 또는 루제트(rougette)와 같은 적상추도 있다. 상추 농사는 고대 초기부터 끊임없이 이어져왔으며, 레튀(laitue)라는 이름은 우유(lait)와 비슷한 색을 띠고 있으며 잠이 오게 하는 성분을 함유하고 있다고 알려진 상추의 유액(latex)에서 따왔다. 상추는 늘 위장을 쓸어내리는 빗자루라는 별명으로 불려왔는데 이는 위장 운동을 돕고 변비를 줄여주는 효능 때문이다. 고대 로마인들은 이미 오늘날 우리가 먹는 것과 똑같은 방식으로 상추를 소비했다.

상추가 프랑스에 전해진 것은 중세시대로, 일부 사람들은 라블레(Rabelais)가 이탈리아로부터 상추 씨를 들여왔다고 주장하는 반면, 다른 한편에서는 아비뇽 유수 시기 교황들에 의해 전해졌다고 한다. 루이 16세 시기까지 상추는 더운 요리에 넣어 먹었다. 이후 비네그레트 드레싱을 뿌린 생상추가 런던에서 큰 인기를 끌었고, 그곳에서 망명 귀족이었던 달비냑(d'Albignac)이라는 이름의 한 신사는 개인 호텔과 고급 레스토랑에서 샐러드에 드레싱 양념을 해주며 큰 유명세와 부를 누리게 된다. 브리야 사바랭은 그의 책에서 이 세련된 샐러드 메이커(fashonable salad maker)에 대해 묘사하기도 했다. 그는 마호가니 나무로 된 전용 도구함에 드레싱용 재료(가향 오일, 캐비아, 간장, 안초비, 송로버섯, 그레이비 소스, 가향 식초 등)를 들고 식당 이곳저곳을 다녔다고 한다.

■ **사용.** 모든 상추는 수분이 매우 많고(95%) 열량이 낮으며(민들레 잎의 열량이 100g당 50kcal에서 209kJ인 반면, 상추의 열량은 100g당 18kcal에서 75kJ이다) 다수의 무기질(질산염)과 비타민 B군을 함유하고 있다. 버터 헤드와 쉬크린은 봄에 가장 맛있으며, 로메인과 바타비아 상추는 여름이 제철이다. 노지에서 재배된 상추의 맛이 더 좋으며 무기질도 더 풍부하다. 상추는 언제나 잘 씻은 다음(흐르는 수돗물에 충분히 씻어 흙과 농약 및 오염물질과 기생충 등을 완전히 제거한다), 겉잎을 벗기고 아주 꼼꼼히 물기를 제거해야 한다. 잎은 레시피에 따라 알맞게 썬다(**참조** CHIFFONNADE).

상추는 생으로 단일 재료 샐러드 혹은 믹스 샐러드를 만들어 먹는다. 또는 생잎을 장식이나 가니시용으로도 사용하기도 한다(특히 롤로 품종). 그 외에 상추는 브레이징하거나 소를 채우기도 하고 크림을 넣어 요리하거나 프랑스식 완두콩 요리 또는 스노우 피(snow pea) 요리에도 넣는다.

chiffonnade de laitue cuite ▶ CHIFFONNADE

crème de laitue, fondue aux oignons de printemps ▶ CRÈME (POTAGE)

laitues braisées au gras 레튀 브레제 오 그라

기름진 육수에 브레이징한 양상추

양상추의 질긴 녹색 겉잎을 떼어내고 다듬는다. 끓는 소금물에 통째로 5분간 데친 다음 찬물에 식힌 뒤 꼭 짜서 최대한 물기를 제거한다. 양상추 작은 송이를 두세 개씩 실로 묶는다. 코코트 냄비에 버터를 두르고 바닥에 돼지비계 껍데기를 깐 다음 얇게 썬 당근과 양파를 고루 펼쳐 놓는다. 그 위에 양상추를 나란히 올린다. 약간 기름기가 있는 육수를 양상추가 잠기도록 붓는다. 불에 올려 끓어오를 때까지 가열한 다음 뚜껑을 덮고 200°C로 예열한 오븐에 넣어 50분간 익힌다. 상추를 건져 실을 제거한다. 상추 한 송이를 세로로 이등분한 다음 잎 끄트머리를 다듬고 반으로 접는다. 그 상태로 버터를 발라둔 원형 서빙그릇에 채워 넣는다. 체에 거른 송아지 육수를 몇 스푼 끼얹는다.

purée de laitue ▶ PURÉE

LALANDE-DE-POMEROL 랄랑드 드 포므롤 보르도의 AOC 와인으로 포므롤(Pomerol)과 가까운 지역에서 생산된다. 랄랑드 와인(메를로, 카베르네 프랑, 카베르네 소비뇽, 말벡 품종 포도로 만든다) 역시 포므롤 와인과 마찬가지로 알코올 함량이 풍부하고 부드러운 맛과 제비꽃 향을 지니고 있다(**참조** BORDELAIS).

LAMBALLE 랑발 걸쭉한 포타주의 이름으로, 생완두콩 퓌레 또는 반쪽으로 쪼갠 마른 완두콩에 타피오카를 넣은 콩소메를 섞어 만든다. 또한 이 용어는 스터핑을 채운 뒤 틀에 넣어 구운 메추리 요리를 지칭하기도 한다.

LAMBI 랑비 여왕수정고둥, 퀸 콘치(queen conch). 앤틸리즈 제도의 복족류로 프랑스 해안가에서 잡히는 물레고둥과 생김새가 비슷하며 사이즈가 더 크다(**참조** p.250 조개류 도표). 크기가 보통 35cm에 이르며 껍데기는 주황빛의 노랑, 분홍색이고 나선형이다. 람비는 해안가의 수초무리 속에 산다. 살을 주사위 모양으로 썰어 타파스나 주요리에 사용하며 강한 맛의 소스를 곁들여 먹는다. 껍데기는 장식용 소품으로도 사용된다. 폴리네시아에서는 이러한 형태의 소라껍데기를 악기처럼 사용하기도 한다.

LAMBIC 람빅 알코올 도수가 낮은 벨기에의 자연발효 맥주로 맥아와 생밀로 만들며 묵은 홉으로 향을 내고 브뤼셀 인근 센(Senne)강 유역에서만 구할 수 있는 특별한 효모(브레타노 마이세스 브뤼셀렌시스 Brettanomyces bruxellensis, 브레타노 마이세스 람비쿠스 Brettanomyces lambicus)를 첨가한다. 람빅은 겨울에만 생산되며 전통 카페에서 맥주 디스펜서(케그)를 통해 생맥주처럼 따라 서빙한다. 얼음 설탕을 넣으면 파로(faro)가 되며

LAITUES 상추류

lollo bionda
롤로 비온다. 롤로 비온다 상추

sucrine
쉬크린. 쉬크린 상추

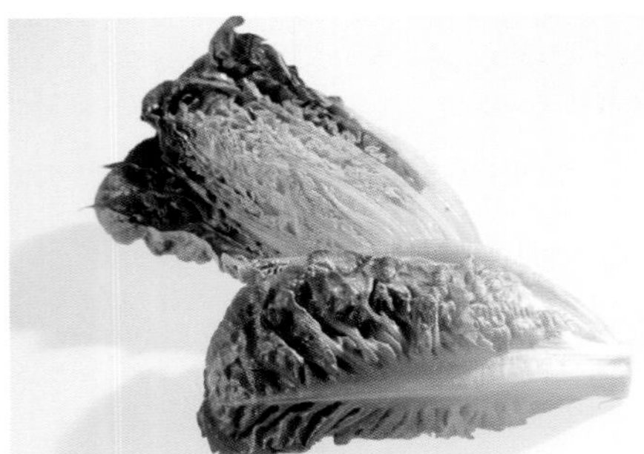

romaine romea
로멘 로메아. 배추상추, 로메인 로메아 상추

pommée verte
포메 베르트. 버터헤드 상추

iceberg
아이스버그. 아이스버그 양상추

pommée rouge
포메 루즈. 적상추

little gem (Espagne)
리틀 젬. 리틀 젬 상추(스페인)

romaine
로멘. 로메인 상추

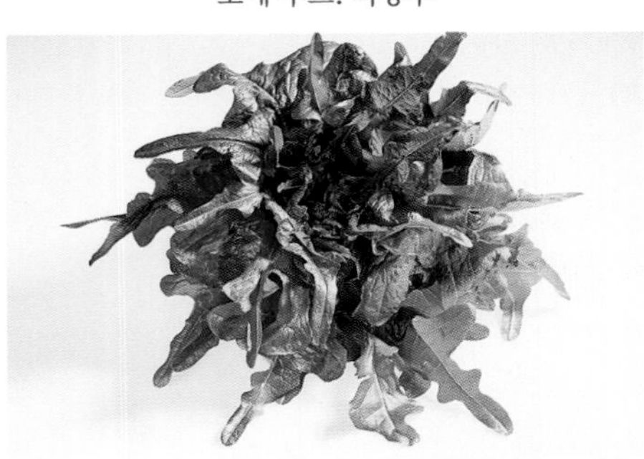

feuille de chêne arlequin
푀유 드 셴 아를르캥. 아를르캥 오크 리프

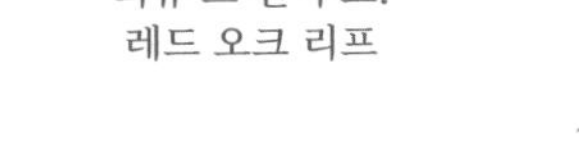

feuille de chêne rouge
푀유 드 셴 루즈.
레드 오크 리프

batavia blonde
바타비아 블롱드.
바타비아 상추

lollo rossa
롤로 로사. 롤로 로사 상추

feuille de chêne verte
푀유 드 셴 베르트.
그린 오크 리프

batavia rouge
바타비아 루즈. 레드 바타비아

병 제품으로도 출시되어 있다. 람빅 맥주는 블렌딩을 통해 괴즈나 크릭으로 만들기도 한다(**참조** GUEUZE, KRIEK). 이 맥주들은 모두 전통 특산물 인증(specialité traditionnelle garantie) 상품으로 법적 보호를 받는다.
▶ 레시피 : CHOESELS.

LAMPROIE 랑프루아 칠성장어. 일반 어류와는 별도로 턱이 없는 무악류로 분류되는 척추동물의 작은 군을 뜻한다. 여러 종이 존재하며 그중 가장 흔한 것은 바다 칠성장어이다. 최장 1m까지 자라는 칠성장어의 몸통은 뱀장어 모양이며, 비늘이 없다. 등은 검정색이 섞여 있으며, 수컷은 배가 자주색을 띠고 있다. 머리 뒤쪽 양쪽 측면에는 작은 아가미구멍이 일곱 개씩 나있다. 빨판 모양으로 고정된 입안에는 중심을 향해 동심원 모양으로 이빨이 나 있다. 바다 칠성장어는 다른 생선에 붙어 기생한다. 주로 짝짓기를 위해 강으로 거슬러 올라오는 봄철에 도르도뉴(Dordogne)강에서 잡힌다.

칠성장어의 살은 기름지나 맛이 섬세하여 중세시대 때부터 인기가 높았다. 어획량이 수요를 따라가지 못해 가격이 매우 비싸다. 뱀장어와 같은 방식으로 요리하며, 가장 고전적인 레시피는 보르도식 칠성장어 요리다.

lamproie à la bordelaise 랑프루아 아 라 보르들레즈

보르도식 와인 소스 칠성장어 : 칠성장어의 피를 뺀다. 피는 따로 받아 두었다가 소스 농도를 조절하는 데 사용한다. 장어를 뜨거운 물에 데친 다음 긁어가며 껍질을 벗긴다. 목에 칼집을 내고 등의 힘줄을 찾아 잡아당겨 제거한 다음 6cm 길이로 토막낸다. 소테팬에 버터를 두르고 얇게 썬 양파와 당근을 깐 다음 장어를 담는다. 부케가르니 1개, 짓이긴 마늘 1톨을 더하고 소금, 후추를 뿌린 다음 보르도산 레드와인을 넉넉하게 붓는다. 끓는 상태로 10분간 익힌 다음 장어를 건진다. 리크 흰 부분 4대를 손질하여 3등분한다. 버터를 두른 다른 팬에 리크를 넣고 작은 주사위 모양으로 썬 건조 햄 4스푼과 함께 뚜껑을 덮어 쪄내듯 익힌다. 여기에 칠성장어를 넣는다. 소스팬에 버터 2스푼과 동량의 밀가루를 넣고 볶아 루(roux)를 만든 다음, 장어 익힌 국물을 조금 붓고 15분 익힌다. 장어를 익히고 남은 레드와인 소스를 걸러 이 위에 붓는다. 아주 약하게 끓는 상태로 가열을 마친다. 원형 서빙 접시 위에 장어를 올리고 따로 받아둔 장어 피로 농도를 맞춘 소스를 끼얹는다.

pâté de lamproie à la bordelaise ▶ PÂTÉ

LANCASHIRE 랭커셔 랭커셔 치즈. 비멸균 생소젖으로 만든 영국 치즈(지방 48%)로, 비가열 압착 방식으로 만들며 문질러 세척한 천연 외피를 지니고 있다(**참조** p.400 외국 치즈 도표). 직경 25~30cm, 두께 20~25cm 크

상추류 주요 유형과 특징

종류	생산지	출하시기	외형
버터헤드 상추 *pommées beurre*			
봄 품종. 엘사, 플로리안 등 elsa, florian	남동부, 남서부, 도시의 녹지	4~6월	둥근 모양에 가까운 결구형으로 다소 단단하면서도 유연하다. 잎 모양은 둥글며 아삭함은 없다.
여름 품종. 발리스토, 트로피카 등 balisto, tropica	남동부, 남서부, 도시의 녹지	6~10월	
가을 품종. 엘비라, 낸시 등 elvira, nancy	남동부, 남서부, 도시의 녹지	9~1월	
겨울 품종. 주디, 메르베유 디베르 등 judy, merveille d'hiver	루시용, 랑그독, 프로방스, 발 드 루아르	11~4월말	
바타비아 상추 *pommées batavia*			
블론드 바타비아. 도레 드 프랭탕, 로라 등 dorée de printemps, laura	남동부, 남서부	11~5월	둥글고 잎이 빽빽이 찬 결구형으로 잎이 둥글고 아삭하며 끝부분이 약간 구불구불하다.
	도시의 녹지	4~10월	
레드 바타비아. 로시아, 루즈 그르노블루아즈 rossia, rouge grenobloise	남동부, 남서부, 이탈리아	11~5월	
	도시의 녹지	4~11월	
아이스버그 류. 살라댕, 람바다, 칼로나 등 saladin, lambada, calona	브르타뉴	5~11월	둥글고 단단한 결구형으로 잎이 매우 아삭하다.
로메인 상추 *romaines*			
블론드 마레셰르 로메인 blonde maraîchère. 블론드 드 프롱티냥, 파독스 blonde de Frontignan, padox	북부, 남동부, 남서부, 일 드 프랑스	3~7월	길쭉한 결구형으로 잎이 두껍고 가운데 굵은 잎맥이 있다.
그레이 마레셰르 로메인, 리브 등 grise maraîchère, rive	북부, 남동부, 남서부, 일 드 프랑스	3~7월	
그린 마레셰르 로메인, 로망스 등 verte maraîchère, romance	북부, 남동부, 남서부, 일 드 프랑스	3~7월	
잎이 두꺼운 상추류 *grasses*			
크라크렐 craquerelle	남동부	3~10월말	작고 촘촘한 결구형으로 잎이 둥글고 두꺼우며 표면이 올록볼록하다.
쉬크린 sucrine	남동부, 발 드 루아르, 투렌	7~9월	
테튀 드 님 têtue de Nîmes	남동부	7~9월말	
오크 리프, 크리제, 레자, 위사르드 feuille de chêne, krizet, raisa, hussarde	프로방스, 루시용, 발 드 루아르	11월~5월	불결구형 상추로 잎이 야들야들하다. 갈라진 모양의 잎이 다발 모양을 이루고 있다.
	도시의 녹지	4~10월	
롤로 로사 또는 롤로 비온다(다양한 품종) lollo rossa, lollo bionda	프로방스, 루시용, 발 드 루아르, 이탈리아	11~5월	불결구형 상추로 잎이 야들야들하다. 깊게 갈라진 모양이며 가장자리가 꼬불꼬불하다.
	도시의 녹지	4~10월	

기의 원통형이며 맛은 다소 강한 편이다. 세이지로 향을 낸 세이지 랭커셔는 치즈 사이사이 녹색 무늬가 혈관처럼 퍼져 있으며 한 덩어리의 무게는 6kg이다.

LANÇON ▶ **참조 ÉQUILLE**

LANDAISE (À LA) 아 라 랑데즈 랑드(Landes) 지역 요리의 영향을 받은 다양한 음식에 붙이는 표현으로, 바욘 햄, 거위 기름, 포치니 버섯을 사용하는 것이 특징이다. 아 라 랑데즈라는 명칭은 시골풍 요리(감자)나 지역 명물(작은 참새와 같은 연작류, 거위 또는 오리 간), 지역 정통 요리(콩피) 등에 사용된다.

▶ 레시피 : CONFIT, POMME DE TERRE.

LANGOUSTE 랑구스트 펄닭새우, 뿔가재, 스파이니 랍스터(spiny lobster). 닭새우과의 걷는 십각류(10개의 발)로 아주 긴 더듬이를 갖고 있으며 복부 마디 측면에 뾰족한 침들이 나 있고 집게발은 없는 것이 특징이다(참조 p.489 닭새우 도표, p.286, 287 갑각류 도감). 닭새우는 해저 20~150m 바다의 돌, 바위로 된 바닥에서 서식한다. 유생은 매우 작으며, 법적으로 소비가 허용된 크기인 23cm(5년 산)가 되기까지 20번 이상의 탈피를 거친다. 더 오래 자란 것은 크기 50cm, 무게 4kg에 달하기도 한다. 엄청난 산란 수(최대 10만개 까지)에도 불구하고, 개체 수는 점점 줄어들고 있다.

■ **사용.** 닭새우는 싱싱하게 살아 있는 상태로 구입해야 하며(잡았을 때 꼬리를 힘차게 파닥거려야 한다) 상처가 없어야 한다(껍데기에 구멍이 나거나 발이 떨어져 나가서는 안 된다). 더듬이는 연약하거나 손상되어도 큰 문제가 되지 않는다. 암컷은 복부에 알을 붙들고 품을 수 있도록 갈퀴의 모양이 달라 구분이 가능하며, 더 맛이 좋다고 알려져 있다. 모든 갑각류와 마찬가지로, 싱싱한 닭새우는 산 채로 익힌다. 육질은 연하고 촘촘하며 희고 섬세하다. 랍스터만큼 풍미가 진하지는 않지만 조리 방식은 같다.

닭새우는 비교적 강하고 특색 있는 양념이나 소스를 곁들인 조리법(소테하여 플랑베한 뒤 커리 소스를 곁들인 요리, 그릴에 구운 뒤 바질 버터를 곁들인 방식, 코냑을 넣어 요리한 것 등)이 아주 잘 어울린다. 클래식 요리 중 가장 화려한 닭새우 요리는 벨 뷔식(en bellevue)과 파리지엔식(à la parisienne)이다.

외국에서 즐겨 먹는 대표적인 닭새우 요리 두 가지는 다음과 같다. 하나는 카탈루냐의 초콜릿을 넣은 닭새우로 토마토 스튜와 양념을 넣은 냄비에 랑구스트를 익히고 다진 아몬드와 헤이즐넛, 고추, 계피향 초콜릿으로 맛을 돋운 것이다. 다른 하나는 중국의 생강을 넣은 닭새우로 껍질을 벗긴 살 조각을 튀긴 다음 양파, 쪽파, 생강, 참기름을 넣고 중국팬에 뜨겁게 다시 한 번 볶아낸 요리다.

aspic de langouste ▶ ASPIC
canapés à la langouste ▶ CANAPÉ

로제 베르제(ROGER VERGÉ)의 레시피

langouste grillée au beurre de basilic 랑구스트 그리에 오 뵈르 드 바질릭

바질 버터 닭새우 구이 : 4인분

닭새우 한 마리를 길게 이등분한 다음 로스팅 팬에 올린다(껍질이 팬 바닥에 닿도록 한다). 살에 소금과 후추로 간을 하고 올리브오일을 뿌린다. 오븐 브로일러 아래에 넣어 살 쪽을 5분, 껍질 쪽을 5분 굽는다. 닭새우를 뒤집어 살이 위로 올라오게 둔 다음, 생바질 잎을 굵게 다져 넣은 녹인 버터를 충분히 끼얹는다. 중간중간 버터를 끼얹으며 완전히 익힌다(약 20분 소요). 아주 뜨겁게 서빙한다.

루이 우티에(LOUIS OUTHIER)와 장 마리 묄리앵(JEAN-MARIE MEULIEN)의 레시피

langouste aux herbes thaïes 랑구스트 오 제르브 타이

태국식 허브를 넣은 닭새우 : 기름을 두르지 않은 팬에 고수 씨와 커민 씨를 4테이블스푼씩 넣고 볶은 다음 식혀서 빻는다. 갈랑가(galanga) 4테이블스푼, 레몬그라스 8줄기, 고수 뿌리 4테이블스푼을 다진다. 모든 재료를 섞고 여기에 샬롯 퓌레 100g, 마늘 퓌레 100g, 고추 페이스트 2테이블스푼, 스위트 홍피망 퓌레 8테이블스푼, 새우 페이스트 60g, 사프란 1테이블스푼, 강황 3테이블스푼, 소금 1테이블스푼, 마크루드(makroud 베르가모트의 태국식 명칭) 또는 카피르 라임 잎(combava) 1자밤을 넣는다. 혼합물을 블렌더에 갈아 체에 곱게 긁어내린다. 끓는 물에 각 800g짜리 닭새우 두 마리를 데친 뒤 길게 2등분한다. 몸통의 살을 꺼낸다. 껍질은 오븐에 넣어 굽는다. 팬에 버터 50g을 넣고 닭새우 살을 색이 나지 않도록 익힌 뒤 건져둔다. 새우를 익힌 팬에 앞서 준비한 태국 향신료 페이스트를 넣고 강판에 간 신선한 생강 2티스푼을 더한다. 양념을 볶다가 화이트 포트와인 200mℓ, 채 썬 사과 20g, 채 썬 당근 40g, 카피르 라임 잎 2장을 넣는다. 물기가 없도록 바싹 졸인 다음 강황 2티스푼과 버터 50g을 더한다. 불에서 내린 뒤 단단하게 거품 낸 생크림 200mℓ를 섞는다. 마지막으로 코코넛 술 40mℓ와 동량의 생강 술을 넣는다. 우묵한 접시에 닭새우 살을 담고 끓을 때까지 가열한 소스를 끼얹는다. 잘게 썬 처빌을 뿌려 낸다.

자크 픽(JACQUES PIC)의 레시피

salade des pêcheurs au xérès 살라드 데 페셰르 오 제레스

셰리와인 식초 드레싱 해산물 샐러드 : 4인분

600g짜리 브르타뉴 랍스터 한 마리(익히는 시간은 100g당 1분으로 계산한다), 800g짜리 브르타뉴 랑구스트 루아얄(langouste royale 큰 사이즈의 닭새우) 한 마리(익히는 시간은 100g당 2~3분), 민물가재 1kg(익히는 시간은 2분)를 각각 쿠르부이용에 익힌다. 찬물에 식혀서 껍데기를 깐 다음 집게발과 다리는 따로 보관해둔다. 1인당 닭새우 1조각, 랍스터 2조각으로 계산하여 적당한 두께의 동그란 메다이용(médaillon)으로 자른다. 다리 살은 1cm 크기로 깍둑 썬다. 마요네즈 50g, 생선 육수 10g, 셰리식초 약간, 잘게 썬 차이브 2g을 섞어 첫 번째 소스를 만든다. 마요네즈 50g, 생선 육수 10g, 셰리 식초 약간, 잘게 썬 딜 2g, 녹색 채소 클로로필 5g을 넣어 두 번째 소스를 만든다. 마요네즈 50g, 생선 육수 10g, 셰리 식초 약간, 껍질 벗겨 씨를 빼고 잘게 썬 토마토 10g, 잘게 썬 바질 1장을 섞어 세 번째 소스를 만든다. 마요네즈 50g, 생선 육수 10g, 셰리 식초 약간, 바질 2g을 넣어 네 번째 소스를 만든다. 메다이용으로 썰어 둔 랍스터와 닭새우에 소량의 마요네즈, 셰리 식초, 생선 육수를 넣어 양념을 하고 간을 맞춘다. 깍둑 썬 다리 살과 집게발을 접시 중앙에 놓는다. 큰 가리비조개 살 4개를 팬에 노릇하게 지진다. 각 접시에 담은 깍둑 썬 랍스터 살 주위로 네 가지 소스를 빙 둘러 조금씩 올린 다음, 첫 번째 소스(마요네즈와 차이브) 위에 가리비 1개, 두 번째 소스(마요네즈와 딜) 위에 랍스터 메다이용, 세 번째 소스(토마토를 넣은 마요네즈) 위에 닭새우, 네 번째 소스(마요네즈와 바질) 위에 민물가재 살을 올린다. 계절에 따라 이 샐러드에 그린빈스나 아스파라거스를 곁들여도 좋다.

LANGOUSTINE 랑구스틴 스캄피, 가시발새우. 걷는 십각류(10개의 발)로, 가시발새우과에 속하며 서유럽 연안에 매우 널리 퍼져 있다. 랑구스트(langouste 닭새우)와 이름은 비슷하지만 모양상 닮은 점은 별로 없다(**참조** p.285 갑각류 해산물 도표 p.286, 287 도감). 스캄피의 껍질은 노란빛이 도는 분홍색이며 크기는 15~25cm이다. 물을 벗어나면 오래 살지 못한다. 구매 시에는 눈이 새까맣고 반짝거리는 것을 골라야 한다. 데쳐 익힌 뒤 통째로 내기도 하지만 대부분의 요리에서는 몸통 살(꼬리에 해당)만 사용한다. 파에야에 들어가는 재료이며 유럽식 중국, 베트남 요리 레시피에서 타이거 새우 대신 많이 사용된다.

beignets de langoustines ▶ BEIGNET
crème de langoustine à la truffe ▶ CRÈME (POTAGE)

올랭프 베르시니(OLYMPE VERSINI)의 레시피

langoustines frites aux légumes 랑구스틴 프리트 오 레귐

채소를 곁들인 스캄피 튀김 : 껍질을 벗긴 당근 1개, 껍질을 벗기지 않은 호박 1개를 가는 막대 모양으로 썬다. 스위트 양파 큰 것 4개의 껍질을 벗기고 링 모양으로 썬다. 큰 스캄피 8마리의 몸통 껍질을 벗긴다. 밀가루 250g에 물 약간, 얼음 1~2개를 넣어(액체에 가까운 묽은) 반죽을 만든 다음 달걀흰자 2개를 단단하게 거품 내 살살 섞는다. 팜유 500g을 뜨겁게 달군다. 준비한 반죽에 길게 썬 채소, 링으로 썬 양파를 담가 튀김옷을 입힌 뒤 기름에 1분간 튀긴다. 같은 요령으로 스캄피도 30초 튀겨낸다. 기름에서 건져 소금을 뿌리고 레몬을 곁들여 서빙한다.

기 마르탱(GUY MARTIN)의 레시피

langoustines juste saisies, d'autres assaisonnées aux fruits de la Passion 랑구스틴 쥐스트 세지, 도트르 아세조네 오 프뤼 드 라 파시옹

닭새우(랑구스트)의 주요 종류 및 특징

종류	서식지	제철	외관	맛
케이프 록 랍스터 langouste du Cap	남아프리카 공화국	9~12월	껍데기가 비늘 모양으로 덮여 있으며 적갈색, 또는 균일하고 진한 벽돌색을 띠고 있다.	약간 단맛
캐리비안 스파이니 랍스터 langouste de Cuba	앤틸리스 제도	연중	껍데기는 적갈색을 띠며 2번째와 6번째 마디에 희고 둥근 반점이 두 개씩 있다.	약간 단맛
핑크 닭새우, 포르투갈 닭새우 langouste rose ou du Portugal	대서양	3월 말~8월 말	몸이 작달막하고 껍데기에는 밝은 색의 작은 반점들이 박혀 있다.	섬세하고 고급스러운 맛
레드 닭새우 또는 브르타뉴 닭새우 langouste rouge, royale ou bretonne	영불해협, 대서양, 지중해	3월 말~8월 말	몸이 작달막하고 껍데기는 적갈색 또는 자색이 나는 붉은색을 띠고 있다. 뾰족한 돌기가 있으며 각 껍질 마디마다 밝은 색의 삼각형 모양 반점이 두 개씩 나 있다.	매우 섬세하고 고급스러운 맛
그린 닭새우 또는 모리타니 닭새우 langouste verte ou de Mauritanie	서아프리카	6~10월	소 촉각이 달린 긴 더듬이를 갖고 있으며 껍데기는 청록색을 띤다. 각 마디마다 밝은 색의 띠 모양과 희고 둥근 2개의 반점이 나 있다.	무난한 맛

시어링한 스캄피와 패션프루트로 맛을 낸 스캄피 : 4인분
각 250g짜리 스캄피 12마리를 준비한다. 그중 8마리의 껍데기를 벗긴다. 몸통 맨 끝 마디 껍데기와 꼬리는 남겨둔다. 펜넬, 패션푸르트 처트니를 만든다. 우선 냄비에 작은 주사위 모양으로 썬 펜넬 200g, 잘게 썬 양파 50g, 황설탕 5g, 패션프루트 퓌레 40g을 넣는다. 펜넬 높이까지 오도록 물을 부은 뒤 끓을 때까지 가열한 다음 불을 줄이고 약하게 끓이며 물기가 완전히 흡수되도록 졸인다. 블렌더로 간다. 너무 곱게 갈지 말고 작은 덩어리가 조금 남아 있는 상태로 남겨둔다. 간을 맞춘다. 펜넬 밀크를 만든다. 펜넬 200g을 잘게 썬 다음 무가당 두유 200g에 넣어 20분간 익힌다. 블렌더로 갈아 고운체에 내리고 소금과 후추로 간한다. 고수 퓌레를 만든다. 고수 1단을 끓는 소금물에 넣고 5분간 익힌다. 찬물에 식혀 건진 뒤 블렌더로 갈아 고운 퓌레로 만든다. 체에 긁어내린 다음 소금과 후추로 간한다. 남은 스캄피 4마리의 껍데기를 벗기고 타르타르(tartare)를 만든다. 스캄피 살을 굵직하게 썬 다음 잘게 썬 차이브 1티스푼, 패션푸르트 퓌레 10g을 넣어 고루 섞는다. 소금과 후추로 간을 맞춘다. 껍질을 벗겨 준비해둔 스캄피 8마리에도 밑간을 한 다음 팬에 노릇하게 색을 내어 지진다. 220°C로 예열한 오븐에 1~2분 넣어 조리를 마무리한다. 4개의 서빙 접시에 팬 프라이한 스캄피, 스캄피 타르타르, 코리엔더 퓌레를 조화롭게 나눠 담고 처트니와 펜넬 밀크를 곁들여낸다.

langoustines Ninon 랑구스틴 니농

스캄피 니농 : 리크 4대를 길게 둘로 가른다. 두꺼운 녹색 부분은 떼어내고 잎을 한 장씩 분리하여 깨끗이 씻는다. 스캄피 24마리의 몸통 껍데기를 벗긴다. 머리는 따로 떼어내 소테팬에 올리브오일 1테이블스푼과 함께 넣고 굵게 부순다. 소금을 넣은 뒤 재료 높이까지 찬물을 붓는다. 끓을 때까지 가열한 다음 뚜껑을 덮고 15분 더 끓여 체에 거른다. 제스터를 사용해 오렌지 1개의 껍질을 가는 띠 모양으로 얇게 잘라낸다. 이 오렌지에 다른 오렌지 하나를 더해 즙을 짠다. 팬에 버터 30g을 달군 뒤 길게 끈 모양으로 썬 리크를 넣고 볶다가 재료 높이까지 불을 붓는다. 뚜껑을 덮지 않은 상태로 강한 불에 익혀 수분을 모두 날린다. 냄비에 스캄피 육수 2컵, 오렌지즙 1컵, 오렌지 제스트를 넣고 끓여 반으로 졸인다. 작게 썰어둔 버터 50g을 넣으면서 계속 거품기로 저어 완전히 혼합한다. 불에서 내린 뒤 소금, 후추로 간한다. 팬에 버터 50g을 넣고 스캄피 몸통 살을 2~3분간 지진다. 따뜻하게 데운 서빙 플레이트에 스캄피와 리크를 담고 오렌지 소스를 조심스레 끼얹어 낸다.

자크 시부아(JACQUES CHIBOIS)의 레시피

papillon de langoustines à la chiffonnade de mesclun
파피용 드 랑구스틴 아 라 시포나드 드 메스클룅

잎채소 샐러드와 채소를 곁들여 나비 모양으로 플레이팅한 스캄피 : 4인분
스캄피 20마리를 증기로 8~10분간 찐 다음 껍데기를 모두 벗긴다. 단, 그중 4마리는 흉곽과 꼬리 살을 그대로 붙여둔다. 따뜻한 오븐에 보관한다. 그린빈스 200g 꺅지의 질긴 섬유질을 잡아 떼어낸 뒤 소금을 넉넉히(물 1.5ℓ 기준 굵은소금 30g) 넣은 끓는 물에 4~8분간 익힌다(굵기에 따라 조절). 얼음을 띄운 물에 담가 식힌 뒤 건져 물기를 뺀다. 주키니 호박 100g을 6cm 길이의 얇은 슬라이스 16장으로 잘라 찜기에 2~3분간 익힌다. 비네그레트 소스를 만든다. 우선 중간 크기 오렌지 2개와 레몬 1개를 준비하여 속껍질까지 칼로 잘라낸 다음 과육 세그먼트만 발라낸다. 여기에 바질 한 줄기에 달린 잎 절반, 올리브오일 100mℓ, 으깬 고수 씨 1/2티스푼, 소금, 후추를 넣고 블렌더로 간다. 모든 재료가 완전히 혼합되어 매끈한 질감이 되도록 블렌더를 충분히 돌려준다. 이 소스를 작은 냄비에 덜어내고 주사위 모양으로 썬 토마토(껍질과 씨를 제거한 것) 200g을 넣은 뒤 약한 불에 살짝 데운다. 샐러드용 잎채소 100g 중 모양이 좋은 잎 8장을 플레이팅용으로 골라놓는다. 나머지 샐러드용 채소와 그린빈스, 주키니 호박 슬라이스 그리고 스캄피에 소금과 후추를 뿌려 간한다. 스캄피를 오븐에 데운다. 서빙 접시 위에 12시 방향에서 시작하여 주키니 호박 슬라이스 4장을 부채꼴로 올린다. 접시 안쪽 반대 방향으로 그린빈스 2개를 부채꼴로 올린다. 한 가운데 잎채소를 놓고 골라놓은 잎 2장을 삼각형 모양으로 올린다. 스캄피를 오븐에서 꺼내 머리를 삼각형 한 가운데 놓고 몸통 살은 샐러드 위에 얹는다. 데운 소스를 스캄피 살과 주키니 호박 위에 끼얹는다. 바질 잎 몇 장을 가로로 가늘게 채 썰어 뿌리고, 그린빈스 옆에 체리토마토 2개를 올려 완성한다.

risotto noir de langoustines au basilic thaï ▶ RISOTTO
salade de chicon, pomme verte aux langoustines et lanières de poulet ▶ ENDIVE

리샤르 쿠탕소(RICHARD COUTANCEAU)의 레시피

tartare de langoustines en fine gelée aux huîtres spéciales 타르타르 드 랑구스틴 앙 핀 즐레 오 쥐트르 스페시알

즐레를 곁들인 스캄피 타르타르와 특선 굴 : 4인분
소스를 만든다. 마요네즈 50g와 셰리와인 식초 2스푼을 섞은 뒤, 휘핑한 크림 30mℓ를 넣고 살살 혼합한다. 소금, 후추로 간한다. 스캄피와 굴 즐레를 만든다. 우선 판 젤라틴 1장을 찬물에 몇 분 불린 다음 건져 냄비에 넣고 약한 불에 녹인다. 굴 껍데기를 깔 때 받아놓은 즙 100mℓ와 스캄피 육수 300mℓ를 녹인 젤라틴과 섞은 뒤 냉장고에 넣어둔다. 스캄피 타르타르를 만든다. 아주 싱싱한 스캄피의 껍데기를 벗긴 뒤 몸통 살 300g을 칼로 다진다. 잘게 썬 차이브 2테이블스푼을 넣어 섞은 뒤 여기에 셰리와인 식초를 넣은 마요네즈 소스 2스푼과 레몬 콩피 10g을 넣는다. 간을 맞춘다. 각 서빙 접시 한 가운데 링 틀을 놓고 그 안에 스캄피 타르타르를 60g씩 채운다. 틀을 제거한 다음 3호 사이즈의 살이 통통한 특선 굴(huîtres spéciales) 3개, 콘 샐러드 작은 다발 3개를 빙 둘러 놓는다. 스캄피 즐레를 얇게 덮어준 다음 처빌 잎 조금, 껍질과 씨를 제거한 뒤 주사위 모양으로 썬 토마토를 고루 얹어 마무리한다.

LANGRES 랑그르 소젖으로 만드는 AOC 치즈(지방 50%)로 세척 외피를 지닌 연성 타입이다(**참조** p.390 프랑스 치즈 도표). 모양은 원통형이며 물기를 빼는 과정에서 치즈를 뒤집지 않아 표면에 오목한 구덩이가 있다. 사이즈는 두 가지가 있다. 큰 것은 직경 16~20cm, 높이 5~7cm, 무게 800g이고, 작은 것은 직경 7.5~9cm, 높이 4~6cm, 무게 150g이다. 외피는 얇고 매끈하며 천연 염료인 아나토의 사용량에 따라 밝은 노란색에서 적갈색을 띤다. 오트 마른(Haute-Marne) 지방의 치즈로 보주(Vosges) 산악지대에서

도 만들며 코트 도르(Côte-d'Or)에서도 소량 생산된다.

LANGUE 랑그 혀. 정육 동물 머리의 일부분인 혀는 살이 통통한 부위로 식용 소비가 가능하다. 혀는 부속으로 분류된다(**참조** p.10 부속 및 내장 도표). 손질한 우설은 2kg이 넘는다. 송아지(가장 맛이 좋음), 돼지, 양의 혀(150g)와 마찬가지로 우설 또한 찌거나 삶아서 맛이 강한 소스와 함께 내거나 튀김, 그라탱을 만들기도 한다. 또한 비네그레트 소스를 곁들여 차갑게 먹는 등 조리법이 다양하다. 고대 로마인들은 홍학의 혀를 즐겨 먹었고 중세시대에는 티티새의 혀로 파테를 만들었다. 타르타르 소스를 곁들인 대구 혀 튀김은 전형적인 캐나다 요리 중 하나다.

langue : préparation 랑그

혀 준비하기 : 넉넉한 양의 차가운 물에 혀를 12시간 담가두고 중간에 2~3회 물을 갈아준다. 기름을 떼어낸 뒤 끓는 물에 데친다. 뿌리 부분 표면에 칼집을 낸 뒤 혀를 감싸고 있는 껍질막을 끝쪽 방향으로 잡아당겨 벗겨낸다. 씻어서 물기를 닦아낸 다음 소금을 뿌리고 냉장고에 넣어 24시간 동안 재운다. 다시 한 번 씻고 물기를 제거한다.

langue de bœuf à l'alsacienne 랑그 드 뵈프 아 랄자시엔

알자스식 우설 요리 : 우설을 끓는 물에 데쳐낸 다음, 향신료를 넣은 물에 넣고 1시간 30분간 삶는다. 데친 베이컨 덩어리가 들어간 알자스식 슈크루트를 만든다. 큰 냄비 바닥에 훈제 베이컨 껍데기를 깔고 슈크루트 양배추와 가니시용 고기 및 소시지, 베이컨을 넣는다. 한가운데에 우설을 넣고 뚜껑을 덮어 1시간을 더 익힌다. 감자를 물에 삶는다. 스트라스부르 소시지 몇 개를 따로 데쳐둔다. 서빙 접시 위에 슈크루트 양배추를 깐다. 우설과 베이컨 덩어리를 슬라이스한 다음 슈크루트 위에 올리고 감자와 소시지를 빙 둘러 담는다.

LANGUE-DE-BŒUF 랑그 드 뵈프 소혀버섯. 학명 피스툴리나 헤파티카(Fistulina hepatica)의 일반 명칭으로 참나무나 밤나무 그루에서 자라며 붉고 통통한 혀 모양에 표면이 끈적인다. 살이 도톰하며 새콤한 맛이 나는 불그스름한 즙이 나온다. 이 버섯은 익혀 먹거나(간처럼 슬라이스하여 볶는다) 생으로(얇게 썬 다음 소금에 절여 수분을 뺀 뒤 비네그레트 소스로 버무린다) 그린 샐러드를 곁들여 먹는다.

LANGUE-DE-CHAT 랑그 드 샤 작은 크기의 구움과자로 양끝 모서리가 둥글고 전체적으로 길고 납작한 혀 모양이다(랑그 드 샤는 고양이의 혀라는 뜻이다). 얇고 바삭하여 부서지기 쉬우나 오랜 시간 보관이 가능하다. 일반적으로 아이스 디저트, 크림 디저트, 과일 샐러드, 샴페인, 단맛의 주정강화 와인 등에 곁들여 먹는다.

langues-de-chat au beurre et aux œufs entiers 랑그 드 샤 오 뵈르 에 오 죄프 앙티에

달걀과 버터를 넣은 랑그 드 샤 : 잘게 자른 버터 125g을 상온에 두어 부드럽게 만든 뒤 잘 휘저어 크리미한 포마드 상태로 만든다. 여기에 바닐라 슈거 한 봉지와 설탕 75~100g을 넣고 거품기 또는 나무 주걱으로 5분간 섞는다. 달걀 2개를 하나씩 넣으며 혼합한다. 체에 친 밀가루 125g을 고루 뿌려 넣은 뒤 거품기로 섞는다. 기름을 얇게 바른 베이킹 팬에 원형 깍지를 끼운 짤주머니를 이용해 반죽을 5cm 길이의 막대 모양으로 짜 놓는다. 짜 놓은 반죽 사이에 1.5cm씩 간격을 둔다. 250°C로 예열한 오븐에 굽는다.

LANGUEDOC 랑그독 프랑스 남부의 랑그독은 카마르그(Camargue)에서 카르카손(Carcassonne)에 이르는 지역으로 세벤 산간 지역, 황무지, 포도밭으로 뒤덮인 들판, 지중해 연안에 걸쳐 있는 비옥한 땅이다. 오크 어(langue d'oc)를 사용하는 지역이라는 뜻을 가진 랑그독은 다양하고 풍부한 식재료의 보고다. 거위 기름, 올리브오일, 마늘, 양파, 허브, 기름에 익혀 저장하거나 소금에 절인 육류, 싱싱한 생선 및 건어물은 랑그독 요리에서 흔히 사용하는 재료들이다.

지중해는 매우 다양한 종류의 생선과 해산물을 공급할 뿐 아니라 어패류, 연안 지역을 따라 서식하는 민물장어 또한 풍부하다. 따라서 바다에 인접한 아래쪽인 바 랑그독(bas Languedoc) 요리는 해산물이 주를 이루며 그 선두로는 참치와 염장대구를 꼽을 수 있다. 랑그독식(à la languedocienne) 참치 요리부터 팔라바(Palavas)의 특선 요리인 화이트와인을 넣은 참치 내장 요리에 이르기까지 그 종류도 다양하다. 그러나 뭐니 뭐니 해도 가장 유명한 요리는 님(Nîmes)의 염장대구 브랑다드(brandade de morue)이며, 생선 수프의 일종인 부리드(bourride)가 그 뒤를 잇는다.

내륙에서는 채소와 과일, 돼지와 양을 이용해 푸짐하고 맛과 색이 강한 요리를 만든다. 카르카손과 카스텔노다리(Castelnaudary)의 카술레(cassoulet)는 카솔(cassole)이라는 전통 토기에 로라게(Lauragais) 흰 강낭콩과 다양한 샤퀴트리를 함께 넣어 만들며, 경우에 따라 양고기, 자고새 또는 거위 콩피 등을 넣기도 한다. 중요한 것은 마늘, 돼지 껍데기, 알이 굵은 흰 강낭콩을 넣어야 한다는 점이며, 이 재료들이 따라갈 수 없는 녹진한 맛을 선사한다. 또한 포치니 버섯과 마늘(항상)을 기본으로 한 전통 요리들도 많으며, 랑그독식(à la languedocienne) 가니시에는 동그랗게 슬라이스한 가지와 토마토가 들어간다. 더 간단하고 소박한 요리로는 다른 남프랑스 지방에서도 찾아볼 수 있는 아이고 불리도(aïgo boulido)를 꼽을 수 있다. 이것은 일종의 마늘 수프로 올리브오일을 뿌린 빵을 넣어 걸쭉하게 해서 먹는다. 그 외에도 오븐이나 숯불의 재에 묻어 익힌 스위트 양파, 소시지용 스터핑을 채운 피망, 토마토, 가지에 아이올리(aioli)를 곁들인 요리, 또는 혹은 샬롯과 베이컨을 넣은 감자 스튜의 일종인 플레크(flèque)를 즐겨 먹는다.

오(haut) 랑그독 지역과 바(bas) 랑그독 요리는 모두 루졸(rouzole, 돼지비계, 햄, 마늘, 파슬리, 민트를 섞어 곱게 분쇄한다), 아이올리, 허브를 풍부하게 넣은 몽펠리에 버터, 랑그독의 그린 소스 등 미식가들의 입맛을 사로잡는 다양한 소스들을 선보인다. 레몬, 오렌지 블로섬, 아니스는 파티스리에서 향을 내는 재료로 많이 쓰이며, 양고기와 황설탕을 함께 넣는 그뤼상(Gruissan)의 타르트처럼 때로 짭짤한 맛과 단맛을 동시에 내는 요리에 향을 더하기도 한다.

■ **생선과 해산물.**

● **아귀, 홍합, 굴, 고둥, 장어 피냐타.** 님(Nîmes)에서 캅 다그드(cap d'Agde)까지는 바다에 면해 있다. 팔라바(Palavas)는 아귀 로스트, 사프란을 넣은 갑각류와 생선 수프로 유명하다. 부지그(Bouzigues)는 굴과 홍합의 고장이다. 특히 홍합은 날로도 먹지만 익혀 먹는 조리법도 다양하다(다진 돼지고기 소를 채워 야외에서 장작불에 구워 먹는 브라쥐카드 brasucade나 오일, 화이트와인, 햄, 마늘, 파슬리를 넣은 소스를 끼얹은 카솔레트 cassolette 요리를 만들어 먹는다). 세트(Sète)에서는 갑오징어 루이유(rouille)를 추천한다. 루이유는 토마토 소스를 넣은 육수에 작은 생선과 작은 민물게를 넣어 끓인 붉은색 수프이다. 또한 아귀 부리드(bourride de lotte)도 인기 있는 메뉴다. 아그드(Agde)의 부리드가 여러 종류의 생선에 리크와 허브를 넣고 끓인 것이라면 세트의 부리드는 아귀를 주재료로 만든다. 아그드의 게 수프, 소스를 곁들인 사마귀 조개, 아이올리를 곁들인 고둥도 빼놓을 수 없는 해산물 요리들이다. 감자와 베이컨, 화이트와인을 넣어 만드는 장어 피냐타(pinyata d'anguille)는 토기 냄비에 뭉근하게 끓여야 제맛이 난다.

■ **육류와 샤퀴트리.**

● **양고기와 소고기.** 님(Nîmes)은 올리브를 넣은 쇠고기(AOC 인증을 받은 황소로 유명함) 요리로 잘 알려져 있으며 카마르그 요리에서 영향을 받았다. 한편 베지에(Béziers)와 페즈나(Pézenas)는 달콤한 맛의 양고기 파테를 놓고 서로 원조임을 주장하고 있다.

● **샤퀴트리.** 지역 특산품 중에는 부녜트(bougnette, 돼지 미트볼), 페제(fetge 말린 돼지 간), 주니퍼베리를 넣은 파테, 레이욜레트(rayolette 말린 소시지의 일종)와 발라브레그(Vallabrègues)의 훈제 건조 소시송을 대표로 꼽을 만하다.

■ **치즈.** 세벤(Cévennes)산 치즈의 품질이 가장 뛰어나며 특히 염소젖으로 만드는 펠라르동(pélardon)의 맛이 좋다.

■ **디저트.**

● **Oreillettes, fougasses, alléluias, berlingots 오레이예트, 푸가스, 알렐뤼야, 베를랭고.** 랑그독의 파티스리는 다른 곳에서는 볼 수 없는 독창적인 것들이 많다. 브리오슈와 비스퀴는 레몬과 베르가모트로 향을 내고, 몽펠리에의 튀김과자인 오레이예트는 올리브오일에 튀기며 베지에(Béziers)의 푸가스 빵에는 그라틀롱(gratelon, 녹인 돼지비계)과 레몬이 들어간다. 또한 감초사탕이나 젤리, 시트론(세드라)으로 향을 낸 비스킷인 카스텔노다리(Castelnaudary)의 알렐뤼야, 각종 에센스와 향을 넣은 알록달록한 사탕인 페즈나(Pézenas)의 베를랭고 등은 이 지역을 대표하는 당과류다.

■ **와인.** 41,000헥타르 규모의 방대한 와인 산지인 랑그독은 다양한 종류의 와인을 생산한다. 미네르부아(Minervois)와 코르비에르(Corbières)의 대

규모 포도원들은 주로 레드와인을 생산한다. 이 와인들은 알코올 도수가 높고 복합적인 부케를 지닌 피투(fitou)를 제외하고는 비교적 뒤늦게 AOC 인증을 획득했다(1985). 몽펠리에(Montpellier)에서 나르본(Narbonne)에 이르는 코토 뒤 랑그독(coteaux-du-languedoc)은 괄목할 만한 성장을 보여 가격 대비 훌륭한 품질의 레드와인을 생산한다. 동쪽으로는 코트 뒤 론(côtes du Rhône) 지역에서 훌륭한 코트 뒤 론 빌라주(côtes-du-rhône-village) 와인과 독보적인 품질의 드라이 로제와인인 타벨(tavel)이 생산된다. 오 랑그독(haut Languedoc) 지역에서는 가이약(Gaillac)이 바디감이 좋은 레드와 로제와인, 드라이하고 산미가 느껴지는 상큼한 드라이 화이트와인, 스위트 화이트와인, 발포성 와인을 생산하며 놀라운 다양성을 보여준다. 그러나 랑그독 화이트와인의 주역은 리무(Limoux)의 블랑케트(blanquette)로, 이는 프랑스에서 가장 오래된 발포성 와인으로도 알려져 있다.

LANGUEDOCIENNE (À LA) 아 라 랑그도시엔 랑그독식. 토마토, 가지, 포치니 버섯이 함께 또는 따로 들어가는 요리를 가리킨다. 랑그독식 달걀 프라이는 동글게 썬 가지 슬라이스 위에 올리고 마늘을 넣은 토마토 소스를 곁들인다.

랑그독식 가니시는 버터나 오일에 볶은 포치니 버섯, 동글게 슬라이스하거나 굵직하게 깍둑 썰어 기름에 튀긴 가지, 폼 샤토(pommes château) 감자로 구성되며 이를 고기나 가금류 요리에 다발 모양으로 빙 둘러 올린다. 이 가니시는 도톰하게 어슷 썬 포치니 버섯, 슬라이스하여 튀긴 가지, 껍질을 벗겨 씨를 뺀 뒤 깍둑 썬 토마토로 이루어지는 경우도 있다. 랑그도시엔 소스는 토마토 맛을 더한 데미 글라스(demi-glace)로 보통 마늘로 양념한다. 또한 마늘, 포치니 버섯, 올리브오일 또는 거위 기름을 주로 사용하는 랑그독 지방의 요리에 포괄적으로 아 라 랑그도시엔이라는 수식어를 붙이기도 한다.

▶ 레시피 : AGNEAU, PETIT POIS, SAUCISSE.

LAPÉROUSE 라페루즈 파리의 그랑 오귀스탱(Grands-Augustins) 강둑에 위치한 레스토랑이다. 19세기 로베르니아(Lauvergniat)라는 성을 가진 사람이 수수한 전통요리 식당으로 시작하여 굴과 등심 스테이크를 팔았다. 1850년, 레스토랑 운영은 성황을 이루었고 주인의 조카였던 쥘 라페루즈(Jules Lapérouse)는 2층에 홀을 열었다. 이후 이 오래된 건물의 방을 별실로 개조하며 고급 레스토랑으로 거듭나게 되었다. 라페루즈에서 만들어진 유명한 요리 중에는 소설가 콜레트가 이름을 붙인 콜레트의 새끼 오리(**참조** CANETON ET CANETTE)와 20세기 전반부에 활동했던 법의학자인 폴 박사에게 헌정된 박사의 암탉이 있다(3/4 정도 익힌 암탉에 포트와인을 끼얹어 적신 뒤 송아지 육즙 소스를 넣어 뭉근하게 익힌 요리로 타라곤과 송아지 고기 슬라이스를 곁들여 낸다).

▶ 레시피 : SOUFFLÉ.

LAPIN 라팽 토끼. 토끼목에 속하는 중치류의 소형 포유 동물로 원산지는 이베리아 반도이다(**참조** p.421 수렵육 도표, p.905, 906 가금류, 토끼 도표, p.904 도감). 토끼는 고대 로마시대부터 이미 사육과 식용 소비가 행해졌으며 프랑스에는 국왕 필립 2세 시대에 도입되어 수도원 영지의 사육장에서 기르기 시작했다. 토끼(굴토끼, Oryctolagus cuniculus)는 야생에서 매우 빠르게 프랑스 전역으로 퍼졌으며, 토끼가 지나간 자리의 작물은 큰 피해를 입어 유해동물 종으로 분류되었다.

현대의 품종 개량 덕택에 고기(뉴질랜드 토끼 또는 포브 드 브르고뉴 fauve de Bourgogne 종), 가죽(렉스 rex 의 유전자 변형 종) 또는 털(앙고라 토끼) 등 특정한 소비 목적에 최적화된 토끼 사육이 가능해졌다. 프랑스에서는 1970년대에 들어서야 토끼 케이지 사육이 시작되었다. 오늘날 프랑스의 토끼 생산량은 13만 톤으로 추정된다. 토끼는 이탈리아, 스페인, 벨기에에서도 대량으로 사육 및 소비된다. 아메리카에서 유래한 솜꼬리토끼 종(Oryctolagus sylvilagus)은 토끼에게 치명적인 점액종증(myxomatose)에 걸리지 않아 장차 유럽 야생 토끼를 대체할 수도 있을 것으로 보인다.

■ **품종 :** 가축으로 기르는 토끼들은 모두 본래 사육용 굴토끼 품종이다. 플레미시 자이언트와 같은 일부 품종은 무게가 10kg에 달하기도 하는 반면 미니어처 토끼는 약 400g에 지나지 않는다. 식용으로 가장 많이 판매되는 것은 도체 무게 1.2~1.4kg짜리, 생후 12주 이하의 토끼이다. 고기는 연한 분홍색으로 아주 연하고 기름기가 적다(열량은 100g당 약 125kcal 또는 564kJ). 뼈를 발라내지 않은 상태로 허리 등심이 넓고 뒷다리가 토실토실한 것을 고르는 것이 좋다. 시골 장터에서 사는 사육 토끼는 더 무겁고, 맛이 강하며 조금 질긴 편이다. 최근에는 중국산 냉동 토끼의 수입이 점점 늘어가는 추세이다.

토끼 요리의 종류는 셀 수 없이 많다. 로스트, 머스터드 소스 요리, 버섯을 넣은 코코트, 시베 스튜 등이 대표적이며 늙은 토끼는 돼지 목구멍 살과 섞어 테린을 만든다. 토끼고기는 기름기가 적은 만큼 맛이 밋밋한 편으로 타임(thym, serpolet, farigoule)류 허브와 월계수 잎 등의 향신료를 넣어 조리하는 것이 좋다. 단, 너무 많은 양을 넣지 않도록 주의한다.

crépinettes de lapin ▶ CRÉPINETTE

estouffade de lapin au citron et à l'ail 에스투파드 드 라팽 오 시트롱 에 아 라이

레몬과 마늘을 넣은 토끼 에스투파드 : 약 1.5kg짜리 토끼 한 마리를 조각으로 자르고 머리는 떼어낸다. 마늘 20쪽을 껍질째 비벼 얇은 겉껍질만 벗겨낸다. 왁스 처리하지 않은 레몬 2개의 즙을 짠 후 그중 1개만 제스트를 갈아놓는다. 오븐을 180°C로 예열한다. 오븐용 코코트 냄비에 올리브오일 1테이블스푼을 넣고 너무 세지 않은 불에 달군다. 조각 낸 토끼를 넣고 자주 뒤집어가며 10분간 노릇하게 색을 낸다. 토끼를 그릇에 건져 놓고, 마늘을 이 냄비에 넣은 뒤 계속 약한 불로 3~4분 부드럽게 볶는다. 냄비에 다시 토끼를 넣고 드라이 화이트와인 150mℓ와 레몬즙을 부은 후 레몬 제스트, 월계수 잎 1장과 타임 1줄기를 넣고 소금, 후추로 간한다. 약한 불에서 가열하여 끓어오르기 시작하면 뚜껑을 덮고 오븐에 넣는다. 살이 아주 연해질 때까지 약 1시간 동안 익힌다. 중간에 한두 번 고기를 뒤집어준다. 오븐에서 코코트 냄비를 꺼낸 다음 아주 뜨거운 그릇에 담아 바로 서빙한다.

파트릭 제프루아(PATRICK JEFFROY)의 레시피

lapereau de campagne au cidre fermier 라프로 드 캉파뉴 오 시드르 페르미에

시드르를 넣은 토종 토끼 요리 : 약 1.5kg짜리 어린 토끼의 한 마리를 준비하여 허리 등심과 넓적다리 부분 덩어리(baron)의 뼈를 제거한다. 당근, 셀러리악, 셀러리 줄기, 리크의 녹색 부분을 브뤼누아즈(brunoise)로 잘게 썬다. 이 채소들을 각각 끓는 물에 데친 후 즉시 찬물에 식혀 건진다. 모두 볼에 넣고 달걀노른자 3개를 넣어 섞은 뒤 소금, 후추로 간한다. 토끼를 손질하고 남은 뼈에 당근 1개, 양파 1개, 부케가르니 1개, 농장에서 만든 시드르 250mℓ, 물 250mℓ, 소금, 후추를 넣고 끓여 육수 200mℓ를 만든다. 뼈를 제거한 토끼 고기의 등 부분이 바닥에 닿도록 펼쳐놓고 소금, 후추로 밑간을 한 뒤 준비한 채소 브뤼누아즈를 채운다. 넓적다리와 배의 가장자리를 여며 접은 뒤 실로 묶는다. 토기 그릇에 채소 미르푸아(mirepoix 주사위 모양으로 썬 당근 2개, 적양파 2개, 샬롯 2개)를 깔고 토끼를 올린 다음 껍질 벗겨 깍둑 썬 사과(reinette 품종)를 넣는다. 버터를 넣고 260°C로 예열한 오븐에서 15~20분간 굽는다. 속살이 핑크빛을 띠는 로제(rosé) 상태로 익혀야 한다. 알루미늄 포일로 덮어 뜨겁게 유지한다. 우유 1ℓ를 끓인 후 식힌다. 감자 1kg의 껍질을 벗겨 씻은 후 동그랗게 슬라이스한다. 사보이 양배추 반 개를 가늘게 썰어 끓는 물에 데친 후 찬물에 식힌다. 가능하면 토기 그릇을 준비하여 버터를 바른다. 여기에 감자를 한 겹 깔고 소금, 후추를 뿌린 다음 양배추 한 층, 에멘탈 치즈 한 층을 깔아준다. 같은 순서로 반복하여 감자와 치즈로 마무리한다. 식힌 우유에 달걀 4개를 풀고 버터 몇 조각을 넣는다. 이것을 감자가 잠길 만큼 부은 뒤 210°C의 오븐에서 45분간 익힌다. 뜨겁게 유지한다. 토끼에 곁들일 소스를 만든다. 토끼를 구운 용기에 농장에서 만든 시드르 500mℓ를 넣어 디글레이즈한 다음 2/3로 졸인다. 여기에 데미 글라스 작은 국자로 하나, 토끼 육수, 생크림 250mℓ를 추가한다. 약한 불로 5분간 끓인다. 차이브와 처빌을 잘게 썰어 소스에 뿌린다. 토끼 고기를 서빙 플레이트에 담고 크레송을 여러 개의 작은 다발로 뭉쳐 빙 둘러 놓는다. 감자 그라탱과 소스를 곁들여 서빙한다.

지슬렌 아라비앙(GHISLAINE ARABIAN)의 레시피

lapereau aux pruneaux 라프로 오 프뤼노

건자두를 넣은 어린 토끼 요리 : 어린 토끼 1마리의 뼈를 발라낸 뒤 냉장고에 넣어둔다. 이때 허리 등심 부위와 넓적다리는 자르지 않고 한 덩어리로 둔다. 발라낸 흉곽과 뼈들을 비에르 드 라 가르드(bière de la garde 프랑스 북부 지방의 상면 발효 에일 맥주) 3ℓ에 넣고 24시간 재운다. 리크의 녹색 줄기 1대, 당근 1개, 양파 1개를 깍둑 썬다. 재워두었던 뼈를 모두 건져낸 뒤 물기를 닦고 고온의 오븐에 넣어 색이 나게 굽는다. 준비한 채소, 마늘 1톨, 부케가르니 1개와 함께 뼈를 다시 맥주에 넣고 물 1ℓ를 추가한다. 약

DÉCOUPER UN LAPIN À CRU 생 토끼 자르기

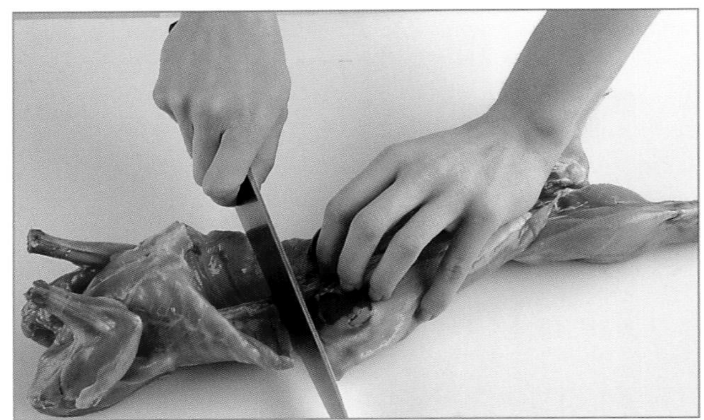

1. 토끼의 간을 떼어낸 후 등심 부분(râble)과 갈비뼈가 만나는 부위를 잘라 흉곽을 분리한다.

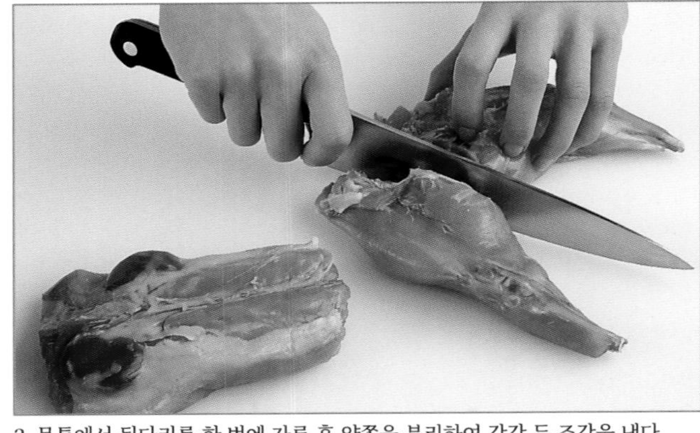

2. 몸통에서 뒷다리를 한 번에 자른 후 양쪽을 분리하여 각각 두 조각을 낸다.

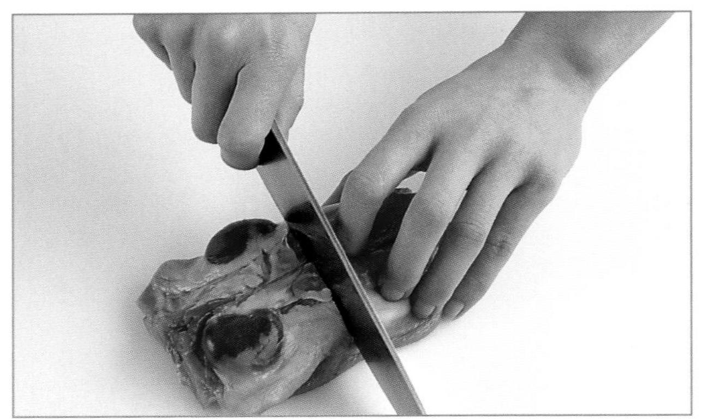

3. 몸통을 토끼의 크기에 따라 2~3등분한다. 앞발을 돌려가며 잘라낸다.

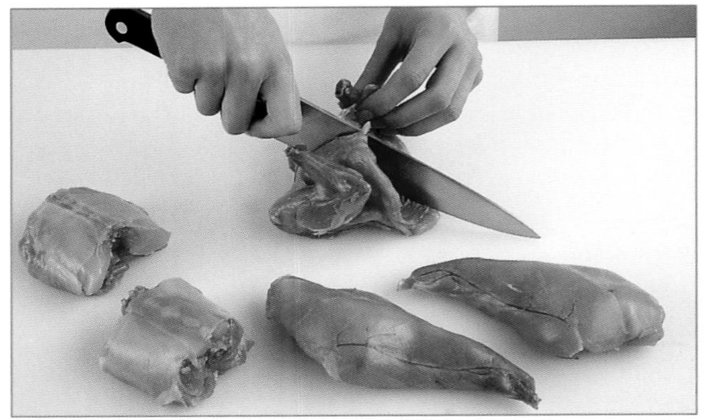

4. 이와 같은 방식으로 자르면 앞발 2조각, 흉곽 2조각, 몸통 허리 등심 3조각, 뒷다리 4조각으로 총 11조각이 나온다.

한 불로 천천히 가열한다. 끓기 시작하면 뚜껑을 덮고 4~5시간 아주 약하게 끓인다. 이 육수를 체에 꾹꾹 눌러 내려 냄비에 받는다. 다시 불 위에 올린 뒤 뚜껑을 덮지 않은 채 가열해 1/4로 졸인다. 건자두 200g을 따뜻한 물에 넣어 1시간 동안 불린다. 적당한 크기로 토막 낸 토끼 넓적다리와 등심 부위 안쪽에 매운맛이 강한 머스터드를 바르고 건자두를 각각 3개씩 넣어 오므린 다음 실로 묶는다. 오븐을 180°C로 예열한다. 소테팬에 기름을 조금 달군 뒤 조각 낸 토끼를 넣고 재빨리 겉을 지져 노릇한 색을 낸다. 이어서 오븐에 넣어 넓적다리는 20분, 허리 등심은 약 10분간 익힌다. 졸인 육수에 비정제 황설탕 30g, 초콜릿 1조각(5g)과 건자두를 넣고 10분간 약하게 끓인다. 버터에 버무린 파스타 면을 서빙 접시에 담고 그 위에 토끼고기를 얹어낸다. 소스는 뜨겁게 따로 담아 서빙한다.

lapin coquibus 라팽 코키뷔스

코키뷔스 토끼 요리 : 토끼를 부위별로 분할하여 화이트와인에 12시간 동안 재운다. 건져서 물기를 닦고 적당한 크기로 자른다. 방울양파 24개의 껍질을 벗긴다. 염장 삼겹살 라르동(lardon) 24조각을 끓는 물에 데친다. 소테팬에 버터 30g을 달군 뒤 토끼고기를 넣고 지져 노릇하게 색을 낸다. 여기에 양파와 라르동을 넣은 뒤 밀가루를 솔솔 뿌리고 노릇하게 볶는다. 화이트와인 200mℓ를 붓고, 토끼 고기를 재웠던 마리네이드 액을 체에 걸러 몇 스푼 넣어준다. 육수도 몇 스푼 넣는다. 부케가르니와 세이보리 1줄기를 넣고 15분간 끓인다. 여기에 껍질 벗긴 햇감자 500g을 넣은 뒤 뚜껑을 닫고 45분간 더 익힌다.

lapin à la moutarde 라팽 아 라 무타르드

머스터드 소스 토끼 요리 : 오븐을 180°C로 예열한다. 약 1.5kg짜리 토끼 한 마리를 토막 낸 다음 올리브오일 3테이블스푼을 달군 팬에 넣는다. 여러 번 뒤집어가며 센 불에서 5분간 노릇하게 지져 고루 색을 낸다. 토끼 고기에 머스터드 소스를 발라 씌운 다음 타임을 뿌리고 소금, 후추로 간한다. 이것을 코코트 냄비에 가지런히 넣은 다음 뚜껑을 덮고 오븐에 넣어 약 40분간 익힌다. 오븐에서 꺼내 토끼고기를 건진 뒤 머스터드 소스를 칼로 긁어 다시 코코트 냄비에 넣어준다. 여기에 생크림 8테이블스푼을 넣고 잘 섞는다. 이 소스에 토끼고기를 넣고 뚜껑을 덮은 뒤 다시 오븐에 넣어 20분간 익힌다. 삶은 감자 등의 가니시를 곁들여 아주 뜨겁게 서빙한다.

rillettes de lapin ▶ RILLETTES

LA QUINTINIE (JEAN DE) 장 드 라 캥티니 프랑스의 농학자(1626, Chabanais 출생–1688, Versailles 타계). 푸아티에(Poitiers)의 변호사였던 그는 과실수 연구 및 재배에 전념하기 위해 법조계 일을 그만두었다. 가지시렁(espalier) 재배를 널리 알리기도 했던 그는 베르사유(Versaille), 샹티이(Chantilly), 보(Vaux), 랑부이예(Rambouillet)를 포함해 유명한 텃밭들을 만든 장본인이다. 뛰어난 관개시설을 갖춘 베르사유 궁 근처 왕의 텃밭에는 라 캥티니가 만든 개폐형 식물 재배 틀과 온실이 설치되어 있었다. 이 텃밭은 왕의 식탁에 12월에는 아스파라거스, 3월에는 콜리플라워, 4월에는 딸기, 6월에는 멜론을 공급하곤 했다. 라 캥티니가 저술한『과수원 지침서(*Instructions pour les jardins fruitiers*)』는 1690년 그의 아들에 의해 출간되었다.

LARD 라르 돼지비계. 돼지의 피하지방. 살코기가 섞여 있는지에 따라 라르 메그르(lard maigre)와 라르 그라(lard gras)로 나뉜다. 옛날에는 영양섭취의 기본재료로 사용(주로 수프)되었으나 오늘날 돼지비계는 풍미를 더하는 재료 또는 기름으로 더 많이 활용된다.살코기가 섞인 비계인 라르 메그르(또는 뱃살 ventrèche)는 근육이 지방층에 의해 분리되어 있는 돼지 삼겹살 부위이며, 이것을 다양한 크기와 용도의 라르동으로 잘라 사용한다. 길쭉하고 가늘게 잘라 기름기가 없는 고기 또는 큰 덩어리 고기 로스트에 박아 익히거나 소테(sauté), 라구(ragoût), 프리카세(fricassée), 시베(civet)에 넣어 기름진 풍미를 더한다. 또한 채소 요리나 샐러드(민들레잎, 치커리), 감자 요리, 오믈렛에 곁들이기도 하고 꼬치구이(그릴)에도 사용한다. 비계가 층층이 섞인 삼겹살은 얇게 슬라이스하여 다양한 가니시에 사용하며 달걀 요리에 곁들이기도 한다(**참조** BACON).

지방으로만 이루어진 비곗살 라르 그라(또는 피하지방 lard de couverture)는 돼지껍데기와 살 사이에 위치한다. 살코기 쪽에 가까운 등 부위 지방층인 바르디에르(bardière)는 소위 살살 녹는 비계(lard fondant)라고

불리며 돼지 기름(saindoux)을 만드는 데 쓰인다. 반면 단단한 비계(lard dur)라고 불리는 껍데기 쪽에 가까운 지방층으로는 고기나 가금류 로스트, 혹은 파테를 만들 때 덮거나 둘러주는 용도로 쓰이는 얇은 비계인 바르드(barde)를 만든다.

▶ 레시피 : SALADE.

LARDER, ENTRELARDER 라르데, 앙트르라르데 고기 또는 일부 생선의 육질을 부드럽고 촉촉하게 유지하기 위해 비계를 첨가하는 것을 뜻한다. 라르데는 다양한 두께의 막대 모양으로 자른 돼지비계(살코기가 섞여 있는 것 포함)를 라딩 니들(lardoire)에 끼워 고기에 군데군데 찔러 박아 넣는 것으로, 이때 비계는 소금, 후추, 다진 파슬리를 뿌리거나 코냑에 재워 사용하기도 한다. 비계 이외에 막대 모양으로 자른 햄이나 랑그 에카를라트(langue écarlate, 염장하여 익힌 뒤 양홍으로 붉게 물들인 우설)를 박아 넣기도 한다. 속 빈 꼬챙이 모양인 라딩 니들로 고기 안에 쉽게 박아 넣으려면 비계는 매우 단단한 상태를 유지해야 하며(냉장고에서 꺼내 바로 사용한다), 이렇게 찔러 넣어야 고기의 맛과 모양(특히 잘랐을 때 단면)이 훨씬 좋아진다. 앙트르라르데는 비계를 얇게 저며 만든 바르드(barde)로 고기를 덮거나 감싼 뒤 같이 익히는 것을 의미한다. 기름기가 없는 살코기에 지방을 덮어 조리시 촉촉함을 유지시켜준다.

LARDOIRE 라르두아르 라딩 니들. 구이용 고기 덩어리에 비계 등을 박아 넣을 때, 즉 라르데(larder) 하는 데 쓰이는 도구. 속이 빈 스테인리스 꼬챙이로, 한쪽은 뾰족하고 다른 한쪽 끝에는 나무 손잡이가 끼워져 있다. 막대 모양으로 자른 돼지비계를 라딩 니들의 홈에 끼우고 고기 덩어리에 찔러 넣은 후 빼내면 비계가 고기 안에 박혀 남아 있게 된다.

LARUE 라뤼 1886년에 파리 루아얄(Royale)가와 마들렌(Madeleine) 광장 코너에 문을 연 레스토랑. 1904년 당대 최고의 셰프 중 한 명인 에두아르 니뇽(Édouard Nignon)이 라뤼 레스토랑 창립자의 뒤를 이었다. 마르셀 프루스트(Marcel Proust)와 아벨 에르망(Abel Hermant)이 이곳의 단골이었다. 1912년에 결성된 100인의 미식가 협회인 100인 클럽(Club des Cent)은 라뤼에서 정기 모임을 개최하곤 했으나 1954년 이 레스토랑이 문을 닫자 막심(Maxim's) 레스토랑으로 옮겨갔다.

LASAGNES 라자뉴 라자냐. 넓적하고 편평한 이탈리아 파스타의 일종으로 가장자리가 구불거리는 모양이나 반죽에 시금치즙을 넣어 녹색으로 만든 것도 있다. 볼로네제 미트 소스와 라자냐 파스타를 교대로 층층이 쌓은 뒤 베샤멜 소스를 끼얹고 가늘게 간 파르메산 치즈를 뿌려 오븐에서 그라탱처럼 익힌다.

lasagnes à la sauce bolognaise 라자뉴 아 라 소스 볼로네즈

볼로네제 미트 소스 라자냐 : 볼로네즈 미트 소스를 만든다(참조 p.780 SAUCE BOLOGNAISE). 라자냐 600g을 서로 붙지 않도록 연한 육수에 조금씩 넣어 알 덴테(al dente)로 삶는다. 스키머로 조심스럽게 건져 젖은 행주 위에 한 장씩 펼쳐놓는다. 베샤멜 소스를 만든다. 그라탱 용기에 버터를 바르고 볼로네즈 미트 소스를 깐 다음 라자냐를 한 켜 깔고 그 위에 베샤멜 소스를 발라준다. 같은 순서로 반복해 교대로 층층이 채운 뒤 맨 마지막은 두 종류의 소스를 넉넉히 덮어 마무리한다. 250°C로 예열한 오븐에서 30분간 굽는다. 갓 갈아낸 파르메산 치즈를 넉넉히 담아 따로 서빙한다.

LASSERRE (RENÉ) 르네 라세르 프랑스의 요리사, 레스토랑 운영자(1912, Bayonne 출생—2006, Morsang-sur-Seine 타계). 그는 어머니 이르마(Irma)가 운영하던 레스토랑을 폐업하자 함께 바욘을 떠나 파리로 상경했다. 16세에 레스토랑 드루앙(Drouant)에서 셰프 드 랑(chef de rang, 스테이션 웨이터)으로 근무했고 이어서 도빌(Deauville)의 노르망디 호텔(Le Normandy), 파리의 리도(Lido), 프레 카틀랑(Pré Catelan), 파비용 다르므농빌(Pavillon d'Armenonville)을 거쳐 프뤼니에(Prunier)의 메트르 도텔(maître d'hôtel 홀 지배인)이 된다. 1942년에는 1937년 파리 만국박람회를 위해 지어진 간이 건물의 한 비스트로를 인수하여 파리의 유명 인사들을 단골로 끌어 모았다. 그의 어머니가 우선 주방을 맡고 그는 홀을 관리했다. 요리는 간단한 가정식으로 시작해 고급 부르주아 음식까지 그 폭을 넓혀갔다. 앙드레 말로(André Malraux) 비둘기 요리(푸아그라로 속을 채운다)나 폼 수플레(Pommes soufflées, 얇게 슬라이스한 감자를 두 번 튀겨 부풀린 것)를 곁들인 오렌지 소스 오리 요리는 직접 손님 테이블 앞에서 카빙을 해주는 게리동(guéridon) 서비스를 경험하게 해주었고, 이는 레스토랑의 명성을 높이는 데 크게 기여했다. 그는 1949년 미슐랭 가이드의 첫 번째 별을, 1951년에는 두 번째 별을 획득했다. 이어서 내부에 엘리베이터를 설치하고 투샤그(Touchagues)가 그림을 그린 개폐형 천장을 시공하는 등 대규모 리노베이션이 시작되었고 이 비스트로는 아름다운 외관을 갖춘 건물로 탈바꿈하게 되었다. 1962년 미슐랭의 별 3개를 받았고 이를 1984년까지 유지했다.

LATRICIÈRES-CHAMBERTIN 라트리시에르 샹베르탱 피노 누아 품종의 AOC 레드와인으로, 부르고뉴 그랑 크뤼 등급에 속해 있다. 라트리시에르 샹베르탱은 다른 샹베르탱 와인들과 마찬가지로 바디감이 강하고 알코올 함량이 풍부하며 매우 섬세한 아로마를 지니고 있다.

LAURENT 로랑 1842년 샹젤리제 정원(jardins des Champs-Élysées)에 오픈한 레스토랑. 폼페이 양식으로 지어진 건물로 처음에는 여름 서커스단 근처에 있다는 이유로 카페 뒤 시르크(Café du Cirque)라 불리던 작은 주점이었다. 이곳이 카페 기유맹(Café Guillemin)으로 바뀌었다가 1860년 카페 로랑(Café Laurent)이 되었다. 옛날에는 은밀한 살롱과 사교 디너의 명소였으며, 오늘날에는 비즈니스와 정치계 인사들이 즐겨 찾는 우아한 레스토랑이 되었다.

LAURIER 로리에 월계수. 녹나무과의 상록 소관목으로 맵고 쓴 풍미가 있는 잎사귀를 향신료로 사용한다(**참조** p.451~454 향신 허브 도감). 요리에서는 소스 월계수(laurier sauce)라는 이름으로 불린다. 고대에 시인이나 승리한 장군들에게 월계수로 만든 화관을 씌워주었던 데서 유래한 이름인 노블 월계수(laurier noble)나 아폴론의 월계수(laurier d'Apollon)로 불리기도 한다. 부케가르니에는 항상 월계수 잎이 한 장 들어간다. 생잎이나 말린 것, 한 장을 그대로 또는 작게 부수어 사용하며 시베(civet) 스튜나 쿠르부이용(courts-bouillons), 파테(pâté), 라구(ragoût)와 테린(terrine) 등에 넣어 맛을 돋운다. 월계수는 향이 매우 강해서 요리의 다른 풍미를 크게 압도할 수 있다. 요리에 쓰는 소스 월계수를 독성이 매우 강한 체리 월계수(laurier cherry)나 장미 월계수(laurier rose)와 혼동해서는 안 된다. 이들은 잎사귀의 크기 차이로 구별할 수 있다.

LAVALLIÈRE OU LA VALLIÈRE 라발리에르, 라 발리에르 화려한 고급 요리들을 지칭하는 용어다. 집게를 몸통에 찔러 넣어 고정시킨 민물가재와 냅킨에 싼 송로버섯을 곁들이는 가금류, 송아지 흉선, 양 흉선 요리, 셀러리를 넣어 만든 가금류 블루테나 크림 수프에 셀러리 살피콩과 루아얄(royale), 가금류 무스로 속을 채운 프로피트롤(profiterole)을 곁들여 내는 요리, 데친 굴, 생선살 크넬, 생선 이리와 버섯을 곁들인 뒤 민물가재 버터로 향을 낸 노르망디 소스를 끼얹은 서대 필레 포칭 요리, 아스파라거스 헤드로 만든 퓌레를 채운 아티초크 밑동을 가니시로 곁들이고 골수를 넣은 보르들레즈 소스와 함께 내는 양갈비 구이 등을 예로 들 수 있다.

LA VARENNE (FRANÇOIS PIERRE) 프랑수아 피에르 라 바렌 프랑스의 요리사(1618, Dijon 출생—1678, Dijon 타계). 윅셀(Uxelles) 후작의 요리사였던 그는 매우 철저한 이론을 바탕으로 한 저서들로도 큰 족적을 남겼다. 그는 『프랑스 요리사(*Cuisinier français*)』(1651), 『프랑스 제과사(*Pâtissier français*)』(1653), 『프랑스 잼 제조인(*Confiturier français*)』(1664)과 『특선 요리법 모음집(*École des ragoûts*)』(1668)을 출간했다. 여러 차례 재출간된 그의 저서(특히 프랑스 요리사)들은 프랑스 요리 예술의 첫 번째 대혁명에 큰 영향을 미쳤다. 라 바렌이 만들어낸 수많은 레시피 중에는 오늘날에도 실현할 수 있는 것들이 다수 있다. 버섯 뒥셀이나 버섯 살피콩이 공통적으로 들어가는 여러 요리에는 그의 이름이 붙어 있다.

▶ 레시피 : SAUCE.

LAVARET ▶ 참조 CORÉGONE

LAVER 라베 씻다. 식재료를 찬물(식초를 넣기도 한다)에 담가 불순물(모래, 흙, 벌레 등)을 제거하는 것을 뜻한다. 종종 표면이 더러워져 있는 농작물은 특히 생으로 먹을 경우 여러 차례 계속 물을 갈아가며 꼼꼼히 씻어야 한다. 샐러드 채소는 특히 여러 번 씻어야 하는데 찢어지기 쉬우므로 특히 주의해야 한다. 손상되기 쉬운 아주 민감한 일부 식재료는 살살 닦아내기만 한다(야생 채취한 버섯, 산딸기 등).

LÈCHEFRITE 레슈프리트 오븐에 끼워 넣는 기름받이 팬. 법랑 코팅 철판으로 된 직사각형 팬으로 약간 깊이가 있으며, 사용하는 오븐에 꼭 맞는 크기다. 브로일러나 회전 로스터리 꼬챙이 밑에 끼워 넣어 흘러내리는 육즙이나 녹은 기름 혹은 파티스리나 베이킹 작업 시 틀에서 넘쳐흐르는 것을 받는 역할을 한다.

LÉCITHINE 레시틴 달걀, 대두 등 특정 식품에 존재하는 인지질. 레시틴

은 요리와 식품제조 산업에서 유화제로 사용된다. 특히 초콜릿을 콘칭할 때(**참조** CONCHAGE), 카카오 버터에 설탕을 고루 분산시키는 목적으로 사용한다.

LECKERLI 레케를리 팽 데피스(pain d'épice) 반죽으로 만든 스위스의 비스킷. 바젤의 특산품인 향신료의 향이 매우 진하며 종종 설탕 글라사주를 씌우기도 한다.

leckerli de Bâle 레케를리 드 발

바젤 레케를리 : 녹인 꿀 500g에 설탕 250g을 섞은 다음 밀가루 600g, 다진 아몬드 250g, 당절임한 오렌지와 레몬 100g, 계핏가루 25g, 정향과 넛멕 가루 각각 5g, 키르슈 50mℓ를 넣는다. 모두 혼합해 반죽한 뒤 작업대에서 놓고 8mm 두께로 민다. 180°C로 예열한 오븐에 넣고 밝은 갈색이 날 때까지 굽는다. 레케를리를 원하는 크기의 정사각형으로 자른 후 잉여분의 밀가루를 브러시로 털어낸다. 필레(filé, 110°C) 상태까지 끓인 설탕 시럽을 발라 글레이징한다.

LEDOYEN 르두아앵 18세기 말 파리 샹젤리제 정원(jardins des Champs-Élysées)에 오픈한 레스토랑. 원래는 콩코르드 광장 근처의 도팽(Dauphin)이라는 상호를 내건 허름한 선술집이었다. 1791년 이 레스토랑의 주인인 앙투안 니콜라 두아앵(Antoine Nicolas Doyen, 일명 르두아앵)이 이곳으로 옮겨 새 레스토랑을 열었고 국민의회 의원들을 손님으로 끌어들였다. 1848년경 르두아앵 레스토랑은 마리 드 메디시스(Marie de Médicis) 소유로 추정되는 샹젤리제 교차로 근처의 한 건물로 이전해 정착했다. 이후 프랑스 제2제정 하에서 명소로 자리 잡았고 오늘날까지도 명성 있는 레스토랑으로 남아 있다.

LEGENDRE (PHILIPPE) 필립 르장드르 프랑스의 요리사(1958, les Essarts 출생). 마구 제조사 아버지를 둔 그는 인테리어 업자가 되었다가 근처의 성에서 요리사로 일했던 큰어머니를 통해 맛에 눈을 뜨고 생 질 크루아 드 비(Saint-Gilles-Croix-de-Vie)에서 요리사 수업을 받기 시작했다. 파리로 올라온 이 방데(Vendée) 출신의 노력파 요리사는 당시 진가를 인정받지 못했던 셰프 조르주 뷔프토(Georges Buffeteau)가 총괄하던 세라톤 호텔에서 일했다. 이어서 뤼카 카르통(Lucas-Carton), 리츠(Ritz) 호텔을 거쳐 클로드 들리뉴(Claude Deligne)가 이끄는 타유방의 촉망받는 수셰프로 경력을 쌓은 뒤 드디어 이 레스토랑의 총주방장이 되었다. 2000년에는 파리 포시즌스 조르주 생크 호텔에 '르 생크(Le Cinq)'라는 레스토랑을 열었고 놀라운 속도로 성장을 거듭해 마침내 2003년에 미슐랭 3스타 레스토랑의 영예를 안았다. 1996년 프랑스 명장(MOF, Meilleur Ouvrier de France) 요리사가 된 그는 품질 좋은 재료의 열렬한 추종자로, 눈에 띄게 화려하진 않지만 정확한 요소들을 적재적소에 활용하며 요리의 맛을 극대화한다. 헤이즐넛 오일에 마리네이드한 아보카도를 곁들인 세브르가 캐비아 블랑망제, 판텔레리아(Pantelleria)산 케이퍼를 으깨 넣어 맛을 돋운 송아지 갈비 요리는 그의 대표 메뉴다. 이 교과서적인 셰프는 클래식 요리를 재해석한 신고전주의의 대가다.

LEGRAND D'AUSSY (PIERRE JEAN BAPTISTE) 피에르 장 바티스트 르그랑 도시 프랑스의 역사학자(1737, Amiens 출생-1800, Paris 타계). 이 석학은 프랑스인들의 주거, 의복, 오락, 식생활을 다루는 기념비적인 저작인 『건국 이래 현대에 이르는 프랑스인들의 사생활의 역사(*Histoire de la vie privée des Français, depuis l'origine de la nation jusqu'à nos jours*)』를 집필한다는 목표를 세웠으나 식생활에 관련해 단 3권을 쓰는 데 그쳤으며 책은 1782년에 출간되었다. 국립도서관 관장으로 임명된 르그랑 도시는 이후 다른 연구를 진행했다.

LÉGUME 레귐 채소. 어떤 부분이든 인간의 식생활에 사용되는 농작물.
- 열매(가지, 애호박, 파프리카, 토마토)
- 종자(잠두콩, 강낭콩, 완두콩)
- 꽃봉오리(아티초크, 콜리플라워, 브로콜리)
- 꽃(식용 국화)
- 잎(양배추, 시금치, 상추, 치커리, 수영)
- 줄기(아스파라거스, 홉의 싹)
- 구근(펜넬, 양파)
- 덩이줄기(참마, 감자)
- 싹(녹두, 발아 곡물)
- 뿌리(당근, 무, 래디시, 순무).

요리에서는 임의적으로 보통 연중 나는 감자와 제철 신선 채소, 콩류, 샐러드 채소(**참조** CHICORÉE, CRESSON, LAITUE, MÂCHE) 등을 구분한다. 식생활에서 채소의 역할은 매우 중요하다. 영양적인 측면에서 채소는 동물성 식품과는 다른 영양소들을 함유하고 있으며, 탄수화물, 식물성 단백질, 무기질, 비타민 B, 섬유질 등은 음식물의 소화를 돕는 기능을 한다. 미식적 측면에서 채소는 특유의 강한 향을 내며, 다양한 종류의 요리를 만드는 데 사용된다(저장식품, 단일 또는 혼합 가니시, 오르되브르, 포타주 등).

■ **신선 채소.** 신선 채소는 식품섭취와 영양 균형 면에서 아주 중요한 역할을 한다. 칼륨, 기타 무기질뿐 아니라 카로틴, 비타민(B1, B2, PP, C)이 풍부한 신선 채소는 인체에서 일어나는 대부분의 화학 반응에 관여한다. 생으로 또는 익혀서, 간하지 않고 그대로 또는 염분이나 지방을 첨가해 먹는다.

재료를 직접 물에 넣어 익히는 조리법인 아 랑글레즈(à l'anglaise) 방식은 유익한 수용성 영양소(무기질, 수용성 비타민) 일부의 손실을 초래한다. 따라서 저수분 조리나 증기에 찌는 방법을 사용하면 영양소의 손실을 줄일 수 있다.

주로 고기나 생선 요리에 곁들이는 가니시로 사용되지만 수프, 그라탱, 타르트 등 채소만으로도 하나의 요리를 만들 수 있다. 또한 치즈, 달걀, 버터 또는 소스를 추가하면 걸쭉한 농도를 더할 수 있으며, 채소 자체의 맛이 밋밋한 경우에는 풍미를 불어넣을 수 있다. 신선 채소는 냉장고 아래 칸에서 영양소의 손실 없이 며칠간 보관할 수 있다(냄새가 강하면 되도록 포장해서 보관한다). 냉동 채소는 1년 내내 구할 수 있다는 장점이 있으며 영양적 측면에서도 훌륭하다.

포장 기술이 발전하고 보존성이 향상됨에 따라, 또한 이국적 채소의 수입이 늘어나면서 연중 어느 때나 신선한 채소를 쉽게 구할 수 있게 되었지만, 가능하면 제철에 나는 것을 소비하는 것이 가장 좋다. 오늘날에는 다른 대륙에서 온 신종 채소들이 점차 많아지고 있다(플랜틴 바나나, 차요테, 오크라, 고구마, 대두 등) (**참조** p.496, 497 열대 및 이국적 채소 도감).

■ **콩류.** 식물의 종자인 콩류는 계절에 상관없이 건조한 장소에 쉽게 보관할 수 있으며 언제나 익혀 먹어야 한다. 열량이 높고(100g당 평균 330kcal 또는 1380kJ) 수분 함유량은 신선 채소(95%)에 비해 매우 적다(11%). 단백질이 풍부해(약 23%) 동물성 단백질 섭취가 불충분할 때 중요한 역할을 할 수 있지만 인체 영양에 필요한 필수아미노산을 모두 함유하고 있지는 않기 때문에 동물성 식품을 완전히 대체할 수 없다. 특히 강낭콩과 렌틸콩 등 일부 콩류는 철을 함유하지만 인체에 잘 흡수되지는 않는다. 탄수화물이 풍부하고(최대 60%) 지방이 적어 소화가 잘 된다.

콩류는 인도(달), 다수의 북아프리카 국가(병아리콩, 잠두콩, 렌틸콩, 강낭콩), 남미(키드니 빈)의 기본 먹거리다. 프랑스에서는 다른 대부분의 선진국과 마찬가지로 소비량이 많이 감소했다가 오늘날 안정세를 보이고 있으며, 혼합 샐러드의 발달과 함께 증가 추세를 보이기도 했다.

achard de légumes au citron ▶ ACHARD
blanc pour légumes ▶ BLANC DE CUISSON
bouillon de légumes ▶ BOUILLON
charlotte de légumes ▶ CHARLOTTE
couscous aux légumes ▶ COUSCOUS

미셸 브라스(MICHEL BRAS)의 레시피

gargouillou de légumes 가르구이유 드 레귐

가르구이유 모듬 채소 샐러드 : 준비한 채소의 껍질을 벗기고, 다듬고, 모양을 내어 돌려 깎고, 잎을 따고, 씻는다. 계절에 따라 구할 수 있는 다년생 채소, 뿌리채소, 과일채소 등을 고루 활용한다. 물론 모든 채소들을 총망라할 수는 없지만 개성 있는 가르구이유 샐러드를 만들기 위해 다양한 색상을 사용한다. 채소들을 모양과 숙성 정도에 따라 알맞게 썬다. 끓는 소금물에 각각 익히고 찬물에 식힌 뒤 건져둔다. 소테팬에 시골풍 햄 1장을 지진다. 기름을 제거한 뒤 채소 육수를 넣어 디글레이즈한다. 버터 1조각을 넣고 햄에서 나온 즙과 유화되도록 거품기로 잘 섞는다. 여기에 채소를 모두 넣고 고루 굴려가며 데운다. 각 채소의 생동감을 살리면서 개성있고 조화롭게 접시에 담는다. 마무리로 봄철 허브(타라곤, 파슬리, 쪽파, 차이브 등), 전원의 햇 허브(버넷, 톱풀, 블랙 브라이어니), 발아 순 등을 얹어 꽃을 피운다.

langoustines frites aux légumes ▶ LANGOUSTINE

légumes chop suey 레귐 촙 수이

모듬 채소 볶음 : 신선한 제철 채소(당근, 주키니 호박, 순무, 양파, 리크, 피망 등) 500g을 가늘게 채 썬다. 식용유 2테이블스푼과 함께 소테팬에 넣고 잘 저은 후 뚜껑을 덮고 4~5분간 약한 불에서 찌듯이 익힌다. 쪽파를 막대 모양으로 썬다. 숙주나물을 끓는 물에 재빨리 데친 뒤 찬물에 식혀 건져둔다. 마늘 작은 것 1톨을 곱게 다진다. 토마토 과육을 주사위 모양으로 썬다. 채소를 익힌 소테팬에 숙주나물을 넣고 잘 섞은 뒤 1분간 더 익힌다. 토마토, 쪽파, 마늘, 후추, 간장 1테이블스푼, 소금 약간과 참기름 1티스푼을 넣고 잘 섞는다.

macédoine de légumes au beurre ou à la crème ▶ MACÉDOINE
ragoût de légumes à la printanière ▶ RAGOÛT
terrine de légumes aux truffes « Olympe » ▶ TERRINE

LÉGUMINEUSE 레귀미뇌즈 깍지 안에 열매가 들어 있는 콩과식물(잠두콩, 강낭콩, 렌틸콩, 완두콩 등). 이 용어는 식물학에서 대두와 땅콩에도 적용된다. 콩과식물의 종자는 높은 열량을 내는 것이 특징이다(100g당 평균 330kcal 또는 1,380kJ). 단백질과 탄수화물(전분) 함유량이 많은 반면 염분과 지방질의 함유량은 매우 미미하다. 대두와 땅콩은 지질이 풍부하다.

LEIDEN OU FROMAGE DE LEYDE 레이던 또는 프로마주 드 레드 레이던 치즈(Leidse Kaas, 레이세카스). 소의 탈지유로 만든 네덜란드의 비가열 압착 치즈로 외피는 솔로 닦아 씻어 파라핀을 씌운다. 지름 30~40cm, 두께 8~10cm의 원반형으로 무게는 5~10kg이다. 커민 혹은 정향으로 향을 입힌 레이던 치즈는 숙성기간에 따라 순한 맛 또는 자극적인 맛을 낸다.

LEMON CURD 레몬 커드 레몬으로 만든 영국의 특산물로, 타르틀레트에 크림처럼 채워 넣거나 잼처럼 빵이나 케이크에 발라 먹는다. 병에 넣어 밀폐한 다음 냉장 보관한다.

lemon curd 레몬 커드

레몬 커드 : 레몬 2개의 제스트를 강판에 곱게 갈아낸 다음, 꼭 짜서 즙을 낸다. 볼에 버터 125g을 넣고 중탕 냄비 위에 올려 아주 약한 불로 녹인 다음 슈거파우더 500g, 달걀노른자 6개, 준비한 레몬즙과 제스트를 조금씩 넣으며 살살 섞는다. 달걀흰자 4개를 단단하게 거품 내어 혼합물에 넣고 조심스럽게 섞어준다. 뜨거운 상태로 병입한다.

LENÔTRE (GASTON) 가스통 르노트르 프랑스의 파티시에, 케이터링 업자, 외식 사업가(1920, Saint-Nicolas-du-Bosc 출생—2009, Paris 타계). 1945년 퐁토드메르(Pont-Audemer)에서 파티시에가 된 그는 1957년 파리 행을 결심한다. 1960년부터 케이터링 사업을 시작해 특히 유럽1(Europe1) 방송사의 행사를 비롯한 파리 지역의 큰 파티, 연회들을 기획했다. 그는 통상적으로 연회에 등장하던 간단한 토스트나 카나페를 벗어나 요리를 통째로 준비하여 연회 장소에서 하객들에게 직접 잘라 서빙하는 등 신선한 시도로 이 업계에 혁명을 일으켰다. 또한 좀 더 가벼운 맛의 파티스리를 만들었으며 매끈하고 반짝이는 글라사주를 입힌 미루아르 과일 케이크, 바바루아즈, 시즌별 케이크와 구움과자 메뉴 등을 개발했다. 그는 르노트르 매장을 열고 지점을 늘려갔으며 1971년에는 플레지르(Plaisir)에 파티스리 교육기관인 에콜 르노트르를 세우면서 사업을 다각화했다. 그는 뛰어난 파티시에들을 다수 배출했으며 1976년 프레 카틀랑(Pré Catelan)과 1984년 파비용 엘리제(Pavillon Élysées) 등 특급 레스토랑들의 운영을 맡기도 했다. 앙주(Anjou)의 와이너리 샤토 드 페슬(château de Fesles)의 소유주이기도 했던 그는 『르노트르처럼 만드는 나만의 파티스리(*Faites votre pâtisserie comme Lenôtre*)』(1975), 『프랑스의 전통 디저트(*Desserts traditionnels de France*)』(1992) 등 다수의 저서를 출간했다 그는 자신 명의의 회사와 지점들을 아코르(ACCOR) 그룹에 매각했다.

LENTILLE 랑티유 렌틸콩, 렌즈콩. 콩과에 속하는 양면이 볼록하고 동그란 작은 크기의 종자로 반드시 익혀 섭취한다(**참조** p.502 렌틸콩 도표와 상단 도감). 중동이 원산지인 렌틸콩은 오래전 고대부터 재배해 즐겨 먹었다. 렌틸콩으로 만든 요리는 종종 성경에 등장하는 인물인 에서(Ésaü)라는 수식어가 붙는 경우가 많다. 구약 창세기에는 에서가 렌틸콩 죽 한 그릇에 장자의 권리를 동생 야곱에게 넘긴 이야기가 나온다.

프랑스에서는 여러 품종의 렌틸콩이 재배된다. 렌틸콩은 열량이 높고(100g당 336kcal 또는 1404kJ) 단백질, 탄수화물, 인, 철분, 비타민 B군이 풍부하다. 익혀서 흰 강낭콩과 같은 방법으로 조리하며, 미리 물에 담가 불리지 않는다.따뜻하게 조리한 렌틸콩은 주 요리의 가니시용으로 또는 포타주로 즐겨 먹는다. 또한 염장 돼지고기(petit salé)에 곁들이면 아주 잘 어울리며, 샐러드의 재료로 사용되기도 한다.

레지스 마르콩(RÉGIS MARCON)의 레시피

lentilles vertes confites façon confiture 랑티유 베르트 콩피트 파송 콩피튀르

그린 렌틸콩 콩피 앙금 : 퓌(Puy)산 그린 렌틸콩 150g을 끓는 물에 넣고 우르르 끓어오르도록 한 번 데친 뒤 건져 식힌다. 냄비에 찬물을 새로 넉넉히 넣고 렌틸콩이 완전히 무르도록 40분간 삶는다. 건져둔다. 생수 500mℓ에 설탕 250g, 바닐라 빈 1줄기, 생강 1/2톨을 넣고 끓인다. 레몬 제스트 1개 분을 데친 뒤 시럽에 넣고 향이 우러나게 둔다. 렌틸콩을 이 시럽에 넣고 아주 약하게 끓는 상태로 조린다. 시럽이 거의 콩에 흡수될 때까지 조린 뒤 차가운 곳에 보관한다. 이 중 3/4를 블렌더로 갈아 잼처럼 만든 다음 나머지 갈지 않은 렌틸콩과 섞는다. 밀폐용 병에 보관한다.

petit salé aux lentilles ▶ PORC
purée de lentilles ▶ PURÉE
salade de lentilles tièdes ▶ SALADE

레지스 마르콩(RÉGIS MARCON)의 레시피

tarte soufflée aux lentilles 살라드 수플레 오 랑티유

렌틸콩 수플레 타르트 : 상온의 부드러운 버터 100g, 설탕 75g, 달걀 1개 푼 것, 소금 한 자밤을 볼에 넣고 섞는다. 여기에 밀가루 150g을 넣고 혼합하여 둥글게 뭉친 다음 젖은 면포로 감싸 냉장고에 넣어둔다. 휴지시킨 반죽을 꺼내 밀대로 민 다음 지름 20cm 원형틀의 바닥과 옆면에 깔아준다. 유산지를 덮고 콩이나 베이킹용 누름돌을 채워 넣은 뒤 180°C로 예열한 오븐에서 크러스트만 초벌로 10분간 굽는다. 그린 렌틸콩 콩피 앙금(참조. 위의 레시피) 150g을 부드럽게 풀어 따뜻하게 데운 뒤 버터 100g과 혼합한다. 달걀노른자 2개와 달걀 1개에 설탕 30g을 넣고 거품기로 휘저어 섞는다. 들어 올렸을 때 띠 모양으로 접히며 떨어질 때까지 거품을 낸 다음 렌틸콩 혼합물과 잘 섞는다. 이 혼합물을 타르트 시트에 채워 넣은 뒤 180°C 오븐에 넣어 8~10분간 굽는다. 버베나 아이스크림을 곁들여 따뜻하게 서빙한다.

LÉPIOTE 레피오트 갓버섯, 큰갓버섯. 잡목림이나 숲속 공터 또는 초원지대, 휴경지 등지에서 자라는 버섯으로 갓머리 부분은 대개 표피가 터진 두툼한 비늘 모양으로 덮여 있다(**참조** p.188, 189 버섯 도감). 대부분의 작은 갓버섯은 독성이 강하지만 큰갓버섯은 먹을 수 있으며 아주 맛이 좋은 것도 있다. 버섯대는 길고 중간 부분이 도톰한 링 모양으로 둘러싸여 있는데, 섬유질이 억세어 질기므로 제거하고 먹는 것이 좋다. 가장 맛이 좋은 것은 큰갓버섯(grande coulemelle 또는 lépiote élevée)으로 모양이 호리호리하고 버섯대가 길며 얼룩말 같은 줄무늬가 있다. 주로 튀기거나 볶아 먹으며 구워 먹기도 한다.

LE SQUER (CHRISTIAN) 크리스티앙 르 스케르 프랑스의 요리사(1962, Lorient 출생). 브르타뉴 출신으로 가구공예업자의 아들로 태어난 그는 14세에 처음으로 낚시 트롤선에서 일하게 된다. 선원들에게 음식을 끓여주면서 그는 요리에 흥미를 갖게 되었다. 파리로 간 그는 자크 르 디벨렉(Jacques Le Divellec)의 레스토랑에 이어 뤼카 카르통, 타유방, 리츠 호텔 등에서 경력을 쌓은 뒤 레스토랑 오페라(Opéra)의 주방을 맡게 되고, 그곳에서 미슐랭 가이드의 별 둘을 획득한다. 이어서 르 두아얭에서 마침내 미슐랭의 세 번째 별을 얻게 된다. 포크로 으깬 뒤 트러플 버터를 섞은 라트 감자와 함께 서빙되는 대문짝넙치살 요리는 그의 섬세한 솜씨를 보여주는 대표 메뉴다. 그는 2014년부터 파리 조르주 생크 포시즌 호텔 르 생크의 총주방장을 맡고 있다.

L'ÉTOILE 레투알 쥐라(Jura) 지방의 AOC 화이트와인으로 포도품종은 사바냥(savagnin), 풀사르(poulsard), 샤르도네(chardonnay)이며, 레투알 코뮌과 그 인근 마을에 위치한 포도밭에서 생산된다. 이 지역에서는 소량의 뱅 존(vin jaune, 사바냥 품종 포도로만 만든다)과 뱅 파유(vin paille), 그리고 샹파뉴 기법을 사용한 고급 스파클링 와인도 생산된다(**참조** FRANCHE-CONTÉ).

LEVAIN 르뱅 효모, 누룩, 발효종. 발효를 일으킬 수 있는 물질을 뜻한다. 제빵에서는 밀가루와 물을 혼합해 만든 천연발효종을 뜻한다. 천연발효종은 이스트 제품을 첨가하지 않고 밀가루에 함유된 미생물이 자연 배양되어 발효를 일으키는 원리로 만들어진다. 질감이 비교적 단단한 이 발효종 반죽은 주로 천연 발효빵(팽 오 르뱅 pain au levain, 사워도우 브레드라고

LÉGUMES EXOTIQUES 열대 및 이국적 채소

taro
타로. 토란

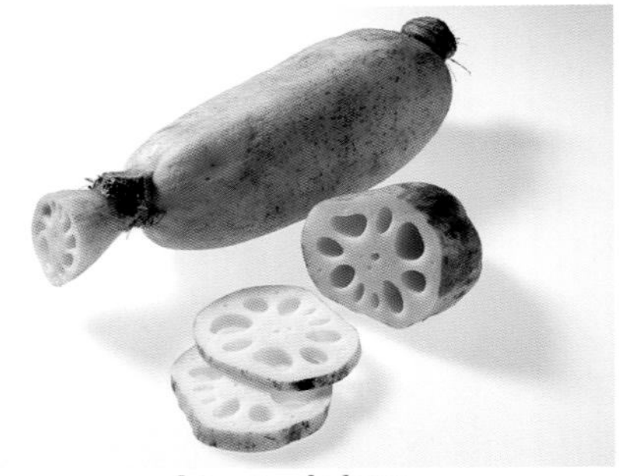

rhizome de lotus
리좀 드 로튀스. 연근

manioc
마니옥. 마니옥, 카사바

patate douce
파타트 두스. 고구마

patate douce rosa
파타트 두스 로자. 주황색 고구마

patate douce violette
파타트 두스 비올레트. 자색 고구마

igname
이그냠. 참마, 얌

wasabi
와사비. 생와사비

pousse de bambou
푸스 드 방부. 죽순

coqueret, tomatillo
코크레, 토마틸로. 토마티요, 수염토마토

fleur mâle de bananier
플뢰르 말 드 바나니에. 바나나 꽃

chayote
샤요트. 차요테

chayote verruqueuse
샤요트 베뤼쾨즈. 가시돌기 차요테

fruit à pain
프뤼 아 팽. 빵나무 열매

mangue légume
망그 레귐. 그린 망고

pois d'Angol
푸아 당골. 비둘기 콩(pigeon peas)

gombo
공보. 오크라

avocat lindo (Pérou)
아보카 랭도(페루). 린도 아보카도

avocat lula (Cameroun)
아보카 룰라(카메룬). 룰라 아보카도

avocat pinkerton
아보카 핑거톤. 핑커톤 아보카도

avocat queen (Pérou)
아보카 퀸(페루). 퀸 아보카도

mini-avocat cocktail
미니 아보카 콕텔. 미니 칵테일 아보카도

avocat ryan (Afrique du Sud)
아보카 라이언(남아공). 라이언 아보카도

avocat choquata
아보카 쇼카타. 쇼카타 아보카도

avocat criolla (Pérou)
아보카 크리올라(페루). 크리올라 아보카도

avocat hass (Afrique du Sud)
아보카 하스(남아공). 하스 아보카도

LÉGUMES-RACINES 뿌리채소

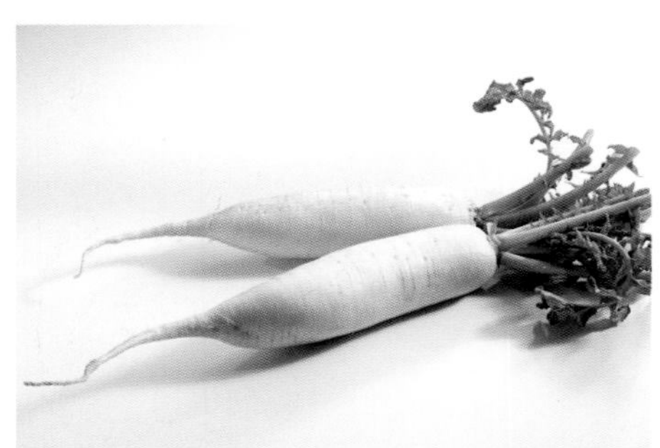
radis long blanc
라디 롱 블랑. 흰 무

radis demi-long à bout blanc
라디 드미 롱 아 부 블랑. 길쭉한 래디시

radis rond rouge
라디 롱 루즈. 체리 벨 래디시

daikon, ou radis du Japon
다이콩, 라디 뒤 자퐁. 흰 무, 일본 무, 다이콘

radis rond blanc
라디 롱 블랑. 흰색 래디시

radis toupie
라디 투피. 팽이 래디시

navet blanc
나베 블랑. 흰색 순무

radis blanc transparent
라디 블랑 트랑스파랑. 흰색 가는 무

radis noir rond
라디 누아 롱. 블랙 래디시

betterave rouge sphérique
베트라브 루즈 스페리크. 비트

navet d'automne
나베 도톤. 순무

radis noir
라디 누아. 긴 검정 무,
롱 블랙 래디시

carotte nouvelle
카로트 누벨. 햇당근

carotte parisienne type grelot
카로트 파리지엔 팁 그를로.
파리 알 당근

chou-rave violet
슈 라브 비올레. 자색 콜라비

rave
라브. 순무

topinambour
토피낭부르. 돼지감자, 뚱딴지, 예루살렘 아티초크

céleri-rave
셀르리 라브. 셀러리악

chou-rave blanc
슈 라브 블랑. 흰색 콜라비

hélianthe
엘리앙트. 개뚱딴지

cerfeuil tubéreux
세르푀이 튀베뢰. 결절 뿌리 처빌

panais
파네. 파스닙

scorsonère
스코르소네르. 블랙 샐서피

persil tubéreux
페르시 튀베뢰. 뿌리 파슬리

Légumes 채소

"물론 호박을 마차로 변신시킬 수는 없겠지만 엘렌 다로즈, 파리 리츠 호텔, 포텔 에 샤보, 에콜 페랑디에서
셰프들은 채소를 맛있게 조리하는 마법의 주문과 정확한 솜씨를 갖고 있다.
파스닙, 줄기 셀러리, 토마토 등 각종 채소의 맛을 한껏 살려 수많은 종류의 요리를 만들어낸다."

LENTILLES 렌틸콩

lentille blonde
랑티유 블롱드. 황금색 렌틸콩

lentille rouge
랑티유 루즈. 붉은 렌틸콩

lentille corail
랑티유 코라이. 핑크 렌틸콩

lentille verte du Puy
랑티유 베르트 디 퓌. 퓌(Puy) 그린 렌틸콩

도 한다)을 만들 때 사용된다. 제빵사는 매일 이 발효종에 새로 밀가루와 물을 추가해 영양을 공급해 주어야 계속 이어서 사용할 수 있다. 이렇게 만든 천연발효종의 일부는 당일 빵을 만드는 데 사용하고, 나머지 첫 반죽은 다음 날 발효종 배양 작업의 스타터로 사용한다. 팽 오 르뱅은 조직이 치밀하고 빵 속살이 불균일하며 특유의 강한 풍미와 약간의 신맛이 있다. 소스를 곁들인 요리나 샤퀴트리에 곁들여 먹으면 잘 어울린다.

LEVER 르베 고기, 가금류, 생선, 채소의 일정 부위 또는 조각을 잘라내다. 이 작업은 재료의 특성과 사용되는 도구에 따라 달라진다. 생선살 필레를 뜨거나 오리 가슴살을 길쭉하게 자를 때는 생선 나이프(filet de sole)를 사용한다. 송아지 뒷다리의 넓적다리 안쪽 살덩어리를 잘라내거나 닭의 허벅지, 날개를 잘라낼 때는 칼날이 짧은 보닝 나이프가 편리하다. 멜론 볼러(cuillère parisienne)는 채소나 과일 살을 방울 모양 또는 타원형으로 도려내는 데(매끈한 모양 또는 홈이 팬 모양) 아주 유용하다. 르베는 또한 빵 반죽, 브리오슈, 사바랭, 바바 반죽 등이 발효되면서 이산화탄소를 발생시켜 부풀어오르는 현상을 가리킨다. 반죽을 부풀게 하려면 천연발효종인 르뱅이나 이스트를 첨가한 뒤 겉면이 굳지 않도록 면포로 덮어씌우고, 공기가 통하지 않는 따뜻한 곳에서 휴지시킨다.

LEVURE 르뷔르 효모, 효모균. 단세포 미생물 균으로 일명 부풀어오르는 반죽(pâtes levées)의 발효에 사용된다. 효모균에 관한 과학적 연구는 17세기 현미경의 발명과 동시에 시작되었으며, 1857년 루이 파스퇴르(Louis Pasteur)는 효모균이 산소가 없는 상태에서 발효를 일으킨다는 사실을 입증했다. 빵 효모(levure de boulanger) 또는 맥주 효모(levure de bière)는 생효모 상태로 구입할 수 있으며, 반죽에 혼합했을 때 활동을 개시하려면 어느 정도 시간이 필요하다. 효모균은 밀가루 전분이 공급하는 당을 먹고 자라며 이를 이산화탄소와 에틸 알코올로 변화시켜 반죽의 부피를 팽창시킨다. 이러한 알코올 발효는 빵 속살이나 케이크(바바, 브리오슈, 크라미크, 쿠겔호프 등) 반죽에 기공을 형성한다. 알자스 이스트(levure alsacienne)라고도 불리는 베이킹파우더(levure chimique, poudre à lever)는 화학성분 혼합물이다(중탄산나트륨 또는 탄산암모늄에 크림 오브 타르타르, 타르타르산이나 알루미늄 인산나트륨을 결합하고, 부형제로 밀가루, 전분 또는 탄산석회를 섞는다). 베이킹파우더의 효능은 맥주 효모와 같으나 조리 시 열에 직접 반응을 일으킨다. 주로 가정용 제과제빵에서 많이 사용하며, 천연효모가 지닌 영양학적 장점(풍부한 단백질과 비타민 B군)은 없다. 또한 효모는 과일이 갖고 있는 당을 알코올과 이산화탄소로 변화시켜 발효 음료(와인, 맥주, 사과 시드르, 배 발효주 등)를 만들어내기도 한다.

LIAISON 리에종 농후화. 액체에 걸쭉한 농도를 내주는 작업을 뜻한다(크림, 수프, 소스 등). 리에종은 사용된 재료와 작업 온도에 따라 다음과 같이 분류한다.
- 칡 녹말(애로루트), 밀가루, 옥수수나 감자 전분, 쌀, 옥수수, 보릿가루 등 전분을 이용한 리에종은 뜨거운 온도에서도 안정적인 녹말풀 같은 질감의 결과물을 만든다. 전분 농후제를 찬 액체에 개어 풀어준 다음 뜨거운 액체에 붓고 되직한 농도가 될 때까지 불 위에서 서서히 익히며 계속 저어준다. 칡 녹말은 특히 가벼운 농도를 내는 데 적합하다.
- 달걀노른자, 피, 크림, 간을 이용한 리에종은 에멀전화(유화)에 해당하며 일반적으로 포타주, 또는 스튜, 코코뱅, 피소스의 오리요리, 블랑케트용 소스의 마지막에 정확히 농도를 맞추어 완성하는 단계에서 사용된다. 이 재료들을 넣어 리에종한 이후에는 절대 다시 끓이지 않는다.
- 루(roux)를 사용해 리에종할 때는 우선 루를 만들어 차게 식힌 다음 아주 뜨거운 액체를 부어준다. 다시 끓을 때까지 계속 저어주며 가열한 다음 몇 분간 혼합물을 익혀야 한다(**참조** BÉCHAMEL. VELOUTÉ). 같은 방식이지만 마른 가루를 사용하는 일명 리에종 세슈(liaison sèche)는 유지에 볶은 재료 위에 밀가루를 솔솔 뿌려 잘 섞은 뒤 익힘용 국물을 넣어 끓이는 것이다(**참조** BRAISER, RAGOÛT, SINGER).
- 달걀과 밀가루 혹은 여기에 다른 재료를 추가한 혼합물을 뜨거운 액체

주요 렌틸콩의 종류와 특징

종류	원산지	외형, 특징, 맛
베리 녹색 렌틸콩 (레드라벨, IGP) lentille verte du Berry	앵드르(Indre), 셰르(Cher)	푸른빛 얼룩이 있는 누르스름한 녹색으로 밤 맛이 난다.
붉은색 갈색 렌틸콩 lentille rouge / brune, lentillon	샹파뉴	붉은 기가 도는 선명하고 진한 갈색이다.
퓌 녹색 렌틸콩 lentille verte du Puy	오트 루아르(벨레 Velay), 오베르뉴	전제적으로 녹색을 띠며 짙은 색의 얼룩이 있다. 단맛이 난다.
황금색 렌틸콩(Liard 타입) lentille blonde(type Liard)	지중해 국가, 미국, 캐나다, 아르헨티나, 칠레, 중국, 호주	황갈색. 알갱이가 굵고 납작하며 껍질이 단단하다.
황금색 렌틸콩(Eston 타입) lentille blonde(type Eston)	지중해 국가, 미국, 태나다, 아르헨티나, 칠레, 중국, 호주	황갈색. 알갱이가 작고 납작하며 껍질이 단단하다.
생 플루르 황금색 렌틸콩 lentille blonde de Saint-Flour(Flora® 또는 Santa® 품종)	플라네즈(Planèze) 분화고원, 생 플루르(오베르뉴)	빨리 익어 수확이 이르며 잿빛 황갈색(Flora® 품종), 또는 볏짚색(Santa® 품종)을 띤다. 알이 단단하고 껍질은 얇으며 단맛이 난다.
갈색 렌틸콩 lentille brune	터키, 호주, 중국	갈색을 띠며 알이 작고 껍질이 단단해 익혔을 때 쉽게 타지지 않는다.
주황색 또는 핑크색 렌틸콩 lentille corail / rose	북아프리카 마그레브 국가, 중동, 인도	산호색(익히면 누렇게 변한다)을 띠며 은은한 후추 맛이 난다(조리 시 아주 빨리 익는 특징이 있다).
발아 렌틸콩 싹 lentille germée	생산지 전역	습한 곳에 두어 싹이 난 렌틸콩으로 단맛이 있다. 샐러드용 새싹으로 사용한다.

에 넣어 걸쭉하게 만드는 리에종의 대표적인 예로는 크렘 파티시에를 꼽을 수 있다.
- 완성된 요리를 마무리하며 거의 추가로 익히지 않는 파이널 리에종은 가장 마지막 단계, 즉 서빙하기 직전에 이루어진다. 샹티이 소스에 휘핑한 크림을 넣어 리에종하거나 기타 소스의 마지막에 버터 몽테하는 경우(**참조** MONTER)를 예로 들 수 있다. 이 두 경우 모두 리에종을 한 다음에는 다시 끓이면 안 된다. 또한 뵈르 마니에를 조금씩 떼어 넣으며 혼합물의 농도를 조절하기도 한다.

LIBAN 리방 레바논. 유럽과 아랍, 동양의 전통이 어우러진 레바논의 요리는 국제적인 미식 문화를 선보이고 있으며 특히 쌀과 지중해 채소가 주를 이루고, 참기름과 불구르(boulghour, 듀럼밀을 굵게 빻은 것)가 요리 전반에 많이 쓰인다.
■ **애피타이저.** 레바논 식탁의 특징을 가장 잘 보여주는 것은 바로 다양한 애피타이저로 이루어진 한상차림인 메제(**참조** MEZZE)이며, 이는 한끼 식사로도 손색이 없을 정도로 풍성하다. 비네그레트 소스로 양념한 부속 및 내장(양의 혀, 골, 닭 간, 척수 등), 시금치 또는 다진 고기를 넣은 파이, 따뜻한 잠두콩 샐러드 풀(foul, ful), 잠두콩 퓌레에 참기름을 섞고 샐러드를 곁들인 요리, 팔라펠, 가지 퓌레 요리인 바바 간누즈(baba ghannouj), 병아리콩 퓌레에 타히니를 섞어 만든 후무스 등 그 종류가 아주 다양하다. 또한 민트와 요거트 소스로 버무린 오이, 각종 소 재료를 포도 잎으로 돌돌 말아 싼 돌마, 양념에 재운 생선, 주키니 호박과 치즈로 만든 뒤 빵가루를 입혀 튀긴 완자 등도 즐겨 먹는다. 한편 레바논의 대표 음식으로 타불레(taboulé)를 빼놓을 수 없다. 타불레는 불구르(boulghour)에 민트, 파슬리, 향신료와 토마토를 섞고 레몬과 오일로 양념한 샐러드의 일종이다.
■ **고기.** 닭 요리에는 주로 쌀밥을 곁들여 먹는데, 다진 고기, 잣이나 아몬드 등으로 속을 채워 조리하거나 토막으로 잘라 양념에 재워 굽기도 하며, 꼬치구이를 하거나 마늘 향을 입혀 통째로 굽기도 한다. 양은 중동 모든 국가에서 그러하듯이 레바논에서도 가장 흔히 볼 수 있는 육류이다. 그릴, 로스트, 꼬치구이나 미트볼 등 다양한 방법으로 요리해 먹는다. 키베(kebbé)는 레바논의 국민 음식이다. 다진 양고기에 불구르, 양파, 파슬리, 잣이나 아몬드를 섞은 뒤 둥근 공 모양이나 도톰하고 납작한 원형으로 빚어 오븐에 굽는다. 종종 꼬치에 꿰어 굽기도 한다. 이 요리는 주변 중동국가들마다 비슷한 이름으로 존재한다. 시리아나 요르단에는 코바(kobba), 이라크에는 쿠바(koubba)가 있다. 이 밖에도 다양한 특선 요리를 즐겨 먹는데, 특히 채소를 넣지 않은 쿠스쿠스인 모그라비에(moghrabié)는 입자가 굵은 세몰리나로 만들며 닭고기를 넣고 사프란으로 향을 낸다. 또한 샤와르마(chawourma, shawarma)는 세로로 된 로스트 회전봉에 구운 양고기를 얇게 슬라이스한 것으로 라이스 샐러드를 곁들여 먹는다. 한편 축일이나 잔치에는 고급스럽고 정교한 요리들이 등장한다. 뼈를 발라낸 꿩에 잘게 썬 베이컨과 잣, 정향, 계피를 채운 뒤 크레핀으로 싸서 육수에 익힌다. 이것을 로스트 봉에 끼워 구운 뒤 쌀밥과 피망 소스를 곁들여낸다. 또한 레바논 사람들은 달콤한 디저트를 아주 즐겨 먹는다. 당절임한 대추야자, 바클라바, 로쿰, 할와, 무화과나 마르멜로잼뿐 아니라 우유, 농축 포도잼을 넣고 오렌지 블로섬 워터로 향을 더한 섬세한 맛의 아이스크림 등을 즐겨 먹는다.
■ **와인.** 레바논의 포도재배는 5,000년의 역사를 갖고 있으며, 오늘날 재배 면적 규모는 약 15,000헥타르 정도이다. 주로 베카(Bekaa) 계곡 주변으로 펼쳐진 평야 지대에 위치하고 있는 포도원에서는 바디감과 밸런스가 아주 좋고 섬세한 맛을 지닌 훌륭한 레드와인들을 생산하고 있다.

LIE 리 포도주 찌꺼기, 지게미. 포도주 발효탱크나 오크통 바닥에 가라앉는 찌꺼기를 지칭한다. 이 잔여물은 주석(酒石 tartre)과 발효를 마치고 죽은 효모로 이루어진 찌꺼기로 대개 와인을 다른 통으로 옮기는 수티라주(soutirage) 과정을 통해 제거된다. 몇몇 뮈스카데(muscadet) 와인의 경우처럼 찌꺼기를 제거하지 않고 그대로 쉬르 리 숙성(élevage sur lie)한 경우는 향이 더 풍부해지고 청량감을 주는 가벼운 탄산 가스(perlant)가 남는다. 어떤 요리사들은 일부러 포도원에 가서 포도 찌꺼기를 구해 특별한 소스를 만드는 데 사용하기도 한다.

LIEBIG (JUSTUS, BARON VON) 유스투스 바롱 폰 리비히 유스투스 폰 리비히. 독일의 화학자(1803, Darmstadt 출생—1873, Munich 타계). 대학의 화학 교수였던 그는 유기 화학의 농업적, 산업적 응용(1840년 출간된 그의 대표 저서 제목이기도 하다)에 깊은 관심을 보였다. 그는 독일의 한 공학자와 함께 아메리카에서 대량 생산되는 육류로부터 영양분을 추출해 농축 분말, 육수 고형 태블릿 등을 만드는 방안에 대한 공동 연구를 진행했다.

LIÈGE 리에주 코르크. 참나무과에 속하는 코르크 참나무 껍질의 외피. 이 나무는 주로 포르투갈, 모로코, 프랑스 랑드 지방과 지중해 연안 서부에서 자란다. 코르크는 밀도가 성글고 절연, 단열성이 있고 부식되지 않으며 가연성이 적고 거의 물이 투과하지 않는 재질이다. 또한 특유의 탄성을 갖고 있어 옆으로 눌러 압축해도 옆으로 팽창되지 않으며, 매끈한 벽면에 습기가 있는 상태에서도 잘 붙는 성질이 있어 포도주 병마개로 이상적인 재질이라 할 수 있다.

LIÉGEOISE (À LA) 아 라 리에주아즈 리에주식의. 주니퍼베리(노간주나무 열매) 증류주와 열매를 사용한 음식을 지칭한다. 리에주아즈 콩팥 요리는 주니퍼베리 알갱이 으깬 것과 감자, 베이컨을 넣고 예네버르(네덜란드 진)와 화이트와인으로 디글레이즈한 소스를 부은 다음 코코트 냄비에 익힌다. 리에주아즈식으로 요리한 작은 엽조류는 예네버르를 뿌리고 불을 붙여 플랑베한 다음 주니퍼베리와 아르덴 햄을 넣고 코코트에 익힌다.
▶ 레시피 : GRIVE.

LIER 리에 음식의 조리 마지막 단계에 추가로 농도를 걸쭉하게 만들다. 요리의 종류에 따라 그 방법과 사용되는 농후제 재료는 달라진다(**참조** LIAISON).

LIEU 리외 북대서양 대구. 대구과에 속하는 바다생선으로 두 종류가 있으며 명태와 비슷하고 크기는 70~80cm 정도 된다. 황색 북대서양대구는 배 쪽은 회색, 등쪽은 녹회색 또는 짙은 녹색을 띠고 있으며 대서양 가스코뉴 만에 이르는 해역에 서식한다. 검은 북대서양대구는 오히려 올리브색이 나는 편이며 배쪽은 구릿빛 또는 은빛을 띤다. 서식 해역은 노르웨이 북부까지 거슬러 올라가며, 아주 드물게 브르타뉴 지방 남부까지 내려오는 경우도 있다. 북대서양대구는 미주에서 폴락(pollock)이라는 이름으로 대량 유통된다. 두 종류의 북대서양대구 모두 기름기가 적은(지방 1%) 담백한 생선이나 황색 북대서양대구가 더 맛이 섬세하다. 한 마리 통째로 또는 토막 내거나 필레를 떠서 판매하며, 검은 북대서양대구는 대부분 냉동으로 판매된다. 조리법은 해덕대구, 명태, 유럽 메를루사(merlu)와 같으나, 검은 북대서양대구의 경우는 살이 부서지기 쉽기 때문에 익히는 시간을 조금 짧게 잡아야 한다. 북유럽 국가에서는 이 두 종류의 생선을 염장해 말린 것을 클리프피스크(klippfisch, klipfisk)라고 부른다.

LIÈVRE 리에브르 산토끼, 야생 토끼. 토끼과에 속하는 털이 있는 수렵육으로 살의 색이 짙은 편이다(**참조** p.421 수렵육 도표). 야생 토끼의 개체 수는 농업기술의 발전과 농경지 재정비, 자연 울타리 소멸 등으로 인해 현저하게 감소하였다. 개체 수를 파악하고 포획된 동물에는 발에 표식 띠를 부착하는 등의 체계적인 관리를 통해 사냥 및 개체 수 증감 현황을 효율적으로 관리하고 있다. 산토끼는 벌판이나 토끼 굴에 서식한다. 살은 기름기가 적으며 열량은 100g당 132kcal 또는 551kJ이다. 가죽이 붙어 있는 채 판매되는 죽은 산토끼는 빨리 상한다. 재빨리 내장을 들어낸 다음 부위별로 잘라 냉장 보관해야 한다.
■ **사용.** 산토끼는 연령에 따라 조리법이 다르다. 아주 어린 새끼 산토끼 르브로(levraut, 2~4개월, 1.5kg)는 로스트로, 1년 이하의 트루아 카르(trois-quarts, 2.5~3kg)는 허리 등심살을 로스트하거나 소테하면 아주 맛있다. 생후 1년이 지난 카퓌생(capucin, 4~5kg 또는 그 이상)은 주로 스튜를 만들어 먹는다. 생후 1년 이내의 산토끼가 요리하기에 가장 좋다. 연령이 높아질수록 비교적 오래 익히는 도브(daube)나 테린용으로 많이 사용한다. 알코올 도수가 높은 풀바디 레드와인에 재워두었다가 시베(civet)를 만들면 아주 좋다. 또한 안심, 등심, 뒷다리 허벅지살 부위를 따로 잘라내 특별한 요리를 만들기도 한다. 체리를 곁들인 산토끼 요리는 독일의 대표적인 음식이다. 캐나다 퀘벡 지방에서는 산토끼 고기를 이용하여 미트 파이의 일종인 시파트(cipâte)나 투르티에르(tourtière)를 만든다.
ballottine chaude de lièvre à la périgourdine ▶ BALLOTTINE
civet de lièvre ▶ CIVET
civet de lièvre à la française ▶ CIVET
civet de râble de lièvre aux pâtes fraîches ▶ CIVET

---

lièvre en cabessal 리에브르 앙 카브살
카브살 산토끼 스튜 : 하루 전날 산토끼 한 마리의 가죽을 벗기고 내장을 들어낸다. 간

과 피는 따로 보관한다. 레드와인, 식용유, 얇게 썬 당근, 양파, 샬롯, 타임, 월계수 잎, 정향 1개, 소금, 후추를 혼합한 마리네이드액에 토끼를 넣어 재운다. 송아지 허벅지 살 500g, 생햄 250g, 돼지고기 신선육 250g, 마늘 2톨, 샬롯 2개를 모두 곱게 다진 뒤 소금, 후추로 간을 해 소를 만든다. 달걀을 한 개 넣어 재료가 끈기 있게 뭉치도록 잘 섞는다. 토끼를 건져 물기를 닦고 소를 채운 뒤 조리용 실로 꿰매 봉합한다. 얇게 저민 돼지 비계로 감싸준 다음 실로 둥그렇게 여러 부위로 나눠 묶어준다. 냄비에 거위 기름을 조금 달군 뒤 베이컨 라르동과 방울 양파와 함께 토끼를 지진다. 오드비를 작은 한 잔 넣어준 다음, 아주 질이 좋은 화이트와인 또는 레드와인 한 병을 붓는다. 거위 기름으로 만든 루를 넣어준다. 뚜껑을 덮고 약한 불로 4~5시간 뭉근히 익힌다. 3/4 정도 익었을 때 마늘 한 톨, 곱게 분쇄한 간, 식초 1스푼을 섞은 피를 넣어준다. 토끼의 실을 풀고 비계를 벗겨낸 다음 뼈를 제거한다. 남은 소스를 걸쭉하게 졸인 뒤 토끼에 끼얹어 서빙한다. 기름이나 버터에 튀긴 빵 크루통을 곁들여낸다.

알랭 뒤투르니에(ALAIN DUTOURNIER)의 레시피

lièvre au chocolat 리에브르 오 쇼콜라

초콜릿 소스 산토끼 요리 : 산토끼 한 마리의 가죽을 벗기고 허리 등심과 뒷다리 허벅지살 두 개를 잘라낸 다음 소금, 후추, 넛멕 가루, 으깬 부순 주니퍼베리를 뿌려 양념한다. 여기에 기름을 붓고 3일간 재워둔다. 몸통뼈와 앞다리부분, 내장을 모두 잘게 썬다. 마디랑(Madiran) 와인 2병을 냄비에 넣고 뚜껑을 덮은 뒤 졸인다. 양파 2개, 당근 2개, 리크 1대를 깍둑 썰어 미르푸아를 준비한다. 여기에 마늘 5톨을 더한 뒤 소테팬에 넣고 약간의 염장 건조 돼지삼겹살과 함께 센 불에서 볶는다. 졸인 와인을 넣어 디글레이즈한 다음 타임, 월계수 잎, 넛멕 간 것, 후추, 잘게 썬 생강, 계피, 정향 1~2개를 넣는다. 3일간 냉장고에 보관한다. 3일 후 이 마리네이드 액에 잘게 썰어둔 몸통뼈와 앞다리 등의 고기를 넣고 약한 불로 4시간 익힌다. 체에 거르고 소스의 기름을 제거한 다음, 다크 초콜릿 50g과 비멸균 생우유로 만든 버터 80g을 넣고 리에종한다. 레몬즙 1/2개 분과 가금류의 피 50㎖를 혼합해 끓지 않게 데운 다음 소스에 넣어 섞는다. 코코트 냄비에 토끼 허리 등심과 뒷다리 허벅지를 넣고 버터에 익힌다(살 속의 피가 굳기 전 상태를 뜻하는 아 라 구트 드 상(à la goutte de sang), 즉 로제(rosée) 또는 미디엄(à point) 상태가 될 때까지만 익힌다). 적당한 크기로 썬 다음 소스를 끼얹어 서빙한다. 버터와 향신료를 넣고 소테한 배를 곁들인다.

조엘 로뷔숑(JOËL ROBUCHON)의 레시피

lièvre à la royale du sénateur Couteau à la façon poitevine 리에브르 아 라 루아얄 뒤 세나퇴르 쿠토 아 라 파송 푸아트빈

쿠토 상원의원의 푸아투식 산토끼 루아얄 : 돼지 대망 크레핀을 찬물에 담가둔다. 냄비에 레드와인 3병을 넣고 끓을 때까지 가열한 다음 불을 붙여 플랑베한다. 불에서 내린다. 마늘 10톨의 껍질을 깐다. 당근 1개, 양파 1개를 미르푸아로 깍둑 썬다. 약 3kg짜리 산토끼를 토막 낸다(허리 등심은 제외). 간, 염통, 콩팥에 껍질 벗긴 샬롯 10개와 마늘 분량의 반을 넣고 곱게 다진다. 밀폐용기에 담아 냉장고에 넣어둔다. 주니퍼베리 알갱이 4개를 잘게 부순다. 토막 낸 토끼고기에 소금, 후추, 타임 4자밤, 부순 주니퍼베리를 넣어 양념한 다음 하나하나 얇게 저민 비계로 감싸준다. 물을 꼭 짠 크레핀으로 감싸고 나무 막대로 지지해 고정시킨다. 코코트 냄비에 양파, 당근 미르푸아와 부케가르니, 껍질 벗긴 샬롯 10개, 마늘 나머지 분량을 모두 넣고 토끼 조각을 넣어준다. 소금, 후추로 간한다. 플랑베 해둔 와인을 붓고 뚜껑을 덮은 뒤 170°C로 예열한 오븐에서 6시간 동안 익힌다. 토끼 토막을 건져 완전히 뼈를 발라낸 다음 살과 샬롯, 마늘을 다른 코코트 냄비에 담는다. 익힌 국물을 체에 거르며 소스팬에 부어준다. 국자로 꾹꾹 누르며 최대한 즙을 짜낸다. 식힌 뒤 위에 뜬 기름을 제거한다. 냉장고에 보관해두었던 다진 재료를 볼에 넣고 차갑게 식은 소스팬의 국물을 한 국자 넣어준다. 거품기로 잘 섞어 풀어준다. 다시 한 국자를 추가한 뒤 마찬가지로 거품기로 저어준다. 이것을 국물이 들어 있는 소스팬에 부어 합친다. 불에 올려 아주 약하게 끓는 상태로 1시간 동안 가열한다. 국자로 눌러가며 체에 거른다. 다시 불에 올리고 표면에 뜨는 불순물과 거품을 건져가며 15분간 졸인다. 이 소스 400㎖를 작은 소스팬에 넣고 여기에 피와 크림 혼합물을 넣어준다. 나머지 소스는 산토끼 고기와 채소를 담아 둔 코코트 냄비에 붓고 뚜껑을 덮은 뒤 약한 불로 데운다. 소스팬의 소스도 데운 다음 코냑을 한 바퀴 둘러 마무리한다. 최종 간을 맞춘다. 코코트 냄비의 토끼 살을 우묵한 서빙 접시에 담고 소스를 끼얹어낸다.

mousse de lièvre aux marrons ▶ MOUSSE
pâté de lièvre ▶ PÂTÉ

LIGURIENNE (À LA) 아 라 리구리엔 리구리아식이란 뜻으로 요리에 붙이는 명칭이다. 속을 채운 토마토와 다리올 틀에 담아 모양으로 찍어낸 사프란 리소토, 달걀노른자를 발라 오븐에 노릇하게 구운 뒤셰스 감자를 교대로 빙 둘러 곁들인 고기 요리를 가리킨다.

LIMANDE 리망드 레몬서대기. 가자미과에 속하는 납작한 흰살생선으로 대서양과 북해에 많이 서식한다(**참조** p.674~677 바다생선 도감). 두 눈이 오른쪽에 몰린 어종(limande blonde, limande-sole)과 왼쪽에 몰린 것(arnoglosse, cardine, limande sloop)으로 나뉘고 평균 길이는 40cm 정도이며 그물망 낚시로 약 50% 정도를 어획한다. 기름기가 적어 담백하다. 황금색 서대기(limande blonde 또는 franche)는 몸이 마름모꼴이며 주둥이가 뾰족하고 눈이 있는 쪽 면이 갈색을 띠며 누런 반점이 있다. 가짜 서대기, 또는 붉은 서대기라고도 불리는 작은 넙치(arnoglosse)는 눈이 있는 쪽 면이 회갈색을 띠고 반대 면은 모래와 비슷한 회색을 띠고 있으며 몸은 꽤 갸름한 타원형이다. 가자미 레몬서대기(limande-sole)는 가장 몸이 둥근 편으로 갈색을 띠고 있으며 색이 짙은 것도 있다. 아가미딱지 주위가 주황색 선으로 둘러져 있으며 레몬서대기 중 가장 맛이 좋다. 레몬서대기는 한 마리 통째로 또는 살만 필레로 구입할 수 있으며(냉동하여 팔기도 한다), 일반 광어와 같은 방법으로 조리한다.

LIMBOURG 랭부르 림버거 치즈. 소젖으로 만드는 벨기에의 세척 외피 연성치즈(지방 20~50%)로 불그스름한 노란색에서 벽돌색을 띤다(**참조** p.396 외국 치즈 도표). 직육면체 형태로 무게는 500~600g 정도이다. 강한 냄새가 나며 풍미가 진하다.

LIME / LIMETTE 라임, 리메트 운향과에 속하는 시트러스 과일(**참조** p.223 레몬 도표, p,222 레몬 도감)로 녹색을 띤 구형이며 향이 난다. 녹색 레몬(citron vert)이라는 이름으로 잘못 불리고 있는 라임은 테레빈유 향이 나는 아주 자극적인 신맛의 즙을 갖고 있다. 이국적 칵테일이나 진 토닉 등의 롱 드링크, 과일이나 채소 등에 많이 사용되며 동양식 스튜나 생선 요리에도 들어간다. 껍질 제스트를 갈아 넣어 처트니 또는 각종 파티스리에 향을 더하기도 한다.

LIME DOUCE / LIMONETTE DE MARRAKECH 라임 두스, 리모네트 드 마라케슈 소금물에 절여 저장한 라임으로 주로 모로코 요리에서 타진 등의 스튜(닭고기, 생선 요리 등)에 넣어 향을 내준다. 일반 노란 레몬을 염장 콩피하여 마찬가지 방법으로 사용하기도 한다.

LIMONADE 리모나드 레모네이드, 사이다. 물, 설탕, 레몬즙을 섞어 만든 시원한 음료. 오늘날 이 단어는 탄산 신맛의 시트러스 추출향이 첨가된 무색 청량음료인 사이다를 뜻하기도 한다.

LIMONADIER 리모나디에 소매 음료 판매점을 운영하는 주인, 원래 이 단어는 레모네이드 제조자 또는 판매업자를 뜻했다. 당시만 해도 리모나디에들은 에센스 추출액과 오드비 증류업을 겸하기도 했다. 17세기 말 레모네이드가 인기를 끌며 성공을 거두자 이 분야에 종사하는 업자들은 특별 동업조합을 결성했고, 증류업 종사자들로부터 분리된다. 1776년에 이들은 식초제조업자들에 편입되었다.

LIMONER 리모네 껍질이나 비늘을 제거하다. 재료를 조리하기 전, 특정 식품(예를 들어 골)의 껍질, 피가 남은 부분이나 지저분한 불순물 등을 흐르는 물에 씻거나 잠시 담가두어 제거하는 작업을 뜻한다.

LIMOUSIN 리무쟁 프랑스 남서부에 위치한 리무쟁 지방의 요리에는 이 지역의 다양한 토양과 기후에 따라 발달한 여러 특선 음식이 포함된다. 초원과 숲으로 뒤덮인 고원지대는 수렵육과 각종 야생버섯을 공급해준다. 대규모 목축업이 발달해 있어 양, 돼지, 송아지 등의 질 좋은 고기를 얻을 수 있으며, 재배되는 채소와 과일도 그 품질이 아주 좋다. 특히 밤은 예로부터 이 지역 농민들이 주요 식재료로 애용해왔다. 아직도 종종 죽이나 수프 등을 끓여먹으며 굽거나 삶아서도 즐겨 먹는다. 뿐만 아니라 리큐어를 만드는 데 사용되기도 한다. 강과 호수에서는 생선이 풍부하게 잡힌다. 투박한 시골풍 수프는 이 지역의 대표 음식이다. 특히 양배추와 염장삼겹살 강낭콩 등을 넣어 끓인 수프인 브레조드(bréjaude)가 유명하다. 이 수프는 마지막에 포도주를 넣어 풍미를 더하고 미크 빵에 부어 적셔먹는다.

■ 육류와 샤퀴트리.

● **소와 송아지.** 기름이 촘촘히 박힌 육질로 명성이 높은 리무진(limousine) 품종 소고기는 구이용, 스튜용으로 탁월하다. 또한 리무쟁 지방은 프랑스에서 아직도 어미 젖 송아지(veau sous la mère)의 전통이 이어지고 있는 곳

중 하나다. 어미 소 혹은 다른 암소의 젖만 먹고 성장한 어린 송아지 고기는 색이 연하고 맛이 섬세하며 육즙이 풍부하고 은은한 너트향이 난다. 이 고기로 프리캉도(fricandeau)를 만들거나 오븐에 로스트 한다.

● **샤퀴트리.** 퀴 누아르(cul noir) 품종의 돼지를 이용해 만드는 이 지역의 샤퀴트리는 오랜 전통의 음식이다. 밤을 넣은 부댕 구가(gougas), 코냑이나 화이트와인을 넣고 만들어 향이 좋은 소시지, 파슬리 또는 타라곤을 넣은 돼지머리 편육, 돼지 파테 그리용(grillons, grilhouse, grautous), 앙두예트의 일종인 앵뒬(indules), 리무쟁식 포테에 빠지지 않고 들어가는 염장 삼겹살 프티 살레 등이 대표적이다. 밝은 회색의 부댕인 지로(giraud)는 동글게 슬라이스하여 팬에 지진 뒤 페르시야드(persillade)를 곁들여 먹는다.

■ **슈렵육.** 사냥으로 잡은 동물 요리들은 매우 섬세한 조리법으로 만들어진다. 다양한 방법으로 요리한 자고새, 산토끼나 멧돼지 또는 꿩으로 만든 테린, 클래식 요리 아 라 루아얄 산토끼(lièvre à la royale)의 조상 격이라 할 수 있는 카브살 산토끼 요리(lièvre en cabessal) 등을 대표로 꼽을 수 있다.

■ **생선.** 장어는 마틀로트로, 연준모치는 튀기거나 전으로 부쳐 먹으며 브라운 송어는 오 블루(au bleu, 식초를 넣은 쿠르부이용에 데쳐 익히는 조리법)로 익히거나 볶은 베이컨, 양배추 또는 호두를 넣고 조리하기도 한다. 잉어는 돼지비계 살을 채워 조리한다.

■ **디저트.** 이 지역에서 많이 나는 체리, 블루베리, 사과, 호두, 헤이즐넛 등이 다양한 디저트의 재료로 사용된다. 유명한 체리 클라푸티(clafoutis) 외에도 사과나 배로 만든 플로냐르드(flognarde), 헤이즐넛 케이크, 블루베리 잼과 꿀을 채운 크레프인 불레구(boulaigous), 생 티리엑스(Saint-Yrieix)의 마들렌 등이 유명하다.

■ **와인, 오드비, 시드르.** 코레즈(Corrèze)의 언덕과 비엔(Vienne)의 계곡 지대에 펼쳐진 포도밭에서는 몇몇 지역 와인들이 생산된다. 뿐만 아니라 리무쟁에서는 시드르와 양질의 과일 오드비(체리, 자두, 오드비에 절인 건자두 등의 과일주)도 생산되며, 가정에서는 호두(아직 껍질이 연두색을 띠고 있는 어린 생호두)를 비롯한 다양한 과일 리큐어를 담가 먹기도 한다.

LIMOUSINE 리무진 리무쟁이 원산지인 토종 소 품종으로 몸은 옅은 황갈색이며 코 점막은 밝은 분홍색을 띠고 있다(**참조** p.106 소 품종 도표). 이 소는 새끼를 아주 쉽게 낳는 품종으로 약 92%의 소가 도움 없이 스스로 출산한다. 프랑스의 리무진 소 목축 규모는 약 72만 마리 정도 된다. 골격이 가늘고 육질이 훌륭하여 전 세계에서 즐겨 먹는 이 소는 전 세계 5대륙 64개 국가에서 키우고 있다. 어린 리무진 소는 월령에 따라 각각 다른 이름으로 판매된다. 수송아지 토리용(taurillon)은 살코기 기준 도체율이 63%이며, 생 테티엔 송아지(veau de Saint-Étienne)는 아직 젖을 떼지 않은 생후 9~12개월의 송아지로 약 200~220kg의 도체를 제공한다. 또한 리옹 송아지(veau de Lyon)는 젖을 뗀 생후 13~15개월의 송아지로 도체 무게는 250~320kg 정도이다(**참조** VEAU). 암송아지(génisse)는 도체율이 60% 정도 된다. 생후 6년 이상 된 육우(vache de réforme)의 도체 무게는 약 380kg이다.

LIMOUSINE (À LA) 아 라 리무진 리무쟁식 가니시는 가늘게 채 썬 적채를 돼지 기름과 육수에 익힌 뒤 식초를 한 바퀴 뿌리고 설탕을 한 자밤 넣은 다음 사과(가늘게 갈거나 작은 주사위 모양으로 썬다)와 잘게 썬 생밤을 넣은 것이다. 이 가니시는 독일 요리에서 흔히 볼 수 있는 것으로 고기 요리, 특히 로스트 포크에 주로 곁들여 낸다.

▶ 레시피 : CHOU POMMÉ.

LIMOUX ▶ 참조 BLANQUETTE DE LIMOUX

LINGUE 랭그 몰바대구. 대구과에 속하는 생선의 한 종류로 일반 대구와 가까우며 쥘리엔(julienne)이라고도 불린다(**참조** p.674~677 바다생선 도감). 큰 몰바대구는 북해에 많이 서식하며 크기가 최대 1.5m에 이른다. 지중해에 많이 서식하는 작은 몰바대구는 크기가 90cm를 넘지 않는다. 몸이 아주 길쭉하고 올리브색이 나는 회색 몸통에 은빛의 측선이 있는 몰바대구는 일반적으로 필레를 떠서 판매하며, 명태 필레와 같은 방법으로 조리해 먹는다.

LINGUE BLEUE 랭그 블루 청몰바대구. 대구과에 속하는 생선의 한 종류로 불로뉴(Boulogne)와 로리앙(Lorient)에서는 엘랭그(élingue)라고도 불린다. 이 생선은 북대서양에서 그린란드 해역 수심 350~500m에 이르는 심해에 서식한다. 대부분 필레를 떠서 판매하며 조리법은 일반 대구와 같다. 경우에 따라 모뤼(morue)처럼 염장대구를 만들기도 한다.

LINXE (ROBERT) 로베르 랭스 프랑스의 쇼콜라티에(1929, Bayonne 출생–2014, Bayonne 타계). 파리로 올라온 바스크 지방 출신 젊은 청년 랭스는 1955년 바그람 대로(avenue de Wagram)에 위치한 제과 및 당과류 전문점 라 마르키즈 드 프렐(La Marquise de Presles)을 인수한다. 20년 가까이 이곳에서 음식 판매 및 케이터링 영업을 한 그는 자신의 독창적인 초콜릿 레시피를 좋아해주던 고객들의 제안에 따라 1977년 파리 포부르 생 토노레(Faubourg-Saint-Honoré)가 225번지에 첫 번째 메종 드 쇼콜라(Maison de Chocolat) 매장을 연다. 초콜릿 아틀리에와 함께 운영된 이 부티크는 얼마 안 있어 이 장안의 명소가 되었다. 이후 파리에 여러 개의 매장을 추가로 오픈했고 뉴욕과 도쿄, 런던에도 지점을 냈다. 가나슈의 마술사(작가 장 폴 아롱이 붙여준 별명이다)라고 불린 그는 펜넬맛 가리그(garrigue), 레몬맛 앙달루지(andalousie), 밀크맛 실비아(sylvia)뿐 아니라 리골레토, 로메로, 하바네라, 복숭아 미라벨, 진한 맛의 랭고 초콜릿 바 등 다양한 맛의 독창적인 초콜릿을 개발해냈다.

LINZERTORTE 린저토르테 오스트리아의 대표적인 타르트. 파트 사블레(대부분 헤이즐넛 가루, 레몬 제스트, 계피를 넣어 향을 더한다) 시트에 라즈베리 잼을 채워 넣은 뒤 띠 모양으로 만든 반죽을 격자 모양으로 올려 장식한 타르트다.

Linzertorte 린저토르테

린저토르테 : 버터 70%을 상온에 두어 부드럽게 만든다. 레몬 제스트 1개분을 얇게 저며 벗긴 뒤 그중 2/3를 가늘게 채 썬다. 끓는 물에 데쳐낸 뒤 잘게 다진다. 밀가루를 작업대나 넓은 볼에 붓고 가운데를 우물처럼 우묵하게 만든 다음 아몬드 가루 75g, 설탕 75g, 달걀 1개, 계핏가루 1티스푼, 버터, 다진 레몬 제스트, 소금 1자밤을 넣고 잘 섞어 반죽한다. 반죽을 둥글게 뭉친 뒤 냉장고에 2시간 동안 넣어 휴지시킨다. 지름 22cm 파이틀에 버터를 바른다. 반죽을 두께 3~4mm로 밀어 파이틀에 앉힌다. 바닥과 옆면에 꼼꼼히 대준 뒤 틀 위에 남는 부분은 밀대를 굴려 잘라낸다. 포크로 바닥을 군데군데 찔러준다. 씨를 제거하지 않은 라즈베리 잼 125g을 펴 바른다. 남은 반죽을 뭉친 뒤 2mm 두께의 직사각형으로 다시 밀어준 다음 폭 8mm의 긴 띠 모양으로 자른다. 잼 위에 이 띠를 격자모양으로 얹어 장식한다. 끝부분은 반죽 테두리에 눌러 붙인다. 200°C로 예열한 오븐에서 30분간 굽는다. 틀에서 분리한 뒤 식힌다.

LIPIDE 리피드 지질. 지방산과 식품에 의해서 제공되는 주 에너지원(지방 1g당 열량은 9kcal 또는 39kJ)으로 이루어진 지방의 과학적 명칭이다. 식품에 의해 공급되어 몸속에 존재하는 지방은 95%가 트라이글리세라이드(글리세린 한 분자에 지방산 3분자가 결합된 구조)와 인지질이다. 우리의 뇌는 50~70%의 지질을 포함하고 있다. 식품으로 섭취하는 지방에는 포화지방(생선을 제외한 동물성 지방)과 불포화지방(생선의 지방, 아보카도와 견과류 등에 함유된 식물성 지방)이 있다. 포화지방은 과잉 섭취할 경우 심혈관계 질환을 초래할 수 있으므로 제한해 소비하는 것이 바람직하며, 면역력을 강화하고 심혈관 질환 및 암을 예방하며 효과가 있는 것으로 알려진 불포화지방 위주로 섭취하는 것이 좋다. 또한 오메가 3, 오메가 6 등의 필수지방산을 제공해주는 지방도 있다(**참조** ACIDE GRAS ESSENTIEL).

음식에서 섭취하는 지방은 기름, 버터, 크림처럼 조리나 양념 과정에 추가한 지질이거나 해당 음식 자체를 구성하고 있는 지방(샤퀴트리, 치즈, 초콜릿, 기름이 있는 고기, 견과류 등)이다. 이렇게 음식 자체에 들어 있거나 식품 제조 현장에서 첨가되는 지방(과자, 소시지 등)은 흔히 숨은 지방이라고도 불린다. 생활 수준이 높은 국가의 지질 과잉 섭취(절대 양, 전체 음식 섭취량 대비 비율 모두 해당)는 기름진 음식으로부터 온다고 확인되었다. 벨기에에서는 일 평균 160g, 캐나다는 66~89g, 프랑스는 80~100g를 섭취하며 이는 총 열량 중 37~40%를 차지하는 것으로 나타났다. 일일 열량 섭취량 중 지질의 권장 비율은 30~35%다. 지질을 섭취함에 있어서 버터와 오일, 마가린이 균형을 이루도록 구성하여 단불포화지방, 다불포화지방, 그리고 포화지방 사이의 균형을 유지하는 것이 좋다. 지방 함량이 높은 식품은 절제하여 소비하는 것을 권장하며(고기의 경우 가능하면 기름기가 적은 부위를 선택하고, 기름이 붙은 부위는 떼어내는 것이 바람직하다) 조리 시 첨가하는 지방의 양도 최소화하는 것이 좋다(**참조** MATIÈRE GRASSE).

LIPP 리프 1871년에 창업한 파리 생제르맹 대로의 브라스리. 알자스 출신의 레오나르 리프(Léonard Lipp)가 브라스리 데 보르 뒤 랭(Brasserie des bords du Rhin)이라는 간판을 걸고 개업한 이 브라스리는 후계자들(Hébrard, Cazes)에 의해 더욱 확장되었고 상호명도 바뀌었으며 당시 카페 플로르(le Flore)와 되 마고(les Deux Magots)를 드나들던 문학, 정치계의 고객들을 끌어오면서 새로운 명소로 이름을 날렸다. 시인 레옹 폴 파르그(Léon-Paul Fargue, 1876—1947)는 이곳이야말로 500cc짜리 맥주 한 잔을 시켜 놓고 프랑스의 정치를 비롯한 지적인 대화로 가득한 충실하고도 완벽한 한나절을 보낼 수 있는 유일한 곳이라고 말하곤 했다. 비록 오늘날에는 샴페인과 보르도 와인을 서빙하긴 하지만, 이와 같은 평가는 여전히 유효하다.

LIQUEUR 리쾨르 리큐어, 리큐르. 주정에 향을 우려낸 오드비를 혼합해 만든 술인 리큐어는 식사 후 소화를 돕는 디제스티프로 마시거나 물을 넣어 희석해 식전주로 즐기며, 칵테일에 향 첨가용 술로 넣기도 한다(예를 들어 마가리타 칵테일에 쿠앵트로를 넣어 향을 더하기도 한다). 알코올 도수는 15~55%Vol.로 편차 폭이 넓으며, 평균 40%Vol. 정도 된다. 하지만 리터당 100~250g의 설탕이 첨가되어 단맛이 있기 때문에 실제로는 이보다 덜 독하게 느껴진다. 리큐어는 당과류 제조나 파티스리에도 사용된다. 포도주, 꿀, 꽃, 허브, 약초, 뿌리식물 등을 베이스로 한 중세의 리큐어는 치료를 목적으로 주로 수도사들에 의해 만들어졌다. 프랑스에서 리큐어가 미식의 역할을 담당하기 시작한 것은 15세기부터다. 증류기술이 발전하면서 진정한 리큐어 제조 산업이 태동하게 된다.

■ **기본 제조법.** 모든 리큐어는 원재료로 오드비 또는 알코올 순도 96%Vol.의 중성 알코올, 향 성분(과일, 식물, 종자 또는 에센스), 설탕 시럽(또는 꿀)을 사용한다. 리큐어 제조는 증류를 통해서 이루어지며, 직접 증류하기 어려운 과일이나 식물의 경우에는 침출해 향을 우려내 사용한다. 또한 알코올에 에센스 향을 첨가해 만들기도 한다. 과일 리큐어(체리 리큐어, 큐라소, 마라스키노)나 열매 알갱이 또는 시트러스 껍질 등을 사용한 리큐어의 경우는 해당 재료를 알코올에 담가두는 것부터 시작한다. 이후 향이 우러난 알코올을 따라낸 다음 두 번 증류한다. 여러 종류의 약초식물을 사용한 리큐어(베네딕틴, 샤르트뢰즈, 이자라)의 경우는 공정과 시간이 좀 더 오래 걸린다. 한 가지의 리큐어를 만들기 위해 여러 가지 증류 알코올이 필요하다. 이 증류 알코올들은 각각 따로 오크통에서 숙성을 거친 후 혼합되며, 여기에 설탕 시럽(또는 꿀)을 추가한 뒤 여과해 병입한다. 씨앗이나 종자를 이용해 만든 리큐어(아니스 술, 드람부이, 캐러웨이 술)의 경우는 이 씨앗 알갱이를 알코올에 담가 주정을 얻어낸 뒤 농도가 높은 시럽을 첨가하고 이어서 양조하고 여과한다. 한편, 리큐어의 설탕 함량이 리터당 250g을 넘는 경우에는 크렘(crème)이라는 명칭을 사용한다(크렘 드 카시스, 크렘 드 카카오, 크렘 드 망트 등).

■ **가정에서 담그는 리큐어.** 알람빅 증류기를 비롯한 특수 장비 없이 과일주(ratafias) 리큐어를 담그기도 한다. 대부분 맛이 좋은 알코올에 과일을 침출시키거나 오래 담가 만든다. 이 경우 맑은 술을 얻기 위해서는 술에 떠다니는 부유물을 흡착시켜 제거하는 콜라주(collage)나 여과 작업이 중요하며 경우에 따라서는 이러한 정화작업이 반드시 필요하기도 하다. 또한 천연 재료(캐러멜, 버찌즙, 차, 시금치 클로로필 등)를 더해 색을 내기도 한다. 가정에서 담그는 리큐어는 토기로 된 단지에 넣어 빛이 들지 않고 습기가 없는 곳에 보관하면 시간이 지날수록 더욱 깊은 맛을 낸다.

LIRAC 리락 발레 뒤 론의 AOC 레드, 화이트, 로제와인(바로 인근의 유명한 타벨 Tavel 와인과 매우 비슷하다)으로 가르(Gard) 지방 로크모르(Roquemaure) 주변 지역에서 생산된다. 레드와 로제와인의 포도품종은 그르나슈(grenache), 시라(syrah), 무르베드르(mourvèdre), 생소(cinsault), 카리냥(carignan)이며 화이트와인은 클레레트(clairette), 부르불랑(bourboulenc), 픽풀(picpoul) 포도로 만든다(**참조** RHÔNE).

LISETTE 리제트 새끼 고등어. 고등어과에 속하는 생선으로 생후 1년 이내의 어린 고등어를 지칭한다. 여름에는 무리를 지어 해수면 가까이 출몰하기도 하며, 가스코뉴만(예망 어획)에서 지중해, 북해(트롤망 어획)에 이르는 해역에 많이 서식한다. 헤엄 속도가 무척 빠른 물고기로 살이 아주 맛이 좋으며 다 자란 성어 고등어에 비해 기름기가 적다. 굽거나 화이트와인에 담가 절여 먹으며 또는 훈연하기도 한다.

▶ 레시피 : MAQUEREAU.

LISTAO 리스타오 가다랑어. 고등어과에 속하는 가다랑어를 일반적으로 부르는 명칭이다. 이 생선은 최대 길이가 1.2m, 무게는 25kg 정도이며 열대 해역과 가스코뉴만에 서식한다(**참조** p.848 다랑어 도표). 조리법은 일반 다랑어(참치)와 동일하다.

LISTRAC-MÉDOC 리스트락 메독 오 메독(haut Médoc) 지방의 AOC 레드와인으로 포도품종은 카베르네 소비뇽(cabernet sauvignon), 카베르네 프랑(cabernet franc), 메를로(merlot), 프티 베르도(petit verdot)이다. 아름다운 루비색의 약간의 산미가 있으며 풍부한 부케를 갖고 있는 이 와인은 알코올 함량과 바디감이 강하다. 1986년 리스트락은 아펠라시옹 리스트락 메독이 되었다.

LITCHI 리치 무환자나무과에 속하는 나무의 열매로 중국이 원산지이며 아시아, 인도양 지역 국가에서 재배된다(**참조** p.404. 405 열대 및 이국적 과일 도감). 크기는 렌 클로드 자두만 하고 분홍 또는 붉은색의 우툴두툴한 껍질로 싸여 있으며, 반투명의 흰색 과육은 즙이 많고 안에는 흑갈색의 큰 씨가 들어 있다. 중국의 체리라고도 불리는 리치(letchi, lychee라고도 표기한다)는 열량이 100g당 68kcal 또는 285kJ이고 비타민 C 함량이 높은 편이며 16%의 당질을 포함하고 있다. 과육은 단맛이 아주 좋고 장미향이 나며 약간 새콤하다. 중국 요리에서는 이 과일을 고기나 생선 요리에 넣기도 한다. 프랑스에서는 11월에서 1월 사이에 생과를 구입할 수 있으며, 과일 샐러드에 넣으면 섬세한 풍미가 더해진다. 그 외에 씨를 빼고 시럽에 담근 통조림 제품, 과육을 말리거나 당절임한 제품도 있다.

LITEAU 리토 식당에서 사용하는 큰 사이즈의 흰색 천 냅킨으로 주로 커틀러리를 옮기거나 뜨거운 접시들을 다룰 때, 와인을 서빙할 때 웨이터들이 사용한다. 보통 세로로 길게 3등분으로 접어 왼쪽 팔에 걸어두고 사용한다.

LIVAROT 리바로 소젖으로 만드는 오주(Auge) 지방의 AOC 치즈(지방 40~45%)로 세척 외피 연성치즈다(**참조** p.390 프랑스 치즈 도표). 스탠다드 사이즈의 리바로 치즈는 콜로넬(colonel, 대령)이라고 불리는데, 이는 갈대로 만든 5줄의 띠를 옆면에 두르고 있는 모습이 마치 계급장을 연상시키기 때문에 붙은 별명이다. 리바로는 납작한 원통형으로 총 5가지 사이즈가 있다. 큰 사이즈 그랑(grand)은 지름 20cm, 카트르 카르(4/4)는 12cm, 트루아 카르(3/4)는 10.6cm, 프티(petit)는 9cm, 카르(1/4)는 7cm다. 크기에 따라 무게도 달라진다. 무게 500g짜리 카트르 카르(4/4)가 바로 콜로넬이라고 불리는 스탠다드 사이즈다. 닦은 외피는 매끈하고 색깔은 분홍색에서 주홍색(아나토로 색을 입힌 경우)을 띤다. 치즈 색은 오렌지빛을 띤 노란색이며 커드를 틀에 넣어 만드는 과정에서 생긴 구멍이 몇 군데 나 있다. 오직 오주 지역(칼바도스 동쪽, 오른 북쪽, 위르 서쪽 주변)에서만 생산되는 이 치즈는 4~12주의 숙성 기간을 거치며, 맛이 아주 강하다.

LIVÈCHE 리베슈 러비지. 미나리과에 속하는 방향성 식물로 고대 페르시아에서 유래했으며, 셀러리와 비슷한 향 때문에 야생 셀러리(ache de montagne)라고도 불린다(**참조** p.451~454 향신 허브 도감). 프랑스에서는 많이 쓰이지 않지만 영국과 독일에서는 많이 애용하는 식물로 잎과 씨앗을 샐러드나 수프, 고기 요리 등에 넣어 향을 낸다. 잎 꼭지는 데쳐서 샐러드로 먹으며, 설탕에 절이면 당귀 줄기와 비슷하다. 향이 짙은 줄기와 뿌리는 도브(daube)나 스튜 등의 국물을 만들 때 향을 더하는 재료로 사용한다.

LIVONIENNE 리보니엔 리보니엔 소스. 마지막에 버터를 넣어 섞은 생선 블루테에 가늘게 채 썬 당근, 셀러리, 버섯과 버터에 나른하게 볶은 양파를 넣고 가늘게 채 썬 송로버섯과 다진 파슬리를 뿌려 완성한 소스를 가리킨다. 리보니엔 소스는 주로 송어, 연어, 기름기가 적은 납작한 바다생선 요리에 곁들인다.

▶ 레시피 : CROÛTE.

LIVRE DE CUISINE 리브르 드 퀴진 요리책. 레시피나 요리에 관한 의견 등을 모아놓은 책. 서양에서 요리에 관한 문서의 기원은 오늘날 단편적으로만 전해 내려오는 아르케스트라토스(Archestrate)의 작품(기원전 4세기)까지 거슬러 올라간다. 고대 로마시대의 요리 관련 문서로는 서기 4세기 말에 작성된 단 하나의 레시피 모음집이 전해졌으며, 이를 복제한 여러 책들이 서기 1세기의 유명한 미식가였던 아피키우스(Apicius)의 이름으로 카롤링거 왕조 시대까지 전파되었다. 이후 13세기 후반에 이르러서야 새로운 요리를 소개하는 진정한 의미의 요리 모음집들이 등장하면서 요리책의 전통이 다시 부활하게 되었다.

■ **요리책의 탄생.** 14세기와 15세기에는 수많은 요리책들이 탄생했다. 두루마리 형태(극히 일부이다), 밀랍 판형 등으로도 선보였으며 고급형은 양피지로 만들어진 것들도 있었다. 하지만 다루기 쉽고 가격도 저렴한 종이책이 점점 많아져 대세로 떠올랐고, 이는 요리 관련 문서를 널리 보급하는 데 중요한 역할을 하였다. 중세의 요리책은 주로 의학, 점성학, 천문학 등 다양한 주제를 두루 다룬 과학적 소양 서적의 일부 내용으로 삽입된 경우가 많았다. 주로 구전으로 알려지던 레시피들을 기록해놓거나, 더 오래된 고

조리법을 정리해놓은 것들이 주 내용이었다. 이후 유명 요리사들이 저술한 책들이 등장하기 시작했고, 이는 상당한 성공을 거두었다. 로마 교황청의 요리사였던 마르티노 다 코모(Martino da Como)가 쓴 『요리서(*Libro de arte coquinaria*)』는 반응이 아주 좋았으며, 이 책의 내용은 바르톨로미오 플라티나(Il Platina)가 1474년에 출간한 최초의 인쇄본 요리책인 『참된 즐거움과 건강에 대하여(*De honesta voluptate et valetudine*)』의 요리 파트에도 소개되었다. 또한 프랑스의 국왕 샤를 5세, 이어서 샤를 6세의 요리사였던 기욤 티렐(Guillaume Tirel, 일명 타유방)이 더 이전에 쓴 『비앙디에(*Viandier*)』 역시 수 세기에 걸쳐 큰 인기를 얻었다. 프랑스 최초의 인쇄본 요리서인 『비앙디에』는 유명 요리사들의 이름을 내세운 요리책 출판계의 화려한 서막을 알렸다.

■ **요리책의 발전.** 타유방과 특히 『프랑스 요리사(Cuisinier françois)』(1651)를 출간해 서방세계에서 프랑스 요리가 주도권을 잡는 기초를 마련한 바렌(La Varenne) 이후, 요리사들은 저마다 자신의 요리책을 집필했다. 피에르 드 륀(Pierre de Lune)의 『요리사(*le Cuisinier*)』(1656), L.S.R.의 『환대의 기술(*l'Art de bien traiter*)』(1674), 마시알로(Massialot)의 『왕실과 부르주아 요리사(*le Cuisinier royal et bourgeois*)』(1691) 등이 대표적이다. 또한 오디제(Audiger)는 식탁 서빙과 매너, 가정 살림에 관한 자세한 내용을 기록한 책 『요리사 교본(*l'École des officiers de bouche*)』(1662)과 『살림 규범(*Maison réglée*)』을 출간했다. 18세기에는 새로운 책들이 등장하면서 요리책 출판 분야는 더욱 풍성해진다. 뱅상 라 샤펠(Vincent La Chapelle)의 『현대적 요리사(*le Cuisinier moderne*)』(1733 영어본, 1735 프랑스어본), 마랭(Marin)의 『코모의 선물 또는 식탁의 진미(*les Dons de Comus ou les Délices de la table*)』(1739), 므농(Menon)의 『부르주아 요리사(*la Cuisinière bourgeoise*)』(1746)와 『궁정의 저녁식사(*les Soupers de la cour*)』(1755) 등의 책이 줄줄이 출간되었다. 또한 좀 더 특별하고 세분화된 분야를 전문적으로 다룬 요리책들도 선보이기 시작했다. 루이 레므리(Louis Lémery)의 『식품 개론(*le Traité des aliments*)』, 작자 미상의 『가스코뉴 요리사(*le Cuisinier gascon*)』(1740, 이름과는 달리 이 지역 요리를 다룬 책은 아니다). 르바(Lebas)의 『즐거운 연회(*le Festin joyeux*)』, (1738, 레시피를 당시 유행하던 음악으로 표현했다), 질리에(Gilliers)의 『프랑스 당과제조자(*le Cannaméliste français*)』(1751), 에므리(Émery)의 『아이스크림 제조법(*l'Art de bien faire les glaces d'office*)』(1768) 등의 책을 대표적 예로 꼽을 수 있다. 프랑스 대혁명이 몰고 온 민주화의 입김은 요리계에도 스며든다. 파리의 한 사서인 마담 메리고(Mérogot)는 1794년에 『공화국의 요리사(*la Cuisinière républicaine*)』라는 제목의 요리 모음집을 집필, 출간한다. 1년 후에 출간된 자네(Jannet)의 『알뜰한 요리사(*le Petit Cuisinier économe*)』는 이 계보를 이어간다. 이 책 이외에도 자네는 1796년, 므농(Menon)에게서 영감을 받아 『간식 개론서 또는 요리사 이자보의 재능 발휘(*le Manuel de la friandise ou les Talents de ma cuisinière Isabeau mis en lumière*)』를 출간한다.

■ **요리책의 혁신.** 19세기 초반부터는 프랑스 요리의 위대한 개혁자들이 등장한다. 『황실의 요리(*Cuisinier impérial*)』를 쓴 비아르(Viard), 그리고 특히 앙토냉 카렘(Antonin Carême)의 등장이 주목을 끌었다. 카렘은 『파리의 왕실 파티시에(*le Pâtissier royal parisien*)』(1815), 『파리의 요리사(*le Cuisinier parisien*)』(1828), 그리고 플뤼므레(Plumerey)에 의해 완성된 『19세기의 프랑스 요리(*l'Art de la cuisine française au XIXe siècle*)』(1843~1844)등의 저서를 남겼고, 이들은 요리뿐 아니라 파티스리의 기본 도서로 자리매김했다. 19세기는 레스토랑들이 태동하는 시기로 그중 몇몇 레스토랑 업자들은 이미 집필 작업을 시작했다. 보빌리에(Beauvilliers)의 『요리사의 기술(*Art du cuisinier*)』(1814)을 예로 들 수 있다. 또한 이곳 레스토랑을 드나들던 미식가들 또한 문필가로 이름을 날리기 시작한다. 베르슈(Berchoux)의 『가스트로노미(*la Gastronomie*)』(1801), 그리모 드 라 레니에르(Grimod de La Reynière)의 『미식가 연감(*Almanach des gourmands*)』(1803~1812), 카데 드 가시쿠르(Cadet de Gassicourt)의 『마낭 빌의 저녁식사(*les Dîners de Manant-Ville*)』(1809), 콜네(Colnet)의 『도시의 저녁식사(*l'Art de dîner en ville*)』(1810), 퀴시 후작(marquis de Cussy)의 『요리법(*l'Art culinaire*)』(1835) 등은 이러한 당대 미식가들이 집필한 책들이다.

미식과 요리는 이후 어엿한 문학의 한 장르로 자리 잡는다. 그중에는 특히 『요리대사전(*le Grand Dictionnaire de cuisine*)』(1873)을 집필한 알렉상드르 뒤마가 단연 돋보인다. 또한 신문, 잡지 등의 매체에도 미식, 요리 분야의 기고가 늘어났고 전문 언론인들의 집필도 활기를 띤다. 샤를 몽슬레(Charles Monselet)가 쓴 『미식가 연감(*Almanach des gourmands*)』(1873)과 『시적인 요리사(*Cuisinière poétique*)』, 바롱 브리스(baron Brisse)가 일간지 라 리베르테(la Liberté)에 기고했던 레시피 모음집 『366가지 메뉴(*Les Trois Cent soixante-six menus*)』(1868) 등이 손꼽힌다. 한편 유명 요리사들 또한 실제 요리가 만들어지고 교육되는 현장을 충실히 반영하여, 이론과 실무를 종합한 책들을 계속해 펴냈다. 특히 『고전 요리(*la Cuisine classique*)』(1856)를 펴낸 위르뱅 뒤부아(Urbain Dubois), 『요리책(*Livre de cuisine*)』(1867)을 집필한 쥘 구페(Jules Gouffé), 가를랭(Garlin) 등이 대표적 요리사로 꼽힌다.

곧이어 요리책은 매우 다양한 면모를 띠게 된다. 요리사들의 왕이자 왕들의 요리사라고 불린 오귀스트 에스코피에(Auguste Escoffier)는 1903년 그의 대표작 『요리 안내서(*Guide culinaire*)』(Philéas Gilbert, Émile Fétu 공저)를 출간함으로써 20세기 초반을 장식한다.

그에 뒤이어 유명한 셰프들은 저마다 집필활동에 나선다. 뿐만 아니라 각종 미디어에서도 이들을 환영하기 시작했다. 이제 요리사들은 전통적인 종이책(컬러판 일러스트를 곁들인다) 이외에도 전문 잡지나 매체의 요리 칼럼, 라디오 방송, TV 등 다양한 통로로 자신들의 요리법을 전파할 수 있게 되었다. 이에 발맞추어 또 하나의 새로운 장르인 미식 저술 및 평론이라는 새로운 분야가 폭풍성장하게 된다. 이 분야의 문을 처음 연 개척자는 퀴르농스키(Curnonsky)였다. 대중은 미식의 역사, 향토요리 및 외국의 이국적 요리, 식문화의 변천사, 총괄적인 요리와 미식 예술에 대해 관심을 갖고 탐닉하기 시작했다. 이러한 환경과 맞물려 광범위한 종합적 내용을 실은 백과사전 류의 책부터 잡지 특별부록, 옛 요리서적들의 재출간, 영양학 교본에 이르기까지 무수히 다양한 책들이 속속 출간되었다.

LOCHE 로슈 미꾸라지. 미꾸리과에 속하는 민물생선. 몸이 길고 끈적끈적하며 녹색을 띠는 회색 또는 오렌지 빛의 노란색에 검은 반점이 있고 비늘은 아주 얇다. 유럽에는 3가지 종이 서식한다.

- 연못 미꾸라지(loche d'étang, Misgurnus fossilis): 길이가 최대 35cm 정도이며 열 개의 수염이 있다.
- 하늘종개(loche de rivière, Cobitis taenia): 크기가 가장 작으며 수염은 6개이고 양 눈 밑에 가시가 나 있다.
- 종개미꾸리(loche franche, Barbatula barbatula): 길이가 10~12cm 정도로 수염은 6개이고 가시는 없다. 가장 많이 즐겨 찾는 종이다.

3종류 모두 10월~3월 사이 살이 가장 맛이 좋다. 미꾸라지는 진흙이 있는 민물에서 서식하기 때문에 식초를 탄 물에 몇 시간 담가두어 흙을 뺀 뒤, 주로 마틀로트나 뫼니에르로 조리한다.

LOIRE (VINS DE LA) 뱅 드 라 루아르 루아르 지방의 와인. 푸이 쉬르 루아르(Pouilly-sur-Loire)와 낭트(Nantes) 사이, 프랑스에서 가장 긴 강인 루아르강의 반을 조금 넘는 길이를 따라 펼쳐진 낮은 언덕 지대에는 최고고대 로마시대 이후로 포도나무가 자라고 있다. 이곳의 다양한 토양에서는 여러 품종의 포도가 재배되고 있다. 레드와인과 로제와인 양조용으로는 카베르네, 화이트와인용으로는 슈냉 블랑과 소비뇽 품종이 주를 이루고 있으며, 드라이 또는 스위트 와인, 일반 비발포성 또는 스파클링 와인 등 모든 종류의 와인이 생산되고 있다. 이 와인들은 우아하고 상큼한 맛을 갖고 있으며, 대부분 비교적 어린 와인 상태에서 마신다. 동쪽에서 서쪽으로 펼쳐진 발 드 루아르 지역은 총 9개의 포도재배 구역을 포함하고 있다. 강의 상류 지역에 위치한 푸이 쉬르 루아르에서는 소비뇽 블랑 포도품종으로 상급 품질의 푸이 퓌메(pouilly fumé)를 생산한다. 또한 바로 인근 상세르(Sancerre)에서 생산되는 드라이 화이트와인과 로제와인도 좋은 평가를 받고 있다. 캥시(Quincy)와 뢰이(Reuilly)의 작은 포도원들은 드라이 화이트와인이 유명하며 투렌(Tourraine) 지역은 레드, 로제, 화이트와인이 모두 생산된다. 이들 중 가장 잘 알려진 것은 부르괴이(bourgueils), 시농(chinon), 그리고 특히 부부레(vouvray)이다. 북쪽 자스니예르(Jasnières)의 산지에서는 스위트 화이트와인(blanc doux) 만이 생산되며 코토 뒤 루아르(coteaux du Loir)는 로제와인으로 유명하다. 앙주(Anjou)는 모든 종류의 와인을 전부 생산하며 특히 중간 당도의 고급 스위트 화이트와인(blanc moelleux)인 카르 드 숌(quarts-de chaume), 소뮈르(saumur), 사브니에르(savennières), 코토 뒤 레용(coteaux-du-layon)이 주를 이룬다. 낭트 지역은 뮈스카데(muscadet)와 그로플랑(gros-plant) 와인으로 큰 인기를 얻었다.

LOISEAU (BERNARD) 베르나르 루아조 프랑스의 요리사(1951, Chamalières 출생-2003, Saulieu 타계). 로안(Roanne)에 위치한 트루아그로(Troisgros) 형제의 레스토랑에서 수련을 마친 후 바리에르 드 클리시(Barrière de Clichy), 이어서 바리에르 포클랭(Barrière de Poquelin)의 주방장으로 일하며 경력을 쌓은 루아조는 1975년 솔리외(Saulieu) 코트 도르(Côte-d'Or)의 주방장으로 정착한다. 2년 후 미슐랭 가이드의 첫 번째 별을, 1981년에 두 번째, 마침내 1991년에는 세 번째 별을 획득한다. 늘 정상을 지켜야 한다는 강박관념과 고뇌에서 오는 스트레스를 이기지 못한 그는 자신의 집에서 총기로 스스로 목숨을 끊었다. 17세기의 요리사 바텔(Vatel)의 상황을 연상시킨다. 그러나 베르나르 루아조는 자신이 표현하고자 하는 요리 예술에 있어서는 거침없이 자유롭고 과감한 행보를 펼쳤다. 요리에서 지방과 설탕의 사용을 대폭 줄였고, 테루아를 존중하고 늘 재료의 선택을 가장 우선순위에 놓았으며(그에게 있어 요리의 유일한 주인공은 재료다), 물을 사용한 리에종을 시도하는 등 그만의 스타일을 일구어냈다. 그가 남긴 레스토랑은 아내 도미니크의 운영 하에 셰프 파트릭 베르트롱(Patrick Bertron)이 이끌어가고 있다. 마늘 퓌레를 곁들인 개구리 뒷다리 요리, 레드와인 소스의 민물 농어, 알렉상드르 뒤멘(Alexandre Dumaine)을 오마주한 요리인 송로버섯을 넣은 찜닭 등은 아직도 이 레스토랑의 메뉴에 남아있다. 루아조는 『맛의 비상(*Emvolée des Saveurs*)』(1991)을 비롯한 여러 권의 저서를 남겼다.

LOLLO 롤로 롤로 상추. 속이 단단하게 꽉 찬 결구형이 아닌 송이다발 형태의 작은(최대 20cm) 상추류를 통칭한다. 잎맥이 있고 밑동을 자른 상추 잎들은 끝이 다소 짙은 색을 띠고 있다. 롤로 상추 잎은 연하고 아삭해 샐러드로 즐겨 먹는다(**참조** p.487 상추 도표, p.486 도감).

LONGANE 롱간 용안. 무환자나무과에 속하는 나무의 동글동글한 열매로 원산지는 인도와 중국이며 크기는 미라벨 자두, 또는 렌클로드 자두만 하다(**참조** p.404~405 열대 및 이국적 과일 도감). 리치와 비슷하지만 향은 더 약한 용안은 비타민 C가 풍부하며 열량은 100g당 65kcal 또는 272kJ이다. 핑크빛을 띤 붉은색 또는 누런색을 띤 껍질 안에는 반투명한 살이 들어 있다. 그리 달지는 않으며 살 속에는 검은색에 흰 반점이 있는 눈 모양(용의 눈과 비슷하다 하여 용안이라는 이름이 붙었다)의 큰 씨가 들어 있다. 시럽에 담근 통조림 제품도 있으며 간혹 당절임 제품도 구입할 수 있다. 과일 샐러드에 넣거나 시원한 음료에 넣어 먹기도 한다.

LONGANIZA 롱가니자 롱가니사 소시지. 반 건조 반 훈연 소시지의 일종으로 굵은 크기의 초리조와 비슷하다(**참조** p.193,194 샤퀴트리 도감). 스페인의 소시지인 롱가니사는 돼지비계 분쇄육에 고춧가루와 아니스를 넣어 색과 향을 더해 만든다. 기름에 지지거나 생으로 그대로 먹으며 주로 달걀 요리에 넣어 조리한다.

LONGCHAMP 롱샹 생제르맹 퓌레(purée Saint-Germain 완두콩을 으깨 만든 퓌레)에서 파생된 걸쭉한 포타주의 이름으로 파리의 경마장 이름을 붙였다.

▶ 레시피 : POTAGE.

LONG DRINK 롱 드링크 용량이 120~330㎖ 정도(혹은 그 이상) 되는 텀블러 글라스나 기타 큰 잔에 서빙하는 칵테일 음료를 지칭한다(**참조** COCKTAIL). 스피릿, 과일 주스, 시럽, 토닉워터, 소다수 등을 다양하게 혼합한 롱 드링크에는 알코올이 약간 들어가는데 무알코올인 경우도 있다. 대개의 경우 빨대를 함께 낸다.

LONGE 롱주 돼지의 목에서 등에 이르는 부위로 목심, 갈빗대와 등심살, 안심까지 포함된다(**참조** p.699 돼지 정육 분할 도감). 또한 송아지의 요추뼈 5개에 붙어 있는 등심 부위를 지칭하며 이는 복부 근육과 연결된다. 등심 부위에서 꽤 넓적한 살(côtes-filets)을 길게 분리해낸 다음 굽거나 팬에 지져 조리한다. 또는 오븐에 덩어리째로 오븐에 로스트한다. 이 경우 뼈는 제거한다(**참조** p.879 송아지 정육 분할 도감). 콩팥을 등심살 안에 그대로 둔 상태로 조리하는 경우는 로뇨나드(rognonnade)라고 부른다.

▶ 레시피 : VEAU.

LORAIN (JEAN-MICHEL) 장 미셸 로랭 프랑스의 요리사(1959, Migennes 출생). 상스(Sens)의 마크 알릭스(Marc Alix)의 요리 제자였던 아버지 미셸은 주아니(Joigny)에서 자신의 할머니가 운영하던 레스토랑 라 코트 생 자크(la Côte Saint-Jacques)를 물려받아 미슐랭 별을 두 개(1971년 첫 번째, 1976년 두 번째 별)나 획득하는 명소로 발전시켰다. 그의 레스토랑은 네 가지 맛의 굴, 양배추를 곁들인 송로버섯, 생 장 캅 페라 송아지 흉선 요리 등이 유명했다. 1986년에는 미슐랭의 세 번째 별을 획득했고 이때부터 아들 장 미셸 로랭은 아버지를 도와 주방에 투입된다. 그는 이미 트루아그로(Troisgros), 타유방, 프레디 지라르데(Frédy Girardet) 등 유명 레스토랑의 셰프들 밑에서 수련을 마친 상태였다. 그는 혁신과 전통을 조화롭게 결합하며 좀 더 가벼운 스타일의 요리를 선보였다. 바다 향의 즐레를 곁들인 굴 테린을 개발했고 샴페인 닭 요리를 좀 더 새로운 스타일로 업그레이드시키는 한편 사과를 곁들인 부댕 요리는 그대로 전통식을 고수했다. 그는 2001년 미슐랭의 별 하나를 잃는 고비를 겪기도 했지만 2004년 이를 다시 탈환한다. 라 코트 생 자크는 욘(Yonne) 건너편 강가의 새 장소로 이전한 뒤 더욱 모던한 레스토랑으로 탈바꿈했다.

LORETTE 로레트 큰 덩어리의 로스트 비프 또는 서빙 사이즈로 잘라 팬에 소테한 소고기 요리에 곁들이는 가니시의 명칭이다. 로레트 가니시는 가금류 크로켓, 작은 묶음으로 플레이팅한 아스파라거스 머리 부분, 얇게 저민 송로버섯 장식으로 구성되어 있다. 소스는 덩어리 로스트 비프의 경우 데미글라스를, 작은 사이즈의 소고기 소테에는 마데이라 와인으로 디글레이즈한 다음 데미글라스를 섞어 만든 것을 곁들인다. 한편, 로레트 감자는 치즈를 넣은 도핀 감자를 초승달 모양으로 만들어 튀긴 것을 뜻한다. 로레트 샐러드는 마타리 상추(콘샐러드 잎), 가늘게 채 썬 셀러리악과 익힌 비트를 동량으로 섞어 만든다.

LORRAINE 로렌 프랑스 로렌 지방은 개성이 뚜렷이 여러 지역들이 포함되어 있다. 보주(les Vosges)는 숲과 초목으로 뒤덮인 지역이고, 참나무와 너도밤나무로 가득한 숲 지대인 보주(la Vôge)는 멧돼지, 야생버섯, 블루베리가 풍성하며 특히 소 목축으로 유명하다. 로렌 고원지대는 양떼 목축, 돼지 방목 특히 소 목축이 활발하다. 각종 작물 재배가 풍성하게 이루어지는 뫼즈(Meuse) 지방은 포도밭뿐 아니라 방목 초원과 과수원 등이 많으며 과일, 그중 특히 미라벨 자두가 유명하다.

프랑스와 독일 사이에 위치한 로렌 지방은 두 국가의 영향을 고루 받아 프랑스 문화와 모젤의 독일 문화가 공존한다. 이 지역에서 가장 즐겨 먹는 육류인 돼지고기는 포테(potée), 상 디에의 슈크루트(choucroute de Saint-Dié), 생돼지고기 시베(civet) 등에 사용되며, 즐레로 덮어 굳힌 돼지 요리 등을 만들기도 한다. 샤퀴트리 제조에도 두 문화의 특징이 모두 살아 있다. 주니퍼베리로 향을 낸 훈제 소시지와 햄, 돼지 간 크넬, 발라먹는 소시지육, 크낙부어스트(비엔나 소시지) 등은 독일식인 반면 건조햄, 화이트 소시지, 낭시의 부댕, 파테(화이트와인에 절인 고기로 만든다), 투르트(고기, 달걀, 크림으로 만든다) 등은 프랑스 쪽 전통이 강하다. 거위는 종종 도브(daube) 스튜를 만드는 데 사용되며, 이 지역에서 생산되는 거위 푸아그라 파테는 알자스의 푸아그라와 쌍벽을 이룬다. 강(Meuse, Moselle, Ornain)에서 잡은 생선을 이용해 주로 마틀로트를 만들며, 식용 개구리와 민물가재는 그라탱 재료로 많이 사용한다.

로렌 지방의 파티스리는 명성이 매우 높으며, 그 기원은 스타니슬라스 레슈친스키가 로렌 공작으로 낭시에 재임하던 시대로 거슬러 올라간다. 처음에 등장했던 파티스리는 오히려 끼니 대용으로 먹을 수 있는 것으로, 지금까지도 유명세를 떨치고 있는 키슈(quiche)가 대표적이다. 그 외 지역 전통 파티스리로는 미라벨, 댐슨 자두, 블루베리, 건포도 등을 넣은 타르트, 스트네(Stenay)의 비스퀴 과자, 퐁 타 무송(Pont-à-Mousson)의 슈크림 등을 꼽을 수 있다. 또한 마카롱, 마들렌, 노네트, 아니스 빵과 각종 당과류(베르가모트, 비지탕딘, 드라제, 캔디, 샤름 키르슈를 넣은 초콜릿 봉봉, 바르 르 뒥(Bar-le-Duc)의 레드커런트 잼, 르미르몽(Remirempnt) 블루베리 잼 등도 빼놓을 수 없다.

■ **고기와 샤퀴트리.**

● **댐슨 자두를 곁들인 로스트 포크, 로렌식 포테 수프, 낭시의 부댕, 건초에 익힌 햄.** 댐슨 자두를 곁들인 로스트 포크(rôti de porc aux quetsches)는 독일의 영향을 받은 새콤달콤한 요리로, 로스트한 돼지목심에 사보이 양배추와 달콤하게 익힌 댐슨 자두를 곁들여낸다. 푸짐한 로렌식 포테(potée lorriane)는 훈제 돼지 앞다리, 기름기가 적은 훈제 삼겹살, 소시송, 양파, 당근, 무, 흰 강낭콩과 녹색 강낭콩, 신선 완두콩, 양배추 등을 넣어 끓인 일종의 포토푀로 부케가르니, 정향, 마늘 등으로 향을 내어 끓인다. 국물은 구운 빵 슬라이스를 곁들여 따로 수프 용기에 서빙한다. 낭시의 검은 부댕(boudin noir de Nancy)은 종종 사과나 미라벨 자두 콩포트를 곁들여 먹

으며, 팬에 지진 뒤 감자 퓌레를 곁들여 서빙하거나 혹은 오믈렛에 넣어 먹기도 한다. 건초에 익힌 햄(jambon au foin)은 훈제 햄을 건초 위에 놓고 육수를 부은 뒤 타임, 월계수 잎, 정향, 주니퍼베리 등의 향신료와 함께 약하게 끓여 소금기를 빼며 익힌 햄이다.

■ **치즈.** 유리병에 넣어 숙성한 프레시 치즈인 메쟁(mégin)은 로렌식 캉쿠아이요트(cancoillotte)라고 할 수 있다. 카레 드 레스트(carré de l'Est)와 제로메(géromé)는 소젖으로 만든 연성치즈로 각각 흰색 곰팡이 외피, 세척 외피를 갖고 있다. 프레시 제로메 치즈는 시크(chique, 생크림, 후추, 차이브, 마늘을 넣어 맛을 낸 크림 치즈)와 롱생(roncin, 달걀을 풀어 혼합한 크림 치즈)의 기본 재료로 사용된다.

■ **와인, 오드비.** 코트 드 툴(côtes de Toul)의 작은 포도밭에서는 그리(gris, 흐린 색 때문에 회색이라는 이름이 붙었다)라고 불리는 로제와인이 생산된다. 모젤 지역의 숲 주변 경사지에서 생산되는 아펠라시옹 모젤(Moselle) 와인은 대부분 가볍고 상큼한 산미가 있고 향이 풍부한 화이트와인이다. 로렌의 맥주 양조 산업은 약간 뒤처져 있는 편이지만 미라벨, 라즈베리, 댐슨 자두, 체리 등으로 만든 오드비(eau-de-vie)는 인기가 높다.

LORRAINE (À LA) 아 라 로렌 로렌식의. 주로 브레이징한 큰 덩어리 고기 요리를 지칭하며, 가니시로는 레드와인에 익힌 적채와 말랑하게 익힌 사과를 곁들인다. 고기를 브레이징한 국물은 기름을 제거한 뒤 소스로 만들어 곁들인다. 종종 곱게 간 홀스래디시를 곁들이기도 한다. 이 명칭은 포테나 키슈 또는 다양한 달걀 요리 등 기타 로렌식 특선 요리를 지칭할 때도 사용되는데, 이들의 공통점은 베이컨과 그뤼예르 치즈가 들어간다는 점이다.

▶ 레시피 : ŒUF SUR LE PLAT, OMELETTE, POTÉE, QUICHE.

LOTE 로트 강명태(모오캐). 대구과에 속하는 민물생선으로 몸은 긴 원통형이고 갈색 얼룩이 있는 누런색을 띠고 있으며 끈적끈적한 점막으로 덮여 있다. 최대 길이가 1m 정도이며 사부아 지방 호수에 많이 서식한다. 껍질을 벗긴 뒤 뱀장어 또는 칠성장어와 같은 방법으로 조리한다. 애호가들 사이에 인기가 좋은 모오캐의 간은 사이즈가 아주 크다. 주로 테린을 만들거나 송아지 간처럼 팬에 지져 먹는다.

LOTTE DE MER 로트 드 메르 아귀(baudroie). 아귀과에 속하는 바다생선. 못생긴 모습 때문에 크라포(crapaud, 추한 동물), 디아블 드 메르(diable de mer 바다의 악마)라는 별명으로도 불린다(**참조** p.674~677). 머리가 아주 크고 못생겼으며 아가리가 넓고, 갈색을 띤 몸통은 비늘이 없으며 길이는 최대 1m에 달한다. 프랑스에서는 일반적으로 대가리를 절단한 상태의 아귀 꼬리(queue de lotte)라는 명칭으로 판매되기 때문에, 소비자들은 이 생선의 원 형태를 잘 알지 못하는 경우가 많다. 살은 기름기가 없어 담백하며 가시가 없고 식감은 야들야들하면서도 쫄깃하다. 요리법은 고기를 조리하는 방법과 비슷하다(꼬치구이, 로스트, 소스 요리, 소테 등). 살을 제외하면 나머지 손실 분량이 아주 많은 생선이며, 중앙에 위치한 연골뼈는 쉽게 떼어낼 수 있다.

lotte à l'américaine 로트 아 라메리켄

아메리켄 소스 아귀 요리 : 크기가 작은 아귀 1.5kg을 준비하여 씻은 뒤 물기를 닦는다. 중앙의 연골뼈는 그대로 둔다. 랑구스틴(가시발새우)의 대가리와 몸통 껍데기를 씻어 물기를 제거한다. 잘 익은 토마토 500g의 껍질을 벗기고 속과 씨를 빼낸 뒤 잘게 썬다. 샬롯 4개의 껍질을 벗긴 뒤 다진다. 마늘 1톨의 껍질을 벗긴 뒤 으깨둔다. 파슬리 작은 1송이와 타라곤 잎 2테이블스푼 분량을 잘게 다진다. 코코트 냄비에 올리브오일 100mℓ를 달군 뒤 랑구스틴 대가리와 껍데기, 토막 낸 아귀를 넣고 센 불에 볶는다. 생선살이 노릇해지기 시작하면 다진 샬롯을 넣고 노릇하게 볶는다. 뜨겁게 데운 코냑 1작은 잔을 냄비에 붓고 불을 붙여 플랑베한다. 으깬 마늘, 말린 오렌지 껍질 1조각, 타라곤과 파슬리, 토마토, 부케가르니, 드라이 화이트와인 1/2병에 푼 토마토 페이스트 1테이블스푼, 소금, 후추, 카옌페퍼를 넣어준다. 뚜껑을 덮고 15분간 끓인다. 생선이 약간 단단할 정도로 익으면 건져서 따뜻하게 보관한다. 부케가르니를 건져낸다. 소스를 체에 거른 뒤 생크림 50mℓ를 넣고 섞는다. 서빙 접시 가운데 생선 토막을 담고 소스를 끼얹어준다. 바스마티 라이스를 빙 둘러 놓은 뒤 서빙한다.

기 사부아(GUY SAVOY)의 레시피

médaillons de lotte au beurre de poivron rouge 메다이옹 드 로트 오 뵈르 드 푸아브롱 루즈

홍피망 버터 소스를 곁들인 아귀 살 요리 : 물에 흰 식초, 얄팍하게 썬 당근 1개와 양파 1개, 부케가르니, 소금, 후추를 넣고 쿠르부이용을 만든 뒤 20분간 끓인다. 홍피망 1개를 반으로 갈라 속과 씨를 제거한 다음 올리브오일을 넣은 냄비에 넣고 뚜껑을 덮은 뒤 약한 불로 천천히 6분간 익힌다. 꺼내서 체에 곱게 긁어내린다. 아귀 살 700g을 1cm 두께의 메다이옹으로 자른다. 소스팬에 화이트와인과 잘게 다진 샬롯 2개분을 넣고 액체가 거의 남지 않을 때까지 졸인다. 생크림 2테이블스푼을 넣고 거품기로 2분간 계속 저어주며 끓인다. 불을 약하게 줄인 뒤 버터 150g을 넣고 계속 거품기로 저어준다. 체에 곱게 내려둔 홍피망 퓌레를 넣고 소금, 후추로 간한다. 레몬즙을 한 바퀴 둘러준다. 내열 용기에 아귀 토막을 서로 붙지 않게 하나씩 떼어 놓는다. 소금, 후추로 간한다. 쿠르부이용을 붓고 불 위에 올려 4분 정도 약하게 끓인다. 생선을 건져낸다. 뜨거운 서빙용 접시에 담고 소스를 끼얹어 서빙한다.

LOTUS 로튀스 연(蓮), 연꽃, 로터스. 연꽃과에 속하는 아시아의 식물로 수련과 비슷하며 알이 굵은 연밥(생으로 먹거나 죽처럼 끓여서 또는 구워 먹는다)와 뿌리인 연근(셀러리처럼 먹는다), 때로는 연잎(시금치처럼 먹는다)을 식용으로 소비한다(**참조** p.496,497 이국적 채소 도감). 베트남에서는 아몬드 맛이 나는 연밥으로 만든 달콤한 포타주를 즐겨 먹는다. 인도네시아 자바섬에서는 새우를 넣은 쌀밥을 연잎으로 싸서 쪄 먹기도 한다. 중국에서는 다진 고기와 양파를 연잎으로 싸 조리하기도 하며, 식초와 설탕 시럽에 절인 연밥을 간식으로 즐겨 먹기도 한다. 유럽에서는 연근을 통조림 제품으로 구입할 수 있으며, 슬라이스했을 때 구멍이 뚫려 있는 단면이 특징인 이 채소를 고기나 가금류 요리에 가니시로 곁들여 먹는다.

LOUCHE 루슈 국자. 둥글고 약간 깊은 큰 스푼에 긴 손잡이가 달린 주방도구로 주로 수프 등의 국물 요리를 뜰 때 사용한다. 논스틱 코팅 용기에 사용할 수 있도록 합성 재질로 만들어진 것도 있다. 알루미늄이나 양철로 된 작은 국자에 따르기 편한 부리 모양의 입구가 있는 것은 주로 소스용으로 사용한다. 또한 펀치나 뱅쇼용 국자도 있다. 역시 따르기 편하도록 한 쪽이 부리 모양으로 되어 있으며 유리 재질로 된 것도 있다.

LOUISIANE 루이지안 루이지애나식의. 루이지애나식 닭 요리는 크림 소스 옥수수와 잘게 깍둑 썬 피망을 채운 통닭을 지져서 색을 낸 뒤 약간의 향신료를 넣고 뚜껑을 덮어 오븐에 익힌 것이다. 익히는 중간에 마르지 않도록 육즙을 끼얹어준다. 마지막에 닭 육수와 마데이라 와인을 넣고 익힌다. 닭은 크림 소스 옥수수 소와 함께 잘라 접시에 담고, 다리올 틀에 넣어 모양을 찍어낸 라이스와 슬라이스한 바나나 튀김을 곁들인다. 익히고 난 소스를 체에 거르고 기름을 제거한 뒤 함께 서빙한다.

LOUKOUM 루쿰 로쿰. 설탕, 꿀, 글루코스 시럽, 밀가루에 향을 더하고 색을 낸 터키, 중동 지역의 말랑말랑한 젤리와 같은 당과류로 기호에 따라 아몬드, 피스타치오, 잣, 헤이즐넛 등의 견과류를 넣기도 한다. 쫀득하고 아주 단 로쿰(rahat loukoum, 목구멍의 휴식이라고도 한다)은 큐브 모양으로 겉에는 슈거파우더가 묻어 있다.

LOUP 루 농어. 프로방스 지역에서 농어(bar)를 칭하는 단어다(**참조** BAR). 모로네과에 속하는 이 생선은 워낙 성질이 포악하기로 유명하여 지중해 연안에서는 늑대(loup)라는 뜻으로 부른다.

자크 픽 (JACQUES PIC)의 레시피

filet de loup au caviar 필레 드 루 오 카비아르

캐비아를 곁들인 농어 필레 : 4인분

냄비에 버터를 달군 뒤 얇게 썬 펜넬 10g, 잘게 썬 샬롯 1개분, 껍질을 벗기고 얇게 썬 양송이버섯 갓 1개를 넣고 색이 나지 않고 수분이 나오도록 볶는다. 샴페인 250mℓ와 농어 육수 150mℓ를 넣고 반으로 졸인다. 액상 생크림 500mℓ를 넣고 가열해 2분간 끓인 다음 불을 끄고 약 15분간 향을 우려낸다. 고운체에 거른 뒤 소금, 흰 후추로 간한다. 농어의 필레를 뜬 다음 가시를 제거한다. 적당한 크기로 잘라 밑간을 한 다음 증기에 3분간 찐다. 생선을 접시에 담고 소스를 끼얹은 뒤 캐비아 30g을 얹어 서빙한다.

loup au céleri-rave ▶ PLANCHA

폴 보퀴즈(PAUL BOCUSE)의 레시피

loup en croûte sauce Choron 루 앙 크루트 소스 쇼롱

크러스트를 입혀 구운 농어와 쇼롱 소스 : 4인분

약 1.5kg짜리 농어 한 마리를 준비해 껍질을 벗긴 뒤 소금, 후추로 밑간을 한다. 미리 냉장고에 차갑게 넣어둔 볼에 아주 차가운 가리비살 100g과 껍

질을 제거한 민물 농어 필레 100g을 넣고 천일염과 갓 갈아낸 검은 후추로 간을 한 뒤 블렌더로 간다. 달걀노른자 2개, 달걀흰자 1개분, 더블 크림 200㎖, 상온에 두어 부드러워진 버터 50g을 넣고 혼합한 뒤 곱게 다진 피스타치오 30g을 넣어 섞는다. 이렇게 준비한 무스 소를 농어에 채워 넣는다. 파트 퓌유테 500g을 반으로 나누어 두 덩어리를 각각 생선 크기보다 약간 크게 민다. 오븐을 200°C로 예열한다. 소를 채운 농어를 퓌유테 반죽 한 장에 놓고, 나머지 반죽 한 장으로 덮은 뒤 가장자리를 꼭꼭 눌러 붙인다. 가장자리에 남는 반죽은 칼로 생선 모양을 따라가며 잘라낸다. 달걀노른자 한 개를 풀어 붓으로 발라준 다음 원형 깍지로 눌러 비늘 모양을 낸다. 남은 반죽을 이용하여 장식을 만들어 붙인다. 오븐에 넣어 10분간 구운 뒤 온도를 180°C로 낮추고 25~30분간 더 익힌다. 그동안 쇼롱 소스를 만든다. 우선 소스팬에 다진 샬롯 3개분과 레드와인 식초 150㎖를 넣고 액체가 거의 남지 않을 때까지 졸인다. 내열용 볼에 달걀노른자 3개와 물 1테이블스푼을 넣고 중탕 냄비에 올린 뒤 거품기로 휘저으며 섞어준다. 정제 버터 150g을 천천히 부으며 잘 혼합한 다음 간을 맞춘다. 졸인 샬롯을 넣고 토마토 페이스트 칼끝으로 아주 조금, 잘게 썬 타라곤 1테이블스푼을 넣고 섞는다. 농어를 오븐에서 꺼낸 뒤 소스를 곁들여 바로 서빙한다.

loup « demi-deuil » ▶ BAR (POISSON)
mariné de loup de mer, saumon et noix de saint-jacques ▶ COQUILLE SAINT-JACQUES

자크 픽 (JACQUES PIC)의 레시피

tresse de loup et saumon au caviar 트레스 드 루 에 소몽 오 카비아르

캐비아를 곁들인 농어와 연어 : 4인분

농어 필레 500g짜리 한 개를 세로로 길게 잘라 8개의 띠 모양을 만든다. 연어 필레 300g짜리도 마찬가지로 4등분으로 길게 자른다. 작업대에 농어 살 띠 모양 2개를 놓고 가운데 연어 살 띠를 한 개 놓는다. 세 갈래를 머리 땋듯 엮은 뒤 동그랗게 여민다. 나머지 생선으로 이 작업을 3번 더 반복하여 총 4개를 만든다. 오븐 브로일러에 홍피망 한 개를 구워 껍질을 벗겨낸 다음 과육만 블렌더에 간다. 소스팬에 버터와 다진 샬롯 100g을 넣고 색이 나지 않게 볶는다. 화이트와인 200g을 붓고 반으로 졸인다. 여기에 생크림 100㎖를 넣고 5분간 끓인 뒤 잘게 썰어준 버터 100g을 넣고 잘 섞는다. 체에 거른다. 완성된 소스를 반으로 나누어 하나에는 다진 시금치 50g을, 나머지 하나에는 갈아둔 홍피망 퓌레를 넣어 섞는다. 생선을 증기로 4분간 찐다. 각 서빙 접시에 생선을 하나씩 담고, 간을 맞춘 녹색 소스와 붉은 소스를 교대로 둘러준다. 동그랗게 말린 생선 중앙에 세브루가 캐비아 20g을 얹은 뒤 바로 서빙한다.

제랄드 파세다(GÉRALD PASSÉDAT)의 레시피

tronçon de loup comme l'aimait Lucie Passédat 트랑송 드 루 콤 레메 뤼시 파세다

뤼시 파세다가 즐겨 먹던 스타일의 농어 요리 : 4인분 / 준비: 2시간

1.5kg짜리 농어 한 마리를 준비해 비늘을 제거하고 내장을 빼낸 뒤 씻어 필레를 뜬다. 필레 2장을 각 160g씩 동량으로 잘라 4인분을 준비한다. 껍질을 그대로 둔 채 살짝 칼집을 내준다. 생선 육수용 향신료를 준비한다. 우선 샬롯 1개, 당근 1개, 리크(서양대파) 1/2대를 씻고 껍질을 벗긴 뒤 잘게 썰어둔다. 부케가르니를 만든다. 생선 필레를 뜨고 남은 뼈를 잘게 토막 낸 뒤 올리브오일 250㎖를 달군 냄비에 넣고 볶는다. 준비한 향신 채소를 넣고 의 물 1.5ℓ를 붓는다. 부케가르니를 넣고 20분간 끓인 다음 체에 거른다. 맑은 생선 육수 1.2ℓ를 만들어야 한다. 소스를 만들기 위해 우선 냄비에 생선 육수 1ℓ, 잘게 썬 토마토 과육 400g, 토마토 페이스트 1티스푼, 고수 씨 8g, 설탕 1/2 티스푼을 넣고 반으로 졸인다. 체에 걸러둔다. 그동안 레몬 1개의 제스트를 가늘게 저며 내 끓는 물에 데치고 찬물에 헹궈둔다. 줄기에 달린 완숙 토마토 4개의 껍질을 벗긴 뒤 작게 깍둑 썬다. 생바질 20g과 고수 20g의 잎만 떼어 씻은 뒤 물기를 제거하고 다져둔다. 20g짜리 송로버섯 한 개를 일정한 두께와 크기로 얇게 저며둔다. 오이 1개의 바깥 쪽 단단한 부분을 넓적한 국수처럼 길게 필러로 깎아낸다. 주키니 호박 2개의 껍질 부분도 마찬가지로 넓은 국수 모양으로 잘라낸다. 이 둘을 끓는 물에 살짝 데쳐 찬물에 헹궈둔다. 유산지 위에 생선 토막을 놓고 국수 모양의 오이와 주키니를 교대로 놓으며 덮어준다. 바트에 카마르그산 플뢰르 드 셀(fleur de sel de Camargue)과 올리브오일 약간, 야생 회향 씨 2g, 굵게 으깬 통후추, 얇게 슬라이스한 그린 토마토 1개를 깔고 그 위에 생선을 놓는다. 생선 육수 1테이블스푼을 넣어준 다음 스팀 오븐에 찐다. 만들어둔 소스에 다진 고수와 바질 잎, 레몬 제스트, 깍둑 썬 토마토, 송로버섯 슬라이스, 올리브오일 250㎖, 레몬즙, 송로버섯즙 100㎖, 소금, 후추(기호에 맞게 조절)을 넣고 끓지 않을 정도로 살짝 데워준다. 송로버섯 슬라이스 4장에 올리브오일을 바르고 소금, 후추로 간한 뒤 150°C 오븐에서 데운 다음 생선의 채소 띠 위에 조심스럽게 얹는다. 우묵한 서빙 접시에 소스를 담고 채소 띠로 덮은 생선을 조심스럽게 놓는다. 올리브오일을 한 바퀴 두른 다음 카마르스산 플뢰르 드 셀을 뿌려 서빙한다.

LOUP DE L'ATLANTIQUE 루 드 라틀랑티크 북대서양 이리치, 울프 피시. 이리치과에 속하는 바다생선으로 종종 지중해 지역에서 루(loup)로 불리는 농어와 이름이 비슷해 혼동하기 쉽다. 몸통 길이는 1.2~1.5m 정도로 머리가 단단하고 주둥이가 둥글고 뭉툭하며, 특히 커다란 송곳니가 툭 튀어나온 것이 특징이다. 북대서양 이리치는 영국의 섬들로부터 그린란드에 이르기까지 주로 한랭 해역의 심해(수심 약 450m)에 서식한다. 살은 몰바 대구와 비슷하며, 명태와 같은 방식으로 조리해 먹는다.

LOUP MARIN 루 마랭 물범, 해표. 바다표범과에 속하는 포유류 동물인 물범(phoque)을 캐나다 동부 연안에서는 루 마랭이라고 부른다. 물범은 옛날에 사냥으로 많이 포획하던 동물이다. 오늘날 물범의 고기를 상업유통하려는 시도들이 있지만 결과는 미미한 편이다. 물범의 살은 매우 기름기가 많고 고열량이라 기름을 떼어내고 사용해야 하며 풍미가 아주 강하다. 밀가루를 살짝 묻혀 팬에 겉을 지진 뒤 냄비에 넣고 뭉근하게 오래 익히는 조리법이 가장 일반적이다. 특히 지느러미를 브레이징한 요리는 미식가들이 손에 꼽는 진미로 통한다.

LOUPIAC 루피악 루피악 AOC 화이트와인으로 단맛이 강한 디저트와인이다. 포도품종은 세미용(sémillon), 소비뇽(sauvignon), 뮈스카델(muscadelle)이며, 바디감과 알코올 함량이 풍부하고 복합적인 과일 향을 갖고 있다. 바르삭(Barsac) 건너편 가론강 우안 지역에서 생산되는 소테른(Sauternes)에 견줄 만하다(**참조** BORDELAIS).

LUCAS 뤼카 파리 마들렌 광장에 위치한 레스토랑. 1862년 이 장소로 옮겨 문을 연 타베른 앙글레즈(la Taverne anglaise)는 이미 30년 전 리처드 루카스(Richard Lucas)라는 한 영국인이 개업한 곳으로, 영국식 차가운 로스트 비프와 플럼 푸딩 등을 판매했다. 당시 이곳에서 한끼 식사를 하려면 영어 교습 몇 시간 값이 든다고들 했다. 이후 M. 스칼리에(Scaliet)가 인수하면서 이름을 뤼카(Lucas)로 바꾸었고, 당대 최고의 아르누보 가구 디자이너인 마조렐(Majorelle)이 실내를 새단장했으며, 프랑스 요리를 전문으로 하는 레스토랑으로 탈바꿈했다. 1925년 이 레스토랑은 당시 프랑스 요리사 협회 회장이던 프랑시스 카르통(Francis Carton)에게 매각되었고 뤼카라는 이름 뒤에 카르통을 붙여 뤼카 카르통이 된다. 오너의 사위이자 홀 총책임자였던 알렉 알레그리에(Alec Allegrier)는 이 유서 깊은 레스토랑의 명성을 유지하고자 최선을 다한다. 이후 이 레스토랑은 셰프 알랭 상드랭스(Alain Senderens)가 인수하여 최고의 명성을 이어갔다.

LUCULLUS (LUCIUS LICINIUS) 뤼퀼뤼스 (뤼시위스 리시니위스) 루키우스 리키니우스 루쿨루스. 고대 로마의 장군(기원전 106~56년)으로 화려하고 사치스러운 음식 문화를 남긴 것으로 유명하다. 은퇴 이후 투스쿨룸 근처에서 생활한 그는 초호화판 생활을 이어갔다. 그의 집에는 다이닝 룸도 여러 개가 있었는데, 식사에 쓰인 비용 규모에 따라 매번 바꿔가며 사용했다고 한다. 어느 날 혼자 식사를 하던 그는 연회 때만큼 화려한 음식을 차려내지 않았다며 자신의 요리사를 질책했다. 그러면서 이 유명한 말을 남겼다. "오늘 루쿨루스는 루쿨루스 집에서 식사한다!" 이 표현은 특별히 고급스럽고 화려하게 차린 가까운 사람들과의 식사를 뜻한다. 루쿨루스라는 명칭은 송로버섯, 푸아그라, 닭 볏, 마데이라 와인 등 귀하고 비싼 고급재료가 사용된 여러 클래식 요리에 공통적으로도 붙여졌다.

▶ 레시피 : MACARONIS.

LUMP / LOMPE 렁프, 롱프 도치. 도치과에 속하는 바다생선 도치(cycloptère)를 통상적으로 부르는 명칭으로 북해와 발트해, 영국에서 아이슬란드에 이르는 해역에 많이 서식하며 바위에 붙어 고정된 채로 발견되기도 한다. 길이는 약 50cm 정도이며 주로 알을 소비할 목적으로 어획한다. 2월~4월 사이에 다량으로 산란(수컷이 알을 품고 있다 하여 바다의 암탉이라는 별명을 갖고 있다)하며, 알은 천연의 노르스름한 색을 띠고 있다. 검정 또는 붉은색 색소로 물을 들여 캐비아의 대용품으로 판매되고 있다.

LUNCH 런치 점심식사. 앵글로색슨 민족이 하루의 중간에 먹는 끼니를 뜻하는 런치는 컨티넨탈식 점심식사보다 가벼우며(앵글로색슨식 브렉퍼스

트는 컨티넨탈 조식보다 훨씬 더 풍성하다) 주로 차가운 고기, 샤퀴트리, 달걀, 혼합 샐러드, 샌드위치 등으로 구성되어 있으며 차, 커피, 혹은 맥주를 곁들여 마신다. 19세기 초반에 도입된 런치라는 용어는 프랑스에서는 주로 많은 인원을 접객하는 리셉션이나 칵테일 파티 때 차가운 음식 위주로 차린 뷔페 스타일의 식사를 뜻하며, 대부분 스탠딩으로 음식를 즐긴다 (**참조** BUFFET).

LUSSAC-SAINT-ÉMILION 뤼삭 생 테밀리옹 보르도의 AOC 와인 중 하나로 메를로, 카베르네 프랑, 카베르네 소비뇽, 말벡 품종의 포도로 만드는 레드와인은 인근 생 테밀리옹의 고급 와인처럼 향의 부케가 풍성하고 부드러우며 맛과 목 넘김 후 피니시가 뛰어나다.

LUSTRER 뤼스트레 요리에 특정 물질을 바르는 등의 방법으로 반짝이는 효과를 내어 더 보기좋은 외형을 만드는 기법을 뜻한다. 더운 요리에는 주로 정제 버터를 붓으로 발라 윤기나고 반들반들한 효과를 내준다. 차가운 요리에는 액체 상태로 만들어 둔 즐레를 발라 굳히는 방법을 사용한다. 몇몇 앙트르메와 파티스리의 경우 과일 즐레 또는 나파주를 발라 거울처럼 반짝이게 표면을 마무리한다.

LUTER 뤼테 냄비의 뚜껑을 덮은 다음 그 이음새에 밀가루와 물을 섞어 만든 반죽을 둘러 붙여 완전히 밀봉하는 것을 뜻한다. 뤼트(lut) 또는 르페르(repère)라고 불리는 이 밀봉용 반죽은 열작용에 의해 단단히 굳어 음식이 완전히 밀폐된 상태에서 조리할 수 있게 해준다. 이렇게 익힌 음식은 수분의 증발이 일어나지 않고, 재료가 가진 향을 온전히 보존할 수 있다.

LU WENFU 루 원푸 중국의 작가(1928, 중국 장수성 출생—2005, 타계). 상하이 인근, 중국의 베니스라 불리는 쑤저우에 살고 있으며, 그곳에서 딸 루 전(Lu Jen)은 라오 쑤저우(Lao Suzhou)라는 식당을 운영하고 있다. 중국 문화혁명 당시 추방되어 유배생활을 한 루 원푸는 이후 다시 펜을 잡았고 1983년『미식가(美食家)』를 출간하였다. 이 소설에는 철저한 미식가 한 명과 쑤저우의 고급 미식 세계를 도덕적으로 훈계하는 화자, 이 두 주인공이 등장한다. 이들은 루 원푸가 유배당했던 시절 이 나라가 겪고 있던 동족상잔의 대립과 투쟁을 각기 대변한다. 결국 맛있는 것을 향한 열정은 승리한다. 중국에서 맛있는 것은 빈부격차를 막론하고 누구에게나 기쁨을 주기 때문이다.

LUXEMBOURG 뤽상부르 룩셈부르크. 프랑스에서 가까운 나라이지만 의외로 잘 알려지지 않은 룩셈부르크 대공국의 요리 중에는 몇 가지 특별한 것들이 있다.

■ **수프와 채소.** 룩셈부르크는 오랫동안 빵조차도 귀했던 가난한 나라였다. 농촌에서는 잠두콩, 완두콩, 감자를 많이 먹었고 감자는 오늘날까지도 주식 중 하나로 소비되고 있으며 여기에 더해 귀리(죽)와 메밀(전병이나 완자)을 즐겨 먹는다. 식사는 대부분 수프로 시작하며, 점심에는 채소를 주재료로 한 가벼운 수프를 즐겨 먹는다. 가장 유명한 콩 수프 바우네슐럽(bouneschlupp)은 그린빈스, 흰 강낭콩, 자두를 넣고 만들며 보넨주퍼(bohnensuppe)라는 이름으로도 불린다. 채소 중 으뜸은 감자와 양배추다. 거의 매 끼니에 등장하는 감자는 베이컨 등을 넣어 메인 요리로 서빙하거나 포타주, 고기나 생선 요리에 곁들여 먹는다. 양배추는 고기 요리뿐 아니라 샤퀴트리나 감자에도 곁들여 먹는다.

■ **고기와 생선.** 룩셈부르크 요리의 또 하나의 중심축이 되는 재료는 의심할 여지없이 돼지고기다. 룩셈부르크에서 소고기를 식재료로 먹기 시작한 것은 비교적 늦은 시기였다. 소의 위, 양이나 기타 부속, 내장들을 이용한 특별한 요리들도 있지만 룩셈부르크의 국민 요리는 단연코 잠두콩을 곁들인 훈제 돼지목살 요리인 주드 맛 가르드보우넨(Judd mat gaardebounen)이다. 그 밖에도 돼지는 로스트. 뼈 등심구이나 브레이징, 스튜 등 다양한 방법으로 조리해 먹는다. 서빙하고 남은 고기를 활용하는 레시피도 있다. 고기와 감자, 슈크루트를 한데 모아 티어테슈(tirtech)와 같은 맛있는 음식을 만들어 먹기도 한다. 룩셈부르크에서는 무척 많은 종류의 소시지가 생산되는데, 그 맛도 아주 다양하며 각각 향이나 훈제 방법이 다르다. 외슬링(Oesling) 햄은 너도밤나무, 참나무, 노간주나무 장작으로 훈연한다.

생선 중 가장 많이 즐겨 먹는 것은 물론 강에서 잡은 강꼬치고기(리슬링에 조리), 송어(오 블루, 식초를 넣은 쿠르부이용에 데쳐 익힘)이다. 룩셈부르크식 민물가재 요리는 특히 축일이나 잔치 때 많이 먹는 요리다. 하지만 소비자의 기호와 선호도가 점점 세계화되어 가면서 바다생선과 조개류 등의 해산물의 수요가 늘어나 민물생선보다 더 큰 비중을 차지하는 추세로 가고 있다. 저지방 우유로 만든 커드 치즈인 카흐케이스(kachkeis)는 프랑스의 캉쿠아요트(cancoillotte)와 거의 비슷하다. 경우에 따라 생크림이나 달걀노른자를 섞은 뒤 버터를 바른 빵에 얹어먹으며 전통적으로 머스터드를 곁들인다. 디저트(크레프, 과일 디저트, 타르트, 휩드 크림 등)는 바움쿠헨을 제외하면 대부분 단순한 편이다. 바움쿠헨은 18세기 말 오스트리아에서 온 레시피에 따라 긴 봉에 반죽을 구워 만든다.

■ **와인.** 남쪽 셍겐(Schengen)에서 북쪽 바서빌리그(Wasserbillig)에 이르는 룩셈부르크의 모젤 지역 포도밭에서 재배되는 품종은 98%가 화이트와인 양조용이며 이중 피노누아가 차지하는 비율은 아주 미미하다. 엘블링(elbling), 리바네(rivaner), 오세루아(auxerrois), 피노 블랑(pinot blanc), 피노 그리(pinot gris), 리슬링(riesling), 게부르츠트라미너(gewurztraminer) 품종을 주로 재배한다. 일반 화이트와인 이외에 발포성 와인(vin mousseux), 1988년부터는 크레망(crémant)도 생산한다. 고대 로마시대부터 재배해 온 전통의 포도품종인 엘블링으로는 투박한 스타일의 와인을 대량 생산한다. 토종의 맛을 높이 평가하는 애호가들은 이 품종의 순수함 때문에 이 와인을 특별히 즐겨 찾는다.

LUXEMBOURGEOIS 뤽상부르주아 마카롱의 명칭. 표면이 매끈한 마카롱 코크 두 개 사이에 크림이나 잼, 가나슈 등을 채워 샌드처럼 만든 것을 지칭하며 마카롱 제르베(macaron gerbet)라고도 부른다(**참조** MACARON). 슈프룅글리(Sprüngli)의 특산물이며, 취리히에서도 유명한 파티스리다.

LYCOPERDON 리코페르동 말불버섯. 작은 구형 또는 서양 배 모양으로 생긴 버섯으로 갓과 대가 따로 없으며 일상적으로는 베스 드 루(vesse-de-loup 늑대의 방귀라는 뜻)라고 불린다. 포자가 완전히 성숙되기 전에 식용 가능하며, 주로 슬라이스하여 빵가루를 입혀 튀기거나 오믈렛에 넣어 조리한다. 댕구알버섯(vesse-de-loup géante)이 가장 맛이 좋으나 껍질이 질기므로 조리하기 전 벗겨내는 것이 좋다.

LYONNAIS ET FOREZ 리오네, 포레즈 리오네와 포레즈 지역. 리오네 지역의 중심 도시인 리옹(Lyon)이 미식의 수도로 명성을 얻게 된 것은 샤퀴트리를 비롯한 지역 자체의 특산물뿐 아니라 주변 지역의 여러 특별한 먹거리 덕택이기도 하다. 샤롤레(Charolais)의 소, 발레 뒤 론(vallée du Rhône)의 농산물, 브레스(Bresse)의 닭, 동브(Dombes) 호수의 생선 등이 대표적이다. 고대부터 정착된 이 지역의 미식 전통은 오늘날까지도 이어져 내려온다. 메르(mères)라고 불리는 여성 요리사들의 뒤를 이은 오늘날 유명 셰프들의 고장이 된 리오네(Lyonnais) 지방은 풍성하고도 뿌리가 굳건한 전통 요리의 요람 자리를 고수하고 있다. 일상적으로 많이 사용되는 채소는 대부분 소박한 것들로, 포레즈(Forez)의 양파를 맨 먼저 꼽을 수 있다. 수프를 끓이거나 다른 채소, 송아지 간, 소 양깃머리, 꽃등심, 염장대구 등에 곁들인다. 양파는 소위 리옹식이라고 칭하는 모든 요리의 기본 재료로 쓰이며 주로 잘게 다져서 넣는다. 감자 역시 아주 많이 먹는 채소이며 주로 파이아송(paillassons)이나 포레즈식 갈레트를 만들어 먹는다. 호박으로 수프나 그라탱을 만들기도 하며, 그 외에도 시금치, 샐서피, 아티초크 등을 즐겨 먹는다. 또한, 리옹 요리에서 많이 사용되는 두 가지 특징적인 채소로는 카르둔과 두루미냉이를 꼽을 수 있다. 카르둔은 소 골수, 영계를 곁들여 조리하거나 주로 그라탱을 만들어 먹으며, 초석잠이라고도 불리는 두루미냉이는 송아지 고기나 가금류 요리에 곁들이면 잘 어울린다.

론(Rhône)과 손(Saône)강이 만나는 교차로에 위치한 지리적 특징 덕에 포레즈의 잉어, 강꼬치고기, 민물가재 등을 많이 사용하며, 텐치, 민물농어, 송어, 퍼치, 모샘치 등의 생선으로 만든 요리들도 식탁에 자주 오른다. 그중 가장 으뜸은 크넬 드 브로셰(quenelles de brochet 강꼬치고기 완자)로 이 지역 미식의 자랑거리다.

샤퀴트리가 이 지역 대표 먹거리로 자리 잡은 것은 리옹이 루그다눔(Lugdanum)이라고 불리던 고대 로마시대까지 그 역사가 거슬러 올라간다. 리옹 지역의 돼지를 이용한 다양한 파생 먹거리의 종류는 놀라울 정도다. 일명 리옹 소시송은 오히려 드물고 로제트(rosette) 소시송이 진정한 리옹의 상징이 되었다. 제쥐 소시송은 좀 더 크고 통통한 모양으로 더 오랜 기간 건조해 만든다. 익혀 먹는 소시송(sabodet)은 동그랗게 슬라이스하여 따뜻하게 서빙하며 주로 감자 샐러드를 곁들여 먹는다. 육류 중에서는 바로 인근 지역인 샤롤레(Charolais)의 소고기가 가장 유명하며 스테이크로 구워 소 골수를 곁들여 먹는다. 송아지고기 또한 빼놓을 수 없는 재료로, 양파를 넣고 지진 송아지 요리(veau sauté à la lyonnaise)를 즐겨 먹는다. 이 지역에서는 품질이 탁월한 브레스 닭으로 만든 두 가지의 유명한 요리가 탄생했다. 메르 필리우(mère Fillioux)의 유명한 드미 되이유 닭 요리(poularde demi-deuil)와 또 하나의 유명한 레시피인 셀레스틴 닭 요리(poulet Célestine)가 바로 그것이다.

리옹의 미식은 또한 주변 지역인 보졸레, 부르고뉴. 코드 뒤 론의 훌륭한 포도주를 빼놓고는 이야기할 수 없다. 또한 포레즈 지방의 생 갈미에(Saint-Galmier)는 바두아(Badoit) 천연 탄산수가 솟아나는 곳이다. 이 샘물을 처음으로 병 제품으로 만들어 상업 유통시킨 오귀스트 바두아의 이름을 붙였다.

■ **수프와 채소.**

● **SOUPE À L'OIGNON, « SALADE DU GROIN D'ÂNE », SALADIER LYONNAIS 양파 수프, '민들레 잎 샐러드', 살라디에 리오네.** 리옹의 다양한 특선 요리 중 첫째로 꼽는 것은 양파 수프(soupe à l'oignon)다. 빵과 치즈를 올려 그라탱처럼 구워낸 양파 수프는 이를 변형한 파리지앵 스타일이다. 또한 크림, 우유, 양파, 처빌을 넣어 만든 늙은 호박 또는 단호박 수프, 보릿가루 크림 수프, 소렐(수영)을 넣어 만든 수프 등을 들 수 있다. 리옹 사람들은 재료가 풍성한 샐러드를 아주 좋아하며, 여기에 민들레 잎과 마타리 상추(콘 샐러드)를 가장 많이 사용한다. 살라드 뒤 그룅 단(salade de groin d'âne)은 민들레 잎, 베이컨, 마늘을 문질러 향을 낸 크루통과 반숙 달걀을 넣어 만든 샐러드다. 살라디에 리오네(saladier lyonnais)는 양 족, 팬에 지진 닭 간, 완숙 달걀과 허브를 넣은 푸짐한 리옹식 샐러드다. 그 밖에 렌틸콩, 세르블라(cervelas) 소시지, 마리네이드한 청어 필레 샐러드 등은 자주 즐겨 먹는 메뉴다.

■ **생선.**

● **MATELOTE, FRITURE, CATIGOT, CUISSON AU BLEU 마틀로트, 튀김, 카티고, '오 블루'로 익힌 생선.** 이 지역의 민물생선 조리법은 아주 단순하다. 레드와인을 넣은 생선 스튜인 마틀로트(matelote), 론강의 모샘치 튀김, 장어나 잉어로 만든 마틀로트인 카티고(catigot), 또 오 블루로 익힌 생선을 빼놓을 수 없다. 인근에서 생산되는 보졸레 와인과 채소를 넣고 뭉근히 끓인 강꼬치고기 스튜는 아주 인기 있는 메뉴다.

■ **샤퀴트리, 내장 및 부속.**

● **ANDOUILLETTES, GRAS-DOUBLE, TABLIER DE SAPEUR 앙두이예트, 그라 두블, 타블리에 드 사피르.** 리옹 요리의 최고 솜씨는 각종 샤퀴트리에서 그 진가가 나타난다. 돌돌 말아 누른 돼지 머리고기, 세르블라 소시지(송로버섯이나 피스타치오를 넣기도 한다), 돼지 껍데기 요리(PAQUETS DE COUENNES), 송아지 소창 앙두이예트(ANDOUILLETTES À LA FRAISE DE VEAU), 파테 앙 크루트(PÂTÉ EN CROÛTE), 닭 또는 수렵육 갈랑틴, 그라통(GRATTONS, 돼지비계 튀김), 돼지 귀와 꼬리 등 그 종류도 매우 다양하다. 리옹에서는 부숑이나 작은 비스트로 등에서 전통적으로 서빙하던 부속 내장 요리를 아직도 즐겨 먹는다. 리옹식 그라 두블(GRAS-DOUBLE À LA LYONNAISE)은 소 양깃머리를 가늘게 썰어 양파, 화이트와인을 넣고 소테한 것이며, 타블리에 드 사피르(TABLIER DE SAPEUR)는 소의 제 1위인 양에 밀가루, 달걀, 빵가루를 입혀 넓적하게 기름에 지진 음식으로 이 둘 모두 리옹을 대표하는 요리다.

■ **고기.**

● **POTAGE À LA JAMBE DE BOIS, GRILLADE DES MARINIERS 포타주 아 라 장브 드 부아, 그리야드 데 마리니에.** 고기 요리 중 가장 대표적인 것으로는 일명 7시간 익힌 리옹식 양 뒷다리 요리(GIGOT BRAISÉ À LA LYONNAISE "DE SEPT HEURES")와 소 정강이, 송아지 정강이, 칠면조, 자고새, 브레스 닭 등 온갖 재료를 다 넣어 만든 푸짐한 포토푀인 포타주 아 라 장브 드 부아(POTAGE À LA JAMBE DE BOIS)를 꼽을 수 있다. 또한 안초비를 박아 익힌 소 안심 요리인 그리야드 데 마리니에(GRILLADE DES MARINIERS)도 빼놓을 수 없다. 소를 채운 송아지 허벅지 요리(ROUELLE DE VEAU FARCIE)와 소렐 소스를 곁들인 양 갈비(CÔTES D'AGNEAU À L'OSEILLE)도 대표적인 메뉴다.

■ **가금류.**

● **POULET AU VINAIGRE, POULARDE AU GROS SEL 풀레 오 비네그르, 풀라르드 오 그로 셀.** 브레스산 닭으로 만든 요리는 아주 고급 음식으로 친다. 식초 양념에 절여 조리한 영계(POULET AU VINAIGRE), 크림 소스 닭 프리카세(FRICASSÉE DE POULE À LA CRÈME), 굵은 소금 크러스트에 익힌 닭(POULARD AU GROS SEL), 토막 내어 버섯과 함께 버터에 소테한 닭 요리, 샤퐁 닭 로스트(CHAPON RÔTI) 등의 다양한 닭 요리를 즐겨 먹는다. 또한, 밤을 곁들인 칠면조 날개와 다리, 프랑슈 콩테(FRANCHE-COMTÉ) 스타일의 닭 간 무스 푸딩(GÂTEAU DE FOIES BLONDS DE VOLAILLE) 등도 대표적 음식으로 꼽힌다.

■ **치즈.**

● **CERVELLE DE CANUT 세르벨 드 카뉘.** 리옹의 전통 식당인 부숑에서 파는 대표 메뉴인 세르벨 드 카뉘(참조 CERVELLE DE CANUT)는 프로마주 블랑에 허브, 샬롯, 크림, 경우에 따라 마늘, 화이트와인, 올리브오일을 넣어 혼합한 것이다. 리옹의 치즈 플래터에는 소젖으로 만든 푸름 드 몽브리종(FOURME DE MONTBRISON), 염소젖 치즈 카브리옹(CABRION) 외에도 리고트 드 콩드리외(RIGOTTE DE CONDRIEU), 브리크 뒤 포레즈(BRIQUE DU FOREZ), 특히 생 마르슬랭(SAINT-MARCELLIN) 등이 올라간다. 아롬 드 리옹(ARÔME DE LYON)은 화이트와인과 함께 단지에 담아 숙성, 또는 포도 찌꺼기나 포도 줄기 잔가지와 함께 오크통에서 숙성한 작은 치즈다.

■ **디저트.**

● **BUGNES, MATEFAIMS 뷔뉴, 마트팽 팬 케이크.** 마르디 그라(MARDI GRAS, 사순절 전 화요일 사육제)에 먹는 튀김과자 뷔뉴는 축제나 장터에서 아주 인기 있는 간식이다. 리옹식 브리오슈인 라디스(RADISSE)와 바닐라, 우유를 넣어 만든 호박 케이크 또한 많이 즐겨 먹는 파티스리이다. 이뿐 아니라 리옹에는 섬세한 공정으로 만드는 세련된 디저트들도 있다. 바슈랭, 초콜릿 부셰, 아카시아 꽃 튀김. 피스타치오나 곱게 간 프랄린을 뿌린 포레즈의 밤 플랑 등을 꼽을 수 있으며, 특히 생 테티엔(SAINT-ÉTIENNE)의 맛있는 과일 젤리도 빠트릴 수 없다.

■ **와인.** 코토 뒤 리오네(coteaux du Lyonnais)는 리옹 주변 약 400헥타르의 부지에 펼쳐진 포도원에서 생산된다. 과일향이 나는 가벼운 레드와인이 주를 이루며 포도품종은 가메(gamay)다. 샤르도네와 알리고테(aligoté) 품종으로 만드는 화이트와인도 소량 생산된다.

LYONNAISE (À LA) 아 라 리오네즈 리옹식의 여러 요리에 붙는 명칭으로 주로 소테한 요리가 많으며, 얇게 썬 양파를 버터에 노릇하게 볶고 종종 식초로 디글레이즈한 다음 잘게 썬 파슬리를 넣어 조리하는 것이 특징이다. 또한 리오네즈 소스를 곁들인 요리를 지칭하기도 하는데, 이 소스 역시 양파를 기본 재료로 한다.

▶ 레시피 : ANDOUILLETTE, ARTICHAUT, BŒUF, BUGNE, FOIE, GODIVEAU, GRAS-DOUBLE, QUENELLE, SAUCE, SAUCISSON.

LYOPHILISATION 리오필리자시옹 동결건조. 냉각을 통해 물질을 건조시키는 원리에 기초한 보존 방식으로 크리오데시카시옹(cyrodessiccation, 감압 진공 동결건조)이라고도 한다. 이 처리는 세 단계의 연속적인 과정을 통해 걸쳐 이루어진다. 우선 고전적인 급속 냉동을 한 다음 냉동된 물질을 진공 상태에서 감압하고 저온의 열을 가해 천천히 승화시킨다(물질의 수분이 언 고체 상태에서 액체 단계를 거치지 않고 직접 기화한다). 이어서 급속으로 가열 건조하여 잔류 수분을 모두 제거한다. 동결건조 식품은 원래 함유했던 수분량의 1~2%만 남아 있기 때문에 아주 가벼운 상태가 되지만, 맛과 영양성분은 그대로 보존된다. 식품을 원형 그대로 동결건조하여 보존하거나 커피처럼 분말로 만들어 사용할 수 있다.

기본 테크닉 익히기

소스

고기

가금육

생선

해산물

채소

달걀

반죽 Pâtes

크림

머랭, 비스퀴 반죽

초콜릿, 글라사주

과일

마요네즈

300ml 분량 : 달걀노른자 2개분, 디종 머스터드 1티스푼, 화이트와인 식초 1티스푼, 해바라기유 또는 카놀라유 250ml, 레몬즙 2티스푼, 소금, 흰 후추

1 유리 볼에 달걀노른자, 머스터드, 식초, 소금, 후추(가능하면 흰색)을 넣는다.

2 볼이 흔들리지 않도록 젖은 면포 위에 놓고 고정한다. 오일을 한 방울씩, 이어서 가늘게 흘려 넣으며 거품기로 계속 저어 섞는다.

3 혼합물이 걸쭉한 농도를 띠고 안정적으로 유화될 때까지 오일을 계속해서 가늘게 넣으며 잘 저어 섞는다.

4 오일이 잘 혼합되어 마요네즈가 걸쭉해지면 레몬즙을 첨가한 뒤 간을 조절한다.

1

2

3

4

홀랜다이즈 소스

600ml 분량 : 물 2테이블스푼, 화이트와인 식초 2테이블스푼, 굵게 부순 흰색 통후추 1티스푼, 달걀노른자 4개분, 무염 정제 버터 250g, 레몬즙 1/2개분, 카옌페퍼 1자밤, 소금, 흰 후추

1 바닥이 두꺼운 작은 소스팬에 물, 식초, 통후추를 넣고 1분 정도 약한 불로 끓여 1/3로 졸인다(약 2.5테이블스푼). 불에서 내려 식힌 뒤 체에 걸러 내열 용기에 담는다. 달걀노른자를 넣으며 거품기로 저어 섞는다.

2 물이 끓고 있는 냄비 위에 내열 용기를 올린다. 이때 내열 용기의 바닥이 물에 닿지 않도록 한다. 혼합물이 걸쭉하고 크리미한 농도가 될 때까지 거품기로 5~6분 정도 저어 섞는다.

3 볼이 흔들리지 않도록 젖은 면포 위에 놓고 고정한다. 정제 버터를 아주 가늘게 천천히 흘려 넣으며 걸쭉하고 매끈한 농도의 소스가 될 때까지 거품기로 계속 저어 섞는다.

4 레몬즙, 소금, 흰 후추, 카옌페퍼를 첨가한다. 바로 서빙한다. 잠시 보관해야 할 때는 중탕으로 보관한다.

1

2

3

4

1

2

3

4

뵈르 블랑 소스

300ml 분량 : 잘게 썬 샬롯 2개분, 화이트와인 식초 3테이블스푼, 드라이 화이트와인 4테이블스푼, 찬물 2테이블스푼, 무염 또는 저염 버터 200g(작게 깍둑 썰어 아주 차갑게 준비한다), 레몬즙 한 줄기, 소금, 흰 후추

1 작은 소스팬에 잘게 썬 샬롯, 식초, 화이트와인을 넣고 끓을 때까지 가열한다.

2 불을 줄인 뒤 약 2분 정도 가열하여 혼합물이 1테이블스푼 정도가 되도록 졸인다. 이때 액체는 약간 시럽 농도를 띠어야 한다.

3 물을 첨가한 뒤 약한 불 위에서 버터를 조금씩 넣으며 거품기로 잘 저어 완전히 유화한다. 소금, 흰 후추로 간을 맞추고 레몬즙을 넣어준다.

4 이것을 체에 걸러 균일하고 매끈한 소스를 만든다.

베샤멜 소스

600ml 분량 : 우유(전유) 600ml, 월계수 잎 작은 것 1장, 작은 양파 1개(반으로 자른다), 정향 4개, 무염 버터 45g, 밀가루 45g, 강판에 간 넛멕가루, 더블 크림 100ml(선택), 소금, 후추

1 소스팬에 우유, 월계수 잎, 정향을 꽂은 양파를 넣고 끓을 때까지 가열한 다음 불을 줄이고 4~5분간 약하게 끓인다. 식힌다.

2 다른 소스팬에 버터를 넣고 약한 불로 녹인다. 여기에 밀가루를 넣고 30~40초간 잘 저으며 익혀 밝은 황색의 루(roux)를 만든다.

3 불에서 내린 다음 식은 우유를 체에 걸러 루에 붓고 거품기로 세게 저어 균일하게 혼합한다.

4 혼합물을 중불 위에서 거품기로 계속 저어 걸쭉하게 만들고 거의 끓기 직전까지 가열한다. 약불로 줄인 뒤 중간중간 저어가며 20~25분간 약하게 끓인다. 매끈하고 윤기나는 소스가 완성되면 넛멕을 갈아 넣고 소금, 후추로 간한다.

1

2

3

4

양 볼기등심 뼈 제거하기

1 볼기 등심 덩어리의 지방을 덮고 있는 막을 제거한다. 덩어리를 뒤집어 척추의 양쪽에 위치한 가는 필레를 잘라낸다. 고기용 보닝 나이프를 척추뼈 한쪽 윗부분을 따라 밀어 넣은 뒤 바깥쪽을 향하여 잘라낸다. 다른 쪽도 마찬가지로 잘라낸다. 잘라낸 필레 미뇽은 따로 보관한다.

2 칼끝으로 척추뼈 한쪽의 바깥에서 시작하여 중앙 쪽으로 살살 밀어 넣으며 분리하고 이어서 둘레와 아랫부분을 잘라낸다. 이어서 뼈를 따라 점차적으로 살을 떼어낸다.

3 다른 쪽도 마찬가지 방법으로 잘라낸다. 손을 척추뼈 밑으로 밀어 넣어 뼈를 들어내며 칼로 완전히 떼어낸다. 껍질이 찢어지지 않도록 주의한다.

4 양쪽 날개처럼 생긴 덮개 부분(양쪽을 덮고 있는 기름과 근육 부분)을 칼로 중간에서 바깥 쪽을 향해 매끈하게 다듬는다. 피하지방이 드러날 때까지 계속 다듬는다. 덮개 부분을 고기 양쪽으로 12cm 정도씩 남기고 가장자리를 직선으로 깔끔하게 자른다. 고기를 뒤집은 다음 지방과 껍질에 가볍게 칼집을 낸다.

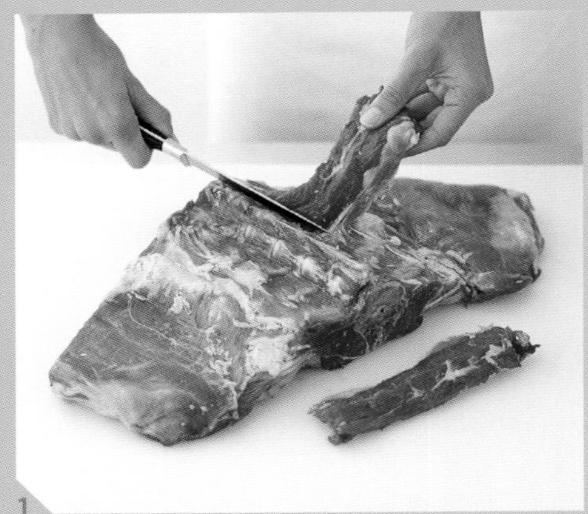
1

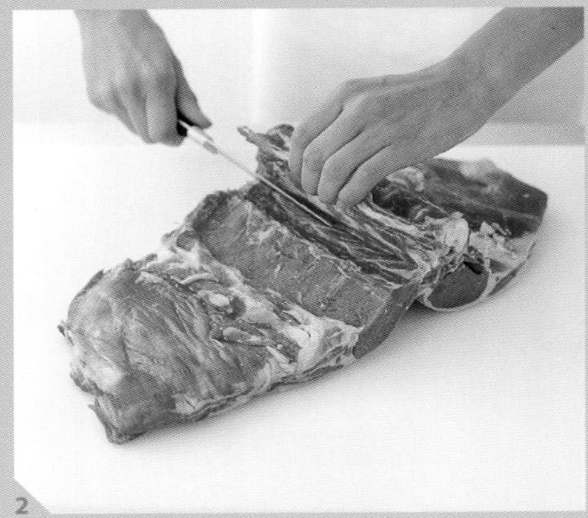
2

3

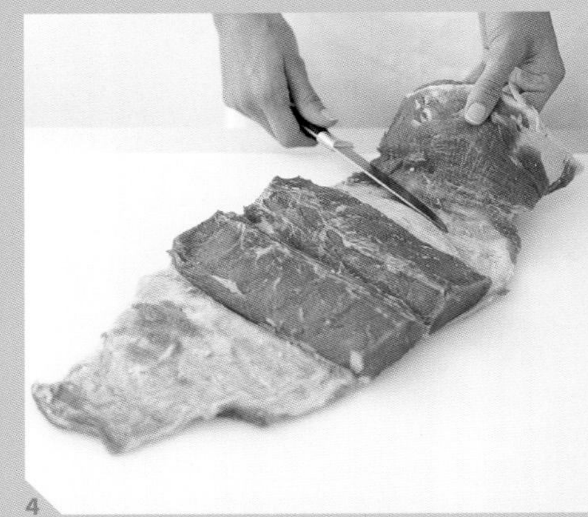
4

양 뒷다리 뼈 제거하기

1 양 뒷다리 덩어리를 살이 가장 많은 부분이 아래로 오도록 작업대나 큰 도마에 놓고 허벅지 맨 윗부분부터 뼈 제거 작업을 시작한다. 허벅지 뼈를 찾아내어 손으로 잡고 다른 손으로 칼을 뼈 둘레에 최대한 가까이 붙여가며 분리해낸다.

2 허벅지 뼈를 분리해낸 다음 칼날을 뒷다리 대퇴골 끝까지 따라 밀어가며 안쪽에 조금씩 공간을 만든다. 살의 위치를 돌려가며 최적의 각도로 작업을 계속한다. 칼날을 뼈에 가까이 붙여 살에 깊이 칼자국을 내지 않도록 주의한다.

3 대퇴골과 정강이뼈가 만나는 조인트에 이르면 대퇴골의 끝을 잡고 당겨 떼어내고 칼로 관절 마디를 절단한다. 뼈를 뒤틀면서 떼어낸다.

4 대퇴골을 떼어낸 다음 정강이뼈도 뒷다리 끝부분까지 칼로 분리하고 마찬가지로 방법으로 제거한다. 이 과정에서 윗부분 대퇴골을 제거할 때 만들어진 공간과 만나게 된다. 정강이뼈를 꺼내 칼로 밀어가며 분리한 뒤 완전히 떼어낸다. 뼈는 육수(fond)나 육즙 소스(jus)를 만들 때 사용한다.

1

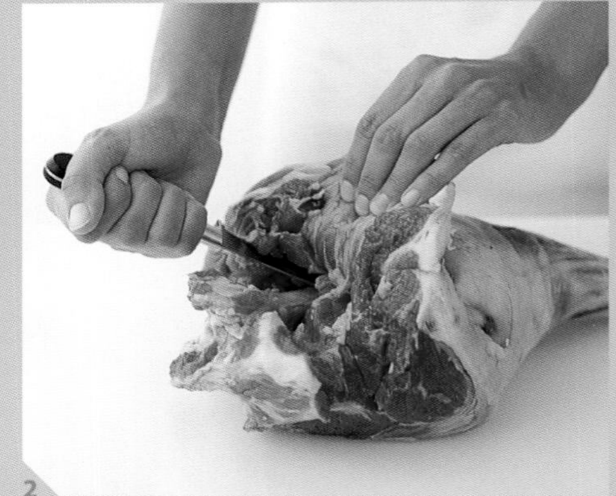
2

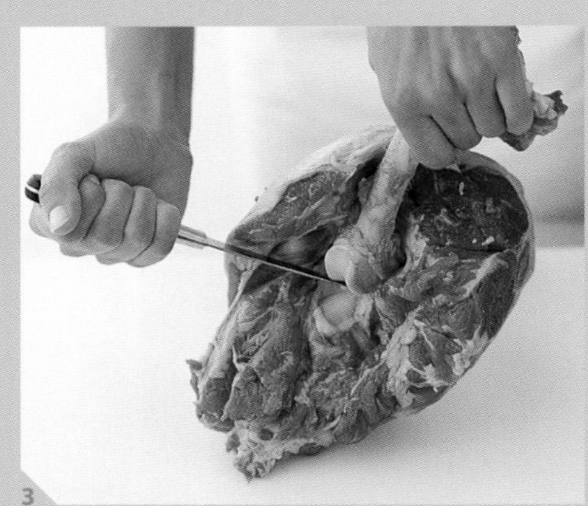
3

4

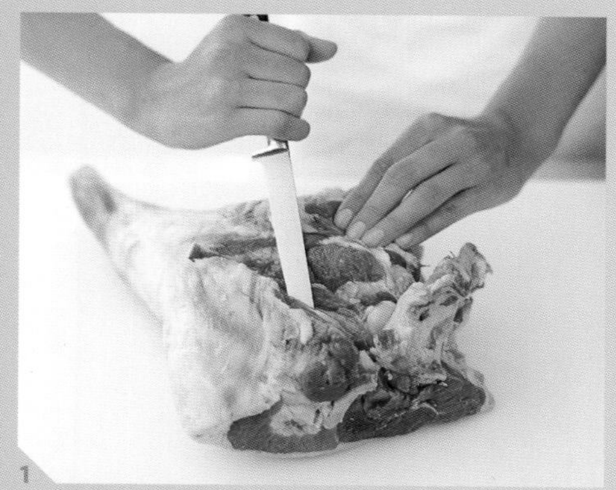
1

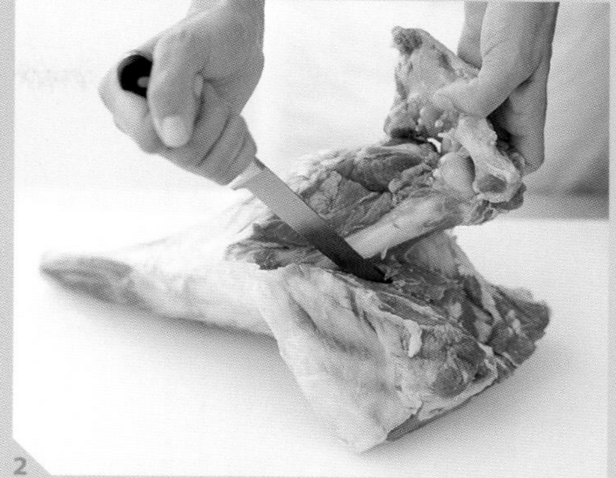
2

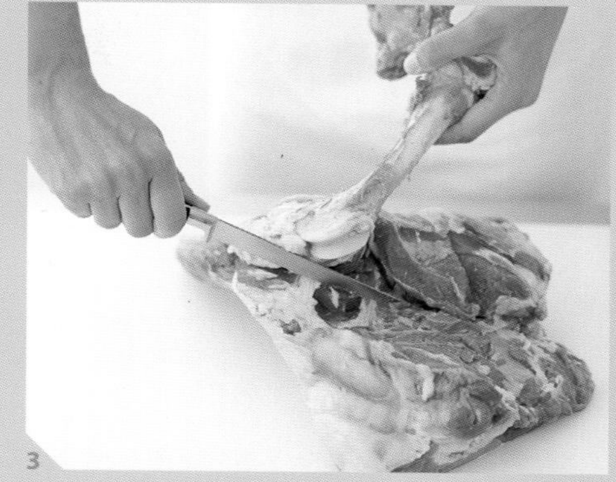
3

4

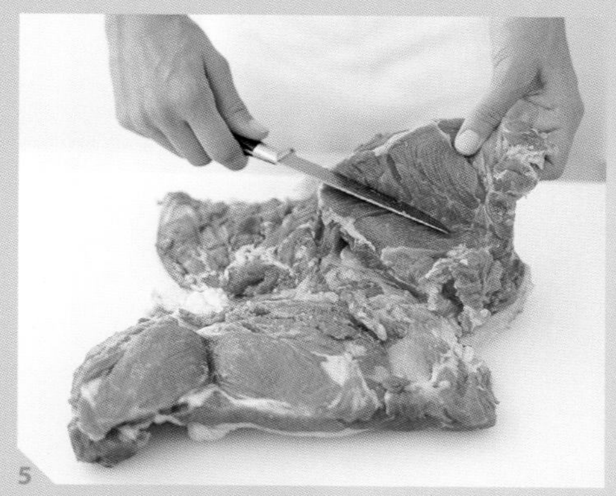
5

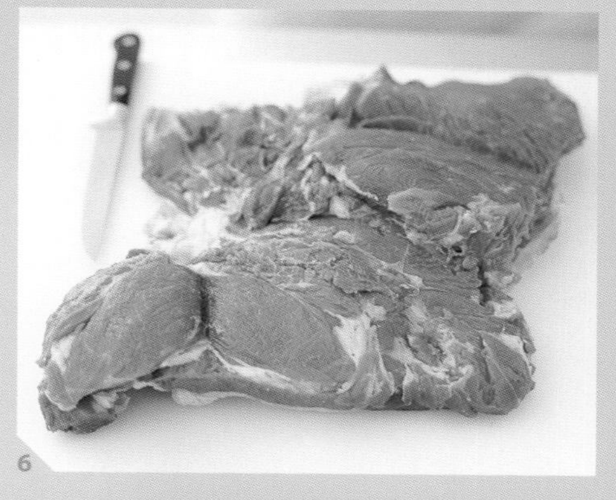
6

양 뒷다리 펼쳐 자르기

고기 부위의 뼈를 제거하려면 그 구조를 잘 이해해야 한다. 양 뒷다리는 3개의 뼈, 즉 골반과 연결되는 허벅지 뼈(바깥쪽에 위치하며 가장 넓적하다), 대퇴골, 정강이뼈로 이루어져 있다. '나비 모양'으로 펼쳐 자른 양 뒷다리는 구이용으로 적합하다.

1 양 뒷다리 덩어리를 살이 가장 많은 부분이 아래로 오도록 작업대에 놓고 가장 넓은 위쪽 끝부분부터 절단 작업을 시작한다. 허벅지 뼈를 한 손으로 잡고 다른 손으로 칼을 사용하여 뼈 둘레를 잘라가며 분리한다. 뒷다리의 아래쪽 끝까지 껍데기와 살을 길게 잘라 칼집을 낸다.

2 칼날을 대퇴골에 최대한 가까이 붙여가며 살로부터 분리해낸다. 칼끝으로 잘라내며 관절 마디까지 내려간다. 살이 찢어지지 않도록 주의한다.

3 관절을 지나 정강이뼈를 따라 칼을 뼈에 가까이 대고 분리 작업을 계속 한다.

4 뒷다리 맨 아랫부분 끝까지 이르면 인대와 힘줄을 잘라낸 뒤 뼈의 끝부분을 잡고 떼어낸다. 이렇게 하면 양 뒷다리의 뼈 3개가 모두 제거된다(골반과 연결되는 허벅지 뼈, 대퇴골, 정강이 뼈).

5 고깃덩어리를 납작하게 펼친다. 양쪽 끝의 살이 두꺼운 부분은 가로로 칼집을 깊게 넣어 넓적하게 편다. 양쪽을 이렇게 펼치면 마치 나비의 날개 모양이 된다.

6 뼈를 제거한 양 뒷다리 살을 나비 모양으로 펼쳐 놓는다. 고기의 두께가 일정치 않으면 해당 부분을 얇게 저며낸 다음 살이 적은 부분에 얹어 전체적으로 균형을 맞춘다.

양 볼기등심 속 채워 말기

뼈를 제거한 양 볼기 등심(옆 페이지 참조) 덩어리에, 잘라둔 필레 미뇽과 소 재료를 채운 뒤 감싸 말아 조리할 수 있다.

1 고기에 밑간을 한다. 양쪽 등심 살 사이 움푹하게 팬 곳에 소 재료를 조금 채워 넣는다. 그 위에 필레 미뇽 한 개를 길게 얹고 다시 소 재료로 덮어준다. 두 번째 필레 미뇽을 올리고 같은 방법으로 소 재료를 덮어 마치 더블 샌드위치 모양으로 채워준다. 남은 소 재료는 따로 보관해 두었다가 고기와 함께 서빙한다.

1

2

2 양쪽 덮개 날개 부분을 들어 소 재료와 필레를 감싸듯이 가운데로 접어 만다. 덮개의 가장자리 부분은 안쪽으로 집어넣어 깔끔하게 마무리한다. 전체적으로 소금을 뿌린다. 둥글게 만 양 볼기등심은 이제 다시 한 번 둘러 싼 다음 바로 로스트 조리를 할 수 있다.

생닭 4토막 내기

모든 가금류는 해부학적으로 거의 비슷한 구조를 갖고 있다. 칠면조와 자고새를 절단할 때 유일한 차이는 테크닉이 아니라 크기의 차이와 연관이 있다. 단, 거위와 오리는 가슴살 안심이 더 길쭉하고 발이 더 짧다는 점을 알아두어야 한다.

1 닭의 목과 가슴 사이의 V자 모양 가는 뼈 '위시 본(wish bone)'을 제거한다. 허벅지와 몸통뼈 사이 껍질에 칼집을 넣는다.

2 다리를 뒤로 꺾어 몸통뼈에서 떼어낸다. 이때 뼈 마디 관절이 절단된다.

3 관절 부위를 잘라 다리를 떼어낸다. 다른 쪽 다리도 마찬가지 방법으로 잘라낸다.

4 날개를 잡아당겨 껍질을 팽팽하게 한 다음 가금육용 가위로 중간 마디 부분을 잘라 아랫날개를 떼어낸다.

5 가슴 부위(뼈를 포함한 가슴살과 윗날개 닭봉)만 조리할 경우에는 가슴뼈에서 척추를 떼어낸다.

6 가금육용 가위로 살이 거의 없는 등 부분을 모두 잘라낸다.

7 가슴살을 뼈와 함께 조리할 경우에는 가슴뼈를 뾰족한 끝에서 목을 향해 길이로 자른다. 자투리는 깔끔하게 잘라 다듬는다.

8 닭을 네 토막으로 자른 모습. 다리는 가슴 부위보다 익히는 시간이 더 오래 걸린다. 따라서 가슴과 다리는 따로 조리해야 한다.

1

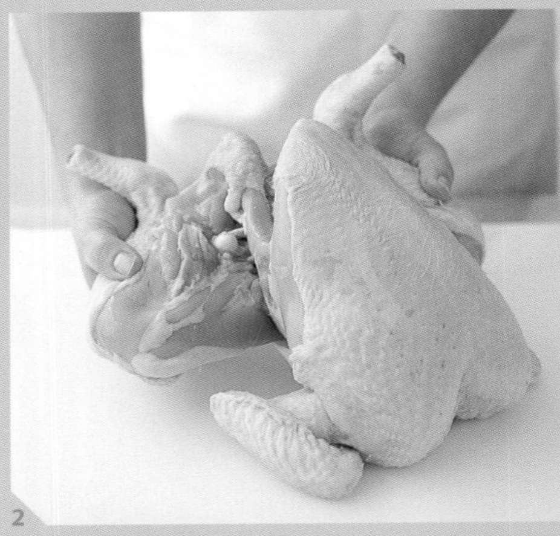
2

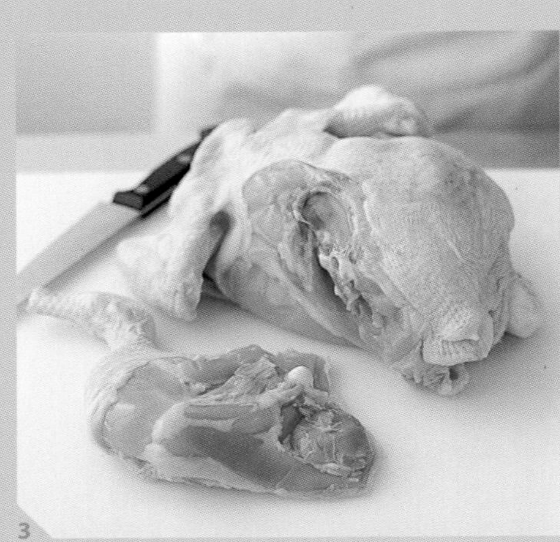
3

4

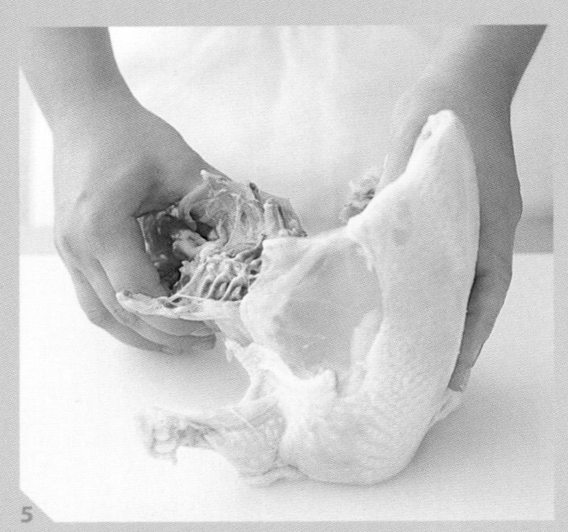
5

6

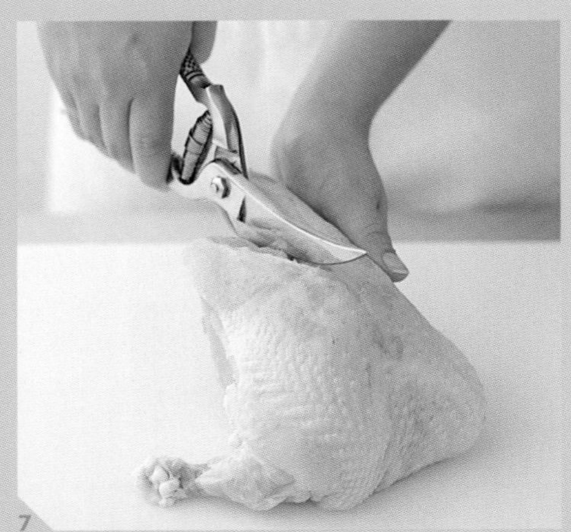
7

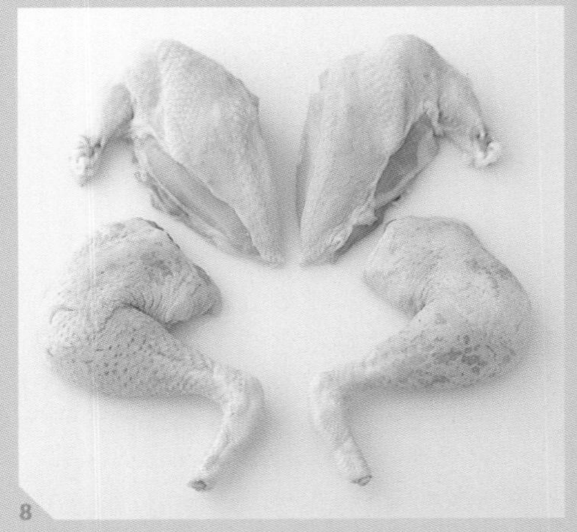
8

닭 펼쳐 자르기

닭의 날개와 다리를 모두 펼쳐 납작하게 만들면 고루 익히기가 훨씬 쉬워진다. 바로 이 점이 이 절단 방식의 가장 큰 이점이며, 주로 영계를 많이 사용한다. 이 방식은 어린 뿔 닭, 메추리, 비둘기와 같은 크기가 작은 수렵조류나 기타 가금육에도 적용할 수 있다.

1 영계를 가슴살이 아래로 오도록 작업대에 놓고 가금육용 가위로 척추뼈를 따라 길이로 자른다. 다른 쪽 끝에서 시작해 마찬가지 방법으로 완전히 잘라 가른다. 양쪽으로 열어 펼친 다음 뒤집어 놓는다.

2 손바닥의 평평한 부분 또는 무거운 칼로 닭을 살짝 부수듯이 눌러 납작하게 만들어 고르게 익을 수 있도록 준비한다.

3 같은 목적으로 다리와 넓적다리 군데군데 칼집을 내준다.

4 철제 꼬챙이를 왼쪽 다리로 넣어 오른쪽 날개 방향으로 관통해 빼낸다. 다른 꼬챙이 하나를 반대로 오른쪽 다리로 넣어 왼쪽 날개 쪽으로 빼낸다. 이 상태로 영계를 마리네이드한 다음 그릴에 굽거나 오븐에 넣어 로스트한다.

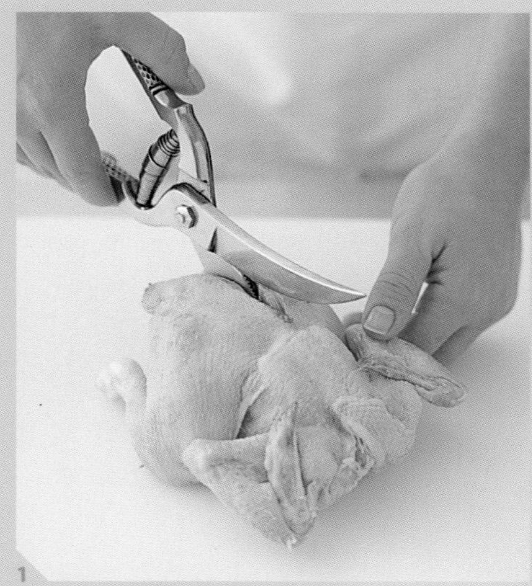

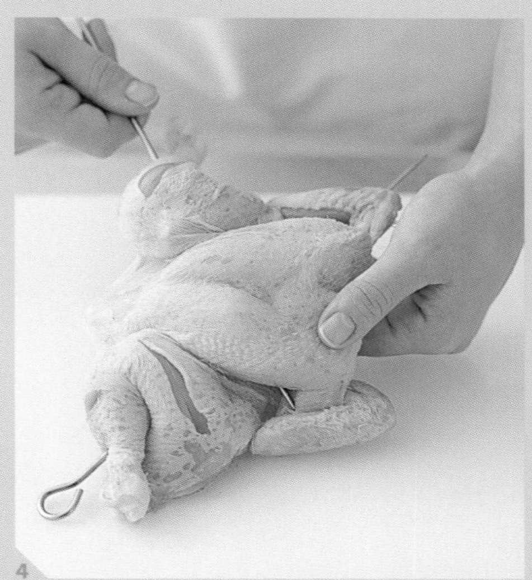

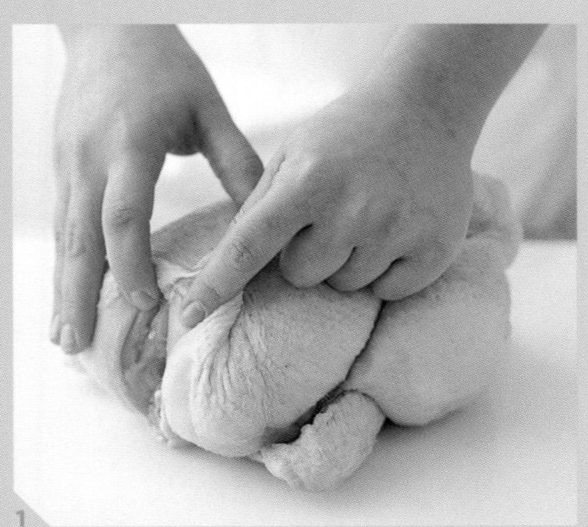

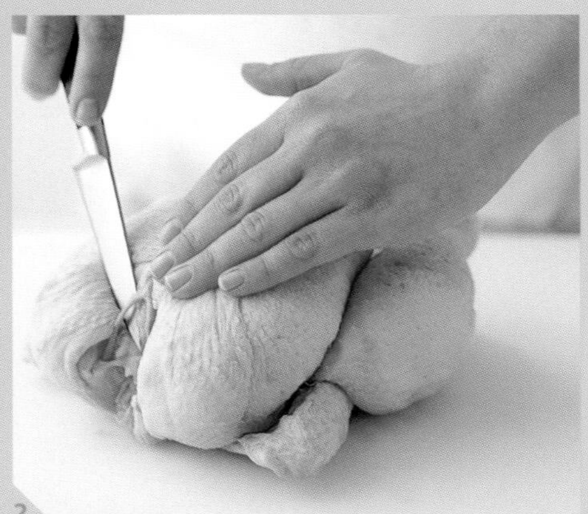

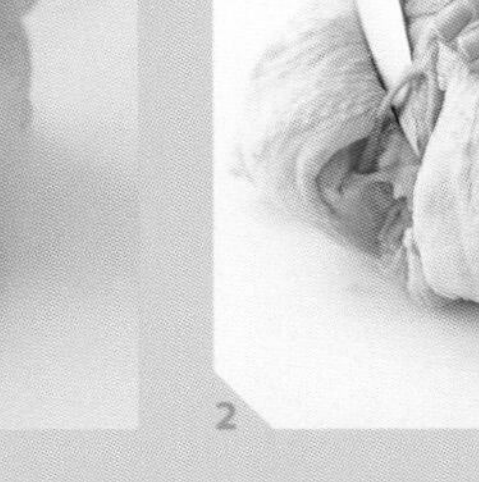

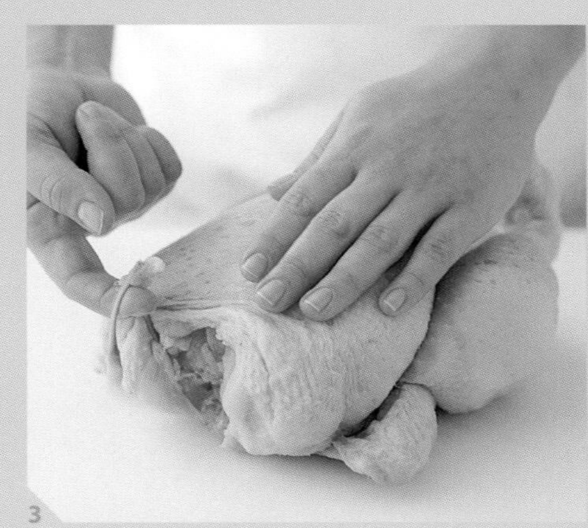

닭 위시 본 제거하기

1 닭의 등쪽이 아래로 오도록 작업대에 놓고 목의 맨 아래쪽 껍질을 벌린다. '푸르셰트(fourchette)'라고 불리는 V자 모양의 가는 뼈('위시 본'이라고도 한다) 끝이 만져질 때까지 손가락을 밀어넣는다.

2 껍질을 잡아당긴 다음 잘 드는 작은 칼을 이용해 위시 본이 드러나도록 살살 긁어낸다.

3 칼날을 뼈 바로 뒤에 밀어 넣은 뒤 손가락으로 뼈를 들어내고 살짝 비틀면서 떼어낸다. 껍질을 다시 제자리에 덮어준다.

로스트용 닭 묶기

1 닭의 등쪽이 아래로 오도록 작업대에 놓고 두 발을 왼쪽으로 잡는다. 조리용 바늘에 실을 꿴 다음 다리 드럼 스틱과 허벅지 사이 관절 부위 양쪽을 관통한다. 묶을 만큼의 실을 여유 있게 확보한 상태로 팽팽히 잡아당긴다.

2 닭을 뒤집은 다음 마찬가지로 두 발을 왼쪽으로 잡는다. 목 부분 껍질을 등쪽으로 팽팽히 덮어 씌운다. 한쪽 날개에 바늘을 찔러 이 껍질을 통과시키며 척추뼈 아래로 바늘을 넣고 반대쪽 날개로 빼낸다. 실을 잡아당겨 팽팽히 묶는다.

3 다시 등이 아래로 오게 놓고 바늘을 한쪽 허벅지 아래로 넣어 척추뼈 위를 관통한 뒤 반대쪽 허벅지로 빼낸다.

4 두 발 위로 측면을 찔러 관통시킨다. 실을 잡아당긴 뒤 두 개의 매듭을 묶는다. 너무 긴 끝부분은 잘라낸다.

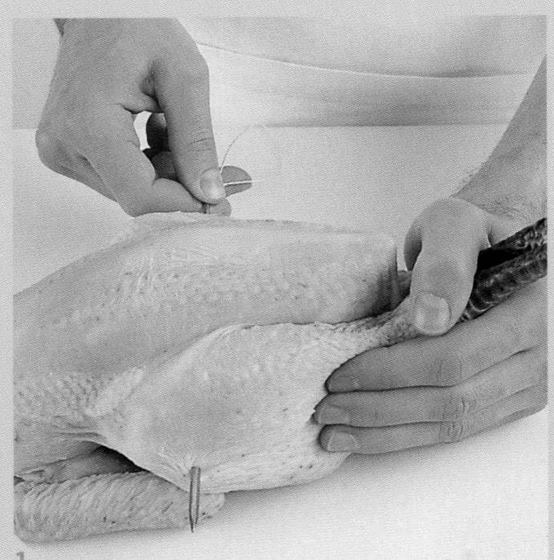
1

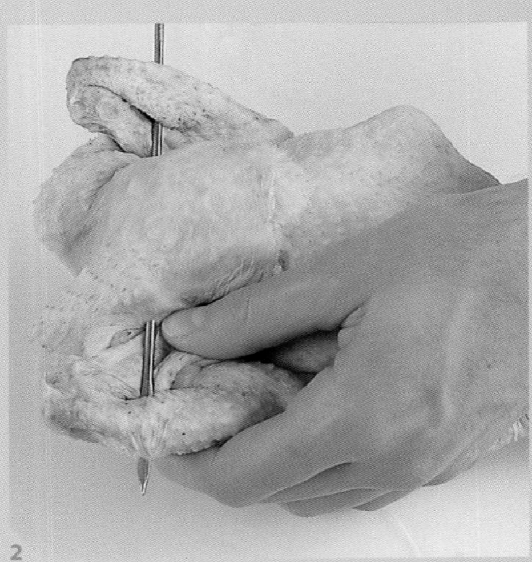
2

3

4

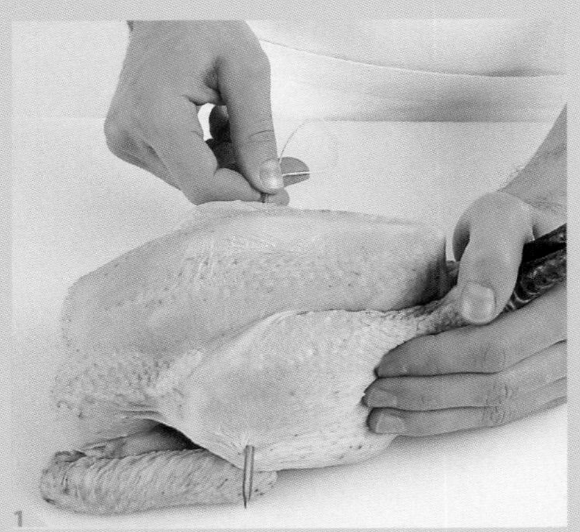
1

2

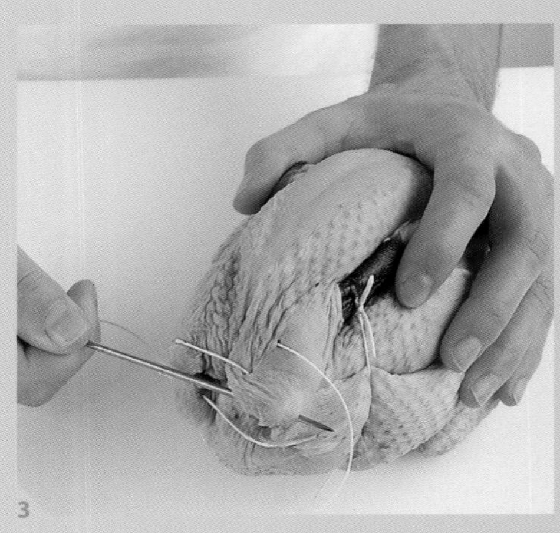
3

닭 속 채우기

1 목 껍질을 척추뼈 쪽으로 팽팽히 덮어씌운다. 날개 쪽으로 바늘을 통과시켜 실을 한 번 묶어준다.

2 꽁무니 쪽 구멍의 테두리를 잘라낸 다음 소를 채워 넣는다. 닭의 앞부분까지 속이 채워지도록 꼼꼼히 밀어 넣는다.

3 꽁무니를 안으로 접어 넣은 다음 실을 꿴 조리용 바늘로 입구를 고르게 꿰매 봉한다.

닭 로스트하기

약 2kg짜리 닭 1마리 (위시 본 제거한 것. 참조 p. VII), 올리브오일 2테이블스푼, 버터 15g, 물 100ml

1 오븐을 220°C로 예열한다. 닭에 오일을 바른 다음 버터로 문지르고 간을 한다. 닭을 로스팅 팬에 넣고 물을 부은 뒤 오븐 중간 위치에 넣어 굽는다. 15분 후 온도를 190°C로 내리고 25분간 더 익힌다.

2 흘러나온 즙을 닭에 고루 끼얹어준다. 닭을 뒤집어 놓고 윗부분의 더 뜨거운 열이 허벅지로 고루 퍼지도록 한다. 다시 육즙을 끼얹은 다음 25분간 더 익힌다.

3 다시 닭을 뒤집어 등쪽이 아래로 가게 놓은 다음, 제일 안 익는 부분인 허벅지나 가슴살 두꺼운 부분에 꼬챙이를 찔러 넣어본다. 맑은 즙이 흘러나오면 다 익은 것이다. 살짝 핏빛이 비치면 10분 정도 더 익힌다.

4 닭을 건져내 접시에 놓고 알루미늄 포일을 느슨하게 덮어준다. 10분간 휴지시킨 뒤 카빙한다.

1

2

3

4

1

2

3

4

닭 또는 깃털 달린 수렵육 자르기

1 로스트한 닭을 휴지시키고, 익히면서 흘러나온 육즙으로 소스(jus)를 만든다. 닭을 등쪽이 아래로 가게 도마 위에 놓고 카빙 포크로 찔러 고정시킨 뒤 칼을 가슴살과 허벅지 사이 껍질에 칼집을 넣는다. 가슴살을 따라 이어서 위에서 아래로 자른다.

2 다리를 뒤쪽으로 들어 꺾으며 몸통에서 떼어낸다. 이때 넓적다리 살을 다 붙인 상태로 분리한다. 다른 쪽 다리도 마찬가지 방법으로 잘라낸다.

3 카빙 포크로 몸체를 단단히 고정시킨 뒤 칼날을 가슴뼈에 최대한 가까이 붙이며 가슴살을 잘라낸다. 다른 쪽 가슴살도 마찬가지 방법으로 자른다. 이렇게 잘라낸 다리 2개와 가슴살 2개를 각각 2조각으로 잘라 다리와 가슴살을 고루 서빙한다. 가슴살은 어슷하게 고른 크기로 썰어 담아낸다.

4 다리는 관절 부분을 잘라 허벅지살과 드럼 스틱으로 분리한다.

1

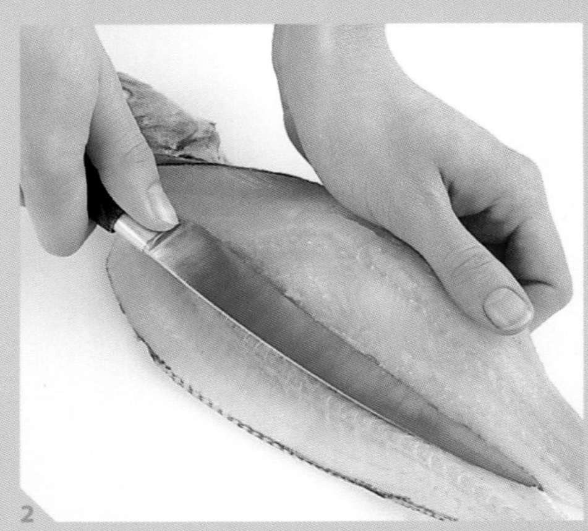
2

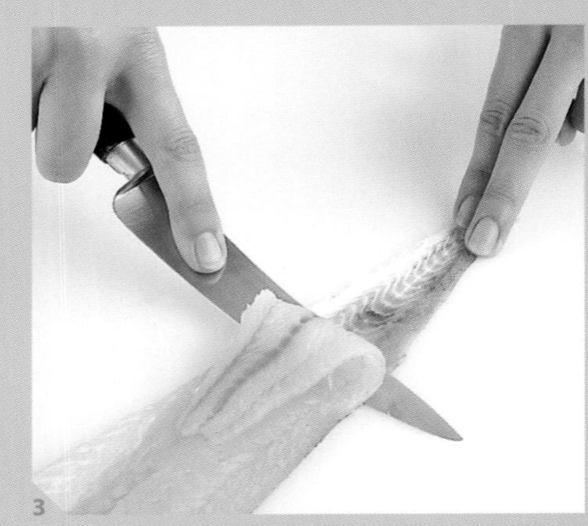
3

몸이 통통한 생선 필레 뜨기

1 생선의 비늘을 벗기고 지느러미를 잘라낸다. 생선을 가로로 놓고 필레용 나이프로 등 지느러미 위쪽에 칼집을 낸다.

2 칼날을 척추뼈 가시에 최대한 가까이 붙여 눌러가며 조금씩 살과 분리해 필레를 자른다.

3 꼬리가 작업자 쪽으로 향하게 놓는다. 칼을 가시와 평행 방향으로 잡고 꼬리 쪽에서 머리 쪽을 향하여 조금씩 밀어가며 필레를 뜬다.

몸이 통통한 생선 필레 자르기

1 **구조네트(goujonnette)** : 생선 필레를 도마 위에 놓는다. 칼날을 수직으로 든 다음 가늘고 길쭉한 모양으로 생선의 방향과 45도 각도로 어슷하게 썬다.

2 **에귀예트(aiguillette)** : 생선 필레를 도마 위에 놓는다. 칼날을 수직으로 든 다음 필레의 길이 방향으로 폭이 좁게 썬다. 칼날이 아주 잘 들어야 한다.

3 **에스칼로프(escalope)** : 생선 필레를 도마 위에 놓는다. 칼날을 45도 각도로 눕힌 뒤 필레의 폭 방향으로 어슷하게 포를 뜨듯이 얇게 썬다. 칼날이 아주 잘 들어야 한다.

4 **메다이용(médaillon)** : 생선 필레를 도마 위에 놓는다. 칼날을 수직으로 든 다음 필레의 폭 방향으로 도톰하게 썬다.

1

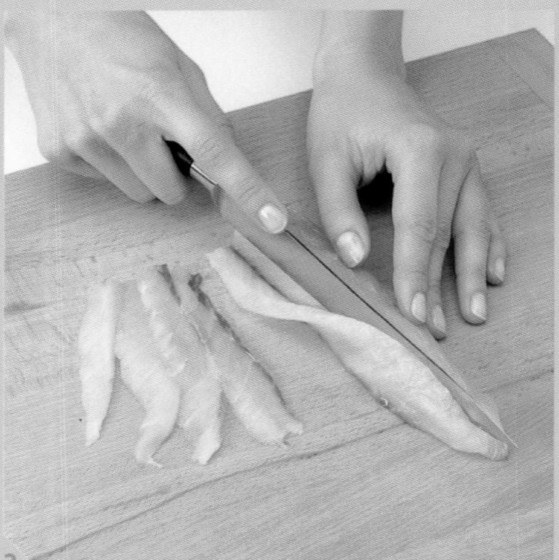
2

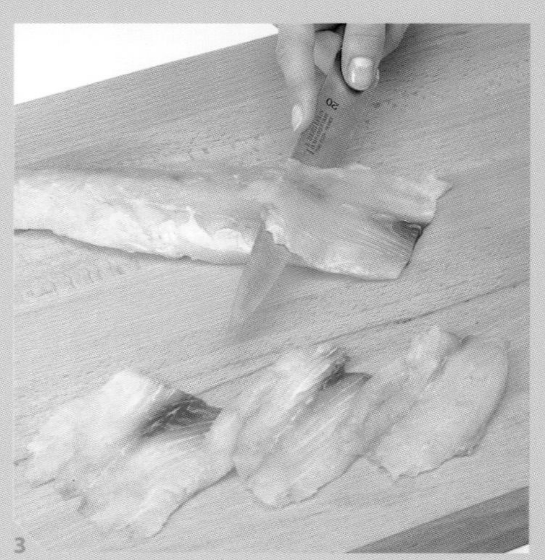
3

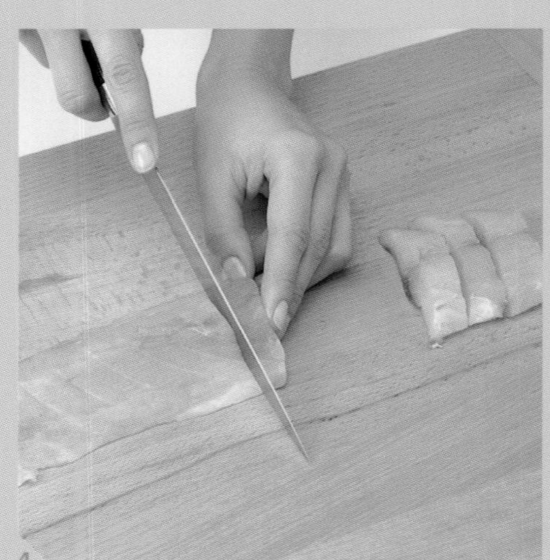
4

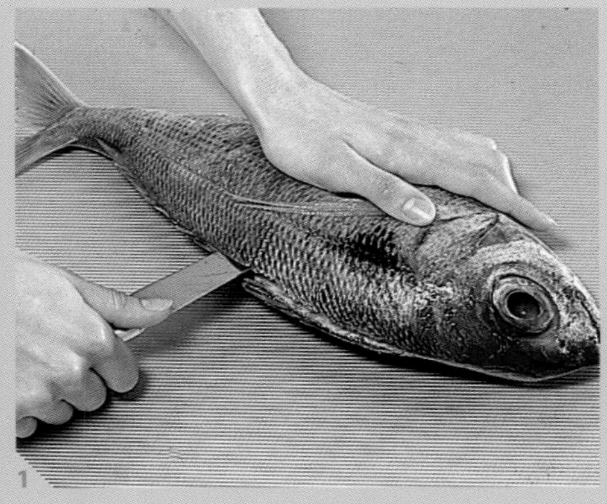
1

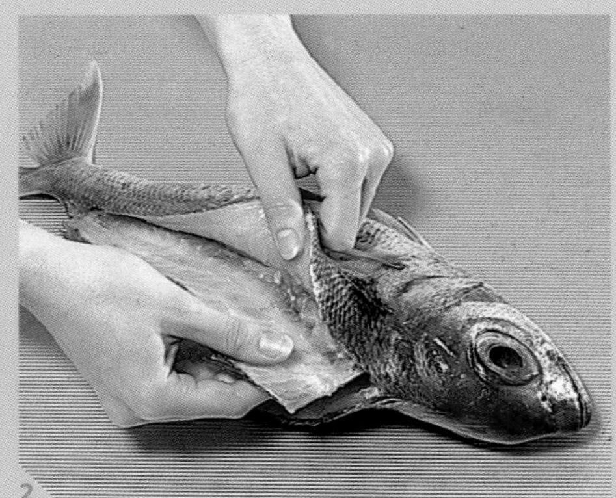
2

3

4

생선 등쪽으로 속 채우기

1 생선의 배쪽을 손으로 잡고 등의 머리에서 꼬리지느러미 방향으로 칼집을 낸다.

2 껍질을 벌리고 칼을 척추뼈 가시에 붙여 가며 살과 분리한다. 가시뼈의 머리와 꼬리 쪽을 절단한 뒤 떼어낸다.

3 배쪽으로 생선 내장을 제거한 다음 비늘을 벗긴다. 헹군 뒤 물기를 닦아낸다.

4 생선 안쪽에 소금, 후추로 간을 한다. 준비한 소를 채워 넣고 잘 눌러준다. 살을 잘 여며 원래 모양대로 만든 뒤 군데군데 실로 묶는다.

1

2

3

몸이 통통한 대형 생선 익힌 뒤 손질하기

1 생선을 따뜻한 접시 위에 놓는다. 칼끝으로 등쪽의 머리부터 꼬리까지 칼집을 낸 다음 껍질을 조심스럽게 제거한다. 남아 있는 검은 부분도 모두 깔끔히 떼어낸다.

2 스푼 끝으로 아가미 쪽 살을 반원 모양으로 끊어준다. 살의 중간을 따라 길이로 갈라준 다음 포크를 함께 사용하며 살을 가시에서 분리한다.

3 주방용 큰 가위로 척추뼈 가시의 머리와 꼬리 부분을 자른 뒤 스푼과 포크로 가시뼈를 들어낸다. 생선살을 다시 제자리에 놓고 생선 원형으로 복원한다.

1

2

3

몸이 납작한 생선 내장 및 수염, 지느러미 제거하기

1 큰 칼로 생선의 배쪽에 작은 칼집을 낸 다음 내장과 알을 모두 꺼내 제거한다.

2 주방용 가위로 지느러미를 잘라낸다. 이 때 생선의 배까지 잘리지 않도록 약 5mm 정도 여유분을 남긴다.

3 필요한 경우 흰색 면의 비늘을 긁어낸다. 가위로 아가미를 잘라낸다. 흐르는 찬물에 생선의 안쪽과 바깥쪽을 깨끗이 헹군다.

1

2

3

4

대문짝넙치 포션으로 자르기

1 대문짝넙치를 검은색 면이 위로 오도록 도마 위에 놓는다. 주방용 큰 가위로 생선 둘레의 지느러미를 잘라낸다. 살을 잘라내지 않도록 약간의 여유를 남겨둔다. 수염도 잘라내고 꼬리의 1/4을 잘라낸다.

2 생선을 뒤집어 놓고 아주 잘 드는 큰 칼로 머리의 둥근 선을 따라 잘라낸다.

3 머리부터 꼬리 쪽을 향하여 중간을 칼로 자른다. 척추뼈를 가른 다음 뼈에 엉겨 붙은 피를 모두 깨끗이 제거한다.

4 가시와 함께 반으로 자른 생선살의 등쪽 덩어리를 비슷한 크기로 3등분한다. 배쪽의 반 조각은 생선이 큰 경우 둘로 자르고, 작은 경우에는 한 조각 그대로 사용한다.

몸이 납작한 생선 익힌 뒤 손질하기

1 생선을 따뜻한 접시 위에 놓는다. 스푼과 포크를 사용하여 생선 가장자리의 가시를 분리한다.

2 스푼 끝으로 중간 척추뼈 가시를 따라 길게 가른 뒤 살을 양쪽으로 벌려 밀어둔다.

3 머리를 잘라낸 뒤 척추뼈 가시를 꼬리 부분까지 아랫면 살과 분리해 들어낸다.

4 위쪽 필레를 다시 제자리에 얹어 모양을 정리한다.

1

2

3

4

1

2

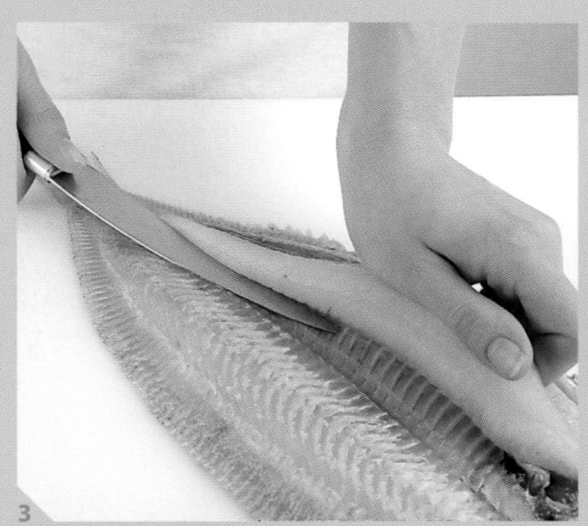
3

서대 손질 및 필레 뜨기

1 검은색 면의 꼬리지느러미에 칼집을 낸 다음 꼬리에서 머리 방향으로 껍질을 잡아당겨 벗긴다. 생선을 뒤집어 흰색 면도 마찬가지 방법으로 껍질을 벗긴다. 생선의 내장을 모두 제거한 뒤 물에 깨끗이 헹군다. 이러한 손질 과정을 '아비예(habiller)'라고 한다.

2 다시 생선을 뒤집어 놓는다. 생선용 필레 나이프 끝으로 머리 둘레에 둥그렇게 칼집을 낸 다음 척추뼈 가시를 따라 조심스럽게 칼집을 내며 자른다.

3 칼을 가시 뼈와 필레 사이에 밀어 넣고 칼날로 가시 뼈를 누르듯 최대로 붙여가며 필레를 뜬다. 살이 찢어지지 않도록 주의한다. 다른 쪽 필레도 마찬가지 방법으로 잘라낸다. 흐르는 물에 재빨리 헹군 뒤 조심스럽게 물기를 닦는다.

활 랍스터 자르기

1 랍스터를 솔로 문질러 씻은 다음, 머리가 작업자에게로 향하도록 바닥에 놓는다. 칼을 두 개의 더듬이 사이에 찔러 넣어 기절시킨다. 재빨리 머리를 복부에서 분리한다.

2 양쪽 집게발을 떼어낸 다음 머리를 길이로 이등분한다.

3 작은 티스푼으로 내장 주머니를 긁어내 제거한다. 생식소는 꺼내서 따로 보관한다.

4 복부 몸통은 껍데기가 부서지지 않도록 마디를 따라 토막으로 썬다.

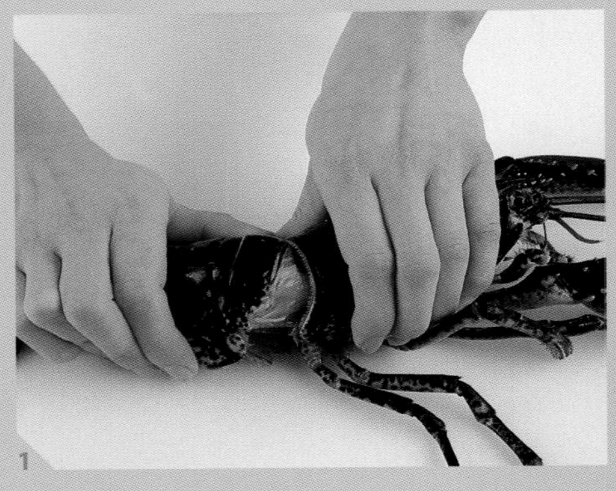
1

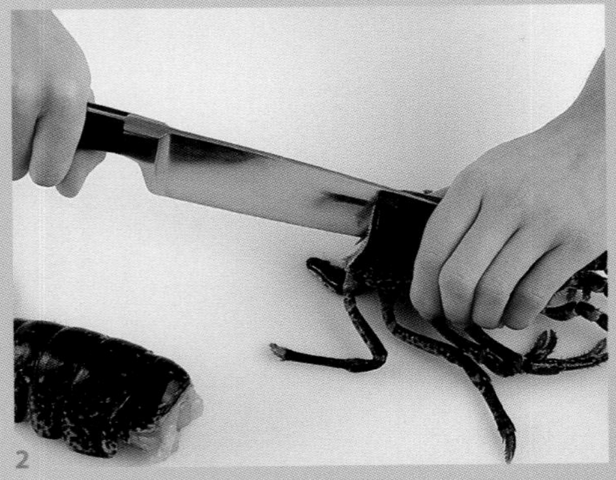
2

3

4

오징어 손질하기

1 오징어의 머리를 잡아당기면서 손가락을 몸 안으로 넣어 내장을 뼈(갑오징어) 또는 투명하고 얇은 연골(일반 오징어)로부터 분리해 떼어낸다.

2 눈 바로 위쪽으로 칼질을 하여 오징어 발(촉수)들을 한번에 잘라낸다. 촉수 안쪽에 박힌 딱딱한 입을 살짝 누르듯 밀어내 제거한다.

3 몸과 다리를 덮고 있는 얇은 막 껍질을 벗긴다. 오징어의 삼각형 지느러미는 그대로 붙여둔다.

4 내장과 먹물주머니가 들어 있는 막에서는 먹물주머니만 찢어지지 않도록 꺼낸 뒤 나머지는 버린다.

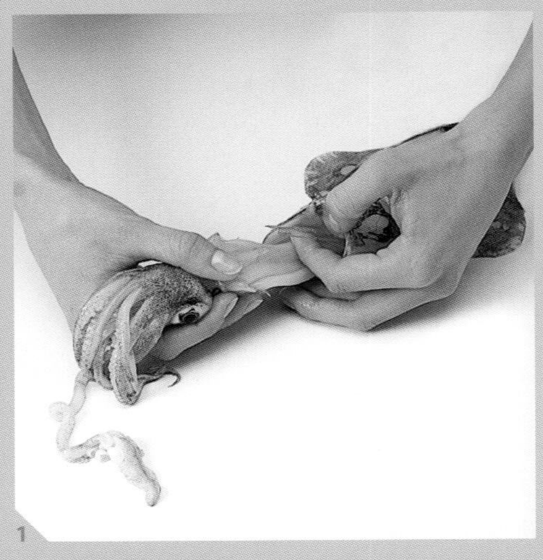
1

2

3

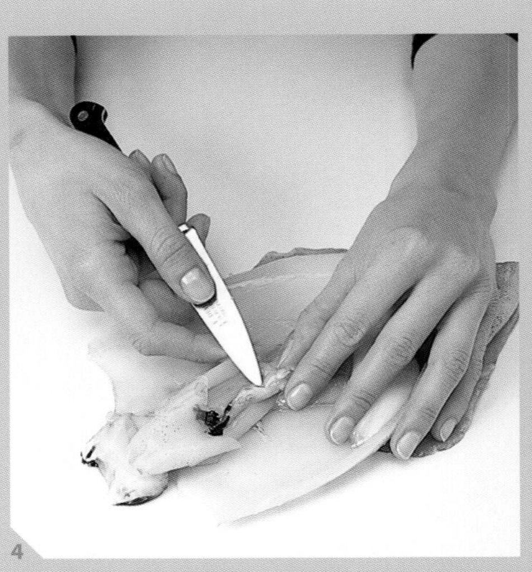
4

익힌 게살 바르기

살이 통통한 게는 대부분 집게, 다리, 몸통으로 이루어져 있다. 여기에 소개된 브라운 크랩(tourteau)은 흰살과 게딱지 사이에 위치한 크리미한 갈색 살도 포함하고 있다.

1 도마 위에 익힌 게를 등이 아래로 오도록 놓는다. 양쪽 집게발과 다리를 힘을 주어 비틀며 떼어낸다.

2 배쪽에 위치한 꼬리 막을 펼친 뒤 마찬가지로 잡아 떼어낸다.

3 꼬리 아래쪽 게딱지를 열어 엄지를 몸통 껍질 사이에 넣고 벌려 게딱지를 완전히 떼어낸다. 작은 스푼으로 흰색 게살을 긁어낸다.

4 배 중앙 양쪽의 아가미를 모두 제거한다. 게딱지 양쪽 끝에 위치하거나 몸에 붙어 있는 내장을 떼어낸다.

5 복부 중앙 부분을 토막으로 자른다. 가늘고 긴 갑각류용 포크로 흰색 게살을 긁어낸다. 작은 속껍질 막 조각들은 발라낸다. 살을 전부 모아 볼에 담는다.

6 작은 스푼으로 게딱지 안에 들어 있는 갈색 살 부분을 긁어내 흰 게살과 함께 볼에 담는다. 머리의 주머니 막을 긁어낸다. 알이 있으면 스푼으로 긁어내 따로 보관한다.

7 가금육용 가위 또는 칼등으로 게 다리를 두드려 금이 가게 한다. 갑각류용 가는 포크를 사용해 가능하면 살을 한 덩어리로 꺼낸다. 흰색 게살과 함께 보관한다.

8 랍스터용 집게, 호두까기 또는 작은 망치를 사용해 집게발 껍데기를 깬다. 껍데기 부스러기나 속 껍질막 조각이 섞이지 않도록 조심하며 살을 빼낸다.

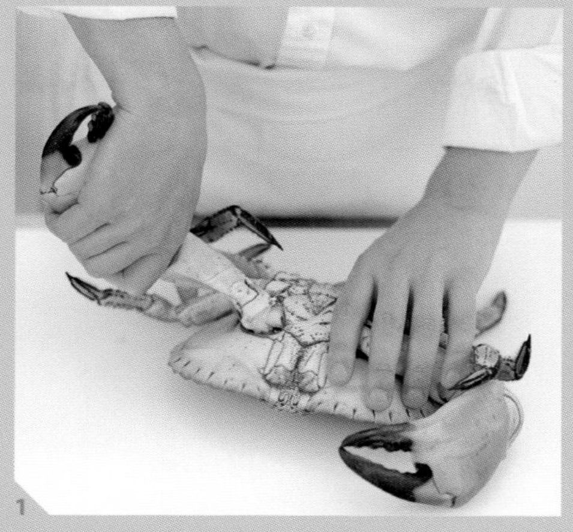
1

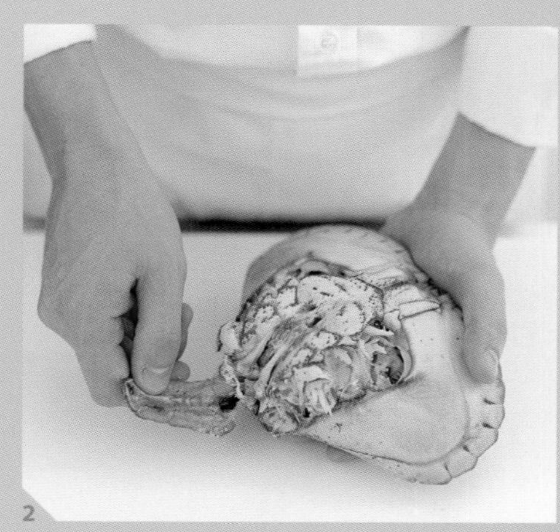
2

3

4

5

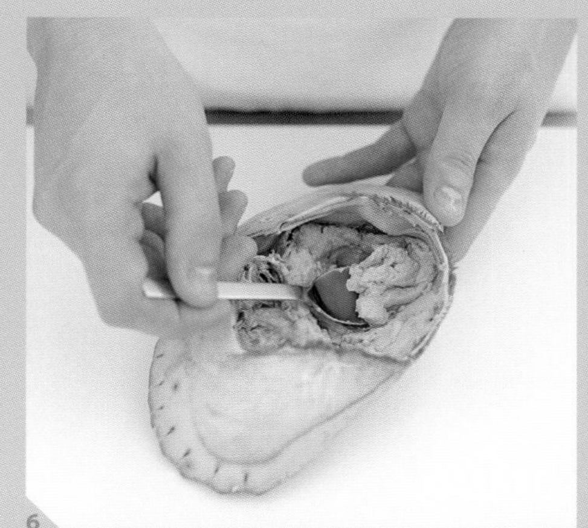
6

7

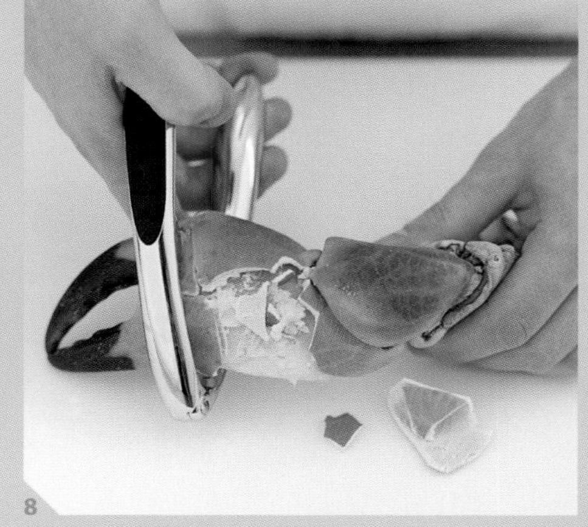
8

가리비조개 까기 및 씻기

1 가리비조개의 우묵한 부분이 아래로 오도록 놓고 접합 연결 부위가 작업자 방향으로 향하게 쥔다. 날이 튼튼한 칼을 두 개의 껍데기 사이로 넣는다. 내전근을 찾아 칼을 껍데기 쪽으로 붙이며 한쪽 면을 떼어낸다.

2 조개껍데기를 연 다음 흐르는 물에 헹궈 모래를 제거한다. 스푼으로 가리비 살을 떼어낸다.

3 엄지손가락으로 누르듯이 밀어 내전근 주위의 너덜너덜한 막과 검은 주머니 등을 떼어낸다.

4 주황색 생식소의 빨판을 잘라낸다. 껍데기를 찬물에 몇 분간 담가둔다.

1

2

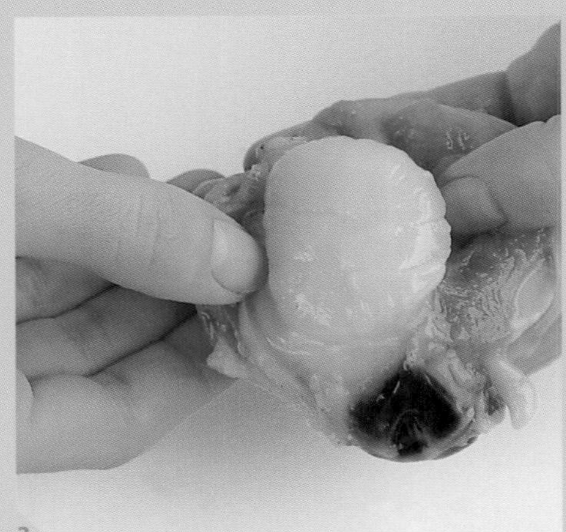
3

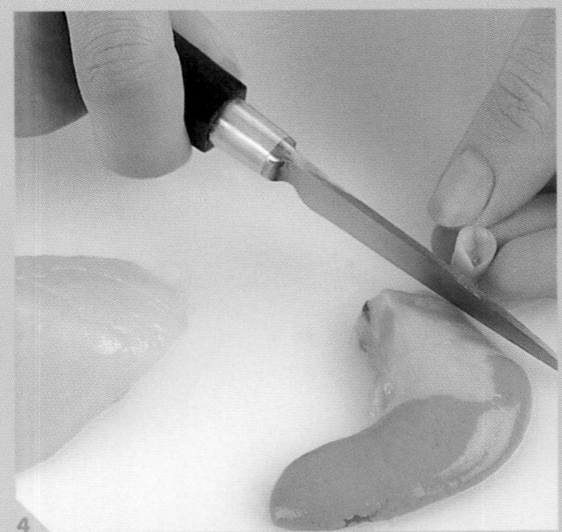
4

1

2

3

바지락, 대합조개 또는 기타 패류 껍질 까기

1 왼손으로 조개껍데기를 잡는다(오른손잡이 기준). 칼날을 두 껍데기 사이로 밀어 넣고 힘을 주어 벌린다.

2 조개껍데기를 완전히 열어 껍데기에 붙어 있는 살을 잘라낸다.

3 조개의 모양과 크기에 따라 껍데기 접합 연결 부분으로 칼날을 집어넣어 까는 것이 더 쉬운 경우도 있다. 이 경우 두 개의 껍데기는 완전히 분리된다.

굴 까기

1 굴 껍데기의 평평한 면이 위로 오도록 잡고, 굴 전용 칼날 끝을 껍데기 사이 접합 연결 부분 가까이로 밀어 넣는다.

2 칼날을 깊숙이 밀어 넣어 굴의 살을 껍데기에서 분리한 다음 두 개의 껍데기를 벌린다.

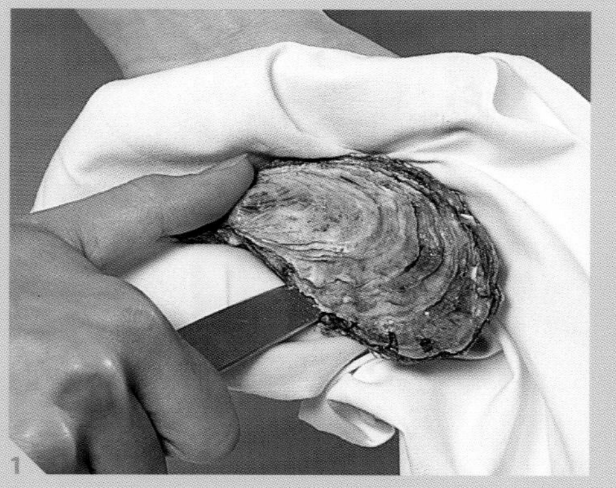
1

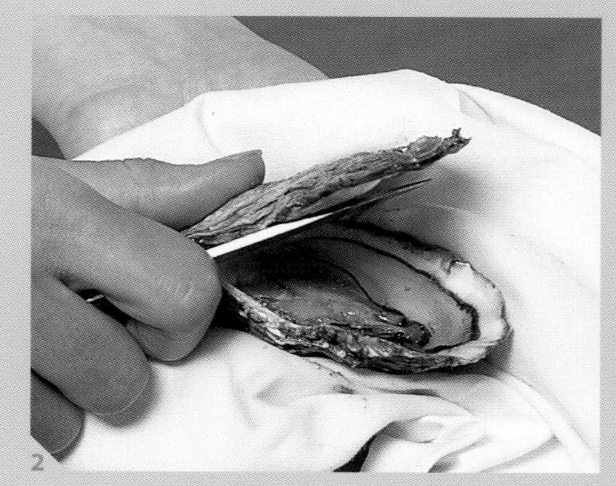
2

성게 까기

1 성게의 윗부분을 가위로 동그랗게 잘라낸다.

2 작은 스푼을 이용하여 성게알(생식소)을 떠낸다.

1

2

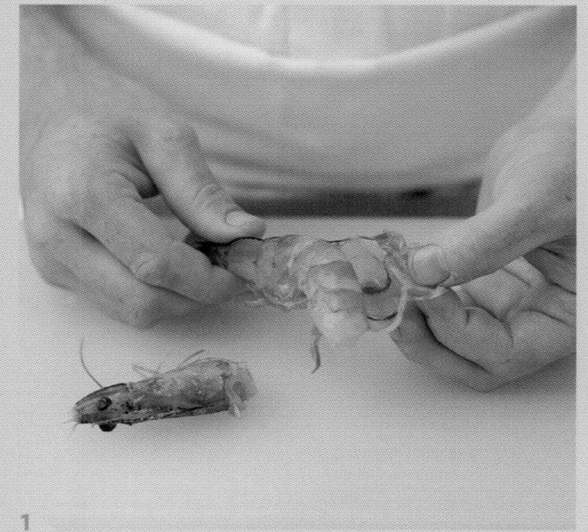
1

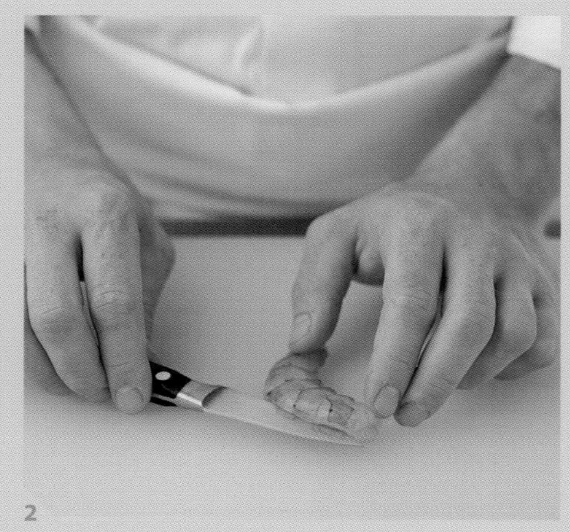
2

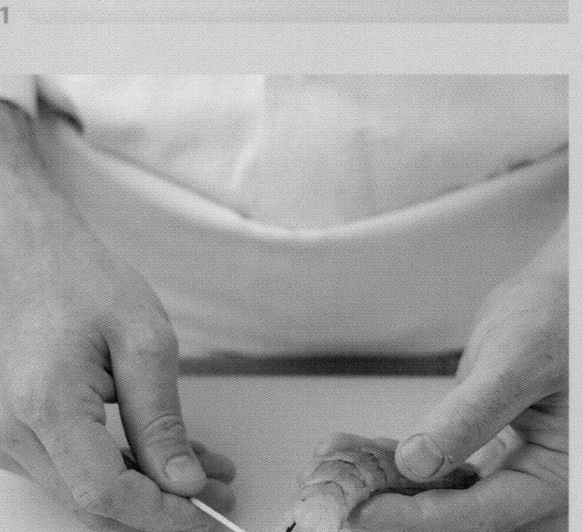
3

4

새우 손질하기

껍질 까기와 내장 제거하기

1 새우의 머리를 떼어낸 뒤 껍질과 발을 모두 벗겨 제거한다. 경우에 따라 꼬리 부분은 남겨두기도 한다. 새우 머리와 껍데기는 보관했다가 육수를 우릴 때 사용할 수 있다.

2 작은 칼로 새우 등쪽에 칼집을 낸 다음, 끝이 드러난 가는 내장을 칼끝으로 조심스럽게 잡아당겨 빼낸다. 새우를 흐르는 찬물에 헹군 다음 종이타월로 물기를 제거한다.

자르지 않고 내장 제거하기

3 새우의 껍질을 벗기거나 머리만 떼어낸다. 이쑤시개로 내장 끝을 찌른 뒤 살살 뽑아낸다. 새우를 흐르는 찬물에 헹군 다음 종이타월로 물기를 제거한다.

나비 모양으로 잘라 펼치기

4 새우의 껍질을 벗긴 다음 등쪽으로 칼집을 넣어 책을 펼치듯이 저민다. 맨 아랫부분까지 자르지 않는다. 새우의 내장을 제거하고 흐르는 찬물에 헹군 다음 종이타월로 물기를 제거한다.

토마토 껍질 벗기기, 속과 씨 제거하기, 잘게 썰기

토마토 수프를 만들거나 체에 거르지 않는 소스를 만들 때에는 껍질을 벗기고 씨를 제거하는 것이 일반적이다. 복숭아, 자두 혹은 밤 껍질을 벗길 때에도 이와 같은 방법을 사용한다.

1 작은 페어링 나이프 끝으로 토마토의 꼭지를 도려낸다.

2 토마토 위쪽에 십자로 칼집을 낸 뒤 끓는 물에 넣는다.

3 껍질이 살짝 벌어질 때까지 끓는 물에 10초 정도 데친다.

4 토마토를 건져 얼음물이 담긴 볼에 담가 식힌다.

5 페어링 나이프로 껍질을 벗긴다.

6 가로로 이등분한 다음 손으로 꾹 짜 씨를 제거한다.

7 씨를 제거한 토마토를 도마에 납작하게 놓고 길게 자른 뒤 주사위 모양으로 썬다.

1

2

3

4

5

6

7

양파 껍질 벗기기, 잘게 썰기

1 셰프 나이프로 양파를 세로로 이등분한다. 껍질을 벗긴다. 양파가 겹겹이 분리되지 않도록 뿌리 쪽 끝을 잘라내지 않는다.

2 반으로 자른 양파를 단면이 바닥으로 가게 놓고 가로로 동그랗게 2~3층으로 자른다. 이때 끝부분은 붙어 있는 상태로 둔다.

3 양파를 세로로 가늘게 썬다. 마찬가지로 뿌리 쪽 끝 부분은 붙어 있는 상태를 유지한다.

4 이번에는 양파를 반대 방향으로 수직으로 잘게 썬다. 일정한 크기의 작은 큐브 모양으로 썬 다음 맨 끝 뿌리 부분은 잘라낸다.

1

2

3

4

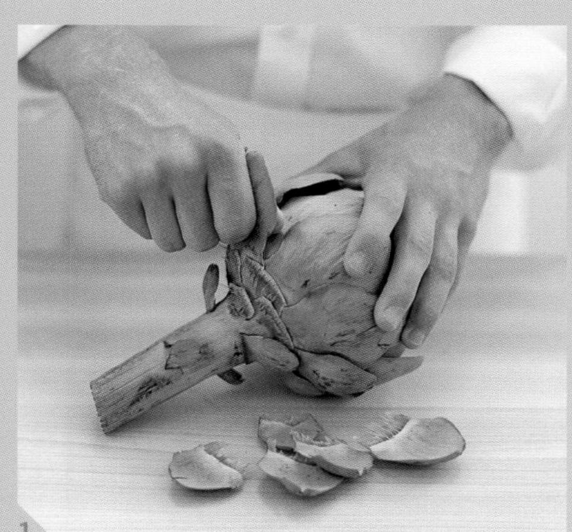
1

2

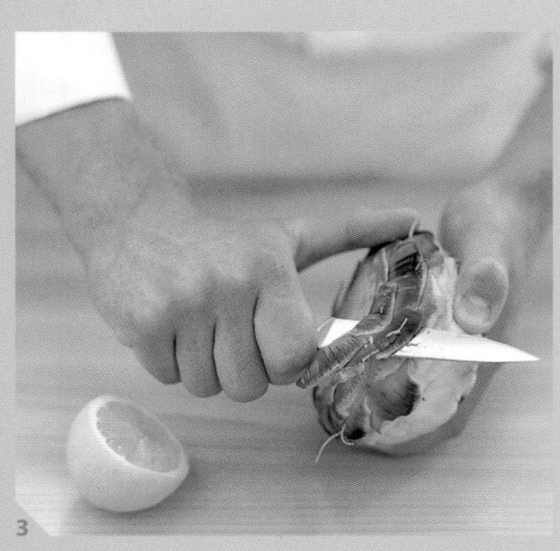
3

4

아티초크 속살 밑동 돌려 깎기

아티초크의 잎을 모두 제거하고 껍질을 벗기면 식용 가능한 속살의 밑동 또는 속대만 남는다(안의 털은 제거한다). 익힐 때는 안의 털 같은 조직을 제거한 다음 적당한 크기로 자르거나 통째로 사용한다. 통째로 사용할 때는 익힌 뒤에 속 털을 긁어낸다. 아티초크를 손질할 때는 중간중간 살에 레몬즙을 문질러 갈변을 막는다.

1 생 아티초크의 삐죽삐죽한 잎을 떼어낸 다음 줄기를 한번에 탁 꺾어 떼어낸다.

2 중앙에 원뿔형으로 몰려 있는 연한 잎들을 밑동의 속 털 바로 위에서 잘라낸다.

3 페어링 나이프로 아래쪽 작은 잎들을 잘라낸 다음 바닥을 평평하게 다듬는다.

4 아티초크 속살을 잘라서 익힐 때는 우선 작은 티스푼으로 털을 모두 파낸다. 가운데 레몬즙을 넉넉히 뿌린다. 속 털을 파낸 아티초크 밑동을 원하는 크기로 잘라 조리한다.

달걀흰자 거품 내기

1 달걀의 흰자와 노른자를 분리한다. 밑이 둥근 볼에 흰자를 넣고 처음에는 거품기를 천천히 휘저으며 풀어준다.

2 달걀흰자의 반투명함이 없어지고 거품이 일기 시작할 때까지 좀 더 큰 움직임으로 거품기를 휘저어준다. 어깨의 힘을 빼고 손목의 스냅을 이용해 거품기를 저으면 더욱 쉽다.

3 더욱 큰 반경으로 좀 더 빨리 거품기를 휘저어 최대로 공기가 주입되도록 한다. 흰자의 거품이 단단해질 때까지 계속 저어준다.

4 흰자 거품이 유연성을 잃지 않으면서도 단단한 제형을 유지해야 한다. 거품기를 들었을 때 거품의 끝부분이 흘러내리지 않고 단단하고 윤기나는 상태가 되어야 한다.

1

2

3

4

1

2

3

수란 만들기

1 냄비에 물을 넣고 아주 약하게 끓는 상태를 유지한다. 식초를 조금 넣는다. 다른 냄비에 물을 약하게 끓이고 소금을 넣는다. 달걀을 하나씩 깨서 잔 받침 접시에 조심스럽게 담은 뒤 식초를 넣은 물에 살짝 넣는다.

2 망국자로 흰자를 노른자 위에 덮어주며 흰자가 응고될 때까지 20초간 익힌다. 다른 달걀들도 같은 방법으로 하나씩 차례로 익힌다. 물이 아주 약한 상태로 끓도록 불을 조절한다. 흰자가 익을 때까지 3~5분간 데친다.

3 망국자로 수란을 건진 뒤 약하게 끓고 있는 소금물에 30초간 담근다. 건져서 깨끗한 면포에 몇 초간 놓고 물기를 제거한다.

1

2

3

스크램블드 에그 만들기

2인분 : 달걀 4개, 버터 15~30g, 액상 생크림 또는 더블 크림 4티스푼, 소금, 후추

1 달걀을 풀어 소금, 후추로 간한다. 논스틱 코팅팬을 중불에 올린 뒤 버터를 녹인다. 달걀을 팬에 붓고 잠시 그대로 둔다. 처음부터 너무 많이 휘저어 섞으면 부드러운 맛이 떨어질 수 있다.

2 나무나 실리콘 스푼으로 달걀을 가운데 쪽으로 모아가며 균일하게 익힌다. 약 2분간 잘 저으며 고루 익힌다. 더 밀도가 쫀쫀한 식감의 스크램블드 에그를 원하면 젓기 전에 너무 오래 두지 말고 더 세게 휘저어 섞어준다.

3 원하는 정도까지 익기 바로 전에 팬을 불에서 내린 다음 생크림을 넣어준다. 재빨리 섞은 뒤 바로 서빙한다.

돌돌 만 오믈렛 만들기

2인분 : 달걀 6개, 버터 30~40g, 소금, 후추

1 달걀을 풀어 소금, 후추로 간한다. 지름 15~20cm 크기의 논스틱 코팅팬을 중불에 올린 뒤 버터를 녹인다. 거품이 일기 시작하면 달걀을 팬에 붓는다. 팬을 돌려가며 달걀이 고루 퍼지도록 한다.

2 팬을 고루 움직이며 오믈렛이 반 정도 익을 때까지 20~30초간 포크 뒷면으로 섞는다.

3 포크를 사용하여 달걀 가장자리를 1/3 정도 접는다. 팬의 손잡이를 들어 45도 각도로 기울인다.

4 오른 손으로 팬의 손잡이(팬에 가까운 쪽)을 탁탁 치면서 오믈렛의 다른 쪽 끝이 접힌 부분 위를 덮도록 한다. 포크로 오믈렛을 동그랗게 말듯이 오므린다. 팬을 기울여 오믈렛을 접시에 담는다. 바로 서빙한다.

1

2

3

4

파트 사블레 만들기

반죽 1kg 분량 : 깍둑 썬 상온의 버터 250g, 밀가루 500g, 달걀 2개, 설탕 250g, 소금 2자밤

1 밀가루에 버터가 고루 묻도록 조심스럽게 살살 섞는다. 으깨듯이 섞은 뒤 손가락을 벌리고 손바닥으로 비벼가며 모래와 같은 부슬부슬한 질감을 만든다(사블라주).

2 사블라주 가운데에 우묵한 공간을 만들고 그 안에 달걀, 약간의 물, 설탕, 소금을 넣는다. 한 손으로 조물조물 섞어준다.

3 손가락 끝으로 조금씩 섞은 뒤 너무 치대지 말고 손 전체로 으깨며 혼합한다. 여러 개의 공 모양으로 둥글게 뭉친 뒤 밀가루를 얇게 뿌린다.

4 뭉쳐 놓은 반죽을 손바닥으로 한번에 누르며 밀어준다. 사블레 반죽이 완성되었다.

1

2

3

4

1

2

3

4

파트 브리제 만들기

반죽 1kg 분량 : 깍둑 썬 상온의 무염 버터 375g, 소금 2작은 커피 스푼, 달걀노른자 1개분, 설탕 2 작은 커피 스푼, 상온의 우유(전유) 100ml, 밀가루 500g, 반죽용 덧 밀가루 약간

1 유리 볼에 버터를 넣고 나무 주걱으로 으깨 부드럽게 만든다. 여기에 소금과 달걀노른자를 넣고 잘 섞는다. 다른 볼에 설탕과 우유를 넣고 섞은 뒤, 버터가 담긴 볼에 조금씩 부으며 계속 저어 섞는다.

2 밀가루를 체에 치며 혼합물에 조금씩 넣어준다. 나무 주걱으로 또는 손으로 조심스럽게 섞는다.

3 밀가루를 뿌린 작업대에 반죽을 놓고 손바닥으로 누르듯이 밀며 균일하게 반죽한다. 단, 너무 많이 치대지 않는다.

4 반죽을 둥글게 뭉친 뒤 랩으로 싼다. 냉장고에 넣어 최소 2시간 동안 휴지시킨다.

파트 푀유테(푀유타주) 만들기

반죽 1kg 분량 : 밀가루 500g, 고운 소금 10g, 찬물 250ml, 버터 500g

기본 반죽인 '데트랑프(détrempe)'를 만든다. 우선 작업대에 밀가루를 쏟아 놓은 뒤 가운데 우묵한 공간을 만든다. 여기에 소금과 물을 넣고 중앙에서 바깥쪽으로 밀가루에 물을 적셔가며 덩어리가 생기지 않도록 조금씩 혼합한다. 재빨리 반죽하여 균일한 반죽을 만든 다음 둥글게 뭉친다. 접시 위에 반죽을 놓고 시원한 곳에서 30분간 휴지시킨다. 버터를 나무 주걱으로 두드린다(반죽과 비슷하게 말랑한 상태가 되어야 한다). 반죽을 밀어 접는 다음 단계를 진행한다.

1 데트랑프 반죽을 원형으로 민다. 이때 중앙은 조금 도톰한 두께로 만든다. 가운데에 십자 표시를 한다.

2 십자 표시를 기준으로 네 면을 길쭉한 날개처럼 민 다음, 정사각형으로 만들어둔 버터를 반죽 가운데에 놓는다.

3 네 방향의 날개를 중앙으로 접어 버터 위에 덮어준다. 네 귀퉁이가 정확한 정사각형을 만든다.

4 이 반죽을 길쭉한 직사각형으로 민 다음 첫 번째 3절 접기를 실행한다.

5 반죽을 3등분 지점으로 접은 뒤 편지지를 접듯이 나머지 1/3 부분으로 덮어준다.

6 접은 반죽을 90도 회전시킨 뒤 다시 긴 직사각형으로 민다. 마찬가지 방법으로 3절 접기를 다시 한 번 반복한다.

7 이와 같은 밀어 접기(toutage)를 두 번 더 반복한다. 매번 해당 밀어 접기 횟수를 반죽 위에 표시해 둔다.

8 밀어 접기를 하는 중간마다 반죽을 랩으로 싼 다음 냉장고에 넣어 휴지시킨다. 밀어접기 횟수를 표시해두면 기억하기 편리하다.

1

2

3

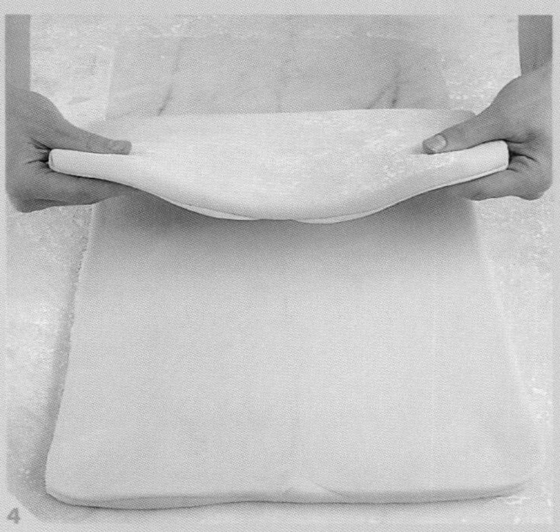
4

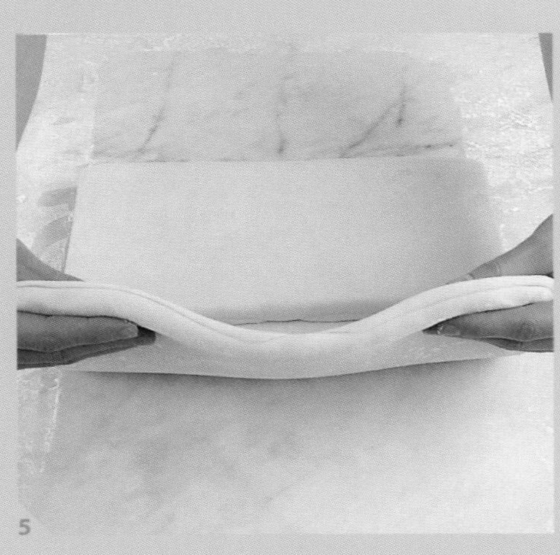
5

6

7

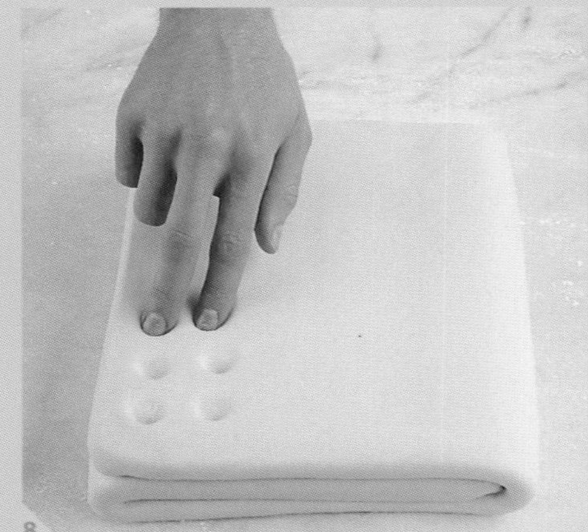
8

크렘 파티시에

1

2

3

4

크림 500g 분량 : 우유(전유) 250ml, 옥수수 전분 25g, 설탕 65g, 바닐라 빈 1줄기, 달걀노른자 3개분, 상온의 버터 25g

1 바닥이 두꺼운 냄비에 우유, 전분, 설탕 30g을 넣고 거품기로 저어 섞는다. 바닐라 빈을 길게 갈라 칼끝으로 긁어 가루와 줄기를 모두 냄비에 넣는다. 거품기로 계속 저으면서 끓을 때까지 가열한다.

2 유리 볼에 달걀노른자와 나머지 설탕을 넣고 거품기로 저어 섞는다. 가열한 우유를 여기에 조금씩 부으며 거품기로 계속 저어 섞는다. 다시 냄비로 모두 옮긴 뒤 끓을 때까지 가열한다. 거품기로 계속 잘 저으며 끓기 시작하면 바로 불에서 내린다.

3 냄비를 얼음물이 담긴 볼에 담가 식힌다. 바닐라 빈 줄기를 건져낸다. 버터를 접시 위에 놓고 깍둑 썬다.

4 크림이 약간 식으면(60°C 정도) 버터를 넣고 균일하고 윤기나게 섞일 때까지 거품기를 세게 휘저어준다.

크렘 앙글레즈

크림 500g 분량 : 바닐라 빈 2줄기, 우유(전유) 150ml, 액상 생크림 200ml, 달걀노른자 4개분, 설탕 85g

1 바닐라 빈을 길게 갈라 칼끝으로 가루를 긁어낸다. 바닥이 두꺼운 냄비에 우유와 생크림을 넣고 거품기로 젓는다. 바닐라 빈과 긁은 줄기를 모두 냄비에 넣고 가열한다. 끓기 시작하면 바로 불에서 내린다. 뚜껑이나 랩으로 덮어 식힌 뒤 냉장고에 하룻밤 넣어 향을 우려낸다.

2 다음 날, 냉장고에서 꺼낸 우유에서 바닐라 빈 줄기를 건져낸 뒤 다시 끓을 때까지 가열한다. 유리 볼에 달걀노른자와 설탕을 넣고 거품기로 3분간 휘저어 섞은 다음 뜨거운 우유를 가늘게 부으며 계속 거품기로 저어 섞는다.

3 이 혼합물을 다시 냄비로 모두 옮긴 뒤 중불에 올린다. 거품기로 계속 저으며 85°C가 될 때까지 가열한다.

4 완성된 크렘 앙글레즈의 농도는 나무 주걱으로 젓다가 들어 올렸을 때 묽게 흐르지 않고 묻어 있는 정도가 적당하다. 냄비를 불에서 내린 뒤 크림이 완전히 균일해질 때까지 4~5분간 천천히 저어준다. 얼음을 채운 큰 유리볼에 작은 볼을 하나 놓고, 여기에 크림

1

2

3

4

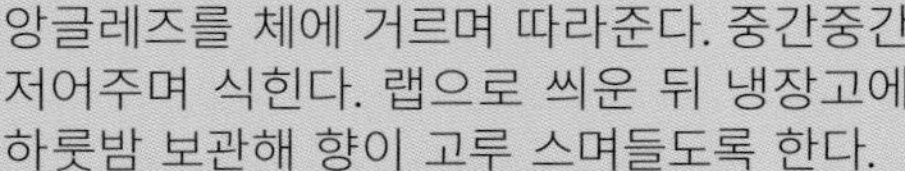
앙글레즈를 체에 거르며 따라준다. 중간중간 저어주며 식힌다. 랩으로 씌운 뒤 냉장고에 하룻밤 보관해 향이 고루 스며들도록 한다.

프렌치 버터 크림

크림 500g 분량 : 부드러워진 버터 250g, 물 50ml, 설탕 140g, 달걀 2개, 달걀노른자 2개분

1 큰 볼에 버터를 넣고 나무 주걱으로 저어 부드러운 포마드 상태로 만든다.

2 작은 냄비에 물을 넣고 설탕을 첨가한다. 약한 불에서 끓을 때까지 가열한다. 물을 적신 납작한 붓으로 냄비의 내벽 둘레를 닦아준다. 시럽을 '프티 불레(petit boulé)' 상태, 즉 120°C(시럽용 온도계로 측정)가 될 때까지 가열한다.

3 달걀과 달걀노른자를 용기에 넣고 색이 뽀얘지고 거품이 일 때까지 핸드믹서 거품기로 돌린다. 온도에 도달한 뜨거운 설탕 시럽을 여기에 가늘게 흘려 넣으면서 계속 거품기를 낮은 속도로 돌린다. 혼합물이 완전히 식을 때까지 거품기로 돌린다. 전동 스탠드 믹서 거품기를 사용하면 식히는 작업을 훨씬 빨리 진행할 수 있다.

4 계속 거품기를 돌리면서 버터를 넣어 섞는다. 크림이 매끈하고 균일하게 혼합되면 냉장고에 보관한다.

1

2

3

4

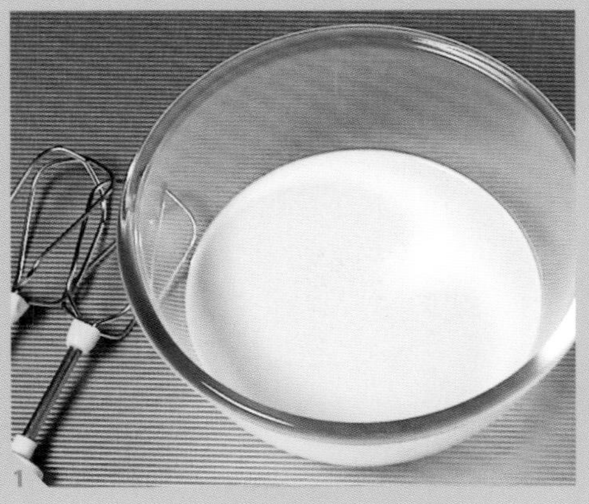
1

2

3

샹티이 크림

크림 500g 분량 : 저온살균 생크림 500ml, 설탕 30g

1 생크림은 최소 2시간 이상 냉장고에 넣어둔다. 온도가 4°C 정도 되어야 한다. 밑이 둥근 볼에 생크림을 넣는다. 가능하면 얼음을 채운 큰 볼에 넣고 작업한다.

2 손 거품기를 세게 휘저어 거품을 올린다. 전동 핸드믹서 거품기를 사용할 때에는 중간 속도로 돌린다. 생크림이 아직 부드러운 상태이면서 단단하게 거품이 형성되기 시작할 때 설탕을 고루 뿌려 넣는다.

3 어느 정도 단단하게 휘핑되면 거품기 작동을 멈춘다. 더 이상 휘저으면 크림이 버터로 변한다.

프렌치 머랭

머랭 500g 분량 : 달걀흰자 5개분 , 설탕 340g, 천연 바닐라 엑스트렉트 1티스푼

1 달걀을 한 개씩 깨서 흰자를 분리해 유리 볼에 넣는다. 노른자가 조금이라도 섞여 들어가면 거품이 잘 일어나지 않으니 주의한다. 설탕 170g을 조금씩 넣어가며 전동 거품기로 돌려 거품을 올린다.

2 부피가 두 배로 늘어나면 설탕 85g과 바닐라를 넣고, 아주 단단하고 매끈하며 윤기가 나는 머랭이 될 때까지 거품기를 돌린다.

3 나머지 설탕을 고루 뿌려 넣고 거품기를 돌려 섞는다. 거품기를 들어 올렸을 때 단단하게 유지되는 머랭이 되어야 한다.

4 원형 깍지를 끼운 짤주머니에 머랭을 채운 뒤, 버터를 바르고 밀가루를 뿌린 베이킹 팬에 원하는 모양대로 짜 얹는다.

1

2

3

4

1

2

3

이탈리안 머랭

머랭 500g 분량 : 물 85ml, 설탕 280g, 달걀흰자 5개분

1 냄비에 물과 설탕을 넣고 끓인다. 물에 적신 붓으로 냄비의 내벽 둘레를 중간중간 닦아준다. 시럽이 '그랑 불레(grand boulé, 126~135°C)' 상태가 될 때까지 끓인다.

2 큰 볼에 달걀흰자를 넣고 전동 거품기로 돌려 거품을 낸다. 거품기를 들어 올렸을 때 '새 부리 모양'이 될 때까지 너무 단단하지 않게 거품을 올린다. 전동 거품기를 중간 속도로 계속 돌리면서 뜨거운 설탕 시럽을 넣어 섞는다.

3 혼합물이 어느 정도 식을 때까지 계속 거품기를 돌린다. 단단하고 매끈하며 윤기나는 머랭을 완성한다. 원형 깍지를 끼운 짤주머니에 머랭을 채운 뒤 케이크 위에 원하는 모양으로 짜 얹는다.

제누아즈 반죽

반죽 500g 분량 : 밀가루 140g, 버터 40g, 달걀 4개, 설탕 140g

1 밀가루를 체에 친다. 작은 냄비에 버터를 녹여 거품이 일기 시작하면 불에서 내리고 따뜻한 온도로 식힌다. 바닥이 둥근 볼에 달걀을 깨 넣고 그 위에 설탕을 고루 뿌리며 잘 저어 섞는다. 이 볼을 물이 약하게 끓고 있는 중탕 냄비 위에 놓고 거품기로 저어준다. 혼합물이 걸쭉해질 때까지 가열(55~60°C 손을 대었을 때 아직 견딜 수 있을 정도의 온도)하며 계속 거품기로 저어준다.

2 볼을 중탕 냄비에서 내린 뒤 완전히 식을 때까지 전동 거품기를 돌린다.

3 이 혼합물 2스푼을 작은 볼에 넣고 따뜻한 온도의 녹인 버터를 넣어 섞는다.

4 중탕 냄비에서 내린 볼에 밀가루를 고루 붓고 주걱으로 들어 올리듯이 반죽을 섞는다. 이어서 작은 볼에 섞어둔 혼합물을 넣고 아주 조심스럽게 섞어준다.

1

2

3

4

슈 반죽

반죽 750g 분량 : 물 120ml, 우유(전유) 120ml, 설탕 1티스푼, 소금 1티스푼, 버터 110g, 밀가루 140g, 달걀 5개

1 냄비에 물, 우유, 설탕, 소금, 버터를 넣고 끓을 때까지 가열한다. 밀가루를 한번에 붓고 주걱으로 세게 휘저어 균일하게 섞는다.

2 반죽의 수분이 날아가고 냄비 벽에 더 이상 붙지 않으면서 덩어리로 뭉쳐질 때까지 2~3분간 세게 휘저어 준 다음 큰 볼에 덜어낸다.

3 달걀을 한 개씩 넣으며 거품기를 세게 돌려 섞는다. 한 개의 달걀이 완전히 혼합된 이후 다음 달걀을 넣는다.

4 혼합물이 부드러운 띠 모양으로 떨어지는 농도가 되면 슈 반죽이 완성된 것이다. 원하는 모양으로 짜서 바로 구울 수 있다.

1

2

3

4

1

2

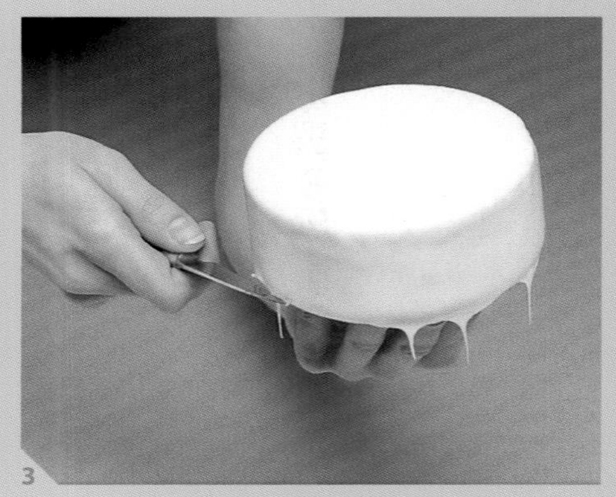
3

퐁당슈거 글라사주

글라사주 500g 분량 : 제과용 퐁당슈거 400g, 설탕시럽 (농도 1.2624, 보메 당도계 30도) 100ml

1 퐁당슈거를 손으로 만져 부드럽게 만든 다음 냄비에 넣고 중탕(34°C 미만)으로 녹인다. 여기에 시럽을 넣고 잘 섞는다. 글라사주(아이싱)를 입힐 케이크를 망 위에 올린 뒤 약간 식은 퐁당 혼합물을 위에 고루 붓는다.

2 스패출러로 한번에 평평하게 밀어 얇은 글라사주를 입힌다. 잉여분의 글라사주는 아래로 흘러내리게 두고 굳힌다.

3 케이크 아래로 흘러내린 퐁당은 안쪽으로 밀어 넣으며 칼로 깔끔히 정리한다.

1

2

3

4

필링용 초콜릿 가나슈

가나슈가 식으면서 너무 뻑뻑해지면 약한 온도의 중탕 가열 또는 전자레인지로 가열해 부드러운 농도를 회복한다. 될 수 있으면 많이 젓지 않는다.

가나슈 320g 분량 : 부드러워진 버터 150g, 카카오 70% 다크 초콜릿 160g 또는 밀크 초콜릿 180g, 우유(전유) 110ml

1 유리 볼에 버터를 넣고 포크로 으깨 부드럽고 크리미한 농도로 만든다.

2 초콜릿을 톱니가 있는 빵 나이프로 다진 뒤 다른 유리 볼에 넣는다. 우유를 끓을 때까지 가열한 다음 다진 초콜릿 중앙에 조금 붓는다. 나무 주걱으로 작은 원을 그리듯이 천천히 저어 섞는다.

3 나머지 우유를 조금씩 붓고 나무 주걱으로 점점 더 원을 크게 그리며 천천히 저어 섞는다.

4 혼합물의 온도가 60°C 아래로 떨어지면, 부드러워진 버터를 작은 조각으로 잘라 조금씩 첨가한다. 부드러운 농도를 유지하도록 혼합물을 살살 저어 매끈하게 섞는다.

초콜릿 무스

무스 500g 분량 : 다크 초콜릿 180g, 우유(전유) 20ml(넉넉히 1테이블스푼), 액상 생크림 100ml, 버터 20g, 달걀 3개, 설탕 15g

1 나무 도마에 초콜릿을 놓고 칼로 다진 뒤 유리 볼에 담는다. 끓을 때까지 가열한 우유와 생크림을 다진 초콜릿에 붓는다. 혼합물의 온도가 40°C로 떨어질 때까지 거품기로 1~2분 정도 저어 섞는다.

2 버터를 작게 잘라 혼합물에 넣고 거품기로 저어 섞는다.

3 달걀을 깨 흰자와 노른자를 분리한다. 흰자를 유리 볼에 넣고 설탕을 넣어가며 전동 거품기로 거품을 올린다. 이어서 달걀노른자를 넣고 몇 초간 거품기를 돌려 섞는다.

4 거품 낸 달걀흰자의 1/5을 초콜릿 가나슈에 넣고 섞는다. 이것을 나머지 달걀흰자에 모두 넣고 주걱으로 떠 올리듯이 살살 섞는다. 냉장고에 넣어둔다.

1

2

3

4

1

2

3

초콜릿 글라사주

35~40°C 온도로 사용하는 이 가나슈는 케이크 위에 많이 붓지 않아도 얇게 잘 펴 발라 씌울 수 있다. 또한 매끈한 윤기를 유지하며 금방 굳는다.

글라사주 250g 분량 : 다크 초콜릿(중간 정도의 쓴맛) 80g, 생크림 80ml, 부드러워진 버터 15g, 초콜릿 소스 80g

1 초콜릿을 다지거나 강판으로 갈아 볼에 담는다. 냄비에 생크림을 넣고 끓을 때까지 가열한 다음 불에서 내리고 초콜릿을 조금씩 넣어준다.

2 나무 주걱으로 중심으로부터 작은 원을 그리듯이 살살 저으며 섞는다.

3 혼합물의 온도가 60°C 이하로 떨어지면 작게 자른 버터를 넣어 섞는다. 이어서 갓 만든 초콜릿 소스를 넣고 살살 저어준다.

오렌지 과육 세그먼트 잘라내기

1 오렌지의 위와 아래 껍질을 한 조각씩 칼로 잘라낸다. 도마에 평평하게 놓고 포크로 고정시킨 뒤 칼로 위에서 아래로 굴곡을 따라 껍질을 잘라낸다. 흰색 실 같은 속껍질도 제거해낸다.

2 오렌지 과육 조각의 껍질막에 최대한 가까이 칼날을 대고 세그먼트 속살을 모두 잘라낸다.

1

2

1

2

복숭아, 천도복숭아 껍질 벗기기

1 과일 위쪽에 십자로 칼집을 살짝 낸다.

2 끓는 물에 과일을 넣고 10~30초간(과일의 성숙 정도에 따라 조절) 데쳐낸다. 찬물이 담긴 볼에 바로 넣어 식힌 뒤 꺼내서 손가락으로 껍질을 벗겨낸다.

시트러스 과일 제스트 설탕 시럽에 조리기

재배한 뒤 화학처리하지 않은 자몽 4개(루비레드 또는 핑크 자몽) 또는 레몬 8개 또는 오렌지 6개(씨는 모두 제거한다).

시럽 : 검은 통후추 10알, 물 1리터, 설탕 500g, 레몬즙 4테이블스푼, 팔각 1개, 바닐라 빈 1줄기

1 과일을 솔로 닦아 씻은 뒤 물기를 제거한다. 위, 아래 껍질을 조금씩 잘라 도마에 평평하게 놓는다. 잘 드는 칼로 위에서 아래로 굴곡을 따라 넓적한 두께로 껍질을 잘라낸다. 이때 과육도 1cm 두께로 껍질과 함께 잘라낸다.

2 끓는 물에 껍질을 넣고 다시 끓인다. 2분간 데친 뒤 건져서 흐르는 찬물에 식힌다. 이 과정을 두 번 반복한다. 건져서 물기를 제거한다.

3 시럽을 만든다. 바닐라 빈을 길게 가른 뒤 안의 가루를 긁어낸다. 통후추를 으깬다. 냄비에 후추와 물, 설탕, 레몬즙, 팔각, 바닐라 빈 줄기와 가루를 모두 넣고 끓을 때까지 약한 불로 가열한다. 데친 시트러스 껍질을 여기에 넣고 뚜껑을 3/4만 덮은 뒤 1시간 30분간 약하게 끓인다. 시트러스 껍질과 시럽을 유리

1

2

3

볼에 덜어낸 다음 식힌다. 랩을 씌워 냉장고에 하룻밤 보관한다.

4

4 당일, 시트러스 제스트를 한 시간 동안 체에 넣고 유리 볼로 받쳐 놓는다. 폭 1cm의 길쭉한 띠 모양으로 자른다.

망고 손질하기

1 망고를 가로로 세워 도마에 놓고 칼날을 납작한 씨에 가깝게 대고 반을 잘라낸다. 반대쪽 과육 반도 마찬가지로 잘라낸다.

2 잘라낸 망고 과육을 껍질이 아래로 오도록 도마에 놓고 격자무늬로 칼집을 내어 자른다. 껍질은 자르지 않는다. 껍질 쪽 면의 가운데를 누르며 꽃처럼 벌려 자른 단면이 분리되도록 한다.

1

2

1

2

파인애플 손질하기

1 파인애플과 위, 아래 부분을 잘라낸 다음 도마 위에 똑바로 세워 놓고 위에서 아래로 껍데기를 벗긴다. 살을 최대한 살릴 수 있도록 중간의 굴곡 면을 따라 잘라낸다.

2 링 모양으로 사용하고자 할 때에는 파인애플의 가장자리 모서리를 둥글게 다듬은 다음 원하는 두께로 슬라이스하고 작은 원형 커터로 중간 심을 동그랗게 도려낸다. 조각으로 잘라 사용할 때에는 더 두껍게 슬라이스한 다음 원형 커터로 심을 잘라내고 적당한 크기로 썬다.

1

2

3

라즈베리 쿨리 만들기

쿨리 500ml 분량 : 레몬 1개, 라즈베리 750g, 설탕 80g, 물 100ml

1 레몬을 착즙해 레몬즙 50ml를 준비한다. 라즈베리를 큰 볼에 넣고 핸드블렌더로 갈아 퓌레 400g을 만든다.

2 라즈베리 퓌레를 체에 넣고 실리콘 주걱이나 나무 스푼으로 잘 눌러가며 곱게 내린다.

3 퓌레에 설탕과 레몬즙을 넣고 주걱으로 잘 저어 혼합한다. 물을 조금씩 넣어가며 원하는 농도로 만든다.

M

MACAIRE 마케르 오븐에 익힌 감자에 버터를 넣어 포크로 으깨고 이어 갈레트 형태로 만들어 프라이팬에 정제 버터로 지진 음식의 이름이다. 이 갈레트는 로스트하거나 팬프라이한 고기 요리의 가니시로 서빙한다.

▶ 레시피 : POMME DE TERRE.

MACARON 마카롱 겉면은 바삭바삭하고 안쪽은 촉촉하고 부드러운 작고 동그란 과자로, 빻은 아몬드 가루, 설탕, 달걀흰자를 기본재료로 한 반죽으로 만들며, 대개 커피, 초콜릿, 딸기, 헤이즐넛, 피스타치오, 코코넛, 바닐라 등으로 향을 낸다. 파리의 제르베(gerbet) 마카롱처럼 때로는 마카롱 두 개를 샌드처럼 붙인 형태도 있다.

마카롱의 기원은 아주 오래전으로 거슬러 올라간다. 마카롱 레시피는 르네상스 시절의 이탈리아, 더 특정하자면 베네치아로부터 유래된 것으로 알려져 있지만, 어떤 이들은 프랑스 코르므리(Cormery)의 마카롱(791)이 그보다 더 이전에 존재했다고 주장한다. 프랑스의 여러 도시들은 잇달아 자신들의 특산품 마카롱을 만들어냈다.

17세기, 이 작은 과자가 특히 유명했던 낭시(Nancy)에서는 "아몬드는 고기를 먹지 않는 소녀들에게 이롭다"라는 아빌라의 성녀(Thérèse d'Ávila)의 교훈을 실천하는 카르멜회 수녀들에 의해 만들어졌다.

파리에서 일명 제르베라고 불리는 가장 인기 있는 마카롱은 동그랗고 모양이 겉면이 매끈한 두 장의 코크 안에 크림, 잼 또는 가나슈로 속을 채운 것이다. 올랑데(hollandais)라고 불리는 마카롱은 코크를 건조한 뒤 가운데에 칼끝으로 칼집을 넣고 오븐에 구운 것이다.

macarons gerbet : préparation 마카롱 제르베

제르베 마카롱 만들기 : 작은 마카롱 80개(또는 큰 것 20) 분량 / 준비: 45분 / 조리: 작은 것 10~12분(또는 큰 것 18~20분) / 휴지: 15분

슈거파우더 480g과 아몬드 가루 280g을 체에 친다. 초콜릿 마카롱용으로 코코아가루 40g도 체 친다. 단단하게 거품을 올린 달걀흰자 7개분에 세 가지 가루를 모두 뿌려 넣고 중앙에서 가장자리 방향으로 볼을 돌려가며 주걱으로 잘 섞는다. 선택한 색소를 넣는다. 오븐을 150°C로 예열한다. 베이킹 팬 2개를 겹쳐놓고 유산지를 깔아준다. 지름 2cm 마카롱용 원형 깍지 8호, 지름 7cm의 마카롱용 원형 깍지 12호를 각각 끼운 짤주머니에 반죽 혼합물을 채운다. 베이킹 팬에 동그랗게 마카롱을 짜 얹는다. 15분간 휴지시킨다. 큰 사이즈의 마카롱은 18~20분, 작은 것은 10~12분간 오븐에 굽는다. 이때 오븐 문을 살짝 열어둔다. 오븐에서 꺼내자마자 유산지를 살짝 들어올려 아래에 물을 조금 흘려넣는다. 마카롱을 떼어낸다. 식힌 뒤 크림이나 잼 또는 가나슈로 속을 채우고 두 개씩 포갠다.

피에르 에르메(PIERRE HERMÉ)의 레시피

macarons au chocolat au lait passion 마카롱 오 쇼콜라 오 레 파시옹

패션프루트 밀크 초콜릿 마카롱 : 작은 마카롱 80개(또는 큰 것 20) 분량 / 준비: 45분 / 조리: 작은 것 10~12분(또는 큰 것 18~20분) / 휴지: 15분

반죽을 만든다. 슈거파우더 480g과 아몬드 가루 280g을 체에 친다. 볼에 달걀흰자 7개를 넣고 단단하게 거품을 올린다. 설탕과 아몬드 가루 혼합물을 재빨리 흩뿌리며 넣어준 뒤 빨간색 식용색소 3방울을 넣고 주걱으로 돌려가며 혼합한다. 지름 2cm의 작은 마카롱용 원형 깍지 8호, 또는 지름 7cm짜리 큰 사이즈의 마카롱용 원형 깍지 12호를 각각 끼운 짤주머니에 반죽을 채운다. 유산지를 깐 오븐의 팬 위에 3cm 씩 간격을 두고 동그란 모양의 마카롱을 짜 얹는다. 코코아 가루를 아주 살짝 뿌려준다. 상온에서 15분간 휴지시킨다. 가나슈를 만든다. 패션프루트 8개를 반으로 자른 뒤 과육을 체에 긁어내려 즙을 받아낸다. 이 즙에 아카시아 꿀 30g을 넣고 끓을 때까지 가열한다. 카카오 함량 35% 밀크 초콜릿 460g을 빵 칼로 다진 뒤 내열용기에 담고 중탕 냄비에 올려 반 정도 녹인다. 패션프루트 즙과 꿀 혼합물을 반 정도 초콜릿에 넣고 가운데부터 잘 섞는다. 나머지 즙과 꿀 혼합물을 모두 넣고 같은 방법으로 완전히 섞는다. 이어서 잘게 자른 버터 80g을 조금씩 넣어주며 가나슈가 매끈해질 때까지 잘 섞는다. 서늘한 곳에 보관한다. 마카롱의 밑면이 너무 익는 것을 방지하기 위해 마카롱을 짜놓은 베이킹 팬을 같은 사이즈의 팬 위에 포개놓는다. 140°C로 예열한 오븐에서 작은 사이즈의 마카롱은 10~12분, 큰 것은 18~20분간 굽는다. 굽는 동안 오븐 문은 살짝 연 채로 나무 주걱을 끼워 고정시켜둔다. 오븐에서 꺼내자마자 유산지 한쪽 모퉁이를 살짝 들고 차가운 물 한 줄기를 종이와 베이킹 팬 사이로 흘려 넣는다. 습기로 인해 마카롱을 종이에서 쉽게 떼어낼 수 있다. 떼어낸 마카롱을 망에 올려 식힌다. 크림 형태의 가나슈를 마카롱 두 개 중 하나의 납작한 면에 채우고 다른 마카롱을 위에 얹어준다. 마카롱을 완성하는 대로 유산지 위에 놓은 다음 랩으로 덮어둔다. 향이 더욱 좋아지도록 2일 정도 냉장고에 보관한 후에 먹는다.

macarons à la tomate et olive ▶ OLIVE

MACARONIS 마카로니 지름 5~6mm의 튜브 모양 파스타. 소금물에 삶은 뒤 가늘게 간 치즈, 토마토 소스, 버터, 크림 소스 등을 곁들이거나 그라탱으로 서빙한다. 또한 탱발(timbale)이나 왕관모양 틀에 넣어 모양을 만든 뒤 해산물, 채소, 버섯을 곁들여 먹기도 한다. 마카로니 파스타 요리는 얇게 썰어 볶은 채소, 훈제 햄, 동그랗게 자른 소시지 등을 넣어 만든 아마트리시아나(all'amatriciana), 카르보나라(alla carbonara), 치오치아라(alla ciociara, 시골풍)를 비롯하여 아라비아타(all'arrabbiata, 고추를 넣은 매운 소스), 또는 시칠리아 스타일인 노르마(alla norma 깍둑 썰기한 가지 튀김, 리코타 치즈, 토마토 소스와 바질을 넣는다) 등 조리 방법과 재료에 따라 그 명칭이 다양하다. 이탈리아에서 온 마카로니는 17세기부터 프랑스에서 즐겨 먹기 시작했으며, 19세기에는 달콤한 앙트르메를 만들기도 했다.

gratin de macaronis ▶ GRATIN

macaronis à la calabraise 마카로니 아 라 칼라브레즈

칼라브리아식 마카로니 : 완숙 토마토 1kg을 씻어 반으로 자른 뒤 꾹 눌러 짜 즙을 제거한다. 그라탱 용기에 토마토 과육을 고르게 담고 소금, 후추로 간을 한 뒤 올리브오일을 넉넉히 뿌린다. 180°C로 예열한 오븐에 넣어 토마토살이 완전히 익지는 않되 겉이 거의 로스팅될 때까지 익힌다. 반쯤 익었을 때, 씨를 제거한 블랙올리브와 케이퍼를 넣는다. 마카로니 600g을 넉넉한 양의 끓는 소금물에 넣어 삶은 뒤 오븐에서 막 꺼낸 토마토에 넣는다. 바질을 조금 얹고 올리브오일을 몇 방울 뿌린 뒤 아주 뜨겁게 낸다.

macaronis Lucullus 마카로니 뤼퀼뤼스

루쿨루스식 마카로니 : 마카로니를 알 덴테(al dente)로 삶는다. 아주 걸쭉하게 졸인 마데이라 와인 소스(sauce madère)를 만든다. 송로버섯과 푸아그라를 살피콩(salpicon)으로 잘게 썬 다음 마데이라 와인 소스에 넣고 섞는다. 마카로니와 살피콩을 탱발 틀에 한 켜씩 교대로 넣어 채운다. 얇게 저민 송로버섯 슬라이스를 얹어 장식한다.

macaronis à la napolitaine 마카로니 아 라 나폴리텐

나폴리탄 마카로니 : 후추와 마조람 잎을 묻힌 생햄을 작은 막대 모양으로 썬 뒤 소고기 또는 돼지고기 2kg에 군데군데 찔러 박는다. 고기를 주방용 실로 묶은 뒤 올리브 오일 1컵을 달군 코코트 냄비에 넣고 모든 면에 고루 노릇한 색이 나도록 지진다. 건져서 뜨겁게 보관한다. 양파 큰 것 2개, 당근 2개, 셀러리 2줄기를 잘게 깍둑 썬 다음, 고기를 지져낸 기름에 넣고 천천히 볶는다. 타임도 1줄기 넣고 혼합물이 황갈색 죽처럼 될 때까지 익힌다. 중불로 조절한 뒤 코코트 냄비에 다시 고기를 넣고 레드와인 150mℓ를 조금씩 넣어준다. 익히는 국물에 토마토 페이스트 2테이블스푼을 넣어 푼 다음 잘 젓는다. 다시 2스푼을 넣고 풀어준다. 이렇게 조금씩 풀어주기를 반복하며 토마토 페이스트 400g을 모두 넣어 혼합한다. 연한 육수 몇 국자를 첨가해 국물을 희석한 다음 뚜껑을 덮고 뭉근히 끓인다. 중간중간 뚜껑을 열고 체크하여, 국물이 졸아들면 육수를 조금씩 보충해 넣는다. 마카로니 600g을 넉넉한 양의 끓는 소금물에 넣고 알 덴테로 삶는다. 건져서 서빙 접시에 담고 라구 알라 나폴레타나(ragu alla napoletana)라고 불리는 토마토 미트 소스를 끼얹어 서빙한다.

macaronis à la plancha avec pageots et seiches ▶ PLANCHA

MACCIONI (SIRIO) 시리오 마치오니 미국의 레스토랑 경영자(1932, Montecatini Terme 출생). 이탈리아 토스카나주의 몬테카티니테르메와 독일 함부르크의 호텔 학교에서 수학한 그는 프랑스, 이탈리아, 독일의 여러 사업장에서 경력을 쌓았다. 1956년 미국으로 이주하여 델모니코(Delmonico), 콜로니(Colony), 라 포레(la Forêt)에서 지배인으로 일했으며, 1974년에는 뉴욕에 고품격 서비스와 격조 높은 프랑스 음식을 지향하는 레스토랑 르 시르크(le Cirque)를 개업했다. 그는 다니엘 불뤼(Daniel Boulud), 소타 쿤(Sottha Khunn)처럼 실력 있는 셰프와 자크 토레스(Jacques Torrès)같은 뛰어난 파티시에를 영입해 최고급 다이닝을 선보였다. 이 레스토랑의 크렘 브륄레는 이를 먹어 본 그의 친구 폴 보퀴즈(Paul Bocuse)에 의해 시리오의 크렘 브륄레(crème brûlée Sirio)라는 이름으로 전 세계에 알려져 영원히 후대에 남게 되었다.

MACÉDOINE 마세두안 작은 주사위 모양(이렇게 썬 모양을 마세두안이라고도 한다)으로 썬 각종 채소와 잘게 송송 썬 그린빈스를 섞은 혼합물을 지칭한다. 마세두안은 주로 당근과 순무를 잘라 다듬은 다음 3~4mm 두께로 슬라이스한 뒤 다시 3~4mm 크기의 작은 막대 형태의 입방체로 썬 것에 송송 썬 그린빈스를 더한다. 이들을 각각 따로 익힌 뒤, 데쳐서 물기를 제거한 완두콩이나 다른 채소들을 섞기도 한다. 통조림의 경우, 채소 마세두안은 보통 완두콩과 그린빈스 35%와 당근, 무, 플라젤렛 콩 65%로 구성되는데, 고급(extra) 제품은 구성 채소는 같지만 반반의 비율로 섞여 있다. 버터에 볶은 뒤 주로 로스트 육즙 소스, 송아지 육수, 잘게 썬 허브 또는 생크림 등을 첨가한 마세두안 채소는 큰 덩어리로 내는 고기 요리나 가금류에 곁들여 내거나 아티초크 속살에 채워 넣는다. 마요네즈로 버무리거나 토마토의 속을 채우는 등 차갑게 먹기도 한다. 또한 삶은 달걀, 콘 모양으로 돌돌 만 슬라이스 햄 등에 곁들이거나 틀에 넣어 굳혀 아스픽(aspic)을 만들기도 한다(**참조** SALADE RUSSE). 또한 디저트에서도 각종 과일을 작은 주사위 모양으로 썬 다음 시럽에 담가 차갑게 먹는 화채(종종 키르슈나 럼 등의 리큐어를 넣기도 한다)나 다양한 앙트르메에 넣는 것을 마세두안이라고 부른다.

macédoine de légumes au beurre (ou à la crème) 마세두안 드 레귐 오 뵈르(또는 아 라 크렘)

버터(또는 크림)를 넣은 채소 마세두안 : 당근과 햇 순무, 그린빈스, 감자의 껍질을 벗기고 주사위 모양으로 썬다(각 채소별로 250g씩 준비). 깍지를 깐 완두콩 500g을 준비한다. 소금을 넣은 끓는 물에 당근과 무를 넣고 다시 물이 끓어오르면, 그린빈스, 완두콩, 감자를 순서대로 추가한다. 뚜껑을 덮지 않고 팔팔 끓여 익힌다. 건져서 물을 털어내고 채소 서빙용 그릇에 담아 차가운 버터나 크림을 넣는다. 잘게 썬 허브를 뿌린다.

MACÉRER 마세레 절이다, 담가 절이다. 음식물(생과일, 건과일, 당절임 과일, 허브, 향신료 등)을 액체(알코올, 리큐어, 기름, 새콤달콤한 혼합물, 시럽, 와인)에 일정 시간 담가두는 것을 뜻한다. 이 방법은 해당 음식을 저장하거나 향을 입힐 목적으로, 혹은 향과 맛이 좋은 성분이 액체에 우러나오게 하기 위해 사용된다. 주로 과일을 절이는 경우에 해당하며, 그 외에 고기, 생선, 채소 등을 액체나 양념에 담가 절이는 경우에는 마리네(mariner)라는 용어를 더 많이 사용한다. 다소 희석한 농도의 술이나 단맛이 있는 리큐어 등에 과일을 담가 절이면 이 액체가 과육으로 스며들고, 반대로 과일 내 수분과 맛, 향 성분의 일부는 배출된다. 마멀레이드를 만들 때는 함께 익힐 설탕에 과일을 미리 담가 절여둔다. 이러한 담가 절이기(macération) 방식은 요리나 제과제빵에서 두루 사용되며, 특히 최근에는 칵테일 제조(과일과 향신료를 담가 절인다)에도 활용되고 있다.

MACERON 마스롱 검은 파슬리(persil noir)라고도 또한 불리는 미나리과의 초본식물로, 예전에는 주로 남프랑스에서 재배하여 어린 순을 셀러리처럼 먹었다. 잎이 넓은 야생 셀러리(ache large), 마케도니아의 굵은 파슬리(gros persil de Macédoine)라고도 불리는 이 식물은 향이 아주 강하고 약간 매콤하고 알싸하며 맛은 셀러리와 비슷하다.

MÂCHE 마슈 마타리 상추, 콘 샐러드. 마타리과에 속하는 둥그스름한 잎을 가진 근생엽 채소로 주로 생으로 샐러드를 만들어 먹는다. 두세트(doucette), 발레리아넬 포타제르(valérianelle potagère), 레퐁스(raiponce), 또는 오레이유 드 리에브르(oreille-de-lièvre, 산토끼 귀라는 뜻)라고도 불리며, 특히 가을에 밭에서 자생한다. 현재 9월에서 3월까지 재배 되는 마타리 상추는 겨울철 샐러드에 훌륭한 맛을 더한다. 콘샐러드는 열량이 낮고(100g당 36kcal 또는 150kJ), 오메가-3, 섬유소, 각종 비타민이 풍부하다. 마타리 상추의 품종은 다양하다. 북부 지방의 잎이 넓은 초록 마타리 상추(la verte du Nord)는 롱드 마레셰르(la ronde maraîchère, 잎이 작고 녹색이 짙으며 즙이 많고 잎이 연해 아주 맛있다)보다 더 거칠고 투박한 타입이다. 이탈리아 마타리 상추는 잎의 색이 좀 더 밝고 가장자리에 살짝 톱니 모양이 있으며 솜털이 있다. 맛과 향은 약한 편이다. 낭트의 마타리 상추는 레드 라벨(label rouge)과 IGP(지리적 표시 보호) 인증을 받았다.

마타리 상추는 언제나 충분한 흐르는 물에 깨끗이 씻어 물기를 턴 다음 사용한다. 사과, 호두, 비트 등과 함께 샐러드에 넣으면 아주 잘 어울리며, 가금류 속을 채울 때 넣으면 더욱 풍미를 살릴 수 있다. 시금치처럼 조리해 먹기도 한다.

MACIS 마시 메이스, 육두구 껍질. 주로 열대지방에서 나는 육두구 씨를 둘러싼 그물 모양의 두툼한 껍질로 만든 양념(**참조** p.338, 339 향신료 도감)이다. 선명한 붉은색을 띤 망상형 섬유질인 메이스는 말려서(분홍색으로 변한다) 가루를 만들어 사용한다. 메이스는 계피와 후추의 향이 나며 특히 샤퀴트리 양념에 사용하거나, 향신료 믹스를 만들 때 넣는다. 또한 각종 수프나 소스를 곁들인 고기 요리에 사용해 맛을 돋울 수 있으며, 오믈렛이나 베샤멜소스, 감자 퓌레에 넛멕 가루 대신 넣어도 좋다.

MÂCON 마콩 부르고뉴의 남쪽 마코네(Mâconnsia) 지방의 와인. AOC 마콩(mâcon)과 마콩 쉬페리외르(mâcon supérieur)는 레드, 로제 또는 화이트와인 모두 해당하는 반면 마콩 빌라주(mâcon-villages)는 언제나 화이트와인을 지칭한다. 레드와 로제와인의 포도 품종은 가메, 피노 누아, 피노 그리이며 화이트와인은 샤르도네와 피노블랑 품종으로 만든다(**참조** BOURGOGNE).

MÂCONNAIS 마코네 생염소젖으로 만드는 부르고뉴 AOC 치즈. 흰색 외피 연성치즈인 마코네(**참조** p.392 프랑스 치즈 도표)는 위가 잘린 작은 원뿔형으로 두께는 3~4cm, 무게는 50~60g 정도이며 살짝 염소의 향이 나고 고소한 견과류의 풍미가 있다. 부르고뉴 또는 리옹 지방의 강한 맛 치즈 제조에 사용되기도 한다.

MÂCONNAISE (À LA) (아 라) 마코네즈 토막내거나 필레를 뜬 생선으로 만든 요리로 주로 레드와인과 각종 허브를 넣고 끓인 마틀로트(matelote) 스튜를 지칭한다. 윤기나게 갈색으로 익힌 방울양파, 버섯 소테, 크루통을 곁들여 내며, 경우에 따라 민물가재를 함께 서빙하기도 한다.

MACRE ▶ **참조 CHÂTAIGNE D'EAU**

MACREUSE 마크뢰즈 부채덮개살. 소의 앞다리 어깨 쪽의 한 부위로 꾸리살 맞은편에 위치하고 있다(**참조** p.108과 109 프랑스식 소 정육 분할 도감). 스테이크용 부채덮개살은 석쇠, 그릴에 굽거나, 꼬치구이로, 또는 로스트 비프로 조리한다. 소위 젤라틴 질의 부채덮개살이라고 불리는 부위는 뭉근히 브레이징하여 익히거나 카르보나드(carbonade), 도브(daube), 뵈프 아 라 모드(bœuf à la mode) 등 오래 익히는 스튜 요리에 적합하다. 이 부위는 포토푀 등 국거리용 부위 중 하나에 해당한다.

MACROBIOTIQUE 마크로비오티크 마크로비오틱 일본 불교 학파의 선(禪) 사상에서 영감을 얻은 식이요법으로 음양 원리의 균형에 근간을 두고 있다. 일명 오샤와(Oshawa)라 불린 사쿠라자와 니오이티(1893~1966)가 창시한 마크로비오틱 식이요법은 1950년대 말에 프랑스에 등장했는데 여기에는 각 개인의 음양 정체성에 따른 10가지 식단이 포함되어 있다. 기본적인 식품은 통곡물과 콩류다. 최대한 넓은 의미에서의 이 식이요법에는 몇 가지 녹색채소와 소량의 생선까지 허용된다. 고기, 생과일, 술과 커피는 금하며, 유일하게 허용되는 음료는 차이다. 영양학상 매우 불균형적인 이 식이요법은 프랑스에서 점점 더 반향이 미미해지는 추세이다.

MACTRE 막트르 동죽. 개량조개과에 속하는 삼각형의 매끄러운 조개로 대합이나 바지락의 부모격이라 할 수 있다. 유럽과 북아메리카의 대서양 연안에서 많이 채취하며 크기는 약 10cm 정도다. 날것으로도 먹을 수 있으며, 북미에서는 대부분 자숙 냉동 상태로 판매된다.

MACVIN 마크뱅 쥐라(Jura) 지역에서 9세기경부터 만들어 온 리큐어 와인으로, 끓여 졸인 포도즙과 향 재료, 포도 찌꺼기 마르(marc)를 2:1 비율로 혼합해 만든다(이름도 marc와 vin에서 유래했음을 알 수 있다). 오크통에서 수년간 숙성을 거친 마크뱅은 알코올 도수가 16~20%Vol.이며 주로 식전주나 식후주로 마신다.

MADAGASCAR 마다가스카르 마다가스카르의 요리는 아프리카, 중국, 인도, 영국, 프랑스의 다양한 전통을 계승하고 있으며, 마늘, 계피, 카다멈, 커리, 생강, 고추뿐 아니라 차이브, 월계수, 타임 등 다양한 향신료와 양념을 사용한 강렬하고 매콤한 맛이 특징이다. 한편 카사바, 고구마, 쌀 등의 작물 또한 토마토와 물냉이(크레송), 그린빈스, 시금치 등과 같은 녹색 채소 못지 않게 즐겨 먹는다. 이들은 주로 고기(소고기와 양고기) 또는 생선으로 만든 수프나 국물 요리(romazava), 스튜 등에 곁들여 일품요리로 먹는다. 예를 들어 쌀과 다양한 녹색 채소(anana라고 불린다)를 넣어 만든 죽의 일종인 바리 아민나나나(vary amin'anana 잎채소를 넣은 쌀이라는 뜻)는 고원지대 시골에서 아침식사로 많이 먹는 음식이다. 마다가스카르 사람들은 특히 돼지고기에 곱게 찧은 카사바 잎과 마늘을 넣어 만든 라비타토(ravitato)를 흰 쌀밥에 곁들여 먹는 것을 매우 좋아한다. 해산물 또한 매우 자주 먹는 식재료다. 특히 해안 지방에는 스파이니 랍스터(langouste)가 대부분의 메뉴에 등장한다. 이곳의 생선 요리는 대부분 코코넛 밀크에 익혀 먹지만, 고원지대로 가면 생강, 커리, 고추 등을 넣어 조리한 것들이 주를 이룬다. 마다가스카르에는 지역에 따라 라논암팡고(ranon'ampango)나 라노볼라(ranovola), 암팡고로(ampangoro)라 불리는 전통 음료가 있다. 이것은 냄비에 남은 쌀밥을 노릇하게 구워 누룽지를 만든 뒤 물을 부어 끓인 구수한 숭늉의 일종이다. 열대 과일은 튀기거나 케이크, 플랑을 만드는 등 다양한 디저트의 재료로 쓰인다.

MADELEINE 마들렌 마들렌. 조가비 모양의 작은 구움 과자로 설탕, 밀가루, 녹인 버터와 달걀을 주재료로 사용해 만들며 레몬이나 오렌지 블로섬 워터로 향을 낸다. 세로로 줄무늬 홈이 있는 갸름한 조가비 모양의 틀에 반죽을 넣어 구워 조개 모양의 과자가 탄생한다. 마르셀 프루스트(Marcel Proust)가 소박하고도 경건한 주름 아래 이토록 풍성하게 관능적인 매력을 지닌 작은 조개 모양 과자라고 묘사했던 마들렌의 제조 비법은 스타니슬라스 레슈친스키(Stanislas Leszczynski)가 통치하던 로렌 지방의 도시 코메르시(Commercy)에 오랫동안 간직되어 왔다. 1755년, 왕은 시골의 한 여인이 만드는 이 과자를 발견했고 이를 높이 칭송하여 그 아가씨의 이름을 딴 마들렌(madeleine)이라고 명명하였다고 한다. 이 파티스리는 곧 베르사유 궁정에 이어 파리를 사로잡게 된다.

madeleines classiques 마들렌 클라시크

기본 마들렌 : 버터 100g을 가열하지 않고 녹인다. 볼에 레몬 1/2개의 즙과 소금 1자밤, 설탕 125g, 달걀 3개와 달걀노른자 1개를 넣고 나무 주걱으로 힘 있게 저어 섞는다. 이어서 체 친 밀가루 125g을 뿌려 넣고 섞는다. 혼합물이 매끈하게 섞이면 녹인 버터를 재빨리 넣고 섞는다. 버터를 넉넉히 바른 마들렌 팬의 우묵한 부분에 2/3까지만 반죽을 채운다. 180°C로 예열한 오븐에 20분간 굽는다. 틀에서 빼낸 뒤 망 위에 올려 식힌다.

madeleines de Commercy 마들렌 드 코메르시

코메르시의 마들렌 : 상온에 둔 버터 150g을 나무 주걱으로 저어 크리미한 포마드 상태로 만든다. 설탕 200g을 넣고 잘 섞은 뒤 달걀 6개를 하나씩 넣으며 그때그때 잘 혼합한다. 이어서 체 친 밀가루 200g, 베이킹파우더 1티스푼과 오렌지 블로섬 워터 1디저트 스푼을 넣고 섞는다. 마들렌용 팬에 버터를 바르고 밀가루를 아주 얇게 묻힌 뒤 잉여분은 탁탁 털어낸다. 틀의 움푹 팬 부분에 반죽을 채운 뒤 220°C로 예열한 오븐에 10분간 굽는다. 틀에서 빼낸 뒤 망 위에 올려 식힌다.

MADÈRE 마데르 마데이라 와인. 오드비를 첨가한 주정강화와인으로 알코올 도수가 20%Vol.에 달하며 모로코 연안 해역의 포르투갈령 마데이라 제도에서 생산된다. 마데이라 와인은 미국, 영국, 유럽 북부에서 매우 인기가 높으며, 프랑스에서는 주로 요리에 많이 사용된다. 해안가에서부터 고도 1,000m 지대에 이르기까지 계단식으로 조성된 포도밭에서는 매우 다른 여러 종류의 와인들이 생산된다. 이곳의 와인은 당도에 따라 크게 네 종류의 유형으로 분류하며, 각각 해당 포도품종 이름으로 불린다. 가장 드라이하고 향이 풍부한 세르시알(sercial), 더욱 달콤한 베르델료(verdelho), 디저트 와인 타입으로 프랑스인들이 가장 애호하는 부알(bual 또는 boal), 당도가 가장 높고 알코올 함량과 풍미가 강한 말바지아(malvasia 또는 malmsey) 와인으로 나눌 수 있다. 색이 연하고 비교적 가벼운 레인워터(rainwater)와 알코올 함량이 더욱 높은 사우스사이드(southside)는 혼합 와인 타입이다. 마데이라 와인은 좀 과장된 표현이긴 하지만 영원하다는 명성을 가지고 있는데, 아마도 확실히 100년 이상은 보존이 가능할 것이다. 많은 경우에 침전물을 제거하기 위한 디캔팅이 필요하다.

▶ 레시피 : ROGNON, SAUCE.

MADIRAN 마디랑 프랑스 남서부 지방(Sud-Ouest)의 AOC 레드와인. 대부분 타나(tannat) 품종의 포도로 만들며 향이 풍부하고 바디감이 좋다. 시간이 갈수록 수렵 동물의 향과 풍부한 맛을 지니게 된다.

MADRILÈNE (À LA) (아 라) 마드릴렌 마드리드식의. 셀러리와 토마토 육수를 넣은 가금류 콩소메에 고추를 넣어 맛을 돋운 것을 가리킨다. 뜨겁게 먹기도 하지만 대다수의 스페인식 수프들처럼 차갑게, 심지어는 얼음을 넣어 갈아 서빙한다.

▶ 레시피 : CONSOMMÉ.

MAFÉ 마페 세네갈의 전통 음식인 마페는 소고기(주로 우둔살 끝부분), 채소, 양파, 마늘, 토마토, 땅콩 페이스트를 넣어 만든 걸쭉한 스튜의 일종으로 흰 쌀밥과 함께 서빙된다. 소고기 대신 닭고기나 양 앞다리살을 사용하여 만들기도 한다.

MAGISTÈRE 마지스테르 몸의 기력을 회복시키는 기능과 강장 효과를 지닌 고영양의 농축 콩소메로 19세기 초 앙텔름 브리야 사바랭이 근육 손실과 지적, 성적 능력 저하 현상을 극복하기 위해 만들어냈다. 이 원기회복 진국에는 두 종류가 있다. 하나는 강골 체질을 위한 것으로 닭(또는 자고새) 육수나 소뼈를 고아 만든 국물에 살코기를 잘게 찢어 넣은 수프다. 또 하나는 약골 체질을 위한 것으로 송아지 정강이, 비둘기, 민물가재, 크레송을 넣고 푹 고아 만든다. 이 음식들은 이미 16세기에 의사 앙브루아즈 파레(Ambroise Paré)가 환자들을 지나치게 흥분시키지 않으면서 영양을 공급하는 음식으로 추천한 바 있다.

MAGNANI (LUIGI) 루이지 마냐니 볼로냐의 파스타 제조업자(1910—1982). 퀘벡에 정착한 그는 사람들이 이탈리아 음식이라고는 피자와 스파게티밖에 모르던 시절인 1952년 몬트리올에 토레 디 피사(Torre di Pisa)라는 레스토랑을 열고 진짜 이탈리아 요리를 선보였다. 그의 레스토랑은 곧 마냐니네 집(Chez Magnani)이란 이름으로 유명해졌고 이 집 주인장은 자신의 나라로부터 와인을 수입하기 시작했다. 이탈리아 와인은 머지않아 프랑스 와인과 경쟁하게 되었다.

MAGNÉSIUM 마네지엄 마그네슘. 통곡물, 견과류, 일부 광천수와 특히 카카오에 함유된 무기질인 마그네슘은 인체에 필수적이며(각종 효소 반응에서 보조인자인 촉매 역할을 한다), 중추신경계에 미치는 작용은 칼슘과 동일하다. 마그네슘은 특히 신경자극의 전도, 근육 수축, 그리고 흥분 진정에 관여한다. 하루 필요량은 체중 1kg당 5~7mg이며, 식품 섭취로 언제나 충족되는 것은 아니다.

MAGNY 마니 프랑스 제2제정시대에 큰 인기를 끌었던 파리의 레스토랑. 레스토랑 필립(Philippe)에서 일하던 마니(Magny)라는 이름의 주방장

이 마제가(rue Mazet)의 한 와인 매장 자리를 인수하여 1842년에 자신의 이름을 걸고 오픈한 레스토랑이다. 이 식당은 수준 높은 요리와 와인으로 문인과 예술가 층 고객들을 끌어모았다. 특히 이곳에서는 룅디스트(lundistes, 월요회) 문인들의 저녁식사 회동인 마니 디너(dîners Magny)가 정기적으로 개최되기도 했다. 공쿠르(Goncourt) 형제와 가바르니(Gavarni), 생트 뵈브(Sainte-Beuve)의 주도로 처음 시작된 이 회합에는 이후 조르주 상드(George Sand), 테오필 고티에(Théophile Gautier), 르낭(Renan), 플로베르(Flaubert), 텐(Taine) 등의 당대 문학가들이 합류했다. 늦은 밤참을 먹으러 오는 손님들을 위해 도시의 포토피라 할 수 있는 프티트 마르미트(petite marmite, 뚝배기와 비슷한 용기에 서빙하는 뜨거운 국물 요리)를 개발해낸 이 또한 바로 마니다. 그의 레스토랑을 대표하던 또 하나의 유명한 메뉴는 풀레트 소스를 곁들인 양 족 요리다.

MAGRET 마그레 푸아그라를 얻기 위해 살찌운 오리의 가슴살을 지칭한다. 껍질과 그 아래 지방층이 함께 붙어 있는 상태로 조리되는 오리 가슴살 마그레 드 카나르(magret de canard)는 오랫동안 콩피(confit)로만 만들어졌다. 랑드(Landes)의 레스토랑 요리사들은 이 가슴살을 구워서(우선 껍질 쪽을 천천히 구워 녹은 기름이 살에 스며들도록 한다) 겉은 아주 바삭하고 속살은 레어나 로제로 익혀 서빙했고, 이와 같은 옛 시골풍 전통을 계승한 요리가 등장하게 되면서 마그레 드 카나르는 다시 관심을 끌게 되었다. 최고의 마그레 요리는 오리를 도살한 다음 날 뼈를 발라내고 다시 하루가 지난 다음 날 요리해 먹는 것이다.

MAID OF HONOUR 메이드 오브 아너 아몬드와 레몬이 들어간 작은 타르틀레트로 영국에서 티타임에 즐겨 먹는 달콤한 파이의 일종이다. 이 레시피를 처음 생각해낸 사람은 16세기 초 잉글랜드의 왕비 아라곤의 캐서린(Catalina de Aragón)의 시녀였던 앤 불린(Anne Boleyn)으로 전해진다. 국왕 헨리 8세는 이 파티스리에 매혹되어 메이드 오브 아너라 명명했다. 런던의 교외 지역 리치몬드(Richmond)의 메이드 오브 아너가 가장 맛있는 것으로 알려져 있다.

MAIGRE 메그르 기름기가 적은. 태생적으로 지방이 적은 음식을 지칭할 때 쓰는 형용사다. 기름기가 적은 몇몇 생선(강꼬치고기, 남방대구, 대구, 가오리, 서대, 대문짝넙치 등)과 육류(말고기, 간, 닭 등)의 지방 함량은 5% 이하이고, 송아지나 토끼고기는 5~10% 정도의 지방을 함유하고 있다. 관련법이 정한 기준에 따라 치즈(지방 20%이하), 분쇄육(지방 7% 이하), 카카오 등의 제품 포장에 기름기가 적음(maigre)이라는 표기를 할 수 있다.

MAIGRE (POISSON) 메그르(생선) 레지우스 보구치. 민어과에 속하는 바다생선으로 쿠르빈(courbine), 오 바르(haut-bar) 또는 시엔(sciène)이라고도 불리며, 영불해협에서 기니만에 이르는 대서양 전역과 지중해에 서식한다. 최대 2m까지 자라며, 특히 가스코뉴만의 해저 갯벌에 많이 몰려 있어 낚시꾼들에게 기쁨을 선사하기도 한다. 같은 민어과의 비슷한 생선이지만 턱에 난 수염으로 구분되는 옹브린 코티에르(ombrine côtière, 보구치의 일종)는 지중해에서 가스코뉴만에 이르는 연안의 바위와 모래 해저에 많이 서식한다. 주로 트롤망이나 줄낚시로 잡는 이 두 종의 생선은 살이 농어에 못지않게 맛이 좋아 인기가 높다. 대부분 구워 먹으며 경우에 따라 아니스 술을 넣고 불을 붙여 플랑베하기도 한다.

MAILLARD (RÉACTIONS DE) 마이야르 반응 루이 카미유 마이야르(Louis Camille Maillard)에 의해 1912년 발견된 화학반응으로 특히 식품을 고온으로 가열했을 때 갈변화하면서 색과 맛을 부여하는 현상을 지칭한다. 빵이나 고기를 구울 때 겉면에 갈색의 껍질을 형성하거나 로스팅한 커피처럼 구수한 맛을 내준다.

MAILLE (ANTOINE-CLAUDE) (앙투안 클로드) 마이유 18세기의 겨자 및 식초 제조상. 1720년 마이유는 비네그르 데 카트르 볼뢰르(vinaigre des quatre voleurs, 네 도둑의 식초라는 뜻)라는 이름의 식초를 발명했다. 이 식초는 살균 효능이 있어 마르세유에 창궐하던 흑사병 환자들과 접촉하는 의사와 애덕회 수녀들을 보호하는 데 활용되었다. 1747년 파리 생 탕드레 데 자르(rue Saint-André-des-Arts)가에 자리 잡은 그의 연구소에서는 미용 및 보건위생용 식초 100여 종과 53종에 달하는 요리용 향 식초와 머스터드(이 중 타라곤 향, 3가지 붉은 베리향은 그리모 드 라 레니에르의 극찬을 받았다) 및 각종 과일 초절임이 만들어졌다. 1769년 마이유는 르콩트(Leconte)를 이어 왕에게 납품하는 식초 및 증류식품 제조상(vinaigrier-distillateur)이 되었다.

MAINE ▶ 참조 ANJOU ET MAINE

MAINTENON 멩트농 버섯, 양파, 베샤멜을 섞고 여기에 때때로 송로버섯, 붉은 염장 우설(langue écarlate), 닭가슴살 등을 잘게 썬 살피콩을 넣은 짭짤한 혼합물을 지칭한다. 이러한 혼합물이 들어간 멩트농 요리에는 섬세한 조리를 요하는 육류(뼈가 붙은 양이나 송아지 등심, 송아지 흉선 등)뿐 아니라 속을 채운 오믈렛, 수란, 속을 채운 감자 요리들도 포함된다. 멩트농 송아지 흉선 요리(ris de veau Maintenon)는 브레이징하여 익힌 흉선을 빵 크루통 위에 놓고 얇게 저민 송로버섯을 한 장 올린 뒤 수비즈 퓌레(purée Soubise)를 곁들인 것으로 접시 바닥에 쉬프렘 소스(sauce suprême)를 둘러 끼얹어 서빙한다.

appareil à Maintenon 아파레이 아 멩트농

멩트농 혼합물 : 버섯 150g을 씻어 가늘게 채 썬 다음 버터 10g을 녹인 팬에 넣고 색이 나지 않게 익힌다. 얇게 썬 양파 500g을 끓는 물에 재빨리 데쳐 건지고 버터에 색이 나지 않게 볶은 뒤 걸쭉하게 졸인 베샤멜 소스 500g과 섞어 수비즈 퓌레를 만든다. 소금, 후추로 간하고 넛멕 가루를 조금 넣는다. 익힌 버섯을 여기에 섞고 달걀노른자 2개를 넣어 완전히 혼합한다. 간을 맞춘다.

MAÏS 마이스 옥수수. 벼과에 속하는 알곡인 옥수수는 흰색, 노란색 혹은 다갈색의 알갱이들이 긴 이삭 자루 모양을 형성하고 있다(**참조** p.179 곡류 도표. p.178, 179 도감). 옥수수는 열량이 높고(100g당 350kcal 또는 1463kJ), 탄수화물(전분), 지방, 단백질이 풍부하나 일부 필수아미노산은 부족하다.

멕시코가 원산지인 옥수수는 15세기 말 정복자 코르테스(Cortés)에 의해 유럽에 도입되었고, 특히 스페인과 이탈리아, 프랑스 남서부 지역에서 여전히 재배되고 있다. 현재의 품종들은 북부 지역에도 적응되었다. 아메리카 대륙 전역에서 옥수수는 인간의 식량뿐 아니라 동물의 사료로도 중요한 위치를 차지하고 있다.

■ **사용.**

- MAÏS À GRAINS 알곡 옥수수. 작은 이삭 자루에 달린 짙은 노란색의 단단한 알곡은 대부분 동물 사료용(80%)이다. 또한 옥수수 알곡을 세몰리나 또는 가루로 분쇄해 튀김, 죽(고드 gaudes, 미야스 millas, 미크 miques, 폴렌타 polenta 등), 크레프, 갈레트 및 다양한 케이크와 빵 등을 만들 수 있다. 콘플레이크 또는 토르티야, 멕시코 요리에서 많이 먹는 타코 칩 또한 옥수수 가루로 만든 것이다. 옥수수 전분(Maïzena)은 각종 요리, 샤퀴트리, 당과 제조, 과자 제조, 파티스리 등에서 질감을 걸쭉하게 만드는 농후제 또는 증점제로 많이 사용된다. 알곡 옥수수는 버번 위스키와 몇몇 맥주 제조를 만드는 기본 재료로도 사용되며, 몇 가지 품종은 불포화지방산이 풍부하게 포함된 식용유를 추출하는 데 사용된다(**참조** p.462 오일 도표).
- MAÏS DOUX (MAÏS SUCRÉ) 스위트 콘, 단 옥수수. 7월부터 11월까지 이삭 자루 상태의 신선 옥수수를 구입할 수 있다. 자루가 큰 편이며 옅은 노란색의 알갱이들이 붙어 있다. 완전히 익기 전 수확하여 빠른 시간 내에 소비해야 한다. 그렇지 않으면 당이 전분으로 변해 먹기에 적합하지 않게 된다. 유백색을 띤 알곡에 연한 녹색의 잎으로 싸여진 것을 고르는 것이 좋다. 이 알갱이만 떼어 그대로 저장한 무첨가 통조림 상태로도 판매하기도 한다. 신선한 옥수수 자루는 잎을 떼어낸 다음 소금 간을 한 끓는 물에 익히거나 겉잎에 물을 가볍게 적신 다음 그대로 알루미늄 포일로 싸서 구워먹는다(**참조** BLÉ D'INDE). 저염 버터와 함께 낸다. 베이비 옥수수는 코르니숑이나 기타 피클들과 함께 초절임을 만든다. 익힌 옥수수는 구운 고기나 가금류에 곁들여 내며, 알갱이만 떼어내 샐러드에 넣기도 한다.
- MAÏS POP-CORN 팝콘 옥수수. 옥수수 알갱이를 떼어내 팝콘을 만드는 데 사용한다. 밀폐된 용기 안에 옥수수 알갱이를 넣고 가열하면 터져 부풀면서 흰색의 가벼운 팝콘이 된다. 그대로 먹거나 짭짤하게 또는 달콤하게 먹는다.

gratin de maïs ▶ GRATIN

maïs frais à la béchamel 마이스 프레 아 라 베샤멜

베샤멜 소스 옥수수 : 아주 신선하고 알갱이가 연한 옥수수를 골라 감싸고 있는 잎을 한 겹만 남기고 모두 떼어낸 다음 소금 간을 한 물에 15분 동안 삶는다. 건져서 물기를

제거한 뒤 잎을 떼어낸다. 옥수수 알갱이를 모두 떼어내 분리한 뒤 너무 되직하지 않은 베샤멜 소스를 넣고 잘 섞어준다.

maïs frais grillé 마이스 프레 그리예

구운 옥수수 : 아주 신선하고 알갱이가 연한 옥수수를 골라 잎사귀와 수염을 모두 제거한 뒤 오븐이나 그릴 팬에 굽는다. 노릇하게 익으면 그대로 또는 낟알을 떼어내 녹인 버터를 곁들여 서빙한다. 버터에 레몬즙을 뿌리기도 한다.

maïs frais au naturel 마이스 프레 오 나튀렐

그대로 조리한 신선한 옥수수 : 아주 신선하고 알갱이가 연한 옥수수를 골라 감싸고 있는 잎을 한 겹만 남기고 모두 떼어낸 다음 소금 간을 한 물에 15분 동안 팔팔 끓여 삶는다. 건져서 물기를 제거한 뒤 잎을 떼어낸다. 냅킨을 깐 접시 위에 담고, 차가운 버터 또는 레몬즙을 살짝 뿌린 녹인 버터를 곁들여 서빙한다. 또는 낟알을 떼어낸 뒤 차가운 버터를 넣는다.

maïs en soso aux abattis de poulet 마이스 앙 소소 오 자바티 드 풀레

옥수수 가루로 만든 죽과 닭 부속 요리 : 4인분, 준비: 5분, 조리: 30분

닭 자투리 부위와 부속 700g을 일정한 크기로 잘라 거위 기름 40g을 달군 코코트 냄비에 넣고 노릇하게 지진다. 물 250mℓ와 토마토 페이스트 2테이블스푼을 넣고 소금, 후추로 간을 한다. 끓을 때까지 가열한 뒤 불을 줄이고 15분간 더 끓인다. 건더기를 모두 건져낸다. 국물을 따라내어 옥수수 가루(sosso) 3테이블스푼을 넣고 잘 저으며 걸쭉하게 만든다. 농도가 너무 되면 물을 조금 첨가한다. 닭 자투리 건더기를 다시 코코트 냄비에 넣고 걸쭉한 국물을 부어준 다음 잘게 썬 양파 1개를 넣는다. 다시 약한 불로 10분간 익힌다.

피에르 라포르트(PIERRE LAPORTE)의 레시피

purée de maïs au foie gras 퓌레 드 마이스 오 푸아그라

푸아그라를 넣은 옥수수 퓌레 : 소금을 넣은 물에 옥수수 4자루를 넣고 약 40분간 푹 삶는다. 건져서 물기를 제거하고 알갱이를 모두 뗀 다음 체에 긁어 곱게 내린다. 냄비에 넣어 불에 올린 뒤 잘 저으면서 수분을 날린다. 생크림 100mℓ를 넣고 아주 약하게 끓는 상태로 10분간 익힌다. 불에서 내리고, 체에 곱게 내린 푸아그라 100g을 넣고 잘 섞어 걸쭉하게 만든다. 버터를 발라둔 개인용 그라탱 용기에 각각 붓고 오븐에 잠깐 넣었다가 서빙한다.

soupe mousseuse au blé d'Inde (maïs) et champignons ▶ BLÉ D'INDE

MAISON 메종 어떤 음식이 해당 레스토랑의 독창적인 레시피에 따라 직접 만들어진 것일 때 요리 이름에 메종이라는 수식어를 붙인다. 집이라는 뜻의 메종이 아닌 바로 그 음식이 서빙되는 그 식당, 그 메종에서 만든 요리임을 의미한다.

MAISON DORÉE (LA) (라) 메종 도레 파리 이탈리안 대로(boulevard des Italiens)에 위치했던 레스토랑의 이름으로, 이전 카페 아르디(Café Hardy)가 있었던 자리에 1840년경 신축 개업했다. 라 메종 도레는 당시 늦은 야식을 즐기는 사람들에게 큰 인기를 얻었다(발자크와 졸라는 이곳을 메종 도르(Maison d'or)라고 불렀고 그들 소설 속의 여러 명의 등장인물들이 이곳에서 식사하는 장면을 묘사했다. 프루스트 또한 『스완의 사랑(*Un amour de Swann*)』에서 이 식당을 언급했다). 늦은 밤까지 돌아다니던 야행성 손님들은 특히 눈앞에서 직접 은으로 된 그릴 위에 익혀주는 리슐리외 부댕(boudin Richelieu)을 맛보러 이곳을 찾곤 했다. 샴페인은 필수였으며, 이곳 지하 와인 저장고는 제2제정시대 최고의 와인들을 망라하고 있었다. 이 업소는 1870년 이후 다른 상점들로 대체되었지만, 금박을 입힌 청동 발코니와 야수들이 서로 추격하는 모습이 담긴 벽기둥 장식의 정면 외관은 역사적 건축물로 지정되었다.

MAÎTRE D'HÔTEL 메트르 도텔 홀 지배인, 헤드 웨이터. 비교적 큰 규모의 레스토랑에서 홀의 서비스를 총괄하는 사람을 가리킨다. 홀 지배인은 그의 지휘 아래 여러 담당 책임자들을 두고 있으며 이들은 그 밑의 서빙 담당 초보 웨이터들을 관리한다. 메트르 도텔은 언제나 원활한 홀 서빙이 이루어지도록 신경써야 함은 물론이고, 와인과 요리에 대한 지식과 상황에 대해서도 해박해야 한다. 또한 몇몇 특정 요리의 경우, 고객의 테이블 앞에서 일부 조리를 직접 완성해야 하며(로스트 요리의 카빙, 플랑베, 타르타르 스테이크 양념하기, 통째로 익힌 생선을 손님에게 보인 뒤 필레로 발라 서빙하기 등), 고객들이 메뉴를 주문할 때 능숙한 조언자로서의 역할도 수행해야 한다.

옛날 귀족의 저택에 고용된 메트르 도텔은 식사 서빙에 관한 모든 것을 관할하는 주방의 책임자였다. 또한 궁정에서도 이는 아주 중요한 직책이었다. 언제나 높은 신분의 영주나 귀족이 이 업무를 담당했으며, 항상 화려한 제복에 옆에는 칼을, 손가락에는 다이아몬드를 착용했다. 도금한 은으로 만든 봉은 이들의 상징이었다. 오디제(Audiger)가 쓴 『규율이 있는 가정(*la Maison réglée*)』에는 개인 가정에서의 메트르 도텔의 임무가 자세히 소개되어 있다. 메트르 도텔은 비용 지출을 관리하고 요리사를 선정해야 하며 빵과 고기를 구입한다. 또한 귀족 주인이 경우에 따라 원하는 다양한 규모나 종류의 식사 준비에 있어 그와 관련된 서빙 업무를 적절히 분배하고 원활히 수행하는 역할을 한다.

MAÎTRE D'HÔTEL (BEURRE) 뵈르 메트르 도텔 메트르 도텔 버터. 다진 파슬리와 레몬즙을 섞은 혼합 버터의 이름이다. 주로 구운 고기나 생선, 기름에 지지거나 튀긴 생선 또는 생채소(특히 그린빈스)에 곁들여 낸다. 크리미한 포마드 버터 상태로 만들어 소스 용기에 따로 담아내거나 긴 원통형으로 만들어 냉장고에서 굳힌 뒤 슬라이스해 요리에 곁들여낸다.

▶ 레시피 : BEURRE.

MAKI 마키 일본어로 돌돌 만 것이라는 뜻의 대표적 일본 음식으로 일종의 김밥이다. 주로 말린 김에 쌀밥을 펴 넣고 생선, 졸인 표고버섯이나 단무지 등의 재료를 넣은 다음 돌돌 말아 완성한다.

MÁLAGA 말라가 말라가 와인. 스페인의 디저트 와인으로 페드로 히메네즈(pedro ximenez), 아이렌(airén), 모스카텔(moscatel) 품종의 포도로 만들어지며 안달루시아주의 말라가 항구 주변 지역에서 생산된다. 셰리(xérès)와 만자니아(manzanilla)처럼 말라가 와인은 솔레라(solrea) 방식으로 숙성된다. 여러 층으로 쌓인 술통은 층마다 각기 숙성 연령이 다른 와인들로 채워져 있고, 맨 아래 칸을 차지하고 있는 가장 오래된 와인을 따라내면 점차적으로 그만큼 위층의 어린 와인으로 채워지며 원래 그 통에 있던 와인과 혼합되는 방식이라 가장 오래된 숙성 통은 항상 꽉 차 있게 된다. 예전에 영국과 미국에서 아주 인기가 많았던 말라가 와인은 최근엔 특히 독일과 스칸디나비아 국가에 많이 수출되고 있다.

MALAKOFF 말라코프 클래식 요리에 등장하는 다양한 케이크에 붙이는 명칭이다. 가장 많이 알려진 말라코프 케이크는 두 장의 원형 다쿠아즈 시트 사이에 모카 버터 크림을 펴 발라 채우고 덮은 뒤 겉을 다시 모카 크림으로 덮어 만든 것이다. 표면에 슈거파우더를 뿌리고 구운 아몬드 슬라이스를 둘레에 붙여 장식한다. 또 다른 스타일의 말라코프 케이크는 퐈유타주나 제누아즈 스펀지로 만든 원형 시트 위에 왕관 모양으로 구워낸 슈를 얹고 중앙 빈 부분에 글라스 플롱비에르(glace plombières, 키르슈로 향을 내고 과일 콩피를 넣은 바닐라 아이스크림), 샹티이 크림 또는 기타 차가운 크림이나 무스 혼합물 등을 채워 만든다. 한편 스위스의 보(Vaud)주, 특히 빈첼(Vinzel)에서 말라코프는 반죽 옷을 입혀 튀긴 치즈를 가리킨다.

MALANGA 말랑가 토란, 말랑가. 매우 단단한 굵은 식용 뿌리로 껍질은 갈색이며 속살은 하얗다. 앤틸리스제도에서는 이것을 강판에 갈아 아크라(acras) 튀김을 만들어 먹는다.

MALAXER 말락세 반죽하다. 짓이기다. 재료를 섞거나 반죽하여 무르거나 부드럽게 만드는 작업을 뜻한다. 예를 들면, 성공적인 파트 퓌유테를 만들기 위해서는 밀어 접기용 버터를 부드럽게 두드려 데트랑프 반죽과 동일한 질감으로 만들어주는 작업, 또는 몇몇 반죽의 경우 균일한 질감을 만들기 위해서 재료들을 오랜 시간 혼합하거나 치대 주는 작업 모두 말락세라고 할 수 있다. 이렇게 반죽이나 소 재료 등을 치대며 혼합하는 과정(malaxage 말락사주)은 작업대 위나 넓적한 볼 안에서 수작업으로 이루어지지만, 때로는 전동 스탠드 믹서를 사용하기도 한다.

MALIBU 말리부 달콤한 맛의 코코넛 리큐어로 온더락 또는 과일 주스나 토닉워터 등의 소다수와 섞어 차갑게 마신다.

MALT 말트 맥아, 엿기름, 몰트. 원래 영어 단어인 몰트는 보리를 발아시켜 싹을 틔운 뒤 말린 것으로, 볶고 가루로 만들어 맥주 양조의 원재료로 사용한다. 맥아에는 특히 녹말 성분이 함유되어 있는데, 이것을 물에 담가두면 효소(아밀라아제 작용)에 의해 녹말이 분해되어 덱스트린과 엿당으로 변화된다. 이것을 여과하면 맥아즙을 얻을 수 있다. 맥아가 도달한 온도에 따라 (때로는 캐러멜화될 때까지 가열) 맥주의 색은 다양해진다. 증류를 거친 맥아즙은 위스키 제조에도 사용된다. 한편 맥아는 커피의 대용품으로 사용되

"메트르 도텔은 각 파트 담당자와 서버들이 원활한 홀 서비스를 할 수 있도록 총괄하는 책임자이다. 레스토랑 엘렌 다로즈, 파리 리츠 호텔, 크리용 호텔의 지배인들은 전문가의 능숙하고 세심한 눈길로 작은 디테일도 놓치지 않고 관리한다. 테이블 세팅을 면밀히 체크하는 것은 물론이고, 고객들의 주문 시 조용하고 점잖으면서도 효율적으로 메뉴 선택에 조언을 하는 등 수준 높은 매너와 서비스를 통해 고급 레스토랑의 품격과 명성을 지키는 데 중요한 역할을 한다."

Maître d’hôtel 메트르 도텔

기도 하였다. 프랑스 법에 의하면 맥아는 빵 제조 시 사용이 허가된 식품첨가물에 해당한다. 맥아는 반죽의 발효를 돕고, 구울 때 빵 껍질의 색을 향상시키는 역할을 한다.

MALTAIS 말테 당절임 오렌지와 아몬드 가루로 만든 과자에 퐁당슈거 아이싱을 씌운 프티푸르의 일종이다.

---

maltais 말테

설탕 100g과 아몬드 가루 100g을 섞는다. 럼 작은 리큐어 잔으로 한 잔, 아주 곱게 다진 당절임 오렌지 껍질 60g을 넣고 잘 섞는다. 농도를 조절해야 할 경우에는 체에 거른 오렌지즙 2~3스푼을 넣는다. 반죽을 양철 팬 위에 놓고 조심스럽게(반죽이 부서지기 쉽다) 5mm 두께로 밀어 편 다음, 지름 3cm의 원형 쿠키 커터로 찍어 잘라준다. 12시간 동안 건조시킨다. 퐁당슈거 100g을 녹여 35°C로 만든 뒤, 그중 반에 양홍빛(carmin) 색소를 조금 넣는다. 동그란 과자의 반은 분홍색 퐁당으로, 나머지 반은 흰색 퐁당슈거로 씌운다. 설탕에 절인 안젤리카 줄기를 긴 마름모형으로 자른 뒤 과자에 하나씩 올린다. 서빙할 때까지 냉장고에 넣어둔다.

MALTAISE (À LA) (아 라) 말테즈 오렌지(원칙적으로 말테즈라고 불리는 블러드 오렌지 종)가 들어간 달콤한 디저트 또는 짭짤한 음식을 지칭한다. 이 명칭은 특히 오렌지즙과 제스트를 더한 홀랜다이즈 소스를 가리키는데, 이 소스는 주로 포칭한 생선, 물에 삶은 채소(아스파라거스, 근대, 카르둔) 등에 곁들인다. 봉브 글라세 아 라 말테즈(bombe glacée à la maltaise)는 틀 안에 오렌지 아이스크림을 바르고 안쪽에 밀감 향의 샹티이 크림을 채워 만든 아이스케이크의 일종이다.

▶ 레시피 : FRAISE, SALADE DE FRUITS, SAUCE.

MAMIROLLE 마미롤 저온 멸균한 소젖으로 만든 치즈(지방 40%)인 마미롤은 비가열 압착 치즈이며 붉은색의 매끈한 세척 외피를 갖고 있다(**참조** p.390 프랑스 치즈 도표). 길이 15cm, 폭 5~6cm, 무게 500~600g의 직육면체 덩어리 형태이며, 자극적인 풍미를 지닌다. 프랑슈 콩테 지방의 브장송(Besançon)동쪽 마미롤(Mamirolle)에 설립된 유명한 국립 유제품 산업학교에서 만든다.

MANCELLE (À LA) (아 라) 망셀 루아르 지방에 위치한 도시 르망(Le Mans)과 그 주변 지역 음식의 특징을 지닌 다양한 요리들을 지칭하는 수식어다. 특히 가금류, 돼지나 굴토끼 리예트, 달걀에 잘게 깍둑 썬 아티초크 속살과 감자를 섞어 만든 오믈렛 등이 대표적이다.

MANCHE À GIGOT 망슈 아 지고 나사로 조이는 집게와 손잡이 자루 부분으로 이루어진 도구로, 주로 양의 뒷다리(gigot d'agneau)나 돼지 뒷다리 하몽 등을 자를 때 뼈 끝부분에 끼워 나사를 조이며 고정시켜 사용한다. 보통 카빙용 포크, 나이프와 한 세트로 이루어진 경우가 많다.

MANCHEGO 만체고 만체고 치즈. 양젖으로 만든 스페인의 AOP 치즈(지방 50%)로 원산지는 라 만차(La Mancha)이다. 비가열 압착치즈로 천연 세척 외피를 갖고 있으며 지름 25cm, 두께 10cm의 원통형이다(**참조** p.400 외국 치즈 도표). 숙성 기간에 따라 각각 5일짜리는 프레스코(fresco), 20일짜리는 쿠라도(curado), 60일짜리는 비에호(viejo)라는 명칭으로 판매된다. 치즈는 매우 기름지고 오래 숙성한 것은 손으로 눌렀을 때 꽤 단단하며 종종 작은 기공이 생긴다. 특유의 향이 있으며 맛은 아주 강하고 경우에 따라 매콤한 맛이 나기도 한다. 만체고 엔 아세이테(en aceite)는 올리브오일에 담가 저장한 것이다.

MANCHETTE 망셰트 고기의 뼈 손잡이 끝에 끼우는 장식용 레이스 페이퍼. 끝이 꼬불꼬불한 레이스 모양으로 만든 흰색 종이 손잡이로, 뼈가 있는 고기를 서빙할 때 매끈하게 긁어 손질한 끝 부분에 씌워준다. 주로 노루의 뒷 넓적다리, 양이나 돼지, 소의 뼈 붙은 등심, 양 뒷다리나 통째로 서빙하는 뒷다리 햄 등의 뼈에 보기 좋게 씌워준다.

MANCHON 망숑 비스퀴 반죽이나 아몬드 페이스트로 만든 길쭉한 원통형의 시가레트 과자 안에 시부스트 크림이나 프랄린 버터 크림을 채워 넣은 차가운 프티푸르의 한 종류이다. 크림을 채운 뒤 양끝 부분은 색을 낸 아몬드 가루나 다진 피스타치오를 묻힌다.

MANCHONNER 망쇼네 발골용 나이프를 사용해 고기(양, 소, 송아지의 뼈 등심, 또는 닭다리나 봉) 뼈의 끝부분을 깔끔하게 긁어내 보기 좋게 만드는 작업을 뜻한다. 이렇게 말끔하게 손질한 뼈 손잡이에 레이스 페이퍼 커버를 끼워준다.

MANDARINE 망다린 귤, 만다린 귤, 밀감. 운향과에 속하는 감귤류인 귤나무의 열매로 원산지는 중국이다(**참조** 옆 페이지 밀감류 도표, p. 597 오렌지, 밀감, 클레멘타인 귤 도감). 위와 아랫면이 약간 납작한 구형의 만다린 귤은 달콤하고 아주 특별한 향을 지니고 있지만 씨가 많아서 현재는 클레멘타인(clémentine) 귤이 거의 대부분 이를 대체하게 되었다. 열량이 낮고(100g당 40kcal 또는 167kJ), 수분(88%), 칼륨(100g당 200mg), 칼슘(33mg), 비타민C(30mg), 살리실산이 풍부한 만다린 귤은 12월 중순에서 5월까지 시장에 출하된다. 일반적으로 그대로 먹지만, 오렌지처럼 설탕에 졸여 요리나 제과에서 사용하기도 한다. 달콤한 디저트를 만들 때 키르슈나 오드비를 넣으면 귤의 풍미를 더욱 부각시킬 수 있다. 껍질은 리큐어를 만드는 데 사용한다.

---

gâteau à la mandarine 가토 아 라 망다린

만다린 귤 케이크 : 속껍질을 깐 아몬드 125g을 절구에 넣고 찧는다. 달걀 4개를 하나씩 넣으며 함께 찧는다, 당에 절인 귤껍질 4조각을 잘게 다져 넣은 뒤 설탕 125g, 액상 바닐라 3방울, 비터 아몬드 에센스 2방울, 고운 체에 내린 살구 마멀레이드 2테이블스푼을 첨가하고 잘 섞는다. 파트 아 퐁세(pâte à foncer) 반죽 300g을 얇게 밀어 플랑용 링에 깔아준다. 귤 마멀레이드를 반죽 시트에 한 켜 발라준 다음 아몬드 혼합물을 가득 채운다. 스패출러로 표면을 매끈하게 밀어준다. 200°C로 예열한 오븐에서 25분간 구운 뒤 꺼내서 식힌다. 살구 마멀레이드 3테이블스푼을 고운 체에 내린 뒤 케이크 위에 발라준다. 생민트잎, 반으로 저민 귤 조각, 노릇하게 구운 아몬드 슬라이스를 얹어 장식한다. 냉장고에 보관한다. 케이크를 접시에 담은 뒤 단면이 보이도록 한 두 조각 잘라 서빙한다.

---

mandarines givrées 망다린 지브레

만다린 껍질에 넣어 얼린 소르베 : 껍질이 두꺼운 만다린 귤의 위 부분을 가로로 뚜껑처럼 잘라낸 다음 껍질이 뚫어지지 않도록 주의하면서 속을 전부 파낸다. 빈 껍질과 잘라낸 뒷부분을 냉동실에 넣어둔다. 꺼낸 과육의 즙을 짜 체에 걸러준 다음 즙 500g당 설탕 300g을 첨가한다. 설탕을 즙에 녹인다(밀도: 1.1799). 아이스크림 메이커에 넣고 돌려 부드러운 질감의 소르베를 만든다. 귤껍질에 이 소르베를 채운 뒤 꼭지 뚜껑을 덮고 다시 냉동실에 넣어 얼린다.

rougets à la mandarine et à la purée de chou-fleur ▶ ROUGET-BARBET

MANDOLINE 망돌린 채칼, 만돌린 슬라이서. 채소(양배추, 당근, 무)를 가늘게 채 썰거나 감자를 프렌치프라이, 와플칩, 얇은 슬라이스 칩 등으로 썰 때, 과일을 얇게 저미거나 치즈, 초콜릿 등을 가늘게 갈 때 유용하게 사용할 수 있는 절단 도구다. 만돌린 슬라이서는 일반적으로 철제로 된 본판에 용도에 따라 갈아끼울 수 있는 아주 날카로운 날을 가진 슬라이서와 채칼 여러 종류가 한 세트를 이루고 있으며, 작아진 조각을 절단할 때 손을 보호할 수 있는 보조 부품도 들어 있다. 만돌린 슬라이서가 없어도 비교적 덜 단단한 채소들은 작은 손잡이가 달린 간단한 형태의 채 썰기 전용 필러를 사용해도 된다.

MANGANÈSE 망가네즈 망간. 무기질의 일종인 망간은 통곡물, 호두, 간, 차에 함유되어 있으며, 콩류나 녹색 채소에도 소량 들어 있고, 유제품과 고기에는 거의 들어 있지 않다. 여러 가지 효소의 활동에 반드시 필요한 망간은 뇌의 기능에 중요한 역할을 할 뿐 아니라 인슐린 분비를 높여 세포가 당질을 잘 흡수하도록 도우며 뼈와 연골의 성장에도 필수적이다.

MANGOUSTAN 망구스탕 망고스틴. 클루시아과에 속하는 망고스틴 나무의 열매로 원산지는 말레이시아다. 줄무늬가 있는 둥근 모양에 크기는 귤만 하고 껍데기는 가죽같이 두꺼우며 익으면 짙은 붉은색을 띤다. 안에 들어 있는 흰색 과육은 맛이 아주 섬세하고 향이 좋으며 5~6쪽으로 나뉘어 있다. 망고스틴은 잘 익은 것의 껍데기를 반으로 쪼개 안의 과육을 그대로 먹는다. 또한 잼, 소르베를 만들거나 열대과일 샐러드에 넣기도 한다. 인도네시아에서는 망고스틴으로 식초를 만들며, 그 씨로부터 고형의 기름인 코쿰(kokum) 버터를 추출하기도 한다.

MANGUE 망그 망고. 옻나무과에 속하는 열대 나무인 망고나무의 열매로 다양한 품종이 존재한다(**참조** p.404, 405 열대 및 이국적 과일 도감, p.496, 497 열대 및 이국적 채소 도감). 크기가 다양하고 둥근 모양, 달걀형 또는 끝

만다린 귤의 주요 품종과 교배종의 특징

품종	원산지	시기	외형	맛
만다린 귤 *mandarines*				
만다린 귤 mandarine commune	이탈리아, 튀니지	1월 초~ 3월 중순	껍질이 매끄럽고 노란색을 띠고 있으며 약간 납작하다. 살은 주황색을 띤 노랑색으로 씨가 많다.	약간 달콤하고 신맛이 거의 없다.
댄시(또는 레이디, 모르간, 트림블, 비주) dancy(lady, morgane, trimble, bijou)	플로리다	1월 중순~ 3월 중순	껍질이 약간 우툴두툴하고 짙은 오렌지색을 띠고 있으며 약간 납작하다. 과육이 오렌지색이며 씨가 거의 없는 것에서부터 많은 것까지 다양하다	약간 달콤하고 신맛이 거의 없다.
포르튄(클레멘타인×탠저린 귤) fortune(clementine ×tangerine)	스페인, 모로코	2월 중순 ~ 3월 말	껍질이 매끄럽고 오렌지 빛의 노란색을 띤 구형이다. 과육이 오렌지색이며 씨가 거의 없거나, 경우에 따라 많은 것도 있다.	약간 달콤하고 신맛이 거의 없다.
노바(만다린 귤×올랜도 탄젤로) nova(mandarine commune × tangelo orlando)	스페인, 모로코	1월 초~ 2월 말	껍질이 매끄럽고 주홍색을 띤 구형이다, 과육은 오렌지색이며 씨가 몇 개 있으며 과육과 껍질이 단단히 붙어 있다.	약간 달콤하고 신맛이 거의 없다.
팔라젤리(클레멘티나×킹) palazelli(clementina × king)	이탈리아 (팔라젤리, 시칠리아)	1월~2월	위아래 양끝이 조금 납작하고, 울퉁불퉁하고 잘 부러지는 껍질을 갖고 있다. 씨는 거의 없다.	즙이 아주 적으며 신맛과 단맛이 거의 없다.
온주밀감(사츠마) satsuma commune	스페인, 남아메리카	10월 초~ 12월 말	껍질이 매끄럽고 노란 빛이 나는 녹색이며 약간 납작한 모양이다. 과육은 주황색이며 씨가 없다.	신맛과 단맛이 거의 없다.
사츠마 클로셀리나 satsuma clausellina	스페인, 남아메리카	9월 중순 ~ 10월 말	껍질이 매끄럽고 노란 빛이 나는 녹색이며 약간 납작한 모양이다. 과육은 주황색이며 씨가 없다.	신맛과 단맛이 거의 없다.
사츠마 오키츠 satsuma okitsu	스페인, 남아메리카	9월 중순~ 11월 중순	껍질이 매끄럽고 노란 빛이 나는 녹색이며 약간 납작하다. 과육은 주황색이며 씨가 없다.	신맛과 단맛이 거의 없다.
탄젤로(만다린 귤×포멜로) *tangelos (mandarine x pomelo)*				
엘렌데일(댄시 만다린 귤×던컨 자몽) ellendale(mandarine dancy × pamplemousse duncan)	남아메리카, 남아프리카	7월~9월	껍질이 매끄럽고 오렌지색을 띠며 약간 납작하다. 과육은 오렌지색이며 씨가 아주 드물다.	단맛과 신맛이 있다.
미네올라(댄시 만다린 귤×던컨 자몽) minneola(mandarine dancy × pamplemousse duncan)	이스라엘, 남아프리카	1월 중순~ 3월 중순	껍질이 매끄럽고 진한 오렌지색을 띠며 좁은 주둥이가 삐죽 올라온 구형이다. 과육은 오렌지색이며 씨가 아주 드물다.	단맛이 아주 미미하고, 약간 신맛이 있다.
올랜도 orlando	미국, 이스라엘, 스페인	1월 중순 - 3월 중순	껍질이 약간 우툴두툴하고 오렌지색을 띠고 있으며 약간 납작하다. 과육은 오렌지색이며 씨가 아주 드물다.	약간 단맛과 신맛이 있다.
탱고르(만다린 귤×오렌지) *tangors (mandarine x orange)*				
머콧 murcott	이스라엘, 남아메리카, 남아프리카	3월 초-5월	껍질이 매끄럽고 진한 오렌지색을 약간 납작하다. 과육은 오렌지색이며 씨가 거의 없는 것에서부터 많은 것까지 다양하다.	약간 단맛이 나며 신맛은 거의 없다.
오르타니크(탠저린 귤×오렌지) ortanique(tangerine unique×orange)	스페인, 모로코, 이스라엘	3월 초- 5월 말	표면이 울퉁불퉁하고 오렌지색을 띠고 있으며 위가 약간 올라온 서양 배 모양이다. 과육은 오렌지색이며 씨가 거의 없다.	약간 단맛과 신맛이 있다.

이 뾰족한 모양을 가진 망고는 녹색을 띠며 노란색, 붉은색 또는 보라색이 섞여 있다. 과육은 주황색으로 즙이 많고 향이 아주 좋으며, 매우 크고 납작한 씨에 붙어 있다. 열량은 100g당 62kcal 또는 260kJ이고 철분, 프로비타민 A와 비타민 C, B가 풍부하다. 과육은 대체로 부드럽고 달콤하며 뒷맛이 살짝 새콤하다. 또한 섬유질이 많고 레몬이나 바나나, 혹은 민트 맛이 나는 것도 있다. 말레이시아가 원산지이며 아주 오래전부터 아시아에서 재배되어 온 망고나무는 아프리카에 이어 16세경에 남아메리카에 유입되었다. 아시아와 앤틸리스제도에서는 약간 덜 익은 그린망고를 생으로 또는 익혀서 오르되브르로 서빙하거나 고기, 생선 요리에 곁들여 내며, 유명한 망고 처트니를 만들어 먹기도 한다. 브라질(9월~1월) 또는 서부 아프리카(3월~7월)에서 수입된 망고를 연중 구입할 수 있다.

잘 익은 망고는 다양한 요리에 곁들이거나 특히 샐러드에 넣는 재료로 많이 사용되며, 소르베, 잼, 마멀레이드, 즐레 등을 만들기도 한다. 아보카도처럼 둘로 길게 잘라서 그대로 작은 스푼으로 떠먹거나 껍질과 함께 두툼하게 잘라내 과육을 주사위 모양으로 썰어 먹는다.

▶ 레시피 : CANARD, SORBET.

MANHATTAN 만하탄 맨하탄 칵테일. 쇼트 드링크 칵테일의 일종으로 제조 방법이 다양하다. 전통적으로 믹싱 글라스에 라이 위스키, 스위트 베르무트, 앙고스투라 비터스를 넣고 혼합해 만들며, 아페리티프로 차갑게 또는 온더락으로 서빙한다. 칵테일을 마시는 문화가 태동하던 초창기 시절인 1874년, 영국 수상 윈스턴 처칠의 어머니인 제니 처칠(Jennie Churchill)에 의해 처음 만들어졌다고 전해진다.

▶ 레시피 : COCKTAIL.

MANIER 마니에 빚어 섞다. 한 가지 또는 여럿의 재료를 용기에 넣고 주걱으로 섞어 균일한 혼합물을 만드는 작업을 뜻한다. 특히 뵈르 마니에(beurre manié)를 만들 때 사용되는 방식으로 알려져 있다(**참조** BEURRE).

MANIÈRE (JACQUES) 자크 마니에르 프랑스의 요리사(1923, Le Bugue 출생–1991, Paris 타계). 페리고르 출신으로 요리에 푹 빠진 그는 1943년 낙하산부대 장교 자격으로 자유 프랑스(France libre, 런던으로 망명한 샤를 드골 장군의 주도로 성립된 망명 정부)에 합류한다. 전쟁이 끝난 후 통조림 제조업자로 일하던 그는 1956년 자신의 첫 레스토랑인 팍톨(Pactole)을 열었다. 팍톨은 파리 외곽 팡탱(Pantin) 지역의 미식가들을 끌어모았고, 이후 파리의 번화가 생 제르맹 대로(boulevard Saint-Germain)로 이전했다. 자크 마니에르는 기존 셰프들과는 다른 모습을 보였다. 독학으로 성공한 요리사로 반항적이며 냉소적인 기질의 소유자인 그는 고객들의 건방지고 무례한 태도를 용납하지 않았다. 미슐랭 가이드 평가원이 방문해 쭈그리고 앉아 사용하는 화변기에 대해 묻자 "당신은 식사를 하러 온 거요 아니면 ㄸ..." 이라고 재치있게 응수하며 쫓아버린 사건이나, 음식 서빙이 너무 늦는다고 불평하는 손님에게 냄비 안에 있던 오리를 던지며 "받으세요, 날아갑니다"라고 했던 일화는 유명하다. 하지만 동시에 그는 당시로서는 가볍고 혁신적인 요리를 제안하며 존재감을 나타냈다. 인기리에 판매된 그의 저서『찜 요리 대사전(*Grand Livre de la cuisine à la vapeur*)』(1985)를 통해 건강하고 가벼운 스팀 조리 방식을 장려했고, 미친 샐러드(salade folie, 그린빈스와 얇게 썬 푸아그라를 넣어 만든다), 송로버섯을 박아 넣고 증기에 찐 푸아그라 등 1970년대에 유행하던 누벨 퀴진의 대표적인 요리들을 만들어 선보였다. 근처 비에브르가의 이웃이었던 프랑수아 미테랑 대통령도 종종 방문해 빛을 내주었던 레스토랑 팍톨에 이어 그는 모베르 광장(place Maubert)에 르 도댕 부팡(Le Dodin-Bouffant)을 열었다. 이후 그는 그랑쥬 레 발랑스(Grange-lès-Valence)로 내려가 트루아 카나르(Trois Canards) 레스토랑을 소박하게 운영하며 요리사 생활을 마감했다.

MANIOC 마니옥 카사바. 말피기목 대극과에 속하는 식물로 길쭉한 덩이줄기 모양의 뿌리를 식용으로 사용한다. 껍질은 갈색이고 속살은 흰색이며 일반 채소로 소비되거나 타피오카를 만드는 데 쓰인다(**참조** p.496, 497 열대 및 이국적 채소 도감). 극한의 기후에서도 생명력이 강해 카사바의 덩이줄기는 손상없이 땅속에서 오랫동안 살아남는다. 브라질이 원산지이며 남미와 중미 전역에서 재배되던 카사바는 노예 무역시대에 아프리카에 유입되어 그곳의 주식 중 하나로 자리 잡았다(빵거나 세몰리나로 만들어 갈레트나 죽 등 짭짤한 요리와 달콤한 요리에 두루 사용하며 특히 아프리카의 대표적 음식인 푸투(푸푸라고도 불리며 카사바와 플랜틴 바나나를 찧어서 만든다)의 재료로 쓰인다). 카사바는 아시아에도 재배되고 있다.

– 스위트 카사바(manioc doux)는 열량이 아주 높고(100g당 262kcal 또는 1,095kJ) 당질이 풍부하지만, 단백질, 비타민, 무기질은 함량은 미미하다. 카사바 뿌리는 껍질을 깐 다음 씻어서 적당한 크기로 잘라 소금을 넣은 물에 삶는다. 이어서 감자처럼 조리하여 고기나 생선 요리에 곁들여 먹는다. 또한 가루를 내어 갈레트, 케이크, 빵, 수프, 스튜 등의 재료로 사용하며, 특히 브라질의 대표요리인 페이조아다(**참조** FEIJOADA)에 곁들이는 파로파(farofa)를 만들기도 한다. 이 관목의 잎은 시금치 또는 앤틸리스제도의 잎채소 브레드(brèdes)처럼 조리해 먹는다.

– 비터 카사바(manioc amer)는 주로 식품 제조 공장용으로 소비된다. 원심분리로 추출한 녹말 성분을 익힌 뒤 분쇄, 건조하여 타피오카(tapioca)를 만드는 데 사용된다. 브라질에서는 카사바를 사용하여 오드비 카빔(cavim)을 제조하기도 한다.

MANON 마농 초콜릿 셸 안에 생크림과 설탕으로 만든 크림(커피, 피스타치오 등으로 향을 내기도 한다)을 채운 봉봉의 일종으로 벨기에의 특산물이다. 마농 초콜릿은 박스에 포장된 것 이외에 원하는 종류와 양 만큼 따로 골라 구입할 수도 있다.

MANQUÉ 망케 가토 망케, 망케 케이크. 19세기 파리의 유명한 제과사 펠릭스(Félix)에 의해 처음 만들어진 것으로 알려진 케이크의 이름으로 직역하면 망친 케이크(gâteau manqué)란 뜻이다. 사부아 비스퀴 반죽을 만들던 중 거품 낸 달걀흰자에 응어리 입자가 생겨 준비에 차질을 빚자 제과사는 이 반죽을 버리기가 아까운 나머지 녹인 버터와 부순 아몬드를 첨가하고 구운 후에 프랄리네로 케이크를 덮어주었다. 이렇게 탄생한 발명품은 인기를 끌게 되어 그의 제과점을 대표하게 되었고, 심지어 망케 케이크 전문 틀까지 등장하였다(**참조** MOULE [USTENSILE]). 오늘날 망케 케이크의 레시피는 약간 수정되었고 파티스리를 대표하는 클래식 메뉴 중 하나가 되었다. 빻은 헤이즐넛, 건포도, 당절임 과일, 아니스, 리큐어, 증류주 등을 첨가해 다양한 향을 내기도 하며 각종 크림, 잼, 당절임 과일로 속을 채워 넣거나 퐁당슈거로 글라사주를 입히기도 한다.

pâte à manqué : préparation 파트 아 망케

망케 케이크 반죽 만들기 : 버터 100g을 색이 나지 않게 녹인다. 달걀 6개의 노른자와 흰자를 분리한다. 볼에 달걀노른자, 설탕 200g, 바닐라슈거 1작은 봉지를 넣고 색이 연해지고 부풀어오를 때까지 거품기로 잘 혼합한다. 체에 친 밀가루 150g을 고루 뿌려 넣고, 녹인 버터와 럼 아그리콜(rhum agricole) 작은 리큐어 잔으로 반 잔을 넣는다. 균일하게 혼합될 때까지 잘 젓는다. 달걀흰자에 소금 한 자밤을 넣고 단단하게 거품을 낸 다음 혼합물에 넣고 조심스럽게 주걱으로 섞는다. 기호에 따라 향을 추가한다.

manqué au citron 망케 오 시트롱

레몬 망케 케이크 : 레몬 1개 분량의 제스트를 얇게 저며 내어 끓는 물에 2분간 데친다. 건져서 차가운 물에 식힌 뒤 물기를 닦아내고 아주 가늘게 채 썬다. 당절임한 시트론(cédrat) 100g을 아주 작은 주사위 모양으로 썬다. 망케 반죽(pâte à manqué)을 만들고, 거품 낸 달걀흰자를 섞기 바로 전에 준비한 시트론과 레몬 제스트를 넣는다. 200°C로 예열한 오븐에서 40~45분간 망케 케이크를 굽는다. 따뜻한 온도로 식힌 뒤 틀에서 빼내고 망 위에 올려 완전히 식힌다. 달걀흰자 2개 분량을 거품기로 가볍게 친 다음 레몬즙 1테이블스푼을 넣고 슈거파우더를 조금씩 넣어 섞으며 펴바르기 좋은 농도의 혼합물을 만든다. 이 아이싱으로 케이크를 덮어준 다음 당절임한 시트론 몇 조각을 얹어 장식한다.

MANZANILLA 망자니야 만자니야. 안달루시아 지방 헤레스 근방에서 생산되는 스페인 와인으로 셰리(xérès)와 같은 품종 포도(팔로미노와 페드로 히메네즈)를 사용하고 양조법도 같으며 법적으로 셰리의 한 종류로 분류된다. 하지만 훨씬 색이 맑고 아주 드라이하며 숙성되면서 색과 바디감이 더해지는 전혀 다른 와인으로 볼수 있다. 카타비노(catavino)라고 불리는 특별한 글라스에 마시는 만자니야는 특히 각종 타파스에 잘 어울린다.

MAQUÉE 마케 응유효소로 굳힌 소젖을 얇은 천에 받쳐 수분을 제거해 만드는 프레시 크림 치즈로 벨기에 왈롱 지방이 원산지다. 수분을 뺀 다음 가볍게 휘저으면 질감이 크리미해진다. 마케 치즈는 빵에 발라 붉은 래디시를 곁들여 짭짤하게, 또는 황설탕을 뿌려 달콤하게 먹는다.

MAQUEREAU 마크로 고등어. 고등어과에 속하는 바다생선으로 대서양, 북아메리카와 유럽 연안, 북해와 지중해에 서식한다(**참조** p.674-677 바다생선 도감). 최대 크기가 50cm에 이르는 고등어는 여름에는 해수면 가까운 곳에서, 겨울에는 심해에서 연중 어획할 수 있으며 특히 연안에 근접하는 3월에서 11월에 많이 잡힌다. 고등어는 대규모로 무리를 지어 이동하는 어종으로 산란을 위해 매년 특정 시기에 특정 장소에 출몰한다. 스페인 고등어(참고등어의 일종)라고 불리는 종류도 있는데 이들은 유럽 대륙 훨씬 남쪽 연안에 서식한다. 생선 옆면은 황색을 띠며 회색빛이 도는 둥근 반점이 있다. 일반 대서양 고등어보다 살이 연해 보존 기간이 짧은 편이다. 프랑스에서는 망슈(Manche) 지방, 특히 디에프(Dieppe)산 작은 고등어인 리제트(lisettes)가 가장 인기가 좋다. 저인망으로 어획해 얼음에 보관, 유통하는 고등어보다 줄낚시로 잡은 고등어가 언제나 훨씬 신선하고 맛도 뛰어나다. 물량이 풍부하고 가격이 저렴한 고등어는 외형 또한 매우 아름다운 생선이다. 몸통은 방추형이며 등과 측면은 메탈릭 블루 또는 진한 초록 줄무늬가 있는 빛나는 녹색이고 등쪽은 황금색이 도는 은빛을 띠고 있다. 갓 잡힌 고등어는 몸이 단단하게 경직되어 있고 눈이 반짝이며 금속성의 광채가 난다. 고등어는 꽤 기름진 생선이다(지방이 6~8%로 산란 전에는 더 기름지고 산란 후에는 함량이 조금 낮아진다). 그릴에 굽기(구스베리 콩포트를 곁들여 먹는다), 속을 채워 조리하기, 프로방스식 채소와 허브를 넣어 조리하기, 화이트와인에 익히기 등 고등어의 조리법은 매우 다양하다. 또한 생선 스튜(cotriade)에 넣거나 향신 재료를 넣고 포칭하기도 하며 머스터드 소스, 토마토 소스, 크림 소스 등을 곁들여 먹는다. 1885년경, 망슈 지방 불로네(Boulonnais) 사람들은 화이트와인과 향신료에 재운 고등어 필레를 캔에 넣어 밀폐한 뒤 멸균 처리한 통조림 제품을 생산해 판매하기 시작했다. 이어 고등어 필레 통조림 제조업은 브르타뉴 전역에 퍼졌고 다양한 맛과 향을 낸 통조림들이 출시되면서 그 종류는 점점 다양해졌다.

filets de maquereau à la dijonnaise 필레 드 마크로 아 라 디조네즈

디종식 고등어 필레 : 고등어 큰 것 4마리를 준비해 필레를 뜬 다음 소금, 후추로 밑간하고 화이트 머스터드를 바른다. 양파 2개의 껍질을 벗겨 얇게 썬 다음 기름 2테이블스푼을 두른 냄비에 넣고 노릇하게 볶는다. 밀가루 1테이블스푼을 고루 뿌리고 잘 섞는다. 생선 육수 150mℓ와 동량의 드라이 화이트와인을 붓고 저어준 다음 부케가르니를 넣고 8~10분간 끓인다. 버터를 바른 오븐용 용기에 고등어 필레를 나란히 놓고 준비한 소스를 끼얹는다. 불 위에 올려 가열한 뒤 끓기 시작하면 200°C로 예열한 오븐에 넣어 10분 정도 더 익힌다. 고등어 필레를 건져내 서빙 접시에 담는다. 익힌 냄비의 소스에서 부케가르니를 제거한 다음 머스터드를 조금 넣는다. 간을 맞춘 뒤 고등어 필레에 소스를 붓는다. 둥글게 썬 레몬 슬라이스와 작은 단으로 뭉친 파슬리 잎을 곁들여낸다.

에릭 프레숑(ERIC FRÉCHON)의 레시피

lisette de petit bateau 리제트 드 프티 바토

소형 어선에서 낚시로 잡은 작은 고등어 : 10인분 / 준비: 1시간 15분 / 조리: 23분

밀가루 225g, 버터 135g, 소금 4.5g, 설탕 7.5g, 물 135mℓ를 혼합해 반죽을 만든 뒤 휴지시킨다. 반죽을 아주 얇게 밀어 기름을 바른 빈 정어리 통조림 캔 바닥과 벽에 깔아준다. 굽는 동안 반죽이 부풀어오르지 않도록 안쪽에 마른 콩을 채워 넣은 뒤 180°C로 예열한 오븐에서 12분간 굽는다. 콩을 모두 꺼낸다. 작은 오이 1개를 길게 갈라 씨를 제거한 다음 주사위 모양으로 썰어 끓는 물에 15초간 데친다. 건져서 찬물에 식힌다. 대추 토마토 400g을 주사위 모양으로 썬 다음 오이와 섞고 소금, 후추로 간한다. 여기에 셰리와인 식초 50mℓ, 바질잎 5장, 곱게 간 홀스래디쉬를 넣고 섞는다. 작은 고등어의 필레를 떠 각 120g씩 10조각을 준비한다. 생선용 핀셋으로 가시를

제거한 다음 타임 잎, 올리브오일, 짓이긴 마늘 1톨, 블루베리 100g을 넣고 160°C로 예열한 오븐에서 3분간 익힌다. 오븐에서 꺼낸 뒤 동그랗게 슬라이스한 쪽파 25g을 넣고 오래 숙성한 셰리와인 식초로 디글레이즈한다. 브릭 페이스트리 시트 5장을 겹쳐놓고 깡통 크기에 맞춰 자른 뒤 반쯤 딴 깡통 뚜껑 모양으로 말아준다. 기름을 바르고 타임 잎을 뿌린 다음 180°C 오븐에서 5분간 굽는다. 미리 구워 놓은 깡통 모양 크러스트에 양념해둔 토마토와 오이를 채워 넣고 그 위에 고등어살을 올린다. 이어서 브릭 시트로 만들어 구운 뚜껑을 얹은 뒤 마늘꽃 한 묶음을 사이에 끼워 놓는다. 얇게 링으로 썬 양파를 고등어 위에 얹고 처빌과 바질잎을 조금 얹어 장식한다.

maquereaux à la boulonnaise 마크로 아 라 불로네즈

불로네식 고등어 : 솔로 문질러 깨끗이 씻은 홍합을 냄비에 넣고 식초를 조금 넣은 뒤 센 불에서 가열해 입이 벌어지게 한다. 홍합에서 나온 즙을 체에 거른 뒤 버터와 섞어 소스를 만든다. 고등어는 내장을 빼내고 손질한 뒤 굵게 토막 낸다. 식초를 넉넉히 넣은 쿠르부이용을 약하게 끓는 상태로 유지한 뒤 생선을 넣고 10분 정도 데친다. 고등어를 건져낸 다음 껍질을 벗기고 길쭉한 모양의 접시에 담는다. 뜨겁게 보관한다. 홍합의 살을 발라낸 다음 생선 주위에 빙 둘러 놓고 버터 소스를 고루 끼얹어 서빙한다.

뤼세트 루소(LUCETTE ROUSSEAU)의 레시피

rillettes de maquereau 리예트 드 마크로

고등어 리예트 : 4인분, 준비: 30분, 조리: 15분

하루 전, 고등어 큰 것 8마리를 준비해 약간 탄성이 있는 필레 나이프로 대가리 뒷부분에 사선으로 칼집을 낸 다음 필레를 뜬다. 칼날을 생선뼈와 평행하게 놓고 꼬리 끝까지 밀어가며 살을 잘라낸다. 생선을 뒤집은 다음 두 번째 필레도 같은 방법으로 잘라낸다. 필레를 껍질이 바닥에 닿게 작업대 위에 펼쳐 놓고 가시를 모두 제거한 다음 반으로 잘라둔다. 당일, 잘게 썬 샬롯 3개, 드라이 화이트와인 500㎖, 버터 넉넉히 한 조각, 더블 크림 2테이블스푼을 섞고 소금, 후추로 간을 한다. 고등어 필레를 이 양념 혼합물에 넣고 뚜껑을 덮은 뒤 15분간 익힌다. 식힌 다음 상온의 부드러운 버터 2조각을 넣는다. 나무 주걱으로 잘 섞으며 생선살을 결결이 부수어 리예트를 만든다. 테린 틀에 채워 넣은 뒤 냉장고에 12시간 넣어둔다. 냉장고에서 5일간 보관할 수 있다.

MARACUJA ▶ **참조 FRUIT DE LA PASSION**

MARAÎCHÈRE (À LA) (아 라) 마레셰르 채소가 재료로 들어간 요리들을 지칭한다. 이 명칭은 특히 갸름하게 모양 내 돌려 깎은 뒤 윤기나게 익힌 당근 글레이즈, 방울 양파 글레이즈, 토막으로 잘라 소 재료를 채운 뒤 브레이징한 오이, 버터에 찌듯이 익힌 아티초크 속살 등을 가니시로 곁들인 큰 덩어리의 고기 요리(로스트 또는 브레이징 요리)를 수식하는 용어이다. 이 밖에 다른 채소 가니시(garniture maraîchère)로는 버터에 익힌 방울양배추, 블루테 소스를 넣어 걸쭉하게 익힌 샐서피, 폼 샤토(pommes château) 등이 포함된다. 소스는 메인 재료인 고기를 지진 팬에 농축 육즙을 넣어 디글레이즈해 만들거나, 고기를 브레이징하고 남은 국물 소스를 체에 거르고 기름을 제거해 만든 것을 곁들인다.

▶ 레시피 : ŒUF SUR LE PLAT.

MARANGES 마랑주 코트 드 본(côte de Beaune)의 AOC 레드, 화이트와인. 맛과 향이 풍부하고 바디감과 밸런스가 좋은 레드와인은 피노 누아 품종으로 만들어지며 연 생산량은 7,000헥토ℓ이다. 샤프한 산미와 과일향이 돋보이는 화이트와인의 포도품종은 샤르도네이며 연간 생산량은 단 310헥토ℓ에 불과하다.

MARASME D'ORÉADE 마라슴 도레아드 선녀낙엽버섯. 향이 아주 좋은 작은 버섯으로 풀밭이나 숲 대지에서 많이 찾아볼 수 있으며(요정의 고리(rond de sorcière)라고 불리는 원 모양의 균륜(菌輪)을 형성하며 자란다) 가짜 밤버섯(faux mousseron)이라고도 불린다(**참조** p.188,189 버섯 도감). 버섯 대는 억센 편이라 먹지 않으며, 갓 부분은 말려 사용한다. 말린 버섯을 물에 불려 오믈렛, 고기 요리, 수프, 소스 등에 넣으며, 건조하여 분쇄한 버섯가루는 양념으로 사용된다.

MARASQUIN 마라스캥 마라스키노. 쌉쌀한 맛을 가진 버찌 품종인 마라스카 체리의 씨 핵을 원료로 한 오드비에 감미료를 첨가해 만든 리큐어로 크루아티아 달마티아(Dalmatia)가 원산지이다. 자라(현재는 크로아티아의 자다르 Zadar)시는 옛날에 이 체리 리큐어 생산의 중심지로 유명했다. 마라스키노는 주로 당과와 제과의 향을 내는 데 많이 쓰이며, 일부 칵테일 제조에도 사용된다.

▶ 레시피 : FRUITS RAFRAÎCHIS.

MARBRE 마르브르 대리석. 전통적으로 대리석으로 된 작업대 상판을 지칭하며 파티스리나 당과류 전문가들이 초콜릿, 설탕, 반죽 등 일정한 차가운 온도를 필요로 하는 작업을 할 때 사용한다. 온도에 민감해 작업이 까다로운 반죽(파트 사블레 또는 푀유테)을 만들 때는 대류 냉각시킨 대리석 상판을 이용하기도 한다. 캐러멜을 만들 때는 기름을 발라둔 작은 대리석 판을 사용한다. 대리석은 기름기와 습기를 흡수하지 않는다는 장점이 있고, 언제나 깨끗하고 서늘한 온도를 유지할 수 있다(단, 산과의 접촉을 피해야 한다). 오늘날에는 대리석보다 스테인리스나 화강암 또는 석회암 작업대를 선호하는 경우도 많다.

MARBRÉ 마르브레 고기의 근육 사이사이 쌓인 지방층으로(근육 간 지방) 로 살 안에 촘촘히 박혀 고르게 분포된 지방(근육 내 지방)과는 구분해야 한다(**참조** PERSILLÉ).

MARC 마르 포도송이를 압착하여 즙을 짜내고 남은 고형 찌꺼기(이를 마르라고 부른다)를 증류하여 얻은 오드비를 뜻한다. 포도 착즙 후 남은 껍질, 씨, 가는 줄기를 발효시킨 뒤 알람빅 증류기로 증류해 만든다. 성분 자체의 알코올 함유량은 낮지만, 에센셜 오일이 풍부하여 향이 강하고 알코올 도수가 70%Vol.에까지 이르는 증류주를 만들어낸다. 대부분의 와인 생산지역들은 각기 다양한 품질의 마르를 만들어낸다. 프랑스에서 특히 부르고뉴(Bourgogne), 뷔제(Bugey), 샹파뉴(Champagne), 프랑슈 콩테(Franche-Comté)의 마르는 같은 지역에서 생산되는 와인 오드비(eau-de-vie de vin)인 브랜디에 필적할 만한 수준의 품질을 자랑한다. 요리에서 마르는 고기와 가금류 요리를 플랑베할 때 코냑이나 칼바도스 대신 종종 사용되며, 시베, 마틀로트, 양파 수프 같은 요리를 만들 때 넣으면 더욱 진한 맛을 낼 수 있다.

MARCASSIN 마르카생 멧돼지과의 포유동물인 멧돼지의 어린 새끼(생후 6개월 이하)를 가리키는 명칭(**참조** p.421 수렵육 도표). 생후 3개월까지는 털에 머리에서 뒷다리까지 검은색 또는 짙은 갈색의 긴 줄무늬가 가로로 나 있다. 4개월째부터는 점점 희미해지는 이 줄무늬 털을 리브레(livrée)라고 부른다. 어린 멧돼지의 살은 연하고 맛있으며 성장한 멧돼지가 갖는 야수 특유의 강한 육향이 나지 않는다. 이 고기는 마리네이드하지 않고 조리한다. 등심 부분을 뼈와 함께 정형하거나 에스칼로프로 잘라 요리하며 안심 부위는 얇은 돼지비계로 감싸 오븐에 굽는다. 또한 와인을 넣고 프리카세(fricassée), 시베(civet)를 만들기도 한다.

다니엘 부셰(DANIEL BOUCHÉ)의 레시피

côtelettes de marcassin aux coings 코틀레트 드 마르카생 오 쿠앙

마르멜로를 넣은 어린 멧돼지 뼈 등심 요리 : 당근 100g, 양파 100g, 서양 대파 흰 부분 1대, 셀러리 줄기 1대의 껍질을 벗긴 뒤 작은 주사위 모양으로 썬다. 팬을 달군 뒤 멧돼지 뼈와 자투리 살 500g, 썰어둔 채소, 마늘 한 톨, 작은 부케가르니 1개를 넣고 지진다. 전체적으로 진한 색이 나면 풀 바디 레드와인 1병을 붓고, 이어서 생크림 100㎖를 넣는다. 소금으로 간을 하고 잘 섞은 뒤 1시간 30분간 끓인다. 기름을 걷어내고 체에 거른 뒤 졸여 약 300㎖의 소스를 만들어둔다. 샐서피 400g의 껍질을 벗겨 주사위 모양으로 썬 다음 레몬즙을 넣은 물에 익힌다. 버터 한 조각을 팬에 녹인 뒤 껍질을 벗기고 얇게 썬 양파 200g과 깍둑 썬 서양 배 200g을 넣고 뚜껑을 덮어 30분간 익힌다. 여기에 익힌 샐서피를 넣고 간을 맞춘다. 그라탱 용기에 버터를 바른다. 크레프 6장을 펼쳐 놓고 각각 채소 혼합물을 나누어 얹은 뒤 돌돌 말아 그라탱 용기에 나란히 담는다. 200°C로 예열한 오븐에서 15분 정도 굽는다. 껍질을 벗긴 마르멜로 300g을 주사위 모양으로 썰거나 세로로 등분한 다음 레몬즙을 넣은 물에 넣고 약간 단단한 상태를 유지하며 익힌다. 어린 멧돼지의 뼈 붙은 등심 12대를 포크 촙처럼 약간 분홍빛을 띤 로제(rosé) 상태로 익힌다. 그 위에 마르멜로를 얹고 럼을 한 바퀴 뿌린다. 준비해둔 소스를 끓을 때까지 가열한 뒤 버터 100g을 넣고 약한 불 위에서 잘 저으며 혼합한다. 윤기나는 소스가 완성되면 고기 위에 끼얹는다. 소를 채워 오븐에 구운 크레프와 함께 서빙한다.

cuissot de marcassin à l'aigre-doux 퀴소 드 마르카생 아 레그르 두 **새콤달콤한 소스를 곁들인 어린 멧돼지의 뒷다리 요리** : 건자두 12개, 코린트 건포도 30g, 설타나 건포도 30g을 각각 찬물에 담가 불린다. 어린 멧돼지 뒷다리를 돼지 뒷다리 덩어리와 마찬가지 방법으로 브레이징한다. 고기를 건져 오븐용 팬에 넣는다. 브레이징하고 남은 국물을 체에 거른 뒤 고기 위에 몇 스푼 끼얹는다. 고기 표면에 설탕 1테이블스푼을 뿌린 뒤 오븐에 넣어 윤기나게 글레이즈한다. 소스팬에 각설탕 4조각을 녹여 캐러멜을 만든다. 여기에 와인 식초 4스푼과 수렵육 육수 400mℓ를 넣고 10분간 끓인다. 체에 거른다. 오븐에 구운 잣 4스푼을 다져서 이 소스에 넣는다. 건자두와 건포도도 모두 건져 소스에 넣고, 설탕과 식초에 절인 체리 24개도 함께 넣는다. 서빙 시, 아주 소량의 물을 넣고 녹인 다크 초콜릿 30g을 소스에 넣고 풀어준다. 뵈르 마니에(beurre manié) 1디저트스푼(2티스푼)을 넣고 거품기로 잘 저어 혼합한다.

MARCELIN 마르슬랭 반죽 시트 바닥에 라즈베리 잼을 깔고 그 위에 달걀과 아몬드 가루 베이스의 필링을 채워 구운 뒤 슈거파우더를 뿌린 프랑스식 케이크.

MARCHAND DE VIN 마르샹 드 뱅 와인 판매상이라는 뜻의 이 용어는 레드와인과 샬롯을 넣어 조리한 다양한 요리를 지칭하며, 특히 구운 고기류에 곁들이는 혼합 버터인 뵈르 마르샹 드 뱅(beurre marchand de vin, 샬롯을 넣고 졸인 와인과 섞은 맛 버터)를 가리킬 때 쓰인다. 마르샹 드 뱅 생선 요리는 잘게 썬 샬롯을 넣은 레드와인에 데친 생선에 그 익힘액을 졸여 버터와 혼합한 소스를 끼얹은 요리다. 경우에 따라 살라만더 그릴(또는 브로일러)에 잠깐 가열해 표면을 윤기나게 만든 뒤 서빙한다.

▶ 레시피 : BEURRE, BŒUF.

MARCHESI (GUALTIERO) 구알티에로 마르케지 이탈리아의 요리사(1930, Milan 출생–2017, Milan 타계). 아버지가 운영하던 레스토랑 일 메르카토(Il Mercato)에서 처음 요리를 시작한 마르케지는 1948년부터 1950년까지 스위스 생 모리츠(Saint-Moritz)의 쿨름(Kulm) 호텔과 루체른 호텔 경영학교(l'école hôtelière de Lucerne)에서 견습생활과 학업을 이어간다. 다시 가족이 운영하는 업장으로 돌아온 그는 프랑스의 식재료 사용을 적극 권장하는 한편, 이탈리아 전통에 뿌리를 두면서도 시인 마리네티(Marinetti)가 주창한 미래파의 영감을 받아 이를 더욱 새로운 모습으로 혁신시키는 노력을 멈추지 않았다. 그는 파리의 르두아옝(Ledoyen)과 로안(Roanne)의 트루아그로(Troisgros) 레스토랑에서 프랑스 요리의 지식과 기술을 연마했고, 이후 이탈리아에서 펼친 자신의 요리에 이를 적용했다. 1977년에 밀라노에 자신의 레스토랑을 개업한 그는 바로 미슐랭 가이드의 첫 번째 별을 획득했고 이어서 1978년에 두 번째 별을 받았다. 1986년 그는 이탈리아에서 최초로 미슐랭 별 셋을 거머쥔 셰프가 된다. 미술 애호가이며 음악가이기도 한 그는 에르부스코(Erbusco)로 이주해 알베레타(Albereta) 호텔의 레스토랑을 운영하였고, 밀라노에서 로마에 이르는 여러 곳의 이탈리안 레스토랑의 컨설팅 업무를 담당했다. 그는 오픈 라비올리, 금박을 얹은 사프란 리소토, 캐비아 스파게티와 같은 도발적인 요리들을 선보이며 명성을 날렸다.

MARCILLAC 마르시악 프랑스 남서부 지방의 AOC 레드 또는 로제와인. 망수아(mansoi, mansois, Fer Servadou 등 다양한 이름으로 불린다) 품종의 포도는 타닌 함량이 높고 색이 진한 레드와인과 가볍고 과일향이 나는 로제와인을 만들어낸다.

MARCON (RÉGIS) 레지스 마르콩 프랑스의 요리사(1956, Saint-Bonnet-le-Froid 출생). 생 보네 르 프루아에서 여인숙을 겸한 작은 카페를 운영하던 어머니 밑에서 요리를 배운 순수 독학파인 레지스 마르콩은 저렴한 가격의 식재료들을 이용한 코스 메뉴를 선보였으며 이어서 바로 미슐랭 가이드의 별을 따기 위한 경주에 뛰어들었다. 그는 여러 명의 수제자들과 훌륭한 식당들을 주변에 배출하면서 오트 루아르(Haute-Loire) 지방을 대표하는 요리사가 되었다. 남부 오베르뉴의 예술가인 그는 다양한 방식으로 조리한 포치니 버섯 요리를 만들어냈고, 두메부추, 퓌(Puy)의 초록 렌틸콩 요리를 이용한 요리들을 선보였으며 세벤의 한 여성 요리사에 대한 헌정으로 마르가리두(Margaridou) 송아지 흉선 꼬치구이 요리를 메뉴에 넣기도 했다. 그는 1989년 테탱제 요리 경연대회(Prix Taittinger)에서 우승했고 이어서 1995년에는 보퀴즈 도르(Bocuse d'or) 대회마저 석권했다. 여전히 자신의 고향을 떠나지 않고 가족이 운영하던 레스토랑을 지킨 그는 1988년 미슐랭 가이드의 첫 번째 별을 받았다. 또한 세벤(Cévennes)과 블레(Velay)산과 마주하고 있는 자신의 아름다운 호텔 클로 데 심(Clos des Cimes)을 리뉴얼하면서 두 번째 미슐랭의 별을 획득했으며, 세 번째 별은 2005년, 언덕 위의 작은 마을로 레스토랑을 이전하기 직전에 받았다. 현재는 프레디 지라르데(Frédy Girardet)의 레스토랑에서 경력을 쌓은 바 있는 아들 자크(1978, Annonay 출생)가 그의 자리를 이어받아 주방을 총괄하고 있다.

MARÉCHAL 마레샬 고기의 연한 부위를 얇게 썰어 밀가루, 달걀, 빵가루를 입힌 뒤 기름에 소테한 커틀릿 요리를 지칭한다. 여기에 보통 작은 다발로 묶은 아스파라거스 윗동을 곁들이고 얇게 저민 송로버섯 슬라이스 한 장을 얹는다. 마지막으로 샤토브리앙 소스(sauce chateaubriand)나 리에종한 송아지 육즙 소스를 한 바퀴 둘러준 다음 메트르 도텔 버터 한쪽을 곁들여 서빙한다. 마레샬식 생선 요리는 화이트와인과 생선 육수에 생선과 잘게 썬 버섯과 토마토를 함께 넣고 포칭한 것이다. 남은 익힘액을 졸인 뒤 글라스 드 비앙드(glace de viande, 고기 육수 농축액)와 버터를 넣어 혼합한 소스를 끼얹어낸다.

MAREDSOUS 마레드수 마레드수 치즈. 소젖으로 만드는 세척 외피 비가열 압착 반경성치즈(지방 45%)로 벨기에의 마레드수 수도원에서 생산한다(**참조** p.400 외국 치즈 도표). 직육면체 덩어리 형태이며 무게는 0.5~2.5kg까지 크기에 따라 다양하다. 식감은 탄력 있고 쫀쫀하며 순한 풍미를 지니고 있다.

MARÉE 마레 시장에 출하되는 생선, 갑각류 및 모든 해산물을 통칭한다. 이미 중세에 신선한 생선과 해산물은 파리에 정기적으로 공급되었다. 13세기 국왕 루이 9세는 파리 시내 레알(les Halles)에 생선 판매를 위한 건물 두 동을 더 짓게 했다. 영불해협 근처 해역과 북해에서 어획한 생선들은 파리 중심지까지 운송되었는데 그때 생선이 운송되던 길 이름은 이후 포부르 푸아소니에르(faubourg Poissonnière)라고 명명되었다. 특별한 운송 수단을 사용한 덕에 생선과 해산물은 신선하게 공급될 수 있었다(**참조** CHASSE-MARÉE).

MARENGO 마렝고 팬에 지진 송아지고기 또는 닭고기에 화이트와인, 토마토, 마늘 등을 넣고 자작하게 익힌 요리의 이름이다. 원조 레시피는 닭고기를 기름에 튀긴 것으로, 이탈리아 마렝고 전투에서 프랑스가 오스트리아에 승리한 1800년 6월 14일 저녁 나폴레옹의 요리사 뒤낭(Dunand)이 자신의 상관을 위해 만든 음식으로 알려졌다. 제1집정관 보나파르트 나폴레옹의 요리사가 당시 갖고 있던 재료라고는 닭 1마리, 달걀 몇 개, 민물가재 몇 마리뿐이었고, 심지어 버터도 없었다고 전해진다. 그는 닭을 토막 내 토마토와 마늘을 넣고 올리브오일에 튀겼고 여기에 튀긴 달걀과 집게발을 뒤로 꺾어 고정시킨 민물가재, 노릇하게 지진 크루통을 곁들여 냈다고 한다. 달걀, 가재, 크루통 가니시는 이후 레시피에서 사라졌다.

▶ 레시피 : SAUTÉ.

MARGARINE 마르가린 마가린. 1869년 프랑스의 화학자 이폴리트 메쥬무리에(Hippolyte Mège-Mouriès)가 처음으로 고안해낸 유지류로 원래는 동물성 지방과 물 또는 우유를 혼합한 유화액이었다. 초창기의 마가린은 동물의 지방이나 팜유 또는 야자유 등에 함유된 다량의 포화지방산으로 인해 고체 형태를 띠고 있었다. 식물성 지방을 고형화하는 수소화기술 덕에 1910년부터는 해바라기, 콩, 옥수수 등에서 추출한 식물성 기름을 사용할 수 있게 되었다. 오늘날 마가린의 정의는 원료, 원산지, 구성에 상관없이 버터의 형태를 갖고 있으며 버터와 같은 용도를 위해서 만들어진, 버터 이외의 모든 식품 물질로 요약할 수 있다. 이 제품은 직사각형 덩어리 모양으로 만들어져 포장되며 마가린이라는 명칭이 표시되어야 한다. 플라스틱 용기 포장은 1985년부터 허용되었다. 마가린은 물, 또는 탈지유와 물(16~18%) 그리고 동물성 또는 식물성 기름(82%)을 혼합한 유화액이다. 마가린은 버터(법적으로 지방 함유율 82%이다)와 동일한 열량을 제공하지만 버터와는 달리 콜레스테롤을 함유하지 않고 있다. 동물성 기름은 향유고래, 몇몇 청어과 생선(청어, 안초비, 작은 청어인 스프랫 등), 소나 양의 기름, 돼지 기름인 라드를 꼽을 수 있다. 식물성 기름에는 낙화생, 유채, 목화, 옥수수, 콩, 해바라기, 코코넛, 캐비지 야자 등에서 추출한 기름, 또는 팜유가 포함된다. 팜유 또는 코코넛오일을 사용해 만드는 마가린은 포화지방산 함량이 높고, 해바라기유를 주로 사용한 마가린은 주로 다가불포화지방산을 함유하고 있다. 제품에 아름다운 색을 내기 위한 카로틴과 같은 일부 첨가물의 사용은 허용된다.

■ **사용.** 마가린의 용도는 다양하다.

– 조리용 마가린은 동물성과 식물성 유지가 혼합된 것, 또는 식물성 기름만으로 만든 것이 있으며 튀김을 제외한 모든 조리에 사용가능하다.
– 빵 등에 발라 먹는 마가린은 식물성이며, 질감과 맛에 있어 버터와 유사하다. 그냥 발라 먹거나 파티스리용 반죽(특히 푀유타주)을 만드는 데 넣기도 한다. 또한 요리에서 팬에 음식을 지지거나 볶을 때 버터 대용으로 사용하기도 한다. 단, 튀김 요리에는 사용할 수 없다.
– 전문가용 마가린은 그 사용법에 따라 농도와 질감, 융점이 다르다. 파이 반죽, 발효 반죽, 크루아상 반죽, 파운드케이크 반죽, 또는 각종 크림 및 속을 채우는 용도의 혼합물 등을 만드는 데 사용된다.
– 저지방 마가린은 구성 성분은 같지만 지방 함량이 41~65% 정도다(지방 함량이 낮을수록 수분 함량이 높다).
– 피토스테롤(식물성스테롤)이 풍부한 마가린은 콜레스테롤 수치가 높은 경우 권장되며 일일 평균 20g의 비율로 콜레스테롤 수치를 낮추는 효과가 있다. 양념으로만 사용 가능한 것 또는 조리와 양념 겸용으로 사용할 수 있는 것으로 구분된다.

MARGARITA 마르가리타 마가리타 칵테일. 테킬라, 퀴라소 트리플 섹, 라임즙 등을 넣어 만드는 쇼트 드링크 칵테일. 셰이커에서 넣고 흔들어 만드는 마가리타는 테두리에 고운 소금을 묻힌 유리잔에 서빙한다. 이 칵테일의 기원에 대해서는 여러 설이 분분한데 그중 하나에 따르면 마가리타 세임즈(Margarita Sames)라는 이름의 한 멕시코 여인이 1948년 아카풀코에서 처음 만들었다고 한다.

▶ 레시피 : COCKTAIL.

MARGAUX 마르고 마고. 보르도 오 메독(haut Medoc) 지역의 코뮌 중 하나인 마고에서 생산되는 AOC 레드와인으로 포도품종은 카베르네 소비뇽, 메를로, 카베르네 프랑과 프티 베르도다. 섬세한 부케를 지닌 부드럽고 우아한 와인으로, 더 좋은 풍미를 위해 장기 숙성하기 적합하다(**참조** BORDELAIS).

MARGGRAF (ANDREAS SIGISMUND) 안드레아스 지기스문트 마르크그라프 독일의 화학자(1709, Berlin 출생–1782, Berlin 타계). 1747년 그는 사탕무 뿌리에 단맛이 나며 결정화되는 성질의 백색 물질이 함유되어 있음을 발견했다. 그는 이 물질이 사탕수수에서 나오는 물질을 대체할 수 있을 것이라 생각했으나 자신의 발견을 입증할 만할 실제적인 적용례를 찾지 못했다. 그가 발견하고 활용을 예측한 사탕무 설탕의 존재에 대한 연구를 다시 시작하여 실제 개발을 완성한 것은 19세기 초 프란츠 카를 아샤르(Franz Karl Achard)와 뱅자맹 델레세르(Benjamin Delessert)에 의해서다.

MARGUERY (NICOLAS) 니콜라 마르게리 프랑스의 요리사(1834, Dijon 출생–1910, Paris 타계). 파리의 레스토랑 샹포(Champeaux)에서 접시닦이로 시작한 그는 사장의 딸과 결혼한다. 이어서 레스토랑 로셰 드 캉칼(Rocher de Cancale)과 레 프레르 프로방소(les Frères provençaux)에서 요리사 견습을 거친 뒤 마침내 1887년 본 누벨 대로(boulevard Bonne-Nouvelle)에 그의 이름을 내건 레스토랑 마르게리를 열었다. 이곳은 품격 있고 화려한 미식의 명소로 등극했으며 특히 훌륭한 와인 컬렉션과 화이트와인을 넣어 조리한 서대 요리로 유명세를 떨쳤다. 셰프 마르게리는 여러 요리에 자신의 이름을 남겼는데 특히 아티초크 속살을 깔고 그 위에 얹어 서빙한 안심 스테이크가 대표적이다.

▶ 레시피 : SOLE.

MARIAGE 마리아주 결혼, 결혼식. 결혼식은 사회적인 동시에 종교적인 행사로 피로연의 식사가 아주 중요한 역할을 차지한다. 신약성서에, 가나의 결혼 잔치에 참석한 예수가 물을 포도주로 변하게 하는 장면은 아주 오랜 옛날부터 식사 테이블은 지금 막 새롭게 결합한 두 가정이 화합하는 대표적인 장소라는 사실을 보여준다. 옛날 영주나 왕실의 결혼식에서는 축하연회가 며칠 동안 이어지곤 했다. 잔치가 열리는 동안 구운 고기와 케이크를 백성들에게 나누어주었고 와인 디스펜서를 설치하기도 했다. 외국에서 온 왕자나 공주들의 결혼식이 있을 때에는 그 나라의 각종 먹거리들(이탈리아의 과일과 채소, 스페인의 초콜릿 등)도 함께 프랑스에 유입되었다. 우리에게 더 가깝게 와닿는 것은, 평상시에는 가난하고 따분한 일상이 이어지던 시골 농촌에서의 결혼식이다. 마을에서 결혼식이 열리면 잔치가 길게는 며칠 동안 계속되었으며, 이는 또한 고기 요리를 실컷 먹을 수 있는 기회이기도 했다. 결혼식 피로연과 다른 축하 식사를 구분 짓는 제일 큰 요소는 엄청난 크기와 양을 자랑하는 케이크다. 경우에 따라 여러 개의 케이크들이 준비되기도 한다.

오늘날 결혼식 파티에는 대부분 피에스 몽테가 필수적으로 준비되지만, 예전에 특별하게 만들었던 결혼식용 특수 파티스리들 또한 여전히 사랑을 받고 있다. 프랑스 남동부 쉬드 에스트(Sud-Est)와 브루고뉴(Bourgogne) 지방에서는 마지팬(massepains)과 비스퀴 드 사부아(biscuits de Savoie)를 켜켜이 높이 쌓아올려 피에스 몽테를 만든다. 피레네(Pyrénées) 지방과 루에르그(Rouergue)에서는 아궁이 화덕 앞에 기다란 봉을 걸쳐놓고 반죽을 붙여가며 노릇하게 구운 삐죽삐죽한 모양의 바움쿠헨(gâteau à la broche)이 특징적이다. 하지만 뭐니 뭐니 해도 결혼식 케이크 중 가장 특별한 것은 방데(Vendée) 지방의 케이크다. 신랑 신부의 대부와 대모가 선사하는 가테(gâtais)는 거대한 브리오슈 빵이다. 둥근 모양(직경 최대 1.3m) 또는 직사각형(2.5m×80cm)으로 만들며 무게는 최대 35kg에 이른다. 신부는 이 기념비적인 케이크를 잘라서 한 조각씩 하객들에게 나누어주고, 결혼식에 참석하지 못한 친척들에게도 챙겨 보낸다. 이 같은 나눔과 분배의 미덕은 어느 지방에서나 찾아볼 수 있다. 대부분 각 가정에서는 며칠이 지나서야 이 케이크를 먹으며 혼례 행사의 추억을 떠올린다. 이와 같은 관습은 신부가 자른 웨딩케이크 조각을, 이를 위해 특별히 아름다운 금색으로 제작된 작은 상자에 넣어 전국 방방곡곡에 흩어져 있는 친인척들과 친구들에게 우편으로 보내주는 영국의 전통과 유사하다.

MARIE-BRIZARD 마리 브리자르 마리 브리자드. 스페인의 녹색 아니스를 포함한 다양한 식물과 20가지 정도의 향료로 만든 아니스향의 리큐어. 마리 브리자드는 같은 이름의 보르도 소재 주류 회사에서 제조한다. 마리 브리자드 사는 칵테일 제조용으로 많이 사용되는 다른 리큐어들도 생산한다.

MARIE-LOUISE 마리 루이즈 주로 양고기 요리에 곁들이는 가니시의 명칭으로 폼 누아제트(pommes noisettes) 감자, 볶은 양파를 넣은 버섯 뒥셀로 속을 채운 아티초크 속살, 고기를 지진 팬에 데미글라스를 넣고 디글레이즈해 만든 소스로 이루어진다. 혹은 완두콩을 채워 넣은 타르틀레트와 구슬 모양으로 도려내 익힌 당근과 순무로 구성되는 경우도 있다.

MARIGNAN 마리냥 사바랭 반죽으로 만든 케이크로 살구 나파주를 바른 뒤 이탈리안 머랭을 씌워 준다. 안젤리카 줄기를 띠 모양으로 잘라 바구니의 손잡이 모양으로 장식해 완성한다.

MARIGNY 마리니 주로 서빙 사이즈로 잘라 팬에 소테한 고기 요리와 그 가니시를 가리키는 명칭이다. 가니시는 폼 퐁당트(pommes fondantes) 감자, 완두콩, 막대 모양으로 썰어 버터에 슬쩍 볶은 뒤 타르틀레트에 올린 그린빈스로 구성된다. 또는 크림 소스 옥수수 알갱이를 채운 아티초크 속살과 작은 폼 누아제트 감자를 곁들이기도 한다. 소스는 고기를 지진 팬에 화이트와인(또는 마데이라 와인)을 넣어 디글레이즈한 다음 걸쭉하게 리에종한 송아지 육수를 넣고 졸여 만든다. 마리니 포타주는 맑은 콩소메에 익힌 완두콩을 주재료로 하며, 그린빈스, 완두콩, 가늘게 채썬 소렐 시포나드, 처빌을 곁들여 넣는다.

MARIN (FRANÇOIS) 프랑수아 마랭 프랑수아 마랭은 1739년에 초판이 발간된 책『코무스의 선물 또는 식탁의 기쁨(*Les Dons de Comus ou les Délices de la table*)』의 저자로 추정되는 인물이다. 이 책은 4번에 걸쳐 재출간되었고 그때마다 증보판이 더해졌다. 예수회 수도사인 브뤼무아(Brumoy)와 부장(Bougeant) 사제가 쓴 이 책의 서문은 18세기 초까지의 요리 역사를 잘 요약하고 있으며, 조리법이 점점 단순화됨에 따라 쌓인 요리의 발전에 대해 강조하고 있다. 마랭의 독창적인 레시피로는 공주풍 달걀(œufs à l'infante, 오렌지, 마늘, 샬롯을 넣은 샴페인 소스를 끼얹은 수란), 서대 필레 블랑케트, 콩데(Condé)식 양 안심(코르니숑과 안초비를 살에 찔러 넣고 각종 향신 허브와 케이퍼를 넣은 다진 버섯을 발라 덮어준 다음 크레핀으로 싸서 오븐에 로스트한다), 오이를 곁들인 우설, 파슬리로 양념한 닭 요리, 시몬 부인의 양상추 요리(laitues de dame Simone, 데친 양상추 잎 사이사이에 닭가슴살과 쌀로 만든 소를 채워 넣은 뒤 브레이징한다) 등을 꼽을 수 있다.

MARINADE 마리나드 마리네이드용 양념액. 재움용 양념. 고기, 부속이나 내장, 수렵육, 생선 또는 채소나 과일 등을 재료에 따라 일정 시간 동안 담가 재울 목적으로 다양한 양념이나 향신료, 허브 등을 넣어 만든 액체를 지칭한다. 마리네이드 양념액은 우선 재료에 향을 더해줄 뿐 아니라 일부 육류의 근섬유 조직을 현저히 연하게 만들어주며 재료(특히 생선과 채소)의 보존성을 높인다. 담가 재우는 시간은 재료의 종류와 덩어리의 부피, 절단한 상태의 크기, 그밖에 외부 환경 조건에 따라 다르다.

– 조리한 마리네이드 양념액(마늘, 부케가르니, 당근, 샬롯, 오일, 양파, 후추, 파슬리 줄기, 소금, 식초, 레드와인 또는 화이트와인 등의 재료를 사용한다)은 주로 일반 정육 또는 사냥한 고기를 재우는 용도로 사용된다. 모든 재료들을 끓여 익힌 뒤 식혀서 고기 위에 붓는다.

– 익히지 않은 마리네이드 양념액은 보통 유리나 도기, 유약 코팅한 토기 그릇에 재료를 넣고 혼합해 만들며 익히는 과정 없이 그대로 사용한다.

– 즉석에서 넣는 마리네이드 양념은 항상 조리하지 않고 그대로 사용하며 담가 재우는 음식의 종류에 따라 재료구성이 달라진다. 생선 마리네이드 양념으로는 레몬, 오일, 월계수, 타임을, 베네나 프리토(fritot) 등의 튀기는 음식 밑간용으로는 레몬, 기름, 파슬리, 후추, 소금을, 또한 갈랑틴, 파테, 테린용 재료를 재울 때는 코냑, 마데이라 와인이나 포트와인, 샬롯, 소금, 후추 등을 주로 사용한다.

마리네이드액에 담가 놓은 재료는 중간에 거품국자 등을 이용해 자주 뒤집어 주어야 양념이 고루 밴다. 마리네이드한 고기나 수렵육은 건져서 물기를 잘 제거한 다음 주로 오븐에 로스트한다. 남은 마리네이드액은 고기를 굽고 난 팬에 붓고 디글레이즈하거나 소스를 만들 때 사용한다. 또한 해당 고기를 브레이징하거나 소스 요리로 만들 때에도 이 마리네이드 양념액을 부어 전체 국물을 잡거나 아니면 다른 국물재료에 부분적으로 혼합해 사용한다. 퀘벡에서 마리나드(marinade)라는 명칭은 향신료를 넣은 식초에 절여 담근 과일이나 채소 피클(pickles)을 의미하기도 한다.

marinade crue pour éléments de pâté et de terrine 마리나드 크뤼 푸르 엘레망 드 파테 에 드 테린

파테 및 테린 재료 마리네이드용 비가열 양념액 : 재료에 소금, 후추로 밑간을 한 뒤 카트르 에피스를 고루 뿌린다. 타임의 잎만 따서 약간 넣고, 월계수잎 한 장을 잘게 부수어 넣는다. 코냑이나 아르마냑을 뿌려 넣은 뒤 마데이라 와인이나 포트와인을 한 바퀴 둘러준다. 뚜껑을 덮고 냉장고나 시원한 곳에서 24시간 휴지시킨다.

marinade crue pour grosse viande de boucherie et gibier 마리나드 크뤼 푸르 그로스 비앙드 드 부슈리 에 지비에

큰 덩어리의 정육 및 수렵육 마리네이드용 비가열 양념액 : 양념에 재울 덩어리 고기에 소금과 후추로 밑간을 한 뒤 카트르 에피스를 고루 뿌린다. 고기가 딱 들어갈 정도 크기의 용기 안에 고기 덩어리를 넣는다. 양파 큰 것 1개와 샬롯 2개를 다져 넣고, 얇게 썬 당근 1개, 찧은 마늘 2톨, 파슬리 줄기 2~3대, 타임 1줄기, 굵게 부순 월계수 잎 1/2장, 정향 1개를 넣는다(도브를 만들 때는 말린 오렌지 껍질 1조각을 추가한다). 레드와인 또는 화이트와인과 약간의 식초를 재료가 완전히 잠기도록 붓는다. 레시피에 따라 코냑을 작은 리큐어 잔으로 1개 추가하고 기름을 조금 넣기도 한다. 뚜껑을 덮고 냉장고에 넣어 6~48시간 시원한 곳에 보관한다. 중간에 두세 번 정도 고기를 뒤집어준다.

marinade cuite pour viande de boucherie et venaison 마리나드 퀴트 푸르 비앙드 드 부슈리 에 브네종

정육 및 덩치 큰 수렵육 마리네이드용 조리 양념액 : 기름을 달군 냄비에 다진 양파 큰 것 1개와 샬롯 2개분, 얇게 썬 당근 1개를 넣고 살짝 노릇해질 때까지 수분이 나오도록 볶는다. 레시피에 따라 레드와인 또는 화이트와인과 약간의 식초를 재료가 잠길 정도로 붓는다. 파슬리 줄기 2~3대, 타임 1줄기, 굵게 부순 월계수잎 1/2장, 셀러리 1줄기, 마늘 1톨, 통후추, 정향 1개, 주니퍼베리, 고수 씨, 로즈마리잎 몇 개, 소금을 넣는다. 끓을 때까지 가열한 뒤 불을 줄이고 30분간 약하게 끓인다. 불에서 내린 뒤 재빨리 식힌 뒤 고기 위에 붓는다. 기름을 둘러 얇은 막을 만든 다음 뚜껑을 덮어 냉장고에 보관한다.

marinade cuite pour viande en chevreuil 마리나드 퀴트 푸르 비앙드 앙 슈브뢰이

노루 고기 및 비슷한 등심 덩어리 마리네이드용 양념액 : 양파 75g, 당근 75g, 샬롯 2개, 질긴 섬유질을 제거한 셀러리 줄기 2~3대, 마늘 1톨을 굵직하게 다진다. 기름을 달군 냄비에 모두 넣고 살짝 노릇해질 때까지 볶는다. 다진 파슬리 1티스푼, 떼어낸 타임잎 조금, 정향1개, 월계수잎 1조각, 갓 갈아낸 통후추, 바질 약간, 로즈마리 가루 한 자밤을 넣는다. 화이트와인 750mℓ와 흰색 식초 1잔을 붓고 약한 불에서 30분간 끓인다. 완전히 식힌 뒤 소금, 후추로 밑간한 고기에 붓는다.

marinade instantanée pour poissons grillés 마리나드 앙스탕타네 푸르 푸아송 그리에

구이용 생선 마리네이드 양념 : 구이용으로 준비한 생선에 소금, 후추로 밑간을 한 다음 기름을 고루 뿌린다. 속껍질까지 칼로 도려내 깎은 레몬 과육을 슬라이스해 몇 조각 넣는다. 타임 잎만 떼어낸 것 약간과 잘게 분쇄한 월계수잎을 뿌려준다. 약 10분간 재운다.

MARINER 마리네 양념이나 향을 더한 액체 등에 담가 재우다. 향이나 양념을 더한 액체에 재료를 일정 시간 담가 두어 질감을 연하게 하고 향이 스며들게 하는 작업으로, 아주 오래전부터 사용되어온 방법이다. 와인, 식초, 소금물, 허브, 향신료 등은 수렵육 특유의 강한 맛을 순화시킬 뿐 아니라 고기의 보존성을 높여준다. 오늘날에는 특히 재료에 향을 더하거나 본연의 풍미를 더욱 살리는 목적으로 이러한 마리네이드 방식을 활용하는 경우가 많다. 각국의 전통 음식 중에는 이렇게 담가 절이는 방법을 이용한 것들이 많다. 지중해 지역에서는 각종 채소와 생선(정어리, 샤르물라, 참치, 아샤르, 루가이유, 양념에 재운 피망 또는 양파, 그리스식 버섯요리 등)을, 북유럽 국가에서는 거위(특히 스웨덴에서는 염장한 뒤 마리네이드한다), 붉은 물을 들인 염장우설, 햄, 댐슨 자두(식초에 담가 절인다), 고등어(화이트와인에 재운다) 등을 다양한 방식으로 절여 먹는다. 인도에서는 걸쭉한 발효유인 다히(dahi)나 수많은 향신료가 여러 음식들의 마리네이드 양념으로 많이 사용되며, 일본과 페루에서는 날 생선에 레몬즙을 넣어 절인다(사시미, 세비체 등).

▶ 레시피 : BROCHETTE, CÈPE, COQUILLE, HARENG, POISSON.

MARINETTI (FILIPPO TOMMASO) 필리포 톰마소 마리네티 이탈리아의 작가(1876, Alexandria 출생—1944, Bellagio 타계). 1909년 파리에서 시작된 아방가르드 예술 운동인 미래파의 창시자. 미래파 예술가들은 전통적 경향을 고수하는 아카데미즘에 대항하며 20세기가 낳은 근대 문명에 훨씬 더 어울리는 새로운 예술을 주장했다. 그들은 활동은 다양한 창작 분야에서 이루어졌으며, 심지어 요리에서도 이러한 움직임이 나타났다. 토리노에서 『미래파 요리(*la Cuisine futuriste*)』를 발간한 그들은 파스타 색인표에 파스타는 지겹다(Basta la pastacciutta)라는 유명한 문구를 집어넣으며 전통에 도전장을 내밀었다. 이 선언문에 등장한 레시피들은 음식의 맛보다는 모양과 색을 더 중요시하는 생소한 조합을 기반으로 한 것들이다.

MARINIÈRE (À LA) (아 라) 마리니에르 생선이나 갑각류 해산물, 조개류를 화이트와인에 익히는 조리법을 뜻하며 일반적으로 양파와 샬롯을 함께 넣고 요리한다. 가장 대표적으로 꼽을 수 있는 것이 마리니에르식 홍합 요리다. 이때 홍합을 익히고 남은 국물은 불순물을 가라앉히고 맑은 윗부분만 조심스럽게 따라내거나 고운 체에 거른 뒤 뵈르마니에(beurre manié)를 넣고 농도를 맞춘다. 마리니에르 소스(sauce marinière)는 홍합 국물로 만든 베르시 소스(sauce Bercy)의 일종이라 할 수 있으며, 마리니에르 가니시에는 언제나 홍합, 때로는 새우살까지도 포함된다. 마리니에르식 조리법은 랑구스틴(가시발새우), 민물가재, 개구리 등에도 사용되며 그 외에, 크루트, 탱발, 부셰 등의 가니시로 사용되는 다양한 해산물에도 적용할 수 있다.

프레디 지라르데(FREDY GIRARDET)의 레시피

marinière de petits coquillages au cerfeuil 마리니에르 드 프티 코키아쥬 오 세르푀이

처빌을 넣은 조개 마리니에르 : 4인분

홍합 1ℓ, 꼬막 500g, 사마귀조개 500g을 솔로 문지른 다음 물을 여러 번 바꾸어가며 각각 따로 씻는다. 조개를 종류별로 각각 익혀 입이 벌어지도록 한다. 우선 버터를 녹인 냄비에 다진 샬롯 반 개를 색이 나지 않게 볶은 뒤 조개와 부케가르니를 넣는다. 화이트와인 100mℓ를 첨가한다. 뚜껑을 덮고 냄비를 두세 번 흔들면서 약 2분 정도 익힌다. 국물을 털어 내며 조개를 모두 건진 다음 조개껍데기를 반 갈라 깐다. 세 종류의 조개를 각각 익히고 난 국물을 한데 모은 뒤, 물에 적셔 꼭 짠 얇은 면포나 거즈를 깐 체에 걸러 냄비에 받아둔다. 센불로 가열해 반으로 졸인다. 처빌 3줄기의 잎을 떼어내 공기가 통하지 않도록 덮어준 뒤 냉장고에 보관한다. 졸인 조개 국물을 뜨겁게 데운 뒤 버터 70g을 넣고 작은 거품기로 완전히 혼합한다. 버터가 모

두 흡수되면 불에서 내리고 후추를 넉넉히 넣는다. 필요하면 소금으로 간을 조절한다. 뜨겁게 데운 우묵한 접시 4개에 조개들을 고루 나누어 담고 버터를 섞은 국물을 끼얹는다. 처빌 잎을 뿌려 서빙한다.

moules marinière ▶ MOULE
sauce marinière ▶ SAUCE

MARIVAUX 마리보 로스트한 큰 덩어리로 서빙하는 고기 로스트에 곁들이는 가니시의 일종으로, 리에종한 송아지 육수로 만든 소스를 곁들이며, 버터에 익힌 그린빈스와 폼 뒤셰스 감자 혼합물로 만들어 구워낸 타원형의 크루스타드(브뤼누아즈로 잘게 썬 당근, 셀러리, 아티초크 속살, 버섯을 버터에 볶고 베샤멜 소스와 섞어 가운데 채운 뒤 가늘게 간 파르메산 치즈를 얹어 그라탱처럼 굽는다)로 구성된다.

MARJOLAINE 마르졸렌 마조람. 꿀풀과에 속하는 방향성 식물로 원산지는 아시아이며, 비슷한 계열의 허브인 오레가노보다 더 단맛이 난다(**참조** p.451~454 향신 허브 도감). 마조람은 피자, 로마식 도브 스튜, 토마토 소스, 구운 양고기 꼬치요리, 굴라슈, 오븐에 구운 생선 등 특히 지중해와 동유럽, 중동 요리에 많이 사용된다. 깍지가 있는 콩류에 잘 어울리며 비네그레트소스를 만들 때도 넣는다. 또한 마조람에서 추출하는 향이 좋은 에센셜오일은 각종 식품 제조 산업에 사용된다.

MARMELADE 마멀레이드 과일을 통째로 또는 작게 잘라 설탕에 24시간 재운 뒤 그 설탕액과 함께 퓌레의 농도가 될 때까지 익히는 조리식품이다(과일 1kg당 설탕 1kg). 1981년부터 유럽연합 관련 지침에 따라 마르믈라드(marmelade)라는 명칭은 감귤류 과일로 만든 것에만 붙일 수 있도록 제한하고 있다. 일반 가정의 주방에서는 모든 종류의 과일로 마멀레이드를 만들 수 있다.

『휴대용 요리 사전(*DICTIONNAIRE PORTATIF DE CUISINE*)』(1770)의 레시피

marmelade de jasmin 마르믈라드 드 자스맹

자스민 마멀레이드 : 불순물을 제거한 자스민 꽃 250g을 절구에 곱게 찧어 퓌레를 만든 뒤 체에 곱게 긁어내린다. 설탕 750g을 끓여 시럽(당밀계 농도 1.070)을 만든 뒤 뜨거울 때 자스민 퓌레를 넣고 잘 풀어 섞는다. 열탕 소독한 병에 담는다.

marmelade d'orange 마르믈라드 도랑주

오렌지 마멀레이드 : 큰 오렌지 16개와 레몬 2개의 껍질을 벗기고 계량한 뒤 흰 부분을 떼어내고 세그먼트 조각으로 분리한다. 벗겨낸 껍질 분량 반의 흰 부분을 도려낸 다음 주황색 부분만 아주 가늘고 길게 썬다. 과육과 가늘게 썬 껍질을 큰 볼에 넣고 동량 무게만큼 물을 넣는다. 24시간 담가둔다. 잼 전용 냄비에 모두 붓고 과육이 쉽게 뭉그러질 때까지 끓인다. 불에서 내린다. 익힌 과일을 담기에 넉넉한 사이즈의 볼을 준비해 무게를 잰다. 냄비의 과일을 볼에 쏟아붓고 전체의 무게를 측정한다. 그릇의 무게를 제한 과일의 무게를 계산해둔다. 24시간 후 내용물을 다시 잼 전용 냄비로 옮긴 뒤 동량 무게의 설탕을 넣는다. 가열하여 끓기 시작하면 그 상태로 5~6분간 유지한 뒤 불에서 내리고 병입한다.

marmelade de pomme 마르믈라드 드 폼

사과 마멀레이드 : 사과의 껍질을 벗긴 뒤 세로로 등분하고 무게를 잰다. 과육 500g당 설탕 300g의 비율로 계량하여 잼 전용 냄비에 모두 붓고, 물 2테이블스푼을 첨가한다. 약한 불로 가열해 사과가 쉽게 뭉그러질 때까지 끓인다. 고운 체에 내린 뒤 다시 냄비에 넣고 계속 저으며 106°C에 이를 때까지 끓여 병입한다.

marmelade de prune 마르믈라드 드 프륀

자두 마멀레이드 : 자두의 씨를 뺀 다음 과육의 무게를 잰다. 과육 1kg당 설탕 750g의 비율로 계량해둔다. 과일을 잼 전용 냄비에 넣고 1kg당 물 100mℓ를 넣은 다음 끓을 때까지 가열한다. 나무 주걱으로 계속 저어주며 20분간 끓인다. 과육과 즙을 모두 그라인더(푸드밀)에 넣고 돌려 갈아 내린다. 이 퓌레를 다시 잼 전용 냄비에 넣고 계량해둔 설탕을 넣는다. 마멀레이드를 숟가락으로 떠 보았을 때 묻는 농도가 될 때까지(약 104°C) 끓인 뒤 병입한다.

MARMITE 마르미트 대형 곰솥. 원통형 솥 또는 냄비의 일종으로 양 옆에 손잡이가 달려 있고 뚜껑이 있으며 높이는 최소 지름 사이즈 이상이다. 용량이 큰(최대 50ℓ) 냄비인 마르미트는 많은 양의 음식을 물에 끓일 때 주로 사용한다(실로 묶은 소고기 덩어리, 조개류와 갑각류 해산물, 파스타, 포토푀, 수프 등). 레스토랑이나 단체급식용 식당 주방에서는 심지어 아부이용(à bouillon 육수용)이라 불리는 업소용 대용량(100~500ℓ) 마르미트를 사용하기도 하는데, 여기에는 하부에 배출용 꼭지가 달려 있다. 소재는 토기, 무쇠(법랑을 입힌 것도 있다), 알루미늄, 스테인레스강 또는 내부에 주석 도금을 한 구리 등으로 이루어져 있으며, 높이가 가장 높은 것은 포토푀(pot-au-feu), 가장 낮은 것은 페투(faitout)라고 부른다. 위그노트(huguenote)는 토기로 된 솥으로 아주 짧은 다리가 달려 있다(**참조** PETITE MARMITE).

MARMITE PERPÉTUELLE (LA) (라) 마르미트 페르페튀엘 파리의 옛 가금류 시장 근처 그랑 오귀스탱가(rue des Grands-Augustins)에 자리 잡았던 식당으로 18세기 말 매우 인기가 높았던 곳이다. 이곳에서는 샤퐁(거세 수탉)과 소고기를 콩소메에 삶아 판매했으며 손님들은 매장에서 먹거나 포장해갈 수 있었다. 이곳의 육수 솥을 끓이는 불은 한 번도 꺼진 적이 없다고 전해졌으며(식당 이름이 영속적인 솥이라는 뜻이다), 삼십 만 마리 이상의 닭이 오랜 세월 씨 육수처럼 이어진 한 솥의 국물에서 익혀져 나왔다고 한다. 주인장인 드아름므(Deharme) 씨는 매일 이 육수에 물만 조금씩 더해 넣을 뿐이었다.

MAROC 마로크 모로코. 독창적이고도 복합적인 모로코의 요리는 북아프리카 토착 민족인 베르베르인들의 영향뿐 아니라 이집트, 스페인, 프랑스, 유대인들의 다양한 문화가 어우러진 결합체이다. 모로코의 일상적인 식사는 대체로 푸짐한 일품요리가 주를 이루는데, 여기에는 고기나 가금류 또는 생선과 채소가 고루 곁들여진 수프(harira)도 포함된다. 다양한 향신료를 섬세한 비율로 혼합한 중동의 대표적 스파이스 믹스인 라스 엘 하누트(ras el-hanout)로 양념하여 토기로 된 타진에 오랜 시간 뭉근히 익히거나 증기로 쪄낸(chaoua) 모로코 요리들은 놀라운 풍미와 부드러운 식감을 자랑한다.

■ **다양한 향.** 모로코 요리의 섬세한 매력은 무엇보다도 마늘, 아니스, 계피, 칸타리스, 카다멈, 캐러웨이, 고수, 커민, 강황, 로즈워터 또는 오렌지 블로섬 워터, 메이스(육두구 껍질), 민트, 육두구(넛멕), 양파, 파슬리, 고추, 후추, 감초, 사프란, 참깨, 타임 등의 다양한 스파이스, 양념, 향신료 등에서 나온다. 뿐만 아니라 마르멜로(유럽 모과)와 꿀을 넣은 양고기 타진, 양파와 아몬드 타진 등과 같이 서로 다른 다양한 맛을(단맛과 짠맛) 잘 조합하는 특징도 갖고 있다. 모로코 사람들은 특히 소금에 절인 레몬 콩피를 많이 이용한다. 레몬 콩피와 올리브를 넣은 닭고기 타진 등 다수의 요리에서 이 재료가 사용된 것을 찾아볼 수 있다. 해안 지대에서는 분홍도미, 도미, 노랑촉수, 정어리, 다랑어 등의 생선이 거의 매일 식탁에 오른다. 생선은 샤르물라(charmoula) 소스 정어리처럼 대부분 양념에 재워 굽거나, 속을 채워 익히거나(쌀과 향신료로 속을 채운 도미 요리) 또는 타그라(tagra, 안초비나 정어리 등의 생선을 토기에 넣어 오븐에 익힌 요리)처럼 오븐에 익힌다. 쿠스쿠스(생선과 곁들여 내기도 한다)는 일반적으로 양고기 또는 닭고기에 곁들이지만 다른 북아프리카 마그레브 국가들의 레시피보다 간단한 방식으로, 한 종류의 고기에 여러 가지 채소(가지, 당근, 양배추, 순무, 피망, 늙은 호박, 토마토 등의 일곱 가지 채소를 곁들이는 쿠스쿠스인 비다우이 Bidaoui)를 곁들이고 경우에 따라 두 종류의 국물을 함께 내기도 한다.

모로코는 파트 푀유테를 만드는 기술에 있어 최고의 솜씨를 보유하고 있다. 대표적인 요리로는 파스티야(pastilla)를 꼽을 수 있는데 이는 아주 얇은 푀유테 반죽 시트(필로 페이스트리의 일종)와 아몬드, 다져서 향신료를 넣고 양념한 가금류(비둘기나 닭) 살이나 소고기 소를 교대로 켜켜이 쌓은 뒤 오므려 계피와 설탕을 뿌려 구운 파이의 일종이다. 혹은 아몬드와 크렘 파티시에를 채운 달콤한 파스티야를 디저트로 서빙하기도 한다. 또한 얇은 페이스트리 반죽에 다진 고기 또는 아몬드와 꿀로 만든 소를 채운 쇼송(chausson) 파이인 브리우아(briouats)도 만드는 방법은 동일하다.

■ **파티스리와 음료.** 모로코의 파티스리는 지중해 다른 나라들에 비해 끈적임이 덜하다. 아몬드와 설탕을 사용해 만든 파티스리를 어디서나 쉽게 찾아볼 수 있지만 영양의 뿔처럼 생긴 과자(corne de gazelle), 계피를 넣은 달콤한 쿠스쿠스 등 대부분 드라이한 것들이 많다. 가장 인기가 많은 음료는 과일즙을 베이스로 한 것들(레몬에이드, 오렌지에이드, 수박 주스, 아몬드 밀크 또는 오렌지 블로섬 향을 살짝 첨가한 물)이며, 대표적인 차

인 민트 티도 물론 빼놓을 수 없다. 민트 티를 마시는 습관은 모로코인들의 하루 일상에 활기찬 리듬을 줄 뿐 아니라 손님을 맞이하는 접대의 상징이라 할 수 있다.

■ **와인.** 고대 로마의 식민지였던 모로코는 당시 대규모 와인 생산지였으며 생산한 포도주의 대부분은 로마로 운송되었다. 하지만 8세기 초 발효된 음료의 섭취를 금지하는 이슬람으로 국교를 지정하면서 와인을 생산하던 포도원들은 경작을 중단했고, 포도나무들도 과일로 먹는 일반 포도를 제외하고는 보존하지 않았다. 프랑스의 보호령이 시작된 이후인 20세기 초가 되어서야 이 포도원들은 복구되었다. 오늘날 모로코는 이슬람 국가이긴 하지만 와인 생산량의 절반이 국내에서 소비되며 나머지 서로 다른 종류의 포도주 원액을 혼합한 포도주인 뱅 드 쿠파주(vin de coupage)는 유럽연합의 각국으로 수출된다. 모로코의 포도 재배지 총면적은 12,000헥타르다. 대부분의 모로코산 와인은 레드 또는 로제와인이다. 이곳의 기후는 산화되는 성향이 있는 화이트와인 양조에는 적합하지 않다. 드라이하면서 동시에 과일향이 좋은 불라우안(Boulaouane)과 엘 자디다(El Jadida)의 로제와인인 뱅 그리(vin gris)는 모로코 최고의 와인으로 여겨진다. 모든 수출용 와인은 알코올 도수가 11%Vol. 이상이어야 한다.

MAROCAINE (À LA) (아 라) 마로켄 양 또는 어린 양의 누아제트(noisettes, 뼈를 발라낸 등심이나 안심 부위. 적당한 사이즈로 동그랗게 잘라 조리 또는 서빙한다)를 팬에 소테한 뒤, 사프란 향이 은은히 밴 필라프 라이스 위에 얹은 요리를 지칭한다. 고기를 지진 팬에 토마토 쿨리를 넣고 디글레이즈하여 만든 소스를 끼얹어 서빙한다. 작게 깍둑썰어 기름에 소테한 주키니 호박을 곁들이며 경우에 따라 닭고기로 만든 소를 채운 뒤 브레이징한 피망을 함께 내기도 한다.

MAROILLES OU MAROLLES 마루알 소젖으로 만드는 마루알 지역의 AOC 치즈(지방 45%). 주홍색의 윤기나고 매끄러운 세척 외피를 가진 연성치즈로(**참조** p.390 프랑스 치즈 도표) 납작한 사각형 모양인 마루알 치즈는 아베누아 티에라슈(Avesnois-Thiérache, Nord et Aisne)에서 생산되며, 크기에 따라 다음 네 가지로 분류된다. 가장 큰 것은 그로(gros) 또는 카트르 카르(quatre-quarts)라고 불리며 규격은 사방 12.5cm에 높이 5.2cm, 무게는 720g이다. 그 다음 사이즈(11.5×4.2cm, 540g)는 무아옝(moyen) 또는 소르배(sorbais), 세 번째로 큰 사이즈(10.5×3.8cm, 350g)는 미뇽(mignon), 가장 작은 것(8×3.6cm, 180g)은 프티(petit) 또는 카르(quart)로 각각 불린다. 치즈의 질감은 탄력이 있으면서도 녹진하고 부드럽다. 외피는 매끈하고 윤기가 나며 붉은 발효균(브레비박테리움 리넨스)으로 세척하는 과정에서 생겨난 오렌지빛의 붉은색을 띠고 있다. 마루알 치즈는 플라미슈(flamiche, 리크와 치즈, 크림 등을 넣은 파이)를 비롯한 이 지역 대표 음식에 두루 사용된다.

MARQUER 마르케 어떤 요리를 만들 때 필요한 모든 재료를 냄비나 팬 등의 조리 용기에 넣는 작업을 뜻한다. 예를 들어 토마토 소스를 만들기 위하여 재료를 냄비에 모아 넣으며 조리를 시작하기 위해서는 우선 각종 채소를 깍둑 썰어 미르푸아(mirepoix)를 준비해놓고, 또한 필요한 적시에 넣어가며 혼합할 수 있도록 유지류, 밀가루, 토마토 페이스트, 국물로 사용할 액체 등을 미리 준비해두어야 한다. 한편 브레이징할 고기 등의 재료를 기름을 두르고 돼지껍데기를 깐 조리 용기에 당근, 양파와 함께 넣는 것 또한 마르케라고 한다.

MARQUISE 마르키즈 각종 디저트에 붙는 명칭으로, 그 이름이 지닌 뜻(후작부인)처럼 세련되고 고급스럽다. 마르키즈 오 쇼콜라(marquise au chocolat)는 무스와 아이스크림 파르페 중간 상태의 앙트르메라고 할 수 있다. 초콜릿, 고급 버터, 달걀, 설탕을 주재료로 만든 혼합물을 틀에 넣어 차갑게 굳힌 뒤 바닐라 크렘 앙글레즈나 샹티이 크림을 곁들여 서빙한다. 또한 마르키즈는 그라니타를 지칭하는 경우도 있는데 주로 딸기, 파인애플 또는 키르슈 그라니타가 해당되며 서빙할 때 단단하게 휘핑한 샹티이 크림을 추가한다. 초콜릿 다쿠아즈나 제누아즈 스펀지(또는 아몬드 비스퀴 스펀지) 사이에 초콜릿 크림 파티시에를 채우고 겉면을 초콜릿 퐁당슈거로 아이싱한 케이크 또한 마르키즈라고 부른다. 옛날에 마르키즈는 화이트와인이나 단맛이 있는 샴페인에 셀츠(Seltz) 탄산수를 섞고 얇게 슬라이스한 레몬 조각을 띄워 아주 차갑게 마시던 알코올 음료의 이름이었다.

cerises déguisées dites « marquises » ▶ CERISE

marquise au chocolat 마르키즈 오 쇼콜라

초콜릿 마르키즈 : 잘게 부순 다크초콜릿 250g을 내열 용기에 넣고 랩이나 뚜껑을 덮은 뒤 약불에서 중탕으로 녹인다. 버터 175g을 색이 나지 않게 녹인다. 달걀 5개를 흰자와 노른자로 분리한다. 노른자에 설탕 100g을 넣고 색이 뽀얗게 변하고 거품이 일 때까지 거품기로 잘 저어 혼합한다. 여기에 녹인 초콜릿과 버터를 넣고 잘 섞는다. 달걀흰자 5개분에 소금 한 자밤을 넣고 단단하게 거품을 낸 다음 초콜릿 혼합물에 넣고 주걱으로 조심스럽게 섞어준다. 어느 정도 깊이가 있는 원형 틀(moule à manqué) 또는 샤를로트 틀에 혼합물을 부어 채운다. 틀을 바닥에 탁탁 쳐 공기를 빼고 평평하게 만든다. 냉장고에 12시간 넣어둔 다음 틀을 제거한다.

MARRON ▶ **참조 CHÂTAIGNE**

MARRON GLACÉ 마롱 글라세 설탕에 절인 밤을 지칭하며 주로 당과류 간식으로 먹거나 파티스리 재료로 사용한다. 마롱 글라세를 만들기 위해서는 우선 밤의 겉껍데기와 속껍질을 모두 벗긴 다음 물에 1~2시간 삶아 부드럽게 익힌다. 이어서 얇은 모슬린 천에 한두 개씩 싼 밤을 바닐라 향을 살짝 첨가한 설탕과 글루코즈 시럽에 담가 60°C를 일정하게 유지하며 7일 동안 절인다. 밤을 건진 뒤, 절였던 시럽과 슈거파우더 혼합물로 겉을 한 켜 얇게 씌워준다. 한 개씩 금박 알루미늄 포장지로 싸서 냉장고 아랫단에 보관한다.

라 메종 뒤 쇼콜라(LA MAISON DU CHOCOLAT, PARIS)의 레시피

gâteau aux marrons et au chocolat 갸토 오 마롱 에 오 쇼콜라

밤과 초콜릿 케이크 : 초콜릿 제누아즈를 가로로 3등분해 세 장의 시트를 만든다. 물 200mℓ에 설탕 150g을 넣고 3분간 끓여 시럽을 만든다. 불에서 내린 뒤 럼 1테이블스푼을 첨가한다. 시럽을 식힌 뒤 세 장의 제누아즈 시트에 붓으로 발라 적신다. 냄비에 우유 150mℓ를 넣고 가열해 끓으면 바로 불에서 내린 뒤 강판에 간 다크 초콜릿 250g을 넣는다. 주걱으로 잘 섞어 매끈하고 크리미한 혼합물을 만든다. 여기에 버터 25g을 넣어 섞은 뒤, 휘핑한 생크림 250mℓ를 넣고 살살 섞는다. 첫 번째 제누아즈 시트 위에 이 초콜릿 무스를 발라 덮는다. 잠시 그대로 두어 어느 정도 무스가 굳으면 두 번째 시트를 올린다. 밤 페이스트 200g과 상온에서 부드러워진 버터 50g을 섞는다. 주걱으로 세게 저어 섞은 뒤, 플랑베하여 알코올을 날린 럼 1테이블스푼을 넣는다. 이어서 휘핑한 생크림 300mℓ를 넣고 주걱으로 살살 섞는다. 스패출러로 밤 무스를 두 번째 제누아즈 시트 위에 펴 바른다. 마롱 글라세 조각 75g을 밤 무스 위에 고루 올려놓고 세 번째 제누아즈 시트로 덮는다. 케이크를 냉장고에 1시간 정도 넣어둔다. 우유 200mℓ에 설탕 20g을 넣고 끓을 때까지 가열한다. 여기에 곱게 간 다크 초콜릿 150g을 넣고 잘 섞은 뒤 버터 25g을 넣는다. 균일하게 혼합한 다음 식힌다. 이 초콜릿 가나슈를 케이크 전체에 발라 덮어준 다음 마롱 글라세를 몇 개 얹어 장식한다. 냉장 보관한다.

MARSALA 마르살라 마르살라 와인. 이탈리아의 주정강화와인 중 가장 유명한 디저트 와인으로 시칠리아 서쪽 끝에 위치한 항구 도시인 마르살라(Marsala) 주변 지역에서 생산된다. 마르살라는 향이 농축된 화이트와인 파시토(passito)에 오드비를 첨가해 만든다. 이렇게 만든 마르살라 베르지네(vergine)는 아주 드라이한 화이트와인으로 알코올 도수는 17~18%Vol. 정도다. 여기에 갈색 색상과 캐러멜 맛을 내주는 포도 시럽을 첨가하면 단맛 정도에 따라 수페리오레(superiore) 또는 이탈리아(italia)라는 명칭의 마르살라 와인이 된다. 마르살라는 송아지 피카타, 사바용 등 요리에도 사용된다.

MARSANNAY 마르사네 디종 남쪽 끝 아래로는 마르사네 AOC를 필두로 코트 드 뉘(côte de Nuits) 와인 생산지들이 펼쳐진다. 피노 누아 품종으로 만들어진 레드와인과 샤르도네 포도품종으로 만들어진 소량의 귀한 화이트와인으로 주목을 받는 지역이지만 이곳에서 생산되는 로제와인 또한 풍부한 꽃향기와 훌륭한 맛으로 큰 인기를 얻고 있다.

MARTINIQUE ▶ **참조 ANTILLES FRANÇAISES**

MARTIN (GUY) 기 마르탱 프랑스의 요리사(1957, Bourg-Saint-Maurice 출생). 사부아 출신으로 어머니의 주방에서 맛에 눈을 뜬 그는 안시(Annecy)의 한 피자집에서 실전에 부딪히며 일을 배우기 시작했다. 이어 코르동(Cordon)의 프장 도레(Faisan doré)와 로슈 플뢰리(Roches fleuries)를 거쳐 티뉴(Tignes)의 브라제로(Brasero), 라 플라뉴(La Plagne)의 그라시오사(Graciosa)에서 일한다. 이후 알리 밥(Ali-Bab)의 저서 『실

무 요리(*Gastronomie pratique*)』를 읽으며 진정한 깨달음을 얻은 그는 레만 호 주변의 샤토 드 쿠드레(château de Coudrée), 샤토 드 디본(château de Divonne)의 주방장으로 경력을 쌓은 뒤 파리로 올라가 전통의 레스토랑 그랑 베푸르(Grand Vefour)의 주방을 맡게 되었고, 2000년에는 미슐랭 세 번째 별을 다시 획득하면서 과거의 명성을 되살린다. 또한 그는 『채소(*Legumes*)』(2000), 『모든 요리(*Toute la cuisine*)』(2003), 『별들의 길(*la Route des étoiles*)』(2006) 등 다수의 저서를 출간했다. 특히 돼지 족과 홀스래디쉬 즐레로 만든 테린인 프로마주 드 테트(fromage de tête)와 두터운 애호가 층을 형성한 대표 메뉴인 아티초크와 보포르 치즈로 만든 테린 같은 요리들은 그가 자신의 뿌리를 절대로 잊지 않았음을 보여준다.

MARYSE 마리즈 알뜰 주걱. 실리콘 주걱. 탄성 있는 유연한 재질로 된 작은 주걱으로 한 쪽 모서리는 둥글고 다른 한 쪽은 각진 형태이며 그릇을 긁어내는 용도로 쓰인다. 스위스에서는 라마스 파트(ramasse-pâte, 반죽 긁어모으는 도구) 또는 레쇠즈(lécheuse, 훑어내는 도구)라고도 불린다. 알뜰주걱은 다양한 디저트 레시피에서, 거품 올린 달걀흰자나 휘핑한 크림을 다른 재료들과 살살 섞을 때도 유용하게 사용된다.

MASA HARINA 마사 아리나 마사 하리나. 옥수수 알갱이를 수산화칼슘액에 끓인 뒤 헹궈 분쇄한 고운 가루로 멕시코와 남미 요리에서 빼놓을 수 없는 필수 재료인 토르티야(**참조** TORTILLAS)를 만드는 반죽용으로 사용된다. 염기성 용액에 끓인 옥수수 알곡은 껍질을 벗긴 뒤 갈아 가루를 만든다. 이 분말은 토르티야에 약간의 신맛을 낸다.

MASCARPONE 마스카르폰 마스카르포네. 이탈리아의 크림 치즈로 풍미가 순하고 약간의 단맛과 신맛을 갖고 있으며, 질감은 밀도가 높고 진주 빛 흰색을 띠고 있다. 소젖(또는 물소 젖)의 크림을 90°C로 가열한 뒤 응고를 도와주는 시트르산액을 첨가해 만든다. 지방 함량이 높은(50~80%) 마스카르포네 치즈는 채소와 함께 사용하기도 하지만, 특히 과일, 꿀, 초콜릿, 비스퀴 등과 아주 잘 어울리며 타르트, 케이크, 무스, 아이스크림, 소르베 등 다양한 디저트에 사용된다. 특히 티라미수를 만들 때 반드시 들어가는 재료다. 냉장보관해야 하며 개봉 후에는 최대한 빨리 소비한다.

▶ 레시피 : FRAISE DES BOIS, MILLE-FEUILLE.

MASCOTTE 마스코트 마스코트 케이크. 아몬드 가루로 만든 머랭 시트 한 장과 키르슈나 럼을 발라 적신 제누아즈 스펀지 한 장 사이에 프랄리네(또는 모카 향) 버터 크림을 채운 뒤 겹쳐 얹은 케이크. 두 장의 시트를 조합한 뒤 같은 크림으로 케이크 전체를 덮어씌우고 프랄린 또는 구운(경우에 따라 캐러멜라이즈한) 아몬드 슬라이스를 윗 표면에 얹어 준다.

MASCOTTE (À LA) (아 라) 마스코트 서빙 사이즈로 작게 썰어 소테한 고기나 가금류 요리에 곁들이는 가니시의 일종으로 코코트 감자(pommes cocotte)와 도톰하게 어슷썬 아티초크 속살, 얇게 저민 송로버섯 등으로 구성된다. 경우에 따라 통째로 찌듯이 푹 익힌 토마토가 추가되기도 한다. 소스는 고기를 소테한 팬에 화이트와인을 넣어 디글레이즈한 다음 리에종한 송아지 육수를 넣고 졸여 만든다. 아 라 마스코트(à la mascotte)라는 명칭은 1880년에 선보인 에드몽 오드랑(Edmond Audran)의 오페레타 라 마스코트(la Mascotte) 초연을 기념하는 의미에서 19세기의 한 셰프에 의해 붙여진 이름이라고 전해진다.

MASKINONGÉ 마스키농제 강꼬치고기의 일종. 머스컬랜지. 캐나다의 호수 지역(특히 온타리오, 퀘벡, 마니토바)에 서식하는 가장 큰 민물꼬치고기 종을 일컫는 아메리카 인디언 토속어 명칭이다. 여러 가지 색을 가진 이 물고기는 종류에 상관없이 모두 세로로 된 밝은 색의 줄무늬를 갖고 있으며 30년이 된 생선의 경우 최대 크기가 1.8m에 무게는 32kg에 육박한다. 극도로 공격적인 이 물고기는 낚시꾼들이 매우 탐내는 어종이며, 이 월척을 어획하면 대개 개인적으로 소비한다.

MASQUER 마스케 씌우다, 덮다. 완성된 음식이나 준비 과정 중에 있는 혼합물 등에 버터, 크림, 소스, 즐레, 또는 달콤하거나 짭짤한 맛을 가진 어느 정도 농도가 있는 다른 혼합물을 매끈하게 한 켜로 발라 완전히 덮어씌우는 것을 의미한다(카나페에 안초비 버터를 발라 덮기, 제누아즈 스펀지에 버터크림을 발라 씌우기, 수란에 베이르네즈 소스를 끼얹어 덮기 등). 또한 접시나 용기 바닥에 조리한 음식이나 다양한 재료를 균일하게 펴 깔아주는 것도 마스케라고 표현한다.

MASSE 마스 파티스리 작업 시 사용되는 혼합물 또는 반죽을 의미한다. 예를 들어 바슈랭(vacherin)을 만들기 위해서는 머랭 반죽 혼합물(masse meringuée)를 만들어야 한다. 비스퀴용 반죽(masses à biscuit) 중 제누아즈 등 몇몇의 경우는 열을 가해 만드는 과정(설탕과 달걀을 혼합해 중탕으로 가열하며 사바용을 만든다)이 필요하며, 그 외의 반죽들(롤 케이크 시트, 비스퀴 드 사부아 등)은 가열 과정 없이 만든다.

MASSÉNA 마세나 소 안심 또는 양 등심이나 안심을 소테한 뒤 페리괴 소스(sauce Périgueux)로 디글레이즈하고, 아티초크 속살과 얇게 썰어 데친 소 골수를 가니시로 곁들인 요리의 이름이다. 또한 마세나 달걀 요리는 달걀 반숙이나 수란을 익힌 아티초크 속살을 받침 삼아 위에 얹고 베아르네즈 소스(sauce béarnaise)를 끼얹은 것으로, 이 또한 익힌 소 골수를 얇게 저며 얹어 낸다.

▶ 레시피 : BŒUF.

MASSENET 마스네 고기 요리(큰 덩어리, 서빙 사이즈로 자른 것 모두 포함)에 곁들이는 가니시의 일종으로 다리올(dariole) 틀에 익힌 폼 안나(pommes Anna) 감자, 잘게 썬 소 골수와 버터에 익힌 그린빈스 살피콩을 채운 작은 크기의 아티초크로 구성된다. 소스는 고기를 익히고 남은 조리육수로 만들거나 마데리아 와인을 넣어 졸인 데미글라스 소스를 곁들인다. 프랑스의 유명한 작곡가 쥘 마스네의 이름을 딴 명칭으로, 이 외에 아스파라거스 윗동과 아티초크 속살을 곁들인 다양한 달걀 요리에도 이 이름이 사용된다.

▶ 레시피 : ŒUF BROUILLÉ.

MASSEPAIN 마스팽 마지팬. 빻은 아몬드 가루와 설탕, 달걀흰자를 혼합한 뒤 색과 향을 첨가하고 다양한 모양으로 만든 작은 당과류 과자로 일반적으로 설탕이나 프랄리네로 겉을 입힌다. 마지팬은 이수뎅(Issoudun)의 성 우르술라 수도원 수녀들에 의해 처음 만들어진 것으로 전해진다. 프랑스 대혁명 기간 동안 흩어졌던 수도회 수녀들은 파리에 파티스리를 열었다. 19세기 중반 이수뎅 마지팬의 명성은 러시아, 튈르리 왕궁은 물론이고 바티칸까지 퍼져나갔다(특히 나폴레옹 3세와 교황 비오 9세는 이 과자를 아주 좋아했다고 한다). 발자크가 쓴 이수뎅을 배경으로 한 소설 『가재 잡는 여인(*La Rabouilleuse*)』에는 이 마지팬 과자를 칭송하는 장면이 나오기도 한다. 한편, 아몬드 페이스트에 색을 입히고 과일, 채소 및 다양한 모양의 틀에 넣어 성형한 당과류 제품 또한 마스팽이라고 부른다. 특히 프랑스의 엑상프로방스, 스페인의 카스틸라, 이탈리아의 시칠리아 및 독일의 지역 특산품 중에 이 마지팬 제품이 많다.

***massepains* 마스팽**

마지팬 : 속껍질을 벗긴 아몬드 250g과 비터 아몬드 2~3개를 절구에 빻는다. 중간중간 소량의 찬물을 조금씩 넣는다. 작은 구리냄비에 빻은 아몬드 가루와 설탕 500g, 바닐라 가루 한 자밤, 오렌지 블로섬 워터 몇 방울을 넣고 약불에 올린 뒤 나무 주걱으로 저어가며 물기를 날린다. 다시 절구에 옮겨 담고 공이로 곱게 빻아준다. 대리석 작업대에 쏟아낸 다음, 실크 체 망에 친 고운 설탕 가루를 작게 한 줌 넣고 손으로 반죽을 치대 매끈하게 혼합한다. 반죽을 2cm의 두께로 밀어 무효모 빵 위에 놓은 뒤 준비한 모양의 쿠키 커터로 함께 찍어 잘라낸다. 유산지를 깐 베이킹 팬 위에 잘라낸 마지팬을 나란히 놓는다. 아주 낮은 온도(120°C)의 오븐에서 건조시킨다.

『왕실의 잼 제조사(*CONFITURIER ROYAL*)』(1692)의 레시피

***massepains communs* 마스팽 코망**

마지팬 : 아몬드 1.5kg을 뜨거운 물에 담가 속껍질을 벗긴다. 건져서 물기를 닦아낸다. 대리석 절구에 넣고 빻는다. 기름기가 돌기 않도록 중간중간 달걀흰자를 조금씩 넣는다. 완전히 곱게 빻은 뒤 냄비에 설탕 725g과 물을 넣고 끓여 시럽을 만들고 달걀흰자를 넣어 맑게 정제한다. 여기에 빻은 아몬드를 넣고 불에서 내린 뒤 냄비에 들러붙지 않도록 주걱으로 바닥과 구석을 꼼꼼히 긁어가며 섞어준다. 손으로 만졌을 때 전혀 들러붙지 않으면 반죽이 다 된 것이다. 작업대에 덜어 놓고 위 아래로 고루 설탕을 뿌린 다음 식힌다. 반죽을 적당한 두께로 민 다음 틀로 모양을 찍어낸다. 베이킹 팬에 깐 유산지 위에 놓고 손가락 끝으로 살짝 눌러가며 통통하게 모양을 잡는다. 한쪽 면만 익히고 다른 면은 아이싱을 입힌 뒤 동일하게 익힌다. 긴 모양, 타원형, 원형, 꼬불꼬불한 모양, 하트 등 다양한 형태로 만들 수 있다.

MASSIALOT (FRANÇOIS) 프랑수아 마시알로 프랑스의 요리사(1660—1733). 왕실의 유명인사 및 고관, 귀족들(왕의 형제들, 샤르트르, 오를레앙, 오몽의 공작들, 추기경 세자르 에스트레, 루부아 후작 르 텔리에 등)의 식사를 담당하던 요리사 마시알로는 1691년『왕과 부르주아의 요리사(*le Cuisinier royal et bourgeois*)』라는 책을 익명으로 출간했다. 이후 1712년 이 책이 재출간될 때에서야 그의 이름이 저자로 명기되었다. 1692년 출간된『잼, 리큐어, 과일을 위한 새로운 지침서(*Instruction nouvelle pour les confitures, les liqueurs et les fruits*)』또한 그의 저서다. 이 두 권의 책은 일반 대중에게는 거의 알려지지 않았지만, 18세기 전문 요리사들에게는 매우 높은 평가를 받았으며 요리 발전에 큰 영향을 미쳤다. 그의 레시피들 중 대표적인 것으로는 그린 올리브와 허브를 넣은 영계 요리, 베르쥐(verjus)와 케이퍼, 버섯을 넣고 화이트와인에 익힌 연어 머리 스튜, 튀김 과자 브누알(benoiles, 오렌지 블로섬 워터로 향을 낸 반죽을 튀긴 과자로 설탕을 뿌려 아주 뜨겁게 먹는 페드논 pets-de-nonne과 비슷하다) 등을 꼽을 수 있다.

MATAFAN OU MATEFAIM 마타팡, 마트팽 크고 두툼하며 든든한 팬케이크 또는 크레프의 명칭으로 달콤하게 또는 짭짤한 맛으로 모두 만들 수 있다. 주로 부르고뉴, 브레스, 리옹 지역, 프랑슈 콩테, 사부아, 도피네 지방에서 많이 만들어 먹으며, 이름의 어원은 스페인어 마타 암브레(mata hambre, 배고픔을 없애다)에서 유래했다.

matafan bisontin 마타팡 비종탱

브장송(Besançon)식 마타팡 크레프 : 밀가루 5테이블스푼, 달걀 1개, 달걀노른자 2개, 설탕 약간, 소금 1자밤, 너도밤나무 오일 1티스푼을 우유에 넣고 잘 개어 섞는다. 키르슈를 넣어 향을 낸 다음 상온에서 1시간 동안 휴지시킨다. 프라이팬에 약간의 버터를 녹여 달군 뒤 반죽을 붓는다. 반죽이 붙어 굳기 전에 재빨리 팬을 기울이며 넓게 고루 펼친다. 크레프의 한쪽 면이 익으면 뒤집어서 다른 쪽 면도 노릇하게 부친다.

matefaim savoyard 마트팡 사부이야르

사부아식 마트팽 갈레트 : 밀가루 125g, 우유 200mℓ, 달걀 4개, 소금, 후추, 강판에 간 육두구 약간을 혼합해 반죽을 만든다. 녹인 버터 1테이블스푼을 넣고 잘 섞는다. 두꺼운 프라이팬에 버터 20g을 녹인 뒤 반죽을 붓고 굳기 전에 팬을 사방으로 기울여가며 고르게 펼친다. 윗면 반죽이 더 이상 흘러내리지 않을 때까지 약한 불에 익힌다. 버터를 발라둔 파이틀(tourtière) 안에 뒤집어 넣은 뒤 가늘게 간 그뤼예르 치즈를 넉넉히 뿌린다. 280°C로 예열한 오븐에 넣어 5분 정도 구워낸다.

MATÉ 마테 마테. 감탕나무과에 속하는 관목으로 남미가 원산지이며 파라과이의 호랑가시나무(houx du Paraguay) 또는 셰르바 마테(yerba mate)라고도 불린다. 이 나무의 잎을 말려 덖은 뒤 잘게 빻아 만든 마테 차는 물에 우려 마신다. 카페인 함량이 높으며 원기를 회복시키는 효능이 있는 것으로 알려진 마테 차는 예수회 수도사의 차(thé des jésuites)라는 이름으로도 통한다. 브라질과 아르헨티나에서 특히 많이 소비되며, 기호에 따라 레몬, 우유, 또는 향이 좋은 리큐어 등을 첨가해 마시기도 한다.

MATELOTE 마틀로트 국물이 자작한 생선찜의 일종으로 주로 민물생선(장어, 잉어, 어린 강꼬치고기, 송어, 전어, 돌잉어 등)을 레드와인이나 화이트와인에 넣고 각종 향신 재료를 첨가해 익힌 요리다. 마틀로트는 루아르(Loire), 론(Rhône), 랑그독(Languedoc), 아키텐(Aquitaine), 바스크 지방의 앙다이(Hendaye) 등지에서 즐겨 먹는 요리다. 부이튀르(bouilleture), 카티고(catigot), 뫼레트(meurette), 생선 백포도주 찜 포슈즈(pochouse) 등도 마틀로트와 비슷한 이들 지역 특선 요리다. 한편 노르망디 연안 지방에서는 넙치, 성대, 붕장어, 광어 등의 바다생선으로도 마틀로트를 만들어 먹는다. 우선 생선을 칼바도스로 플랑베한 다음 시드르(cidre)를 부어 익힌다. 마지막에 버터를 넣고 잘 섞어 소스의 농도를 맞추고 새우와 홍합, 굴 등을 추가하는 일종의 생선 스튜다. 넓은 의미의 마틀로트 조리법에는(원래는 마틀로트 요리) 골 요리, 송아지고기 소테, 삶은 달걀 또는 수란 등도 해당된다. 마틀로트 요리에 곁들이는 가니시는 일반적으로 방울양파, 버섯, 베이컨 돼지비계으로 구성되며 경우에 따라 쿠르부이용에 익힌 민물가재와 식빵을 튀긴 크루통이 추가되기도 한다.

matelote d'anguille à la meunière 마틀로트 당기유 아 라 뫼니에르

버터를 넣은 장어 마틀로트 : 장어 1kg의 껍질을 벗기고 적당한 크기로 토막 낸 다음, 버터 60g을 두른 팬에 겉만 살짝 익힌다. 마르(marc)를 작은 리큐어 잔으로 하나 붓고 불을 붙여 플랑베한다. 양파 2개, 셀러리 줄기 1대, 당근 1개의 껍질을 벗기고 얇게 썰어 넣는다. 레드와인 1ℓ를 붓고 소금 간을 한 다음 부케가르니 1개, 껍질 벗겨 찧은 마늘 1톨, 정향 1개, 통후추 4~5알을 넣는다. 가열하여 끓기 시작하면 불을 줄이고 아주 약하게 끓는 상태로 20분간 익힌다. 방울양파 24개에 물, 버터, 소금, 설탕을 넣고 윤기나게 익힌 다음 따뜻하게 보관한다. 얇게 썬 버섯 250g을 버터에 노릇하게 볶는다. 장어가 익으면 건져서 뜨겁게 보관한다. 생선을 익히고 남은 국물을 블렌더로 간 다음 뵈르 마니에(beurre manié) 1테이블스푼을 넣고 잘 풀어주며 섞는다. 생선 토막을 다시 소스에 넣고 버섯을 넣은 뒤 5분간 약 불에서 뭉근히 끓인다. 작은 크루통 12조각을 버터에 지지거나 튀긴다. 우묵한 서빙 접시에 마틀로트를 담고 방울양파 글레이즈와 크루통을 곁들여 낸다. 작은 돼지비계 20조각을 끓는 물에 데친 뒤 버터에 노릇하게 지져 곁들여도 좋다.

폴 카스탱(PAULE CASTAING)의 레시피

matelote Charles Vanel 마틀로트 샤를 바넬

샤를 바넬 마틀로트 : 론강에서 잡은 민물장어 2.5kg의 껍질을 벗기고 손질한 뒤 토막으로 자른다. 채소(양파, 리크 흰 부분, 셀러리, 당근, 마늘)를 작은 미르푸아(mirepoix) 썰어 올리브오일에 볶는다. 여기에 색이 진하고 바디감이 묵직한 양질의 레드와인 2ℓ를 붓고, 장어의 대가리와 토막 내고 남은 자투리 살을 모두 넣는다. 부케가르니 1개를 넣고, 가능하면 민물고기의 가시 뼈 몇 개를 첨가한 뒤 약 25분 정도 끓여 반으로 졸인다. 이 국물을 체에 걸러 장어 토막 위에 붓고 소금, 후추로 간을 한 다음 센 불에서 10분간 끓인다. 생선을 건져 서빙 접시에 담고 뜨겁게 보관한다. 남은 국물을 다시 반으로 졸인다. 윤기나게 익힌 방울양파 글레이즈, 팬에 구운 돼지비계, 양송이버섯 등의 가니시를 만들어 따뜻하게 보관한다. 바닥이 두꺼운 냄비에 소스에 사용한 것과 같은 레드와인 두 잔을 넉넉히 붓고 수분이 거의 없어질 때까지 완전히 졸인 다음, 졸여둔 장어 조리국물을 부어 섞는다. 버터 50g을 넣고 거품기로 잘 혼합한다. 안초비 필레 3쪽의 소금기를 뺀 다음 퓌레로 갈아 이 소스에 넣어준다. 끓지 않도록 주의하며 약한 불에서 잘 젓는다. 장어 토막 위에 소스를 끼얹고 준비한 가니시를 빙 둘러 담는다. 마늘로 문지른 뒤 버터에 튀기듯 지진 크루통을 곁들인다. 데쳐 익힌 뒤 집게발을 뒤로 꺾어 고정시킨 민물가재(écrevisses troussées)를 몇 마리 얹어 장식한다.

matelote de poissons à la canotière 마틀로트 드 푸아송 아라 카노티에르

뱃사공식 생선 마틀로트 : 4~6인분

소테팬에 버터를 바르고 얇게 저민 양파 150g과 찧은 마늘 4톨을 깔아준다. 같은 크기의 토막으로 자른 잉어와 장어 1.5kg을 얹은 뒤 부케가르니 큰 것 1개를 넣는다. 코냑 50mℓ를 붓고 불을 붙여 플랑베한다. 드라이 화이트와인 500mℓ와 생선 육수 500mℓ를 붓고 약하게 끓는 상태를 유지하며 25분간 익힌다. 생선 토막을 모두 건져 다른 소테팬에 담는다. 여기에 익힌 작은 양송이버섯 125g와 윤기나게 익힌 방울양파 글레이즈를 넣는다. 생선을 익힌 국물은 1/3로 졸인 뒤 뵈르마니에를 넣고 잘 풀어 섞는다. 마지막으로 버터 150g을 넣어 매끈하게 마무리한다. 생선과 가니시 채소를 넣은 소테팬에 이 소스를 붓고 약한 불로 잠깐 끓인다. 마틀로트를 크고 우묵한 원형 접시에 담는다. 쿠르부이용에 익힌 민물가재와 밀가루, 달걀, 빵가루를 입힌 뒤 머리와 꼬리 부분을 조금씩 훑어내어(panés en manchons) 살이 보이도록 튀겨낸 새끼 모래무지 튀김을 곁들이기도 한다.

sauce matelote ▶ SAUCE

MATÉRIEL À RISQUES SPÉCIFIÉS (MRS) 마테리엘 아 리스크 스페시피에 특수위험물질. 소의 광우병(소해면상뇌변증)이나 양, 염소의 진전병(스크래피)이 인간에게 감염될 수도 있는 위험이 있기 때문에 식용으로 소비할 수 없도록 제거되는 동물의 기관이나 조직을 가리킨다(**참조** 아래 특수위험물질 도표).

MATIÈRE GRASSE 마티에르 그라스 지방, 지질. 조리용 기름, 양념, 조미료 등 요리나 제과제빵 시 첨가하는 식용 지방을 지칭한다. 이들은 음식의 주재료 또는 부재료 혹은 저장, 보존 수단으로 사용된다.

■ **지방질의 종류.**

● CORPS GRAS SOLIDES 고형 지방. 대표적인 고급 지방인 버터가 여기에 해당하지만 튀김 요리에는 부적합하다. 그 외에 마가린, 고온을 견딜 수 있는 식물성 기름들이 포함된다. 고형 상태의 동물성 지방 중에서는 특히 돼지 기름 라드와 돼지비계가 조리용으로 많이 사용된다. 송아지 기름은 다

양한 스터핑이나 요리의 재료로 들어가며, 영국에서 즐겨 사용하는 소와 양의 콩팥 기름은 용도가 몇몇 특정 레시피로 제한되어 있다. 일부 지역의 중요한 특산품인 거위 기름은 주로 가금류 고기의 콩피(confit)용으로 적합할 뿐 아니라 스튜, 소테, 구이 등에도 두루 사용된다. 불포화지방산이 풍부한 거위기름을 제외하면 요리에 사용되는 다른 동물성 지방들은 대개 건강에 해로운 포화지방 함량이 높기 때문에 섭취량을 제한하는 것이 좋다.

● **CORPS GRAS LIQUIDES 액상 지방.** 땅콩, 올리브, 호두, 유채, 양귀비, 참깨 등에서 추출한 기름이 이에 해당하며, 팜유나 야자유를 제외하고는 모두 지방산이 풍부하다. 이 기름들은 조리용 식용유(특히 고온을 잘 견디는 기름은 튀김용으로 사용한다), 드레싱 등의 양념, 또는 식품 저장 및 보존을 돕는 용도로 사용된다(**참조** HUILE). 생크림은 특히 주재료와 양념으로 두루 사용된다.

■ **선택.** 지방 중에는 돼지 기름 라드나 식물성 경화유 쇼트닝처럼 가열 조리용으로만 사용 가능한 것과 버터를 비롯한 몇몇 종류의 기름들처럼 그대로 또는 가열 조리용으로 모두 사용할 수 있는 것들이 있다. 또한 호두나 아몬드기름 등 불포화 지방산 함량이 높은 기름은 고온에 취약하기 때문에 가열 조리에 부적합하다. 기름을 선택할 때는 물론 맛을 가장 먼저 고려하지만(호두기름, 거위기름, 신선한 버터는 음식에 특별한 풍미를 내준다) 발연점(버터 130°C~낙화생유 220°C) 또한 감안해야 할 중요한 요소다. 그 밖에도 아프리카의 시어버터, 아시아의 참기름, 북아프리카의 스뫈, 인도의 기, 영국의 수이트(suet, 소나 양의 콩팥 기름)처럼 각 나라의 고유한 식문화 전통에 따라 특별한 기름들이 다양하게 사용되고 있다. 또한 지방은 식품을 이루는 중요한 영양소이기도 하다(**참조** LIPIDE). 요리에서 오 그라(기름진)라고 칭하는 음식은 주로 고기 성분을 포함한 경우이고 반대로 오 메그르(au maigre, 기름기가 없는)는 생선이나 채소 베이스의 음식을 의미한다.

MATIGNON 마티뇽 당근, 양파, 셀러리 등의 채소를 잘게 썰어 버터에 볶은 뒤 화이트와인을 넣어 디글레이즈하고 향신 허브를 넣은 것으로 다양한 브레이징 요리나 팬 프라이 요리에 향신 재료로 들어간다. 경우에 따라 같은 크기로 썬 햄을 섞기도 하는데, 이것의 유무에 따라 마티뇽 오 그라(au gras 햄을 넣은 경우), 또는 오 메그르(au maigre 채소로만 구성)로 구분한다. 또한 이 용어는 고기 요리에 곁들이는 가니시의 명칭으로 아티초크 속살에 잘게 썬 채소를 채운 뒤 빵가루를 얹어 그라탱처럼 구워낸 것과 브레이징한 양상추로 구성되며, 주로 마데이라 소스나 포트와인 소스를 곁들인다.

appareil à matignon 아파레이 아 마티뇽

마티뇽 혼합물 : 햄을 넣지 않은(au maigre) 마티뇽 혼합물을 만든다. 당근 붉은 부분 125g, 셀러리 줄기 50g, 양파 25g의 껍질을 벗긴 뒤 작고 납작한 모양(paysanne)으로 썬다. 버터를 두른 팬에 넣고 색이 나지 않도록 약한 불로 볶은 다음 화이트와인 또는 마데이라 와인 100㎖를 붓고 디글레이즈한다. 타임 1줄기, 월계수 잎 1/2장을 넣은 뒤 수분이 거의 없어질 때까지 졸인다. 여기에 생햄 100g을 작은 주사위 모양으로 썰어 섞으면 마티뇽 오 그라(au gras) 혼합물이 된다.

filet de bœuf à la matignon ▶ BŒUF

MATURATION 마튀라시옹 숙성. 음식물의 숙성은 원재료 또는 조리나 가공된 재료가 식용 소비에 알맞거나 차후에 이루어질 다른 제조에 적합한 상태에 도달하기 위해 거치게 되는 느린 속도의 변화를 뜻한다. 일반 정육이나 사냥으로 잡은 수렵육을 숙성한다는 것은 일정 시간 동안 그대로 두는 것을 의미한다. 갓 도축된 동물의 살은 꿈틀거리는(아직 온기가 남아 있다) 고기 상태, 이어서 경직된 상태를 거쳐 더 시간이 지나면 힘줄이 느슨해지고 근조직이 풀어져 훨씬 부드럽고 맛이 좋은 연화된 고기 상태가 된다. 이러한 변화 과정은 모르티피카시옹(mortification, 고기의 숙성)이라는 명칭으로도 통용된다(**참조** FAISANDAGE). 고기의 숙성은 서늘하고 공기가 잘 통하는 장소에서 이루어지며 특히 주변 온도에 민감하다. 예를 들어 소고기는 이론상 -1.5°C에서 3~4주, 0°C에서는 15일, 20°C에서는 2일, 43°C에서는 1일의 숙성을 필요로 한다. 실제로 고기 숙성 작업은 2°C의 냉장실에서 5~6일 정도의 기간 동안 행해지는데, 보통 여름에 통풍이 잘되는 곳에서 짧게 며칠간 숙성하는 것은 겨울에 같은 환경에서 일주일간 숙성하는 것과 동일한 효과를 낸다. 한편, 치즈의 숙성은 우유를 응고시키고 유청을 빼는 등의 과정을 모두 거친 뒤 행해지는 마지막 단계에 해당한다(**참조** AFFINAGE).

MAULTASCHEN 마울타센 마울타셰. 큰 사이즈의 독일식 라비올리. 슈바벤의 특산물인 마울타셰는 다진 고기와 시금치에 마조람, 육두구, 양파를 넣어 맛을 낸 소를 채워 만든 만두의 일종으로 고기 국물에 삶아 익힌다. 금요일에 먹는 전통 식사에 자주 오르는 메뉴이기도 하다. 마울타셰는 잘게 썬 차이브와 튀긴 양파 플레이크와 함께 채소 수프나 포토푀 국물에 넣어 먹기도 한다. 또는 볶은 양파를 한 켜 덮은 뒤 그라탱처럼 오븐에 굽거나 빵가루를 입혀 튀겨서 토마토소스를 곁들여 먹기도 하며, 오믈렛 가니시로 넣기도 한다.

MAURESQUE 모레스크 프랑스 남부에서 즐겨 먹는 알코올성 칵테일 음료로 아몬드 시럽(sirop d'orgeat, 아몬드에 물을 넣고 간 다음 오렌지 블로섬 워터와 설탕을 넣은 것)에 파스티스를 섞은 뒤 차가운 물과 얼음을 넣어 만든다.

MAURY 모리 모리 지방의 AOC 와인으로 단맛이 나는 뱅 두 나튀렐(vin doux naturel 주정강화와인의 일종)이다. 포도 품종은 그르나슈 누아(grenache noir)가 최소 50% 이상 차지하며 대개 포도껍질과 즙을 장시간 침용(macération)하여 색과 향, 맛이 우러나게 한다. 이렇게 만들어진 와인은 오래 숙성되면서 카카오, 커피, 가열조리한 과일 향을 발산한다.(**참조** ROUSSILLON).

MAUVE 모브 아욱꽃, 당아욱꽃. 무궁화과에 속하는 식물로 들판, 자연 울타리, 도로변에 많이 자란다. 약 20여 종이 있으며 전 세계 어디서나 쉽게 찾아볼 수 있는 꽃이다. 프랑스에서 가장 널리 알려진 품종은 높이가 1m에 이르는 분홍당아욱꽃(grande mauve)이다. 주로 차로 우려내 사용하는 이 꽃과 잎에는 염증을 완화하고 호흡기 질환을 개선하는 효능을 지닌 진액이 풍부하다. 멀레인, 당아욱꽃, 개양귀비, 엘더베리를 혼합하여 만든 기침완화용 차(tisane pectorale des quatre-fleurs)의 구성 성분 중 하나다.

MAXIM'S 막심스 파리 루아얄가(rue Royale)에 위치한 레스토랑. 1893년 인근 카페에 근무하던 막심 가이야르(Maxime Gaillard)가 그의 친구 조르주 에브라에르(Georges Everaert)와 함께 인수한 뒤 증류주 제조사 조합 회장, 정육점 주인, 샴페인 판매상의 재정 지원을 받아 막심과 조르주의 집(Maxim's et George's)이라는 간판을 걸고 카페 겸 아이스크림 판매 업장을 오픈했다. 얼마 지나지 않아 조르주라는 이름은 상호에서 사라지고 막심스만 남게 되었다. 막심 가이야르가 세상을 떠난 후 이곳의 요리사와 홀 지배인인 앙리 쇼보(Henri Chauveau)와 외젠 코르뉘셰(Eugène Cornuché)가 식당을 인수했다. 마들렌 광장의 레스토랑 뒤

식품 유통과정에서 제거되는 특수위험물질 목록

특수위험물질	소고기	양, 염소
골과 눈 cervelle et yeux	12개월 이상 된 소(송아지 포함)의 두개골(아래턱 제외)과 골	두개골(crâne): 6개월 이하의 경우 눈은 포함, 골은 제외. 6개월 이상은 눈과 골 모두 포함. 영국에서 나고 자란 경우 월령에 상관없이 눈과 골 모두 포함.
편도선 amygdales	연령 무관.	연령 무관. 영국에서 나고 자란 동물 포함.
척수 moelle epinière	12개월 이상의 소(송아지 포함).	12개월 이상.
비장 rate	-	연령 무관. 모두 해당.
창자 intestins	소와 송아지의 십이지장부터 직장에 이르는 모든 창자와 장간막. 연령 무관.	회장(回腸)만 해당. 연령 무관.
척추의 신경절을 포함한 척추뼈(꼬리척추뼈, 가시돌기와 횡돌기, 경추, 흉곽과 요추, 중앙천골릉과 천골날개 제외)	24개월 이상의 소와 송아지(공인된 절단작업실 또는 허가된 정육점으로 옮기기 위해 도축장에서의 반출을 허가하는 경우는 예외)	-

출처: 농산부(Ministère de l'Agriculture), DGAL(1996년 이후 업데이트되고 있는 현황 목록, 2006년 1월 1일 최종 업데이트).

랑(Durand)에서 이미 탄탄한 경력을 쌓은 베테랑 매니저 외젠 코르뉘셰는 제당회사를 운영하던 갑부 막스 르보디(Max Lebaudy)를 필두로 같은 건물 2층에 자리잡고 있던 루아얄가의 사교 클럽(le Club)을 드나들던 속물근성을 가진 부유층 손님들을 대거 끌어모았다. 이 식당은 모던 스타일 취향에 맞게 새 단장한 후 백만장자, 왕자, 오페라 가수들이 드나드는 만남의 장소가 되었다. 1900년 당시를 주름잡던 화류계 여인(코코트 cocottes라고 불렸다)들은 선택된 소수에게만 입장이 허용되었던 작은 별실 옴니뷔스(omnibus, 깊숙한 밀실이라는 의미의 saint des seins이라는 별칭을 갖고 있었다) 룸을 당당히 차지하곤 했다. 막심 레스토랑은 1907년 한 영국 기업에 매각되었고 1차 세계대전이 끝난 후 오스카 보다블(Oscar Vaudable), 1980년대에는 디자이너 피에르 카르뎅이 인수하면서 그 빛나는 명성을 계속 이어간다. 매주 목요일(매달 마지막 또는 마지막 두 번의 목요일은 제외)에는 은밀한 미식 모임이었던 100인 클럽(le Club des Cent)의 정기 오찬 모임이 이곳에서 진행되기도 했다. 다수의 유명한 요리들이 막심의 훌륭한 셰프들에 의해 탄생했다. 벨로 오테로(Bello Otéro) 양 볼기 등심 요리, 수플레 로칠드, 알베르 서대 필레(50년간 이곳의 홀 지배인으로 근무했던 알베르 블라제르(Albert Blazer)에게 헌정된 메뉴) 등이 대표적이다.

MAXIMIN (JACQUES) 자크 맥시맹 프랑스의 요리사(1948, Rang-du-Fliers 출생). 파 드 칼레(Pas-de-Calais)와 투케(Touquet)에서 부모님이 운영하던 식당을 도우며 처음 요리에 발을 들여놓은 자크 막시맹은 라 볼(La Baule)의 에르미타주(l'Hermitage, Christian Willer 셰프), 이어서 코트 다쥐르(Côte d'Azur)의 물랭 드 무쟁(Moulins de Mougins, Roger Vergé 셰프), 앙티브(Antibes)의 라 본 오베르주(la Bonne Auberge, Jo Rostang 셰프)를 거치며 경력을 쌓았다. 28살에 그는 니스의 네그레스코(Negresco) 호텔의 주방을 맡으면서 그동안 별 두각을 나타내지 못하던 고급 호텔 요리를 새롭게 혁신했다. 1979년 프랑스 요리명장으로 선정된 그는 자신만의 색깔을 지닌 요리사로 주목 받았고, 가정식 요리에 살레야 시장에서 만날 수 있는 과일과 채소의 색과 맛을 입혔다. 그의 첫 책 제목은 『내 요리의 색, 맛, 그리고 향(*Couleurs, Saveurs et Parfums de ma Cuisine*)』이다. 송로버섯을 채운 호박꽃, 바질 버터에 익힌 니스풍 미니 채소 파르시, 가지를 넣은 양고기 티앙과 같은 요리들을 선보이며 승승장구한 그는 미슐랭 가이드의 별 2개를 획득했다. 이어서 그는 니스의 한 옛날 극장 자리에 레스토랑을 열었고, 1996년에는 방스(Vence)에 자신의 이름을 내건 레스토랑을 열고 정착한다. 그는 채소와 타르트에 관한 책도 여러 권 출간했다.

MAYONNAISE 마요네즈 달걀노른자, 머스터드, 식초, 오일, 소금과 후추를 기본 재료로 만든 찬 유화 소스. 겨자의 양을 두 배로 늘리면(기름을 넣어 유화하기 이전 또는 이후) 레물라드(rémoulade) 소스가 된다. 마요네즈의 기원에 대해서는 설이 분분하다. 어떤 이들은 1756년 6월 28일 영국 통치하에 있던 스페인 메노르카섬의 마온항(Port-Mahon)을 점령한 리슐리외 공작에 의해 탄생했다고 주장한다. 이곳에 머물 당시 리슐리외 공작은(혹은 그의 요리사가) 처음 이 소스를 만들었고 마온의 소스라는 이름 마오네즈(mahonnaise)라고 명명했다고 한다. 한편 다른 이들은 이 이름이 바욘(Bayonne)시의 이름에서 온 것으로, 마요네즈는 이곳의 특산품이었다고 주장한다. 당대 유명 요리사였던 앙투안 카렘(Antoine Carême)에 따르면 이 단어가 섞어 만든다는 뜻의 동사(manier)에서 유래한 것이며 처음에는 마뇨네즈(magnonnaise) 또는 마니요네즈(magnionnaise)라고 불렀다고 한다. 또한, 프로스페르 몽타녜(Prosper Montagné)는 달걀노른자를 의미하는 고대 프랑스어 무아유(moyeu)의 파생어 무아유네즈(moyeunaise)가 대중적으로 사용되면서 마요네즈로 변형된 것이라고 설명했다.

기본 마요네즈에 각종 재료들을 추가로 넣어 혼합하면 안달루시아 소스, 이탈리안 소스, 타르타르 소스, 그린 소스, 캠브리지 소스, 인도 소스 등 다양한 파생 소스를 만들 수 있다. 이 유화(에멀전) 소스를 성공적으로 만들기 위해서는 모든 재료들을 같은 온도로 준비해야 한다. 어떤 이들은 기름을 첨가하기 전에 달걀노른자를 머스터드에 넣고 몇 분간 휴지시킬 것을 권장한다. 만일 마요네즈 소스가 분리된 경우에는 달걀노른자를 한 개 더 넣고 약간의 머스터드, 식초나 물 몇 방울을 추가한 뒤 거품기로 다시 잘 혼합하면 소스를 다시 살릴 수 있다. 절대로 냉장고에 넣지 말고 서늘한 곳에 보관한다. 마요네즈는 대개 소스 그릇에 담아 차가운 요리에 곁들여 낸다. 또는 별 모양 깍지를 끼운 짤주머니에 넣어 음식 위에 장식으로 짜 얹기도 한다. 또한 샐러드(러시안 샐러드)나 잘게 깍둑 썬 채소 마세두안 등을 버무려 혼합하는 드레싱도 넓은 의미에서 마요네즈라고 부른다(**참조** COCKTAIL [HORS-D'ŒUVRE]). 즐레와 혼합해 걸쭉하고 끈적한 상태로 만든 뒤 차가운 요리의 표면에 끼얹어 씌우거나 발라 덮어주기도 하며 샐러드를 버무리는 용도로도 사용할 수 있다.

---

mayonnaise classique 마요네즈 클라시크

정통 마요네즈 : 볼(은, 구리, 주석도금 구리 소재 제외)에 크기에 따라 달걀노른자 4~5개, 화이트 머스터드 2테이블스푼, 무색 식초 몇 방울, 고운 소금, 카옌페퍼 또는 흰 후추를 모두 넣는다. 모두 상온이 된 이 재료들을 거품기로 저어 잘 섞어준다. 마찬가지로 상온의 기름 1ℓ를 준비해 볼에 아주 가늘게 흘려 넣으며 거품기로 힘있게 계속 저어 섞는다. 마요네즈가 너무 되직해지는 것을 풀어주고 소스가 분리되는 것을 막기 위해 중간에 식초나 레몬즙, 또는 물을 몇 방울씩 넣는다. 원하는 향을 첨가한다.

---

mayonnaise collée 마요네즈 콜레

즐레를 섞은 마요네즈 : 고기 육수 즐레 100mℓ를 만들고 식힌다. 즐레가 굳기 전에 마요네즈 250mℓ를 넣고 거품기로 저어 섞는다. 소스가 굳기 전에 사용한다. 일반 마요네즈와 마찬가지로 향을 첨가할 수 있다. 단단해지기 전에 거품기로 마요네즈 250mℓ를 추가한다. 굳기 전에 소스를 사용한다. 전통적인 마요네즈처럼 향을 입힐 수 있다.

MAZAGRAN 마자그랑 높이가 있는 원추형의 잔으로 주로 커피나 몇몇 아이스 디저트를 담아 서빙하는 데 쓰인다. 원래 마자그랑 잔에는 오드비나 럼을 첨가한 냉커피와 얼음을 담고 빨대를 꽂아 서빙했다.

MAZAGRAN (ENTRÉE) (앙트레) 마자그랑 클래식 요리를 구성하는 더운 애피타이저 중 하나인 마자그랑은 폼 뒤셰스(pommes duchesse) 반죽으로 만든 작은 타르틀레트에 다진 고기나 살피콩으로 썬 소 재료를 채워 넣고 다시 폼 뒤셰스 혼합물을 별 모양 깍지를 끼운 짤주머니로 짜 덮은 것으로 마치 부셰(bouchée)나 크루스타드(croustade) 또는 리솔(rissole)과 비슷하다. 오븐에 뜨겁게 구워낸 뒤 틀을 제거하고 소 재료와 어울리는 소스를 곁들여 서빙한다. 큰 사이즈의 마자그랑은 약간 높이가 있는 원형 파이틀(moule à manqué, 망케 틀)에 굽는다.

MAZARIN 마자랭 두 장의 다쿠아즈 시트 사이에 프랄리네 무스를 채워 넣은 케이크. 옛날의 마자랭은 두께가 높은 제누아즈 스펀지케이크의 중앙을 원추형으로 도려낸 다음 그 자리에 시럽에 절인 과일 콩피를 채워 넣고, 잘라낸 부분을 거꾸로 얹어 덮은 뒤 퐁당슈거로 씌워 마무리했으며, 표면에는 당절임한 과일을 얹어 장식했다. 또한 19세기 요리사 쥘 구페(Jules Gouffé)는 발효 반죽으로 만든 베이스 안에 작은 주사위 모양으로 썬 세드라 레몬(시트론)을 섞은 버터 크림을 채운 케이크에 마자랭이라는 이름을 붙였다.

MAZARINE (À LA) (아 라) 마자린 서빙 사이즈로 자른 고기 요리에 양송이버섯과 잘게 썰어 버터에 색이 나지 않게 볶은 채소 모둠을 채운 아티초크 속살을 곁들인 요리를 지칭한다. 크넬 모양으로 빚어 튀겨낸 라이스 크로켓을 함께 서빙한다.

MAZIS-CHAMBERTIN 마지 샹베르탱 부르고뉴 코트 드 뉘(côte de nuits) 지역의 AOC 그랑 크뤼 레드와인 중 하나로 포도품종은 피노 누아이며 주변 지역 와이너리에서 생산되는 고품격 그랑 크뤼 와인들에 못지않은 품질을 자랑한다. 숲과 나무의 향을 가진 이 와인은 맛이 매우 섬세하고 밸런스가 탁월하며 입안에서 아주 세련되고 고급스러운 풍미를 낸다.

MAZOYÈRES-CHAMBERTIN 마주아예르 샹베르탱 부르고뉴 코트 드 뉘(côte de nuits) 지역의 AOC 그랑 크뤼 레드와인으로 와인의 귀족 즈브레 샹베르탱 코뮌 안에서 위치한 포도원에서 생산된다. 밸런스가 좋은 풀바디 와인으로 타닌이나 과일 풍미 면에서 부족함이 없다.

MÉCHOUI 메슈이 통째로 구운 양고기. 북 아프리카 마그레브 지역을 비롯한 전반적인 아랍 문화권에서 즐겨 먹는 전통 축제 음식으로 굽는 작업은 주로 남자들이 담당한다. 전통적인 메슈이는 어린 양 또는 성숙한 양 한 마리를 통째로 준비해 내장을 모두 들어낸 다음 안쪽에 양념을 하고 긴 봉에 꽂아 야외에서 숯 잉걸불 위에 굽는다. 이 요리(아랍어로 kharoug machwi)는 어린 낙타, 영양. 또는 무플런으로 만들기도 한다. 바롱(양의 볼기 등심과 두 개의 뒷다리살 부분을 포함하는 부위) 부위만을(**참조** BARON) 꼬챙이에 꿰어 메슈이처럼 굽기도 한다.

Meringue 머랭

"성공적인 머랭을 만드는 기본은 거품 낸 달걀흰자에 그 무게 두 배 만큼의 설탕을 넣어주는 것이다. 파리 에콜 페랑디와 포텔 에 샤보의 셰프들이 수동 거품기를 사용해 손목의 힘으로 달걀흰자의 거품을 내며 머랭을 치는 것은 드문 일이 아니다. 모든 상상력을 동원하며 깍지를 끼운 짤주머니로 짜놓은 머랭은 종종 가장 예상치 못했던 모양을 만들어낸다."

méchoui 메슈이
생후 12개월 이하의 기름진 새끼 양을 고른다. 대가리를 단단히 묶은 상태로 가죽을 벗긴다. 길이로 약 30cm 정도 콩팥 높이까지 배를 갈라 연 다음 콩팥을 제외한 내장을 모두 들어낸다. 안쪽을 깨끗이 씻은 뒤 고운 소금을 한 줌 뿌려 간을 한다. 버터 250g, 후추 약간과 잘게 썬 양파 몇 개, 또는 생민트, 타임, 로즈마리를 넉넉히 묶은 다발을 한 개 넣는다. 절개한 배 부분을 다시 오므려 덮은 뒤 꼬챙이로 비스듬히 눌러 고정시킨다. 녹인 버터를 양에 고루 바르고 소금, 후추를 뿌린다. 양 한 마리를 통째로 끼우고도 양끝이 충분히 남을 만한 길이의 뾰족한 장대를 머리에서 꼬리까지 꿰어준다. 앞 다리들은 목을 따라 바싹 붙인 뒤 창자를 사용해 묶어준다. 뒷다리는 쭉 잡아 늘려 장대를 따라 길게 붙인 뒤 마찬가지로 창자로 단단히 동여맨다. 땅에 길이 1m, 깊이 약 50cm 정도의 구덩이를 파고 장작불을 피운다. 양고기가 완전히 익을 때까지 불을 지필 수 있도록 보충해 넣을 장작을 충분히 확보해둔다. 구덩이 양쪽 끝에 X자 모양으로 나무 받침대를 박아 세우고, 꼬챙이에 꿴 양을 불 위에 올린 뒤 막대 양끝을 받침대에 걸쳐 놓는다. 전체적으로 고루 구워지도록 천천히 돌려준다. 고기 한 부분이 타려고 하면 붓으로 녹인 버터를 발라준다. 칼끝으로 찔러 보았을 때 분홍색 육즙 방울들이 더 이상 새어나오지 않는 상태가 되고 껍질이 바삭하게 익으면 불에서 내린다. 전통에 따라 콩팥은 귀한 손님에게 대접한다. 관습상 메슈이는 손으로 먹기 때문에 장미나 레몬으로 향을 낸 미지근한 물을 담은 핑거볼을 준비하는 것이 좋다. 소금, 커민 가루, 고추를 기호에 따라 사용할 수 있도록 테이블에 비치한다. 쿠스쿠스나 불구르(boulghour), 병아리 콩을 곁들인다.

MÉDAILLON 메다이용 원형 또는 타원형으로 다소 도톰하게 잘라낸 고기(송아지 등심이나 허벅지 살, 가금류 가슴살, 양 안심이나 등심, 소 안심 등), 생선이나 갑각류 살, 푸아그라(에스칼로프) 등의 조각을 지칭한다. 송아지 또는 가금류 메다이용은 주로 팬에 소테하거나 프라이팬에 지져 익히며 뜨겁게 혹은 차갑게 서빙한다. 합성 메다이용(médaillon composé)은 실제 고기가 아닌 크로켓용 혼합 반죽을 약 70g 정도의 동글납작한 완자 모양(메다이용 모양)으로 빚어 만든 것으로 밀가루, 달걀, 빵가루를 입혀 정제버터에 튀기듯 지진 뒤 접시에 터번 모양으로 빙 둘러 놓는다.
▶ 레시피 : LOTTE DE MER, VOLAILLE.

MÉDIANOCHE 메디아노슈 밤참. 자정을 뜻하는 스페인어 메디아노체(medianoche)에서 온 용어로 옛날에는 종교 율법상 고기 섭취를 금한 하루가 끝나는 밤, 자정이 지난 시각에 먹는 고기를 갖춘 식사를 뜻했다. 이 단어는 새해를 맞이하는 전야의 저녁식사(Saint-Sylvestre)처럼 아주 늦은 시간에 먹는 잘 차려진 식사를 의미하게 되었다. 오늘날에는 밤참(souper) 이외의 의미로는 잘 쓰지 않는다.

MÉDICIS 메디시스 양 안심이나 등심(noisette) 소테 또는 소 안심 스테이크(tournedos) 요리의 명칭으로 곁들이는 가니시에 따라 두 가지 타입이 존재한다. 첫 번째는 마카로니와 작은 주사위 모양으로 썬 송로버섯에 푸아그라를 넣어 혼합한 소를 채운 타르틀레트와 버터에 익힌 완두콩을 곁들인 것으로, 리에종한 육즙 소스를 함께 낸다. 또 한 가지는 완두콩과 작은 구슬모양으로 도려낸 당근과 순무를 채운 아티초크 속살, 폼 누아제트(pommes noisettes) 감자를 곁들이며, 쇼롱 소스(sauce Choron)를 고기 위에 끼얹어 낸다.

MÉDOC 메독 보르도의 AOC 레드와인으로 포도품종은 카베르네 소비뇽, 메를로, 카베르네 프랑, 프티 베르도이다. 지롱드(Gironde)강 좌안에서 생산되는 이 와인은 복합적인 좋은 향을 지니고 있으며 테루아에 따라 부드러운 맛을 내기도 하고 단단한 바디감과 높은 알코올 함량을 가진 것들도 있다(**참조** BORDELAIS).

MÈGE-MOURIÈS (HIPPOLYTE) (이폴리트) 메주 무리에 프랑스의 화학자(1817, Draguignan 출생—1880, Neuilly-sur-Seine 타계). 해군들에게 보급할 용도의 비싸지 않고 보존 기간이 긴 기름을 개발하라는 나폴레옹 3세에 명에 따라 메주 무리에는 1869년 탤로(suif, 소나 양의 유지)로부터 기름을 얻어냈고 이것에 마가린이라는 이름을 붙였다(색이 진줏빛을 띤 데서 착안했다. 그리스어로 margaron은 진주라는 뜻이다). 이후 마가린(**참조** MARGARINE)은 식물성 기름으로 제조하게 되었다.

MÉLANGER 멜랑제 섞다, 혼합하다. 고체 또는 액상의 재료들을 준비용 그릇에 모아 넣고 섞어 하나의 혼합물, 반죽, 또는 잘게 썬 재료 믹스인 살피콩 등을 만드는 것을 뜻한다. 섞는 작업은 손으로(파트 퐈유테, 파트 브리제, 파트 사블레 등), 소도구(주걱, 나무 스푼, 거품기, 포크 등의 커틀러리)를 사용하거나, 또는 가전기기(다목적 푸드 프로세서, 블렌더, 전동 스탠드 믹서, 제분기 등)를 활용할 수 있다. 거품 올린 달걀흰자나 휘핑한 생크림 등을 혼합물에 넣어 섞을 때는 가벼운 질감을 최대한 유지하면서 나무 주걱으로 반죽을 떠올려 돌리듯 끊어가며(couper) 아주 조심스럽게 섞어주어야 한다. 한편, 어떤 혼합물들은 재료의 식감을 어느 정도 살리기 위해 너무 곱게 치대지 않고 대강만 섞는 경우도 있다(다진 스터핑, 테린 등).

MÉLASSE 멜라스 당밀. 사탕수수 혹은 사탕무를 설탕으로 가공하는 과정에서 남게 되는, 더 이상 결정화되지 않는 부산물로 갈색의 찐득하고 밀도가 높은 시럽 형태이다. 맨 처음 분리, 추출되는 1차 당밀은 색이 흐리고 매우 달다. 2차 당밀은 색이 더 진하며 당도는 떨어진다. 최종적으로 추출된 당밀은 색이 검고 각종 영양소 함량이 높으며 약간 씁쓸한 맛이 난다. 당즙을 가열하고 여러 번 농축하면 결정화된 설탕과 아직 설탕 무게의 50%를 함유하고 있는 당밀, 그리고 물, 무기질, 질소함유 물질로 분리된다. 쉬크라트리(sucraterie, 당밀로부터 설탕을 제거하는 기술, 디슈거라이제이션) 산업 기술을 통해 당밀로부터 추가로 설탕의 일부를 추출해 내는 것이 가능해졌고, 이는 독일과 유럽에서 주로 이루어지고 있다. 검은 당밀로 불리는 사탕수수 당밀만이 일반 가정용(당밀 타르트와 새콤달콤한 요리에 쓰인다)으로 판매되고 있으며, 이는 또한 럼 제조용 알코올 발효 재료 중 하나이다. 퀘벡 지방에서 오랫동안 설탕을 대신하여 사용해온 당밀은 캐나다식 베이크드 빈(fèves au lard)과 당밀 건포도 파이(tarte à la ferlouche)를 만드는 데도 들어간다. 사탕무 당밀은 주로 산업용 알코올의 원료로 쓰인다. 또한 빵 제조용 효모를 만들어내 다양한 미생물 발효를 가능하게 해준다(아미노산, 비타민, 등).
▶ 레시피 : TIRE.

MELBA 멜바 19세기 호주의 유명한 여성 오페라가수 넬리 멜바(Nelly Melba)에게 헌정된 다양한 음식에 붙여진 이름으로, 그중 가장 유명한 것은 1892년 넬리 멜바가 오페라 로엔그린(Lohengrin) 공연으로 런던에 머무를 당시, 런던 사보이 호텔의 셰프였던 요리사 오귀스트 에스코피에(A. Escoffier)가 처음 선보인 복숭아 디저트 페슈 멜바(pêche Melba)이다. 그는 시럽에 익힌 복숭아를 은제 탱발(timbale)에 담긴 바닐라 아이스크림 위에 얹고 백조 모양 얼음 조각의 날개 사이에 놓았다. 여기에 설탕을 실처럼 휘휘 말아 굳힌 장식을 얹어 서빙했다. 페슈 멜바는 에스코피에가 주방을 총괄한 런던 칼튼(Carlton)호텔이 개관하던 1900년이 되어서야 정식 메뉴에 올랐는데, 레드커런트 즐레를 끼얹어 나왔으며 백조 얼음조각을 사라졌다. 오늘날, 페슈 멜바라 부르는 아이스 디저트는 일반적으로 둥근 볼이나 유리잔에 바닐라 아이스크림을 담은 뒤, 껍질 벗겨 시럽에 데친 복숭아 반쪽을 올리고 레드커런트 즐레를 끼얹어 서빙한다. 멜바는 또한 서빙 사이즈로 작게 자른 고기 요리에 곁들이는 가니시의 명칭으로, 속을 채운 토마토 파르시(tomates farcies)로 구성된다.
▶ 레시피 : PÊCHE.

MÉLISSE 멜리스 멜리사. 레몬밤. 꿀풀과에 속하는 방향성 식물로, 레몬향이 나기 때문에 멜리스 시트로넬(mélisse citronnelle)이라고도 불린다(**참조** p.451~454 향신 허브 도감). 레몬밤의 알코올 성 추출물은 심장을 강화하고 두통을 완화하는 효능으로 알려진 물약인 카멜리트 워터(l'eau des Carmes)의 원료로 쓰인다. 레몬밤은 요리에서 허브로도 많이 사용한다. 독일에서는 가금류나 버섯을 조리할 때나 수프나 스터핑 재료를 만들 때 넣는다. 레몬밤은 특히 흰살 육류와 생선의 맛을 돋우는 데 효과적이다. 하지만 이 허브가 가장 많이 사용되는 분야는 파티스리로, 오렌지 또는 레몬 베이스의 케이크와 각종 앙트르메를 만들 때 많이 쓴다. 또한 레몬밤 잎을 차로 우려내어도 아주 좋다.

MELON 믈롱 멜론. 박과에 속하는 채소, 또는 과일로 품종과 산지에 따라 녹색을 띠고 있을 때 혹은 완전히 익었을 때 수확한다(**참조** 다음 멜론 도표, p.536 도감). 녹색일 때 따는 품종은 거의 단맛이 없고 주로 오이처럼 생으로 먹으며, 혹은 코르니숑처럼 식초에 조리하거나 담가 절이기도 한다. 이 멜론들은 길쭉한 모양으로 큰 것은 길이가 1.2m 이상 되며, 오늘날 세계 어디에서나 찾아볼 수 있다. 완숙 후 수확하는 멜론들은 품종에 따라 과육의 색이 주황색, 연두색, 또는 흰색을 띠고 있다. 프랑스에서는 샤랑테(charentais, 칸탈루프 종) 타입이 가장 많이 재배된다(총 생산량의 80%). 중간 크기의 구형으로 껍질에 짙은 초록색의 줄무늬가 세로로 나 있으며, 주황색을 띠고 육질이 연하며 향이 좋다. 열대와 아열대 아프리카 지역이 원산지이며 고대부터 먹기 시작한 멜론은 15세기가 되어서야 뒤늦게 프랑스에 유입된다. 국왕 샤를 8세가 이탈리아 전쟁 중에 로마 근처 교황청 소유 영지인 칸탈루포(Cantalupo)에서 이 멜론을 가져온 것이 시초가 된 것이다. 멜론 재배는 당시 브나스크 백작령(le comtat Venaissin) 영토과 남부 지방에서 주로 이루어졌다. 루이 14세 통치 시절, 베르사유궁 경내에 조성된 왕의 텃밭을 관리하던 농학자 르 캥티니(Le Quintinie)는 다양한 개량종을 개발해냈다. 유명한 인물들 중 멜론 애호가로는 특히 앙리 4세와 알렉상드르 뒤마를 꼽을 수 있다. 프랑스의 멜론 생산은 전체적으로 감소하는 추세이며 주로 되 세브르(Deux-Sèvres), 에로(Hérault), 보클뤼즈(Vaucluse), 비엔(Vienne), 타른 에 가론(Tarn-et-Garonne), 부슈 뒤 론(Bouches-du-Rhône) 지방에서 이루어진다. 클래식 샤랑테 품종은 생산량의 80%를 점유하지만 보관기간이 2~3일로 짧은 편이다. 껍질이 노르스름한 중간 상태의 샤랑트 멜론은 약 1주일간, 장기 보존이 가능한 샤랑트 멜론은 녹색을 띤 것으로 약 2주간 보관이 가능하다. 뒤의 두 품종은 클래식 샤랑테 멜론에 비하면 향이 덜하다. 멜론은 잘 익으면 꼭지 둘레를 기점으로 불규칙한 홈이 형성된다(클래식 사랑테와 노랑색 샤랑트 멜론의 경우). 이 세 품종의 껍질은 매끄럽거나, 문양이 그려진 듯하거나, 그물 모양으로 덮여 있다. 이 밖에 다른 품종 또한 프랑스에서 생산되는데 이들은 향이 덜하며, 과육의 색이 흰색 또는 연두색이다. 수확 이후 꽤 오랫동안 보관이 가능하여, 갈리아(galia)와 허니듀(honeydew) 품종은 약 10일, 그리고 갸름한 모양의 녹색 겨울 멜론은 두 달 정도 보관할 수 있다. 멜론은 열량이 매우 낮고(100g당 30kcal 또는 125kJ) 수분 함량(90%)이 높으며, 카로틴과 비타민 C를 함유하고 있다. 들어보아 무거운 것, 껍질에 흠집이 없는 것을 고르는 게 좋다. 꼭지 주변이 떨어지려고 살짝 분리되기 시작하면 잘 익었다는 표시이다. 무조건 향이 진한 것을 고르는 게 반드시 최선의 선택기준은 아니다. 경우에 따라 이는 숙성이 너무 많이 진행되었음을 나타내기 때문이다. 멜론은 서늘하고 통풍이 잘 되는 장소에 보관해야 한다. 냉장고에 보관할 때는 향이 진하게 발산되므로 봉투에 밀봉하여 넣는다. 껍질을 벗겨 슬라이스하고 레몬즙과 설탕을 뿌린 뒤 냉동용 지퍼팩에 넣고 얼려도 좋다. 멜론은 오르되브르 또는 디저트 과일로 시원하게 서빙한다(7°C). 전채 요리로 먹을 때는 소금, 흰 후추로 간하기도 하며, 디저트인 경우는 그대로 또는 설탕을 뿌려서 먹기도 한다. 또는 깍둑 썰기해서 시원한 과일 화채에 넣기도 하고, 아주 얇게 슬라이스한 생햄(Parma, San Daniele, serrano, Aoste 등)을 곁들여 애피타이저로 서빙하기도 한다. 스위트한 강화와인 뱅 두 나튀렐(rivesaltes, maury, frontignan 등) 또는 레드 포트와인과 잘 어울린다. 당절임한 멜론은 프로방스의 특산 당과류인 칼리송(calissons)의 재료로 사용되며, 녹색 겨울 멜론은 프로방스에서 성탄절에 준비하는 13가지 디저트를 구성하는 데 포함된다. 또한, 멜론을 작게 잘라 코르니숑처럼 식초에 절여 두었다가 차가운 육류나 가금류에 피클처럼 곁들여 먹기도 한다.

confiture de melon ▶ CONFITURE

필립 고베(PHILIPPE GOBET)의 레시피

granité au melon 그라니테 오 믈롱

멜론 그라니타 : 4인분

잘 익은 멜론의 과육 1kg에 레몬즙 1/2개분을 넣고 블렌더로 갈아 퓌레를 만든다. 이 퓌레의 1/5을 덜어 설탕 170g과 혼합한 뒤 끓여 식힌다. 완전히 식으면, 남은 멜론 퓌레를 모두 넣고 잘 섞는다. 혼합물을 아이스크림 메이커에 넣고 돌려 소르베를 만든다. 기계를 사용하지 않을 경우에는 혼합물을 넓고 납작한 용기에 2cm 두께로 펴 담아 냉동실에 넣고 매 15분마다 거품기로 섞어준다. 어느 정도 얼어 소르베 알갱이들이 서로 뭉치지 않는 상태가 되면 완성된 것이다. 그라니타를 냉동실에 보관한다.

melon frappé 믈롱 프라페

멜론 프라페 : 멜론 작은 것 6개와 큰 것 2개를 준비한다. 큰 것 2개의 과육으로 그라니타를 만든다. 작은 멜론의 열매 꼭지 부분을 가로로 뚜껑처럼 잘라내고 씨를 제거한 뒤 껍질에 구멍이 나지 않도록 주의하며 과육을 파낸다. 파낸 멜론 과육을 큐브 모양으로 썰어 볼에 담고 포트와인 1잔을 넉넉히 부어준다. 랩을 씌워 냉장고에 넣고 2시간 동안 재운다. 속을 파낸 멜론 껍데기와 잘라 놓은 뚜껑도 모두 냉장고에 넣어둔다. 서빙 시, 속이 빈 작은 멜론 안에 그라니타와 와인에 재운 과육 큐브를 교대로 켜켜이 채워 넣는다. 포트와인을 뿌려준다. 잘라 두었던 뚜껑 부분을 다시 제자리에 덮는다. 잘게 부순 얼음을 채운 개인용 쿠프(coupe)에 멜론을 한 개씩 담아 서빙한다.

필립 콩티치니(PHILIPPE CONTICINI)의 레시피

nage de melon, verveine et passion 나쥬 드 믈롱, 베르벤느 에 파시옹

멜론, 버베나, 패션프루트 : 12인분

멜론 1개의 껍질을 칼로 도려내 벗긴 다음 두께 1cm로 슬라이스하고 사방 1cm 크기의 큐브 모양으로 썬다. 껍질과 씨는 따로 보관한다. 냄비에 멜론 껍질과 씨, 아카시아 꿀 375g, 다진 생민트잎 25g을 넣고 내열용 랩으로 씌운 다음 아주 약한 불로 끓을 때까지 가열해 멜론즙을 만든다. 식힌 뒤 체에 거른다. 라임즙 90mℓ를 첨가한 뒤 펙틴 가루 3g을 넣고 전부 혼합한다. 냉장고에 보관한다. 오븐을 170°C로 예열한다. 피스타치오 크럼블 반죽을 만든다. 우선, 버터 200g, 슈거파우더 250g, 피스타치오 페이스트 50g을 손바닥으로 비벼가며 모래와 같이 부슬부슬하게 섞은 뒤 박력분(T45) 250g과 아몬드 가루 250g을 첨가해 섞는다. 작업대에 양쪽에 두께 5mm 각봉을 고정시킨 뒤 반죽을 밀어 냉장고에 잠시 넣어둔다. 반죽을 꺼내 사방 5mm 크기의 작은 큐브 형태로 잘라 베이킹 팬에 한 켜로 펼쳐 놓고 컨벡션 모드(송풍식) 오븐에 10분간 굽는다. 습기가 없는 곳에 보관한다. 냄비에 물 40mℓ, 설탕 90g, 전화당 40g을 넣고 끓기 직전까지 가열해 시럽을 만든다. 시럽을 따뜻한 온도까지 식힌 다음 10%의 설탕을 넣은 패션프루트 과육 100g에 붓고 섞는다. 냉동실에 넣어둔다. 약하게 끓는 물 600mℓ에 버베나 잎 6g을 넣고 원하는 농도에 따라 2~3분간 우려낸다. 고운 체에 거

멜론의 주요 유형과 특성

유형	원산지	출하시기	외형	과육의 형태
스무스 샤랑테 charentais lisse	과들루프, 마르티니크, 모로코	1월-5월	중간 크기의 구형으로 단면이 선명하고, 밝은 녹색의 매끄러운 껍질을 갖고 있다. 짙은 녹색의 골이 세로로 나 있고 익으면서 노란색을 띤다.	주황색을 띠며 달고 즙이 많고 육질이 아주 연하다.
	스페인	4월 말-10월		
	프로방스, 남동부	5월-10월		
	남서부	6월-10월		
	푸아투 샤랑트	7월-9월 중순		
샤랑테 브로데 charentais brodé	남동부, 남서부, 푸아투 샤랑트	5월 초-10월	중간 크기의 구형으로 껍질이 두껍고 그물 모양으로 덮여 있으며, 매끄러운 골이 나있다.	주황색을 띠며 단단하고 달다.
갈리아 galia	스페인	4월 말-10월	구형으로 껍질은 얇은 그물 모양으로 덮여 있으며 익으면서 주황색을 띤다.	연두색을 띠며 달고 향이 좋다.
	남동부, 남서부, 푸아투, 앙주	5월 초-10월 중순		
카나리 jaune canari	스페인, 남 프랑스	6월-11월	크고 갸름하며 껍질이 단단하고 매끈하거나 주름이 있다. 선명한 노랑색을 띠고 있다.	연두색을 띠며 달고 과즙이 많다.
녹색 겨울 멜론 vert olive	스페인, 남 프랑스	8월-11월	크고 갸름하며 껍질이 단단하고 매끈하거나 쭈글쭈글하다. 덜 익은 것은 옅은 녹색을 띠며 익을수록 색이 짙어진다.	연두색을 띠며 달고 식감이 아삭하다.
기타 유형들	이스라엘, 남반구 국가	11월-6월	구형으로 껍질은 매끄러운 것과 약간 울퉁불퉁한 것도 있다.	연두색을 띠며 향이 좋다(오젠). 향이 별로 없는 것도 있다(허니듀).

MELONS ET PASTÈQUES 멜론과 수박

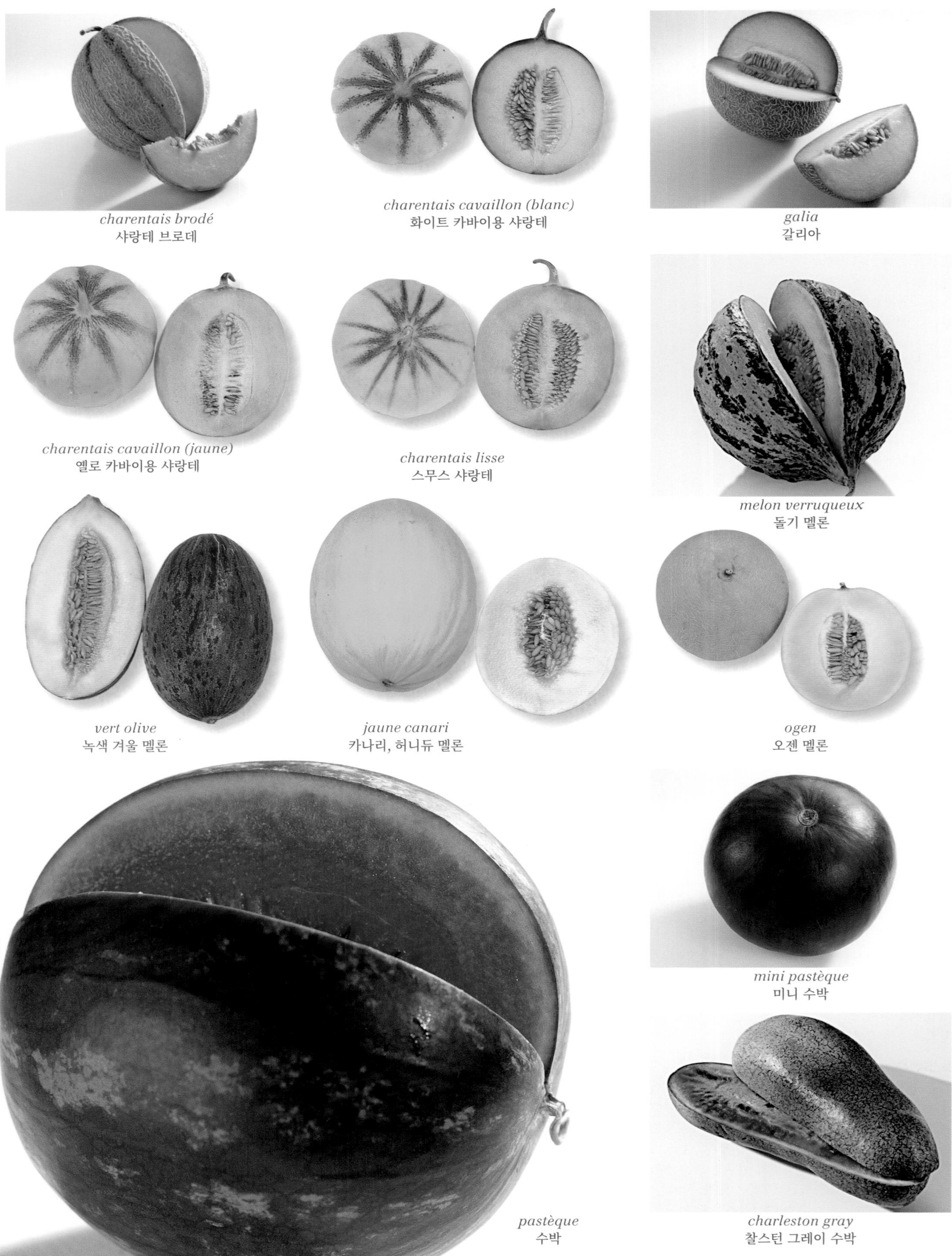

charentais brodé
샤랑테 브로데

charentais cavaillon (blanc)
화이트 카바이용 샤랑테

galia
갈리아

charentais cavaillon (jaune)
옐로 카바이용 샤랑테

charentais lisse
스무스 샤랑테

melon verruqueux
돌기 멜론

vert olive
녹색 겨울 멜론

jaune canari
카나리, 허니듀 멜론

ogen
오젠 멜론

mini pastèque
미니 수박

pastèque
수박

charleston gray
찰스턴 그레이 수박

른 뒤 녹인 젤라틴 20g을 넣어 섞는다. 냉장고에 넣어둔다. 아이스크림 메이커에 패션프루트와 시럽 혼합물을 넣고 돌려 소르베를 만든다. 서빙용 쿠프(coupe) 잔 12개에 멜론즙을 나누어 붓고 각각 야생딸기 70g, 큐브 모양으로 썬 멜론 70g, 피스타치오 크럼블 조각을 넣는다. 맨 위에 패션프루트 소르베 크넬을 한 개씩 얹는다. 아주 차가운 버베나 인퓨전을 핸드믹서로 3분간 갈아 에멀전화 한 다음 냉장고에 2분간 넣어 휴지시킨다. 거품을 스푼으로 떠서 패션프루트 소르베 위에 구름처럼 얹어준다. 생민트잎으로 장식한 다음 서빙한다.

페란 아드리아(FERRAN ADRIÁ)의 레시피

***soupe de jambon au caviar de melon* 수프 드 장봉 오 카비아 드 믈롱**

멜론 캐비아를 넣은 햄 콩소메 : 10인분

햄 콩소메를 만든다. 우선 이베리코 하몬(자투리를 사용해도 좋다) 250g을 준비해 기름 부위를 제거하고 1cm 크기의 불규칙한 조각으로 썬다. 냄비에 넣고 물 8ℓ를 부은 뒤 약한 불에서 기름과 거품을 계속 건져가며 15분간 끓인다. 고운 체에 면포를 깐 다음 조심스럽게 걸러 맑은 국물만 받아낸 다음 다시 한 번 기름을 걷어낸다. 식으면 잔탄검 0.6g을 넣고 완전히 녹을 때까지 핸드믹서로 섞는다. 냉장고에 넣어둔다. 칸탈루프 멜론 500g의 껍질을 벗기고 씨를 제거한다. 과육을 블렌더로 간 뒤 면포를 댄 고운 체에 거른다. 이 즙의 1/3 분량에 알긴산 2g을 넣고 핸드믹서를 돌려 섞은 다음 나머지 즙을 모두 넣고 혼합한다. 체에 걸러 상온에 보관한다. 볼에 물 500mℓ과 염화칼슘 2.5g을 넣고 핸드믹서로 잘 섞어 녹여둔다. 멜론즙 용액을 4개의 주사기에 채운다. 주사기로 멜론즙을 한 방울씩 염화칼슘 용액에 흘려 넣고 작은 구슬 알갱이가 형성되도록 3분 정도 휴지시킨다. 이 멜론 캐비아를 찬물에 씻는다. 차가운 햄 콩소메 25g을 샴페인 잔에 붓는다. 여기에 멜론 캐비아를 각 잔마다 10g씩 넣는다. 잘 섞은 뒤 검은 후추를 갈아 뿌려 마무리한다.

MÉNAGÈRE 메나제르 기름병, 식초병, 소금통, 후추통에 때로는 한두 개의 향신료 병들을 한데 모아 식탁 위에 비치해둔 랙이나 받침을 뜻한다. 주로 스테인리스나 은도금한 금속 소재로 되어 있으며 세르비스 아 콩디망(service à condiments 양념 세트)이라고도 불린다. 이러한 의미로 사용되기 시작한 것은 19세기 말부터다. 1930년대에 이 용어는 한 케이스에 넣어 판매하는 포크, 나이프, 스푼, 티스푼과 간혹 국자까지 포함된 커틀러리 세트를 지칭하기도 했다. 또한 도자기나 유리로 된 작은 볼 세트를 메나제르라고 부르기도 하는데 이 그릇들은 사이즈가 점점 작아지는 여러 피스로 구성되며, 금속 소재의 세로로 된 틀로 고정되어 있다. 여기에 주로 아뮈즈 부슈나 오르되브르 또는 프티푸르 등을 서빙한다.

MÉNAGÈRE (À LA) (아 라) 메나제르 일반 가정식의 다양한 요리를 지칭한다. 즉, 비교적 단순하고 비싸지 않은 재료들을 사용하여 모든 사람들이 쉽게 이용할 수 있는 레시피에 따라 만든 음식들이다.

MÉNAGIER DE PARIS (LE) (르) 메나지에 드 파리 『파리의 살림 지침서』. 가정주부로서 숙지해야 할 행동 양식이나 매너, 가정 살림, 경제, 요리 등에 관한 작자 미상의 개론서로 1393년경 파리의 한 부유층 인사가 자신의 젊은 아내에게 알려주는 내용들이다. 이 작자 미상의 필사본은 1846년 당대의 석학이었던 서적통 제롬 피숑(Jérôme Pichon) 남작에 의해 처음 책으로 발간되었다. 그는 아마도 이 필사본의 저자가 타이유방(Taillevent)의 『비앙디에(*le Viandier*)』로부터 영감을 받은 재판관, 변호인, 혹은 심지어 샤를 6세 왕의 회계 담당관이었을 것이라 추측했다. 사이사이 이야기와 시도 섞여 있는 이 책은 14세기 중세 파리의 부유층 부르주아의 사생활의 모습을 생생하게 전해준다.

MENDIANT 망디앙 아몬드, 말린 무화과, 헤이즐넛, 건포도(raisins de Málaga)의 네 가지 견과 및 건과일 모둠을 지칭하는 이름으로 그 색깔들이 탁발 수도회(ordres mendiants) 수도사들의 법의를 상기시킨다(흰색은 성 도미니카회, 회색은 성 프란체스코회, 갈색은 카르멜 수도회, 짙은 보라색은 성 아우구스티누스 수도회). 16세기의 한 수도사 앙드레 신부는 루이 13세 왕에게 "성 프란체스코회 카푸친 작은형제회는 건포도, 성 프란체스코회의 원시회칙파 작은형제회는 말린 무화과, 성 프랑수아 드폴(St. François de Paul)회의 어린 수사들은 말린 아몬드, 그리고 맨발에 샌들을 신은 카르멜회 수도사들은 속이 빈 개암열매로 상징된다"고 설명했다. 알자스 지방에서는 당절임 과일과 계피를 넣어 만든 프렌치 토스트를 망디앙이라고 부른다. 이것은 독일에서도 아주 즐겨 먹는 디저트로 아머 리터(armer Ritter 불쌍한 기사라는 뜻)라고 불린다.

MENEAU (MARC) 마크 므노 프랑스의 요리사(1943, Avallon 출생). 스트라스부르 호텔 조리 학교에서 학업을 마친 그는 생 페르 수 베즐레(Saint-Père-sous-Vézelay)에서 어머니가 운영하던 카페 겸 식료품점을 인계받고 인접한 한 부르주아 저택을 매입, 확장하여 레스토랑 에스페랑스(l'Esperance)를 열었다. 그의 식당은 1972년에 미슐랭 가이드의 첫 번째 별을, 1975년에 두 번째, 1983년에 세 번째 별을 획득했다(2007년까지 유지). 스스로 독학 요리사라 말하는 마크 므노는 부르주아 요리의 대가들을 본보기로 삼았고 그중에서도 특히 알렉스 윙베르(Alex Humbert)와 앙드레 기요(André Guillot)의 영향을 받아 가볍고 담백한 맛을 추구하면서도 좋은 재료를 사용한 품격 있는 요리를 선보였다. 프랑스 국가 공인 마구 제조 장인(MOF bourrelier)의 아들인 요리사 마크 므노는 언제나 자신의 일에 완벽을 기했으며 지역 특유의 맛과 풍미를 살리는 데 집중했다. 그는 바닷물 즐레를 곁들인 굴, 푸아그라 크로메스키(cromesquis), 와인에 익힌 토끼고기 파이(vinette de lapin), 푸아그라와 송로버섯을 넣은 닭고기 테린(ambroisie de volaille) 등의 요리로 명성을 얻게 되었다.

MENETOU-SALON 므느투 살롱 루아르 지역 베리(le Berry)의 AOC 와인. 화이트와인이 주를 이루며 상세르(Sancerre)의 남서쪽 석회암 언덕 위 포도밭에서 생산된다. 소비뇽 품종 포도로 만드는 드라이 화이트와인으로 바디감과 밸런스가 좋고 알코올 함량이 높으며 향이 매우 풍부하다(**참조** BERRY).

MENON 므농 18세기 프랑스의 요리사로 여러 권의 요리서적을 집필했다. 므농의 요리책들은 당대뿐 아니라 이후 세대의 요리사들에게도 높은 평가를 받았다. 대표작으로 『신 요리 개론서(*le Nouveau Traité de cuisine*)』, (1739), 『새로운 요리(*la Nouvelle Cuisine*)』(1742), 『주방과 요리의 과학(*la Science du maître d'hôtel*)』(1750), 『궁중의 저녁식사(*les Soupers de la cour*)』(1755) 그리고 특히 30쇄 이상 발행된 『부르주아 요리사(*la Cuisinière bourgeoise*)』(1746) 등을 꼽을 수 있다. 므농은 소박하고 단순한 요리의 신봉자였지만 그렇다고 혁신적인 새로운 레시피나 섬세하고 세련된 요리를 반대하지는 않았다. 시금치, 안초비, 민물가재살을 채워 넣은 하트모양 오믈렛, 치즈를 넣은 가오리 요리, 레몬을 넣은 양념에 마리네이드한 비둘기 요리, 또는 마지팬을 채운 포도나무 잎 튀김 등의 요리가 이를 잘 증명한다.

MENTHE 망트 민트, 박하. 꿀풀과에 속하는 방향성 식물로 매우 향이 강하다. 민트는 물에 우려 차로 마시거나 각종 리큐어, 드롭스나 캔디, 시럽 등의 향을 내는 데 사용하며 일부 요리에 향신료로 넣기도 한다(**참조** p.451~454 향신 허브 도감). 민트는 다양한 품종이 있으며 그 용도도 각각 다르다.
- 스피어민트 또는 스위트민트는 가장 흔히 사용되는 품종이다. 생민트잎을 각종 소스에 넣어 향을 내거나(특히 양 뒷다리 요리에 곁들이는 영국식 민트 소스), 오이 샐러드 드레싱에 넣어 맛을 내기도 하며 레바논식 타불레에도 다져 넣는다. 또한 신선한 완두콩을 조리할 때 함께 넣거나 베트남식 스프링롤을 상추잎에 싸 먹을 때도 곁들이는 허브다. 말린 스피어민트 잎은 보통 차로 우려 마시거나 양고기 로스트, 구이 양념으로도 사용하며, 그 밖에 중동 요리에서 미트볼, 시시 케밥(chiche kebab) 등을 만들 때도 향신료로 많이 사용한다.
- 페퍼민트는 향이 가장 강하며 당과류와 리큐어 제조에 주로 사용된다(사탕, 속을 채운 초콜릿 봉봉, 젤리, 리큐어, 드롭스, 시럽 등).
- 페니로얄 민트는 잎 크기가 작고 씁쓸한 향이 있어 그리 많이 선호하는 품종은 아니다. 용도는 페퍼민트와 거의 비슷하다.
- 워터민트의 잎은 자줏빛이 도는 진한 녹색이며 매운맛이 난다.
- 레몬민트 또는 베르가모트 민트(menthe bergamote)는 흔하지 않은 품종이지만 시트러스 과일 향 때문에 인기가 높다. 각종 음료에 넣어 향을 내거나 마리네이드 양념에 넣는 향신료로 사용한다.
- 일본 민트라고도 불리는 와일드 민트는 진한 멘톨 향을 낸다.

말린 민트잎의 풍미가 2년 동안 유지된다. 물이나 탄산수에 민트 시럽을 희석해 차갑게 마시는 음료를 보통 민트 워터(menthe à l'eau)라고 부른다.
▶ 레시피 : SAUCE, THÉ.

MENTONNAISE (À LA) (아 라) 망토네즈 망통(Menton)식의. 남 프랑스 요리의 영감을 받은 다양한 요리를 지칭한다. 망토네즈 생선 요리에는 주로 토마토, 블랙 올리브, 마늘을 곁들이고, 서빙 사이즈로 작게 자른 고기 요리에는 토막으로 잘라 속을 파낸 뒤 토마토 라이스를 채운 주키니 호박 파르시, 버터에 익힌 작은 아티초크, 퐁 샤토 감자를 곁들여낸다. 망토네즈 주키니 호박은 시금치를 채운 것이다.

▶ 레시피 : COURGETTE.

MENU 므뉘 메뉴. 한끼의 식사를 구성하는 세부 요리들을 지칭하며, 나아가 더 확장된 의미로는 이 요리 이름들이 적힌 메뉴판까지 포함한다. 프랑스의 레스토랑에서는 서빙 가능한 요리들을 나열한 전체 리스트, 즉 메뉴판을 카르트(carte)라고 부르며, 므뉘는 식당이 정한 요리들로 구성된 코스 또는 세트 메뉴를 뜻한다. 므뉘라는 단어는 1718년부터 사용되었지만, 서빙되는 요리의 리스트를 작성하는 관습은 훨씬 이전부터 행해졌다. 옛날에는 특별한 예식이나 연회 식사에 서빙되는 요리들의 이름을 써놓은 게시판인 에스크리토(escriteau)를 식당 벽에 걸어두었고 주방 요리사들은 이를 참고로 음식을 만들어 서빙했다. 현대적 의미의 메뉴는 19세기 초 파리 팔레 루아얄 근처에 생겨난 여러 레스토랑에 처음 등장했다. 식당 주인들은 이 메뉴판을 고객들이 문 밖에서도 볼 수 있도록 축소판을 제작하여 입구 앞에 게시했다, 이들 중에는 당시 유명한 만화가나 이름 있는 화가들이 그린 삽화가 포함된 것들도 있었다. 프랑스의 위대한 세기(le Grand Siècle)로 일컬어지는 17세기의 연회에서 서빙되던 요리의 종류와 가짓수는 만약 손님들이 프랑스식으로(à la française) 서빙된, 즉 코스 순서에 맞춰 테이블에 한꺼번에 차려낸 여러 요리들 중 단 몇 가지에만 손을 댄다는 사실을 몰랐다면 생각할 수도 없는 일이었을 것이다. 프랑스 대혁명이 끝난 후, 19세기 초에 알렉상드르 그리모 드 라 레니에르(Alexandre Grimod de La Reynière)가 펴낸『식사 초대자를 위한 교본(*le Manuel des amphitryons*)』(1808)은 독자들에게 약 20종류의 코스 메뉴를 제안하고 있다. 그는 대혁명으로 인해 예의범절이나 매너의 기본 개념이 사라졌다고 주장했다. 각 코스에는 여전히 최소 두 종류의 수프, 여덟 가지 앙트레, 두 종류의 를르베(relevé, 주로 수프와 앙트레 사이에 나오는 요리를 가리킨다), 큰 덩어리로 서빙하는 육류 두 종류, 로스트 요리 두 가지, 앙트르메 여덟 가지가 포함되어 있었다. 반면 앙토냉 카렘(Antonin Carême)은 음식의 가짓수를 줄여야 하고 "요리를 하나씩 차례로 서빙하면 더 따뜻하고 맛있게 먹을 수 있을 것"이라고 주장했다. 20세기 초 몇십 년까지만 해도 메뉴를 구성하는 요리들은 영양학적으로 상당히 편중되어 있었다. 채소 요리나 샐러드 등의 생채소는 거의 없고, 유제품이 차지하는 비중도 지극히 미미한 반면 고기, 수렵육, 생선, 염장육 및 지방이 많이 함유된 음식들로 가득한 이 조합은 건강에 매우 해로운 것이었다. 하지만 다행히도 이와 같은 메뉴 서빙은 특별한 경우에만 해당되었다. 오늘날에는 기름지고 풍성한 음식보다는 균형 잡힌 식사를 더 중시한다. 그렇다고 해서 미식의 즐거움을 배제하지는 않으며, 특히 소스나 조리법에 있어서 좀 더 가볍고 건강에 좋은 방향으로 진화하고 있는 요리 기술의 발전을 적극 활용하고 있다. 유명 셰프들은 이후 저마다 자신의 대표 요리 여러 가지를 소량으로 구성한 코스인 테이스팅 메뉴를 제안했고, 고객들은 그 덕분에 적은 양으로 서빙되는 여러 가지 요리들을 고루 맛볼 수 있게 되었다. 오귀스트 에스코피(Auguste Escoffier)는 이미 메뉴 작업이 레스토랑을 운영하는 데 가장 어려운 점이라고 털어놓았다. 수급이 가능한 재료, 업장의 이름을 알리는 대표 요리, 필수적인 신 메뉴 개발, 고객 만족도(풍성한 식사 또는 가벼운 식사, 전통식 또는 독창적인 음식 등) 등이 정확한 균형을 이루어내야만 하기 때문이다. 여기에는 기본이 되는 단 한 가지 원칙이 있다. 셰프가 완벽하게 확신을 갖지 못한 요리는 세상에 나와서는 안 된다는 사실이다. 새로운 메뉴를 개발하고, 테스트를 거듭하고 최종 완성하여 레스토랑의 메뉴판 한 자리에 올릴 수 있기까지는 종종 몇 개월에서 심지어는 몇 년이 걸리기도 한다.

MENU-DROIT 므뉘 드루아 가금류(닭, 영계 또는 칠면조)의 가슴살을 폭 2cm, 두께 2cm로 길쭉하게 잘라낸 것이다. 더블 크림에 미리 재워 두었다가 그릴 팬에 놓고 양면을 각각 2분씩 구운 뒤 레몬즙과 뵈르 누아제트(beurre noisette, 연한 갈색이 날 때까지 가열해 녹인 버터)를 뿌려 서빙한다. 또는 가금류 소스에 넣고 몇 분간 약한 불로 뭉근히 익힌다. 옛날에 이 단어는 국물에 삶거나 스튜로 조리한 사슴의 혀, 콧방울 또는 귀를 지칭하는 용어였다.

MÉOT 메오 메오라는 이름을 가진 콩데(Condé) 왕자의 주방을 담당하던 요리사가 1791년 파리의 발루아가(rue de Valois) 10번지에 문을 연 레스토랑. 호화로운 다이닝 홀, 고급스럽고 다양한 메뉴와 49종의 최고급 와인 셀렉션을 자랑하던 이 레스토랑은 로베스피에르(Robespierre), 생 쥐스트(Saint-Just), 데물랭(Desmoulins), 푸키에 탱빌(Fouquier-Tinville) 등의 당대 권력자들 및 정부의 요인들을 단골로 끌어모았다. 1793년 헌법은 메오(Méot)에서의 오찬 중에 초안이 만들어졌고, 마리 앙투아네트 왕비의 형이 선고되었을 때도 법원은 이 식당에서 축배를 들었다고 전해진다. 이 업장은 1847년 사라졌다.

MERCÉDÈS 메르세데스 큰 덩어리로 서빙하는 고기 요리에 곁들이는 가니시의 일종으로 토마토와 구운 큰 버섯, 브레이징한 상추와 감자 크로켓으로 구성된다. 이 명칭은 또한 셰리 와인을 넣은 닭 콩소메를 가리키기도 한다. 수프에 카옌페퍼를 넣어 매콤한 맛을 더하고 얇고 동그랗게 저민 수탉의 콩팥과 볏을 곁들인 뒤 처빌 잎을 얹어 낸다.

MERCIER (LOUIS SÉBASTIEN) 루이 세바스티엥 메르시에 프랑스의 작가, 평론가, 극작가(1740, Paris 출생－1814, Paris 타계). 그는 1781년부터 출간된 12부작『파리의 모습(*Tableau de Paris*)』과 여기에 더해 1800년 6부작으로 펴낸『새로운 파리(*Nouveau Paris*)』로 명성을 얻었다. 파리에서 겪게 되는 일상생활의 모든 주제를 다루는 이 짧은 연작 기사에는 음식의 역사와 막 태동하던 초창기 레스토랑에 관한 귀중한 정보들이 고스란히 담겨 있다. 작가는 프랑스 대혁명 이전의 20년 동안 이미 미식 혁명이 존재하고 있었음을 증언한다. 그는 또한 다음과 같이 기록하고 있다. "지난 세기에는 엄청난 양의 고기를 먹었다. 거대한 요리보다 열 배는 더 비싼 작은 요리들이 당시에는 아직 알려지지 않았다. 사람들이 섬세하고 까다롭게 먹기 시작한 것은 불과 반세기 전부터다."

MERCUREY 메르퀴레 부르고뉴의 AOC 와인. 탁월한 품질을 자랑하는 고급 와인으로 코트 샬로네즈(Côte chalonnaise)를 대표하는 네 개의 클리마 중 가장 유명하다. 피노 누아 품종으로 만드는 레드와인이 생산량의 95%를 차지하며, 화이트와인의 포도품종은 샤르도네다(**참조** BOURGOGNE).

MÈRE SAGUET (CABARET DE LA) 캬바레 드 라 메르 사게 물랭 드 라 그랑드 팽트(Moulin de la Grande-Pinte)라는 이름으로 알려진 파리 몽파르나스 지구의 선술집으로, 부르봉 왕정복고 시대에 제국군대의 반급 군인인 사게(Saguet)의 아내인 안 보드릴리에(Anne Baudrillier, 1776~1849)가 인수했다. 아벨 위고(Abel Hugo)는 그의 동생 빅토르(Victor), 네르발(Nerval), 들라크루아(Delacroix), 뮈세(Musset), 뒤마(Dumas), 발자크(Balzac), 심지어 라마르틴(Lamartine)까지 당대 낭만파 문인들을 이곳으로 몰고 와 대표 요리인 오믈렛, 앙두이유, 넓적하게 펼쳐 구운 메르 사게 로스트 치킨 등을 즐겼다. 1830년 그녀는 한창 호황을 누리던 이 매장을 사위 볼레(Bolay)에게 넘겼다. 당시 이 업소의 단골 중에는 티에르(Adolphe Thiers), 베랑제(Pierre-Jean de Béranger)와 당대 풍자 만담가들도 있었다. 이 업장은 1859년 간판을 내렸다.

MÈRES LYONNAISES 메르 리오네즈 리옹의 어머니들이라는 뜻으로 19세기 말 리옹에서 자신의 이름을 건 레스토랑을 운영하던 여성 요리사들을 정겹게 부르는 호칭이다. 프랑수아즈 파욜(Françoise Fayolle)은 메르 필리우(mère Fillioux)라는 이름으로 가장 초창기에 명성을 얻었던 여성 요리사 중 하나다. 입맛이 까다로운 미식가 주인의 집에서 10년간 요리를 했던 그녀는 포도주 판매상 루이 필리우와 결혼한다. 남편이 운영한 비스트로의 저렴한 샤퀴트리와 돼지고기 위주의 메뉴에 그녀는 송로버섯을 넣은 블루테 수프, 민물가재 버터를 넣은 크넬 그라탱, 푸아그라를 곁들인 아티초크 속살, 송로버섯을 넣고 푹 익힌 드미 되이유 닭 요리 등 자신이 일했던 집의 주인에게 해주던 특기 요리 몇 가지를 더해 판매했다. 1890년에서 1925년까지 승승장구하던 그녀의 성공은 소문이 났고 많은 경쟁자들이 등장했다. 메르 브리구스(Brigousse), 블랑(Blanc), 니오그레(Niogret), 비고(Bigot), 브라지에(Brazier), 기(Guy), 브리장(Brijean), 퐁퐁(Pompon), 샤를(Charles) 등 부르주아 가정집에서 요리를 하던 이 손맛 좋은 리옹의 여인들은 부숑(bouchon)이라 불리는 작은 식당들을 열었고 단골들은 이곳을 자주 찾았다. 이들 중 가장 마지막까지 일했던 사람은 20세기 시작과 함께 태어난 메르 레아(Léa)로 1981년에 주방에서 은퇴했다. 종종 퉁명스럽게 손님을 맞이하기도 하던 이 요리사들의 메뉴는 그 종류가 아주 많지는 않았지만 하나하나가 높은 완성도의 음식들이었다. 또한 이들은 지역 출신 유명 요리사들에게 길을 열어줌으로써 리옹 요리의 위상을 높이는 데 크게

공헌했다. 페르낭 푸앵(Fernand Point), 폴 보퀴즈(Paul Bocuse), 알랭 샤펠(Alain Chapel)은 이 리옹 어머니들의 주방을 거쳐간 요리사들이다.

MERGUEZ 메르게즈 튀기거나 숯불에 구워 먹는 북아프리카 또는 스페인의 소시지로 대개 꼬치에 꿰어 익히며, 전통적으로 소고기와 양고기로 만든다(**참조** p.786 생소시지 도표). 이 소시지는 1950년대부터 프랑스에서 아주 널리 소비되기 시작했다. 비교적 가는 편인(지름 18~20mm) 메르게즈 소시지는 고추와 후추로 양념하는 것이 특징이며 이로 인해 어두운 붉은색을 띤다. 메르게즈 중에는 돼지고기를 넣은 것도 있으므로 종교적인 이유로 이를 금기하는 소비자들을 위해 재료 성분을 반드시 명시해야 한다. 이 소시지는 특히 쿠스쿠스의 가니시로 곁들여 먹는다.

MERINGUE 므랭그 머랭. 단단하게 거품 낸 달걀흰자와 그의 두 배에 해당하는 분량의 설탕을 섞은 파티스리 혼합물로, 굽는 정도에 따라 아주 가볍고 부드럽고 촉촉하거나 또는 바삭한 질감을 만들어낸다. 19세기 초까지만 해도 머랭을 오븐에 구울 때 스푼을 이용해 모양을 만들었는데, 바로 앙토냉 카렘이 깍지 낀 짤주머니에 혼합물을 넣어 짜낸 뒤 굽는 방법을 고안해냈다. 머랭은 세 가지 종류로 구분한다.

– 일반 머랭(또는 프렌치 머랭)은 거품 낸 달걀흰자에 전통적으로 두 종류의 설탕(반은 슈거파우더, 반은 일반 설탕)을 혼합하여 만든다. 그 상태로 외 아 라 네쥬(oeufs à la neige)를 만들거나 베이크드 알래스카(omelette norvégienne)의 겉을 씌우는 데 사용하며 각종 타르트 위에 얹어 굽기도 한다. 대개 100~120°C로 예열한 오븐에 넣어 굽는데 이때 머랭이 꺼지지 않고 구운 색이 나지 않게 하기 위해 오븐 문을 살짝 열어둔다. 프렌치 머랭은 다양한 향이나 색을 입혀 과자의 코크(셸)를 만들 수 있으며, 바슈랭의 시트를 만드는 데 사용하기도 한다. 여기에 아몬드 가루나 헤이즐넛 가루를 섞으면 프로그레(progrès), 쉭세(succès), 다쿠아즈 시트를 만들 수 있다.

– 이탈리안 머랭은 118~120°C까지 끓인 설탕 시럽을 거품 낸 달걀흰자 위에 가늘게 부으며 잘 혼합해 만든다. 단독으로 사용되는 경우가 거의 없는 이 혼합물은 각종 타르트, 플랑, 케이크 등을 덮을 때, 주파 잉글레세(zuppa inglese) 위에 얹거나 뒤덮어줄 때, 또는 폴로네즈 브리오슈를 뒤덮을 때 사용하며 이어서 오븐에 넣어 굽는다. 익히지 않은 이탈리안 머랭은 비스퀴 글라세(biscuits glacés), 프렌치 버터 크림, 소르베, 스품(spooms), 수플레 글라세(soufflés glacés)를 구성하는 재료에 포함되며, 프티푸르를 만들기도 만든다. 그렇지만 관련 법규에 따르면 머랭을 아이스크림의 팽창제나 안정제 목적으로 사용하는 것은 금지되어 있다.

– 매우 단단한 스위스 머랭은 달걀흰자와 그의 두 배 무게에 해당하는 설탕을 혼합한 뒤 중탕 냄비에 올려 가열해 만든다. 온도가 55~60°C에 달하면 혼합물을 완전히 식힌 다음 손 거품기로 휘저어 거품을 올린다. 이어서 원하는 모양으로 성형한 뒤 100°C 오븐(또는 60°C의 건조기)에 넣어 건조시킨다. 스위스 머랭은 주로 장식용으로 사용된다.

만드는 법 익히기 ▶ *meringue italienne, meringue française*, 이탈리안 머랭, 프렌치 머랭 실습 노트 P. XXVI

meringue française 므랭그 프랑세즈

프렌치 머랭 : 머랭 500g 분량 , 준비: 5분

달걀 5개를 한 개씩 깨서 흰자만 분리한 뒤 믹싱볼에 담는다. 설탕 170g을 조금씩 넣어가며 전동 믹서기를 돌려 거품을 올린다. 부피가 2배가 되면, 다시 설탕 85g과 천연 바닐라 에센스 1티스푼을 넣는다. 매끈하고 윤기나는 머랭이 될 때까지 계속 젓는다. 설탕 85g을 흩뿌리면서 넣는다. 단단하게 거품을 올린다. 거품기로 떠 올렸을 때 견고하게 형태를 유지하는 상태이면 완성된 것이다. 원형 깍지를 끼운 짤주머니에 넣은 뒤, 버터를 바르고 밀가루를 뿌려 둔 베이킹 팬 위에 원하는 모양으로 짜 얹는다.

meringue de fruits exotiques à la vanille 므랭그 드 프뤼 엑조티크 아 라 바니유

바닐라 향의 열대과일 무스와 머랭 : 액상 생크림 200mℓ를 휘핑하여 샹티이 크림을 만든 뒤 설탕 30g을 넣어 섞는다. 냉장고에 보관한다. 망고 1개, 키위 2개, 파인애플 1개의 껍질을 벗겨 주사위 모양 또는 작은 막대 모양으로 썬 다음 크렘 파티시에 200g에 넣고 살살 버무려 둔다. 여기에 패션프루트 8개의 과육과 바닐라 빈 1줄기를 길게 갈라 긁은 씨, 석류 알갱이를 넣는다. 휘핑한 크림을 넣어 무스처럼 가볍게 섞어준다. 열대 과일을 얇게 저며 이 혼합물 위에 한 켜 얹어준다. 달걀흰자 2개를 단단하게 거품 내고 설탕 30g을 넣어 머랭을 만든다. 우묵한 접시에 바닐라 향의 과일 무스를 담고 머랭으로 덮은 다음 스패출러로 표면을 매끈하게 다듬는다. 오븐 그릴 아래 넣고 잠깐 가열해 색이 나기 시작하면 바로 꺼내 서빙한다.

meringue italienne 므랭그 이탈리엔

이탈리안 머랭 : 바닥이 두꺼운 냄비에 설탕 300g과 물 100mℓ를 넣고 가열해 시럽이 110°C에 이를 때까지 끓인다(filé 상태). 달걀흰자 4개분을 휘저어 단단하게 거품을 올린다. 여기에 뜨거운 시럽을 가늘게 흘려 넣으며 머랭이 완전히 식을 때까지 계속 거품기를 돌려 섞어준다.

meringue suisse 므랭그 스위스

스위스 머랭 : 달걀 6개의 흰자와 슈거파우더 360g을 밑이 둥근 믹싱볼에 넣고 40°C의 중탕 냄비 위에 올린다. 혼합물이 걸쭉해질 때까지 거품기로 휘젓는다(55~60°C까지 가열. 손으로 만졌을 때 견딜 수 있는 온도). 불을 내린 뒤 혼합물을 단단해질 때까지 계속 거품기로 휘젓는다. 원하는 향을 넣는다(액상 바닐라 에센스 1티스푼, 오렌지 블로섬 워터 1티스푼 또는 레몬 제스트 1개분).

MERINGUER 므랭게 머랭 반죽(이탈리안 머랭 또는 설탕을 넣고 거품 낸 달걀흰자)으로 각종 디저트나 파티스리를 덮어씌우거나 장식한 다음, 오븐 그릴 아래에 넣고 잠깐 가열해 표면에 색을 내는 것(meringage 므랭가주라고 부른다)을 뜻한다. 또한 단단하게 거품 올린 달걀흰자에 설탕을 넣어 혼합하는 과정도 므랭게라고 한다.

▶ 레시피 : FLAN, TARTE.

MERISE 므리즈 야생버찌. 장미과에 속하는 양벚나무의 열매. 양벚나무는 재배종 버찌나무의 기원이 된 야생종이다. merise는 쓴맛의 체리라는 뜻의 amerise에서 파생된 이름이다. 즙이 많고 향이 좋지만 신맛이 있는 야생버찌는 주로 잼을 만들거나 시럽과 리큐어 제조에 사용된다. 또한 키르슈(kirsch)를 만드는 데도 사용된다.

MERLAN 메를랑 명태. 대구과에 속하는 바다생선으로 해덕대구 또는 일반

대구와 비슷하나 수염이 없는 것이 차이점이다(**참조** p.674~677 바다생선 도감). 길이는 25~40cm 정도이고 등은 초록빛이 도는 회색, 측면은 황금색, 등쪽은 은빛을 띠고 있으며, 가슴지느러미 위쪽에는 황갈색의 가로 줄무늬가 있다(북부 지역의 반짝이는 명태와 브르타뉴의 저인망 낚시 명태). 명태는 대개 근해에 서식하며 특히 노르웨이 북쪽에서부터 스페인까지 이르는 대서양에서 주로 잡힌다. 명태는 기름기가 아주 적은 생선이다(지방 함량 1% 이하). 부드럽고 야들야들한 살은 겹겹이 켜를 이루고 있으며 아주 쉽게 부서진다. 기름을 너무 많이 첨가하지 않고 조리한다면 소화도 아주 잘 된다. 가격도 적당하고 연중 구입할 수 있으며 보통 통째로 또는 살만 필레로 떠서 판매한다.명태는 바닷가에서 먹는 생선 수프나 스튜 요리에 필수적으로 들어가는 재료로, 말 그대로 입에서 녹는 듯한 부드러운 식감을 자랑한다. 그 외에 지지거나 구워서도 먹으며 빵가루 튀김옷을 입혀 튀기기도 하고 와인에 데쳐 익히기도 한다. 또는 소를 채우거나 포피에트(paupiette)를 만들기도 하며 각종 스터핑 재료나 테린, 무스 등에 넣기도 한다. 양념은 좀 강하게 하여 조리하는 것이 좋다.

레몽 올리베르(RAYMOND OLIVER)의 레시피

merlan hermitage 메를랑 에르미타주

에르미타주 명태 요리 : 명태 큰 것 한 마리를 준비해 등쪽을 절개한 뒤 가시뼈와 내장을 제거한다. 잘게 뜯은 빵 속살, 상온의 부드러운 버터, 다진 샬롯, 달걀, 다진 허브, 소금, 아주 소량의 카옌페퍼를 섞은 혼합물을 생선에 채워 넣는다. 버터를 바른 그라탱 용기에 생선을 놓고 약간의 생크림과 생선 육수를 넣은 다음 버터를 칠한 유산지로 덮고 오븐에 넣어 15분간 익힌다. 생선을 건져낸 뒤 뜨겁게 유지한다. 생선을 익히고 남은 국물을 졸인 뒤 버터, 크림, 소금, 후추를 넣고 잘 섞는다. 소스를 가열해 끓기 시작하면 바로 불에서 내린 뒤 생선 위에 끼얹는다.

merlans frits Colbert 메를랑 프리 콜베르

콜베르 명태 튀김 : 준비: 50분 / 조리: 5~7분

250g짜리 명태 4마리를 준비한다. 아가미로 내장을 빼내고 손질한다. 머리에서 꼬리까지 등쪽을 절개해 열어준 다음 중앙의 척추뼈를 제거한다. 등쪽은 절개하지 않는다. 흐르는 찬물에 깨끗이 헹구고 물기를 닦아준다. 생선의 절개 부분을 벌린 상태로 밑간하고 밀가루, 달걀, 빵가루(약 200g)를 입힌다. 빵가루를 꼭꼭 눌러 잘 붙인 뒤 칼등을 사용해 안쪽에 격자 무늬로 선을 표시한다. 시원한 곳에 보관한다. 튀김 기름을 180°C로 가열한다. 메트르도텔 버터 80g을 별 모양 깍지를 낀 짤주머니에 넣고 말랑말랑하게 유지한다. 명태를 납작하게 펼친 상태로 약 5~7분 튀긴다. 건져서 종이타월 위에 놓고 기름을 뺀다. 타원형의 접시 위에 대각선으로 놓는다. 메트르도텔 버터를 짜 명태 안쪽을 채운다. 튀긴 파슬리와 톱니 모양을 내어 반으로 자른 레몬으로 장식한다. 즉시 서빙한다.

merlans au vin blanc 메를랑 오 뱅 블랑

화이트와인에 익힌 명태 : 명태 큰 것 2마리를 준비해 내장을 제거하고 소금, 후추로 밑간을 한다. 버터를 바른 내열 그라탱 용기에 잘게 다진 양파와 샬롯을 깔고 그 위에 명태를 놓는다. 화이트와인과 생선 육수를 반반씩 부어 생선 높이의 반 정도까지 채운다. 뚜껑을 덮고 불 위에서 가열을 시작해 끓기 시작하면 220°C로 예열한 오븐에 넣어 20분 정도 익힌다. 명태를 건져내 서빙 접시에 담고 뜨겁게 유지한다. 생선을 익히고 난 국물을 반으로 졸인 뒤 크림 200mℓ를 넣고 다시 졸인다. 생선에 이 소스를 끼얹은 뒤 250°C 오븐에 5분간 넣어 윤기나게 마무리한다.

MERLAN (VIANDE) (비앙드) 메를랑 소 설도(설깃머리살, 보섭살). 소 뒤 허벅지의 맛있는 살 부위로 설도의 보섭살, 설깃살에 해당한다(**참조** p.108, 109 프랑스식 소 정육 분할 도감). 이와 같은 이름이 붙은 이유는 납작하고 길쭉한 모양이 마치 생선 명태(merlan)를 연상시키기 때문이다. 일종의 특수 부위로 무게는 약 300g 정도 된다. 소와 말에 어깨(앞다리) 쪽 살 중에도 이와 비슷한 모양의 부위가 있다.

MERLE 메를르 티티새, 지빠귀, 대륙검은지빠귀. 딱새과에 속하는 참새의 일종으로 암컷의 깃털은 갈색, 수컷은 검정색이며 노란색 부리를 갖고 있다. 목도리지빠귀의 사냥은 금지되어 있다. 대륙검은지빠귀의 살은 지역과 계절에 따라 맛이 달라진다. 맛은 새가 먹는 먹이의 영향을 받는데 특히 가을에는 약간 쓴맛과 특유의 향이 난다. 개똥지빠귀보다 좀 덜 섬세하지만 조리법은 같다. 코르시카에서는 지빠귀로 맛있는 파테를 만든다. 등쪽의 털이 짙은 주황색을 띠고 있는 미국 지빠귀는 벌레를 잡아먹고 사는 조류로 보호받고 있으며, 따라서 사냥은 금지되어 있다.

MERLOT 메를로 알갱이가 검푸른 색을 띤 와인 양조용 포도품종. 프랑스 남서부 쉬드 우에스트(Sud-Ouest) 지방과 랑그독 루시용(Languedoc-Roussillon) 지역에서 주로 재배되는 포도로 메를로라는 이름은 열매 알갱이의 검푸른 색이 이 포도를 아주 좋아하는 새인 검은지빠귀(merle)의 색깔과 비슷한 점에서 유래했다고 한다. 프랑스에서 다섯 번째로 많이 재배되는 검은 포도품종인 메를로는 색이 아름답고 과일향이 진하며 실키한 텍스처의 풍성한 맛을 가진 레드와인을 만들어낸다. 보르도 지역에서는 주로 카베르네 소비뇽, 카베르네 프랑(cabernet franc)과 블렌딩한다. 세계의 가장 훌륭한 와인 중 하나로 알려진 유명한 페트루스(pétrus)는 100% 메를로 품종으로 만들어진다. 화이트와인 양조를 위한 메를로 블랑(merlot blanc) 품종도 있다. 이는 AOC 보르도(AOC bordeaux)를 비롯해 앙트르되 메르(entre-deux-mers), 그라브 드 베르(graves-de-vayres), 생트 푸아 보르도(sainte-foy-bordeaux), 블라이에(blayais), 부르제(bourgeais) 등의 AOC 화이트와인 양조용으로 블렌딩된다.

MERLU 메를뤼 유럽 메를루사, 헤이크(hake). 대구과에 속하는 원추형의 바다생선으로 10여개의 종이 존재하며 수염이 없는 것이 특징이다. 또한 지느러미는 등쪽에 두 개, 항문 쪽에 한 개를 갖고 있다(**참조** p.674~677 바다생선 도감). 캐나다에서는 이와 비슷한 친척뻘인 북대서양대구 메를뤼슈(merluches)를 찾아볼 수 있다. 메를루사는 최대 크기가 1m에 이르며(무게는 약 4kg) 등은 금빛이 도는 회색, 배는 흰색을 띤다. 작은 크기의 어린 메를루사는 메르뤼숑(merluchon)이라고도 불리는데, 특히 대서양 서쪽에서 잡히는 은빛의 작은 메를루사는 맛이 아주 좋은 것으로 정평이 나있다. 많은 레시피에서 콜랭(colin 검정대구)이라고 불리는 메를루사는 기름기가 거의 없는 담백한 생선으로(지방 1%) 인기가 아주 많은데, 그 이유 중에는 아마도 가시가 적고 이를 쉽게 발라낼 수 있다는 점도 포함될 것이다. 메를루사는 대량으로 어획하는 생선이지만 출하 가격은 언제나 비싼 편이다. 중간 크기의 메를루사는 대개 통째로 판매(감손율 40%)되며, 큰 것은 두툼한 토막이나 서빙 사이즈의 슬라이스(각각 감손율 25% 또는 10%)로 잘라 파는 경우가 많다. 뼈와 대가리는 생선 수프에 넣으면 진한 국물을 낼 수 있다. 메를루사의 살은 쉽게 부스러지기 때문에 특히 쿠르부이용에 익힐 때는 지켜보면서 짧은 시간 내에 조리를 끝내야 한다. 메를루사 요리는 종류가 다양하며 따뜻하게(무슬린 소스, 노르망드 소스, 케이퍼 소스, 모르네 소스 등의 섬세하고 맛있는 소스를 곁들이거나 그라탱으로 조리한다), 또는 차갑게(마요네즈, 소스 베르트, 비네그레트를 곁들인다) 서빙한다. 일반적으로 모든 대구 요리 레시피는 메를루사에 적용해도 무방하다.

후안 마리 아르작(JUAN MARI ARZAK)의 레시피

merlu aux palourdes à la sauce verte 메를뤼 오 팔루르드 아 라 소스 베르트

파슬리 소스를 곁들인 메를루사와 바지락 조개 : 각 200g짜리 메를루사 슬라이스 4장을 씻어 물기를 닦은 뒤 밑간을 한다. 크기가 넉넉한 토기 냄비에 올리브오일 12테이블스푼을 넣고 약한 불로 달군 뒤 다진 마늘 4톨과 파슬리 1테이블스푼을 넣는다. 마늘이 노릇한 색을 내기 전에 경우에 따라 약간의 밀가루(소스를 걸쭉하게 하는 용도)를 넣고 잘 개어 섞는다. 바지락 조개 250g과 메를루사 조각들을 넣는다. 필레 토막인 경우에는 껍질이 위를 향하도록 넣는다. 찬물, 생선 육수 또는 화이트와인 100mℓ를 붓고 생선 두께에 따라 약 3분간 익힌다. 냄비를 흔들어가며 국물이 걸쭉해지도록 고루 섞는다. 생선을 뒤집고 조개가 입을 열 때까지 3분간 더 익힌다. 냄비의 뚜껑을 덮어준다. 서빙 전 소스가 걸쭉하게 잘 혼합되었는지 확인한다. 만일 소스가 묽게 분리된 상태라면 생선을 먼저 건져낸 다음 냄비를 불에서 내리고 흔들어가며 잘 섞어준다. 서빙 접시에 메를루사를 한 조각씩 담고 주위에 조개를 빙 둘러 놓는다. 파슬리 색의 소스 베르트(sauce verte)를 끼얹은 다음 다진 파슬리 1테이블스푼을 뿌리고 파슬리 잎으로 장식한다.

MÉROU 메루 농어의 일종, 그루퍼, 참바리. 바리과에 속하는 바다생선. 길이 1.5m이상에 무게가 50kg 정도 나가는 묵직하고 거대한 어종으로 비슷한 형태의 두 종류가 존재한다. 하나는 지중해에 서식하는 종류이고, 다른 하나는 지중해뿐 아니라 대서양에까지 더 널리 퍼져 서식하는 종으로 투어

바리(cernier)라고도 불린다(**참조** p.674~677 바다생선 도감). 얼룩무늬 그루퍼(baèche rouge)와 비슷한 생선인 메루 바데슈(mérou badèche) 또한 이와 같은 농어의 일종이다. 그루퍼는 노랑과 황토색 얼룩이 있는 갈색을 띠고 있고 난류 해역에 서식하며 성질이 온순한 물고기다. 머리가 아주 크고 아가리가 넓으며 아랫입술이 삐죽 돌출되어 있고 수많은 이빨이 있다. 잠수부 낚시꾼들이 좋아하는 어종인 그루퍼는 점점 더 시장에 많이 출하되고 있다. 살이 아주 맛있으며 다랑어와 같은 방법으로 조리해 먹는다. 특히 숯불에 구워 먹으면 맛이 아주 좋다.

폴 맹슐리(PAUL MINCHELLI)의 레시피

ceviche de mérou 세비체 드 메루

그루퍼 세비체 : 기생충 감염 위험을 제거하기 위해 미리 48시간 동안 냉동해둔 그루퍼 토막(각 200g) 4조각을 손질한다. 생선살을 사방 1cm 크기의 큐브 모양으로 썬다. 라임 4개의 즙을 짠다. 큰 사이즈의 볼을 얼음 위에 올린 다음 큐브 모양으로 썬 생선을 넣는다, 라임즙을 뿌린 뒤 2~3시간 재워 둔다. 볼을 중간중간 여러 번 흔들어주며, 생선 큐브의 중심부는 레몬즙으로 인해 굳지 않은 상태를 유지한다. 생선을 건져서 큰 접시에 담는다. 줄기 양파 4대의 껍질을 깐 다음 녹색 줄기 부분까지 모두 사선으로 얇게 썬다. 대추토마토 3개의 껍질을 벗긴 뒤 씨를 빼고 잘게 썬다. 줄기양파와 토마토를 모두 생선 접시에 넣는다. 소금 간을 한다. 곱게 간 생강 1/2티스푼, 강황 가루 칼끝으로 아주 조금, 잘게 썬 차이브와 이탈리안 파슬리를 넣는다. 마지막으로 올리브오일을 두르고 고춧가루(에스플레트 칠리가루면 더욱 좋다)를 뿌려준다. 잘 섞어 서빙한다.

MERVEILLE 메르베유 밀가루 반죽을 튀겨 만든 작은 과자. 되직한 반죽을 (때로는 발효시켜 사용하기도 한다) 밀어서 띠 모양으로 길게 잘라 여러 갈래를 땋아 매듭을 만들거나 타래과 모양을 만든다. 또는 다양한 모양의 쿠키커터를 이용해 찍어낸다. 기름에 튀겨낸 뒤 설탕을 솔솔 뿌려 바로 뜨겁게 먹거나 미지근하게 또는 차갑게 식혀 먹기도 한다. 메르베유는 전통적으로 사육제 카니발 때 이 튀김 과자를 즐겨 먹었던 남 프랑스 여러 지방에서 아주 흔한 간식이다. 프로방스에서는 반죽에 올리브오일을, 랑드 지방에서는 거위 기름을 넣어 만든 뒤 사블레 과자처럼 오븐에 굽는다.

merveilles 메르베유

메르베유 튀김 과자 : 체에 친 밀가루 500g을 넓적한 볼에 넣고 가운데에 우묵한 공간을 만든다. 아주 살짝만 푼 달걀 4개와 상온에서 부드러워진 버터 150g, 소금 넉넉히 1자밤, 설탕 30g, 오렌지 블로섬 워터(럼이나 코냑으로 대치 가능) 작은 리큐어 잔으로 한 개를 가운데 빈 공간에 넣고 밀가루와 잘 섞어 반죽한다. 둥글게 뭉친 뒤 면포를 덮고 2시간 동안 휴지시킨다. 반죽을 5mm 두께로 민 다음 다양한 모양의 주름 쿠키커터로 찍어낸다. 뜨거운 기름(175°C)에 넣고 노릇한 색이 날 때까지 튀긴 뒤 건져서 기름을 탁탁 털고 종이타월에 나머지 기름을 빼준다. 바닐라 슈거와 섞은 슈거파우더를 솔솔 뿌린 뒤 서빙 그릇에 수북이 쌓아올려 담는다. 서늘한 곳에 2시간 정도 두었다가 먹는다.

MESCAL / MEZCAL 메스칼 또는 메즈칼 메스칼. 용설란 증류주. 발효시킨 용설란(agave)의 수액을 두 번 증류하여 만드는 멕시코의 오드비를 총칭하며 알코올 도수는 40%Vol.이다. 메스칼은 주로 오아하카(Oaxaca) 지역에서 생산되며 8가지 품종의 용설란을 원료로 한다. 특히 테킬라(**참조** TEQUILA)는 푸른 용설란 품종 아가베 테킬라나 웨버(agave tequilana weber variedad azul)만을 원료로 사용하며, 할리스코(Jalisco)주에서만 만들어진다.

MESCLUN 메스클랭 각종 상추를 비롯한 등의 샐러드용 어린잎 믹스(처빌, 치커리, 오크리프, 콘샐러드, 민들레, 쇠비름, 에스카롤, 라디키오 등).
▶ 레시피 : LANGOUSTINE.

MESURE 므쥐르 지거(jigger), 칵테일용 계량 용기. 전문 바텐더들의 소도구로 칵테일 제조 시 각 재료를 정확한 비율로 배합하기 위해 사용하는 일종의 계량컵이다. 지거는 일반적으로 위아래에 각기 다른 두 개의 계량컵이 붙어 있어 용량에 따라 뒤집어가며 사용할 수 있으며 나라별 계량 단위에 따라 달라지기도 한다. 프랑스의 더블 지거는 양면에 각각 2cl(20㎖), 4cl(40㎖)를 계량할 수 있게 되어 있다. 바에서 아페리티프를 서빙하는 잔으로 사용하기도 한다.

MÉTAL 메탈 금속. 밀도가 높고 불투명하며 물과 일반 용매에 녹지 않고 열전도성이 좋은 물질로, 대부분의 가열 조리 용기는 금속으로 만들어진다. 고체 상태에서 광택이 잘 나며 뜨거운 열을 가하면 녹이거나 벼리는 작업이 가능하고, 차가운 상태에서는 압연, 압인, 금형 작업을 자유롭게 할 수 있는 특성을 가진 금속은 아주 먼 옛날부터 주방 용기를 만드는 데 사용되었다.
– 구리는 빨리 달구어지고 빨리 식어서 조리시간이 매우 정확하지만, 가격대가 높고 쉽게 산화되기 때문에 관리가 까다롭다. 따라서 대부분의 구리 용기의 안쪽에는 주석도금을 입힌다.
– 알루미늄은 값이 비싸지 않고 가벼우며 유지 관리가 수월하지만, 변형이 잘 되고 특정 식재료와 접촉 시 화학반응을 일으킨다.
– 무쇠는 천천히 달구어지고 천천히 식는다. 깨지기 쉽고 무거우며 법랑을 입히지 않으면 녹이 슨다는 단점이 있다. 하지만 법랑 코팅 또한 손상되기 쉬우며 전열성이 떨어진다.
– 스테인리스 스틸은 단단하고 부식이 되지 않지만 열전도성은 낮다. 따라서 스테인리스 용기의 바닥은 대부분 열전도율이 높은 다른 소재의 금속을 덧대어 만든다.
– 철은 보통 철판(함석판) 형태(법랑 코팅을 한 것도 있다)로 사용되며 프라이팬이나 튀김 냄비 제조용으로 쓰인다. 양철은 안팎에 주석을 한 겹 입힌 철판으로, 통조림 깡통 제조 시 대체 불가한 소재다.

MÉTHODE CHAMPENOISE 메토드 샹프누아즈 샴페인 제조법. 샴페인의 제조에 해당되는 모든 작업 과정을 총칭한다, 우선 샴페인 원료로 허용된 세 가지의 포도품종인 피노 누아, 피노 뫼니에, 샤르도네를 사용하여 베이스 와인 또는 퀴베(cuvée)를 만든다. 압착(전통적으로 포도 4,000kg 기준)은 두 차례로 나뉘어 행해진다. 우선 첫 번째 압착에서 퀴베(cuvée) 즙 약 20헥토ℓ(2050ℓ)를 얻은 뒤, 두 번째 압착에서는 프르미에르 타이유(première taille)라고 부르는 즙(410ℓ)을 얻는다. 이 포도즙(mouts)들을 사용해 전통적인 방식으로 비발포성 화이트와인을 만든다. 이어서 1차 발효가 끝난 와인에 리쾨르 드 티라주(liqueur de tirage, 설탕과 효모의 혼합)를 첨가한 뒤 병입한다. 이것을 티라주(tirage)라고 한다. 이를 통해 병 속에서 약 5~6기압에 해당하는 탄산가스가 발생하는데 이 단계가 바로 2차 발효다. 다음 단계는 비스듬한 선반에 올리고 병을 정기적으로 돌려주며 찌꺼기를 병목으로 모으는 르뮈아주(remuage) 작업이며 이 과정이 끝나면 찌꺼기를 배출하는 데고르주망(dégorgement) 작업이 이루어진다. 마지막으로 설탕, 오래된 와인, 에스프리 드 코냑 등의 오드비를 섞은 리쾨르 덱스페디시옹(liqueur d'expédition)을 첨가한 뒤 최종 밀봉한다. 이 과정을 도자주(dosage) 또는 에갈리자주(égalisage)라고 하며, 이때 첨가된 리큐어의 잔당 함량에 따라 샴페인의 당도가 결정되어 드미 섹(demi-sec), 브륏(brut) 등으로 구분할 수 있게 된다.

METTON 메통 프랑슈 콩테 지방의 비가열 압착치즈. 완전히 탈지한 소젖으로 만드는 이 치즈는 유산균을 넣어 산성화하거나(metton lactique, 젖산 치즈) 또는 유산균 없이 바로 응고시킨다. 두 경우 모두 32°C에서 응유효소를 첨가한다. 응고된 우유는 이어서 잘 저어 혼합한 뒤 압착해 수분을 빼고 덩어리 형태로 만든다. 젖산 치즈의 경우 포장 전 기계로 잘게 분쇄하여 생산기간을 몇 달간 연장할 수 있으며, 유산균을 넣지 않은 치즈의 경우는 바로 캉쿠아이요트로 만든다(**참조** CANCOILLOTTE).

MÉTULON ▶ 참조 KIWANO

MEULE 묄 맷돌형의 큰 치즈를 지칭하는 명칭으로 대부분 가열 압착 경성치즈. 보포르(beaufort), 콩테(comté), 에멘탈(emmental), 그뤼예르(gruyère)가 대표적이며 제분기의 맷돌과 비슷한 아주 두껍고 큰 휠 모양을 하고 있다. 에멘탈 묄 한 덩어리는 무게가 최대 130kg까지 나간다.

MEUNIÈRE (À LA) (아 라) 뫼니에르 뫼니에르식의. 한 마리 통째로, 토막으로 또는 필레로 된 대부분의 생선에 적용이 가능한 조리법으로 밀가루를 묻혀 버터를 넣은 프라이팬에 지지는 방법이다. 레몬즙을 뿌린 뒤 뵈르 누아제트(연한 갈색이 나기 시작할 때까지 녹인 버터)을 끼얹고 파슬리를 뿌려 서빙한다. 개구리 뒷다리, 가리비, 골, 생선 이리 등도 뫼니에르식으로 조리한다.
▶ 레시피 : BROCHET, CERVELLE, DAURADE ROYALE ET DORADES, MATELOTE, SOLE.

MEURETTE 뫼레트 레드와인에 방울양파, 돼지비계, 버섯을 넣어 만든 소스. 민물생선 와인 스튜인 마틀로트(matelote), 또는 레드와인을 넣어 만든 송아지나 닭고기 마틀로트를 가리킨다. 이 부르고뉴의 특선요리는 동브(Dombes)와 브레스(Bresse) 지역에서도 만나볼 수 있다. 전통적으로, 돼지비게, 방울양파, 버섯을 넣어 조리하며 튀긴 크루통을 곁들여 서빙한다. 또한 달걀이나 송아지 골을 이 부르고뉴의 와인 소스에 데쳐 익혀 아 라 뫼레트로 조리하기도 한다.

cervelle de veau en meurette ▶ CERVELLE

---

meurette de poisson 뫼레트 드 푸아송

생선 뫼레트 : 민물생선 1.5kg(돌잉어, 새끼 강꼬치고기, 새끼 잉어, 새끼 뱀장어, 유럽 잉어류 생선 등)을 씻어 토막으로 자른다. 버터를 달군 코코트 냄비에 생선을 모두 넣어 지진 뒤 마르 드 부르고뉴(marc de Bourgogne)를 최소 리큐어 잔으로 하나 이상 붓고 불을 붙여 플랑베한다. 당근 1개, 양파 1개, 샬롯 1개의 껍질을 벗기고 얇게 썰어 냄비에 넣고 잘 저어 섞는다. 부르고뉴 레드와인을 재료 높이만큼 붓고 짓이긴 마늘 1톨, 부케가르니, 소금, 후추를 첨가한다. 뚜껑을 덮고 약하게 끓는 상태로 20분간 익힌다. 작게 자른 빵 슬라이스를 마늘로 문지른 다음 팬에 버터를 넉넉히 두르고 튀기듯 구워 크루통을 만든다. 생선을 익힌 국물에 뵈르 마니에(beurre manié) 1테이블스푼을 넣고 잘 풀어 걸쭉한 농도를 만든다. 간을 맞춘 뒤 따뜻하게 데워 둔 우묵한 접시에 담는다, 크루통을 곁들여 서빙한다.

œufs en meurette ▶ ŒUF POCHÉ

MEURSAULT 뫼르소 부르고뉴의 AOC 와인으로 대부분 화이트와인이고 포도품종은 샤르도네이며 모두 탁월한 품질을 지닌 상급 와인이다. 드라이함과 달콤함을 동시에 지닌 드문 와인으로 맛이 아주 섬세하고 바디감과 밸런스가 뛰어나다(**참조** BOURGOGNE).

MEXICAINE (À LA) (아 라) 멕시켄 멕시코식의. 구운 가니시(잘게 썬 토마토, 피망을 채운 구운 버섯 큰 것, 반으로 길게 잘라 구운 가지 등)를 곁들여 내는 큰 덩어리의 고기 요리를 지칭한다. 토마토를 첨가해 맛을 내고 가늘게 채 썬 고추(이 재료로 인해 멕시코식이라는 명칭이 붙었다)를 넣은 데미글라스 소스를 곁들인다. 멕시코식 생선 포피에트는 데쳐 익힌 생선에 잘게 썬 토마토를 채운 구운 버섯을 곁들이며, 토마토로 맛을 내고 이 또한 마찬가지로 잘게 썬 고추를 넣은 화이트와인 소스를 곁들여낸다.

MEXIQUE 멕시크 멕시코. 멕시코의 요리는 원주민 인디언들의 오랜 관습과 스페인 식민 시절 유입된 식문화가 혼합되어 계승된 것이다. 스페인 정복자들은 특히 돼지 사육이나 쌀 재배 기술 및 그동안 알려지지 않았던 조리법인 튀김 요리를 이곳에 전파했다. 콜롬버스의 아메리카 발견 이전 원주민들의 전통 조리법은 주로 증기로 찌고 냄비에 푹 삶거나 숯불에 굽는 것들이었다. 따라서 다양한 종류의 스튜나 죽 등의 끓인 요리, 로스트 및 여기에 맛을 더하는 소스들이 발달했다. 옥수수는 언제나 멕시코 요리의 주식이었다. 삶거나 끓여서 또는 구워서 먹으며 알갱이를 떼어내거나 또는 가루로 만들어 각종 요리의 재료로 쓴다. 멕시코 요리에서 빼놓을 수 없는 토르티야 또한 옥수수 가루로 만든다. 다양한 요리에 곁들여 플레인으로 먹기도 하고, 구워서(tostadas) 아페리티프로 서빙하거나 다양한 재료를 채워 넣은 타코(tacos)를 만들기도 한다. 옥수수 줄기 껍질은 다진 고기, 가금류, 채소, 고추와 향신료로 만든 속을 넣고 싼 뒤 증기에 쪄서 다양한 맛의 타말(tamales)을 만든다.

■ **채소.** 강낭콩(붉은색, 갈색, 검정, 노랑)과 토마토(붉은색, 녹색, 신맛의 토마티요(tomatillos) 포함), 버섯(약 80종)은 거의 모든 멕시코 요리에 들어간다고 해도 과언이 아니다. 고추(chiles)는 매운 강도가 각각 다르며 크기나 색, 또는 맛에 따라 최소 100가지 이상의 품종이 존재한다. 안초(ancho), 카스카벨(cascabel), 콜로라도(colorado), 물라토(mulato), 세라노(serrano) 등이 대표적이며 아주 매운 쥐똥고추(piment oiseau)도 빼놓을 수 없다. 고추는 생으로 쓰거나 또는 가루로 빻아 사용한다. 소스, 스튜, 수프, 샐러드 등에 두루 사용하며, 어떤 고추들은 소를 채워 파르시(farcis) 요리를 만들기도 한다.

■ **육류와 가금류.** 돼지와 어린 염소고기를 그릴에 굽거나 다져서 바나나 나무 잎에 싸 쪄낸 요리를 제외하면 멕시코 인들이 일반적으로 즐겨 먹는 재료는 가금류이며, 여러 향신 재료 및 양념을 넣고 오랜 시간 뭉근히 익힌 요리들이 주를 이룬다. 이 스튜 요리들 중 가장 유명한 것은 물론 몰레 포블라노(**참조** MOLE POBLANO)인데 이것은 닭 또는 칠면조 고기, 건포도, 토마토, 고추, 양파, 고수, 참깨, 아니스, 땅콩, 아몬드, 계피, 당연히 빠지지 않는 토르티야. 그리고 초콜릿 소스를 조합한 것이다.

■ **과일과 디저트.** 수많은 종류의 열대 과일 중 으뜸은 바로 아보카도다. 샐러드 등 생으로 먹는 것은 물론이고 으깨서 그 유명한 과카몰리(guacamole)를 만들기도 하며 심지어 아이스크림의 재료로도 활용된다. 그 외에 바나나(20개 이상의 품종이 존재한다), 파인애플, 파파야 등도 디저트나 요리의 재료로 많이 사용된다.

■ **와인.** 멕시코에 포도 농사가 처음 도입된 것은 1521년 스페인 정복자들에 의해서이며, 따라서 이곳의 포도밭은 북아메리카 대륙에서 가장 오랜 역사를 지닌다. 대규모 포도 재배지로는 특히 바하 칼리포르니아(Baja California), 소노라(Sonora), 조나 센트랄레(Zona centrale), 아과스칼리엔테스(Aguascalientes), 자카테카스(Zacatecas) 등을 꼽을 수 있다. 생산량의 80%는 오드비 제조용으로 사용된다. 실제로 멕시코 국민이 가장 많이 마시는 주류는 테킬라(**참조** TEQUILA)로, 용설란 수액(agave)을 증류해 만든 메스칼(mescal)을 다시 한 번 증류해 만든 술이다. 포도 재배는 해발 100~2,100m 사이에서 이루어지며 바르베라(barbera), 카베르네 소비뇽(cabernet sauvignon), 카르디날(cardinal), 카리냥(carignan), 슈냉 블랑(chenin blanc), 그르나슈(grenache), 말벡(malbec), 메를로(merlot), 미시옹(mission), 뮈스카(muscat), 네비올로(nebbiolo), 프티트 시라(petite syrah), 뤼비 카베르네(rubis cabernet), 소비뇽 블랑(sauvignon blanc), 트레비아노(trebbiano), 진판델(zinfandel) 등 품종도 매우 다양하다. 멕시코의 포도밭(39,000ha)은 오랜 세월 별 관심을 끌지 못했으나 최근 들어 다시 활기를 띠기 시작했고, 전문가들은 다가올 미래의 성장 가능성을 점치고 있다.

MEYERBEER 마이어베어 독일의 작곡가 자코모 마이어베어(Giacomo Meyerbeer 1791—1864)의 오페라가 당시 파리에서 큰 성공을 거둔 뒤, 그의 이름을 붙여 헌정한 에그 프라이 요리의 이름이다. 달걀을 익힌 뒤 페리괴 소스(sauce Périgueux)를 끼얹은 양 콩팥 구이를 곁들이고, 같은 소스를 접시에 한 바퀴 둘러준 다음 서빙한다.

MEZZE 메제 메제. 그리스, 터키, 중동 지방의 아뮈즈부슈 또는 전채 요리 모둠. 주로 차가운 음식들로 구성되며 와인 또는 아니스로 향을 낸 식전주인 라키(raki)를 곁들여 마신다. 메제는 구성 요리의 종류에 따라 한끼 식사로도 손색이 없다. 생선알로 만든 타라마(tarama), 포도나무 잎에 소를 채워 돌돌 만 돌마(dolmas), 페타 치즈 등의 소를 채운 페이스트리 뵈렉(beurreck) 이외에도 매운 소스를 곁들인 홍합, 각종 올리브, 소고기에 마늘 향을 입혀 염장 건조한 파스테르마(pasterma), 올리브오일과 와인에 절인 양송이버섯, 소스에 조리한 흰 강낭콩, 매콤한 맛의 말린 소시지 수주크(sucuk), 오이와 마늘을 넣은 요거트 소스 차지키(cacik) 등 다양한 종류의 음식이 포함된다.

MICHE 미슈 순 밀로 만든 둥근 덩어리 모양의 빵으로 무게는 500g~3kg이다. 본래 부유한 도시인들을 위해 만들어졌던 미슈 빵은 점차 시골에서 평소에 먹는 빵이 되었다. 처음에는 작게 만들었으나 온 가족이 먹는 대표적인 빵으로 자리잡으면서 점점 그 크기와 무게가 증가했다. 프랑스어권 스위스에서 이 용어는 반 도정 밀로 만든 빵(pain mi-blanc)을 가리킨다. 이 빵은 대개 길쭉한 모양이며 무게는 약 1kg 정도이다. 미셰트(michette)는 500g짜리 빵을 뜻한다.

MIEL 미엘 꿀. 꽃의 화밀 또는 당분이 함유된 분비물(식물의 수액을 먹는 곤충의 분비물), 또는 이 두 가지 모두로부터 생성되는 밀원을 꿀벌이 채집하여 벌통의 육각형 벌집에 저장한 식용의 달콤한 물질이다(**참조** 앞 페이지 꿀 도표). 꽃의 종류와 채집 시기에 따라 차이는 있지만 일반적으로 꿀은 수분 17~20%, 당 76~80%(포도당, 과당 및 자당을 포함한 기타 당류), 소량의 아미노산, 폴렌(화분)과 밀랍, 산, 단백질, 무기질(칼슘, 마그네슘, 인, 칼륨)을 함유하고 있으며, 비타민은 거의 없다. 또한 설탕보다 열량이 높으며 별 부작용 없이 인체에 완벽히 흡수된다. 꿀이라는 명칭은 벌집 안의 물질을 원심분리로 추출한 다음 불순물을 제거하고 정화한 것에 붙일 수 있다. 밀원의 주성분이 식물에서 온 경우 그 해당 식물 명칭을 꿀 이름에 붙인다(라벤더, 아카시아, 전나무 꿀 등). 또는 지형학적 정보를 표시하거나(산, 숲, 평원의 꿀 등), 생산지의 이름을 붙이기도 한다(오베르뉴, 알자스 꿀 등). 코르시카산 꿀과 보주산의 전나무 꿀은 AOC 인증을 받았고, 프로방스와 알자스의 꿀은 IGP 인증과 레드라벨 등급을 획득했다. 프랑스에서는 이 외에도 아르헨티나, 멕시코, 캐나다(클로버 꿀), 헝가리(아카시아 꿀), 루마니아(보리수 꿀, 박하꽃 꿀, 아카시아 꿀, 해바라기 꿀), 터키(소나무 꿀), 스페인(로즈마리 꿀, 오렌지 블로섬 꿀, 유칼립투스 꿀) 등 세계 각국의 다양한 꿀들

을 만날 수 있으며, 최근에는 중국산 꿀도 수입되고 있다. 잡화꿀은 한 가지 식물의 꽃 화밀로만 만든 것과는 구분된다. 농도(흐르는 액상 타입, 걸쭉한 타입, 굳은 타입 등)는 꽃의 종류 및 보관 온도에 따라 달라지며, 색과 맛 또한 벌들이 채집해오는 꽃의 종류에 따라 다르다. 유기농 꿀이라는 명칭을 사용하려면 정확한 기준들을 충족시켜야 한다. 그중에는 반드시 유기농 생산 방법을 따르는 경작지나 자연발생적인 꽃 군락지에서 채집한 꿀이어야만 하고, 채취나 포장 등의 환경에서 꿀의 온도가 40°C를 넘지 않아야 한다는 조항이 포함되어 있다. 고대에 꿀은 신들의 음식이었고 부와 행복의 상징이었다. 성경에서도 약속의 땅은 젖과 꿀이 흐르는 곳이라고 묘사하고 있다. 중세에 꿀은 여전히 값진 식료품이었으며 치료제였다. 또한 당과 제조를 위한 기본재료로 사용되었으며 짭짤하거나 달콤한 음식에 넣는 양념으로도 두루 쓰였다(꿀을 넣은 돼지고기, 꿀물, 봉밀주, 팽 데피스 pain d'épice). 오늘날 꿀은 파티스리에서 큰 활약을 하고 있다. 팽 데피스, 쿠크(couques), 노네트(nonnettes), 비스킷, 중동 지방의 다양한 디저트, 누가, 봉봉, 막대사탕, 과일젤리(pâte de fruits)등을 만들 때 빼놓을 수 없는 재료다. 한편, 요리나 제과에 넣는 재료로서뿐 아니라 일상적으로 떠먹거나 빵에 발라 먹는 등 꿀의 소비는 점점 늘고 있다. 특히 차나 뜨거운 알코올음료 등에 타 먹는 감미료로서는 타의 주종을 불허한다. 요리에서도 꿀은 특별한 위치를 차지한다. 북아프리카(쿠스쿠스, 속을 채운 비둘기 요리, 양고기 로스트, 닭고기와 양고기 타진), 미국(버지니아 로스트 햄), 중국(오리 구이)의 요리들뿐 아니라 최근에는 이국적인 요리의 영향을 받아 프랑스에서도 요리에 꿀을 많이 사용한다.

▶ 레시피 : CAKE, CANARD, CANETON ET CANETTE, GLACE ET CRÈME GLACÉE, PAIN D'ÉPICE, POMME, TARTELETTE.

MIGNON 미뇽 가금류, 송아지 흉선 또는 서빙 사이즈로 잘라 소테한 고기 요리의 명칭 중 하나로, 프랑스식 완두콩(petits pois à la française)으로 채운 아티초크 속살을 가니시로 곁들인다. 마데이라 와인을 넣은 데미글라스 소스를 고기에 끼얹은 뒤 얇게 저민 송로버섯을 얹어 서빙한다.

MIGNONNETTE 미뇨네트 통후추와 정향을 채운 작은 모슬린 천 주머니로, 옛날에 수프나 스튜에 넣어 향을 내는 데 쓰였다. 오늘날 미뇨네트는 통후추 알갱이를 굵게 부수거나 간 것을 뜻한다. 주로 향이 더 좋은 흰 후추인 경우가 많으며, 페퍼 스테이크나 마리네이드용 양념으로 많이 사용한다. 또한, 일부 셰프들은 세련되고 고급스럽게 만든 양 안심이나 등심살 요리(noisette), 가금류의 가슴살 요리(suprême de volaille), 소 안심 스테이크인 필레 미뇽(filet mignon) 등에 미뇨네트라 이름 붙이기도 한다. 이와 같은 의미로 에스코피에(Escoffier)는 닭고기 미뇨네트(동그랗게 자른 닭가슴살에 랑그 에카를라트(붉은 물을 들인 염장 우설)와 송로버섯을 끼워 넣은 것)와 푸아그라 미뇨네트(도톰하고 작게 썬 푸아그라 에스칼로프에 곱게 간 닭고기 무슬린을 씌운 뒤 빵가루에 묻혀 소테한 것)를 구현해내기도 했다. 또한 알뤼메트(allumettes) 감자보다 두 배 굵은 막대 모양으로 썬 감자를 폼 미뇨네트(pommes mignonnettes)라고 부른다.

MIGNOT 미뇨 17세기 파리의 한 음식점 주인 이름. 시인 부알로(Boileau)는 자신의 풍자시에서 미뇨를 형편없는 요리사로 치부했다. 화가 난 미뇨는 법원에 고발했으나 기각당했다. 미뇨는 이에 복수하기로 결심한다. 그는 시인이기도 한 코탱 신부가 부알로에게 신랄한 독설을 퍼부은 풍자시를 쓴 사실을 알아채고 그 시집을 구매하여 자신이 만든 비스킷을 팔 때마다 손님들에게 이 종이를 한 장씩 뜯어 포장해 주었다. 파리 시민들은 물론이고 이 소식을 들은 부알로도 이 해프닝을 아주 재미있다고 여겼다. 관심을 끈 이 비스킷은 아주 많이 팔렸고 덕분에 미뇨는 부와 명성을 얻게 되었다.

MIJOTER 미조테 약한 불에 천천히 익히다. 일반적으로 소스나 국물이 있는 음식을 천천히 익히거나 조리를 마무리하는 것을 뜻한다. 정육 부위 중 뭉근히 오래 익히는 고기(viande à mijoter)는 2등급 또는 3등급에 해당하는 부위로 육수나 와인 또는 맥주를 붓고 향신 재료를 더한 뒤 오래 끓이면 연해지고 깊은 맛이 우러나온다.

MIKADO 미카도 정통 프랑스 요리에 일본을 연상시키는 재료를 넣은 음식에 붙인 이름이다. 예를 들어 송아지살 또는 가금류 가슴살을 도톰하게 슬라이스하여 익힌 뒤 카레 향의 라이스 크로켓 위에 얹고 약간의 간장을 더한 카레 소스를 끼얹는다, 여기에 크림 소스 숙주를 채운 타르틀레트를 곁들인다. 또한 미카도 풍 안심스테이크는 소 안심(tournedos)나 양 안심(noisette)을 구운 토마토 반쪽 위에 올리고 토마토 과육을 으깨 넣은 토마토소스를 끼얹어준다. 여기에 버터에 볶은 두루미냉이(초석잠)을 가니시로 곁들인다. 미카도 소스는 홀랜다이즈 소스에 귤즙과 가늘게 채 썰어 끓는 물에 데친 귤 제스트를 넣은 것이다.

MILANAIS 밀라네 밀라네라는 명칭은 다양한 종류의 파티스리에 붙는다. 우선 프티푸르의 한 종류인 밀라네는 레몬 또는 오렌지를 넣어 향을 낸 아몬드 가루 반죽으로 만든 과자를 뜻한다다. 반죽을 밀어 다양한 모양의 쿠키 커터로 찍어낸 다음 아몬드나 당절임 과일 등을 얹어 장식한다. 또는 작은 빵 모양이나 꽈배기 또는 굵은 올리브 모양 등으로 성형한 다음 아몬드 슬라이스를 얹어 장식하기도 한다. 또한 스펀지 또는 제누아즈 반죽(럼으로 향을 내고 건포도로 속을 채우거나 아니스 술로 향을 낸다)으로 만든 작은 갈레트를 뜻하기도 한다. 표면에 살구 나파주를 바르고 때로는 퐁당슈거로 아이싱한다. 그 밖에도 밀라네는 두 장의 타원형 사블레 과자 사이에 잼을 바르고 샌드처럼 덮어준 뒤 슈거파우더를 뿌린 과자를 뜻한다. 두 장의 과자 중 위에 얹은 과자에 두 개의 구멍이 뚫린 모습이 마치 안경을 닮았다고 해서 뤼네트(lunette, 안경)이라는 이름으로도 불린다.

▶ 레시피 : SABLÉ.

MILANAISE (À LA) (아 라) 밀라네즈 송아지살을 넓적하게 썬 에스칼로프 또는 뼈 붙은 송아지 등심 슬라이스에 달걀물, 빵가루(곱게 간 파르메산 치즈를 혼합하기도 한다)를 입힌 뒤 버터에 지진 요리다. 마카로니 탱발 또는 리조토와 곁들이는 아 라 밀라네즈 가니시는 얇게 썬 버섯, 햄, 가늘게 채 썬 붉은 염장우설, 얇게 저민 송로버섯 슬라이스로 이루어진다. 이를 모두 버터에 슬쩍 볶은 뒤 마데이라 와인을 붓고 디글레이즈하고 이어서 리에종한 송아지 육수를 붓고 끓인다. 또한 가늘게 간 파르메산 치즈를 올리고 오븐에 그라탱처럼 구운 요리, 버터를 섞은 마카로니 파스타에 치즈를 뿌리고 토마

주요 벌꿀 품종과 특징

품종	원산지	시기-	특징	효능
아카시아 꿀 acacia	프랑스 전역, 헝가리	6월	반투명한 황금색 액상으로 단맛이 순하다.	장 조절 기능
헤더 꿀 bruyère, callune	랑드, 솔로뉴, 마시프 상트랄	8월-9월	젤라틴처럼 찐득하며 갈색, 다갈색을 띤다. 단맛이 진하다.	이뇨 작용, 활력증진, 장 소독 기능
밤나무 꿀 châtaignier	프랑스 전역	6월	농도가 걸쭉하고, 진한 갈색을 띤다.	활력증진 기능
유칼립투스 꿀 eucalyptus	스페인	6월~8월, 12월	호박색 액상 타입으로, 향이 아주 진하다	기관지 살균 기능
라벤더 꿀 lavande	프로방스	7월	황금색을 띠며 향이 좋다.	경련 완화 및 진통 효과
오렌지 블로섬 꿀 oranger	스페인, 모로코	4월-5월	약간 찐득한 페이스트 타입이며 색이 연하다.	경련 완화 및 진통 효과
진달래 꿀 rhododendron	피레네	7월-8월	투명하고 꽃 향기가 나며 은은한 단맛이 난다.	기관지 살균 기능
로즈마리 꿀 romarin	프랑스 남부, 스페인	3월-4월	흰색이며 향이 풍부하고 섬세하고 가벼운 단맛이 난다.	간 기능 강화 및 소화 촉진 기능
전나무 꿀 sapin	보주, 쥐라, 리옹의 산악지대	7월-8월	액상으로 진한 갈색, 또는 연한 녹색을 띤다.	경련 완화
백리향 꿀 thym	프로방스	7월	맑고 매우 향이 좋다	경련 완화
보리수 꿀 tilleul	프랑스 전역	6월	맑고 투명한 노란색이며 단맛이 순하다.	진통 효과
해바라기 꿀 tournesol	프랑스 전역	7월-8월	약간 찐득한 페이스트 타입이며 황금색을 띤다.	해열 효과, 붕소와 규소가 풍부하다
잡화꿀 toutes fleurs	프랑스 전역	4월-9월	녹진하며 부드러운 단맛이 난다.	무기질이 매우 풍부하다
클로버 꿀 trèfle blanc	프랑스 전역	6월-7월	아이보리색의 크리미한 농도를 갖고 있다.	활력 증진

토 소스를 곁들인 요리에도 마찬가지로 아 라 밀라네즈라는 이름을 붙인다.
▶ 레시피 : CÉLERI-BRANCHE, OSSO-BUCO, PANURE, PERCHE, RISOTTO, SOUPE, VEAU.

MILLAS 미야스 미야스. 옥수수 가루(밀가루와 혼합하기도 한다)를 끓여 만든 랑그독식 걸쭉한 죽을 식혀 굳힌 뒤 잘라서 튀긴 음식으로 달콤하게 또는 짭짤하게 먹는다. 앙주(Anjou)에서는 기장을 걸쭉하게 끓여 짭짤하거나 달콤하게 만든 죽인 밀리에르(millière)로 만들어 먹으며 쌀이나 옥수수 가루를 사용해 만들기도 한다.

millas en bouillie 미야스 앙 부이이

옥수수 죽, 미야스 : 큰 냄비에 물 1ℓ를 넣고 끓인다. 오렌지 블로섬 워터와 레몬 제스트 작은 1조각을 넣어 향을 낸 다음 옥수수가루 300~350g을 고루 흩뿌리며 넣는다. 나무 주걱으로 저으며 약한 불에 익힌다. 죽처럼 걸쭉해지면 뜨겁게 데워 둔 평평한 접시에 담고 설탕을 뿌려 서빙한다. 또는 식혀서 어느 정도 굳은 뒤 원하는 크기로 작게 잘라 버터를 녹인 팬에 노릇하게 지진다. 설탕이나 슈거파우더를 뿌려 서빙한다. 또한 돼지기름 라드나 거위 기름에 튀기듯 지지기도 한다.

MILLE COLONNES (CAFÉ DES) (카페 데) 밀 콜론 1807년, 파리 팔레 루아얄 몽팡시에(Montpensier) 아케이드 2층에 문을 연 카페. 천 개의 기둥이라는 뜻의 상호는 벽면을 가득 메운 큰 거울에 비친 20여 개의 기둥의 모습에서 유래한 것이다. 이 카페가 명성을 누렸던 데는 계산대에 당당히 자리잡고 앉아 있던 여사장 로맹 부인의 아름다운 모습도 한몫했다. 미모로 널리 알려졌던 그녀는 벨 리모나디에르(la Belle Limonadière, 아름다운 카페 주인)라고 불렸고, 사람들은 그녀를 보기 위해 이곳에 몰려들었다. 남편의 죽음 이후 그녀는 수녀원으로 들어갔고 카페는 문을 닫았다.

MILLE-FEUILLE 밀푀유 파트 푀유테를 얇게 밀어 굽고 대개의 경우 표면을 캐러멜라이즈 한 다음 여러 겹을 쌓아 만든 케이크로, 각 층 사이사이에 키르슈, 럼, 바닐라 등으로 향을 낸 크렘 파티시에를 채워 넣는다. 완성 뒤 맨 위층 표면에 슈거파우더를 뿌리거나 퐁당슈거 아이싱을 씌운다. 이 용어는 디저트뿐 아니라 짭짤한 일반 요리에서도 사용된다. 생선이나 갑각류 해산물 살로 만든 혼합물을 푀유테 크러스트에 채워 따뜻한 전채로 서빙하는 요리 등에 적용할 수 있다.

올리비에 롤랭제(OLIVIER ROELLINGER)의 레시피

mille-feuille à l'ananas, grog de cidre breton et rhum de Marie-Galante 밀푀유 아 라나나, 그로그 드 시드르 브르통 에 럼 드 마리 갈랑트

파인애플 밀푀유, 브르타뉴 시드르와 마리 갈랑트 럼 그로그 : 4인분
생선 필레용 나이프로 파인애플 1개의 껍질을 잘라 벗긴 다음 세로로 8등분하고 중앙의 딱딱한 심을 제거한다. 이 중 한 조각은 따로 보관하고, 나머지 7조각은 얇게 썬다. 냄비에 설탕 250g과 통 계피 스틱 반 개를 넣고 물 500mℓ를 붓는다. 가열하여 시럽이 끓기 시작하면 썰어둔 파인애플을 넣고 20분간 익힌다. 계피를 건져낸 뒤 블렌더로 갈아준다. 미리 찬물에 담가 불려둔 판 젤라틴 2장을 여기에 넣고 잘 저으며 식혀 무스 질감으로 만든다. 그로그(grog)용 인퓨전을 만든다. 큰 냄비에 물 1.5ℓ, 시드르(cidre) 1ℓ, 마리 갈랑트산 럼 300mℓ, 비정제 황설탕 300g, 백설탕 100g, 통 계피 스틱 1/2개, 길게 갈라 긁은 바닐라 빈 1개분, 정향 1개, 찧은 육두구 1개, 얇게 썬 생강 20g, 라임 제스트 2개분을 넣고 끓인 뒤 불에서 내린다. 그대로 2시간 동안 향이 우러나게 두었다가 고운 체에 거른다, 코코넛 캐러멜을 만든다. 우선 냄비에 설탕 250g을 넣고 주걱으로 저어가며 가열한다. 설탕이 녹아 황금색의 캐러멜 상태가 되면 코코넛밀크 400mℓ와 라임 1개의 즙을 넣는다. 캐러멜이 완전히 녹아 혼합될 때까지 끓인다. 불에서 내려 보관한다. 푀유타주 반죽 200g을 두께 2mm, 가로 20cm×세로 30cm 크기의 직사각형으로 민다. 180°C의 오븐에 넣어 보기 좋은 갈색이 날 때까지 약 15분간 굽는다. 식힌 다음 파티스리용 자와 커터를 이용해 가로 세로 각각 6cm×1.5cm의 직사각형으로 잘라준다. 망고 1개의 껍질을 벗긴 뒤 사방 2mm 크기로 잘게 깍둑 썬다. 따로 보관해두었던 파인애플 1/8쪽도 같은 크기로 썬다. 여기에 패션프루트 4개의 씨와 과육을 첨가해 섞어둔다. 바나나 2개를 얇게 잘라 팬에 굽고 코코넛 캐러멜을 부어 디글레이즈한다. 따뜻하게 보관한다. 코코넛 슈레드를 팬에 넓게 펼쳐 놓고 오븐에 잠깐 넣어 황금색이 나도록 굽는다. 접시에 밀푀유를 한 장 놓고 파인애플 무스를 짤주머니로 짜 켜켜이 채워가며 푀유타주를 쌓아 올린다. 따뜻한 바나나를 옆쪽에 겹쳐가며 놓고, 구운 코코넛 슈레드를 뿌린다. 레몬밤 한 줄기를 얹어 장식한다. 그로그를 뜨겁게 데운 뒤 마지막에 라임즙 2개 분과 럼을 넣는다. 커피 잔에 잘게 썰어 섞어둔 망고, 파인애플 혼합물을 2테이블스푼씩 담은 뒤 그로그를 부어준다.

알랭 파사르(ALAIN PASSARD)의 레시피

mille-feuille au chocolat 밀푀유 오 쇼콜라

초콜릿 밀푀유: 밀가루 1.5kg, 고운 소금 30g, 버터 600g을 섞는다. 여기에 우유 350mℓ와 UHT 초고온 살균한 생크림 400mℓ를 넣고 반죽해 데트랑프(détrempe)를 만든다. 너무 오래 치대지 않는다. 4시간 동안 냉장고에 넣어 휴지시킨다. 버터 1.2kg에 무가당 코코아 가루 300g을 넣고 대충 섞는다. 밀대로 밀어 납작한 정사각형 모양을 만든 뒤 냉장고에 넣어둔다. 데트랑프 반죽을 밀어 편 다음 초콜릿 버터를 가운데 놓고 반죽을 접어 덮는다. 3절 밀어접기를 1회 한 뒤 냉장고에 넣어 30분간 휴지시킨다. 이와 같은 밀어접기를 5회 더 반복한다. 매번 중간에 30분씩 휴지시킨다. 완성된 푀유타주 반죽을 2.5mm 두께로 밀어 길쭉한 띠 모양 3조각으로 자른 뒤 30분간 휴지시킨다. 끝부분을 깔끔하게 잘라낸 다음 베이킹 팬 위에 놓는다. 200°C 오븐에서 5분, 이어서 온도를 150°C로 낮춘 뒤 70분간 굽는다. 꺼내서 망 위에 올려 식힌다. 우유 800mℓ를 끓을 때까지 가열한다. 볼에 달걀노른자 8개와 설탕 100g을 넣고 색이 하얗게 될 때까지 휘저어 섞는다. 여기에 밀가루 50g, 이어서 무가당 코코아가루 150g을 넣는다. 뜨거운 우유를 붓고 잘 섞은 뒤 다시 냄비로 모두 옮겨 담고 3분간 끓인다. 넓은 용기에 덜어내고 랩을 밀착해 덮어준 다음 냉장고에 넣어 식힌다. 3장의 밀푀유 사이에 초콜릿 크림 파티시에를 채워가며 쌓아올린다.

mille-feuille de tomate au crabe ▶ CRABE

필립 콩티치니(PHILIPPE CONTICINI)의 레시피

mille-feuille à la vanille (version classique) 밀푀유 아 라 바니유(베르시옹 클라시크)

클래식 바닐라 밀푀유 : 하루 전날, 냄비에 저지방 우유 1ℓ를 넣고, 길게 갈라 긁은 바닐라빈 2개 분과 줄기를 모두 넣고 끓인다. 불에서 내린 뒤 어느 정도 식으면 랩으로 덮고 냉장고에 넣어 하룻밤 동안 향을 우려낸다. 밀가루 500g, 물 220mℓ, 생크림 95mℓ, 고운 소금 11g을 섞는다. 반죽을 뭉쳐 넓적한 사각형 모양으로 누른 뒤 랩으로 싸 냉장고에서 1시간 휴지시킨다. 버터 750g과 밀가루 255g을 섞어 뵈르 마니에를 만든다. 이것을 두 장의 유산지 사이에 넣고 두께 1cm가 되도록 밀어 30cm×50cm 크기의 직사각형을 만든다. 냉장고에 1시간 동안 넣어둔다. 반죽과 뵈르 마니에를 냉장고에서 꺼낸다. 뵈르 마니에 민 것을 작업대에 놓고 그중심에 데트랑프 반죽을 올린다. 뵈르 마니에 양쪽을 가운데로 접으며 감싸 덮어준다. 첫 번째 3절 밀어접기를 해준 다음 반죽을 90도 회전시키고 이어서 두 번째 밀어접기를 한다. 냉장고에 넣어 12시간 동안 휴지시킨다. 같은 방법으로 3절 밀어접기를 2회씩 2세트 더 반복한다. 사이에 12시간씩 휴지시킨다(3절 밀어접기 총 6회, 휴지 총 36시간). 완성된 푀유타주 반죽을 두께 1mm, 60cm×40cm 크기로 민 다음 냉장고에서 2시간 동안 휴지시킨다. 베이킹 팬에 유산지를 깔고 이 푀유타주 반죽을 놓는다. 그 위에 다시 유산지를 덮고 또 한 장의 베이킹 팬으로 눌러준 다음 170°C 오븐에서 25분간 굽는다. 오븐에서 꺼낸 뒤 위에 덮었던 베이킹 팬과 유산지를 들어내고 표면 전체에 슈거파우더를 뿌린다. 220°C의 오븐에 다시 잠깐 넣어 표면이 윤기나게 캐러멜라이즈되면 꺼내서 식힌다. 바닐라 향이 우러난 우유에서 바닐라 빈을 건져낸 다음 설탕 50g을 넣고 끓인다. 밑이 둥근 볼에 달걀노른자 8개와 설탕 100g을 넣고 색이 하얗게 될 때까지 거품기로 2~3분 동안 휘젓는다. 밀가루(T55, 다목적용 중력분) 50g, 옥수수 전분 50g, 커스터드 분말 30g을 섞은 뒤 달걀과 설탕 혼합물에 넣는다. 여기에 뜨거운 우유를 붓고 잘 저어 섞은 다음, 다시 냄비로 모두 옮겨 담고 계속 저으며 3분간 끓인다. 불에서 내린 뒤 작게 깍둑 썰어둔 차가운 버터 150g을 조금씩 넣어주며 잘 섞는다. 넓적한 용기에 크림을 덜어낸 뒤 버터를 포크로 찍어 살살 두드려가며 발라주거나, 바로 랩을 밀착해 덮어 표면에 막이 형성되는 것을 막아준다. 냉장고에 넣어 식힌다. 구운 밀푀유를 빵 나이프로 12cm×60cm 크기의 긴 띠 모양 3개로 자른다. 첫 번째 밀푀유에 크렘 파티시에를 짤주머니로 짜 얹은 뒤 두 번째 밀푀유를 얹는다. 이 과정을 한 차례 반복한다. 냉장고나 서늘한 곳에 두었다가 완성된 밀푀유를 1인분씩 자른다. 슈거파우더를 뿌리거나 퐁당슈거로 아이싱한다.

피에르 에르메(PIERRE HERMÉ)의 레시피

mille-feuille à la vanille (version au mascarpone) 밀푀유 아 라 바니유(베르시옹 오 마스카르폰)

바닐라 마스카르포네 밀푀유 : 1인용 사이즈 12개분 / 준비 : 35분 / 조리 : 30분 400g의 파트 푀유테 반죽 2개를 만든 뒤 얇게 밀어 15~20분간 굽는다. 끓인 생크림 400g에 바닐라 빈 2개를 길게 갈라 긁어 넣고 30분간 향이 우러나게 둔다. 달걀노른자 5개와 설탕 140g을 거품기로 섞는다. 여기에 뜨거운 바닐라 향 크림을 붓고 잘 섞은 뒤 크렘 앙글레즈를 만들듯이 85°C까지 가열한다. 찬물에 담가 말랑하게 불린 판 젤라틴 4장을 크림에 넣고 완전히 녹여 혼합한다. 마스카르포네 치즈 340g을 부드럽게 만든다. 여기에 바닐라 크림 640g을 조금씩 넣어가며 혼합한다. 크림이 어느 정도 굳을 때까지 냉장고에 넣어둔다. 표면을 캐러멜라이즈하여 구운 뒤 3등분으로 길게 자른 푀유타주 한 장에 이 크림 1/4을 펴 얹는다. 그 위에 두 번째 푀유타주를 얹고 다시 크림의 1/4분량을 펴 얹는다. 마지막 세 번째 푀유타주를 얹어 마무리 한 뒤 슈거파우더를 뿌린다. 나머지 푀유타주도 마찬가지 방법으로 크림을 채워 완성한다. 가보트(gavotte 바삭한 크레프 비스킷) 과자 12개를 잘게 부수어 가장자리에 붙인다. 12개의 작은 사이즈로 잘라준다.

mille-feuilles de tofu mariné au carvi et tombée d'épinards, riz basmati aux échalotes ▶ TOFU

MILLÉSIME 밀레짐 와인의 빈티지. 와인의 생산연도. 기후 조건은 포도의 작황에 큰 영향을 미친다. 강수량에 따라 포도 수확량이 늘어나거나 당도가 높아지는 등 같은 포도품종이라도 그해 기후 조건에 따라 매년 생산되는 포도주의 품질은 항상 같을 수 없다. 와인의 빈티지는 특정 지역 안에서 생산되는 고급 포도주에만 표시된다(AOC, AOVDQS, vins de pays 등급의 와인). 작황이 특별히 좋았던 몇몇 위대한 빈티지 해는 와인애호가들의 기억 속에 불멸의 추억으로 남아 있다(1921, 1929, 1947, 1949, 1953, 1955, 1959, 1961, 1985, 1990, 2000, 2003, 2005).

MILLET 미예 조, 기장 등의 곡물. 덥고 건조한 기후에서 재배되는 여러 종류의 곡식의 일컫는 이름으로, 주로 조, 기장 등의 낟알 곡물을 통칭한다. 기장과 특히 포니오(fonio)는 아프리카와 아시아 국가들의 식생활에서 중요한 역할을 한다(**참조** p.179 곡류 도표 p.178, 179의 도감). 마그네슘, 철분, 망간과 비타민 B가 풍부한 조와 기장(프랑스의 일부 지역에서 아직도 재배되고 있다)은 낟알, 플레이크, 세몰리나 또는 가루 형태로 판매된다. 주로 곡식 분량의 두 배(부피 기준)에 해당하는 액체를 붓고 약 20분간 익힌다. 낟알을 팬에 노릇하게 로스팅한 뒤 익히면 구수한 향이 난다. 익혀서 그대로 채소를 곁들여 먹거나 오믈렛이나 수프에 넣기도 한다. 또한 스터핑 재료나 완자를 빚는 데 사용하거나 작은 갈레트를 부쳐 먹는다.

MIMOLETTE 미몰레트 소젖으로 만든 비가열 압착치즈(지방 40%)로 그 이름은 반은 무르고 반은 단단하다는 뜻에서 유래했다(**참조** p.390 프랑스 치즈 도표). 지름 20cm의 구형으로 무게는 약 3kg 정도이다. 이 치즈는 네덜란드로부터 온 기술을 바탕으로 노르망디 지방에서 19세기부터 만들어졌으며, 네덜란드 프리슬란트에서 생산되는 코미시카스(commissiekaas) 치즈(네덜란드의 미몰레트)와 혼동하여서는 안 된다. 치즈의 주황색은 당근즙으로 물들인 것이며, 아주 건조한 외피에는 작은 구멍들이 있다. 릴(Lille)의 습한 저장고에서 숙성되는 미몰레트 치즈는 릴의 공(boule de Lille)이라는 이름으로도 불린다. 장시간 숙성되며 질감이 단단한 이 치즈는 작은 조각으로 자르거나 얇게 슬라이스해 무화과와 함께 서빙하거나 단맛이 있는 강화 와인을 곁들여 마신다.

MIMOSA 미모자 미모사. 삶은 달걀에 속을 채운 음식의 이름으로, 차가운 오르되브르로 서빙된다. 에그 미모사를 만드는 방법은 다음과 같다. 우선 삶은 달걀을 반으로 잘라 노른자를 파낸다. 노른자를 체에 긁어 곱게 내린 뒤 마요네즈와 다진 파슬리를 넣고 혼합한 다음 별 깍지를 끼운 짤주머니로 짜 흰자의 빈 공간에 채워준다. 또한 삶은 달걀노른자를 곱게 다져 뿌린 혼합 샐러드도 미모사 샐러드라고 부른다. 한편, 미모사는 샴페인과 착즙한 프레시 오렌지주스를 섞어 샴페인 글라스에 서빙하는 쇼트 드링크 칵테일의 이름이기도 하다.

MINCEMEAT 민스미트 전통적으로 영국의 민스파이 소 재료로 사용되는 새콤달콤한 혼합물로 소 콩팥 기름, 건포도, 당절임 과일, 각종 향신료, 경우에 따라 익힌 소 안심 잘게 깍둑 썬 것을 혼합해 브랜디 등 향이 좋은 술에 재워 만든다. 민스미트는 이 외에 살구와 럼으로 만든 소스를 곁들여 먹는 튀김(베네 또는 프리토), 브랜디로 향을 낸 달콤한 오믈렛, 리솔(rissoles) 등의 따뜻한 디저트를 만드는 데도 사용된다.

MINCEPIE 민스파이 민스미트 혹은 더 보편적으로 소 콩팥 기름, 향신료, 브랜디에 재운 말린 과일 혼합물로 속을 채우고 얇게 민 반죽을 덮어 오븐에 구운 타르틀레트로 성탄절 기간 동안에 만들어 먹는 디저트다. 17세기에 민스파이는 우설, 닭고기, 달걀, 설탕, 건포도, 레몬 제스트, 향신료 등으로 만든 소를 채운 두툼한 투르트(tourte)의 일종이었다.

mincepie 민스파이

민스파이 : 볼에 다진 소 콩팥 기름 500g, 작은 주사위 모양으로 썬 소 안심 500g, 말라가 건포도 다진 것 500g, 설타나 건포도 다진 것 500g, 껍질을 벗기고 다진 레네트 사과 500g, 작은 주사위 모양으로 썬 당절임 세드라(시트론) 150g, 당절임 오렌지 필 다진 것 100g, 오렌지 제스트 1개분 다진 것과 오렌지즙, 비정제 황설탕 500g, 향신료믹스(계피, 정향, 육두구) 30g, 소금 15g, 코냑 1/2병, 럼 1잔, 마데이라 와인 1잔을 넣고 잘 섞는다. 뚜껑을 덮어 냉장고나 시원한 곳에서 한 달간 재워 둔다. 일주일에 한 번씩 잘 저어 섞어준다. 가장자리 둘레가 높은 파이틀에 버터를 바른 뒤 타르트 반죽(pâte à foncer) 시트를 안쪽에 깔아준다. 준비한 민스미트를 채워 넣는다. 얇게 민 푀유타주 반죽으로 덮은 뒤 가장자리를 잘 붙여 봉한다. 뚜껑 가운데에 작은 굴뚝 구멍을 만들어 준다. 달걀물을 바른 뒤 220°C로 예열한 오븐에 최대 20분간 굽는다. 뜨겁게 서빙한다.

MINERVOIS 미네르부아 랑그독(Languedoc) 지방의 AOC 와인으로 레드, 로제와 화이트와인 모두 생산된다. 알코올 함량이 높고 과일향이 풍부한 와인으로 고대 로마 용병들에 위해 처음 만들어진 한 포도원에서 만들어졌다. 레드와 로제와인의 포도품종은 카리냥(carignan), 그르나드(grenade), 르도네르 플뤼(lledoner pelut), 시라(syrah), 무르베드르(mourvèdre)이며, 화이트와인은 부르불랑(bourboulenc)과 마카베오(maccabeo) 품종으로 만든다(**참조** LANGUEDOC).

MINESTRONE 미네스트론 미네스트로네. 이탈리아의 채소 수프로 작은 모양의 파스타나 쌀 등을 추가로 넣어 만든다. 이탈리아인들은 대부분 미네스트라(minestra, 채소 수프), 미네스트리나(minestrina, 좀 더 맑고 가벼운 수프로 작은 파스타를 넣어 만든다), 또는 미네스트로네로 식사를 시작하는 것을 즐긴다. 이 음식의 특징은 지역에 따라 다양한 채소를 사용한다는 점이다. 토스카나 지방에서는 흰 강낭콩을 비롯하여 주키니 호박, 리크, 양파, 토마토, 당근, 케일 등이 필수 재료이며, 신선한 엑스트라 버진 올리브오일과 마늘 향을 입힌 빵 슬라이스를 곁들여 서빙한다. 제노바에서는 늙은 호박, 양배추, 잠두콩, 주키니 호박, 붉은 강낭콩, 셀러리, 토마토를 주로 사용하며, 베니스에서는 파스타와 강낭콩을 넣은(pasta e fagioli) 미네스트로네 수프를 찾아볼 수 있다. 특히 바질, 올리브오일, 마늘과 곱게 간 파르메산 치즈를 혼합해 만든 걸쭉한 소스인 페스토를 곁들여 먹는다. 다른 지방에서는 전통적으로 미네스트로네에 마늘과 각종 향신 재료들을 넣어 맛을 돋우며, 가늘게 간 치즈를 따로 담아 곁들여낸다.

minestrone florentin 미네스트론 플로랑탱

피렌체식 미네스트로네 : 마늘 1톨, 세이지 한 작은 다발, 엑스트라 버진 올리브오일 1테이블스푼을 넣어 향을 낸 물에 작은 흰 강낭콩 300g을 삶는다. 익힌 콩의 반을 체에 넣고 으깨 고운 퓌레를 만든다. 큰 냄비에 올리브오일을 두른 뒤 다진 생햄 슬라이스 1장, 셀러리 1줄기, 파슬리 한단, 다진 양파 1개, 타임 1줄기를 넣고 볶는다. 굵직한 주사위 모양으로 썬 리크 2대와 주키니 호박 2개, 가늘게 썬 양배추 1개, 시금치 500g을 넣고 같이 10분 정도 볶은 후에 토마토 소스를 넣는다. 재료가 모두 다 익으면 강낭콩과 콩 삶은 물, 퓌레로 만들어 둔 콩 반 분량을 모두 넣는다. 육수 1ℓ를 넣고 잘 풀어준다. 약한 불로 1시간 끓여 농도가 크리미해지면 소금, 후추로 간을 맞춘다. 프라이팬에 올리브오일 1컵, 찧은 마늘 2톨, 타임 줄기 1개와 로즈마리 2줄기를 넣은 뒤 약한 불에 올린다. 마늘에 황금색이 나기 시작하면 이 향신 기름을 체에 거르면서 미네스트로네에 부어준다. 수프를 뜨겁게 또는 차갑게 서빙한다.

MINT JULEP 민트 줄렙 쇼트 드링크 칵테일의 한 종류로, 잔 바닥에 민트 잎 몇 장을 넣고 머들러로 찧은 뒤 설탕, 잘게 부순 얼음, 버번위스키를 넣어 만든다. 다른 종류의 민트 줄렙으로는 샴페인이나 진에 오렌지즙을 섞어 만든 것도 있다. 모두 생민트잎으로 장식하고 설탕을 뿌려 서빙한다.

Mille-feuille 밀푀유

"식탐을 주의할 것! 레스토랑 엘렌 다로즈, 가르니에, 그리고 포텔 에 샤보의 셰프들은 차분한 인내심과 능숙한 솜씨를 동원해 파트 푀유테를 만든다. 그들은 섬세한 모양의 페이스트리를 만들어 갑각류 새우나 랍스터를 채워 넣고 따뜻한 애피타이저로 서빙하기도 하고, 정확하게 어울리는 크림을 층층이 채우고 슈거파우더로 덮어 마무리한 유혹적인 밀푀유를 만들어내기도 한다."

MINT SAUCE 민트 소스 영국을 대표하는 소스로 가늘게 채 썬 민트잎에 황설탕과 식초를 넣고 소금, 후추로 간한 뒤 물을 몇 방울 넣어 희석한 것이다. 민트 소스는 차갑게 서빙하며, 양고기(더운 요리, 찬 요리 모두 포함)에 곁들여 먹는다.

MIQUE 미크 옥수수 가루와 밀가루를 혼합하거나 밀가루만을 주재료로 둥글게 반죽해 익힌 페리고르의 음식. 돼지 기름 라드나 거위 기름 또는 버터를 넣어 반죽하며, 이스트, 우유, 달걀을 첨가하기도 한다. 미크는 소금을 넣은 물이나 육수에 데쳐 익히며, 소스가 있는 요리, 포토푀, 양배추를 넣은 프티 살레(petit salé 염장 삼겹살), 수프 또는 시베(civet) 등에 곁들여 먹는다. 물에 삶아 건져 식힌 후 납작하게 눌러 팬에 튀기듯 지져내 잼이나 설탕을 뿌려 디저트로 먹기도 한다. 또는 슬라이스해서 거위 기름에 튀기듯 노릇하게 구운 다음 바싹 구운 돼지비계나 베이컨을 얹어 애피타이저로 서빙한다. 미크는 베아른(Béarn)과 페이 바스크(pays basque) 지방에서도 찾아볼 수 있다. 특히 바스크 지방의 검은 미크(pourrous negres)는 옥수수 가루와 밀가루를 섞어 반죽한 덩어리를 부댕(boudin) 삶은 물에 익혀낸 뒤 구운 것이다.

mique levée du Périgord noir 미크 르베 뒤 페리고르 누아

페리고르 누아의 발효반죽 미크 : 밀가루 500g, 달걀 3개, 제빵용 생이스트(반죽에 섞기 10분 전에 따뜻한 우유를 약간 넣고 개어둔다) 10g, 부드러워진 버터 100g(또는 거위기름), 소금 한 자밤, 우유 1.5컵을 믹싱볼에 넣고 손으로 섞는다. 반죽이 단단하고 균일해질 때까지 잘 치대며 혼합한다. 둥글게 뭉친 다음 볼에 담고 행주를 덮어 5시간 휴지시킨다. 포토푀가 완성되기 45분 전, 국물에 이 미크 반죽을 넣고 익힌다. 중간에 한 번 뒤집어준다. 슬라이스해서 채소, 고기와 함께 서빙한다.

MIRABEAU 미라보 구운 고기 요리(특히 소고기 스테이크), 구운 서대 필레, 에그 프라이 등에 안초비 필레, 씨를 뺀 올리브, 타라곤 잎, 안초비 버터를 곁들인 요리를 지칭한다.

▶ 레시피 : BŒUF.

MIRABELLE 미라벨 미라벨 자두. 노란색을 띤 작은 크기의 자두 품종으로 과육이 단단하며 맛이 달고 향이 매우 좋다. 주로 알자스와 로렌 지방에서 생산되며 특히 낭시(Nancy)와 메츠(Metz)산 미라벨은 좋은 품질로 인정받는다. 미라벨 자두(**참조** p.716 자두 도표, p.715 도감)는 생과일로 그냥 먹기도 하지만 특히 시럽에 절인 통조림이나 병조림, 잼, 오드비 블랑슈(eau-de-vie blanche)를 만드는 데 사용되며 플랑이나 타르트의 재료로도 인기가 높다. 로렌 지방의 미라벨 오드비(Mirabelle de Lorraine)는 AOC 등급으로 보호되고 있으며, 이곳에서 생산되는 미라벨 생과일은 IGP와 레드라벨 인증을 획득했다.

compote de mirabelle ▶ COMPOTE

confiture de mirabelle 콩피튀르 드 미라벨

미라벨 자두잼 : 375g짜리 병 4개 분량 / 준비(전날): 30분 / 재워두기: 12시간 / 조리: 약 20분

미라벨 1.1kg(또는 순 중량 1kg)을 행궈 건조시킨다. 반으로 쪼개 씨를 뺀 다음 레몬 작은 것 1개의 즙을 뿌린다. 잼 전용 냄비에 미라벨 자두와 물 250mℓ, 설탕 800g을 함께 넣는다. 불에 올린 뒤 계속 저어가며 끓을 때까지 가열한다. 거품을 제거한다. 볼에 덜어낸 뒤 유산지로 덮어둔다. 다음 날, 잼 전용 냄비 위에 체를 걸쳐 놓고 전날 준비해 둔 혼합물을 걸러 즙을 받아낸다. 이 시럽이 103°C(petit filé 상태)에 달할 때까지 센 불로 끓인다. 미라벨 자두를 넣는다. 다시 끓어오를 때까지 가열한다. 거품을 걷어낸다. 센 불로 5분간 끓인다. 아주 차가운 접시 위에 잼을 조금 덜어 농도를 확인한다(잼이 흘러내리지 않고 볼록한 방울 모양을 형성하면 완성된 것이다). 또는 설탕 전용 온도계를 사용하여 측정한다. 불에서 내린다. 열탕 소독해둔 유리병에 뜨거운 잼을 붓는다. 즉시 뚜껑을 닫고 병을 뒤집어 놓은 상태로 식힌다.

mirabelles au sauternes et au miel 미라벨 오 소테른 에 오 미엘

소테른 와인과 꿀을 넣은 미라벨 자두 병조림 : 2ℓ짜리 밀폐용 병 1개 분량 / 준비: 30분 / 살균: 1시간 10분

끓는 물에 용량 2ℓ짜리 병을 넣고 열탕 소독한다. 미라벨 자두 1.2kg을 씻어서 물기를 완전히 말린 뒤 소독해둔 병에 넣는다. 레몬 1/2개의 즙을 짠다. 바닐라 빈을 길게 갈라 씨를 긁어둔다. 냄비에 생수 500mℓ, 꿀(아카시아 꿀 또는 기타 꽃 꿀) 200g, 설탕 200g, 긁어 둔 바닐라 빈과 레몬즙을 넣고 끓인다. 이 혼합물을 미라벨 자두 위에 붓는다. 소테른 와인 500mℓ를 첨가한다. 병을 완전히 밀봉한다. 큰 들통에 물을 끓이고 병을 넣은 뒤 1시간 10분 동안 끓여 살균한다. 꺼내서 식힌다. 이렇게 만든 미라벨 병조림은 냉장고나 서늘한 곳에서 몇 개월간 보관할 수 있다.

크리스틴 페르베르(CHRISTINE FERBER)의 레시피

tarte aux mirabelles de Lorraine 타르트 오 미라벨 드 로렌

로렌산 미라벨 자두 타르트 : 파트 브리제(pâte brisée)를 만든다. 우선 작업대에 밀가루 250g과 차가운 가염 버터 125g을 놓고 손으로 비비듯 섞어 모래처럼 부슬부슬한 질감을 만든 다음, 가운데에 우묵한 공간을 만들고 그 가장자리에 설탕 10g을 뿌린다. 가운데 우묵한 공간에 달걀 1개를 깨 넣은 뒤 잘 섞어 균일하고 매끈한 반죽을 완성한다. 사용하기 전까지 랩으로 싸 냉장고에 넣어 1시간 휴지시킨다. 지름 20cm, 높이 3cm의 타르트 틀 안쪽에 버터를 바른다. 작업대에 밀가루를 가볍게 뿌린 뒤 파트 브리제를 지름 26cm 원형으로 민다. 반죽 시트를 타르트 틀에 앉힌 다음 바닥과 옆면을 손으로 조심스럽게 눌러 잘 고정한다. 포크로 반죽 시트를 군데군데 찔러준 다음 냉장고에 30분간 넣어둔다. 오븐을 210°C로 예열한다. 미라벨 자두를 찬물에 씻어 헹군 뒤 행주로 물기를 완전히 닦아준다. 반으로 쪼개 씨를 제거한다. 미라벨 자두를 원래 모양으로 동그랗게 붙여가며 타르트 시트 안에 한 켜로 채워 넣는다. 설탕을 조금 뿌린 뒤 예열한 오븐에 넣고 바로 온도를 180°C로 낮춘다. 반죽이 노릇해지고 미라벨 자두에 설탕이 배어들며 윤기나게 익을 때까지 약 30~40분간 굽는다.

MIREPOIX 미르푸아 각종 채소를 큐브 모양으로 썬 혼합물을 지칭하며, 주로 요리에 맛과 향을 더해주는 향신 재료로 쓰인다. 깍둑 썰기의 크기는 주재료를 익히는 데 걸리는 시간에 따라 달라진다. 이것은 18세기 프랑스의 고위 군인이자 루이 15세 시대에 오스트리아 빈의 대사를 지냈던 외교관 레비 미르푸아(Lévis-Mirepoix) 공작의 요리사가 처음 선보인 것으로 전해진다. 미르푸아는 세 종류로 분류할 수 있다.

- 고기가 들어가지 않은 미르푸아(mirepoix au maigre)는 국물용 향신 재료, 볶음이나 브레이징 요리, 육즙 소스(jus)를 만들 때 사용되며 당근, 양파, 셀러리, 타임과 월계수 잎으로 이루어진다.
- 고기가 들어간 미르푸아(mirepoixau au gras)는 기본 채소 미르푸아에 베이컨이나 큐브로 썬 햄을 추가한 것으로 몇몇 소스(토마토 소스, 에스파뇰 소스) 또는 콩을 주재료로 한 수프(콩알을 쪼개 만든 퓌레 포함) 등을 만들 때 향신 재료로 사용된다.
- 보르도식 미르푸아(mirepoix à la bordelaise)는 채소를 아주 작은 주사위 모양(brunoise)으로 썰어 버터에 색이 나지 않게 볶은 것으로, 소테한 갑각류를 익힐 때 향신 재료로 사용한다(예를 들어 보르도식 민물가재 요리 등).

attereaux de foies de volaille à la mirepoix ▶ ATTEREAU (BROCHETTE)
oreilles de veau braisées à la mirepoix ▶ OREILLE

MIRLITON 미를리통 파트 푀유테 크러스트 안에 아몬드 크림을 채우고 반으로 쪼갠 아몬드 3알을 별 모양으로 얹어 장식한 타르틀레트 이름이다. 일명 미를리통 혼합물(appareil à mirliton)이라 불리는 아몬드 크림 혼합물은 다수의 타르트를 만드는 데 사용된다(블루베리 타르트, 루바브 타르트 등). 또한 오렌지 블로섬 워터로 향을 낸 프티푸르 구움 과자류를 미를리통이라고 부르기도 한다.

mirlitons de Rouen 미를리통 드 루앙

루앙의 미를리통 : 파트 푀유테 250g을 2mm의 두께로 밀어 틀 크기에 맞춰 10개의 원형 시트를 찍어낸 다음 타르틀레트 틀 10개에 깔아준다. 볼에 달걀 2개를 푼 다음 마카롱 과자 큰 것 4개를 부수어 넣고, 설탕 60g, 아몬드 가루 20g을 넣어 섞는다. 타르틀레트 틀에 이 혼합물을 3/4 정도 채워준다. 냉장고에서 30분 동안 휴지시킨다. 속껍질을 벗긴 아몬드 15개를 두 쪽으로 쪼갠 뒤 각 타르틀레트 위에 3알씩 얹어준다. 슈거파우더를 뿌리고 200°C로 예열한 오븐에 넣어 15~20분간 굽는다. 따뜻하게 또는 차갑게 서빙한다.

MISCHBROT 미슈브로트 호밀빵. 호밀 70%와 밀가루 30%를 혼합하여 만든 독일 빵. 호밀가루의 절반(혹은 그 이상)으로부터 생성된 르뱅(천연발효종)은 빵에 약간 시큼한 맛을 내고 빵 조직의 밀도도 촘촘하게 만든다. 독일에서 가장 많이 먹는 빵인 미슈브로트는 때때로 베이컨이나 양파 등을 넣어 풍미를 더하기도 한다. 대개 만든 후 며칠 지나서 먹는다.

MISO 미소 일본 된장. 대두를 발효시켜 만든 되직하고 향이 강한 페이스트 형태의 된장으로, 익힌 대두에 누룩(쌀, 밀, 또는 보리로 밥을 지은 뒤 균주를 넣어 발효시킨 것)과 소금을 섞어 만든 발효식품이다. 발효 정도에 따라 들척지근한 맛부터 아주 짠맛까지, 밝은 노랑에서 짙은 갈색까지 다양한 종류가 있다. 일본 요리에서 양념으로 사용되며 특히 같은 이름의 수프(미소 된장국)를 끓일 때 넣는다.

MISTELLE 미스텔 미스텔. 발효가 일어나는 현상을 막기 위해 오드비 등의 증류주를 첨가한 포도즙으로, 천연 당성분이 포도즙 안에 그대로 남아 있다. 미스텔은 그 생산이 제한되어 있으며 주로 베르무트(vermouths) 제조에 사용된다. 피노(pineau), 플록 드 가스코뉴(le floc de Gascogne), 라타피아 드 샹파뉴(la ratafia de Champagne)는 모두 포도즙에 와인 브랜디를 첨가해 만든 미스텔이다.

MITONNER 미토네 시간이 지나 딱딱해진 캄파뉴 브레드를 슬라이스해 수프나 육수 국물에 넣고 약한 불로 뭉근하게 오래 끓이는 것을 의미한다. 빵은 국물을 흡수해 부드러워지고 수프는 더욱 걸쭉한 농도가 된다. 더 넓은 의미로 이 단어는 약한 불에 오래 익힌다는 뜻의 미조테(mijoter)의 동의어가 되었고, 심지어 가정식 요리를 아주 철저하고 세심하게 만든다는 의미로도 사용한다.

MIXED GRILL 믹스드 그릴 구이요리 모둠 플래터. 대표적인 앵글로 색슨 스타일의 요리로 바비큐 또는 석쇠 그릴에 구운 다양한 고기(양 갈비구이, 깍둑 썬 간, 소시지, 스테이크 등)를 한데 담은 플래터를 가리킨다. 녹색 채소와 파슬리를 뿌린 구운 토마토 등의 가니시와 함께 서빙된다.

MIXEUR 믹쇠르 블렌더, 믹서. 음식을 갈거나 섞는 데 사용하는 전기 기구. 블렌더는 수프를 갈아 블루테로, 익힌 과일을 갈아 콩포트로, 토마토를 쿨리로, 전분 함량이 낮은 채소들을 갈아 퓌레로 만들 때 주로 사용한다. 그 외에 마요네즈 소스를 만들기 위해 재료들을 단단히 휘핑할 때, 스터핑용 재료를 곱게 갈 때, 무스나 무슬린 등을 만들 때도 유용하게 사용된다.
– 핸드블렌더는 모터 부분에 손잡이가 달린 원추형 방망이 형태로 분당 약 10,000번 회전하는 날이 아래쪽 끝에 장착되어 있다. 조리 용기나 혼합물이 담긴 볼, 거름망(씨나 껍질, 질긴 섬유질 등을 걸러낼 수 있다)이 장착된 깊은 컵 등에 직접 블렌더 날을 넣고 작동시킬 수 있다. 경우에 따라 혼합물이 너무 찐득해지는 것을 막기 위해 좀 더 느린 속도로 갈 수 있도록 해주는 보조 부품 매셔가 갖춰진 것도 있다.
– 일반적인 고정형 블렌더는 모터 본체가 받침대 역할을 하고 있으며 그 위에 회전날을 포함한 믹싱볼을 얹어 장착하는 구조이다. 볼의 크기에 따라 용량이 제한되므로 재료의 양이 많을 경우 분할하여 작동해야 한다.

MIXOLOGISTE 믹솔로지스트 칵테일 믹싱 분야의 전문적인 지식과 경험을 지닌 사람을 뜻한다. 19세기에 처음 등장한 혼합학이라는 뜻의 믹솔로지(mixologie)라는 용어는 1882년 샌프란시스코의 바텐더 제리 토마스(Jerry Thomas)에 의해 사용되었다. 그는 1862년 발간된 칵테일에 관한 최초의 실용서『바텐더 가이드(*The Bar-Tender's Guide*)』를 썼다.

MODE 모드 아 라 모드 스타일(à la mode)로 조리 명칭의 하나이다. 큰 덩어리째 브레이징한 소고기에 익힌 국물 소스를 3/4까지 붓고 뼈를 바르고 큐브 모양으로 썬 송아지 족, 모양내어 돌려 깎은 당근, 방울 양파를 넣어 다시 뭉근히 익힌 요리를 뜻한다. 이렇게 조리한 뵈프 아 라 모드(boeuf à la mode)는 뜨겁게 서빙하거나 즐레를 씌워 굳혀 차갑게 먹기도 한다. 어떤 도시나 지역의 특선 향토 요리 경우에도 아 라 모드라는 명칭을 붙인 것들이 다수 있다.
▶ 레시피 : BŒUF, CHEVREUIL, TRIPES.

MODERNE (À LA) (아 라) 모데른 큰 덩어리로 조리, 서빙하는 고기 요리로 가니시에는 반드시 브레이징한 양상추(경우에 따라 소를 채우기도 한다)가 포함되며 그 외에 폼 누아제트(pommes noisettes), 송로버섯이나 붉은 염장 우설(langue écarlate) 슬라이스로 장식한 크넬, 브레이징한 양배추 탱발(샤르트뢰즈식으로 안쪽 면을 두른 육각형 틀에 넣어 익힌 뒤 송로버섯 슬라이스로 장식한다)을 자유롭게 곁들인다. 소스는 리에종한 송아지 육수로 만든 쥐(jus)를 곁들인다. 아 라 모데른 소 안심 스테이크나 양안심 또는 등심 스테이크는 고기를 팬에 소테한 뒤 구운 버섯 위에 얹고, 고기를 익힌 팬에 마데이라 와인과 데미글라스를 넣어 디글레이즈한 소스를 끼얹어 서빙한다. 가니시로 감자 크로켓, 브레이징한 양상추, 껍질을 벗겨 통째로 찌듯이 익힌 토마토를 곁들인다.

MOELLE OSSEUSE 무알 오쇠즈 골수. 정육용 동물(소와 송아지)의 긴 뼈 안의 빈 공간에 든 기름진 조직이다. 골수는 향신 재료를 넣은 육수에 넣어 끓이거나 오븐에 넣어 조리하면 대개 20분 이내에 익는다. 조리 전 소금 간을 먼저 하고, 익히는 도중 뼈에서 떨어져 분리되는 것을 막기 위해 알루미늄 포일에 싸주어야 한다. 포토푀(pot-au-feu) 또는 뵈프 아 라 피셀(bœuf à la ficelle, 고기를 주걱 등의 긴 막대에 끈으로 매달아 냄비 바닥에 닿지 않게 걸쳐 놓은 채 국물에 끓인 요리) 등의 요리에는 골수가 있는 뼈 토막이 반드시 들어가야 한다. 골수는 또한 그릴에 굽거나 팬에 지진 소고기(꽃등심, 채끝등심)에 곁들이기도 한다. 보르들레즈 소스를 만들 때 들어가는 재료인 골수는 전통적으로 카르둔 요리와 잘 어울리며, 바삭하게 구운 빵이나 카나페 위에 얹어 먹기도 한다.

cardons à la moelle ▶ CARDON
croûtes à la moelle ▶ CROÛTE

프레데릭 앙통(FRÉDÉRIC ANTON)의 레시피

l'os à moelle 로스 아 무알
골수가 든 사골 뼈 : 4인분 / 준비: 45분 / 조리: 15분
12cm 길이의 골수가 찬 사골 뼈 4토막, 7cm 길이의 속을 비운 뼈 4토막, 4cm 길이의 속을 비운 뼈 4토막을 깨끗이 긁어 손질한다. 뼈에 붙어 있는 고기 막을 제거하기 위해 뼈를 24시간 물에 담가둔다. 건져 물기를 뺀다. 12cm짜리 뼈 4개를 올리브 100mℓ에 넣고 굵게 부순 통후추 10g을 첨가한 뒤 냉장고에 넣어 12시간 동안 재운다. 굵은 소금을 깐 오븐팬에 감자 200g을 놓고 알루미늄 포일로 덮어 싼 뒤 180°C로 예열한 오븐에 넣어 익힌다. 사보이 양배추잎 200g을 끓는 물에 데쳐낸 뒤 억센 잎맥 부분은 칼로 도려낸다. 양배추(50g은 남겨둔다)를 잘게 썰어 오븐에 익힌 감자살과 혼합한 뒤 버터 80g을 넣고 잘 섞는다. 소금, 후추로 간한다. 작은 막대 모양으로 라르동으로 썬 베이컨 25g을 팬에 볶는다. 여기에 가늘게 썬 데친 양배추 50g을 넣고 버터 15g을 넣은 뒤 함께 슬쩍 볶아낸다. 간을 맞춘다. 지름 6cm 크기의 포치니 버섯(cèpe) 갓 8개를 씻어 물기를 제거한 뒤, 올리브오일을 한 바퀴 두른 팬에 노릇하게 굽는다, 소금, 후추로 간한 뒤 건져낸다. 팬에 버터 20g을 녹이고 버섯을 모두 넣은 뒤 다진 마늘 3g, 오래 볶아 완전히 익힌 샬롯 콩피 10g, 잘게 다진 처빌 2테이블스푼을 넣고 섞는다. 간을 맞춘다. 석쇠나 그릴 팬을 달군 뒤 12cm짜리 사골 4토막을 놓고 15분간 각 면을 골고루 굽는다. 각 접시 중앙에 7cm와 4cm짜리 속이 빈 뼈를 하나씩 놓는다. 양배추와 감자 혼합물로 반을 채운 뒤 가늘게 썬 양배추와 라르동을 넣는다. 그 위에 버섯을 하나씩 얹은 다음 얇게 저민 파르메산 치즈 셰이빙을 한 조각씩 올리고 식용 별꽃(mouron des oiseaux, 흰 꽃이 피는 야생 식물)를 한 송이씩 얹어 장식한다. 구운 사골 1조각을 옆에 놓는다. 송아지 육즙 소스(jus) 200mℓ를 4개의 접시에 나누어 고루 끼얹어준다. 포치니버섯 크림 소스 에멀전을 한 줄기 둘러주고, 마늘을 문지른 빵 슬라이스를 한 조각씩 놓는다. 골수가 든 뼈에 긴 스푼을 하나씩 꽂고 굵게 빻은 후추와 플뢰르 드 셀(fleur de sel)을 뿌린다.

sauce bordelaise ▶ SAUCE
turbotin sur pilotis de moelle ▶ TURBOT

MOÏNA 모이나 데쳐 익힌 서대 필레 요리로, 세로로 등분해 버터에 색이 나지 않게 익힌 아티초크 속살과 크림 소스 모렐 버섯을 곁들여 낸다.

MOKA 모카 아라비아 반도에서 생산되는 커피의 품종. 홍해의 맨 끝 지역에서 수확되는 커피만이 전통적으로 이 커피가 수출되던 예멘의 항구 도시 이름인 모카라는 명칭을 사용할 수 있다. 모카는 강하고 진한 향의 커피로, 쓴맛과 사향의 풍미가 난다고 하는 사람들도 있다. 모카 커피는 아주 진하고 달게 만들어 작은 잔에 서빙한다. 또한 제과, 아이스크림, 당과류 제조 시에도 많이 사용되는 훌륭한 향료다. 또한 모카는 커피 시럽을 적신 제누아즈나 스펀지 시트 층 사이사이에 커피 또는 초콜릿 향의 버터 크림을 채워 쌓은 케이크를 지칭하기도 한다(프티 가토 또는 홀 케이크 모두 포함).
▶ 레시피 : GÂTEAU.

MOLE POBLANO 몰레 포블라노 멕시코의 축제나 잔치 때 즐겨 먹는 음식으로 원래 이름은 몰레 포블라노 데 과홀로테(mole poblano de guajolote)이며 카카오 소스의 칠면조 스튜이다. 원래는 가금류 고기를 솥단지에 익혔으나, 최근에는 오븐에 굽거나 돼지 기름을 넣고 코코트 냄비에 조리하기도 한다. 칠면조를 적당한 크기의 토막으로 자른 뒤 소스(mole)를 끼얹는다. 소스는 우선 다양한 종류의 고추에 칠면조 익힌 국물을 조금씩 넣으며 절구에 찧은 뒤 양파, 토마토, 잘게 부순 토르티야, 마늘, 부순 아몬드, 아니스 씨, 참깨를 첨가해 만들며, 여기에 계피, 정향, 고수 씨 등의 향신료를 넣어 맛을 돋운다. 모든 재료들을 곱게 빻아 체에 긁어내린 뒤 돼지 기름에 넣고 약한 불에 천천히 익힌다. 여기에 육수를 넣어 농도를 조절하고 쓴맛의 카카오 가루를 넣는다. 칠면조에 소스를 넉넉히 끼얹은 뒤 참깨를 뿌려 서빙한다. 익힌 옥수수나 작은 토르티야 전병을 곁들인다.

마리 카르멘 자무디오(MARIE CARMEN ZAMUDIO)의 레시피

mole poblano du couvent de Santa Rosa 몰레 포블라노 뒤 쿠방 드 산타 로사

산타 로사 수도원의 몰레 포블라노 : 10인분 / 준비: 30분 / 조리: 2시간 30분
3kg짜리 칠면조 한 마리를 토막 내 큰 냄비에 넣고 당근 2개, 양파 2개, 셀러리 줄기 2대, 마늘 2톨, 리크 1대를 큼직하게 잘라 넣는다. 재료가 잠길 만큼 물을 붓고 끓을 때까지 가열한다, 거품을 건어내고 검은 통후추 3알과 굵은 소금을 넣는다. 약한 불로 2시간 동안 더 끓인다. 몰레 소스를 만든다. 우선 코코트 냄비에 돼지 기름 150g을 넣은 다음 절구에 굵게 찧은 물라토 고추 250g과 파시야 고추 375g을 넣고 2분간 볶는다. 고추를 건져낸 뒤 끓는 물에 2분 정도 담갔다 건져둔다. 양파 1개와 마늘 3톨의 껍질을 벗기고 얇게 썬다. 말린 호박씨 75g, 아몬드 125g, 물라토 고추씨 125g, 통후추 3알, 정향 3개, 통 계피 스틱 15g, 아니스 씨 1티스푼을 절구에 넣고 찧는다. 같은 코코트 냄비에 옥수수 토르티야 2장과 굳은 빵 125g 잘게 부순 것, 얇게 썰어둔 양파와 마늘, 절구에 빻은 향신료, 통깨 35g을 넣고 볶아준다. 전부 잘 섞은 다음 여기에 토마토 과육 175g, 칠면조 익힌 육수 4국자를 넣는다. 약한 불에서 30분 정도 뭉근히 끓인다. 볶아 준비해둔 두 종류의 빵은 고추와 잘게 다진 초콜릿 200g을 여기에 넣고 잘 섞으며 2분간 끓인다. 냄비에서 칠면조 고기 토막들을 건진다. 고기를 익히고 남은 국물을 체에 걸러 소스팬에 받고 가열하여 반으로 졸인다. 이것을 몰레 소스에 넣어 섞는다. 혼합한 소스를 핸드블렌더로 갈아준 다음 체에 거르며 칠면조 고기 위에 끼얹는다. 고기와 소스를 잘 섞은 뒤 다시 한번 가볍게 끓인다. 접시에 담고 통깨 40g을 솔솔 뿌린다.

MOLLUSQUE 몰뤼스크 연체동물. 물렁한 몸을 가진 무척추 동물로 일반적으로 보호용 껍데기를 지니고 있다. 연체동물은 약 5억 3천만 년 전 지구에 나타났고 지구 전체를 점령했었다. 1mm의 복족류부터 시작하여 20m가 넘는 대왕 오징어에 이르기까지 그 크기는 매우 다양하며, 현재 약 10만 개의 종이 존재하는 것으로 추정된다. 연체류는 세 그룹으로 분류한다. 관절로 연결된 두 개의 껍데기를 가진 쌍각류 또는 판새류는 가장 많이 소비되는 종류이다. 개체수가 가장 많고 가장 널리 퍼져 서식하는 복족류는 껍데기의 형태에 따라 달팽이 같은 나선형, 전복과 같이 납작한 모양, 삿갓조개와 같은 원추형의 세 개의 하위군으로 다시 나뉜다. 가장 진화한 두족류에는 앵무조개처럼 칸막이가 있는 나선형의 외부 껍데기를 가진 것, 갑오징어와 같이 몸 내부에 껍데기가 있는 것, 혹은 문어처럼 껍데기가 아예 없는 것 등이 있다. 연체류는 다양한 방법으로 상품화되어 유통되고 있으며 조리법도 여러 가지가 있다. 이 중 일부는 양식 생산도 이루어지고 있다.

MOMBIN 몽뱅 몸빈, 몸빈, 호그플럼, 옻나무과에 속하는 수목의 열매로 노란색 또는 짙은 붉은색을 띠고 있으며 모양은 둥근 것, 갸름한 것 또는 서양배 형태이다. 크기가 3~5cm 정도 되며 스폰디아스(spondias) 또는 스페인 자두라고도 또한 불리는 몸빈은 멕시코, 필리핀, 앤틸리스 제도에서 재배되며, 노란색의 과육은 달고 즙이 많아 오렌지 과육의 맛을 연상시킨다. 생과일로 그대로 먹거나 콩포트나 잼을 만들기도 하며 말려서 먹기도 한다. 잼으로 또는 말려서도 먹는다. 인도와 태평양 지역에서 재배되는 또 하나의 품종인 옐로 플럼(옅은 노란색으로 과육은 단단하고 즙이 많으며 더 새콤한 맛이 난다)은 다수의 짭짤한 음식(특히 닭고기 요리)에 곁들여 먹으며, 특히 열매가 아직 연두색을 띠고 있을 때 처트니(chutney)의 재료로 사용한다. 완전히 익으면 그대로 생과일로도 먹을 수 있다.

MONACO 모나코 데쳐 익힌 서대 필레 요리 중 한 종류로 토마토와 허브를 넣은 화이트와인 소스를 끼얹고 데친 굴과 길쭉한 모양의 크루통을 곁들여낸다. 이 명칭은 작은 구슬 모양의 당근과 순무를 넣고 송로버섯, 프로피트롤(profiterole)을 곁들인 닭고기 콩소메. 또는 달걀노른자로 리에종

하고 설탕 뿌린 빵 슬라이스를 곁들인 닭 콩소메에도 적용된다. 후자의 이 콩소메는 몽테 카를로 콩소메(consommé Monte-Carlo, 칡 녹말을 넣어 걸쭉하게 리에종하고 치즈를 넣은 제누아즈 시트를 동그랗게 잘라 얹은 뒤 오븐에 노릇하게 구워낸 콩소메)와 아주 비슷하다. 모나코는 맥주, 사이다, 석류 시럽을 섞어 만든 칵테일의 이름이기도 하다.

MONARDE 모나르드 모나르드, 베르가못, 수레박하. 꿀풀과에 속하는 초본 식물(**참조** p.369, 370 식용 꽃 도감). 생허브 잎을 잘게 썰어 샐러드 등의 생채소 요리에 향을 더하기도 하고, 꽃을 장식용으로 사용한다. 또한 차로 우려 마시기도 한다.

MONBAZILLAC 몽바지악 프랑스 남서부(Sud-Ouest)의 AOC 화이트와인으로 향이 풍부한 스위트와인이다. 소테른(sauternes)과 같은 포도품종들을 블렌딩하여 만들며 베르주락(Bergerac)의 남쪽 지역에서 생산된다.

MONDER 몽데 껍질을 제거하다. 과일(아몬드, 복숭아, 피스타치오, 토마토 등)의 껍질을 제거하는 것을 뜻한다. 먼저 재료를 체망에 담고 끓는 물에 몇 초간 담갔다 빼면 껍질을 더욱 쉽게 제거할 수 있다. 이 용어가 뜻하는 껍질 벗기기(mondage)는 정확히 말하면 과육을 잘라내지 않도록 조심하면서 칼끝으로 살살 껍질을 벗겨내는 방식이다. 아몬드는 뜨거운 물에 잠시 담가둔 뒤 손가락으로 눌러 밀어주면 속껍질을 쉽게 제거할 수 있다.

만드는 법 익히기 ▶ *Monder, épépiner et concasser des tomates,*
토마토 껍질 벗기기, 속과 씨 제거하기, 작은 큐브로 썰기 실습노트 P. XVIII

MONÉGASQUE (À LA) (아 라) 모네가스크 모나코식의. 오르되브르로 서빙되는 차가운 토마토 파르시(tomates farcie 속을 채운 토마토)를 가리킨다. 토마토 높이의 3/4 되는 부분을 가로로 뚜껑처럼 잘라낸 다음 속을 파내고 소금, 후추, 오일, 식초를 넣어 밑간을 한다. 잘게 부순 참치살, 잘게 썬 양파, 허브 그리고 경우에 따라서 삶은 달걀 다진 것을 섞고 모두 마요네즈로 버무린 뒤 토마토 속에 채워 넣는다.

MONSELET (CHARLES PIERRE) 샤를 피에르 몽슬레 프랑스의 언론인, 시인, 작가(1825, Nantes 출생–1888, Paris 타계). 보들레르의 친구이기도 했던 그는 뒤마(Dumas), 방빌(Banville), 고티에(Gautier) 등과 공저로 1859년 『시적인 요리사(*la Cuisinière poétique*)』를 출간했다. 1858년 2월 21부터 8월 1일까지 몽슬레는 매주 일요일마다 미식적 흥미를 위한 신문(journal des intérêts gastronomiques)이라 명명한 주간지 『르 구르메(*le Gourmet*)』를 발행했다. 이 신문은 잠시 발행된 뒤 연재를 마감했고, 이후 그리모 드 라 레니에르(Grimod de La Reynière)는 이와 비슷한 미식 정보지 형식을 계승해 레스토랑 평가서인 『미식가 연감(*Almanach des gourmands*)』을 시리즈로 펴냈다. 이 『연감(*Almanach*)』은 1861년과 1862년, 이어서 1866년부터 1870년까지 출간되었다. 당대 많은 요리사 및 식당 주인들과 친분이 있었던 몽슬레의 이름은 그에게 헌정된 여러 고급 요리 레시피 이름에 붙게 되었으며, 이들 중 몇몇에는 공통적으로 아티초크와 송로버섯이 재료로 사용되었다. 데친 굴, 세로로 등분해 버터에 익힌 아티초크 속살, 얇게 썬 송로버섯을 교대로 꼬치에 끼우고 빌르루아소스(sauce Villeroi)를 바른 뒤 빵가루 옷을 입혀 튀겨낸 아트로(attereaux), 잘게 썬 아티초크와 송로버섯을 크림에 자작하게 익힌 살피콩을 채운 오믈렛에 버터에 살짝 데운 송로버섯 슬라이스를 곁들인 뒤 진하게 졸인 마데이라 와인소스를 뿌려낸 요리 등을 꼽을 수 있다.

▶ 레시피 : BOMBE GLACÉE, CAILLE, PERDREAU ET PERDRIX.

MONTAGNÉ (PROSPER) 프로스페르 몽타녜 프랑스의 요리사(1864, Carcassonne 출생–1948, Sèvres 타계). 카르카손의 한 호텔 주인의 아들로 태어난 몽타녜는 건축가가 되기를 희망했으나 그의 부모가 툴르즈에 새 호텔을 열게 되면서 아버지의 뒤를 잇기로 결심한다. 그때부터 파리, 코트레(Cauterets), 산 레모(San Remo), 몬테 카를로(Monte-Carlo)의 유명 업장에서 경험을 쌓으며 이 직업에 필요한 단계를 하나씩 완수했고, 이어서 다시 파리로 돌아가 파비용 다르메농빌(Pavillon d'Armenonville), 르두아옝(Ledoyen)의 셰프를 거쳐 자신이 요리사로 맨 첫발을 딛었던 곳인 르 그랑 도텔(Le Grand Hôtel)의 총주방장으로 요리사 직업을 마감했다. 그는 프로스페르 살(Prosper Salles)과 함께 자신의 첫 요리책『삽화를 곁들인 요리 백과(*la Grande Cuisine illustrée*)』(1900), 이어서『요리 대백과(*Grand Livre de la cuisine*)』(1929)을 펴냈다. 또한 고챠크(Gottschalk) 박사와의 협력으로『라루스 요리 대사전(*Larousse gastronomique*)』을 집필했고, 이 책의 초판은 1938년에 출간되었다. 이 밖에도『고급 요리(*la Cuisine fine*)』(1913),『지중해 지역 요리의 보물(*le Trésor de la cuisine du bassin méditerranéen*)』,『남프랑스의 향연(*le Festin occitan*)』(1929),『티켓이 있는 요리, 티켓이 없는 요리(*Cuisine avec et sans ticket*)』(1941) 등의 저서를 출간했다. 1914년부터 1918년, 제1차 세계대전 중 프로스페르 몽타녜는 연합군의 메인 주방에서 근무했다. 이후 미국으로 건너가 시카고 도축장의 경영 자문역으로 일한 뒤 다시 파리로 돌아온 그는 에셸가(rue de l'Échelle)에 레스토랑을 열었고 일부 사람들은 이곳을 프랑스 최고의 식당이라 평가했다. 그는 또한 최초의 요리 경연대회 및 미식 박람회를 개최했다. 그의 업적을 기리기 위해 르네 모랑(René Morand)이 설립한 미식가들과 요리 계 전문가들의 모임인 르 클럽 프로스페르 몽타녜를 통해 그의 이름은 영원히 기억될 것이다(**참조** MONT-BRY).

MONTAGNE-SAINT-ÉMILION 몽타뉴 생 테밀리옹 보르도의 AOC 와인. 생 테밀리옹(saint-émilion) 옆에 바로 인접한 몽타뉴 생 테밀리옹에서는 서로 비슷한 스타일의 레드와인이 생산되고 있다. 메를로, 카베르네 프랑, 카베르네 소비뇽, 말벡 품종 포도로 만드는 이 와인들은 과일 향이 풍부하고 알코올 함량이 높으며 바디감이 좋다.

MONTAGNY 몽타니 부르고뉴의 화이트 AOC 와인으로, 샤르도네 품종 포도로 만든다. 복합적인 부케와 은은한 스파이스 노트를 갖고 있는 드라이하고 가벼운 와인으로 코트 샬로네즈(Côte chalonnaise)의 네 개의 코뮌에서 생산된다(**참조** BOURGOGNE).

MONTBAZON 몽바종 가금류 요리에 곁들이는 가니시의 한 종류로, 팬에 지진 양 흉선(ris d'agnea)과 크넬로 구성되며, 여기에 모양내어 깎은 양송이버섯과 송로버섯 슬라이스를 얹어 낸다.

MONT-BLANC 몽블랑 차갑게 먹는 디저트의 한 종류인 몽블랑은 국수 모양으로 짠 바닐라향의 밤 퓌레와 건조시킨 머랭으로 만든 뒤 샹티이 크림을 얹어 장식한다. 알자스 지방과 독일어권 국가들에서는 토르슈 오 마롱(torche aux marrons 밤으로 만든 횃불이라는 뜻)이라고도 불린다.

피에르 에르메(PIERRE HERMÉ)의 레시피

mont-blanc 몽블랑

몽블랑 : 6인분 / 준비 : 1시간 / 조리: 2시간 45분

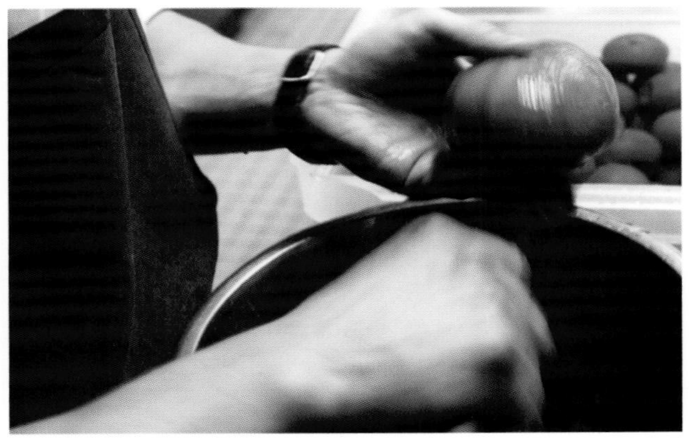

오븐을 120°C로 예열한다. 지름 1cm 깍지를 끼운 짤주머니에 머랭 200g을 채운다. 유산지를 깐 베이킹 팬 위에 지름 24cm의 소용돌이 모양으로 머랭을 짠다. 120°C 오븐에서 45분, 온도를 100°C로 낮춘 뒤 2시간 동안 굽는다. 밤 페이스트 150g과 밤 퓌레 330g에 코냑 15g을 넣고 섞는다. 밤 크림 150g을 첨가한다. 여러 개의 작은 구멍이 있는 몽블랑용 깍지를 끼운 짤주머니에 이 크림 혼합물을 채운다. 구워낸 머랭 시트에 로즈힙 장미 잼 150g을 펴 바른 뒤 샹티이 크림 200g으로 덮어준다. 짤주머니에 채워둔 밤 크림 혼합물을 국수 모양으로 짜 얹는다. 별 모양 깍지를 끼운 짤주머니에 샹티이 크림 200g을 채운 뒤 맨 위에 동그란 꽃 모양을 여러 개 짜 얹는다. 샹티이 꽃 모양 위에 잘게 부순 마롱 글라세 조각들을 올린다.

MONT-BRY 몽 브리 프로스페르 몽타녜의 가명으로 그가 만들어내거나 또는 그에게 헌정된 다양한 음식의 이름을 짓는 데 사용되었다. 몽 브리 가니시는 작은 정육 덩어리를 요리하는 데 사용되며, 파르메산 치즈로 걸쭉하게 만든 원반 모양의 시금치 퓨레 위에 고기를 올리고, 화이트와인과 걸쭉하게 만든 송아지 육수를 디글레이즈하여 끼얹고 크림소스를 넣은 그물버섯을 곁들인다.

MONT-D'OR 몽도르 소젖, 염소젖 또는 둘의 혼합유로 만드는 리옹 지역의 치즈(지방 45%). 푸른빛이 돌며 희미한 붉은 얼룩이 있는 천연 외피 연성치즈로, 지름 8~9cm, 두께 1.5cm의 원반형이다(**참조** p.392 프랑스 치즈 도표). 맛이 순하고 섬세하며, 숙성된 생 마르슬랭(saint-marcellin) 치즈와 약간 비슷하다.

MONT-DORE 몽도르 감자 요리의 한 종류. 삶아서 으깬 감자 퓌레에 달걀노른자, 경우에 따라 생크림도 추가해 섞은 뒤 가늘게 간 치즈를 넣는다. 그라탱 용기에 돔 모양으로 수북하게 담고 다시 치즈를 뿌려준 다음 오븐에 넣어 그라탱처럼 노릇하게 구워낸다.

MONTER 몽테 거품을 올리다, 휘핑하다. 손 거품기 또는 전동 믹서 거품기를 사용하여 달걀흰자, 생크림 또는 파티스리 혼합물(제누아즈, 머랭 반죽) 등을 치대거나 휘저어주는 것을 뜻한다. 이 작업을 통해 재료 덩어리는 일정량의 공기를 함유하게 되고 부피가 늘어나면서 특별한 농도와 색을 지니게 된다. 달걀노른자를 몽테한다는 것은 중탕냄비 등의 약한 불에 올린 뒤 크리미한 농도가 될 때까지 거품기로 힘 있게 저어주는 것을 의미하며, 이는 더운 유화(에멀전) 소스를 만들 때 사용되는 방법이다. 또한 찬 유화 소스(마요네즈), 또는 더운 유화 소스(베아르네즈 소스)를 만들 때 기름 등의 유지를 달걀노른자에 조금씩 넣으며 거품기로 휘저어 섞는 것도 몽테한다고 표현한다. 소스를 버터 몽테한다는 것은 작게 잘라둔 버터를 소스에 조금씩 넣어가며 매끈하고 윤기나도록 섞어 더 부드럽고 크리미한 질감으로 만들어주는 것을 의미한다. 스푼으로 젓거나 용기를 돌려가며 혼합한다.

MONTGLAS 몽글라 재료를 잘게 썰어 혼합해 일종의 양념이나 가니시로 사용하는 살피콩(salpicon)의 한 종류이다. 몽글라 살피콩은 붉은 물을 들인 염장 우설(langue ecarlate)와 데친 양송이버섯(또는 드물게는 데쳐 익힌 양의 흉선, 수탉의 볏과 콩팥)에 그의 절반이 채 안 되는 분량의 푸아그라와 송로버섯을 첨가해 만든다. 모든 재료는 가늘게 채 썬 다음 졸인 마데이라 소스 또는 마데이라 와인을 넣은 데미글라스 소스를 넣고 잘 섞는다. 한쪽 면에만 양념을 얹어 익힌 양갈비 몽글라 요리는 고기에 이 살피콩을 덮어준 뒤 빵가루를 뿌려 오븐에서 그라탱처럼 노릇하게 익힌 것으로, 데미글라스 소스를 한 바퀴 둘러 서빙한다. 송아지 흉선과 가금류 몽글라 요리는 브레이징한 재료에 팬을 디글레이징하여 만든 소스를 끼얹어 서빙하는데 이 때 소스에 몽글라 살피콩을 넣어주는 것이 특징이다. 퍼유타주 반죽으로 구워낸 작은 볼로방의 일종인 부셰 몽글라는 살피콩으로 속을 채우고 작은 크기로 저며 썬 푸아그라와 송로버섯 슬라이스를 얹어 장식한 것이다.

MONTHÉLIE 몽텔리 부르고뉴 코트 드 본(Côte de Beaune)의 AOC 와인으로 레드(포도품종은 피노 누아, 피노그리)와 화이트와인(포도품종은 샤르도네, 피노 블랑) 모두 생산된다. 바디감이 있으면서도 섬세한 맛을 지닌 와인으로, 프르미에 크뤼(premier cru) 등급 15개의 클리마(포도원 구획) 이름이 라벨에 표시된다(**참조** BOURGOGNE).

MONTLOUIS 몽루이 투렌(Touraine)의 화이트 AOC 와인. 포도품종은 슈냉 블랑으로 잔당 함량에 따라 섹(sec, 드라이), 드미 섹(demi-sec, 세미 드라이), 리코뢰(liquoreux, 스위트)로 나뉘며 비발포성과 발포성 와인 모두 생산된다. 부브레(vouvray) 와인들과 마찬가지로 오래전부터 생산 및 판매되어 온 루아르 지방의 와인이다(**참조** TOURAINE).

MONTMARTRE (VIN DE) (뱅 드) 몽마르트르 몽마르트르 와인. 파리의 몽마르트르 언덕에서 생산되는 와인이다. 포도 수확철에는 성대한 축제가 열린다. 매년 400병 정도의 와인을 만들고 있으며 관할 구역 내의 사회봉사 기금 마련을 위해 전량 경매로 판매된다.

MONTMORENCY 몽모랑시 새콤한 몽모랑시산 체리가 들어간 다양한 요리나 디저트에 붙는 이름이다. 몽모랑시 새끼오리 요리(caneton Montmorency)는 향신 재료를 넣고 팬에 지진 오리에 씨를 제거한 뒤 보르도 와인에 데친 체리를 곁들여 낸다. 오리를 지진 팬에 체리브랜디를 넣어 디글레이즈하고 송아지 육수를 넣고 졸여 소스를 만든 뒤 리에종하여 농도를 맞추고 체에 걸러 오리에 끼얹어준다. 몽모랑시라는 명칭으로 불리는 모든 파티스리 중 가장 대표적인 클래식 메뉴는 제누아즈 시트에 시럽에 절인 체리를 채워 넣고 이탈리안 머랭으로 겉을 씌운 케이크다. 맨 위에 글레이즈한 체리 또는 당절임 체리를 얹어 장식한다. 몽모랑시 이름이 붙은 아이스크림, 봉브 글라세와 무스 글라세, 크루트, 타르트, 타르틀레트에는 어떠한 형태로든 모두 체리가 들어간다(생체리, 당절임한 체리 콩피 또는 브랜디에 절인 체리 등). 한편 클래식 요리 중에서는 몽모랑시라는 이름이 붙었지만 체리가 들어가지 않는 것들도 있다. 몽모랑시 가니시는 주로 고기 요리(큰 덩어리, 작은 서빙 사이즈 모두 포함)에 곁들여지며 구슬 모양으로 도려내 윤기나게 익힌 당근을 채운 아티초크 속살 밑동, 같은 사이즈로 동그랗게 튀겨낸 폼 누아제트로 구성된다.

▶ 레시피 : BOMBE GLACÉE, CROÛTE.

MONTPENSIER 몽팡시에 여러 요리나 디저트에 붙는 이름으로, 몽팡시에 케이크는 아몬드 가루와 건포도, 당절임 과일을 넣은 제누아즈 반죽으로 만든 것이다. 더 확장된 의미로, 때로는 향을 더해주는 재료들을 틀 안쪽에 미리 깔아준 뒤 반죽을 채워 구운 케이크 들을 몽팡시에라고 부르기도 한다. 몽팡시에라는 명칭이 붙은 소 안심 스테이크(tournedos), 서빙 사이즈로 잘라 요리한 각종 고기류나 닭가슴살 요리 등에는 아스파라거스 윗동과 가늘게 썬 송로버섯이 가니시로 곁들여진다.

MONTRACHET 몽라셰 염소젖으로 만드는 부르고뉴의 천연 외피 연성치즈(지방 45%). 외피는 푸르스름한 빛을 띠며 모양은 지름 6cm, 높이 8~9cm의 원통형이다. 포도나무 잎으로 싸서 판매하는 몽라셰 치즈는 염소 특유의 향이 나며 고소한 너트 맛이 강하다.

MONTRACHET (VIN) 몽라셰(뱅) 몽라셰 AOC 화이트와인. 샤르도네 품종 포도로 만드는 드라이 화이트와인으로 프랑스의 가장 유명한 와인들 중 하나인 몽라셰는 바디감이 단단하면서도 매우 우아하고 섬세한 풍미를 지닌다. 코트 드 본(Côte de Beaune)의 두 개의 코뮌 퓔리니 몽라셰(Puligny Montrachet)와 샤사뉴 몽라셰(Chassagne Montrachet)에서 생산되는 몽라셰 와인은 일부 사람들에게는 세계 최고의 화이트와인으로 여겨진다(**참조** BOURGOGNE).

MONTRAVEL 몽라벨 몽라벨 AOC 화이트와인. 드라이, 스위트 모두 생산되며 포도품종은 세미용, 소비뇽, 뮈스카델이다. 생산지는 도르도뉴(Dordogne)강 우안의 포도밭으로 보르도 지역 안에 포함되어 있지만 베르주락(bergerac)으로 간주된다.

MONTREUIL 몽트뢰유 소 안심 스테이크나 기타 서빙 사이즈로 잘라 조리하는 고기 요리의 가니시 명칭이다. 버터에 익힌 아티초크 속살에 완두콩, 또는 완두콩 크기의 구슬 모양으로 도려내 윤기나게 익힌 당근 글라세를 채운 것으로 이루어진다. 또한 데쳐 익힌 생선 요리에도 몽트뢰유라는 이름이 붙은 것이 있는데 이 경우는 생선에 화이트와인소스를 끼얹고, 동그랗게 잘라 물에 삶은 감자에 새우 쿨리 블루테를 끼얹어 곁들여낸다.

MONTROUGE 몽루주 양송이버섯이 들어간 다양한 요리에 붙인 명칭으로, 옛날 파리의 성문 근처 몽루주(Montrouge)에 자리 잡았던 버섯 재배지 이름에서 따온 것이다.

▶ 레시피 : CROQUETTE, CROUSTADE.

MONTSÉGUR 몽세귀르 소젖으로 만드는 피레네 지방의 비가열 압착치즈(지방 45%)로 천연 외피는 검은색 파라핀으로 싸여 있다. 지름 20cm, 두께 8~12cm의 둘레가 불룩한 원반형이며 무게는 2~3kg 정도이다. 공장에서 대량 생산된 몽세귀르 치즈는 표면에 기공이 여러 개 나 있다.

MOQUES 모크 벨기에의 도시인 강(Gand)의 특산 과자이다. 비정제 황설탕과 정향으로 향을 낸 발효 반죽을 부댕 모양으로 둥글고 길게 만든 뒤 설탕에 굴리고 도톰하게 슬라이스하여 낮은 온도에서 구워낸다.

MORBIER 모르비에 소젖으로 만드는 프랑슈 콩테의 AOC 치즈(지방 45%). 밝은 회색 또는 오렌지빛을 띤 천연외피의 비가열 압착치즈이며 지름 30~40cm, 두께 5~8cm의 원반형 이다(**참조** p.390 프랑스 치즈 도표). 치즈 중앙에는 숯의 재로 이루어진 검은 줄이 가로로 나 있는데, 이는 옛날에 여러 달 동안 굴뚝에 붙여 놓아 치즈가 그을음으로 인해 검게 되었던 옛 모습을 식용 숯가루로 재현한 것이다. 모르비에는 건조한 곳에서 최소 45일 이상 숙성하며 풍미가 비교적 강한 편이다.

MOREAU (ANDRÉ) 앙드레 모로 프랑스의 요리사(1909, Collan 출생–1999, 파리 타계). 욘(Yonne)의 작은 마을에서 태어난 그는 샤블리(Chablis)의 오텔 드 레투알(l'Hotel de l'Étoile)에서 견습생 시절을 보냈다. 콩파뇽 뒤 투르 드 프랑스(Compagnon du tour de France)의 요리 부문 회원 자격으로 전국을 돌며 실무를 익힌 그는 루카 카르통(Lucas-Carton), 프뤼니에(Prunier), 조르주 생크(George V)와 같은 파리의 유명 식당에서 훈련을 받았고, 매년 특정 시즌에는 생 라파엘(Saint-Raphaël), 라 볼(La Baule), 르 투케(Le Touquet) 등지에서 일하며 경력을 쌓았다. 파리 마티뇽 대로(avenue Matignon)의 레스토랑 버클리(Berkeley)의 라인 쿡(1938-1939년)으로 시작한 그는 부주방장을 거쳐 총괄 셰프(1945-1969)가 되었다. 특히 그의 휘하에서 실력을 키운 요리사들 중에는 조엘 로뷔숑(Joël Robuchon), 알랭 상드렝스(Alain Senderens), 앙리 포쥬롱(Henri Faugeron)이 있었다. 그는 생 제르맹 데 프레(Saint-Germain-des-Prés)에 위치한 레스토랑 사보 드 베르나르(Sabot de Bernard)를 끝으로 1972년 요리사 생활을 마감했다. 예술적이고 세련된 요리에 재능이 있었던 그는 프랑스 국내뿐 아니라 각종 국제 요리 콩쿠르에도 여러 번 참여했으며 1954년에는 프로스페르 몽타녜(Prosper Montagné) 상을 수상했고 이어서 1958년에는 요리사 부문 프랑스 명장(Meilleur Ouvrier de France) 타이틀을 획득했다.

MOREY-SAINT-DENIS 모레 생 드니 부르고뉴 코트 드 뉘(côte de nuits)의 AOC 레드와인으로 피노 누아 품종 포도로 만든다. 모레 생 드니의 그랑 크뤼 대부분은 와이너리 고유 명칭으로 라벨에 표기된다. 클로 드 라 로슈(clos-de-la-roche), 클로 생 드니(clos-saint-denis), 클로 드 타르(clos-de-tart), 본 마르(bonnes-mares)가 대표적이다(**참조** BOURGOGNE).

MORGON 모르공 가메(gamay) 포도로 만드는 모르공 와인은 보졸레의 최고 품질 크뤼 10개에 포함된다. 다른 보졸레 와인보다 바디감이 풍부한 모르공은 과일 풍미가 좀 덜한 편이지만 키르슈 향이 나는 것으로 유명하다(**참조** BEAUJOLAIS).

MORILLE 모리유 모렐 버섯, 곰보버섯. 봄에 나는 버섯으로 풍미가 아주 좋으며 비교적 귀한 편이다(**참조** p.188, 189 버섯 도감). 벌집 모양으로 깊이 팬 원뿔형의 갓은 흙과 모래 또는 그 안의 벌레들을 제거하기 위해 정성들여 여러 번 헹구면서 씻어야 한다. 갓의 색이 갈색에서 검정에 가까운 어두운 색을 띤 것을 가장 상품으로 친다. 황금색이 나는 모렐 버섯은 맛이 좀 덜하며 버섯대가 좀 더 긴 세모곰보버섯(morillon) 또한 풍미가 떨어진다. 모든 모렐 버섯은 완전히 익힌 후 섭취해야 한다. 버섯에 들어 있는 일부 독성 물질이 조리를 해야 파괴되기 때문이다. 대개 버터에 익힌 뒤 생크림을 넣거나 마데이라 와인을 넣고 디글레이즈한다. 모렐은 포레스티에르(forestière) 가니시를 구성하는 재료 중 하나이며, 이 가니시는 주로 오믈렛, 닭 요리, 붉은색 육류 또는 송아지 흉선에 곁들인다. 또한 그라탱을 만들거나 포타주나 소스에 넣어 맛을 내기도 한다. 생으로 두었다 사용하거나 기름에 담가 저장하기도 하며 주로 말려서 보관한다.

aumônières de homard aux morilles 오모니에르 드 오마르 오 모리유

모렐 버섯과 랍스터를 채운 오모니에르 : 송아지 흉선 2개를 찬물에 1시간 정도 담가둔다. 건져서 냄비에 담고 물을 부은 뒤 5분간 데친다. 찬물에 식히고 얇은 막을 벗겨내 손질한 다음 묵직한 것으로 눌러 다음날까지 냉장고에 보관한다. 말린 모렐 버섯 50g을 따뜻한 물에 담가 30분 정도 불린 뒤, 소금을 넣은 끓는 물에 3분간 데친다. 당근 2개, 샬롯 4개, 마늘 3톨을 아주 얇게 썬 다음 버터 30g을 녹인 소테팬에 넣고 볶아준다. 큐브 모양으로 썬 송아지 흉선을 여기에 넣고 10분간 약한 불로 익힌다. 드라이한 화이트와인 50mℓ를 넣고 졸인다. 갑각류 육수 100mℓ, 씨를 빼고 잘게 썬 토마토 2개를

첨가하고 소금과 후추로 간을 한 다음 뚜껑을 덮고 10분간 익힌다. 흉선을 건져낸다. 소테팬에 남은 재료를 모두 블랜더로 갈아 소스를 만든 뒤 따뜻하게 유지한다. 소금을 넣은 끓는 물에 900g짜리 랍스터 2마리를 넣고 5분간 삶은 뒤 껍데기를 벗긴다. 랍스터살을 큐브 모양으로 썰어 굵직하게 다진 송아지 흉선, 모렐 버섯과 섞어준다. 브릭 페이스트리 시트 6장을 사방 20cm 정사각형으로 자른 뒤 버터를 바른 오븐팬에 놓는다, 식혀둔 소를 각 사각형 시트 중앙에 2스푼씩 놓고 가장자리에 녹인 버터를 바른 다음 가운데로 모아 복주머니 모양으로 감싸준다. 210°C로 예열한 오븐에서 완전히 황금색이 될 때까지 구워준다. 소스는 따로 용기에 담아 오모니에르와 함께 서빙한다.

레지스 마르콩(RÉGIS MARCON)의 레시피

crème renversée au caramel de morilles 크렘 랑베르세 오 카라멜 드 모리유

모렐 버섯 크렘 카라멜 : 8인분

하루 전날, 말린 모렐 버섯 최상품 60g을 따뜻한 물에 담가 불린다. 다음 날 버섯을 건져 좋은 것으로만 고른 뒤 깨끗이 씻어 남은 모래와 불순물을 모두 제거한다. 버섯을 불린 물은 고운 체에 거른 뒤 50mℓ가 될 때까지 졸여 즙을 만들어둔다. 캐러멜을 만든다. 우선 설탕 250g과 약간의 물을 냄비에 넣고 황금색 캐러멜(참조. p.160 CARAMEL BLOND) 색이 날 때까지 가열한다. 누아이 프라트(Noilly Prat) 베르무트 100mℓ를 조심스럽게 부어 디글레이즈한다. 여기에 레몬 반 개 분량의 즙, 모렐 버섯즙 50mℓ를 첨가하고 다시 졸인 뒤 이 캐러멜을 8개의 개인용 작은 라므킨(ramequin)에 나눠 붓는다. 모렐 버섯에 약간의 물을 넣고 익힌다. 다진 모렐 버섯 40g을 각 라므킨에 나누어 담고 캐러멜이 굳도록 냉장고에 넣어둔다. 플랑(flan)을 만든다. 우선 설탕 200g과 약간의 물을 냄비에 넣고 갈색의 캐러멜이 될 때까지 가열한다. 여기에 생크림 250mℓ를 조심스럽게 부어 디글레이즈한 다음 끓인다. 여기에 우유 750mℓ, 남은 모렐 버섯 20g을 첨가한 뒤 거품기로 섞어가며 다시 끓여준다. 볼에 달걀 4개, 달걀노른자 8개, 설탕 50g을 넣고 색이 연해질 때까지 거품기로 휘저어 섞는다. 이것을 끓는 우유 혼합물에 붓고 잘 섞은 다음 원뿔체에 거른다. 오븐용 바트 바닥에 유산지를 한 장 깐 다음 그 위에 라므킨들을 놓는다. 플랑 혼합물을 각 라므킨에 가득 채운다. 이어서 라므킨 높이의 중간 정도까지 바트 안에 물을 부어 채운다. 오븐에 넣어 중탕으로 45분 정도 익힌다. 칼끝으로 플랑을 찔렀다 뺐을 때 아무것도 묻어 나오지 않으면 다 익은 것이다. 라므킨을 꺼내 냉장고에 넣어둔다. 서빙 시, 플랑을 라므킨 틀에서 분리해 접시에 뒤집어 놓는다. 이때 얇은 칼을 틀 가장자리를 넣어 한 바퀴 훑어주면 공기가 살짝 들어가 플랑이 잘 떨어진다. 서양 배 케이크와 함께 서빙한다.

gigot de poularde de Bresse au vin jaune et morilles ▶ POULARDE

morilles à la crème 모리유 아 라 크렘

크림 소스 모렐 버섯 : 모렐 버섯 250g의 흙을 털고 닦아낸 다음 따뜻한 물로 깨끗이 씻는다. 물기를 완전히 제거한다. 큰 것은 반으로 자른다. 버터 1테이블스푼을 녹인 소테팬에 버섯을 넣고 레몬즙 1티스푼, 다진 샬롯 1티스푼을 넣는다. 소금, 후추로 간한다. 5분 정도 찌듯이 볶아준 다음 끓는 생크림을 재료가 덮이도록 붓는다. 소스가 걸쭉해질 때까지 졸인다. 서빙 시, 생크림 1테이블스푼과 잘게 다진 파슬리를 넣는다.

제라르 라베(GÉRARD RABAEY)의 레시피

morilles farcies aux fèves et poireaux 모리유 파르시 오 페브 에 푸아로

잠두콩과 리크를 채운 모렐 버섯 : 4인분

중간 크기의 모렐 버섯 24개를 꼼꼼히 씻어 헹군 뒤 건져서 물기를 완전히 말린다. 버섯 대를 잘라내 다진다. 소를 만든다. 우선 소테팬에 버터 20g과 다진 샬롯 20g에 넣고 수분이 나오고 색이 나지 않도록 볶아준다. 다진 버섯 대를 첨가한 다음 소금으로 간한다. 뚜껑을 덮고 약한 불로 약 15~20분 정도 찌듯이 익힌다. 식힌다. 여기에 생푸아그라 50g과 식빵 50g을 넣어 혼합한 뒤 가는 깍지를 끼운 짤주머니로 모렐 버섯 안에 짜 넣는다. 잠두콩 400g의 껍질을 깐 다음, 소금을 넣은 끓는 물에 2분 정도 익힌다. 찬물에 식힌 뒤 건져둔다. 작은 리크 한 대를 씻어 어슷하게 썬다. 팬에 버터 20g과 리크를 넣고 4-5분 정도 색이 나지 않게 익힌다. 소금, 후추로 간한다. 냄비에 버터 20g을 넣고 속을 채운 모렐 버섯을 약한 불로 찌듯이 익힌다. 소금으로 간한다. 버섯을 건져낸 뒤 냄비에 레드 포트와인 10mℓ를 넣고 디글레이즈한다. 갈색 닭 육수 50mℓ를 첨가한 뒤 졸인다. 여기에 모렐 버섯을 다시 넣는다. 잠두콩과 리크는 버터 작은 한 조각을 넣고 다시 한 번 슬쩍 데운다. 뜨겁게 준비한 우묵한 접시 4개에 속을 채운 모렐 버섯과 가니시를 나누어 담는다. 냄비에 남은 소스를 끼얹어 서빙한다.

sot-l'y-laisse aux morilles ▶ VOLAILLE

필립 로샤(PHILIPPE ROCHAT)의 레시피

tarte croustillante de morilles du Puy-de-Dôme aux févettes 타르트 크루스티앙트 드 모리유 뒤 퓌 드 돔 오 페베트

잠두콩을 넣은 모렐 버섯 타르트 : 4인분

야생버섯즙 소스를 만든다. 우선 냄비에 버터 70g을 녹인 뒤 다진 샬롯 80g을 넣고 투명해지도록 볶는다. 다듬어 깨끗이 닦은 뒤 흐르는 물에 재빨리 헹궈낸 버섯(꾀꼬리버섯, 볼레그물버섯, 끝말림벗꽃버섯, 턱수염버섯 등을 섞어 사용한다) 300g을 첨가한다. 마늘 향을 낸 기름 2방울을 넣고 모두 함께 볶아준다. 화이트 포트와인 2테이블스푼과 화이트와인 20mℓ를 넣어 디글레이즈한다. 닭 육수 50mℓ, 타임 잔가지 1테이블스푼, 통후추 그라인드 세 바퀴를 돌려 갈아 넣어준 다음 15분간 끓인다. 고운 체에 거른 뒤 버터를 넣고 휘저어 섞는다(monter). 팬에 버터 70g를 녹인 뒤 잘게 썬 쪽파 200g을 넣고 색이 나지 않고 수분이 나오게 볶는다. 여기에 속껍질까지 깐 어린 완두콩 150g을 넣고 같이 볶아준다. 소금, 후추로 간하고 잘게 다진 세이보리(sarriette) 1g을 첨가한다. 4개의 서빙용 접시 위에 각각 무스링을 하나씩 놓고 이 혼합물을 고루 채운다. 팬에 버터를 녹인 뒤 깨끗이 씻어 손질한 프랑스산 갈색 모렐 버섯(크기 4~6cm) 500g을 센 불에 흔들며 볶아 무스링 위에 빙 둘러 얹는다. 둥글게 슬라이스한 줄기양파 12조각과 속껍질까지 벗긴 뒤 반으로 쪼갠 어린 잠두콩 24쪽도 고루 올린다. 헤이즐넛 오일을 조금씩 뿌린다. 무스링 크기로 자른 파트 푀유테 시트 4개를 150°C의 오븐에 넣어 5분간 굽는다. 바삭하게 구워진 푀유테 시트를 4개의 무스링 위에 얹은 뒤 조심스럽게 틀을 제거한다. 야생버섯즙 소스 150mℓ를 고루 뿌린 뒤 처빌 잎을 3개씩 올려 서빙한다.

terrine de ris de veau aux morilles ▶ RIS

MORNAY 모르네 모르네 소스(sauce Mornay). 베샤멜 소스에서 파생된 소스 중 하나인 모르네 소스는 달걀노른자와 가늘게 간 그뤼예르 치즈를 더해 만든다. 주로 수란, 스크램블, 생선, 조개, 채소, 속을 채운 크레프, 각종 다진 고기 및 채소 요리에 끼얹어 살라만더 그릴(salamandre)이나 오븐에서 그라탱처럼 구워내는 조리법에 많이 사용한다. 또한 알뤼메트(allumettes), 탈무즈(talmouse), 구제르(gougère) 등 몇몇 더운 애피타이저의 소 혼합물을 만들 때 사용되기도 한다.

▶ 레시피 : COQUILLE, SAUCE, SOLE.

MORTADELLE 모르타델 모르타델라. 이탈리아가 원산지인 샤퀴트리의 하나로 볼로냐의 특산물이다(**참조** p.787 소시송 도표). 훈연 건조 방식으로 익히는 모르타델라는 굵기가 아주 굵은 소시지로 은은한 훈연 향과 함께 각종 향신료로 향을 더하며(원래 도금양과의 허브인 머틀(이탈리아어로 mortella)로 향을 낸 것에서 이 이름이 유래했다), 피스타치오를 넣기도 한다. 지름이 최대 30cm에 이르는 이 굵은 이 소시지를 자른 단면에는 입자가 고운 밝은 분홍색 소시지육에 깍둑 썬 돼지비계가 고루 박혀 있는 모습이 나타난다. 아주 얇게 슬라이스해서 차가운 오르되브르로 서빙한다.

MORTIER 모르티에 절구. 둥근 모양의 용기로 음식을 넣고 절구공이로 찧어 퓌레, 페이스트, 가루 형태로 분쇄하는 용도로 쓰인다. 재질은 나무, 두꺼운 도기, 대리석 또는 돌로 되어 있으며 그 크기도 다양하다. 주방에서 절구를 사용하기 시작한 것은 고대로 거슬러 올라간다. 19세기 시골에서는 화강암 절구에 소금을 빻아 가루로 만들어 썼다. 프로방스에서는 올리브 나무로 절구를 만들며, 아이올리 소스를 갈아 유화하거나 허브에 오일을 넣고 찧는 데 사용한다. 곱게 빻은 소를 만들거나 각종 재료를 혼합한 맛 버터, 아이올리, 브랑다드(brandade) 등을 만들 때 절구는 아직도 매우 유용하게 쓰인다. 특히 인도 요리(향신료 혼합, 렌틸콩 가루), 아프리카 요리(카사바 및 조 빻기), 중미 요리(옥수수 가루)에서는 필수적인 도구다.

MORUE 모뤼 대구, 염장대구. 대구과에 속하는 바다생선으로 한류 해역에 서식한다. 염장하여 말린 것만이 모뤼(morue)라는 이름으로 유통, 판매되며, 생물 대구나 냉동한 것은 카비오(cabillaud)라고 불린다(**참조** CABILLAUD). 200g~300g부터 50kg까지 무게가 나가는 대구가 캐나다 뉴펀들랜드 해역에서 많이 잡혔으나, 오늘날 이런 크기의 생선은 거의 찾아보기 어렵다. 캐나다에서는 생대구를 아주 많이 즐겨 먹는다. 염장 대구(morue)와

생대구(cabillaud)를 구분해 부르는 것은 프랑스에서만 행해지는데, 이는 프랑스가 오랫동안 두 종류의 대구 어획(생대구용 낚시와 잡아서 선상에서 바로 염장하는 염장대구용 낚시)을 따로 해온 관습이 있는 유일한 나라이기 때문이다. 현재 이 두 가지 이름으로 팔리는 대구는 한 배에서 잡아 선상에서 일부는 바로 냉동하고(cabillaud), 일부는 소금에 절인다(morue).

■ **특징.** 염장 방식과 정도에 따라 달라진다.

– 소금에 절였지만 말리지 않은 상태의 자반대구(morue verte)는 나무통에 넣어 보관, 판매하며 냄새가 아주 강하다. 프랑스에서는 더 이상 거의 판매되지 않는 추세이지만 지중해 연안 지역과 포르투갈(바칼라우) 등지에서는 아직도 많이 찾아볼 수 있다.

– 프랑스에서 전통적으로 가장 많이 먹는 염장대구(morue salée)는 낚시한 선상에서 바로 소금에 절이고 항구에서 헹군 뒤 솔로 닦아 다시 소금으로 덮어 염장한 것이다. 큰 나무통에 넣고 판매하거나 포장 제품으로 판매된다.

– 대구 필레만 잘라 염장한 제품도 시중에서 구입할 수 있다. 솔로 문지른 뒤 깨끗이 씻고 껍질을 벗긴 대구 필레의 가시를 제거한 다음 끓는 물에 데치고 약간 연한 염도로 염장한다. 이 염장대구 필레는 200g 소포장을 비롯해 1kg 단위로 포장되어 판매된다.

– 노르웨이의 말린 대구인 스톡피시(stockfisch)는 염장은 하지 않은 것으로 꼬챙이에 꼬리를 꿰어 매달아 바람이 통하는 야외에서 건조시킨다.

■ **사용.** 염장 건조 대구는 생대구보다 열량이 높다(100g당 350kcal 또는 1,463kJ). 이는 생선을 말리면 맛과 성분 모두 훨씬 농축되기 때문이다. 비타민 A와 비타민 D가 풍부한 대구 간은 오랫동안 기름의 형태로 약처럼 사용되었다. 오늘날에는 훈제한 통조림 형태로 구입할 수 있으며 찬 오르되브르를 만드는 데 주로 사용한다. 염장대구는 수 세기 동안 식탁의 주 요리 재료로 사용되었으며 특히 카톨릭 신자들이 고기 섭취를 금하는 기간 동안에는 더욱 중요한 식품이었다. 게다가 염장한 상태로 오래 보존할 수 있어서 전쟁 중이나 계엄령이 내렸을 때에도 요긴하게 먹을 수 있는 전략적 식량이었다. 과거에는 대구 내장 또한 즐겨 먹었으며 깨끗이 씻은 후 송아지 소창과 같은 방법으로 조리했다. 대구의 혀를 이용한 맛있는 요리도 있으며, 염장한 대구의 볼살, 대가리, 뼈 등도 요리재료로 사용한다. 아이슬란드 어부들은 대구 염통도 즐겨 먹었다. 대구 껍질은 피혁 제품 제조에 사용되고 있다. 어떠한 요리를 만들든 염장대구는 미리 소금기를 꼼꼼하게 빼야 한다. 데쳐 익힌 뒤 소스를 곁들여 차갑게 혹은 따뜻하게 서빙하거나, 직접 기름에 지져서 먹기도 하고 익혀서 잘게 으깨 브랑다드(brandade)를 만들기도 한다. 염장대구 레시피는 무려 400개가 넘는다.

morue : dessalage et pochage 모뤼: 데살라쥬 에 포샤주

염장대구 소금기 빼기, 데쳐 익히기 : 말린 염장대구는 흐르는 찬물에서 솔로 문질러 닦은 뒤 경우에 따라 통째로 사용하거나 적당한 크기로 토막 낸다(이 경우 소금기를 빼는 시간을 단축할 수 있다). 생선을 체에 받쳐서(소금기가 아래로 잘 흘러 빠지도록 껍질이 위로 가게 놓는다) 찬물을 채운 큰 그릇에 담근다. 소금기가 빠지도록 24시간(필레의 경우는 12시간) 담가둔다. 중간에 3~4번 정도 물을 갈아준다. 생선을 건져 냄비에 넣고 소금 간을 약하게 한 찬물을 넉넉히 붓는다. 부케가르니를 넣고 가열한다. 끓기 시작하면 불을 줄인다. 약하게 끓는 상태를 유지하며 10분간 익힌다.

acras de morue ▶ ACRA
brandade de morue nîmoise ▶ BRANDADE
croquettes de morue ▶ CROQUETTE

filets de morue maître d'hôtel 필레 드 모뤼 메트르 도텔

메트르 도텔 버터를 곁들인 염장대구 : 염장대구 필레를 통째로 찬물에 담가 소금기를 뺀 다음 길쭉한 모양으로 썬다. 살짝 납작하게 눌러 물을 빼고 닦아낸 다음 밀가루, 달걀, 빵가루를 입힌다. 버터를 달군 팬에 튀기듯 지진다. 서빙 접시에 담고 반쯤 녹인 메트르도텔 버터(beurre maître d'hôtel)을 끼얹는다. 소금물에 삶은 감자를 곁들여 서빙한다.

morue à la bénédictine 모뤼 아 라 베네딕틴

베네딕틴 염장대구 요리 : 염장대구 1kg의 소금기를 뺀다. 물에 넣고 가열해 끓기 바로 전 상태를 유지하며 데쳐 익힌다. 분질 감자 500g를 물에 삶는다. 데친 대구를 건져내 물기를 제거한 다음 가시를 발라내며 살을 켜켜이 떼어준다. 생선살을 한 켜로 깔아 오븐에 넣고 잠시 건조시킨다. 감자를 건져내 물기를 제거한 다음 절구에 대구와 함께 넣고 찧어준다. 여기에 올리브오일 200mℓ와 우유 300mℓ를 넣어가며 절굿공이로 혼합한다. 그라탱 용기에 버터를 바르고 절구에 빻은 혼합물을 넣은 뒤 표면을 매끈하게 다듬는다. 녹인 버터를 뿌린 뒤 오븐에 넣어 노릇하게 구워낸다.

morue à la créole 모뤼 아 라 크레올

크레올식 염장대구 요리 : 염장대구 750g의 소금기를 빼고 물에 데쳐 익힌다. 팬에 올리브오일을 두르고 잘게 썬 토마토 1kg을 볶는다. 마늘과 양파, 칼끝으로 약간의 카옌페퍼를 추가한 뒤 완전히 익혀 걸쭉한 소스를 만든다. 토마토 6개를 반으로 잘라 씨를 제거한다. 청피망 2개의 속과 씨를 모두 제거한 뒤 길쭉하게 썬다. 기름을 두른 팬에 토마토와 피망을 넣고 노릇하게 볶는다. 기름을 바른 그라탱 용기 바닥에 마늘, 양파와 함께 푹 익힌 토마토 소스를 깔아준 다음 그 위에 익힌 염장대구살을 켜켜이 떼어 얹는다. 반으로 잘라 볶아둔 토마토 조각들과 길쭉하게 썬 피망으로 덮어준다. 오일을 조금 뿌린 뒤 230°C로 예열한 오븐에 넣고 10분간 익힌다, 라임즙을 약간 뿌려준다. 크레올 라이스와 함께 아주 뜨겁게 서빙한다.

morue à la « Gomes de Sa » 모뤼 아 라 고메스 데 사

고메스 데 사 염장대구 요리 : 염장대구 600g을 찬물에 담그고 중간에 물을 3~4번 갈아주면서 48시간 동안 소금기를 뺀다. 냄비에 물을 끓인 뒤 염장대구를 넣는다. 불을 끄고 뚜껑을 덮은 뒤 20분 동안 담요로 덮어 감싸둔다. 염장대구를 건져내 껍질과 가시를 제거한다. 생선을 작은 조각으로 부순 다음 뜨거운 우유 1ℓ에 넣고 2시간 동안 담가 생선이 부드럽고 촉촉해지게 한다. 양파 400g의 껍질을 벗겨 반달 모양으로 얇게 썬다. 마늘 6톨을 다진다. 로스팅 팬에 올리브오일 300mℓ를 달군 뒤 양파와 마늘을 넣어 노릇하게 색을 낸다. 감자 800g을 껍질째 삶아낸 뒤 껍질을 벗기고 동그랗게 슬라이스해 로스팅 팬에 넣는다. 염장대구도 넣는다. 잘게 썬 삶은 달걀 5개, 다진 파슬리 1송이 분, 월계수 잎 1장, 소금, 후추, 올리브를 넣는다. 모든 재료를 잘 섞는다. 삶은 달걀 3개를 동그랗게 슬라이스해 위에 얹어준다. 뜨거운 오븐에 넣어 노릇하게 익힌다. 잘게 썬 파슬리를 뿌려 서빙한다.

미구엘 카스트로 에 실바(MIGUEL CASTRO E SILVA)의 레시피

morue aux pousses de navet 모뤼 오 푸스 드 나베(퀴송 수비드)

순무 청을 곁들인 염장대구 요리(수비드 조리) : 4인분

포르투갈산 염장대구 4조각(각 200g)을 찬물에 48시간 동안 담가 소금기를 제거한다. 감자 4개를 껍질째 200°C 오븐에서 한 시간 익힌 뒤 껍질을 벗기고 길쭉한 막대모양으로 썰어둔다. 생선의 가시를 모두 제거한 다음 올리브오일 80mℓ을 넣은 수비드용 비닐팩(-30에서 +100°C까지 사용가능)에 넣는다. 진공포장기를 사용하거나 손으로 눌러서 공기를 빼고 완전히 밀봉한다. 진공팩을 66°C의 물이 담긴 냄비에 담근다. 온도를 유지하고 20분간 넣어둔다. 서빙하기 전 진공팩을 열어 액체는 작은 냄비에 옮겨 담고 염장대구는 뜨겁게 보관한다. 액체를 잘 저어가며 졸이고 다진 파슬리를 조금 넣는다. 순무 청을 한 줌 정도 준비해 2cm 길이로 썬 다음 끓는 물에 데친다. 순무청과 감자를 섞은 뒤 올리브오일을 달군 팬에 다진 마늘을 조금 넣고 소테한다. 4개의 서빙 접시에 생선을 한 조각씩 담고 소스를 조금 부은 뒤 감자와 순무 청을 곁들여 서빙한다.

morue à la provençale 모뤼 아 라 프로방살

프로방스식 염장대구 요리 : 잘게 썬 토마토를 올리브오일에 볶다가 마늘을 넣고 푹 익혀 걸쭉한 소스 500mℓ를 만든다. 염장대구 800g의 소금기를 뺀 다음 토막으로 썬다. 물에 데쳐 익힌 뒤 건져서 물기를 제거한다. 소테팬에 토마토소스와 생선을 넣은 뒤 10분간 약한 불에서 끓지 않는 상태로 뭉근히 익힌다. 간을 맞춘다. 서빙 접시에 담고 다진 파슬리를 뿌린다. 증기에 찐 감자나 프로방스식 채소를 곁들여낸다.

카르메 루스칼레다(CARME RUSCALLEDA)의 레시피

morue à la santpolenque, au chou vert et pommes de terre, sauce légère à l'ail 모뤼 아 라 상폴랑크 오 슈 베르 에 폼 드 테르 소스 레제르 아 라이

사보이 양배추와 감자, 마늘 소스를 곁들인 산 폴(Sant Pol de Mar)식 염장대구 : 4인분

오일 200mℓ, 저온 살균한 달걀 1개, 마늘 반 톨, 소금 1 자밤을 혼합해 마요네즈를 만든 뒤 냉장고에 보관한다. 큰 냄비에 광천수를 끓인 뒤 껍질을 벗겨 굵직하게 썬 델 부페트(patata del bufet 카탈루냐산 감자 품종) 감자 500g을 넣는다. 소금을 넣고 9분 정도 삶는다. 사보이 양배추의 연한 잎 16장을 떼어낸 뒤 굵은 잎맥은 도려내고 냄비에 넣는다. 3분간 익힌 뒤 양배추 잎 8장을 먼저 건져내 따로 보관한다. 감자와 나머지 양배추 잎 8장은 3분간 더 익힌다. 간을 한 다음 익힌 국물은 따로 보관한다. 건져낸 감자와 양배추 잎을 볼에 담고 포크로 으깨 퓌레를 만든다. 마요네즈 1테이블스푼을 넣어 혼합한다. 채소 삶은 물을 30°C까지 가열한다. 소금기를 빼고 껍질과 가시를 제거한 다음 큼직하게 썬 염장대구살 500g을 물에 넣는다. 생선 토막의 심부 온도가 33°C가 될 때까지 가열한다. 지름 9cm의 스테인리스 무스링 4개를 준비한다. 양배추 잎을 각 무스링 안에 한 장씩 깔아준다. 이어서 감자 양배추 퓌레를 한 켜 채우고 염장대구 조각을 올린다. 남은 양배추 잎으로 덮고 가운데가 불룩한 형태를 만들어준다. 3분 정도 증기에 찐다. 생선을 익힌 국물 400mℓ를 85°C까지 가열한다. 여기에 마요네즈를 넣고 블렌더로 갈아 혼합해 마늘향의 부드럽고 크리미한 소스를 만든다. 속을 채운 돔 형태의 양배추와 뜨거운 소스를 따로 담아 서빙한다.

piments rouges de Lodosa (dits « piquillos ») farcis à la morue ▶ PIMENT

MORVANDELLE (À LA) (아 라) 모르방델 모르방(Morvan)산 생햄이 들어간 다양한 요리에 붙는 명칭이다(특히 송아지 뼈 등심, 오믈렛, 달걀 프라이, 포테, 창자 요리 등).

MOSAÏQUE 모자이크 테린이나 갈랑틴 위에 얹어 붙이는 장식으로 다양한 색깔과 모양(원형, 네모, 별 모양 등)으로 만든다. 파티스리에서 모자이크는 버터크림을 채운 제누아즈 스펀지에 살구 나파주를 바른 케이크를 지칭한다. 윗면에 퐁당슈거로 아이싱을 입힌 다음 살구 잼과 레드커런트 잼을 짤주머니에 각각 넣고 번갈아가며 평행한 줄무늬를 짜 얹는다. 이어서 칼끝을 이용해 이 선들과 수직으로, 방향을 교대로 바꾸어가며 금을 그어 무늬를 내준다.

MOSCOVITE 모스코비트 틀에 넣어 만든 여러 차가운 디저트에 붙는 이름으로 바바루아(bavarois)와 만드는 방법이 비슷하다. 예전에 모스코비트는 모스코비트 틀(돔 모양의 뚜껑이 있는 육각형의 밀폐된 틀)에 내용물을 채워 차갑게 얼린 아이스 디저트였다. 오늘날 모스코비트는 과일 바바루아, 글라스 플롱비에르(glace plombière, 바닐라 아이스크림), 또는 키르슈로 적신 비스퀴 글라세(biscuit glacé)에 아이스크림, 혹은 크림과 섞은 과일을 돔 모양으로 올린 아이스 케이크를 가리킨다.

MOSCOVITE (À LA) (아 라) 모스코비트 모스크바식의. 러시아 요리에서 영감을 받았거나 19세기 러시아에서 일했던 프랑스 셰프들에 의해 개발된 다양한 요리를 지칭한다. 모스크바식 연어는 통째로 데쳐 익힌 뒤 식혀서 껍질을 벗기고 즐레를 넣은 마요네즈를 입힌다. 송로버섯 조각으로 무늬를 내거나, 삶은 달걀노른자와 흰자, 데친 타라곤잎 등으로 장식한 뒤 즐레를 발라 윤기나게 마무리한다. 가니시에는 러시아식 샐러드를 채운 아티초크 속살, 삶은 달걀 반개에 캐비아를 얹은 것이 포함된다. 수렵육에 곁들이는 모스크바식 소스는 푸아브라드 소스(sauce poivrade)에 잣, 설타나 건포도, 주니퍼베리를 첨가한 것이다. 철갑상어와 오이를 주재료로 만드는 모스크바식 콩소메에는 가늘게 채 썬 러시아산 버섯과 주사위 모양으로 썬 철갑상어의 골수(vésiga)를 넣어 먹는다. 모스크바식 달걀 요리는 수란을 러시안 샐러드와 함께 차갑게 내거나 슈크루트에 곁들여 뜨겁게 서빙하는 것을 뜻한다.

MOTELLE 모텔 수염대구. 대구과에 속하는 작은 생선으로 원통형의 몸은 점액질로 덮여 있다. 길이는 최대 60cm에 이르며 페로 제도로부터 포르투갈까지 이르는 대서양 북동부와 지중해에 서식한다. 적갈색 몸통에 등쪽에 검은색 반점들이 있는 모텔은 로슈(loche)라고도 불리며 종에 따라 3~5개의 수염이 있다. 모스텔(mostelle, 돌대구과의 놀락민태)과 혼동하지 않아야 한다. 살은 지방이 적으며 아주 야들야들하고 섬세해 보존성이 떨어진다. 명태와 같은 방법으로 요리한다.

MOTHAIS 모테 비멸균 생염소젖으로 만드는 푸아투(Poitou)지방의 치즈(지방 45%), 흰색 곰팡이 외피를 가진 연성치즈로 모테 쉬르 푀이유(mothais sur feuille) 또는 모테 아 라 푀이유(mothais à la feuille)라고도 불리며(**참조** p.392 프랑스 치즈 도표) 부공(bougon) 치즈와 비슷한 종류이다. 모테는 되 세브르(Deux-Sevres) 지방의 모트 생 테레(Mothe-Saint-Héray)에서 생산된다. 밤나무 또는 플라타너스 나무의 마른 잎 위에 올려 포장하는 것이 특징인 모테 치즈는 지름 10~13cm, 높이 3cm의 원반형으로 무게는 약 250g 정도 된다. 자연적으로 핀 곰팡이 또는 인공적으로 주입한 곰팡이 균에 의해 외피는 크림색 층으로 덮여 있으며, 치즈 안은 흰색으로 매끈하고 질감이 균일하다.

MOU 무 허파. 정육용 동물의 허파를 뜻하는 용어로 이 분야 전문가들에 의해 붙여진 이름이다. 오늘날 소, 송아지, 양, 돼지 등 모든 정육 동물의 허파는 일반적으로 개와 고양이의 사료용으로 사용된다. 옛날에는 이 허파로 시베(civet), 마틀로트(matelote), 풀레트 소스나(à la poulette) 페르시야드를 곁들인(à la persillade) 요리로 만들어 먹기도 했다.

MOUCLADE 무클라드 크림 소스 홍합 요리. 오니(Aunis)와 생통주(Saintonge) 지역의 특선 요리인 무클라드는 양식홍합에 샬롯과 파슬리를 넣고 화이트와인에 익힌 뒤, 그 국물에 크림을 넣고 버터로 몽테(monter au beurre)한 소스를 끼얹어내는 요리다.

기 에파이야르(GUY ÉPAILLARD)의 레시피

mouclade des boucholeurs **무클라드 데 부숄뢰르**

홍합 양식업자들의 무클라드 : 홍합 4kg을 솔로 문질러 깨끗이 씻고 수염을 제거한다. 물 2ℓ를 붓고 끓여 혼합의 입을 벌어지게 한 다음 껍데기 한쪽 혹은 두 쪽 모두 제거해 살만 꺼낸다. 홍합 삶은 국물에 곱게 다진 마늘 8톨, 버터 150g, 다진 파슬리, 카레가루 1자밤, 사프란 약간, 생크림 200mℓ를 넣는다. 가볍게 끓을 때까지 가열한다. 약간의 전분을 국물에 넣고 잘 저어 농도를 맞춘 뒤 불에서 내리고 홍합을 넣는다. 아주 뜨겁게 서빙한다.

MOUFLON 무플롱 무플런, 무플런 양. 원래 지중해의 섬들에서 서식하던 야생 포유동물로 코르시카 섬 각지에 널리 퍼져 있으며(사르데냐나 키프로스에서와 마찬가지로 이곳에서도 사냥은 금지되어 있다), 현재는 프랑스 20개 이상의 도(département)에서 서식하고 있다. 주로 고지대의 개방된 환경을 선호하는 무플런은 암컷의 무게가 25~40kg, 수컷은 35~50kg 정도 된다, 특히 수컷은 강한 뿔을 갖고 있다. 무플런 고기는 특유의 강한 풍미를 가지고 있기 때문에 로스트, 스튜 또는 시베 등으로 조리하기 전에 장시간 마리네이드해 두어야 한다.

MOUILLER 무이예 액체를 넣다. 음식에 국물을 잡다. 음식을 익히거나 소스, 육즙 등을 만들기 위하여 액체를 첨가하는 것을 의미한다. 이때 넣는 액체를 무이유망(mouillement)이라고 부르며 물, 우유, 재료를 끓인 국물, 기본 육수, 와인 등이 이에 해당한다. 예를 들어 블랑케트를 끓이기 시작할 때 고기와 채소 가니시가 덮일 정도로 물이나 흰색 육수를 부어 국물을 잡는 것, 송아지 고기 소테를 만들 때, 고기를 지지고 난 뒤 거기에 리예종한 송아지 육수를 넣어주는 것, 또는 로스팅한 팬에 와인이나 다른 술을 넣어 디글레이즈하는 것 등이 모두 무이예(mouiller)에 해당한다. 높이만큼 액체를 넣는다(mouiller à hauteur)라는 표현은 익히고자 하는 재료의 바로 위 지점까지 조리용 액체를 부어주는 것을 의미한다. 어떤 경우에는 재료 높이의 반(mi-hauteur)만 붓는 경우도 있다(생선을 오븐에 익히는 경우).

MOULE 물 홍합. 작은 식용조개의 일종으로 전 세계에 수많은 종이 존재한다(**참조** p.252, 253 조개류 도감). 유럽의 홍합은 길쭉하고 얇으며 가는 줄무늬가 있고 짙은 푸른빛을 띠고 있다.

- 일반 홍합은 대서양, 영불해협, 북해, 특히 지롱드 강의 하구와 덴마크 사이에서 잡히거나 양식되며, 크기가 작고 모양이 볼록하며 살이 연하다.
- 툴롱(Toulon)의 홍합은 더 크고 납작하며 맛은 좀 떨어진다. 오직 지중해 지역에서만 볼 수 있으며, 바다의 오염으로 인해 위협 받고 있는 종이다. 자연적으로 형성된 홍합 어장이 몇 군데 존재하는데, 이 홍합들(moules de banches)은 양식 홍합보다 크기가 더 작고 살도 크지 않다.

■ **양식.** 홍합 양식 또는 홍합 양식업이 본격적으로 행해진 것은 13세기부터이지만 고대 로마인들은 이미 홍합양식장을 보유하고 있었다. 1235년 에귀용(Aiguillon)만(灣)에서 난파한 선박에서 구조된 아일랜드인 패트릭 월튼이 이곳에 정착하면서 홍합 양식을 처음 시작했다고 전해진다. 그는 새들을 잡기 위하여 바다에 박힌 높은 말뚝들 사이에 그물을 펼쳐 매달아 놓았다. 그런데 이 그물에는 눈에 띄는 속도로 자라는 홍합들로 뒤덮였다. 그는 부 쇼(bout choat) 또는 부슈(bousches)라고 불리는 나뭇가지 단들을 사용해 말뚝 사이를 가깝게 하는 방법을 고안해냈다. 홍합 양식장 부쇼(bouchot)는 이렇게 탄생했고, 이와 동시에 홍합 양식업자(boucholeur)라는 직업도 생겨났다. 오늘날 부쇼 홍합 양식장에는 껍질이 그대로 있는 참나무 말뚝이 50~100m 길이로 줄지어 서 있다. 이들 말뚝의 높이는 4~6m 정도로 반 정도는 바닥에 묻혀 있다. 이 말뚝에 홍합 유충 또는 어린 홍합이 가득 붙은 굵은 띠를 감아 붙인 뒤 그 상태로 키운다. 부쇼에서 홍합을 양식하는 방식은 특히 코탕탱(Cotentin) 반도에서 샤랑트(Charente)에 이르는 해안에서 활발히 이루어지고 있으며, 크기는 작지만 맛이 좋고 살이 통통한 홍합들을 생산하고 있다. 부쇼 이외에 다른 두 가지 방법으로 홍합을 양식하기도 한다. 그중 하나는 굴 양식법과 비슷한 평면식(à plat) 양식 방법으로 부쇼 양식이 잘 되지 않는 르 크루아직(le Croisic)에서 처음 시작되었다. 한편 지중해 지역에서는 밧줄식(sur cordes) 방법으로 홍합을 양식한다. 이는 토(Thau) 호수의 부지그(bouzigues)에서 사용하는 홍합 양식법이다. 프랑스의 홍합 양식으로는 수요를 충족시키지 못하여 스페인, 네덜란드, 포르투갈 등지에서 홍합을 수입하고 있다.

■ **포장.** 홍합은 다양한 포장 상태로 판매되는데, 다른 신선 조개류들과 마찬가지로 유럽 연합이 인증하는 위생안전 표시를 반드시 부착해야 한다. 홍합은 현재 예전처럼 ℓ 단위가 아니라 무게로 판매되고 있다. 또한 통조림이나 반 저장 형태의 제품도 출시되어 있으며 플레인, 토마토 소스, 매운 소스 등 맛도 다양하다. 살아 있는 홍합을 산 경우에는 홍합 껍데기가 꼭 닫혀 있어야 하고 말라 있지 않아야 하며 생산지에서 출하한 날로부터 3일 이내에 조리해야 한다(껍질이 깨지거나 껍데기가 벌어져 있는데 충격을 주어도 다지 입을 닫지 않는 것들은 모두 골라내 버린다). 사용하기 전, 껍데기에 붙은 모든 가는 실(족사)과 원추형의 석회질 생물들(작은 따개비류)을 흐르는 물에 솔질하고 긁어서 모두 제거해야 한다. 홍합을 생으로 먹으려면 반드시 구매한 당일 소비해야 한다.

■ **사용.** 홍합은 100g당 80kcal 또는 334kJ의 열량을 공급하며 칼슘, 철, 요오드가 풍부하다. 인기가 아주 많은 조개류인 홍합의 조리법은 대부분 소박한 것들이다. 주로 화이트와인을 넣어 익히는 마리니에르(à la marinière)식, 크림을 넣은 소스, 튀김, 소테, 그라탱, 오믈렛 등으로 요리한다. 또한 에클라드(éclade), 무클라드(mouclade), 레(Ré) 섬의 속을 채운 홍합 요리 등 독창적이고 맛있는 지역 향토 음식들도 다양하다. 홍합은 또한 외국요리 레시피에도 많이 등장한다. 파에야(paella), 리구리아의 주파 디 코제(zuppa di cozze, 마늘, 셀러리, 양파를 넣은 홍합 수프), 또는 영국의 머슬 브로스(mussel broth, 리크와 파슬리, 시드르와 우유를 넣고 끓인 뒤 생크림으로 리에종하여 농도를 맞춘 홍합 수프)를 만드는 데 사용된다. 화이트와인이나 크림, 파슬리를 넣어 조리한 다양한 벨기에식 홍합 요리들도 빼놓을 수 없다. 전 세계에서 홍합을 가장 많이 먹는 벨기에인들은 네덜란드에서 홍합을 수입하며, 다진 셀러리와 양파를 버터에 볶아 만든 소스를 곁들이는 브뤼셀식(à la mode de Bruxelles) 으로 홍합을 조리해 먹는다. 이 홍합 요리에는 바삭한 프렌치프라이를 곁들인다.

attereaux de moules ▶ ATTEREAU (BROCHETTE)
brochettes de moules ▶ BROCHETTE

hors-d'œuvre de moules ravigote 오르되브르 드 물 라비고트

라비고트 소스의 홍합 오르되브르 : 4인분 / 준비: 30분 / 조리: 15분

홍합 1.2kg을 준비해 마리니에르(marinière)로 조리한다(참조. 아래 레시피). 달걀 1개를 삶아 껍질을 까고 다진다. 스위트 양파 작은 것 1개와 회색 샬롯 1개의 껍질을 벗긴 뒤 씻어서 잘게 썬다. 케이퍼 1테이블스푼, 동량으로 섞은 이탈리안 파슬리, 처빌, 타라곤, 차이브 2 테이블스푼을 다진다. 익힌 홍합의 껍데기를 깐 다음 불필요한 부분을 제거하고 볼에 담아 식힌다. 홍합 익힌 국물은 체에 걸러 보관했다가 다른 레시피에 사용할 수 있다. 애플 사이더 식초 30mℓ, 고운 소금, 통후추 간 것, 화이트 머스터드 1테이블스푼, 낙화생유 100mℓ을 혼합해 라비고트 소스(sauce ravigote)를 만든다. 잘게 다져 놓은 달걀, 양파, 샬롯, 케이퍼, 각종 허브 등 모든 향신 재료를 소스에 넣고 섞는다. 라비고트 소스로 홍합살을 버무린 다음 간을 확인하고 샐러드 서빙 접시에 담는다. 차갑게 서빙한다.

moules frites 물 프리트

홍합 튀김 : 홍합을 마리니에르(marinière)로 조리한 다음(참조 아래 레시피) 껍데기를 까고 식힌다. 올리브오일, 레몬즙, 잘게 썬 파슬리, 후추를 혼합한 다음 홍합살을 넣고 30분 정도 재운다. 이어서 홍합에 튀김반죽을 입혀 180°C 기름에 튀긴다. 건져서 기름을 턴 다음 종이타월에 올려 남은 기름을 뺀다. 레몬 웨지를 곁들여 오르되브르로 내거나 꼬치에 꿰어 아페리티프로 서빙한다.

moules marinière 물 마리니에르

홍합 마리니에르 : 홍합 2kg을 솔로 긁어내고 깨끗이 씻어 수염과 껍데기의 불순물들을 모두 제거한다. 알이 굵은 샬롯 2개의 껍질을 벗겨 다진 뒤, 버터를 두른 냄비에 넣고, 다진 파슬리 2테이블스푼, 타임 잔가지 1개, 잘게 쪼갠 월계수 잎 1/2개분, 드라이 화이트와인 200mℓ, 와인식초 1테이블스푼, 작게 썬 버터 2테이블스푼도 함께 넣는다. 여기에 홍합을 넣고 뚜껑을 닫은 뒤 냄비를 여러 번 흔들어가며 센 불에서 홍합이 입을 열도록 가열한다. 홍합이 입을 벌리면, 냄비를 불에서 내리고 서빙용 그릇에 담는다. 타임과 월계수 잎을 건져낸다. 홍합을 익히고 난 국물에 작게 썬 버터 2테이블스푼을 넣고 거품기로 휘저어 섞은 뒤 홍합 위에 붓는다. 잘게 썬 파슬리를 뿌린다.

moules à la poulette 물 아 라 풀레트

풀레트 소스 홍합 요리 : 홍합 마리니에르를 만든 뒤(참조. 위 레시피) 건져서 껍데기를 하나씩 떼어내고 뚜껑이 있는 서빙용 그릇에 담는다. 홍합을 익힌 국물을 고운 체에 거른 뒤 반으로 졸이고 풀레트 소스(sauce poulette) 300mℓ를 첨가한다. 레몬즙을 조금 첨가한 뒤 소스를 홍합 위에 붓는다. 잘게 썬 파슬리를 뿌린다.

장 프랑수아 피에주(JEAN-FRANÇOIS PIÈGE)의 레시피

moules à la Villeroi 물 아 라 빌르루아

빌르루아 소스 홍합 요리 : 6인분

홍합 1kg을 솔로 긁어내고 수염을 떼어낸 뒤 서로 비벼가며 깨끗이 씻어 불순물들을 모두 제거한다. 체에 받쳐 물기를 뺀다. 샬롯 100g의 껍질을 벗기고 잘게 썬다. 홍합을 냄비에 넣고 샬롯과 드라이 화이트와인 100mℓ를 첨가한다. 뚜껑을 덮고 센 불로 끓을 때까지 빨리 가열한다. 홍합이 모두 입을 벌리면 바로 불에서 내린 뒤 체를 받친 스테인리스 용기에 부어 건진다. 체에 걸러져 그릇에 흘러내린 홍합 국물은 소스용으로 다시 담아두고 홍합은 껍데기를 모두 깐다. 빌르루아 소스(sauce Villeroi)를 만든다. 우선, 생크림 50mℓ를 끓을 때까지 가열한 뒤 홍합 익힌 국물, 흰색 루(roux blanc) 20g을 넣는다. 센 불에서 주걱으로 저어가며 소스가 충분히 걸쭉해질 때까지 끓인다. 홍합살을 깨끗한 면포에 올려 물기를 완전히 제거한다. 식품용 랩에 빌르루아 소스를 펴 바른 뒤 홍합을 넣고 단단히 말아 모양을 만들어 굳힌다. 홍합을 꺼내 다시 빌르루아 소스를 묻힌 뒤 차갑게 식힌다. 튀김옷을 두 번 입힌다. 튀김옷은 간장 10mℓ, 신선한 달걀 3개, 올리브오일과 플뢰르 드 셀(fleur de sel) 약간, 체 친 밀가루 200g, 흰 빵가루 500g, 송로버섯즙 50mℓ, 홍합즙 100mℓ를 섞어 만든다. 튀김옷을 입힌 뒤 유산지 위에 정렬한다. 튀김용 팬 두 개에 각각 포도씨유 2.5ℓ를 붓고 180°C까지 가열한다. 홍합을 기름에 넣고 고루 노릇한 색이 날 때까지 튀긴다. 체망으로 건져 탁탁 기름을 턴 다음 종이타월에 놓고 나머지 기름을 빼준다. 그라인드 후추와 카옌페퍼를 뿌려 간한다. 서빙 접시에 담고 타르타르 소스를 곁들인다(참조 p.784 SAUCE TARTARE). 뜨겁게 서빙한다.

soupe glacée aux moules ▶ SOUPE

MOULE (USTENSILE) 물(위스탕실) 틀(주방도구). 다양한 종류의 요리나 파티스리(아스픽, 당과류, 앙트르메, 케이크, 즐레, 아이스크림, 빵, 파테 등)를 만들거나 익히는 데 사용하는 우묵한 용기를 가리킨다. 반죽, 곱게 간 스터핑 재료, 크림 및 기타 요리 혼합물을 틀에 채워 넣으면 열기 또는 냉기의 작용으로 인해 굳은 형태를 지니게 되며, 틀에서 분리한 뒤에도 그 모양을 유지한다. 오늘날의 틀은 대부분 양철, 논스틱 코팅을 한 철, 또는 실리콘 베이스의 말랑한 재질(전자레인지 사용 가능)로 되어 있다. 그 외에 알루미늄(가격이 싸지만 변형되기 쉽다), 강화유리, 내열성 자기(무겁고 깨지기 쉽지만, 오븐에서 테이블로 바로 낼 수 있다)로 만든 것들도 있으며, 몇몇 특별한 레시피(쿠겔호프, 쿨리비악, 테린 등) 용으로는 유약 입힌 토기로 된 틀을 사용하기도 한다.

● **샤퀴트리용 틀.** 대형 샤퀴트리용 틀은 대개 압착판이 포함되어 있는데 이것은 틀 안 재료의 덩어리 모양을 확실하게 잡아주고, 더욱 균일한 밀도가 되도록 눌러주는 역할을 한다. 햄, 돼지 머리고기, 새끼돼지, 갈랑틴(galantine), 파테, 룰라드(roulade), 장보노(jambonneau)용 틀을 꼽을 수 있으며, 이 무거운 틀들은 일반적으로 알루미늄 합금 소재나 스테인리스 스틸로 만들어진다. 작은 크기의 샤퀴트리용으로는 경량 알루미늄, 심

지어 플라스틱 소재로 된 아스픽 틀, 파테 틀 및 내장용 틀 등을 사용한다. ● **제과제빵용 틀.** 제과제빵용 틀은 그 종류의 폭이 매우 방대하다. 타르틀레트용 바르케트, 바바, 비스퀴, 브리오슈, 봉브 글라세, 파운드케이크, 샤를로트, 크로캉부슈, 다리올, 플랑, 제누아즈, 아이스크림, 마들렌(개별 틀 또는 12~24구 판형 틀), 망케, 프티푸르, 사바랭용 틀을 비롯해 다양한 종류가 있다. 타르트나 파이용으로는 바닥이 없는 링 형태나 투르티에르(tourtière) 파이틀을 많이 사용한다, 파이틀은 바닥 분리형도 있으며 원형, 사각형 등 모양도 다양하고 매끈한 것과 가장자리에 주름이 잡힌 것들도 있다. 원형틀 기준 지름 22cm짜리는 4인용, 24cm는 6인용, 28cm은 8인용으로 적합한 사이즈다. 이러한 틀은 달콤한 파티스리뿐 아니라 일반 요리에서도 두루 사용된다. 뷔슈(bûche) 케이크, 쿠겔호프(kouglof), 트루아 프레르(trois-frères) 틀처럼 특정 레시피 전용으로 사용되는 것들도 있다. 와플 반죽을 사용하는 도넛 틀은 버섯, 별, 바르케트, 장미, 하트 모양 등이 있으며, 와플기 역시 벌집 모양으로 홈이 팬 금속 틀이 장착되어 있다. 초콜릿용 틀 또한 생선 모양, 달걀 모양 등 다양한 형태는 물론이고 여러 가지 무늬로 찍어내는 판형 틀 종류가 아주 많다. 직육면체 또는 원통형 식빵 틀은 뚜껑으로 덮게 되어 있는 반면 파테용 틀은 경첩이 달려 있거나 반으로 분리된 틀을 결합해 닫는 형태이다. 프로마주 블랑을 받쳐 수분을 빼고 원형, 하트형 등으로 모양을 잡아주는 소쿠리(faisselle)도 틀의 일종으로 볼 수 있다. 또한 달걀 틀 형태의 팬은 3~4개의 동그란 공간이 분리되어 달걀을 하나씩 넣어 섞이지 않게 익힐 수 있다.

MOULER 물레 틀에 넣다, 주형에 붓다. 흐르는 액상 또는 걸쭉한 반죽 상태의 물질을 틀에 넣는 것을 뜻한다. 틀 안의 물질은 가열, 냉각 또는 냉동에 의해 제형이 바뀌어 굳은 형태를 갖추게 된다. 틀에 넣어 모양을 만드는 주형 작업은 음식의 특성에 따라 각기 다른 방식으로 이루어진다(**참조** BARDE, BEURRER, CARAMÉLISER, CHEMISER, FARINER).

MOULIN 물랭 제분기, 그라인더, 분쇄기. 고체형 음식물을 가루로 빻는 수동 또는 전동 기계를 지칭한다. 손으로 핸들을 돌려 원두를 가는 커피밀(일부 모델은 신제품이 출시되기도 했다)은 분쇄날이 달린 전동 그라인더에 그 자리를 내주었고, 현재는 이마저도 맷돌식 전동 그라인더가 등장함에 따라 밀려나게 되었다. 맷돌식 그라인더는 분쇄하는 동안 원두가 가열되지 않는 장점이 있다. 후추나 굵은 소금용 그라인더(각종 향신료 알갱이나 마른 고추용 포함)는 기계식 전동 분쇄기, 톱니바퀴 또는 맷돌 원리로 갈아주는 분쇄기, 핸들이나 뚜껑 부분을 수동으로 돌려 갈아주는 형태 등이 있다. 후추 그라인더는 대부분 나무, 유리, 플라스틱, 스테인리스 스틸, 은도금된 금속 등의 재질로 만들어진다. 채소 그라인더(푸드밀)는 핸들을 수동으로 돌려 음식물을 가는 형태이며 세트로 구성된 다양한 굵기의 절삭망을 바꿔가며 원하는 입자로 음식을 갈 수 있어 경우에 따라서는 전동 방식보다 선호도가 더 높다. 특히 전분질이 있는 채소의 퓌레를 만들 때 아주 유용하며 보통 수프, 콩포트용으로 많이 사용된다.

MOULIN DE JAVEL 물랭 드 자벨 오퇴유(Auteuil)의 한 어부인 브레앙(Bréant)이 1688년 센 강가의 그르넬 평원에 연 작고 친절한 숙소 겸 식당으로, 여성들의 환심을 사기 위한 데이트 장소로 인기를 끌었다. 특히 이 곳의 식당에서는 강에서 풍부하게 잡히는 민물가재와 장어 마틀로트를 서빙했다.

MOULIN-À-VENT 물랭 아 방 가메(gamay) 품종 포도로 만들며 보졸레의 최고 등급 크뤼 10개에 포함된다. 보졸레 와인 중 가장 바디감과 알코올 함량이 풍부하며, 오래 보관할 만한 잠재력이 있는 물랭 아 방은 많은 애호가들이 최고의 보졸레 와인으로 꼽는 와인이다(**참조** BEAUJOLAIS).

MOULIS 물리 오 메독(haut Médoc)의 AOC 와인으로 포도품종은 카베르네 소비뇽, 메를로, 카베르네 프랑, 말벡이다. 알코올 함량이 풍부하고 밸런스가 좋으며 독특한 단맛을 갖고 있다(**참조** BORDELAIS).

MOUSSAKA 무사카 터키, 그리스, 발칸 반도 지역에서 공통적으로 즐겨 먹는 무사카는 얇게 썬 가지 사이사이에 쇠고기나 양고기, 양파, 생토마토, 민트, 향신료를 다져 혼합한 소를 층층이 채워 쌓은 뒤 걸쭉한 베샤멜 소스를 더한 요리다. 무사카는 주로 가지 껍질을 깐 둥근 틀에 넣어 익힌다.

moussaka 무사카

무사카 : 가지 5개를 슬라이스해 올리브오일에 튀긴다. 건져서 종이타월 위에 올려 24시간 동안 기름이 빠지도록 둔다. 다진 소고기 750g, 걸쭉하게 졸인 토마토 소스 3테이블스푼, 다진 생민트잎, 이탈리안 파슬리, 올리브오일, 소금, 후추를 섞는다. 오븐용 타원형 용기에 기름을 바른 다음 소고기 혼합물과 가지 슬라이스를 교대로 층층이 쌓아 넣는다. 맨 위는 고기 혼합물로 마무리한다. 중탕용 바트에 물을 채우고 무사카 용기를 놓은 뒤 불에 올려 가열한다. 중탕 물이 끓기 시작하면 180°C로 예열한 오븐에 넣어 1시간 동안 중탕으로 익힌다. 오븐을 끄고 문을 살짝 열어둔 상태로 무사카를 오븐 안에 그대로 15분간 둔다. 틀에서 꺼내 서빙한다.

MOUSSE 무스 거품, 무스. 액체(액상 무스) 또는 고체(고형 무스)로부터 가스가 거품, 또는 기포의 형태로 분산된 것이다. 요리에서 무스는 재료를 아주 곱게 블렌더로 갈아 자체의 부피가 팽창되거나 다른 거품(거품 올린 달걀흰자, 사바용, 휘핑한 크림 등)를 더해 혼합한 아주 가벼운 상태의 물질(짭짤한 맛, 단맛 모두 해당)을 가리킨다. 무스는 또한 틀에 넣어 모양을 만들기도 하며(젤라틴과 같은 겔화제를 첨가한다), 뜨겁게 서빙하는 경우도 있다. 제과에서 과일 무스는 과일 퓌레, 젤라틴, 휘핑한 크림, 이탈리안 머랭으로 만든다. 초콜릿 무스는 녹인 초콜릿, 액상 생크림 또는 시럽, 달걀노른자, 달걀흰자 그리고/또는 휘핑한 생크림이 포함된다. 1970년대에 처음 선보인 무스 덕에 좀 더 가벼운 파티스리를 만드는 것이 가능해졌다. 특히 앙트르메 케이크 류와 프티 가토의 변화를 가져왔다.

MOUSSES SALÉES 짭짤한 무스

choux à la mousse de foie gras ▶ CHOU

피에르 위낭(PIERRE WYNANTS)의 레시피

mousse de crevettes 무스 드 크르베트

새우 무스 : 냄비에 곰새우 껍질 150g, 물 500mℓ, 타임 1줄기, 월계수 잎 1장, 얇게 썬 셀러리 흰 부분 20g, 굵게 부순 흰 통후 10알, 팔각 1개를 넣고 끓을 때까지 가열한다. 거품을 걷어내고 불을 줄인 뒤 약한 불에서 15분간 끓인다. 고운 체에 거른다. 이 국물 50mℓ를 데운 뒤, 찬물에 불린 판 젤라틴 4g을 녹여둔다. 블렌더 믹싱볼에 껍질을 깐 북해산 곰새우살 100g, 껍데기를 까고 얇은 뼈를 모두 발라낸 킹크랩살 40g, 젤라틴을 녹인 새우 육수를 넣고 최대한 곱게 간다. 볼에 덜어낸 다음 액상 생크림(지방 40%) 200mℓ, 리카르 파스티스(Ricard) 한 바퀴, 레몬즙 약간을 첨가하고 간을 한다. 볼에 채운 뒤 냉장고에 넣어 굳힌다. 새우 껍질 육수 100mℓ를 데운 뒤 찬물에 담가 불린 판 젤라틴 2.5g을 녹인다. 고운 체에 거른 뒤 간을 맞춘다. 어느 정도 식힌 다음 냉장고에 넣어두었던 무스 위에 붓는다. 무스가 담긴 볼 표면에 기호에 따라 재료를 올린다. 구운 토스트를 곁들여 서빙한다.

mousse de foie gras de canard (ou d'oie) 무스 드 푸아그라 드 카나르(우 두아)

오리(또는 거위) 푸아그라 무스 : 오리 푸아그라 한 덩어리를 중탕으로 오븐에 익힌 뒤(심부 온도 약 45°C) 기름을 따라낸다. 푸아그라를 고운 체에 긁어내려 볼에 담고, 퓌레 1ℓ당 녹인 즐레 250mℓ, 닭 육수 블루테 400mℓ를 넣는다. 볼을 얼음 위에 올려놓고 가볍게 저으며 혼합한다. 간을 한 다음 반 정도 휘핑한 생크림 400mℓ를 넣고 살살 섞어준다. 매끈한 모양 또는 테두리에 무늬가 있는 원형틀 바닥과 안쪽 벽에 즐레를 깔아준다. 얇게 썬 송로버섯, 동그란 모양으로 얇게 썬 삶은 달걀흰자, 타라곤 잎 등으로 보기 좋게 무늬를 만들어 붙인다. 틀의 높이 1.5cm를 남긴 부분까지 푸아그라 무스를 채워 넣는다. 즐레를 한 겹 덮어준다. 식힌 뒤 냉장고에 넣어둔다. 서빙 플레이트 위에 뒤집어 놓고 틀을 제거한다. 접시에 버터를 바른 크루통을 깔고 그 위에 푸아그라를 얹어도 좋다. 잘게 썬 즐레를 주위에 둘러놓는다.

mousse froide de jambon 무스 프루아드 드 장봉

차가운 햄 무스 : 기름을 제거한 익힌 햄 살코기 500g에 걸쭉한 블루테(차가운 것) 200mℓ를 넣어가며 전기 분쇄기로 간다. 혼합물을 체에 곱게 긁어내려 볼에 담고, 얼음을 채운 용기 위에 올린다, 소금, 후추로 간하고 녹인 즐레 150mℓ를 조금씩 넣어가며 주걱으로 몇 분간 잘 저어 섞는다. 반 정도 휘핑한 생크림 400mℓ를 넣고 주걱으로 돌려 떠올리듯이 살살 혼합한다. 즐레를 깔아 놓은 틀에 무스 혼합물을 채운 뒤 냉장고에 넣어 굳힌다. 서빙 접시에 뒤집어 놓고 틀을 제거한 다음, 잘게 썬 즐레를 주위에 둘러놓는다.

장 & 피에르 트루아그로(JEAN ET PIERRE TROISGROS)의 레시피

mousse de grive aux baies de genièvre 무스 드 그리브 오 베 드 즈니에브르

주니퍼베리를 넣은 개똥지빠귀 무스 : 개똥지빠귀 여러 마리의 깃털을 뽑고 뼈를 제거해 살 500g을 준비한다. 모래주머니를 제거한다. 개똥지빠귀의 간, 염통, 내장과 베이컨 100g을 살과 합한 다음 모두 분쇄기로 간다. 소금, 후추로 간을 하고 주니퍼베리 15g을 넣는다. 살을 잘라내고 남은 새의 뼈를 모두 잘게 썰어 팬에 볶다가 높이의 반까지 물을 붓고 1시간 동안 끓인다. 체에 거른 뒤 다시 졸여 시럽 농도의 소스를 만든다. 냄비에 돼지 기름 100g과 갈아 놓은 고기 혼합물을 넣고 뚜껑을 덮은 뒤 100°C 오븐에서 중탕으로 2시간 30분 동안 익힌다. 꺼내서 따뜻한 온도가 될 때까지 식힌 다음 아주 고운 체에 긁어내린다. 볼에 담고 시럽 농도의 소스와 녹인 거위 기름 100g을 함께 넣어준 뒤 주걱으로 잘 혼합한다. 여러 개의 작은 테린 용기에 담아 채운다. 보존성을 높이기 위해 돼지기름을 얇게 한 켜 흘려 넣어 막을 만들어준다.

mousse de lièvre aux marrons 무스 드 리에브르 오 마롱

밤을 넣은 산토끼고기 무스 : 힘줄을 제거한 산토끼 살코기 500g을 분쇄기로 아주 곱게 간 다음 고운 소금 9g, 흰 후추 넉넉히 1자밤을 뿌려 넣는다. 그대로 분쇄기 안에 담긴 살코기에 달걀흰자 2~3개를 조금씩 넣으며 갈아 혼합해준 뒤 꺼내서 체에 곱게 긁어내린다. 소테팬에 넣고 약한 불에서 나무 주걱으로 저어가며 매끈한 혼합물을 만든다. 볼에 덜어낸 다음 냉장고에 2시간 동안 넣어둔다. 껍질을 깐 밤 400g에 버터와 육수를 넣고 자작하게 조리듯이 익힌다. 얼음으로 가득 채운 큰 그릇에 산토끼살 혼합물이 담긴 볼을 올려놓고 더블 크림 500mℓ를 조금씩 넣어가며 주걱으로 힘있게 섞어준다. 잘게 썬 밤 300g도 함께 넣어 섞는다. 냉장고에 다시 1시간 동안 넣어둔다. 다리올(dariole) 틀 여러 개에 버터를 바른 다음 산토끼 무스를 나누어 담는다. 틀을 바닥에 탁탁 쳐서 공기를 빼고 표면을 평평하게 해준다. 이 틀을 모두 중탕용 물이 담긴 바트에 놓고 불에 올려 가열한다. 중탕용 물이 끓기 시작하면 알루미늄 포일로 덮어준 뒤 200°C로 예열한 오븐에 넣어 25~30분간 익힌다. 송로버섯을 넣은 페리괴소스(sauce Périgueux)를 조금 끼얹고 익힌 밤 한두 톨을 올려 장식한다.

mousse de poisson 무스 드 푸아송

생선 무스 : 생선 필레살 500g을 준비해 절구에 찧거나 블렌더에 간다. 고운 소금 5g과 그라인드 후추 1.5g을 뿌린다. 큰 믹싱볼에 넣고 달걀흰자 2~3개분을 한 개씩 넣어주며 계속 찧어 섞는다. 혼합물을 체에 곱게 긁어내린 뒤 냉장고에 2시간 동안 넣어둔다. 부순 얼음을 채운 통 위에 믹싱볼을 올린 뒤 더블 크림 600mℓ를 조금씩 넣으며 주걱으로 섞어준다. 간을 맞춘다. 매끈한 틀에 기름을 살짝 바른 뒤 무스 혼합물을 채워 넣는다. 190°C로 예열한 오븐에서 20분간 중탕으로 익힌다. 오븐에서 꺼내 10분 정도 두었다가 틀에서 분리한다, 생선 요리에 어울리는 소스를 끼얹어 따뜻한 온도로 서빙한다.

MOUSSES SUCRÉES 달콤한 무스

figues à la mousse de framboise ▶ FIGUE

mousse au chocolat 무스 오 쇼콜라

초콜릿 무스 : 태블릿 초콜릿 150g을 중탕으로 녹인 뒤 불에서 내리고 버터 80g을 넣어 섞는다. 매끄러운 혼합물이 되면 달걀노른자 2개를 넣고 잘 섞는다. 달걀흰자 3개분을 휘저어 기포가 일기 시작하면 설탕 25g과 바닐라슈거 작은 1봉지를 넣고 계속 저어 단단하게 거품을 올린다. 초콜릿 혼합물에 거품 낸 흰자를 넣고 주걱으로 뒤집어 들어 올리듯이 살살 섞어준다. 반구형 유리 용기(coupe)에 채워 넣은 뒤 냉장고에 최소 12시간 동안 넣어둔다.

알랭 샤펠(ALAIN CHAPEL)의 레시피

mousse de citron 무스 드 시트롱

레몬 무스 : 달걀노른자 2개와 설탕 5테이블스푼을 핸드믹서로 섞는다. 색이 연해지고 거품이 일기 시작하면 전분 2테이블스푼과 뜨거운 라임즙 6개 분량과 레몬즙 2개 분량을 넣는다. 불에 올리고 잘 저으며 끓인다. 단단히 거품 낸 달걀흰자 2개분을 뜨거운 혼합물에 넣는다. 개인용 라므킨(ramequin) 여러 개에 무스 혼합물을 나누어 붓고 냉장고에 넣어둔다. 블러드 오렌지와 핑크 자몽 샐러드에 곁들여 차갑게 서빙한다.

mousse glacée à la fraise 무스 글라세 아 라 프레즈

딸기 아이스 무스 : 설탕 900g을 물 500mℓ에 끓여 시럽(밀도 1.25)을 만든다. 체에 곱게 내린 생딸기 퓌레 900g을 넣는다. 아주 단단하게 휘핑한 샹티이 크림 1ℓ를 넣고 살살 섞는다. 통상적인 방법에 따라 아이스크림을 만든다. 산딸기 무스도 같은 방법으로 만든다.

petites mousses de banane au gingembre ▶ BANANE

MOUSSELINE 무슬린 무슬린(mousseline)이라 불리는 얇은 면 거즈 천으로 싸서 익힌 짭짤한 또는 단맛의 무스를 가리킨다. 또한 이 명칭은 마요네즈나 홀랜다이즈 소스에서 파생된 소스, 곱게 간 크넬용 혼합물, 비스퀴 반죽, 감자 퓌레 등 부드럽고 섬세한 질감을 강조하는 음식에 붙이기도 한다.

▶ 레시피 : BISCUIT, FARCE, GRENOUILLE, OMELETTE, POMME DE TERRE, QUENELLE, SAUCE, TIMBALE.

MOUSSERON 무스롱 밤버섯, 낙엽버섯 등 흰색 또는 베이지색의 섬세한 풍미를 지닌 다수의 작은 버섯 품종들을 통칭하는 일상적인 명칭이다(**참조** CLITOPILE PETITE-PRUNE, MARASME D'ORÉADE, TRICHOLOME). 조리방법은 꾀꼬리버섯(girolles)과 같다.

MOUSSEUX 무쇠 뱅 무쇠(vin mousseux)는 샹파뉴를 제외한 스파클링 와인을 지칭한다. 발포성 와인을 만드는 탄산가스를 확보하는 방법은 여러 가지가 있다. 가장 오래된 메토드 뤼랄(méthode rurale) 방식은 포도주를 당분이 남은 상태에서 병입하여 자연 발효를 늦추는 것이다. 메토드 샹프누아즈(méthode champenoise)는 1차 발효가 끝난 와인을 병입한 후 당분과 효모를 첨가해 2차 발효를 유발한다. 주로 대량 생산에 쓰이는 샤르마(Charmat) 방식은 대형 양조 탱크에서 발효시킨 뒤 나중에 압력을 가해 병입하는 것이다. 스파클링 와인은 거의 화이트와인이지만 투렌, 보르도, 부르고뉴의 몇몇 포도재배지에서는 로제 스파클링 와인도 생산한다.

MOÛT 무 발효되지 않은 포도즙을 뜻하며 70~85%의 물과 ℓ당 145~225g의 설탕이 함유되어 있다. 발효 과정을 통해 이 설탕이 알코올로 변화한다. 17g의 당이 알코올 함량 1%Vol.를 만든다.

MOUTARDE 무타르드 머스터드, 양겨자. 십자화과의 초본식물로 지중해 지역이 원산지다(**참조** p.560 머스터드 도표). 노란색을 띤 머스터드 씨는 다소 매운맛이 나며 같은 이름의 양념, 즉 머스터드 소스를 만드는 데 사용된다. 프랑스에서 무타르드라는 명칭은 검정 또는 갈색 또는 두 가지의 씨를 갈아 만든 제품으로 한정되어 있다. 유일한 예외는 흰색 머스터드 씨로 만드는 알자스 머스터드(moutarde d'Alsace)이다. 프랑스에서 머스터드의 중심지는 디종(Dijon)이며 모(Meaux)가 그 뒤를 잇는다. 프랑스에서 사용되는 머스터드 씨 대부분은 캐나다에서 들어온다. 하지만 부르고뉴 지방을 필두로 머스터드 재배를 다시 재개하려는 움직임이 일고 있는 추세다.

■ **역사.** 머스터드는 아주 오래전부터 사용해 왔다. 성경에서는 이미 야생겨자 씨(grain de sénevé)가 언급되었고, 고대 그리스, 로마인들은 가루로 빻은 머스터드 씨를 참치 액젓(muria)에 개어 고기와 생선 요리에 향신료로 사용했다. 야생겨자는 이어서 갈리아(Gaule)에 유입되었다. 이것을 사용한 최초의 레시피가 등장한 것은 4세기경이며 이는 부르고뉴에 널리 퍼졌다. 14세기 초 머스터드의 열렬한 애호가였던 교황 요한 22세는 교황의 위대한 머스터드 제조인이란 임무를 띤 한직을 따로 만들었고 자신의 조카를 그 자리에 앉혔다. 뿐만 아니라 이 식물은 그 의학적 효능으로도 매우 인기가 높았다. 16세기 말 식초 제조인과 머스터드 제조인 동업조합이 오를레앙(Orléans)에서 처음 생겨났고 이어서 1630년경에는 디종에서도 발족되었다. 18세기, 디종에서는 네종(Naigeon)이라는 이름을 가진 한 사람이 매운맛이 강한 화이트 머스터드(moutarde forte 또는 moutarde blanche)의 레시피를 만들어냈다.

■ **사용.** 머스터드는 인기가 높은 미식 양념으로 최근에는 다양한 향(레드커런트, 핑크 페퍼콘, 홀스래디시, 발사믹 식초 등)을 더한 제품들도 출시되고 있다. 또한 자신만의 머스터드를 만들 수도 있다. 영국 겨자분말(일부 향신료 상점에서 구입할 수 있다), 또는 갈색이나 흰색 머스터드 씨를 빻은(미곡상에서 분쇄해 준다) 가루를 화이트와인과 약간의 기름, 또는 허브나 향이 좋은 식물을 담가두었던 식초에 갠다. 머스터드는 밀폐된 병에 넣어 냉장고나 서늘한 곳에 보관한다. 양념으로서의 역할 이외에도 머스터드는 요리에서 다양하게 쓰인다. 토끼, 돼지, 닭과 일부 생선(기름기가 많

Moule 틀

"레시피마다 고유의 틀이 있지만, 각각의 틀은 또한 여러 종류의 요리와 디저트를 만드는 데 쓰인다. 포텔 에 샤보와 에콜 페랑디 주방에는 양철로 된 파운드케이크 틀과 브리오슈 틀, 실리콘으로 된 구움과자틀, 논스틱 코팅된 망케 틀, 다양한 크기의 쿠키 커터 등이 넘쳐난다. 파티시에들의 상상력을 충족시키는 도구들이다."

은 종류)을 조리하기 전 겉에 발라주거나, 스튜의 국물이나 블랑케트에 넣어 매콤한 킥을 더해주기도 한다. 또한 다수의 소스(찬 소스, 더운 소스 모두 포함)를 만드는 데 들어가는 기본재료이기도 하다. 영국 요리에서 머스터드는 소스로 많이 사용되며 주로 달걀노른자나 안초비 페이스트를 첨가해 풍미를 높인 뒤 생선 요리에 곁들인다. 이탈리아의 크레모나 머스터드(Mostarda di Cremona)는 오히려 처트니에 더 가깝다. 이것은 머스터드를 넣은 새콤달콤한 소스에 과일을 절여 만든 것으로, 주로 국물에 삶아 익힌 고기에 곁들인다.

▶ 레시피 : LAPIN, ROGNON, SAUCE.

MOUTARDIER 무타르디에 머스터드 용기. 머스터드를 담아 식탁에 비치해두는 작은 단지. 식탁용 오일이나 식초 병들과 한 세트로 구성되기도 한다. 덜어낼 때 사용하는 스푼을 꽂아 놓을 수 있도록 홈이 나 있는 뚜껑이 있다.

MOUTON 무통 양. 포유류 반추 동물인 양을 총칭하는 이름. 양은 정육, 유명한 치즈(로크포르, 에토르키, 브르비우, 페타 등)를 만드는 젖뿐 아니라 양모와 가죽을 제공한다. 수컷은 벨리에(belier)라 불리고 거세한 수컷은 무통(mouton), 어린 숫양은 아뇨(agneau)라 부른다. 암컷은 브르비(brebis)라고 부르며 그중 어린 암양은 아넬(agnelle), 나이가 아주 많은 암양은 피안(piane)이라 부른다. 양고기 중에서는 탄력 있고 근섬유가 조밀하며 색이 선명한 어린 양의 살을 특히 즐겨 찾는다. 양고기의 특유의 강한 향은 껍데기 쪽 살을 제거하고 고기에 붙은 기름을 최대한 떼어내면 어느 정도 줄일 수 있다. 양고기는 특히 타진(tagine), 쿠스쿠스, 메르게즈 소시지(merguez)를 만드는 데 많이 사용된다.

■ **생산.** 프랑스에는 무통의 품질 등급 표시를 위한 공식 라벨이 없다(어린 양(agneau)의 경우는 존재한다). 야외 초장에서 방목한 양의 고기 맛은 이들이 섭취한 풀의 영향을 받는다(리무쟁의 양은 부드러운 맛, 알프스 남부 지방의 양에서는 은은하고 섬세한 맛, 해변의 목장에서 자란 양에서는 바다의 짭조름한 맛이 난다). 한편 곡물 생산 지역의 양 사육 축사에서 자란 양들은 살이 더욱 기름지다. 오스트레일리아는 세계 최대의 양고기 수출국이다. 영국 역시 양의 수출국이며 또한 소비국이다. 아이리쉬 스튜, 머튼 브로스(양고기 수프), 해기스, 민트를 넣은 양 넓적다리와 같은 요리가 대표적이다. 또한 북아프리카 마그레브 국가들, 중동과 근동 지역 국가들, 인도와 그 주변국들의 요리에서도 양고기는 기본 재료로 사용된다. 프랑스에서 무통의 소비는 예전에 비해 훨씬 줄었고, 일반 소비자들은 어린 양(agneau)을 더 선호한다. 양모는 이제 부수적인 것이 되었지만 수 세기에 걸친 양모 생산 덕에 양의 사육은 오랜 시간 유지되어 왔다. 가장 오래된 양고기 레시피는 고기를 연하게 하고 꼬릿한 기름 냄새를 제거하는 데 주력한 것들이었다. 영국의 양 뒷다리 삶기, 프랑스의 마리네이드 및 돼지비계 박아 넣기, 지중해 국가들에서 많이 행해지는 야외에서 통째로 로스트하기 등의 조리법을 보면 잘 알 수 있다. 양고기 조리법 중 가장 많은 수를 차지하는 스튜, 소테, 브레이징은 대부분 탄수화물을 곁들이며, 질긴 고기를 연하게 만든다. 오븐에 로스트하거나 그릴에 굽는 용도로는 가장 어린 양의 고기를 선택하는 것이 좋다.

■ **사용.** 양고기 조리 및 용도는 부위에 따라 달라진다. 정육분할은 어린 양(agneau)과 같다(**참조** p.22 양고기 정육 분할 도감).

– 로스트용 부위로는 하는 뒷다리(gigot, 삶는 조리법도 가능하다), 등심, 갈비 전체, 어깨살(앞다리)가 적합하며, 뼈가 있는 상태로 조리하기도 한다. 두 개의 뒷 넓적다리와 등심을 포함하는 부위인 바롱(baron) 또한 로스트로 요리한다.

– 그릴이나 석쇠에 굽는 부위로는 주로 아랫갈비, 중간갈비, 윗갈비, 뒷다리에서 정형한 안심이나 손잡이 뼈 없는 램 촙 등을 많이 사용하며, 뼈가 있는 상태로 조리하기도 한다. 양고기의 누아제트(noisette)는 갈빗대를 제거한 순살 또는 뼈를 제거한 필레미뇽을 가리킨다.

– 꼬치 요리용 부위로는 일반적으로 삼겹살, 앞다리 또는 목살을 사용하지만 어린 양의 같은 부위만큼 연하지는 않다.

– 브레이징, 소테, 또는 국물에 삶아 익히는 요리 부위는 목살, 삼겹살, 윗 갈비살, 앞다리살 등을 주로 사용하며, 스튜(ragoût), 나바랭(navarin), 아이리쉬 스튜(irish stew), 양고기 스튜(halicot de mouton) 등을 만들 수 있다.

– 양의 부속이나 내장 부위 중 몇몇은 별미로 애호가들의 사랑을 받고 있다. 창자나 위를 재료로 한 요리들은 몇몇 지방의 특선 향토음식으로 꼽힌다. 마시프 상트랄 지역의 내장요리 트리푸(tripous), 마르세유의 피에 에 파케(Pieds paquets, 양의 위와 족을 넣고 끓인 스튜) 등이 대표적이다. 무통에는 식용소비가 금지된 특수위험물질(**참조** MATÉRIELS À RISQUES SPÉCIFIÉS)에 해당하는 부위들이 존재한다.

côtes de mouton Champvallon 코트 드 무통 샹발롱

샹발롱 양 갈비 : 4인분 / 준비: 40분 / 조리: 1시간 20분

양의 윗갈비(숄더 랙) 8대를 손질한다. 양파 큰 것 3개, 살이 단단한 감자 1kg, 마늘 4톨의 껍질을 벗긴 뒤 씻는다. 양파를 얇게 썰고, 마늘은 반으로 갈라 싹을 제거한 다음 찧는다. 감자를 3mm의 두께로 둥글게 슬라이스한다. 썬 감자는 다시 씻지 않는다. 부케가르니 1개를 만들고 이탈리안 파슬리 2테이블스푼을 잘게 썰어둔다. 닭 육수 500㎖를 만들어둔다. 오븐을 220°C로 예열한다. 양 갈비에 소금, 후추로 밑간을 한다. 코코트 냄비에 버터 40g을 녹이고 양 갈비를 지져 색을 낸 뒤 건져서 따뜻하게 보관한다. 코코트 냄비에 남은 기름을 일부 제거한 다음 양파를 넣고 색이 나지 않고 수분이 나오도록 볶는다. 마늘과 감자를 첨가하고, 타임 잎 1테이블스푼을 뿌린다. 닭 육수를 자작하게 붓고 부케가르니도 넣어준 다음 끓을 때까지 가열한다. 이탈리안 파슬리를 첨가하고 간을 맞춘다. 오븐용 우묵한 그릇에 버터를 바르고 감자의 반을 깔아준다. 그 위

머스터드의 종류와 특징

종류	원산지	성분	외형	맛
검은색 또는 갈색 씨의 머스터드				
디종 머스터드 moutarde de Dijon	프랑스 전역	베르쥐, 소금	밝은 노란색의 매끈한 페이스트	강한 맛에서 아주 강한 맛까지 있다.
피카르디 머스터드 moutarde picarde	피카르디 Picardie	시드르 식초, 향신료	노란색의 매끈한 페이스트	순하고 사과 맛이 난다.
노르망디 머스터드 moutarde de Normandie	노르망디 Normandie	노르망디의 시드르 식초, 소금	짙은 노란색의 매끈한 페이스트	맛이 강하고 향이 좋다.
홀그레인 머스터드 moutarde à l'ancienne	프랑스 전역	베르쥐, 향신료, 향신 허브	알갱이가 있다.	맵고 향이 좋다.
샤루 머스터드 moutarde de Charroux®	알리에 Alier	베르쥐, 생 푸르생(Saint-Pourçain) 와인	알갱이가 있다.	아주 맵다.
모 머스터드 moutarde de Meaux®	센 에 마른 Seine-et-Marne	식초, 때로는 허브, 향신료	알갱이가 있다.	맵고 향신료 향이 진하다.
아주 오래된 또는 고대의 머스터드 moutarde millénaire ou antique	우아즈 Oise	꿀 식초, 꿀물	알갱이가 있다.	맛이 순하고 꿀맛이 매우 뚜렷하다.
흰색 씨의 머스터드				
알자스 머스터드 moutarde d'Alsace	오 랭, 바 랭, 모젤 Haut-Rhin, Bas-Rhin, Moselle	흰색 씨, 향료	노란색의 페이스트	맛이 꽤 순한 편이다.
가향 머스터드	프랑스 전역	과일, 채소, 향신료, 조리한 향신 허브	첨가된 재료에 따라 다양하다 (그린페퍼콘, 샬롯, 타라곤 등)	거의 맵지 않고 향이 좋다
비올레트 머스터드 moutardes violettes, (브리브 비올레트 violette de Brive® 포함)	프랑스 전역	검은 포도의 신선한 즙 , 향신료, 식초	보라색의 페이스트	순하고 단맛이 적다.

에 양 갈비를 놓고 고기에서 흘러나온 육즙도 함께 넣는다. 남은 감자로 덮어준다. 그 위에 육수를 붓는다. 오븐에 넣고 약 1시간 30분간 익힌다. 중간에 넓적한 스푼이나 국자로 표면을 눌러 다지고 알루미늄 포일로 덮어 색이 너무 진하게 나는 것을 방지한다. 오븐에서 꺼내 그대로 서빙한다.

épaule de mouton en ballon (ou en musette) 에폴 드 무통 앙 발롱(우 앙 뮈제트)

소를 채운 양 어깨살 요리 : 양 어깨살(앞 다리)의 뼈를 제거한 뒤 소금과 후추를 뿌리고 작업대 위에 펼쳐 놓는다. 곱게 간 돼지고기 분쇄육(소시지 미트) 200g, 파슬리 작은 한 단과 함께 다진 포치니 버섯 150g, 껍질을 벗긴 샬롯 1개와 마늘 2톨, 휘저어 풀은 달걀 1개, 타임 잎만 떼어서 약간, 소금과 후추를 모두 섞어 스터핑 혼합물을 만든다. 이 소를 공 모양으로 뭉쳐 펼쳐둔 어깨살 중앙에 놓고 고기를 접어 싼 다음 조리용 실로 묶어 멜론과 같은 형태를 만든다(묶은 실들이 마치 멜론의 세로로 팬 골 모양과 같다). 원형 코코트 냄비에 올리브오일 3테이블스푼을 달군 뒤, 묶어 놓은 어깨살을 넣고 표면을 고루 지져 노릇한 색을 내 준다. 화이트와인을 넉넉히 한 잔 넣고 진한 갈색 육수도 동량으로 부어준다. 뚜껑을 덮고 200°C로 예열한 오븐에서 1시간 30분간 익힌다. 고기를 꺼내 실을 푼 다음 멜론처럼 자른다. 고기를 익힌 코코트 냄비의 기름을 제거한 뒤 진한 토마토 소스 4테이블스푼 첨가하고, 필요한 경우엔 좀 더 졸인다. 소스를 체에 거르고 소스 용기에 따로 담아 서빙한다.

épaule de mouton en pistache ▶ ÉPAULE

레스토랑 미셸 뤼보(RESTAURANT MICHEL RUBOD)의 레시피

gigot de mouton de sept heures 지고 드 무통 드 세퇴르

7시간 조리한 양 뒷다리 요리 : 3kg짜리 양 뒷다리 1개를 준비해 뼈 끝 손잡이 부분을 칼로 깨끗이 긁어내고 덩어리를 조리용 실로 묶는다. 기름을 달군 코코트 냄비에 넣고 약한 불에서 고루 색을 낸다. 타임 1줄기, 월계수 잎 1장, 마늘 6톨, 길쭉하게 썬 생삼겹살 200g, 굵게 깍둑썬 미르푸아(당근 200g, 순무 200g, 셀러리 200g, 양파 2개)를 넣는다. 센 불에서 볶은 뒤 냄비의 기름을 제거하고 코냑 100mℓ로 넣어 디글레이즈한다. 뜨겁게 데운 코냑을 조금 붓고 불을 붙여 플랑베 한 다음 생 푸르생(Saint-Pourçain) 와인 1ℓ와 닭 육수 1ℓ를 붓는다. 돼지 족발 2개를 익힌 뒤 가늘게 썰어 넣는다. 냄비 뚜껑을 덮고 밀가루 반죽을 뚜껑 둘레에 붙여 완전히 봉한 뒤 120°C로 예열한 오븐에 넣어 7시간 동안 익힌다. 뜨거운 서빙 접시에 양 뒷다리를 놓고 삼겹살, 족발도 함께 담는다. 냄비에 남은 푹 익은 채소들을 국자로 으깨 걸쭉한 국물과 잘 섞은 뒤 이 소스를 고기에 끼얹는다. 고기가 푹 익어 아주 연하므로 스푼으로 먹을 수 있다.

halicot de mouton 알리코 드 무통

알리코 양고기 스튜 : 양 목살 또는 삼겹살(뱃살) 약 800g을 적당한 크기로 잘라 소금, 후추로 밑간을 한다. 코코트 냄비에 기름 3테이블스푼을 달군 뒤 고기를 넣고 센 불에서 지져 고루 색을 낸다. 양파 큰 것 1개를 얇게 썰어 넣는다. 설탕 1티스푼과 밀가루 깎아서 2테이블스푼을 고루 솔솔 뿌린 뒤 잘 섞어준다. 육수를 조금 덜어 토마토 퓌레 2테이블스푼을 풀어준 다음 코코트 냄비에 넣는다. 냄비에 육수를 넉넉히 붓고 재료를 잘 섞어준다. 찧은 마늘 1톨과 부케가르니 1개를 넣고 45분 동안 뭉근히 익힌다. 소스의 기름을 완벽히 걷어낸 다음 큼직하게 자르거나 갸름한 모양으로 돌려 깎은 감자 500g, 아주 작은 순무 400g, 껍질 깐 방울 양파 200g을 넣는다. 채소 건더기들이 소스에 잠기도록 육수를 조금 더 보충해준다. 40분 정도 더 익힌다.

pieds de mouton à la poulette ▶ PIED

poitrine de mouton farcie à l'ariégeoise 푸아트린 드 무통 파르시 아 라리에주아즈

속을 채운 아리에주(Ariège)식 양 양지살 요리 : 양의 양지살을 덩어리로 준비해 기름을 꼼꼼히 제거한 다음 칼집을 넣어 주머니 모양을 만든다. 안쪽에 소금과 후추를 뿌린다. 육수에 적셔 꼭 짠 빵 속살, 기름과 살코기가 적당히 섞여 있는 생햄, 다진 파슬리와 마늘을 혼합한 뒤 달걀을 한 개 풀어 넣고 잘 섞어 되직한 소를 만든다. 이 혼합물을 고기 안에 넣어 채운다. 충분히 간을 한다. 고기의 열린 부분을 주방용 실로 꿰매 봉한다. 스튜용 냄비에 버터를 바른 뒤 생돼지껍데기를 깔고 그 위에 둥글게 슬라이스한 양파와 당근을 놓는다. 고기를 얹고 부케가르니를 넣은 다음 뚜껑을 덮고 약한 불에서 15분 정도 익힌다. 드라이 화이트와인 150mℓ를 넣고 졸인다. 토마토 퓌레 3테이블스푼과 리에종한 갈색 육즙 소스(jus) 300mℓ을 첨가한다. 뚜껑을 덮고 200°C로 예열한 오븐에 넣어 45분~1시간 정도 익힌다. 고기를 건져 길쭉한 서빙 접시에 담은 뒤, 속을 채운 양배추(공 모양으로 만든다), 육수와 버터에 익힌 감자 등의 가니시를 빙 둘러놓는다. 고기를 익히고 난 국물은 체에 거른 뒤 기름을 제거하고 졸인다. 이 소스를 고기에 뿌려 서빙한다.

potage au mouton (mutton broth) ▶ POTAGE

MOUVETTE 무베트 둥글고 납작한 모양의 나무로 된 숟가락 또는 주걱. 크기가 다양하며 소스나 크림 등을 저을 때, 또는 각종 음식 재료들을 섞을 때 사용한다.

MOYEN-ORIENT 무아옌 오리앙 중동. 중동 지역의 요리는 단순하면서도 매우 세련되고 섬세하다. 이 지역 국가들의 음식 유산은 수천 년 전부터 여행자들의 왕래와 연이은 침략자들의 영향으로 다채롭고 풍성해졌다. 이러한 이유 때문인지 아랍 요리의 이름은 페르시아어로부터 유래한 것들이 대부분이다. 예를 들어 돌메(dolmeh)는 돌마(dolma), 폴로(polo)는 필라프(pilaf)가 되었다. 또한 페르시아인들의 세련된 문화를 보여주는 특산품인 장미 꽃잎 증류액(로즈워터)은 이 지역 각지에 널리 퍼졌고, 중국에서 온 오렌지 나무의 꽃봉오리 증류수(오렌지 블로섬 워터)와 더불어 수많은 디저트의 향료로 쓰이고 있다. 오늘날 이슬람 문화가 지배적인 중동 지역에서는 대부분 돼지고기와 술의 소비가 금지되어 있다.

■ **다양한 향신료.** 중동 국가들의 음식이 갖는 섬세함은 주로 음식에 들어가는 무궁무진한 향신료와 허브에서 온다. 특히 볶은 참깨를 갈아 만든 페이스트인 타히니(tahini)는 이 지역 요리의 기본 양념이다. 또한 중동 요리는 단맛과 짠맛의 조합을 기본으로 한다. 예를 들어 요거트는 짭짤한 일반 음식의 중요한 기본 재료다. 각종 견과류 또한 많이 사용된다. 타히니 소스 베이스에 잣, 빵, 마늘을 넣고 갈아 타라토르 소스(sauce tarator)를 만들며, 일반적으로 생선 요리에 곁들여 먹는다.

■ **애피타이저.** 모든 지중해 지역 모든 나라들과 마찬가지로 중동 지역에서도 메제(**참조** MEZZE)를 차려 먹는 오랜 전통은 아직까지도 이어지고 있다. 손님 접대 및 여럿이 모여 함께 나누는 식사의 상징인 메제는 여러 가지 음식을 한 상에 모둠으로 차린 것으로 대개 애피타이저로 서빙된다. 각 나라마다 다양한 고유의 메뉴를 차려내며 이 풍습을 가꿔나가고 있다. 또한 중동의 식사는 수프나 스튜 등의 일품요리로 이루어지는 경우가 많다. 렌틸콩 수프, 시금치 수프, 아보카도 수프 등을 즐겨 먹으며 재료들이 어우러져 더욱 깊은 맛이 나도록 하루 전날 미리 만들어놓기도 한다. 이란의 특선 요리인 과일을 넣은 새콤달콤한 수프는 맛이 아주 독특하다.

■ **채소와 곡류.** 중동 요리에는 주키니 호박, 시금치, 오크라, 렌틸콩, 병아리콩, 피망이 자주 사용된다. 그래도 가장 많이 사용되는 것은 가지와 토마토다. 샐러드로, 퓌레(양파와 섞기도 한다)로 즐겨 먹으며 튀김이나 속을 채운 요리(dolm도)를 만드는 등 더운 음식, 찬 음식, 단독으로 또는 다른 재료들과 섞어서 다양한 요리에 사용한다. 불구르(**참조** BOULGHOUR)는 주 요리의 곁들임으로 서빙하며, 또한 타불리(tabbouli)와 키베(kibbeh)를 만드는 기본 재료다. 하지만 곡류 중 가장 많이 먹는 것은 쌀이다, 흰 쌀밥은 모든 요리에 잘 어울린다. 이란 사람들은 특히 향이 더 좋은 바스마티(basmati) 쌀을 선호하며, 사프란을 넣고 지은 밥은 첼로(tchelo)라는 이름으로 불린다.

■ **고기와 생선.** 양(mouton)과 어린 양(agneau)은 중동 국가들에서 가장 흔한 고기이며, 부속을 포함한 모든 부위를 먹는다. 제일 연한 부위의 살로는 숯불구이 꼬치 요리인 카바(kaba) 또는 시스 케밥(sis kebab)을 만든다. 고기는 굽기 전에 대개 여러 향신료를 혼합한 양념에 재워둔다. 또한 곱게 다져 채소나 과일에 채워 넣는 스터핑으로 사용하거나 작게 잘라 스튜를 만들기도 한다. 각종 고기(양, 송아지, 가금류)를 모두 넣어 만드는 이란의 요리 코레체(khoreche)는 여러 가지 채소, 생과일과 말린 과일, 호두 등의 견과류, 향신허브와 함께 넣고 약한 불에서 몇 시간 동안 뭉근히 끓인 스튜의 일종이다. 닭, 비둘기, 메추라기 또한 자주 먹으며 이들 역시 굽거나 스튜가 가장 보편적인 조리법이다. 생선은 특히 바다에 연한 국가들에서 많이 소비되며, 주로 구워서 타라토르(tarator) 소스를 곁들여 먹는다.

■ **디저트.** 마지팬(massepin)과 누가(nougat)가 처음 발명된 이 지역의 제과 및 당과류 제조 기술은 타의 추종을 불허한다. 오렌지 블로섬 워터나 로즈워터로 향을 낸 로쿰(loukoums), 대추야자를 채워 넣은 한 입 크기 디저트, 꿀과 너트류를 넣은 페이스트리, 마르멜로 젤리, 아니스 향의 과자, 얇은 퍼유타주에 아몬드와 피스타치오를 채운 바클라바(baklava), 할바(**참조**

HALVA) 등이 대표적이다. 이 디저트들은 맛이 아주 다양하며 모두 매우 달다. 터키식 커피 또는 정향, 카다멈, 오렌지 블로섬 워터나 로즈워터로 향을 낸 아랍식 커피에 곁들여 먹는다.

MOZART 모자르 모자르트. 서빙 사이즈로 자른 고기 요리에 곁들이는 가니시의 한 종류로 버터에 익힌 뒤 셀러리악 퓌레를 채운 아티초크 속살과 얇은 띠 모양(copeaux)으로 썰어 튀긴 감자 칩으로 구성된다.

MOZZARELLA 모차렐라 모차렐라 치즈. 소젖으로 만드는 이탈리아의 치즈(지방 52%)로 특히 라티움과 캄파니아 지방에서는 물소 젖으로 만든다. 길게 잡아 늘려 반죽(pasta filata)해 만드는 가열치즈이며 외피는 존재하지 않는다(**참조** p.400 외국 치즈 도표). 물소 젖 치즈인 모차렐라 디 라테 디 부팔라(mozzarella di latte di bufala)는 다양한 크기(100g에서 1kg)의 둥근 덩어리 혹은 직육면체 덩어리로 만들어지며, 소금물 또는 유청에 담가 보관한다. 맛이 순한 치즈로 약간 새콤하며 식사 마지막 코스에 먹는다. 카제르타(Caserta)와 살레르노(Salerno) 지역과 인근 지역의 몇몇 마을에서 생산되는 모차렐라 치즈는 모차렐라 디 부팔라 캄파나(mozzarella di bufala campana)라는 명칭으로 AOP 인증을 받았다. 훈제한 것은 모차렐라 아푸마타(mozzarella afumata)라고 부른다. 일반 소젖으로 만든 모차렐라는 요리용, 특히 피자를 만들 때 많이 쓰인다. 나폴리의 명물 간식인 모차렐라 인 카로자(mozzarella in carrozza)는 치즈로 속을 채운 작은 샌드위치에 밀가루와 달걀 물을 입혀 기름에 튀긴 것으로 아주 뜨겁게 먹는다.

세르지오 메이(SERGIO MEI)의 레시피

crème de mozzarella de bufflonne avec tartare de bœuf, raifort et câpres 크렘 드 모차렐라 드 뷔플론 아베크 타르타르 드 뵈프, 레포르 에 카프르

홀스래디시, 케이퍼를 곁들인 소고기 타르타르와 물소 젖 모차렐라 크림 : 4인분

잘게 썬 물소 젖 생모차렐라 300g과 채소 육수 150g, 생크림 150mℓ를 블렌더에 넣고 간다. 엑스트라 버진 올리브오일 100mℓ을 넣어주며 블렌더로 갈아 마무리한 다음 소금, 후추로 간한다. 기름기를 제거한 소고기 300g를 잘게 다진 뒤 작은 주사위 모양으로 썬 셀러리 20g, 샬롯 10g과 섞고 간을 한다. 잘게 썬 차이브 1g, 마조람 2g, 케이퍼 10g, 소금기를 빼고 다진 안초비 5g을 넣고 섞은 다음, 곱게 다진 생홀스래디시 2g, 엑스트라 버진 올리브오일 100mℓ, 바질 2g을 첨가한다. 접시에 모차렐라 크림을 담고 가운데에 소고기 타르타르를 놓는다. 바질 향을 낸 올리브오일을 한 바퀴 둘러준다.

tomates à la mozzarella ▶TOMATE

MUESLI 뮈슬리 뮤즐리. 독일어권 스위스에서 처음 선보인 시리얼의 일종으로 익히지 않고 납작하게 누른 통 귀리와 기타 곡물, 말린 과일, 견과류 등을 혼합한 것이다. 찬 우유를 부어 주로 아침식사로 먹는다(**참조** BIRCHERMÜESLI). 여러 재료가 혼합된 다양한 뮤즐리 제품들이 시판되고 있으며, 여러 달 동안 보관이 가능하다.

▶ 레시피 : PARMEGIANO REGGIANO.

MUFFIN 머핀 잉글리시 머핀은 우유를 넣은 반죽으로 만든 둥글고 납작한 모양의 영국식 작은 빵이다. 주로 버터와 잼을 발라 홍차에 곁들여 먹는다. 또한 머핀은 종이 케이스에 반죽을 부어 구워낸 미국식 작은 케이크를 지칭하기도 한다. 블루베리, 바나나, 크랜베리, 초코칩 등을 넣어 다양한 종류의 머핀을 만들 수 있다.

muffins 머핀

잉글리시 머핀 : 볼에 밀가루 180g과 소금 1자밤, 설탕 35g, 우유 6테이블스푼, 제빵용 생이스트 12g을 넣고 잘 섞는다. 버터 80g을 약한 불로 녹여 첨가한 뒤 잘 혼합해 균일한 반죽을 만든다. 작업대에 쌀가루를 뿌린다. 반죽을 1cm의 두께로 민 다음 같은 크기의 원반형으로 10개를 잘라낸다. 버터를 바른 타르틀레트 틀에 원반형 반죽을 하나씩 채워 넣는다. 200°C로 예열한 오븐에서 12분 정도 굽는다. 머핀이 황금색을 띄기 시작하면 바로 꺼내 틀을 제거한 다음 오븐 팬 위에 놓고 양면을 노릇하게 굽는다.

MUG 머그 머그잔. 원통형 또는 위로 갈수록 약간 넓어지는 큰 컵을 지칭하는 영어 단어로 주로 진하지 않은 커피를 담아 마신다.

MULET 뮐레 수컷 노새(암컷은 mule). 노새는 수컷 당나귀와 암말(jument)의 교배로 만들어진 말과의 잡종 동물이다. 버새(bardot)는 수컷 말과 암컷 당나귀의 중간 잡종이다. 당나귀와 유사한 수 노새의 고기는 기름기가 적고 색이 검으며 뻑뻑하다. 드물긴 하지만 말고기를 취급하는 일부 정육점에서 판매된다.

MULET (POISSON) 뮐레(푸아송) 숭어. 숭어과에 속하는 생선으로 주로 해안 지역에 많이 서식하며 강의 하구와 바다 연안 호수 지역에도 자주 출몰한다. 이들 지역에서는 양식도 이루어지고 있다. 여러 종이 존재하며 뮈주(muge)라고도 부른다(**참조** p. 674-677 바다생선 도감).

– 회색 숭어(mulet cabot)는 눈꺼풀 위에 지방막을 가지고 있다. 길이는 60cm 정도로 등 부분은 은빛이 도는 회색이고, 측면은 갈색이다. 목구멍 부위는 타원형이며 아가미 딱지는 위아래가 서로 닿지 않는다.
– 황금색 숭어(mulet doré)는 크기가 가장 작으며(40cm) 눈꺼풀 기름막이 없고 아가미 딱지 위에 황금색(여기에서 이름이 유래했다) 반점이 있다.
– 리푸 숭어(mulet lippu) 또는 두꺼운 입술 숭어는 길이가 50cm이고, 입술이 크고 두껍다. 목구멍 공간이 매우 좁고 아주 가늘게 틈이 나 있으며 아가미 딱지는 위아래가 서로 닿는다.
– 얇은 입술 숭어(mulet porc, mulet ramada)은 황금색 숭어와 비슷하지만 크기가 더 크며(50 cm) 아가미 딱지 위에 황금색 반점이 없다.

회색 숭어와 황금색 숭어가 일반적으로 가장 많이 즐겨 먹는 흔한 종류이다. 숭어는 비늘을 꼼꼼히 긁어낸 뒤 농어와 마찬가지 방법으로 조리한다(쿠르부이용에 익히거나 오븐 또는 그릴에 굽는다). 흰색을 띤 살은 기름이 적고 약간 흐물흐물한 편이다. 가시가 거의 없으며 때로 흙내가 난다(대부분 소금물에 담가 해감한다). 숭어의 알주머니는 어란(poutargue)용으로 아주 귀하게 취급된다(**참조** ŒUFS DE POISSON).

▶ 레시피 : POUTARGUE.

MÜLLER (DIETER) 디터 뮐러 독일의 요리사(1948, Auggen 출생). 그의 부모는 슈바르츠발트 남부에서 식당 겸 여관을 운영했다. 창의적인 요리에 전념하기로 결심한 그는 독일과 스위스에서 교육을 받고 경력을 쌓았다. 동생 요르그(이후 그는 질트섬에 자신의 이름을 내건 식당을 열었다)와 함께 베르타임 베팅겐(Wertheim-Bettingen)에 있는 레스토랑 슈바이처 슈투벤(Schweizer Stuben)에서 일했고 이곳에서 1977년에 미슐랭 가이드의 별 2개를 획득했다. 1992년 그는 호텔 체인 알토프(Althoff) 그룹에 합류한다. 당시 쾰른에서 20km 떨어진 베르기슈 글라드바흐(Bergisch Gladbach)에 슐로스호텔 레어바흐(Schlosshotel Lerbach) 개업을 앞두고 있었던 이 호텔 그룹은 뮐러에게 자신의 이름을 건 레스토랑 오픈을 제안한다. 그는 이듬해인 1993년에 미슐랭 가이드의 첫 번째 별을, 1994년에 두 번째, 1997년에 드디어 세 번째 별을 획득했다. 탁월한 실력의 요리사인 그는 프랑스와 독일의 식재료에 많은 여행으로부터 얻은 새롭고 이국적인 영감을 더해 전통을 거부하지 않으면서도 혁신적인 빼어난 요리들을 만들어냈다. 송아지 머리 요리, 민물가재를 넣은 송아지 포토푀, 레몬을 곁들인 바삭한 농어 요리, 필발 후추(Piper longum, poivre du Bengale)를 넣은 아이펠(Eifel)산 노루고기 요리는 그를 대표하는 시그니처 메뉴들이다.

MULLIGATAWNY 멀리거토니 멀리거토니 수프. 원래 인도의 요리에서 착안해 영국인들과 특히 호주인들이 응용해 만들어낸 수프이다. 이 닭고기 콩소메는 버터에 찌듯이 익힌 채소들을 넣고 커리와 향신료로 맛을 내며, 닭고기살과 크레올식 라이스를 곁들인다. 오리지널 인도식 레시피에는 속껍질까지 벗긴 아몬드와 코코넛 밀크(경우에 따라 생크림으로 대체하기도 한다)도 들어간다. 호주인들은 일반적으로 이 수프에 토마토와 베이컨을 첨가한다.

MUNSTER OU MUNSTER-GÉROMÉ 묑스테르, 묑스테르 제로메. 묑스테르 치즈, 뮌스터 치즈. 소젖(비멸균 생우유 또는 저온멸균 우유)으로 만드는 세척 외피 연성치즈이다(지방 45%). AOC 인증을 받은 치즈로, 제라르메(Gérardmer) 지역에서 생산된 경우 제로메(géromé) 또는 묑스테르 제로메(munster-géromé)라는 명칭이 붙는다(**참조** p.390 프랑스 치즈 도표). 게부르츠트라미너 포도 찌꺼기 또는 엘더베리즙으로 외피를 닦거나 훈연 과정을 거친 몇몇 지방특산 묑스테르 치즈들은 AOC 명칭보호 대상에 해당하지 않는다. 납작한 사각형 또는 사각기둥 형태의 묑스테르 치즈는 크기가 두 종류이다. 큰 것은 무게가 450g에서 1kg이며 직경 13~19cmm, 높이 2.4~8cm 이며, 작은 것은 최소 무게 120g에 직경 7~12cm, 높이 2~6cm 정

도 된다. 외피는 매끄럽고 촉촉하며 주황색에서 주홍색을 띤다. 치즈는 말랑말랑하며 녹진하고 크리미한 질감을 갖고 있다. 묑스테르는 알자스, 로렌과 프랑슈 콩테의 몇몇 지역에서 생산된다. 알자스 지방에서는 전통적으로 껍질째 익힌 감자와 커민 씨를 곁들여 낸다.

장 조르주 클라인(JEAN-GEORGES KLEIN)의 레시피

cappuccino de pommes de terre et munster 카푸치노 드 폼 드 테르 에 묑스테르

감자 퓌레와 묑스테르 무스 카푸치노 : 4 또는 8인분

감자(monalisa 품종) 300g을 껍질째 삶아 익힌 뒤 아직 따뜻할 때 껍질을 벗겨 고운 체에 긁어내린다. 볼에 따뜻한 감자퓌레와 잘게 잘라둔 차가운 버터 180g을 넣고 잘 휘저어 균일하게 섞은 뒤 따뜻한 우유 50mℓ를 조금씩 넣어가며 농도를 조절한다. 소금으로 간을 맞춘다. 묑스테르 무스를 만든다. 우선 냄비에 닭 콩소메 160mℓ, 액상 생크림 120mℓ, 낙화생유 80mℓ를 넣고 끓인다. 미리 찬물에 불려둔 판 젤라틴 4장을 꼭 짜서 넣은 뒤 잘 저어 녹인다. 작게 썰어둔 묑스테르 치즈 160g을 블렌더에 넣고 이 뜨거운 액체 혼합물을 부은 뒤 갈아준다. 용량 500mℓ짜리 휘핑 사이펀에 부어 3/4 정도 채운 뒤 가스 캡슐을 끼운다. 몇 번 흔들어준 다음 40~50°C의 중탕 냄비에 담가놓는다. 마자그란 잔(깊이가 있고 위로 갈수록 조금 넓어지는 커피 잔 또는 유리 잔) 4개 또는 큰 찻잔 8개를 준비해 각각 감자 퓌레로 1/3을 채운다. 잘게 다진 생양파를 1스푼씩 넣은 뒤 사이펀으로 묑스테르 무스를 가득 채워준다. 커민 가루를 조금 뿌려 따뜻하게(50°C) 서빙한다.

MURAT 뮈라 서대의 필레를 구조네트(goujonnettes)로 가늘고 길게 잘라 므니에르식(à la meunière)으로 버터에 익힌 요리. 생선을 접시에 수북이 담은 뒤 감자(익힌 후에 껍질을 벗긴 것), 데친 뒤 깍둑 썰어 소테한 아티초크 속살을 곁들인다. 다진 파슬리를 고루 뿌리고 레몬즙, 갈색이 나게 녹인 뜨거운 버터를 뿌려 서빙한다.

MÛRE 뮈르 블랙베리. 장미과에 속하는 산뽕나무의 열매 또는 야생 나무딸기(**참조** p.406, 407 붉은 베리류 과일 도감). 거의 검정에 가까운 짙은 붉은색을 띠고 있으며 과육이 단단한 편인 블랙베리는 9월에서 10월 사이에 익는다. 열량은 아주 낮으며(100g당 37kcal 또는 155kJ) 비타민 B와 C가 풍부하다. 주로 설탕 졸임 콩포트, 잼, 아이스 디저트, 즐레, 리큐어, 파이, 라타피아(과실주의 일종), 시럽, 타르트 등을 만들며, 각종 당과류(속을 채운 봉봉, 과일젤리) 제조에도 사용한다. 뽕나무과에 속하는 뽕나무의 열매인 오디 또한 뮈르(mûre)라고 불리며 프랑스어권 스위스에서는 므롱(meuron)으로 통한다. 블랙베리에 비해 열량은 더 높고(100g당 57kcal 또는 239kJ) 비타민 함량은 더 적다. 같은 용도로 사용된다.

▶ 레시피 : CONFITURE.

MURÈNE 뮈렌 곰치. 곰치과에 속하는 바다생선으로 몸은 납작한 뱀 형태이며 갈색 바탕에 노란색 대리석 무늬가 있다. 크기는 1.3m에 달하며 배지느러미와 가슴지느러미가 없지만 가늘고 긴 모양의 등지느러미와 뒷지느러미가 있다. 먹성이 아주 좋고 포악한 물고기인 곰치는 바위가 많은 지역에 서식하며 숨어 있다가 밤에 먹이를 포획한다. 아가리가 크고 이빨이 매우 많으며 구강 조직에서 독소가 분비되기 때문에 이 물고기에 물리는 것은 공포의 대상이다. 곰치의 살은 기름지지만 맛이 좋고 가시가 없다. 고대 로마인들은 이 생선을 열광적으로 좋아했고 양어지에서 기르기도 했다. 오늘날에는 남 프랑스 지역의 몇몇 시장을 제외하고는 거의 찾아보기 힘들다. 아이올리(aïoli)를 곁들여 차갑게 먹거나 부야베스에 넣기도 한다. 장어 조리법의 대부분을 곰치에도 적용할 수 있다.

MURFATLAR 무르파틀라르 무르파틀라 와인. 루마니아의 디저트 와인으로 샤르도네, 뮈스카 오토넬, 피노 그리 품종 포도로 만들며 알코올 함량은 16~18%Vol.이다. 흑해에서 멀지 않은 도브로자(Dobroudja)에서 생산된다. 수확시기를 넘겨 과숙된 포도는 황금빛의 달콤한 와인을 만들며 그 향의 부케는 오렌지 블로섬을 연상시킨다. 루마니아 최고의 와인으로 꼽힌다.

MUROL 뮈롤 소젖으로 만드는 오베르뉴의 세척외피 비가열 압착치즈(지방 45%)(**참조** p.392 프랑스 치즈 도표). 뮈롤은 지름 15cm, 두께 3.5cm의 납작한 원반 형태로 중앙에 지름 4cm의 구멍이 뚫려 있다(숙성을 가속화하기 위함이다). 오렌지빛이 나는 붉은색 외피의 이 치즈는 순한 맛을 갖고 있다.

MUROLAIT 뮈롤레 뮈롤(**참조** MUROL) 치즈의 가운데 부분을 잘라내 원통형 토막으로 만든 뒤 붉은색 파라핀을 입힌 치즈를 가리킨다. 뮈롤레 치즈는 지름 4cm, 두께 3.5cm의 원통형이며 맛은 생 폴랭(saint-paulin) 치즈와 비슷하다.

MUSC 뮈스크 머스크, 사향. 일부 동물(아시아 새끼노루, 에티오피아의 사향고양이)의 분비선 또는 다양한 씨앗 또는 열매의 씨(아프리카와 앤틸리스 제도에서 재배되는 암브레트 씨앗) 등에서 추출한 향이 강한 물질이다. 것이다. 사향아욱(머스크멜로)의 씨는 때로 머스크(musc)라고도 불린다. 식물성 또는 동물성 구분 없이 사향은 예로부터 용연향(ambre)와 마찬가지로 향신료로 사용되었다. 오늘날에도 아프리카와 동양의 몇몇 요리에는 사향이 사용된다.

MUSCADE 뮈스카드 육두구, 넛멕. 육두구과에 속하는 육두구 나무의 향이 나는 열매로 아시아와 아메리카의 열대 지역에서 자란다. 수많은 종이 존재하며 그중 가장 널리 알려진 것은 순다(Sunda) 열도의 육두구 나무다(**참조** p.338, 339 향신료 도감).

■ **사용.** 아몬드 열매만 한 크기의 약간 갸름한 구형이며 쭈글쭈글한 잿빛 갈색의 표면을 갖고 있는 육두구 열매 알맹이(noix de muscade)는 맛과 향이 매우 강한 향신료다. 단단하고 묵직한 열매로 항상 날카롭고 작은 특수 강판에 갈아서 사용하며, 향이 날아가기 쉬우므로 밀폐된 병에 보관한다. 육두구 성분의 약 30%는 지방이다. 육두구를 부순 뒤 그 기름 성분으로 넛멕 버터(beurre de muscade)를 만들기도 한다. 부서지기 쉬우며 향이 아주 강한 이 버터는 조리용 기름으로 사용하거나 일반 버터와 섞어 향 버터를 만들어 쓰기도 한다(**참조** MACIS).

넛멕은 특히 감자, 달걀, 치즈로 만든 음식의 맛을 돋우는 데 효과적이다. 파티스리에서는 꿀이나 레몬을 넣은 케이크, 콩포트, 과일 타르트, 영국식 파운드케이크, 바젤의 렉컬리(leckerli), 그 외에 바닐라를 넣은 몇몇 디저트에 향을 내는 데 사용된다. 또한 다수의 칵테일과 펀치를 만들 때 마지막에 넣어 향을 더하기도하며, 리큐어 제조에도 사용된다.

MUSCADET 뮈스카데 페이 낭테 지역(pays nantais)의 AOC 화이트와인으로 같은 이름인 뮈스카데(muscadet)라고도 불리는 믈롱 드 부르고뉴(melon de Bourgogne) 단일 품종 포도로 만들며 네 개의 아펠라시옹으로 나뉜다. 서쪽 지역에서 생산되는 일반 뮈스카데(muscadet), 루아르강 북쪽 연안 낭트와 앙세니(Ancenis) 사이에 펼쳐진 포도원에서 생산되는 뮈스카데 데 코토 드 루아르(muscadet des coteaux-de-loire), 루아르강의 남쪽 연안에서 생산되는 뮈스카데 드 세브르 에 멘 (muscadet de sèvre-et-maine), 그리고 뮈스카데 코트 드 그랑 리외(muscadet-côtes-de-grand-lieu)이다. 드라이하고 가벼운 뮈스카데 와인은 과일의 맛과 살짝 따끔따끔한 느낌의 산미를 갖고 있으며 이는 특히 쉬르 리(sur lie 발효 후 효모 찌꺼기와 와인을 함께 숙성시켜 병입한다) 방식으로 만든 와인의 경우 더욱 두드러진다(**참조** NANTAIS [PAYS]).

MUSCAT 뮈스카 머스캣, 뮈스카. 머스크(사향) 향과 진한 포도의 풍미가 있는 머스캣 포도품종을 총칭하는 이름으로 그 종류가 200여 가지에 달한다. 그중 가장 유명한 뮈스카 아 프티 그랭(muscat à petits grains)은 호박색이 도는 흰색의 단단한 포도 알갱이를 지니고 있으며 다수의 뱅 두 나튀렐(vin doux naturel 주정강화와인의 일종)을 만든다. 코트 다쥐르의 노지 포도밭과 앙티브의 온실에서 재배되는 알렉산드리아 뮈스카(muscat d'Alexandrie)의 부케는 말린 무화과 향이 두드러진다. 이 두 품종의 포도를 브렌딩하여 뮈스카 드 리브잘트(muscat de Rivesaltes)를 만든다. 와인 양조용 이외에 일반적인 과일로 먹을 수 있는 뮈스카(머스캣) 포도 품종도 있다.

MUSCAT (VIN) 뮈스카(와인) 뮈스카 품종의 포도로 만든 뱅 두 나튀렐(vin doux naturel 주정강화와인). 뮈스카 포도는 흰색, 검은색 모두 사향의 맛을 지니고 있다. 프랑스에서 뮈스카 와인(muscat de Frontignan AOC 포함)은 대부분 랑그독(Languedoc)과 루시용(Roussillon) 지역에서 생산된다. 알자스(Alsace)의 뮈스카만이 유일하게 드라이한 화이트와인이다. 이탈리아와 그리스에서도 다수의 뮈스카 와인을 찾아 볼 수 있다.

MUSCAT-DE-BEAUMES-DE-VENISE 뮈스카 드 봄 드 브니즈 보클뤼

즈(Vaucluse) 지방의 봄 드 브니즈(Beaumes-de-Venise)에서 생산되는 AOC 화이트와인. 포도품종은 뮈스카 아 프티 그랭(muscat à petits grains)으로, 프랑스 최고의 주정강화와인(vin doux naturel)들 중 하나다. 향이 매우 좋으며, 오랜 기간 보관하기에는 적합하지 않다(3년 이내에 소비하는 것이 좋다).

MUSCAT-DE-FRONTIGNAN 뮈스카 드 프롱티냥 지중해를 마주하고 있는 몽펠리에 근교에서 생산되는 AOC 주정강화 화이트와인이다. 뮈스카 아 프티 그랭 품종 포도로 만들며 주정강화와인들 중 가장 당도가 높고 입안에서의 농도와 무게감도 풍성한 와인이다.

MUSCAT-DE-LUNEL 뮈스카 드 뤼넬 몽펠리에 북동쪽에 위치한 에로(Hérault)에서 생산되는 AOC 주정강화 화이트와인이다. 뮈스카 아 프티 그랭 품종 포도로 만드는 이 와인은 매우 감미롭고 밸런스가 좋으며 맛이 강렬하다.

MUSCAT-DE-MIREVAL 뮈스카 드 미르발 뮈스카 아 프티 그랭 품종 포도로 만드는 AOC 주정강화 화이트와인. 뮈스카 드 프롱티냥 포도밭에 인접한 바닷가에서 생산되며 강도는 조금 약하지만 프롱티냥과 같은 특징을 갖고있다.

MUSCAT-DE-RIVESALTES 뮈스카 드 리브잘트 페르피냥(Perpignan) 북서쪽에 위치한 리브잘트(Rivesaltes), 그리고 스페인과 인접한 바뉠스(Banyuls) 두 지역에서 생산되는 주정강화와인으로 뮈스카 아 프티 그랭과 알렉산드리아 뮈스카 품종 포도를 블렌딩하여 만든다. 섬세한 머스크 향을 지닌 비교적 가벼운 와인이다.

MUSCAT-DE-SAINT-JEAN-DE-MINERVOIS 뮈스카 드 생 장 드 미네르부아 베지에(Béziers)의 북서쪽 지역에서 생산되는 AOC 주정강화 화이트와인. 풍부한 산미로 인해 뮈스카 아 프티 그랭 품종 특유의 단맛이 더욱 훌륭한 밸런스를 만들어낸다.

MUSEAU 뮈조 주둥이 부위. 정육용 동물(주로 소와 돼지)의 부속 중 하나(**참조** p.10 부속 및 내장 도표)인 주둥이 부위를 지칭한다. 식용 가능한 코와 턱 부위로 이루어진 소의 주둥이는 뜨거운 물에 한 번 데쳐낸 뒤 소금 간을 해서 익힌다. 주로 차가운 전채요리를 만들며 허브를 넣은 비네그레트 소스를 곁들인다. 돼지의 주둥이 부위는 익힌 샤퀴트리를 대표하는 메뉴 중 하나로 대부분 머리고기 전체를 사용하며 때로 혀, 꼬리까지 뼈를 제거하고 익혀서 누른 뒤 함께 틀에 넣어 조리한다. 프로마주 드 테트(fromage de tête), 파테 드 테트(pâté de tête), 프로마주 드 코숑(fromage de cochon)은 모두 비슷한 종류의 돼지머리 테린이다.

MUSIGNY 뮈지니 부르고뉴 코트 드 뉘(Côte de Nuits)의 샹볼 뮈지니(Chambolle-Musigny) 코뮌에서 생산되는 AOC 와인. 피노 누아 품종으로 만드는 레드와인과 샤르도네 품종으로 만드는 화이트와인이 있으며, 특히 그랑 크뤼 등급의 레드와인은 알코올 함량과 바디감이 풍부하면서도 매우 섬세한 맛을 지니고 있어 이 지역을 대표하는 최고의 와인 중 하나로 꼽힌다(**참조** BOURGOGNE).

MUSQUÉ 뮈스케 사향(머스크)을 연상시키는 향을 지칭하는 형용사. 주로 식물의 향을 우려냈을 때 느끼는 다양한 노트를 묘사할 때, 혹은 말린 살구, 백도, 말린 무화과, 꿀의 향이 혼합된 와인의 부케를 표현할 때 머스크 향(arômes muscatés)이 언급된다.

MYE 미 우럭조개. 판새류에 속하는 바다의 연체동물로 대합조개류와 비슷하다. 대서양과 북태평양 한류 해역에 서식하는 우럭조개는 크림색을 띠고 있으며 큰 것은 약 15cm까지 자란다. 껍데기가 얇아 물 밖에서는 살 수 없으며, 언제나 익혀서 판매된다. 이 조개로 만드는 클램차우더는 북미 해안 지역을 대표하는 전통음식 중 하나다.

MYRTE 미르트 도금양. 도금양과에 속하는 지중해의 소관목으로 잎은 사시사철 녹색을 띠며 향이 아주 진하다. 도금양의 잎은 주니퍼베리와 로즈마리 풍미를 지니고 있으며, 향이 좋은 열매는 특히 코르시카와 사르데냐의 요리에 많이 사용된다. 또한 도금양에서 추출한 에센스는 네르토(nerto) 리큐어를 만드는 데 사용된다.

MYRTILLE 미르티유 블루베리. 철쭉과의 작은 야생관목으로 유럽 북부 또는 산악지대에서 자란다. 열매는 완두콩만 한 크기에 다소 짙은 보랏빛을 띤 푸른색이며 가볍게 톡 쏘는 듯 한 새콤한 맛이 난다(**참조** 아래 도표와 p.406, 407의 붉은 베리류 과일 도감). 열매가 더 굵은 재배 품종들도 존재하지만 맛은 덜하다. 블루베리의 열량은 그리 높지도 낮지도 않으며(100g당 60kcal 또는 250kJ), 비타민 E가 매우 풍부하고 비타민 C도 많이 함량도 높다. 특히 항산화제 역할을 하는 폴리페놀(안토시아닌)이 함유되어 있다. 야생 블루베리는 야생동물 기생충이 몸 안으로 들어오는 것을 예방하기 위해 꼼꼼히 씻어 먹어야 한다. 블루베리(myrtille, airelle bleue, brimbelle)는 타르트, 아이스크림, 소르베, 콩포트, 잼, 즐레, 시럽, 리큐어를 만드는 데 사용된다.

---

confiture de myrtilles 콩피튀르 드 미르티유

블루베리 잼 : 375g짜리 병 4개 분량 / 전날 준비: 20분 / 재우기: 24시간 / 조리: 약 20분

하루 전날, 블루베리 1kg을 씻어 건져 물기를 모두 말린다. 이것을 잼 전용 냄비에 넣고 설탕 800g과 물 250mℓ, 레몬즙 작은 것 1개분을 넣은 뒤 잘 저으며 끓을 때까지 가열한다. 끓는 상태로 2분 정도 익힌다. 용기에 덜어내 유산지로 덮은 뒤 냉장고에 24시간 넣어둔다. 다음 날, 잼 전용 냄비 위에 체를 놓고 블루베리즙을 걸러 내린다. 블루베리즙을 끓을 때까지 가열한다. 거품을 걷어낸다. 이 블루베리 시럽이 110°C(시럽 농도 프티 불레 단계)에 달할 때까지 끓인다. 블루베리 과육을 넣는다. 다시 끓인 뒤 거품을 걷어낸다. 센 불에서 5분간 끓인다. 아주 차가운 접시에 잼을 조금 떨어트려 농도를 체크한다. 잼이 흐르지 않고 방울 형태로 봉긋하게 모양을 유지하면 완성된 것이다. 또는 설탕 전용 온도계로 측정한다. 불에서 내린 뒤 뜨거운 잼을 병에 담고 즉시 뚜껑을 닫는다. 병을 뒤집어 놓고 식힌다.

tarte aux myrtilles à l'alsacienne ▶ TARTE

MYSOST 미소스트 미소스트 치즈, 브뤼노스트 치즈. 버터 밀크, 유청(훼이), 소젖, 염소젖(혹은 둘의 혼합)으로 만드는 스칸디나비아의 치즈(지방 20%). 갈색을 띤 압축치즈인 미소스트(**참조** p.389 외국 치즈 도표)는 큐브형의 덩어리로 무게는 500g에서 1kg 정도로 다양하다. 노르웨이의 가장 대중적인 치즈다.

블루베리와 크랜베리의 주요 품종과 특징

품종	원산지	시기	외양	맛
야생 블루베리 *myrtilles sauvages*				
레드 크랜베리 airelle rouge	스칸디나비아, 프랑스	7월~10월	작고 과육이 무르며 붉은 색이 선명하다.	새콤하고 톡 쏘는 맛.
난쟁이 아메리카 블루베리 bleuet nain	캐나다	7월-8월	중간크기로 열매가 단단하고 밝은 파랑 또는 아주 어두운 푸른색을 띤다.	새콤하고 톡 쏘는 맛.
숲 블루베리 myrtille des bois	중부유럽, 프랑스	7월-9월	작고 과육이 무르며 검정에 가까운 어두운 푸른색을 띤다.	새콤하고 톡 쏘는 맛이 나며 향이 아주 진하다(블랙커런트를 연상시킨다).
재배 블루베리 *myrtilles cultivées*				
아메리칸 크랜베리 canneberge, airelle americaine	미국	10월	알이 굵고 동그랗거나 달걀형이다. 매우 단단하며 갈색빛이 도는 붉은색이다.	새콤하고 달착지근한 맛.
관목 블루베리 myrtille arbustive	미국, 독일, 프랑스	6월 중순 - 8월 말	알의 크기는 중간에서 큰 것까지 있으며 단단하고 즙이 많다. 밝은 파랑 또는 아주 어두운 푸른색을 띤다.	독특하게 단맛과 새콤한 맛이 난다.

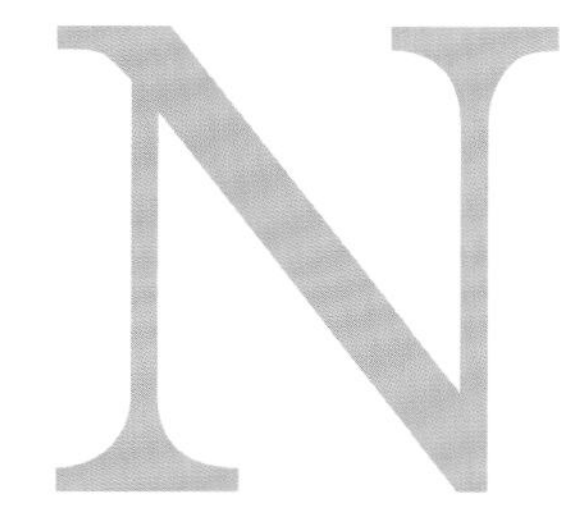

NAAN 난 난 브레드. 밀가루, 효모, 우유, 약간의 설탕과 물로 만든 반죽을 탄두르(tandoor, tandoori) 화덕 오븐에 구운 납작한 인도의 빵.

NAGE 나주 향신 재료를 넣은 쿠르부이용(court-bouillon). 조개류 또는 갑각류 해산물(가리비조개, 민물가재, 닭새우, 작은 랍스터 등)을 이 쿠르부이용에 넣고 익힌 뒤 국물과 함께 그대로 더운 요리 또는 찬 요리로 서빙한다. 양념을 더해 맛을 돋우거나 생크림을 첨가하기도 한다. 이렇게 조리한 요리를 아 라 나주(à la nage)식이라고 부른다.
coquilles Saint-Jacques à la nage ▶ COQUILLE SAINT-JACQUES
écrevisses à la nage ▶ ÉCREVISSE
huîtres en nage glacée ▶ HUÎTRE
nage de melon, verveine et passion ▶ MELON

nage de pétoncles au thym citron 나주 드 페통클 오 탱 시트롱
레몬타임을 넣은 가리비조개 나주 : 가리비조개 2.5kg의 껍데기를 까 살을 꺼낸 뒤 불순물을 제거하고 여러 번 씻는다. 냉장고에 보관한다. 차이브 1/4단을 잘게 썬다. 레몬 1개의 즙을 짠다. 다른 레몬 하나의 껍질을 칼로 잘라 벗겨낸 뒤 과육만 작은 주사위 모양으로 썬다. 당근 400g, 중간크기의 리크 1대, 300g 정도의 셀러리악 1개의 껍질을 벗긴 뒤 씻는다. 모두 사방 3~4mm 정도의 크기의 주사위 모양으로 썬다. 냄비에 소금, 후추로 약하게 간을 한 생선 육수 400ml와 화이트와인 200ml를 넣고 끓을 때까지 가열한다. 여기에 잘게 썰어둔 채소들과 레몬타임 4줄기, 레몬즙을 넣고 5~8분 정도 끓인다. 가리비살을 넣어준 다음 더블 크림 100m를 넣고 약하게 끓는 상태에서 2분간 익힌다. 불에서 내린 뒤 잘게 썬 차이브와 레몬 과육을 넣고 잘 섞는다. 우묵한 접시에 담고 처빌 잎과 작게 깍둑 썬 토마토를 얹어 장식한다.

클로드 르그라(CLAUDE LEGRAS)의 레시피

nage de poissons du lac à l'aligoté et aux herbes fraîches 나주 드 푸아송 뒤 락 아 랄리고테 에 오 제르브 프레슈
알리고테 와인과 허브를 넣은 민물 생선 나주 : 소테팬에 버터를 녹인 뒤 잘게 썬 샬롯 100g을 볶는다. 여기에 적당한 크기로 토막 낸 곤들매기 250g, 백송어 250g, 민물농어 250g, 퍼치 150g를 넣는다. 부르고뉴 알리고테(bourgogne aligoté) 와인 200ml와 누아이 프라트(Noilly Prat) 80ml를 넣고 약 2~3분간 찌듯 익힌다. 생선의 중심부는 너무 많이 익지 않도록 한다. 우묵한 서빙 접시에 나누어 담는다. 익힌 국물을 잠시 졸인 뒤 잘게 썬 생 허브(처빌, 차이브, 타라곤, 이탈리안 파슬리) 4테이블스푼을 넣는다. 버터 300g을 넣고 잘 저어 몽테한다(monter au beurre). 소스를 생선에 끼얹고, 미리 익혀둔 작은 순무, 당근, 아스파라거스를 몇 개 곁들여 장식한다.

rougets pochés à la nage au basilic ▶ ROUGET-BARBET

NAM PLA 남플라 남플라, 피시소스. 생선 액젓을 발효시켜 만든 맑은 소스로 태국 요리에 많이 사용된다. 베트남의 느억맘 및 다른 아시안 요리(캄보디아, 라오스, 필리핀)에 사용되는 생선 액젓 소스와 비슷하다.

NANTAIS (GÂTEAU) 가토 낭테 버터, 설탕, 밀가루, 아몬드 가루를 주재료로 하고 럼을 넣어 은은하게 향을 낸 부드럽고 촉촉한 낭트(Nantes)의 케이크다. 오븐에서 꺼낸 뒤 바로 럼을 또 뿌리고, 식으면 살구 마멀레이드와 슈거파우더를 섞어 글라사주한다. 하루 지난 뒤 먹으면 더욱 맛이 좋다.

NANTAIS (PAYS) 페이 낭테 낭트는 브르타뉴(Bretagne), 방데(Vendée), 발 드 루아르(Val de Loire) 세 지역의 교차로에 위치한다. 낭트의 요리는 브르타뉴의 흔적이 많이 남아 있지만 더 섬세하고 도시적인데, 이는 아마도 오늘날 루아르 지방의 중심 도시인 낭트가 옛날 브르타뉴 공작의 영토였기 때문일 것이다. 낭트를 중심으로 한 지역인 페이 낭테는 강과 바다를 접하고 있어 요리사들에게 다양한 종류의 생선을 공급한다. 루아르 강에서는 전어, 연어, 민물농어, 강꼬치고기뿐만 아니라 희귀한 칠성장어와 고급 생선인 새끼뱀장어도 잡을 수 있다. 바다에서는 스캄피, 가리비조개, 노랑촉수, 서대, 농어가 잡힌다. 해안을 따라서는 오렌지색의 통통한 살이 찬 양식 홍합이 즐비하고, 굴 양식장들이 이어진다. 브리에르(Brière) 습지와 그랑 리외(Grand-Lieu) 호수에서는 개구리와 뱀장어를 잡을 수도 있다. 또한 게랑드 반도의 염전에서는 제비꽃 맛이 나는 뛰어난 소금이 생산된다. 이곳에서는 소금 크러스트를 덮어 익힌 농어에 뵈르블랑 소스를 곁들이거나 누아르무티에(Noirmoutier)산 작은 감자를 삶아 홀랜다이즈 소스와 함께 가니시로 낸다. 낭트 지방에서는 시드르보다 와인을 더 즐겨 마신다. 그로 플랑(gros-plant)과 뮈스카데(muscadet) 와인은 버터로 마무리한 화이트와인 소스 베이스의 낭트식(à la nantaise) 요리에 많이 사용된다. 낭트식 가리비조개 요리는 데쳐 익힌 가리비살을 어슷하게 썰어 데친 굴, 홍합살과 함께 화이트와인에 살짝 익힌 뒤 다시 가리비 껍데기에 담고 소스를 끼얹어 살라만더 그릴에 노릇하게 구운 것이다. 낭트식 생선 구이에는 화이트와인과 샬롯으로 만든 다음 마지막에 버터를 넣어 몽테한 소스를 곁들여 낸다. 낭트식 로스트, 또는 브레이징한 고기 요리는 윤기나게 익힌 순무, 완두콩, 감자 퓌레를 곁들여 낸다.이 지역은 또한 다양하고 신선한 햇 채소로도 유명하다. 마타리상추(콘샐러드), 당근, 리크뿐 아니라 완두콩, 그린빈스, 각종 샐러드 상추, 시금치, 토마토, 샐러리, 래디시 등이 대표적이다. 멜론 또한 150년 전부터 온실에서 재배되어 왔다. 무역용 선박의 식량 보급을 위해 처음 만들어진 과자인 비스퀴 낭테(biscuits nantais)는 오늘날 프랑스 음식유산의 일부가 되었다. 아몬드가 풍부하게 들어간 케이크인 가토 낭테(gâteau nantais)는 앙티유산 럼으로 향을 낸다. 럼과 살구의 향이 잘 살아나도록 며칠 전에 미리 만들어두는 게 좋다.

■ **와인.** 페이 낭테에서는 어린 시기에 마시기 좋은 부담없는 와인들을 주로 생산한다. 같은 이름의 포도품종으로 만드는 뮈스카데(muscadet)는 상큼한 산미와 과일향을 가진 연한 황금색의 와인이다. 발효 후 효모 찌꺼기와 와인을 함께 숙성시켜 병입하는 쉬르 리(sur lie)방식으로 만드는 이 와인은 가벼운 기포를 함유하고 있어 특별한 청량감을 즐길 수 있다. 폴 블랑슈(folle-blanche) 품종 포도로 만드는 와인인 그로 플랑(gros-plant)은 투박한 산미와 시트러스 노트의 쌉싸름한 맛으로 많은 인기를 누리고 있다.

NANTAISE (À LA) (아 라) 낭테즈 낭트식의. 버터 몽테(monter au beurre)로 마무리한 화이트와인 소스가 포함된 다양한 요리를 지칭한다. 낭트식 가리비조개 요리는 데쳐 익힌 가리비살을 어슷하게 썰어 데친 굴, 홍합살과 함께 화이트와인에 살짝 익힌 뒤 다시 가리비 껍데기에 담고 소스를 끼얹어 살라만더 그릴에 노릇하게 구운 것이다. 낭트식 생선 구이에는 화이트와인과 샬롯으로 만든 다음 마지막에 버터를 넣어 몽테한 소스를 곁들여낸다. 또한 로스트 또는 브레이징한 고기에, 윤기나게 익힌 순무, 완

두콩, 감자 퓌레를 곁들인 요리도 아 라 낭테즈라고 부른다.

NANTUA 낭튀아 민물가재(écrevisse)가 포함된 요리를 지칭한다. 민물가재살이 그대로 사용되는 것은 물론이고 버터와 섞어 민물가재 맛 버터를 만들거나 퓌레로 또는 무스, 쿨리 등의 형태로 요리에 사용된 경우 모두 포함된다. 또한 낭튀아 요리에는 일반적으로 송로버섯이 들어간다.

▶ 레시피 : CHOU, POULARDE, QUENELLE, SAUCE, SAUMON, TIMBALE.

NAPOLITAIN 나폴리탱 나폴리탱 케이크. 큰 사이즈의 원통형 또는 육각형 케이크로 아몬드 가루를 넣어 반죽한 스펀지 시트를 겹쳐 쌓은 뒤 속을 일부 파내고 살구 마멀레이드, 레드커런트 즐레 또는 다른 재료를 씌워 덮은 것이다. 여기에 아몬드 페이스트와 당절임 과일로 장식한다. 오늘날에는 이와 같은 나폴리탱 케이크를 거의 만들지 않는다. 대신 나폴리탱 시트(아몬드 가루로 만든 원형 파트 쉬크레)를 구워낸 뒤 프렌치 버터크림 잼 등을 사이에 채워 넣은 케이크를 만든다. 또한 커피에 곁들여 먹는 얇은 정사각형 모양의 다크 초콜릿도 나폴리탱이라고 부른다.

▶ 레시피 : FOND DE PÂTISSERIE.

NAPOLITAINE (À LA) (아 라) 나폴리텐 토마토 소스를 끼얹거나 또는 토마토를 넣어 만든 파스타를 뜻한다. 가늘게 간 치즈를 뿌려 먹으며, 주로 애피타이저, 또는 서빙 사이즈로 자른 고기 메인요리에 가니시로 곁들인다. 카렘(Carême)에 의해 만들어진 나폴리탄 소스(sauce napolitaine)는 홀스래디쉬, 햄, 마데이라 와인, 에스파뇰 소스, 레드커런트 즐레, 건포도, 세드라 레몬 콩피를 혼합해 만든다. 이 소스는 이름과 달리 나폴리 요리와는 아무 관련이 없다.

▶ 레시피 : MACARONIS, PIZZA, RAGOÛT.

NAPPAGE 나파주 체에 곱게 내린 살구 마멀레이드 또는 레드커런트 즐레 베이스의 액상 젤리로 대부분 겔화제를 첨가해 만든다. 황금색 또는 붉은색의 나파주를 각종 과일타르트, 바바, 사바랭 및 다양한 케이크에 발라 씌우면 표면을 매끈하고 윤기나게 마무리할 수 있다. 이는 과일이 산화되거나 디저트의 표면이 마르는 것을 막아주는 보호역할도 해준다. 초콜릿 나파주는 거울이라는 뜻의 미루아르(miroir)라고도 부른다.

NAPPER 나페 끼얹어 덮어주다. 소스, 쿨리, 크림 등을 음식 위에 부어 최대한 완전히 그리고 균일하게 뒤덮어주는 것을 뜻한다.

NASHI 나시 배. 장미과에 속하는 배나무의 열매로 원산지는 일본이다(**참조** p.404, 405 열대 및 이국적 과일 도감). 얼룩덜룩한 황색인 나시 배는 과육이 서양 배와 비슷하다. 아삭하고 즙이 많으며 은은한 아몬드 향이 난다. 대개 생과일로 먹는다.

NASI GORENG 나시고렝 인도네시아의 특선 요리인 나시고렝은 잘게 썬 닭고기, 소고기 또는 돼지고기, 양파를 넣은 볶음밥으로 깍둑썬 랍스터살이나 새우 등을 곁들이며 매콤한 소스와 얇게 링으로 썰어 튀긴 양파도 함께 낸다. 식민 통치 시절 나시고렝을 네덜란드 음식에 적용하여 만들어낸 유럽식 쌀 요리 한상차림인 라이슈타펠(rijsttafel)이 탄생했다.

NASI KUNING 나시 쿠닝 노란색 밥이라는 뜻의 인도네시아 음식으로 자바 섬에서 잔치 때 즐겨 먹는 축제음식이다. 강황으로 노랗게 색을 낸 쌀밥을 원추형으로 담아 테이블 중앙에 놓고 닭튀김, 달콤한 생채소 또는 코코넛 밀크에 익힌 채소, 닭 꼬치요리, 소고기 미트볼, 감자를 빙 둘러놓는다. 여기에 다양한 종류의 매콤한 양념을 곁들인다.

NAVARIN 나바랭 감자를 비롯한 다양한 채소를 넣어 만든 양고기 스튜 이름이다. 특히 봄철 메뉴인 나바랭 프랭타니에(navarin printanier)에는 막 나오기 시작한 햇 채소들을 넣는다. 원래 이 요리에 들어가는 주요 가니시였던 순무(navet)가 변형되어 나바랭(navarin)이란 이름이 붙은 것으로 추정된다. 따라서 몇몇 셰프들이 갑각류 해산물이나 가금류, 아귀 등을 재료로 응용해 만든 스튜에 순무를 곁들인 경우도 나바랭이라는 명칭을 붙일 수 있다.

navarin d'agneau 나바랭 다뇨

어린 양고기 나바랭 : 4인분 / 준비: 40분 / 조리: 40분

어린 양의 앞다리살(어깨) 400g을 8조각으로, 목살 400g을 4장의 슬라이스로 각각 자른다. 양파 큰 것 1개를 깍둑썰기하고, 부케가르니를 만든다. 마늘 2톨의 껍질을 벗겨 짓어둔다. 큰 코코트 냄비에 기름 2테이블스푼을 뜨겁게 달군 뒤 고기를 넣고 모든 면에 고루 색이 나도록 센불로 지진다. 고기를 건져낸 뒤 냄비에 남은 기름의 2/3을 덜어낸다. 여기에 양파를 넣어 색이 나지 않고 수분이 나오도록 볶은 뒤 다시 고기를 넣는다. 밀가루 30g을 고루 솔솔 뿌린 다음 3분간 잘 저어가며 익힌다. 소금, 후추를 뿌린 뒤 찬물을 재료 높이만큼 붓는다. 중약불로 끓을 때까지 가열한다. 토마토 1개의 껍질을 벗겨 속을 제거한 뒤 잘게 썬다. 코코트 냄비에 토마토, 부케가르니, 마늘을 첨가한다. 끓기 시작하면, 뚜껑을 덮고 40분간 약한 불에 뭉근히 익힌다(또는 200°C 오븐에 익힌다). 햇 당근 200g과 햇 순무 200g를 각각 껍질을 까고 긁어 손질한다. 방울양파 125g의 껍질을 깐다. 당근, 순무, 작은 양파를 각각 따로 윤기나게 익힌다(glacer). 그린빈스 100g의 질긴 섬유질을 떼어낸 다음 증기에 찐다. 껍질을 깐 완두콩 100g을 소금물에 삶아 찬물에 헹궈둔다. 스튜의 고기를 건진 뒤, 준비한 채소와 함께 다른 냄비에 옮겨 담는다. 코코트 냄비의 소스를 체에 거르며 고기와 채소 위에 붓는다. 이것을 약 5분간 약한 불로 뭉근히 익힌다. 다진 파슬리를 뿌린다. 냄비 그대로 아주 뜨겁게 서빙한다.

NAVET 나베 무, 순무. 십자화과의 재배 채소로 살이 통통한 뿌리 부분을 먹는다. 길쭉하거나 둥근 모양에 연한 미색 또는 흰색이며 종종 잎이 달린 밑동이 보라색을 띠기도 한다(**참조** p.498, 499 뿌리채소 도감). 유럽이 원산지인 무는 오랜 세월동안 요리에 매우 자주 사용되어온 뿌리채소로 특히 수프와 포토푀에 많이 쓰인다. 낭트와 망슈(Manche) 지방의 순무는 수 세기 전부터 명성을 얻고 있으며, 스코틀랜드의 순무는 국가대표 채소로 여겨진다.
■ **사용.** 순무는 그 모양에 따라 각각 밀랑(navet de milan), 동그란 것(navet rond), 보라색이 섞인 흰색(navet blanc à collet violet)품종으로 나뉜다. 낭테(nantais)와 크루아시(croissy) 무는 길고 흰색이다. 또한 불도르(boule d'or)라고도 부르며 맛이 아주 좋은 노란색 무나 검은색(긴 것, 둥근 것)의 무도 있다. 열량(100g당 36kcal 또는 150kJ)이 매우 낮고 수분이 많으며 황, 칼륨, 당이 풍부하다. 햇 순무는 잎이 달린 채로 판매된다. 무청과 잎은 시금치처럼 조리하며, 영국에서도 많이 즐겨 먹는다(turnip tops). 순무는 껍질을 벗긴 뒤 씻어서 사용하며, 크기가 작은 것들은 솔로 문질러 씻으면 된다. 포토푀와 포테(potée)에 반드시 들어가는 재료이며 당근처럼 퓌레, 채소 테린, 수플레 등으로 조리한다. 지방을 잘 흡수하기 때문에 기름진 고기 요리에 곁들이면 좋다.

morue aux pousses de navet (cuisson sous vide) ▶ MORUE

navets en choucroute 나베 앙 슈크루트

순무 슈크루트 : 알이 굵은 순무 여러 개를 준비해 껍질을 벗긴 뒤 단단한 부분은 잘라내고 남은 부분을 채칼로 가늘게 썬다. 큰 옹기그릇에 약 10cm 두께로 첫 번째 층을 깐 다음 잘 눌러준다. 소금을 뿌리고 통후추와 주니퍼베리를 넣어준다. 같은 방법으로 5~6층을 쌓아 채운다. 매 켜마다 소금과 양념을 뿌리고 꼭꼭 눌러준다. 무거운 것으로 누른 다음 면포를 덮어 냉장고에 약 12일간 넣어둔다. 발효되며 나온 물을 따라낸 다음 순무 채를 흐르는 물에 한참 헹군다. 이어서 끓는 물에 잠깐 데쳐 건진다. 이 순무 절임 슈크루트는 전통적인 양배추 슈크루트처럼 가니시로 사용할 수 있고, 경우에 따라 자작하게 익혀 사용하기도 한다.

알랭 상드렝스(ALAIN SENDERENS)의 레시피

navets farcis braisés au cidre 나베 파르시 브레제 오 시드르

시드르에 브레이징한 순무 파르시 : 작고 동그란 햇 순무 600g의 껍질을 벗긴 뒤 끓는 물에 데쳐 건진다. 가운데를 적당히 파낸다. 도려낸 부분을 소금물에 넣어 익힌 뒤 갈아 퓌레를 만든다. 팬에 버터와 올리브오일을 달군 뒤 속을 파낸 순무를 넣고 고루 지진다. 소금, 후추를 뿌린다. 드라이한 시드르 1/2병을 반으로 졸인 다음 팬에 지진 순무를 넣고 육수를 자작하게 붓는다. 오븐에 넣어 15분간 익힌다. 순무를 건져낸다. 준비해 둔 순무 퓌레를 냄비 안의 소스에 넣고 걸쭉하게 섞는다. 버터 50g을 넣고 거품기로 저어 잘 섞은 다음 소스를 뜨겁게 유지한다. 볼에 소시지 스터핑용 돼지 분쇄육(chair à saucisse) 100g, 돼지비계와 닭 간으로 만든 소(farce à gratin) 30g, 바질, 로즈마리, 잎만 뗀 타임을 넣고 고루 섞는다. 이 혼합물을 작고 동그랗게 빚어 약한 불에서 버터에 익힌 뒤 속을 파낸 순무에 넣어준다. 소스를 끼얹는다.

navets farcis à la duxelles 나베 파르시 아 라 뒥셀

버섯 뒥셀을 넣은 순무 파르시 : 모두 같은 크기의 햇 순무(중간 사이즈) 8개를 준비해 껍질을 벗기고 속을 적당히 파낸 다음 소금을 넣은 끓는 물에 8분 정도 익힌다. 건져서 찬물에 식힌 뒤 다시 건져 물기를 제거하고 안쪽에 소금을 조금 뿌린다. 순무의 도려낸 부분을 버터에 찌듯이 뚜껑을 덮고 푹 익힌 뒤 체에 곱게 긁어내린다. 양송이버섯 뒥셀(순무 한 개당 1테이블스푼 분량)을 만든 뒤 순무 퓌레와 섞고 이 혼합물을 순무의 빈 곳에 채워 넣는다. 오븐용 그라탱 용기에 버터를 바른 뒤 순무를 나란히 넣는다. 그 위에 소고기 육수 또는 닭 육수를 몇 스푼 넣은 뒤 빵가루를 얹고 녹인 버터를 고루 뿌린다. 210°C로 예열한 오븐에 넣고 익힌다. 뾰족한 것으로 순무를 찔러보아 연하게 익었는지 확인한다.

navets au gratin 나베 오 그라탱

순무 그라탱 : 순무의 껍질을 벗기고 동그랗게 슬라이스한 다음 끓는 소금물에 데친다. 건져서 찬물에 헹궈 식힌 뒤 버터를 넣고 색이 나지 않게 익힌다. 그라탱 용기에 버터를 넉넉히 바른 뒤 순무를 넣고 표면을 평평하게 만든 다음 모르네 소스(sauce Mornay)를 끼얹어준다. 치즈를 고루 뿌리고 아주 뜨거운 오븐에 잠깐 넣어 윗면이 노릇해질 때까지 구워낸다.

purée de navet et de pomme de terre ▶ PURÉE

제라르 비에(GÉRARD VIÉ)의 레시피

raviolis de navet, gelée de yuzu au thé 라비올리 드 나베, 즐레 드 유주 오 테

녹차 유자 즐레를 곁들인 순무 라비올리 : 4인분

하루 전날, 녹차 250ml를 우려낸다. 유자 1개(또는 재배 후 어떠한 화학처리도 하지 않은 망통 Menton산 레몬 6개)의 즙, 실처럼 가늘게 채 썬 유자 껍질 제스트, 설탕 2테이블스푼을 녹차에 넣어준다. 작은 냄비에 담고 가열해 아주 약하게 끓는 상태로 잘 저어가며 약 10~15분간 졸인다. 즐레와 같은 농도가 되면 불에서 내린다. 올리브오일 4테이블스푼, 레몬즙 1개분, 식초 1테이블스푼, 고기 육즙(송아지 육수를 농축한 것) 1테이블스푼, 소금, 후추를 섞어 비네그레트 소스를 만들어둔다. 리크 2대의 흰 부분을 얇게 썰어 올리브오일 1테이블스푼을 두른 팬에 넣고 완전히 나른해질 때까지 약한 불에서 천천히 볶은 뒤 소금으로 간을 해둔다. 조리 당일, 길쭉한 모양의 단단한 순무를 아주 얇게 24장의 슬라이스로 자른 다음 끓는 소금물에 2분간 데쳐 건진다. 작업대에 순무 슬라이스 12장을 납작하게 펴 놓는다. 홍합 250g, 새조개 100g, 사마귀조개 4개를 약 4분 정도 증기에 찐다. 조개 입이 벌어지면 바로 불을 끈다. 모두 살을 발라내 굵직하게 다진 뒤 볶아둔 리크와 섞어 소를 만든다. 순무 슬라이스 위에 조개 혼합물을 올리고 다진 이탈리안 파슬리를 조금 얹은 뒤 다른 한 장의 순무 슬라이스로 덮는다. 서빙 시, 뜨거운 스팀 오븐(180°C)에 1분 정도 넣어 따뜻하게 데운다. 유자 즐레 2테이블스푼을 비네그레트 소스에 넣고 잘 섞는다. 각 서빙 접시마다 순무 라비올리를 3개씩 담고, 미리 양념해 둔 루콜라 한 자밤을 그 위에 올린다. 유자 비네그레트를 한 바퀴 뿌린다.

NAVETTE (BISCUIT) 나베트 (비스퀴) 길쭉한 나룻배 모양의 바삭한 과자로 버터와 밀가루에 오렌지 블로섬 워터로 향을 낸 설탕 시럽을 더해 만든다. 생 빅토르(Saint-Victor) 나베트 과자는 1781년 문을 연 마르세유의 제과점이며 유일하게 이 과자를 만드는 푸르 데 나베트(Four des navettes)의 명물이다. 이 비스킷은 성촉절(Chandeleur)에 먹는 특별한 과자이며, 이곳에서 멀지 않은 생 빅토르 수도원에서는 13세기에 라시동(Lacydon) 항구 근처에서 좌초되었던 성모 마리아 상이 발견된 것을 기리는 축제를 연다고 한다.

천도복숭아의 주요 품종과 특성

품종	출하 시기	형태	색
흰색 과육			
에므로드 émeraude	7월 초-7월 중순	구형	진한 빨강에서 분홍빛 빨강색을 띠며, 매우 광택이 난다.
플레이버 자이언트 Flavour Giant®	8월 초	한쪽이 조금 더 긴 달걀형	분홍빛의 빨강색으로 얼룩 없이 균일하다. 광택이 난다.
마일드 실버 Mild Silver® (brugnon*)	8월 말	한쪽이 조금 더 긴 달걀형	진한 빨강
퀸 자이언트 queen giant	7월 중순	달걀형	검붉은 빛의 빨강색으로 얼룩 없이 균일하다. 광택이 있다.
퀸 루비 Queen Ruby®	8월 초	달걀형	윤기나는 붉은 색
루비 젬 ruby gem (brugnon)	8월 중순	대부분 달걀형	분홍빛이 도는 빨강에 어른어른 무늬가 있고 광택이 난다.
셉템버 퀸 September Queen®	8월 중순-8월 말	구형 또는 달걀형	검붉은 빛의 빨강색
실버 젬 Silver Gem®	7월 말-8월 중순	구형	진한 빨강
스노우 퀸 snow queen	7월 초	구형 또는 달걀형	검붉은 빛의 빨강색.
수퍼 퀸 super queen	7월 초-7월 중순	달걀형	검붉은 빛의 빨강에서 분홍빛의 빨강색.
제피르 Zéphyr®	8월 초	달걀형 또는 구형	진한 빨강색으로 얼룩 없이 균일하다.
노란색 과육			
암 킹 arm king	6월 말	한쪽이 조금 더 긴 구형	다양한 농담의 빨강색
벨 탑 bel top	7월 말	구형 또는 달걀형	검붉은 자줏빛에서 빨강색
빅탑 Bigtop® (brugnon)	7월 중순	균일한 달걀형	검붉은 빛의 빨강색
페어레인 fairlane (brugnon)	9월 중순	균일한 구형	노란색 바탕 위에 검붉은 빛의 빨강색
판타지아 fantasia	8월 중순	달걀형	진한 빨강에서 주홍색
플레이버 골드 Flavor Gold®	7월 중순	균일한 구형	선홍색
플레이버 탑 flavor top	7월 말	달걀형	오렌지색 바탕 위에 진한 빨강색
넥타로스 nectaross	8월 중순	구형	진한 빨강에 반점이 촘촘히 있다.
레드 다이아몬드 red diamond	7월 말	달걀형	진한 빨강에서 주홍색
섬머 그랜드 Summer Grand®	7월 말	달걀형	노란 바탕 위에 진한 빨강에서 주홍색
수퍼 크림슨 super crimson	7월 초	달걀형	선홍색에서 주홍색

* 프랑스의 천도복숭아는 넥타린(nectarine)과 브뤼뇽(brugnon)으로 분류된다. 이 둘 모두 털이 없는 매끈한 껍질을 갖고 있지만, 넥타린은 씨가 과육으로부터 잘 분리되는 반면 브뤼뇽은 즙이 더 많고 일반 복숭아처럼 씨가 살에서 잘 분리되지 않는다(역주).

NEBBIOLO 네비올로 이탈리아 북부의 레드와인 양조용 포도품종으로 바르베라(barbera), 모스카토(moscato)와 함께 3대 주요 품종에 속한다. 훈연의 맛을 지닌 섬세하고 고급스러운 포도인 네비올로는 이것으로 만드는 바롤로(barolo)와인으로 매우 유명하다. 바롤로 와인에는 네비올로 이외에도 다른 포도품종인 보나르다(bonarda)를 종종 첨가하는데, 이는 보르도 와인에서의 메를로(merlot)와 같은 역할을 한다고 볼 수 있다. 네비올로 품종으로 만드는 와인들은 오크통에서 최소 2년 이상 익혀야 한다.

NECTAR 넥타르 넥타. 과즙, 과즙음료. 물과 설탕을 첨가한 과일 주스 또는 퓌레(과일 함량 최소 25~50%)로 경우에 따라서는 식품첨가물이 들어가기도 한다.식물학에서 넥타르는 꽃에서 분비되는 화밀액을 지칭하며, 이는 벌에 의해 꿀로 변한다.

NECTARINE, BRUGNON 넥타린, 브뤼뇽 천도복숭아. 장미과에 속하는 나무의 열매로 껍질이 붉은색 또는 노란색이며 매끈하고 윤이 난다. 중국이 원산지인 천도복숭아는 복숭아의 자연적 돌연변이이며(**참조** p.567 천도복숭아 도표, 옆 페이지 도감) 껍질은 털이 없이 매끈하다. 과육이 씨에서 잘 떨어지며 색깔은 흰색, 노란색, 오렌지색 도는 핏빛과 같은 붉은색이다. 운반에도 어려움이 없는 이 과일은 1950년경 대규모의 생산국인 미국으로부터 처음 유럽에 유입되었다. 프랑스에서 탄생한 브뤼뇽(brugnon) 천도복숭아는 복숭아나무 위에 서양자두나무를 접붙여 만든 것이다. 살이 단단하고 색이 다양하며 과육이 씨에 달라붙어 있고 껍질에 솜털이 없어 매끈하다. 최근에는 넥타린 천도복숭아에 살이 붉은 핏빛을 띤 복숭아인 페슈 드 비뉴(pêche de vigne)를 접붙여 넥타비뉴(nectavigne)를 재배하게 되었다. 풍미와 향이 좋은 이 과일은 열량이 매우 낮고(100g당 50kcal 또는 209kJ) 카로틴이 풍부하다. 일반 복숭아처럼 생과일로 먹으며 과일 샐러드, 쿨리, 소르베 등을 만들거나 각종 파티스리에 사용한다. 시럽에 절인 복숭아 통조림, 당절임으로 만들거나 얼릴 수도 있다.

NECTAVIGNE ▶ **참조 NECTARINE ET BRUGNON**

NÈFLE 네플 서양모과의 일종. 장미과에 속하는 서양모과나무의 열매로 모양은 서양 배와 비슷하며 갈색을 띠고 있다. 지름은 3~4cm이고, 회색을 띤 과육 안에는 5개의 씨가 들어 있다(씨가 없는 품종들도 있다). 유럽이 원산지는 이 과일은 나무 위에서 첫 서리를 맞은 이후 또는 과일저장소에서 짚더미 아래 보관해 천천히 과숙성 한 이후의 농익은 것만 식용 소비가 가능하다. 열량은 100g당 97kcal 또는 405kJ이며 달콤하면서도 새콤한 맛과 약간 포도주 향이 난다. 주로 설탕을 넣고 졸인 콩포트를 만든다.

NECTARINES ET BRUGNONS 천도복숭아

bel top 벨 탑

Queen Ruby 퀸 루비

queen giant 퀸 자이언트

Flavour Giant 플레이버 자이언트

lourdes 루르드

nectared 넥타레드

Silver Gem 실버 젬

red sun 레드 선

NÈFLE DU JAPON 네플 뒤 자퐁 비파. 장미과에 속하는 비파나무의 열매로, 일본의 네플이라고 불리며 중동, 아시아뿐 아니라 지중해 연안 지역에서도 자란다(**참조** p.404, 405 열대 및 이국적 과일 도감). 단단하고 껍질에 솜털이 나 있으며 미색 또는 오렌지 빛을 띤 노란색이다. 과육은 흰색, 노란색 혹은 주황색이며 품종에 따라 물렁물렁한 것, 단단한 것 모두 존재한다. 가운데 큰 씨가 한 개 있으며, 어떤 품종들은 여러 개의 씨를 가진 것도 있다. 프랑스에서는 프로방스 지방에서 소규모로 재배되며 주로 마다가스카르에서 수입된다. 비파는 비바스(bibace), 비바스(bibasse) 또는 로쿠아트(loquat)라고도 불리며, 4월부터 6월말까지 시장에 출하된다. 열량이 매우 낮고(100g당 38kcal 또는 159kJ) 칼슘이 풍부한 비파는 완숙하여 그대로 디저트로 먹으며 잼, 즐레, 시럽, 리큐어를 만드는 데도 사용한다.

NEIGE 네주 달걀흰자를 거품기나 전동믹서로 휘저어 단단하게 거품 올린 것을 지칭하며 다수의 앙트르메와 파티스리 제조에 사용된다. 또한 설탕을 첨가한 붉은 베리류 과즙으로 만든 소르베의 한 종류를 네주(neige, 눈)라고 부르기도 한다. 콩소메 수프에 넣어 먹는 흰색의 아주 가벼운 파스타 플레이크 또한 네주 드 플로랑스(neige de Florence)라는 이름을 갖고 있다.

▶ 레시피 : ŒUFS À LA NEIGE.

NÉLUSKO 넬뤼스코 차가운 프티 푸르의 한 종류. 줄기를 떼어내고 씨를 빼 오드비에 재운 체리에 씨를 제거한 바르 르 뒥(Bar-le-Duc)산 레드커런트 잼을 채워 넣고 체리브랜디로 향을 낸 퐁당슈거를 씌운 것이다. 또한 퀴라소로 향을 낸 초콜릿, 프랄린 봉브 글라세도 넬뤼스코라 부른다.

NEM 넴 라이스페이퍼에 소를 채운 뒤 말아 튀긴 베트남식 스프링 롤. 중국의 춘권과 비슷하다(**참조** PÂTÉ IMPÉRIAL). 소 재료는 돼지 분쇄육, 당면, 목이버섯, 숙주, 양파, 후추, 소금을 혼합해 만들며, 고기 대신 게살, 새우, 생선살을 넣기도 한다.

NEMOURS 느무르 애피타이저나 간단한 메인 요리에 곁들이는 가니시의 일종으로 폼 뒤셰스(pommes duchesse), 버터에 익힌 완두콩, 갸름하게 돌려깎아 윤기나게 익힌 당근 글라세로 구성된다. 이 단어는 데쳐 익힌 서대 필레에 새우 소스를 끼얹고 얇게 저민 송로버섯을 올린 요리의 이름이기도 하다. 여기에 가니시로 크넬, 노르망디 소스(sauce normande)를 넣고 조리한 작은 양송이버섯을 곁들인 뒤 데친 송로버섯으로 만 새우 크로켓을 빙 둘러 놓는다. 느무르 수프는 타피오카를 넣어 살짝 걸쭉하게 만든 닭고기 콩소메를 뜻한다.

NEMROD 넴로드 구약 성경 창세기에 나오는 주님 앞의 힘센 사냥꾼, 님롯에서 따온 것으로, 수렵육으로 만든 다양한 클래식 요리에 붙는 이름이다. 털이 있는 수렵육 요리에 곁들이는 넴로드 가니시는 크랜베리 콩포트를 얹은 바르케트(barquette) 또는 부셰(bouchée), 감자 크로켓, 밤 퓌레를 채운 구운 버섯으로 구성된다. 넴로드수프는 수렵육 콩소메에 포트와인을 첨가하고 칡 녹말을 넣어 걸쭉하게 리에종한 뒤 다진 송로버섯을 넣은 수렵육 스터핑 혼합물을 크넬로 만들어 곁들인다. 넴로드 꼬치요리(attereaux)는 수렵육 스터핑 혼합물과 햄으로 빚은 크넬, 버섯, 삶은 댕기물떼새 알을 꼬챙이에 꿰어 조리한다.

NESSELRODE 네슬로드 공통적으로 밤 퓌레가 들어가는 다양한 요리와 파티스리에 붙는 이름이다. 짭짤한 네슬로드 음식으로는, 브레이징한 송아지 흉선 또는 소테한 노루안심에 밤 퓌레를 곁들인 요리를 꼽을 수 있다. 이 노루 요리에는 푸아브라드 소스(sauce poivrade)를 끼얹어 서빙한다. 또한 밤 퓌레를 채워 넣은 프로피트롤을 네슬로드 수렵육 콩소메에 곁들이기도 한다. 달콤한 디저트 중 네슬로드 아이스 푸딩(pudding glacé)은 크렘 앙글레즈에 밤 퓌레, 당절임 과일, 건포도, 휘핑한 생크림을 섞은 혼합물을 얼려 만든다. 네슬로드 봉브 글라세(bombe glacé)는 틀에 바닐라 아이스크림을 깔아준 다음, 마롱 글라세 퓌레를 넣고 키르슈로 향을 낸 봉브 혼합물로 채워 얼린 아이스크림 케이크의 일종이다.

▶ 레시피 : CONSOMMÉ, PUDDING.

NEUFCHÂTEL 뇌샤텔 비멸균 생 소젖 또는 저온 살균한 우유로 만드는 브레(Bray) 지방의 AOC 치즈로, 흰색 곰팡이 외피의 연성치즈다(**참조** p.389 프랑스 치즈 도표). 뇌샤텔 치즈는 크게 세 종류의 형태로 만들어진다. 봉드(bonde)는 원통형이며 지름 4.5cm, 높이 8cm, 무게 200g이고, 브리케트(briquette)는 길이 7cm, 폭 5cm, 높이 3cm의 납작한 사각형으로 무게는 100g 정도 된다. 마지막으로 이 치즈의 특징적 형태인 하트형(cœur)은 중심에서 끝부분까지 길이가 8.5cm, 둥그스름한 한 부분에서 다른 쪽까지 10cm, 높이는 3.2cm이며 무게는 200g이다. 시장에서 잘라 파는용으로 만든 큰 사이즈의 하트형 뇌샤텔은 무게가 600g 정도이다. 치즈 질감은 균일하고 매끄럽고 부드러우며, 염도가 3%를 넘어 짠맛이 강한 편이다. 건조추출물 중 지방이 차지하는 비율은 50%이다. 뇌샤텔 치즈는 신선한 상태로 먹거나 다양한 숙성기간에 따라 그 맛을 즐길 수 있다.

NÉVA (À LA) (아 라) 네바 푸아그라와 송로버섯을 넣은 소를 채운 닭 요리로, 쇼 프루아 소스(sauce chaud-froid)를 끼얹어 덮은 뒤 송로버섯을 얹어 장식하고 다시 즐레를 발라 윤기나게 굳힌 차가운 요리를 가리킨다. 여기에 마요네즈로 버무린 러시아식 샐러드(이 요리의 이름은 상트페테르부르크를 흐르는 네바강의 이름에서 따왔다)를 곁들이고 잘게 큐브로 썬 젤리로 장식한다.

NEWBURG 뉴버그 랍스터 요리의 한 종류로 19세기 말부터 유명세를 떨친 뉴욕의 레스토랑 델모니코스(Delmonico's)의 주방장 알레산드로 필리피니(Alessandro Filippini)가 처음 개발해낸 메뉴이다. 뉴버그 풍 랍스터는 크림을 넣어 소테한 요리이며, 북미와 유럽 지역에는 각각 이 요리의 다양한 변형 레시피들이 존재한다. 뉴버그 소스는 아메리켄 소스의(à l'américaine) 랍스터 요리와 동일한 방법으로 만든다. 소스 국물을 잡을 때 크림과 생선 육수를 함께 넣어 만든 것으로, 종종 랍스터살을 곁들인 생선(특히 서대, 통째로 혹은 필레로 조리) 요리에도 곁들인다.

▶ 레시피 : HOMARD.

NICE ET PAYS NIÇOIS 니스, 페이 니수아 니스, 니스 지역. 니스의 요리는 프로방스와 이탈리아의 영향을 받았지만, 정통 니스식(niçarde) 미식 문화는 그만의 독창성을 지니고 있다. 이 지역의 어획고만으로는 수요를 충족시키기에 부족하지만, 그래도 생선은 니스 지역의 요리에 아주 많이 등장하는 식재료다. 노랑 촉수와 농어는 니스식(à la niçoise)으로 요리한다. 즉, 마늘과 블랙올리브를 넣은 토마토 소스에 조리하거나, 펜넬과 함께 바비큐 그릴에 구워 먹는다. 또 하나의 특별한 니스 음식으로는 정어리나 멸치의 치어인 푸틴(poutine)을 꼽을 수 있으며, 주로 오믈렛으로 만들어 먹는다. 사르타냐도(sartagnado)는 사르탄(sartan)이라고 불리는 큰 프라이팬에 각종 새끼 생선 들을 눌러 담고 두툼한 전처럼 노릇하게 부쳐낸 요리로 식초를 한 바퀴 뿌려 먹는다. 물고기의 치어(nonats)는 살짝 데치거나 튀김옷을 입혀 튀겨 먹기도 하고 팬에 튀기듯 지지거나 오믈렛으로 또는 허브와 올리브오일을 넣은 샐러드로 서빙한다. 또한 그릴에 굽거나 튀기거나 시금치로 속을 채운 정어리, 작은 꽃게(favouille)로 끓인 수프, 특히 스톡피시(stockfisch, 덕장에 널어 말린 대구)로 만든 에스토피카다(estoficada) 등은 니스에서 아주 즐겨 먹는 음식들이다. 에스토피카다는 마늘을 넣은 토마토소스에 생선을 넣고 뭉근히 익힌 요리이며, 동그랗게 썬 감자, 블랙 올리브, 생 바질을 가니시로 넣어준다. 그러나 뭐니뭐니해도 이 지역 생선의 왕은 안초비(anchois)로, 니스식 샐러드(salade niçoise)와 앙슈아야드(anchoïade)의 필수재료다. 피살라디에르(pissaladière)에 넣은 안초비는 양파의 달콤함과 대비를 이루며 풍미를 높여준다. 또한 안초비는 다수의 니스 특선 요리에 넣는 양념 소스인 피살라(pissalat, 소금과 향신료를 넣어 절인 생선 페이스트)를 만드는 데도 들어간다. 항구에서 떨어진 토지에는 올리브나무(올리브오일과 유명한 니스의 작은 블랙올리브를 공급한다), 포도나무(개성이 강한 벨레 와인을 만든다), 오렌지나무(비터 오렌지인 비가라드를 수확한다) 등이 자란다. 야생화 및 재배종 꽃들로는 이 지역의 유명한 꿀을 생산한다.

■ **채소의 왕국.** 가지, 토마토, 주키니 호박, 피망은 유명한 라타투이에 들어가는 주재료이며, 각기 따로 볶거나 속을 채운 요리를 만들기도 한다. 정어리를 넣은 유명한 근대 티앙(tian)의 기본 재료인 근대 잎은 그 외에 건무화과, 건포도, 파르메산 치즈와 혼합해 훌륭한 파이를 만들기도 한다. 또한 피스투 수프, 보라색 아티초크, 신선한 잠두콩, 서양모과, 딸기 등의 먹거리도 빼놓을 수 없다. 바질과 분홍마늘은 소카(socca, 병아리 콩 가루로 만든 반죽을 얇게 부쳐낸 뒤 후추를 뿌린 크레프의 일종)를 비롯한 많은 요리에 향

을 더해준다. 도브(daube) 또는 니스식 소고기 찜 에스투파드(estouffade)에는 이탈리아에서 온 생파스타, 뇨키, 라비올리 등을 반드시 곁들이며, 주로 토마토와 올리브로 맛을 내는 경우가 많다. 또한 내장 요리, 새끼염소 스튜, 어린 양 안심, 송아지 포피에트 등에 곁들이기도 한다. 치즈 중에서는 프로방스의 카샤(cachat)와 브루스 드 라 베쥐비(brousse de la Vésubie)의 인기가 높다. 이 지역 당과류와 케이크의 특징은 당절임한 꽃과 과일을 많이 사용한다는 점이다. 특히 올리브오일, 설탕, 오렌지 블로섬 워터를 넣어 만든 빵인 퐁프 아 륄(pompe à l'huile)이 대표적이다.

NICKEL 니켈 니켈은 광택이 있는 은백색의 금속으로 산화와 부식에 강하다. 주요 용도는 니켈 도금으로, 전기분해를 통해 주로 구리의 첫 번째 코팅 층으로 도금하거나 크롬도금의 베이스 역할을 한다. 니켈은 또한 스테인리스 스틸과 양은(니켈, 구리, 아연)을 비롯한 다양한 합금의 일부로, 은도금(ruolz, 전기 은도금을 입힌 금속)용 커틀러리 및 플레이트 제조용으로도 사용된다.

NIÇOISE (À LA) (아 라) 니수아즈 니스식, 니스풍의. 니스 지역의 요리로부터 영감을 받은 다양한 요리에 붙는 명칭으로, 기본적으로 마늘, 올리브, 안초비, 토마토, 그린빈스가 포함된다. 니스식으로 생선구이(노랑촉수, 서대, 명태)는 껍질 벗겨 씨를 제거하고 잘게 썬 토마토 콩카세(tomate concassée)와 안초비 필레, 올리브를 곁들여 서빙한다. 큰 덩어리로 서빙하는 고기요리나 가금류 요리에 곁들이는 니스풍 가니시는 껍질을 벗긴 뒤 마늘을 넣고 기름에 익힌 토마토, 데친 뒤 버터를 넣고 살짝 데운 그린빈스(또는 색이 나지 않게 버터에 익힌 주키니호박과 작은 크기의 아티초코), 폼 샤토(pommes château) 감자로 구성된다.

▶ 레시피 : AGNEAU, ARTICHAUT, ATTEREAU (BROCHETTE), COURGETTE, PIGEON ET PIGEONNEAU, RATATOUILLE, SALADE, STOCKFISCH.

NID (AU) (오) 니 새 둥지라는 뜻의 단어로, 로스트한 작은 새를 감자채로 만든 둥지 모양 셸이나 감자를 와플처럼 격자무늬로 슬라이스하여 우묵하게 튀긴 바스켓 안에 얹어 내는 플레이팅 방식을 지칭한다. 때때로 데친 체리와 파슬리 또는 크레송 부케로 장식하기도 한다. 또한 속을 파낸 토마토 위에 올린 반숙 달걀이나 수란, 둥지 모양으로 짠 몽펠리에 버터(beurre de Montpelier, 허브와 안초비를 넣어 섞은 버터) 위에 얹은 달걀 반숙이나 수란에 잘게 썬 즐레와 크레송을 곁들인 요리 또한 오 니라고 이름 붙인다.

nid en pommes paille ou en gaufrettes 니 앙 폼 파이유 우 앙 고프레트

채 썬 감자 또는 와플 모양 격자로 슬라이스한 감자로 만든 둥지 모양 바스켓 : 4인분

살이 단단한 감자의 껍질을 벗긴 뒤 물에 담가두지 않고 씻는다. 튀김 기름을 180°C로 가열한다. 감자를 채칼로 썬다(또는 가늘고 길게 칼로 채 썬다). 또는 만돌린 슬라이서에 와플모양 날을 장착한 뒤 격자무늬가 생기도록 90도 회전해가며 얇게 썬다. 자른 감자는 씻지 않는다. 크기가 다른 둥근 망 국자 두 개를 준비한다. 바스켓 모양의 튀김 전용으로 고안된 두 개의 망 국자가 세트로 나온 제품(panier à nid)도 있다. 큰 망에 감자를 넣고 바닥과 벽면에 잘 눌러 균일한 두께로 붙인다. 작은 망 국자를 그 위에 겹쳐 넣고 손잡이의 고리로 잘 고정시킨 뒤 그 상태로 뜨거운 기름에 넣어 5-6분간 튀긴다. 기름이 넘치거나 감자의 색이 너무 진해지지 않도록 주의한다. 튀김 기름에서 바구니를 꺼내고, 두 개의 망 국자를 분리한 뒤 조심스럽게 감자를 꺼낸다. 반구형의 감자 둥지는 망 국자에서 잘 분리된다. 요리를 채워 바로 서빙한다.

tomates farcies chaudes en nid ▶ TOMATE

NID D'ABEILLE 니 다베유 독일(Bienenstich이라고 부른다)과 알자스 지방에서 즐겨 먹는 전통 케이크. 벌집이라는 이름을 가진 이 케이크는 버터, 설탕, 꿀, 아몬드 슬라이스 혼합물을 발라 덮은 뒤 구워낸 5cm 두께의 원반형 브리오슈다. 가로로 이등분한 뒤 크렘 파티시에로 속을 채우고 두 장을 다시 붙인다.

NID D'HIRONDELLE 니 디롱델 제비집. 중국해 연안의 바다제비가 해초의 젤라틴 물질을 삼킨 후 침을 섞어 만든 둥지를 말린 조각이다. 희끄무레하고 기공이 있는 이 물질은 물에 불려서 중국 전통 수프를 만드는 데 사용하며, 끈적끈적한 농도와 특유의 향을 내준다. 또한 스튜와 일부 혼합 가니시에도 들어간다.

▶ 레시피 : CONSOMMÉ.

NIGELLE 니젤 니젤라. 미나리아재비 과에 속하는 여러 식물들의 이름으로 옛날에 이 씨를 양념으로 사용했다. 중동, 아시아 지역에서는 다마스(Damas) 니젤라 씨를 양귀비 씨나 참깨처럼 빵이나 파티스리 위에 뿌려 굽는다.

NIGIRI 니기리 단촛물로 버무린 쌀밥을 손으로 쥐어 뭉친 뒤 얇게 저민 생선살을 얹은 일본의 초밥(**참조** SUSHI).

NIGNON (ÉDOUARD) 에두아르 니뇽 프랑스의 요리사(1865, Nantes 출생–1934 타계). 견습생으로서의 수련 생활을 보내고 탄탄한 경력을 쌓은 그는 프랑스와 해외 굴지의 여러 업장에서 일할 기회를 얻게 된다. 런던 클라리지스(Claridge's) 호텔에 이어 모스크바의 에르미타주(l'Ermitage) 호텔을 거친 그는 러시아 황제, 오스트리아의 황제, 미국의 윌슨 대통령의 주방장으로 일했다. 1918년, 파리 라뤼(Larue) 레스토랑의 총괄 책임자가 된 그는 셰프의 흰 조리복 대신 홀 지배인의 검은 수트를 입었다. 배우 사샤 기트리(Sacha Guitry)의 대사처럼 이렇게 그는 인생의 삼분의 이를 온통 흰색 또는 검은색 옷차림으로보냈다. 그는 자신의 경험을 기록한 3권의 요리책『미식가의 7일 이야기 또는 프랑스 요리의 진미(*l'Heptaméron des gourmets ou les Délices de la cuisine française*)』(1919), 사샤 기트리가 서문을 쓴『프랑스 요리 예찬(*Éloges de la cuisine française*)』(1933),『식탁의 즐거움(*les Plaisirs de la table*)』(1926)을 남겼다. 투르식 뵈셸(beuchelle tourangelle, 크림소스에 조리한 송아지 흉선과 콩팥, 모렐 버섯 요리)을 비롯한 그의 몇몇 레시피들은 아직도 미식가들의 사랑을 받고 있다.

NINON 니농 다양한 클래식 요리에 붙는 이름으로, 서빙 사이즈로 잘라 소테한 뒤 골수 소스(sauce à la moelle)를 곁들인 고기요리용 니농 가니시는 수탉의 볏과 콩팥 살피콩(salpicon)으로 채운 작은 폼 뒤세스 크루스타드, 그리고 단으로 묶은 아스파라거스 윗동으로 이루어진다. 수탉의 볏과 콩팥 살피콩에 아스파라거스 윗동을 더한 뒤 골수 소스를 끼얹으면 니농 카나페에 얹는 가니시로 사용할 수 있다. 동그랗게 잘라낸 식빵을 오븐에 잠깐 구워낸 뒤 이 혼합물을 올리면 된다. 니농 샐러드는 양상추 잎과 속껍질까지 칼로 잘라 벗긴 뒤 슬라이스한 오렌지 과육을 혼합한 것이다.

NIOLO 니올로 니올로 치즈. 염소젖으로 만드는 코르시카의 치즈(지방 45%)로, 회백색 천연외피를 가진 연성치즈이다(**참조** p.392 프랑스 치즈 도표). 니올로는 사방 13cm,, 두께가 4-6cm인 납작한 사각형이다. 소금물에 재워 3-4개월 숙성시키며 맛이 자극적이고 냄새가 강하다.

NITRATE 니트라트 질산염. 통조림, 염장식품, 샤퀴트리 제조 시 방부제로 사용되는 식품첨가물로 염화나트륨, 질산나트륨, 칼륨과 결합하여 세균의 증식을 막는다. 소시지나 햄 등의 육가공 식품을 붉게 착색하는 데에 사용되기도 한다. 또한 질산염은 화학비료로도 사용되기 때문에 식수와 채소에 잔류할 수 있다(비트, 당근, 시금치, 그린빈스, 상추류 등).

NIVERNAISE (À LA) (아 라) 니베르네즈 로스트하거나 브레이징한 큰 덩어리의 고기와 브레이징한 오리에, 돌려깎아 윤기나게 익힌 당근, 색이 나지 않게 글레이즈한 방울 양파를 곁들인 요리를 지칭한다. 경우에 따라 브레이징한 양상추가 추가되기도 한다. 가니시는 때로 크루스타드(crustade) 형태로 플레이팅 하기도 하며, 고기를 익히고 남은 소스를 전체적으로 끼얹어 서빙한다.

NOËL 노엘 요리사 앙드레 노엘(André Noël). 18세기 말의 프랑스의 요리사로 오랫동안 프로이센의 국왕 프리드리히 2세의 궁정 요리사로 일했다. 국왕은 그에게 요리계의 뉴튼이라 이름 붙였다. 노엘은 특히 그의 요리에 경의를 표하고 앙굴렘으로 그의 아버지를 찾아가기까지 했던 자코모 카사노바(Casanova)의 저서『나의 인생 이야기(*Histoire de ma vie*)』로 인해 더 유명해졌다. 유명한 파티시에였던 그의 아버지는 이 유명한 바람둥이 여행가에게 유럽 어디를 가든 자신의 파테를 보내주겠노라고 약속했다.

NOËL (FÊTE) 노엘(축일) 크리스마스. 대표적인 가족 명절로 예수 그리스도의 탄생을 축하하는 종교적 축일인 동시에 일반인들에게는 즐거운 연말을 보내고 새해를 맞이하는 기쁨을 나누는 축제다. 크리스마스 축하 행사들의 공통점은 선물을 나누는 것으로 이는 특히 위대한 성인들과 관련되어 있다(벨기에, 독일, 네덜란드의 성 마르탱, 프랑스 북부와 동부의 성 니콜라, 그 외 다른 곳들은 산타클로스).

■ **과자와 케이크의 축제.** 프랑스의 여러 지역에서는 크리스마스 축제 때 대부와 대모가 그들의 대자 대녀들에게 꼭두각시, 포대기에 싼 아기 또는 단순한 막대 형태 등 사람 모양의 과자를 선물하는 오랜 풍습을 이어왔다. ㅈ아르데슈에서는 1월의 아버지(père Janvier), 북부 지방(Nord)에서는 건포도를 넣은 브리오슈 빵에 설탕을 뿌린 쿠뉴(cougnou, 플랑드르어로는 kerstbroden) 베리(Berry)지역에서는 놀레(naulet)라는 과자를 주고받는다. 성탄절 이브에 아이들이 동네 집집마다 방문하며 도는 것 또한 매우 오래된 풍습이다. 소망을 빌며 축복을 나누고 크리스마스 캐롤을 부르면 각 가정에서는 아이들에게 선물, 특히 먹을 것을 나누어준다. 부르고뉴에서는 옥수수 가루로 만든 원뿔 모양 와플 코르네트(cornette)를 나누어주며 이처럼 새벽송을 부르며 마을을 도는 행사 자체도 같은 이름으로 부른다. 투렌(Touraine)에서 아이들은 이날을 위해 특별히 만든 길고 양쪽 끝이 갈라진 갈레트 기요뇌(guillauneu)를 받았다. 하지만 성탄절과 새해 축하의 하이라이트는 특별한 식사이다. 유럽 대부분의 나라에서 크리스마스 식사 코스에는 아직도 특별한 케이크가 포함된다. 프랑스에서는 뷔슈(bûche), 영국은 크리스마스 푸딩(Christmas pudding), 독일에서는 당절임 과일을 넣은 슈톨렌(Stollen)을 먹는다. 알자스에서는 견과류와 당절임 과일을 넣은 빵인 베라베카(Berawecka)가 대표적이며 팽 데피스의 일종인 레브쿠헨(Lebkuchen)을 자정미사 전에 먹는 전통이 있다. 코르시카에서는 브로치우(brocciu) 치즈 케이크인 스트레나(strenna)를 특별히 새해 첫날 만들어 먹는다. 프로방스에서 크리스마스 이브의 풍성한 만찬은 13가지 성탄절 디저트(treize desserts de Noël)로 이어지며 마무리된다. 이 13가지 디저트는 퐁프 아 륄(pompe à l'huile), 건포도, 유럽 모과 젤리, 칼리송, 누가, 푸가스, 세드라 레몬 콩피, 호두와 헤이즐넛, 겨울 서양 배, 브리뇰(Brignoles) 자두, 말린 무화과, 아몬드, 대추야자로 구성된다.반면 다른 시골 지역에서의 성탄절 식사는 매우 소박하다. 심지어 브르타뉴에서는 금식해야 소원이 이루어진다고 믿었다. 사람들은 성탄절 미사가 끝난 뒤 모여서 뜨거운 크레프를 먹거나 간단한 식사를 했고 별 모양의 전통 빵 푸아스(fouace)로 마무리했다.

NOËL PETER'S 노엘 피터스 1854년 파리 파사주 데 프랭스(passage des Princes)에 문을 연 레스토랑으로 초기의 이름은 주인장 피에르 프레스(Pierre Fraisse) 이름의 영어식 표기인 피터스(Peter's)였다. 미국에 체류했던 경험을 바탕으로 그는 자라 수프, 로스트 비프 등 새로운 메뉴들을 소개했고, 특히 1850년대에는 미국식이라는 이름을 붙인 아메리켄소스 랍스터 요리(homard à l'américaine)를 선보이며 인기를 끌었다. 언론인 손님들이 많았던 이 레스토랑은 이후 레스토랑 막심(Maxim's) 대표의 아버지인 보다블(Octave Vaudable)이 인수했고, 노엘(Noël)이란 사람과 동업을 하게 되면서 식당 이름도 노엘 피터스로 바뀌었다. 1880년대에 오늘의 요리(plat du jour)라는 형식의 세트 메뉴를 처음 선보인 것도 바로 이곳이다. 이후 파사주(passage, 지붕이 있는 건물 사이 통로에 조성된 아케이드)에 대한 대중의 관심이 점점 줄어들면서 이 식당은 쇠퇴 일로를 걸었고, 결국은 사라졌다.

NOISETTE 누아제트 헤이즐넛, 개암. 자작나무과의 관목인 개암나무의 열매로 유럽의 온화한 지역에서 자란다. 딱딱한 껍데기 안에는 식감이 아삭하고 기름지며 향이 아주 좋은 달걀형 또는 구형의 알맹이(씨)가 들어 있다(**참조** p.573 헤이즐넛 도표 p.572 도감).프랑스에서 헤이즐넛 또는 개암은 남서부의 과수원에서 소량 재배되며 터키, 이탈리아, 스페인에서 많은 양이 수입된다. 고열량(100g당 400kcal 또는 1670kJ)이고, 지방 함량이 높으며(40%), 말린 헤이즐넛은 비타민E(100g당 20mg), 인(100g당 200mg), 칼륨(100g당 350mg), 칼슘(100g당 45mg), 비타민PP(100g당 1.5mg)이 풍부하다.

■ **사용.** 생헤이즐넛은 언제나 녹색 잎 껍질이 붙어 있는 상태로 판매된다. 말린 통 헤이즐넛은 윤이 나고 너무 두껍지 않으며 상처, 구멍, 균열이 없는 껍데기로 싸여 있어야 한다. 이 껍데기를 깨려면 호두까기를 사용해야 한다. 껍데기를 깐 헤이즐넛은 산패되는 것을 막기 위해 공기가 통하지 않도록 밀폐 보관해야 한다. 헤이즐넛은 통으로 또는 갈거나 찧어서 사용한다. 구워서 소금을 뿌려 아페리티프 안주나 아뮈즈 부슈로 서빙하며, 요리에 넣기도 한다(스터핑 혼합물 또는 테린에 넣거나 닭 요리, 뫼니에르 생선 요리에도 아몬드처럼 곁들인다). 또는 버터에 섞어 헤이즐넛 맛 버터를 만들기도 한다. 그러나 주 용도는 파티스리, 당과 제조(누가), 초콜릿 제조다. 헤이즐넛에서 추출한 기름은 섬세한 맛을 지닌 고급 오일로 가격이 비싸다. 양념이나 드레싱으로 차갑게 사용하며 절대로 가열하지 않는다(**참조** p.462 오일 도표).

▶ 레시피 : FOND DE PÂTISSERIE, POMME DE TERRE, SALADE, SPÄTZLES.

NOISETTE (BEURRE) 뵈르 누아제트 브라운 버터. 버터를 헤이즐넛과 같은 연한 갈색이 될 때까지 팬에 가열하는 것을 뜻한다. 이 버터는 팬에 지지는 다양한 요리(특히 생선)를 마무리할 때 주로 사용한다. 누아제트소스는 홀랜다이즈 소스에 갈색으로 녹인 뵈르 누아제트를 몇 스푼을 넣어 섞은 것으로 팬에 지진 연어, 송어, 대문짝넙치에 곁들인다.

▶ 레시피 : BEURRE, RAIE.

NOISETTE (VIANDE) 누아제트(고기 부위) 주로 도톰하고 동그란 모양의 양고기 스테이크를 지칭하는 용어로, 사용하는 부위는 갈빗대(côtes premières désossées)를 제거한 등심살이나 뼈를 제거한 필레미뇽(côtes-filets)이다. 또한 허벅지살(noix)이 주로 포함된 부위는 동그랗게 말고 때로는 얇은 비계로 감싸준 뒤 실로 묶고 개인 서빙용 사이즈로 잘라 굽거나 팬에 지진다. 더 넓은 의미에서, 작고 동그랗게 자른 소고기 안심, 도톰하게 동그랗게 자른 송아지 고기 메다이용(grenadin)을 송아지 에스칼로프처럼 조리한 것 등도 모두 누아제트라고 부를 수 있다. 또한 노루 등심의 갈빗대를 제거한 순살 덩어리를 동그랗고 도톰하게 잘라 센 불에 굽거나 버터에 소테한 요리에도 이 명칭을 적용할 수 있다.

▶ 레시피 : CHEVREUIL.

NOISETTES (POMMES) 폼 누아제트 누아제트 감자. 감자 미니볼 튀김. 멜론 볼러를 사용해 감자의 살을 방울모양으로 도려낸 다음 버터에 튀기듯이 지져낸 것이다. 개인 서빙용 사이즈로 잘라 조리한 고기 요리에 간단하게 곁들여 내거나, 다른 가니시들과 혼합하여 함께 낸다.

NOIX 누아 일반적으로 고기 부위의 큰 구형 덩어리 혹은 가장 두툼한 부분을 지칭한다(**참조** p.108, 109, 879 정육분할 도감). 이 부위는 팬에 지지거나, 굽거나 또는 로스트한 뒤 다양한 가니시를 곁들여 서빙하거나, 좀 더 연하고 부드럽게 먹을 수 있도록 브레이징 조리법을 사용한다. 송아지 부위 중 누아는 엄밀히 따지자면 뒷 넓적다리의 안쪽 덩어리를 가리키지만 앞쪽 부분인 누아 파티시에르(noix pâtissière)와 뒤쪽 부분인 수 누아(sous noix)까지 이 명칭의 범위가 확장되었다. 소고기의 경우 꽃등심의 누아라고 칭하는 부위는 뼈를 제거한 등심 가장 중앙에 위치한 살을 가리킨다. 갈빗대에 붙은 살덩어리 중 가장 살이 많은 부위를 잘라낸 것도 누아라고 부른다. 덩어리 햄(noix de jambon)은 염장한 뒤 훈증, 건조한 육가공품의 하나로, 통째로 말린 생 햄처럼 얇게 슬라이스해 서빙한다.

▶ 레시피 : VEAU

NOIX (FRUIT) 누아(열매) 가래나무과에 속하는 호두나무의 열매로 연두색 껍질로 덮여 있다. 호두(**참조** p.573 호두 도표 p.572 도감)는 딱딱한 껍데기 안에 뇌를 닮은 반구형의 살이 들어 있다. 알맹이는 다소 진한 노란색의 얇은 껍질막으로 싸여 있는데, 생으로 먹을 때는 이를 제거해야 한다. 그르노블과 페리고르산 호두는 AOC 인증을 받았다. 열량이 상당히 높은(100g당 500kcal 또는 2,010kJ) 호두는 지방(52%. 이 중 70%는 다가불포화 지방이다), 단순단백질(11%), 인(100g당 500mg), 칼륨(100g당 700mg)이 매우 풍부하지만 비타민 함량은 미미하다. 껍데기가 얇아 손으로 깨트릴 수 있는 품종도 있지만 대부분은 호두까기가 필요하다.

■ **사용.** 대략 9월 중순부터 생호두가 시장에 출하된다(생 호두는 수확 후 일주일 내에 소비해야 하며 반드시 냉장 보관한다). 10월에는 말린 호두가 판매된다. 호두는 파티스리에서 특히 많이 사용된다. 갈아서 혼합물의 재료로 넣거나 호두살 모양을 그대로 살려 장식용으로 사용하기도 한다. 또한 혼합샐러드, 고기, 가금류 또는 생선 요리 등에도 종종 사용된다. 그 외에 소스, 스터핑 혼합물, 리솔(rissoles), 혼합 맛 버터의 향을 내는 데 사용될 뿐 아니라 베르쥐(verjus)를 넣어 요리하거나 식초에 졸이기도 한다. 생장(Saint-Jean)에서 수확되는 연두색 껍질로 싸인 생 호두와 호두나무 잎으로는 호두와인과 리큐어(브루 드 누아 brou de noix가 대표적이다), 그리고 가향 와인을 만든다. 몸에 좋은 기름으로 알려진 호두 오일(huile de

NOIX, NOISETTES, AUTRES FRUITS SECS ET CHATAIGNES
호두, 헤이즐넛, 기타 견과류와 밤

amande en coque 아망드 앙 꼬크.
셸에 든 아몬드

amande verte 아망드 베르트.
그린 생 아몬드

amande décortiquée 아망드 데코르티케.
껍데기를 깐 아몬드

arachide 아라시드.
땅콩, 낙화생

marron.
마롱, 밤

châtaigne 샤테뉴.
밤

pistache 피스타슈.
피스타치오

noix de ginkgo 누아 드 징코.
은행

noix de pécan 누아 드 페캉.
피칸

noisette commune 누아제트 코뮌.
헤이즐넛

pignon de pin 피뇽 드 팽.
잣

noix du Brésil 누아 뒤 브레질.
브라질너트

noisette jumbo 누아제트 점보.
점보 헤이즐넛

noix de macadam 누아 드 마카담.
마카다미아 너트

noix franquette 누아 프랑케트.
호두(프랑케트 품종)

마른 헤이즐넛의 주요 품종과 특징

품종	원산지	출하 시기	외형 및 특징	풍미
버틀러 butler	프랑스 전역	9월 초	알이 굵고 약간 길쭉하며 껍질은 중간 두께이다.	달콤하고 맛이 아주 좋다.
다비아나 daviana	프랑스 전역	9월	알이 굵은 편이며 갸름하고 껍질이 얇다.	달콤하고 향이 좋다.
에니스 ennis	프랑스 전역	9월 말	알이 매우 굵고, 둥글며, 껍질은 중간 두께이다.	달콤하고 맛이 아주 좋다.
페르코릴 코라벨 Fercoril- Corabel®)	프랑스 전역	9월 말	알이 매우 굵고, 둥글며, 껍질은 중간 두께이다.	달콤하고 향이 좋다.
페르틸 드 쿠타르 fertile de Coutard	프랑스 전역	9월	알이 굵고 둥글며, 껍질은 중간 두께이다.	향이 좋다.
메르베유 드 볼빌레르 merveille de Bollwiller	프랑스 전역	9월	알이 굵고 끝이 뾰족한 원추형이며, 껍질이 단단하고 두껍다.	달콤하고 향이 좋다.
포에테 pauetet	아키텐, 미디 피레네 Aquitaine, Midi-Pyrénées	9월 중순	알이 작고 둥글며 껍질이 얇다.	달콤하고 향이 좋다.
세고르브 segorbe	아키텐, 미디 피레네 Aquitaine, Midi-Pyrénées	9월	알이 작은 편이고 둥글며, 껍질은 중간 두께이다.	향이 좋다.
톤다 디 지포니 tonda di giffoni	아키텐, 미디 피레네 Aquitaine, Midi-Pyrénées	9월	알이 큰 편이고 둥글며, 껍질은 중간 두께이다.	향이 좋다.
톤다 로마나 tonda romana	이탈리아	9월 초	알이 큰 편이고 둥글며, 껍질이 얇다.	향이 좋다.

호두의 주요 품종과 특징

품종	원산지	껍데기의 형태	호두알의 형태	풍미
미국산				
애슐리 ashley	캘리포니아	중간 크기 또는 굵은 달걀형으로 얇다.	색이 꽤 밝으며 껍질에서 살을 쉽게 분리할 수 있다.	풍미가 꽤 진하다.
챈들러 chandler	캘리포니아	크고 갸름하며 아주 얇다.	아주 밝은 색을 띠며 껍질에서 살을 쉽게 분리할 수 있다.	아주 진하다.
유레카 eureka	캘리포니아	크고 타원형이며 꽤 얇은 편이다.	황금색을 띠며 껍질에서 살을 쉽게 분리할 수 있다.	진하다.
하틀리 hartley	캘리포니아	크고 원추형이며 꽤 얇은 편이다.	밝은 황금색이며 껍질에서 살을 아주 쉽게 분리할 수 있다.	진하다.
페인 payne	캘리포니아	중간 크기 또는 꽤 큰 사이즈로 달걀형이며, 얇다.	밝은 황금색이며 껍질에서 살을 아주 쉽게 분리할 수 있다.	진하다.
세르 serr	캘리포니아	중간 크기 또는 꽤 큰 사이즈로 갸름하거나 달걀형이며 얇다.	밝은 황금색이며 껍질에서 살을 아주 쉽게 분리할 수 있다.	진하다.
비나 vina	캘리포니아	중간 크기 또는 작은 크기의 길쭉한 원추형으로 아주 얇다.	꽤 밝은 색이며 껍질에서 살을 쉽게 분리할 수 있다.	풍미가 거의 없다.
프랑스산				
코른느 corne	도르도뉴, 코레즈 Dordogne, Corrèze	중간 크기의 타원형이며 두껍다.	밝은 황금색이며 껍질에서 살을 꽤 쉽게 분리할 수 있다.	매우 섬세하다.
페르노르 fernor	프랑스 전역	중간 크기 또는 큰 사이즈의 타원형이며, 중간 두께이다.	아주 밝은 색이며 껍질에서 살을 쉽게 분리할 수 있다.	진하고 섬세하다.
프랑케트 franquette	프랑스 전역	중간 크기 또는 큰 사이즈의 타원형이며, 중간 두께이다.	밝은 황금색이며 껍질에서 살을 쉽게 분리할 수 있다.	강하고 섬세하다.
그랑장 grandjean	도르도뉴 Dordogne	크기가 작고 짧은 사각형 모양을 띠며, 중간 두께이다.	밝은 황금색이며 껍질에서 살을 아주 쉽게 분리할 수 있다.	진하다.
그로베르 grosvert	도르도뉴 Dordogne	크기가 작고 구형에 가깝다.	황금색이며 껍질에서 살을 쉽게 분리할 수 있다.	꽤 진한 편이다.
라라 lara	프랑스 전역	크고 구형이며 꽤 얇은 편이다.	일반적으로 황금색이며 껍질에서 살을 아주 쉽게 분리할 수 있다.	풍미가 거의 없다.
마르보 marbot	로트, 코레즈 Lot, Corrèze	크기가 꽤 큰 편으로, 중간 두께이다.	일반적으로 황금색에서 점점 진해지며, 껍질에서 살을 쉽게 분리할 수 있다.	진하다.
마예트 mayette	이제르 Isère	크기가 꽤 큰 편으로 바닥이 평평하며 중간 두께이다.	밝은 황금색이며 껍질에서 살을 쉽게 분리할 수 있다.	풍미가 매우 진하고 섬세하다.
파리지엔 parisienne	이제르 Isère	크고 사각형 모양이며 중간 두께이다.	일반적으로 황금색이고, 때로는 핏줄모양의 선이 있으며, 껍질에서 살을 쉽게 분리할 수 있다.	진하다.
이탈리아산				
펠트리나 feltrina	피에몬테, 롬바르디아, 아브루초 Piemonte, Lombardia, Abruzzo	중간 크기의 갸름한 형태로 껍질이 연하다.	꽤 밝은 색을 띠며 껍질에서 살을 쉽게 분리할 수 있다.	기분 좋은 적당한 풍미.
소렌토 sorrento	캄파니아 Campania	중간 크기의 타원형이며 얇다.	황금색이며 껍질에서 살을 꽤 쉽게 분리할 수 있다.	기분 좋은 적당한 풍미.

noix)은 호두 열매 특유의 과실향이 강하며 주로 샐러드나 콩(플라젤렛 빈) 요리의 드레싱으로 많이 사용된다(**참조** p.462 오일 도표).
confit de foie gras, quenelles de figue et noix ▶ FOIE GRAS
crottins de Chavignol rôtis sur salade aux noix de la Corrèze ▶ CROTTIN DE CHAVIGNOL
délice aux noix ▶ DÉLICE ET DÉLICIEUX
diablotins aux noix et au roquefort ▶ DIABLOTIN
fond noix ou noisettes ▶ FOND DE PÂTISSERIE
moelleux aux pommes et noix fraîches ▶ POMME

noix au vinaigre 누아 오 비네그르
호두 식초 절임 : 두툼한 연두색 과피로 둘러싸인 굵은 크기의 생 호두를 준비한다. 깨끗이 닦은 뒤 포크나 뾰족한 꼬챙이로 군데군데 깊숙이 찔러준다. 호두를 소금물(물 1리터당 소금 100g)에 3일간 담가 절인다. 소금물에 담근 채로 잠깐 끓인 뒤 3일간 더 재운다. 이와 같이 3일 간격으로 끓이는 작업을 3번 반복한다. 호두를 건져 밀폐용 병에 담는다. 식초 5리터에 검은 통후추 80g, 카트르 에피스(quatre-épices) 35g, 정향 35g, 메이스(육두구 껍질) 35g, 곱게 찧은 생강 40g을 넣고 15분간 끓인 뒤 호두 높이만큼 병에 붓는다. 병을 밀봉한 뒤 서늘한 곳이나 냉장고에 보관한다. 각종 콜드 컷 또는 햄과 함께 서빙한다.
pigeons de la Drôme en croûte de noix ▶ PIGEON ET PIGEONNEAU
tartelettes aux noix et au miel ▶ TARTELETTE
tourte aux noix de l'Engadine ▶ TOURTE

NOIX DU BRÉSIL 브라질 너트 오예과에 속하는 나무의 길쭉한 열매로 매우 단단한 갈색의 껍질을 지니고 있으며 원산지는 브라질과 파라과이다(**참조** p.572 호두, 헤이즐넛, 기타 견과류와 밤 도감). 흰색의 길고 통통한 씨는 기름지고 열량이 매우 높으며 맛이 코코넛과 비슷하다. 스낵으로 그냥 먹거나 요리에 넣어 사용하기도 한다.

NOIX DE CAJOU 누아 드 카주 캐슈너트. 옻나무과에 속하는 캐슈나무의 열매로 원산지는 남미이며 16세기경 인도에서 심기 시작했다. 캐슈너트의 씨는 매끈하고 미백색을 띠고 있으며 모양이 콩팥을 닮았다. 구운 캐슈너트는 열량이 매우 높으며(100g당 612kcal 또는 2,558kJ) 지방과 인이 풍부하다. 유럽에서는 캐슈너트를 말린 뒤 로스팅하고 소금으로 간을 하여 스낵으로 먹는다. 특히 인도 요리에서 캐슈너트는 양고기 커리, 소고기 스튜, 새우 볶음밥, 채소 가니시, 가금류에 채워 넣는 스터핑 혼합물뿐 아니라 케이크와 과자 등 여러 음식과 디저트에 두루 사용된다.

NOIX DE COCO 누아 드 코코 코코넛, 야자열매. 종려과에 속하는 야자나무의 열매. 멜라네시아가 원산지인 큰 종려나무는 특히 필리핀, 인도, 인도네시아, 폴리네시아 및 열대 아프리카로 널리 퍼졌다(참조 p.404, 405 열대 및 이국적 과일 도감). 스페인 멜론만 한 크기의 타원형인 생 코코넛 열매는 실이 뭉친 듯한 두툼한 섬유질 껍질로 싸여 있고 색은 녹색에서 오렌지색을 띠며 안에는 아주 단단하고 큰 알맹이(씨)가 들어 있다. 알맹이의 단단한 껍질 안에는 유백색의 달콤하고 청량한 코코넛 워터가 들어 있다. 과일이 익으면, 내부의 막이 희고 단단하며 은은한 향과 풍미가 나는 과육으로 덮이는데, 이는 액체가 굳어 생성된 것이며 지방 함량이 상당히 높다. 코코넛은 열량이 매우 높으며(생 코코넛: 100g 당 370kcal 또는 1,547kJ, 말린 코코넛: 100g당 630kcal 또는 2,633kJ), 인, 칼륨 및 당질을 함유하고 있다. 파리에서 선보인 최초의 코코넛 표본샘플은 1674년 샤를 페로(Charles Perrault)가 아카데미 프랑세즈에 소개한 것이었다.
■ **사용.** 코코넛은 인도, 인도네시아, 아프리카, 남미의 요리에서 그 자체로 요리의 일부, 또는 재료로 활용된다. 가장 많이 쓰이는 것은 생 코코넛 과육으로 곱게 갈아 체에 내리거나, 말린 과육을 갈아서 물과 섞어 사용한다. 다양한 양념의 재료로 쓰이며 특히 생채소나 날생선의 맛을 내는 데 아주 유용하다. 뿐만 아니라 닭고기, 소고기 또는 갑각류 해산물 스튜를 끓일 때도 많이 사용한다. 인도요리에서 아주 많이 사용되는 코코넛 밀크는 카레, 소스, 쌀 조리에 더해져 녹진한 부드러움과 특별한 향을 내준다. 폴리네시아에서는 수프, 잼, 생선 마리네이드용 양념액을 만들 때 코코넛 밀크를 사용하며, 브라질과 베네수엘라에서는 케이크를 비롯한 각종 파티스리에 코코넛 크림을 발라 씌워 마무리한다. 베트남과 필리핀에서는 미리 양념에 재워둔 돼지고기, 소고기, 닭고기 등을 코코넛 밀크에 넣고 약한 불에서 뭉근히 조리하기도 한다. 프랑스에서 코코넛은 과육을 가늘게 간 코코넛 슈레드 상태로 많이 사용하며, 주로 과자 제조 및 파티스리 용도이다. 또한 코코넛을 이용한 잼과 아이스크림도 만든다. 코코넛 열매는 망치로 깨거나 양 끝에 구멍을 내어 액체를 흘러나오도록 한 뒤 오븐에 잠깐 넣었다 빼어 쪼개면 과육을 쉽게 떼어낼 수 있다. 말린 코코넛 과육인 코프라(coprah)에서 추출한 기름은 정제, 탈취 과정을 거쳐 코코넛 버터를 만들 수 있으며, 이는 일반 요리용 기름으로 사용된다.
▶ 레시피 : TARTE.

NOIX D'ENTRECÔTE 누아 당트르코트 립 아이 스테이크. 소고기 등심의 가장 가운데 부분에 해당하며 살이 가장 두툼하고 조직도 균일하며 특별히 연하다. 이 명칭은 같은 부위에서 잘라낸 고기 슬라이스를 지칭하기도 한다.

NOIX DE GINKGO 누아 드 징코 은행. 은행나무과의 아시아 종 나무의 열매(**참조** p.572 견과류, 밤 종류 도감). 연두색을 띤 타원형인 은행나무 열매 안에는 올리브만 한 씨가 들어 있으며, 이는 특히 일본 요리에서 많이 쓰인다. 구운 은행은 생선이나 닭 요리의 가니시로도 사용되며 가을에는 디저트로도 많이 먹는다. 토기 냄비에 굵은 소금을 깔고 대하, 은행, 닭고기, 버섯 등을 넣은 뒤 찌듯이 조리한 요리는 대표적인 은행 요리 중 하나이다.

NOIX DE MACADAM / DE MACADAMIA 누아 드 마카담, 누아 드 마카다미아 마카다미아 너트. 프로테아과에 속하는 한 열대 나무의 열매로 원산지는 호주이다(**참조** p.572 호두, 헤이즐넛, 기타 견과류와 밤 도감). 퀸즈랜드 너트(noix du Queensland)라고도 불리는 이 견과류는 연두색의 도톰한 껍질로 싸여 있으며 그 안에 아주 단단한 밝은 갈색 씨가 들어 있다. 이 단단한 껍데기 안에는 흰색의 너트 과육이 들어 있고 맛은 코코넛과 약간 비슷하다. 아시아에서는 마카다미아 너트를 카레와 스튜에 많이 사용한다. 미국에서는 아이스크림의 향을 내거나 케이크, 과자 등을 만들 때 사용하며 꿀이나 초콜릿을 입혀 먹기도 한다.

NOIX PÂTISSIÈRE 누아 파티시에르 송아지 뒷 넓적다리의 안쪽면의 살덩어리를 지칭하며 소 설도의 설깃살에 해당하는 부위이다(**참조** p.879 송아지 정육 분할 도감). 연하고 맛이 좋은 로스트, 또는 에스칼로프로 조리하기에 적합하다.

NOIX DE PÉCAN / PACANE 누아 드 페캉, 파칸 피칸. 가래나무과에 속하는 피칸나무의 열매로 미국 북동부에서 많이 자란다(**참조** p.572 호두, 헤이즐넛, 기타 견과류와 밤 도감). 피칸은 갈색의 얇고 매끈한 껍데기로 싸여 있으며 안에는 두 개의 엽으로 이루어진 살이 들어 있고 맛은 호두와 비슷하다. 피칸으로 만든 대표적인 디저트인 피칸 파이는 북미 지역에서 아주 인기가 높다.

NONNETTE 노네트 노네트. 크기가 작은 팽 데피스(pain d'épice)인 노네트는 글라사주로 덮여 있는 원형 또는 타원형의 부드럽고 촉촉한 케이크다. 예전에는 수도원에서 수녀들이 만들었으나 최근에는 대량생산 제품으로 출시되고 있다. 랭스(Reims)와 디종(Dijon)의 노네트가 특히 유명하다.

NONPAREILLE 농파레이유 식초에 절인 작고 동그란 케이퍼를 가리키는 일반적인 명칭이다. 이 단어는 또한 안에 아몬드를 넣지 않은 아주 작은 크기의 설탕코팅 당과류를 가리키기도 한다. 다양한 색을 낸 설탕 코팅을 얇게 씌운 동그란 알갱이 모양의 드라제(dragée)라고 할 수 있다.

NOQUE 노크 노크 또는 크네플(knepfles)은 밀가루, 달걀, 버터로 만든 반죽을 뇨키처럼 작고 동그랗게 빚은 알자스식 크넬로, 대개 물에 삶아 익힌 뒤 조리한다. 독일식(à l'allemande) 노크는 돼지 간을 섞은 밀가루 또는 송아지 살코기와 슈 반죽으로 만들며, 육즙 소스(jus)를 곁들인 고기 요리의 가니시로 서빙하거나 수프에 넣어 먹는다. 비엔나식(à la viennoise) 노크는 달걀, 생크림, 버터를 넣은 반죽으로 만든 아주 가벼운 완자로 바닐라 향을 낸 우유에 데쳐 익힌 뒤 크렘 앙글레즈와 함께 서빙한다.

noques à l'alsacienne 노크 아 랄자시엔
알자스식 노크 : 상온의 버터 250g을 작게 잘라 볼에 담고 소금, 후추, 약간의 넛멕 가루를 뿌린 뒤 나무주걱으로 섞어 부드러운 포마드 상태로 만든다. 달걀 2개와 달걀노른자 2개를 넣고 잘 섞은 뒤 체에 친 밀가루 150g을 흩뿌리며 넣어준다. 이어서 단단하게 거품 낸 달걀흰자 1개분을 넣고 살살 섞은 뒤 냉장고나 서늘한 곳에서 30분간 휴

지시킨다. 반죽을 호두 크기로 동글동글하게 빚은 뒤, 아주 약하게 끓는 상태의 소금물에 넣고 데쳐 익힌다. 한쪽 면이 부풀어오르기 시작하면 뒤집어준다. 건져서 물기를 뺀 다음 탱발(timbale) 용기에 담고 파르메산 치즈를 뿌린다. 갈색이 나도록 가열해 녹인 버터(beurre noisette)를 고루 뿌린 뒤 애피타이저로 또는 콩소메에 곁들여 서빙한다.

noques à la viennoise 노크 아 라 비에누아즈

비엔나식 노크 : 상온의 버터 125g을 볼에 넣고 나무주걱으로 으깨 부드러운 포마드 상태로 만든다. 소금 3g, 세몰리나 30g을 넣은 뒤, 달걀노른자 5개를 한 개씩 넣으며 잘 섞는다. 이어서 생크림(농도가 아주 진한 더블 크림) 50ml를 넣고 혼합물을 힘있게 저어 섞는다. 고운 거품이 일기 시작하면서 색이 하얗게 변하면, 체에 친 밀가루 100g을 흩뿌리며 넣어준다. 계속해서 거품기로 휘저어 섞는다. 이어서 소금 1자밤을 넣고 단단하게 거품 올린 달걀흰자 1개분을 넣고 살살 섞어준 다음 거품내지 않은 달걀흰자 3개분을 한 개씩 넣어주며 섞는다. 우유 500ml에 설탕 60g과 바닐라슈거 1봉을 넣은 뒤 끓을 때까지 가열한다. 반죽을 한 숟가락씩 떠서 아주 약하게 끓는 상태의 우유에 넣고 데친다. 부풀어오르면 뒤집어서 다른 쪽도 부풀게 익힌다. 노크를 건져 다리가 있는 우묵한 접시(compotier)에 담고 식힌 뒤 크렘 앙글레즈(노크를 데쳐낸 우유에 더블 크림 50ml와 달걀노른자 5~6개를 더해 만든다)를 끼얹어 서빙한다.

NORD ▶ 참조 FLANDRES, ARTOIS ET PLAINES DU NORD

NORI 노리 김. 식용 해초인 김은 수세기 전부터 일본 요리에 사용되고 있으며 해안 지역에서 전통 방식에 따라 양식한다(**참조** p.660 해초 도표, p.659 도감). 비타민이 풍부한 김은 일반적으로 가루, 낱장, 또는 실처럼 가는 채 형태로 셀로판 봉지에 밀봉되어 판매되며, 때로는 건조시킨 김을 청주나 간장, 설탕을 넣고 양념한 김자반 형태의 제품도 나온다. 김밥을 마는 데 주로 사용되며 수프, 국수, 쌀밥에 곁들여 먹기도 한다.

NORMANDE 노르망드 재래종 소 품종 중 하나로 붉은색 털에 검은 얼룩이 있다(**참조** p.106 소 품종 도표). 덩치가 큰(어깨뼈까지의 높이 1.40m) 복합용도(우유, 고기)의 품종으로 수소와 송아지는 정육용으로 소비되고 암소는 품질 좋은 우유를 생산한다. 노르스름한 지방이 고루 분포된 고기는 맛이 매우 좋다.

NORMANDE (À LA) (아 라) 노르망드 노르망디식의. 노르망디 요리에서 영감을 얻거나 노르망디를 대표하는 식재료(버터, 생크림, 해산물, 사과, 시드르, 칼바도스)를 사용하는 다양한 요리에 붙이는 명칭이다. 크림 소스 생선요리(원래는 화이트와인이 아닌 시드르를 넣어 조리했다)의 일종인 노르망디식 서대 요리(화이트와인에 브레이징한 여러 생선 요리의 대표적인 레시피)는 미식가들이 좋아하는 고급 요리의 대명사가 되었다. 이 요리에 곁들여지는 다양한 가니시(굴, 홍합, 새우, 버섯, 송로버섯, 모래무지 튀김, 쿠르부이용에 익힌 민물가재)들은 더 이상 노르망디의 특산 재료로만 국한되지 않는다. 많은 생선 요리의 소스로 사용되는 노르망디 소스(sauce normande)는 크림과 버섯 육수를 넣은 생선 육수 블루테이다. 서빙 사이즈로 잘라 조리한 노르망디식 고기 또는 닭 요리는 소테팬에 지진 뒤 시드르(cidre)로 디글레이즈하고 크림을 넣어 소스를 만든다. 경우에 따라 칼바도스를 넣어 풍미를 더한다. 노르망디식 자고새 요리는 레네트(reinette) 사과와 크림을 넣은 뒤 뚜껑을 덮고 익힌다.

▶ 레시피 : BAVAROIS, BOUDIN NOIR, COURONNE, CRÊPE, FAISAN, OMELETTE, SAUCE, SOLE.

NORMANDIE 노르망디 중세의 작가 프루아사르(Jean Froissart, 14세기)가 모든 것이 기름지고 맛 좋은 고장이라고 묘사한 바 있는 노르망디는 식재료가 다양하고 풍부한 것으로 명성이 높다. 버터, 생크림, 사과, 시드르, 칼바도스는 이 지역을 대표하는 특산품이며, 이들 재료가 한 가지라도 포함된 요리는 노르망디식이라는 뜻의 아 라 노르망드(à la normande)라는 수식어가 붙는다. 노르망디식 서대, 또는 꿩 요리를 예로 들 수 있다. 바다와 농경지를 동시에 품고 있는 이 지방에는 테루아마다 자신들만의 특산품들이 있다. 아 라 코슈아즈(à la cauchoise)라는 명칭이 붙은 것들은 코(Caux) 지역의 특선 요리를 가리킨다. 양념에 재워 구운 뒤 머스터드 크림 소스와 함께 서빙하는 토끼고기 요리, 시드르에 브레이징한 서대, 크림을 넣은 비네그레트 드레싱의 감자, 셀러리, 햄 샐러드는 가장 대표적인 예다. 루앙(Rouen)은 오리 요리의 선두주자다. 아 라 루아네즈(à la rouennaise)로 불리는 카나르 아 라 프레스(canard à la presse, 오리뼈와 내장을 압착해 얻은 피와 육즙으로 소스를 만들어 곁들이는 요리)가 대표적으로, 이 요리는 파리의 유명 레스토랑 투르 다르장(la Tour d'Argent)의 전설적인 시그니처 메뉴가 되었다. 화이트와인을 넣고 약한 불로 자작하게 조리한 생선 요리들은 디에프(Dieppe)식이라는 뜻의 아 라 디에푸아즈(à la dieppoise)라고 불린다. 발레 도주(vallée d'Auge)에서는 요리에 사과와 칼바도스를 많이 사용한다. 코탕탱(Cotentin)의 요리에서는 그 유명한 염장 기름(송아지 콩팥 주위의 지방)에 채소와 향신료를 넣고 녹여 사용한다. 이것을 수프, 도브, 내장 요리 등에 넣어 그 어떤 재료도 흉내 낼 수 없는 풍미를 낸다. 그린빈스, 완두와 잠두콩, 수영(소렐), 허브, 상추류, 리크, 순무는 해양성 기후를 지닌 이 지역에서 아주 잘 자라는 채소들이다. 특히 코탕탱(Cotentin) 지역 발 드 새르(Val-de-Saire)에서 재배되는 채소들은 맛이 좋은 것으로 정평이 나 있으며, 이들 중 크레앙스(Créances) 당근은 1960년 AOC 인증을 받았다. 다양하고 풍부한 생선, 조개, 갑각류 등의 해산물을 이용한 요리도 다수 있으며 이들 중에는 노르망디식 서대 요리가 대표로 꼽힌다. 이 요리는 19세기에 파리에서 첫 선을 보인 메뉴로 시드르와 크림을 넣은 노르망디식 마틀로트(matelote)에서 영감을 얻어 만든 것이다. 해산물 모둠 플래터는 각종 유명한 재료로 가득하다. 생 바(Saint-Vaast)의 굴, 망슈(Manche)에서 잡은 가리비조개, 고둥, 사마귀조개뿐 아니라 셰르부르의 아가씨(demoiselles de Cherbourg)라는 이름의 작은 랍스터도 포함된다. 조수간만으로 바닷물이 규칙적으로 밀려드는 해변 초장에서 풀을 먹고 자란 프레 살레(pré-salé) 양고기의 맛은 무척 훌륭하다. 이와 견줄 만큼 탁월한 맛을 지닌 고기로는 탈지우유를 먹여 키우는 발레 드 센(vallée de la Seine)의 송아지 고기를 꼽을 수 있다. 노르망디의 목축 지역에서 생산되는 유제품은 최고의 품질을 자랑한다. 이러한 크림, 우유, 버터의 사용은 결과적으로 훌륭한 품질의 파티스리를 만들어낸다. 이지니(Isigny)의 크림과 버터는 AOC 인증을 받았으며 이 도시의 특산품인 캐러멜은 루앙의 사과 사탕과 더불어 노르망디 지역에서 가장 유명한 당과류로 꼽힌다. 사과 없이는 노르망디의 미식을 논할 수 없다. 생선, 가금류, 고기에 곁들이거나 타르트, 부르들로(bourdelots), 두이용(douillons) 등의 디저트에 두루 사용되는 사과는 이 지역의 두 가지 특선 술인 시드르와 칼바도스(**참조** CIDRE, CALVADOS)의 주재료이기도 하다. 칼바도스는 식사 중간 잠시 입맛을 전환하기 위한 트루 노르망(trou normand)으로 빠질 수 없는 대표적인 술이다.

■ **채소.**

● **시드르 또는 크림에 조리한 채소.** 노르망디의 요리는 채소를 조리하는 방법이 발달해있다. 버터에 찌듯이 익힌 다음 크림소스로 조리한 채소는 진미로 꼽힌다. 순무 등의 채소는 시드르에 넣어 조리하기도 하며, 당근, 버섯 또는 햇감자 등은 크림을 넣는다.

■ **생선과 해산물.**

● **디에프식 냄비요리.** 서대, 대문짝넙치, 광어, 가자미 등의 생선은 시드르와 아주 궁합이 잘 맞는다. 디에프식 냄비 요리(marmite dieppoise)는 다양한 종류의 생선에 화이트와인, 홍합, 가리비조개를 넣고 크림으로 걸쭉하게 만든 수프의 일종이다. 새우와 홍합, 꼬막, 바지락조개, 물레고둥과 맛조개, 주름꽃게, 게 등의 해산물은 익혀서 양념 없이 그대로 먹거나 오믈렛에 넣어 먹는다.

■ **고기와 가금류.**

● **Andouilles, boudins, tripes, foie et pieds de veau 앙두이유, 부댕, 내장 송아지 간과 송아지 족.** 노르망디의 고기 요리의 매우 섬세하게 조리된다. 송아지 뼈 등심에는 크림, 허브, 버섯 등을 사용하고, 삶아 익히는 양 뒷다리 요리에는 작은 채소들을 곁들인다. 양돈이 활발한 이 지역에서는 다양한 종류의 샤퀴트리가 생산된다. 너도밤나무로 장시간 훈연한 비르(Vire)의 앙두이유, 루앙(Rouen)의 앙두이예트와 부댕 블랑, 모르타뉴(Mortagne)를 비롯한 여러 지방의 부댕 누아 등이 대표적이다. 캉(Caen)의 내장 요리인 트리프 아 라 모드(tripes à la mode)만큼 유명하지는 않지만 페르테 마세(Ferté-Macé)의 내장 요리 또한 즐겨 먹는다. 돼지비계를 찔러 넣고 당근을 곁들여 브레이징한 송아지 간이나 루앙식 송아지 족 요리 또한 인기가 많은 메뉴들이다.

● **Canard à la broche, poulet à la crème, lapin au cidre 꼬치에 꿴 오리고기, 크림을 넣은 닭고기, 시드르를 넣은 토끼 요리.** 고급 미식의 꽃이라 할 수

있는 루앙의 오리는 살이 탄력 있고 맛이 섬세하며 약간 붉은색을 띤다. 조리법도 다양하여 오븐에 익히거나 로스터리 꼬치에 꿰어 굽기도 하는데 이때는 보통 센 불에서 조리한다. 찜이나 자고새 요리처럼 사과를 넣고 요리하기도 한다. 그 외에도 노르망디의 특선 요리로 생크림과 칼바도스를 넣어 조리하거나 레네트 사과를 넣고 소테한 닭고기를 꼽을 수 있다. 토끼고기는 시드르를 넣어 익히거나 돼지 족을 다져 채우기도 하며(아브르식 à la havraise), 파테를 만드는 데 넣거나 양파와 함께 조리한다.

■ **치즈.** 노르망디에서 가장 오래된 치즈는 아니지만 오랜 세월 가장 많이 알려진 카망베르는 흰색 곰팡이 외피의 연성치즈를 대표한다. 비멸균 생우유로 만든 노르망디 최고의 치즈는 오주 지방(pays d'Auge)에서 생산된다. 이곳의 명물인 두 가지 세척 외피 연성치즈는 리바로(livarot)와 퐁 레베크(pont-l'évêque)이다. 브레 지역(pays de Bray)은 노르망디 치즈의 두 번째 산실이다. 모양과 크기에 따라 각각 봉드(bonde), 브리케트(briquette) 또는 쾨르(cœur)로 분류되는 뇌샤텔(neufchâtel) 치즈와 구르네(gournay)뿐 아니라 더블 크림(double-crème)과 브리야 사바랭(brillat-savarin)으로 대표되는 트리플 크림(triple-crème) 치즈도 생산된다. 프티 스위스(petit-suisse 프레시 크림 치즈의 일종)와 드미 셀(demi-sel, 가염 프레시 크림 치즈) 치즈 또한 이 지역에서 처음 만들어졌다. 코탕탱(Cotentin)에서는 옛날 브리크벡 수도원에서 제조했던 치즈인 프로비당스 드 라 트라프 드 브리크벡(Providence de la trappe de Bricquebec)을 생산한다.

■ **파티스리.**

● **Brioches, feuilletés, fallues, fouaces, tartes 브리오슈, 푀유테, 팔뤼, 푸아스, 타르트.** 노르망디의 파티스리에는 순 버터만 사용된다. 따라서 이 지방의 브리오슈, 푀유테, 사블레는 최고의 품질을 자랑한다. 거의 대부분의 도시들마다 제각각의 특산품이 있는데 그중에서도 에브루(Évreux), 지조르(Gisors) 또는 구르네(Gournay)의 브리오슈, 리지외(Lisieux)와 캉의 비스킷, 벡생(Vexin)이나 바이외(Bayeux)의 갈레트, 바이외(Bayeux)의 팔뤼, 퇴르굴(teurgoule)에 곁들이는 브리오슈, 오븐에 장시간 익힌 뒤 계피 향을 더한 라이스푸딩 케이크 등을 대표적으로 꼽을 수 있다. 또한 애플 타르트도 지역에 따라 그 모양과 레시피가 다양하다. 이포르의 애플 타르트(tarte au sucre d'Yport), 에브루(Évreux)의 코슐랭(cochelins, 쇼송 오폼 타입), 부르들로(bourdelots, 사과나 배를 통째로 반죽으로 싸 구운 파이)들이 이 지역의 달콤한 먹거리에 포함된다.

NORME DE PRODUIT 제품의 표준 규범. 하나의 제품이 필요로 하는 명세 사항 전체와 그것의 시험 방식 및 분석, 수용한계를 설명해놓은 기준 규범 문서를 뜻한다. 프랑스에서 제품의 표준은 프랑스 표준화 협회(Association française de normalisation, Afnor)의 책임 하에 의해 제정된다. 이는 생산자 또는 제조자, 유통업자, 구매자, 소비자, 기술 연구 기관, 해당 관청들이 기준으로 삼아야 할 기준이 되며, 이들의 의견을 수렴해 이루어진다. 벨기에, 캐나다, 스위스 등의 국가에서는 각기 자국의 표준화 협회가 정한 규범 사항을 따른다. 농산물 가공분야에서 맨 처음 정해진 표준은 향신료와 향료 그리고 과일 주스에 관련된 것이었으며, 이는 국내 및 국제 무역의 원활한 수행을 위해 사용된다.

NORVÈGE 노르베주 노르웨이. 어업 강국인 노르웨이의 미식문화는 대구와 연어, 송어와 청어 등의 생선을 기본으로 한다. 선어로 혹은 훈제나 염장 상태로 생선은 거의 매끼 식탁에 오른다. 풍성하게 차려지는 아침식사에도 이미 생선은 한 자리를 차지한다. 노르웨이의 아침식사에는 염장생선이나 양념에 재운 생선, 풍미가 강한 치즈, 베이컨, 소테한 감자, 달걀, 버터와 잼을 곁들인 다양한 빵과 브리오슈 등이 포함된다. 점심식사는 비교적 간단한 편이며 특히 도시 생활자들은 샌드위치 정도로 가볍게 먹는다. 하루 중 제대로 갖춰 먹는 진정한 식사는 저녁이다. 북유럽 대부분의 나라들과 마찬가지로 노르웨이의 식사도 샐러드, 달걀, 샤퀴트리, 생선, 빵(knekkebrød), 각종 소스와 사워크림을 모두 한 상에 서빙하는 뷔페(koldtbord) 스타일로 차려진다.

■ **고기와 수렵육.** 순록과 양은 노르웨이에서 가장 많이 소비되는 고기다. 순록고기는 로스트, 국물에 삶거나 굽기 등 소고기와 조리방법이 비슷하며, 양고기처럼 훈연하고 말려서 먹기도 한다(fenalår, 뒷다리살을 얇고 길게 슬라이스한 것). 양고기 또한 다양한 방법으로 조리한다. 소금으로 간한 양 갈비를 자작나무 불에 굽거나(pinnekjøt), 훈연한 갈비를 증기로 찌기도 한다(Smalahove). 특히 구운 양 머릿고기는 파리칼(fårikål, 양배추와 검은 후추를 넣은 양고기 스튜의 일종) 같이 각종 재료를 푸짐하게 넣는 요리에 종종 들어간다. 독창적인 레시피의 수렵육 요리들도 빼놓을 수 없다. 크랜베리를 곁들인 뇌조 요리, 염소치즈 소스를 끼얹은 노루 로스트, 훈제한 무스(Alces, 엘크라고도 한다) 고기 등이 대표적이며 여기에는 주로 감자, 비트, 양배추(특히 적채), 순무, 셀러리, 버섯과 같은 투박하고 토속적인 채소들을 곁들인다.

■ **생선.** 싱싱한 생물로 또는 발효시켜 먹는 송어 외에도 전통적으로 물에 데쳐 익히는 대구(또는 skrei), 주로 쿠르부이용에 익혀 차갑게 서빙(홀스래디시와 오이 또는 딜 소스를 곁들인다)하거나 구이, 훈제 등으로 먹는 연어 등 바다의 자원들은 노르웨이의 식생활의 큰 부분을 차지한다. 삶은 염장대구는 녹인 버터와 달걀을 넣은 소스를 곁들여 먹거나, 또는 감자와 노란 완두콩과 함께 약한 불에서 뭉근히 익혀 머스터드 소스를 곁들인다. 성탄절에 즐겨 먹는 루테피스크(lutefisk)를 준비하려면 염장 건조 대구를 물과 함께 큰 통 안에 넣고 매일 물을 갈아주며 소금기를 뺀다. 이렇게 며칠 동안 소금기를 뺀 다음 통에 석회가루를 뿌리고 그 위에 생선을 얹은 뒤 다시 석회와 수산화나트륨 액을 넣어 불려준다. 루테피스크는 면포로 싸서 익힌 뒤 감자와 크림 소스를 곁들여 먹는다. 스칸디나비아의 모든 국가들과 마찬가지로 노르웨이에서도 청어의 소비는 상당하며 조리법도 다양하다. 고등어 또한 많이 소비되며 주로 양념에 마리네이드한 다음 구워서 토마토 버터, 아쿠아비트, 맥주 등을 곁들여 먹는다. 생선은 종종 샐러드(홀스래디시, 딜, 양파를 함께 넣는다) 또는 수프(녹색 채소, 사워크림, 달걀노른자를 넣은 베르겐의 생선수프)의 기본 재료로도 활용된다.

■ **치즈와 과일.** 예토스트(gjetost) 또는 브루노스트(brunost)는 염소젖의 유청으로 만드는 치즈로 때로 탈지 염소젖을 보충해 넣기도 한다. 유청을 가열해 거의 캐러멜화될 때까지 걸쭉하게 졸인 뒤 틀에 넣어 모양을 만드는 이 치즈는 달콤하고도 짭짤한 맛이 나며 얇게 슬라이스하여 먹는다. 오랜 전통의 얄스베르그(Jarlsberg)는 소젖으로 만든 가열 경성치즈다. 디저트는 과일(사과와 배), 특히 붉은 베리류(크랜베리, 블랙베리, 블루베리 등)를 많이 사용한다. 생과일로 그대로 먹거나, 시럽 등에 포칭하기도 하며, 크림을 곁들이거나 케이크 등 다양한 종류의 가볍고 상큼한 디저트를 만든다.

NORVÉGIENNE (À LA) (아 라) 노르베지엔 노르웨이식의. 생선과 갑각류 해산물로 만든 다양한 종류의 차가운 요리를 가리키며, 일반적으로 겉에 즐레를 발라 광택을 내고 훈제 연어 퓌레로 속을 채운 오이, 반으로 쪼개 노른자를 파내고 새우살 무스를 채운 삶은 달걀, 양상추 속잎과 작은 토마토를 곁들여 낸다. 이 명칭은 더운 생선요리 이름에도 붙는 경우가 있다. 해덕대구와 안초비 수플레, 생선과 안초비 버터로 만든 뒤 안초비 필레로 장식한 다르투아(dartois) 등을 지칭할 때 쓰인다. 또한 베이크드 알래스카라고도 부르는 오믈렛 노르베지엔(omelette norvégienne)은 아이스 디저트의 한 종류로 시럽을 적인 비스퀴 시트에 바닐라 아이스크림을 얹고 머랭을 씌워 덮은 다음 오븐 브로일러에 잠깐 구워 겉에 색을 낸 것이다. 서빙 시 불을 붙여 플랑베한다.

▶ 레시피 : OMELETTE NORVÉGIENNE.

NOSTRADAMUS 노스트라다뮈스 노스트라다무스. 프랑스의 의사, 점성가(1503, Saint-Rémy-de-Provence 출생–1566, Salon 타계). 카트린 드 메디시스와 국왕 샤를 9세의 주치의였던 미셸 드 노스트르 담(Michel de Nostre-Dame)은 특히 1555년 4행시를 백 편 단위로 모아 저술한 책, 『예언집(*Les Propheties, Centuries astrologiques*)』으로 크게 주목을 받았다. 한편, 같은 해에 그는 『여러 가지 맛있는 조리법을 배우고자 하는 모든 이들에게 필요한 훌륭하고 매우 유용한 소책자(*Excellent et Moult Utile Opuscule à tous nécessaire qui désirent avoir connaissance de plusieurs exquises recettes*)』라는 책을 출간했다. 이 책에서는 특히 버찌, 생강, 작은 레몬, 오렌지 등으로 잼을 만드는 방법과 얼음사탕(sucre candi), 코티냐(cotignac), 피뇰라(pignolat), 마지팬(massepains) 등의 제조법을 소개하고 있다.

NOUGAT 누가 설탕, 꿀, 견과류를 기본 재료로 사용해 만드는 당과류. 몽텔리마르(Montélimar)가 누가의 대표적인 중심지가 된 것은 1650년경 비바레((Vivarais)에 아몬드나무를 심기 시작한 시기이다. 농학자 올리비에 드 세르(Olivier de Serres)는 이보다 50년 앞서 이미 아몬드나무의 재배를 권장한 바 있다.

■ **제조.** 오늘날 누가 제조는 완전히 자동화되었다(뿐만 아니라 몽텔리마르가 더 이상 독점권을 소유하지 않는다). 설탕에 글루코즈 시럽, 꿀, 전화당을 더한 반죽을 치대 혼합하고 대개의 경우 질감을 가볍게(달걀흰자, 젤라틴, 달걀이나 우유의 알부민을 사용한다) 만든 다음 견과류를 섞어준다. 나무로 된 바닥에 없는 틀에 무발효 빵 페이퍼(feuille azyme)를 깐 다음 반죽을 채우고 고르게 펼친다. 누가가 완전히 식으면 톱니가 있는 나이프로 잘라준다. 프랑스에서 제조되는 누가는 여러 유형으로 분류된다.

– 누가(nougat) 또는 누가 블랑(nougat blanc)이라는 명칭은 혼합한 견과류의 비율이 완성품의 최소 15% 이상인 경우에만 사용할 수 있다.
– 몽텔리마르 누가(nougat de Montélimar)는 견과류 비율이 최소 30% 이상이어야 하며 구운 아몬드(28%)와 피스타치오(2%)로 구성되어야 한다.
– 누가 페이스트(pâte de nougat)는 견과류 함량이 15% 미만이다.
– 꿀을 넣은 누가(nougat au miel)는 혼합물에 들어가는 감미 물질 중 꿀이 20%를 차지해야 한다.
– 기공이 거의 없어 질감이 매우 조밀한 프로방스 누가(nougat de Provence)는 설탕과 꿀(25%)로 만든 시럽을 진한 캐러멜 색이 나도록 가열한 뒤 아몬드, 헤이즐넛, 고수 씨와 아니스(30%)를 섞어 만든 것으로, 오렌지 블로섬 워터를 넣어 향을 낸다.
– 검은색 누가, 붉은색 누가, 파리지앵 누가 또한 기공 없이 질감이 조밀하며 견과류 함량은 단 15%이다.
– 부드러운 누가(nougat tendre)에는 슈거파우더가 들어간다.
– 최근에 출시된 액상 누가(nougat liquide)는 아이스크림과 각종 디저트를 만들기 위한 반제품이다.
– 베트남 누가(nougat vietnamien)는 딱딱하게 깨지는 타입과 말랑말랑한 타입이 있으며 두 가지 모두 기본재료는 참깨, 땅콩, 설탕이다.

에릭 에스코바르(ÉRIC ESCOBAR)의 레시피

nougat 누가

누가 : 40개 분량 / 준비: 40분 / 조리: 25분

오븐을 130°C로 예열한다. 속껍질까지 벗긴 무염 아몬드 350g과 껍질 깐 피스타치오 75g을 오븐에 넣고 가열한다. 구리냄비에 설탕 250g, 글루코스 시럽 150g, 물 100ml, 꿀 250g을 넣고 그랑 카세(grand cassé, 145°C) 상태의 시럽이 될 때까지 끓인다. 단단하게 거품 올린 달걀흰자 3개에 뜨거운 시럽을 조심스럽게 부으며 계속 거품기를 돌린다. 반죽이 든 볼을 중탕 냄비에 올리고 계속 저으며 수분을 날린다. 칼끝을 찔러 넣어 익은 상태를 확인한다. 칼끝을 흐르는 찬물에 식힌 뒤 한 번에 찔러 넣었을 때 칼이 반죽에서 잘 떨어지면 완성된 것이다. 여기에 뜨거운 아몬드와 피스타치오를 넣어 섞는다. 바닥이 없는 사각 틀에 무발효 빵 페이퍼를 깔아준 다음 반죽을 붓는다. 다시 무발효 빵 페이퍼로 덮어준 뒤 식힌다. 완전히 식으면 톱니가 있는 빵 칼을 사용해 큐브 모양 또는 슬라이스로 자르고 랩으로 싼다.

NOUGATINE 누가틴 설탕 시럽을 황금색이 날 때까지 가열한 캐러멜과 얇게 썰어 다진 아몬드를 혼합해 굳힌 것으로 경우에 따라 헤이즐넛을 첨가하기도 한다. 누가틴은 우선 기름을 바른 대리석 작업대에 혼합물을 부어 납작하게 펼친 다음 얇은 판 형태나 한입 크기로 잘라준다. 또는 틀에 넣어 달걀, 콘, 쿠프 잔 형태 등 파티스리 장식을 위한 다양한 모양을 만들기도 한다. 초콜릿 봉봉이나 한 입 크기 당과류, 과자 중에는 속을 누가틴으로 채운 것들이 다수 있는데 그중 생 푸르생 누가틴(nougatine de Saint-Pourçain, 캐러멜라이즈한 작은 사각형 누가틴)과 푸아티에 누가틴(nougatine de Poitiers, 갈아서 캐러멜라이즈한 아몬드로 만든 봉봉에 머랭을 씌운 것)이 특히 유명하다. 또한 누가틴은 제누아즈 시트 사이에 프랄랭 또는 헤이즐넛 프랄리네를 채우고 살구 나파주를 발라준 뒤 굽거나 다진 아몬드 또는 헤이즐넛을 얹은 케이크를 지칭하기도 한다. 느베르의 누가틴(nougatine de Nevers)은 제누아즈 시트에 프랄리네 크림을 채운 뒤 초콜릿 퐁당 슈거로 글라사주한 케이크다. 케이크 시트 사이에 채우는 크림에 잘게 부순 누가틴(크라클랭 craquelin이라고 부른다)을 첨가하기도 한다. 오늘날에는 참깨, 카카오닙스, 잘게 부순 커피원두 알갱이 및 기타 견과류(땅콩 등)을 사용한 다양한 누가틴을 만든다.

NOUILLES 누이유 국수, 파스타 면. 일반 밀가루나 듀럼밀 세몰리나, 달걀, 물을 기본 재료로 하는 납작하고 가는 끈 모양의 파스타 면이다. 파스타 면은 생면 또는 건면 타입이 있다. 특히 알자스, 사부아, 프로방스 지방에서 파스타 면은 전통적으로 가정에서 흔히 먹는 음식이다. 소금을 넣은 넉넉한 양의 물에 삶아 치즈를 넣거나 그라탱을 만들기도 하고 라구소스, 토마토소스 등을 곁들여 먹으며 고기나 생선 등의 메인요리에 가니시로 곁들이기도 한다. 또한 포타주나 콩소메에 건더기로 넣어 더욱 푸짐하게 먹을 수 있다(이 경우는 주로 작게 자른 면인 누이에트를 사용한다). 일상 용어에서 누이유는 중간 굵기의 매끈한 둥근면 또는 납작한 국수 형태의 파스타 면을 가리킨다. 중국과 베트남 요리에는 다양한 종류의 면이 아주 많이 사용된다. 주로 볶은 고기에 곁들이거나 국물에 넣어 먹는다. 밀가루에 달걀을 넣어 반죽한 노란색의 에그 누들(둥근 면 또는 납작한 면), 쌀국수(둥근 면 또는 납작한 면), 쌀국수, 반투명하고 실처럼 가는 녹두녹말 당면 등 종류가 다양하다. 일본과 중국에서도 국수를 더운 요리와 찬 요리로 두루 즐겨 먹는다(**참조** p.578 국수 도감). 소면(아주 가는 면발), 우동(굵은 면발), 라멘은 모두 밀가루로 만든 국수이다. 라멘은 인스턴트식품으로도 많이 출시되고 있다. 소바는 메밀, 또는 메밀과 일반 밀가루를 혼합해 만든 국수이며, 녹차 등의 향을 가미한 것도 있다.

NOUVELLE CUISINE 누벨 퀴진 1972년 두 명의 미식 평론가 앙리 고(Henri Gault)와 크리스티앙 미요(Christian Millau)가 주창한 새로운 요리라는 개념의 한 경향으로, 기존 요리 분야의 일정한 틀에서 벗어나 좀 더 자유로운 방식을 원하는 몇몇 젊은 요리사들이 이에 동참하여 새로운 유행을 이끌었다. 1970년대 초의 누벨 퀴진은 거부와 선택으로 요약할 수 있다. 지나친 지방의 섭취가 심각한 질병의 원인이 될 수 있다는 인식이 확산되면서 너무 기름진 음식은 점차 거부하게 되었다. 또한 식품 가공 산업이 일상의 먹거리를 지배해가는 상황에서 더욱 더 귀해진 자연 본연의 맛을 선택해야 한다는 주장이 거세졌다. 이 같은 원리에 따라 누벨 퀴진의 몇 가지 엄격한 규칙이 생겨났다. 즉, 식품이 완벽하게 신선할 것, 요리는 가벼워야 하며 조리 시 자연의 조화를 고려할 것, 단순한 조리법을 사용할 것을 강조했다. 음식에 기름이 보이거나 밀가루를 넣어 소스 등을 걸쭉하게 리에종한 무거운 음식, 또는 볼테르가 묘사한 것처럼 변장한(déguisés) 요리들은 이후 배제되었다. 누벨 퀴진은 고기 육즙, 생선 육수, 재료의 추출액, 향료 등으로 만든 가벼운 소스를 권장했으며, 진정한 자연의 산물인 소박한 텃밭 채소들을 요리에서 부활시켰다. 또한 짧은 시간 조리하여 음식을 알 덴테(al dente)로 익히고 기름을 사용하지 않는 조리법을 우선시했다. 영양학자들에 따르면 음식을 알 덴테로 익히면 영양가를 가장 잘 보존할 수 있다고 한다. 게다가 과거와는 달라진 색다른 단어들이 요리 이름에 쓰이게 되었다. 메뉴판에는 양 뒷다리 고기나 생선의 중심부가 완전히 익지 않은 로제 상태(rose)라는 표현과 서빙 사이즈로 토막 낸(darne) 고기 요리, 가지의 비늘(écailles)이라는 이름을 붙인 요리, 고유한 본래 의미로서의 죽(brouet)등이 등장했다. 뿐만 아니라 희귀한 재료들도 명시되었으며, 채소에 콩포트(compote)라는 단어를 사용하거나 디저트에 수프(soupe)라는 이름을 붙인 메뉴들도 선보였다. 요리들은 모두 각 접시에 담아 개인별로 서빙되었다. 누벨 퀴진을 미식의 혁명이라고 보기는 어렵다. 왜냐하면 맛있고 좋은 요리는 과거의 레시피를 살려 클래식 퀴진으로 명맥을 이어왔기 때문이다. 하지만 누벨 퀴진이 과도한 치장을 한 보여주기식 요리, 경직된 요리 공식, 너무 거만하고 틀에 박힌 음식들의 쇠퇴를 이끌어내는 데 공헌한 것만은 틀림없다. 19세기의 풍속에는 소위 부르주아 요리(cuisine bourgeoise)가 시대에 적합했듯이, 누벨 퀴진 역시 현대적인 라이프 스타일에 더 걸맞는 방식이라는 점 또한 명백하다.

NOUVELLE-ZÉLANDE 누벨 젤랑드 뉴질랜드. 단순하고 토속적인 뉴질랜드의 요리는 대부분 국내 생산 식재료를 기반으로 한다. 양 목축, 채소 및 열대과일(특히 키위) 재배, 유제품 생산이 활발할 뿐 아니라 생선, 갑각류 해산물, 덩치가 큰 수렵육 등이 풍부하다. 향신허브를 곁들인 구이와 스튜(hot pot)는 뉴질랜드인의 식탁에 오르는 단골메뉴로, 이 나라 요리의 기본이 된다. 키위는 거의 매끼 먹는다고 볼 수 있다. 디저트나 샐러드로 그냥 먹거나 타르트, 케이크를 만드는 데 사용하며 일부 짭짤한 요리에 넣기도 한다.
■ **와인.** 뉴질랜드의 포도재배는 19세기부터 시작되었다. 초창기에는 주정강화와인(vin de liqueur)와 셰리 와인(sherrys)만 생산했으나, 1950-1960년대에 포도주 양조산업은 비약적인 발전을 이루었다. 포도나무는 북섬과 남섬 모두에서 재배된다. 북섬에서는 주로 오클랜드(Auckland), 호크스 베이(Hawke's Bay), 파버티 베이(Poverty Bay) 지역을 중심으로 한 평야지대와 북향의 몇몇 양지바른 경사지에서 포도를 재배한다. 이곳의 기후는 서늘하지만 강우량은 많다. 남섬에서는 말버러(Marlborough), 캔터베리(Canterbury), 넬슨(Nelson) 주위의 평지 또는 완만한 경사지에서 포도를 재배한다. 이곳은 북섬보다 기온이 낮지만 강우량은 같으며, 뜨겁고 건조한 북서풍의 타격을 받아 포도밭이 피해를 입기도 한다. 뉴질랜드는 총 면적 15,000헥타르의 포도밭에서 레드와 화이트와인을 생산한다. 종종 신맛과 떫은맛이 두드러지는 레드와인은 카베르네 소비뇽, 가메, 메를로 품종의 포도로 만든다. 화이트와인은 뉴질랜드 와인의 특징인 균형 잡힌 산미를 지닌 상큼한 와인으로 포도품종은 샤르도네, 슈냉 블랑, 소비뇽 블랑, 뮐러 투르가우(müller-thurgau)다. 최근에는 샹파뉴 방식(méthode champenoise)으로 양조한 스파클링 와인이 말버러 지역에서 생산되기 시작했다. 뉴질랜드 와인은 4단계로 분류된 지리적 구역 기반 등급체계에 따라 명칭이 정해진다. 와인 라벨에는 포도품종과 원산지가 기재된다.

NOYAU 누아요 씨, 핵. 일부 핵과류 과일 중앙에 있는 단단한 목질 부분으로 안에는 씨(amande)가 들어 있다. 이들 중 몇몇 핵 안에 든 씨(특히 살구와 체리)를 우려낸 베이스는 리큐어, 오드비, 또는 누아요, 오드 누아요(eau de noyau)또는 크렘 드 누아요(crème de noyau)라고 불리는 다양한 과실주(ratafias)를 만드는 데 사용된다. 체리 씨를 원료로 만든 유명한 술인 누아요 드 푸아시(noyau de Poissy)는 스트레이트로 또는 물에 희석해 마시며 아이스크림, 소르베, 시원한 화채 등에 향료로 사용하거나 다양한 칵테일에 넣는다.

NUITS-SAINT-GEORGES 뉘 생 조르주 부르고뉴의 AOC 레드(포도품종은 피노 누아)와 화이트(샤르도네) 와인으로 코트 드 뉘(côte de Nuits)의 가장 남쪽 지역에서 생산된다. 레드와인은 바디감이 견고하고 향이 좋다(**참조** BOURGOGNE).

NULLE 뉠 17세기에 유행했던 달콤한 앙트르메로 크림, 달걀노른자, 향이 나는 물을 기본재료로 만들며, 현대의 크렘 브륄레(crème brûlée)와 비슷하다.

NUOC-MÂM 느억맘 피시소스, 액젓의 일종. 생선을 발효시켜 얻은 추출물로 만든 맑은 갈색의 소스로 베트남 요리의 대표적인 양념이다. 큰 통에 생선과 소금을 켜켜이 담아 수개월 동안 발효시킨 뒤 압축해 페이스트 상태로 만들고, 이 과정에서 얻어진 액젓을 체에 거른 것이다. 순 느억맘은 냄새가 강하고 매우 짜다. 음식을 재우는 마리네이드 양념에 넣거나 일부 음식을 조리할 때 간을 맞추는 용도로도 사용한다. 느억짬(nuoc-cham)은 느억맘에 물, 식초, 소금, 잘게 다진 고추, 다진 마늘을 섞은 소스로 주로 튀긴 스프링롤인 넴(nems)에 곁들인다.

NUTRITIONNISTE 뉘트리시오니스트 영양학자, 영양학 전문의. 내분비, 당뇨, 영양 분야(endocrinologie-diabète-nutrition) 전문 학위를 획득하거나 영양학 관련 특수 교육 과정을 이수한 의사를 지칭한다. 이들은 대사성 질환(당뇨, 비만, 콜레스테롤, 심혈관계 이상 등)의 원인(호르몬 요인, 가족력, 환경적 원인 등)을 추적하고, 관련 합병증의 의학적 관찰과 조사도 진행한다. 영양학 전문의는 이에 따라 적절한 식이요법 및 동반되는 의학 처방을 내릴 수 있으며, 각 케이스에 최적화된 전반적인 위생영양학적 재교육을 제안한다. 또한 해당 분야에 관한 자문, 상담, 예방, 교육 활동을 할 수 있다(단체 자문 위탁 등).

NYLON 닐롱 나일론. 요리와 제과에 사용되는 각종 도구를 만드는 폴리아미드 소재로 튼튼하고 견고함이 가장 큰 장점이다. 여과용 천, 붓의 털, 밀가루용 솔 등을 만드는 데 사용된다. 몰드에 주형해서 알뜰주걱이나 주걱의 손잡이를 만들기도 한다.

NOUILLES 누이유

mee (pâtes chinoises)
미(중국식 면)

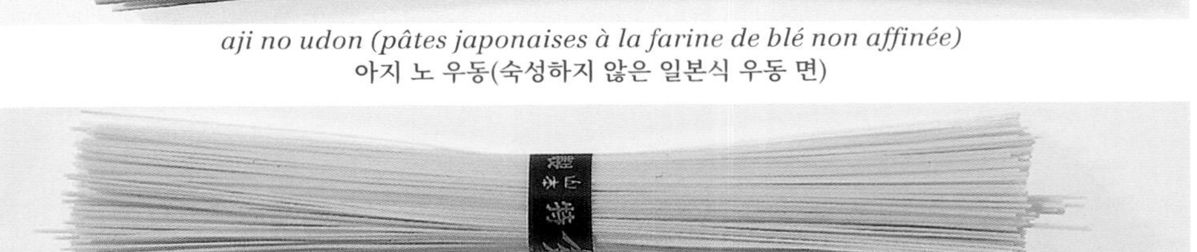

aji no udon (pâtes japonaises à la farine de blé non affinée)
아지 노 우동(숙성하지 않은 일본식 우동 면)

somen (pâtes japonaises à la farine de blé fine)
소멘(가는 일본식 소면)

long life noodles (pâtes chinoises)
롱 라이프 누들즈 장수면(중국식 면)

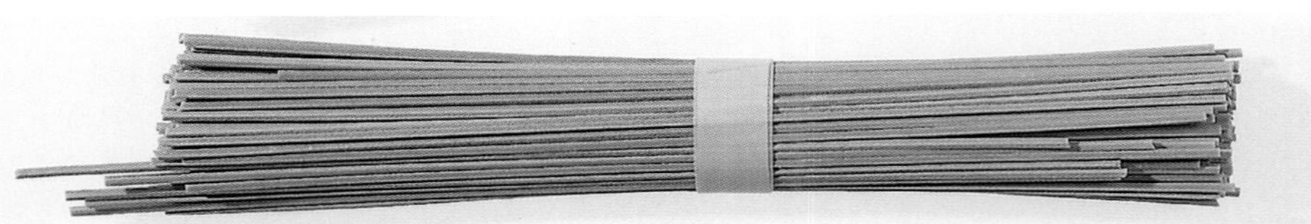

chasoba (pâtes japonaises à la farine de sarrasin et au thé vert)
차소바(메밀과 녹차로 만든 일본식 면)

pâtes japonaises faites aux farines de sarrasin et de blé
메밀과 밀가루로 만든 일본식 면

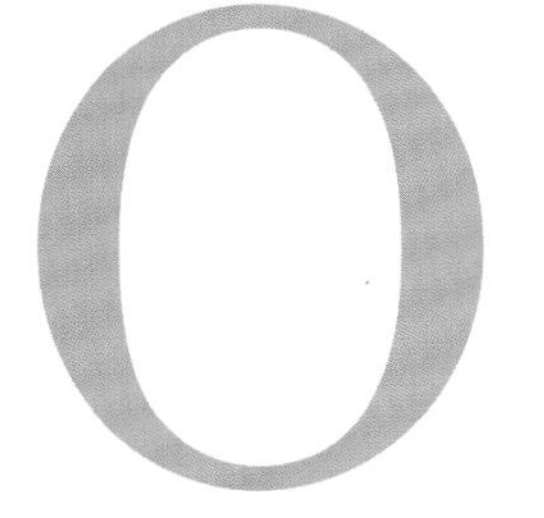

ŒIL-DE-PERDRIX 외이 드 페르드리 피노 누아 포도품종으로 만든 스위스의 로제와인. 보(Vaud)주가 원산지인 와인으로 과일향이 풍부하고 밸런스가 아주 좋다.

ŒILLETTE 외이예트 양귀비. 양귀비과에 속하는 식물(pavot)의 한 품종으로, 회색빛을 띤 작은 씨들은 기름(40~50%)과 단백질(17~23%) 함량이 높다. 색이 거의 없는 첫 압착 양귀비 기름은 은은한 맛이 좋으며 흰색 오일(huile blanche), 올리베트(olivette) 또는 프티트 윌(petite huile)이라고도 불린다. 올리브오일처럼 과실향이 나진 않지만 쓰이는 용도는 비슷하다(**참조** HUILE). 또한 양귀비 씨는 포피 씨드(pavot)와 마찬가지로 파티스리에도 사용된다.

ŒNOLOGIE 외놀로지 포도주 양조학. 포도재배부터 와인 양조 및 숙성, 보관 등에 이르기까지 와인에 관한 모든 것을 다루는 학문. 와인 양조학자를 뜻하는 외놀로그(œnologue)는 관련 학위를 소지한 전문가로 1955년 3월 19일의 프랑스 법에 의해 정식 직업으로 승인되었다. 외노필(œnophile)은 와인에 관한 지식을 겸비한 애호가를 뜻한다. 스위스에서 외놀로그는 이 전문 분야의 농업 엔지니어로 인정받는다.

ŒUF 외프 알, 달걀. 암컷 조류를 비롯한 대다수의 다세포동물이 생산하고 낳는 구형 또는 타원형의 유기체. 껍질에 싸여 보호되며 배자(胚子)의 생식세포와 비축된 영양분을 함께 포함하고 있다(**참조** p.581 알 도감). 달걀(œuf)이라는 단어는 특별한 언급이 없으면 암탉의 알만을 지칭하며, 시판되는 다른 종류의 알들은 반드시 동물의 이름(메추리, 오리, 거위, 물떼새, 댕기물떼새 등)을 함께 명시해야 한다. 타조 또는 악어의 알은 매우 희귀하고 이국적인 알이다. 거북이 알의 노른자는 열대 지역 전역에서 소비된다. 특히 거북이 알의 흰자는 높은 온도에서도 응고되지 않는다.

■ **역사.** 달걀은 영양학적으로 우수하고 조리법도 다양하여 일찍이 세계 모든 나라에서 식품으로 소비되었으며, 언제나 관습이나 풍습, 전통과 연관되어 있었다. 중세에는 달걀이 대량으로 소비되었고 고대 로마시대처럼 나쁜 영혼이 숨는 것을 막기 위해 각자 자신의 접시에서 껍질을 깼다. 또한 달걀은 기름진 음식(gras)으로 여겨져 사순절 동안 금지되었으며, 성 토요일이 되면 달걀을 나누고 부활절에 달걀을 먹는 풍습도 이러한 배경에서 시작되었다. 당시에는 달걀노른자를 무아유(moyeu) , 흰자는 오빙(aubun)이라고 불렀다.

■ **성분.** 60g짜리 달걀 1개는 석회질과 다공질인 껍데기가 7g을 차지한다. 껍데기 안쪽에는 얇은 막이 있어서 가장 둥근 꼭대기 부분에 기실(chambre à air)이라는 공기층을 형성하며 시간이 지날수록 이 공간의 부피는 커진다(달걀이 오래되어 신선도가 떨어질수록 물에 더 잘 뜨는 것도 이러한 원리 때문이다). 불투명한 액체와 맑은 알부민으로 이루어진 달걀흰자(35g)는 달걀 단백질 14%의 절반을 포함하고 있다. 노른자(18g)에는 알끈이 붙어 있고(수정란의 경우 볼 수 있으며 먹어도 무방하다) 그 외 나머지 단백질과 모든 지질, 특히 레시틴(인을 함유한 지방) 및 철분, 황, 비타민 A, B, D, E를 포함하고 있다. 달걀은 균형이 완벽하고 영양가가 높은 식품으로 당의 함량이 적어 비교적 열량은 낮으며(100g당 76kcal 또는 318kJ) 인체에 반드시 필요한 모든 아미노산을 함유하고 있다. 너무 기름진 요리에 넣지 않는다면 소화도 잘 되는 편이다.

■ **품종과 품질.** 갈색 달걀이 흰 달걀보다 더 맛있거나, 더 자연적인 것은 아니며 일반적으로 크기가 더 작고 덜 단단하다. 하지만 껍질이 얇고 불투명하지 않기 때문에 조명에 비추어 보면서 검사하기가 더 쉽다. 농장의 달걀(때로는 위생상태가 불결하다)이 양계장의 달걀보다 더 낫다고는 할 수 없으며 무정란인 양계장 달걀이 보존하기에 더 좋다. 노른자의 색깔은 달걀의 품질과는 상관 없으며 가끔 흰자 또는 노른자에서 볼 수 있는 수정 초기에 생긴 피의 흔적은 품질에 영향을 주지 않는다. 초 신선(extra frais) 달걀은 냉장고의 가장 덜 차가운 칸에서 최대 3주간 보관할 수 있다. 껍질을 씻지 않은 상태(냄새가 배지 않도록 한다)로 뾰족한 부분이 아래로 오게 넣어둔다. 삶은 달걀은 껍질을 까지 않은 상태에서 4일, 껍질을 깐 상태로는 2일간 보관할 수 있으며, 날달걀노른자는 24시간 이내 소비해야 한다. 날달걀흰자는 혼합물에 넣은 상태라도 6~12시간까지만 보관이 가능하다. 또한 신선한 달걀은 깨서 휘저어 푼 다음 특별 용기에 담아 냉동시킬 수도 있다.

유럽연합 내에서 달걀의 판매는 기준 항목에 따라 정해진 등급 지침으로 관리된다. 물리적 기준에 따라 A 등급(신선한 달걀), B 등급(차등 등급 또는 등급 외, 대량 식품제조 공장용), 세척 달걀로 분류되고, 무게에 따라 XL(왕란, 73g 이상), L(대란, 63g~73g 미만), M(중란, 53g~63g 미만), S(소란, 53g 미만)로 나뉘며 라벨에 표기하는 정보에도 정확한 규칙이 적용된다.

달걀 포장지 또는 무게로 달아 낱개로 판매하는 경우 상품 옆에 표시판 등을 비치하여 소비자에게 의무적으로 알려야 할 사항에는 생산자 정보, 포장시설의 식별번호, 품질 등급과 무게 등급 표시, 유효기간(권장 보관 기한), 닭 사육방식(자연 방사 양계, 평면 양계 또는 케이지 양계 등)이 포함되며, 세척 달걀인 경우 이 내용도 표기한다. 유효기간은 산란일부터 28일까지로 제한한다. 최상(extra) 또는 초 신선(extra frais)이라는 수식어는 언제까지(jusqu'au)라는 명시와 함께 포장일로부터 7일 또는 산란부터 9일을 나타내는 두 가지 일련번호를 병기해야 한다. 프랑스의 달걀 중 우수 품질 표시인 레드라벨(label rouge) 인증을 받은 것은 모두 4종류가 있다. 르 캄파냐르(Le Campagnard) 토종란, 코코레트(Cocorette)의 토종란, 루(Loue)의 토종란, 마 도주 플렌 사뵈르(Mas d'Auge Pleine Saveur) 달걀이 이에 해당한다. 오늘의 달걀(œuf du jour), 반숙 달걀(œuf coque) 혹은 농장 달걀(œuf de ferme)이라는 명칭은 그 어떤 법적 효력도 갖지 않는다.

스위스에서도 관련 규정은 비슷하지만 필요한 경우 시판 달걀과 이 달걀들을 사용해 만든 음식에 추가적인 사항(스위스에서는 배터리 케이지 양계가 허용되지 않는다)을 명시하도록 의무화하고 있다. 캐나다의 경우 규정이 비슷하지만 분류 등급이 4개(A, B, C, 선별 외(œufs tout-venant) 달걀)이고, 크기도 점보(70g 이상), 특대(63g 이상), 대(56g 이상), 중(49g 이상), 소(42g 이상), 특소(42g 미만) 등 6종류로 나뉜다.

■ **사용.** 달걀은 많은 식품제조 산업, 특히 파스타, 아이스크림, 과자제조 및 파티스리 등에 가장 많이 사용되는 재료 중 하나다. 달걀은 요리와 제빵제과에서 매우 다양하게 사용된다. 다수의 기본 반죽에 넣는 재료일 뿐 아니라 에그노그(egg-nog)등 특정 레시피에 들어가기도 한다. 에그노그는 프

랑스어로 레 드 풀(lait de poule)이라고 불리는 칵테일의 일종으로 달걀 전란 또는 노른자에 설탕을 넣고 잘 휘저어 푼 다음 우유, 위스키나 브랜디 또는 셰리 등의 주정강화와인을 첨가하고 넛멕 가루를 뿌려 뜨겁게 또는 차갑게 마신다. 뿐만 아니라 달걀은 그 자체만으로도 하나의 요리가 된다. 스크램블드에그, 코코트 에그, 반숙, 완숙, 줄 달걀 치기, 튀김, 틀에 넣어 익히기, 수란, 오믈렛 등 다양한 방법으로 조리할 수 있으며 각종 가니시를 곁들여 먹기도 한다.

▶ 레시피 : PÂTES ALIMENTAIRES.

ŒUF BROUILLÉ 외프 브루이예 스크램블드 에그. 휘저어 치댄다기보다는 살살 풀어준(노른자를 터트리고 가볍게 저어주면 된다) 달걀을 버터를 녹인 팬에 넣고 약한 불로 익힌 것이다. 스크램블드 에그는 그대로 또는 다양한 재료를 곁들여 먹는다.

œufs brouillés : cuisson 외 브루이예

스크램블드 에그 만들기 : 소테팬 또는 바닥이 두꺼운 냄비에 버터를 녹인다. 달걀을 깨서 세게 휘젓지 말고 가볍게 풀어준 다음 팬에 넣고 고운 소금과 그라인드 후추로 간한다. 약한 불 또는 중탕냄비 위에 올리고 주걱으로 계속 저어주며 익힌다. 달걀이 크리미한 농도가 되면 불에서 내린 뒤 작게 자른 차가운 버터를 몇 조각 넣어준 다음 잘 섞는다.

barquettes aux œufs brouillés et aux asperges ▶ BARQUETTE

brouillade de truffes 브루이야드 드 트뤼프

송로버섯 스크램블드 에그 : 스크램블드 에그를 만든다. 생송로버섯을 가늘게 채 썰거나 주사위 모양으로 썬 다음 버터에 슬쩍 볶는다. 이것을 스크램블드 에그에 넣은 뒤 브루이야드를 둥근 틀 모양으로 접시에 담는다(dresser en timbale). 얇게 슬라이스한 송로버섯과 버터에 튀긴 작은 크루통을 곁들인다.

gratin d'œufs brouillés à l'antiboise 그라탱 되 브루이예 아 랑티부아즈

앙티브식 스크램블드 에그 그라탱 : 둥글게 썬 주키니 호박을 올리브오일에 지지듯 볶는다. 걸쭉하게 졸인 토마토 소스를 만든다. 스크램블드에그를 만들어 그라탱 용기에 담고 주키니호박, 토마토 소스를 교대로 켜켜이 올린다. 계속 반복해 채워 넣고 맨 위 층은 스크램블드 에그로 마무리한다. 가늘게 간 파르메산 치즈를 얹고 녹인 버터를 고루 뿌린 다음 높은 온도의 오븐에 넣어 그라탱을 완성한다.

œufs brouillés Argenteuil 외 브루이예 아르장퇴유

아르장퇴유 스크램블드 에그 : 소금을 넣은 끓는 물에 아스파라거스를 데친다. 아스파라거스 밑동을 잘라내 얇게 송송 썬 다음 버터를 넣고 색이 나지 않게 익혀 스크램블드 에그와 섞는다. 아스파라거스 윗동을 버터에 색이 나지 않게 익힌다. 스크램블드 에그를 둥근 틀 모양으로 접시에 담는다(dresser en timbale). 가운데에 아스파라거스 윗동을 보기 좋게 얹는다.

œufs brouillés aux crevettes 외 브루이예 오 크르베트

새우를 넣은 스크램블드 에그 : 껍질을 깐 뒤 버터에 익힌 새우살을 스크램블드 에그에 넣어 섞은 뒤 둥근 틀 모양으로 접시에 담는다(dresser en timbale). 껍질을 벗긴 새우살을 버터에 슬쩍 볶거나, 새우 맛 버터로 리에종한 블루테 소스에 따뜻하게 익힌 뒤 스크램블드 에그 중앙에 얹어준다. 버터에 튀긴 크루통을 곁들인 다음 새우 소스를 한 줄기 둘러준다. 새우 대신 민물가재 살을 사용해 같은 방법으로 만든 뒤 낭튀아 소스(sauce Nantua)를 뿌려 서빙해도 좋다.

œufs brouillés Massenet 외프 브루이예 마스네

마스네 스크램블드 에그 : 그린 아스파라거스의 윗동을 잘라 버터에 익힌다. 아티초크 속살을 물에 삶거나 증기로 찐 다음 주사위 모양으로 썰어 버터에 노릇하게 볶는다. 아티초크 속살을 넣고 스크램블드 에그를 만들어 그릇에 담고 아스파라거스 윗동을 곁들인다. 작게 어슷 썬 푸아그라 조각과 송로버섯 슬라이스를 얹는다.

œufs brouillés à la romaine 외 브루이예 아 라 로멘

로마식 스크램블드 에그 : 시금치 750g을 씻어 버터에 색이 나지 않게 볶는다. 달걀 8개로 스크램블드 에그를 만든 뒤 가늘게 간 파르메산 치즈 50g을 섞는다. 그라탱용 용기에 버터를 바른다. 기름에 담긴 안초비 필레 8개를 잘게 썰어 시금치와 섞고 그라탱 용기에 깔아준다. 그 위에 스크램블드 에그를 붓고 가늘게 간 파르메산 치즈 30~40g을 얹는다. 녹인 버터를 고루 뿌린 뒤 오븐에 넣어 그라탱 표면이 노릇해질 때까지 구워낸다.

œufs brouillés Sagan 외 브루이예 사강

사강 스크램블드 에그 : 송아지 골 1개를 준비하여 물에 삶은 다음 식힌다. 4조각으로 도톰하게 어슷 썬 다음 밀가루를 묻혀 버터에 튀기듯 지져 건져둔다. 같은 버터에 얇게 썬 송로버섯 슬라이스 4조각을 넣어 슬쩍 익힌다. 달걀 8개로 스크램블드 에그를 만든 뒤 가늘게 간 파르메산 치즈 50g를 넣어 섞는다. 스크램블드 에그를 둥근 틀 모양으로 접시에 담고 송아지 골과 송로버섯 슬라이스를 올린다. 녹인 버터에 레몬즙을 넣은 뒤 소스 용기에 따로 담아 서빙한다.

ŒUF EN COCOTTE 외프 앙 코코트 코코트 에그. 도기로 된 작은 내열용기나 라므킨(ramequin)에 미리 버터를 바르고 기호에 따라 선택한 재료 혼합물 등을 넣은 뒤 달걀을 깨 넣고 익힌 요리다.

œufs en cocotte : cuisson 외 앙 코코트: 퀴송

코코트 에그 만들기 : 달걀용 코코트 내열 용기나 개인용 라므킨(ramequin)를 인원수대로 준비해 부드러운 상태의 포마드 버터를 바른 뒤 고운 소금과 그라인드 후추를 뿌린다(달걀노른자 위에 후추를 직접 뿌리면 흰색 반점이 생길 수 있다). 각 용기에 달걀을 한 개씩 깨 넣는다. 불 위에서 중탕 냄비에 올리거나 또는 중탕용 뜨거운 물이 담긴 바트에 넣어 150°C로 예열한 오븐에서 6~8분간 덮지 않고 익힌다. 흰자만 응고되고 노른자는 크리미한 상태로 남아 있어야 한다.

œufs en cocotte Bérangère 외 앙 코코트 베랑제르

베랑제르 코코트 에그 : 개인용 라므킨(ramequin) 용기 여러 개를 준비해 버터를 발라둔다. 곱게 간 닭고기 베이스의 크넬 소 혼합물(farce à quenelle de volaille)을 만든 뒤 잘게 썬 송로버섯을 섞어준다. 이 혼합물을 라므킨 바닥에 얇게 한 켜 깔고 각 용기마다 달걀을 1개 또는 2개씩 깨 넣는다. 중탕으로 익힌다. 쉬프렘 소스(sauce suprême)로 걸쭉하게 리에종한 수탉 볏, 콩팥 스튜를 조리 마지막에 1테이블스푼씩 넣는다.

œufs en cocotte à la rouennaise 외 앙 코코트 아 라 루아네즈

루앙식 코코트 에그 : 내열 유리로 된 작은 코코트 용기에 버터를 얇게 바른다. 루앙의 새끼오리 간을 넣어 만든 그라탱 소 혼합물(farce à gratin)을 바닥과 내벽에 발라 덮는다. 각 코코트 용기마다 달걀을 2개를 깨 넣고, 작게 자른 버터를 한 조각씩 달걀노른자 위에 올린다. 중탕으로 익힌다. 버터를 넣어 몽테한 레드와인 소스를 조리 마지막에 노른자 주위에 한 바퀴 둘러준다.

ŒUF À LA COQUE 외프 아 라 코크 스푼으로 떠먹는 반숙 달걀. 끓는 물에 달걀을 껍질째 넣고 비교적 짧은 시간 동안 삶은 반숙 달걀로 노른자는 흐르는 상태를 유지하고 흰자는 응고된 상태이다.

œufs à la coque : cuisson 외프 아 라 코크

떠먹는 반숙 달걀 익히기 : 익히기 전, 껍데기에 금이 간 달걀은 없는지 확인한다. 달걀은 3가지 방법으로 익힐 수 있다. 끓는 물에 달걀을 넣고 3분간 삶는다. 끓는 물에 달걀을 넣고 1분간 삶은 뒤 불에서 내리고 그대로 3분간 두었다가 꺼낸다. 또는 달걀을 찬물과 함께 냄비에 넣고 가열해 물이 끓기 시작하면 달걀을 꺼낸다. 달걀은 물에 넣을 때 언제나 실온 상태이어야 한다.

미셸 로스탕(MICHEL ROSTANG) 의 레시피

œufs de caille en coque d'oursin 외프 드 카유 앙 코크 두르생

성게 껍질에 넣은 메추리알 : 끝이 뾰족한 가위로 보라성게 36개의 뚜껑을 잘라 연 다음 붙어 있는 알만 남겨두고 나머지 내장 등은 모두 제거한다. 즙은 받아서 고운 체에 걸러둔다. 냄비에 액상 생크림 200mℓ을 넣고 가열해 2/3 정도로 졸인 다음 성게즙의 1/3을 넣는다. 간을 맞춘 뒤 뜨겁게 유지한다. 메추리알 36개를 깨 성게 안에 하나씩 넣는다. 약 2분간 증기로 찐다. 성게크림을 핸드블렌더 등으로 갈아 유화한 다음 성게마다 1~2테이블스푼씩 떠 올린다. 후추를 한 번씩 갈아 뿌리고 바로 서빙한다.

앙리 포주롱(HENRI FAUGERON) 의 레시피

œufs à la coque Faugeron à la purée de truffe 외 아 라 코

ŒUFS 달걀, 알

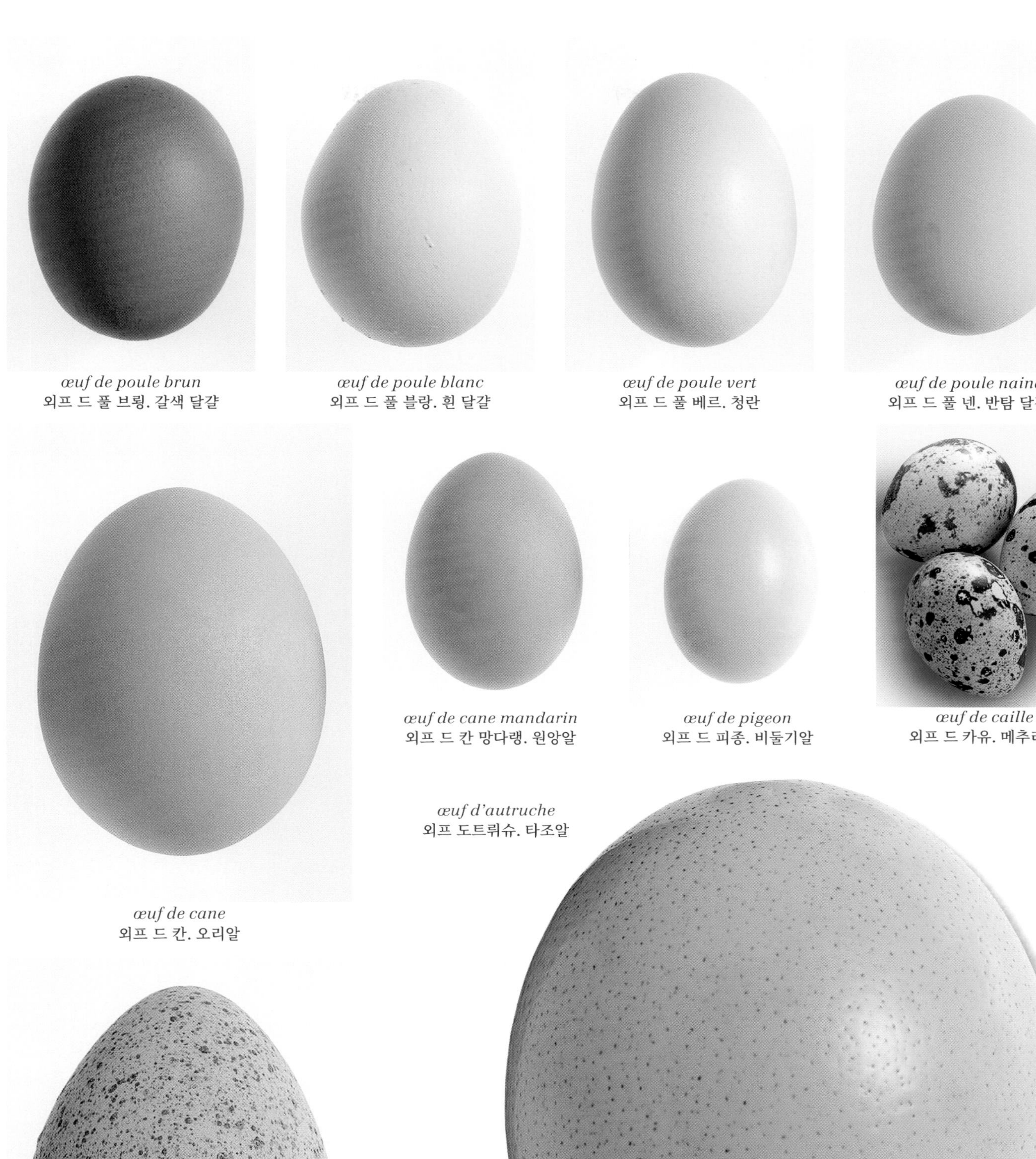

œuf de poule brun
외프 드 풀 브룅. 갈색 달걀

œuf de poule blanc
외프 드 풀 블랑. 흰 달걀

œuf de poule vert
외프 드 풀 베르. 청란

œuf de poule naine
외프 드 풀 넨. 반탐 달걀

œuf de cane mandarin
외프 드 칸 망다랭. 원앙알

œuf de pigeon
외프 드 피종. 비둘기알

œuf de caille
외프 드 카유. 메추리알

œuf d'autruche
외프 도트뤼슈. 타조알

œuf de cane
외프 드 칸. 오리알

œuf de dinde
외프 드 댕드. 칠면조알

크 포주롱 아 라 퓌레 드 트뤼프

송로버섯 퓌레를 넣은 포주롱의 반숙 달걀 : 매우 신선한 달걀 12개와 페리고르 산 검은 송로버섯(truffes noires du Périgord) 120g을 밀폐 용기에 함께 넣고 냉장고에 24시간 보관한다. 송로버섯을 작은 분쇄기 또는 블렌더로 곱게 갈아 퓌레로 만든 뒤 작은 냄비에 넣고 포트와인 또는 마데이라 와인 1티스푼과 코냑 1티스푼을 넣는다. 송아지 데미글라스 30g을 첨가한 뒤 계속 저어가면서 약한 불로 5분간 가열한다. 달걀은 사용하기 2시간 전에 상온에 꺼내놓는다. 캉파뉴 브레드 슬라이스 6장을 준비해 껍질을 제거한다. 양면에 버터를 바른 뒤 노릇한 색이 나고 바삭해지도록 프라이팬에 굽는다. 빵을 1cm 두께로 길게 자른 뒤 따뜻하게 유지시킨다. 송로버섯 퓌레에 더블 크림 60mℓ를 넣고 약한 불에 올려 5분간 데운 뒤 작은 큐브 형태로 잘라 둔 버터 60g을 넣고 거품기로 세게 저어 완전히 섞는다. 소금, 후추로 간을 맞춘 뒤 따뜻하게 보관한다. 끓는 소금물에 달걀을 넣고 3분간 반숙(œuf à la coque)으로 삶는다. 달걀 껍질 커터기 또는 티스푼을 사용해 껍질 윗부분을 동그랗게 잘라낸 다음 익지 않은 약간의 흰자를 빼낸다. 빈 공간에 송로버섯 퓌레의 일부분을 채워 넣는다. 나머지 퓌레는 먹어가며 추가로 넣을 수 있도록 따로 담아 서빙한다. 길고 가늘게 잘라둔 바삭한 빵 무이예트(mouillettes)를 곁들여 낸다.

ŒUF DUR 외프 뒤르 삶은 완숙 달걀. 끓는 물에 달걀을 껍질째 넣고 흰자와 노른자가 완전히 응고되도록 익힌 것이다.

œufs durs : cuisson 외 뒤르

완숙 달걀 삶기 : 끓는 물에 달걀을 10분 정도 삶은 뒤 찬물에 7~8분간 담가 식힌다. 껍질을 벗긴다. 시간을 초과해 너무 오래 삶으면 흰자가 고무처럼 단단해지고 노른자가 너무 퍽퍽해지니 반드시 시간을 지켜야 한다.

œufs durs à la Chimay 외 뒤르 아 라 시메

시메식 삶은 달걀 : 완숙으로 삶은 달걀의 껍질을 까고 길게 이등분해 노른자를 뺀다. 노른자를 으깬 뒤 수분 없이 바싹 볶은 버섯 뒥셀을 동량(부피 기준)으로 섞어준다. 이 혼합물을 달걀흰자의 우묵한 빈 공간에 채워 넣은 뒤, 버터를 발라둔 오븐 용기에 나란히 놓는다. 모르네 소스(sauce Mornay)를 끼얹고 가늘게 간 그뤼예르 치즈를 얹어준다. 녹인 버터를 뿌린 뒤 아주 뜨거운 오븐에서 몇 분간 구워낸다.

œufs à la tripe 외 아 라 트리프

베샤멜 소스 완숙 달걀 : 끓는 물에 달걀 8개를 넣고 9분간 완숙으로 삶아 찬물에 식힌 뒤 껍질을 벗긴다. 원형으로 도톰하게 썰어 버터를 바른 우묵한 접시에 담고 따뜻하게 유지한다. 팬에 버터 50g을 녹인 뒤 양파 100g을 색이 나지 않고 나른해지도록 볶는다. 체에 친 밀가루 40g을 뿌린 뒤 불 위에서 가열하며 잘 젓는다. 차가운 우유 500mℓ를 한 번에 붓고 저어주면서 10분 동안 걸쭉하게 끓인다. 소금, 후추로 간 한다. 달걀에 이 뜨거운 소스를 끼얹어 바로 서빙한다.

ŒUF FILÉ 외프 필레 실 모양으로 뽑은 달걀. 달걀을 풀어 체에 거르며 가는 실 형태로 물에 넣어 데친 것으로 콩소메, 포타주 또는 크림에 곁들인다.

œufs filés : cuisson 외 필레

줄 달걀 치기 : 물이 끓고 있는 냄비 위에 체를 받치고, 약간 거품이 나도록 균일하게 휘저어 푼 달걀을 살살 부어준다. 달걀이 체를 통과해 가는 실 모양으로 냄비 안에 떨어지는 즉시 응고된다.

ŒUF FRIT 외프 프리 튀긴 달걀. 달걀을 튀김용 기름에 담가 튀기거나 팬에 식용유, 거위 기름 또는 돼지 기름을 뜨겁게 달군 뒤 지지듯 튀겨낸 것을 가리킨다.

œufs frits : cuisson 외 프리 : 퀴송

튀긴 달걀 만들기 : 달걀을 작은 잔에 한 개씩 따로 깨 넣는다. 작은 프라이팬에 기름을 뜨겁게 가열한 다음 달걀을 하나씩 조심스럽게 넣어 몇 초간 튀긴다. 나무 주걱으로 흰자를 들어 노른자를 덮어주고 팬 가장자리로 밀면서 굴려 원 모양대로 만든다. 1분 정도 익힌 뒤 꺼내서 면포나 종이타월 위에 놓고 기름을 제거한다. 고운 소금을 뿌린다.

œufs frits en bamboche 외 프리 앙 방보슈

염장대구 튀김에 곁들이는 튀긴 달걀 : 뜨거운 채소 마세두안(macédoine 각종 채소를 큐브 모양으로 썰어 혼합한 것)에 크림을 넣어 걸쭉하게 가열하며 섞은 다음 접시에 왕관 모양으로 빙 둘러 담는다. 길쭉하게 잘라 튀긴 염장대구를 가운데 채워 넣고, 튀긴 달걀을 마세두안 채소 위에 얹어준다.

ŒUF AU MIROIR 외프 오 미루아르 미루아르 에그. 오븐에 익힌 달걀 프라이로 조리 후 흰자는 응고되어 우유 빛을 띠고, 노른자는 반투명의 얇은 막으로 덮여 반짝이는 상태가 된다.

œufs au miroir : cuisson 외 오 미루아르: 퀴송

미루아르 에그 조리하기 : 달걀용 내열용기 바닥에 버터를 바르고 소금, 후추를 뿌린다. 용기마다 달걀을 1개 또는 2개씩 깨 넣는다. 노른자에 정제 버터를 조금 뿌린다. 180°C로 예열한 오븐에 넣고 원하는 응고 상태가 되도록 익힌다. 흰자는 매우 윤기가 나고, 노른자 표면은 반투명한 광택 막으로 덮여야 한다.

ŒUF MOLLET 외프 몰레 반숙 달걀. 끓는 물에 달걀을 껍질째로 삶는 것으로, 떠 먹는 반숙 달걀인 외프 아 라 코크(œuf à la coque)보다는 시간을 좀 더 길게 완숙 달걀(œuf dur)보다는 짧게 익힌다. 노른자는 걸쭉해지긴 하지만 여전히 흐르는 농도이다(반숙 달걀 외프 몰레의 모든 레시피는 수란(œufs pochés)에도 적용할 수 있다).

œufs mollets : cuisson 외 몰레

반숙 달걀 익히기 : 끓는 물에 달걀을 조심스럽게 넣는다. 다시 끓기 시작하면 6분 동안 그 상태를 유지한다. 달걀을 꺼내고 바로 찬물에 식힌다. 흐르는 물에서 조심스럽게 껍질을 벗기고 찬물에 담가 완전히 식힌다. 흰자는 응고되고 노른자는 크리미한 상태로 남아 있어야 한다.

œufs Bernis 외 베르니

베르니 달걀 요리 : 퓌유타주 반죽으로 구워낸 크루스타드(croustades)에 닭고기 무스로 속을 채운다. 그 위에 반숙 달걀인 외프 몰레를 올리고 쉬프렘 소스를 끼얹는다. 서빙 접시에 크루스타드를 왕관 모양으로 빙 둘러 놓은 뒤, 버터에 살짝 데운 아스파라거스 윗동을 가운데에 담는다.

œufs mollets Aladin 외 몰레 알라댕

알라딘 반숙 달걀 요리 : 사프란으로 향을 낸 필라프 라이스를 만든다. 피망의 껍질을 벗긴 뒤 주사위 모양으로 썰어 다진 양파와 함께 기름을 두른 팬에 넣고 색이 나지 않게 찌듯이 볶는다. 뜨겁게 데운 접시에 라이스를 깐 다음 중앙에 피망을 얹는다. 반숙으로 익힌 달걀을 터번 모양으로 빙 둘러 놓는다. 카옌페퍼로 매콤한 맛을 돋운 토마토 소스를 끼얹어준다.

œufs mollets Amélie 외 몰레 아멜리

아멜리 반숙 달걀 요리 : 크림 소스를 만든다. 모렐 버섯에 크림을 넣어 익혀둔다. 퓌유타주 반죽 만든 크루스타드(croustades)에 속을 채우지 않은 상태로 오븐에 먼저 구워낸다. 작은 미르푸아(mirepoix)로 썬 채소들을 버터에 볶아 익힌 뒤 마데이라 와인을 조금 부어 디글레이즈한다. 크루스타드를 데운 뒤 이 미르푸아를 채워 넣는다. 그 위에 반숙으로 익힌 달걀을 한 개씩 얹고 크림소스를 끼얹는다. 크림을 넣은 모렐 버섯을 첨가한다.

œufs mollets Brillat-Savarin 외 몰레 브리야 사바랭

브리야 사바랭 반숙 달걀 요리 : 미리 구워낸 플랑 크러스트 안에 버터에 볶은 모렐 버섯을 채워 넣고 반숙 달걀(또는 수란)을 왕관 모양으로 빙 둘러 놓는다. 정제 버터를 넣고 팬에 슬쩍 데운 아스파라거스 윗동을 가운데 놓고 걸쭉하게 졸인 마데이라 와인소스 또는 셰리와인 소스를 끼얹어준다.

œufs mollets Brimont 외 몰레 브리몽

브리몽 반숙 달걀 요리 : 닭 육수로 만든 블루테(velouté)에 마데이라 와인과 크림을 넣고 졸인다. 퓌유테 반죽으로 만들어 구워낸 둘레 높이가 낮은 크루스타드(croustade)에 크림을 넣어 익힌 버섯을 채워준다, 여기에 반숙으로 익힌 달걀을 왕관 모양으로 빙 둘러 놓고 중앙에 작은 닭고기 크로켓을 놓는다. 걸쭉하게 졸인 블루테 소스를 끼얹는다. 각 달걀 위에 송로버섯 슬라이스를 한 쪽씩 올려 장식한다.

œufs mollets Carême 외 몰레 카렘

카렘 반숙 달걀 요리 : 냄비에 아티초크 속살을 넣고 소금과 레몬즙을 넣은 물을 자작하게 부은 뒤 찌듯이 익힌다. 아티초크 가운데 우묵한 부분에 양 흉선, 송로버섯, 버섯으로 만든 걸쭉한 스튜를 채운 뒤 반숙 달걀을 올린다. 마데이라 와인 소스에 생크림

을 넣어 섞은 다음 달걀에 끼얹는다. 동그랗게 슬라이스한 랑그 에카를라트(langue écarlate 붉은 색을 입힌 염장 우설)를 톱니 모양으로 자른 뒤 달걀 위에 얹어 장식한다.

œufs mollets à l'écossaise 외 몰레 아 레코세즈

스코틀랜드식 반숙 달걀 요리 : 데쳐서 익힌 연어를 잘게 부순 뒤 동량의 걸쭉한 베샤멜을 섞어 퓌레를 만든다(넉넉한 4테이블스푼 분량). 이 퓌레를 뜨겁게 데운 다음 따뜻하게 구워낸 퓌유타주 크루스타드(croustade)에 채워 넣는다. 각 크루스타드마다 반숙 달걀(또는 수란)을 하나씩 올리고 새우 소스를 끼얹는다.

œufs mollets à la florentine 외 몰레 아 라 플로랑틴

플로랑틴 반숙 달걀 요리 : 소금을 넣은 끓는 물에 시금치를 데친 뒤 찬물에 재빨리 식히고 물을 꼭 짠다. 버터를 녹인 팬에 시금치를 넣고 센 불에서 소테한다. 달걀용 내열 용기에 버터를 바르고 시금치를 깔아준다. 여기에 두 곳의 우묵한 홈을 만든 다음 반숙 달걀(또는 수란)을 놓는다. 모르네 소스(sauce Mornay)를 끼얹은 뒤 가늘게 간 치즈를 뿌린다. 브로일러 아래 넣어 그라탱처럼 노릇하게 구워낸다.

œufs mollets à la provençale 외 몰레 아 라 프로방살

프로방스식 반숙 달걀 요리 : 마늘을 넣은 토마토 소스를 만든다. 아주 크고 단단한 토마토를 가로로 2등분 한 뒤 속과 씨를 빼내고 올리브오일을 한 줄기 뿌려 오븐에 굽는다. 가지 또는 주키니호박을 둥글게 썰어 올리브오일에 노릇하게 지진다. 반으로 자른 토마토의 수만큼 달걀을 반숙(œuf mollet)으로 삶는다. 달걀 껍질을 벗기고 녹인 버터에 굴려준 다음 페르시야드(persillade)를 고루 묻힌다. 반으로 잘라 오븐에 익힌 토마토에 토마토 소스를 채운 뒤 각각 달걀을 한 개씩 얹는다. 뜨겁게 데운 원형 서빙 접시에 달걀을 왕관 모양으로 빙 둘러 놓는다. 팬에 지진 채소를 중앙에 담고 잘게 썬 허브를 뿌린다.

ŒUF MOULÉ 외프 물레 틀에 넣어 익힌 달걀. 버터를 바르고 잘게 다진 고명(goa, 파슬리, 송로버섯 등)을 뿌린 다리올(dariole) 틀에 달걀을 채운 뒤 중탕으로 익힌 것이다. 틀에서 분리한 뒤 크루스타드(croustade), 토스트 또는 아티초크 속살에 올리고 소스를 끼얹어 서빙한다. 고급 식사에 자주 등장했던 이 요리는 오늘날 거의 만들지 않는다.

œufs moulés : cuisson 외 물레

틀에 넣어 익히는 달걀 : 다리올(dariole) 틀 안쪽에 버터를 바른다. 레시피에 따라 고명으로 바닥과 내벽을 장식한다. 장식한다. 냉장고에 몇 분간 넣어 굳힌다. 틀마다 달걀을 한 개씩 깨 넣고 뚜껑이나 랩을 씌운 다음 중탕으로 8~10분간 익힌다. 틀을 꺼내한 김 나가도록 잠시 휴지시킨다. 달걀을 틀에서 분리한 다음 레시피에 따라 선택한 받침 음식에 올린다. 레시피 재료와 어울리는 소스를 끼얹어준다.

장 프랑수아 피에주(JEAN-FRANÇOIS PIÈGE) 의 레시피

blanc à manger d'œuf, truffe noire 블랑 아 망제 되프, 트뤼프 누아르

블랙 트러플을 곁들인 달걀 블랑 망제 : 토종닭이 낳은 달걀 4개의 흰자와 노른자를 분리한 다음 노른자를 한 개씩 따로 담아둔다. 오븐을 120°C로 예열한다. 믹싱볼에 달걀흰자를 넣고 고운 소금을 넣어가며 핸드믹서로 단단히 거품을 올린 뒤 레몬즙, 그라인드 후추, 잘게 다진 송로버섯 10g, 잘게 썬 차이브 5g을 넣고 살살 섞는다. 4개의 무스링에 거품 낸 달걀흰자를 반쯤 채우고 가운데를 우물처럼 움푹하게 만든다. 여기에 달걀노른자를 한 개씩 넣고 나머지 달걀흰자 거품으로 덮은 뒤 표면을 매끈하게 만든다. 오븐에서 4분간 익힌 다음 꺼내서 1분간 휴지시킨다. 송로버섯 갈레트를 만든다. 우선 생송로버섯 120g을 흐르는 찬물에 씻은 뒤 물기를 닦고 날이 얇은 칼로 껍질을 벗긴다. 만돌린 슬라이서를 이용해 송로버섯을 1mm 두께로 총 32장 슬라이스한다. 이것을 지름 3.2cm 원형 커터로 찍어 동그란 모양을 만든다. 원형으로 자른 유산지 4장을 준비한 다음 반으로 자른 마늘로 문질러준다. 이 유산지들을 각각 원형 스텐 팬에 놓고 송로버섯 슬라이스를 유산지 중앙부터 시작해 한 장 씩 부분적으로 겹쳐가며 꽃 모양처럼 시계 방향으로 동그랗게 8장을 배열한다. 각 송로버섯 슬라이스 끝부분을 정제버터에 담갔다 빼 겹쳐지는 부분을 잘 붙여준다. 이어서 동그랗게 자른 유산지로 송로버섯을 전부 덮어준 다음 다른 한 장의 원형 팬으로 눌러준다. 냉장고에 보관한다. 송로버섯 쿨리를 만든다. 무쇠로 된 코코트 냄비에 닭 자투리 부위 500g을 로스트한 뒤 샬롯 2개, 마늘 2톨, 타임 1줄기를 넣는다. 마데이라 와인 20mℓ와 포트와인 20mℓ을 넣고 디글레이즈한 뒤 졸인다. 닭 육즙 소스 450mℓ를 첨가하고 원하는 농도가 될 때까지 졸인 후 고운 원뿔체에 걸러준다. 여기에 송로버섯 퓌레 110g을 넣고 잘 섞어 걸쭉하게 농도를 맞춘다. 송로버섯즙 20mℓ와 송로버섯 오일을 약간 넣어 향을 더한다. 간을 맞춘다. 달걀을 무스링에서 분리한 뒤 접시에 놓고 그 위에 꽃 모양으로 만들어 둔 검은 송로버섯을 얹는다. 플뢰르 드 셀(fleur de sel)을 뿌리고 통후추를 한 바퀴 갈아 뿌린다. 차이브 오일과 송로버섯 쿨리를 뿌린다. 남은 송로버섯 쿨리는 작은 그릇에 따로 담아 서빙한다.

œufs moulés en chartreuse 외 물레 앙 샤르트뢰즈

달걀 샤르트뢰즈 : 양배추를 팬에 자작하게 익혀둔다. 당근의 주황색이 진한 부분과 순무를 주사위 모양으로 썰고 그린빈스는 일정한 크기로 작게 송송 썬다. 썰어 놓은 채소들을 소금물에 살캉하게 삶는다. 완두콩도 끓는 물에 삶아둔다. 모두 건져낸 뒤 약간 식혀 둔 녹인 버터에 한번 버무린 다음, 버터를 바른 다리올 틀의 바닥과 내벽에 깔아준다. 각 틀에 달걀을 1개씩 깨 넣고 소금과 후추를 뿌린 다음 중탕으로 6~8분 동안 익힌다. 브레이징한 양배추를 서빙 접시에 깐 다음 그 위에 틀에서 분리한 달걀을 올린다.

ŒUF SUR LE PLAT 외프 쉬르 르 플라 접시에 익힌 달걀 프라이. 개인용 작은 접시에 깨 넣고 약한 불에서 익힌 달걀. 소금은 흰자에만 뿌리는 것을 권장한다. 노른자에 소금을 뿌리면 흰색 반점이 남기 때문이다.

œufs sur le plat : cuisson 외 쉬르 르 플라

달걀 프라이 조리하기 : 달걀용 내열 접시 바닥에 버터를 바르고 간을 한 다음 달군다. 여기에 달걀을 깨어 넣는다. 흰자가 부풀어 기포가 생기는 것 없이 응고되고 노른자는 익지 않도록 약한 불에서 천천히 익힌다. 조리한 접시 그대로 서빙한다.

œufs sur le plat au bacon 외 쉬르 르 플라 오 베이컨

베이컨을 넣은 달걀 프라이 : 4인분, 준비: 20분, 조리: 10분

얇은 베이컨 8장을 오븐 브로일러 아래에 굽거나 기름을 두르지 않은 논스틱 프라이팬에 노릇하게 지져낸다. 달걀용 내열 접시 4개에 버터를 바르고 후추를 약간 뿌린 뒤 베이컨 슬라이스를 2장씩 놓는다. 각 접시에 달걀을 2개씩 깨어 넣는다. 전기레인지 위에서 약한 불로 익힌 다음 바로 서빙한다. 달걀을 조리한 후 베이컨을 얹어도 좋다.

베르나르 루아조(BERNARD LOISEAU)의 레시피

œufs sur le plat en cassolette 외 쉬르 르 플라 앙 카솔레트

카솔레트에 익힌 달걀 프라이 : 4 인분 / 준비: 10분 / 조리: 3분 30초

오븐을 240°C로 예열한다. 매우 신선한 달걀 8개를 깨 흰자와 노른자를 분리한다. 노른자는 한 개씩 따로 담아놓고, 흰자는 한 그릇에 2개분씩 담아둔다. 캉파뉴 브레드 슬라이스를 바삭하게 구운 뒤 가늘고 길게 썰어 무이예트(mouillettes)를 만든다. 양쪽에 귀 모양의 작은 손잡이가 달린 납작한 용기인 카솔레트(cassolette) 4개를 준비해 물 1테이블스푼, 소금 1자밤, 통후추를 한 바퀴 갈아 넣는다. 각 카솔레트에 달걀흰자 2개분을 넣는다. 오븐에 넣고 흰자 표면이 굳지 않은 상태로 있는지 지켜보면서 1분 30초간 익힌다. 꺼내서 흰자에 소금, 후추로 간을 하고 발사믹 식초 3방울을 뿌린다. 달걀흰자 위에 노른자를 2개씩 올린 뒤 오븐에 넣어 2분간 더 익힌다. 무이예트를 곁들여 바로 서빙한다.

œufs sur le plat à la lorraine 외 쉬르 르 플라 아 라 로렌

로렌식 달걀 프라이 : 베이컨 슬라이스 3~4장을 그릴 팬에 굽는다. 달걀용 작은 접시에 버터를 바른 뒤 베이컨을 깔고 얇게 슬라이스한 그뤼예르 치즈를 3~4장 얹어준다. 각 접시에 달걀을 2개씩 깨 넣고, 노른자 주변에 생크림을 한 바퀴 둘러준 다음 오븐에 익힌다.

루이 올리베르(LOUIS OLIVER)의 레시피

œufs sur le plat Louis Oliver 외 쉬르 르 플라 루이 올리베르

루이 올리베르의 달걀 프라이 : 달걀용 큰 용기에 버터를 아주 조금 두른 뒤, 약 40g짜리 생푸아그라 슬라이스를 놓고 양면을 뜨겁게 데운다. 소금과 카옌페퍼를 뿌려 간한다. 약간의 버터를 다시 첨가한 뒤 뜨겁게 달궈지면 푸아그라 슬라이스 양쪽으로 달걀을 하나씩 깨 넣는다. 푸아그라 위에 뜨거운 닭 육수 블루테를 조금 부어 덮은 다음 센 불로 2분간 익힌다. 달걀 주변에 페리괴 소스(sauce Périgeux)를 한 바퀴 둘러준 다음 바로 서빙한다.

œufs sur le plat à la maraîchère 외 쉬르 르 플라 아 라 마레셰르
채소 달걀 프라이 : 상추 잎 250g과 수영 100g을 가늘게 썬 다음 버터 30g을 녹인 팬에 넣고 숨이 죽도록 볶는다. 잘게 썬 처빌을 조금 넣는다. 달걀용 그릇에 이 채소 시포나드(chiffonnade)를 왕관 모양으로 빙 둘러 담는다. 달걀 4개를 중앙에 깨어 넣고 소금, 후추로 간 한 다음 오븐에 넣어 익힌다. 베이컨 슬라이스 4쪽을 버터에 노릇하게 지져 달걀에 곁들인다.

ŒUF POCHÉ 외프 포셰 수란, 포치드 에그. 껍질 없이 끓는 액체에서 익힌 달걀(이때 노른자는 주머니처럼 흰자에 둘러싸인다). 액체는 일반적으로 식초를 넉넉하게 첨가한 물을 사용한다.
만드는 법 익히기 ▶ *Pocher des œufs* 수란 만들기 실습 노트 P. XX

œufs pochés : cuisson 외 포셰
수란 만들기 : 소금을 넣지 않은(소금은 흰자의 알부민을 액화한다) 물 2ℓ를 끓인 뒤 흰색식초 100mℓ를 첨가한다. 달걀을 하나씩 따로 작은 그릇에 깨어 넣고, 약하게 끓고 있는 물에 조심스럽게 밀어 넣는다. 끓지 않는 상태를 유지하며 3분 동안 데친다. 흰자는 노른자를 감싸도록 충분히 응고되어야 한다. 건져내어 차가운 물에 담갔다 뺀다. 가장자리의 너덜너덜한 부분을 말끔히 잘라 다듬는다.

œufs en meurette 외 앙 뫼레트
레드와인소스 수란 요리 : 수란을 익힐 수 있을 정도로 넉넉한 양의 부르기뇽 소스(sauce bourguinonne)를 준비한다. 작게 썬 크루통과 작은 라르동으로 썬 베이컨을 팬에 넣고 버터에 튀기듯 지진다. 달걀ㅍㅍㅍ을 한 개씩 깨서 작은 그릇에 각각 담은 뒤 약하게 끓고 있는 부르기뇽 소스 안에 조심스럽게 밀어 넣는다. 끓지 않는 상태를 유지하며 3분간 데친 뒤 수란을 서빙 접시에 담고 소스를 끼얹는다. 라르동과 크루통을 곁들여 담는다.

œufs pochés Rachel 외 포셰 라셸
라셸 수란 : 동그랗게 잘라낸 식빵 크루통을 버터나 기름에 튀기듯 지진다. 소 뼈 골수 소스(sauce à moelle)를 만든다. 동그랗게 슬라이스한 소 뼈 골수를 끓는 육수에 데쳐 익힌다. 반숙 달걀(oeufs mollets) 또는 수란(가장자리를 깔끔하게 다듬는다)을 만든다. 동그란 크루통 위에 달걀을 각각 한 개씩 놓고 소스를 끼얹어준다. 달걀 위에 골수를 한 조각씩 올린다.

ŒUF POÊLÉ 외프 푸알레 팬에 지진 달걀 프라이. 기름을 두른 팬에 넣고 중불에서 지져 익힌 달걀 프라이를 뜻한다. 흰자는 약간 노릇한 색이 나며 응고된 상태로 익히고 노른자는 익지 않은 상태를 유지한다.

œufs poêlés à la catalane 외 푸알레 아 라 카탈란
카탈루냐식 달걀 프라이 : 토마토를 가로로 이등분 한 뒤 속과 씨를 제거한다. 가지는 동그랗게 슬라이스한다. 토마토와 가지에 올리브오일을 뿌린 뒤 따로 굽는다. 소금, 후추로 간을 하고 으깬 마늘과 다진 파슬리를 조금 넣는다. 접시에 이 채소들을 깔아준다. 프라이팬에 조리한 달걀 프라이를 채소 위에 올린다.

ŒUFS DE CENT ANS 외 드 상탕 피단, 송화단. 오리알을 석회, 진흙, 초석, 향신허브, 볏짚 등을 섞은 반죽으로 감싸 삭힌 중국 식재료로, 무한정에 가깝게 아주 오래 보관해두고 먹을 수 있다. 저장 후 두 달이 지나면 먹을 수 있지만 오래 묵힐수록 더 맛이 좋아진다. 외피와 껍데기를 벗기면 검정색 광택이 나는 알이 모습을 드러낸다. 피단은 차갑게 그대로 먹거나 얇게 썬 생강, 동그랗게 썬 오이 또는 닭 모래주머니 조림을 잘라 섞어 먹기도 한다.

ŒUFS AU LAIT 외 오 레 달걀 우유 푸딩의 일종. 달걀을 거품기로 저어 미세한 기포가 일도록 풀어준 다음 끓는 우유와 설탕을 넣고 다양한 향을 더해 만든 디저트. 플랑과 비슷한 푸딩의 일종으로 만든 용기 그대로 차갑게 서빙한다.

œufs au lait 외 오 레
달걀 우유 푸딩 : 우유 1ℓ에 설탕 125g과 길게 갈라 긁은 바닐라 빈 1줄기 넣고 끓인다. 볼에 달걀 4개를 깨 넣고 오믈렛을 만들 듯이 미세한 거품이 생기도록 잘 휘저어 풀어준다. 바닐라 빈을 건져낸 뒤 끓는 우유를 조금씩 달걀에 부어가며 계속 젓는다. 오븐용 내열용기나 개인용 라므킨(ramequian)에 혼합물을 채운 뒤 220°C로 예열한 오븐에서 중탕으로 40분간 익힌다. 차게 서빙한다.

ŒUFS À LA NEIGE 외 아 라 네주 일 플로탕트, 플로팅 아일랜드. 설탕을 넣고 단단히 거품올린 달걀흰자를 스푼으로 떠 모양을 만든 뒤 끓는 물이나 우유에 데치고 크렘 앙글레즈에 얹어 내는 차가운 디저트. 달걀흰자를 데쳐낸 우유(이 경우 달걀흰자는 부드러움이 덜하다)는 크렘 앙글레즈를 만들 때 활용한다. 외 아 라 네주(œufs à la neige 또는 œufs en neige)는 황금색 캐러멜을 몇 방울 뿌리거나 잘게 부순 프랄리네로 장식해 서빙한다(**참조** ÎLE FLOTTANTE).

œufs à la neige 외 아 라 네주
외 아 라 네주(일 플로탕트) : 우유 800mℓ에 길게 갈라 긁은 바닐라 빈 1줄기를 넣고 끓인다. 볼에 달걀흰자 8개분을 넣고 소금 한 자밤, 설탕 40g을 넣어가며 단단하게 거품을 올린다. 거품올린 달걀흰자를 수프용 스푼을 사용해 통통한 모양으로 떠서 끓는 우유에 조심스럽게 넣는다. 고루 익도록 뒤집어가면서 한 개씩 차례로 데친다. 각 2분씩 익힌 뒤 건져서 면포에 올려 수분을 제거한다. 달걀흰자를 데치고 난 뒤 우유를 체에 거른다. 이 우유와 달걀노른자 8개, 설탕 250g으로 크렘 앙글레즈(crème anglaise)를 만든다. 완전히 식힌다. 크렘 앙글레즈를 쿠프(coupe) 잔에 담고 그 위에 데쳐 둔 달걀흰자를 올린다. 냉장고에 보관한다.

ŒUFS DE POISSON 외 드 푸아송 생선알. 바다생선 또는 민물생선의 알은

Confectionner des œufs à la neige 외 아 라 네주 만들기

1. 설탕을 넣고 단단히 거품 올린 달걀흰자를 숟가락 한 개로 떠낸 뒤 다른 숟가락으로 밀어가며 크넬 모양을 만든다.

2. 한 숟가락에서 다른 숟가락으로 옮기고 돌려가면서 매끈한 크넬 모양을 완성한다.

3. 아주 약하게 끓으려고 하는 상태의 물에 달걀흰자 크넬을 3개씩 넣고 데친다. 흰자가 충분히 응고되면 고루 익도록 거품 국자로 뒤집어준다.

대부분 맛이 아주 섬세하며 주로 카나페나 토스트 위에 얹어 먹는다(**참조** 위의 생선알 도표). 생선알은 총체적으로 로그(rogue)라는 명칭으로 불린다. 생선알은 제품으로 만드는 방식과 형태에 따라 3가지 유형으로 분류한다.
- 자연 상태 그대로 먹는 알. 러시아 전통방식에 따라 알주머니 채취, 체에 거르기, 세척, 염장. 포장 등의 과정을 거친다(대형 양동이에 넣거나 대량 식품제조 공장용으로 냉동하기도 하며 캔이나 틴 케이스, 유리병, 또는 플라스틱 용기에 포장해 반 저장 식품으로 판매한다). 연어알, 송어알 등의 고급품은 언제나 원 상태 그대로 판매되며, 강꼬치고기, 도치, 빙어, 날치알 등은 붉은색 또는 검정색을 입히기도 한다.
- 또 하나의 방법은 대구, 숭어, 참치알과 기타 몇몇 생선알에 해당되는 것으로 알주머니를 그대로 채취하여 염장, 건조(일반적으로 햇볕에 말린다) 한 다음 진공 포장하거나 천연 밀랍 또는 기름으로 덮어씌운다. 이 보존방법은 고대부터 사용되었으며 특히 유명한 말린 숭어 어란인 푸타르그(**참조** POUTARGUE)를 만드는 방식이다.
- 그 외 방법은 생선알을 재료로 한 혼합물을 페이스트 형태로 만든 타라마(**참조** TARAMA)를 꼽을 수 있다. 그리스의 전통 식품인 타라마는 색소를 넣은 선명한 분홍색의 에멀전 형태로 대량 생산되어 시중에 판매된다.

주요 생선알의 종류와 특징

이름	원산지	외형	포장
대구알 œufs de cabillaud	덴마크, 아이슬란드	갈색을 띤 훈제 알	알 주머니째 진공 포장
철갑상어알, 캐비아* œufs d'esturgeon, caviar*	러시아, 이란	짙은 회색에서 검은 회색을 띠고 있으며 알은 작은 것에서 중간 크기이다.	깡통, 틴 케이스
청어알 œufs de hareng	스페인	검정색	깡통, 틴 케이스
도치알 œufs de lump	아이슬란드	검정, 빨강 또는 연한 분홍(천연 색)	저장용 병
숭어 어란, 보타르가 œufs de mulet, poutargue	튀니지, 시칠리아, 그리스, 모리타니	갈색의 말린 어란.	알 주머니째 밀랍으로 싸여 있다.
연어알 œufs de saumon	노르웨이, 알래스카, 러시아, 캐나다, 덴마크, 프랑스	오렌지빛 붉은색을 띠고 있으며 알이 꽤 굵은 편이다.	저장용 병
송어알 œufs de truite	프랑스, 스페인, 덴마크	오렌지빛 분홍색	저장용 병

* 참조 p.172 캐비아 도표

▶ 레시피 : CORNET.

œufs de poisson grillés 외 드 푸아송 그리예
구운 생선알 : 생선알에 소금과 후추를 뿌린다. 기름을 바르고 약간의 레몬즙을 뿌린 다음 30분간 휴지시킨다. 정제 버터를 뿌린 뒤 약한 불로 그릴에 굽거나 팬에 버터를 두르고 약한 불에서 약한 불에 지지듯이 굽는다. 호밀빵, 버터, 레몬과 함께 서빙한다.

OFFICE 오피스 식사 준비실. 식사 서빙에 필요한 모든 것을 보관하고 다양한 음식을 준비하기 위한 공간으로, 주방 바로 옆에 딸린 부속실에 해당한다. 와인을 실온으로 만들 때 이곳에 놓아두기도 한다.

OIE 우아 기러기, 거위. 기러기오리과의 물갈퀴가 있는 철새. 기러기는 온대지역 위로 주기적으로 날아 이동함에 따라 과거에는 인기 많은 사냥감이었고, 고대 이집트, 그리스 로마 시대에 이미 가축 조류(집 기러기를 거위라고 한다)로 많이 길렀다(**참조** p.905, 906 가금류, 토끼 도표, p.904 도감). 프랑스에서 사육되는 모든 거위는 기니 거위를 제외하고는 아시아게 종 개리(oie cygnoïde) 핏줄인 야생 회색기러기의 후손이다. 가장 널리 퍼진 종인 회색 거위는 강제로 사료를 먹여 살을 찌웠을 때 무게가 12kg까지 나가며, 바로 이 거위의 간이 최고의 푸아그라가 된다. 생산 지역에 따라, 툴루즈(Toulouse)산, 랑드(Landes)산, 알자스(Alsace)산 푸아그라라고 불린다. 부르보네(Bourbonnais) 또는 푸아투(Poitou) 산 흰 깃털 거위는 이보다 무게가 적게 나간다(5~6kg 정도).
■ **사용.** 살찌운 거위는 물론 푸아그라용으로 유명하다(**참조** FOIE GRAS). 번식용 거위는 동물은 5~6년까지 사육이 가능하지만 대부분은 3개월 정도 되었을 때 식용으로 도살한다(가슴살이 발달하고 육질이 섬세한 시기이다). 거위는 모든 부위가 요리에 사용된다. 푸아그라용 간을 들어내고 남은 거위의 살과 뼈를 지칭하는 팔르토(paletot)는 그 상태 그대로 또는 부위별로 잘라 콩피(confit), 또는 리예트(rillettes)를 만들어 판매한다. 모래주머니, 염통, 혀, 목, 자투리 부위와 내장 등도 맛있는 향토 요리의 재료로 사용된다. 또한 거위 기름은 다수의 요리에 사용되며 거위 다리 콩피는 특히 카술레(cassoulet)에 반드시 들어가는 재료다. 칠면조 로스트가 경쟁자로 부상하고 있지만 아직도 거위는 북부 유럽의 수많은 나라에서 크리스마스와 연말 명절의 대표적인 음식으로 남아 있다.

confit d'oie ▶ CONFIT
confit d'oie à la landaise ▶ CONFIT
conserve de truffe à la graisse d'oie ▶ TRUFFE

Œuf 달걀

"달걀만큼 기본적인 것이 또 있을까? 레스토랑 엘렌 다로즈, 포텔 에 샤보, 파리 에콜 페랑디의 셰프들은 능란한 솜씨로 달걀을 깨어서 스크램블드 에그로 앙트르메를, 수란으로 오르되브르를, 체에 가늘게 내린 줄달걀 가니시를, 완벽하게 일정한 모양의 달걀 프라이를 만들어낸다. 가장 단순한 것이 완전한 정교함으로 변신하는 순간이다."

OIGNONS 양파

doux Saint-André sweer globe onion
두 생 탕드레. 생 앙드레 스위트 양파

oignon blanc frais en botte
오농 블랑 프레 앙 보트. 골파, 줄기양파

oignon jaune d'Auxonne
오농 존 오손 .
오손 노랑 양파

prince de Bretagne
프랭스 드 브르타뉴(상표).
브르타뉴 프린스 로스코프 양파

breton rond round breton onion
브르통 롱, 둥근 브르통 양파

rosé de Roscoff pink roscoff onion
로제 드 로스코프. 로스코프 핑크 양파

grelot blanc silverskin onion
그를로 블랑. 방울양파

rouge sphérique red onion
루즈 스페리크. 적양파

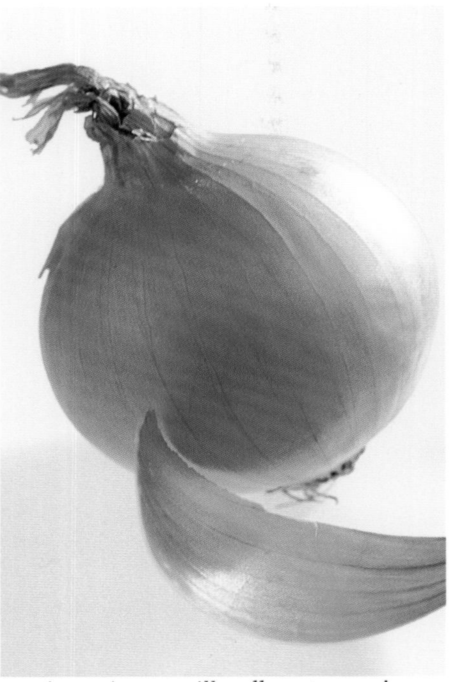

oignon jaune paille yellow straw onion
오농 존 파이유. 노랑 양파

rouge de Simiane long red simiane onion
루즈 드 시미안. 시미안 레드 롱 양파

brun grano brown globe onion
브룅 그라노. 갈색 양파

rouge ovale
루즈 오발. 타원형 적양파

cous d'oie farcis 쿠 두아 파르시

속을 채운 거위 목 요리 : 거위 목의 뼈를 제거한다. 이때 가슴 쪽 껍질의 대부분은 그대로 붙여둔다. 뼈를 제거한 목살을 굵직하게 다진 뒤, 곱게 간 돼지 분쇄육을 최소 동량(부피 기준)으로 넣어 섞어준다. 생푸아그라를 주사위 모양으로 썰어 넣는다. 경우에 따라서는 송로버섯을 넣기도 한다. 소금, 후추로 간을 하고 카트르 에피스(quatre-épices) 한 자밤을 첨가한다. 거위 목 껍질 안에 이 혼합물을 채워 넣은 뒤 양끝을 조리용 실로 매듭지어 묶는다. 코코트 냄비에 거위 기름을 녹인 뒤 속을 채운 거위 목을 넣고 콩피(confit)를 만들 듯이 1시간 동안 뭉근히 익힌다. 이것을 도기항아리 안에 넣고 녹은 거위 기름으로 덮어준다. 그 위에 돼지기름을 흘려 넣어 얇은 층을 만들어준 뒤 밀봉하여 서늘한 곳에 보관한다. 속을 채운 거위 목은 거위 콩피와 같은 방법으로 요리하여 뜨겁게 혹은 차갑게 먹는다.

mousse de foie gras d'oie ▶ MOUSSE

oie à l'alsacienne 우아 아 랄자시엔

알자스식 거위 요리 : 슈크루트 양배추에 기름기가 적은 돼지 삼겹살 한 덩어리를 넣고 자작하게 브레이징한다. 곱게 간 돼지분쇄육(소시지 스터핑용 혼합육)에 소금, 후추로 간을 한 뒤 카트르 에피스(quatre-épices)를 한 자밤 뿌린다. 로스팅용으로 준비한 거위 안에 이 고기 혼합물과 약간의 다진 양파, 다진 파슬리를 채워 넣는다. 날개와 다리를 실로 꿰어 몸통에 고정시킨 뒤 오븐에 넣어 로스팅한다. 중간중간 흘러나온 기름을 끼얹어준다. 반쯤 익었을 때 거위에서 나온 기름을 슈크루트에 조금 넣어주고 조리를 모두 완성한다. 스트라스부르 소시지를 약하게 끓는 물에 데친다. 길쭉한 서빙 접시에 슈크루트를 깐 다음 가운데에 거위 로스트를 올린다. 슈크르트와 함께 익힌 삼겹살 덩어리를 잘라 거위 둘레에 소시지와 교대로 놓는다. 뜨겁게 유지한다. 거위를 구운 로스팅 팬의 기름을 제거한 뒤 화이트와인을 넣고 디글레이즈한다. 여기에 동량의 물(부피 기준)을 넣고 졸여 육즙 소스(jus)를 만든다. 소스는 따로 용기에 담아 서빙한다.

profiteroles de petits-gris à l'oie fumée ▶ ESCARGOT
rillettes d'oie ▶ RILLETTES
truffe en papillote et son foie gras d'oie ▶ TRUFFE

OIGNON 오뇽 양파. 부추과에 속하는 식용 채소로 희고 두툼한 잎으로 이루어진 구근을 만든다. 양파는 노랑, 갈색, 붉은색 또는 흰색의 다소 건조한 얇은 껍질로 덮여 있다(**참조** p.590 양파 도표, 옆 페이지의 도감). 양파는 신선한 상태로 또는 마른 상태로 소비된다. 생으로 또는 익혀서 일반 채소로 먹을 수 있으며 요리의 부재료나 양념으로도 활용할 수 있다. 아시아 북부와 팔레스타인이 원산지인 양파는 5,000여 년 전부터 재배되어 왔다. 양파는 특히 북유럽과 동유럽 요리에서 매우 중요한 역할을 한다. 지중해 지역 국가에서는 특히 스위트 양파를 생으로 즐겨 먹는다. 매우 촘촘하게 파종해 재배한 작은 사이즈의 방울 양파는 그를로(grelots) 또는 뷜비유(bulbilles)라고 부른다.

■ **품종.** 양파의 종류는 매우 다양하다. 주로 색과 구근의 모양, 파종 시기, 구근의 형성 시기(일부 품종은 가을에 파종하여 봄부터 알뿌리가 생긴다. 봄에 심은 다른 품종들은 여름에 구근을 생산한다) 및 그 용도에 따라 분류한다. 유럽에서 다섯 번째로 양파를 많이 생산하는 프랑스에서는 주요 지역 다섯 곳(코트 도르 Côte-d'Or, 루아레 Loiret, 엔 Aisne, 외르 에 루아르 Eure-et-Loir, 마른 Marne)에서 총 생산량(부피 기준)의 반을 재배하고 있으며 품종은 주로 노랑 양파이다. 흰색 양파, 적 양파 또는 분홍 양파는 파리 주변의 녹지대, 남서부 지방과 브르타뉴에서 생산된다. 또한 프랑스는 네덜란드, 스페인, 이탈리아에서 양파를 수입하며 뉴질랜드와 오스트레일리아에서도 소량 들여오고 있다.

– 흰색 양파는 주로 줄기 잎이 달린 채로 단으로 묶어 판매되거나 대량 생산 제품으로 가공된다(캐러멜라이즈한 양파(confit d'oignon)를 병에 포장한 제품들이 출시되어 있다). 단으로 묶어 판매하는 흰 줄기양파는 4월에서 7월에 출하되며 생으로 소금만 찍어서 먹거나, 흰 구근 부분만 잘게 썰어(줄기는 따로 두었다가 파처럼 양념 재료로 활용한다) 다른 채소들과 섞어 조리하기도 한다(jardinière). 9월에 출하되어 무게를 달아 판매하는 흰색 양파는 그리스식(à la greque)으로 조리하거나 윤기나게 익혀 먹으며, 식초에 담가 장아찌나 피클처럼 절이기도 한다. 4월에서 9월까지 나오는 마른 흰 양파는 저장용으로 사용하지 않는다. 남프랑스 지방에서 생산되어 8월에 출하되는 흰색 양파는 아주 신선하고 아삭한 식감을 지니고 있다.

– 색이 있는 양파의 대부분은 마른 상태에서 먹는 구근이다. 노랑 양파는 맛이 아주 좋고 보관도 용이하며 연중 구입할 수 있다. 이들 중 몇몇 품종은 특별한 장점을 지니고 있다. 매운맛이 적어 순하고 달콤한 세벤의 AOC 양파(oignon des Cévennes, AOC), 알이 큼직해 속을 채우는 조리법에 적합한 스페인 종 타입의 양파(grano de oro), 납작한 모양에 윤기가 나며 수프, 타르트, 퓌레, 오래 익히는 음식에 이상적인 베르튀(Vertus) 노랑양파 등이 대표적이다. 적 양파나 분홍 양파는 6월에서 이듬해 3월까지 시장에 나온다. 주로 샐러드에 넣어 생으로 먹는데, 익히면 약간의 단맛이 나고 노랑 양파보다 향이 덜하다.

■ **사용.** 열량이 매우 낮은(100g당 47kcal 또는 196kJ) 양파는 황, 셀레늄, 폴리페놀이 풍부하지만 생으로 섭취할 경우 소화가 잘 안 된다. 양파를 구입할 때에는 아주 단단한 것을 골라야 한다. 흰 양파는 윤기가 나야 하며 노랑 양파나 적양파는 말라서 파삭하게 부서지는 얇은 겉껍질에 싸여 있어야 한다. 양파는 서늘하고 건조하며 통풍이 잘 되는 곳에 보관한다. 양파 껍질을 벗길 때 눈이 매운 불편함을 줄이기 위해서는 사전에 10분 정도 냉동실에 또는 1시간 동안 냉장고에 넣어두거나 흐르는 물에 대고 자르면 된다. 또한 작은 크기의 양파는 끓는 물에 1분간 데쳐내면 껍질을 쉽게 벗길 수 있다. 껍질을 깐 양파는 빠른 시간 안에 소비해야 한다.

요리에서 양파의 활약은 실로 크고 다양하다. 우선 양파는 양념이나 부재료로, 오래 익히는 요리의 향신 재료로 사용된다. 소고기 양파 스튜(boeuf miroton), 브르타뉴식 염장대구(morue à la bretonne), 피살라디에르(pissaladière), 그라탱으로 마무리한 프렌치 어니언 수프(soupe gratinée), 알자스식 양파 타르트(tarte à l'oignon alsacienne), 보르도식 투랭(tourin bordelais), 내장요리(tripes), 다수의 리옹식(à la lyonnaise) 요리 등의 요리에는 기본적으로 양파가 들어간다. 또한 토끼고기, 화이트와인을 넣어 익힌 소시지 요리에 잘 어울리며 수비즈(Soubise) 소스 요리의 핵심재료이기도 하다. 속을 채운 양파(oignons farci)는 더운 애피타이저로 많이 서빙되며, 오븐에 로스팅하거나 브레이징한 고기 요리에 가니시로 곁들이기도 한다. 링 모양으로 튀긴 양파는 다양한 요리 플레이팅에 고명으로 사용하며, 갈거나 곱게 다진 오이뇨나드(oignonade) 는 비네그레트 소스, 재움 양념 등에 넣거나 차가운 가니시를 만들 때 사용한다. 그 외에도 양파는 다양한 종류의 감자요리, 양배추, 달걀 등과 좋은 궁합을 이룬다. 방울양파에 약간의 물, 소금, 버터, 설탕을 넣고 약한 불에 윤기나게 익힌 오뇽 글라세(oignons glacés 색이 나지 않게 또는 약간 갈색이 날 정도로 익힌다)는 거의 모든 고기나 생선 요리에 필수로 곁들이는 가니시다. 양파는 또한 식초에 절여 양념이나 곁들임 피클처럼 사용하기도 한다. 그리스식(à la greque)으로 요리하여 오르되브르로 서빙할 수 있다. 또한 다진 양파를 비프 타르타르(steak tartare)에 섞기도 하며 세로로 등분하여 양고기 꼬치에 함께 꿰어 굽기도 한다.

chutney aux oignons d'Espagne ▶ CHUTNEY
crème de laitue, fondue aux oignons de printemps ▶ CRÈME (POTAGE)
gigot braisé aux petits oignons nouveaux ▶ GIGOT

oignons farcis 오뇽 파르시

속을 채운 양파 : 중간 크기의 발랑스(Valence)산 양파의 겉껍질만 벗겨낸다. 첫 번째 흰 겹이 찢어지지 않도록 주의한다. 양파 높이의 3/4 되는 부분 줄기 쪽을 가로로 뚜껑처럼 잘라준다. 소금을 넣은 끓는 물에 양파를 10분간 데친 뒤 찬물에 식혀 건져둔다. 양파의 바깥 쪽 두 겹만을 남겨두고 가운데를 모두 파낸다. 파낸 양파를 분쇄기로 잘게 다진 다음 곱게 간 고기(돼지, 송아지, 소 또는 양고기)와 혼합하고 간을 한다. 이 혼합물을 양파에 채워 넣는다. 소테팬에 버터를 바른 뒤 양파를 나란히 놓고 살짝 리에종한 갈색 송아지 육즙 소스(jus)나 일반 육수를 몇 스푼 자작하게 넣는다. 뚜껑을 덮고 불에 올려 가열한 다음 끓기 시작하면 오븐에 넣어 윤기나게 익혀 마무리한다. 중간에 소스를 자주 끼얹어준다. 조리가 끝나기 몇 분 전, 흰 빵 속살로 만든 빵가루나 가늘게 간 파르메산 치즈를 고루 얹고 녹인 버터를 뿌린다. 오븐 브로일러 아래에 놓고 그라탱처럼 노릇하게 구워낸다.

tarte à l'oignon ▶ TARTE
tarte à la viande et aux oignons ▶ TARTE
tendron de veau aux oignons caramélisés ▶ TENDRON

OISEAU 우아조 새. 요리에서는 식용 야생 조류(깃털달린 수렵육) 또는 가금류를 지칭한다. 개똥지빠귀(grive) 크기 이하의 모든 작은 새들은 사냥이 금지되어 있다. 일부 지역에 한해 종달새(alouette), 멧새(ortolan), 참새(moineau)는 예외적으로 허용된다. 옛날에 까마귀는 육수용으로 인기가 많았다(영국에서는 파테를 만들어 먹었다). 당시 가장 즐겨 먹었던 야생 조류 요리는 통째로 구운 왜가리(héron), 매운 후추를 넣고 구운 검둥오리(macreuse)와 물떼새(pluvier), 돼지비계를 박아 넣고 로스팅한 뒤 계피나 생강 소스를 곁들인 자고새(perdrix), 멧비둘기(tourtelle) 암

양파의 주요 유형과 특성

유형	산지	출하 시기	특징
흰색 양파 *oignons blancs*			
바를레타, 엘로디, 프랭타니에 파리지엥, 드 라 렌, 드 보지라르 barletta, élody, printanier parisien, de la reine, de Vaugirard	남동부 지방(Sud-Est), 도시의 녹지대	3월-9월	작고 흰 구근, 녹색 잎이 달린 줄기양파(단으로 묶어 판매).
블랑 드 폼페이, 블랑 디탈리 blanc de Pompéi, blanc d'Italie	이탈리아	3월-4월	작고 흰 구근, 녹색 잎이 달린 줄기양파(단으로 묶어 판매).
프린턴, 화이트 드라이, 디비노 printon, white dry, divino	부르고뉴(Bourgogne), 마른(Marne), 엔(Aisne)	8월-9월	둥글고 흰 구근
드 르부이옹 de Rebouillon	남동부 지방(Sud-Est)	4월-8월	흰색의 납작하고 큰 구근, 녹색 잎이 달려 있다.
노랑 양파 *oignons jaunes*			
디나로 dinaro	네덜란드, 폴란드	9월-6월	연한 노랑에서 짙 빛깔을 띤 둥근 구근.
두 데 세벤 AOC, 세놀 doux des Cévennes AOC, cénol	세벤(Cévennes), 남동부 지방(Sud-Est)	7월-9월	연한 노란색의 둥근 구근
그라노 데 오로, 발랑스 grano de oro, Valence	스페인, 남동부 지방(Sud-Est)	8월-4월	둥글고 짙 빛깔의 노란색을 띤 둥글고 큰 구근
존 파이유 데 베르튀 jaune paille des Vertus	프랑스 전역	7월-8월	납작하고 연한 노란색의 납작한 구근
리리아 liria	스페인	7월-8월	둥글고 납작한 모양의 구근으로 황금빛 노란색을 띠며 속살도 노르스름하다.
드 마제르 de Mazères	프랑스 전역	9월-4월	둥글고 황금빛 노란색의 둥근 구근
드 뮐루즈 (옥손 또는 셀레스타 타입), 스튀롱, 상튀리옹 de Mulhouse(type auxonne, sélestat), sturon, centurion	부르고뉴(Bourgogne), 마른(Marne), 엔(Aisne)	8월-10월	둥근 모양 또는 납작한 모양의 구근으로 구릿빛 노란색을 띠고 있다.
스튜트카르터 stuttgarter	부르고뉴(Bourgogne), 마른(Marne), 엔(Aisne)	7월-10월	구리 빛 노란색을 띤 납작한 구근
탁마크, 스피리트, 바리토, 서밋, 하이필드 takmark, spirit, barito, summit, hyfield	부르고뉴(Bourgogne), 마른(Marne), 엔(Aisne), 오브(Aube), 보스(Beauce), 북부지방(Nord)	연중	둥근 것부터 약간 갸름한 모양을 한 구근으로 구릿빛 노란색을 띤다.
드 트레봉 de Trébons	오트 피레네 (Hautes-Pyrénées)	5월-9월	갸름한 모양의 구근
옐로우스톤, 레이더 yellowstone, radar	남동부 지방(Sud-Est), 부르고뉴(Bourgogne), 보스(Beauce)	6월-7월	둥근 것부터 약간 갸름한 모양을 한 구근으로 크기가 크며 구릿빛 노란색을 띤다.
적양파 *oignons rouges*			
브론즈 담포스타 bronze d'Amposta	남동부 지방(Sud-Est)	8월-10월	윤기나는 붉은색을 띤 크고 둥근 구근
피가로, 트로페아 룽가 figaro, tropea lunga	이탈리아, 네덜란드, 프랑스 동부	8월-10월	매우 길쭉한 모양의 구근으로 보랏빛을 띤 붉은색이다.
로제 드 로스코프 rosé de Roscoff	브르타뉴(Bretagne)	9월-3월	분홍빛을 띤 붉은색의 둥근 구근
루즈 드 브룅스윅 rouge de Brunswick	남동부지방(Sud-Est)	8월-3월	납작하고 두툼한 큰 사이즈의 구근으로 짙은 붉은색을 띤다.
루즈 드 시미안, 루즈 드 플로랑스 rouge de Simiane, rouge de Florence	남동부 지방(Sud-Est), 남서부 지방(Sud-Ouest)	7월-10월	매우 길쭉한 모양의 구근으로 짙은 붉은색을 띤다.
루즈 드 트로페아 rouge de Tropea	이탈리아	8월-10월	둥근 것부터 갸름한 모양을 한 구근으로 보랏빛을 띤 붉은색이다.

닭(geline), 또는 멧비둘기 파테 등을 꼽을 수 있다. 오늘날 가금류 및 식용 조류(닭, 뿔닭, 거위, 칠면조, 오리)의 사육과 소비는 지속적인 성장 추세에 있다. 메추리의 경우도 사냥으로 얻는 양이 줄어들면서 농가 사육이 더 증가하고 있다.

OISEAU SANS TÊTE 우아조 상 테트 고기(송아지, 소, 양)로 만든 포피에트 요리에 붙여진 이름으로 머리 없는 새라는 뜻이다. 알루에트 상 테트(alouette sans tête)라고도 불리는 이 요리는 소를 채운 뒤 끈으로 묶고 경우에 따라서는 얇게 저민 돼지비계로 감싸 만들며 대부분 소스에 조리하거나 브레이징한다. 플랑드르(같은 뜻인 vogels zonder kop라고 부른다)에서 이 요리는 얇은 소고기에 돼지비계가 섞은 분쇄육(소시지 스터핑 미트), 또는 향신료를 섞은 소금으로 간한 삼겹살 덩어리 한 개를 채워 감싸 만든 포피에트로, 향신재료를 넣은 육수에 뭉근히 익힌다. 감자 퓌레를 곁들이며, 고기를 익히고 남은 국물에 뵈르 마니에(beurre manié)를 넣어 걸쭉하게 리에종한 소스를 끼얹어 서빙한다. 혹은 양파와 함께 익힌 뒤 맥주를 자작하게 넣고 브레이징해 카르보나드(carbonade)처럼 만들기도 한다.

OKROCHKA 오크로슈카 크바스(kwas, 호밀과 보리로 만든 발효 음료)와 채소로 만드는 러시아의 차가운 수프로 세로로 등분한 삶은 달걀, 허브, 얇게 썬 오이를 넣어 먹는다. 그 외에 남은 소고기 안심, 닭가슴살, 붉게 물들인 염장 우설, 햄 등의 육류를 잘게 깍둑 썰거나 민물가재 살, 연어 등을 작은 주사위 모양으로 썰어 곁들이기도 한다. 오크로슈카는 언제나 사워크림과 함께 낸다.

OLÉAGINEUX 올레아지뇌 지방(40~60%)과 식물성 단백질이 풍부한 열매, 씨앗, 식물을 총칭하는 용어로 아몬드, 땅콩, 헤이즐넛, 호두, 올리브, 피스타치오 등의 견과류 및 과실, 홍화씨, 유채, 양귀비, 참깨, 콩, 해바라기 등의 씨가 포함된다. 이 식품들은 기름을 짜는 원료 역할 이외에도 요리와 미식에서 큰 자리를 차지하고 있다. 이들 견과류의 일부는 생으로, 구워서, 또는 소금 간을 해서 안주나 스낵으로 즐겨 먹는다. 또한 이국적인 음식들, 과일 샐러드, 콩포트, 케이크 등을 만들 때도 종종 사용된다. 모든 종류의 기름과 마찬가지로 녹색채소와의 궁합이 좋은 견과류는 채식주의 식단의 중요한 기본 요소이다.

OLIGOÉLÉMENT 올리고엘레망 미량 무기질. 살아 있는 유기체 내에 존재하는 화학 성분으로 그 양은 아주 미량에 불과하지만 인체의 성장과 발달에 필수적이다. 가장 대표적이고 기본적이며 활동적인 무기질로는 망간, 구리, 아연, 코발트(이들끼리 결합되면 효과가 증대된다), 알루미늄, 비스무트, 크롬, 철분, 불소, 리튬, 몰리브덴, 셀레늄이다.

OLIVE 올리브 물푸레나무과에 속하는 올리브나무의 열매(핵과)로 작은 달걀형이며 녹색의 부드러운 껍질을 갖고 있다. 익으면서 이 색은 보라색, 붉은색 이어서 검정색으로 변한다(**참조** 아래 올리브 도표, 옆 페이지 올리브 도감). 갸름한 방추형의 올리브 씨는 매우 단단하다. 올리브나무의 역사는 선사시대부터 이 열매를 재배해온 주요 생산지인 지중해 연안 지역의 역사와 밀접한 관련이 있다. 현재 전 세계에서 생산되는 올리브의 93%는 올리브오일을 짜내는 데 사용되며(**참조** p.462 오일 도표), 나머지는 일반 올리브 열매로 소비된다(특히 스페인에서는 그린올리브, 그리스에서는 블랙올리브를 주로 먹는다). 열량이 매우 높은(소금물에 절인 블랙올리브 100g당 300kcal 또는 1254kJ, 또는 소금물에 절인 그린올리브 100g당 120kcal 또는 501kJ) 올리브는 나트륨(100g당 2g) 및 지질(그린올리브는 100g당 20g, 블랙올리브는 30g) 함량 또한 매우 높다. 프랑스의 일반 식용 올리브는 두 부류로 나뉜다.

– 익기 전에 수확(프랑스는 10월)하는 그린올리브는 가성 소다 용액에 담가 쓴맛을 제거하고 헹군 뒤 소금물에 담근다. 가르(Gard), 코르시카(Corse), 부슈 뒤 론(Bouches-du-Rhône), 알프 마리팀(Alpes-Maritime)의 작은 올리브인 피숄린(picholine), 에로(Hérault)와 오드(Aude)의 뤼크(lucques), 부슈 뒤 론(Bouches-du-Rhône)의 살로낭크(salonenque) 등이 있다.

– 완전히 익은 뒤 수확(프랑스는 12월-1월)하는 블랙올리브는 쓴맛을 제거하지 않고 소금물에 담그고 이어서 경우에 따라 기름에 담근다. 프랑스 최고의 올리브로는 니옹스(Nyons)의 블랙올리브(AOC)인 탕슈(tanche), 니스(Nice)의 카유티에(cailletier) 올리브(AOC)를 꼽을 수 있다. 보 드 프로방스(Baux-de-Provence)의 계곡의 블랙올리브 그로산(grossane) 또한 AOC(원산지 명칭통제) 인증을 받았다. 이들 올리브는 다양한 레시피의 제품으로 판매된다.

– 카샤도(cachado)라고 부르는 금이 가게 깬 그린올리브는 보 드 프로방스(Baux-de-Provence) 계곡에서 거의 독점적으로 만드는 AOC 상품으로 보존기간이 매우 짧다. 씨를 손상하지 않으면서 과육을 깨트려 금이 가게 한 뒤 알칼리 용액에 담가 쓴맛을 제거하고 헹궈서 소금물에 넣는다.

– 물에 담근 올리브(그린)는 단지 물에 반복적으로 담가 쓴맛을 제거한 것으로, 열매의 좋은 맛을 간직하고 있지만, 약간의 쓴맛이 여전히 남아 있다.

– 와인 식초 블랙올리브(그리스 칼라마타(Calamata) 산)는 기름과 식초를 더한 소금물에 담가 만든다.

– 염장 블랙올리브는 마른 소금과 올리브를 교대로 층층이 쌓은 것으로, 열매의 좋은 맛을 지니고 있지만 쓴맛도 있으며 보관하기 어렵다.

– 세척 후 햇볕에 말린 모로코의 블랙올리브는 마른 소금을 조금 넣어 간을 한 다음 기름과 함께 포장용 봉지나 통에 넣는다.

일반 식용 올리브는 다양한 오르되브르 및 지중해식 요리에 사용된다(그리스식 메제, 스페인의 타파스, 니스식, 프로방스식 요리, 타프나드, 피자 등). 그대로 또는 속을 채워 아뮈즈 부슈로 서빙하며 특히 피숄린(picholine)과 뤼크(lucques)를 즐겨 먹는다. 뿐만 아니라 요리에서도 다양하게 쓰이는 중요한 재료다.

OLIVES 올리브

olive noire séchée
올리브 누아르 세셰. 말린 블랙올리브

olive de Séville
올리브 드 세비유. 세비야 올리브

olive de Nice
올리브 드 니스. 니스 올리브

olive noire mammouth
올리브 누아르 마무트. 맘모스 블랙올리브

제라르 비에(GÉRARD VIÉ)의 레시피

macarons à la tomate et olive 마카롱 아 라 토마트 에 올리브

토마토 마카롱과 올리브 : 약 50개 분량

냄비에 설탕 750g과 물 190mℓ를 넣고 121°C(프티 불레 상태 petit boulé, 참조. p.825)의 시럽이 될 때까지 끓인다. 달걀흰자 280g의 거품을 낸다. 뜨거운 시럽을 달걀흰자에 부어 넣으며 혼합물이 완전히 식을 때까지 계속 거품기를 돌려 머랭을 완성한다. 밑이 둥근 볼에 아몬드 가루 750g, 슈거파우더 50g, 달걀흰자 80g을 넣고 반죽이 매끄럽고 균일해질 때까지 혼합한다. 머랭이 식으면 이 혼합물을 넣고 주걱으로 잘 섞는다. 오븐을 140°C로 예열한다. 원형 깍지(10호)를 끼운 짤주머니에 혼합물을 채운 뒤 유산지를 깐 베이킹 팬 위에 원하는 크기의 마카롱을 짜 놓는다. 통풍이 잘 되는 곳에 45분간 두어 겉면이 마르도록 한 다음, 오븐에 넣어 12~15분간 굽는다. 토마토와 올리브 가나슈를 만든다. 냄비에 액상 생크림(지방 35%) 1ℓ와 전화당 200g을 넣고 끓인다. 커버처 초콜릿(카카오 61%) 1.2kg을 넣고 주걱으로 잘 섞어 균일하고 매끈한 가나슈를 만든다. 블랙올리브 퓌레 300g을 고

프랑스 올리브의 주요 유형과 특성

유형	원산지	수확	외형, 맛
그린올리브 *olives vertes*			
뤼크, 뤼크 드 비즈 lucques, lucques de Bize	랑그독 루시용 Languedoc-Roussillon	9월-10월	갸름하고 살짝 안으로 휜 모양으로 끝이 뾰족하고 살이 통통하다. 아삭하고 즙이 많으며 버터 향이 느껴지는 고소한 너트 맛이 난다.
피숄린 picholine	가르, 코르시카, 부슈 뒤 론, 알프 마리팀 Gard, Corse, Bouches-du-Rhône, Alpes-Maritimes	10월	녹색의 매끈한 올리브로 한 쪽이 더 불룩하며, 씨는 가늘고 살이 통통하고 아삭하다.
살로낭크(또는 보 드 프로방스 계곡의 금이 가게 깬 쪼갠 올리브 salonenque(AOC)	부슈 뒤 론, 보 계곡 Bouches-du-Rhône, vallée des Baux	9월	서양 배 모양으로 울퉁불퉁하며 주로 금이 가게 깬 상태이다.
블랙올리브 olives noires			
카유티에 (또는 니스 올리브) cailletier(AOC)	알프 마리팀 Alpes-Maritimes	12월-4월	적갈색 또는 검정색으로 작고 갸름하며 살이 통통하고 과실 향이 진하다.
그로산(또는 보 드 프로방스 계곡의 블랙올리브) grossane(AOC)	부슈 뒤 론 Bouches-du-Rhône	11월-12월	알이 굵고 씨가 과육에 딱 붙어 있지 않으며, 완숙된 사과와 익힌 토마토 소스 풍미가 난다.
탕슈(또는 니옹스의 블랙올리브) tanche(AOC)	니옹스 지역과 바로니 Nyonsais, Baronnies	12월-1월	흑갈색의 쭈글쭈글한 외형을 지닌다. 말랑말랑하고 부드러우며 건자두의 풍미가 난다.

운 체에 걸러 기름을 제거한다. 말린 토마토 300g도 마찬가지로 체에 걸러 수분을 제거한다. 올리브와 토마토를 가나슈에 넣고 잘 섞은 뒤 원형 깍지(8호)를 끼운 짤주머니에 넣고 마카롱 코크 두 장 사이에 짜 넣는다.

sandre grillé aux cardons, filet d'huile d'olive et citron ▶SANDRE

OLIVE DE MER 올리브 드 메르 텔린, 삼각조개. 백합과에 속하는 작은 조개로 길이 3~4cm의 파스텔 톤 껍데기를 갖고 있으며 해안 갯벌에 서식한다(**참조** p.252, 253 조개류, 무척추동물 도감). 바다의 올리브라는 이름을 지닌 텔린의 학명은 도낙스(donax)이며 아리코 드 메르(haricot de mer), 플리옹(flion), 바노(vanneau) 등으로도 불린다. 맛이 아주 좋으며, 소금물에 담가 해감한 다음 꼬막조개처럼 날 것으로, 또는 익혀서 먹는다.

OLIVER (RAYMOND) 레몽 올리베르 프랑스의 요리사(1909, Langon 출생—1990, Paris 타계). 보르도 랑공(Langon)에서 호텔을 경영하던 요리사의 아들로 태어난 레몽 올리베르는 아버지의 업장에서 처음 요리 견습을 시작했으며, 프랑스 전역을 돌며 경력을 쌓았다. 1948년, 레스토랑 막심(Maxim's 독일군의 프랑스 점령이 종식되던 시기에 문을 닫았다)의 주인인 루이 보다블(Louis Vaudable)과 손잡고 레스토랑 그랑 베푸르(Grand Vefour)를 인수해 화려했던 명성을 되찾는 작업에 착수한다. 1950년 그랑 베푸르의 오너이자 주방장으로 성공 가도를 달린 그는 1953년 미슐랭 가이드의 별 3개를 획득했다. 콜레트(Colette)와 장 콕토(Jean Cocteau)를 비롯한 파리의 유명 인사들이 단골로 드나들면서 이 레스토랑은 미식의 성지로 인기를 더해갔다. 레몽 올리베르는 프랑스 요리의 혁신가 및 개혁자들 중 하나로 파리의 고급 요리에 지방의 특색을 도입했다. 아버지 이름을 딴 루이 올리베르 에그 프라이(푸아그라와 송로버섯을 넣는다) 또는 레니에 3세 왕자 비둘기(코냑을 넣은 푸아그라와 송로버섯으로 속을 채운다)요리 등 남서부 지방의 요리를 그만의 세련된 방식으로 만든 메뉴들을 선보였다. 그의 유머감각과 노래하는 듯한 억양, 해박한 지식은 자신의 레시피로 진행하던 TV 프로그램과 해외에서 진행된 강연회뿐 아니라 여러 권의 저서를 통해 프랑스 요리의 명성을 높이는 데 기여했다. 그가 남긴 책들로는 『세계의 미식(*la Gastronomie à travers le monde*)』(1963), 『요리(*la Cuisine*)』(초판 1983), 『나의 친구들을 위한 요리(*Cuisine pour mes amis*)』(1976) 등이 있다.

OLIVET 올리베 올리베 치즈. 소젖으로 만드는 오를레앙 지역의 흰색 외피 연성치즈(**참조** p.389 프랑스 치즈 도표). 지름 12cm, 높이 2.5cm의 납작한 원통형이며, 외피에 곰팡이가 핀 올리베 블루는 230g, 기타 올리베 치즈는 무게가 240g이다. 건초(olivet au foin), 나무 숯의 재(olivet cendré) 또는 후추(olivet au poivre) 등을 외피에 덮어 감싼 다양한 종류가 있으며, 아이보리색을 띤 치즈는 말랑말랑하고 부드럽다. 치즈가 곰팡이의 푸른색을 띠기 시작하면 표면에 씌우는 재료의 종류별로 각기 다른 방식으로 숙성을 계속 이어간다. 약 한 달간 숙성되는 건초 올리베는 이 치즈 제조 목적으로 특별히 준비한 건조더미 아래에 보관, 숙성하며, 후추 올리베는 굵직하게 빻은 검은 후추로 덮어준다. 숯 올리베는 나무 숯의 재 안에 넣어두어 치즈를 중성화한 다음 판자 위에 올린다. 재에 함유된 탄산칼륨이 치즈 안에 스며들어 퍼지면서 젖산과 결합하여 유산칼륨을 형성한다. 다시 발효가 시작되고 숙성이 이어진다. 이 도시의 근처 지역에는 피티비에(pithiviers)라는 이름의 올리베 치즈 변종이 있었다.

OLLA PODRIDA 올라 포드리다 스페인식 포토푀(pot-au-feu)라 할 수 있는 올라 포드리다는 직역하면 '썩은 냄비'라는 뜻이다. 카스티야가 원조인 이 특선요리는 다양한 고기와 가금류, 채소와 쌀 또는 렌틸콩을 큰 냄비에 넣고 끓인 음식으로 여러 차례에 걸쳐 서빙하는 전통적인 식사 메뉴이며 주로 매콤한 소스를 곁들여 먹는다. 먼저 국물을 서빙한 다음 소고기 또는 송아지 고기를 내며 여기에 병아리콩, 순무, 호박, 고구마를 곁들인다. 이어서 렌틸콩이나 쌀을 곁들인 자고새나 닭을 서빙하고 토마토를 곁들인 양고기 및 내장 부속류를 낸다. 양배추를 곁들인 훈제소시지와 햄으로 마무리한다.

OMBIAUX (MAURICE DES) 모리스 데 종비오 벨기에의 작가, 미식가(1868, Beauraing 출생—1943, Paris 타계). 왈롱 이야기꾼들의 왕자(prince des conteurs wallons), 미식계의 추기경(cardinal de la gastronomie)이라는 별명을 지닌 모리스 데 종비오는 미식가들의 왕자(prince des gastronomes)를 선정하는 투표에서 경쟁자이자 친구인 퀴르농스키(Curnonsky)에 이어 2위에 뽑힌 바 있다. 그는 『프랑스 와인의 귀족연감(*le Gotha des vins de France*)』(1925), 『치즈(*les Fromages*)』, (1926), 『프랑스의 오드비와 리큐어의 귀족명부(*le Nobiliaire des eaux-de-vie et liqueurs de France*)』(1927), 『미식과 그 역사(*l'Art de manger et son histoire*)』(1928), 『식탁 개론(*Traité de la table*)』(1930) 등 다수의 저서를 남겼다. 특히 17세기의 요리사 바렌(La Varenne)이 처음 집필한 책 『프랑스 제과장(*Pâtissier français*)』을 재발간하여 주목을 받았다.

OMBLE CHEVALIER 옹블 슈발리에 북극 곤들메기. 연어과의 물고기로 연어와 비슷하며 프랑스(알프, 피레네), 스코틀랜드, 아일랜드, 캐나다의 차가운 호수에 서식하고 그 개체수가 점점 줄어들고 있다(**참조** p.672, 673 민물생선 도감). 길고 다부진 몸통에 큰 입을 갖고 있으며, 회녹색의 등에는 둥글고 희미한 반점들이 나 있다. 배는 주황색을 띠고 있으며 무게는 최대 8kg까지 나간다. 가장 고급스러운 맛을 가진 민물생선 등 중 하나다. 북극 곤들메기는 무지개 송어의 조리방식을 전부 적용할 수 있다. 영국인들은 이 생선으로 도기에 담고 버터로 덮은 저장 음식인 생선 파테 포티드 챠(potted char)를 만든다. 북미 곤들메기(saumon de fontaine) 또한 곤들메기의 일종으로 19세기말 캐나다에서 수입되었으며 그곳에서는 얼룩이 있는 송어(truite mouchetée, speckled trout)라고 부른다. 북극 곤들메기보다 크기가 작고 전체적으로 녹색을 띤 회색이며 등과 측면에 흐린 반점 얼룩이 있다. 이 생선도 역시 아주 섬세한 맛을 지니고 있다.

클로드 르그라(CLAUDE LEGRAS) 의 레시피

coussinet d'omble chevalier du lac Léman à la crème de parmesan 쿠시네 동블 슈발리에 뒤 락 레망 아 라 크렘 드 파르므장

파르메산 크림 소스를 곁들인 레만 호수의 북극 곤들메기 쿠시네 :
4인분 / 준비: 40분

300g짜리 곤들메기 4마리의 필레를 떠내고 가시를 제거한다. 살 쪽에 소금을 뿌린다. 차이브 12줄기를 끓는 물에 5초간 넣어 데친 뒤 찬물에 담가 식힌다. 오븐을 200°C로 예열한다. 생선 필레 두 장씩 살이 있는 쪽을 맞닿게 하여 겹쳐 놓은 뒤 데친 차이브로 감싸 묶는다. 토막으로 자른 뒤 버터 10g, 다진 샬롯 1개, 너무 드라이하지 않은 화이트와인(샤르도네) 50mℓ와 함께 냄비에 넣고 10분간 브레이징한다. 이어서 오븐에서 넣어 5분 동안 익힌다. 생선을 건져 종이타월에 놓고 물기를 제거한 뒤 뜨겁게 유지한다. 생선을 익힌 국물을 반으로 졸인 다음, 3분간 끓인 액상 생크림 250mℓ를 더한다. 여기에 가늘게 간 파르메산 치즈 100g을 첨가한 뒤 5분간 끓인다. 곤들메기 쿠시네(coussinet 작은 쿠션이라는 뜻)를 서빙 접시에 담고 게랑드 산 플뢰르 드 셀(fleur de sel de Guérande)을 조금 뿌린 뒤 소스를 빙 둘러준다. 약간의 처빌, 이탈리안 파슬리, 타라곤, 잎만 떼어낸 마조람 등으로 장식한다. 타르튀퐁(tartuffon 포치니버섯, 올리브오일, 소금, 흰 송로버섯으로 만든 크림소스) 소스의 니스식 아티초크 라비올리를 곁들여 서빙한다.

제라르 라베(GÉRARD RABAEY) 의 레시피

filets d'omble chevalier du lac, vinaigrette de fenouil 필레 동블 슈발리에 뒤 락, 비네그레트 드 프누이

북극 곤들메기 필레와 펜넬 비네그레트 소스 : 4인분

접시에 북극 곤들메기 필레 4조각을 놓고 올리브오일 2테이블스푼을 고루 뿌린다. 유산지로 덮어 냉장고에 보관한다. 미리 씻어둔 펜넬 1개를 얇게 썰어 올리브오일 2테이블스푼을 넣고 약한 불에서 색이 나지 않게 찌듯이 볶는다. 소금으로 간한다. 채소 육수 50mℓ를 첨가한 다음 6~7분간 익힌다. 잠두콩 200g의 깍지를 벗긴 다음 소금을 넣은 끓는 물에 2분간 삶는다. 얼음물에 식힌 뒤 콩 알갱이를 둘러싸고 있는 얇은 막을 제거한다. 펜넬 작은 것 1개를 주사위 모양으로 썬 다음, 올리브오일 2테이블스푼을 달군 팬에 넣고 색이 나지 않으면서 수분이 나오도록 약한 불로 볶는다. 화이트와인 50mℓ를 첨가하고 소금, 후추로 간을 한 뒤 2~3분간 익힌다. 조리가 끝나면 불에서 내리고 셰리와인 식초 2테이블스푼, 올리브오일 6테이블스푼, 다진 딜 1티스푼, 주사위 모양으로 썰어 익힌 토마토 20g, 잠두콩을 넣어 섞는다. 북극 곤들메기 필레에 소금, 후추를 뿌린다. 100°C로 예열한 오븐에서 두께에 따라 8~10분간 익힌다(포칭). 생선 필레를 각 접시 위에 하나

씩 놓는다. 볶은 펜넬을 보기좋게 담고 플뢰르 드 셀을 뿌린 다음 펜넬 비네그레트를 뿌려 서빙한다.

베르나르 라베(BERNARD RAVET) 의 레시피

omble chevalier aux asperges vertes et aux morilles 옹블 슈발리에 오 자스페르주 베르트 에 오 모리유

그린 아스파라거스와 모렐 버섯을 넣은 북극 곤들메기 : 그린 아스파라거스 24대의 껍질을 얇게 벗긴 뒤 윗동을 5cm 길이로 잘라 아삭하게 데쳐 익힌다. 모렐 버섯 40개의 대를 갓의 하단부 5mm 위치에서 잘라낸 다음 버섯을 세로로 잘라 이등분한다. 씻어서 건져 물기를 제거한다. 냄비에 버터 50g과 각 500g짜리 북극 곤들메기 2마리의 뼈와 자투리(필레를 뜨고 남은 부분), 채소 브뤼누아즈(양파, 당근, 셀러리 각 1테이블스푼씩)를 넣고 색이 나지 않게 볶는다. 화이트와인 400mℓ, 타임 1줄기, 월계수 잎 1장, 모렐 버섯 자투리 살, 처빌 100g의 줄기부분을 넣어준 다음 소금을 조금 넣고 약 20분정도 끓인다. 생선 육수가 100mℓ 정도만 남을 때까지 끓인 뒤 체에 거른다. 팬에 버터 30g을 달군 다음 잘게 다진 샬롯 1개를 넣고, 이어서 모렐 버섯과 화이트와인 50mℓ를 넣는다. 뚜껑을 덮고 약한 불에 3분간 익힌다. 중간 중간 젓는다. 모렐 버섯 중 모양이 좋은 것 28개(반쪽짜리)를 골라 따로 보관하고 나머지는 곱게 다진다. 리크의 녹색 잎 부분 12장을 끓는 물에 살짝 데친 뒤 찬물에 담가 식혀 건져둔다. 이것을 20cm의 길이의 가는 끈 모양으로 썬다. 곤들메기 필레를 껍질 쪽이 아래로 가게 두 겹의 랩 사이에 놓은 뒤 납작하게 두드린다. 윗면의 랩을 제거하고 소금, 후추를 뿌린 다음 다진 모렐 버섯을 필레 두 장 위에 나누어 올린다. 다른 필레 두 장으로 덮어준다. 생선을 동일한 양의 6인분이 되도록 자른다. 자른 토막을 가늘게 썰어둔 리크 2줄씩으로 각각 묶어준다. 다른 필레들도 같은 방법으로 준비한다. 내열용 볼에 달걀노른자 5개를 넣고 중탕냄비에 올린 뒤 거품기로 휘젓는다. 따뜻한 온도로 식은 생선 육수와 화이트와인 100mℓ를 부으면서 계속 거품기로 섞으며 익힌다. 단단한 사바용이 완성되면 정제버터 75g, 처빌 잎 2테이블스푼, 소금, 후추를 넣고 레몬즙을 한 바퀴 뿌린다. 뜨겁게 보관한다. 타원형의 로스팅 팬에 화이트와인 100mℓ, 버터 20g, 다진 샬롯 1개, 타임을 넣는다. 225°C로 예열한 오븐에 넣는다. 곤들메기 필레 껍질 면에 소금, 후추를 뿌린 다음 버터를 달군 팬에 지져 노릇하게 색을 낸다. 이어서 오븐 안의 로스팅 팬에 생선을 넣고 2~3분간 익힌다. 로스팅 팬 안에 생기는 국물을 자주 끼얹어준다. 아스파라거스 윗동을 세로로 반 갈라 모렐 버섯과 함께 버터를 넣은 팬에 데운다. 곤들메기를 익히고 남은 즙을 사바용에 넣어 혼합한다. 서빙 접시 바닥에 처빌 사바용 소스를 넉넉히 깔아준 다음 그 위 중앙에 생선을 놓는다. 생선 주위에 아스파라거스와 모렐 버섯을 별 모양으로 빙 둘러 담는다. 신선한 처빌 잎으로 장식한다.

OMBRE 옹브르 회색송어, 사루기, 그레이링(grayling). 연어과에 속하는 민물생선으로 송어와 비슷하며 작은 주둥이와 크고 높은 등지느러미가 특징이다. 크기는 일반적으로 40cm 정도이며 큰 것은 길이 60cm, 무게 2kg에 이르기도 한다. 맛이 좋으며 조리법은 일반 송어와 같다. 이 종의 학명(*Thymallus thymallus*)은 허브 타임(thym)과 관련이 있는데, 생선살에서 그 맛이 나기 때문이다.

OMBRINE 옹브린 조기의 일종, 보구치. 민어과에 속하는 바다생선으로, 지중해와 가스코뉴만에 많이 서식한다. 길이가 최대 1m까지 자라는 보구치는 몸이 은색을 띠고 있으며 등에는 금빛 또는 청회색의 줄무늬가 있고, 측선이 뚜렷하다. 아래턱에는 짧은 수염이 나 있다. 이 생선의 살은 농어만큼이나 맛이 있고 심지어는 더 섬세하다는 평가를 받고 있으며, 다양한 방법의 조리가 모두 가능하다.

OMÉGA-3, OMÉGA-6 오메가-3와 오메가-6는 인체에서 합성되지 않기 때문에 반드시 음식을 통해 섭취해야 하는 필수지방산이다. 오메가-3(알파리놀렌산 포함)와 오메가-6(리놀렌산과 아라키돈산 포함)는 인체 내에서 중요한 역할을 하며 각각 심혈관계, 내분비계, 면역계 작동의 여러 단계에 개입한다. 이 중 한 가지를 과다섭취하면 다른 하나의 신진대사 장애 및 상대적인 결핍을 초래할 수 있다. 대량생산되는 식품에는 오메가-6가 과다 함유된 경우가 많기 때문에 오메가-3가 풍부한 음식(카놀라유, 콩기름, 호두기름, 지방이 풍부하거나 약간 기름진 생선, 콘샐러드, 쇠비름, 시금치, 호두, 아몬드, 밀싹 등)을 평소에 규칙적으로 섭취해 균형을 이루어야 한다.

OMELETTE 오믈레트 오믈렛. 달걀을 휘저어 푼 다음 프라이팬에 색이 나지 않게 익힌 음식으로 그대로 먹거나 다양한 재료를 넣기도 하며, 짭짤한 음식, 달콤한 음식으로 모두 즐길 수 있다. 오믈렛의 성공은 프라이팬의 품질, 버터의 양과 고른 분배, 익히는 정도에 달려 있다. 오믈렛은 다양한 재료를 달걀에 섞어 조리하거나 담아낼 때 곁들일 수 있다. 납작하게 부치거나 동그랗게 말아 만들 수 있으며 짭짤한 맛은 애피타이저 요리로, 달콤한 맛은 디저트로 서빙한다. 대개의 경우 따뜻하게 먹으며 심지어 아주 뜨겁게 내기도 한다. 또한 포타주에 곁들이기도 한다.

– 가니시가 혼합된 짭짤한 오믈렛은 조리 전 휘저은 달걀에 넣어 섞은 재료들과 함께 익힌 것이다.

– 속을 채운 짭짤한 오믈렛은 뜨겁게 조리한 재료들을 익힌 오믈렛 안에 채워 넣고 접시 위에서 말아 서빙한다.

– 가니시를 곁들인 짭짤한 오믈렛에는 안에 소를 채운 것 이외에도 적은 양의 가니시 재료를 완성된 오믈렛 위나 길게 가른 틈 사이에 얹은 것도 포함된다. 이렇게 소를 채운 오믈렛은 대부분 소스를 한 바퀴 둘러 서빙한다.

– 납작하게 부친 짭짤한 오믈렛은 일반적인 오믈렛처럼 만들며, 이 경우 달걀은 더 적은 양을 사용한다. 익히는 시간이 좀 더 걸리며 반쯤 익었을 때 뒤집어준다. 완성된 모습은 두툼한 크레프와 비슷하며 경우에 따라 차갑게 먹기도 한다. 클래식 오믈렛에 들어가는 각종 가니시 재료를 넣어 조리하기도 한다.

– 디저트용 달콤한 오믈렛은 일반적으로 잼을 바르거나 리큐어로 향을 낸 시럽에 포칭한 과일 등을 채워 넣은 뒤 설탕을 뿌려 오븐에 넣어 윤기나게 마무리한다. 때로 향이 좋은 리큐어를 뿌리고 불을 붙여 플랑베하기도 한다.

– 오믈렛 수플레(omlette soufflé)는 오믈렛이라기보다는 오히려 수플레에 가깝다. 일반 수플레처럼 높이가 있는 탱발 용기에 익히는 대신 길쭉한 용기에 조리하며 리큐어, 과일, 커피 등을 넣어 다양하게 향을 낸다.

– 노르웨이식 오믈렛(**참조** OMELETTE NORVÉGIENNE)이라고 불리는 베이크드 알래스카는 아이스크림에는 머랭을 씌운 뒤 뜨겁게 가열해 만든 디저트의 일종으로 안의 차가움과 겉의 뜨거움이 대조를 이루는 매력이 있다.

OMELETTES SALÉES 짭짤한 오믈렛

omelette nature : cuisson 오믈레트 나튀르

플레인 오믈렛 만들기 : 달걀 8개를 너무 과하지 않게 포크로 휘저어 푼 다음 고운 소금, 경우에 따라 갓 갈아낸 후추를 첨가한다. 깨끗한 프라이팬(눌음 방지 코팅이 된 것이면 더 좋다)에 버터 25~30g을 녹여 달군다. 프라이팬에 달걀을 붓고 센 불에 올린다. 나무 주걱으로 섞어준다. 형태가 잡히기 시작하면 달걀을 가장자리에서 중심으로 모아준다. 오믈렛이 익으면 3등분으로 접으며 말아준 다음 따뜻하게 데워둔 서빙 접시에 미끄러트리듯 옮겨 담는다. 버터를 한 조각 발라 표면을 윤기나게 마무리한다. 달걀을 휘저어 푼 다음 우유 2~3테이블스푼 또는 액상 생크림 1테이블스푼을 첨가해도 좋다.

omelette brayaude 오믈레트 브라요드

브라요식 오믈렛 : 생감자와 오베르뉴의 생햄을 주사위 모양으로 썬다. 버터를 두른 팬에 햄을 노릇하게 지져 건져둔다. 감자도 버터에 튀기듯이 노릇하게 볶은 다음 햄을 넣어 섞는다. 휘저어 풀어놓은 달걀을 붓고 소금, 후추로 간한다. 한 면이 익으면 뒤집어 다른 쪽 면도 익혀준다. 아주 작은 주사위 모양으로 썰어둔 톰 프레슈(tomme fraîche) 치즈를 고루 얹고 생크림을 뿌린다.

omelette Diane 오믈레트 디안

수렵육 소스를 곁들인 디안 오믈렛 : 버섯 200g을 얇게 썰어 소테한 뒤 소금, 후추로 간한다. 달걀 8개를 휘저어 푼 다음 이 버섯을 넣고 오믈렛을 만든다. 수렵육 육수를 졸여 만든 블루테 소스를 넣고 뜨겁게 데운 새끼자고새(또는 다른 깃털달린 수렵조류) 살과 송로버섯 살피콩을 오믈렛에 채워 넣고 둥글게 말아준다. 얇게 저민 뒤 버터에 살짝 데운 송로버섯을 오믈렛 위에 얹는다. 수렵육 육수 데미글라스 소스를 한 줄기 두른다.

omelette aux fines herbes 오믈레트 오 핀 제르브

허브를 넣은 오믈렛 : 파슬리, 처빌, 타라곤을 다지고, 차이브를 잘게 썰어 3테이블스푼 분량을 준비한다. 달걀 8개를 잘 휘저어 푼 다음 이 허브를 넣고 원하는 식감으로 익

힌다(흐르는 농도, 중간 농도, 완전히 익은 상태). 둥글게 말아 버터를 발라둔 타원형 서빙 접시에 조심스럽게 미끄러트리듯이 옮겨 담는다. 상온의 크리미한 버터를 오믈렛 표면에 발라 윤기나게 마무리한다.

omelette mousseline 오믈레트 무슬린

무슬린 오믈렛 : 달걀노른자 6개에 생크림 2테이블스푼을 넣고 잘 휘저어 푼 다음 소금, 후추로 간한다. 달걀흰자 6개로 단단한 거품을 올린 뒤 노른자에 넣고 주걱으로 살살 혼합한다. 이 혼합물을 팬에 붓고 두툼한 크레프 형태로 뒤집어가며 익히거나 둥글게 말아 오믈렛을 만든다.

omelette plate Du Barry 오믈레트 플라트 뒤 바리

뒤 바리 플랫 오믈렛 : 콜리플라워를 작은 송이로 떼어 분리한 다음 증기로 찐다. 약간 단단한 상태로 남아 있어야 한다. 버터를 녹인 프라이팬에 콜리플라워를 넣어 노릇하게 색을 낸다. 휘저어 푼 달걀을 팬에 붓고 소금, 후추, 다진 처빌을 넣는다. 오믈렛을 원하는 식감으로 납작하게 익힌다. 크레프처럼 뒤집어 나머지 한 면도 익힌 다음, 버터를 발라둔 서빙 접시에 조심스럽게 미끄러트리듯이 옮겨 담는다. 상온의 크리미한 버터를 오믈렛 표면에 발라 윤기나게 마무리한다.

omelette plate à la lorraine 오믈레트 플라트 아 라 로렌

로렌식 플랫 오믈렛 : 베이컨 150g을 라르동으로 작게 썰어 버터를 두른 팬에 노릇하게 지진다. 그뤼예르 치즈 60g을 얇게 셰이빙한다. 차이브를 다져 1테이블스푼을 준비한다. 달걀 6개를 푼 다음 재료를 모두 넣어 섞고 후추를 뿌린다. 팬에 버터 15g을 달군 뒤 달걀 혼합물을 붓고 익힌다. 뒤집어서 다른 면도 익힌다.

OMELETTES SUCRÉES 달콤한 오믈렛

omelette flambée 오믈레트 플랑베

오믈렛 플랑베 : 달걀을 휘저어 푼 다음 설탕과 소금 작은 한 자밤을 넣는다. 버터를 녹인 팬에 달걀을 붓고 아주 부드러운 식감으로 익힌다. 서빙 시 설탕을 솔솔 뿌리고 뜨겁게 데운 럼을 뿌린 뒤 불을 붙여 플랑베한다(럼 대신 아르마냑, 칼바도스, 코냑, 위스키 또는 과일주를 사용해도 좋다).

omelette reine Pédauque 오믈레트 렌 페도크

페도크 여왕 오믈렛 : 달걀 8개에 설탕 넉넉히 1테이블스푼, 아몬드 가루 1테이블스푼, 생크림 1테이블스푼, 소금 1자밤을 넣고 잘 휘저어 푼다. 플랫 오믈렛 2개를 만든다. 오븐용 원형 용기에 오믈렛 한 장을 놓는다. 냄비에 사과 콩포트 6테이블스푼과 더블 크림 2테이블스푼, 럼 1테이블스푼을 넣고 약한 불에 올려 잘 섞은 뒤 오믈렛에 발라 덮고 두 번째 오믈렛을 올린다. 그 위에 슈거파우더를 뿌리고 높은 온도의 브로일러 아래 잠깐 넣어 노릇하게 구워낸다.

omelette soufflée 오믈레트 수플레

오믈렛 수플레 : 볼에 설탕 250g과 달걀노른자 6개, 바닐라슈거 1봉지 또는 오렌지나 레몬 제스트 간 것을 넣고 잘 휘저어 섞는다. 혼합물의 색이 하얘지고 떠올렸을 때 리본 띠처럼 겹쳐지며 흘러내리는 상태가 될 때까지 잘 섞는다. 달걀흰자 8개에 소금을 한 자밤 넣고 단단하게 거품을 올린 뒤 노른자 혼합물에 넣고 살살 섞는다. 오븐용 길쭉한 용기에 버터를 바르고 설탕을 뿌린 뒤 이 혼합물의 3/4을 넣는다. 칼날을 사용해 표면을 타원형의 산 모양으로 만들면서 매끈하게 다듬는다. 나머지 혼합물 1/4을 원형깍지를 끼운 짤주머니에 채우고 오믈렛 위에 엮음 무늬로 짜 올려 장식한다. 설탕을 뿌린다. 200°C로 예열한 오븐에서 25분간 굽는다. 슈거파우더를 뿌리고 오븐의 브로일러나 살라만더 그릴 아래에 잠깐 넣어 윤기나게 마무리한다.

omelette sucrée à la normande 오믈레트 쉬크레 아 라 노르망드

노르망디식 달콤한 오믈렛 : 사과(reinette 품종) 3개의 껍질을 벗기고 씨를 제거한다. 얄팍하게 슬라이스 한 다음 버터 50g과 설탕을 넣고 익힌다. 생크림 200mℓ를 첨가하고 혼합물이 걸쭉한 크림 상태가 되도록 졸인 다음 칼바도스 2~3테이블스푼을 넣어 향을 더한다. 달걀 10개에 소금 1자밤, 설탕, 생크림 2테이블스푼을 넣고 잘 휘저어 풀어준다. 팬에 오믈렛을 익힌 다음 사과 혼합물을 채우고 브로일러 아래에 잠깐 넣어 굽는다. 또는 불에 달군 꼬챙이를 사용해 격자무늬로 자국을 내준다.

페란 아드리아(FERRAN ADRIA)의 레시피

omelette surprise 2003 오믈레트 쉬르프리즈 2003

서프라이즈 오믈렛 2003 : 4인분

지름 32cm의 냄비에 우유 1ℓ를 넣고 70°C까지 가열해 우유막을 만들어준다. 표면에 막이 형성될 때까지 15분 동안 기다린다. 가장 넓은 부분을 집어 꺼낸 뒤 반으로 접는다. 우유의 온도를 70°C로 유지한다. 15분마다 새로운 막이 형성된다. 주방용 랩에 생크림을 바른 뒤 우유 막을 그 위에 얹는다(1인당 1장). 13 x18cm의 직사각형으로 잘라준다. 막 위에 생크림을 바른 뒤 다시 랩으로 덮어 냉장고에 보관한다. 차가운 요거트 거품을 만든다. 생크림 15mℓ와 요거트 225g를 섞은 뒤 판 젤라틴 1/2장을 넣고 녹인다. 전동 믹서 거품기로 잘 섞어준다. 체에 거른 뒤 깔대기를 사용해 휘핑 사이펀에 채워 넣는다. 뚜껑을 닫고 가스 캡슐을 장착한다. 냉장고에 4시간 동안 넣어둔다. 우유막을 덮은 윗면의 랩을 떼어낸 다음 사이펀으로 중앙에 2cm 두께의 요거트 거품을 짜 얹는다. 한쪽 가장자리를 다른 편 가장자리로 접어 오믈렛 형태를 만들어 준다. 직사각형 접시 위에 우유 오믈렛을 놓는다. 설탕을 뿌린 뒤 토치로 그슬려 캐러멜화한다. 오믈렛 위에 로즈마리 꽃을 한 개씩 얹어 장식한다.

OMELETTE NORVÉGIENNE 오믈레트 노르베지엔 노르웨이식 오믈렛이라는 뜻을 가진 이 아이스크림 디저트는 영어로 베이크드 알래스카(baked Alaska)라고 부르며, 안에 있는 차가운 아이스크림과 뜨거운 겉면의 대비가 특징이다. 베이크드 알래스카는 제누아즈 스펀지 비스퀴 시트 위에 아이스크림을 올리고 일반 머랭 또는 이탈리안 머랭으로 한 겹 씌운 뒤 뜨거운 오븐에 잠깐 동안 넣었다가 빼, 겉의 머랭은 살짝 구운 색이 나면서 안의 아이스크림은 녹지 않도록 한 것이다. 바로 서빙하며 경우에 따라 플랑베하기도 한다. 이 디저트를 처음 고안해낸 사람은 미국의 물리학자 럼포드 백작 벤저민 톰슨(1753-1814)으로 휘저어 거품 낸 달걀흰자의 열전도성이 떨어진다는 원리에 기반을 두었다.

omelette norvégienne 오믈레트 노르베지엔

베이크드 알래스카 : 달걀노른자 7~8개, 설탕 200g, 생크림 750mℓ, 바닐라 빈 1줄기로 크렘 앙글레즈를 만든 뒤 아이스크림 제조기에 넣고 돌려 바닐라 아이스크림을 만든다. 아이스크림이 만들어지면, 파운드케이크 틀에 눌러 담고 냉동실에 1시간 동안 넣어둔다. 설탕 125g과 달걀노른자 4개를 거품기로 휘저어 색이 하얘지면 체에 친 밀가루 125g과 녹인 버터 40g를 넣는다. 소금 한 자밤을 넣고 단단하게 거품 올린 달걀흰자 4개를 여기에 넣고 살살 섞어 스펀지 비스퀴 반죽을 만든다. 버터를 발라둔 파운드케이크 틀에 이 반죽을 붓고 200°C로 예열한 오븐에서 35분간 굽는다. 틀을 제거한 뒤 망 위에 올려 식힌다. 오븐의 온도를 250°C까지 올린다. 달걀흰자 4개에 소금 작은 한 자밤과 설탕 75g을 넣으며 거품기로 돌려 머랭을 만든 다음 큰 짤주머니에 채운다. 스펀지 비스퀴를 가로로 이등분 한 뒤 오븐 용기에 두 장의 시트를 나란히 붙여 놓고 가장자리를 다듬어 타원형으로 만든다. 그랑 마르니에나 쿠앵트로 리큐어 작은 한 잔을 더한 시럽 1/3컵을 스펀지 시트에 뿌려 적신다. 아이스크림을 틀에서 빼낸 뒤 둘로 나누어 스펀지 시트 위에 올린다. 준비한 머랭의 반을 이용해 아이스크림과 스펀지 비스퀴를 완전히 뒤덮어준다. 금속 스패출러로 표면을 고르고 매끄럽게 밀어 준다. 남은 머랭으로 그 위에 무늬 장식을 내준다. 슈거파우더를 뿌린 뒤 뜨거운 오븐에 잠깐 넣어 머랭에 노릇한 색을 내 준다. 꺼내서 바로 서빙한다.

OMELETTE SURPRISE 오믈레트 쉬르프리즈 서프라이즈 오믈렛. 시럽이나 리큐어를 적신 비스킷, 아이스크림, 머랭으로 구성된 오믈레트 노르베지엔(베이크드 알래스카)과 같은 원리로 만든 디저트이다. 받침 역할을 하는 시트에 리큐어를 뿌려 적시고 파트 아 봉브(pâte à bombe), 과일 아이스크림 또는 파르페 혼합물을 얹은 다음(때로 당절임 과일, 비올레트 프랄리네 등을 곁들이기도 한다) 거품 낸 달걀흰자 머랭으로 뒤덮고 오븐에 잠깐 넣어 글레이즈한다. 시럽에 데친 과일이나 오드비에 담근 체리 등을 빙 둘러 놓는다. 비스퀴 시트 받침 없이 안에 아이스크림을 채운 오믈렛 수플레 또한 서프라이즈 오믈렛이라고 부른다.

ONGLET 옹글레 토시살. 소, 양, 돼지의 횡격막 부위 근육으로 대정맥, 대동맥, 식도를 둘러싸고 있으며, 흉강과 복강의 끝 쪽에 위치한다(**참조** p.108, 109 프랑스식 소 정육 분할). 토시살은 가운데에 있는 힘줄을 중심으로 두 개의 작은 근육이 양쪽으로 붙어 있다. 근섬유가 긴 부위로 껍질막을 꼼꼼히 제거해야 한다. 토시살은 충분히 숙성되면 육질이 연하고 맛이 좋다. 오늘날 소비자들이 매우 즐겨 찾는 부위로 주로 그릴이나 팬에 구워 먹으며, 살짝 덜 익힌 레어로 먹어야 연하다. 너무 오래 익히면 질겨진다.

ONO (MASAKICHI) 마사키시 오노 일본의 요리사(1918, Yokohama 출생—1997, Yokohama 타계). 마사키시 오노는 일본에서 프랑스 요리를 하는 일본 요리사 중 최 고참이었다. 요코하마의 한 식당 운영자의 아들인 그

는 매우 이른 나이에 서양의 미식을 접했고 일본 전통의 엄격한 규율을 익혔으며 에스코피에 요리 연구회(Disciples d'Escoffier)의 일원이 되었다. 요리사로 경력을 쌓은 그는 도쿄 오쿠라 호텔의 프랑스 레스토랑 라 벨 에포크(la Belle Époque)의 총주방장이 되었다.

OPÉRA 오페라 양의 안심과 소 안심 스테이크(tournedos)에 곁들이는 가니시의 한 종류 이름으로, 마데이라 와인에 소테한 닭 간을 채운 타르틀레트나 크루스타드, 작은 단으로 묶은 아스파라거스 윗동으로 구성된다. 소스는 고기를 익힌 팬을 마데이라 와인으로 디글레이즈하고 데미글라스를 넣어 만든다. 오페라 에그 프라이에도 아스파라거스와 소테한 닭 간을 곁들이며, 송아지 육수를 졸인 뒤 버터를 넣은 소스를 한 바퀴 둘러 서빙한다. 오페라 샤를로트는 틀에 길쭉한 웨하스 타입 비스퀴(Sugar Wafers Palmer's)를 빙 둘러 세워 모양을 만들고, 마롱 글라세 퓌레와 마라스키노 와인에 재운 당과일 절임 살피콩을 더한 바닐라 모스코비트(moscovite à la vanille) 크림을 채워 넣는다. 오페라 크렘 랑베르세(crème renversée Opéra)는 프랄리네 크림을 베이스로 만들며 중앙에 비올레트 프랄리네로 으로 향을 낸 샹티이 크림을 채워 넣는다. 가장자리는 키르슈에 재운 딸기를 왕관 모양으로 빙 둘러 장식하고, 실처럼 가늘게 뽑은 설탕 베일을 올린다. 오페라 크렘 프루아드(crème froide Opéra)는 틀에 넣어 만든 크렘 카라멜의 일종으로 중앙을 카프리스 크림(crème Caprice)으로 채우고, 표면은 키르슈에 재운 굵은 딸기를 얹어 장식한다.

OPÉRA (GÂTEAU) 오페라(케이크) 3장의 비스퀴 조콩드 시트에 진한 커피시럽을 적시고 커피 버터크림과 초콜릿 가나슈를 층층이 채워 넣은 직사각형 케이크. 맨 윗면은 카카오 함량이 높은 다크 초콜릿 글라사주로 덮어 준 다음 식용 금박을 얹어 장식하고 오페라(opéra) 라는 이름을 써 넣는다. 이 케이크는 1955년 메종 달루와요(la maison Dalloyau)의 파티시에 시리아크 가비용(Cyriaque Gavillon)이 처음 만들었다. 그는 층층의 내용물이 훤히 보이는 단면을 지닌 새로운 형태의 케이크를 만들어 한 입을 먹어도 케이크 전체의 맛을 느낄 수 있게 했다. 달루와요 매장은 당시 파리 오페라 극장 근처에 위치했었고, 제과사의 아내 앙드레 가비용은 앙트르샤(entrechat) 발레 동작을 하던 오페라의 프리마돈나와 무용수들에게 헌정하는 뜻으로 이 케이크에 오페라(opéra)라는 이름을 붙였다고 한다. 오페라는 달루와요에서 가장 많이 팔리는 케이크가 되었다.

OR 오르 금, 골드. 귀금속의 한 종류로 식기용 금은 세공작업에서의 사용은 장식과 도금(vermeil 은에 금도금을 한 것)으로 제한된다. 금은 또한 음식에 사용되기도 하는데, 중세에는 파테와 로스트한 새 요리를 얇은 금박으로 싸기도 했으며 오늘날도 아주 얇은 금박 조각을 초콜릿 장식용으로 많이 사용한다(팔레 도르 palets d'or). 또한 로쉴드(Rothschild) 수플레에 향을 내는 리큐어인 단지크(Dantzig, 골드바서라고도 한다) 에서도 떠 있는 미세한 입자의 금 조각을 찾아 볼 수 있다. 또한 금은 식용이 허가된 식품첨가물(E 175)로 당과류, 제과의 장식, 드롭스 및 사탕제조 시 표면에 색을 입히는 데 사용되며, 샤퀴트리에서는 창자, 방광 및 기타 내장 막의 착색용으로 쓰이기도 한다.

ORANAIS 오라네 파트 푀유테로 만든 비에누아즈리의 일종으로 반으로 잘라 씨를 뺀 살구 두 쪽과 크렘 파티시에로 구성된다. 정사각형으로 재단한 파이반죽에 크림을 펴 바른 뒤 대각선으로 마주보는 두 귀퉁이에 살구를 한 쪽씩 놓는다. 나머지 두 모서리를 가운데로 모아 접어 갸름한 육각형 형태의 오라네를 만들어 굽는다.

ORANGE 오랑주 오렌지. 운향과의 감귤류인 오렌지나무의 열매로 구형이며 껍질은 주황색이고 때로 붉은색이 섞여 있기도 하다. 새콤한 맛이 나는 과육은 주황색 또는 짙은 붉은색을 띠며 여러 개의 세그먼트로 나뉘어져 있고 씨가 들어 있는 것도 있다(**참조** p.596 오렌지 도표, p.597 오렌지 도감). 중국이 원산지인 이 시트러스 과일은 고대인들도 먹었던 것으로 보인다. 그리스 신화에 나오는 영웅 헤라클레스의 12가지 노역 중 하나는 바로 헤스페리데스 동산의 황금 사과를 따오는 일이었는데 이 열매는 오렌지, 그중에서도 쓴맛의 비터 오렌지(bigarade)였을 것으로 추정된다. 단맛의 오렌지는 아랍 국가들에서 돌아오는 제노바 상인 또는 포르투갈 상인들에 의해 15세기에 유럽에 유입되었다. 수 세기 동안 오렌지는 매우 귀하고 희귀한 과일이었으며 특히 설탕절임을 만들거나 식탁의 장식용으로 사용했다. 또한 선물로 주고받거나 환자에게 가져다주는 용도로 사용되었던 이 과일은 세련됨과 사치스러움의 상징이었다. 오늘날 프랑스에서 오렌지는 사과에 이어 두 번째로 많이 소비되는 과일이 되었다. 오렌지는 열량이 낮고(100g당 44kcal 또는 184kJ) 비타민, 특히 비타민 C(100g당 50mg)가 매우 풍부하다. 구매 시에는 단단하고 무거운 것을 고른다. 오렌지는 충격에 손상이 적은 편으로 상온에서 여러 날 보관이 가능하다. 과육에 스며드는 화학처리물질은 반드시 명시되어야 한다. 표면에 남아 있는 화학물질들은 세척으로도 제거되지 않는다. 따라서 제스트나 껍데기를 사용하는 경우에는 반드시 화학처리를 하지 않은 오렌지(orange non-traitée)를 구매해야 한다.
■ **사용.** 디저트용 과일인 오렌지는 파티스리와 당과류 제조에도 폭넓게 사용된다. 베네(beignet), 비스퀴, 링 모양 과자 쟁블레트(gimblettes), 잼과 마멀레이드, 케이크용 크림, 소르베를 채운 과일 지브레(fruit givré), 속을 채운 제누아즈(오랑진 타입 과자 포함), 아이스크림과 소르베, 무스, 과일 샐러드, 수플레 등에 주로 사용된다. 당절임 껍질(캔디드 오렌지 필) 또한 다양한 앙트르메와 케이크에 구성 재료로, 또는 장식용으로 사용된다. 오렌지를 활용한 음료도 주스, 오렌지에이드, 과일 리큐어와 와인, 펀치, 시럽, 소다 등 그 종류가 다양하다. 요리에서 오렌지는 이미 오래전부터 존재해왔던 음식에 종종 들어가는 재료다. 단, 씁쓸한 맛의 비터 오렌지 품종을 주로 사용한다. 오리, 송아지의 간과 정강이, 양의 혀, 오믈렛, 자고새 새끼, 샐러드, 서대, 송어 요리 등에 오렌지를 넣어 조리한다.

biscuit mousseline à l'orange ▶ BISCUIT
canard à l'orange Lasserre ▶ CANARD
confiture d'orange ▶ CONFITURE

écorces d'orange confites 에코르스 도랑주 콩피트

오렌지 껍질 설탕 절임 : 껍질이 두꺼운 오렌지를 선택한다. 껍질을 까고 제스트 안쪽의 흰 부분을 제거한 뒤 얇게 썬다. 냄비(잼 전용 냄비면 더욱 좋다)에 오렌지 1개 기준, 물 250mℓ, 설탕 120g, 그레나딘 시럽 100mℓ를 붓는다. 끓을 때까지 가열한다. 여기에 오렌지 제스트를 넣고 뚜껑을 반쯤 덮은 뒤 약 1/4정도만 남을 때까지 약하게 끓는 상태로 졸인다. 불을 끄고 그 상태로 완전히 식힌 다음 제스트를 건진다. 작업대에 슈거파우더를 넉넉히 뿌린 뒤 그 위에 제스트를 펼쳐 놓고 굴려가며 고루 묻힌다. 망 위에 얹어 건조시킨다.

entremets à l'orange 앙트르메 아 로랑주

오렌지 케이크 : 달걀 4개, 설탕 125g, 밀가루 125g으로 지름 24cm의 원형 제누아즈를 만들어 구운 뒤 식힘망 위에 올려둔다. 물 300mℓ와 설탕 200g을 끓여 시럽을 만든다. 모양이 좋은 말테즈 오렌지(orange maltaise) 2개를 씻어 세로로 반 자른 뒤 균일한 슬라이스로 썬다. 오렌지를 시럽에 넣어 몇 분간 약한 불에 익힌 뒤 건져둔다. 말테즈 오렌지 2개의 껍질 제스트를 얇게 저며 내어 끓는 물에 2차례 데친다. 이것을 시럽에 넣고 약한 불에 10분간 익히며 콩피한다. 나머지 시럽을 3개의 그릇에 나누어 담는다. 그중 하나는 제누아즈 스펀지를 적시는 용도로 오렌지 리큐어 50mℓ를 넣어 희석해준다. 두 번째 시럽은 마지막에 곁들이는 소스용으로 오렌지즙을 약간 넣어 희석한 다음 오렌지 즐레 100g을 넣어 섞고 고운 체에 걸러둔다. 마지막 세 번째 시럽은 글라사주 용도로 오렌지 즐레 100g과 약간의 오렌지즙을 넣어 희석한 뒤 녹인 판 젤라틴 한 장을 넣는다. 바닐라 빈 1/2줄기를 넣어 향을 우려낸 우유 500mℓ, 달걀노른자 4개, 설탕 100g, 밀가루 60g으로 크렘 파티시에를 만든다. 녹인 젤라틴 2장을 넣고 혼합한 뒤 재빨리 식혀준다. 거품기로 저어 매끈한 혼합물을 만든 뒤 오렌지 리큐어 50mℓ, 작은 주사위 모양으로 썬 오렌지 제스트 설탕 절임 150g을 넣어 섞는다. 너무 단단하지 않게 휘핑한 생크림 300mℓ를 넣고 아주 조심스럽게 혼합한다. 제누아즈를 가로로 3등분한다. 지름 24cm 케이크 링을 약간 더 큰 사이즈의 유광 케이크 받침 위에 놓고, 안쪽 벽면을 따라 설탕 절임 오렌지 반쪽 슬라이스를 조금씩 겹쳐가며 붙여준다. 케이크 링의 중심 바닥에 제누아즈 시트를 한 장 놓고 시럽을 붓으로 발라 적신다. 준비한 크림의 반을 채워준다. 두 번째 시트를 올린 뒤 시럽으로 적시고 남은 크림을 채워 넣는다. 마지막 제누아즈 시트를 노릇하게 구운 면이 위로 향하도록 얹고 납작하게 살짝 눌러준 다음 남은 시럽으로 적셔준다. 냉장고에 몇 시간 동안 넣어둔다. 윗면에 즐레를 발라 윤기를 낸 다음 다시 냉장고에 넣어 굳힌다. 조심스럽게 케이크 링을 빼낸 뒤 소스를 가늘게 고루 둘러준다. 오렌지 껍질 설탕 절임(캔디드 오렌지 필)과 민트잎 몇 장을 올려 장식한다.

faisan en filets au jus d'orange ▶ FAISAN
filets de canard rouennais glacés à l'orange ▶ CANARD
homard sauté à l'orange ▶ HOMARD
marmelade d'orange ▶ MARMELADE

oranges givrées 오랑주 지브레

소르베를 채운 오렌지 지브레 : 모양이 아주 온전하고 흠집이 없으며 껍질이 두꺼운

오렌지 주요 품종과 특징

품종	원산지	출하 시기	외형 및 특징	맛
블롱드 핀 *blondes fines*				
살루스티아나 salustiana	스페인, 모로코 (매우 널리 퍼져 있다)	12월-3월	동그란 것에서 약간 납작한 것까지 있으며, 껍질이 얇고 오톨도톨하다. 크기는 중간 정도이며 씨가 거의 없다.	매우 즙이 많고 향이 진하다.
샤무티 shamouti	이스라엘(감소 중)	1월-3월	크고 약간 갸름하며 껍질이 우툴두툴하고 두껍다	향이 진하고 즙이 많다.
발렌시아 레이트 valencia late	이스라엘	3월-6월	둥글고 껍질이 매끈하게 색이 선명하다. 과육은 황금색을 띤다(주스용 오렌지로 많이 쓰인다).	즙이 많고 새콤하다(주스용 오렌지).
	스페인, 모로코	4월-7월		
	우루과이, 아르헨티나, 남아프리카	7월-10월		
블롱드 네이블 *blondes navels*				
카라, 카라네이블 cara, caranavel	모로코, 남아프리카	12월-2월	대, 중 사이즈로 배꼽이 매우 큰 것이 특징이다. 과육은 분홍빛을 띠고 있다.	즙이 많은 편이고 향이 진하다.
네이블린 naveline	스페인, 모로코	11월-1월	중간 크기로 껍질이 얇고 매끈하며 씨가 없다.	즙이 많고 달콤하다
	남아프리카	5월-7월		
네이블레이트 또는 네이블타디아 navelate, navel tardia (워싱턴의 변종)	스페인, 모로코	3월-4월	중간 크기로 껍질이 우툴두툴하고 배꼽이 뾰족하다.	즙이 많고 아주 달콤하다.
	남아메리카, 남아프리카	7월-10월		
뉴홀 newhall	스페인, 모로코, 캘리포니아	5월-7월	네이블린과 매우 비슷하다	즙의 양은 보통이다.
워싱턴 네이블 washington navel	스페인, 모로코	12월-2월	매우 큰 사이즈로 배꼽이 매우 크고 뚜렷하다(정상 열매 이외에 암술 부분에 아주 작은 열매가 덧붙여져 있다). 씨가 없고, 까기 쉬우며 껍질은 우툴두툴하다.	즙이 많은 편이며, 향이 매우 진하고 과육은 아삭하다.
	우루과이, 아르헨티나, 남아프리카	6월-9월		
블러드 오렌지 *sanguines*				
더블 파인 double fine (washington sanguine)	스페인, 모로코, 이탈리아	2월-5월	큰 사이즈로 껍질이 얇고 선명한 붉은색을 띤다. 과육은 반만 진한 핏빛 붉은색이다.	즙이 많다.
말테즈 maltaise	튀니지	12월-4월 말	구형 또는 약간 타원형으로 껍질이 붉은색이다. 과육은 붉은색이며 약간 보랏빛의 붉은색을 띠기도 한다. 크기는 작은 편이다.	즙이 아주 많고, 새콤하며, 향이 매우 진하다.
모로 moro	이탈리아	11월-4월	중간 크기의 구형으로 약간 납작하며 껍질은 우툴두툴하다.	매우 즙이 많고, 즙은 짙은 주황색이다.
상귀넬로 모스카토 sanguinello moscato	이탈리아	11월-4월	구형으로 껍질이 우툴두툴하고, 붉은색 얼룩이 있다. 과육은 아주 진한 붉은 색이다.	머스크 풍미가 있다.
타로코 tarocco	이탈리아(시칠리아)	11월-4월	꽤 큰 사이즈로 서양 배 모양을 하고 있으며 껍질이 매끈하다.	살과 즙이 풍부하며 맛이 아주 훌륭하다.
비터 오렌지 *orange amère*				
비가라드 또는 세비야 오렌지 bigarade, orange de Séville	스페인	11월-4월	약간 갸름하고 껍질이 불그스름하며 약간 초록빛을 띤다. 껍질의 질감은 오톨도톨하다.	머스크 풍미가 진하다.

오렌지를 골라 꼭지 부분을 뚜껑처럼 가로로 잘라낸다. 가장자리가 날카로운 숟가락으로 껍질이 뚫어지지 않도록 조심하면서 모든 과육을 빼낸다. 짤주머니용 작은 원형 깍지를 사용해, 잘라낸 뚜껑의 꼭지를 찍어 도려낸다. 속을 비운 오렌지 껍질과 동그란 뚜껑 부분을 냉동실에 보관한다. 파낸 오렌지 과육으로 소르베를 만든다(아이스크림메이커 사용). 소르베가 완성되면 오렌지 껍질 안에 채워 넣고 표면이 봉긋이 올라오도록 마무리한다. 그 위에 구멍 난 뚜껑을 얹은 뒤, 당절임한 안젤리카 줄기를 길쭉한 마름모형으로 잘라 구멍에 살짝 밀어 넣어 잎처럼 장식한다. 서빙할 때까지 냉동실에 보관한다.

orangine 오랑진

오렌지 크림 케이크 : 설탕 150g, 달걀 6개, 밀가루 150g, 버터 60g, 소금 1자밤으로 제누아즈(참조. p.418 GÉNOISE)를 만들어 200°C로 예열한 오븐에서 45분간 구워낸 뒤 망 위에 올려 완전히 식힌다. 오렌지 리큐어로 향을 낸 크림 파티시에(참조. p.274 CRÈME PATISSIÈRE) 250㎖를 만든다. 생크림 250㎖에 바닐라슈거 1봉지와 설탕 30g을 넣고 휘핑한 뒤 크림 파티시에와 혼합한다. 냉장고에 넣어둔다. 제누아즈 스펀지를 가로로 3등분한 다음 오렌지 리큐어로 향을 낸 시럽 2테이블스푼을 발라 적셔준다. 두 장의 제누아즈 시트 위에 크림 파티시에를 넉넉히 덮어준 뒤 3장을 모두 쌓아올려 케이크를 조립한다. 오렌지 리큐어로 향을 낸 퐁당슈거로 윗면과 옆 둘레를 모두 글라사주 해준다. 캔디드 오렌지 필 조각과 당절임 안젤리크 줄기로 장식한다.

petites galettes orangines ▶ GALETTE

quartiers d'orange glacés 카르티에 도랑주 글라세

글레이즈드 오렌지 세그먼트 : 큰 사이즈의 오렌지를 준비해 껍질을 벗긴 뒤 속껍질이 터지지 않도록 주의하면서 흰색 실 같은 섬유질을 모두 꼼꼼히 떼어낸다. 오렌지를 조각으로 하나하나 분리한 다음 오븐 입구에서 몇 분간 건조시킨다. 설탕 시럽을 그랑 카세(grand cassé 약 145~150°C) 단계까지 끓인다. 작업대에 슈거파우더를 뿌린다. 말린 오렌지 세그먼트 조각들을 바늘로 찌른 뒤 시럽에 담갔다 건져 슈거파우더 위에 놓는다. 완전히 식으면 디저트용 작은 주름종이 케이스에 하나씩 담는다.

salade de carotte à l'orange ▶ SALADE
salade d'oranges maltaises aux zestes confits ▶ SALADE DE FRUITS
sirop d'orange ▶ SIROP

ORANGEADE 오랑자드 오렌지에이드. 오렌지와 설탕을 기본재료로 하는 청량음료로 일반 물 또는 탄산수를 넣어 희석하고 경우에 따라 약간의 레몬즙이나 퀴라소 또는 럼을 소량 첨가한다. 오렌지에이드는 언제나 얼음을 넣어 아주 차갑게 서빙한다.

ORANGEAT 오랑자 오렌지 과자의 일종. 아몬드 페이스트에 잘게 다진 당절임 오렌지 껍질을 섞어 만든 납작한 원반 모양의 프티푸르로 흰색 퐁당슈거로 윗면을 아이싱하고 오렌지 껍질을 얹어 장식한다. 오랑자 페를레(orangeat perlé)는 얇게 썬 오렌지 껍질을 설탕에 콩피한 뒤 건조시키고 그 위에 페를레(perlé 107~110°C) 상태로 끓인 설탕 시럽을 여러 겹 입힌

ORANGES, MANDARINES ET CLÉMENTINES 오렌지, 귤

clémentine commune
클레망틴 코뮌. 클레멘타인

mandarine tangerine
망다린 탕제린. 탠저린, 만다린

tangelo (mandarine x pomelo)
탕젤로. 탄젤로

clémentine niagawa
클레망틴 니아가와. 니아가와 클레멘타인

ortanique (tangerine unique x orange)
오르타니크. 오타닉 오렌지

fortuna (mandarine x tangerine)
포르튀나. 포르투나 귤

orange salustiana salustiana orange
오랑주 살뤼스티아나. 살루스티아나 스위트 오렌지

orange valencia orange
오랑주 발렌시아. 발렌시아 오렌지

orange valencia late late valencia *orange*
오랑주 발렌시아 레이트. 발렌시아 레이트 오렌지

orange navel navel orange
오랑주 네이블. 네이블 오렌지

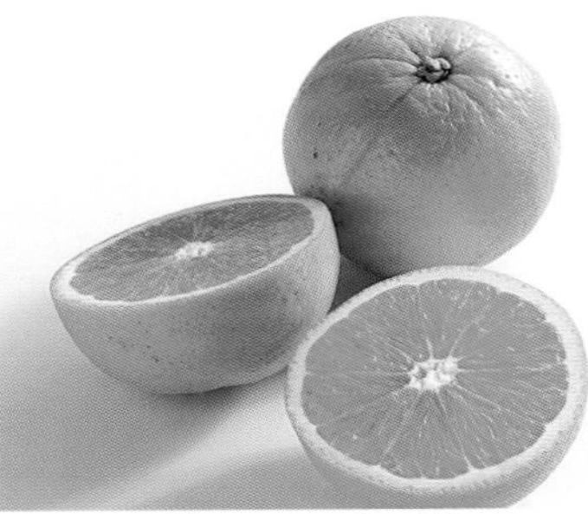
orange washington navel washington navel *orange*
오랑주 워싱턴 네이블. 워싱턴 네이블 오렌지

orange moro moro blood orange
오랑주 모로. 모로 블러드 오렌지

orange sanguinello sanguinello blood orange
오랑주 상기넬로. 상귀넬로 블러드 오렌지

orange tarocco tarocco blood orange
오랑주 타로코. 타로코 블러드 오렌지

orange amère seville orange, bitter orange
오랑주 아메르. 비터 오렌지, 세비야 오렌지

당과류 봉봉이다. 같은 방법으로 레몬 껍질로도 만들 수 있다(시트로나 페를레 citronnat perlé).

OREILLE 오레유 귀. 요리에 사용되는 정육(특히 돼지고기)의 부속 부위 중 하나이다(**참조** p.10 부속 및 내장 도표). 예전에는 귀를 굽거나 팬에 볶아 먹었고 또는 생트 므누식(à la Sainte-Menehould)으로 소를 채워 조리했다. 오늘날에도 귀 부위는 뮈조(museau) 위르(hure), 프로마주 드 테트(fromage de tête)와 같은 테린이나 파테의 재료로 들어가는 등 샤퀴트리에서 다양하게 사용된다.

oreilles de porc braisées 오레유 드 포르 브레제

브레이징한 돼지 귀 요리 : 돼지 귀 4개를 토치로 그슬려 잔털과 불순물을 제거한 다음 안쪽까지 깨끗이 씻는다. 끓는 물에 5분간 데친 뒤 건져 물기를 제거하고 각각 길게 이등분한다. 코코트 냄비에 버터를 바른 뒤 돼지비계 껍데기를 깔아준다. 얇게 썬 양파와 당근을 그 위에 깔고 반으로 자른 귀 조각들을 납작하게 놓는다. 부케가르니를 중앙에 넣는다. 뚜껑을 덮고 조리를 시작한 뒤 이어서 화이트와인 200mℓ를 붓고 완전히 졸인다. 리에종한 송아지 육즙 소스(jus) 또는 육수 400mℓ를 넣은 뒤 다시 뚜껑을 덮고 180°C로 예열한 오븐에 넣어 50분간 익힌다. 돼지 귀를 건져내 서빙 접시에 담는다. 브레이징한 셀러리 속대 또는 버터나 기름에 찌듯이 익힌 콜리플라워를 곁들인다. 돼지 귀를 익히고 남은 국물을 졸여 소스를 만든 뒤 체에 걸러 요리에 뿌려준다.

oreilles de porc au gratin 오레유 드 포르 오 그라탱

돼지 귀 그라탱 : 돼지 귀를 통째로 브레이징한 뒤 건져 물기를 제거하고 각각 길이로 이등분한다. 오븐용 그라탱 용기에 버터를 바르고 돼지 귀를 나란히 담는다. 어슷하게 썰어 버터에 볶은 버섯을 빙 둘러 놓는다. 버섯 뒥셀(duxelles)에 돼지 귀를 브레이징하고 남은 국물을 넣어 풀어준 다음 이것을 귀와 버섯에 끼얹는다. 빵가루를 얹고 정제 버터를 고루 뿌린 뒤 220°C로 예열한 오븐에 넣어 노릇해질 때까지 천천히 익혀 그라탱을 완성한다. 레몬즙을 몇 방울 뿌려 서빙한다.

oreilles de porc pochées 오레유 드 포르 포셰

물에 삶아 익힌 돼지 귀 : 돼지 귀 4개를 안쪽까지 깨끗하게 씻은 뒤 토치로 그슬려 잔털과 불순물을 모두 제거한다. 냄비에 물을 넣고 소금을 녹인 뒤(물 1ℓ당 소금 9g) 당근 2개, 정향을 2개 찔러 박은 양파 1개, 부케가르니 1개를 넣는다. 여기에 돼지 귀를 넣고 함께 가열해 약하게 끓는 상태를 유지하며 50분간 삶는다. 돼지 귀를 건져낸다. 이 상태로 삶아낸 돼지 귀는 튀김(적당한 크기로 잘라 튀김 반죽을 입혀 튀긴다)이나 굽는 요리(버터를 묻힌 뒤 갓 갈아낸 빵가루를 입힌다)가 가능하다. 여기에 머스터드나 홀스래디시 소스를 곁들이며 감자나 셀러리악 퓌레를 함께 서빙하기도 한다. 또한 리옹식(à la lyonnaise, 돼지 귀를 굵직하게 채 썬 뒤 얇게 썬 양파를 넣고 버터에 볶는다)으로 조리하거나, 비네그레트 드레싱에 버무려 차갑게 먹기도하고 화이트 소스(sauce blanche)나 모르네 소스(sauce Mornay)를 끼얹어 그라탱을 만들기도 한다.

oreilles de veau braisées à la mirepoix 오레유 드 보 브레제 아 라 미르푸아

미르푸아를 넣고 브레이징한 송아지 귀 : 송아지 귀 4개를 안쪽까지 깨끗이 씻은 뒤 끓는 물에 8분간 데친다. 찬물에 넣어 식힌 뒤 건져 손질해 다듬고 물기를 닦아준다. 코코트 냄비에 넣고 채소 미르푸아 150g으로 덮어준 다음 부케가르니, 소금, 후추, 화이트와인 100mℓ를 첨가한다. 센 불로 가열해 수분이 없어질 때까지 완전히 졸인 다음 송아지 갈색 육즙 소스(jus) 300mℓ를 붓는다. 뚜껑을 덮고 180°C 오븐에서 1시간 30분 동안 익힌다. 귀를 건져 얇은 부분의 안쪽과 바깥쪽 껍질을 제거한다. 이 부분을 접어 잘게 썬다. 원형 접시에 버터에 지진 동그란 식빵 크루통을 깐 다음 그 위에 송아지 귀를 놓는다. 조리하고 남은 국물의 기름기를 제거한 뒤 송아지 귀에 끼얹는다.

oreilles de veau grillées à la diable 오레유 드 보 그리예 아 라 디아블

디아블 소스를 곁들인 구운 송아지 귀 : 송아지 귀에 미르푸아를 넣고 브레이징한다. 귀를 건져내 길이로 이등분한 뒤 무거운 것으로 눌러 식힌다. 머스터드를 넉넉히 바른 뒤 녹인 버터를 뿌린다. 식빵의 흰 부분을 갈아 만든 흰색 빵가루에 굴린 뒤 너무 세지 않은 불에 천천히 굽는다. 디아블 소스(sauce diable)를 곁들여 서빙한다.

salade d'oreilles de cochon confites ▶ SALADE

OREILLER DE LA BELLE AURORE 오레이에 드 라 벨 오로르 정사각형의 파테 앙 크루트(pâté en croûte)로 미식가인 앙텔름 브리야 사바랭(Anthelme Brillat-Savarin, 1755—1826)의 어머니 클로딘 오로르 레카미에(Claudine-Aurore Récamier)에게 헌정된 음식이다. 오레이에 드 라 벨 오로르는 두 가지 소를 채워 만든다(하나는 송아지와 돼지고기이고, 다른 하나는 닭의 간, 새끼자고새, 버섯, 송로버섯이다). 여기에 양념에 마리네이드한 송아지 안심, 길게 자른 붉은 다리 자고새와 오리의 가슴살, 산토끼 허리 등심살, 닭가슴살, 데친 송아지 흉선이 추가된다.

OREILLETTES 오레이예트 랑그독 지방의 튀김과자의 일종으로 전통적으로 사육제(carnaval) 때 즐겨 먹는다. 오레이예트는 달콤한 반죽으로 만들며 길쭉하고 납작한 직사각형으로 잘라 중간에 칼집을 낸(때로 사각형 반죽의 끝부분을 이 구멍으로 통과시켜 타래과 모양의 매듭 과자를 만들기도 한다) 다음 기름에 튀긴다. 럼과 오렌지 제스트 또는 레몬 제스트로 향을 낸 몽펠리에의 오레이예트가 특히 유명하다.

oreillettes de Montpellier 오레이예트 드 몽펠리에

몽펠리에의 오레이예트 : 밀가루 1kg을 작업대에 놓고 가운데에 우묵한 공간을 만든다. 녹인 버터 300g, 달걀 5개, 설탕 2테이블스푼, 럼 몇 스푼, 우유 작은 컵으로 한 개, 곱게 간 오렌지 제스트 2개분을 중심부에 조금씩 부으면서 혼합한다. 잘 섞어 균일한 반죽을 만든다. 탄력이 생기도록 충분히 치대어 반죽한 다음 둥글게 뭉쳐 2시간 동안 휴지시킨다. 반죽을 약 2mm 두께로 밀고 제과용 커팅롤러를 이용해 5×8cm 크기의 직사각형으로 모두 자른다. 각 사각형의 안쪽에 칼집을 두 개씩 내준다. 175°C로 달군 기름에 반죽 조각을 넣는다. 오레이예트는 금방 부풀어 오르고 색이 난다. 노릇하게 튀겨진 과자를 건져 탁탁 털고 종이타올 위에 올려 나머지 기름을 흡수시킨 뒤 슈거파우더를 뿌린다. 흰 냅킨을 깐 바구니에 담아 서빙한다.

ORGANISME GÉNÉTIQUEMENT MODIFIÉ (OGM) 오르가니즘 제네티크망 모디피에 유전자 변형 생물(GMO). 유럽연합 지침 강령 2001/18/CE는 GMO를 증식 또는 재조합을 통해 자연적으로 행해질 수 없는 방법으로 유전적 물질이 변형된 유기체(인간은 제외)로 정의하고 있다. 여기에 사용되는 변형 기술은 해당 생물의 일부 특징들을 더 부각시키거나 반대로 더 약하게 만들어, 바람직한 장점이 강조된 새로운 긍정적 평가를 부여하는 동시에 원하지 않는 것으로 간주되는 부정적인 측면을 제거하는 데 그 목적을 두고 있다. 이미 시행된 유전자 변형은 특히 옥수수, 대두, 사탕무, 유채 등 대량재배 식물을 대상으로 이루어지고 있다.

■ **규정.** 유럽연합 내(스위스 포함)의 모든 국가에서 자발적으로 행해지는 실제 자연환경 내(비닐하우스나 연구 실험실이 아닌 실제 현장 테스트)에서의 GMO 확산과 생산물의 유통 및 판매는 매우 엄격하면서도 계속 변화하고 있는 관련 규정을 준수해야만 한다. EU 지침 강령에 따르면 식품과 그 재료(향료 및 식품첨가제 포함)에 함유된 GMO 생산물의 비율이 각각 한계점 0.9%를 초과하는 경우(우연한 경우는 제외), 이를 제품 라벨에 반드시 명시하도록 의무화하고 있다. 식품이 GMO 물질을 포함하거나 또는 GMO로 이루어져 있는 경우(예: 스위트 콘) 제품표시 라벨에는 유전적으로 변형된 또는 유전적으로 변형된 xxx(생물의 이름)로부터 얻은 xxx(재료 이름)을 포함한과 같은 정확한 정보가 표시된다. 하나의 식품에 여러 재료가 포함된 경우 GMO의 존재에 대한 정보는 재료 목록 또는 이 목록 하단에 재료별로 각각 정확하게 명시되어야 한다. 미리 포장되지 않은 식품들의 경우(식당 납품용 이외의 경우) 이 같은 정보는 상품진열대 또는 그 근처에 게시해 소비자들의 눈에 잘 띄도록 해야 하며, 또는 구매 시 제공하는 포장재에 명시되어 있어야 한다. 반면, GMO 생산물의 도움을 받아 생산된 식품(예를 들어 GMO 농산물을 사료로 먹은 동물이 생산한 우유, 고기, 달걀 등)이나 하나의 식품을 제조할 때 사용된 특정 물질(기술적 보조제, 첨가물이나 향료의 매체 등)은 제품 라벨의 의무적 표시 대상은 아니다. 유기농 농법에서는 GMO나 그 파생물(수의학 의약품은 제외)의 사용이 금지되어 있으나 유기농 작물이라 하더라도 단지 이들을 보호하는 명목으로 GMO 불포함이라고 규정할 수 없다(예를 들면 생산 현장에서의 교차 수분(受粉)의 가능성 등이 있을 수 있다). 모든 부정적인 주장은 조작자들이 준수해야 하는 엄격한 기준에 의해 규제된다. GMO의 원리와 사용은 오늘날 논쟁의 대상이 되고 있다. GMO의 주요 생산국 중 하나인 캐나다에서는 2004년부터 라벨에 유전자 변형 여부를 명시하는 것이 선택사항이다.

ORGANOLEPTIQUE 오르가놀렙티크 감각기관에 영향을 미치는. 감각기관을 통해 직접적으로 획득한 느낌으로 이를 통해 그 음식에 대한 본능적인 욕망 또는 거부감을 결정짓는 것을 뜻한다. 식품(또는 음료)의 감각적 특성은 풍미(냄새, 향, 맛), 냄새, 색, 외관, 텍스처(만졌을 때의 질감, 씹었을 때

의 식감) 등을 통해 정의할 수 있다.

ORGE 오르주 보리. 재배 곡물인 보리는 글루텐이 거의 없어 빵을 만드는 것이 매우 어렵다(**참조** p.179 곡류 도표 p.178, 179 도감). 오늘날에도 여전히 보리는 맥아(malt 보리를 발아시킨 후 건조시킨 것) 상태로 맥주와 위스키 제조의 원료로 사용된다. 요리에서는 보리 낱알의 겉껍질을 벗겨내고 두 맷돌 사이에 넣어 작은 구슬 모양으로 도정한 보리쌀(orge perlé 오르주 페를레)를 주로 사용한다. 수프와 포타주에 넣어 먹거나 스튜 등에 가니시로 서빙되며 리소토를 만들 수도 있다. 뿐만 아니라 일부 디저트 재료로도 사용된다(앙트르메, 케이크, 갈레트 등). 또한 납작하게 누른 보리 플레이크, 보리 쿠스쿠스라고 할 수 있는 세몰리나 형태로 된 제품들도 나와 있다.

crème d'orge ▶ CRÈME (POTAGE)

알랭 솔리베레스(ALAIN SOLIVÉRÈS) 의 레시피

orge perlé du pays de Sault **오르주 페를레 뒤 페이 드 소 소(Sault) 지방의 보리 리소토** : 올리브오일 100mℓ에 잘게 썬 샬롯 3개와 소 뼈 한 개의 골수를 작은 주사위 모양으로 썰어 넣고 색이 나지 않게 볶는다. 여기에 보리쌀(orge perlé) 240g을 넣고 잘 섞는다. 화이트와인 200mℓ를 부은 뒤 수분이 완전히 없어질 때까지 졸인다. 닭 육수 1.5ℓ를 조금씩 부어가며 12분 정도 익힌다. 잘게 썬 쪽파 1대, 곱게 빻은 송로버섯 20g, 갓 갈아낸 파르메산 치즈 40g을 넣는다. 마지막에 불에서 내린 뒤 휘핑한 생크림 1테이블스푼을 넣고 잘 섞는다. 게랑드 산 고운 소금과 갓 갈아낸 후추로 간한다. 이 리소토에 닭 내장이나 자투리 살, 포치니 버섯, 민물가재, 개구리, 오징어 등을 첨가하기도 한다.

ORGEAT 오르자 설탕과 아몬드 밀크를 기본재료로 오렌지 블로섬 워터로 향을 낸 시럽으로, 주로 물을 타서 시원한 음료로 마신다. 원래는 이름에서 알 수 있듯이 보리(orge)를 달여 농축해 만들었다.

ORGIE 오르지 폭음과 폭식이 난무하는 방탕한 분위기의 연회를 가리킨다. 오르지(orgie)라는 단어의 이 현대적 의미는 종교적인 함축성을 상실했다. 고대 그리스인, 이어서 로마인들에게 오르지는 각각 포도주의 신 디오니소스와 바쿠스를 기리는 축제였다. 이 파티를 즐기던 신봉자들은 마치 신이 내린 것처럼 포도주, 춤, 음악에 광분하여 완전히 자제력을 잃었다고 한다.

ORIENTALE (À L') 아 로리앙탈 오리엔탈풍의. 터키 또는 발칸반도 지역의 요리에서 영감을 받은 다양한 음식들을 지칭하며, 지중해의 식재료와 향신료들(가지, 양파, 피망, 쌀, 사프란, 토마토 등)이 사용된 것을 다수 찾아볼 수 있다. 각종 고기 요리에 곁들이는 오리엔탈풍 가니시에는 필라프 라이스(사프란으로 향을 내기도 한다)를 채운 토마토, 버터에 찌듯이 볶은 오크라, 껍질을 벗긴 뒤 색이 나지 않게 익힌 피망이 포함되며 토마토를 넣은 데미글라스 소스를 함께 서빙한다. 주로 차가운 애피타이저에 곁들이는 양념 마요네즈(익힌 토마토, 사프란, 잘게 썬 스위트 파프리카 등을 섞은 것) 또한 오리엔탈풍의 소스로 규정하며, 생선 요리에 곁들이는 커리와 생크림을 더한 아메리켄 소스(sauce américaine)도 마찬가지로 분류한다.

▶ 레시피 : RIZ.

ORIGAN 오리강 오레가노. 꿀풀과의 방향성 식물로 종종 마조람과 혼동된다(**참조** p.451~454 향신 허브 도감). 오레가노는 지중해 연안의 일조량이 많은 경사지에서 특히 많이 자란다. 달콤하거나 톡 쏘는 듯한 자극적인 맛을 지니고 있으며 멘톨 또는 후추의 향도 조금 난다. 짙은 녹색의 작은 타원형 잎은 다양한 요리에 향신 허브로 쓰인다. 피자, 로마식 도브(daube), 양꼬치구이, 오븐에 익힌 생선, 토마토 소스, 라타투이 또는 페타 치즈가 들어간 요리 등이 대표적이다.

ORIGNAL 오리냘 말코손바닥사슴, 무스, 엘크. 사슴과에 속하는 아메리카의 큰 사슴, 번식력이 매우 강한 이 건장한 동물은 사슴과 함께 캐나다에서 가장 많이 잡히는 사냥감이다. 고기가 시중에 판매되지 않기 때문에, 대부분 사냥 시즌인 가을에 가족끼리의 식사 테이블에서나 맛볼 수 있다. 조리법은 사슴 고기와 같으며 진한 소스와 야생 베리류 과일 콩포트를 곁들여 먹는다.

ORLÉANAIS, BEAUCE, SOLOGNE 오를레아네, 보스, 솔로뉴 프랑스의 이 세 지방은 남쪽으로는 숲과 연못들이, 북쪽에는 곡식이 자라는 평야지대가 펼쳐져 있다. 솔로뉴에서는 사냥과 낚시가 활발히 이루어진다. 이 지역의 특선요리들이 숲의 향기와 수렵육, 버섯, 혹은 민물생선의 풍미로 가득하다는 사실은 놀라운 일이 아니다. 애피타이저로는 산토끼나 꿩 파테, 헤이즐넛이나 잣을 넣은 멧돼지 테린, 나아가 잉어 테린이 식탁에 오른다. 파테를 즐겨 먹는 전통은 오를레앙 전 지역에 퍼져 있으며, 특히 보장시(Beaugency)의 토끼 파테, 피티비에(Pithiviers)의 종달새 파테, 현재는 새끼자고새로 만드는 샤르트르(Chartres) 파테(원래 옛날에는 지금 거의 사라진 흰눈썹물떼새 등의 작은 새로 만들었다)등이 유명하다. 사냥 시즌이 되면 장시간 양념에 마리네이드 해두었다가 조리한 노루 볼기등심살 요리에 그랑 브뇌르(grand veneur) 소스를 곁들여 먹는다. 가니시로 크랜베리와 밤을 고기 주위에 빙 둘러 서빙한다. 이보다 더 즐겨 찾는 별미는 어린 노루의 뼈 붙은 등심을 몇 분간 재빨리 구운 뒤 플랑베한 것으로 대개 야생 버섯을 곁들인다. 수렵육 이외에도 다양한 재료를 사용한 향토 요리들이 많다. 솔로뉴(Sologne)식 양 뒷다리 요리(마늘을 찔러 넣은 뒤 채소와 함께 물에 뭉근히 익힌다), 레드와인을 넣고 조리한 돼지고기 시베(샤르보뇌 charbonneux라고 부른다), 또는 보스(Beauce)식 소 우둔살 요리(감자, 양파, 돼지비계, 향신 재료와 함께 토기 냄비에 넣어 뭉근히 익힌다) 등을 손에 꼽을 수 있다. 이 지역의 대표적인 생선 요리에는 샹보르(Chambord)라는 이름이 붙는다. 르네상스 시대의 이 성 이름은 요리에서 화려한 음식을 연상시킨다. 소를 채운 뒤 레드와인에 브레이징한 샹보르식 잉어 요리에는 생선 소로 만든 크넬, 서대 필레, 소테한 이리, 버섯 갓, 송로버섯, 민물가재가 곁들여진다. 식사를 마무리하는 디저트에서도 이 지역에는 자랑거리가 많다. 솔로뉴는 라모트 뵈브롱(Lamotte-Beuvron)에서 식당을 운영했던 타탱(Tatin) 자매(타르트 타탱이 바로 그녀들의 손에서 탄생했다)의 고장인 것에 자부심을 느낄 것이다. 피티비에 또한 프랑지판 크림을 채운 유명한 페이스트리 이름에 그 지명을 붙이게 된 것을 자랑스럽게 생각할 것이다.

■ **수프, 채소.**

● **ASPERGES À LA BÉCHAMEL SAFRANÉE, COULEMELLES GRILLÉES 사프란 향 베샤멜 소스를 넣은 아스파라거스, 구운 큰갓버섯.** 오를레앙을 둘러싼 발 드 루아르(Val de Loire) 지역은 자르조(Jargeau)의 완두콩, 쉴리 쉬르 루아르(Sully-sur-Loire)의 두루미냉이(초석잠), 맹빌리에(Mainvilliers)의 순무 등 채소 재배에 최적화된 곳이다. 한편 솔로뉴 동부 지역의 모래질 토양에서는 특히 아스파라거스가 많이 생산된다. 소박한 이 채소들로 전통적인 리크 수프인 포리오(poriaux), 단호박 수프, 또는 큰다닥냉이(cresson alénois, cresson orléanais) 수프 등을 만든다. 수탉의 콩팥(rognons de coq)이라 불리는 키드니 빈은 돼지꼬리 요리에 곁들여 먹는다. 또한 감자는 블루아식(à la blésoise, 돼지비계와 함께 코코트 냄비에 넣고 소테한다), 포레스티에르식(à la forestière 오븐에 익혀서 버섯으로 속을 채운다), 또는 솔로뉴식(à la solognote, 타임, 타라곤, 월계수 잎과 함께 우유와 크림에 넣고 약한 불로 뭉근히 익힌다) 등으로 다양하게 조리한다. 화이트 아스파라거스는 증기에 쪄 원재료의 풍미를 고스란히 즐긴다. 여기에 베샤멜이나 사프란(오래전부터 가티네 Gâtinais에서 생산되고 있는 특산품이다) 향을 낸 홀랜다이즈 소스를 곁들이면 금상첨화다. 이 소스들은 리크, 펜넬, 셀러리와도 아주 잘 어울린다. 숲에서 채집하는 포치니 버섯(cèpe 그물버섯)은 주로 마늘, 파슬리 또는 차이브를 넣고 소테한다. 꾀꼬리버섯 지롤(girolle)은 각종 소스 요리에 맛있는 향을 내준다. 큰갓버섯(coulemelle, Lépiote élevée)은 그 자체만으로도 하나의 요리가 되는데, 이 버섯의 섬세한 향을 즐기기 위해서는 잘게 다진 샬롯이나 마늘을 조금 섞은 버터 한 조각을 버섯 갓에 넣고 그릴팬에 몇 분간만 구워 내면 충분하다.

■ **생선.**

● **PAUPIETTES DE CARPE À LA MENTHE, ANGUILLE À L'OSEILLE 민트를 넣은 잉어 파피요트, 수영을 넣은 장어 요리.** 루아르강에서 잡히는 민물 농어(sandre)를 조리하는 방법은 매우 다양하다. 당근 크림, 또는 느타리버섯 크림 소스를 곁들이거나 오를레앙의 카베르네 레드와인, 또는 서양 배나 리크를 넣어 조리하기도 한다. 잉어는 주로 고기 소(소시지 스터핑용 돼지분쇄육)와 빵 속살, 우유를 섞어 채운 뒤 통째로 조리한다. 하지만 이 생선의 참맛을 제대로 즐기기 위해서는 참치처럼 붉은색을 띤 4~5kg짜리 큰 잉어의 필레를 떠 베이컨 라르동을 넣고 지져 먹는 편이 훨씬 좋다. 일 년에 한 차례 호수의 물을 빼는 시기가 되면 낚시꾼들이 몰려들어 잉어와 메기를 잡아 그 자리에서 필레를 더 구워 먹는 것을 즐긴다. 더욱 특별한 요리로는 잉어 포피에트를 꼽을 수 있다. 강꼬치고기 등의 생선 살, 워터민트(호수 주위에서 채집한 것), 페퍼민트 등으로 속을 채운 뒤 해초로 감싸 증기에 찐 요리다. 가시를 제거한 장어 필레는 팬에 소테한 뒤 마르(marc)를 뿌려 플랑

베하고 수영(소렐)을 넣은 크림 소스를 곁들여 먹는다.
■**수렵육.**
● **MAGRET DE COLVERT AU PORTO, PAIN DE PERDREAU 포트와인을 넣은 청둥오리 가슴살 요리, 새끼자고새 테린.** 양념에 마리네이드한 뒤 익힌 노루 또는 멧돼지 고기에 푸아브라드 소스(sauce poivrade 고기를 재웠던 마리네이드액에 코냑과 굵게 빻은 통후추를 넣고 졸여 만든 수렵육용 소스)를 곁들인 요리는 사냥이 활발한 이 지역의 대표적 전통 음식이다. 사냥한 짐승이 어린 경우에는 장시간 마리네이드 하지 않아도 아주 맛이 좋으며 소고기처럼 로스트하거나 스테이크로 구워 먹을 수 있다. 수렵육은 단맛과 잘 어울려 종종 사과, 배 또는 마르멜로(유럽 모과), 블랙베리 즐레, 산딸기 또는 블루베리 잼 등 과일 베이스의 가니시를 곁들여 먹는다. 그 외에도 레드와인에 조리한 사슴 앞다리 요리, 헤이즐넛을 넣은 노루 안심 등 다양한 조리법으로 맛있는 수렵육 요리를 만든다. 청둥오리 가슴살은 팬에 소테하고 이어서 포트와인이나 말라가 와인으로 디글레이즈한 뒤 차이브를 뿌려준다. 가슴살을 잘라낸 오리의 나머지 부분은 양파와 화이트와인을 넣고 스튜를 만들 수 있다. 새끼자고새 테린은 자고새 살과 가늘게 채 썬 신선한 채소들을 채워 넣고 사프란으로 향을 낸 파테 앙 크루트의 일종이다. 더욱 클래식한 대표 요리로는 바르부이유(en barbouille 마지막에 소스를 수렵육의 피로 리에종한 뒤 달걀을 넣은 스튜의 일종)로 조리한 꿩 요리와 지블로트(en gielotte 라르동, 양파, 버섯과 함께 레드와인에 조리한 스튜의 일종) 굴토끼 요리 등을 꼽을 수 있다.
■**고기.**
● **BŒUF DE LA SAINT-JEAN, QUEUE DE COCHON 성 요한 비프 스튜, 돼지꼬리 요리.** 털이 있는 수렵육 또는 깃털이 있는 수렵 조류의 조리법이 다양한 것에 비하면 정육용 고기에 관련된 레시피들은 한결 소박하다. 베이컨, 소시지, 각종 채소, 허브, 화이트와인, 머스터드, 코르니숑을 넣은 소고기 스튜(bœuf de la Saint-Jean)와 키드니 빈을 넣은 돼지꼬리 요리(queue de porc aux haricots rouges)가 대표적인 향토 요리로 꼽힌다.
■**치즈, 디저트.**
● **TAPINETTE, CREUSIOT ET PATELINS SOLOGNOTS 솔로뉴의 타피네트, 크뢰지오, 파틀랭.** 이 지역을 대표하는 치즈는 푀이유 드 드뢰(feuille de Dreux)와 올리베(olivet)이다. 오를레앙 지역의 커드 치즈 타르트인 타피네트, 프로마주 블랑에 샬롯을 섞어 채운 빵인 솔로뉴의 크뢰지오는 치즈인 동시에 디저트 역할을 한다. 단맛의 대표주자로는 가티네(Gâtinais)의 꿀, 솔로뉴(Sologne)의 꿀, 보장시(Beaugency)의 과일젤리, 루두두(roudoudou, 핥아먹는 캐러멜 사탕)의 일종인 오를레앙의 마르멜로 젤리 코티냑(cotignac), 헤이즐넛을 넣은 고급 초콜릿인 솔로뉴의 파틀랭(patelin), 쉴리(Sully)의 피낭시에(financier), 몽타르지(Montargis)의 프랄린 등을 꼽을 수 있다.
■**와인.** 뱅 드 로를레아네(vin de l'Orléanais)라는 아펠라시옹(VDQS)은 과일향이 풍부하며 비교적 어릴 때 마시는 레드와인을 생산한다. 쿠르 슈베르니(cour-cheverny) AOC는 로모랑탱(romorantin) 품종 포도가 지닌 전형적인 특징과 산미가 두드러지는 화이트와인이다. 슈베르니(cheverny) AOC는 레드, 로제, 화이트와인을 생산한다. 특히 어릴 때 과실향이 풍부한 레드와인은 시간이 지나 숙성됨에 따라 애니멀 노트로 변해간다.

ORLÉANAISE (À L') 아 로를레아네즈 오를레앙식의. 큰 덩어리로 서빙하는 고기에 브레이징한 다음 달걀을 넣어 섞은 엔다이브를 곁들인 요리를 가리킨다. 폼 메트르 도텔(pommes maître d'hôtel) 감자를 따로 담아 함께 서빙한다.

ORLÉANS 오를레앙 타르틀레트 형태로 플레이팅한 다양한 달걀 요리(수란, 반숙, 프라이)에 붙는 명칭으로, 잘게 썬 소 골수 살피콩과 마데이라 와인 소스에 살짝 버무려 조리한 송로버섯, 또는 주사위 모양으로 썬 닭가슴살에 토마토 소스를 넣은 가니시를 곁들인다. 또한 이 명칭은 서대 필레를 돌돌 만 뒤 다진 명태살 소로 씌워 덮고 익힌 요리에도 적용된다. 여기에 잘게 썬 새우살과 버섯 살피콩을 곁들이고 새우 소스를 끼얹은 다음 얇게 저민 송로버섯 슬라이스를 한 장 얹어 장식한다.

ORLOFF 오를로프 오를로프 송아지 요리. 브레이징하거나 오븐에 익힌 송아지 등심 덩어리를 바닥이 연결되어 있는 상태로 슬라이스한 다음, 버섯과 양파 퓌레, 얇게 저민 송로버섯을 사이사이 채워 넣고 다시 모양을 합체한 뒤 맹트농 소스(sauce Maintenon)를 끼얹고 파르메산 치즈를 뿌려 오븐에 윤기나게 구워낸 전통 요리다. 이 음식은 19세기 전반에 20년이 넘는 세월 동안 러시아 오를로프 왕자의 요리사로 일한 위르뱅 뒤부아(Urbain Dubois)가 처음 개발한 것으로 추정된다. 큰 덩어리로 서빙하는 고기 요리에 곁들이는 오를로프 가니시에는 브레이징한 셀러리(또는 브레이징한 셀러리 줄기로 바닥과 안쪽 벽을 대고 가운데에 셀러리 무슬린 퓌레를 채운 다리올), 토마토, 폼 샤토(pommes château), 브레이징한 양상추 등이 포함된다.
▶ 레시피 : VEAU.

ORLY 오를리 튀긴 생선 요리에 붙는 명칭. 바다생선 또는 민물 생선을 크기에 따라 필레를 뜨거나 통째로 튀김 반죽 또는 밀가루, 달걀, 빵가루를 입혀 튀겨낸다. 토마토 소스를 곁들이고 튀긴 파슬리를 얹어 서빙한다. 또한 이 음식의 명칭은 작게 잘라 튀긴 고기나 닭에도 적용할 수 있다.

ORMEAU 오르모 전복. 전복과에 속하는 바다 복족류인 전복(haliotide)의 일반적 명칭으로, 껍데기는 가장자리 한쪽이 둥글게 말려 있고 살짝 우묵한 타원형을 하고 있어 마치 귀 모양을 연상시킨다(전복은 바다의 귀(oreille-de-mer)라는 별명을 갖고 있다)(**참조** p.250 조개류 도표, p.252, 253 도감). 껍데기의 가장자리 한 쪽에는 작은 구멍들이 일렬로 나 있고 안쪽은 자개와 같은 진주 빛이며 겉은 붉은 기가 도는 갈색이다. 전복의 크기는 8~12cm 정도이며 모든 근육은 식용가능하다. 껍데기에서 떼어내 손질하여 다듬고 잘 두드려 연하게 만든 뒤 조리한다. 전복은 희고 풍미가 좋은 살을 가지고 있으며, 주로 신선한 채소와 함께 코코트 냄비에 익히거나 또는 송아지 에스칼로프처럼 팬에 지진다. 전복은 영불해협 망슈(Manche) 연안(브레이징한 제르제 전복 ormiers' de Jersey braisés)과 지중해 연안(마늘에 소테한 전복 oreilles de Saint-Pierre' sautées à l'ail)에서 많이 즐겨 먹는다. 현재 전복 어획은 규제되고 있으며 특히 관련업 종사자들은 어업 허가증을 취득해야 한다. 대서양과 지중해에서 여러 차례 전복 양식을 시도했으나, 생산량은 낚시로 잡아 올리는 결과물에 비교할 때 매우 미미하다. 북미 지역에서는 서쪽 해안에서만 전복을 찾아볼 수 있다. 살이 연한 태평양 산 전복이 가장 인기가 좋다.

올리비에 뢸랭제(OLIVIER ROELLINGER)의 레시피

ormeaux à la cancalaise 오르모 아 라 캉칼레즈

캉칼(Cancale)식 전복 요리 : 살아 있는 전복 큰 것 8마리 또는 중간 크기 12마리를 냉장고 아래 칸에 48시간 동안 넣어 힘을 뺀다. 차가운 상태에서 껍질과 살을 분리하고 너덜너덜한 수염 살은 그대로 둔 채 불순물을 제거한다. 흐르는 물에서 문질러 씻으며 검정색 흔적들을 모두 닦아낸다. 젖은 면포에 올려 다시 냉장고에 24시간 넣어둔다. 조리 전에 살살 주물러준다. 전복 안에 붙어 있던 수염 살을 깨끗이 씻어 물기를 말린 뒤 버터 100g과 함께 팬에 넣고 노릇하게 볶는다. 껍질을 벗기고 잘게 썬 샬롯 1개, 동글게 슬라이스한 당근 1개, 깨끗이 씻어 얇게 저민 버섯 3개, 코토 뒤 레이용(coteaux-du-layon) 와인 50mℓ를 넣고 이어서 오븐에 구운 마늘 1톨, 이탈리안 파슬리 반 단의 줄기 부분, 잘게 썬 건조 김 2테이블스푼 정도를 첨가한다. 닭 육수 100mℓ를 넣고 약하게 끓는 상태로 1시간 익힌다. 고운 체에 거른다. 향이 아주 좋은 전복 육수가 완성되었다. 소금을 넣은 끓는 물에 햇 양배추 잎 4장을 데쳐 내어 물기를 제거해둔다. 냄비에 기름 250mℓ를 가열한 뒤 이탈리안 파슬리 작은 가지 20개 정도를 재빠르게 튀겨낸다. 건져서 종이타월 위에 올려 기름을 빼 둔다. 전복 육수를 다시 데운 뒤 버터 50g을 넣고 휘저어 섞는다(monter au beurre). 전복 살의 양면을 각각 2분씩 팬에 노릇하게 익힌다. 경직된 살이 풀어지도록 15분 동안 따뜻하게 휴지시킨다. 팬에 전복 육수즙과 애플 사이더(cidre) 식초 20mℓ를 넣어 디글레이즈한 다음 고운 체에 걸러 소스를 완성한다. 데쳐 둔 양배추 잎에 버터 한 조각과 약간의 물을 넣고 데운다. 모양이 좋은 전복 껍데기를 뜨겁게 가열한 뒤 각 접시에 한 개씩 놓는다. 바로 옆에 양배추를 한 장씩 깐다. 한 접시당 전복 2~3개를 얇게 썬 다음 다시 원래 모양대로 조합해 껍데기와 양배추 잎에 걸치도록 보기 좋게 담는다. 생파슬리를 다져서 뿌린 뒤 전복 육수즙 소스(jus)를 끼얹어준다. 튀긴 파슬리 잎을 몇 장 올려 장식한다.

ORNITHOGALE 오르니토갈 와일드 아스파라거스, 야생 아스파라거스. 백합과에 속하는 작은 야생 초본 식물로, 작은 아스파라거스를 뜻하는 아스페르제트(aspergette) 또는 담 동죄르(dame-d'onze-heures)라고도 불린다(**참조** p.55 아스파라거스 도감). 꽃이 영글기 전인 5월에 숲에서 채집할 수 있다. 아스파라거스의 풍미를 지니고 있으며, 같은 방법으로 조리해 먹는다.

ORONGE VRAIE ▶ **참조 AMANITE DES CÉSARS**

ORPHIE 오르피 동갈치. 동갈치과의 바다생선으로 몸이 아주 길고, 특히 베카스 드 메르(bécasse de mer 바다의 도요새)라는 별명을 가질 정도로 뾰족한 부리가 길게 돌출되어 있다. 브르타뉴 지방에서는 에귀예트(aiguillette)라고 부른다. 등은 초록빛이 도는 푸른색이고 배는 흰색이며 무게 1.5kg에 길이는 최대 80cm에 달한다. 녹색을 띤 가시는 야광성이다. 특히 봄철에 아주 맛이 좋은 생선으로 붕장어와 같은 방법으로 조리하며 튀김으로 먹기도 한다.

ORTIE BRÛLANTE 오르티 브륄랑트 쐐기풀. 쐐기풀과의 초본식물로 따끔따끔하게 찌르는 털이 나 있다. 일반적으로 이 식물의 영양학적 가치나 치료적 효능은 그다지 특별하게 알려진 바 없다(**참조** p.451~454 향신 허브 도감). 일명 그리에슈(grièche)라 불리는 한해살이 식물인 작은 쐐기풀의 어린잎은 잘게 다져 샐러드에 넣어 먹는다. 여러해살이 식물인 일반 큰 쐐기풀 잎은 주로 녹색 채소 수프에 단독으로 또는 수영, 리크, 크레송, 양배추 등과 섞어서 넣어 끓이며, 여기에 잠두콩이나 감자를 넣어 걸쭉하게 만든다. 두 종류의 쐐기풀 모두 시금치와 같은 방법으로 요리할 수 있다. 게다가 쐐기풀은 시금치보다 철이 더 풍부하며 프로비타민 A와 비타민 C도 함유하고 있다.

ORTOLAN 오르톨랑 멧새. 멧새과에 속하는 깃털 달린 수렵육으로 고대부터 가장 고급스럽고 섬세한 맛을 지닌 새로 여겨졌다. 본래 이름이 브뤼앙 오르톨랑(bruant ortolan)인 이 철새는 점점 희귀해져 현재는 유럽뿐 아니라 캐나다에서도 공식적으로 보호되고 있다. 캐나다에서 멧새는 인적이 드문 북극 빙하지대 변방에 서식하고 있다. 하지만 프랑스 남서부, 특히 랑드(Landes) 지방에서는 레스토랑에서 멧새를 서빙하는 것이 금지되어 있음에도 불구하고 애호가들 사이에서 이 새를 생포하여 살찌우는 일이 암암리에 계속 행해지고 있다. 새가 먹는 먹이(베리류 열매, 싹, 포도 알갱이, 조, 작은 곤충)는 살에 진한 풍미과 섬세한 맛을 만들어준다. 이렇게 살을 찌우면 포획 시에 30g이던 무게는 한 달 사이에 네 배로 늘어난다. 멧새는 대부분 꼬치에 꿰어 굽거나 오븐에서 로스트하며 자체 지방으로 익힌다. 이 기름은 굽는 동안 아래에 받쳐둔 빵 조각 위로 떨어져 모인다. 어떤 이들은 이 빵에 로크포르 치즈를 발라 먹을 것을 추천하기도 한다. 또한 이 작은 새에 송로버섯을 넣은 푸아그라 퓌레를 채운 뒤 천연 창자로 감싸 익히는 조리법도 있다.

OS 오스 뼈. 척추동물의 골격을 이루는 단단한 조직인 뼈는 무기질, 골질, 지방, 수분으로 이루어져 있다. 끓는 액체에 뼈를 담가 익히면, 특히 송아지 뼈의 경우, 조리 육수의 부드러움과 풍미를 위해 꼭 필요한 젤라틴이 녹아나온다. 일반적으로 뼈는 잘게 자른 뒤 경우에 따라 오븐에 색이 나게 굽고 이어서 향신재료를 첨가하여 소스의 국물을 만드는 데 사용한다. 일부 뼈, 특히 소의 뼈는 골수를 포함하고 있다. 사골 애호가라면 포토푀를 끓일 때 뼈가 붙은 도가니를 넣을 것이다. 송아지 정강이로는 약한 불에 오래 익힌 스튜인 오소부코(osso-buco)를 만든다. 코트 드 뵈프 아 로스(côte de bœuf à l'os)는 뼈가 붙은 소 등심 구이용 부위(bone in ribeye)다. 뼈째 익힌 햄(bone in ham, 요크 햄 타입)은 그 풍미가 탁월하다.

OSEILLE 오제이유 수영, 소렐. 마디풀과의 식용 채소로 북부 아시아와 유럽이 원산지이며 신맛(수산이 함유되어 있다)이 있는 녹색 잎을 먹는다(**참조** p.451~454 향신 허브 도감). 열량이 매우 낮으며(100g당 25kcal 또는 104kJ) 철, 칼륨, 마그네슘, 플라보노이드, 비타민 B9과 C가 풍부하다. 주요 품종은 세 가지를 꼽을 수 있다. 우선 일반 수영(oseille commune)은 잎이 매우 넓으며 가장 많이 볼 수 있는 종류는 샹부르시(Chambourcy) 수영이다. 이어서 중동지방 및 서아시아가 원산지인 부령소리쟁이(oseille épinard 또는 patience)는 잎이 평평하고 얇으며 끝이 뾰족하다. 마지막으로 멧수영(oseille vierge)은 창끝 모양의 길쭉한 잎을 갖고 있다.

■ **사용.** 수영을 구매할 때는 잎이 윤이 나고 탱탱한 것을 고른다. 냉장고 채소 칸에서 며칠간 보관이 가능하며 조리법은 시금치와 동일하다. 퓌레 또는 시포나드(chiffonnade)로 썰어 조리하거나 때로 황금색 루(roux blond) 혹은 크림을 첨가해 부드럽게 만들기도 한다. 수영은 전통적으로 생선(알로사, 강꼬치고기)과 송아지(프리캉도, 양지 부위 요리) 요리에 곁들인다. 또한 오믈렛에 채워 넣거나 코코트 에그, 블루테를 만드는 데 넣기도 한다. 연한 어린잎은 샐러드에 넣어 생으로 먹을 수 있다.

alose grillée à l'oseille ▶ ALOSE
chiffonnade d'oseille ▶ CHIFFONNADE

conserve d'oseille 콩세르브 도제이유
수영 병조림 : 수영을 씻어서 가늘게 시포나드(chiffonnade)로 썬 다음 버터에 익힌다. 수분을 완전히 날리며 볶은 뒤 입구가 넓은 유리병에 눌러 담는다. 완전히 식으면 병을 밀봉한 뒤 열탕 소독한다. 또는 냉동용 플라스틱 용기에 넣어 얼릴 수도 있다.

escalopes de saumon à l'oseille Troisgros ▶ SAUMON
fricandeau de veau à l'oseille ▶ FRICANDEAU
purée d'oseille ▶ PURÉE
sauce à l'oseille ▶ SAUCE
saumon à l'oseille (version moderne) ▶ SAUMON

OSEILLE DE GUINÉE 오제이유 드 기네 로젤(roselle). 아욱과에 속하는 열대 히비스커스 품종 식물로 요리의 양념 재료로 사용된다. 신맛이 있는 흰색 또는 붉은색의 꽃잎은 인도, 자메이카의 생선과 고기요리에 향을 내는 데 사용되며, 붉은색의 열매는 잼을 만들거나 이집트에서 즐겨 마시는 시원하고 새콤한 맛의 히비스커스 티, 칼카데(karkade)를 우려내는 데 쓰인다.

OSMAZÔME 오스마좀 과산화수소를 발명한 것으로 유명한 프랑스의 화학자 루이 자크 테나르(Louis Jacques Thenard, 1777—1857)가 고기 맛을 내는 성분을 지칭해 붙인 이름이다. 오늘날 오스모스(osmose 삼투)로 대체된 이 구식 단어를 즐겨 사용했던 미식가 앙텔름 브리야 사바랭은 "오스마좀은 맛 좋은 포타주의 핵심이다. 이것이 캐러멜화하면서 고기의 겉이 갈변되며 바로 이로 인해 로스트 고기가 노릇한 색을 내는 것이다. 결국 이것으로부터 통해 수렵육 육수의 참맛이 나온다.[...] 오스마좀이 끓는 물 안에서 처리되면 이어서 우리가 원하는 결과를 얻을 수 있다. 즉 맛있는 정수가 녹아 있는 국물을 추출하고자 하는 재료가 오스마좀과 결합하여 고기 육즙을 생성해내는 것이다."라고 주장했다.

OSSAU-IRATY-BREBIS-PYRÉNÉES 오소 이라티 브르비 피레네 양젖으로 만든 바스크 지방의 AOC 치즈. 비가열 압착치즈인 오소 이라티는 오렌지 톤의 노란색에서 회색을 띤 천연 외피의 지니고 있다(**참조** p.392 프랑스 치즈 도표). 둘레 가장자리가 수직으로 떨어지거나 약간 볼록한 맷돌 형태로 지름 24.5~28cm에 두께 12~14cm(4~7kg) 또는 지름 20cm에 두께 10~12cm(2~3kg)의 두 가지 크기로 만들어진다. 강한 풍미를 지닌 이 치즈는 식사의 마지막 코스에 서빙하거나 카나페나 간식으로 또는 샐러드에 넣어 먹으며, 특히 같은 지역 특산물인 잇차수(Itxassou) 체리 잼을 곁들여 먹는다.

OSSO-BUCO 오소 부코 오소부코. 송아지 정강이 스튜. 오소부코(osso-buco 구멍이 있는 뼈라는 뜻)는 밀라노가 원조인 이탈리아 요리로 뼈를 제거하지 않고 둥글게 절단한 송아지 정강이로 만든 스튜로 화이트와인, 양파, 토마토를 넣고 뭉근히 브레이징해 만든다. 대개 라이스(주로 밀라노식 리소토)를 곁들여 서빙한다. 토마토를 넣지 않은 일명 알라 그레몰라타(alla gremolata)라고 불리는 전통 레시피는 다진 마늘과 레몬 제스트, 파슬리를 섞어 만든 양념이 가미된 것이다.

osso-buco à la milanaise 오소부코 아 라 밀라네즈
밀라노식 오소부코 : 양파 1개, 셀러리 3줄기, 마늘 1톨을 다진 다음 올리브오일 100㎖와 버터 50g을 달군 큰 냄비에 넣고 노릇하게 볶는다. 두께 2cm로 자른 오소부코(송아지 정강이) 4토막에 밀가루를 살짝 묻힌 다음 기름 2테이블스푼을 달군 팬에 넣고 노릇한 색이 나도록 지진다. 오소부코를 건져내 채소를 볶은 큰 냄비에 넣고 월계수 잎을 한 장 첨가한다. 드라이한 화이트와인 1잔을 조금씩 넣으며 졸인 뒤 토마토 콩카세(tomates concassées 껍질을 벗기고 속과 씨를 뺀 다음 잘게 깍둑 썬 토마토) 500g을 넣는다. 몇 분간 익힌 다음 차가운 흰색 육수 2ℓ를 붓고 뚜껑을 덮은 뒤 끓인다. 200°C로 예열한 오븐에 넣어 1시간 30분간 익힌다. 서빙 접시에 오소부코 토막을 담는다. 냄비를 디글레이즈한 뒤 이탈리안 파슬리 50g과 로즈마리 10g을 혼합해 다져 넣어 향을 낸 육즙 국물을 끼얹어준다. 사프란을 넣은 리소토를 곁들여 서빙한다.

OUANANICHE 우아나니슈 아메리카 인디언어에서 유래된 단어로, 캐나다 퀘벡 지방에서 민물 서식 단계의 대서양 연어를 지칭할 때 사용하는 명칭이다. 일반 연어보다 작은 우아나니슈는 생 장(Saint-Jean) 호수와 그에 인접한 강에서만 산다. 일반 연어나 송어와 같은 방법으로 요리한다.

OUASSOU 우아수 민물에 서식하는 앤틸리스제도의 민물가재(ouassou

는 크레올어로 샘의 왕이라는 뜻이다)로, 작은 식당에서 주로 튀김으로 요리해 판매하며 그 외에 각종 채소를 넣고 스튜를 만들기도 한다.

OUBLIE 우블리 중세에 인기가 많았던 납작한 모양 또는 콘 모양으로 돌돌 만 작은 과자로, 처음 만들어진 것은 그보다 훨씬 더 이전으로 추정된다. 요리 역사상 최초의 과자로 알려진 우블리는 와플의 조상이라고 할 수 있다. 대개 약간 되직한 와플 반죽으로 만들었으며, 정교한 문양의 조각이 새겨진 납작하고 동그란 철판에 구웠다. 우블리는 우블리 제조자를 뜻하는 우블루아예(oubloyers) 또는 우블리외(oublieux)들에 의해 제조되었으며, 1270년에는 이들의 동업조합이 결성되었다. 이들은 길거리 노점에서 우블리 과자를 만들어 판매했고, 장이 서는 날이면 좌판을 펴고 시장에 자리를 잡았으며 축일에는 성당 앞 광장에서 장사를 했다. 그들은 대부분 이 과자를 여러 개씩 겹쳐 끼워 팔았다. 주로 다섯 개씩 손 모양(main d'oublies)으로 만들어 판매하기도 했다. 16세기 파리의 제과업자 대다수는 시테(la Cité) 섬 안의 우블루아예 거리에 자리를 잡았고 초년생들은 밤낮없이 과자 바구니를 짊어지고 다니면서 "기쁨이 왔습니다, 숙녀여러분"이라고 외쳤다. 여기에서 플레지르(plaisirs 기쁨)라는 이름이 생겨났다. 마지막까지 남았던 우블리 노점 판매상들은 두 차례의 세계대전 사이에 자취를 감췄다.

oublies à la parisienne 우블리 아 라 파리지엔

파리식 우블리 : 체에 친 밀가루 250g, 설탕 150g, 달걀 2개, 약간의 오렌지 블로섬 워터 또는 레몬즙을 볼에 넣고 모두 섞는다. 균일하게 혼합되면 우유 600~700mℓ, 녹인 버터 65g, 곱게 간 레몬 제스트 1개분을 조금씩 넣어주며 섞는다. 우블리용 철판을 뜨겁게 달구고 기름을 고루 발라준다. 여기에 반죽을 1테이블스푼 흘려 넣고 센 불에서 굽는다. 반쯤 익으면 철판을 뒤집어준다. 우블리를 철판에서 떼어낸 뒤 납작하게 식히거나 나무로 된 원뿔봉을 이용해 콘 모양으로 말아준다.

OUIDAD 우이다드 북아프리카 마그레브 국가, 그중에서도 특히 모로코의 전통 요리인 우이다드(또는 우이데드 ouided)는 쿠스쿠스와 마찬가지로 듀럼밀 세몰리나, 쏨뱅이와 도미 등의 생선으로 구성된다.

OUILLAGE 우이야주 오크통에 와인 보충하기. 와인을 저장 창고에 보관하는 기간 동안 오크통에서 증발되는 양을 주기적으로 보충해 채워 넣는 작업으로, 공기 접촉으로 인한 와인 내의 유해한 발효 미생물의 증식 방지를 목적으로 한다.

OURSIN 우르생 성게. 불가사리와 동류인 극피동물 성게는 바다에 서식하는 무척추 동물로 뾰족한 가시들이 곤두서 있어 바다의 밤송이(chataigne de mer) 또는 바다의 고슴도치(herisson de mer)라는 명칭으로도 통용된다(**참조** p.252~253 조개와 기타 무척추동물 도감). 석회질의 두꺼운 골판이 구형의 단단한 껍데기를 이루고 있고 여기에 움직이는 가시가 달려 있으며 내부에는 소화기관, 운동기관(발은 껍데기를 통과한다) 생식선이 들어 있다. 생식선은 다섯 개로 이루어져 있고 노란색 또는 주황색을 띠며 식용가능한 부분이다(코라이 corail라고 부른다). 수많은 종의 성게가 존재하지만, 유럽에서 소비되는 성게는 비교적 납작한 모양으로 크기는 6~8cm(색은 초록빛이 도는 갈색 또는 보라색) 정도 된다. 프랑스에서 성게 채취는 주로 지중해 연안과 브르타뉴에서 이루어지며, 5월부터 9월까지는 채취와 판매가 금지된다.

■ **사용.** 싱싱한 성게는 가시가 단단하고 입의 구멍이 꽉 다물어져 있다. 입 주위의 말랑한 부분을 뾰족한 가위로 찔러 열기 시작해(장갑 착용) 뚜껑 부분을 잘라낸 뒤 높이의 반 정도 되는 부분을 빙 둘러 잘라 껍데기 윗부분을 제거한다. 내장을 빼낸다. 식용가능한 생식소 부분에서는 짭조름한 바다의 맛이 난다. 성게는 날로 그대로 먹거나 쿨리(coulis)로, 갈아서 퓌레로 만들어 소스, 수플레, 스크램블드 에그에 넣어 향을 낸다. 또한 오믈렛에 넣거나 생선이나 해산물 요리에 사용하며 크루트(croûtes)에 가니시로 올리기도 한다. 우르시나드(oursinade)는 향신료를 넣은 쿠르부이용인 나주에 익힌 생선 요리(poissons à la nage)에 곁들여 먹는 프로방스 지방의 걸쭉한 성게 소스를 뜻한다. 또한 성게를 넣은 생선 수프를 지칭하기도 한다.

▶ 레시피 : CROSNE, ŒUF À LA COQUE, SAUCE.

OURTETO 우르테토 시금치, 수영 잎, 셀러리, 리크를 잘게 썰어 끓인 뒤 찧은 마늘, 소금, 후추로 양념한 것으로, 프로방스 지방에서 올리브오일을 촉촉하게 뿌린 캉파뉴 브레드 위에 얹어 먹는다.

OUTARDE 우타르드 느시, 캐나다 흑기러기. 느시과에 속하는 철새로 매우 희귀해졌으며 캐나다에서는 베르나슈(bernache)라고 부른다. 예전에는 매우 인기가 좋은 사냥감이었지만 개체수 감소로 인해 현재는 사냥이 금지되어 있다. 큰 느시는 겨울철 이동 중에 샹파뉴 지방에서 간혹 관찰된다. 작은 느시 또는 훨씬 더 작은 카느프티에르(canepetière)는 엄격히 보호된다. 옛날에는 이 새를 거위나 오리와 같은 방법으로 요리해 먹었다.

OUTHIER (LOUIS) 루이 우티에 프랑스의 요리사(1930, Belfort 출생). 자동차 정비사의 아들이자 제분업자의 손자로 태어난 그는 자신의 고향에 있는 레스토랑 토노 도르(Tonneau d'Or)에서 요리를 배운 뒤, 1951년 빈(Vienne)에 있는 페르낭 푸엥(Fernand Point)의 레스토랑으로 들어가 경력을 쌓았다. 코트 다쥐르(Côte d'Azur)에 첫눈에 반한 그는 1954년 칸 근처인 나풀(Napoule)에 오아시스(l'Oasis)를 열었다. 그의 식당은 1963년 미슐랭 가이드의 첫 번째 별을 획득했고, 1966년에 두 번째, 1970년에 드디어 세 번째 별을 받았다. 그는 요리사 생활에서 은퇴한 1987년까지 이 별들을 지켰다. 푸아그라를 넣은 브리오슈, 송로버섯을 넣고 즐레를 씌운 푸아그라, 벨 오로르 바다가재, 샴페인 소스 대문짝넙치, 앙 크루트 농어 파이(타라곤 소스와 생토마토 퓌레를 곁들인다)는 이 최고의 실력을 갖춘 요리사의 시그니처 메뉴로 꼽힌다. 그는 태국 여행 이후(그는 방콕 오리엔탈 호텔의 자문역할을 담당하고 있다) 이국적인 향신료를 접목한 프랑스 요리를 추구하고 있다. 타이 허브를 넣은 바닷가재 요리는 그 좋은 예이다.

OUZO 우조 그리스의 전통술인 우조는 아니스와 무색 증류주를 기본으로 만들며 알코올 도수는 40~45%Vol.이다. 식전주로 또는 하루 중 아무 때나 자유롭게 마시는 대중적인 술로 스트레이트, 온더락 또는 물과 섞어 희석해 마신다.

OVOPRODUITS 오보프로뒤 달걀 가공품. 매우 엄격한 위생기준에 따라 가공된 달걀 제품을 총칭한다. 달걀 가공품은 껍데기와 막을 제거한 전란, 흰자, 노른자 또는 그들의 혼합물로 만들어진다. 초창기에 시판된 달걀가공품들은 단순히 전란, 노른자, 흰자였다. 이들은 액상 달걀, 농축 달걀, 건조 달걀, 굳힌 달걀, 냉동 달걀 등 점점 다양한 형태로 출시되고 있으며, 모두 저온살균 과정을 거친 후 가공된다. 달걀 가공품은 식품 안전상의 요구에 부응하고 달걀을 하나씩 깨서 넣는 것은 시간 낭비라는 현장 전문가(제과제빵사, 요리사, 농산물 가공 산업 종사자 등)들의 기술적 애로점을 해소할 목적으로 개발되었다. 최근에는 식당 업장에서 유용하게 사용할 수 있는 새로운 제품들이 많이 출시되고 있다. 특히 껍질을 깐 삶은 달걀, 달걀 반숙 또는 수란, 오믈렛 등을 예로 들 수 있다. 이 달걀들은 소금물에 담그거나 진공포장 또는 변형 공기 포장(MA 포장, modified atmosphere packaging) 등으로 패키징을 마친 뒤 출시되며, 신선, 냉동 유통 모두 가능하다. 프랑스에서는 연간 약 30억 개의 분량의 달걀 가공품이 생산되고 있다.

OXTAIL 옥스테일 소꼬리, 소꼬리 수프, 옥스테일 수프. 영국 요리를 대표하는 포타주인 옥스테일 수프는 주재료인 소꼬리에 각종 허브 믹스(herbes à tortue 바질, 마조람, 세이보리, 타임 등) 등의 향신 재료(혹은 당근, 양파, 리크 등의 일반적인 브레이징 요리용 향신 재료를 넣기도 한다)를 넣고 푹 끓인 뒤 정화한(clarifié) 맑은 콩소메다. 옥스테일 수프는 작은 방울 크기로 도려낸 채소 또는 브뤼누아즈로 잘게 썬 채소 및 소꼬리 고기를 넣어 서빙하며 셰리, 코냑, 또는 마데리아 와인을 넣어 향을 더하면 더욱 깊은 풍미를 느낄 수 있다.

▶ 레시피 : POTAGE.

OYONNADE 우아요나드 어린 거위에 생 푸르생(Saint-Pourçain) 와인을 넣고 만든 부르보네(bourbonnais)식 스튜의 일종으로 오드비를 넣고 풀어준 거위 간과 피를 넣어 소스를 리에종한다. 이 요리는 전통적으로 투생(Toussain 만성절) 축일에 즐겨 먹는 음식으로, 루타바가 순무를 곁들여 먹는다.

oyonnade 우아요나드

거위 스튜, 우아요나드 : 거위의 피를 따로 받아 놓은 뒤 응고되지 않도록 식초 2테이블스푼을 넣는다. 거위를 적당한 크기로 토막쳐서 돼지비계 100g을 녹인 코코트 냄비에 넣고 약한 불에서 천천히 지져 색을 낸다. 여기에 줄기양파 24개를 통째로 넣은 뒤 약간 노릇하게 색을 낸다. 이어서 찧은 마늘 2톨, 부케가르니 1개, 레드와인 500mℓ, 뜨거운 물 250mℓ를 넣고 잘 섞는다. 소금, 후추로 간한다. 뚜껑을 덮고 불에 올려 가열한 뒤 끓기 시작하면 200°C로 예열한 오븐에 넣어 2시간 동안 익힌다. 거위 간을 분쇄기로 간 다음, 준비해둔 거위 피, 더블 크림 150~200mℓ, 브랜디 또는 코냑 리큐어 잔으로 하나 분량을 넣고 섞는다. 거위 토막을 건져 우묵한 서빙 접시에 담고 뜨겁게 유지한다. 간과 피를 섞은 리에종 혼합물을 코코트 냄비에 붓고 거품기로 휘저으며 거위를 익히고 남은 국물과 섞는다. 다시 뜨겁게 데운 뒤(끓으면 안 된다) 거위 토막 위에 끼얹는다. 거위 기름에 튀기듯 지진 크루통을 접시에 곁들여 놓는다.

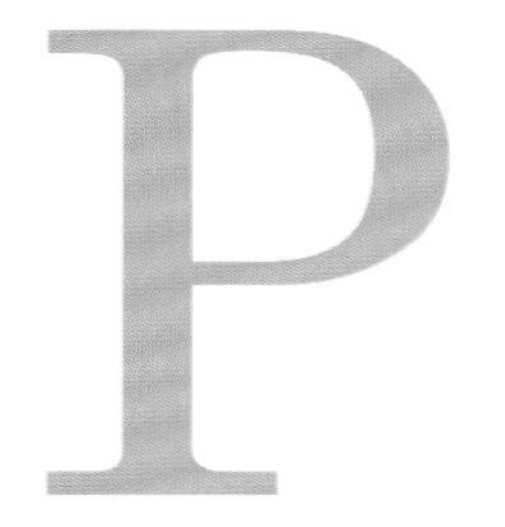

PACAUD (BERNARD) 베르나르 파코 프랑스의 요리사(1947, Rennes 출생). 어린 나이에 부모를 잃고 15살에 이모에 의해 리옹 근교 콜 드 라 뤼에르(col de la Luère)에서 레스토랑을 운영하고 있던 요리사 메르 브라지에(la Mère Brazier)에게 맡겨진 그는 주방에서 요구되는 엄격함, 좋은 식재료의 과학, 단순하면서도 정교함을 갖춘 요리법 등에 대해 현장에서 체험하며 배울 수 있었다. 그는 탕트 알리스(Tante Alice)에서 신입 요리사로 일한 뒤 파리로 올라가 라 메디테라네(la Mediterranée)에서 셰프 드 파르티, 라 코키유(la Coquille)에서 수셰프로 일하며 실력을 쌓아갔다. 1976년 레스토랑 비바루아(le Vivarois)의 클로드 페로(Claude Peyrot) 주방 팀에 합류했고 그곳에서 그는 송로버섯과 푸아그라를 넣은 오리 투르트 또는 피망 바바루아와 같은 놀랄만한 음식을 만들어내면서 나눔의 재능을 확인했다. 1981년 그는 자신의 레스토랑 앙브루아지(l'Ambroisie)를 파리 케 드 라 투르넬(quai de la Tournelle)에 처음 오픈했다. 이 장소는 바로 이웃에 살았던 프랑수아 미테랑 대통령이 좋아해 즐겨 찾던 곳이다. 그는 이곳에서 미슐랭 가이드의 별 2개를 단 22개월 만에 획득하는 신기록을 세웠다. 이후 인테리어 장식가 그라프(F.-J. Graf)가 재해석해 디자인한 보주 광장(place des Vosges)의 한 부르주아 저택으로 업장을 옮겼고, 새 장소에서 1988년 드디어 세 번째 별을 받게 된다. 랍스터 나바랭, 레드와인에 조리한 소꼬리, 비터스위트 초콜릿 타르트 등은 그의 뉴 클래식 메뉴이다.

PACHERENC-DU-VIC-BILH 파슈렝크 뒤 빅 빌 프랑스 남서부 지방의 아두르 계곡(vallée de l'Adour)에서 생산되는 AOC 화이트와인으로 포도품종은 아뤼피악(arrufiac), 쿠르뷔(courbu), 그로 망상(gros manseng), 프티 망상(petit manseng)이다. 파슈렝크 뒤 빅 빌은 두 가지 종류로 생산된다. 첫 번째는 드라이한 화이트와인으로 향이 풍부하고 상큼한 맛이 있으며 너티한 노트가 긴 잔향을 남긴다. 스위트 와인은 열대 과일의 플로랄 노트를 지니고 있으며, 부드럽고 향이 풍부한 달콤함으로 마무리를 장식한다(**참조** GASCOGNE).

PAELLA 파에야 스페인 요리를 대표하는 유명한 음식인 파에야는 쌀에 다양한 재료(채소, 가금류, 갑각류, 연체류 등)를 넣어 만든다. 이름은 이 요리를 만드는 용기에서 유래한 것으로, 긴 자루형 핸들이 없고 양쪽에 작은 손잡이가 달린 큰 사이즈의 두껍고 깊이가 있는 팬의 이름이 바로 파예라(paellera)이다. 파에야는 발렌시아 지역에서 처음 탄생했으며 세 가지 기본재료는 쌀, 사프란, 올리브오일이다. 쌀에 넣고 육수 국물과 함께 익히는 부재료는 이 음식이 스페인 전역은 물론 외국에까지 널리 전파됨에 따라 더욱 풍성하고 다양해졌다(**참조** JAMBALAYA). 수많은 종류의 응용 레시피(토끼, 바닷가재, 대하, 오징어, 그린빈스, 아티초크 속살 등을 넣어 만들기도 한다)가 생겨났으나, 거의 대부분의 경우 최소한 강낭콩, 닭고기, 토끼고기, 홍합, 스캄피, 완두콩 등의 재료가 들어간다.

paella 파에야

파에야 : 1.5kg짜리 닭 한 마리를 8토막 낸 다음 소금, 후추로 밑간을 한다. 파에야용 팬에 올리브오일 400mℓ를 넣고 스캄피 12마리, 솔질하여 씻은 사마귀조개 12개와 꼬막 한 줌을 넣고 색이 나게 볶는다. 이어서 토막 낸 닭고기, 가늘고 길게 썬 오징어 500g, 속과 씨를 제거한 뒤 가늘고 길게 썬 피망 2개, 다진 양파 2개, 껍질을 벗기고 씨를 제거한 뒤 작게 깍둑썬 토마토 큰 것 6개분, 마늘 2톨을 넣는다. 소량의 사프란(1dose, 약 0.1g)을 뿌려 넣은 뒤 완두콩 250g, 그린빈스 250g, 카옌페퍼 1자밤을 넣고 약 15분간 익힌다. 소금을 거의 넣지 않은 물에 스페인산 홍합 12개를 넣고 끓여 입이 열리면 건져낸다. 낟알이 길쭉한 쌀 400g을 이 홍합 국물에 넣고 불린 다음 모든 재료가 담겨 있는 파에야 팬에 부어 넣는다. 알루미늄 포일을 덮고 불에 올려 가열한다. 끓기 시작하면 220°C로 예열한 오븐에 넣고 25~30분간 익힌다. 10분 정도 기다린 뒤 서빙한다.

PAGEOT 파조 붉은 도미. 도미과에 속하는 바다생선으로 도라드(dorade 도미)와 비슷하며 파조(pageau) 또는 루소(rousseau)라고도 불린다(**참조** p.674~677 바다생선 도감). 주로 지중해와 가스코뉴만에서 잡히는 이 물고기는 몸이 그리 크진 않지만 다부진 방추형이며 배 부분이 일직선 모양인 것이 일반 도미와는 다른 특징이 있다. 길이는 30~50cm 정도이고 등쪽은 더욱 진한 분홍색을 띠며 무게는 1kg까지 나간다. 조리법은 일반 도미와 같지만 맛은 그에 못 미친다.

▶ 레시피 : PLANCHA.

PAGRE 파그르 유럽참돔, 적돔. 도미과에 속하는 바다 생선으로 지중해(특히 스페인 연안)와 대서양(가스코뉴 만의 남쪽)에 주로 서식하지만 점점 개체수가 줄어 희귀해지고 있는 어종이다(**참조** p.674~677 바다생선 도감). 큰 것은 길이 75cm, 무게 1.2kg에 이르며 크고 두꺼운 비늘로 덮인 타원형의 몸을 가진 유럽참돔은 등쪽은 분홍빛이 나는 회색이고 측면은 은빛으로 반짝이며 지느러미는 적갈색을 띠고 있다. 이 생선의 살은 일반 도미만은 못하지만 맛이 있는 편이며 조리방법은 도미와 동일하다.

PAILLARD 파이야르 19세기에 유명했던 파리의 레스토랑 운영자. 1880년 그는 비뇽 형제(frères Bignon)가 1850년부터 운영해오던 쇼세 당탱(rue de la Chaussée d'Antin)가와 이탈리앙 대로(boulevard des Italiens) 코너에 위치한 레스토랑(Café Foy)을 인수하여 자신의 이름을 내건 업장을 열었다. 이곳은 유럽 전역의 귀족과 명사들이 드나들면서 인기가 높아졌고 파이야르(Paillard) 레스토랑은 한 시대를 풍미하는 유행의 명소가 되었다. 그는 또한 파비용 드 렐리제(le Pavillon de l'Elysée)라는 이름의 또 하나의 고급 레스토랑을 오픈했으며 이곳은 프티 파이야르(petit Paillard)라는 별명을 얻었다. 파이야르 레스토랑에서 만들어진 메뉴 중 파이야르드(paillarde)라는 명칭이 붙은 것이 하나 있는데 이것은 얇게 썬 송아지 에스칼로프(소고기로 대체하기도 한다)를 납작하게 두드린 뒤 그릴에 굽거나 팬에 지진 요리(escalope de veau Paillarde)이다.

PAILLASSON (GABRIEL) 가브리엘 파이야송 프랑스의 파티시에(1947, Feurs 출생). 방직 노동자의 아들로 태어난 그는 14세의 나이에 파니시에르(Panissières)의 파티시에 앙리 앵베르(Henri Imbert) 밑에서 견습생으로 일을 배운 뒤 에밀 바르베(Émile Barbet), 모리스 데살(Maurice Dessales), 앙드레 브로숑(André Brochon) 등을 거쳐 오 페셰 미뇽(Au Péché mignon)에서 경력을 쌓았고, 1973년에는 리옹 근교 생 퐁(Saint-Fons)에 자신의 매장을 열었다. 1972년 그는 제과 부문 프랑스 명장(MOF

빵의 주요 기본 종류와 특징

종류	구성	크러스트 외관	속살의 형태	맛
갈색 빵 pain bis	도정 후 추출률이 80~82%인 밀가루	색이 진하고 균일하다.	색이 진하고 질감이 거친 편이며 기공이 조밀하다.	밀기울의 맛이 은은히 난다.
흰색 빵 pain blanc	완전히 도정한 흰 밀가루	바삭하고 황금색을 띤다.	크림색을 띠며 기공이 균일하다.	시큼한 맛이 없다.
캉파뉴 빵 pain campagne	비도정 혹은 부분 도정 밀가루. 간혹 호밀 가루와 혼합.	색이 진하고 크러스트가 두꺼우며 일반적으로 밀가루가 묻어 있다.	기공의 크기가 일정하지 않으며 분포도 균일하지 않다.	약간 시큼한 맛이 난다.
잡곡 빵 pain aux céréales	밀, 보리, 메밀, 조, 옥수수 등의 가루, 혹은 빻아서 사용.	간 잡곡과 밀기울이 보인다.	밀도가 촘촘하고 잡곡이 분포되어 있다.	잡곡 맛.
통밀 빵 pain complet, pain intégral	비도정 통 밀알	크러스트가 두껍고 진한 색을 띤다.	밝은 색 바탕애 짙은색 입자가 보이며 촉감이 단단하고 입자가 거친 편이다.	밀과 밀기울의 맛.
고운 밀 빵 pain de gruau	순수 흰 밀가루	황금색	매우 희고 기공이 비교적 균일하다.	밀의 맛.
우유 빵 pain au lait	밀가루, 우유, 달걀, 버터, 설탕, 효모	껍질이 부드럽고, 밝은 밤색을 띠며 윤이 난다.	연한 노란색을 띠며 부드럽고 촉촉하다. 질감이 균일하다.	시큼하지 않은 브리오슈 맛.
천연 발효종 빵 pain au levain	천연 르뱅 (천연 발효종)	크러스트가 두껍다.	기공이 균일하지 않다.	전형적인 시큼한 맛.
식빵 pain de mie	우유, 버터, 설탕, 달걀을 넣은 반죽	껍질이 얇고 매끈하며 진한 황금색을 띤다.	흰색을 띠며 질감이 부드럽다.	브리오슈 맛.
호밀 빵 pain de seigle	호밀(≥65%), 밀가루	껍질이 매끈하고 갈색을 띠며 윤이 난다.	갈색을 띠며 밀도가 촘촘하고 기공이 조밀하다.	약간 시큼하다.
밀기울(bran) 빵 pain de son	밀알의 껍질(겨)를 일부 포함한 밀가루	드문드문 밀기울 색이 보인다.	색이 진하고 밀기울이 보이며 기공이 아주 작으며 균일하다.	밀기울의 맛이 난다.

pâtissier)으로 선발되었고 1976년에는 아이스크림 제조 부문 프랑스 명장(MOF glacier) 타이틀을 획득했다. 또한 그는 전기톱을 사용한 얼음조각, 투명한 설탕 장식공예, 설탕의 캐러멜화에 관한 열정적인 연구로 호평을 받았으며 1989년에는 프랑스 파티시에 총재(Prévôt des Pâtissiers de France)로 추대되었다. 그는 2년마다 리옹에서 개최되는 SIRAH(Salon international de la restauration, de l'hôtellerie et de l'alimentation 국제 호텔, 외식산업 및 식품 박람회)의 일환으로 파티스리 월드컵(Coupe mondiale de la pâtisserie) 경연대회를 창시하였고 이를 주관하고 있다. 그는 다양한 맛의 비스퀴 글라세(아르데슈, 서양 배, 초콜릿, 럼, 또는 원반형 아몬드 비스퀴에 살구 시럽을 적시고 라즈베리 소르베를 얹은 뒤 살구 소르베와 패션푸르트 무스로 덮어씌운 디저트인 모차르트)로 큰 명성을 얻었다.

PAILLE 파유 가늘고 길게 썰어 튀긴 감자(pommes pailles)를 지칭한다. 황금색의 밀짚을 연상시키는 모양의 폼 파유는 주로 스테이크 등의 그릴 요리에 곁들인다.

PAILLETTE 파이예트 파트 푀유테를 가늘고 길게 잘라 구워낸 바삭한 스낵으로 향신료나 파르메산 치즈를 넣어 향을 더한다. 주로 아페리티프로 서빙하며 콩소메, 생선 요리, 치즈 등에 곁들여 내기도 한다.

PAIN 팽 빵. 밀가루에 물과 소금을 넣고 반죽한 뒤 발효시켜 다양한 모양으로 성형하거나 틀에 넣어 오븐에 구워낸 것이다. 빵의 고유한 특징을 만들어내는 것은 바로 이스트, 발효종 등 팽창제(agent levant)의 작용이다.

■ **역사.** 발효 빵을 처음 만들어낸 것은 고대 이집트인들이다. 이들은 조와 보리로 만든 납작한 갈레트를 뜨겁게 달군 돌판 위에 구워 먹었는데 아마도 이들이 발효의 원리를 발견했을 것이라 추정된다. 출애굽 당시(기원전 1250년 경) 히브리 민족은 효모(levain)를 갖고 나오지 못했고, 바로 여기서 발효하지 않은 무교병(pain azyme)을 먹으며 홍해를 건너 탈출한 출애굽 당시의 고난을 기리는 유대교 전통이 생겨났다. 그리스인들은 석쇠, 혹은 팬과 흡사한 용기에 밀가루 빵을 구웠으며 특히 호밀빵, 귀리빵을 즐겨 먹었다. 로마인들은 벽돌과 흙으로 만든 가정용 오븐에서 빵을 구웠고 대부분 향을 첨가했다. 갈리아인들은 자신들의 맥주인 세르부아즈(cervoise)를 반죽에 넣어 발효가 잘 된 빵을 만들어 냈으며 이는 큰 인기를 끌었다. 제빵사(boulanger)라는 직업이 부상하기 시작한 것은 중세부터이다. 이때부터 빵은 놀라우리만큼 그 종류가 다양해졌다. 17세기에는 우유, 소금, 맥주 효모를 넣는 새로운 발효법이 등장했고 이때부터는 더욱 정교하고 긴 모양을 가진 새로운 빵들이 속속 탄생했다. 오랜 세월동안 빵의 품질은 사용되는 밀가루, 즉 그 색깔과 연관되어 있었다. 희고 고운 빵은 부자들의 빵, 검고 거친 빵은 가난한 사람들의 것이었다. 1840년에는 비엔나 빵(pain viennois)이 파리에 처음 등장했다. 주 파리 오스트리아 대사의 비서였던 장(Zang)이라는 이름을 가진 사람이 비엔나식 제빵법을 사용한 빵집을 처음으로 열고 이 빵을 선보였다.

■ **제조.** 빵을 만드는 과정은 반죽, 발효, 성형 후 굽기의 주요 세 단계로 이루어진다.

● **PÉTRISSAGE 반죽.** 물, 효모(이스트) 또는 발효종(르뱅), 밀가루 그리고 최종적인 맛을 향상시키기 위한 약간의 소금을 균일하게 혼합하는 과정이다. 예전에는 팔(à bras) 반죽을 했는데 이는 힘이 많이 들 뿐 아니라 위생상의 결함도 있었다. 오늘날에는 기계를 이용한 반죽이 일반화되었다. 오토리즈(autolyse) 반죽법을 사용하면 빵의 유연성이 향상되고 더 잘 부풀며 모양을 일정하게 만드는 데도 도움을 줄 수 있다. 먼저 물과 밀가루만을 4~5분간 천천히 혼합하고 20~40분 동안 휴지시킨 다음 효모 또는 르뱅과 약간의 소금을 넣어 섞어준다. 반죽의 유형은 여러 가지가 있는데 각 경우마다 혼합 시간도 다르고 특히 반죽의 온도와 수분율(taux d'hydratation, 사용된 밀가루 양 대비 물의 비율)이 매우 중요한 역할을 한다. 반죽 동작(pétrie)은 약 10~20분 동안 지속된다. 수분율은 달콤한 반죽(pâte douce 팽오레, 브리오슈 등)의 경우 65~70%, 일반 반죽(pâte bâtarde 일상적으로 소비하는 빵 류)은 약 60~65%, 단단한 반죽(pâte ferme 푀유타주, 냉동 반죽 등)은 55~60% 정도 된다. 바로 이렇게 혼합(pétrissage)하는 동안 반죽 안의 발효종 또는 일반 효모의 발효균은 번식작용을 시작한다.

● **FERMENTATION 발효.** 이 자연적이고 자발적인 현상은 팽창제(이스트, 발효종, 베이킹파우더 등)를 물과 함께 밀가루에 넣어 섞고 적절한 온도 환경에 두었을 때 일어난다. 천연 발효종(르뱅 levain 기존의 발효 반죽을 남겨두었다가 새 반죽에 첨가해 사용하는 덧 반죽의 개념)에 의한 자연적(sauvage) 또는 내인성(endogène) 발효, 그리고 제품으로 시판되는 일반 효모(생물학적 토대 위에 배양한 발효균주(株)를 모아 얻는다)에 의한 유전적으로 통제된 또는 외인성(exogène) 발효로 구분한다.

첫 번째의 경우, 제빵사는 그날 분량의 빵 반죽에서 다음날 발효에 사용될 일부분인 셰프(chef, 발효종 씨반죽을 뜻하며 메르 mère, 피에 드 퀴브 pied de cuve라고도 부른다)를 떼어놓는다. 다음 날 이 씨반죽을 모체 삼아 새 반죽을 더한다. 발효는 빵에 기공을 생성하면서 더욱 가볍게 만들어

프랑스 지역 특산 빵의 종류와 특징

특산물	산지	기본 유형	특징
북부 지방 *Nord*			
팔뤼슈 faluche	북부 지방	흰색 빵	납작한 원반형으로 매우 하얗게 굽는다.
레장스 régence	피카르디 Picardie	흰색 빵	작고 둥근 반죽을 길게 붙인 모양이다.
서부, 중서부 지방 *Ouest, Centre-Ouest*			
브리에 brié	노르망디 Normandie	천연 발효종 빵. 속살이 촘촘하다.	공기와 곰팡이를 피하기 위하여 나무 판자(bric)로 눌러준다.
푸아스 fouace	앙주 Anjou	천연 발효종 빵	구멍이 있는 납작한 모양으로 종종 베이컨을 넣는다.
푸에 fouée	투렌 Touraine	남은 반죽을 이용한 빵	동그랗고 납작하다.
메그레 maigret	마옌 Mayenne	갈색 빵	껍질이 두꺼운 포타주용 빵
팽 미로 pain mirau	코트 다르모르 Côtes-d'Armor	미공개	가운데가 갈라진 둥근 형태 또는 긴 띠 형태로 속살이 촘촘하고 단단하다.
팽 드 모를레 pain de Morlaix	페이 드 레옹 pays de Léon	흰색 빵	조직이 촘촘한 빵으로 납작하게 접은 형태이다.
투르통 tourton	방데 Vandée	우유, 버터, 달걀을 넣은 발효 빵.	투박한 모양의 둥근 덩어리 빵으로 껍질은 윤기가 없으며 약간 붉은색을 띤다.
중부 지방 *Centre*			
코르동 cordon	코트 도르 Côte-d'Or	비 도정 혹은 부분 도정 밀가루로 만든 갈색 빵.	표면에 두 개의 절개선이 있다.
팽 아 테트 pain à tête	오베르뉴 Auvergne	캉파뉴 빵	발효하기 전, 구형의 반죽 위에 밀대로 납작하게 민 동그란 반죽을 얹는다.
폴카 polka	중부 지방	흰색의 천연 발효종 빵	두꺼운 껍질 위에 격자무늬가 있다.
투르트 tourte	마시프 상트랄 Massif central	흰 밀가루, 통밀, 호밀로 만든 투박한 빵	둥근 덩어리 빵
동부, 중동부 지방 *Est, Centre-Est*			
쿠론 couronne	앵 Ain	흰색 빵 또는 캉파뉴 빵	가운데에 구멍이 있는 납작한 빵으로 껍질을 아주 바싹 굽는다.
피스톨레 pistolet	동부 지방	고운 밀가루 빵	작은 공 모양으로 가운데가 갈라져 있다.
타바티에르 tabatière	두, 쥐라 Doubs, Juras	천연 발효종 빵	반죽을 한번 접은 둥근 모양의 빵.
남부 지방 *Sud*			
찰스톤 charleston	오드, 에로 Aude, Hérault	흰색 빵	비스듬하게 갈라진 자국이 있다.
쿠아페 coiffé	피레네 오리앙탈 Pyrénées- Orientales	흰색 빵	동그랗고 그리 두껍지 않은 빵으로 중심을 향해 4번 접어 만든다.
쿠론 보르들레즈 couronne bordelaise	보르도 Bordeaux	흰색 천연 발효종 빵	발효 전에 가운데 구멍을 뚫어 만든 왕관 모양의 빵.
푸가스 fougasse	프로방스 Provence	천연 발효종 빵	곳곳에 칼집을 넣어 절개한 도톰하고 납작한 빵.
맹 프로방살 main provençale	니스 Nice	흰색 빵	4개의 손가락을 연상시키는 모양의 빵.
미셰트 michette	남 프랑스	흰색 빵	껍질에 광택이 없다.
팽 드 로데브 pain de Lodève	에로 Hérault	천연 발효종을 넣은 갈색 빵	껍질에 길게 칼집이 나 있다.
포르트 망토 porte-manteau	오트 가론 Haute-Garonne	흰색 빵 또는 갈색 빵	길쭉한 모양으로 양끝을 납작하게 만들어 안쪽을 향해 말아준다.
라바이유 ravaille	아리에주 Ariège	흰색 빵	치즈를 넣은 빵
티뇰레 tignolet	페이 바스크 pays basque	흰색 빵	끝의 돌출부를 위로 접은 모양.
토르뒤 tordu	피레네 Pyrénées	흰색 빵	반죽을 잡아당겨 늘이고 칼집을 내 가른 뒤 행주를 짜듯 비튼 모양의 빵.
트레스 tresse	툴루즈 Toulouse	아니스를 넣은 흰색 빵	땋아 엮은 모양의 빵.
코르시카 *Corse*			
쿠피에트 coupiette	코르시카 Corse	흰색 빵	두 개의 덩어리가 연결된 형태. 껍질이 두껍다.
프랑스 전역			
브누아통 benoîton	프랑스 전역	코린트 건포도를 넣은 호밀 빵	개인용 사이즈로 모양은 일반적으로 길쭉하다.
앙프뢰르 empereur	프랑스 전역	고운 밀가루 빵	작고 동그란 개인 사이즈의 빵.

줄 뿐 아니라 후각, 미각 등 감각기관에 영향을 미치는 특성과 그 빵만의 개성을 부여한다. 효모균이 습하고 더운 반죽 안의 당을 만나면 탄산가스가 발생하면서 반죽이 부푼다. 이것이 1차 발효(pointage en masse)이며 대개 반죽을 마치고 난 뒤 반죽기 안에서 그대로 이루어진다. 이어서 계량, 소분, 성형(빵의 모양을 잡는 과정)을 마친 뒤 발효용 면포 받침에 올려놓거나 반죽 바구니나 트레이 등에 담는다. 이 상태로 반죽은 부푸는 과정을 이어가며 구워질 준비를 마친다.

● CUISSON 굽기. 빵 굽기는 대개 중유, 가스 또는 전기를 사용한 열원으로 이루어지지만, 여전히 장작불 화덕에 굽는 전통 방식을 옹호하는 사람들도 존재한다. 빵은 오븐용 매트나 긴 자루 손잡이가 달린 나무 받침에 놓고 가능한 한 빨리 오븐에 넣어 굽는다. 색이 잘 나게 구워진 매우 뜨거운 빵을 오븐에서 꺼낸 뒤 공기는 통하지만 바람이 없는 건조실(pièce à ressuer)에 놓아둔다. 빵은 천천히 상온으로 식는다. 뜨거운 습기가 배출되도록 휴지시키는 이 르쉬아주(ressuage) 과정은 빵 제조의 마지막 단계이다. 수분이 날아가며 한김 식은 빵은 바로 상점의 진열대에 배치된다. 오늘날 빵을 대량생산하는 업장에서는 이 모든 작업이 기계화되어 있다. 소위 특수 제빵(panification fine)이라고 불리는 범주는 식품 제조업체에서 대량생산하는 롱게(longuets), 식빵(pains de mie), 그리시니류의 막대형 건빵(gressins), 토스트 제품(pains grillés, pains braisés) 등을 총칭한다(제과업체가 생산하는 과자류 제품들과 혼동하면 안 된다). 새로운 빵 제품(néopanification)은 특수 식이용법용 빵. 보존기간이 긴(며칠 ~ 몇 주) 빵 등의 생산을 포함한 제빵산업 분야와 관련된다. 이 제품들(브리오슈 빵, 캉파뉴 빵, 곡물을 넣은 빵, 호밀 빵, 이국적인 맛의 빵, 밀기울이 함유된 빵, 무염 빵, 글루텐 강화 빵 등)은 대부분 슬라이스한 상태로 판매되며 수퍼마켓 등의 대형 매장에서 구입할 수 있다(**참조** BOULANGERIE).

■ **규정과 명칭.** 프랑스에서 빵의 판매는 1993년 9월13일자 법령에 의해 규제된다. 이 규정은 특히 다음과 같이 명시하고 있다. "최종 소비자에게 판매될 장소에서 온전히 반죽, 성형되고 구워진 빵 만이 자가제조 빵(pain maison) 또는 이에 상당하는 명칭으로 판매될 수 있다. 또한 이 명칭은 매장에서 반죽, 성형, 굽기를 담당한 전문 제빵사가 이동하여 최종 소비자에게 판매한 경우에도 적용이 가능하다."

몇몇 종류의 빵들은 다음과 같은 법령의 적용 범위 안에 포함된다. "모양에 상관없이 제조 과정에서 어떠한 급속냉동 처리도 거치지 않고, 어떠한 첨가물도 함유하지 않은 빵들만이 프랑스 전통 빵(pain de tradition française, pain traditionnel français, pain traditionnel de France)이라는 명칭 혹은 이 단어들을 조합한 명칭으로 판매될 수 있다." 반죽의 구성성분 또한 엄격하게 정의된다. 특히 반죽은 오로지 빵을 만들 수 있는 밀의 가루, 식용가능한 물, 요리용 소금으로 구성되어야 하며 제빵용 효모와 천연 발효종(르뱅), 또는 둘 중 하나의 도움으로 발효되어야 한다.

천연 발효종 빵(pain au levain)과 유기농 빵(pain biologique) 또한 매우 구체적인 기준에 부합하여야 한다. 일반적으로 소비되는 데일리 빵 이외에도 프랑스에서는 스페셜 빵(pains spéciaux 식빵, 통밀빵, 호밀빵, 밀기울 빵, 글루텐 빵 등)을 찾아볼 수 있으며, 허브나 향신료, 각종 씨앗 등의 부재료(마늘, 해초, 커민, 에멘탈 치즈, 무화과, 프로방스 허브 믹스, 아마 씨, 호두, 양파, 올리브, 양귀비 씨, 건포도, 로크포르 치즈, 참깨, 해바라기 씨 등)을 첨가해 맛과 향을 낸 빵들도 다양하게 선보이고 있다.

■ **전 세계의 빵.** 발효 빵, 거의 부풀지 않은 빵, 밀, 쌀, 옥수수, 호밀 가루로 만든 빵 등 전 세계 어디에나 빵은 존재하며 익히는 기술은 매우 다양하다. 북부 아프리카의 몇몇 빵들처럼 기름에 튀기거나 토기에 넣어 굽기도 하며 건조한 열기와의 접촉을 통해 굽거나(대다수의 빵은 오븐에서 구워진다) 중국에서처럼 증기로 찌기도 한다. 스칸디나비아 지역의 빵은(대개 호밀빵) 매우 다양하다. 독일에도 다양한 종류의 빵(부드러운 밀가루 빵, 호밀빵, 커민 씨, 아마 씨, 참깨, 해바라기 씨를 넣어 향을 낸 빵 등)이 있으며 특히 속이 거의 검은색을 띤 호밀 빵인 펌퍼니클(Pumpernickel)은 독특한 개성으로 인기를 끌고 있다. 여기에 통밀빵(pain Graham이라고도 부른다. 19세기 말 미국의 영양학자인 그레이엄은 통밀가루로 만든 빵의 대량생산을 시작했다)과 버터밀크 또는 아몬드를 넣은 흰 빵도 빼놓을 수 없다. 순수 밀가루를 사용하지 않은 빵 들 중에는 도마뱀, 거북이, 땋아 엮은 모양, 태양, 바이올린 등 다양한 모양으로 만든 것들도 찾아볼 수 있다. 지중해 연안 국가의 빵들은 대개 조직이 촘촘하고 색이 아주 희다. 양끝이 뾰족한 타원형의 알제리의 빵 또는 납작하고 둥근 튀니지의 빵처럼 기름을 넣어 반죽하기도 한다. 미국과 영국에서는 주로 식빵, 특히 브리오슈와 비슷하게 만든 빵을 소비한다. 옥수수 가루로 만들어 노란색을 띠는 콘 브레드(corn bread)는 미국의 대표적인 빵이다. 러시아에서는 전형적인 동유럽 스타일인 속이 촘촘하고 갈색을 띤 둥근 호밀빵을 즐겨 먹는다.

■ **미식과 영양.** 빵은 프랑스의 식사에서 와인과 마찬가지로 처음부터 끝날 때까지 식탁 위에 존재하는 유일한 음식으로 전통적으로 모든 요리에 곁들여 먹는다. 빵은 또한 요리와 파티스리의 재료로도 사용된다. 우선 다양한 수프에서 중요한 역할을 한다. 사부아식 퐁뒤(fondue savoyarde)에 빠져서는 안 되는 재료이며, 갈거나 체에 긁어내려 빵가루, 튀김가루로 사용하기도 한다. 우유에 적셔 파나드(panades), 스터핑(farce) 등의 혼합물에 넣으며, 또한 몇몇 디저트(푸딩)에 사용되기도 한다. 좋은 빵은 겉껍질이 바삭하고 잘 구워진 황금색을 띠며 비교적 두꺼우며 속살은 부드러워야 한다. 너무 빨리 딱딱해지는 것은 잘 만든 빵이 아니라는 증거이며, 간이 너무 싱거워 무미건조한 것도 마찬가지이다. 빵은 갓 구워내 신선한 상태로, 그렇지만 뜨겁지 않게 서빙한다. 호밀빵은 살짝 굳은 것, 천연 발효종으로 만든 큰 캉파뉴 빵은 하루가 지난 뒤 서빙하는 것이 좋다. 빵은 그 풍미를 온전히 간직할 수 있도록 서빙 바로 직전에, 너무 얇지 않게 슬라이스한다. 바게트를 비롯한 긴 모양의 빵은 작은 토막으로 잘라준다. 빵은 1일 섭취량 300g 기준, 흡수가 느린 당 125g, 식물성 단백질 25g, 지질 약 2g과 무기질(칼슘, 마그네슘, 인, 칼륨)을 공급하며 열량은 750kcal 또는 3135kJ 정도 된다(1일 평균 권장 칼로리의 1/3에 해당). 하지만 이는 밀가루의 특성에 따라 약간의 차이가 있다. 좋은 빵은 완벽하게 균형 잡힌 필수적인 식품의 기본이 된다는 사실을 영양학자들은 이구동성으로 인정하고 있다.

pâte à pain : préparation 빵 반죽

빵 반죽 만들기 : 밀가루(T55 또는 T65) 500g을 작업대 위에 붓고, 가운데에 우묵한 공간을 만든 뒤 여기에 소금 9g, 이어서 효모 7~10g과 물 315g을 첨가한다. 소금과 효모를 손으로 저어가며 물에 녹이고 이어서 밀가루를 안쪽 주변부터 조금씩 섞기 시작하여 모든 밀가루가 완전히 한데 혼합될 때까지 섞어 반죽한다(약 5분 소요). 반죽을 자르기 전 조이듯이 몇 차례 눌러준다. 손으로 반죽의 1/3 정도 되는 부분을 덩어리의 나머지에 접듯이 붙여주며 세게 눌러 치댄다. 이 작업을 5분간 계속 반복해 균일한 반죽을 만든다. 이어서 반죽 덩어리를 세로로 늘인 뒤 재빠른 동작으로 다시 접으며 최대한 공기를 가두어준다(약 12분 소요). 반죽을 둥글게 뭉친 다음 밀가루를 살짝 뿌린 용기에 넣고 겉이 마르지 않도록 랩이나 헝겊을 덮어 따뜻한(20~22°C) 장소에서 45~60분 동안 휴지시킨다. 반죽의 부피가 두 배가 되어야 한다. 원하는 모양(공 모양, 둥글 넓적한 모양 등)과 오븐의 용량에 따라 반죽을 소분한 뒤 다시 20분 동안 휴지시킨다. 이어서 반죽을 성형한다. 공 모양으로 만들기 위해서는 반죽을 우선 납작하게 누른 뒤 한쪽 가장자리 일부분을 가운데 쪽으로 말아 접듯이 놓으며 손가락으로 눌러준다. 방향을 바꿔가며 가장자리를 빙 둘러 이와 같이 가운데로 접어 누르는 과정을 반복해준 뒤 다시 손으로 전체를 둥글게 뭉친다. 반죽을 따뜻한 장소에서 약 90분 동안 휴지시킨다. 반죽 덩어리가 다시 두 배로 부풀 것이다. 굽는 동안 생성되는 탄산가스의 압력으로 빵이 터지는 것을 피하기 위하여 제빵용 면도칼로 칼집을 내준다. 오븐을 예열한다. 빵의 크기에 따라 온도와 조리시간을 알맞게 조절한다. 짧은 모양의 350g짜리 빵은 240~250°C에서 22~25분 정도, 800g짜리 공 모양 반죽은 220°C에 45분, 80g짜리 작은 빵의 경우는 240°C에서 12~15분간 굽는다. 물을 채운 작은 그릇을 오븐 안 빵 옆에 놓아두면 수증기가 발생해 빵의 표면을 윤기나게 구울 수 있다.

pain aux lardons 팽 오 라르동

베이컨 빵 : 얇게 슬라이스한 베이컨 300g을 구워 아주 잘게 썬다. 갈색 밀가루(farine bise, 비도정 또는 부분 도정 밀가루) 500g에 물 1500mℓ와 제빵용 생이스트 15g를 넣고 탄력이 생길 때까지 반죽한다. 베이컨을 넣은 뒤 20~22°C에서 2시간 동안 발효시킨다. 반죽을 길쭉한 덩어리로 만들어 1kg짜리 테린에 넣는다. 다시 20°C에서 2시간 동안 부풀게 둔다. 200~220°C로 예열한 오븐에 굽는다. 틀에서 분리한 뒤 2시간 동안 휴지시킨다.

panade au pain ▶ PANADE
pudding au pain à la française ▶ PUDDING

PAIN (MACHINE À) (마신 아) 팽 제빵기. 가정에서 손쉽게 빵을 만들 수 있는 주방 가전제품. 적당량의 밀가루, 소금, 르뱅(바로 사용이 가능하도록 혼합된 발효종을 상점에서 구입할 수 있다), 물을 넣어주기만 하면 기계가 혼합, 반죽, 휴지를 거쳐 굽기까지 실행한다. 제품 타입과 선택한 모드에 따라 제빵 작업은 한 시간에서 여러 시간까지 소요되며, 약 500g에서 1.2kg의 알맞게 구워진 빵을 만들 수 있다. 약간의 경험을 거쳐 익숙해지면 개인의 취향에 맞는 신선한 빵은 물론이고 브리오슈나 파운드케이크도 제조할 수 있다.

PAIN AU CHOCOLAT 팽 오 쇼콜라 초콜릿 크루아상. 작은 비에누아즈리의 일종으로 직사각형으로 재단한 크루아상 반죽에 2개의 막대 초콜릿을 넣고 접어서 오븐에 구운 것이다.

PAIN DE CUISINE 팽 드 퀴진 빵 모양처럼 틀에 넣어 만든 테린의 일종. 스터핑 혼합물을 틀에 채워 넣은 뒤 일반적으로 오븐에서 중탕으로 익혀 낸 음식이다. 소 혼합물의 기본 재료는 생선, 갑각류 해산물, 가금류 등의 살, 흰살 육류나 수렵육의 살 그리고 푸아그라가 주를 이룬다. 채소 테린의 일종이라 할 수 있는 팽 드 레귐(pains de légumes)은 익힌 잎채소에 달걀을 풀어 섞거나 가지, 콜리플라워, 당근, 아티초크 속살 등을 넣어 만든다. 둥근 모양, 왕관처럼 가운데가 뚫린 링 모양, 또는 길쭉한 벽돌 모양의 틀(파운드케이크 틀, 샤를로트 틀, 사바랭 틀, 혹은 요리의 가니시로 사용할 목적이라면 작은 사이즈의 다리올 틀을 사용한다)에 재료를 넣어 모양을 만드는 팽 드 레귐은 애피타이저로 또는 주요리의 가니시로 서빙되며 경우에 따라 크림 소스를 끼얹어내기도 한다. 일부 생선, 갑각류 해산물 또는 가금류 살로 만든 테린은 아스픽(aspic)처럼 즐레와 함께 틀에 굳혀 만들기도 한다.

---

pain d'épinard à la romaine 팽 데피나르 아 라 로맨

로마식 시금치 테린 : 줄기 시금치 500g을 증기에 쪄낸 뒤 꼭 눌러 짠 다음 녹은 버터를 넣고 섞는다. 소금기를 완전히 뺀 뒤 아주 작은 주사위 모양으로 썬 안초비 필레 4~5개를 넣어 섞은 뒤 휘저어 푼 달걀 2개를 첨가한다. 소금, 후추, 넛멕으로 간을 맞춘다. 파운드케이크 틀 바닥과 안쪽 벽에 에 버터 바른 유산지를 대준 다음 혼합물을 붓는다. 200°C로 예열한 오븐에서 중탕으로 45분간 익힌다.

---

pain de poisson 팽 드 푸아송

생선 테린 : 껍질과 가시를 제거한 생선 살(강꼬치고기, 잉어, 연어) 500g을 깍둑 썬다. 소금 6g, 흰 후추 한 자밤, 강판에 간 넛멕을 소량 뿌린 다음 절구에 곱게 찧거나 블렌더에 간다. 밀가루 파나드(panade 참조. p.613) 250g를 블렌더로 갈아준 다음 버터 250g을 넣고 섞는다. 이것을 생선 퓌레와 혼합한다. 혼합물을 다시 한 번 절구에 찧거나 블렌더로 갈아 균일하게 혼합한다. 계속 혼합하면서 달걀 1개와 달걀노른자 4개를 한 개씩 넣는다. 완성된 혼합물을 고운체에 긁어내린다. 이것을 볼에 넣고 다시 한 번 매끈해지도록 블렌더로 갈아 혼합한다. 버터를 발라 둔 둥근 틀에 붓는다. 200°C로 예열한 오븐에서 중탕으로 45~50분간 익힌다. 틀을 제거해 서빙 접시에 담고 뵈르 블랑(beurre blanc) 소스나 포칭한 더운 생선 요리용 소스를 곁들인다.

---

pain de viande, de gibier ou de volaille 팽 드 비앙드, 드 지비에 우 드 볼라이

고기, 수렵육 또는 가금류 테린 : 송아지 살, 가금류 살, 또는 수렵육 살(멧도요, 노루, 꿩, 새끼산토끼 또는 새끼자고새)등을 사용해 무슬린 스터핑 혼합물(참조. p.353 FARCE MOUSSELINE)을 만든다. 버터를 발라둔 사바랭 틀 높이의 마지막 1cm를 남긴 지점까지 혼합물을 부어 채운다. 200°C로 예열한 오븐에서 중탕으로 45분~1시간 동안 익힌다. 꺼내서 잠시 휴지시킨 뒤 틀에서 분리해, 따뜻하게 데운 원형 서빙 접시에 올린다. 크림 소스를 끼얹거나 혹은 사용한 재료와 어울리는, 해당 요리의 이름에 붙일 수 있는 소스를 끼얹어 서빙한다.

PAIN D'ÉPICE 팽 데피스 밀가루, 꿀, 향신료를 기본 재료로 한 반죽으로 만든 다양한 형태의 케이크 또는 과자. 오랫동안 유일한 감미료로 알려진 꿀을 빵이나 갈레트에 사용한 역사는 매우 길다.

■ **역사.** 유럽에 팽 데피스가 처음 등장한 것은 11세기 십자군에 의한 것으로 추정된다. 한편 피티비에(Pithiviers)에서는 같은 시기에 피난을 왔던 아르메니안 주교 생 그레구아르(saint Gregoire)에 의해 이 도시에 유입되었다고 주장하기도 한다. 두 가지 설 모두에 따르면 팽 데피스의 제조가 오늘날 네덜란드, 영국, 독일, 벨기에, 프랑스, 이탈리아에 해당하는 나라들에 퍼져나가기 시작한 것이 이 시기 경이라는 것이 거의 확실하다. 렝스(Reims)에서 발족한 팽 데피스 동업조합은 1596년 앙리 4세에 의해 공식적으로 인정 받았다. 이 도시는 프랑스 대혁명 시기까지 팽 데피스의 생산지로 우위를 차지하고 있었고, 이후에는 자체적으로 팽 데피스를 만들어 판매에 큰 성공을 거둔 디종(Dijon)이 그 확고한 명성을 이어갔다.

옛날에 팽 데피스는 특히 시장이 설 때 나오는 과자로 유명했다. 파리에서는 현재 생 탕투안(Saint-Antoine) 병원 자리에 있던 한 수도원에서 11세기부터 팽 데피스 박람회(이후 트론 광장의 놀이공원 Foire du Trône으로 바뀌었다)가 정기적으로 열렸다. 수도사들은 그곳에서 새끼돼지 및 각종 동물 모양으로 만든 팽 데피스를 직접 만들어 팔았는데, 이는 일반적인 넓적한 사각형이나 둥근 덩어리 형태가 아닌, 수세기동안 각 나라에서 선보인 다양한 모양들 중 하나이다. 또한 신화나 일상생활의 장면들을 표현한 모습을 틀로 찍어내기도 했다. 꿀과 더불어 향신료는 팽 데피스의 특징이라 할 수 있다. 팽 데피스는 독일에서 페퍼쿠헨(pfefferkuchen 후추과자), 영국에서는 진저 브레드(gingerbread 생강과자)라고 불린다.

■ **제조.** 오늘날 프랑스에는 두 가지 유형의 팽 데피스가 있다. 밀가루와 달걀노른자로 만드는 디종식과 호밀가루로 만드는 쿠크(couque 꿀을 넣어 만든 단단한 비스킷)로 나뉜다. 두 종류 밀가루를 혼합해 만드는 드미 쿠크(demi-couque) 또는 쿠크 바타르드(couque bâtarde)는 주로 큰 덩어리의 팽 데피스를 만드는 데 사용된다. 공장에서 만든느 대량 생산 팽 데피스는 꿀이 전부 혹은 일부분 기타 감미료로 대체되고 향신료도 인공 에센스를 쓰는 경우가 많지만 제조법 민큼은 언제나 전통 방식을 따른다. 우선 밀가루와 단맛을 내는 재료를 혼합해 만든 모체 반죽(pâte mère)을 서늘하고 건조한 곳에서 약 한 달간 숙성시킨다. 이어서 베이킹파우더와 향신료를 넣은 뒤 모양을 만들고 우유와 섞은 달걀물을 겉에 바른 뒤 오븐에 굽는다. 일반적으로 팽 데피스는 직육면체 모양의 덩어리를 미리 슬라이스해 포장, 판매한다. 또한 하트형 등 기타 다양하고 재미있는 모양의 틀로 잘라 구워낸 과자 형태의 것들도 있다. 주로 축제일(특히 벨기에와 독일)에 간식이나 달콤한 디저트로 즐겨 먹는 팽 데피스는 몇몇 요리에도 사용된다. 소스, 스튜, 카르보나드(carbonade) 등의 농도를 걸쭉하게 만들 때 넣으며, 특히 맥주가 들어가는 레시피에 종종 사용된다.

carottes nouvelles confites en cocotte, caramel au pain d'épice ▶ CAROTTE
charlotte au pain d'épice et aux fruits secs d'hiver ▶ CHARLOTTE

크리스틴 페르베르(CHRISTINE FERBER) 의 레시피

pain d'épice à découper 팽 데피스 아 데쿠페

모양을 내 자른 팽 데피스 : 작은 모양의 팽 데피스 60개 분량(전나무, 길쭉한 모양, 동물 모양 등) / 준비: 15분 + 40분 / 반죽휴지: 1주일 / 굽기: 8 – 10분

일주일 전, 전나무 꿀 500g을 40°C까지 가열한 다음 체에 친 밀가루 500g을 넣고 나무 숟가락으로 잘 섞는다. 반죽을 랩으로 덮어 일주일간 실온에 둔다. 당일, 도우 훅을 장착한 전동 스탠드 믹서 볼에 꿀을 넣은 밀가루 반죽을 작게 잘라 넣고 중간 크기 달걀의 노른자 1개, 계핏가루 5g, 팽 데피스용 향신료 믹스 10g, 곱게 간 오렌지 제스트와 레몬 제스트 칼끝으로 각각 3번, 각각 물 1 티스푼을 넣어 갠 탄산칼륨 5g, 탄산수소암모늄 5g을 넣는다. 균일한 반죽이 될 때까지 도우 훅을 돌려 섞는다. 오븐을 170°C로 예열한다. 반죽을 3mm 두께로 민 다음 각종 모양의 쿠키 커터로 찍어낸다. 붓으로 우유를 발라준 뒤 오븐에 넣어 8~10분간 굽는다. 이 팽 데피스 과자는 금속 재질 틴에 넣어두면 여러 달 보관이 가능하다.

PAIN DE GÊNES 팽 드 젠 버터와 아몬드 가루를 넉넉히 넣은 비스퀴 반죽으로 만든 큰 사이즈의 파티스리로 제누아즈(génoise)와 혼동해서는 안 된다. 팽 드 젠은 거품 올린 달걀흰자를 반죽에 따로 혼합하는지의 여부에 따라 질감의 가벼운 정도가 달라진다. 가장자리에 세로로 홈이 있는 납작하고 둥근 전용 틀에 넣어 굽는다.

---

pain de Gênes 팽 드 젠

팽 드 젠 : 상온에서 부드러워진 포마드 상태의 버터 125g에 설탕 150g을 넣고 거품기로 힘 있게 휘저어 섞은 뒤 아몬드 가루 100g와 혼합한다. 달걀 3개를 하나씩 첨가

Pain 빵

"빵은 밀가루, 소금, 약간의 물, 효모, 그리고 순수하고 우직한 작업을 통해 만들어진다. 포텔 에 샤보와 크리용 호텔의 제빵사들은 직접 반죽하여 작은 미슈 빵 또는 큰 덩어리 빵을 준비한다. 크러스트는 바삭하고 속살은 매우 부드러울 것이다. 이것이 가장 중요한 핵심이다."

하며 섞고 옥수수 전분 40g과 소금 한 자밤을 넣는다. 작은 잔 한 개 분량의 리큐어를 넣어 향을 낸다. 버터를 발라 둔 팽 드 젠 틀에 버터 바른 원형 유산지를 깔고 반죽을 붓는다. 180°C로 예열한 오븐에서 40분간 굽는다. 뜨거울 때 틀에서 분리하고 유산지를 떼어낸다.

PAIN AU LAIT 팽 오 레 우유를 넣은 발효 반죽으로 길쭉하게 또는 둥글게 만든 비에누아즈리(**참조** VIENNOISERIE)의 일종으로 경우에 따라 입자가 굵은 우박설탕을 뿌려 굽기도 한다. 팽 오 레는 주로 아침식사로 먹거나 티타임에 곁들여 내며 작은 샌드위치를 만들 때 사용하기도 한다(뷔페용 작은 사이즈, 나베트 모양도 있다).

pains au lait 팽 오 레

팽 오 레 : 체에 친 밀가루 500g을 작업대 위에 붓고 가운데 우묵한 공간을 만든 뒤 소금 넉넉히 1자밤, 설탕 20g, 부드러워진 버터 125g을 넣는다. 재료들을 섞은 뒤 따뜻하게 데운 우유 250mℓ을 넣는다. 천연 발효종(르뱅) 200g을 넣고 반죽한다. 반죽을 둥글게 뭉친 뒤 행주를 덮고 바람이 통하지 않는 곳에서 12시간 동안 휴지시킨다. 반죽을 각 50g 정도의 작은 공 모양 20개 정도로 소분한 뒤 윗부분에 열십자로 칼집을 낸다. 달걀물을 발라준 다음 뜨거운 오븐에서 45분 동안 굽는다.

PAIN DE MIE 팽 드 미 식빵. 속살이 촘촘하고 흰색이며 껍질이 거의 없다시피 얇은 것이 특징인 덩어리 빵으로 슬라이스한 단면이 정사각형 또는 원형이다. 식빵은 구워 먹거나 살짝 굳은 뒤 토스트, 샌드위치, 카나페, 크루통 등을 만들 수 있다. 밀가루, 소금, 설탕, 우유, 버터, 제빵용 생이스트를 넣어 만들며 틀에 넣어 덩어리 상태로 굽는다. 버터가 훨씬 많이 들어가는 브리오슈 빵과 혼동되어서는 안 된다.

PAIN DE NANTES 팽 드 낭트 낭트 케이크. 레몬 또는 오렌지로 향을 낸 반죽을 아몬드 슬라이스를 깐 틀에 넣어 구워낸 작고 둥근 케이크의 일종이다. 살구 나파주를 바른 뒤 퐁당슈거로 아이싱하고 입자가 굵은 설탕을 뿌려 완성한다.

pains de Nantes 팽 드 낭트

낭트 케이크 : 나무 스푼으로 부드럽게 으깬 버터 100g, 설탕 100g, 소금 한 자밤, 베이킹파우더 1/2 티스푼, 설탕에 문지르거나 강판에 간 레몬 또는 오렌지 제스트 1개분을 모두 볼에 넣고 크리미한 농도가 되도록 잘 섞어준다. 달걀 2개, 체에 친 밀가루 125g을 넣으며 힘 있게 휘저어 혼합한다. 타르틀레트 틀에 버터를 바르고 살짝 구워 습기를 제거한 아몬드 슬라이스를 뿌려준 뒤 반죽을 채운다. 190°C로 예열한 오븐에서 20분간 굽는다. 케이크를 틀에서 분리해 식힘망 위에 올린다. 살구잼을 바르고 마라스키노 리큐어로 향을 낸 퐁당슈거를 씌운다. 핑크색 알갱이 설탕을 뿌린다.

PAIN PERDU 팽 페르뒤 프렌치토스트. 말라 굳은 빵(또는 브리오슈나 팽 오 레) 슬라이스를 우유에 적신 뒤 설탕을 넣고 풀어둔 달걀물을 입혀 버터를 녹인 팬에 지진 디저트로 뜨겁고 바삭하게 서빙한다. 옛날에 남은 빵을 버리지 않고 활용하기 위해 고안해낸 레시피로 주로 빵 껍질과 식탁에 남은 빵 조각들로 만들었다. 오늘날에는 대개 브리오슈를 사용하며 크렘 앙글레즈, 잼, 과일 콩포트, 또는 팬에 구운 과일 등을 곁들여 먹는다.

pain perdu brioché 팽 페르뒤 브리오슈

브리오슈 프렌치토스트 : 우유 500mℓ에 길게 갈라 긁은 바닐라 빈 1/2줄기와 설탕 100g을 넣고 끓인 뒤 식힌다. 말라 굳은 브리오슈 빵 250g을 균일한 크기로 두툼하게 슬라이스한다. 부서지지 않도록 조심하며 식은 우유에 담가 적신 다음, 설탕을 넣고 풀어둔 달걀 2개에 하나씩 담갔다 빼 버터 100g을 녹인 팬에서 노릇하게 지진다. 한쪽 면이 색이 나게 잘 구워지면 뒤집어서 다른 쪽 면도 노릇하게 지진다. 원형 접시에 담은 뒤 슈거파우더를 뿌려 서빙한다.

PAIN DE POIRES 팽 드 푸아르 스위스의 서양 배 빵. 버터를 넣은 파트 브리제(pâte brisée)에 서양 배를 넣어 구운 스위스의 파티스리로 질감이 단단한 편이다. 일반적으로 말린 서양 배를 익힌 뒤 곱게 간 퓌레를 채워 넣는다.

PAIN AUX RAISINS 팽 오 레쟁 건포도 빵. 브리오슈 발효 반죽에 크렘 파티시에와 건포도를 넣은 비에누아즈리의 한 종류이다. 반죽을 나선형으로 말아 1.5cm 두께로 자르고 부풀도록 휴지시킨 다음 달걀물을 발라 베이킹 팬에 납작하게 놓고 오븐에 굽는다. 팽 오 레쟁은 나선형 모양을 따 에스카르고(escargot 달팽이)라고도 부르며, 당절임 과일을 넣고 퐁당슈거 아이싱을 씌운 것은 스위스 브리오슈(brioche suisse)라고 부른다. 프랑스 북부 지방에서는 파트 푀유테에 건포도를 넣고 사방 9cm 크기의 정사각형으로 잘라 구운 비에누아즈리인 카레 레쟁(carré raisins)을 만들어 먹는다.

pains aux raisins 팽 오 레쟁

건포도 빵 : 제빵용 생이스트 15g에 우유 3테이블스푼과 밀가루 3테이블스푼을 넣고 개어준다. 여기에 밀가루 3테이블스푼을 뿌린 뒤 따뜻한 곳에서 30분간 발효시켜 부풀게 한다. 볼에 밀가루 300g을 넣고 준비한 발효종(르뱅), 설탕 30g, 달걀 3개, 고운 소금 6g을 첨가한다. 탄력이 생길 때까지 작업대에 치대어 가며 5분간 반죽한 뒤 우유 3테이블스푼을 넣고 잘 섞는다. 버터 150g을 주걱으로 으깨 부드럽게 만든 뒤 반죽에 넣어 혼합한다. 따뜻한 물에 담가 불린 코린트 건포도 100g을 건져 물기를 뺀 뒤 반죽에 넣는다. 조금 더 반죽을 치대 섞은 뒤 따뜻한 곳에서 1시간 동안 휴지시킨다. 반죽을 소분해 마치 순대처럼 길게 늘여 굴린 뒤 나선형으로 돌돌 만다. 베이킹 팬에 올리고 바람이 통하지 않는 곳에 30분 정도 부풀게 둔다. 달걀물을 바른 뒤 입자가 굵은 설탕을 뿌리고 210°C로 예열한 오븐에서 20분간 굽는다. 따뜻하게 또는 완전히 식은 뒤 서빙한다.

PAK-CHOÏ ▶ **참조** CHOU CHINOIS

PALAIS 팔레 입천장, 구개. 정육용으로 도축한 동물의 구강 상부에 있는 두툼한 막으로, 붉은색 부속(abats rouge)에 해당한다. 19세기까지 아주 맛있는 부위로 인정받았던 소(또는 때때로 양)의 입천장은 핏물을 빼고 끓는 물에 데쳐 식힌 뒤 썰어서 튀기거나 그라탱, 혹은 리옹식(à la lyonnaise)으로 조리해 먹었다. 오늘날 이 부위는 소 머릿고기로 만드는 사퀴트리 뮈조(museau)에 보충 재료로 넣기도 한다.

PALAY (MAXIMIN, DIT SIMIN) 막시맹 팔레(일명, 시맹 팔레) 프랑스의 시인이자 지역주의 작가(1874, Casteide-Doat 출생—1965, Gelos 타계). 펠리브리쥬(félibrige, 오크 oc 어 보존을 위한 문학, 문화 동인회)의 간부 위원이었던 이 베아른(Béarn) 출신의 문인은 자신이 저술한 『베아른 사전(*Dictionnaire du bearnais*)』(1932)에 프랑스 남서부의 요리 전통에 대한 많은 내용을 실었다. 또한 1936년 출간한 『향토 요리(*la Cuisine du pays*)』라는 제목의 책에서는 아르마냑, 페이 바스크, 베아른, 비고르, 랑드 지방을 대표하는 레시피뿐 아니라 재미있는 속담과 에피소드, 조리기술과 유용한 팁, 조리도구, 이들 지역에서 사용되는 재료에 대한 정보까지 자세히 소개하고 있다.

PALÉE 팔레 연어과에 속하는 흰색 민물 생선으로 레만호에서 흔히 볼 수 있는 페라(féra)와 비슷한 어종이다. 백송어 속(coregonus)의 이 생선은 길이가 최대 60cm에 달하며 주로 스위스의 레만호와 뇌샤텔호에서 잡힌다. 일반적으로 화이트와인에 데쳐 익힌다.

PALERON 팔르롱 부채살. 소의 정육 부위로 앞다리 윗부분 견갑골의 바깥 면에 위치한 근육 중 꾸리살(jumeau à bifteck)을 제외한 근육이다. 물에 끓여 조리하면 젤라틴 식감을 띠는 부채살은 브레이징 또는 포토푀에 적합하며, 질긴 힘줄 부분을 다듬어 손질하면 스테이크로 조리하기에도 손색없다. 종종 정육 전문가들 사이에서는 옛날에 부르던 명칭 그대로 쫀득한 앞다리살(macreuse gélatineuse), 국거리용 앞다리살(palette de macreuse), 찜 요리용 앞다리살(macreuse à braiser) 등으로 불리며 루앙에서는 코르네이유의 안심(filet de corneille)이라고 부르기도 한다. 파리의 옛날식 정육 분할에서 소의 부채살은 인접한 목심과 어깨 부위를 포함한 큰 덩어리 부위 전체를 지칭했다(**참조** p.108, 109 프랑스식 소 정육 분할).

PALET 팔레 납작하고 동그란 모양의 구움과자. 버터를 넉넉히 넣은 비스킷 반죽으로 만들며 다양한 향(럼, 아니스, 바닐라, 비정제 황설탕 등)과 아몬드 가루, 레몬 제스트를 첨가하기도 한다. 팔레 드 담(palets de dames)은 전통적으로 블랙 코린트 건포도(raisins de Corinthe)를 넣어 만든다.

palets de dames 팔레 드 담

건포도를 넣은 버터 쿠키 : 블랙 코린트 건포도 80g을 씻은 뒤 작은 잔 한 개 분량의 럼을 붓고 재워둔다. 부드러워진 버터 125g에 설탕 125g을 넣고 거품기로 잘 섞은 다음

달걀 2개를 하나씩 넣는다. 살살 혼합한 뒤 밀가루 150g, 재워둔 건포도와 럼, 소금 한 자밤을 넣고 잘 섞는다. 베이킹 팬에 버터를 바른 뒤 밀가루를 얇게 뿌린다. 반죽을 작게 떼어 간격을 넉넉히 두고 팬에 놓는다. 240°C로 예열한 오븐에서 25분간 굽는다.

PALET D'OR 팔레 도르 금박으로 장식한 동그란 모양 또는 정사각형의 초콜릿 봉봉. 두께 6mm의 플레인 가나슈에 다크 초콜릿을 얇게 한 켜 입힌 것으로, 한쪽 면이 매끈하고 윤이 나며 작은 금박 장식이 뿌려져 있다. 커피 향의 초콜릿 봉봉을 팔레 오 카페(palet au café)라고 부르는 등 오늘날 초콜릿 봉봉에 팔레(palet)라는 이름을 붙이는 경우가 많다.

PALETOT 팔르토 물갈퀴가 있는 조류(거위나 오리)의 뼈를 거의 제거하고 남은 고기 부분을 지칭한다. 목과 날개 끝을 분리해낸 다음 등쪽으로 갈라 흉곽 뼈, 척추, 골반 및 용골 뼈를 제거한다. 이렇게 뼈를 들어내면 마치 옷과 같은 형태만 남는다. 껍질과 기름은 잘게 잘라 가열해 녹여 다리 등의 살코기 콩피 용으로 사용한다. 혹은 잘게 다진 뒤 일부 샤퀴트리 제품에 넣어 풍미를 돋우는 데 사용한다.

PALETTE 팔레트 파티스리용 스패출러, 스크레이퍼, 주걱. 날카롭지 않은 스텐 재질의 약간 탄성이 있는 넓은 면의 날로 이루어진 제과제빵 도구. 날은 정사각형, 직사각형 또는 약간 사다리꼴 모양으로 모서리가 둥글며 짧은 손잡이가 붙어 있다. 구워 낸 파티스리를 오븐 팬에서 떼어내거나 조리 중 뒤집을 때, 또는 부서지지 않도록 받쳐서 서빙 그릇에 옮길 때 주로 사용한다. 고무나 실리콘 재질로 된 가장자리가 얇은 알뜰주걱은 혼합물(크림, 스터핑 재료, 반죽, 소스 등)을 용기에서 덜어내 틀이나 오목한 서빙 접시 등에 옮길 때 남김없이 꼼꼼하게 벽을 훑어 내는 데 유용하게 쓰인다.

PALETTE (VIANDE) 팔레트(고기) 돼지 앞다리(어깨)의 견갑골을 포함하는 부위를 지칭한다(**참조** p.699 돼지 정육 분할 도감). 이 부위 살은 날것 상태로 혼합물에 넣거나 로스트, 냄비 요리 또는 반염장, 훈제 상태로 소비된다. 마른 콩류, 슈크루트에 곁들이거나, 포테 등의 스튜 요리에 넣기도 한다. 알자스의 특선 요리인 팔레트 아 라 디아블(palette à la diable)은 살짝 염지해둔 앞다리 살 덩어리에 파슬리와 다진 양파를 넣은 머스터드를 바른 뒤 돼지 크레핀 망으로 감싸 익힌 것이다. 슬라이스하여 따뜻하게 또는 차갑게 먹는다.

▶ 레시피 : PORC.

PALETTE (VIN) 팔레트(와인) 액 상 프로방스(Aix-en-Provence) 초입에 위치한 팔레트의 작은 포도밭에서는 AOC 레드와인과 로제와인, 화이트와인이 생산된다. 레드와 로제와인의 포도품종은 무르베드르(mourvèdre), 그르나슈(grenache), 생소(cincault)이며 화이트와인은 클레레트(clairette), 그르나슈 블랑(grenache blanc), 위니 블랑(ugni blanc) 품종으로 만든다. 아펠라시옹 팔레트 와인들은 아주 섬세한 향의 부케와 과일 맛을 지니고 있으며 밸런스가 좋다.

PALLADIN (JEAN-LOUIS) 장 루이 팔라댕 프랑스의 요리사(1946, Toulouse 출생–2002, New York 타계). 툴루즈(Toulouse)에서 조리학교를 졸업한 후 모나코의 호텔 드 파리, 이어서 파리 플라자 아테네 호텔에서 경력을 쌓은 그는 1974년 제르(Gers)의 레스토랑 타블 데 코르들리에 드 콩동(la Table des Cordeliers de Condom)에서 미슐랭 가이드의 별 둘을 획득한다. 당시 28세였던 그는 이러한 쾌거를 이룬 가장 젊은 셰프로 기록되었다. 1979년 프랑스를 떠나 미국에 정착한 그는 워싱턴에 장 루이 앳 워터게이트(Jean-Louis at Watergate) 레스토랑을 오픈해 인기를 끌었다. 그는 특히 체서피크만의 블루 크랩과 생선, 버지니아의 채소, 지역 농가를 지원, 육성하여 생산한 가금류와 축산물 등 이 지역 특선 식재료인 활용한 요리를 성공적으로 만들어냈다. 옥수수 수프에 새우와 검은 송로버섯을 넣는가하면, 해조류에 랍스터와 생강을 넣고 만든 콩소메를 선보이기도 했다. 젊은 나이에 세상을 떠난 그를 위해 제자 요리사들은 그의 이름을 내 건 재단을 설립하였고, 미국의 요리사들이 좋은 품질의 고급 식재료를 사용해 요리할 수 있도록 지도, 계몽하는 데 힘썼다.

PALMIER 팔미에 야자나무, 종려나무. 종려과에 속하는 열대 나무로 여러 종이 있으며 열매(대추야자, 코코넛)와 새순(야자 순, 팜 하트) 등 다양한 식재료를 공급한다. 야자 나무줄기에서 추출되는 녹말로는 사고(sago)를 만들며, 수액을 이용하여 야자 술을 담그기도 한다. 어떤 종류의 야자나무들은 설탕, 오일, 식물성 버터를 제공하기도 한다.

cœurs de palmier aux crevettes 쾨르 드 팔미에 오 크르베트

야자 순 새우 칵테일 : 통조림 야자 순을 건져내 흐르는 찬물에 헹군 뒤 물기를 닦고 가늘게 채 썬다. 매콤한 맛의 마요네즈를 약간 묽게 만든 뒤 토마토케첩이나 바싹 졸여 체에 내린 토마토 퓌레를 조금 넣어 색을 낸다. 새우를 소금물에 삶아낸 뒤 껍질을 벗긴다. 숙주나물을 끓는 물에 슬쩍 데친 뒤 찬물에 헹구고 물기를 제거한다. 재료를 모두 섞어 차갑게 보관한다. 개인 서빙용 볼에 가늘게 채 썬 양상추를 깔아준 다음 칵테일 샐러드를 나누어 담고 서빙할 때까지 냉장고에 보관한다.

homard en moqueca, cœurs de palmier et noix de cajou ▶ HOMARD

PALMIER (GÂTEAU) 팔미에(과자) 팔미에 파이 과자. 슈거파우더 또는 설탕을 뿌려 접어 민 푀유테 반죽으로 만든 작은 과자로, 양쪽을 둥그렇게 안을 향해 말아준 뒤 슬라이스로 잘라 구운 것이다. 하트형인 과자 모양이 야자나무 잎을 연상시키는 데서 착안하여 팔미에라는 이름이 붙었다. 팔미에는 프티 가토로, 또는 작은 사이즈의 구움과자(아이스크림이나 앙트르메에 곁들이기도 한다)로 만들 수 있다.

palmiers 팔미에

팔미에 파이 과자 : 3절 접어 밀기 4회를 한 파트 푀유테 반죽에 슈거파우더를 넉넉히 뿌려가며 접어밀기를 2회 더 해준다. 반죽을 두께 1cm로 밀어 폭 20cm 직사각형을 만든 다음 슈거파우더를 다시 뿌린다. 긴 쪽 양면을 세 번씩 가운데로 각각 접은 뒤 전체를 지갑 모양으로 접어 말아 김밥처럼 만든다. 1cm 폭으로 자른 다음 베이킹 팬에 납작하게 놓는다. 과자가 익으면서 퍼져 넓어지므로, 서로 붙지 않도록 간격을 넉넉히 떼어 배치한다. 200°C 오븐에서 20분간 굽는다. 중간에 한 번 뒤집어 양면이 고르게 노릇해지도록 한다.

PALOISE (À LA) 아 라 팔루아즈 서빙 사이즈로 잘라 그릴에 구운 고기 요리에 곁들이는 가니시로 크림 소스 그린빈스와 누아제트 감자(pommes noisettes, 새 둥지 모양으로 담아내기도 한다)를 가리킨다. 그리 흔한 경우는 아니지만 큰 덩어리째 구운 고기에 곁들이는 팔루아즈 가니시는 윤기나게 글레이즈하여 익힌 당근과 순무, 버터에 익힌 그린빈스, 홀랜다이즈 소스를 끼얹은 콜리플라워, 감자크로켓으로 구성된다. 단순히 팔루아즈 소스(sauce paloise)라 함은 베아르네즈 소스에 타라곤 대신 민트를 넣어 만든 것을 의미한다.

PALOMBE 팔롱브 숲 비둘기. 프랑스 남서부에서 숲 비둘기를 부르는 명칭으로 피레네로부터 오는 철새들의 유입으로 전통적인 그물사냥이 늘어나게 되었다(**참조** p.421 수렵육 도표). 숲 비둘기는 일반 사육 비둘기와 마찬가지 방법으로 조리하는데, 살이 더 맛이 좋고 어린 새의 경우 아주 연하다. 살미(salmis) 또는 오븐구이, 그릴에 레어로 구워먹거나 콩피를 만들기도 한다. 북 아메리카에서 투르트(tourte)라고도 불리는 숲 비둘기(wild pigeon)는 한때 완전히 전멸하기도 했다. 퀘벡 지방의 대표 요리인 투르티에르(tourtière 다진 고기 파이의 일종)의 기원이 이 새의 고기를 사용해 만든 것으로부터 유래한 것이라고 주장하는 이들도 있다.

장 쿠소(JEAN COUSSAU)의 레시피

magret de palombes aux cèpes 마그레 드 팔롱브 오 세프

포치니 버섯을 곁들인 숲 비둘기 가슴살 요리 : 4인분

숲 비둘기 4마리의 뼈를 꼼꼼히 제거한 다음 가슴살을 넓적다리까지 한 덩어리로 이어지도록 조심스럽게 잘라낸다. 냉장고에 넣어둔다. 살을 제거하고 남은 뼈와 자투리는 따로 보관한다. 작은 냄비에 레드와인 1ℓ를 붓고 끓을 때까지 가열한 다음 불을 붙여 플랑베한다. 계속 가열하여 와인을 반으로 졸인다. 비둘기 뼈와 자투리를 잘게 썬다. 당근 2개와 양파 3개의 껍질을 벗기고 씻은 뒤 동그랗게 슬라이스한다. 소테팬에 식용유 50mℓ와 버터 10g을 달군 뒤 뼈와 자투리를 넣고 몇 분간 볶는다. 밀가루 20g을 솔솔 뿌리고 함께 볶은 뒤 양파와 당근을 넣고 10분간 익힌다. 졸인 와인을 붓는다. 나무 주걱으로 눌어붙은 바닥을 긁어주며 잘 섞는다. 약한 불에서 20분간 더 끓인다. 전부 체에 거른 다음 200mℓ가 될 때까지 졸여 소스를 만든다. 뜨

겁게 보관한다. 파슬리 한 단을 씻어서 물기를 제거한 뒤 잘게 다진다. 샬롯 2개의 껍질을 벗기고 잘게 다진다. 포치니 버섯(cèpe) 1kg의 꼼꼼히 닦아 흙과 불순물을 깨끗이 제거한다. 소테팬에 식용유 200mℓ를 뜨겁게 달군 다음 버섯을 넣고 센 불에서 볶는다. 버섯의 물이 전부 증발할 때까지 잘 저어가며 약 5분간 볶아준다. 건져서 소금, 후추로 간하고 파슬리와 샬롯을 섞어준다. 다시 팬에서 1분간 볶는다. 뜨겁게 보관한다. 다른 소테팬에 기름과 버터를 뜨겁게 달군 다음 비둘기 가슴살을 넣고 센 불에서 각 면당 2분씩 지진다. 서빙 접시 바닥에 소스 2테이블스푼을 붓고 비둘기 살과 버섯을 보기 좋게 담아낸다.

PALOURDE 팔루르드 바지락조개 또는 대합조개. 백합과에 속하는 조개류(**참조** p.250 조개류 도표 p.252, 253 도감)로 대서양 연안이나 영불해협, 지중해 연안(이곳에서는 클로비스(clovisse)라고 부른다)에 많이 서식한다. 세계 각 대양에 서식하는 백합 조개류는 그 종류가 다양하며, 어떤 종은 양식(vénériculture)이 가능하다. 이 조개는 껍데기가 얇고 길이는 3~8cm 정도이며 가운데가 봉긋하게 솟아 있다. 밝은 황색에서 짙은 회색을 띠며 갈색 반점이 있고 아주 가는 두 종류의 줄무늬가 나 있는데 이들 중 하나는 방사형으로 뻗어 있고 다른 하나는 테두리와 나란히 동심원 모양을 하고 있다. 선명한 격자를 이루고 있어 육안으로 쉽게 확인할 수 있다. 해산물 플래터에 올려 생으로 먹거나 홍합처럼 속을 채워 조리한다.

▶ 레시피 : MERLU.

PAMPLEMOUSSE, POMELO 팡플르무스, 포멜로 자몽과 포멜로. 운향과에 속하는 서로 비슷한 종류의 시트러스 과일이다. 일반적인 명칭으로 자몽(pamplemousse)이라 불리며 오르되브르나 디저트, 혹은 짭짤한 일반 요리의 가니시로 종종 사용하는 과일은 사실 포멜로이다(**참조** 옆 페이지 도표와 하단 도감).

포멜로는 지름이 9~13cm 정도로 껍질은 노란색이거나 주황색 등이 혼합되어 있는 것도 있다. 과육이 달고 노랑, 또는 다소 짙은 핑크색이며 새콤한 맛이 나기도 한다. 자몽과 오렌지의 교배종으로 알려졌으며, 18세기 카리브해에서 처음 발견된 이후 미국에는 19세기에 들어왔다. 프랑스에서도 연중 구입할 수 있는 포멜로(그레이프푸르트)는 열량이 낮고(100g당 43kg 또는 180kJ) 오렌지보다 당도가 낮으며 비타민 C, B, PP, A와 칼륨이 풍부하다. 과육이 황금색인 품종과 더 단맛이 강한 핑크, 레드 과육 품종으로 나뉜다. 오리지널 자몽은 서양 배 모양 또는 둥근 모양이고 지름이 11~20cm 혹은 그 이상 되는 것도 있으며 껍질은 노란색, 어떤 것은 연두색을 띠기도 한다. 품종에 따라 핑크색을 띤 과육은 단맛이 강하다.

■ **사용.** 포멜로는 주로 반으로 잘라 오르되브르로 서빙한다(안의 과육은 미리 자몽 칼로 도려내 껍질과 분리해둔다). 그대로 먹거나 냉장고에 차게 두었다 서빙하며, 경우에 따라 녹인 버터를 바른 뒤 센 불에 구워 먹기도 한다. 또한 다른 재료와 혼합한 자몽 칵테일 샐러드를 만들기도 한다. 포멜로는 파인애플처럼 닭고기, 돼지고기에 곁들여도 아주 잘 어울린다. 디저트로는 반으로 잘라 설탕을 뿌리거나 당절임 체리로 장식한다. 혹은 살라만더 아래에서 살짝 구워 표면을 캐러멜라이즈하기도 한다. 아이스크림, 과일 화채나 샐러드, 다양한 케이크 등에도 들어가며 과일 베이스 음료나 과일주 등을 만들 때에도 사용된다. 아시아가 원산지인 자몽은 아시아뿐 아니라 앤틸리스 제도, 오세아니아 등지에서 생과일로 즐겨 먹으며 당절임, 마멀레이드 등으로도 많이 사용된다. 아주 즙이 풍부한 폴리네시아산 자몽을 제외하고는 착즙해 주스로 먹는 경우는 많지 않다.

pomelos aux crevettes 포멜로 오 크르베트

새우를 넣은 포멜로 샐러드 : 식초 1테이블스푼, 낙화생유 3테이블스푼, 후추, 설탕 1/2 티스푼, 간장 1테이블스푼, 생강가루 깎아서 1티스푼, 케첩 1테이블스푼, 꿀 1테이블스푼을 섞어 비네그레트 소스를 만든다. 익힌 새우 살 150g의 껍질을 벗긴다. 오이 작은 것 한 개의 껍질을 벗기고 씨를 뺀 다음 얇게 썬다. 포멜로 2개를 속껍질까지

PAMPLEMOUSSES ET POMELOS 자몽, 포멜로

pomelo star ruby
포멜로 스타 루비. 루비 레드 자몽

pomelo vert à chair rouge
포멜로 베르 아 셰르 루즈. 레드 포멜로

pomelo doux
포멜로 두. 스위트 포멜로

pomelo sunrise
포멜로 선라이즈.
레드 그레이프프루트 선라이즈

pomelo d'Israël
포멜로 디스라엘. 이스라엘 스위티 포멜로

자몽, 포멜로의 주요 품종과 특징

품종	산지	출하시기	외형	풍미
노란색 과육				
마시 시들리스 marsh seedless	이스라엘	11월~5월	껍질은 노란색이고, 과육은 밝은 노란색이며 씨가 없다.	약간 씁싸름하며, 향이 좋다.
	남아공, 아르헨티나	5월~9월		
핑크색 과육				
톰슨 또는 핑크 마시 thompson, pink marsh	미국(플로리다)	12월~5월	껍질을 노란색이고, 과육은 연한 핑크색이다.	향이 좋다.
루비레드 자몽 ruby red	플로리다, 이스라엘	11월~5월	껍질은 노란색에 핑크색이 약간 섞어 있으며, 과육은 핑크색이다.	향이 좋다.
	남반구	5월~9월		
붉은색 과육				
스타 루비 star ruby	플로리다, 텍사스, 이스라엘	12월~5월	껍질은 노란색에 짙은 핑크색이 섞어 있으며 과육은 진한 붉은색이다.	향이 좋다.
	코르시카	5월~7월		

칼로 잘라 벗기고 과육 세그먼트만 도려낸다. 새우와 오이에 소스를 넣고 버무린 다음 간을 맞춘다. 여기에 포멜로를 넣고 조심스럽게 섞은 뒤 개인용 유리볼에 나누어 담고 냉장고에 넣어둔다.

pomelos glacés 포멜로 글라세

프로즌 포멜로 : 포멜로의 윗부분을 뚜껑처럼 가로로 잘라낸 다음 날카로운 칼을 이용해 속을 잘라 파낸다. 껍질이 뚫어지지 않게 조심하며 과육을 껍질 안 흰 부분으로부터 분리해낸다. 과육을 착즙한 뒤 그 주스로 소르베를 만든다(레몬 소르베와 만드는 방법이 같다). 속이 빈 포멜로 껍질과 뚜껑은 냉동실에 넣어둔다. 소르베가 굳기 시작하면서 아직 부드러운 상태일 때 포멜로 껍데기에 채워 넣는다. 잘라둔 뚜껑을 얹은 뒤 냉동실에 넣어 얼린다. 서빙하기 40분 전에 냉장실로 옮겨둔다.

PANACHÉ 파나셰 두 종류의 음료나 술을 거의 동량으로 섞은 것을 지칭한다. 대부분 맥주와 레몬에이드를 섞은 것을 뜻하지만 경우에 따라 다른 음료로 만드는 것도 가능하다. 또한 요리나 제과제빵 분야에서 파나셰는 색, 맛, 모양 등이 각기 다른 두 가지 혹은 그 이상의 재료를 혼합한 것을 가리킨다.

PANACHER 파나셰 색, 맛, 또는 모양이 각기 다른 두 가지 혹은 그 이상의 재료를 혼합하다. 예를 들어 강낭콩 파나셰(haricots panachés)는 그린빈과 플라젤렛빈을 동량으로 섞은 것을 가리킨다. 파나셰는 아이스크림과 봉브 글라세(bombes glacées)를 만들 때 많이 사용하는 기법으로, 색깔과 향이 다른 재료를 섞거나 교대로 배치하여 시각적 효과와 다양한 맛을 내는 데 중요한 역할을 한다.

PANADE 파나드 크넬 등을 만드는 스터핑 재료가 잘 엉겨 붙도록 하기 위해 넣는 밀가루 베이스의 혼합물을 뜻한다. 슈 반죽을 만들 때, 맨 처음 소금, 버터를 넣고 끓인 물에 밀가루를 한번에 붓고 혼합한 뒤 다시 불에 올려 수분을 날리며 섞어준 것을 파나드라고 한다. 이 외에 다양한 파나드 혼합물에는 기본 재료로 밀가루뿐 아니라 달걀노른자, 빵, 익힌 감자 으깬 것, 쌀 등을 넣기도 한다. 파나드는 또한 빵, 육수, 우유(또는 물), 버터로 만든 걸쭉한 수프나 죽을 지칭한다. 약한 불에 뭉근히 끓여 아주 뜨겁게 서빙하며 경우에 따라 달걀(전란 또는 노른자만)이나 생크림을 추가해 더 풍미를 살리기도 한다.

panade à la farine 파나드 아 라 파린

밀가루 파나드 : 냄비에 물 300mℓ, 버터 50g, 소금 2g을 넣고 가열한다. 끓으면 체에 친 밀가루 150g을 넣고 불 위에서 나무 주걱으로 잘 저으며 수분을 날린다. 버터를 발라둔 용기에 덜어내 매끈하게 펴놓은 다음 버터를 바른 유산지로 덮고 식힌다.

panade au pain 파나드 오 팽

빵 파나드 : 끓인 우유 300mℓ를 빵의 흰 속살 250g에 부어 완전히 적신다. 이 혼합물을 냄비에 넣고 불 위에서 저어가며 수분을 날린다. 혼합물이 냄비에 더 이상 달라붙지 않는 상태가 될 때까지 젓는다. 버터를 발라둔 용기에 덜어내 식힌다.

panade à la pomme de terre 파나드 아 라 폼 드 테르

감자 파나드 : 우유 300mℓ에 소금 2g, 후추 1g, 넛멕 간 것 1자밤을 넣고 끓인다. 약 5/6 정도로 졸인 다음 버터 20g과 삶은 감자 잘게 썬 것 250g을 넣고 섞는다. 잘 저어주며 균일한 퓌레가 되도록 약 15분간 약한 불에서 익힌다. 따뜻한 상태에서 사용한다.

soupe panade au gras ▶ SOUPE

PANAIS 파네 파스닙. 미나리과에 속하는 식용 식물로 레몬 맛이 나고 달큰한 원뿔 모양의 흰색 뿌리를 채소처럼 먹는다(**참조** p.498, 499 뿌리채소 도감). 파스닙은 이미 고대 그리스인들에 의해 재배되었고 중세와 르네상스 시대에도 즐겨 먹었다. 가을, 겨울에 수확하는 이 채소는 열량(100당 74kcal 또는 310kJ)이 꽤 높으며 섬유질과 칼륨이 풍부하다. 순무를 조리하는 방식과 같으며 맛은 더 좋다. 당근처럼 요리하기도 한다.

파스칼 바르보(PASCAL BARBOT)의 레시피

consommé de poule faisane et panais 콩소메 드 풀 프잔 에 파네

파스닙을 넣은 까투리 콩소메 : 까투리(꿩 암컷) 2마리를 손질해 준비한다. 가슴살은 잘라내고 내장과 흉곽뼈는 따로 보관한다. 살을 떼어낸 흉곽뼈와 내장, 송아지 살 200g을 블렌더에 간다. 여기에 생수나 채소 육수, 또는 묽은 흰 색육수 1ℓ, 부케가르니, 생강 20g, 정향 1개, 팬에 살짝 볶은 주니퍼베리 알갱이 2개, 마늘 1톨, 수렵육 육즙 소스 100mℓ, 소금, 후추를 넣는다. 이중 바닥 냄비에 모두 넣은 뒤 가열한다. 불에 태운 양파 1/2개, 타임 한 줄기를 넣고 계속 저으면서 15분간 끓인 다음 불을 줄이고 1시간 동안 약하게 끓인다. 조심스럽게 체에 거른 뒤 간을 확인한다. 간장 2테이블스푼을 넣는다. 셀러리 4줄기, 파스닙 400g, 까투리 가슴살을 가는 막대 모양으로 썬 다음 콩소메에 넣어 데친다. 파슬리 1테이블스푼, 플뢰르 드 셀, 갓 갈아낸 그라인드 후추를 넣는다. 홀스래디시 100g을 강판에 간다. 아주 뜨거운 우묵한 접시에 채소와 가슴살 건더기와 콩소메를 담아낸다. 홀스래디시는 따로 서빙한다.

알랭 파사르(ALAIN PASSARD)의 레시피

parmentier de panais, châtaignes et truffe noire du Périgord 파르망티에 드 파네, 샤테뉴 에 트뤼프 누아르 뒤 페리고르

밤, 페리고르산 검은 송로버섯을 곁들인 파스닙 파르망티에 : 6인분

파스닙 500g의 껍질을 벗겨 잘게 썬 뒤 버터 25g을 넣고 색이 나지 않게 볶는다. 우유 200mℓ를 붓고 아주 약한 불에서 뚜껑을 덮고 가열한다. 색이 나지 않고 수분이 완전히 증발할 때까지 익힌 뒤 채소 그라인더(푸드 밀)에 간다. 버터 20g을 넣어 섞은 다음, 필요하면 남은 우유로 농도를 조절한다. 간

을 맞추고 따뜻하게 보관한다. 냄비에 수비드로 익힌 밤 슬라이스를 넣고 버터 15g을 넣은 뒤 노릇하게 볶는다. 여기에 얇게 썬 펜넬 60g과 버터에 볶은 양파 80g을 넣는다. 플뢰르 드 셀과 카트르 에피스(quatre-épices)로 간을 맞춘다. 큰 사이즈의 그라탱용 틀에 볶아 익힌 밤을 넣어 반을 채운다. 그 위에 얇게 저민 페리고르산 검은 송로버섯 30g을 덮어준다. 파스닙 무슬린으로 덮어준 다음 버터를 얇게 저며 군데군데 얹고 고운 빵가루 20g을 뿌린다. 브로일러 아래에 넣어 노릇한 색이 날 때까지 천천히 구워낸다. 헤이즐넛 오일로 드레싱한 싱싱한 샐러드를 곁들여 서빙한다.

PAN-BAGNAT 팡 바냐 니스의 명물인 팡 바냐는 직역하면 "(올리브오일에) 적신 빵(pain baigné)"이라는 뜻이다. 남부 지방의 각종 재료를 넣어 만든 샌드위치의 일종이다.

pan-bagnat 빵 바냐

니스식 샌드위치, 빵 바냐 : 둥근 빵을 가로로 반 잘라 완전히 분리하지 않고 벌려둔다. 빵의 속살을 2/3 정도 뜯어낸 다음 남은 부분에 마늘을 문지르고 올리브오일을 조금 뿌린다. 토마토 슬라이스, 링 모양으로 자른 양파 슬라이스, 삶은 달걀 슬라이스, 가는 띠 모양으로 썬 피망, 씨를 뺀 블랙올리브, 기름에 담긴 안초비 필레를 넣어 채운다. 올리브오일 베이스의 비네그레트를 뿌린 뒤 빵을 덮어 샌드위치를 완성한다.

PANCAKE 팬 케이크 북아메리카 스타일의 작은 크레프의 일종으로 약간 도톰하다. 일반적으로 버터를 듬뿍 얹어 녹이고 메이플 시럽을 끼얹어 먹으며, 크랜베리, 바나나, 딸기, 사과 마멀레이드 등을 채워 넣거나 곁들여 먹기도 한다. 반죽에 버터 밀크를 넣기도 하며 옥수수 가루를 사용하기도 한다.

PANCETTA 판체타 이탈리아의 대표적 샤퀴트리인 판체타는 기름이 많지 않은 삼겹살 부위의 뼈를 제거하고 껍데기를 잘라낸 다음 약 열흘 정도 염지하고 건조시켜 만든다. 이것을 돌돌 말고 굵게 부순 후추를 뿌린 다음 인조 창자에 채워 넣고 다시 3주 정도 말려 완성한다. 얇게 슬라이스하여 생햄처럼 먹거나 각종 파스타에 넣어 요리한다.

PANER 파네 식재료에 빵가루를 입히다. 재료를 튀기거나 소테, 굽기 전에 튀김옷을 입히다. 영국식 아 랑글레즈(à l'anglaise) 튀김옷은 밀가루를 묻힌 뒤 달걀, 빵가루를 입힌다. 밀라노식 아 라 밀라네즈(à la milanaise) 튀김옷은 마지막에 빵 속살로 만든 흰 빵가루(mie de pain)에 분량 1/3에 해당하는 치즈 가루를 섞은 것을 사용한다. 프랑스식(à la française) 튀김옷을 입혀 버터에 구운 고기는 정제 버터를 바른 뒤, 즉석에서 체에 긁어내려 만든 신선한 빵가루를 묻혀 구운 것을 뜻한다(**참조** PANURE).

PANETERIE 파네트리 앙시앙 레짐 하의 궁정에서 왕의 식사를 관할하던 사옹원(bouche du roi)의 여러 부서 중 빵 관련 업무를 담당하던 파트를 지칭한다. 15세기 초 왕실 파네트리는 한 명의 빵 관리장 그랑 판티에(grand panetier)와 6명의 일반 판티에(panetiers), 도마, 칼 관리 등 자르는 업무를 담당한 6명의 시종(valets tranchants), 3명의 비품, 커트러리 운반 담당자(sommeliers), 3명의 빵 보관함 관리자(porte-chapes, 빵 보관함을 체크하고 빵을 자르거나 커트러리 일부를 놓는 일을 담당), 1명의 무교병 제빵사(oubloyer), 빵을 실은 말들을 인도하는 사람(baschonier) 1명, 식탁보 세탁 담당(lavandier) 1명, 식탁보 및 테이블 린넨류 체크 담당(valets de nappes) 5명의 인력으로 구성되어 있었다. 그랑 판티에는 또한 제빵사들의 동업조합에 사법권을 행사하기도 했다. 빵 만드는 장인의 직을 견습생들에게 팔았는데, 당시 그 가격이 정해져 있지 않았기 때문에 자신 임의대로 책정했다. 필립 2세 때(13세기 초) 처음 생긴 이 판티에의 권리행사는 1711년 폐지되었다.

PANETIÈRE 판티에르 빵 부대, 빵을 넣어두는 찬장. 격자 창문이 달려 있고 벽이나 천장에 부착되어 있는 작은 가구로, 옛날에 특히 브르타뉴와 프로방스 지방에서 빵을 보관하는 데 쓰였던 찬장이다. 오늘날의 판티에르는 빵을 넣어두는 상자, 서랍, 뚜껑을 밀어 열게 되어 있는 박스, 자루 가방 등을 사용한다.

PANETIÈRE (À LA) 아 라 판티에르 속을 파낸 뒤 오븐에 노릇하게 구운 빵 안에 이미 조리를 마친 음식을 채워 서빙하는 방식을 뜻한다. 개인용으로 만들어 서빙할 수도 있고 큰 사이즈 하나로 만들기도 한다.

PANETTONE 파네토네 이탈리아의 전통 파티스리인 파네토네는 큰 사이즈의 브리오슈 케이크이다. 전통적으로 천연 발효종 반죽을 사용해 만드는 빵으로 밀라노가 본 고장이지만 각 지역마다 다양한 고유의 스타일을 갖고 있다. 특히 크리스마스 때 즐겨 먹는 이 파티스리는 아침식사로, 또는 디저트와인을 곁들여 후식으로 먹는다.

PANGA 팡가 가이양. 메콩메기과에 속하는 민물생선으로 메기와 가까우며 웰스 메기의 사촌쯤 되는 생선이다. 몸은 녹색이고 껍질이 매끈하며 비늘이 없는 가이양은 성장이 아주 빨라 생후 6개월이 지나면 무게가 1kg에 이른다. 골격이 단단한 이 생선은 메콩강 삼각주, 베트남 등지에서 가두리 양식으로 기르기도 하며, 트라 피시(tra fish) 또는 바자 피시(basa fish)라는 이름으로 판매되고 있다. 양식 조건에 따라 살은 흰색, 분홍색 또는 누르스름한 색을 띠며 식감과 맛도 조금씩 차이가 난다(환경이 좋지 않은 수원지에서 양식한 경우 생선살에서 흙냄새가 나기도 한다). 흰살 가이양 만이 깨끗한 흐르는 물에서 양식한 것으로 간주된다. 살이 단단한 편이며 잔가시가 없고 맛이 튀지 않아서 모든 조리법에 이용하기 좋다. 이 생선의 양식 사업은 급속도로 증가하여 나일강의 틸라피아나 퍼치 양식에 맞먹는 규모로 성장했다. 대부분 냉동된 필레 상태로 판매된다.

PANIER 파니에 바구니, 바스켓. 한 개의 중앙 손잡이 걸개 또는 양쪽에 손잡이가 달린 용기로 각종 식품을 옮기거나 보관, 또는 요리 준비 중 담아두는 데 사용한다.
- 광주리, 버들가지, 나무껍질 등으로 만든 바구니는 과일이나 채소, 또는 조개류(굴이나 조개를 담아 운반하는 데 사용하는 바구니를 부리슈 bourriche라고 한다)를 담거나 운반하는 데 사용한다.

- 유리병용 바스켓은 병을 세워 지탱할 수 있도록 칸이 분리된 형태로 철제 또는 플라스틱 소재로 되어 있으며 병들을 운반할 때 사용한다.

PANER À L'ANGLAISE 아 랑글레즈 튀김옷 입히기

1. 가늘게 썬 생선살을 손으로 밀가루에 굴려 묻힌 다음, 달걀 푼 것에 기름, 소금, 후추를 넣은 혼합물(panure anglaise)에 담가 묻힌다.

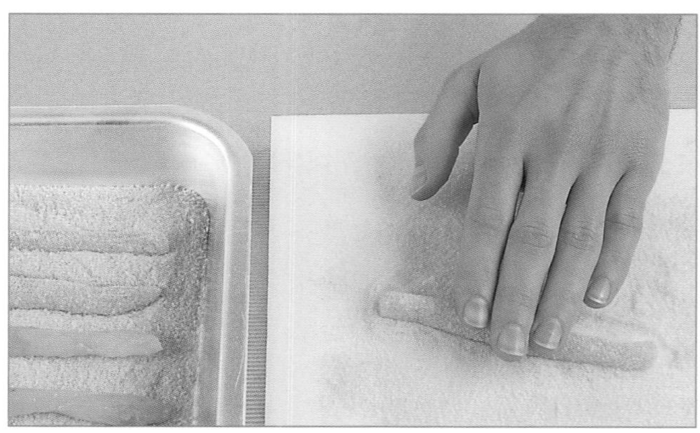

2. 생선살을 건져 체에 내린 고운 흰색 빵가루에 굴린다. 양손 사이에 놓고 다시 한 번 굴려 너무 많이 묻은 빵가루를 가볍게 털어낸다.

- 튀김용 바스켓은 철제 망으로 되어 있으며 대부분 튀김 냄비나 전기 튀김기에 세트로 들어 있다.
- 채소용 바구니는 격자 망으로 된 것, 원통형, 가는 철망으로 된 것 등 다양한 형태가 있다. 주로 식당 주방에서 채소를 물에 삶아 모양을 망가트리지 않고 그대로 건져내는 데 사용한다.
- 새 둥지 모양의 바구니(panier à nids)는 두 개의 망 국자가 한 쌍을 이루는 형태로 대부분 양철 망으로 만들어진다. 가늘게 채 썬 감자를 얇게 펴 놓고 다른 하나의 망국자로 누른 상태로 튀겨내면 바구니 모양의 감자를 만들 수 있다.
- 샐러드 채소용 바스켓은 양철 망이나 플라스틱 소재로 딱딱한 물 빠짐 바구니 형태 또는 접을 수 있도록 만들어진 타입이 있으며, 씻어 놓은 샐러드 채소를 흔들어 물기를 털어내는 데 사용한다.

PANINI 파니니 파니니 샌드위치. 이탈리아식 따뜻한 샌드위치인 파니니는 주로 올리브오일을 넣어 반죽해 만든 흰색 빵에 채소, 샤퀴트리, 타프나드나 올리브 크림, 흰 양파, 향신 재료 등을 채운 것이다. 이것을 파니니 프레스에 넣고 살짝 눌러 구워 따뜻한 상태로 먹는다.

PANISSE 파니스 파니사(panissa)라고도 불리는 파니스는 병아리콩 가루로 만드는 니스식 프렌치프라이라고 할 수 있다. 기름을 발라둔 넓적한 그릇에 반죽을 놓고 휴지시킨 다음 길쭉한 막대 모양으로 자른다.

알랭 뒤카스(ALAIN DUCASSE)의 레시피

panisses 파니스

파니스 : 8인분, 준비: 1시간(한 나절 전에 준비한다)
당일 아침, 병아리콩 가루 250g을 체에 친다. 물 500mℓ에 버터 25g과 올리브오일을 한 바퀴 둘러 넣은 뒤 가열한다. 끓으면 소금을 조금 넣는다. 찬물 500mℓ를 병아리콩 가루에 조금씩 부어가며 잘 섞어 풀어준다. 고운 체에 내린다. 이 혼합물을 끓는 물 냄비에 넣고 불을 약하게 줄인다. 거품기로 5분마다 저어주며 45분간 약한 불에 익힌다. 40×60cm 크기의 베이킹 팬에 랩을 둘러놓은 뒤 높이 1cm짜리 각봉이나 자 두 개를 양쪽에 놓고 그 사이로 반죽을 부어준다. 랩을 밀착해 덮어준 다음 밀대를 각봉 위로 굴리면서 반죽을 1cm 두께로 밀어 편다. 바늘로 랩을 뚫어 공기를 뺀 다음 6시간 동안 식힌다. 10×1cm 크기의 막대 모양(또는 원하는 다른 모양)으로 반죽을 자른다. 물기를 닦아낸 뒤 170°C로 예열한 튀김기에 넣고 노릇한 색이 나도록 튀긴다. 건져서 기름을 털어내고 후추를 넉넉히 뿌린다.

PANNE 판 돼지의 피하지방, 특히 복부, 콩팥 주위를 둘러싸고 있는 기름 덩어리를 가리키며 녹이면 훌륭한 돼지 기름으로 조리에 사용할 수 있다. 부댕(boudin)이나 리에트(rillette)를 만들 때 넣기도 한다. 로렌 지방에서는 이 지방 덩어리를 두꺼운 냄비에 천천히 녹이고 남은 마른 찌꺼기(chon 이라고 부른다)를 파스타에 넣어 먹거나, 바삭한 갈레트를 만들어 민들레 잎 샐러드와 뱅 그리(vin gris 피노 누아로 만든 화이트와인)를 곁들여 먹기도 한다.

PANNEQUET 판케 속을 채운 크레프. 얇은 크레프에 다진 소, 퓌레, 또는 크림 등을 채워 넣은 것으로 짭짤한 것, 달콤한 것 모두 포함된다. 주로 애피타이저나 더운 오르되브르, 수프에 넣는 가니시, 달콤한 앙트르메로 서빙된다. 선택한 소 재료를 크레프 전체에 펴 얹은 다음 포피에트처럼 오므리거나 돌돌 말기도 하고 사각형 모양으로 접기도 한다. 브로일러에 가열해 그라탱처럼 노릇하게 구워 내거나 윤기나게 글레이즈하기도 한다. 혹은 빵가루를 입혀 튀기기도 한다.

PANNEQUETS SALÉS 짭짤한 판케

pannequets aux anchois 판케 오 장슈아

안초비 판케 : 짭짤한 크레프(crêpes salées) 8장과 소금을 넣지 않은 베샤멜을 약간 되직하게 만들어둔다. 안초비 8마리의 소금기를 뺀 다음 살만 발라내 퓌레로 간다. 기름에 담근 안초비 필레 8조각을 작게 썬다. 베샤멜 소스와 안초비 퓌레를 섞는다. 이것을 크레프에 펴 바른 다음 작게 자른 안초비 필레를 군데군데 놓는다. 크레프를 4등분으로 접고 버터를 바른 오븐 용기에 나란히 놓는다. 방금 갈아 만든 빵가루를 버터에 노릇하게 볶은 뒤 크레프 위에 뿌려준다. 브로일러 아래 넣어 3~4분, 또는 250°C로 예열한 오븐에서 10분간 구워낸다.

pannequets au fromage 판케 오 프로마주

치즈 판케 : 짭짤한 크레프(crêpes salées) 8장과 가늘게 간 그뤼예르나 파르메산 치즈 100g을 넣은 베샤멜 300mℓ을 약간 되직하게 만들어둔다. 안초비 판케와 같은 방법으로 만든다. 단 마지막 빵가루에 곱게 간 치즈를 섞어준다.

pannequets panés et frits 판케 파네 에 프리

판케 튀김 : 크레프에 소를 채우고 길게 돌돌 만 다음 3cm 크기로 자른다. 앙글레즈 방식으로 밀가루, 달걀, 빵가루를 입혀 서빙 바로 전에 튀긴다. 튀긴 파슬리를 곁들여 서빙한다. 판케 튀김은 다른 판케에 들어가는 여러 가지 소 재료를 채워 넣어 만든다. 뿐만 아니라 잘게 썬 채소, 헝가리식(양파와 버섯을 잘게 썰어 버터에 볶은 뒤 베샤멜 소스와 파프리카를 섞은 것), 그리스식(브레이징한 양고기 잘게 다진 것과 소테한 가지에 걸쭉한 토마토 소스를 섞은 것), 이탈리아식(버섯 뒥셀, 잘게 썬 햄과 토마토 소스), 생 튀베르식(à la Saint-Hubert 수렵육 육수를 섞은 노루고기 퓌레), 스트라스부르식(푸아그라 퓌레와 잘게 다진 송로버섯) 등 다양한 소 재료를 채워 넣을 수 있다.

pannequets à potage 판케 아 포타주

수프에 곁들인 판케 : 짭짤한 크레프를 만들고, 각종 채소를 아주 작은 주사위 모양으로 썬 브뤼누아즈(brunoise)를 준비해둔다. 치즈를 넣은 베샤멜을 만들고, 버섯 뒥셀을 수분 없이 바싹 볶아둔다. 크레프마다 원하는 소 재료를 한 가지씩 펴 바른다. 돌돌 말아 잘 붙여 봉한 다음 사선으로 어슷하게 썰어 뜨거운 접시에 담는다. 뜨거운 콩소메 수프에 판케를 곁들여낸다.

PANNEQUETS SUCRÉS 달콤한 판케

pannequets aux abricots 판케 오 자브리코

살구 판케 : 달콤한 크레프 8장과 럼으로 향을 낸 크렘 파티시에 12테이블스푼 분량을 만들어둔다. 잘 익은 살구 12개(또는 시럽에 담근 살구)의 씨를 제거하고 주사위 모양으로 썰어 크렘 파티시에에 넣어 섞는다. 아몬드 슬라이스 75g도 굵게 다져 넣는다. 크레프에 이 크렘 파티시에 혼합물을 펴 바른 뒤 돌돌 만다. 버터를 바른 오븐 용기에 크레프를 나란히 놓고 슈거파우더를 넉넉히 뿌린다. 275°C로 예열한 오븐에 넣어 8~10분간 구워낸다. 아주 뜨겁게 서빙한다.

pannequets à la cévenole 판케 아 라 세브놀

세벤(Cévennes)식 판케 : 달콤한 크레프 8장을 만든다. 키르슈를 넣어 향을 낸 가당 밤 퓌레 16테이블스푼, 생크림 3테이블스푼, 마롱 글라세 잘게 부순 것 3테이블스푼을 혼합한다. 이 혼합물을 크레프에 채운 뒤 살구 판케와 같은 방법으로 익혀 마무리한다.

pannequets à la créole 판케 아 라 크레올

크레올식 판케 : 달콤한 크레프 8장을 만든다. 럼을 조금 넣어 향을 낸 크렘 파티시에 300mℓ와 시럽에 담근 파인애플 슬라이스 4장을 잘게 썰어 섞어준다. 이 혼합물을 크레프에 채운 뒤 살구 판케와 같은 방법으로 익혀 마무리한다.

PANOUFLE (GRAS DE) 그라 드 파누플 소와 송아지의 뒷다리 슬개골 부분을 덮고 있는 우툴두툴한 지방. 납작하게 누르거나 반으로 잘라 한 겹으로 얇게 펴서 주로 로스트용 고기를 감싸는 비계(barde)로 사용한다. 이 명칭은 소, 송아지 이외의 다른 동물에도 적용된다.

PANSE 팡스 반추동물의 제1위 주머니(양 또는 혹위)를 뜻한다. 나머지 3개의 위인 벌집위(réseau), 천엽(feuillet), 주름위(caillet)는 제 1위인 양보다 그 크기가 훨씬 작다(**参조** p.10 부속 및 내장 도표). 양은 조리하기 전 속을 깨끗이 비우고 씻은 뒤 뒤집어 70°C의 물에 데친다. 이어서 기계(parmentière)에 넣어 돌려 위벽에 붙어 있는 식품 찌꺼기 입자들을 완전히 제거해야 한다. 끓는 물에 넣어 단단하게 만들면 준비가 끝난다. 이 상태를 뵈프 블랑(bœuf blanc)이라고 한다. 양은 각종 내장 및 곱창 요리에 들어가며 리오네즈(à la lyonnaise), 플로랑틴(florentine) 스타일의 양깃머리(gras-double) 요리의 재료로 쓰이며, 리옹의 대표 요리인 타블리에 드 사푀르(tablier de sapeur)를 만드는 데도 사용된다. 양의 혹위는 다른 여러 내장과 부속들을 혼합해 오베르뉴식 내장 요리 트리푸(tripous), 스코

틀랜드의 해기스(haggis) 등을 만든다.

PANURE 파뉘르 빵가루. 흰 빵가루. 식빵의 가장자리를 잘라낸 뒤 흰 속살 부분만 고운체에 긁어내려 만든 생 빵가루를 지칭한다. 경우에 따라 곱게 간 치즈를 섞거나(밀라노식 요리를 만들 때), 마늘, 다진 파슬리와 섞어 사용하기도 한다(persillade). 이 빵가루는 샤플뤼르(chapelure 빵 껍질까지 함께 건조시켜 곱게 간 빵가루)와 마찬가지로 튀김옷을 입히거나 그라탱 위에 뿌려 굽는 용도로 쓰인다. 또한 각종 스터핑에 넣기도 한다.

anglaise pour panure 앙글레즈 푸르 파뉘르

앙글레즈 튀김용 달걀물 : 달걀을 푼 다음 기름을 한 바퀴 둘러 넣고 고운 소금, 그라인드 후추를 넣어 잘 섞는다. 조금 묽게 하려면 물을 조금 첨가한다. 밀가루를 재료에 이 앙글레즈 달걀물을 입힌 뒤 빵가루를 입혀 튀기거나 기름에 지진다(크로켓, 커틀릿, 채소, 생선 필레 등).

panure au beurre 파뉘르 오 뵈르

버터를 바른 뒤 빵가루 입히기 : 4인분

이 테크닉은 특히 생선 필레와 닭가슴살 안심을 구울 때 적용된다. 서대 필레 8장 또는 닭가슴살 안심 4개를 준비한다. 굳지 않은 식빵 250g의 갈색 껍데기를 잘라낸다. 빵의 흰 속살을 아주 고운체에 문질러 내린다. 버터 160g을 가열해 정제 버터를 만든다(참조. p.95 BEURRE CLARIFIÉ). 구울 재료에 고운 소금과 흰 후추로 밑간을 한 뒤 정제 버터에 담갔다 건진다. 이어서 빵가루에 굴려 골고루 묻힌다, 칼날의 넓적한 부분으로 눌러 빵가루가 잘 붙게 한 다음 칼등으로 살짝 눌러 격자무늬 자국을 내준다. 구울 때 남은 정제버터를 조심스럽게 끼얹어준다.

panure à la milanaise 파뉘르 아 라 밀라네즈

밀라노식 튀김옷 : 재료에 소금과 후추를 뿌려 밑간을 한다. 밀가루를 묻힌 다음 풀어놓은 달걀에 담가 입힌다. 고운체에 내린 흰색 빵가루에 분량 1/3(부피 기준)에 해당하는 곱게 간 파르메산 치즈를 섞는다. 달걀을 입힌 재료를 이 치즈 빵가루에 굴려 묻힌 뒤 정제 버터에 지진다.

PAPAYE 파파이유 파파야. 파파야과에 속하는 열대 나무의 커다란 열매로 모양이 길쭉하고 통통하며, 노르스름하고 골이 있는 껍질이 주황색 과육을 감싸고 있다. 과육 중심부에는 공동이 있으며 검은색 씨앗으로 가득 차 있다(**참조** p.404, 405 열대 및 이국적 과일 도감). 아메리카 열대지역이 원산지인 파파야는 현재 남미, 아시아, 아프리카 등지에서 재배되고 있다. 열량이 낮으며 베타카로틴과 비타민 C, PP, 칼륨이 풍부하다. 아직 녹색을 띨 때는 채소처럼 사용되며, 익으면 과일로 먹는다. 유럽에서는 특히 잼이나 주스, 열대과일 샐러드 용으로 많이 사용한다.

그린파파야는 시큼한 맛이 나는 흰색 유액(주로 제약 분야에 쓰이는 효소인 파파인을 추출한다)이 흘러나오도록 하고 속의 씨를 제거한 뒤 생당근처럼 채칼로 가늘게 썰어 사용한다. 호박처럼 그라탱, 죽을 만들어 먹으며, 베트남에서는 얇게 슬라이스해 튀겨 먹기도 한다. 잘 익은 파파야는 멜론처럼 주로 오르되브르로 서빙되며 라임즙을 뿌려 먹는다. 또한 샐러드에 넣거나 설탕과 크림을 곁들여 디저트로 서빙하기도 한다. 즙이 많고 상큼한 과육에 럼을 약간 더하면 풍미를 더욱 높일 수 있다.

PAPET 파페 스위스 보(Vaud)주의 전통 포테(potée)인 파페는 리크와 감자, 훈제 돼지고기 등을 넣은 스튜의 일종으로 대개 양배추 소시지와 함께 서빙된다.

papet vaudois aux poireaux 파페 보두아 오 푸아로

보(Vaud)식 리크 파페 : 녹색 부분이 많지 않은 리크(서양 대파) 1.2kg을 1cm크기로 송송 썬다. 냄비에 버터 50g과 얇게 썬 양파 80g을 넣은 뒤 리크를 넣고 색이 나지 않고 수분이 나오도록 볶는다. 드라이 화이트와인 300mℓ와 육수 300mℓ를 붓는다. 15분간 끓인 뒤 껍질을 벗겨 얇게 썬 감자 600g을 넣는다. 그 위에 양배추 소시지 또는 돼지 간을 넣어 만든 소시지 한 줄을 통째로 올린다. 약한 불로 50분간 익힌다. 국물이 너무 졸아들면 중간에 수분을 보충해 넣는다. 소시지를 꺼낸 뒤 냄비를 휘저어 밑에 뭉친 채소들을 풀어준다. 소시지를 잘라서 포테 위에 얹어 서빙한다.

PAPETON 파프통 아비뇽의 특선 음식으로 가지 퓌레와 달걀 혼합물을 틀에 넣어 익힌 플랑의 일종이다. 틀의 모양은 원래 교황관을 연상케 하는 모습이었으며, 몇몇 추기경들이 좋아했던 음식이었을 것이라고 전해진다.

papeton d'aubergine 파프통 도베르진

가지 파프통 : 토마토를 약한 불에 오래 익혀 아주 되직한 소스 1/2ℓ를 만든다. 가지 2kg의 껍질을 벗긴 뒤 깍둑 썰고 고운 소금을 뿌려 1시간 동안 수분이 빠지도록 절인다. 가지를 찬물로 헹군 뒤 완전히 물기를 닦아낸다. 밀가루를 조금 뿌린 다음 올리브 오일 1/2컵을 달군 팬에 넣고 아주 약한 불로 볶는다. 소금 간을 하고 식힌 다음 블렌더로 간다. 달걀 큰 것 7개를 풀고 우유 100mℓ, 곱게 다진 마늘 2톨분, 소금, 후추, 카옌 페퍼 아주 조금을 넣어 섞어준다. 여기에 가지 퓌레를 넣어 섞은 다음 버터를 발라둔 원형 틀에 붓는다. 큰 바트에 중탕용 물을 채운 뒤 이 틀을 넣고 불 위에 올려 끓을 때까지 가열한다. 끓기 시작하면 180°C로 예열한 오븐에 넣고 1시간 동안 중탕으로 익힌다. 토마토 소스를 뜨겁게 데운다. 가지 파프통에 뜨거운 서빙 접시를 올려놓고 뒤집어 틀을 제거한 다음 아주 뜨거운 토마토 소스를 끼얹어 서빙한다.

PAPIER 파피에 종이, 주방에서 사용하는 각종 페이퍼. 주방에서 식재료와 요리의 준비작업, 조리, 서빙, 보관 등에 사용되는 종이류를 총칭한다. 종종 제조사들이 쿠킹 페이퍼(papier cuisson)라고도 호칭하는 유산지(papier sulfurisé)는 고열(최고 220°C)을 견딜 수 있고 전자레인지에서도 사용이 가능하도록 처리된 종이다. 실리콘 코팅을 한 테프론 시트(papier siliconé)는 그 이상의 고온까지 견딜 수 있다. 이 두 종이 모두 재료를 파피요트로 싸서 오븐에 조리하거나, 타르트 등을 구울 때 오븐팬에 미리 깔아 재료가 눌어붙지 않게 할 때, 또는 오븐에 익힐 때 표면의 색이 너무 빨리 나거나 타지 않도록 요리를 덮어 보호해주는 용도 등으로 다양하게 사용된다.

그 외에 종이 필터(papier-filtre), 주방용 랩(film alimentaire), 알루미늄 포일(feuille d;aluminium) 등이 주방에서 많이 쓰는 종이 제품들이다. 레이스 페이퍼(papier dentelle)는 원형, 타원형, 가장자리가 꽃 모양인 것 등 그 형태가 매우 다양하며 주로 앙트르메 홀케이크나 프티가토 등을 플레이팅할 때 밑에 깔아준다. 설탕이나 초콜릿 등을 입혀 글레이즈한 프티푸르나 한입 크기 디저트 들은 주름이 있는 개별 종이 받침 케이스에 하나씩 넣어서 진열한다. 흡수력이 좋은 종이타월(papier absorbant)은 재료나 음식을 닦거나 조심스럽게 눌러 수분을 제거할 때, 또는 튀긴 음식의 기름을 제거할 때 유용하다.

PAPILLOTE 파피요트 레이스 모양으로 끝을 자른 흰색 종이로 된 손잡이 장식. 주로 양갈비, 송아지 갈비의 뼈 손잡이 부분, 닭다리 봉 끝부분, 갈빗대 모양으로 만든 크로켓 끝 손잡이 부분에 씌워 잡기 편하고 손에 음식이 묻지 않도록 하는 용도로 쓰인다. 또한 파피요트는 유산지나 알루미늄 포일로 싸서 익히고 또 그 상태로 서빙하는 요리 방식을 가리킨다. 앙 파피요트(en papillote) 요리는 날것 또는 익힌 재료에 대개 향신 재료와 소스, 잘게 다진 채소 등을 함께 넣고 싸서 조리한다. 미리 버터를 발라둔 파피요트용 종이에 재료를 모두 놓은 뒤 가장자리를 옷 시접 단처럼 접어 봉투처럼 완벽하게 꼼꼼히 밀봉한다. 파피요트는 오븐에 넣어 익히는 동안 열기로 인해 탱탱하게 부푼다. 완성되어 오븐에서 꺼낸 요리는 아주 뜨거운 상태로 이 부푼 종이가 꺼지기 전에 즉시 서빙한다.

rougets en papillote ▶ ROUGET-BARBET
truffe en papillote et son foie gras d'oie ▶ TRUFFE

PAPILLOTE (BONBON) 파피요트(사탕류) 파라핀 처리가 된 포장지나 가장자리에 술 장식이 달린 알록달록한 은박지 등으로 하나씩 싼 사탕이나 작은 당과를 가리킨다. 이 포장 종이 안쪽에는 종종 그림이나 퀴즈, 수수께끼 놀이, 우스운 유머 이야기, 명언 등이 인쇄되어 있어 먹는 재미를 더해준다. 파피요트로 포장된 것들 중에는 각종 사탕, 과일 젤리, 초콜릿 봉봉, 프랄린, 누가 등이 있다. 파피요트 사탕은 리옹에서 탄생했다. 18세기 말 리옹의 한 당과제과점 종업원은 자신의 연인에게 보내는 사랑의 메시지를 종이에 적어 그것으로 사탕을 싸서 보냈다. 매장 주인인 파피요(Papillot) 씨는 이 아이디어를 가로채 제품에 적용했다고 한다. 코자크(cosaque)는 각기 다른 색을 가진 두 장의 종이로 싼 파피요트인데 그중 하나는 금색이고 심지어 작은 폭죽까지 붙어 있다고 한다.

PAPIN (DENIS) 드니 파팽 프랑스의 물리학자, 발명가(1647, Chitenay 출생–1714, London 타계). 증기에 관한 연구와 발명으로 유명한 그는 압력솥의 조상격인 안전판이 달린 솥에 자신의 이름을 붙였다. 1682년 파리

에서 발간된 그의 개론서 제목은『빠른 시간 내에 적은 비용으로 뼈를 조리하고 모든 종류의 고기를 익히는 방법과 사용 기계에 대한 설명』으로 그가 발명한 솥이 오늘날의 압력솥의 전신임을 명확히 입증해주고 있다.

PAPRIKA 파프리카 가지과에 속하는 맵지 않은 붉은 고추(헝가리어로 파프리카) 품종으로 말려서 가루로 빻아 스튜, 스터핑 재료, 소스 요리, 수프 등에 향을 내는 양념으로 사용하며 프레시 치즈에 넣어 향을 더하기도 한다. 파프리카는 특히 헝가리 요리에 많이 사용된다(파프리카는 콜럼버스 항해 시대 이후에 유럽에 도입되었지만, 헝가리 요리에 사용되기 시작한 것은 19세기에 이르러서이다). 프랑스 요리 중에서도 헝가리의 영향을 다소 받은 몇몇에는 파프리카가 사용된다.

파프리카 고추가 열리는 소관목의 원산지는 아메리카이다. 열매는 길이가 7~13cm 정도이며 익어서 색이 빨갛게 변하는 늦여름에 수확하여 말린 뒤 가루로 분쇄한다. 헝가리 남부 세게드(Szeged)는 파프리카의 중심지다. 그중 가장 상급 품종은 핑크 또는 스위트 페퍼로 매콤한 맛을 갖고 있지만 강하게 쏘는 뒷맛은 없으며, 비타민 C가 풍부하다. 파프리카는 양파와 돼지기름을 사용한 요리에 넣었을 때 그 향이 가장 잘 살아난다. 요리에 넣을 때는 불에서 내린 뒤 넣어 섞거나 국물에 풀어서 넣어주는 것이 좋다. 파프리카 안에 함유된 당이 캐러멜라이즈되면 풍미를 해치고 요리의 색에도 영향을 줄 수 있기 때문이다.

PAPRIKACHE 파프리카슈 파프리카와 사워크림을 넣어 만드는 헝가리식 스튜. 주재료인 흰살 육류나 생선(굴라슈는 소고기로 만든다)에 다지거나 얇게 썬 양파를 넣어 끓인 스튜로 토마토, 피망이나 감자를 곁들인다.

PÂQUES 파크 부활절. 예수의 부활을 기념하는 기독교 축일. 히브리 민족의 출애굽을 기리는 유대인 연례 축일의 연장선에 있다고 볼 수 있다. 히브리 종교는 유대 교회력 니산(nisan) 달(초봄) 14일에서 21까지 일주일간 신도들은 모든 종류의 발효 식품을 삼가 해야 한다고 규정하고 있다. 부활절 식사에는 카셰르(kasher 코셔) 율법에 따라 도축된 양고기 로스트가 포함되어 있다. 부활절은 춘분 직후의 만월 다음에 오는 첫 번째 일요일로 정해져 있고 이는 3월 22일에서 4월 22일 기간 중 어느 한 날이 된다. 자연의 만물이 소생하는 시기와 맞물려 있으며, 절제와 금기의 사순절 기간을 끝내고 맞이하는 부활절에는 다양한 음식 전통이 축제를 더욱 풍요롭게 해주고 있다.

■ **전통 요리.** 색을 입히고 장식을 한 부활절 달걀을 서로 주고받는 풍습은 알자스에서 시작되었으며 15세기에 이르러 프랑스 전역으로 퍼졌다. 보물찾기를 해서 얻은 달걀 또는 성 금요일에 산란한 달걀로 만든 부활절 오믈렛에는 종종 베이컨이나 소시지를 넣기도 하는데, 이는 고기나 기름진 음식을 금하던 사순절 기간이 끝났음을 상징한다. 부활절에는 오믈렛에 이어 고기 요리도 먹는다. 주로 양이나 새끼 염소 고기를 많이 먹지만 경우에 따라서는 돼지고기(메츠에서는 애저구이, 코트 도르에서는 파슬리를 넣은 부활절 햄을 먹는다) 요리를 즐기기도 한다. 샤랑트, 푸아투, 투렌, 베리, 브레스 지역에서는 다양한 고기와 삶은 달걀로 만든 파테 앙 크루트(pâté en croûte)를 부활절 특선 요리로 내세운다. 로렌 지방에서는 비네그레트 소스를 넣은 누들 토틀로(totelot)를, 루시용에서는 넓적한 튀김 과자 베녜(beignet)를, 오베르뉴에서는 두툼한 팬 케이크의 일종인 파샤드(pachade)를 만들어 먹는다. 부활절에 먹는 빵은 가정에서 일상적으로 먹는 빵보다 더 흰색을 띠고 달콤한 간식빵이었다. 파티스리 또한 부활절을 기념하는 스페셜 케이크들이 다양하다. 러시아 요리에는 색색의 달걀 이외에도 쿨리치(koulitch)와 파스카(paskha) 같은 부활절 빵을 비롯한 다양한 전통 음식이 있다. 독일의 오스터토르테(ostertorte)는 비스퀴 반죽 시트에 모카 버터 크림을 채우고 달걀 모양 초콜릿으로 장식한 부활절 케이크다.

PARAFFINE 파라핀 고형 탄화수소 혼합물인 파라핀은 반투명한 흰색으로 무미, 무취의 중립적인 성질을 갖고 있으며 쉽게 녹는다. 과일과 채소 표면을 씌우거나 치즈 외피를 매끈하게 코팅하는 데 사용되며, 잼 병의 입구를 밀봉하는 데도 쓰인다. 파라핀유도 마찬가지로 탄화수소 혼합물로 걸쭉한 액상이며 이름과는 달리 오일도 아니고 기름 덩어리도 아니다. 지질이나 칼로리가 없어 한 때 저열량 식이요법에 일반 기름 대용으로 사용되기도 하였으나 현재는 이것이 배변 완화 작용이 있기 때문에 주기적으로 섭취해서는 안 되고, 아주 소량 복용만이 허용된다는 사실이 알려지게 되었다. 또한 파라핀유는 지용성 비타민(A, D, E, K)의 흡수를 방해하는 효과가 있다. 그렇기 때문에 고질적 변비가 있는 경우 반드시 의사의 처방에 따라 복용해야 한다. 파라핀유는 가열하지 않은 상태로만 사용되며(비네그레트, 마요네즈 등) 절대로 데우거나 조리용 용기에 두르는 용도로 사용해서는 안 된다.

FAIRE UNE PAPILLOTE 파피요트 만들기

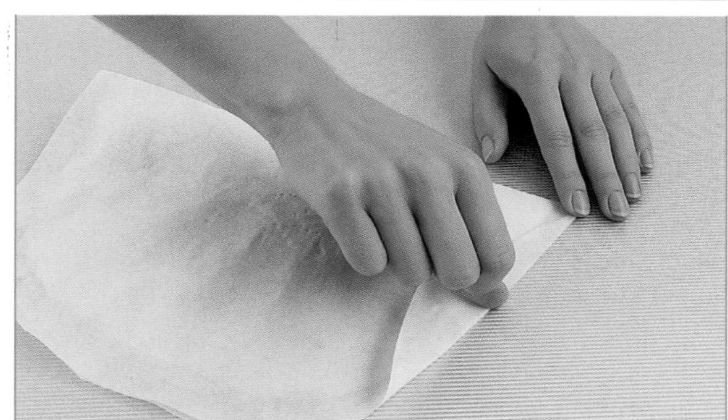

1. 버터를 바른 원형 유산지의 한쪽 반 부분에 재료를 놓는다. 다른 쪽 반 부분을 접어 덮는다. 가장자리를 겹쳐 안쪽으로 접고 손톱으로 눌러 접힌 부분을 표시한다.

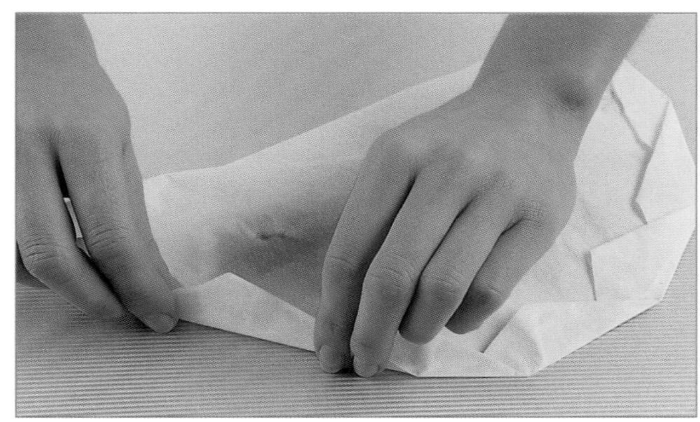

2. 유산지의 원형 둘레를 따라 겹쳐가며 접고 손톱으로 눌러준다. 마지막 접힌 부분 끝을 파피요트 밑으로 접어 넣어 마무리한다.

PARAGUAY, URUGUAY 파라구에, 위뤼구에 파라과이와 우루과이. 파라과이와 우루과이의 요리는 아르헨티나 요리와 아주 비슷하며, 구운 소고기에 대한 선호도가 아주 높다. 또한 민물생선과 수렵육이 풍부해 다양한 종류의 요리 재료로 사용된다. 생선은 주로 굽거나 레몬을 기본으로 한 마리네이드 양념에 익혀 먹는다. 채소는 피망과 토마토뿐 아니라 야자 순을 아주 즐겨 먹는다. 열대과일은 생과일로 즐기는 것은 물론이고, 각종 앙트르메를 비롯한 다양한 종류의 디저트 재료로도 활용된다.

PARER 파레 고기, 가금류, 생선, 또는 채소를 조리하기 위해 준비할 때 불필요한 부분을 잘라내고 다듬는 작업을 뜻한다. 이렇게 미리 잘라내고 손질해두면 이후 과정이 훨씬 수월해진다. 껍질을 벗기고 상태가 안 좋은 부분은 도려내는 등의 손질을 해 놓은 채소는 원하는 조리법에 따라 바로 막대모양, 작은 주사위 모양으로 썰거나 모양을 내어 돌려 깎기를 할 수 있다. 가금류 손질에서 이 작업은 불로 그슬려 잔털이나 깃털자국을 제거한 다음 이루어지는 두 번째 단계이며 이 과정을 마친 뒤 내장을 빼낸다. 로스트용 고기의 다듬기 작업은 질긴 힘줄이나 과도한 기름을 제거하는 것뿐 아니라 실로 묶고 장식하는 일 까지도 포함된다. 또는 구이용 고기를 서빙 사이즈로 잘라 준비할 수도 있다 예를 들어 안심 스테이크 투르느도(tournedos)의 경우 1인분씩 잘라 기름을 제거하고 필요하면 실로 묶어 모양을 잡아둔다. 이러한 다듬기 작업은 요리를 시각적으로도 더 보기 좋게 만들어준다. 타르트의 경우 다듬기 작업은 가장자리나 둘레를 일정한 모양으로 손질해 두는 것을 뜻한다. 수란을 익힌 뒤 서빙하기 전에 너덜너덜한 흰자의 가장자리 부분을 말끔히 잘라내 동그랗게 다듬어 주는 것도 여기에 해당한다.

PARFAIT 파르페 아이스크림 파르페. 아이스크림 디저트의 일종으로 생크림을 넉넉히 넣어 부드러운 맛을 더하고 굳혔을 때 형태를 유지하는 데 도움을 준다. 그리 빨리 녹지 않으며 슬라이스하여 서빙하기도 한다. 파르페는 그대로 먹거나 비스퀴 글라세(biscuit glacé 아이스크림 케이크), 수플레 글라세(soufflé glacé 아이스크림 수플레), 또는 바슈랭(vacherin) 케이크 등의 베이스로 사용하기도 한다.

parfait glacé 파르페 글라세

아이스크림 파르페 : 물 80mℓ와 설탕 200g을 끓여 시럽(110°C)을 만든다. 달걀 큰 것 8개의 흰자와 노른자를 분리한다. 노른자를 넣은 볼에 끓는 시럽을 조금씩 부어가며 거품기로 계속 젓는다. 혼합물이 완전히 식을 때까지 거품기를 돌린다. 이때 선택한 향을 넣는다. 오드비 또는 리큐어 60~80mℓ, 커피 엑스트렉트 70~100mℓ, 중탕으로 녹인 초콜릿 200g, 곱게 간 프랄린 150g, 또는 바닐라 에센스 10방울 정도 중 한 가지를 선택한다. 아주 차가운 더블 크림 200mℓ과 우유 100mℓ를 혼합해 단단하게 휘핑한 다음 달걀혼합물에 넣고 살살 섞는다. 파르페용 틀에 붓고 6시간 동안 냉동실에 넣어둔다.

PARFAIT AMOUR 파르페 아무르 네덜란드가 원산지인 리큐어로 레몬(또는 세드라 시트론), 정향, 계피, 고수를 알코올에 침출하고 시럽을 첨가해 만든다. 18세기에 처음 만들어진 이 리큐어는 1930년대에 큰 인기를 끌었다. 증류한 알코올에 단맛을 첨가하고 붉은색 또는 보라로 색을 내며, 바이올렛(제비꽃)으로 향을 더한다.

PARFUMER 파르퓌메 향을 내다. 식품이나 요리에 그 본래의 향과 어울리는 양념이나 향신료, 향신허브, 와인, 알코올 등을 첨가해 향을 추가로 더하는 것을 의미한다. 18세기까지 단순한 방향성 식물뿐 아니라 장미나 기타 꽃 에센스, 안식향, 용연향, 사향 등을 사용했다. 오렌지 블로섬 워터, 비터 아몬드 에센스, 바닐라, 시트러스 과일 제스트와 기타 향 추출물들은 주로 제과제빵과 당과류 제조에 많이 사용된다. 클래식 요리에서는 다양한 리큐어와인, 증류주, 오드비 등을 사용해 소스나 쿨리 등에 향을 내고, 시베(civet), 살미(salmis), 갑각류 해산물, 고기, 가금류 요리 등에 넣어 맛을 돋운다. 또한 각종 추출물, 에센스, 진한 육수 등도 음식의 풍미를 더해주는 좋은 재료로 사용된다. 향신 재료를 넣고 함께 증기에 찌거나, 특정한 나무 에센스를 더해 훈연하거나 또는 각종 스파이스를 넣고 절여두는 등의 방식을 통해 요리에 특별한 향을 더할 수 있다.

PARIS-BREST 파리 브레스트 슈 반죽으로 만든 둥근 왕관 모양의 케이크로 프랄리네 무슬린 크림으로 속을 채우고 아몬드 슬라이스를 뿌려 장식한다. 파리 브레스트는 1891년 메종 라피트(Maisons-Lafitte) 시의 한 제과사 루이 듀랑(Louis Durand)이 처음 만들었다. 그의 제과점은 파리와 브레스트 간 싸이클 경주 코스 구간에 위치해 있었고, 이 해에 처음 시작된 경주 대회를 축하하는 뜻에서 둥근 자전거 바퀴 모양을 딴 에클레어를 만들어 같은 이름을 붙였다고 한다. 파리 브레스트는 개인용 작은 사이즈와 6~8인용 패밀리 사이즈로 판매된다.

피에르 에르메(PIERRE HERMÉ)의 레시피

paris-brest 파리 브레스트

파리 브레스트 : 달콤한 디저트용 슈 반죽(참조. p.213 PÂTE À CHOUX SUCRÉE) 300g을 만들어 별 깍지(12호)를 끼운 짤주머니에 채워 넣는다. 지름 22cm 케이크 링 안쪽에 버터를 바른 뒤 유산지를 깐 베이킹 팬 위에 놓는다. 링 안쪽 벽에 빙 둘러 왕관 모양으로 슈 반죽을 짜 놓은 다음 그 안에 붙여서 두 번째 왕관 모양을 짜 놓는다. 두 개의 왕관 모양 슈 중간에 걸치게 세 번째 왕관 모양의 슈를 짜 얹는다. 설탕과 다진 아몬드 또는 아몬드 슬라이스를 고루 뿌린다. 180°C로 예열한 오븐에서 40~45분간 굽는다. 오븐에 넣은 지 15분이 지난 후 오븐 문을 살짝 열어 습기가 빠져나가게 한다. 다른 베이킹 팬에 유산지를 깔고 작은 크기의 네 번째 왕관 모양 슈를 짜 놓는다. 오븐에서 8~10분간 구워낸다. 시럽을 넣은 버터 크림(참조. p.274 CRÈME AU BEURRE AU SIROP) 300g을 볼에 넣고 거품기로 저어 가볍게 풀어준다. 여기에 아몬드나 헤이즐넛 프랄리네를 넣고 거품기로 섞은 뒤 크렘 파티시에(참조. p.274 CRÈME PÂTISSIÈRE) 225g을 넣는다. 식힌 큰 왕관 모양 슈를 가로로 자른 다음 아랫부분에 별 깍지를 끼운 짤주머니로 크림을 한 켜 짜 넣는다. 작은 왕관 슈를 그 위에 얹고 크림을 꽃줄 모양으로 슈 반죽 바깥으로 약간 넘칠 정도로 짜 얹는다. 위에 덮어 올릴 슈 뚜껑 부분에 슈거파우더를 뿌린 뒤 크림 위에 얹는다. 냉장고에 1시간 넣어두었다가 서빙한다.

PARISIEN 파리지엥 클래식 앙트르메의 하나로 레몬 비스퀴 스펀지에 프랑지판과 당절임 과일을 채워 넣고 이탈리안 머랭으로 씌운 뒤 오븐에 살짝 구워 색을 낸 케이크다. 제빵에서 파리지엥은 빵을 만드는 준비 작업 중 성형한 반죽을 베이킹 팬에 놓고 휴지시키는 동안 층층이 보관해두는 랙을 지칭한다. 또한 파리지앵은 무게 400g짜리 빵에 붙여진 이름이기도 하다.

parisien 파리지엥

파리지엥 케이크 : 레몬 1개의 제스트를 강판에 간다. 달걀노른자 3개에 설탕 110g을 넣고 섞는다. 밀가루 30g과 전분 30g, 바닐라 빈 가루 1/2티스푼, 레몬 제스트를 넣는다. 달걀흰자 3개를 휘저어 단단하게 거품을 낸 다음 혼합물에 넣고 살살 섞어준다. 버터를 바른 지름 22cm 원형 틀에 반죽 혼합물을 붓고 180°C로 예열한 오븐에 넣어 35분간 굽는다. 그동안 프랑지판을 만든다, 냄비에 우유 400mℓ와 길게 갈라 긁은 바닐라빈 1개를 넣고 아주 약한 불로 가열한다. 볼에 달걀노른자 3개와 설탕 80g을 넣고 잘 저어 섞은 뒤 옥수수전분 30g을 넣고 섞는다. 여기에 끓는 우유를 조금씩 넣으며 계속 젓는다. 이것을 다시 모두 우유 냄비로 옮긴 뒤 거품기로 계속 저으면서 끓을 때까지 가열한다. 끓으려고 하면 바로 불에서 내리고 따뜻한 온도로 식힌다. 아몬드 가루 80g을 넣고 섞는다. 오븐에 구운 케이크를 식힌 뒤 두께 1cm로 가로로 자른 다음 프랑지판을 한 켜 발라 덮는다. 당절임 과일 100g을 잘게 다져 고루 얹은 뒤 나머지 케이크 시트 한 장을 덮어준다. 별 깍지를 끼운 짤주머니에 이탈리안 머랭을 채워 넣고 케이크 전체에 짜 덮어준다. 슈거파우더를 뿌린 뒤 180°C 오븐에 넣어 구운 색을 낸다. 차갑게 서빙한다.

PARISIENNE (À LA) 아 라 파리지엔 파리식의. 파리의 클래식 레스토랑 스타일의 다양한 요리를 가리키며 특히 허브를 뿌린 폼 파리지엔(pommes parisiennes)과 브레이징한 양상추 또는 아티초크 속살을 곁들인 고기나 닭 요리를 지칭하는 경우가 많다. 이 명칭은 또한 다양한 차가운 생선이나 갑각류 해산물 요리를 가리키기도 하는데 여기에는 마요네즈 콜레(mayonnaise collée 젤라틴을 넣어 걸쭉하게 만든 마요네즈)가 포함되며(마요네즈에 버무린 잘게 썬 채소를 채운 아티초크 속살이나 다양한 재료를 곁들인 삶은 달걀 등), 송로버섯 고디보(godiveau)를 채운 동그란 모양의 작은 퍼유타주 파테가 곁들여진다. 아 라 파리지엔이라는 이름이 붙은 다양한 요리에는 주로 닭가슴살, 양송이버섯, 랑그 에카를라트(langue écarlate 염지하여 익힌 우설) 또는 각종 채소 마세두안(macédoine) 등이 포함된다. 포타주아 라 파리지엔은 리크와 감자 베이스로 끓인 수프로 마지막에 우유를 넣고 처빌 잎으로 장식한다.

▶ 레시피 : BRIOCHE, CANAPÉ, CROISSANT, GNOCCHIS, OUBLIE, PETITE MARMITE, POULARDE, SAUMON.

PARMENTIER (ANTOINE AUGUSTIN) 앙투안 오귀스탱 파르망티에 프랑스의 군 약학자, 농학자(1737, Montdidier 출생–1813, Paris 타계). 전해 내려오는 설과는 달리 파르망티에는 감자를 처음 발명한 사람은 아니다. 감자는 농학자 올리비에 드 세르(Olivier de Serres, 1539-1619)에 의해 프랑스에 처음 알려지고 재배되기 시작했다. 당시 프랑스인들은 감자를 동물 사료나 가난한 자들의 식량으로 여길 뿐 그다지 중요한 먹거리로 취급하지 않았다. 파르망티에는 적극적인 감자 전도사로 활약했다. 유럽 다른 나라에서는 이미 감자가 식량으로 아주 널리 퍼져 있었다. 1722년 브장송 교육청은 흉년이 들 때를 대비하여 주민들의 식량으로 보충할 수 있는 작물을 발견하는 사람에게 주는 상을 제정했다. 파르망티에는 감자의 사용을 강력히 추천하는 7명의 경쟁자 중 한 명이 되었고, 1773년 이 상의 수상자가 되었다. 5년 후 그는 『감자의 화학적 평가(*Examen chimique de la pomme de terre*)』를 출간했고 곧 이어 루이 16세는 이 농학자의 노고와 업적을 친히 장려했다.1년간의 기근을 겪은 이후 1786년에 파르망티에에게 파리 근교 사블롱 평야의 뇌이(Neuilly) 의 땅 필지가 양도되었고 이어서 그르넬 평야(현재 파리의 샹 드 마르스)에도 감자를 심을 수 있는 권한을 얻었다. 그는 낮에 군인들을 불러 감자 경작지에서 보초를 서게 하였고, 이로 인해 파리 사람들은 이곳에서 무언가 귀한 작물이 자라는 것이라고 생각하게 되었다. 밤이 되자 서리꾼들이 몰래 밭에 들어와 감자를 캐갔다. 결국 이 새로운 채소를 가장 효과적으로 선전하고 전파한 셈이 되었다. 제분 전문가인 앙투안 파르망티에는 파리에 제빵 학교를 세웠으며, 돼지감자, 옥수수, 밤, 와인, 시럽, 통조림, 식품 위생 등에 관한 여러 건의 연구보고서를 발표하기도 했다. 그의 이름은 감자와 늘 연계되어 있고, 이 덩이줄기 식물의 살을 베이스로 한 여러 요리에는 그의 이름이 붙게 되었다. 특히 다진 소고기를 두 층의 감자 퓌레에 사이에 넣거나 한 켜로 덮은 뒤 그라탱처럼 익힌 요리인 아시 파르망티에(hachis Parmentier)가 대표적이다.

▶ 레시피 : HACHIS.

PARMIGIANO REGGIANO, PARMESAN 파르미지아노 레지아노, 파르므장 파르메산 치즈, 파르미지아노 레지아노 치즈. 지방을 일부 제거한 소젖으로 만든 이탈리아의 AOC 치즈(지방 32~50%). 가열 압착 경성치즈이며 기름을 먹인 천연 외피를 갖고 있다(**참조** p.398 외국 치즈 도표). 11세기 토스카나주에서 탄생한 아주 오랜 역사를 가진 치즈로 이탈리아 치즈의 왕이라고도 불리는 파르메산은 지름 35~40cm, 높이 18~25cm 크기의 커다란 휠 모양이며 무게는 24~40kg 정도 된다. 1년 숙성한 것은 베키오(vecchio), 3년 숙성한 것은 스트라베키오(stravecchio)라는 명칭으로 불린다. 애호가들 중에는 10년 숙성 파르메산 치즈를 선호하는 이들도 있다. 숙성된 파르메산 치즈는 훈연한 우유의 풍미와 과일 향이 있으며 짭짤하고 경우에 따라 아주 자극적인 맛을 내기도 한다. 주로 식후에 먹으며 다양한 요리에 즉석에서 갈아 넣거나 파스타에 곁들여 먹기도 한다.

페란 아드리아(FERRAN ADRIÀ)의 레시피

air glacé de parmesan avec muesli 에르 글라세 드 파르므장 아베크 뮈즐리

사과 뮈슬리를 곁들인 파르메산 에어 글라세 : 4인분

물 900mℓ를 끓인 뒤 가늘게 간 파르메산 치즈 1kg을 넣고 탄력 있는 반죽처럼 뭉쳐질 때까지 계속 저으며 섞는다. 불에서 내린 뒤 1시간 동안 맛이 우러나게 둔다. 고운 체에 거른 뒤 액체는 냉장고에 넣어둔다. 오븐을 150°C로 예열한다. 아스코르빅산 1.5g과 100% 설탕 시럽(물과 설탕 동량) 150mℓ를 섞는다. 골덴 사과 1개를 1mm 두께로 얇게 썬 다음 시럽 혼합물에 넣는다. 사과를 건져서 베이킹 팬에 펼쳐 놓는다. 오븐에 20분간 넣어 굽는다. 오븐 온도를 170°C로 올린다. 사과를 오븐에서 꺼내 식힌 뒤 살짝 깨트려 1cm 크기의 불규칙한 모양으로 조각낸다. 서늘하고 습기가 없는 곳에 보관한다. 속껍질까지 벗긴 호두살 50g을 170°C 오븐에 넣어 7분간 로스팅한다. 호두를 5mm 크기로 작게 부순다. 파르메산 치즈 향이 우러난 물을 45°C로 데운다. 여기에 대두 레시틴 5g을 넣고 섞은 뒤 핸드믹서를 혼합물 표면에 얕게 넣고 돌려 에멀전을 만든다. 1분간 두어 안정화시킨다. 큰 스푼으로 떠서 4개의 작은 직사각형 테린 모양 그릇에 3cm 정도 위로 올라오도록 수북하게 담는다. 유산지로 덮은 뒤 냉동실에 넣어둔다. 사과와 호두를 섞은 뮈슬리 8g과 작은 조각으로 동결건조한 라즈베리 5g씩을 작은 파우치에 넣은 뒤 각 아이스 에멀전에 하나씩 곁들여 서빙한다.

coussinet d'omble chevalier du lac Léman à la crème de parmesan
▶ OMBLE CHEVALIER
polenta au parmesan ▶ POLENTA

PARTIR (FAIRE) 페르 파르티르 비교적 조리시간이 긴 요리를 할 때, 오븐에 넣기 전 불 위에서 초벌 익힘을 시작하는 것을 의미한다. 또한 재료를 중탕으로 오븐에서 익히는 경우 익힐 재료가 담긴 용기를 중탕용 물이 담긴 용기에 넣고 불 위에서 먼저 가열한 뒤(중탕용 물이 끓기 시작할 때까지) 약한 온도의 오븐에 넣어 중탕물이 아주 약하게 끓으려고 하는 상태를 유지한 채 음식을 익힐 수 있도록 한다.

PARURES 파뤼르 채소, 고기, 생선, 가금류, 수렵육 등의 조리 시 사용하지 않아 잘라낸 부분 또는 나중에 다른 레시피에 사용할 목적으로 보관한 자투리 등을 뜻한다. 먹을 수 없어 잘라 버리는 부분이나 허드렛 부위가 이에 해당하며, 이들 중 어떤 것들은 주재료를 익히는 데 사용(생선이나 수렵육 자투리나 뼈 등은 육수를 내는 데 사용한다)되거나 다른 요리 용도로 쓰인다.

PASCALINE 파스칼린 옛날에는 부활절 특별 음식으로 먹던 양고기 요리로 작가 알렉상드르 뒤마(Alexandre Dumas)와 샤를 몽슬레(Charles Monselet)는 19세기에 같은 레시피를 제시한 바 있다. 작가이자 언론인인 시몽 아르벨로(Simon Arbellot)의 경우는 이와는 아주 다른 부활절 양고기 요리를 언급했고 이것은 이후 프로스페르 몽타녜(Prosper Montagné)가 실현했다. 그는 탈레랑(Talleyrand)과 카렘(Carême)이 남긴 문서기록에서 이 레시피를 찾아냈다. 이 요리는 볶은 간과 베이컨, 각종 허브를 채운 양 머리를 둥근 접시에 담고 흰색 익힘액에 삶은 양의 족과 향신 재료를 찔러 넣은 양 흉선, 혀와 골 크로켓, 튀긴 크루통을 곁들여 놓은 다음, 얇게 저민 양송이버섯을 넣은 블루테 소스를 끼얹은 것이었다.

PASCALISATION 파스칼리자시옹 고압 파스칼화, 고압살균. 식품의 보존력을 높이는 이 테크닉은 열을 사용하지 않고 정상 온도의 특수한 환경 내에서 아주 강한 압력(4,000~6,000기압)을 가해 신선 식품 본래의 맛을 변화시키지 않고 미생물을 파괴하는 방법이다. 이 방식이 처음 사용된 곳은 일본으로 특히 과일 주스의 보존성을 높이는 데 사용되었다. 하지만 설비 투자비용이 높아 사용은 제한적이다.

PASKHA 파스카 파스하. 러시아의 전통적인 부활절 케이크로 프로마주 블랑, 설탕, 사워크림, 버터에 건포도, 당절임 과일, 호두, 아몬드 등을 넣고 4면을 가진 피라미드 모양 틀에 굳혀 만든다. 옛날에는 나무로 만든 파르카 틀을 썼는데 각 면에 깎아 파낸 문양은 그리스도의 고난을 상징했다고 한다. 오늘날 이 케이크를 장식할 때는 항상 당절임 과일을 이용하여 영문자 X와 B를 표시하는데 이는 Khristos Voskress의 키릴 알파벳 이니셜로 '그리스도가 부활하셨다'라는 뜻이다.

PASSARD (ALAIN) 알랭 파사르 프랑스의 요리사(1956, La Guerche-de-Bretagne 출생). 자신의 고향에서 파티시에 이브 브리앙(Yves Briand)에게 첫 견습생 교육을 받은 그는 세프 미셸 케레베르(Michel Kérever)의 리옹 도르(Lion d'Or, Liffré), 제라르 부아예(Gérard Boyer)의 라 쇼미에르(la Chaumière, Reims), 알랭 상드랭스(Alain Senderens)의 아르케스트라트(l'Archestrate, Paris)에서 본격적으로 요리사 경력을 쌓는다. 이어서 그는 케레베르 셰프의 레스토랑 뒥 당갱(Duc d'Enghien)의 셰프를 거쳐 브뤼셀로 진출해 칼튼(Carlton) 호텔 레스토랑에서 미슐랭 가이드의 별 2개를 획득한다. 파리로 돌아온 그는 이전에 일했던 바렌가의 레스토랑 아르케스트라트를 1986년에 인수하여 아르페주(l'Arpège)라는 이름으로 자신의 레스토랑을 열었다. 레스토랑은 라리크 크리스탈 장식이 박혀 있는 고급스러운 나무 인테리어가 돋보이는 심플하고 절제된 공간이다. 벽 한 켠에는 렌(Rennes)의 부르주아 가정에서 요리사로 일했던 할머니 루이즈의 초상화가 걸려 있고, 이곳에서 파사르는 자신만의 개성을 살린 가벼우면서도 섬세한 요리를 마음껏 펼쳐 보이고 있다. 1996년 미슐랭 가이드의 세 번째 별을 받은 그의 요리들은 기술적인 면에서 솜씨가 뛰어날 뿐 아니라 바다와 육지의 재료들이 아름다운 조화를 이루고 있다. 캐비아를 곁들인 마리네이드 랑구스틴(이 메뉴는 전 세계를 순회하기도 했다), 뱅 존 소스 랍스터, 벌꿀술 소스 비둘기 요리, 초콜릿 밀푀유(푀유타주도 카카오를 넣어 만든다) 등은 뛰어난 맛을 보여주는 그의 대표 메뉴이다. 그는 채소로만 이루어진 코스 메뉴도 선보이고 있으며, 까다롭게 엄선된 생산지의 재료로 최상의 요리를 만들고 있다. 뚝심있게 홀로 자신의 길을 가는 이 요리사는 많은 지지자 층을 거느리고 있다.

PASSE 파스 레스토랑의 주방과 홀 사이에 위치한 공간에 있는 카운터를 가리키는 용어로, 헤드 셰프는 서비스 내내 이곳에서 자리를 지키며 진행을 총괄한다. 여기서 셰프는 들어온 주문을 알려 주방에서 요리가 진행되도록 하며, 필요한 경우 재촉이 이루어지기도 한다(**참조** ABOYEUR). 셰프는 그는 요리가 만들어지고 플레이팅 된 상태가 본인이 요구하는 수준에 부합하는지 체크한다. 또한 필요한 경우 셰프가 요리에 마지막 터치를 가하는 작업도 여기에서 이루어진다. 파스는 요리나 접시를 받아 뜨겁게 유지하는 핫 카운터(일반적으로 도톰한 천이나 케이블 보가 깔려 있다)와 차가운 요리를 위한 콜드 카운터로 이루어져 있다. 서빙 담당자는 여기에서 대기하고 있다가 셰프의 승인이 떨어지면 요리를 픽업해 홀로 가져간다.

PASSER 파세 육수, 소스, 고운 크림, 시럽, 즐레 등을 원뿔체나 면포에 걸러 맑고 매끈하게 만드는 작업을 뜻한다. 걸쭉한 질감의 소스를 체에 거를 때는 절굿공이 등으로 철제 거름망을 꾹꾹 눌러 덩어리 입자를 최대한 없

애준다. 또한 이 용어는 음식을 씻거나 익힌 뒤 건지는 것을 뜻하기도 한다.

PASSOIRE 파수아르 원뿔 모양, 반구형 또는 위가 넓게 벌어진 모양 등의 망 또는 거르는 도구로 음료나 술, 액체, 소스 등을 걸러 여과하거나, 날 음식 또는 익힌 음식을 헹군 물이나 익힌 국물로부터 분리해 건져 놓는 데 사용된다. 작은 체 망은 일반적으로 끝에 꼬리가 달려 있어 따르는 입구에 꽂기 편리하게 되어 있다. 차 망은 타공 스테인리스 또는 양철로 되어 있다(어떤 것은 광주리 재질로 되어 있다). 고운 철망으로 된 우유용 거름망은 얇은 피막을 거르는 데 필요하다. 가장 고운 망을 가진 체는 시누아(chinois)라고 불리는 원뿔체로 소스를 꾹꾹 눌러 짜 거르거나 육수, 크림 등을 거르는 용도로 쓰인다. 훨씬 큰 사이즈의 채소 거름망은 손잡이가 달린 철망, 알루미늄, 플라스틱, 양철 재질로 되어 있으며, 종종 양 측면에 두 개의 손잡이가 달려 있거나 짧은 다리가 3개 달린 삼발이 형태도 있다. 아주 특별한 종류로는 레드커런트 망(passoire à groseille)이 있는데 여기에는 동그란 버튼(올리브라고 한다)과 돌리는 크랭크 핸들이 달려 있어 과일을 갈아 퓌레를 망 아래로 받아낼 수 있다. 레드커런트 즐레를 만드는 데 사용된다. 바텐더는 일반적으로 세 가지 종류의 칵테일 제조용 망을 갖추고 있다. 얼음 스트레이너(구멍이 뚫린 금속 판이 나선형 철사로 둘러싸여 있다)는 칵테일 잔에 넣을 얼음을 집어 떠내는 데 필요하다. 크러시드 아이스 망은 잘게 부순 얼음이 들어 있는 칵테일을 여과하는 데 필요하며, 건더기 제거용 망은 걸쭉한 액체를 걸러 내리거나 액체 안에 떠 있는 물질을 제거할 때 유용하다.

PASTÈQUE 파스테크 수박. 박과에 속하는 식물의 열매(**참조** p.536 멜론, 수박 도감)로 구형 또는 타원형에 껍질은 진한 녹색을 띠고 있으며 무게는 3~5kg 정도이다. 분홍색의 살은 다소 농담의 차이가 있으며 아주 청량하고 약간의 단맛이 있으나 특별한 맛은 없다. 살에는 납작하고 검은 씨들이 박혀있다. 보클뤼즈(Vaucluse) 지방에서 많이 생산되는 수박 중에는 살이 흰색이며 아주 단단한 품종도 있는데 이것은 생으로 먹지 않으며 주로 당절임을 하거나 잼을 만들어 먹는다. 열대지방이 원산지이며 고대부터 알려져 온 과일인 수박은(워터 멜론[melon d'eau]이라고도 불린다)은 프랑스에서는 거의 재배되지 않고 주로 스페인에서 수입된다. 수분 함량이 높고(92%) 열량(100g당 30kcal 또는 125kJ)이 아주 낮으며 베타카로틴, 칼륨, 섬유질이 풍부하다. 구매 시에는 무겁고 속이 빈 소리가 나지 않는 것을 골라야 한다.
■ **사용.** 일반적으로는 갈증을 해소하기 위해 슬라이스하여 생과일로 먹는다(지중해 국가에서는 길거리에서 많이 판매한다). 또는 씨를 제거하고 화채나 과일 샐러드에 넣기도 한다. 어떤 나라에서는 연두색 수박을 따서 호박처럼 조리해 먹기도 한다. 수박으로 잼을 만들기도 한다(껍질을 제거한 수박 과육 1kg당 설탕 750g 비율로 만든다).

---

pastèque à la provençale 파스테크 아 라 프로방살

프로방스식 수박 : 딱 적당히 익은 수박 꼭지 주위에 빙 둘러 칼집을 낸 다음 뚜껑처럼 들어낸다. 수박을 흔들어 너무 많이 익은 씨들이 떨어지도록 한다. 수박 안에 타벨(Tavel) 와인을 부어 채운 다음 잘라둔 뚜껑을 덮고 밀랍으로 봉한다. 냉장고에 최소 2시간이상 넣어둔다. 서빙 시 뚜껑을 제거하고 국물을 따라낸 다음 수박을 슬라이스하여 그 와인과 함께 낸다.

PASTERMA 파스테르마 파스티르마. 소금, 향신료, 마늘 등에 재운 뒤 말린 양, 염소, 소고기. 맛이 아주 강한 파스티르마는 터키, 아르메니아, 그리스와 중동식 메제(mezze)의 일부로 즐겨 먹으며, 일반 말린 햄처럼 먹기도 한다.

PASTEUR (LOUIS) 루이 파스퇴르 프랑스의 화학자, 미생물학자(1822, Dole 출생—1895, Villeneuve-l'Étang 타계). 그는 미생물학 연구와 업적을 남긴 것으로 유명하지만, 식품 위생의 발전에도 크게 기여했다(그 자신이 미식에 그리 관심이 있었던 것은 아니었다). 젖산 발효, 알코올 발효, 낙산발효에 관한 연구를 통해 그는 마침내 우유, 맥주, 포도주, 시드르의 보존법을 개발해냈다. 파스퇴르가 고안해낸 저온살균법 파스퇴리제이션(**참조** PASTEURISATION)은 주로 유제품 살균에 적용되지만 그 외에 케그비어(생통맥주), 시드르, 그리고 흔한 경우는 아니지만 포도주에도 적용할 수 있다. 또한 병맥주나 병입 아기 이유식 등 이미 포장된 식품도 저온살균법으로 변질을 방지할 수 있다.

PASSER À L'ÉTAMINE ET AU CHINOIS 면포에 짜 거르기, 원뿔체에 거르기

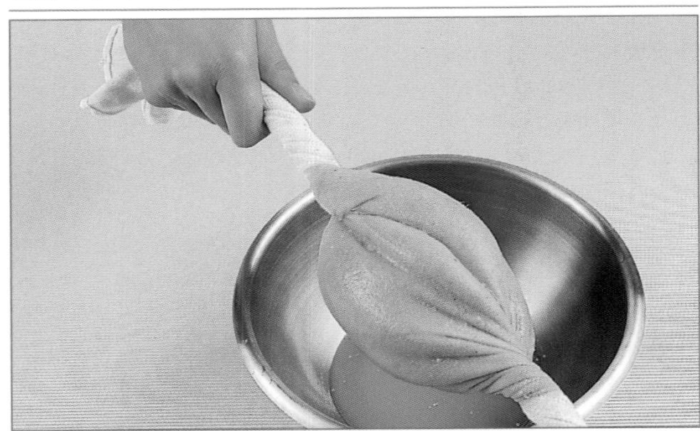

면포에 짜 거르기 그릇을 받치고 소스, 쿨리 또는 즐레를 면포 가운데 넣은 다음 양끝을 잡고 비틀어 짠다.

원뿔체에 거르기 원뿔체(시누아)를 그릇 위에 걸쳐놓고 육수, 소스 또는 크림을 천천히 부어 걸러 작은 건더기들을 제거한다.

PASTEURISATION 파스퇴리자시옹 저온살균, 파스퇴리제이션. 식품을 65~85℃ 온도에서 몇 분~1시간 동안 가열 소독해 보존성을 높이는 열 처리법이다. 우유, 치즈(저온살균한 우유로 만든 경우), 오이피클, 햄, 푸아그라, 과일주스 등의 식품을 저온살균하면 맛이나 영양소의 변화를 일으키지 않고, 병을 일으키거나 변질의 원인이 되는 미생물을 사멸시킬 수 있다.

PASTEURISÉ 파스퇴리제 저온살균 처리를 한 식품을 가리킨다. 저온살균한 제품들은 개봉하지 않은 상태라도 냉장보관(3~6℃)해야 하며, 개봉 후에는 2~3일 이내에 소비한다.

PASTILLA 파스티야 모로코식 푀유테 파이의 일종으로 안에 가금류(특히 비둘기고기), 해산물 또는 채소를 채워 넣어 만들며 주로 애피타이저로 따뜻하게 먹는다. 파스티야는 아주 얇은 푀유테 반죽(브릭 페이스트리를 만드는 데도 사용된다)를 버터 바른 동그란 틀 안에 놓고 속 재료를 켜켜이 채워 만든다. 속에 넣는 재료에는 언제나 향신료나 양념이 많이 들어가며 주로 닭고기와 삶은 달걀, 또는 메추리와 버섯, 다진 소고기와 시금치 등이 많이 사용된다. 속을 채운 뒤 푀유테 반죽을 잘 여며 싼 파스티야에 달걀물을 바른 뒤 전통적으로는 화덕 숯 잉걸불 위에서 구웠다. 반쯤 익었을 때 틀과 같은 크기의 접시에 뒤집어 놓고 나머지 한쪽 면도 노릇하게 구워준다. 또한 정제 버터를 고루 뿌린 뒤 오븐에서 중간에 뒤집지 않고 굽기도 한다. 설탕과 계핏가루를 뿌려 서빙한다. 한편 아몬드, 크렘 파티시에, 또는 설탕과 계피를 넣은 우유에 익힌 버미첼리 등을 채운 달콤한 디저트용 파스티야를 만들기도 한다.

레스토랑 왈리 르 사아리앵(WALLY LE SAHARIEN, PARIS)의 레시피

pastilla au pigeon 파스티야 오 피종

비둘기 파스티야 : 비둘기 4마리를 두꺼운 냄비에 찌듯이 푹 익힌 뒤 뼈를 발라낸다. 비둘기에 비터 아몬드 50g, 잣 50g, 건포도 50g, 소금, 후추, 생

강 10g, 사프란 가루 5g, 강판에 간 넛멕 5g, 생민트 1단과 생고수 1단 다진 것, 계핏가루 4테이블스푼, 달걀 12개를 넣는다. 아주 뜨거운 올리브오일에 모두 넣고 지진다. 필요하면 여러 번에 나누어 지진다. 망에 받쳐 하룻밤 동안 수분을 뺀다. 얇은 브릭 페이스트리 몇 장을 접시 위에 놓고 첫 번째 장은 가운데에, 나머지는 조금씩 겹쳐가며 빙 둘러 놓는다. 준비해둔 비둘기 고기를 페이스트리 위에 놓은 뒤 납작하고 고르게 펴 놓는다. 페이스트리를 가운데로 모으며 감싸 덮고 달걀노른자로 붙여 투르트와 같은 형태로 마무리한다. 이것과 비슷한 크기의 팬을 준비한 뒤 기름을 조금 달군다. 파스티야를 넣고 각 면당 10분씩 지져 익힌다. 기름을 뺀 다음 슈거파우더를 뿌리고 계핏가루로 격자 모양을 낸다. 뜨겁게 서빙한다.

PASTILLAGE 파스티야주 슈거파우더와 물을 섞은 뒤 젤라틴, 전분, 녹말가루 또는 트라가칸스 검을 첨가해 만든 흰색 설탕공예용 혼합물로 경우에 따라 색을 내기도 한다. 손으로 치대어 혼합하거나 도우 훅을 장착한 전동 스탠드 믹서로 반죽한다. 파스티야주 페이스트는 틀에 넣어 굳히거나 얇게 민 다음 원하는 모양으로 잘라 공기 중에 말린 뒤 글라스 루아얄(glace royale)이나 말랑한 파스티야주와 함께 설탕공예 조각품의 장식용으로 사용된다. 어떤 파티시에들은 진정한 예술가의 솜씨를 발휘하여 파스티야주 위에 직접 그림을 그려 넣기도 한다.

PASTILLE 파스티유 동그랗고 납작한 사탕, 드롭스를 지칭하며 만드는 방법은 다양하다.
- 끓인 설탕 시럽에 슈거파우더, 향료와 색소를 넣어 섞고 깔때기 모양의 분배기를 사용하여 방울방울 나눈다(오늘날은 기계 작업으로 한다). 영국식 드롭스(방울이란 뜻이다)도 마찬가지 방법으로 만든다. 다양한 향을 낼 수 있으며 초콜릿을 입히기도 한다.
- 슈거파우더에 트라가칸스 검이나 아라비아 검을 혼합한 뒤 납작하게 압연하고 모양 스탬프를 찍어 잘라낸다. 색을 내는 경우는 드물며 민트, 레몬, 아니스 향을 첨가하거나 천연광천수에서 추출한 소금을 넣어 만들기도 한다(예: pastilles de Vichy).
- 설탕을 끓인 시럽을 작은 과립형으로 만든 다음 납작하게 눌러 캔디를 만들기도 한다.

PASTIS 파스티스 주로 아니스와 감초를 사용해 만든 독한 술로 프랑스에서 가장 많이 소비되는 식전주다. 파스티스는 순수 주정과 아니스 에센스(아네톨) 혼합물에 감초를 하루나 이틀 담가두었다가 여과하고 단맛을 더해 만들며, 알코올 도수는 40~45%Vol.이다. 파스티스는 언제나 물에 희석해서 마시는데, 물을 넣으면 색이 유백색으로 뿌옇게 변한다. 1938년 향신 식물의 무역이 활발하던 마르세유 지역에 처음 등장한 이 술은 압생트(**참조** ABSINTHE)에 뒤이어 즉시 큰 인기를 얻게 되었고, 2년 뒤 비시(Vichy) 정부가 아니스 술의 제조와 판매를 금지령을 내렸을 때에도 완전히 사라지지 않고 암암리에 명맥을 이어갔다. 당시 알코올과 아네톨, 감초를 구입하는 것은 아주 쉬웠다. 1951년 다시 판매가 허용된 이후 파스티스의 매출은 계속 증가했다. 요리에서도 파스티스는 아니스 향을 첨가할 때, 특히 생선 요리에 종종 사용된다.

PASTIS (GÂTEAU) 파스티스(가토) 프랑스 남서부 쉬드 우에스트(Sud-Ouest) 지방의 다양한 파티스리 이름이다. 가스코뉴식 파스티스(pastis gascon)은 반죽을 테이블에 올려 놓고 한 시간 동안 건조시킨다(큰 면포를 씌워둔다). 여기에 거위 기름을 적신 뒤 가로로 잘라 두 장의 원반형을 만든다. 반죽 한 장 위에 아르마냑에 절인 사과 슬라이스를 올리고 나머지 반죽으로 덮은 뒤 오븐에 굽는다. 오븐에서 꺼낸 다음 아르마냑을 뿌린다.

엘렌 다로즈(HÉLÈNE DARROZE)의 레시피

pastis landais 파스티스 랑데

랑드식 파스티스 케이크 : 8인분

전동 스탠드 믹서 볼에 밀가루 500g, 설탕 100g, 소금 10g, 달걀 4개, 미리 따뜻한 우유 10mℓ에 개어 둔 제빵용 생이스트 30g을 넣고 저속으로 혼합한다. 5분간 혼합한 뒤 속도를 높이고 반죽이 볼 가장자리에서 떨어지는 상태가 될 때까지 계속 반죽한다. 상온의 부드러운 버터 125g을 넣고 다시 혼합한다. 파스티스 10mℓ와 오렌지 블로섬 워터 20mℓ를 넣어준 다음 반죽이 볼 안쪽 벽에 더 이상 달라붙지 않을 때까지 혼합한다. 2시간 동안 휴지시킨다. 큰 사이즈의 브리오슈 틀에 반죽을 넣은 뒤 160°C 오븐에서 45분간 굽는다.

PASTRAMI 파스트라미 소의 양지머리 덩어리를 향신료와 양념을 넣은 소금물에 담가 염지한 뒤 건조, 훈연한 것이다. 파스트라미는 뉴욕에서 특히 인기가 많으며 그 원조는 동유럽 국가이다. 주로 얇게 슬라이스해서 샌드위치에 넣어먹는다.

PATATE DOUCE 파타트 두스 고구마. 메꽃과에 속하는 식용 덩이줄기 식물로 남미가 원산지인 고구마는 모든 열대와 아열대 지역, 지중해 연안 지역에서 재배되고 있으며 최대 생산지는 중국이다. 모양과 색이 다양하며 속살은 껍질과 마찬가지로 흰색, 분홍색, 붉은색, 주황색, 노란색 또는 자색을 띤다. 품종에 따라 밤 맛이 나는 것도 있다. 열량(100g당 110kcal 또는 460kJ)이 꽤 높으며 철분, 칼륨, 비타민 C, B, PP가 풍부하다. 속살이 주황색을 띤 품종은 특히 비타민 A가 풍부하다.

■ **사용.** 고구마는 감자와 마찬가지로 다양한 방법으로 조리할 수 있다. 껍질째 익히거나 크로켓, 퓌레, 오븐구이, 그라탱, 칩 등을 만들기도 한다. 또한 각종 케이크나 파티스리에도 많이 사용된다. 어린 잎은 시금치처럼 요리해 먹으며, 동양에서는 고구마 순을 채소로 먹는다.

▶ 레시피 : GÂTEAU.

PÂTÉ 파테 고기나 채소 등의 일반 식재료 또는 샤퀴트리 등을 작게 썰거나 분쇄하고 각종 양념을 한 뒤, 경우에 따라 크러스트를 씌워 오븐에 익힌 것으로 더운 음식으로 또는 차갑게 서빙한다. 샤르트르(Chartres)의 수렵육 파테, 아미엥(Amiens)의 오리 파테, 피티비에(Pithiviers)의 종달새 파테, 페즈나(Pézenas)의 향신료, 설탕으로 양념한 양고기 파테, 브랑톰(Brantôme)의 멧도요 파테, 페리괴(Périgueux)의 송로버섯을 넣은 푸아그라 파테 등 지역마다 특색 있는 파테를 향토 음식으로 선보이고 있다. 또한 코르시카(Corse)의 티티새 파테, 디에프(Dieppe)식 서대 파테, 개똥지빠귀, 산토끼, 크림과 감자를 넣은 로렌(Lorraine) 또는 부르보네(Bourbonnais)식 파테, 푸아투(Poitou)의 시금치 파테 등도 지역 특선 파테로 유명하다. 특히 오레이에 드 라 벨 오로르(oreiller de la Belle Aurore)나 크러스트를 입힌 푸아그라 파테인 파테 콩타드(pâté Contade)를 빼놓을 수 없다(**참조** p.623 파테 도표).

원칙적으로 파테(pâté) 자체는 스터핑을 크러스트 반죽으로 감싸 철제 틀이나 테린 틀에 넣고 오븐에 익힌 것을 말한다. 속 재료는 보통 얇게 저민 돼지비계(barde)로 한 켜 싼 다음 각종 소재의 틀에 익힌다. 하지만 요리에서 파테라는 용어는 보통 두 가지 음식으로 나눌 수 있다. 우선 크러스트 반죽으로 감싸 익히는 파테 앙 크루트(pâté en croûte)는 만들어서 따뜻하게 서빙하거나, 식혀 두었다가 차갑게 먹을 수도 있다. 테린(terrine) 역시 파테의 일종이며 이것은 식힌 다음 슬라이스하여 차갑게 먹는다.

■ **역사.** 파테는 이미 고대 로마시대부터 만들어 먹었다. 로마인들은 돼지고기뿐 아니라 향신료에 절인 모든 재료(특히 새의 혀)를 사용하여 파테를 만들었다. 중세에는 파티스리 스타일(반죽 안에 넣고 익힌 고기)의 레시피가 아주 많아졌고, 따라서 파테의 종류도 다양해졌다. 알렉상드르 뒤마는 자신의 저서 『요리대사전(*Grand Dictionnaire de cuisine*)』(1872)에서 12가지의 파테 레시피를 소개했고, 이들은 각각 여러 종류의 응용 조리법을 포함하고 있었다.

■ **만들기.** 샤퀴트리에서 파테(엄밀히 말하자면 테린)의 구성은 일부 정해진 규정을 준수해야 한다. 돼지고기와 내장 부속 등을 썰거나 간 다음 달걀, 우유, 즐레 등을 넣은 혼합물로 만든 테린의 경우 파테 드 캉파뉴(특히 레드 라벨 인증을 받은 브르타뉴의 파테 드 캉파뉴 브르통(pâté de campagne breton, 돼지고기에 내장, 부속, 돼지 껍데기, 양파, 향신료, 향신 허브 등을 넣어 만든 파테가 대표적이다)와 가금류 파테(해당 동물 15%), 수렵육 파테(20%), 간 파테(간 15~50%), 머릿고기 파테(익혀서 뼈를 제거한 머릿고기에 껍데기를 제거하지 않고 염장한 뒤 익힌 고기를 더해 만든다) 등으로 나눌 수 있다. 소로 사용되는 재료는 다소 곱게 다지고, 경우에 따라서는 재료를 길쭉한 모양이나 가는 띠 모양 도는 주사위 모양으로 썰어 사용하기도 한다. 요리에서 파테는 주로 파테 앙 크루트(pâtés en croûte)를 지칭한다. 겉을 감싸는 크러스트용으로 가장 많이 사용되는 파트 아 파테

(pâte à pâté 파테용 반죽)뿐 아니라 일명 파트 핀(pâte fine)이라 불리는 버터를 넣어 만든 반죽, 파트 푀유테, 설탕을 넣지 않은 파트 브리오슈 등도 사용한다. 파테를 반죽으로 뚜껑처럼 덮어 마무리 하는 경우에는 가장자리를 꼭꼭 눌러 붙여 속 재료를 완전히 밀봉한 다음 달걀물을 바르고 원하는 모양을 붙여 장식한다. 가운데에는 슈미네(cheminée 굴뚝이라는 뜻)라고 부르는 구멍을 뚫어 익히는 도중 증기가 빠져나가도록 한다. 파테 앙 크루트 중에는 틀에 넣어 모양을 잡지 않고 겉을 크러스트 반죽으로만 둘러싼 상태 그대로 오븐에 익히는 것들도 있다(예: 파테 팡탱 pantin 형태로 구운 쿨리비악).

pâte à pâté : 파트 아 파테

파테용 반죽 만들기 : 체에 친 밀가루 500g을 작업대에 붓고 가운데에 우묵한 공간을 만든다. 여기에 소금 12g, 버터 125g, 달걀 2개, 물 250㎖를 넣고 조금씩 혼합해 가며 뭉친 다음 손바닥으로 밀어 끊듯이 누르며 반죽한다(fraiser). 이 과정을 한 번 더 반복한다. 굴려서 둥글게 뭉친 다음 랩으로 씌워 냉장고에 2시간 동안 넣어두었다가 사용한다.

pâte à pâté au saindoux : 파트 아 파테 아 생두

돼지 기름을 넣어 만든 파테용 반죽 : 체에 친 밀가루 500g을 작업대에 붓고 가운데에 우묵한 공간을 만든다. 바로 녹인 돼지 기름 125g, 달걀 1개, 물 200g, 소금 15g을 넣고 혼합한다. 일반 파트 아 퐁세(pâte à foncer)와 같은 방법으로 만든다.

marinade crue pour éléments de pâté et de terrine ▶ MARINADE

폴 보퀴즈(PAUL BOCUSE)의 레시피

oreiller de la belle basse-cour 오레이에 드 라 벨 바스 쿠르

고기, 가금류 파테 앙 크루트 : 각 2.2kg짜리 브레스 닭 한 마리와(질식시켜 도살한)오리 한 마리, 1.2kg짜리 뿔닭 한 마리, 각 450g짜리 비둘기 4마리의 내장을 모두 제거한다. 간은 따로 보관한다. 모두 뼈를 제거하고 껍질을 벗긴다. 넓적다리 살과 가슴살을 잘라내 주사위 모양으로 썬다. 송아지 등심 1kg과 돼지 목살 1kg도 마찬가지로 썰어준다. 간과 가금류의 날개봉 살은 가는 절삭 망을 끼운 정육 분쇄기에 갈아준다. 돼지 목구멍 살 2kg을 굵은 절삭망을 끼운 정육 분쇄기로 간다. 돼지비계 400g을 작은 주사위 모양으로 썬 다음 코냑 40g과 다진 샬롯 80g을 넣어 섞는다. 모든 재료를 합한 뒤 1kg당 소금 16g과 후추 1g을 넣는다. 이어서 밀가루 70g, 달걀 4개, 포트와인 80g, 껍질 깐 피스타치오 100g을 넣어 혼합한다. 냉장고에 하룻밤 넣어 휴지시킨다. 파트 푀유테 2kg을 준비하여 두 장의 긴 직사각형 모양으로 민다, 그중 한 장은 조금 더 도톰하게 만든다. 도톰한 반죽을 밑에 놓고 재료를 채운 뒤 나머지 반죽 한 장으로 덮어 사각형 모양의 파테를 만든다. 달걀물을 바르고 원하는 모양을 붙여 장식한다. 170°C 오븐에 넣어 1시간 30분~1시간 45분 동안 익힌다. 뜨겁게 서빙한다.

pâté d'alouette en terrine 파테 달루에트 앙 테린

종달새 테린 : 종달새 8마리의 깃털을 뽑고 불로 그슬려 잔털과 깃털 자국을 제거한 다음 부리와 발을 잘라낸다. 내장을 빼내고 간과 모이주머니는 따로 보관한다. 그 상태로 정육 분쇄기에 간다. 먼저 중간 굵기 절삭망을 끼워 분쇄한 다음 다시 고운 절삭망으로 바꿔 다시 한 번 간다. 이것을 볼에 넣고 푸아그라 기름 40g, 거위 기름 40g, 소금 1티스푼, 갓 갈아낸 통후추 1자밤, 잘게 부순 주니퍼베리 6알을 넣어준 다음 잘 섞는다. 혼합물을 테린 틀에 넣어 채우고 뚜껑을 덮은 뒤 180°C로 예열한 오븐에서 1시간 30분 동안 중탕으로 익힌다. 뜨거운 상태로 덜어내 다시 한 번 고운체에 긁어내려 아주 고운 무스를 만든다. 여기에 돼지 기름 80g과 푸아그라 기름 80g을 섞은 뒤 작은 테린에 넣고 탁탁 쳐서 공기를 빼 준 다음 따뜻한 온도로 식힌다. 돼지 기름 40g을 아주 약한 불에서 녹인 뒤 따뜻한 온도로 식으면 테린 위에 부어준다. 뚜껑을 덮고 식힌다.

pâté d'anguille / eel pie 파테 당기유 / 일 파이

장어 파테 : 장어의 뼈를 제거한 뒤 필레를 5~6cm 크기로 토막 낸다. 끓는 소금물에 살짝 데쳐낸 뒤 식힌다. 달걀을 삶아 동그랗게 슬라이스한다. 생선과 달걀에 소금, 후추, 넛멕가루로 간을 한 다음 다진 파슬리를 뿌린다. 우묵한 타원형 그릇에 장어와 달걀을 켜켜이 교대로 담는다. 화이트와인을 중간 높이까지 붓는다. 작게 자른 버터를 고루 얹는다. 얇게 민 푀유타주 반죽을 덮은 다음 가운데 구멍을 한 개 뚫어준다. 달걀물을 바르고 줄무늬를 그어 장식한다. 150°C로 예열한 오븐에 넣어 1시간 30분간 익힌다. 서빙 시, 기름기를 제거한 데미글라스 소스를 파테 구멍으로 몇 스푼 흘려넣는다.

pâté chaud de bécassine Lucullus 파테 쇼 드 베카신 뤼퀼뤼스

따뜻하게 서빙하는 루쿨루스 꺅도요 파테 : 꺅도요 8마리의 뼈를 제거한 다음 작업대에 납작하게 펴 놓는다. 크림을 섞은 고운 스터핑(farce fine à la crème)에 그의 1/3분량(부피 기준)에 해당하는 푸아그라와 꺅도요 내장 다진 것을 섞은 뒤, 펼쳐 놓은 새 위에 채운다. 가운데에 푸아그라 한 조각과 송로버섯 한 조각을 박아 넣는다. 새를 말아 감싸 원래 모양처럼 만든 다음 코냑을 한 바퀴 뿌린다. 타원형 스프링폼 팬 안에 파트 핀(pâte fine) 반죽 시트를 깔아준다. 크림을 넣은 고운 소에 그라탱 스터핑(farce à gratin 가금류 간과 돼지비계를 섞어 만든다)을 2:1 비율로 섞은 다음 반죽 시트 위에 한 켜 깐다. 그 위에 꺅도요를 놓는다. 빈 공간 없이 새들을 빽빽하게 붙여 놓는다. 스터핑 혼합물을 다시 한 켜 얹고 얇게 저민 돼지비계(barde)로 덮어준 다음 나머지 반죽을 씌워 마무리한다. 가장자리를 꼼꼼히 눌러 붙여 완전히 밀봉한 뒤 손이나 핀처로 빙 둘러 집어 모양을 내준다. 남은 반죽으로 모양을 만들어 붙여 장식한 다음 가운데에 구멍을 한 개 뚫어준다. 달걀물을 바른다. 중탕용 물을 채운 오븐용 바트에 파테 틀을 넣고 불에 올려 물이 끓을 때까지 가열한 뒤, 185°C 오븐으로 옮겨 넣어 약 1시간 동안 중탕으로 익힌다. 칼로 가장자리를 빙 둘러 잘라 크러스트 뚜껑을 연 다음 덮어둔 비계를 들어낸다. 틀을 분리한다. 마데이라 와인 향의 수렵육 육수를 섞은 송로버섯 스튜를 파테 안에 부어준다. 크러스트 뚜껑을 다시 덮고 오븐에서 잠시 데운다. 바로 서빙한다.

에릭 르세르(ÉRIC LECERF)의 레시피

pâté en croûte 파테 앙 크루트

크러스트로 감싸 구운 파테 : 8인분

이틀 전, 송아지 양지 650g, 닭 간 150g, 돼지고기 목구멍 살 400g, 굵직하게 깍둑 썬 푸아그라 200g을 화이트와인 1/2ℓ, 소금 20g, 후추 6g, 설탕 8g, 버터에 볶은 샬롯 1개, 잎만 딴 타임 1티스푼을 넣고 재워둔다. 하루 전, 밀가루 500g, 버터 250g, 소금 10g, 달걀 2개를 혼합해 반죽을 만든 다음 냉장고에 24시간 넣어 휴지시킨다. 조리 당일, 재워둔 소 재료를 건져내 굵은 절삭망을 끼운 정육 분쇄기로 간다. 냉장고에서 휴지시킨 반죽을 밀어 파테용 틀 바닥과 옆면에 대준다. 위에 덮어줄 분량의 반죽은 남겨둔다. 틀에 소 재료를 채워 넣은 뒤 반죽으로 덮고 가장자리를 잘 붙여 봉한다. 오븐에서 45분 익힌 뒤 꺼내 식힌다.

장 뒤클루(JEAN DUCLOUX)의 레시피

pâté en croûte « pavé du roy » 파테 앙 크루트 "파베 뒤 루아"

파베 뒤 루아 파테 앙 크루트 : 송아지 허벅지 살 300g과 돼지 뒷다리 살 300g을 작게 깍둑 썰어 화이트와인 1컵, 코냑 작은 식후주 글라스로 1잔, 소금, 후추, 카트르 에피스(quatre-épices) 1자밤에 12시간 재워둔다. 돼지 목구멍살 500g을 정육 분쇄기로 간 다음 소금, 후추로 간한다. 재운 고기와 작게 깍둑 썬 푸아그아 100g을 여기에 넣어 혼합한다. 밀가루 500g, 버터 300g, 달걀 2개를 혼합해 짭짤한 파트 브리제를 만든다. 반죽을 밀어 파테 틀 바닥과 옆면에 대어준 다음 얇게 저민 돼지비계(barde)를 바닥에 깔고 소 재료의 반을 채워 넣는다. 작게 자른 송로버섯 6개를 고르게 뿌린 뒤 나머지 소를 덮어 채운다. 얇은 돼지비계로 한 겹 덮고 나머지 반죽으로 뚜껑을 덮어 밀봉한다. 증기가 빠져 나갈 구멍 2개를 뚫어준 다음 붓으로 달걀물을 바른다. 250°C로 예열한 오븐에서 1시간 동안 익힌다. 식힌 뒤 차가운 즐레(gelée)를 두 개의 구멍으로 흘려 넣는다. 냉장고에 12시간 동안 넣어둔다.

pâté de foie gras truffé 파테 드 푸아그라 트뤼페

송로버섯을 넣은 푸아그라 파테 : 탱탱한 푸아그라 2개를 준비해 깔끔하게 다듬고 핏줄을 꼼꼼히 제거한다. 송로버섯 껍질을 벗긴 뒤 작은 막대 모양으로 잘라 향신료를 더한 소금을 뿌리고 코냑을 뿌린 다음 푸아그라에 골고루 찔러 넣는다. 향신료를 넣은 소금으로 간을 하고 코냑과 마데이라 와인에 2시간 동안 재워둔다. 12시간 동안 냉장고에 휴지시킨 파테용 반죽(pâte à pâté)을 스프링폼 팬(원형 또는 타원형) 틀 바닥과 옆면에 대준다. 돼지비계와 간으로 만든 스터핑을 바닥과 옆면에 발라 깐 다음

주요 파테의 종류와 특징

명칭	산지	산지
슬라이스로 잘라 서빙하는 타입 *pâtés à trancher*		
내장 및 부속 파테 pâté d'abats	프랑스 전역	고기와 식용 가능한 내장 및 부속을 섞어 만든다.
아미엥 오리 파테 pâte de canard d'Amiens	피카르디 Picardie	갈랑틴의 일종으로 오리 25~30%, 돼지비계와 살코기를 섞은 스터핑을 넣어 만들며 송로버섯이나 피스타치오를 넣기도 한다. 경우에 따라 크러스트로 싸서 익힌다.
아르덴 파테 pâté des Ardennes	아르덴 Ardennes	버터를 넣은 크러스트 반죽인 파트 핀(pâte fine)으로 겉을 싼 파테이며, 작게 자른 간과 돼지비계, 경우에 따라 머릿고기, 염통 등을 넣어 만든다.
브르타뉴 파테 pâté breton	프랑스 전역	생양파, 돼지껍데기 또는 머릿고기 자투리 등을 넣어 오븐에 익힌 파테 드 캉파뉴의 일종이다.
파테 드 캉파뉴 pâté de campagne	프랑스 전역	순 돼지살코기, 비계, 내장 및 부속(염통, 간, 머릿고기)으로 만든다.
간 파테 드 캉파뉴 pâté de campagne au foie	프랑스 남서부 Sud-Ouest	간이 30% 이상 들어간 파테 드 캉파뉴.
샤르트르 파테 pâté de Chartres	샤르트르 Chartres	수렵육, 자고새, 꿩. 오리의 살코기 또는 간(혹은 둘 다)이 20% 이상 들어가고 그 외에 돼지고기나 송아지 고기(혹은 둘 다)가 들어간 파테이다. 경우에 따라 크러스트나 브리오슈 반죽을 입혀 굽기도 하고, 통조림 제품으로도 나와 있다.
파테 앙 크루트 pâté en croûte	프랑스 전역	기름기가 적은 살코기(돼지, 송아지, 가금류, 수렵육)와 곱게 간 스터핑을 반죽으로 감싸 구운 파테이며 경우에 따라 1인분씩 작은 사이즈로 만들기도 한다.
야생버섯 파테 pâté forestier	프랑스 전역	숲에서 채집한 야생버섯(뿔나팔버섯, 포치니버섯, 곰보버섯, 젖버섯 등)이 1%이상 들어간 파테 드 캉파뉴이다.
수렵육 파테 pâté de gibier	프랑스 전역	수렵육 살코기 20% 이상, 간, 염통, 콩팥 등을 넣은 파테로 단면이 짙은 갈색(산토끼 파테) 또는 밝은 갈색(자고새 파테)을 띤다.
페리괴 파테 pâté de Périgueux	도르도뉴 Dordogne	송로버섯(3%)을 넣은 파테로 거위나 오리 푸아그라 30~40%, 돼지고기(살코기와 비계) 스터핑으로 만든다. 통조림 제품도 있다.
렌 파테 pâté rennais	브르타뉴 Bretagne	순 돼지로만 만든다. 간과 염통, 비계와 익힌 돼지껍데기, 살코기를 각각 1/3씩 동량으로 넣어 만들며 파슬리, 향신료를 넣어 향을 낸다.
가금류 파테, 토끼 파테 pâté de volaille, de lapin	프랑스 전역	살코기(닭, 오리, 칠면조, 토끼)가 15%이상 들어간다(20% 이상이면 pâté supérieur).
퓌레, 무스, 크림 *purée, nousse, crème*		
간 콩피 confit de foie	프랑스 전역	돼지 또는 닭으로 만들며, 간의 함량이 40~60%이다.
간 파테 pâté de foie	프랑스 전역	입자가 고와 발라먹기 좋은 파테이며 간이 최소 15% 이상 들어간다(20% 이상이면 고급 등급인 수페리어 supérieur로 간주된다). 돼지비계나 가금류 기름을 넣고, 경우에 따라 즐레, 달걀, 우유, 밀가루, 전분 등을 넣어 섞는다.
뭉쳐 빚은 타입 *pâtés en boulette*		
아티뇰 attignole	노르망디 Normandie	돼지 살코기와 비계, 껍데기를 굵직하게 갈아 한 개당 25~30g 크기로 둥글게 빚은 뒤 눌러 붙여 오븐에 익힌다. 즐레를 넣기도 한다.
아트리오 attriau	사부아 Savoie	돼지 허파, 염통, 간, 비계를 다져 100g 정도씩 둥글게 빚은 뒤 크레핀으로 싸 익힌다.
카이예트 드 라르데슈 caillette de l'Ardèche	아르데슈 Ardèche	근대나 시금치, 다진 돼지고기를 반반씩 혼합한 뒤 크레핀으로 싸 오븐에 익힌다.
카이예트 바루아즈 caillette varoise	프로방스 Provence	순 돼지로 만든다. 간(30%), 목구멍 살(30%), 살코기를 혼합해 오븐에 익힌 파테이다.
프리캉도 fricandeau	프랑스 남서부 Sud-Ouest	돼지 목구멍 살, 간, 콩팥(돼지나 송아지)를 혼합해 크레핀으로 싸거나 돼지기름을 넣고 동글게 빚어 오븐에 익힌다.
아트로 pâté / attereau	부르고뉴 Bourgogne	살코기와 간, 콩팥, 돼지비계를 다져 크레핀으로 싸거나 둥글게 빚어 익힌다.
파고 pâté / fagot	샤랑트 Charentes	얇게 저민 돼지 간과 비계를 넣고 크레핀으로 싸거나 실로 묶어 지진다. 또는 작고 동그랗게 빚어 익힌다.
가스코뉴 파테 pâté de Gascogne	프랑스 남서부 Sud-Ouest	가금류의 간을 중간중간 조각이 남아 있게 으깬 뒤 돼지간과 섞는다. 또는 고운 무스로 만든다.

가운데 푸아그라 덩어리 2개를 빽빽하게 붙여 넣는다. 스터핑(총 1kg가량 소요)을 가운데가 수북하게 올라오도록 돔 모양으로 덮어준 다음 얇게 저민 돼지비계로 덮는다. 그 위에 월계수 잎 1/2장과 타임 작은 한 줄기를 놓고 반죽으로 뚜껑을 덮는다. 가장자리를 잘 붙여 밀봉한 다음 핀처로 빙 둘러 집어 모양을 내준다. 나머지 반죽을 밀어 초승달 모양 등의 커터로 찍어낸 다음 파테 표면에 붙여 장식한다. 파테 표면에 구멍을 한 개 뚫어 익히는 도중 증기가 빠져나가도록 한다. 달걀물을 바른 뒤 190°C로 예열한 오븐에서 파테 무게 1kg당 30~35분간 익힌다. 따뜻한 온도로 식힌 다음, 녹인 돼지기름(일정 기간 보관해야하는 경우) 또는 액체 즐레(빠른 시간 내에 먹는 경우)를 구멍으로 흘려 넣는다.

크리스티앙 파라(CHRISTIAN PARRA)의 레시피

pâté de foie de porc et de canard gras 파테 드 푸아 드 포르 에 드 카나르 그라

돼지 간, 오리 간 파테 : 200g짜리 밀폐용 병 50~55개 분량

큰 볼에 돼지 간 2kg, 돼지 목구멍 살 4kg, 껍질을 벗기지 않은 상태의 오리 살 4kg을 넣고 섞은 뒤 굵은 절삭 망을 끼운 정육 분쇄기로 간다. 소금 160g, 갓 갈아낸 흑후추 40g, 에스플레트 칠리가루 10g, 다진 마늘 10톨, 설탕 50g, 코냑 한 바퀴를 넣고 세게 휘저어 혼합한다. 준비한 유리 밀폐용기 중앙에 약 20g짜리 생푸아그라를 한 조각씩 넣는다. 파테 혼합물을 병 높이 5mm를 남긴 지점까지 채워 넣은 뒤 월계수 잎 작은 조각을 한 개 얹는다. 병뚜껑을 닫고 밀폐한 다음 끓는 물에 2시간 동안 소독한다. 물이 계속 끓는 상태를 유지하도록 한다. 그 상태에서 식힌 뒤 병을 꺼내 물기를 닦고 빛이 들지 않는 서늘한 곳에 보관한다. 오래 보관하고 먹을 수 있다.

장 뒤클루(JEAN DUCLOUX)의 레시피

pâté de foie de volaille 파테 드 푸아 드 볼라이

닭 간 파테 : 코냑 6테이블스푼, 식용유 3테이블스푼, 다진 샬롯 1개를 혼합한 마리네이드액에 작게 깍둑 썬 송아지 허벅지 살 500g과 돼지 안심 500g, 정육 분쇄기에 간 돼지 목구멍살 600g을 넣고 소금, 후추, 카트르 에피스 한 자밤을 넣어 간한다. 최소 12시간 동안 재워둔다. 닭 간 6개와 주사

위 모양으로 썬 돼지비계 100g를 함께 넣고 버터에 지진 뒤 중간 굵기 절삭망을 끼운 정육 분쇄기에 간다. 여기에 달걀 2개, 밀가루 2테이블스푼, 생크림 1테이블스푼, 마리네이드액을 조금 넣는다. 테린 틀 바닥에 얇게 저민 돼지비계 200g을 깔아준 다음 준비한 소 재료를 넣고 돼지비계로 완전히 덮어준다. 200°C로 예열한 오븐에 넣어 1시간 30분간 중탕으로 익힌다.

pâté de lamproie à la bordelaise 파테 드 랑프루아 아 라 보르들레즈

보르도식 칠성장어 파테 : 칠성장어 필레, 허브를 넣은 생선살 스터핑을 넣고 사이사이에 버터에 익힌 리크를 한 켜씩 넣어 파테를 만든다.

pâté de lièvre 파테 드 리에브르

산토끼 파테 : 산토끼 한 마리의 뼈를 제거한 다음 허리 등심 쪽 필레 미뇽과 넓적다리 살만 잘라낸다. 힘줄을 제거한 다음 가늘게 자른 돼지비계를 박아 넣는다. 소금, 후추, 카트르 에피스(quatre-épices)로 간한 다음 코냑에 재워둔다. 여기에 길게 자른 비훈연 햄과 신선한 돼지비계를 동량으로 넣는다. 송로버섯도 세로로 등분해 잘라 함께 넣는다. 토끼의 남은 살들을 떼어내 수렵육 스터핑을 만든다. 갈아서 곱게 체에 긁어내린 스터핑에 산토끼 피를 넣어 섞는다. 타원형 스프링폼 팬에 버터를 바른 뒤 파테용 반죽을 바닥과 옆면에 대어준다. 얇게 저민 돼지비계를 바닥에 깐 다음 수렵육 스터핑을 바닥과 안쪽 벽에 한 켜 발라준다. 그 위에 재워둔 토끼고기 혼합물을 한 켜 깔고 교대로 스터핑을 쌓아 채운다. 반복해서 채운 뒤 맨 위는 스터핑으로 마무리한다. 얇은 돼지비계로 한 켜 다시 덮어준 다음 반죽으로 마무리하고 가장자리를 꼭 눌러 붙여 밀봉한다. 핀처로 빙 둘러 집어 가장자리 무늬를 내준다. 원하는 모양을 잘라 붙여 장식한 다음 철제 원형 깍지를 한 개 찔러 넣어 익는 동안 증기가 빠져나갈 구멍을 만들어준다. 달걀물을 바른 뒤 190°C로 예열한 오븐에 넣어 익힌다. 익히는 시간은 파테 1kg 당 35분으로 잡는다. 꺼내서 틀에 넣은 상태 그대로 식힌다. 증기 구멍으로 마데이라 와인 즐레 몇 스푼을 흘려 넣는다.

pâté de porc à la hongroise 파테 드 포르 아 라 옹그루아즈

헝가리식 돼지고기 파테 : 돼지 목살 300g을 가늘고 길쭉하게 썰어 소금, 후추로 간한 다음 5~6시간 휴지시킨다. 양파 150g의 껍질을 벗기고 작게 깍둑 썬다. 양송이버섯 200g을 씻어서 얇게 썬다. 양파와 버섯을 색이 나지 않도록 버터에 볶고 소금, 후추, 파프리카 가루를 넣어 간한다. 블루테 2~3스푼을 넣어 혼합한다. 파테용 반죽을 밀어 테린 틀 안에 깔아준다. 크림소스와 혼합한 스터핑 고디보(godiveau)에 다진 차이브와 파프리카를 넣고 섞은 다음 틀 바닥에 200g 정도 깔아준다. 그 위에 양파와 버섯 혼합물을 얹고 꼭꼭 눌러준다. 돼지고기를 버터에 슬쩍 지져 모양이 유지될 정도로만 굳힌 뒤 채소 위에 가지런히 놓는다. 다시 고디보 스터핑 200g을 덮고 파트 아 퐁세(pâte à foncer) 또는 푀유타주 반죽으로 덮어 봉한다. 산토끼 파테와 마찬가지 방법으로 마무리 작업을 한 다음 180°C로 예열한 오븐에 넣어 1시간 30분간 익힌다. 꺼내서 식힌 뒤 헝가리안 소스(sauce hongroise)를 구멍으로 흘려 넣는다.

pâté de ris de veau 파테 드 리 드 보

송아지 흉선 파테 : 끓는 물에 데친 송아지 흉선 2개를 색이 뽀얗게 변할 때까지 브레이징해 반 정도 익힌다. 양송이버섯 300g을 씻어 얇게 썬 다음 버터에 슬쩍 볶는다. 파트 핀(pâte fine) 반죽을 밀어 타원형의 파테용 틀 바닥과 벽에 깔아준다. 크림을 넣어 만든 스터핑 고디보(godiveau) 250g을 바닥과 안쪽 벽에 한 켜 깐 다음 볶은 버섯의 반을 채워 넣는다. 송아지 흉선을 넣고 다시 나머지 버섯을 덮는다. 녹인 버터를 고루 뿌린다. 반죽으로 덮어 밀봉하고 산토끼 파테와 마찬가지 방법으로 마무리 작업을 한 다음 190°C 오븐에 넣어 1시간 30분간 익힌다.

pâté de saumon 파테 드 소몽

연어 파테 : 강꼬치고기(brochet) 600g을 갈아 만든 스터핑에 송로버섯 1개를 다져 섞어준다. 연어 살 600g을 도톰하게 썬 다음 오일 약간, 소금, 후추, 잘게 다진 허브를 넣고 1시간 동안 재워둔다. 파트 핀(pâte fine) 반죽을 얇게 밀어 편 다음 타원형 테린 틀 바닥과 옆면에 깔아준다. 생선 스터핑 분량의 반을 틀에 넣고 연어를 중간에 넣은 다음 나머지 스터핑을 채워 덮는다. 반죽으로 덮어 밀봉하고 산토끼 파테와 마찬가지 방법으로 마무리 작업을 한 다음 190°C 오븐에 넣어 1시간 15분간 익힌다.

pâté de veau et de jambon en croûte 파테 드 보 에 드 장봉 앙 크루트

송아지 고기와 햄을 넣은 파테 앙 크루트 : 송아지 허벅지 살 300g의 힘줄을 제거한 뒤 길이 10cm로 가늘게 썬다. 돼지 살코기 300g과 햄 200g도 마찬가지로 준비한다. 모두 볼에 넣고 향신료를 넣은 소금 20g과 마데이라 와인 100㎖를 넣고 6~12시간 동안 재운다. 파트 핀(pâte fine)을 얇게 밀어 원형 또는 타원형 틀 바닥과 옆면에 대어준다. 얇게 저민 돼지비계(barde) 200g을 바닥과 옆면에 깐 다음 곱게 간 스터핑(farce fine) 250g을 한 켜 발라준다. 송아지고기, 돼지고기, 햄을 교대로 층층이 채워 넣고 층 사이사이마다 스터핑으로 너무 두껍지 않게 틈새를 메꿔준다. 기호에 따라 송로버섯 1~2개를 잘라 넣거나 피스타치오를 몇 개 얹어준 다음 스터핑 200g을 덮어준다. 반죽으로 덮어 마무리한 다음 가장자리를 꼭 눌러 붙이고 핀처로 빙 둘러가며 눌러 집어 무늬를 내준다. 달걀물을 바른 뒤 남은 반죽을 얇게 밀어 원하는 모양으로 잘라 붙여 장식한다. 윗면 중앙에 구멍을 한 개 뚫고 은박지를 돌돌 말아 끼우거나 원형 철제 깍지를 끼워준다. 다시 한 번 달걀물을 발라준 다음 190°C 오븐에서 약 1시간 10분 동안 익힌다. 완전히 식힌 다음 녹인 버터나 돼지 기름을 구멍으로 흘려 넣는다(바로 먹는 경우에는 즐레를 넣는다). 완전히 식은 뒤 틀에서 꺼낸다.

PÂTE D'AMANDE 파트 다망드 아몬드 페이스트. 아몬드를 뜨거운 물에 데쳐 속껍질을 벗긴 뒤 말려 곱게 간 다음 그의 2배에 해당하는 분량(무게 기준)의 설탕과 약간의 글루코스 시럽을 섞은 당과류 혼합물이다.

■ **사용.** 아몬드 페이스트는 주로 색이 없는 증류주나 리큐어로 향을 내며 봉봉이나 한입 크기 초콜릿 부셰(bouchée)의 속에 채워 넣는 용도로 많이 쓰인다. 칼리송(calisson), 아부키르(aboukir), 투롱(touron), 마스팽(massepain) 등의 주재료이기도 하다. 파티스리에서 아몬드 페이스트는 각종 케이크(뷔슈, 스펀지케이크, 프티갸토, 앙트르메 등)를 장식하거나 표면을 덮어씌우는 등 매우 다양한 용도로 쓰인다. 말랑말랑한 아몬드 페이스트 퐁당(pâte d'amande fondante 설탕 분량을 줄여 만든다)에 바닐라, 레몬, 오렌지, 딸기, 피스타치오, 커피, 초콜릿 등으로 향을 내기도 하고, 흰색, 분홍, 연두, 갈색, 노란색 등 다양한 색으로 만들어 사용한다. 아몬드 페이스트를 과립형으로 부수어 케이크나 프티푸르에 씌워주기도 한다. 또한 프티푸르로 서빙하는 건과일(대추야자, 건자두 등) 안에 채워 넣기도 한다. 뤼벡(Lübeck)으로 불리는 아몬드 페이스트가 가장 인기 있는 제품이다.

colombier ▶ COLOMBIER
polenta au parmesan ▶ POLENTA

pâte d'amande 파트 다망드

아몬드 페이스트 : 아몬드 250g의 속껍질을 벗긴 뒤 아주 곱게 간다. 소량씩 갈아야 기름으로 뭉치지 않는다. 설탕 500g에 글루코스 시럽 50g과 물 150㎖를 넣고 끓여 시럽을 만든다(프티 불레 petit boulé 상태가 될 때까지. 약 115°C). 불에서 내린 뒤 곱게 간 아몬드를 붓고 나무 주걱으로 세게 휘저어 입자가 고루 섞인 혼합물을 만든다. 식힌 뒤 소량씩 손으로 반죽해 부드럽고 말랑하게 만든다.

PÂTE DE FRUITS 파트 드 프뤼 과일 젤리, 과일 페이스트. 과육 퓌레와 설탕, 펙틴을 섞어 만든 당과류로 만드는 방법은 잼과 아주 비슷하지만 훨씬 수분이 적은 말랑한 고체 상태이다. 완성된 파트 드 프뤼의 순수 과육 펄프 함량은 50%이다(마르멜로와 시트러스 과일류는 40%).

■ **제조.** 대량생산 제품은 대부분 살구 과육 퓌레 또는 사과 과육 퓌레(또는 이 두 가지 모두)에 해당 과일 퓌레를 혼합한 다음 향을 추가하고 경우에 따라 색소를 더해 만든다. 과일 퓌레에 설탕과 글루코스 시럽, 펙틴을 넣어 끓이고 향료, 색소 등을 첨가한 다음 틀이나 베이킹 팬에 붓고 원하는 모양과 크기로 자른다. 12~24시간 동안 식힌 뒤 젤리를 틀에서 분리하고 솔로 닦고 바람으로 말린 뒤 설탕, 슈거파우더, 또는 글라스 루아얄에 굴려 묻힌다. 너무 건조하지 않은 실온에서 보관한다. 특정 과일 이름이 붙은 젤리 중 pâtes de(과일명)은 오로지 그 과일만을 사용해 만들었다는 뜻이며, pâtes de fruits à(과일명)으로 표시된 것은 언급된 그 과일이 많은 비중을 차지하는 주재료로 쓰였다는 표시이다. 또한 pâtes de fruits, arôme(과일명)은 해당 과일이 아주 소량 사용되었거나 향료 상태로 사용되었음을 의미한다.

cotignac ▶ COTIGNAC

pâte d'abricot 파트 다브리코

살구 젤리 : 잘 익은 살구의 씨를 빼 냄비에 넣고, 물을 재료 높이만큼 부은 뒤 끓을 때까지 가열한다. 건져서 껍질을 벗긴 뒤 그라인더(푸드밀)로 간다. 살구 퓌레 무게를 잰 다음 1kg당 설탕 1.1~1.2kg을 계량해둔다. 계량한 설탕 중 100g과 분말형 겔화제 60g을 섞어둔다. 바닥이 두꺼운 냄비에 살구 퓌레를 넣고 끓을 때까지 가열한다. 설탕과 겔화제 혼합물을 넣고 나무 주걱으로 저어주며 다시 끓을 때까지 가열한다. 나머

지 설탕의 반을 넣고 계속 젓는다. 남은 설탕을 모두 넣고 계속 저으며 세게 끓는 상태로 6~7분간 유지한다. 유산지에 기름을 살짝 바른 다음 대리석 작업대에 놓고 그 위에 나무로 된 직사각형 프레임을 놓는다. 끓인 혼합물을 프레임 안에 붓고 표면을 고르게 한 다음 2시간 동안 식힌다. 정사각형 또는 직사각형으로 자른 뒤 설탕에 굴린다.

쇼콜라트리 루아얄(CHOCOLATERIE ROYALE, ORLÉANS)의 레시피

pâte de coing 파트 드 쿠앵

마르멜로 젤리 : 껍질을 벗기고 씨를 뺀 뒤 잘게 썬 마르멜로(유럽모과) 1kg과 물 150mℓ를 냄비에 넣고 과육이 완전히 콩포트처럼 익을 때까지 가열한다. 중간 굵기 절삭망을 끼운 그라인더(푸드밀)에 간 다음, 설탕 1.2kg을 넣고 가열한다. 중간중간 눌어붙지 않도록 저어주며 혼합물이 냄비 바닥에서 떨어질 때까지 충분한 시간 동안 익힌다. 설탕을 뿌린 대리석 작업대에 사각 프레임을 놓고 혼합물을 붓는다. 다음 날 마르멜로 젤리가 완전히 식으면 원하는 크기로 자른 다음 설탕을 묻혀 건조시킨다.

pâte de fraise 파트 드 프레즈

딸기 젤리 : 딸기를 씻어 꼭지를 딴 다음 그라인더(푸드밀)에 간다. 딸기 퓌레 1kg당 잼 전용 설탕 1kg을 준비한다. 냄비에 딸기 퓌레를 넣고 끓인 다음 설탕의 반을 넣고 나무 주걱으로 잘 저으며 가열한다. 다시 끓어오르면 나머지 설탕을 모두 넣고 계속 저으며 세게 끓는 상태를 6~7분간 유지한다. 판 젤라틴 2장을 찬물에 담가 불린 뒤 꼭 짠다. 젤라틴에 뜨거운 딸기 퓌레를 조금 넣고 녹인 뒤 다시 냄비에 넣고 잘 섞는다. 작업대에 유산지를 깐 다음 사각 프레임을 놓고 혼합물을 붓는다. 표면을 고르게 한 다음 식힌다. 정사각형 모양으로 잘라 설탕에 굴려 묻힌다.

『현대적 당과 제조사(*LE CONFISEUR MODERNE*)』(1803)의 레시피

pâte de pomme 파트 드 폼

사과 젤리 : 잘 익은 레네트(reinette) 사과를 준비해 껍질을 벗기고 속과 씨를 제거한다. 물(사과 1kg당 700mℓ)과 함께 냄비에 넣고 중간중간 나무 주걱으로 저어주면서 사과가 완전히 물러질 때까지 익힌다. 불에서 내린 뒤, 볼 위에 얹어 놓은 체에 붓는다. 식으면 사과를 긁어내려 고운 퓌레를 만든 다음 다시 불에 올려 반으로 졸인다. 불에서 내려 유약 입힌 도기나 볼에 붓는다. 동량의 설탕에 물을 넣고 녹이며 약하게 가열해 맑게 정화한다(clarification). 이것을 끓여 시럽을 만든 뒤(프티 카세 petit cassé 상태. 약 135°C) 졸인 사과 마멀레이드를 붓고 주걱으로 잘 저어 섞은 다음 약한 불에 올린다. 부글부글 끓이면서 냄비 바닥에 보일 때까지 계속 젓는다. 준비해둔 프레임 틀에 부어 굳힌다(살구 젤리와 같은 방법으로 만든다).

PÂTÉ IMPÉRIAL 파테 앵페리알 중국, 베트남 등에서 즐겨 먹는 춘권, 튀긴 스프링롤. 중국식 춘권은 달걀과 밀가루로 만든 정사각형 피에 각종 소를 넣고 돌돌 말아 튀겨낸 것이다. 소 재료는 주로 돼지고기, 양파, 새우, 죽순, 숙주, 표고버섯, 실파, 경우에 따라 물밤 등을 사용하며 여기에 달걀을 넣어 잘 엉겨붙게 섞은 뒤 간장, 생강, 후추, 청주로 양념해 만든다. 튀긴 춘권은 마늘과 레몬을 넣은 간장에 찍어 먹으며, 양상추, 생숙주, 민트, 파슬리 또는 고수를 곁들이기도 한다. 베트남식 스프링롤 튀김은 들어가는 재료가 약간 다르다. 북부 지방에서는 넴(**참조** NEM), 남부 지방에서는 짜조(châgio)라고 부르며, 돼지고기 대신 닭고기를, 새우 대신 게살을 넣기도 한다. 소 재료는 피시 소스 느억맘(nuoc-mâm)을 넣어 양념한 뒤 얇은 라이스페이퍼로 돌돌 말아 싼다. 튀기거나 팬에 지져 약간 매콤하게 양념한 피시소스와 민트잎, 양상추를 곁들여 서빙한다.

PÂTÉ PANTIN 파테 팡탱 틀에 넣어 모양을 고정시키지 않은 상태로 익힌 파테 앙 크루트를 가리킨다. 소 재료(고기, 가금류, 수렵육, 생선)를 반죽 크러스트로 완전히 감싼 뒤 오븐팬에 그대로 놓고 굽는다. 직사각형 또는 길쭉한 모양의 파테 팡탱은 주로 애피타이저로 뜨겁게 혹은 차갑게 서빙된다.

pâté pantin de volaille 파테 팡탱 드 볼라이

가금류 파테 팡탱 : 닭이나 오리 등의 가금류 살 안에 소를 채워 넣고 돌돌 말아 발로틴처럼 만든다. 이것을 흰색 닭 육수에 반 정도 익혀 건진 뒤 식힌다. 브리오슈 반죽 600g을 작업대에 펼쳐 놓고 동량으로 반 나눈다. 한쪽 반죽 위에 아주 얇게 저민 돼지비계를 놓고 닭 발로틴을 가운데 놓은 뒤 반죽을 모아 가장자리를 감싸준다, 얇은 돼지비계를 한 겹 덮어준 다음 나머지 브리오슈 반죽으로 덮고 가장자리를 잘 붙여 밀봉한다. 표면에 줄을 그어 무늬를 낸 다음 달걀물을 바르고 증기가 빠져나갈 구멍을 한 개 뚫어준다. 190°C로 예열한 오븐에서 1시간 30분간 굽는다. 따뜻한 온도로 서빙한다.

PÂTÉ DE PÉZENAS 파테 드 페즈나 작은 실패 모양의 파테 앙 크루트. 다진 양고기(주로 뒷다리 살)와 양 콩팥 주위를 둘러싼 기름을 섞은 뒤 황설탕과 레몬 제스트, 당절임한 오렌지 껍질을 넣어 양념한 달콤 짭짤한 소를 채워 만든다. 주로 애피타이저로 아주 뜨겁게 서빙하는 파테 드 페즈나는 20세기 초 프로스페르 몽타녜(Prosper Montagné)가 제안한 것처럼 디저트로 먹기도 한다. 이 랑그독 지방의 파테 레시피의 원조는 베지에(Béziers)라고 주장한다. 이곳에서는 이미 17세기에 고기를 넣은 작은 파테를 길에서 팔았다고 한다. 하지만 파테 드 페즈나의 기원은 좀 더 구체적이다. 영국령 인도의 주지사였던 클라이브(Robert Clive) 남작은 1766년 페즈나(Pézenas)에서 겨울을 보냈다. 그의 인도인 요리사는 당시 향신료와 단맛을 첨가한 양고기 파테를 만들어주었다(영국인들은 이 맛을 매우 좋아했다). 이후 페즈나의 파티시에들은 이 파테를 만들어 팔기 시작했고, 이 지역 전체로 퍼져나갔다.

PÂTES ALIMENTAIRES 파트 알리망테르 파스타. 듀럼밀 세몰리나와 물을 기본 재료로 하며 경우에 따라 달걀이나 채소를 섞기도 하여 만드는 각종 면류(**참조** p.627~630 파스타 도감). 이것은 건면 파스타의 정의이며 이 외에도 밀가루와 달걀로 만든 생파스타가 있다. 파스타는 수많은 종류의 모양이 있으며 때로는 향이 첨가된 것도 있다. 끓는 물에 삶아 각종 소스나 양념에 조리하거나 수프에 넣는 용도, 그라탱용, 속을 채운 것 또는 이미 조리되어 있어 데우기만 하면 되는 것 등 다양한 형태로 판매된다. 국수는 고대 중국에서부터 만들어졌으며, 1295년에 마르코 폴로가 동방 여행 중 이를 발견하여 유럽으로 가져간 것이 파스타의 기원이 되었다고 전해진다. 하지만 또 다른 설에 따르면 당시 이탈리아에서는 이미 파스타를 만들어 먹었던 것으로 알려졌다. 프랑스에 파스타가 들어온 것은 16세기 카트린 드 메디시스에 의해서다. 처음에 귀족과 부유층의 전유물이었던 파스타는 프로방스와 알자스뿐 아니라 중부 유럽과 독일로 퍼져나갔다. 19세기 말에 이르러 대량생산이 가능해진 덕에 파스타는 아주 대중적인 식품이 되었고, 오늘날까지 그 위상이 이어지고 있다.

■ **제조.** 파스타의 제조는 조리 과정이나 발효 단계 없이 기계적인 작업으로만 이루어진다. 우선 듀럼밀을 고운 세몰리나로 분쇄해 간 다음 수분이 32%까지 이르도록 물과 섞는다. 이 때 생달걀을 첨가하기도 한다. 반죽과 압착을 마친 파스타는 사출기로 모양을 뽑아내거나 납작하게 압연하여 원하는 모양으로 잘라주는 과정을 거친다. 이어서 열풍에 건조시켜 수분 함량을 12.5%까지 떨어트리면 건면으로 오랫동안 보존할 수 있게 된다. 이 과정에서 어떠한 화학적 첨가나 색소도 허용되지 않는다. 건조가 끝난 파스타는 종이 박스나 투명한 비닐 봉지에 포장된다. 반면, 생파스타는 건조시키지 않는다(수분함량 12.5% 이상). 모양을 만들거나 속을 채운 생파스타는 포장해서 신선식품 코너에 진열하거나, 벌크로 원하는 만큼 무게를 달아 판매한다. 개봉하면 빠른 시간 내에 소비해야 한다.

좋은 품질의 파스타는 매끈하고 균일해야 하며 흰색 또는 반투명한 줄자국 없이 황색에 가까운 고운 색이 나야 한다. 건 파스타의 경우 삶으면 부피가 3배로 늘어난다. 평균적인 파스타 1인분(건면 60g, 익힌 면 180g)의 열량은 양념이나 소스를 제외하고 230kcal 또는 961kJ이며 꽤 많은 식물성 단백질도 공급한다. 버터, 토마토 소스, 치즈(지방, 탄수화물, 비타민)를 넣고 조리한 파스타는 골고루 균형 잡힌 한 그릇 요리가 된다. 파스타는 알 덴테(al dente 씹었을 때 약간 단단한 식감이 느껴지는 상태)로 익혀 먹는다. 이렇게 약간 덜 삶은 듯이 익힌 파스타는 천천히 소화 흡수되는 느린 당을 포함하고 있어 오랫동안 지속되는 열량을 공급하는 반면, 푹 익힌 파스타는 함유된 전분을 빠른 당으로 변환시킨다.

■ **클래식 파스타와 특수 파스타.** 파스타는 구성성분의 비율에 따라 다양한 종류로 나뉜다.

● PÂTES CLASSIQUES 일반 클래식 파스타. 듀럼밀 세몰리나와 물로만 이루어진다. 상급 품질(qualité supérieure)로 고르는 것이 좋다. 다양한 굵기의 마카로니, 탈리아텔레 등 그 모양의 종류가 매우 많으며 이들은 모두

같은 듀럼밀 세몰리나로 만들어진 것일지라도 곁들이는 소스나 양념에 따라 맛이 달라진다. 어떤 것들은 가는 줄무늬 홈이 있어 오일이나 크림 등의 유지 성분 소스가 더 잘 붙는다. 클래식 파스타는 일반적으로 작고 가는 수프용 파스타, 다양한 굵기와 모양의 롱 파스타와 쇼트 파스타로 분류한다.

- **PÂTES AUX ŒUFS 달걀을 넣어 반죽한 파스타.** 세몰리나 가루 1kg당 3~8개의 달걀이 들어간다.
- **PÂTES AU GLUTEN 글루텐 함량이 높은 파스타.** 글루텐의 단백질 함량이 최소 20%이며, 탄수화물 함량이 일반 파스타보다 낮다(56.5%, 일반 파스타는 대개 75% 정도).
- **PÂTES AU LAIT 우유를 넣어 반죽한 파스타.** 파스타 100g당 우유로부터 추출된 고형 물질을 최소 1.5g 함유하고 있다.
- **PÂTES AUX LÉGUMES OU AROMATISÉES 채소를 넣거나 향이 첨가된 파스타.** 파스타 제조 시 다진 채소(주로 시금치)나 향신 허브 또는 즙(토마토, 오징어 먹물 등)을 첨가해 만든다.
- **PÂTES FARCIES 소를 채운 파스타.** 통조림, 진공포장, 급속냉동 또는 반 조리 식품 등으로 판매된다.
- **PÂTES ÀU BLÉ COMPLET 통밀 파스타.** 색이 약간 어두우며 식이섬유 함량이 높고 일반 파스타보다 포만감이 크다.

■ **다양한 종류의 파스타.** 파스타는 대부분 이탈리아가 원산지이며 크게 네 그룹으로 나눌 수 있다.

- **PÂTES À POTAGE 수프용 파스타.** 아주 작은 사이즈의 파스타로 모양은 다양하다. 아넬리니(anellini 작은 링 모양, 둘레가 오돌오돌한 것도 있다), 콘킬리에테(conchigliette 작은 조개껍데기 모양), 링귀네(linguine 작은 알갱이 모양), 페니니(pennini 깃털 모양), 리조니(risoni 쌀알 모양), 스텔리니(stellini 별 모양) 외에도 아주 작은 알파벳 모양이나 가는 국수 모양의 버미첼리(vermicelli) 등이 포함된다.
- **PÂTES À CUIRE 삶아 사용하는 파스타.** 가장 많은 종류의 파스타가 여기에 해당한다. 납작한 종류도 그 폭이 다양하고(tagliatelle, fettuccine), 둥그란 면도 굵기에 따라 여러 종류가 있다(spaghetti, spaghettini, fedelini 등), 그 외에도 휜 모양이나 곧고 짧은 모양(macaroni, rigatoni, penne), 조개 껍데기처럼 움푹한 모양(coquillette), 새 둥지처럼 똬리를 틀어 말린 국수 모양(pappardelle), 나비 모양(farfalle), 나선형으로 꼬인 모양(eliche) 등 다양한 종류가 있다.
- **PÂTES À GRATINER OU À CUIRE AU FOUR 그라탱, 오븐 조리용 파스타.** 먼저 물에 삶은 뒤 사용한다. 라자냐(lasagne 선이 매끈한 것 또는 양쪽 가장자리가 꼬불꼬불한 것)뿐 아니라 토르틸리오니(tortiglioni 홈이 있는 원통형), 부카티니(bucatini 굵은 마카로니 면), 콘킬리에(conchiglie 조개껍데기 모양), 크라바티니(cravattini 나비넥타이 모양) 등이 이에 해당한다.
- **PÂTES À FARCIR 소를 채우는 파스타.** 가장 많이 사용되는 것이 카넬로니(cannelloni)와 라비올리(ravioli)이며, 그 외에도 이탈리아에서는 아뇰로티(agnolotti 작은 쇼송 모양), 카펠레티(cappelletti 만두처럼 빚어서 끝을 동그랗게 모아 붙인 모자 모양), 루마케(lumache) 굵은 조개 껍데기 모양), 마니코티(manicotti 세로로 홈이 난 굵은 카넬로니로 양끝이 사선으로 잘려있다), 만두 모양의 토르텔리니(tortellini)와 토르텔로니(tortelloni) 등도 즐겨 먹는다.

■ **파스타 서빙.** 파스타 소스는 그 종류가 매우 다양하며 가벼운 것부터 아주 진하고 묵직한 것까지 다양하다. 주로 토마토 소스 베이스에 햄, 베이컨, 다진 고기, 해산물, 생크림, 가늘게 간 치즈(파르메산, 그뤼에르 등), 안초비, 닭가슴살, 버섯, 얇게 썬 채소 등을 넣는다. 볼로네즈 소스와 밀라네즈 소스는 가장 전통적인 소스이다. 파스타는 탱발(timbale), 그라탱, 샐러드로, 또는 스크램블드 에그, 홍합, 완두콩 등에 곁들이기도 하며 왕관 모양으로 빙 둘러 플레이팅하기도 한다. 소를 채워 넣는 경우 재료는 주로 다진 고기, 시금치, 베샤멜 소스, 닭 간, 치즈, 허브, 비계를 섞은 돼지 분쇄육, 버섯 등을 사용한다. 이탈리아에서 파스타 요리는 애피타이저로 많이 서빙되는 반면 프랑스에서는 요리 가니시로 곁들이거나 주 요리로 많이 먹는다. 파스타는 샐러드에 넣기도 하고 생과일, 초콜릿, 향신료 등을 넣어 디저트를 만드는 데 사용하기도 한다.

pâtes à cannellonis : préparation ▶ CANNELLONIS

CONFECTIONNER DES PÂTES FRAÎCHES 생파스타 만들기

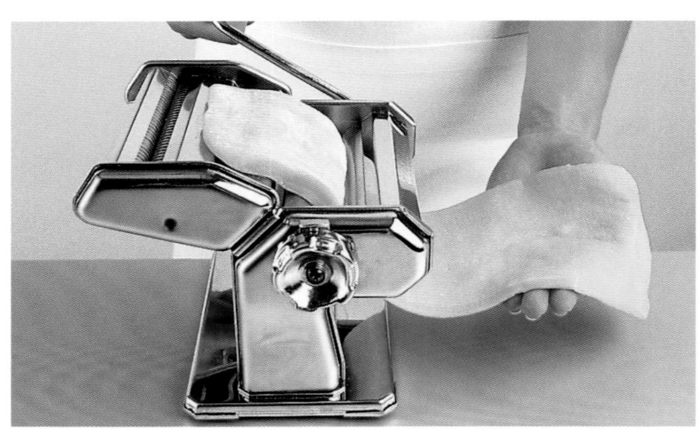

1. 파스타 제조기에 반죽을 넣고 점차적으로 두께를 얇게 조절해가며 여러 번 밀어 납작하게 편다.

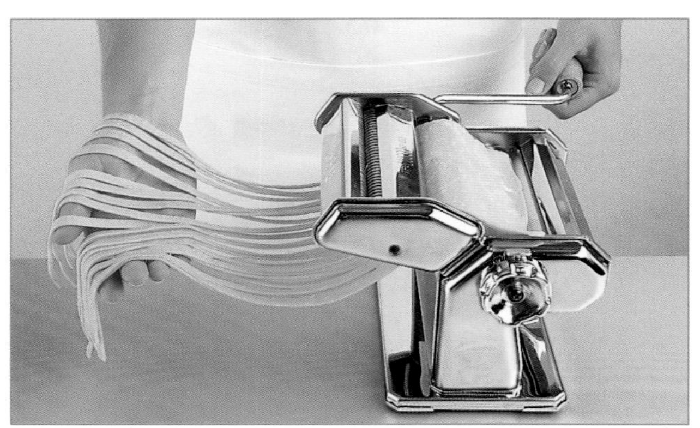

2. 납작하게 민 반죽을 휴지시킨 뒤 원하는 사이즈의 절단기를 장착하고 면으로 잘라낸다. 깨끗한 행주 위에 놓고 붙지 않게 말린다.

pâtes fraîches : cuisson 파트 프레슈

생파스타 익히기 : 4~6인분, 조리: 5~8분

생파스타 250g 기준, 물 2.5ℓ에 굵은 소금 25g을 넣어 끓인다. 물이 끓으면 파스타를 넣고 일정하게 끓는 상태를 유지한 채 익힌다. 5분이 지났을 때 파스타를 중간에 조금씩 먹어보면서 익은 상태를 체크한다. 가운데 하얀 심이 가늘게 남아 있는 알 덴테(al dente) 상태로 익힌다. 건져서 소스 등을 넣고 조리한다.

pâtes fraîches aux œufs entiers : 파트 프레슈 오 죄 앙티에

달걀을 넣은 생파스타 : 10인분 / 준비: 40분 / 휴지 시간: 1시간

밀가루 500g을 체에 친 다음 작업대에 쏟고 가운데에 움푹한 공간을 만든다. 여기에 달걀 5개를 깨트려 넣고 식용유 30mℓ를 넣은 뒤 고운 소금 10g을 녹인다. 밀가루를 조금씩 가운데로 모아가며 섞는다. 빠른 속도로 반죽한 다음, 작업대 바닥에 놓고 손바닥으로 끊어가며 눌러 밀어 매끈하고 단단한 반죽을 만든다. 전동 스탠드 믹서로 반죽해도 좋다. 반죽이 완성되면 동량의 작은 덩어리 10개로 나누어 각각 랩을 씌운 뒤 냉장고에 1시간 동안 휴지시켜 너무 쫄깃한 탄력을 좀 줄인다. 10개의 작은 반죽 덩어리를 2mm 두께로 얇게 민다. 얇게 민 반죽을 나무 막대에 널어주고 몇 분간 꾸둑꾸둑하게 말린다, 반죽이 부서질 정도로 건조되면 안 된다. 반죽에 밀가루를 뿌린 다음 돌돌 말아 2~3mm 폭으로 썬다. 써는 대로 면을 털어가며 고루 헤쳐 풀어놓는다.

pâtes sèches : cuisson 파트 세슈

건 파스타 익히기 : 넉넉한 양의 끓는 물(파스타 250g당 2ℓ)에 파스타를 넣고 살살 저으면서 팔팔 끓는 상태로 삶는다. 파스타 포장에 제시된 조리시간에 거의 도달하면 미리 먹어보며 익은 정도를 체크한다. 알 덴테(al dente)로 익으면 건져서 바로 소스 등에 조리한다. 삶은 면수를 조금 남겨두었다가 소스가 너무 뻑뻑해지면 조금씩 넣는다. 잠시 두었다 조리하는 경우 파스타에 올리브오일 1테이블스푼을 넣고 고루 섞어 뜨겁게 보관했다가 서빙 시 끓는 물에 2분 정도 데워 건져 재빨리 조리한다.

civet de râble de lièvre aux pâtes fraîches ▶ CIVET

PÂTES ALIMENTAIRES 파스타

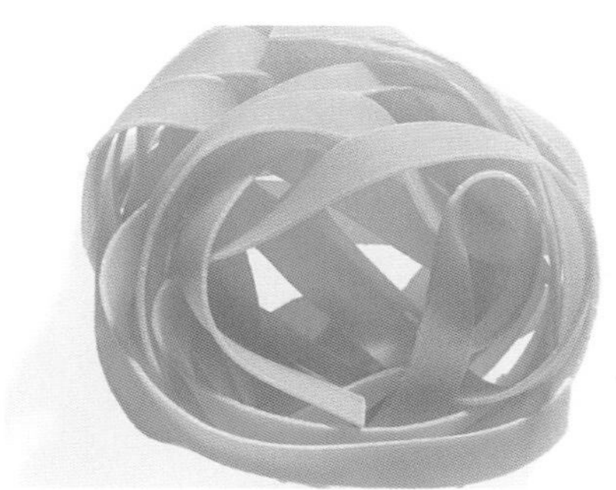
tagliatelle
탈리아텔레

fettuccine aux épinards 페투치네 오 제피나르. 시금치 탈리아텔레, 탈리아텔레 베르디

lasagnette
라자녜테

tagliolini à l'encre de seiche 탈리올리니 아 랑크르 드 세슈. 오징어먹물 탈리올리니, 탈리올리니 알 네로 디 세피아

mafaldine
마팔딘

tagliatelle aux épinards 탈리아텔레 오 제피나르. 시금치 탈리아텔레, 탈리아텔레 베르디

fettuccine
페투치네

fettuccine à la betterave rouge 페투치네 아 라 베트라브 루즈. 비트 페투치네, 페투치네 로자

cheveux d'ange
슈뵈 당주. 엔젤 헤어 파스타

penne rigate
펜네 리가테

penne lisce
펜네 리셰

tortiglioni
토르틸리오니

penne rigate aux épinards
펜네 리가테 오 제피나르. 시금치 펜네 리가테, 펜네 리가테 베르디

pappardelle
파파르델레

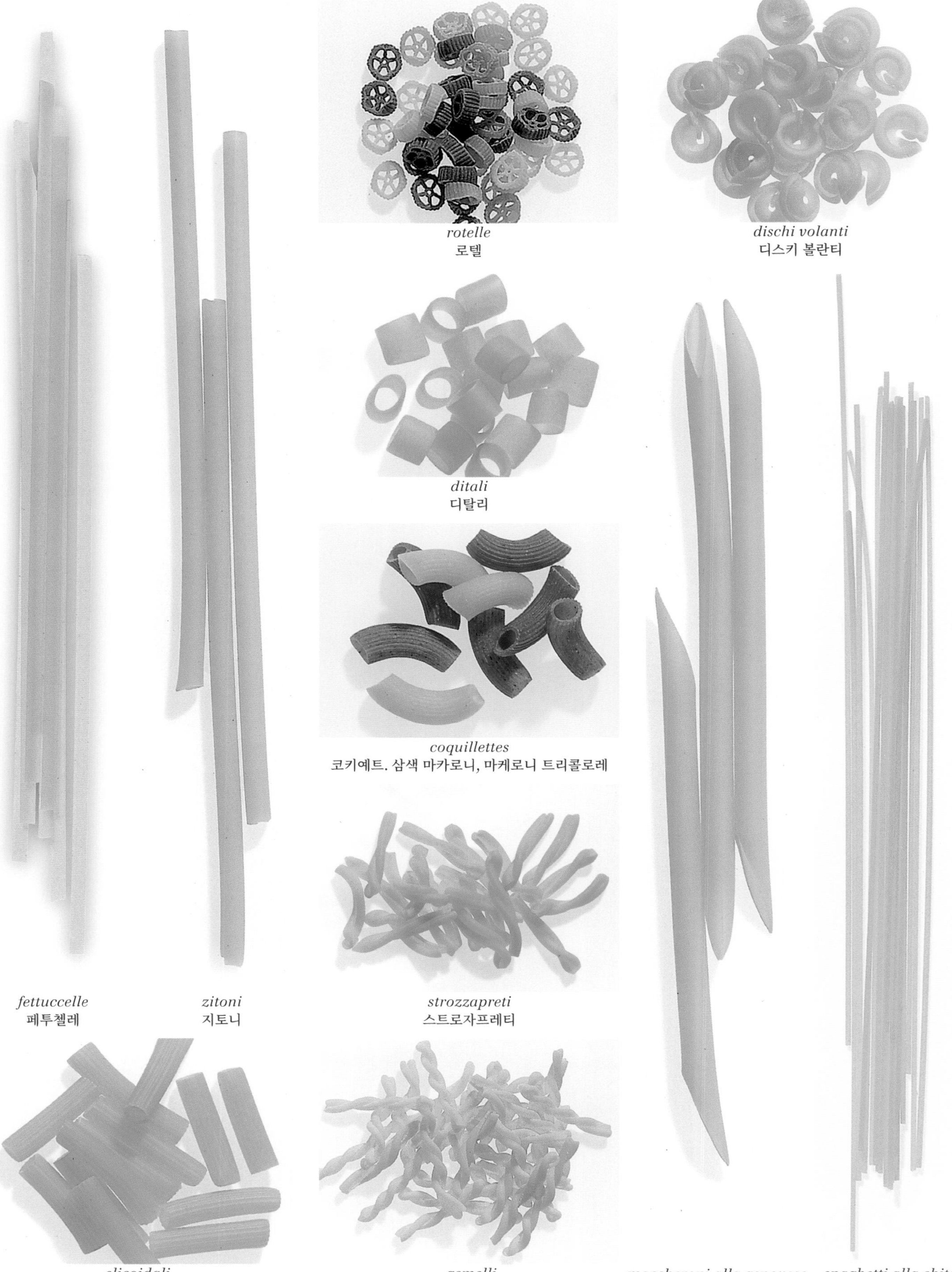

rotelle
로텔

dischi volanti
디스키 볼란티

ditali
디탈리

coquillettes
코키예트. 삼색 마카로니, 마케로니 트리콜로레

fettuccelle
페투첼레

zitoni
지토니

strozzapreti
스트로자프레티

elicoidali
엘리코이달리

gemelli
제멜리

maccheroni alla genovese
마케로니 알라 제노베제

spaghetti alla chitarra
스파게티 알라 키타라

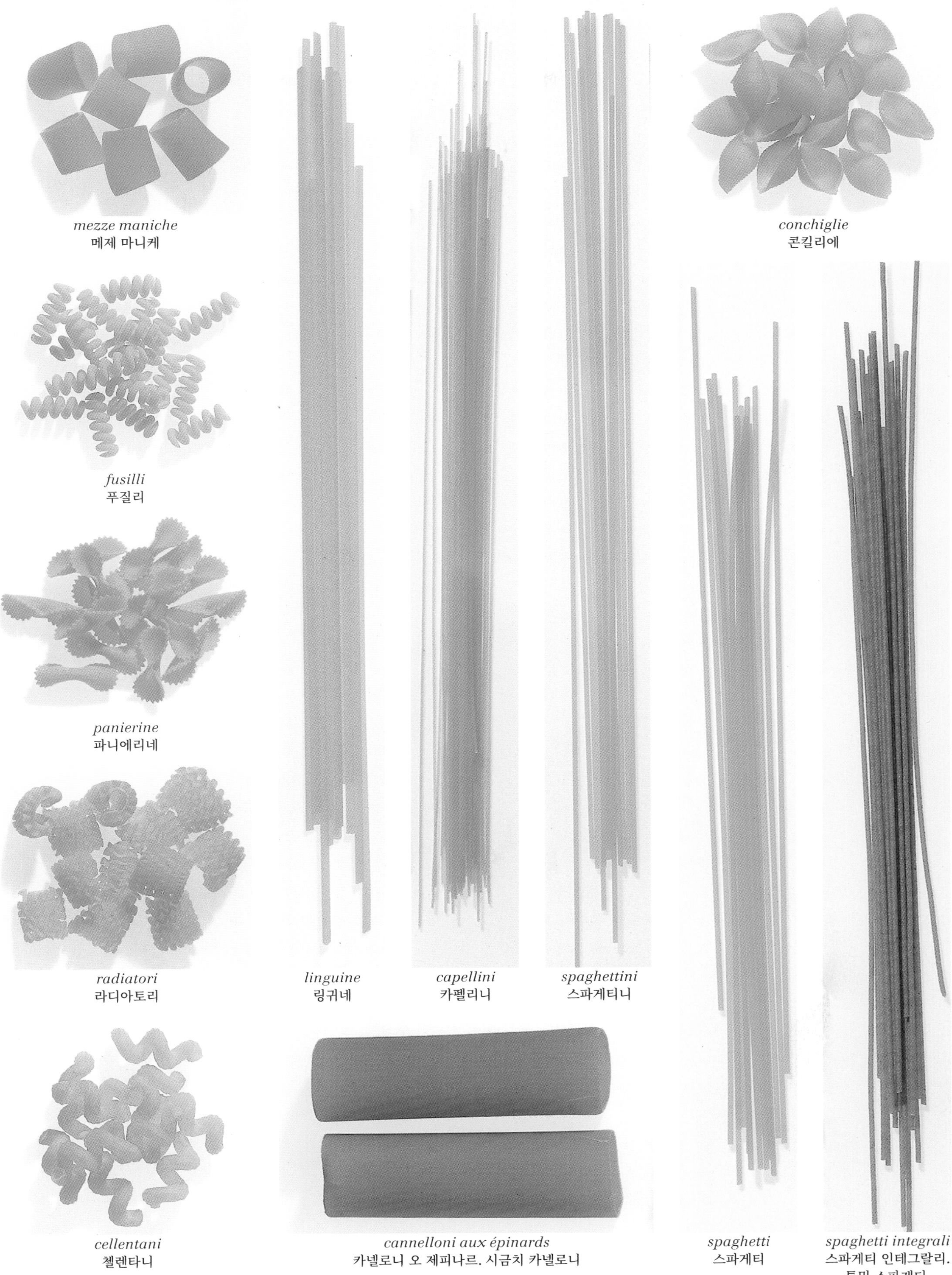

mezze maniche
메제 마니케

conchiglie
콘킬리에

fusilli
푸질리

panierine
파니에리네

radiatori
라디아토리

linguine
링귀네

capellini
카펠리니

spaghettini
스파게티니

cellentani
첼렌타니

cannelloni aux épinards
카넬로니 오 제피나르. 시금치 카넬로니

spaghetti
스파게티

spaghetti integrali
스파게티 인테그랄리.
통밀 스파게티,

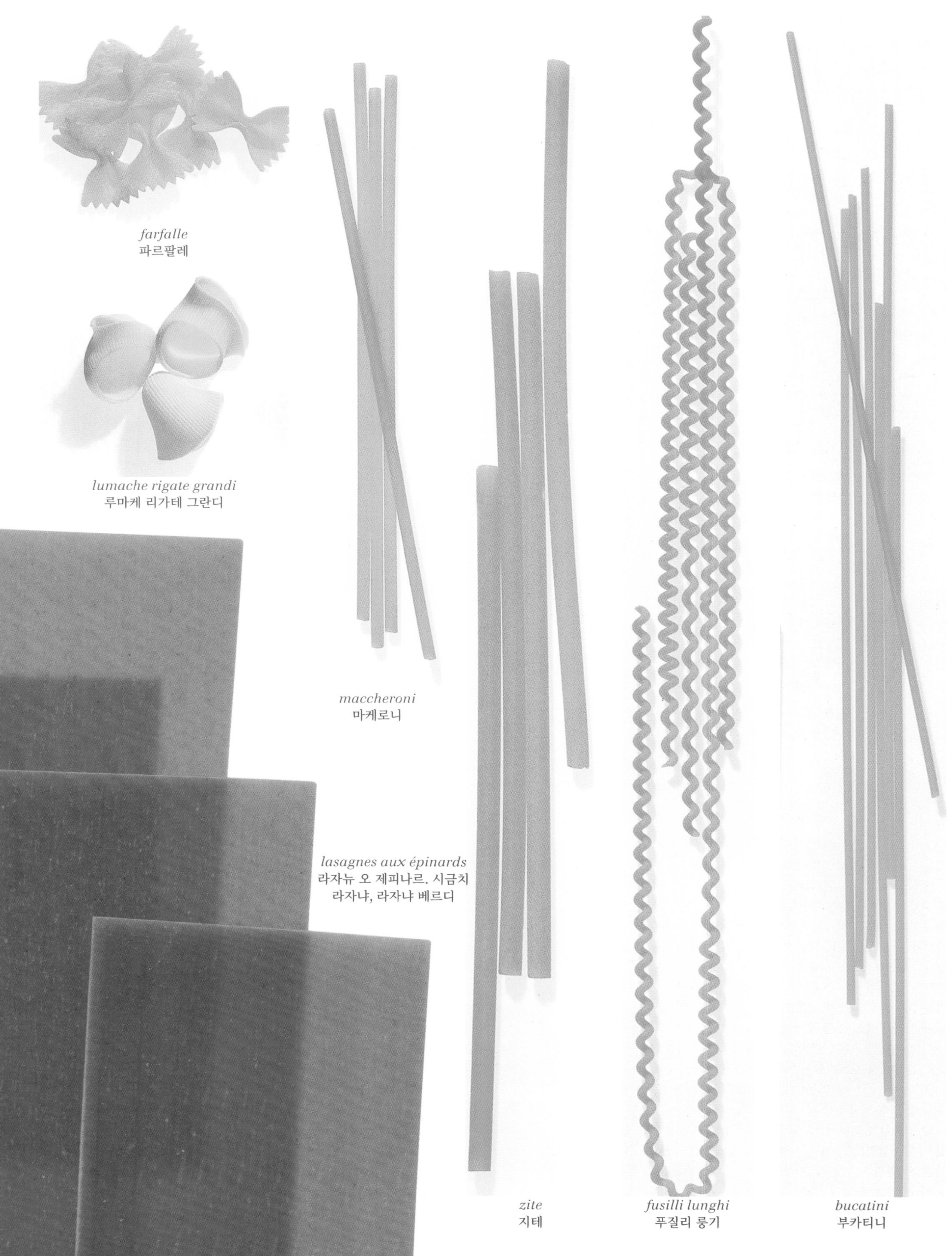

farfalle
파르팔레

lumache rigate grandi
루마케 리가테 그란디

maccheroni
마케로니

lasagnes aux épinards
라자뉴 오 제피나르. 시금치 라자냐, 라자냐 베르디

zite
지테

fusilli lunghi
푸질리 룽기

bucatini
부카티니

프랑크 세루티(FRANCK CERUTTI)의 레시피

fines feuilles de pâtes vertes aux asperges 핀 푀유 드 파트 베르트 오 자르페르주

아스파라거스와 그린 파스타 : 4인분 / 준비: 1시간

시금치 어린 잎 17g과 루콜라 8g을 절구에 넣고 찧는다. 달걀노른자 11개를 넣어 섞은 뒤 밀가루 300g에 부어준다. 손바닥으로 15분간 반죽하여 균일한 혼합물을 만든다. 너무 뻑뻑하면 달걀을 한 개 더 추가한다. 비닐 봉지나 랩으로 싸 1시간 동안 휴지시킨다. 반죽을 최대한 얇은 두께로 민 다음 지름 15cm 자리 원형커터로 8개의 동그란 모양을 찍어낸다. 면포로 덮어 냉장고에 넣어둔다. 작은 아스파라거스 윗동 부분 500g을 얇게 송송 썰어 올리브오일을 뜨겁게 달군 소테팬에 넣고 센 불에서 볶는다. 닭 육수 50mℓ를 넣고 5분 정도 익힌 뒤 올리브오일을 한 바퀴 뿌리고 블렌더로 갈아 아스파라거스 퓌레를 만든다. 중간 크기의 그린 아스파라거스 16대도 마찬가지 방법으로 준비한다. 닭 육수 150mℓ를 붓고 버터 10g을 넣은 뒤 8분 정도 익힌다. 소금은 넣지 말고 익힌 국물과 함께 그대로 보관한다. 야생 아스파라거스 한 단을 6~8cm 길이로 잘라 올리브오일에 소테한다. 육수를 넣지 않고 4분 정도 볶아 익힌다. 아스파라거스 퓌레를 데운 뒤 휘핑한 생크림 2테이블스푼을 넣는다. 둥근 모양으로 잘라둔 파스타 반죽을 끓는 소금물에 넣고 1분간 삶아 건진다. 버터와 파르메산 치즈로 양념 한다. 서빙 접시 바닥에 아스파라거스 퓌레를 한 스푼 깔아준 뒤 파스타 한 장을 놓고 그린 아스파라거스와 야생 아스파라거스를 고루 얹는다. 그 위에 양젖 커드 치즈 한 스푼을 놓고 다시 파스타를 한 장 덮어준다. 이 작업을 최대한 빨리 진행한다. 중간 크기 아스파라거스를 익힌 즙에 레몬즙을 조금 넣은 뒤 소스처럼 뿌려 서빙한다.

timbale de pâtes à la bolognaise ▶TIMBALE

PÂTES DE CUISINE ET DE PÂTISSERIE 파트 드 퀴진, 파트 드 파티스리 요리 또는 제과제빵용 반죽. 밀가루와 물을 베이스로 한 혼합물로 무효모빵, 파스타(약간의 소금을 첨가한다), 빵 반죽(효모를 추가한다) 등을 만들 수 있는 반죽을 뜻한다. 요리에서, 특히 파티스리에서 사용되는 다양한 반죽(일부는 발효 반죽이다)에는 유지류, 달걀, 우유, 경우에 따라 설탕 및 다양한 부재료를 첨가하기도 한다. 반죽은 타르트나 파이 등의 바닥 시트, 겉면을 덮어주는 크러스트를 만들거나 소를 채워 주머니 모양으로 접는 등의 피를 만드는 데 사용되기도 한다. 또한 유동성 있는 질감의 코팅 재료, 다양한 텍스처의 케이크 형태를 유지하는 지탱 성분이 되기도 한다. 결과물의 목적과 용도에 따라 질감, 즉 정형성이 좋은 고형인지 유동성이 강한 상태인지의 여부가 결정되며, 이는 반죽에 함유된 액체 성분의 비율에 따라 달라진다.

■ **구성.** 모든 반죽에는 고운 소금을 넣는다. 심지어 파티스리용 달콤한 반죽에도 소금이 들어간다. 하지만 짭짤한 요리용 반죽에는 설탕을 절대 넣지 않는다.

- 모든 반죽의 기본 재료인 밀가루에는 전분을 함유한 글루텐이 들어 있다. 이것은 최종 완성물이 잘 뭉치는 것을 돕는 역할을 한다. 물(또는 우유)은 전분을 풀어주고 소금과 설탕을 녹이며 효모균을 활성화시킨다(때로 맥주를 사용하여 부푸는 효과를 얻기도 한다).

유지류는 반죽의 질감에 영향을 주며 혼합되는 양과 방법이 다양하다. 유지류를 설탕과 함께 거품기로 혼합하여 사용하면 더 가벼워지는 효과를 낼 수 있다.

- 달걀은 유지류의 에멀전화를 도울 뿐 아니라 익히고 난 뒤 반죽을 잘 지탱하게 만든다. 거품기로 친 흰자는 아주 가벼운 식감을 만들어주며, 노른자는 반죽 겉면에 발라 입히는 용도로도 사용된다.
- 일반적으로 질감이 단단한 버터는 부드럽게 풀어준 다음 사용해야 밀가루와의 결합이 용이해져 균일하게 일체화된 반죽을 만들 수 있다.
- 베이킹파우더와 밀가루는 함께 체에 쳐 사용해야 잘 섞인다. 드라이 이스트는 물에 개어 사용한다.

반죽 조작 방법(혼합해 섞어 반죽하기, 작업대에 놓고 손바닥으로 눌러 밀기, 밀어접기, 거품기로 치기, 말리기, 꾹꾹 누르기, 휴지시키기, 펀칭하기 등)에 따라 발효 반죽, 마른 반죽(된 반죽), 또는 말랑한 반죽(흐르는 반죽) 등을 만들 수 있다. 기본 레시피를 엄격하게 준수하고 정확한 방법으로 진행하면 성공적인 반죽을 만들 수 있다.

■ **익히기.** 대부분의 반죽은 차가운 상태로, 재료를 다소 빠른 시간 내에 혼합해 만든다(부슬부슬한 상태로만 섞는 파트 사블레처럼 완벽하게 혼합하지 않는 것들도 있다). 하지만 어떤 반죽들은 가열을 포함, 여러 단계에 걸쳐 이루어지는 것도 있다. 불 위에서 끓는 물에 재료를 혼합한 다음 오븐에 굽거나 물에 데치거나 혹은 기름에 튀기는 슈 반죽을 예로 들 수 있다. 또한 최종 사용에 따라 같은 반죽이라도 익히는 방법이 달라질 수도 있다. 브리오슈는 오븐에 굽거나 튀기기도 하고, 슈 반죽은 물에 데치거나 오븐에 굽거나 튀기기도 한다. 푀유타주 반죽 또한 오븐에 굽거나 기름에 튀긴다. 반죽을 익히는 과정은 매우 중요하다. 오븐에 구울 때는 미리 원하는 온도로 예열해 그 온도에 도달했을 때 내용물을 넣는다.

● **PÂTES LEVÉES 발효 반죽.** 바바, 브리오슈, 쿠겔호프, 빵, 사바랭 반죽 등을 지칭하며 천연 발효종이나 제빵용 생이스트를 넣어 만든다. 발효 물질(천연 발효종, 이스트, 이미 발효된 반죽)이 밀가루에 함유된 글루텐에 영향을 미쳐 반죽이 부풀게 된다. 비스퀴, 제누아즈, 머랭 반죽은 설탕과 혼합된 달걀노른자 또는 휘저어 거품 낸 달걀흰자가 함유한 공기에 열이 가해져 부푸는 현상이 일어난다. 슈 반죽의 경우는 오븐에 익히면서 부풀거나 튀김, 또는 포칭 등을 통해 부풀어오른다, 튀김옷 반죽 또한 팽창 성질을 지닌 물질이나 거품 낸 달걀흰자로 인해 부풀어오른 외형과 폭신한 질감을 갖게 된다.

● **PÂTES SÈCHES 수분이 적은 된 반죽.** 밀가루, 유지류, 소금, 잘 섞이도록 응집을 돕는 재료를 혼합해 만든다. 수분이 적고 가벼운 파트 브리제(pâte brisée 또는 파트 아 퐁세 pâte à foncer)는 단 시간에 만들 수 있으며 휴지시킨 후 사용한다. 이 반죽은 크루트, 파테, 타르트, 투르트 등의 베이스가 된다. 섬세한 제과에서 많이 쓰이는 파트 사블레(pâte sablée)는 아주 부서지기 쉽다. 쿠키 등의 구움과자나 비교적 오래 보존할 수 있는 파티스리 바닥 시트를 만드는 데도 사용된다. 이 시트로 만든 타르트나 파이의 필링은 마지막에 채워 넣는다. 파트 푀유테(pâte feuilletée)는 유지류 함량이 매우 높고 작업 시간과 공정이 길지만 미리 만들어 놓을 수 있다. 요리와 파티스리에서 두루 다양하게 사용된다.

● **PÂTES MOLLES 수분이 많고 진 반죽.** 수분이 적은 된 반죽이나 발효반죽에서 파생된 반죽으로 포함하고 있는 재료에 따라 각기 그 용도가 달라진다. 비스퀴 드 사부아, 파운드케이크, 마들렌 반죽에는 거품기로 저어 푼 달걀이나 이스트가 들어간다. 반죽은 익으면서 균일하게 부풀어 올라야 한다. 비스퀴 스펀지나 구움과자, 케이크, 와플 및 크레프 반죽도 이 범주에 해당된다.

모든 반죽에 있어 수분이 증발되고 난 이후 열의 작용이 질감을 결정한다. 크러스트 표면을 건조시키고, 제누아즈는 촉촉하고 말랑하게 만들며, 푀유테 반죽에는 파삭한 식감을 만들어준다. 또한 크레프는 말랑하고 쫀득한 질감을, 슈 반죽이나 브리오슈에는 공기가 들어간 가벼운 텍스처를 만들어준다. 오늘날에는 특히 파트 푀유테나 파트 브리제의 경우, 냉동 반죽(덩어리 또는 밀어 편 상태) 제품을 손쉽게 구입할 수 있다.

coq en pâte ▶ COQ
gaufres : préparation ▶GAUFRE
jambon poché en pâte à l'ancienne ▶ JAMBON
pâte à beignet ▶ BEIGNET
pâte à biscuit ▶ BISCUIT
pâte à brioche fine ▶ BRIOCHE

---

pâte brisée 파트 브리제

파트 브리제 : 상온에 두어 부드러워진 버터 375g을 작게 자른 뒤 볼에 넣고 나무 주걱으로 재빨리 으깨준다. 다른 볼에 상온의 우유 100mℓ와 고운 소금(플뢰르 드 셀) 2티스푼, 설탕 2티스푼을 넣고 잘 섞는다. 이 우유를 버터에 가늘게 부어주며 균일하게 섞는다. 박력분 밀가루(type 45) 500g을 체에 친 다음 버터 혼합물에 여러 번에 나누어 넣어 섞는다. 빠른 속도로 반죽해 약간 부슬부슬한 질감을 만든다. 밀가루를 살짝 뿌린 작업대에 반죽 혼합물을 놓고 손바닥으로 눌러 밀며 끊어준다. 반죽을 모아 뭉친 뒤 다시 눌러 미는 작업을 반복한다. 반죽을 둥글게 뭉쳐 납작하게 눌러준 다음 랩으로 싸 냉장고에서 최소 2시간 동안 휴지시킨다.

pate à cannellonis : préparation ▶ CANNELLONIS
pâte à choux d'office : préparation ▶ CHOU
pâte à choux sucrée : préparation ▶ CHOU
pâte à crêpes ▶ CRÊPE
pâte feuilletée : préparation ▶ FEUILLETAGE

pâte à foncer 파트 아 퐁세

타르트 시트 반죽 : 체에 친 밀가루 250g을 작업대에 붓고 가운데 우묵한 공간을 만든 뒤 소금 5g을 넣고, 상온에 두어 부드러워진 버터 125g을 작게 잘라 넣는다. 재료를 혼합하면서 물 2테이블스푼을 넣는다, 혼합한 반죽을 바닥에 놓고 조금씩 손바닥으로 눌러 밀어 끊어주는 작업을 2~3번 해준다. 둥글게 뭉쳐 면포로 덮은 뒤 냉장고에 넣어 2시간 동안 휴지시킨다. 좀 더 풍부한 맛의 파트 아 퐁세를 만들려면 체에 친 밀가루 250g, 버터 125~150g, 달걀 1개, 물 2테이블스푼, 설탕 25g, 소금 5g을 넣어 반죽한다.

pâte à frire 파트 아 프리르

튀김옷 반죽 : 넓은 볼에 체에 친 밀가루 250g을 넣고 가운데 우묵한 공간을 만든 뒤 달걀 2개, 고운 소금 5g, 맥주 250mℓ를 넣는다. 잘 섞어 매끈하고 질척한 반죽을 만든다. 표면에 기름을 한 켜 발라준 다음 냉장고에 넣어 1시간 동안 휴지시킨다. 사용 시, 단단히 거품 낸 달걀흰자 2개분과 소금 1자밤을 넣어 섞는다.

pâte à frire japonaise 파트 아 프리르 자포네즈

일본식 튀김옷 반죽 : 밀가루 250g과 옥수수전분 1티스푼을 섞는다. 달걀노른자 1개와 청주 1티스푼을 넣는다. 얼음물 200~250g을 넣은 뒤 포크로 대충만 섞어준다.

pâte à génoise : préparation ▶ GÉNOISE
pâte à manqué ▶ MANQUÉ
pâte à pain ▶ PAIN
pâte à pâté : préparation ▶ PÂTÉ
pâte à pâté au saindoux ▶ PÂTÉ
pâte à pizza : préparation ▶ PIZZA

pâte sablée 파트 사블레

파트 사블레 : 바닐라 빈 1/2줄기를 길게 갈라 긁은 가루와 슈거파우더 190g을 볼에 넣고 섞는다. 박력분 밀가루(type 45) 500g을 대리석 작업대 또는 큰 도마 위에서 체 친다. 소금(플뢰르 드 셀) 4자밤과 잘게 썰어 상온에 둔 버터를 넣은 다음 양 손바닥으로 비벼가며 섞는다. 버터 조각이 남지 않고 혼합물이 모래처럼 부슬부슬해질 때까지 고루 잘 섞는다. 가운데 우물처럼 빈 공간을 만든 뒤 달걀 2개를 깨 넣고 바닐라와 섞어둔 슈거파우더와 아몬드 가루 60g을 넣는다. 손가락 끝으로 모든 재료를 혼합한다. 반죽을 너무 치대지 않는다. 한 손바닥으로 반죽을 눌러 밀어가며 끊어준다. 반죽을 둥글게 뭉친 뒤 랩으로 싸서 냉장고에 넣어 최소 4시간 동안 휴지시킨다.

만드는 법 익히기 ▶ *Préparer une pâte sablée*, 파트 사블레 만들기, 실습 노트 P. XXII

pâte à savarin ▶ SAVARIN

PÂTISSERIE 파티스리 반죽을 필요로 하는 모든 종류의 달콤한 혹은 짭짤한 음식을 총칭한다. 이 반죽은 형태를 지탱하는 재료로 또는 내용물을 감싸는 재료로 사용되며 일반적으로 오븐에 구워 익힌다. 제과사의 역할은 비스퀴, 스펀지, 각종 앙트르메와 아이스 디저트, 크고 작은 케이크 류, 프티푸르, 피에스 몽테 등 달콤한 과자, 케이크, 디저트를 만들 때 발휘된다. 한편 부셰(bouchées), 판케(pannequets), 파테 앙 크루트(pâté en croûte), 키슈(quiche), 리솔(rissoles), 투르트(tourtes), 볼로방(vol-au-vent) 등은 전문 분야로 나누어 보았을 때 요리사의 기술 영역에 속한다. 파티스리는 아이스크림이나 당과류 제조와도 밀접한 관계를 맺고 있으며 달콤한 크림과 소스 또한 많이 사용한다. 파티스리라는 단어는 제과사라는 직업을 뜻함과 동시에 이러한 제품을 판매하는 매장을 가리키기도 한다.

■ **역사.** 선사시대 사람들은 이미 사탕단풍나무나 자작나무 수액, 야생 꿀, 과일, 종자를 사용해 단 음식을 만들어 먹었다. 최초의 갈레트(곡식 낟알을 끓인 걸쭉한 죽을 햇빛에 뜨거워진 돌에 놓고 만든 형태였다)가 등장한 것은 신석기 시대로 추정된다. 이집트인들과 고대 그리스, 로마인들, 갈리아 인들은 옥수수, 밀, 보리에 양귀비 씨, 아니스, 펜넬, 고수 씨 등을 넣어 갈레트를 만들어 먹었다. 팽 데피스(pain d'épice)와 푸딩(디저트)의 기원은 고대로 거슬러 올라가며. 고대 그리스의 오볼리오스(obolios, 와플의 일종인 우블리 oublie의 조상격이다)는 훗날 파티시에의 원조라고 할 수 있는 오블루아예(obloyers, 또는 우블루아예 oubloyers, 우블리 제조자)라는 명칭의 어원이 되었다. 이들은 제빵사 불랑제(boulanger)와 혼동되어 쓰이기도 했다. 이들은 모두 꿀과 향신료를 넣은 빵, 고기, 치즈, 채소를 넣

은 파테를 만들어 팔았다. 또한 사과 튀김(beugnet)도 만들었으며, 익혀 만든 크림들도 사용했다.

하지만 엄밀한 의미의 파티스리 분야가 결정적으로 태동하게 된 것은 11세기 동방 원정에서 사탕수수와 파트 푀유테를 처음 발견한 십자군에 의해서다. 당시 제과사, 제빵사, 로티쇠르(구이 전문 상인) 및 음식을 만들어 파는 업종 사람들은 각기 고유 분야의 전문성과 특화를 주장하고 있었다. 1270년 루이 9세(Saint Louis) 국왕은 우블리를 비롯한 소소한 파티스리를 만드는 이들에게 우블루아예(maîtres oubloyers, varlets d'oubloiries)라는 지위를 부여하면서 이 분야를 특화하기 시작했다. 1351년에는 장 2세(Jean le Bon) 왕이 파티스리 목록을 명시한 칙령을 발표한다. 1440년에는 고기, 생선, 치즈 파테를 만드는 독점권을 파티시에(pâtissiers)들에게 부여하는 또 다른 칙령이 공표된다. 이로써 파티시에들은 이 특정 권리를 얻게 됨과 동시에 품질에 대한 의무를 지게 되었다.

1485년 제정된 법규에서는 법적 공휴일과 제과제빵사들의 수호성인인 성 미카엘(Saint Michel) 축일에는 근로를 하지 않도록 규정하고 있다. 파티시에와 우블루아예 간의 최종적인 통합이 이루어진 것은 1566년이다. 뿐만 아니라 이들은 결혼식이나 연회 등을 위한 케이터링 독점권도 획득했다. 이들 동업조합은 튀르고(Turgot) 재정총감이 길드 제도를 폐지한 1776년까지 존속되었다.

파티스리 분야가 본격적으로 존재감을 갖기 시작한 것은 17세기였고, 18세기와 19세기에는 그 전성기를 맞이하게 되었다. 1638년 라그노(Ragueneau)는 타르틀레트 아망딘을 처음 만들어냈고 1740년에는 스타니슬라스 레슈친스키에 의해 프랑스에 바바가 소개되었으며 1760년에는 아비스(Avice)에 의해 그릴드 양배추와 라므킨(ramequin) 요리가 이 처음 만들어졌다. 1805년 보르도의 파티시에 로르사(Lorsa)는 코르네(cornet) 장식을 처음 선보였다. 19세기가 시작될 무렵 가장 큰 혁신을 몰고왔던 사람은 두말할 필요 없이 앙토냉 카렘(Antonin Carême)일 것이다. 그는 전통을 바탕으로 한 크로캉부슈, 머랭, 누가, 볼로방 등을 선보였고 완성된 형태의 파트 푀유테를 만들어냈다.

이후, 루제(Rouget), 줄리앵 형제(frères Julien), 시부스트(Chiboust), 코클랭(Coquelin), 슈토레르(Stohrer), 키예(Quillet), 부르보뇌(Bourbonneux), 쇠그누아(Seugnoy) 등이 훌륭한 파티시에들이 그를 이어 활약했으며, 부르달루(bourdaloue), 고랭플로(gorenflot), 밀푀유(mille-feuille), 모카(moka), 나폴리탱(napolitain), 팽 드 젠(pain de Gênes), 생 토노레(saint-honoré), 사바랭(savarin), 트루아 프레르(trois-frères) 등을 선보이며 보다 다양하고 폭넓은 파티스리 메뉴들을 개발해냈다.

PÂTISSON 파티송 파티송 호박, 패티팬 스쿼시. 박과에 속하는 반구형의 작은 호박 품종으로 모서리 면이 둥근 톱니 모양으로 빙 둘러싸여 있으며 크기는 최대 25cm에 이른다. 녹색을 띤 껍질 안에 들어 있는 유백색 살은 단단하고 약간 달콤하며 아티초크와 비슷한 맛이 난다. 보네 드 프레트르(bonnet-de-prêtre, 사제의 모자라는 뜻) 또는 보네 델렉퇴르(bonnet d'électeur, 선거인의 모자라는 뜻)라고도 불리는 파티송 호박은 기후가 더운 나라에서 주로 재배된다. 프랑스에서는 남부 지방에서 8월과 9월에 찾아볼 수 있다. 우선 끓는 물에 데친 뒤 소테하여 양념이 강한 요리에 곁들인다. 또는 속을 채워 익히는 조리법도 종종 사용하며, 아주 작은 크기의 파티송 호박은 식초에 절여 피클처럼 먹기도 한다.

PATRIMONIO 파트리모니오 코르시카 북부 연안 지방에서 생산되는 AOC 와인. 레드와 로제(니엘루치오 nielluccio, 시아카렐로 ciacarello 품종 포도로 만든다), 화이트(베르멘티노 vermentino 품종 포도) 모두 생산되며, 모두 품질이 상당히 좋다. 특히 좋은 빈티지의 레드와인은 복합적인 맛과 향이 탁월하다.

PATTE 파트 동물의 발을 지칭하며, 캐나다에서 돼지 족(pied de porc)을 가리키는 단어이다. 퀘벡 지방의 대표적 요리인 돼지 족 스튜(ragoût de pattes)는 볶은 밀가루를 넣어 농도를 걸쭉하게 만드는 것이 특징이다.
▶ 레시피 : RAGOÛT.

PAUILLAC 포이약 보르도의 AOC 레드와인으로 포도 품종은 카베르네 소비뇽(cabernet-sauvignon), 카베르네 프랑(cabernet franc), 메를로(merlot), 프티 베르도(petit verdot), 소비뇽(sauvignon), 세미용(semillon)이며 오 메독(haut Médoc) 지방의 한 코뮌에서 생산된다. 이곳의 와이너리들은 전 세계 최고의 크뤼 중 몇몇을 생산하고 있다. 알코올 함량이 높고 향이 풍부한 풀바디 와인으로 아주 섬세하고 우아한 맛을 내며, 더욱 좋은 풍미를 위해 오래 보관할 수 있는 잠재력이 큰 와인이다(**참조** BORDELAIS).

PAULÉE 폴레 옛날에 시골에서 추수나 포도 수확을 마치고 여럿이 함께 즐기던 풍성한 식사를 가리킨다. 오늘날 포도 수확 후 성대한 식사를 함께 나누는 이 풍습은 부르고뉴의 뫼르소(Meursault)에서만 행해지며 시기는 11월 말 경이다. 코트 드 본(côte de Beaune)의 포도 수확 축제인 영광의 3일(Trois Glorieuses) 행사 중 마지막 날이다. 이 기간 중 첫날에는 클로 드 부조(Clos de Vougeot)에서 타스트뱅 기사단(Cevaliers du Tastevin)의 연례 총회가 개최되고, 둘째 날에는 오랜 역사를 자랑하는 와인 자선 경매인 오스피스 드 본(hospices de Beaune) 행사가 오텔 디외(hôtel-Dieu)의 와인 배럴 저장고에서 열린다.

PAUPIETTE 포피에트 얇고 넓게 저민 고기(주로 송아지) 안에 소를 채워 넣고 사각으로 접거나 길쭉한 원통형으로 만 다음 실로 묶거나 작은 꼬지로 찔러 고정시킨 요리를 지칭한다. 이렇게 모양을 만든 포피에트는 경우에 따라 아주 얇게 저민 돼지비계(barde)로 감싼 다음 팬에 지지거나 국물을 아주 조금 잡아 브레이징한다. 비슷한 모양으로 소고기, 닭고기, 채소(양배추나 상추 잎을 데쳐서 속을 채운 뒤 돌돌 말아 싸서 실로 묶고 브레이징한다) 또는 생선(얇게 저민 참치, 서대, 명태, 정어리 필레 등에 소를 채워 넣고 돌돌 만 다음 생선 육수에 익힌다)를 사용한 포피에트를 만들기도 한다.

paupiettes de bœuf Sainte-Menehould 포피에트 드 뵈프 생트 므누

생트 므누 소고기 포피에트 : 4인분 / 준비: 40분 / 조리: 1시간 45분

소 채끝 등심을 각 200g씩 4장으로 슬라이스한다. 기름과 힘줄을 다듬은 뒤 납작하게 두들기고 소금, 후추로 간한다. 포피에트 형태로 돌돌 말아 주방용 실로 묶어 고정시킨 뒤 1시간 30분 동안 브레이징한다. 식빵 속살을 잘게 부수어 빵가루 200g을 만든다. 포피에트를 꺼낸 뒤 익힌 국물을 체에 거른다. 다시 포피에트를 국물에 넣고 그대로 식힌다. 브로일러를 180°C로, 오븐을 200°C로 예열한다. 포피에트를 건져 실을 풀고 카옌페퍼를 조금 섞은 홀 그레인 머스터드를 고루 바른다. 빵가루에 굴려 묻힌 다음 녹인 버터 20g을 살짝 뿌린다. 브로일러에 서서히 구운 뒤, 오븐에서 10~12분간 뜨겁게 데워 마무리한다. 익힌 국물을 끓인 뒤 간을 맞추고 체에 거른다. 소스 용기에 따로 담아 서빙한다.

paupiettes de chou 포피에트 드 슈

양배추 포피에트 : 양배추 한 개를 통째로 끓는 소금물에 넣어 7~8분간 데친 뒤 건져서 찬물에 식힌다. 잎을 하나씩 떼어 분리한 뒤 굵은 잎맥은 잘라낸다. 속잎을 다진 뒤 동량(부피 기준)의 분쇄육과 섞어 소를 만든다. 넓은 겉잎으로 이 소를 싼 다음 돌돌 말고 실로 묶는다. 1시간 15분 동안 브레이징한다.

크리스토프 캉탱(CHRISTOPHE QUANTIN)의 레시피

paupiettes de chou aux coquillages façon « Georges Pouvel » 포피에트 드 슈 오 코키야주 파송 <조르주 푸벨>

조르주 푸벨식 양배추 조개 포피에트 : 4인분 / 준비: 1시간 / 조리: 20분

꼬막 500g과 홍합 500g을 각각 마리니에르(marinière) 식으로 익힌다(참조. p.688). 꼬막과 홍합의 살만 발라낸다. 삶은 경단고둥 500g도 살을 발라낸다. 꼬막과 홍합 익힌 국물은 체에 걸러둔다. 양송이버섯 150g, 표고버섯 150g, 꾀꼬리버섯 150g을 씻는다. 양송이와 표고는 브뤼누아즈로 아주 잘게 썰고 각각 흰색 익힘물에 익힌다(참조. p.102 CUIRE À BLANC). 꾀꼬리버섯은 버터 20g을 달군 팬에 넣고 센 불로 재빨리 소테한 다음 나머지 두 종류의 버섯을 모두 넣고 섞는다. 간을 하고 체에 받쳐놓는다. 사보이 양배추 500g의 잎을 한 장씩 떼어 분리한 다음 팔팔 끓는 물에 데친다. 건져서 찬물에 식힌 다음 건져 면포에 놓고 물기를 제거한다. 크고 모양이 좋은 잎으로만 12장 골라 가운데 굵은 잎맥을 잘라낸다. 랩을 길게 깔고 그 위에 양배추 잎을 펴 놓는다. 조개류 살과 버섯을 한 데 섞고 간을 맞춘 다음 양배추 위에 나눠 놓은 뒤 잎을 감싸고 랩으로 말아 단단히 조인다. 증기로 약 5분간 찐다. 붉은 버터를 만든다. 소테팬에 잘게 썬 샬롯 1테이블스푼과 버

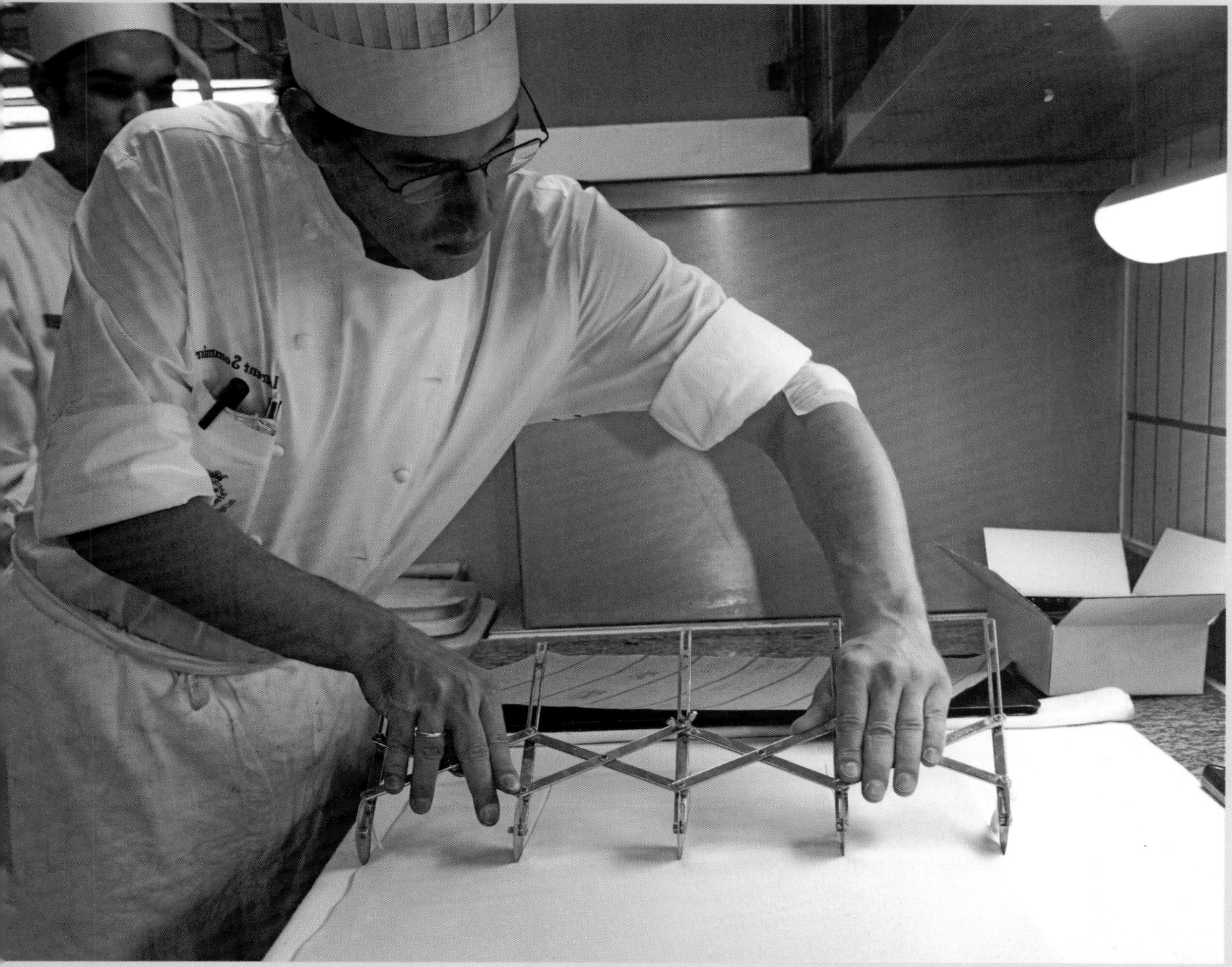

"레스토랑
엘렌 다로즈,
포텔 에 샤보,
에콜 페랑디,
크리용 호텔,
그리고 리츠 호텔의
주방에서 만드는
여러 종류의 반죽은
치대고 미는 과정이
모두 수작업으로
이루어진다. 이들은
부푸는 동안의 휴지
시간을 거친 뒤 비로
소 베녜, 타르트 시트,
라비올리 등 다양한
파티스리나 음식으로
탄생한다."

섯 익힌 국물, 타닌이 강한 레드와인 250ml를 넣고 1/5이 되도록 졸인다. 버터 150g을 넣고 거품기로 세게 저으며 섞는다. 간을 맞춘 뒤 체에 내린다. 작은 지롤 버섯 50g을 버터 10g을 넣고 볶은 뒤 간을 한다. 포피에트의 랩을 제거한 뒤 각 접시 중앙에 3개씩 올리고 소스를 주위에 둘러준다. 지롤 버섯을 얹어 장식한 다음 포피에트에 소스를 발라 윤기를 낸 뒤 서빙한다.

paupiettes de veau zingara 포피에트 드 보 징가라

징가라 소스를 곁들인 송아지 포피에트 : 4인분 / 준비: 45분 / 조리: 30분

개당 75g 정도의 송아지고기 포피에트를 8개 만든다. 오븐을 200°C로 예열한다. 포피에트에 밑간을 하고 낙화생유 1테이블스푼을 달군 코코트 냄비에 넣어 고루 노릇한 색이 나도록 지진 뒤 건져낸다. 얇게 썬 당근 100g과 양파 100g으로 구성된 향신 재료를 같은 코코트 냄비에 넣고 색이 나지 않고 수분이 나오도록 약한 불에서 볶는다. 냄비의 기름기를 제거한 다음 다시 포피에트를 채소 위에 얹고 드라이한 화이트와인 50mℓ를 넣어 디글레이즈한다. 와인이 졸아들면 리에종한 갈색 송아지육수 500mℓ과 부케가르니를 넣는다. 간을 하고 끓을 때까지 가열한다. 끓기 시작하면 뚜껑을 덮고 오븐에 넣어 약 30분간 익힌다. 익힌 햄 40g, 랑그 에카를라트 40g, 작은 송로버섯 1개(20g)를 가늘게 채 썬다. 큰 사이즈의 양송이버섯 40g의 껍질을 벗기고 씻은 뒤 얇게 썬다. 오븐의 포피에트가 다 익으면 꺼내서 고기를 건져내 뜨겁게 유지한다. 냄비에 남은 국물을 체에 걸러 작은 소스팬으로 옮긴다. 작은 소테 팬에 버터 15g을 달군 뒤 버섯을 넣고 색이 나지 않게 볶는다. 썰어둔 햄과 염장 우설을 넣고 1분간 더 약불로 볶는다. 여기에 마데이라 와인 2테이블스푼을 넣고 디글레이즈한 뒤 졸인다. 포피에트를 브레이징하고 남은 국물을 소스에 조금 넣고 농도와 간을 조절한다. 뜨겁게 유지한다. 포피에트의 실을 풀고 아주 뜨거운 오븐 입구 쪽에 넣고 소스를 계속 뿌려주며 윤기나게 마무리한다. 포피에트에 소스와 냄비 안의 채소 가니시를 덮은 다음 서빙 접시에 빙 둘러 담는다. 소스를 조금 더 끼얹는다. 다진 파슬리를 살짝 뿌려 서빙한다.

PAUVRE HOMME (À LA) 아 라 포브르 옴 주로 서빙하고 남은 고기를 활용해 만든 요리에 색이 연한 일종의 미로통 소스를 곁들인 것을 지칭한다. 소스는 루를 볶다가 식초를 넣어 디글레이즈하고 졸인 뒤 육수를 넣어 끓이며, 샬롯, 차이브 또는 다진 양파와 잘게 썬 파슬리를 넣어 만든다. 이 명칭은 또한 팬에 소테한 노루고기 안심이나 갈비에 식초와 마리네이드 양념액으로 팬을 디글레이즈한 소스를 끼얹은 요리를 지칭하기도 한다. 소스는 졸인 뒤 마지막에 뵈르 마니에를 넣어 농도를 조절하고 잘게 썬 코르니숑을 넣는다.

PAVÉ 파베 무스를 틀에 넣어 차갑게 굳힌 애피타이저의 일종이다. 정사각형 또는 직사각형 테린 틀에 먼저 즐레를 부어 바닥과 내벽을 고루 덮게 한 다음 냉장고에 굳힌다. 여기에 무스를 채워 넣고 얇게 저민 송로버섯 슬라이스로 장식한 뒤 냉장고에 넣었다가 차갑게 서빙한다.

제과제빵에서 이 용어는 직육면체 형태의 파티스리나 앙트르메, 그리고 직사각형 덩어리 상태의 팽 데피스를 가리킨다. 파베는 또한 사각형 모양의 두툼한 치즈를 총칭하는 용어다.

PAVÉ (CHARCUTERIE) 파베(샤퀴트리) 두툼한 건조 소시지(saucisson sec) 덩어리로 모양은 원통을 길게 반으로 자른 형태이거나 직육면체형태로 넓적하게 누른 것이 있다. 파베 소시송은 대개 표면이 후추나 향신 허브로 덮여 있다.

PAVÉ (VIANDE) 파베(고기) 소고기의 가장 연한 부위의 살을 스테이크용으로 아주 두툼하게 자른 것을 뜻하며, 일반적으로 1인용 사이즈다.

PAVÉ D'AUGE 파베 도주 소젖으로 만든 노르망디의 세척 외피 연성치즈(지방 50%). 파베 도주 치즈는 가로 세로 각각 11cm, 두께 5cm의 정사각형 벽돌 모양으로 퐁 레베크(pont-l'évêque)와 모양이 비슷하지만, 풍미가 더 강하고 지방 함량이 더 많다(**참조** p.390 프랑스 치즈 도표).

PAVOT 파보 양귀비. 양귀비과에 속하는 초본식물로 온대기후 국가와 아시아의 열대 지역에 아주 널리 퍼져 있으며 그중 몇몇 품종은 아편을 함유하고 있다 옛날에는 양귀비 잎을 시금치처럼 식용으로 소비하기도 했다. 오늘날 북유럽에서 재배되는 일부 품종으로는 양귀비오일을 짜 생산하며 인기도 매우 좋다. 하지만 양귀비는 고소한 너트 맛이 나는 씨앗을 주로 파티스리용으로 사용한다(터키, 이집트 중부 유럽). 또한 케이크용 크림에 넣어 향을 내거나 작은 빵 위에 뿌려 굽기도 한다. 요리에서도 양귀비 씨를 사용하는데, 크림 치즈에 넣어 섞거나 쌀가루로 만든 중국 국수에 넣어 고소한 향을 더하기도하며 인도식 커리 요리에도 들어간다.

PAYSANNE (À LA) 아 라 페이잔 각종 채소(감자, 당근, 무)를 사방 1cm 정사각형으로 얇게 썰어(이렇게 써는 방식을 페이잔이라고 한다) 혼합한 것으로 일명 잘게 썬 건더기가 든(taillé) 포타주에 넣거나 고기나 생선 요리 혹은 오믈렛에 곁들여 넣는 용도로 사용된다. 좀 더 확장된 의미로 완전히 볶아 익힌 채소와 함께 브레이징한 다양한 요리들에 아 라 페이잔이라는 수식어를 붙이기도 한다. 이 경우 가니시 채소들을 반드시 페이잔 모양으로 썰어야 하는 것은 아니다. 아 라 페이잔 감자는 동그랗게 슬라이스한 다음 향신 재료를 넣고 육수에 뭉근하게 익힌 것이며, 아 라 페이잔 오믈렛에는 감자, 수영(소렐) 및 각종 허브가 들어간다.

céleri farci à la paysanne ▶ CÉLERI-RAVE
côtes de veau en casserole à la paysanne ▶ VEAU
potage à la paysanne ▶ POTAGE
pommes de terre à la paysanne ▶ POMME DE TERRE
sole paysanne ▶ SOLE

장 프랑수아 피에주(JEAN-FRANÇOIS PIÈGE)의 레시피

variation de petits pois à la paysanne 바리아시옹 드 프티 푸아 아 라 페이잔

페이잔 완두콩 베리에이션 : 4인분

페이잔 완두콩을 만든다. 우선 잎줄기가 달린 중간 크기의 당근 6개와 역시 마찬가지로 줄기가 달린 동그란 순무 6개의 껍질을 벗긴다. 이때 줄기는 조금씩 남겨둔다. 완두콩(가능하면 téléphone 품종) 1kg의 깍지를 깐다. 줄기양파 6대의 맨 겉껍질을 벗겨내고 줄기 부분을 조금 남긴 채 짤막하게 자른다. 당근, 순무, 줄기양파를 각각 따로 기름이나 버터를 두른 코코트 냄비에 넣어 색이 나지 않게 수분이 나오도록 볶는다. 흰색 육수 50mℓ를 넣고 약한 불에 익힌다. 채소들은 아주 부드럽게 완전히 익어야 한다. 스페인 베이컨 한 장을 무쇠 냄비에 넣고 빳빳해질 때까지 지진 다음 완두콩을 넣고 잘 섞듯이 볶는다. 여기에 흰색 육수 50mℓ를 넣고 익힌다. 완두콩이 다 익으면 다른 채소들과 송아지 육즙 소스 50mℓ, 올리브 오일 30mℓ, 버터 30g을 넣는다. 마지막으로 양상추 속대 잎을 넣고 후추를 한 바퀴 갈아 뿌린 뒤 조리를 마무리한다. 완두콩 쿠프 글라세(coupe glacée)를 만든다. 우선 냄비에 올리브오일을 한 바퀴 두른 뒤 완두콩 깍지 200g을 넣고 수분이 나오도록 약한 불에 볶는다. 고운 소금 10g, 설탕 14g으로 간한 다음, 흰색 육수 400mℓ와 끓는 우유 400mℓ를 넣는다. 콩깍지가 말랑하게 익을 때까지 약 10분 정도 끓인 뒤 깍지를 깐 완두콩 200g을 넣는다. 모두 익으면 콩깍지와 완두콩 알갱이를 건져내 주서에 넣고 착즙한다. 익힌 국물은 아주 고운체에 거른 뒤 1/10 정도를 덜어내어 달걀노른자 4개를 풀어준다. 나머지 국물은 가열한다. 끓어오르기 시작하면 달걀노른자를 풀어둔 국물을 부어 섞는다. 계속 저으며 주걱에 묻는 농도(à la nappe)가 될 때까지 끓인다(달걀노른자가 반 응고되며 크림을 걸쭉하게 만들도록 아주 약한 불로 가열하며 젓는다). 여기에 착즙하고 남은 완두콩 건더기와 크레모단(안정제) 5g을 첨가한다. 혼합물을 다시 고운체에 거른 다음 올리브오일을 가늘게 흘려 넣으며 얼음 위에서 휘저어 섞는다. 아이스크림 메이커에 넣고 돌린다. 한 개의 스푼을 이용해 완두콩 아이스크림을 보기 좋은 모양의 크넬로 떠서 칵테일용 넓은 글라스에 깔아놓은 쉬크린 상추 속잎 위에 얹는다. 곱게 다진 베이컨 가루를 뿌리고 올리브오일을 한 바퀴 두른다. 준비해둔 페이잔 완두콩과 함께 서빙하면 다양한 맛과 텍스처를 동시에 즐길 수 있다.

PAYS-BAS 페이 바 네덜란드. 네덜란드의 요리는 벨기에, 북부 독일 요리와 비슷하다. 목축업이 발달한 네덜란드는 유제품이 풍부하고 맛이 좋으며 치즈도 아주 유명하다. 대표적인 치즈로는 에담(edam, 붉은색 또는 노란색의 크고 둥근 덩어리 치즈), 레이든(Leyden, 둥글고 넓적한 모양으로 커민 또는 아니스로 향을 낸다), 고다(gouda, 큰 사이즈의 넓적한 휠 모양으로 크림 톤의 노란색을 띠며 커민으로 향을 내기도 한다), 코미시카스(Commissiekaas, 소젖으로 만든 압착 경성치즈로 주황색 물을 들인다), 나글카스(nagelkaas)와 프리슈 나글카스(Friese nagelkaas, 탈지우유로 만든 경성치즈로 커민과 정향으로 향을 낸다) 등이 있다. 네덜란드에서는

축산업과 수산업이 모두 활발해서 식탁 위에는 샤퀴트리 및 다양한 생선(특히 장어) 요리가 함께 오르기도 하며, 여기에 다양한 종류의 빵을 곁들여 먹는다. 빵은 점심으로 즐기는 콜드 뷔페인 코피타플(koffietafel, 커피 테이블이란 뜻)에 빠져서는 안 되는 중요한 구성 요소다. 주된 끼니는 저녁식사다. "청어가 있으면 의사를 멀리해도 된다."라는 속담이 있을 정도로 네덜란드 사람들은 청어를 최고의 생선으로 친다. 5월 초 청어잡이 어선이 출항을 시작하면 모든 항구에서는 축제가 열린다. 이들이 어획을 마치고 돌아오면 배에서 내린 첫 번째 염장 청어 통은 여왕에게 진상된다.

■ **푸짐한 요리.** 네덜란드 요리는 푸짐하고 든든하다. 특히 겨울에는 완두콩 수프, 허츠폿(hutspot, 찜갈비를 곁들인 감자 요리), 발큰브레이(balkenbrij, 돼지머리와 자투리 부위를 틀에 넣어 익힌 순대의 일종으로 사과 콩포트를 곁들여 먹는다), 하즈페퍼(hazepeper, 후추로 양념한 산토끼 스튜), 슈크루트를 곁들인 송아지 정강이 요리, 롤펜스(rolpens, 양념에 재운 뒤 소테한 고기 요리로 감자와 파인애플을 곁들인다), 넛멕을 넣은 치즈 크림 소스를 끼얹고 녹색 채소를 곁들여 내는 송아지 에스칼로프 등을 즐겨 먹는다. 옛 식민지 국가들에서 대량으로 수입되는 쌀은 네덜란드의 요리뿐 아니라 디저트에도 많이 사용되는 기본 식재료다. 인도네시아 요리의 영향을 받은 리스타플(**참조** RIJSTTAFEL)은 네덜란드의 대표적인 식문화 전통의 일부가 되었다. 파티스리나 디저트에서는 특히 생강, 계피, 넛멕이 중요한 역할을 하며 대표적인 것들로는 크리스마스 시즌에 즐겨 먹는 스페큘로스(speculoos) 쿠키, 향신료를 넣은 팬케이크, 보터쿠크(boterkoek, 버터케이크), 호피어스(hopjes, 커피 맛 캐러멜 사탕) 등이 있다. 네덜란드인들은 커피, 맥주, 우유 및 라인강 유역에서 생산되는 독일 와인이나 프랑스 와인을 즐겨 마신다. 또한 예네버(jenever, 진, 옛날에는 약제로 쓰였다)와 아드보카트(advocaat), 큐라소(curaçao) 등의 리큐어도 많이 소비한다.

PÉCHARMANT 페샤르망 베르주락(Bergerac)의 AOC 레드와인. 마치 보르도의 포도품종을 연상시키는 이 와인은 베르주락 주변 경사지대에 계단식으로 펼쳐진 포도원에서 생산된다.

PÊCHE 페슈 복숭아. 장미과에 속하는 복숭아나무의 열매. 복숭아는 백도, 또는 황도로 나뉘는데 모두 벨벳과 같이 고운 솜털이 있는 껍질로 덮여 있다. 살은 즙이 많고 향이 좋으며 가운데에는(경우에 따라 살과 밀착되어 있기도 한) 큰 씨가 있는 핵과다. 중국이 원산지인 복숭아는 일반 과일로 오랫동안 사랑을 받아왔을 뿐 아니라 섬세하고 고급스러운 디저트를 만드는 데도 종종 사용되었다. 17세기 말 루이 14세 시대에 농학자 라 캥티니(Jean-Baptiste de La Quintinie)는 다양한 복숭아 품종을 개발했다. 제정시대에 이어 왕정복고시대에도 큰 인기를 누린 복숭아는 부르달루(bourdalou), 카르디날(cardinal), 콩데(Condé) 및 베네, 플랑베, 앵페라트리스(à l'impératrice) 등 세련되고 맛있는 다수의 디저트를 탄생시켰다. 특히 19세기말 선보인 페슈 멜바(pêche Melba)를 빼놓을 수 없다. 복숭아는 소화가 아주 잘되고 열량은 100g당 50kcal 또는 209kJ이며 당도는 중간 정도이다(100g당 12g). 특히 플라보노이드가 풍부하다. 구입 시에는 잘 익고 향이 좋은 것, 껍질이 얇고 색이 선명하며 갈색 반점이나 멍이 없는 것을 고른다. 대부분의 비타민은 껍질에 함유되어 있으므로 생과일로 먹을 때에는 물에 씻은 뒤 껍질을 벗기지 않고 그대로 섭취하는 것이 좋다. 복숭아와 아주 가까운 과일로는 천도복숭아(brugnon, nectarine)가 있으며 맛과 향이 거의 비슷하다.

■ **사용.** 프랑스에서 복숭아는 대부분 남동 지역(Sud-Est)와 남서 지역(Sud-Ouest)에서 생산된다. 백도(무르거나 상처가 나기 쉽지만 향이 아주 진하고 과육이 매우 부드럽다. 수확량의 60%를 차지한다)와 황도(백도보다 좀 더 단단하며 즙이 적다. 수확량의 40%를 차지한다), 블러드 복숭아(살이 아주 진한 붉은색이며 향이 매우 진하다) 등으로 분류된다. 가르(Gard) 지방과 스페인에서는 특이한 모양의 납작복숭아를 생산하는데 살에 즙이 많고 맛이 아주 좋다.

compote de pêche ▶ COMPOTE

---

pêches à la bordelaise 페슈 아 라 보르들레즈

보르도 와인 시럽에 조린 복숭아 : 복숭아 4개를 끓는 물에 잠깐 넣어 데친 뒤 껍질을 벗기고 반으로 잘라 씨를 제거한다. 설탕을 뿌린 뒤 1시간 정도 재운다. 보르도 레드와인 300mℓ에 각설탕 8개와 통계피 1조각을 넣고 끓인다. 여기에 복숭아를 넣고 약하게 끓는 상태에서 10~12분간 포칭한다. 복숭아가 익으면 건져내 둥근 유리 쿠프(coupe) 잔에 담는다. 익히고 남은 시럽을 졸여 복숭아에 끼얹는다. 식힌다. 구움과자류의 프티푸르와 바닐라 아이스크림을 곁들여 서빙한다.

---

pêches dame blanche 페슈 담 블랑슈

샹티이 크림을 얹은 담 블랑슈 복숭아 : 키르슈 1테이블스푼과 동량의 마라스키노 와인을 우묵한 볼에 섞은 뒤 슬라이스한 파인애플 4쪽을 담가 재운다. 물 250g에 설탕 250g, 길게 갈라 긁은 바닐라 빈 1/2줄기를 넣고 끓인다. 복숭아 큰 것 2개의 껍질을 벗긴 뒤 이 시럽에 넣고 약 10분간 아주 약하게 끓는 상태에서 포칭한다. 중간중간 복숭아를 굴려가며 고르게 익힌다. 불에서 내린 뒤 복숭아를 건져내 반으로 자르고 씨를 제거한다. 4개의 유리 쿠프 잔 바닥에 바닐라 아이스크림(총 500mℓ)을 깔고 파인애플 슬라이스를 하나씩 덮는다. 그 위에 반으로 자른 복숭아를 하나씩 올린다. 아주 차가운 샹티이 크림을 별 모양 깍지를 끼운 짤주머니로 짜 얹는다. 파인애플 슬라이스에도 크림을 빙 둘러 짜 장식한다.

---

pêches Melba 페슈 멜바

피치 멜바 : 바닐라 아이스크림 500mℓ와 레드커런트 즐레 300mℓ를 준비한다. 복숭아 8개를 끓는 물에 잠깐 데친 뒤 건져 찬물에 식히고 껍질을 벗긴다. 물 1ℓ, 설탕 500g, 길게 갈라 긁은 바닐라 빈 1줄기를 넣어 만든 시럽을 5분간 끓인 뒤 복숭아를 넣고 아주 약하게 끓는 상태로 약 15분간 포칭한다. 데치는 동안 복숭아가 둥둥 뜨지 않도록 내열 접시로 눌러준다. 건져서 하루 밤 식힌 뒤 반으로 잘라 씨를 제거한다. 큰 사이즈의 서빙용 유리 용기 맨 밑에 바닐라 아이스크림을 담고 복숭아를 놓은 뒤 레드커런트 즐레를 끼얹는다. 샹티이 크림을 꽃무늬로 짜 얹고 레드커런트 알갱이 몇 개와 구운 아몬드 슬라이스를 뿌려 장식해도 좋다.

필립 고베(PHILIPPE GOBET)의 레시피

pêches rôties au romarin 페슈 로티 오 로마랭

로즈마리 향의 구운 복숭아 : 4인분

아주 잘 익은 복숭아 4개를 반으로 잘라 씨를 제거한다. 논스틱 팬에 정제버터 30g을 달군 뒤 반으로 자른 복숭아를 단면이 아래로 오도록 놓고 노릇하게 지진다. 아카시아 꿀 3스푼과 로즈마리 작은 가지 4개를 넣는다. 애플사이더(시드르) 식초 1티스푼을 넣어 디글레이즈한 다음, 조리 중 나오는 즙을 계속 복숭아에 끼얹어주며 익힌다(약 3분간). 복숭아를 건져 서빙 접시에 담는다. 남은 즙을 졸인 뒤 복숭아에 끼얹는다. 바닐라 아이스크림과 아몬드 튀일을 곁들여 서빙한다.

sauce aux pêches crues ▶ SAUCE DE DESSERT

PECORINO 페코리노 양젖으로 만든 이탈리아의 가열 또는 비가열 압착치즈로 외피는 솔로 문질러 닦거나 경우에 따라 기름을 먹이고 황토색을 입히기도 한다(**참조** p.398 외국 치즈 도표). 페코리노 치즈는 각기 다른 몇 종류의 형태와 명칭으로 생산되는데 그중 가장 많이 알려진 것은 가열 압착한 경성치즈인 페코리노 로마노(지방 36%)다. 직경 20~26cm, 높이 14~22cm 크기의 원통형으로 최소 8개월 이상 숙성기간을 거치며 꼬릿하고 진한 풍미를 낸다. 한편 지방 함량이 더 많은 페코리노 시칠리아노와 페코리노 사르도는 비가열 반경성치즈다.

PECTINE 펙틴 천연 겔화 물질인 펙틴은 다수의 식물, 특히 과일(레몬, 유럽모과, 레드커런트, 블랙베리, 오렌지, 사과)즙에 함유된 탄수화물로 이루어져 있다. 또한 펙틴은 건조시킨 사과즙 찌꺼기에서 추출해 만들기도 한다. 잼을 만들 때 펙틴은 굳는 것을 돕는 역할을 하며, 특히 즐레를 만들 때 더욱 필요한데, 즐레를 끓일 때 설탕과 과일즙에 사과 또는 유럽모과의 껍질과 씨를 거즈 천에 싸서 함께 넣어주면 펙틴의 효과를 쉽게 볼 수 있다.

PÉKINOISE (À LA) 아 라 페키누아즈 북경식이라는 뜻으로, 생선을 토막 내 튀기거나 랑구스틴(가시발새우)에 튀김옷을 입혀 튀긴 뒤 중국식 새콤달콤한 소스를 곁들인 음식을 지칭한다. 이 소스는 다진 마늘과 양파에 생강을 넣고 버터에 색이 나지 않게 볶다가 설탕을 뿌린 뒤 간장과 생토마토 주스를 넣고 끓여 만드는 것으로 마지막에 옥수수 녹말물을 넣어 걸쭉하게 만든다. 중국 버섯(목이 또는 표고)를 넣기도 한다.

▶ 레시피 : CHOU CHINOIS.

주요 복숭아 품종과 특징

품종	산지	출하 시기	형태
백도 *à chair blanche*			
알렉상드라 Alexandra®	랑그독, 루시용, 론 알프, 프로방스	6월 중순, 6월 말	약간 타원형을 한 구형으로 껍질이 짙은 붉은색이며 씨가 갈라져 있다.
알린 Aline®	론 알프, 랑그독, 프로방스	8월 중순	구형으로 모양이 균일하며 껍질이 분홍색이다.
아니타 anita	랑그독, 루시용, 론 알프, 프로방스	6월 말, 7월 초	구형으로 모양이 균일하며 씨가 갈라져 있다.
데이지 daisy	발레 뒤 론	7월 초, 7월 말	둥글고 색이 선명하다.
돌로레스 dolores	론 알프, 랑그독, 프로방스	8월 중순, 8월 말	구형으로 모양이 균일하며 껍질은 붉은색 또는 진한 붉은색을 띤다.
도로테 dorothée	론 알프, 랑그독, 프로방스	8월 초, 8월 중순	구형으로 모양이 균일하며 껍질은 분홍빛을 띤 붉은색이다.
마농 manon	랑그독, 루시용, 프로방스, 론 알프	6월 말, 7월 초	구형으로 모양이 균일하다.
프라임로즈 Primerose®	랑그독, 루시용, 프로방스	6월 초, 6월 중순	약간 타원형을 한 구형이다.
레드로빈 redrobin	랑그독, 루시용, 프로방스, 론 알프, 남서부 지방	7월 초	약간 눌린 구형으로 모양이 균일하다.
레드윙 redwing	랑그독, 루시용, 프로방스, 론 알프, 남서부 지방	7월 중순	구형으로 껍질은 보랏빛을 띤 붉은색이다.
탕드레스 tendresse	랑그독, 론 알프	8월 초	약간 눌린 구형으로 모양이 균일하고 껍질은 붉은색 또는 분홍빛을 띤 붉은색이다.
화이트 레이디 white lady	발레 뒤 론	7월 말, 8월 중순	구형으로 껍질은 전체적으로 붉은색이 많은 부분을 차지한다.
황도 *à chair jaune*			
엘리건트 레이디 Elegant Lady®	랑그독, 루시용, 프로방스, 론 알프	8월 초, 8월 중순	구형으로 모양이 균일하고 껍질은 전체가 모두 붉은색이다.
플레이버크레스트 flavorcrest	랑그독, 루시용, 프로방스	7월 중순	구형으로 모양이 균일하다.
메이크레스트 Maycrest®	랑그독, 루시용, 프로방스	6월 중순	구형으로 모양이 균일하며 껍질은 붉은색에서 주홍색을 띤다.
멜로디 mélodie	랑그독, 루시용, 프로방스, 론 알프	7월 중순, 7월 말	구형으로 모양이 균일하다.
오헨리 o'Henry®	랑그독, 루시용, 프로방스, 론 알프	9월 초	주홍색에서 짙은 붉은색 껍질을 갖고 있다.
레드탑 redtop	랑그독, 루시용, 프로방스, 론 알프	7월 중순, 7월 말	구형으로 모양이 균일하다.
로열 문 royal moon	랑그독, 론 알프	7월 말	구형으로 모야이 균일하며 짙은 붉은색에서 주홍색을 띤다. 줄무늬가 나 있다.
스프링크레스트 springcrest	랑그독, 루시용, 발레 뒤 론	6월 중순, 6월 말	구형이며 껍질은 노란색 바탕에 붉은색이 군데군데 있다.
스프링레이디 Springlady®	랑그독, 루시용, 프로방스	6월 말	구형으로 모양이 균일하다.
서머 리치 summer rich	랑그독, 론 알프	7월 중순, 7월 말	살짝 눌린 듯 납작한 구형으로 껍질은 붉은색에서 짙은 붉은색을 띠며 솜털이 나 있다.
심포니 symphonie	랑그독, 루시용, 프로방스, 론 알프	8월 초, 8월 중순	모양이 균일하다.
탑레이디 toplady	랑그독, 루시용, 프로방스, 론 알프	8월 중순	모양이 균일하다.
납작 복숭아 *pêche plate*	남동부 지방, 남서부 지방	7월 중순, 8월 말, 9월 중순	털이 많이 나 있고 금이 패어 있으며 과육은 흰색이다.
블러드 복숭아 *pêche sanguine*	발레 뒤 론	8월~9월	포도 찌꺼기 색의 살을 갖고 있다.

PÊCHES 복숭아

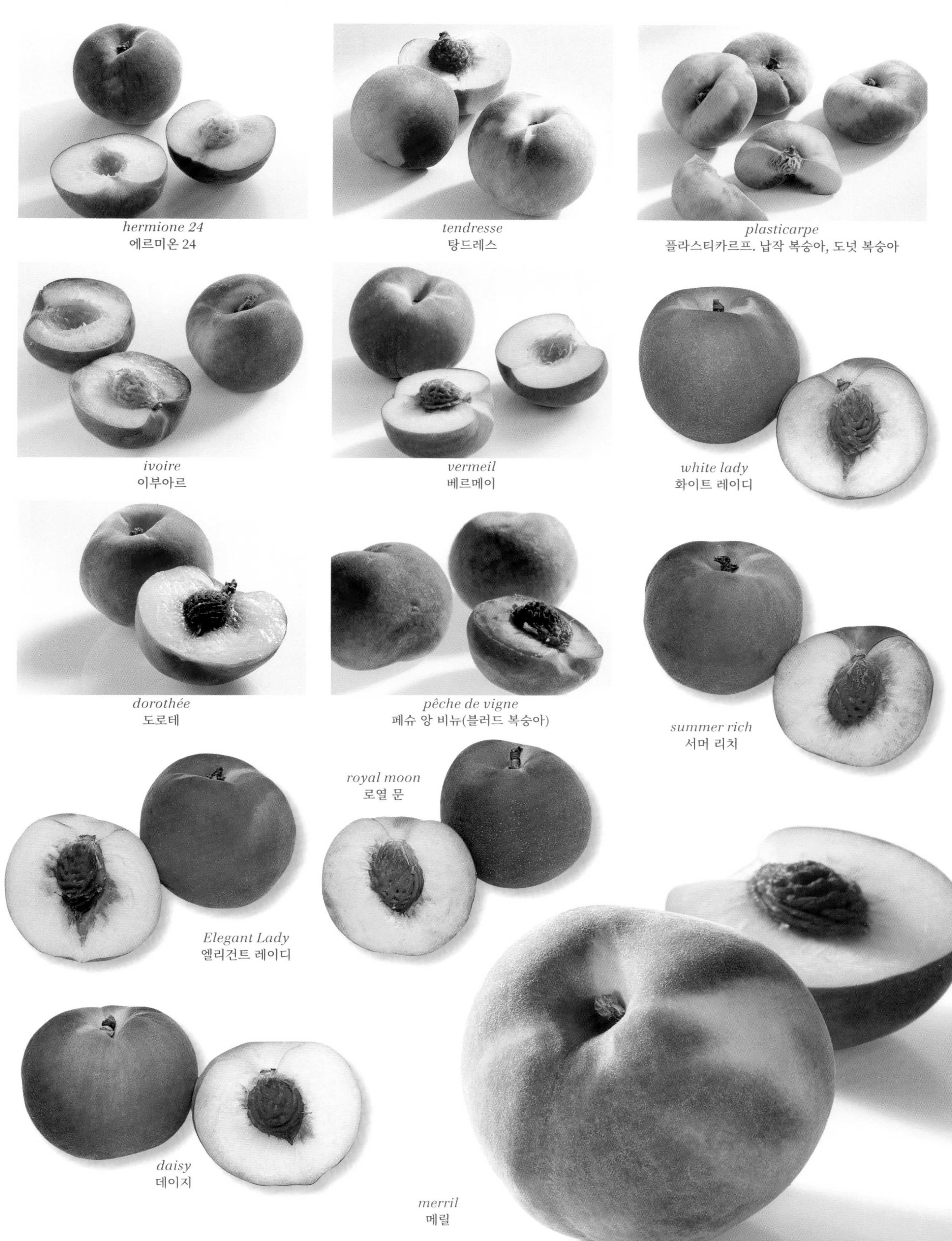

hermione 24
에르미온 24

tendresse
탕드레스

plasticarpe
플라스티카르프. 납작 복숭아, 도넛 복숭아

ivoire
이부아르

vermeil
베르메이

white lady
화이트 레이디

dorothée
도로테

pêche de vigne
페슈 앙 비뉴(블러드 복숭아)

summer rich
서머 리치

royal moon
로열 문

Elegant Lady
엘리건트 레이디

daisy
데이지

merril
메릴

PÉLARDON 펠라르동 염소젖으로 만든 세벤(Cévennes)의 AOC 치즈(지방 45%)로 아주 얇은 천연 외피를 가진 연성치즈다(**참조** p.392 프랑스 치즈 도표). 지름 6cm, 두께 2.5cm의 원반형으로, 농장이나 소규모 우유 가공업체에서 생산되는 이 치즈는 맛이 섬세하고 고소한 너트 향이 난다.

PELER 플레 껍질을 벗기다. 식품의 표면층을 제거하는 것을 뜻한다. 생채소나 과일의 경우 과도나 감자필러를 사용해 껍질을 벗겨낸다. 끓는 물에 잠시 데치거나 뜨거운 기름에 한 번 담갔다 뺀 재료의 껍질을 벗기는 것은 몽데(**참조** MONDER)라고 한다.

PELLAPRAT (HENRI PAUL) 앙리 폴 펠라프라 프랑스의 요리사(1869, Paris 출생—1950, Paris 타계). 파리의 파티시에 퐁스(Pons)의 업장에서 수련을 마친 후 레스토랑 샹포(Champeaux)에 요리사로 들어간 펠라프라는 이곳에서 카지미르 무아송(Casimir Moisson)의 수셰프를 거쳐 라 메종 도레(La Maison dorée)의 셰프가 된다. 파리의 요리학교 에콜 코르동 블루의 교수로 활동한 그는 1935년 초판이 발간된 『현대의 요리법(*Art culinaire moderne*)』을 비롯해 『가정 실용요리(*la Cuisine familiale et pratique*)』, 『프랑스의 생선 요리(*le Poisson dans la cuisine francaise*)』 등 다수의 권위 있는 요리서적들을 집필했다.

PELLE 펠 삽이라는 뜻의 주방도구로 납작하고 끝이 둥근 사각형 또는 삼각형에 손잡이가 달린 큰 주걱을 가리킨다. 경우에 따라 길게 갈라진 틈이나 구멍이 있는 것도 있으며 부서지기 쉬운 음식을 흐트러지지 않게 서빙 접시에 옮겨 담을 때 주로 사용한다.

- 오븐용 삽 또는 패들(pelle à enfourner)은 나무나 금속 소재로 만들어져 있으며 긴 자루형 손잡이가 달려 있는 전문가용 도구로 빵이나 큰 사이즈의 베이킹 팬을 다룰 때 사용된다. 피자 패들은 대부분 스텐으로 되어 있다.
- 밀가루용 삽(pelle à farine) 또는 식재료용 삽(pelle à ingrédients)은 알루미늄, 나무, 혹은 투명한 폴리카보네이트 재질로 되어 있는 작고 우묵한 모양의 도구다.
- 생선용 뒤집개(pelle à poisson)는 스텐이나 은도금 금속으로 되어 있으며 구멍들이 뚫려 있거나 약간 우묵한 형태로 된 것도 있다.
- 케이크 서버(pelle à tarte)는 자기, 도기, 강철, 금속, 은도금 재질로 만들어졌으며 대부분 서빙 그릇이나 커트러리와 세트로 되어 있다. 아이스크림을 덜어 서빙할 때도 사용할 수 있다.

PELMIENI, PELMENI 펠메니 시베리아에서 유래한 러시아식 만두. 밀가루와 물을 섞어 만든 반죽을 얇게 민 만두피에 다진 고기, 치즈를 넣은 감자 퓌레 또는 닭고기 살로 만든 소를 채워 넣고 빚은 뒤 소금을 넣은 끓는 물에 삶는다. 물기를 완전히 털어내지 않고 대충 건진 다음 녹인 버터를 뿌려 먹는다. 사워 크림 또는 레몬즙을 첨가한 그레이비를 따로 담아 곁들이기도 한다.

PELTIER (LUCIEN) 뤼시앵 펠티에 프랑스의 파티시에(1941, Paris 출생—1991, Paris 타계). 뤼시엥 펠티에는 빌프랑슈 뒤 루에르그(Villefranche-du-Rouergue)에서 부친 옥타브 펠티에에게 처음 제과를 배웠고, 1960년 부친이 파리 세브르가 66번지의 메종 티보(Thibault)를 인수하자 그곳에서 함께 일하며 업장 일을 도왔다. 그는 에콜 르노트르(Lenôtre)를 수료한 이후 1974년 아버지의 매장을 이어받아 창의력 넘치는 자질과 탁월한 교육자로서의 면모를 유감없이 보여주었다. 그가 만들어낸 프린세스(바닐라 크렘 파티시에를 곁들인 아몬드 머랭), 블랙 로즈(초콜릿 다쿠아즈), 7가지 과일 타르트 등의 파티스리는 큰 인기를 누렸고 이후 비슷한 모방제품들이 줄을 이었다.

한편 그는 일본과 한국에 지점을 오픈하며 자신의 이름을 알렸다. 1982년과 1987년 제과인 연합 단체인 릴레 데세르(Relais-Desserts)의 회장을 역임했으며, 미셸 푸사르(Michel Foussard, 프랑스 제과 명장 MOF, 니코(Nikko) 호텔 파티시에), 장 폴 에뱅(Jean-Paul Hévin, 여러 개의 초콜릿 부티크를 운영하고 있다), 프랑수아 랭보(François Raimbault(라 나풀(La Napoule)의 레스토랑 로아지스(l'Oasis)의 파티시에) 등 장래가 촉망되는 젊은 파티시에들을 길러냈다.

PELURE D'OIGNON 플뤼르 도뇽 양파 껍질이라는 뜻으로 옛날에 로제와인을 부르던 이름이었다. 이 표현은 오늘날 와인 묘사에서 대개 부정적 의미로, 레드와인이 오랜 시간 숙성되면서 보이는 주황색 톤, 또는 로제와인이나 레드와인들이 본래 지니고 있는 주황색 뉘앙스를 가리킬 때 사용한다.

PEMMICAN 페미캉 페미컨. 고기를 말려 발효하고 눌러 만든 보존 음식으로 북아메리카 인디언들은 이것을 굵직하게 다지거나 물을 넣고 죽처럼 끓여먹었다.

PÉPIN (JACQUES) 자크 페팽 프랑스의 요리사, TV 프로그램 진행자, 작가(1935 Bourg-en-Bresse 출생). 그는 부모님이 운영하던 식당인 부르 캉 브레스(Bourg-en-Bresse)의 펠리캉(Pélican)에서 처음 요리를 배웠으며 이후 파리로 올라가 플라자 아테네 호텔의 주방에서 경력을 쌓았다. 1959년 미국으로 이주한 그는 하워드 존슨 호텔 체인에서 10년간 연구개발 실장으로 일하면서, 동시에 뉴욕 컬럼비아 대학교에서의 학업도 병행해간다(그는 1972년 18세기 프랑스 시 연구로 문학 석사학위를 받았다). 한편 줄리아 차일드와 자신의 딸 클로딘과 함께 TV 쿠킹 프로그램을 만들어 진행했으며, 『조리 기술 총정리(*Techniques complètes*)』와 『패스트 푸드 마이 웨이(*Fast Food My Way*)』를 비롯한 18권의 저서를 집필했다. 특히 그가 진행했던 TV 쇼의 제목이기도 한 패스트 푸드 마이 웨이는 그의 인생의 요약편이라고 할 수 있다. 그는 뉴욕 프렌치 컬리너리 인스티튜트(French Culinary Institute)의 운영에도 참여하였으며. 현재 코네티컷주 매디슨에 거주하고 있다.

PEPINO 페피노 페피노, 페피노 멜론. 가지과에 속하는 키가 작은 소관목의 열매로 중미와 남미에서 재배된다(**참조** p.404. 405 열매 및 이국적인 과일 도감). 과육이 단단하지만 즙이 많고 맛은 밍밍한 편이며 당도가 낮고 비타민 C가 풍부하다. 먹는 방법은 멜론과 같다.

PEPPERMINT 페퍼민트 페퍼민트 리큐어. 다양한 종류의 민트를 알코올에 담가 향을 침출해 만든 리큐어. 향이 우러난 알코올(infusion)은 여과한 뒤 설탕 등의 감미료를 첨가한다. 페퍼민트 리큐어는 그대로 또는 언더락으로 마시거나 물을 타 희석해 마신다. 잘게 부순 얼음을 채운 잔에 리큐어를 넣은 다음 빨대로 마시기도 한다.

PEQUET, PEKET 페케 예네버(주니퍼베리로 향을 낸 오드비)와 비슷한 벨기에의 오드비로 리에주 지방에서 즐겨마신다. 알코올 도수 30~40%Vol.인 페케는 증류한 보리술에 주니퍼베리로 향을 내어 만든다. 때로 오크통에 넣어 숙성하기도 한다.

PÉRAIL 페라이 옥시타니 마시프 상트랄 지역의 천연 외피 양젖 연성치즈로 페랄(peral, peralh)이라고도 불린다. 이 치즈는 에로(Hérault), 로제르(Lozère), 아베롱(Aveyron)의 석회질 고원지대에서 생산된다. 지름 9~10cm, 두께 1.5~1.8cm의 작은 원반형이며 무게는 약 120~150g 정도다.

PERCHE 페르슈 유로피안 퍼치, 유럽 농어. 물의 흐름이 없거나 유속이 아주 느린 곳에 서식하는 물고기로 페르카과에 속하며 아주 맛이 좋다(**참조** p.672,673 민물생선 도감). 크기는 보통 25~35cm이다. 간혹 50~60cm까지 크고 무게는 3kg에 이르는 개체도 나오는데, 성장 속도가 아주 느린 것을 감안하면 아주 예외적인 크기다. 머리와 등 사이에 혹이 솟은 듯 굽은 모양을 하고 있으며 등쪽은 녹색 빛이 도는 갈색이고 짙은 색의 띠가 여럿 있다. 등에는 두 개의 지느러미가 연달아 나 있으며 역시 녹갈색을 띤다. 다른 지느러미들은 붉은색이며 첫 번째 등지느러미와 아가미 덮개에 뾰족한 가시가 있다. 유로피안퍼치는 잡은 즉시 비늘을 떼어내지 않으면 작업이 불가능하다. 크기가 작은 것은 튀겨 먹고, 중간 것들은 뫼니에르식으로 조리하거나 마틀로트를 만든다. 크기가 큰 것은 알로사처럼 소를 채워 조리한다.

뾰족한 가시가 난 지느러미를 가진 다른 물고기들 중에도 페르슈라는 이름으로 불리는 것들이 있는데 특히 미국에서 수입된 페르슈 솔레이(perche soleil, 펌프킨 시드), 페르슈 누아르(perche noire, 큰입 우럭, 블랙 배스), 주로 튀김으로 먹는 작은 사이즈의 페르슈 구조니에르(perche goujonnière, 유라시안 러프), 그리고 반점이 있는 농어의 일종인 페르슈 드 메르(perche de mer) 등이 이에 해당한다. 프랑스에서 일명 캐나다 페르슈(perche canadienne)라고 불리는 생선은 캐나다 현지에서는 페르쇼드(perchaude)라고 불리며, 페르슈 누아르는 아시강(achigan), 페르슈 솔레이는 크라페 솔레이(crapet soleil)로 통용된다.

또한 필레로만 판매되는 페르슈 종류도 있다. 분홍빛 살의 이 생선은 아프리카의 빅토리아호에서 잡은 것이다. '나일 강의 퍼치'라는 뜻의 페르슈 드 닐(perche du Nil)이라는 명칭으로 불린다.

filets de perche à la milanaise 필레 드 페르슈 아 라 밀라네즈

밀라노식 유러피안 퍼치 필레 : 쌀 250g으로 피에몬테식 리소토를 만든다. 유러피안 퍼치 4마리의 필레를 떠낸 뒤 씻어서 물기를 닦아낸다. 밀가루, 달걀, 빵가루를 묻혀 버터에 양면을 고르게 지지듯 튀긴다. 타원형 서빙 접시에 버터를 바르고 리소토를 깔아준 다음 생선 필레를 올린다. 웨지로 썬 레몬 조각을 올려 장식한다.

PERCOLATEUR 페르콜라퇴르 퍼컬레이터, 전기 커피 메이커. 많은 양의 커피를 끓이는 데 사용하는 기계로 퍼컬레이션(침출과 침윤이 결합된 방식) 원리로 작동된다. 찬물을 넣는 탱크와 뜨거운 물을 가열하는 장치, 분쇄한 원두를 넣는 여과장치로 이루어져 있다. 열 사이펀(온수 순환방식) 방식을 통해 찬물은 가열하면 커피를 관통하며 뜨거운 물을 뿜어내며 이는 곧 열판 위에 설치된 서빙용 공간으로 모인다. 온도는 약 95°C이며 자연스럽게 침출이 이루어진다.

PERDREAU ET PERDRIX 페르드로, 페르드리 새끼자고새, 자고새. 꿩과에 속하는 깃털 달린 수렵육에 해당하는 자고새는 식재료로 매우 인기가 많으며 프랑스 전역에서 사냥할 수 있다. 프랑스에서 잡히는 종류는 붉은다리자고새와 회색 자고새(유럽 자고새) 두 가지가 있다(**참조** p.421 수렵육 도표). 생후 8개월 미만의 어린 자고새는 암컷과 수컷 모두 페르드로라고 부른다. 새끼자고새는 부리가 유연하게 잘 휘고 날개의 첫 번째 깃털에 흰색 반점이 있다. 특히 갓 병아리 단계를 벗어난 아주 어린 자고새 새끼는 푸이야르(pouillard)라고 부른다.

몸집이 가장 큰(400~500g) 붉은다리자고새는 등과 배 부분이 다갈색을 띠며 목은 흰색, 부리와 다리는 빨강색이다. 회색자고새는 등이 회갈색이고 배 아래쪽은 잿빛 회색이며 수컷의 경우 커다란 갈색 반점이 한 개 있다. 아메리카로 전파된 이 새는 캐나다 남부와 미국 북부에 아주 잘 적응해 서식하고 있다.

- 붉은다리자고새와 비슷한 바위자고새는 아주 맛이 좋아 미식가들의 사랑을 받고 있으며 점차 희귀해지고 있다. 이 새는 해발 2000m 알프스 고산지대에 주로 서식한다.
- 아메리카의 자고새라고 할 수 있는 콜랭(colin)도 프랑스에 도입되어 좋은 반응을 얻고 있다.
- 퀘백 지역에서는 목도리뇌조, 사할린뇌조(흰색자고새라고 잘못 불리고 있다), 가문비뇌조(캐나다뇌조) 등의 몇몇 지역 조류를 자고새라고 부르기도 한다. 살을 더욱 연하게 만들기 위해 주로 캐나다식 베이크드 빈(fèves au lard)이나 로스트 포크와 함께 조리한다.

■ **사용.** 살이 아주 연하고 부드러운 새끼자고새(perdreau)는 금방 익는다. 얇은 돼지비계로 감싸고 포도나무 잎을 둘러준 뒤 주니퍼베리나 포도와 함께 오븐에서 로스트한다. 경우에 따라 소를 채운 뒤 굽기도 한다.

반면 성장한 자고새(perdrix)는 익히는 데 좀 더 시간이 걸린다(사람들은 10월 1일이 지나면 더 이상 새끼자고새라고 부를 수 없다고 생각한다. 이는 옛날 생 레미 주교를 기리는 성축일에 "생 레미 축일에는 모든 자고새 새끼는 자고새가 된다."라고 했던 것에서 유래했다). 성장한 자고새 중 가장 어린 것은 실제로 파테, 살미, 수플레, 트뤼페, 코코트, 쇼 프루아, 크레핀, 에스투파드, 즐레, 무스 등 새끼자고새 조리법과 거의 비슷하게 조리한다. 늙은 자고새는 전통적으로 렌틸콩 또는 사보이양배추 등을 넣고 샤르트뢰즈(chartreuse)를 만든다. 또는 다져서 스터핑용, 퓌레, 쿨리 등으로 사용하기도 한다.

perdreau à la coque 페르드로 아 라 코크

두 다리를 매달아 익힌 새끼자고새 : 새끼자고새 한 마리의 내장을 모두 빼낸 뒤 토치로 그슬려 잔털과 깃털 자국을 제거한다. 소금, 후추로 밑간한 뒤 속에 푸아그라를 넣고 고루 발라준다. 입구를 다시 꿰맨다. 냄비에 물을 붓고 소금을 넣은 뒤 긴 막대기를 냄비 가장자리에 걸쳐 놓고 가열한다. 물이 끓으면 여기에 자고새를 넣고 두 다리를 막대 가운데 실로 매달아 고정시킨다. 펄펄 끓는 상태로 20분간 익힌다. 자고새를 꺼내 식힌 뒤 냉장고에 보관한다.

perdreau en pistache 페르드로 앙 피스타슈

통마늘을 곁들인 새끼자고새 요리 : 새끼자고새 한 마리를 손질해 준비한다. 자고새의 간, 빵 속살, 생햄, 파슬리, 마늘을 모두 곱게 다진 뒤 달걀 1개를 넣어 혼합한다. 이 소를 자고새에 채워 넣고 실로 묶는다. 얇은 돼지비계로 감싼 뒤 소금, 후추로 밑간한다. 토기 냄비에 거위기름 3테이블스푼을 달군 뒤 자고새를 넣고 노릇한 색이 나도록 고루 지진다. 새를 꺼낸 뒤 그 냄비에 굵직하게 다진 생햄 1테이블스푼을 넣고 볶는다. 밀가루를 한 스푼 뿌린 다음 잠시 더 볶는다. 드라이한 화이트와인 250mℓ를 넣고 이어서 육수 100mℓ를 넣는다. 토마토퓌레 1테이블스푼, 부케가르니, 말린 오렌지 껍질 작은 것 한 조각을 넣고 10분간 끓인다. 햄과 부케가르니를 건져낸 다음 소스를 체에 거른다. 자고새를 다시 냄비에 넣고, 건져둔 햄과 부케가르니도 함께 넣는다. 여기에 소스를 붓는다. 가열하여 끓기 시작하면 뚜껑을 덮고 10분간 더 끓인다. 마늘 12톨을 끓는 소금물에 데친 뒤 냄비에 넣는다. 아주 약하게 끓는 상태로 30분간 더 조리한다. 부케가르니를 건져낸 뒤 냄비 그대로 서빙한다.

로제 라마제르(ROGER LAMAZÈRE)의 레시피

perdreaux en croustade 페르드로 앙 크루스타드

새끼자고새 크루스타드 : 새끼자고새 4마리의 뼈를 모두 제거한다. 가슴살은 잘라내 따로 보관하고 나머지는 레드와인 750mℓ에 담가 24시간 동안 재운다. 다리 살과 간을 블렌더로 간 다음 소금, 후추로 간한다. 믹싱볼을 얼음 위에 올린 뒤 달걀 2개를 넣고 잘 섞는다. 이어서 생크림 150mℓ를 조금씩 넣어가며 계속 잘 휘저어 섞는다. 혼합물의 질감이 고운 무스처럼 되면 냉장고에 넣어둔다. 어느 정도 차갑게 굳으면 작은 크넬 모양을 만든다. 자고새의 남은 자투리살과 뼈, 마리네이드했던 와인으로 육수를 만든다. 반으로 졸인 뒤 데미글라스 300mℓ를 넣는다. 체에 걸러 다시 냄비에 넣고 아주 약하게 끓는 상태를 유지한다. 여기에 자고새 무스 크넬을 넣고 포칭한다. 개인 서빙용 사이즈의 퇴유테 크러스트 4개를 굽는다. 얇게 썬 포치니버섯 4개를 버터에 볶고 소금, 후추로 간한다. 크넬을 모두 포칭한 다음 육수를 다시 졸여 400mℓ의 소스를 만든다. 졸이면서 거품은 꼼꼼히 건져낸다. 마지막에 푸아그라 50g을 넣어 리에종한다. 따로 보관해두었던 자고새 가슴살을 버터에 지진 뒤 소금, 후추로 간한다. 양면을 각각 2분씩만 익혀 속살이 핑크빛을 띠는 로제(rosé) 상태가 되어야 한다. 퇴유테 크러스트 위에 크넬과 포치니버섯, 자고새 가슴살을 올린다. 소스를 조금 뿌린 뒤 낮은 온도의 오븐에서 3분간 구워낸다. 소스를 용기에 따로 담아 서빙한다.

perdreaux farcis à la gelée 페르드로 파르시 아 라 즐레

속을 채워 익힌 뒤 즐레를 씌운 새끼자고새 : 새끼자고새 여러 마리를 손질해 준비한다. 등쪽으로 절개하여 뼈를 모두 제거한 다음 소금, 후추로 안쪽에 밑간한다. 송로버섯을 넣어 만든 수렵육 스터핑을 한 마리당 100g씩 채우고 가운데는 생 푸아그라 작은 한 조각과 껍질을 벗긴 작은 송로버섯을 한 개씩 넣는다. 소금, 후추, 카트르 에피스, 코냑을 뿌린다. 자고새를 다시 원래 모양대로 오므린 뒤 실로 묶고 각각 얇은 돼지비계로 감싸준다. 마데이라 와인 즐레(자고새의 뼈와 자투리살, 송아지 정강이, 생 돼지껍데기를 넣어 만든다)를 자작하게 넣고 익힌다. 자고새를 건져낸 다음 비계를 벗기고 실을 푼 다음 물기를 닦아낸다. 타원형 테린 용기에 자고새를 나란히 채워 넣고 식힌 뒤 냉장고에 넣는다. 즐레의 불순물을 제거하여 맑게 정화한 다음 자고새에 끼얹어 완전히 덮는다. 다시 냉장고에 넣어 굳힌다.

perdreaux Monselet 페르드로 몽슬레

아티초크와 송로버섯을 넣은 몽슬레 새끼자고새 요리 : 새끼자고새 2마리를 손질해 준비한다. 각각 푸아그라로 속을 채운 뒤 작게 깍둑 썬 송로버섯을 한 조각씩 넣는다. 실로 꿰매 묶고 소금, 후추로 간한 다음 버터를 달군 작은 코코트 냄비에 지져 고루 색을 낸다. 뚜껑을 덮고 약한 불에서 15분간 더 익힌다. 아티초크 속살 밑동을 도톰하게 어슷썰어 레몬즙을 뿌리고 버터에 슬쩍 볶은 뒤 냄비에 넣는다. 15분간 익힌다. 송로버섯 1개를 잘게 깍둑썰어 냄비에 넣는다. 뜨겁게 데운 코냑 2테이블스푼을 냄비에 넣고 불을 붙여 플랑베한다. 냄비째 낸다. 마늘을 조금 넣고 볶은 지롤 버섯을 곁들인다.

perdreaux à la vigneronne 페르드로 아 라 비뉴론

포도를 넣은 새끼자고새 요리 : 새끼자고새 2마리의 깃털을 뽑고 내장을 제거한 뒤 입구를 실로 꿰맨다. 코코트 냄비에 버터와 자고새를 넣고 30분간 익힌 다음 꺼내서 실을 푼다. 코코트 냄비에 껍질을 벗기고 씨를 제거한 포도알 24개, 수렵육 육수 3테이

블스푼, 플랑베하여 알코올을 날린 코냑 1테이블스푼을 넣고 뚜껑을 덮은 뒤 5분간 찌듯이 익힌다. 여기에 자고새를 넣고 뜨겁게 데워 냄비째 서빙한다.

perdrix au chou 페르드리 오 슈

양배추를 곁들인 자고새 요리 : 큰 사이즈의 사보이양배추 1개를 씻어 8등분으로 자른다. 끓는 물에 8분간 데친 뒤 찬물에 식혀 건진다. 버터를 두른 코코트 냄비에 사보이양배추와 염장 삼겹살 덩어리 500g, 정향 2개를 박은 양파 1개, 부케가르니를 넣는다. 육수 한 컵을 붓고 뚜껑을 덮은 뒤 아주 약하게 끓는 상태로 1시간 동안 익힌다. 자고새 2마리의 깃털을 뽑고 내장을 제거한 뒤 실로 묶는다. 돼지비계를 가는 막대 모양으로 썰어 가슴살에 군데군데 찔러 넣는다. 275°C로 예열한 오븐에 자고새를 넣어 색을 낸 다음 코코트 냄비에 첨가한다. 생소시지 1개와 껍질을 벗겨 동글게 슬라이스한 당근 2개도 함께 넣는다. 최소 한 시간 이상 더 익힌다. 특히 늙은 자고새의 경우에는 더 오래 조리한다. 자고새의 실을 풀어준다. 삼겹살을 먹기 좋게 슬라이스하고 소시지도 동글게 썰어준다. 우묵한 서빙 접시에 양배추를 담고 자고새를 반으로 잘라 그 위에 올린다. 삼겹살과 소시지, 당근을 고루 담는다. 남은 소스를 뿌려 서빙한다.

salade de perdrix au chou ▶ SALADE

tourte de poule faisane, perdreau gris et grouse au genièvre ▶ TOURTE

PÈRE LATHUILE (LE) 르 페르 라튀일 1765년 라튀일이라는 사람이 클리시 방면 성문 근처에 열었던 파리의 선술집으로 특히 와인 셀러와 치킨 소테, 캉 스타일의 내장 요리(tripes à la mode de Caen)로 꽤 인기를 끌었던 곳이다. 이곳의 명성이 시작된 것은 1814년 3월 30일로 거슬러 올라간다. 때는 제1제정이 무너지고 몽세(Moncey) 장군이 파리에 사령부를 주둔시키며 연합군에 맞서 마지막 저항을 시도하던 시기였다. 페르 라튀일은 식당에 비축해둔 모든 음식과 와인을 군인들에게 나누어주며 "적들을 위해서는 아무것도 남기지 않겠다"고 말했다. 다시 평화가 찾아왔고, 이 소문에 호기심을 갖고 찾아오는 손님들이 많아지면서 성공은 배로 늘어났다. 이 선술집은 1906년 공연을 겸한 식당으로 탈바꿈했다.

PÉRIGNON (DOM PIERRE) 동 피에르 페리뇽 돔 페리뇽. 생 바름(Saint-Varme)의 베네딕트 수도회 수도사(1939, Sainte-Menehould 출생–1715, Épernay 타계). 에페르네 근교 오빌레르(Hauvillers) 수도원의 와인 저장고 관리인이었던 이 수도사는 샹파뉴 화이트와인의 블렌딩을 완성했다. 1660년까지만 해도 이 지역에서 생산되는 와인은 오로지 레드와인만이 애호가들의 편애를 받았다.

우리는 오랫동안 동 페리뇽 수도사가 샹파뉴 만드는 법(champagnisation), 즉 와인의 천연 기포를 보존할 수 있는 방법을 처음 발견했다고 알고 있다. 그런데 이 방식은 당시 이미 알려져 있었고 동 페리뇽 수도사는 이를 단지 좀 더 발전시켜 개선한 것뿐이었다. 반면, 그는 샹파뉴를 맑게 정제하는 콜라주(collage, 불순물을 흡착하는 과정) 기술을 개발했으며 기존의 기름 먹인 대마로 만들었던 병마개를 코르크로 대체하였다.

PÉRIGORD 페리고르 페리고르의 요리는 이 지역을 대표하는 몇몇 식품(푸아그라, 송로버섯, 오리나 거위 콩피)과 페리고르 사람들의 탁월한 요리 솜씨 덕에 페리고르식 레시피라는 말만 들어도 곧바로 미식적 향락의 세계를 떠올리게 만든다. 시골 토박이 음식에 기본을 두고 있는 페리고르 요리는 단순히 이 지역 토종 생산품을 주로 사용한다고 하지만 이들은 상당한 수준의 식재료들이다. 송로버섯, 포치니, 지롤을 비롯한 다양한 야생버섯이 밤나무와 참나무 아래에 지천으로 자라고 있고, 강과 연못에는 생선이 풍부하며 가금류 사육장에서는 거위와 오리가 으뜸으로 군림하며 특별한 대우를 받는다. 돼지 또한 다양하고 맛있는 먹거리의 재료다. 여기에 마늘, 거위기름, 호두의 풍미가 어우러져 이 지역 요리의 훌륭한 맛을 완성한다.

그 명성에 걸맞는 대우를 받고 있는 귀한 식재료인 트러플(송로버섯)과 푸아그라는 일명 '페리고르식'이라는 명칭이 붙는 고급 요리에 빠지지 않고 동시에 들어간다. 또한 스터핑 혼합물 등에도 이 두 재료를 넣어 풍미를 내는 것이 페리고르 요리의 전통이다. 레시피에 따라 빵 속살, 달걀, 사보이 양배추, 베이컨 등과 섞어 만든다. 대부분의 농촌 요리와 마찬가지로 요리에는 주로 감자와 곡류로 만든 가니시를 곁들여 먹는다. 그중 가장 인기가 있는 것은 두말할 필요 없이 빵의 일종인 미크(옛날에는 옥수수 가루로 만들었으나 오늘날에는 일반 빵 반죽으로 만든다)와 사를라데즈 감자 요리(거위 기름에 볶은 뒤 페르시야드로 버무린다)이다.

페리고르 요리에는 붉은색 육류를 좋아하는 이들을 위한 소고기와 양고기는 물론이고, 송아지 고기도 많이 사용된다. 하지만 이들 고기 요리가 단순히 굽기만 한 레시피인 경우는 드물다. 사를라데즈 소 안심구이에는 송로버섯을 박아 넣으며 고급스러운 맛의 페리괴 소스가 곁들여진다. 이 소스는 마데이라 와인소스에 다지거나 잘게 깍둑썬 송로버섯을 추가한 것이다. 돼지로는 맛있고 다양한 샤퀴트리를 만든다. 소시지, 발로틴, 그리용, 페리고르식 부댕 누아르(피와 고기를 사용해 만든다), 정향과 주니퍼베리로 향을 낸 페리고르 햄 등이 대표적이다. 그 외에도 돼지는 포테의 일종인 소브로나드나 앙쇼(돼지 안심의 뼈를 제거한 뒤 동그랗게 말아 익힌다) 등의 전통 요리의 기본 재료가 된다. 또한 다진 돼지고기를 샐서피와 섞어 파트 푀유테 크러스트에 넣어 구운 파이의 일종인 파스티스 페리구르댕(pastis périgourdin)을 만들기도 한다. 남서부 지방의 미식 전통에 충실한 페리고르의 요리는 거위와 오리 등의 가금류 요리에서 더욱 빛을 발한다. 거위와 오리로는 주로 푸아그라와 콩피를 만든다. 뿐만 목에 소를 채워 조리하거나 모래주머니, 염통 등을 익힌 뒤 기름에 저장하여 먹는다. 푸아그라는 주로 애피타이저로 서빙한다. 도톰하게 슬라이스한 생 푸아그라를 팬에 지진 뒤 아티초크 밑동, 포치니 버섯, 감자 등을 곁들여 먹는다. 거위와 오리 다리 콩피 또한 대표적인 이 지역 특선 음식이다.

파티스리 종류는 마지판, 크레프, 푸아스 등 간단한 것들이 주를 이룬다.

■ **수프와 채소.**

● **부그라, 결혼식 수프.** 일부 수프는 채소만 넣어 만들기도 하지만, 부그라나 포토푀 등은 더욱 다양하고 풍성한 재료를 넣는다. 특히 결혼식 수프라고 부르는 포토푀는 소고기, 닭고기, 송아지 정강이에 각종 채소를 넣고 끓인 푸짐한 수프다.

● **에시를레트 감자, 송로버섯.** 가장 기본적인 채소인 감자는 주로 에시를레트식(감자를 고기 육수와 마늘에 익힌 뒤 거위기름에 튀기듯 지지는 방법)으로 조리하지만 여기에 송로버섯을 더하면 더욱 빛나는 고급 요리로 변신한다. 송로버섯은 다양한 방법으로 활용할 수 있다. 간단하게는 숯 잉걸불 재 안에 넣어 익히거나 파피요트, 스크램블드 에그, 오믈렛에 넣기도 하며, 좀 더 섬세한 고급 요리로는 몽바지악(monbazillac) 와인을 넣은 트러플 스튜를 만들기도 한다.

■ **생선.**

● **도르도뉴의 생선 튀김, 연준모치를 넣은 오믈렛.** 생선 요리로는 특히 모샘치 등의 작은 생선을 튀긴 도르도뉴 생선 튀김과 연준모치와 같은 작은 생선을 넣어 만든 오믈렛을 즐겨 먹는다.

■ **육류.**

● **Daube, gigot d'agneau, cous de mouton grillés 도브, 양 다리 요리, 양 목심 구이.** 대부분의 고기 요리 레시피는 마늘, 와인, 포치니 버섯 및 기본적인 포토푀용 채소를 넣은 스튜 류가 주를 이루며 특히 화이트와인을 넣은 송아지 스튜, 레드와인 소고기 스튜 등을 즐겨 먹는다. 양 뒷다리는 통마늘을 빙 둘러 놓고 뭉근히 익히거나 특히 부활절에는 전통적으로 새끼 양을 로스터리 꼬챙이에 꿰어 굽기도 한다.

● **가금류와 수렵육.** 속을 채워 조리한 칠면조 또는 칠면조 스튜, 속을 채운 소르주식 닭 백숙 요리, 샐서피를 넣은 닭고기 파이, 베르쥐를 넣은 닭 요리 등은 페리고르의 가금류 요리를 대표한다. 달걀 또한 중요한 식재료다. 포치니 버섯이나 송로버섯을 넣은 오믈렛, 송로버섯을 넣은 스크램블드 에그, 푸아그라와 달걀프라이를 얹은 오픈 샌드위치 등을 즐겨 먹는다. 페리고르는 전통적으로 사냥을 많이 하는 고장으로, 이 지역의 수렵육 요리는 그 역사가 깊다. 옥수수 죽을 곁들인 굴토끼 스튜, 푸아그라로 속을 채우고 송로버섯소스를 곁들인 새끼자고새나 꿩, 푸아그라를 넣은 자고새 테린 등이 유명하다.

■ **치즈.** 이 지역의 치즈는 주로 염소젖으로 만든 것이 많으며 카베쿠 뒤 페리고르(cabécou du Périgord)가 대표적이다.

■ **디저트.**

● **Flaugnardes, gaufres, macarons, croquants 플로냐르드, 와플, 마카롱, 크로캉.** 과일을 넣은 플로냐드르(플랑 또는 클라푸티), 호두가 들어간 다양한 케이크, 돌돌 만 와플 과자, 베르주락의 마카롱, 크레프와 튀김 과자, 호두 쿠키, 페샤르망 와인에 절인 딸기 등은 이 지방의 대표적인 디저트다.

■ **와인.** 베르주락에서는 레드, 화이트, 로제와인이 생산된다. 코트 드 베르주락(côtes-de-Bergerac AOC)은 알코올 함량이 풍부하고 바디감이 강한

레드와인과 스위트 화이트와인(뱅 두 나튀렐, 뱅 드 리쾨르)을 생산한다. 아펠라시옹 베르주락(bergerac AOC)은 부드럽고 과일향이 풍부한 레드와인과 드라이한 화이트와인이 있다. 화이트와인의 종류가 다양하며 특히 몽바지악(monbazillac, AOC)의 화이트와인은 꿀과 꽃향기가 나는 스위트 와인이다. 이 밖에도 로제트(rosette), 소시냑(saussignac), 코트 드 몽라벨(côtes-de-montravel) 등의 와인이 있다. 페샤르망(pécharmant)은 이 지역에서 유일하게 AOC 인증을 받은 레드와인이다.

PÉRIGOURDINE (À LA) 아 라 페리구르딘 페리고르식의. 페리구르딘 소스(sauce périgourdine) 또는 페리괴 소스를 곁들인 달걀 요리, 서빙 사이즈로 자른 고기, 가금류, 수렵육 요리를 지칭하며, 경우에 따라 푸아그라가 추가되기도 한다. 페리구르딘 소스는 페리괴 소스에 약간 변화를 준 것으로 푸아그라 퓌레를 조금 추가하고 송로버섯을 둥근 슬라이스 혹은 주사위 모양으로 좀 더 크게 썰어 넣은 것이다. 또한 페리고르의 요리들 중 다수가 '아 라 페리구르딘'이라고 불린다.

▶ 레시피 : BALLOTTINE, BÉCASSE, CAILLE, MIQUE, TOURIN.

PÉRIGUEUX 페리괴 페리괴 소스. 마데이라 와인 소스에 송로버섯을 작은 주사위 모양으로 썰거나 다져서 넣은 소스로, 주로 서빙 사이즈로 잘라 조리한 고기, 가금류, 수렵육 요리나 부셰 등에 곁들이며 이 요리에 페리괴, 또는 아 라 페리구르딘이라는 명칭을 붙인다.

▶ 레시피 : SAUCE, SOUFFLÉ.

PERLES JAPON 페를 자퐁 일본의 진주라는 뜻의 작고 흰 알갱이로 타피오카처럼 카사바 뿌리에서 추출한 전분으로 만든다. 수프에 건더기로 넣어 걸쭉하게 하거나 디저트를 만드는 데 사용한다. 익히면 불어서 통통해지며 반투명하게 변한다. 감자 전분으로 만든 것도 있다.

PERNAND-VERGELESSES 페르낭 베르즐레스 코트 드 본(côte de Beaune)에서 생산되는 AOC 화이트와 레드와인. 샤르도네 품종 포도로 만드는 화이트와인은 산미를 지니고 있으면서도 밸런스가 아주 좋다. 피노 누아 품종으로 만드는 레드와인은 섬세함과 기품 있는 맛과 향을 자랑한다(**참조** BOURGOGNE).

PÉROU 페루 페루의 요리는 이 나라가 지니고 있는 광대한 생물학적 다양성, 수많은 종류의 식물 및 가축을 잘 활용할 줄 알았던 오랜 역사의 안데스 전통에 기본을 두고 있다. 옥수수, 감자, 고구마, 매운 고추(아지고추, 로코토고추), 퀴노아, 강낭콩(크랜베리 빈, 리마 빈), 허브(페루 블랙민트, 무냐), 과일(토마토, 땅콩, 아보카도, 체리모야)뿐 아니라 인도의 돼지라고 불리는 기니피그, 라마, 알파카(말린 육포는 차르키라고 부른다), 안데스의 닭과 오리, 생선, 해산물 등은 페루의 대표적 식재료이며 여기에 아마존 우림에서 생산되는 다양한 재료들이 추가된다. 스페인 정복 이후 이와 같이 소박하고 간단한 원주민 인디언 요리에 유럽, 아랍, 아프리카, 아시아의 영향이 상당히 가미되어 페루 요리는 남미 대륙에서 가장 풍성하고 화려한 식문화 중 하나가 되었다. 더욱이 최근에는 이른바 뉴 안데스(novo andina) 퀴진이 새로운 트렌드로 부상하면서 페루의 수도 리마는 라틴 아메리카의 미식의 수도로 각광을 받고 있다.

■ **페루의 대표 음식, 지역 음식.** 페루 요리는 고추를 많이 쓴다. 더운 음식에는 매운 건고추인 아데레조(aderezo) 베이스의 소스를 주로 사용하며 매운 정도는 다양한 방법으로 조절한다. 붉은색, 노란색, 녹색 생고추 등 색깔에 따라 구분되는 고추는 일반적으로 불에 그슬린 다음 씨를 제거하고 말려서 가루로 곱게 빻는다. 이어서 마늘과 양파와 함께 익히거나 기름에 튀긴 다음 다양한 양념 재료(향신 허브, 토마토, 갑각류 해산물의 알이나 내장, 육수 등)를 섞어 소스를 만든다. 차가운 요리에는 대개 생고추를 썰거나 굵직하게 갈아 사용한다.

페루에는 각 지방마다 특산물과 독특한 향토 요리가 있다. 해안 지역에서는 세비체(날생선을 레몬즙에 절인 뒤 고추 등의 양념을 넣은 것)를 즐겨 먹고 북부 지방에서는 오리와 생선을, 리마에서는 고추를 넣은 닭 요리와 감자를 재료로 한 요리들(causa, carapulcar, papa rellena, huancaina), 생선 요리를 많이 먹는다. 남부의 아레키파에서는 민물가재에 노란 고추 소스를 곁들이거나 수프를 만들어 먹으며, 다진 고기로 만든 소를 채운 고추 요리 또한 인기가 많다. 안데스 지역의 쿠스코에서는 양고기, 살이 특히 연한 알파카 고기와 퀴노아, 추뇨(말린 감자나 고구마), 덩이 뿌리 식물인 오쿨로를, 아마존 우림 지대에서는 카사바, 훈연한 멧돼지, 생선을 즐겨 먹는다.

디저트는 지역에서 생산되는 과일을 사용한 것들이 주를 이룬다. 피스코 사워(브랜디에 사탕수수 시럽과 레몬, 달걀을 넣은 칵테일의 일종)는 아페리티프로 많이 마신다. 와인과 맥주 외에 특히 페루에서 많이 마시는 국민 음료로는 옥수수 베이스의 발효 또는 비발효 음료인 치차(chicha)를 꼽을 수 있다.

PERROQUET 페로케 파스티스(pastis) 베이스 칵테일의 일종인 페로케는 얼음을 채운 텀블러 글라스에 민트시럽 20mℓ, 파스티스 칵테일용 지거(30mℓ 또는 45mℓ)로 한 샷을 넣고 물을 원하는 양 만큼 섞어 만든다. 아주 시원하고 청량한 음료로 프랑스 남부에서 즐겨 마신다.

PERSANE (À LA) 아 라 페르산 페르시아식의. 동그랗게 썰거나 길게 슬라이스하여 기름에 소테한 가지, 튀긴 양파, 고추를 넣고 오래 볶은 토마토를 곁들이고 토마토를 익힌 국물을 소스로 끼얹은 양 갈비 또는 양 안심 구이를 지칭한다. 필라프 아 라 페르산(pilaf à la persane)은 더욱 직접적으로 이란 요리의 영향을 받은 것으로, 잘게 깍둑썬 양고기에 양파를 넣고 볶다가 쌀을 넣고 고추로 향을 낸 육수를 부은 뒤 약한 불에 익힌 것이다. 양념 재료를 넣어 완성한 뒤 마지막에 녹인 양기름을 뿌려준다.

PERSIL 페르시 파슬리. 미나리과에 속하는 방향성 식물로 남부 유럽이 원산지인 파슬리는 잎, 줄기, 뿌리를 다양한 요리에 넣어 향을 내는 데 주로 사용하며, 장식으로도 많이 쓴다(**참조** p.451~454 향신 허브 도감, p.498, 499 뿌리채소 도감). 파슬리는 철분(100g당 6mg)과 특히 비타민 C(100g당 200mg)가 풍부하다. 파슬리는 세 종류로 나누는데 그중 두 가지 품종은 납작하거나 꼬불꼬불한 모양의 잎을 사용할 목적으로 재배하며, 나머지 한 종류는 통통한 덩이뿌리를 식용으로 소비한다.

- 잎 파슬리는 거의 양념으로만 사용된다. 일반 파슬리 또는 이탈리안 파슬리는 잎이 납작하고 큰 편이며 향이 가장 좋다. 잎이 꼬불꼬불한 파슬리는 녹색이 아주 짙고 맛이 좀 덜하며 주로 장식이나 곁들임으로 사용된다.
- 뿌리 파슬리는 노르스름한 흰색의 길쭉한 원뿔 모양 뿌리를 식용으로 소비한다. 약간 달큰한 맛이 나며 당근이나 파스닙 또는 뿌리 처빌과 같은 방법으로 조리한다. 주로 수프나 스튜 요리에 많이 사용한다.

■ **사용.** 요리에서 생 파슬리는 대개 부케가르니, 마리네이드 양념액 또는 쿠르부이용의 재료로 사용된다. 다진 마늘과 섞어 페르시야드(persillade)를 만들거나, 잘게 썰거나 다져 완성된 요리 위에 뿌리기도 하며, 잎을 튀겨 명태 튀김(동그랗게 몸을 말아 통째로 튀겨낸 명태) 등의 튀김 요리에 가니시로 곁들이기도 한다. 또는 다진 파슬리를 버터에 혼합해 맛을 내거나 각종 소스(메트르 도텔 소스, 이탈리엔, 풀레트, 라비고트, 베르트)와 비네그레트에 넣기도 한다. 잎 송이째 끓는 물에 살짝 데쳐 요리 마지막에 넣기도 하며, 튀긴 파슬리를 브라운 버터로 조리한 요리에 첨가하기도 한다. 파슬리는 말리거나 급속 냉동하여 사용할 수도 있다.

gourilos étuvés au persil ▶ CHICORÉE

grenouilles à la purée d'ail et au jus de persil ▶ GRENOUILLE

---

persil frit 페르시 프리

파슬리 튀김 : 잎이 꼬불꼬불한 파슬리를 씻어서 물기를 완전히 제거(익힐 때 수증기가 발생하는 것을 방지)한 뒤 작은 송이로 떼어둔다. 튀김용 바스켓에 넣고 아주 뜨거운(180°C) 기름에 잠깐 담가 튀겨낸다. 탁탁 턴 뒤 종이타월에 얹어 나머지 기름을 제거하고 소금을 뿌려 바로 사용한다.

PERSILLADE 페르시야드 잘게 썬 파슬리와 다진 마늘을 혼합한 양념의 일종으로 몇몇 요리의 조리 마지막에 넣어 풍미를 낸다. 페르시야드에 빵가루(빵 속살을 체에 내려 만든 신선한 빵가루 또는 마른 빵가루 모두 사용가능)를 섞어 양갈비 랙 겉에 덮어 굽거나, 속을 채운 프로방스식 토마토 위에 올려 오븐에 노릇하게 구워낼 수 있다. 일반 가정 요리에서는 삶아 익힌 소고기 남은 것(포토푀의 남은 고기 등)을 잘게 썰어 소테한 뒤 페르시야드로 양념해 재활용하기도 하는데 이를 페르시야드 드 뵈프(persillade de bœuf)라고 부른다. 파슬리가 들어간 요리들 중 일부는 상대적으로 꽤 많은 양이 사용된 것도 있다(예: 파슬리를 넣은 햄 테린 jambon persillé).

PERSILLÉ 페르시예 푸른곰팡이 치즈, 블루치즈. 청록색을 띠는 곰팡이가 내부에 혈관처럼 뻗어 있는 치즈를 가리키는 용어다. 이들 중에는 페르시예라는 단어가 치즈 고유 명칭의 일부로 사용되는 것들도 몇몇 있다(**참조** p.495 프랑스 치즈 도표). 이 연성치즈들은 대부분 소젖으로 만들어진다(양젖으로 만드는 로크포르는 예외). 블루치즈를 만들기 위해서는 치즈 덩어리에 곰팡이균을 긴 바늘로 주입해 대리석 모양으로 퍼지며 자라게 해준다. 푸른곰팡이 치즈들은 숙성 기간이 긴 편으로, 아주 습기가 많은 저장고에서 세심하게 관리해 주어야 한다(형태와 크기에 따라 약 2~6개월).

PERSILLÉ (VIANDE) 페르시예(고기) 지방이 가늘게 분포되어 있는 소고기 부위 중 하나로 앞다리 어깨 쪽 모서리에 위치한 근육을 가리킨다(피에스 파레 pièce parée라고도 불린다). 이 부위는 납작하고 두툼한 덩어리 형태로 맛이 아주 좋으며 스테이크나 로스트용으로 사용된다. 흰색 기름이 아주 작게 비교적 불규칙적인 형태로 가는 실처럼 사이사이 분포되어 있는 모습에서 페르시예라는 이름이 붙었다.

PERSILLÉ DES ARAVIS 페르시예 데 자라비 소젖으로 만드는 사부아 지방의 치즈(지방 45%). 천연 외피 연성치즈로 녹색 곰팡이가 혈관 모양으로 뻗어 있는 블루치즈의 일종이다. 지름 8~10cm, 높이 12~15cm의 원통형이며 무게는 1kg 정도다. 이 치즈와 아주 비슷한 페르시예 드 톤(persollé de Thônes)과 페르시예 뒤 그랑 보르낭(persillé du Grand-Bornand)도 마찬가지로 농장에서 생산되며 강한 풍미를 갖고 있다.

PERSILLÉE 페르시예 실처럼 가는 지방이 근섬유 사이사이에 고루 적당히 분포된 아주 좋은 등급의 소고기를 일컫는다.

PÈSE-SIROP 페즈 시로 시럽 밀도 측정계. 설탕을 물에 녹인 용액의 밀도를 측정하는 도구로, 원하는 농도의 시럽을 정확하게 만들 때 사용한다. 이 측정계는 측정할 시럽을 3/4까지 채워 넣는 스탠드형 시험관과 0에서 45까지의 보메 도(**참조** DEGRÉ BAUMÉ) 눈금이 표시되고 일정 무게의 작은 납 알갱이로 채워진 튜브로 구성되어 있다. 시험관에 시럽을 채워 넣고 이 튜브를 담가 꽂아 놓으면 수직으로 떠 있는 상태로 유지되며 시럽 농도에 따라 가라앉는 정도가 달라진다. 튜브가 멈춘 상태에서 시럽 수면에 표시된 수치가 바로 이 시럽의 밀도다. 오늘날 모든 측정 도구는 밀도로 표시되어 있다.

PESSAC-LÉOGNAN 페삭 레오냥 보르도 남쪽 그라브(graves)의 북부 지역에 위치한 페삭 레오냥의 최상급 AOC 레드, 화이트와인. 카베르네 프랑, 카베르네 소비뇽, 메를로 품종의 포도로 만드는 레드와인은 벨벳처럼 부드럽고 감미로운 목 넘김과 탁월한 밸런스로 많은 사랑을 받고 있다. 소비뇽과 세미용 포도로 만드는 화이트와인은 바디감과 알코올 함량이 풍부하며 시트러스와 금작화 향이 난다(**참조** BORDELAIS).

PESTO 페스토 이탈리아의 차가운 소스로 제노바가 원조인 페스토는 올리브오일, 바질, 파르메산 치즈, 마늘, 잣으로 만든다. 페스토는 주로 트레네테(약간 납작한 스파게티의 일종) 파스타, 제노바식 라자냐, 미네스트로네 수프에 넣는다.

PÉTAFINE 페타핀 도피네 지방의 특선 치즈인 페타핀은 농가에서 만드는 염소젖 치즈, 또는 염소젖과 소젖을 혼합해 만든 치즈의 수분을 뺀 뒤(아주 건조하게 만들지는 않는다) 르뱅(건조한 치즈를 뜨거운 우유에 담가 만든다)을 넣고 잘 섞어 반죽한 것이다. 이어서 여기에 오일, 질 좋은 샴페인이나 포도 지게미, 아니스 술을 약간 첨가한 뒤 소금, 후추로 간한다. 페타핀은 단지에 넣어 최소 한 달간 재워 두어야 한다. 시간이 지날수록 맛이 점점 강해진다.

PET-DE-NONNE 페드논 슈 반죽을 호두만 한 크기로 빚어 너무 뜨겁지 않은 기름에 서서히 튀겨낸 과자로, 작은 공 모양으로 가볍고 부풀어오른 모습에서 수녀의 방귀라는 뜻의 재미난 이름이 붙었다. 바람 과자(beignets venteux)라고도 불리는 페드논은 노릇하게 튀겨낸 뜨거운 상태에서 설탕을 솔솔 뿌려 먹는다. 때로 과일 소스를 곁들이거나 튀겨낸 뒤 안에 크림이나 잼을 채우기도 한다.

pets-de-nonne 페드논

__슈 반죽 튀김 과자__ : 물 250mℓ, 소금 1자밤, 설탕 1테이블스푼, 버터 65g, 밀가루 125, 달걀 3~4개, 오렌지나 레몬 제스트 간 것 1자밤, 약간의 럼을 넣고 슈 반죽을 만든 뒤 휴지시킨다. 튀김용 기름을 180°C로 예열한다. 티스푼으로 반죽을 떠서 기름에 하나씩 미끄러뜨리듯 넣는다. 반죽이 익으면서 많이 부풀어오르므로 튀김 냄비에 한꺼번에 너무 많이 넣지 않고 여유를 두면서 튀긴다. 한 쪽 면에 황금색이 나기 시작하면 거품국자로 뒤집어 다른 쪽도 노릇하게 튀긴다. 건져서 기름을 탁탁 털고 종이타월에 놓아 나머지 기름을 흡수시킨 뒤 슈거파우더를 솔솔 뿌린다.

PÉTILLANT 페티앙 프랑스의 약발포성 와인. 병입 시점에 아직 존재하는 잔류 당의 발효로 인해 약발포성을 띠게 된 와인을 가리킨다. 유럽연합 규정에 따르면 뱅 페티앙은 20°C의 온도에서 1~2.5기압의 고압을 지니고 있어야 한다.

PETIT-BEURRE 프티뵈르 가장자리가 레이스 모양으로 된 정사각형 또는 직사각형의 작은 사블레 과자. 반죽은 밀가루, 설탕, 차가운 버터로 만들며 달걀은 들어가지 않는다. 낭트의 특산물인 프티뵈르 비스킷은 제과업체에서 대량생산하는 과자가 되었다. 다른 디저트들과 함께 간식으로 즐겨 먹으며, 경우에 따라 케이크 등의 다른 디저트를 만드는 재료로도 쓰인다.

PETIT DÉJEUNER 프티 데죄네 아침식사. 아침에 먹는 가벼운 식사를 가리키며 옛날에는 데죄네(dé-jeûner, 밤 사이의 공복을 깨는 끼니라는 뜻) 라고 불렀다. 프랑스 대혁명 시기 디네(**참조** DÎNER)를 정오에 먹는 관습이 생기고 이를 데죄네라고 부르면서 아침에 먹는 첫 끼니에 프티(petit) 라는 수식어를 붙여 구분하게 되었다. 프랑스식 아침식사는 제대로 다 갖추어 먹는다는 의미의 콩플레(complet)인 경우 차, 커피, 카페오레, 또는 코코아 한 잔, 크루아상, 타르틴, 비스코트, 또는 토스트에 버터, 잼, 꿀 등을 곁들여 먹는다. 이는 앵글로색슨 스타일 브렉퍼스트나 독일, 스칸디나비아식 아침식사에 비하면 아주 단출하다. 이들 국가의 아침식사는 매우 푸짐하며 샤퀴트리, 과일 콩포트, 콘플레이크, 과일 주스, 달걀, 구운 소시지 등이 포함된다.

PETIT-DUC 프티 뒥 주로 고기 요리에 곁들이는 가니시의 일종으로 크림소스의 닭고기 퓌레를 채운 타르틀레트, 작은 다발로 묶은 아스파라거스 윗동, 얇게 저민 송로버섯으로 구성된다. 또한 이 명칭은 큰 사이즈의 버섯 갓을 구워 속을 약간 파낸 다음 수란이나 반숙 달걀을 올리고 샤토브리앙 소스를 끼얹은 요리를 지칭하기도 한다.

▶ 레시피 : CAILLE.

PETITE MARMITE 프티트 마르미트 작은 냄비라는 뜻의 이 요리는 포토푀의 일종으로 조리한 용기에 국물과 함께 서빙하며(원래는 토기 냄비에 끓였다), 경우에 따라 내열 도자기로 된 개인용 작은 냄비에 내기도 한다. 프티트 마르미트에는 기본적으로 소고기 살코기, 소꼬리, 닭고기, 사골, 포토푀용 채소가 들어가며 여기에 작은 크기의 사보이양배추를 추가로 넣는다.

petite marmite à la parisienne 프티트 마르미트 아 라 파리지엔

__파리식 프티트 마르미트__ : 큰 냄비에 찬 콩소메 2.5ℓ, 소 우둔살 500g, 찜갈빗살 250g을 넣고 끓을 때까지 가열한다. 거품을 건진 뒤 갸름하게 돌려 깎은 당근 100g, 순무 75g, 토막낸 리크 흰 부분 75g, 수분이 없어질 때까지 노릇하게 볶은 작은 양파 2개, 잘게 송송 썬 셀러리 속대 50g, 소금물에 데쳐낸 뒤 찬물에 식혀 작고 둥글게 뭉쳐 꼭 짠 사보이양배추 100g을 넣는다. 약하게 끓는 상태로 3시간 동안 익힌다. 중간중간 콩소메 국물을 조금씩 보충해 넣는다. 닭의 자투리 부위를 오븐에 구워 노릇하게 색을 낸 다음 냄비에 넣고 다시 50분을 더 끓인다. 마지막에 사골 뼈 큰 것 하나를 거즈 천으로 싸서 냄비에 넣은 뒤 약한 불로 10분간 더 끓인다. 기름을 대충 거둔다. 사골 뼈의 거즈를 벗긴 다음 다시 냄비에 넣는다. 뜨겁게 서빙한다. 가는 바게트 빵을 동그랗게 잘라 오븐에 바싹 구운 뒤 국물의 기름을 조금 뿌려 곁들인다. 이 크루통에 사골의 골수를 바른 뒤 후추를 살짝 갈아 뿌린다.

PETIT-FOUR 프티푸르 한입 크기의 작은 사이즈라는 공통점을 가진 다양한 종류의 파티스리나 당과류를 총칭하는 용어다. 이 단어가 처음 등장한 것은 18세기로 거슬러 올라간다. 당시 오븐은 벽돌로 만들어진 화덕이었고 작은 사이즈의 음식은 작은 불, 즉 큰 덩어리의 음식을 전부 익히고 난 뒤 화덕의 센 열기가 거의 사그라들어 꺼지려고 할 때 익혔다. 르네상스 시대와 루이 14세가 통치하던 세기에 유행했던 봉봉, 드라제, 마지판, 프랄린, 당절임 과일 등이 이어 파티시에들의 상상력과 작게 만드는 장식적인 감

각을 요구하는 새로운 간식들이 선을 보이게 된 것이다. 그 종류가 매우 다양한 프티푸르는 현대 파티스리에서 언제나 중요한 부분을 차지했다. 크게 네 부류로 나눌 수 있다.

• **Petits-fours frais 프레시 프티푸르.** 원래 의미 그대로의 프티푸르로 역시 그 종류가 다양하며 다음과 같이 몇 가지로 분류할 수 있다.

- 개인 서빙용 일반 프티 가토를 작은 미니어처 형태로 재현한 것(바르케트, 슈, 뒤셰스, 프티 바바, 프티 에클레어, 타르틀레트 등).
- 글레이즈를 입힌 프티푸르(petits-fours glacés). 가장 가짓수도 많고 종류도 다양하다. 어떤 것들은 제누아즈 스펀지나 촉촉한 비스퀴 시트에 버터크림, 잼, 크렘 파티시에 또는 가나슈를 채운 뒤 한입 크기 정사각형, 삼각형, 또는 마름모꼴로 잘라 살구 나파주를 바르고 글라사주를 입히고 장식을 곁들인다. 또 다른 것들은 초콜릿이나 다쿠아즈, 머랭, 누가틴, 아몬드 페이스트 등을 베이스로 하고 그 위에 리큐어에 적신 제누아즈 스펀지를 큐브 모양으로 잘라 얹는다. 여기에 크림 한 스푼, 작은 주사위 모양으로 썬 과일 콩피(또는 캔디드 푸르츠) 한 조각을 올리고 퐁당슈거로 아이싱 한 다음 짤주머니로 장식을 짜 얹거나, 초콜릿을 씌우거나, 시럽에 담갔다 꺼낸 뒤 당절임 과일, 아몬드 슬라이스, 코코넛 슈레드 등으로 장식을 하기도 한다.

• **Petits-fours moelleux 촉촉하고 부드러운 프티푸르.** 보존 기한에 제약이 있는 프티 가토나 비스퀴 종류로 주로 아몬드나 헤이즐넛을 주재료로 사용한 비스퀴, 마들렌, 혹은 팽 드 젠(pain de Gênes) 반죽으로 이루어진 것들이 많다(베녜, 피낭시에, 마카롱, 누아예).

• **Petits-fours salés 짭짤한 프티푸르.** 주로 아페리티프, 결혼식 등의 피로연, 칵테일 파티, 간단한 뷔페 리셉션 등에 서빙되며 아뮈즈 괼 또는 아뮈즈 부슈라는 이름으로도 불린다. 파트 푀유테, 파트 브리제, 슈 반죽 또는 브리오슈 반죽으로 만든 시트나 크러스트(바르케트, 푀유테 부셰, 크루아상, 파이예트, 프티트 알뤼메트, 프티 소숑, 미니 피자나 키슈 등)에 짭짤한 재료(각종 재료를 더해 맛과 향을 낸 버터, 치즈, 마요네즈, 갑각류 해산물 무스, 푸아그라 무스, 안초비 페이스트, 채소 퓌레, 수렵육 퓌레, 훈제 연어 등)를 채우거나 올린 것들이 대부분이다.

• **Petits-fours secs 구움과자 프티푸르.** 보존 기간이 비교적 넉넉한 작은 과자나 쿠키류로 각종 크림 디저트, 아이스트림, 소르베 등과 함께 먹거나 커피나 차, 스위트 와인 또는 디저트에 곁들여 서빙한다. 바토네, 레이디핑거 비스킷, 시가레트, 크로케, 갈레트, 랑그 드 샤, 마카롱, 머랭, 밀라네, 팔레, 로셰, 튀일 등이 이에 해당한다.

PETIT-LAIT 프티 레 유청, 훼이(whey). 우유의 탈지 과정에서 생긴 부산물, 즉 탈지유를 가리키며, 종종 우유의 수분, 즉 치즈 제조 과정에서 커드의 수분을 뺄 때 흘러나오는 락토세럼(훼이)을 지칭하기도 한다. 한편 버터 제조 시 크림을 처닝(barratage)한 후 남는 수분은 바뵈르(버터 밀크)라고 한다. 브르타뉴어인 레 리보(lait ribot)는 엄밀히 따지면 의미가 잘못 사용되고 있는 용어다. 왜냐하면 브르타뉴어의 리보테(riboter)는 휘저어 섞는다(battater)는 의미인데 실제로 레 리보는 처닝 후 남은 버터 밀크가 아닌 발효한 탈지유이기 때문이다.

PETIT MAURE (LE) 르 프티 모르 1618년 파리 센가와 비스콩티가 코너에 문을 연 카바레(공연, 댄스를 즐길 수 있는 식당). 이곳은 뱅상 부아튀르, 테오필 드 비오, 기욤 콜르테, 탈르망 데 레오, 그리고 특히 1661년 자신의 풍자시 중 한 편이 불러일으킨 격렬한 비판에 몰려 이곳에서 세상을 떠났다고 전해지는 마크 앙투안 생 타망 등 당대 문인들이 단골로 드나들던 곳이었다. 이어진 다음 세기에는 또 다른 프티 모르 식당이 유명세를 탄다. 보지라르에 위치한 변두리 작은 식당이었는데 화이트와인, 칠면조 요리, 햇 완두콩 요리와 딸기 디저트로 인기를 끌었다.

PETIT POIS 프티 푸아 완두콩. 완두콩은 작고 동그란 연두색 콩알이 깍지 안에 들어 있는 콩과 식물이다. 한 개의 깍지 안에는 3개에서 8개의 완두콩 알(깍지콩이라고도 부른다)이 들어 있고 반드시 익혀 먹는다. 깍지는 식용으로 소비하지 않는다. 고대부터 즐겨 먹었던 완두콩은 특히 오디제(Audiger)가 햇 완두를 이탈리아에서 가져와 루이 14세의 왕실에 처음 소개한 이후부터 프랑스에서 널리 사랑을 받아왔다. 오늘날 프랑스에서 생산되는 완두콩의 대부분은 북부와 서부 지방, 그리고 파리 근교에서 재배되며, 통조림이나 냉동제품으로 출시되어 연중 먹을 수 있다. 훨씬 맛이 좋은 깍지에 든 신선 완두콩은 5월에서 7월까지 시장에 출하된다. 특히 남동부와 남서부 지방에서 생산된 것들이며 겨울에는 스페인에서 들어온다. 완두콩은 일찍 수확해 콩알이 통통하고 매끈한 것(petit provençal, douce Provence, Obéron, auréole 등의 품종)과 알이 더 크고 단맛이 있으며 콩알이 약간 쪼글쪼글한 것(merveille de Kelvédon, orféo, aquilon 등의 품종)으로 나뉜다.

■ **사용.** 완두콩을 구매할 때는 콩깍지가 매끈하고 윤이 나는 녹색을 띠며, 콩알이 크고 반들거리며 연하고 푸석하지 않은 것이 좋다. 어떤 요리사들은 콩깍지 상태로 12시간 이상 두지 말 것을 권장한다. 그 이상 두려면 깍지에서 콩을 모두 꺼낸 다음 버터와 섞어(깍지 깐 콩 1ℓ당 버터 125g) 조리할 때까지 냉장고에 보관하는 편이 낫다고 한다. 강낭콩은 손으로 쉽게 깔 수 있으며 깐 콩은 씻지 않아도 된다. 끓는 물에 삶거나 버터, 베이컨 등을 넣고 익힌다. 또한 동글게 썰어 익힌 당근을 넣거나 민트를 넣어 향을 더하기도 한다. 고기나 가금류 요리에 곁들이는 고전적이고 섬세한 가니시인 완두콩은 종종 아스파라거스 윗동과 아티초크 속살과 함께 서빙되기도 하며 잘게 썬 각종 채소와 섞어 조리하기도 한다. 블렌더로 갈아 퓌레나 포타주를 만들기도 하며 수프나 포테에 건더기로 넣기도 한다. 차갑게 먹으려면 샐러드나 채소 테린에 넣어도 아주 좋다. 프랑스에서 가장 많이 소비되는 통조림인 완두콩은 캔이나 병 포장 제품으로 출시되어 있으며 가장 작은 알갱이(extrafins) 콩이 제일 인기가 많다. 냉동제품은 생 완두콩과 마찬가지로 조리한다. 완두콩의 열량은 100g당 92kcal 또는 385kJ(탄수화물 16g)이며 섬유소, 인, 칼륨, 베타카로틴, 비타민 B1, C, K가 풍부하다.

알랭 파사르(ALAIN PASSARD)의 레시피

fricassée de petits pois et gingembre au pamplemousse
프리카세 드 프티 푸아 에 쟁장브르 오 팡플르무스

자몽을 곁들인 생강 향의 완두콩 프리카세 : 4인분

완두콩의 깍지를 까 1kg을 준비한다. 줄기양파 4대를 얇게 썬다. 생강 한 톨의 껍질을 벗긴 뒤 얇게 썬다. 큰 소테 팬에 가염 버터 70g을 녹인다. 여기에 줄기양파, 생강, 완두콩을 넣고 수분이 나오도록 볶는다. 살살 섞은 뒤 재료의 높이만큼 물을 붓는다. 콩이 살캉하게 익을 때까지 약불로 끓인다. 다른 냄비에 무염 버터 100g과 물 한 잔을 넣고 녹인 뒤 핸드블렌더로 갈아 에멀전을 만든다. 고수 한 단에 이 에멀전을 붓고 블렌더로 전부 간 다음 체에 거른다. 핑크 자몽 1개의 껍질을 벗긴 뒤 과육을 얇은 조각으로 자른다. 완두콩이 익으면 가염버터 30g을 넣고 잘 섞어준 다음 플뢰르 드 셀로 간을 맞춘다. 자몽 세그먼트를 둘로 잘라 서빙 접시에 완두콩과 교대로 켜켜이 담는다. 고수 소스를 가운데 띠처럼 둘러준다.

petits pois à l'anglaise 프티 푸아 아 랑글레즈

물에 삶은 완두콩 : 완두콩의 깍지를 깐 뒤 씻어서 끓는 소금물에 넣고 뚜껑을 덮지 않은 상태로 익힌다. 체에 건져 물기를 완전히 제거하고 우묵한 서빙 용기에 담는다. 기호에 따라 잘게 다진 민트잎을 뿌려도 좋다. 차가운 버터를 따로 담아 낸다. 완두콩을 삶을 때 민트잎 몇 장을 물에 넣어 향을 내주면 좋다.

petits pois bonne femme 프티 푸아 본 팜

양파와 베이컨을 넣은 완두콩 : 기름이 많지 않은 베이컨 125g을 작은 주사위 모양으로 썬 다음 끓는 물에 잠깐 데쳐 찬물에 헹군다. 버터를 두른 소테 팬에 베이컨을 넣고 살짝 볶는다. 여기에 줄기양파 12개를 넣고 노릇하게 함께 볶는다. 전부 덜어낸 다음 팬에 남은 버터에 밀가루를 넉넉히 한 스푼 넣고 나무 주걱으로 저으며 잠깐 볶는다. 진한 흰색 육수 300mℓ를 넣고 약 5분간 끓인 다음 깍지를 깐 완두콩 800g을 넣는다. 볶아둔 줄기양파와 베이컨을 넣고 부케가르니를 첨가한다. 뚜껑을 덮고 약 15분간 더 익힌다.

petits pois à la française 프티 푸아 아 라 프랑세즈

프랑스식 완두콩 : 코코트 냄비에 깍지를 간 완두콩 800g, 굵직하게 채 썬 양상추 1송이, 줄기양파 작은 것 12개, 처빌을 넣은 부케가르니, 작게 썬 버터 75g, 소금 1티스푼, 설탕 2티스푼, 찬물 반 컵을 넣는다. 뚜껑을 덮고 천천히 끓을 때까지 가열한 뒤 끓기 시작하면 불을 줄이고 약하게 끓는 상태로 15분간 익힌다. 부케가르니를 건져낸 다음 차가운 버터 1테이블스푼을 넣는다. 우묵한 서빙 용기에 담는다.

petits pois au jambon à la languedocienne 프티 푸아 오 장봉 아 라 랑그도시엔

햄을 넣은 랑그독식 완두콩 요리 : 냄비에 거위 기름을 달군 뒤 세로로 등분한 중간크기 양파 1개와 훈제하지 않은 생햄 125g을 넣고 볶는다. 밀가루 한 스푼을 뿌린 뒤 고루 저어 섞는다. 깍지를 깐 완두콩 800g을 넣고 흰색 육수 300㎖를 붓는다. 소금으로 간하고 설탕 1테이블스푼을 넣은 뒤 작은 부케가르니를 넣는다. 뚜껑을 덮고 약 20분간 익힌다. 부케가르니를 건져낸 뒤 우묵한 서빙용기에 담는다.

알랭 뒤카스(ALAIN DUCASSE)의 레시피

soupe passée de petits pois et leurs cosses aux févettes et fanes de radis 수프 파세 드 프티 푸아 에 뢰르 코스 오 페베트 에 판 드 라디

잠두콩과 래디시 잎을 넣은 완두콩 수프 : 4인분 / 준비: 30분

아주 알이 작은 햇 완두콩 400g과 어린 잠두콩 400g을 깍지째 얇게 송송 썬다. 양파 1개와 리크 흰 부분 1대의 껍질을 벗기고 얇게 썬다. 4ℓ 용량의 무쇠 코코트 냄비에 올리브오일 25㎖를 달군 뒤 양파와 리크를 넣고 수분이 나오도록 약불에서 볶는다. 이어서 썰어둔 두 종류의 콩을 넣고 30초간 익힌다. 흰색 육수 1.5ℓ를 붓고 채소가 완전히 익을 때까지 20분 정도 끓인다. 래디시 줄기 잎 100g을 넣고 볼에 옮겨 담은 뒤 얼음 위에서 식힌다. 수프에 넣을 가니시를 준비한다. 당근 큰 것 1개와 셀러리악 100g의 껍질을 벗기고 얄팍한 마티뇽(참조. p. 530 MATIGNON)으로 썬다. 모렐 버섯 100g을 다진다. 지름 20cm 코코트 냄비에 버터 10g을 달군 뒤 채소 마티뇽과 모렐 버섯을 넣고 뚜껑을 덮은 상태에서 약한 불로 5분간 익힌다. 소금으로 살짝 간한다. 수프가 식으면 핸드블렌더로 갈고 체에 곱게 거른다. 수프를 다시 끓을 때까지 가열한 다음 올리브오일을 한줄기 넣고 다시 블렌더로 간다. 통후추를 한 바퀴 갈아 뿌린다. 큰 프라이팬에 올리브오일 100㎖과 큐브 모양으로 썬 햄의 지방부위 40g, 마늘 3톨을 넣고 가열한다. 2cm 두께로 슬라이스한 캉파뉴 브레드 4쪽을 여기에 넣고 노릇하게 지진다. 건져서 종이타월에 놓고 기름을 뺀 다음 각 슬라이스를 길쭉한 스틱 모양으로 4등분해 무이예트를 만든다. 가니시 채소를 우묵한 개인 접시에 고루 나눠 담는다. 개인용 서빙 접시와 수프, 무이예트를 모두 따로 식탁에 낸다.

variation de petits pois à la paysanne ▶ PAYSANNE

PETIT SALÉ 프티 살레 소금물이나 마른 소금에 염장한 돼지고기(삼겹살, 갈비, 앞다리살, 목살) 부위를 뜻한다. 보통 드미 셀이라는 명칭을 붙여 날고기 상태로 판매하며, 물에 담가 소금기를 뺀 다음 조리한다. 프티 살레는 염장하지 않은 일반 고기보다 맛이 좋고 익는 시간도 적게 걸린다. 이것을 이용한 대표 요리로는 포테를 꼽을 수 있으며 주로 양배추, 렌틸콩 또는 마른 강낭콩을 곁들인다. 종종 슈크루트(choucroute)에 곁들여 먹기도 한다.

PETIT-SUISSE 프티 스위스 소젖으로 만든 무염 크림 치즈로 지방 함량은 건조 추출물 대비 30~60%이고 최대 82%의 수분을 함유하며 외피는 없다. 종이에 둘러싸인 작은 원통형으로 무게는 약 30g이다. 이 작은 원통형 치즈를 처음 고안해 낸 사람은 에티엔 포멜(Étienne Pommel)이다. 그는 19세기 초 크림을 넣고 종이 띠를 두른 생치즈를 만들어 성공을 거두었고 이어서 구르네 앙 브레(Gournay-en-Bray)에 자신의 이름을 딴 치즈 공장을 설립했으며, 6~12종류의 나무 케이스 포장 치즈도 출시했다. 하지만 프티 스위스라는 이름의 치즈 제품을 만들어낸 사람은 노르망디의 치즈농장주인 마담 에루(Hérould)였다. 그녀는 우유 커드에 크림을 섞을 것을 제안했던 스위스 출신 농장 목동에게 헌정하는 의미로 이 이름을 치즈에 붙였다. 이 우아즈(Oise)의 크림 치즈 생산 농가는 공증 사무소의 대리인이자 파리 레 알의 상인이었던 샤를 제르베의 제안을 받아들여 1852년 페리에르 앙 브레에 정착하였고, 이 치즈를 파리로 운송해 제품으로 만들어 판매했다. 1872년 제르베는 정사각형 모양의 크림치즈 르 카레 제르베(le Carré Gervais)를 출시하면서 단독 생산에 나섰다. 그는 아들 쥘과 함께 경쟁사인 포멜(Pommel)의 추격을 가차 없이 물리치고 시장을 평정했으며 제 1차 세계대전 중에도 꾸준히 이어갔다.

프티 스위스 크림 치즈는 설탕, 꿀, 잼 또는 시럽에 포칭한 과일 등을 곁들여 디저트로 먹거나 소금, 허브, 후추 등을 섞어 짭짤하게 즐기며 요리에서도 다양하게 사용한다. 특히 찬 유화 소스를 만들 때 넣으며, 파프리카 가루, 다진 허브, 건포도 등을 섞어 카나페에 바르거나 칠면조나 뿔닭 등의 가금류 요리에 채우는 소에 혼합해 살을 더 부드럽고 촉촉하게 만든다.

PÉTONCLE 페통클 국자가리비의 일종. 가리비과에 속하는 작은 쌍각조개로 일정하게 둥근 부채 모양을 한 비교적 깨지기 쉬운 두 개의 껍데기로 이루어져 있다. 왼쪽 껍데기는 편평하고 노랑에서 갈색을 띠며 오른쪽 껍데기는 약간 볼록한 모양을 하고 있다(**참조** p.250 조개류 도표, p.252, 253 도감). 페통클은 크기가 6cm를 넘지 않으며, 주로 영불해협, 대서양, 지중해에서 트롤망이나 저인망으로 잡는다. 캐나다와 미국에서 아주 많이 먹으며 그곳의 가리비는 크기가 현저히 크다. 회로 먹거나 페르시아드를 넣고 팬에 지진 뒤 플랑베하여 먹으며, 다양한 해산물 요리에 넣기도 한다.

nage de pétoncles au thym citron ▶ NAGE

pétoncles grillés et huîtres sautées au whisky canadien 페통클 그리예 에 위트르 소테 오 위스키 카나디앵

캐나다 위스키를 넣은 가리비 구이와 굴 소테 : 가리비 12마리의 껍데기를 열어 살만 꺼내 밑간을 한 다음 센 불에 올린 팬에 넣고 양면을 노릇하게 지진다. 냄비에 버터 15g을 달군 다음 다진 샬롯 1티스푼과 깐 굴 12마리를 30초간 재빨리 소테한다. 불에서 내린 뒤 팬에 지진 가리비 살을 넣는다. 캐나다 위스키 200㎖를 붓고 바로 불을 붙여 플랑베한다. 거품국자로 가리비와 굴을 건져내 뜨겁게 유지한다. 이 냄비에 화이트와인 150㎖와 생선 육수 150㎖를 붓고 끓여 반으로 졸인다. 생크림 150㎖를 추가한 뒤 다시 반으로 졸인다. 버터 30g과 끓는 물에 데친 옥수수 알갱이 75g을 넣는다. 소금, 후추로 간을 한 뒤 다시 뜨겁게 데운다. 끓지 않도록 주의한다. 와일드 라이스로 만든 리소토를 서빙 접시에 깐 다음 그 위에 가리비와 굴을 얹고 소스를 끼얹는다. 껍질을 벗긴 뒤 씨를 제거하고 잘게 깍둑 썬 토마토와 잘게 다진 차이브를 뿌린다.

PÉTRIN 페트랭 반죽통, 반죽기. 옛날에 빵 반죽을 하던 나무로 된 커다란 궤를 뜻한다. 오늘날 기계식 전기 반죽기는 모터를 장착한 받침틀과 반죽용 통, 혼합하고 치대는 믹싱장치, 보호망으로 구성되어 있다. 반죽통은 주로 스테인리스 스틸, 무쇠, 알루미늄 등의 소재로 만들어진다. 반죽기는 축이 비스듬한 것, 나선형, 다양한 동작의 조작이 가능한 것, 세로축 형, 가로축 형, 또는 이중 혼합축 형 등 다양한 형태가 있다.

PÉTRIR 페트리르 반죽하다, 치대며 혼합하다. 손으로 또는 전동 반죽기나 핸드 믹서 등을 사용하여 밀가루와 다른 한 가지 또는 여러 가지 재료들이 완전히 혼합되도록 잘 치대어 섞어 매끈하고 균일한 반죽을 만드는 동작이다.

PÉTRISSAGE 페트리사주 반죽하기, 치대며 혼합하기. 빵을 만드는 과정 중 하나로 재료(밀가루, 물, 소금, 발효제, 경우에 따라 빵 개선제, 비에누아즈리 용으로는 밀가루, 물, 우유, 달걀, 설탕, 소금, 이스트, 유지류)를 섞고 치대어 균일하고 매끈하며 탄력이 있고 말랑말랑한 반죽을 만드는 단계이다. 이 과정에 소요되는 시간에 따라 반죽의 몇몇 특징이 결정되기도 한다. 느린 속도의 반죽을 하면 속살이 크림색을 띠며 풍미가 좋은 빵을 만들 수 있다. 개선 반죽 방식은 일상적으로 가장 많이 소비하는 일반 빵을 만드는 데 가장 적합하다. 시간이 좀 더 긴 강화반죽은 주로 단단한 빵을 제조하는 데 사용되는 방법으로 부피가 크고 속살이 희며 껍질이 얇은 빵을 만들어 낸다. 이러한 빵은 풍미가 밋밋한 편이다.

PÉTRUS 페트뤼스 보르도의 레드와인으로 메를로와 카베르네 소비뇽 품종의 포도로 만든다. 송로버섯과 제비꽃 향을 지닌 탁월한 맛의 최고급 와인으로 포므롤 코뮌에서 생산되는 보석이라 할 수 있다(**참조** BORDELAIS).

PÉ-TSAÏ ▶ 참조 CHOU CHINOIS

PEYROT (CLAUDE) 클로드 페로 프랑스의 요리사(1934, Saint-Félicien 출생). 프랑스 남동부 비바레 지방의 생 펠리시엥 여관을 운영하던 집안에서 태어난 그는 비엔의 라 피라미드, 프로방스의 우스토 드 보마니에르, 파리 리츠 호텔과 뤼카 카르통을 거치며 요리사 경력을 쌓았다. 1966년 그는 파리 빅토르 위고 대로에 자신의 레스토랑 비바루아(Le Vivarois)를 오픈한다. 이곳은 대리석 벽과 고급 나무 장식, 크놀(Knoll)의 디자인 가구와 의자를 갖춘 모던한 분위기의 다이닝 홀을 갖추었다. 아내 자클린과 함께

꾸려 나간 이 레스토랑은 실력을 인정받고 인기를 얻어, 1968년 드디어 미슐랭 가이드의 첫 번째 별을, 이어서 1971년과 1973년에 각각 두 번째와 세 번째 별을 획득하게 된다. 이 레스토랑의 단골 중에는 작가 마크 오레종과 정신분석학자 자크 라캉 등이 있었다. 커리 향의 아스파라거스, 푸아그라와 송로버섯을 채운 돼지 족발, 피망 바바루아, 벨 위뫼르 송로버섯 파이, 내장 및 부속으로 소를 채운 라비올리, 포마르 와인을 넣은 코코뱅 등은 천재적 기술자이자 현대 요리의 전파자로 인정받은 이 겸손하고 익살스러운 요리사의 대표적 창작품들로 손꼽힌다.

PEZIZE 페지즈 자낭균 버섯의 일반적 명칭. 숲속에서 나는 둥글고 납작한 컵 모양의 야생버섯 종류로 대부분 갈색, 주황 등의 선명한 색을 띠고 있으며 흙이나 나무의 잔가지 위에서 자라난다. 대부분의 종은 식용 가능하다. 프랑스 남부 지방에서 고블레(goblet, 물잔)이라고도 불리는 이 버섯들은 모렐 버섯과 같은 방법으로 조리하지만 맛은 이에 미치지 못한다. 하지만 의사 폴 라멩(Paul Ramain 1885-1966)은 자신의 저서 『버섯미식(*Mycogastronomie*)』에서 이 버섯들은 부당하게도 잘 알려지지 않았다고 설명하며 주황색 페지즈 버섯에 설탕과 키르슈를 뿌려 생으로 먹는 레시피를 소개했다.

PFLUTTERS 플뤼테르 감자 퓌레에 달걀과 밀가루(또는 듀럼밀 세몰리나)를 섞어 공처럼 둥글게 빚은 알자스의 음식으로 경우에 따라 우유를 조금 넣어 혼합하기도 한다. 짤주머니로 끓는 물에 짜 넣어 데친 뒤 녹인 버터를 얹어 애피타이저로 서빙하거나, 두툼하게 민 다음 원형커터로 잘라 팬에 노릇하게 지진 뒤 로스트 고기요리에 곁들이기도 한다. 플루트(floutes) 또는 플뤼텐(pflutten)이라고도 부른다.

pflutters 플뤼테르

__알자스식 감자볼__ : 아주 고운 감자 퓌레 500g을 만든 다음 달걀 2개, 밀가루 75g을 넣고 잘 섞어 어느 정도 단단한 반죽을 만든다. 소금, 후추, 넛멕으로 간한다. 작은 공 모양 또는 갸름한 원통형으로 빚어 물이 끓고 있는 냄비에 조심스럽게 넣는다. 약하게 끓는 상태에서 8~10분간 데쳐 익힌 뒤 건져서 미리 버터를 발라둔 우묵한 접시에 담는다. 갈색이 나기 시작할 때까지 가열한 뜨거운 브라운 버터를 감자에 뿌린다. 이 버터에 굳은 빵 속살 잘게 뜯은 것을 넣고 노릇하게 튀긴 뒤 함께 뿌려도 좋다.

PHILIPPE 필립 19세기 파리 레 알 근처 몽토르괴이가 옛 파발 역참 자리에 문을 열었던 레스토랑. 셰프 마니에 이어 전 자키 클럽의 주방장이었던 셰프 파스칼이 주방을 이끈 필립 레스토랑은 파리의 유행 장소로 등극했으며, 등심 스테이크, 양파 수프, 노르망디식 가자미와 마틀로트 등의 요리로 인기를 끌었다. 1870년대에는 미식 모임인 대식가 클럽(club des Grands Estomacs)의 정기 모임이 이곳에서 이루어졌고, 멤버들은 엄청난 양의 진수성찬을 나누는 점심식사를 즐겼다.

PHOSPHATE 포스파트 인산염. 안정제로 사용되는 식품첨가물(**참조** ADDITIF ALIMENTAIRE). 인산에서 파생된 물질들은 식품의 보수성(수분을 머금는 성질)을 높여 일부 식품(샤퀴트리, 앙트르메, 가공치즈, 연유, 커스터드 분말 등)의 수분을 조절하고 결착성을 향상시키는 데 도움을 준다.

PHOSPHORE 포스포르 인. 칼슘, 마그네슘과 함께 뼈의 무기질 부분을 구성하는 물질인 인은 그 외에도 다양한 신진대사에 관여한다. 인체가 필요로 하는 인의 일일 권장량은 체중 1kg당 12~15mg(성장기, 임신 및 수유기에는 더 필요하다)이며 대부분의 식품에 충분한 양이 함유돼 있어 정상적인 식사를 하는 경우 결핍 우려가 없는 편이다. 하지만 칼슘보다 인을 더 많이 섭취하는 식생활(고기, 생선, 달걀, 곡류를 많이 섭취하고 우유, 치즈는 거의 섭취하지 않는 경우)은 칼슘 사용에 저해를 초래할 수 있다. 유제품은 이 두 성분의 함량이 대체로 비슷한 수준으로, 인을 섭취하기에 가장 좋은 식품원이라고 할 수 있다.

PHYSALIS 피잘리스 꽈리. 가지과에 속하는 관목인 꽈리나무의 열매로 원산지는 페루이며 풀밭 울타리나 대서양과 지중해의 더운 해안지역 잡목림 등지에서 자생한다(**참조** p.404, 405 열대 및 이국적 과일 도감). 베타카로틴, 비타민 B3, C, PP, 철분, 인이 풍부한 꽈리 열매는 체리만 한 크기의 장과(漿果)로 노란색 또는 붉은색을 띠고 있으며 얇은 막 모양의 갈색 꽃받침으로 싸여 있다. 알케캉주(alkékenge), 아무르 앙 카주(amour-en-cage), 또는 겨울 체리, 페루 꽈리라고도 불리며 새콤한 맛이 난다. 시럽, 잼을 만들거나 샐러드에 넣기도 하며 아페리티프, 소르베, 아이스크림 등을 만든다. 또한 짭짤한 요리, 특히 생선 요리에 곁들이기도 한다.

PIANO 피아노 전문 요리사들 사이에서 피아노는 동시에 요리를 할 수 있는 여러 개의 화구와 전열 플레이트를 갖춘 가열 조리대 일체를 지칭한다.

PIC (ANDRÉ) 앙드레 픽 프랑스의 요리사(1893, Saint-Péray 출생—1984, Valence 타계). 앙드레 픽은 가족이 운영하던 발랑스 근처 르 팽의 한 여관 겸 식당에서 당시 유명 요리사였던 어머니 소피에게 처음 요리를 배운 뒤, 발레 뒤 론 지역의 여러 레스토랑에서 수련을 거친다. 1924년 가족 소유의 오베르주 뒤 팽을 맡게 되었으며 이후 이곳은 남프랑스로 향하는 고속도로에서 반드시 들러야 할 명소로 인기를 얻게 된다. 그는 1936년 발랑스 시내에 새로 레스토랑을 오픈했고, 1939년 미슐랭 가이드의 별 셋을 획득한다. 알렉상드르 뒤멘, 페르낭 푸엥과 더불어 제1, 2차 세계 대전 사이 가장 유명했던 프랑스 셰프 3인방 중 한 명인 앙드레 픽은 1950년대에 들어 건강상의 이유로 이 레스토랑의 주방을 아들 자크에게 물려준다. 자크는 주로 에스코피에식 조리법에 기반을 둔 아버지의 대표 메뉴들을 재현해나가는 것을 시작으로 점점 자신만의 좀 더 현대적인 스타일의 요리를 선보이게 되었다.

PIC (JACQUES) 자크 픽 프랑스의 요리사(1932, Saint-Péray 출생—1992, Valence 타계). 대대로 여관 겸 식당을 운영해온 집안에서 태어난 그는 볼리외(Beaulieu)의 라 레제르브(la Réserve), 제네바의 뷔페 코르나뱅(le Buffet Cornavin), 파리의 셰 도랭(chez Dorin), 빌레르벨(Villerville)의 셰 마위(chez Mahu) 등 1950년대의 대표적 클래식 레스토랑들을 거치며 요리사 경력을 쌓았다. 1956년 고향으로 돌아와 아버지의 레스토랑에 합류한 그는 에스코피에식 기본에 충실한 요리를 바탕으로 하되 좀 더 가벼운 맛, 고급 식재료, 섬세한 디테일에 중점을 둔 자신의 요리를 펼쳐내기 시작한다. 아버지의 주특기였던 민물가재 그라탱, 송로버섯 쇼송파이, 돼지 방광으로 싸 익힌 닭 요리뿐 아니라 여기에 자신이 개발한 캐비아를 얹은 농어, 에르미타주 포도를 곁들인 오리 푸아그라, 올리브오일과 송로버섯을 곁들인 스파이니 랍스터 등의 요리를 더해 메뉴의 폭을 넓혀나갔다. 메종 픽 레스토랑은 1960년에 미슐랭 가이드의 두 번째 별을, 1973년에 세 번째 별을 다시 획득하며 옛 명성을 되찾았다. 오늘날 이 식당은 그의 자녀 알랭과 안 소피가 계승하면서 혁신을 거듭하며 최고의 자리를 지켜나가고 있다.

PICARDIE 피카르디 프랑스의 피카르디 지방. 피카르디의 솜강 유역 아미엥(Amiens)에서 크로투아(Crotoy)에 이르는 지역은 낚시와 사냥 애호가들의 천국이다. 광대한 솜만(灣)까지 이르는 습지, 강과 바다는 다양한 미식 식재료들의 보고이다. 청둥오리는 사냥한 뒤 주로 구워 먹으며 특히 아미엥에서는 파테를 만들어 먹는다. 또한 청어와 꼬막조개(썰물 때 대량으로 채집한다), 개구리, 민물농어, 강꼬치고기 등이 풍부하며, 특히 장어는 잡아서 각종 허브를 넣고 훈제 조리하거나 프랑스의 독특한 요리인 장어 파테를 만든다. 바다에 면한 초장에서 방목해 키운 어린 양들은 짭조름한 바다의 향과 맛이 밴 고기를 제공한다(agneau de pré-salé). 피카르디의 돼지는 앙두이유, 소시지, 부댕, 훈제 햄 등 이름난 샤퀴트리를 만드는 기본 재료다.

그 외에도 역사를 거슬러 올라가보면 피카르디 지방은 프랑스의 대표적인 농업지대였다. 엔 강과 솜 강 유역의 숲은 곡창지대인 평야로 둘러싸여 있고, 일 드 프랑스와 가까운 지역에서는 채소 농사가 활발했다. 랑(Laon)의 아스파라거스, 수아송(Soissons)의 강낭콩, 아미엥에서 대량으로 습지 재배하는 그린빈스, 완두콩, 시금치와 호박 등은 평소 잘 알려지지 않은 레시피들을 탄생시켰다. 도사드(쪽파와 크림소스를 곁들인 양상추 요리), 므누이유(강낭콩, 양파, 감자와 베이컨을 넣은 냄비 요리)뿐 아니라 습지재배 채소나 당일 재배한 신선한 어린 채소로 만든 수프 등이 대표적이다. 과일은 사과와 배, 누아용(Noyon)의 붉은 베리류 과일, 루바르브 등이 많이 재배되며, 주로 타르트나 라보트(사과를 통째로 페이스트리 반죽으로 감싼 뒤 오븐에 구운 파이)를 만들어 먹는다. 라보트는 노르망디의 사과파이인 부르들로(bourdelot)의 사촌 격이라 할 수 있다.

북부 노르 지방과 노르망디 지방 사이에 위치한 피카르디는 맥주와 시드르의 고장이다. 사과 발효주인 시드르를 이용한 오드비를 만들기도 한다.

■ **수프와 채소.**

● **Soupe des hortillons, gratin de chou-fleur à la Picarde 아미엥 습지재배 채소 수프, 피카르디식 콜리플라워 그라탱.** 단구운 빵 슬라이스를 곁들여 아주 뜨겁게 서빙하는 아미엥 채소 수프는 햇 양배추, 리크(서양 대파), 감자, 신선 완두콩, 양상추를 넣어 만들며 소렐과 처빌로 향을 낸다. 콜리플라워 그라탱은 양파 베이스의 피카르디식 수비즈 소스를 곁들인다. 이 소스는 전통적으로 고기 육수에 베샤멜 또는 생크림을 넣어 만든다.

■ **샤퀴트리.**

● **Pâté de canard d'Amiens, caghuse 아미엥의 오리 파테, 카귀즈.** 아미엥의 오리 파테는 얇게 민 반죽으로 겉을 감싸 익힌 파테 앙 크루트의 일종으로, 원래 이 크러스트는 운반용 케이스 역할을 했을 뿐 먹지는 않았다. 안에는 제 간과 염통, 모이주머니, 돼지비계, 송아지고기, 버섯, 달걀, 양파와 샬롯을 채운 오리 한 마리를 통째로 넣는다. 카귀즈는 코코트 냄비에 돼지 정강이 살과 얇게 썬 양파를 넉넉히 둘러놓고 버터나 돼지기름을 덮어 오븐에 뭉근히 익힌 요리로, 차갑게 먹는다.

■ **생선과 해산물.**

● **Pâté d'anguille, omelette aux hénons 장어 파테, 꼬막 살 오믈렛.** 장어 파테는 뜨겁게 먹거나 기호에 따라 따뜻한 온도로 혹은 차갑게 서빙하기도 한다. 토막낸 장어를 각종 허브, 파슬리, 얇게 썬 양파에 재워 냉장고에 넣어두었다가 반죽 시트를 깐 테린 용기나 둥근 파이 틀에 채워 넣고 오븐에 익힌다. 꼬막 살 오믈렛은 우선 꼬막조개를 해감하여 모래를 제거한 다음 샬롯을 볶은 냄비에 넣고 같이 볶다가 화이트와인을 부어 익힌다. 조개가 모두 입을 열면 살만 발라내고 풀어놓은 달걀과 함께 익혀 오믈렛을 만든다. 파슬리를 뿌려 뜨겁게 서빙한다.

■ **치즈.** 이 지역의 대표적인 치즈인 롤로는 티에라슈의 마루알처럼 비멸균 생소젖으로 만든 세척외피 연성치즈로 풍미가 아주 강하다.

■ **디저트.**

● **Beignets de pommes de terre, tarte à la rhubarbe, landimolles, talibur, gâteau battu, macaron d'Amiens 으깬 감자튀김, 루바브 타르트, 랑디몰, 탈리뷔르, 가토 바튀, 아미엥 마카롱.** 북부 지방과 마찬가지로 피카르디에서도 감자는 거의 매 끼니 먹는다고 해도 과언이 아니다. 감자의 아버지라 할 수 있는 파르망티에는 바로 이 지역 출신이다. 감자는 짭짤한 요리뿐 아니라 튀김이나 타르트 등의 달콤한 음식으로도 즐겨 먹는다. 특히 건자두나 생 루바브를 넣은 감자 파이가 유명하다. 피카르디의 크레프인 랑디몰은 전통적으로 돼지기름으로 부치며 생크림이나 럼을 조금 넣기도 한다. 설탕을 뿌리거나 유럽모과 즐레 또는 레드커런트 즐레를 뿌려 먹는다. 탈리뷔르는 사과 또는 배로 만든 필링에 크러스트를 씌운 파이의 일종이다. 가토 바튀는 버터와 달걀, 설탕이 넉넉히 들어간 높은 원통형의 브리오슈와 비슷한 빵이다. 아미엥의 마카롱은 노릇한 색이 나게 구운 작고 도톰한 과자로 부드럽고 촉촉하다. 반죽은 아몬드 가루, 설탕, 꿀, 달걀흰자를 섞어 만든다.

PICCALILLI 피카릴리 영국의 채소 절임인 피카릴리는 작은 송이로 떼어 자른 콜리플라워, 얇게 썬 오이, 샬롯과 각종 향신 재료를 몰트 식초와 섞은 머스터드소스에 재워 저장한 피클의 일종이다. 매콤하고 강한 맛 또는 달콤한 맛의 이 피클은 유리병에 담은 제품으로 판매된다. 주로 햄이나 로스트 포크 등 차게 먹는 고기요리에 곁들인다.

PICCATA 피카타 송아지 뒷 넓적다리의 살덩어리를 작고 도톰한 에스칼로프로 썬 다음 버터를 두른 팬에 지진 요리다. 이탈리아에서 처음 선보인 이 요리는 보통 마르살라 와인 소스나 레몬 소스를 곁들인다. 생선으로도 마찬가지 방법으로 피카타를 만들 수 있다.

PICHET 피셰 피처. 원통형 또는 배가 불룩 나온 형태에 한 개의 손잡이와 내용물을 따를 수 있는 입구가 있는 용기로 주로 물이나, 주스, 시드르, 가볍게 먹는 와인 등을 담아 서빙하는 데 사용된다. 소재는 플라스틱이나 유리뿐 아니라 시원한 온도를 더욱 잘 유지시킬 수 있는 도기나 자기로 된 것들도 있다. 레스토랑에서 뱅 드 피셰(피처에 담아 서빙하는 와인)는 중간 정도 등급의 품질을 지닌 와인을 마개로 덮은 병이 아닌, 원하는 양만큼 피처에 담아 서빙하는 것을 뜻한다. 피셰는 또한 옛날에 소금과 액체의 용량을 계량하던 도구를 뜻하기도 한다. 주석 소재로 만들어졌으며 뚜껑이 달린 것도 있는 이 계량 용기는 각 지역마다 가장 아름다운 주방 소품에 포함되기도 한다.

PICKLES 피클 영미권에서 많이 즐겨 먹는 피클은 향신료로 맛을 낸 식초에 채소나 과일을 담가 절인 보존식품의 일종이다. 인도가 종주국인 피클은 첸나이이나 뭄바이의 아차르(acar)와 비슷하지만, 영국인들은 이것을 좀 덜 매운 레시피로 변형했다. 보통 유리병 포장으로 판매되며 일반 가정에서도 과일 식초절임과 같은 방법으로 손쉽게 만들 수 있다. 주로 차갑게 서빙하는 고기, 스튜, 죽 등에 곁들이거나 식전주와 함께 아뮈즈 부슈로 또는 다양한 오르되브르의 한 가지로 서빙할 수 있다.

■ **만드는 법.** 우선 채소를 소금물에 담그거나 소금을 뿌려 절인 다음 헹궈 건진다. 유리병에 담은 뒤, 향신료로 향을 낸 식초를 붓거나, 향신 재료를 함께 식초에 넣고 끓인다. 과일은 주로 식초물이 잘 배이도록 살짝 익혀 사용하는 경우가 많다. 또한 삶은 달걀이나 호두도 같은 방법으로 피클을 만들 수 있다. 각종 향신료는 피클의 맛을 돋울 뿐 아니라 보존제로서의 역할도 한다. 피클용 향신료 배합 비율은 기본적으로 식초 1ℓ 기준 통계피 스틱 작은 것 1개, 정향 1티스푼, 카트르 에피스 2티스푼, 검은 통후추 1티스푼, 겨자씨 1티스푼, 월계수잎 2~3장이다. 식초에 이 향신료들을 넣고 끓기 바로 전까지 가열한 뒤 불을 끄고 3일간 담가 향이 우러나게 한다. 체에 거른 뒤 차가운 상태의 식초물을 채소(아삭한 상태)에 붓는다. 혹은 뜨거운 식촛물을 과일(살짝 익혀 조금 무른 상태)에 부어준다. 각종 재료를 섞어서 만들기도 한다. 퀘벡에서는 피클을 마리네이드라고 부르며, 미국에서는 피클이 다른 설명 없이 단독으로 쓰인 경우 달콤새콤하게 절인 오이 피클만을 의미한다.

메리 캐머론 스미스(MARYE CAMERON SMITH)의 레시피 『*The Complete Book of Preserving*』(1976)

***pickles de chou-fleur et de tomate* 피클 드 슈 플뢰르 에 드 토마트**

콜리플라워 토마토 피클 : 작은 송이로 떼어 놓은 중간 크기의 단단한 콜리플라워 2개, 세로로 등분한 단단한 토마토 700g, 굵직하게 다진 양파 4개와 오이 1개를 켜켜이 볼에 담는다. 각 층마다 사이사이 동량의 소금을 고루 뿌린다(총 200g). 채소가 모두 잠기도록 찬물을 붓는다. 알루미늄 포일로 덮어 냉장고에서 24시간 동안 절인다. 다음 날 채소를 큰 거름망에 쏟고 흐르는 물에 완전히 헹궈 소금을 모두 제거한다. 물기를 제거한 다음 모두 큰 냄비에 넣는다. 머스터드 가루, 생강가루, 검은 후추 각각 1티스푼씩을 뿌리고 비정제 황설탕 250g과 향이 강한 향신료 1티스푼을 넣는다. 화이트와인 식초 700mℓ를 붓고 냄비를 중불에 올린 뒤 잘 저으며 끓을 때까지 가열한다. 불을 낮춘 뒤 계속 잘 저으며 아주 약하게 15~20분간 끓인다. 채소가 약간 익되 칼끝으로 찔러 보았을 때 아직 단단한 질감이 남아 있어야 한다. 불에서 내린 뒤 채소를 유리병에 담고 식촛물도 넉넉히 넣어 완전히 덮어 채운다. 이 레시피의 분량으로 약 3kg의 피클을 만들 수 있다. 서늘하고 습기가 없으며 빛이 들지 않는 곳에 보관한다.

PICODON 피코동 염소젖으로 만든 AOC 치즈(지방 45%)로 얇은 천연외피를 가진 연성치즈이며 숙성 정도에 따라 약간 푸르스름한 색, 황금색 또는 불그스름한 색을 띤다(**참조** p.392 프랑스 치즈 도표). 처음에는 아르데슈 피코동(picodon de l'Ardèche) 또는 드롬 피코동(picodon de la Drôme)이라는 이름으로 알려졌던 치즈로 지름 5~7cm, 두께 2~3cm의 원반형이며 약 12일간 숙성된다. 한편 디욀르피(Dieulefit) 피코동 치즈는 외피를 소금물로 씻어주며 축축한 상태를 유지하면서 약 한 달 이상 숙성한다.

PICPOUL-DE-PINET 픽풀 드 피네 랑그독의 VDQS(우수 품질 제한 와인) 와인. 품종은 픽풀 블랑(picpoul blanc)으로 신맛이 없고 드라이한 화이트 와인이며 특히 부지그의 굴과 잘 어울린다.

PIE 파이 파이는 앵글로 색슨 요리의 전통 메뉴 중 하나다. 영어로 파이라는 명칭은 프랑스어의 타르트 혹은 투르트를 구별없이 통칭하는 넓은 개념의 단어다. 프랑스에서 파이는 파트 브리제나 파트 푀유테 시트에 달콤하거나 짭짤한 소를 채워 넣은 투르트를 지칭하거나, 고기와 채소 또는 과일을 원형 혹은 직사각형의 특수 용기에 넣고 가장자리를 넉넉하게 만든 크러스트를 뚜껑처럼 완전히 밀봉해 씌운 뒤 오븐에 찌듯이 익혀낸 음식을 가리킨다.

영국과 미국에서 파이는 종류에 따라 애피타이저, 주 요리, 혹은 디저트로 다양하게 서빙할 수 있다. 영국에서 주로 먹는 종류로는 치킨파이(닭고기, 버섯, 허브), 스테이크 앤 키드니파이(소고기, 소 콩팥, 감자, 양파, 파슬리), 수렵육 파이, 장어 파이, 포크 앤 애플파이 등이 있다. 그 외에도 미국에서 특히 즐겨 먹는 다양한 종류의 파이가 있다.

디저트로 먹는 파이는 두 장의 반죽 시트 사이에 과일 필링을 채워 넣고 함께 구운 뒤 가볍게 휘핑한 크림이나 아이스크림을 곁들여 먹는 타입, 또는 따로 미리 구워둔(완전히 혹은 부분적으로 익혀둔다) 반죽 크러스트 안에 달걀이 들어간 필링을 채우는 종류가 있다. 펌프킨 파이, 메이플 시럽으로 만든 슈거파이, 피칸파이 등은 오븐에 구워 완성하는 종류이다. 한편 레몬 머랭 타르트는 완성된 크러스트에 레몬 크림을 채운 뒤 머랭을 올리고 마지막에 잠깐 오븐에 넣어 머랭에 구운 색이 나면 바로 꺼내 완성한다. 퀘벡에서는 짭짤한 맛의 파이를 파테로, 달콤한 맛의 파이는 모두 타르트로 부른다.

apple pie 애플 파이

사과 파이 : 밀가루 200g에 버터 100g을 넣고 손가락으로 잘게 조각내듯이 부수며 섞는다. 소금 1/2티스푼을 넣고 물 반 컵을 조금씩 넣어가며 섞는다. 끈기가 생기지 않을 정도로 말랑하게 반죽한 뒤 둥글게 뭉친다. 랩으로 싸 냉장고에 넣어 20분간 휴지시킨다. 반죽을 바닥용과 뚜껑용으로 분량을 다르게 둘로 나눈다. 도자기로 된 원형 파이 틀에 버터를 넉넉히 발라둔다. 두 덩어리의 반죽 중 큰 것을 밀어 틀의 바닥과 내벽에 대준다. 밀가루 넉넉히 2테이블스푼, 비정제 황설탕 넉넉히 2테이블스푼, 바닐라가루 1자밤, 계핏가루 1/2티스푼, 넛멕가루 1자밤을 섞는다. 이 가루 혼합물의 반을 바닥 시트 위에 고루 뿌린다. 사과(reinette) 800g의 껍질을 벗겨 세로로 등분하고 속을 제거한 뒤 얇게 슬라이스한다. 사과를 파이 시트 위에 중앙이 불룩하게 올라오도록 채운다. 레몬즙을 뿌린 뒤 나머지 향신료 가루 혼합물을 뿌린다. 두 번째 반죽을 밀어 파이 위에 뚜껑처럼 덮은 뒤 가장자리를 달걀물로 꼼꼼히 붙여 밀봉한다. 중앙에 공기가 빠져나갈 구멍을 하나 뚫어준다. 달걀물로 윗면 전체를 발라준 다음 230°C로 예열한 오븐에 굽는다. 약 10분 정도 지난 뒤 꺼내서 달걀물을 한 번 더 바르고 다시 오븐에 넣는다. 경우에 따라 이 과정을 한 번 더 반복한다. 총 50분 정도 구우면 파이가 완성된다. 그대로 또는 생크림, 블랙베리 쿨리 혹은 바닐라 아이스크림 한 스쿱을 곁들여 서빙한다.

chicken-pie 치킨 파이

닭고기 파이 : 약 1.25kg짜리 생닭 한 마리를 토막으로 자른다. 곱게 다진 샬롯과 양파를 닭 토막에 고루 발라준다. 얇게 썬 버섯 150g과 다진 파슬리를 넣고 소금, 후추로 간한다. 파이용 용기에 버터를 바르고 바닥과 둘레에 아주 얇게 썬 송아지 에스칼로프를 댄 다음 소금과 후추를 뿌린다. 그 위에 닭 토막을 다리, 이어서 날개, 가슴살 순으로 채워 넣는다. 얇게 슬라이스한 베이컨 150g으로 덮는다. 삶은 달걀 4개를 반으로 잘라 넣는다. 닭 콩소메를 그릇 높이의 3/4까지 부은 뒤 긴 띠 모양으로 자른 파트 푀유테를 용기 가장자리에 둘러 붙인다. 나머지 파트 푀유테를 밀어 윗면을 완전히 덮고 가장자리를 꼭 눌러 붙여 완전히 밀봉한다. 뚜껑 부분에 달걀물을 바르고 포크나 칼 등으로 줄무늬를 긋는다. 가운데 공기구멍을 한 군데 뚫어준다. 190°C로 예열한 오븐에 넣어 1시간 30분간 익힌다. 서빙 시 진하게 졸인 닭 육즙 소스 2~3테이블스푼을 파이 안에 흘려 넣는다.

pie à la rhubarbe 파이 아 라 뤼바르브

루바브 파이 : 타르트 시트 반죽 350g을 만들어 둥글게 뭉친 뒤 냉장고에 넣어 2시간 휴지시킨다. 반죽을 3mm 두께로 민 다음 파이 틀 크기에 맞추어 한 장을 잘라낸다. 나머지 반죽을 이용해 파이 틀 둘레를 둘러줄 만큼 긴 띠 모양을 잘라낸다. 루바브 줄기의 질긴 섬유질을 떼어낸 다음 4cm 토막으로 썬다. 버터를 바른 파이 틀에 루바브를 정렬해 담고 설탕(루바브 무게의 1/3)을 뿌린 뒤 물 1/3컵을 붓는다. 긴 띠 모양의 반죽으로 파이 틀 가장자리를 빙 둘러 붙인 다음 달걀물을 바른다. 파이 틀 크기로 잘라둔 반죽을 뚜껑처럼 덮고 가장자리 반죽과 잘 붙여 밀봉한다. 뚜껑 표면에 마름모꼴 무늬를 낸 다음 달걀물을 바르고 설탕을 살짝 뿌린다. 뚜껑에 공기구멍을 한 군데 뚫어준다. 200°C로 예열한 오븐에서 40~45분간 굽는다. 서빙 시 액상 생크림을 파이 안에 흘려 넣거나 따로 담아낸다.

PIÈCE MONTÉE 피에스 몽테 장식용으로 화려하게 쌓아 올린 대형 파티스리 작품으로 성대한 행사나 연회에 등장했으며 주로 그 모임의 주제와 특징을 장식에 형상화했다. 오늘날 피에스 몽테는 점점 줄어드는 추세로 과거처럼 보기는 아주 힘들어졌지만 결혼식이나 세례식 등의 연회에서는 언제나 한 자리를 차지하고 있다.

피에스 몽테는 지난 수 세기에 걸쳐 귀한 대접을 받았고, 특히 중세에 많이 만들어졌다. 당시 대규모 연회나 왕실의 파티에서 앙트르메(요리와 요리 사이라는 뜻)는 문자 그대로 요리가 서빙되는 사이사이에 실제 펼쳐진 공연이었다. 따라서 이를 위한 대형 무대 장식물, 실제 동물 모양을 재현한 음식(특히 공작새) 등을 만드는 데 다양한 피에스 몽테가 동원되기도 했다. 피에스 몽테가 가장 영광을 누린 시기는 다양한 주제를 우의적으로 표현한 것들이 속속 등장한 18~19세기다. 하지만 이 화려하고 사치스러운 작품들은 거의 먹을 수 없었고, 장식의 역할에만 충실했다.

■ **만들기.** 오늘날 피에스 몽테는 예전에 비해 간소해졌지만 시각적인 아름다움이 미식의 즐거움과 연결되는 기능은 더 향상되었다. 스펀지케이크, 제누아즈, 누가, 모양을 내거나 부풀린 설탕, 녹인 설탕을 늘이거나 뒤틀어 만든 꽃, 리본, 잎 모양이나 꼬아서 엮은 바구니, 먹을 수 없고 장식으로만 설치한 각종 설탕 공예 작품, 설탕을 실처럼 가늘게 늘여 만든 깃털 장식이나 방울 술 장식, 다양한 종류의 크로캉트 프티푸르, 당절임 과일, 드라제, 아몬드 페이스트로 만든 모형들, 초콜릿 셰이빙 등으로 구성한다. 피에스 몽테를 만드는 가장 간단한 방법은 큰 것을 맨 밑에 놓고 점점 작아지는 순서대로 쌓아올려 피라미드 형태를 완성하는 것이다. 이를 구성하는 각각의 디저트는 속을 채우고 겉에 글레이즈를 입힌 뒤 장식을 한 다음 조립한다.

- 일명 프랑스식(à la française)이라 불리는 고전적인 피에스 몽테는 금속으로 된 메인 받침대 중앙에 중심축이 있어, 장식을 한 스펀지케이크나 제누아즈를 지탱하는 플레이트를 층층이 쌓아 올릴 수 있는 구조로 되어 있다.
- 스페인식(à l'espagnole) 피에스 몽테는 각기 따로 만든 구성물을 조립한 것으로, 각 층의 받침이 바로 아랫단 플레이트의 앙트르메를 고정시킨 기둥들에 의해 지탱되는 구조다.

파티시에와 당과류 제조인들은 피에스 몽테를 통해 자신의 상상력을 자유롭게 펼치며 다양한 모양의 장식을 만들어 냈다. 그중 몇몇은 이 분야의 장인으로 알려진 앙토냉 카렘의 활약으로 피에스 몽테가 활짝 꽃피던 19세기 초 이후 대표적인 기본 테마가 되었다. 이 모티프들은 하프, 리라, 지구전도, 중국식 정자, 무너진 건물, 헬멧, 각종 과일이 가득한 뿔 모양 장식, 배, 교회당, 음악 공연 무대, 폭포, 루이 15세의 마차, 바위에 올라온 돌고래, 이삭 바구니, 신전, 수레 모형 등 매우 다양하다. 오늘날 가장 많이 만들어지는 피에스 몽테는 작은 슈와 설탕을 입힌 과일 등으로 구성된 크로캉부슈(**참조** CROQUEMBOUCHE)이다.

PIÈCE PARÉE 피에스 파레 소고기의 부위를 가리키는 명칭 중 하나로 페르시예라고도 불린다(**참조** PERSILLÉ).

PIED 피에 발, 족발. 정육용 동물(송아지, 양, 돼지, 소)의 족을 뜻하며, 흰색 부속에 속한다. 소의 족은 내장 요리에 부재료로만 사용된다(**참조** p.10 부속 및 내장 도표). 양 또는 어린 양의 족은 뼈를 제거하고 불로 그슬려 잔털이나 불순물을 제거한 다음 쿠르부이용에 넣고 익히거나 브레이징, 그릴, 튀김 등으로 조리하며 풀레트소스에 조리하거나나 프리카세, 또는 샐러드에 넣기도 한다. 또한 남부 지방의 대표적 내장 스튜인 피에 에 파케(**참조** PIEDS ET PAQUETS)에도 들어가는 재료다. 돼지 족은 보통 염장하여 미리 익히고 튀김옷 빵가루를 입힌 상태로 판매되는 경우가 많다. 또한 끓는 물에 데쳐 깨끗이 씻은 뒤 향신료를 넣은 국물에 삶거나 굽기도 하고 스튜를 만들거나 뭉근한 찜 요리를 주로 하며, 비네그레트 소스를 곁들여 먹기도 한다.

속을 채운 족 요리는 돼지 족, 뼈를 제거한 꼬리, 돼지 다리 정강이살, 돼지비계를 파슬리를 넣은 다짐육 소로 덮어 싼 다음 대망으로 다시 한 번 감싸 익힌 요리다. 송아지 족은 특히 국물에 젤라틴을 공급하는 재료로 사용되지만 그 외에 단독으로도 다양한 요리의 재료로 쓰인다. 우선 뼈를 제거하고 물에 담가 핏물을 뺀 다음 끓는 물에 데친다. 이어서 흰색 익힘액(밀가루, 버터나 기름, 레몬즙 등을 넣은 익힘물)에 푹 삶아 튀김, 커리, 풀레트 소스 요리 등 다양하게 조리한다. 또한 밀가루, 달걀, 빵가루 튀김옷을 입혀 구운 뒤 디아블 소스나 타르타르 소스를 곁들여 먹기도 한다.

pieds de porc : cuisson 피에 드 포르

돼지 족 익히기 : 돼지 족 여러 개를 깨끗이 씻은 뒤 끓는 물에 데친다. 두 개씩 실로 묶은 뒤 찬물이 담긴 냄비에 넣고 함께 가열한다. 끓기 시작하면 향신 재료(당근, 셀러리, 순무, 정향을 박은 양파, 리크, 부케가르니)를 넣는다. 불을 줄이고 약하게 4시간 정도 끓인다. 건져서 물기를 빼고 식힌다. 굽는 레시피로 조리하는 경우는 무거운 것으로 눌러서 식혀둔다.

pieds de veau : cuisson 피에 드 보

송아지 족 익히기 : 송아지 족 여러 개를 깨끗이 씻은 뒤 끓는 물에 데친다. 긴 뼈를 제거한 다음 송아지 머리를 삶을 때와 마찬가지로 흰색 익힘액에 넣고 2시간 동안 익힌다. 푹 익힌 송아지 족에 커리 소스와 쌀밥을 곁들여 서빙한다. 또는 무거운 것으로 눌러 식힌 뒤 밀가루, 달걀, 빵가루를 묻혀 버터에 튀기듯 지지거나 구워 먹기도 한다.

blanquette d'agneau aux haricots et pieds d'agneau ▶ BLANQUETTE

pieds de mouton à la poulette 피에 드 무통 아 라 풀레트

풀레트소스를 곁들인 돼지 족 요리 : 양족 12개를 준비하여 흰색 익힘액에 넣고 익힌다. 뼈를 모두 제거하고 물기를 닦아낸 뒤 각각 반으로 자른다. 미리 익혀둔 버섯(큰 것은 도톰하게 슬라이스한다) 250g과 양족을 소테 팬에 넣고 흰색 콩소메 4테이블스푼과 버섯 익힌 즙을 동량으로 넣는다. 국물이 완전히 없어질 때까지 졸인 뒤 블루테 300㎖, 크림 3테이블스푼을 넣고 끓기 직전의 상태로 5분간 익힌다. 달걀노른자 4개에 생크림 4스푼을 넣어 풀어준 다음 마지막에 팬에 넣어 농도를 걸쭉하게 조절한다. 끓지 않도록 불을 잘 조절하면서 약하게 가열한다. 버터 3스푼, 레몬즙 1바퀴, 잘게 썬 파슬리 1스푼을 넣는다. 잘 저어 섞은 뒤 우묵한 그릇에 서빙한다.

pieds de veau à la Custine 피에 드 보 아 라 퀴스틴

퀴스틴식 송아지 족 요리 : 돼지 대망 2개를 찬물에 담가둔다. 냄비에 송아지족 여러 개를 넣고 찬물을 잠기도록 부은 뒤 가열한다. 끓기 시작하면 그대로 5분간 유지한다. 건져서 찬물에 식힌다. 밀가루 4테이블스푼에 기름 4테이블스푼과 레몬즙 2개 분량을 넣고 잘 개어 푼 다음 찬물 4ℓ를 붓고 소금을 넣는다. 여기에 송아지족을 모두 넣고 끓을 때까지 가열한다. 2시간 정도 끓인다. 샬롯 4개의 껍질을 벗긴 뒤 잘게 썬다. 양송이버섯 750g을 깨끗이 헹궈 손질한 뒤 잘게 다진다. 샬롯과 버섯을 섞은 뒤 레몬즙 반 개분을 뿌린다. 이 혼합물(뒥셀)을 팬에 넣고 센불로 볶는다. 소금, 후추로 간하고 더 이상 물이 나오지 않을 때까지 볶은 뒤 마데이라 와인을 작은 잔으로 하나 넣고 잘 섞는다. 송아지족을 건져 물기를 닦은 뒤 작은 주사위 모양으로 살코기를 썰어 뒥셀과 섞고 6등분한다. 대망의 물을 꼭 짠 뒤 작업대 위에 넓게 펴 놓고 동일한 사이즈의 6장으로 자른다. 등분해 놓은 소를 직사각형으로 만든 다음 대망으로 하나씩 감싸준다. 버터를 뜨겁게 달군 팬에 넣고 노릇하게 지진다. 팬에 남은 버터를 끼얹어 서빙한다.

pieds de veau à la tartare 피에 드 보 아 라 타르타르

타르타르소스를 곁들인 송아지 족 튀김 : 송아지 족을 흰색 익힘액에 넣고 익힌다. 뜨거울 때 뼈를 모두 제거한 다음 살을 적당한 크기로 썬다. 물기를 닦아내고 밀가루, 달걀, 바로 갈아 만든 빵가루를 순서대로 묻힌다. 뜨거운 기름(180°C)에 노릇하게 튀겨낸 다음 건져서 종이타월에 기름을 뺀다. 타르타르 소스를 곁들여 아주 뜨겁게 서빙한다.

피에르 오르시(PIERRE ORSI)의 레시피

ris et pieds d'agneau à la dijonnaise 리 에 피에 다뇨 아 라 디조네즈

디종식 양 흉선과 족 : 4인분

양족 8개를 준비하여 뼈와 털을 모두 제거한다. 길이로 2등분한 뒤 냄비에 넣고 타임잎, 화이트와인 20㎖, 와인 식초 20㎖를 넣고 15분간 익힌다. 무쇠 코코트 냄비에 다진 샬롯 2개분을 넣고 양족 익힌 즙을 넣은 뒤 10분간 약한 불로 끓인다. 송아지 육즙 소스를 50㎖ 넣고 끓여 소스를 만든다. 서빙하기 바로 전, 냄비를 불에서 내리고 매운맛이 강한 디종 머스터드 2스푼을 넣고 잘 섞는다. 버터 2조각을 넣어가며 거품기로 잘 휘저어 섞는다. 작은 주사위 모양으로 썰어 버터에 지진 양 흉선 200g을 넣는다. 익힌 양족 8개도 넣고 함께 약한 불로 5분간 익힌다. 잘게 썬 차이브를 넣은 뒤, 따뜻하게 데워 둔 우묵한 접시 4개에 나누어 담는다. 소스용 스푼으로 먹는다.

salade de pommes de terre et pieds de porc truffés ▶SALADE

아틀리에 드 조엘 로뷔숑(L'ATELIER DE JOËL ROBUCHON)의 레시피

tartines de pieds de porc 타르틴 드 피에 드

돼지 족발을 얹은 오픈 그릴드 샌드위치 : 4인분

팬에 버터 20g을 달군 뒤 양송이버섯 100g을 넣고 센 불에 볶아둔다. 익힌 돼지족 100g과 익힌 돼지귀 100g을 작은 주사위 모양으로 썰어 볼에 담고, 여기에 돼지 리예트 50g과 머스터드 30g, 잘게 다진 타라곤 1테이블스푼, 다진 송로버섯 10g, 볶아둔 버섯 100g을 넣고 포크로 섞는다. 오븐을 200°C로 예열한다. 미리 구워 놓은 빵 슬라이스 8장에 마늘을 문질러 향을 입힌 다음 준비해둔 돼지족발 혼합물을 얹고 가늘게 간 파르메산 치즈 30g을 뿌린다. 오븐에 넣어 5분간 굽는다. 루콜라를 곁들여 따뜻하게 서빙한다.

PIED-BLEU 피에 블루 자주방망이 버섯류. 갓이 통통하고 아랫면에 주름이 있으며 버섯 전체 혹은 갓이나 대의 일부가 자줏빛 보라색 또는 라일락과 같은 푸른색을 띠는 자주방망이 버섯류를 총칭한다(**참조** p.188, 189 버섯 도표). 일반 버섯에 비해 아주 늦은 철에 나는 이 버섯들은 울창한 숲속이나 숲 변두리 지역, 서늘하고 습도가 높은 초원지대에서 채취할 수 있다. 이들 중 특히 3종이 식재료로 많이 사용된다. 가장 인기가 많은 것은 민자주방망이버섯으로 버섯 전체가 푸르스름한 보라색이며 은은한 꽃향기가 난다. 잔디자주방망이버섯은 진 보라색 갓을 지닌 아주 아름다운 버섯이다. 자주방망이버섯아재비는 대부분 사이즈가 그리 크지 않으며 아주 진한 자수정 빛을 띠고 있다. 이 버섯들은 익히면 식감이 연하고 특히 달큰한 풍미를 지니는 것이 특징이며 향도 짙다. 흰살 육류, 또는 소스를 곁들인 생선요리에 잘 어울린다.

PIEDS ET PAQUETS 피에 에 파케 프로방스, 특히 마르세유의 특선 요리 중 하나인 피에 에 파케는 양의 위와 족으로 만든 내장 요리의 일종이다. 이 요리를 처음 선보인 것은 19세기 말 마르세유 근교 라 폼 지역의 한 식당으로, 원조의 맛을 보기 위해 이곳을 찾아가는 것이 하나의 전통이었다.

렌 사뮈(REINE SAMMUT)의 레시피

pieds et paquets marseillais 피에 에 파케 마르세이예

마르세유식 양 위와 족 요리 : 4인분 / 조리: 8시간 30분

바닥이 두꺼운 코코트 냄비에 올리브오일을 두르고 얇게 썬 양파 2개, 동그랗게 썬 당근 2개, 베이컨 100g을 넣고 볶는다. 끓는 물에 데친 뒤 토치로 그슬려 잔털과 불순물을 제거한 양족 8개를 넣고 함께 볶는다. 모두 잘 볶아지면 마늘 3톨, 토마토 5개, 정향을 박은 양파 1개, 쥐똥고추 1개를 넣는다. 화이트와인 500㎖를 붓고 끓기 시작하면 양 파케(꾸러미라는 뜻의 단어. 적당한 크기로 자른 양 위나 창자에 다진 염장 돼지고기와 마늘, 파슬리로 만든 소를 채운 뒤 작은 정사각형 모양으로 감싼 것) 24개를 넣고 소금, 후추로 간한다. 타임 1줄기와 월계수잎 1장을 넣고 재료 높이까지 물을 추가한 다음 뚜껑을 덮고 약불에서 8시간 정도 뭉근히 익힌다. 양족과 파케를 모두 건진 다음 양족의 뼈를 발라낸다. 오븐을 210°C로 예열한다. 서빙하기 30분 전 양족과 파케를 오븐 용기에 담고 그라탱처럼 굽는다. 껍질째 익힌 햇감자를 곁들여 서빙한다.

PIÉMONTAISE (À LA) 아 라 피에몽테즈 피에몬테식. 주로 리소토, 그중에서도 특히 피에몬테산 화이트 트러플(흰색 송로버섯)을 넣어 만든 리소토를 다양한 방법으로 곁들인 닭, 고기, 생선 요리에 붙는 수식어다. 일반적인 피에몬테의 요리들에도 아 라 피에몽테즈(피에몬테 식의)라는 명칭을 붙일 수 있다.

▶ 레시피 : ATTEREAU (BROCHETTE), BOLLITO MISTO, CHIPOLATA, FONDUE, POIVRON, TIMBALE, VEAU.

PIERRE À AIGUISER 피에르 아 에귀제 숫돌. 무뎌진 칼날을 수동으로 갈아 날을 세우는 용도의 타원형 또는 장방형의 도구로 연마제가 압축된 벽돌형태이며 입자의 거칠기가 목적에 따라 다양하다(거친 숫돌, 중 숫돌, 완성숫돌 등). 종류에 따라 물이나 기름을 뿌려가며 칼을 간다.

PIERRE-QUI-VIRE 피에르 키 비르 봄에서 가을까지 욘 지방에 위치한 피에르 키 비르 수도원에서 생산하는 비멸균 생 소젖 치즈(건조 추출물 대비 지방 함유율 55~60%)(**참조** p.390 프랑스 치즈 도표). 지름 12cm, 높이

3cm의 납작한 원통형으로 무게는 250~300g 정도이다. 아나토(빅사)로 세척하여 붉은 물을 들인 매끈한 외피를 갖고 있으며 치즈의 식감은 부드럽고 말랑말랑하다. 숙성한 뒤 소비하거나 허브를 넣고 둥글게 뭉친 프레시 크림 치즈 형태로도 구입할 수 있다.

PIERROZ (ROLAND) 롤랑 피에로즈 스위스의 요리사(1942, Martigny 출생). 로잔 우쉬의 보 리바주 팔라스에서 수련 기간을 거친 그는 1970년대에 스위스 발레주의 요리에 지중해 지역 요리의 영향을 가미하여 올리브오일, 생선, 토마토, 피망 등을 많이 사용하는 자신만의 창의적인 요리를 선보이며 데뷔했다. 1977년 롤랑 피에로즈는 스위스 베르비에의 로잘프 호텔 안의 레스토랑 둘을 총괄하며 정착한다. 이 중 하나는 그의 창의적인 요리를 유감없이 펼쳐 보이는 레스토랑이다. 그의 요리는 소스 등의 화려한 장치 없이 좋은 재료들을 조화롭게 구성하여 풍미를 끌어내는 데 초점을 둔 것들이 대부분이다. 순한 커리 소스의 랑구스틴, 그리스식 채소를 곁들인 오리, 발레산 살구를 넣은 파이 등은 그를 프랑스풍 스위스 요리의 대가로 만드는 데 부족함이 없는 요리들이다. 2002년 그는 자신의 요리 레시피를 모은 책 『베르티주(*Vertiges*)』를 출간했다.

PIGEON ET PIGEONNEAU 피종 에 피조노 비둘기, 어린비둘기. 사육용 가금 또는 야생 비둘기를 모두 지칭하며 일반 가금 동물이나 기타 수렵 조류와 마찬가지로 즐겨 먹는다. 약 1개월 내외의 아주 어린 비둘기는 살이 매우 연하며 대부분 통째로 구워 먹는다. 브르타뉴, 프로방스와 산악 지역에서 아직도 야생 상태로 서식하는 바위비둘기는 모든 가금비둘기 종의 조상이다. 프랑스에 가장 많이 퍼져 있는 야생 비둘기는 숲 비둘기로 일반 가금 비둘기보다 살이 더 탱글탱글하고 육향이 좋으며 조리법은 동일하다(**참조** p.421 수렵육 도표). 비둘기 조리법은 멧도요와 거의 비슷하다. 냄비에 브레이징, 스튜, 발로틴, 파테, 살미 등의 조리법은 비교적 나이가 많은 비둘기에 적합하다. 살이 아주 연한 어린 비둘기는 로스트, 그릴, 소테, 크라포딘으로 펼쳐서 굽거나 파피요트로 익히기도 한다. 비둘기는 목을 절단하지 않고 질식시켜 도살하며, 비둘기 간은 쓸개즙이 없기 때문에 그대로 둔 채 조리한다. 어린 비둘기는 조리 시 돼지비계로 감싸는 경우가 아주 드물지만, 성숙한 비둘기를 익힐 때는 반드시 얇은 비계로 전체를 덮는다.

---

pigeon à rôtir : habillage 피종 아 로티르

비둘기 로스트 준비하기 : 우선 비둘기를 냉장고에 몇 시간 동안 넣어둔다. 이렇게 하면 살이 쫀쫀하게 수축되어 찢어질 우려가 적다. 날개의 큰 깃털부터 시작하여 꼬리 쪽, 이어서 머리 쪽으로 올라오며 깃털을 꼼꼼히 제거한다. 토치로 그슬려 잔털과 불순물을 모두 제거한 다음 내장을 꺼낸다. 얇은 돼지비계로 비둘기의 등과 가슴을 덮은 뒤 머리를 양 날개 사이로 넣고 조리용 실로 묶어준다.

oreiller de la belle basse-cour ▶ PÂTÉ

피에르 가니에르(PIERRE GAGNAIRE)의 레시피

une orientale 윈 오리앙탈

오리엔탈풍 비둘기 파스티야 : 6인분

홍피망 4개를 220°C 오븐에 구워 껍질을 벗긴 다음 씨를 제거하고 블렌더로 간다. 이것을 압착하여 즙만 받아낸 다음 설탕 시럽 200mℓ과 섞어 약 400mℓ을 만든다. 판 젤라틴 2장을 뜨거운 액체에 녹인 뒤 사프란 꽃술 2g을 넣어 피망즙에 섞는다. 여기에 레드커런트즙 100mℓ와 레몬즙 몇 방울을 떨어뜨려 새콤한 맛을 더한다. 냉장고에 넣어 굳힌다. 어린 패티팬 스쿼시 호박 6개를 반으로 잘라 논스틱 팬에 익힌 뒤, 타임을 작은 한 줄기씩 얹고 올리브오일을 한 바퀴 둘러 오븐에 5분간 굽는다. 백도 2개와 토마토 2개의 껍질을 벗긴 뒤 세로로 등분하여 소테 팬에 나란히 한 겹으로 놓는다. 올리브오일 30mℓ와 딸기나무 꿀 2테이블스푼, 메이스 한 자밤, 바두반 마살라(프랑스식 커리 믹스) 1자밤, 셰리와인 식초 한 바퀴를 넣고 약한 불로 뭉근하게 졸이듯 익힌다. 줄기 달린 작은 당근 12개를 소금물에 익힌 뒤 레몬즙, 아르간오일 1바퀴, 커민 가루 1/2티스푼, 소금 1자밤을 뿌려 고루 간한다. 오븐을 170°C로 예열한다. 비둘기 파스티야를 만든다. 우선 브릭 페이스트리 시트 4장을 겹쳐 놓고 지름 10cm의 원으로 6개를 잘라낸다. 정제 버터를 5g씩 발라준 뒤 오븐에 노릇하게 굽는다. 비둘기 가슴살 6개에 정제 버터 5g을 바른 뒤 굽는다. 속이 핑크빛을 띨 정도로만 구워준다. 껍질을 벗겨내고 길쭉하게 썰어 따뜻하게 보관한다. 아몬드 페이스트(아몬드 50% 짜리) 30g에 비둘기를 구운 팬에 남은 육즙으로 만든 소스 150mℓ, 액상 생크림 100mℓ를 섞어 아몬드 크림을 만든다. 이 크림을 각 서빙 접시에 나누어 붓고 진하게 졸인 비둘기 육즙 소스를 씌운 비둘기 가슴살을 담는다. 가염 헤이즐넛 20g을 고루 얹는다. 복숭아와 토마토 콩피도 고루 담는다. 패티팬 스쿼시 호박도 고루 배치한 다음 바삭하게 구운 브릭 페이스트리를 얹는다. 당근에 석류 알갱이와 물에 불려둔 건포도 20g을 넣어 섞은 뒤 작은 볼 6개에 나누어 담는다. 홍피망 젤리는 따로 작은 잔에 담아낸다.

pastilla au pigeon ▶ PASTILLA

장 폴 뒤케누아(JEAN-PAUL DUQUESNOY)의 레시피

pigeon et foie gras en chartreuse au jus de truffe 피종 에 푸아 그라 앙 샤르트뢰즈 오 쥐 드 트뤼프

푸아그라를 넣은 비둘기 포피예트와 송로버섯 소스 : 4인분

비둘기 큰 것 4마리(각 500g)의 가슴살을 잘라내 껍질과 작은 뼈들을 모두 제거한다. 살을 살짝 두드려 납작하게 만든 뒤 소금, 후추로 밑간을 한다. 사보이 양배추 3개의 연한 잎만 떼어내 끓는 물에 3분간 데친 뒤 찬물에 식혀 건진다. 양배추 잎의 중간 부분 굵은 잎맥을 잘라낸 다음 물기를 닦고 소금을 뿌려둔다. 푸아그라를 비둘기 가슴살과 같은 크기로 도톰하게 8조각 슬라이스해 소금, 후추를 뿌려둔다. 양배추 잎을 펴 놓고 그 위에 비둘기 가슴살, 이어서 푸아그라를 얹는다. 양배추 잎을 오므려 작은 포피예트처럼 감싼다. 얇은 돼지비계로 둘러준 다음 랩으로 말아 단단히 묶는다. 증기에 20분간 찐다. 소스팬에 송로버섯즙 150mℓ과 드라이한 마데이라 와인 150mℓ를 넣고 가열해 1/3로 졸인 다음, 진한 송아지 육즙 소스 100g을 넣고 2~3분간 더 끓인다. 차가운 버터 50g을 넣어가며 거품기로 잘 저어 몽테한다. 포피예트의 랩과 비계를 벗겨낸 뒤 소스를 끼얹어 서빙한다.

---

pigeonneau à la minute 피조노 아 라 미뉘트

즉석에서 만드는 어린 비둘기 구이 : 어린 비둘기를 척추와 가슴뼈를 따라 길게 반으로 자른다. 두 덩어리를 살짝 눌러 납작하게 만든 다음 아주 뜨겁게 달군 버터에 양면을 노릇하게 지진다. 거의 익었을 때 잘게 다져 버터에 볶은 양파 1테이블스푼을 넣고 조리를 완성한다. 비둘기를 서빙 접시에 담고 따뜻하게 보관한다. 비둘기를 익힌 팬에 코냑을 한 바퀴 둘러 디글레이즈한다. 육수를 졸인 글레이즈(글라스 드 비앙드)에 물을 조금 넣어 희석한 다음 잘게 썬 파슬리 1/2테이블스푼을 넣고 팬에 부어 소스를 완성한다. 비둘기에 이 소스를 뿌려 서빙한다.

---

pigeons en compote 피종 앙 콩포트

비둘기 콩포트 : 비둘기 4마리를 준비해 안과 겉에 소금, 후추를 뿌려 밑간을 하고 각각 주니퍼베리 알갱이 3~4알과 포도 지게미 1테이블스푼씩을 넣는다. 비둘기를 뒤집어가며 포도 지게미를 고루 발라준다. 아주 얇은 돼지비계로 비둘기 등과 가슴을 덮은 다음 조리용 실로 묶는다. 코코트 냄비에 버터 50g을 달군 뒤 비둘기를 넣고 노릇하게 지진다. 건져서 따뜻하게 유지한다. 남은 버터에 작은 줄기양파 20개와 작은 라르동 모양으로 썬 베이컨 100g을 넣고 볶는다. 씻어서 얇게 썬 양송이버섯 150g을 넣고 같이 볶는다. 노릇한 색이 나기 시작하면 부케가르니, 화이트와인 200mℓ, 닭 육수 200mℓ를 넣고 끓여 약 1/3로 졸인다. 비둘기를 다시 냄비에 넣고 뚜껑을 덮은 뒤 불에서 가열해 끓기 시작하면 230°C로 예열한 오븐에 넣어 30분간 더 익힌다. 부케가르니를 건져내고 비둘기의 실을 푼다. 따뜻하게 데워둔 서빙 접시에 담고 익힌 소스를 끼얹어 서빙한다.

장 프랑수아 피에주(JEAN-FRANÇOIS PIÈGE)의 레시피

pigeons désossés au foie gras 피종 데조세 오 푸아그라

푸아그라를 채운 비둘기 로스트 : 4인분

비둘기 4마리(각 450~500g)를 토치로 그슬려 잔털과 불순물을 제거한 뒤 내장을 꺼내고 손질한다. 염통과 간은 따로 보관한다. 뒤쪽부터 시작하여 차례로 뼈를 제거한다. 껍질이 찢어지지 않게 주의하며 조심스럽게 작은 뼈까지 모두 제거한다. 푸아그라 슬라이스 4조각(각 30~50g 정도)을 준비하여 칼끝으로 핏줄 자국이나 쓸개주머니, 기름 불순물 등을 꼼꼼하게 제거한다. 정제 오리 기름 1kg을 녹여 85°C까지 가열한 뒤 푸아그라를 넣고

살짝 익혀 식감이 더 살아나게 한다. 씨를 제거한 블랙올리브 140g, 식빵 30g, 기름에 익힌 마늘 15g을 다져 섞어 소를 만든다. 비둘기 안에 이 소를 채우고 푸아그라를 한 조각씩 가운데에 조심스럽게 넣은 다음 다시 소로 덮는다. 입구를 여민 뒤 조리용 실로 꿰매 봉하고 원래 비둘기 모양으로 만든다. 비둘기를 소테 팬에 넣고 우선 불 위에 올려 6분간 구운 뒤 200~220°C 컨벡션 오븐에 넣어 6분간 더 굽는다. 4분간 휴지시킨 뒤 실을 푼다. 비둘기의 끝부분들을 잘라낸 다음 한 조각 슬라이스한다. 서빙 접시에 비둘기를 담고 잘라낸 슬라이스를 삼각형 모양으로 걸쳐 놓는다. 소스로 접시에 점을 찍듯 뿌린 다음 씨를 뺀 올리브를 접시마다 3개씩 올린다. 회오리 모양으로 잘라 튀긴 감자를 곁들여 서빙한다.

안 소피 픽(ANNE-SOPHIE PIC)의 레시피

pigeons de la Drôme en croûte de noix 피종 드 라 드롬 앙 크루트 드 누아

호두 크러스트를 입힌 드롬 비둘기 요리 : 4인분

농장에서 자연방사 사육한 비둘기 4마리(각 600g 정도)의 깃털을 모두 뽑은 뒤 뼈를 제거한다. 가슴살을 잘라내 냉장고에 보관한다. 다리를 잘라내어 오리 기름에 넣고 75°C를 유지하며 약 3시간 동안 천천히 콩피한다. 살을 잘라내고 남은 흉곽과 뼈는 내장을 모두 제거한 뒤 잘게 자른다. 팬이나 작은 오븐용 로스팅 팬에 낙화생유 200mℓ와 달군 뒤 굵게 깍둑 썬 양파 반 개와 비둘기 뼈를 함께 넣고 센불에 지진다. 이어서 차가운 버터 50g을 넣는다. 그대로 익히며 팬 바닥에 육즙이 눌어붙게 둔다. 불을 줄이고 계속 볶은 다음 기름을 1/3 정도 떠낸다. 팬에 물을 한 국자 넣어 디글레이즈한 다음 나무 주걱으로 눌어붙은 바닥을 긁어준다. 갈색 육수 500mℓ를 재료 높이까지 붓고 끓인다. 뼈에 붙어 있는 살이 모두 익을 때까지 끓인 다음 고운 원뿔체에 거른다. 이때 건더기를 누르지 않는다. 마른 호두살 100g을 다진다. 여기에 부드러워진 포마드 상태의 버터 60g과 빵가루 60g, 게랑드산 플뢰르 드 셀 2g을 넣고 섞는다. 염소젖으로 만든 크림 치즈 20g에 소금, 후추, 올리브오일 한 줄기를 넣어 양념한다. 기호에 따라 잘게 다진 민트잎을 넣어도 좋다. 큰 사이즈의 대추야자 4개의 껍질을 벗기고 씨를 뺀다. 준비해둔 염소 치즈를 대추야자 안에 채워 넣는다. 포치니버섯을 필러로 깨끗이 손질하고, 불순물이 많은 경우에는 흐르는 찬물에 재빨리 헹군 뒤 물기를 꼼꼼히 닦는다. 2mm두께로 균일하게 썬다. 버터를 두른 팬에 잘게 썬 샬롯 1개를 넣고 색이나지 않게 볶은 뒤 버섯을 넣고 노릇하게 볶는다. 간을 맞추고 잘게 썬 이탈리안 파슬리를 넣는다. 건져내 보관한다. 밀가루 50g에 물 85mℓ를 넣고 개어 튀김 반죽을 만든다. 대추야자에 반죽을 입히고 180°C 기름에 튀겨낸다. 종이타월에 놓고 기름을 뺀 다음 소금을 솔솔 뿌린다. 대추야자를 길이로 이등분한다. 팬에 낙화생유와 버터를 달군 뒤 거품이 일기 시작하면 소금, 후추로 밑간을 한 비둘기 가슴살을 넣고 한 면당 3분씩 지진다. 건져서 휴지시킨 뒤 상온으로 식으면 준비해둔 호두 혼합물을 얇게 입힌다. 오븐을 브로일러 모드로 설정한 뒤 이 비둘기 가슴살을 넣고 크러스트가 노릇해지도록 구워낸다. 속이 핑크빛을 유지한 로제(rosée) 상태로 익히려면 서빙 시 심부 온도는 56°C가 되어야 한다. 서빙 접시에 포치니 버섯을 깔고 그 위에 비둘기 가슴살을 보기 좋게 담는다. 대추야자 튀김을 곁들여 놓는다.

알랭 라메종(ALAIN LAMAISON)의 레시피

pigeons aux figues violettes et raisins blancs 피종 오 피그 비올레트 에 레쟁 블랑

무화과와 청포도를 곁들인 비둘기 요리 : 하루 전날, 싱싱한 청포도 한 송이의 알갱이를 따 껍질을 벗기고 씨를 뺀다. 화이트와인 150mℓ, 아르마냑 15mℓ, 설탕 50g에 포도를 넣고 잠길 정도로 물을 채워 재운다. 다음 날, 비둘기 4마리(각 450g)의 내장을 빼내고 토치로 그슬려 불순물을 제거한 다음 로스트용으로 묶어둔다. 오븐 팬에 기름을 두르고 불에 올려 비둘기를 노릇한 색이 나도록 고루 지진 다음 210°C 오븐에 넣어 7분간 더 굽는다. 꺼내서 휴지시킨다. 설탕 50g에 커민, 펜넬씨, 카트르 에피스 가루를 모두 혼합하여 1테이블스푼을 넣고 포도를 재워둔 마리네이드액을 조금 넣은 뒤 가열한다. 캐러멜 색이 나기 시작하면 와인 식초 50mℓ를 넣어 디글레이즈한다. 비둘기 육수 250mℓ를 넣고 졸여 소스를 완성한다. 잘 익은 무화과 10개를 로스팅 팬에 한 켜로 놓고 오븐에서 4분간 굽는다. 재워둔 포도를 건져 소스에 넣는다. 비둘기를 잘라 접시에 담고 무화과를 곁들여 놓은 뒤 소스를 끼얹어 서빙한다.

장 앙드레 샤리알(JEAN-ANDRÉ CHARIAL)의 레시피

pigeons au lait d'amandes fraîches 피종 오 레 다망드 프레슈

생 아몬드 밀크 소스를 곁들인 비둘기 요리 : 4인분

오븐을 230°C로 예열한다. 노랑 피망과 빨강 피망을 각각 300g씩 준비해 올리브오일 2테이블스푼을 뿌린 뒤 오븐에 넣어 16분간 굽는다. 꺼내서 식힌 뒤 껍질을 벗기고 씨와 속을 제거한다. 이 피망과 피키오스 고추(piments piquillos)를 1cm 폭으로 길게 썬다. 팬에 올리브오일 2테이블스푼을 두른 뒤 중불에 올린다. 얇게 썬 시미안 양파(단맛이 나는 길쭉한 모양의 보라색 양파) 25g을 넣고 수분이 나오고 색이 나지 않을 정도로 볶는다. 아카시아 꿀 10g, 파프리카 가루 1g, 썰어둔 피망과 고추를 모두 넣는다. 1분 정도 뭉근히 볶는다. 소금, 후추로 간한다. 아몬드 밀크를 만든다. 우선 껍질을 벗긴 생아몬드 80g을 생크림 300mℓ에 넣고 10분간 끓인다. 불에서 내린 뒤 10분간 향을 우려낸다. 블렌더로 간 뒤 다시 2분간 끓이고 체에 걸러둔다. 비둘기 1.8kg을 토치로 그슬려 불순물을 제거한 다음 내장을 꺼내고 안과 겉에 소금, 후추로 밑간한다. 조리용 실로 묶는다. 올리브오일을 발라 문질러준 뒤 로스팅 팬에 넣고 230°C 오븐에서 20분간 굽는다. 이때 살이 핑크색을 유지해야 한다. 가슴살과 다리를 잘라내 따뜻한 온도에서 휴지시킨다. 살을 발라내고 남은 비둘기 뼈를 굵직하게 토막낸 다음, 뜨겁게 달군 팬에 올리브오일 1테이블스푼을 두르고 얇게 썬 샬롯을 노릇하게 지진다. 뱅 퀴(발효한 포도즙을 가열한 뒤 생포도즙과 향신료를 넣은 농축 스위트와인) 100mℓ를 넣어 디글레이즈한 다음 닭 육수 300mℓ를 넣는다. 자몽즙 150g과 메이스 1g을 첨가한 뒤 끓여 반으로 졸인다. 원뿔체에 거른 뒤 소금, 후추로 간한다. 버터 50g을 넣어가며 거품기로 저어 몽테한다. 따뜻하게 보관한다. 팬에 버터를 넣고 갈색이 나기 시작할 때까지 녹인다. 여기에 시금치 어린 잎과 마늘 한 톨을 넣고 수분이 모두 증발할 때까지 볶는다. 준비한 피망, 아몬드 밀크를 다시 데운다. 서빙 접시 중앙에 피망 라타투이를 깔고 그 위에 비둘기 가슴살과 다리를 얹은 다음 한 쪽 옆에 시금치를 놓는다. 비둘기 육즙 소스와 아몬드 밀크를 끼얹어 서빙한다.

pigeons à la niçoise 피종 아 라 니수아즈

니스식 비둘기 요리 : 흰 방울양파 18개의 껍질을 벗긴 뒤 버터 20g과 함께 냄비에 넣는다. 소금, 후추를 뿌린다. 물 3테이블스푼을 넣고 중불에서 뚜껑을 덮고 20분간 익힌다. 코코트 냄비에 버터 40g을 녹인 뒤 비둘기 6마리를 넣고 뒤집어가며 고루 지진다. 잘게 부순 월계수잎 1장, 세이보리 2자밤을 넣고 드라이한 화이트와인 100mℓ를 부은 뒤 익힌 양파를 넣는다. 15분간 뭉근히 끓인다. 작은 블랙올리브 200g을 넣고 5~10분간 더 익힌다. 스노우피 1kg을 증기로 찐 다음 우묵한 서빙 용기에 담고 그 위에 비둘기를 올린다. 올리브와 양파를 보기 좋게 곁들여 놓는다.

PIGNON 피뇽 잣. 지중해 지역에서 자라는 소나무과 나무인 금송의 솔방울에서 나오는 작고 갸름한 종자다(**참조** p.572 견과류, 밤 도감). 단단한 껍데기로 싸여 있는 잣은 솔방울의 딱딱한 비늘 사이사이에 하나씩 들어 있다. 열량이 매우 높으며(100g당 670kcal 또는 2800kJ) 불포화지방산과 칼륨이 풍부하다. 맛은 아몬드와 비슷하지만 풍미가 더 진하고 특유의 솔 향이 난다.

■ **사용.** 잣은 껍데기를 까서 다른 견과들처럼 그대로 먹거나 로스팅하여 파티스리(비스퀴, 구움과자, 마카롱 등)또는 요리에 사용한다. 인도나 터키식 라이스 요리에 넣거나 속을 채운 홍합 요리, 닭고기 스터핑에 넣어 맛을 돋우기도 하며 레바논의 양고기 미트볼에도 들어간다. 이탈리아에서 잣은 소스(특히 페스토)에 많이 사용된다. 잣을 넣어 만든 소스들은 파스타나 생선용 스터핑에 곁들이거나 오믈렛에 넣기도 하고 닭고기 소테 요리의 풍미를 돋우는 등 다양하게 쓰인다. 프로방스에서는 다양한 샤퀴트리, 니스식 근대 파이, 올리브오일 드레싱의 생채소 샐러드 등에 잣을 사용한다.

croissants aux pignons ▶ CROISSANT

장 폴 파세다(JEAN-PAUL PASSEDAT)의 레시피

tarte aux pignons 타르트 오 피뇽

잣 타르트 : 설탕을 넣은 파트 브리제 시트에 블랙커런트 즐레 2테이블스푼을 펴 바른다. 동량의 크렘 파티시에를 그 위에 덮은 뒤, 마찬가지 분량의 아몬드 가루를 얹는다. 잣 100g을 고루 뿌린 뒤 200°C로 예열한 오븐에 넣어 20분간 굽는다.

PIGOUILLE 피구이유 양젖, 염소젖 또는 소젖으로 만드는 푸아투 지방의 연성치즈(지방 45%)로 외피는 흰 곰팡이로 살짝 덮여 있다. 작고 납작한 원반형으로 무게는 약 250g 정도이다. 맛이 순하고 마치 카유보트(caillebotte)처럼 크리미한 질감을 갖고 있다. 이 단어는 원래 푸아투의 늪지대에서 납작한 나룻배의 방향을 조정하는 데 쓰였던 긴 장대를 의미한다.

PILAF 필라프 필라프 라이스. 중동이나 동양에서 즐겨 먹는 쌀 요리의 일종. 클래식 필라프는 쌀에 양파를 넣고 기름이나 버터에 볶다가 육수와 향신료를 넣고 반쯤 익힌 뒤 고기, 생선 또는 채소 등의 부재료(날것 또는 익힌 것 모두 가능)을 넣어 조리를 완성한 것이다. 대부분 향신료의 향이 강하고 사프란을 넣은 경우가 많으며, 재료는 기호에 따라 얼마든지 다양하게 넣을 수 있다. 필라프 라이스는 대개 둥근 왕관 모양 틀로 모양을 만들어 접시에 담고 가운에 우묵하게 빈 공간에 가니시를 넣어 서빙한다. 또는 작고 길쭉한 틀에 넣어 모양을 잡은 뒤 고기나 생선 또는 가금류 요리에 가니시로 곁들이기도 한다.

pilaf garni 필라프 가르니

가니시 요리를 곁들인 필라프 라이스 : 큰 양파 한 개를 얇게 썬 다음 잘게 다진다. 코코트 냄비에 올리브오일 3테이블스푼을 뜨겁게 달군 뒤 장립종 쌀 250g을 한 번에 넣고 나무 주걱으로 잘 저으며 반투명해질 때까지 볶는다. 양파를 넣고 같이 볶는다. 쌀 분량의 1.5배(부피 기준)에 해당하는 뜨거운 육수나 물을 붓고 소금, 후추, 타임 작은 줄기 1개, 월계수잎 1/2장을 넣는다. 잘 저은 뒤 바로 뚜껑을 덮어 16~20분간 익힌다. 불을 끄고 타임과 월계수잎을 꺼낸 다음 뚜껑 밑에 행주를 덮어 증기를 흡수하도록 한다. 왕관 모양 틀에 밥을 채운 뒤 서빙 접시에 엎어 놓은 다음 가운데 빈 공간에 다양한 가니시를 담는다. 도톰하게 잘라 지진 푸아그라 에스칼로프, 얇게 썬 송로버섯(버터에 소테한 뒤 그 팬에 마데이라 와인을 넣고 디글레이즈하여 졸인 소스를 뿌린다), 닭간, 버섯(도톰하게 썰어 버터에 볶고 마늘, 샬롯, 파슬리를 넣어 향을 낸다), 반으로 가른 양 콩팥(버터에 볶은 뒤 그 팬에 화이트와인을 넣어 디글레이즈하여 졸이고 찬 버터로 몽테한 소스를 뿌린다), 소스(화이트와인 소스 또는 아메리켄 소스)를 곁들인 생선요리, 갑각류 해산물의 살(주사위 모양으로 썬 다음 조개즙 소스를 곁들인다) 등 그 종류는 무궁무진하다.

PILCHARD 필샤르 정어리를 뜻하는 영어 명칭으로, 프랑스에서는 청어나 정어리를 기름과 토마토에 저장한 통조림을 지칭한다. 사용된 생선은 신선 상태에서 최소 50g 이상이어야 하며 생선의 종류 명칭도 포장에 명시되어야 한다.

PILI-PILI 필리 필리 아주 매운맛의 작은 고추로 거의 레위니옹섬과 아프리카(특히 세네갈)에서만 사용된다. 호박씨와 토마토 과육을 넣고 빻아 만든 필리필리는 루가이유를 비롯한 다수의 소스를 만드는 기본 재료로 사용된다. 아프리카에서 필리필리 소스는 듀럼밀 세몰리나, 푸투, 고기, 갈레트 등에 곁들이며, 소스를 의미하는 돕(바나나, 고추, 토마토, 양파를 넣어 만든 소스)은 돼지와 양고기의 맛을 돋우어준다.

PILON 필롱 절굿공이. 절구에 다양한 재료(마늘, 아몬드, 혼합 재료를 넣은 버터, 굵은 소금, 씨앗 알갱이나 깍지 형태의 향신료, 호두, 토마토 등)를 넣고 짓이기거나 으깨 곱게 가는 도구. '버섯'이라는 별명이 붙은 포테이토 매셔는 나무나 구멍 뚫린 메탈로 이루어진 큰 헤드에 긴 손잡이가 달려 있는 형태의 도구로 재료를 으깨 퓌레를 만들고 고운 스터핑 혼합물, 마멀레이드 등을 체에 눌러 내릴 때 사용하며 닭뼈를 눌러 즙을 추출할 때도 쓰인다.

PILON (VIANDE) 필롱(고기) 닭다리 북채, 드럼 스틱. 닭을 비롯한 가금류나 깃털 달린 수렵 조류 다리의 아랫부분으로 모양이 마치 절굿공이와 비슷하여 같은 이름으로 불린다. 이 부위의 살은 가슴살보다 촉촉하지만 넓적다리 부위보다는 맛이 떨어진다.

PILPIL 필필 단백질과 무기질이 풍부한 통보리로 만들어 미리 익힌 식품, 즉 보리밥에 해당한다. 열량이 높고 든든한 필필은 통보리에 두 배에 해당하는 분량(부피 기준)의 물을 넣고 4분간 끓인 뒤 7~10분 동안 약불로 뜸을 들여 수분이 완전히 흡수되어 부풀도록 익힌다. 주로 채식 요리에 많이 사용하며 견과류와 향신료를 첨가해 수프나 죽 등을 만들거나 쌀처럼 채소 안에 채워 넣기도 한다. 또한 튀니지식 타불레처럼 비네그레트 드레싱의 생채소와 함께 먹기도 한다.

PILS OU PILSEN 필스, 필센 하면 발효 방식으로 제조한 황금색의 맥주로 이름은 이 맥주가 1842년 처음 만들어진 체코의 도시 필센에서 따왔다. 필스너 또는 라거라고도 불리는 이 연한 호박색의 맥주는 홉의 함량이 중간 정도이며, 전 세계에서 가장 많이 마시는 맥주다(총 생산량의 90%를 차지).

PIMBINA 핌비나 백당나무의 일종, 미국 불두화(American cranberry bush). 인동과에 속하는 소관목인 백당나무를 캐나다에서 부르는 명칭으로 알곤킨 원주민들이 붙인 이름이다. 겨울 내내 줄기에 붙어 있는 이 나무의 열매는 뇌조 등의 날개 달린 수렵 동물들이 아주 좋아하는 먹이로, 이를 먹은 수렵육 살에 향을 남기기도 한다. 한 겨울 결빙기에 이 열매는 말랑말랑한 상태를 유지하기 때문에 바로 이 무렵에 열매를 따서 콩포트나 짙은 붉은색의 새콤한 맛을 지닌 즐레를 만든다. 수렵육 요리에 곁들이면 아주 잘 어울린다.

PIMENT 피망 고추. 가지과에 속하는 양념의 일종인 고추는 아메리카 신대륙에서 귀환한 크리스토퍼 콜럼버스에 의해 유럽에 처음 들어왔다(**참조** p.655 고추 도표, p.654 도감).

■ **품종.** 약 200가지가 넘는 품종이 존재하며 신선 상태로 또는 말린 고추로 판매된다. 피망(**참조** POIVRON)은 맵지 않고 순한 맛이 나는 고추의 일종으로 말린 것, 가루, 혹은 신선 채소로 판매된다. 고추는 비타민 C(100g당 125mg)와 카로틴이 풍부하다. 캡사이신(매운맛 성분) 함량은 품종에 따라 천차만별이며 맛은 순한 것부터 아주 매운 것(불이 난 듯 매운맛) 까지 다양하다. 바스크 지방(Pays basque)에서는 전통적으로 과실향이 풍부한 주홍색의 에스플레트 고추(piment d'Espelette, AOC 인증)를 집집마다 벽에 매달아 말린다. 이 고추는 피프라드(piperade)를 만드는 데 들어가며, 심지어 초콜릿에 넣기도 한다. 이와 비슷한 고추인 스페인 나바라의 로도사 피키요 고추(pimiento del piquillo de Lodosa, AOP 인증) 또한 헝가리의 파프리카만큼이나 유명하다. 앤틸리스 제도에서는 요리에 고추를 아주 많이 사용한다. 새눈고추 또는 쥐똥고추(piment zozio, piment oiseau, langue de perroquet), 초롱을 닮은 하바네로 고추(piment lampion, piment sept-courts-bouillons) 등 모양을 표현하는 이름으로 불리며 대부분 아주 매운 종류이다. 멕시코에는 안초(하트 모양의 고추로 향이 좋고 순하다), 치폴레(길쭉한 원뿔 모양의 벽돌색 고추로 아주 맵다), 페킨(진홍색의 아주 작은 고추로 아주 매우며 주로 말려서 사용한다), 말라게타(아주 맵고 섬유질이 많은 고추로 브라질 바이아 지방이 원산지다), 포블라노(짙은 녹색을 띤 굵은 고추로 향이 좋다) 등 고추의 종류가 매우 다양하다.

■ **사용.** 멕시코에서는 모든 스튜나 소스(moles)의 매운맛을 고추로 낸다. 칠리는 검은콩 요리(**참조** CHILI CON CARNE)나 아보카도, 과일, 심지어 치즈에 매콤한 맛을 내는 데 사용된다. 앵글로 색슨 국가에서 고추는 주로 피클이나 머스터드 베이스의 양념에 들어간다. 튀니지에서는 매운 붉은 고추에 다양한 향신료를 섞어 만든 하리사(harissa) 소스를 쿠스쿠스, 타진, 파스타, 수프, 초르바 등의 매운 양념으로 쓴다. 인도의 커리 믹스에도 몇 가지의 고추가 들어가며, 중국에서는 으깬 고추에 소금과 기름을 섞은 페이스트를 각종 요리에 곁들여 먹는다. 미국의 타바스코는 쥐똥고추에 소금과 식초를 더해 만든 소스로 붉은살 육류나 마리네이드 양념, 타르타르 스테이크, 몇몇 칵테일에 넣어 매콤한 맛을 더한다.

beurre de piment ▶ BEURRE COMPOSÉ
huile pimentée ▶ HUILE

크리스티앙 파라(CHRISTIAN PARRA)의 레시피

piments rouges de Lodosa (dits « piquillos ») farcis à la morue 피망 루즈 드 로도사(피키오스)

장 대구를 채운 피키요스 고추 : 4인분

염장대구 200g을 미리 물에 담가 24시간 동안 소금기를 뺀다. 감자 200g

PIMENTS 고추

piment rouge (Thaïlande)
피망 루즈(태국).
태국 붉은 고추, 레드 타이 칠리

piment long vert
피망 롱 베르. 롱 그린 칠리

piment long rouge
피망 롱 루즈. 롱 레드 칠리

mrs Jeanette
미세스 자네트. 마담 자네트 페퍼, 수리남 고추.

manzano
만자노. 만자노 페퍼, 애플 칠리, 로코토 페퍼

piment oiseau vert
피망 우아조 베르. 새눈 청고추, 쥐똥 청고추

serrano
세라노. 세라노 고추

habenero
하바네로 고추

piment fort vert
피망 포르 베르. 매운 청고추

criolla sella
크리오야 세야. 크리올라 셀라 고추

jalapeño
할라페뇨 고추

güero
구에로 고추

peperoni
페페로니. 페페로니 청고추

을 삶거나 찜기에 찐다. 소금기를 뺀 염장대구를 찬물에 넣고 가열해 데친다. 끓어오르기 시작하면 불을 끈다. 생선살을 결대로 잘게 뜯은 뒤 올리브오일 2테이블스푼을 두른 팬에 다진 마늘 2톨과 함께 넣고 볶는다. 생선과 감자에 올리브오일을 조금 넣고 블렌더로 갈아 혼합하여 부드러운 퓌레 상태로 만든다. 간을 맞추고 에스플레트 고춧가루를 조금 넣는다. 붉은 피키요스 고추(캔이나 병조림의 경우 씻지 않고 그대로 사용한다)에 이 소를 짤주머니로 채워 넣는다. 아주 맛있는 토마토 소스에 고추 2개를 넣고 생크림 100mℓ를 조금씩 넣어가며 블렌더로 갈아 소스를 만든다. 끓을 때까지 약 2분 정도 가열한 다음 간을 맞춘다. 우묵한 접시에 소스를 한 국자씩 담고 그 위에 고추 2개를 부채꼴로 얹는다. 붓으로 버터를 발라 윤기를 내주고 중앙에 처빌을 한 줄기 얹어 마무리한다.

purée de piment ▶ PURÉE

PIMENT DE LA JAMAÏQUE 피망 드 라 자마이크 올스파이스, 포스파이스 또는 올스파이스라고도 불리는 향신료의 일종으로 고추도 후추도 아니다(**참조** p.338, 339 향신료 도감). 자메이카 고추라는 뜻의 이 향신료는 도금양과에 속하는 중미 지역의 머틀나무에서 얻을 수 있다. 이 나무에서는 바닐린을 추출하기도 한다. 말린 알갱이에서는 정향, 넛멕, 계피, 후추의 향이 강하게 난다. 주로 마리네이드 양념에 넣거나 소스, 스터핑 혼합물에 향을 더할 때 사용한다.

PIMPRENELLE 팽프르넬 술오이풀, 서양오이풀, 버넷(burnet), 샐러드버넷. 장미과에 속하는 여러해살이 방향성 허브로 잎은 가장자리가 톱니 모양을 하고 있으며 오이향이 난다(**참조** p.451~454 향신 허브 도감). 연한 어린잎인 작은 버넷을 최고로 치며, 다른 허브들과 함께 샐러드에 넣거나 오믈렛, 찬 소스류, 마리네이드 양념, 또는 수프 등에 향을 더하는 데 쓰인다. 그린 소스 장어 요리용 허브 믹스에도 들어간다.

PINCE 팽스 집게. 두 개의 자루가 관절로 연결된 형태의 도구로 금속, 나무 또는 플라스틱 소재로 되어 있으며 음식을 서빙하거나 먹기 위해 집을 때 사용한다. 일반적으로 자주 사용하는 것으로는 아스파라거스, 코르니숑 피클, 에스카르고, 샐러드, 얼음, 각설탕용 집게 등이 있다. 특히 얼음이나 각설탕 집게는 집는 부분이 톱니 날로 된 형태도 있다. 랍스터용 집게는 집게다리를 깨트려 살을 발라 먹을 때 유용하다. 생선 가시용 집게는 약간 넓은 핀셋처럼 생겼다. 그릇 집게는 뜨거운 용기를 들어 옮길 때 필요하며, 파티스리용 핀처는 타르트 등의 시트 반죽 가장자리를 빙 둘러 집어 모양을 낼 때 사용한다. 그 외에도 눌음 방지 코팅팬 전용 집게, 식탁 서빙용 집게, 케이크용 집게, 스파게티용 집게 등 그 종류가 매우 다양하다. 샴페인용 집게는 코르크마개를 옆으로 돌려 쉽게 여는 데 도움을 준다.

PINCEAU 팽소 붓, 브러시. 납작한 자루 손잡이에 흰색 실크 또는 나일론 털이 달린 형태의 주방 도구. 특정 요리에 정제 버터나 기름을 발라 적실 때, 틀이나 요리에 버터나 기름 등을 발라줄 때, 또는 오븐에 굽기 전 반죽 위에 달걀물을 바를 때 주로 사용한다.

PINCÉE 팽세 자밤, 꼬집. 가루나 아주 작은 알갱이, 또는 미세한 조각으로 된 물질을 엄지와 검지로 한 번 집는 아주 소량을 뜻하는 용어다. 레시피에 '한 자밤'이라고 표기된 분량은 3~5g 정도를 뜻한다. 어떤 재료들은 다른 명칭이 사용되기도 한다. '칼끝으로 한 번'이라는 표현은 때로 한 자밤과 비슷한 뜻으로 쓰이기도 하지만 일반적으로 떠낸 양은 약간 더 많다. 사프란의 경우 언제나 아주 미세한 양을 사용하기 때문에 대체로 므쥐르(mesure)라는 단위로 표시하는데, 이는 대부분의 경우 사프란이 포장되어 있는 미량에 해당한다. 그 외에도 기름 한 방울(une goutte), 식초 한 줄기(un filet), 넛멕 넣은 듯 만 듯 아주 조금(un soupçon) 등의 표현이 사용된다.

PINCER 팽세 특정 재료(뼈, 자투리 부위 살, 향신용 채소)에 국물을 넣어 육수로 끓이기 전, 기름을(거의) 두르지 않은 상태로 오븐에 구워 갈색을 내는 과정을 뜻한다. 또는 고기를 지지거나 굽고 난 프라이팬 또는 로스팅 팬의 기름 제거 및 디글레이징 전, 눌어붙은 육즙을 남은 기름과 함께 가열해 캐러멜라이즈하는 것을 가리킨다. 또한 타르트나 키슈, 파테 앙 크루트 등을 오븐에 굽기 전에 파티스리용 핀처를 사용해 시트 반죽 가장자리를 빙 둘러 집어 일정한 모양을 내는 작업을 뜻하기도 한다.

PINEAU DES CHARENTES 피노 데 샤랑트 1945년 AOC 인증을 받은 주정강화와인으로 주로 세미용, 소비뇽, 위니 블랑 품종을 사용해 만든다. 코냑 지방에서 생산되며 알코올 함량은 16~22%Vol.이다. 피노 데 샤랑트는 포도를 압착하여 얻은 발효 전 상태의 즙에 오드비인 코냑을 첨가해 발효를 중단시켜 만든다. 이어서 오크통에서 화이트는 최소 12개월, 로제의 경우 최소 8개월 이상 숙성해야 한다. 5년 이상 오랜 숙성 기간을 거친 비외(vieux), 트레 비외(très vieux), 엑스트라 비외(extra-vieux) 피노도 있다. 주로 아페리티프로 차갑게 마시며, 멜론과 푸아그라 에스칼로프를 곁들여 먹기도 한다(**참조** CHARENTES).

PINOT BLANC 피노 블랑 유명한 피노 누아 포도의 화이트 변종으로 20세기 초 교배종 포도 전문가인 오베를랭(Philip Christian Oberlin)이 처음 재배했다. 부드러움과 산미의 밸런스가 좋은 피노 블랑은 주로 알자스 지방에서 재배하며 오세루아(auxerrois blanc)와 블렌딩하여 클레브네르(klevner)라고 불리는 피노 블랑 AOC 와인을 만든다. 알자스의 스파클링 와인인 크레망 달자스를 만드는 데도 사용되는 피노 블랑은 현재 재배지가 점점 늘어나고 있다.

PINOT GRIS 피노 그리 유명한 피노 누아 포도의 회색 변종인 피노 그리는 푸른 회색을 띤 포도 알갱이로 피노 누아와 구분된다. 화이트와인만을 만드는 이 포도는 다른 피노 품종과 비교했을 때 아로마가 덜 두드러지는 편이지만 알코올 함량이 풍부하고 산미가 거의 없는 와인을 만들어낸다.

PINOT NOIR 피노 누아 피노 누아. 고급 레드와인용 포도품종인 피노 누아는 푸른빛을 띤 검은색의 작은 알갱이가 송이에 촘촘히 붙어 있다. 포도 알갱이는 두껍고 색소가 풍부한 껍질로 싸여 있으며 안에는 무색의 작고 부드러운 과육이 들어 있다. 피노 누아는 부르고뉴 최고의 레드와인인 로마네 콩티, 타슈, 뮈지니, 샹베르탱, 클로 드 부조, 포마르, 코르통 등을 만드는 품종으로 유명세를 떨치고 있다. 또한 피노 누아는 샤르도네, 피노 뫼

고추의 주요 품종과 특징

품종	외형	판매 형태	풍미
카옌고추 또는 새눈고추 piment de Cayenne, piment oiseau	노랑색, 또는 붉은색의 작은 고추(2~4cm).	고춧가루, 말린 고추, 피클.	극도로 맵다.
바스크 지방의 에스플레트 고추 piment d'Espelette, Pays basque(AOC)	짙은 주홍색의 길쭉한 모양을 한 중간 크기의 고추(15cm).	통째로(개별로 또는 줄에 꿴 묶음), 고춧가루, 페이스트.	향이 아주 좋으며 맵기는 중간 정도이다.
로도사 피키요 고추 pimientos del piquillo de Lodosa(AOP)	짙은 주홍색의 길쭉한 모양을 한 중간 크기의 고추(15cm).	통째로(개별로 또는 줄에 꿴 묶음), 고춧가루, 페이스트.	향이 아주 진하며 맵기는 중간 정도이다.
멕시코 하바네로 고추 piment habanero, Mexique	노랑에서 선명한 붉은색을 띤 작고 동그스름한 고추.	말린 고추 또는 피클.	아주 맵다.
순한 홍고추, 청고추 piment rouge ou vert doux	길쭉한 모양에 끝이 매우 뾰족하며, 작은 것부터 굵은 것까지 다양하다.	말린 고추 또는 피클.	순하다.
피망 poivrons	길쭉한 것과 짤막한 것이 있으며 모양이 통통하다. 녹색, 노랑, 주황, 붉은색, 검은색이 있다.	신선 피망 또는 식초 절임.	아주 향이 순하다.

니에와 함께 클래식 샹파뉴를 만드는 3대 포도품종 중 하나다. 이 경우 즙에 색을 남기지 않도록 착즙 과정이 재빨리 이루어진다. 적합한 기후와 자연조건(특히 석회질 토양)이 뒷받침 되는 환경에서 피노 누아는 세계에서 가장 풍부하고 부드러운 맛의 와인을 만들어 낼 수 있다.

PINTADE 팽타드 뿔닭. 뿔닭과에 속하는 가금류로 원산지인 아프리카에는 아직 몇몇 야생종이 서식하고 있다(**참조** p.905, 906 가금류 및 토끼 도표, p.904 도감). 뿔닭은 고대 로마 시대에 이미 즐겨 먹었으며, 로마인들은 누미디아의 닭 또는 카르타고의 닭이라고 불렀다. 오늘날 뿔닭은 대량생산이 가능해지고 인공수정이 보편화됨에 따라 연중 구할 수 있는 가금류로 자리 잡았다. 프랑스는 세계 최대의 뿔닭과 새끼 뿔닭 생산국이며, 이들 중 몇몇은 원산지, 사료, 사육기간 등을 보증하는 라벨 루즈(Label Rouge) 인증을 받았다. 페르미에(fermier, 농장에서 생산된)라는 명칭은 자연방사 사육한 뿔닭에만 붙일 수 있다. 연하고 맛있는 살을 원한다면 새끼 뿔닭이 좋다. 주로 통째로 오븐에 로스트하거나 어린 꿩, 어린자고새 또는 영계와 마찬가지 방법으로 조리한다. 성숙한 뿔닭은 특히 프리카세를 만들거나 일반 암탉 조리법을 적용할 수 있다. 뿔닭으로 발로틴이나 속을 채운 새끼 뿔닭(pintadeau farci) 등의 샤퀴트리를 만들기도 한다.
oreiller de la belle basse-cour ▶ PÂTÉ

레몽 올리베르(RAYMOND OLIVER)의 레시피

pintadeau farci Jean-Cocteau 팽타도 파르시 장 콕토

장 콕토 속을 채운 새끼 뿔닭 : 4인분

1kg짜리 새끼 뿔닭 한 마리를 준비해 내장을 제거한다. 간과 모래주머니는 따로 보관한다. 빵의 속살 100g을 뜨거운 우유에 적신 뒤 꼭 짜 날달걀 1개, 다진 완숙 달걀 1개, 소금, 후추, 넛멕, 계피, 잘게 썬 타라곤, 차이브, 파슬리, 처빌과 섞는다. 이어서 역시 잘게 다진 뿔닭 간과 모래주머니를 넣고 섞는다. 뿔닭 안에 이 소를 채워 넣은 뒤 겉면에 소금과 후추를 살짝 뿌린다. 입구를 조리용 실로 꿰매 봉하고 뿔닭을 얇은 돼지비계로 감싼 뒤 단단히 묶어준다. 버터와 오일을 동량으로 달군 코코트 냄비에 뿔닭을 넣고 고루 색이 나도록 겉을 노릇하게 지진다. 뿔닭을 건져 접시에 담고 뜨겁게 데운 코냑 1/2컵을 끼얹은 뒤 불을 붙여 플랑베한다. 뿔닭을 지진 냄비에 굵직하게 썬 당근 3개와 양파 3개, 짓이긴 마늘 2톨을 넣고 잠시 익힌 뒤 뿔닭을 다시 넣는다. 화이트와인 1컵과 코냑 1/2컵, 물 1/2컵을 넣은 뒤 뚜껑을 덮고 45분간 익힌다. 부댕 블랑 4개와 부댕 누아르 4개를 포크로 군데군데 찌른 뒤 기름 한 테이블스푼을 두른 오븐용 팬에 나란히 놓는다. 오븐 브로일러에 굽는다. 사과 4개의 껍질을 벗기고 반으로 자른 뒤 속과 씨를 제거한다. 소테 팬에 버터를 조금 두르고 세로로 등분한 사과를 넣어 노릇하게 익힌다. 소금을 살짝 뿌린다. 뿔닭이 익으면 꺼내서 부위별로 잘라 뜨거운 서빙 접시에 담는다. 익히고 남은 즙을 체에 거른 뒤 소스처럼 뿔닭에 끼얹는다. 잘게 썬 허브를 뿌리고, 구운 부댕과 사과를 빙 둘러 보기 좋게 배치한다.

PIPERADE 피프라드 녹색 고추에 흰 양파와 붉은 토마토(바스크 국기 색깔)를 넣고 푹 익을 때까지 볶은 바스크 지방의 특선 요리로 다양한 요리(달걀, 생햄 등)에 곁들여 서빙한다.

크리스티앙 파라(CHRISTIAN PARRA)의 레시피

piperade 피프라드

피프라드 : 4인분

돼지 뒷다리 햄의 기름을 조금 잘라내 다진 뒤 커다란 소테 팬에 녹인다. 얇게 썬 양파 1kg과 길게 4등분해 씨를 뺀 청고추 1kg을 넣고 수분이 나오도록 볶는다. 다진 마늘 8톨과 뒷다리 햄의 발목 쪽 살 몇 조각, 부케가르니를 넣고 15분간 색이 나지 않게 볶는다. 토마토 2kg의 껍질을 벗기고 씨를 제거한 뒤 굵직하게 썰어 넣고 소금, 후추로 간한다. 토마토의 신맛이 강한 경우에는 설탕을 조금 넣는다. 에스플레트 고춧가루 1~2자밤을 넣고 잘 저어가며 센 불에서 토마토의 수분이 날아갈 때까지 익힌다. 간을 맞춘다.

PIQUANT 피캉 아주 시거나 톡 쏘는 느낌을 표현하는 수식어. 예를 들어 탄산 음료를 마실 때도 이 표현을 사용하는데 이는 입안에 아주 강한 느낌을 준다는 뜻이다. 이 표현을 쓸 수 있는 강한 신맛은 레몬이나 식초 또는 상한 과일이나 포도주 등에서도 느낄 수 있다. 또한 이 용어는 오랜 숙성을 거친 치즈나 머스터드 등의 맛을 표현할 때 쓰는 긍정적인 표현으로, 자극적이고 꼬릿한 맛을 가리키기도 한다.

PIQUE-FRUIT 피크 프뤼 주로 칵테일 장식용으로 쓰이는 나무 꼬치로 과일(조각으로 잘라서 또는 작은 과일의 경우 통째로 사용)을 꽂아 칵테일 잔에 얹는다. 경우에 따라 작게 자른 채소 조각이나 꽃잎을 사용하기도 한다. 일반적으로 칵테일을 서빙하는 바텐더는 다양한 크기의 과일 픽을 구비하고 있다.

PIQUER 피케 찌르다, 찔러 넣다. 비교적 큰 덩어리의 고기를 익히기 전 표면에 긴 막대 모양으로 자른 돼지비계를 박아 넣는 것을 의미하며 그 굵기는 요리에 따라 달라진다. 냉장고에 넣어 두어 단단해진 비계를 원하는 굵기로 길게 잘라 라딩 니들을 사용하여 고기 바깥으로 조금 나오도록 박아 넣는다. 이 작업의 목적은 고기를 익히는 동안 열기에 비계가 녹으면서 표면에 기름을 계속 끼얹어주는 효과를 내어 고깃덩어리를 촉촉하게 만드는 데 있다. 그렇기 때문에 비계를 박을 때는 국물에 잠기는 부분이 아닌 위쪽 표면에 찔러 넣어야 한다. 몇몇 고기에는 통마늘이나 작게 썬 바늘을 찔러 넣기도 한다. 또는 못처럼 생긴 정향 알갱이를 양파에 찔러 넣기도 한다.

피케는 타르트 등의 반죽 시트 안에 내용물을 채워 넣기 전, 혹은 크러스트만 미리 먼저 굽기 전 포크나 펀칭 롤러로 찔러 구멍을 내 주는 것을 뜻하기도 한다. 이렇게 하면 반죽을 굽는 동안 부풀어오르는 것을 막을 수 있다. 또한 소시지나 부댕을 팬에 지지기 전에 케이싱이 터지는 것을 막기 위해 군데군데 포크로 찔러주는 것도 피케라고 부른다.

PIQUETTE 피케트 압착하고 남은 포도 지게미를 물에 담가 침출시킨 뒤 설탕을 첨가하여 발효시킨 술로 주로 가정에서 소비할 목적으로 만들며 정식 판매는 금지되어 있다. 좀 더 확장된 의미로 이 용어는 알코올 함량이 적고 맛이 시큼한 저품질 포도주를 지칭하기도 한다.

PIROJKI 피로스키 피로시키, 피로슈키, 피에로기(폴란드). 러시아와 폴란드식 파테 앙 크루트, 또는 속을 채운 작은 파이의 일종이다. 크러스트는 슈 반죽, 푀유테 파이 반죽, 발효 빵 반죽, 또는 브리오슈 반죽 등으로 만들며, 안에는 골, 크림 치즈, 수렵육, 다진 채소, 생선, 쌀, 고기, 가금류 등 다양한 재료로 만든 소를 채워 넣는다. 주로 보르쉬(borchtch) 수프에 곁들이거나 더운 애피타이저로 서빙한다.

pirojki caucasiens 피로스키 코카지앵

캅카스식 피로시키 : 커다란 베이킹 팬에 치즈를 넣어 만든 슈 반죽을 얇게 펼쳐 깐 다음 180°C로 예열한 오븐에서 25분간 굽는다. 작업대에 뒤집어 놓고 반으로 자른다. 걸쭉하게 졸인 베샤멜 소스에 가늘게 간 치즈와 얇게 썰어 볶은 버섯을 섞은 뒤 한 장의 크러스트 위에 도톰하게 얹는다. 나머지 한 장의 반죽 크러스트로 덮고 가장자리를 꼭 눌러 붙인다. 길이 6cm, 폭 3cm 크기의 직사각형으로 자른다. 치즈를 넣은 베샤멜 소스로 완전히 덮고 빵가루를 묻힌다. 뜨거운 기름에 넣어 튀겨낸 뒤 냅킨 위에 담아낸다.

pirojki feuilletés 피로스키 푀유테

페이스트리 반죽으로 감싼 피로스키 : 3절 밀어접기 기준 총 4회를 마친 파트 푀유테(파이 반죽) 400g을 준비한다. 다진 수렵육 소 혼합물, 또는 쿠르부이용에 데쳐 익힌 흰살 생선으로 소 혼합물 5테이블스푼을 만들어둔다. 여기에 다진 완숙 달걀 2개와 메밀 카샤(kacha) 또는 기름에 볶아 익힌 쌀을 넣고 잘 섞은 뒤 간을 맞춘다. 푀유테 반죽을 2~3mm 두께로 민 다음 지름 7cm 원형 12장을 잘라낸다. 살짝 양옆으로 늘여 타원형을 만든 다음 반쪽 부분 위에 준비한 소를 조금씩 얹는다. 가장자리에 어느 정도 공간을 비워둔다. 소를 얹지 않은 이 부분에 달걀물을 바른 뒤 나머지 반쪽 부분으로 덮고 가장자리를 손가락으로 감치듯이 누르며 봉한다. 표면에 줄무늬를 낸 다음 달걀물을 바른다. 220°C로 예열한 오븐에 넣어 20분간 굽는다. 아주 뜨겁게 서빙한다.

PIS 피 덩치가 큰 소과 짐승(생후 8개월 이상 된 송아지와 소)의 정육 도체 중 흉곽과 복부 아래쪽에 위치한 큰 부위를 지칭하는 용어로 양지머리, 업진살, 치마살이 모두 포함된다. 이 부위를 한 덩어리로 얻기 위해서는 일명 파리식 분할이라 불리는 일차 분할 정형으로만 가능하며, 이 방식의 분할 정형은 더 이상 행해지지 않는다. 또한 수유기에 있는 암소의 젖통을 뜻하기도 하며, 특히 이 중 식용으로 소비하는 부분은 테틴(tétine)이라 부른다.

PISCO 피스코 페루의 피스코 항구 주변 지역과 칠레에서 생산되는 화이트와인 브랜디. 머스캣 오브 알렉산드리아 계열인 모스카텔 로사도 품종의 포도로 만드는 오드비인 피스코는 증류를 마친 뒤 브랜디에 색이 물들지 않도록 백색 처리를 한 오크통에서 숙성한다. 알코올 함량은 35~45%Vol.이며 남미에서 주로 레몬즙과 설탕, 달걀흰자, 얼음을 섞어 마신다(피스코 사워). 또한 럼 베이스(피스코 펀치가 유명하다)나 콜라 베이스(피스콜라)의 각종 칵테일에도 들어간다.

PISSALADIÈRE 피살라디에르 속을 풍성히 채우고 안초비 필레와 블랙올리브를 니스식 타르트로 따뜻하게 또는 차갑게 먹는다. 피살라디에르라는 이름은 이 파이를 오븐에 넣어 굽기 전에 피살라(**참조** PISSALAT) 양념을 발라주었던 전통에서 유래했다.

pissaladière 피살라디에르

피살라디에르 : 빵 반죽 700g을 만든 뒤 올리브오일 4테이블스푼을 넣어가며 손으로 잘 치대어 반죽한다. 반죽을 둥글게 뭉쳐 상온에서 1시간 발효시킨다. 안초비 12마리의 소금기를 뺀다. 양파 1kg의 껍질을 벗겨 다진 뒤 올리브오일 4~5스푼을 달군 소테팬에 넣고 소금 아주 약간, 후추 약간, 짓이긴 마늘 3톨, 타임, 월계수잎을 넣는다. 뚜껑을 덮고 약한 불에서 거의 퓌레 상태가 되도록 완전히 익힌다. 안초비의 필레만 떼어낸다. 식초에 절인 케이퍼 1테이블스푼을 절구에 찧어 퓌레를 만든다. 이것을 양파에 넣고 섞는다. 빵 반죽을 둘로 나눈다(3/4 한 덩이, 나머지 1/4 한 덩이). 큰 덩어리 반죽을 납작한 원형으로 편 뒤 기름을 발라둔 오븐용 베이킹 팬에 놓는다. 여기에 케이퍼를 섞은 양파 퓌레를 놓고 가장자리는 조금 남긴 상태로 깔아준다. 돌돌 만 안초비 필레와 니스산 작은 블랙올리브를 20개 정도를 이 퓌레에 군데군데 박아 놓는다. 반죽이 속 재료를 지탱할 수 있도록 빙 둘러 모양을 잡는다. 나머지 작은 반죽 덩어리를 납작하게 밀어 여러 개의 가느다란 띠 모양으로 자른다. 이 띠로 표면 위에 X자형의 격자무늬를 만들어 얹은 다음, 각 띠의 양끝을 타르트 반죽 둘레에 잘 눌러 붙인다. 반죽 가장자리와 띠 장식에 기름을 바른 뒤 240°C로 예열한 오븐에서 20분간 구워낸다.

PISSALAT 피살라 짭짤한 안초비와 정향, 타임, 월계수잎, 후추를 갈아 만든 퓌레에 올리브오일을 넣고 섞은 프로방스의 양념으로 원산지는 니스다.

PISSENLIT 피상리 민들레. 국화과에 속하는 여러해살이 식물인 민들레는 유럽에서 자생하며 잎과 꽃이 뭉텅이를 이루며 자란다. 가장자리가 톱니처럼 삐죽삐죽한 잎 모양 때문에 당드리옹(dant-de-lion, 사자의 이빨이라는 뜻)이라고도 불린다(**참조** p.369, 370 식용 꽃 도감). 민들레는 열량이 아주 낮고 섬유질, 철, 칼륨, 베타카로틴, 비타민 B9과 C가 풍부하다. 피상리라는 이름은 직역하면 '침대에서 오줌을 누다'라는 뜻으로 이 식물의 이뇨 효능 때문에 붙여진 이름이다.

■**사용.** 민들레잎은 일반적으로 생으로 샐러드를 만들어 먹지만 경우에 따라 시금치처럼 익혀먹기도 한다. 시장에 출하되는 민들레는 야생민들레, 개량민들레, 밝은색 잎의 민들레로 나뉜다. 2월에서 3월에 나오는 야생민들레는 잎이 생생하고 작으며 살짝 쌉싸름한 맛이 난다(개화 전 채집한 것으로 맛이 더 좋다). 개량민들레는 10월부터 이듬해 3월까지 나오며 잎이 더 길고 연하지만 풍미는 약한 편이다. 또한 1월에는 섬세하고 새콤한 맛을 지닌 허연색 잎의 민들레가 출하된다. 민들레 샐러드에는 전통적으로 베이컨 라르동, 마늘 향을 입힌 크루통(리옹의 대표적 샐러드인 개민들레 샐러드와 같다)과 삶은 달걀 또는 호두가 들어간다.

▶ 레시피 : SALADE.

PISTACHE 피스타슈 피스타치오. 옻나무과에 속하는 피스타치오 나무 열매의 씨로 시리아가 원산지이며 이라크, 이란, 튀니지 등지에서 재배된다. 핵과인 열매의 갈색 과육 안에는 부수어 깨기 쉬운 씨가 들어 있다. 이 씨 껍데기 안에 든 불그스름하고 얇은 피막으로 싸인 타원형의 연두색 알갱이를 너트처럼 먹는다. 피스타치오 너트는 아주 섬세한 맛과 향을 지니고 있으며, 지방과 당질을 많이 함유하고 있어 열량이 매우 높고(100g당 630kcal 또는 2635kJ) 칼슘, 인, 칼륨, 비타민 B3과 E가 풍부하다(**참조** p.572 견과류 및 밤 도감).

■**사용.** 지중해와 중동 지역의 요리에서 피스타치오는 닭고기용 스터핑이나 소스, 또한 다짐육 혼합물에 사용되며, 갈랑틴, 돼지 머릿고기 테린이나 모르타델라 햄 등에 기본으로 들어간다. 인도 요리에서는 퓌레로 갈아 쌀밥이나 채소 요리에 향을 내는 데 사용한다. 또한 피스타치오는 송아지, 돼지고기, 닭고기와도 아주 잘 어울린다. 파티스리에서 피스타치오는 밝은 연두색(종종 색소를 첨가해 색을 더 선명하게 낸다)과 섬세하고 고급스러운 맛으로 사랑받는 재료이며, 특히 크림(갈리시앵 등의 케이크 필링 등), 아이스크림, 아이스 디저트용으로 많이 사용되고 있다. 또한 피스타치오 너트는 로스팅한 뒤 소금을 뿌려 식전주의 안주나 간식 등으로도 많이 먹는다. 당과류 제조에서는 특히 누가(nougat)를 만들 때 많이 사용한다.

baklavas aux pistaches ▶ BAKLAVA
épaule de mouton en pistache ▶ ÉPAULE
gigue de porc fraîche aux pistaches ▶ PORC

알랭 뒤투르니에(ALAIN DUTOURNIER)의 레시피

russe pistaché 뤼스 피스타셰

피스타치오 뤼스 케이크 : 4인분

이틀 전, 달걀흰자 5개에 설탕 40g을 넣고 거품을 올린 다음 아몬드 가루 125g, 미리 섞어놓은 슈거파우더 100g과 밀가루 20g을 넣고 치대지 않고 주걱으로 살살 혼합한다. 오븐을 160~180°C로 예열한다. 원하는 사이즈의 케이크 링 2개에 버터를 바른 뒤 반죽 혼합물을 1cm 두께로 채워 넣고 스크레이퍼로 매끈하게 표면을 정리한다. 아몬드 슬라이스 60g을 고루 뿌린 뒤 오븐에서 약 40분간 굽는다. 그동안 피스타치오 크림을 만든다. 속껍질까지 벗긴 연두색 피스타치오 100g을 곱게 분쇄한 뒤 끓는 우유에 살짝 데쳐낸다. 피스타치오 페이스트 50g과 섞고 따뜻한 크렘 파티시에 100g을 넣는다. 잘 섞은 뒤 마지막에 부드러운 포마드 상태의 버터 100g을 넣고 혼합한다. 냉장고에 보관한다. 구워 놓은 비스퀴 스펀지 2장 중 하나에 피스타치오 크림을 발라 편 다음 나머지 한 장으로 덮는다. 눅눅해지지 않도록 랩으로 잘 싼 뒤 냉장고에 이틀간 보관한다. 서빙 시 케이크를 사각형 또는 두툼한 슬라이스로 자른다. 잘게 부순 피스타치오 누가틴 조각을 뿌리고 피스타치오 아이스크림을 곁들여낸다.

rouget de roche, panure à la pistache et consommé d'anis étoilé ▶ ROUGET-BARBET

PISTACHE (APPRÊT) 피스타슈(요리) 통마늘을 넣고 조리한 것이 특징인 랑그독식 요리로 원래는 양고기(마리네이드한 후 브레이징) 요리를 가리키지만 더 확장하여 새끼자고새나 비둘기 요리에도 적용할 수 있다.

▶ 레시피 : PERDREAU ET PERDRIX.

PISTOLE 피스톨 브리뇰 지방에서 재배, 가공되는 밝은 노란색의 작은 자두. 이 자두의 씨를 제거하고 동글납작하게 누른 뒤 말려서 피스톨 건자두를 만든다.

PISTOLET 피스톨레 벨기에식 하드롤. 작고 동그란 모양의 벨기에식 빵으로 겉이 바삭하고 속살은 아주 가벼운 식감을 갖고 있다. 특히 일요일 아침 식사에 많이 먹는 빵으로 프랑스의 크루아상에 견줄 만하다. 빵 안에 샤퀴트리나 치즈, 비프 타르타르 등을 채워 차갑게 먹기도 한다.

PISTOU 피스투 생바질에 마늘, 올리브오일을 절구에 넣고 짓이겨 만든 프로방스식 양념 페이스트(**참조** PESTO). 또한 채소와 버미첼리(수프용 가는 파스타)로 만든 수프에 피스투 페이스트를 넣은 것을 가리키기도 한다.

▶ 레시피 : AGNEAU, SOUPE.

PITA 피타 중동의 전통 음식인 피타는 이스트를 넣지 않고 만든 둥근 모양의 납작한 빵(이 빵의 이름 또한 피타 브레드이다)을 반으로 자르고 따뜻하게 데운 뒤 포켓처럼 벌려서 옥수수, 참깨 퓌레 소스, 가늘게 썬 채소, 병아리콩 등의 소를 채워 넣은 일종의 샌드위치다.

PITAHAYA 피타아야 용과, 드래곤푸르트. 열대 아메리카가 원산지인 다육 덩굴식물의 열매인 용과는 분홍, 빨강, 노란색이 있으며 신맛이 나기도 하고 달콤한 것도 있다(**참조** p.404, 405 열대 및 이국적 과일 도감). 비늘처럼 생긴 두꺼운 껍질 안에는 검은색의 작은 씨 알갱이가 고루 박힌 흰색 또는 붉은색 살이 들어 있다. 용과는 생과일로 먹는다.

PITHIVIERS 피티비에 푀유테 반죽 시트 사이에 아몬드 크림을 채워 넣고 가장자리를 꽃 모양으로 장식해 구운 큰 사이즈의 파이. 프랑스 피티비에(Pithiviers)시의 특산물인 이 케이크는 전통적으로 안에 페브(콩이나 작은 인형 모형)를 넣고 만들어 주현절에 왕의 케이크로 즐겨 먹는다. 피티비에 시는 푀유테 반죽으로 만든 또 하나의 파이로도 유명한데, 이것은 당절임한 각종 과일을 채워 넣고 표면에 흰색 퐁당슈거를 씌운 것이다. 클래식 요리에서 피티비에는 주로 크림 소스에 조리한 송아지나 양의 흉선, 콩팥, 소스에 조리한 가금류의 간 등을 채워 만든다.

pithiviers 피티비에

피티비에 : 부드러운 포마드 상태로 만든 버터 100g에 설탕 100g을 넣고 잘 섞은 뒤 달걀노른자 6개를 하나씩 넣어가며 혼합한다. 이어서 감자 전분 40g, 아몬드 가루 100g, 럼 2테이블스푼을 넣고 잘 섞는다. 파트 푀유테 반죽 200g을 얇게 민 다음 지름 25cm 원형으로 한 장 잘라낸다. 만들어 놓은 아몬드 크림을 반죽 위에 얹는다. 가장자리 둘레는 1.5cm 정도 비워둔다. 달걀노른자 1개를 풀어 가장자리에 발라준다. 파트 푀유테 반죽 300g을 바닥 시트보다 더 두껍게 밀어 같은 크기의 원형으로 자른 다음 크림을 채운 바닥 시트 위에 얹고 둘레를 꼭꼭 눌러 붙인다. 가장자리에 꽃 모양을 내준 뒤 달걀물을 전체에 바른다. 칼끝으로 표면에 마름모꼴 격자무늬나 꽃무늬 등을 내준다. 180°C로 예열한 오븐에서 50분간 굽는다. 한 김 식힌 뒤 따뜻하게 또는 차갑게 서빙한다.

PITHIVIERS (FROMAGE) 피티비에(치즈) 오를레아네 지방의 오래된 소젖 치즈로 건초로 겉을 감싸 숙성한 올리베 오 푸앵(**참조** OLIVET AU FOIN) 치즈와 비슷하다.

PIZZA 피자 이탈리아의 가장 대중적인 음식 중 하나인 피자는 나폴리가 원조이며, 가장 간단한 조리법은 빵 반죽 도우를 둥글넓적하게 편 다음 잘게 썬 토마토나 토마토 소스, 모차렐라 치즈(치즈를 넣지 않는 경우도 있다), 오레가노, 마늘 등의 향신 양념을 얹어 전통적으로 장작 화덕에 굽는 것이다. 오늘날 피자의 종류는 아주 많으며 각종 채소(작은 아티초크 속살, 완두콩, 올리브, 버섯, 피망, 케이퍼 등), 훈제 소시지 슬라이스, 프로슈토, 안초비 필레, 새우, 홍합과 같은 해산물 등 토핑 재료도 점점 다양해지고 있다. 피자는 더운 애피타이저로 서빙하거나 일품 요리로 먹기도 한다.

■ **탄생에서 현재까지.** 피자는 원래 발효 반죽으로 만든 스키아치아타 또는 포카치아의 일종으로 잘 구워져야 하지만 말랑한 상태를 유지해야 한다. 도우의 가장자리는 살짝 올라오게 해서 두툼한 테두리(cornicione)를 만들어준다. 양념이나 고명은 올리브오일, 안초비, 물소 젖 모차렐라로 이루어진다. 19세기에 나폴리 사람들은 여기에 토마토, 블랙올리브, 오레가노를 추가했고, 이것은 소위 나폴리 피자의 기본 레시피가 되었다. 이 기본 레시피에 다양한 변주를 더한 여러 종류의 피자들이 등장했지만 역사적으로 인정받은 유명한 것은 두 종류이다. 이들은 2004년부터 일정 기준 요건을 충족시킬 경우 유럽 전통 특산품 인증(Spécialité Traditionnelle Garantie) 라벨을 받을 수 있게 되었다.

첫 번째는 마르게리타로, 1885년 나폴리를 방문한 사보이 공국 마르게리타 여왕이 좋아했다는 피자로 알려져 그 이름을 붙였다고 한다. 여기에는 오레가노, 안초비, 올리브를 빼고 대신 토마토에 바질을 듬뿍 넣고 모차렐라 치즈를 얹었다. 여왕은 이 피자의 색깔을 보고 애국적인 레시피라고 칭송했다. 바질의 녹색, 토마토의 붉은색, 모차렐라의 흰색이 당시 통일을 이룬 지 얼마 되지 않았던 이탈리아의 국기를 상징하는 색이었기 때문이다.

두 번째는 마리나라 피자다. 모든 종류 중 가장 간단한 이 피자는 이름(Marinara)에서 알 수 있듯 뱃사람들이 새참으로 즐겨 먹던 음식이다. 오늘날 마리나라 피자에는 때때로 바지락이나 홍합을 얹기도 한다. 나폴리 피자는 이탈리아인 이민자들을 따라 세계 곳곳에 퍼져나갔다. 이들은 유럽과 북미 모든 대도시에 이탈리아식 패스트푸드의 상징인 피제리아를 열었다.

한입 크기로 만든 미니 피자는 카나페처럼 아뮈즈 부슈로 종종 서빙되는 메뉴다.

pâte à pizza : préparation 파트 아 피자

피자 반죽 만들기 : 제빵용 생이스트 40g을 따뜻한 물 1/4잔에 넣고 잘 개어 푼 다음 밀가루 두 줌을 넣고 섞는다. 바람이 통하지 않는 곳에서 30분간 휴지시켜 르뱅을 만든다. 밀가루 700g을 작업대에 쏟아놓고 가운데 우묵한 공간을 만든 다음 르뱅과 소금 한 자밤을 넣는다. 반죽기에 넣고 빠른 속도로 15분간 반죽한 뒤 둥글게 뭉친다. 밀가루를 뿌려서 큰 볼에 담고 랩으로 씌운 다음 바람이 통하지 않는 따뜻한 곳에서 1시간 30분간 휴지시킨다. 부피가 두 배로 부풀어야 한다. 다시 1분간 반죽기에 돌린 다음 납작한 원형으로 민다. 엄지손가락으로 가장자리를 세워가며 빙 둘러 통통한 테두리를 만든다. 이제 토핑을 얹어 오븐에 구우면 된다.

pizza napolitaine 피자 나폴리텐

나폴리 피자 : 준비한 피자 도우 위에 토마토 소스 6테이블스푼을 넉넉히 얹고 나무 숟가락으로 펴 바른다. 얇게 썬 모차렐라 치즈 400g과 안초비 필레 50g, 블랙올리브 100g을 고루 얹는다. 오레가노 2티스푼을 솔솔 뿌린 뒤 소금, 후추로 간하고 엑스트라 버진 올리브오일 1/2컵을 뿌린다. 250°C로 예열한 오븐에서 30분간 굽는다.

PLAISIR 플레지르 얇고 둥근 옛 와플 과자의 일종인 우블리(oublies)를 원뿔 모양으로 만든 것으로, 노점 상인들이 길거리에서 "기쁨(plaisir)을 주는 과자가 왔어요!"라고 외치며 팔았던 데서 유래한 이름이다.

PLANCHA 플란차 철판. 넓은 판자를 뜻하는 스페인어인 플란차는 원래 숯 잉걸불 위에 올려놓고 닭, 채소 등을 한 번에 많이 익힐 수 있는 커다란 금속판을 지칭했다. 오늘날 플란차는 무쇠 또는 강철 소재의 넓은 판으로 가스나 전기레인지 또는 바비큐 숯불 위에 놓고 사용하며, 인덕션 전용 글라스 세라믹 제품도 출시되어 있다. 철판 조리는 대개 고온(300°C 이상)에서 이루어진다. 간편하고 조리가 빠를 뿐 아니라 기름을 넣지 않고도 익힐 수 있으며 새우, 초리조, 토막낸 닭, 얇게 썬 고기, 통 생선, 슬라이스한 채소 등 모든 종류의 재료를 사용할 수 있다. 또한 열원과의 거리에 따라 철판 위 전체의 온도가 모두 균일하지 않기 때문에 익는 시간이 각기 다른 재료를 한 번에 올려 조리할 수 있는 장점이 있다. 플란차와 같은 용도의 철판인 플라크 아 스내케는 대부분 전문 요리사용 일체형 가열조리대(piano)의 일부로 장착되어 있다.

산티 산타마리아(SANTI SANTAMARIA)의 레시피

loup au céleri-rave 루 오 셀르리 라브

셀러리악을 곁들인 농어 철판구이 : 4인분

셀러리악 1개를 씻어 껍질을 벗긴 다음 미르푸아로 깍둑 썬다. 팬에 버터를 두른 뒤 셀러리악, 잘게 썬 사과 한 개, 채소 육수 120mℓ를 넣고 익힌다. 푸드 프로세서에 넣고 간 다음 버터를 추가하며 잘 섞어 크리미한 혼합물을 만든다. 따뜻하게 보관한다. 농어 필레 4장(각 200g)에 소금으로 밑간을 한 다음 껍질 쪽이 아래로 오게 놓고 철판에 익힌다. 8분간 딱 알맞게 익힌 후 뒤집어준다. 생선을 너무 오래 익히지 않아야 촉촉한 식감을 유지할 수 있다. 레드와인 소스를 만든다. 우선 소스팬에 다진 샬롯 1개를 넣고 볶은 다음 레드와인 500mℓ와 생선 육수 500mℓ를 붓고 약 20분간 끓인다. 체에 거른 뒤 버터 2테이블스푼을 넣고 거품기로 잘 저어 혼합한다. 소금, 후추로 간한다. 와인으로 인해 소스에 약간 신맛이 나면 물을 조금 추가한다. 만돌린 슬라이서로 셀러리악 덩어리를 아주 얇게 저민 뒤 낙화생유에 볶는다. 서빙 접시에 각각 생선 필레를 중앙에 하나씩 올리고 껍질에 굵은 천일염을 뿌린다. 와인 소스 4테이블스푼을 뿌린다. 따뜻하게 보관해둔 셀러리악과 얇게 썬 셀러리악을 보기 좋게 얹어 서빙한다.

산티 산타마리아(SANTI SANTAMARIA)의 레시피

macaronis à la plancha avec pageots et seiches 마카로니 아 라 플란차 아베크 파조 에 세슈

분홍 도미와 갑오징어를 곁들인 마카로니 플란차 : 4인분

소금을 넣은 끓는 물에 마카로니 120g을 7분간 삶아 건진 뒤 얼음물에 식힌다. 건져서 물기를 완전히 말린다. 향신료를 넣은 닭 육수 250mℓ에 버터와 커리를 넣고 거품기로 잘 저어 완전히 유화되도록 혼합한다. 마카로니를 철판이나 논스틱 팬에 넣고 겉이 바삭해질 때까지 볶는다. 소금, 후추로 간한다. 분홍 도미 필레 4장과 새끼 갑오징어 또는 주꾸미 20마리를 철판에 익힌다. 우묵한 접시에 닭 육수 에멀전 소스와 마카로니를 교대로 담고 생선과 오징어를 얹어 낸다.

PLANCHE 플랑슈 통나무(주로 너도밤나무) 판자로 된 두께 4~6cm의 직사각형, 원형, 타원형의 도마를 지칭한다. 최근에는 나무 대신 부식되지 않으며 산에 잘 견디는 소재인 폴리에틸렌을 사용한 제품이 점점 늘어나는 추세다. 용도별로 각기 다른 색의 도마를 여러 개 준비해두면 고기나 생선 등

의 냄새가 섞이지 않도록 더욱 위생적으로 사용할 수 있다.
- 커팅용 도마는 고기, 생선, 채소 등을 얇게 썰거나 다지거나 기름을 떼어내 손질할 때 두루 사용된다. 또한 로스트한 덩어리 육류나 가금류를 카빙할 때 사용하는 도마에는 흘러나오는 육즙을 받을 수 있도록 넓은 홈이 패어 있다.
- 빵 도마는 바게트나 캉파뉴 빵 등 큰 덩어리의 빵을 슬라이스할 때 사용하며 빵 부스러기가 흩어지지 않도록 받침 틀 위에 가로로 가는 틈이 있는 상판을 얹는 구조로 되어 있다.
- 파티스리용 보드는 반죽을 치대거나 밀대로 밀 때 사용한다. 밀가루를 뿌려가며 사용할 수 있도록 사이즈가 충분히 커야 한다.

PLANTAGENÊT 플랑타주네 루아르 지방의 제과조합이 만들어낸 체리와 쿠앵트로를 넣어 만든 파티스리의 명칭이다. 주로 비스퀴, 파르페, 아이스크림, 파운드케이크 베이스에 그리오트 체리와 쿠앵트로를 사용해 만드는 것이 특징이며 포장 라벨에 플랑타주네라는 이름이 표기되어 있다. 플랑타주네 초콜릿 봉봉(다크, 화이트, 밀크 초콜릿)은 정사각형 모양의 초콜릿 안에 프랄리네와 오렌지 제스트를 채워 넣고 쿠앵트로로 살짝 향을 낸 것이다.

PLANTAIN 플랑탱 플랜틴. 질경이과에 속하는 아주 흔한 초본식물인 플랜틴은 다수의 야생종이 존재하며, 어린잎의 경우 샐러드로 또는 포타주에 넣어 먹을 수 있다(**참조** BANANE).
▶ 레시피 : POULET.

PLANTES MARINES 플랑트 마린 해조류. 각종 해초와 함초 등 30억 년 전부터 지구상에 존재해온 바다의 식물을 총칭한다(**참조** p.660 식용 해조류 도표, 아래 도감). 해조류는 지구에 살기 시작한 최초의 생명체 중 하나이며, 약 3만 종에 이르는 것으로 추정된다. 아일랜드에서는 19세기 대기근 시기에 해조류를 식용으로 소비했으며 일본은 오래전부터 세계 최대의 해조류 소비국이다(일인당 하루 평균 80g을 섭취한다). 비타민, 칼슘, 철분, 마그네슘, 요오드가 풍부하며 지방은 거의 없는(평균 1~2%) 해조류는 영양학적 가치가 탁월한 21세기의 가장 유망한 식재료 중 하나로 각광받고 있다. 해조류는 상이한 바다 식물군을 모두 총칭하는 용어로 크게 네 그룹으로 분류할 수 있다. 이중 홍조류, 갈조류, 녹조류 3그룹만이 직접 식용섭취가 가능하다. 네 번째 그룹은 남조류이다.

프랑스에서는 식용으로 소비가 가능한 것으로 허용된 해조류는 약 12종류가 있다. 해조류는 신선, 염장, 건조, 또는 저장식품 등으로 판매되며 채소처럼 사용하거나 반찬이나 장식용 재료로도 많이 사용한다. 또한 농산물 및 식품 가공업계에서는 겔화제, 안정제, 농후제, 필름형성제 등의 원료로 사용하기도 한다. 퉁퉁마디라고도 불리는 함초(**참조** SALICORNE)는 해안가를 따라 자라며 7월 중순에 채취할 수 있다. 연한 식감을 가진 마디 끝부분을 샐러드로 먹거나 그린빈스처럼 익혀 먹으며 식초에 절여 반찬으로 소비하기도 한다.

PLAQUE 플라크 다양한 크기와 깊이의 넓고 납작한 용기로 음식을 익히거나 준비할 때 사용하는 주방도구다.
- 로스팅 팬은 두꺼운 철판이나 알루미늄, 스텐, 주석도금 구리 소재로 만든 직사각형 팬으로 양쪽에 손잡이가 달려 있고 약간 깊이가 있다. 경우에 따라 로스팅하는 재료를 올려놓고 구울 수 있는 망이 세트로 포함된 것도 있다. 이것을 사용하면 익히는 도중 나오는 기름이나 육즙이 아래로 떨어져 재료가 부분적으로 잠기는 것을 막을 수 있다.
- 베이킹 팬은 검은색 철판으로 된 직사각형의 납작한 팬으로 주로 오븐에 부속품으로 포함된다. 반죽을 짜 얹거나 과자 및 따로 틀을 필요로 하지 않는 각종 파티스리를 얹어 구워내는 데 사용하며 경우에 따라 유산지를 깔거나 버터를 바르거나 밀가루를 직접 뿌린 후 사용하기도 한다.
- 바트는 약간 깊이가 있는 직사각형의 다목적 용기로 둘레가 약간 벌어진 모양으로 된 것도 있다. 크기가 다양하며 재질은 대부분 양철이나 스테인리스다. 타공 바닥 타입 또는 망이 세트로 구비된 것들도 있다. 주로 식당 주방에서 여러 재료 또는 이미 익힌 재료 등을 보관할 때, 혹은 완성 단계까지 기다리는 동안 따뜻하게 유지해야 하는 음식들을 보관할 때 많이 사용한다.

PLAQUER 플라케 플라크에 재료를 놓거나 담다. 일반적으로 버터를 발라 둔 로스팅 팬에 고기, 생선, 채소 등의 익힐 재료를 넣는 것을 의미한다. 또한 베이킹 팬 위에 구울 과자나 반죽 등을 올리는 것을 뜻하기도 한다.

PLASTIQUE 플라스티크 플라스틱. 가벼운 고형의 합성 물질을 총칭하며 경우에 따라 색을 입힌 것도 있다. 주방도구나 집기 분야에서 플라스틱은 전통적으로 많이 쓰이던 소재들을 점점 대체해가고 있다. 성형 또는 주형

PLANTES MARINES 해초

dulse (algue)
둘스. 덜스

wakame (algue)
와카메. 미역

nori (algue)
노리. 김

« laitue de mer » (algue)
레튀 드 메르. 파래

haricot de mer (algue)
아리코 드 메르. 꼬시래기

salicorne
살리코른. 함초, 퉁퉁마디

식용 해초의 종류와 특징

일반 명칭	학명	생태/서식지	채취 시기	특징
수상식물 *plantes supérieures*				
함초 salicorne	*Salicornia sp.*	물 위에 노출되어 있고 움직임이 없다. 염분이 있는 늪지, 물보라가 이는 지역에서 자란다.	5월~9월	작은 원통형 잔가지 모양을 하고 있으며, 약간 통통하고 녹색을 띤다.
갈조류 *algues brunes*				
꼬시래기 haricot de mer, spaghetti de mer	*Himanthalia elongata*	물 위로 부분 노출되어 있으며 바위나 자갈이 많은 지역에 군생한다. 대조기의 간조 때 볼 수 있다.	5월~10월	갈색의 가늘고 긴 끈 모양으로 길이는 3~10m 정도 된다.
켈프, 브르타뉴 다시마 laminaire, kombu breton	*Laminaria digitata*	물 위로 부분 노출되어 있으며 바위나 자갈이 많은 지역에 군생한다. 대조기의 간조 때 볼 수 있다.	5월~10월	손가락 모양의 납작하고 얇은 잎 형태로 갈색을 띠며 길이는 1~4m 정도이다.
유럽다시마 kombu royal	*Laminaria saccharina*	물 위로 부분 노출되어 있거나 완전히 물에 잠겨 있으며 바위나 자갈이 많은 지역에 군생한다. 대조기의 간조 때 볼 수 있다.	2월~6월	넓고 평평한 형태로 가장자리가 꼬불꼬불하며 길이는 최대 2~3m에 이른다.
미역 wakame	*Undaria pinnatifida*	양식하여 채취한다.	연중	녹갈색을 띤 잎 형태로 단면이 두툼하고 길이는 최대 2~3m에 이른다.
홍조류 *algues rouges*				
덜스 dulse	*Palmaria palmata*	물 위로 부분 노출되어 있으며 바위나 자갈이 많은 지역에 군생한다. 대조기의 간조 때 볼 수 있다.	3월 말~7월, 10월~12월 중순	가장자리가 둥근 손가락 모양의 납작한 잎 형태로 붉은색을 띠며 키가 50cm정도 된다.
바위옷(지의류) lichen, pioca	*Chondrus crispus*	물 위로 부분 노출되어 있으며 바위나 자갈이 많은 지역에 군생한다. 대조기의 간조 때 볼 수 있다.	5월~10월	곱슬곱슬한 뭉치 타래로 자라는 동질다형의 자잘한 해초로 무지갯빛으로 반짝이는 붉은색(청색, 녹색, 또는 갈색)을 띠고 있으며 키는 10~20cm 정도 된다.
김 nori, laitue pourpre	*Porphyra umbilicalis*	물 위로 노출되어 있으며 바위나 자갈이 많은 지역에 군생한다. 썰물 때 전부 드러난다.	5월~6월, 9월~12월	하늘하늘하고 평평한 엽상체로 자색을 띠고 있으며 길이는 최대 60cm 정도 된다.
녹조류 *algues vertes*				
파래 laitue de mer, ulve	*Ulva sp.*	물 위로 부분 노출되어 있거나 완전히 물에 잠겨 있으며 바위나 자갈이 많은 지역에 군생한다. 썰물 때 전부 드러난다.	3월 말-9월 말	녹색을 띤 얇은 엽상체다.

이 가능한 플라스틱류는 식물성, 동물성, 특히 광물성(석탄과 석유) 원료로 만들어진다. 최초의 플라스틱은 1868년에 처음 등장한 셀룰로이드(나이트로셀룰로스)이다. 초기 처리와 소재의 밀도, 연화제, 안정제, 팽창제, 항산화제, 윤활제 등의 첨가 여부 및 정도에 따라 다양한 경도와 투명도의 플라스틱 제품을 만들 수 있게 되었다. 다양한 종류의 플라스틱 제품이 식품용으로 사용되며 그 성분은 관련규정에 의거, 엄격하게 관리되고 있다.

- 폴리스티렌은 크림 치즈, 요거트, 생크림, 크림 형 디저트 등의 포장재 및 특정 물품이나 용기들을 만드는 데 사용된다.
- 발포폴리스티렌은 스티로폼이라고도 불리며 달걀, 일부 치즈의 포장재 및 아이스크림 보냉 박스, 과일이나 채소의 포장 용기를 만드는 데 쓰인다.
- 폴리에틸렌은 뚜껑이나 마개, 단단한 박스나 병, 보호 필름, 초콜릿 작업에 사용하는 얇고 투명한 비닐 전사지, 비닐봉지 등을 만드는 재료로 쓰인다. 또한 도마나 정육점의 작업대 상판 등을 만들기도 한다.
- 폴리염화비닐은 기름, 와인, 생수 등의 병과 과일, 과자, 당과류용 포장박스를 만든다. 또한 각종 앙트르메의 테두리용 띠지나 초콜릿 작업 시 사용하는 단단하고 두꺼운 비닐을 만드는 데도 사용된다.

PLAT 플라 다양한 모양과 크기의 플레이트나 서빙 접시 또는 조리 용기를 가리키는 용어로 납작한 것, 타원형, 원형, 정사각형이나 직사각형, 다소 깊이가 있는 것, 둘레가 일직선으로 떨어지거나 약간 벌어지는 형태를 가진 것 등 수많은 종류가 있으며 일반적으로 뚜껑과 손잡이가 없다. 대부분 음식을 조리하거나 식탁에서 서빙하는 용도로 사용된다. 여러 종류의 플레이트나 용기로 구성된 플라트리는 그 소재가 매우 다양하며 어떤 것들은 오븐에서 그대로 식탁으로 옮겨와 서빙할 수도 있다.

15세기에 부유층에서는 금이나 은제 식기를 사용했다. 일부 은제품 식기들이 특정 부분을 용접해 붙여 만든 것과는 달리 당시의 금이나 은제 식기들은 한 덩어리의 금속을 망치로 두드려 모양을 만드는 단조(鍛造) 기법을 사용한 고급품이었다. 18세기부터 도기와 자기 그릇이 등장하면서 이러한 사치는 차츰 사라져갔다.

■**용도.** 요리 종류와 사용 목적에 따라 플레이트의 모양은 달라진다.

- 현재 많이 사용되는 조리용 용기(유약을 입힌 토기, 파이렉스, 내열 도자기 또는 스테인리스)는 주로 오븐 조리에 최적화된 것으로 타원형 또는 장방형의 그라탱 용기, 타원형 사보 용기(클라푸티나 플랑 타입의 디저트를 만드는 우묵한 틀의 일종), 로스팅 팬, 생선용 조리 용기, 에스카르고, 달걀 등을 익히는 특수 용기 등 그 종류가 다양하다. 특히 소테용 둥근 팬은 주방에 꼭 갖추어야 하는 기본 조리도구다(**참조** SAUTOIR).
- 식기 세트에는 납작한 서빙 접시류(오르되브르용, 길쭉한 모양의 접시, 생선용, 로스트 육류 서빙용, 파티스리 서빙용 등으로 가장자리가 약간 올라가 있는 형태도 있다)와 우묵한 접시류(채소 서빙용, 수프 서빙용, 샐러드용, 스튜용, 다리가 달린 우묵한 콩포티에 등으로 뚜껑이 있는 것들도 있다)가 모두 포함된다.
- 일회용 용기는 주로 플라스틱, 아크릴, 알루미늄 소재로 되어 있으며, 패스트푸드 업계를 중심으로 점점 사용이 늘어나는 추세다.

PLAT (METS) 플라(요리) 식사에 서빙되는 요리를 뜻하는 용어로 다양한 경우에 사용된다.

- 주 요리 또는 메인 요리는 해당 식사 코스 중 가장 푸짐하고 공들인 중심이 되는 음식으로 일반적으로 고기, 가금류, 수렵육, 생선 등에 가니시를 곁들여 서빙한다. 이 요리에 따라 코스의 다른 음식들도 결정된다.
- 일품 요리는 지역적 특성을 띤 음식들이 많으며 때로 주 요리를 대신하기도 한다. 다양한 고기나 소시지 등의 샤퀴트리를 곁들인 슈크루트, 아이올리 한상차림, 쿠스쿠스 등이 이에 해당한다.
- 오늘의 요리는 레스토랑에서 주방장이 제안하는 그날의 특선 메뉴로 재료 수급상황이나 제철 재료 등을 감안하여 구성한다.

이 명칭은 또한 특선 메뉴, 지역이 자랑하는 향토 요리, 또는 요리의 내용물 등을 지칭하기도 한다.

PLAT DE CÔTES 플라 드 코트 소의 갈빗살, 찜 갈빗살. 소의 흉곽 내벽에 가로로 붙은 부위로 갈빗대 13개에 걸친 중간 부분에 해당한다(**참조** p.108,109 프랑스식 소 정육 분할 도감). 뼈와 함께 토막으로 절단하여 전통적인 포토푀에 넣거나 끈에 매달아 익히는 소고기 수육, 포테 등에 넣는다. 또는 뼈를 제거한 뒤 살만 적당한 크기로 썰어 도브나 뵈프 부르기뇽 등의 스튜에 넣기도 한다. 돼지 갈빗살(**참조** p.699 돼지 정육 분할 도감)은 리옹식 정육 분할에서 얻을 수 있는 부위로 흉골과 가운데 갈빗대 3~4개 아래쪽 끝부분이 포함된다. 파리식 정육 분할에서 이 부분은 다짐용 삼겹살라고 불리는 부위로 준 도매상에서 구할 수 있다. 너무 강하지 않게 염지하여 슈크루트, 포테, 콩 요리 등에 곁들인다.

PLATEAU 플라토 큰 쟁반, 플레이트, 플래터. 둘레의 운두가 얕은 큰 사이즈의 플레이트, 또는 쟁반으로 가로로 평평한 손잡이가 달린 것도 있으며 요리를 담아 서빙하거나 다양한 용기나 용품을 옮기는 데 사용한다. 모둠 해산물 플래터는 큰 플레이트에 부순 얼음이나 해초를 깐 다음 각종 조개류, 갑각류 해산물들을 고루 얹어 내는 요리다. 치즈 플래터는 다양한 종류의 치즈를 하나의 플레이트 위에 담아서 내는 것으로 종 모양의 뚜껑을 갖춘 것도 있다. 플레이트는 대리석, 올리브나무 또는 나무로 엮은 납작한 광주리 모양이 있으며 치즈용 나이프를 함께 낸다.

PLATINA (BARTOLOMEO SACCHI, DIT IL) 바르톨로메오 사키 플라티나, 일명 일 플라티나 이탈리아의 인문학자, 저술가(1421, Platina 출생-1481, Roma 타계). 1474년 베네치아에서 요리와 식이요법에 관한 책『쾌락과 건강에 대하여(*De honesta Voluptate ac Valetudine*)』을 라틴어로 집필한 플라티나는 바티칸 도서관의 관장으로 임명된다. 이 책은 큰 성공을 거두었고, 이후 몽펠리에 근처의 생 모리스 수도회 원장 신부가 당대 유명했던 요리사인 노니 코뫼즈(Nony Comeuse)의 도움을 받아 프랑스어로 옮겼다. 플라티나는 당시로서는 획기적으로 '요리는 양보다 섬세한 맛이 중요하다'는 주장을 펼쳤다. 의학적 조언과 테이블 매너까지 아우른 이 요리책은 남프랑스 지역 특선 요리의 대표작으로 첫 손에 꼽을 만하다.

PLEUROTE 플뢰로트 느타리버섯류. 대개 주걱 모양 또는 조개껍데기 모양을 한 버섯으로 갓의 주름이 살짝 밖으로 흰 버섯 대까지 연결되어 내려온 형태이다. 주로 나무 그루터기나 고목에 군생하는 느타리는 대부분 식용가능하며 조리 시 수분이 많이 나오지 않는다(**참조** p.188, 189 버섯 도감). 오이스터 버섯이라고도 불리는 느타리버섯(pleurote en coquille 또는 pleurote en huître, 학명: *pleurotus ostreatus*)은 재배종으로 요리에서 양송이버섯 대신 사용하기에 적합하다. 가을, 겨울에 많이 출하되며 살은 단단하고 아삭한 식감이 나며 특히 어린 버섯은 맛이 아주 좋다. 버섯 대는 가죽처럼 약간 질기므로 잘게 다져서 오래 익히는 것이 좋다.

새송이버섯이라고도 불리는 큰 느타리버섯(pleurote du panicaut 또는 oreille-de-chardon, 학명: *Pleurotus eryngii*)은 느타리 종류 중 가장 맛이 좋은 것들 중 하나로 꼽힌다. 봄과 가을에 많이 나며 맛이 섬세하고 은은한 머스크 향이 난다. 특히 대서양 연안지대에서 즐겨 먹는다.

PLIE 플리 유럽가자미. 가자미과에 속하는 경골어류로 흉부 앞쪽에 배지느러미들이 달려 있다. 몸이 납작한 생선으로 두 눈은 오른쪽 면에 몰려 있으며, 요오드 함량이 아주 많고 특유의 강한 냄새와 맛이 난다. 카를레(cerrelet)라는 이름으로 더 알려져 있으며 대서양, 영불해협, 북해에 많이 서식하지만 지중해에서는 거의 찾아보기 어렵다. 몸은 마름모꼴이며 크기는 25~65cm이다. 눈이 있는 쪽 면은 회갈색을 띠며 반짝이는 주황색 반점들이 나 있다. 반대쪽 면은 진주모 빛의 회색이다. 살이 통통하며 맛이 비교적 섬세하며 가격대가 그리 높지 않다. 서대나 광어처럼 튀김, 구이, 본팜식, 포칭, 또는 뒤글레레식으로 조리한다. 파리의 유명 레스토랑인 카페 앙글레의 뒤글레레 셰프가 가자미로 이 메뉴를 만들었기 때문이다(특히 서대를 이용했다).

캐나다에는 약 5종의 가자미가 존재한다. 가장 많이 소비되는 대서양 홍가자미(plie canadienne, American plaice) 외에 대서양 기름가자미(plie grise, witch, grey sole), 노랑꼬리가자미(limande à queue jaune, yellowtail flounder), 겨울가자미(plie rouge, winter flounder), 여름 가자미(cardeau d'été, summer flounder) 등이 있다.

PLIE CYNOGLOSSE 플리 시노글로스 대서양 기름가자미. 가자미과에 속하는 경골어류로 흉부 앞쪽에 배지느러미들이 달려 있다. 몸이 납작한 생선으로 두 눈은 오른쪽 면에 몰려 있으며 몸은 갈색이고 특히 지느러미 부분은 훨씬 색이 진하다. 크기는 평균 30cm 정도이며 큰 것은 최대 55cm에 이른다. 종종 납작하고 눈이 오른쪽에 몰린 다른 종의 물고기인 빗자루쥐치와 혼동하기 쉬우며, 특히 브르타뉴에서 왼쪽 가자미라고 잘못 불리기도 하는데 이는 눈이 왼쪽으로 몰려 있는 광어와 비슷하게 생겼기 때문이다. 아일랜드 북해에서 트롤망 낚시로 잡으며 가자미 필레라는 이름으로 신선 또는 급속 냉동된 상태로 판매된다.

PLOMBIÈRES 플롱비에르 아몬드 밀크로 만든 크렘 앙글레즈 베이스의 아이스크림 디저트로 대개 휘핑한 생크림과 키르슈에 절인 과일 콩피를 얹어 서빙한다.

▶ 레시피 : CRÈMES DE PÂTISSERIE, GLACE ET CRÈME GLACÉE.

PLUCHES 플뤼슈 향신 허브의 잎을 작은 송이로 떼어낸 조각을 뜻하며 생으로(처빌, 타라곤, 파슬리 등) 또는 물에 살짝 데쳐서(셀러리, 타라곤 등) 사용한다. 허브는 향이 금방 날아가기 때문에 사용하기 바로 전에 가위로(칼로 다지는 것은 권장하지 않는다) 잎을 잘라 사용하는 것이 좋으며 특히 끓여서는 안 된다.

PLUM-CAKE 플럼 케이크 플럼 케이크, 푸르츠 케이크. 이스트를 넣은 발효반죽에 럼으로 향을 내고 전통적으로 세 가지 종류의 건포도를 넣어 만든 영국의 파티스리. 큰 사이즈로 또는 개인 서빙용 프티 가토로 만든다.

plum-cake 플럼 케이크

플럼 케이크 : 상온에 두어 부드러워진 버터 500g을 거품기로 흰색이 나도록 휘저어 크리미한 질감을 만든다. 여기에 설탕 500g을 넣고 다시 거품기를 몇 분간 돌려 섞는다. 달걀 8개를 하나씩 넣어가며 계속 거품기를 돌려준다. 당절임한 오렌지, 세드라 시트론, 또는 레몬 껍질 250g을 잘게 다져 넣는다. 씨를 제거한 말라가 건포도 200g, 설타나 건포도 150g, 코린트 건포도 150g을 넣는다. 체에 친 밀가루 500g와 베이킹파우더 6g을 합한 뒤 혼합물에 넣고 잘 섞는다. 강판에 곱게 간 레몬 제스트 2개분, 럼 40㎖를 넣는다. 틀에 도톰한 종이 시트를 밖으로 4cm 정도 나오도록 깔아준 다음 반죽을 2/3까지만 채운다. 190°C로 예열한 오븐에서 45분~1시간 동안 굽는다. 꺼내서 틀을 제거한 뒤 망에 올려 식힌다.

PLUMER 플뤼메 가금류나 수렵 조류의 깃털을 뽑다. 꼬리에서 머리 쪽으로 훑어 올라가면서 조심스럽게 깃털을 뽑는다. 이때 껍질이 찢어지지 않도록 주의한다. 특히 가금류나 새의 경우 살이 단단하게 굳도록 미리 냉장고에 넣어두면 더욱 쉽게 깃털을 뽑을 수 있다. 이어서 불로 그슬려 나머지 잔털을 모두 꼼꼼히 제거한다. 깃털 뿌리가 조금씩 남아 있는 경우에는 작은 칼끝으로 조심스럽게 뽑아낸다.

PLUM-PUDDING 플럼 푸딩 크리스마스 푸딩. 영국의 대표적인 디저트로 송아지나 소의 콩팥 기름과 건포도, 건자두, 아몬드, 향신료, 럼을 넣어 만든 반죽을 둥근 틀에 넣고 중탕으로 익힌 케이크다. 서빙할 때 브랜디를 붓고 플랑베하며 전통적으로 코냑 소스와 버터를 곁들인다(**참조** CHRISTMAS PUDDING).

PLUTARQUE 플뤼타르크 플루타르코스. 그리스의 철학가, 작가(50, Boeotia 출생-125, 타계). 플라톤 철학을 신봉하던 도덕주의자이자 뛰어난 학식의 소유자였던 플루타르코스는 약 250여 개의 개론서를 저술했다. 그 중 1/3만이『플루타르코스 영웅전(*Bioi Paralleloi*)』과『윤리론(*Ethika Moralia*)』시리즈에 통합되어 오늘날까지 전해지고 있다. 특히 윤리론 중에서는 요리와 식이요법에 관한 내용을 담은『연회(*symposion*)』의 일부분이 포함되어 있다. 16세기 자크 아미오(Jacques Amyot)의 번역 덕택에 플루타르코스의 저서들은 프랑스에서 19세기까지 가장 많이 읽히는 책이 되었고 가장 중요한 사유의 대상이 되었다.『연회』는 프랑스에서『플루타르코스의 건강에 관한 규율과 교훈』이라는 제목으로 배포되었다.

PLUVIER 플뤼비에 물떼새. 물떼새과에 속하는 섭금류 철새로 여러 종이 서부 유럽과 아메리카(이 새의 사냥이 금지되어 있다)에서 겨울을 난다. 개펄은 해안가 개펄에, 가장 즐겨 찾는 유럽검은가슴물떼새는 주로 경작지에 서식한다. 물떼새는 중세시대부터 즐겨 먹었으며 별미로 인정받는 수렵 조류다. 일부 애호가들은 내장을 제거하지 않은 채로 멧도요처럼 구워서 먹는다. 이 새의 알은 댕기물떼새의 알과 같은 방법으로 조리한다.

POTEL

Poêle 프라이팬

"다양한 사이즈의 소스팬과 마찬가지로 프라이팬 또한 주방에서 없어서는 안 될 필수 조리도구다. 케이터링 업체 포텔 에 샤보와 파리의 에콜 페랑디에서는 다양한 두께와 높이, 다양한 크기와 모양의 팬들을 구비해 놓고 있으며 이것으로 고기, 부속이나 내장, 생선, 달걀 등을 소테하거나 크레프를 비롯한 여러 가지 반죽 재료를 부친다."

POCHE À DOUILLE 포슈 아 두이유 깍지를 끼워 사용하는 짤주머니. 천이나 나일론 소재로 만든 원뿔형의 주머니로 요리나 제과에서 반죽 또는 페이스트 질감의 재료를 채운 뒤 눌러 짜는 도구다. 주머니를 채워 넣고 입구 쪽에서부터 눌러 밀어 내용물을 원뿔의 뾰족한 끝 부분으로 모은 뒤 원하는 모양으로 짤 수 있다. 깍지는 주로 스테인리스, 양철, 또는 플라스틱 소재로 되어 있으며 모양은 마찬가지로 원뿔형이고 주머니 끝에 딱 맞게 끼워 사용하도록 되어 있다. 깍지 팁은 원형 또는 납작한 모양, 매끈한 것, 톱니무늬가 있는 별 깍지 등 종류가 매우 다양하며 크기 또한 여러 가지가 있다(지름 25~60mm까지 약 7~8종류). 깍지를 끼운 짤주머니에 재료를 채운 뒤 베이킹 팬에 짜 얹어 굽거나 반죽, 크림, 퓌레 등을 원하는 모양으로 짜 장식할 때 사용한다.

POCHER 포셰 액체에 데쳐 익히다, 삶다, 포칭하다. 아주 약하게 끓는 상태의 액체에 식재료를 넣고 데쳐 익히는 것을 의미하며, 액체의 양은 재료와 레시피에 따라 달라진다. 포칭은 음식을 아주 약한 불로 천천히 익히는 조리법으로 수많은 재료(부속 및 내장, 과일, 골수, 달걀, 생선, 고기, 가금류 등) 및 요리(거품 낸 달걀흰자, 부댕, 크뇌델, 크넬, 소시지 등을 익힐 때)에 적용할 수 있다. 포칭을 할 때는 재료를 찬물에 넣고 함께 가열을 시작하기도 하고, 경우에 따라 끓는 액체에 넣어 익히기도 한다. 재료(주로 고기류)를 찬물에 넣고 끓이기 시작하면 이 재료가 지닌 즙, 즉 맛의 정수가 빠져나오기 때문에 건더기의 맛과 부드럽고 촉촉한 식감이 감소하지만 국물은 풍미가 좋아진다. 반대로 이미 약하게 끓기 시작한 액체에 재료를 넣어 익히면 함유하고 있는 알부민이 응고되어 바로 굳는다. 따라서 맛이 빠져나가지 않지만 대신 국물은 그만큼 풍미가 덜하다. 닭백숙처럼 오래 끓여야 하는 요리에는 대개 각종 채소와 향신료 및 양념 재료를 함께 넣는다. 국물(물 또는 흰색 육수)에 뜨는 거품은 계속 건져내고 기름도 제거해야 한다. 부스러지기 쉬운 연약한 질감의 단백질 식재료(골, 달걀, 생선 등)를 데칠 때에는 물에 식초나 레몬즙을 첨가한다. 몇몇 생선은 (통째로 또는 필레를 떠서) 버터를 바른 바트에 담고 국물을 자작하게 잡은 다음 오븐에서 익힌다. 하지만 몸통이 둥근 큰 생선들은 생선용 냄비에, 또는 넙치류의 큰 생선은 그 모양에 맞게 제작한 생선 용기에 넣고 쿠르부이용에 포칭한다. 말린 훈제대구, 흰살 생선 등 경우에 따라 익히는 액체에 우유를 섞기도 한다. 과일은 미리 끓는 물에 살짝 데쳐 껍질을 벗기거나(복숭아) 칼로 깎고 레몬즙을 뿌린 뒤(서양 배) 대부분 설탕 시럽(밀도 1.1159)에 담가 포칭한다.

POCHETEAU 포슈토 가오리의 일종. 홍어과에 속하는 물고기로 주둥이가 길고 뾰족하며 배에 작고 검은 점들이 있는 게 특징이다. 검은색 또는 회색의 포슈토는 홍어(또는 가오리 raie)의 사촌이라고 할 수 있다. 페로 제도에서 포르투갈에 이르는 대서양에서 트롤망 낚시로 어획하며 그 개체수가 줄어 점점 귀해지고 있다. 날개를 토막으로 잘라 따로 판매하며 살은 단단한 편이고 조리법은 홍어와 동일하다.

POCHON 포숑 긴 자루형 손잡이가 달린 큰 스푼 또는 작은 국자로 조리 중인 재료에 육즙이나 소스를 끼얹어주거나 액체를 떠낼 때 사용한다.

POCHOUSE 포슈즈 여러 가지 민물생선을 넣어 끓인 부르고뉴식 마틀로트로 옛날 레시피에는 지금은 찾아보기 힘든 생선인 강명태(모오캐, lotte de rivière)가 반드시 들어갔다. 브레스의 포슈즈에는 주로 텐치(잉어의 일종), 잉어, 메기가 들어가는 반면 부르고뉴식은 텐치, 장어, 민물농어, 잉어 외에 강꼬치고기, 모샘치, 심지어 송어도 사용한다. 둘 다 화이트와인으로 국물을 잡으며 마지막에 뵈르 마니에를 넣어 농도를 걸쭉하게 조절한다.

pochouse 포슈즈

포슈즈 생선 스튜 : 코코트 냄비에 버터를 넉넉히 두른 뒤 얇게 썬 양파 큰 것 2~3개, 동글게 썬 당근 2개를 바닥에 깔아준다. 민물생선 2kg(민물장어 1kg(껍질을 벗긴다), 강명태, 텐치, 강꼬치고기, 새끼잉어를 합해 1kg를 준비한다)을 씻은 뒤 토막으로 자른다. 생선을 모두 냄비의 채소 위에 넣고 가운데 부케가르니를 넣은 다음 드라이한 화이트와인을 재료 높이까지 붓는다. 짓이긴 마늘 2톨을 넣고 소금, 후추를 뿌린다. 뚜껑을 덮고 가열한 뒤 끓기 시작하면 불을 줄이고 약하게 끓는 상태로 20분간 익힌다. 염장삼겹살 150g을 라르동 모양으로 썬 다음 끓는 물에 5분간 데쳐 건진다. 방울양파 20개에 버터와 물, 소금, 설탕을 넣고 윤기나게 익힌다. 양송이버섯 250g을 씻어서 얇게 썬 다음 레몬즙을 뿌린다. 버터를 두른 소테 팬에 라르동과 버섯을 넣고 노릇하게 볶는다. 코코트 냄비에서 생선을 건져 이 소테 팬에 넣는다. 방울양파도 함께 넣는다. 생선을 익히고 남은 국물에 뵈르 마니에 1테이블스푼을 넣고 농도를 맞춘다. 이 소스를 체에 걸러 소테 팬에 붓는다. 모두 다시 한 번 데운 다음 생크림 200mℓ를 넣고 뚜껑을 연 상태로 5분간 졸인다. 따뜻하게 데운 우묵한 서빙 접시에 생선 스튜를 담는다. 마늘로 문지른 뒤 기름에 지진 크루통 빵을 곁들여 놓는다.

POÊLE 푸알 팬, 프라이팬. 긴 자루형 손잡이가 달린 조리 도구로 용도에 따라 원형, 타원형, 얕은 것, 둘레가 밖으로 벌어진 것 등 다양한 종류가 있다. 고기, 생선, 채소, 달걀 등의 재료를 튀기거나 지지거나 볶을 때, 또는 준비한 혼합물을 익힐 때(크레프, 크로켓, 오믈렛 등) 사용한다. 원래 기본형 팬은 검은 강철로 만들어진 것으로 두껍고 무거워 쉽게 변형되지 않는다. 녹이 슬지 않도록 사용 후 씻어 말리고 기름을 묻힌 헝겊으로 닦아 기름칠을 해준다. 하지만 더 가볍고 모양도 보기 좋으며 관리가 쉬운 스텐 팬이나 법랑무쇠 팬 또는 눌음방지 코팅을 한 알루미늄 소재의 팬을 더 선호하는 추세다.

- 기본 튀김 팬은 다목적용으로 쓰이는 조리도구이지만, 튀김에 특화된 전용 팬도 있다.
- 생선용 팬은 타원형으로 특히 뫼니에르식 생선 요리를 할 때 유용하다.
- 크레프용 팬은 납작한 원형으로 운두가 아주 낮아 뒤집개로 반죽을 손쉽게 떼어내 뒤집을 수 있다.
- 요리사들이 주로 사용하는 오믈렛용 팬은 대개 안쪽 면이 주석도금 구리로 되어 있으며 어느 정도 높이가 있어 달걀을 원하는 두께로 고르게 익힐 수 있다.
- 러시아식 작은 팬케이크인 블리니용 팬은 둘레 운두가 꽤 높다.
- 구멍이 여러 개 뚫려 있는 원형의 밤 직화 팬은 아주 긴 자루형 손잡이가 달려 있으며 숯불에 직접 밤을 구워 먹을 때 유용하다.
- 플랑베용 팬은 테이블 앞에서 디저트나 특정 요리에 직접 불을 붙여 플랑베할 때 사용한다. 대개 구리 소재로 된 우아한 모양이 많다.

POÊLER 푸알레 기름을 두른 용기에 향신 재료와 액체(물, 육수, 와인 등)를 자작하게 넣은 뒤 뚜껑을 덮고 음식을 천천히 익히는 것을 뜻한다. 중간중간 국물을 끼얹어주며 익히는 푸알레 조리법은 처음에는 굽기로 시작하여 브레이징으로 마무리하는 방식이라고 할 수 있다. 이 방식으로 익힌 요리는 아주 깊은 풍미를 내며(익히고 난 액체는 기름을 제거한 뒤 맛이 농축된 소스로 활용한다) 특히 흰살 육류나 닭 요리에 적합하다. 또한 푸알레는 이름이 뜻하는 대로 팬(poêle)에 버터나 기름을 두른 뒤 재료를 볶거나 지져 익히는 조리법을 가리키기도 한다.

POÊLON 푸알롱 중간 깊이에 둘레가 수직으로 떨어지는 편수 냄비의 일종으로 대부분 뚜껑을 갖추고 있으며 용량은 작은 편이다. 옛날에는 토기(유약을 바르기도 했다)로만 만들었으며 뭉근히 오래 끓이는 요리나 브레이징 등에 적합한 용기였다. 오늘날도 이 냄비는 같은 용도로 쓰이며 소재는 스테인리스나 무쇠, 법랑 등으로 다양해졌다. 사부아식 치즈 퐁뒤 냄비로 쓰이는 카클롱(caquelon) 또한 푸알롱의 일종으로 테이블용 버너 위에 직접 놓고 사용한다. 뜨거운 기름에 고기를 넣어 익혀먹는 퐁뒤 부르기뇽용 냄비도 마찬가지이다. 설탕용 푸알롱은 망치로 두드려 만든 주석 도금을 하지 않은 구리 냄비로 설탕이나 시럽을 끓이는 데 사용한다.

POGNE 포뉴 도피네 지방의 브리오슈 빵인 포뉴는 당절임한 과일을 넣어 만들기도 하며 주로 레드커런트 즐레를 곁들여 따뜻하게 또는 차갑게 먹는다. 원조 격인 로망의 포뉴가 가장 유명하며, 부활절 특선 빵인 크레, 디, 발랑스 및 리오네와 프랑슈 콩테 지역에서도 만들어 먹는다. 이 명칭은 한 줌이라는 뜻의 지역 사투리(poignée)인데, 아낙네들이 빵을 만들 때 반죽을 한 줌씩 떼어두었다가 버터와 달걀을 추가해 파티스리를 만든 데서 유래했다고 한다.

pognes de Romans 포뉴 드 로망

로망(Romans)식 포뉴 : 체에 친 밀가루 500g을 작업대에 쏟아놓고 가운데에 우묵한 공간을 만든 뒤 여기에 소금 8g, 오렌지 블로섬 워터 1테이블스푼, 빵 반죽 르뱅(levain 발효종) 250g, 나무 주걱으로 휘저어 부드럽게 만든 버터 250g, 달걀 4개를 넣는다. 재료를 모두 혼합해 치대어 탄력 있는 반죽을 만든다. 달걀 2개를 하나씩 추가한다. 설탕 200g을 조금씩 넣어 섞으며 계속 치대어 반죽한다. 밀가루를 묻혀둔 볼

에 반죽을 담고 행주로 덮어 바람이 통하지 않는 상온에서 10~12시간 동안 발효시킨다. 작업대에 덜어 놓고 손바닥으로 펀칭하여 공기를 빼준다. 반죽을 두 덩어리로 나누어 둥글게 뭉친 뒤 왕관 모양으로 만든다. 버터를 발라둔 틀에 각각 넣고 다시 따뜻한 장소에서 30분간 2차 발효 시킨다. 달걀물을 바른 다음 190°C로 예열한 오븐에서 40분간 굽는다.

POIDS ET MESURES 푸아 에 므쥐르 도량형, 측정 단위. 요리 레시피에 소개되는 재료의 양은 1840년 1월 1일 공식 채택된 미터법에 따라 킬로그램, 그램, 리터, 밀리리터(프랑스에서는 센티리터를 사용한다)등의 단위로 표시된다. 프랑스에서는 천칭저울 측정용 무게 추를 가리키는 분동(masse marquée)을 무게의 기준 단위로 말하기도 한다. 실제 요리 분야에서는 이러한 계량 수치와 함께 스푼, 컵 등 사용하는 도구의 함량에 해당하는 계량 단위를 병행 혹은 혼용하기도 한다.

■ **프랑스의 옛 도량형.** 19세기까지 도량형 단위는 매우 다양하고 복잡했다. 가장 많이 사용되었던 단위로는 소금 등의 마른 가루나 알갱이를 계량하는 단위인 부아소(1 boisseau=12.5ℓ), 액체 계량 단위인 쇼핀(1 chopine=약 0.5ℓ), 그랭(1 grain=1그램의 1/20), 그로(1 gros=3.824g, 1온스의 1/8), 리트롱(1 litron=0.813ℓ, 1부아소의 1/16), 리브르(1 livre=1 파운드, 파리에서는 16oz, 리옹에서는 12oz로 통용되었다), 마른 식품에만 적용되는 단위로 지역마다 편차가 심했던 미노(mino, 리옹에서는 52ℓ, 파리에서는 51ℓ였다), 액체나 알곡류의 계량 단위인 뮈(muid, 파리에서는 1 muid가 와인의 경우는 274ℓ, 밀 1muid는 1,873ℓ에 해당했다). 온스(1oz=30.594g, 파리에서 1온스는 1리브르의 1/16에 해당하는 양이었으나 옛 무게 단위 기준 24~33g로 계산하기도 했다. 19세기 초 이 측정 단위를 사용했던 앙토냉 카렘과 그의 동시대인들에게 5온스는 153g에 해당했다), 특히 귀리의 양을 잴 때 사용했던 피코탱(1 picotin=3ℓ), 액체를 계량하는 단위인 팽트(1 pinte=파리 기준 0.93ℓ), 1/4 리브르 또는 100의 1/4을 의미했던 카르트롱(1 quarteron=파리 기준 26, 그 외 지역에서는 32로 통용), 스크뤼퓔(1 scrupule 은 1.137g, 1온스의 1/20 또는 곡식 알갱이 24개에 해당하는 양이었다), 세티에(1 setier는 밀 12부아소(150ℓ) 또는 귀리 24부아소(300ℓ)에 해당하는 양이었다) 등이 있다. 공무원이었던 계량 담당관들은 마늘, 밤, 종자, 기름, 비파, 호두, 양파, 사과, 소금뿐 아니라 땔감용 장작과 석탄 등을 거래할 때 측정된 양만큼 가격을 매겨 팔고 사도록 계몽을 벌였다.

■ **영미권 국가의 도량형.** 영국과 미국, 호주에서는 미터법과는 다른 도량형 체계를 사용하고 있다. 캐나다에서는 1980년 이후 미터법을 기초로 한 국제 표준단위(SI)를 채택하여 사용하고 있지만 영미권 단위 체계의 습관이 남아 있어 요리 재료를 계량할 때 무게보다 부피로 사용하는 경우가 많다. 1테이블스푼(15mℓ)은 티스푼(5mℓ) 3개 분량, 8테이블스푼은 한 컵(227mℓ), 4컵은 900mℓ, 즉 미국식 1쿼트(quart)에 해당한다.

POILÂNE (LIONEL) 리오넬 푸알란 프랑스의 제빵사(1946, Paris 출생–2002, Cancale 타계). 파리에서 빵집을 운영하던 아버지 곁에서 16살 때 제빵 일을 배우기 시작한 그는 전통 방식을 고수하는 푸알란 베이커리의 발전을 위해 많은 노력을 기울였다. 이곳은 전 세계에 그 유명한 덩어리 빵 '불 푸알란'을 배송할 정도로 명성을 얻었으며, 리오넬 푸알란은 제빵계를 대표하는 상징이 되었다. 그는 끊임없이 여행했고 남아공 혹은 이스라엘(베들레헴은 빵의 집이란 뜻이다)까지 가서 강연회를 열었다. 푸알란이라는 이름의 철자를 뒤바꿔보면 '오 빵이여(Ô le pain)'라는 문구의 조합이 가능한 것으로 보아 운명적으로 이 직업은 그에게 예정된 소명이었음을 짐작해 볼 수 있다. 그는 제빵뿐 아니라 기타 프랑스의 아티장들에 관한 책을 여러 권 집필했고, 미술품 수집에도 조예가 깊었다. 파리에 두 곳의 매장을 오랫동안 같은 장소에서 운영하고 있으며 본점 지하에서는 아직도 옛 전통 방식으로 빵을 만든다(그는 죽은 매장은 싫어했다). 점점 늘어가는 인기와 주문량을 소화하기 위하여 파리 근교 비에브르에 생산 공장을 설립하였고 그곳에서는 매일 15,000개의 미슈(miche) 빵이 생산되어 일부는 해외로까지 배송된다. 또한 런던 엘리자베스가에 파리 본점인 셰르슈 미디(Cherche-Midi) 매장을 그대로 재현한 지점을 오픈하여 영국인들의 사랑을 받고 있다. 이 모든 노력은 밀이라는 하나의 재료에서 시작하여 옛 방식을 이어가며 빵을 만드는 전통 장인 정신을 향한 그의 열정을 잘 보여준다. 노련한 비행사이자 프랑스 헬리콥터 연합 회장이기도 했던 그는 자신의 소유였던 브르타뉴의 작은 섬(île des Rimains) 상공에서 기상 악화로 인한 비행기 추락 사고로 유명을 달리했다.

POINT (FERNAND) 페르낭 푸앵 프랑스의 요리사(1897, Louhans 출생–1955, Vienne 타계). 페르낭의 부모는 루앙(Louhans) 역 안의 숙소와 식당을 운영했고 어머니와 할머니가 이곳 주방을 맡았다. 그는 파리로 올라가 푸아요, 브리스톨 호텔, 마제스틱 호텔 주방에서 소스 담당 조리사로 일하며 실무를 익힌 뒤, 에비앙의 루아얄 호텔 주방에 생선 담당 조리사로 취직한다. 1922년 파리-리옹-마르세유 철도 공사가 루앙 역의 식당 영업을 불허하자 아버지 오귀스트 푸앵은 빈으로 이주해 정착한다. 2년 후 그는 아들 페르낭에게 식당을 물려주었고 이곳은 라 피라미드(la Pyramide)라는 이름으로 탈바꿈한다. 얼마 되지 않아 이 레스토랑은 훌륭한 클래식 요리로 인기를 모았고 남프랑스로 내려가는 길목에서 미식가라면 반드시 들러야 하는 명소로 자리 잡았다. 당대 유명 인사들은 모두 퀴르농스키가 요리의 최고봉이라 평한 이곳의 음식을 맛보기 위해 모여들었다. 사샤 기트리(Sacha Guitry)는 '프랑스에서 맛있는 음식을 먹으려면 바로 푸앵이 답!'이라고 칭찬했다. 페르낭 푸앵이 큰 인기를 누리고 위대한 프랑스 요리사 중 하나가 된 데에는 그의 유머 감각, 강한 고집, 따뜻한 손님 접대, 수많은 에피소드, 때로 보여주는 엉뚱하고 기발한 성격, 거대한 체구 등 개인적인 성품이나 특징 또한 한몫을 담당했다. 그를 거쳐간 레몽 튈리에, 폴 보퀴즈, 알랭 샤펠, 장과 피에르 트루아그로 형제, 루이 우티에, 마리위스 비즈 등은 후대를 이끈 걸출한 셰프로 성장했다.

POINT (À) 아 푸앵 미디엄(고기 익힘 상태). 서빙 사이즈로 자른 고기, 특히 소고기 스테이크를 레어와 웰던 사이의 딱 알맞게 익힌 중간 상태 즉, 미디엄으로 익힌 것을 뜻한다. 미디엄으로 구운 고기는 안쪽(전체 두께의 1/4에서 1/3)이 완전히 익으면 안 되며 뜨거운 상태를 유지해야 한다.

POINTE 푸앵트 파리식 정육 분할에서 얻을 수 있는 돼지 부위로 등심 뒤쪽 맨 끝부분을 지칭한다(**참조** p.699 돼지 정육 분할 도감). 뒷넓적다리의 일부로 포함되기도 하는 이 부위는 연해서 구워 먹기에 적합하다.

POIRE 푸아르 배, 서양 배. 장미과에 속하는 배나무의 열매로 갸름하며 꼭지 반대쪽이 불룩한 모양을 하고 있다. 껍질은 노란색, 그을린 갈색, 붉은색 또는 녹색을 띠며 속살은 연하고 부드러우며 약간 오톨도톨한 식감이 느껴진다. 한가운데에는 속과 씨가 들어 있다. 원산지는 아나톨리아 지역이며 선사시대에는 야생에서 자랐다. 고대 그리스 시대에 이미 식용으로 소비했으며 특히 로마인들은 생과일로는 물론이고 익히거나 햇볕에 말려서 또는 발효하여 음료나 술을 만드는 등 다양한 형태로 즐겼다. 오늘날 기호와 선호도가 다양해지면서 배의 품종은 무수히 많아졌다(**참조** p.667 배 도표, p.666 도감). 배의 열량은 100g당 61kcal 또는 255kJ이고 섬유질, 비타민PP, 칼륨이 풍부하다.

■ **사용.** 살이 무르고 연한 배는 보통 칼로 껍질을 깎은 뒤 일반 생과일로 즐겨 먹는다. 공기와 접촉하면 금방 산화되어 색이 변하므로 생으로 과일 샐러드에 넣거나 장식으로 빙 둘러 놓을 때는 레몬즙을 뿌려두는 게 좋다. 익혀서 먹기에 특별히 좋은 품종들은 오늘날 거의 사라졌다. 퀴레와 벨 앙주빈 품종은 아직도 시골 장터에서 가끔 발견할 수 있는데 이 품종들은 조리를 해야만 그 향이 제대로 살아난다.

서양 배를 이용한 디저트는 종류도 다양하고 아주 고급스러운 것들이 많다. 샤를로트, 차가운 과일 또는 과일 아이스크림 등으로 만든 왕관 모양 디저트, 크루트, 무스, 수플레, 다양한 형태로 필링을 채우거나 나파주를 씌운 타르트와 파이는 물론이고 그 외에도 콩포트, 잼, 아이스크림, 와인에 익힌 배나 소르베 등을 만든다. 또한 요리에서도 가금류나 수렵육 요리에 가니시로 사용되며 오르되브르를 만들기도 한다. 말려서 콩포트를 만들거나 짭짤한 일반 요리에 넣기도 한다. 시럽에 절인 병조림용으로는 특히 윌리엄 품종의 서양 배를 많이 쓴다. 또한 이 품종은 오드비나 리큐어를 만드는 데도 사용된다. 토기로 만든 단지나 병에 넣어 몇 달간 숙성시켜 만드는 오드비(williamine)는 배의 은은한 과일 향이 있으며 얼음을 넣고 저어 마시면 더욱 그 섬세한 맛을 살릴 수 있다. 서양 배 리큐어는 오드비를 희석한 뒤 설탕을 첨가하거나, 증류주와 침출액을 혼합하여 만든다.

charlotte aux poires ▶ CHARLOTTE
compote poire-pomme caramélisée ▶ COMPOTE
flaugnarde aux poires ▶ FLAUGNARDE
noisettes de chevreuil au vin rouge et poires rôties ▶ CHEVREUIL

POIRES 서양 배

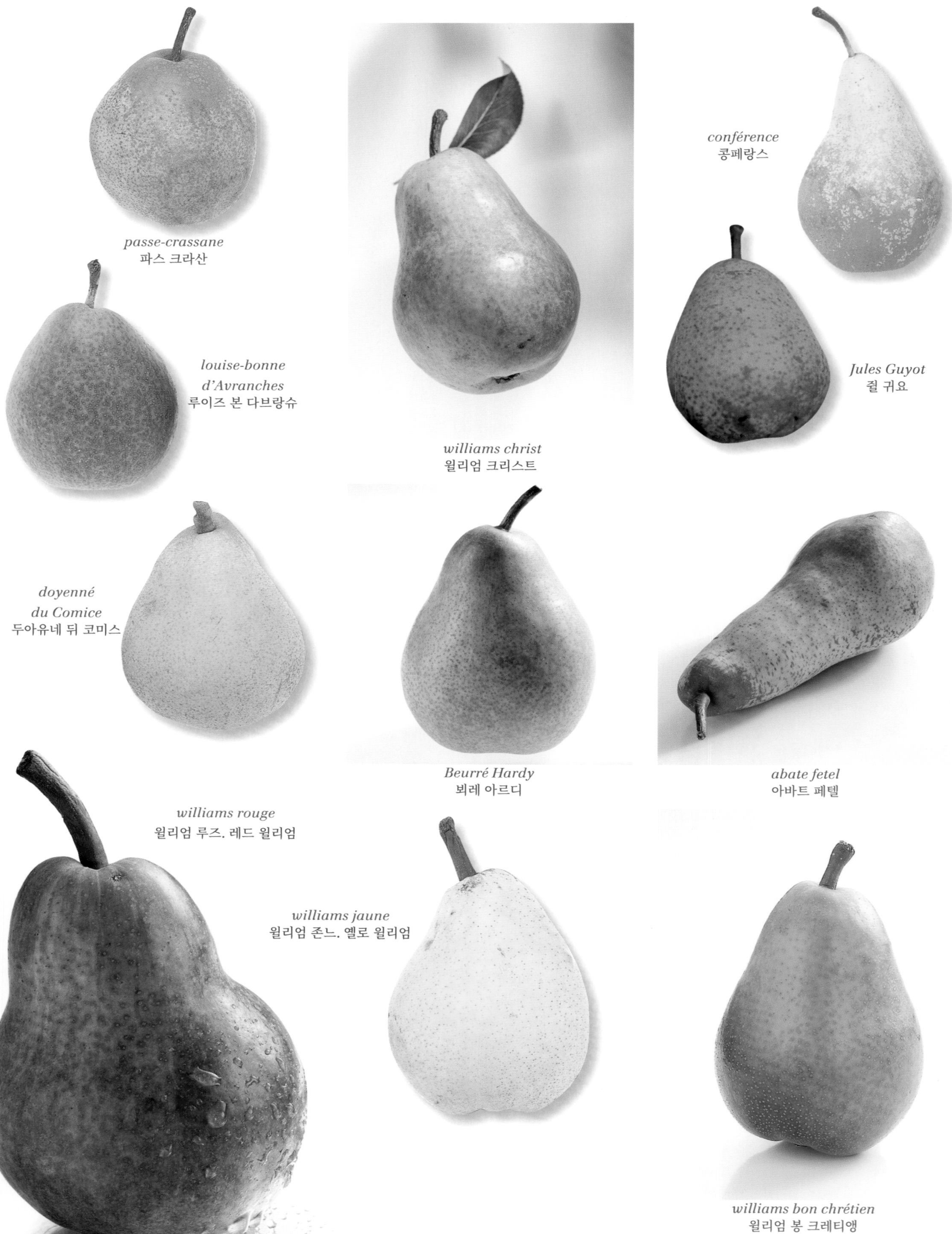

passe-crassane
파스 크라산

williams christ
윌리엄 크리스트

conférence
콩페랑스

louise-bonne d'Avranches
루이즈 본 다브랑슈

Jules Guyot
쥘 귀요

doyenné du Comice
두아유네 뒤 코미스

Beurré Hardy
뵈레 아르디

abate fetel
아바트 페텔

williams rouge
윌리엄 루즈. 레드 윌리엄

williams jaune
윌리엄 존느. 옐로 윌리엄

williams bon chrétien
윌리엄 봉 크레티앵

poires Joinville 푸아르 주앵빌

주앵빌 서양 배 캐러멜 푸딩 : 지금 22cm 사바랭 틀 바닥에 캐러멜을 만들어 깔아준다. 우유 1ℓ에 바닐라 빈 1/2줄기를 갈라 넣고 끓인다. 볼에 달걀 12개와 설탕 200g을 넣고 거품기로 잘 저어 섞은 뒤 끓인 우유를 조금씩 부어가며 계속 젓는다. 체에 거른 다음 캐러멜을 깐 틀에 부어 채운다. 큰 바트에 이 틀을 넣고 물을 높이의 반까지 채운다. 불에 올려 물이 끓기 시작하면 200°C로 예열한 오븐에 넣어 20분간 중탕으로 익힌다(크림이 익어 굳어야 한다). 꺼내서 완전히 식힌 뒤 서빙 접시를 엎고 함께 뒤집으며 틀에서 분리한다. 시럽에 절인 배 통조림 큰 것 한 개를 준비한다. 배를 건져내 물기를 제거한다. 냄비에 살구잼 200g을 넣고 약한 불에 녹인 뒤 키르슈 또는 서양 배 브랜디(오드비) 100mℓ를 넣어 향을 낸다. 더블 크림 200mℓ에 밀크 아이스크림 75mℓ, 슈거파우더 50g, 바닐라슈거 1봉지를 넣고 휘핑하여 샹티이 크림을 만든다. 배를 얇게 저민 뒤 왕관 모양의 커스터드푸딩 가운데 빈 공간에 채워 넣는다. 별 깍지를 끼운 짤주머니에 샹티이 크림을 채운 뒤 배 위에 짜 장식한다. 바로 서빙한다. 살구 소스를 따로 용기에 담아 곁들인다.

poires Savarin 푸아르 사바랭

서양 배 사바랭 : 윌리엄 서양 배 작은 것 8개의 껍질을 벗긴 뒤 반으로 잘라 속과 씨를 파내고 레몬즙을 뿌려둔다. 로크포르 치즈 100g에 버터 25g을 섞어 부드럽게 섞은 뒤 배의 도려낸 부분에 채워 넣는다. 배를 나란히 용기에 담고 로크포르 치즈 50g을 섞어 가볍게 휘핑한 생크림 200g을 끼얹는다. 파프리카 가루를 뿌린다. 오르되브르로 아주 차갑게 서빙한다.

에르베 뤼망(HERVÉ RUMEN)의 레시피

poires au vin 푸아르 오 뱅

와인에 조린 배 : 4인분

모양이 좋고 싱싱한 서양 배(williams 또는 passe-crassane 품종) 8개를 준비해 껍질을 벗기고 레몬즙을 뿌린다. 배의 꼭지 부분은 그대로 살려둔다. 큰 냄비에 배 껍질을 담고 타닌이 강한 레드와인(코트 뒤 론 또는 마디랑 와인) 1ℓ를 붓는다. 꿀 100g, 비정제 황설탕 150g, 끓는 물에 데쳐둔 레몬제스트 1개분, 흰 후추 약간, 고수씨 몇 알, 넛멕 가루 칼끝으로 아주 조금, 길게 갈라 긁은 바닐라 빈 3줄기를 넣은 뒤 약한 불로 끓을 때까지 가열한다. 약 10분간 약하게 끓인 뒤 배를 넣는다. 이때 꼭지 부분은 와인에 잠기지 않도록 놓는다. 뚜껑을 덮고 약하게 20분간 끓인다. 식힌 다음 냉장고에 24시간 동안 넣어둔다. 걸쭉하게 젤리화된 와인 소스를 끼얹어 서빙한다.

sorbet à la poire ▶ SORBET

tarte aux poires Bourdaloue 타르트 오 푸아르 부르달루

부르달루 서양 배 타르트 : 버터를 바른 타르트 틀에 얇게 민 파트 브리제 시트를 깔아준다. 가장자리는 꼬불꼬불한 모양을 낸다. 아몬드 크림(참조. p.274 CRÈME d'AMANDE)을 채운 뒤 시럽에 절인 배를 얇게 저며 얹는다. 190°C로 예열한 오븐에서 30분간 굽는다. 식힌 뒤 살구 나파주를 발라 윤기나게 마무리한다.

POIRE (VIANDE) 푸아르(정육) 설도(보섭살). 소 뒷넓적다리의 작은 부위로 설도의 보섭살 또는 설깃살(tende-de-tranche) 덩어리의 일부분이다(**참조** p.108, 109 프랑스식 소 정육분할 도감). 둥근 모양의 이 보섭살 부

서양 배의 주요 품종과 특징

품종	산지	출하 시기	외형	맛
여름 배 *poires d'été*				
쥘 귀요 Jules Guyot	프랑스 남동부	7월 중순~9월	사이즈가 큰 편으로 껍질을 연두색에서 레몬색을 띠며 살은 아이보리색으로 즙이 많다.	섬세하고 맛이 좋다.
윌리엄 williams	프랑스 남동부	9월~10월	아주 크지는 않지만 다부지고 통통한 모양을 하고 있으며 껍질은 매끈하고 윤기나는 노란색이다. 살은 즙이 많다.	섬세한 맛이 나며 달고 약간 새콤하다. 살이 아주 연하다.
	남반구	3월~4월		
가을 배 *poires d'automne*				
알렉상드린 alexandrine	프랑스 남동부, 남서부	10월~12월	중간 크기로 약간 황금색을 띤 노란 껍질을 갖고 있으며 살이 단단하다.	섬세한 맛이 나며 달고 약간의 향이 있다.
뵈레 아르디 Beurré Hardy	발 드 루아르, 남서부, 일 드 프랑스	9월~12월	중간에서 큰 사이즈까지 있으며 껍질이 두껍고 청동색이 나는 노란색을 띤다. 살은 즙이 많다.	달고 향이 아주 좋다.
	남동부	3월~4월		
루이즈 본 다브랑슈 louise-bonne d'Avranches	프랑스 남동부	9월 중순~12월	중간 크기에 배가 불룩 나온 모양을 하고 있다. 껍질은 매끈하고 연둣빛이 나는 노란색을 띠고 있으며 한쪽 면은 핑크빛 붉은색이 난다. 살에 즙이 많은 편은 아니다.	약간 새콤한 맛이 난다.
팩햄즈 트라이엄프 packam's triumph	프랑스 남서부	10월~1월	크고 표면이 울퉁불퉁하며 껍질은 연한 노란색이다. 살은 즙이 많다.	새콤한 맛이 있다.
	남반구	3월~7월		
콩페랑스 conférence	발 드 루아르, 북부, 남서부, 남동부, 일 드 프랑스, 벨기에, 네덜란드	10월~4월	아주 길쭉한 모양에 껍질이 두꺼우며 연한 갈색에 다갈색 얼룩이 대리석 무늬처럼 퍼져 있다. 살은 즙이 많다.	향이 좋고 맛이 섬세하다. 약간 새콤한 맛이 난다.
두아유네 뒤 코미스 doyenné du Comice	일 드 프랑스, 북부, 남동부, 발 드 루아르, 남서부	10월~2월	사이즈가 큰 원뿔형으로 표면이 울퉁불퉁하고 껍질은 연두색에서 노란색을 띤다. 살은 즙이 많다.	맛이 아주 섬세하고 과육이 연하며 달고 신맛이 거의 없다.
	남반구	4월~5월		
겨울 배 *poires d'hiver*				
앙젤리스 angélys	발 드 루아르, 북부	12월~4월	크고 껍질이 두꺼우며 동색을 띤다.	맛이 섬세하고 과육의 단단함은 중 정도.
파스 크라산 passe-crassane	프랑스, 이탈리아	12월~4월	크고 껍질이 두꺼우며 동색이 섞인 노란색이다. 살에 즙이 아주 많다.	과육이 연하고 약간 새콤한 맛이 난다.

위는 설깃살(merlan)과 함께 연하고 맛있는 별미로 치며 주로 스테이크로 사용한다. 이 부위는 소 정육 도체 반 마리 분 180kg 기준 약 600g밖에 나오지 않는다.

POIRÉ 푸아레 서양 배 발효주. 신선한 생배즙으로 만든 발효주로 사과로 만드는 시드르와 비슷한 방법으로 만들며, 푸아레 술 담금 전용 특정 품종의 서양 배를 사용한다. 푸아레는 프랑스 서부 지역(노르망디, 브트타뉴, 멘 지역)에서 아주 오래전부터 담가 먹던 발효주로 연한 화이트와인과 비슷하다. 사과 시드르만큼 소비량이 많지는 않지만 알코올 도수가 낮은 화이트와인과 비슷하다. 배를 세척해 갈아서 에어 탱크에 넣어 압착한 다음 그 즙을 나무통에 넣어 자연 발효시킨다(비교적 빨리 발효된다). 이어서 가라앉은 불순물을 제거하고 맑은 부분만 따라내는 과정(soutirage)을 거쳐 병입한다. 밀도에 따라 푸아레는 일반, 발포성으로 나뉜다. 때로 시드르와 혼합한 뒤 향과 약간의 산미를 더하는 경우도 있다. 동프롱 지역의 특산품인 푸아레 동프롱테(poiré Domfrontais)는 2002년부터 AOC 인증을 받아 보호되고 있다. 향이 아주 좋으며 주로 식전주나 식후주로 마신다.

POIREAU 푸아로 리크, 서양 대파의 일종. 부추아과에 속하는 식용작물로 원산지는 근동지방이며 일반 채소처럼 재배한다. 리크는 잎이 겹겹이 싸인 원통형 줄기를 이루고 있으며 땅속에 묻혀 있던 연하고 흰 부분을 즐겨 먹는다 녹색 잎 부분은 일반적으로 대가 갈라지기 시작하는 부분에서 절단하여 다른 용도로 사용한다. 리크는 이미 이집트인과 히브리인들에 의해 재배되었다. 고대 로마인들 또한 리크를 매우 많이 소비했으며 이를 영국에 전파했다. 오늘날 영국에서 리크는 갈리아족의 국민 채소로 알려져 있다. 리크는 이뇨 효과가 있고 식이섬유와 진액, 무기질이 풍부하며 열량이 매우 낮다(100g당 40kcal 또는 167kJ). 또한 황화합물인 알린과 칼륨, 베타카로틴, 비타민 B가 풍부하다.

■ **사용.** 프랑스에서 대파는 대부분의 도시 녹지대에서 재배되지만 그래도 주요 생산지는 루아르 아틀랑티크, 북부 지방, 망슈, 이블린, 부슈 뒤 론 지방에 집중되어 있으며 거의 연중 구입할 수 있다. 11월에서 이듬해 4월까지는 주로 흰색 대가 굵고 길이가 10~20cm 정도 되며 잎 부분의 녹색이 짙은 품종들을 만날 수 있다. 또한 아주 섬세한 맛과 고소한 너트 향을 지닌 크레앙스 리크(IGP 인증)도 이 시기에 출하된다. 5월부터 7월까지는 햇 리크가 출시되며(특히 낭트 리크는 맛이 좋고 연하다) 약간 억세고 뿌리에 작은 구근이 달린 바게트 모양 리크도 나온다. 7월 중순부터는 모종을 옮겨 심은 겨울 품종들이 출하되는데, 맛이 아주 좋지만 연한 식감은 좀 떨어진다. 또한 가을이 되면 남서부의 말라바르(malabar) 품종처럼 지름이 5cm에 이를 정도로 대가 굵은 리크들이 시장에 나오는데 이들 또한 맛이 아주 좋다.

구입 시에는 아주 싱싱하고 매끈하며 색이 밝고 잎에 힘이 있는 것을 고른다. 겉잎을 벗겨내고 뿌리와 밑동을 잘라낸 뒤 녹색 잎이 시작되는 부분에서 흰 부분을 한 토막으로 잘라내고 잎은 따로 보관한다. 뿌리 쪽을 위로 하여 수돗물에 여러 번 꼼꼼히 씻는다. 일반적으로 소금을 넣은 끓는 물에 한번 데쳐낸 뒤 조리한다. 비네그레트 드레싱이나 마요네즈를 곁들여 차게 먹거나, 베샤멜, 화이트 소스 등을 곁들여 따뜻하게 또는 그라탱, 브레이징으로 조리하며 녹인 버터나 크림 소스를 곁들이기도 한다. 그 외에 수프나 타르트를 만들기도 하고 튀김으로, 그리스식 채소로 혹은 속을 채운 요리를 만드는 등 레시피가 아주 다양하다. 리크의 흰 부분은 브뤼누아즈, 줄리엔, 페이잔으로 썰어 향신 채소로 쓰거나 쿠르부이용과 각종 조리용 국물에 넣는다.

crème de poireau ▶ CRÈME (POTAGE)
flamiche aux poireaux ▶ FLAMICHE
morilles farcies aux fèves et poireaux ▶ MORILLE
papet vaudois aux poireaux ▶ PAPET

poireaux braisés 푸아로 브레제

브레이징한 리크 : 리크의 흰 부분 12대를 씻어 균일한 크기의 토막으로 자른다. 코코트 냄비에 리크와 버터 3테이블스푼을 넣고 소금, 후추로 간한다. 물 5테이블스푼을 넣고 뚜껑을 덮은 뒤 40분간 찌듯이 익힌다. 리크를 채소 서빙용 그릇에 담고 남은 국물에 버터를 넉넉히 한 스푼 섞은 뒤 끼얹는다. 또는 리크에 버터나 기름을 넣은 뒤 너무 진하지 않은 고기 육즙 소스나 포토푀 국물을 넣고 익혀도 좋다.

poireaux au gratin 푸아로 오 그라탱

리크 그라탱 : 깨끗이 씻은 리크 흰 부분을 넉넉한 양의 끓는 소금물에 넣고 크기에 따라 10~15분간 데친다. 건져서 냄비에 버터와 함께 넣고 찌듯이 익힌 다음 오븐용 그라탱 용기에 가지런히 담는다. 가늘게 간 파르메산 치즈를 얹고 녹인 버터를 고루 뿌린 다음 오븐 브로일러 아래 넣고 노릇하게 구워낸다.

poireaux à la vinaigrette 푸아로 아 라 비네그레트

비네그레트 드레싱을 곁들인 리크 : 4인분 / 준비: 20분 / 조리: 15~20분(리크의 굵기와 계절에 따라)

리크의 굵기에 따라 8~12대를 준비하여 흐르는 물에 여러 번 깨끗하게 씻는다. 녹색 잎은 잘라내고 흰색 부분만 사용한다. 2~3단으로 나누어 실로 묶은 뒤 넉넉한 양의 끓는 소금물에 넣어 데친다. 리크를 넣은 뒤 물이 다시 끓어오르기 시작하면 불을 줄이고 약하게 끓는 상태로 15~20분간 익힌다(칼끝으로 중간을 찔러서 익었는지 확인한다). 건져서 찬물에 식히지 않은 상태로 망에 얹어 물기를 뺀다. 리크를 익히는 동안 셰리와인 식초, 고운 소금, 흰 후추, 머스터드, 포도씨유를 섞어 비네그레트 드레싱을 만든다. 소스를 리크에 끼얹어 따뜻하게 또는 차갑게 서빙한다.

장 프랑수아 피에주(JEAN-FRANÇOIS PIÈGE)의 레시피

poireaux à la vinaigrette (version moderne) 푸아로 아 라 비네그레트

비네그레트 드레싱을 곁들인 리크(현대식 응용 레시피) : 4인분

비네그레트 소스를 만든다. 우선 스테인리스 소테 팬에 잘게 썬 샬롯과 리크 흰 부분, 레드와인 식초를 1:1:2로 넣고 수분이 완전히 증발할 때까지 졸인다. 소테 팬에 남은 재료와 동량(부피 기준)의 송로버섯즙, 발사믹 식초, 졸인 리크 육수를 넣는다. 여기에 올리브오일(3배)을 넣으며 거품기로 잘 섞어 유화한다. 간을 맞추고 후추를 한 바퀴 갈아 뿌린다. 리크 테린을 만든다. 가늘고 짤막한 리크 27대의 밑동과 잎 끝을 잘라내 모두 같은 길이로 만든 다음 깨끗이 씻어 건진다. 행주로 물기를 닦아내고 몇 개의 단으로 나누어 실로 묶는다. 약하게 끓는 물에 넣어 모양이 상하지 않게 주의하며 10분간 데친다. 망국자로 건져 스텐 타공 바트에 담아 물기를 빼고 실을 푼다. 사각형 프레임 틀 안쪽에 랩을 깔아준다. 리크를 틀 길이로 잘라 나란히 9대를 틀 안에 한 켜로 깔아준다. 흰색 부분이 한쪽으로 오도록 정렬한다. 그 위에 다시 리크 9대를 흰 부분이 반대쪽으로 가도록 나란히 얹는다. 맨 마지막 층도 9대의 리크를 얹어 마무리한다. 랩으로 다시 덮은 다음 묵직한 것으로 눌러 냉장고에 반나절 넣어둔다. 랩을 씌운 상태로 틀에서 빼낸다. 1인당 한 조각씩 슬라이스한 다음 따뜻하게 데운다. 포크로 살짝 소금을 묻혀 간한다. 따뜻한 비네그레트 소스를 작은 카솔레트 용기에 담아 곁들여낸다.

rocamadour aux poireaux ▶ ROCAMADOUR
sole de ligne à la fondue de poireau ▶ SOLE
soupe aux poireaux et aux pommes de terre ▶ SOUPE
terrine de poireau et fromage de chèvre frais ▶ TERRINE
turbotin aux poireaux ▶ TURBOT

POIRÉE ▶ **참조 BETTE**

POIS D'ANGOL 푸아 당골 비둘기 콩. 콩과에 속하는 여러해살이 종자로 원산지는 아시아이며, 아프리카, 앤틸리스 제도, 특히 인도에서도 많이 재배된다(**참조** p.496, 497 열대 및 이국적 채소 도감). 콩의 색은 다양하며 소관목 가지에 달려 자라는 납작한 모양의 깍지 하나에는 5~8개의 콩알이 들어 있다. 푸아 당브르바드(pois dambrevade), 푸아 카장(pois cajan), 푸아 드 부아(pois de bois), 푸아 피종(pois pigeon), 강뒬(gandules) 등의 이름으로도 불린다. 연두색에서 짙은 붉은색을 띤 비둘기 콩은 일반 완두콩과 같은 방법으로 조리한다. 신선한 상태로 익혀서 샐러드에 넣거나 포타주를 만들고 요리에 가니시로 곁들이기도 한다. 말려서도 사용하는데(이 경우 열량이 훨씬 높다) 주로 푹 삶아서 퓌레 또는 소스의 베이스를 만든다. 또한 가루로 빻아 튀김이나 과자를 만들기도 한다.

POIS CARRÉ 푸아 카레 풀완두. 콩과에 속하는 식물에서 열리는 깍지 콩의 하나로 직육면체 형태를 하고 있으며 연리초 속 제스(gesse)라고도 불린다. 단순 단백질과 전분이 풍부하고 반드시 익혀 먹는다. 동물의 사료로도 쓰인다.

POIS CASSÉ 푸아 카세 말린 완두콩 알갱이를 반으로 쪼갠 것. 완숙 후 수확한 완두콩 알갱이로 만든 연두색 반구형의 마른 콩이다. 여름에 딴 완두콩의 깍지를 까고 안의 얇은 섬유질 막을 제거한 뒤 반으로 쪼갠 것으로 종종 탈크나 글루코스로 코팅하기도 한다. 열량이 꽤 높고(익힌 콩 100g당 110kcal 또는 460kJ) 당질, 단백질, 식이섬유, 인, 칼륨, 엽산이 풍부하다. 주로 익혀서 갈아 수프, 포타주, 퓌레를 만들며, 알갱이째 익혀 본인햄에 곁들여 먹기도 한다.

pois cassés : cuisson 푸아 카세

반으로 쪼개 말린 완두콩 익히기 : 반으로 쪼개 말린 햇 완두콩 푸아 카세를 찬물에 1시간 30분 담가 불린다. 불린 물을 따라 버린 뒤 콩을 냄비에 담고 찬물을 새로 붓는다(콩 500g당 물 2ℓ). 당근 1개, 셀러리 1줄기, 리크 흰 부분 1대, 양파 1개를 미르푸아로 깍둑 썰어 넣는다. 리크의 녹색 잎으로 싼 부케가르니 1개, 돼지 뒷다리 햄 정강이 아랫부분 1개, 양상추 녹색 잎을 넣고 천천히 가열한다. 끓어오르기 시작하면 거품을 건지고 소금, 후추를 넣는다. 뚜껑을 덮고 약한 불로 2시간 30분간 끓인다. 서빙하기 전 부케가르니를 건져내고, 햄도 미리 꺼내둔다.

POIS CHICHE 푸아 시슈 병아리콩. 콩과에 속하는 마른 콩류의 하나인 병아리콩은 둥글고 통통한 베이지색 종자로 깍지에 들어 있다. 지중해가 원산지인 병아리콩은 마른 상태로 또는 맛이 첨가되지 않은 플레인 상태의 통조림으로 판매된다. 당질이 많이 함유되어 있어 열량이 아주 높고(100g당 361kcal/1509kJ), 단백질, 인, 칼슘, 철, 비타민 B9 또한 풍부하다.

■ **사용.** 미리 물에 불렸다가 항상 익혀 먹으며 요리의 가니시, 퓌레 또는 포타주를 만든다. 프랑스 남부 지방의 요리(에스투파드, 스튜 등)에 많이 사용되며 스페인식 스튜 요리(cocido, olla podroga, puchero)에도 들어간다.

pois chiches au chorizo 푸아 시슈 오 초리조

초리조를 곁들인 병아리콩 : 마른 병아리콩 500g을 찬물에 담가 12시간 불린다. 건져서 큰 냄비에 넣고 당근 1개, 양파 1개, 셀러리 줄기 2대, 리크 흰 부분 1대를 얇게 썰어 넣는다. 베이컨 덩어리 250g과 부케가르니도 넣는다. 찬물 2ℓ를 붓고 가열한다. 끓어오르기 시작하면 거품을 건지고 소금, 후추를 넣는다. 불을 줄이고 식용유 3~4테이블스푼을 넣는다. 약하게 끓는 상태로 2~3시간 익힌다. 매운 초리조 한 덩어리를 넣고 30분간 더 익힌다. 부케가르니와 베이컨, 초리조를 건져낸다. 병아리콩을 건져 다른 냄비에 넣고 마늘로 향을 낸 토마토 소스 200mℓ를 넣는다. 여기에 슬라이스한 초리조와 베이컨을 넣고 뭉근히 15분간 끓인다. 아주 뜨겁게 서빙한다.

porc aux pois chiches et aux cèpes (cuisson sous vide) ▶ PORC

POIS GOURMAND 푸아 구르망 스노우피, 납작한 껍질콩. 완두콩의 한 품종으로 프린세스라고도 불리며 깍지와 안에 든 덜 여문 콩을 함께 먹는다. 겨울과 초봄에 출하되는 스노우 피는 카루비 드 모산(carouby de Maussane)과 코른 드 벨리에(corne-de bellier) 두 품종이 대부분이다. 일반 완두콩 알갱이보다 열량이 낮고 당도가 높으며 칼륨, 비타민이 풍부하다. 완두콩과 같은 방법으로 통째로 조리한다.

POISSON 푸아송 생선, 물고기, 어류. 물에 사는 척추동물로 대부분 비늘로 덮여 있으며 아가미로 호흡하고 지느러미로 이동한다. 현재 알려진 종은 3만 개가 넘으며 이들은 매우 상이한 군을 형성하고 있다(**참조** p.672, 673 민물생선 도감, p.674~677 바다생선 도감). 대부분의 어류는 바다에 살며 어종에 따라 서식지의 해저 깊이는 다르다. 민물에 사는 물고기의 종류는 훨씬 적으며 이들 중 일부(장어, 연어)는 일생 중 어느 기간을 바다에서 보내기도 한다.

물고기는 크게 뼈대의 종류에 따라 연골어류(상어, 점상어, 홍어), 경골어류(대부분의 물고기) 로 분류되며 이어서 지느러미 위치에 따라 종류가 구분된다. 그 외에 몸통의 형태[방추형, 위아래로 납작한 형태(홍어, 가오리), 옆으로 납작한 형태(넙치류의 생선으로 두 눈이 오른쪽 또는 왼쪽에 몰려 있으며 광어, 서대, 대문짝넙치 등이 대표적이다), 길쭉한 형태, 뱀과 같은 형태 등], 지느러미의 개수와 모양, 아가리의 크기,이빨, 뾰족한 침, 반문, 수염의 유무, 껍질의 두께, 측선의 형태, 색소 침착 및 반점 등의 기준 또한 어종을 구분하는 요소가 된다.

물고기는 서식 방식에 관련된 특성을 지니고 갖고 있다. 물고기의 몸은 대략 물과 동일한 밀도를 갖고 있으며 일반적으로 부레를 갖고 있어 물에 뜬다. 물속에서는 거의 무게가 없으며 뼈대 또한 가볍고 모양이 단순하다(따라서 밀도가 조밀하고 훨씬 무거운 뼈라기보다는 가시라고 부른다). 물고기는 평생 동안 자란다(그렇기 때문에 이론상 몸의 크기는 무한대라고 할 수 있다). 생선이 늙었다고 표현하지 않는 이유가 바로 여기에 있다. 따라서 조리할 때도 나이가 많은 생선이라고 더 오래 익히지 않는다. 왜냐하면 나이가 들고 덩치가 커져도 식감이나 맛이 달라지지 않기 때문이다.

어류는 냉혈동물이며 변온동물이다. 눈이 항상 물에 잠겨 있기 때문에 대개 눈꺼풀이 없고 두 개의 턱뼈는 관절로 연결되어 있다. 개체수가 적어 소위 귀한 생선으로 불리는 물고기들은 대규모 양식을 통해 가격도 떨어지고 소비도 늘었다(연어, 송어, 귀족도미, 농어, 대문짝넙치 등). 반면, 일반적인 물고기들은 오히려 무분별한 어획으로 점점 희귀해지고 있다(대구, 명태, 참치 등). 오늘날 프랑스에서 수산물의 공급은 수요에 훨씬 못 미치며, 1/3 정도는 수입 물량에 의존하고 있는 실정이다. 이와 같은 공급의 세

계화는 낚시와 양식을 통한 생산 기술의 발전 덕택에 가능해졌다.

오늘날 생활양식의 변화와 식생활과 건강에 대한 자각은 수산물 소비에 큰 변화를 가져왔다. 금요일에만 의무적으로 생선을 먹던 옛 관습은 사라지고 이제는 점점 더 많은 생선을 먹게 되었다. 뿐만 아니라 영양학자들은 일주일에 두세 번은 반드시 생선을 섭취할 것을 권장하고 있다.

■ **선택.** 생선을 구입할 때는 계절, 선도, 식용 가능한 부위의 비율을 고려해야 한다.

● **계절.** 오늘날 아프리카나 스칸디나비아 해역 등지에서 어획한 생선들은 거의 연중 구입할 수 있지만, 그래도 근해에서 잡힌 제철 생선을 선택하는 것이 바람직하다. 맛도 좋고 가격도 덜 비싸기 때문이다(**참조** 아래 도표).

● **선도.** 생선을 고를 때 가장 중요한 요소로, 갓 잡은 생선의 신선도를 따라올 것은 없다. 하지만 운송수단과 냉장시설의 발전으로 오늘날에는 산지에서 먼 장소에서도 맛에 지장 없는 신선한 생선을 먹을 수 있게 되었다.

생선을 보존하는 방식은 아주 오래전부터 사용되어왔다. 차가운 온도에서 보관(이미 고대 로마인들은 이 방식을 사용했다), 건조(특히 청어와 염장대구), 훈연(연어) 또는 큰 통에 넣어 저장하는 방법 등이 이에 해당한다. 여기에 더해 오늘날에는 깡통이나 병조림, 파우치, 진공포장, 변형공기포장법(MAP) 등 새로운 보존방법이 개발되어 소비자의 선택은 더욱 다양해졌다. 냉동 기술과 선상 급속냉동 방식은 생선의 보관, 운송에 결정적인 역할을 했다.

● **식용 가능한 부분의 비율.** 생선 한 마리 전체의 무게 대비 먹을 수 있는 부위의 실중량을 뜻하며 이는 어종, 조리법, 최종 플레이팅에 따라 35~80%로 그 편차가 매우 크다. 따라서 실제 섭취할 수 있는 실 중량 150g을 얻기 위해서는 생선 총 중량 250g은 잡아야 한다.

■ **영양학적 가치.** 모든 생선은 단백질뿐 아니라 인, 마그네슘, 구리, 철분, 요오드, 비타민 B가 풍부하며 특히 기름진 생선의 경우는 비타민 A와 D 함량이 높다. 모든 생선은 종류에 따라 미미하나마 어느 정도 지방을 함유하고 있으며 어종에 따라 함유량이 상대적으로 좀 많은 것도 있는데, 대개 산란기가 지나면 그 양이 감소한다. 대다수를 차지하고 있는 담백한 생선에는 대구과(염장대구, 해덕대구, 유럽 메를루사, 헤이크 등), 가자미과(서대, 대문짝넙치, 가자미, 광어 등)의 생선들과 도미, 성대, 노랑촉수, 가오리 등이 포함된다(지방 0.5~4%). 지방이 있는 생선은 필수지방산인 오메가3가 풍부하다. 지방 4~10%의 약간 기름진 생선으로는 정어리, 고등어, 청어, 송어를 꼽을 수 있으며, 몇 종류 안 되는 기름진(gras) 생선에는 다랑어(13%), 연어(8~12%), 곰치와 칠성장어(13~17%)가 포함된다. 생선 중 가장 지방을 많이 함유한 것은 장어이다(25%).

■ **요리.** 바다생선, 민물생선 모두 다양한 방법으로 찬 요리, 더운 요리를 만든다. 속을 채우거나 가니시를 곁들이기도 하고, 각종 소스, 여러 재료를 더해 맛을 낸 혼합 버터, 다양한 채소, 과일 등을 더한다.

생선을 최적의 상태로 익히는 것은 늘 까다롭다. 가시에 붙은 살이 딱 알

주요 자연산 생선의 출하 시기

명칭	성어기	평균 출하 시기
민물청어, 전어 alose	4월~5월	—
멸치, 안초비 anchois	9월~12월	그 외 연중
장어, 뱀장어 anguille	3월~9월	—
농어 bar	7월~4월	그 외 연중
광어 barbue	연중	
강꼬치고기, 파이크 brochet	연중	
대구 cabillaud	연중	
휘프, 미그림(작은 넙치) cardine	연중	
잉어 carpe	연중	
웨지 솔(가자미의 일종) céteau	7월, 8월	그 외 연중
전갱이 chinchard	4월~10월	그 외 연중
헤이크, 유럽 메를루사 colin, merlu	3월~7월	그 외 연중
붕장어 congre	연중	
귀족도미, 도미 daurade royale, dorades	연중	
해덕대구 églefin	연중	
오렌지 라피(납작금눈돔) empereur	연중	
바다빙어 éperlan	4월~9월	—
양미리 équille	4월~9월	—
황새치 espadon	4월~11월	—
철갑상어 esturgeon	연중	
대서양 가자미, 핼리벗 flétan	연중(3월 제외)	
성대 grondin	연중	
청어 hareng	11월~2월	그 외 연중
폴락(북대서양 대구의 일종) lieu jaune	연중	
세이드(북대서양 대구의 일종) lieu noir	연중	
각시가자미 limande	연중	

명칭	성어기	평균 출하 시기
청몰바대구 lingue, julienne	2월~9월	—
아귀 lotte, baudroie	4월, 5월	그 외 연중
고등어 maquereau	3월~5월	그 외 연중
명태 merlan	1월~6월	그 외 연중
숭어 mulet	4월~9월	—
분홍도미 pageot	연중	
유럽참돔 pagre	연중	
유럽퍼치(농어의 일종) perche	연중	
뱀장어 치어 pibales, civelles (alevins d'anguille)	12월~3월	—
유럽가자미 plie, carrelet	4월~12월	그 외 연중
홍어, 가오리 raie	연중	
쏨뱅이 rascasse	연중	
상어 requin	연중	
성대 rouget	9월~5월	그 외 연중
지중해 작은 상어 roussette	9월~11월	그 외 연중
달고기, 존도리 saint-pierre	연중	
민물농어, 잔더 sandre	연중	
정어리 sardine	5월~10월	—
연어 saumon	연중	
서대 sole	3월, 4월	그 외 연중
텐치 tanche	연중	
날개다랑어 thon blanc, germon	9월~12월	—
참다랑어 thon rouge	4월~12월	—
송어 truite	연중	
대문짝넙치 turbot	3월~7월	그 외 연중

맞게 익되 끈적이는 날것 상태는 아니어야 한다. 또한 너무 오래 익히면 살이 푸석해지고 촉촉한 맛을 잃게 되니 주의한다.

생선을 익히는 방법은 건식으로 그대로 굽거나 팬에 지지는 방법, 쿠르부이용이나 나주 등 액체에 익히는 방법, 튀기기, 증기에 찌기, 파피요트로 싸 익히기 등 매우 다양하다. 기호에 따라 날로 먹기도 하는데 이 경우엔 최상의 신선도와 생선을 다루는 숙련된 기술이 필수적이다(때로 날것이지만 완전히 날생선은 아닌 상태, 즉 레몬즙에 절여 둔 날생선 상태로 먹기도 한다).

만드는 법 익히기 ▶ **POISSONS 생선 실습 노트 P. X À XIII**

aspic de poisson ▶ ASPIC

로베르 쿠르틴(ROBERT COURTINE)의 레시피

blaff de poissons **블라프 드 푸아송**

블라프 생선 스튜 : 흰살 생선(붉은 도미, 남극빙어, 텐치 등) 1kg를 준비해 비늘과 내장을 제거한다. 레몬즙을 뿌리고 깨끗이 헹군 뒤 반으로 자른다. 약간의 물과 레몬즙 3개분, 소금, 잘게 자른 붉은 고추 몇 조각을 넣고 생선을 45분 정도 재운다. 부케가르니를 만들고 양파 1개와 마늘 5톨의 껍질을 벗긴 뒤 모두 코코트 냄비에 넣고 끓는 물 1ℓ를 붓는다. 나무 스푼으로 마늘을 으깬다. 기름 2테이블스푼을 넣고 다시 가열하여 끓어오르면 생선을 넣는다. 뚜껑을 덮고 15분간 끓인다. 레몬 5개의 즙을 짜 볼에 담고, 마늘 1톨에 기름을 조금 넣고 짓이긴다. 이 양념을 모두 코코트 냄비에 넣는다. 조리한 냄비째 그대로 서빙한다. 찐 고구마나 마를 곁들인다.

바베트 드 로지에르(BABETTE DE ROZIÈRES)의 레시피

blaff de poissons à l'antillaise **블라프 드 푸아송 아 랑티예즈**

앤틸리스식 블라프 생선 스튜 : 4인분

하루 전날, 생선 1kg을 손질해 큰 볼에 넣고 소금 한 자밤, 후추, 다진 마늘 2톨, 얇게 썬 흰 양파 1개, 레몬즙 2개분, 화이트와인 식초 2테이블스푼을 넣어 냉장고에서 하룻밤 재운다. 당일, 냄비에 물 500mℓ와 타임 2줄기, 쪽파 2대, 차이브 6줄기, 파슬리 작은 줄기 한 개, 월계수잎 1장, 마늘 2톨, 잘게 다진 샬롯 2개를 넣는다. 중불에서 3분간 끓인 뒤 생선을 넣는다. 소금, 후추로 간하고 앤틸리스 고춧가루를 칼끝으로 조금 넣은 뒤 센 불로 8~10분간 팔팔 끓인다. 불에서 내린 뒤 레몬즙 2개 분과 곱게 다진 마늘 1톨을 넣는다. 잘 저어 섞은 뒤 뚜껑을 덮고 1분간 두었다가 서빙한다.

choucroute aux poissons ▶ CHOUCROUTE
consommé simple de poisson ▶ CONSOMMÉ
coquilles chaudes de poisson à la Mornay ▶ COQUILLE
court-bouillon pour poissons d'eau douce ▶ COURT-BOUILLON
court-bouillon pour poissons de mer ▶ COURT-BOUILLON
couscous au poisson ▶ COUSCOUS
farce mousseline de poisson ▶ FARCE
farce pour poisson ▶ FARCE
fumet de poisson ▶ FUMET
gelée de poisson blanche ▶ GELÉE DE CUISINE
gelée de poisson au vin rouge ▶ GELÉE DE CUISINE
glace de poisson ▶ GLACE DE CUISINE
marinade instantanée pour poissons grillés ▶ MARINADE
meurette de poisson ▶ MEURETTE
mousse de poisson ▶ MOUSSE
nage de poissons du lac à l'aligoté
et aux herbes fraîches ▶ NAGE
œufs de poisson grillés ▶ ŒUFS DE POISSON
pain de poisson ▶ PAIN DE CUISINE

Poissons d'eau douce 민물생선

saumon du Pacifique
소몽 뒤 파시피크. 태평양 연어

truite de rivière, ou fario
트뤼트 드 리비에르, 파리오. 강 송어, 브라운 송어

saumon de l'Atlantique
소몽 드 라틀랑티크. 대서양 연어

alose
알로즈. 민물청어

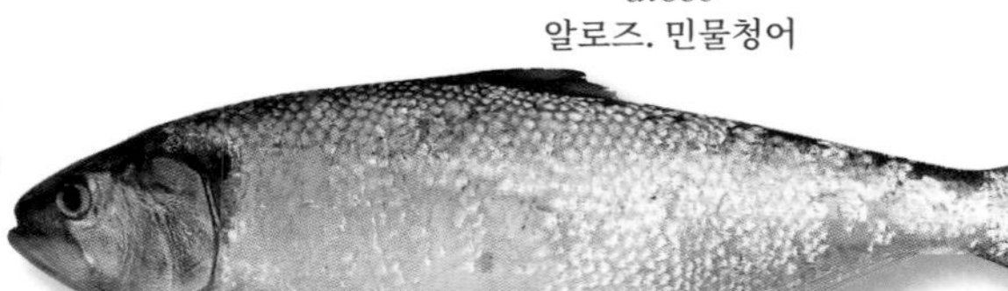

truite arc-en-ciel
트뤼트 아르크 앙 시엘. 무지개 송어

omble chevalier
옹블 슈발리에. 북극 곤들메기

gardon blanc
가르동 블랑. 로치(잉어과)

carassin
카라생. 붕어

barbeau
바르보. 바벨

carpe cuir
카르프 퀴르. 향어, 가죽 잉어

carpe commune
카르프 코뮌. 잉어

sandre
상드르. 잔더, 민물농어

brochet
브로셰. 강꼬치고기, 파이크

perche
페르슈. 유럽 퍼치(농어류의 일종)

lavaret
라바레. 유럽 흰 송어

silure glane
실뤼르 글란. 웰스 메기

바베트 드 로지에르(BABETTE DE ROZIÈRES)의 레시피

poisson grillé à la sauce « chien » 푸아송 그리예 아 라 소스 시앵

허브 소스를 곁들인 생선구이 : 하루 전날, 생선을 통째로 씻어 내장을 제거한 뒤 용기에 담고 소금, 후추, 다진 마늘 1톨, 라임즙 2개분, 흰색 식초 2테이블스푼을 넣고 냉장고에서 24시간 재운다. 당일, 생선을 건져내 물기를 닦고 낙화생유를 발라준다. 오븐 브로일러를 뜨겁게 달군 뒤 생선을 넣고 굽는다. 또는 알루미늄 포일을 씌운 뒤 180°C 오븐에서 20분간 굽는다. 소스를 만든다. 차이브 6줄기, 고수 1줄기, 파슬리 2줄기, 마늘 1톨, 샬롯 1개를 칼로 잘게 다진 다음 모두 볼에 넣고 낙화생유 4테이블스푼, 라임즙 1개분을 넣어 섞는다. 끓는 물을 자작하게 붓고 행주로 덮어 30분간 향을 우려낸다. 소금, 후추로 간하고 맵지 않은 고추 1개를 넣거나 앤틸리스 고춧가루를 칼끝으로 조금 넣고 잘 섞는다. 구운 생선에 소스를 끼얹어 서빙한다.

poissons marinés à la grecque 푸아송 마리네 아 라 그레크

그리스식 생선 마리네이드 : 올리브오일 150mℓ에 얇게 썬 양파 100g을 넣고 색이 나지 않게 볶는다. 여기에 화이트와인 150mℓ와 물 150mℓ, 체에 거른 레몬즙 1개분을 넣고 가늘게 채 썬 피망 2개, 껍질을 벗기지 않고 으깬 마늘 1톨, 부케가르니 1개, 소금 4g, 후추를 넣는다. 15분간 끓인다. 손질해둔 성대와 정어리 500g에 끓인 마리네이드 액을 바로 붓고 식힌 뒤 냉장고에 넣어둔다.

salpicon au poisson ▶ SALPICON
sauce bourguignonne pour poissons ▶ SAUCE
sauce moutarde pour poissons froids ▶ SAUCE
velouté de poisson ▶ VELOUTÉ

POISSON D'AVRIL 푸아송 다브릴 직역하면 4월의 물고기라는 뜻으로 4월 1일 만우절에 행해지는 속임수, 골탕 먹이기 등의 장난을 뜻한다. 이러한 전통과 함께 매년 만우절이 되면 당과류 제조자들은 초콜릿이나 마지팬 또는 설탕공예를 이용한 물고기 모양 과자나 사탕을 만들어 판매하고 있다. 알자스에서는 물고기 모양의 틀로 과자를 만들기도 한다.

POISSONNIÈRE 푸아소니에르 생선용 냄비. 생선 모양처럼 길쭉하고 둘레가 수직으로 떨어지는 큰 사이즈의 조리 용기로 양쪽에 손잡이가 달려 있고 망과 뚜껑이 갖춰져 있다. 소모니에르(saumonière)라고도 불리며 대개 소재는 알루미늄, 스테인리스 혹은 안쪽 면이 주석 코팅된 구리 소재로 이루어져 있다. 큰 사이즈의 생선(대구, 연어, 강꼬치고기 등)을 통째로 넣어 쿠르부이용에 익힐 때 사용된다. 안에는 생선과 함께 그대로 들어낼 수 있도록 양쪽에 손잡이 달린 망이 있어 익은 생선살을 부서지지 유지하며 쉽게 꺼낼 수 있다. 역시 생선 전용 냄비의 한 종류인 튀르보티에르(turbotière)는 넙치류의 납작하고 큰 생선 전용으로 그 모양에 따라 만든 것이다.

POITOU 푸아투 프랑스 푸아투 지방. 북쪽으로는 숲지대, 남쪽으로는 늪지와 석회질의 평야지대로 이루어진 푸아투는 우선 목축업이 발달한 지역으로 품질 좋은 유제품으로 명성이 나 있다. 고기 요리 또한 인기가 높다. 특히 새끼 염소고기로 스튜로 만들거나 속을 채워 로스터리 꼬챙이에 꿰어 굽기도 하고, 부활절 시즌에는 전통적으로 풋마늘이나 소렐을 넣고 브레이징한 염소고기 요리를 즐겨 먹는다. 돼지로는 훌륭한 맛의 부댕, 파테, 투르티에르(크러스트를 씌운 미트 파이의 일종)뿐 아니라 내장 소스(sauce de pire 돼지 허파와 간에 양파, 샬롯, 레드와인, 향신 재료를 넣고 끓여 만든다)를 만든다. 가금류와 수렵육은 소스를 곁들인 요리가 주를 이

POISSONS DE MER 바다생선

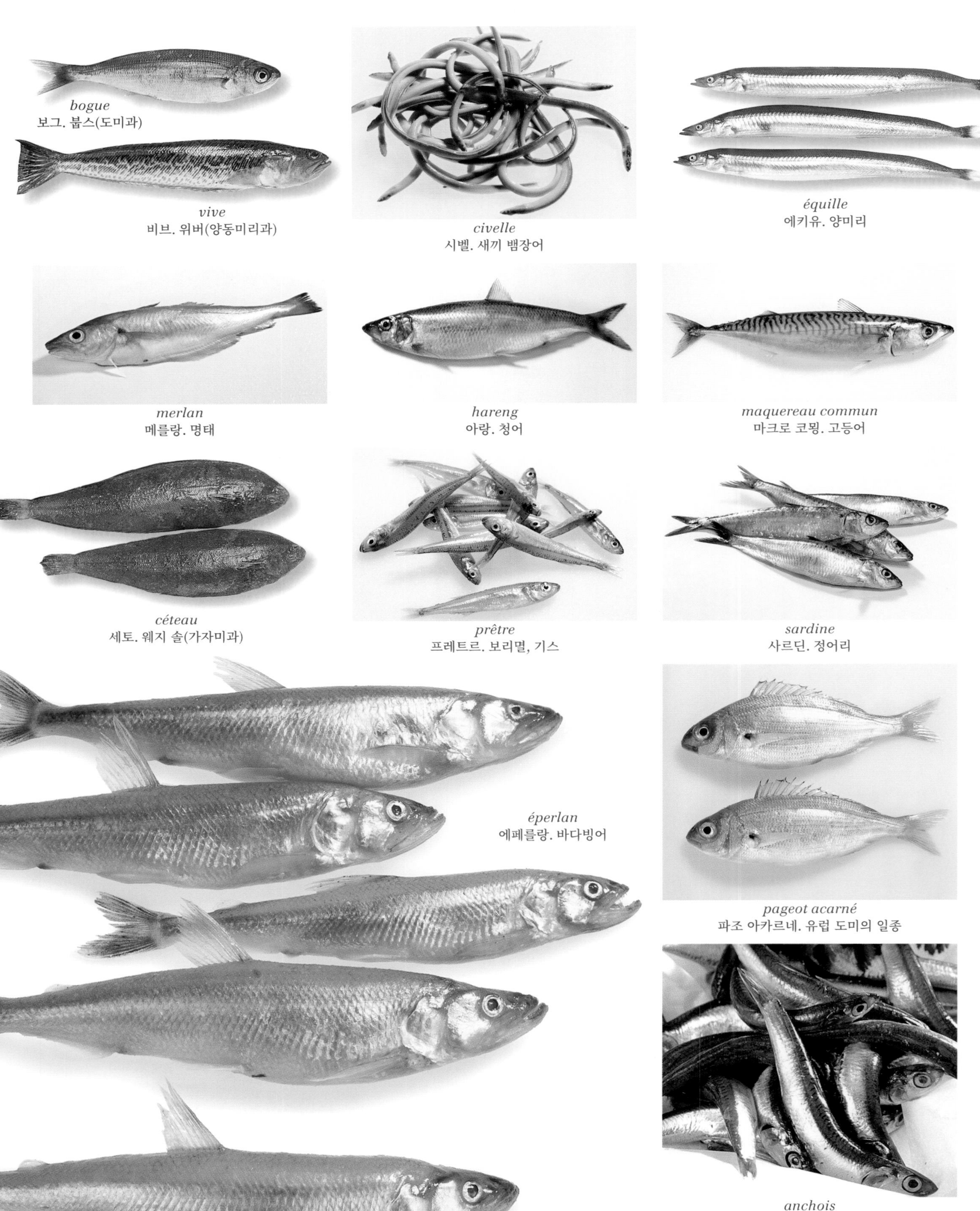

bogue
보그. 붑스(도미과)

vive
비브. 위버(양동미리과)

civelle
시벨. 새끼 뱀장어

équille
에키유. 양미리

merlan
메를랑. 명태

hareng
아랑. 청어

maquereau commun
마크로 코묑. 고등어

céteau
세토. 웨지 솔(가자미과)

prêtre
프레트르. 보리멸, 기스

sardine
사르딘. 정어리

éperlan
에페를랑. 바다빙어

pageot acarné
파조 아카르네. 유럽 도미의 일종

anchois
앙슈아. 멸치, 안초비

cabillaud
카비오. 대구

lotte
로트. 아귀

rouget-barbet
루제 바르베. 노랑촉수, 성대

rascasse du Nord
라스카스 뒤 노르. 쏨뱅이의 일종

grondin rouge
그롱댕 루즈. 붉은 성대의 일종

vivaneau
비바노. 붉은 도미

rascasse rouge
라스카스 루즈. 붉은 점감팽

coq rouge
코크 루즈. 카디날 피시(동갈돔과)

mérou
메루. 농어의 일종

vieille commune
비에유 코뮌. 양놀래기

églefin
에글르팽. 해덕대구

oblade
오블라드. 흑돔의 일종

lieu jaune
리유 존느. 북대서양 대구(폴락)

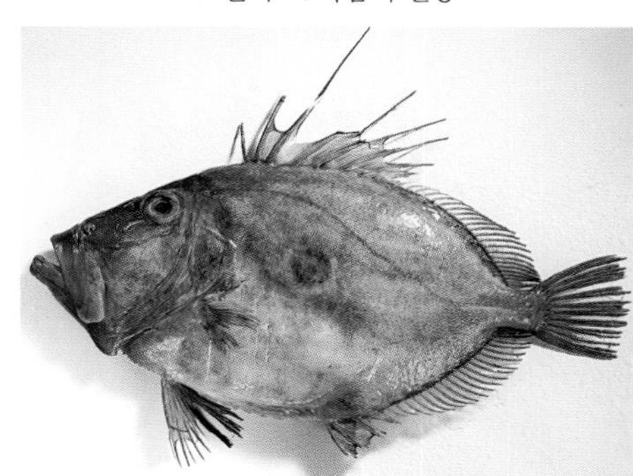
saint-pierre
생 피에르. 달고기, 존 도리

bar
바르. 배스, 농어

lieu noir
리유 누아. 북대서양 대구(세이드)

thon rouge
통 루즈. 참다랑어

thonine
토닌. 작은 다랑어

bonite à dos rayé, pélamide
보니트 아 도 레이예, 펠라미드. 가다랑어

sériole
세리올. 잿방어

tassergal
타세르갈. 블루피시(고등어의 일종)

merlu commun
메를뤼 코묑. 유럽 메를루사(민대구의 일종), 헤이크

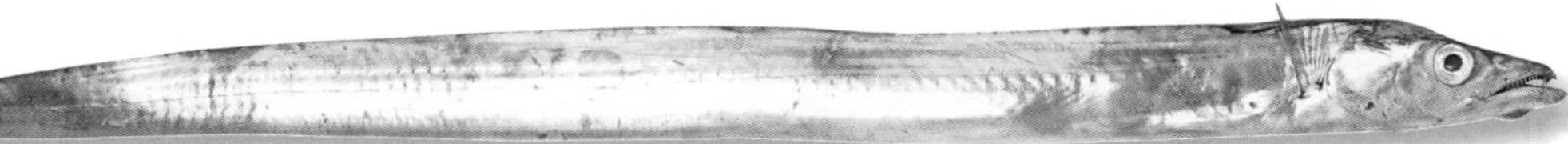

sabre
사브르. 갈치

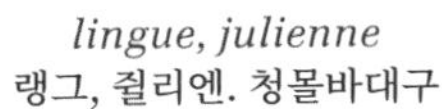

lingue, julienne
랭그, 쥘리엔. 청몰바대구

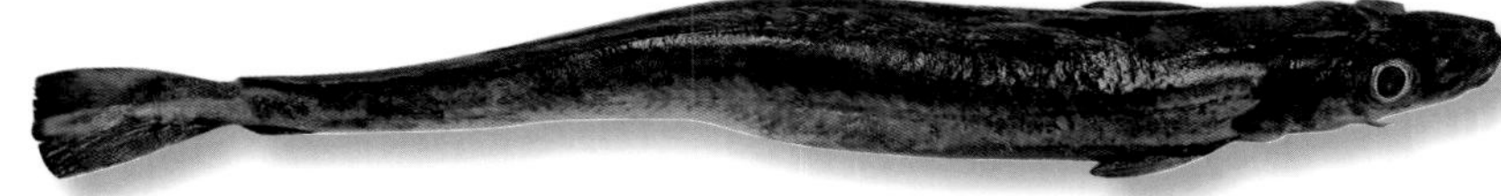

aiguillat
앙기야. 돔발상어

esturgeon
에스튀르종. 철갑상어

congre
콩그르. 붕장어

anguille
앙기유. 뱀장어

plie, carrelet
플리, 카를레. 넙치, 유럽 가자미

flet
플레. 가자미, 넙치

turbot
튀르보. 대문짝넙치

sole commune
솔 코뮌. 도버 서대기

raie étoilée
레 에투알레. 얼룩매가오리

barbue
바르뷔. 광어

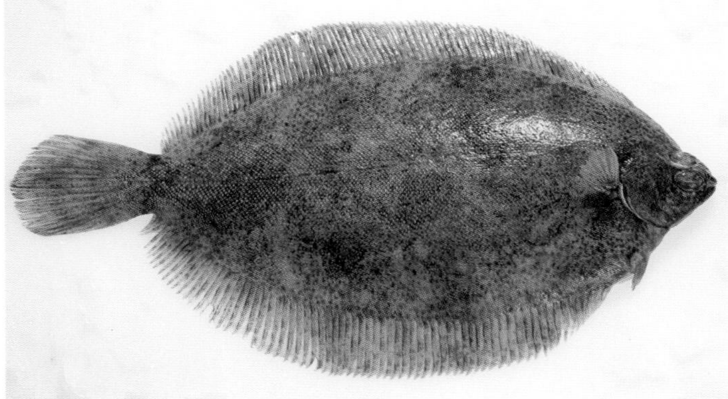
limande-sole
리망드 솔. 레몬 서대기

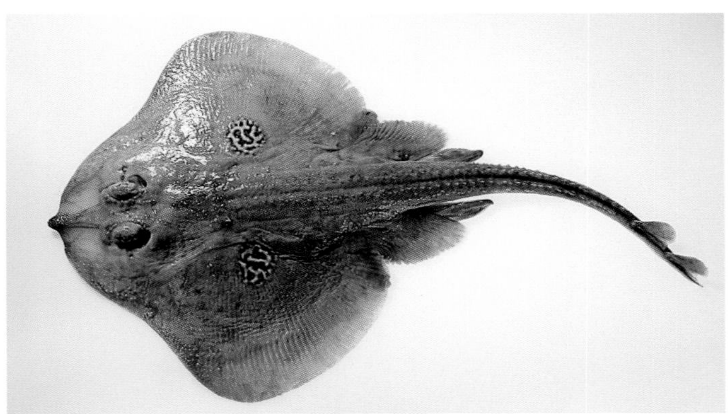
raie fleurie
레 플뢰리. 쿠쿠 가오리

flétan
플레탕. 대서양 넙치

dorade coryphène
도라드 코리펜. 만새기

mulet
뮐레. 숭어

pagre
파그르. 적돔

daurade royale
도라드 루아얄. 귀족도미

sar
사르. 백색 참돔

Poisson 생선

"파리 리츠 호텔과 레스토랑 가르니에, 카이세키의 셰프들이 다양한 방식으로 생선을 조리하고 있는 모습. 생선 종류에 따라 한 마리 통째로, 필레를 떠서, 파피요트로 싸거나 토막으로 잘라 요리하기도 하고, 쿠르부이용에 익히거나 마리네이드 양념에 재우기도 하며 때로는 날것으로 서빙하기도 한다. 이 모든 요리에서 요구되는 최우선 조건은 흠잡을 데 없이 완벽한 재료의 신선도다."

룬다. 닭 내장과 빵 속살로 만든 소를 채운 푸아투식 닭 요리, 뭉근히 익힌 거위 콩포트, 파슬리, 바질, 처빌, 히솝 등의 허브를 넣고 조리한 비둘기 요리 등이 대표적이다.

채소 중에서 특히 양배추는 이 지역 다수의 향토 요리에 들어가는 재료다. 간단히 버터에 볶아 먹거나 버터를 넉넉히 바른 양배추잎에 과일을 넣어 익힌 그리몰(grimolle), 어린 양배추잎을 샐러드로 또는 크림을 곁들여 먹는 피오숑(piochon) 등을 만든다. 잠두콩은 특히 습지대에서 재배한 것이 유명한데 수프나 퓌레를 만들기도 하고 아주 연한 어린 콩은 깍지를 까서 생으로 소금에 찍어 먹기도 한다. 강낭콩과 근대는 스튜에 넣거나 크림 소스에 조리하며 리크와 아스파라거스는 데친 뒤 녹인 버터를 뿌려 먹는다. 이 지역 과수원에서는 특히 황금색 껍질을 갖고 있으며 작고 즙이 많은 사과인 레네트 클로샤르(reinette clochard) 품종이 많이 생산된다.

유제품으로는 최상급 크림 치즈 외에도 에쉬레(Échiré)의 버터, 그리고 특히 샤비슈 뒤 푸아투를 비롯한 다수의 염소 치즈를 대표로 꼽을 수 있다.

파티스리와 당과류로는 브루아예 뒤 푸아투(밀가루, 설탕, 버터, 달걀을 넣어 만든 갈레트 케이크의 일종), 뤼지냥과 몽모리옹의 마카롱, 푸아투의 누가틴, 니오르의 안젤리카 줄기 당절임(안젤리카는 리큐어를 만드는 데도 사용된다) 등이 유명하다.

POITRINE 푸아트린 동물의 가슴 근육으로 이루어진 정육 부위를 지칭한다. 소의 가슴 부위(**참조** p.108 프랑스식 소 정육 분할 도감)는 큰 덩어리의 가슴 윗부분, 가슴 중간 부분, 아주 연한 양지 업진살(tendron)을 모두 포함하며 주로 포토푀, 브레이징, 소테용으로 사용한다. 송아지 가슴 부위(**참조** p.879 송아지 정육 분할 도감)는 명칭 그대로 가슴살과 양지 부위(tendron, flanchet)로 이루어져 있다. 블랑케트, 브레이징 요리, 마렝고 요리에 적합하며 소테하거나 속을 채워 익히기도 한다. 양의 가슴 부위(**참조** p.22 양 정육 분할 도감)는 작게 토막 내어 쿠스쿠스, 나바랭 스튜, 소테용으로 사용한다. 또는 덩어리째 굽거나 속을 채워 조리하기도 한다. 돼지의 가슴 부위는(**참조** p.699 돼지 정육분할 도감)은 옛날에는 생고기 상태로 끓여 스튜를 만들기도 했으나 오늘날은 주로 염장하여 프티 살레를 만든다. 살과 비계가 층층이 섞인 삼겹살 부위는 베이컨을 만들거나 훈연 또는 염장하여 요리에 사용한다. 돌돌 말거나 소시지 스터핑으로도 사용하고, 건조시키거나 소를 채워 넣고 조리하기도 한다.

▶ 레시피 : AGNEAU, MOUTON, PORC, VEAU.

POIVRADE 푸아브라드 푸아브라드 소스. 후추가 다른 양념보다 더 중요한 역할을 하는 다양한 소스의 명칭으로, 가장 많이 알려진 것은 채소 미르푸아에 식초와 화이트와인을 넣어 졸인 뒤 에스파뇰 소스나 데미글라스를 첨가하고 으깬 통후추를 넣어 향을 낸 것이다. 주로 마리네이드액에 재워둔 고기 요리, 털이 있는 수렵육 요리에 곁들인다. 그 외 다른 종류의 푸아브라드 소스로는 식초와 샬롯을 주재료로 만든 것(더운 소스) 또는 비네그레트 베이스의 소스(찬 소스)가 있다.

또한 푸아브라드는 작은 아티초크를 부르는 명칭이다. 이 연하고 어린 채소는 생으로 또는 익혀서 소금에 찍어 먹는다.

▶ 레시피 : SAUCE.

POIVRE 푸아브르 후추. 강하고 자극적인 매운맛을 지닌 여러 식물의 열매, 장과, 핵과, 종자, 잎 등을 지칭한다. 법적으로 후추라는 단어는 후추과에 속하는 덩굴식물인 후추나무의 열매와 종자에만 사용할 수 있다. 서남아시아가 원산지인 후추나무는 작은 알갱이가 달린 송이 형태의 열매를 맺는데 처음에는 녹색, 이어서 노란색, 붉은색 마지막엔 갈색으로 변하며 말리면 거무스름해진다.

■ **품종.**

● **진짜 후추.** 후추나무(piper nigrum)의 열매 알갱이로 여러 종류의 후추를 얻을 수 있다.

- 흑후추는 향이 아주 강하며, 열매가 완전히 익기 바로 직전 수확해 알갱이 그대로 말린 것이다.
- 백후추는 검은 후추와 같은 열매로 아주 많이 익었을 때 딴 열매 알갱이를 소금물에 담가 찧으면서 도톰한 과피를 제거한 것이다. 얼얼한 맛이 덜한 이 후추는 흰색 소스를 양념할 때 적합하다. 굵직하게 빻은 것을 미뇨네트(mignonnette)라고 부른다.
- 그린 페퍼콘, 녹색 후추는 열매가 익기 전에 딴 것으로 말려서 식초나 소금물에 저장한 상태로 판매한다. 매운맛이 덜하고 과실의 풍미가 더 진하다. 말랑말랑해서 알갱이 상태로 먹을 수 있다.
- 회색 후추는 단순히 검은 후추와 흰 후추를 혼합한 것이다.

● **가짜 후추.** 같은 후추과에 속하는 나무(piper)에서 열리는 열매, 장과, 핵과, 종자, 잎으로 검은 후추와 풍미가 비슷하다.

- 베틀 후추는 주로 잎을 소비한다. 인도를 비롯한 아시아 지역에서는 향을 지니고 있어 구취를 없애는 효능이 있는 이 잎에 석회를 바른 뒤 빈랑나무의 열매(베틀너트)를 싸서 씹는다.
- 아샨티 후추는 완전히 익은 붉은색 알갱이로 검은 후추와 향이 비슷하고 용도도 같다.

필발(또는 인도 롱 페퍼)은 열대 아시아지역이 원산지이며 이미 고대 로마인들도 즐겨 사용했다. 검은 후추와 풍미가 매우 비슷하다. 큐베브 후추(poivre cubèbe, poivre à queue)는 쌉싸름한 맛이 나며 검은 후추에 비해 향이 훨씬 약하다.

● **기타 식물군의 후추.**

- 핑크 페퍼콘은 옻나무과에 속한다. 분홍색을 띤 열매는 은은한 단맛과 강하지 않은 매콤함을 지니고 있으며 송진의 향이 난다. 한 번 익힌 푸아그라, 과일 샐러드, 초콜릿 등의 향을 내는 데 사용한다.
- 워터 페퍼라고도 불리는 여뀌는 마디풀과에 속하는 식물로 잎에서 후추 향이 난다. 옛날에는 농촌에서 아주 많이 사용했다.

후추 및 유사 후추의 주요 유형과 특징

유형	식물	산지	생산과정 및 외형	풍미
후추 *poivres*				
흰 후추 poivre blanc	후추나무 *piper nigrum*	인도, 브라질, 인도네시아, 말레이시아, 이탈리아	완전히 익은 열매 알갱이를 따서 소금물에 담가 과피를 제거하고 말린다. 통후추 또는 가루 형태로 판매된다.	매운 편이다.
검은 후추 poivre noir	후추나무 *piper nigrum*	인도, 브라질, 인도네시아, 말레이시아	완전히 익기 바로 전의 열매 알갱이를 따서 건조한 것으로 말리는 동안 색이 검게 변하고 주름이 생긴다. 통후추 또는 가루 형태로 판매된다.	맵다.
녹색 후추 poivre vert	후추나무 *piper nigrum*	인도, 브라질, 인도네시아, 말레이시아	덜익은 열매 알갱이를 딴 것으로 산지에서 신선 상태로 판매되거나 소금물에 담가 저장한 것 또는 말린 상태로 판매된다.	맵고 과실향이 있다.
유사 후추 *apparentés*				
올스파이스 piment de la Jamaïque	소귀나무 *myrica gale*	자메이카	녹색일 때 딴 열매를 햇빛에 말린 것으로 검은색을 띠는 알갱이다.	특유의 향이 있다.
핑크 페퍼콘 poivre rose, poivre d'Amérique	페루 후추나무 *schinus molle*	남미	짙은 분홍색에서 붉은색을 띠는 알갱이다.	약간 맵고 향이 좋다.
스추안 후추, 화자오 poivre du Sichuan, fagara	초피나무 *zanthoxylum piperitum*	중국	짙은색의 약간 굵은 알갱이로 말라서 표면이 갈라진 형태이다.	얼얼한 매운맛이 나며 꽃 향이 있다.

- 기니 후추는 뽀뽀나무과에 속하는 식물로 맛이 후추와 강황에 가깝다. 아프리카에서 아주 많이 쓰는 향신료다.
- 스추안 페퍼와 산초는 둘 다 운향과에 속하는 식물이지만 다른 종이다. 작고 통통한 알갱이 형태로 입안에서 혀가 마비되는 듯한 얼얼한 매운맛과 레몬과 같은 새콤한 향을 낸다. 초콜릿(프랄린)에 향을 낼 때도 사용한다.
- 수도사들의 후추라는 별명을 가진 이탈리아 목형은 마편초과에 속하는 식물로 알갱이가 4개씩 뭉쳐 열리며 후추향이 강하게 난다. 중세 시대에는 가난한 서민들의 후추였다고 한다.
- 멜레게타 후추(그레인 오브 파라다이스)는 생강과에 속하는 식물로 열매 알갱이가 피라미드 모양을 하고 있다. 아주 톡 쏘는 매운맛을 갖고 있으며 원산지는 아프리카다.

이외에 올스파이스나 카옌페퍼도 후추라는 뜻의 페퍼로 잘못 통칭하고 있다. 미나리아재비과의 블랙 커민과 흑종초 니겔라 또한 후추로 취급되고 있다. 이들은 다양한 빵 제조 시 향신료로 쓰인다(**참조** NIGELLE).

후추는 통 알갱이로 또는 분쇄한 가루 형태로 판매된다. 하지만 최상의 향을 내기위해서는 필요할 때마다 직접 갈아 쓰는 것이 바람직하다. 우수한 품질로 인정받는 후추들 중에는 텔리체리 화이트페퍼, 람퐁, 망갈로르, 사이공, 싱가포르 블랙페퍼 등 산지의 명칭을 붙인 것들이 많다.

■ **역사.** 후추는 태곳적 아득한 옛날부터 전 세계에서 사용하는 보편적인 향신료다. 알렉산드로스 3세 메가스가 기원전 4세기에 후추를 고대 그리스에 처음 들여왔을 당시 이미 인도와 중국에서는 널리 사용되고 있었고, 고대 로마에서는 후추에 주니퍼베리를 섞어 파는 속임수가 등장하기 시작했다. 서기 1세기에 아피키우스는 끓인 음식의 맛이 밍밍할 때 후추를 넣어 맛을 돋우거나, 오래 숙성한 수렵육에서 나는 너무 강한 냄새를 잡기 위해 후추를 사용할 것을 권장하였고 이후 후추의 역할과 용도는 더욱 확대되었다.

중세에는 이 향신료가 매우 귀하고 비쌌으며, 여러 차례에 걸쳐 세금이나 몸값을 지불하는 화폐 수단으로 사용되기도 했다. '현금으로 지불하다라'는 표현의 어원은 바로 여기에서 유래했다. 유럽의 대 탐험가들은 실크, 금, 보석 이외에도 향신료의 확실한 공급선을 확보하기에 혈안이 되어 있었다. 수 세기에 걸쳐 후추의 사용은 전 세계적으로 보편화되어 소금과 함께 대부분의 음식에 간을 맞추는 향신료로 쓰이게 되었다. 숙명적인 이름(성이 후추를 뜻하는 Poivre이다)을 가진 리옹 출신의 1770년대 마르티니크 포르드프랑스 주지사였던 피에르 푸아브르(Pierre Poivre)는 당시까지만 해도 아시아에서만 행해졌던 후추나무 재배를 부르봉섬(현 레위니옹섬)에 처음 도입했다. 오늘날 유럽의 연간 후추 소비량은 일인당 100g 안팎이다.

후추의 매운 향은 함유하고 있는 에센셜 오일과 쌉쌀한 맛의 수지, 그리고 피페린에서 나온다. 입맛을 자극하고 소화를 촉진시키는 효능이 있으나 과도한 양을 섭취하면 위를 자극하거나 염증을 일으킬 수 있다.

■ **사용.** 요리 명칭 중에는 후추라는 단어를 넣어 그 특징을 표현하는 것들이 여럿 있다. 푸아브라드 소스, 페퍼 스테이크, 독일의 페퍼쿠헨(직역하면 후추 케이크), 네덜란드의 페퍼 포트(양파를 넣은 양고기 스튜로 후추 향이 매우 강하다) 등을 예로 들 수 있다.

후추는 가장 대표적인 기본 향신료로 찬 요리, 더운 요리에 상관없이 짭짤한 간이 있는 일반 요리에 거의 대부분 들어간다. 통후추 알갱이는 쿠르부이용, 마리네이드액, 피클류의 초절임 등에 넣어 향을 내고, 굵직하게 부순 후추는 각종 구운 요리나 생채소, 다져 만든 스터핑 혼합물 등에 뿌린다. 또한 곱게 간 후춧가루는 샐러드나 일반 조리 시 두루 사용한다. 그린 페퍼콘은 특정 레시피에 종종 사용한다. 특히 팬 프라이드 오리, 아귀, 생선 테린, 아보카도 샐러드 등에 넣으면 잘 어울린다.

미셸 게라르(MICHEL GUÉRARD)의 레시피

aiguillettes de caneton au poivre vert 에귀예트 드 카네통 오 푸아브르 베르

그린 페퍼콘 소스를 곁들인 오리 가슴살 요리 : 4인분

오븐을 250°C로 예열한다. 내장을 제거한 2.4kg짜리 오리 2마리(샬랑 Challans 또는 루앙 Rouen산 오리)를 준비한다. 가슴살을 껍질째 잘라낸 다음 양면에 고루 소금, 후추를 뿌려 간한다. 로스팅 팬에 껍질이 위쪽으로 오도록 나란히 놓고 낙화생유 1테이블스푼을 뿌린 뒤 뜨거운 오븐에 넣어 20분간 굽는다. 오븐의 온도를 180°C로 낮춘 뒤 오븐 문을 열고, 알루미늄 포일을 씌운 오리를 그 문 위에 놓는다. 오리의 살이 고르게 핑크빛을 띠도록 천천히 익혀 마무리한다. 냄비에 드라이한 화이트와인 120mℓ와 아르마냑 40mℓ를 넣고 가열한다. 끓기 시작하면 불을 줄이고 약 6분 정도 가열해 1/3로 졸인다. 그린 페퍼콘을 병에 담갔던 액 40mℓ와 닭 육수 60mℓ를 넣고 다시 5분간 끓인다. 더블 크림 300mℓ를 넣고 살짝 소금 간을 한 다음 다시 약한 불로 15분간 졸여 2/3로 만든다. 그동안 다른 냄비를 불에 올리고 와인 식초 1테이블스푼과 설탕 1/2티스푼을 넣은 뒤 30초간 끓인다. 밝은 갈색을 띤 시럽 농도의 캐러멜이 완성되면 이것을 첫 번째 냄비에 졸여둔 소스에 붓고 포트와인 20mℓ를 넣은 뒤 잘 섞는다. 그린 페퍼콘 20g과 사방 3mm 크기의 작은 큐브 모양으로 썬 붉은 피망(pimentos) 20g을 넣는다. 간을 맞추고 완성된 소스를 중탕으로 뜨겁게 보관한다. 레네트(reinette) 사과 180g짜리 3개를 준비해 껍질을 벗기고 반으로 잘라 속과 씨를 제거한다. 사과 반쪽을 각각 세로로 8등분한다. 팬을 중불에 올리고 버터 30g을 달군 다음 사과를 넣고 각 면에 고루 노릇한 색이 나도록 10분간 익힌다. 뚜껑을 덮고 따뜻하게 보관한다. 닭가슴살 4덩어리의 껍질을 조심스럽게 벗겨낸 뒤 길쭉한 모양(aiguillette)로 어슷하게 눕혀 얇게 썬다. 뜨겁게 데워둔 4개의 서빙 접시에 닭가슴살을 부채꼴로 펼쳐 담은 뒤 그린 페퍼콘 소스를 끼얹는다. 노릇하게 지진 사과를 보기 좋게 빙 둘러 담는다.

colvert au poivre vert ▶ CANARD SAUVAGE
escalopes de saumon cru aux deux poivres ▶ SAUMON
steak au poivre ▶ BŒUF

POIVRÉ 푸아브레 자극적인 매콤한 향이 나는 맛을 나타내는 수식어. 예를 들어 페퍼민트나 몇몇 그물버섯은 이와 같은 향을 지니고 있다. 입안에 넣었을 때 그리 강하지는 않지만 후추를 연상시키는 풍미를 느낄 수 있다.

POIVRON 푸아브롱 피망, 파프리카. 가지과에 속하는 식용채소로 맵지 않으며 맛이 순하고 달콤한 고추의 일종이다. 생으로 또는 익혀서 일반 채소로 사용한다(**참조** p.682 피망 도표, p.683 도감). 피망은 색이 다양하고, 매운 일반 고추보다 훨씬 사이즈가 크다. 또한 열량이 매우 낮으며 베타카로틴과 비타민 B9, C가 풍부하다. 피망이 요리에 널리 사용된 것은 클래식 요리에 지중해 요리가 많이 편입된 것과 밀접한 연관이 있다.

■ **사용.** 피망을 구입할 때는 껍질에 윤기가 나는 것을 고른다. 조리 시에는 씨를 제거하며, 소화가 잘 안 되는 껍질을 벗겨 사용하기도 한다. 피망을 오븐 브로일러 아래에 넣고 검게 타고 부풀어오를 때까지 10~15분간 구우면 껍질을 쉽게 벗길 수 있다. 피망은 안에 재료를 채워 조리하는 경우도 많으며 샐러드에 넣거나 절여서 피클처럼 사용하기도 한다, 특히 카포나타, 가스파초, 피프라드, 라타투이 등의 요리에 빠져서는 안 되는 재료다. 돼지 뒷다리, 토끼, 양, 닭, 참치, 달걀, 쌀 요리 등에 많이 사용되는 피망은 안달루시아, 바스크, 멕시코, 포르투갈, 터키 요리의 대표적인 식재료다.

베르나르 파코(BERNARD PACAUD)의 레시피

bavarois de poivrons doux sur coulis de tomates acidulées 바바루아 드 푸아브롱 두 쉬르 쿨리 드 토마트 아시둘레

새콤한 토마토 쿨리를 곁들인 피망 바바루아 : 4인분 / 준비: 1시간 + 15분

하루 전날, 믹싱볼 한 개를 냉동실에 잠시 넣어 둔다. 그동안 소금을 넣은 끓는 물 2ℓ에 홍피망 6개를 2분간 데쳐 껍질을 벗긴다. 씻어서 꼭지와 씨를 제거한 뒤 굵직하게 썬다. 굳혀둔 송아지 육수 즐레 20mℓ와 피망을 소테 팬에 넣고 약한 불로 30분간 익힌다. 피망을 건진 뒤 파프리카가루 1티스푼, 미리 찬물에 불려둔 판 젤라틴 4장을 넣고 블렌더로 간다. 냉동실에 넣어두었던 차가운 볼에 생크림 250mℓ를 넣고 거품기를 세게 휘저어 휘핑한 다음 파프리카 퓌레에 넣고 살살 섞는다. 소금, 후추로 간한다. 시금치잎 큰 것 12장을 씻어서 끓는 소금물에 데친 뒤 찬물에 식힌다. 건져서 물기를 제거하고 바바루아 틀 바닥과 옆면에 깔아준다. 여기에 피망 혼합물을 붓고 냉장고에 하룻밤 두어 굳힌다. 당일, 완숙 토마토 4개를 반으로 잘라 씨를 빼낸 뒤 소금, 카옌페퍼, 설탕 10g을 넣고 블렌더로 간다. 셰리와인 식초 50mℓ와 오렌지즙 1개분을 넣어 섞는다. 고운 체에 거른 뒤 냉장고에 넣어둔다. 바바루아에 서빙 접시를 얹고 뒤집어 틀에서 분리한다. 토마토 쿨리를 따로 용기에 담아 서빙한다.

médaillons de lotte au beurre de poivron rouge ▶ LOTTE DE MER

파트릭 미카노브스키(PATRICK MIKANOWSKI)의 레시피

poivron, ananas Victoria, comme une soupe de fruits
푸아브롱, 아나나스 빅토리아, 콤 윈 수프 드 프뤼

파인애플을 얹은 피망 수프 : 4인분 / 준비: 20분
파인애플 1개의 껍질을 벗긴 뒤 과육을 사방 5mm 크기로 잘게 깍둑 썰어 냉장고에 넣어둔다. 홍피망 6개를 껍질째 착즙한다. 여기에 메이플시럽 1티스푼, 소금 1자밤, 화이트 발사믹 식초 한 줄기를 넣고 후추를 갈아 넣는다. 피망 수프를 4개의 볼에 나누어 담는다. 썰어둔 파인애플을 뿌리고 펜넬잎을 잘게 뜯어 얹는다. 엑스트라버진 올리브오일을 몇 방울 뿌려 서빙한다.

poivrons à la catalane, à l'huile et aux lamelles d'ail 푸아브롱 아 라 카탈란, 아 륄 에 오 라멜 다이

오일과 마늘을 넣은 카탈루냐식 피망 마리네이드 : 4인분 / 준비: 35분 / 양념에 재우기: 2시간 / 조리: 10~12분
오븐을 250°C로 예열한다. 홍피망 큰 것 4개를 준비하여 붓으로 기름을 얇게 바른 뒤 그릴망에 놓고 오븐에 굽는다. 껍질이 갈색으로 변하고 부풀어 오를 때까지 10~12분 정도 구운 뒤 꺼내서 따뜻한 온도로 식으면 껍질을 벗긴다. 반으로 잘라 꼭지와 씨를 제거하고 흰색 심을 모두 도려낸다. 폭 1~2cm로 길게 썰어 고운 소금, 갓 갈아낸 후추, 맵지 않은 고춧가루 한 자밤을 뿌려 양념한 뒤 접시에 용기에 담는다. 깐 마늘 4톨을 아주 얇게 썰어 피망 위에 고루 얹는다. 올리브오일 200mℓ와 셰리와인 식초 1테이블스푼을 뿌리고 랩이나 뚜껑을 덮은 뒤 냉장고에 넣어 최소 2시간 이상 재운다.

poivrons farcis 푸아브롱 파르시

속을 채운 피망 : 아주 작은 청피망 12개의 꼭지 쪽을 조금 잘라내 씨를 모두 뺀 뒤, 끓는 소금물에 5분간 데친다. 아주 신선한 소렐잎 두 줌, 껍질을 벗기고 속을 제거한 토마토 4개, 스페인 양파 3개, 청피망 3개, 펜넬 줄기 작은 것 1대를 모두 잘게 다져 소를 만든다. 냄비에 올리브오일 2테이블스푼을 달군 뒤 이 소를 넣고 몇 분간 볶는다. 체에 걸러 수분을 제거한다. 이 소와 기름에 볶은 밥을 동량으로 청피망에 채워 넣는다. 소테 팬에 기름을 두르고 속을 채운 피망을 나란히 붙여 놓는다. 묽은 토마토 소스를 높이의 반 정도 부은 뒤 레몬즙을 넣고 올리브오일 200mℓ를 붓는다. 뚜껑을 덮고 25분간 익힌다. 우묵한 서빙 접시에 피망과 소스를 함께 담는다. 뜨겁게 또는 냉장고에 1시간 정도 넣어 식힌 뒤 애피타이저로 서빙한다.

poivrons à la piémontaise 푸아브롱 아 라 피에몬테즈

피에몬테식 피망 요리 : 피망을 오븐에 구워 껍질을 벗기고 꼭지와 씨를 제거한 뒤 길쭉한 띠 모양으로 썬다. 치즈를 넣은 리소토를 만든다. 그라탱 용기에 버터를 바르고 피망과 리소토를 교대로 층층이 담는다. 맨 마지막 층은 피망으로 마무리하고 가늘게 간 파르메산 치즈를 뿌린다. 녹인 버터를 고루 뿌린 뒤 오븐 브로일러 아래에 넣고 노릇하게 그라탱으로 굽는다.

POJARSKI 포자르스키 포자르스키 커틀릿. 송아지 고기를 다져 커틀릿 모양으로 만든 요리로 더 확장된 의미로는 닭가슴살이나 연어살을 다진 뒤 뭉쳐서 고기 커틀릿 모양으로 만든 뒤 밀가루, 달걀, 빵가루를 입혀 정제 버터에 튀기듯 지진 것까지 포함한다.

코틀리에티 포자르스키(kotliety pojarskie)는 러시아의 전통 요리의 하나로 이 메뉴를 처음 개발한 사람의 이름에서 따왔다. 19세기에 그가 운영하던 작은 호텔 식당은 다진 고기로 만든 미트볼이 아주 유명했다. 원래 이 요리는 소고기로 만들었으며 이곳을 예고 없이 방문했던 니콜라이 1세가 아주 좋아했다고 한다. 당시 포자르스키는 송아지 고기로 만든 미트볼을 서빙했고 이것이 황제의 입맛을 사로잡아 이후 이 메뉴는 큰 인기를 누리게 되었다.

▶ 레시피 : SAUMON, VEAU.

POLENTA 폴렌타 옥수수 가루 또는 세몰리나를 죽처럼 끓인 폴렌타는 원래 이탈리아 북부의 특선 음식인데 오늘날에는 여러 나라에서 다양한 방법으로 먹는다.

폴렌타는 전통적으로 도금하지 않은 구리 냄비에 옥수수 가루와 물을 넣고 큰 나무 주걱으로 계속 저으며 끓인다. 이것을 굳혀 단단하게(dura) 먹으려면 둥근 나무 쟁반에 부어 식힌 뒤 실로 자른다. 경우에 따라 우유를 넣고 끓이기도 하며(디저트용) 물과 우유를 섞어 넣기도 한다. 폴렌타는 튀김, 바삭한 크루트, 그라탱, 탱발 등 쌀이나 파스타 못지않게 그 레시피가 다양하다.

폴렌타는 그대로 또는 버터에 지져 먹거나 치즈, 각종 채소, 햄 등을 넣어 조리하기도 한다. 또한 다양한 요리의 가니시로 곁들이기도 한다. 시중에는 증기로 한 번 찐 가루 제품이 출시되어 있어 간편하게 폴렌타를 만들 수 있다.

grives à la polenta ▶ GRIVE

polenta au parmesan 폴렌타 오 파르므장

파르메산 치즈를 넣은 폴렌타 : 소금을 넣은 끓는 물 1ℓ에 옥수수 세몰리나 250g을 고루 뿌려 넣는다. 잘 섞은 뒤 25~30분간 나무 주걱으로 계속 저어가며 익힌다. 버터 60~70g과 가늘게 간 파르메산 치즈 75g을 넣고 잘 섞는다. 물기가 있는 쟁반에 폴렌타를 붓고 표면을 고르게 편다. 완전히 식힌 다음 정사각형 또는 마름모 모양으로 자른다. 버터에 노릇하게 지진다. 원형 접시에 담고 가늘게 간 파르메산 치즈를 뿌린 뒤 갈색이 나도록 데운 버터를 고루 끼얹어 서빙한다.

POLIGNAC 폴리냑 프랑스의 귀족 가문인 폴리냑 가의 사람들에게 헌정한 다양한 클래식 요리의 명칭이다. 폴리냑 닭 안심 요리는 쉬프렘 소스를 끼얹어 서빙하며 송로버섯과 가늘게 채 썬 양송이버섯을 곁들인다. 폴리냑 생선 요리은 넙치류의 납작한 생선을 포칭한 뒤 화이트와인과 크림으로 만든 소스를 끼얹고 가늘게 채 썬 양송이버섯을 곁들인다. 폴리냑 달걀 요리는 얇게 썬 송로버섯 슬라이스를 깐 틀에 달걀을 익힌 뒤 토스트 빵 위에 얹은 것으로, 메트르도텔 버터를 녹이고 농축 육수 글레이즈를 섞어 만든 소스를 뿌려 서빙한다.

POLKA 폴카 폴카 케이크. 파트 브리제 또는 파트 쉬크레 시트 위에 슈 반죽을 얹은 왕관 모양으로 얹은 케이크로, 굽고 난 다음 슈 안에 크렘 파티시에를 채우고 슈거파우더를 솔솔 뿌린 뒤 뜨겁게 달군 인두로 지져 격자

피망의 주요 유형과 특징

유형	산지	출하 시기	외형	풍미
파프리카(각진 모양 또는 짤막한 모양의 피망) carré ou court	프랑스 남동부, 남서부, 네덜란드	6월~11월	녹색, 붉은색, 주황색, 노랑색, 보라색 등이 있으며, 색이 섞여 있는 것도 있다.	순하고 단맛이 있으며 향이 좋다.
	스페인, 이스라엘	11월~7월		
중간 길이 피망 demi-long	프랑스 남동부, 남서부	6월~11월	주로 녹색이며 간혹 붉은색, 노란색도 있다.	순하고 단맛이 난다.
	스페인	11월~6월		
긴 피망 long	남동부, 남서부	7월~11월	사이즈가 크고 길쭉하다. 색깔은 녹색, 완전히 익으면 붉은색을 띠며 두 색이 섞여 있기도 하다.	순하고 단맛이 난다.
	스페인	11월~7월		
랑드 산 길쭉한 피망 long des Landes	남서부	7월~11월	가늘고 길쭉하며 대부분이 녹색이다.	아주 순하고 단맛이 난다.
로도사 피키오 피멘토 pimonto des Piquillo de Lodosa	스페인(나바라)	9월~11월	크기가 작고 붉은색을 띠며 모양이 삼각형이다.	약간 매운맛이 있으며 신맛은 없다.

POIVRONS 피망, 파프리카

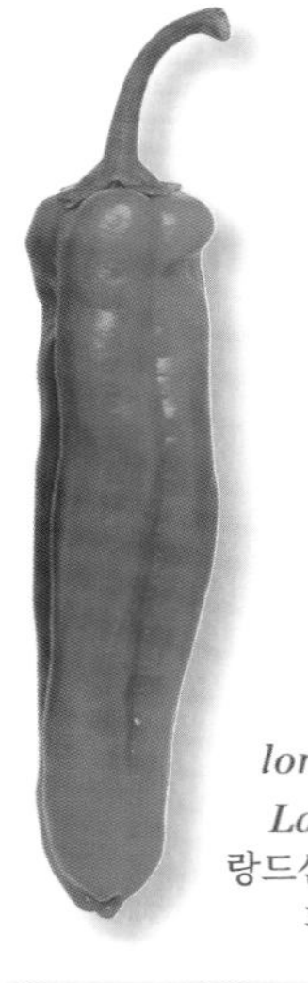
long des Landes
랑드산 길쭉한 피망

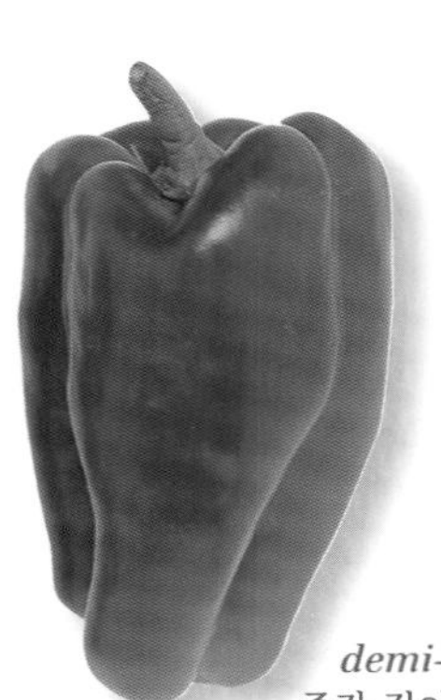
demi-long
중간 길이의 피망

long
긴 모양의 피망

carré ou court orange
주황색 파프리카

carré ou court jaune
노랑 파프리카

carré ou court vert
녹색 파프리카

carré ou court rouge
빨강 파프리카

long rouge
긴 모양의 붉은 피망

long vert clair
긴 모양의 연두색 피망

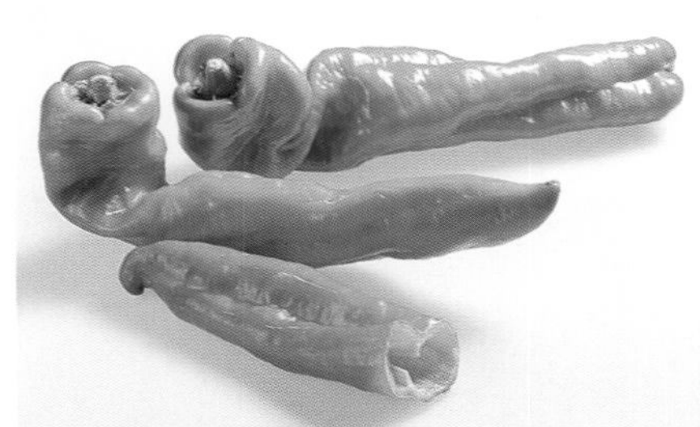
long vert
긴 모양의 녹색 피망

poivron violet
보라색 피망

poivron-tomate
토마토 피망

mini-poivron
미니 파프리카

carré ou court noir (Pays-Bas)
블랙 파프리카(네덜란드)

long jaune
긴 모양의 노랑 피망

무늬의 캐러멜라이즈 자국을 내준다. 홀 사이즈 케이크 또는 일인용 프티 가토로 만든다.

폴카 브레드(pain polka)는 발 드 루아르(Val de Loire) 지방의 대표적 빵으로 대개 둥글고 납작하며 무게가 2kg 정도 나가는 갈색 크러스트를 가진 빵이다. 폴란드의 전통 춤인 폴카에서 이름을 따온 이 빵은 구울 때 표면에 격자무늬로 깊게 칼집을 내준다. 구운 뒤 이 갈라진 틈을 이용해 손으로 빵을 쉽게 자를 수 있다.

POLO (MARCO) 마르코 폴로 동방견문록으로 유명한 베네치아의 상인(1254, Venise 출생–1324, Venise 타계). 어린 나이에 아버지와 숙부를 따라나서 중앙아시아를 가로질러 중국 북부 쿠빌라이 칸의 몽골 제국에 이르는 지역까지 긴 여행을 했다. 쿠빌라이 칸의 신임을 얻어 여러 공직을 지내기도 했던 마르코 폴로는 20년이 넘는 대장정 끝에 고향 베네치아로 돌아왔다. 1298년 제노바 공국과의 전쟁 중 포로가 되어 수감된 그는 작가 루스티첼로에게 자신의 여행 이야기를 자세히 들려주었고 이 구술을 바탕으로 루스티첼로는 동방견문록을 집필하였다. 12세기 중반부터 리구리아 연안 지방에서 이미 파스타를 먹었다고 알려져 있지만 쌀과 국수를 발견해 본격적으로 유럽에 전파한 것은 마르코 폴로다. 그는 베네치아에 이국적인 향신료와 물품을 판매하는 상점을 열었다.

▶ **레시피** : SOLE.

POLOGNE 폴로뉴 폴란드. 폴란드의 요리에는 아주 다양한 요리 전통이 혼재되어 있다. 러시아와 폴란드 음식 문화가 결합된 요리에서는 슬라브 전통의 흔적을 쉽게 찾아볼 수 있으며 여기에 게르만, 터키, 헝가리, 프랑스의 영향이 더해진다. 그 외에 유대교의 영향 또한 폴란드 미식에서 뚜렷한 존재감을 나타낸다.

■ **든든하고 푸짐한 수프.** 폴란드 사람들은 음식을 푸짐하게 먹고 많이 마시는 것으로 유명하다. 아침식사에는 종종 육류 콜드 컷이나 샤퀴트리 종류까지 상에 오르는 등 풍성하게 먹는 반면 저녁에는 발효유에 조리한 감자, 클루스키(klouski, 밀가루나 감자 전분으로 만든 반죽을 작고 동그랗게 빚은 덤플링의 일종), 작은 파테, 만두 등을 간단히 먹으며 수프를 곁들인다. 또한 러시아와 마찬가지로 피로시키, 시르니키(syrniki), 크로메스키(cromesqui)와 바레니키(vareniki) 등도 즐겨 먹는다.

하루 식사 중 가장 중요한 폴란드의 전통 점심식사(obiad)는 대개 오후 2시경에 먹으며 여러 코스로 이루어진다. 특히 수프는 식사의 중요한 위치를 차지하며, 바르슈츠(barszcz, 러시아의 보르쉬와 비슷한 수프), 주파 슈차비오바(zupa szczawiowa, 소렐과 베이컨을 넣어 만든 수프), 후오드니크(chłodnik, 차가운 비트 수프), 라솔니크(rassolnick, 러시아식 보리, 채소 수프), 크룹니크(krupnik, 보리와 채소로 만든 크림 수프), 카푸스냐크(kapusniak, 양배추, 셀러리, 베이컨을 넣어 만든 수프), 시(shchi, 쇠고기와 돼지고기를 넣고 끓인 양배추 수프로 펜넬을 넣어 향을 낸다) 등 그 종류가 매우 다양하다.

■ **고기와 생선.** 고기는 거의 브레이징하거나 스튜 등으로 조리해 먹는다(대표적인 폴란드의 국민 음식인 비고스 bigos 스튜를 예로 들 수 있다). 또한 소를 채워 익힌 요리도 즐겨 먹는다. 폴란드에서 가장 많이 먹는 고기의 왕은 돼지이며, 맛있고 다양한 샤퀴트리도 많이 생산한다.

수렵육으로는 특히 새끼자고새와 멧돼지를 많이 소비하며 주로 과일을 넣고 조리한다. 또한 가금류는 로스트 조리가 주를 이루며 특히 거위와 칠면조를 즐겨 먹는다.

생선의 조리법은 유대식 요리와 비슷한 것이 많다. 마리네이드하거나 크림을 곁들인 청어, 익힌 뒤 차갑게 식혀 젤리화한 잉어 요리(새콤달콤한 소스나 홀스래디시를 곁들인다), 새콤달콤한 양념의 고등어 등을 꼽을 수 있다. 또한 데쳐 익힌 송어에 다진 삶은 달걀을 곁들이고 레몬즙과 녹인 버터를 뿌린 크라쿠프식 송어 요리도 즐겨 먹는다.

채소로는 양배추가 거의 모든 요리에 등장하며, 특히 사과와 당근을 넣은 슈크루트 샐러드의 주재료로 사용된다. 삶아 익힌 다양한 채소에 다진 삶은 달걀과 녹인 버터를 곁들여 먹는 것이 전형적인 폴란드식이다. 새콤달콤한 맛은 샐러드뿐 아니라 식초와 각종 향신료에 재운 자두 절임 등에서도 찾아볼 수 있다.

■ **디저트와 음료, 술.** 폴란드의 파티스리는 매우 화려하고 종류도 다양하다. 바바 또는 밥카(babka, 브리오슈와 쿠겔호프의 중간 정도로 볼 수 있으며 럼에 적시지 않는다), 크루슈트(chrust, 아주 단 튀김 과자의 일종), 꿀(폴란드는 대규모 꿀 생산국이다)이나 생강 맛 과자 등이 대표적이다. 마주렉(mazurek)은 린처토르테와 비슷하며, 크리스마스에 먹는 마코비에츠(makowiec)는 양귀비씨 페이스트를 채우고 설탕 글레이즈를 씌운 롤케이크의 일종이다. 또한 커피 글라사주를 씌운 호두케이크인 오르제호뷔(orzechowy), 잼을 채운 도넛의 일종인 팍츠키(paczki), 코티지치즈를 채운 팬케이크의 일종인 날레슈니키(nalesniki) 등을 즐겨 먹는다.

폴란드 사람들은 식사할 때 주로 맥주를 함께 마시고 디저트에는 차를 곁들인다. 또한 러시아와 마찬가지로 식사 시작할 때 서빙되는 자쿠스키(zakouski, 러시아식 차가운 오르되브르)에는 보드카를 곁들여 마시는 데 특히 주브로우카(zubrowka, 냄새가 아주 강한 식물인 향모로 향을 낸 보드카)가 인기가 많다. 그 외의 음료로는 아이스커피 또는 끓인 우유의 유막을 넣은 커피를 즐겨 마신다.

POLONAISE 폴로네즈 럼이나 키르슈를 적신 브리오슈에 당절임 과일과 크렘 파티시에를 채우고 전체를 머랭으로 덮은 다음 아몬드 슬라이스를 뿌려 오븐에 색이 나게 구운 파티스리다(큰 사이즈 또는 일인용 작은 사이즈로 만든다).

▶ **레시피** : BRIOCHE.

POLONAISE (À LA) 아 라 폴로네즈 폴란드식의. 양념을 하지 않고 익힌 채소에 삶은 달걀노른자 다진 것과 파슬리 등의 허브를 뿌리고 버터에 튀긴 빵가루를 뿌린 요리를 지칭한다(콜리플라워와 아스파라거스의 대표적인 조리법이다). 이 명칭은 또한 기타 폴란드 요리의 영향을 받은 레시피를 가리키기도 한다.

▶ **레시피** : ASPERGE, CHOU-FLEUR, SALSIFIS.

POLYÉTHYLÈNE 폴리에틸렌 에틸렌으로부터 만들어내는 열가소성 소재로 고압 하에서 납작한 판 모양으로 만들어진다. 형태가 잘 유지되고 충격에 강한 폴리에틸렌은 특히 정육 작업장이나 주방에서 사용하는 각종 도구의 소재로 사용된다. 폴리에틸렌 소재의 도마를 색깔별로 구비하여 재료(특히 고기)에 따라 분리해 사용하면 음식물로 인한 교차 감염을 줄이는 데 유용하다.

POLYOL 폴리올 다가알코올, 폴리올. 소위 고밀도 감미료로 불리는 폴리올은 일반 설탕보다 당도가 낮다. 소화기관에 잘 흡수되지 않지만 일부는 인체에 사용되며 따라서 적게나마 에너지를 공급한다(g당 4kcal 또는 17kJ). 식품제조 산업(특히 당과류 제조)에서 폴리올의 사용은 다른 식품첨가제와 마찬가지로 유럽연합 지침 하에 규제되고 있으며 이것이 함유된 식품의 라벨 표시에는 권고사항이 포함되어 있어야 한다. 폴리올을 함유한 껌의 설탕은 구강 내 미생물에 의해(거의) 발효되지 않기 때문에 치아 법랑질에 손상을 주지 않는다. 하지만 과다한 양을 섭취하면 소화 장애를 일으킬 수 있으며 완화제의 기능을 할 수 있다.

POLYPORE 폴리포르 구멍장이버섯류. 일반적으로 나무 몸통이나 줄기에서 자라는 수많은 종류의 버섯을 통칭한다. 덩이로 뭉쳐서 자라는 잎새버섯과 저령은 식감과 향이 좋아 중동 및 아시아에서 인기가 높으며 주로 가금류나 생선 요리의 가니시로 많이 사용된다.

POMELO ▶ 참조 PAMPLEMOUSSE ET POMELO

POMEROL 포므롤 보르도의 AOC 레드와인. 알코올 함량과 향의 부케가 풍부하고 타닌이 강하지 않은 부드러운 와인으로 주 포도품종은 메를로이며 생 테밀리옹 인근 자갈이 많은 토양의 소규모 밭에서 재배된다(**참조** BORDELAIS).

POMIANE (ÉDOUARD POZERSKI DE) 에두아르 포제르스키 드 포미안 에두아르 드 포미안. 프랑스의 의사, 미식가(1875, Paris 출생–1964, Paris 타계). 파스퇴르 연구소의 식품 생리학 실험실 소장으로 평생 근무했던 포미안 박사는 자연스럽게 요리에 심취하게 되었다. 식품의 조리 과정 중 발생하는 물리화학적 현상을 체계적 이론으로 규명하는 학문인 가르스토테크니(gastrotechnie)를 창시한 그는 대식가이자 미식가였으며 완벽한 요리 실력의 소유자였다. 음식과 요리에 관한 연구와 주장에 있어서 그는 프랑스의 가장 유명하고 현대적인 미식 작가이자 평론가 중 한 명으로 남아 있다. 그의 저서로는 『잘 먹고 잘사는 법(*Bien manger pour bien vivre*)』(1922), 『맛있는 음식 전서(*le code de la bonne chère*)』(1924), 『여섯 번의 강습으로 끝내는 요리(*la Cuisine en six leçons*)(1927)』 등이 있으며 1936년에는 라디오 방송(1932-1935)에 출연해 다루었던 내용들을 묶어 『라디오 퀴진(*Radio-Cuisine*)』을 출간했다. 또한 1929년 펴낸 『현대의 변방 유대 요리(*Cuisine juive, ghettos modernes*)』에는 자신의 폴란드 혈통을 바탕으로 한 음식 문화를 담았다(그의 아버지는 1845년 프랑스로 온 이민자다). 이 외에도 『세계의 여인들을 위한 요리(*la Cuisine pour la femme du monde*)』(1934), 『식탁보 앞에서의 반응과 성찰(*Réflexes en Réflexions devant la nappe*)』(1940), 『요리와 제약 조건(*Cuisine et Restrictions*)』(1940) 등을 집필했다. 언제나 낙관주의자였던 그는 식량 보급에 어려움을 겪었던 나치 독일 점령 하에서 『그래도 잘 먹기(*Bien manger quand même*)』(1942)라는 제목의 책을 출간하기도 했다.

POMMARD 포마르 부르고뉴 코트 드 본의 AOC 레드와인으로 피노 누아 품종 포도로 만든다. 전 세계에 가장 많이 알려진 부르고뉴 와인 중 하나인 포마르는 알코올과 타닌 함량이 높고 복합적인 향을 가진 풀 바디 와인이다(**참조** BOURGOGNE).

POMME 폼 사과. 장미과에 속하는 과실수인 사과나무의 열매로 전 세계에서 가장 많이 재배되는 과일이다. 원산지는 서남아시아이나 유럽에서는 이미 선사시대부터 야생으로 자라고 있었던 것으로 알려졌다(**참조** p.688 사과 도표 p.686, 687 도감).

과일을 대표한다고도 할 수 있는 사과는(pomum은 라틴어로 열매를 뜻한다) 선악과, 천국의 금단의 과일, 불화의 사과 등 다양한 상징성을 지니고 있기도 하다. 고대에는 널리 전파되어 모든 사람들이 즐겨 먹었고, 갈리아인들은 사과로 시드르를 만들기도 했으며 당시 이미 품종도 다양했다.

오늘날 사과는 프랑스뿐 아니라 미국, 독일에서 가장 많이 소비되는 과일이다. 캐나다에서는 아주 달고 색이 진한 매킨토시 품종이 가장 흔하며 주로 아나폴리스(노바스코샤주), 리슐리외(퀘벡주)와 오카나간(브리티시컬럼비아주) 계곡 지대에서 재배된다. 사과는 100g당 52kcal(또는 217kJ)의 열량을 제공하며 당분과 섬유질, 칼륨이 풍부하다.

■ **사용.** 사과는 바람이 통하는 과일 보관대나 냉장고 과일 칸에 보관한다. 사과를 건조시킬 때는 우선 얇고 동그랗게 썬 다음 낮은 온도의 오븐에 넣고 문을 연 상태로 30분간 건조한 다음 오븐을 끄고 문을 닫은 상태로 12시간 동안 말린다. 오븐 온도를 90~120°C로 다시 켜고 이 과정을 2번 더 반복한다. 다른 저장방식으로는 잼, 즐레, 마멀레이드 등을 만들거나 시럽에 절이는 방법이 있으며 사과 젤리나 사과 사탕 또는 영국의 특산품인 사과 버터와 처트니를 만들기도 한다. 또한 증류주(칼바도스)나 시드르, 사과주스를 만들기도 하며 파티스리에서도 다양하게 사용된다. 베녜, 쇼송, 샤를로트, 플랑, 푸딩, 타르트 등을 만들며 유명한 사과 디저트인 오스트리아의 슈트루델과 영국식 애플파이도 빼놓을 수 없다. 또한 사과를 팬에 익혀 사용하거나 머랭을 씌우기도 하고, 술로 플랑베하거나 속을 채워 넣기도 하며 아 라 본 팜(à la bonne femme), 앙 쉬르프리즈(en surprise), 아 랭페라트리스(à l'impératrice), 부르달루(bourdaloue), 콩데(Condé) 스타일의 디저트를 만들 수도 있다. 그 외에 과일 샐러드(키르슈나 칼바도스를 넣는다), 콩포트, 무스를 만들기도 하며 따뜻하게 혹은 차갑게 먹는다. 캐나다에서는 오트밀 가루와 버터, 황설탕을 넣고 구운 크루스타드 파이를 만들기도 한다. 익힌 사과는 특히 계피, 바닐라, 레몬즙과 잘 어울리며 생크림이나 붉은 베리류 과일 소스와도 잘 어울린다.

요리에서도 사과는 종종 활용된다. 부댕 누아, 앙두이예트, 로스트 포크는 물론 수렵육과 가금류, 심지어 구운 청어나 구스베리를 넣은 고등어에도 곁들인다. 주로 설탕을 넣지 않은 콩포트 상태로 익히거나 세로로 등분해 팬에 볶아 사용한다. 시드르를 넣은 요리에 잘 어울리며 영국식 애플 소스를 만드는 데 사용하기도 한다. 셀러리, 마타리 상추, 호두, 건포도, 비트 등과 함께 샐러드를 만들어 머스터드를 넣은 비네그레트 소스로 드레싱하거나 레물라드를 만들기도 한다.

사과를 착즙한 주스에는 펙틴 성분이 있어 물이 너무 많은 과일로 잼이나 즐레를 만들 때 넣어주면 향을 가리지 않으면서 끈적한 농도를 더할 수 있다.

apple pie ▶ PIE

beignets de pomme ▶ BEIGNET
chaussons aux pommes et aux pruneaux ▶ CHAUSSON
compote poire-pomme caramélisée ▶ COMPOTE
couronne de pommes à la normande ▶ COURONNE

모니크 슈브리에 수녀(SŒUR MONIQUE CHEVRIER)의 레시피 『모니크 슈브리에의 요리, 테크닉, 레시피(*LA CUISINE DE MONIQUE CHEVRIER, SA TECHNIQUE, SES RECETTES*)』 중에서. ÉD.MIRABEL/INVI

croustade de pommes à la québécoise 크루스타드 드 폼 아 라 케베쿠아즈

퀘벡식 애플 크루스타드 파이 : 사과(매킨토시 품종) 1kg의 껍질을 벗긴 뒤 얇게 썬다. 깊이가 최소 7.5cm 되는 용기 바닥에 사과를 넣고 설탕 50g과 계핏가루 1자밤을 뿌린다. 버터 75g을 크리미한 상태로 풀어준 다음 비정제 황설탕 125g을 넣고 잘 섞는다. 밀가루 40g과 오트밀 가루 40g, 소금 1자밤을 넣고 섞는다. 이 혼합물을 사과 위에 펴 바른 다음 190°C로 예열한 오븐에 넣어 크루스타드가 노릇해질 때까지 굽는다.

daurade royale braisée aux quartiers de pomme ▶ DAURADE ROYALE ET DORADES
flamusse aux pommes ▶ FLAMUSSE

프레디 지라르데(FRÉDY GIRARDET)의 레시피

fondants de pommes amandine 퐁당 드 폼 아망딘

애플 아망딘 퐁당 : 4인분

달걀 1개, 곱게 간 흰 아몬드 80g, 버터 80g, 설탕 50g, 럼 1티스푼을 살살 섞어, 퐁당 안에 채워 넣을 필링을 만든다. 사과(gravenstein, boskoop, canada 품종) 큰 것 3개의 껍질을 벗기고 반으로 자른 뒤 속과 씨를 도려낸다. 사과 2개는 3mm 두께로 얇게 썰고 나머지 한 개는 사방 5mm 크기의 주사위 모양으로 썬다. 냄비에 물 500mℓ, 설탕 300g, 레몬즙 1개분을 넣고 가열하여 끓기 시작하면 얇게 썬 사과를 넣고 반투명해질 때까지 데친다. 잘게 깍둑 썰어둔 사과도 마찬가지 방법으로 데쳐 건진다. 지름 7cm짜리 원형틀 4개에 버터 10g을 고루 바른 뒤 사과 슬라이스를 조금씩 겹쳐가며 틀 밖으로 넘쳐 나오도록 깔아준다. 넘쳐난 부분의 길이를 고르게 맞춘다. 잘게 깍둑 썬 사과를 틀 바닥에 펼쳐 놓고 필링을 채워 넣은 뒤 틀 밖으로 나온 사과 슬라이스를 가운데로 접어 덮는다. 패션프루트 2개의 씨를 스푼으로 살살 긁어내 플레이팅용으로 따로 보관한다. 패션프루트 4~5개를 반으로 자른 뒤 꾹꾹 눌러가며 150mℓ의 즙을 받는다. 신선한 패션프루트를 구하기 힘든 경우에는 오렌지즙 1개분, 라임즙 1개분, 설탕을 혼합해 쿨리를 만들어 사용한다. 오븐을 200°C로 예열한다. 패션프루트즙 150mℓ에 물 50mℓ를 섞고 기호에 따라 설탕을 첨가한 다음 설탕이 녹을 정도로만 약한 불로 가열한다. 사과 퐁당을 넣은 틀을 오븐에 넣고 12분간 굽는다. 꺼내서 유산지 위에 뒤집어 놓고 틀을 제거한 다음 아몬드 슬라이스를 한 자밤씩 얹고 슈거파우더를 뿌린다. 다시 오븐 브로일러 아래 넣고 설탕이 캐러멜화되도록 몇 초간 가열한다. 따뜻하게 데운 접시 4개에 패션푸르트 소스를 조금씩 깐 다음 애플 퐁당을 가운데 놓는다. 패션푸르트 씨 알갱이를 몇 개씩 뿌린 뒤 서빙한다.

미셸 트루아그로(MICHEL TROISGROS)의 레시피

gourmandes d'Arman 구르망드 다르망

아르망 사과 디저트 : 4인분

골덴(golden) 사과 2개의 껍질을 벗긴 뒤 속과 씨를 파내고 용기에 나란히 담는다. 사과 위에 버터 한 조각을 얹고 물 2테이블스푼, 레몬즙 반 개분, 설탕을 뿌린다. 뚜껑을 덮고 140°C로 예열한 오븐에 넣어 2시간 동안 뭉근히 익힌다. 소르베를 만든다. 우선 글루코스 시럽 80g, 설탕 300g, 물 3ℓ를 혼합해 시럽을 만든다. 약 5분간 시럽을 끓인 뒤 식힌다. 그래니 스미스(granny smith) 사과 6개를 껍질째 잘게 썰어 블렌더로 간 다음 체에 걸러 즙 1ℓ를 준비한다. 이 즙을 시럽과 섞은 뒤 아이스크림 메이커에 돌려 소르베를 만든다. 그래니 스미스 사과 4개의 껍질을 긴 띠 모양으로 깎는다. 이

POMMES 사과

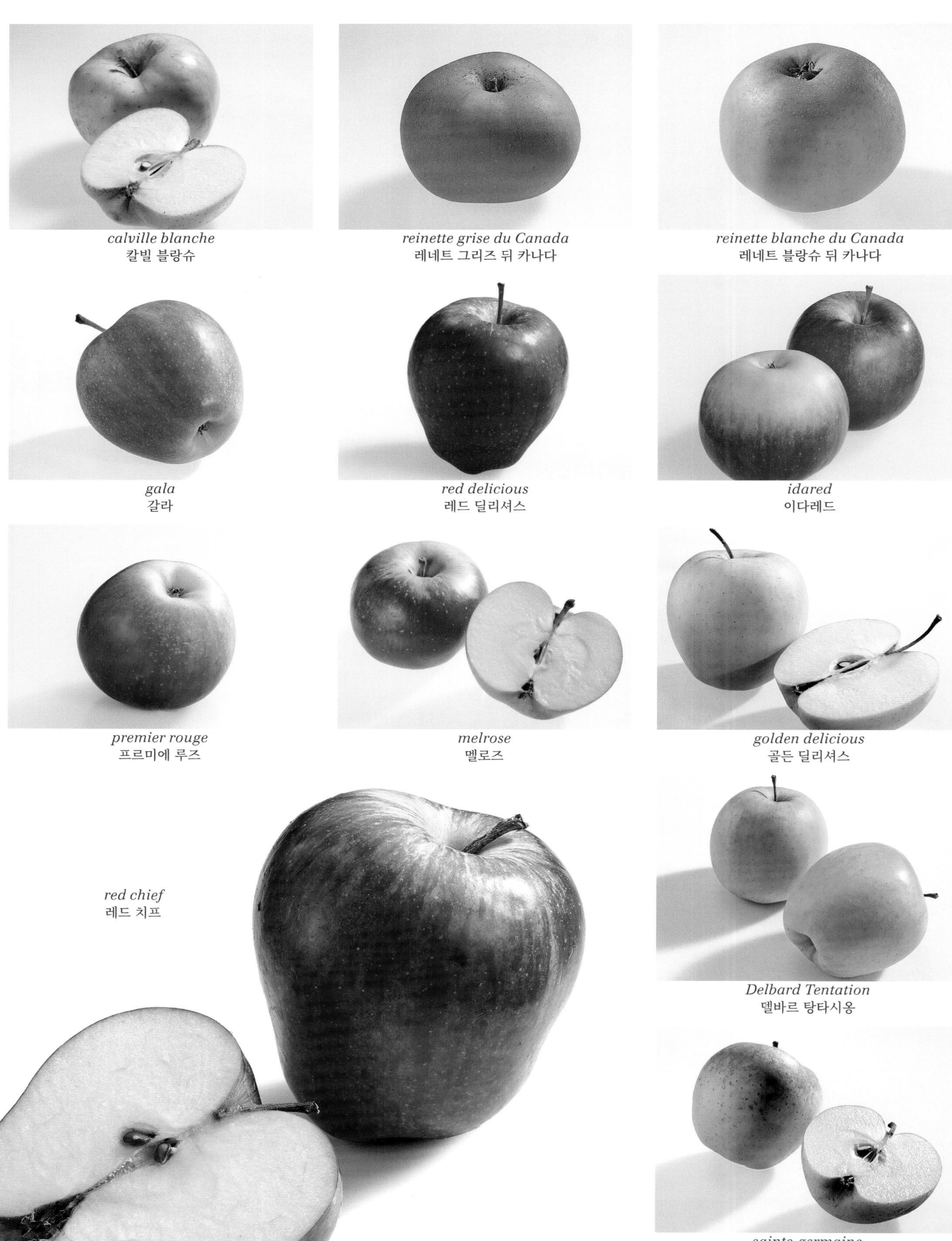

calville blanche
칼빌 블랑슈

reinette grise du Canada
레네트 그리즈 뒤 카나다

reinette blanche du Canada
레네트 블랑슈 뒤 카나다

gala
갈라

red delicious
레드 딜리셔스

idared
이다레드

premier rouge
프르미에 루즈

melrose
멜로즈

golden delicious
골든 딜리셔스

red chief
레드 치프

Delbard Tentation
델바르 탕타시옹

sainte-germaine
생트 제르멘

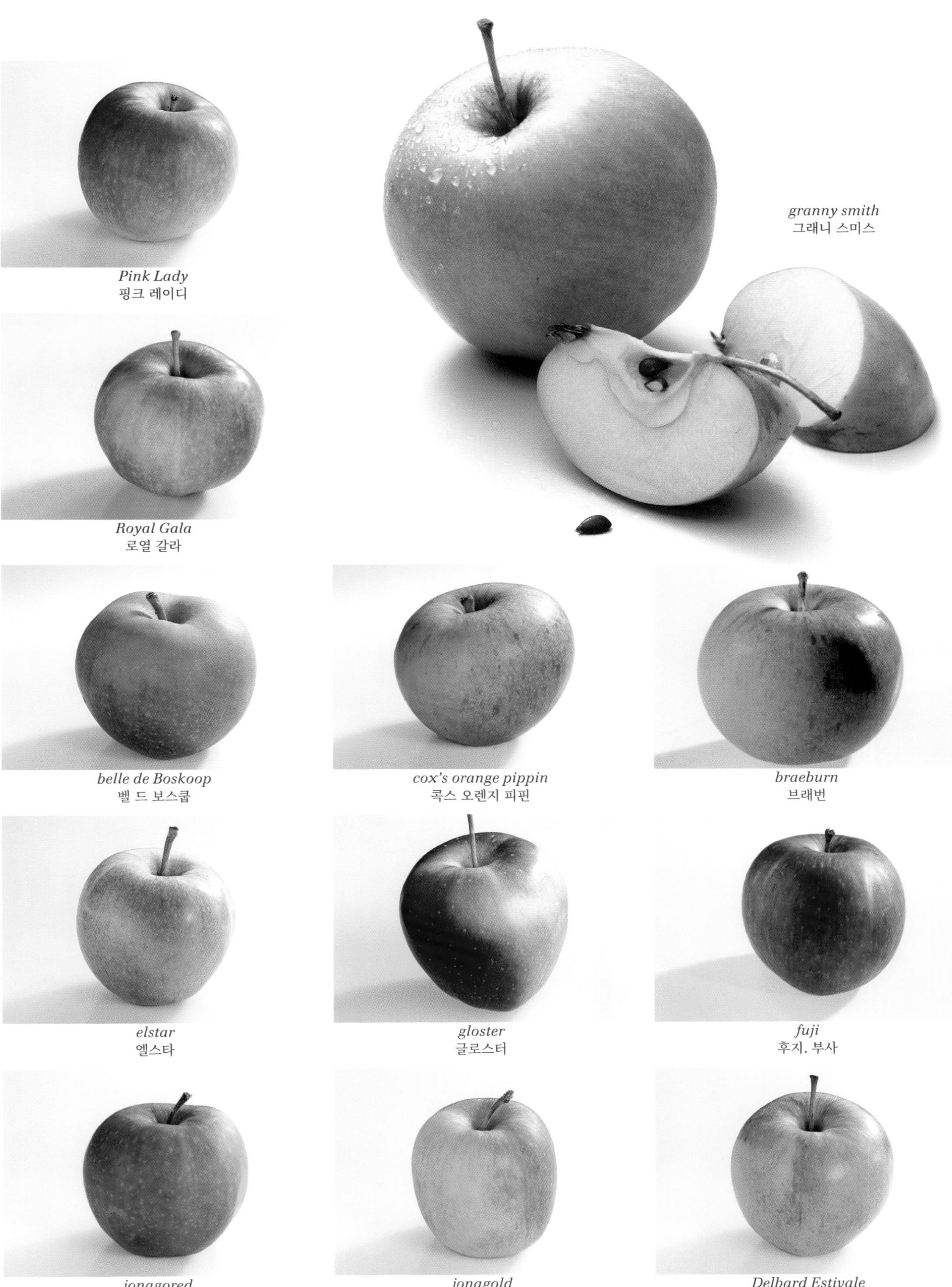

Pink Lady
핑크 레이디

granny smith
그래니 스미스

Royal Gala
로열 갈라

belle de Boskoop
벨 드 보스쿱

cox's orange pippin
콕스 오렌지 피핀

braeburn
브래번

elstar
엘스타

gloster
글로스터

fuji
후지. 부사

jonagored
조나고레드

jonagold
조나골드

Delbard Estivale
델바르 에스티발

사과의 주요 품종과 특징

품종	산지	출하 시기	외형	맛
두 가지 색이 섞인 껍질 *bicolores*				
벨 드 보스쿱 belle de Boskoop	프랑스 북부	10월~3월	사이즈가 크고 울퉁불퉁하며 껍질이 두껍다. 황색을 띤 녹색으로 군데군데 붉은 기가 있으며 살은 즙이 많다.	새콤하면서도 달콤한 맛이 난다.
브래번 braeburn	남동부, 남서부, 발 드 루아르	11월~4월	중간 크기로 껍질에는 살짝 줄무늬가 있으며 벽돌색 톤의 붉은색이다. 살이 매우 단단하다.	새콤하다.
콕스 오렌지 피핀 cox's orange pippin	북부, 영국, 벨기에, 네덜란드	9월 말~11월 초	중, 소 사이즈로 녹색 빛의 노란색과 붉은색을 띤다. 살은 노르스름하며 식감이 단단하다.	즙이 많고 달며 약간 새콤한 맛이 있다.
엘스타 elstar	발 드 루아르, 북부	8월~3월	중간 크기로 약간 납작하며 껍질이 두껍다. 줄무늬가 있는 황금빛 노란색에 붉은 기가 살짝 돈다. 살은 연한 노란색으로 즙이 풍부하다.	단맛이 거의 없고 신맛이 강하다.
후지, 부사 fuji	남동부, 남서부	1월~6월	중, 대 사이즈로 껍질은 붉은색에서 녹색을 띠고 있다. 살은 황금색과 녹색 톤의 밝은 크림색이며 즙이 아주 많다.	달콤하고 새콤한 맛이 난다.
갈라 gala	남동부, 남서부, 발 드 루아르	8월~2월	중간 크기로 껍질이 매끈하고 붉은색이 군데군데 섞인 노란색이다. 살은 베이지 또는 녹색이 도는 노란색을 띤다.	당도가 아주 높으며 신맛이 거의 없다.
글로스터 gloster	남프랑스, 발 드 루아르, 북부, 남서부	9월 말~12월 초	꽤 큰 사이즈이며 노란색 바탕에 군데군데 어두운 붉은색을 띤다.	맛이 섬세하고 아삭하다. 달콤하고 즙이 풍부하다.
이다레드 idared	발 드 루아르, 북부	1월 중순~6월 중순	큰 사이즈에 껍질이 두꺼우며 노란색 바탕에 주홍색 줄무늬가 있다. 살은 베이지, 흰색으로 즙이 풍부하다.	달콤하고 새콤하며 약간 짭짤한 맛이 난다.
조나골드 jonagold	발 드 루아르, 북부	10월~6월	대, 특대 사이즈로 껍질은 매끈하고 노르스름한 녹색에 주홍색이 섞여 있다. 살은 흰색이며 식감이 부드럽다.	달고 신맛이 거의 없으며 약간 짭짤한 맛이 난다.
쥐빌레 jubilé(delgollune)	발 드 루아르	9월 말~1월	큰 사이즈로 선명한 붉은색에 녹색빛이 나는 노란색 줄무늬가 있다. 살의 식감이 섬세하다.	아삭하고 즙이 많다.
멜로즈 melrose	발 드 루아르, 북부, 론 알프	9월 말~3월 초	큰 사이즈로 껍질이 두껍고 노랑 빛의 연두색 바탕에 진한 붉은색이 섞여 있다. 살은 미색이며 즙이 많다.	달콤함과 새콤함을 동시에 지닌 아주 상큼한 맛이다.
핑크 레이디 Pink Lady®	남동부, 남서부, 발 드 루아르	11월~5월	중간 크기로 분홍색에서 붉은색, 연두색이 섞여 있다. 살이 단단하고 아삭하며 즙이 많다.	달콤하면서도 새콤한 맛이 있다.
렌 데 레네트 reine des reinettes	남동부, 남서부, 발 드 루아르	8월 말~10월 말	중, 소 사이즈로 껍질이 거친 편이며 노랑에서 주황색, 붉은색을 띤다. 살은 베이지색으로 오톨도톨한 식감이다.	약간 단맛이 있으며 새콤하다.
연한 미색 껍질 *blanche*				
칼빌 블랑슈 calville blanche	유럽	10월~12월	사이즈가 크고 약간 원뿔형이며 군데군데 세로로 깊은 골이 있고 꼭지의 움푹한 부분이 쭈글쭈글하다. 살은 흰색이다.	식감이 연하며 달콤하고 즙이 많다.
회갈색 껍질 *grise*				
레네트 그리즈 뒤 카나다 reinette grise du Canada	발 드 루아르, 남서부, 북부	11월~3월	중, 대, 특대 사이즈로 껍질이 아주 두껍고 회갈색에서 황금빛 연두색을 띤다. 살은 연둣빛을 띤 노란색, 흰색, 미색으로 아삭하게 씹힌다.	달콤하면서도 새콤한 맛이 있으며 부드럽다.
황금빛 노란색 껍질 *jaune doré*				
벨샤르 샹트클레르 Belchard Chanteclerc®	발 드 루아르, 남서부	10월~6월	황금빛을 띠며 껍질이 약간 거친 투박한 모양을 갖고 있다. 살은 식감이 부드럽고 즙이 많다.	단맛과 신맛의 균형이 아주 좋다.
골든 딜리셔스 golden delicious	남동부, 남서부, 발 드 루아르, 리무쟁	연중	꽤 큰 사이즈로 껍질은 매끈하며 노랑 톤의 연두색을 띠고 있다. 살은 노란색으로 아삭하고 즙이 많다.	맛이 섬세하고 꽤 달콤하며 약간 새콤하다.
레네트 클로샤르 reinette cloc.	발 드 루아르	9월~1월	중, 소 사이즈로 녹색 톤의 노란색을 띠고 있다.	맛이 섬세하다.
레네트 뒤 망 reinette du Mans	발 드 루아르	10월 중순~1월	중, 소 사이즈로 노란색을 띠고 있다.	단맛이 약간 밍밍하다.
탕타시옹 Tentation®	발 드 루아르, 남서부	12월~4월	노랑 바탕에 군데군데 분홍색을 띠고 있으며 살은 아삭하고 즙이 많다.	향이 좋고 달콤하다.
붉은색 껍질 *rouge*				
레드 딜리셔스 red delicious	남동부, 남서부	10월~4월 말	꽤 큰 편으로 원뿔대 형태이며 껍질이 얇고 윤기나는 붉은색, 루비색, 석류색을 띤다. 살은 연둣빛이 도는 노란색에서 미색을 띠며 즙이 풍부하다.	달콤하고 신맛이 거의 없다. 약간 밍밍하다.
연두색 껍질 *verte*				
그래니 스미스 granny smith	남동부, 미디 피레네, 발 드 루아르	10월 중순~4월 말	중간 크기로 질기고 광택이 나는 연두색 껍질을 갖고 있다. 살은 흰색, 연둣빛을 띤 노랑에서 미색을 띠고 있으며 즙이 많다.	신맛이 강하고 단맛이 약간 있다.

껍질을 24개의 포크 모양으로 잘라낸 다음 유산지에 나란히 펼쳐 놓고 슈거파우더를 솔솔 뿌린다. 100°C 오븐에 넣어 20분간 굽는다. 오븐에서 꺼내자마자 조심스럽게 하나씩 종이에서 떼어내 진짜 스텐 포크 위에 얹어 놓는다. 식으면서 포크 모양으로 굳은 사과 껍질을 습기가 없는 곳에 보관한다. 오븐에서 뭉근히 익은 사과를 가로로 이등분한 다음 반 개씩 서빙 접시에 담는다. 칼바도스를 몇 방울 뿌린다. 그 위에 소르베를 작게 한 덩어리 올린 뒤 포크 모양 사과 껍질을 6개씩 보기 좋게 꽂아 서빙한다.

marmelade de pomme ▶ MARMELADE

에카르트 비트지그만(ECKART WITZIGMANN)의 레시피

moelleux aux pommes et noix fraîches 무알뢰 오 폼 에 누아 프레슈

사과와 생호두를 곁들인 팬케이크 : 2인분

밀가루 30g에 우유 100mℓ, 소금과 바닐라슈거 각각 1자밤, 레몬 제스트 약간, 다크 럼 몇 방울을 넣고 덩어리 없이 매끈하게 섞는다. 여기에 달걀 3개를 넣은 뒤 너무 세게 휘젓지 말고 조심스럽게 섞는다. 새콤한 맛의 사과(reinette 품종) 1개를 깎아 약 1cm 두께로 슬라이스한 다음 레몬즙을 뿌려둔다. 생호두 10~12개의 껍질을 깐 다음 다진다. 정제 버터 10g을 따뜻하게 데운 뒤 반죽에 넣고 섞는다. 반죽 혼합물을 깊이가 얕은 용기에 붓고 200°C 오븐에 넣어 굽는다. 반죽이 굳기 시작하면서 표면의 습기가 없어지면 차가운 버터 10g을 용기 안쪽에 둘러준 뒤 반죽을 뒤집어준다. 노릇한 갈색이 나면 오븐에서 꺼낸 뒤 두 개의 포트를 이용해 반죽을 고루 찢는다. 슈거파우더 20g을 뿌리고 차가운 버터 10g을 얇게 썰어 얹어준 다음 다시 오븐에 넣어 살짝 캐러멜라이즈한다. 논스틱 팬에 버터 10g과 설탕 1테이블스푼을 넣고 가열해 캐러멜을 만든다. 여기에 슬라이스해둔 사과를 넣고 약한 불에서 재빨리 캐러멜라이즈한다. 사과가 아직 단단한 식감을 유지해야 한다. 여기에 다진 호두를 넣는다. 찢어 놓은 팬케이크를 따뜻하게 데운 접시에 나누어 담고 캐러멜라이즈한 사과와 호두를 고루 곁들여 놓는다. 슈거파우더를 솔솔 뿌린 뒤 뜨겁게 서빙한다.

pâte de pomme ▶ PÂTE DE FRUITS

크리스티안 마시아(CHRISTIANE MASSIA)의 레시피

pommes reinettes au miel et au beurre salé 폼 레네트 오 미엘 에 오 뵈르 살레

꿀과 가염 버터를 넣고 오븐에 구운 사과 : 사과(reinette 품종) 8개의 껍질을 벗긴 뒤 반으로 잘라 속과 씨를 제거한다. 오븐용 팬에 아카시아 꿀 250g을 붓고 기울여가며 고루 분산시킨다. 팬을 센 불에 올려 꿀이 노릇한 색이 날 때가지 가열한 뒤 불에서 내리고 반으로 자른 사과를 단면이 위로 오게 나란히 놓는다. 가염 버터를 작은 조각으로 잘라 사과 위에 한 개씩 얹는다. 240°C로 예열한 오븐에 넣어 10분간 구워낸 뒤 바로 서빙한다.

pommes fruits soufflées 폼 프뤼 수플레

수플레 사과 : 사과 큰 것 8개를 반으로 잘라 속과 씨를 제거하고 살을 반 정도 파낸다. 냄비에 파낸 과육을 넣고 뚜껑을 덮은 상태로 젓지 않고 5분간 익힌다. 여기에 설탕 300g을 넣고 수분을 날리면서 잘 저어 아주 바특하게 졸인 퓌레를 만든다. 속을 파낸 사과 안에 샴페인 100mℓ를 뿌리고 사과 퓌레에도 동량의 샴페인을 넣는다. 달걀흰자 5개를 휘저어 단단하게 거품을 올린 뒤 사과 퓌레에 넣고 나무주걱으로 살살 돌리듯이 떠올리며 섞는다. 버터를 넉넉히 발라둔 오븐 팬에 속을 파낸 사과 반쪽들을 나란히 놓는다. 사과 안에 퓌레 혼합물을 채워 넣고 슈거파우더 50g을 솔솔 뿌린 다음 230°C로 예열한 오븐에 넣어 10~12분간 그라탱처럼 굽는다. 바로 서빙한다. 기호에 따라 캐러멜 크림소스를 곁들여 낸다.

pudding aux pommes à l'anglaise ▶ PUDDING

파트릭 미카노브스키(PATRICK MIKANOWSKI)의 레시피

salade pomme-pomme 살라드 폼 폼

감자 사과 샐러드 : 4인분 / 준비: 35분 / 조리: 18분

엑스트라버진 올리브오일 5테이블스푼에 강판에 간 생강 1티스푼과 화이트 발사믹(condiment balsamique blanc) 2테이블스푼을 넣고 따뜻하게 데워 비네그레트 드레싱을 만든다. 소금으로 간을 하고 커리가루 1/2 테이블스푼을 넣은 뒤 향이 우러나게 둔다. 감자(ratte 품종) 8개를 껍질째 소금물에 넣고 15~18분간 삶는다. 건져서 껍질을 벗긴 뒤 5mm 두께로 동그랗게 슬라이스한다. 그래니 스미스 사과 2개를 씻어 가는 막대 모양으로 썬다. 갈변되지 않도록 레몬즙을 뿌려둔다. 볼에 레몬즙 반 개분과 플뢰르 드 셀 약간을 넣고 잘 섞은 뒤 크림 치즈 4테이블스푼, 사프란 가루 1/2 테이블스푼, 잘게 썬 차이브 1/2단을 넣고 혼합한다. 칵테일용 잔에 비네그레트를 뿌린 감자를 담고 사프란 소스를 끼얹는다. 그 위에 막대 모양으로 썬 사과를 올려 마무리한다. 사프란 가루 1자밤을 뿌린 다음 딜 작은 송이를 조금 얹어 장식한다.

sauce aux pommes ▶ SAUCE
Strudel aux pommes ▶ STRUDEL
tarte aux pommes légère et chaude ▶ TARTE
tarte Tatin ▶ TARTE

POMMEAU DE NORMANDIE 포모 드 노르망디 오크통에서 최소 14개월 이상 숙성한 시드르용 사과즙과 칼바도스를 블렌딩한 혼합주인 포모는 대개 식전주로 차게 마시며 푸아그라, 멜론 및 몇몇 디저트에 곁들이기도 한다. 오랫동안 판매가 금지되었던 노르망디의 전통 술로 1991년 AOC 인증을 받았다.

POMME DE CAJOU 폼 드 카주 캐슈, 캐슈애플. 옻나무과에 속하는 캐슈나무 열매의 통통하게 부푼 꽃자루로 불룩한 서양 배 모양을 하고 있으며 끝에는 캐슈너트(안에는 흰 씨가 있다)가 불쑥 나온 형태로 달려 있다. 캐슈애플은 다 익은 후 따서 먹으며 신맛이 있기 때문에 설탕을 첨가하기도 한다. 브라질(그 외 지역에서는 많이 소비되지 않는다)에서는 잼, 즐레, 콩포트, 음료뿐 아니라 카주아도(cajuado)라는 술과 식초를 만든다.

POMME DE PIN (LA) 라 폼 드 팽 15세기 파리 시테섬 안에 문을 연 식당 겸 선술집. 시인 프랑수아 비용(François Villon), 이어서 다음 세기에 작가 프랑수아 라블레(François Rabelais)에 의해 이미 유명해진 이 식당은 3세기에 걸쳐 문인들의 아지트로 인기를 누린 장소다. 테이블에 주석 주전자가 놓인 이 식당에는 특히 16세기 플레야드(Pléiade)파 시인들과 고전주의 작가들이 자주 드나들었다. 17세기에 이 식당은 문인들에게 무료로 마음껏 취하도록 서빙해 주었으며, 이로 인해 오랫동안 명성을 이어나갔다.

POMME DE TERRE 폼 드 테르 감자. 가지과에 속하는 전분질의 덩이줄기로 원산지는 아메리카이다(**참조** p.690 감자 도표 p.692 도감). 기본 식량 중 하나가 된 감자는 주로 채소(언제나 익혀 먹는다)로 또는 가공식품(칩, 프렌치프라이)으로 소비된다. 뿐만 아니라 증류주를 만들거나 가루를 만들어 사용하기도 하며 과자 제조에도 많이 사용된다. 100g짜리 감자 한 개 기준 열량은 86kcal(또는 360kJ)이며 수분 77g, 탄수화물(전분) 19g, 단백질 2g과 기타 무기질(칼륨, 철분, 요오드)을 함유하고 있다. 이는 빵 40g에 맞먹는 영양을 공급하지만 탄수화물 양은 2.5배 적다.

감자는 조리 시 지방을 너무 많이 넣지 않는다면 영양학적 가치가 아주 훌륭하다. 특히 햇감자에 많이 함유된 비타민 B와 C를 보존하기 위해서는 증기에 찌는 방법이 좋다. 감자에 들어 있는 당은 느린 복합당이지만 퓌레로 가공했을 경우 이는 빠른 단순당이 된다는 사실을 주지해야 한다.

■ **파파(papa)에서 프렌치프라이(frite)까지.** 잉카와 아즈텍인들이 처음 재배한 감자는 피자로(Pizarro)가 페루에서 발견했고, 1534년 유럽에 들어왔다. 50년 후 영국 엘리자베스 1세의 총신이었던 월터 롤리(Walter Raleigh)는 북아메리카의 버지니아에서도 감자를 발견하였다. 감자(papa)와 고구마(patata)가 혼동을 일으키는 가운데 영국인들은 감자를 포테이토(potato)라고, 스페인에서는 바타타(batata)라고 부르게 되었다. 또한 스페인을 통해 감자가 전파된 이탈리아에서는 땅 속에서 자라는 송로버섯과 비슷하다고 '작은 트러플'이라는 뜻의 타르투폴라(tartufola)라고 부르며, 독일에서는 카르토플(Kartoffel)이라고 부른다. 감자 농사는 빠른 속도로 유럽 전역에 확산되었다. 프랑스에 감자가 도입된 초기에는 가난한 사람들이나 군인들이 먹는 투박한 음식이라는 부정적 선입견이 있었으나, 앙투안 오귀스탱 파르망티에(Antoine Augustin Parmentier)의 노력을 통해 18세기 말 전국으로 전파되었다. 몸에 좋고 값도 싼 기본 식량으로 자리 잡은

감자는 요리에서 거의 빼놓을 수 없는 식재료이며, 아주 간단한 것부터 정교하고 섬세한 요리에 이르기까지 조리법도 그 어떤 채소보다 다양하다(**참조** p.691 감자 요리 도표).

■ **소비와 보관.** 프랑스의 인당 연간 감자 소비량은 평균 65kg 정도이며(이 중 1/3은 가공식품 상태로 소비된다), 이 수치는 지역(북쪽 지방의 소비량이 더 많다)과 생활 수준에 따라 차이가 있다. 유럽 평균 소비량은 일인당 연간 80kg인 반면 미국의 소비량은 58kg(이중 절반은 가공식품 형태)이다. 감자는 바람이 통하는 서늘하고 건조한 장소(8~10°C)에 보관해야 하며, 특히 직사광선이 들지 않는 어두운 곳에 보관해야 싹이 나고 녹색으로 변하는 것을 막을 수 있다. 감자 싹의 솔라닌은 쓴맛이 나고 독성이 있어 소화에 장애를 일으킬 수 있다. 감자는 연중 구할 수 있다. 시판되는 대부분의 감자에는 싹이 나는 것을 방지하는 성장 억제제를 사용하지 않는다. 따라서 저온(6~8°C)에 저장해두는 것이 가장 좋은 방법이다. 만약 화학 억제제 처리를 거친 경우에는 상품 라벨에 반드시 이를 명시해야 한다. 경우에 따라 진공 포장하여 판매하는 감자들도 있다. 햇감자 또는 프리뫼르 감자는 완전히 익기 전 일찍 수확한 것으로 껍질이 얇아 손으로 긁으면 벗겨진다. 이 명칭을 붙이려면 수확 초기(4~5월)부터 7월 31일 이전에 수확한 것이어야만 한다. 일 드 레(île de Ré)의 감자와 메르빌의 빈치 감자는 각각 AOC, IGP 인증을 받았다.

■ **사용.** 감자는 크게 분질감자와 점질감자 두 그룹으로 분류된다. 일반적으로 많이 소비되는 분질감자는 전분 함량이 많아 익혔을 때 포슬포슬하고 주로 수프, 프렌치프라이, 퓌레에 사용되며, 살이 단단한 점질감자는 그 밖의 요리에 사용된다.

감자는 고기, 가금류, 생선, 심지어 달걀 등 거의 요리에 곁들일 수 있으며 이들 중 다수는 정통 요리에서 흔히 볼 수 있는 조합이다. 또한 알리고(aligot), 크리크(criques), 굴라슈(goulache), 그라탱 도피누아(gratin dauphinois), 그라탱 사부아야르(gratin savoyard), 아시 파르망티에(hachis parmentier), 아이리시 스튜(irish stew), 플루트(pfloutes, pflutters), 스위스의 뢰스티(rösti), 리옹식 샐러드(saladier lyonnais) 등 다양한 전통 요리, 지방 향토 요리, 외국 요리의 기본 재료가 되기도 한다.

감자에 종종 가늘게 간 치즈나 베이컨, 양파, 생크림, 허브 및 향신 재료를 첨가하며 맛을 돋우기도 한다. 감자는 수프를 걸쭉하게 만드는 등 여러 요리에서 농후제로 사용되기도 한다. 19세기 초 앙토냉 카렘은 감자를 이용한 파티스리를 만들기도 했다.

aligot ▶ ALIGOT
cappuccino de pommes de terre et munster ▶ MUNSTER

조르주 블랑(GEORGES BLANC)의 레시피

crêpes vonnassiennes de la Mère Blanc 크레프 보나시엔 드 라 메르 블랑

메르 블랑의 보나식 크레프 : 흰색 살을 가진 감자 500g을 소금물에 삶은 뒤 우유를 조금 넣고 퓌레를 만들어 식힌다. 밀가루 3테이블스푼을 첨가한다.

감자의 주요 품종과 특징

품종	산지	출하 시기	외형	속살의 색깔
살이 단단한 품종				
아망딘 amandine	프랑스 전역	8월~5월	갸름한 모양의 노란색	크림색
벨 드 퐁트네 belle de Fontenay	루아레, 피카르디	8월~12월	끝이 뭉툭하고 일정한 모양. 노란색	진한 노란색
샤를로트 charlotte	브르타뉴, 파리근교, 북부, 피카르디	연중	갸름하고 일정한 모양, 노란색	노란색
셰리 chérie	프랑스 전역	8월~5월	갸름한 모양의 붉은색	노란색
프랑슬린 franceline	프랑스 전역	9월~4월	길쭉하고 일정한 모양, 붉은색	노란색
니콜라 nicola	프랑스 전역	연중	갸름한 모양의 노란색	노란색
퐁파두르 pompadour	프랑스 전역	9월~5월	길쭉한 모양의 노란색	노란색
라트 ratte	마시프 상트랄, 북부, 피카르디, 아르데슈	8월~5월	길쭉한 콩팥 모양, 노란색	노란색
로즈발 roseval	브르타뉴	연중	갸름한 모양의 붉은색	핑크빛이 도는 노란색
로진 rosine	브르타뉴	8월~5월	길쭉하고 일정한 모양. 붉은색	연한 노란색
일반 품종				
아가타 agata	루아르 북부	8월~4월	갸름하고 매우 밀정한 모양. 노란색	노란색
빈치 bintje	부르타뉴, 파리근교, 북부, 피카르디	9월~5월	갸름하고 일정한 모양. 노란색	노란색
에스티마 estima	프랑스 전역	9월~4월	갸름하고 매우 밀정한 모양. 노란색	노란색
마농 manon	프랑스 전역	8월~4월	갸름하고 매우 밀정한 모양. 노란색	노란색
마라벨 marabel	루아르 북부	8월~4월	타원형, 매우 일정한 모양. 노란색	노란색
모나리자 monalisa	프랑스 전역	8월~3월	갸름하고 매우 밀정한 모양. 노란색	노란색
상바 samba	프랑스 전역	8월~5월	갸름하고 일정한 모양. 구릿빛	노란색
위르장타 urgenta	프랑스 전역	8월~10월	갸름하고 일정한 모양, 붉은색	연한 노란색
햇감자 품종 *primeurs*	브르타뉴, 남서부	4월~7월	크기가 작고 노란색을 띤다. 살은 색이 아주 밝다.	노란색, 밝은 노란색
	지중해 지역	1월~4월		
아맹카 aminca	브르타뉴	5월~8월	갸름하고 일정한 모양. 노란색.	노란색
오스테라 ostera	브르타뉴, 남서부	5월~6월	갸름하고 일정한 모양. 노란색.	노란색
로자벨 rosabelle	프로방스	4월~7월	갸름하고 매우 일정한 모양. 붉은색.	노란색

달걀 3개, 달걀흰자 4개분, 더블 크림 2테이블스푼을 순서대로 조금씩 넣어 가며 고루 혼합해 크렘 파티시에와 같은 농도를 만든다. 납작한 팬을 센 불에 올리고 정제버터를 두른 뒤 뜨겁게 달궈지면 반죽 1테이블스푼을 넣고 부친다. 스패출러로 뒤집어 반대쪽 면도 익힌다. 종이타월에 놓고 여분의 기름을 뺀다. 곁들임 용으로 또는 슈거파우더를 뿌려 디저트로 서빙한다.

croquettes de pomme de terre ▶ CROQUETTE
croustades de pommes de terre duchesse ▶ CROUSTADE
dos de mulet au « caviar » de Martigues, mousseline de pomme de terre à l'huile d'olive ▶ POUTARGUE
escargots en coque de pomme de terre ▶ ESCARGOT
galette de pommes de terre ▶ GALETTE

기 뒤크레스트(GUY DUCREST)의 레시피

gâteau de pommes de terre des vendangeurs 가토 드 폼 드 테르 데 방장되르

베이컨과 치즈를 넣은 감자 오븐 요리 : 무쇠나 구리 소재의 소테 팬에 정제버터 40g을 두른다. 감자(belle de Fontenay 품종) 1kg의 껍질을 벗겨 씻은 뒤 물기를 닦고 3mm 두께로 동그랗게 슬라이스한다. 소테 팬 바닥과 내벽에 얇게 썬 베이컨을 깔아준 다음 감자를 가지런히 넣고 가늘게 간 그뤼예르 치즈 30g을 덮는다. 정제 버터 1테이블스푼을 뿌린 뒤 얇게 슬라이스한 염장 삼겹살로 덮는다. 같은 방법으로 3차례 반복하여 내용물을 쌓은 뒤 맨 위층은 베이컨 슬라이스로 덮어 마무리한다. 후추를 조금 뿌린다. 알루미늄 포일을 씌운 뒤 뚜껑을 덮고 210°C 오븐에서 1시간 30분간 익힌다. 중간중간 넓적한 거품 국자로 표면을 눌러준다. 완성되면 오븐을 끄고 그 상태로 10분간 오븐 안에 그대로 둔다. 소테 팬 가장자리를 칼로 한 번 빙 훑어준 뒤 서빙 접시를 대고 뒤집어 분리한다. 아주 뜨겁게 서빙한다.

미셸 브라스(MICHEL BRAS)의 레시피

gaufrette de pomme de terre, crème au beurre noisette, caramel au beurre salé 고프레트 드 폼 드 테르, 크렘 오 뵈르 누아제트, 카라멜 오 뵈르 살레

브라운 버터 크림과 솔티드 캐러멜을 곁들인 바삭한 감자 와플 칩 : 4인분

감자 큰 것 2개의 껍질을 벗기고 헹궈둔다. 채소 슬라이서(vegetable sheet slicer)를 사용해 감자를 넓적하고 얇은 띠 모양으로 길게 슬라이스한다. 색이 변하지 않도록 바로 찬물에 담가 산화를 방지한다. 끓는 물에 감자 슬라이스를 45~60초간 데친 뒤 바로 찬물에 식혀 건진다. 냄비에 물 400mℓ와 설탕 200g을 끓여 시럽을 만든 뒤 감자를 넣고 약한 불에서 조리듯이 천천히 익힌다. 감자에 시럽이 스며들고 충분히 익으면 건져서 두 장의 유산지 사이에 놓는다. 원하는 길이로 자른 뒤 유산지를 제거하고 구불구불한 판형 틀 위에 올린다. 150°C 오븐에 넣어 약 40분 정도 건조시킨다. 고르게 노릇한 색이 나면 꺼내 식힌 뒤 습기가 없는 곳에 보관한다. 브라운 버터크림을 만든다. 우선 판젤라틴 6g을 찬물에 담가 불린다. 냄비에 생크림 80mℓ를 끓인 다음 물을 꼭 짠 젤라틴을 넣고 잘 저어 녹인다. 버터 170g을 150°C까지 갈색이 나도록 가열한 뒤 바로 식혀 가열을 멈춘다. 블렌더 믹싱볼에 브라운 버터, 크림과 젤라틴 혼합물, 달걀노른자 1개를 넣고 2분간 갈아 유화한다. 달걀흰자 180g에 설탕 60g을 넣고 거품을 올려 단단한 머랭을 만든다(참조. p.539). 머랭을 혼합물에 넣고 조심스럽게 섞은 뒤 냉장고에 보관한다. 설탕 150g을 가열해 캐러멜을 만든 뒤 가염버터 50g와 생크림 70mℓ를 섞은 혼합물을 넣고 잘 저어 섞는다. 식힌 뒤 필요하면 농도를 조절한다. 서빙 바로 전 물결 모양으로 구운 얇고 바삭한 감자 사이에 크림을 채우고 가염버터 캐러멜을 조금씩 얹은 뒤 겹쳐 놓는다. 바로 서빙한다.

gratin dauphinois ▶ GRATIN
moelleux de homard à la civette, pommes rattes ▶ HOMARD
morue à la santpolenque, au chou vert et pommes de terre, sauce légère à l'ail ▶ MORUE

감자 요리의 종류와 특징

요리 명칭	준비 과정	조리 방법
그라탱 도피누아 gratin dauphinois	껍질을 벗기고 씻은 뒤 동그랗게 슬라이스한다.	우유, 크림, 치즈를 넣고 오븐에 익힌다.
폼 알뤼메트, 폼 미뇨네트, 폼 퐁 뇌프 pommes allumette, pomme mignonnettes, pommes pont-neuf	껍질을 벗기고 씻은 뒤 막대 모양으로(종류에 따라 굵기는 다양하게) 썬 다음 다시 씻어서 물기를 완전히 닦는다.	160°C 기름에 한 번, 180°C에서 다시 한 번 튀긴다.
폼 파유 pommes paille	껍질을 벗기고 씻은 뒤 가는 막대 모양으로 썬 다음 물에 담가 전분기를 제거하고 물기를 완전히 닦는다.	180°C 기름에 튀긴다.
폼 아 랑글레즈, 폼 바푀르 pommes à l'anglaise, pommes vapeur	껍질을 벗기고 씻은 뒤 갸름한 모양으로 돌려 깎는다.	소금을 넣은 물에 삶는다. 증기에 찐다.
폼 안나 pommes Anna	껍질을 벗기고 씻은 뒤 얇고 동그랗게 슬라이스한다.	전용 틀에 감자를 빙 둘러 채워 넣고 버터를 넣은 뒤 오븐에 익힌다.
폼 불랑제르 pommes boulangère	껍질을 벗기고 씻은 뒤 동그랗게 슬라이스한다.	흰색 육수를 넣고 오븐에서 익힌다.
폼 다르팽, 크레프 드 폼 드 테르 pommes Darphin, crêpes de pommes de terre	껍질을 벗기고 씻은 뒤 채칼로 가늘게 썬다.	버터를 넣고 팬에 지진다.
폼 퐁당트 pommes fondantes	껍질을 벗기고 씻은 뒤 갸름한 모양으로 돌려깎는다.	흰색육수에 넣고 익힌다.
폼 프리트 pommes frites	껍질을 벗기고(껍질째 사용하기도 한다) 씻은 뒤 길쭉하게 썰어 물기를 완전히 닦는다.	기름에 넣고 한 번에 튀긴다.
폼 누아제트, 폼 파리지엔 pommes noisettes, pommes parisiennes	껍질을 벗기고 씻은 뒤 멜론볼러를 사용하여 방울 모양으로 도려낸다.	팬에 버터와 기름을 넣고 튀기듯이 지진다.
파피요트 감자 pommes en papillote	껍질째 씻어둔다.	소금 위에 올린 뒤 그대로 오븐에서 익힌다.
폼 코코트, 폼 샤토 pommes cocotte, pommes château	껍질을 벗기고 씻은 뒤 갸름한 모양으로 돌려 깎는다.	팬에 버터와 기름을 넣고 튀기듯이 지진다.
감자 퓌레, 수프용 리에종 pommes purée, liaisons de potages	껍질을 벗기고 씻은 뒤 등분해 잘라둔다.	소금을 넣은 물에 삶는다.
껍질째 익힌 감자 pommes en robe des champs	껍질째 씻어둔다.	소금을 넣은 물에 삶거나 오븐에 익힌다.
감자 소테 pommes sautées à cru	껍질을 벗기고 씻은 뒤 적당한 크기로 깍둑 썬다.	팬에 버터와 기름을 넣고 튀기듯이 볶는다.

POMMES DE TERRE 감자

BF 15
베에프 15

nicola
니콜라

siglinde
지글린더

marabel
마라벨

charlotte
샤를로트

annabelle
아나벨

chérie
셰리

belle de Fontenay
벨 드 퐁트네

rouge bourgogne
루즈 부르고뉴. 부르고뉴 붉은 감자

shetland black
셔틀랜드 블랙

resy
레지

roseval
로즈발

bintje
빈치

ratte
라트

ostara
오스투라

agata
아가타

vitelotte
비올레트. 자색 감자

제라르 비에(GÉRARD VIÉ)의 레시피

mousse de pommes de terre éclatées au caviar 무스 드 폼 드 테르 에클라테 오 카비아르

캐비아를 곁들인 감자 무스 : 4인분

감자(ratte 품종) 300g의 껍질을 벗긴 뒤 소금물에 10분간 삶아 익힌다. 익힌 감자를 푸드 밀(그라인더)에 곱게 갈아 내린 다음 찬물 200mℓ를 넣어 섞는다. 여기에 생크림 300mℓ를 넣고 간을 맞춘다. 휘핑 사이펀에 감자 혼합물을 채워 넣고 뚜껑을 단단히 닫는다. 가스 캡슐 2개를 끼운 뒤 냉장고에 12시간 동안 보관한다. 지름 15cm짜리 링에 각각 세부르가 캐비아를 15g씩 깔아준다. 사이펀을 충분히 흔든 뒤 감자 무스를 짜 링 안에 채운다. 그대로 서빙 접시에 플레이팅한다. 캐비아 15g으로 작은 크넬을 만들어 각각 한 개씩 올린다. 링을 제거한 뒤 바로 서빙한다.

navarin de homard et de pommes de terre nouvelles au romarin ▶ HOMARD

nid en pommes paille ou en gaufrettes ▶ NID (AU)

panade à la pomme de terre ▶ PANADE

pommes Anna 폼 안나

안나 포테이토 : 오븐을 200°C로 예열한다. 감자 1kg의 껍질을 벗긴 뒤 1mm 두께의 동그란 모양으로 균일하게 슬라이스한다. 소금, 후추로 간한다. 안나 포테이토 전용 틀에 정제버터 50g을 뜨겁게 데운 다음 얇게 슬라이스한 감자를 바닥 전체에 빙 둘러 깔아준다. 불에서 내린 뒤 감자 위에 잘게 조각낸 버터 25g을 고루 얹고 감자를 다시 한 켜 깐다. 같은 방법으로 반복하여 감자를 5~6겹 쌓아 올린다. 표면을 눌러준다. 센 불에 올려 맨 밑면이 어느 정도 익을 정도로 가열한 뒤 뚜껑을 덮고 오븐에 넣어 30~35분간 익힌다. 틀 안의 버터를 덜어낸 다음 익은 감자를 조심스럽고도 민첩한 동작으로 서빙 접시 위에 뒤집어 담아낸다.

pommes dauphine 폼 도핀

도핀 포테이토 : 감자 1kg을 소금물에 삶은 뒤 건져 물을 완전히 제거하고 오븐 입구에 몇 분간 넣어 수분을 날린다. 으깨서 퓌레를 만든 뒤 버터 100g, 달걀 1개, 달걀노른자 4개를 넣고 섞는다. 물 250mℓ, 물 60mℓ, 버터 125g, 체에 친 밀가루 125g, 달걀 4개, 강판에 간 넛멕가루 약간, 소금, 후추를 넣고 슈 반죽을 만든 뒤 감자 퓌레 혼합물과 섞는다. 반죽을 한 스푼씩 떠서 뜨거운(180°C) 기름에 조심스럽게 밀어 넣는다. 반죽이 부풀어 오르고 노릇한 색이 나면 건져서 기름을 탁탁 턴 다음 종이타월 위에 놓고 여분의 기름을 뺀다. 소금을 뿌려 아주 뜨겁게 바로 서빙한다.

pommes duchesse : appareil 폼 뒤셰스: 아파레이

뒤셰스 포테이토 베이스 혼합물 만들기 : 분질감자 500g의 껍질을 벗기고 등분한 뒤 넉넉한 양의 끓는 소금물에 넣고 삶는다. 건져서 오븐 용기에 담고 200°C로 예열한 오븐 문 앞쪽에 넣어 뽀얗게 분이 나오도록 수분을 날린다. 감자를 눈이 고운 망으로 곱게 눌러 내려 퓌레를 만든다. 이 퓌레를 냄비에 넣고 소금, 후추, 약간의 넛멕 가루와 버터 50g을 넣는다. 불에 올려 잘 섞으며 수분을 날린다. 불에서 내린 뒤 달걀 1개와 달걀노른자 2개를 넣고 살살 섞는다.

기 사부아(GUY SAVOY)의 레시피

pommes Maxim's 폼 막심즈

막심 포테이토 : 감자 600g의 껍질을 벗겨 씻은 뒤 행주로 물기를 완전히 닦는다. 만돌린 슬라이서로 얇게 썬 다음 소금으로 간한다. 정제 버터 125g을 뿌린 뒤 오븐팬 위에 조금씩 겹쳐가며 놓는다. 240°C 오븐에서 노릇해질 때까지 굽는다. 서빙 접시에 왕관 모양으로 빙 둘러 담아낸다.

pommes pont-neuf 폼 퐁 뇌프

퐁 뇌프 포테이토 : 살이 단단한 감자를 큰 사이즈로 준비해 껍질을 벗긴 뒤 씻어서 사방 1cm 굵기, 길이 7cm의 막대 모양으로 썬다. 넉넉한 물에 헹군 뒤 건져 행주로 물을 완전히 닦아낸다. 160°C 기름에 넣어 노릇한 색이 나기 시작할 때까지 튀긴 다음 망에 건져 기름을 완전히 뺀다. 서빙 바로 전 180°C 기름에서 한 번 더 노릇하게 튀겨낸다.

pommes de terre boulangère 폼 드 테르 불랑제르

불랑제르 포테이토 : 감자 800g과 양파 400g의 껍질을 벗긴 뒤 얇게 썰어 각각 버터에 볶는다. 오븐 용기에 버터를 바르고 감자와 양파를 교대로 켜켜이 깔아 채워 넣는다. 소금으로 간을 하고 후추를 조금 뿌린 뒤 닭 육수를 재료 높이만큼 붓는다. 200°C로 예열한 오븐에서 25분간 익힌 다음 온도를 180°C로 낮추고 20분 더 익힌다.

pommes de terre Darphin 폼 드 테르 다르팽

다르팽 포테이토 : 살이 단단한 감자 500g의 껍질을 벗겨 씻은 뒤 채칼로 썬다. 행주로 닦아 물기를 완전히 제거한 뒤 소금, 흰 후추를 뿌려 밑간한다. 눌음 방지 코팅이 된 팬에 식용유 30mℓ와 버터 30g을 달군 뒤 감자채를 넣고 30초간 고루 볶은 다음 눌러 가며 둥근 팬케이크 모양으로 만든다. 200°C로 예열한 오븐에 넣어 굽는다. 뒤집어서 반대쪽 면도 노릇하게 익힌다. 기름을 덜어낸 다음 서빙 접시에 뒤집어 놓는다. 아주 뜨겁게 서빙한다.

pommes de terre farcies 폼 드 테르 파르시

속을 채운 감자 요리 : 첫 번째 방법 큰 감자를 준비해 껍질째 오븐에 익힌다. 길게 눕힌 상태로 윗부분 1/4에 해당하는 위치를 가로로 자른 뒤 껍질이 찢어지지 않게 주의하며 속살을 파낸다. 파낸 감자 살에 준비한 재료(버섯 뒥셀, 치즈, 익힌 다짐육, 햄, 채소 미르푸아, 오래 볶은 양파 등)와 버터, 소금, 후추를 넣고 섞는다. 이것을 다시 파낸 감자 안에 채워 넣고 빵가루나 가늘게 간 치즈를 얹고 녹인 버터를 뿌린다. 270°C 오븐에 넣어 그라탱처럼 노릇하게 구워낸다. 두 번째 방법 크고 길쭉한 모양의 감자의 껍질을 벗긴 뒤 원통 모양으로 다듬어 깎고 양끝을 자른다. 조심스럽게 안의 살을 파낸다. 속을 파낸 감자를 끓는 물에 잠깐 데친 뒤 건져서 물기를 제거한다. 감자의 안쪽과 겉에 소금, 후추를 고루 뿌린 뒤 소를 채운다. 버터를 바른 오븐 용기에 감자를 나란히 붙여서 정렬한 다음 콩소메를 거의 재료 높이까지 오도록 붓는다. 불에 올려 가열한 뒤 끓기 시작하면 200°C 오븐에 넣어 30~35분간 익힌다. 감자를 꺼내 버터를 발라둔 그라탱 용기에 담고 빵가루 또는 가늘게 간 치즈(또는 둘을 섞어도 좋다)를 얹고 녹인 버터를 뿌린 뒤 280°C로 온도를 올린 오븐에 넣어 그라탱처럼 노릇하게 구워낸다.

pommes de terre fondantes 폼 드 테르 퐁당트

퐁당 포테이토 : 4인분 / 준비: 30분 / 조리: 1시간

감자는 살이 단단한 품종을 준비한다. 균일하게 달걀만한 크기를 가진 것으로 12개를 고른다. 껍질을 벗기고 씻어서 한쪽 면은 납작하게 둔 상태로 갸름하게 돌려 깎는다. 오븐을 180°C로 예열한다. 일반 구성 재료에 셀러리 작은 줄기를 하나 더 추가한 부케가르니를 만든다. 소테 팬에 버터 100g을 두르고 감자의 납작한 부분이 아래로 오도록 한 켜로 깐다. 콩소메 또는 닭 육수를 재료 높이의 1/3까지 붓고 부케가르니를 넣는다. 통후추를 한 번 갈아 뿌린다. 불에 올려 가열한 다음 끓기 시작하면 조리 중 수분이 너무 빨리 증발하는 것을 막기 위해 버터 바른 유산지를 한 번 씌운 다음 그 위에 뚜껑을 덮고 오븐에 넣어 40~50분간 더 익힌다. 감자에 버터와 육수가 촉촉하게 배도록 중간 중간 국물을 끼얹는다(감자는 뒤집지 않는다). 감자 표면이 윤기나는 막으로 덮이면 완성된 것이다.

pommes de terre frites 폼 드 테르 프리트

프렌치프라이 : 감자를 사방 1cm의 굵기, 길이 7cm의 막대 모양으로 썰어 뜨거운 기름에 넣는다. 기름의 온도가 다시 올라 퐁 뇌프와 마찬가지로 노릇한 색이 날 때까지 튀겨낸다(참조. p.693 POMMES PONT-NEUF).

pommes de terre à la landaise 폼 드 테르 아 라 랑데즈

랑드식 감자 볶음 : 소테 팬에 거위 기름 100g을 달군 뒤 양파 100g, 사방 2cm 크기로 깍둑썬 바욘 햄 150g을 넣고 볶는다. 튀기듯 바싹 볶아지면 굵직한 주사위 모양으로 썬 감자 500g을 넣는다. 소금, 후추로 간한다. 뚜껑을 덮고 중간중간 저으며 익힌다. 마지막에 잘게 다진 마늘과 파슬리를 한 스푼씩 넣는다.

pommes de terre Macaire 폼 드 테르 마케르

마케르 감자 요리 : 4인분 / 준비: 20분 / 조리: 1시간 45분

오븐을 210°C로 예열한다. 감자(bintje)를 균일한 크기로 골라 1kg를 준비한 뒤 씻어서 하나씩 알루미늄 포일로 싸 오븐에 1시간 30분간 익힌다. 버터 80g으로 정제 버터를 만든다(참조. BEURRE CLARIFIÉ). 감자의 포일을 벗긴 뒤 반으로 잘라 숟가락으로 살을 파낸다. 포크로 살을 으깬 뒤 고운 소금, 갓 갈아낸 후추, 강판에 갓 갈아낸 넛멕 가루를 약간씩 넣는다. 작게 잘라둔 차가운 버터 150g과 더블 크림 100mℓ을 넣고 잘 섞는다. 둥근 팬에 정제 버터를 달군 뒤 으깬 감자를 갈레트처럼 두툼하게 펴 놓는다. 중불에서 양면을 노릇하게 5~6분씩 지진다. 납작한 접시에 담고 타르트처럼 잘라 서빙한다.

Pomme de terre 감자

“요리에 일상적으로 많이 쓰이는 흔한 재료인 감자는 포텔 에 샤보, 에콜 페랑디, 레스토랑 엘렌 다로즈와 가르니에, 파리 리츠 호텔 요리사들의 숙련된 솜씨 덕에 귀한 몸으로 다시 태어난다. 이 덩이줄기 채소를 조리하는 방법은 무궁무진하다. 껍질째 동그랗게 자르거나 가늘게 채 썰어 익히기도 하고 곱고 부드러운 퓌레를 만들기도 하는 등 감자는 우리의 입맛에 끝없는 만족을 선사한다.”

pommes de terre (ou purée) mousseline 폼 드 테르 무슬린

무슬린 감자 퓌레 : 감자를 껍질째 오븐에서 익힌다. 껍질을 벗긴 뒤 살을 체에 곱게 긁어내린다. 냄비에 이 퓌레를 담아 불에 올린 뒤 버터(감자 퓌레 1kg 기준 200g)를 넣고 잘 휘저어 섞는다. 이어서 달걀노른자 4개분을 넣는다. 소금으로 간하고 흰색 후추와 강판에 간 넛멕가루를 뿌린다. 불에서 내린 다음 휘핑한 생크림 200mℓ를 넣고 살살 섞는다.

pommes de terre à la paysanne 폼 드 테르 아 라 페이잔

페이잔 감자 요리 : 4인분 / 준비: 30분 / 조리: 1시간

살이 단단한 감자 1kg을 준비해 껍질을 벗기고 씻은 다음 3~4mm 두께로 동그랗게 썬다. 오븐을 200°C로 예열한다. 씻은 소렐 100g을 잘게 썰어 버터 30g을 두른 소테팬에 볶는다. 수분이 모두 날아가면 굵직하게 다진 처빌 2테이블스푼을 넣어준다. 썰어둔 감자의 3/4를 여기에 넣고 잘 섞는다. 후추를 뿌린다. 코코트 냄비에 버터 40g을 두른 뒤 소렐과 섞은 감자를 깔아준다. 그 위에 나머지 감자를 조금씩 겹쳐 놓으며 빙 둘러 덮는다. 소고기 포토푀 국물이나 닭 육수를 재료 높이만큼 부어준 뒤 불에 올린다. 간을 맞추되 너무 짜지 않도록 한다. 끓기 시작하면 뚜껑을 덮고 오븐에 넣어 50분간 더 익힌다. 코코트 냄비 그대로 서빙한다.

pommes de terre rattes grillées aux escargots de Bourgogne, suc de vin rouge et crème persillée ▶ ESCARGOT

레스토랑 라 크레마이에르(LA CRÉMAILLÈRE, BRIVE-LA-GAILLARDE)의 레시피

pommes de terre à la sarladaise 폼 드 테르 아 라 사를라데즈

사를라데즈 포테이토 : 단단한 감자 1.5kg의 껍질을 벗기고 씻어 길게 반으로 자른 뒤 각 조각을 세로로 등분한다. 코코트 냄비에 거위기름 2테이블스푼을 넣고 갈색이 돌기 시작할 때까지 달군 뒤 감자를 넣고 센 불에서 저으며 볶는다. 여분의 기름을 덜어낸 다음 소금, 후추로 간한다. 껍질을 까지 않은 통마늘 4톨을 으깨서 넣는다. 생포치니 버섯을 구할 수 있는 제철이라면 이 버섯 2개를 적당한 크기로 등분해 넣어주면 좋다. 뚜껑을 덮고 200°C로 예열한 오븐에 넣어 40분간 익힌다.

pommes de terre soufflées 폼 드 테르 수플레

수플레 감자 : 살이 아주 단단한 품종의 감자를 큰 사이즈로 준비하여 껍질을 벗기고 씻은 뒤 물기를 닦는다. 두께 3mm로 얇게 썬 다음 다시 씻어 물기를 완전히 닦는다. 150°C 기름에 넣고 8분간 튀긴 다음 건져 기름을 털고 종이타월에 놓아 여분의 기름을 뺀다. 식힌다. 기름의 온도를 175°C로 높인 뒤 감자를 다시 한 번 튀긴다. 감자 슬라이스가 통통하게 부풀면서 노릇한 색이 나면 건져서 종이타월에 기름을 뺀다. 아주 뜨거운 서빙 접시에 담고 고운 소금을 솔솔 뿌려 낸다.

purée de navet et de pomme de terre ▶ PURÉE
purée de pomme de terre ▶ PURÉE
rougets en écailles de pomme de terre ▶ ROUGET-BARBET
salade de pommes de terre et pieds de porc truffés ▶ SALADE
soufflé à la pomme de terre ▶ SOUFFLÉ
soupe aux poireaux et aux pommes de terre ▶ SOUPE
subrics de pommes de terre ▶ SUBRIC
tarte aux pommes de terre ▶ TARTE
vieilles aux pommes de terre ▶ VIEILLE

POMME DE TERRE-CÉLERI 폼 드 테르 셀르리 아라카차. 미나리과에 속하는 아라카차(arracacha)의 뿌리줄기로 원산지는 콜롬비아다. 살이 통통하고 전분이 많은 뿌리는 마 또는 고구마와 비슷한 방법으로 조리해 먹으며 가루를 만들어 사용하기도 한다.

POMPADOUR (JEANNE POISSON, MARQUISE DE) 잔 푸아송 마르키즈 드 퐁파두르 퐁파두르 후작부인. 본명은 잔 앙투아네트 푸아송(Jeanne Antoinette Poisson)이다. 금융업자인 샤를 기욤 르노르망 데티올(Charles-Guillaume Le Normant d'Étiolles)의 부인이었던 그녀는 1745년 루이 15세의 애첩이 되었고 왕은 그녀에게 퐁파두르 후작 작위를 부여했다. 당시 궁정의 많은 이들이 그러했듯이 퐁파두르 부인 또한 요리에 아주 관심이 많았다. 퐁파두르라는 이름이 붙은 요리들은 대개 그녀의 생전에 혹은 19세기에 헌정된 것들이지만, 그 외에 송로버섯 및 각종 버섯을 곁들인 가자미 필레, 벨뷔(bellevue) 닭가슴살 요리, 오 솔레이(au soleil) 양 뱃살 요리(blond de veau, 육수에 얇게 썬 에스칼로프와 송로버섯을 넣고 익힌다) 등 몇몇은 그녀의 아이디어로 만들어진 레시피로 전해지기도 한다. 미식 전문 작가 샤를 몽슬레(Charles Monselet)는 버터와 달걀노른자 베이스에 옥수수 전분으로 농도를 맞추고 베르쥐를 넣어 산미를 더한 아스파라거스 곁들임용 소스에 퐁파두르라는 이름을 붙이기도 했다.

한편 클래식 요리에서 퐁파두르는 양이나 소고기 안심 스테이크에 쇼롱 소스를 끼얹고 페리괴 소스를 넣어 디글레이즈한 것을 주위에 한 바퀴 빙 둘러준 요리를 지칭하며, 여기에는 살짝 튀긴 폼 누아제트를 채운 아티초크 속살 밑동을 가니시로 곁들인다. 퐁파두르 포타주는 작은 알갱이의 타피오카 펄과 가늘게 썬 양상추를 넣은 토마토 크림 수프다.

퐁파두르 살피콩(일반적으로 주사위 모양으로 썬 푸아그라, 랑그 에카를라트, 양송이버섯과 송로버섯에 마데이라 와인 소스를 넣고 혼합한 것)은 탱발(timbales), 부셰(bouchée), 리솔(rissoles) 등을 채워 넣는 데 사용된다.

▶ 레시피 : RISSOLE.

POMPE 퐁프 오베르뉴, 리오네, 프로방스의 여러 지역에서 즐겨 먹는 파티스리로 달콤한 맛, 짭짤한 맛 모두 포함된다. 투르트, 파테, 브리오슈 등의 형태로 다양한 재료를 넣어 만든다. 프로방스 지방에서 크리스마스 때 먹는 13가지 디저트에 포함되는 퐁프 아 륄은 올리브오일을 넣은 발효 반죽으로 만드는 큰 사이즈의 갈레트로 오렌지 블로섬 워터 또는 레몬 제스트로 향을 내며 때로 사프란을 넣기도 한다.

pompes de Noël 퐁프 드 노엘

크리스마스 퐁프 : 크고 넓적한 볼에 밀가루 1kg를 넣는다. 빵 발효종 반죽 250g을 잘게 잘라 넣고 비정제 황설탕 250g, 소금 1티스푼, 올리브오일 1/2컵, 달걀 3~4개를 넣고 잘 섞는다. 오렌지 제스트와 레몬 제스트 각각 1개분을 강판에 갈아 넣는다. 작업대에 치대며 혼합하여 균일하고 탄력 있는 반죽을 만든다. 둥글게 굴려 뭉친 뒤 바람이 통하지 않는 따뜻한 곳에서 6시간 동안 발효시킨다. 꺼내서 펀칭하여 공기를 뺀 다음 다시 치대어 반죽해 8덩어리로 소분하고 이들을 각각 둥글고 넓적한 모양으로 성형한다. 버터를 바른 베이킹 팬에 빵 반죽을 놓고 다시 2시간 발효시킨다. 230°C로 예열한 오븐에서 25분간 굽는다. 꺼내서 오렌지 블로섬 워터를 발라 적셔준 다음 다시 오븐 입구에 넣어 5분간 건조시킨다.

PONCHON (RAOUL) 퐁숑(라울) 라울 퐁숑. 프랑스의 시인(1848, La Roche-sur-Yon 출생—1937, Paris 타계). 그는 마시는 것과 먹는 것을 주제로 만 오천 행이 넘는 시 구절을 여러 일간지에 발표했고 이들 중 대표작을 모아 1920년 『카바레의 뮤즈(*la Muse au cabaret*)』라는 책으로 엮어냈다. 그는 "마시기 위해 먹는 것이지 먹기 위해 마시는 것이 아니다"라는 글을 써서 음식보다는 마시는 것의 우월성을 주장했다. 1924년 공쿠르 아카데미 회원으로 선출되었다.

PONT-L'ÉVÊQUE 퐁 레베크 노르망디와 마옌 지방에서 생산되는 AOC 치즈로 비멸균 생소젖 또는 저온멸균 소젖으로 만든다(**참조** p.390 프랑스 치즈 도표). 세척 외피 연성치즈인 퐁 레베크는 다양한 크기로 만들어진다. 작은 사이즈로는 사방 8.5~9.5cm에 높이 2.5cm 정사각형 또는 길이 10.5~11.5cm, 너비 5.2~5.7cm 의 직사각형 타입이 있다. 큰 사이즈로는 사방 10.5~11.5cm에 높이 3cm, 또는 사방 19~21cm에 높이 3~3.5cm 짜리가 있으며 무게는 각각 350~400g, 1.6kg이다. 외피는 황금빛 노란색을 띠고 있으며 말랑말랑하고 양면에 줄무늬가 있다. 치즈는 크림색으로 질감이 균일하고 군데군데 작은 기공이 나 있다. 유산지나 나무 박스에 포장되어 시판된다. 퐁 레베크의 숙성 기간은 약 6주로 상당히 강한 풍미를 내는데, 흔히 시골 퇴비 냄새가 아닌 테루아의 냄새가 나야 한다고 말한다.

PONT-NEUF 퐁 뇌프 퐁 뇌프 감자 튀김. 감자를 긴 스틱형으로 잘라 튀기는 프렌치프라이의 한 종류로 폼 알뤼메트(pommes allumettes)보다 두 배 더 굵은 사이즈다(**참조** p.691 감자 요리 도표). 퐁뇌프 감자 튀김은 주로 서빙 사이즈로 잘라 구운 스테이크류, 그중에서도 특히 앙리 4세 안심 스테이크(tournedos Henri IV)에 곁들이는 대표적인 가니시다.

▶ 레시피 : POMME DE TERRE.

PONT-NEUF (GÂTEAU) 퐁 뇌프(가토) 퐁 뇌프 타르트. 푀유타주 파이 시트 또는 파트 브리제 타르트틀 시트에, 럼으로 향을 내거나 잘게 부순 마카롱 과자를 넣은 크렘 파티시에와 슈 반죽을 혼합해 채운 뒤 긴 띠 모양으로 자른 반죽을 격자 모양으로 얹어 구워낸 타르트의 일종이다. 럼에 절인 건포도를 넣은 퐁 뇌프 크림은 쇼송 나폴리탱 안에 채워 넣는 용도로 사용된다. 또한 이 명칭은 띠 모양 반죽을 격자 모양으로 얹어 장식한 다양한 종류의 탈무즈(talmouse, 주로 치즈를 넣어 만드는 짭짤한 타르트) 타르틀레트에도 적용된다.

ponts-neufs 퐁 뇌프

퐁 뇌프 케이크 : 밀가루 200g, 소금 1자밤, 설탕 25g, 부드러워진 버터 100g, 달걀 1개를 섞어 타르트 시트 반죽을 만든다. 둥글게 뭉친 뒤 냉장고에 넣어둔다. 우유 400㎖, 달걀 4개, 설탕 50g, 바닐라 빈 1/2줄기, 밀가루 30g으로 크렘 파티시에를 만든 뒤 마지막에 잘게 부순 마카롱 과자 30g을 넣어 섞고 식힌다. 물 125㎖, 버터 30g, 소금 1자밤, 밀가루 65g, 달걀 3개, 설탕 1티스푼으로 슈 반죽을 만들어 식힌다. 냉장고에서 반죽을 꺼내 2mm 두께로 민 다음 10개의 원형으로 잘라내어 그보다 지름이 약간 작은 타르틀레트 틀에 각각 깔아준다. 남은 자투리 반죽은 모아서 다시 둥글게 뭉쳐 둔다. 슈 반죽과 크렘 파티시에를 혼합하여 타르틀레트 안에 채운 다음 표면에 달걀물을 바른다. 나머지 반죽을 1mm 두께로 밀어 폭 2mm의 가늘고 긴 끈 모양 20개를 잘라낸다. 각 타르틀레트 위에 이 끈을 십자무늬로 얹어준다. 190°C로 예열한 오븐에서 15~20분간 굽는다. 꺼내서 망에 올려 식힌다. 레드커런트 즐레 100g을 약불에 데운 다음 십자로 나뉜 타르틀레트 표면의 마주보는 두 공간에 발라 얹는다. 나머지 두 칸에는 슈거파우더를 뿌린다. 서빙하기 전까지 냉장보관한다.

POOLISH 풀리쉬 밀가루와 물을 동량으로 섞은 뒤 생이스트를 넣은 아주 무른 반죽으로 이스트의 양은 원하는 발효시간에 따라 달라진다. 폴란드에서 처음 선보인 풀리쉬 반죽 발효는 18세기에 프랑스에 처음 도입되었다. 이 반죽법은 빵의 탄성을 높여주기 때문에 제빵을 더욱 쉽게 해준다. 풀리쉬 반죽 발효로 만든 빵은 특유의 풍미를 지니며 보존성도 높다.

POP-CORN 팝콘 팝콘. 옥수수 알갱이를 팬에 오일과 함께 넣고 뚜껑을 닫은 뒤 뜨겁게 데워 톡톡 터지게 튀겨낸 것으로 설탕이나 소금을 뿌려 먹는다.

PORC 포르 돼지, 돼지고기. 멧돼지과의 포유동물로 정육을 식용으로 소비할 목적으로 사육한다. 수컷 돼지는 베라(verrat), 암컷은 트뤼(truie)라고 부르며 어린 돼지는 월령에 따라 각각 고레(goret), 포르슬레(porcelet), 누랭(nourrain) 또는 쿠뢰르(coureur)라는 명칭으로 불린다(**참조** COCHON, COCHON DE LAIT). 돼지는 인간과 공생하는 가축이 되었고 남은 음식 쓰레기를 먹고 살기 때문에 일부 지방에서는 불결함이라는 딱지가 붙기도 했다. 중세부터 전통적으로 집안의 잔치가 있을 때는 돼지를 잡았고 이는 풍성한 식량을 제공했다.

■ **선택.** 옛날에 돼지는 다리가 길었고 감자나 밤을 먹어 살찌웠으며 대개 생후 10~12개월경에 도축했다. 오늘날의 돼지는 다리가 짧고 더 많은 양의 고기를 공급한다. 주로 곡식을 먹여 6개월 정도 사육하며 도축 시 무게는 100~110kg 정도 된다. 몇몇 돼지는 라벨 루즈(label rouge)와 IGP 인증을 받기도 했다.

돼지는 프랑스 포함 전 세계에서 가장 많이 소비되는 고기이며, 특히 프랑스 총생산량의 3/4은 서부 지역(Ouest)에서 공급되고 있다. 좋은 품질의 돼지고기는 살이 분홍색이고 육질이 탱탱하며 물기가 많지 않은 것이다. 프랑스 북부와 동부 지방에서는 거의 흰색을 띤 고기의 수요가 가장 많으며, 기타 지방에서는 분홍색이 도는 것을 더 선호한다. 샤퀴트리용으로는 수분 함량이 좀 더 높은 짙은 색 고기를 상품으로 친다. 프랑스에서는 돼지 정육 도체의 66%가 400여 종의 다양한 샤퀴트리로 가공된다.

도체는 도축장에서 등 부위 지방의 두께와 등심 근육 덩어리의 직경을 측정하여 등급을 매긴다. 계근 산정을 통해 두당 도체의 근육 비율을 알 수 있으며 이는 도체의 정육율을 예측하게 해준다.

신선한 생고기는 약불에 익히고 너무 오래 익히지 않은 경우 그 맛과 연한 육질이 잘 보존된다. 옛 프랑스 속담에 따르면 "돼지는 버릴 부분이 하나도 없이 전부 맛있다."

■ **정육 분할.** 도축한 돼지는 내장을 들어내고 머리를 잘라낸 다음 길게 반으로 가른다. 반으로 자른 덩어리에서 배쪽 부분(poitrine hachage, 파리식 정형 기준)과 정강이 위쪽 뒷 넓적다리와 앞다리를 잘라내어 따로 다룬다. 생고기로 판매되는 부분은 주로 등쪽 부위다.

목살은 굽거나 브레이징한다. 안심보다 촉촉하며 스튜용으로도 사용된다. 적당한 두께로 슬라이스해서 그릴에 굽거나 소테하기도 하며 큐브 모양으로 썰어 꼬치 요리를 만들기도 한다.

뼈 등심 랙과 등심살은 경우에 따라 뼈를 제거하기도 하며 로스트하거나 뼈 모양대로 한 피스씩 잘라서 그릴이나 팬에 굽는다. 기름이 적은 부위로 식감은 약간 뻑뻑하다.

뒷등심에서 보섭살에 이르는 부위는 중간 등심살보다 덜 뻑뻑하며 로스트용으로 적합하다.

안심은 중간 등심살 아래 붙어 있으며 이 부위만 떼어내 조리하면 아주 연하고 맛있는 요리를 만들 수 있다.

- 항정살에 해당하는 그리야드는 근섬유가 부채꼴로 선명하며 퍼져 있는 납작한 부위로 구이에 적당하며 살에 탄력이 있고 맛이 좋다.
- 주로 햄을 만드는 뒷다리 넓적다리 부위는 종종 생으로 판매되기도 한다. 두툼하게 슬라이스하거나 꼬치용으로 썰어 조리하거나 국물을 잡아 삶기도 하며 오븐에 익히거나 브레이징 등의 조리법을 사용하기도 한다.
- 앞다리 또는 어깨살은 주로 뼈와 함께 브레이징한다. 살을 다져서 파테용 스터핑을 만들기도 하고 덩어리째 오븐에 로스트(비계를 덮어 씌우지 않는다)하거나 잘라서 스튜용으로 사용하기도 하며 슈크루트에 곁들이기도 한다.
- 등갈비(포크 립)는 갈빗대 뼈가 포함되어 있으며 옛날에는 대개 염장하여

돼지의 주요 명칭과 특징

명칭	사육 방식	산지	도축	풍미
젖먹이 돼지 cochon de lait	축사	유럽, 중국	어미의 젖을 먹는 아주 어린 돼지로 생후 6주가 되기 전에 도축한다. 대개 발골하며(10인용 4kg), 고기의 색은 하얗다.	연하다. 채워 넣는 소 재료와 익히는 방법에 따라 맛이 달라진다.
돼지 porc	축사	유럽	생후 5개월에 도축하며 도체 무게는 85kg이다. 고기는 분홍색을 띤다.	특별한 풍미가 없다.
농가사육 돼지 porc fermier*	축사 안뜰	유럽	생후 6개월에 도축하며 도체 무게는 80kg이다. 고기는 분홍색을 띤다.	약간의 풍미가 있다.
자연 방목 농가사육 돼지 porc fermier élevé en plein air*	들판	유럽	생후 6개월에 도축하며 도체 무게는 80kg이다. 고기는 분홍색을 띤다.	약간의 풍미가 있다.
새끼 돼지 porcelet	축사 또는 방목	유럽, 중국	생후 28일에 젖을 떼고 이어서 6주 혹은 그 이상의 이유기를 갖는다. 도체 무게는 6~14kg이며 고기는 분홍색을 띤다.	특별한 풍미가 없다.

* 먹이의 70% 이상을 곡식이 차지하는 농가사육 돼지는 프랑스에서 라벨 루즈 인증을 받고 있다.

사용했다. 오늘날은 그릴에 굽거나(스페어 립) 중국식으로 윤기나는 간장 양념을 입혀 조리하기도 한다.
- 돼지 등쪽의 비계 층 덩어리를 떼어내 껍데기를 제거한 뒤 얇게 저며 바르드로 사용하거나 라르동으로 썰어 사용한다.

■ **요리와 미식.** 돼지고기는 시대를 막론하고 누구나 즐겨 먹었다. 암퇘지는 물론이고 수퇘지로도 리예트, 리유 또는 리용 등을 만들어 먹었다. 대량 생산되는 돼지 품종은 아주 제한되어 있으며 아주 획일화된 고기를 공급한다. 유럽에서는 다수의 재래종 돼지가 아직도 생산되고 있으며 주로 고급 염장 건조육을 만드는 데 사용된다(**참조** CHARCUTERIE).

돼지고기 요리에는 기호에 따라 과일이나 채소 퓌레를 곁들이기도 하며, 그린 페퍼콘, 머스터드, 튀긴 양파, 푸아브라드 소스, 마늘, 홀스래디시 소스 등을 넣어 맛을 돋우기도 한다. 겨울철 요리에는 콩류를 넣어 조리하며, 로스트나 그릴 구이 등에는 향신 허브(특히 세이지)를 더해 향을 내기도 한다. 돼지고기는 각 지방을 대표하는 스튜 요리의 기본 재료다.

carré de porc à l'alsacienne 카레 드 포르 아 랄자시엔

알자스식 돼지 뼈 등심 랙 : 돼지 뼈 등심 한 덩어리를 준비해 소금, 후추를 뿌려 간 한 다음 210°C로 예열한 오븐에 굽는다(1kg당 40분, 중간에 한 번 뒤집어 준다). 양배추 슈크루트를 브레이징하고 곁들일 베이컨 덩어리와 소시지도 함께 익혀 준비한다. 오븐에서 꺼낸 돼지 뼈 등심을 슈크루트 가운데 넣고 15분간 더 익힌다. 베이컨을 고른 두께로 자르고 뼈 등심 덩어리도 뼈 모양을 따라 한 피스씩 자른다. 서빙 접시에 슈크루트를 깔고 그 위에 베이컨과 돼지 뼈 등심을 얹은 뒤 소시지와 삶은 감자를 곁들여 놓는다.

chair à saucisse ou farce fine de porc ▶ CHAIR À SAUCISSE

collet de porc aux fèves des marais 콜레 드 포르 오 페브 드 마레

잠두콩을 곁들인 돼지 목살 : 염장 훈제 돼지 목살 1kg을 12시간 동안 찬물에 담가 소금기를 뺀다. 고기가 너무 짠 경우에는 중간에 물을 두세 번 갈아준다. 고기를 건져 코코트 냄비에 넣고 찬물을 잠기도록 부은 뒤 가열한다. 거품이 끓어오르면 건져낸다. 리크 1대, 당근 1개, 양파 1개, 셀러리 1줄기, 월계수잎 1장, 통후추 6알, 정향 3개, 뮐러 투르가우(Müller-Thurgau, 또는 Rivaner) 와인 200mℓ를 넣는다. 뚜껑을 덮고 2~3시간 뭉근히 익힌다. 소스팬에 버터 50g과 밀가루 2테이블스푼을 넣고 볶아 황금색 루를 만든다. 여기에 코코트 냄비에서 끓고 있는 국물을 조금 넣어 소스를 만든다. 잠두콩 1kg에 세이보리 몇 줄기를 넣고 물에 삶는다. 돼지 목살을 건져 적당한 두께로 썬 다음 잠두콩, 깍둑 썰어 물에 삶은 감자를 곁들여낸다.

côtes de porc Pilleverjus 코트 드 포르 피유베르쥐

피유베르쥐 포크 촙 : 돼지 뼈 등심 4조각을 살짝 두드려 납작하게 만든 다음 소금, 후추로 간한다. 소테 팬에 돼지기름을 두른 뒤 뼈 등심을 지져 양면에 고루 색을 낸다. 잘게 다져 버터에 반 정도만 익힌 양파 4테이블스푼을 넣는다. 부케가르니를 넣고 뚜껑을 덮은 뒤 약한 불로 30분간 뭉근하게 익힌다. 햇 양배추 1통을 가늘게 채 썰어 버터에 익힌 다음 끓인 생크림 몇 스푼을 넣고 잘 저어 섞는다. 우묵한 접시에 양배추를 깐 다음 그 위에 포크 촙을 얹는다. 기호에 따라 삶은 감자를 곁들여도 좋다. 고기를 익힌 소테 팬에 식초 1테이블스푼과 고기 육즙 소스 4테이블스푼을 넣고 디글레이즈한 다음 포크 촙 위에 끼얹어 서빙한다.

crépinettes de porc ▶ CRÉPINETTE

épaule de porc au cinq-épices 에폴 드 포르 오 생크 에피스

돼지 앞다리살 오향장육 : 절구에 마늘 2톨, 샬롯 2개, 설탕, 피시 소스, 간장 각 1디저트스푼, 오향 분말 1티스푼, 검은 후추 약간을 넣고 빻아 양념을 만든다. 소테 팬에 돼지 앞다리살을 껍데기째 지져 색을 낸 다음 혼합한 양념과 흰색 육수 200mℓ를 붓는다. 뚜껑을 덮고 중불에서 40분간 익힌다. 중간에 고기를 한 번 뒤집어준다. 뚜껑을 열고 고기를 굴려가며 국물을 졸인다. 고기를 건져 슬라이스한다. 접시에 담고 익힌 소스를 끼얹어낸다.

gelée luxembourgeoise de porcelet 즐레 뤽상부르주아즈 드 포르슬레

룩셈부르그식 돼지 테린 : 하루 전날 엘블링 와인 6ℓ에 돼지머리 1.5kg, 소고기 1.5kg, 돼지 정강이 4개, 돼지 족 6개, 돼지 귀 500g, 리크 2대, 당근 4개. 셀러리 1줄기, 파슬리 약간, 정향 8개, 머스터드 씨 몇 알갱이, 소금, 농축 육수를 넣고 3~4시간 끓인다. 고기를 꺼내 식힌 뒤 작게 썰어둔다. 끓인 국물은 하룻밤 차갑게 식힌 뒤 기름을 건져낸다. 육수를 뜨겁게 데우고 고운 면포로 맑게 걸러낸 다음 다시 고기를 넣고 끓인다. 테린에 채워 넣은 뒤 차갑게 굳혀 서빙한다.

gigue de porc fraîche aux pistaches 지그 드 포르 프레슈 오 피스타슈

피스타치오를 곁들인 돼지 넓적다리 찜 : 돼지 뒷다리(또는 뒷 넓적다리 신선육) 1개를 보르도 화이트와인 베이스의 마리네이드액에 24시간 담가 재운다. 건자두 750g을 따뜻한 보르도 화이트와인에 담가둔다. 마늘과 껍데기를 깐 피스타치오를 돼지 뒷다리 살에 군데군데 찔러 박은 뒤 큰 냄비에 넣고 재웠던 마리네이드액 3컵을 붓는다. 뚜껑을 덮고 약한 불에서 3시간 동안 뭉근히 익힌다. 건자두를 건져서 냄비에 넣어준 다음 45분간 더 익힌다. 아주 뜨겁게 서빙한다.

oreilles de porc braisées ▶ OREILLE
oreilles de porc au gratin ▶ OREILLE
oreilles de porc pochées ▶ OREILLE

palette de porc aux haricots blancs 팔레트 드 포르 오 아리코 블랑

흰 강낭콩을 넣은 돼지 앞다리살 요리 : 염장 돼지 앞다리살 한 덩어리를 찬물에 담가 소금기를 뺀다. 중간에 물을 한 번 갈아준다. 고기를 건져서 마늘 조각을 군데군데 찔러 박고 큰 냄비에 넣는다. 찬물을 넉넉히 붓고 부케가르니를 넣은 뒤 2시간 동안 뭉근히 끓인다. 다른 냄비에 흰 강낭콩(마른 콩, 신선 콩 모두 가능, 렌틸콩도 가능)을 삶는다. 고기를 익히다 마지막 30분이 남았을 때 고기를 건져내 콩 냄비에 넣는다. 간을 맞춘 뒤 뚜껑을 덮고 약한 불에서 계속 익힌다.

pâté de foie de porc et de canard gras ▶ PÂTÉ
pâté de porc à la hongroise ▶ PÂTÉ

장 플뢰리(JEAN FLEURY)의 레시피

petit salé aux lentilles 프티 살레 오 랑티유

렌틸콩을 곁들인 돼지 염장육 : 염장 돼지등갈비 500g, 염장 뒷다리 도가니 한 토막, 염장 목살 400g, 염장 삼겹살 200g을 찬물에 최소 2시간 담가 소금기를 뺀다. 모두 헹궈 건져 냄비에 넣고 새로 찬물을 넉넉히 부은 뒤 가열한다. 거품이 끓어오르면 건져낸다. 약하게 끓는 상태로 1시간 동안 익힌다. 퓌(Puy)산 그린 렌틸콩 500g의 잡티를 골라낸 뒤 씻어서 넉넉한 물에 15분간 삶는다. 건져서 물기를 뺀 다음 고기 냄비에 넣는다. 정향 2개를 박은 양파 큰 것 1개, 당근 2개, 리크 2대, 부케가르니 1개, 검은 통후추 몇 알을 넣고 45분간 뭉근히 더 끓이며 중간중간 거품을 건져낸다. 익힘용 소시송 1개를 넣고 40분간 더 익힌다. 고기를 모두 건져내 따뜻하게 유지한다. 부케가르니는 건져 버리고, 렌틸콩을 건져 물기를 뺀 뒤 서빙용 큰 플레이트에 담는다. 고기들을 적당한 크기로 슬라이스한 다음 렌틸콩 위에 얹는다.

pieds de porc : cuisson ▶ PIED

poitrine roulée salée 푸아트린 룰레 살레

돌돌 말아 염장한 삼겹살 : 기름이 너무 많지 않은 돼지 삼겹살을 준비하여 직사각형으로 다듬어 자른다. 안쪽 면에 칼집을 내고 다진 마늘을 섞은 소금으로 문질러 준 다음 생타임을 뿌린다. 삼겹살을 돌돌 말아 조리용 실로 단단히 묶는다. 바깥쪽 면(삼겹살 껍데기 쪽)을 고운 소금으로 한참 비비며 문질러 간이 잘 배도록 한다. 저장 용기 크기에 따라 이등분 또는 삼등분으로 자른다.

미구엘 카스트로 에 실바(MIGUEL CASTRO E SILVA)의 레시피

porc aux pois chiches et aux cèpes (cuisson sous vide) 포르 오 푸아 시슈 에 오 세프(퀴송 수비드)

병아리콩과 포르치니 버섯을 곁들인 돼지 목살 구이(수비드 조리) : 4인분
흑돼지 목살 1kg을 8조각으로 자른 뒤 마늘, 파프리카 가루 5g, 소금으로 간한다. 수비드용 비닐팩(-30°C에서 100°C까지 온도에서 사용 가능한 것) 4개에 나눠 넣은 뒤 진공 압축포장 기계를 사용해 공기를 완전히 빼고 밀봉한다. 또는 손으로 입구를 끝까지 완전히 눌러 밀봉한다. 수비드 수조의 물

DÉCOUPE DU PORC 돼지 정육 분할

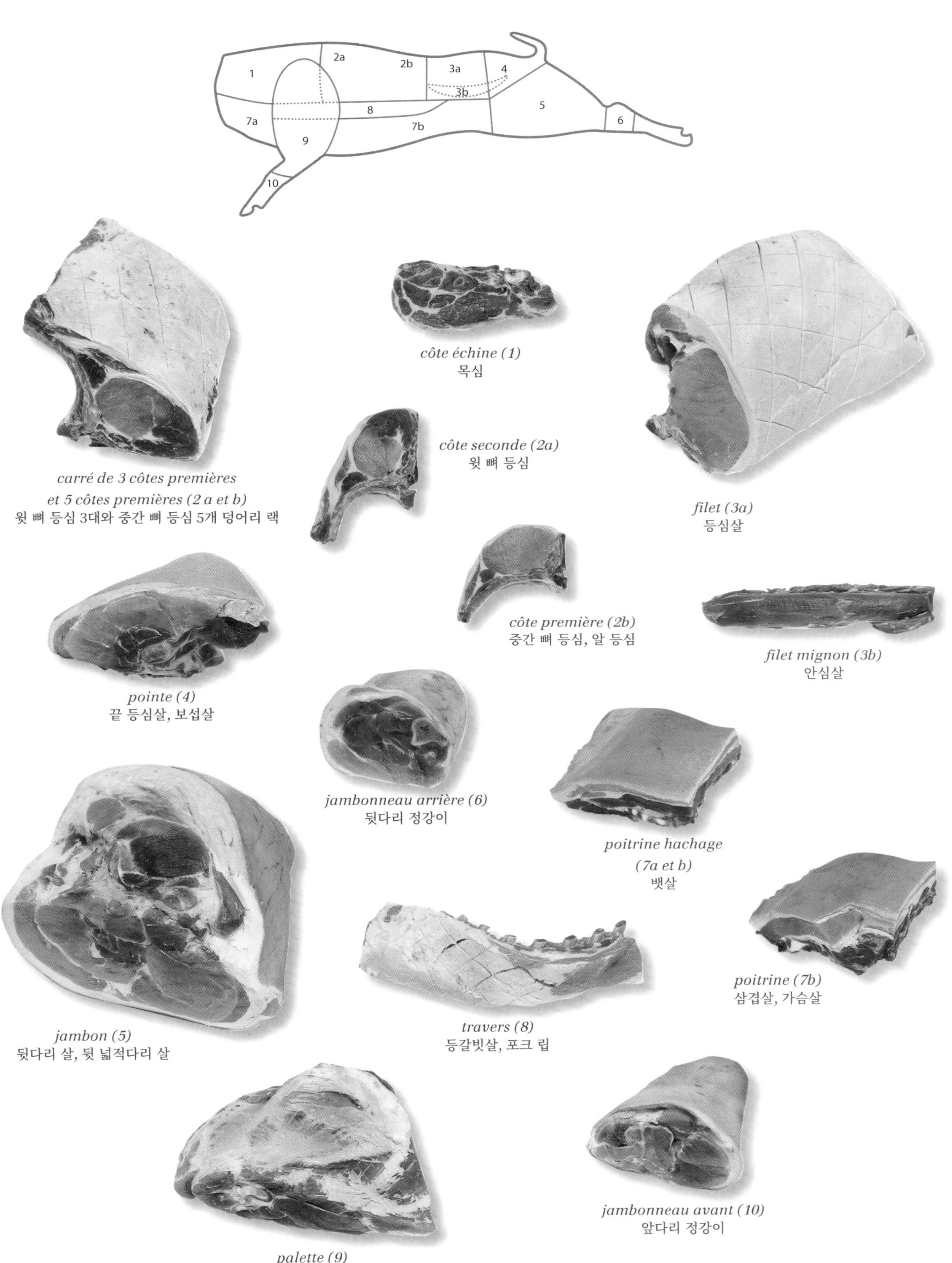

carré de 3 côtes premières et 5 côtes premières (2 a et b)
윗 뼈 등심 3대와 중간 뼈 등심 5개 덩어리 랙

côte échine (1)
목심

côte seconde (2a)
윗 뼈 등심

filet (3a)
등심살

pointe (4)
끝 등심살, 보섭살

côte première (2b)
중간 뼈 등심, 알 등심

filet mignon (3b)
안심살

jambonneau arrière (6)
뒷다리 정강이

poitrine hachage (7a et b)
뱃살

jambon (5)
뒷다리 살, 뒷 넓적다리 살

travers (8)
등갈빗살, 포크 립

poitrine (7b)
삼겹살, 가슴살

palette (9)
앞다리살

jambonneau avant (10)
앞다리 정강이

을 78°C로 맞춘 뒤 비닐팩을 넣고 12시간 동안 익힌다. 팩에서 고기를 꺼내고 육즙은 따로 받아낸 다음 체에 걸러 기름을 제거하고 졸인다. 고기는 200°C 오븐에 넣어 노릇하고 겉이 바삭해질 때까지 5분 정도 굽는다. 올리브오일 1테이블스푼을 두른 팬에 포치니버섯 80g과 얇게 썬 양파 40g을 넣고 볶는다. 익힌 병아리콩 600g을 넣고 잘 섞는다. 흰색 육수를 조금 부은 뒤 굳은 빵을 부순 가루 2테이블스푼을 넣고 걸쭉한 농도를 낸다. 접시 바닥에 병아리콩을 담고 고기를 얹어 서빙한다. 졸인 육즙 소스는 따로 담아낸다.

히사유키 다케우치(HISAYUKI TAKEUCHI)의 레시피

porc sauté au gingembre 포르 소테 오 쟁장브르

생강을 넣은 돼지고기 볶음 : 4인분 / 준비: 30분 / 조리: 3분

돼지 등심살 500g을 최대한 얇게 썰어 접시에 담아둔다. 흰 양배추 150g을 가늘게 채 썬다. 신선한 햇 생강과 쪽파를 각 50g씩 가는 막대 모양으로 썬다. 소테 팬이나 웍을 뜨겁게 달군 뒤 해바라기유 1테이블스푼을 넣고 돼지고기, 생강, 쪽파를 넣는다. 가볍게 섞어준 뒤 간장 2테이블스푼, 맛술 1테이블스푼, 청주 1테이블스푼, 황설탕 1티스푼을 넣고 센불에서 재빨리 볶는다. 소금, 후추로 간을 조절한다. 고기가 익으면 불에서 내리고 양배추 채를 넓게 깔아둔 큰 원형 접시에 담아낸다.

rillettes de Tours ▶ RILLETTES
rillons ▶ RILLONS

rôti de porc aux topinambours 로티 드 포르 오 토피낭부르

돼지감자를 곁들인 로스트 포크 : 돼지감자 750g의 껍질을 벗긴 뒤 큼직하고 갸름한 모양으로 다듬어 끓는 물에 5분간 데친다. 찬물에 식힌 뒤 건져둔다. 코코트 냄비에 돼지기름 20g을 달군 뒤 로스트용 고깃덩어리 1kg를 넣고 지져 표면에 고루 노릇한 색을 낸다. 이어서 200°C 오븐에 넣어 로스트한다. 20분 후 돼지감자를 추가한 뒤 소금, 후추로 간하고 30분간 더 익힌다.

salade de pommes de terre et pieds de porc truffés ▶ SALADE
tartines de pieds de porc ▶ PIED

tête fromagée de Péribonka 테트 프로마제 드 페리봉카

페리봉카 돼지머리 테린 : 2kg짜리 돼지머리를 손질한 뒤 4등분으로 자른다. 돼지머리와 750g짜리 돼지 족 1개를 소금물에 5~6시간 담가둔다. 건져서 끓는 물에 데쳐낸 다음 냄비에 넣고 새로 물을 부어 끓인다. 소금, 후추, 정향 1개, 월계수잎 1장을 넣는다. 당근 350g, 양파 750g을 굵직하게 썰어 넣고 오랫동안 약한 불로 끓인다. 고기를 건져 살을 잘게 손으로 떼어 놓고 기름 부위도 조금 떼어내 주사위 모양으로 썬 다음 다시 국물에 넣어 5분간 끓인다. 식힌다. 중간 중간 저으며 섞는다. 틀에 채운 다음 서빙하기 전까지 냉장고에 넣어 5~6시간 이상 굳힌다.

tête de porc mijotée Île-de-France ▶ TÊTE

PORCELAINE 포르슬렌 자기, 사기, 포슬린. 소재의 입자가 아주 곱고 밀도가 촘촘한 세라믹의 일종으로 대개 반투명한 흰색을 띠며 일반적으로 무색투명한 유약으로 코팅되어 있다. 식탁용 식기, 티 또는 커피 서빙용 그릇 소재로 많이 사용된다. 내열자기 또는 알루미나이트로는 각종 틀, 그라탱 용기나 라므킨 등 오븐에 넣어 사용할 수 있는 조리용 용기도 만든다.

자기의 원료는 고령토, 장석, 물이 주성분이다. 가마에 두 번 구워내며 때로 유약으로 장식을 입히기도 한다. 진정한 자기가 처음 개발된 것은 서기 1세기 중국에서다. 초창기에는 가내수공업으로 시작되었지만 14세기에서 17세기에는 공장에서 대량생산이 이루어졌다. 일본 역시 자기 생산에 박차를 가했다. 유럽에서는 오랫동안 동양의 자기를 모방하려고 노력했다. 16세기 말 피렌체에서는 경질과 연질 자기 중간 경도의 반죽으로 만든 제품을 선보였다. 프랑스에서는 17세기 말 루앙과 생 클루에서 주로 연질 자기를 생산하기 시작했다. 고령토를 아직 발견하지 못했던 당시 유럽에서 프랑스의 연질 자기는 부드러운 광택과 화려한 색채의 장식으로 특유의 아름다움을 자랑했다.

1709년 작센의 선제후 아우구스트 2세의 연금술사는 고령토 광맥을 발견했고 비로소 유럽 최초의 자기를 만들게 되었다. 작센의 마이센 공장에서 다양한 제품을 생산되기 시작한 것도 바로 그 무렵이며 이는 곧 빈, 베를린 등지에서 모방되었다. 프랑스에서는 1776년 리모주 근처 생 티리에에서 고령토가 발견되었고 이후 이곳은 프랑스의 경질 자기 생산의 중심지가 되었다.

PORÉE 포레 중세의 요리 중 다소 걸쭉한 퓌레나 포타주를 뜻한다. 포레는 녹색 채소, 시금치, 근대, 리크, 물냉이 등으로 만들었다. 종교 규율에 따라 고기가 금지되었던 기간 중에 이러한 녹색 잎채소를 물이나 고기 국물, 또는 아몬드 밀크에 끓여 먹었고 요리사들은 그 색에 아주 신경을 썼다.

PÖRKÖLT 푀르쾰트 헝가리의 스튜 요리. 파프리카를 넣은 헝가리 음식들 중 가장 대표적인 요리인 푀르쾰트는 양파를 넉넉히 넣어 그 풍미가 강하고 대개 굴라시보다 더 지방이 많은 고기 부위로 만들며 크기도 더 큼직하게 썰어 넣는다. 소고기 이외에 돼지고기, 양고기, 수렵육, 거위, 오리, 송아지, 심지어 생선(잉어)이나 민물가재(화이트와인을 넣어 만든다)를 사용하기도 한다.

PORRIDGE 포리지 귀리가루나 오트밀 플레이크에 물이나 우유를 넣어 끓인 죽의 일종으로 설탕을 넣어 먹기도 하며 차가운 우유, 뜨거운 우유 또는 생크림을 추가해 넣기도 한다. 앵글로색슨 국가의 전통적인 아침식사 메뉴 중 하나다. 포리지는 스코틀랜드, 아일랜드, 웨일즈 등에서도 늘 대중적인 음식으로 인기를 누려왔으며 이어서 잉글랜드 전역에 널리 퍼졌다. 영국에서는 특히 사탕수수로 만든 골든 시럽을 뿌려 먹는다.

porridge 포리지

포리지 : 물 1ℓ에 소금 15g을 넣고 끓인다. 오트밀 250g을 고루 뿌려 넣고 약하게 끓는 상태로 15분간 죽을 쑤듯이 익힌다. 나무 주걱으로 계속 젓는다. 개인용 그릇에 담고 우유 3테이블스푼, 생크림 넉넉히 1테이블스푼, 설탕을 뿌려 서빙한다.

PORTEFEUILLE (EN) 앙 포르트푀유 지갑 모양이라는 뜻으로 플레이팅 모양의 특징을 따 만든 명칭이다. 접거나 소로 채워, 층층이 겹쳐 넣은 재료들이 드러나도록 하는 방법을 뜻하는데, 송아지 갈빗살에 깊게 칼집을 내어 소를 채워 넣은 뒤 대망에 싸서 익히거나 빵가루를 입혀 익힌 요리, 리옹식 감자 소테와 잘게 썰어 소스에 조리한 고기, 감자 퓌레를 층층이 쌓아 구운 그라탱, 3절로 접은 오믈렛 등을 예로 들 수 있다.

▶ 레시피 : VEAU.

PORTE-MAILLOT 포르트 마이요 큰 덩어리 상태로 브레이징한 고기 요리에 곁들이는 가니시의 한 종류로 당근, 순무, 양파, 그린빈스로 구성된다. 경우에 따라 이 채소 가니시에 브레이징한 양상추와 콜리플라워가 추가되기도 한다(maillot라고도 부른다).

▶ 레시피 : BŒUF.

PORTO 포르토 포트와인, 포르투. 세계에서 가장 유명한 주정강화와인으로 포르투갈 도루강 상류 계곡지대에서 생산되며 이 강의 하구에 위치한 포르투 항구에서 선적되어 수출된다.

포트와인은 발효 중인 포도주에 브랜디를 첨가한 것으로 발효가 중단된 상태에서의 잔당 함유량과 이어지는 블렌딩 작업에 따라 단맛의 정도가 달라지며 알코올 도수는 19~22%Vol.이다.

포르투 빈티지는 작황이 이례적으로 좋은 해에 단일 포도원에서 재배한 한 가지 포도품종으로 양조한 최상급 포트와인이다. 나무통에서 2년간 숙성한 어린 와인을 병입하며, 와인 저장실에서 15년 이상 숙성기간을 거쳐야 제 기량을 충분히 발휘할 수 있다. 동일한 해에 수확한 포도로 만드는 다른 포트와인으로는 나무통에서 4년간 숙성 후 병입하는 레이트 바틀드 빈티지와 나무통에서 7년간 숙성 후 병입하는 콜레이타(colheita)가 그 뒤를 잇는 등급이며 이들은 대부분 바로 마실 수 있다.

기타 포트와인들은 혼합 와인으로 오크통에서 숙성된다. 가장 어린 와인인 루비(ruby)는 짙은 선홍색을 띠며 단맛이 있고 과일향이 진하다. 나무통에서 여러 해 숙성된 토니(tawny)는 이름처럼 황갈색을 띠고 있다. 루비나 토니 모두 구입 후 바로 마실 수 있으며 병입 상태로 오래 두어도 더 숙성되어 맛이 좋아지지 않는다. 황옥색을 띤 화이트 포트와인은 백포도주 품종으로 만든다.

원칙적으로 포트와인은 상온에 가까운 온도로 주로 식후에 마시지만 아주 가벼운 포트와인이나 화이트 포트와인은 식전주로 차갑게 마시기도 한다. 또한 포트와인은 몇몇 칵테일 제조에도 들어간다(**참조** COCKTAIL). 그

중에서도 아일랜드에서 아주 유명한 B&P(brandy and porto 포트와인과 코냑을 섞은 것)와 달걀노른자와 설탕 시럽을 넣은 걸쭉한 쇼트 드링크인 포르투 플립(porto flip)을 대표로 꼽을 수 있다.

요리에서 포트와인은 닭이나 햄에 잘 어울린다.

▶ **레시피 :** CANARD SAUVAGE, FAISAN.

PORTUGAISE (À LA) 아 라 포르튀게즈 포르투갈식의. 주로 토마토가 들어간 다양한 요리(달걀, 생선, 콩팥, 서빙 사이즈로 잘라 조리한 고기 요리, 가금류 등)에 붙는 명칭이다.

▶ **레시피 :** SOLE.

PORTUGAL 포르튀갈 포르투갈. 포르투갈의 요리는 다양한 맛이 섬세한 조화를 이루고 있으며, 강한 향신료의 지나친 사용을 절제하는 대신 허브 등의 향 재료를 풍부하게 사용하는 특징을 갖고 있다. 일반적으로 많이 사용하는 식재료는 양배추, 쌀, 감자, 염장대구 등이며 다양한 종류의 수프나 스튜를 즐겨 먹는다. 생선 및 해산물 요리가 아주 발달했으며 샤퀴트리 또한 높은 명성을 누리고 있다. 디저트는 단맛이 아주 강한 편으로 특히 달걀을 재료로 한 종류가 많다.

■ **지역 특선 요리.** 북부 지방에서는 칼두 베르드 수프가 유명하며 미뉴에서는 칠성장어에 커리를 넣고 조리한다. 토끼, 오리나 자고새 요리에는 쌀로 만든 다양한 가니시를 곁들여 먹으며 염장 햄과 레몬즙을 첨가하기도 한다. 전통 요리인 아소르다(açorda, 빵을 넣은 수프. 마른 빵에 약간의 오일을 적시고 다진 마늘로 향을 낸 뒤 수프에 넣는다)에는 채소, 돼지고기, 닭, 생선 등이 들어가며, 특히 고수와 수란을 넣은 해산물 아소르다가 아주 유명하다.

포트와인으로 유명한 항구도시 포르투는 내장 스튜 요리의 본고장이다(검은 강낭콩, 매운 소시송, 양파, 닭고기 등을 넣어 끓이며 쌀밥을 곁들여 먹는다). 해안가에는 홍어 튀김, 채소를 곁들인 도미 요리, 정어리와 성대 구이, 조개 에스카베슈, 오징어 스튜 등 해산물과 생선 요리가 풍성하다. 특히 부야베스와 비슷한 해산물 수프의 일종인 칼데이라다는 이들 중 가장 돋보이는 대표 요리다. 아베이루의 칼데이라다에는 민물생선과 바다생선, 바지락조개, 홍합, 당근 등이 들어가며 고수를 넣어 전체적인 맛을 돋운다.

코임브라의 요리는 매우 푸짐하다. 특히 포르투갈식 비프 스테이크는 이곳이 원조다(고기에 마늘 퓌레와 후추를 발라 굽는다. 서빙 시 레몬 슬라이스와 구운 햄을 올리고, 바삭하게 지진 감자를 곁들여낸다). 그 외에 대표적인 요리로는 레몬과 민트를 넣은 닭고기 콩소메(아몬드, 햄, 링 모양으로 썬 양파 등을 곁들이기도 한다)인 칸자(canja)와 어린 순무 새순을 곁들인 염장 돼지 족을 꼽을 수 있다.

하지만 뭐니 뭐니 해도 포르투갈의 국민생선은 염장대구다. 흔히들 염장대구의 조리법이 무려 천 가지가 넘는다고 말한다. 하지만 가장 많이 사용되는 조리법은 다음 세 가지다. 우선 크로켓처럼 튀긴 요리(고수, 민트, 파슬리를 생선에 섞는다)로 보통 수란을 얹어 서빙한다. 다음은 데쳐 익힌 뒤 생선살 결대로 뜯은 염장대구에 와인에 익힌 홍합과 토마토를 넣고 홍합 익힌 국물을 부어 오븐에 뭉근히 익힌 요리다. 마지막으로 데쳐 익힌 염장대구를 감자와 양파 위에 놓고 오븐에 구운 요리로 블랙올리브와 등분해 자른 삶은 달걀을 곁들여 낸다.

■ **놀라운 맛의 조합.** 포르투갈 요리에서는 종종 뜻밖의 재료 조합이 아주 좋은 맛을 내는 음식들을 만날 수 있다. 양념에 재운 돼지고기에 베이컨을 채운 조개를 곁들인다든지, 장어를 넣고 조리한 닭고기 마틀로트에 민물가재를 곁들인 요리, 또는 오리 로스트에 햄과 초리조를 곁들인 요리 등을 예로 들 수 있다. 카타플라나(뚜껑이 있는 넓고 우묵한 전골 팬의 일종)는 붉은 고추와 양파, 훈제 햄과 소시지, 백합조개와 바지락조개, 토마토와 파슬리를 넣고 뭉근하게 익힌 요리다.

리스본과 남부 지방에서는 해산물이 늘 메뉴에 오른다. 특히 쿠르부이용에 익힌 랍스터에 토마토와 고추를 넣은 소스를 곁들여 먹는다. 작은 규모의 브라스리에 해당하는 세르베자리아에서는 싱싱한 조개와 연체류 해물, 홍합, 새우, 고둥, 오징어(구워서 스크램블 에그와 함께 먹는다) 등을 맛볼 수 있다. 최남단 지방에서는 레드와인에 재운 송아지 간 요리, 사라파텔(양과 새끼 염소 고기를 함께 넣어 만든 스튜) 등의 섬세한 요리를 맛볼 수 있다.

■ **치즈.** 포르투갈의 대표적 치즈로는 염소나 양의 젖으로 만드는 압착치즈인 카스텔로 브랑코(castelo branco)와 동물성 응유효소로 굳혀 만드는 라바살(rabaçal), 엉겅퀴 수액을 이용해 응고시키는 양젖 치즈 세르파(serpa) 등을 꼽을 수 있다. 그 외에도 양젖으로 만드는 프레시 치즈인 아제이탕(azeitão), 세라(serra), 에보라(evora) 등이 있다.

■ **디저트.** 리스본에서는 커피가 음료의 왕이지만 레몬에이드와 시럽 음료(특히 공작고사리 시럽), 얼음설탕을 넣은 아니스 음료 또한 즐겨 마신다. 파티스리의 주재료는 달걀과 설탕이다. 포르투갈에서는 도시마다 한 가지 또는 여러 종류의 특산 디저트가 있는데, 그중 가장 유명한 것은 리스본 교외 벨렝의 명물 파스테이스 드 벨렝 또는 파스테이스 데 나타(pastéis de nata)이다. 이것은 계피와 레몬 제스트로 향을 낸 플랑에 슈거파우더를 뿌린 에그 타르트의 일종이다. 또한 달걀이 많이 들어가 농도가 단단하면서도 부드럽고 크리미한 맛을 지닌 푸딩 플랑, 계피로 향을 낸 라이스푸딩, 오븐에 구워 캐러멜라이즈한 유럽모과, 시럽에 적신 튀김 과자 등을 꼽을 수 있으며 특히 마지팬 과자는 어디서나 흔히 즐겨 먹는다. 포르투갈의 디저트 중 가장 독특한 것은 아마도 람프레아 드 오보스(lampreia de ovos)일 것이다. 이것은 삶은 달걀노른자를 칠성장어 모양의 틀에 넣어 찍어내 당절임 과일로 장식한 다음, 가늘게 간 달걀노른자를 넉넉히 깐 접시 위에 엎어내는 디저트다. 남부 지방의 특선 디저트로는 아몬드와 초콜릿을 채운 무화과, 아몬드 가루와 레몬, 계피를 넣어 만든 천상의 베이컨(Toucinho do céu)이라는 이름의 케이크를 꼽을 수 있다.

■ **와인.** 특산품인 포트와인은 대부분 수출하지만 포르투갈에서 만드는 와인의 대다수는 국내에서 소비된다. 일반적으로 많이 마시는 레드와인은 맛이 좋고 알코올 함량이 높으며 가격도 저렴하다. 아펠라시옹 와인은 매우 엄격한 원산지 명칭 관련 규정의 통제를 받으며 까다로운 품질 검사를 거친다. 유명한 포트와인 이외에 원산지 명칭 보호를 받고 있는 와인은 두 종류이다. 그중 하나는 마데이라 와인으로 리스본에서 850km 떨어진 마데이라 섬에서 생산된다. 또 하나는 유럽 최고의 뮈스카 중 하나로 알려진 모스카텔 드 세투바우(Setúbal)이다. 원산지 인증 와인들 중에서 가장 유명한 것은 북부 지방의 비뉴 베르드로 레드, 화이트, 아주 드물게 로제와인을 생산한다. 가볍고 상큼한 산미가 돋보이는 약한 기포성을 띤 와인이다. 또한 언덕에 계단식으로 펼쳐진 포도밭에서 생산하는 다옹(dão)은 레드와인이 주를 이루며 부드럽고 풍부한 맛이 특징이다. 또 하나의 풀 바디 레드와인인 콜라레스(colares)는 나무통에서 오랜 숙성기간을 거친다. 가벼운 드라이 화이트와인 부셀라스(bucelas)는 리스본 근처에서 생산된다. 또한 포르투갈에서는 스파클링 와인과 로제와인도 생산되며 특히 로제와인은 영국과 미국인들에게 매우 인기가 높다.

POTAGE 포타주 수프, 포타주. 주로 저녁식사 때 코스의 시작 부분에 서빙되는 액체 상태의 요리로 대개 우묵한 접시에 담아 뜨겁게 서빙한다. 요리에서 수프는 그 구성 성분에 따라 크게 두 부류로 나뉜다. 맑은 수프에는 고기, 닭, 생선 또는 갑각류 해산물의 육수나 맑은 콩소메가 포함되며 경우에 따라 타피오카나 전분으로 약하게 농도를 내기도 하며 건더기 재료를 넣는 경우도 있다. 걸쭉한 수프는 크림, 버터, 칡 녹말, 쌀가루, 타피오카, 흰색 루, 채소, 달걀노른자 등을 이용해 국물에 걸쭉한 농도를 낸 것으로 퓌레 수프, 쿨리, 갑각류 해산물 베이스의 비스크, 크림 수프, 블루테, 리에종한 콩소메 등이 이에 해당하며 종종 지방의 향토색을 띤 각종 수프나 체에 거르거나 블렌더로 갈지 않아 잘게 썬 건더기가 씹히는 수프들도 포함된다. 대표적인 퓌레 수프로는 주재료로 사용한 채소 종류에 따라 포타주 파르망티에(감자, 리크), 포타주 생 제르맹(완두콩), 포타주 수아소네(흰 강낭콩), 포타주 크레시(당근), 포타주 에자위(렌틸콩) 등을 꼽을 수 있다.

pannequets à potage ▶ PANNEQUET

POTAGES CLAIRS 맑은 수프

potage au mouton (mutton broth) 포타주 드 무통(머튼 브로스)

양고기 수프 : 당근 1개, 순무 1개, 리크 흰 부분 2대, 셀러리 1줄기, 양파 1개를 모두 브뤼누아즈(brunoise)로 잘게 썬 다음 버터에 볶는다. 흰색 콩소메 2ℓ를 붓고 양 뱃살과 목심 300g을 넣는다. 한 번 데쳐낸 보리쌀 100g을 넣는다. 뚜껑을 덮고 1시간 30분간 약불로 끓인다. 고기를 건져내 뼈를 제거한 다음 주사위 모양으로 썰어 다시 수프에 넣고 뜨겁게 데운다. 잘게 썬 파슬리를 뿌려 서빙한다.

potage oxtail 포타주 옥스테일

소꼬리 수프 : 연골 젤라틴이 많이 붙은 송아지 뼈 1.5kg와 물 4ℓ를 큰 냄비에 넣고 7~8시간 동안 약한 불로 푹 고아낸 뒤 국물을 체에 걸러둔다. 당근 3개, 리크 2대, 양파 2개의 껍질을 벗기고 얇게 썰어 코코트 냄비에 넣는다. 여기에 소꼬리 1.5kg을 작게 토막내어 넣는다. 뚜껑을 덮고 230°C로 예열한 오븐에 넣어 30분간 익힌다. 준비해둔 송아지 육수 2.5ℓ를 부은 뒤 소금, 후추를 넣고 약불에 올려 3~4시간 끓인다. 국물을 체에 거른다. 완전히 식으면 기름을 거둬낸 뒤 맑게 정화한다. 채소(당근, 셀러리, 순무) 합해서 300g 정도를 브뤼누아즈로 잘게 썬 다음 버터를 두른 냄비에 넣고 색이나지 않게 익힌다. 여기에 육수 국물 500mℓ를 넣고 완전히 졸인다. 개인용 볼에 뜨겁게 데운 수프 국물을 담고 소꼬리를 한 토막씩 넣는다. 육수에 졸인 채소 브뤼누아즈를 조금 넣고 셰리와인을 한 스푼씩 뿌려 서빙한다.

POTAGES CLAIRS LIÉS 리에종한 맑은 수프

potage Germiny 포타주 제르미니

제르미니 수프 : 소렐잎 300g을 씻어서 겹쳐놓고 돌돌 말아 시포나드로 가늘게 채 썬 다음 버터에 숨이 죽도록 볶아 블렌더로 간다. 여기에 소고기 콩소메 또는 닭 육수 1.5ℓ를 붓는다. 달걀노른자 4~6개에 생크림 300~500mℓ를 넣어 풀어준 다음 수프에 넣고 주걱에 묻을 농도가 될 때까지 가열한다. 끓지 않도록 주의한다. 처빌잎 1테이블스푼을 넣는다. 바게트 빵을 슬라이스한 뒤 오븐에 바삭하게 구워 곁들인다.

POTAGES-CRÈMES 크림 수프

potage à la citrouille de Saint-Jacques de Montcalm 포타주 아 라 시트루이 드 생 자크 드 몽칼름

생 장 드 몽칼름 단호박 크림 수프 : 버터 45g을 두른 냄비에 셀러리악 80g과 양파 80g을 넣고 노릇하게 볶는다. 밀가루 20g을 고루 뿌린 뒤 몇 분간 계속 저으며 볶는다. 닭 육수 250mℓ와 우유 250mℓ를 넣고 잘 저으며 끓을 때까지 천천히 가열한다. 파프리카 가루 1자밤, 넛멕가루 칼끝으로 조금, 소금, 후추를 넣어 간한다. 늙은 호박 퓌레 1ℓ를 넣고 약한 불로 가열한다. 끓지 않도록 주의한다. 생크림 250mℓ를 넣은 다음 뜨겁게 보관한다. 바삭하게 구워 기름을 뺀 베이컨과 버터에 지진 크루통을 몇 조각 곁들여 서빙한다.

potage froid de concombre 포타주 프루아 드 콩콩브르

오이 냉 수프 : 굵고 큰 오이 한 개의 껍질을 벗기고 길게 갈라 씨를 뺀 다음 작게 깍둑 썬다. 작은 줄기양파를 12개 정도 준비하여 각 4등분으로 썬다. 오이와 양파를 모두 분쇄기로 다진 뒤 동량(부피 기준)의 저지방 프로마주 블랑과 함께 블렌더에 넣고 간다. 소금, 후추도 함께 넣는다. 간은 약간 강하게 한다. 냉장고에 보관한다. 서빙 전에 이 오이 퓌레에 얼음물을 넣어가며 농도를 조절한다. 약간 되직한 농도가 되어야 한다. 잘게 썬 차이브나 파슬리를 뿌려 서빙한다.

폴 애베를랭(PAUL HAEBERLIN)의 레시피

potage aux grenouilles 포타주 오 그르누이

개구리 수프 : 샬롯 4개를 다져 버터에 볶는다. 여기에 개구리 뒷다리 36개를 넣고 섞은 뒤 리슬링 와인 250mℓ와 닭 육수 1ℓ를 붓는다. 소금, 후추로 간하고 10분 정도 끓인다. 개구리 다리를 건져낸 뒤 뼈를 제거한다. 다른 냄비에 버터 한 조각을 녹인 뒤 잘게 썬 물냉이 한 단을 넣고 5분간 약한 불에 익힌다. 개구리 다리를 익힌 국물을 붓는다. 뵈르 마니에 1테이블스푼을 넣고 잘 저으며 15분간 끓인다. 블렌더로 간 다음 체에 거른다. 생크림 250mℓ에 달걀노른자 3개를 풀어 수프에 넣고 거품기로 섞으며 가열한다. 끓지 않도록 주의한다. 간을 맞춘다. 수프 그릇에 개구리 다리 살을 담고 수프를 붓는다. 처빌잎 1테이블스푼을 뿌린 뒤 서빙한다.

potage des Grisons 포타주 데 그리종

염장 훈제육을 넣은 수프 : 보리쌀 50g을 물에 담가 불린다. 당근 2개와 셀러리악 한 조각의 껍질을 벗긴 뒤 깍둑썬다. 리크 한 대를 가늘게 송송 썬다. 코코트 냄비에 버터 한 조각을 두른 뒤 이 채소들을 모두 넣고 볶는다. 육수 1ℓ를 넣고 가열하여 끓어오르기 시작하면 보리쌀과 담갔던 물을 함께 넣는다. 양파 한 개에 월계수잎 한 장과 정향 한 개를 박아 넣는다. 염장 훈제 돼지 등심 100g도 함께 넣는다. 약한 불로 1시간 30분 끓인다. 고기를 건져 작게 깍둑 썬 다음 다시 수프에 넣는다. 서빙 직전, 달걀노른자 1개에 생크림 100mℓ를 넣고 풀어준 다음 수프에 넣고 불에서 내린 뒤 잘 저어 농도를 걸쭉하게 만든다. 잘게 썬 차이브를 뿌린다.

potage aux huîtres 포타주 오 쥐트르

굴 수프 : 굴 24개를 까서 살을 떼어내고 즙은 따로 받아 고운 거즈 천에 걸러둔다. 소테 팬에 굴 살과 걸러둔 즙을 넣고 화이트와인 200mℓ를 굴이 잠기도록 붓는다. 천천히 가열한 뒤 살짝 끓기 시작하면 바로 불에서 내린다. 거품을 걷어내고 생크림 200mℓ, 잘게 부순 크래커 3테이블스푼, 작은 조각으로 자른 버터 100g을 넣는다. 소금, 후추로 간을 맞추고 카옌페퍼를 칼끝으로 조금 넣어 맛을 돋운다. 잘 섞은 뒤 수프 용기에 담아 서빙한다.

POTAGES-PURÉES 퓌레 수프

potage bonne femme ▶ BONNE FEMME

potage Condé 포타주 콩데

콩데 강낭콩 수프 : 붉은 강낭콩(키드니빈)에 소금을 아주 조금만 넣고 물에 삶아 건진 뒤 곱게 갈아 퓌레를 만든다. 여기에 닭 육수를 넣어 원하는 농도의 수프를 만든다. 마지막에 차가운 버터를 넣고 잘 섞은 뒤 아주 뜨겁게 서빙한다. 기호에 따라 정제 버터나 오일에 튀기듯 지진 작은 크루통을 곁들인다.

potage Crécy 포타주 크레시

크레시 당근 수프 : 아주 연한 당근 500g의 껍질을 긁어낸 뒤 얇고 동그랗게 썬다. 냄비에 버터 50g을 두르고 당근을 색이 나지 않게 볶는다. 얇게 썬 양파 2테이블스푼, 소금 한 자밤, 설탕 1/2티스푼을 넣는다. 소고기(또는 닭) 콩소메 1ℓ를 붓고 가열한 뒤 끓기 시작하면 쌀 100g을 넣는다. 뚜껑을 덮고 약하게 20분간 끓인다. 채소 그라인더(푸드밀)에 갈아낸 뒤 체나 면포에 곱게 내린다. 콩소메를 몇 스푼 더 넣어 뜨겁게 데운 다음 버터 30g을 넣고 잘 섞는다. 정제버터에 튀기듯 지진 빵 크루통을 곁들여 서빙한다.

potage Du Barry 포타주 뒤 바리

뒤 바리 콜리플라워 수프 : 콜리플라워 1개를 끓는 소금물에 넣어 익힌 뒤 블렌더로 간다. 이 퓌레의 1/4 분량(무게 기준)에 해당하는 감자 퓌레를 넣어 섞어준 뒤 콩소메나 우유를 넣어가며 걸쭉한 농도로 데운다. 생크림 200mℓ를 넣고 기호에 따라 버터도 조금 넣는다. 간을 맞춘 뒤 처빌잎을 뿌려 서빙한다.

potage Longchamp 포타주 롱샹

롱샹 완두콩 수프 : 소렐잎을 시포나드로 가늘게 채 썬 뒤 버터를 넣고 찌듯이 익힌다. 신선 완두콩 퓌레 1ℓ에 소렐 3테이블스푼을 넣고 가는 국수를 넣은 콩소메 500mℓ와 잘 섞는다. 뜨겁게 데운 뒤 처빌을 얹어 서빙한다.

potage-purée de céleri 포타주 퓌레 드 셀르리

셀러리 퓌레 수프 : 셀러리 줄기 500g을 준비하여 질긴 섬유질을 벗겨낸 다음 얇게 송송 썬다. 셀러리에 버터 50g을 넣고 찌듯이 익힌 후 블렌더로 갈아 퓌레를 만든다. 냄비에 넣고 닭 육수 1.75ℓ와 고른 크기로 등분한 분질 감자 250g을 넣는다. 끓을 때까지 가열한 뒤 30분간 익힌다. 포테이토 매셔로 으깨 퓌레로 만든 다음 닭 육수를 넣어가며 원하는 농도로 조절한다. 간을 맞추고 작게 잘라둔 버터 50g을 넣어 잘 섞은 뒤 서빙한다.

potage-purée soissonnais 포타주 퓌레 수아소네

수아소네 강낭콩 퓌레 수프 : 마른 흰 강낭콩 350g을 찬물에 담가 최소 12시간 불린다. 불린 콩을 헹궈 냄비에 담고 새로 찬물 1.5ℓ를 부은 뒤 가열한다. 끓기 시작하면 정향 2개를 박은 양파 1개, 껍질을 벗기고 깍둑 썬 당근 1개, 부케가르니 1개, 끓는 물에 한 번 데친 뒤 깍둑 썰어 버터에 튀기듯 지진 염장 삼겹살 75g을 넣는다. 뚜껑을 덮고 콩이 누르면 부서질 정도로 푹 익을 때까지 끓인다. 부케가르니와 양파를 건져낸다. 나머지 건더기는 삶은 국물을 조금씩 넣어가며 모두 채소 그라인더(푸드밀)에 갈아 내린다. 퓌레를 냄비에 담고 너무 되직하면 육수나 콩소메를 넣어 원하는 농도로 조절한다. 간을 맞추고 다시 끓을 때까지 가열한다. 버터 50g을 넣고 거품기로 잘 저어 섞는다. 정제 버터에 튀기듯 지진 작은 크루통을 곁들여 서빙한다.

potage-purée de tomate 포타주 퓌레 드 토마트

토마토 퓌레 수프 : 양파 50g의 껍질을 벗긴 뒤 얇게 썬다. 버터 30g을 두른 냄비에 양파를 넣고 색이 나지 않게 볶은 다음 껍질 벗긴 토마토 750g, 짓이긴 마늘 한 톨, 작

은 부케가르니 한 개, 소금, 후추를 넣는다. 약 20분간 약한 불에서 뭉근히 익힌 뒤 쌀 100g을 넣고 잘 젓는다. 아주 뜨거운 흰색 닭 육수 1.5ℓ를 붓고 잘 섞은 다음 뚜껑을 덮고 20분간 끓인다. 부케가르니를 건져낸다. 블렌더로 갈아 퓌레를 만든 뒤 다시 냄비에 넣고 작게 잘라둔 버터 50g을 넣으며 거품기로 잘 섞는다. 잘게 썬 파슬리나 바질을 뿌린다. 마늘을 문질러 향을 낸 뒤 올리브오일에 튀기듯 지진 작은 크루통을 곁들여 서빙한다.

potage Saint-Germain 포타주 생 제르맹

생 제르맹 완두콩 수프 : 깍지를 깐 신선 완두콩 750g과 양상추 속잎 1개분, 줄기양파 12개, 처빌을 추가한 부케가르니 1개, 버터 50g, 소금 9g, 설탕 1테이블스푼을 냄비에 넣고 찬물 1컵을 부어준 뒤 가열한다, 끓기 시작하면 불을 줄이고 30~35분 동안 뭉근하게 익힌다. 부케가르니를 건져내고 모두 체에 긁어내린 뒤 망에 한 번 더 곱게 내린다. 콩소메 또는 뜨거운 물을 추가하며 원하는 농도로 맞춘 뒤 다시 뜨겁게 데운다. 작게 잘라둔 버터 25g을 넣으며 거품기로 잘 저어 섞는다. 잘게 썬 허브를 뿌려 서빙한다.

potage Solferino 포타주 솔페리노

솔페리노 수프 : 리크 흰 부분 100g과 당근 100g을 얇팍하게 썰어 버터 30g을 두른 냄비에 넣고 자체 수분으로 찌듯이 익힌다. 멜론 볼러를 이용해 감자를 방울 모양으로 20개 정도 도려낸 뒤 끓는 소금물에 넣고 15분간 삶는다. 감자가 부서지지 않을 정도로 익으면 건져둔다. 토마토 750g의 껍질을 벗기고 씨를 뺀 뒤 잘게 썬다. 익힌 리크와 당근에 이 토마토 과육과 부케가르니 1개, 마늘 1톨을 넣고 소금, 후추로 간한 뒤 뚜껑을 덮고 15분 정도 뭉근히 익힌다. 이어서 닭 육수 1.5ℓ를 붓는다. 껍질을 벗긴 뒤 작게 썬 감자 250g도 함께 넣는다. 30분간 끓인다. 부케가르니를 건져내고 채소와 국물을 그라인더에 모두 간다. 너무 되직하면 육수를 조금 넣어 원하는 농도로 조절한다. 다시 뜨겁게 데운 뒤 불에서 내리고 작게 잘라둔 버터 60~80g을 넣으며 거품기로 잘 섞는다. 방울 모양으로 준비해둔 감자를 넣는다. 처빌잎을 얹어 서빙한다.

POTAGE TAILLÉ 잘게 썬 건더기를 넣은 수프

potage froid de betterave 포타주 프루아 드 베트라브

비트 냉 수프 : 작은 크기의 신선한 비트 1kg을 깨끗이 씻은 뒤 소금물에 넣고 약한 불로 익힌다. 레몬즙 1개분을 뿌린 뒤 식힌다. 달걀흰자 3~4개분을 납작하고 작은 용기에 담고 중탕으로 가열해 응고시킨다. 줄기양파 몇 대를 씻어 녹색 부분까지 모두 다진다. 차갑게 식은 비트의 껍질을 벗긴 뒤 가늘게 채 썬다. 굳은 달걀흰자와 러시아식 오이 피클 2개를 작은 주사위 모양으로 썬다. 비트를 삶은 국물에 채 썬 비트와 잘게 썬 달걀흰자와 피클, 다진 줄기양파, 설탕 넉넉히 한 자밤, 더블 크림 150~200mℓ를 넣고 잘 저어 섞은 뒤 냉장고에 넣어둔다. 잘게 썬 파슬리를 뿌려 차갑게 서빙한다.

potage à la paysanne 포타주 아 라 페이잔

페이잔 채소 수프 : 당근 200g, 순무 100g, 리크 흰 부분 75g, 양파 1개, 셀러리 2줄기의 껍질을 벗긴 뒤 굵직한 주사위 모양으로 썬다. 코코트 냄비에 버터 40g과 이 채소들을 모두 넣고 뚜껑을 덮은 뒤 자체 수분으로 찌듯이 익힌다. 물 1.5ℓ를 넣고 끓을 때까지 가열한다. 양배추를 작은 큐브 모양으로 썰어 끓는 물에 살짝 데친다. 찬물에 식힌 뒤 건져서 코코트 냄비에 넣고 1시간 동안 뭉근히 익힌다. 깍둑썬 감자 100g과 신선 완두콩 1컵을 넣어준 다음 25분간 더 익힌다. 빵을 오븐에 바삭하게 굽는다. 서빙 바로 전, 수프에 버터 30g을 넣고 잘 섞은 다음 잘게 썬 처빌을 뿌리고 구운 빵을 곁들여 낸다.

POTASSIUM 포타시엄 칼륨, 포타슘. 우리 몸에 반드시 필요한 무기질의 하나인 칼륨은 인체 세포의 신진대사, 체내의 수분 조절(나트륨과 함께 작용), 심장의 자율운동 유지, 근육의 수축과 이완, 탄수화물의 소화 흡수 및 단백질 합성 등에서 중요한 역할을 한다. 식물성 식품에 많이 함유된 칼륨은 특히 신선한 과일, 견과류, 콩류, 통곡물, 초콜릿에 풍부하게 들어 있으며, 경우에 따라 과잉 섭취는 제한된다(예를 들어 신장 기능이 약한 경우 등).

POT-AU-FEU 포토푀 전형적인 프랑스 음식 중 하나인 포토푀는 수프와 수육(특히 소고기), 채소(순무와 잎채소 등)를 동시에 먹을 수 있는 요리다. 마찬가지로 큰 단지에 주재료와 물, 향신 재료를 넣고 오래 끓이는 포테, 포타주, 풀오포 만큼이나 포토푀의 응용 레시피는 다양하다. 성공적인 포토푀를 만들기 위해서는 각기 다른 식감과 맛의 고기를 다양하게 준비해야 한다. 기름이 적은 부위(부채덮개살, 치마양지, 꾸리살 등), 기름이 많은 부위(찜갈빗살, 양지머리, 업진살, 치마살), 큼직하게 토막 낸 도가니와 골수가 차 있는 사골 등을 고루 넣는다.

■ **만들기.** 깊은 맛의 맑은 국물을 우선시한다면 고기를 찬물에 넣고 가열을 시작한다. 끓어오르기 시작하면 즉시 거품을 건져낸다. 불순물을 꼼꼼히 제거하고 끓인 이 국물은 맑고 풍미가 좋은 반면 고기 자체의 맛은 많이 빠진다. 반대로 고기 건더기의 맛을 유지하고자 한다면 물이 끓을 때 고기를 넣는 것이 좋다. 맛의 정수가 그대로 고기 안에 남고 국물에 빠지지 않는다. 포토푀는 하루 전날 끓여두었다 먹으면 더욱 맛있다.

일반적으로 포토푀에 넣는 채소는 당근, 순무, 파스닙, 양파(대개 정향을 박는다), 리크, 셀러리이며 향신 재료와 부케가르니도 빠지지 않는다. 가장 정통적인 레시피에 반드시 포함되지는 않지만 감자도 종종 넣는다. 이 경우 포토푀가 탁해지는 것을 막기 위해 국물을 조금 덜어내 감자를 따로 익힌 뒤 마지막에 곁들인다. 이렇게 다양한 재료가 들어간 포토푀는 한 가지 요리만으로도 충분한 식사가 된다. 우선 기름을 제거한 국물을 수프처럼 구운 빵을 곁들여 먹는다. 빵 위에 가늘게 간 치즈를 올려 굽기도 한다. 이어서 토스트에 골수를 얹어 먹고 마지막으로 슬라이스한 고기와 채소를 먹는다. 굵은 천일염, 그라인더로 간 통후추, 코르니숑, 홀스래디시, 다양한 향의 머스터드, 피클, 식초에 절인 작은 비트와 양파 등을 곁들이며, 동부 지방에서는 전통적으로 레드커런드 즐레를 곁들여 먹기도 한다. 서빙하고 남은 포토푀 고기는 차갑게 또는 뜨거운 요리로 다양하게 활용된다. 코르니숑, 오일에 버무린 감자 또는 샬롯과 함께 섞은 비프 샐러드, 소스에 버무리거나 그라탱처럼 다시 익힌 비프 미로통 또는 부이이, 그 외에도 미트볼, 코키유, 크로켓, 프리카델, 아시 파르망티에 등을 만들어 먹는다.

clarification du bouillon de pot-au-feu ▶ CLARIFIER

pot-au-feu 포토푀

포토푀 : 찬물 3ℓ를 부은 큰 냄비에 소 찜 갈빗살 800g을 넣어 끓을 때까지 최소 10분 이상 천천히 가열한다. 1시간 동안 삶는다. 양파 1개의 껍질을 벗기고 정향 4개를 찔러 넣는다. 껍질을 벗긴 마늘 4톨을 대충 짓이긴다. 이 향신 재료들을 고기 냄비에 넣고 사태 800g, 부채덮개살 800g, 부케가르니 1개, 통후추 8~10알, 굵은소금 1테이블스푼을 더한 다음 다시 가열한다. 끓어오르기 시작하면 거품을 건지고 불을 줄인 뒤 2시간 동안 뭉근히 끓인다. 당근 6개, 동그란 순무 6개, 파스닙 3개의 껍질을 벗겨 씻는다. 리크 흰 부분 4대, 셀러리 3줄기를 씻어서 적당한 크기로 토막 낸다. 고기를 총 3시간 끓인 후 셀러리와 리크를 넣고 다시 10분 후에 당근, 순무, 파스닙을 모두 넣는다. 1시간을 더 끓인다. 조리가 끝나기 20분 전, 다른 냄비에 물을 붓고 소금을 아주 약간만 넣은 다음 골수가 든 사골 뼈 4토막을 넣고 데쳐 익힌다. 포토푀 고기를 모두 건져 우묵하고 큰 접시에 채소와 함께 담는다. 사골 뼈도 곁들여 놓는다. 국물의 기름을 거둔 다음 고운 체에 거르며 수프 서빙용 그릇에 담는다. 국물을 2국자 정도 고기에 촉촉하게 뿌린다. 굵은 소금, 코르니숑, 머스터드를 곁들인다. 구운 빵을 함께 내어 골수를 발라 먹는다.

POTÉE 포테 토기 냄비에 끓인 요리. 특히 이 단어는 다양한 고기(돼지고기가 주를 이룬다)와 채소(순무와 허브, 양배추, 감자 등)에 국물을 잡아 끓인 음식을 뜻하며 주로 일품요리로 서빙된다. 포테는 아주 오래된 요리로 프랑스 시골 전지역에서 즐겨 먹었던 아주 오래된 음식으로 종종 다른 이름(garbure, hochepot, oille 등)으로도 불리며 이와 비슷한 류의 음식은 세계 각국 어디서나 찾아볼 수 있다. 이 음식은 지방마다 자신만의 고유한 레시피가 있다.

- Potée albigeoise 알비(Albi)식 포테. 소 사태, 송아지 정강이, 훈제 생햄, 거위 콩피, 조리용 소시송, 당근, 순무, 셀러리, 리크 흰 부분, 흰 양배추, 흰 강낭콩.
- Potée alsacienne 알자스(Alsace)식 포테. 베이컨, 흰 양배추, 셀러리, 당근, 흰 강낭콩, 국물을 붓기 전 미리 거위기름에 찌듯이 익힌 각종 채소.
- Potée arlésienne 아를(Arles)식 포테. 돼지 머릿고기, 염장 삼겹살, 양 뱃살, 앙두이유, 당근, 사보이 양배추, 순무, 셀러리, 흰 강낭콩, 감자.
- Potée auvergnate 오베르뉴(Auvergne)식 포테. 신선 또는 염장 돈육, 염장 삼겹살, 소시지, 돼지 머릿고기 반 덩어리, 양배추, 당근, 순무.
- Potée berrichonne 베리(Berry)식 포테. 돼지 뒷다리 종아리, 소시지, 레드와인에 삶은 붉은 강낭콩.
- Potée bourguignonne 부르고뉴(Bourgogne)식 포테. 삼겹살, 돼지 앞

다리살, 돼지 정강이살, 양배추, 당근, 순무, 리크, 감자, 봄철에는 그린빈스와 완두콩.

- Potée bretonne 브르타뉴(Bretagne)식 포테. 양 앞다리 어깨살, 오리고기, 소시지, 각종 채소. 브르타뉴 지방에서는 유럽 붕장어 포테(potée de congre)도 만들어 먹는다.
- Potée champenoise 샹파뉴(Champagne)식 포테. 살코기가 반 정도 섞인 염장 삼겹살, 염장 돼지고기 살, 양배추, 당근, 순무, 무, 감자, 경우에 따라 훈제 햄, 닭고기. 포도 수확하는 사람들의 스튜라는 뜻인 포테 데 방당죄르(potée de vendangeurs)라고도 불린다.
- Potée franc-comtoise 프랑슈 콩테(Franche-Comté)식 포테. 소고기, 돼지비계, 모르토(Morteau) 소시지, 양고기 뼈, 각종 채소.
- Potée lorraine 로렌(Lorraine)식 포테. 살코기가 섞인 삼겹살, 돼지 등심 또는 앞다리살, 돼지 꼬리, 조리용 소시송, 사보이 양배추, 순무, 당근, 리크, 셀러리, 감자. 때로 렌틸콩을 넣기도 한다.
- Potée morvandelle 모르방(Morvan)식 포테. 돼지 뒷다리 햄, 소시송, 훈제 소시지, 각종 채소.

potée lorraine 포테 로렌

로렌식 포테 : 염장 돼지 앞 다리살 한 덩어리를 찬물에 담가 소금기를 뺀다. 사보이 양배추 한 통을 씻어 끓는 물에 데친 뒤 찬물에 식혀 건져둔다. 비계를 제거한 돼지껍데기를 냄비 바닥에 깔고 그 위에 소금기를 뺀 돼지 앞 다리살, 생삼겹살 500g, 생돼지 꼬리 1개, 양배추 통째로, 껍질을 벗긴 뒤 길게 이등분한 당근 6개, 껍질 벗긴 동그란 순무 6개, 리크 3대(씻어서 적당히 토막낸 뒤 실로 묶어 다발을 만든다), 질긴 섬유질을 벗겨낸 셀러리 1~2줄기, 부케가르니를 넣는다. 재료가 잠기도록 물을 붓고 가열한다. 끓기 시작하면 불을 줄이고 3시간 동안 뭉근히 익힌다. 완성되기 45분 전에 조리용 소시송 1개와 껍질 벗긴 감자를 몇 개 넣는다. 간을 맞춘다. 고기를 건져 적당한 크기로 썬 다음 채소를 곁들여 서빙 접시에 담는다. 국물을 따로 낸다.

POTEL ET CHABOT 포텔 에 샤보 파리의 케이터링, 출장 요리 전문 회사이며 1820년 창업하여 현재까지 계속 운영 중이다. 파티시에 프랑수아 포텔(François Potel)과 왕실 요리사 출신 에티엔 샤보(Étienne Chabot)가 공동 창립한 포텔 에 샤보는 인기를 누리며 성장하여 당대 파리의 유명한 식료품점 슈베(Chevet)를 인수하기도 했다. 초창기에 비비엔(Vivienne)가에 둥지를 틀었던 이 회사는 이전하여 현재 샤이오(Chaillot)가에 위치하고 있으며 정부 및 유수 기관의 각종 행사에서 음식을 담당해왔다. 특히 1856년 황태자의 세례식 오찬 파티와 1900년 파리 만국 박람회를 맞이하여 루베(Loubet) 대통령이 프랑스 전국 각 도시의 시장들을 초청해 자르댕 데 튈르리(jardin des Tuleries)에서 주최했던 대규모 연회의 식음을 담당했던 것으로 유명하다.

POTERIE À FEU 포트리 아 푀 내열 도기. 음식 조리용으로 제작된 도자기의 일종으로 모래가 섞인 점토질에 활석과 한번 소성 후 분쇄한 점토를 섞어 물레에 성형한 뒤 건조시켜 고온에 구운 것이다.

POTIMARRON 포티마롱 서양계 단호박, 밤호박. 박과에 속하는 단호박의 일종으로 이름에서 알 수 있듯이 밤(marron) 맛이 나는 큰 호박(potiron)이다. 껍질은 주홍색이고 모양은 매우 불룩한 서양 배를 닮았다. 주로 수프, 퓌레, 그라탱, 키슈와 타르트 등을 만들며 씨를 파낸 자리에 다른 재료로 속을 채워 조리하기도 한다.

크리스토프 캉탱(CHRISTOPHE QUANTIN)의 레시피

gâteau de potimarron, fraîcheur de haddock 가토 드 포티마롱, 프레셰르 드 아도크

훈제 대구를 곁들인 단호박 찜 : 4인분 / 준비: 30분 / 조리: 50분
서양 단호박 700g의 껍질을 벗기고 씻은 뒤 굵직하게 깍둑 썰어 증기에 찐다. 분쇄기로 간 다음 체에 곱게 긁어내린다. 생크림 125mℓ, 달걀 2개, 달걀노른자 1개를 넣고 섞는다. 간을 맞춘다. 4개의 작은 틀 또는 개인용 라므킨에 버터를 바른다. 유산지에 버터를 바르고 틀 안에 깔아준 다음 단호박 혼합물을 채워 넣는다. 120°C 오븐에서 중탕으로 50분간 익힌다. 샐러드용 잎채소를 싱싱한 것으로 골라 씻는다. 포도씨유 100mℓ, 호두식초 50mℓ, 고운 소금, 그라인더에 간 후추를 섞어 비네그레트 드레싱을 만든다. 훈제 대구 살 120g을 가늘고 길게 어슷썬다. 단호박 찜이 익었나 확인한 후 틀에서 분리해 각 서빙 접시 중앙에 놓는다. 잎채소에 비네그레트를 뿌려 살살 버무린 뒤 푸딩 주변에 빙 둘러 놓는다. 그 위에 훈제 대구를 얹어 준다. 단호박 찜 표면에 버터나 오일을 발라 윤기를 내 준 다음 처빌잎을 한 줄기 올려 장식한다.

POTIRON 포티롱 박과에 속하는 식용 작물인 포티롱 호박은 모양이 둥글고 골이 파여 있으며 위 아래로 눌린 것처럼 납작하다. 껍질은 노랑, 주황 또는 녹색이며 속살은 노랑 혹은 주황색을 띠고 있다. 여러 가지 품종이 있으며 그중에는 무게가 100kg에 이르는 것도 있다. 스페인의 녹색 호박, 에탕프의 진홍색 호박(아주 크고 살이 두껍다), 몽레리의 청동색 호박(골이 파여 있고 녹색빛 갈색이다), 파리의 노란색 큰 호박, 니세즈 호박 등 종류가 다양한 호박은 10월에서 12월에 수확하며 겨울 내내 저장해두고 먹는다. 열량(100g당 31kcal 또는 130kJ)이 아주 낮고 수분과 섬유질이 풍부하며 칼륨과 비타민C, 베타카로틴을 함유하고 있다.

■ **사용.** 호박(가능하면 작은 것이 좋다)은 잘라서 파는 것을 구입할 수도 있으며 수분이 촉촉하고 색이 선명한 것을 고른다. 일단 한 번 절단한 것은 보존 기간이 짧다. 씨와 가운데 섬유질이 많은 부분을 긁어낸 뒤 살을 익혀서 먹으며 주로 수프, 그라탱, 퓌레를 만든다. 또한 파이의 소로 채워 넣기도 하는데, 특히 북부 지방에서는 양파를 섞어 만든 펌프킨 파이가 미국에서 만큼이나 인기를 누리고 있다. 요리에서 포티롱 호박은 때로 시트루이(할로윈용 잭 오 랜턴을 만드는 페포 호박 계열)로도 혼용된다. 실제로 시트루이(**참조** CITROUILLE)는 녹색이 군데군데 섞인 노랑색 호박으로 주로 가축의 먹이로 쓰인다.

gâteau au potiron d'Halloween ▶ GÂTEAU
gratin de potiron à la provençale ▶ GRATIN

알랭 파사르(ALAIN PASSARD)의 레시피

potiron sauté à cru aux épices 포티롱 소테 아 크뤼 오 제피스

향신료를 넣은 호박 소테 : 팬에 가염 버터 50g을 두르고 액상 꿀 1테이블스푼을 넣은 뒤 초승달 모양으로 자른 생호박을 4조각(각 200g)을 넣고 노릇한 색이 날 때까지 약 40분간 익힌다. 조리가 거의 끝나갈 때에 카트르 에피스(quatre-épices) 1/4티스푼, 커리 분말 1/4티스푼, 수확 후 화학처리하지 않은 만다린 오렌지 제스트 1개분, 생민트잎 다진 것 1/2테이블스푼, 라임즙 1/2개분, 소금(플뢰르 드 셀) 약간을 넣는다. 닭이나 송아지 흉선 요리에 아주 뜨겁게 곁들여낸다.

soupe de potiron ▶ SOUPE
timbale de sandre aux écrevisses et mousseline de potiron ▶ TIMBALE

POTJEVLESCH 포츠블레슈 플랑드르 지방의 특선 음식으로 덩케르트 주변 지역에서 즐겨 먹는 포트블레슈는 세 가지 고기(송아지, 돼지, 토끼)를 주재료로 한 테린으로, 경우에 따라 송아지 족을 추가하기도 한다.

지슬렌 아라비앙(GHISLAINE ARABIAN)의 레시피

potjevlesch 포츠블레슈

포츠블레슈 고기 테린 : 돼지 목심 200g, 토끼고기 살 200g, 닭고기 살 200g, 송아지 정강이살 200g을 다듬어 손질하고 뼈를 제거한 뒤 5×2cm 크기로 썬다. 알이 굵은 마늘 5톨의 껍질을 깐다. 셀러리 1줄기를 잘게 썬다. 마늘과 셀러리에 타임 3줄기, 월계수잎 1/4장, 주니퍼베리 20g, 맛이 강한 맥주(프랑스 북부 지방에서 생산되는 맛이 강한 페일 에일) 750mℓ를 넣어 마리네이드액을 만든다. 우묵한 그릇에 고기 조각을 고루 섞어 담고 마리네이드 혼합액을 부어준다. 냉장고에 넣어 24시간 동안 재운다. 판 젤라틴 3장을 찬물에 담가 말랑하게 불린다. 테린 틀에 고기와 젤라틴을 한 켜씩 번갈아 깔아준다. 각 3겹을 교대로 쌓은 뒤 맨 위는 젤라틴으로 마무리한다. 고기를 재웠던 마리네이드액을 체에 걸러 테린에 고루 부어준다. 뚜껑을 단단히 닫고 가장자리를 완전히 밀봉한 다음 150°C로 예열한 오븐에서 3시간 동안 익힌다. 상온으로 식힌다. 슬라이스하여 각 접시에 한 조각씩 담고 허브를 올린다. 오래 졸인 양파 잼, 루바브 처트니 또는 허브 샐러드를 곁들여 서빙한다.

POTTED CHAR 포티드 차르 영국의 유명한 생선 저장식품으로 특히 아침식사에 곁들인다. 생선살을(전통적으로 곤들매기의 일종인 차르 char를 사용) 익힌 뒤 각종 향신 재료를 넣고 퓌레로 만들어 작은 병에 담아 정제 버터로 덮어 저장한 것으로 보존성이 뛰어나다. 포티드 슈림프(potted shrimps)는 작은 새우를 후추와 넛멕을 넣고 버터에 볶은 뒤 병에 담고 정제버터로 덮은 것으로 따뜻한 토스트에 곁들여 먹는다.

POUCE-PIED 푸스 피에 거북손. 주로 갯바위에 서식하는 갑각류인 거북손(거위목 따개비)은 5cm 정도의 꼭지 모양으로 생겼으며 외피는 악어가죽과 비슷하다. 채집이 어렵기 때문에 시중에서 찾아보기는 힘들다. 거북손은 쿠르부이용에 20분간 익혀서 난소로 이루어진 주황색 원통형 부분만 먹는다. 특히 브르타뉴와 바스크 연안 지역, 스페인 등지에서는 비네그레트소스를 곁들인 거북손을 즐겨 먹는다.

POUILLY-FUISSÉ 푸이 퓌세 부르고뉴의 AOC 화이트와인. 포도품종은 샤르도네로 알코올 함량이 높고 아로마가 풍부하며 마코네의 4곳의 코뮌에서 생산된다(**참조** BOURGOGNE).

POUILLY-FUMÉ 푸이 퓌메 발 드 루아르의 AOC 화이트와인. 산미와 무게감을 겸비한 아로마가 풍부한 와인으로 푸이 쉬르 루아르에서 소비뇽 단일 품종 포도로 만든다(**참조** LOIRE).

POUILLY-SUR-LOIRE 푸이 쉬르 루아르 루아르의 AOC 화이트와인. 샤슬라 품종 포도로 만드는 드라이한 화이트와인으로 상세르와 마주하고 있는 푸이 쉬르 루아르에서 생산된다. 이곳은 특히 푸이 퓌메 와인으로 유명한 코뮌이다.

POULAMON 풀라몽 대구과에 속하는 작은 물고기로 바다에 서식하지만 캐나다 퀘벡에서는 겨울이 되면 산란을 위해 세인트로렌스강 쪽으로 거슬러 올라온다. 이 시즌이 되면 생트 안 드 라 페라드에서는 낚시 축제가 열린다. 강이 꽁꽁 얼면 그 위에 수백 개의 임시 오두막이 설치되며 사람들은 이 겨울대구 낚시를 위해 몰려든다. 풀라몽은 주로 튀김으로 먹는다.

POULARD (ANNETTE BOUTIAUT, DITE « LA MÈRE ») 아네트 부티오 풀라르, 일명 메르 풀라르 요리사, 레스토랑 주인(1851, Never 출생–1931, Mont-Saint-Michel 타계). 다수의 역사적 기념물을 설계한 건축가 에두아르 코루아예(Édouard Corroyer)의 가정부였던 그녀는 몽 생 미셸 수도원의 복원 임무를 맡은 주인을 따라 몽 생 미셸에 온다. 이곳에서 현지 제빵사의 아들인 빅토르 풀라르(Victor Poulard)와 결혼하였고 이 부부는 테트 도르(Tête d'Or)라는 호텔 레스토랑의 위탁관리를 맡게 된다. 그녀는 메르 풀라르의 오믈렛을 하루 언제든지 주문할 수 있도록 했고 이 메뉴로 큰 명성을 얻게 되었다. 손잡이가 긴 팬을 사용해 나무 화덕의 센 불에 익히는 이 유명한 오믈렛의 비결, 즉 달걀과 버터의 품질, 버터의 양, 크림 혼합, 센 불에서 재빨리 조리하기, 거품 올린 달걀흰자를 혼합물에 섞기 등에 대해 많은 사람들이 그 비밀 레시피를 알아내려고 시도했다.

POULARDE 풀라르드 자연 방사(한 마리당 10m²의 면적 확보)로 키운 어린 암탉을 출생 후 3주 후부터 옥수수, 곡물, 유제품을 먹여 살찌운 것을 가리킨다(**참조** p.905, 906 가금류와 토끼 도표). 풀라르드는 산란이 시작되는 것을 억제하기 위하여 어두운 나무 케이지 안에서 일정기간을 보낸 뒤 생후 4개월 때부터 도살된다. 이와 같은 사육 기술을 통해 소위 무거운 품종(Bresse, Le Mans)으로부터 아주 섬세한 맛의 연하고 흰살을 가진 닭을 얻어낼 수 있다. 또한 이 닭들은 두툼한 지방층으로 덮여 있어 다른 닭과는 비교할 수 없는 풍미를 지닌다. 거세한 수탉과 마찬가지로 진짜 풀라르드는 꽤 귀하다. 흔히 무게가 1.8kg 이상 되는 닭들이 암수 구분 없이 풀라르드라고 잘못 불리고 있다. 브레스의 닭 사육 농가 몇 곳에서는 아직도 전통 방식에 따라 풀라르드를 생산하고 있으며, 이들은 1957년부터 AOC 인증을 받아 보호되고 있다.

■ **사용.** 요리에서 풀라르드 닭은 로스트, 브레이징(조림이나 찜), 팬 프라이 혹은 삶아 익히며, 기름이 전부 녹아버릴 수 있는 소테나 그릴에 굽는 조리법은 많이 사용하지 않는다. 고가의 식재료인 풀라르드 닭은 주로 송로버섯과 푸아그라와 함께 조리하는 경우가 많으며 더운 요리, 찬 요리로 모두 서빙이 가능하다. 거세 수탉과 더불어 크리스마스 시즌에 즐겨 먹는다. 브레이징할 때는 국물을 너무 많이 잡지 않아야 하며, 삶아 익힐 때는 흰색 육수나 향을 낸 국물을 사용한다. 닭 간은 종종 따로 요리하기도 하며, 모래주머니, 목, 대가리, 발 등의 부속은 국물을 내는 데 쓰인다.

ballottine de poularde à brun ▶ BALLOTTINE
ballottine de poularde en chaud-froid ▶ BALLOTTINE
fricassée de volaille de Bresse de la Mère Blanc ▶ FRICASSÉE
gâteau de foies blonds de poularde de Bresse, sauce aux queues d'écrevisse à la Lucien Tendret ▶ FOIE

장 폴 죄네(JEAN-PAUL JEUNET)의 레시피

gigot de poularde de Bresse au vin jaune et morilles 지고 드 풀라르드 드 브레스 오 뱅 존 에 모리유

모렐 버섯과 뱅 존 소스를 곁들인 브레스 닭 요리 : 하루 전, 마른 모렐 버섯 100g을 따뜻한 물에 담가 불린다. 다음 날 흐르는 물에 버섯을 6번 씻어 헹군 뒤 끓는 소금물에 넣고 15분간 약하게 끓는 상태로 익힌다. 건져서 물기를 뺀다. 팬에 버터 25g을 두르고 잘게 썬 샬롯 1테이블스푼을 볶은 뒤 물기를 뺀 모렐 버섯을 넣고 잘 섞는다. 뱅 존 50mℓ와 더블 크림 100mℓ를 넣고 액체가 졸아들 때까지 가열한다. 불을 끄고 보관한다. 1.4~1.8kg짜리 브레스 닭 한 마리를 준비하여 다리, 날개, 가슴살을 잘라낸 다음 뼈를 제거하고 고운 소금과 후추로 밑간한다. 닭가슴살에 달걀흰자 1개, 소금, 후추, 더블 크림 100mℓ를 넣고 블렌더로 갈아 무슬린 스터핑을 만든다. 분쇄하는 동안 날의 열기로 인해 혼합물의 온도가 올라가지 않도록 블렌더 작동에 주의하며 매끈하고 고운 스터핑을 만든다. 마지막으로 익혀 놓은 모렐 버섯 1테이블스푼을 넣고 블렌더 날 회전을 짧게 끊어가며 여러 번 작동시켜 고루 혼합한다. 냉장고에 30분 넣어둔다. 뼈를 제거한 닭다리 2개와 날개 2개에 이 소를 채워 넣고 잘 여민 다음 요리용 실로 묶는다. 냉장고에 넣어둔다. 소테팬에 오일 50mℓ와 버터 50g을 달군 다음 소를 채운 닭 4조각을 넣고 노릇한 색이 나기 시작할 때까지 약한 불로 천천히 지진다. 뚜껑을 덮고 160°C 오븐에 넣어 15분간 더 익힌다. 소테 팬을 오븐에서 꺼내 뱅 존 200mℓ를 넣어 디글레이즈한 다음 생크림 600mℓ, 닭 육수(큐브형 부이용을 물에 푼 것) 400mℓ를 붓고 약한 불에서 뚜껑을 연 채로 15분간 졸인다. 닭고기 조각을 건져내 실을 푼 다음 뜨겁게 보관한다. 기호에 따라 남은 소스를 더 졸여 원하는 농도로 만든다. 소스를 블렌더로 갈아 에멀전화한 다음 준비해둔 모렐 버섯을 넣는다. 코코트 냄비에 담아 그대로 서빙하거나 닭고기를 슬라이스해 접시에 담고 모렐 버섯을 넣은 소스를 끼얹어 서빙한다. 바스마티 쌀밥에 버터와 허브를 넣고 다시 뜨겁게 데운 뒤 곁들인다.

poularde Albufera 풀라르드 알뷔페라

알뷔페라 닭 요리 : 흰색 육수에 쌀을 넣고 반쯤 익힌 다음 송로버섯과 푸아그라를 잘게 썬 살피콩을 넣고 잘 섞는다. 이 소를 닭에 채워 넣고 흰색 육수에 삶는다. 서빙 접시에 닭을 통째로 담고 알뷔페라 가니시(염장하여 익힌 우설, 도톰하게 어슷썰어 소테한 송아지 흉선, 양송이버섯)를 빙 둘러 놓는다. 알뷔페라소스를 끼얹어 서빙한다(참조. p.780).

poularde au blanc (dite «poule au blanc») 풀라르드 오 블랑(풀 오 블랑)

흰색 소스를 곁들인 닭 요리 : 닭 한 마리를 흰색 육수에 1시간 15분~1시간 45분간 삶는다. 다리와 날개를 손으로 쉽게 떼어낼 수 있을 정도로 푹 익혀야 한다. 닭을 건져내 뜨겁게 보관한다. 익힌 국물을 한 공기 분량이 되도록 졸인 뒤 알르망드소스를 동량(부피 기준)으로 넣어 섞는다. 닭에 소스를 끼얹어 아주 뜨겁게 서빙한다. 인도식 볶음밥과 닭 국물에 익힌 당근을 곁들여낸다.

poularde au céleri 풀라르드 오 셀르리

셀러리를 곁들인 닭 요리 : 버터를 두른 코코트 냄비에 닭 한 마리를 넣고 45분간 지져 익힌다. 셀러리 줄기의 억센 섬유질을 벗겨낸 다음 굵직하게 채 썬다. 끓는 물에 3분간 데친 뒤 찬물에 식혀 건진다. 이것을 코코트 냄비에 넣고 15분간 더 익힌다. 뜨겁게 데운 서빙 접시에 닭을 통째로 담고 익히면서 나온 즙을 체에 걸러 끼얹어준다. 셀러리를 빙 둘러 놓고 잘게 썬 파슬리를 뿌려 서빙한다.

poularde à la chantilly 풀라르드 아 라 샹티이

샹티이 크림소스 닭 요리 : 쌀밥을 지은 뒤(작은 공기로 한 개 분량) 잘게 썬 송로버섯

과 작은 주사위 모양으로 썬 푸아그라를 넣어 섞는다. 이것을 닭 안에 채운 뒤 입구를 조리용 실로 꿰매 봉한다. 버터를 두른 코코트 냄비에 닭을 넣고 색이 나지 않게 지진다. 소금, 후추로 간을 한 다음 뚜껑을 덮고 1시간 동안 익힌다. 송로버섯에 포트와인을 넣고 찌듯이 익힌다. 푸아그라를 도톰하게 어슷 썰어 버터에 노릇하게 지진다. 닭을 건져 서빙 접시에 담고 뜨겁게 유지한다. 송로버섯과 푸아그라를 빙 둘러 놓는다. 닭을 익히고 남은 육즙에 닭 블루테를 넣고 반으로 졸인 다음 휘핑한 생크림을 몇 스푼 넣는다. 이 소스를 닭에 끼얹어 서빙한다.

poularde Clamart 풀라르드 클라마르

클라마르 닭 요리 : 닭 한 마리를 로스트용으로 묶은 다음 버터를 두른 코코트 냄비에 넣고 200°C 오븐에서 1시간 익힌다. 완두콩 1ℓ를 줄기양파와 양상추를 넣고 프랑스식으로 5분간 익힌 다음 닭 냄비에 빙 둘러 넣는다. 뚜껑을 덮고 오븐에서 더 익혀 조리를 완성한다.

poularde Demidof 풀라르드 드미도프

드미도프 닭 요리 : 크넬용 다짐 소와 그라탱용 다짐 소를 1:2비율로 섞어 닭 안에 채워 넣는다. 잘게 썬 당근(주황색이 진한 부분) 125g과 셀러리 50g, 얇게 썬 양파 25g, 월계수잎 1/2장, 타임 1줄기, 소금, 1자밤, 설탕 자밤으로 채소 마티뇽을 만든다. 우선 이 채소들을 버터에 색이 나지 않게 볶은 뒤 마데이라 와인 100mℓ를 넣고 수분이 완전히 날아가도록 바특하게 졸인다. 소를 채운 닭을 오븐에 구워 노릇하게 색을 낸다. 닭을 꺼내서 채소 마티뇽으로 덮은 다음 돼지 대망으로 감싸고 조리용 실로 묶는다. 팬에 지져 익힌다. 서빙 접시에 닭을 놓고 버터에 찌듯이 익힌 아티초크 속살과 다양한 볶은 채소를 빙 둘러 담는다.

poularde à l'estragon 풀라르드 아 레스트라공

타라곤을 넣은 닭 요리 : 닭을 깨끗이 씻어 물기를 제거한 다음 안에 타라곤을 채워 넣는다. 입구를 조리용 바늘로 꿰매 봉하고 레몬즙 반 개분으로 닭 표면을 살살 문질러준다. 가슴과 등 부위를 얇은 돼지비계로 덮은 뒤 실로 묶는다. 코코트 냄비에 닭을 넣고 흰색 육수를 잠길 정도의 높이까지만 붓는다. 타라곤 작은 한 송이를 추가로 넣은 부케가르니를 넣는다. 뚜껑을 덮고 가열한다. 끓어오르면 불을 줄이고 약하게 끓는 상태로 1시간 동안 삶는다. 닭을 건져 실을 풀고 비계를 걷어낸다. 채워 넣었던 타라곤도 빼낸다. 끓는 물에 살짝 데친 타라곤으로 뜨거운 닭 표면을 장식한 다음 데워둔 서빙 접시에 담는다. 닭을 삶고 남은 국물에 칡녹말이나 뵈르 마니에를 조금 넣어 걸쭉한 농도로 리에종한 뒤 체에 거르고 잘게 썬 생타라곤 2테이블스푼을 넣는다. 닭에 소스를 조금 끼얹고 나머지는 따로 소스 용기에 담아 서빙한다.

poularde en gelée au champagne 풀라르드 앙 즐레 오 샹파뉴

샴페인 즐레를 씌운 닭 요리 : 1.75kg짜리 닭 한 마리의 안쪽과 겉에 모두 소금과 후추를 뿌려 밑간을 한 다음, 버터를 두른 코코트 냄비에 넣고 지져 노릇하게 색을 낸다. 작은 주사위 모양으로 썬 향신 채소와 부케가르니를 넣은 뒤 뚜껑을 덮고 225°C 오븐에서 45분간 익힌다. 닭이 고루 익도록 중간에 뒤집어준다. 샴페인 1/2병을 넣은 뒤 잘 섞는다. 뚜껑을 덮지 않은 상태로 더 익혀 조리를 마무리한다. 인스턴트 젤리 파우더와 나머지 샴페인을 섞어 액상 즐레를 만든다. 닭을 익히고 남은 국물을 체에 걸러 이 즐레에 넣고 잘 섞는다. 닭을 냉장고에 넣어 차게 식힌 다음 토막으로 잘라 서빙 접시에 담는다. 시럽 농도의 즐레를 끼얹은 뒤 다시 냉장고에 넣어 굳힌다.

poularde Nantua 풀라르드 낭튀아

낭투아 소스 닭 요리 : 닭 한 마리를 흰색 육수에 삶는다. 바르케트 셸을 만들어 속을 넣지 않고 시트만 구워둔다. 민물가재 살을 발라내 스튜처럼 익혀 놓고 머리는 빻아 민물가재 버터를 만든다. 닭 익힌 국물을 이용해 쉬프렘 소스를 만든 다음 민물가재 버터를 넣고 거품기로 잘 저어 몽테한다(소스 250mℓ당 버터 1테이블스푼). 바르케트 시트에 민물가재 살을 채워 넣는다. 서빙 접시에 닭을 올리고 바르케트를 빙 둘러 담는다. 민물가재 버터를 넣은 쉬프렘 소스를 끼얹은 뒤 서빙한다.

poularde à la parisienne 풀라르드 아 라 파리지엔

파리지엔 쇼 프루아 닭 요리 : 닭 용골돌기 위쪽에 있는 V자 모양의 위시본을 조심스럽게 떼어낸다. 크림을 넣고 곱게 간 스터핑 혼합물 500g을 닭에 채워 넣은 뒤 입구를 꿰매 봉한다. 닭을 흰색 송아지 육수에 삶아 익힌 뒤 건져서 식힌다. 가슴살을 잘라낸다. 안에 채워 넣은 스터핑을 꺼내 주사위 모양으로 썬다. 여기에 차가운 닭고기 무스 400g을 더한다. 이 혼합물을 다시 닭에 붙인 뒤 둥그렇게 모양을 다듬어 본래 가슴살 형태를 재현한다. 쇼프루아 소스를 끼얹어 덮는다. 가슴살을 도톰한 에스칼로프로 잘라 역시 쇼프루아 소스를 끼얹어 덮는다. 닭 전체와 가슴살 조각을 얇게 저민 송로버섯과 랑그 에카를라트로 장식한 뒤 즐레를 윤기나게 발라준다. 서빙 접시에 담는다. 여러 개의 작은 다리올 틀 안에 마요네즈로 버무린 채소 마세두안을 담아 냉장고에 두었다가 닭 서빙 접시에 틀을 제거하며 뒤집어 놓는다. 각 다리올 위에 얇게 썬 송로버섯 슬라이스를 하나씩 얹는다. 냉장고에 굳힌 즐레를 잘게 다져 사이사이에 곁들여 담는다.

poularde au riz sauce suprême 풀라르드 오 리 소스 쉬프렘

쉬프렘소스와 라이스를 곁들인 닭 요리 : 닭의 입구를 봉해 묶은 뒤 흰색 육수에 40분간 삶는다. 쌀 250g을 끓는 물에 5분간 데친 후 건져서 찬물에 식힌다. 물기를 완전히 뺀다. 닭이 반쯤 익으면 건져내고 국물은 체에 거른다. 닭을 다시 코코트 냄비에 넣고 쌀을 넣은 뒤 체에 거른 국물을 붓는다. 버터 30g을 넣어준 다음 약불에서 20분간 더 끓인다. 남은 닭 국물로 쉬프렘 소스를 만든다. 뜨겁게 데워 둔 접시에 닭을 담고 소스를 조금 끼얹는다. 쌀을 빙 둘러 담는다. 남은 소스는 따로 용기에 담아 서빙한다.

poularde Rossini 풀라르드 로시니

로시니 닭 요리 : 타르트용 파트 아 퐁세로 바르케트 셸을 만들어 속을 넣지 않고 시트만 구워둔다. 1.8kg짜리 닭 한 마리를 팬에 지져 익힌 뒤 뜨겁게 데운 서빙 접시에 올린다. 얇게 썬 송로버섯을 버섯에 볶는다(일인당 2장씩). 타르틀레트 시트에 각각 도톰하게 썬 푸아그라 1조각과 송로버섯 2쪽씩을 올린다. 닭을 익힌 팬에 마데이라 와인을 넣어 디글레이즈한 다음 트러플즙을 섞은 데미글라스를 넣어 소스를 만든다. 소스를 닭 위에 끼얹고 속을 채운 타르틀레트를 빙 둘러 담아낸다.

페르낭 푸앵(FERNAND POINT)의 레시피

poularde en vessie Marius Vettard 풀라르드 앙 베시 마리위스 베타르

마리우스 베타르의 돼지 방광에 넣어 익힌 닭 요리: 1.7~1.8kg 짜리 브레스 닭을 토치로 그슬려 잔털과 깃털 자국을 꼼꼼히 제거한 뒤 내장을 모두 빼낸다. 닭을 얼음물에 4시간 동안 담가두어 흰색을 유지한다. 그동안 돼지 방광 1개를 물에 담가둔다. 닭 간에 생송로버섯 150g, 푸아그라 250g, 달걀 1개를 넣고 곱게 갈아 소를 만든 뒤 소금, 후추로 간하고 코냑을 조금 넣는다. 이 소를 닭 안에 채워 넣고 입구를 묶어 봉한다. 깨끗이 헹군 뒤 물을 꼭 짠 돼지 방광에 닭을 집어넣고 입구 매듭 부분이 등쪽으로 오도록 위치를 잡는다. 굵은 소금 넉넉히 2자밤, 후추 한 자밤, 마데이라 와인 1컵, 코냑 1컵을 넣고 입구를 두 군데로 매듭지어 단단히 봉한다. 닭의 두 군데 높이에 약 10군데 정도를 꼬챙이로 찔러 익히는 도중 터지는 것을 방지한다. 약하게 끓고 있는 맑은 콩소메에 닭을 넣고 1시간 30분간 삶는다. 방광을 씌운 상태 그대로 서빙플레이트에 담고 갸름한 모양으로 돌려 깎은 당근, 순무와 리크 흰색 부분(또는 필라프 라이스)을 곁들여 놓는다. 방광 주머니를 열고 닭을 등쪽으로 갈라 서빙한다. 소믈리에는 가벼운 부르고뉴 와인을 추천한다.

POULE 풀 닭목에 속하는 여러 동물의 암컷, 특히 수탉의 암컷을 지칭한다(**참조** p.905, 906 가금류와 토끼 도표, p.904 도감). 뿐만 아니라 꿩, 칠면조, 뿔닭의 암컷을 지칭할 때도 사용된다. 흔히 풀(poule)이라는 용어는 주로 산란을 위한 암탉에 해당한다. 생후 18개월에서 2년 사이, 무게 2~3kg일 때 도살하며, 살은 질긴 편이고 기름기가 적다. 주로 흰색 육수에 삶아 연하게 해서 먹는다. 산란계로서의 가치가 떨어져 도살한 닭의 살은 몇몇 익히는 샤퀴트리의 훌륭한 원재료가 되며 때로 돼지고기와 혼합해 사용하기도 한다.

consommé de poule faisane et panais ▶ PANAIS
tourte de poule faisane, perdreau gris et grouse au genièvre ▶ TOURTE

POULE AU POT 풀 오 포 속을 채운 닭과 소고기를 넣어 끓인 포토푀의 일종이다. 역사학자 자크 부르자(Jacques Bourgeat)는 국왕 앙리 4세와 사보이 공국 공작의 대화를 언급한 파리의 대주교 아르두앵 드 페레픽스(Hardouin de Péréfixe)의 1664년 문서를 인용했다. 왕은 사보이 공작에게 "만일 신이 내게 다시 생을 허락한다면 내 왕국의 모든 백성들이 일요일에는 닭고기를 먹을 수 있도록 하겠다."라고 말했다.

poule au pot à la béarnaise 풀 오 포 아 라 베아르네즈

베아른(Béarn)식 풀 오 포 : 곱게 간 돼지 분쇄육(소시지 미트)과 잘게 썬 바욘 햄, 다진 양파 200g, 짓이긴 마늘 3톨, 다진 파슬리 작은 한 송이 분, 다진 닭 간 4개를 섞어 소를 만든다. 소금, 후추로 간하고 잘 치대어 균일하게 섞는다. 2kg짜리 닭에 소를 채운 뒤 목과 꽁지 쪽 입구를 조리용 실로 꼼꼼히 꿰매어 봉한다. 냄비에 넣고 가니시 채소를 넣은 뒤 포토푀 방식으로 끓인다. 닭을 건져내 부위별로 자르고 익은 소도 슬라이스한다. 함께 익힌 채소들을 곁들여 서빙한다.

POULE D'EAU 풀 도 쇠물닭. 물에 사는 수렵 조류인 쇠물닭은 검은 깃털을 갖고 있으며 강이나 호숫가에 서식한다. 옛날에 쇠물닭은 가톨릭 교회에서 육식을 금하는 사순절 기간 중에도 먹을 수 있도록 허용된 식재료라는 장점이 있었다. 살이 꽤 퍽퍽하고 축축한 흙냄새가 있어 좋은 풍미라고는 할 수 없다. 조리하기 전 가죽을 벗기고 불로 그슬려 기름기를 제거해야 한다. 이어서 먼저 소테한 뒤 버섯, 샬롯, 화이트와인, 토마토를 넣어 만든 소스에 조리하는 샤쇠르식 닭 요리처럼 하거나 베이컨을 넣고 냄비에 스튜처럼 익힌다(poulet à la casserole). 캐나다의 비슷한 종인 작은 쇠물닭(gallinule poule d'eau) 또한 마찬가지 방법으로 조리한다.

POULET 풀레 영계. 식용으로 소비하기 위해 사육한 어린 닭의 수컷과 암컷을 모두 지칭하며 살이 연하고 지방은 먹이와 사료에 따라 흰색 또는 살짝 노르스름한 색을 띤다. 특히 어떤 먹이를 먹는가에 따라 닭의 풍미가 달라지기도 한다. 영계는 대개 부화 후 6~13주에 도살한다(**참조** p.905, 906 가금류와 토끼 도표, p.904 도감). 페르시아인들에 의해 고대 그리스에 도입된 영계는 중세(이 때에는 주로 암탉, 살찌운 암탉, 거세한 수탉을 많이 먹었다)에 긴 공백기를 거쳐 16세기에 이르러서야 다시 등장하기 시작했다. 오늘날 영계는 전 세계의 레시피에서 흔히 찾아볼 수 있다.

■ **품질 기준.** 프랑스에서 영계는 생산 목적과 사육 방식(재래 농가방식 또는 공장식 대량사육)에 따라 분류된다. 풀레 카트르 카르(poulets quatre quarts)는 빠르게 성장시켜 아주 어릴 때(부화 후 34일) 도살한 닭으로 무게는 1kg내외이다. 살이 무르고 뼈가 아직 단단해지지 않았으며 붉은색을 띤다. 곡물사료를 먹인 영계(poulet de grain, poulet de marque)는 도살 시기에 따른 등급이 표시된다(생후 40일 일반, 44일 헤비, 59일 인증 표시). 살이 더 통통하고 탄력이 있으며 무게는 1.2~1.8kg이다. 특정 명칭 또는 라벨이 붙은 영계(86일 이상은 라벨 루즈, 93일 이상 친환경은 밀폐된 공간이 아닌 일정한 면적의 마당에 풀어 사육(반 자연방사)한 것이다. 좀 더 몸집이 커 살이 올라 있고 살은 연하면서 탄력이 있고 맛이 좋다. 무게는 2kg까지 나간다. 이들 중 최고의 품질을 자랑하는 닭으로는 브레스 닭을 꼽을 수 있다. 이 명칭(빨강, 흰색, 파랑의 삼색 스탬프가 찍혀 있고 고유번호가 새겨진 링을 발에 부착하고 있다)을 붙이려면 붉은색의 큰 볏을 지니고(수컷의 경우) 깃털은 흰색이며 발은 푸른색을 띠고 있는 브레스산 토종 품종이어야 한다. 영계의 사육방식은 엄격한 규제 하에 관리된다. 부화 후 35일이 되면 닭을 풀밭에 방사 사육하는데 이때 면적은 한 마리당 최소 10평방미터가 확보되어야 한다. 이렇게 9주간 자란 닭은 흰색의 살을 찌우기 위해 실내 케이지 안에서 8~15일을 보내게 된다. 총 16주가 되면 도살한다. 닭의 품질을 결정하는 것은 특히 연령, 품종, 먹이의 종류이다. 주로 곡물가루, 옥수수, 유제품을 먹으며 이에 더해 지렁이, 달팽이, 곤충 등을 땅에서 쪼아 먹는다. 우수 품질 생산품에 부여되는 라벨 루즈 인증을 받은 닭도 있다(**참조** LABEL). 오베르뉴와 루에(Loué)의 흰 닭, 마옌(Mayenne) 닭, 샬랑(Challans), 제르(Gers), 솔로뉴(Sologne)의 검은 닭, 알자스와 랑드(Landes, 옥수수를 먹여 살을 찌운다)의 토종 농가사육 닭 등이 대표적이다. 대개 생후 12~13주에 도살하는 이 닭들은 곡물 60~70%, 단백질 25%(대두, 알팔파 사료), 그 밖에 무기질을 먹여 키운다. 공장형 대량 사육 닭도 섭취하는 사료는 같지만 그 배합비율이 다르다.

오늘날에는 간, 모래주머니, 염통, 허파를 제외한 나머지 내장을 제거한 닭인 풀레 에필레(poulets éffilés), 모든 내장을 완전히 제거한 닭인 풀레 에비세레(poulets éviscérés), 또는 내장을 모두 제거한 뒤 목을 잘라내고 발을 관절 마디에서 잘라 바로 조리가 가능한 풀레 프레 타 퀴르(poulets prêts à cuire) 등이 점점 더 많이 판매되는 추세다. 영계의 살은 아주 소화가 잘 되며 기름기가 매우 적다. 열량은 100g당 120kcal 또는 502kJ이다.

■ **선택.** 영계는 주로 굽기(통째로, 반으로 갈라 납작하게 또는 토막을 내어 굽는다) 튀기기(조각 내어 빵가루 등의 튀김옷을 입힌다), 삶기, 팬 프라이로 조리하며 특히 로스트와 소테가 가장 대표적이다. 로스트 치킨을 만들 때는 어느 정도 지방이 있는 닭을 고르는 것이 좋다. 고온의 열기에 녹아 촉

촉함을 유지하여 살이 마르는 것을 막아주기 때문이다. 오븐에 구울 때는 타임이나 타라곤을 넣어 향을 더하거나 속을 채워 조리하기도 한다. 적당히 익었는지 확인하려면 꼬챙이로 찔러보면 된다. 색이 없는 즙이 흘러나오면 다 익은 것이다. 차갑게 먹는 경우, 뜨거울 때 미리 알루미늄 포일로 덮어 싸두어 촉촉함과 맛을 보존한다. 코코트 냄비에 조리할 때는 통통하고 살이 비교적 단단하며 기름이 너무 많지 않은 닭을 고른다. 바스크식 닭 요리, 버섯을 넣고 졸인 닭찜, 프리카세, 마틀로트, 각종 채소를 넣은 스튜 등 대개 강한 양념을 하여 조리듯 익히는 경우가 많다. 닭은 대부분의 흰살 육류와 마찬가지로 파인애플, 바나나, 레몬, 유럽모과, 망고와 잘 어울린다.

프리카세나 소테로 조리할 때는 좀 작은 사이즈의 닭으로 두 마리를 준비하여 토막내 사용하면 맛있는 부위가 좀 더 많아져 푸짐하다. 삶아 익힐 때는 살이 통통하고 기름이 많지 않으며 너무 어리지 않은 닭이 좋다. 오래 끓이면 부피가 줄어들기 때문이다.

■ **요리.** 영계의 조리법 중 가장 종류가 다양한 것은 소테로 아주 단순한 것부터 매우 섬세하고 고급스러운 요리까지 그 폭이 매우 넓다. 그 외에 발로틴, 바르부이유, 아 라 부르주아즈, 카필로타드, 쇼 프루아, 디아블, 오 상 등으로도 요리하며, 살만 발라내 고기 갈빗대 모양(côtelette composée)을 재현하기도 하고, 크레피네트, 크로메스키, 프리토, 무스, 파테 등을 만들기도 한다. 또한 내장이나 자투리 부위를 사용해 육수를 내거나 수프를 끓이기도 하며 특히 닭 간은 꼬치 요리, 필라프 라이스 재료, 각종 스터핑 혼합물이나 테린의 재료 등으로 사용된다.

만드는 법 익히기 ▶ **DÉCOUPER UNE VOLAILLE À CRU EN QUATRE MORCEAUX, 생닭 4토막내기 실습 노트 P. VI**

poulet : préparation 풀레: 프레파라시옹

닭 손질하여 준비하기 : 닭의 목 껍질을 길이로 끝까지 가른 다음 모이주머니를 잡아 당기면서 기관과 식도를 떼어낸다. 목은 그대로 두거나 껍질을 자르지 않은 상태로 뿌리 부분을 잘라 떼어낸다. 꽁무니 쪽에 칼집은 낸 다음 창자, 모래주머니, 간, 염통, 허파를 빼낸다. 간에서 바로 쓸개를 떼어낸다. 모래주머니의 불룩한 쪽을 갈라 근막을 제거한다. 닭을 불로 그슬려 잔털과 남아 있는 깃털 자국을 꼼꼼히 제거한다. 기호에 따라 씻어둔 내장을 다시 닭 안에 집어넣기도 한다. 날개의 끝 뾰족한 부분은 잘라내고 아랫 날개를 접어 윗 날개 밑으로 끼워 넣는다. 발은 종아리와 연결되는 관절 부위를 토막 내 잘라준다. 목을 그대로 둔 경우 날개 아래쪽으로 접어 넣은 뒤 목 껍질로 가슴 부위를 덮어 싼다. 주방용 실로 묶어 고정시킨다.

cari de poulet ▶ CARI
chicken-pie ▶ PIE
jambalaya de poulet ▶ JAMBALAYA
maïs en soso aux abattis de poulet ▶ MAÏS

poulet en barbouille 풀레 앙 바르부이유

바르부이유 닭 요리 : 닭의 피를 따로 받아놓은 뒤 응고되는 것을 막기 위해 식초를 조금 넣는다. 닭을 4 토막낸 다음 낙화생유 50mℓ를 달군 코코트 냄비에 살짝 겉만 익을 정도로 지져 건져낸다. 그 기름에 베이컨 라르동과 껍질 벗긴 방울양파를 넣고 노릇하게 볶아 건진다. 양송이버섯을 씻어 4등분 한 뒤 이 냄비에 넣고 더 이상 물이 생기지 않을 때까지 센 불에서 볶는다. 여기에 볶아둔 라르동과 양파를 넣고 밀가루를 솔솔 뿌린 뒤 잘 저어 섞는다. 레드와인 200mℓ를 붓고 소금, 후추로 간한다. 가열하여 끓기 시작하면 불을 줄이고 짓이긴 마늘 한 톨, 부케가르니 1개, 닭고기 토막을 넣는다. 뜨거운 물을 재료가 잠기도록 부은 뒤 뚜껑을 닫고 약한 불에서 1시간 익힌다. 닭 피에 이 국물을 조금 넣고 풀어준 뒤 냄비에 넣고 잘 저어 소스를 리에종한다. 간을 맞추고 우묵한 접시에 담아 서빙한다.

poulet basquaise 풀레 바스케즈

바스크식 닭 요리 : 4인분, 준비: 1시간, 조리: 1시간

1.2kg짜리 닭 한 마리를 손질해 네 토막을 낸다. 중간 크기 양파 2개의 껍질을 벗겨 얇팍하게 썬다. 마늘 2톨을 반으로 갈라 싹을 제거한 뒤 짓이긴다. 토마토 750g를 끓는 물에 살짝 데쳐 껍질을 벗기고 속을 제거한 뒤 잘게 깍둑 썬다. 청피망 2개, 홍피망 2개를 씻어 꼭지를 떼어내고 반으로 잘라 씨와 흰 심지를 제거한 다음 가는 스틱 모양으로 썬다. 부케가르니를 만든다. 닭에 소금, 후추로 밑간을 한 뒤 올리브오일 50mℓ를 달군 코코트 냄비에 넣고 고루 노릇한 색이 나게 지진다. 뚜껑을 덮고 불을 줄인 뒤 15분간 익힌다. 날개 부분은 꺼내고 다리는 5분간 더 익힌다. 꺼내서 따뜻하게 보관한다. 같은 냄비에 양파를 넣고 3분간 수분이 나오도록 볶는다. 피망과 마늘, 잘게 깍둑 썬 바욘 햄을 넣고 5분간 더 볶는다. 토마토와 부케가르니를 넣고 소금, 후추로 간한다(햄이 짭짤하므로 소금 양에 주의한다). 약한 불로 20분간 더 익힌다. 닭고기를 여기에 넣고 5분간 더 익힌 다음 부케가르니를 꺼내고 간을 확인한다. 우묵한 접시에 닭을 담고 채소를 위에 끼얹어준다. 다진 이탈리안 파슬리를 뿌려 서빙한다.

poulet à la bière 풀레 아 라 비에르

맥주를 넣은 닭 요리 : 1.25kg짜리 닭 한 마리를 토막 내어 버터를 두른 코코트 냄비에 넣고 노릇하게 고루 지진다. 샬롯 2개의 껍질을 벗기고 다진 뒤 이 냄비에 넣고 노릇하게 볶는다. 예네버르(네덜란드의 진) 50mℓ를 넣고 불을 붙여 플랑베한다. 맥주 400mℓ와 생크림 50mℓ. 부케가르니, 소금, 카옌페퍼 약간을 넣은 뒤 뚜껑을 덮고 약한 불로 뭉근히 익힌다. 양송이버섯 250g을 씻어 얇게 썬 다음 냄비에 넣는다. 25분간 익힌 뒤 닭고기 조각을 건져 서빙 접시에 담고 따뜻하게 유지한다. 부케가르니를 건져낸 다음 냄비에 생크림 50mℓ를 넣고 가열해 반으로 졸여 소스를 만든다. 달걀노른자 한 개에 이 소스를 조금 넣어 풀어준 다음 냄비에 넣고 거품기로 세게 저어 섞는다. 소스를 닭에 끼얹고 잘게 썬 파슬리를 뿌려 서빙한다.

poulet au citron 풀레 오 시트롱

레몬을 넣은 닭 요리 : 닭 한 마리를 토막 낸다. 레몬 2개의 즙을 짠 다음 소금, 후추, 아주 소량의 카옌페퍼를 넣는다. 여기에 닭을 최소 1시간 재운 뒤 건져서 물기를 닦는다. 코코트 냄비에 버터를 달군 뒤 닭을 노릇하게 지진다. 타임을 잎만 떼어 닭 위에 뿌린 다음 뚜껑을 닫고 약한 불로 30분간 익힌다. 닭고기를 건져내 따뜻하게 보관한다. 닭을 재워두었던 양념액과 더블 크림 100mℓ을 코코트 냄비에 붓고 잘 저으며 원하는 농도로 졸여 소스를 만든다. 간을 맞춘 뒤 닭고기에 끼얹어 서빙한다.

poulet créole à l'ananas et au rhum 풀레 크레올 아 라나나스 에 오 럼

파인애플과 럼을 넣은 크레올식 닭 요리 : 큰 사이즈의 닭 한 마리를 불로 그슬려 잔털과 깃털자국을 모두 제거한다. 속과 겉에 고루 소금, 후추를 뿌려 밑간한다. 닭기름을 두른 코코트 냄비에 넣고 고루 색을 낸 다음 생강가루와 카옌페퍼를 한 자밤씩 뿌린다. 양파 큰 것 2개와 샬롯 1개를 다진 뒤 닭 주위에 넣고 볶는다. 닭에 럼 50mℓ를 부어준다. 파인애플 시럽 3테이블스푼과 레몬즙 1테이블스푼을 넣는다. 뚜껑을 덮고 25분간 익힌다. 파인애플 슬라이스 6쪽을 작은 주사위 모양으로 잘라 넣는다. 소금, 후추로 간을 한 뒤 10분간 더 익힌다.

로제 베르제(ROGER VERGÉ)의 레시피

poulet en croûte de sel 풀레 오 크루트 드 셀

소금 크러스트를 씌워 익힌 닭 요리 : 넓은 볼에 밀가루 1kg, 굵은 소금 500g, 찬물 500mℓ를 넣고 잘 섞어 반죽한 다음 작업대에 놓고 납작하게 민다. 닭의 안쪽에 소금, 후추를 뿌려 밑간을 한 다음 로즈마리 1줄기, 월계수 잎 1장, 닭 간 3개분(해당 닭의 간에 2개의 다른 닭 간을 추가한다)을 채워 넣는다. 닭을 소금 반죽 위에 놓고 완전히 덮고 잘 밀봉한 뒤 180°C 오븐에서 1시간 30분 굽는다. 단단해진 소금 크러스트를 깨고 닭을 꺼내 자른다. 호두 오일로 드레싱한 샐러드를 곁들여 서빙한다.

poulet farci à la vapeur, ragoût de brocolis 풀레 파르시 아 라 바푀르, 라구 드 브로콜리

속을 채워 증기에 찐 닭과 브로콜리 볶음 : 당근 100g, 순무 100g의 껍질을 벗겨 아주 작은 주사위 모양으로 썬다. 주키니 호박도 껍질째 같은 크기로 잘게 썬 다음 각각 끓는 물에 아삭하게 익혀 건진다. 물기를 꼼꼼히 제거한다. 송아지 흉선 500g을 갈색이 나도록 브레이징한 뒤 작은 주사위 모양으로 썬다. 익힌 국물을 체에 거른 뒤 3/4으로 졸인다. 이 소스 100mℓ를 송아지 흉선과 익혀둔 채소에 넣고 잘 섞어 소를 만든다. 닭 가슴살 4조각을 두 장의 랩 사이에 놓고 넓적한 칼로 두드려 크고 납작하게 편다. 가슴살에 후추를 뿌리고 중앙에 송아지 흉선과 채소로 만든 소를 조금 얹은 뒤 원통형으로 돌돌 만다. 하나씩 랩으로 말아 싸고 양끝을 잘 여민 다음 증기에 20분간 찐다. 브로콜리 600g을 끓는 소금물에 몇 분간 삶는다. 팬에 버터 20g을 두른 뒤 잘게 썬 양파 1개, 라르동 모양으로 썬 베이컨 150g, 브로콜리를 넣고 볶는다. 소금, 후추로 간하고 뜨겁게 보관한다. 쪄낸 닭가슴살의 랩을 벗겨낸 뒤 길게 사선으로 자른다. 각 서빙 접시 중앙에 사선으로 반 자른 닭가슴살을 2조각씩 놓고 졸여둔 소스를 끼얹는다. 베이컨에 볶은 브로콜리를 주위에 빙 둘러 담아낸다.

poulet frit Maryland 풀레 프리 메릴랜드

메릴랜드 프라이드 치킨 : 생 닭을 부위별로 자른 뒤 차가운 우유에 담가둔다. 건져서 물기를 제거한 다음 밀가루를 묻혀 튀긴다. 노릇한 색이 나기 시작하면 로스팅 팬에 옮겨 담고 140°C에 구워 조리를 마무리한다. 닭 몸통뼈와 자투리에 마늘과 양파를 넣고 육수와 우유를 조금 부은 뒤 끓인다. 불을 줄이고 몇 분간 뭉근히 끓인 다음 체에 걸러 닭고기에 끼얹는다. 바삭하게 지진 베이컨과 동그랗게 잘라 튀긴 바나나를 곁들여 담는다. 구운 옥수수를 함께 서빙한다.

poulet grillé à l'américaine sauce diable 풀레 그리예 아 라메리켄 소스 디아블

디아블 소스를 곁들인 아메리칸 그릴드 치킨 : 닭의 날개와 다리를 몸통에 딱 붙여 고정시킨다. 등쪽을 길게 갈라 척추뼈를 떼어낸다. 용골과 흉곽뼈를 조심스럽게 제거한 뒤 닭을 납작하게 누른다. 소금, 후추로 간한 다음 기름을 조금 바르고 그릴 팬에 구워 양면 모두 격자무늬를 내준다. 껍질이 있는 면을 먼저 굽기 시작한다. 닭 뼈와 자투리를 이용해 토마토 맛의 리에종한 갈색 육수(fond brun lié)를 만든다. 소스팬에 다진 샬롯과 굵게 으깬 후추, 화이트와인, 와인의 반 분량 식초를 넣은 뒤 수분이 완전히 날아갈 때까지 졸인다. 여기에 갈색 닭 육수를 넣고 10분간 끓인 후 고운 체에 거른다. 닭을 로스팅 팬에 넣고 200°C로 예열한 오븐에서 20~25분간 굽는다. 꺼내서 카옌페퍼를 조금 섞은 머스터드를 발라준 다음 빵가루를 뿌린다. 녹인 버터를 뿌리고 다시 오븐에 10분간 구워 노릇하게 색을 낸다. 소스를 불에서 내린 뒤 버터를 넣고 거품기로 잘 저어 섞는다. 마지막에 다진 처빌과 타라곤을 소스에 넣는다. 닭을 서빙 플레이트에 담고 구운 베이컨 슬라이스와 토마토, 양송이버섯, 가늘게 튀긴 프렌치프라이, 물냉이 한 뭉치를 곁들인다.

poulet grillé à la tyrolienne 풀레 그리예 아 라 트롤리엔

티롤식 그릴드 치킨 : 1kg짜리 닭 한 마리를 준비해 등을 갈라 척추와 흉곽뼈를 제거한 뒤 납작하게 누른다. 소금, 후추로 밑간을 하고 향을 낸 오일을 발라준 뒤 그릴에 25~30분 정도 굽는다. 양파 큰 것 2개의 껍질을 벗기고 링 모양으로 썬다. 링을 하나하나 분리한 다음 밀가루를 묻혀 180°C 기름에 튀긴다. 중간 크기 토마토를 세로로 등분한 뒤 씨를 빼고 버터 30g을 두른 팬에 볶는다. 소금, 후추로 간하고 기호에 따라 파슬리를 넣는다. 뜨겁게 데운 서빙 접시에 닭을 담고 양파 링 튀김과 토마토를 빙 둘러 곁들인다.

poulet sauté Alexandra 풀레 소테 알렉상드라

알렉산드라 치킨 소테 : 1.2kg짜리 닭 한 마리를 4토막내 뼈를 발라내고 소금, 후추로 밑간을 한다. 소테 팬에 버터 30g을 달군 뒤 닭고기의 껍질 쪽을 먼저 아래로 놓고 색이 나지 않게 살짝 지진다. 이어서 잘게 썬 양파 큰 것 2개분을 넣고 수분이 나오도록 볶는다. 밀가루 2테이블스푼을 솔솔 뿌린 뒤 잘 섞으며 색이 나지 않게 3분간 볶는다. 흰색 닭 육수 500mℓ를 붓고 잘 섞은 뒤 뚜껑을 덮고 약한 불로 20분간 끓인다. 15분이 지났을 때 날개 부분 조각들은 먼저 꺼낸다. 아스파라거스 윗동 300g을 씻어서 다발로 묶은 뒤 소금을 넣은 끓는 물에 데쳐 건진다. 닭 고기 조각을 건져낸 뒤 나머지 국물을 졸인다. 스푼으로 떠 올렸을 때 등에 묻을 정도의 농도가 적당하다. 여기에 더블 크림 100mℓ를 넣고 다시 끓기 시작할 때까지 2~3분간 가열한다. 간을 맞춘다. 이 소스를 체에 걸러 닭고기에 붓는다. 데친 아스파라거스를 버터에 색이 나지 않게 찌듯이 익힌다. 우묵한 접시에 닭고기를 담고 아스파라거스를 빙 둘러 놓는다. 닭고기 위에 소스를 끼얹고 얇게 썬 송로버섯 슬라이스를 하나씩 올린다.

poulet sauté archiduc 풀레 소테 아르시뒥

아르시뒥 치킨 소테 : 4인분, 준비: 30분, 조리: 40분

1.2kg짜리 닭 한 마리를 4토막 내 뼈를 발라낸 다음 소금, 후추로 밑간한다. 오븐을 160°C로 예열한다. 소테 팬에 버터 30g을 달군 뒤 닭고기의 껍질 쪽을 먼저 아래로 놓고 색이 나지 않게 살짝 지진다. 이어서 잘게 썬 양파 큰 것 2개분을 넣고 수분이 나오도록 볶는다. 파프리카 가루 넉넉히 한 테이블스푼을 솔솔 뿌린 다음 잘 섞어 닭고기에 고루 묻힌다. 뚜껑을 닫고 오븐에 넣어 15분간 익힌 다음 날개부위 조각들은 먼저 꺼낸다. 다리는 5분간 더 익힌다. 닭고기를 모두 건져내 뜨겁게 유지한다. 닭을 익힌 소테 팬의 기름을 제거한 뒤 드라이한 화이트와인 100mℓ를 넣어 디글레이즈 하고 반으로 졸인다. 이어서 닭 육수 100mℓ를 넣고 끓기 시작하면 더블 크림 200mℓ를 붓고 졸인다. 주걱으로 들어 올렸을 때 소스가 묻어 있는 농도면 적당하다. 간을 체크한 다음 레몬즙을 몇 방울 넣는다. 소스를 체에 거르면서 닭고기 위에 붓고 아주 뜨겁게 서빙한다. 오이를 갸름하게 모양 내 돌려 깎은 뒤 버터에 찌듯이 볶아 곁들이면 아주 잘 어울린다.

poulet sauté à blanc 풀레 소테 아 블랑

화이트 치킨 소테 : 생닭 한 마리를 네 토막으로 자른다. 사이즈가 큰 닭은 날개, 다리 부분 토막과 별도로 가슴살 부위를 분리해 자른다. 소금, 후추로 밑간한다. 소테 팬이나 코코트 냄비에 버터 30~40g을 달군 뒤 닭 토막을 넣고 색이 나지 않게 살짝 지진다. 익는 시간이 더 오래 걸리는 다리를 먼저 넣은 뒤 이어서 좀 더 연한 날개 부위와 가슴살을 넣는다. 뚜껑을 덮고 약한 불로 25분간 뭉근히 익힌다. 팬에 남은 버터를 따라낸 다음 와인이나 육수를 넣어 디글레이즈한다.

poulet sauté à la bohémienne 풀레 소테 아 라 보에미엔

보헤미안 치킨 소테 : 중간 크기의 영계 한 마리에 파프리카 가루를 묻힌 뒤 기름을 달군 코코트 냄비에 넣고 갈색이 나도록 지진다. 피망 4개를 굵직한 막대 모양으로 썬다. 토마토 2개의 껍질을 벗긴 뒤 도톰하게 슬라이스한다. 양파 1개의 껍질을 벗긴 뒤 작은 주사위 모양으로 썰어 끓는 물에 살짝 데친다. 펜넬을 다진다(1테이블스푼). 닭을 20분 정도 고루 익힌 뒤 채소를 모두 넣고 다진 마늘을 조금 넣고 볶는다. 코코트 냄비에 화이트와인 100mℓ를 넣어 디글레이즈한다. 리에종한 송아지 육수 또는 진하게 농축한 부이용 50mℓ를 넣고 졸여 소스를 완성한다. 마지막으로 레몬즙을 한 바퀴 뿌린다. 닭고기에 소스를 끼얹어 서빙한다. 인도식 볶음밥을 곁들여낸다.

poulet sauté à brun 풀레 소테 아 브룅

브라운 치킨 소테 : 화이트 치킨 소테과 같은 방법으로 조리하되 닭 토막을 양면 모두 노릇한 색이 나도록 센 불에 지진다. 뚜껑을 덮은 다음더 익혀 조리를 마무리하고, 날개 부분과 가슴살은 다리 토막보다 먼저 건져낸다. 팬의 기름을 제거하고 기호에 따라 소스를 추가한 뒤 다시 닭을 넣어 뜨겁게 데워 서빙한다.

poulet sauté chasseur 풀레 소테 샤쇠르

샤쇠르 소스 치킨 소테 : 1.2kg짜리 영계 2마리를 토치로 그슬려 잔털을 제거하고 손질한 뒤 내장을 모두 빼낸다. 두 마리 닭은 각각 4토막으로 자른다. 남은 흉곽뼈를 작게 토막내 센 불에 지진 뒤 물 800mℓ를 넣고 약한 불에서 30분간 끓여 육수를 만든다. 거품을 건지고 고운 체에 거른 뒤 중탕으로 보관한다. 닭에 소금, 후추를 뿌려 밑간을 한 뒤 밀가루를 뿌린다. 버터 80g을 넣은 소테 팬에 닭을 넣고 양면을 고르게 지져 색을 낸다. 뚜껑을 덮고 15분간 오븐에 넣어 조리를 마무리한다. 닭 토막을 건져낸다. 양송이버섯 250g의 껍질을 벗기고 씻어서 얇게 썬 다음 닭을 익힌 팬에 넣고 1~2분간 볶는다. 기름을 제거하고 잘게 썬 샬롯 40g을 넣는다. 코냑 40mℓ를 넣고 불을 붙여 플랑베한 다음 화이트와인 40mℓ를 넣어 디글레이즈하여 졸인다. 닭 육수를 넣은 뒤 다시 졸여 소스를 만든다. 농도와 간을 체크한 다음 버터 20g을 넣고 거품기로 잘 저어 섞는다. 소스에 닭 토막을 넣는다. 씻어서 다진 처빌 1/4단과 타라곤 1/4을 넣는다. 간을 조절한다.

장 뒤클루(JEAN DUCLOUX)의 레시피

poulet sauté aux gousses d'ail en chemise 풀레 소테 오 구스 다이 앙 슈미즈

마늘 치킨 소테 : 1.5kg짜리 닭 한 마리를 여덟 개로 토막 낸다. 버터를 한 조각 달군 소테 팬에 소금, 후추로 밑간 한 닭 토막과 껍질을 벗기지 않은 마늘 6톨을 넣고 뚜껑을 3/4 정도만 덮은 뒤 250°C 오븐에 넣어 노릇하게 익힌다. 서빙 접시에 닭을 담는다. 소테 팬에 화이트와인 100mℓ와 물 2테이블스푼을 넣고 디글레이즈한다. 소스를 닭에 끼얹고 함께 익힌 마늘을 곁들여 놓는다. 다진 파슬리를 뿌려 서빙한다.

poulet sauté aux huîtres 풀레 소테 오 쥐트르

굴을 넣은 치킨 소테 : 영계 한 마리에 소금, 후추로 밑간을 한 다음 버터를 두른 소테 팬에 넣고 색이 나지 않게 지진다. 굴 12마리의 껍질을 깐 뒤 굴에서 나온 물에 살을 데친다. 익은 닭을 건져내 접시에 담는다. 닭을 익힌 소테 팬에 화이트와인 100mℓ와 굴에서 나온 물을 넣고 디글레이즈한다. 여기에 레몬즙 한 바퀴, 버터 40g을 넣고 거품기로 잘 저어 섞는다. 굴을 닭 주위에 빙 둘러 담은 뒤 소스를 끼얹어 서빙한다.

다 마틸드(DA MATHILDE)의 레시피

poulet sauté aux plantains 풀레 소테 오 플랑탱

플랜틴 바나나를 넣은 치킨 소테 : 영계 한 마리를 코코트 냄비에 넣고 표면에 고루 노릇한 색이 나게 지진다. 얇게 썬 양파 큰 것 1개분, 껍질을 벗긴 토

마토 5개, 작게 썬 라르동 250g을 넣는다. 소금, 후추로 간한 뒤 1시간 동안 뭉근하게 익힌다. 중간에 물을 한 스푼씩 끼얹어준다. 플랜틴 바나나를 반으로 잘라 끓는 물에 30분간 익힌 뒤 건져서 닭 냄비에 넣는다. 15분간 더 익힌 뒤 아주 뜨겁게 서빙한다.

poulet sauté au vinaigre 풀레 소테 오 비네그르

식초를 넣은 치킨 소테 : 당근 2개, 순무 1개, 리크 흰 부분 2대, 셀러리 1줄기의 껍질을 벗긴 뒤 작은 주사위 모양으로 썬다. 큰 사이즈의 양파 1개에 정향을 2개 박아둔다. 준비한 영계 한 마리의 자투리 부위에 다른 두 마리분 자투리를 추가한 다음 토치로 그슬려 잔털과 불순물을 모두 제거한다. 냄비에 넣고 찬물을 부은 뒤 가열한다. 끓기 시작하면 썰어둔 채소와 부케가르니, 샬롯 4개, 껍질을 깐 마늘 2톨, 정향 박은 양파, 드라이한 화이트와인 1잔, 소금, 후추, 카옌페퍼 아주 소량을 넣는다. 45분~1시간 동안 뭉근히 익힌다. 코코트 냄비에 버터 40g을 달군 뒤 6조각으로 토막 낸 닭을 넣고 10분간 노릇하게 지진다. 뚜껑을 덮고 35분간 약한 불로 익힌다. 자투리와 채소를 넣어 끓인 국물을 최소 반 이상 졸인 다음 체에 거르고 식초 1컵을 넣는다. 다시 2/3로 졸인다. 닭 간을 으깨 퓌레로 만든다. 닭고기가 다 익으면 코코트 냄비에 식초 소스를 붓고 잘 저은 뒤 5분간 더 익힌다. 뵈르 마니에 1티스푼을 넣고 리에종한다. 닭 간 퓌레에 식초를 한 스푼 넣어 풀어준 다음, 냄비를 불에서 내리고 소스에 섞는다. 아주 뜨겁게 서빙한다.

미셸 게라르(MICHEL GUÉRARD)의 레시피

poulet truffé au persil 풀레 트뤼페 오 페르시

껍질 밑에 파슬리 소를 넣은 로스트 치킨 : 1.6~1.8kg짜리 닭 한 마리를 불로 그슬린 다음 내장을 제거하고 상온에 둔다. 이렇게 하면 살에서 껍질을 쉽게 뗄 수 있다. 이탈리안 파슬리 한 단과 타라곤 1/2단을 끓는 물에 데친 뒤 찬물에 식혀 건진다. 여기에 상온에서 부드러워진 버터 70g과 프로마주 블랑 50g을 섞은 뒤 블렌더로 간다. 염장 삼겹살 50g을 작은 주사위 모양의 라르동으로 썰어둔다. 양송이버섯 50g도 같은 모양으로 잘게 썬다. 샬롯을 잘게 썰어 2테이블스푼을 준비한다. 샬롯과 버섯에 버터를 조금 넣고 볶아둔다. 식으면 라르동과 레몬즙 1개분, 파슬리 버터와 잘게 썬 차이브 1/4단을 넣어 섞어 소 혼합물을 만든다. 닭의 목을 자른 뿌리부터 시작해 손가락을 조심스럽게 밀어 넣으며 껍질을 살에서 뗀다. 껍질이 찢어지지 않도록 조금씩 밀어 넣어가며 껍질과 살을 분리해야 한다. 껍질과 살 사이에 파슬리 소를 짤주머니로 짜 넣은 뒤 고루 분산되게 눌러준다. 닭을 주방용 실로 묶어 냉장고에 넣어둔다. 링 모양으로 얇게 썬 샬롯 1개를 소스팬에 넣고 버터 10g에 볶는다. 셰리와인 식초 30mℓ를 넣고 디글레이즈하여 졸인다. 농축한 닭 육즙 소스 50mℓ를 넣고 이어서 생크림 2테이블스푼을 넣는다. 졸인 뒤 버터를 넣어 몽테한다. 간을 맞춘다. 서빙 전 닭을 로스터리 꼬챙이에 꿰어 50분간 굽는다. 중간에 소스를 규칙적으로 끼얹어준다.

tagine de poulet aux olives et aux citrons confits ▶ TAGINE
waterzoï de poulet ▶ WATERZOÏ
yassa de poulet ▶ YASSA

POULETTE (À LA) 아 라 풀레트 알르망드 소스에 레몬즙과 다진 파슬리를 첨가한 파생 소스가 사용된 다양한 요리 이름에 붙는 명칭이다(원래는 치킨 프리카세에 곁들이던 소스였다). 주로 생선(장어), 홍합, 내장이나 부속(양의 족, 소의 양깃머리, 골), 에스카르고(식용 달팽이 요리), 양송이버섯 요리 등이 이에 해당한다.
▶ 레시피 : CHAMPIGNON DE PARIS, MOULE, PIED, SAUCE.

POULIGNY-SAINT-PIERRE 풀리니 생 피에르 염소젖으로 만든 베리(Berry)의 AOC 치즈. 위의 뾰족한 부분이 잘린 피라미드 모양을 하고 있으며 밑면은 정사각형이다(**참조** p.392 프랑스 치즈 도표). 두 가지 크기로 생산되는데 하나는 밑면이 사방 9cm, 윗면이 사방 3cm이며 높이는 12.5cm, 무게는 250g이다. 작은 것은 밑면이 사방 7cm, 윗면 사방 3cm로 높이는 8.5cm이다. 얇고 쪼글쪼글한 외피는 살짝 잿빛을 띠고 있으며 흰색과 회색이 섞인 곰팡이로 덮여 있다.

POULPE 풀프 문어. 문어과에 속하는 두족류 연체동물로 바다에 서식하며 피외브르(pieuvre)라고도 불린다(**참조** p.252. 253 조개, 무척추동물 도감). 크기가 80cm에 이르는 문어는 뾰족한 원뿔 모양의 입이 있는 머리와 크기가 일정하고 두 줄의 빨판이 있는 8개의 다리를 갖고 있다. 문어의 살은 섬세한 맛이 있다. 살이 연해지도록 한참 두들겨 치댄 후 끓는 물에 데쳐 랍스터와 같은 방법으로 조리한다. 토막 내어 튀기거나 프로방스식으로 뭉근히 익혀 사프란 라이스를 곁들여 먹기도 한다.

poulpe à la provençale 풀프 아 라 프로방살

프로방스식 문어 요리 : 문어 한 마리를 씻어 눈과 입을 제거한 다음 흐르는 물에 한참 담가둔다. 건져서 세게 치대어 살을 연하게 한다. 다리와 몸통을 일정한 길이로 토막 낸 다음 끓는 쿠르부이용에 데쳐 익힌다. 건져서 물기를 닦은 뒤 기름을 달군 냄비에 다진 양파와 함께 넣고 볶는다. 소금, 후추로 간한다. 껍질을 벗기고 씨를 제거한 뒤 잘게 썬 토마토 4개를 넣은 뒤 약한 불로 몇 분간 뭉근히 익힌다. 드라이한 화이트와인 반 병과 동량의 찬물을 붓는다. 부케가르니와 짓이긴 마늘 한 톨을 넣고 뚜껑을 덮은 뒤 최소 1시간 동안 익힌다. 잘게 썬 파슬리를 뿌린 뒤 우묵한 그릇에 서빙한다.
terrine de poulpe pressée ▶ TERRINE

POUNTI 푼티 오베르뉴의 특선 음식으로 돼지 기름을 두른 무쇠 냄비에 비계와 양파, 근대를 곱게 다져 넣고 달걀과 우유 혼합물을 부어 섞은 뒤 낮은 온도의 오븐에서 구워낸다.

POUPELIN 푸플랭 슈 반죽으로 만든 옛날 파티스리로 큰 사이즈의 납작한 구제르(gougère)와 같은 모양이며 먹을 때 샹티이 크림이나 아이스크림 또는 과일 무스 등을 채워 넣는다.

POUPETON 푸프통 고기, 가금류의 뼈를 제거하고 소를 채우거나 발로틴, 포피예트로 말아 만든 옛날 요리로 대부분 브레이징한다.

poupeton de dindonneau Brillat-Savarin 푸프통 드 댕도노 브리야 사바랭

브리야 사바랭 새끼 칠면조 푸프통 : 새끼 칠면조의 뼈를 제거하고 발로틴을 준비한다. 곱게 간 송아지 고기, 그라탱용 스터핑, 색이 나지 않게 익힌 양 흉선, 작게 깍둑 썬 푸아그라와 송로버섯을 섞어 소를 만든 뒤 펴놓은 칠면조 안에 채워 넣고 단단히 말아 발로틴을 만든다. 돼지 대망으로 감싼 다음 얇은 거즈 면포로 싸고 주방용 실로 묶는다. 스튜용 냄비에 버터를 바른 뒤 주사위 모양으로 썬 생햄, 동그랗게 슬라이스한 당근과 양파를 깔고 그 위에 푸프통을 놓는다. 뚜껑을 덮고 15분간 익힌 뒤 마데이라 와인 1컵을 넣는다. 뚜껑을 덮고 190°C 오븐에 넣어 1시간 30분간 더 익힌다. 푸프통을 건져내고 남은 국물의 기름을 제거한 뒤 체에 걸러 소스 용기에 따로 담아 서빙한다. 푸프통은 차갑게 먹어도 좋다.

POURPIER 푸르피에 쇠비름. 쇠비름과에 속하는 한해살이 식용 식물로 원산지는 인도이고 이미 고대 로마인들이 즐겨 먹었으며 중세에는 특히 초절임해 먹었다. 오메가 3가 가장 풍부한 채소이며 마그네슘도 풍부한 쇠비름은 약간 톡 쏘는 듯한 매콤한 맛이 있다. 주로 오이풀로 향을 더해 샐러드를 만들어 먹는다. 싱싱하고 통통한 어린잎과 연한 줄기는 시금치, 카르둔(특히 육즙 소스, 버터, 크림에 조리)과 같은 방법으로 조리한다. 또는 잎을 수프나 오믈렛에 물냉이 대용으로 넣기도 하고, 양 뒷다리 요리나 로스트 육류에 곁들이기도 하며 소스에 넣어 맛을 내기도 한다(베아르네즈 또는 팔루아즈 소스).
▶ 레시피 : AGNEAU.

POUSSE-CAFÉ 푸스 카페 식사 마지막에 마시는 오드비(브랜디)나 리큐어를 친근하게 부르는 명칭으로 작은 글라스에, 혹은 커피를 마시고 난 빈 잔에 따라 서빙한다. 특히 커피를 다 마시고 아직 뜨거운 온기가 남아 있는 잔에 마시면 알코올이 지닌 향이 더욱 잘 살아난다(특히 포도 지게미, 칼바도스). 바텐더들이 사용하는 칵테일 용어로서의 푸스 카페는 작은 샷 잔에 각기 다른 색과 농도를 지닌 리큐어와 브랜디를 섞이지 않게 층층이 채운 슈터를 의미한다. 이는 아주 섬세한 기술을 요하는 까다로운 작업이다. 레이어 층 가운데에 달걀노른자 하나를 넣는 경우도 있다(pousse-l'amour).

POUSSER 푸세 내용물을 채운 짤주머니를 눌러 밀어 깍지를 통해 원하는 양과 모양으로 짜내는 것을 뜻한다. 예를 들어 슈 반죽을 베이킹 팬 위에 원하는 모양으로 짜 얹거나, 각종 디저트를 장식하기 위해 크림을 짜 올리는 것 등이 모두 이에 해당한다(**참조** COUCHER). 제빵에서는 이스트 등의 팽창제의 작용으로 반죽이 부푸는 현상을 뜻한다. 발효가 잘 되도록 하려면 반죽을 바람이 통하지 않는 따뜻한(25~30°C) 장소에 두어야 한다. 발효가

덜 되어 잘 부풀지 않은 브리오슈나 빵 반죽은 기공이 없어 무거워지고 반대로 너무 많이 부푼 경우에는 신맛이 난다.

POUSSIN 푸생 원래 부화한 지 며칠 안 되는 햇병아리(아직 솜털이 있는 상태)를 뜻하며 식용으로 소비하기에는 아직 너무 살이 없다. 그러나 일반적으로 요리에서는 무게 250~300g일 때 도살한 작은 영계를 푸생이라고 부른다. 가장 작은 닭 요리인 푸생은 살이 이미 어느 정도 붙었고 그 맛이 매우 섬세하며 조리방법은 대개 비둘기와 동일하다.(**참조** p.905, 906 가금류, 토끼 도표 참조). 푸생보다 더 자라 사이즈가 조금 더 큰 코클레 또한 아주 살이 연하며 같은 방법으로 조리한다.

poussin frit 푸생 프리

영계 튀김 : 영계 한 마리를 네 토막으로 자른다. 기름 2테이블스푼과 레몬즙 1테이블스푼, 소금, 후추, 약간의 카옌페퍼, 잘게 다진 마늘 한 톨, 아주 잘게 썬 파슬리 1테이블스푼, 생강가루 1/2티스푼 섞는다. 이 양념에 닭 조각을 30분간 재워둔다. 닭을 건져 내 물기를 제거한 뒤 밀가루, 달걀, 빵가루를 입혀 아주 뜨거운(180°C) 기름에서 8~10분간 튀긴다. 건져서 기름을 털어낸 후 종이타월에 놓아 여분의 기름을 뺀다. 고운 소금을 뿌리고 세로로 등분해 썬 레몬 조각을 곁들여 낸다.

POUTARGUE 푸타르그 어란, 보타르가. 염장한 숭어의 알을 말려 압착해 만든 프로방스의 특선 음식으로 원산지는 마르티그다(**참조** p.585 생선알 도표). 흰색 캐비아라고도 불리는 푸타르그 또는 보타르가는 마치 납작한 소시지와 비슷한 모양으로, 강판에 갈아 올리브오일과 섞어서 슬라이스한 빵에 얹어 먹으면 아주 좋다.

렌 사뮈(REINE SAMMUT)의 레시피

dos de mulet au « caviar » de Martigues, mousseline de pomme de terre à l'huile d'olive 도 드 뮐레 오 카비아르 드 마르티그, 무슬린 드 폼 드 테르 아 륄 돌리브

올리브오일을 넣은 감자 퓌레와 보타르가를 곁들인 숭어 : 4인분

하루 전날, 보타르가를 감싸고 있는 밀랍과 얇은 껍질을 벗긴 다음 잘게 썰어 일부는 플레이팅용으로 따로 보관하고 나머지는 물을 담은 볼에 넣어 불린다. 당일, 숭어 두 마리를 준비해 비늘을 긁고 내장을 제거한 뒤 필레를 떠낸다. 감자 1kg의 껍질을 벗기고 씻은 뒤 끓는 소금물에 30분간 삶는다. 감자를 건져 수분을 제거한 후 가는 절삭망을 끼운 채소 그라인더로 갈아 고운 퓌레를 만든다. 여기에 올리브오일 200mℓ를 넣고 잘 섞는다. 소스팬에 생선 육수 200mℓ와 물에 불린 보타르가를 넣고 끓을 때까지 가열한다. 여기에 올리브오일 200mℓ를 넣고 거품기로 세게 저어 완전히 섞는다. 올리브오일을 조금 두른 논스틱 팬에 숭어 필레를 놓고 껍질 쪽으로만 지진다. 감자 퓌레를 4등분하여 한 접시당 다섯 개의 작은 크넬을 만들어 담고 그 위에 따로 보관해두었던 보타르가 조각을 뿌린다. 각 접시에 숭어 필레를 한 개씩 놓고 보타르가 소스를 끼얹어 서빙한다.

filet de thon à la poutargue ▶ THON

PRAIRE 프레르 백합과의 사마귀 조개. 길이 3~6cm의 작은 조개로 껍데기가 두껍고 매우 볼록한 모양을 하고 있으며 누르스름한 회색에 동심원 형태의 깊은 골이 파여 있고 작은 돌기들이 있다(**참조** p.250 조개류 도표, p.252, 253 도감). 지중해에는 드물고 대서양과 영불 해협 연안에서 많이 볼 수 있는 사마귀 조개(프랑스에서는 rigadelle, coque rayée, vénus à verrue 라고도 불리며, 북미에서는 아메리칸 대합이라고도 부른다)는 갯벌 모래 안에 서식한다. 날것으로도 먹을 수 있으며 본래의 섬세한 맛을 가리지 않기 위해 레몬과 식초는 뿌리지 않고 그대로 먹는 것을 선호한다. 또는 홍합처럼 속을 채워 익히거나 클램차우더와 같은 수프를 만들어 먹기도 한다.

PRALIN 프랄랭 프랄랭. 아몬드나 헤이즐넛(혹은 둘의 혼합)에 캐러멜라이즈한 설탕을 입힌 후 잘게 부수거나 곱게 간 것을 뜻한다. 제과 및 당과류 제조에 사용되는 프랄랭은 각종 크림이나 아이스크림에 넣어 향을 내거나 초콜릿 봉봉 또는 부셰 안에 채워 넣기도 한다. 매우 빠르게 산패되어 오래 두고 먹을 수는 없지만 밀폐용기에 넣거나 알루미늄 포일로 싸서 며칠 간 보관은 가능하다. 프랄리네(praliner)라는 동사는 프랄랭을 첨가하거나 프랄린으로 향을 내는 것을 의미한다. 프랄리네(praliné)는 프랄랭으로 만든 페이스트 형태의 혼합물(설탕을 넣고 황금색으로 캐러멜라이즈한 아몬드나 헤이즐넛에 초콜릿이나 카카오 버터를 넣고 곱게 간다)로 대개 초콜릿 봉봉이나 부셰 안에 채워 넣는 데 사용된다. 또한 프랄리네(praliné)는 프랄랭 케이크(대개의 경우 제누아즈 시트 사이에 프랄랭 버터 크림을 채운 케이크)를 지칭하기도 한다.

PRALINE 프랄린 프랄린. 아몬드에 캐러멜라이즈화된 설탕을 입힌 봉봉. 아몬드를 우선 뜨겁게 볶은 다음 프티 불레(약 116°C) 상태로 가열한 설탕 시럽에 넣고 고루 섞는다. 설탕 시럽이 마치 모래와 같은 질감으로 아몬드에 입혀지는 사블라주(이 과정으로 인해 아몬드 프랄린이 울퉁불퉁한 모습을 띠게 된다) 단계를 거친 다음 완전히 캐러멜라이즈된다. 마지막 코팅 과정에 색을 첨가하거나 향을 더해 분홍색, 붉은색, 베이지색 또는 갈색 등의 다양한 프랄린을 만들 수 있다. 프랄린은 1630년부터 전해 내려오는 몽타르지(Montargie)의 특산품이다. 프랄린을 처음 만든 사람으로 알려진 세자르 드 슈아죌 플레시 프라슬랭 백작(César de Choiseul, comte du Plessis-Praslin)의 조리장이었던 라사뉴(Lassagne)는 1630년 은퇴 후 몽타르지에 정착했다. 그는 자신의 조수가 남은 캐러멜을 아몬드에 묻혀 먹는 것을 보고 통 아몬드를 설탕에 넣고 함께 볶아 캐러멜라이즈하는 방법을 생각해 냈다고 한다. 이 달콤한 아몬드 봉봉은 큰 인기를 얻었고 특히 루이 13세, 14세의 외교관이었던 세자르 드 슈아죌이 외교적인 성과를 거두는 데도 공헌했다고 전해진다.

그 외에 프랑스의 다른 도시에도 프랄린 특산품이 있는데 그중에서도 특히 에그페르스(Aigueperse, 아몬드에 캐러멜을 끼얹어 입힌다)와 바브르 라베이(Vabres-l'Abbaye, 삼각형 콘 모양의 종이 포장에 넣어 판매한다)의 프랄린이 유명하다. 프랄린은 또한 브리오슈, 수플레, 타르트, 아이스크림 등에 넣는 데도 사용된다. 리오네 지방에서는 분홍색의 프랄린 로즈 타르트(tarte aux pralines roses)를, 로망(Romans) 지역에서는 브리오슈의 일종인 포뉴 오 프랄린 로즈(pognes aux pralines roses)를 만들어 먹는다. 한편 벨기에, 스위스, 독일, 오스트리아 등지에서 프랄린은 초콜릿 봉봉을 가리키는 명칭이다. 프랄린은 장터나 박람회 등에 종종 등장하는 간식이 되기도 했다. 노천 매장에서 구리로 된 큰 통에 직접 만들어 판매하며 때로 아몬드 대신 가격이 좀 더 저렴한 땅콩을 사용하기도 한다.

brioche praluline ▶ BRIOCHE
brioche de Saint-Genix ▶ BRIOCHE

자크 드코레(JACQUES DECORET)의 레시피

une nouvelle présentation de la brioche lyonnaise aux pralines de Saint-Genix 윈 누벨 프레장타시옹 드 라 브리오슈 리오네즈 오 프랄린 드 생 즈니

새로운 스타일의 생 즈니 프랄린 브리오슈 : 8인분

하루 전날 비터 아몬드 아이스크림을 만든다. 굵직하게 대충 다진 비터 아몬드 150g을 우유 250mℓ에 넣어 향을 우려낸다. 생크림 125mℓ를 넣고 잘 섞은 뒤 체에 거른다. 여기에 설탕 50g, 아이스크림용 안정제 2g, 달걀노른자 4개를 넣고 83°C가 될 때까지 잘 저으며 가열해 익힌다. 식힌 후 냉장고에 24시간 보관해두었다가 아이스크림 메이커에 넣고 돌린다. 당일, 프랄린 무스를 만든다. 우선 냄비에 우유 100mℓ, 생크림 120mℓ, 생 즈니 프랄린 로즈(pralines roses de Saint-Genix) 100g을 넣고 뜨겁게 데운다. 블렌더로 간 다음 달걀노른자 다섯 개를 추가하고 혼합물을 잘 저어 섞으며 83°C가 될 때까지 가열해 익힌다. 고운 체에 거른 후, 미리 물에 불려둔 젤라틴 5g을 넣고 잘 섞는다. 혼합물을 휘핑 사이펀 안에 채워 넣는다. 브리오슈 밀크를 만든다. 브리오슈 90g을 200°C 오븐에 바삭하게 굽는다. 냄비에 우유 250mℓ, 생크림 100mℓ, 설탕 20g을 넣고 80°C가 될 때까지 가열한다. 혼합물을 브리오슈에 고루 끼얹은 후 뚜껑을 덮고 20분간 향을 우려낸 다음 블렌더로 갈아 체에 거른다. 완성된 브리오슈 밀크를 따뜻하게 보관한다. 우유 70mℓ, 설탕 30g, 달걀 3개, 생크림 80mℓ를 섞어 블렌더로 간다. 브리오슈 빵 8장을 이 혼합물에 적신 뒤 건져서 정제 버터를 두른 팬에 넣고 양면을 각 1분씩 지진다. 프랄린 쿨리를 만든다. 냄비에 프랄린 150g과 물 30mℓ를 넣고 시럽 농도가 될 때까지 가열한다. 체에 거른다. 휘핑 사이펀으로 프랄린 무스를 펌핑하여 작고 투명한 유리잔 여덟 개에 채운다. 8개의 접시 바닥에 프랄린 쿨리를 몇 방울 찍어 놓은 뒤 팬에 지진 브리오슈를 한 장씩 놓는다.

아몬드 아이스크림을 기계에 한 번 돌려 부드럽게 만든 뒤 크넬 모양으로 떠서 브리오슈 위에 하나씩 얹는다. 브리오슈 밀크는 따로 담아 서빙한다.

PRÉCUISSON 프레퀴송 미리 익히기, 초벌 익히기. 식품을 재빨리 가열하여 상태를 변화시키는 초벌 익힘 작업을 뜻한다. 특히 센 불에 단시간 지져서 재료에 색을 내며 겉면만 익히기(rissolage), 또는 끓는 물이나 130°C의 뜨거운 튀김 기름에 재료를 넣어 재빨리 데쳐내는 작업(blanchiment) 등이 이에 해당한다.

PRÉ-SALÉ 프레살레 프레살레 양, 양고기. 망슈 해안가를 따라 펼쳐진 초장에서 방목하여 키운 양이다. 밀물 때 이 초장은 바닷물에 잠기기 때문에 바다소금의 짭조름함이 배어 있으며 엄격한 통제 하에 관리되고 있다. 이 초장에서 풀을 먹고 자란 프레살레 양들은 특유의 풍미를 가진 훌륭한 품질의 고기를 제공한다.

PRESSAGE 프레사주 압착. 가열 또는 비가열 압착치즈를 만드는 과정 중 하나인 압착은 분리한 커드에서 유청을 완전히 뺀 뒤 주로 구멍이 뚫린 틀에 넣어 수동 또는 기계를 사용하여 압력을 가해 누르는 작업을 뜻한다. 압착하여 만든 경성 또는 반 경성치즈들은 비교적 오래 보관할 수 있다.

PRESSE 프레스 프레스, 압착기, 착즙기. 고체 상태의 재료로부터 액체를 추출하거나 또는 퓌레 상태를 만들어내는 데 사용되는 도구를 지칭한다. 시트러스 착즙기는 대개 유리나 플라스틱 재질로 되어 있으며 레몬, 라임, 자몽 등 시트러스류 과일의 즙을 짜는 데 사용된다. 하지만 전동 착즙기 또는 원심분리형 주서(모든 과일에 사용)의 사용이 점점 더 증가하는 추세이며, 경우에 따라 증기를 이용한 추출기를 사용하기도 한다(**참조** EXTRACTEUR VAPEUR). 즐레나 잼을 만들 때에는 회전식 그라인더가 달린 체망을 사용하여 과일을 빠르고 손쉽게 으깰 수 있다. 포테이토 매셔는 격자망이 달린 누르는 도구로 삶은 감자를 으깨 퓌레로 만들 때 사용한다. 하지만 일반적으로 입자가 가는 절삭망을 끼운 채소 그라인더에 삶은 감자나 다른 채소를 넣고 돌려 고운 퓌레로 갈아내리는 방법을 더 선호하는 추세다. 고기용 프레스는 덜 익힌 고기 또는 날고기의 즙을 추출하는 용도로 쓰이며, 뼈 압착기는 오리의 흉곽뼈 또는 랍스터, 게 등의 갑각류 해산물 껍데기를 압착하여 그 즙의 정수를 추출해내는 도구다. 레시피에 따라 몇몇 혼합물들은 균일하게 틀에 펼쳐 놓은 뒤 압력을 가해 식히거나 냉각하는 작업을 필요로 한다.

PRÉSURE 프레쥐르 응유 효소, 레닛. 어린 반추동물(소, 양, 염소 류)의 제4위(주름위)에서 분비되는 효소로 대부분 키모신으로 이루어져 있다. 분말 또는 액상으로 사용되며, 치즈를 만드는 과정 중 첫 번째 단계인 우유를 응고시키는 작용을 한다. 몇몇 대표적인 치즈들 중에는 무화과나무의 피신, 파인애플의 브로멜린, 아티초크나 카르둔의 카르다민, 파파야나무의 파파인 등 식물성 응유 효소 사용을 선호하는 것들도 있다.

PRIMEURS 프리뫼르 햇 채소작물. 완숙된 농작물이 정상 출하되는 시기보다 앞서서 시장에 나오는 조기 재배작물을 뜻한다. 비교적 가격대가 높은 조기 수확 작물들은 특히 온실이나 하우스 재배 기술의 발전으로 보급되었으며 그 덕분에 일반적으로 재배하기 까다로운 완두콩이나 아스파라거스 등의 조기 재배도 가능해졌다. 하지만 유통 거래가 증가하고 활발해지면서 이러한 조기 수확 작물들은 점점 줄어드는 추세다.

PRIMEVÈRE 프리메베르 프리뮬라, 앵초, 취화란. 앵초과에 속하는 식물로 초원지대나 숲에서 자라며 꽃은 주로 노란색이고 봄에 개화한다. 프리뮬라의 연한 어린잎은 생으로 샐러드처럼 먹을 수 있으며, 꽃은 몇몇 차가운 요리의 장식용으로 사용하거나 진정 효과가 있는 인퓨전 티로 우려 마신다. 또한 꽃을 사용한 다양한 요리에도 들어간다. 송아지고기를 오븐에 로스트할 때 완성되기 30분 전에 꽃을 고기에 더해주는 레시피를 예로 들 수 있다.

PRINCE-ALBERT 프랭스 알베르 1837년부터 1901년까지 대영제국과 아일랜드 연합왕국을 통치했던 빅토리아 여왕의 부군 앨버트 공에게 헌정된 소고기 안심 요리에 붙은 이름이다. 소고기 안심에 송로버섯을 넣은 생푸아그라로 속을 채운 뒤 볶은 채소들과 함께 브레이징하고 포트와인을 넣어 익힌다. 통째로 익힌 송로버섯을 곁들여 서빙한다.

▶ **레시피** : BŒUF.

PRINCESSE 프랭세스 닭 요리, 척추뼈와 수직으로 썬 연어 토막, 송아지 흉선, 부셰, 타르틀레트 또는 달걀 요리 등에 곁들이는 가니시의 일종으로 아스파라거스 윗동과 얇게 썬 송로버섯 슬라이스가 포함되어 있는 것이 특징이다.

▶ **레시피** : CONSOMMÉ.

PRINTANIÈRE (À LA) 아 라 프랭타니에르 각종 채소(원칙적으로는 봄 채소)가 혼합된 가니시를 곁들인 요리에 붙는 명칭으로 대개 채소는 익힌 뒤 버터에 한 번 슬쩍 버무리듯 볶아낸다.

▶ **레시피** : RAGOÛT.

PRIX DE CUISINE 프리 드 퀴진 요리 경연대회 시상. 미식문화를 장려하고 업계 직업인들로 하여금 그들의 능력을 발휘할 수 있도록 고무하는 데 목적을 둔 요리 경연대회의 상을 뜻한다. 요리 경연대회 중 가장 권위를 지닌 것으로는 보퀴즈 도르(Bocuse d'or), 테텡제(Taittinger). 프로스페르 몽타녜(Prosper Montagné)뿐 아니라 푸알 도르(Poêle d'or) 또는 그랑 마르니에(Grand Marnier) 등이 있으며 모든 경연을 마치고 난 후 최종 우승자에게 상이 수여된다. 대회 참가자들은 지정된 메뉴나 주어진 테마에 따라 클래식한 요리 또는 창의적 요리들을 만들어내야 한다. 대회 방식에 따라 어떤 경우는 예선과 본선을 거쳐 점차적으로 인원을 탈락시킨 다음 최종 결선에서 수상자를 가리기도 한다.

PROCOPE (LE) 르 프로코프 르 프로코프. 현존하는 파리의 가장 오래된 카페로 알려진 곳으로 아직도 앙시엔 코메디가(rue l'Ancienne-Comédie, 옛 명칭은 Fossés-Saint-Germain)에서 같은 간판을 달고 영업을 계속 이어가고 있다. 이 식당은 1686년 프란체스코 프로코피오 데이 콜텔리(Francesco Procopio dei Coltelli, 일명 Procope)라는 이탈리아 출신 요리사가 설립했다. 그는 이곳을 커피를 판매하는 장소로 만들었고 샹들리에, 목공예 장식 및 거울 등으로 화려하게 인테리어를 장식했다. 르 프로코프는 오픈한 지 얼마 되지 않아 파리의 문인들과 철학가들이 가장 즐겨 찾는 아지트가 되었다. 17세기부터 19세기까지 이곳에는 수많은 작가, 연극배우, 백과전서파 지식인, 혁명주의자, 낭만주의 문인들이 드나들었다. 이곳의 시럽 음료, 아이스크림, 당과류 및 과자들은 대중의 큰 인기를 끌었다. 1716년 이후 소유주가 여러 차례 바뀌었고 19세기에는 카페 드 라 레장스(Café de la Régence)와의 경쟁이 점점 치열해진다. 르 프로코프는 1890년 문을 닫았다가 1893년에 다시 오픈해 문인들의 모임 장소가 되었고 이후에는 채식을 전문으로 하는 식당이 되었다. 주머니 사정이 여의치 않은 학생들을 위한 식당으로도 운영되었으며 이후 공공 구호 단체에 양도되었다. 1952년 레스토랑으로 다시 문을 열었다.

PRODUITS ALIMENTAIRES INTERMÉDIAIRES (PAI) 프로뒤 알리망테르 앵테르메디에르 반 조리식품. 중간 매개 식품이라는 뜻으로 초기 가공이나 다양한 식품 손질 및 처리 등을 거친 음식을 총칭한다. 이러한 식품들은 사용 단계 시 마지막 조리나 처리 작업만 가하면 소비가 가능하다. 이렇게 반 조리 또는 부분 처리된 식품들의 종류는 매우 다양하다. 가늘게 간 치즈, 큐브 모양으로 썬 채소, 건조분말형 소스, 파티스리 제조용 가루 믹스 등이 모두 이에 해당하며 주로 조리식품 업체의 대량생산용이나 식당업소용으로 사용된다.

PROFITEROLE 프로피트롤 슈 반죽을 작은 공 모양으로 짜 구운 뒤 다양한 재료로 속을 채운 것을 가리키며, 짭짤한 맛과 달콤한 맛이 모두 포함된다. 짭짤한 프로피트롤은 치즈 크림, 수렵육 퓌레 등을 채워 만들며 종종 수프의 가니시로 서빙된다. 달콤한 프로피트롤은 다양한 종류의 필링을 채워 넣을 수 있으며, 주로 크로캉부슈, 생토노레 및 아이스 디저트의 기본 재료로 사용된다.

consommé aux profiteroles ▶ CONSOMMÉ

---

profiteroles au chocolat 프로피트롤 오 쇼콜라

초콜릿 프로피트롤 : 10인분 / 준비: 30분 / 조리: 35분

오븐을 190°C로 예열한다. 슈 반죽 750g을 만든다. 9호 원형 깍지를 끼운 짤주머니에 뜨거운 슈 반죽을 채워 넣는다. 베이킹 팬 위에 지름 4~4.5cm의 원형으로 슈 반죽을 짜 놓는다. 오븐에 넣어 7분간 구운 뒤 오븐 문을 살짝 열고 나무 주걱을 끼워 고정

시킨 상태로 13분간 더 굽는다. 오븐에서 꺼낸 뒤 슈를 망에 올려 식힌다. 냄비에 다진 초콜릿 130g, 물 250㎖, 설탕 70g, 더블 크림 125㎖를 넣고 계속 저으며 끓을 때까지 가열한다. 불에서 내린다. 초콜릿 소스가 주걱에 묻는 농도가 될 때까지 계속 잘 저어 섞는다. 슈 높이의 3/4되는 부분을 어슷하게 가른 뒤 바닐라 아이스크림을 작은 스쿱으로 한 개씩 채워 넣는다. 각 접시에 프로피트롤을 5개씩 담은 뒤 뜨거운 초콜릿 소스를 끼얹어 서빙한다.

profiteroles de petits-gris à l'oie fumée ▶ ESCARGOT

PROGRÈS 프로그레 가볍고 바삭한 비스퀴 시트의 한 종류로 거품 낸 달걀흰자, 설탕, 아몬드나 헤이즐넛 가루를 주재료로 만든다. 이 비스퀴 시트는 오븐에 구운 뒤 케이크를 만드는 데 사용한다. 주로 다양한 향을 더한 버터크림을 사이사이 채우고 시트를 겹쳐 쌓아 케이크를 만든다.

progrès au café 프로그레 오 카페

커피 프로그레 : 베이킹 팬 2개에 버터를 바른 뒤 밀가루 10g을 뿌리고 접시를 이용해 지름 23cm 원형 테두리 세 개를 표시해 놓는다. 볼에 설탕 150g과 아몬드 가루 250g, 소금 1자밤을 넣고 잘 섞는다. 달걀흰자 8개 분량에 설탕 100g을 넣어가며 단단하게 거품을 올린 다음 볼 안의 혼합물에 넣고 주걱으로 살살 떠올리듯 섞는다. 세게 젓지 않도록 주의한다. 지름 8mm 원형 깍지를 끼운 짤주머니에 이 반죽을 채운 뒤, 베이킹 팬에 표시해놓은 3개의 원형 테두리 안 중앙에서 시작하여 바깥쪽을 향해 나선형으로 짜 놓는다. 180°C로 예열한 오븐에 넣어 45분간 굽는다. 원형 시트를 베이킹 팬에서 떼어낸 뒤 납작한 상태로 식힌다. 아직 뜨거운 오븐에 아몬드 슬라이스 150g을 펼쳐 넣고 노릇하게 굽는다. 인스턴트 커피 2테이블스푼에 끓는 물 1테이블스푼을 넣고 녹인다. 냄비에 설탕 150g과 물 3테이블스푼을 넣고 끓을 때까지 가열하여 시럽을 만든다. 볼에 달걀노른자 6개를 넣고 잘 저어 푼 다음 끓는 시럽을 조금씩 넣어주며 혼합물이 완전히 식을 때까지 거품기로 세게 젓는다. 계속 저으며 포마드 상태의 부드러운 버터 325g을 넣어 혼합한다. 녹여둔 커피를 넣고 잘 섞어 커피 향 버터 크림을 완성한다. 이 버터 크림의 1/4은 따로 남겨두고, 나머지를 3등분한 다음 각각 원형 시트 위에 발라준다. 세 장의 시트를 겹쳐 쌓은 뒤 케이크 전체를 나머지 버터 크림으로 발라 씌운다. 맨 윗면에 아몬드 슬라이스를 얹어 장식한다. 냉장고에 1시간 넣어둔다. 두꺼운 종이를 길이 25cm, 폭 1cm의 띠 모양으로 여러 개 잘라낸 다음 케이크 위에 2cm 간격으로 살짝 얹어 놓는다. 케이크 전체에 슈거파우더를 뿌린다. 조심스럽게 종이 띠를 떼어 낸 다음 서빙하기 전까지 다시 냉장고에 1시간 동안 넣어둔다.

PROSCIUTTO 프로슈토 프로슈토. 뒷다리 햄을 뜻하는 이탈리아어. 원산지 명칭이 보호되고 있는 이탈리아 산 생햄을 지칭하며 특히 파르마 햄(prosciutto di Parma)와 산 다니엘 햄(prosciutto di San Daniele)이 대표적이다.

PROTÉINE 프로테인 단백질. 모든 생명체의 세포를 구성하는 데 필수적인 질소유기화합물인 단백질은 약 20종류의 기본 아미노산으로 이루어진 분자들의 연결체로 분자량이 큰 편이다. 이들 중 8종류의 기본 아미노산은 인체 내에서 생성된다. 단백질은 종류에 따라 인체의 세포 조직과 체액을 구성하며 효소와 호르몬의 합성 작용에 관여하기도 한다. 단백질의 생물학적 가치는 아미노산의 균형에 따라 달라지며, 동물성 식품의 경우가 식물성 식품보다 더 높다. 단백질 1g당 열량은 4kcal 또는 17kJ이다. 균형 잡힌 식생활을 하려면 동물성 단백질과 식물성 단백질을 고루 섭취해야 한다. 동물성 단백질은 콜레스테롤 함량이 높고 식물성 단백질은 섬유소와 비타민이 풍부하다. 단백질이 가장 풍부한 동물성 식품으로는 고기와 생선(100g당 15~24g), 치즈(15~30g), 우유(3.5g), 달걀(13g) 등이 있다. 식물성 단백질은 주로 곡류(8~14g), 콩류(약 8g)를 통해 섭취할 수 있으며, 대두에도 단백질이 포함되어 있다. 인체가 필요로 하는 이상적인 단백질 섭취량은 몸무게 1kg당 하루 1g이며 이 중 반 이상은 동물성 단백질을 섭취해야 한다.

PROTOCOLE ET ÉTIQUETTE DE LA TABLE 프로토콜 에 에티케트 드 라 타블 식사 규칙, 예절 및 테이블 매너. 식사에 관련된 모든 규칙과 예절을 총괄하는 용어다. 예를 들어 원칙적으로 점심은 저녁식사보다 더 간단해야 하는 등 이 규칙들은 다소 엄격하게 지켜진다. 하지만 브리야 사바랭이 말했듯 "누군가를 식사에 초대한다는 것은 그가 당신의 집 지붕 아래에 있는 동안 그의 행복을 책임지는 일이다".

■ **수 세기를 거쳐 오며.** 고대 그리스인들의 식사 예절에 따르면 우선 식당 홀로 들어가기 전에 가벼운 샌들을 신었다. 제일 좋은 상석은 이방인에게 내주었고 식사하기 전 손님에게 목욕을 하거나 발을 씻을 수 있도록 배려했다. 길게 누워 식사를 했던 고대 로마인들은 식사 전에 신발뿐 아니라 옷도 갈아입었고 이를 위해 양모로 된 튜닉이 준비되어 있었으며, 식사에 참가한 손님들에게는 화관이 씌워졌다. 요리는 식사를 주최한 집의 주인에게 먼저 올려졌다. 음악이 흐르는 가운데 하인은 댄스 스텝을 밟으며 음식을 서빙했다. 메로빙거 왕조 시대인 5세기부터는 비잔틴 왕실의 영향을 받아 세련되고 화려한 식사 연회의 격식이 도입되었으며 이는 샤를마뉴 대제 시대에 이르러 더욱 정교하고 복잡해졌다. 황제는 가장 상석에 착석했고 대공들과 다른 나라의 왕들을 비롯한 수장들은 피리와 오보에의 소리에 맞춰 그에게 요리를 올렸다. 이 높은 지위의 귀족들은 왕의 식사가 끝난 이후에야 음식을 먹기 시작했고 이번에는 백작과 고위 관료들이 이들에게 음식을 서빙했다. 세월이 흐름에 따라 왕들은 단독으로 식사하는 경우가 많아졌으며, 그의 곁에 합석하여 같이 식사한다는 것은 아주 드문 영광의 기회로 여겨졌다.

16세기 초 프랑스 국왕 프랑수아 1세의 식탁은 아주 화려했으며 피렌체의 요리사들이 유입되면서 그들의 영향을 받아 식사의 형식적인 예절보다는 잘 먹는 것에 대한 실질적인 고민이 더 중요해졌다. 하지만 그로부터 50년이 지난 후 앙리 3세 시대에는 다시 엄격한 식사 격식과 예법이 강조되었고 그의 정적들은 우상숭배에 가까운 허례허식을 많이 만들어낸 것에 대해 그를 비난하기도 했다. 17세기, 태양의 왕이라 불린 루이 14세는 화려한 만찬의 공개 석상에서 종종 혼자 식사를 했다. 궁정의 신하들은 그가 식사하는 모습을 지켜보도록 참석할 수 있었으며 각 조리장들은 복잡한 연회 격식에 따라 자신의 임무를 완수했다. 친밀한 분위기의 작은 규모 왕실 식사에서는 이와 같은 격식과 규율이 조금 느슨해지기도 했다. 루이 15세와 루이 16세 시대에도 대규모 정찬 연회의 관습은 계속 유지되었고, 19세기 제정시대를 거쳐 왕정이 몰락할 때까지 이 식사 규율은 엄격하게 시행되었다.

■ **테이블 세팅.** 오늘날에는 음식을 먹기 전에 먼저 시각적으로 느끼는 즐거움 또한 매우 중요하기 때문에 테이블 세팅은 너무 과한 사치를 부리지 않는 한도 내에서 최대한 아름답게 이루어진다. 식탁보는 흰색이나 은은한 무늬가 있는 것으로 선택하여 주름 없이 편 다음 면으로 안감 시트 위에 깐다. 몰르통(molleton)이라고 불리는 안감 시트는 식탁과 식탁보 사이에 한 켜 깔아줌으로써 식기와의 접촉으로 인한 충격과 소음을 줄이는 데 그 목적이 있다. 식탁보는 테이블 가장자리로 늘어뜨렸을 때 최소 20~30cm 정도 내려와야 한다. 경우에 따라 그 위에 다시 식탁보를 한 겹 더 깔거나 테이블 러너를 깐 다음 꽃 장식 센터피스 또는 촛대(저녁식사의 경우)를 놓기도 하며, 기호에 따라 꽃잎, 나뭇잎 등을 군데군데 흩뿌려 개성 있게 장식하기도 한다. 즉흥적으로 준비된 식사나 여름철의 테이블 세팅으로는 나무 또는 대리석 식탁에 개인용 플레이스 매트를 사용하기도 한다. 이어서 각종 커트러리를 배치한다. 포크는 접시 왼쪽에(뾰족한 부분이 바닥을 향하게 엎어 놓는 것은 프랑스식, 위를 향하게 놓는 것은 영국식이다), 수프용 스푼과 메인 나이프는 접시 오른쪽(칼날은 접시 쪽을 향하도록 한다)에 놓는다. 필요한 경우 생선용 나이프나 굴 전용 포크도 함께 배치한다. 치즈와 디저트용 커트러리는 해당 접시를 서빙할 때 함께 제공한다. 혹은 유리잔들과 접시 사이에 미리 세팅해 놓는 것도 가능하다. 서빙되는 와인의 가짓수에 따라 와인 글라스는 큰 것에서 작은 것 순서로 최대 3개까지 접시 앞쪽에 놓는다. 냅킨은 단정하게 접거나 돌돌 말아서 섬세한 종이 끈이나 리본 띠로 묶은 뒤 접시 위에 놓는다. 부채꼴 모양으로 접어서 잔에 꽂아 놓는 방식은 레스토랑에서만 사용한다. 빵 바구니에는 어슷하게 썬 빵, 또는 작은 빵들을 담아내며, 왼쪽에 놓여 있는 개인용 작은 접시에는 빵을 한 개만 올려놓는다. 소금통, 후추통과 버터를 담은 작은 접시는 참석한 인원수에 따라 사이사이에 적절하게 배치한다. 와인은 미리 따 놓은 와인은 디켄팅이 필요한 경우를 제외하고는 그대로 병째로 서빙한다(**참조** DECANTER). 그 외에 차가운 물을 유리병에 담아 놓거나 미네랄워터(비발포성 또는 스파클링)을 준비한다(물병 패키지 중에는 장식의 효과가 있는 것들도 있다).

■ **식탁에서의 자리 배정.** 아주 공식적인 식사를 제외하고는 커플별로 테이블에 자리를 배정하며 여성들이 먼저 식당으로 입장한다. 손님 여덟 명까지는 식사 주최자의 안주인이 한 사람씩 자리를 안내하고 인원이 8명 이상인 경우에는 각 자리마다 이름표를 배치해 놓는 것이 좋다. 이름은 눈에 잘 띄고 읽기 편하게 작성하며 정확한 철자에도 신경써야 한다. 보통 이름 앞에 마담(Madame), 마드무아젤(Mademoislle), 무슈(Monsieur) 등의 호칭을 붙인다. 프랑스에서는 외무성의 공식 의전 매뉴얼을 제외하면 일반적인 관습만이 존재하는데 이 중에는 때로 반론의 여지가 있는 사항들도 있

다. 식탁 자리를 정할 때는 남성과 여성을 교대로 배치하는 것이 일반적이며 갓 탄생한 커플의 경우를 제외하고는 파트너의 자리를 떼어 놓는 것이 관례다. 주최자 부부는 테이블 양끝에 마주 보고 앉거나(영국식), 테이블 중간에 앉는 방식(프랑스식)을 택한다. 상석은 주인이나 안주인의 오른쪽 자리이며 이 두 자리를 같은 커플에게 배정하는 것은 피하는 것이 좋다. 연장자나 사회적으로 지위가 높은 사람에게 상석을 배정하기도 한다. 또한 해당 장소에 처음 초대된 사람에게는 이미 방문한 적이 있는 다른 이들보다 더 좋은 자리를 권하는 것이 관례다.

PROVENÇALE (À LA) 아 라 프로방살 프로방스풍의. 프로방스 요리에서 영감을 받은 다양한 요리에 붙이는 수식어로 올리브오일, 토마토, 마늘을 많이 사용하는 것이 특징이다. 고기나 닭 요리에 곁들이는 프로방살 가니쉬는 껍질을 벗긴 뒤 자체 수분으로 익힌 토마토와 마늘로 향을 낸 뒥셀을 채운 큰 버섯, 또는 껍질을 벗겨 씨를 제거하고 잘게 썬 토마토 콩카세에 마늘을 넣어 양념한 것과 씨를 뺀 올리브(블랙, 그린), 토막 낸 가지에 볶은 토마토를 채워 넣은 것, 데쳐 익힌 뒤 버터에 슬쩍 볶은 그린빈스, 폼 샤토 감자 등으로 구성된다. 프로방살 소스(토마토에 양파, 마늘, 화이트와인을 넣어 만든 쿨리)는 각종 채소, 달걀, 고기, 닭고기, 생선 등의 요리에 두루 사용된다.

▶ **레시피 :** ANGUILLE, CÈPE, GRATIN, JARRET, MORUE, ŒUF MOLLET, PASTÈQUE, POULPE, THON, TOMATE, VEAU.

PROVENCE 프로방스 프로방스에 다채로운 미식문화는 단순히 토마토, 올리브오일, 마늘로 대표되는(물론 이들 재료가 거의 대부분의 레시피에 포함되기는 한다) 아 라 프로방살(à la provençale)이라는 한 마디 수식어에만 국한되지 않는다. 프로방스 요리는 무엇보다도 향신 허브(타임, 세이보리, 로즈마리, 월계수잎, 아니스, 민트, 세이지 등)의 향이 잘 혼합되어 있다는 특징을 지니고 있으며, 이 허브들은 탁월한 품질과 다양한 종류를 자랑하는 이 지역 채소와 과일을 맛을 돋우는 데 큰 역할을 하고 있다. 발레 뒤 론(vallées du Rhône)과 듀랑스(Durance) 지방은 프랑스 최대의 채소, 과일 재배지로 주키니 호박, 토마토, 가지, 근대, 아티초크, 아스파라거스는 물론이고 붉은 비트, 쪽파, 분홍 강낭콩, 적양파, 병아리콩, 피망 등 맛있는 지역 특산 요리에 필요한 모든 재료가 풍성하게 생산된다. 프로방스를 대표하는 요리로는 우선 라타투이와 피살라디에르 혹은 그 유명한 티앙(그라탱식으로 익히는 채소 요리로 용기에 마늘을 문질러 향을 낸 후 채소를 넣어 조리한다) 중 한두 개를 꼽을 수 있다. 프로방스의 전통 향신 재료인 마늘은 그 외에도 아이고 불리도(aïgo boulido)와 아이올리(마늘을 포마드 상태로 부드럽게 간 다음 올리브오일을 넣고 휘저어 섞은 소스의 일종)를 만드는 등 여러 가지 방법으로 요리에 사용된다. 아이올리는 각종 채소(당근, 콜리플라워, 주키니 호박 등)와 데친 염장대구로 구성되는 아이올리 한상차림에 곁들이는 소스다. 이때 파슬리는 마늘의 강한 맛을 중화시키는 데 필수적이므로 반드시 곁들인다. 마늘은 오트 프로방스에서 많이 생산되는 어린 양과 염소 뒷다리 구이나 카르보나드에도 향을 더해주는 재료로 꼭 들어간다. 소고기를 사용한 요리로는 아비뇽식 소고기 스튜(daube avignonnaise)와 아를식 에스투파드(estouffade arlésienne 또는 broufado)를 대표로 꼽을 수 있다. 해산물 요리 중 대표적인 것으로는 각종 생선과 후추, 사프란, 올리브오일 베이스로 만드는 수프인 부야베스가 으뜸으로 고추를 넣은 아이올리 소스인 루이유(rouille)를 곁들여 먹는다. 부리드(bourride)는 흰살 생선으로 만든 스튜의 일종으로 특히 아귀를 많이 사용하며 프로방스 식으로 조리한다. 즉 코냑을 넣고 불을 붙여 플랑베한 다음 토마토, 양파, 부케가르니, 드라이한 화이트와인을 넣어 만든다. 부리드에는 아이올리 소스를 곁들여 서빙하는 반면 부야베스는 주로 루이유와 함께 먹는다. 프로방스 지방은 오래전부터 블랙올리브 퓌레(tapenade)나 안초비 베이스의 퓌레(anchoïade)와 같은 양념으로 유명하다.

프로방스 지방의 기후 조건은 다양한 종류의 과일을 재배하는 데 최적의 환경을 제공한다. 전통적 과일인 살구, 복숭아, 자두, 체리, 포도, 레몬, 멜론, 유럽모과, 무화과, 오렌지(오렌지 블로섬 워터는 파티스리에 훌륭한 향을 더해준다)는 물론이고 흔치 않은 과일인 감이나 대추, 석류 등도 생산된다. 특히 프로방스를 대표하는 두 가지 과실로는 아몬드와 올리브를 꼽을 수 있다. 아몬드는 그 유명한 몽텔리마르의 화이트 또는 블랙 누가를 만드는 데 없어서는 안 되는 재료이며, 올리브는 프로방스 지방의 모든 특선 요리에서 맛을 돋우는 역할을 할 뿐 아니라 요리에 과실 향을 더해주는 올리브오일의 원료가 되는 중요한 작물이다.

■ **수프와 채소.**

● SOUPE AU PISTOU, SOUPE ARLÉSIENNE **피스투 수프, 아를식 수프.** 바질, 마늘, 올리브오일로 만드는 피스투 수프는 텃밭 채소로 만드는 수프의 대표적인 모델로 꼽히며 종종 쌀이나 파스타를 넣어 건더기를 보충하기도 한다. 또한 토마토, 병아리콩, 리크, 양파, 올리브오일을 주재료로 해서 만드는 아를식 수프도 즐겨 먹는다.

● COURGETTES, AUBERGINES ET CÉRÉALES **주키니호박, 가지, 곡물.** 프로방스 지방의 채소 요리 레시피는 독창적인 것들이 많으며 그중에서도 특히 속을 채운 주키니 호박꽃, 호박꽃 튀김 또는 가지 파프통(papeton d'aubergine, 곱게 간 가지에 달걀, 치즈 등을 섞어 익힌 수플레의 일종으로 토마토 쿨리를 끼얹어 먹는다) 등을 대표로 꼽을 수 있다. 또한 곡물도 빼놓을 수 없는데 특히 카마르그(Camargue)산 쌀은 그 품질을 인정받고 있으며 밀가루(라비올리), 옥수수 가루(폴렌타) 또는 감자 세몰리나(뇨키) 등을 베이스로 한 요리들도 즐겨 먹는다.

■ **샤퀴트리.**

● BOUDINS, GAYETTE, PIEDS ET PAQUETS **부댕, 가예트, 피에 에 파케.** 프로방스는 샤퀴트리가 그리 발달한 지역은 아니다. 아를의 소시송, 시금치를 넣은 부댕, 가예트 또는 카이예트(caillettes, 허브를 넣은 크레피네트), 양의 내장을 베이스로 만든 마르세유의 특선 음식인 피에 에 파케(pieds et paquets)를 대표로 꼽을 수 있다

■ **생선과 해산물.**

● SOUPES, ESQUINADE, POUTARGUE **수프, 에스키나드, 보타르가.** 생선과 해산물을 넣어 만든 수프는 그 종류가 매우 다양하다. 생선 치어를 넣어 끓인 수프(soupe à la poutine), 붕장어 수프, 홍합 수프, 게 수프, 아이고 사우 디우(aïgo sau d'iou 감자와 토마토를 넣은 생선 수프) 등이 대표적이다. 연안 지대의 요리는 바다의 짭조름함을 물씬 느낄 수 있는 것들이 많다. 툴롱의 에스키나드(esquinade de Toulon, 속을 채운 게에 홍합을 곁들인 뒤 그라탱처럼 구워낸 요리), 정어리 및 기타 작은 생선으로 만든 에스카베슈, 꼴뚜기 튀김, 말미잘 튀김 등을 예로 들 수 있다. 또한 펜넬을 곁들인 농어 구이, 정어리 에스카베슈, 염장한 숭어알을 눌러 말린 어란인 보타르가를 진미로 즐겨 먹는다. 특히 염장대구는 아주 인기 많은 식재료이며 주로 튀긴 후 매콤한 소스와 함께 먹는다(raïto).

■ **치즈.** 프로방스의 치즈 플레이트에는 특유의 풍미를 지닌 염소젖이나 양젖으로 만든 치즈가 주로 올라간다. 바농(banon), 양젖으로 만든 아를의 톰 치즈(tomme d'Arles), 브루스(brousses), 블루 뒤 케라(bleu du Queyras)를 대표로 꼽을 수 있다.

■ **디저트.**

● LES « TREIZE DESSERTS » **13가지 디저트.** 엑스(Aix)의 비스코탱(biscottins), 푸가스(fougasse)와 푸가세트(fougassette), 작은 쪽배 모양 과자인 마르세유의 나베트(navette), 피뇰라(pignoulats, 잣을 넣은 페이스트리), 튀김 과자 베녜(oreillettes, bugnes, chichi-fregi) 등 프로방스의 달콤한 간식들은 종류도 다양하고 매우 맛있다. 특히 크리스마스에 13가지 디저트를 준비해 먹는(이 숫자는 예수가 열두 제자들과 함께 한 최후의 만찬의 인원수에서 유래한 것으로 전해진다) 전통은 아직도 이어지고 있다. 여기에는 견과류, 생과일, 당절임 과일, 누가, 그 유명한 퐁프 아 륄(pompe à l'huile, 올리브오일과 오렌지로 향을 낸 두툼한 브리오슈) 등이 포함된다. 당과류 또한 그 종류가 다양하며 특히 생 트로페의 누가(nougat de Saint-Tropez), 압트의 당절임 과일(fruits confits d'Apt), 카르팡트라의 베를랭고 사탕(berlingots de Carpentras), 엑상프로방스의 칼리송(calissons d'Aix-en-Provence) 등이 유명하다.

■ **와인.** 코트 드 프로방스(côtes-de-provence), 코토바루아(coteaux-varois), 코토 덱상프로방스(coteaux-d'aix-en-provence), 보드프로방스(baux-de-provence), 이 네 개의 아펠라시옹이 프로방스 와인 생산의 대부분을 차지한다. 코트 드 프로방스는 주로 로제와인을 생산하고 나머지 세 곳은 레드와인의 품질이 탁월하다. 그 외의 몇몇 지역에서도 뜻하지 않은 와인을 발견할 수 있다. 방돌(Bandol)은 바디감이 좋고 알코올 함량이 높은 레드와인으로, 카시스(Cassis)는 향이 좋은 화이트와인으로, 팔레트(Palette)도 화이트와인으로 인기를 얻고 있다. 또한 론강의 우안 아비뇽과

마주보는 곳에 위치한 타벨(Tavel)의 포도밭에서는 오로지 로제와인만 생산하는데 그 향이 매우 풍부하고 맛이 뛰어나다.

PROVITAMINE ▶ **참조 VITAMINE**

PROVOLONE 프로볼론 프로볼로네 치즈. 소젖으로 만든 이탈리아의 AOP 치즈(지방 45%)로 대개의 경우 훈연한다. 커드를 압착한 뒤 길게 잡아 늘이는 과정을 거친 파스타 필라타 치즈이며 천연 외피는 매끈하고 윤이 난다(**참조** p.400 외국 치즈 도표). 이탈리아 남부 캄파니아가 원산지인 프로볼로네 치즈는 아주 다양한 모양으로 만들어지며(서양 배, 멜론, 새끼돼지, 소시지 모양 등) 무게는 1~5kg 정도이고 숙성 기간 동안 매달아 두었던 끈 자국이 남아 있다. 숙성 기간(2~6개월)에 따라 순한 풍미 또는 강하고 꼬릿한 맛을 낸다. 오래 숙성된 프로볼로네 치즈는 파르메산처럼 그레이터에 갈아서 사용하기도 한다.

PRUNE 프륀 자두. 장미과에 속하는 자두나무의 열매로 둥근 모양 또는 갸름한 모양을 하고 있으며 색깔은 노랑, 녹색, 보라색을 띤다. 아시아가 원산지인 자두나무는 이미 시리아에서 재배되고 있었으며 고대 로마인들에 의해 접목이 이루어졌다. 12세기 십자군에 의해 다마스 자두가 처음 로마에 유입되었으며, 로마인들은 특히 이것을 말려서 사용했다. 자두는 르네상스 시대에 많이 즐겨 먹기 시작했으며(**참조** REINE-CLAUDE) 16세기부터 자두의 품종은 매우 다양해졌다(**참조** p.716 자두 도표, 이 페이지 하단 도감). 자두의 열량은 100g 64kcal 또는 268kJ이며 당분 함량이 높고 섬유소, 칼슘, 마그네슘, 칼륨, 소비톨이 풍부하다. 7월부터 9월까지는 일반 과일처럼 생으로 먹으며 이후에는 말려서 건자두로 소비한다. 또는 브랜디에 담가 두었다가 증류주를 만들기도 한다. 일부 품종은 통조림 등으로 저장하거나 잼(렌 클로드와 미라벨) 또는 증류주(미라벨)를 만들기도 한다. 이들 품종의 자두는 타르트, 베녜, 콩포트용으로도 많이 쓰인다. 댐슨 자두는 특히 지방이 많은 고기요리에 잘 어울리며, 식초에 절여 저장하기도 한다.

marmelade de prune ▶ MARMELADE

---

prunes à l'eau-de-vie 프륀 아 로드비

브랜디에 담근 자두 : 잘 익은 상태의 아주 싱싱하고 흠이 없는 렌 클로드 자두를 준비해 굵은 바늘로 서너 군데씩 찔러준 다음 무게를 단다. 잼 전용 냄비에 과일 1kg당 설탕 250g과 물 50mℓ를 넣고 끓여 시럽을 만든다. 끓는 상태를 2분간 유지한다. 여기에 자두를 넣고 두 손으로 냄비를 돌려가며 자두에 시럽을 고루 묻힌다. 거품 국자로 자두를 떠내 밀폐용 병에 담고 완전히 식힌다. 여기에 과일 증류주를 붓고(과일 1kg기준 1ℓ) 뚜껑을 닫아 밀봉한다. 최소 3개월 보관해 두었다가 먹는다.

PRUNE DE CYTHÈRE OU POMME CYTHÈRE 프륀 드 시테르, 폼 시테르 암바렐라. 옻나무과에 속하는 관목의 열매로 원산지는 폴리네시아다. 작은 자두 모양의 과일로 식감은 복숭아 과육과 비슷하고 맛은 새콤달콤하다. 열매가 자라기 시작하는 녹색을 띤 시기에 따서 소금을 뿌려 먹는다. 완전히 익은 열매는 신맛과 단맛을 모두 갖고 있다.

PRUNEAU 프뤼노 건자두, 말린 자두. 자연건조하거나 식품 건조기로 수분을 제거한 자두를 지칭하며, 오랫동안 보관이 가능하다. 전통적인 방법은 햇볕에 노출하여 말리는 것이지만 대부분의 경우 건조 오븐을 사용한다(밀폐형 식품 건조기를 사용하거나 터널형 건조기로 온풍 온도를 높여가며 여러 단계에 걸쳐 건조시킨다). 아쟁(Agen)의 건자두는 2002년 IGP 인증을 받았다. 건자두는 당분 함량과 열량(100g당 290kcal 또는 1212kJ)이 매우 높고 섬유소, 소르비톨, 철분, 칼륨, 마그네슘, 칼슘, 비타민B, E가 풍부하다.

■ **사용.** 사용 전, 건자두를 씻은 뒤 연하게 우린 따뜻한 차, 또는 차가운 차에 담가둔다(최소 2시간 이상, 일반적으로 하룻밤). 콩포트나 퓌레를 만들 때는 물이나 레드와인에 직접 넣고 끓여도 된다. 일반적으로 씨를 뺀 것을 선호하며 통째로 또는 마멀레이드 상태로 다양한 파티스리 제조에 사용한다. 아이스크림, 과일 샐러드나 콩포트를 만드는 데 사용될 뿐 아니라 각종 리큐어나 향신료 등에 재우기도하고 플랑베하여 서빙하기도 한다. 당과류 제조의 경우 건자두는 다양한 재료로 속을 채우는 경우가 많다. 또한 아르마냑에 담가 재우기도 한다. 요리에서도 건자두는 많이 사용된다. 토끼고기, 돼지고기 요리에 많이 쓰일 뿐 아니라 심지어 생선 포피에트 안에 소로 채워 넣기도 한다. 외국 요리 중에서도 건자두가 들어가는 것들이 몇몇 있는데 특히 건자두와 계피를 넣어 조린 양고기(알제리), 건자두를 곁들인 로스트 포크(덴마크, 폴란드), 건자두를 넣고 지진 베이컨(독일), 체코식 새콤달콤한 잉어 요리 등을 대표로 꼽을 수 있다. 영국식 댐슨 치즈는 아주 농도가 되직한 페이스트 타입의 마멀레이드로(이름처럼 진짜 치즈는 아니다) 주로 크래커에 얹어먹으며, 타르틀레트 안에 채워 넣기도 한다.

agneau aux pruneaux, au thé et aux amandes ▶ AGNEAU
chaussons aux pommes et aux pruneaux ▶ CHAUSSON
compote de pruneau ▶ COMPOTE
lapereau aux pruneaux ▶ LAPIN

PRUNES 자두

reine-claude de Bavay
렌 클로드 드 바베

quetsche
퀘츄. 댐슨자두

mirabelle de Lorraine
미라벨 드 로렌

reine-claude verte
렌 클로드 베르트

président
프레지당

golden Japan
골든 재팬

friar
프라이어

자두의 주요 품종과 특징

품종	산지	출하 시기	외형	맛
렌 클로드 *reines-claudes*				
렌 클로드 달탕 reine-claude d'Althan	프랑스 남서부	8월 초	사이즈가 아주 크고 보랏빛을 띤 붉은색이며 살은 연둣빛이 도는 노란색이다.	즙이 많고 달다.
렌 클로드 드 바베 reine-claude de Bavay	남서부	9월 초	꽤 큰 편이며 껍질과 살 모두 연둣빛이 도는 노란색이다.	향이 진하며 달다.
렌 클로드 둘랭 reine-claude d'Oullins	남서부, 남동부	7월 중순~ 7월 말	중, 대 사이즈로 살은 연둣빛을 띤 노란색이다.	약간 향이 있다.
그린 렌 클로드, 골든 렌 클로드 reine-claude verte ou dorée	남서부, 남동부	8월 초	중간 크기로 껍질은 황금빛을 띤 녹색이고 살은 연두색이다.	향이 좋고 매우 달콤하며 즙이 많다.
기타 프랑스 품종 *autres variétés domestiques*				
낭시 또는 메츠 미라벨 mirabelle de Nancy ou de Metz	동부	8월 중순~ 9월	작고 동그란 모양에 주황색을 띤 노란색이다. 살은 쫀득하고 말랑하며 노란색을 띤다.	향이 아주 진하고 달다.
프레지당 président	남서부	8월 말~ 9월 초	큰 사이즈의 갸름한 모양이며 보랏빛을 띤 붉은색이다. 살은 약간 연둣빛이 도는 노란색이다.	향이 약간 있다.
퀘츄, 댐슨 quetsche	동부	9월 초	중간 크기의 갸름한 모양이며 검푸른 색에 붉은 빛이 살짝 돈다. 살은 연둣빛을 띤 노란색이다.	새콤한 맛과 단맛이 난다.
로얄 블루 royal bleue	남서부	8월 초	중, 대 크기의 동그란 모양이며 푸른색을 띤다. 살은 흰색에 가까운 연두색이다.	향이 약간 있다.
미국, 일본 품종 *variétés américano-japonaises*				
알로 allo	남서부	6월 말~ 7월 초	중간 크기의 동그란 모양이며 보랏빛을 띤 붉은색이다. 살은 주황색에 가까운 노란색이다.	향이 별로 없다.
	스페인	5월~6월		
블랙앰버, 앤젤리노 blackamber, angeleno	남동부, 남서부	7월~9월	사이즈가 크고 검은색을 띤다. 살은 흰색이다.	향이 약간 있다.
프라이어 friar	남서부	8월 중순~ 9월 중순	사이즈가 아주 크고 보라색을 띤다. 살은 노란색이다.	향이 좋다.
골든 재팬 golden Japan	남동부, 남서부	7월 중순	큰 사이즈의 동그란 모양이며 진한 노란색을 띤다. 살도 노란색이다.	향이 약간 있다.
	스페인	6월		
산타 로사 santa rosa	남동부	7월	동그란 모양이며 짙은 붉은색을 띤다.	향이 약간 있다.
	스페인	6월		
	남아프리카	1월		

pruneaux au bacon 프뤼노 오 베이컨

베이컨으로 감싼 건자두 : 아쟁 건자두를 길게 갈라 씨를 빼낸 뒤 껍질 벗긴 피스타치오를 그 자리에 박아 넣고 다시 원래 모양으로 감싼다. 얇은 베이컨 슬라이스 1/2장으로 건자두를 하나씩 둘러준 다음 이쑤시개로 찔러 고정시킨다. 로스팅 팬에 가지런히 놓고 250°C로 예열한 오븐에 넣어 8~9분간 굽는다. 아주 뜨겁게 서빙한다.

pruneaux déguisés 프뤼노 데기제

아몬드 페이스트를 채운 건자두 : 냄비에 물 60mℓ, 설탕 200g, 글루코스 시럽 20g을 넣고 115°C가 될 때까지 가열한 다음 불에서 내린다. 여기에 아몬드 가루 100g을 넣고 나무 주걱으로 잘 섞어 세몰리나와 같은 질감의 혼합물을 만든다. 아쟁 건자두 40개를 준비해 길게 가른 뒤 씨를 빼낸다. 전자레인지에 살짝 돌려 말랑하게 만든 아몬드 페이스트를 완전히 식힌 뒤 손으로 소량씩 반죽한다. 빨강 또는 녹색 식용색소 3~4방울과 럼 1테이블스푼을 넣는다. 매끈한 작업대에 놓고 반죽하여 둥글게 뭉친 다음 가늘고 길게 굴리며 늘여준다. 이것을 균일한 크기의 토막 40개로 자른다. 조각을 손으로 매만져 올리브 모양으로 갸름하게 빚은 다음 건자두 안에 하나씩 끼워 넣고 겉으로 드러난 부분에 사선으로 작은 칼집을 세 개씩 내준다. 완성된 건자두를 작은 사이즈의 주름종이 케이스에 하나씩 넣는다. 필요한 경우 설탕 글라사주를 씌운다.

pruneaux au roquefort 프뤼노 오 로크포르

로크포르 치즈를 건자두 : 아쟁 건자두 30개를 준비해 씨를 빼낸 다음 면이 넓은 칼로 눌러 납작하게 만든다. 로크포르 치즈 100g을 포크로 으깨 잘게 부순다. 헤이즐넛 30개를 굵직하게 다진다. 로크포르 치즈, 헤이즐넛, 후추, 더블 크림 2테이블스푼, 포트와인 1테이블스푼을 잘 섞는다. 이 혼합물을 작은 조각으로 떼어내 넓적하게 편 건자두 중앙에 놓는다. 자두를 다시 오므려 원래의 모양대로 만든 다음 냉장고에 몇 시간 넣어둔다. 아페리티프에 곁들여 서빙한다.

PRUNELLE 프뤼넬 야생자두. 장미과에 속하는 가시가 있는 소관목인 야생자두 나무의 열매로 프랑스 전역에서 매우 흔하게 볼 수 있다. 야생 자두나무(prunier sauvage) 또는 검은 가시나무(épine noire)라고도 불린다. 아주 작은 크기의 푸른 자두와 닮은 프뤼넬은 살이 단단하고 연두색을 띠며 약간 떫은맛이 나고 즙이 많으며 신맛이 난다. 기온이 영하로 떨어져 얼기 시작한 이후에 열매를 따서 식용으로 소비한다. 주로 잼이나 즐레, 리큐어(Anjou 지방), 라타피아(ratafia 달콤한 과실주)를 만든다. 특히 프뤼넬로 만든 오드비는 매우 인기가 높다(알자스, 프랑슈 콩테, 부르고뉴 지역).

PRUNIER (ALFRED) 알프레드 프뤼니에 프랑스의 요리사, 레스토랑 운영자(1848, Yverville 출생—1898 타계). 그는 1872년 파리 뒤포가에 굴과 그릴 요리 그리고 엄선된 와인을 파는 레스토랑을 열었고, 얼마 되지 않아 큰 성공을 거두었다. 이곳에서는 사라 베르나르, 오스카 와일드, 조르주 클레망소와 같은 유명 인사나 제정 러시아의 황태자들을 어렵지 않게 마주칠 수 있었다. 식당 운영을 이어받은 그의 아들 에밀은 이곳을 생선과 해산물 전문 레스토랑으로 발전시켰으며, 1924년에는 빅토르 위고 대로에 또 하나의 식당 프뤼니에 트락티르(Prunier-Traktir)를 열었다. 그는 또한 굴 양식과 지롱드 지방의 철갑상어 낚시에 지대한 관심을 가졌고 프랑스 캐비아 전통과의 연계를 모색했다. 1925년 에밀이 세상을 떠난 후 그의 딸 시몬(Simone)이 가업을 이었으며 런던에 세 번째 식당 마담 프뤼니에(Madame Prunier)을 열었다. 이 식당은 1976년 영업을 종료했다.

PSALLIOTE 살리오트 주름버섯. 주로 초원이나 숲속에서 자라는 주름버섯 속을 지칭한다. 갓의 아랫면 주름이 분홍색에서 점점 갈색으로 변하며 버섯 대에는 고리(홑겹 또는 이중)가 둘러져 있다. 아가리쿠스라고도 불리며 주로 가을에 채집한다(**참조** AGARIC).

PTFE 페테에프외 폴리테트라플루오로에틸렌(Polytetrafluoroethylene)의 머릿글자를 딴 약어로 조리용 도구 안쪽 면의 눌어붙음 방지 코팅에 사용되는 합성수지 제품이다. 듀퐁 사의 테프론을 비롯해 여러 브랜드에서 상품화된 PTFE는 왁스 코팅처럼 만졌을 때 표면이 매우 매끄럽다. 마찰계수가 극히 낮고 절연성이 뛰어나며 열에 안정적이고 불연성이다.160°C도까지의 온도를 견딜 수 있으며 녹지 않고 어떠한 산성 물질에도 영향을 받지 않는다. 하지만 아주 쉽게 긁히기 때문에 음식을 뒤집거나 조리할 때에는

나무나 고무 소재의 주걱을 사용해야 한다. 포크 등의 금속제 도구는 사용하지 말고 용기에 식품을 놓고 직접 자르는 것은 피해야 한다.

PUB 퍼브 펍. 앵글로색슨 국가의 선술집 또는 음료 판매소를 뜻하며 퍼블릭 하우스(public house)를 줄인 말이다. 영국의 펍은 전형적인 빅토리아 시대 스타일인 조각된 유리 칸막이로 나뉜 여러 개의 개별 공간 또는 목재 파티션으로 분리된 좌석들로 이루어져 있다. 퍼블릭 바(public bar)는 길거리와 같은 1층에 위치하는 오픈 홀로 카운터에서 생맥주를 사 마실 수 있다. 또한 각종 주류와 샌드위치 등의 간단한 음식을 뷔페 바(buffet-bar)에 서빙한다. 대부분 옆에 붙어 있는 살롱 바(saloon-bar)는 좀 더 격조 있고 안락한 공간으로 조용한 담소를 나눌 수 있으며 라운지 바(lounge-bar)와 비슷하다. 프라이빗 바(private bar)는 주로 은밀한 모임을 원하는 단골에게 제공되는 공간이다. 대부분의 펍에서는 간단한 음식도 판매한다(차가운 음식뿐 아니라 특히 점심시간에는 더운 요리도 서빙한다). 영업시간이 명확하게 게시되어 있으며 대부분의 경우 손님들은 카운터에 와서 직접 요금을 지불하고 음료나 음식을 가져간다.

PUCHERO 푸체로 스페인의 포토푀에 해당하며 소고기, 양고기, 소시송, 햄, 각종 채소를 넣어 만드는 스튜의 일종이다. 대부분 매콤하게 맛을 내는 푸체로는 라틴 아메리카에서도 전통음식으로 통한다. 남미식 레시피에서는 종종 옥수수를 줄기째 토막 내 넣기도 한다.

PUDDING 푸딩 영국이 원조인 달콤한 앙트르메를 가리킨다. 퀘벡에서는 "pouding"이라고 쓴다. 차갑게 또는 따뜻하게 먹을 수 있으며 반죽, 빵 속살이나 빵가루, 비스퀴, 쌀, 세몰리나 등의 베이스에 신선한 과일, 견과류, 당절임 과일, 향신료 등을 섞고 달걀이나 크림을 전체에 부은 다음 일반적으로 틀에 넣어 익힌다. 과일 소스나 크렘 앙글레즈(브랜디 버터)를 곁들여 먹는다. 크리스마스 푸딩(**참조** CHRISTMAS PUDDING) 이외에도 영국에는 수많은 종류의 푸딩이 존재하며 그중에는 영국인들의 정서적 애착을 담은 이름이 붙은 것들도 많다. 푸딩 빅토리아(Victoria pudding, 사과, 쌀, 레몬), 푸딩 아 라 렌(pudding à la reine 으깬 바나나, 소 콩팥 기름, 달걀, 빵 속살), 푸딩 뒤셰스(duchesse pudding, 마카롱, 크림, 피스타치오, 잼), 캐비닛 푸딩(cabinet-pudding 리큐어나 브랜디를 적신 스펀지 시트와 건포도, 당절임 과일을 교대로 켜켜이 쌓은 뒤 크림 캬라멜 혼합물을 끼얹는다), 헤이스티 푸딩(hasty pudding 급하게 만드는 초간단 푸딩으로 슬라이스로 자른 빵과 과일 콩포트로 만든 다음 생크림을 곁들여낸다) 등을 대표로 꼽을 수 있다. 또한 영국 요리에서 푸딩은 소고기에 콩팥 또는 토끼고기를 넣어 만든 파이를 지칭하거나 감자로 만든 요리에 붙이기도 한다(**참조** YORKSHIRE PUDDING).

pouding du pêcheur de Saint-Michel-des-Saints 푸딩 뒤 페셰르 드 생 미셸 데 생

생 미셸 데 생 어부의 푸딩 : 식용유 60mℓ와 설탕 25g을 섞은 뒤 달걀 한 개를 넣는다. 우유 250mℓ를 조금씩 넣어가며 미리 체에 친 밀가루 250g와 베이킹파우더 15g를 넣어 섞는다. 버터를 바른 틀에 이 혼합물을 넣어 채운다. 비정제 황설탕 50g에 물 500mℓ를 넣고 풀어 녹인다. 버터 45g를 추가한 뒤 반죽 위에 붓는다. 180°C로 예열한 오븐에 넣어 40분간 굽는다.

pudding aux amandes à l'anglaise 푸딩 오 아망드 아 랑글레즈

영국식 아몬드 푸딩 : 상온의 부드러운 버터 125g과 설탕 150g을 볼에 넣고 잘 저어 포마드 상태를 만든다. 속껍질을 벗겨 곱게 분쇄한 아몬드 가루 250g을 첨가한 뒤 고운 소금 1자밤, 오렌지 블로섬 워터 1테이블스푼, 달걀 2개, 달걀노른자 2개, 더블 크림 4테이블스푼을 넣고 잘 섞는다. 버터를 발라 둔 수플레 틀에 혼합물을 채워 넣는다. 200°C로 예열한 오븐에 넣어 45분간 굽는다. 익힌 용기 그대로 서빙한다.

pudding à l'américaine 푸딩 아 라메리켄

아메리칸 푸딩 : 볼에 굳은 식빵 잘게 부순 것 75g, 체에 친 밀가루 100g, 비정제 황설탕 100g, 잘게 다진 소 골수 75g을 넣고 섞는다. 작은 주사위 모양으로 썬 당절임 과일 100g, 끓는 물에 데쳐 찬물에 헹군 뒤 잘게 다진 오렌지 제스트와 레몬 제스트 각각 1테이블스푼씩을 첨가한다. 여기에 달걀 1개, 달걀노른자 3개를 넣고 잘 섞은 다음 계핏가루 넉넉히 1자밤과 강판에 간 넛멕가루 1자밤, 럼 1컵을 넣는다. 버터를 바르고 밀가루를 묻혀둔 샤를로트 틀 안에 혼합물을 채워 넣는다. 210°C로 예열한 오븐에 넣고 50분간 중탕으로 익힌다. 꺼내서 완전히 식힌 후 틀에서 분리한다. 럼을 넣은 사바용소스를 따로 담아 서빙한다.

pudding glacé Capucine 푸딩 글라세 카퓌신

카푸신 아이스크림 푸딩 : 제누아즈 반죽을 샤를로트 틀에 넣어 스펀지케이크를 구워낸다. 완전히 식혀 틀에서 분리한 다음 윗부분을 뚜껑처럼 얇게 한 켜 잘라낸다. 제누아즈 스펀지케이크가 부서지지 않도록 주의하면서 거의 전체의 속을 파낸 다음 그 안에 차가운 오렌지 무스와 쾨멜(kümmel) 향 아이스 무스를 교대로 층층이 쌓아 채운다. 잘라둔 뚜껑 시트를 덮은 다음 아이스크림 케이크를 냉동실에 6시간 넣어둔다. 서빙하기 바로 직전, 깍지를 끼운 짤주머니에 샹티이 크림을 채운 뒤 케이크 위에 짜 얹어 장식한다. 전통적으로 이 아이스크림 케이크는 누가틴으로 만든 받침대 위에 플레이팅하고 설탕공예로 만든 꽃과 리본으로 장식한다.

pudding Nesselrode 푸딩 네슬로드

네슬로드 푸딩 : 크렘 앙글레즈 1ℓ에 아주 고운 밤 퓌레 250g을 넣어 섞는다. 오렌지 껍질 125g과 작은 주사위 모양으로 썬 당절임 체리 125g을 말라가 와인에 담가 재운다. 코린트 건포도와 설타나 건포도 125g을 따뜻한 물에 담가 불린다. 모두 건져서 크림 혼합물에 넣는다. 마라스키노 와인으로 향을 더해 휘핑한 생크림 1ℓ를 넣은 뒤 살살 섞는다. 커다란 샤를로트 틀의 바닥과 내벽에 흰색 유산지를 깔고 혼합물을 부어 채운다. 알루미늄 호일을 두 겹으로 꼼꼼히 덮어 밀봉한 뒤 고무줄로 고정시킨다. 냉동실에 1시간 넣어둔다. 틀에서 분리해 서빙 접시에 놓은 다음 알루미늄 포일을 제거하고 마롱 글라세를 빙 둘러 얹어 장식한다.

pudding au pain à la française 푸딩 오 팽 아 라 프랑세즈

프랑스식 브레드 푸딩 : 굳은 브리오슈 빵 슬라이스 14장을 잘게 부순 뒤 볼에 넣는다. 달걀 4개를 풀어 설탕 100g과 섞은 뒤 빵 조각 위에 붓는다. 따뜻한 우유 400mℓ를 붓고, 이어서 연하게 우린 차에 불려둔 건포도 4테이블스푼, 잘게 깍둑 썬 당절임 과일 3테이블스푼, 럼 3테이블스푼, 소금 1자밤, 체에 곱게 내린 살구 잼 1/2병을 넣고 잘 섞는다. 푸딩용 틀, 또는 샤를로트 틀이나 어느 정도 높이가 있는 원형틀에 버터를 발라준 다음 혼합물의 반을 붓는다. 시럽에 절인 배 4개를 건져 물기를 뺀 다음 얇게 저며 반죽 위에 고루 펼쳐 놓는다. 나머지 반죽을 부어 덮는다. 틀을 작업대 바닥에 탁탁 쳐 표면을 균일하게 만든다. 중탕용 바트를 준비한 뒤 틀을 넣고 우선 불에 올려 가열한다. 중탕용 물이 끓기 시작하면 210°C로 예열한 오븐에 넣어 1시간 동안 중탕으로 익힌다. 오븐에서 꺼내 틀 바닥을 찬물에 잠시 담갔다 뺀 뒤 푸딩을 틀에서 분리한다. 원형 서빙 접시에 담고 카시스 소스를 곁들여 낸다.

pudding aux pommes à l'anglaise (apple-pudding) 푸딩 오 폼 아 랑글레즈

영국식 애플 푸딩 : 밀가루 400g. 잘게 다진 소 콩팥 기름 225g, 설탕 30g, 소금 7g, 물 100mℓ를 혼합해 반죽을 만든다. 반죽을 8mm 두께로 밀어 편다. 1ℓ 용량의 푸딩용 볼에 버터를 바르고 반죽의 반을 넣어 안쪽 면 전체를 깔아준다. 얇게 썬 사과에 설탕, 잘게 다진 레몬 제스트, 계핏가루를 넣어 섞은 다음 반죽을 깐 볼 안에 채워 넣는다. 나머지 반죽으로 덮은 뒤 가장 자리를 손가락으로 꼭꼭 눌러가며 잘 붙여 완전히 밀봉한다. 볼을 면포로 싼 다음 끈으로 단단히 묶어 고정시킨다. 끓는 물이 담긴 냄비에 푸딩 볼을 넣고(물이 볼의 테두리 바로 아래까지 와야 한다) 약한 불로 2시간 동안 익힌다.

pudding à la semoule 푸딩 아 라 스물

세몰리나 푸딩 : 끓는 우유 1ℓ에 설탕 125g, 소금 넉넉히 1자밤, 버터 100g을 넣어 녹인 뒤 고운 입자의 세몰리나 250g을 고루 솔솔 뿌려 넣는다. 잘 섞으며 약한 불에서 25분간 익힌다. 불에서 내리고 한 김 식힌 다음 달걀노른자 6개, 오렌지 리큐어 작은 잔으로 1개 분량을 넣고 잘 섞는다. 달걀흰자 4개에 소금 1자밤을 넣고 단단히 거품 올린 다음 혼합물에 넣고 살살 섞는다. 버터를 바르고 세몰리나를 뿌려둔 틀에 이 혼합물을 채워 넣는다. 200°C로 예열한 오븐에 넣어 중탕으로 익힌다. 푸딩을 만져 보았을 때 약간 탱글탱글하게 탄력이 느껴지면 완성된 것이다. 30분간 휴지시킨 뒤 틀에서 분리한다. 크렘 앙글레즈 또는 오렌지 소스를 곁들여 서빙한다.

puddings au riz 푸딩 오 리

라이스 푸딩 : 쌀 250g을 씻어 끓는 물에 데친다. 건져서 물기를 제거하고 오븐 사용이 가능한 냄비에 넣는다. 우유 1ℓ에 설탕 150g, 바닐라 빈 1/2줄기, 소금 1자밤을 넣고

끓인 뒤 쌀에 붓는다. 버터 50g을 넣고 잘 저어준 다음 약한 불에 올린다. 끓기 시작하면 뚜껑을 덮고 220°C로 예열한 오븐에 넣어 25~30분간 더 익힌다. 오븐에서 꺼낸 뒤 달걀노른자 8개를 넣고 천천히 잘 저어 섞는다. 이어서 달걀흰자 7~8개 분량을 단단하게 거품 올려 넣고 살살 섞는다. 버터를 바르고 고운 빵가루를 묻혀 둔 작은 푸딩틀 10개에 혼합물을 나누어 채운다. 중탕으로 30~35분간 익힌다. 틀에서 분리한 뒤 럼을 넣은 사바용소스, 크렘 앙글레즈 또는 리큐어로 향을 낸 과일소스를 곁들여 서빙한다.

scotch pudding 스코치 푸딩

스카치 푸딩 : 갓 갈아낸 빵가루 500g에 끓는 우유를 조금 부어 풀어준다. 잘게 다진 소 골수 375g, 설탕 125g, 코린트 건포도 125g, 씨를 뺀 말라가 건포도 125g, 설타나 건포도 125g, 잘게 다진 당절임 과일 175g을 넣는다. 이어서 달걀 4개와 럼 4테이블스푼을 넣고 잘 섞는다. 버터를 바른 틀에 혼합물을 붓고 200°C로 예열한 오븐에 넣어 1시간 동안 중탕으로 익힌다. 럼을 넣은 사바용 소스, 마데이라 와인으로 향을 낸 크렘 앙글레즈를 곁들여 서빙한다.

PUITS D'AMOUR 퓌 다무르 사랑의 우물이라는 뜻을 지닌 동그란 모양의 이 작은 파티스리는 얇게 민 퓌유타주 반죽 위에 슈 반죽을 빙 둘러 얹은 뒤 두 반죽을 함께 구워낸 것이다. 구운 다음 중앙에 바닐라 또는 프랄린을 넣은 크렘 파티시에를 채우고 불에 달군 인두로 지져 캐러멜라이즈한다. 또는 잼을 채워 넣기도 한다.

PULIGNY-MONTRACHET 퓔리니 몽라셰 부르고뉴의 AOC 화이트와인으로 포도 품종은 샤르도네이다. 피노누아 품종으로 만드는 레드와인도 소량 생산된다. 유명한 몽라셰 와인의 산지인 코트 드 본(côte de Beaune)의 두 곳 코뮌(Puligny, Chassagn)에서 만들어진다.

PULQUE 풀크 풀케. 용설란(아가베) 수액을 발효시켜 만든 멕시코의 알코올 음료(**참조** MESCAL, TEQUILA). 일반적으로 차갑게 마시는 풀케는 마치 기포성 시드르를 연상시킨다. 일상에서 아주 흔히 마시는 토속주인 풀케는 전통 농가에서 대량으로 판매되며, 대중적인 작은 선술집인 풀케리아(pulquería)에서도 마실 수 있다.

PULVÉRISATEUR 퓔베리자퇴르 분무기. 펌프가 부착된 작은 용기로 액체를 분무 형태로 살포하는 데 사용된다. 특히 생채소나 샐러드에 오일을 소량 뿌릴 때 매우 유용하다.

PUNCH 펀치 펀치. 차갑게 또는 뜨겁게 마시는 음료로 경우에 따라 불을 붙여 플랑베하기도 하며 주로 티, 설탕,향신료, 과일, 럼이나 오드비(브랜디)를 섞거나 또는 럼에 설탕 시럽을 혼합해 만든다(**참조** COCKTAIL). 1830년경 프랑스에서 식민지 섬들로부터 럼의 수입이 허용된 이후(그 이전에는 코냑과의 경쟁을 막기 위해 럼 수입이 금지되어 있었다) 영국인들은 펀치 붐을 일으켰다. 이는 곧 칵테일의 대유행을 예고했고 실제로 다양한 종류의 펀치 칵테일이 속속 등장했다. 영국식 펀치는 동그랗게 슬라이스한 레몬에 뜨거운 차를 붓고 설탕과 계피, 럼을 넣은 것으로 옛날에는 불을 붙여 서빙하는 것이 일반적이었다. 프랑스식 펀치는 차를 좀 적게 넣고 럼 대신 오드비를 넣은 뒤 플랑베한다. 펀치 마르키즈(punch marquise)는 뜨겁거나 차가운 소테른와인에 설탕, 레몬 제스트, 정향을 넣은 것으로 경우에 따라 플랑베하기도 한다. 로마식 펀치는 드라이한 화이트와인이나 샴페인 소르베 또는 오렌지나 레몬 소르베에 이탈리안 머랭을 넣고 럼 한 잔을 부어 서빙한다. 플랜터스 펀치는 화이트 럼에 사탕수수 시럽과 오렌지즙 또는 레몬즙을 섞은 것으로 종종 앙고스투라 비터스 1대시(dash)를 첨가하기도 한다. 브라질 바티다(batida) 펀치는 럼으로 만든 오드비에 라임즙, 구아바 또는 망고 과즙을 섞은 것이다. 플랜터스 펀치와 바티다는 훨씬 최근에 유럽에 등장했다.

PUR 퓌르 '순수한'이라는 뜻. 식품의 구성 성분이 법이 정한 규정에 부합할 때 붙일 수 있는 수식어로 경우에 따라 정확한 의미를 지니고 있다.

- pur(과일 명칭): 제품에 오로지 해당 과일만이 사용된 경우에만 표기할 수 있다.
- pur porc(순 돼지, 그 외 해당 동물 명칭을 표기한다): 오로지 돼지(또는 명기한 동물)에서 나온 고기와 기름만을 가리킨다. 단, 식품 첨가제와 색소의 사용은 허용된다.
- pur(오일 명칭): 이 경우 해당 오일은 색소를 포함하지 않는다.
- pur(panne 비계): 오로지 돼지의 비계만을 녹여 추출한 돼지 기름(라드)을 가리킨다.
- pure malt: 순수 맥아만으로 만든 위스키를 지칭하는 명칭이다.

독일에서는 맥주의 원료를 다른 곡물이 아닌 오로지 맥아와 홉, 효모, 물로만 제한하는 순수령을 시행하고 있다. 벨기에에서 이 용어는 1980년 4월 17일 왕립 법령으로 명확하게 규정되었다. 캐나다와 스위스의 관련 규정은 프랑스의 경우와 거의 비슷하다.

PURÉE 퓌레 일반적으로 익힌 식품을 체에 눌러 곱게 내리거나 포테이토 매셔로 으깨거나 또는 블렌더로 갈아 만든 비교적 걸쭉한 상태의 물질을 뜻한다. 채소 퓌레는 고기, 수렵육, 생선 요리 등에 곁들이는 든든한 가니시(특히 감자퓌레)가 될 뿐 아니라 카나페에 발라 얹거나 스터핑 재료, 소스 등에 넣는 재료로도 두루 사용된다. 채소 퓌레로 수프를 만들 때는 액체를 넣어 희석한다. 퓌레로 만들기에는 너무 수분이 많은 채소의 경우, 농후제 역할을 하는 다른 재료를 첨가한다(감자 퓌레, 곡물 플레이크, 전분, 되직하게 만든 베샤멜 등). 고기, 수렵육 또는 생선 퓌레에는 일반적으로 갈색 또는 흰색 소스가 첨가되며 주로 부셰, 바르케트, 삶은 달걀, 아티초크 속살 밑동, 판케 등의 소를 채우는 데 사용한다. 과일 퓌레는 차갑게 또는 따뜻하게 사용이 가능하며 주로 아이스크림, 쿨리, 디저트용 소스를 만드는 데 사용된다.

choux de Bruxelles en purée ▶ CHOU DE BRUXELLES
grenouilles à la purée d'ail et au jus de persil ▶ GRENOUILLE
œufs à la coque Faugeron à la purée de truffe ▶ ŒUF À LA COQUE

purée d'ail 퓌레 다이

마늘 퓌레 : 껍질을 깐 마늘을 뜨거운 물에 데친 뒤 건져 버터를 넣고 색이 나지 않게 찌듯이 익힌다.걸쭉하게 졸인 베샤멜소스를 몇 스푼 넣고 체에 곱게 긁어 내리거나 푸드 프로세서로 간다.

purée d'anchois froide 퓌레 당슈아 프루아드

차가운 안초비 퓌레 : 안초비 75g을 소금기를 뺀 다음 살만 필레를 떠낸다. 삶은 달걀노른자 4개와 버터 3테이블 스푼을 넣고 블렌더로 간다. 잘게 다진 허브 1테이블스푼을 넣고 섞는다. 냉장고에 넣어 두었다가 아주 차갑게 서빙한다.

purée de carotte 퓌레 드 카로트

당근 퓌레 : 당근 500g을 얇게 썰어 설탕과 버터를 각각 한 스푼씩 넣은 소금물에 넣고 삶는다. 당근을 건져 고운 체에 긁어내리거나 블렌더로 간다. 퓌레를 뜨겁게 데운다. 농도를 조절하려면 삶은 국물을 조금 넣는다. 마지막에 차가운 버터 50g을 넣고 잘 섞은 뒤 채소 서빙 용기에 담아낸다.

purée de cervelle 퓌레 드 세르벨

골 퓌레 : 송아지 골 한 개를 쿠르부이용에 데쳐 익힌 뒤 고운 체에 긁어내린다. 크림을 추가한 베샤멜소스(100㎖당 크림 1테이블스푼)를 골 퓌레와 동량(부피 기준)으로 넣어 섞은 뒤 소금, 후추로 간한다. 기호에 따라 잘게 다진 햄이나 양송이버섯, 또는 브뤼누아즈로 잘게 썬 채소를 넣는다.

purée de courgette 퓌레 드 쿠르제트

주키니 호박 퓌레 : 주키니 호박의 껍질을 벗긴 뒤 동그랗게 잘라 냄비에 넣는다. 재료 높이만큼만 물을 넣고 소금, 껍질을 깐 마늘 3~4톨을 넣는다. 뚜껑을 덮고 8분간 끓여 익힌다. 블렌더로 간 다음 다시 냄비를 불에 올려 수분을 날린다. 퓌레가 바닥에 눌어붙지 않도록 주의한다. 버터를 넣고 잘 섞은 뒤 잘게 썬 허브를 뿌려 서빙한다. 또는 가늘게 간 그뤼예르 치즈를 뿌린 뒤 오븐에 넣어 그라탱처럼 구워낸다.

purée de crevette 퓌레 드 크르베트

새우 퓌레 : 껍데기를 깐 새우살을 절구에 넣고 공이로 짓이겨 퓌레를 만든 다음 생크림을 넣고 걸쭉하게 졸인 베샤멜 소스를 동량(부피 기준)으로 넣어 섞는다. 간을 맞춘다. 이 퓌레는 스터핑 재료로 사용하거나 생선 또는 갑각류 요리를 위한 소스를 만들 때 사용한다.

purée de fèves fraîches 퓌레 드 페브 프레슈

신선 잠두콩 퓌레 : 신선 잠두콩 500g의 깍지를 까고 얇은 속껍질 막까지 모두 제거한

다. 버터 50g, 세이보리 한줄기, 소금 1자밤, 설탕 깎아서 1티스푼, 물 100㎖와 함께 냄비에 넣고 뚜껑을 덮은 뒤 찌듯이 익힌다. 익은 콩을 체에 곱게 긁어 내리거나 블렌더로 간다. 퓌레에 콩소메를 조금씩 넣어가며 원하는 농도로 맞춘다.

purée de foie gras 퓌레 드 푸아그라

푸아그라 퓌레 : 진하게 졸인 닭 블루테 수프에 두 배 분량(부피 기준)의 푸아그라(익힌 뒤 고운 체에 긁어내린 것)를 넣고 불 위에서 섞는다. 달걀노른자를 넣고 잘 섞어 걸쭉한 농도를 낸다. 이 퓌레는 부셰, 바르케트, 타르틀레트 등의 소로 채워 넣는다.

purée de foie de veau ou de volaille 퓌레 드 푸아 드 보, 퓌레 드 푸아 드 볼라이

송아지 간 또는 닭 간 퓌레 : 작게 썬 송아지 간 1개 또는 닭 간 여러 개를 센 불에서 재빨리 지져 겉만 익힌 다음 블렌더로 간다. 간을 한 다음 기호에 따라 마데이라 와인을 넣어 향을 낸다. 이 간 퓌레는 그라탱용 스터핑을 만들 때 넣는다.

purée de gibier 퓌레 드 지비에

수렵육 퓌레 : 꿩, 오리, 산토끼, 새끼 자고새의 살만 준비한 뒤 힘줄을 모두 제거하고 블렌더로 갈아 퓌레를 만든다. 기름에 볶은 쌀밥을 동량(무게 기준)으로 넣어 섞은 뒤 다시 한 번 블렌더로 재빨리 드르륵 갈아준다. 간을 맞춘다.

purée de laitue 퓌레 드 레튀

양상추 퓌레 : 양상추에 햄을 넣지 않고 브레이징한 다음 국물과 함께 블렌더로 간다. 퓌레의 1/3에 해당하는 분량(부피 기준)의 베샤멜 소스를 넣고 다시 뜨겁게 데운다. 간을 조절하고 서빙 직전, 버터를 넣고 잘 섞는다.

purée de lentilles 퓌레 드 랑티유

렌틸 콩 퓌레 : 렌틸콩의 잡티를 골라낸 다음 깨끗이 씻어 큰 냄비에 넣고 찬물을 넉넉히 붓는다. 끓을 때까지 가열하며 거품과 불순물을 모두 건져낸다. 굵은 소금, 후추, 부케가르니 1개, 정향 두 개를 박은 양파 큰 것 1개, 깍둑썬 작은 당근 한 개를 넣어준다. 뚜껑을 덮고 약하게 끓는 상태로 익힌다. 부케가르니와 정향 박은 양파를 건져낸다. 뜨거운 렌틸콩을 채소 그라인더에 넣고 곱게 간다. 퓌레를 다시 약불에 올려 나무 주걱으로 계속 저으며 뜨겁게 데운다. 마지막에 차가운 버터를 넣어 리에종한다.

조엘 로뷔숑(JOËL ROBUCHON)의 레시피

purée de navet et de pomme de terre 퓌레 드 나베 에 드 폼 드 테르

순무와 감자 퓌레 : 순무 750g과 감자(ratte 품종) 750g의 껍질을 벗긴 뒤 각각 따로 깍둑 썬다. 거즈 주머니에 주니퍼베리 알갱이 8개, 생강 편 4~5조각, 잎만 떼어낸 로즈마리 1티스푼, 검은 통후추 1티스푼을 넣고 여민다. 중간 크기 양파 2개에 껍질을 벗긴 뒤 다진다. 마늘 2톨의 껍질을 벗긴 뒤 다진다. 거위 또는 오리기름 3테이블스푼을 넣고 달군 코코트 냄비에 순무를 넣고 소금 약간, 설탕 1자밤을 뿌린 뒤 노릇하게 익힌다. 감자를 넣고 함께 볶는다. 이어서 양파와 마늘 그리고 향신료 주머니를 넣는다. 닭 육수를 자작하게 부은 뒤 국물이 모두 증발할 때까지 약한 불로 25분 정도 익힌다. 팬에 식용유나 버터 1테이블스푼을 달군 뒤 식빵 크루통 12개를 양면 모두 노릇하게 튀기듯 지진다. 냄비에서 향신료 양념 주머니를 꺼낸다. 채소를 모두 갈아 퓌레로 만든 다음 간을 맞춘다. 뜨겁게 데워둔 우묵한 접시에 퓌레를 담고 크루통을 고루 얹어준다. 로스트 치킨 육즙 소스를 한 바퀴 둘러주어도 좋다.

purée d'oseille 퓌레 도제이

소렐 퓌레 : 소렐잎을 싱싱한 것만 골라 씻은 다음 억센 줄기는 떼어낸다. 큰 냄비에 잎을 넣고 끓는 물을 넉넉히 부어준 다음 다시 끓을 때까지 가열하고 1분간 끓는 상태를 유지한다. 체에 건져 물기를 제거한다. 코코트 냄비에 버터 40g과 밀가루 40g을 넣고 볶아 황금색 루(roux blond)를 만든다. 여기에 데친 소렐잎을 넣고 잘 섞은 다음 흰색 콩소메 500㎖를 붓는다. 소금, 후추로 간하고 설탕 1자밤을 넣는다. 뚜껑을 덮고 불 위에서 가열하여 끓기 시작하면 180°C로 예열한 오븐에 넣어 1시간 30분간 익힌다. 블렌더로 갈아서 다시 뜨겁게 데운다. 달걀 3개에 생크림 100㎖를 넣고 풀어준 다음 소렐 퓌레에 넣어 리에종한다. 마지막으로 작게 썰어 둔 버터 100g을 넣고 잘 섞는다.

purée de piment 퓌레 드 피망

고추 퓌레 : 매운 고추를 길게 갈라 씨를 뺀 다음 절구에 곱게 빻는다. 양파 약간, 생강, 소금을 넣고 함께 빻으며 잘 섞는다. 퓌레를 작은 밀폐 유리병에 담는다. 오일로 덮은 다음 밀봉한다. 두 달간 재워둔 다음 사용한다.

purée de pomme de terre 퓌레 드 폼 드 테르

감자 퓌레 : 살이 단단한 감자를 큰 것으로 준비해 껍질을 벗긴 다음 적당한 크기로 썰어 소금을 넣은 찬물에 삶는다. 감자가 부서지기 시작할 때까지 익힌 다음 건져서 물기를 제거한다. 채소 그라인더에 감자를 갈아 내려 퓌레로 만든 다음 냄비에 넣고 버터(감자 퓌레 750g 기준, 버터 75g)를 넣는다. 약한 불 위에 올려 잘 저으며 섞는다. 끓는 우유를 조금씩 부으며 나무 주걱으로 잘 저어 섞어 원하는 농도를 만든다. 간을 맞춘다.

purée de saumon 퓌레 드 소몽

연어 퓌레 : 생연어살 250g을 갈아 퓌레로 만든다. 쿠르부이용에 데쳐 익힌 연어 또는 잘 손질된 통조림 연어를 사용해도 된다. 아주 걸쭉하게 졸인 베샤멜 소스 125g을 이 퓌레에 넣어 섞은 뒤 잘 저으며 뜨겁게 데운다. 버터 50g을 넣으며 거품기로 잘 저어 섞는다. 간을 조절한다. 버섯 뒥셀을 만들어 퓌레의 1/4(무게 기준)에 해당하는 분량만큼 추가해도 좋다.

purée Soubise 퓌레 드 수비즈

수비즈 퓌레 : 흰색 양파 1kg의 껍질을 벗긴 뒤 얇게 썬다. 소금물을 넉넉히 채운 냄비에 양파를 넣고 끓을 때까지 가열한다. 양파를 건져 물기를 제거한 뒤 냄비에 넣고 버터 100g, 소금, 후추, 설탕 1자밤을 넣는다. 뚜껑을 덮고 찌듯이 30~40분간 익힌다. 이어서 양파의 1/4분량(부피 기준)에 해당하는 쌀밥 또는 걸쭉한 베샤멜 소스를 넣는다. 잘 섞은 다음 20분간 더 익힌다. 간을 맞춘다. 아주 고운 체에 다시 한 번 긁어내린 다음 마지막으로 버터 75g을 넣어 섞는다.

royale de purée de volaille ▶ ROYALE

PYRÉNÉES (VINS) 피레네(와인) 피레네 산맥의 초입 지역은 이상적인 포도 재배지다. 햇빛에 노출되어 일조량이 풍부하며 해양성 기후와 산맥을 동시에 지닌 특유의 테루아가 형성된 곳이다. 앙리 4세의 와인으로 알려진 쥐랑송(jurançon)은 이 지역을 대표하는 유명한 화이트와인으로 주 포도품종은 그로 망상(gros manseng), 프티 망상(petit manseng), 쿠르뷔(courbu)다. 늦게 수확한 포도로 만드는 스위트 와인의 경우 열대과일향과 스파이스향이 나고 당도와 산미의 탁월한 밸런스를 자랑한다. 또한 드라이 화이트와인도 생산되며 이 경우 라벨에 쥐랑송 섹(jurançon sec)이라고 표기된다. 마디랑(madiran)은 바디감이 묵직하고 알코올 함량이 높은 와인으로 포도품종은 타나(tannat)이며 종종 카베르네 소비뇽, 카베르네 프랑과 블렌딩하여 부드러움을 보강한다. 마디랑과 같은 테루아의 파슈렝크 뒤 빅 빌(pacherenc-du-vic-bilh)은 주로 드라이 화이트와인을 생산하는데, 기후가 아주 뜨거운 해에는 꽃과 꿀의 향이 가득한 스위트 와인을 만들기도 한다. 튀르상(tursan AOVDQS)은 레드와 로제와인이 주를 이루며, 향이 풍부하고 균형 잡힌 산미를 지닌 화이트와인도 소량 생산된다.

PYREX 피렉스 파이렉스. 1937년 출시된 소재의 등록 상표 이름이다. 내구성과 내열충격성이 아주 강한 유리로 오븐에 넣거나 가스불(불꽃 분산용 디퓨저 사용시) 위에서도 에서도 사용할 수 있다. 또한 아주 뜨거운 액체를 담는 용기의 재질로도 사용된다. 하지만 급격한 온도 차이에는 취약하다.

QUADRILLER 카드리예 격자무늬를 내다. 음식(일반적으로 고기나 생선)을 그릴, 또는 그릴 팬에 구워 익힐 때 표면에 여러 개의 선으로 직각 혹은 마름모꼴이 생기도록 구운 자국을 남기는 것을 뜻한다. 그릴 팬을 뜨겁게 달군 뒤 미리 기름을 발라둔 고기나 생선 조각을 놓으면 여러 줄로 돋아난 요철 면이 음식의 표면과 접촉하여 캐러멜화되면서 데인 듯한 색의 구운 자국이 생긴다. 또한 빵가루 튀김옷을 입힌 재료를 익히기 전에 칼등으로 살짝 눌러 정사각형 또는 마름모꼴로 격자무늬 장식을 내주는 것도 이에 해당한다. 한편 파티스리에서 카드리예는 반죽을 여러 개의 가늘고 긴 띠 모양으로 잘라 린처토르테 또는 콩베르사시옹(퍼유타주 시트 사이에 아몬드 크림을 채우고 로열 아이싱을 씌운 파이의 일종) 등의 타르트 위에 마름모꼴 격자무늬로 얹어 굽는 것을 가리킨다. 또한 달콤한 크림이나 머랭을 덮은 디저트의 표면을 뜨겁게 불에 달군 꼬챙이로 지져 격자무늬로 덴 자국 모양을 내주는 것도 이에 포함된다.

QUARTS-DE-CHAUME 카르 드 숌 앙주 지방의 AOC 스위트 화이트와인으로 포도품종은 슈냉(chenin)이며 코토 뒤 레이용(coteaux du Layon)의 포도원에서 생산된다. 알코올 도수 13~15%Vol.의 과일향이 풍부한 스위트 와인으로 매우 탁월한 향의 부케를 지니고 있다(**참조** ANJOU ET MAINE).

QUASI 카지 송아지 둔부 살. 송아지 정육 부위 중 하나로 뒷다리 허벅지 윗부분(소의 우둔살에 해당)을 지칭하며 옛날에는 송아지 엉덩이고기라고 불렀다(**참조** p.879 송아지 정육 분할 도감). 이 부분은 로스트, 구이로 적당하며 허벅지 살(noix, sous-noix) 보다 맛도 좋고 연하다. 주로 에스칼로프로 썰어 조리하거나 프리캉도를 만드는 데 사용한다.

QUASSIA 콰시아 콰시아, 쿼시아나무. 소태나무과에 속하는 열대아메리카의 소관목으로 줄기와 껍질에서 추출한 쓴맛의 액체를 리큐어, 토닉 알코올 등에 사용한다. 매우 쓴맛을 지닌 성분인 쿼사인(quassine)은 오늘날 탄산음료의 향을 내는 데 사용되기도 한다(비터스).

QUATRE-ÉPICES 카트르 에피스 4가지의 향신료(후추, 넛멕, 정향, 계피)를 혼합한 가루 믹스로 주로 부댕, 소시지, 시베, 테린, 수렵육 요리의 양념으로 많이 사용된다. 또한 앤틸리스 제도에서 생산되는 향신료인 올스파이스(도금양과에 속하는 자메이카 고추나무의 열매 알갱이)를 카트르 에피스라고 부르기도 한다. 후추 알갱이 모양의 올스파이스에는 위의 네 가지 향신료가 지닌 향 분자들이 집약되어 있어 이와 같은 이름으로 불린다.

QUATRE-FRUITS 카트르 프뤼 전통적으로 여름철에 나는 4종류의 붉은 과일(딸기, 체리, 레드커런트, 라즈베리)를 지칭하는 표현이다. 이 과일들은 모두 합하여 잼, 시럽, 콩포트 등을 만든다.

QUATRE-QUARTS 카트르 카르 파운드케이크. 밀가루, 버터, 설탕, 달걀을 동량으로 넣어서 만드는 파운드케이크를 뜻하며, 달걀 무게를 기준으로 나머지 세 가지 재료의 분량이 정해지며, 레시피에 따라 각 재료를 혼합하는 방법이나 넣는 순서가 달라진다. 바닐라, 레몬, 오렌지 등을 넣어 향을 내기도 한다.

quatre-quarts 카트르 카르

파운드케이크 : 파운드케이크용 틀에 버터를 바르고 밀가루를 묻혀둔다. 우선 달걀 3개의 무게를 계량한 다음, 설탕, 버터 체에 친 밀가루를 각각 동량의 무게만큼 준비한다. 달걀을 깨 흰자와 노른자를 분리한다. 노른자와 설탕을 큰 볼에 넣고 소금 1자밤을 넣은 뒤 색이 뽀얗게 변하고 부풀어오를 때까지 거품기로 잘 섞는다. 미리 녹여 식혀둔 버터를 넣고 섞은 다음 밀가루를 넣는다. 작은 잔 한 개 분량의 럼 또는 코냑을 넣는다. 마지막으로 단단하게 거품 달걀흰자를 넣고 주걱으로 살살 돌려가며 혼합한다. 반죽을 틀에 채워 넣고 200°C로 예열된 오븐에서 45분간 굽는다.

QUATRIÈME GAMME 카트리엠 감 프랑스에서 식품(특히 농산물)을 저장, 포장하여 판매하는 방식에 따라 분류한 것 중 네 번째 그룹에 해당하는 것, 가공하지 않은 신선한 제품이 이에 해당한다. 포장을 뜯으면 바로 먹을 수 있게 준비되며, 이 포장을 했을 시 완벽한 밀폐 상태가 되지는 않지만 식품이 발효되어 갈변하거나 맛, 식감이 변질되는 것을 막을 수 있다. 주로 신선 상태의 생채소가 이 방식으로 많이 공급되며 3°C 냉장 상태에서 5~7일간 보관이 가능하다.

QUENELLE 크넬 밀가루, 물, 지방을 혼합한 반죽인 파나드(panade)에 달걀, 지방, 향신료, 곱게 간 고기, 닭고기, 수렵육, 생선살을 섞어 만든 음식으로 방추형으로 갸름하게 빚어 익힌다. 전통 방식의 크넬은 리옹 미식의 꽃이라 할 수 있으며, 보통 강꼬치고기와 송아지 콩팥 기름을 넣어 만든다. 약하게 끓는 물에 크넬을 데쳐 익힌 뒤 소스를 곁들이거나 오븐에 그라탱처럼 익혀 애피타이저로 서빙한다. 또한 작은 크기로 만든 크넬은 요리(특히 큰 사이즈의 가금류)의 가니시 재료로도 사용되며 스튜나 살피콩에 넣거나 또는 몇몇 수프에 건더기로 곁들이기도 한다.

quenelles de brochet : préparation 크넬 드 브로셰

강꼬치고기 크넬 : 1.25kg짜리 강꼬치고기 한 마리의 필레를 떠 껍질을 벗기고 가시를 제거한 다음 순살 400g을 준비한다. 블렌더에 아주 곱게 간 뒤 냉장고에 보관한다. 냄비에 물 250g, 버터 80g, 소금, 후추, 넛멕을 넣고 끓을 때까지 가열한다. 불에서 내린 뒤 체에 친 밀가루 125g을 한 번에 붓고 주걱으로 세게 저어 매끈하게 섞는다. 다시 불 위에 올린 다음 반죽이 냄비 벽에 더 이상 달라붙지 않고 떨어질 때까지 잘 저으며 섞는다. 불에서 내리고 노른자 3개를 하나씩 넣으며 잘 섞는다. 이 반죽을 베이킹 팬에 펼쳐 놓고 마르지 않게 랩으로 씌운 뒤 완전히 식힌다. 차갑게 식은 반죽과 생선살을 블렌더에 넣고 간다, 상온에 두어 부드러워진 버터 200g을 잘 저어 크리미한 포마드 상태로 만든다. 얼음을 채운 큰 용기 위에 볼을 놓고 재료를 모두 담는다. 소금, 후추로 간한다. 달걀 6개를 하나씩 넣고 잘 섞은 다음 포마드 버터를 넣는다. 재료를 모두 잘 섞어 균일하고 매끈한 혼합물을 만든다. 냉장고에 30분간 넣어둔다. 뜨거운 물을 묻힌 두 개의 수프 스푼을 이용해 반죽을 양손으로 돌려가며 갸름한 크넬 모양으로 만든 다음 약하게 끓고 있는 소금 물 2ℓ에 넣어 데친다. 크넬을 만드는 대로 바로바로 물에 넣는다. 15분 정도 익힌 뒤 조심스럽게 건져 종이타월에서 물기를 제거하고 식힌다. 이어서 원하는 레시피에 따라 조리한다.

confit de foie gras, quenelles de figues et noix ▶ FOIE GRAS *quenelles de brochet à la lyonnaise* 크넬 드 브로셰 아 라 리오네즈

리옹식 강꼬치고기 크넬 : 리옹식 고디보(godiveau, 송아지 살을 갈아 만든 소 혼합물) 600g을 만든다. 버터 100g 우유 1.5ℓ, 체에 친 밀가루 100g, 넛멕가루 약간, 소금, 후추, 더블 크림 200㎖로 베샤멜 소스를 만든다. 고디보 혼합물을 크넬 모양으로 만든다. 그라탱 용기에 버터를 바른 뒤 베샤멜소스 1/4을 깔고 그 위에 크넬을 나란히 놓는다. 나머지 베샤멜 소스를 끼얹어 덮은 다음 작게 잘라둔 버터를 고루 얹는다. 190도로 예열한 오븐에 넣어 크넬이 크게 부풀어오를 때까지 15분간 익힌다. 바로 서빙한다.

quenelles de brochet mousseline 크넬 드 브로셰 무슬린

무슬린 강꼬치고기 크넬 : 강꼬치고기 살 500g에 고운 소금 5g, 흰 후추 1자밤, 넛멕가루 1자밤을 넣고 블렌더에 간다 달걀흰자 3개를 하나씩 넣는다. 곱게 갈아 균일하고 매끈한 혼합물이 완성되면 볼에 덜어낸 다음 냉장고에 보관한다. 생크림 650㎖와 블렌더용 볼도 함께 냉장고에 넣어둔다. 혼합물이 차가워지면 같이 냉장고에 냉각시킨 볼에 넣고, 차가워진 생크림 250㎖를 넣은 다음 고루 섞이도록 몇 초간 짧게 갈아준다. 다시 크림 200㎖를 넣고 마찬가지로 갈아준 다음 나머지 크림을 모두 넣어 섞는다. 혼합물을 크넬 모양으로 빚어 약하게 끓는 물에 데쳐 익힌다.

quenelles Nantua 크넬 낭튀아

낭튀아 소스를 곁들인 크넬 : 강꼬치고기 크넬을 만들어 물에 데쳐 익힌다. 냄비에 버터 40g을 녹이고 밀가루 40g을 넣은 뒤 거품기로 잘 저으며 1분간 색이 나지 않게 익힌다. 불에서 내려 식힌다. 우유 500㎖에 소금, 후추, 넛멕을 넣고 끓을 때까지 가열한다. 더블 크림 250㎖를 넣어 섞는다. 식혀둔 버터와 밀가루 혼합물을 넣고 거품기로 잘 저어 섞는다. 중간 크기의 양파 한 개에 정향 2개를 박아 넣은 뒤 아주 약한 불에서 30분간 끓인다. 체에 거른 다음 민물가재 버터 또는 랍스터 버터 80g 넣고 거품기로 잘 저어 섞는다. 양송이버섯 250g을 씻어서 세로로 등분한 뒤 레몬즙과 소금을 넣은 물을 조금 넣고 4~5분간 익힌다. 버터를 바른 로스팅 팬에 크넬을 나란히 담고 껍데기를 벗긴 민물가재 또는 새우를 넣는다. 소스를 끼얹고 기호에 따라 빵가루를 뿌린다. 녹인 버터 50g을 고루 뿌린 다음 180°C로 예열한 오븐에 15분간 그라탱처럼 구워낸다. 양송이버섯을 곁들여 바로 서빙한다.

PRÉPARER DES QUENELLES DE POISSON 생선 크넬 만들기

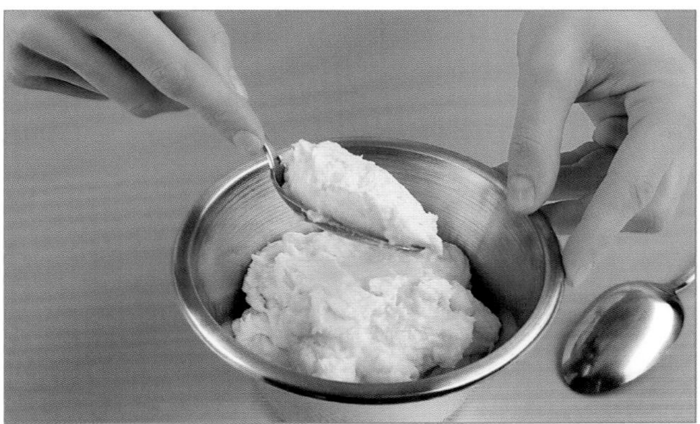

1. 물을 묻힌 수프용 숟가락으로 크넬 한 개 분량만큼 혼합물을 떠낸다.

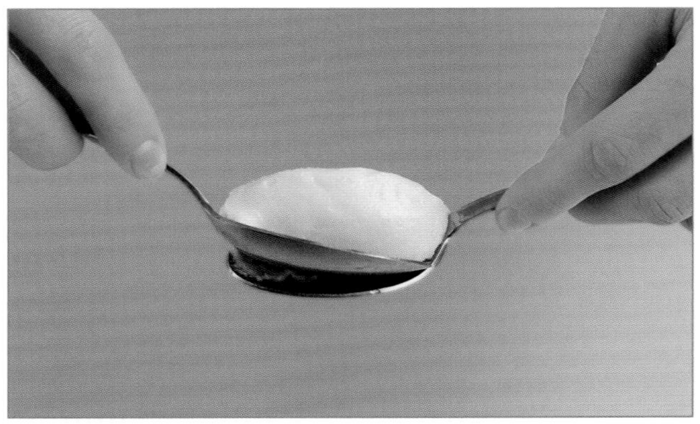

2. 두 개의 숟가락을 이용해 돌려가며 갸름하고 매끈한 크넬 모양을 만든 뒤 끓는 물에 데친다.

quenelles de veau 크넬 드 보

송아지고기 크넬 : 생크림을 넣은 고디보 소를 만들어 냉장고에 30분간 넣어둔다. 손에 밀가루를 묻히고 고디보 혼합물을 공처럼 둥글게 빚은 뒤 큰 올리브 모양으로 약간 갸름하게 늘여 물에 데친다. 강꼬치고기 크넬과 같은 방법으로 조리한다

QUERCY ET AGENAIS 케르시, 아주네 로트강과 가론강 계곡 사이에 위치한 케르시와 아주네 이 두 지역의 요리는 투박한 토속 음식에 아주 훌륭한 식재료를 접목한 개성 있는 조합이 특징이다. 인접한 페리고르 지역 못지않게 풍부한 블랙 트러플은 닭고기 요리와 수제 소시지에 곁들이거나 오믈렛에 넣기도 하며 페리고르에서처럼 통째로 얇은 돼지비계를 감싼 뒤 숯불의 재 안에 넣어 익혀 먹기도 한다. 또한 기름지고 살찐 가금류와 양을 많이 사육한다. 특히 눈 주위와 귀가 검은색을 띤 케르시 석회질 고원 코스(causses) 품종 양들은 최상급 원재료를 제공한다. 대부분 오리 간으로 만드는 이 지역의 푸아그라는 그대로 익히거나 테린을 만든다. 혹은 송아지 간처럼 도톰하게 에스칼로프로 잘라 소테한 뒤 샤슬라 드 무아삭 포도(chasselas de Moissac, AOC)나 케이퍼를 곁들여 뜨겁게 서빙한다. 고기는 브레이징하거나 찌듯이 익힌 요리가 많다. 세갈라 송아지(le veau du Ségala)로 만든 아쟁의 브레졸(brésolles agenaises), 토기로 만든 뚝배기에 익힌 닭찜, 코스(causse) 품종 양의 뒷다리에 마늘을 넣고 여러 시간 동안 푹 익힌 요리 등을 꼽을 수 있다. 버섯 중에서도 특히 포치니 버섯은 로트 Lot에서 많이 나며 여러 레시피에 즐겨 사용하는 식재료다. 이 지역은 샤퀴테리 역시 매우 종류가 다양하다. 흰색 부댕, 고원 지대에서 만드는 생햄, 비네그레트 소스를 곁들인 돼지 족 요리, 간으로 만든 소시지, 사프란을 넣은 내장 요리 등이 대표적이다. 치즈 중에서는 블루치즈와 카베쿠(cabécou)가 주를 이룬다.

이 지역의 토양과 기후는 과일 재배에 매우 좋은 환경을 제공한다. 딸기, 체리, 복숭아, 멜론, 포도, 무화과, 아몬드 등을 주로 생산되며 무엇보다도 자두와 호두는 디저트 제조에 아주 많이 사용된다. 렌 클로드 자두는 주로 타르트, 콩포트, 잼을 만든다. 중동 지방에서 들어 온 재배 자두는 수 세기 전부터 말려서 사용해왔으며, 건자두는 아쟁의 특산물로 유명해졌다. 건자두는 그대로 먹거나 시럽에 담그기도 하며 크림을 곁들이거나 속을 채워서 혹은 아르마냑에 절여 먹기도 한다. 또한 튀긴 페이스트리, 팬케이크의 일종인 페스카준(pescajoune), 미야스(millas), 수플레 또는 플로냐르드 등에 넣어 맛을 더하기도 한다. 호두는 각종 케이크를 만들 때 사용하거나 잼을 만들기도 하며 기름을 짜는 재료로도 쓰인다. 또한 호두 살과 껍데기 조각을 침출하여 리큐어를 만들기도 한다. 이 지역 와인 산지인 카오르의 전통적인 포도품종은 말벡, 타나, 메를로이며, 주로 바디감이 있고 알코올 도수가 높은 어두운 붉은색의 레드와인을 생산한다. 이 와인들은 더 좋은 맛을 위해 오래 보관할 수 있다.

QUESO 케소 스페인어로 치즈를 뜻한다. 스페인과 라틴 아메리카의 수많은 종류의 치즈를 케소라고 부르며 일반적으로 이 단어 뒤에 수식어가 붙는다. 멕시코의 케소 아녜호(añejo)는 염소젖 또는 소젖으로 만든 경성치즈로 수분이 적고 잘 부서지며 종종 토르티야에 곁들여 먹는다. 케소 데 볼라(de bola)는 소젖으로 만든 치즈로 멕시코와 스페인에서 즐겨 먹으며 맛은 에담 치즈와 비슷하다. 칠레의 대표적인 치즈인 케소 데 카브라(cabra)는 염소젖으로 만든 희고 둥근 모양의 프레시 치즈다. 스페인의 케소 데 카브랄레스(cabrales)는 염소젖 또는 양젖으로 만드는 푸른곰팡이 치즈다.

코스타리카의 케소 데 크레마(crema)는 소젖으로 만든 크림 치즈이며 스페인의 케소 데 마온(Mahón)은 소젖에 소량의 양젖을 섞어 만드는 압착 반경성치즈다. 푸에르토리코의 케소 데 푸나(puna)는 탈지유로 만든 프레시 치즈다. 베네수엘라의 케소 데 마노(mano)는 소젖으로 만든 가열 치즈로 쫀득한 탄력이 있다. 둥근 모양이며 바나나 껍질로 포장되어 있다.

QUETSCHE 퀘츄 댐슨자두. 모양이 갸름한 자두의 한 품종으로 달고 향이 진하며 특히 알자스 지방에서 많이 재배된다(**참조** p. 715 자두 도감). 댐슨자두는 타르트나 콩포트, 잼을 만드는 데 많이 사용되며, 특히 과일향이 진하고 달콤한 맛의 오드비를 만들기도 한다.

크리스틴 페르베르(CHRISTINE FERBER)의 레시피

tarte aux quetsches à la cannelle 타르트 오 퀘츄 아 라 카넬

계피 향의 댐슨자두 타르트 파트 브리제를 만든다(참조. p.548 로렌의 미

라벨 자두 타르트 레시피). 오븐을 210°C로 예열한다. 댐슨자두를 찬물에 씻어 헹군 뒤 면포로 닦아 물기를 완전히 제거하고 반으로 갈라 씨를 빼낸다. 반죽을 밀어 타르트 틀에 앉힌 다음 자두의 단면이 위로 오도록 촘촘하게 채워 넣고 설탕을 조금 뿌린다. 예열된 오븐의 온도를 180°C로 낮추고 타르트를 넣는다. 반죽에 노릇한 색이 나고 자두가 익을 때까지 약 30~40분간 굽는다. 꺼내서 계핏가루를 섞은 설탕을 조금 뿌려준다. 8월에 출하되는 댐슨자두는 즙이 아주 많기 때문에 타르트 시트 바닥에 레이디핑거 비스킷을 잘게 부수어 깔아 주는 것이 좋다. 한편, 9월에 나오는 댐슨자두는 구울 때 수분이 덜 나온다.

QUEUE 쾨 꼬리. 정육용 동물의 부속 부위 중 하나인 꼬리를 지칭한다. 이 부위에 붙은 살은 대개 아주 야들야들하고 연하다(**참조** p.10 내장 및 부속 도표). 소꼬리로는 좋은 풍미의 다양한 요리를 만들 수 있다. 찜처럼 브레이징하여 플랑드르식 또는 니베르네식 가니시를 곁들여 먹는다. 포토푀에 소꼬리를 넣으면 훨씬 더 깊은 맛의 진한 국물을 낼 수 있다. 또한 포타주 카르디날(potage cardinal), 영국식 옥스테일 수프, 플랑드르의 오슈포를 만드는 데 사용되며 그 외에도 수육, 빵가루를 입혀 그릴에 구운 요리, 생트 므누(à la Sainte-Menehould)식으로 조리해 먹는다. 송아지 꼬리는 포토푀에 넣는 다양한 고기 재료에 포함되며 채소 수프에 넣어 풍미를 더하기도 한다. 돼지 꼬리는 돼지 족과 같은 방법(대개 빵가루를 입혀서 굽는다)으로 조리하며 경우에 따라 염지하여 사용하기도 한다. 양 꼬리는 요리에서 거의 사용되지 않으며, 뒷다리(gigot)를 로스트할 때 같이 굽는 경우도 있다.

또한 새우, 랑구스틴, 민물가재 등 몇몇 갑각류 해산물의 꼬리라고 지칭하는 부위는 실제로 껍데기를 깠을 때 유일하게 먹을 수 있는 살 부분을 의미한다.

hochepot de queue de bœuf ▶ HOCHEPOT

베르나르 파코(BERNARD PACAUD)의 레시피

queue de bœuf braisée en crépine 쾨 드 뵈프 브레제 앙 크레핀

대망으로 감싸 익힌 소꼬리 찜 : 4인분 / 준비: 1시간 / 조리: 6시간(하루 전)

하루 전날, 당근 4개, 마늘 2통, 양파 큰 것 2개, 샬롯 4개의 껍질을 벗겨 씻은 다음 미르푸아로 깍둑 썬다. 적당한 크기로 토막 낸 소꼬리 2개에 소금과 후추로 밑간을 한 다음, 기름 50mℓ를 달군 큰 소테 팬에 넣고 센 불에서 지져 고루 노릇한 색을 낸다. 건져서 종이타월에 놓고 기름을 뺀다. 같은 소테 팬에 채소 미르푸아를 넣고 중불에서 볶는다. 소꼬리를 다시 팬에 넣은 뒤 알코올 함량이 높은 풀 바디 레드와인 4병을 붓는다. 부케가르니를 넣고 끓을 때까지 가열한다. 끓으면 뚜껑을 덮고 약한 불(가능하면 오븐에서)로 6시간 동안 뭉근히 익힌다. 중간중간 거품과 기름을 걷어낸다. 식힌 뒤 냉장고에 하룻밤 넣어둔다. 돼지 대망 200g을 물에 담가둔다. 당일, 대망을 건져 물기를 제거한다. 소꼬리 토막을 건져낸다. 남은 국물은 끓여서 체에 거른 뒤 다시 1/3로 졸여 시럽 농도의 소스를 만든다. 그동안 대망으로 소꼬리 토막을 하나씩 감싼 뒤 오븐팬에 한 켜로 놓고 180°C 오븐에 넣어 조리를 마무리한다. 중간중간 고기에서 나오는 육즙을 끼얹어가며 노릇한 색이 짙게 날 때까지 굽는다. 소꼬리를 건져서 뜨겁게 보관한다. 버터 100g을 소스에 넣고 거품기로 저어 잘 섞은 다음 간을 맞춘다. 아주 뜨겁게 데워 둔 접시 중앙에 소꼬리를 각각 한 조각씩 담고 마지막에 소스를 뿌려 서빙한다. 셀러리악 퓌레, 또는 터번 모양으로 플레이팅한 마카로니를 곁들인다.

queue de bœuf grillée à la Sainte-Menehould 쾨 드 뵈프 브레제 아 라 생트 므누

생트 므누식 소꼬리 찜 : 소꼬리를 6~7cm 크기로 균일하게 토막 낸 다음 포토푀 육수에 넣어 살이 풀어지지 않은 정도로 익힌다. 건져서 살 모양이 흐트러지지 않도록 조심스럽게 뼈를 제거한 다음, 기름을 제거한 육수에 넣고 눌러서 식힌다. 건져서 물기를 완전히 닦는다. 머스터드를 바르고 정제 버터에 슬쩍 한번 담갔다 건진 뒤 곱게 갓 갈아낸 빵가루에 굴린다. 약한 불에 구워낸 다음 매콤한 디아블 소스, 머스터드 소스 또는 푸아브라드 소스, 보르들레즈 소스, 로베르 소스를 곁들여 서빙한다. 매쉬드 포테이토를 함께 낸다.

timbale de queues d'écrevisse Nantua ▶ TIMBALE

QUICHE 키슈 키슈. 달걀을 푼 다음 생크림과 베이컨 등을 섞은 혼합물을 채워 구운 짭짤한 타르트로 주로 따뜻한 애피타이저로 서빙한다. 로렌 지방이 원조인 키슈는 프랑스 요리를 대표하는 전통 음식 중 하나가 되었다. 오늘날 키슈 안에 채워 넣는 속재료는 점점 다양해지고 있다.

quiche lorraine 키슈 로렌

로렌식 키슈 : 밀가루 250g, 버터 125g, 소금 넉넉히 1자밤, 달걀 1개, 아주 차가운 물 3테이블스푼을 섞어 타르트 시트용 반죽을 만든다. 반죽을 둥글게 뭉쳐 냉장고에 몇 시간 넣어둔다. 휴지시킨 반죽을 꺼내서 3mm두께로 얇게 민다. 높이가 약간 있는 지름 22cm 파이틀에 버터를 바르고 밀가루를 뿌려둔다. 타르트 시트를 틀에 앉힌 다음 포크로 군데군데 찔러준다. 200°C로 예열한 오븐에 넣어 12~14분간 크러스트만 먼저 구워낸다. 망 위에 올려 식힌다. 염장 삼겹살 250g을 납작한 모양의 라르동으로 썬 다음 끓는 물에 5분간 데쳐 건진다. 물기를 닦아낸 다음 버터를 넣고 살짝 튀기듯 볶는다. 이 라르동을 키슈 크러스트 위에 고루 펼쳐 놓는다. 달걀 4개에 더블 크림 300mℓ를 넣고 잘 풀어준 다음 소금, 후추, 넛멕으로 간한다. 혼합물을 라르동 위에 부어 파이틀을 채운다. 오븐에 넣어 30분간 굽는다.

QUIGNON 키뇽 빵 조각 또는 덩어리의 일부분, 특히 맨 처음 자르거나 떼어낸, 빵 껍질이 많이 붙은 큰 조각이나 꽁다리를 지칭한다. 이 용어는 작은 모퉁이를 뜻하는 쿠아뇽(coignon)에서 왔다. 한편 플랑드르 지방에서는 크리스마스 때 포대기로 감싼 아기 모양의 작은 빵을 만들어 먹는데, 발효 반죽에 건포도를 넣은 이 빵을 쿠뉴(cougnous)라고 부르며, 프로방스에서는 퀴뇨(cuignots)라고 부른다.

QUINCY 캥시 베리 지방의 AOC 화이트와인으로 루아르강의 왼쪽 지류인 셰르강 연안에서 생산되지만 루아르 와인으로 분류된다. 소비뇽 단일 품종 포도로만 만드는 이 와인은 복합적인 향을 지닌 섬세한 와인이지만 매우 드물다.

QUINOA 키노아 퀴노아. 명아주과에 속하는 식물로 안데스 산맥의 고원지대(페루, 볼리비아, 에콰도르 등)에서 재배한다. 곡류로 취급되며 잉카의 쌀이라고도 불리는 퀴노아는 꽃잎이 없는 아주 작은 크기의 꽃 부분에 해당하며 송이로 뭉쳐서 자란다. 흰색, 붉은색 퀴노아 모두 글루텐을 함유하고 있지 않으며 대부분의 다른 곡류에 비해 단백질이 풍부하다. 깨끗이 씻어 잔류 사포닌(천연 살충제 역할을 한다)을 제거한 다음 소금을 넣은 물, 육수 또는 우유에 익힌다. 익으면 알갱이가 터지면서 작은 싹이 나타난다. 쿠스쿠스와 마찬가지로 익혀서 그대로 먹거나 향신료를 첨가하기도 하며 타불레(taboulé, 파슬리를 넣은 중동식 샐러드)나 샐러드에 넣어 먹는다. 또한 그라탱을 만들거나 스터핑 재료, 앙트르메에도 사용한다. 뻥튀기에 해당하는 퀴노아 플레이크 제품도 출시되어 있다.

QUINQUINA 캥키나 기나피, 기나나무. 꼭두서니과에 속하는 기나나무는 페루가 원산지이며 특히 인도네시아에서 재배된다. 기나나무의 속껍질 기나피는 키니네(치료제로 사용된다) 성분이 풍부하다. 또한 기나피는 아페리티프용 와인 제조에도 사용되며 약간 쌉쌀한 맛을 내준다.

quinquina « maison » 캥키나 메종

자가 제조 기나피주 : 알코올 함량 90%Vol.의 주정 500mℓ를 6ℓ 용량의 토기 단지에 붓는다. 기나피 껍질 125g과 비터 오렌지 껍질 30g을 계량해 준비한다. 오렌지 한 개의 제스트를 얇게 벗겨낸 다음 가늘게 채 썬다. 모든 재료를 단지에 넣고 뚜껑을 덮은 뒤 일주일간 냉장고 또는 서늘한 곳에 재워둔다. 말라가 건포도를 넉넉하게 한 줌 따뜻한 물에 씻어 단지에 넣는다. 다시 일주일간 재운다. 체에 거른 뒤 다시 단지에 담고 알코올 함량이 높은 풀바디 레드와인 5ℓ, 카시스 리큐어 250mℓ를 붓는다. 잘 섞어서 휴지시킨다. 체에 거른 뒤 병입한다.

RABAEY (GÉRARD) 제라르 라베 프랑스 출신의 스위스 요리사(1948, Caen 출생). 프랑스 노르망디 출신으로 스위스 보에 정착한 제라르 라베는 1988년 스위스판 고미요(Gault-Millau) 레스토랑 평가서에서 20점 만점에 19점을 얻었다. 이와 같은 높은 점수를 획득한 곳은 스위스의 미슐랭 3스타 셰프 두 명 중 하나인 필립 로샤(Philippe Rochat)와 이 레스토랑 단 두 곳뿐이었다. 젊은 시절의 자크 앙크틸(Jacques Anquetil)을 연상케 하는 사이클링 애호가이기도 한 그는 자신만의 색깔을 담은 요리를 선보였다. 맛에 집중하고 유행과 타협하지 않는 정석에 기초한 음식들이 주를 이루었으며 특히 올리브오일과 프로방스풍 식재료를 많이 사용했다. 부르주아의 한 저택을 개조한 그의 레스토랑 퐁 드 브랑(Pont de Brent)의 다이닝 홀은 절제되고 깔끔한 인테리어로 마무리되어 있으며 밖으로

는 몽트뢰 외곽 교량의 파노라믹한 풍경이 펼쳐져 있다. 그러나 무엇보다도 손님들을 사로잡는 것은 이곳의 음식이다. 가지를 넣은 양고기 테린, 스파이더 크랩 살을 곁들인 토마토 콩피, 케이퍼를 넣은 홍어 비네그레트 샐러드, 파슬리즙을 곁들인 송아지 흉선 살팀보카, 붉은 과일로 만든 마카롱 글라세 등은 그의 노련한 솜씨를 보여주는 대표적인 요리들이다. 언제나 완벽하게 정확한 요리를 추구하는 그의 요리는 최상급 재료가 주는 만족감을 뛰어넘는 감동을 선사한다.

RABELAIS (FRANÇOIS) 프랑수아 라블레 프랑스의 작가, 인문주의 학자(1483 또는 1494년경 Chinon 출생–1553, Paris 타계). 수도사, 의사, 해부학 교수 등의 직업을 연이어 가졌던 그는 히브리어, 그리스어 등 당대 여러 언어를 섭렵한 놀라우리만큼 비범한 실력과 학식의 소유자였다. 장 뒤 벨레(Jean du Bellay) 추기경은 외교 사절로 로마를 방문할 때 여러 번 그를 대동하기도 했다. 프랑스의 가장 위대한 작가 중 한 명인 라블레는 특히『팡타그뤼엘(*Pantagruel*)』(1532),『가르강튀아(*gargantua*)』(1534),『제3의 서(書)(*Tiers Livre*)』(1546),『제4의 서(書)(*Quarts Livre*)』(1552)의 저자로 잘 알려졌다. 이 책의 주인공들은 대부분 몸집이 거대하고 맛있는 음식을 탐닉하는 대식가들이다. 흔히들 "실제 골수를 빼 먹으려면 뼈를 깨트려야 한다"고 묘사하는 그의 강력하고도 독특한 작품들은 먹고 마시는 내용으로 가득하다. 팡타그뤼엘리크(pantagruélique)와 가르강튀스크(gargantuesque)라는 단어들은 진수성찬으로 가득한 연회의 식탁, 식욕, 식사, 거대한 위 등을 연상시킨다.

『제4의 서(書)』 11장에서 라블레는 트로이 목마에서처럼 암퇘지 안으로 들어가는 용감한 요리사들의 이름을 열거하며 당시 흔히 즐겨 먹던 여러 요리 이름과 조리 용어들을 기록했다. 또한『제4서 팡타그뤼엘』59장과 60장에서 언급한 아주 긴 요리와 식품 목록은 16세기 당시 먹었던 음식에 대한 엄청난 양의 정보를 제공한다. 라블레라는 이름은 이후 권위 있는 미식 아카데미(Académie Rabelais)의 명칭이 되었다.

RÂBLE 라블 토끼고기의 부위 중 하나로 허리 쪽 등심 부위에 해당한다. 이 부위 안쪽에는 콩팥이 포함되어 있는데 대개는 조리 전에 떼어내지만 레시피에 따라 그대로 두는 경우도 가끔 있다. 비교적 살이 많이 붙어 있는 이 부위는 통째로 로스트하기에 적합하며 이 경우 비계 라르동을 길쭉하게 잘라 살에 군데군데 찔러 넣거나 얇은 비계로 감싼 뒤 향신 양념액에 마리네이드하여 사용한다. 또는 머스터드 소스, 크림 소스(냄비에 소테한 뒤 소스를 곁들인다)를 곁들여 조리하거나 브레이징한 다음 버섯, 밤 퓌레, 푸아브라드 소스(sauce poivrade)와 함께 서빙하기도 한다. 그 외에 뼈를 모두 제거한 다음 소를 채워 팬에 지지거나 소테할 수도 있으며 여기에는 체리와 사워크림소스를 곁들이기도 한다. 또한 두세 토막으로 자른 뒤 토끼의 다른 부위 토막들과 함께 넣고 시베, 지블로트 등의 스튜나 소테로 조리하기도 한다.

▶ 레시피 : CIVET.

RACAHOUT 라카우 라카우. 중동 및 아랍 국가에서 사용되는 식용 전분. 샬렙, 카카오, 도토리, 감자 전분, 쌀가루, 설탕, 바닐라 등을 혼합한 회색 가루믹스로 주로 물이나 우유에 개어 죽처럼 끓이거나 수프를 만든다.

RACHEL 라셸 유명한 연극배우인 엘리자베트 펠릭스(1821–1858, 일명 마드무아젤 라셸)의 예명에서 따온 명칭으로 다양한 클래식 요리 이름에 사용된다. 닥터 베롱(Véron 의사, 언론인, 파리 오페라 극장의 단장)의 연인이었던 라셸은 당시 파리 미식계의 유명 인사였으며 그녀가 참석한 식사는 대단한 유명세를 탔다. 주로 서빙 사이즈로 잘라 조리한 스테이크나 브레이징한 송아지 흉선, 수란이나 반숙 등의 달걀 요리에 곁들이는 라셸 가니시는 얇게 썬 소 골수와 다진 파슬리를 채운 아티초크 속살 밑동과 보르들레즈 소스 또는 소 골수 소스로 구성된다. 아티초크의 속살은 라셸 샐러드에도 다른 재료들과 함께 들어간다. 라셸 서대 필레는 생선살에 곱게 간 스터핑 혼합물을 바르고 얇게 썬 송로버섯 10조각을 넣어 말아 접은 뒤 데쳐 익힌 요리로 접시에 빙 둘러 담고 아스파라거스 윗동과 잘게 다진 송로버섯을 곁들여 낸다.

▶ 레시피 : ŒUF POCHÉ, SALADE.

RACLETTE 라클레트 치즈를 녹여 먹는 요리의 일종으로 스위스 발레가 원산지다. 반으로 자른 둥근 휠 모양의 이 지역 치즈 단면에 열을 가해 녹아 흘러내리면 바로바로 긁어내 먹는 요리다. 전통적인 방식은 치즈를 화덕 불 앞에서 녹인 뒤 접시 위에 기울여 놓고 녹은 부분을 긁어내리고 구워진 가장자리 외피도 함께 잘라 서빙하는 것이다. 녹은 치즈는 껍질째 삶은 감자, 염장 건조육, 코르니숑, 식초에 절인 양파, 후추를 곁들여 뜨겁게 먹는다.

발레의 팡당 와인을 곁들여 먹는 라클레트는 아니비에(anniviers), 바뉴(bagnes), 콩슈(conches), 오르지에르(orsières)처럼 지방이 풍부하고 향이 좋은 치즈를 필요로 한다. 프랑스에서는 라클레트용으로 아봉당스 치즈를 가장 많이 사용한다. 오늘날에는 식탁 위에서 사용할 수 있는 다양한 종류의 전기 라클레트 그릴이 출시되어 있다. 그중에는 반으로 자른 원형 치즈 덩어리를 놓을 수 있는 받침대와 전열판으로 이루어진 기계도 있고, 개인용 미니 트레이가 여러 개 들어 있어 슬라이스한 치즈를 올려놓고 전열장치 아래로 밀어 넣어 녹여 먹는 타입도 있다.

RACLETTE (USTENSILE) 라클레트(주방도구) 라클레트라는 명칭으로 불리는 주방도구는 여러 종류가 있다. 금속 또는 플라스틱 소재, 가장자리가 각진 모양 또는 둥근 모양, 휘어지는 탄력이 있는 것과 딱딱한 것, 손잡이나 긴 자루형 핸들이 달린 것과 없는 것 등 그 종류가 매우 다양한 라클레트(알뜰 주걱류)는 반죽을 긁어 모으거나 크림이나 소스 등을 용기 내벽이나 바닥에서 깔끔하게 긁어내는 데 사용된다. 또한 베이킹에서 주로 쓰이는 반죽 커터나 스크레이퍼도 라클레트 또는 라클루아르라고 부른다. 이 도구는 반죽을 소분하거나 대리석 작업대 위에 붙은 반죽 부스러기를 긁어내는 데 사용한다. 나무(너도밤나무 또는 회양목) 소재로 되어 있는 고무래 모양의 크레프용 라클레트는 전기 팬 위에 크레프 반죽을 얇고 고르게 빙 둘러 펴는 데 사용된다.

RADIS 라디 래디시. 십자화과에 속하는 식용 뿌리채소인 래디시는 크기, 모양, 색깔이 매우 다양하다(**참조** p.724 래디시 도표). 일반적으로 생으로 먹으며 오르되브르로 많이 서빙한다. 이집트에서 이미 5,000여 년 전부터 재배되었고, 고대 그리스, 로마인들도 즐겨 먹었던 래디시는 프랑스에서 16세기에 들어와서야 재배되기 시작했다. 열량이 매우 낮고(100g당 20kcal 또는 84kJ) 수분이 아주 많으며 무기질(황)과 비타민(특히B9, C)이 풍부하다.

■ **사용.** 싱싱한 핑크 래디시 껍질은 벗기지 않고 먹는다. 뿌리와 잎을 모두 잘라낸 다음 흐르는 물에 씻어 물기를 완전히 제거한 후 차가운 버터와 소금을 곁들여 서빙한다. 약간 큰 사이즈의 핑크 래디시는 얇고 동그랗게 썰어 샐러드에 넣거나 작은 크기의 둥근 햇 순무처럼 통째로 조리하기도 한다. 래디시에 달린 줄기 잎(무청)은 감자 수프, 또는 시금치나 수영 퓌레에 넣기도 한다.

작은 크기의 붉은 래디시보다 매운맛이 훨씬 강한 검은 래디시는 껍질을 벗긴 뒤 소금에 찍어 먹거나 동글게 썰어 조리하며 필요한 경우 물에 잠시 담가두었다 사용하기도 한다. 또한 가늘게 채 썰어 셀러리악처럼 레물라드를 만들거나 요거트 소스와 샬롯을 넣고 샐러드를 만들기도 한다.

필립 콩티치니(PHILIPPE CONTICINI)의 레시피

crème de radis, chèvre et beurre salé 크렘 드 라디, 셰브르 에 뵈르 살레

염소 치즈, 가염 버터를 곁들인 래디시 크림 : 4인분

프랑스산 붉은 래디시 25개를 깨끗이 씻어 잎을 모두 잘라낸 뒤 냄비에 넣는다. 그 위에 저지방 우유 150mℓ, 액상 생크림 150mℓ, 소금(플뢰르 드 셀) 2자밤을 넣고 끓을 때까지 가열한다. 불을 줄이고 약 15분간 익힌다. 블렌더로 덩어리 없이 꼼꼼히 간 다음 간을 맞춘다.

붉은 래디시 2개를 아주 얇게 썬다. 넓은 잔이나 볼 바닥에 래디시 슬라이스 4장을 깔아준 다음 생마늘 1자밤과 아주 크리미한 염소 치즈 작은 것 1/4개를 넣고 뜨거운 래디시 크림을 부어 덮는다. 같은 방법으로 나머지 잔 3개도 채워 넣는다. 표면에 버터를 넉넉히 한 조각씩 올린 다음 동그란 래디시 슬라이스 몇 장을 얹고 넛멕가루 1자밤, 후추를 두 바퀴 갈아 뿌린다. 캐슈너트 2개를 다져 고루 뿌리고 라임즙을 짜서 한 바퀴 뿌린다.

soupe passée de petits pois et de leurs cosses aux févettes et fanes de radis ▶ PETIT POIS

RAFFINER 라피네 정제하다. 라피네. 가공하지 않은 원재료 또는 공장에서 처리된 제품을 화학적으로 순수한 상태로 정화시키는 작업을 뜻한다. 식품 제조 공정상 정제는 포장하여 유통하기 전 가장 마지막에 이루어지는 과정이다. 이 과정에서 불순물, 냄새, 색소 및 기타 함유해서는 안 되는 요소들

래디시의 주요 품종과 특징

품미	산지	출하 시기	외형	판매단위
뿌리 사이즈가 큰 무 *type à grosse racine*				
검은 무(겨울철 파리 검은 무, 굵고 긴 것 또는 둥근 것) noir(gros lond d'hiver de Paris ou rond)	루아르 아틀랑티크, 맨 에 루아르, 이블린	12월~9월	대, 특대. 20-25cm, 검정색	낱개
핑크색 무(부활절 무), 흰색 무(뮌헨 또는 일본 무), 자색 무(구르네 무) rose(de Pâques), blanc(ovale de Munich ou japonais), violet(de Gournay)	루아르 아틀랑티크, 맨 에 루아르, 이블린	12월~9월	대. 10-15cm, 분홍, 흰색, 보라색.	낱개
붉은색 무 rouge(neckarruhm)	맨 에 루아르, 이블린	12월~9월	대, 특대. 10-15cm, 빨간색.	낱개
중간 길이의 끝이 흰 래디시 *type demi-long à bout blanc*				
엑스포, 플뤼오, 페르노, 레토 expo, fluo, pernot, reto	루아르 아틀랑티크, 맨 에 루아르, 이블린, 피니스테르, 부슈 뒤 론	연중	4-8cm, 분홍, 광택 있는 빨강, 끝부분이 흰색이고 면적 비율은 경우에 따라 다르다.	단 묶음
둥근 래디시 *type rond*				
도나르, 롱다르, 삭사, 틴토 donar, rondar, saxa, tinto	루아르 아틀랑티크, 맨 에 루아르, 이블린, 피니스테르, 부슈 뒤 론	연중	2.5cm, 전체적으로 선명한 빨강.	단 묶음
둥글고 끝부분이 흰 붉은 래디시 *type rond rouge à bout blanc*				
고드리, 나시오날, 드 세잔 gaudry, national, de Sézanne	맨 에 루아르, 파리 지역	연중	2-4cm, 끝부분이 흰색이고 면적 비율은 경우에 따라 다르다.	단 묶음

은 모두 제거되며, 주로 용해하여 원래의 질감이나 농도 상태로 만든다. 정제는 주로 설탕, 밀가루, 오일 등을 대상으로 한다.

RAFRAÎCHIR 라프레시르 차갑게 식히다. 끓는 물에 데치거나 물에 익힌 음식을 아주 차가운 물에 담가 재빨리 시키는 작업을 뜻한다. 또한 이 용어는 앙트르메, 과일 화채 또는 크림 등을 차갑게 서빙하기 위하여 냉장고에 넣어두는 작업을 지칭하기도 한다.

RAFRAÎCHISSOIR 라프레시수아르 칠링용 아이스 버킷. 깊이가 있는 원통형 또는 타원형 용기로 얼음이나 소금물을 채우고 음료 병을 담가 차갑게 만드는 용도로 쓰인다. 라프레시쇠르(rafraîchisseur)라고도 불리는 이 칠링용 버킷은 캐비아처럼 아주 차갑게 먹어야 하는 음식의 경우 식탁 위에 올려 서빙하기도 한다. 이 경우 대개 칠링 용기는 이중 구조로, 맨 밑에 잘게 부순 얼음을 채워 넣게 되어 있다.

RAGOÛT 라구 일정한 크기로 자른 고기, 가금류, 수렵육, 생선 또는 채소를 걸쭉하게 액체에 익힌 스튜류의 요리로, 고기를 미리 지져 갈색을 내기도 하며 대부분의 경우 향신 재료를 넣고 끓인다. 오늘날 라구는 두 종류로 분류한다. 우선 갈색 라구를 만들기 위해서는 우선 뜨겁게 달군 기름에 고기를 지져 색을 낸 뒤 밀가루를 넣고 함께 볶는다. 이어서 부이용, 맑은 육수 또는 물(밀가루를 넣고 볶는 과정을 생략한 경우에는 리에종한 육수를 넣는다)로 국물을 잡아 익힌다. 프리카세 같은 흰색 라구는 고기에 색이 나지 않도록 겉만 살짝 응고되게 익힌 다음 밀가루를 뿌려 섞고 국물을 잡는다. 영국식 라구 역시 고기에 색을 내지 않으며, 국물에 걸쭉한 농도를 내기 위한 리에종 재료로는 밀가루 대신 감자를 넣는다(아이리시 스튜).

일반적으로 라구용 고기는 구이용 최상급 부위가 아닌 2등급 부위를 사용한다(소의 경우 뵈프 부르기뇽에 사용하는 부위, 꾸리살, 부채덮개살 등, 송아지의 양지, 정강이살, 뱃살, 양의 목심, 앞다리 어깨살, 가슴살, 뱃살, 가금류의 자투리 부위, 돼지의 목살, 정강이살, 앞다리살 등). 생선의 경우는 오래 익혀도 형태를 유지할 수 있도록 살이 어느 정도 단단한 종류를 선택해야 한다. 채소 라구는 일단 볶아 색을 낸 뒤 일반적으로 자체 수분으로 익히며 허브 등의 향신 재료와 잘게 썬 토마토를 첨가한다.

그밖에도 라구라는 명칭은 크루스타드, 투르트, 볼로방 등에 채워 넣는 소스로 버무린 가니시를 지칭하기도 한다. 또한 생선이나 가금류 요리 플레이팅에 곁들이거나 스크램블드에그와 오믈렛 등에 넣어주는 가니시를 의미하기도 한다. 이들 경우에 해당하는 라구는 보통 민물가재 살, 수탉의 콩팥과 볏, 아스파라거스 윗동, 송로버섯, 양송이를 비롯한 각종 버섯, 송아지 흉선, 에스카르고(식용 달팽이), 해산물 등을 사용해 만든다.

abattis en ragoût ▶ ABATTIS
poulet farci à la vapeur, ragoût de brocolis ▶ POULET

ragoût de crustacés 라구 드 크뤼스타세

갑각류 해산물 라구 : 갑각류 해산물을 끓는 물에 넣어 데친 뒤 적당한 크기로 토막 낸다(새우나 작은 크기의 랑구스틴은 그대로 사용한다). 코코트 냄비에 해산물을 넣고 색이 빨갛게 변할 때까지 볶은 뒤 소금, 후추로 간한다. 다진 샬롯을 넣고 뚜껑을 덮은 다음 8~10분간 찌듯이 익힌다. 크림 소스 또는 화이트와인 소스를 넣고 걸쭉하게 섞는다. 서빙 시 랑구스트 버터(또는 해당 라구의 주재료로 사용된 갑각류 해산물 버터)를 넣고 잘 섞는다. 잘게 썬 허브를 뿌리고 쌀밥을 곁들여 서빙한다.

ragoût de légumes à la printanière 라구 드 레귐 아 라 프랭타니에르

봄 채소 라구 : 큰 사이즈의 코코트 냄비에 버터를 넉넉히 두른다. 햇 채소를 준비하여 껍질을 벗긴 뒤 씻는다(작은 당근 250g, 작은 순무 250g, 작은 방울 양파 12개, 아주 작은 감자 250g, 양상추 속대 2개). 아주 가는 그린빈스 250g의 질긴 섬유질을 떼어낸다. 완두콩 250g의 깍지를 깐다. 아티초크 2~3개를 겉잎을 모두 벗긴 뒤 속살 밑동만 돌려 깎아 레몬을 뿌려둔다. 색이 아주 하얀 콜리플라워 1/2개를 작은 송이로 떼어놓는다. 코코트 냄비에 당근, 그린빈스, 4등분으로 자른 아티초크, 방울 양파를 넣는다. 흰색 닭 육수를 재료의 높이까지 부은 뒤 끓을 때까지 가열한다. 끓는 상태로 8분간 익힌 다음 순무, 감자, 완두콩, 콜리플라워, 양상추 속대를 넣는다. 20분간 더 익힌다. 채소를 건져 뚜껑이 있는 서빙 그릇에 담는다. 남은 국물을 졸인 뒤 버터 50g을 넣고 거품기로 잘 저어 섞는다. 소스를 채소에 부어준다.

ragoût des loyalistes 라구 데 루아얄리스트

루아얄리스트 양고기 라구 : 양고기 700g을 사방 2cm 크기의 큐브 모양으로 썬 다음 소금, 후추로 밑간한다. 약간의 기름을 달군 소테 팬에 양고기를 지진 다음 다진 양파를 넣고 색이 나지 않게 볶는다. 물 1ℓ를 넣고 뚜껑을 덮은 뒤 1시간 30분간 익힌다. 익히는 시간의 반 정도 경과한 뒤 깍둑 썬 당근 250g과 순무 250g을 넣는다. 20분간 익힌 후에 깍둑 썬 감자 250g을 넣는다. 완성된 라구에 잘게 썬 파슬리를 뿌려 서빙한다.

ragoût à la napolitaine 라구 아 라 나폴리텐

나폴리탄 라구 : 생햄을 0.5cm 굵기의 작은 막대모양으로 썰어 후추를 묻히고 잎만 떼어낸 마조람에 굴린 뒤 2kg짜리 소고기 또는 돼지고깃덩어리에 군데군데 찔러 넣는다. 조리용 실로 고기를 묶은 뒤 뜨겁게 달군 코코트 냄비에 지져 각 면에 고르게 색을 낸다. 꺼내서 따뜻하게 보관한다. 같은 냄비에 껍질 벗겨 작게 깍둑 썬 당근 2개, 양파 큰 것 2개, 샐러리 2줄기와 타임 1줄기를 넣고 갈색이 나도록 볶는다. 고깃덩어리를 다시 냄비에 넣은 뒤 중불로 가열한다. 레드와인 200mℓ를 조금씩 넣는다. 국물에 토마토 페이스트를 2스푼씩 넣어가며 풀어 총 400g을 혼합한다. 연한 육수를 몇 국자 첨가하여 국물을 희석한 다음 뚜껑을 덮고 뭉근히 익힌다. 중간중간 육수를 조금씩 보충해 소스가 너무 걸쭉해지지 않도록 한다. 라구는 파스타나 쌀 베이스의 다양한 나폴리탄 요리에 두루 잘 어울린다.

ragoût québecois de pattes 라구 케베쿠아 드 파트

퀘벡식 돼지 족 라구 : 돼지 족 3kg을 토막 내 끓는 물에 데쳐 건진다. 큰 냄비에 물 4ℓ와 돼지 족을 넣고 깍뚝 썬 양파 125g, 정향 1개, 계핏가루 1자밤, 소금, 후추를 넣는다. 3시간 동안 익힌다. 마지막 20분이 남았을 때 껍질을 벗긴 감자 500g을 넣는다. 돼지 족과 채소를 건져내고 국물은 체에 거른다. 돼지 족을 바르고 살을 잘게 뜯어 놓는다. 밀가루 4테이블스푼에 국물을 조금 넣어 풀어준 다음 냄비에 붓고 30분간 끓인다. 발라 놓은 돼지 족 조각과 감자를 소스에 넣고 다시 한 번 끓어오를 때까지 가열한 다음 바로 서빙한다.

RAGUENEAU (CYPRIEN) 시프리앵 라그노 프랑스의 파티시에(1608, Paris 출생–1654, Lyon 타계). 파리 생 토노레가에서 아마퇴르 드 올트 그레스(Amateurs de Haulte Gresse)라는 이름의 매장을 운영했던 그는 타르틀레트 아망딘(아몬드 크림을 채운 타르트)을 처음 만들어낸 파티시에다. 그가 만든 타르트, 마지팬, 사향과 용연향 파이, 퓌유테 페이스트리, 리솔, 크라클랭 등은 매우 인기가 높았다. 하지만 이 매장은 가난에 굶주린 시인들과 집시들이 점령하기 시작했고 그들은 음식값 대신 칭송의 시구로 지불을 대신했다. 이들이 찬사를 시를 읊기 시작하면 라그노는 선한 마음으로 먹을 것을 제공했다. 그는 극심한 가난 속에 세상을 떠났다.

RAIDIR 레디르 고기, 가금류 또는 수렵육을 조리하는 시작 단계에 살짝 겉만 익히는 것을 의미한다. 기름을 두른 팬에 고기를 넣고 중불에서 색이 나지 않게 지져 겉만 단단해지도록 응고시킨다. 일반적으로 흰색 소스를 곁들여 계속 조리한다.

RAIE 레 가오리, 홍어. 홍어과에 속하는 연골어류인 가오리는 한류 또는 온대 해역에 서식하며 대개 크기가 크고 여러 종이 존재한다(**참조** p. 674~677 바다생선 도감). 등과 배를 납작하게 누른 형태의 물고기로 몸에 비늘이 없고 가슴지느러미가 발달한 부분이 날개처럼 넓게 펼쳐져 있으며 길고 가는 꼬리가 있다. 회갈색을 띤 윗면에는 짧은 주둥이 위로 두 개의 작은 눈이 있으며 배 쪽 면에는 매우 강력한 이빨을 가진 큰 입이 있다. 가오리의 아가리는 굴과 같이 매우 단단한 조개류도 분쇄시킬 수 있다. 가시가 없으며 연골뼈는 쉽게 제거할 수 있다.

■**종**. 가오리의 다양한 종은 외관으로 쉽게 식별할 수 있다

- 대서양 가오리(raie bouclée, 70cm~1.2m)는 가장 많이 알려지고 맛도 좋은 종으로 유럽 연안지대에서 잡히며 선명한 얼룩 무늬가 대리석처럼 분포되어 있다. 등과 날개, 어떤 것은 배 부위에 군데군데 동그랗고 꼬불꼬불한 결절이 돋아 있어 부클레(bouclée)라는 이름으로 불린다.
- 버터플라이 가오리(raie papillon, 최대 1m)는 날개 위에 두 개의 눈 모양 반점이 있다.
- 점박이 가오리(raie ponctuée)는 가장자리 쪽에 검정색의 큰 반점들이 나 있다.
- 검정색 또는 회색 홍어(raie pocheteau)는 주둥이가 뾰족하며 큰 것은 길이 2m, 무게 100kg을 넘는 것도 있다. 샤그린 홍어(raie chardon 또는 chagrine)는 무늬가 있으며 맛이 좋다.

그 외에도 맛은 현저히 떨어지지만 블론드 가오리(raie lisse)를 비롯한 다양한 종류의 식용 가오리, 홍어가 있다(capucin, brunette, mêlée, nourine, torpille, aigle, chimère 등). 캐나다에서 가장 맛있는 종류로 꼽히는 두 종류 가오리 중 하나는 가시대서양 홍어(thorny skate)로 크기가 1.2m 정도이고 그린란드 서해, 허드슨만 등지에서 잡힌다. 또 하나는 좀 더 작은 사이즈의 매끈한 블론드 가오리로 세인트로렌스강 하구에 자주 출몰한다.

■**사용**. 가오리의 껍질은 미끈미끈한 점액질로 덮여 있다. 이는 물고기의 입수와 유영을 쉽게 해줄 뿐 아니라 몸 위에 미생물이 고착되는 것을 막아주는 효과가 있다. 이와 같은 점액 샘은 특히 가장 많이 노출되는 부분인 반점 무늬가 있는 피부 안에 많이 분포되어 있다. 따라서 가오리나 홍어는 일반적으로 껍질을 벗기고 토막 낸 상태로 판매된다. 날개는 대부분 원래 모양을 유지한 그대로 판매된다. 가오리 살은 분홍빛이 도는 흰색이며 기름기가 적고 맛이 섬세하다. 조리하기 전 물에 여러 번 씻어야 한다. 홍어의 간과 볼살은 미식 애호가들이 특히 즐겨 찾는 부위이기도 하다. 브라운 버터를 곁들이는 전통적인 조리법 이외에도 홀랜다이즈 소스, 허브를 넣은 비네그레트 소스를 곁들이거나 뫼니에르, 튀김(특히 작은 가오리)으로 조리한다. 또한 그라탱처럼 구워 내거나 베샤멜 소스에 조리하기도 한다(특히 리크의 흰 부분을 넣어 조리하는 브르타뉴식).

beignets de foie de raie ▶ BEIGNET

자크 르 디벨렉(JACQUES LE DIVELLEC)의 레시피

foies de raie au vinaigre de cidre 푸아 드 레 오 비네그르 드 시드르

시드르 식초 소스를 곁들인 홍어 간 요리 : 홍어 간 400g을 약하게 끓고 있는 쿠르부이용에 넣어 5분간 데친 뒤 불을 끄고 그 상태로 식힌다. 과육이 단단한 사과 4개의 껍질을 벗긴 뒤 속과 씨를 제거하고 얇게 썬다. 팬에 버터 15~20g을 녹인 뒤 사과를 넣고 약한 불로 익힌다. 소금, 후추로 간을 한다. 홍어 간을 도톰한 두께로 어슷하게 썰어 버터를 달군 팬에 지진다. 건져서 뜨겁게 데워둔 서빙 접시에 담는다. 팬의 버터를 덜어낸 뒤 시드르 식초 2테이블스푼을 넣고 잠깐 끓인다. 이 소스를 홍어 간 위에 붓는다. 사과를 빙 둘러 담고 잘게 썬 차이브를 뿌려 낸다.

raie au beurre noisette 레 오 뵈르 누아제트

브라운 버터 소스를 곁들인 가오리 요리 : 가오리를 토막 내고 날개 부분은 그대로 모양을 살려둔다. 쿠르부이용, 또는 식초와 소금을 넣은 물에 가오리를 넣고 데친다. 끓을 때까지 가열한 뒤 거품을 건지고 불을 줄여 5~7분간 약하게 끓는 상태로 익힌다. 팬에 버터를 녹여 갈색이 나기 시작할 때까지 가열한다. 가오리를 건져 뜨겁게 데워둔 접시에 담는다. 레몬즙과 케이퍼를 뿌리고 이탈리안 파슬리 몇 줄기를 얹어준다. 뜨거운 브라운 버터를 끼얹어 낸다.

raiteaux frits 레토 프리

작은 가오리 튀김 : 껍질을 벗긴 아주 작은 가오리를 준비하여 차가운 우유를 자작하게 붓고 1시간 동안 재워둔다. 건져서 물기를 제거한 다음 밀가루를 묻혀 180°C의 뜨거운 기름에 튀긴다. 종이타월에 기름을 빼고 고운 소금을 뿌려 접시에 담는다. 무늬를 내어 반으로 자른 레몬 조각을 곁들여 서빙한다.

salade de raie ▶ SALADE

RAIFORT 레포르 홀스래디시, 서양고추냉이. 십자화과에 속하는 한해살이 식물로 원산지인 동유럽에서는 대부분 자생한다. 동부 유럽과 북유럽(스칸디나비아, 알자스, 러시아, 독일 등) 요리의 전통 양념 중 하나인 홀스래디시에는 비타민 C가 풍부하여 오래전부터 괴혈병 치료제로 알려졌고 전통적으로 선원들이 많이 소비했다.

■**사용**. 회색 또는 누르스름한 색을 띤 원통형의 길쭉한 뿌리로 속살은 흰색이며 맵고 자극적인 맛과 코가 찡하게 톡 쏘는 향을 갖고 있다. 씻어서 껍질을 벗긴 뒤 주로 강판에 갈아서 사용한다. 그대로 사용하거나 크림(생크림, 사워크림) 또는 우유에 적셔 불린 빵가루를 섞어 매운맛을 순화해 쓰기도 한다. 또는 얇고 동그랗게 썰어 사용하기도 한다. 주로 소고기와 돼지고기(뜨거운 수육, 브레이징한 고기 또는 차가운 고기 등), 생선(청어, 훈제연어), 데친 소시지, 감자 샐러드 등에 향을 더하는 양념으로 사용된다. 또한 홀스래디시는 각종 소스(찬 소스, 더운 소스 모두 포함)와 비네그레트, 머스터드, 맛 재료를 섞은 버터 등에 넣어 섞기도 하며, 일부 식초 절임에도 사용된다.

▶ 레시피 : MOZZARELLA, SAUCE.

RAIPONCE 레퐁스 영아자. 초롱꽃과에 속하는 식물로 뿌리를 식용으로 섭취한다. 생으로 잘게 썰어 샐러드(비트, 셀러리와 혼합한다)로 먹거나 샐서피처럼 익혀서 먹기도 한다. 상큼한 맛을 내는 잎 또한 샐러드로 먹거나 시금치와 같은 방법으로 조리한다.

RAISIN 레쟁 포도. 포도과에 속하는 소관목인 포도나무의 열매. 포도 열매는 꽃자루에 다양한 크기의 동그란 모양 또는 갸름한 알갱이들이 달려 있는 송이 형태로 열린다. 포도 알갱이들은 밝은 색(연두색 또는 황금빛을 띠는 노란색) 또는 어두운 색(푸른빛이 도는 보라색)의 껍질로 싸여 있으며 안에는 달콤한 맛의 과육과 씨(1~4개)가 들어 있다. 포도는 색깔에 상관없이 대부분 와인을 만드는 데 쓰인다(**참조** VIN). 알려진 품종은 3,000여 개로 그중 80종 정도가 양질의 포도주 제조 및 일반 과일용으로 소비된다(**참조** 포도 도표와 p.727 도감). 일반 과일로 소비되는 포도는 생과일로 먹거나 파티스리 및 요리에 사용하며 말려서 건포도(설타나처럼 씨가 없는 품종)를 만들기도 한다. 최근 몇 년 전부터 남아프리카공화국과 칠레 등의 공급 확대에 힘입어 알이 굵고 씨가 없는 새로운 품종의 신선 포도 소

포도(일반 과일용)의 주요 품종과 특징

품종	산지	출하 시기	외형	맛
노란색 또는 황금색 포도알의 백포도 *blancs à grains jaunes ou dorés*				
알레도 aledo	스페인	11월~1월	알이 굵고 갸름하며 흰색, 황금색을 띤다. 껍질은 중간 두께다.	향이 약간 있다.
샤슬라 chasselas	랑그독 루시용, 미디 피레네	8월 중순~10월 말	알이 작거나 중간 크기의 동그란 모양이며 황금빛 노란색을 띤다. 껍질이 얇고 씨가 많다.	즙이 많고 달다.
샤슬라 드 무아삭 hasselas de Moissac(AOC)	타른 데 가론, 로트	8월 말~10월 말	알이 작거나 중간 크기의 동그란 모양이며 껍질이 얇고 살이 단단하다.	즙이 많고 달다.
당라 danlas	미디 피레네, 프로방스	8월 중순~9월 말	알이 굵고 동그란 모양이며 노란색을 띤다. 껍질은 중간 두께다.	향이 약간 있다.
이탈리아, 이데알 italia ou idéal	이탈리아(시칠리아), 미디 피레네, 프로방스	9월~12월	알이 매우 굵은 타원형이며 연두빛 노란색, 황금빛 노란색을 띤다. 껍질이 약간 두꺼운 편이다.	뮈스카(사향) 향이 난다.
톰슨 시들리스, 쉴타닌 thompson seedless, sultanine	칠레	2월~5월	알이 작고 갸름하며 노르스름한 연두색을 띤다. 껍질은 중간 두께이며 씨가 없다.	향이 약간 있다.
검정 또는 보라색 포도알 *à grains noirs ou violets*				
알퐁스 라발레, 리비에 alphonse lavallée ou ribier	프로방스, 랑그독, 미디 피레네	8월 말~11월 초	알이 굵고 둥글며 검정색이다. 껍질이 두껍다.	식감이 아삭하다.
	칠레, 남아프리카	3월~4월		
카르디날 cardinal	랑그독 루시용, 프로방스	8월	알이 굵고 둥글며 보랏빛 붉은색을 띤다. 껍질이 두껍다.	즙이 많고 달다.
리발 lival	프로방스	8월	알이 굵고 둥글며 검정색이다. 껍질이 두껍다.	단단하다.
모스카텔, 카 로제 moscatel ou muscat rosé	칠레	2월~5월	알이 중간 크기의 타원형이며 분홍에서 붉은색을 띤다. 껍질은 약간 두꺼운 편이다.	달다.
뮈스카 드 앙부르 muscat de Hambourg	프로방스, 랑그독, 미디 피레네	8월 말~11월 초	알이 중간 크기로 약간 갸름하며 검정색이다. 껍질이 얇다.	뮈스카(사향) 향이 난다.
뮈스카 드 방투 muscat de Ventoux(AOC)	보클뤼즈	8월 말~11월 초	알이 약간 갸름하며 검푸른색을 띤다. 껍질이 얇다.	뮈스카(사향) 향이 난다.
리볼 ribol	프로방스, 미디 피레네	10월~12월	알이 굵고 타원형이며 검정색이다. 껍질이 두껍다.	아삭한 식감이다.

비가 늘고 있다.

■ **역사.** 아주 오랜 옛날부터 조상들은 포도나무 열매로 발효주를 만들어 왔다. 고대 이집트의 오시리스와 그리스의 디오니소스 숭배 등은 포도 재배와 포도주 양조의 오랜 역사를 증명한다. 포도 알갱이를 말려서도 사용할 줄 알았던 고대 그리스와 로마인들에 이어 술통을 처음 만들어낸 갈리아인 덕분에 포도 재배는 더욱 활기를 띠었고, 수도사들은 점차적으로 양조 기술을 발전시켜 나갔다. 일반 과일로 소비되는 포도와 건포도는 예로부터 언제나 식탁 위에 있었다. 열량이 높고(100g당 81kcal 또는 339kJ) 수분과 당 함량이 높은 포도는 영양가가 높고 갈증을 해소시켜 주는 과일로 칼륨, 철분, 비타민 및 미량의 무기질을 함유하고 있으며 타닌과 플라보노이드가 풍부하다.

■ **사용.** 일반 과일로 소비할 포도를 구입할 때는 깨끗하고 잘 익은 것, 알갱이가 단단하며 너무 촘촘하게 달려 있지 않고 굵기가 고르며 색이 균일한 것을 선택한다. 특히 포도를 갓 땄을 때 얇게 흰색 분이 남아 있고, 줄기는 손으로 꺾었을 때 탁하고 부러져야 싱싱한 것이다. 포도는 레몬즙이나 식초를 조금 넣은 물에 꼼꼼히 씻어 물기를 제거한 뒤 먹는다. 바구니에 제철과일과 함께 담아 식후 디저트로 서빙하며 송이 줄기를 작게 자를 수 있도록 전용 작은 가위를 함께 내면 좋다. 포도는 요리와 파티스리에서도 많이 사용된다. 신선한 포도는 특히 송아지 간 또는 오리 간 요리, 메추라기와 개똥지빠귀 로스트, 생선, 흰색 부댕 등에 잘 어울린다. 또한 포도 알갱이를 샐러드(특히 닭가슴살을 저며 넣은 샐러드)나 과일 화채에 넣기도 한다.

포도는 또한 타르트, 플랑, 잼, 주스, 쌀로 만든 디저트 등을 만드는 데도 사용된다. 한편 포도씨를 압착하여 필수지방산이 풍부한 기름(**참조** p.462 오일 도표)을 추출할 수 있다, 포도씨유는 항산화 기능 및 콜레스테롤 수치 상승을 막는 효과가 있는 것으로 알려졌다.

▶ 레시피 : AMANDE, CAROTTE, FIGUE, FOIE GRAS, PIGEON ET PIGEONNEAU, RAISINÉ.

RAISIN SEC 레쟁 섹 건포도. 씨가 거의 없는 포도 중 아주 당도가 높은 품종을 선별해 말린 것이다(**참조** p.728 건포도 도표). 포도를 알칼리 용액 또는 끓는 수산화칼륨 용액에 담갔다 건져 말린 뒤(햇볕에 자연건조 또는 기계를 사용한 열풍 건조) 포도 알갱이를 하나하나 떼어서 또는 송이 그대로 포장한다. 수분의 90%가 제거된 건포도는 열량(100g당 280kcal 또는 1170kJ)과 당분(100g당 66g) 함량이 매우 높으며 칼륨, 철분 및 미량 무기질이 풍부하다. 요리에서 주로 고명 또는 양념 재료로 쓰이며 특히 닭에 채워 넣는 스터핑, 검은 부댕, 몇몇 고기 테린, 파테, 파이 등에 들어간다. 또한 일부 쿠스쿠스와 타진, 필라프 라이스 및 크레올 요리에도 종종 사용한다. 시칠리아에서는 정어리에 건포도를 채운 뒤 파피요트로 조리하며, 포도나무잎으로 싼 돌마(dolmas)의 소 재료로 넣기도 한다. 브레이징한 햄에 곁들이는 포트와인 소스에 건포도를 넣어 맛을 더하기도 한다.

파티스리에서도 건포도의 용도는 매우 다양하다. 따뜻한 물이나 와인, 럼에 담가 재운 뒤 발효 반죽에 채워 넣거나 쌀 또는 세몰리나로 만든 디저트에 곁들이기도 하며 각종 푸딩과 빵은 물론이고 과자류에도 일부 들어간다. 특히 북부와 동부지방에서는 다른 견과류와 섞어서 많이 사용한다.

▶ 레시피 : BRIOCHE, PAIN AUX RAISINS, SORBET.

RAISINÉ 레지네 압착한 포도(때로는 발효 전의 포도즙)에 설탕을 넣지 않고 다양한 과일을 넣어 약하게 끓여 졸인 잼의 일종이다. 레지네는 콩포트처럼 주로 빵이나 크래커 등에 발라 먹으며 일반 잼보다는 보존 기한이 짧다. 프랑스어권 스위스에서는 끓여서 농축한 사과즙 또는 배즙을 가리켜 레지네(raisinée)라고 여성형으로 부른다.

raisiné de Bourgogne 레지네 드 부르고뉴

부르고뉴의 레지네 : 당도가 아주 높은 포도(검은 포도 또는 백포도)를 준비하여 알갱이를 하나하나 떼어낸 다음 싱싱하고 흠이 없는 것만 추려낸다. 잼 전용 냄비에 포도를 담고 약한 불에 올린 뒤 나무 주걱으로 으깬다. 체에 내려 즙을 받아둔다. 절반을 냄비에 붓고 약한 불로 가열하며 거품을 꼼꼼히 건진다. 즙이 끓어오르면 나머지 즙을 조금 넣는다. 끓어오를 때마다 같은 방법으로 나머지 즙을 조금씩 넣어가며 모두 소진한다. 끓이는 동안 계속 젓는다. 포도즙이 반으로 졸아들면 껍질을 벗기고 씨를 빼낸 뒤 얇게 썰어둔 과일(서양 배, 유럽 모과, 사과, 복숭아, 멜론 등)과 약간의 설탕을 넣는다. 이 과일들의 무게는 최소한 포도와 동량이어야 한다. 농도가 어느 정도 걸쭉해질 때까지 끓인다(엄지와 검지로 집은 뒤 두 손가락을 떼었을 때 끈적이는 실처럼 늘어나면 적당한 농도가 된 것이다). 체에 걸러 내린 뒤 작은 병에 넣어 보관한다.

RAISSON (HORACE-NAPOLÉON) 오라스 나폴레옹 레송 프랑스 작가, 미식가(1798, Paris 출생—1854, Paris 타계). 여러 개의 다른 필명(A. B. de Périgord도 그중 하나다)으로 다수의 요리 서적을 펴낸 그는 특히 1825년부터 1830년에 걸쳐 『신 미식연감(*Nouvel Almanach des gourmands*)』을 집필했다. 이것은 그리모 드 라 레니에르(Grimod de La Reynière)의 책 제목에서 영감을 받아 따온 것이다. 한편, 그의 저서 『미식 법전(*Code gourmand*)』는 여러 차례에 걸쳐 재발간되었다. 1827년에는 마드무아젤 마거리트라는 필명으로 『신 부르주아 요리사(*Nouvelle Cuisinière bourgsoise*)』를 발간했고 이는 오래도록 꾸준한 성공을 거두었다. 이 책의 마지막 판은 1860년에 출간되었다.

RAITA 라이타 인도의 요거트 샐러드. 생채소나 과일에 요거트를 섞은 인도의 음식으로 채소의 경우는 소금으로 간을 하고 과일 샐러드의 경우는 설탕을 넣는다.

RAÏTO 라이토 프로방스의 양념 소스(raite, 또는 rayte라고도 불린다)로 원조는 그리스 음식인 것으로 추정된다. 라이토 소스는 토마토, 양파, 분쇄한 호두, 마늘에 월계수잎, 타임, 파슬리, 로즈마리, 펜넬, 정향으로 향을 더한 뒤 올리브오일과 레드와인을 넣어 오랫동안 뭉근하게 끓여 만든다. 걸쭉하게 졸여 블렌더로 갈고 체에 거른 뒤 케이퍼와 블랙올리브를 넣기도 한다. 특히 튀기거나 팬에 지진 염장대구 등의 생선 요리에 아주 뜨겁게 곁들여낸다.

RAKI 라키 아니스 향이 나는 터키의 식전주로 '사자의 우유'라는 별명을 갖고 있으며 그리스의 우조(ouzo)와 매우 비슷하다. 알코올 도수는 45~50%Vol. 정도이며 최고급 라키는 오래 숙성된 고급 오드비를 선별하여 제조한다. 어떤 것들은 매스틱(피스타치오 나무와 비슷한 소관목인 유향나무의 수지)를 첨가해 만들기도 한다. 라키는 주로 메인 요리 전에 서빙되는 모듬 전채인 메제(mezze)에 곁들여 마신다.

RÂLE 랄 뜸부기. 뜸부기과에 속하는 섭금류 수렵육으로 꽤 인기가 있으며 주로 습한 초원지대(메추라기 뜸부기)나 늪지대(흰 눈썹 뜸부기)에 서식한다. 특히 메추라기 뜸부기는 즐겨 찾는 이가 많지만 개체 수가 점점 줄어 희귀해지는 추세다. 이 새는 프랑스에서 메추라기의 왕으로 불리며 조리법 또한 메추라기와 동일하다.

RAMADAN 라마단 라마단. 회교력 9월을 지칭하며, 대부분의 이슬람 교도들은 이 기간 중 일출에서 일몰까지 의무적으로 금식한다. 라마단 기간 중 해가 떠 있는 동안은 음식, 물(입을 축여 헹구는 것만 가능하다), 담배, 성관계, 향수가 금지된다. 모로코에서는 해가 지면 식사를 시작하는데 주로 수프(harira), 삶은 달걀, 대추야자, 달콤한 케이크 등을 먹는다. 저녁 기도가 끝나면 두 번째 식사를 한다. 이때는 크레프, 꿀, 때로는 수프(bazine, 세몰리나를 끓인 수프에 버터와 레몬즙을 첨가한 것)나 할랄

RAISINS DE TABLE 포도

alphonse lavallée, ou ribier
알퐁스 라발레, 리비에. 리비어

danlas
당라

muscat de Hambourg
뮈스카 드 앙부르. 블랙 머스캣, 함부르크 머스캣

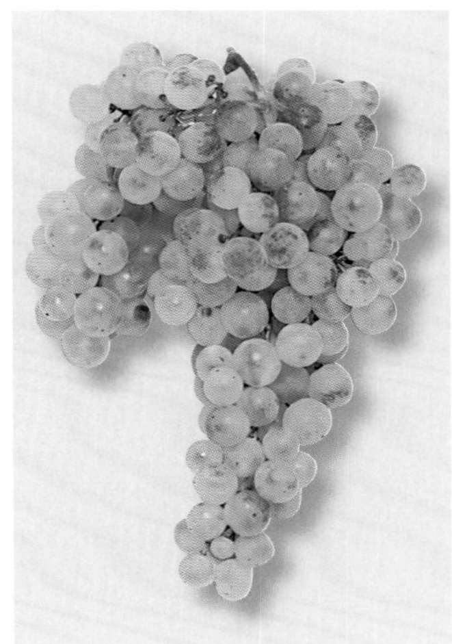
chasselas de Moissac
샤슬라 드 무아삭

cardinal
카르디날. 카디날

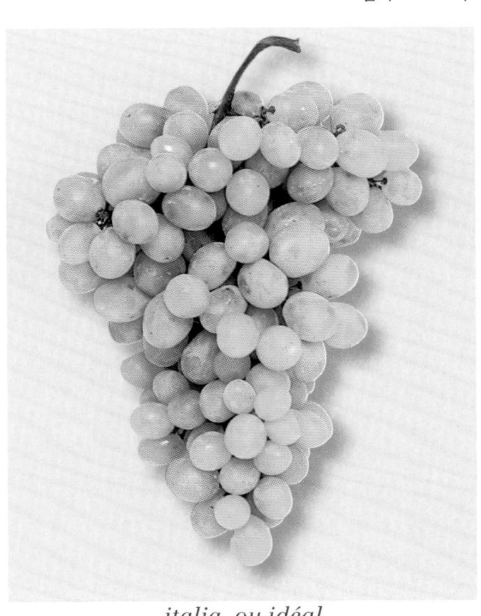
italia, ou idéal
이탈리아, 이데알

thompson seedless, ou sultanine
톰슨 시들리즈, 쉴타닌. 설타나

건포도의 주요 품종과 특징

품종	산지	출하시기	외형	맛
레쟁 드 케스 raisins de caisse	남프랑스	9월	알이 작고 황금색을 띠며 씨가 없다.	단맛이 적다.
블랙코린트 de Corinthe	그리스(펠로폰네소스)	4월~9월	알이 아주 작고 검은색을 띠며 씨가 없다.	특유의 맛이 있다.
말라가 de Málaga	스페인	9월	알이 굵고 붉은색을 띤 짙은 보라색이다.	사향 향이 있으며 단맛이 적다.
설타나 de Smyrne (sultanine)	터키, 크레타 섬, 이란	9월	알이 작으며 씨가 없고 투명한 황금색을 띤다.	섬세하고 사향 향이 나며 단맛이 적다.
톰슨 시들리스 thompson seedless	캘리포니아	9월	알이 작고 황금빛 노란색을 띠며 말랑말랑하다.	향이 거의 없다.
	남아프리카, 칠레	4월		

림(halalim, 콩에 향신 재료를 넣고 끓인 스튜의 일종으로 소시지, 양고기나 송아지 고기, 효모를 넣은 세몰리나 반죽 파스타를 곁들인다)을 먹는다. 세 번째 식사는 새벽 동이 트기 바로 전, 금식을 다시 시작하기 전에 먹는다. 라마단 기간의 중간으로 접어들면 모로코에서는 파스티야(pastilla), 레몬을 곁들인 로스트치킨, 달콤한 파티스리로 구성된 전통 식사를 먹는다. 라마단이 끝나면 이를 축하하는 축제(Aïd al-Adha 또는 Aïd el-Kebir)가 열리며 이때에는 전통적으로 양고기 로스트를 즐겨 먹는다.

RAMAIN (PAUL) 폴 라맹 프랑스의 의사(1895, Thonon 출생—1966, Douvaine 타계). 스스로를 자유로운 시골 미식가라고 부르기를 좋아했던 라맹은 와인에 대한 해박한 지식을 지닌 대가였으며 "언제나 와인과 함께 한다면 절대 헛되지 않을 것이다"라는 모토를 부르짖었다. 유명한 균 학자였던 그는 『버섯 미식학(*Mycogastronomie*)』(1953)을 집필했다. 잘 알려지지 않았던 레시피들을 포함하여 수많은 버섯 조리법을 소개한 이 책은 오늘날까지도 권위 있는 참고자료로 인정받고 있다. 음식과 와인의 이상적인 조합에 대해서도 관심이 많았던 그는 좋은 식사에는 훌륭한 정통 샹파뉴 와인만을 곁들여도 된다고 추천했다. 그는 또한 각 지역의 좋은 와인들에 대해 신뢰와 자부심을 가져야 한다고 충고했으며 "각 와인과 요리 사이에는 탄산이(거의) 들어 있지 않은 순수하고 차가운 물을 한 모금 마셔야 한다"라는 조언을 남겼다.

RAMASSE-MIETTES 라마스 미에트 빵 부스러기를 치우는 도구. 부드러운 털로 만들어진 솔로 손잡이가 달려 있으며 작은 쓰레받기가 한 세트로 되어 있다. 주로 디저트를 서빙하기 전, 식탁보에 떨어진 빵 부스러기를 치우는 용도이며 경우에 따라 식사 서빙 코스 사이사이에 사용하여 테이블을 깨끗하게 정리하기도 한다. 자동식 타입은 솔이 달린 케이스 형태로, 테이블에 놓고 굴리면서 밀면 빵가루가 제거된다. 또 다른 유형은 주로 레스토랑에서 많이 사용하는 종류로, 금속 소재의 길쭉하고 우묵하게 살짝 휜 판으로만 이루어진 단순한 형태다.

RAMBOUTAN OU LITCHI CHEVELU 랑부탕, 리치 슈블뤼 람부탄. 무환자나무과에 속하는 열대과일로 리치와 비슷한 람부탄은 말레이시아가 원산지이며 동남아시아 전역에서 많이 재배된다(**참조** p.404, 405 열대 및 이국적 과일 도감). 람부탄의 열량은 100g당 66kcal 또는 276kJ이며 비타민 C가 풍부하다. 붉은색의 두꺼운 껍데기에는 갈고리 모양의 털이 나 있으며 반투명한 살은 달콤하나 리치보다 향은 덜하다. 프랑스에서 신선한 람부탄(태국에서 수입)은 5월에서 9월까지 시장에 출하되며, 시럽에 절인 통조림 제품도 구입할 수 있다. 껍질을 벗겨 그냥 먹거나 과일 샐러드에 넣는다. 또한 닭고기나 돼지고기 요리에 곁들이면 잘 어울린다.

RAMEQUIN 라므캥 라므킨. 둘레가 직각으로 뚝 떨어진 작은 원형 용기로 지름은 8~10cm 정도이며 스텐, 도자기, 내열 유리 등의 소재로 되어 있다. 음식을 익혀 그대로 서빙하는 개인용 용기로 다양한 종류의 더운 애피타이저를 1인분씩 서빙하는 데 주로 사용된다. 그 외에도 라므킨은 1인용 아스픽이나 차가운 앙트르메 등을 넣어 굳힌 뒤 그대로 혹은 틀을 제거한 뒤 서빙하는 데 사용된다. 이 명칭은 또한 그뤼에르 치즈를 넣은 우유 베이스의 슈 반죽으로 만든 따뜻한 오르되브르를 지칭하기도 한다. 옛날에는 슬라이스하여 구운 빵에 살코기, 콩팥, 치즈, 양파, 마늘을 얹고(요리사 라바렌의 레시피) 크림을 적신 뒤 화덕의 숯 검댕을 뿌린 음식을 라므킨이라고 불렀다. 오늘날에도 스위스 보의 라므킨은 빵에 치즈를 얹어 그라탱처럼 구워낸 것을 뜻한다. 프랑스 두 지방(Douai, pays de Gex)의 특선 음식 또한 옛날에 쓰이던 의미의 라므킨이라는 이름을 아직도 사용한다. 두에 지방의 라므킨(ramequin douaisien)은 작은 빵 안에 다진 콩팥, 우유에 적신 빵가루, 달걀, 허브를 섞은 소를 채운 뒤 오븐에 구워낸 것이다. 젝스(Gex)의 라므킨은 블루치즈(bleu du haut Jura)와 콩테 치즈에 육수, 레드와인, 버터, 마늘, 머스터드를 넣고 녹인 것이며 퐁뒤처럼 큐브 모양으로 썬 빵을 곁들여 서빙한다.

RAMPONEAUX (JEAN) 장 랑포노 파리의 선술집 및 레스토랑 주인(1724, Vignol 출생—1802, Paris 타계). 그는 자신 매장의 와인을 벨빌 남쪽 끝에 위치한 쿠르티유 뒤 탕플(Courtille du Temple)의 동료업자들보다 파인트당 1센트씩 싸게 팔아서 손님을 많이 끌어 모았다. 당시의 판화에는 시와 노래가 넘쳐나던 그의 카바레 탕부르 루아얄(Tambour Royal)의 내부 모습을 묘사한 것들이 많았다. 랑포노는 번성하는 그의 사업을 아들에게 물려주었고 파리 쇼세 당탱에 레스토랑 라 그랑드 팽트(la Grande-Pinte)를 열었다. 이곳은 600명을 동시에 수용할 수 있는 대규모 시설이었다. 이 식당은 1851년 폐업했다. 이후 마르소 대로의 한 레스토랑은 이 카바레 주인의 이름을 다시 사용했다(철자가 Ramponneau 또는 Ramponeau로 된 것도 찾아볼 수 있다).

RAMSAY (GORDON) 고든 램지 스코틀랜드 출신 영국의 요리사(1966, Glasgow 출생). 스코틀랜드에서 태어난 그는 가족과 함께 스태포드 어폰 에이번(Statford-upon-Avon)에 정착했으며, 1981년에는 글래스고 레인저스 축구팀에 합류한다. 무릎 부상으로 진로를 바꾸게 된 그는 1987년 윈즈워스의 레스토랑 하비즈(Harvey's)에 들어가 마르코 피에르 화이트 밑에서 요리를 배운다. 이어서 가브로슈(Gavroche)의 알베르 루(Albert Roux)를 사사한 뒤 파리의 기 사부아 레스토랑에서 1년 반, 조엘 로뷔숑의 레스토랑에서 1년, 알랭 뒤카스의 루이 캥즈에서 두 달간의 견습을 거친다. 1993년 그는 런던 첼시의 레스토랑 오베르진의 오픈과 함께 주방을 맡았고 얼마 안 있어 미슐랭 가이드의 별 한 개, 이어서 1997년에는 별 두 개를 획득한다. 1998년 첼시의 탕트 클레르(Tante Claire)로 자리를 옮긴 그는 첫해부터 미슐랭 2스타의 영광을 얻는다. 1999년에는 마커스 웨어링(Marcus Wareing)과 함께 런던 세인트제임스가에 페트뤼스(Petrus)를 열었고, 2001년에는 첼시의 식당으로 미슐랭 3스타의 주인공이 되었다. 같은 해 4월 데이비드 뎀시(David Dempsey)와 함께 글래스고에 아마릴리스(Amaryllis)를, 10월에는 런던 클래리지스(Claridge's) 호텔에 자신의 이름을 내건 레스토랑 고든 램지를 오픈한다. 그의 제자 안젤라 하트넷(Angela Hartnett)이 고든 램지의 지휘 하에 코노트(Connaught) 호텔 주방에 합류하였고, 에스코피에 스타일 클래식 프렌치의 전당인 이곳의 요리를 가볍고 모던하게 변모시키는 혁신을 일으킨다. 이후 고든 램지는 영국을 대표하는 강한 개성의 요리사로 이름을 굳혔다. 그의 요리는 프랑스와 영국식을 접목한 것들이 많다. 브레스 닭에 글로스터 햄을 곁들여 조리하거나 스코틀랜드산 메추리에 프로방스풍으로 토마토와 허브를 넣은 비네그레트 소스로 맛을 내기도 했다. 또는 스코틀랜드산 랍스터를 쿠르부이용에 데친 뒤 그리스식 채소를 곁들이기도 했으며, 애버딘산 소 볼 살에 이국적인 향신료를 더하는 등 그의 요리들은 완벽하고 정확한 맛의 대명사였다.

RANCE 랑스 지방 또는 기름진 음식이 산패되어 냄새가 심하게 나거나 맛이 변질된 상태를 가리킨다. 일반적으로 음식의 산패는 빛, 높은 온도, 금속 성분 의해 가속화되며, 제대로 정제하지 않은 기름의 경우 더욱 취약하다. 약간의 설탕을 넣고 숨을 쉴 수 있는 마개로 병을 밀봉하면 어느 정도 개선할 수 있다. 산패된 버터나 돼지비계를 회복시키기 위해서는 베이킹 소다를 넣고 주무르거나 잠시 담가 두었다가 충분히 헹궈낸다.

RANCIO 랑시오 오크통에 넣어 원칙적으로 햇볕에 노출된 상태로 몇 년간 숙성시킨 독특한 풍미의 주정강화와인. 산화타입 와인으로 복합적이고 부드러운 맛을 갖게 된다. 스페인에서 랑시오는 셰리와인과 말라가 와인의 고소한 너트 풍미를, 포르투갈에서는 일부 포트와인과 마데이라 와인 특유의 강한 맛을, 그리고 이탈리아에서는 마르살라와 기타 몇몇 주정강화와인을 가리킨다.

RÂPE 라프 강판. 길쭉한 형태의 납작하거나 약간 우묵하게 휜 주방도구로 뾰족한 톱날이 돌출되어 있고 동그랗거나 길쭉한 타원형의 작은 구멍들이 뚫려 있다. 단단한 재료를 대고 긁어서 다양한 굵기의 가는 채 또는 실 모양으로 갈아내거나(그뤼예르 치즈, 당근, 셀러리악 등) 가루 또는 아주 미세한 입자로 분쇄(코코넛, 넛멕, 파르메산 치즈, 시트러스 과일 제스트 등) 할 때 사용한다. 사이즈가 가장 작은(길이 3cm) 종류는 넛멕용 강판이며, 채소용 또는 치즈용 강판은 20cm 짜리의 큰 사이즈도 있다. 또한 레버를 돌려 채소를 갈아 내리는 기계식 푸드밀 타입도 있는데 일반적으로 여러 종류의 절삭망이나 날을 교체해 끼울 수 있도록 되어 있다. 한편 음식을 대량으로 갈 때는 전동분쇄기나 푸드프로세서에 용도에 맞는 부품을 장착하여 사용하기도 한다.

RÂPER 라페 강판으로 갈다. 단단한 음식을 일반적으로 강판을 사용하여 작은 입자로 만드는 것을 의미한다. 주로 생채소, 치즈, 시트러스 과일 제스트 등을 이러한 방법으로 갈 수 있다.

RÂPEUX 라푀 어떤 음식이나 와인을 입안에 넣었을 때 마치 거친 알갱이의 가루에서 느낄 수 있음직한 까끌까끌한 느낌을 남기는 상태를 뜻한다.

RAS EL-HANOUT 라스 엘 하누트 중동의 혼합 향신료 가루로 재료의 구성이나 배합 비율은 매우 다양하며(정향, 계피, 올스파이스, 강황, 커민, 캐러웨이, 고수, 생강, 인삼, 넛멕, 마니게트(그레인 오브 파라다이스), 라벤더, 오레가노, 갈랑가, 검은 후추 등) 주로 모로코와 튀니지에서 많이 사용한다. 특히 튀니지의 라스 엘 하누트는 맵고 강한 맛이 덜하며 말린 장미꽃 봉우리를 넣어 향을 낸다. 라스 엘 하누트는 매장에서 가장 좋은 것이라는 뜻으로 라구, 쿠스쿠스용 국물 또는 기타 다양한 마그레브 요리의 맛을 돋우는 데 두루 사용된다.

RASCASSE 라스카스 쏨뱅이. 양볼락과에 속하는 생선으로 대가리가 매우 크고 가시가 돋아 있다(**참조** p.674~677 바다생선 도감). 쏨뱅이는 다음 3종으로 분류된다.

- 갈색 쏨뱅이는 영국의 섬들 남쪽 바다에서 모로코에 이르는 해역과 지중해에 서식한다. 아래턱 부위에 껍질이 없고 입의 안쪽은 밝은색을 띠고 있으며 몸은 작지만 다부진 형태로 회갈색 바탕에 어두운 반점이 곳곳에 나 있다.
- 붉은 쏨뱅이는 영국의 섬들 남쪽 바다에서 세네갈에 이르는 해역과 지중해에 서식한다. 샤퐁(chapon)이라고도 불리며 아래턱 부위에 껍질이 있고 몸은 길쭉하며 붉은색에서 노란색 바탕에 얼룩무늬가 대리석 모양으로 나 있다.
- 북해의 쏨뱅이는 그리 맛있는 생선으로 취급되지는 않으며 노르웨이에서 남아프리카에 이르는 해역과 지중해에 서식한다. 셰브르(chèvre)라고도 불리는 이 생선은 두 눈 사이의 간격이 매우 좁고 입의 안쪽은 검은색이다.

쏨뱅이는 살이 희고 단단하기 때문에 종류를 막론하고 모두 부야베스를 만드는 데 넣을 수 있다. 또한 도미와 같은 방법으로 조리하기도 하지만 대부분의 경우 필레로 판매하며 이를 구매했을 경우에는 명태 필레처럼 조리한다.

카르메 루스칼레다(CARME RUSCALLEDA)의 레시피

rascasse blanche, légumes, fraises, tasse de bouillon à la façon du Maresme 라스카스 블랑슈, 레귐, 프레즈, 타스 드 부이용 아 라 파송 뒤 마레슴

채소, 딸기, 마레스메식 국물을 곁들인 흰색 쏨뱅이 요리 : 4인분

각 300g짜리 흰색 쏨뱅이 4마리를 씻은 뒤 필레를 뜨고 대가리, 생선 가시는 따로 보관한다. 냄비에 기름을 두르고 생선뼈와 대가리를 노릇하게 볶은 뒤 물과 향신 재료를 넣어 육수를 만들고 간한다. 잘 익은 토마토 1개와 마늘 4톨, 파슬리잎 15장, 드라이 셰리와인 15mℓ를 모두 블렌더로 간 다음 육수에 넣는다. 5분간 끓인 후 입자가 둥근 단립종 쌀 15g과 끓는 물 500mℓ를 넣고 중불에서 12분간 더 끓인다. 간을 맞춘 다음 고운 체에 걸러둔다. 얇게 썬 당근 50g, 순무 50g, 그린빈스 50g을 끓는 물에 1분간 익힌다. 찬물에 식혀 건진 뒤 고른 굵기로 가늘게 채 썬다. 쏨뱅이의 간을 철판에 지진 다음 소금, 후추로 간한다. 블랙올리브 6개의 살을 곱게 갈아 섞은 다음 고운 체에 긁어내려 퓌레를 만든다. 여기에 딸기잼 1테이블스푼을 넣어 섞는다. 간을 맞춘다. 쏨뱅이 필레에 올리브오일을 바르고 소금을 뿌린 뒤 철판에 지진다. 너무 오래 익히지 않도록 주의한다. 알이 굵은 딸기 4개를 반으로 잘라 마찬가지로 철판에 지진다. 서빙용 접시 바닥에 생선 간 소스와 잼을 붓을 이용해 사선으로 발라준다. 채 썰어놓은 채소를 팬에 넣고 센 불로 볶은 다음 접시에 담는다. 사이사이 생선 필레와 딸기를 놓는다. 생선 육수는 따로 잔에 담아 서빙한다. 이 국물을 마레스메식 육수(bouillon à la maresmenque)라고 부른다.

RASSIS 라시 약간 굳은 상태의 빵. 갓 구워낸 상태는 경과했으나 완전히 딱딱해지지는 않을 정도로 말라 굳은 상태의 제빵제품을 지칭하는 용어다. 레시피에 따라서는 이처럼 약간 굳은 식빵이나 브리오슈를 사용해야 하는 디저트나 요리도 있다. 또한 발효종으로 만든 캉파뉴 브레드는 하루나 이틀이 지난 뒤 먹으면 더욱 맛있다. 한편 이 용어(rassissement)가 고기에 사용된 경우는 소매용으로 정육 분할을 하기 전 숙성(에이징)하는 것을 의미하며, 이는 육질을 연하게 하고 고기의 풍미를 증대시키기 위한 필수적인 과정이다.

RASSOLNICK 라솔니크 닭 육수에 오이 피클 절임액을 넣어 맛을 낸 러시아식 수프로 달걀노른자와 크림으로 걸쭉하게 농도를 맞추고, 갸름하게 모양 내 썬 오이, 작게 깍뚝 썬 가금류(전통적으로는 오리) 살코기를 건더기로 넣는다. 경우에 따라 닭 육수에 소 양지 등 국거리 부위 살과 채소(비트, 양배추, 리크)를 더해 더욱 풍성한 맛을 내기도 한다. 여기에 크림과 비트즙을 넣어 농도를 맞추고 펜넬과 파슬리로 향을 낸 뒤 고기를 깍둑 썰어 넣는다. 기호에 구운 소시지를 토막 내어 추가하기도 한다.

RASTEAU 라스토 라스토 AOC 와인. 남부 론의 라스토(Rasteau), 케란(Cairanne), 사블레(Sablet, Vaucluse) 코뮌에서 수확한 포도즙으로 만드는 주정강화 스위트와인(vin doux naturel)으로 포도품종의 90% 이상은 그르나슈다. 알코올함량이 높은 디저트 와인으로, 시간이 지나면서 향의 부케가 더욱 풍성해진다(**참조** RHÔNE).

RATAFIA 라타피아 과일이나 식물을 넣어 담그는 단맛의 오드비 리큐어. 주로 안젤리카(서양당귀), 블랙커런트, 체리, 유럽모과, 라즈베리, 호두, 체리 씨, 오렌지 등을 사용하여 일반 가정에서 많이 담그는 과실주이며 특히 지중해 지방에서 많이 만든다. 오늘날 이 용어는 대개 프랑스 몇몇 지역에서 생산되는 알코올 도수 약 18%Vol.의 술을 지칭한다. 이들은 각기 개성이 독특한 향을 지니고 있다. 코냑 베이스의 피노 드 샤랑트, 아르마냑 베이스의 플로크 드 가스코뉴, 샴페인 포도 찌꺼기를 증류한 화주로 만든 마르드 샹파뉴, 부르고뉴 와인 찌꺼기 화주로 만든 마르 드 부르고뉴 등은 높은 품질을 인정받아 인기가 높은 라타피아 리큐어에 해당한다. 라타피아는 주로 식전주로 차갑게 마시며, 애피타이저(멜론, 푸아그라), 블루치즈 또는 디저트(붉은 베리류 과일이나 초콜릿 베이스)에 곁들이기도 한다.

RATATOUILLE 라타투이 프로방스 요리를 대표하는 채소 스튜로 원조는 니스(Nice)이지만 프랑스 남동부 지역 전역에서 즐겨 먹는다. 정통파들은 라타투이에 들어가는 채소를 각각 따로 볶은 뒤 합하여 뭉근하게 익히는 조리법을 주장한다. 니스식 라타투이는 주로 로스트 고기, 팬에 소테한 닭고기, 서빙 사이즈로 잘라 조리한 고기 요리, 브레이징한 생선, 오믈렛, 스크램블드 에그 등에 곁들여 먹는다. 애호가들은 올리브오일을 한 바퀴 뿌려 차갑게 먹는 것을 선호한다.

ratatouille niçoise 라타투이 니수아즈

니스식 라타투이 : 주키니 호박 6개의 양끝을 잘라내고 껍질을 벗기지 않은 상태로 동그랗게 썬다. 양파 2개의 껍질을 벗긴 뒤 얇게 썬다. 청피망 3개의 꼭지를 떼어내고 씨를 제거한 다음 길고 가늘게 썬다. 토마토 6개의 껍질을 벗긴 뒤 6등분하고 씨를 뺀다. 마늘 3톨의 껍질을 벗겨 짓이긴다. 가지 6개에 껍질을 벗긴 뒤 동그랗게 썬다. 무쇠 냄비에 올리브오일 6테이블스푼을 달군 뒤 가지를 먼저 넣어 볶는다. 이어서 피망, 토마토, 양파를 넣고 마지막으로 주키니 호박과 마늘을 넣는다. 타임을 넉넉히 넣은 부케가르니 큰 것을 하나 넣고 소금, 후추로 간한 뒤 약불로 30분간 뭉근하게 익힌다. 신

선한 올리브오일 2테이블스푼을 넣고 원하는 시간만큼 더 익힌다. 부케가르니를 건져낸 뒤 뜨겁게 서빙한다. 또는 식혀서 냉장고에 넣어두었다가 아주 차갑게 먹는다.

메종 앙드루에(MAISON ANDROUET)의 레시피

tartines de chèvre et canard fumé sur ratatouille 타르틴 드 셰브르 에 카나르 퓌메 쉬르 라타투이

라타투이, 염소치즈, 훈제 오리를 얹은 타르틴 : 4인분 / 준비: 10분
타라곤 한 줄기를 씻어서 물기를 완전히 털어낸다. 캉파뉴 브레드 슬라이스 4조각을 오븐 브로일러 아래에 넣어 굽는다. 차가운 라타투이 50g을 각 빵 슬라이스에 펴 얹는 뒤 염소치즈(pechegros) 60g과 훈제 오리 가슴살 슬라이스 한 조각을 올린다. 페퍼콘 믹스 5알갱이를 부수어 뿌려준 다음 타라곤잎을 떼어 얹어준다. 이룰레기(Irouléguy) 와인을 곁들여 바로 서빙한다.

RAVE 라브 십자화과에 속하는 다양한 식용 채소의 둥근 뿌리로 수분이 많고 요리에서 사용법은 간 모양의 무와 동일하다(콜라비, 순무, 루타바가 등).

RAVET (BERNARD) 베르나르 라베 프랑스의 요리사(1947, Chalon-sur-Saône 출생). 자신의 고향에 위치한 로얄 호텔(Royal Hôtel)에서 견습생 생활을 마친 그는 1964년 스위스에 정착하여 발로르브(Vallorbe)의 뷔페 드 라 가르(Buffet de la gare)에서 일했고 3년 후 에샬랑(Échallens)으로 이주했다. 마침내 1989년 그는 뷔플랑 르 샤토(Vufflens-le-Château)에 위치한 18세기의 한 영지인 에르미타주(Ermitage)를 인수해 자신의 레스토랑을 열었고, 1994년 발간된 스위스판 첫 미슐랭가이드에서 별 2개를 획득한다. 친구인 생 페르 수 베즐레(Saint-Père-sous-Vézelay)의 마크 므노(Marc Meneau)와 닮은꼴인 이 셰프는 현대적 터치가 가미된 고품격 부르주아풍 요리들을 선보였으며 언제나 테루아의 중요함을 강조했다. 완벽주의를 지향하는 그의 요리는 나날이 발전해갔으며 특히 섬세한 그의 디저트들은 달콤한 것을 사랑하는 많은 이들에게 호평을 받고 있다.

RAVIER 라비에 오르되브르 서빙용 작은 그릇. 직사각형 또는 타원형의 작은 접시로 금속, 자기 또는 유리로 되어 있으며 오르되브르를 서빙하는 용도로 사용된다. 최소 두 개 이상씩 사용되며 경우에 따라 다양한 오르되브르를 조금씩 담아 여러 개를 빙 둘러 놓거나 4개 또는 6개씩 격자 무늬로 보기 좋게 배열해 놓는다.

RAVIGOTE 라비고트 라비고트 소스. 매콤하고 새콤한 맛의 소스로 차갑게 또는 따뜻하게 먹으며 대개 간이 강한 편이다. 찬 라비고트 소스는 비네그레트에 케이퍼, 잘게 썬 허브, 다진 양파를 넣어 만든다. 더운 라비고트 소스는 동량의 화이트와인과 알코올 베이스 식초에 다진 샬롯을 넣고 완전히 졸인 뒤 송아지 블루테를 부어 끓인 것으로 마지막에 다진 허브를 넣는다. 이 소스는 주로 송아지 골이나 머리 요리, 국물에 삶은 닭 요리 등에 곁들인다.

▶ 레시피 : MOULE, SAUCE.

RAVIOLE 라비올 듀럼밀 세몰리나 또는 밀가루 반죽으로 만든 정사각형의 작고 납작한 파스타인 라비올은 니스와 코르시카의 대표적인 음식으로 잘게 다진 시금치, 근대, 크림 치즈 등을 채워 만들며 물에 삶아낸 뒤 기호에 따라 조리해 먹는다. 드롬 지방에서는 크림 치즈를 채워 만들며, 사부아 요리에서는 시금치, 근대, 밀가루, 톰 프레슈 치즈, 달걀을 혼합해 작고 동그랗게 빚은 완자를 물에 삶은 뒤 그라탱처럼 오븐에 굽고 토마토 소스를 곁들인 요리를 가리킨다. 라벨 루즈 인증을 받은 도피네 지방의 라비올은 프레시 프로마주 블랑, 가늘게 간 콩테 치즈, 파슬리, 신선한 달걀을 섞어 만든 소를 채워 넣는다. 오늘날 몇몇 셰프들은 다양하고 정교한 소를 넣어 만든 섬세한 맛의 라비올을 선보이고 있다.

RAVIOLIS 라비올리 이탈리아가 원산지인 파스타의 일종으로 듀럼밀 세몰리나 또는 밀가루로 만든 반죽 2장 사이에 다양한 소를 채운 뒤 붙여 만든다. 물에 삶아 익힌 다음 토마토 소스를 곁들이고 가늘게 간 치즈를 뿌려 먹거나, 녹인 버터와 세이지로 향을 내어 먹는다. 소 재료는 대개 다진 송아지고기나 소고기로 만들며 경우에 따라 시금치와 리코타 치즈만 넣기도 한다. 아주 작은 사이즈로 만든 라비올리는 수프에 건더기로 넣기도 한다. 라비올리의 한 종류인 피에몬테식 아뇰로티는 동그랗게 잘라 만든다. 라비올리의 소는 주로 남은 재료를 활용해 만든다고 알려져 있지만, 맛있는 라비올리의 소는 훨씬 더 다양한 재료를 사용한다. 제노바의 라비올리 레시피에는 양상추, 스카롤라 상추, 삶은 문어, 파르메산 치즈, 마조람, 달걀, 파슬리 등이 포함된다. 라비올리는 이탈리아 이외의 지역에서 가장 유명한 소를 채운 파스타 요리 중 하나다.

raviolis : farces 라비올리: 파르스

라비올리 소 만들기

고기와 채소로 만든 소: 소고기 스튜 또는 브레이징한 송아지 요리의 남은 고기 150g을 잘게 다진다. 끓는 물에 데쳐 물기를 꼭 짠 뒤 잘게 다진 시금치, 버터에 살짝 익힌 송아지 골 50g, 다져서 버터에 볶은 샬롯 1개와 양파 큰 것 1개분, 달걀 1개, 가늘게 간 파르메산 치즈 50g을 고기에 넣고 잘 섞은 뒤 소금, 후추로 간한다. 넛멕을 조금 갈아 넣는다.

고기와 치즈로 만든 소: 송아지고기 또는 닭고기 익힌 것 200g, 모르타델라 소시지 100g, 끓는 물에 데쳐 물기를 꼭 짠 뒤 버터에 찌듯이 볶은 양상추잎 100g을 모두 잘게 다진다.여기에 가늘게 간 파르메산 치즈 50g, 달걀 푼 것 1개, 소금 1자밤, 후추 1자밤, 약간의 넛멕가루를 넣고 잘 섞는다.

시금치로 만든 소: 생시금치 300g을 다진 뒤 버터 30g과 함께 팬에 넣고 찌듯이 익힌다. 소금, 후추로 간하고 넛멕가루를 조금 넣는다. 리코타 치즈 50g을 넣고 섞은 뒤 가늘게 간 파르메산 치즈 50g, 달걀노른자 1개를 넣고 잘 섞는다.

raviolis : préparation et cuisson 라비올리: 프레파라시옹 에 퀴송

라비올리 만들기와 익히기 : 달걀을 넣은 생파스타 반죽(참조. p.626)을 만들어 같은 크기의 직사각형(두께 1.5mm) 2장으로 얇게 민다. 한 장의 반죽을 작업대에 놓고 짤주머니를 이용하여 소를 4cm 간격으로 조금씩 나란히 짜 놓는다. 소를 짜 놓은 자리 사이사이에 붓으로 물을 바른 다음 반죽 두 번째 장으로 덮고 물 바른 자리를 꼭꼭 눌러 붙인다. 커팅 롤러를 사용해 라비올리를 하나씩 잘라준 다음 4시간 동안 냉장고에 넣어 꾸둑꾸둑하게 말린다. 소금을 넣은 끓는 물에 8~10분간 삶아낸 뒤 레시피에 따라 조리한다.

raviolis aux artichauts 라비올리 오 자르티쇼

아티초크 라비올리 : 작은 보라색 아티초크를 씻은 뒤 잎을 벗겨내고 레몬 물에 담가둔다. 아티초크를 얇게 슬라이스한 다음 잘게 다진 양파와 마늘을 넣고 올리브오일에 익힌다. 필요하면 물을 조금씩 넣는다. 익힌 아티초크를 잘게 썬 다음 파슬리, 마조람, 파르메산 치즈, 달걀, 소량의 리코타 치즈를 넣고 잘 섞는다. 소금으로 간한다. 이 소를 넣고 라비올리를 만들어 끓는 물에 삶는다. 고기 육즙 소스 또는 신선한 바질을 넣어 향을 낸 토마토 소스를 곁들여 서빙한다.

피에르 & 자니 글레즈(PIERRE ET JANY GLEIZE)의 레시피

raviolis aux herbes 라비올리 오 제르브

허브 라비올리 : 밀가루 1kg을 작업대나 넓은 볼에 놓고 가운데에 움푹한 공간을 만든 뒤 여기에 달걀 4개, 소금 30g, 올리브오일 100mℓ, 물 2컵을 넣는다. 밀가루를 조금씩 중앙으로 끌어 모으면서 잘 섞는다. 균일한 반죽이 완성되면 1시간 동안 휴지시킨다. 근대 1kg, 시금치 500g, 파슬리 100g을 끓는 물에 데친 후 찬물에 식혀 건져 물기를 제거한다. 기름을 두른 팬에 지롤 버섯 250g을 넣고 센 불로 볶는다. 데쳐둔 채소와 마늘 3톨을 넣고 함께 볶은 후 모두 잘게 다지고 소금, 후추로 간한다. 반죽을 민 다음 이 소를 채워 넣고 라비올리를 만든다. 큰 냄비에 물, 소금, 올리브오일 1테이블스푼을 넣고 끓인다. 라비올리를 넣고 약하게 끓는 상태로 익힌다. 건져서 깨끗한 행주에 놓고 물기를 뺀 다음 녹인 버터와 가늘게 간 치즈를 곁들여낸다. 또는 생토마토 과육을 갈아 만든 소스와 잘게 썬 차이브, 레몬즙, 올리브오일을 곁들인다.

raviolis de navet, gelée de yuzu au thé ▶ NAVET

세르지오 메이(SERGIO MEI)의 레시피

raviolis à la ricotta de brebis et herbes spontanées avec hachis de tomates et thym 라비올리 아 라 리코타 드 브르비 에 에르브 스퐁타네 아베크 아시 드 토마트 에 탱

아스파라거스와 그린 파스타 : 4인분 / 준비: 1시간
듀럼밀 세몰리나 350g, 아주 고운 밀가루(type 00) 150g, 달걀 4개, 화이트와인을 믹싱볼에 넣고 전동 스탠드 믹서를 돌려 혼합한다. 탄력이 생기

고 매끈해질 때까지 반죽한 다음 10분간 휴지시킨다. 시금치 300g을 끓는 소금물에 데쳐 물기를 꼭 짠 뒤 칼로 잘게 썬다. 양젖 리코타 치즈 또는 브루스 치즈 400g, 가늘게 간 페코리노 치즈(또는 tomme de brebis) 100g, 지중해산 꿀 1g, 엑스트라버진 올리브오일 20㎖, 소금, 후추를 넣고 잘 섞는다. 유산지 위에 반죽을 놓고 얇게 민 다음 이 소를 채워 챙이 넓고 가운데가 뾰족한 멕시코의 밀짚모자(sombrero) 모양의 라비올리를 만든다. 소스를 만든다. 우선 색이 나지 않게 찌듯이 익힌 스위트 양파 50g과 엑스트라버진 올리브오일 50㎖를 냄비에 넣고 섞는다. 여기에 완숙 생토마토 600g, 껍질 벗긴 홀토마토 300g, 레몬타임 1g을 넣고 10분간 끓인 뒤 채소 그라인더나 프레스 퓌레로 갈아 내린다. 소스를 다시 불에 올린 뒤 작은 주사위 모양으로 썬 토마토 과육 200g을 더한다. 라비올리를 끓는 소금물에 삶아낸 다음 건져서 소스에 넣고 잘 섞는다. 중간 정도 숙성된 페코리노 치즈 10g을 가늘게 갈아 넣는다. 생바질 5g을 가늘게 썰어 뿌린 뒤 서빙한다.

RAYER 레이예 오븐에 넣어 굽기 전 달걀물을 바른 파티스리에 칼끝이나 포크 끝으로 금을 그어 장식용 자국을 내는 작업을 뜻한다. 일반적으로 퓌유테 반죽 갈레트에 마름모꼴의 격자무늬로 줄을 긋거나 피티비에에 빙 둘러 꽃무늬를 내준다. 그 외에 사블레, 크로케, 아몬드 비스퀴 등에도 표면에 격자무늬나 평행한 줄무늬를 내준다.

REBIBES 르비브 스위스 알프스 산맥 지방의 아주 단단한 질감의 치즈(tête-de-moine 타입)를 톱밥처럼 얇게 긁어낸 조각을 뜻한다. 지롤(**참조** GIROLLE)이라고 불리는 대패 원리의 원통형 기구에 치즈 덩어리를 끼워 고정시킨 뒤 레버를 회전시켜 아주 얇게 셰이빙한다.

REBLOCHON OU REBLOCHON DE SAVOIE 르블로숑, 르블로숑 드 사부아 르블로숑 치즈, 사부아 지방의 르블로숑 치즈. 소젖으로 만드는 사부아 지방의 AOC 치즈(지방 45%).비가열 압착치즈로 노랑, 분홍, 또는 주황색의 세척외피를 갖고 있으며 지름 13cm, 두께 8.5cm의 납작한 원반형이다(**참조** p.392 프랑스 치즈 도표). 르블로숑은 아주 녹진한 질감과 순하고 너트의 고소한 풍미를 지니고 있다. 이 치즈의 이름은 젖을 두 번째로 다시 짜다라는 뜻의 르블로셰(reblocher)라는 동사에서 유래했다. 옛날에 이 치즈는 산악지대 초장에서 소젖을 짤 때 마지막에 나오는 아주 지방이 풍부한 우유로 만들었다고 한다. 이는 목장 주인이나 관리자가 그날 짠 우유를 바로 수거해간 뒤 아직 남은 젖을 목동들이 몰래 다시 짜서 얻은 우유였다.

REBOUL (JEAN-BAPTISTE) 장 바티스트 르불 마르세유 출신의 작가로 1897년 마르세유에서 발간된 『프로방스 요리사(*la Cuisinière provençale*)』의 저자다. 이 책은 계속하여 재발간되었으며 오늘날까지도 참고 서적으로 사용되고 있다. 특히 제6쇄 본은 시인 프레데릭 미스트랄(Frédéric Mistral)이 프로방스어로 쓴 서문을 담고 있다.

REBOUX (HENRI AMILLET, DIT PAUL) 앙리 아미예 르부, 일명 폴 르부 프랑스의 작가이자 언론인, 요리 평론가(1877, Paris 출생 - 1963, Nice 타계). 폴 르부(Paul Reboux)라는 필명으로 여러 권의 요리책을 집필했고, 때로는 몇몇 고전 요리 셰프들의 거센 비난을 받기도 했던 그는 언제나 새로운 것을 찾아내는 데 열정적이었던 높은 식견의 미식가였다. 저서로는 『새로운 요리, 잘 알려지지 않았거나 독특한 레시피 300선(*Plats nouveaux, 300 recettes inédites ou singulières*)』(1927), 『오늘의 요리(*Plats du jour*)』(1936), 『새로운 식생활(*Nouveau Savoir-Manger*)(1941)』 등이 있다.

RÉCHAUD (APPAREIL) 레쇼(도구) 휴대용 버너, 스토브, 보온용 워머. 휴대나 운반이 쉬운 소형 가열 기기로 알코올 연료나 가스, 전기로 작동한다.
- 알코올 휴대용 버너는 구리, 스텐, 은도금 금속 등의 소재로 되어 있으며 식탁 위에서 조리를 하거나(예를 들어 퐁뒤) 서빙 시 불을 붙여 플랑베할 때, 또는 식탁에 낸 음식이 식지 않도록 따뜻하게 유지하는 워머로 사용된다.
- 주로 캠핑용 또는 임시용으로 사용되는 부탄가스 버너는 음식 용기를 놓을 수 있는 금속 받침대가 장착된 휴대용 스토브로 작은 가스 깡통을 직접 끼워 사용하도록 고안되어 있다. 비교적 간단한 요리를 조리할 수 있다.
- 가스 버너(또는 가스 스토브)는 1구짜리 또는 2구 이상의 화구를 포함한 것으로 대개 전문 용도로 쓰인다.
- 전기 버너는 대부분 법랑 코팅 금속으로 된 본체 안에 1~2개의 전열판이 장착되어 있다.

RÉCHAUFFER 레쇼페 데우다. 이미 조리하였으나 식은 음식 또는 냉장고에 넣어두었던 요리를 먹기에 좋은 온도로 다시 데우는 것을 뜻한다. 채소의 경우 체에 담은 채로 뜨거운 물(소금을 넣기도 한다)에 잠시 넣어 데운다. 그 외에 중탕으로, 불 위에서 가열하거나 오븐, 또는 전자레인지에 넣어 데우는 방법이 있다. 요리를 서빙할 그릇에 담은 상태로 직접 데우기도 하고 냄비 등의 조리 용기에 넣어 낮은 온도의 오븐에 넣거나(그라탱, 크넬 등), 약불에 올려 천천히 데우거나(찜 종류), 센 불에 가열하여 데운다(소테, 볶음 등. 기름을 조금 첨가하기도 한다). 몇몇 오래 익히는 요리들은 식은 뒤 데워 먹으면 더욱 맛이 좋으므로 하루나 이틀 전에 미리 만들어 놓는다(뵈프 부르기뇽, 브레이징한 요리, 도브, 스튜 등).

RECTIFIER 렉티피에 고치다, 조절하다. 요리의 완성 마지막 단계에 먹어보고 간이나 양념을 조절하여 맞추는 것을 뜻한다. 맛을 개선하고 요리 특유의 풍미를 더욱 살리는 데 필요하다고 판단되는 재료를 더 추가한다(소금, 특히 후추, 설탕, 생크림 등).

RECUIRE 르퀴르 다시 익히다, 더 익히다. 잼이나 즐레, 마멀레이드를 만들기 위해 끓인 시럽에 수분이 있는 과일을 넣어 절여두었던 혼합물을 원하는 상태가 될 때까지 더 끓이는 작업을 의미한다. 이 용어는 치즈 제조에서도 사용된다. 가열 압착치즈를 만들 때 우유를 끓이는 과정에서 남은 액체 상태의 유청을 다시 한 번 끓이는 것을 뜻한다. 이렇게 가열하면 일반적으로 응유 효소에 의해 응고되는 카제인이 아닌, 우유에 용해된 단백질(이뮤노글로빈 등)이 침전된다. 더 확장하면 이 단어는 이탈리아의 리코타와 같은 의미다.

RÉDUCTION 레뒥시옹 졸이기. 액체, 소스, 요리의 국물 등을 끓여 수분을 증발시킴으로써 걸쭉한 농축 상태로 만드는 것을 의미한다. 이는 액체의 풍미를 더 진하게 살리고 농도를 걸쭉하게 만드는 데 그 목적이 있다. 어떤 소스들은 일단 화이트와인과 식초(또는 둘 다) 또는 레드와인에 다진 샬롯, 타라곤 등을 넣고 수분이 완전히 증발될 때까지 가열해 농축 상태로 만든 다음 다른 재료를 넣어 문자 그대로 졸이는데, 베아르네스 소스, 보르들레즈 소스, 뵈르블랑 소스 등이 이에 해당한다.

RÉDUIRE 레뒤르 졸이다. 액체(육수, 소스, 육즙 소스)의 끓는 상태를 유지하여 수분을 증발시킴으로써 부피를 줄이는 것을 뜻한다. 이는 액체 안에 들어 있는 맛의 정수를 농축시켜 더욱 진하게 만들어줄 뿐 아니라 농도와 질감을 더 걸쭉하고 녹진한 상태로 바꿔준다.

RÉFORME 레포름 리폼 소스. 푸아브라드 소스의 파생 소스 중 하나로 영국이 원조다. 리폼 소스(reform sauce)는 푸아브라드 소스에 가늘게 채 썬 코르니숑, 삶은 달걀흰자, 양송이버섯, 랑그 에카를라트(염장하여 익힌 우설), 송로버섯을 넣은 것으로 주로 양갈비에 곁들이며 오믈렛에 채워 넣기도 한다. 이 소스는 수렵육에 곁들이는 다른 소스 베이스에 동일한 고명재료를 더해 만들기도 한다.

RÉFRIGÉRATEUR 레프리제라퇴르 냉장고. 법랑 코팅 금속재질로 만든 캐비닛 형태의 이중 벽구조로 된 가전제품으로 여러 개의 선반과 서랍 칸으로 이루어져 있으며 상하기 쉬운 음식을 차갑게 보관하는 용도로 쓰인다. 냉각은 액체인 냉매가 기화, 또는 팽창하면서 열을 흡수하여 이루어진다. 오늘날 컴프레서 냉장고의 미리 고압으로 압축된 냉매 가스(프레온, 프로판, 염화메틸)는 기화기 안에서 팽창이 이루어진다. 이것은 냉장고 내부의 수분을 응축시키기 때문에 성에를 형성할 수 있다. 정기적으로 성에 제거를 해 주어야 한다. 냉장고의 내부는 플라스틱, 도색한 양철, 또는 법랑 코팅한 철판, 스텐, 알루미늄 재질로 이루어져 있다. 내부 온도는 영하 1°C~영상 8°C도이며 모델에 따라 가장 찬 부분이 맨 위 또는 맨 아래 위치한다. 가장 온도가 낮은 칸에는 주로 날고기와 생선 등을 보관한다. 아래쪽에 있는 채소 칸은 냉장고 안에서 가장 습도가 높은 부분으로 채소나 과일을 너무 찬 냉기로부터 보호한다. 문 안쪽 면에는 주로 병 종류를 꽂아둘 수 있는 바스켓이 세로로 달려 있고 버터와 달걀을 넣을 수 있도록 따로 분리된 칸이 마련되어 있다.

REFROIDIR 르프루아디르 식히다. 차갑게 먹어야 하는 음식을 냉장고의 가장 찬 부분에 넣어 온도를 급속히 낮추다. 레스토랑 주방에서는 급속 냉동고를 사용한다. 일부 혼합물(스터핑 재료, 고디보 등)을 만들 때도 재료를 차갑게 유지해야 하는 경우가 있는데 이때는 잘게 부순 얼음을 채운 커다란 용기 위에 볼을 놓고 섞는다.

RÉGALADE (À LA) 아 라 레갈라드 음료 또는 술을 마시는 방법으로 용기에 입술이 닿지 않은 채로 액체를 직접 입 안으로 붓는 형식이다. 일반적으로 목이 긴 호리병이나 술병의 경우가 이에 해당한다.

RÉGENCE 레장스 레장스(오를레앙공 필립 2세의 섭정시대) 시절 유행하던 섬세하고 세련된 요리에 비유하여 다양한 고급 요리에 붙인 수식어다. 레장스풍 가니시는 크넬(생선, 닭고기 또는 송아지 고기로 만들며 함께 내는 주요리에 따라 달라진다), 모양 내어 돌려 깎은 뒤 물에 데친 양송이버섯 갓, 얇게 썬 송로버섯으로 구성된다. 때로 생선에 때로 데친 굴을, 고기(부속이나 가금류)에는 도톰하게 슬라이스한 푸아그라를 더하기도 한다. 생선에는 트러플 에센스를 넣은 노르망디 소스를, 고기에는 쉬프렘 소스나 알르망드 소스를 끼얹어 준다. 레장스 소스는 미르푸아로 썬 채소와 잘게 썬 송로버섯을 볶다가 라인강 유역에서 생산되는 와인을 붓고 졸인 뒤 데미글라스를 넣어 완성하고 고운 체에 거른 것이다.

RÉGLEMENTATION AGROALIMENTAIRE 레글르망타시옹 아그로알리망테르 식품 위생 및 안전에 관한 규정. 수많은 식품의 상업적 유통을 위한 규범을 정한 문서를 총칭한다. 이 규정들은 소비자들에게는 우수한 품질의 식품 제공을, 생산자들에게는 공정한 경쟁 조건을 보증한다. 이 규정이 생긴 이래로 유럽연합은 과일과 채소(1962) 우유와 유제품(1968), 카카오와 초콜릿(1973), 증류주(1989) 등 식품 종류별 판매 기준을 확정했다. 또한 가금류 고기(1971) 및 생선(1976) 위생에 관련된 의무사항과 식품 라벨링(1979), 영양성분 표시(1990) 등 소비자를 위한 정보 제공 관련 규정들도 정해졌다. 가장 최근에는 유전자 조작 식품(GMO)과 향료에 관한 규정 마련에 중점을 두고 있다. 유럽연합은 이와 같은 규정들이 더욱 일관성 있게 시행되도록 끊임없는 노력을 하고 있다. 이 규정들은 대부분 이 분야의 세계적 권위를 지닌 결정 기관인 유엔 산하 국제 식품규격 위원회(Codex alimentarius)의 결정의 영향을 받는다.

RÉGLISSE 레글리스 감초. 콩과에 속하는 관목으로 뿌리를 잘라 감초 스틱으로 사용한다. 종종 씹을 수 있는 작은 막대 모양으로도 판매되며, 갈증을 없애주는 음료를 만드는 데도 사용된다. 감초 맛의 정수인 즙을 추출해 사용하기도 하는데 여기에는 고대부터 의학적인 치료 효능이 있다고 알려진 성분인 글리시리진이 5~10% 함유되어 있다. 이 추출 에센스 즙은 맑게 정화하여 농축한 뒤 다양한 식전주의 향을 내는 데 넣거나 맥주 양조, 특히 당과류 제조 등에 두루 사용한다. 감초는 시리아, 이란, 터키 등지에서 야생으로 자라며 프랑스에서는 특히 위제스 지방의 가르에서 많이 재배한다.
- 하드 타입 감초(단단한 스틱형, 드롭스, 구슬캔디, 작은 덩어리, 각종 모양을 낸 것 등)는 순수 감초 추출 에센스 즙에 감미 성분, 아라비카 검을 혼합해 만들며 경우에 따라 향(민트, 아니스, 제비꽃)을 첨가하기도 한다.
- 소프트 타입 감초(긴 띠 모양, 리본, 트위스트 모양 등)는 순수 감초 추출 에센스 즙와 감미 성분, 밀가루, 전분, 슈거파우더를 혼합한 반죽으로 만든다. 향을 첨가한 뒤 사출기로 모양을 만들어낸다.

▶ 레시피 : RISOTTO.

RÉGNIÉ 레니에 보졸레의 AOC 크뤼 와인으로 포도품종은 가메이며 가장 최근 보졸레 10대 크뤼에 포함되었다. 붉은 과일의 향과 부드럽고 우아한 풍미를 지니고 있으며 알코올 함량과 타닌 함량이 비교적 높은 매력적인 와인이다(**참조** BEAUJOLAIS).

REINE (À LA) 아 라 렌 다양한 클래식 요리 이름에 붙는 수식어로 매우 우아하고 섬세한 요리가 주를 이루며 가금류(송아지 흉선, 양송이, 송로버섯이 추가되기도 한다)와 쉬프렘 소스(sauce suprême)가 포함된 것이 특징이다. 또한 옛날에는 아주 가벼운 작은 밀크 브레드를 '아 라 렌'이라는 이름으로 불렀다.

▶ 레시피 : BOUCHÉE À LA REINE, CONSOMMÉ, CROÛTE, TOMATE.

REINE-CLAUDE 렌 클로드 렌 클로드 자두. 황금빛이 도는 연두색 껍질을 가진 작은 자두로 살은 연둣빛을 띤 노란색이고 향이 매우 진하며 여러 품종이 존재한다(**참조** p.716 자두 도표 p.715 도감). 연두색 또는 황금색 렌 클로드 자두(reine claude verte ou dorée)는 유일하게 라벨 루즈(label rouge) 인증을 받았다. 생과일로 먹기에 매우 맛있을 뿐 아니라 잼을 만들어도 아주 훌륭하다.

▶ 레시피 : CONFITURE.

REINE DE SABA 렌 드 사바 시바의 여왕이라는 뜻을 가진 초콜릿 케이크. 대개 둥근 모양으로, 거품 올린 달걀흰자를 섞어 가볍게 만든 비스퀴 스펀지 반죽으로 만든다. 밀가루 대신 전분, 아몬드 가루 혹은 이 둘을 섞어 넣어 더 고급스럽고 섬세한 케이크를 만들기도 한다. 일반적으로 크렘 앙글레즈를 곁들여 차갑게 먹는다.

RÉJANE 레잔 유명한 여배우 가브리엘 레쥐(Gabrielle Réju, 1856-1920)의 예명을 따 여러 요리 이름에 붙인 수식어이다. 주로 서빙 사이즈로 잘라 소테한 스테이크 또는 브레이징한 송아지 흉선 요리에 곁들이는 레잔 가니시는 부재료를 곁들인 뒤세스 감자 카솔레트, 버터에 볶은 시금치, 찌듯이 익힌 아티초크 속살, 소 골수로 구성되며 브레이징한 국물이나 소테한 팬을 마데이라 와인으로 디글레이즈해 만든 소스를 전체에 끼얹어 서빙한다. 레잔 샐러드는 익힌 쌀, 동그랗게 슬라이스한 삶은 달걀, 강판에 간 홀스래디시, 얇게 슬라이스한 송로버섯에 소금으로 간한 샹티이크림을 넣어 만든다. 레잔 명태 포피에트는 화이트와인 소스를 끼얹은 명태 필레에 크레송 버터를 더하고 뒤세스 감자를 곁들인 요리다.

RELÂCHER 를라셰 요리에 액체를 더해 탁한 색을 맑게 하고, 농도를 묽게 희석하여 풀어주는 것을 뜻한다(**참조** DÉTENDRE).

RELEVÉ 를르베 옛날 요리 서빙 순서에서 한 코스가 나온 뒤 바로 이어 나와 앞 요리의 보강 역할을 하던 음식을 뜻한다. 이 용어는 특히 를르베 드 포타주 등 애피타이저에 관련된 경우가 많았다. 따라서 클래식 코스 메뉴는 오르되브르, 포타주, 포타주 를르베, 생선 요리, 생선 를르베, 고기나 가금류 로스트, 경우에 따라 로스트 를르베, 마지막으로 앙트르메와 디저트의 순서로 서빙되었다.

RELEVER 를르베 음식에 양념이나 향신료를 넣어 풍미를 더 강하게 하는 것을 뜻한다. 이 수식어는 어떤 요리를 표현할 때 일반적으로 후추, 고추, 정향, 카트르 에피스 등의 향신료를 많이 넣어 그에 해당하는 맛이 강하다는 것을 의미할 때 쓴다.

RELIGIEUSE 를리지외즈 전통적으로 큰 사이즈의 슈 반죽 위에 작은 슈 반죽 얹어 만든 파티스리. 에클레어와 마찬가지로 각 슈 반죽은 구워낸 뒤 크렘 파티시에, 시부스트 크림, 커피나 초콜릿 크림 등을 채워 넣는다. 이어서 퐁당 슈거 글라사주(슈 안에 채운 크림과 같은 향으로 맞춘다)를 입힌 다음 버터 크림을 짤주머니로 짜 얹어 장식한다. 를리지외즈는 개인 사이즈의 프티가토, 큰 사이즈의 홀 케이크로 모두 제작 가능하다. 또한 를리지외즈는 좀 드문 경우이긴 하지만 퓌유테 파이 시트에 사과 잼이나 살구 잼과 건포도를 채운 다음 마치 수도원의 창살을 연상케 하는 격자무늬 띠 장식을 덮어 구운 타르트를 지칭하기도 한다.

RELIGION ▶ **참조 INTERDITS ALIMENTAIRES**

RELISH 렐리시 영미권 국가에서 많이 사용하는 양념의 일종으로 원산지는 인도이며 처트니와 비슷하지만 향신료의 맛이 더 강하다. 캐나다에서는 아샤르라고도 불린다. 렐리시는 신맛이 있는 과일, 채소, 초절임 양파, 코르니숑 피클, 향신료에 황설탕과 식초를 더한 뒤 뭉근히 끓여 만든 새콤달콤한 퓌레 타입 양념이다. 커리 등의 이국적인 요리뿐 아니라 햄버거 스테이크, 생채소, 콜드 컷 육류 등에도 곁들여 먹는다. 미국에서 렐리시는 피망과 오이피클로 만든 달콤한 양념을 뜻하며 전통적으로 핫도그에 곁들여 먹는다.

REMONTER 르몽테 유화 소스(에멀전)가 안정성을 잃어 분리된 경우 다시 균일한 질감을 회복하도록 조치하는 것을 뜻한다. 마요네즈의 경우 새 달걀노른자와 약간의 머스터드, 식초나 물 몇 방울을 조금씩 넣어주며 거품기로 계속 저으면 분리된 것을 회복할 수 있다. 홀랜다이즈 소스나 베아르네즈 소스가 분리되었을 경우는 약간의 물(소스가 차가우면 뜨거운 물, 뜨거우면 찬물)을 넣으며 거품기로 잘 젓는다.

REMOUDOU 르무두 르무두 치즈. 소젖으로 만든 벨기에의 세척 외피 연성치즈(지방 45%). 사방 8cm의 정육면체로 무게는 약 500g인 르무드 치즈는 특유의 냄새와 톡 쏘는 듯한 꼬릿한 풍미를 갖고 있다. 르무드 치즈 동업자 협회(la Confrérie du Remoudou)는 페이 드 에르브(pays de Herve, plateau de Herve)의 유제품 생산을 장려하기 위하여 적극적인 활동을 펼치고 있다.

RÉMOULADE 레물라드 레물라드 소스. 마요네즈에 머스터드, 코르니숑,

케이퍼, 잘게 다진 허브를 추가해 만든 찬 소스로 경우에 따라 안초비 액젓을 조금 넣어 마무리한다. 또한 삶은 달걀을 다져서 넣기도 한다. 고기, 생선, 차가운 갑각류 해산물에 곁들일 때는 마요네즈에 머스터드만 섞은 뒤 마늘과 후추로 맛을 돋운 소스를 사용한다. 레물라드 소스는 전통적으로 채칼로 가늘게 썬 셀러리악을 버무리는 양념으로 많이 쓰이며, 그 외에도 다양한 샐러드에 소스로 활용된다.

▶ 레시피 : CÉLERI-RAVE, SAUCE.

REMUER 르뮈에 잘 젓다, 뒤적이다. 혼합물을 만들거나 음식을 익힐 때 재료들이 뭉쳐 달라붙지 않고 응어리가 풀어지도록 또는 용기에 눌어붙지 않도록 주걱이나 거품기로 잘 저어 섞어주는 것을 뜻한다. 쌀과 파스타 또한 끓는 물에 넣어 삶을 때 서로 달라붙지 않도록 잘 저어주어야 한다. 샐러드를 르뮈에한다는 것은 서빙하기 바로 전 재료를 여러 번 뒤적이며 섞어 잎채소에 드레싱이 고루 묻도록 하는 것을 의미한다.

REMUEUR 르뮈외르 칵테일을 젓는 도구. 플라스틱이나 유리로 된 스틱으로 길이는 약 10cm 정도 되며 일반적으로 끝부분에 장식 모양이 달려 있다. 몇몇 칵테일 제조 시 각기 다른 액체를 저어 섞는 데 사용한다.

RENAISSANCE (À LA) 아 라 르네상스 르네상스풍의. 브레이징 또는 로스트한 큰 덩어리의 고기, 로스트 또는 국물에 삶아 익힌 닭 등에 각종 채소 가니시를 교대로 놓아 곁들인 요리를 지칭하는 용어이다. 이때 곁들이는 채소로는 멜론 볼러를 사용해 방울 모양으로 도려내거나 갸름한 모양으로 돌려 깎은 당근과 순무를 윤기나게 익힌 것(때로 아티초크 속살 밑동에 채워 넣기도 한다), 육수와 버터를 넣고 익히거나 튀긴 감자, 브레이징한 양상추, 그린빈스, 아스파라거스 윗동, 작은 송이로 떼어낸 콜리플라워가 포함된다. 소스는 로스트 고기의 육즙, 또는 브레이징하고 남은 국물을 이용해 만들거나 쉬프렘 소스(흰색 육수에 삶아 익힌 닭 요리의 경우)를 곁들인다.

RENNE 렌 순록. 북극 지방에 서식하는 사슴과의 포유동물. 순록의 젖은 고래 젖과 더불어 지방 함량이 가장 풍부하며 라플란드, 노르웨이, 스웨덴에서 생산하는 몇몇 치즈의 재료로 사용된다. 제한적 방목 환경에서 순록을 기르는 라플란드 사람들은 이 동물의 젖을 소비할 뿐 아니라 고기도 먹는다. 순록 고기는 노루 등의 덩치 큰 수렵육과 같은 방법으로 조리한다. 곡물과 건초를 먹고 자란 순록은 고기 냄새가 덜하고 맛이 순하다. 주로 미트볼을 만들거나 스테이크 또는 스튜 등으로 조리한다.

REPAS 르파 식사, 끼니. 매일 정해진 시간에 먹는 음식. 보통 아침, 점심, 저녁 세 끼의 식사가 주를 이루며 여기에 가벼운 간식, 티타임, 또는 밤참, 군것질 등이 추가되기도 한다. 오늘날 생일, 결혼식 등의 다양한 경조사는 연회, 콜드 뷔페, 피로연, 칵테일 파티 등 특별한 형식의 식사를 겸하는 경우가 많다. 야외에서 즐기는 식사는 피크닉이라고 한다. 또한 종교적 축일에는 전통 음식으로 차린 식사가 중요한 부분을 차지한다(크리스마스, 부활절, 라마단의 마지막 날 등).

REPÈRE 르페르 밀가루와 물로 만든 말랑한 반죽. 이 반죽은 음식을 익히는 동안 조리용기의 뚜껑을 덮고 가장자리에 빙 둘러 붙여 완전히 밀봉하는 용도로 쓰인다. 또한 밀가루와 달걀흰자를 혼합해 르페르 반죽을 만들기도 하는데 이것은 주로 요리에 정교한 모양으로 만든 반죽 장식을 붙이거나 서빙용 그릇 가장자리에 장식을 붙일 때 접착제 용도로 사용한다.

REPOSER (LAISSER) 레세 르포제 휴지시키다. 완성된 반죽을 다음 공정 전까지 일정 시간 동안 냉장고에 넣어두는 것을 뜻한다. 반죽을 사용하기 전 이처럼 휴지(1시간 또는 그 이상)시키는 과정은 반드시 필요하다. 재료를 혼합하여 둥근 덩어리로 뭉친 반죽을 면포나 주방용 랩으로 싼 뒤 냉장고 또는 바람이 통하지 않는 서늘한 장소에 두어 휴지시킨다. 또한 이 용어는 붉은색 육류를 오븐이나 그릴에 구워 익힌 뒤 레스팅하는 과정을 뜻하기도 한다. 몇 분간 휴지시키는 동안 고기 중앙에 몰려 있던 피는 다시 전체적으로 고르게 퍼져 분산되어 전체가 균일한 로제(미디엄 레어) 상태를 띠게 된다.

REQUIN 르캥 상어. 몸이 길쭉하고 주둥이가 뾰족하며 배 쪽 면에 있는 초승달 모양의 아가리가 특징인 연골 어류이다. 스쿠알(squale)이라고도 불리는 상어는 다수의 종이 존재하며 작은 점상어인 루세트(roussette)로부터 길이가 최대 18m에 이르는 고래상어(requin-balaine)에 이르기까지 크기도 다양하다. 크레올식 요리에서는 상어의 살로 수프나 스튜를 만들어 먹으며, 중국 요리에서는 상어 지느러미 수프가 유명하다. 또한 유럽과 북미 지역에서는 사이즈가 크지 않은 다른 종류의 상어를 주로 소비하는데 이들을 바다의 개(chiens de mer)라고 통칭하기도 한다. 돔발상어(émissole), 별상어(milandre), 곱상어(aiguillat) 등이 이에 해당하며 대부분 대가리를 잘라내고 껍질을 벗긴 뒤 소모네트(saumonette)라는 이름으로 판매한다. 이들은 점상어 루세트(roussette)와 마찬가지 방법으로 조리한다.

---

touffé de requin à la créole 투페 드 르캥 아 라 크레올

크레올식 상어 찜 : 작은 상어 한 마리의 살을 적당한 크기로 토막 낸 다음 물로 희석한 레몬즙, 소금, 후추, 고추 1개, 올스파이스를 넣고 몇 시간 재워둔다. 코코트 냄비에 얇게 썬 양파 2개, 샬롯 4~5개, 껍질을 벗겨 씨를 뺀 뒤 잘게 썬 토마토를 볶는다. 소금, 후추를 조금 넣어 간을 한 뒤 고추 2개, 마늘 3톨, 부케가르니 1개를 넣는다. 재워둔 상어 토막을 건져내 냄비의 향신 채소 위에 놓은 뒤 뚜껑을 덮고 익힌다. 라임즙을 뿌리고 잘게 썬 파슬리와 곱게 간 마늘을 얹어 서빙한다. 크레올식 라이스와 키드니 빈을 곁들여 낸다.

RÉSERVE 레제르브 와인 생산자나 유통 중개인들이 와인 병 라벨에 표시하는 문구로 특별한 품질의 등급임을 나타낸다(AOC, AOVEQS 와인에는 반드시 표시한다).

RÉSERVER 레제르베 요리과정 중 손질하여 준비해둔 재료나 혼합물, 또는 미리 만들어놓은 요리 구성물을 추후에 사용하기 위해 차갑게 또는 따뜻한 상태로 잠시 보관해두는 것을 의미한다. 상태가 나빠지는 것을 막기 위해 대개 유산지나 알루미늄 포일 또는 면포 등으로 덮어둔다. 또한 크림이나 소스류를 잠시 보관해야 하는 경우 표면이 굳어 막이 생기지 않도록 버터를 바른 유산지나 랩을 밀착해 덮어놓거나 버터나 기름을 표면에 뿌려둔다(**참조** TAMPONNER).

RESTAURANT 레스토랑 식당. 식사를 서빙하는 공공장소로 세트 메뉴 또는 단품 선택(à la carte)으로 주문할 수 있으며 가격이 표시되어 있고 정해진 시간에만 운영한다. 16세기에 처음 등장한 레스토랑이라는 단어는 원래 기운을 회복시켜 주는(restaurer) 음식이라는 뜻이었으며 그중에서도 특히 풍미가 진하고 영양가가 높은 국물을 지칭했다.

■ **단어의 의미가 장소를 지칭하다.** 19세기까지 이어져 사용되어 온 이러한 레스토랑의 의미는 점차 원기를 회복시켜 주는 음식을 판매하는 특별한 장소라는 뜻으로 변했다(『트레부사전(*Dictionnaire de Trévoux*)』(1771). 18세기 말까지만 해도 돈을 주고 음식을 사 먹을 수 있는 곳이라고는 여인숙에 딸려 있던 식당이나 선술집 밖에 없었다(**참조** TABLE d'HÔTE, TRAITEUR). 1765년경 파리에서 수프를 팔던 불랑제(Boulanger)라는 이름의 음식점 주인은 "불랑제 씨가 훌륭한 보양식 국물(restautants)를 판매합니다"라는 광고를 간판에 내걸었다. 이어서 1776년 로즈(Roze)와 퐁타이에(Pontaillé) 두 사람은 메종 드 상테(maison de santé)라는 음식 판매점을 열었다. 하지만 진정한 의미에서의 파리의 가장 오래된 레스토랑은 앙투안 보빌리에(Antoine Beauvillies)가 1782년 리슐리외가에 오픈한 그랑 드 타베른 드 롱드르(Grande Taverne de Londres)라고 할 수 있다. 이곳은 정해진 영업시간에만 음식을 서빙하고 손님마다 개별 테이블에서 식사를 했으며 요리 이름이 적힌 메뉴판을 제공한 최초의 식당이었다.

■ **만인을 위한 레스토랑.** 프랑스 대혁명 이후 레스토랑 사업은 활기를 띠었다. 동업조합이 폐지되었고 개인 업장을 여는 데 많은 특혜가 주어졌다. 초창기에 가장 큰 수혜를 입은 이들은 귀족의 저택에서 일하던 요리사와 하인들이었다. 주인인 귀족층은 혁명 이후 다수가 프랑스를 떠났고 이들은 거리로 나와 새로운 일을 시작하게 되었다. 또한 지방에서 파리로 상경한 사람들이 식당을 차리기 시작했고 점차 단골 층도 확보했다. 여기에 더해 언론인이나 사업가들도 레스토랑을 점점 더 많이 애용했다. 혼란의 시기가 지나간 후 총재 정부 시기를 맞은 파리 시민들에게는 안락한 생활에 대한 욕구가 다시 생겨났고 당시까지만 해도 부유층의 전유물이었던 쾌락과 풍요를 누릴 수 있다는 가능성과 희망은 레스토랑을 진정한 대중의 장소로 만들었다. 팔레 루아얄, 이어서 레 알 지역에 레스토랑들이 속속 생겨났고 그 이후에는 파리의 주요 대로와 마들렌에서 샹젤리제의 전성기가 도래했다. 그 외에 빌레트, 베르시, 몽파르나스, 센강 좌안 지역과 클리시 외곽, 몽마르트르 언덕 지구에도 레스토랑들이 점점 늘어났다. 뿐만 아니라 퀴르농스키, 마르셀 루프 등의 미식가들이 발굴해낸 지방의 유명 숙박시설과 그 식

당들(주로 옛날 파발이 있던 장소들을 따라 위치해 있으며 관광 코스가 되었다)이 다시 주목을 받기 시작했고 이들은 곧 수도 파리의 유명 미식 명소들과 경쟁구도를 갖추게 되었다. 오늘날 집 밖에서 식사하는 외식문화는 단체식사(회사, 학교, 병원 등의 식사를 제공하며 양적, 질적인 면에서 점점 성장하고 있다), 빵집이나 미국식 패스트푸드점들을 포함한 빠르고 간단한 식사, 비스트로에서 미슐랭의 별을 받은 고급 레스토랑에 이르기까지 다양한 종류의 전통적인 식당에서의 외식 등 여러 카테고리로 형성되어 있다. 특히 고급 가스트로노미를 표방하는 파인다이닝 식당들은 각종 레스토랑 가이드가 음식, 서비스 등을 평가하며 그 결과는 별의 개수, 점수, 포크의 개수, 요리사 모자의 개수 등으로 표시된다.

RÉTÈS 레테스 헝가리식 슈트루델. 오스트리아의 슈트루델과 비슷한 헝가리의 파티스리로 아주 얇게 민 밀가루 반죽에 다양한 재료를 넣고 김밥 모양으로 돌돌 만 뒤 오븐에 구운 것이다. 슬라이스한 다음 슈거파우더를 뿌려 서빙한다. 속에 채우는 재료로는 프로마주 블랑에 건포도와 거품 낸 달걀흰자를 섞은 것, 계피로 향을 낸 사과 마멀레이드, 익힌 체리나 자두, 잘게 다진 호두에 설탕, 레몬, 건포도, 우유를 섞은 것, 또는 양귀비 씨를 넣은 크림에 우유, 설탕을 넣고 끓인 뒤 강판에 간 사과, 레몬 제스트, 설타나 건포도를 섞은 것 등을 사용한다.

RETSINA 레치나 일상적으로 즐겨 마시는 저렴한 가격의 그리스 와인으로 포도품종은 화이트 사바티아노와 로디티스다. 송진(아티키주에서 자라는 알레포소나무의 송진을 최고로 친다)이 첨가되어 테레빈유 냄새가 나는 로제와 화이트와인을 즐겨 마신다. 알코올 함량은 12.5~13%Vol.이며 어린 상태의 와인을 차갑게 마신다.

REUILLY 뢰이 베리 지방의 언덕지대 또는 점토와 석회질 토양의 고원지대에 위치한 포도원에서 생산되는 AOC 화이트, 레드, 로제와인. 화이트와인은 소비뇽, 레드와 로제와인은 피노 누아와 피노 그리 품종의 포도로 만든다(**참조** BERRY).

RÉUNION (LA) 라 레위니옹 레위니옹, 레위니옹섬. 아프리카 대륙 동쪽에 위치한 레위니옹섬은 영국과 인도, 중국, 아프리카, 말레이시아, 포르투갈, 프랑스의 영향이 혼재된 섬세하고 세련된 미식 문화를 갖고 있다.

아페리티프에는 한련화 튀김이나 새우튀김, 다진 돼지고기와 쪽파를 채운 만두의 일종인 부숑, 닭봉 튀김, 돼지 껍데기를 낮은 온도의 기름에 넣고 천천히 튀긴 그라통, 각종 소를 채운 사모사 등 다양한 아뮈즈 부쉬를 곁들여 먹는다. 대표 요리 중 하나인 레위니옹식 커리는 인도 커리보다 색이 더 진하고 매운맛도 더 강하다. 커리 요리는 고기(염소, 멧돼지, 소, 토끼 등)나 생선 또는 갑각류 해산물을 넣어 만든다. 특히 강 하구에서 잡히는 비시크(bichique, 잉어의 일종인 처브의 치어)를 넣은 커리는 매우 인기가 많으며 그 외에 새우, 참치, 문어, 닭새우(스파이니 랍스터)를 넣기도 한다. 여기에 렌틸콩, 키드니 빈, 흰 강낭콩, 리마콩 또는 흰 쌀밥을 곁들여 매운맛을 중화시킨다. 황새치는 생 질루아즈(à la saint-gilloise)식으로 즉, 럼을 뿌려 플랑베한 뒤 카피르 라임 제스트를 넣은 생크림 소스에 조리한다. 또는 인도 말라바르식으로 향신료 믹스를 넣은 마살라 스타일로 조리한다. 상어를 조리하는 방법과 동일하다. 적돔이나 큰꼬치고기처럼 살이 단단한 생선들은 화이트와인과 타임, 생강, 레몬즙을 넣은 쿠르부이용에 데쳐 익힌 뒤 식초, 설탕, 토마토, 마늘, 당근즙, 굴 소스, 플럼 소스 등을 혼합해 캐러멜라이즈하듯 졸인 소스를 끼얹는다. 서빙 접시에 가늘게 채 썬 당근을 깔고 생선을 놓은 다음 튀긴 중국 당면으로 장식하고 가늘고 길게 썬 고추와 쪽파의 녹색 부분을 잘라 곁들여 낸다. 주식이 되는 쌀은 여러 가지 방법으로 조리한다. 옥수수 밥은 옥수수 알갱이와 혼합해 지은 밥이고 옐로우 라이스는 이 지역의 사프란이라고도 불리는 강황으로 향을 낸 강황밥이다. 그 외에도 리 쇼페(riz chauffé, 쌀밥에 기름과 마늘, 고추를 넣고 볶는다), 젬브로칼(zembrocal 강낭콩 또는 렌틸콩, 강황 등의 향신료를 넣어 익힌 쌀밥) 등으로 조리한다. 대부분의 요리는 다양한 종류의 루가이유(rougail, 매운맛의 양념)를 곁들여낸다. 각종 고기 요리에는 토마토 루가이유를 함께 서빙하고, 생선 요리에는 망고 루가이유가 잘 어울린다. 이 두 가지 루가이유는 가장 흔히 먹는 것들이다. 루가이유 양념은 아주 소량씩 서빙한다. 소시지, 앙두이유, 훈제육이나 훈제 생선, 염장대구, 청어, 홍합, 새우 등 다양한 재료를 넣어 조리한 루가이유 요리와 혼동해서는 안 된다. 열대과일과 채소 또한 많이 사용된다. 다양한 식물(가지의 일종인 까마중, 쐐기풀, 배추, 모링가, 토란, 호박, 방가지똥, 차요테 등)의 잎, 줄기, 속대 등으로 만든 채소 요리인 브레드(brèdes)는 프리카세나 국물 류의 주 요리에 곁들여 먹는다. 또한 다진 채소에 간을 한 다음 양파, 마늘, 강황, 고추, 생강 등으로 향을 낸 기름에 천천히 익혀 만든 양념인 아샤르(achards)는 애피타이저로 또는 다양한 커리에 곁들여 서빙한다. 슈슈(chouchou) 또는 크리스토핀(cristophine)이라고도 불리는 차요테는 호리병 모양 박의 한 종으로 푹 익힌 스튜나 그라탱으로 조리해 먹는다. 어디서나 풍성하게 구할 수 있는 각종 과일은 생으로 먹거나 잼을 만들기도 하고 다양한 디저트 재료로도 사용한다. 소르베, 무스(라임, 리치, 망고), 코코넛 플랑, 파인애플 플랑베 등을 대표로 꼽을 수 있으며, 레몬 제스트, 바닐라, 계피, 럼 등으로 향을 더한 파인애플, 망고, 파파야 튀김도 빼놓을 수 없다. 고구마는 달콤한 디저트와 짭짤한 요리에 두루 쓰이며 케이크나 잼을 만들기도 한다.

■ **럼.** 앤틸리스 제도에서와 마찬가지로 일명 아그리콜 화이트 럼은 브주(vezou)라고 불리는 사탕수수즙을 증류해 만들지만 레위니옹의 럼 파티아는 당밀로 만든 증류주다. 그중 오크통에서 숙성한 것들은 아주 섬세한 맛과 황갈색을 띤다. 럼은 물을 섞어 그로그(grog)로 마시거나 펀치 칵테일로 즐기며, 다수의 파티스리에 향을 내는 용로도도 사용된다.

RÉVEILLON 레베이용 크리스마스 전날 밤 또는 더 범위를 넓혀 새해 첫날을 앞둔 12월 31일 밤에 먹는 식사를 뜻한다. 자정 무렵 긴 시간 동안 이어지는 세 차례의 독송 예배와 늦은 시간 교회를 다녀오는 수고를 감안하면 옛날에 행해지던 이날 밤의 풍성하고 든든한 야식 관습은 충분한 정당성을 지닌다. 오늘날 크리스마스나 새해 전야 식사는 특히 가족과 친구들이 모여 맛있는 음식을 나눠 먹는 기회가 되었다. 프랑스뿐 아니라 다른 여러 나라에서는 이날, 특히 크리스마스 이브에 다양한 특별 요리들을 만들어 먹는다.

■ **전통 음식.** 프랑스의 여러 지역에서는 밤을 곁들인 칠면조 로스트가 크리스마스 이브 만찬의 대표 메뉴로 자리 잡았다. 하지만 옛날에는 아르마냑 지방의 도브, 알자스의 거위 간과 슈크루트, 오베르뉴의 알리고, 니베르네의 부댕, 남서부 지방의 거위 요리가 반드시 상에 오르는 단골 메뉴였다. 남동부 지방에서는 전통적으로 예배를 보러 가기 전에 풍성한 저녁식사를 했다. 라이토 소스의 콜리플라워와 염장대구, 에스카르고(식용 달팽이 요리), 올리브를 곁들인 숭어, 아티초크를 넣은 오믈렛과 파스타 등으로 푸짐한 상을 차렸다. 만찬은 언제나 특별한 크리스마스 디저트로 마무리되었다. 예수의 최후의 만찬 인원에서 유래한 13가지 디저트는 프로방스의 유명한 크리스마스 전통 디저트다. 기독교의 영향을 받은 모든 국가에서는 크리스마스 이브에 즐겨 먹는 메뉴가 전통으로 이어져 내려온다. 이 주제에 관해 미식 저술가 에두아르 드 포미안은 "러시아 사람들은 밀 낟알에 견과류를 넣어 익힌 쿠티아(koutia)를 먹으며 폴란드인들은 성스러운 면병(opłatek)을 깨트려 나누고 양귀비 씨가 들어간 요리를 먹는다...영국 사람들의 식탁에는 매년 크리스마스 푸딩이 올라온다."라고 기록했다.

이탈리아 로마에서는 12월 23일 밤부터 24일까지 열리는 크리스마스 야시장에서 축제가 시작된다. 사람들은 진정한 크리스마스 식사에서 빠져서는 안 되는 장어를 이곳에서 살아 있는 싱싱한 상태로 구입한다. 또한 크리스마스 만찬에는 속을 채워 오븐에 구운 샤퐁 닭 로스트도 주 메뉴로 등장한다. 더 북쪽에 위치한 생파스타의 본 고장 볼로냐에서는 다진 돼지고기, 칠면조 고기, 소시지, 치즈, 넛멕 등을 채워 넣은 토르텔리니로 크리스마스 식사가 시작된다. 디저트로는 꿀과 호두로 만든 뒤 삼각형 모양으로 자른 강정의 일종인 노치아타(nocciata), 리코타 치즈와 초콜릿으로 만든 카사테(cassate), 그리고 아몬드를 넣어 만든 누가(torrone)를 대표로 꼽을 수 있다. 다른 나라에서도 이와 같은 크리스마스 디저트나 달콤한 간식은 필수다. 스페인에서는 아몬드로 만든 비스킷 또는 견과류를 채운 마지팬 당과류 등을 즐겨 먹는다.

독일에서는 전통적으로 잉어가 크리스마스 이브의 특별 메뉴로 등장하지만 종종 거위, 칠면조 노루, 멧돼지, 로스트 육류, 심지어 슈니첼(빵가루를 입혀 지진 고기 커틀릿)로 대치되기도 한다. 하지만 사과, 호두, 아몬드 등의 전통 재료는 아직도 크리스마스 요리에 많이 사용한다. 뉘른베르크의 진저브레드의 일종인 레브쿠헨, 드레스덴의 슈톨렌, 뤼베크의 마지팬, 그 외에도 각 가정에서 만든 케이크(아니스, 아몬드, 계피 등을 넣어 만든다)

등은 크리스마스트리 아래나 식탁 위에서 언제나 만날 수 있는 특별한 디저트 들이다. 옛날 스웨덴의 크리스마스 만찬은 양념에 절여 말린 대구를 빼놓고는 생각할 수 없었다. 화이트 소스와 버터에 조리한 이 생선 요리는 감자, 머스터드, 검은 후추를 곁들여 먹었다. 오늘날 스웨덴과 덴마크에서는 사과와 건자두를 채운 뒤 오븐에 구운 거위 로스트에 적채, 캐러멜라이즈한 감자, 크랜베리 소스를 곁들여 먹는다. 디저트로는 종종 라이스 포리지(porridge)나 아몬드를 넣은 라이스푸딩에 체리 콩포트를 끼얹어 먹는다. 노르웨이에서는 푸짐한 포크 촙 로스트에 커민으로 향을 낸 양배추 슈크루트를 곁들여 먹으며 핀란드에서는 덩어리 햄에 호밀 반죽 크러스트를 씌워 굽는다. 스칸디나비아의 여러 국가에서는 대개 크리스마스 식사에 화려하고 풍성한 스뫼르고스보르드(smörgasbord)를 준비한다.

RHÔNE (VINS) 론 와인 오랜 역사를 가진 발레 뒤 론의 포도밭은 약 200km의 부지 위에 펼쳐져 있다. 이곳 와인들 중 그랑 크뤼 급은 없지만 남부와 북부로 분류되는 두 지역의 포도원에서는 훌륭한 와인들이 생산되고 있다.

■ **북부 코트 뒤 론.** 비엔에서 발랑스에 이르는 지역에 와이너리와 네고시앙(와인생산 및 중개업체)들이 포진해 있다. 대륙성 기후를 지닌 지역으로 일조량이 충분하며 배수가 잘 되는 토양의 협곡 가파른 언덕 위에서 포도를 재배한다. 포도품종은 생소, 무르베드르 그리고 특히 붉은색이 진하고 타닌이 풍부하며 시간이 흐를수록 제비꽃과 스파이스 노트를 발산하는 시라가 주를 이룬다. 화려하고 풍부한 맛의 이 지역 화이트와인은 살구 향의 비오니에, 단단한 바디감과 타닌, 높은 알코올 함량을 자랑하는 마르산, 섬세하고 부드러운 루산 품종의 포도로 만든다. 시라 단일 품종으로 만드는 코르나(Cornas, AOC) 레드와인은 어릴 때에는 타닌이 많이 느껴지기도 하지만 오랜 시간의 숙성을 거치면 야생 베리향과 단단한 바디감을 보여준다. 코트 로티(Côte-Rôtie)는 아주 여성적인 향과 과일 풍미를 지닌 와인으로 8년 정도의 세월이 지나면 아주 관능적이고 기품 있는 와인으로 태어난다. 생 조제프 레드와인은 색이 아주 진하고 바디감과 알코올 함량이 풍부하며, 화이트와인은 산미와 향의 밸런스가 매우 좋다. 에르미타주(Hermitage)는 주로 화이트와인을 생산한다. 레드는 대체로 타닌과 알코올 함량이 높아 남성적이라는 평가를 받고 있으며 크로즈 에르미타주(Crozes-Hermitage) 레드와인과 비슷하다. 샤토 그리예(Château-Grillet) 화이트는 매우 소량 생산되며 아주 귀한 와인이다. 콩드리외(Condrieu) 와인도 샤토 그리예와 마찬가지로 비오니에 단일 품종으로 만들어지며 살구 씨, 복숭아 향이 주를 이루는 복합적인 부케를 갖고 있다. 생 페레(Saint-Péray)는 일반 화이트와인과 스파클링 와인으로 유명하다.

■ **남부 코트 뒤 론.** 몽텔리마르에서 아비뇽에 이르는 지역에 포도밭과 와이너리 동업 조합들이 몰려 있다. 지중해성 기후의 이 지역은 비교적 완만한 경사의 언덕에서 포도가 재배되며 토양에 석회질이 많고 배수 조건은 매우 좋은 편이다. 대부분의 고급 레드와인과 로제와인은 그르나슈 누아르 품종으로 만든다. 화이트와인의 주요 포도품종은 픽풀, 위니 블랑, 부르불랑, 클레레트, 피카르당, 그르나슈 블랑이다. 코트 뒤 뤼베롱, 코트 뒤 방투, 코트 뒤 론은 코트 뒤 론 빌라주, 리락(로제와인을 많이 생산한다)과 마찬가지로 레드, 화이트, 로제와인 모두 생산한다. 일반적으로 레드가 주를 이루는 샤토뇌프 뒤 파프(AOC)는 풍부한 맛과 높은 알코올 함량을 지닌 바디감이 강한 와인으로, 특히 병에 교황관 장식이 새겨져 있는 것이 특징이다. 바디감이 강하고 알코올 함량이 높은 지공다스(Gigondas) 레드와인은 5~6년 정도의 시간이 지나면 제 기량을 발휘한다. 지공다스 로제와인은 단맛이 없으며 과일향이 풍부하다. 타벨(Tavel)에서는 로제와인만 생산하는데 향이 매우 복합적이며 맛이 훌륭하다. 또한 바케라스(Vacqueyras)의 레드와인은 향이 풍부하고 색이 매우 진하다.

RHUBARBE 뤼바르브 루바브. 마디풀과에 속하는 여러해살이 식물인 루바브는 북부 아시아가 원산지이며 살이 통통한 잎 꼭지 부분을 식용으로 소비한다. 루바브를 채소로 먹기 시작한 것은 18세기에 이르러서다. 칼로리(100g당 16kcal 또는 67kJ)가 매우 낮고 칼륨을 함유하고 있으며 나트륨은 거의 없어 변을 잘 통하게 하는 완화제 역할을 한다. 또한 말산(100g당 1.3g)과 옥살산(100g당 0.5g) 함량이 높다.

■ **사용.** 루바브는 여러 품종이 존재한다. 줄기 끝과 잎은 녹색이고 분홍에서 자주색을 띠는 루바브는 5월~7월에 출하된다. 잎 꼭지가 단단하고 꺾으면 탁 소리를 내며 부러지며 조직이 촘촘하고 자른 단면에 즙이 스며나오는 것이 싱싱한 것이다. 익힐 때는 설탕을 넣어 신맛을 완화한다. 루바브는 잼이나 콩포트, 마멀레이드를 만드는 데도 사용되며 이때 레몬즙이나 생강을 넣어 맛을 돋워주면 좋다. 루바브 콩포트는 생선 요리에 곁들여도 잘 어울린다. 또한 처트니를 만들 때 넣기도 하며 이탈리아의 식전주인 라바르바로(rabarbaro)의 원료로 쓰이기도 한다. 캐나다 사람들은 루바브에 사과나 붉은색 베리류 과일을 섞어 사용한다. 이것을 타르트, 각종 케이크, 소르베, 시원한 펀치 등의 재료로 사용하며, 또한 아샤르(achards)를 만들기도 한다.

ceviche de daurade, rhubarbe et huile de piment ▶ CEVICHE
compote de rhubarbe ▶ COMPOTE
confiture de rhubarbe ▶ CONFITURE
pie à la rhubarbe ▶ PIE

---

rhubarbe aux fraises 뤼바르브 아 라 프레즈

딸기를 넣은 루바브 콩포트 : 루바브 1kg의 질긴 섬유질을 떼어내고 껍질을 벗긴 뒤 4~5m 크기로 균일하게 토막 낸다. 이것을 볼에 넣고 바닐라 슈거를 넉넉히 뿌린 다음 주걱으로 중간중간 뒤적여 주며 3시간 정도 재운다. 냄비에 루바브를 넣고 중불에서 15분간 익힌다. 잘 익은 딸기 300g을 씻어서 꼭지를 딴 다음 4등분한다. 냄비에 넣고 5분간 더 끓인 다음 콩포트 용기에 넣고 식힌다. 유리 볼에 담아 그대로 서빙하거나 바닐라 아이스크림과 작은 사이즈의 따뜻한 마들렌을 곁들여 낸다.

saint-pierre à la rhubarbe ▶ SAINT-PIERRE

RHUM 럼 사탕수수 설탕을 제조하고 남은 당밀(일반 럼) 또는 사탕수수즙(럼 아그리콜, 또는 럼 시럽)을 알코올 발효시킨 뒤 증류한 오드비. 마르티니크의 럼 아그리콜은 AOC 인증을 받았다. 사탕수수는 16세기 초 히스파니올라섬(현, 아이티)에 처음 도입되었고, 1635년에는 앤틸리스 제도 마르티니크섬에 등장했다. 『프랑스인들이 거주한 앤틸리스 제도의 역사(*Histoire générale des Antilles habitées par les Français*)』(1667)의 저자인 테르트르(Jean-Baptiste du Tertre) 도미니코 수도회 신부는 1690년경 여러 개의 증류소를 열었고, 이후 라바(Labat) 신부는 앤틸리스 현지에 정착하여 럼 제조 산업을 발전시켰다. 럼의 소비가 매우 빠르게 늘어나자 프랑스 본토로의 수출을 금하는 왕의 칙령이 발표되었다. 이는 포도주로 만든 오드비와의 경쟁을 막기 위함이었다. 따라서 당시 럼 거래는 밀수를 통해서만 불법적으로 이루어졌다. 제1차 세계대전 중 화약보급 부대에서는 사탕무 증류주를 공출해갔고 프랑스 해외 영토에서의 럼 생산은 크게 늘어났다. 1922년 12월 21일에는 프랑스 본토의 와인 산업에 타격을 주지 않기 위하여 럼의 수입량을 제한하는 법령이 제정되었다.

■ **제조.** 전통적인 럼은 사탕수수 설탕을 정제하고 남은 찌꺼기인 당밀을 사용해 만든다. 우선 당밀은 발효과정을 거친다. 당밀을 물에 풀어 찌꺼기 즙을 낸 다음 효모를 첨가해 25~40시간 동안 발효시킨다. 발효된 술(5~10%Vol.)을 이어서 연속식 증류기의 원주형 기통 안에 넣고 증류한다. 이 술은 알코올 성분을 잃으면서 한 단계 한 단계 내려와 증류 찌꺼기액으로 변한다. 반면 알코올 증기는 점차 농축되어 위로 올라가며 냉각수의 작용으로 응축한다. 이렇게 얻은 럼의 알코올 함량은 65~75%Vol.이다. 여기에 증류수를 첨가해 제품으로 판매할 수 있는 알코올 도수로 희석한다(레위니옹섬과 앤틸리스 제도 내수 판매용은 50~55%Vol. 수출용은 최대 75%Vol.까지 허용). 럼 중에 향이 가장 좋은 것으로 유명한 럼 아그리콜은 당밀이 아닌 사탕수수즙으로 만든다. 우선 사탕수수를 분쇄해 즙을 추출한 다음 체에 거른다. 불순물을 가라앉히고 맑은 즙만 다시 한 번 여과한 뒤 18~48시간 동안 발효시킨다. 발효된 술(3.5~5.8, 또는 6%Vol.)을 일반적으로는 연속식 증류기 안에, 또는 드물게 알람빅 단식 증류기 안에 넣어 증류한다. 액체는 증류솥에서 기화되고 증기는 상단부의 백조목(굴곡관)을 통과해 뱀 모양의 구불구불한 냉각용 사관으로 보내져 냉각기에서 응축한다. 단식 증류기의 경우 이렇게 얻은 증류주 다시 한 번 증류하여(비교적 드문 경우이긴 하다) 원하는 알코올 도수를 만든다. 알람빅 증류기에서 추출된 럼은 거의 무색투명하다. 판매 전 여러 처리를 거쳐 다양한 등급의 제품으로 출시된다(**참조** 럼 도표).

■ **사용.** 펀치, 다이키리 및 각종 칵테일을 만드는 데 가장 적합한 것은 화이트 럼이다(**참조** COCKTAIL). 더 향이 진한 다크 럼은 물을 타 희석한 그로그나 플랑베용 또는 파티스리와 요리에 주로 사용되며 오크통에 오래 숙성한 올드 럼은 식후주로 마신다. 럼은 특히 파티스리에서 아주 다양하게 사용된다. 스펀지케이크, 제누아즈(앙트르메, 샤를로트 등) 시트를 촉촉하

럼의 다양한 명칭과 특징

명칭	제조	특징	맛
럼 아그리콜 rhum agricole	사탕수수즙을 발효 후 증류한다.	흰색. 나무통에서 12개월 이상 숙성하면 황색을 띤 골드 럼(rhum paille), 4년 이상 숙성하면 올드 럼(rhum vieux)이 된다.	맛의 밸런스가 좋으며 과일 향, 스파이스 노트를 갖고 있다.
럼 그랑 아롬, 헤비 럼 rhum grand arôme	당밀, 물, 증류 찌꺼기액(vinasse)을 .천천히 발효한 뒤 증류한다.	산미가 강하고 요리에 사용하거나 따뜻한 음료로 소비된다.	향이 매우 진하고 복합적이며 당밀의 맛이 두드러진다.
일반 럼 rhum de sucrerie (rhum industriel 또는 rhum traditionnel)	당밀과 증류 찌꺼기액(vinasse)을 .발효한 뒤 증류한다.	블렌딩, 요리, 파티스리에 사용된다.	맛이 진하고 당밀 향이 두드러진다.
라이트 럼 rhum léger	당밀을 발효한 뒤 증류한다.	비알콜 휘발 성분 함유율(taux de non-alcool)이 매우 낮다.	향이 거의 없으며 매우 순하다.

게 적시거나 디저트 크림, 무스, 크레프와 비스퀴 반죽, 사바용, 과일 샐러드, 소르베 등에 넣어 향을 낸다. 또한 바바, 사바랭에 뿌려 적시거나 크레프, 오믈렛 플랑베용으로도 쓰이며 당절임 과일, 건과일 등을 절여두는 데도 사용된다. 요리에서는 특히 채소와 과일(파인애플, 바나나, 고구마)을 곁들인 고기, 가금류, 생선 요리에 잘 어울린다(랑구스틴이나 아귀 꼬치요리, 오리 로스트, 포크 촙, 칠면조, 치킨 소테, 플랑베한 콩팥 요리 등). 또한 마리네이드 양념액이나 소스 등에 넣어 향을 더하는 데도 효과적이다. 플랑베용으로 럼을 사용하는 것은 고기가 아주 연한 경우에만 해당한다(부속 내장 및 어린 가금류).

▶ 레시피 : BABA, POULET.

RIBERA DEL DUERO 리베라 델 두에로 마드리드 북쪽 카스티야 지방에서 생산되는 스페인의 레드와인으로 DO(원산지 명칭 표시) 인증을 받았다. 포도품종은 틴토 피노가 주를 이루며 그 밖에 가르나차, 말벡, 카베르네 소비뇽, 메를로 등도 사용된다. 특히 로제와인은 알코올 함량이 낮고 아주 상큼한 맛을 지니고 있다.

RICHARD (MICHEL) 미셸 리샤르 프랑스의 요리사(1948, Pabu 출생). 샹파뉴에서 파티시에 교육을 받은 그는 가스통 르노트르 밑에서 경력을 쌓은 뒤 1974년 미국 뉴욕의 르노트르 첫 매장 오픈 멤버로 조인한다. 하지만 프랑스식 맛이 미국 시장을 파고들기에는 아직 시기상조였다. 그는 뉴멕시코주로 내려가 산타페에 자신의 식당을 열었고 이후 미국 서부에서 명성을 얻었으며 캘리포니아 누벨 퀴진의 선구자 중 한 사람으로 자리매김했다. 유기농 생산품을 선호하고 다양한 종류의 채소를 사용했으며 가볍고 건강한 요리를 추구했다. 그는 1987년 로스앤젤레스에 레스토랑 시트러스(Citrus)를 열었고, 이어서 1989년에는 샌타바버라 호텔 안에 시트로넬(Citronelle)을 열었다. 1994년에는 같은 이름의 식당을 워싱턴에도 오픈했다. 바질 아스픽을 씌운 아티초크 테린, 포트와인 소스를 곁들인 푸아그라 튀김, 쥐라의 뱅 존소스를 곁들인 랍스터 등은 해외에서 활동하는 이 요리사가 자신의 뿌리를 잊지 않았음을 여실히 보여주는 메뉴들이다.

RICHE 리슈 19세기 파리의 카페 리슈(Café Riche)에서 선보인 요리들 중 가장 유명했던 두 가지인 카나페 위에 올린 멧도요 로스트와 소스를 곁들인 서대 필레에 붙인 이름이다. 리슈 소스는 디플로마트 소스에 송로버섯 에센스와 잘게 깍둑 선 송로버섯을 넣은 것, 또는 랍스터 버터를 섞은 노르망디 소스에 송로버섯을 추가한 것이다. 그 외에도 서대 뼈와 자투리로 만든 생선 육수에 버섯즙과 굴로 향을 내고 크림과 달걀노른자로 농도를 맞춘 뒤 랍스터 버터나 랍스터 쿨리로 마무리한 블루테 수프를 리슈라고 부르기도 한다.

▶ 레시피 : SOLE.

RICHE (CAFÉ) 카페 리슈 1804년 파리 이탈리안 대로에 문을 연 레스토랑으로 초창기에는 규모가 크지 않았으나 1832년 리노베이션을 거친 후 오너의 형 루이 비뇽(Louis Bignon, 일명 Bignon aîné)이 운영하던 또 하나의 식당과 더불어 최고의 전성기를 누렸다. 대리석으로 된 계단과 동으로 된 난간, 타피스리, 벨벳 커튼과 은제품으로 화려함을 자랑하던 이 식당은 아름다운 인테리어뿐 아니라 훌륭한 와인과 음식에 매료된 당대 유명 배우들과 정치인들의 만남의 장소가 되었다. 비뇽은 특히 내추럴 방식으로 양조한 샹파뉴 지방의 레드와인 부지 루즈(bouzy rouge)를 유행시키기도 했다. 작가 뒤마(아들), 베롱, 플로베르, 생트 뵈브뿐 아니라 오페라 극장의 감독들과 배우, 작곡가들도 이곳의 대표 요리들을 맛보기 위해 자주 드나들었다. 1870년 프로이센과의 전쟁으로 카페 리슈의 전성기는 막을 내렸으나 이 식당은 1916년까지 영업을 이어갔다.

RICHEBOURG 리슈부르 부르고뉴의 AOC 레드와인. 이 지역의 가장 유명한 와인들 중 하나로 코트 드 뉘의 본 로마네 코뮌에서 생산된다. 피노 누아 품종으로 만드는 화려하고 고급스러운 이 레드와인은 그랑 크뤼급으로 분류되어 있으며, 이 지역의 최상급 와인으로 인정받고 있다(**참조** BOURGOGNE).

RICHELIEU 리슐리외 리슐리유. 큰 덩어리로 서빙하는 고기 요리 가니시의 한 종류로 토마토, 속을 채운 양송이버섯(오븐에 그라탱처럼 굽기도 한다), 브레이징한 양상추, 튀기듯 지진 햇감자 또는 폼 샤토 감자로 구성된다. 이 명칭은 또한 서대를 한쪽으로 갈라 펼친 뒤 밀가루, 달걀, 빵가루를 입혀 버터에 튀기듯 지진 생선 요리의 이름이기도 하다. 생선 뼈를 발라낸 다음 메트르도텔 버터와 송로버섯 슬라이스를 곁들여 서빙한다. 리슐리외 부댕 곱게 간 닭고기 스터핑 혼합물에 살피콩 아 라 렌을 섞어 작은 개인용 라므킨에 채운 것으로 서빙할 때는 라므킨 틀을 벗겨낸 뒤 페리괴 소스와 송로버섯 장식을 곁들인다.

RICHELIEU (GÂTEAU) 리슐리외(케이크) 스펀지 시트를 겹겹이 쌓아 만든 큰 사이즈의 케이크. 아몬드 가루를 넣어 만든 비스퀴 스펀지 시트 여러 겹에 일반적으로 마라스키노 와인을 붓으로 적셔 향을 낸 뒤 각각 살구잼과 프랑지판을 발라 교대로 쌓아올린다. 이어서 퐁당슈거로 글라스사주를 입힌 다음 당절임 한 과일로 장식한다. 이 케이크는 18세기에 당시 추기경의 종손인 리슐리외 공작의 요리사가 처음 만들어낸 것으로 전해진다.

RICOTTA 리코타 리코타 치즈. 소, 양 ,염소 치즈 제조 시 분리되어 남은 유청을 활용해 만든 이탈리아의 프레시 치즈(지방 20~30%)로 대개 채워 넣었던 틀의 모양을 그대로 유지하고 있다(**참조** p.396 외국 치즈 도표). 리코타 치즈는 약간 새콤한 맛이 나며 특히 요리에 많이 사용된다. 샌드위치나 카나페에 얹어 먹거나 샐러드에 넣기도 하며 크레프 안에 채워 넣거나 파스타 소스를 만들 때 넣기도 한다. 그 외에 각종 스터핑 혼합물, 튀김옷이나 뇨키 반죽 등에 넣어 부드러움을 더하기도 한다. 또한 비네그레트 소스나 설탕, 잼을 곁들여(혹은 마르살라 와인과 섞기도 한다) 식사 마지막에 서빙하기도 한다. 리코타 치즈가 들어가는 이탈리아의 양대 특선 디저트는 시칠리안 카사타(cassata siciliana)와 리코타 크로스타타(crostata di ricotta)이다. 크로스타타 디 리코타는 리코타 치즈에 오렌지 제스트와 레몬 제스트, 설탕, 건포도, 아몬드, 잣, 캔디드 오렌지 필, 달걀노른자를 넣어 섞은 혼합물을 타르트 시트에 채운 뒤 구워낸 파이의 일종이다.

▶ 레시피 : RAVIOLIS.

RIESLING 리슬링 리슬링 와인. 라인강 계곡 지역의 화이트와인 양조용 포도 품종으로 알자스와 라인가우의 고급 와인들이 이 포도로 만들어진다. 리슬링은 독일의 헤센과 라인란트팔츠 지방, 오스트리아, 칠레, 캘리포니아 등지에서 재배된다. 알자스산 리슬링은 대부분 산미가 있는 상큼한 와인이며 과일 향과 미네랄 노트를 지니고 있는 것이 특징이다.

RIGOTTE DE CONDRIEU 리고트 드 콩드리외 리고트 드 콩드리외 치즈. 콩드리외의 리고트 치즈와 펠뤼생(Pélussin), 에샬라(Échalas)의 리고트 치즈는 리오네 또는 포레즈(Forez) 지방에서 생산되는 염소젖 천연외피 연성치즈다(**참조** p.389 프랑스 치즈 도표). 리고트 치즈는 지름 4~6cm 높이 3cm 크기의 작은 원통형으로 무게는 50~60g 정도이며 일반적으로 3개를 한 묶음으로 포장해 판매한다. 맛이 순하고 우유 향이 진하다. 많이 건조된 리고트 치즈는 갈아서 풍미가 강한 치즈를 만드는 데 사용하기도 한다.

RIJSTTAFEL 리스타플 리스타펠, 리스타플. 여러 요리가 동시에 서빙되는 인도네시아식 한상차림. 네덜란드어인 이 단어는 문자 그대로 라이스테이블, 즉 밥상이라는 뜻이다. 향신료를 넣어 지은 밥을 큰 접시나 볼에 담아 중앙에 놓고 그 주위에 수프(sup, 대개 간이나 향신료 향이 강한 경우가 많다), 사테(sate, 고기를 꼬치에 꿰어 구운 것), 오포르 다깅(opor daging, 얇게 썬 소고기를 지진 뒤 각종 양념과 코코넛 밀크를 넣어 익힌 요리), 소간 튀김, 커리 소스 닭고기, 새우, 비프 렌당(rendang sapi, 소고기에 매운 양념과 코코넛 밀크를 넣고 뭉근히 오래 익힌 요리), 스무르 다깅(semur daging, 간장을 넣은 소스에 익힌 인도네시아식 소고기 스튜), 발리식 이칸 바카르(balinese ikan bakar, 매콤한 토마토 소스를 곁들인 생선구이) 등의 수많은 요리와 반찬을 빙 둘러 차려낸다.

RILLETTES 리예트 주로 돼지고기로 만드는 스프레드, 또는 파테의 일종. 돼지의 비계가 많은 부위와 살코기를 모두 준비해 작은 토막으로 썬 다음 돼지기름(라드)에 넣고 근조직이 완전히 흐물흐물하게 분리될 때까지 푹 익힌다. 고기를 건져 가늘게 찢은 뒤 익힌 기름과 다시 섞는다. 리예트는 밀폐용 유리 단지에 넣어 보관하며 주로 살짝 구운 캉파뉴 브레드를 곁들여 차가운 오르되브르로 서빙한다(**참조** p.738 리예트 및 기타 콩피 고기류 도표). 투르 지방의 리예트는 고기 질감이 곱고, 마지막에 거의 캐러멜화될 정도로 익히기 때문에 진한 갈색을 띤다. 발자크는 자신의 소설 『골짜기의 백합(*le Lys dans la vallée*)』에서 이 맛난 고기 잼 에 대한 찬사를 늘어놓았다. 르 망(Le Mans)의 리예트는 익힌 뒤 약간 굵직하게 찢어내 씹는 맛이 있는 것이 특징이며 약한 불로 천천히 조리했기 때문에 색깔은 밝은 편이다. 돼지고기뿐 아니라 거위, 토끼, 오리 고기를 사용해 같은 방법으로 리예트를 만들기도 한다. 또한 버터에 넣고 천천히 익힌 정어리나 참치 살을 부드럽게 으깬 뒤 차가운 버터와 레몬즙 몇 방울을 섞어 파테처럼 먹기도 한다. 그 밖에 장어나 연어에 데쳐 익히거나 훈제한 각종 생선을 섞어 리예트를 만들기도 한다.

장 & 피에르 트루아그로(JEAN ET PIERRE TROISGROS)의 레시피

rillettes de lapin 리예트 드 라팽

토끼고기 리예트 : 토끼 두 마리의 뼈를 제거한 뒤 살만 굵직한 큐브 모양으로 썬다. 냄비에 돼지 기름 30g을 녹인 다음, 깍뚝 썬 돼지 삼겹살 비계 700g 넣어 지진다. 여기에 토끼고기, 껍질 깐 마늘 굵은 것 4톨, 타임 굵은 줄기 1개를 넣는다. 뚜껑을 덮고 자체 수분이 나오도록 익힌다. 물 150mℓ를 추가하고 소금 간을 한 다음 아주 약한 불로 3시간 동안 뭉근히 익힌다. 고기를 건져낸 다음 포크로 잘게 찢어 소금, 후추로 간한다. 토기로 된 작은 단지에 나누어 담는다. 완전히 식힌 후 녹은 돼지기름을 조금 부어 한 겹 덮는다. 냉장고에 보관한다.

rillettes de maquereau ▶ MAQUEREAU

rillettes d'oie 리예트 두아

거위고기 리예트 : 푸아그라용 간을 떼어낸 거위의 뼈를 제거하고 살만 잘라낸 다음 투르식 리예트와 같은 방법으로 만든다. 토기 용기에 담아 식힌 뒤 거위기름으로 덮어 마무리한다.

에릭 르세르(ÉRIC LECERF)의 레시피

rillettes de sardine 리예트 드 사르딘

정어리 리예트 : 4인분 / 준비: 30분

기름에 저장한 통조림 정어리 200g을 준비해 가시를 제거한 다음, 상온에서 부드러워진 버터 50g을 넣고 잘 섞는다. 가염 크림 치즈 50g과 매운맛이 강한 머스터드 2테이블스푼을 넣고 잘 섞어 약간 입자가 있는 포마드 상태로 만든다. 소금, 후추로 간을 맞춘다. 갓 구운 바게트 빵을 동그랗게 잘라 12조각을 준비한 다음 이 정어리 리예트를 바른다. 레몬즙 몇 방울을 뿌리면 더욱 맛을 살릴 수 있다.

rillettes de Tours 리예트 드 투르

투르식 리예트 : 돼지고기의 비계와 살코기, 뼈가 있는 부위와 없는 부위를 고루 섞어 준비한다(목심, 뒷다리 살, 삼겹살 등). 비계와 살코기를 분리한 다음 뼈를 꼼꼼히 제거한다. 뼈를 작게 토막 내고 살코기는 가늘고 길쭉하게 썬다. 비계는 굵직하게 다진다. 큰 무쇠 냄비에 비계를 깔고 그 위에 뼈 토막을 놓은 뒤 맨 위에 살코기를 얹는다. 정향 4~5개, 검은 통후추 알갱이 약 12개를 작은 거즈 주머니로 싸서 냄비에 넣는다. 소금을 넣는다(고기 1kg당 소금 20~25g). 뚜껑을 덮고 약한 불로 4시간 동안 뭉근히 익힌다. 뚜껑을 열고 불을 세게 올린다. 뼈를 건져낸다. 뼈에 붙은 살은 모두 발라내 냄비에 다시 넣는다. 계속 저으며 졸인다. 냄비에서 증기가 더 이상 올라오지 않으면 완성된 것이다. 향신료 주머니를 건져낸다. 기름과 살코기가 균일하게 섞이도록 리예트를 잘 저어준 뒤 토기 그릇 여러 개에 나누어 담는다. 완전히 식으면 기름이 표면으로 올라온다. 유산지로 덮어 건조하고 시원한 곳에 보관한다.

RILLONS 리용 투르(Tours) 지방의 특선 음식으로 돼지 삼겹살이나 앞다리살을 적당한 크기의 토막으로 잘라 소금에 절인 뒤 돼지기름에 푹 익히고 마지막에 캐러멜라이즈하여 색을 낸 요리다(**참조** p.738 리예트 및 기타 콩피 고기류 도표). 리요(rillauds), 그리용(grillons) 또는 리요(rillots)라고도 불리며, 다양한 돼지 샤퀴트리와 함께 애피타이저로 서빙된다

rillons 리용

리용 : 비계와 살코기가 고루 층을 이루고 있고 껍데기가 붙어 있는 돼지 삼겹살 덩어리를 준비해 사방 5~6cm 크기 정육면체로 썬다. 소금을 뿌려 12시간 동안 절인다(고기 1kg당 소금 25g). 고기 무게의 1/3분에 해당하는 분량의 라드를 코코트 냄비에 녹여 달군 뒤 소금에 절인 돼지고기 토막을 넣고 색이 나게 지진다. 불을 줄이고 2시간 동안 뭉근히 익힌다. 캐러멜(고기 1kg당 캐러멜 2테이블스푼)을 넣고 센 불에서 고기를 고루 조리듯 익힌 뒤 건져낸다. 아주 뜨겁게 또는 완전히 식힌 후 서빙한다.

RINCE-DOIGTS 랭스 두아 음식을 집은 손가락 끝을 헹굴 수 있도록 식탁에 준비하는 핑거볼. 금속이나 유리 또는 도자기로 된 작은 볼에 따뜻한 물(보통 레몬즙으로 향을 낸다)을 담아내는 핑거볼은 손으로 직접 껍질을 까야 하는 조개나 갑각류 해산물, 아스파라거스, 아티초크 등을 서빙할 때 식탁 위에 반드시 준비하는 것이 관례다. 대개 해당 음식을 다 먹고 난 뒤 접시 왼쪽으로 서빙하며, 사용이 끝나면 바로 치운다.

RINCETTE 랭세트 커피를 마시고 난 후 아직 뜨거운 상태의 잔에 소량의 오드비(브랜디)를 부은 것을 지칭한다(**참조** POUSSE-CAFÉ).

RIOJA 리오하 스페인 북부 지방의 가장 훌륭한 와인 재배지 중 하나인 리오하의 와인은 주로 템프라니요(tempranillo) 품종 포도로 만들며 때로 가르나차(garnacha), 마주엘로(mazuelo), 그라시아노(graciano) 등의 품종도 사용된다. 크리안자(crianza) 와인은 최소 2년, 레제르바 와인은 최소 3년의 숙성기간을 거친 뒤 출시되고, 아주 섬세한 고급 와인인 그랑 레제르바 와인은 5년 이상 오래 숙성 후 출시된다.

RIOLER 리올레 반죽을 얇게 밀어 긴 모양의 띠(요철 모양 커터로 잘라내기도 한다)로 잘라낸 다음 케이크 위에 격자무늬로 얹어 장식하는 것을 뜻한다. 이 작업은 특히 린처토르테와 콩베르사시옹 타르트 등을 만들 때 사용하는 방법으로 타르트 시트에 필링을 채우고 오븐에 넣기 전 마지막 단계에서 실행한다.

RIPAILLE 리파유 음식과 음료, 술 등이 풍성하게 차려진 진수성찬을 뜻한다. 이 단어는 네덜란드어로 '긁어내다'라는 뜻의 리펀(rippen)에서 유래한 것으로 전해진다(마치 진수성찬으로 가득한 식탁이 식사 후에는 빵 부스러기 하나조차 남아 있지 않은 상태를 연상시킨다). 한편 남성명사로 쓰인 리파유는 오트 사부아 지역의 한 화이트와인 명칭이다(le Ripaille, AOC). 리파이유 와인은 드라이하고 가벼운 와인으로 과일 향이 풍부하며 포도 품종은 샤슬라(chasselas)다.

RIPERT (ÉRIC) 에릭 리페르 프랑스의 요리사(1965, Antibes 출생). 뉴욕 맨하탄 중심지에 위치한 유일한 미슐랭 3스타 해산물 전문 레스토랑인 베르나르댕(le Bernardin)의 셰프. 브르타뉴 포르 나발로(Port-Navalo) 출신 어부의 자녀로 뉴욕으로 이주한 마기 르 코즈(Maguy Le Coze)와 남동생 질베르(Gilbert Le Coze,1994년 타계)가 1980년대 중반에 오픈한 이 식당은 에릭 리페르가 총주방장으로 합류한 이후 최고의 전성기를 누리고 있다. 이 셰프는 프랑스식 요리 기술에 생선과 해산물, 세계 각국의 향신료를 자유자재로 접목한 요리들을 선보이면서 레스토랑을 최고의 수준으로 끌어올렸다. 코트 다쥐르(Côte d'Azur)에서 태어나 이미 지중해의 맛에 익숙한 그는 가족과 함께 안도라로 이주하면서 스페인의 맛에 매료된다. 페르피냥 조리학교에서 수학한 뒤 그는 파리로 올라가 투르 다르장(Tour d'Argent)과 자맹(Jamin)에서 실력을 닦는다. 특히 당시 조엘 로뷔숑이

리예트 및 기타 콩피 고기류의 종류와 특징

명칭	원산지	구성	외형
페리고르식 앙쇼 anchauds périgourdins	페리고르	돼지 뒷다리 허벅지살 또는 등심에 소금, 후추로 간을 한 다음(마늘을 넣기도 한다) 돼지 기름에 로스트하듯 익힌다. 익힌 육즙 소스를 같이 넣는다.	돼지 기름으로 덮여 있으며 통조림 제품이 많다.
시숑, 그레스롱 chichons, grai.	남서부 지방	돼지, 거위 또는 오리의 비계와 살코기를 다져서 콩피 기름에 넣고 익힌다. 대개 마늘을 넣는다.	밀도가 촘촘한 리예트로 대개 촉촉한 물기가 있다.
콩피 *confits*			
거위 또는 오리콩피 confits d'oie ou de canard	남서부 지방	미리 염지해둔 날개, 다리, 가슴살을 기름을 넣은 냄비에 넣고 익힌 뒤 건져 식힌다.	대개 병조림 포장이며 기름으로 덮여 있다.
돼지 콩피 confits de porc	남서부 지방	돼지고기를 기름에 넣고 익힌 뒤 식은 기름으로 덮는다.	갈색을 띤다. 병조림 포장이며 기름으로 덮여 있다.
소를 채운 목 껍질 cous farcis	남서부 지방	거위나 오리의 목 껍질 안에 갈랑틴 스터핑을 채운 뒤 기름에 넣어 익힌다. 페리고르식(cous à la périfourdine)은 거위나 오리 푸아그라를 10% 넣어 준다.	길쭉한 모양 그대로 또는 슬라이스 상태로 판매하며 기름으로 덮인 것도 있다.
프리통 frittons	아키텐, 가스코뉴	돼지비계(panne, bardière)를 녹여 기름을 빼고 남은 찌꺼기에 머리고기, 콩팥, 염통을 넣고 기름에 익힌다.	잘게 싼 조각 상태이며 주로 병조림 제품으로 판매된다.
그라통 *grattons*			
보르도식 그라통 grattons bordelais	아키텐	큐브 모양으로 썬 돼지비계를 천천히 제 기름에 익힌 것 50%, 돼지 살코기(미리 소금을 뿌려 재워두기도 한다)를 가열해 기름이 녹아나오면 제거하고 건진 것 50%를 섞는다.	소금에 절인 살코기 조각처럼 분홍색을 띤다.
리옹식 그라통 grattons lyonnais	리옹 및 인근 지방	돼지비계를 녹여 기름을 빼고 남은 찌꺼기를 굵직하게 깍뚝 썬 뒤 녹여 튀긴 것으로 틀에 넣어 형태를 만들지 않는다.	갈색을 띠며 주로 토기 그릇에 담아 서빙된다.
그리용 *grillons*			
샤랑트식 그리용 grillons charentais	샤랑트	고기를 약한 불에 오래(5~6시간) 익힌 뒤 살짝 으깬다.	사방 2cm크기의 큐브 형태이며 병조림 또는 볼에 넣어 판매한다.
페리고르 그리용 grillons du Périgord	페리고르	염장한 돼지고기, 거위나 오리와 삶은 돼지껍데기(돼지와 거위 또는 돼지와 오리를 섞은 경우를 제외하고 전체 양의 10%)를 기름에 넣고 천천히 익힌다.	가늘게 결대로 찢은 돼지 살코기로 분홍색을 띤다.
그로 그리용 gros grillons	앙주, 투렌	껍데기를 잘라내고 비계를 부분적으로 제거한 돼지 삼겹살을 리용과 함께 익힌 뒤 건진다.	리용과 비슷하다.
리예트 *rillettes*			
프랑슈 콩테식 리예트 rillettes comtoises	프랑슈 콩테	약하게 훈연한 고기.	짙은 갈색으로 작은 조각이 눈에 띈다.
르망식 리예트, 사르트식 리예트 rillettes du Mans ou de la Sarthe	사르트	gros morceaux de viande de porc cuits lentement	clair, structure riche en morceaux, fibres de viande
거위 리예트 rillettes d'oie	프랑스 전역	순 거위(거위 100%), 거위(지방 부위 20%, 살 50% 이상), 거위와 돼지 혼합(거위 살 분량이 돼지 살코기 분량보다 많다), 돼지와 거위 혼합(살코기 20% 이상, 지방 부위 20%).	돼지 리예트보다 좀 더 밝은 갈색을 띠며 고기 결 또는 조각 입자가 눈에 띈다.
투르식 리예트 rillettes de Tours	투렌	토막 낸 돼지고기의 겉을 바싹 지져 색을 낸 다음 천천히 익힌다. 천연 색소를 넣는다(arôme Patrelle).	진한 갈색으로 고기 결 또는 조각 입자가 눈에 띈다.
가금류 또는 토끼 리예트 rillettes de volaille ou de lapin	프랑스 전역	가금류나 토끼의 살코기 또는 돼지 살코기와 닭, 토끼를 섞어 색이 나도록 지진 후 돼지 기름에 익힌다.	색이 밝고 고기 조각이 눈에 띈다.
리용 또는 리요 rillons ou rillauds	앙주, 투렌	돼지 삼겹살, 앞다리살을 돼지 기름에 넣고 천천히 익힌다.	황금색에서 갈색을 띠는 큐브 형태이다(50~200g).

주방을 지휘하고 있던 자맹 레스토랑에서는 생선 파트 라인 쿡으로 일했다. 1989년 미국으로 건너간 그는 워싱턴의 장 루이 팔라댕(Jean-Louis Palladin)의 레스토랑에서 근무를 시작했고, 1991년 뉴욕으로 자리를 옮겨 데이비드 불리(David Bouley)의 주방에서 짧은 기간 동안 수셰프로 일했다. 이어서 1994년, 29세의 에릭 리페르는 레스토랑 베르나르댕의 총괄 셰프로 합류했다. 랑구스틴 차우더, 비텔로 토나토 스타일의 하와이안 왈루 피시, 캐비아를 얹은 카르보나라 탈리올리니, 허브 소스 대서양 넙치 요리, 옥수수 퓌레를 곁들인 농어 찜 등은 바다의 풍미에 세계 각지에서 온 향신료들을 결합하여 만든 그의 성공적인 대표메뉴 들이다.

RIS 리 흉선. 송아지, 어린 양, 또는 새끼 염소의 흰색 부속 및 내장 부위에 속하는 흉선을 지칭한다. 이것은 흉부 초입에 있는 림프절 기관으로 동물이 성장하면 사라진다. 흉선(**참조** p.10 부속 및 내장 도표)은 길쭉한 모양의 목젖 흉선과 원반형의 염통 쪽 흉선(미식가들은 이 부분을 더 선호한다)으로 이루어져 있다. 어린 양이나 송아지의 흉선은 뜨겁게 달군 팬에 지지거나, 브레이징하거나, 오븐에 굽거나, 그릴에 굽거나, 국물에 데쳐 익히거나 그라탱, 꼬치, 푀유테, 튀김 등으로 조리한다. 또한 요리의 가니시에 넣거나 탱발, 볼로방 등에 채워 넣는 재료(주로 소스에 버무리듯 조리한 스튜 라구 농도의 혼합물)로도 사용된다. 프랑스에서는 이 부위가 특수 위험물질(**참조** MATÉRIEL À RISQUES SPÉCIFIÉS, MRS)로 분류되어 몇 년간 식용 소비가 금지되었다가 다시 허용된 바 있다.

ris d'agneau ou de veau : préparation 리 다뇨, 리 드 보: 프레파라시옹

어린 양 흉선 또는 송아지 흉선 준비하기 : 흉선을 찬물에 최소 5시간 이상 담가둔다. 물이 뿌옇게 변하지 않을 때까지 중간중간 계속 갈아준다. 흉선을 건져서 냄비에 넣고 소금을 넣은 찬물을 잠기도록 부은 뒤 끓을 때까지 가열한다. 건져서 찬물에 식히고 물기를 닦는다. 얇은 막과 힘줄 등 불순물을 꼼꼼히 제거한 다음 두 장의 면포 사이에 넣고 1시간 동안 무거운 것으로 눌러둔다. 이어서 레시피에 따라 조리한다.

beignets de ris de veau ▶ BEIGNET
bouchées aux ris de veau ▶ BOUCHÉE SALÉE
brochettes de ris d'agneau ou de veau ▶ BROCHETTE

피에르 & 미셸 트루아그로(PIERRE ET MICHEL TROISGROS)의 레시피

grillons de ris de veau aux échalotes mauves 그리용 드 리 드 보 오 제샬로트 모브

연보라색 샬롯을 곁들인 송아지 흉선 그리용 : 4인분

송아지 흉선 650g을 물에 담가두었다가 끓는 물에 데쳐 내어 식힌다. 손으로 껍질을 벗겨낸 다음 호두만 한 크기로 떼어 놓는다. 길쭉한 모양의 샬롯(cuisse de poulet 품종) 160g을 얄팍하게 썬 다음 버터를 두른 냄비에 넣고 약한 불에서 수분이 나오도록 볶는다. 레드와인 식초 80mℓ를 넣는다. 소금, 후추로 간을 하고 설탕을 1자밤 넣는다. 뚜껑을 덮고 4분간 익힌 뒤 송아지 육수 100mℓ를 넣는다. 불을 끄고 잠시 둔다. 흉선에 밀간을 한 다음 버터 30g을 달군 팬에 넣고 튀기듯 지져 색을 낸다. 이것을 샬롯 냄비에 넣고 약한 불로 익힌다. 작게 잘라둔 버터 100g을 넣으며 나무주걱으로 계속 저어 섞는다. 간을 맞춘다. 뜨겁게 데워둔 접시 4개에 송아지 흉선 그리용을 나누어 담은 뒤 익히고 남은 소스를 빙 둘러준다. 보기 좋게 보라색으로 변한 샬롯(너무 무르지 않고 살짝 아삭한 식감이 남아 있어야 한다)을 얹어 서빙한다.

pâté de ris de veau ▶ PÂTÉ
rémoulade de courge spaghetti aux trompettes et ris de veau ▶ COURGE

ris de veau braisés à blanc 리 드 보 브레제 아 블랑

흰색 육수 브레이징 송아지 흉선 : 소테 팬에 버터를 두르고 돼지비계 껍데기를 깐 다음 얇게 썬 양파와 당근을 고루 펼쳐 놓는다. 손질과 준비 과정을 마친 송아지 흉선을 그 위에 놓고 소금, 후추를 뿌린 뒤 부케가르니 1개를 넣는다. 뚜껑을 덮고 약한 불에 올려 천천히 가열하기 시작한다. 흰색 육수 몇 스푼을 넣는다. 뚜껑을 덮은 상태로 220°C로 예열한 오븐에 넣어 25~30분간 익힌다. 중간중간 국물을 끼얹어 준다. 마지막에 뚜껑을 열고 5~6분 정도 소스 기름을 끼얹으며 오븐의 뜨거운 열에 글레이즈하여 윤기나게 마무리한다.

ris de veau braisés à brun 리 드 보 브레제 아 브룅

갈색 육수 브레이징 송아지 흉선 : 소테 팬에 버터를 두르고 돼지비계 껍데기를 깐 다음 얇게 썬 양파와 당근을 고루 펼쳐 놓는다. 손질과 준비 과정을 마친 송아지 흉선을 그 위에 놓고 소금, 후추를 뿌린 뒤 부케가르니 1개를 넣는다. 뚜껑을 덮고 약한 불에 올려 10분간 가열한 뒤 갈색 송아지 육수(또는 토마토 페이스트 1테이블스푼을 첨가한 고기 육수)와 화이트와인 몇 스푼을 넣는다.국물이 거의 시럽 농도로 걸쭉해질 때까지 졸인다. 흰색 육수 브레이징 송아지 흉선과 마찬가지로 국물을 끼얹어가며 흉선을 글레이즈한다. 좀 더 오랜시간 가열하며 윤기나게 마무리한다.

피에르 로메예르(PIERRE ROMEYER)의 레시피

ris de veau aux écrevisses 리 드 보 오 제크르비스

민물가재를 곁들인 송아지 흉선 : 송아지 흉선 750g을 끓는 물에 데쳐낸 뒤 찬물에 식힌다. 껍질과 힘줄을 꼼꼼히 제거하고 밑간을 한 다음 밀가루를 묻혀둔다. 당근 30g, 셀러리 30g, 샬롯 30g을 깍둑 썰어 미르푸아를 준비한다. 팬에 버터 75g을 넣고 황금색이 날 때까지 가열한 다음 송아지 흉선을 넣고 한쪽 면에 살짝 노릇한 색이 나게 지진다. 흉선을 뒤집은 뒤 채소 미르푸아, 타임 한 줄기, 월계수잎 한 장을 넣는다. 뚜껑을 덮고 5분간 약한 불로 익힌다. 셰리와인 200mℓ와 생크림 250mℓ, 토마토 페이스트 1/2테이블스푼을 넣는다. 다른 냄비에 쿠르부이용을 넣고 민물가재 30마리를 삶는다. 살만 발라낸 다음 껍데기와 대가리는 잘게 부순다. 송아지 흉선이 다 익으면 건져낸 뒤 남은 국물에 민물가재 껍데기와 대가리를 모두 넣고 소스가 주걱에 묻는 농도가 될 때까지 졸인다. 소스를 고운 체에 거르고 간을 맞춘 다음 버터를 넣고 거품기로 잘 섞는다. 서빙 접시에 송아지 흉선을 담고 소스를 끼얹는다. 살만 발라둔 민물가재를 곁들인다.

ris de veau financière 리 드 보 피낭시에르

피낭시에르 가니시를 곁들인 송아지 흉선 : 송로버섯과 랑그 에카를라트를 아주 가는 막대 모양으로 썬다. 손질하여 조리 준비를 마친 송아지 흉선에 이 가는 막대 모양 재료들을 군데군데 찔러 박는다. 흉선에 갈색 육수를 조금 넣고 브레이징한다. 파트 푀유테로 만들어 구워낸 크루스타드에 송아지 흉선을 놓고 피낭시에르 가니시로 넉넉히 얹어 서빙한다.

장 프랑수아 피에주(JEAN-FRANÇOIS PIÈGE)의 레시피

ris de veau moelleux et croustillant 리드보 무알뢰 에 크루스티양

겉은 바삭하고 속은 촉촉한 송아지 흉선 요리 : 화이트와인과 후추를 넣은 육수 2ℓ에 200g짜리 송아지 흉선 두 덩어리를 넣고 센 불에 팔팔 끓여 2분간 데친다. 건져서 얼음물에 식힌 뒤 3시간 동안 무거운 것으로 눌러둔다. 흉선의 껍질을 벗기고 자투리와 부스러기는 따로 보관한다. 송아지 흉선 자투리 중 50g을 곱게 다진 뒤 밀가루를 고루 묻힌다. 체에 넣고 잉여 밀가루를 털어낸다. 큰 팬에 낙화생유를 두르고 이 흉선 자투리를 노릇하게 볶는다. 건져서 블렌더에 넣고 2초간 짧게 드르륵 갈아 마치 빵가루처럼 곱게 만든다. 같은 팬에 무염버터를 넣고 거품이 일 때까지 녹인 다음 이 흉선 빵가루를 넣고 튀기듯 볶아 노릇한 색을 낸다. 색이 진하게 나면 레몬즙 한 방울과 송아지 육즙 소스 1/2테이블스푼을 넣어 디글레이즈한다. 가루를 건져낸 다음 종이타월을 깐 넓은 바트에 펼쳐놓고 말린다. 서빙 바로 전, 정제 버터 25g을 뜨겁게 달군 소테 팬에 눌러두었던 송아지 흉선 덩어리를 넣고 지진다. 색이 나면 기름을 제거하고 다시 차가운 가염 버터 10g을 넣은 뒤 더 노릇하게 지진다. 껍질을 벗기지 않은 마늘 한 톨과 타임 한 줄기를 넣고 계속 익힌다. 약 8~10분 정도 익힌 후 건져서 망 위에 올려 기름을 뺀다. 소테 팬에 남은 기름을 90% 정도 덜어낸 다음 레몬즙을 한 줄기 뿌려 팬을 디글레이즈하고 졸인다. 송아지 육즙 소스 1테이블스푼을 넣는다. 이 농축 소스에 송아지 흉선을 슬쩍 한 번 굴린 다음 준비해둔 흉선 빵가루를 고루 묻힌다. 후추를 한 바퀴 갈아 뿌린 다음 서빙한다.

레지스 마르콩(RÉGIS MARCON)의 레시피

terrine de ris de veau aux morilles 테린 드 리드보 오 모리유

모렐 버섯을 곁들인 송아지 흉선 테린 : 10인분

하루 전, 마른 모렐 버섯 35g을 따뜻한 물에 담가 불린다. 송아지 뒷다리 허벅지살 300g을 가늘고 길게 썬다. 버터를 두른 팬에 잘게 썬 샬롯 한 개를

넣고 수분이 나오도록 볶은 다음 송아지 고기에 넣고 24시간 동안 재워둔다. 당일, 송아지 흉선 400g을 끓는 물에 데쳐 낸 뒤 껍질과 불순물을 제거하고 균일한 크기의 조각으로 썬다. 팬에 버터를 조금 두른 다음 흉선 조각을 넣고 노릇하게 지진다. 소금, 후추로 간한다. 포트와인 50mℓ를 부어 디글레이즈한 다음 송아지 농축 육수 150mℓ를 넣고 졸인다. 이 소스에 송아지 흉선을 조리듯 윤기나게 익힌다. 상온에 보관한다. 오븐을 150°C로 예열한다. 불린 모렐 버섯을 건져 깨끗이 씻는다. 버섯을 담가 두었던 물은 고운 체에 거른 뒤 20mℓ만 남을 때까지 졸인다. 팬에 버터를 한 조각 두르고 모렐 버섯을 볶는다. 테린 틀에 버터를 바른다. 간격이 촘촘한 절삭망을 끼운 분쇄기에 송아지 고기를 넣고 간 다음 블렌더로 다시 한 번 곱게 간다. 소금 8g과 커민을 넣는다. 생크림 200mℓ, 고기 육즙 소스 150mℓ, 졸여둔 모렐 버섯 농축즙을 조금씩 넣어가며 잘 섞는다. 밑이 둥근 믹싱볼에 덜어낸 다음 휘핑한 생크림 100mℓ를 넣고 주걱으로 살살 섞는다. 간을 맞춘 뒤 모렐 버섯을 넣는다. 테린 틀 바닥에 이 혼합물을 붓고 평평하게 채운 뒤 그 위에 송아지 흉선을 놓는다. 중탕으로 약 45분간 익힌다. 칼로 가운데를 찔러 보아 아무것도 묻지 않고 매끈하게 나오면 완성된 것이다. 따뜻하게 또는 차갑게 서빙한다. 버섯을 넣은 그린 샐러드를 곁들인다.

RISOTTO 리조토 리소토. 이탈리아가 원산지인 쌀 요리 중 하나이다. 리소토에 사용되는 쌀은 주로 롬바르디아 주 포(Pô) 계곡 지역에서 재배되는 낟알이 길쭉하고 통통한 종으로 아르보리오(arborio)와 카르나롤리(carnaroli)가 대표적이다. 리소토를 만들려면 우선 씻지 않은 상태의 쌀을 다진 양파와 함께 기름에 볶다가 육수를 넣고 수분이 증발할 때까지 익힌다. 이어서 버터를 넣어 걸쭉하고 매끄럽게 혼합한 다음 다양한 채소, 치즈, 햄, 버섯 등을 넣어 완성한다. 곁들이는 음식에 따라 리소토는 그 자체로 하나의 메인 요리가 될 수도 있다(밀라노식, 피에몬테식, 해물, 닭 간 등). 또한 간단하게 치즈나 사프란만 더한 리소토를 고기요리(특히 송아지), 달걀, 또는 생선요리에 가니시로 곁들이기도 하며, 이때 다리올 틀에 넣어 모양을 만든 뒤 틀을 제거하고 접시 위에 뒤집어 엎어내기도 한다. 여타 쌀 디저트 등과 마찬가지로 리소토 또한 달콤한 음식으로 만들 수 있다.

risotto : préparation 리조토 만들기

코코트 냄비에 버터 40g과 올리브오일 4테이블스푼을 넣고 달군다. 다진 양파 100g을 넣고 색이 나지 않게 볶는다. 쌀 250g의 부피를 측정해둔 다음 냄비에 붓고 잘 저으며 같이 볶는다. 쌀알이 투명해지면 쌀 부피의 두 배에 해당하는 육수를 넣는다. 쌀에 국물이 흡수되도록 나무 주걱으로 잘 저어가며 익힌다. 간을 맞추고 작은 부케가르니 1개를 넣는다. 뚜껑을 덮고 약 16~18분간 익힌다(쌀이 부드럽게 익어야 한다). 더 이상 젓지 않는다. 레시피에 따라 준비한 다양한 재료를 쌀이 뭉그러지지 않도록 주의하며 넣는다.

chipolatas au risotto à la piémontaise ▶ CHIPOLATA

알랭 뒤카스(ALAIN DUCASSE)의 레시피

risotto aux artichauts 리조토 오 자르티쇼

아티초크를 넣은 리소토 : 4인분 / 준비: 45분

포엽 끝이 가시처럼 뾰족한 아티초크 또는 보라색 아티초크 6개의 껍질을 벗기고 돌려 깎은 다음 4등분으로 자른다. 안쪽의 털을 제거한 뒤 레몬 물에 담가둔다. 껍질 벗긴 밑동 줄기 부분을 아주 작게 브뤼누아즈로 썬다(없는 경우에는 아티초크 2개의 살을 따로 얇게 저며 사용한다). 냄비에 버터 20g을 달군 뒤 아주 잘게 썬 흰색 양파 한 개를 넣고 약한 불에서 볶는다. 잘게 썰어둔 아티초크 밑동 줄기를 넣는다. 2분간 볶은 뒤 카르나롤리 쌀 300g을 넣고 1분간 볶는다. 화이트와인을 한 줄기 뿌려 디글레이즈한 뒤 수분이 모두 증발하면 끓는 닭 육수 900mℓ를 넣어가며 약불에서 18~20분간 익힌다. 육수는 쌀에 모두 흡수되면 다시 보충하는 방식으로 조금씩 나누어 넣는다. 팬에 올리브오일을 두른 뒤 4등분해 둔 아티초크를 넣고 고루 노릇해지도록 8분간 익힌다. 쌀이 익으면 불에서 내린 뒤 버터 20g과 파르메산 치즈 30g을 넣고 나무 주걱으로 힘 있게 저어 섞는다. 와인 식초 몇 방울을 뿌려 상큼한 맛을 더한 뒤 간을 맞춘다. 리소토를 서빙 접시에 담고 스푼 뒷면으로 평평하게 편 다음 노릇하게 지진 아티초크를 얹어 서빙한다.

risotto à la marinara 리조토 아 라 마리나라

해산물 리소토 : 홍합 500g, 대합 500g, 오징어 250g, 새우 250g을 깨끗이 씻는다. 조개류는 냄비에 올리브오일을 조금 두른 뒤 볶다가 화이트와인이나 물을 넣고 입이 벌어지도록 익힌다. 새우는 껍질을 까고 살을 4등분으로 자른다. 오징어는 작게 썬다. 다진 양파 1개와 마늘 1톨을 팬에 노릇하게 볶은 뒤 오징어와 새우를 넣고 더 이상 물이 나오지 않을 때까지 센 불에서 익힌다. 화이트와인 50mℓ를 넣어 준다. 냄비에 기름을 두른 뒤 잘게 다진 양파 1개와 마늘 1톨을 넣고 볶는다. 입자가 둥근 쌀 600g을 넣고 나무 주걱으로 잘 저어 기름이 고루 흡수되도록 한다. 화이트와인 100mℓ를 두 번에 나누어 넣어 부어준다. 완전히 흡수되면 연한 농도의 소고기 육수를 한 국자 부어준다. 국물이 모두 흡수되면 다시 한 국자를 넣고 잘 저으며 익힌다. 이렇게 반복하며 10분 정도 익힌 뒤, 홍합과 조개를 익힌 국물을 한 국자씩 넣는다. 18분 정도 익혀 쌀이 알맞게 익으면(al dente) 불에서 내린다. 준비한 해산물과 버터 40g, 갓 갈아낸 파르메산치즈 40g, 다진 파슬리를 넣고 조심스럽게 섞는다.

구알티에로 마르케지(GUALTIERO MARCHESI)의 레시피

risotto à la milanaise 리조토 아 라 밀라네즈

밀라노식 리소토 : 4인분

냄비에 다진 양파 15g과 드라이 화이트와인 150mℓ, 흰색 식초 75mℓ를 넣고 알코올이 모두 증발하여 신맛만 남을 때까지 가열한다. 부드러운 포마드 상태의 버터 100g을 넣고 잘 저어 섞어 뵈르 블랑 또는 뵈르 아시드(beurre acide)를 만든다. 이 버터를 체에 걸러 맛이 다 우러난 양파 조각을 제거한다. 동냄비에 버터 60g와 카르나놀리 쌀 280g을 넣고 1분간 볶다가 화이트와인 40mℓ를 넣는다. 수분이 완전히 졸아들면 아주 뜨거운 연한 육수 1ℓ를 붓고 사프란 꽃술 2g을 넣는다. 중간중간 잘 저으며 18분 정도 익힌다. 쌀이 다 익으면 가늘게 간 파르메산 치즈 20g과 차갑게 식힌 뵈르 블랑 60g을 넣고 잘 섞는다.

레스토랑 르 프레 카틀랑(LE PRÉ CATELAN, AU BOIS DE BOULOGNE)의 레시피

risotto noir de langoustines au basilic thaï 리조토 누아 드 랑구스틴 오 바질리크 타이

랑구스틴을 곁들인 타이바질 향의 흑미 리소토 : 태국 흑미 180g을 깨끗이 씻은 뒤 최소 12시간 동안 물에 담가 불린다. 건져서 다시 한 번 씻어 찜통에 45분간 찐다. 이것을 냄비에 붓고 소금으로 간한 뒤 버터 50g을 넣고 고루 스며들도록 포크로 잘 섞는다. 뚜껑을 덮고 뜨겁게 유지한다. 작은 소테팬에 잘게 썬 샬롯 20g, 곱게 다진 생강 10g, 겉껍질을 벗기고 잘게 썬 레몬그라스 줄기 1개, 마늘 5g, 드라이 화이트와인 100mℓ를 넣고 가열한다. 수분이 완전히 졸아들면 코코넛밀크 200mℓ를 넣고 약불에서 반으로 졸인다. 여기에 생크림 50mℓ, 생강황 5g, 그린 커리 페이스트 1/2티스푼을 넣는다. 스푼으로 떠 올렸을 때 소스가 살짝 묻어날 정도의 농도가 될 때까지 졸인다. 논스틱 팬에 올리브오일 20mℓ를 달군 다음, 미리 소금으로 밑간을 해 둔 랑구스틴(스캄피) 24마리를 넣고 각 면을 30초씩 노릇하게 지진다. 꺼내서 뜨겁게 유지한다. 소스를 체에 걸러 작은 냄비에 넣고 끓을 때까지 가열한다. 간을 맞춘 다음 버터 30g, 라임즙 약간, 아주 잘게 깍뚝 썬 홍피망 30g, 타이바질잎 40장, 랑구스틴을 익힐 때 나온 즙을 넣어 섞는다. 각 접시 중앙에 흑미 밥을 둥근 돔 모양으로 놓고 랑구스틴을 빙 둘러 담는다. 소스를 살짝 뿌려 서빙한다.

risotto de printemps 리조토 드 프랭탕

봄 채소 리소토 : 준비한 봄 채소들을 각각 따로 익힌다. 우선 작은 보라색 아티초크 2개의 껍질을 벗겨 적당한 크기로 등분한 뒤 기름을 두른 팬에 마늘과 물 몇 방울을 함께 넣고 익힌다. 양송이버섯 200g을 잘게 썰어 기름과 레몬즙 몇 방울을 넣어 볶은 뒤 소금으로 간하고 다진 파슬리를 넣어 향을 낸다. 생완두콩 500g을 삶아둔다. 줄기 양파 작은 것 2개(녹색 줄기 포함)에 설탕 2테이블스푼, 소금을 넣고 익힌다. 그린 아스파라거스(가능하면 야생 아스파라거스) 1단을 끓는 물에 데쳐 낸 다음 버터에 한 번 슬쩍 굴리듯이 데운다. 아스파라거스를 제외한 모든 채소를 한데 합하여 서로의 향이 혼합되도록 함께 데운다. 냄비에 올리브오일을 조금 두른 뒤 쌀 500g을 넣고 볶는다. 다른 냄비에 육수 1.5ℓ를 넣고 끓을 때까지 가열한다. 끓는 육수를 한 국자 떠서 쌀에 붓고 완전히 흡수되도록 잘 저으며 익힌다. 이와 같은 방법으로 조금씩 육수를 넣어주며 쌀을 완전히 익힌다. 15분 정도 지난 뒤 준비한 채소를 넣는다(아스파라거스만 제외). 파르메산 치즈 30g을 가늘게 간다. 리소토 냄비를 불에서 내린 뒤 버터 50g과 파르메산 치즈를 넣고 잘 섞는다. 아스파라거스 윗동을 얹어 장식한다.

마시밀리아노 알라이모(MASSIMILIANO ALAJMO)의 레시피

risotto au safran et poudre de réglisse 리소토 오 사프랑 에 푸드르 드 레글리스

감초 가루를 뿌린 사프란 향의 리소토 : 4인분

사프란 가루 4g을 뜨거운 닭 육수 190㎖에 넣어 녹인 뒤 약한 불로 가열해 2/3가 되도록 졸인다. 리소토를 만든다. 우선 냄비에 엑스트라버진 올리브 오일 120㎖와 다진 흰 양파 15g을 넣고 볶은 다음 카르나볼리 쌀 320g을 넣고 함께 볶는다. 화이트와인 70㎖를 붓고 모두 증발할 때까지 가열한다. 소금 1자밤과 사프란 꽃술 1g을 넣고 끓는 닭 육수 1.2ℓ를 한 국자씩 넣어 가며 익힌다. 사프란을 넣고 졸여둔 액 6티스푼도 넣는다. 쌀이 다 익으면 불에서 내린 뒤 버터 60g, 가늘게 간 파르메산 치즈 80g, 레몬즙 1티스푼을 넣고 잘 섞는다. 아주 뜨거운 육수를 몇 방울 넣고 잘 저어 완전히 섞이도록 에멀전화한다. 납작한 접시에 리소토를 평평하게 담고 감초 가루 2g을 뿌린다. 남은 사프란 농축액을 접시에 둘러 장식한다.

티에리 막스(THIERRY MARX)의 레시피

risotto de soja aux truffes 리소토 드 소자 오 트뤼프

송로버섯을 넣은 숙주 리소토 : 6인분

굴 12개를 까서 살을 발라낸다. 껍데기는 버리고 굴 안의 즙은 받아서 체에 걸러둔다. 냄비에 잘게 썬 샬롯 125g과 드라이 화이트와인 500㎖를 넣고 수분이 거의 남지 않을 때까지 졸인다. 씻어서 얇게 썬 양송이버섯 100g을 냄비에 넣고 잠길 만큼 물을 부은 뒤 끓여 버섯즙을 만든다. 화이트와인에 졸인 샬롯, 버섯즙, 두유 250m, 굴에서 나온 즙을 모두 합한 뒤 약한 불로 약 20분간 끓여 소스를 만든다. 그동안 숙주나물(또는 콩나물)을 준비한다. 숙주나물 600g의 싹을 떼고 다듬은 뒤 흰 부분만 가위로 잘게(쌀알 크기) 자른다. 굴은 굵직하게 깍둑 썰고 송로버섯 40g은 얇게 저민다. 뜨겁게 달군 냄비에 자른 숙주나물과 마스카르포네 20g을 넣고 3~4분간 잘 저으며 익힌다. 굴즙을 넣은 소스와 굴을 숙주에 넣고 잘 섞는다. 우묵한 접시에 담고 송로버섯을 얹는다. 굵은 소금을 조금 뿌려 서빙한다.

RISSOLE 리솔 반죽에 소를 채워 넣은 작은 페이스트리의 일종으로 대개 튀기거나 달걀물을 발라 오븐에 굽는다. 리솔은 짭짤한 맛 또는 달콤한 맛으로 모두 만들 수 있다. 타르트 시트용 반죽인 파트 아 퐁세, 퍼유타주 반죽 또는 브리오슈 반죽을 주로 사용하며 쇼송처럼 한 장의 반죽 반에 해당하는 부분에 소를 채운 뒤 반으로 접어 붙인 형태 또는 만두피 모양의 두 장의 반죽 사이에 소를 채워 넣고 가장자리를 눌러 붙여 만드는 형태 등이 있다. 짭짤한 리솔은 오르되브르나 간단한 에피타이저로 뜨겁게 서빙한다. 아주 작은 크기로 만든 리솔은 아뮈즈 부슈로 또는 큰 덩어리로 서빙하는 고기 요리에 가니시로 곁들이기도 한다. 디저트용 리솔은 주로 튀겨서 아주 뜨겁게 먹으며 설탕을 뿌리거나 과일 소스를 곁들이기도 한다. 지역 특산물로 유명한 뷔제(Bugey)의 리솔은 옛날에 크리스마스 때 즐겨 먹던 전통 음식으로, 퍼유테 반죽 크러스트 안에 양파, 타임, 처빌, 코린트 건포도로 맛을 낸 구운 칠면조 살과 소 양깃머리를 채워 넣고 오븐에 구운 직사각형의 작은 파테다.

rissoles : préparation 리솔

리솔 만들기 : 브리오슈 반죽, 퍼유테 반죽 또는 타르트 반죽을 만든다. 두께 3~4mm로 민 다음 원형 또는 타원형 요철 무늬 커터로 찍어 원하는 리솔 개수의 2배를 잘라낸다. 각 반죽의 반에 해당하는 한쪽 중앙에 소를 얹은 다음 가장자리에 물을 바른다. 나머지 반죽 반쪽을 소 위로 접어 덮은 뒤 둘레를 꼭꼭 눌러 붙인다. 브리오슈 반죽의 경우 리솔을 만든 다음 바람이 통하지 않는 따뜻한 장소에서 30~45분간 발효시킨다. 반죽의 종류와 상관없이 리솔을 180°C의 뜨거운 기름에 튀긴다. 양면에 고루 노릇한 색이 나면 건져서 종이타월에 놓고 기름을 뺀 다음 냅킨을 깐 접시에 담아 서빙한다.

rissoles fermière 리솔 페르미에르

햄과 채소를 채운 농가풍 리솔 : 타르트 시트 반죽을 얇게 민 다음 가장자리가 요철 무늬인 지름 8cm 원형으로 잘라낸다. 잘게 썬 햄 살피콩과 버터에 익힌 채소 미르푸아에 걸쭉하게 졸인 마데이라 와인 소스를 섞어 소를 만든다. 반죽 안에 소를 채워 리솔을 만든 다음 180°C 기름에 튀긴다. 건져서 냅킨을 깐 접시에 담아낸다. 마데이라 와인 소스를 따로 용기에 담아 서빙한다(참조. p.783).

rissoles Pompadour 리솔 퐁파두르

퐁파두르 리솔 : 3절 밀어접기 기준 4회 반만 실행한 약식 퍼유테 반죽(demi-feuilletage)을 5mm 두께로 민 다음, 지름 5~6cm의 원형 피를 짝수로 잘라낸다. 랑그 에카를라트, 송로버섯, 버터에 색이 나지 않게 익힌 양송이버섯을 잘게 썰어 살피콩을 만든 뒤 아주 걸쭉하게 농축한 데미글라스 소스를 넣고 버무려 섞는다. 이 혼합물을 반죽 시트 반쪽 부분에 놓고 나머지 반을 접어 덮는다. 가장자리를 꼭 눌러 붙여 리솔을 만든 다음 30분간 휴지시킨다. 뜨거운 기름(180°C)에 튀긴다. 튀긴 파슬리를 곁들여 서빙한다.

RISSOLER 리솔레 튀기듯 지져 색을 내다. 소테 팬, 프라이팬 또는 무쇠 냄비 등에 기름이나 버터를 아주 뜨겁게 달군 뒤 고기, 가금류 또는 채소를 넣어 겉면이 캐러멜화되어 색이 나게 지지는 조리 방법을 뜻한다. 고기를 리솔레한다는 것은 조리 시작 단계에 먼저 그 육즙 맛의 정수를 농축하는 것을 의미한다. 리솔레는 또한 폼 샤토, 폼 누아제트, 폼 파리지엔, 또는 폼 파르망티에 등의 감자 요리를 노릇하게 완전히 익히는 작업을 지칭하기도 한다. 레시피에 따라 적당히 썰거나 모양내어 돌려 깎은 감자를 물에 데쳐 익히고 뜨겁게 달군 기름(오일과 버터를 섞는다)에 넣어 센 불에서 지진 다음 다시 오븐에 넣어 겉이 노릇해질 때까지 구워내는 과정을 뜻한다. 마지막에 소금 간을 한다.

RITZ (CÉSAR) 세자르 리츠 스위스의 호텔 경영자(1850, Niederwald 출생—1918, Küssnacht 타계). 양 목축업자의 아들로 태어난 세자르 리츠는 당대 가장 유명한 고급 호텔을 여럿 소유한 호텔 경영인이 되었다. 어린 나이에 스위스 브리그의 한 호텔에서 처음 일을 시작했으나 그리 순탄치는 않았다. 1867년 파리로 간 그는 레스토랑 부아쟁(Voisin)의 웨이터로 일을 시작해, 10년 후에는 몬테카를로 그랑 호텔의 총지배인이 되었고, 바로 여기서 에스코피에와의 인연이 시작된다. 이들의 의기투합은 런던의 사보이(1890~1893)와 칼튼(Carlton)을 최고의 호텔로 만드는 데 기여했다. 1898년 6월 15일 세자르 리츠는 파리 방돔 광장에 자신의 이름을 딴 최고급 호텔 리츠 파리(Ritz Paris)를 오픈한다. 이미 운영하고 있던 다른 유명 호텔들도 동시에 영업을 이어갔다. 파리 리츠 호텔의 메뉴에는 늘 에스코피에의 몇몇 요리들이 올라왔다. 프루스트는 이 호텔 티 살롱의 단골이었고 이곳의 아이스크림을 극찬했다. 리츠가 이룬 여러 혁신들 중 하나는 손님들이 호텔에서도 일반 식당처럼 작은 개별 테이블에서 식사할 수 있도록 한 서빙 방식이었다. 이는 그 전까지의 전통적인 관례였던 타블 도트(table d'hôte, 여러 사람이 함께 식사하는 큰 공동 테이블) 문화의 종식을 불러왔다.

RIVESALTES 리브잘트 리브잘트 AOC 와인. 바뉠스, 코르비에르, 포르 방드르 지역을 제외한 루시용의 일정 지역에서 생산되는 레드 또는 화이트 주정강화와인이다. 레드와인 포도품종은 그르나슈, 마카베오, 투르바, 카리냥, 생소, 시라이며 화이트와인은 알갱이가 작은 뮈스카 아 프티 그랭과 알렉상드리아 뮈스카 품종으로 만든다(**참조** ROUSSILLON).

RIVIERA 리비에라 리비에라 케이크. 프랑스의 파티시에 뤼시앵 펠티에가 처음 만든 케이크. 상큼하고 색이 화려한 이 여름 디저트는 아몬드 비스퀴 베이스의 제누아즈 시트 사이사이에 라임 무스와 라즈베리 무스를 발라 채운 케이크로 생라임과 라즈베리를 얹어 장식한다.

RIZ 리 쌀. 벼과에 속하는 쌀은 전 세계에서 밀 다음으로 가장 많이 재배되는 곡물로 열대 지역, 적도, 온대 지역에서 생산된다(**참조** p.179 곡류 도표, p.746, 747 쌀 도감). 쌀의 낟알은 둥글거나 갸름하고 털이 없이 매끈하다. 쌀은 반드시 익혀서 뜨겁게 또는 차갑게 먹으며 짭짤한 요리와 디저트용으로 두루 사용된다. 전 세계 쌀 생산의 90%는 아시아(중국, 인도, 인도네시아, 방글라데시, 베트남, 태국 등)에서 이루어지며 대부분 현지에서 소비된다. 남아프리카 대륙과 중동 지역의 쌀 수요가 매우 높고, 그보다는 적은 양이지만 유럽 및 서방 국가에서도 쌀의 수요량이 꽤 되지만 관개가 용이한 논의 면적을 대규모로 확대하는 데는 어려움이 있기 때문에 쌀 수급에 문제점들이 발생하기도 한다. 쌀은 열량이 꽤 높고(100g당 120kcal 또는 520kJ) 소화 흡수가 가능한 전분이 풍부하지만(77%) 쌀의 단백질은 일부 필수 아미노산이 부족하다. 낟알을 감싸고 있는 외피에는 비타민(B1, B2, PP)과 무기질이 함유되어 있다. 현미는 백미보다 영양학적으로 우수하며 열량은 거의 같다.

■ **역사.** 건조한 토양 또는 늪지나 관개지에서 모두 잘 자라는 쌀은 중국에서 BC 3,000여 년 전부터 재배해 먹었지만 재배종 벼 또는 아시아 벼

(Oryza sativa)의 원산지는 인도 남부로 알려져 있다. 이 벼는 이어서 한국과 필리핀(BC 2000년경), 일본과 인도네시아(BC 1000년경으로 추정)로 퍼져나갔다. 이후 페르시아인들은 메소포타미아와 투르키스탄에 쌀을 수입했으며 BC 320년 인도를 정복한 알렉산더 대왕은 쌀을 고대 그리스로 들여왔다. 아랍의 탐험가와 여행자들 덕에 쌀은 이집트, 모로코, 스페인(프랑스보다 쌀이 식생활에서 차지하는 비중이 크다) 등으로 널리 확산되었다. 포르투갈과 네덜란드 사람들은 15세기부터 서부 아프리카에 쌀을 들여왔으며, 아메리카 대륙에는 18세기 말에 도입했다. 아프리카에서는 BC 1500년경 다른 종의 쌀인 아프리카 벼(Oryza glaberrina)가 서부의 세네갈부터 니제르강에 이르는 지역에서 재배되었다. 프랑스에서는 11세기에 십자군들에 의해 쌀이 들어왔고 이를 재배하려는 시도가 여러 차례 이어졌으나 재무장관 쉴리 공작의 칙령(1603)에도 불구하고 큰 성공은 거두지 못했다. 1942년부터 카마르그 지방에서 쌀농사가 이루어지고 있지만 생산량은 프랑스의 총 쌀 소비량의 20%에 불과하다. 따라서 프랑스는 자국 영토인 기아나에서 생산되는 쌀 이외에 이탈리아, 미국, 타일랜드, 스페인, 인도 등지에서도 쌀을 수입하고 있다. 유럽에서는 이탈리아, 스페인, 그리스, 포르투갈이 쌀 생산국이다.

■ **품종 및 처리 방법.** 벼(Orysa sativa)에서 얻는 쌀은 크게 인디카 종(인도형)과 자포니카 종(일본형) 두 가지로 분류된다. 인디카 종은 쌀알이 길고 가늘며 납작하고 자포니카 쌀은 단립종, 중립종, 장립종이 있다. 이 두 종은 각기 다양한 품종으로 다시 나뉜다.

쌀은 수확 후 처리 방식에 따라 다양하게 분류된다.

- 파디 쌀(riz paddy, paddy rice)은 타작 후 아직 겨(왕겨와 겨층)에 싸여 있는, 가공하지 않은 상태의 쌀로 그대로 먹을 수 없다.
- 현미(riz cargo, brun, décortiqué, complet)는 벼 낟알의 왕겨를 벗겨내고 아직 도정하지 않은 상태의 쌀로 베이지색을 띤다. 아시아의 쌀이 유럽으로 수입될 때는 이러한 현미 상태로 화물선(cargo)에 실려 수송된다(riz cargo라는 명칭이 바로 여기에서 유래했다). 껍질만 벗겨낸 이 쌀은 비타민 B, 인, 전분의 일부를 그대로 지니고 있다. 반 도정한 현미(riz semi-complet)는 겨층의 일부분만 도정한 쌀을 가리킨다.
- 백미(riz blanchi)는 정미기를 사용하여 현미의 씨눈과 단단한 안쪽 겨층을 도정한 쌀이다. 연미기로 쌀알 표면의 가루를 제거하여 매끈하게 만들거나 글루코스 용액에 통과시켜 얇게 탈크 코팅 처리를 하기도 한다.
- 찐쌀(riz étuvé, riz prétraité)은 벼(riz paddy)를 깨끗하게 씻어 뜨거운 물에 담가 불렸다가 저압 증기로 쪄낸(찐 상태에서 영양 성분은 일부 남아 있으나 도정 과정에서 모두 제거된다) 뒤 겨 껍질을 제거하고 도정한 쌀이다.
- 한 번 익힌 쌀(riz précuit, riz vitesse)은 간편 조리용으로 미리 익힌 쌀로 겨층을 제거하고 도정한 백미를 불린 뒤 1~3분간 끓여 익히고 200°C에서 건조시켜 만든다.
- 팽화미(riz gonflé, puffed rice)는 인도에서 주로 먹는 뜨거운 모래 위에서 굽거나 볶은 쌀이다. 미국에서는 고온고압 상태에서 가열한 쌀을 급격히 감압하여 부피가 팽창되고 바삭바삭한 식감을 지닌 뻥 튀기 쌀을 지칭한다.

프랑스에서는 다양한 생산지의 쌀을 구입할 수 있다.

- 카마르그 쌀(riz de Camargue)은 백미 또는 현미(붉은색 또는 갈색)로 출시되며 IGP(지리적 표시 보호) 인증을 받았다.
- 리소토용 쌀(**참조** RISOTTO)은 주로 이탈리아 롬바르디아 주 포(Pô) 계곡 지대에서 재배되는 통통한 장립종 쌀이다. 특히 익혔을 때 부드럽고 미끈거리는 식감이 탁월한 아르보리오(arborio)와 카르나롤리(carnaroli) 쌀이 가장 많이 사용된다.
- 중국 품종과 교배하여 이탈리아 포(Pô) 계곡 지대에서 재배하고 있는 흑미(riz noir complet venere)는 겨 껍질의 색소로 인한 검은색을 띠고 있으며 주로 찐쌀로 판매된다. 흑미는 해산물 요리에 곁들이거나 리소토용으로 사용하기도 한다.
- 인도, 파키스탄에서 재배되는 바스마티 쌀(riz basmati)은 크림색을 띤 납작한 장립종으로 매우 섬세한 맛을 지니고 있다. 주로 인도 또는 중동식 요리에 많이 사용된다.
- 태국에서 생산되는 장립종 향미인 태국 쌀(riz thaï)은 은은한 재스민 향이 난다.
- 수리남 쌀(riz surinam)은 가늘고 긴 장립종으로 수리남(옛 네덜란드령 기아나)에서 생산된다.
- 스페인에서 재배되는 중립종인 봄바 쌀(riz bomba)은 주로 파에야 용으로 사용된다. 무르시아 지방의 칼라스파라(Calasparra)산이 가장 유명하다.
- 일본쌀(riz japonais)은 낟알이 둥근 단립종 쌀로 생산 지역이 그리 많지 않으며 스시용 밥을 지을 때 주로 사용된다.
- 전분 함량이 매우 높은 장립종인 찹쌀(riz gluant)은 익히면 투명해지고 끈적끈적한 점성이 생겨 덩어리로 뭉친다. 중국과 동남아시아에서는 찹쌀로 완자를 만들거나 케이크, 떡 등의 디저트 등을 만들어 먹는다.
- 와일드 라이스(riz sauvage)는 수상 지자니아(zizanie aquatique)의 검은 쌀알로 이루어져 있으며 마치 침처럼 길쭉하고 뾰족한 모양에 고소한 너트 향을 갖고 있다. 단독으로 또는 다른 색깔의 쌀과 혼합하여 사용한다.

■ **파생 식품.** 쌀을 가공한 파생 제품은 그 종류가 매우 다양하다.

- 팝 라이스(popped rice)는 팝콘과 마찬가지로 기름을 넣고 200°C로 가열한 뻥튀기의 일종이다.
- 라이스 플레이크(rice flakes)는 찐쌀의 겨를 벗기고 얇고 납작하게 압착한 것으로 시리얼처럼 우유와 설탕을 넣어 아침식사용으로 먹는다.
- 라이스 크리스피(rice crispy)는 쌀알이나 깨진 싸라기를 익힌 뒤 뭉쳐서 틀에 넣어 오븐에서 건조시킨 것으로 쌀로 만든 뻥 과자와 비슷하다.
- 쌀 세몰리나 또는 쌀가루는 백미 싸라기를 곱게 분쇄한 것으로 파티스리 재료로 또는 요리의 농후제로 사용된다. 아시아에서는 쌀가루로 만든 국수나 전병(스프링롤용 라이스 페이퍼 등)을 즐겨 먹는다.

또한 쌀은 다양한 술의 원료로도 사용된다. 베트남의 조움(choum), 말레이시아의 사마우(samau), 일본의 사케(청주)와 미림(요리에 사용되는 낮은 알코올 도수의 조미술), 중국의 소흥주(황주) 등을 예로 들 수 있다. 또한 맥주 양조에서 맥아의 일부를 쌀 싸라기로 대체하기도 한다. 쌀겨에서는 낙화생유와 비슷한 기름을 추출할 수 있다.

■ **조리 방법과 다양한 요리.** 쌀은 기본적으로 물(크레올식 또는 인도식), 증기, 기름, 우유 등에 익힌다. 쌀은 흡수력이 뛰어나기 때문에 조리 중 모든 액체가 잘 스며든다. 단단하지 않고 탱글탱글하게 알맞게 익히는 것, 쌀알이 고슬고슬한 상태를 유지하며 풍미를 잘 보존하도록 익히는 것이 관건이다(단 한 가지 예외는 우유에 익히는 경우). 쌀은 미리 한 번 익히거나 전처리된 경우를 제외하고는 대부분 찬물에 여러 번 씻어 헹군 뒤 사용한다. 단 몇몇 레시피는 예외이다(리소토, 파에야 등). 쌀은 여러 레시피에서 기본 재료 역할을 한다. 생야채는 물론이고 해산물, 햄, 블랙 올리브, 생선 등을 넣은 다양한 혼합샐러드에 넣을 수도 있고 각종 채소(가지, 주키니 호박, 포도나무잎, 피망, 토마토 등)나 오징어 안에 채워 넣는 소 재료로 사용하기도 한다. 쌀이 주재료가 되는 요리로는 커리, 파에야, 필라프, 리소토 등을 꼽을 수 있으며 전통적으로 송아지 크림 스튜(blanquette de veau), 꼬치 요리, 양고기, 생선구이, 국물에 익힌 닭백숙이나 기타 닭 요리 등에 가니시로 곁들인다. 또한 수프의 농도를 조절하는 농후제로 사용할 수 있으며 포타주에 건더기로 넣어 먹기도 한다. 인도네시아식 한상차림인 리스타펠(**참조** RIJSTTAFEL)에도 쌀밥이 언제나 식탁의 중심을 차지한다. 뿐만 아니라 쌀은 다양한 디저트를 만드는 데에도 사용된다. 라이스 푸딩 케이크, 왕관 모양의 라이스 푸딩 가운데에 과일을 곁들인 디저트, 라이스 타르트, 달콤한 리소토(시트러스류 과일, 체리, 호두 등을 넣어 만든다) 등을 만들며 특히 노르망디를 대표하는 라이스 푸딩인 테리네(terrinée de riz)가 유명하다. 그 외에 쌀 크로켓이나 작고 도톰한 갈레트의 일종인 쉬브릭(subric)을 만들기도 한다.

RIZ SALÉS 짭짤한 쌀 요리

crème de riz au gras ▶ CRÈME (POTAGE)

피에르 가니에르(PIERRE GAGNAIRE)의 레시피

noir « insolite » 누아르 앵솔리트

누아르 앵솔리트 : 4인분

흑미 크레뫼(creméux)를 만든다. 우선 냄비에 버터 15g과 다진 흰 양파 작은 것 2개를 넣고 볶다가 흑미(riz venere) 150g을 넣고 고루 기름으로 코팅되어 반짝이도록 잘 저어 볶는다. 닭 육수 400mℓ를 붓고 뚜껑을 덮은 뒤 약한 불에서 25분간 익힌다. 탱글탱글하게 익은 쌀을 2테이블스푼 건져 플

레이팅용으로 따로 보관한다. 나머지 익은 쌀과 국물을 블렌더로 갈아 크리미한 질감을 만든 뒤 고운 체에 긁어내린다. 흰색과 검정색의 순무 즐레를 만든다. 우선 순무 퓌레 220g에 생크림 30mℓ를 넣고 끓인 다음, 물에 불려 둔 젤라틴 3.5g을 넣어 섞는다. 이 흰색의 퓌레를 체로 걸러 내려 랩을 씌운 넓적한 오븐팬에 5mm 두께로 펼쳐 놓는다. 냄비에 순무 퓌레 220g과 닭 육수 30mℓ를 넣고 뜨겁게 데운다. 오징어 먹물 8g과 물에 불린 젤라틴 4.5g을 넣고 잘 섞는다. 이 검정색 퓌레를 체에 걸러 랩을 씌워둔 다른 오븐팬에 5mm 두께로 넓게 펼쳐 놓는다. 이 두 가지 즐레를 12시간 동안 냉장고에 넣어 굳힌다. 지름 5cm 원형 커터로 두 가지 색의 즐레를 잘라낸 다음 각각 4등분한다. 흰색과 검정색 조각을 교대로 배치하며 8개의 원형 즐레를 재구성한다. 피슌의 모래 바람(vent de sable de piichounes)이라고 이름 붙인 가니시를 만든다. 우선 끓는 물에 데친 뒤 씨를 제거한 니옹 블랙올리브(olives noires de Nyons)를 잘게 다진다. 달걀흰자 125g에 소금 1g을 넣고 거품을 올린다. 설탕 30g과 오징어 먹물 8g, 난백 분말 1g을 넣는다. 다시 설탕 30g을 추가한다. 이 머랭에 슈거파우더 60g, 레몬즙 15g, 잘게 다진 올리브를 넣고 주걱으로 살살 섞는다. 혼합물을 짤주머니에 넣고 유산지 위에 작은 막대 모양 머랭을 짜 놓는다. 150°C 오븐에서 3시간 동안 굽는다. 식혀서 밀폐용기에 담아 보관한다. 흰색과 검정색을 섞어 배치한 원형의 순무 즐레를 작은 접시에 조심스럽게 밀어 담는다. 그 위에 모래 바람 머랭을 한 개씩 올린다. 흑미 크레뫼를 다시 한 번 블렌더로 갈아 부드럽게 풀어준 다음, 따로 보관해두었던 익힌 흑미 알갱이를 넣고 섞는다. 이것을 우묵한 서빙 접시에 나누어 담는다. 블랙 올리브와 뿔나팔 버섯을 넣은 송아지 육즙 소스에 브레이징한 송아지 흉선을 얹어 서빙한다. 두툼하게 슬라이스하여 브레이징한 검은색 무와 댐슨자두 마멀레이드를 곁들여낸다.

poularde au riz sauce suprême ▶ POULARDE

riz au blanc 리 오 블랑

흰 쌀밥 : 장립종 쌀 250g을 씻어 건져 물을 뺀다. 찬물을 쌀이 잠기도록 붓고 소금(물 1ℓ당 10g)을 넣은 뒤 뚜껑을 덮어 약하게 끓는 상태로 15분간 익힌다. 흐르는 찬물에 헹궈 식힌 후 다시 건져 물기를 뺀다. 쌀을 냄비에 다시 넣은 뒤 작게 잘라둔 버터 50~75g을 넣고 살살 섞는다. 뚜껑을 덮고 200°C로 예열한 오븐에 넣어 15분간 익힌다.

riz à la créole 리 아 라 크레올

크레올식 라이스 : 장립종 쌀 500g을 여러 번 깨끗이 씻은 뒤 소태팬에 넣는다. 소금을 넣고 물을 쌀 위로 2cm까지 올라오도록 부은 뒤 뚜껑을 덮지 않고 센불로 가열한다. 물이 흡수되어 더 이상 쌀 위에 남아 있지 않는 상태가 되면 뚜껑을 덮고 불을 아주 약하게 줄인다. 쌀이 완전히 익고 뜸이 들도록 가열한다(약 45분).

riz au gras 리 오 그라

버터와 육수에 익힌 밥 : 장립종 쌀 250g의 부피를 측정해둔다. 냄비에 물을 끓이고 소금을 넣은 다음 쌀을 붓고 5분간 끓인다. 건져서 흐르는 찬물에 헹궈 식힌다. 냄비에 버터 30g을 달군 다음 이 쌀을 붓고 잘 젓는다. 계량해둔 쌀 부피의 2배 분량의 육수(소고기 또는 닭 육수)를 붓고 소금 간을 한 다음 끓을 때까지 가열한다. 끓기 시작하면 뚜껑을 덮고 200°C로 예열한 오븐에 넣어 15분간 익힌다.

riz à l'indienne ou à l'orientale 리 아 랭디엔, 리 아 로리앙탈

인도식 쌀밥, 오리엔탈 라이스 : 소금(물 1ℓ당 9g)을 넣은 끓는 물에 장립종 쌀을 넣고 15분간 익힌다. 중간에 서너 번 젓는다. 건져서 찬물에 충분히 헹군다. 스테인리스 소쿠리에 면포를 깔고 그 위에 쌀을 부은 뒤 가장자리를 가운데로 여며 잘 덮는다. 100°C 오븐에 넣어 15분간 건조시킨다.

riz à l'iranienne (tchelo bah tahdig) 리 아 리라니엔

이란식 누룽지 밥, 타딕 : 바스마티 쌀 400g을 따뜻한 물에 3번 씻어 헹군 뒤 소금 40g을 넣은 물에 12시간 동안 담가 둔다. 눌음 방지 코팅을 한 냄비에 물 1.5ℓ와 소금 2테이블스푼을 넣고 끓을 때까지 가열한다. 쌀을 건져 냄비에 조금씩 넣는다. 센 불에서 7분간 두 번 정도 저으며 익힌다. 건져서 따뜻한 물에 헹군다. 평평하고 약간 깊이가 있는 둥근 팬에 버터 50g과 물 2테이블스푼을 넣고 가열한다. 여기에 쌀을 피라미드처럼 수북하게 담고, 나무 스푼 손잡이 자루로 찔러 일곱 개의 구멍을 뚫는다. 뜨겁게 데운 버터와 물을 뿌린다. 뚜껑을 행주에 놓고 감싼 뒤 팬 위에 덮고 중불에서 7분간, 이어서 약한 불로 45분간 익힌다. 서빙 전 팬의 바닥을 얼음물에 3분간 담가 팬 바닥에 노릇하게 눌어붙은 누룽지(tahdig)가 잘 떨어지도록 한다. 거품 국자로 밥을 조심스럽게 떠낸다. 넓적한 나무 주걱으로 누룽지를 떼어낸 뒤 밥과 함께 서빙한다. 사프란으로 색을 낸 낟알 몇 개를 얹어 장식한다.

riz pilaf 리 필라프

필라프 라이스 : 오븐을 200°C로 예열한다. 장립종 쌀 200g의 부피를 측정해둔다. 냄비에 버터 40g을 녹이고 잘게 썬 흰 양파 80g을 넣어 색이 나지 않게 볶는다. 쌀을 씻지 쌀을 냄비에 넣고 고루 기름이 코팅되어 반짝이며 반투명해지도록 나무주걱으로 잘 저으며 볶는다. 색이 나지 않도록 주의한다. 계량한 쌀 부피의 1.5배 해당하는 끓는 물을 붓고 소금과 부케가르니를 넣는다. 끓을 때까지 가열한 뒤 냄비 지름 사이즈로 자른 유산지를 쌀 위에 덮어 준다. 냄비 뚜껑을 닫고 오븐에 넣어 16~18분 동안 익힌다. 오븐에서 꺼낸 뒤 부케가르니를 건져내고 상온에서 15분 동안 뜸을 들인다. 서빙하기 전 잘게 썬 버터 40g을 넣고 쌀알을 분리해가면서 조심스럽게 섞는다.

riz noir 리 누아

먹물 파에야 : 생선 육수 1ℓ를 만들어 체에 거른 뒤 따뜻한 보관한다. 오징어 750g을 씻어 모두 껍질을 벗긴 다음 몸통을 갈라 내장과 뼈를 제거한다. 눈과 입을 떼어내고 먹물 주머니는 터지지 않게 주의하며 조심스럽게 떼어내 보관한다. 오징어 몸통 살과 머리, 다리는 작게 썰어둔다 다시 한 번 헹군 뒤 물기를 닦아 둔다. 먹물 주머니를 터트려 먹물을 볼에 받아둔다. 여기에 화이트와인 50mm를 섞어 풀어준다. 양파 1개와 마늘 3톨의 껍질을 벗긴 뒤 잘게 다진다. 파에야용 팬에 올리브오일 150mℓ를 달군 뒤 다진 양파를 넣고 몇 분간 볶는다. 오징어와 다진 마늘을 넣고 잘 섞은 뒤 중불에서 10분간 익힌다. 봄바(bomba) 쌀 600g을 넣고 생선 육수를 부어준 다음 오징어 먹물을 넣는다. 센 불에서 살살 저어준 다음 불을 줄인다. 뚜껑을 덮고 중불에서 15~20분간 익힌다. 간을 보고 필요하면 조절한다. 불에서 내린 뒤 서빙 전 몇 분간 뜸을 들인다. 오징어 먹물 파에야는 남부유럽 지방을 대표하는 전통 요리로 이탈리아와 스페인에서 즐겨 먹는다.

riz sauvage à l'indienne 리 소바주 아 랭디엔

인도식 와일드 라이스 : 롱그레인 라이스(장립종 쌀) 150g과 와일드 라이스 150g을 깨끗이 씻어 건진다. 냄비에 버터와 기름을 각각 1/2테이블스푼씩 달군 뒤 다진 양파 100g, 다진 셀러리 100g을 넣고 볶는다. 여기에 쌀과 건포도 40g을 넣고 잘 섞는다. 닭 육수나 채소육수 1ℓ를 붓고 끓을 때까지 가열한 다음, 뚜껑을 덮고 쌀을 완전히 익힌다. 구운 잣 또는 다진 호두 40g을 넣고 잘 저어 섞고 5분간 뜸 들인 뒤 서빙한다.

RIZ SUCRÉS 달콤한 쌀 요리

gâteau de riz au caramel ▶ GÂTEAU DE RIZ

puddings au riz ▶ PUDDING

riz au lait 리 오 레

라이스 밀크 푸딩 : 낟알이 둥근 단립종 쌀 200g을 씻어서 끓는 소금물에 2분간 익힌 다음 건진다. 끓는 우유 900mℓ에 쌀, 설탕 70g, 소금 1자밤, 바닐라 빈 한 줄기를 긁어서 넣어준 다음 뚜껑을 덮고 아주 약한 불로 30~40분간 익힌다. 버터 50g과 필요한 경우 달걀노른자 2~3개를 넣어 준다. 따뜻하게 또는 차갑게 서빙한다.

subrics d'entremets au riz ▶ SUBRIC

tarte au riz ▶ TARTE

ROBE DES CHAMPS (EN) 앙 로브 데 샹 감자를 씻은 뒤 껍질째로 소금물에 삶거나 오븐에 익히는 것을 지칭한다(**참조** p.691 감자 요리 도표). 로브 드 샹브르(robe de chambre)라고도 불리는 껍질째 익힌 감자는 껍질을 벗겨 그대로 후추를 뿌려 먹거나 경우에 따라 크림과 허브를 넣어 먹기도 한다. 또한 리옹식 세르블라 소시지나 청어 필레에 곁들여 먹기도 한다. 알자스 지방에서는 전통적으로 묑스테르 치즈에 곁들여 먹는다.

ROBERT 로베르 로베르 소스. 화이트와인과 식초, 머스터드를 베이스로 한 소스의 한 종류로 전통적으로 포크 촙 및 다양한 구운 고기 요리에 곁들인다.
▶ 레시피 : SAUCE.

ROBOT MÉNAGER 로보 메나제 요리에 필요한 다양한 기능을 갖춘 가전제품. 로봇(robot)이라는 용어는 각기 다른 전기 출력, 모양, 크기, 무게, 부속품, 기능을 가진 다양한 주방용 기계들을 총칭한다.

● BATTEURS 핸드믹서. 손으로 들고 작동시키는 반죽 및 거품기. 모터 출력은 비교적 작으며 거품기, 반죽용 도우 훅 및 다양한 부속품으로 되어 있다.

Riz 쌀

"쌀은 그 종류만 해도 수천 가지가 넘어 선택의 폭이 매우 넓지만, 포텔 에 샤보, 파리 에콜 페랑디, 레스토랑 가르니에와 카이세키의 요리사들은 언제나 각 레시피에 안성맞춤인 최고의 품종을 선별한다. 리소토에는 갸름하고 통통한 낟알의 쌀, 파에야에는 반립종 쌀, 또한 스시용 밥을 지을 때는 낟알이 동그란 단립종 일본쌀을 사용한다."

RIZ 쌀

riz à grains longs non polis
쌀알이 긴 현미, 롱 그레인 브라운 라이스(비 도정),

riz à grains ronds non polis
쇼트 그레인 브라운 라이스(비 도정)

riz basmati
바스마티 라이스

riz à grains ronds (Japon)
입자가 둥근 단립종 쌀(일본)

riz gluant (Japon)
찹쌀(일본)

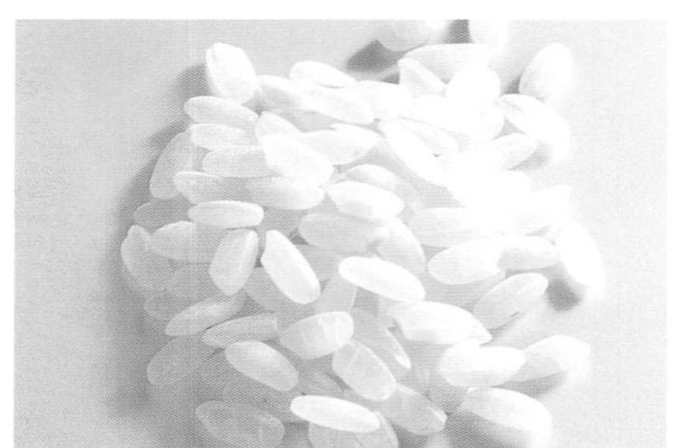
riz japonais de Californie
캘리포니아산 일본 쌀

riz gluant noir (Indonésie)
흑미 찹쌀(인도네시아)

riz rouge (Indonésie)
홍미, 인도네시아 레드 라이스

riz vert aplati (Thaïlande)
그린 라이스 플레이크(태국)

riz rouge (Thaïlande)
레드 라이스(태국)

riz noir (Thaïlande)
태국 흑미

riz gluant à grains longs (Thaïlande)
장립종 찹쌀(태국)

riz blanc à grains ronds
단립종 백미

riz rouge de Camargue non poli
카마르그 붉은 현미(비 연마)

riz à grains demi-longs (Espagne)
중립종 백미(스페인)

riz arborio à grains longs (Italie)
장립종 아르보리오 쌀(이탈리아)

riz carnaroli à grains longs (Italie)
장립종 카르나롤리 쌀(이탈리아)

riz vialone nano à grains demi-longs (Italie)
중립종 비알로네 나노 라이스(이탈리아)

zizanie ou riz sauvage (Canada)
지자니, 리 소바주(캐나다)

riz américain à grains longs
장립종 아메리칸 라이스

riz sauvage Mahnomen (Minnesota)
마노멘 와일드 라이스(미네소타)

• ROBOTS COMPACTS 멀티 푸드 프로세서. 모터가 장착된 본체와 회전식 칼날이 부착되고 보호용 뚜껑이 있는 큰 플라스틱 용기로 구성되어 있다. 여기에 다양한 종류의 부속품(다지기 및 혼합용 나선형 양면 칼날, 채 썰기, 슬라이스용 원반형 칼날, 프렌치프라이 절단기, 거품기, 반죽기 등)을 용도에 맞게 장착해 사용할 수 있으며 사용 시 회전 속도를 조절할 수 있다. 푸드 프로세서는 일반적으로 식품을 갈거나 분쇄하기에 충분한 모터 파워를 갖추고 있으며 제품에 따라 얼음 분쇄도 가능하다. 레몬 착즙기 또는 주서기를 장착할 수 있는 모델도 있다.

• ROBOTS MULTIFONCTION 다목적 전동 스탠드 믹서. 전력 파워가 강한 모터 본체에 다양한 기능의 부속 기계(혼합기, 반죽기, 다지기와 채소 썰기용 칼날, 레몬 착즙기, 주서기, 껍질 벗기기, 통조림 따개 등)를 장착해 사용한다. 제품에 따라 커피 원두 밀, 파스타 기계 및 소시지 스터핑 장치를 연결해 사용할 수도 있다.

레스토랑 주방 등의 전문 요리 현장에서는 채소 절단기(다양한 두께의 슬라이스, 채 썰기, 프렌치프라이용 감자 썰기 등), 가늘게 갈기용 강판(채소 또는 치즈), 분쇄기(다지기와 혼합기) 및 과일 착즙기 용도로 복합 기능을 갖춘 로보 쿠프(robot-coupe)를 많이 사용한다.

ROBUCHON (JOËL) 조엘 로뷔숑 프랑스의 요리사(1945, Poitiers 출생–2018, Geneva 타계). 몰레옹(Mauléon)의 가톨릭계 학교를 졸업한 그는 푸아티에의 를레 드 푸아티에(Relais de Poitiers)에서 견습생으로 요리를 시작한다. 1960년부터 1973년까지 조엘 로뷔숑은 파리의 버클리를 비롯한 레스토랑 주방에서 각 파트를 차근차근 두루 익히며 실력을 쌓았다. 프랑스 전역을 돌며 실습을 하는 콩파뇽 뒤 투르 드 프랑스(Compagnon du tour de France)에 참여했으며(푸아티에 토박이라는 별명을 얻기도 했다), 1976년에는 요리사 부문 MOF(Meilleur Ouvrier de Francce, 프랑스 국가 명장) 타이틀도 획득했다. 파리 콩코르드 라파예트(Concorde Lafayette)에 이어서 니코(Nikko) 호텔의 주방을 지휘한 그는 1981년부터 1993년까지 레스토랑 자맹(Jamin)의 수장이었고 바로 이곳에서 미슐랭 가이드의 별 셋을 받았다. 고급 프랑스 요리에 세련되고 현대적인 감각을 더한 그의 요리는 클래식 프렌치 퀴진의 정점을 이루었다. 그는 세이지로 향을 내어 뭉근히 익힌 유명한 돼지머리 요리 등을 선보이며 내장, 부속을 식재료로 다시 부각시켰으며, 버터를 듬뿍 넣은 부드러운 감자 퓌레로 큰 인기를 끌면서 평범한 감자를 섬세한 요리의 반열에 올려놓았다. 그의 감자 퓌레는 이제는 거의 정석으로 통한다. 1990년 미식 잡지 고미요(Gault et Millau)는 그를 세기의 요리사로 선정했다.

그가 레스토랑 운영자로서의 활동을 개시한 곳은 파리 레몽 푸앵카레 대로(avenue Raymond-Poincaré)의 한 저택을 개조한 레스토랑이었고, 여기에서 그는 50세가 되던 해 요리사로서의 공식적인 은퇴를 선언한다. 이어서 외식업 컨설팅 전문가로 변신한 그는 특히 도쿄의 로뷔숑 르 샤토(Robuchon-Le Château, 파리 타유방의 오너인 장 클로드 브리나와 동업으로 오픈한 레스토랑이다), 마카오의 갤러리아(Galleria) 등을 관리했으며 아틀리에(Atelier)라는 명칭을 붙인 좀 더 캐주얼한 콘셉트의 새로운 레스토랑을 개발했다. 아틀리에 로뷔숑은 파리, 라스베가스, 뉴욕에 이어 아시아의 몇몇 도시로 그 확장세를 넓혀갔다. 또한 모나코의 메트로폴 호텔(hôtel Métropole)과 파리 뷔조가의 타블 드 로뷔숑(Table de Robuchon)의 경영 컨설팅도 담당했다.

그는 France 3TV 채널의 요리 프로그램인 물론, '맛있게 드세요(Bon Appétit, bien sûr)'에 고정출연했을 뿐 아니라 프로듀서 기 좁(Guy Job)과 함께 구르메 TV(Gourmet TV)라는 텔레비전 채널을 직접 운영하기도 했다. 또한 『당신을 위한 나의 요리(*Ma cuisine pour vous*)』(1986), 『로뷔숑의 가장 맛있고 가장 쉬운 요리(*le Meilleur et le plus Simple de Robuchon*)』(1992) 등을 비롯한 여러 권의 저서를 남겼다.

ROCAMADOUR 로카마두르 케르시(Quercy) 지방의 AOC 치즈. 비멸균 생염소젖으로 만든 흰색 곰팡이 외피의 연성치즈로 현지에서는 카베쿠 드 로카마두르(cabécou de Rocamadour)라고 불린다(**참조** p.392 프랑스 치즈 도표). 로카마두르 치즈는 지름 5~6cm, 두께 1.5cm 납작한 원반형으로 무게는 30g 정도이며 염소젖 향이 진하고 부드러우며 고소한 너트 맛이 난다. 올리브오일이나 자두 브랜디에 담가 피카두(picadou) 치즈를 만들기도 한다.

메종 앙드루에(MAISON ANDROUET)의 레시피

rocamadour aux poireaux 로카마두르 오 푸아로

리크를 곁들인 로카마두르 치즈 : 4인분 / 준비: 15분 / 조리: 35분

어린 리크 1.5kg을 씻어서 껍질을 벗긴다. 그중 한줄기는 장식용으로 남겨두고 나머지는 잘게 송송 썬다. 민트잎 2줄기를 씻어서 물기를 제거한 다음 잘게 썬다. 냄비에 버터 80g을 녹인 뒤 리크, 민트, 소금, 후추 그리고 약간의 물을 넣는다. 뚜껑을 덮고 약한 불에서 30분간 익힌다. 따로 남겨둔 리크 한줄기는 어슷하게 썰어 끓는 소금물에 10분간 데쳐 건진다. 숙성된 로카마두르 치즈 8개를 밀가루 1테이블스푼에 굴려 고루 묻힌다. 팬에 올리브오일 1테이블스푼 달군 뒤 치즈를 놓고 양면을 각 1분씩 노릇하게 지진다. 4개의 서빙 접시에 익힌 리크를 나누어 담고 그 위에 로카마두르 치즈를 얹은 뒤 어슷 썰어 데친 리크를 올려 장식한다. 콜리우르(Collioure) 와인을 곁들여 바로 서빙한다.

ROCAMBOLE 로캉볼 산달래의 일종. 양파와 파의 교배종으로 아메리카가 원산지이며 이집트 양파 또는 알양파(oignon vivipare) 라고도 불린다. 양파 향이 매우 강하며 요리에서 마늘처럼 사용한다.

ROCHAMBEAU 로샹보 로샹보 가니시. 주로 큰 덩어리의 브레이징 또는 로스트 고기 요리에 곁들이는 가니시의 한 종류로 비시 당근(carottes Vichy)를 채운 폼 뒤셰스 크루스타드, 속을 채운 양상추, 아 라 폴로네즈(à la polonaise)식으로 조리한 콜리플라워, 폼 안나(pommes Anna)로 구성된다.

ROCHAT (PHILIPPE) 필립 로샤 스위스의 요리사(1953, Le Sentier 출생—2015, Cheseaux-sur-Lausanne 타계). 쥐라 산맥의 발레 드주 출신인 필립 로샤는 로몽(Romond)에 위치한 마르셀 카뷔상스(Marcel Cavuscens)의 르 뷔페 드 라 가르(le Buffet de la Gare)에서 요리에 입문한 뒤 레스토랑 오텔 드 빌 드 크리시에(hôtel de ville de Crissier)에 합류하여 프레디 지라르데 셰프 밑에서 16년간 경력을 쌓는다. 1996년 지라르데가 은퇴한 후 총괄 셰프 자리에 오른 그는 이 레스토랑을 인수하여 소유주가 되었고 1998년에 미슐랭 가이드의 별 셋을 획득했다. 겸손하고 스포츠와 자전거를 좋아했던 이 탐미주의자는 마치 자신의 작품에 만족하지 않는 예술가처럼 새로운 맛을 위해 늘 고민했다. 그는 여러 면에서 스승과 많이 닮아 있었다. 개성이 강한 쥐라 출신의 이 셰프가 추구한 요리는 마치 스위스의 시계처럼 정확하고 활기가 넘치는 스타일로 특히 신맛을 부각시켰으며 지방을 최소화하면서도 완벽한 밸런스를 보여주는 가볍고 건강한 메뉴가 주를 이루었다. 그가 선보인 새로운 요리로는 푸아그라, 검은 송로버섯, 포트와인 젤리를 곁들인 뿔닭가슴살 요리, 펜넬 블루테와 캐비아를 얹은 아니스 향의 랑구스틴 쇼 프루아, 개구리 뒷다리 프리카세와 포치니 버섯과 샹트렐 버섯(꾀꼬리 버섯)을 채운 마카로니 그라탱, 처빌 버터 소스를 곁들인 레만 호 곤들메기 등을 꼽을 수 있다.

ROCHER 로셰 바위 모양의 작은 과자. 파티스리 또는 당과류의 한 종류로 울퉁불퉁하고 불규칙한 모양과 거친 입자의 질감이 이름처럼 바위(rocher)를 연상시킨다. 로셰는 아몬드, 호두, 코코넛 과육 슈레드(congolais), 초콜릿, 건포도 등으로 만든다. 한입 크기 또는 1인용 프티 가토 크기로 만들며 일반적으로 설탕과 거품 낸 달걀흰자를 베이스로 한다. 한편, 피에스 몽테용 로셰는 설탕 공예의 일종인 쉬크르 수플레 또는 스펀지케이크 반죽으로 만든 것이다.

ROCHER DE CANCALE (LE) 르 로셰 드 캉칼 1795년 파리 몽토르괴이(Montorgueil)가에 처음 문을 연 식당으로 1804년 알렉시 발렌(Alexis Balaine)이 인수한 뒤 고급 레스토랑으로 변모시켜 큰 인기를 끌었다. 손님들은 이곳에서 사계절 내내 굴을 먹을 수 있었다(브르타뉴 캉칼의 굴 양식장은 당시 루앙, 파리뿐 아니라 영국에까지 대규모로 굴을 공급하고 있었다). 그 외에 수렵육과 가금류 요리도 매우 훌륭했으며 메뉴판은 각종 맛있는 요리들로 가득했다. 1796년 결성된 예술인들의 식사 모임인 디네 뒤 보드빌(Dîners du Vaudeville), 이어서 카보 모데른(Caveau moderne), 그리모 드 라 레니에르가 주최하던 미식 평가단의 식사 모임이 19세기 초 이 식당에서 정기적으로 진행되었다. 1837년 셰프 랑글레(Langlais)가 노르망디식 서대 요리를 처음 선보인 것도 바로 이 레스토랑이다. 발렌(Balaine)에 이어 이곳을 인수한 보렐(Borrel)은 1847년 리슐리외가의 옛 프라스카티(Frascati) 호텔 자리로 식당을 이전했다. 한편 페퀸(Pécune)이라는 이름의 한 레스토랑 운영자는 역시 몽토르괴이가에 프티 로셰 드 캉칼(le Petit Rocher de Cancale)이라는 두 번째 로셰 식당을 열었다.

ROCOU 로쿠 로쿠, 아나토. 중앙아메리카에서 자라는 빅사나무의 씨를 둘러싸고 있는 붉은색 밀랍에서 추출한 식용색소. 아나토는 몇몇 치즈(에담, 미몰레느, 레드 레스터), 훈제 생선(훈제 대구), 버터와 곡류 등에 노란색, 주황색 또는 붉은색 물을 들일 때 사용된다. 이 식용색소는 정확하게 제한된 양만 사용할 수 있다.

ROCROI 로크루아 로크루아 치즈. 비멸균 생소젖으로 만드는 아르덴(Ardenne)의 치즈로 탈지유로 만들어 지방 함량이 적고 외피는 숯의 재로 덮인 연성치즈. 사방 11~12cm의 정사각형으로 높이는 2.5cm, 무게는 약 200g이다. 숯의 재 안에서 한두 달 간 숙성되며 특유의 강한 맛과 풍미를 갖고 있다.

RØDGRØD 뢰드그뢰드 붉은 과일(블랙커런트, 체리, 라즈베리, 레드커런트)즙에 전분을 넣어 농도를 걸쭉하게 만든 뒤 화이트와인을 섞은 덴마크의 디저트. 콩포트 용기에 담아 설탕을 뿌리고 아몬드 슬라이스를 얹어 장식한 다음 생크림을 곁들여 아주 차갑게 서빙한다.

ROELLINGER (OLIVIER) 올리비에 롤랭제 프랑스의 요리사(1955, Saint-Malo 출생). 화학을 전공한 공학도인 그는 바다에 매료되어 독학으로 요리에 입문했으며 베르사유의 제라르 비에(Gérard Vié)와 파리의 기 사부아(Guy Savoy)의 레스토랑에서 경력을 쌓았다. 그는 캉칼(Cancale)에 있는 가족 소유의 저택을 부르주아풍의 고급 식당(maisons de Bricourt), 숙박시설(les Rimains), 해수욕 시설을 갖춘 아르데코 스타일의 샤토(Richeux)로 개조했다. 새로운 브르타뉴 미식계의 선구자이며 좋은 사람들(Gens de qualité)이라는 모임을 이끌고 있는 롤랭제 셰프는 프랑스 최고의 해산물의 공급처이면서도 음식 면에 있어서는 크게 주목을 받지 못했던 이 지역의 단합을 위해 큰 역할을 했다. 그는 일 에 빌렌(Ille-et-Vilaine)과 몽 생 미셸만(灣)의 생산품들을 많이 사용하고 조리를 최소화한 요리를 추구했으며, 특히 옛날 해적들에 의해 세계 각국에서 들어오기 시작한 다양한 향신료들을 조화롭게 사용했다. 롤랭제 셰프는 2006년 브르타뉴에서는 처음으로 미슐랭 가이드의 별 셋을 받았다. 향을 낸 기름에 조리한 랍스터, 통카 빈 에멀전 소스의 가리비 요리, 아마 씨를 넣은 대문짝넙치 요리, 닭 육즙 소스로 만든 커리 등은 이 바다의 마법사가 자신 있게 선보이는 대표 메뉴들이다.

ROGNON 로뇽 콩팥. 정육용 동물의 신장으로 이루어진 붉은색의 내장 부속 부위다(**참조** p.10 부속 및 내장 도표). 소와 송아지의 콩팥은 여러 개의 갈라진 엽을 포함하고 있는 반면 돼지와 양의 콩팥은 단일 엽으로 된 덩어리로 강낭콩 모양을 하고 있다. 어린 동물(어린 양, 송아지)의 콩팥은 맛이 아주 섬세하며 돼지의 콩팥은 풍미가 희미한 편이다. 소 콩팥은 스테이크 앤 키드니 파이(**참조** STEAK AND KIDNEY PIE)에 들어가며 성숙한 양의 콩팥은 더 질기다. 콩팥에서는 때로 소변 냄새가 날 수도 있으므로 끓는 물에 잠깐 데쳐서 사용하는 것이 좋다. 콩팥은 조리 시 수축을 방지하기 위해 요리하기 전에 겉을 둘러싸고 있는 투명한 막을 벗겨내고, 질긴 힘줄과 가운데의 기름을 제거한다. 그릴에 굽거나 팬 프라이, 또는 꼬치 요리로도 활용할 수 있으며 안쪽이 핑크빛을 띤 미디엄 레어로 익혀야 연하다. 또한 오

랫동안 뭉근하게 익히는 브레이징 방식으로 조리하기도 한다. 송아지 콩팥은 특히 자체 기름을 천천히 녹이면서 튀기듯 지지면 아주 맛이 좋다. 노릇한 색이 살짝 날 정도로만 익혀 서빙한다. 콩팥은 레시피에 따라 통째로 또는 원하는 두께로 슬라이스하여 조리한다. 또한 매우 희귀한 재료이긴 하지만 수탉의 콩팥은 닭 볏과 함께 클래식 요리에서 종종 가니시로 등장한다.
brochettes de rognons ▶ BROCHETTE

rognons d'agneau à l'anglaise 로뇽 다뇨 아 랑글레즈

빵가루를 묻혀 구운 콩팥 꼬치구이 : 콩팥을 둘러싼 막을 제거하고 중앙을 갈라 벌린 다음 가운데의 기름과 허연 부분을 떼어낸다. 반으로 자른 콩팥 조각들을 꼬치에 꿰고 소금, 후추로 간한다. 녹인 버터를 바른 뒤 바로 잘게 부순 흰색 빵가루에 굴려 고루 묻힌다. 그릴 팬에 놓고 센 불에서 각 면마다 3분씩 구워낸 다음 길쭉한 접시에 담는다. 구운 베이컨 슬라이스와 소금물에 삶은 햇 알감자, 신선한 물냉이를 곁들여 서빙한다. 각 콩팥 조각 위에 작게 자른 메트르 도텔 버터을 하나씩 올린다.

rognons de coq pour garnitures 로뇽 드 코크 푸르 가르니튀르

가니시용 수탉 콩팥 : 색이 희고 단단한 수탉의 콩팥 125g을 여러 번 씻는다. 작은 냄비에 콩팥과 물 100mℓ, 소금 1자밤, 버터 25g, 레몬즙 몇 방울을 넣고 센 불로 가열한다. 끓어오르기 시작하면 바로 불을 줄인 뒤 뚜껑을 덮고 아주 약하게 10~12분간 삶는다. 충분히 물기를 뺀 다음 레시피에 따라 조리한다.

rognon de veau aux graines de moutarde 로뇽 드 보 오 그랜 드 무타르드

머스터드 소스 송아지 콩팥 요리 : 색이 밝은 싱싱한 송아지 콩팥을 준비한다. 샬롯 큰 것 1개를 잘게 다진 뒤 드라이 화이트와인 200mℓ, 월계수잎 1장, 타임 1줄기와 함께 소테 팬에 넣고 약한 불로 가열하여 반으로 졸인다. 여기에 갈색 송아지 육수 50mℓ와 생크림 20mℓ를 넣고 주걱에 묻을 정도의 농도가 될 때까지 졸인다. 불에서 내린 뒤 디종 머스터드 1티스푼을 넣고 잘 섞는다. 소스를 체에 걸러 작은 용기에 담고 홀 그레인 타입의 모(Meaux) 머스터드 1스푼을 추가한다. 간을 맞춘다. 소스 표면이 굳어 막이 생기지 않도록 버터를 녹여 바른 다음 중탕으로 보관한다. 콩팥의 기름을 모두 떼어내고 길게 반으로 갈라 벌린 뒤 흰 부분을 제거한다. 가로로 도톰하게 슬라이스하여 소금 후추로 간한다. 기름을 뜨겁게 달군 팬에 넣고 양면을 각각 2분씩 노릇하게 지져낸 다음 체 망에 올려 10분간 핏물을 뺀다. 이것을 뜨거운 소스에 넣고 끓지 않도록 주의하며 데운다. 접시에 콩팥을 담고 잘게 썬 차이브를 뿌린다. 탈리아텔레 생면 파스타, 버터에 슬쩍 볶은 시금치, 그라탱 도피누아 또는 감자 갈레트를 곁들여 서빙한다.

rognon de veau bordelaise 로뇽 드 보 보르들레즈

보르도식 송아지 콩팥 요리 : 주사위 모양으로 썬 소 사골 골수 2테이블스푼을 소금물에 데쳐 익힌 뒤 건져서 뜨겁게 유지한다. 송아지 콩팥을 작게 슬라이스한 다음 소금, 후추로 간한다. 팬에 버터를 아주 뜨겁게 달군 다음 콩팥을 넣고 센 불에서 양면을 노릇하게 지진다. 건져낸 뒤 뜨겁게 보관한다. 그 팬에 화이트와인 100mℓ를 부어 디글레이즈한 다음, 잘게 썬 샬롯 1테이블스푼을 넣고 수분이 완전히 증발할 때까지 졸인다. 송아지 육즙소스 250mℓ 또는 부이용 250 mℓ를 붓는다. 콩팥에서 나온 즙도 함께 넣는다. 소스를 반으로 졸인 뒤 간을 확인한다. 콩팥을 다시 소스에 넣고 끓지 않을 정도로 뜨겁게 데운 후 소 골수를 넣고 섞는다. 우묵한 탱발 용기에 담고 파슬리를 뿌려 서빙한다.

rognons de veau au madère 로뇽 드 보 마데르

마데이라 소스 송아지 콩팥 요리 : 신선한 송아지 콩팥 2개(각 350g짜리)의 막을 벗기고 기름과 흰 부분을 모두 제거한 다음 적당한 두께로 슬라이스한다. 팬에 버터를 넣고 거품이 날 때까지 가열한 다음 콩팥을 넣고 양면을 노릇하게 지진다. 소금, 후추로 간한다. 서빙 접시에 담아 뜨겁게 보관한다. 팬에 남은 기름을 덜어낸 다음 잘게 썬 샬롯 1테이블스푼과 버터 한 조각을 넣고 3분간 색이 나지 않게 볶는다. 마데이라 와인 50mℓ를 넣고 디글레이즈한다. 플랑베는 하지 않는다. 이것을 졸인 뒤 데미글라스 소스 100mℓ를 넣고 원하는 농도가 될 때까지 졸인다. 간을 맞춘 뒤 체에 거른다. 차가운 버터 20g을 넣고 거품기로 잘 섞는다. 필요한 경우, 마데이라 와인 몇 방울을 첨가하면 더욱 풍미를 살릴 수 있다. 접시에 담아 놓은 콩팥에 소스를 끼얹는다. 육즙 소스를 넣고 윤기나게 익힌 양송이버섯을 곁들여낸다.

ROGNONNADE 로뇨나드 콩팥을 포함한 송아지 등심 또는 안심 부위(뼈를 제거한다)를 지칭한다. 콩팥은 기름을 살짝 제거한 후 길게 반으로 자른다. 이것을 넓적하게 편 송아지 등심 안쪽에 길게 붙여 넣은 뒤 돌돌 말아 조리용 실로 묶는다. 팬에 지지거나 뜨거운 오븐에 넣어 먼저 겉에 색을 낸 뒤 오븐 온도를 낮추고 완전히 익힌다(파운드당 30분간 조리).

ROHAN 로앙 로앙 가니시. 브레이징 또는 소테한 가금류 요리에 곁들이는 가니시의 한 종류로 도톰하게 썬 푸아그라와 송로버섯 슬라이스를 얹은 아티초크 속살 밑동, 파리지엔 소스로 버무린 수탉 콩팥을 채운 타르틀레트로 구성된다.

ROLLMOPS 롤몹스 가시를 제거한 청어 필레를 향신료와 함께 식초에 재웠다가 다진 양파와 러시아식 코르니숑 반쪽을 넣고 말아서 나무 꼬치로 고정한 것이다. 주니퍼베리, 정향, 검은 후추로 양념을 한 마리네이드 양념액을 차갑게 한 뒤 말아 놓은 필레 위에 붓고 냉장고에 5~6일간 재워둔다. 완성된 롤몹스에 파슬리와 둥글게 슬라이스 한 양파를 곁들여 차가운 오르되브르로 서빙한다. 프랑스식 롤몹스는 새콤달콤한 맛을 선호하는 스칸디나비아식보다 훨씬 향신료의 맛이 강하다.

ROLLOT 롤로 롤로 치즈. 비멸균 생소젖으로 만드는 피카르디(Picardie)의 치즈로(지방 45-50%), 오렌지빛 노란색 또는 불그스름한 색의 세척외피 연성치즈다. 롤로는 지름 8~11cm, 두께 약 4cm로 하트형 또는 납작한 원통형으로 풍미가 매우 진하다.

ROMAINE (À LA) 아 라 로멘 로마식의. 이탈리아 라티움 요리로부터 영감을 받은 다양한 프랑스 음식을 지칭한다. 시금치, 안초비, 파르메산 치즈를 넣어 조리한 달걀 요리, 완두콩과 햄을 넣어 냄비에 조리한 작은 조류 요리, 시금치를 넣은 빵 또는 수플레 등을 꼽을 수 있다. 로마식 소스는 로스트한 수렵육 요리를 위한 대표적안 클래식 소스다. 이 명칭은 뇨키의 레시피에 적용된다.
▶ 레시피 : CAILLE, GNOCCHIS, ŒUF BROUILLÉ, PAIN DE CUISINE.

ROMANÉE-CONTI 로마네 콩티 코트 드 뉘 본 로마네의 AOC 그랑 크뤼 레드와인으로 포도품종은 피노 누아다. 거의 전설로 꼽히는 매우 귀한 최고급 와인의 상징인 이 와인은 구조감이 단단하고 감미로운 맛을 갖고 있으며 진하게 스며드는 당절임 과일, 장미, 스파이스, 제비꽃 등의 향의 피니시가 매우 길다(**참조** BOURGOGNE).

ROMANÉE-SAINT-VIVANT 로마네 생 비방 부르고뉴의 AOC 그랑 크뤼 레드와인으로, 포도품종은 피노 누아다. 리슈부르와 로마네 콩티에 인접한 로마네 생 비방은 향이 풍부하고 기품이 있으며 입안에서의 피니시가 매우 긴 와인을 생산한다.

ROMANOV 로마노프 20세기 초, 러시아 황실 가족에게 헌정된 다양한 고급 클래식 요리에 붙여진 이름이다. 주로 고기 요리에 곁들이는 로마노프 가니시는 버섯 뒥셀로 속을 채운 뒤 그라탱처럼 오븐에 구운 오이 토막, 걸쭉하게 졸인 블루테 소스로 버무린 버섯과 셀러리악 살피콩에 홀스래디시로 맛을 더한 뒤 폼 뒤셰스 크루스타드 안에 채워 넣은 것으로 구성된다. 로마노프 딸기는 퀴라소에 재워두었다가 반구형 잔인 쿠프에 담고 샹티이크림으로 장식한 것이다.

ROMARIN 로마랭 로즈마리. 꿀풀과의 방향성 식물로 지중해 지역에서 많이 난다. 윗부분은 어두운 초록색, 아래는 희끄무레한 상록성의 로즈마리 잎은 생으로 또는 말려서 양념으로 사용한다(**참조** p.451-454 향신 허브 도감). 로즈마리 잎은 톡 쏘는 듯한 자극적인 맛과 강한 향을 갖고 있으며 마리네이드 양념, 스튜, 수렵육 또는 그릴구이 요리에 향을 내기 위해 사용할 때 아주 소량으로도 충분하다. 특히 송아지와 가금류, 일부 토마토 소스, 오븐에 조리하는 생선 요리와 잘 어울린다. 북유럽에서는 소시지 스터핑용 분쇄육, 어린 돼지와 양고기 로스트에 향을 더하는 데 많이 사용된다. 로즈마리 꽃은 샐러드에 넣거나 제비꽃처럼 설탕에 절일 수 있으며 장식으로도 사용된다. 나르본의 특산물인 로즈마리 꿀은 최고 중 하나로 친다.
▶ 레시피 : PÊCHE.

ROME ANTIQUE 롬 안티크 고대 로마. 고대 로마의 시민들은 미식의 선구자로 그리스와 소아시아 민족의 음식 관습을 흡수하고 외국의 새로운 요리방식이나 식재료를 받아들이는 데 능했다. 고대 로마의 바쿠스 제와 같은 화려한 연회의 전통적인 이미지는 사치스럽다고만 평가하기에는 오해의 소지가 있다. 서기 1세기 페트로니우스, 유베날리스, 마르티알리스가 몇

몇 호화 연회에서 즐겼던 고급 요리라는 것들은 사실 매우 특이한 것들이었다. 플라밍고의 혀, 낙타의 발뒤꿈치, 밤을 먹여 살찌운 들쥐, 개똥지빠귀로 속을 채운 멧돼지 요리를 비롯해 일상적인 음식들과는 거리가 먼 기괴한 것들이었다.

■ **로마 요리의 기원과 발전.** 고대 로마의 미식은 매우 점진적으로 진화했다. 테베레강 계곡 지대에서는 오래전부터 목축과 농사가 이루어졌다. 하지만 본격적으로 고대 그리스 식민지들이나 에트루리아와의 교역이 시작된 것은 테베레강 하구에서 생산되는 천일염 덕택이었다. 초창기 로마인들의 주식은 기장이나 조, 보리, 병아리콩 가루에 물이나 우유를 넣고 끓인 걸쭉한 죽(pulmentum)이었다. 이후 빵을 만드는 기술이 점점 발전하면서 BC 1세기에 로마에는 최초의 제빵사들이 생겨났다. 그 외에 기본 식품으로는 양젖 치즈, 삶은 양고기, 양배추, 카르둔, 잠두콩 등을 즐겨 먹었다.

과일 역시 이들의 식생활의 중요한 자리를 차지했다. 사과는 고대 그리스에서보다 훨씬 더 흔한 일상적인 과일이었고, 반면 아르메니아에서 수입하는 살구와 페르시아산 복숭아는 매우 비싼 값에 팔렸다. 루쿨루스(Lucullus, BC 117-57) 장군을 통해 체리나무가 처음 들어왔고 무화과는 풍성하게 재배되었으며 아프리카에서는 대추야자를 수입했다. 멜론은 칸타루포(Cantalupo, 캔털루프라는 이름이 여기에서 유래했다) 근처에서 재배되기 시작했다. 안티오코스 3세의 시리아와의 전투에서 승리(BC 189)한 로마인들은 소아시아 일부를 점령하게 되면서 헬레니즘 문화를 꽃피운 그리스 왕실의 세련되고 섬세한 문화에 차츰 눈을 뜨게 된다.

■ **풍요의 시대.** 고대 로마는 시민들의 취향과 요구에 부응하기 위하여 식품의 생산과 유통에 관한 더욱 정교한 체계를 도입했다. 이는 특히 대형 물류 창고와 시장을 통해 활성화 되었고, 트라야누스(Trajan, 53-117) 황제 시대에 만들어진 시장이 가장 유명하다. 트라야누스 시장에서는 이집트 밀, 스페인 올리브오일, 아시아의 향신료, 갈리아 인들이 만든 햄, 바다생선과 민물생선(대부분 양식)뿐 아니라 다양한 종류의 조개, 특히 굴(세르기우스 오라타가 처음으로 굴 양식장을 고안했다)을 찾아볼 수 있었다. 당시 로마인들은 또한 무화과를 강제로 먹여 간을 비대하게 만드는 거위 사육법을 처음 고안해냈다. 로마의 최상류 부유층은 육류 대식가들이었다. 그들은 양고기보다 돼지고기를 선호했으며 특히 굴과 작은 새로 속을 채운 뒤 한쪽 면은 귀리, 포도주, 기름을 섞어 만든 반죽을 발라 굽고 다른 한쪽은 끓는 물에 데쳐 익힌 트로이식 돼지고기를 즐겨 먹었다. 수많은 레시피를 남긴 당대 미식가 아피키우스(Apicius, BC 25)는 특히 꿀을 바른 신선한 햄을 무화과와 월계수잎과 함께 크러스트 반죽으로 감싸 구운 요리를 제안하기도 했다. 가금류 또한 매우 높이 평가되었으며 샤퐁(거세 수탉), 뿔닭, 집비둘기, 야생 오리, 거위 로스트를 즐겨 먹었다. 대개 맛이 강했던 소스류에는 대부분 생선을 발효시켜 만든 액젓의 일종인 가룸이 들어갔다. 가룸은 또한 육수를 만드는 데 넣기도 했다. 설탕이 아직 사용되지 않았던 이 시대의 로마인들은 꿀 또는 포도 시럽으로 음식에 단맛을 첨가했다. 그들은 12가지 정도의 치즈를 만들어 먹었고 특히 양젖을 주로 사용했다.

■ **고대 로마의 와인.** 포도주 애호가인 로마인들은 특히 물을 타서 차갑게 마시는 것을 선호했다. 그들은 뱅 드 파유(passum, 짚 위에 놓고 건조시켜 단맛이 농축된 포도로 양조한 와인), 꿀을 넣은 와인(mulsum), 시골의 군인들이 차갑게 마시던 물을 탄 신 포도주(posca), 인공 향을 첨가한 와인(압생트, 장미, 제비꽃 향), 과일주 등 저렴한 가격의 와인들도 생산했다. 하지만 로마인들이 가장 선호했던 것은 캄파니아 지방에서 생산한 그랑 크뤼 와인이었으며 그중에서도 특히 오랜 기간 숙성시키는 팔레르노(Falerno)산 화이트 또는 레드와인이 가장 유명했다. 이 고급 와인은 큰 항아리에 보관했으며 대개의 경우 식탁에서 필터에 걸러 더욱 맑게 서빙했다. 일반적으로 신에게 헌주로 바쳤던 포도주는 다양한 종교적 용도로 사용되었을 뿐 아니라 진정한 축제의 기회를 제공하기도 했다.

ROMEYER (PIERRE) 피에르 로메예르 벨기에의 요리사(1930, Bruxelles 출생–2018 타계). 브뤼셀의 여러 레스토랑에서 견습을 거친 후, 플람스 브라반트주 수아뉴(Soignes) 숲의 후일라르트(Hoeilaart)에 정착한 그는 1965년부터 1992년까지 그로넌달(Groenendael)의 빌라 쉽(Villa Schimm)에 오픈한 메종 드 부슈(Maison de bouche)의 주방을 맡았고 1983년에는 이 레스토랑에서 미슐랭 가이드의 별 셋을 획득했다. 프랑스 이외 지역의 대부분의 미슐랭 스타 레스토랑이 그러하듯 그의 요리도 프랑스 가스트로노미의 영향을 받았으며 그에 더해 현지에서 나는 식재료와 여러 지역의 맛을 어느 한 곳에 치우침 없이 고루 응용하는 묘미를 발휘했다. 그의 멧도요 무스와 슈크루트를 곁들인 꿩 요리는 현재까지도 정석 레시피로 남아 있다. 타고난 거침없는 성격과 직설적인 화법을 가진 이 셰프는 벨기에 미식계에서 존경받는 전설적인 인물이 되었다(그는 유럽 요리사 협회 유로토크의 공동창립자다). "내가 경의를 표하는 폴 보퀴즈(Bocuse)는 제외하고, 브뤼셀에는 리옹은 물론 갈리아 전체보다도 더 많은 별들이 있다. 그것은 바로 가장 용감한 벨기에 사람들이다."라고 그는 세자르의 명대사(갈리아의 모든 민족 중 벨기에인들이 가장 용감하다)를 익살스럽게 바꿔서 말했다.

ROMPRE 롱프르 끊다, 중단하다. 1차 발효된 반죽을 여러 번 접어 누르며 펀칭하여 일시적으로 발효(또는 반죽이 부푸는 것)를 중단시키는 것이다. 중간에 공기를 한 번 빼주는 이 작업은 발효반죽으로 빵을 만드는 과정에서 보통 2번 이루어지며 이후의 발효 진행을 촉진하여 반죽이 더 잘 부풀게 하는 효과가 있다.

RONCE 롱스 서양 산딸기 나무, 블랙베리 나무. 장미과의 가시가 있는 소관목으로 열매는 뮈르 소바주(mûre sauvage, 야생 블랙베리) 또는 뮈롱(mûron, 나무딸기)이라 불리며 잼, 설탕 졸임, 시럽을 만드는 데 주로 사용한다. 캐나다에서는 여러 종의 블랙베리 나무가 자라며 수요 또한 매우 많다. 블랙베리 열매는 타르트, 푸딩뿐 아니라 각종 로스트 요리, 거위, 칠면조 요리의 소스 재료로 사용되며, 가금류의 속을 채우는 재료 구성에 포함되기도 한다.

ROND 롱 둥글다는 뜻의 단어로 정육에서 소의 뒷다리의 뒷부분과 앞 안쪽 부분의 두 근육을 지칭하는 이름이다(**참조** p.108, 109 프랑스식 소 정육 분할). 설도의 설깃살 또는 설깃머리살에 해당하는 롱 드 트랑슈(rond de tranche, 옛날에는 트랑슈 그라스 tranche grasse라고 불렀다)는 비프스테이크용으로 잘라 조리하거나 덩어리째 로스트 비프를 만들기에 적합하다. 설도 삼각살에 해당하는 부위인 롱 드 지트(le rond de gîte)도 같은 용도로 사용된다. 단면이 원형에 가까운 이 두 부위의 덩어리는 얇게 저며 카르파치오로 만들기도 한다.

RONDEAU 롱도 조리용 원형 냄비의 한 종류로 둘레가 수직으로 뚝 떨어지며 깊이가 그리 깊지 않고 뚜껑이 있다. 거의 비슷한 용도로 쓰이는 소테팬에는 긴 자루형의 손잡이 한 개가 있는 것과는 달리 롱도에는 두 개의 짧은 손잡이가 양쪽에 붙어 있다. 당과류 제조에서 이 냄비는 특히 마롱 글라세를 만들 때 주로 사용한다. 롱도는 알루미늄, 스테인리스, 양철 또는 내부를 주석 도금한 구리 소재로 만든다.

ROOIBOS 루이보스 루이보스 차. 남아프리카가 원산지인 식물로 잎을 사용해 오렌지빛을 띠는 붉은색 차를 우려낼 수 있다. 루이보스 차는 순하고 달콤한 맛이 나며 카페인이 들어 있지 않다. 기호에 따라 우유를 타서 마시기도 하며 종종 다른 방향성 허브(민트, 버베나 등)를 섞어 사용한다.

ROQUEFORT 로크포르 로크포르 치즈. 양젖으로 만든 천연 외피의 AOC 블루치즈(지방 52% 이상)로 프랑스 남부 루에르그(Rouergue)에서 제조된다(**참조** p.390 프랑스 치즈 도표). 로크포르는 지름 19~20cm, 두께 8.5~10.5cm의 원통형이며 알루미늄 포일로 포장한다. 특유의 강한 풍미를 가진 치즈로 현재는 양젖으로 만들지만 18세기에는 염소젖이 기본 재료였다. 1926년 7월 26일 법령에 의해 치즈로는 처음으로 AOC 인증을 획득했다. 이 치즈는 캉발루(Cambalou)의 산속 천연 동굴에서만 숙성된다. 로크포르는 푸른곰팡이인 페니실리움 로크포르티(Penicillium roqueforti)의 포자를 주입한 뒤 번식시켜 습한 천연 동굴에서 적어도 3개월간 숙성시키는데 이때 동굴의 균열된 틈에서 발생하는 습도와 특정 세균으로 채워진 자연 통풍이 치즈 안에 푸른색의 핏줄 같은 무늬를 만들어 낸다. 로크포르 치즈는 일반적으로 식사 마지막에 먹지만 아뮈즈 부슈, 다양한 재료로 맛을 낸 혼합 버터, 크레프와 퓌유테, 혼합샐러드, 소스, 수플레, 수프 등 다양한 레시피에 포함될 수 있다.

▶ 레시피 : BEURRE COMPOSÉ, CRÊPE, CRUMPET, DIABLOTIN, PRUNEAU, SALADE.

ROQUES (JOSEPH) 조제프 로크 프랑스의 의사(1771, Valence 출생–1850, Montpellier 타계). 조제프 로크는 그리모 드 라 레니에르의 친구이자 그가 조직한 맛 평가단 심사위원의 일원으로 활동하기도 한 미식가였다. 그는 여러 권의 저서를 남겼는데 특히 『식용 버섯과 유해한 버섯의 이야기(*Histoire des champignons comestibles et vénéneux*)』(1832)에서는 식물학자인 동시에 의사 그리고 미식가인 그의 진가가 발휘된다. 또한 4권으로 구성된 『일반적인 식물의 새로운 개론(*Nouveau Traité des plantes usuelles*)』(1837-1838)에서 그는 특정 과일과 채소가 가진 치료 효능을 강조한다.

ROQUETTE 로케트 루콜라, 로켓, 아르굴라. 지중해 연안에서 자라는 십자화과의 식물로, 향이 진하고 상당히 강한 맛을 갖고 있다(**참조** p.451~454 향신허브 도감). 주로 잘게 썬 어린잎을 다른 재료들과 섞어 샐러드로 먹는다. 루콜라잎은 개화가 지난 후에는 매콤한 겨자 맛이 너무 강해지기 나기 때문에 그 전에 따야 한다. 루콜라는 메스클랭 샐러드(mesclun 상추, 치커리, 시금치 등 여러 종류의 어린잎 채소를 섞어 만든 프로방스식 샐러드)에 들어가는 전통적인 재료들 중 하나이다.

ROSBIF 로스비프 로스트 비프. 소고기 덩어리를 오븐에 구워 익히거나 로티세리 꼬챙이에 꿰어 구운 요리. 이 이름으로 팔리는 소고기 구이는 알루아요(안심, 채끝 등심, 우둔, 치마양지가 포함된 허리부터 엉덩이까지의 정육 부위를 지칭), 뒷 넓적다리나 앞다리의 일부 부위(앞다리살, 갈비덧살 등)로 만든다. 로스트 비프는 일반적으로 조리하는 동안 표면에 딱딱한 껍질이 생기는 것을 피하기 위해 얇은 비계로 감싼 다음 조리용 실로 묶어주는데 이 경우 직접 열원에 노출된 상태로 겉이 익는 정도는 약해진다. 영국에서는 미디엄으로 구운 로스트 비프에 그레이비(육즙 소스), 홀스래디시 소스, 전통적인 요크셔 푸딩과 함께 서빙한다. 프랑스에서는 레어에 가까운 익힘 정도를 더 선호한다.

rosbif : cuisson 로스비프

로스트 비프 조리하기 : 조리하기 적어도 한 시간 전에 로스트 비프용 고기를 냉장고에서 꺼내둔다. 준비한 고기를 220~240°C로 예열한 오븐에 넣어 겉면을 먼저 익힌 뒤 온도를 200°C 정도로 낮추고 굽는다(덩어리의 두께에 따라 500g당 10~15분 정도 소요). 오븐을 끄고 문을 살짝 열어 둔 채로 5분정도 휴지시킨 다음 꺼내서 다시 몇 분 정도 따뜻하게 둔다. 그러면 육즙이 분홍색의 뜨거운 심부에 고르게 잘 분산되며 자르기도 더 쉬워진다. 고기를 익힌 로스팅 팬을 불에 올려 바닥에 남은 육즙이 눌어붙도록 색을 낸 다음 기름은 대충 제거한다. 여기에 맑은 송아지 갈색 육수나 물을 조금 넣어 디글레이즈한다. 이어서 원하는 육즙 소스 양의 두 배 정도 육수나 물을 부은 뒤 끓여서 반으로 졸인다. 간을 맞춘다. 경우에 따라 색을 내기 위하여 약간의 캐러멜 소스를 첨가하기도 한다. 체에 거른 뒤 소스 용기에 담아 따로 서빙한다.

ROSE 로즈 장미. 장미과의 소관목인 장미나무의 꽃으로 색과 향이 좋은 꽃잎은 요리, 제과, 당과류 제조에서 다양하게 활용된다(**참조** p.369, 370 식용 꽃 도감). 중동과 발칸 반도 국가에서 즐겨 먹는 장미 잼은 다마스크 장미 꽃잎을 설탕에 재워 만든다. 프랑스에서는 프로뱅이 장미를 기본재료로 한 당과류의 중심지로 유명하다. 장미를 넣은 봉봉 퐈유테, 장미꽃잎 설탕 절임, 장미 젤리(pâte de rose), 설탕을 묻힌 장미꽃잎(pétales de rose cristallisés) 등을 만든다. 로즈 워터와 로즈 에센스는 각종 크림, 아이스크림, 반죽뿐 아니라 리큐어와 다양한 플라워 와인의 향을 내는 데 사용된다. 장미향 꿀(miel rosat)은 꿀과 장미향 식초를 넣고 끓인 장미꽃 봉오리와 와인 식초에 담가 해가 잘 드는 곳에서 재워둔 장미꽃잎으로 만든다. 또한 장미 에센스는 로쿰(loukoum)과 같은 중동식 제과에도 사용된다. 장미꽃 봉오리는 말려서 가루로 만들어 향신료로 사용하거나 다른 향신료 믹스(라스 엘 하누트)에 넣기도 한다. 북아프리카에서는 가금류 요리에 장미와 재스민으로 향을 내는 레시피가 여럿 있다.

피에르 에르메(PIERRE HERMÉ)의 레시피

gâteau Ispahan 가토 이스파앙

이스파한 케이크 : 6~8인분 케이크 2개 분량 / 준비: 40분 / 조리: 22분

속껍질을 깐 통아몬드 가루 300g과 슈거파우더 800g을 함께 체에 친다. 달걀흰자 110g에 양홍빛 붉은 색소 4g, 딸기색 붉은 색소 4g을 섞은 뒤 가루 혼합물에 넣어 혼합한다. 작은 냄비에 물 75㎖와 설탕 295g을 넣고 117°C까지 끓여 시럽을 만든다. 미리 분리하여 일정 시간 이상 보관해둔 달걀흰자 110g에 난백 분말 1.5g을 넣고 휘저어 너무 단단하지 않게 거품을 올린다. 여기에 뜨거운 설탕 시럽을 붓고 섞으며 50°C로 식힌다. 여기에 첫 번째 혼합물(아몬드 가루, 설탕, 색소 섞은 달걀흰자)을 조금씩 넣어가며 반죽이 매끈해지도록 주걱으로 균일하게 섞는다. 11호 깍지를 끼운 짤주머니에 반죽을 채우고 베이킹 팬 위에 나선형으로 짜 얹어 지름 21cm 원반 4개를 만든다. 165°C 컨벡션 오븐에서 22분간 굽는다. 버터 크림 450g에 버터 45g을 넣고 휘저어 섞는다. 여기에 장미 시럽 20㎖와 알코올을 함유한 장미 에센스 2.5g을 섞는다. 구워낸 나선형 마카롱 원반 2개의 한쪽 면에 물을 아주 살짝 분무기로 뿌려준다. 여기에 장미향의 버터 크림을 나누어 바른 다음 각각 라즈베리 200g, 통조림에서 건져 물을 빼고 4등분한 리치 과육 70g을 얹어 채운다. 나머지 2개의 원반으로 덮은 뒤 살짝 눌러준다. 글루코스 시럽을 마치 이슬처럼 한 방울씩 얹은 장미꽃잎과 생라즈베리 2개를 얹어 장식한다. 서빙할 때까지 냉장고에 보관한다.

ROSÉ (VIN) (뱅) 로제 로제와인. 분홍색을 띤 와인으로 양조한 후 오래 숙성시키지 않고 어린 상태에서 시원한 온도로 마신다. 핑크색 와인이라고 해서 레드와인과 화이트와인을 혼합한 것은 결코 아니며(유일하게 샴페인의 경우는 제외), 때로 검은색 포도에 일정 비율의 백포도주용 품종을 첨가해 만드는 경우도 있다. 하지만 대부분의 로제와인은 카베르네 프랑, 가메, 그르나슈, 피노 누아 같은 검은 포도품종으로 만든다. 수확한 포도의 껍질과 씨를 제거하지 않은 상태로 몇 시간 동안 발효시킨 뒤 만족스러운 색의 즙이 흘러나오면 찌꺼기와 분리하고 따라내어 옮긴다(soutirage). 이것으로 만든 로제와인을 로제 드 세녜(rosé de saignée)라고 한다. 두 번째 방법은 잘 익은 검은 포도를 직접 압착해 즙을 추출하는 것으로 이렇게 짜낸 즙을 발효시켜 만든 로제와인을 로제 드 프레쉬라주(rosé de pressurage)라고 한다. 대부분 지역의 포도주 양조장에서는 로제와인을 생산하는데 그중 가장 유명한 것은 타벨(tavel, Provence), 마르사네(marsannay, Bourgogne), 카베르네 당주(cabernet d'Anjou)와 알자스(Alsace), 베아른(Béarn), 프로방스(Provence) 지방의 와인이다.

ROSÉ DES RICEYS 로제 데 리세 샹파뉴 지방 오브 남쪽 끝에 위치한 코뮌 레 리세(Les Riceys)에서 생산하는 AOC 로제와인. 비발포성 와인으로 포도품종은 피노 누아이고 헤이즐넛을 연상시키는 특유의 너트 향을 지니고 있다(**참조** CHAMPAGNE).

ROSETTE 로제트 순돈육으로 만든 건조 소시송으로, 보졸레와 리오네 지역이 원조다(**참조** p.787 소시지 도표). 로제트는 겉을 실로 묶은 방추형으로 길이는 대략 30cm 정도이며 스터핑 살의 입자는 중간 굵기이다. 얇게 슬라이스해서 오르되브르로 내거나 간단한 스낵에 곁들여 먹는다.

ROSSINI (GIOACCHINO) 조아키노 로시니 이탈리아의 작곡가(1792, Pesaro 출생—1868, Paris 타계). 그의 음악이 오페라 역사에 위대한 업적을 남겼다면 식도락가로서의 그의 열정은 미식 역사에 큰 발자취를 남겼다고 할 수 있다. 그는 "먹는 것과 사랑하는 것, 노래하는 것과 소화시키는 것, 이것이야말로 한 병의 샴페인 거품처럼 사라지는 인생이라는 이름의 희가극을 이루는 진정한 4막이다."라는 글을 남겼다. 그의 이름을 딴 로시니라는 명칭은 일반적으로 푸아그라와 송로버섯이 들어가고 데미글라스 소스를 곁들인 여러 요리에 붙는다. 특히 로시니 안심스테이크(tournedos)가 유명한데, 로시니가 당시 최고의 레스토랑 중 하나였던 카페 앙글레(Café Anglais)의 셰프에게 레시피를 알려주었다고 한다. 그 외에 스크램블드 에그, 반숙 달걀 또는 수란, 오믈렛, 로스트 치킨, 닭가슴살 요리, 서대 필레, 소테한 닭고기 요리 등에도 그의 이름이 붙여졌다. 송로버섯은 로시니가 직접 재료를 구성해 만든 샐러드를 위한 소스에도 들어간다.

▶ 레시피 : BŒUF, POULARDE.

RÖSTI 뢰스티 스위스식 감자 팬케이크. 껍질째 익힌 감자를 채칼로 굵직하게 갈아서 둥글고 두툼한 갈레트 형태로 프라이팬에 노릇하게 지진다. 베른식 정통 뢰스티는 베이컨 라르동과 다진 양파를 더한 것이다.

RÔT 로 구운 고기. 고기 또는 생선을 불에 직접 구운 것으로 옛날에는 포토푀와 함께 식사를 구성하는 중심 메뉴였으며, 같은 의미로 오늘날에는 rôti(로티)라고 한다. 이 단어는 식사 전체를 의미하기도 했다.

ROTENGLE 로탕글 루드. 잉어과의 민물생선으로 붉은 로치라고도 불린다. 이 생선은 로치와 같은 환경에서 서식하고 모양이 거의 비슷하나 몸통이 조금 더 통통하고 광택이 덜하며 색은 더 진하다. 황금빛 노란색의 광택이 나며 최대 크기는 50cm, 무게는 2kg에 달한다. 로치와 마찬가지로 주로 튀기거나 구워 조리하며 뫼니에르 방식으로 버터에 지지기도 한다.

ROTHOMAGO 로토마고 작은 슬라이스 햄 위에 올려 조리한 달걀프라이의 이름으로, 치폴라타 소시지와 걸쭉하게 졸인 토마토 소스를 곁들인다.

ROTHSCHILD 로칠트 유명한 은행가 가문의 성을 따 이름을 붙인 수플레 로칠드(soufflé Rothschild)는 크렘 파티시에 베이스에 골드바서(Goldwasser, l'eau de Dantzig)나 그랑 마르니에(Grand Marnier)에 재운 당절임 과일을 넣어 만든 수플레다.

▶ 레시피 : SOUFFLÉ.

RÔTI 로티 로스트, 오븐 구이. 로티세리 꼬치에 꿰거나 그대로 오븐에 넣어 센 불로 구운 고기를 말하며 뜨겁게 또는 차갑게 서빙한다. 소고기에 사용되었을 경우에는 다른 수식어 없이 일반적으로 로스트 비프를 지칭한다. 다른 육류 로스트의 경우에는 로티(rôti)라는 단어에 해당 동물의 이름이 붙는다. 예를 들어 송아지 로스트(rôti de veau, 뒷 넓적다리 안쪽 살, 우둔살, 뼈를 제거한 앞다리 어깨살, 뼈를 제거한 등심 또는 갈빗살), 돼지 로스트(rôti de porc, 뼈를 제거한 등심살 덩어리, 어깨살, 목심, 앞다리살 등), 새끼 칠면조 로스트(rôti de dindonneau, 뼈를 제거하고 살만 말아 굽는다) 등이 있다. 이 단어는 일반적으로 얇은 비계로 감싸고 주방용 실로 묶어 구울 준비를 마친 고깃덩어리를 지칭한다. 같은 의미를 적용해 커다란 아귀의 살 토막을 마치 로스트용 고기처럼 실로 묶은 덩어리로 준비한 것 또한 아귀 로스트(rôti de lotte)라고 부른다. 원칙적으로 로스트는 조리가 끝난 후 실을 풀고 비계를 벗겨낸 뒤 서빙한다. 서빙 시간보다 조금 여유를 두고 오븐에서 꺼내는 것이 바람직하다. 고기를 레스팅하는 동안 육즙이 고루 퍼지고 썰기도 더 수월해진다. 곁들이는 육즙 소스는 따로 용기에 담아낸다. 소스 용기는 따르는 부분이 기름을 분리할 수 있는 구조로 된 것이 좋다.

RÔTI-COCHON 로티 코숑 1680년경 디종(Dijon)의 클로드 미샤르(Claude Michard) 출판사에서 발간한 어린이를 위한 책의 제목이다. 『라틴어와 프랑스어 읽기를 아이들에게 잘 가르치기 위한 매우 쉬운 방법』이라는 부제가 붙은 이 책은 당시의 요리, 맛있는 음식 이름, 식탁 예절 등에 관한 이야기들을 예시로 든 대목이 아주 많다는 점에서 매우 흥미롭다. 예를 들면 "배를 먹은 후에는, 술을 마셔야 한다... 로스트 포크에서는 뜨거울 때 먹는 껍질 부위가 최고다... 송아지 머리에서는 눈과 귀가 제일 으뜸이다... 아주 배가 고플 때는 삶아 익힌 고기를, 진수성찬에는 로스트 고기를 먹는다." 등의 내용이 실려 있다.

RÔTIE 로티 토스트. 오븐이나 그릴 팬에 구운 빵 슬라이스를 뜻한다. 그대로 먹거나 달걀프라이를 곁들이기도 하며 치즈를 넣은 크림, 마늘을 넣은 퓌레, 그라탱처럼 노릇하게 구운 살피콩 등을 곁들여 먹기도 한다. 또한 로스트하거나 구운 카나페를 지칭하기도 한다. 이 카나페에는 그라탱용 다진 소를 발라 얹은 뒤 작은 수렵 조류 로스트를 곁들여 먹는다. 구운 토스트는 주로 버터를 바르고 잼이나 꿀을 곁들여 아침식사로 또는 오후 티타임에 차와 함께 먹는다(**참조** TOAST). 옛날에는 로스트한 플레인 빵을 수프와 스튜와 함께 먹었고, 특히 식사 시작 때 서빙되는 향신료를 넣은 와인에 곁들였다.

RÔTIR 로티르 굽다. 정육, 가금류, 수렵육, 생선 등에 일정량의 지방을 더한 뒤 화덕에 또는 꼬챙이에 꿰어서 바비큐 등으로 직접 열에 노출하거나, 오븐이나 로티세리 기계의 복사열을 이용해 굽는 것을 뜻한다(**참조** p.295 조리 방법 도표). 조리가 시작되면 재료 덩어리는 열에 반응해 겉이 응고되어 표면에 크러스트가 형성되며 색이 갈색으로 변한다. 내부에 가두어진 육즙은 농축되고 해당 식품은 모든 풍미를 보존하게 된다. 조리 시작과 조리 중에는 소금 간을 해서는 안 된다. 육즙이 빠져나올 수 있기 때문이다.

로티세리 꼬챙이에 재료를 꿰어 굽는 조리법은 최고의 로스팅 방법으로 꼽힌다. 어떤 사람들은 밀폐된 오븐에서 굽는 로스트 요리는 그 안에서 발생하는 습기에 의해 변질된다고 평가한다. 오븐에 넣어 조리하는 도중에는 물을 첨가하는 것을 피해야 한다. 물이 증발되면서 삶은 고기 같은 맛이 날 수 있기 때문이다. 고깃덩어리를 오븐에 넣어 굽기 전에 향신료나 지방을 군데군데 찔러 넣거나, 얇은 비계로 감싸거나, 혹은 소를 채워 넣기도 한다.

■ **로티세리 꼬치구이.** 가열강도는 언제나 굽는 고깃덩어리의 특성에 따라 적절히 조절해야 한다. 육즙이 가득 찬 붉은 살 육류는 먼저 겉을 센 불로 구운 뒤 지속적인 열기로 조리를 이어간다. 흰색 살 육류와 가금류는 겉과 내부를 균일하게 굽는다. 로티세리 봉에 꿰어 고기를 구울 때는 아래 받쳐 둔 팬에 떨어진 기름(육즙이 아니라 위에 뜬 기름 부분만)을 중간중간 끼얹어 주어야 겉이 마르지 않고 노릇하게 색이 나게 구워진다.

■ **오븐 구이.** 고깃덩어리를 레어로 굽고자 할 때는 매우 뜨거운 온도로 조리를 시작한다. 조리 중 흘러나오는 육즙이나 기름에 고깃덩어리가 흥건하게 잠기지 않도록 반드시 기름 받이 망이 있는 로스팅 팬에 올려 구워야 한다. 로티세리 꼬치구이와 마찬가지로 익는 중간중간 기름을 끼얹어준다. 익은 상태를 확인하기 위해서는 고기를 살짝 찔러본다. 소고기, 양고기, 수렵육(털 유무와 관계없이)은 찔렀을 때 짙은 분홍빛의 피가 몇 방울 새어나오면 레어, 연한 분홍색이면 미디엄 상태다. 송아지, 어린 양, 돼지고기의 경우는 찌른 곳에서 흘러나오는 즙이 무색이어야 한다. 또한 가금류가 익었는지 확인하기 위해서는 들어 올려 접시 위로 기울였을 때 흘러나오는 육즙에 붉은 기가 없어야 한다.

RÔTISSERIE 로티스리 로티세리 꼬챙이에 꿰어 구운 고기(특히 통닭)를 조리하고 판매하는 상점을 뜻하며, 더 넓은 의미로는 로스트한 고기류를 전문으로 판매하는 레스토랑에도 적용된다. 15세기까지 파리의 닭집(poulailler)에서는 생수렵육과 가금류를 팔았다. 이 고기들을 구워 팔던 상인들은 별개의 동업조합을 결성했고 현재는 레 알 지역의 우르스(Ours) 가인 우에(Oues) 가—거위를 뜻하는 우아(oie)와 발음이 비슷하여 이 상인들을 우아예(oyer, ouyer)라고 부르기도 했다—에 터를 잡았다. 이들은 점차 음식 판매업자로 성장했고, 고기 파이의 일종인 투르트와 파테 종류도 만들어 팔기 시작했다. 현재의 주방 조직에서 로스트 담당자는 오븐 또는 꼬치 통구이 및 석쇠에 굽거나 튀기는 모든 요리를 담당하며, 필요한 경우 주방 팀의 다른 멤버들에게 다진 파슬리나 즉석에서 만든 빵가루를 제공하기도 한다. 또한 튀김용 감자를 써는 것도 로티쇠르 파트의 업무다.

RÔTISSOIRE 로티수아르 로티세리 오븐. 육류 또는 가금류를 굽는 데 사용되는 전기 기구로, 유리로 된 문이 달린 철제 상자의 형태이다. 윗면(또는 바닥)에 설치된 적외선 열선이 로티세리 봉에 꽂혀 자동으로 회전하는 고깃덩어리를 골고루 노릇하게 구워준다. 회전봉은 때로 4 또는 6개의 작은 자동회전 꼬치나 양 뒷다리와 같은 덩어리를 넣을 수 있는 철제 바스켓 형태로 교체할 수 있다.

ROUELLE 루엘 뼈를 제거하지 않은 송아지의 뒷 넓적다리를 바퀴와 같이 둥근 모양으로 두툼하게 슬라이스한 조각으로 주로 로스트, 브레이징 요리를 만든다(**참조** p.699 돼지의 정육 분할). 오늘날 송아지 뒷 넓적다리는 좀 더 작은 조각으로 자르기 위해 대개 뼈를 제거한다. 오소부코를 만드는 송아지 정강이 부분만 아직도 루엘로 자른다. 확장된 의미로 이 단어는 둥그렇게 자른 채소(당근, 순무, 감자), 때로는 고등어나 그밖의 몸이 통통한 작은 생선을 토막으로 자른 것에도 적용된다.

ROUENNAISE (À LA) (아 라) 루아네즈 루앙식의. 기본적으로 루앙(Rouen)의 이름을 널리 알린 대표적인 오리 또는 새끼오리로 만든 요리를 지칭한다. 이 중 가장 먼저 꼽을 수 있는 것은 카나르 아 라 프레스(canard à la presse, 오리 뼈를 압착하여 추출한 피와 골수로 만든 소스를 곁들인다)와 속을 채워 오븐에 구운 뒤 루아네즈 소스를 곁들여 서빙하는 카나르 파르시(canard farci)이다. 루아네즈 소스는 수란에 곁들이기도 한다. 오리 또는 새끼오리의 간을 넣어 만든 다양한 요리 또한 아 라 루아네즈라고 불리며, 그 외에 루앙을 대표하는 여러 특선 요리(오리 파테, 속을 채운 양의 족, 레드와인 또는 시드르를 넣어 익힌 생선, 크림 소스 닭 요리)에도 같은 수식어를 붙인다.

▶ 레시피 : CANARD, MIRLITON, ŒUF EN COCOTTE, SAUCE, SOUFFLÉ.

ROUERGUE, AUBRAC ET GÉVAUDAN 루에르그, 오브락, 제보당 마시프 상트랄 산맥 남쪽, 깊은 계곡을 경계로 나뉜 페이 데 코스(pays des Causses)의 루에르그(Rouergue)는 프랑스 남부 랑그독 지역의 초입과 맞닿아 있는 반면 제보당(Gevaydan)과 오브락(Aubrac) 고원 지대는 오베르뉴와 가까이 위치하고 있다. 이들은 지역에 따라 프랑스 남서부처럼 거위 기름이나 호두 기름을 혹은 오베르뉴처럼 유제품, 또는 올리브오일을 요리에 사용한다. 한편 이 지역은 자랑스럽게 내세울 만한 우수한 품질의 특산품과 향토 요리들이 여럿 있는데 특히 로크포르 치즈가 대표적이다.

오브락(Aubrac)에서 밀라부아(Millavois)에 이르기까지 루에르그 지방은 북쪽에서는 오브락 암소를, 남쪽에서는 양을 사육하는 목축지대다. 이 고기들은 특별한 명절이나 축제에 먹는 요리인 무르테롤(mourtayrol, 루에르그식 전통 포토푀), 쿠피두(coufidou, 소고기 볼 살 스튜)와 7시간 조리한 양 뒷다리 요리(gigot de sept heures 이곳에서는 루에르그의 썩은 뒷다리라고 불린다) 등을 통해 맛볼 수 있다. 일상적으로 많이 먹는 요리에는 주로 돼지고기를 사용한다. 돼지 귀와 속을 채운 돼지 위, 구운 족발과 부댕, 햄, 아스테 드 나작(astet de Najac, 돼지 등심을 길게 갈라 편 뒤 안심과 페르시야드를 넣고 말아 오븐에 구운 로스트 포크) 등을 즐겨 먹는다. 또한 이 지방에서는 양의 창자와 위로 만든 마누(manouls), 송아지 내장요리인 트리푸(tripous), 송아지 또는 양의 머리 등 부속이나 내장을 활용한 요리도 다양하다. 수렵육 또한 풍부하여 중세의 레시피대로 매운 소피케(saupiquet) 소스를 넣어 조리한 야생 토끼, 파테를 만들거나 마늘 또는 주니퍼베리를 넣어 오븐에 구운 개똥지빠귀, 자고새새끼 등을 많이 먹는다. 생선으로는 송어뿐 아니라 에스토피나도(estofinado)라는 뜻밖의 요리를 찾아볼 수 있는데, 이것은 옛날 보르도까지 철광석을 운반하던 선원들이 드카즈빌(Decazeville) 탄광에 갖고 들어온 노르웨이의 말린 염장 대구로 만든 것이다.

■ **수프.**

● SOUPE AU LAGUIOLE 라기올 치즈 수프. 이 포크로 떠먹는 수프는 코코트 냄비 안에 굳은 빵, 라기올 치즈, 양배추잎을 켜켜이 교대로 채워 넣은 뒤 육수를 부어 조리한다. 육수가 재료에 모두 흡수되면 아주 뜨겁게 서빙한다.

■ **생선.**

● ESTOFINADO 에스토피나도. 물에 데쳐 익힌 염장대구를 잘게 뜯어 삶은 감자와 섞은 뒤 버터, 마늘, 파슬리, 날달걀, 삶은 달걀, 우유, 매우 뜨거운 호두기름을 넣고 같이 으깨 혼합한다.

■ **고기.**

● PORC : MOURTAYROL, ASTET ET FALETTE D'ESPALION 돼지고기: 무스테롤, 아스테, 팔레트 데스팔리옹. 여럿이 모인 축제나 잔치 때 즐겨 먹는 섬세한 음식인 무르테롤(mourtayrol)은 돼지 뒷다리 햄, 소고기, 닭과 각종 채소 그리고 특히 사프란을 넣어 끓인 포토푀의 일종이다. 큰 냄비에 굳은 빵 슬라이스를 깐 다음 재료를 넣고 약한 불로 뭉근히 끓인 이 요리는 모르티에(mortier)라고도 불린다. 아스테(astet)는 페르시야드(persillade)로 속을 채운 돼지 안심 로스트다. 팔레트 데스팔리옹(falette d'Espalion)은 송아지나 양의 뱃살 또는 양지 부위를 주머니처럼 칼집을 낸 다음 근대의 녹색 잎과 지역특산 생햄, 돼지비계, 양파, 마늘, 달걀, 파슬리로 속을 채우고 이어서 돼지 껍데기, 당근, 양파를 깐 코코트 냄비에 넣어 오븐에서 익힌 요리다. 완성된 다음 슬라이스하고 냄비에 남은 육즙 소스와 함께 서빙한다.

■ **수렵육.**

• LIÈVRE EN SAUPIQUET 매운 소스의 야생 토끼 스튜. 야생 토끼 로스트의 살은 살짝 분홍빛이 도는 로제 상태로 익혀야 한다. 곁들이는 소스는 간과 가능하다면 토끼의 피를 함께 넣고 레드와인과 함께 약한 불에서 뭉근히 익힌 다음 퓌레로 갈아 만든다.

■ **치즈.** 치즈는 이 지역 특산품의 꽃이다. 로크포르 치즈는 블루 데 코스 치즈와 생산 지역, 형태, 제조 방식, 외형이 같지만 로크포르는 양젖으로 만드는 반면 코스의 블루치즈는 소젖으로 만든다. 로크포르 치즈는 많은 레시피의 기본재료로 사용되지만 루에르그에서는 간단히 구운 빵에 올려 먹는다. 소젖으로 만든 톰 드 라기올(tomme de Laguiole) 치즈는 알리고(참조 ALIGOT)와 트뤼파드(truffade)의 주재료다.

■ **파티스리.**

• TARTE À L'ENCALAT, FLAUNE ET ÉCHAUDÉS 앙칼라 치즈 타르트, 플론, 에쇼데. 아베롱(Aveyron)의 북부에서는 소젖의 커드를 넣은 앙칼라 치즈 타르트(tarte à l'encalat)를 만들고, 남부에서는 양젖 브루스(brousse de brebis) 치즈를 넣은 플랑의 일종인 플론(flaune 또는 flône)을 만들어 먹는데 이 둘 모두 오렌지 블로섬 워터로 향을 낸다. 에쇼데는 삼각뿔 모양의 작고 단단한 과자로, 반죽을 오븐에 넣어 굽기 전에 끓는 물에 잠깐 넣어 데친다.

■ **와인.** 앙트레그(Entraygues)와 르펠(Le Fel)의 포도원에서는 알코올과 타닌 함량이 높고 밀도감이 풍부한 과일향의 레드와인을 생산한다. 마르시약(Marcillac)의 와인들은 비교적 투박한 편으로 붉은 과일의 향을 갖고 있다.

ROUFF (MARCEL) 마르셀 루프 프랑스의 언론인, 작가(1887, Genève 출생—1936, Paris 타계). 퀴르노스키의 공동작업자이며 친구였던 그는 함께 미식 유람을 다니면서 산지마다 식재료와 음식을 발견했고, 퀴르농스키와 함께 해학으로 가득한 28권의 작은 미식 안내서『프랑스 미식 여행(*la France gastronomique*)』을 펴냈다. 하지만 마르셀 루프는 무엇보다도 음식과 식탐을 소재로 한 소설인『미식가 도댕 부팡의 인생과 열정(*la Vie et la Passion de Dodin-Bouffant, gourmet*)』(1924)으로 명성을 얻었다. 그는 이 책에서 맛있는 음식이 주는 쾌락을 위해서라면 모든 것을 희생하는 완벽한 미식가의 유형을 창조했다.

ROUGAIL 루가이유 채소, 갑각류 해산물 또는 생선 베이스에 고추와 기름을 넣고 약한 불로 뭉근히 끓여 만든 앤틸리스제도와 레위니옹섬의 매콤한 양념소스다. 차갑게 또는 뜨겁게 서빙하며 주로 쌀밥을 곁들인 크레올식 요리에 양념으로 함께 낸다.

rougail d'aubergine 루가이유 도베르진

가지 루가이유 : 가지 2~3개의 꼭지를 떼어낸 뒤 220°C로 예열한 오븐에서 20~25분간 굽는다. 줄기양파 1줄기, 생강 작은 한 조각, 쥐똥고추 1/2개, 고운 소금 1/2 티스푼, 레몬즙 반 개분, 올리브오일 3~4 테이블스푼을 블렌더에 넣고 갈아 퓌레를 만든다. 구운 가지를 꺼내 반으로 길게 가른 뒤 씨를 제거하고 과육을 스푼으로 파낸다. 가지 과육을 블렌더에 간 퓌레에 넣고 잘 섞어 매끈하고 고운 혼합물을 만든 다음 냉장고에 보관한다.

ROUGE (VIN) 루즈 레드와인. 검은색 포도를 짜서 만든 포도즙을 일정시간 그대로 두어 만들어낸 와인으로 껍질, 씨와 함께 양조통에서 발효시킨 다음 압착한다. 포도 껍질에 함유된 불수용성 색소물질은 발효 과정에서 생성된 알코올에 조금씩 녹으며 포도즙에 점점 더 진한 붉은 빛깔을 내준다.

ROUGET-BARBET 루제 바르베 노랑촉수, 성대. 촉수과에 속하는 매우 유사한 두 종류의 바다생선을 가리키는 일반 명칭이다. 이 생선들은 고대 시대부터 높이 평가되어 왔으며 살이 매우 쉽게 부서진다는 특징이 있다(**참조** p.674~677 바다생선 도감). 살은 기름기가 없어 담백하며(100g당 80kcal 또는 334kJ), 단백질, 요오드, 철, 인이 풍부하다. 크기는 중간 정도이며(최대 40cm)이며 루제 드 바즈(rouget de vase)의 경우 주둥이가 앞에서 눌린 것처럼 짤막하여 옆에서 보면 마치 매부리코와 같이 구부러져 급격히 깎인 듯한 모습이 특징이다. 머리 꼭대기 쪽에 작은 눈이 있으며 아랫입술에는 긴 수염이 나 있다. 특히 루제 바르베(rougets-barbets)는 색으로 구분된다.

– 가장 맛이 좋은 줄무늬 노랑촉수(rouget de roche) 또는 쉬르뮐레(surmulet, 방데(Vendée)와 셰르부르(Cherbourg)지역에서 특히 많이 잡힌다)는 선명한 분홍색에 금색 줄이 있고 첫 번째 등지느러미에는 검은 반점이 있으며 눈 아래에 두 개의 비늘이 있다.

– 아르카숑(Arcachon) 근처, 프로방스(Provence), 코르시카(Corse), 튀니지(Tunisie)에서 잡히는 성대(rouget de vase)는 올리브색의 광택이 나는 적갈색을 띠고 있으며 눈 아래에 3개의 비늘이 있다.

■ **사용.** 신선도가 최상급인 선명한 색의 탱탱하고 아주 작은 성대는 내장을 제거하지 않아도 된다. 바로 이러한 점 때문에 바다의 멧도요(bécasse de mer)라는 별명이 붙었으며, 특히 간은 항상 남겨둔 채 조리한다. 생선의 물기를 깨끗이 닦은 뒤 소금을 살짝 뿌려 굽는다.

살이 더 퍽퍽한 노랑촉수는 튀기거나 팬에 지진다. 중간 크기의 것들은 석쇠나 그릴에 굽거나 파피요트(papillote)로 익힌다(언제나 간과 같이 익힌다. 간은 소스를 만드는 데에도 사용할 수 있다). 큰 노랑촉수는 유산지로 싸서 파피요트로, 또는 향신 재료를 깔고 그 위에 올린 뒤 버터 또는 올리브오일을 넣고 오븐에서 익힌다.

charlotte aux rougets ▶ CHARLOTTE

이브 그라블리에(YVES GRAVELIER)의 레시피

brasero de rouget aux sarments de vigne, coulis d'échalote 브라제로 드 루제 오 사르망 드 비뉴, 쿨리 데샬로트

포도나무 가지, 샬롯 쿨리를 넣은 노랑촉수 화로구이 : 4인분

알루미늄 포일로 1인용 작은 그릴을 만든다. 우선 바닥은 알루미늄 포일을 두 겹으로 접어 만든다. 길이 20cm, 너비 10cm의 작은 박스 형태를 만든 다음, 둘레 4면은 5cm 높이로 접어 올린다. 알루미늄 포일을 두 겹으로 접어 덮개를 만든다. 바비큐의 그릴 망 용도로 쓰일 폭 2cm의 알루미늄 포일

띠 5줄을 가위로 잘라둔다. 포도나무 가지 다발을 4개의 알루미늄 박스 안에 나눠 넣고 불을 붙인다. 미리 기름을 발라 둔 알루미늄 띠로 덮는다. 이로써 화로가 준비되었다. 밑간을 한 노랑촉수 4마리(각 350g짜리)의 필레를 알루미늄 화로에 놓는다. 최적의 조리를 위해 브로일러 모드로 설정한 오븐에 화로들을 넣고 3분간 굽는다. 샬롯 쿨리를 만든다. 우선 다진 샬롯 150g을 냄비에 넣고 보르도 산 레드와인을 재료 높이만큼 부은 뒤 졸인다. 다시 와인을 붓고 샬롯이 퓌레가 될 때까지 이 과정을 반복한다. 소금 간을 하고 설탕을 넣는다. 채소 그라인더에 돌려 간다. 구운 노랑촉수 필레에 샬롯 쿨리를 한줄기씩 끼얹어준다. 벌겋게 달궈진 화구를 큰 접시에 올린 뒤 그대로 서빙한다.

프레디 지라르데(FREDY GIRARDET)의 레시피

filets de rouget Girardet 필레 드 루제 지라르데

지라르데식 노랑촉수 필레 : 노랑촉수 4마리(각 200g짜리)의 필레를 뜬다. 생선 간은 따로 보관한다. 냄비에 버터 30g을 달군 뒤 필레를 뜨고 남은 생선뼈와 대가리, 다진 샬롯 2개분, 로즈마리를 넣고 2분간 볶는다. 화이트와인 200mℓ와 물 200mℓ을 붓고 5분정도 끓인다. 체에 거른 뒤 반으로 졸인다. 여기에 생크림 250mℓ를 넣고 다시 졸인다. 다진 생선 간, 버터 20g 소금, 후추, 레몬 1/2개의 즙을 넣고 혼합한다. 기름을 두르지 않은 프라이팬을 뜨겁게 달군 뒤 필레의 껍질 쪽을 먼저 올려 굽는다. 45초 후에 뒤집고 살 쪽은 30초간 익힌다. 뜨겁게 데운 접시에 소스를 담고 그 위에 노랑촉수 필레를 놓는다.

장 앙드레 샤리알(JEAN-ANDRÉ CHARIAL)의 레시피

rougets au basilic 루제 오 바질릭

바질향 소스의 노랑촉수 : 4인분 / 준비: 20분 / 조리: 3분

하루나 이틀 전에 소스를 만들어둔다. 우선 토마토 4개를 끓는 물에 몇 초간 담갔다 건져 껍질을 벗기고 잘라서 씨와 속을 빼낸 뒤 과육만 작은 크기의 주사위 모양으로 썬다. 볼에 이 토마토와 잘게 썬 바질 2송이, 식초 2티스푼을 넣고 소금, 후추를 뿌린 뒤 올리브오일을 재료가 잠기도록 넉넉히 부어준다. 잘 섞은 다음 향이 잘 우러나도록 24~48시간 냉장고에 넣어 재운다. 조리 당일, 노랑촉수 8마리의 내장을 제거한 뒤 비늘을 긁어낸다. 필레를 떠낸 다음 생선용 핀셋으로 가시를 제거한다. 팬에 기름을 달군다. 생선 필레의 양면에 소금, 후추를 뿌려 간을 한 다음 팬에 껍질 쪽 면을 먼저 놓고 2분간 지진다. 뒤집어서 1분간 더 지진다. 서빙용 접시 중앙에 올리브오일에 재워둔 토마토 콩카세를 건져 놓고 그 위에 생선 필레를 얹은 뒤 바질향이 우러난 소스를 한 스푼씩 뿌린다. 다진 바질을 조금 얹어 장식한다. 바로 서빙한다.

폴 보퀴즈(PAUL BOCUSE)의 레시피

rougets en écailles de pomme de terre 루제 앙 에카이 드 폼 드 테르

얇은 감자 비늘을 덮어 지진 노랑촉수 : 각 300g짜리 노랑촉수 4마리의 내장을 제거하고 손질한 다음 중앙의 가시뼈를 제거하면서 살만 필레를 뜬다. 필레 양면에 달걀노른자를 바른다. 껍질 벗긴 감자 400g을 아주 얇게 슬라이스한 다음 50 상팀 동전만 한 크기(지름 약 18mm)로 모두 잘라내어 정제버터에 담근다. 이 감자를 생선 필레의 꼬리 쪽부터 시작해 머리 방향으로 살짝 겹쳐가며 놓아 비늘 모양으로 전체를 덮은 다음 냉장고에 1시간 동안 넣어 고정시킨다. 소스팬에 화이트와인 240mℓ, 누아이 프라트 베르무트 240mℓ, 다진 샬롯 80g을 넣고 졸인 다음 생크림 400mℓ를 첨가한다. 다시 졸인 뒤 소금, 후추로 간하고 잘게 다진 바질을 넣어 향을 낸다. 소스를 블렌더로 간 다음, 당근 4개와 호박 4개를 아주 작은 주사위 모양으로 썬 브뤼누아즈를 넣어 섞는다. 논스틱 팬에 올리브오일 120mℓ를 달군 뒤 감자를 붙인 면을 6~8분간 지진다. 접시 4개 바닥에 소스를 담은 뒤 그 위에 감자 비늘을 씌워 지진 생선 필레를 얹어 서빙한다.

rouget au four au fenouil 루제 오 푸르 오 프누이

펜넬을 넣어 오븐에 익힌 노랑촉수 : 올리브오일을 달군 팬에 다진 양파 25g을 투명하게 볶는다. 여기에 잘게 다진 생펜넬 1테이블스푼을 첨가한다. 노랑촉수 1마리를 씻어서 등 쪽으로 길게 칼집을 낸 다음 소금, 후추를 뿌린다. 중간 크기 로스팅 팬에 버터를 바른 뒤 다진 양파와 펜넬을 깔고 그 위에 생선을 얹는다. 빵가루로 덮고 올리브오일을 조금 뿌린 다음 210°C로 예열한 오븐에 넣어 15~20분간 익힌다. 잘게 썬 파슬리를 뿌리고 레몬즙을 한 바퀴 두른 뒤 서빙한다.

조안 로카(JOAN ROCA)의 레시피

rougets à la mandarine et à la purée de chou-fleur 루제 아 라 망다린 에 아 라 퓌레 드 슈 플뢰르

만다린 귤과 콜리플라워 퓌레를 곁들인 노랑촉수 : 4인분

노랑촉수 1kg을 씻어서 필레를 뜬다. 핀셋으로 필레에 남아 있는 작은 가시들을 꼼꼼히 제거한다. 콜리플라워 퓌레를 만든다. 우선 중간 크기의 콜리플라워 한 개를 작은 송이로 떼어내 분리하며 씻은 뒤 끓는 소금물에 데쳐 삶는다. 익으면 건져서 물기를 뺀 다음 버터 100g과 소금을 첨가한다. 블렌더로 갈아 크리미하고 균일한 질감의 퓌레를 만든다. 소스를 만든다. 만다린 귤 4개를 착즙한 뒤 냄비에 넣고 센불로 가열해 반으로 졸인다. 여기에 올리브오일 40mℓ를 넣고 거품기로 세게 저어 안정적인 에멀전을 만든다. 노랑촉수 필레를 껍질 쪽부터 굽는다. 너무 많이 익지 않도록 주의하며 재빨리 뒤집는다. 서빙 접시에 콜리플라워 퓌레를 몇 스푼씩 담고 노랑촉수 필레를 놓는다. 만다린 귤즙 소스를 뿌려 서빙한다.

rougets en papillote 루제 앙 파피요트

노랑촉수 파피요트 : 크기가 작은 노랑촉수 8마리를 씻는다. 우유에 담가 적신 식빵 슬라이스 5~6장, 다진 파슬리, 안초비 버터 4테이블스푼을 섞어 소를 만든다. 생선에 소금과 후추로 밑간을 하고, 이 소 혼합물을 채운 다음 올리브오일을 고루 발라 냉장고에 1시간 동안 넣어 재운다. 직사각형 유산지에 기름을 바른 뒤 생선을 얹고 가장자리를 잘 접어 밀봉한다. 240°C로 예열한 오븐에서 15~20분간 익힌다.

레몽 튈리에(RAYMOND THUILLIER)의 레시피

rougets pochés à la nage au basilic 루제 포셰 아 라 나주 오 바질릭

바질 소스를 곁들인 노랑촉수 : 하루나 이틀 전에 미리 소스를 만든다. 생바질잎 20장, 타라곤잎 5장, 파슬리 5줄기를 잘게 다진다. 토마토 1개의 껍질을 벗긴 뒤 다진다. 재료를 모두 볼에 넣고 마늘을 조금 넣은 뒤 엑스트라버진 올리브오일 250mℓ를 넣고 재운다. 셰리와인 식초 몇 방울과 소금, 후추를 첨가한다. 냉장고에 보관한다. 식사 당일, 생선을 데칠 나주(nage) 육수를 만들어 30분간 끓인다. 노랑촉수 4마리(각 180~200g 짜리)의 비늘을 벗기고 내장은 그대로 둔다. 각 생선 위에 오렌지 슬라이스 1조각, 레몬 슬라이스 1조각, 월계수잎 1장씩을 얹은 뒤 알루미늄 포일로 전부 감싸준다. 나주 국물에 넣고 10분 정도 익힌다. 생선살이 탱탱하게 익고 모양을 잘 유지해야 한다. 소스를 곁들여 서빙한다.

제랄드 파세다(GÉRALD PASSÉDAT)의 레시피

rougets de roche, panure de pistache et consommé d'anis étoilé 루제 드 로슈, 파뉘르 드 피스타슈 에 콩소메 다니스 에투알레

피스타치오 빵가루를 입힌 노랑촉수와 팔각 콩소메 : 4인분 / 준비: 45분

노랑촉수 8마리의 비늘을 벗기고 지느러미와 수염을 잘라낸 다음 필레를 뜬다. 핀셋으로 필레에 남아 있는 가시를 꼼꼼히 제거한 뒤 냉장고에 보관한다. 간은 따로 떼어내고, 생선뼈는 흐르는 차가운 물에 씻어 핏자국과 불순물을 제거한다. 냄비에 생선 육수 500mℓ와 생선 가시뼈, 팔각 2개를 넣고 끓여 콩소메를 만든다. 체에 면포를 받쳐 거른 뒤 간을 맞춘다. 납작하고 동그란 모양의 고수 젤리를 만든다. 우선 고수 작은 다발 1개를 끓는 물에 데쳐서 차갑게 식힌다. 생선 육수 250g과 고수를 블렌더에 함께 넣고 간 다음 고운 체에 내린다. 간을 한 다음 소테 팬에 넣고 아가르 아가르(agar-agar, 한천을 원료로 한 분말 겔화제) 0.5g을 첨가한 뒤 끓인다. 작고 동그란 모양의 구멍이 난 판형틀에 붓는다. 냉장고에 넣어 굳힌다. 노랑촉수의 간과 생선 육수 250g을 소테 팬에 넣고 5분간 끓인다. 블렌더로 갈아 고운 체에 내린 뒤 고수 젤리와 마찬가지로 작업한다. 피스타치오 쌀가루를 만든다. 우선 낙화생유 300mℓ를 160°C로 가열한 다음 쌀 100g을 넣고 튀겨 부풀어 오르면 건져 종이타월에 기름을 뺀다. 속껍질까지 깐 피스타치오 100g을

다진다. 쌀 튀밥과 피스타치오를 모두 분쇄기로 간다. 노랑촉수 필레를 오븐용 바트에 놓고 피스타치오오일 50㎖를 고루 발라준다. 간을 하고 생선 육수 150㎖를 넣은 뒤 60°C 스팀오븐에서 5분간 찐다. 생선이 익으면 꺼내서 오븐 팬에 놓고 피스타치오 쌀가루를 뿌린다. 팔각 콩소메를 뜨겁게 데운 뒤 간을 맞춘다. 동그란 고수 젤리와 생선 간 젤리를 접시 위에 보기 좋게 담는다. 노랑촉수를 살라만더 그릴 아래에서 살짝 노릇한 색이 나도록 구운 뒤 접시에 올린다. 콩소메는 따로 담아 서빙한다.

ROUGET DU SÉNÉGAL 루제 뒤 세네갈 세네갈 성대. 촉수과의 바다생선으로 길이는 약 30cm, 가는 분홍에서 붉은색을 띤 몸통의 측면에는 노란 반점이 있는 가는 띠 무늬가 있으며 볼 위쪽은 푸르스름하다. 열대 아프리카의 서쪽 연안에서 잡히는 세네갈 성대는 노랑촉수보다 맛이 덜하고 바다의 짭조름한 풍미도 약하다. 주로 튀김이나 구이에 적합하다.

ROUILLE 루이유 프로방스 요리의 소스 중 하나로, 쇠에 녹이 슨 것을 연상시키는 붉은색은 붉은 고추, 때로는 또는 사프란에서 추출된 것이다. 고추에 마늘, 빵의 흰 속살 또는 익혀서 으깬 감자의 살을 넣고 절구로 짓이기거나 곱게 간 다음 올리브오일과 육수를 넣어 적당한 농도로 풀어준다. 루이유 소스는 부야베스, 삶은 생선 또는 문어에 곁들인다. 소스에 레몬즙과 생선의 간을 첨가하기도 한다.

▶ 레시피 : SAUCE.

ROULADE 룰라드 소를 채운 뒤 둥글게 말아 조리한 다양한 음식의 명칭이다.

– 돼지고기 또는 송아지 룰라드는 비교적 얇게 저민 넓적한 고기에 곱게 간 소를 펴바른 뒤 돌돌 말아 대부분 브레이징한다.

– 송아지 룰라드는 뒷 넓적다리 살 또는 칼집을 넣어 주머니처럼 벌린 뱃살 부위에 살피콩을 혼합한 소를 채워 넣어 만들기도 한다. 이것을 갈랑틴처럼 말아서 천으로 감싸고 주방용 실로 묶은 뒤 흰색 육수에 넣고 약한 불에서 삶는다.

– 돼지머리 룰라드는 우선 뼈를 발라내고 껍질은 그대로 둔 상태의 머릿고기에 소금을 뿌려둔다. 이어서 씻은 다음 소(귀, 혀, 안심 등)를 채우고 면포로 싸서 삶아 익힌다. 이 음식은 오르되브르로 차갑게 서빙한다.

ROULEAU À PÂTISSERIE 룰로 아 파티스리 파티스리용 밀대, 밀방망이. 일반적으로 속이 꽉 차고 매끈한 길이 20~50cm, 지름 5~6cm 정도의 원통형 막대로 대부분 양쪽 끝에 손잡이가 달려 있다. 이 밀대는 대개 밀가루를 뿌린 작업대 위에 반죽덩어리를 놓고 규칙적인 왕복 움직임을 통해 반죽을 얇게 밀어 펴는 데 사용한다. 전문적인 파티시에들은 각 용도에 특화된 다양한 종류의 밀대를 사용한다. 캐러멜 또는 아몬드 페이스트 표면에 줄무늬를 넣기 위한 세로 홈이 팬 금속 밀대, 파트 푀유테를 길게 밀고 접는 작업을 위한 세로 홈이 팬 나무 밀대, 반죽 표면에 무늬를 찍어내기 위한 광주리무늬 장식 밀대, 크루아상 반죽 절단 밀대, 반죽의 두께를 자동으로 균일하게 만들어주는 다양한 크기의 압연봉 탈부착이 가능한 파이 롤러 등이 있다.

ROULEAU DE PRINTEMPS 룰로 드 프랭탕 스프링롤, 월남쌈. 물에 적신 라이스 페이퍼 또는 얇게 부친 달걀 팬 케이크에 돼지고기, 새우, 민트잎, 숙주 등의 소를 채워 돌돌 만 베트남의 대표 음식이다. 느억맘 또는 뜨엉(tuong, 대두를 발효시켜 만든 페이스트) 소스를 곁들여낸다.

ROULETTE 룰레트 커팅 롤러. 하드우드, 금속 또는 플라스틱으로 만든 작은 바퀴 모양의 톱니날이 나무로 된 손잡이 자루에 달려 있는 절단 도구다. 반죽을 가장자리가 톱니 모양을 한 길쭉한 띠 모양(타르트 윗면에 격자 무늬 장식으로 얹는 용도)으로 자를 때, 또는 튀김과자 베녜나 라비올리 모양으로 자를 때 바퀴처럼 밀어 굴려 사용한다. 피자용 커팅 롤러는 금속으로 되어 있으며 피자를 여러 등분으로 나눌 때 사용한다.

ROUMANIE 루마니 루마니아. 루마니아의 요리는 다양한 미식 문화(그리스, 불가리아, 러시아, 헝가리, 터키)의 영향을 받은 종합체이다. 루마니아 인들의 일상적인 식사는 전통적인 수프(ciorba 또는 borch), 생선, 송아지고기, 돼지고기 또는 가금류를 주재료로 한 메인 요리와 그에 곁들이는 채소로 구성된다. 이웃한 불가리아와 마찬가지로 루마니아에도 다양한 전채 요리를 한 상에 차려놓는 오르되브르 뷔페의 전통이 그 뿌리를 이어오고 있다. 기름과 식초를 넣은 가지 퓌레, 석쇠에 구운 작은 소시지 미티테이(mititei, 대개 발효시킨 포도즙과 함께 서빙한다)를 비롯하여 다양한 종류의 샐러드, 미트볼 등의 요리가 차려진다. 양배추잎 또는 포도나무잎은 그리스 요리처럼 속을 채운 뒤 뭉근히 조리해 먹는다. 또한 잉어, 민물가재, 강꼬치고기는 오스트리아에서처럼 속을 채우거나 조리하거나 튀겨서 먹는다. 흑해의 입구이자 다뉴브강의 하구에 위치한 지리적 환경 덕에 루마니아 요리에서 생선이 차지하는 비중은 매우 크며 철갑상어를 비롯한 어류가 매우 풍부하다. 하지만 캐비아는 거의 전량 수출된다.

루마니아에서는 여러 종류의 양젖 치즈가 생산된다(브린자 bryndza, 카슈카발 kashkaval). 어떤 것들은 부드럽고 숙성된 맛이 나며, 또 다른 것들은 진한 풍미가 있으며 소나무 껍질 안에서 숙성되기도 한다. 소젖 치즈도 생산되는데 이것은 때로 옥수수죽의 일종인 마멀리가(mamaliga)에 곁들여 먹기도 한다. 이 음식은 이탈리아의 폴렌타처럼 그 조리법과 활용도가 매우 다양하다. 또한 터키 통치의 영향은 달콤한 파티스리와 다양한 종류의 잼(비터 체리, 살구, 딸기, 장미꽃잎 등)에 남아 있다.

■ **와인.** 유럽의 북서쪽에 위치한 이 나라는 개성이 뚜렷한 다양한 종류의 와인을 소유하고 있다. 이 지역 포도재배의 역사는 기원전 수 세기 전인 트라키아 시대로 거슬러 올라간다. 포도 농사는 루마니아 인들의 조상 이어서 고대 로마인들에 의해 퍼져나갔다. 오늘날 루마니아는 유럽에서 다섯 번째로 꼽히는 와인 생산국이다. 프랑스와 같은 위도 상에 위치하지만 루마니아의 기후는 대륙성의 특징이 더 강하다. 경작지 토양은 다양하며, 포도밭은 북서부의 카르파티아(Carpates) 산맥에서부터 이아시(Iasi)까지 다뉴브 강을 따라 펼쳐진 지역의 완만하고 바람을 피할 수 있는 경사면에 위치하고 있다. 재배되는 포도품종은 레드와인용으로 바베아스카(babeasca)와 카다르카(kadarka), 화이트와인용으로는 페테아스카 알바(feteasca alba)와 레갈라(regala), 타미오아사(tamiîoasa)가 대표적이며 그 외에 부르고뉴와 보르도 품종 등이 있다. 와인은 고품질의 통상적인 소비 와인, 원산지 명칭(VOS)이 부여된 고급 와인, 원산지명칭과 품질의 정도가 명시되는 고급와인(VSOC) 등의 여러 등급으로 나누며, 그 외에 발포성 와인과 리큐어 등이 따로 분류된다.

ROUSSE 루스 적갈색. 몇몇 맥주(레드비어)를 특정 짓는 색깔이다. 옛날 아일랜드인들은 상면발효 방식으로 독특한 스타일의 적갈색 맥주(루비 에일)를 생산했다. 오늘날 이 용어는 비교적 순한 호박색 맥주만을 지칭하며 특정한 유형에 국한되지는 않는다.

ROUSSETTE 루세트 점상어, 두툽상어. 두툽상어과에 속하는 작은 크기의 상어로 두 종이 존재한다. 점상어 또는 소모네트는 길이가 40~60cm 정도이며 회색 바탕에 여러 개의 갈색 반점이 있다. 반점두툽상어는 최대 1.2m까지 자라며 더 붉은색에 가까운 갈색 몸통에 크기가 큰 반점이 나 있으며 그 갯수는 점상어보다 적다. 점상어보다 더 희귀한 어종이다. 이 두 종류 모두 껍질을 벗겨 판매한다. 작고 둥근 지느러미와 납작한 대가리에 몸이 길쭉한 이 연골어류는 가시가 없지만 추간판(椎間板)을 지니고 있으며 이는 쉽게 떼어낼 수 있다. 버릴 것이 거의 없는 두툽상어는 아귀 또는 가오리처럼 다양한 방법으로 요리할 수 있다.

ROUSSETTE DE SAVOIE 루세트 드 사부아 사부아 지역의 AOC 화이트와인으로 주요 포도품종은 알테스이며 때로 샤르도네나 몽되즈와 블렌딩하기도 한다. 섬세한 부케와 적당한 산미를 지닌 상큼한 와인으로 맛의 밸런스가 아주 뛰어나다(**참조** DAUPHINÉ, SAVOIE ET VIVARAIS).

ROUSSILLON 루시용 투박한 시골풍 음식 또는 부르주아풍 고급 요리, 소박한 음식 또는 호화로운 음식, 평야, 바다, 또는 산에서 나는 재료 등 그 어떤 종류와 산지를 막론하고 이 프랑스 카탈루냐 지방의 요리는 다른 지중해 요리들과 차별화된다. 이 지역 요리의 정체성은 다양한 재료를 섬세하게 혼합한 소스와 조리육수에서 발견할 수 있다. 아몬드와 마늘에 올리브오일, 와인, 굳은 빵, 향신 재료, 약간의 다크 초콜릿을 넣고 곱게 간 미카다(micada) 소스, 또는 양파와 피망을 넣은 토마토 소스의 일종인 소프레지트(sofregit) 등을 예로 들 수 있다. 정교함과 세련미의 극치를 보여주었던 중세 요리의 계승자인 이 지역 요리는 특히 단맛과 짠맛이 대비가 돋보인다. 페즈나(Pézenas)의 작은 파테(이 유형의 파테로는 프랑스에서 이것이 유일하다), 무화과 또는 복숭아를 넣은 오리고기, 초콜릿을 넣은 야생 토끼 요리, 말린 자두 또는 서양 배를 넣은 토끼 요리, 레몬을 넣은 송아지 고기 또는 사과를 넣은 양고기 요리 등이 대표적이다. 실제로 카탈루냐식이라는 표현은 스페인 요리에서 흔히 찾아볼 수 있는 레시피를 모호하게 지칭(파에야와 유사한 카탈루냐식 쌀 요리 등)하기보다는 지역 특산 정통요리를 지칭하는 것이 맞다. 토마토, 마늘, 양파, 향신료를 넣은 바뉠스 와인소스의 랍스터 스튜, 생햄, 껍질째 구운 마늘, 비터 오렌지를 넣고 조리한 비둘기 코코트, 또는 마늘 40톨을 넣은 양 뒷다리 로스트 등이 바로 이러한 특선 요리들이다.

루시용 지역의 기후는 일조량이 풍부해 채소 농사에 아주 좋은 조건을 갖추고 있다. 다양한 채소는 특히 스튜용 냄비인 투피(tupi)에 넣고 약한 불에 뭉근히 조리해 먹는다. 해양민족인 카탈루냐 사람들은 참다랑어, 그리고 정어리, 안초비(멸치) 등의 등 푸른 생선 낚시에 특히 전문화되어 있다. 안초비는 콜리우르(Collioure)에서 염장하여 통조림으로 제조한다. 스페인 포르보우(Portbou)에 이르는 지역에서 양념에 재운 안초비, 또는 튀기거나 토마토, 삶은 달걀과 함께 푀유테로 만든 안초비를 맛볼 수 있다. 생햄, 바뉠스 와인, 고추, 코냑의 맛이 혼합된 랍스터 스튜, 속을 채운 오징어, 조개 그라탱 등 해산물과 연체류 등을 이용한 요리 중에서도 독창적인 레시피가 많다.

카탈루냐 사람들은 빵과 아이올리를 곁들여 먹는 구운 달팽이 요리인 카르골라드(cargolade)를 매우 좋아한다. 부활절이나 오순절 월요일에 즐겨 먹는 전통 요리로 가죽 호리병인 보랏짜(borratxa)에 넣어 마시는 레드와인을 곁들인다. 산간지대인 이곳에서 사냥은 전통적인 활동으로 훌륭한 맛의 식재료를 식탁에 공급한다. 사과, 유럽모과, 또는 버섯을 곁들이는 멧돼지나 야생 토끼 시베(civet)는 아주 즐겨 먹는 별미다. 디저트의 재료는 태양의 고장답게 비교할 수 없는 최고의 맛을 자랑하는 과일이 주를 이룬다. 특히 세레의 체리와 루시용의 살구가 으뜸이며 이들은 주로 타르트, 또는 레드와인을 넣은 앙트르메를 만드는 데 사용된다.

■ **수프와 채소.**

● **OLLADA, BRAOU BOUFFAT 올라다, 브라우 부파.** 조상 대대로 전해 내려오는 수프와 포테 조리용 냄비인 올라에서 이름을 따온 올라다(ollada)는 양배추, 녹색 채소, 감자, 콩류를 기본 재료로 만든 수프이며 돼지 정강이살(garro), 돼지 꼬리, 누릿한 돼지비계(sagi), 소시지 또는 검은 부댕을 곁들여 먹는다. 민트와 타임으로 향을 낸 수프도 즐겨 먹으며, 특히 옛날에 돼지를 도축하는 날 만들어 먹었던 세르다냐(Cerdagne)의 대표적인 수프인 브라우 부파(braou bouffat)도 인기 있는 메뉴다.

● **SAGINAT, TRINXAT CERDA 사지나, 트린차트 세르다.** 사지나(saginat)는 감자에 돼지비계를 조금 넣고 찐 요리이고, 트린차트 세르다는 양배추와 돼지비계를 곱게 다져 팬에 볶은 것이다.

■ **생선과 해산물.**

● **BULLINADA, ALL CREMAT, PINYATA 불리나다, 알 크레마트, 피냐타.** 카탈루냐의 생선 수프는 불리나다라고 불린다. 생선, 감자, 고추, 페르시야드(persillade, 다진 파슬리와 마늘을 섞은 양념)에 올리브오일로 향을 낸 뒤 센 불에 끓인 요리로 마늘을 문질러 향을 낸 빵 슬라이스에 얹어 먹는다. 또한 마늘을 찧어서 올리브오일에 볶은 뒤 냄비에 깔고 그 위에 연안에서 잡히는 잡어와 작은 노랑촉수 등의 생선을 얹어 익히면 향이 아주 좋은 알 크레마트(all cremat)를 만들 수 있다. 콜리우르(Collioure)의 피냐타는 연안 바위 근처에서 잡히는 잡어, 게, 매미새우, 문어로 만든 스튜이다. 맛이 좋고 희귀하며 비싼 해삼은 페르시야드를 넣고 프라이팬에 지져 먹는다. 특히 염장대구는 시금치, 잣, 건자두를 넣은 루시용식 마랑다를 만들거나, 카탈루냐식으로 양파, 토마토, 고추, 마늘, 물을 넣고 올리브오일에 볶아 농축된 소스를 만들기도 한다.

■ **샤퀴트리.**

● **BOUTIFARRA, FUET, LLONGANISSA, XORIÇ 부티파라, 푸에트, 용가니사, 초리스.** 스페인 카탈루냐와 마찬가지로 이 지역에서도 돈육 가공품을 많이 즐겨 먹는다. 돼지고기 살에 소금과 후추로 간을 한 뒤 창자에 채워 넣어 만든 소시지를 암보티트(embotits)라고 부른다. 그 외에 부티파라(boutifarra, 검은색의 굵은 부댕), 푸에트(fuet, 굵기가 가는 건조소시지), 초리스(xoriç, 핑크 페퍼콘을 넣은 가는 건조소시지) 등은 이 지역을 대표하는 샤퀴트리다. 감바조(gambajo)는 피레네 산악지대에서 자연풍에 건조해 만드는 전통 햄이다. 냄새가 매우 강한 돼지 간 파테는 큰 사이즈의 테린 형태 또는 작은 공 모양으로 만든다.

■ **고기와 가금류.**

● **BOLES DE PICOLAT, ESCUEDELLA, FRÉGINAT, MONJETADA 볼레스 드 피콜라트, 에스쿠델라, 프레지나트, 몬제타다.** 카탈루냐의 고기 요리 중 가장 유명한 것은 소고기 또는 돼지고기로 만든 미트볼인 볼레스 드 피콜라트(boles de picolat)이며 햄, 올리브, 토마토, 베이컨으로 맛을 낸 소스를 곁들인다. 하지만 이 외에도 다수의 독창적인 레시피를 꼽을 수 있다. 포토푀의 일종인 에스쿠델라(escuedella)는 국물, 채소, 다양한 고기 건더기를 각각 따로 담아 세 가지 요리로 서빙한다. 소 재료를 채운 뒤 피스타치오와 햄, 화이트와인, 향신료를 넣어 익힌 양 앞다리 어깨살 요리, 아이올리를 곁들여 먹는 소고기 소테인 프레지나트(frésinat), 돼지 정강이살을 곁들인 강낭콩 스튜인 몬제타다(monjetada), 카탈루냐식 내장 요리 등이 대표적이다. 생소시지와 말린 소시지는 돼지 간 파테, 페즈나(Pézenas) 파테 또는 생햄과 더불어 이 지역의 대표적인 샤퀴트리다.

● **POULET SAUCE ROUSSILLONNAISE 루시용 소스의 닭고기.** 이 닭 요리는 양파, 토마토, 말린 포치니버섯, 올리브 맛이 어우러진 훌륭한 메뉴다. 오리고기는 대부분 과일을 넣어 조리하며 새끼자고새, 비둘기 또는 새끼뿔닭은 아몬드, 랑시오 와인, 비터 오렌지를 넣은 부드러운 소스에 약한 불로 익혀 조리한다. .

■ **치즈.** 염소젖 치즈 또는 양젖 치즈 모두 포함하여 이 지역의 치즈 생산을 그리 많지 않다. 올리브오일에 담그거나 푀유타주 반죽을 씌운 염소치즈 또는 향이 좋은 꿀을 뿌려 먹는 프레시 염소 커드 치즈(mato) 등이 그나마 꼽을 수 있는 소수의 치즈다.

■ **디저트.**

● **COQUES, BRAS DE VÉNUS, MATO DE MONJAS, PA D'OUS 코크, 브라 드 베뉘스, 마토 드 몬자스, 파 두스.** 이 지역 디저트에 향을 불어넣는 대표적인 재료는 아니스와 아몬드 그리고 오렌지 블로섬 워터다. 오렌지 블로섬으로 향을 낸 부드럽고 달콤한 링 모양 과자인 루스키유(rousquilles)는 반드시 맛 봐야할 디저트이며, 길쭉한 모양의 달콤한 브리오슈인 코크(coques)는 건포도, 잣 또는 크림을 넣어 만든다(짭짤한 맛의 레시피도 여럿 있다). 둥글고 얇은 튀김과자인 뷔네트(bunyetes), 아니스로 향을 낸 발효 반죽으로 만든 투르토 빵도 빼놓을 수 없다. 그 외에도 독특하고 재미있는 이름의 여러 가지 디저트 있는데, 특히 스펀지 시트 안에 당절임한 과일 콩피를 넣은 크림을 채운 롤 케이크 브라 드 베뉘스(bras de Vénus, 비너스의 팔), 아몬드 밀크로 만든 크림인 마토 드 몬자(mato de monjas), 아니스, 계피, 레몬으로 향을 낸 카탈루냐식 크렘 브륄레 크레마다(cremada), 아니스 술을 넣어 만든 플랑에 캐러멜을 끼얹은 파 두스(pa d'ous) 등이 유명하다. 또한 아몬드, 잣, 헤이즐넛을 넣은 누가의 일종인 페르피냥(Perpignan)과 프라드(Prades)의 투롱(tourons)도 빼놓을 수 없는 지역 특산물이다.

■ **와인.** 이 지역의 와인 또한 미식과 떼어놓을 수 없다. 아펠라시옹 코트 뒤 루시용(côtes-du-roussillon), 코트 뒤 루시용 빌라쥬(côtes-du-roussillon-villages), 콜리우르(collioure)의 레드와인이 대표적이지만 뭐니뭐니해도 이 지역에서 가장 유명한 것은 바뉠스(banyuls), 뮈스카 드 리브잘트(muscat de Rivesaltes)와 같은 뱅 두 나튀렐(vin doux naturel 주정강화 스위트와인)이다.

ROUX 루 동량의 밀가루와 버터를 원하는 색(흰색, 황금 또는 갈색)이 날 때까지 볶은 혼합물로 다양한 화이트 소스(베샤멜 소스 및 그 파생 소스) 또는 다소 색이 진한 소스(황금색 루는 토마토 소스용, 갈색 루는 에스파뇰 소스용)를 걸쭉하게 만드는 농후제(리에종)로 사용된다.

roux blanc **루 블랑**

흰색 루 : 바닥이 두꺼운 냄비에 버터 100g을 색이 나지 않게 녹인다. 체에 친 밀가루 100g을 조금씩 넣으면서 밀가루 맛이 완전히 없어질 때까지 잘 저으며 볶는다. 불에서 내려 식힌 뒤 액체(소스 베이스나 국물 등)의 농도를 걸쭉하게 하는 리에종(농후제)으로 사용한다. 흰색 루는 특히 베샤멜이나 기타 다양한 블루테를 만들 때 사용된다.

roux blond **루 블롱**

황금색 루 : 흰색 루와 같은 방법으로 만들되 황금색이 날 때까지 좀 더 오랜 시간 계속 저으며 익힌다.

roux brun **루 브룅**

갈색 루 : 흰색 루와 같은 방법으로 만들되 밝은 갈색이 날 때까지 좀 더 오랜 시간 계

속 저으며 천천히 익힌다.

ROUX (ALBERT) 베르 루 프랑스의 요리사(1935, Semur-en-Brionnais 출생). 어린 나이에 파티시에로 견습을 시작한 그는 이후 영국으로 이주하여 여러 귀족 명문가(특히 그는 웨일즈 공의 요리를 담당하기도 했다)와 대사관저의 주방장으로 근무했고 그곳에서 수준 높은 프랑스 클래식 요리들을 만들었다. 1967년 런던에 오픈한 그의 식당 가브로슈(le Gavroche)는 1982년 미슐랭 가이드 별 3개를 획득했다. 1987년에는 남동생 미셸(Michel)과 함께 베스트 디저트 레시피 책을 출간했다. 이 두 사람 모두 런던에서 프랑스 고급 요리가 명성을 얻는 데 큰 기여를 한 인물이다.

ROUX (MICHEL) 미셸 루 프랑스의 요리사(1941, Charolles 출생). 미셸 루는 형 알베르와 함께 1970년대에 영국으로 이주했고 이 두 형제는 오랫동안 영국에서 자신들의 역사를 써 내려가고 있다. 갈색 머리에 키가 작고 풍채가 좋은 형 알베르와 금발의 호리호리한 동생 미셸, 이 두 명의 루 형제는 한 손 안의 손가락들처럼 늘 함께 움직였다. 둘 다 파티스리 교육을 거쳤고 유명 고급 식당에서 수련을 한 적극적이고 역량 있는 요리사이자 사업가다. 이들은 또한 로칠드(Rothschild) 가문, 주 런던 프랑스 대사관, 주 파리 영국대사관저에서 요리를 담당하기도 했다. 이들은 1967년 첼시 로워 슬로안가(Lower Sloane Street)에 처음으로 자신들의 레스토랑 가브로슈(le Gavroche)를 오픈했고, 이어서 가맹(Gamin), 풀보(Poulbot) 등을 잇달아 성공적으로 운영하며 자신들만의 제국을 일궈나갔다. 1981년 런던 서쪽 끝 메이페어로 자리를 옮긴 가브로슈 레스토랑은 이듬해에 영국에서는 처음으로 미슐랭 가이드의 별 셋을 획득했고, 1972년에는 브레이 온 템즈의 강변에 워터사이드 인(Waterside Inn)을 열었다. 두 형제는 각자의 길로 가기 위해 사업을 분리한다. 형 알베르는 가브로슈를 차지했고 미셸은 워터사이드 인의 운영을 이어갔다. 그의 총괄하에 이 식당은 1985년 미슐랭 3스타의 주인공이 되었고 현재까지 유지하고 있다. 생 망데(Saint-Mandé)의 르클레르(Leclerc) 교육센터 등에서 파티시에 교육을 받았으며 그의 레스토랑을 거쳐 간 여러 명의 영국과 프랑스 요리사들의 스승인 그는 다수의 요리책을 저술하기도 했다. 현재 아들 알랭(Alain)이 주방에서 그의 뒤를 잇고 있다.

ROYALE 루아얄 크림을 틀에 넣어 익힌 다음 작게 잘라 맑은 포타주에 곁들인 것을 지칭한다. 콩소메와 달걀, 또는 채소나 가금류 퓌레에 달걀을 넣어 걸쭉하게 만든 혼합물을 다리올 틀에 넣어 중탕으로 익힌다. 또한 달걀 흰자와 슈거파우더를 혼합한 아이싱슈거를 글라사주 루아얄이라고 부르기도 한다(**참조** GLACE DE SUCRE).

---

royale d'asperge 루아얄 다스페르주

아스파라거스 로얄 : 아스파라거스 윗동 75g과 햇 시금치잎 5~6장과 끓는 물에 데쳐 익힌 뒤 건져 물기를 뺀다. 베샤멜 소스 1.5테이블스푼과 콩소메 2테이블스푼을 넣어 섞은 뒤 고운 체에 긁어내린다. 달걀노른자 4개를 섞어 걸쭉하게 혼합한 다음 다리올 틀 여러 개에 나누어 채운다. 200°C 오븐에서 중탕으로 30분간 익힌다.

---

royale de purée de volaille 루아얄 드 퓌레 드 볼라이

닭고기 퓌레 루아얄 : 삶은 닭가슴살 50g을 곱게 간다. 베샤멜소스와 생크림을 각각 2테이블스푼씩 넣어 섞은 뒤 체에 곱게 긁어내린다. 달걀노른자 4개를 섞어 걸쭉하게 혼합한 다음 중탕으로 익힌다.

ROYALE (À LA) (아 라) 루아얄 루아얄을 가니시로 넣은 콩소메를 가리키거나 또는 섬세하고 세련된 가니시를 포함한 다양한 요리에 붙이는 수식어다. 루아얄식 생선은 포칭한 다음 크넬, 버섯, 데친 굴과 송로버섯을 곁들이고 무슬린소스를 뿌려 뜨겁게 서빙한다. 루아얄식 가금류는 삶아 익힌 다음 크넬과 버섯, 때로는 도톰하게 슬라이스한 푸아그라를 곁들이고 루아얄소스를 끼얹어낸다. 또한 이 명칭은 페리고르와 오를레아네 지방이 서로 원조임을 주장하는 유명한 야생 토끼 요리의 이름(lièvre à la royale)이기도 하다.

▶ 레시피 : LIÈVRE, SALPICON, SAUCE.

ROYAUME-UNI 루아욤 위니 영국. 우리가 평소 쉽게 인식하지는 못하지만 영국 요리와 유럽 대륙의 요리는 같은 전통에 뿌리를 두고 있다. 프랑스 남서부 귀엔 지방은 한때 영국이었고 이곳의 몇몇 특선요리는 영국의 민스파이와 매우 유사하다. 또한 부댕과 푸딩(pudding)이라는 단어는 그 어원이 같다. 훈제한 돼지 삼겹살은 중세에 베이컨이라 불렸으며 로스트 비프, 비프 스테이크, 램 촙 등의 용어 또한 프랑스어화 된 이름으로 남아 명맥을 유지하고 있다. 전통적인 영국 요리는 기본적으로 중세에 그 기원을 두고 있다. 다양한 종류의 곡류를 많이 소비한다는 점, 새콤달콤하게 조리한 과일과 채소, 단맛의 소스나 콩포트를 곁들여 먹는 로스트 육류, 민트 젤리를 곁들여 먹는 양고기, 푸짐한 아침식사, 후식으로 먹는 치즈 등이 이를 증명한다. 이후 대영제국이 지배했던 많은 지역으로부터 받은 영향 덕에 훨씬 더 다양하고 풍성해졌다. 스코틀랜드산 훈제 연어, 요크 햄, 도버 솔, 스코틀랜드의 훈제 대구 핀난 해덕(finnan haddock, 그린우드와 이탄으로 훈연한다), 던디의 오렌지 마멀레이드(Dundee marmelade), 스틸턴(Stilton) 치즈 등 영국을 대표하는 이와 같은 진미에는 그 누구도 저항할 수 없을 것이다. 물론 싱글몰트 위스키, 에일 맥주, 스타우트 맥주 등의 주류와 베르가모트 향을 첨가한 얼 그레이 티도 빼놓을 수 없다. 영국에서 근무한 경력이 있는 앙토냉 카렘, 이어서 오귀스트 에스코피에(Auguste Escoffier)는 이러한 맛있는 영국 음식의 진가를 간파했고, 몇몇 대표적인 특산물을 프랑스에 소개했다. 자라 수프, 굴 수프, 템스강 하구의 뱅어(whitebait, blanchaille) 튀김, 다양한 레시피의 커리, 장어 파이, 아이리시 스튜, 에그 앤 베이컨, 및 플럼 케이크를 비롯한 다양한 디저트를 꼽을 수 있다.

■ **지역 특선 요리.** 영국의 요리는 특유의 지역 음식들이 매우 다양하며 그 이름이 독특한 것들도 많다. 랭커셔의 힌들 웨이크스(hindle wakes, 건자두로 속을 채운 닭 요리), 토드 인 더 홀(toad in the hole, 구멍 안의 두꺼비, 반죽 혼합물에 소시지를 군데군데 놓고 오븐에 구운 요리), 에인절스 온 홀스백(angels on horseback, 베이컨으로 감싸 구운 굴을 크루통 위에 얹은 요리), 페티코트 테일즈(petticoat tails, 쇼트브레드 과자), 메이드 오브 아너(maids of honour, 퍼유타주 파이 셸에 아몬드, 잼, 치즈 등을 채운 타르틀레트) 등이 대표적이다. 영국 시골에서 즐겨 먹는 전통 요리에서는 특히 오트밀이 큰 비중을 차지한다. 브루즈(brewis, 수프의 일종) 또는 시오츠(siots, 버터밀크에 적셔 먹는 오트밀 팬케이크), 블랙 푸딩(black pudding, 부댕), 파킨스(parkins, 향신료를 넣은 크로켓), 스코틀랜드의 배넉(bannocks, 스콘과 비슷한 반죽을 팬에 구운 둥근 빵), 그리고 국민음식인 포리지(porridge) 등에 오트밀을 두루 사용한다. 빵은 아일랜드의 소다 브레드(soda bread)나 웨일스의 바라 브리스(bara brith, 코린트 건포도를 넣은 빵)과 같이 조상 대대로 내려오는 전통 레시피를 응용한 다양한 종류가 있다. 감자도 수프, 케이크, 빵, 파이, 팬케이크, 퓌레 등에 두루 사용된다. 팬에 지지거나 스튜에 넣기도 하고 튀겨서 포칭한 생선 요리에 곁들이기도 한다. 프렌치프라이도 빼놓을 수 없는데 특히 수렵육 요리에 곁들여 먹는 게임 칩스(game chips), 길거리에서 생선 튀김에 곁들여 원뿔형 종이 봉지에 넣어 판매하는 감자튀김(피시 앤 칩스), 그리고 버블 앤 스퀵(bubble-and-squeak, 남은 고기를 활용해 감자와 양배추를 넣고 볶은 요리) 등을 꼽을 수 있다. 스코틀랜드에서는 브렉퍼스트(아침식사)와 하이 티(high tea, 저녁식사를 겸한 오후의 티타임)를 거의 한끼 식사처럼 풍성하게 차려먹는다. 여기에는 특히 쇼트 브레드, 스콘, 크럼펫, 번 등의 빵이나 파티스리 종류를 많이 곁들인다. 콘월(Cornwall)의 대표적인 특산물은 패스티(pasty, 고기나 채소를 채워 넣고 반으로 접은 뒤 구워낸 작은 파이)이며 스타게이지 파이(stargazey pie, 정어리를 넣어 만든다)도 맛볼 수 있다. 요크셔(Yorkshire)는 요크셔 푸딩(소고기의 기름으로 오븐에서 구운 말랑하고 크게 부푼 빵의 일종)으로 유명하다.

■ **고기와 생선.** 고기(주로 소고기와 양고기 및 햄, 소시지)는 영국 음식에서 큰 비중을 차지한다. 다양한 종류의 미트 파이, 스테이크 앤 키드니 푸딩(steak and kidney pudding) 등의 고기 요리에 증기에 찐 채소(전통적으로 웨일스에서는 대파, 스코틀랜드는 순무)나 양념에 절인 채소 피클을 곁들여 먹는다. 차가운 고기와 물에 삶은 채소를 즐겨 먹으면서 자연스레 다양한 종류의 소스들이 발달했으며 이들 중에는 식민지 시절 인도의 영향을 받은 향신료 향이 강한 소스들이 많다(처트니, 커리, 우스터 소스, 컴벌랜드 소스, 안초비 소스, 버터 소스, 허브 소스, 브레드 소스, 머스터드 소스 등).

생선 또한 식사의 메인요리를 구성하는 중요한 식재료로 조리방법이 다양하다. 대구나 넙치의 살은 튀겨서 타르타르 소스를 곁들이고 서대는 주로 구워 먹는다. 게는 익혀서 살로 샐러드를 만들고, 강꼬치고기는 안초비와 허브로 속을 채워 조리한다. 영국령 인도가 원산지인 케저리(kedgeree)는

생선(특히 해덕대구), 쌀, 달걀, 버터로 만든 음식으로 때로 크림이나 요거트를 첨가하기도 한다. 깃털이 있는 수렵육은 오븐에 로스트한 뒤 크랜베리 또는 레드커런트 소스를 곁들여 먹는 방식이 가장 인기 있다. 스코틀랜드의 특산물인 뇌조는 브레드 소스와 로완베리 즐레를 곁들여 먹으며, 야생오리는 오렌지를 넣어 조리하고, 야생 토끼는 스튜의 일종인 시베(civet)를 만든다. 가금류는 전통적인 레시피가 주를 이룬다. 치킨 파이, 파슬리 소스 닭요리, 닭고기와 커리를 넣은 인도풍 멀리거토니(mulligatawny) 수프, 크리스마스 칠면조 로스트(세이지, 양파, 소시지 미트 스터핑을 채워 구운 뒤 베이컨과 치폴라타 소시지와 함께 서빙한다) 등이 대표적이다.

■ **과일과 디저트.** 영국에서 과일은 과수원 농가의 세심한 손길로 탄생한다. 타르트, 잼, 파이, 즐레, 크림, 각종 앙트르메를 만드는 주재료이며 특히 사과(cox's 품종이 유명하다)와 딸기, 라즈베리를 많이 사용한다. 딸기, 루바브, 레드커런트로는 맛있는 프루트 풀(fruit fool, 차가운 과일 무스)을 만들 수 있으며, 야생 베리류 과일은 로즈힙 시럽이나 엘더베리 와인 등의 기본 재료로 사용된다. 현대 영어에서 푸딩으로 통하는 디저트는 과일 파이, 크럼블, 우유를 넣은 라이스, 세몰리나, 또는 타피오카 푸딩, 수이트 푸딩(suet pudding, 크리스마스 푸딩처럼 양이나 소의 콩팥 기름을 넣어 만든 케이크 류) 등이 있는데 대체로 푸짐하며 종종 뜨겁게 먹는 경우도 있다. 각종 케이크나 파운드케이크 종류는 던디(Dundee), 에클스(Eccles) 등 각 지방의 개성을 잘 보여주는 대표적인 특산품 중 하나다.

대부분 소젖으로 만드는 영국의 치즈들은 각기 다른 취향을 만족시킬 만큼 다양한 맛을 자랑한다. 순한 맛 또는 강하게 숙성된 풍미의 체셔, 구우면 더욱 맛이 훌륭한 체다, 색을 입힌 압착치즈인 레스터, 포트와인에 곁들여 먹는 스틸턴, 화이트 또는 블루치즈로 나뉘는 웬슬리데일, 스코틀랜드의 던롭, 순한 맛의 흰색 치즈인 웨일스의 케어필리, 카나페로 만들면 아주 좋은 세이지 더비 치즈뿐 아니라 글로스터, 스코틀랜드의 크라우디, 주로 오트밀 쿠키에 곁들여 먹는 양젖으로 만든 라나크 블루 등을 꼽을 수 있다. 치즈는 종종 아침 식탁에 오르기도 하지만 주로 점심에 카나페에 얹어서 혹은 샌드위치에 넣어 먹는다. 또한 치즈는 엄청난 숫자의 종류를 자랑하는 영국의 국민 음료 맥주와 아주 잘 어울린다. 브라운 에일 또는 페일 에일, 호박색의 가장 대중적인 맥주인 비터 에일, 갈색을 띠며 맛이 강한 스팅고, 홉을 약간 넣은 순한 맛의 마일드, 거품이 많은 흑맥주로 주로 생맥주로 판매하는 유명한 스타우트 stout 종류의 맥주를 정해진 시간에 펍에서 판매한다. 오랜 전통을 자랑하는 영국인들의 와인에 관한 취향은 나날이 발전하고 있다.

■ **전통 음식.** 영국은 무엇보다도 전통의 나라이고 특히 요리 분야에 있어서는 축제 기간에 이 특징이 더욱 빛을 발한다. 스코틀랜드의 해기스(haggis)는 섣달 그믐날 또는 이 음식을 칭송하는 서정 송시를 쓴 스코틀랜드의 유명 시인 로버트 번스(Robert Burns)를 추모하는 기일에 만들어 먹는 요리다. 가장 큰 전통 명절인 성탄절에는 와인이나 브랜디에 과일을 넣고 끓인 펀치, 칠면조나 거위 로스트, 플랑베한 크리스마스 푸딩과 브랜디 버터 소스, 짭짤한 안주들을 곁들여 서빙하는 포트와인, 민스파이, 견과류 등을 먹는 것이 관습이다. 성탄 다음 날인 복싱데이(12월 26일)에는 전날 로스트한 가금류의 남은 고기 또는 요크 햄에 처트니 소스를 곁들여 차갑게 먹는다.

RUBAN (FAIRE LE) (페르 르) 뤼방 달걀노른자와 설탕의 혼합물을 매끈하고 균일한 질감이 되도록 뜨거운 또는 차가운 상태에서 충분히 섞어주어 주걱이나 손 거품기로 들어 올렸을 때 끊어짐 없이 리본처럼 흘러 떨어지는 상태를 뜻한다.

RUBENS 뤼벤스 루벤스 소스. 채소를 잘게 썬 브뤼누아즈에 화이트와인을 넣고 수분이 날아가게 완전히 졸인다. 여기에 생선 육수를 붓고 약한 불로 끓인 뒤 체에 거르고 기름을 제거한 다음 다시 한 번 졸인다. 이어서 마데이라 와인으로 향을 내고 달걀노른자를 풀어 넣어 걸쭉하게 리에종한 다음 레드와인 또는 레드와인 식초로 색을 낸 붉은 버터(beurre rouge)를 넣고 충분히 휘저어 섞는다. 마지막으로 안초비 에센스를 한 줄기 첨가해 완성한다.

RUCHOTTE-CHAMBERTIN 뤼쇼트 샹베르탱 부르고뉴의 AOC 그랑 크뤼 레드와인으로 포도품종은 피노 누아다. 기품과 섬세함이 넘치는 와인인 뤼쇼트 샹베르탱은 이웃에 위치한 거물급 명품 와인 샹베르탱의 그랑 크뤼 와인보다는 훨씬 가벼운 풍미를 지닌다.

RUE 뤼 루타. 운향과에 속하는 여러해살이 초본식물로 푸른빛이 도는 회색의 작은 잎에서 쓴맛이 난다.

고대에 루타(ruta)는 중요한 약재로 쓰였고 중세에는 리큐어 제조에 사용되는 주요 식물군에 해당되었다. 이 식물은 전통적으로 이포크라스(hypocras, 향료를 넣은 포도주)에 향을 내는 재료로 쓰였다. 오늘날 프랑스에서는 루타의 판매가 금지되었지만, 이탈리아에서는 그라파(grappa 이탈리아 브랜디의 일종) 제조에 사용한다(생 루타 작은 한 송이를 병에 넣어 향을 우려낸다). 동유럽에서는 분쇄육 스터핑 혼합물에 넣거나 프로마주 블랑 또는 마리네이드 양념액에 향을 내는 데 사용하기도 한다.

RULLY 륄리 부르고뉴의 AOC 레드(포도품종은 피노 누아), 화이트와인. 특히 코트 드 본과 매우 가까운 포도밭에서 생산되는 코트 샬로네즈의 화이트와인을 주로 지칭한다. 아름다운 황금색 톤을 띠고 있으며 과일향이 풍부하고 드라이한 륄리 화이트와인은 샤르도네 품종으로 만들며 비교적 어린 상태에서 마신다(**참조** BOURGOGNE).

RUMFORD (BENJAMIN THOMSON, COMTE) 벤자민 톰슨 럼퍼드 백작 아메리카의 물리학자(1753, Woburn, Massachusetts 출생—1814, Paris 타계). 영국령 북아메리카 뉴잉글랜드 보스턴 근처에서 태어난 그는 바이에른 선제후국의 군대 재편성에 투입되기 위해 징집되어 유럽으로 온다. 그는 식품과 관련한 문제들 특히 최소의 연료를 사용하면서 식품 성분의 최대치를 추출해내기 위한 방법에 관심을 가졌다. 그는 화구가 분리되어 있고 열 조절이 가능한 벽돌로 된 조리용 화덕뿐만 아니라 압력솥, 오토클레이브(autoclave, 고온·고압 하에서 합성, 분해, 승화, 추출 등의 화학처리를 하는 내열, 내압성 용기), 주방용 오븐을 발명했다. 커피 안의 휘발성 오일이 커피의 향을 고정시키고 있다는 사실을 발견한 그는 향이 파괴되는 비등점 바로 아래의 온도에서 열이 지속적으로 공급되는 밀폐된 용기로 커피를 추출하는 방법을 제시했고 이에 따라 커피 퍼콜레이터(percolateur, 전기 커피 메이커)를 개발해냈다. 그는 또한 머랭을 씌운 아이스크림 디저트인 베이크드 알래스카를 처음 만든 사람으로 알려져 있기도 하다.

RUMOHR (KARL FRIEDRICH VON) 카를 프리드리히 폰 루모르 독일의 작가, 예술 후원자(1785, Dresden 출생—1843, Dresden 타계). 부유하고 독립적이며, 여행에 관한 단편소설과 기행문의 작가였던 루모르는 요리에 다룬 그의 저서 『요리의 정신(*Der Geist der Kochkunst*)』으로 유명해졌다. 브리야 사바랭의 『맛의 생리학(*la Physiologie du goût*)』보다 2년 앞선 1823년에 출간된 이 책은 실제로 자신이 저자라고 농담 삼아 주장하는 루모르의 요리사 조제프 쾨니히(Joseph König)가 썼다. 높은 식견을 갖춘 요리 애호가, 예민한 감각의 전문가, 미술사학자, 심지어 영양학자이기도 한 카를 폰 루모르는 이 책에서 식품의 특성, 요리의 기원, 조리방법, 이어서 매우 많은 식품을 다루는 법을 자세히 소개하고 있다.

RUMPOLT (MARX) 마르크스 럼포트 헝가리 출신의 요리사로 16세기 중부유럽의 여러 나라 궁정에서 그의 재능을 발휘했다. 럼포트는 1581년에 출판된 『새로운 요리책(*Ein neues Kochbuch*)』의 저자이다. 이 책에는 150개의 목판화 삽화가 실려 있으며, 유럽의 초창기 감자 레시피들을 포함한 2,000개 이상의 레시피가 소개되어 있다. 특히 그는 고대 로마시대 이래로 잊힌 식품인 푸아그라에 대해 언급했다.

RUMSTECK 럼스텍 소 우둔살. 소의 허리부터 엉덩이에 이르는 덩어리의 일부분으로 채끝의 뒤쪽에 위치한다. 주로 엉덩이 근육으로 구성되며 romsteck라고 쓰기도 한다(**참조** p.108, 109 프랑스식 소 정육 분할 도감). 안심만큼 연하지는 않으나 풍미는 더 좋은 우둔살은 서빙 사이즈로 슬라이스해 센 불에서 그릴이나 팬에 굽는 비프 스테이크로 조리하거나 작은 조각으로 잘라 꼬치구이 또는 부르기뇽 퐁뒤를 만들 수 있다. 또한 덩어리째 다듬어 로스트비프용으로 사용하거나 채끝등심이나 안심과 같은 방법으로 조리하기도 한다. 이 경우 근조직이 촘촘하고 기름기가 적은 우둔살은 얇은 비계로 살짝 감싼 뒤 조리하는 것이 좋다. 홍두깨살은 덩어리에서 떼어내 따로 잘라 요리하기도 한다.

RUSCALLEDA (CARME) 카르므 루스카예다 스페인의 요리사(1952, Sant Pol de Mar 출생). 그녀의 부모는 농부 출신으로 고향 산 폴 데 마르(Sant Pol de Mar) 해안 마을에서 채소 판매상을 거쳐 샤퀴트리 매장의 주인이 되었다. 카르므 루스카예다는 완전히 독학으로 높은 수준의 요리를 구현해낸 실력파 여성 요리사다. 그는 전통 조리법을 과감하게 바꾸는 데 망설임이 없었다. 생선, 고기 및 카탈루냐 지방에서 사냥으로 잡은 수렵육을 요리함에 있어서도 오랫동안 약한 불로 뭉근히 익히는 옛날 조리 방식을 거부했다. 경영학 공부를 마친 그는 샤퀴트리의 기술을 익혔고, 1988년에 레스토랑 산 파우(San Pau)를 열었다. 이곳에서 1991년에 미슐랭 가이드의 첫 번째 별을, 1996년에 두 번째 별을 획득했다. 1988년 그녀는 첫 번째 책『산 파우에서의 10년의 요리(*Deu Anys de Cuina al Sant Pau*)』를 출간했다. 2005년 그녀는 미슐랭 가이드의 별 3개를 획득한 스페인 최초의 여성이 되었다. 투명한 랑구스틴 라비올리, 감자 퓌레, 호박, 피스투 소스를 곁들인 해삼요리, 세 가지 식감의 왕새우와 아티초크 요리, 달걀노른자와 유럽 모과, 코린트 건포도를 넣고 콩피한 염장 대구 등은 그녀를 유명하게 만든 요리들 중 몇 가지이다.

RUSSE 뤼스 깊이가 있고 가장자리가 직선으로 떨어지는 다양한 크기의 편수냄비를 지칭하는 단어로 주로 레스토랑 주방에서 일하는 요리사들이 사용하는 용어다.

RUSSE (À LA) 아 라 뤼스 러시아식의. 특히 갑각류 해산물이나 생선에 즐레로 윤기를 낸 다음 쇼프루아소스나 마요네즈 콜레(mayonnaise collée, 고기나 생선 즐레를 섞어 점성을 높인 마요네즈)를 덮어씌우고 러시안 샐러드를 곁들여 내는 요리를 지칭한다. 생야채와 차갑게 서빙하는 생선에 곁들여 먹는 캐비아 마요네즈(경우에 따라 랍스터나 랑구스트의 크리미한 내장을 섞기도 한다) 또한 아 라 뤼스라고 부른다. 한편 아 라 뤼스라는 수식어가 붙은 음식들 중 몇몇은 실제로 슬라브 전통의 영향을 받은 것들도 있다(코르니숑, 청어, 카샤).

▶ 레시피 : CIGARETTE, CRÊPE, SALADE RUSSE, SAUCE.

RUSSIE 뤼시 러시아. 러시아의 요리는 스칸디나비아, 몽고, 게르만, 프랑스의 전통을 이어받았다.

■ **역사.** 9세기에 스칸디나비아에서 온 류리크왕조는 초창기에 훈연한 생선과 고기, 곡주, 사워크림을 넣은 음식들을 전했다. 이어진 다음 세기에는 키예프 공국의 대공 블라디미르 1세의 등장과 함께 중동식 오리엔탈 요리가 주도권을 잡는다. 주 식재료인 각종 곡류와 순무 외에 가지, 양고기, 건포도가 새롭게 등장했다. 얼마 안 있어 양배추 슈크루트가 북부 지방에서, 유산균 발효유가 타타르 지방으로부터 전해진다. 16세기에는 폭군 이반(Ivan le Terrible)이라 불렸던 이반 4세와 러시아 귀족들의 화려한 연회가 유명했다. 17세기 말, 프랑스에 열광했던 표르트 대제는 앙토냉 카렘과 위르뱅 뒤부아와 같은 프랑스 요리사들을 차르의 궁정으로 초빙했고, 이들은 또한 러시아의 고급 클래식 요리를 유럽에 전파했다. 20세기 초에는 러시아인 이민자들을 통해 캐비아(caviar), 블리니(blinis), 바트루슈카(vatrouchka), 자쿠스키(zakouski)와 같은 다른 특산물들도 유입되었다.

■ **3대 미식 전통문화.** 러시아의 요리는 부활절, 뷔페식 한상차림 자쿠스키, 차를 마시는 문화와 함께 정점에 도달한다.

● **부활절.** 부활절(Pessa'h) 전날 자정 예배가 끝나면 다양한 종류의 작은 파테, 앙트르메, 파티스리 등으로 식탁을 차린다. 메뉴는 대개 어린 양이나 새끼 돼지 로스트. 즐레를 씌운 차가운 햄, 쿨리비악(koulibiac), 칠면조나 수렵육 로스트, 색을 입힌 달걀, 파샤(paskha), 쿨리치(koulitch, 이날 특별히 만드는 전통 케이크로 발효반죽으로 만든 바바와 비슷하다) 등이 준비되며 이들 모두 축성 소금을 담은 소금통과 효모를 사용하지 않은 무교병 빵인 폴란드식 갈레트와 함께 서빙된다.

● **자쿠스키(오르되브르)의 전통.** 가정에서의 전통적인 손님 접대와 연관된 이 관습은 오랫동안 지켜져 왔다. 초대된 손님들은 저녁식사를 기다리면서 양념에 재우거나, 훈제하거나 또는 크림을 넣은 청어, 피로시키, 펠미에니(pelmieni, 러시아식 만두), 시르니키(cyrniki, 크로켓의 일종), 크로메스키(cromesqui, 튀김 요리), 라스트가이스(rastegais, 속을 채워 구운 파이), 바리에니키(varieniki, 만두의 일종), 소셀리(sausseli, 파이의 일종), 날레스니키(nalesniki, 프로마주 블랑을 채운 크레프), 속을 채운 달걀, 가지 퓌레 캐비아, 양념에 재운 채소와 과일, 사워크림과 소금을 넣은 오이(molossols), 특산 치즈 등을 먹는다. 보드카를 곁들이는 자쿠스키 상차림에는 여러 가지 빵도 함께 준비한다. 사워도우로 만든 발라부슈키(balabouchki), 단단한 반죽의 링 모양 빵 부블리키(boubliki), 우유를 넣은 불로츠키(boulotchki), 흰색 빵 코르흐(korj), 검은 호밀로 만든 긴 모양의 빵 크루슈닉(krouchenik), 치즈를 넣은 하차푸리(katchapouri), 양파를 넣은 논(none), 참깨를 뿌린 체렉(tcherek) 또는 진한 갈색의 바퀴 모양 빵 우크라인카(oukrainka) 등 다양한 종류가 있다.

● **차를 마시는 문화.** 러시아인들은 하루 중 어느 때고 차를 진하게 우려 마신다. 향을 첨가한 차를 즐기기도 하며 대개의 경우 설탕을 넣지 않는다. 이를 위해 하루 종일 사모바르(러시아의 물 끓이는 주전자)에는 끓는 물이 준비되어 있다. 경우에 따라서 차와 함께 먹을 수 있는 파티스리나 단 과자 등을 준비하기도 한다. 고지나키(gozinakhi, 호두와 꿀로 만든 작은 과자), 프로마주 블랑을 넣은 반죽을 튀긴 작은 도넛(beignets au fromage blanc), 팜푸슈키(pampouchki, 페 드 논 pets-de-nonne과 비슷한 수플레 튀김), 크렌디엘(krendiel, 프레첼 형태의 매우 달콤한 브리오슈), 레몬 와플, 바드루슈키(vatrouchk, 프로마주 블랑을 넣은 타르틀레트), 자비나니에츠(zavinaniets 과일과 호두로 속을 채운 동그란 롤 모양의 과자), 헤이즐넛 누가 등을 차와 곁들여 먹는다.

■ **와인.** 러시아의 포도밭은(70,000ha)는 광활한 영토의 최남단, 흑해와 카스피해 사이 터키와 맞닿은 곳에 분포되어 있다. 중심에는 스타브로폴(Stavropol) 포도재배지가 위치하고 있으며 이곳에서는 실바네르, 리슬링, 뮈스카 Muscat으로 한 화이트와인(드라이, 스위트)을 주로 생산한다. 레드와인과 디저트 와인은 카스피해 연안 마하치칼라(Makhachkala)에서 만들어진다. 흑해 연안 근처에서는 리슬링, 알리고테, 소비뇽, 세미용 품종의 포도로 아나파(Anapa) 화이트와인 및 스파클링 와인이 생산되고 있으며, 레드와인은 카베르네 소비뇽 품종으로 만든다. 더 북쪽으로 우크라이나 국경지대와 로스토프 온 돈(Rostov-sur-le-Don)시 주변 지역에서 재배되는 토종 포도품종 레드 치믈리안스키(tsimlyansky)로는 다소 드라이한 발포성 와인을 대량으로 생산하는 것으로 정평이 나 있다.

RUSSULE 뤼쉴 무당버섯. 주름이 있는 버섯으로 작고 단단한 모양에 색이 선명하며 버섯대가 짤막하다. 턱받이와 균포 모두 없으며 표면이 오돌토돌하고 부서지기 쉬운 조직의 버섯이다. 희귀하며 식용버섯 중 가장 맛이 좋은 종의 하나인 무당버섯은 주름버섯과의 버섯인 주름버섯처럼 조리한다. 희끄무레한 갓에 녹색 무늬가 있는 기와버섯(palomet)은 청버섯이라고도 불리며 구우면 특히 맛이 좋다. 청머루 무당버섯(russule charbonnière)은 갓이 자색, 담자색 또는 황록색을 띤다.

RUTABAGA 뤼타바가 루타바가 순무. 십자화과에 속하는 스웨덴의 순무로 줄기와 연결된 윗부분은 녹색, 살은 노란색을 띠고 있으며 뿌리부분을 먹는다(**참조** p.216 양배추 도표). 루타바가는 열량이 매우 낮으며 미네랄 함유량은 평균 수준이다. 일반 순무와 마찬가지 방법으로 조리하며 특히 포토푀에 많이 넣어 먹는다.

RYE 라이 라이 위스키. 미국 펜실베니아주와 메릴랜드주, 그리고 캐나다에서 생산되고 소비되는 아메리칸 위스키다(**참조** p.909 위스키 도표). 라이 위스키는 발아시키지 않은 호밀과 맥아 또는 발아 호밀을 혼합해 만든다. 스카치 또는 버번위스키보다 덜 숙성된 어린 상태에서 마시는 라이 위스키는 맛이 더 강한 편이다.

S

SABAYON 사바용 이탈리아에서 유래한 디저트 소스의 일종으로 와인, 설탕, 달걀노른자를 기본 재료로 한 유동성을 띤 부드러운 크림으로 만든다. 반구형 유리잔(coupe) 또는 장식이 있는 유리잔(예: 자바이오네를 대표 메뉴로 판매하고 있는 로마의 카페 그레코에서 내주는 잔)에 담아 약간 따뜻한 온도로 서빙한다. 또한 다른 디저트에 소스로 곁들이거나 각종 푸딩, 쌀로 만든 디저트, 시럽에 포칭한 과일, 파티스리, 아이스크림 등에 끼얹어 내기도 한다. 사바용은 드라이한 화이트와인(champagne) 또는 스위트 화이트와인(asti, sauternes, marsala), 주정강화와인(frontignan, banyuls), 포트와인 등을 넣어 만들며 경우에 따라 화이트와인과 리큐어(Chartreuse, kummel), 또는 화이트와인과 다양한 브랜디 또는 아르마냑, 코냑, 키르슈, 럼, 위스키 등의 증류주를 혼합하여 사용하기도 한다. 더 확장된 의미로, 생선이나 갑각류 해산물 요리에 곁들이는 샴페인 베이스의 무슬린 소스 또한 사바용이라고 부른다.

gratin de fraise au sabayon de citron ▶ GRATIN

SABLÉ 사블레 수분이 없고 파삭하게 부스러지는 질감의 과자, 또는 프티 가토. 대부분 동그란 모양에 크기는 다양하며 둘레가 톱니 모양으로 된 것도 있다. 사블레 반죽은 밀가루, 버터, 달걀노른자(생략하는 경우도 있음),설탕을 너무 치대지 않고 재빨리 혼합하여 모래처럼 부슬부슬한 질감으로 만든다. 반죽을 뭉친 다음 몇 밀리미터 두께로 밀고 쿠키 커터를 사용하여 잘라내거나 혹은 원통형으로 길쭉하게 굴린 다음 슬라이스하여 일명 사블레 올랑데(hollandais) 과자 모양으로 만든다. 사블레 올랑데는 두 가지의 반죽(초콜릿과 계피 등을 섞어 색을 낸 반죽과 바닐라향의 밝은 색 반죽)을 격자무늬로 조합하거나 교대로 켜켜이 쌓아 말아 만드는 쿠키다. 사블레는 레몬으로 향을 내거나 아몬드 슬라이스나 건포도를 넣기도 하며 초콜릿 글라사주를 입히거나 잼을 채워 넣는(**참조** MILANAIS) 등 다양한 레시피로 만들 수 있다. 프랑스에서는 지역마다 다양한 사블레를 특산품으로 내세우고 있으며 외국의 사블레 종류로는 특히 스코틀랜드의 쇼트브레드와 오스트리아의 크누스퍼(Knusper)가 유명하다. 사블레 반죽으로 만든 시트는 타르틀레트와 바르케트의 셸을 만드는 데 사용되며 안에 크림이나 딸기 등을 채워 넣는다.

fond sablé ▶ FOND DE PÂTISSERIE
pâte sablée ▶ PÂTES DE CUISINE ET DE PÂTISSERIE

sablés de Milan 사블레 드 밀랑

밀라노 사블레 : 볼에 밀가루 250g, 레몬 제스트 1개분, 작게 자른 부드러운 버터 125g, 설탕 125g, 달걀노른자 4개, 소금 1자밤, 코냑 또는 럼 1티스푼을 넣고 짧은 시간 동안 섞어 반죽한다. 둥글게 뭉친 뒤 랩으로 싸 냉장고에서 30분간 휴지시킨다. 반죽을 5mm 두께로 민 다음 원형 또는 타원형 쿠키 커터로 잘라낸다. 버터를 바른 베이킹 팬에 잘라낸 쿠키 반죽을 올린 뒤 붓으로 달걀물을 바르고 포크로 줄무늬를 긋는다. 200°C로 예열한 오븐에 15분간 굽는다.

SABLER 사블레 파트 브리제나 파트 사블레를 만들 때 반죽에 끈기가 생기지 않고 잘 부서지는 질감으로 만드는 것을 의미한다. 마른 재료와 버터를 섞어 모래와 같이 부슬부슬한 반죽(sablage)을 만들기 위해서는 우선 손가락 끝으로 섞어준 다음 소량씩 떼어내 양 손바닥 사이에 넣고 비벼준다. 여기에 물이나 달걀을 첨가해 섞은 뒤 둥그렇게 뭉쳐 냉장고에서 휴지시킨다.

또한 프랄리네를 만들 때 121°C로 끓인 설탕 시럽을 구운 견과류에 붓고 설탕이 뭉치도록 고루 섞어주는 작업도 사블라주(sablage)라고 한다. 이 과정을 통해 설탕은 모래알갱이 같은 질감으로 굳으며 견과류 표면에 잘 붙어서 더 안정적인 코팅이 가능하다.

VÉRIFIER LA CONSISTANCE D'UN SABAYON 사바용 농도 체크하기

사바용이 크리미하고 거품이 없는 적절한 농도가 되었는지 확인하려면 작은 국자로 떠올렸을 때 혼합물이 마치 리본 띠처럼 끊어지지 않고 흘러 떨어지는지를 체크한다.

SABLIER 사블리에 모래시계. 양면으로 뒤집어 놓으며 사용할 수 있는 작은 기구로 두 개의 투명한 유리 볼 모양의 공간이 중간의 아주 좁은 관으로 연결되어 있다. 위쪽 유리 볼 공간에 일정 분량의 모래나 가루 제품이 들어 있으며 이것이 일정한 시간 안에 아래쪽 유리 볼로 조금씩 흘러내린다. 주방에서는 반숙 달걀의 평균 조리시간인 3분짜리, 즉 위의 모래가 3분 동안 아래로 조금씩 흘러내리도록 세팅된 모래시계를 많이 사용한다.

SABRA 사브라 비터 오렌지와 초콜릿 맛이 나는 이스라엘의 리큐어. 사브라는 현지에서 나는 선인장 품종의 이름이며, 이스라엘에서 태어난 유대인에게 붙이는 별명이기도 하다.

SABRE 사브르 갈치, 은빛갈치꼬치. 지중해 연안에 서식하는 갈치과의 생선인 은빛갈치꼬치(lépidope)의 일반 명칭이다. 몸이 띠처럼 납작하고 길이는 최대 110cm에 이르며 껍질은 은빛 광택이 나고 비늘이 없다(**참조** p.674~677 바다생선 도감). 또한 주둥이는 수많은 이빨로 무장되어 있다. 아르장탱(argentin) 또는 자르티에르(jarretière)라는 별명으로도 불리는 은빛갈치꼬치는 대개 토막으로 잘라 판매하며 살이 탱글탱글하여 생선 수프를 만들기에 적합하다.

SACHERTORTE 자헤르토르트 자허토르테. 오스트리아 빈의 유명한 케이크로 빈 회의(Congrès de Vienne, 1814~1815)의 의장을 맡았던 메테르니히(Metternich) 후작의 제과장 프란츠 자허(Franz Sacher)가 이 회의

개최에 맞추어 만들었다. 이 케이크의 정통 레시피를 둘러싼 논쟁으로 빈 사람들은 양대 진영으로 나뉘었다. 한 부류는 파티시에 프란츠의 후손이 운영하는 자허 호텔의 케이크를 옹호하는 사람들이었다(이곳의 자허토르테는 두 장의 케이크 시트 사이에 살구 잼을 발라 겹친 뒤 겉면에 초콜릿 글라사주를 입힌다). 한편 다른 주장을 펼친 사람들은 제과점 데멜(Demel)에서 파는 유명한 자허토르테를 진짜라고 여겼다. 이곳의 레시피는 파티시에 자허의 손자로부터 얻은 것으로 알려졌으며, 케이크 위에 잼을 바르고 그 위에 바로 글라사주를 씌운 것이었다. 법정까지 간 이 논란에서 결국 자허 호텔 쪽이 승소하였고, 그곳의 케이크가 정통으로 인정받게 되었다.

조제프 웨치버그(JOSEPH WECHSBERG)의 레시피 『빈의 요리(*LA CUISINE VIENNOISE*)』(TIME-LIFE 출판)

Sachertorte 자허토르테

자허토르테 케이크 : 오븐을 180°C로 예열한다. 두 개의 원형틀에 버터 바른 유산지를 깔아준다. 세미 다크 초콜릿 200g을 잘게 자른 뒤 중탕으로 녹인다. 달걀노른자 8개를 가볍게 풀고 녹인 버터 125g과 녹인 초콜릿을 넣어 혼합한다. 달걀흰자 10개 분량을 휘저어 단단히 거품을 낸 다음 바닐라 향을 살짝 더한 설탕 140g을 넣고 계속 거품기를 돌린다. 거품기를 들어 올렸을 때 끝이 뾰족해질 정도로 단단하게 거품을 올린다. 달걀노른자, 버터, 초콜릿 혼합물에 거품 낸 흰자 1/3을 넣고 살살 섞은 뒤 나머지 흰자를 조금씩 넣으며 혼합한다. 체 친 밀가루를 고루 뿌려 넣고 가루가 보이지 않도록 모든 재료를 고루 혼합한다. 단, 너무 오랫동안 섞지 않는다. 반죽을 두 개의 틀에 동량으로 나누어 붓는다. 오븐에 넣고 반죽이 제대로 부풀고 수분이 마를 때까지 굽는다. 그릴 망 위에 케이크를 뒤집어 놓고 틀을 위로 빼 제거한 다음 완전히 식힌다. 초콜릿 글라사주를 만든다. 우선 냄비에 잘게 썬 초콜릿 150g, 생크림 250mℓ, 바닐라 슈거 180g을 넣고 중불에서 계속 저으며 녹인다. 이어서 젓지 않고 5분간 가열한다. 달걀 1개를 푼 다음 냄비의 초콜릿 혼합물 3테이블스푼을 넣어 섞고 이것을 냄비에 다시 넣는다. 4분간 가열한 다음 상온으로 식힌다. 체에 곱게 긁어내린 살구 마멀레이드 8테이블스푼을 초콜릿 케이크 중 한 개 위에 펴 발라준 다음 두 번째 케이크로 덮는다. 초콜릿 글라사주를 전체에 씌운 뒤 금속 스패출러로 매끈하게 밀어 다듬는다. 케이크를 조심스럽게 밀어 접시에 담고 글라사주가 굳도록 냉장고에 3시간 동안 넣어둔다. 서빙하기 30분 전에 케이크를 냉장고에서 꺼내둔다.

SACRISTAIN 사크리스탱 긴 막대 모양으로 자른 퍼유타주 반죽을 비틀어 꼬아 오븐에 구운 바삭한 파이 과자다. 때로 아몬드 슬라이스나 다진 아몬드, 혹은 우박설탕을 붙여 굽기도 한다. 전통적으로 차를 마실 때 다른 비스킷 종류와 함께 서빙한다.

SADE (DONATIEN ALPHONSE FRANÇOIS, MARQUIS DE) 도나시앵 알퐁스 프랑수아 사드 후작 프랑스의 작가(1740, Paris 출생–1814, Charenton 타계). 사드는 사랑의 쾌락과 고통뿐 아니라 맛있는 음식의 중요성을 늘 염두에 두고 있었다. 여러 해 동안 수감되었던 교도소에서 그는 아내에게 환상을 불러일으킬 정도로 자세하고 집요하게 음식 주문사항을 적은 편지를 보냈다(그는 때때로 아내를 내 마음속의 싱싱한 돼지라고 부르곤 했는데 이는 내가 돼지를 좋아하기 때문이라고 말했다). 사드 후작은 또한 그리모 드 라 레니에르가 결성한 미식 모임인 메오 다이닝 클럽(dîners de chez Méot)의 식사에 열성적으로 참석하곤 했다.

SAFRAN 사프랑 사프란. 붓꽃과의 구근식물인 크로커스(crocus, 사프란속)의 일반 명칭. 사프란 꽃의 암술머리는 갈색을 띤 마른 필라멘트 형태 또는 주황빛의 황색 가루 형태의 유명한 향신료로 사용되며 자극적인 향과 쌉싸름한 풍미를 갖고 있다. 중동 지역이 원산지이며 아랍인들에 의해 스페인에 처음 유입된 사프란은 16세기부터 프랑스의 가티네(Gâtinais)와 앙구무아(Angoumois)에서 재배되었다. 스페인 라만차산 사프란이 가장 유명하며 그 외에 이탈리아, 그리스, 이란, 남미 지역에서도 재배된다. 사프란 500g을 만들려면 꽃 6만 송이가 필요하기 때문에 가격이 매우 높으며 따라서 종종 '잡종 사프란'이라 불리는 홍화(잇꽃) 또는 인도의 사프란으로 불리는 강황을 대용품으로 사용하기도 한다.

■ **사용.** 고대와 중세 시대에 사프란은 요리, 마술, 치료 등 세 가지 목적으로 쓰였다. 르네상스 시절까지 향료와 색소로 요리에 아주 많이 사용되었으나 19세기 들어서는 소비가 현저히 줄었다. 오늘날에도 몇몇 지역 향토 요리 및 외국 요리에서 사프란은 중요한 재료로 사용되고 있다. 특히 부야베스, 커리, 파에야, 리소토, 홍합 요리, 흰살 육류 및 내장요리 등에는 사프란이 꼭 들어가야 제 맛이 난다. 또한 디저트에 향을 내는 데도 사용한다.

cigales de mer au safran en brochettes ▶ CIGALE DE MER

레스토랑 르 프레 카틀랑(LE PRÉ CATELAN, BOIS DE BOULOGNE)의 레시피

crème glacée coco-safran 크렘 글라세 코코 사프랑

코코넛 사프란 아이스크림 : 싱싱하고 모양이 온전한 사프란 꽃 암술 12가닥을 조심스럽게 잘라 작은 용기에 담고 라임즙 1/4개분과 화이트 럼 25mℓ를 붓는다. 랩으로 덮은 뒤 향이 우러나도록 냉장고에 3시간 동안 넣어둔다. 코코넛밀크 1ℓ에 글루코스 시럽 60g, 설탕 100g, 우유분말 10g을 넣고 따뜻한 온도로 데운다. 거품기로 잘 저어 녹인 다음 블렌더로 간다. 여기에 사프란 우린 액체를 넣어 섞은 뒤 냉동실에 넣어 얼린다.

glace au safran et à l'eau de rose 글라스 오 사프랑 에 아 로 드 로즈

사프란과 로즈워터 아이스크림 : 우유 150mℓ와 크림 150g을 섞은 뒤 냉동실에 얼린다. 볼에 설탕 75g과 달걀노른자 3개를 넣고 거품이 일 때까지 휘저어 섞는다. 냄비에 우유 450mℓ, 생크림 150mℓ, 바닐라 엑스트렉트 1/2티스푼을 넣고 끓을 때까지 가열한다. 끓으면 불을 줄이고 달걀노른자와 설탕 혼합물을 조금씩 넣으며 계속 저어 섞는다. 불에서 내린다. 사프란 가루 1/2티스푼에 뜨거운 물을 조금 넣어 갠 다음 로즈워터 15mℓ와 함께 냄비에 넣는다. 전부 잘 섞은 뒤 아이스크림 메이커에 넣고 돌린다. 완성된 아이스크림을 냉동실에 넣어둔다. 냉동실에 얼려두었던 우유, 크림 혼합물을 꺼내 잘게 자른 뒤 다시 냉동실에 넣는다. 서빙 30분 전, 아이스크림을 냉동실에서 꺼내 반구형 유리잔에 담고 작게 자른 우유, 크림 얼음조각을 얹는다. 냉장고에 넣어두었다가 서빙한다.

risotto au safran et poudre de réglisse ▶ RISOTTO

rouille au safran ▶ SAUCE

SAGAN 사강 에스칼로프(escalope)로 슬라이스하여 조리한 고기 요리, 송아지 흉선 또는 가금류 가슴살 요리 등에 곁들이는 가니시의 한 종류로 리소토, 잘게 썬 송로버섯과 골 퓌레를 채운 양송이버섯으로 구성된다. 고기를 익힌 팬에 마데이라 와인을 넣어 디글레이즈한 다음 리에종한 송아지 육수를 붓고 졸여 소스를 만든다. 이 소스를 고기에 끼얹어 서빙한다. 송로버섯과 양송이버섯은 송아지 골을 넣어 만든 사강 플랑(flan Sagan)에서도 찾아볼 수 있다. 또한 송아지 골은 도톰하게 어슷 썰어 송로버섯 스크램블드 에그에 곁들이기도 한다. 이 모든 요리들은 사강의 왕자(prince de Sagan)인 샤를 드 탈레랑 페리고르(Charles de Talleyrand-Perigord)에게 헌정되었다.

▶ 레시피 : ŒUF BROUILLÉ.

SAGOU 사구 사고야자나무 녹말. 열대 종려나무의 한 종류인 사고야자열매(또는 빵나무)의 속심으로 만든 전분. 사고(sagou, sago)는 타원형의 작은 알갱이로 희끄무레하거나 분홍빛 또는 갈색을 띠고 있으며 매우 단단하고 반투명하며 들척지근한 맛이 난다. 유럽에서는 르네상스 시대부터 알려졌으며 피렌체의 구슬이라 불리기도 한다. 오늘날 사고는 타피오카 펄과 마찬가지로 몇몇 소스에 넣어 농도를 걸쭉하게 만들거나 다양한 푸딩을 만들 때 사용하기도 한다. 인도네시아 요리에서는 코코넛 과육과 밀크와 함께 페이스트 형태로 곱게 갈아 튀김, 케이크, 만두, 각종 디저트를 만드는 데 사용한다. 인도에서는 설탕과 물을 넣고 끓여 디저트용 젤리를 만들기도 한다.

SAINDOUX 생두 돼지 기름, 라드. 돼지의 비계 또는 피하지방을 뜨겁게 가열해 추출한 기름. 악송주(axonge)라고도 불리는 돼지 기름은 크림 성상의 흰색 물질로 특히 오래 가열하는 요리에 사용하며 튀김용(발연점이 210°C로 높은 편이다) 기름이나 파티스리용(파테 크러스트, 파이 등)으로 사용한다. 특유의 강한 풍미가 있으며 이는 전통적으로 프랑스 북부와 동부 및 오베르뉴 지방의 음식들과 잘 어울린다.

▶ 레시피 : PÂTÉ.

SAINGORLON 생고를롱 저온멸균한 소젖으로 만드는 브레스 지방의 천

연 외피 푸른곰팡이 치즈(지방 50%)이다(**참조** p.390 프랑스 치즈 도표). 지름 25~30cm, 높이 16~20cm 크기의 원통형으로 무게가 6~12kg 정도 되는 이 치즈는 2차대전 초기 이탈리아인들이 더 이상 수출하지 않는 고르곤졸라 대체용으로 만들어졌다. 녹진한 질감과 진한 풍미를 가진 치즈로 브레스 블뤼(Bresse bleu)의 기원이 되었다.

SAINT-AMANT (MARC ANTOINE GIRARD, SIEUR DE) 마크 앙투안 지라르 생 타망 경 프랑스의 시인(1594, Quevilly 출생–1661, Paris 타계). 풍자적이고 사실적인 서정시를 주로 쓴 그의 생활은 수도 파리와 고향 루앙에서 이어졌다. 파리에서는 레(Retz)의 추기경 장 프랑수아 폴 드 공디(Jean François Paul de Gondi)와 어울려 선술집을 드나들었으며, 고향 루앙(Rouen)에서는 포병대원으로 카탈루냐와 플랑드르 지방의 전역에 참가했다. 또한 폴란드에서도 일정 기간 거주했으며 아메리카에도 다녀온 것으로 추정된다. 그는 특히 "마실 것과 먹을 것(à boire et à manger)"이라는 제목으로 다수의 시를 남겼고, 이들은 고전주의 문학계의 혹독한 비난을 받았지만 결국 여러 바로크 우수문학 선집에 실리게 되었다. 그는 몽글라(Montglas)라는 이름의 주인이 운영하는 작은 술집 프티 모르(Petit Maure)에서 세상을 떠난 것으로 전해진다.

SAINT-AMOUR 생 타무르 가메 품종 포도로 만드는 레드와인으로 보졸레 10개의 AOC 중 가장 북쪽 지역에서 생산된다. 산미와 타닌이 적어 맛이 부드럽고 밸런스가 좋은 와인으로 단단한 바디감과 섬세함을 갖고 있으며 라즈베리 향이 난다(**참조** BEAUJOLAIS).

SAINT-AUBIN 생 토뱅 코트 드 본의 AOC 레드 또는 화이트와인으로 샤르도네 품종 포도로 만드는 화이트와인은 높은 명성을 자랑하는 퓔리니 몽라셰(puligny montrachet)와 샤사뉴 몽라셰(chassagne-montrachet)에 인접한 포도원에서 생산된다. 피노 누아 품종으로 만드는 레드와인은 코트 드 본 빌라주(côte-de-beaune-villages)로 판매된다(**참조** BOURGOGNE).

SAINTE-ALLIANCE (À LA) (아 라) 생 탈리앙스 송로버섯과 샴페인을 넣고 데쳐 익힌 푸아그라, 또는 마데이라 와인에 익힌 송로버섯을 채운 뒤 팬에 익힌 닭에 도톰하게 잘라 버터에 익힌 푸아그라를 빙 둘러 놓고, 익히면서 나온 육즙 소스를 끼얹은 요리를 지칭한다. 이 명칭은 다진 멧도요살에 다양한 재료를 혼합해 만든 소를 채운 뒤 오븐에 구운 꿩 로스트에도 적용된다. 이 요리는 꿩의 간과 내장 퓌레를 바른 카나페 빵 위에 올려 낸다.

SAINTE-BEUVE (CHARLES AUGUSTIN) 샤를 오귀스탱 생트 뵈브 프랑스의 작가(1804, Boulogne-sur-Mer 출생–1869, Paris 타계). 위대한 문학 비평가인 생트 뵈브는 당대 가장 유명한 미식가들 중 한 사람이기도 했다. 이름난 레스토랑에서의 맛있는 식사가 주는 기쁨에 흠뻑 빠졌던 그는 공쿠르 형제(les frères Goncourt), 폴 가바르니(Paul Gavarni), 에르네스트 르낭(Ernest Renan), 이반 투르게네프(Ivan Tourgueniev)와 함께 마니에서의 저녁식사(dîners Magny)라는 다이닝 모임을 결성했다. 그는 또한 알렉상드르 뒤마(Alexandre Dumas)의 집에서 열리던 수요일의 야식(soupers du mercredi) 모임에도 빠지지 않고 열심히 참석하던 멤버였다.

SAINTE-CROIX-DU-MONT 생트 크루아 뒤 몽 보르도의 AOC 스위트 화이트와인으로 가론(Garonne)강 우안 소테른 지역과 마주한 곳에 위치한 포도밭에서 생산된다. 품종(세미용, 소비뇽, 뮈스카델)과 양조 방법은 소테른 와인과 동일하다(**참조** BORDELAIS).

SAINTE-MAURE DE TOURAINE 생트 모르 드 투렌 염소젖으로 만든 AOC 치즈(지방 최소 45%). 흰색곰팡이 외피를 가진 연성치즈이며, 프레시 치즈 타입으로 또는 겉면에 숯의 재를 묻힌 상태로 판매한다(**참조** p.392 프랑스의 치즈). 생트 모르 치즈는 길이 28cm, 지름 5~6cm의 원뿔대 모양이며(원기둥형에 더 가깝다) 무게는 250g 정도다. 흰색에서 아이보리 색을 띤 치즈 중앙에 짚 막대기를 길게 꽂아 탄탄하고 안정적으로 다룰 수 있게 한 것이 특징이다. 이 치즈는 숙성 단계와 상관없이 먹을 수 있으며, 따뜻하게 데워서 녹여먹기도 한다.

SAINTE-MENEHOULD 생트 므누 재료를 한 번 익혀 식힌 뒤 빵가루를 입혀 구운 요리의 명칭으로 머스터드 소스 또는 생트 므누 소스(sauce Sainte-Menehould 머스터드, 양파, 식초, 허브로 만든다)를 곁들여 서빙한다. 이 명칭이 붙는 요리로는 마른(Marne) 지방 생트 므누시의 특산물인 돼지 족 요리(Pied de porc à la Sainte-Menehould)가 대표적이지만, 그 외에 홍어, 비둘기, 토막 낸 닭, 송아지나 소의 꼬리, 돼지 귀, 크레피네트(crépinettes), 가금류의 날개 등으로 만든 요리에도 적용할 수 있다.

▶ 레시피 : DINDE, DINDON ET DINDONNEAU, PAUPIETTE, QUEUE, SAUCE.

SAINT-ÉMILION 생 테밀리옹 리부른의 동쪽 생 테밀리옹에서 생산되는 AOC 레드와인으로 주요 포도품종은 메를로다. 이곳은 보르도 지역에서 가장 오래되고 유명한 포도 재배지 중 하나이며 테루아에 따라 와인의 스타일이 결정된다. 일명 언덕 경사면(de côte)에서 재배한 포도로 만든 와인은 바디감이 단단하고 알코올 함량이 높은 힘 있는 와인이 주를 이루고, 자갈 지대의(de graves) 와인은 산미나 타닌이 적어 더 부드럽고 섬세한 맛을 지닌다(**참조** BORDELAIS).

SAINT-ESTÈPHE 생 테스테프 메독(Médoc)의 AOC 레드와인으로 카베르네 소비뇽, 메를로, 카베르네 프랑, 프티 베르도 품종 포도로 만든다. 알코올과 타닌 함량이 높고 견고하며 과일향이 풍부한 와인으로, 포이약 와인 만큼 높은 명성은 없지만 그와 약간 비슷한 맛을 연상시킨다(**참조** BORDELAIS).

SAINT-ÉVREMOND (CHARLES DE) 샤를 드 생 테브르몽 프랑스의 작가(1615, Coutances 출생–1703, London 타계). 유명한 미식가였던 그는 자신의 두 친구 부아 도팽 후작(le marquis de Bois-Dauphin), 올론 백작(le comte d'Ollone)과 함께 '언덕의 삼총사(le trio des coteaux)'를 결성했다. 그는 굴로 하루를 시작했으며 토끼가 매우 유명한 것으로 알려졌던 라 로슈 귀용(La Roche-Guyon)에서 직접 토끼고기를 공수해 먹기도 했다. 저서 『까다로운 미식가의 희극(*Comédie des friands*)』에서 그는 자신이 아주 좋아했던 음식인 속을 채운 양파 포타주를 언급했다. 그가 마음에 들어 했던 것은 오로지 노르망디의 송아지, 오베르뉴의 자고새 그리고 아이(Ay), 오빌레(Hautvillers), 아브네(Avenay)의 와인뿐이었다.

SAINT-FÉLICIEN 생 펠리시앵 소젖으로 만드는 푸른빛의 천연외피 연성치즈로 지방 함량은 60%이다(**참조** p.389 프랑스 치즈 도표). 도피네 지방에서 생산되는 생 펠리시앵은 작고 납작한 원반 형태로 무게는 150g 정도이며 고소한 너트 향이 살짝 난다.

SAINT-FLORENTIN 생 플로랑탱 소젖으로 만드는 오세르의 프레시 치즈(지방 50%)로 지름 12~13cm, 두께 3cm의 원반 모양이다(**참조** p.389 프랑스 치즈 도표). 풍미가 강하며 냄새는 꼬릿하고 자극적이다. 숙성 기간을 거친 뒤 판매하기도 한다.

SAINT-GERMAIN 생 제르맹 초록 완두콩(pois verts, 클라마르라고도 부른다) 또는 반으로 쪼개 말린 완두콩(pois cassés)이 들어간 다양한 요리 이름에 붙는 수식어다. 생 제르맹 퓌레는 걸쭉한 완두콩 퓌레로 경우에 따라 달걀노른자를 넣어 농도를 맞추기도 하며 주로 맑은 송아지 육수 소스를 끼얹은 고기 요리(큰 덩어리 또는 서빙 사이즈로 자른 것 모두 포함)에 곁들인다. 이 퓌레에 흰색 육수나 맑은 콩소메를 넣어 원하는 농도로 희석하면 생 제르맹 포타주를 만들 수 있으며, 여기에 다양한 건더기를 곁들이기도 한다. 이 명칭은 또한 버터와 섞은 빵가루를 입혀 구운 생선 필레(서대나 광어)에 베아르네즈 소스와 누아제트 감자를 곁들인 요리를 지칭하기도 한다.

▶ 레시피 : POTAGE.

SAINT-HONORÉ 생 토노레 파리의 대표적인 파티스리. 퓌유테 반죽으로 만든 시트 위에 왕관 모양으로 슈 반죽을 짜 얹어 구운 뒤, 그 위에 캐러멜 글레이즈를 입힌 작은 슈를 빙 둘러 얹은 것으로 가운데 빈 공간에는 시부스트 크림(크렘 파티시에에 샹티이 크림을 섞어 가볍게 만든 것으로 생 토노레 크림이라고도 부른다)이나 샹티이 크림을 채워 넣는다.

saint-honoré **생 토노레**

생 토노레 : 하루 전날, 파트 퓌유테 200g을 만든다(참조. p.361). 당일, 반죽을 지름 24cm의 원반형으로 밀고 포크로 군데군데 찔러준 뒤 베이킹 팬에 올린다. 오븐

을 200°C로 예열한다. 달콤한 디저트용 슈 반죽 200g을 만들어(참조. p.213) 9호 원형 깍지를 끼운 짤주머니에 채운다. 원반형 퓌유타주 시트 위에 가장자리 여유 3mm를 남기고 슈 반죽을 왕관 모양으로 짜 얹는다. 다른 베이킹 팬에 버터를 바른 뒤 지름 2cm의 작은 슈 16개를 짜 놓는다. 달걀을 풀어 왕관 모양 슈와 프티 슈 위에 바른다. 오븐에 넣어 25~35분간 구운 뒤 작은 슈를 먼저 꺼낸다. 바닥 부분은 5분간 더 굽는다. 모두 망 위에 올려 식힌다. 크렘 파티시에 800g을 만든다(참조. p.274). 이 중 200g을 뾰족한 원형 깍지를 끼운 짤주머니에 넣고 작은 슈에 짜 채워 넣는다. 설탕 200g과 물 4테이블스푼을 끓여 황금색 캐러멜을 만든다. 작은 슈 윗면을 캐러멜에 담갔다 뺀 다음 기름 바른 팬 위에 캐러멜 묻은 쪽이 아래로 오도록 놓는다. 슈를 다시 똑바로 집어 아직 액상인 캐러멜을 밑면에 조금 묻힌 다음 왕관 모양 슈 위에 빙 둘러 붙인다. 남은 크렘 파티시에 600g으로 크렘 시부스트를 만든다(참조. p.274). 20mm짜리 생토노레용 깍지를 끼운 짤주머니에 이 크림을 넣고 가운데가 살짝 높이 올라오도록 케이크 중앙의 빈 부분을 채워준다. 샹티이 크림만으로 가운데를 채우는 경우도 있다.

SAINT-HUBERT 생 튀베르 일반적으로 수렵육을 주재료로 하거나 수렵육과 관련이 있는 다양한 요리에 붙는 이름이다. 생 튀베르 메추리 요리는 송로버섯 조각을 각각 하나씩 넣은 메추리들을 코코트 냄비에 익힌 것으로, 냄비에 남은 육즙을 마데이라 와인으로 디글레이즈한 뒤 수렵육 육수를 넣고 졸인 소스를 끼얹어 서빙한다. 종종 양송이버섯이나 타르틀레트를 채우는 소 재료로, 또는 부셰, 탱발, 오믈렛에 넣거나 콩소메에 곁들이는 재료로 수렵육 퓌레를 사용한 경우에도 요리 명칭에 이 수식어를 붙인다.
▶ 레시피 : CONSOMMÉ.

SAINT-JOSEPH 생 조제프 북부 론 지방의 AOC 와인으로 시라 품종 포도로 만드는 레드와인이 대부분을 차지한다. 알코올 함량이 높고 향이 풍부한 이 와인은 론강 우안 아르데슈 지방, 에르미타주 포도원의 맞은편 지역에서 생산된다. 마르산과 루산 품종으로 만드는 화이트와인은 매우 소량 생산되며, 상큼한 산미가 있고 향이 풍부하다(**참조** RHÔNE).

SAINT-JULIEN 생 쥘리앵 보르도 오 메독의 AOC 레드와인으로 카베르네 소비뇽, 메를로, 카베르네 프랑, 프티 베르도 품종 포도로 만든다. 이 와인은 마고처럼 섬세하고 고급스러운 맛을 지니고 있으며, 포이약처럼 힘이 있고 향이 풍부하다(**참조** BORDELAIS).

SAINT-MALO 생 말로 생 말로 소스. 구운 생선에 곁들이는 소스 중 하나로, 여러 방법으로 만들 수 있다. 가장 일반적으로는 샬롯과 화이트와인 졸인 것을 첨가한 생선 블루테다(경우에 따라 달걀노른자를 넣어 농도를 맞추거나 버섯을 익힐 때 나온 즙을 섞어주기도 한다). 여기에 종종 버터를 넣기도 하며, 마지막에 약간의 머스터드나 안초비 소스 한 바퀴(혹은 둘 다)를 첨가해 마무리하기도 한다.
▶ 레시피 : SAUCE.

SAINT-MANDÉ 생 망데 서빙 사이즈로 잘라 팬에 소테한 스테이크 류의 고기요리에 곁들이는 가니시의 한 종류로, 데쳐 익힌 뒤 버터에 다시 한 번 살짝 데운 완두콩과 그린빈스, 작게 만든 폼 마케르(pommes Macaire, 감자 퓌레를 동글납작하게 지진 갈레트의 일종)로 구성된다.

SAINT-MARCELLIN 생 마르슬랭 소젖으로 만든 도피네 지방의 연성치즈(지방 50%)로, 드문드문 청회색 곰팡이가 핀 흰색의 얇은 천연 외피를 갖고 있다(**참조** p.389 프랑스 치즈 도표). 지름 7~8cm, 두께 2cm의 작은 원반형이며 풍미가 순하고 약간 신맛이 난다. 오래 숙성된 생 마르슬랭은 으깨서 리옹식 프로마주 포르(fromage fort, 치즈를 으깨 술, 양념, 허브 등의 향신재료와 섞은 뒤 며칠간 숙성 또는 일정기간 발효시킨 것으로 냄새가 아주 강하다)를 만들기도 한다.

SAINT-NECTAIRE 생 넥테르 소젖으로 만든 오베르뉴의 AOC 치즈(지방 45%). 비가열 압착치즈이며 노랑에서 회색빛을 띤 천연 외피는 거뭇거뭇한 곰팡이 자국으로 덮여 있다(**참조** p.392 프랑스 치즈 도표). 지름 20cm, 두께 4cm의 납작한 원반형이며 무게는 약 1.5kg 정도이다. 치즈를 호밀 짚더미 위에 놓고 8주 동안 숙성시켰던 전통적 방식은 요즘에는 매우 드물다. 이 치즈는 곰팡이 냄새를 풍기기는 하지만 특유의 향이 뚜렷한, 좋은 테루아의 풍미를 지니고 있다.

SAINT-NICOLAS 생 니콜라 유럽 북부 지역에서는 매년 12월 6일 산타할아버지 격인 성인 니콜라를 기념하는 전통적인 축제가 열린다. 전설에 따르면 한 푸줏간 주인이 세 명의 어린아이를 잘라 소금 단지에 넣었는데, 마침 이 지방을 지나던 니콜라가 뭔가 불길한 징조를 느껴 그 주인에게 소금에 절인 것을 맛보여달라고 청했다고 한다. 푸줏간 주인이 이를 거절하자 상황을 파악한 니콜라는 어린 세 명의 희생자들을 소생시켜 목숨을 구해냈다고 한다. 12월 5일 밤이 되면 아이들이 성 주교의 당나귀에게 먹이기 위해 건초, 귀리, 빵으로 가득 채운 긴 양말을 벽난로에 걸어 놓는 풍습이 있다. 4세기 고대 리키아(Lycie)의 도시 뮈라 (Myre) 대주교였던 생 니콜라 축일에는 성인의 초상이 새겨진 아니스 비스킷이나 팽 데피스를 나누어 먹으며, 초콜릿이나 붉은색 설탕 공예로 성인의 모습을 만들어 기념하기도 한다. 옛날 알자스에서는 이 축일이 다가오면 제빵사들이 작은 사람 모양의 특별한 빵 마넬라(männela)를 만들어 팔기도 했다.

SAINT-NICOLAS-DE-BOURGUEIL 생 니콜라 드 부르괴이 투렌의 레드 또는 로제 AOC 와인. 가볍고 과일과 꽃 향이 나는 이 와인은 부르괴이와 매우 비슷하며, 역시 카베르네 프랑 단일 품종으로만 만든다.

SAINT-PAULIN 생 폴랭 소젖으로 만드는 수도원(abbaye) 타입의 비가열 압착치즈로 노란색의 매끄러운 외피를 갖고 있으며 브르타뉴에서 생산된다(**참조** p.392 프랑스 치즈 도표). 지름 20~22cm, 두께 4~6cm의 작은 맷돌 모양의 생 폴랭은 수도원 생산 치즈에서 파생된 제품으로 오늘날 프랑스 전역에서 생산된다. 맛이 순하고 말랑말랑하다.

SAINT-PÉRAY 생 페레 북부 론(Rhône)의 AOC 화이트와인으로 포도품종은 루산(roussanne)과 마르산(marsanne)이며 론강 우안 발랑스(Valence)의 맞은편 지역에서 생산된다. 병 안에서 2차 발효가 진행되는 샹프누아즈 방식(méthode champenoise)으로 양조되며, 적절한 산미가 있어 가볍고 상큼하며 꽃 향이 풍부한 생 페레는 프랑스 최고의 발포성 와인 중 하나로 꼽힌다(**참조** RHÔNE).

SAINT-PIERRE 생 피에르 달고기. 달고기과의 근해어로 납작한 마름모꼴의 몸통은 은빛이 반사되는 금색 또는 청동색을 띤다(**참조** p.674~677 바다 생선 도감). 머리가 매우 크고 턱이 앞으로 돌출되어 있으며 몸통은 가장자리로 뻗은 큰 침들로 둘러싸여 있고 지느러미에는 뾰족한 가시가 많다. 몸통 양쪽 측선 윗부분에 큰 반점이 하나씩 있는 것이 특징인데, 전설에 따르면 이것은 성 베드로가 이 생선을 낚으면서 표면에 일일이 찍은 지문 자국이라고 한다. 달고기의 크기는 30~50cm 정도이지만 해부학적 구조상 실제 먹을 수 있는 살은 30~35% 정도에 불과하다. 필레는 자연적으로 세 쪽으로 나뉜다. 최고의 바다생선 중 하나로 꼽히는 달고기는 쉽게 떨어지는 희고 단단한 살을 갖고 있으며 조리법은 브레이징, 소테, 파피요트, 그릴구이 등 다양하다. 넙치나 광어와 같은 방법으로 조리하며 부야베스나 각종 생선 수프에 넣기도 한다. 영국에서는 존 도리라고 부르는데, 이는 프랑스어로 부르는 이 생선의 별명 중 하나인 장 도레(jean-doré)가 변형된 이름이다.

루이 우티에(LOUIS OUTHIER)의 레시피

saint-pierre à la rhubarbe 생 피에르 아 라 뤼바르브

루바브를 넣은 달고기 : 1.5kg짜리 달고기 한 마리를 준비해 필레를 뜬다. 버터를 조금 두른 팬에 필레를 놓고 약한 불에서 양면을 각 1분씩 익힌다. 건져서 따뜻하게 보관한다. 껍질을 벗긴 뒤 얇고 동그랗게 송송 썬 루바브 150g을 팬에 남은 버터에 넣고 30초 정도 볶는다. 여기에 생크림 200mℓ를 넣은 뒤 반으로 졸인다. 소금, 후추로 간하고 설탕을 아주 조금 넣는다. 잘게 썬 바질 한 자밤을 넣고 잘 섞어서 달고기 필레에 끼얹는다.

올리비에 롤랭제(OLIVIER ROELLINGER)의 레시피

saint-pierre « retour des Indes » 생 피에르 르투르 데 쟁드

인도풍 향신료 소스를 곁들인 달고기 요리 : 4인분

하루 전날, 메이스(육두구씨 껍질) 1티스푼, 팔각 1/2개, 고수 씨 1티스푼, 로스팅한 캐러웨이 씨 1/2티스푼, 스추안 화자오 1/2티스푼, 비터 오렌지 껍질 1/2티스푼, 정향 1개, 통계피 1cm, 강황 2테이블스푼, 검은 후추 1/2티스푼을 냄비에 넣고 마른 상태로 가열한다. 바닐라빈 1/2줄기, 카옌페퍼

칼끝으로 아주 조금, 백합 꽃잎 1티스푼을 첨가한 다음 모두 원두커피 밀에 넣고 고운 가루로 간다. 필레를 뜨고 남은 1.6kg짜리 달고기의 대가리와 생선뼈에 리크 흰 부분 2대, 당근 1개, 셀러리 작은 줄기 1대, 마늘 1톨, 타임, 파슬리, 월계수잎, 오렌지 제스트 1조각, 스위트 화이트와인 200mℓ, 물 1ℓ를 넣고 끓여 생선 육수를 만들어 둔다. 양파 1개의 껍질을 벗긴 뒤 잘게 썬다. 생강은 껍질을 긁어낸 뒤 동그랗게 저민다. 냄비에 버터를 두른 뒤 양파와 생강을 넣고 양파가 반투명해질 때까지 볶는다. 갈아둔 향신료 믹스 1테이블스푼을 넣고 잘 저어 섞는다. 여기에 생선 육수 300mℓ를 붓고 얇게 썬 레몬그라스 줄기 2대, 구운 마늘 2톨을 넣은 다음 약하게 끓는 상태를 유지하며 30분간 향을 우려낸다. 그동안 설탕 30g을 끓여 캐러멜을 만든다. 설탕이 황금색이 나기 시작하면 곱게 빻은 그린 카다멈 1티스푼을 넣고 쌀 식초 50mℓ를 부어 가열을 멈춘다. 닭 육수 200mℓ를 붓고 약한 불로 20분간 끓인다. 여기에 미리 우려 둔 향신료 인퓨전을 섞고 민트 3줄기, 생고수 3줄기, 코코넛 밀크 50mℓ를 첨가한다. 불에서 내린 뒤 최소 6시간 이상 그대로 식힌다. 뾰족한 모양의 햇 양배추(chou nouveau de Pâques) 한 개를 준비해 두꺼운 겉잎을 떼어낸다. 나머지 잎을 한 장씩 분리한 뒤 굵은 잎맥을 잘라내고 5mm 폭으로 길게 채 썰어둔다. 사과 1개와 망고 2개의 껍질을 벗기고 씨를 제거한 다음 사방 1cm 크기로 깍둑 썬다. 사과와 망고를 냄비에 넣고 뚜껑을 덮어 끓여 콩포트를 만든다. 마지막에는 뚜껑을 열고 끓여 콩포트가 너무 묽지 않게 수분을 적당히 증발시킨다. 크레송 한 단을 씻은 뒤 굵은 줄기는 떼어내고 다듬는다. 서양배 1/2개의 껍질을 벗기고 작은 주사위 모양으로 썬 다음 갈변을 막기 위해 레몬즙을 한 바퀴 뿌려 잘 섞어 둔다. 달고기 필레 4인분을 두 세 조각씩 동량으로 나눈 뒤 큰 접시에 담고 주방용 랩을 씌워 보관한다. 썰어둔 햇 양배추를 찬물에 넣어 아삭하게 익힌 다음 가염버터 한 조각을 넣고 버무리듯 슬쩍 볶은 뒤 뜨겁게 보관한다. 사과와 망고 콩포트를 다시 데운다. 식혀둔 향신료액을 다시 데운 뒤 차가운 버터 몇 조각을 넣고 거품기로 저어 부드러운 소스를 만든다. 체에 거른 뒤 간을 맞춘다. 찜용 냄비 물에 해초를 두 줌 넣는다. 물이 끓기 시작하면 찜기 망 위에 생선 필레를 껍질이 아래로 오도록 올린 뒤 약 3분정도 센 불에서 찐다. 각 서빙 접시 양쪽에 크레송과 양배추를 각각 조금씩 놓고 가운데 소스를 넉넉히 담는다. 맨 위쪽에 크넬 모양을 낸 콩포트를 한 개 놓고 생선 필레를 비대칭으로 비스듬히 놓는다. 각 필레 위에 서양배 큐브를 몇 조각씩 얹는다. 플뢰르 드 셀을 조금 뿌린 뒤 마지막으로 콩포트 위에 고수잎을 조금씩 올린다.

SAINT-RAPHAËL 생 라파엘 단맛이 있는 아페리티프용 가향 와인. 오크통에서 2년간 숙성한 미스텔(mistelle, 포도즙이 발효되기 전에 레드와인 또는 화이트와인을 섞어 15%Vol.로 만든 단맛의 주정강화와인)에 알코올에 담가둔 약초 뿌리나 식물(기나나무 껍질, 레몬과 비터 오렌지 껍질 제스트, 칼룸바 colombo, calumba 뿌리, 각종 열매)등을 넣어 향을 우려낸 술이다. 이어서 다시 얼마간의 숙성 기간을 거친 위 냉각, 여과 처리하여 병입한다.

SAINT-ROMAIN 생 로맹 코트 드 본의 AOC 레드 또는 화이트와인. 힘이 있고 과일향이 풍부한 와인으로 이 아펠라시옹을 사용할 수 없는 일부는 코트 드 본 빌라주로 판매된다. 레드는 피노 누아, 화이트는 샤르도네 품종 포도로 만든다(**참조** BOURGOGNE).

SAINT-SAËNS 생 상스 프랑스의 유명한 작곡가 카미유 생 상스(1835—1921)에게 헌정하며 붙인 요리 명칭이다. 생 상스 가니시는 주로 가금류 가슴살 요리에 함께 내는 곁들임 음식의 일종으로 푸아그라와 송로버섯으로 만든 작은 튀김, 수탉의 콩팥, 아스파라거스 윗동으로 구성되며 송로버섯 에센스를 넣은 쉬프렘 소스를 곁들인다.

SAINT-VÉRAN 생 베랑 마코네 지방의 AOC 화이트와인으로 포도 품종은 샤르도네이며 상쾌한 산미와 레몬그라스 향을 갖고 있다. 포도밭은 푸이 퓌세 생산지와 인접해 있다(**참조** BOURGOGNE).

SAINT-VINCENT 생 뱅상 부르고뉴의 전통 포도 축제. 포도 재배의 수호성인이자 스페인의 순교자로 사제 품위를 받은 생 뱅상을 기리는 축일(1월 22일) 기념행사로 부르고뉴에서 시작되어 샹파뉴로 전해졌다. 생 뱅상 축제는 '대식가들의 식사(repas de cochon)'를 경험할 수 있는 기회였다. 오늘날 이 축제는 1월 셋째 주말에 매년 다른 부르고뉴의 마을에서 개최되며 생 뱅상 순례 축제(Saint-Vincent tournante)라고 불린다.

SAISIR 세지르 식품을 아주 뜨거운 기름이나 끓는 액체에 접촉시켜 표면을 즉시 응고시키는 것을 뜻하며, 주로 조리를 처음 시작하는 과정에 해당한다.

SAKÉ 사케 쌀을 발효시켜 빚은 일본 술, 청주를 지칭하며 알코올 함량은 14~15%Vol. 정도다. 증기로 찐 쌀알에 누룩균 포자를 번식시켜 만드는 사케는 발효가 끝나면 지게미를 걸러내 맑은 술만 따라내고 여과한 뒤 술통에 넣어 숙성한다. 사케는 무색이고 단맛이 있으며 뒷맛은 쓰다. 종교 및 사회 생활과 떼어 놓을 수 없는 이 술의 역사는 천 년이 넘는다.

■ **사용.** 사케는 주로 요리에 사용하는 맛술인 미린(みりん), 새해 첫날 마시는 향신료로 향을 낸 달콤한 술 토소(屠蘇), 주로 서양으로 수출되는 세이슈(清酒) 등 다양한 종류로 나뉜다. 사케는 작은 잔에 따라 차갑게 또는 따뜻하게 데워 식전주로 마시거나 사시미, 생채소, 구이 또는 튀김 요리 등에 곁들인다. 또한 해산물 요리 등에 사용되기도 한다. 일본에서 주로 남성들이 자주 찾는 주점에서는 맥주뿐 아니라 다양한 사케를 판매한다.

SALADE 살라드 샐러드. 생채소나 차가운 식재료를 차가운 소스로 드레싱한 요리로 주로 오르되브르나 애피타이저로 또는 치즈 코스 바로 전에 서빙한다.

- SALADES VERTES 그린 샐러드. 이 샐러드는 녹색잎 채소로 만든다. 가장 많이 사용되는 채소는 상추이며, 이어서 바타비아, 로메인, 에스카롤, 치커리, 엔다이브, 민들레(**참조** p.206 치커리 도감), 크레송 등이 대표적이다. 또한 메스클랭(어린 잎채소), 쇠비름, 루콜라, 콘샐러드, 붉은 치커리, 영아자, 눈개승마, 색이 연한 치커리 같은 작은 잎채소도 많이 사용한다. 그린 샐러드는(익혀서 채소 요리를 만들 수도 있다) 오르되브르로 내거나 구이, 오믈렛, 로스트 치킨, 샤퀴트리에 곁들이며 대부분의 경우 비네그레트 소스로 드레싱하여 생채소로 서빙한다. 기호에 따라 크루통, 베이컨 라르동, 치즈, 샬롯, 마늘 등의 부재료나 양념을 고명으로 추가하기도 한다.
- SALADES SIMPLES 한 가지 재료로 만든 샐러드. 한 가지의 주재료(날것 또는 익힌 것 모두 가능)로 만든 샐러드로 차가운 소스를 곁들여 서빙한다. 채소는 물론 고기나 갑각류 해산물로도 샐러드식 요리를 만들 수 있다.
- SALADES COMPOSÉES 혼합 샐러드. 가장 공이 많이 들어간 충실한 내용의 샐러드 형태로 다양한 종류의 재료를 잘 어울리게 고루 혼합해 만든다. 소박하고 흔한 재료 위주로 만들 수도 있고 기호에 따라 인기가 많은 고급 재료를 사용할 수도 있지만 항상 염두에 두어야 할 것은 장식적인 면이나 색깔 등도 조화를 이루어야 한다는 점이다. 드레싱 소스도 재료와 어울리는 것으로 준비해야 하며 특히 재료 본연의 맛을 가리지 않도록 신경써야 한다. 이 샐러드는 애피타이저로 또는 로스트 육류나 가금류(찬 것 더운 것 모두 해당)에 곁들여 서빙한다. 혹은 샐러드 한 접시만으로도 훌륭한 일품요리가 될 수 있다.

figues au cabécou en coffret, salade de haricots verts aux raisins ▶ FIGUE
homard entier en salade ▶ HOMARD

salade Ali-Bab 살라드 알리 밥

알리 밥 샐러드 : 샐러드 그릇에 잘게 썬 허브로 향을 낸 마요네즈로 버무린 새우를 수북이 담는다. 막대 모양으로 길쭉하게 썰어 소금물에 익힌 주키니 호박, 동그랗게 슬라이스해 물에 삶은 고구마, 세로로 등분한 삶은 달걀, 껍질을 벗기고 4등분한 뒤 씨를 뺀 작은 토마토를 빙 둘러 놓는다. 한련화를 몇 송이 얹어 장식한다. 비네그레트 소스를 뿌려 바로 서빙한다.

salade américaine 살라드 아메리켄

아메리칸 샐러드 : 개인용 유리 볼에 각각 양상추잎을 깔아둔다. 여기에 주사위 모양으로 썬 파인애플 수북이 1테이블스푼, 소금 넣은 물에 삶은 옥수수 알갱이 2테이블스푼, 삶은 닭가슴살 길게 찢은 것 1테이블스푼, 껍질을 벗기고 씨를 제거한 다음 주사위 모양으로 썬 오이 1테이블스푼, 4등분한 삶은 달걀 1개를 넣고 섞는다. 케첩으로 맛을 돋운 비네그레트 소스 2테이블스푼을 넣고 고루 버무린 다음, 준비해둔 유리 볼에 돔 형태로 수북이 담는다. 작은 토마토에 십자로 칼집을 내어 꽃 모양으로 펼친 뒤 가운데에 한 개씩 얹는다.

salade aux anchois à la suédoise 살라드 오 장슈아 아 라 쉬에두아즈

스웨덴식 안초비 샐러드 : 새콤한 사과 500g의 껍질을 벗기고 주사위 모양으로 썬 다음 레몬즙을 뿌려둔다. 익힌 붉은 비트를 동량(무게 기준)으로 준비하여 같은 주사위 모양으로 썬다. 사과와 비트에 맵지 않은 머스터드를 첨가한 비네그레트 소스를 넣고 잘 버무려 섞는다. 서빙 용기에 수북하게 담은 뒤 소금기를 제거한 안초비 필레, 삶은 달걀(흰자와 노른자를 분리해 다진 것), 얇게 썰어 데친 양송이버섯을 얹어 장식한다.

salade Argenteuil ▶ ARGENTEUIL

알랭 상드랭스(ALAIN SENDERENS)의 레시피

salade d'avocat Archestrate 살라드 다보카 아르케스트라트

아르케스트라토스 아보카도 샐러드 : 셀러리 한 다발의 속대만 잘라내어 가늘게 채 썬다. 아티초크 속살 밑동(밀가루와 레몬즙을 넣은 물에 익힌 뒤 식힌 것) 3개와 토마토 3개의 과육을 주사위 모양으로 썬다. 아보카도 4개를 둘로 갈라 씨를 제거하고 과육을 덩어리로 빼낸 뒤 슬라이스하고 레몬즙을 뿌려둔다. 재료를 모두 볼에 넣고 비네그레트로 드레싱한 다음 샐러드 서빙 그릇에 담는다. 잘게 썬 허브를 뿌린다.

salade de betterave à la scandinave 살라드 드 베트라브 아 라 스칸디나브

스칸디나비아식 비트 샐러드 : 비트를 오븐에 익힌 뒤 껍질을 벗기고 일정한 크기의 큐브 모양으로 자른다. 양파는 껍질을 벗긴 뒤 링 모양으로 슬라이스해 하나씩 분리한다. 삶은 달걀을 세로로 등분한다. 파슬리를 잘게 썬다. 달콤한 양념의 훈제청어 필레 또는 스칸디나비아식으로 달콤하게 절인 청어를 적당한 크기로 토막 낸다. 비트를 볼에 넣고 머스터드의 강한 맛이 나는 비네그레트 소스로 드레싱한 뒤 서빙 그릇에 담는다. 청어, 삶은 달걀, 양파를 얹어 장식한 다음 잘게 썬 파슬리를 뿌린다.

salade de bœuf 살라드 드 뵈프

소고기 샐러드 : 소고기 수육 250g을 5mm 두께로 슬라이스한다. 소금을 넣은 물에 작은 감자 6개를 삶아 얇고 동그랗게 슬라이스한 다음, 뜨거울 때 소금, 후추로 간하고 화이트와인 150mℓ와 오일 1테이블스푼을 넣는다. 이 소스가 잘 스며들도록 감자를 중간중간 뒤집어 섞는다. 토마토 3~4개를 얇고 동그랗게 슬라이스한다. 양파 1개를 아주 얇게 썬다. 샐러드 서빙 그릇에 감자를 수북이 담고 소고기 슬라이스를 빙 둘러 놓는다. 토마토 슬라이스도 빙 둘러 담은 뒤 양파와 다진 처빌 1스푼을 얹어 장식한다. 머스터드 맛이 강한 비네그레트 소스를 뿌린다.

salade Carbonara 살라드 카르보나라

카르보나라 샐러드 : 마카로니 125g을 팔팔 끓는 물에 10분간 삶아 건진 뒤 바로 올리브오일 1테이블스푼을 넣고 버무려둔다. 아주 되직한 마요네즈 1공기 분량을 만든 다음 매운맛이 강한 머스터드 1티스푼, 파프리카 가루 1/2티스푼, 레몬즙 1개 분량을 넣어 섞는다. 식은 마카로니와 마요네즈를 볼에 넣고 섞는다. 굵게 다진 헤이즐넛 1컵, 작은 막대 모양으로 썬 미몰레트 치즈 100g, 아주 얇게 송송 썬 셀러리 2컵을 넣고 섞는다. 큰 사이즈의 반구형 유리 볼에 양상추잎 몇 장을 깔고 이 샐러드를 담는다. 링 모양으로 썬 스위트 양파와 통 헤이즐넛 몇 알을 얹어 장식한다.

salade de carotte à l'orange 살라드 드 카로트 아 로랑주

오렌지를 넣은 당근 샐러드 : 당근 500g의 껍질을 벗긴 뒤 채칼로 가늘게 썬다. 오렌지 4개를 도마에 놓고 속껍질까지 칼로 한 번에 잘라낸 다음 과육 세그먼트만 도려내 작은 주사위 모양으로 썬다. 아주 큰 사이즈의 스위트 양파 2개를 준비해 껍질을 벗긴 뒤 얇게 썰어 링 모양의 켜를 분리해 둔다. 샐러드 서빙 그릇에 당근 채를 수북이 담은 뒤 레몬즙을 넣은 비네그레트 소스를 뿌린다. 잘게 썬 오렌지를 넣고 잘 섞은 뒤 양파를 얹어 장식한다. 아주 차갑게 서빙한다.

salade de chicon, pomme verte aux langoustines et lanières de poulet ▶ ENDIVE

salade de chicorée aux lardons 살라드 드 시코레 오 라르동

라르동을 넣은 치커리 샐러드 : 베이컨 250g을 아주 가는 라르동 모양으로 썬 다음 버터에 노릇하게 지진다. 싱싱한 치커리 한 단을 씻어 물기를 제거한다. 머스터드 맛이 강한 비네그레트 소스를 넣고 살살 섞은 뒤 프라이팬의 뜨거운 베이컨 위에 붓는다. 마늘을 발라 향을 낸 뒤 작게 잘라 팬에 튀긴 크루통도 함께 넣고 섞은 뒤 바로 서빙한다.

salade de chou rouge 살라드 드 슈 루즈

적채 샐러드 : 적채 한 통을 준비해 겉의 큰 잎들을 떼어낸 다음 4등분으로 자르고 가운데 흰 심지 부분은 잘라낸다. 등분한 적채를 5mm 폭으로 가늘게 썰어 끓는 물에 5분간 데친다. 찬물에 식히고 건져 물기를 제거한다. 내열 용기에 적채를 넣고 끓는 레드와인 식초 200mℓ를 부은 뒤 잘 섞는다. 랩이나 뚜껑을 씌우고 5~6시간 정도 재운다. 적채를 건져 물기를 뺀 다음 소금, 후추, 오일을 넣고 버무려 간을 맞춘다.

salade de choucroute à l'allemande 살라드 드 슈크루트 아 랄르망드

독일식 슈크루트 샐러드 : 생 슈크루트 1kg을 잘 씻어 꼭 짠 다음 손으로 풀어 흩뜨린다. 이것을 냄비에 넣고 양파 큰 것 2~3개를 박아 넣은 뒤 소금, 후추를 뿌리고 육수 또는 기름 1테이블스푼을 넣은 물을 재료가 잠기도록 붓는다. 2시간 30분간 약한 불에서 끓인 뒤 건져 식힌다. 양파를 주사위 모양으로 썰어 슈크루트에 넣는다. 슈크루트를 꼭 눌러 짠 다음 비네그레트 소스로 고루 버무려 우묵한 그릇에 수북이 담는다. 세로로 등분한 삶은 달걀 조각들과 깍둑 썬 익힌 비트를 곁들인다.

salade de concombre au yaourt 살라드 드 콩콩브르 오 야우르트

요거트 드레싱 오이 샐러드 : 굵은 오이 한 개의 껍질을 벗기고 길게 반으로 갈라 씨를 제거한다. 반달 모양으로 아주 얇게 썬 다음 고운소금 1티스푼을 뿌리고 소쿠리에 받쳐 30분간 절이며 물을 뺀다. 흐르는 찬물에 재빨리 헹궈 물기를 닦아낸 뒤 요거트 소스 3테이블스푼을 넣고 잘 섞는다.

salade de crudités 살라드 드 크뤼디테

생 채소 샐러드 : 토마토 2개, 셀러리 3줄기, 펜넬 1개, 양상추 1송이를 손질하고 씻는다. 비트 1개의 껍질을 벗긴 뒤 작은 주사위 모양으로 썬다. 피망 2개를 반으로 잘라 씨와 흰색 심 부분을 제거한 다음 가는 띠 모양으로 썬다. 펜넬과 셀러리 줄기도 얇게 썰고, 토마토는 둥글게 슬라이스한다. 파슬리 작은 한 송이를 씻어서 다진다. 서빙 접시 바닥에 양상추잎 몇 장을 깔고 그 위에 펜넬, 비트, 셀러리, 피망을 다발처럼 만들어 놓는다. 접시 중앙에 그린올리브와 블랙올리브 10개를 놓고 토마토 슬라이스로 전체를 빙 두른다. 비네그레트 소스를 고루 끼얹은 다음 파슬리를 뿌려 서빙한다.

salade demi-deuil 살라드 드미 되유

드미 되유 샐러드 : 감자 600g을 물에 삶아 건져 한 김 식힌 뒤 껍질을 벗기고 둥글게 슬라이스한다. 송로버섯 100g을 채 썬다. 머스터드 1테이블스푼과 생크림 50mℓ을 혼합하고 소금, 후추로 간한 뒤 감자에 넣고 잘 섞는다. 비네그레트 소스로 버무린 양상추잎을 서빙 그릇에 깔아 장식한 다음 소스와 섞은 감자 샐러드를 담고 송로버섯 채를 얹어 서빙한다.

salade Du Barry 살라드 뒤 바리

뒤 바리 샐러드 : 색이 아주 흰 콜리플라워를 작은 송이로 떼어 분리한 다음 증기로 12분간 찐다. 완전히 식으면 샐러드 서빙 그릇에 수북이 담고 핑크 래디시와 다발로 묶친 크레송잎을 곁들여 놓는다. 레몬을 넣은 비네그레트 소스를 고루 끼얹고 잘게 썬 허브를 뿌려 서빙한다.

salade folichonne de céleri-rave aux truffes ▶ CÉLERI-RAVE

기 에파이야르(GUY ÉPAILLARD, LA ROCHELLE)의 레시피

salade de fruits de mer 살라드 드 프뤼 드 메르

해산물 샐러드 : 싱싱하고 큼직한 가시발새우 8마리를 오븐에 구운 뒤 껍데기를 벗긴다. 홍합 1kg과 꼬막 1kg을 입이 벌어질 때까지 삶은 뒤 껍데기를 까고 살만 발라놓는다. 가리비조개 4개를 익힌 뒤 살을 얇게 저민다. 브라운크랩을 익힌 뒤 살을 발라 잘게 찢어 놓는다. 흰색 치커리 한 송이, 쇠비름 약간, 양상추 속대를 씻어서 볼에 넣어 섞는다. 와인 식초, 소금, 레몬즙, 올리브오일을 섞어 드레싱을 만든 뒤 채소에 넣고 살살 버무린다. 4개의 접시에 채소 샐러드를 나누어 담는다. 해산물에 간을 한 다음 채소 위에 고루 얹는다. 아스파라거스 윗동(각 접시에 2줄기씩)과 슬라이스한 아보카도에 드레싱을 넣어 살짝 버무린 다음 각 접시에 얹어 장식한다. 다진 차이브, 파슬리, 처빌을 뿌린다.

Salade 샐러드

"그린 샐러드, 한 가지 재료로 만든 샐러드, 또는 혼합 샐러드 등 다양한 종류의 샐러드들은 각기 조리법이나 그 역할이 다르다.
포텔 에 샤보 또는 레스토랑 엘렌 다로즈 주방의 요리사들은 이러한 샐러드를 만들 때
장식적 요소와 색의 조화에 있어서도 자유로운 감각을 발휘하며 아름답게 플레이팅하고 있다."

미셸 게라르(MICHEL GUÉRARD)의 레시피

salade gourmande 살라드 구르망드

미식가의 샐러드 : 꼬투리 양쪽 끝을 다듬은 그린빈스 180g을 넉넉한 양의 끓는 소금물에 넣고 아삭한 식감이 남아 있도록 데쳐 삶는다. 건져서 얼음물에 10초간 담가 식힌 뒤 바로 건져내 물기를 제거한다. 그린빈스를 익힌 물에 아스파라거스 윗동 12줄기를 넣고 5~6분 동안 익힌다. 볼에 소금, 후추, 레몬즙 1티스푼, 올리브오일 1티스푼, 낙화생유 1티스푼, 셰리와인 식초 1티스푼, 처빌 1티스푼, 타라곤 1티스푼을 넣고 작은 거품기로 저어 혼합한다. 그린빈스, 아스파라거스, 얇게 슬라이스한 송로버섯 20g에 이 드레싱을 각각 따로 넣고 버무린다. 각 서빙 접시에 싱싱하고 모양이 좋은 상추잎을 한 장씩 깐 다음, 다진 샬롯을 조금 첨가한 그린빈스를 수북이 담고 아스파라거스 윗동을 그 위에 군데군데 놓는다. 푸아그라 60g을 얇게 슬라이스한 다음 채소 위에 보기 좋게 나누어 올린 뒤 동그란 송로버섯 슬라이스로 장식한다.

salade de haricots à écosser ▶ HARICOT À ÉCOSSER

salade de haricots verts 살라드 드 아리코 베르

그린빈스 샐러드 : 소금을 넣은 끓는 물에 그린빈스 500g을 삶는다(참조. p.447). 건져서 물기를 잘 닦은 뒤 원하는 길이로 자른다. 작은 흰 양파 4개를 얇게 썬다. 간을 세게 한 비네그레트 소스 50mℓ를 만든다. 재료를 모두 섞은 뒤 잘게 썬 이탈리안 파슬리 1테이블스푼을 뿌린다.

salade de lentilles tiède 살라드 드 랑티유 티에드

따뜻한 렌틸콩 샐러드 : 렌틸콩 1kg을 약간 살캉하게 삶는다. 잘게 썬 생삼겹살 라르동 250g을 끓는 물에 데쳐 물기를 뺀 뒤 버터에 노릇하게 지진다. 레드와인 1테이블스푼과 약간의 다진 샬롯을 첨가한 비네그레트 소스를 만든다. 렌틸콩을 건져 물기를 뺀 다음 따뜻하게 데운 우묵한 접시에 담는다. 라르동과 비네그레트 소스를 넣어 섞는다. 잘게 썬 파슬리를 뿌린다.

salade Montfermeil 살라드 몽페르메이

몽페르메이 샐러드 : 짤막하게 토막 낸 샐서피 뿌리 300g과 아티초크 속살 밑동 4개를 각각 따로 흰색 익힘액에 넣고 삶은 뒤 주사위 모양으로 썰어둔다. 감자 150g을 삶아 주사위 모양으로 썬다. 삶은 달걀 2개를 다진다. 작은 파슬리 한 송이와 타라곤잎 20장을 씻어 잘게 썬 다음 다진 달걀과 섞는다. 샐러드 용기에 샐서피, 아티초크, 감자를 넣고 흰색 머스터드를 넣은 비네그레트 소스를 끼얹어 섞은 뒤 다진 달걀과 허브를 뿌린다.

salade niçoise 살라드 니수아즈

니스식 샐러드 : 6인분

달걀 3개를 삶아 껍질을 깐다. 중간 크기의 토마토 10개를 세로로 등분한 뒤 씨를 빼고 소금을 살짝 뿌려둔다. 오이 1개의 껍질을 벗긴 뒤 얇고 둥글게 슬라이스한다. 작고 신선한 아티초크 12개의 겉잎을 떼어낸 뒤 속살에 레몬즙을 뿌리고 세로로 가늘게 가른다. 어린 잠두콩 200g의 깍지를 깐다. 청피망 2개와 신선한 방울양파 6개를 아주 가는 링 모양으로 썬다. 바질잎 6장을 칼로 다진다. 안초비 필레 12개를 각각 3~4조각으로 자른다(또는 참치 300g을 잘게 뜯어 사용한다). 삶은 달걀을 세로로 등분하거나 둥글게 슬라이스한다. 껍질을 깐 마늘 1톨로 큰 샐러드 볼의 바닥과 내벽을 문질러 향을 입힌다. 바질과 토마토를 제외한 모든 재료를 볼에 넣는다. 토마토는 건져서 물기를 뺀 다음 다시 소금 간을 살짝 한 뒤 볼에 넣어 섞는다. 작은 볼에 올리브오일 6테이블스푼, 셰리와인 식초 2테이블스푼, 바질, 소금, 후추를 섞어 비네그레트 소스를 만든다. 소스를 샐러드에 붓고 살살 섞는다. 차갑게 서빙한다.

장 피에르 비가토(JEAN-PIERRE VIGATO)의 레시피

salade d'oreilles de cochon confites 살라드 도레유 드 코숑 콩피트

돼지 귀 콩피 샐러드 : 돼지 귀를 끓는 물에 데치고 찬물에 식힌 뒤 깨끗이 닦아둔다. 코코트 냄비에 돼지 귀와 돼지기름, 양파 2개, 정향 2개, 타임, 월계수잎을 넣고 알루미늄 포일로 덮은 뒤 150°C로 예열한 오븐에서 중탕으로 3~4시간 동안 뭉근히 익힌다. 돼지 귀를 건져서 5mm 폭으로 가늘게 썬다. 냄비에 남은 돼지기름을 조금 덜어내 달군 팬에 넣고 가열한 뒤 돼지 귀를 넣고 바삭해질 때까지 튀기듯 볶는다. 다진 마늘 칼끝으로 아주 조금, 다진 파슬리, 잘게 썬 차이브, 약간의 빵가루를 넣는다. 셰리와인 식초로 드레싱한 채소샐러드 위에 얹어 낸다.

조엘 로뷔숑(JOËL ROBUCHON)의 레시피

salade pastorale aux herbes 살라드 파스토랄 오 제르브

허브를 넣은 전원풍 샐러드 : 오래 숙성된 와인 식초 12mℓ와 셰리와인 식초 12mℓ를 섞은 뒤 낙화생유 80mℓ를 가늘게 조금씩 넣으며 거품기로 잘 저어 섞는다. 이어서 후추와 송로버섯즙 20g을 넣고 잘 섞어 비네그레트 소스를 완성한다. 치커리 20g, 오크리프 20g, 롤로로사 상추 20g, 라디키오 20g, 바타비아 20g, 니스산 어린 잎채소 모둠 20g, 콘샐러드(마타리상추) 20g, 루콜라 20g, 크레송(물냉이) 10g, 마조람 8g, 처빌 10g, 바질 10g, 이탈리안 파슬리 10g, 세이지 8g, 회향 10g, 타라곤 10g, 작은 민트잎 4장, 작은 셀러리잎 4장을 씻어 준비한다. 샐러드 볼에 셀러리잎과 민트를 제외한 모든 잎채소와 허브를 넣고 살살 들어 올리듯이 섞는다. 다진 송로버섯을 넣고 다시 한 번 섞은 뒤 비네그레트 소스를 고루 뿌린다. 재료에 소스가 고루 묻도록 천천히 뒤적이며 섞는다. 개인용 서빙 접시 위에 수북이 담는다. 다진 송로버섯을 조금씩 얹은 뒤 맨 위에 셀러리잎과 민트잎을 각각 한 장씩 올린다. 오래 숙성된 와인 식초를 포크로 몇 방울 뿌린다.

베르나르 파코(BERNARD PACAUD)의 레시피

salade de perdrix au chou 살라드 드 페르드리 오 슈

양배추를 곁들인 자고새 샐러드 : 속이 꽉 찬 사보이 양배추를 큰 것으로 한 통 준비해 겉잎을 떼어낸다. 한 장씩 분리한 뒤 굵은 잎맥은 잘라낸다. 흐르는 물에 깨끗이 씻은 다음 소금을 넣은 물에 5분간 데친다. 찬물에 식힌 뒤 건져서 물기를 뺀다. 자고새 6마리의 깃털을 뽑고 내장을 제거한다(간은 따로 보관한다). 새를 각각 네 토막으로 자른다. 이 레시피에서는 날개만 사용한다. 다리는 보관했다가 테린을 만드는 데 활용할 수 있다. 뼈를 발라내고 소금, 후추를 뿌린다. 모양이 온전하고 살이 단단한 포치니 버섯 작은 것 500g을 젖은 행주로 깨끗이 닦은 뒤 도톰하게 썬다. 소테팬에 얇은 베이컨 슬라이스 6조각을 지진 다음 자고새 날개 살과 간을 넣고 6분간 함께 익힌다. 이어서 포치니 버섯을 넣는다. 뚜껑을 덮고 5분 동안 찌듯이 익힌 뒤 모두 덜어내어 따뜻하게 보관한다. 그 소테팬에 셰리와인 식초 100mℓ를 넣어 디글레이즈한 다음 굵직하게 빻은 후추를 넣고 졸인다. 여기에 헤이즐넛 기름 100mℓ를 조금씩 넣으며 거품기로 잘 저어 완전히 혼합한다. 양배추잎을 이 소스에 한번 넣었다 건져 서빙용 접시에 깐 다음 그 위에 베이컨 슬라이스, 자고새 날개와 간, 포치니 버섯을 올리고 잘게 썬 쪽파를 뿌린다.

salade de pissenlit au lard 살라드 드 피상리 오 라르

라르동을 얹은 민들레 샐러드 : 민들레잎 250g을 씻어 물기를 제거한다. 염장 삼겹살 또는 훈제 베이컨 150g을 라르동 모양으로 깍둑 썰어 팬에 노릇하게 지진다. 흰색 식초 1티스푼, 오일 2테이블스푼, 소금, 후추를 혼합해 비네그레트 소스를 만든다. 민들레잎을 넣고 소스에 넣고 고루 섞는다. 팬에 지진 라르동에 식초 1테이블스푼을 넣고 나무 주걱으로 잘 저어 섞는다. 팬의 바닥까지 긁어 덜어낸 뒤 뜨거운 상태로 민들레잎 샐러드 위에 올린다.

필립 브룬(PHILIPPE BRAUN)의 레시피

salade de pommes de terre et pieds de porc truffés 살라드 드 폼 드 테르 에 피에 드 포르 트뤼페

감자와 송로버섯을 넣은 돼지 족 샐러드 : 하루 전날, 돼지 정강이 살 50g, 돼지 간 25g, 돼지 목구멍 살 75g, 붉은 염장우설 25g을 작은 주사위 모양으로 썰어 밑간을 한 뒤 밀폐용기에 넣어 냉장고에 보관한다. 고기를 모두 합하여 8호 절삭망(구멍 지름 약 4.5mm)을 끼운 정육 분쇄기에 두 번 갈아낸 다음 달걀 1/2개, 다진 송로버섯 50g, 굵게 빻은 검은 통후추 1g을 넣고 주걱으로 잘 치대어 섞는다. 삶아 익힌 뒤 뼈를 제거하고 잘게 썰어 한 김 식힌 돼지 족 500g을 혼합물에 넣고 잘 섞는다. 혼합물을 길쭉하게 굴려 밀어 지름 4cm의 김밥 모양 두 개(각 350g)를 만든 다음 주방용 랩으로 단단

히 말아 20분간 찜통에 찐다. 식힌 뒤 냉장고에 보관한다. 껍질째 익힌 감자(belles de Fontenay 품종) 1kg의 껍질을 벗긴 뒤 4mm 두께로 둥글게 썬다. 냉장고에 넣어두었던 돼지 족 소시지도 꺼내서 랩을 벗긴 뒤 같은 두께로 썬다. 지름 35mm 원형 커터를 이용해 감자와 돼지 족 소시지를 균일한 크기로 동그랗게 찍어낸다. 송로버섯으로 향을 낸 오일 250mℓ, 오래 숙성한 레드와인 식초 50mℓ, 셰리와인 식초 50mℓ, 소금 7g을 혼합해 만든 비네그레트 소스에 감자와 돼지 족을 슬쩍 버무린 다음 한 조각씩 교대로 조금씩 겹쳐가며 각 접시 중앙에 꽃 모양으로 빙 둘러 담는다. 차이브와 다진 송로버섯을 뿌려 서빙한다.

salade Rachel 살라드 라셸

레이첼 샐러드 : 셀러리 줄기를 씻은 뒤 질긴 섬유질을 벗겨내고 적당한 크기의 토막으로 썬다. 깎아 다듬은 아티초크 속살 밑동과 감자를 소금물에 삶은 뒤 주사위 모양으로 썬다. 세 가지 채소를 동량으로 섞은 뒤 간을 강하게 만든 마요네즈를 넣고 버무린다. 샐러드 서빙 그릇에 수북이 담고 소금물에 익힌 아스파라거스 윗동을 곁들여 놓는다.

알랭 상드랭스(ALAIN SENDERENS)의 레시피

salade de raie 살라드 드 레

홍어 날개지느러미 샐러드 : 물에 식초, 후추, 타임을 넣고 끓인 뒤 홍어(또는 가오리) 날개지느러미 한 개(약 800g짜리)를 넣고 6~8분 동안 데쳐 익힌다. 와인 식초 1테이블스푼, 올리브오일 3테이블스푼, 잘게 썬 샬롯 2개, 잘게 썬 허브, 소금, 후추를 혼합해 비네그레트 소스 만든다. 어린 잎채소를 이 소스로 드레싱한 다음 오븐 앞에 두어 따뜻하게 만든다. 홍어가 익으면 껍질을 벗기고 결대로 가늘게 찢어 샐러드에 넣는다. 레몬 1개의 제스트와 씨를 뺀 토마토 과육을 잘게 다진 뒤 샐러드 위에 고루 뿌린다. 재료를 잘 섞어 서빙한다.

salade reine Pédauque 살라드 렌 페도크

페도크 여왕 샐러드 : 더블 크림 200mℓ, 오일 2테이블스푼, 머스터드 1티스푼, 레몬즙 2테이블스푼, 파프리카 가루 1티스푼, 소금을 섞어 소스를 만든다. 양상추 속대를 세로로 등분하여 총 12조각을 원형접시에 빙 둘러놓은 다음 이 소스를 끼얹는다. 중앙에는 가늘게 채 썬 양상추를 기본 비네그레트 소스로 버무려 채우고 씨를 뺀 굵은 생체리를 몇 개 올린다. 양상추 속대에 오렌지 과육 세그먼트를 한 개씩 올려 장식한다.

salade au roquefort ou à la fourme d'Ambert 살라드 오 로크포르 우 아 라 푸름 당베르

로크포르 치즈 또는 푸름 당베르 치즈를 넣은 샐러드 : 로크포르 또는 푸름 당베르 치즈 50g을 으깬 뒤 프티 스위스(petit-suisse) 크림 치즈 1개와 생크림 2테이블스푼을 넣고 섞는다. 여기에 타바스코 몇 방울, 코냑 1티스푼, 소금 아주 조금, 원하는 만큼의 후추를 더한 뒤 잘 혼합한다. 샐러드 채소에 이 치즈 소스를 넣고 잘 섞어 바로 서빙한다.

장 이브 쉴랭제(JEAN-YVES SCHILLINGER)의 레시피

salade de saint-jacques sur un céleri rémoulade aux pommes et marinière de coques, vinaigrette aux fruits de la Passion 살라드 드 생 자크 쉬르 앙 셀르리 레물라드 오 폼에 마리니에르 드 코크, 비네그레트 오 프뤼 드 라 파시옹

사과를 넣은 셀러리 레물라드와 가리비조개 샐러드, 꼬막 마리니에르, 패션프루트 비네그레트 : 4인분

셀러리악 1개와 그래니 스미스 사과 1개를 채칼로 가늘게 썰어 마요네즈에 버무린다. 큰 사이즈의 싱싱한 가리비조개 살 12개를 논스틱 팬에 지진다(너무 오래 익히지 않는다). 적당한 냄비에 올리브오일을 아주 뜨겁게 달군 뒤, 흐르는 물에 씻어둔 꼬막 500g을 넣고 뚜껑을 덮는다. 가끔씩 저으며 익힌다. 조개가 모두 입을 열면 불에서 내린 뒤 국물을 조심스럽게 따라 체에 걸러둔다. 꼬막 살을 발라둔다. 이 국물은 조개를 다시 데울 때 사용한다. 패션프루트를 반으로 잘라 포크로 과육과 씨를 긁어내 올리브오일 100mℓ, 셰리와인 식초 1테이블스푼과 섞는다. 간을 맞춘다. 접시 가운데에 링을 놓고 그 안에 셀러리 레물라드를 채운 뒤 살짝 데운 꼬막 살을 얹는다. 가리비 조개를 반으로 저며 비네그레트 소스에 버무린 다음 꽃모양으로 둘러 얹는다. 링을 제거하고 패션프루트 비네그레트를 빙 둘러 끼얹은 뒤 서빙한다.

salade de topinambours aux noisettes 살라드 드 토피낭부르 오 누아제트

헤이즐넛을 넣은 돼지감자 샐러드 : 돼지감자의 껍질을 벗긴 뒤 소금을 넣은 화이트와인에 넣어 10분간 익힌다. 건져서 물기를 제거한 다음 적당한 두께로 슬라이스한다. 샐러드용 그릇에 돼지감자를 넣고 오일, 머스터드, 레몬즙, 소금, 후추로 만든 비네그레트로 드레싱한다. 굵직하게 다진 헤이즐넛을 고루 흩뿌린다.

salade de volaille à la chinoise 살라드 드 볼라이 아 라 시누아즈

중국식 가금류 샐러드 : 익힌 오리 살코기 200g을 가늘게 채 썬다(로스트한 경우 껍질도 함께 사용한다). 목이버섯 7~8개와 표고버섯 2~3개를 따뜻한 물에 30분 정도 담가 불린 다음 헹구어 물기를 짠 뒤 4등분한다. 숙주 500g을 끓는 물에 데쳐 바로 찬물에 식힌 뒤 건져서 물기를 닦아준다. 겨자 1티스푼, 설탕 1티스푼, 케첩 1디저트스푼, 간장 1테이블스푼, 식초 1테이블스푼, 검은 후추 1자밤, 생강가루 1/2티스푼, 타임 1자밤, 월계수잎 가루 1자밤, 다진 마늘 1톨, 참기름 3티스푼, 경우에 따라 청주(또는 코냑) 1테이블스푼을 섞어 소스를 만든다. 오리고기, 버섯, 숙주를 섞은 뒤 소스를 끼얹어 버무린다. 샐러드용 서빙 그릇에 담고 잘게 썬 고수를 한 스푼 뿌려 바로 서빙한다.

SALADE DE FRUITS 살라드 드 프뤼 과일 샐러드. 여러 가지 과일(작은 과일은 통째로, 큰 것은 다양한 모양으로 잘라 사용한다)로 만든 차가운 디저트로 일반적으로 향이 있는 시럽, 오드비 또는 리큐어를 첨가해 풍미를 더한다. 열대 및 이국적 과일 또는 유럽에서 나는 다양한 과일 생으로 또는 말린 과일을 불려서 사용하며 레시피에 따라 시럽 등에 데친 뒤 식혀서 만드는 경우도 있다. 과일 샐러드는 종종 과일이나 바닐라 베이스의 아이스크림이나 소르베에 곁들이기도 한다.

salade exotique au citron vert 살라드 에그조티크 오 시트롱 베르

라임향의 열대과일 샐러드 : 잘 익은 파인애플의 껍질을 칼로 잘라 벗긴 뒤 과육만 깍둑 썬다. 망고 3개의 껍질을 벗기고 씨를 제거한 다음 과육을 얇게 썬다. 바나나 3개의 껍질을 벗겨 동그랗게 썬 다음 라임즙에 한 번 굴려준다(담가두진 않는다). 재료를 모두 볼에 넣고 설탕 3~4테이블스푼을 뿌린 뒤 냉장고에 최소 3시간 이상 넣어두었다가 서빙한다.

salade de fruits 살라드 드 프뤼

과일 샐러드 : 8인분

냄비에 물 500mℓ, 설탕 100g, 길게 반으로 갈라 긁은 바닐라빈 1줄기, 길이 6cm의 오렌지 제스트 3조각과 레몬 제스트 2조각을 넣고 끓을 때까지 가열한다. 불에서 내린 뒤 민트잎 10장을 넣고 15분간 향을 우린 뒤 체에 거른다. 식혀서 냉장고에 넣어둔다. 자몽 1개, 오렌지 3개를 도마에 놓고 칼로 속껍질까지 잘라낸 다음 속 껍질막 사이의 과육 세그먼트만 도려낸다. 복숭아 6개와 살구 6개를 반으로 잘라 씨를 제거한다. 파인애플 1개의 껍질을 잘라낸 뒤 반으로 갈라 아주 얇게 슬라이스한다. 망고 3개의 껍질을 벗기고, 파파야 3개는 껍질을 벗긴 뒤 안의 씨를 모두 제거한다. 망고와 파파야 과육을 얇게 슬라이스한다. 과일을 모두 볼에 넣은 뒤 붉은색과 검은색 베리류 과일(블랙 커런트. 딸기, 라즈베리, 레드 커런트, 블랙베리) 300g을 넣고 섞는다. 8개의 작은 잔에 나누어 담고 식혀둔 시럽을 끼얹는다. 각 잔마다 잘게 썬 민트잎을 3장씩 올린다.

장 플뢰리(JEAN FLEURY)의 레시피

salade d'oranges maltaises aux zestes confits 살라드 도랑주 말테즈 오 제스트 콩피

오렌지 제스트 콩피를 곁들인 말테즈 오렌지 샐러드 : 냄비에 설탕 250g, 그르나딘 시럽 200mℓ, 물 250mℓ, 레몬즙 1개분을 넣고 끓여 시럽을 만든다. 튀니지산 말테즈 오렌지 3kg을 깨끗이 씻은 뒤 껍질의 주황색 제스트만 필러로 벗긴다. 흰색 속껍질은 그대로 둔다. 이 제스트를 가늘게 채 썬 다음 시럽에 넣고 아주 약하게 끓는 상태로 1시간 동안 조린다. 냄비째 그대로 식힌 다음 냉장고에 보관한다. 오렌지 속껍질을 벗겨 속살 세그먼트만 도려낸다. 샐러드 서빙용 그릇에 담고 제스트를 절인 시럽을 오렌지 높이만큼 붓는다. 콩피한 오렌지 제스트를 얹어 장식한 뒤 바로 서빙한다.

SALADE RUSSE 살라드 뤼스 러시안 샐러드. 다양한 채소를 작은 큐브 모양으로 썰어 혼합한 마세두안에 마요네즈를 넣어 버무린 샐러드를 지칭하며, 레시피에 따라 생선이나 고기를 첨가하기도 한다. 재료는 다양하게 바꿔 사용할 수 있지만 기본 조건은 되도록 여러 가지 종류를 혼합해야 하고, 소스는 간이 비교적 강해야 한다는 점이다.

salade russe 살라드 뤼스

러시안 샐러드 : 감자, 당근, 순무를 물에 삶아 익힌 뒤 아주 작은 주사위 모양으로 썬다. 그린빈스도 물에 데쳐 익힌 뒤 작게 송송 썬다. 볼에 재료를 모두 동량으로 넣은 뒤 물기를 완전히 제거한 통조림 완두콩을 넣는다. 마요네즈를 넣고 고루 버무린 뒤 샐러드 서빙 그릇에 수북이 담는다. 가늘게 채 썬 염장우설과 송로버섯으로 장식한 다음 랍스터나 닭새우살을 작게 깍둑썰어 가운데에 올린다.

SALADIER 살라디에 샐러드 서빙 용기. 윗면 둘레가 살짝 벌어진 모양의 손잡이가 없는 우묵한 그릇으로 일반적으로 샐러드를 덜어 담기 위한 서빙용 포크와 스푼이 구비되어 있다.

SALAGE 살라주 소금에 절이기, 염장. 주로 돼지고기와 일부 생선에 적용되는 보존 방식 중 하나로 종종 훈연 또는 건조와 연계해 이루어진다. 고대 로마인들이 널리 애용했던 아주 오랜 역사의 이 보존기술은 중세에 이르러 큰 발전을 이룬다. 오늘날 마른 소금 또는 염수에 절이는 작업은 몇몇 특정 식품에 적용된다.

- ANCHOIS 안초비. 멸치를 씻은 뒤 소금에 넣어 6~8개월간 절여 숙성한다.
- HARENGS, SPRATS, SAUMONS, ANGUILLES 청어, 스프랫(작은 청어), 연어, 장어. 생선을 마른 소금 또는 소금물에 절이고 이어서 훈연한다.
- MORUE 염장대구. 대구의 한쪽을 갈라 납작하게 편 다음 가시를 제거하고, 살의 흰색을 유지시켜주는 무수아황산을 첨가한 소금을 켜켜이 채워 쌓아둔다. 최소 30일 이상 절인다.
- JAMBONS 햄. 생햄과 베이컨은 아질산염을 첨가한 마른 소금을 문지른 다음(경우에 따라 아질산염을 첨가한 소금물을 주입하는 염지과정이 추가되기도 한다) 염장용 통 안에 쌓아둔다. 염장 과정에서 물이 생기기 때문에 절이는 덩어리들을 10~15일 간격으로 옮겨주어야 한다. 염장에는 40~60일 정도가 소요된다. 익힌 햄의 경우는 큰 통 안에 넣고 염수를 부어 채운 뒤 3~5°C로 유지되는 온도에서 30~40일간 절인다. 소고기와 우설 또한 염장이 가능하다.
- FRUITS ET LÉGUMES 과일과 채소. 때로 그린빈스나 허브 등을 소금에 절이기도 하지만 절임방식이 사용되는 대표적인 음식은 양배추 절임인 슈크루트다. 그 외에 땅콩, 아몬드, 호두, 헤이즐넛 등의 견과류에 소금을 첨가하기도 한다.
- FROMAGES 치즈. 소금을 첨가하는 작업은 치즈 제조에서 매우 중요한 공정이다. 연성치즈의 경우 소금을 손으로 뿌려두면 유청이 빠지는 시간을 줄일 수 있으며, 가열 또는 비가열 압착치즈(경성, 반경성)의 경우는 소금물에 담가 두어 외피의 형성을 돕는다. 소금물에 절이는 과정을 반복할수록 외피는 더욱 두껍고 단단해진다. 일부 프레시 치즈는 첨가하는 소금 비율을 조절하거나(반 가염치즈) 염도를 낮춘 소금물에 담가두기도 한다(지중해 지역의 염소젖 또는 양젖 치즈).

SALAISON 살레종 식품의 보존을 목적으로 소금을 첨가하는 행위를 뜻하며, 더 확대된 의미로 마른 소금 또는 소금물로 염장 처리한 식품(고기나 생선) 자체를 지칭하기도 한다.

SALAMANDRE 살라망드르 살라만더 그릴. 윗면에서 열을 방사하는 전기 또는 가스 조리기구로 주로 레스토랑 주방에서 전문 요리사들이 일부 짭짤한 요리나 달콤한 디저트의 겉을 윤기나게 마무리하거나 그라탱처럼 구울 때 또는 표면을 캐러멜라이즈할 때 많이 사용한다. 오븐을 브로일러 모드로 세팅한 뒤 문을 약간 열어두면 살라만더 그릴과 비슷한 효과를 낼 수 있다.

SALAMI 살라미 이탈리아의 샤퀴트리 제품의 한 종류로, 곱게 분쇄한 돼지고기(또는 혼합육)에 다양한 굵기의 입자로 된 지방을 넉넉한 비율로 고루 분포되게 혼합한 소를 채운 건조 소시지이다. 프랑스의 말린 소시지인 소시송과 매우 비슷하지만 살라미가 일반적으로 더 굵직하다(**참조** p.787 소시송 도표). 이탈리아에는 살라미의 원산지에 따라 밀라네제, 피오렌티노, 디 펠리노, 디 파브리아노, 디 세콘딜리아노, 칼라브레제 등 다수의 명칭이 존재한다. 살라미는 레드와인으로 향을 내거나, 훈연하거나, 펜넬, 파슬리, 마늘 등의 향신료로 풍미를 더할 수 있으며 다진 고추를 넣어 매콤한 맛을 더하기도 한다. 또한 거위나 멧돼지 고기로 만든 살라미도 있다. 프랑스에서의 스트라스부르 살라미(또는 알자스 소시송)는 대부분 소고기(살코기)와 돼지고기(지방)을 혼합해 만든 훈제 소시송으로 좀 더 가는 편이다.

독일, 오스트리아, 스위스, 덴마크, 헝가리 등지에서도 살라미를 만든다. 가장 유명한 살라미는 덴마크 살라미(진한 붉은색을 낸 염장 훈제 살라미)와 헝가리 살라미(파프리카로 색을 낸 훈제 살라미로 때로 말이나 소의 창자를 케이싱으로 사용하기도 한다)이다. 이 샤퀴트리는 대개 아주 얇게 슬라이스해서 차가운 오르되브르 플레이트에 곁들인다. 또한 샌드위치, 카나페에 얹어 먹거나 피자 토핑으로 사용하기도 한다.

SALAMMBÔ 살랑보 슈 반죽으로 만든 작은 파티스리의 일종으로 안에는 키르슈로 향을 낸 크렘 파티시에를 채워 넣는다. 반죽을 큰 달걀 모양으로 짜 오븐에 굽고 크림을 채운 뒤 연두색 퐁당 슈거로 윗면을 아이싱하고 한쪽 끝에 초콜릿 버미셀리(스프링클)를 뿌린다.

SALÉ 살레 짠, 짠맛의. 음식의 소금기와 접촉했을 때 입안에서 느끼는 특징적인 맛을 지칭하는 수식어이다. 짠맛은 단맛, 쓴맛, 신맛과 함께 4대 기본 맛 중 하나다. 소금이 들어 있지 않은 음식에서는 맛을 느끼기가 어렵다. 소금은 가장 긴 역사를 가진 양념으로 알려져 있으며 오래전부터 고기나 생선의 보존제로도 사용되어 왔다(**참조** SALAGE).

SALÉE 살레 프랑스어권 스위스의 달콤한 파티스리 중 하나로, 발효 반죽으로 만든 둥근 갈레트 형태이며 가운데에는 크림과 설탕을 넉넉히 채워 넣는다.

SALERS 살레르 매우 건조한 외피를 가진 비가열 압착 AOC 치즈(**참조** p.392 프랑스 치즈 도표). 오베르뉴 지방의 해발 800m 이상되는 고랭지 하계 목장에서 5월에서 10월까지 생산되며 지름 38~48cm, 높이 45cm의 원통형으로 무게는 30~40kg 정도다. 풍미가 강하고 과일향이 난다.

SALERS (VIANDE) 살레르(육류) 마시프 상트랄 산악 지방의 토속 소 품종으로 진한 적갈색을 띠고 있으며 비교할 수 없을 만큼 섬세한 육질과 맛으로 프랑스는 물론 미국의 고기 애호가들에게 인기가 매우 높다. 원래 이 잡종 소에서 나온 우유는 주로 캉탈과 살레르 치즈를 만드는 데 쓰였다.

SALICORNE 살리코른 함초, 퉁퉁마디. 명아주과에 속하는 작은 다육질 식물로 짭조름한 즙이 차 있어 통통하며 망슈에서 노르웨이에 이르는 대서양 연안과 카마르그의 염분이 많은 습지에서 자란다(**참조** p.660 해초 도표, p.659 도감). 이 이름은 뿔처럼 생긴 모습에서 따온 것으로 소금의 뿔(en corne de sel)이라는 뜻이다. 7월 중순경에 수확할 수 있으며 선명한 녹색을 띠는 끝부분은 연해서 샐러드로 먹거나 그린빈스처럼 익혀 먹는다. 또는 식초에 절여 코르니숑처럼 곁들인 반찬이나 양념으로 먹기도 한다.

SALIÈRE 살리에르 소금통, 소금 용기. 고운소금을 테이블 위에 내기 위해 사용되는 작은 용기. 옛날에는 속을 파낸 빵 조각에 소금을 담아냈는데 이후 은제 세공품으로 된 소금통이 등장했으며, 안에 담긴 양념이 귀한 것이었기 때문에 이들 중에는 열쇠로 잠그는 형태도 있었다. 오늘날 고운소금을 담는 통은 대개 구멍 뚫린 금속 뚜껑을 씌운 작은 유리병을 사용하며 굵은소금은 작은 단지 모양의 볼이나 후추처럼 갈아 쓰는 그라인더 병에 담아 사용한다.

SALINITÉ 살리니테 염도. 액체(와인 또는 물)안에 함유되어 있는 소금의 양. 염도는 병의 라벨에 표시된다.

SALMIS 살미 깃털 달린 수렵육(멧도요, 청둥오리, 꿩, 자고새 새끼), 오리, 비둘기 또는 뿔닭으로 만든 스튜의 일종. 먼저 오븐에 구워 2/3 정도 익힌 고기를 잘라내어 스튜로 조리한다. 이 단어는 17세기에 사용되던 살미공디(salmigondis, 한번 익힌 다양한 고기를 다시 뜨겁게 데워 만든 스튜 요리를 지칭했다)를 줄인 말이다.

salmis de bécasse 살미 드 베카스

멧도요 살미 : 오븐을 240°C로 예열한다. 멧도요 2마리의 깃털을 뽑고 손질한 뒤 불에 그슬려 잔털과 깃털 자국을 제거한다. 소금, 후추로 밑간을 하고 겉에 버터를 바른 다음 소테팬에 넣고 오븐에서 8~10분 동안 초벌구이(vert-cuit, 거의 블루 레어 상태로 익힌다)한다. 멧도요를 꺼내 길게 반으로 자르고(한 덩어리에 날개 1개와 다리 1개) 내장(창자 포함)을 꺼내 따로 보관한다. 반 마리씩 자른 멧도요의 껍질을 벗기고 몸통뼈를 조심스럽게 모두 발라낸 뒤 버터를 발라둔 스튜용 낮은 냄비에 넣는다(냄비째로 식탁에 서빙할 수 있는 냄비를 선택하는 것이 좋다). 멧도요 덩어리에 플랑베한 코냑을 뿌린 뒤 뚜껑을 덮고 아주 약한 불 위에 올려 뜨겁게 유지한다. 벗겨둔 멧도요 껍질을 잘게 다지고 뼈와 자투리 부위들을 모두 잘게 썰어 멧도요를 초벌로 익힌 소테팬에 넣고 살짝 노릇한 색이 나도록 볶는다. 잘게 썬 샬롯 2개와 굵게 부순 통후추 4~5알을 넣고 수분이 나오도록 볶은 다음 드라이한 화이트와인 200mℓ를 넣고 졸인다. 리에종한 갈색 수렵육 육수(또는 리에종한 갈색 송아지 육수) 400mℓ를 붓고 약 12분간 약한 불에서 졸인다. 작은 양송이버섯 갓 24개를 버터에 볶아 멧도요가 든 냄비에 넣는다. 소스를 체에 거른다. 뼈와 건더기를 국자로 세게 눌러주며 육즙을 최대한 추출한다. 거른 소스를 다시 끓을 때까지 가열한 다음, 다져 놓은 멧도요 내장과 창자를 넣는다. 간을 맞춘다. 다시 한 번 체에 거른 뒤 버터 40g을 넣고 섞는다. 거품기로 휘젓지 않는다. 멧도요와 양송이버섯 위에 이 소스를 붓고 송로버섯 슬라이스를 한 조각씩 올린다. 버터에 튀기듯 지진 빵 크루통 4개에 송로버섯을 넣은 푸아그라 퓌레를 넉넉히 바른 뒤 냄비 가장자리에 빙 둘러 놓는다. 아주 뜨겁게 서빙한다.

salmis de faisan ▶ FAISAN

SALOIR 살루아르 소금절이 통. 돼지고기를 소금에 절일 때 사용하는 용기. 옛날에는 나무로 된 큰 단지를 사용했으나 오늘날에는 시멘트나 흙으로 만든 큰 항아리 또는 플라스틱 소재로 된 통을 주로 사용한다.

SALON DE THÉ 살롱 드 테 티 하우스, 티 살롱. 각종 차, 코코아, 커피, 비알콜성 음료, 케이크, 때로는 일부 짭짤한 파티스리나 달걀 요리, 샐러드, 샌드위치, 크로크무슈 등까지도 즐길 수 있는 업소로 주로 오후 티타임이나 점심시간에 많이 이용한다. 영국, 독일, 오스트리아, 벨기에 등지에서는 살롱 드 테를 즐기는 문화가 프랑스보다 더 많이 보급되어 있으며, 오전부터 이용하기도 한다.

SALONS ET EXPOSITIONS CULINAIRES 살롱, 엑스포지시옹 퀼리네르 요리 박람회, 식품 전시회. 식품 분야의 새로운 장비, 제품, 서비스 등을 소개하는 목적으로 열리는 행사다. 1914년까지 파리에서는 두 개의 큰 이벤트인 '요리 박람회(le Salon culinaire)'와 '국제 식품위생 박람회(l'Exposition internationale d'alimentation et d'hygiène)'가 개최되었다. 서로 경쟁관계에 있던 이 두 행사들은 특히 화려한 장식의 성대한 요리들을 선보이는 무대였다. 오늘날에는 중요한 음식 관련 국제행사로 자리 잡은 국제 식품 박람회(SIAL)가 매년 파리에서 열린다. 몬트리올에서는 1933년부터 매년 퀘벡 요리 박람회(Grand Salon d'art culinaire de Québec)가 개최되는데 이는 북미권에서 가장 오래된 역사를 자랑하는 음식 분야 행사 중 하나다.

SALPÊTRE 살페트르 초석, 질산칼륨. 방부제로 사용되는 질산칼륨의 가리키는 일반적인 명칭이다. 초석은 흰색의 아주 작은 결정 형태로 옛날에는 지하 저장 창고나 석굴의 벽 등에서 석출되었으며 오늘날에는 공장에서 대량 제조된다. 강한 살균력을 지닌 물질로 아주 오래전부터 식품(특히 샤퀴트리)의 보존 및 착색 효과를 위해 사용되었다. 염지 용액에 녹아 소금과 결합되며 매우 자극적인 짠맛을 갖고 있기 때문에 여기에 적어도 무게의 두 배 이상에 해당하는 설탕을 첨가한다. 초석은 또한 버터의 가염 과정에도 사용된다. 이 물질의 사용은 매우 엄격한 규제를 따른다.

SALPICON 살피콩 여러 가지 재료를 작은 주사위 모양으로 썰어 혼합한 것을 뜻한다. 채소, 고기, 가금류, 수렵육, 갑각류 해산물, 생선, 달걀 살피콩의 경우는 소스로 버무려 혼합하고, 과일 살피콩은 시럽이나 크림을 넣어 섞는다. 짭짤한 맛의 살피콩은 주로 바르케트, 부셰, 케스, 카나페, 카솔레트, 크루스타드, 크루트, 다르투아, 마자그랑, 프티 파테, 리솔, 타르틀레트, 탱발 등에 채워 넣거나 얹어내는 용도로 사용된다. 또한 코틀레트 콩포제(côtelettes composée, 다진 살코기나 생선을 뼈 있는 갈비 모양으로 빚은 패티의 일종), 크로메스키, 크로켓을 만들거나 수렵육, 달걀, 고기, 생선, 가금류 요리의 스터핑 재료 또는 가니시로 사용하기도 한다. 과일 살피콩은 생과일을 신선 상태 그대로 또는 시럽에 익히거나 설탕에 조려서 만들며 레시피에 따라 리큐어에 담가 절이는 경우도 많다. 이 살피콩은 다양한 앙트르메와 파티스리(브리오슈, 아이스크림 디저트, 크레프, 크루트, 쌀이나 세몰리나로 만든 케이크나 푸딩류, 제누아즈 스펀지케이크 등)에 곁들인다.

salpicon à l'américaine 살피콩 아 라메리켄

아메리칸 살피콩 : 닭새우 또는 랍스터살을 주사위 모양으로 썬 다음 뜨거운 상태에서 아메리칸 소스를 넣어 버무린다.

salpicon à la bohémienne 살피콩 아 라 보헤미엔

보헤미안 살피콩 : 푸아그라와 송로버섯을 작은 주사위 모양으로 썬다. 졸여 농축한 마데이라 와인 소스에 송로버섯 에센스를 첨가한 뒤 살피콩을 넣어 혼합한다.

salpicon à la cancalaise 살피콩 아 라 캉칼레즈

캉칼식 살피콩 : 굴을 데쳐 익힌 뒤 얇게 썰어 레몬즙에 절여둔 버섯(가능하면 야생버섯)과 섞는다. 뜨거울 때 노르망디 소스나 생선 블루테를 넣고 혼합한다.

salpicon à la cervelle 살피콩 아 라 세르벨

골 살피콩 : 양의 골을 데쳐 익힌 뒤 주사위 모양으로 썬다. 알레망드 소스, 베샤멜 소스 또는 블루테 소스를 넣고 혼합한다.

salpicon chasseur 살피콩 샤쇠르

샤쇠르 소스 살피콩 : 닭 간과 양송이버섯을 주사위 모양으로 썬다. 두 재료를 동량으로 혼합해 버터를 두른 팬에서 센 불로 소테한다. 걸쭉하게 졸인 샤쇠르 소스를 넣고 뜨거운 상태에서 잘 잘 버무린다.

salpicon de crêtes de coq 살피콩 드 크레트 드 코크

수탉 볏 살피콩 : 흰색 익힘액에 삶은 닭 볏을 레시피에 따라 적당한 크기의 주사위 모양으로 썬다. 이것을 마데이라 와인이나 기타 주정강화와인에 넣고 뜨겁게 데운다. 닭 육수 블루테, 화이트 소스 또는 걸쭉하게 졸인 마데리아 와인 소스를 넣고 잘 섞는다.

salpicon Cussy

퀴시 살피콩 : 색이 나지 않게 브레이징한 송아지 흉선, 송로버섯, 버터에 색이 나지 않게 익힌 버섯을 주사위 모양으로 썬다. 바특하게 졸인 마데이라 와인 소스를 넣고 버무린다.

salpicon au poisson

생선 살피콩 : 데쳐 익힌 생선 필레를 주사위 모양으로 썬 다음 뜨거울 때 베샤멜 소스나 노르망디 소스 또는 화이트와인 소스를 넣고 섞는다. 차갑게 식힌 뒤 비네그레트 소스나 마요네즈에 버무리기도 한다.

salpicon à la royale

루아얄 살피콩 : 버섯 3테이블스푼과 송로버섯 1테이블스푼을 작은 주사위 모양으로 썬다. 버섯에 버터를 넣고 색이 나지 않게 익힌 뒤 송로버섯과 걸쭉한 닭 육수 퓌레 4테이블스푼을 넣고 잘 섞는다. 부셰나 바르케트에 채워 넣는다.

salpicon à la viande

고기 살피콩 : 소, 송아지, 양 또는 돼지고기 요리의 남은 살을 작은 주사위 모양으로 썬 다음 화이트 소스나 브라운 소스에 버무린다.

SALSIFIS 살시피 샐서피. 국화과에 속하는 두 종류의 식물 뿌리를 가리키는 명칭이다. 참샐서피의 뿌리는 흰색의 긴 원추형이며 잔뿌리가 많이 나 있다. 검은색의 매끈하고 긴 막대기 모양의 블랙 샐서피 또는 스코르소네르(scorsonère)는 거의 유일한 재배종이다. 겨울에 판매되는 이 두 뿌리 채소는 모두 특유의 쌉쌀한 맛을 지니고 있으며 살은 연한 편이다. 조리방법도 동일하며 특히 흰살 육류 요리의 가니시로 사용된다.

눈개승마라고도 불리는 야생 샐서피는 약간 축축한 풀밭에서 자란다. 이 식물의 어린 순은 시금치처럼 샐러드로 먹고 뿌리는 블랙 샐서피와 같은 방법으로 조리한다.

salsifis : préparation et cuisson 살시피

샐서피 손질 및 익히기 : 샐서피를 깨끗이 씻은 뒤 껍질이 잘 벗겨지도록 찬물에 1시간 동안 담가둔다. 감자필러로 껍질을 벗기고 7~8cm 길이의 토막으로 잘라 바로바로 레몬즙이나 식초를 넣은 물에 담근다. 끓인 채소용 흰색 익힘액에 샐서피를 넣고 뚜껑을 덮은 상태로 60~90분 정도 약한 불로 익힌다. 건져서 물기를 제거한다. 익힌 국물에 넣은 상태로 냉장고에 하루나 이틀 보관할 수 있다.

beignets de salsifis ▶ BEIGNET

폴 & 장 피에르 애베를랭(PAUL ET JEAN-PIERRE HAEBERLIN)의 레시피

salsifis au gratin 살시피 오 그라탱

샐서피 그라탱 : 샐서피 1kg을 씻어 껍질을 벗긴 뒤 토막으로 잘라 레몬즙을 넣은 물에 담가둔다. 소금을 넣은 흰색 익힘액에 1시간 정도 삶는다. 건져서 꼼꼼하게 물기를 제거한다. 냄비에 다진 샬롯 2개와 버터를 넣고 투명해지도록 볶은 뒤 생크림 500mℓ를 붓고 걸쭉한 농도로 졸인다. 샐서피 토막들을 넣고 한번 우르르 끓어오르면 불에서 내린다. 소금, 후추로 간한 뒤 그라탱 용기에 옮겨 붓는다. 가늘게 간 그뤼예르 치즈를 고루 얹고 빵가루를 뿌린 다음 250°C로 예열한 오븐에 넣어 20분간 노릇한 그라탱으로 구워낸다.

salsifis au jus 살시피 오 쥐

육즙 소스를 넣은 샐서피 : 샐서피를 씻어서 껍질을 벗겨 흰색 익힘액에 삶아낸 뒤 물기를 제거한다. 거의 리에종하지 않은 황금색 송아지 육즙 소스 또는 소고기 그레이비를 자작하게 붓는다. 180°C로 예열한 오븐에서 15~20분간 뭉근히 익힌다.

salsifis à la polonaise 살시피 아 라 폴로네즈

폴란드식 샐서피 : 흰색 익힘액에 삶아 건진 샐서피를 버터에 넣고 10분간 색이 나지 않게 찌듯이 익힌다. 우묵한 접시에 담고, 삶은 달걀노른자 다진 것과 잘게 썬 파슬리를 뿌린다. 빵의 속살 30g을 잘게 찢듯이 부수어 갈색이 나도록 녹인 버터 100g에 튀긴 다음 샐서피 위에 뿌려 서빙한다.

SALSIZ 살시즈 살시즈 소시지. 살라미 스타일의 작은 건조 소시지로 원산지는 스위스의 그리종 주다. 길이 6~15cm의 단면이 사각형인 살시즈 소시지는 소와 돼지 살코기와 돼지비계를 혼합해 만들며 분쇄육 입자는 중간 굵기이다. 전통적으로 약간 도톰하게 슬라이스해서 코르니숑과 식초에 절인 방울양파 피클을 곁들여 먹는다.

SALTENA 살테냐 고기, 감자, 달걀, 올리브, 완두콩 등의 재료를 매콤한 소스로 양념한 소를 채워 오븐에 구운 만두 형태의 파이. 볼리비아를 대표하는 음식으로, 엠파나다와 비슷한 살테냐는 주로 오전 간식으로 많이 먹는다. 이로 인해 볼리비아인들이 오전 10시에서 정오 사이에 잠깐 쉬는 간식 시간을 뜻하는 명사로 굳어졌다.

SALTIMBOCCA 살팀보카 얇게 저며 기름에 지진 송아지고기에 프로슈토 햄과 세이지를 얹거나 말아 싼 뒤 화이트와인으로 향을 내 익힌 요리로 로마식 살팀보카가 가장 대표적이다.

SAMARITAINE (À LA) (아 라) 사마리텐 큰 덩어리째 브레이징한 고기를 탱발 틀에 담아 모양을 만들어 접시에 담은 쌀밥, 도핀 감자, 브레이징한 양상추를 가니시로 곁들인 요리의 이름이다.

SAMBAL 삼발 인도네시아의 양념으로 붉은 고추, 강판에 간 양파, 라임, 오일, 식초를 섞어 만든 인도네시아의 양념. 더 넓은 의미로는 이 양념을 넣어 만든 요리를 지칭하기도 한다.

SAMBUCA 삼부카 아니스로 향을 낸 이탈리아의 리큐어로 보통 무색이다. 로마인들은 특히 콘 라 모스카(con la mosca, 직역하면 '파리와 함께'라는 뜻) 스타일로 삼부카를 즐겨 마신다. 이는 잔에 삼부카와 커피 원두 한두 개를 넣고 플랑베한 뒤 식혀 마시는 것을 뜻한다. 매우 독한 술로 달콤한 맛이 약간 나는 삼부카는 커피 원두를 깨물어 먹으며 마신다.

SAMOS 사모스 사모스 와인. 그리스 사모스섬에서 생산되는 AOC 주정강화와인. 발효 중인 포도즙에 알코올을 첨가해 발효를 중지시킨 와인으로 단맛이 매우 강하다. 알코올 도수는 18%Vol. 정도이며 과일향이 풍부한 식전주로 차갑게 마시거나 식후 디저트 와인으로 즐기기에 아주 좋다.

SAMOVAR 사모바르 러시아의 물 끓이는 주전자. 가정에서 언제나 뜨거운 물을 사용해 차를 마실 수 있게 해주는 기구인 사모바르는 러시아아의 전통적인 결혼 선물이다. 옛날에는 노란색 또는 붉은색 구리로 된 것이 많았으나 오늘날에는 주로 알루미늄이나 스테인리스로 만들며 전기로 가열하는 제품들도 있다. 사모바르는 배가 불룩한 모양의 본체 양쪽에 손잡이가 달려 있고 안에는 중앙을 관통하는 파이프가 있으며 그 아래에 숯불을 때는 장치가 있다. 윗 뚜껑을 열고 물을 넣으면 숯불로 달궈진 뜨거운 파이프를 통해 데워지는 구조로, 뜨거운 물은 맨 아래에 달린 작은 수도꼭지 모양의 관을 열어 받을 수 있다.

SAMSØ 삼쇠이 삼쇠 치즈. 소젖으로 만든 덴마크의 치즈(지방 45%)로 노란색 파라핀으로 처리된 외피를 갖고 있는 압축 치즈다. 덴마크 삼쇠섬이 원산지인 이 치즈는 지름 45cm의 멧돌 형태로 무게는 약 15kg이다. 맛이 순하고 단단하며 숙성 기간이 길어지면 고소한 헤이즐넛 풍미를 낸다. 단보(danbo), 핀보(fynbo), 엘보(elbo) 등 여러 종류가 있다.

SANCERRE 상세르 발 드 루아르의 AOC 와인으로 소비뇽 블랑 품종 포도로 만드는 향이 풍부한 화이트와인이 주를 이룬다. 피노 누아 품종으로 레드와인도 생산하며 특히 과일향이 나고 알코올 함량이 풍부하며 바디감 있는 로제와인이 인기가 높다(**참조** LOIRE).

SAND (AURORE DUPIN, DITE GEORGE) 오로르 뒤팽, 일명 조르주 상드 프랑스의 여성 문인(1804, Paris 출생—1876, Nohant 타계). 그녀는 낭만주의 시대의 파리를 풍미하던 당대 유명 문인들과 어울려 프로코프(le Procope) 카페나 메르 사게(mère Saguet)의 선술집에 자주 드나들었고 레스토랑 마니(Magny)의 풀레트 소스 양 족요리를 칭송하기도 했으며 자신 또한 뛰어난 요리 솜씨로 명성이 자자했다. 그녀는 노앙식 오믈렛(omelette nohantaise)을 즐겨 만들었고 샤비뇰 치즈를 매우 좋아했으며 송로버섯 또한 놓치지 않았다. 베리(Berry) 지방의 와인을 즐겨 마셨던 그녀는 메르 쉬르 앵드르(Mers-sur-Indre)에 포도밭이 있었다.

SANDRE 상드르 잔더, 민물농어. 조기류의 하나인 페르카과의 물고기로 흐르는 물과 호수에 서식하며 퍼치(perche)와 비슷하다. 크기가 비교적 큰 어종으로 길이 1m, 무게 15kg에 달하기도 한다(**참조** p.672, 673 민물고기 도감). 회녹색 등에는 짙은 얼룩무늬가 있으며 아가미와 꼬리지느러미에는 가시가 있고 비늘은 매우 얇아 긁을 때 튈 염려가 있으니 손질할 때 조심스럽게 다루어야 한다. 척추뼈만 제외하면 살에는 가시가 거의 없고 식감은 탱탱하면서도 야들야들하며 흰색을 띤다. 조리방법은 강꼬치고기나 퍼치와 같다. 중부 유럽이 원산지이며 프랑스에서는 두강과 손강, 그리고 이 생선이 흘러든 호수에서 많이 잡힌다. 캐나다에서는 도레라고 불리는 민물농어가 이와 비슷하다.

sandre grillé aux cardons, filet d'huile d'olive et citron 상드르 그리예 오 카르동, 필레 뒬 돌리브 에 시트롱

레몬향 올리브오일에 재워 구운 민물농어 구이와 카르둔 : 마늘 5톨, 이탈리안 파슬리 1/2다발, 타임 2줄기를 곱게 다진다. 레몬 2개의 즙을 짠다. 올리브오일 150mℓ를 넣고 모두 섞은 뒤 잘라둔 민물농어 살 4토막(각 150g)을 넣는다. 냉장고에 넣어 2~3시간 재운다. 껍질 벗긴 방울양파 300g을 갈색으로 윤기나게 익힌(glacer à brun) 뒤 뜨겁게 보관한다. 카르둔 2kg의 껍질을 벗기고 사방 3~4cm 크기로 깍둑 썬 다음 레몬즙과 소금을 넣은 끓는 물에 1시간 동안 삶는다. 건져서 물기를 제거한 뒤 버터를 넣고 색이 나지 않게 볶는다. 뜨겁게 보관한다. 생선을 마리네이드 양념에서 꺼낸 뒤 굽는다. 마리네이드 양념액은 뜨겁게 데운 뒤 뚜껑을 덮고 25~30분 동안 향을 우려낸다. 서빙 접시에 카르둔을 깔고 민물농어 토막을 얹는다. 양파 글레이즈를 보기 좋게 놓은 뒤 뜨거운 마리네이드 소스를 끼얹는다.

timbale de sandre aux écrevisses et mousseline de potiron ▶ TIMBALE

SANDWICH 샌드위치 두 장의 빵 사이에 얇게 슬라이스하거나 잘게 썬 한 가지 재료 또는 여러 재료의 혼합물을 채워 넣은 차가운 음식이다. 여기에 다양한 소스나 양념 및 부재료를 추가해 더욱 완성된 맛을 낼 수 있다.

샌드위치라는 명칭은 19세기 초 영국의 귀족 칭호를 받은 샌드위치 가문의 네 번째 백작인 존 몬태규(John Montagu)의 성에서 온 것이다. 카드 게임에 푹 빠져 있던 그가 게임판을 떠나지 않으면서 식사를 빨리 할 수 있도록 두 장의 빵 사이에 차가운 고기를 끼워 달라고 주문한 것에서 유래했다. 하지만 더 옛날에도 논밭에서 일하는 사람들에게 식사용 고기를 두 장의 갈색 빵 사이에 끼워 주던 일은 흔한 관습이었다. 니스의 팡바냐(pan-bagnat) 또한 둥근 빵 안에 다양한 재료를 채우고 올리브오일을 넉넉히 뿌린 샌드위치의 일종으로 지중해 지역 많은 곳에서 즐겨 먹는다.

---

club-sandwich 클럽 샹드위치

클럽 샌드위치 : 큰 식빵 슬라이스 3장의 가장자리 껍질을 잘라낸 다음 살짝 굽고 마요네즈를 바른다. 이 중 2장의 빵 위에 각각 상추잎 1장, 둥글게 슬라이스한 토마토 2장, 껍질을 벗기고 얇게 썬 차가운 로스트치킨 가슴살 몇 조각, 동그랗게 슬라이스한 삶은 달걀을 얹는다. 마요네즈에 케첩이나 잘게 썬 허브를 섞어 다시 한 번 끼얹은 뒤 재료를 올린 빵 두 장을 겹쳐 쌓는다. 마지막 식빵 한 장을 덮어 완성한다.

sandwich jambon-beurre à boire ▶ AMUSE-GUEULE

SANG 상 피, 혈액. 척추동물의 생명을 유지하는 액체인 피는 요리에도 사용되는데 특히 돼지 피로는 검은색 부댕을 만들어 먹는다. 활력의 상징인 신선한 피는 언제나 원기를 부여하는 강장식품으로 여겨졌다. 특히 추운 지역 나라에서는 예로부터 피를 이용한 요리를 즐겨 먹었다. 거위 피를 넣어 만든 스웨덴의 스와르트소파(swartsoppa, 검은 수프라는 뜻)와 가금류, 수렵육 또는 돼지의 신선한 피를 첨가하고 닭 간 퓌레를 넣어 걸쭉하게 만든 수프로 쌀, 파스타 또는 튀긴 크루통을 넣어 먹는 폴란드의 체르니나(czernina, tchernina)가 대표적이다. 음식의 농도를 걸쭉하게 하는 재료로 동물의 피를 사용하는 조리법은 프랑스 요리에서 널리 사용된다. 특히 스튜, 시베 및 앙 바르부이유(마지막에 소스를 수렵육의 피로 리에종한 뒤 달걀을 넣은 스튜의 일종) 요리에 주로 활용된다. 카나르 오 상(피 소스 오리 요리)는 질식시켜 도살한 가금류 요리로, 루앙 지역의 특선 요리다. 퀴 아 라 구트 드 상(cuit à la goutte de sang, 피가 떨어지게 조리한 것)이라는 표현은 살짝 익힌 어린 수렵육 또는 가금류 고기에 적용되며, 일반적으로 육류를 언급할 때 피가 흐른다는 의미의 세냥(saignant)이라는 표현은 굽거나 오븐에 로스트한 고기의 익힘 정도 중 레어를 의미한다.

SANGLER 상글레 외부와 완벽히 차단되는 틀을 그보다 큰 용기에 넣고 그 사이 공간에 분쇄한 얼음과 굵은소금을 잘 눌러 다져 채워 넣는 것을 뜻한다. 이러한 상글라주(sanglage)는 아이스크림 디저트용 봉브 혼합물을 순간적으로 냉동시키고 보관할 때 유용하다.

SANGLIER 상글리에 멧돼지. 멧돼지과에 속하는 야생 돼지로 고대부터 사냥되어 왔으며 가축으로 사육하는 돼지와 조상은 같다(**참조** p.421 수렵육 도표). 어린 멧돼지의 살에서는 섬세한 맛이 나는데, 자라면서 점차 특유의 육향이 짙어지고 성체가 되면 매우 강한 냄새가 난다. 오늘날 멧돼지는 주로 울타리 안에서 사육하기 때문에 연중 소비가 가능해졌다. 기원전 1세기, 고대 로마의 시인 호라티우스는 이미 멧돼지를 맛이 훌륭한 고급 음식으로 인정하며 칭송했다. 중세부터 이후 수 세기 동안 멧돼지 고기의 인기는 계속 되었으며 특히 더운 소스의 멧돼지 꼬리(『파리 살림 백과(*Ménagier de Paris*)』(1393), 멧돼지 머릿고기, 앞 다리살 스튜, 등심 로스트, 파테 등을 즐겨 먹었다.

■ **선택.** 생후 6개월 이하의 새끼 멧돼지는 마르카생이라고 부른다. 3개월까지는 털색이 밝고 머리에서 꼬리까지 진한 색의 띠 무늬가 있는데, 이를 제복을 입었다(en livrée)고 표현한다. 이때까지는 사냥할 수 없다. 5개월에서 1년까지 털이 붉은색을 띠는 시기에는 베트 루스(bête rousse), 이어서 1~2년 사이에는 베트 드 콩파니(bête de compagnie)라고 부른다. 이 시기까지의 어린 멧돼지살은 요리하기 아주 좋다. 이후에는 검은 털이 나기 시작한다. 2년이 되면 라고(ragot, 수컷멧돼지), 3년생은 티에르장(tiers-an, 세 살짜리 멧돼지), 4년생은 카르트니에(quartenier, 네 살짜리 멧돼지)라고 부른다. 더 나이를 먹으면 포르 앙티에(porc entier, 성장을 마친 온전한 멧돼지)라 부른다. 늙은 멧돼지는 솔리테르(solitaire) 또는 에르미트(ermite)라는 이름을 갖게 되며, 최대 수명은 30년에 달한다. 8살짜리 수컷 멧돼지의 경우 고기가 질기고 육향이 매우 강하지만 식용으로 소비할 수는 있다. 마르카생의 살은 연하고 맛이 섬세하여 그대로 조리한다. 생후 5개월에서 2년 사이의 멧돼지 고기는 레드와인 베이스의 마리네이드 액에 2~3시간 재웠다가 사용한다. 더 나이를 먹은 경우에는 재우는 시간을 5~8시간으로 늘려야 하며 반드시 오랜 시간 익히는 조리법이 필요하다.

■ **사용.** 멧돼지는 로스트(6개월 이하 새끼 멧돼지만 가능)만 제외하면 대부분의 레시피로 조리할 수 있다. 멧돼지 포크 촙은 팬에 지지고(마리네이드하기도 한다), 연한 부위 살은 슬라이스하여 에스칼로프처럼 조리할 수 있다. 뒷다리 허벅지 살은 재워 두었던 마리네이드 양념액을 넣고 새콤달콤하게 브레이징하며 기호에 따라 건포도, 건자두, 오렌지 껍질 등을 추가로 넣기도 한다. 새끼 멧돼지의 안심은 얇은 돼지비계로 감싼 뒤 오븐에 로스트한다. 좀 더 자란 멧돼지의 안심은 먼저 팬에 지져 노릇하게 색을 낸 다음 돼지껍데기를 깐 냄비에 넣고 마리네이드했던 양념액을 부은 뒤 뭉근하게 익혀 도브를 만든다. 살이 좋은 부위는 대부분 시베로 조리한다. 또는 새끼 멧돼지 살을 다진 뒤 건자두를 넣고 투르트나 파이를 만들기도 한다.

---

hure de sanglier 위르 드 상글리에

멧돼지 머릿고기 : 끓는 물에 데쳐 껍질을 벗긴 뒤 4~5일 동안 소금물에 염장한 돼지 혀 4개를 쿠르부이용에 삶는다. 약 5kg짜리 멧돼지 머리를 토치로 그슬려 잔털과 불순물을 꼼꼼히 긁어낸 다음 껍질이 찢어지지 않게 조심하면서 뼈를 완전히 발라낸다. 귀는 따로 보관하고 혀와 껍질에 붙은 살 조각들을 떼어낸다. 기름기가 없는 살코기를 균일한 크기로 굵직하게 깍둑 썬 다음 혀, 머릿고기 껍질에서 떼어낸 살과 함께 볼에 넣고 얇게 썬 당근 5개와 양파 4개, 타임, 월계수잎, 소금, 후추, 카트르 에피스 1티스푼을 넣어 10시간 동안 재운다. 멧돼지 혀, 삶은 돼지 혀 4개, 익힌 염장 우설 500g, 뒷다리 햄 750g, 가금류 살코기 1kg(뼈를 제거하고 다듬어 힘줄을 제거한 것), 돼지비계 500g을 모두 사방 2cm크기의 큐브 모양으로 썬다. 껍질을 벗긴 뒤 굵직한 주사위 모양으로 썬 송로버섯 400g, 속껍질을 깐 피스타치오 150g, 멧돼지 머리에서 떼어낸 살코기 조각들을 첨가한다. 코냑, 소금, 후추, 카트르 에피스 1/2티스푼을 넣고 2시간 동안 재운다. 이 살피콩 혼합물에 곱게 간 돼지 분쇄육 4.5kg과 달걀 4개를 넣은 뒤 잘 섞는다. 찬물에 적셔 꼭 짠 행주 위에 멧돼지 머리를 겉면이 밑으로 오게 펼쳐 놓은 뒤 준비한 소를 가운데 얹고 껍질을 접어 덮는다. 주둥이 부분을 얇게 누르면서 멧돼지 머리를 행주로 감싼 뒤 주방용 실로 묶는다. 냄비에 넣고 뼈와 머릿고기 자투리 부분, 닭 몸통뼈 및 자투리를 함께 넣은 뒤 즐레 육수를 붓고 아주 약한 불로 4시간 30분간 익힌다. 조리가 끝나기 1시간 전에 멧돼지 귀를 넣는다. 멧돼지 머리와 귀를 건져낸다. 멧돼지 머리는 30분간 휴지시킨 뒤 실을 풀고 행주를 벗긴다. 그 행주를 깨끗하게 빨아서 꼭 짠 다음 다시 한 번 돼지머리를 말아 감싸고 모양을 그대로 유지하며 넓은 띠로 단단히 동여맨다(주둥이 부분부터 띠로 묶는다). 최소 12시간 동안 식힌 뒤 행주를 풀고 물기를 닦아준다. 갈색 쇼프루아 소스 또는 녹인 고기 육수 농축액을 끼얹은 두 개의 귀를 얇은 갈고리를 이용해 제 위치에 고정시킨다. 멧돼지 머리를 망 위에 얹은 뒤 같은 소스를 끼얹어 전체를 덮는다. 어금니를 다시 제자리에 박아 넣고 삶은 달걀흰자와 송로버섯으로 눈 모양을 만들어 붙인다. 멧돼지 머리를 큰 사이즈의 서빙 플레이트에 올린 뒤 송로버섯과 껍질 벗긴 피스타치오로 장식한다. 즐레를 발라 윤기나게 마무리한다. 냉장고에 차갑게 넣어둔다.

selle de sanglier, sauce aux coings ▶ SELLE

SANGRIA 상그리아 레드와인에 레몬, 오렌지 등의 시트러스 과일 슬라이스와 각종 과일을 썰어 넣고 우린 스페인의 식전주다. 종종 증류주나 리큐어를 넣어 맛을 더하고 탄산수를 첨가하기도 하며 아주 차갑게 마신다.

SANTAMARIA (SANTIAGO DIT SANTI) 산티아고 산타마리아, 일명 산티 산타마리아 스페인의 요리사(1957, San Celoni 출생—2011, Singapore 타계). 전직 만화가 출신의 이 포동포동하고 덥수룩한 수염의 요리사는 가족 소유의 집을 개조해 절제된 고급 품격이 돋보이는 레스토랑으로 변신시켰고 드디어 미슐랭 가이드의 별 셋을 획득했다(바르셀로나 근방 산 셀로니(Sant Celoni)의 엘 라코 데 칸 파베스(El Raco de Can Fabes). 열정적인 고객의 입장에서 전 세계의 레스토랑을 돌며 음식을 맛보았던 높은 식견의 미식 애호가인 그는 오랜 노력 끝에 결국 전문 요리사가 되었고, 다양한 경험을 바탕으로 기존 식재료에 새로운 요소를 가미해 예상치 못했던 조화로움을 이끌어내는 등 자신만의 내실 있고 고유한 스타일을 발전시켜 나갔다. 식초에 절인 새끼 뱀장어 요리, 홀스래디시를 곁들인 굴, 만두피 없는 새우 라비올리(대하 안에 포치니 버섯 뒥셀을 채워 넣었다), 3가지로 조리한 송로버섯(잘게 부순 조각을 타불레 위에 올린 것, 블리니, 푸아그라 완자에 빵가루처럼 묻힌 것), 고운 감자 퓌레와 캐비아를 곁들인 촉촉한 시골풍 베이컨 등은 고운 감자 퓌레만큼 부드러우며 캐비어와 조화를 이루는 시골풍의 돼지비계는 그가 남긴 대표적 요리들이다.

SANTÉ 상테 파르망티에 포타주의 응용 레시피 중 하나로, 버터에 볶은 소렐을 첨가하고 처빌잎을 올린 걸쭉한 수프의 명칭이다.

SANTENAY 상트네 부르고뉴 코트 드 본의 AOC 와인으로, 코트 도르 가장 남쪽에 위치한 코뮌에서 생산된다. 피노 누아 품종 포도로 만드는 레드와인은 복합적인 향을 갖고 있고 밸런스가 좋으며 오랜 시간이 지나면서 이 특성이 더욱 뚜렷해진다. 샤르도네 품종으로 만드는 화이트와인은 드라이하고 섬세한 맛을 지니고 있으며 비교적 신선할 때 마신다(**참조** BOURGOGNE).

SANTINI (NADIA) 나디아 산티니 이탈리아의 요리사(1954, San Pietro Mussolino 출생). 롬바르디아 출신으로 밀라노의 대학에서 정치학과 식품학을 전공한 나디아 산티니는 독학으로 요리를 익혔다. 그녀는 파르마(Parme), 크레모나(Crémone), 모데나(Modène), 만토바(Mantoue)에서 모두 등거리인 카네토 술 올리오(Canneto-sul-Oglio)에 있는 시댁의 레스토랑 달 페스카토레(Dal Pescatore)에서 시어머니 브루나(Bruna)에게 요리를 배웠고 남편 안토니오(1953, Bozzomo 출생)의 지원을 받았다. 그녀는 이탈리아 요리를 집약적으로 보여준다고 해도 과언이 아닌 포(Pô) 계곡과 에밀리아 로마냐 지방의 요리를 자신의 방식대로 재해석한 새로운 요리들을 선보였다. 파르메산 치즈, 발사믹 식초, 과일 머스터드, 쌉쌀한 맛의 마카롱은 르네상스 시대부터 새콤달콤한 맛의 소스나 민물생선 요리의 전통이 이어져 내려오는 이 지방 요리에서 그녀가 자주 애용하는 재료들이다. 그녀의 대표적인 메뉴 중에는 전 세계에서 모방한 바삭바삭한 파르메산 치즈 튈, 메기 리소토, 비둘기 간을 넣은 뿔닭 라비올리, 호박(zucca) 또는 페코리노 치즈를 채운 토르텔리 등이 있다. 그녀는 1996년 미슐랭 가이드의 세 번째 별을 획득했고, 폴 보퀴즈는 그녀의 업장에 '세계 최고의 레스토랑'이라고 이름 붙였다.

SAPIDE 사피드 맛있는. 맛이 있는 음식을 지칭한다. 즉 식품의 풍미가 좋고 간이 적절할 때 느끼는 긍정적이고 기분 좋은 감각을 표현하는 형용사다.

SAPOTILLE 사포티유 사포딜라 열매. 사포테과에 속하는 사포딜라 나무의 열매로 중앙아메리카가 원산지이며 추잉검의 기본 원료(치클)가 되는 식물 유액인 라텍스를 공급한다. 크기는 레몬만 하고 회색 또는 갈색의 거칠거칠한 껍질로 싸여 있는 사포딜라는 생 도밍그의 살구(abricot de Saint-Domingue), 사워 마닐라(sawo manilla), 아메리칸 모과(nèfle d'Amérique) 또는 사포테(sapote)라고도 불린다. 과육은 노랑에서 붉은색이며 약간 떫으면서도 달콤하고 또한 텁텁하기도 한 맛은 서양모과(nèfles)를 연상시킨다. 완전히 익은 열매의 껍질을 벗기고 방추형의 큰 씨를 제거한 뒤 먹는다. 사포테는 정확히 따지면 사포딜라와 비슷한 식물의 열매다. 주로 마멀레이드를 만들어 먹으며 종종 마메이 사포테(mamey sapote)라고 불린다(**참조** p.404, 405 열대 및 이국적 과일 도감).

SAR 사르 백색 도미. 도미과의 생선으로 일반 도미와 매우 흡사하다. 타원형의 작고 다부진 몸통에 눈이 매우 크고 등지느러미는 뾰족한 가시 모양이다. 백색 도미는 은빛을 띠고 있으며 꼬리지느러미 위쪽에 검은 반점이 한 개 있다. 지중해와 가스코뉴만을 시작으로 대서양 남부에 걸쳐 서식한다. 조리법은 일반 도미와 같다.

– 두 줄무늬 도미(Diplodus vulgaris)는 길이가 약 20cm로 꼬리 측면을 가로지르는 커다란 검정색 얼룩이 있으며 이는 등지느러미와 항문 쪽 뒷지느러미에까지 걸쳐 있다. 또한 머리 뒤쪽 등 위에도 또 하나의 넓은 띠 모양 검정 반점이 있다.

– 백색 참돔(sar commun)은 길이가 최대 40cm이며 꼬리 위에 있는 반점 이외에 등과 옆구리에도 7~8개의 짙은 색 세로 줄무늬가 나 있다. 배지느러미 역시 검은색을 띤다.

– 얼룩무늬 도미(Diplodus cervinus)는 크기가 가장 작으며 배지느러미가 노란색이고 4~5개의 어두운 색 세로 띠 무늬가 있다.

SARCELLE 사르셀 쇠오리. 기러기목 오리과에 속하는 작은 크기의 야생오리로, 사냥할 수 있는 종이 여럿 있다. 가장 흔한 것은 이동이 거의 없어 프랑스에서 연중 볼 수 있는 유라시안 쇠오리, 아프리카에서 온 발구지이며 그 외에 가창오리, 대리석무늬 쇠오리, 청머리오리 등을 찾아볼 수 있다. 쇠오리는 갑자기 날아오르는 불규칙한 비행 습성 때문에 청둥오리보다 훨씬 사냥하기 어렵다. 쇠오리와 청둥오리는 같은 방법으로 요리한다. 갈색을 띠며 쌉쌀한 쇠오리 살은 아주 섬세하고 고급스러운 맛이 있어 애호가들에게 매우 인기가 좋다. 북아메리카에서는 북쪽에 둥지를 틀고 남쪽에서 겨울을 나기 위하여 11,000km를 이동하는 초록날개 미국쇠오리와 푸른날개 쇠오리가 제철에 사냥하는 오리들 중에 속한다.

SARDE (À LA) (아 라) 사르드 사르디니아식의. 다양한 크기로 서빙하는 고기 조리법 중 하나로, 고기를 익힌 팬에 토마토를 추가한 데미글라스 소스를 넣어 디글레이즈한 소스를 끼얹고 사프란 향의 리소토 크로켓을 곁들인 것을 가리킨다. 여기에 버터에 익힌 버섯과 강낭콩, 또는 토막으로 자른 오이나 속을 비운 토마토에 버섯 뒥셀을 채워 넣고 그라탱처럼 구운 가니시를 곁들여낸다.

SARDINE 사르딘 정어리. 청어과의 작은 물고기(최대 25cm)로 청어와 비슷하며 등은 청록색이며 측면과 배는 은빛이 난다(**참조** p. 674~677 바다 생선 도감).

■ **품종.** 봄과 여름이 제철인 정어리는 7~8월에 매우 기름지고 맛이 좋으며 샤랑트마리팀에서는 루아양(royan)이라 부른다.

– 이탈리아의 작은 정어리(길이 12~15cm)는 성수기인 여름에도 기름기가 적고 잘 마르기 때문에 튀김으로 이상적이다.

– 살 조직이 더 촘촘하고 풍미가 좋은 중간 크기의 정어리(18~20cm)는 굽거나 튀긴다.

– 브르타뉴의 큰 정어리는 생선 자체의 기름으로 구워 먹으며 맛이 아주 뛰어나다.

신선한 정어리는 에스카베슈로 조리하거나 부야베스에 넣기도 한다. 또한 빵가루를 묻혀 튀기거나 팬에 지지기도 하며 속을 채워 조리하거나 와인 등의 향신 양념을 넣고 찌듯이 익히거나 파피요트 조리 등을 할 때는 오븐을 사용해 익히기도 한다. 날것으로도 먹을 수 있고 테린을 만들거나 양념에 마리네이드하는 등 조리법이 매우 다양하다. 정어리는 전 비늘과 내장을 제거하고 키친타월 등으로 깨끗이 닦은 뒤 대가리를 자른 뒤 조리한다(단, 구울 때는 대가리를 잘라내지 않고 통째로 구워야 덜 부서진다). 작은 크기의 생물 정어리는 겉만 닦아 사용한다.

■ **정어리 통조림.** 정어리는 훈연 또는 염장이 가능하다. 하지만 가장 일반적인 저장방식은 기름과 함께 통조림에 넣는 것이다. 중세시대부터 브르타뉴의 정어리들은 소금을 뿌린 뒤 눌러 저장했다. 정어리를 최초로 통조림으로 만들기 시작한 것은 1824년 낭트에서다. 20세기 중반까지, 특히 브르타뉴와 바스크 지방에서는 통조림 제조 산업이 매우 번창했는데, 오늘날 브르타뉴에서는 정어리 통조림을 거의 생산하지 않고, 세트(Sète)와 마르세유는 정어리의 중요한 항구로 자리 잡았다. 예전에는 정어리를 한 번 튀겨서 통조림에 넣었지만 현재는 쪄서 사용하기 때문에 더욱 소화가 잘 된다. 엑스트라 또는 1등급이라는 표기가 있는 것은 신선한 생물 정어리로 만들었다는 뜻이지만, 최고급 품질의 정어리에는 언제나 보다 상세한 설명이 추가로 붙어 있다(예를 들면, 브르타뉴 연안 어획 보증, 엑스트라 버진 올리브오일 사용 등). 전통 방식으로 만든 브르타뉴와 생 질 크루아 드 비(Saint-Gilles-Croix-de-Vie)의 정어리 통조림은 라벨 루즈 우수 상품 인증을 받았다. 정어리는 대개 올리브오일, 식물성오일, 일반 식용유, 레몬즙, 토마토 소스, 또는 식초를 넣은 마리네이드 양념 등과 함께 넣어 통조림을 만들며, 가시를 발라낸 것도 찾아볼 수 있다. 정어리 통조림은 서늘한 곳(냉장고에 넣지 않는다)에서 수년간 보관이 가능하며 시간이 지날수록 맛이 좋아진다. 정어리 통조림은 주로 다양한 생채소와 함께 길쭉한 접시에 담아 차가운 오르되브르로 서빙하며 카나페와 토스트, 부셰 또는 푀유테(콜드, 핫 모두 포함)에 얹어 먹기도 한다. 또한 으깨서 버터와 섞어 정어리 맛 버터를 만들기도 한다.

escabèche de sardines ▶ ESCABÈCHE
rillettes de sardine ▶ RILLETTES

크리스토프 퀴삭(CHRISTOPHE CUSSAC)의 레시피

sardines aux asperges vertes et au citron de Menton confit 사르딘 오 자스페르주 베르트 에 오 시트롱 드 망통 콩피

그린 아스파라거스와 망통산 레몬 콩피를 넣은 정어리 : 4인분 / 준비: 45분
정어리 6마리를 씻은 뒤 필레를 뜬다. 필레 중 가장 크고 실한 8장을 골라 다시 4조각으로 자른다. 소금, 후추로 밑간을 하고 바트에 넓게 펼쳐 놓은 다음 올리브오일로 덮어둔다. 남은 필레는 고운 체에 긁어내려 퓌레를 만든다. 이 퓌레 30~40g에 커리, 고수 가루, 아니스 가루, 생강 가루, 타바스코 한 방울, 우스터 소스 2방울, 파스티스 3방울을 기호에 맞게 넣어 양념한다. 생크림 60~80g을 너무 단단하지 않게 휘핑해 정어리 퓌레 혼합물의 두 배 정도 되도록 만든다. 휘핑한 크림을 조금씩 정어리 퓌레에 넣어가며 주걱으로 살살 뒤집듯 돌리며 섞는다. 완성된 정어리 무스의 간을 맞춘 다음 냉장고에 보관한다. 그린 아스파라거스 3대의 껍질을 벗긴 뒤 주방용 실로 묶어 다발로 만든다. 끓는 물에 익혀 바로 얼음물에 식힌 다음 윗동을 잘라 길이로 4등분한다. 나머지 줄기 부분의 반을 동그랗게 송송 썬 다음 정어리 무스에 넣어 섞는다. 다시 간을 확인한다. 남은 아스파라거스 맨 밑 부분은 그린 소스용으로 보관한다. 레몬 콩피 1/4개를 준비해 가늘게 채 썬다. 남겨둔 아스파라거스 밑동 50g과 닭 육수 50g을 블렌더로 갈아 혼합한 다음 올리브오일 10mℓ를 넣으면서 계속 갈아준다. 고운 체에 걸러 그린 소스를 완성한다. 서빙 접시 중앙에 아스파라거스를 넣은 정어리 무스를 크넬 모양으로 만들어 한 개씩 놓는다. 접시 한 쪽에 정어리 필레 5조각을 놓고 반대편에 그린 소스를 담는다. 아스파라거스 윗동 자른 것을 3조각씩 무스 크넬 위에 올린다. 그 위에 채썬 레몬 콩피를 얹어 완성한다.

피에르 베델(PIERRE VEDEL)의 레시피

sardines gratinées 사르딘 그라티네

그라탱처럼 구운 정어리 : 가지 1.5kg을 얇고 썬 다음 소금을 살짝 뿌려 절인다. 토마토 1kg의 껍질을 벗기고 씨를 제거한다. 신선한 정어리를 큰 것으로 14마리 준비하여 필레를 뜬 다음 깨끗하게 닦아둔다. 소금에 절인 가지를 헹구어 꼭 짜서 물기를 제거한 다음, 올리브오일을 아주 뜨겁게 달군 팬에 노릇하게 지진다. 종이타월에 올려 기름을 제거한다. 블렌더에 토마토, 마늘 2톨, 바질잎 3장, 소금, 후추, 올리브오일 1티스푼을 넣고 갈아 혼합한다. 오븐용 내열 용기에 가지와 정어리 필레를 교대로 켜켜이 넣는다. 이 두 켜 사이사이에 가늘게 간 파르메산 치즈를 뿌려 채운다. 토마토 퓌레로 덮은 뒤 225°C 오븐에서 20분 정도 굽는다.

sardines au plat 사르딘 오 플라

와인을 넣고 오븐에 찌듯이 익힌 정어리 : 싱싱하고 큼직한 정어리 12마리를 씻은 뒤 내장을 깨끗이 제거한다. 오븐용 넓은 용기에 버터를 바른 뒤 잘게 썬 샬롯 2~3개를 고루 뿌려 깔아준다. 그 위에 정어리를 한 켜 올린 다음 소금, 후추로 간하고 레몬즙을 한 바퀴 뿌린다. 화이트와인 4테이블스푼을 넣고 작게 조각낸 버터 30g을 고루 얹은 뒤 250°C로 예열한 오븐에서 10~12분간 익힌다. 잘게 썬 파슬리를 뿌린다.

terrine de sardines crues ▶ TERRINE

SARLADAISE (À LA) (아 라) 사를라데즈 사를라데즈 포테이토. 생감자를 얇게 썰어 거위 기름에 튀기듯 볶은 것으로 페리고르 지방 스타일 조리법이다. 감자가 다 익으면 마지막에 다진 파슬리와 마늘을 뿌린 뒤 향이 배어 나오도록 뚜껑을 덮어 둔다. 클래식 요리에서는 이 감자에 얇게 썬 송로버섯을 넣어 섞는다. 로스트 또는 팬이나 그릴에 구운 고기 요리에 주로 곁들이는 사를라데즈 소스는 송로버섯을 넣고 코냑으로 향을 더해 만든 차가운 유화 소스의 일종이다.

▶ 레시피 : POMME DE TERRE, SAUCE.

SARRASIN 사라쟁 메밀. 명아주과에 속하는 곡물의 하나로 원산지는 중앙아시아이고 유럽에서 재배되기 시작한 것은 14세기 말부터이며 블레 누아(검은 밀), 보퀴, 뷔카이라고도 불린다. 사라센 유목 민족을 뜻하기도 하는 사라쟁(**참조** p.179 곡류 도표, p.178 도감)이라는 이름은 가뭇가뭇한 검은 점이 곱게 분포된 회색 가루를 만들어주는 짙은 색의 낟알 때문에 붙여진 것이다. 19세기 말까지 브르타뉴와 노르망디 및 유럽 북부와 동부 지역에서 메밀은 기본 식량이 되는 곡물 중 하나였다. 글루텐이 함유되지 않아서 빵을 만들기에 부적합하지만 일반 밀가루와 혼합하여 몇몇 특수한 빵을 만들기도 한다. 메밀은 마그네슘과 철분이 풍부하고 비타민 B군을 많이 함유하고 있으며 다른 곡물에 비해 열량이 낮다(100g당 290kcal 또는 1212kJ). 갈레트라 부르는 전통 메밀 크레프를 부치거나, 걸쭉한 죽(bouillies), 건자두를 넣은 브르타뉴식 플랑인 파르를 만드는 데 사용되며, 특히 오리악(Aurillac)산 햄을 메밀 갈레트로 감싼 요리는 특유의 풍미를 선사한다. 러시아에서는 껍질을 까 굵게 부순 메밀을 익힌 죽의 일종인 카샤(kacha)를 만들기도 하며, 일본에서는 메밀 가루로 만든 국수를 즐겨 먹는다.

로랑스 살로몽(LAURENCE SALOMON)의 레시피

galettes de sarrasin et petit épeautre fraîchement moulu aux carottes et poireaux, crème végétale à l'huile de noisette 갈레트 드 사라쟁 에 프티 에포트르 프레슈망 물뤼 오 카로트 에 푸아로 크렘 베제탈 아 륄 드 누아제트

당근과 리크를 넣은 메밀, 스펠트밀 갈레트와 헤이즐넛오일 크림 : 4~6인분 / 준비: 30분 / 조리: 10분
하루 전날, 커피 원두 그라인더를 사용해 메밀 150g을 곱게 갈고, 스펠트밀 100g을 메밀보다 약간 굵게 간다. 두 가루를 혼합한 뒤 물을 조금씩 넣어가며 크레프 반죽 농도로 잘 섞는다. 주방용 랩으로 덮은 뒤 냉장고에 넣어 하룻밤 휴지시킨다. 당일, 당근 1개의 껍질을 벗긴 뒤 강판으로 가늘게 간다. 작은 리크 1대의 흰 부분과 녹색 줄기를 모두 얇게 썬다. 당근과 리크를 반죽에 넣고 회향씨 2자밤, 소금을 첨가해 섞는다. 소금 간을 확인하고 필요한 경우 물을 조금 첨가한다. 헤이즐넛오일 식물성 크림을 만든다. 우선 파슬리 6줄기를 씻는다. 마늘 한 톨의 껍질을 벗긴 뒤 굵게 다진다. 파슬리와 마늘, 두유 100mℓ, 헤이즐넛오일 50mℓ, 소금 몇 자밤을 볼에 넣고 블렌더로 20초간 갈아준다. 소금 간을 맞춘 다음 레몬즙 몇 방울을 첨가하고 다시 갈아 혼합한다. 액상이었던 혼합물에 레몬에서 나온 산이 더해져 농도가 생기면 블렌더를 멈추고 냉장고에 보관한다. 논스틱 팬에 올리브오일을 살짝 두른 뒤 준비해둔 반죽으로 작은 갈레트를 부친다. 약한 불로 양면을 각각 5분씩 천천히 익혀 1인당 3장씩 준비한다. 개인 접시에 갈레트를 담고 식물성 크림을 1테이블스푼씩 올린다. 구운 헤이즐넛 조각을 뿌린 제철 그린샐러드를 곁들여 서빙한다.

pâte à crêpes de sarrasin : préparation ▶ CRÊPE
soupe au lait d'huître et galettes de sarrasin ▶ HUÎTRE

SARRASINE (À LA) (아 라) 사라진 큰 덩어리로 조리한 고기에 작은 메밀 갈레트, 또는 피망을 넣어 맛을 낸 토마토 소스를 채운 쌀 카솔레트(cassolettes)을 곁들인 요리를 지칭한다. 갈레트나 카솔레트 위에 링으로 썰어 튀긴 양파를 올리고 너무 농도가 진하지 않은 데미글라스 소스를 곁들여 서빙한다.

SARRIETTE 사리에트 세이보리. 꿀풀과에 속하는 방향성 식물로 타임과 비슷한 향을 갖고 있으며 원산지는 남부 유럽이다(**참조** p.451~454 향신 허브 도감).
– 한해살이풀인 서머 세이보리의 잎은 광택이 없고 잿빛 녹색을 띠고 있으며 요리에 가장 많이 사용된다.
– 여러해살이풀 윈터 세이보리 또는 산(山)세이보리는 잎이 더 좁고 억세며, 프로방스어로 당나귀의 후추라는 뜻의 푸아브르 단(poivre d'âne)이라고 불린다. 특히 염소젖이나 양젖으로 만든 프레시 치즈나 일반 고형 치즈에 향을 내는 데 사용되며 일부 마리네이드 양념에도 들어간다.

세이보리는 콩류 요리에 특히 많이 사용되는 향신 허브다. 생 세이보리는 프로방스식 샐러드, 구운 송아지 고기, 토끼고기 로스트, 덩어리로 익힌 돼지 뼈 등심, 오리와 거위 요리에 넣어 맛을 돋우고, 말린 세이보리는 완두콩, 잠두콩, 그린빈스 스튜 또는 포타주의 향신료로 사용되며 스터핑 혼합물이나 파테에도 들어간다.

▶ 레시피 : FÈVE, THON.

SARTENO 사르테노 염소젖 또는 염소젖과 양젖의 혼합유로 만드는 코르시카의 치즈(지방 45~50%)로, 밝은 노란색의 매끈한 천연 외피를 가진 압착 치즈다(**참조** p.392 프랑스 치즈 도표). 사르테노는 크기가 크고 두꺼운 원반형으로 특유의 강한 향과 꼬릿한 맛을 갖고 있다.

SASHIMI 사시미 생선회. 생선, 갑각류 해산물, 연체류 등을 날것으로 먹는 음식을 지칭하며 일본에서 매우 즐겨 먹는 요리 형태이다. 생선을 손질한 뒤 길고 가는 날의 사시미 전용 칼로 가시를 제거하고 날 생선의 필레를 뜬 다음 붉은살 생선이나 전복 등은 얇은 두께로 작게 자르고, 갑오징어나 갑각류 해산물을 가늘고 길쭉하게, 또한 흰살 생선은 얇게 포를 뜨듯이 얇게 썰어낸다. 서빙 접시에 가늘게 채 썬 무, 해초, 무순 등을 깐 다음 사시미를 올리고 레몬과 와사비 간장을 함께 낸다.

SASSER 사세 얇은 껍질로 싸인 몇몇 채소(피클용 작은 오이, 초석잠 등)를 약간의 굵은소금과 함께 행주로 싸서 잠깐 비벼 흔들어 세척하는 작업을 뜻한다.

SAUCE 소스 요리에 곁들이거나 조리를 위해 사용되는 다양한 농도의 차갑거나 더운 액체 상태의 양념을 뜻한다. 소스의 기능은 요리 본연의 맛과 조화를 이루는 풍미를 더해주는 데 있다. 1953년 퀴르농스키는『프랑스의 요리와 와인(*Cuisine et Vins de France*)』의 사설에서 " 소스는 프랑스 요리의 명예이자 영광이다. 소스는 프랑스 요리에 탁월한 우수성을 부여했고 이를 확고하게 만드는 데 기여했다. 이것은 16세기의 문헌에도 기록된 것처럼 그 누구도 반론을 제기하지 않는 우월함이다."라고 썼다.

■ **분류.** 고대의 양념인 가룸(garum), 나르(nard)를 계승한 중세의 소스 카멜리나(cameline), 도딘(dodine), 푸아브라드(poivrade), 로베르(Robert) 소스 등은 매우 자극적이거나 새콤달콤한 맛이었다. 베샤멜(béchamel), 수비즈(Soubise), 미르푸아, 뒥셀(duxelles), 마요네즈(mayonnaise)처럼 더욱 섬세하고 향이 좋은 소스들이 탄생한 것은 17~18세기에 이르러서였다. 온도에 따라 소스를 분류하는 등 소스의 종류를 체계적으로 정리한 사람은 바로 앙토냉 카렘이다. 오랜 세월 동안 그 종류가 가장 많았던 더운 소스는 다시 모체(mères) 소스라는 이름의 주요 갈색 소스와 흰색 소스로 분류된다. 갈색 소스에는 에스파뇰(espagnole), 데미글라스(demi-glace), 토마토 소스(tomate), 흰색 소스에는 베샤멜과 블루테(velouté) 소스가 있다. 여기에서 수많은 조합의 파생 소스가 만들어진다. 차가운 소스는 대부분 마요네즈 또는 비네그레트 소스를 기본으로 만들어지며 여기에도 다수의 파생 소스가 존재한다.

이와 같은 클래식 소스 목록에 영국, 러시아 등에서 일했던 셰프들이 들여온 컴벌랜드(Cumberland), 앨버트(Albert), 리폼(reforme), 케임브리지(Cambridge), 러시아식, 이탈리아식, 폴란드식 소스 등이 점차 추가되면서 그 종류는 더욱 다양해진다. 한편 각 지방의 특산 재료들을 이용한 소스들이 부각되면서 그 종류는 더욱 다양해진다. 노르망드(생크림), 아이올리(마늘), 뵈르 블랑(차가운 버터), 디조네즈(머스터드), 보르들레즈(샬롯), 부르기뇬(레드와인 또는 화이트와인), 리오네즈(양파) 소스 등을 꼽을 수 있다(**참조** 하단 소스 도표, p.777 찬 소스 도표). 오귀스트 에스코피에를 시작으로 소스는 그 이전에 비해 좀 더 가벼워졌으며, 오늘날 많은 요리사들은 점점 더 독창적인 조합의 소스를 만들어 사용하는 추세다.

■ **사용.** 종류에 따라 체에 걸러 질감이 곱거나 재료가 보이는 거친 식감을 보이는 등 다양한 농도로 만들어지는 모든 소스는 날 음식에 양념을 하거나, 조리하는 음식의 일부분이 되기도 하고 차갑거나 뜨거운 요리에 곁들여 서빙되기도 한다. 소스가 조리된 음식 자체의 결과물에 해당하는 경우 ' 소스에 조리한(en sauce)' 요리가 된다. 하지만 대개의 경우 소스는 소스 용기에 따로 담아내거나 삶은 달걀(œuf dur), 쇼푸아(chaud-froid), 가리비 조개껍데기에 넣어 익힌 생선 그라탱(coquille de poisson) 등 완성된 요

모체 소스와 주요 파생 소스

모체 소스 SAUCES MÈRES	파생 소스 SAUCES DÉRIVÉES
흰색 소스 *sauces blanches*	
흰색 송아지 육수 베이스 (송아지 블루테 velouté de veau)	파리지엔 소스(sauce parisienne) 또는 알르망드 소스(sauce allemande), 풀레트 소스(sauce poulette), 빌라주아즈 소스(sauce villageoise), 타라곤 소스(sauce estragon), 향신 허브 소스(sauce aux aromates), 더운 앙달루즈 소스(sauce andalouse chaude), 빌르루아 소스(sauce Villeroy 흰살 육류용)
흰색 닭 육수 베이스 (가금류 블루테 velouté de volaille)	쉬프렘 소스(sauce suprême), 오로르 소스(sauce aurore), 이부아르 소스(sauce ivoire), 알뷔페라 소스(sauce Albufera), 쇼 프루아 소스(sauce chaud-froid 가금류용), 루아얄 소스(sauce royale)
생선 육수 베이스 (생선 블루테 velouté de poissons)	베르시 소스(sauce Bercy), 노르망드 소스(sauce normande), 카르디날 소스(sauce cardinal), 마리니에르 소스(sauce marinière), 생 말로 소스(sauce Saint-Malo), 베롱 소스(sauce Véron), 브르톤 소스(sauce bretonne), 새우 소스(sauce crevette), 즈느부아즈 소스(sauce Genevoise), 빌르루아 소스(sauce Villeroi 생선용)
우유 베이스 (베샤멜 소스 sauce Béchamel)	모르네 소스(sauce Mornay), 수비즈 소스(sauce Soubise), 낭튀아 소스(sauce Nantua)
갈색 소스 *sauces brunes*	
리에종한 갈색 송아지 육수 또는 데미글라스 소스(리에종한 갈색 송아지 육수, 에스파뇰 소스, 데미글라스 소스)	베르시 소스(sauce Bercy), 마데이라 소스(sauce Madère), 포트 소스(sauce Porto), 샤토브리앙 소스(sauce Châteaubriand), 고다르 소스(sauce Godard), 페리괴 소스(sauce Périgueux), 보르들레즈 소스(sauce bordelaise), 로베르 소스(sauce Robert), 피캉트 소스(sauce piquante), 디아블르 소스(sauce diable), 생트 므누 소스(sauce Sainte-Menehould), 진가라 소스(sauce zingara)
갈색 닭 육수 베이스	샤쇠르 소스(sauce chasseur), 비가라드 소스(sauce bigarade), 루아네즈 소스(sauce rouennaise)
갈색 수렵육 육수 베이스	푸아브라드 소스(sauce poivrade), 그랑브뇌르 소스(sauce grand veneur), 슈브로이 소스(sauce chevreuil)
갑각류 베이스	아메리칸 소스(sauce américaine), 낭투아 소스(sauce Nantua), 민물가재 소스(sauce écrevisse)(A. Carême)
생 토마토 베이스	토마토 콩카세(tomate concassée), 토마토 퓌레(purée de tomate), 토마토 쿨리(coulis de tomate)
토마토 페이스트와 생 토마토 베이스	토마토 소스(sauce tomate)
더운 유화 소스 *sauces émulsionnées chaudes*	
베아르네즈 소스 (sauce béarnaise)	쇼롱 소스(sauce Choron), 푸아요(Foyot) 또는 발루아(Valois), 팔루아즈 소스(sauce paloise)
홀랜다이즈 소스 (sauce hollandaise)	무슬린(mousseline) 또는 샹티이(Chantilly), 머스터드 소스(sauce moutarde), 말테즈 소스(sauce maltaise)
유화 버터 (beurre émulsionné)	녹인 버터 소스(sauce beurre fondu), 뵈르 블랑 소스(beurre blanc), 뵈르 낭테 소스(beurre nantais), 허브를 넣은 뵈르 낭테 소스(beurre nantais aux herbes)
찬 유화 소스 *sauces émulsionnées froides*	
마요네즈(mayonnaise)	베르트 소스(sauce verte), 칵테일 소스(sauce cocktail), 타르타르 소스(sauce tartare), 앙달루즈 소스(sauce andalouse), 뱅상 소스(sauce Vincent), 레물라드 소스(sauce rémoulade), 아이올리(aïoli), 루이유(rouille)
불안정한 찬 유화 소스 *sauces émulsionnées froides instables*	
비네그레트 소스 (sauce vinaigrette)	모든 식초 또는 시트러스 과일의 즙과 오일은 비네그레트 소스를 만드는 데 사용할 수 있다. 샬롯, 허브, 케이퍼, 마늘, 안초비, 양파 등 다양한 재료들을 첨가할 수 있다.

리에 끼얹는(나파주) 용도로 사용된다. 소스를 만들 때는 도구 선택이 매우 중요하다. 운두가 높고 두꺼운 금속 재질로 된 소스팬을 사용해야 열이 고루 전달되어 소스가 타거나 분리되는 것을 막을 수 있다. 이 외에도 중탕용 냄비, 금속 소재로 된 거품기와 소스를 졸일 때 젓는 도구인 나무나 실리콘 재질 주걱은 반드시 갖춰야 할 도구다.

■ **준비.** 소스를 만드는 작업은 다음 4가지의 기본 방식에 따라 이루어진다.

– 여러 가지 고형과 액체 재료를 차가운 상태에서 혼합하는 것으로, 가장 단단한 방법이다(예; 비네그레트, 라비고트).

– 유화(용해되지 않는 고체 성분 물질을 액체 안에서 매우 작은 입자로 분산시킨 것으로 유화 혼합물은 일정 시간 안정된 상태를 유지한다)를 통해 만든 소스에는 마요네즈 및 그 파생 소스, 아이올리, 그리비슈, 루이유, 타르타르 등의 찬 소스와, 홀랜다이즈, 무슬린, 베아르네즈, 뵈르 블랑 등의 더운 소스로 나뉜다.

– 버터와 밀가루를 섞어 가열한 루(roux)는 베샤멜 유형으로 대표되는 풀처럼 걸쭉한 농도의 콜레(collée) 소스의 베이스가 된다. 여기에 생크림, 그뤼에르 치즈, 양파 등 어떤 재료를 추가하느냐에 따라 크림 소스, 모르네 소스, 수비즈 소스 등을 만들 수 있다.

– 고기 육수(송아지, 수렵육, 가금류 육수) 또는 생선 육수를 끓인 뒤 황금색 루, 갈색 루 또는 기타 재료(미르푸아, 졸인 농축액[réduction], 술, 마리네이드 양념액, 버섯 등)를 추가하여 블루테 소스(송아지, 수렵육, 가금류, 생선), 에스파뇰(espagnole), 수렵육 요리용 소스를 만든다. 이를 바탕으로 리에종을 하거나 특정 향신 재료를 첨가한 다양한 종류의 흰색(알르망드[allemande], 카르디날[cardinal], 낭튀아[Nantua], 노르망드[normande], 풀레트[poulette] 소스 등) 또는 갈색(보르들레즈[bordelaise], 샤쇠르[chasseur], 페리괴[Périgueux], 푸아브라드[poivrade], 브네종[venaison] 소스 등) 응용 소스가 만들어진다.

곁들이거나 맛을 부각시켜야 하는 음식의 특성에 따라 소스에는 그에 맞는 다양한 재료, 허브, 향신료를 넣을 수 있다. 양고기나 생선에 커리(인도 소스), 염장대구에 마늘(아이올리), 오리에 오렌지(비가라드[bigarade]), 수렵육에 레드커런트(컴벌랜드), 소고기에 코르니숑(피캉트[picante]) 등은 전통적인 맛의 조합이다. 여기에 안초비, 갑각류 해산물의 살, 뒥셀, 푸아그라, 가늘게 간 치즈, 다진 햄, 잘게 썬 토마토, 다진 송로버섯 등의 고형 재료와 오드비나 증류주, 생크림, 레드 또는 화이트와인, 식초 등의 액체 재료를 첨가함으로써 무한한 응용이 가능하다. 송로버섯을 넣은 페리괴 소스, 파프리카를 넣은 헝가리식 소스, 민물가재를 넣은 낭튀아 소스 등 지명을 딴 소스의 명칭에서는 종종 그 지역을 대표하는 재료를 유추할 수 있다, 또한 모르네(Mornay), 쇼롱(Choron), 푸아요(Foyot) 소스 등 그 레시피를 처음 만든 사람의 이름을 붙이는 경우도 있다.

aïoli 아이올리

아이올리 : 굵은 마늘 4톨의 껍질을 벗긴 뒤 반으로 잘라 싹을 제거한다. 마늘과 달걀노른자 1개를 절구에 넣고 곱게 찧는다. 소금, 후추를 넣고 계속해서 절굿공이로 찧으면서 오일 250mℓ를 아주 조금씩 넣는다. 경우에 따라 으깬 감자 1테이블스푼을 첨가하기도 한다(참고. p.27 다른 레시피).

레스토랑 르 자르뎅 드 페를르플뢰르(LE JARDIN DE PERLEFLEURS, BORMES-LES-MIMOSAS)의 레시피

anchoïade 앙슈아야드

앙슈아야드 소스 : 마늘 3톨의 껍질을 벗긴 뒤 접시 위에서 포크로 긁어 갈아준다. 파슬리 6줄기의 잎을 씻어서 다진다. 소금에 저장한 안초비 10마리의 소금기를 제거한 뒤 필레를 뜬다. 안초비 필레를 마늘과 혼합한 다음 포크 2개를 사용해 잘게 찧는다. 이 혼합물에 올리브오일 100mℓ를 조금씩 넣어주며 거품기로 세게 저어 포마드 상태의 질감이 되도록 섞는다. 후추를 뿌린다. 계속 잘 저으며 다진 파슬리와 식초 몇 방울을 넣는다.

주요 차가운 소스의 구성(6인분)

소스의 유형	기본 재료	특정 재료
단순혼합 소스 *sauces simples*		
시트로네트 citronnette	레몬즙(30mℓ), 고운소금, 그라인더로 간 후추, 낙화생유 또는 올리브오일(150mℓ)	
크림 crème	레몬즙(30mℓ), 고운소금, 그라인더로 간 흰색 후추, 더블 크림(150mℓ)	
비네그레트(기본형) vinaigrette(classique)	식초(50mℓ), 고운소금, 그라인더에 간 후추, 오일(150mℓ)	다양한 향의 오일과 식초를 조합할 수 있다.
머스터드를 넣은 비네그레트 vinaigrette moutardée	머스터드(5g), 식초(50mℓ), 고운소금, 그라인더에 간 후추, 오일(150mℓ)	
라비고트 ravigote	머스터드(5g), 식초(50mℓ), 고운소금, 그라인더에 간 후추, 오일(150mℓ)	다진 처빌(1/2티스푼), 잘게 썬 차이브(1/2티스푼), 잘게 썬 타라곤(1/2티스푼), 다진 파슬리(1/2티스푼), 잘게 썬 양파(45g), 다진 케이퍼(20g)
유화 소스 *sauces émulsionnées*		
앙달루즈 andalouse	달걀(노른자1개), 머스터드(5g), 식초(10mℓ), 고운소금, 그라인더에 간 후추, 오일(250mℓ)	토마토 소스(10g), 잘게 썬 고추(20g)
샹티이 chantilly	달걀(노른자1개), 머스터드(5g), 레몬즙 1분, 고운소금, 그라인더에 간 후추, 낙화생유(250mℓ)	단단하게 휘핑한 생크림(30mℓ)
칵테일 cocktail	달걀(노른자1개), 머스터드(5g), 식초(10mℓ), 고운소금, 카옌(Cayenne) 페퍼, 낙화생유(250mℓ)	코냑(10mℓ), 토마토 케첩(30mℓ), 우스터 소스(4방울)
그리비슈 gribiche	삶은 달걀(노른자 1개), 머스터드(10g), 식초(10mℓ), 고운소금, 그라인더에 간 후추, 오일(250mℓ)	다진 파슬리(1테이블스푼), 잘게 썬 타라곤(1테이블스푼), 다진 케이퍼(10g), 다진 코르니숑(20g), 짧게 채 썬 삶은 달걀흰자 1개
마요네즈 mayonnaise	달걀(노른자1개), 머스터드(5g), 식초(10mℓ), 고운소금, 그라인더에 간 후추, 오일(250mℓ)	
무스크테르 mousquetaire	달걀(노른자1개), 머스터드(5g), 식초(10mℓ), 고운소금, 카옌(Cayenne) 페퍼, 오일(250mℓ)	잘게 썬 샬롯(20g), 화이트와인(30mℓ), 글라스 드 비앙드(1테이블스푼), 잘게 썬 차이브(1테이블스푼)
레물라드 rémoulade	달걀(노른자1개), 머스터드(10g), 식초(10mℓ), 고운소금, 그라인더에 간 후추, 오일(250mℓ)	다진 처빌(1테이블스푼), 잘게 썬 타라곤(1테이블스푼), 다진 케이퍼(10g), 다진 코르니숑(20g)
타르타르 tartare	달걀(노른자1개), 머스터드(10g), 식초(10mℓ), 고운소금, 그라인더에 간 후추, 오일(250mℓ)	다진 처빌(1테이블스푼), 잘게 썬 타라곤(1테이블스푼), 다진 케이퍼(10g), 다진 코르니숑(20g), 잘게 썬 스위트 양파(45g)

Sauce 소스

"소스의 성패를 가르는 또 하나의 중요한 요소는 조리도구의 선택이다. 포텔 에 샤보,
파리 에콜 페랑디, 레스토랑 가르니에와 리츠 호텔의 세프들은 이 사실을 잘 알고 있다.
열전도성이 좋아 소스가 타거나 분리되는 것을 방지할 수 있는 장비로는 운두가 높고 두꺼운 금속 소재로 된 소스팬만 한 것이 없다."

bread sauce 브레드 소스

브레드 소스 : 정향 1개를 박은 양파 1개, 버터, 소금 1자밤, 후추를 넣고 끓인 우유에 굳지 않은 빵의 속살을 잘게 부수어 넣는다. 약한 불로 15분정도 끓인 뒤 양파를 건져 낸다. 생크림을 넣고 거품기로 저으면서 가열한다.

egg sauce 에그 소스

달걀 소스 : 달걀 2개를 끓는 물에 10분간 삶아 껍질을 벗긴 다음 주사위 모양으로 썬다. 녹인 버터 125g에 소금과 후추를 넣고 레몬즙을 뿌린 다음 아직 뜨거운 상태의 달걀과 섞는다. 잘게 썬 파슬리를 뿌린다.

loup en croûte sauce Choron ▶ LOUP
merlu aux palourdes à la sauce verte ▶ MERLU

mustard sauce 머스터드 소스

머스터드 소스 : 작은 냄비에 버터 2테이블스푼을 녹인 뒤 밀가루 2테이블스푼을 넣고 잘 저어 섞으며 가열한다. 이어서 우유 250mℓ를 붓고 거품기로 저으며 센 불에서 걸쭉하게 익힌다. 불을 줄이고 3분간 약하게 익힌 뒤 마지막에 생크림 4테이블스푼, 흰 식초 1티스푼, 영국 머스터드 분말 1티스푼, 소금, 약간의 후추를 첨가한다.

레스토랑 르 자르뎅 드 페를르플뢰르(LE JARDIN DE PERLEFLEURS, BORMES-LES-MIMOSAS)의 레시피

rouille au safran 루이유 오 사프랑

사프란을 넣은 루이유 소스 : 마늘 3톨의 껍질을 벗겨 길게 반으로 자른 뒤 싹을 제거한다. 마늘에 굵은소금 1자밤을 넣고 곱게 찧은 다음 흰 후추 2자밤, 사프란 가루 칼끝으로 아주 조금, 카옌페퍼 칼끝으로 두 번, 달걀노른자 2개를 첨가한다. 재료를 모두 세게 휘저어 혼합하여 균일한 포마드 상태로 만든다. 5분간 휴지시킨다. 올리브오일 250mℓ를 조금씩 넣으며 거품기로 계속 휘저어 섞는다.

sauce aigre-douce 소스 에그르 두스

스위트 앤 사워 소스 : 말라가 건포도 2테이블스푼을 물에 몇 시간 담가둔다. 바닥이 두꺼운 작은 냄비에 설탕 3조각과 식초 3테이블스푼을 넣고 가열해 살짝 캐러멜화한다. 드라이한 화이트와인 150mℓ와 다진 샬롯 1테이블스푼을 첨가한 뒤 수분이 완전히 없어질 때까지 졸인다. 데미글라스 250mℓ를 넣고 잠깐 끓인다. 소스를 고운 체에 거른 뒤 다시 불에 올려 끓을 때까지 가열한다. 물에 담가둔 건포도를 건져 씨를 제거한 다음 케이퍼 1테이블스푼과 함께 소스에 넣는다.

sauce aux airelles(cranberry sauce) 소스 오 제렐(크랜베리 소스)

크랜베리 소스 : 설탕 30~50g과 씻은 크랜베리 500g을 끓는 물 500mℓ에 넣고 뚜껑을 덮은 뒤 과일 알갱이가 터질 때까지 10분간 센 불로 끓인다.

sauce Albufera 소스 알뷔페라

알부페라 소스 : 쉬프렘 소스를 만든다. 피망 150g의 씨를 제거하고 길고 가늘게 썬 다음 버터 50g을 넣고 자체 수분으로 찌듯이 익힌다. 익힌 피망을 식힌 뒤 블렌더로 간다. 버터 150g을 넣어 섞은 뒤 체에 곱게 긁어내린다. 쉬프렘 소스 500mℓ에 황금색 글라스 드 비앙드(glace de viande blonde) 5테이블스푼과 피망버터 1테이블스푼을 첨가한다. 고운 체에 다시 한 번 거른다.

sauce allemande grasse 소스 알르망드 그라스

기름진 알르망드 소스(고기 육수 베이스) : 바닥이 두꺼운 냄비에 흰색 송아지 육수 또는 닭 육수 400mℓ, 버섯을 익힌 농축즙 100mℓ, 레몬즙 한 줄기, 빻은 통 후추 몇 알, 넛멕 가루 칼끝으로 아주 조금, 블루테 소스 500mℓ를 넣고 잘 섞은 뒤 가열해 졸인다. 불에서 내린 뒤 블루테 소스를 조금 넣어 풀어준 달걀노른자 3~4개를 넣고 잘 섞는다. 다시 끓을 때까지 가열한 다음 식초나 레몬즙을 뿌려 새콤한 맛을 첨가한다. 고운 체에 거른 뒤 차가운 버터 50g을 넣고 거품기로 휘저어 완전히 혼합한다.

sauce allemande maigre 소스 알르망드 메그르

담백한 알르망드 소스(생선 육수 베이스) : 고기 육수 베이스의 기름진 알르망드 소스와 만드는 법은 동일하다. 단, 흰색 송아지 육수를 생선 육수로, 기름진 고기 육수 블루테(velouté gras)를 담백한 생선 육수 블루테(velouté maigre)로 대체한다.

sauce andalouse chaude 소스 앙달루즈 쇼드

더운 앙달루즈 소스 : 걸쭉하게 졸인 블루테 소스 200mℓ에 토마토 에센스(essence de tomate, 체에 내려 익힌 토마토를 시럽 농도로 졸인 것) 50mℓ를 첨가한다. 껍질을 벗기고 익힌 뒤 작은 주사위 모양으로 썬 맵지 않은 고추 2티스푼, 다진 파슬리 1/2테이블스푼을 넣는다. 경우에 따라 으깬 마늘을 조금 첨가하기도 한다.

sauce andalouse froide 소스 앙달루즈 푸아드

찬 앙달루즈 소스 : 되직한 농도의 마요네즈 750mℓ에 아주 걸쭉하게 졸인 진한 붉은색의 토마토 소스 250mℓ를 섞는다. 아주 작은 주사위 모양으로 썬 붉은 파프리카 75g을 첨가한다.

sauce aurore 소스 오로르

오로르 소스 : 쉬프렘 소스 500g에 아주 걸쭉하게 졸인 토마토 소스 500mℓ를 넣어 섞는다. 고운 체에 거른다.

sauce béarnaise 소스 베아르네즈

베아르네즈 소스 : 적당한 크기의 바닥이 두꺼운 소테팬에 타라곤 향을 우린 식초 100mℓ, 드라이한 화이트와인 50mℓ, 잘게 다진 샬롯 50g, 다진 타라곤 3테이블스푼과 처빌 1테이블스푼, 굵직하게 으깬 통후추 5g, 소금 1자밤을 넣고 가열하여 1/3로 졸인 다음 식힌다. 여기에 달걀노른자 5개와 약간의 물을 첨가하고 약한 불에 올린 뒤 거품기로 세게 저어 섞으며 가열한다(55°C). 불에서 내린 다음 뜨거운 정제버터 250g을 넣고 거품기로 저어 혼합한다. 이 소스를 고운 체에 거른 뒤 다진 타라곤 1테이블스푼과 처빌 1테이블스푼을 넣어 마무리한다. 바로 서빙한다.

sauce Béchamel 소스 베샤멜

베샤멜 소스 : 바닥이 두꺼운 냄비에 버터 60g을 녹이고 밀가루 60g을 넣은 뒤 매끈한 혼합물이 되도록 잘 저어 섞으며 가열한다. 약한 불에서 1분 정도 색이 나지 않게 익혀 흰색 루를 만든 다음 식힌다. 우유 1ℓ를 끓을 때까지 가열한 다음 차갑게 식은 루 위에 조금씩 부으면서 덩어리가 생기지 않도록 작은 거품기로 계속 젓는다. 이 소스 베샤멜을 끓을 때까지 가열하고 4~5분간 익힌다. 고운소금, 카옌페퍼를 넣고 넛멕을 강판에 몇 번 갈아 넣는다. 소스를 고운 천에 거른다. 바로 사용하지 않는 경우에는 작은 버터 조각을 표면에 살짝 발라 표면에 굳은 막이 생기는 것을 막아준다.

sauce Bercy pour poissons 소스 베르시 푸르 푸아송

생선 요리용 베르시 소스 : 샬롯 3~4개의 껍질을 벗긴 뒤 잘게 썰어 버터 1테이블스푼을 두른 냄비에 넣고 색이 나지 않게 익힌다. 여기에 화이트와인 100mℓ와 생선 육수 100mℓ를 붓고 반으로 졸인다. 생선 육수로 만든 블루테 200mℓ를 첨가하고 센 불에서 잠깐 끓인다. 소스를 불에서 내린 뒤 녹인 버터 50g을 넣고 잘 혼합한다. 마지막으로 다진 파슬리를 넣고 소금, 후추로 간한다.

sauce Bercy pour viandes grillées 소스 베르시 푸르 비앙드 그리예

구운 고기용 베르시 소스 : 잘게 썬 샬롯 30g에 드라이한 화이트와인 200mℓ을 붓고 가열해 1/3로 졸인다. 여기에 리에종한 갈색 송아지 육수 250mℓ를 넣고 끓을 때까지 가열한 뒤 그 상태로 5분간 더 끓인다. 불에서 내리고 고운 체에 거른 다음 버터 40g을 넣고 거품기로 잘 섞는다. 이어서 데쳐 익힌 사골 골수 40g을 작은 주사위 모양으로 썰어 넣는다. 소금, 후추로 간을 맞춘 뒤 다진 파슬리 1테이블스푼을 넣어 마무리한다.

앙토냉 카렘(ANTONIN CARÊME)의 레시피

sauce à la bigarade 소스 아 라 비가라드

비터 오렌지 소스 : 아주 잘 익은 비터 오렌지 한 개를 준비하여 꼭대기에서 밑 방향으로 길게 주황색 껍질 제스트를 띠 모양으로 얇게 벗겨낸다. 껍질 안쪽의 흰 부분은 쓴맛이 날 수 있으므로 함께 잘려 나오지 않도록 주의한다. 각 띠 모양 제스트의 가장자리를 잘라 다듬은 뒤 수직으로 잘게 썬다. 오렌지 제스트를 소량의 끓는 물에 넣어 몇 분간 데쳐 건진다. 소스팬에 애피타이저용으로 만든 에스파뇰 소스와 이 오렌지 제스트, 수렵육 육수 농축액 약간, 굵게 으깬 통후추 약간, 비터 오렌지즙 1/2개분을 넣고 중탕 냄비 위에 올린다. 끓어오르기 시작하면 버터를 조금 첨가해 섞는다.

sauce bolognaise 소스 볼로네즈

볼로네즈 소스 : 셀러리 줄기 4대의 질긴 섬유질을 벗겨낸 뒤 다진다. 양파 큰 것 5개의

껍질을 벗긴 뒤 다진다. 기본 부케가르니에 세이지잎 4장, 로즈마리 2줄기를 추가해 묶는다. 오래 익히는 용도의 소고기 부위 500g을 굵직하게 갈거나 다진다. 싱싱하고 흠이 없는 완숙 토마토를 10개 정도 준비해 껍질을 벗기고 잘게 썬다. 마늘 4~5톨의 껍질을 벗긴 뒤 짓이긴다. 코코트 냄비에 올리브오일 5테이블스푼을 달군 뒤 우선 고기를 넣고 볶는다. 노릇한 색이 나기 시작하면 양파, 셀러리, 마늘을 넣고 함께 볶는다. 토마토를 넣은 뒤 10분간 익힌다. 부케가르니, 송아지 갈색 육수 350mℓ, 드라이한 화이트와인 200mℓ, 소금, 후추를 넣은 다음 뚜껑을 덮고 아주 약한 불로 2시간 동안 익힌다. 너무 졸아들면 중간중간 물을 조금씩 보충해준다. 최종 간을 맞춘다.

sauce Bontemps 소스 봉탕

봉탕 소스 : 잘게 썬 양파 1테이블스푼에 버터를 넣고 색이 나지 않게 익힌다. 소금, 파프리카 가루 1자밤, 시드르 200mℓ를 넣은 뒤 1/3로 졸인다. 고기 육수로 만든 블루테 200mℓ를 넣고 끓을 때까지 가열한다. 불에서 내리고 버터 40g과 흰색 머스터드 1테이블스푼을 첨가한 뒤 잘 섞는다. 고운 체에 거른다.

sauce bordelaise 소스 보르들레즈

보르들레즈 소스 : 사골 골수 25g을 주사위 모양으로 썰어 핏물과 불순물을 제거한 뒤 물에 데쳐 익힌다. 냄비에 다진 샬롯 1테이블스푼, 레드와인 200mℓ, 타임 1줄기, 월계수잎 1조각, 소금 1자밤을 넣어 섞은 뒤 가열하여 1/3로 졸인다. 여기에 데미글라스 200mℓ를 붓고 다시 2/3가 되도록 졸인다. 불에서 내린 뒤 버터 25g을 넣고 잘 섞는다. 체에 거른다. 서빙 바로 전에 사골 골수와 잘게 썬 파슬리 1티스푼을 첨가한다.

sauce bourguignonne pour poissons 소스 부르기뇬 푸르 푸아송

생선 요리용 부르기뇽 소스 : 아주 질이 좋은 레드와인으로만 국물을 잡은 생선 육수를 25~30분간 끓여 체에 걸러둔다. 냄비에 버터를 두른 뒤 잘게 썬 양파 40g과 샬롯 20g을 넣고 색이 나지 않고 수분이 나오도록 볶는다. 버섯 50g(양송이버섯 자투리와 밑동 또는 무스롱(선녀낙엽버섯) 50g), 타임 1줄기, 월계수잎 1조각, 으깬 마늘 1톨을 넣고 같이 볶는다. 레드와인 생선 육수 1ℓ를 붓고 끓을 때까지 가열한 뒤 부피의 3/4을 졸여 약 250mℓ만 남도록 한다. 이 농축 소스에 요리 주재료 생선을 익히고 남은 국물을 섞은 뒤 다시 반으로 졸인다. 에스파뇰 소스 또는 리에종한 송아지 육수 200mℓ를 넣고 끓을 때까지 가열하며 거품을 걷어낸다. 몇 분간 더 끓인 다음 체에 거른다. 불에서 내린 뒤 버터 50g을 넣고 잘 저어 섞는다. 소금, 후추로 간을 맞춘다.

sauce bourguignonne pour viandes de boucherie, volailles et œufs 소스 부르기뇬 푸르 비앙드 드 부슈리, 볼라이유 에 외

고기, 가금류, 달걀 요리용 부르기뇽 소스 : 가염 삼겹살 75g을 끓는 물에 데친 뒤 노릇하게 지진다. 여기에 브뤼누아즈로 잘게 썬 양파 40g, 당근 20g, 샬롯 20g을 넣고 색이 나지 않고 수분이 나오도록 볶는다. 아주 품질이 좋은 레드와인 1ℓ를 붓고 부케가르니 1개, 버섯 자투리 100g, 으깬 마늘 1톨, 소금 1자밤, 빻은 통후추 5~6알을 넣는다. 끓을 때까지 가열한 뒤 불을 줄이고 30분간 약하게 끓인다. 용도에 따라 스페인 소스 또는 리에종한 갈색 송아지 육수(또는 리에종한 갈색 닭 육수) 300mℓ를 첨가한 다음 끓을 때까지 가열한다. 거품을 건져내며 2/3가 되도록 졸인 다음 고운 체에 거른다. 불에서 내린 뒤 버터 50g을 넣어 섞는다. 거품기로 휘저어 섞지 않는다. 소금, 후추로 최종 간을 맞춘다. 용도에 따라 이 소스는 이 상태 그대로 또는 갈색으로 윤기나게 익힌 방울양파, 볶은 버섯, 베이컨, 민물가재 살 등을 추가로 넣기도 한다.

sauce bretonne 소스 브르톤

브르타뉴 소스 : 리크의 흰 부분, 셀러리 속대 1/4개, 얇게 슬라이스한 양파 1개를 채 썬다. 모두 냄비에 넣고 버터 1테이블스푼과 소금 1자밤을 넣은 뒤 뚜껑을 덮고 약한 불에서 15분간 익힌다. 여기에 채 썬 양송이버섯 2테이블스푼과 드라이한 화이트와인 1컵을 첨가하고 수분이 모두 없어질 때까지 졸인다. 생선 육수 베이스의 블루테(velouté maigre) 150mℓ를 첨가한 다음 1분간 센 불로 끓인다. 간을 맞춘다. 서빙하기 바로 전 더블 크림 넉넉히 1테이블스푼, 차가운 버터 50g을 넣고 잘 섞는다.

sauce Cambridge 소스 케임브리지

케임브리지 소스 : 소금에 저장한 안초비 6마리의 소금기를 완전히 빼고 가시를 떼어낸다. 삶은 달걀노른자 3개, 안초비 살, 케이퍼 1테이블스푼, 타라곤과 처빌을 각각 작은 1송이를 넣고 분쇄기로 간다. 혼합물에 영국 머스터드 1테이블스푼과 후추를 첨가한다. 낙화생유 또는 해바라기유를 조금씩 넣어가며 거품기로 잘 저어 섞은 뒤 식초 1테이블스푼을 넣는다. 간을 맞춘다. 잘게 썬 차이브와 파슬리를 첨가한다.

sauce cardinal 소스 카르디날

카르디날 소스 : 생선 육수 베이스로 만든 담백한 블루테 200mℓ와 생선 육수 100mℓ를 냄비에 넣고 가열해 절반으로 졸인다. 생크림 100mℓ를 첨가하고 가열한다. 불에서 내린 뒤 랍스터 버터 50g을 넣어 섞는다. 카옌페퍼를 아주 소량 넣어 맛을 돋운 뒤 고운 체에 거른다. 송로버섯 에센스를 넣어 향을 내거나 다진 송로버섯 1테이블스푼을 넣는다.

sauce chasseur 소스 샤쇠르

샤쇠르 소스 : 버섯(가능하다면 무스롱[선녀낙엽버섯]) 150g을 얇게 썰고 샬롯 2개를 다진다. 소스팬에 모두 넣고 버터에 노릇하게 볶은 다음 화이트와인 100mℓ를 붓고 반으로 졸인다. 코냑 40mℓ를 붓고 불을 붙여 플랑베한다. 토마토를 넣은 리에종한 갈색 송아지 육수 400mℓ를 첨가한다. 약한 불에서 10분정도 졸인 뒤 버터 30g과 잘게 썬 허브(타라곤, 처빌, 파슬리) 1테이블스푼을 첨가한다.

sauce Chateaubriand 소스 샤토브리앙

샤토브리앙 소스 : 소스팬에 다진 샬롯 1테이블스푼, 버섯 자투리, 화이트와인 100mℓ을 넣고 1/3로 줄인다. 데미글라스 또는 너무 농축되지 않은 글라스 드 비앙드 150mℓ를 붓고 다시 반으로 졸인다. 불에서 내린 뒤 버터 100g, 다진 타라곤과 파슬리 1테이블스푼을 첨가하거나 메트르도텔 버터를 넣고 거품기로 잘 섞는다. 레몬즙과 카옌페퍼를 조금 넣어 맛을 돋운다.

sauce chaud-froid blanche pour abats blancs, œufs et volailles 소스 쇼프루아 블랑슈 푸르 아바 블랑, 외 에 볼라이유

흰색 부속 및 내장, 달걀, 가금류 요리용 쇼프루아 소스 : 바닥이 두꺼운 소테팬에 블루테 350mℓ와 버섯 농축즙 50mℓ를 넣고 센 불에서 주걱으로 저어가며 졸인다. 흰색 닭 즐레 400mℓ와 생크림 150mℓ를 조금씩 넣는다. 소스를 들어올렸을 때 주걱에 묻는 농도가 될 때까지 잘 저으며 익힌다. 면포나 고운 거즈천에 거른다. 완전히 식을 때까지 잘 젓는다. 레시피에 따라 향을 낸다.

sauce chaud-froid brune ordinaire pour viandes diverses 소스 쇼프루아 브륀 오르디네르 푸르 비앙드 디베르스

다양한 고기 요리용 갈색 쇼프루아 소스 : 냄비 또는 바닥이 두꺼운 소테팬에 데미글라스 350mℓ와 젤라틴 성분을 넣은 맑은 갈색 육수 200mℓ를 넣는다. 센 불에서 주걱으로 잘 저으며 즐레 400mℓ를 조금씩 넣는다. 2/3로 줄인다. 불에서 내린 뒤 마데이라 와인이나 레시피에 따라 다른 와인 2테이블스푼을 넣는다. 고운 거즈에 거른 뒤 소스가 식을 때까지 잘 저어준다.

장 피에르 비피(JEAN-PIERRE BIFFI)의 레시피

sauce chaud-froid de volaille 소스 쇼프루아 드 볼라이

닭 육수 쇼프루아 소스 : 1ℓ 분량

냄비에 버터 45g과 밀가루 45g을 넣고 잘 섞으며 가열해 흰색 루(참조. p.757 ROUX BLANC)를 만든다. 흰색 닭 육수 750mℓ를 붓는다. 중간중간 저으며 10분 정도 익힌다. 불에서 내린 뒤 즐레 150mℓ를 넣어 녹인다. 이어서 달걀노른자 2개와 더블 크림 125mℓ를 섞은 혼합물을 넣는다. 간을 맞춘 뒤 고운 체에 걸러 식힌다. 단, 가금류 요리에 끼얹을 때는 굳을 정도로 식히면 안 된다.

sauce chevreuil pour gibier 소스 슈브뢰이 푸르 지비에

수렵육 요리용 슈브뢰이 소스 : 냄비에 수렵육 자투리 부위와 미르푸아로 썬 향신채소들을 넣고 볶는다. 식초와 레드와인 또는 수렵육 고기를 재워두었던 마리네이드 양념액을 조금 넣고 디글레이즈한다. 에스파뇰 소스나 푸아브라드 소스를 넣고 졸인다. 카옌페퍼 칼끝으로 아주 소량과 소금 1자밤을 넣는다. 고운 체에 거른다. 버터를 표면에 발라 막이 굳지 않도록 한다.

sauce Choron 소스 쇼롱

슈롱 소스 : 베아르네즈 소스 200mℓ에 바특하게 졸여 체에 곱게 긁어내린 뒤 따뜻한 온도로 식힌 토마토 퓌레 2테이블스푼을 넣어 섞는다.

sauce Colbert (ou beurre Colbert) 소스 콜베르(뵈르 콜베르)

콜베르 소스(또는 콜베르 버터) : 황금색 글라스 드 비앙드 2테이블스푼에 가금류 육

수 1테이블스푼을 넣고 푼 뒤 끓인다. 불에서 내리고 주걱으로 휘저어 부드러운 상태로 만든 버터 125g을 넣고 섞는다. 소금, 후추로 간하고 카옌페퍼를 칼끝으로 아주 조금 넣는다. 레몬즙 1/2개분, 잘게 썬 파슬리 1테이블스푼, 마데이라 와인 1테이블스푼을 첨가하며 잘 저어 섞는다.

sauce Cumberland 소스 컴벌랜드

컴벌랜드 소스 : 다진 샬롯 1티스푼을 끓는 물에 잠깐 담갔다 건진다. 오렌지와 레몬의 껍질을 제스트만 얇게 저며 끓는 물에 데친 뒤 물기를 제거하고 가늘게 채 썬다. 다진 샬롯, 채 썬 제스트 2티스푼에 머스터드 1테이블스푼을 넣어 섞는다. 레드커런트 즐레 200mℓ를 가열해 묽게 녹인 뒤 혼합물에 넣는다. 포트와인 100mℓ와 오렌지즙 1개분, 레몬즙 1개분을 첨가한다. 소금으로 간을 맞추고 카옌페퍼를 칼끝으로 아주 조금 넣는다. 기호에 따라 생강가루를 조금 첨가하기도 한다.

sauce diable 소스 디아블

디아블 소스 : 드라이한 화이트와인 150mℓ, 식초 1테이블스푼, 잘게 다진 샬롯 1테이블스푼, 타임 1줄기, 월계수잎 1/4장, 갓 갈아낸 후추 넉넉히 1자밤을 모두 소스팬에 넣고 섞은 뒤 가열하여 1/3로 졸인다. 토마토를 넣은 데미글라스 소스 200mℓ를 붓고 약한 불로 5분간 졸인다. 체에 거른다. 사용하기 바로 전, 잘게 다진 허브를 첨가한다.

sauce diable à l'anglaise 소스 디아블 아 랑글레즈

영국식 디아블 소스 : 소스팬에 화이트와인 150mℓ, 식초 50mℓ, 잘게 다진 샬롯 1테이블스푼을 넣고 수분이 거의 없어질 때까지 졸인다. 에스파뇰 소스 250mℓ와 토마토 소스 2테이블스푼 또는 토마토를 넣은 데미글라스 소스 2테이블스푼을 넣는다. 사용 직전에 우스터 소스 1테이블스푼, 하비(Harvey) 소스 1테이블스푼을 첨가하고 카옌페퍼를 조금 넣어 맛을 돋운다. 고운 거즈나 체에 거른 뒤 표면에 버터를 발라 굳은 막이 생기지 않도록 한다.

sauce dijonnaise 소스 디조네즈

디종 소스 : 삶은 달걀노른자 4개에 디종 머스터드 4테이블스푼을 넣고 함께 으깬 다음 소금, 후추로 간한다. 여기에 오일 500mℓ을 조금씩 넣어가며 거품기로 세게 저어 섞은 뒤 레몬즙을 첨가한다.

sauce duxelles 소스 뒥셀

뒥셀 소스 : 버섯 뒥셀 250g을 만든 뒤 화이트와인 100mℓ를 넣고 수분이 거의 없어질 때까지 졸인다. 데미글라스 150mℓ와 체에 곱게 긁어내린 토마토퓌레 또는 토마토 향이 진한 데미글라스 소스 100mℓ를 넣고 2~3분간 끓인 뒤 다진 파슬리를 조금 넣는다.

앙토냉 카렘(ANTONIN CARÊME)의 레시피

sauce aux écrevisses 소스 오 제크르비스

민물가재 소스 : 센 강의 민물가재를 중간 크기로 약 50마리 정도 준비해 씻은 뒤 냄비에 넣고 샴페인 반 병, 얇게 썬 양파 1개, 부케가르니 1개, 굵직하게 부순 통후추 한 자밤, 아주 소량의 소금을 넣어 익힌다. 불을 끄고 그대로 식힌 뒤 민물가재를 건져낸다. 남은 국물을 아주 고운 체에 거른 뒤 반으로 졸인다. 여기에 알르망드 소스를 스튜 서빙용 큰 스푼으로 2개 정도 추가한 뒤 원하는 농도로 다시 졸이고 샴페인 1/2컵을 넣는다. 졸인 소스를 고운 천에 걸러준다. 서빙 시 약간의 글라스 드 비앙드와 버터를 넣고 잘 섞은 뒤 손질법에 따라 준비한 민물가재 살을 넣는다. 살을 발라내고 남은 민물가재 껍질로 만든 민물가재 버터를 첨가한다.

sauce à l'estragon pour œufs mollets ou pochés 소스 아 레스트라공 푸르 외 몰레 우 포셰

반숙 달걀 또는 수란용 타라곤 소스 : 타라곤잎 100g을 씻어서 물기를 닦은 뒤 굵직하게 다진 다음 화이트와인 100mℓ를 넣고 수분이 완전히 없어질 때까지 졸인다. 데미글라스 또는 리에종한 갈색 송아지 육수 200mℓ를 넣은 뒤 잠시 끓인다. 고운 체에 거른 다음 표면에 굳은 막이 생기지 않도록 버터를 바르고 중탕으로 보관한다. 서빙 시 잘게 썬 생타라곤 1테이블스푼을 넣는다.

앙토냉 카렘(ANTONIN CARÊME)의 레시피

sauce financière 소스 피낭시에르

피낭시에르 소스 : 얇게 썬 살코기 햄 몇 조각, 굵직하게 부순 통후추 한 자밤, 타임과 월계수잎 약간, 버섯 자투리, 송로버섯, 드라이한 마데이라 와인 2컵을 냄비에 넣고 약한 불로 가열해 졸인다. 콩소메와 에스파뇰 소스를 스튜 서빙용 큰 스푼으로 각각 두 개 분량씩 넣는다. 소스를 반으로 졸인 다음 면포에 거르고 다시 불에 올린 뒤 마데이라 와인 1/2컵을 넣어 섞는다. 다시 불에 올려 원하는 농도로 졸인 뒤 중탕 냄비에 서빙한다.

sauce Foyot 소스 푸아요

푸아요 소스 : 베아르네즈 소스 200mℓ를 만든다. 체에 거른 다음 글라스 드 비앙드 2테이블스푼을 넣고 잘 저어 섞는다.

sauce genevoise 소스 즈느부아즈

즈느부아즈 소스 : 연어를 손질하고 남은 생선뼈와 서더리 500g을 잘게 토막 낸다. 상처가 없고 큼직한 당근 1개와 큰 사이즈의 양파 1개의 껍질을 벗긴 뒤 미르푸아로 깍둑 썬다. 파슬리 10줄기를 잘게 송송 썬다. 냄비에 버터 15g을 두른 뒤 이 채소들을 모두 넣고 약한 불에서 5분 정도 볶는다. 타임 1줄기, 월계수잎 1/2장, 후추, 생선 서더리를 넣고 뚜껑을 덮은 뒤 아주 약한 불로 15분간 익힌다. 냄비의 버터를 따라낸 다음 레드와인 1병(chambertin 또는 côtes-du-rhône)을 붓고 약한 불로 30~40분간 졸인다. 체에 거른다. 이때 국자로 건더기를 꾹꾹 눌러주며 최대한 즙을 받아낸다. 뵈르 마니에 1티스푼을 넣어 걸쭉하게 농도를 맞춘다. 기호에 따라 안초비 버터 1테이블스푼을 넣고 잘 저어 섞는다. 최종 간을 맞춘다.

sauce Godard 소스 고다르

고다르 소스 : 당근, 양파, 셀러리 등의 채소와 베이컨(또는 염장 삼겹살)을 깍둑 썰어 미르푸아를 준비한다. 냄비에 버터를 두른 뒤 이 미르푸아 2테이블스푼을 넣고 색이 나지 않게 볶는다. 여기에 샴페인 200mℓ를 넣고 가열해 반으로 졸인다. 데미글라스 200mℓ와 버섯 농축즙 100mℓ를 넣고 다시 2/3로 졸인다. 면포에 거른다.

sauce grand veneur 소스 그랑 브뇌르

그랑 브뇌르 소스 : 큰 덩치의 수렵육을 조리하기 위해 다듬을 때 나온 자투리 부위로 푸아브라드 소스를 만들어 최소 200mℓ 정도로 졸여둔다. 이것을 체에 거른 뒤 레드커런트 즐레 1테이블스푼과 생크림 2테이블스푼을 넣고 거품기로 살살 저어 섞는다.

sauce gribiche 소스 그리비슈

그리비슈 소스 : 적당하게 삶은 달걀노른자 1개를 곱게 으깬 뒤 오일 250mℓ를 조금씩 넣으며 거품기로 휘저어 섞는다. 여기에 식초 2테이블스푼, 소금, 후추, 케이퍼 또는 코르니숑 1테이블스푼, 잘게 썬 파슬리, 처빌, 타라곤 1테이블스푼을 넣어 섞는다. 삶은 달걀흰자도 가늘게 채 썰어 함께 섞는다.

sauce hachée 소스 아셰

다진 소스 : 냄비에 버터 1테이블스푼을 두른 뒤 다진 양파를 넉넉히 1테이블스푼 넣고 색이 나지 않도록 자체 수분으로 15분간 익힌다. 여기에 다진 샬롯 1/2테이블스푼을 첨가하고 다시 5~10분정도 익힌다. 식초 100mℓ를 붓고 1/4로 졸인다. 데미글라스 150mℓ와 토마토 소스 100mℓ를 넣고 5분정도 끓인다. 서빙 시 다진 살코기 햄 1테이블스푼, 수분을 날린 버섯 뒥셀 1테이블스푼, 케이퍼 1테이블스푼, 다진 코르니숑 1테이블스푼, 잘게 썬 파슬리 1테이블스푼을 넣어 잘 섞는다. 이 소스는 체에 거르지 않는다.

sauce hollandaise 소스 올랑데즈

홀랜다이즈 소스 : 8인분 / 준비: 10분 / 조리: 약 5분

정제 버터(참조. p.95 BEURRE CLARIFIÉ) 300g을 만들어 따뜻하게 유지한다. 달걀 5개의 흰자와 노른자를 분리한다. 소테팬 또는 스테인리스 소스팬에 달걀노른자와 찬물 3테이블스푼을 넣고 풀어준 다음 고운소금과 흰 후추로 간한다. 소스팬을 중탕 냄비에 올린 뒤 서서히 가열하며 거품기로 세게 저어 섞는다. 혼합물에 거품이 일면서 점점 걸쭉해져 크림과 같은 농도가 될 때까지 계속 저으며 가열한다. 중탕 냄비에서 내린 뒤 계속 휘저어 혼합물을 빠르게 식힌다. 불에서 내린 다음 따뜻한 정제 버터를 조금씩 넣으며 완전히 혼합되도록 잘 저어 섞는다. 간을 맞춘 뒤 고운 체에 거른다. 용도에 따라 레몬즙 1/2개분을 첨가할 수 있다. 소스의 온도가 55°C를 넘지 않게 주의하며 중탕으로 따뜻하게 보관한다.

sauce hongroise 소스 옹그루아즈

헝가리 소스 : 껍질을 벗겨 다진 양파에 버터를 넣고 색이 나지 않게 자체 수분으로 익

힌다. 소금, 후추로 간하고 파프리카 가루를 뿌린다. 이렇게 익힌 양파(5테이블스푼 기준)에 화이트와인 250㎖와 부케가르니 작은 것 1개를 넣고 가열해 1/3로 졸인다. 여기에 블루테 소스(고기 육수 베이스 또는 생선 베이스 모두 가능) 500㎖을 넣는다. 센 불에서 5분간 끓인 뒤 면포에 거르고 마지막에 버터 50g을 넣어 섞는다.

sauce aux huîtres 소스 오 쥐트르

굴 소스 : 굴 12개의 껍데기를 까서 살만 데쳐 익힌다. 버터 20g과 밀가루 20g으로 만든 황금색 루, 굴을 데친 국물 100㎖, 우유 100㎖, 생크림 100㎖를 넣고 잘 풀어주며 섞는다. 간을 맞춘다. 끓을 때까지 가열한 뒤 10분정도 익힌다. 면포에 거른 다음 데쳐서 손질하고 어슷하게 썬 굴을 넣는다. 카옌페퍼를 칼끝으로 아주 조금 넣어 맛을 돋운다. 영국에서 이 오이스터 소스는 전통적으로 데쳐 익힌 대구 요리에 곁들인다.

sauce indienne 소스 앵디엔

인도 소스 : 양파 큰 것 2개와 새콤한 맛의 사과 2개를 껍질을 벗겨 잘게 썰고, 오일 4테이블스푼을 두른 냄비에 넣고 색이 나지 않게 볶는다. 다진 파슬리 1테이블스푼, 얇게 송송 썬 셀러리 1테이블스푼, 타임 작은 1줄기, 월계수잎 1/2장, 메이스 1조각, 소금, 후추를 넣는다. 밀가루 25g과 커리가루 1테이블스푼을 뿌려 넣고 잘 섞은 다음 콩소메 또는 흰색 닭 육수 500㎖를 붓는다. 잘 저어 섞은 뒤 약한 불로 30분간 끓인다. 소스를 체에 거른 뒤 레몬즙 1티스푼, 생크림 4테이블스푼, 그리고 경우에 따라 약간의 코코넛 밀크를 첨가한다. 잠시 끓여 졸인 다음 간을 맞춘다.

sauce La Varenne 소스 라 바렌

라 바렌 소스 : 마요네즈 250㎖에 기름에 볶은 뒤 식힌 버섯 뒥셀 2~3테이블스푼, 다진 파슬리 1테이블스푼, 잘게 썬 처빌 1테이블스푼을 넣어 섞는다.

sauce lyonnaise 소스 리오네즈

리오네즈 소스 : 양파의 껍질을 벗긴 뒤 얇게 썬다. 소스팬에 버터 1테이블스푼을 두른 다음 양파 3테이블스푼을 넣고 색이 나지 않게 볶는다. 식초 500㎖와 화이트와인 500㎖를 붓는다. 수분이 거의 없어질 때까지 졸인 다음 데미글라스 소스 200㎖를 넣는다. 3~4분간 끓인 뒤 소스를 체에 거르거나 혹은 건더기째 그대로 서빙한다.

sauce madère 소스 마데르

마데이라 와인 소스 : 4인분 / 준비: 15분 / 조리: 45min

셀러리 줄기 2대와 마늘 1톨을 넣어 맛을 돋우고, 생토마토 200g과 토마토 페이스트 1테이블스푼을 넣은 갈색 송아지 육수 1ℓ를 만든다(참조. p.375 FOND BRUN DE VEAU). 이 육수를 체에 거른 뒤 가열하여 1/4로 졸인다. 샬롯의 껍질을 벗기고 잘게 썰어 1테이블스푼을 준비한다. 소테팬에 잘게 썬 샬롯과 마데이라 와인 100㎖을 넣고 가열해 2/3로 졸인 다음 졸여둔 송아지 육수를 넣는다. 거품을 걷어가며 10분 정도 약한 불로 끓인다. 체에 거른 뒤 고운소금과 갓 갈아낸 후추로 간한다. 마데이라 와인 1티스푼을 첨가한다. 마지막에 버터 10g을 넣고 거품기로 저어 섞는다.

sauce maltaise 소스 말테즈

말테즈 소스 : 8인분 / 준비: 10분 / 조리: 약 5분

홀랜다이즈 소스를 만든다(참조. p.782 SAUCE HOLLANDAISE). 오렌지 1개의 제스트를 아주 얇게 채 썬 뒤 끓는 물에 데친다. 오렌지 반 개의 즙을 짜 따뜻하게 데운다. 홀랜다이즈 소스에 오렌지 제스트와 즙을 넣어 섞는다.

sauce marinière 소스 마리니에르

마리니에르 소스 : 마리니에르식으로 조리한 홍합의 국물로 베르시 소스를 만든다. 소스 150㎖당 달걀노른자 2개를 넣고 약한 불에서 거품기로 계속 저으면서 가열해 걸쭉하게 만든다.

sauce matelote 소스 마틀로트

마틀로트 소스 : 얇게 썬 양파와 샬롯을 동량으로 준비한 다음 버터를 두른 소스팬에 넣고 색이 나지 않고 수분이 나오도록 볶는다. 레드와인을 붓고 굵게 빻은 통후추 약간, 버섯 자투리, 부케가르니 1개, 정향 1개를 넣는다. 글레이즈 농도가 될 때까지 졸인다. 레드와인을 넣은 생선 육수 또는 레드와인을 넣은 쿠르부이용을 붓고 가열해 다시 반으로 졸인다. 이어서 데미글라스 소스 또는 생선 육수 베이스의 에스파뇰 소스를 넣는다. 거품을 걷어내며 몇 분간 끓인 뒤 면포에 거른다. 불에서 내린 뒤 버터를 넣고 거품기로 잘 저어 섞는다.

sauce à la menthe 소스 아 라 망트

민트 소스 : 가늘게 채 썬 민트잎 50g에 식초 150㎖와 물 4테이블스푼을 넣는다. 여기에 카소나드 블랑슈(cassonade blanche, 정백당과 전화당 시럽을 혼합해 만든 흰색 설탕) 또는 설탕 25g, 소금 한 자밤과 약간의 후추를 넣고 재워둔다.

sauce à la moelle 소스 아 라 무왈

골수 소스 : 흠이 없고 단단한 샬롯 3개를 잘게 다진다. 소스팬에 샬롯과 화이트와인 2컵, 소금, 후추를 넣고 가열해 반으로 졸인다. 리에종한 송아지 육수나 졸여 농축한 고기 소스 2테이블스푼, 또는 글라스 드 비앙드 1테이블스푼을 넣고 섞는다. 찬물에 담가 핏물을 제거한 사골 골수 75g을 물이나 육수에 데쳐 익힌 뒤 작은 주사위 모양으로 썬다. 졸인 소스를 불에서 내린 뒤 작게 잘라둔 버터 100g을 넣고 잘 저어 섞는다. 이어서 레몬즙 1테이블스푼을 넣고 마지막으로 골수를 넣는다. 잘게 썬 파슬리를 뿌린다.

sauce Mornay 소스 모르네

모르네 소스 : 베샤멜 소스 500㎖를 뜨겁게 데운다. 불에서 내린 다음 달걀노른자 2개(크림을 조금 첨가하기도 한다)를 풀어 넣고 섞는다. 다시 불에 올려 몇 초간 가열한다. 강판에 갈아 체에 내린 그뤼예르 치즈 70g을 넣고 살살 섞는다. 거품기로 젓지 않는다. 표면이 굳어 막이 생기지 않도록 버터를 한 조각 올려 녹인다.

sauce mousseline 소스 무슬린

무슬린 소스 : 홀랜다이즈 소스에 단단하게 휘핑한 생크림을 2:1 비율로 혼합해 걸쭉한 농도를 만든다. 바로 서빙한다.

sauce moutarde pour grillades 소스 무타르드 푸르 그리야드

그릴구이용 머스터드 소스 : 잘게 썬 양파 50g에 버터를 넣고 색이 나지 않게 익힌 다음 화이트와인 150㎖를 붓고 소금, 후추로 간한 다음 수분이 거의 없어질 때까지 졸인다. 이어서 데미글라스 250㎖를 첨가하고 2/3로 졸인다. 디종 머스터드 넉넉히 1테이블스푼, 레몬즙 한 바퀴, 버터 1테이블스푼을 넣고 잘 섞는다.

sauce moutarde pour poissons froids 소스 무타르드 푸르 푸아송 프루아

차가운 생선 요리용 머스터드 소스 : 생크림을 가열해 2/3로 졸인 다음 그 부피의 1/4에 해당하는 분량의 디종 머스터드와 레몬즙 한 바퀴를 넣고 거품이 일 때까지 거품기로 잘 휘저어 섞는다.

sauce Nantua 소스 낭튀아

낭튀아 소스 : 베샤멜 소스 또는 너무 걸쭉하지 않은 생선 블루테 소스를 만든다. 민물가재를 익히고 난 즙을 체에 걸러 동량으로 베샤멜 소스(또는 블루테)에 넣는다. 생크림 또한 동량으로 넣는다. 잘 섞은 뒤 가열해 2/3로 졸인다. 끓는 소스에 민물가재 버터 100g을 넣으며 거품기로 잘 저어준다. 코냑 1티스푼, 카옌페퍼 아주 소량을 넣은 뒤 아주 고운 체에 걸러 내린다.

sauce normande 소스 노르망드

노르망디 소스 : 바닥이 두꺼운 냄비에 서대 블루테 200㎖, 생선 육수 100㎖, 버섯을 익힌 농축즙 100㎖를 넣고 가열한다. 달걀노른자 2개에 크림 2테이블스푼을 넣고 풀어준 다음 냄비에 첨가하고 함께 가열해 2/3로 졸인다. 작게 잘라둔 버터 50g을 한 번에 넣고 섞은 뒤 더블 크림 3테이블스푼, 경우에 따라 홍합 또는 굴을 익힌 즙을 조금 넣는다.

크리스티안 마시아(CHRISTIANE MASSIA)의 레시피

sauce à l'oseille 소스 아 로제이

소렐 소스 : 다진 샬롯 2개에 베르무트 1/2컵을 넣고 끓여 반으로 졸인다. 크림 1컵을 넣고 다시 가열해 크리미한 농도로 졸인다. 이어서 소렐잎 150g과 소금, 후추를 넣는다. 2~3번 정도 끓어오르면 불을 끄고 식힌다. 서빙 시 레몬즙 몇 방울을 뿌린다.

sauce oursinade 소스 우르시나드

성게알 소스 : 바닥이 두꺼운 소스팬에 버터 100g을 달군 뒤 달걀노른자 6개를 넣고 잘 저어 섞는다. 이 소스를 곁들일 주재료 생선을 익힌 나주 국물을 2~3컵 붓고 약한

불에서 거품기로 계속 저으며 사바용처럼 크리미한 농도가 될 때까지 가열한다. 중탕 냄비에 올린다. 성게 알 12개를 첨가한 뒤 다시 거품기로 휘저어 완전히 혼합한다.

sauce Périgueux 소스 페리괴

페리괴 소스 : 걸쭉하게 농축한 진한 맛의 데미글라스 소스 750mℓ에 송로버섯 에센스 150mℓ와 다진 송로버섯 100g을 첨가한다.

sauce poivrade 소스 푸아브라드

푸아브라드 소스 : 당근 150g, 양파 100g, 염장삼겹살 100g을 작은 주사위 모양으로 썬다. 셀러리 50g의 질긴 섬유질을 벗겨낸 다음 같은 크기로 썬다. 모두 냄비에 넣고 버터 30g, 타임 1줄기, 월계수잎 1/2장, 굵게 부순 통후추를 넣은 뒤 색이 나지 않게 자체 수분으로 볶는다. 식초 300mℓ, 수렵육을 마리네이드 했던 양념액 200mℓ를 넣은 뒤 반으로 졸인다. 데미글라스 소스 또는 너무 걸쭉하지 않게(농도는 레시피에 따라 조절 가능) 리에종한 갈색 수렵육 육수 1ℓ를 붓고 약한 불로 30분간 끓인다. 통후추를 10알 정도 부수어 넣은 뒤 5분간 향을 우려낸다. 농도를 조절해야 할 경우에는 마리네이드했던 액을 조금 넣어 조절한다. 고운 체에 거른 뒤 표면에 막이 생기지 않도록 버터 조각을 녹여 바른다.

sauce aux pommes 소스 오 폼

애플 소스 : 설탕을 거의 넣지 않은 사과 마멀레이드를 만든 다음 계핏가루나 커민 씨를 조금 넣어 섞는다.

sauce poulette 소스 풀레트

풀레트 소스 : 송아지나 가금류 블루테 혹은 용도에 따라 생선 블루테 소스 400mℓ에 달걀노른자 2개를 넣어 리에종한 다음 버섯 농축즙 100mℓ와 레몬즙 몇 방울을 첨가한다. 불에서 내린 뒤 버터 50g를 넣고 거품기로 잘 저어 섞는다. 소금, 후추로 간을 맞춘다.

sauce au raifort chaude (dite Albert sauce) 소스 오 레포르 쇼드

더운 홀스래디시 소스(앨버트 소스) : 강판에 간 홀스래디시 4테이블스푼을 흰색 콩소메에 200mℓ에 넣고 끓인다. 버터 베이스의 소스 250mℓ를 넣고 졸인 뒤 체에 거른다. 영국 머스터드 2테이블스푼에 식초 2테이블스푼을 넣고 갠다. 소스에 달걀노른자 2개를 넣고 잘 저어 걸쭉하게 섞은 다음, 풀어놓은 머스터드를 첨가한다.

sauce au raifort froide 소스 오 레포르 프루아드

찬 홀스래디시 소스 : 빵의 속살을 우유에 담가 적신 뒤 꼭 짠다. 강판에 간 홀스래디시, 소금, 설탕, 머스터드, 더블 크림, 식초를 넣어 섞는다.

sauce ravigote 소스 라비고트

라비고트 소스 : 식초 100mℓ, 오일 300mℓ, 화이트 머스터드 1테이블스푼, 고운소금, 흰 후추로 비네그레트 소스를 만든다. 아주 잘게 다진 흰 양파 30g, 알이 작은 케이퍼와 다진 허브 각 2티스푼을 넣어 섞는다. 혼합한다.

sauce rémoulade 소스 레물라드

레물라드 소스 : 오일 250mℓ과 그에 맞는 배합 재료를 넣고 마요네즈를 만든다. 아주 작은 주사위 모양으로 썬 코르니숑 2개, 잘게 썬 허브(파슬리, 차이브, 처빌, 타라곤) 2테이블스푼, 물기를 뺀 케이퍼 1테이블스푼, 안초비 에센스 몇 방울을 넣고 잘 섞는다.

sauce Robert 소스 로베르

로베르 소스 : 소스팬에 버터 25g을 두른 뒤 잘게 다진 양파 2개를 넣고 노릇하게 볶는다. 여기에 화이트와인 200mℓ와 식초 100mℓ를 넣고 수분이 거의 없어질 때까지 졸인다. 에스파뇰 소스 또는 데미글라스 500mℓ를 넣는다. 간을 맞춘다. 화이트 머스터드 넉넉히 1테이블스푼에 이 소스를 조금 넣어 갠다. 소스를 불에서 내린 뒤 개어놓은 머스터드를 넣고 잘 섞는다. 표면에 막이 생기지 않도록 버터를 한 조각 녹여 바른다.

sauce rouennaise 소스 루아네즈

루아네즈 소스 : 루앙산 오리 간 150g의 핏줄을 꼼꼼히 제거한 뒤 블렌더에 갈고 체에 곱게 긁어내린다. 소스팬에 잘게 썬 샬롯 75g과 풀바디 레드와인 350mℓ를 넣고 가열해 반으로 졸인 뒤 너무 걸쭉하지 않게 리에종한 진한 풍미의 갈색 오리 육수(또는 오리 육수를 농축한 데미글라스) 1ℓ를 붓는다. 다시 졸인다. 불에서 내린 뒤 오리 간을 넣고 잘 저어 섞는다. 끓지 않는 상태로 다시 데운 뒤 고운 체에 거른다. 최종 간을 맞추고 기호에 따라 원하는 양념을 추가해 맛을 돋운다. 버터를 넣고 잘 섞어 몽테한 뒤 바로 서빙한다.

sauce royale 소스 루아얄

루아얄 소스 : 가금류 블루테 200mℓ와 흰색 가금류 육수 100mℓ를 섞은 뒤 가열한다. 졸이면서 중간에 생크림 100mℓ를 넣는다. 반으로 졸아들면 다진 생송로버섯 2테이블스푼을 넣는다. 이어서 버터 50g을 넣고 거품기로 잘 저어 섞는다. 마지막에 셰리와인 1테이블스푼을 넣는다.

sauce russe froide 소스 뤼스 프루아드

찬 러시안 소스 : 체에 곱게 내린 랍스터의 크리미한 내장과 캐비아를 동량으로 섞는다. 마요네즈를 만든 다음 그 부피의 1/4에 해당하는 양의 캐비아, 랍스터 내장 혼합물을 섞는다. 기호에 따라 맵지 않은 머스터드를 조금 넣어 맛을 돋우기도 한다.

sauce Saint-Malo 소스 생 말로

생 말로 소스 : 버터를 두른 소스팬에 잘게 썬 샬롯 2테이블스푼을 넣고 색이 나지 않게 볶는다. 여기에 드라이한 화이트와인 100mℓ, 타임 1줄기, 월계수잎 한 조각, 이탈리안 파슬리 1줄기를 넣고 가열해 1/3로 졸인다. 생선 블루테 150mℓ와 생선 육수 100mℓ를 붓고 다시 2/3로 졸인다. 고운 체에 거른 다음 머스터드 1티스푼, 안초비 소스 몇 방울, 버터 1테이블스푼을 넣고 잘 섞어 마무리한다.

sauce Sainte-Menehould 소스 생트 므누

생트 므누 소스 : 버터 1테이블스푼을 두른 소스팬에 잘게 다진 양파 1테이블스푼을 넣고 색이 나지 않게 볶는다. 소금, 후추를 뿌리고, 타임 1자밤, 월계수잎 가루 1자밤, 화이트와인 100mℓ, 식초 1테이블스푼을 넣은 뒤 수분이 없어질 때까지 졸인다. 데미글라스 200mℓ를 넣고 센 불로 1분간 끓인 다음 카옌페퍼를 조금 넣는다. 불에서 내린 다음 머스터드 1테이블스푼, 아주 작은 주사위 모양으로 썬 코르니숑 1테이블스푼, 잘게 썬 파슬리와 처빌 각 1테이블스푼을 넣고 잘 섞는다. 표면에 막이 생기지 않도록 버터 한 조각을 녹여 발라준다.

sauce sarladaise 소스 사를라데즈

사를라데즈 소스 : 삶은 달걀노른자 4개를 곱게 부순 뒤 생크림 2테이블스푼과 섞는다. 아주 잘게 다진 생송로버섯 4테이블스푼을 넣어 섞은 뒤 올리브오일을 조금씩 흘려넣으며 거품기로 잘 저어 혼합한다. 레몬즙 1디저트스푼, 소금, 후추, 코냑 1테이블스푼을 넣는다.

sauce soja ▶ SOJA (SAUCE)

sauce Solferino 소스 솔페리노

솔페리노 소스 : 글라스 드 비앙드에 샬롯 버터와 메트르 도텔 버터를 넣고 거품기로 잘 저어 섞은 뒤 토마토 에센스(체에 곱게 내린 토마토 과육을 졸이고 다시 체에 걸러 시럽 농도로 농축한 것), 카옌페퍼 약간, 레몬즙을 넣어 간을 맞춘다.

sauce Soubise 소스 수비즈

수비즈 소스 : 흰 양파 1kg의 껍질을 벗겨 얇게 썬 다음 넉넉한 양의 소금물에 넣고 끓을 때까지 가열한다. 양파를 건져 버터 100g, 소금, 후추, 설탕 1자밤과 함께 소스팬에 넣고 뚜껑을 덮은 뒤 30~40분 동안 색이 나지 않게 자체 수분으로 익힌다. 양파 양의 1/4 분량(부피 기준)의 걸쭉한 베샤멜 소스를 넣고 잘 섞은 뒤 20분간 더 익힌다. 간을 맞춘 뒤 아주 고운 체에 거른다. 버터 75g와 생크림 100mℓ를 넣고 잘 섞는다.

sauce suprême 소스 쉬프렘

쉬프렘 소스 : 흰색 루에 흰색 닭 육수(향신재료를 넉넉히 넣고 진하게 끓인 것)를 넣고 블루테를 만들어 반 이상 졸인다. 생크림 300~400mℓ를 첨가한 뒤 다시 졸여 소스 600mℓ를 만든다. 떠올렸을 때 묽게 흐르지 않고 주걱에 묻는 농도가 되어야 한다. 불에서 내린 뒤 버터 50g을 넣고 잘 섞는다. 고운 체에 거른다.

sauce tartare 소스 타르타르

타르타르 소스 : 마요네즈의 재료 중 생달걀노른자 대신 삶은 달걀노른자를 넣어 마요네즈를 만든 다음 잘게 썬 차이브, 잘게 썬 줄기양파, 다진 케이퍼, 파슬리, 처빌, 타라곤을 넣어 섞는다.

sauce tomate 소스 토마트

토마토 소스 : 염장 삼겹살 100g을 작은 주사위 모양으로 썰어 끓는 물에 데쳐낸 뒤 물기를 제거하고 버터 3~4스푼을 넣은 소스팬에 노릇하게 지진다. 껍질을 벗기고 주사위 모양으로 썬 당근 100g과 양파 100g를 첨가한 뒤 뚜껑을 덮고 10~15분간 살짝 노릇해지도록 익힌다. 체에 친 밀가루 60g을 고루 뿌린 뒤 함께 노릇하게 볶는다. 생토마토 2kg의 껍질을 벗기고 씨를 뺀 다음 잘게 썬 과육(또는 토마토 페이스트 200g), 으깬 마늘 2톨, 부케가르니, 끓는 물에 데친 살코기 햄 150g을 넣는다. 흰색 육수 1ℓ를 붓고, 소금, 후추를 넣는다. 설탕 20g을 첨가한 뒤 끓을 때까지 가열한다. 뚜껑을 덮고 2시간 정도 약한 불에 끓인다. 마늘, 부케가르니, 햄을 건져낸다. 고운 체에 거른 뒤 중탕냄비에 올려 보관한다. 소스 표면에 막이 생기지 않도록 따뜻한 온도의 녹은 버터를 조금 바른다.

sauce tortue 소스 토르튀

토르튀 소스 : 끓는 콩소메 250㎖에 세이지 3g, 마조람 1g, 로즈마리 1g, 바질 2g, 타임 1g, 월계수잎 1g, 파슬리잎 1자밤, 버섯 껍질 자투리 25g을 넣고 뚜껑을 덮은 뒤 25분간 향을 우려낸다. 마지막에 굵은 통후추 4알을 넣는다. 고운 거즈 천에 거른다. 소스팬에 데미글라스 소스 700㎖과 원하는 양의 이 콩소메를 넣어 섞은 뒤 토마토 소스 300㎖를 더한다. 가열하여 3/4로 졸인 다음 면포에 거른다. 여기에 마데이라 와인 100㎖와 송로버섯 에센스를 조금 넣어 풍미를 완성하고 카옌페퍼를 넣어 맛을 돋운다.

sauce Véron 소스 베롱

베롱 소스 : 화이트와인, 다진 샬롯, 타라곤, 처빌을 소스팬에 넣고 졸인다. 여기에 노르망디 소스 250㎖와 글라스 드 푸아송 2테이블스푼을 넣고 졸인다. 카옌페퍼를 칼끝으로 아주 조금, 안초비 에센스 1테이블스푼을 넣어 맛을 돋운다. 버터 30g과 농축한 토마토 퓌레 2테이블스푼을 넣고 거품기로 저어 섞는다. 고운 체에 거른다.

sauce Villeroi 소스 빌르루아

빌르루아 소스 : 흰색 육수와 버섯을 익힌 농축즙 4테이블스푼을 넣어 희석한 알르망드 소스(고기 요리용으로는 고기 육수 베이스의 알르망드 소스, 생선 요리용으로는 생선 육수 베이스) 200㎖를 주걱에 묻는 농도가 될 때까지 졸인다. 면포에 거른 뒤 주걱에 묻어나는 나팡트(nappante) 농도가 되도록 잘 저으며 따뜻한 온도로 식힌다. 송로버섯즙 1테이블스푼을 넣어 섞는다. 고운 체에 다시 한 번 걸러준다. 이 소스는 빵가루를 입혀 굽거나 튀긴 요리에 끼얹어 서빙한다. 수비즈 퓌레나 걸쭉하게 졸인 토마토 소스를 첨가하기도 한다.

sauce waterfish chaude 소스 워터피시 쇼드

더운 워터피시 소스 : 당근 50g, 리크의 흰 부분 25g, 질긴 섬유질을 벗겨낸 셀러리 줄기 25g, 파슬리 뿌리 30g, 오렌지 제스트 2티스푼을 아주 가늘게 채 썬다. 재료를 모두 소스팬에 넣고 드라이한 화이트와인 20㎖를 부은 뒤 수분이 모두 없어질 때까지 졸인다. 화이트와인을 넣은 생선 쿠르부이용 200㎖를 첨가하고 다시 완전히 졸인다. 홀랜다이즈 소스 500㎖를 만든 다음 이 졸인 채소를 넣어 섞는다. 끓는 물에 살짝 데친 파슬리 1테이블스푼을 넣는다. 중탕 냄비에 올려 따뜻하게 유지한다.

sauce waterfish froide 소스 워터피시 프루아드

찬 워터피시 소스 : 더운 워터피시 소스 레시피와 동일하게 채소를 채 썬 다음 해당 요리의 생선 쿠르부이용 200㎖를 넣고 수분이 완전히 없어질 때까지 졸인다. 쿠르부이용 200㎖를 불에 올리고 판 젤라틴 2장을 녹인다. 여기에 졸인 채소를 넣어 섞은 뒤 식힌다. 다진 코르니숑 1테이블스푼, 작은 주사위 모양으로 썬 홍피망 1테이블스푼, 케이퍼 1디저트스푼을 넣고 잘 섞는다.

sauce zingara 소스 징가라

징가라 소스 : 데미글라스 소스 250㎖, 체에 곱게 내린 토마토 소스 2테이블스푼을 준비한다. 익힌 햄 1테이블스푼, 익힌 염장우설 1테이블스푼, 송로버섯을 조금 섞어 버터에 색이 나지 않게 볶은 버섯 1테이블스푼을 모두 채 썰어둔다. 채 썬 재료를 데미글라스 소스에 넣고 토마토 소스와 혼합한 뒤 파프리카 가루를 칼끝으로 아주 조금 넣는다.

Yorkshire sauce 요크셔 소스

요크셔 소스 : 오렌지 1개의 제스트를 얇게 저며 낸 뒤 가늘게 채 썬다. 넉넉히 1테이블스푼의 제스트를 포트와인 200㎖에 넣고 뚜껑을 닫은 상태로 찌듯이 익힌다. 제스트를 건져내고 남은 포트와인에 레드커런트 즐레 2테이블스푼, 계핏가루 1자밤, 카옌페퍼 칼끝으로 아주 소량을 넣고 잘 풀어준다. 끓을 때까지 가열한 뒤 오렌지즙을 짜 넣고 체에 거른다. 익힌 오렌지 제스트를 넣고 섞는다.

SAUCE DE DESSERT 소스 드 데세르 디저트 소스. 각종 케이크, 아이스크림, 소르베, 시럽에 데친 과일 등 다양한 디저트에 곁들이는 액상의 소스를 지칭한다. 대개 퓌레, 쿨리 또는 과일 즐레 형태로 시럽에 풀어 희석하거나 때로 바닐라나 리큐어 등으로 향을 내어 따뜻하게 또는 차갑게 서빙한다. 이 소스들은 해당 디저트에 직접 끼얹기도 하고 별도 용기에 담아 따로 서빙하기도 한다. 향을 낸 크림 앙글레즈는 녹인 초콜릿 소스나 사바용 소스와 마찬가지로 차가운 디저트 소스로 사용되기도 한다.

sauce au caramel 소스 오 카라멜

캐러멜 소스 : 소스팬에 설탕 100g을 녹여 충분한 맛과 색이 나는 캐러멜이 될 때까지 끓인다. 여기에 버터(가능하면 가염 버터) 20g을 넣어 가열을 중단시킨 다음 미리 끓인 뜨거운 액상크림 120g을 넣어 섞는다. 잠깐 끓인 뒤 불에서 내려 얼음을 채운 용기에 소스팬을 담가 식힌다.

sauce au cassis 소스 오 카시스

블랙커런트 소스 : 소스팬에 물 70㎖와 설탕 약 10조각을 넣어 녹인 끓여 시럽을 만든다. 블랙커런트 250g을 흐르는 찬물에 씻어 물기를 잘 닦은 뒤 블렌더로 간다. 이 퓌레를 고운 체에 넣고 절굿공이로 꾹꾹 눌러가며 걸러내린다. 시럽과 퓌레를 섞고 레몬즙 1개분을 넣는다.

sauce au chocolat 소스 오 쇼콜라

초콜릿 소스 : 소스팬에 다진 초콜릿 130g, 물 250㎖, 설탕 70g, 액상크림 125㎖를 넣고 계속 저으며 가열한다. 끓기 시작하면 불을 약하게 줄이고 소스가 주걱에 묻어날 정도의 농도가 될 때까지 계속 섞으며 졸인다. 상온으로 식힌다.

sauce aux pêches crues 소스 오 페슈 크뤼

생복숭아 소스 : 복숭아를 끓는 물에 30초 동안 담갔다 건져 껍질을 벗기고 씨를 제거한다. 과육만 발라낸 뒤 계량하여 복숭아 1 kg당 레몬 1개의 즙을 첨가한다. 블렌더로 갈아 퓌레로 만든 뒤 총 무게의 1/3 분량의 설탕을 더한다. 기호에 따라 과일 리큐어를 첨가하기도 한다. 이 소스는 시원한 과일 화채, 샤를로트 등에 끼얹는 용도로 사용된다.

SAUCER 소세 소스를 뿌리다. 스푼이나 작은 국자를 사용하여 음식에 곁들이는 소스를 일부 혹은 전부 더하는 것을 뜻한다. 이 작업은 소스를 요리에 끼얹거나 한 줄로 접시 위에 둘러주는 형태로 이루어지며 보통 나머지 소스는 따로 소스 용기에 담아 서빙한다.

SAUCIÈRE 소시에르 소스를 담는 그릇. 요리에 곁들이는 소스 또는 그레이비 등을 담아내는 그릇으로 보통 상차림용 식기 세트의 구성품 중 하나다. 소스 용기는 대개 도기 또는 자기로 만들어졌으며 가장자리가 높고 다소 길쭉한 모양에 손잡이가 달려 있다. 소스를 따르는 입구 부분이 한쪽 또는 양쪽에 있으나 언제나 스푼을 이용해 소스를 서빙하는 것이 일반적이다. 주둥이 부분이 양쪽에 있는 로스트 고기용 소스 용기는 기름과 육즙 소스를 분리하여 따를 수 있는 구조로 되어 있다.

SAUCISSE 소시스 소시지. 갈거나 곱게 다진 고기에 양념을 한 뒤 창자에 채워 만든 샤퀴트리의 일종. 소시지는 일반적으로 돼지의 살코기와 지방으로 만들며 경우에 따라 송아지, 소, 양, 가금류의 고기를 섞거나 내장, 부속을 첨가하기도 한다. 여기에 다양한 부재료나 양념을 배합해 수많은 종류의 개성 있는 제품을 만들어낸다. 소시지에 넣는 스터핑은 레시피에 따라 다양한 굵기의 입자로 갈아 돼지나 양의 소창에 채워 넣는다.

■ **프랑스 소시지.** 생소시지와 익힌 소시지로 분류한다.

● SAUCISSES CRUES, À GRILLER, À POÊLER OU À FRIRE 생소시지(구이용, 팬프라이용, 튀김용). 주로 길쭉한 모양의 소시지들과 치폴라타(chipolatas, 전통적인 소시지 소를 작은 사이즈의 돼지 소창에 채워 만든다), 툴루즈 소시지(saucisse de Toulouse, 순돈육을 다소 굵은 입자로 갈아 만든 직경 3~4cm 크기의 소시지), 아르카숑 연안 지방의 전통적인 소시지인 크레피네트(crépinettes, 종종 소시지 소에 이탈리안 파슬리를 첨가하기도

하며 크레핀으로 감싸 납작하게 만든다) 등이 이에 해당한다. 그 외에 보르도 지방의 작은 소시지(petite saucisse du Bordelais, 구워서 화이트와인과 굴을 곁들여 먹으며 특히 아르카숑 지방에서 많이 먹는다), 사부아 지방의 디오트(diots savoyards), 튀겨 먹는 알자스의 화이트 소시지(saucisse blanche d'Alsace) 등의 지역 특산품도 빼놓을 수 없다.

● **SAUCISSES CRUES ÉTUVÉES À POCHER 건조 처리한 생소시지(데침용).** 훈연 여부와 관계없이 대부분 물에 삶아 익혀 먹는다. 모르토(Morteau, 매달아 훈연할 수 있도록 작은 나무 고리로 케이싱을 밀봉한 순돈육 소시지)나 몽벨리아르(Montbéliard), 또는 순돈육으로 만든 고급 샤퀴트리인 리옹의 세르블라(cervelas) 소시지 타입이 이에 속한다. 하지만 바싹 말려 훈연한 스위스, 오스트리아의 장다름(gendarmes)은 때로 익히지 않고 먹기도 한다. 프랑크푸르트 소시지는 두 가지 유형으로 분류된다. 독일의 정통 프랑크푸르트 소시지(Frankfurter)는 곱게 간 순돈육으로 만들어 저온 훈제한 것으로 생으로 판매되며 물에 데쳐 먹는다. 반면 프랑스에서 제조한 프랑크푸르트 소시지는 일반적으로 양의 창자에 순돈육을 채워 한번 찌고 물에 삶은 뒤 훈연 과정을 거친 것으로 때로 색소를 첨가하기도 한다.

● **SAUCISSES CRUES À TARTINER 생소시지(스프레드용).** 주로 빵 등에 발라먹는 생소시지로 알자스의 메트부어스트(Mettwurst) 또는 타르티네트(tartinette 돼지고기와 소고기로 만들며 대부분 넛멕과 파프리카 가루를 넣어 맛을 돋운다), 소브라사다(soubressade/sobrassada, 맵지 않은 고추를 넣어 강한 향과 색을 더한다), 롱가니사(longaniza, 고추와 아니스를 넣어 향을 낸다) 등이 대표적이다. 특히 스페인이 원산지인 소브라사다와 롱가니사는 약한 불에 구워 먹기도 한다.

● **SAUCISSES CRUES À POÊLER ET À GRILLER 생소시지(팬프라이용, 구이용).** 메르게즈(merguez, 순 소고기 또는 소고기와 양고기 혼합육에 때로 돼지고기를 섞기도 하며[제품에 반드시 고기 성분을 명시해야 한다] 붉은 피망으로 색을 내고 고추를 넣어 매콤하게 만든다)와 생으로 먹기도 하는 초리조(chorizo, 순돈육 또는 돼지와 소고기 혼합육으로 만들며 순한 맛과 매운맛 두 가지가 있다)가 대표적이다. 또한 돼지 껍데기를 넣은 소시지(saucisse de couenne), 코르시카의 피가텔리(figatellis corses, 돼지 간 첨가), 사보데(sabodet) 또는 쿠드나(coudenat, 돼지 머릿고기를 주재료로 사용한다)과 같은 다양한 지역 특산 소시지도 포함된다. 일부 샤퀴트리 제품들은 숙성, 건조 과정을 거쳐 건조 소시송으로 만들어진다. 하지만 산악 지방의 소시지(saucisses de montagne) 또는 오베르뉴 소시지들(saucisses d'Auvergne)은 말린 소시지(saucisses sèches)라는 명칭으로 판매되며 이들 중 몇몇은 우수품질 인증 라벨을 획득했다. 리무쟁의 생소시지(saucisses fraîches du Limousin)를 비롯한 몇몇 말린 소시지들은 라벨 루즈 인증을 받았다. 이 소시지들은 반 건조 또는 완전히 말린 상태로 먹는다. 한편, 속까지 완전히 익혀 판매하는 소시지들도 있다. 이들 중 가장 유명한 것은 스트라스부르 소시지(또는 크나커 knacker, 대개 붉은색

생소시지의 종류와 특징

명칭	원산지	제조	외형
구이용, 팬프라이용, 튀김용 *à griller, à poêler, à frire*			
치폴라타 chipolata	프랑스 전역	순돈육을 대부분 천연 창자에 채워 넣는다.	기본 포션 15cm
크레피네트 crépinette	프랑스 전역	고기 스터핑을 크레핀으로 감싸 납작하게 만든다. 때로 다진 파슬리를 소에 섞기도 한다.	납작한 직사각형
메르게즈 merguez	프랑스 전역	어두운 붉은색을 띠며 순 소고기 또는 소와 양 혼합육에 붉은 고추와 후추를 넣어 양념한다.	기본 포션, 직경 18~20mm
긴 소시지 saucisse longue	프랑스 전역	중간 또는 굵은 입자로 간 고기 스터핑을 지름 20mm 천연 창자에 채워 넣는다.	기본 포션 12~15cm
시골풍 소시지 saucisse paysanne	알자스(Alsace), 로렌(Lorraine)	고운 입자로 간 돼지고기를 지름 30~35mm 돼지 창자에 채워 만든다.	기본 포션 100~150g
툴루즈 소시지 saucisse de Toulouse	프랑스 전역	굵은 입자로 간 순돈육을 지름 35~40mm 돼지 창자에 채워 넣는다.	긴 사이즈 한 롤, 또는 기본 길이의 포션
화이트와인을 넣은 소시지 saucisse au vin blanc	샤랑트(Charentes), 서부(Ouest)	순돈육, 화이트와인, 양파를 혼합한 스터핑을 지름 20~22mm 천연 창자에 채워 넣는다.	기본 포션 5~6cm
한번 찐 것, 데침용 *étuvées, à pocher*			
리옹의 세르블라 cervelas lyonnais	리옹 지역	굵은 입자로 간 순돈육을 넓은 천연 창자에 채워 넣은 소시지로 때로 송로버섯이나 피스타치오를 넣기도 한다. 뜨겁게 쪄낸다.	기본 포션 400~900g
칵테일 소시지 saucisse cocktail	프랑스 전역	고운 입자로 간 돼지고기와/또는 소고기와/또는 가금류 고기 스터핑을 지름 20~24mm의 창자에 채운다. 고온 건조처리하고 훈연한 뒤 물에 데친다. 이때 색소를 첨가하기도 한다.	기본 포션 2-4 cm
프랑크푸르트 소시지 saucisse de Francfort	프랑스 전역	고운 입자로 간 순돈육을 지름 22~26mm의 창자에 채운다. 고온 건조 처리한 다음 노란색 물을 들여 데친다, 혹은 고온 건조처리 후 색소 첨가 없이 훈연한다.	기본 포션 125~150 g
몽벨리아르 소시지 saucisse de Montbéliard	프랑스 전역	굵은 입자로 간 순돈육에 커민, 레드와인, 샬롯을 섞은 뒤 지름 20~40mm 창자에 채워 넣는다.	기본 포션 나무 고리 없음
모르토 소시지 saucisse de Morteau	프랑스 전역	굵은 입자로 간 순돈육을 지름 30~50mm 돼지 대창에 채워 넣는다. 천천히 저온 훈연한다.	기본 포션 나무 고리로 매듭 봉인
스트라스부르 소시지 saucisse de Strasbourg	프랑스 전역	고운 입자로 간 돼지고기와 소고기 스터핑을 지름 18~24mm의 창자에 채운다. 고온 건조처리 후 물에 데칠 때 붉은색 물을 들인다.	기본 포션 10cm
스프레드용 *à tartiner*			
메트부어스트 소시지 saucisse Mettwurst	알자스(Alsace), 동부(Est)	소고기, 돼지고기, 돼지비계에 향신료(커민, 넛멕, 고추, 파프리카 등)를 넣어 섞는다. 저온 훈연한다(노랑-갈색).	작은 포션(약 15cm)
소브라사다 소시지 soubressade	남부(Sud)	균일하고 기름진 소에 살코기를 섞고 향신 재료를 넉넉히 넣는다. 맵지 않은 고추를 넣어 색을 낸다.	넓은 직경

또는 주황색으로 색을 낸다)이며 그 외에도 다양한 맛의 칵테일(cocktail) 소시지, 비엔나소시지(송아지와 돼지의 살코기와 돼지의 지방으로 만든 소를 연한 노란색 창자에 채워 넣는다), 고기 소시지(saucisse de viande/ Fleischwurscht, 소고기, 돼지고기 또는 가금류 고기 베이스의 소를 지름 4~6cm 창자에 채워 만든다), 스트라스부르의 세르블라(cervelas) 등을 꼽을 수 있다.

■ **유럽 소시지.** 소시지의 종류가 가장 많은 나라는 독일이다. 광택 나는 갈색 껍질의 소시지로 물에 데쳐서 먹는 플록부어스트(Plockwurst, 소고기와 돼지고기), 스프레드처럼 발라먹는 돼지 간 생소시지, 맥주에 곁들여 먹는 비어부어스트(Bierwurst), 익혀 먹는 소시지인 홀슈타인(Holstein, 돼지고기와 소고기), 종류가 매우 많은 팬프라이용 소시지 브랏부어스트(Bratwurst), 굵직한 큐브 모양으로 썰어 넣은 속 재료가 단면에 보이는 익힌 소시지로 주로 차갑게 먹는 중엔부어스트(Zungenwurst, 돼지의 살코기, 피, 혀를 넣어 만든다.), 물에 데쳐 먹는 훈제 소시지 슁켄부어스트(Schinkenwurst, 굵은 입자로 간 소고기와 돼지 살코기 소를 넣어 만든다), 향신료를 넣은 가는 소시지로 주로 구워 먹는 뉘른베르크 소시지, 베스트팔렌(Westfalen)의 브라겐부어스트(Brägenwurst, 약하게 훈연한 가늘고 긴 소시지로 돼지비계, 돼지의 골, 귀리, 양파를 넣어 만든다) 등이 대표적이다. 그 외 다른 나라의 소시지로는 빵가루를 씌워 구워 먹는 케임브리지 소시지, 튀기거나 렌틸콩과 함께 물에 익혀 먹는 폴란드 소시지(돼지고기, 소고기, 돼지비계에 파슬리, 파프리카 또는 양파를 넣어 만들며 대부분 훈연한다), 마드리드 소시지(송아지고기와 돼지비계에 기름에 절인 정어리를 혼합해 만든다) 등을 꼽을 수 있다.

chair à saucisse ▶ CHAIR À SAUCISSE
chair à saucisse fine ou farce fine de porc ▶ CHAIR À SAUCISSE

saucisse à la languedocienne 소시스 아 라 랑그도시엔

랑그독식 소시지 : 툴루즈 소시지 1kg을 바닥에 놓고 나선형으로 만 다음 꼬치 2개를 X자로 꽂아 모양을 고정시킨다. 소테팬에 거위 기름 3테이블스푼을 달군 뒤 소시지를 놓는다. 얇게 저민 마늘 4톨과 부케가르니를 넣고 뚜껑을 덮은 뒤 18분 정도 익

소시송의 종류와 특징

명칭	원산지	제조	외형
익힌 제쥐 jésus cuit	프랑슈 콩테, 쥐라 Franche-Comté, Jura	굵은 입자로 간 스터핑을 넓은 직경의 돼지 천연 창자에 채워 넣는다.	지름 10cm
말린 제쥐 jésus sec	프랑스 전역	순돈육을 돼지 창자에 채운 것으로 구성이 로제트와 매우 비슷하다.	지름 10cm 이상
쥐드뤼 judru	모르방 Morvan	굵은 입자로 간 스터핑을 돼지 소창 또는 대창에 채워 넣는다.	굵고 불규칙한 모양의 덩어리
모르타델 mortadelle	이탈리아	고운 페이스트 입자로 간 고기에 큐브 형태로 썬 돼지비계, 피스타치오, 고수 씨를 섞은 스터핑을 창자에 채워 넣는다. 특수한 사전 건조 처리 과정을 거친다.	지름 15cm의 연한 분홍색으로 고추와 파프리카의 입자도 보인다.
로제트 rosette	프랑스 전역	순 돼지 분쇄육을 천연 또는 재조립 창자 맨 끝부분(결장)에 채워 넣고 방추형 모양으로 만들어 주방용 끈으로 묶거나 고무 그물로 감싼다. 숙성시간이 길다.	방추형
살라미 salami	이탈리아, 독일 덴마크, 프랑스, 헝가리	고운 입자로 간 돼지고기와 소고기로 만들며 훈연하거나 혹은 익힌 뒤 건조시킨다.	지방이 많고 고루 분포되어 있으며, 외형과 굵기는 원산지와 제조 방식에 따라 다양하다.
말린 소시지 saucisse sèche	오베르뉴, 몽타뉴 누아르, 사부아 Auvergne, montagne Noire, Savoie	중간 크기 입자로 간 스터핑을 지름 34~38mm의 돼지 창자에 채워 넣는다. 고온 건조 처리한 다음 말린다(1~3주).	굽어 있거나 또는 장대같이 긴(à la perche) 모양이다(길이 50cm).
아를 소시송 saucisson d'Arles	프랑스 전역	중간 크기 입자로 간 소고기와 돼지비계, 드물게는 당나귀, 말고기, 노새고기를 소의 창자에 채워 넣는다. 고온 건조처리한 다음 말린다.	색이 희끄무레하고 길이 25~30cm, 지름 35mm 정도의 길쭉한 모양이다.
샤쇠르 소시송 saucisson chasseur	프랑스 전역	순돈육 또는 돼지와 소 혼합육을 35~40mm 소의 창자로 싸서 빠르게 말린다.	개당 250g 이하의 작은 포션
간 소시송 saucisson de foie	동부(Est)	돼지 또는 송아지의 간(30~50%), 돼지와 송아지의 살코기 소를 모두 익힌 뒤 저온 훈연한다.	회색빛의 흰색을 띤 일자 창자에 들어 있으며 빵 등에 펴 바를 수 있다.
햄 소시송 saucisson de jambon	동부(Est)	고운 입자로 간 돼지와 송아지고기에 큐브 형태로 자른 고기를 섞은 스터핑을 채운다. 고온 건조처리한 다음 익히기 전에 약하게 훈연한다.	지름 8~9cm
혀 소시송 saucisson de langue	프랑스 전역	돼지의 혀를 넣은 스터핑 혼합물을 돼지 창자에 채워 넣는다. 일반적으로 피스타치오를 넣으며 색소를 첨가한다.	지름 10cm, 붉은색
로렌 소시송 saucisson lorrain	동부(Est)	순돈육으로 스터핑을 천연 창자에 채워 만든 반 건조 소시지로 자연 훈연한다.	길이와 굵기가 다양하며 표면에 흰색 분이 없다.
리옹 소시송 saucisson de Lyon	프랑스 전역	고운 입자로 간 돼지고기와 소고기로 만든 균일한 스터핑을 채워 넣는다. 대부분 순돈육으로 만든다.	표면은 분홍색, 단면은 짙은 붉은색을 띠며 비계 라르동의 정사각형 단면이 보이는 것이 특징이다. 통후추가 고루 분포되어 있다.
건조 소시송 saucisson de ménage	프랑스 전역	중간 크기의 입자로 간 순돈육을 천연 또는 재조립 창자에 채워 넣는다. 연결 매듭이 없다.	모양이 불규칙하고 지름은 대략 5cm이며 무게는 200g 이상이다.
익힌 파리 소시송 saucisson cuit de Paris	프랑스 전역	곱게 간 다른 스터핑 재료 없이 굵은 입자로 간 순돈육만을 지름 40~45mm 정도의 소 창자 또는 인조 케이싱에 채워 넣는다. 익힌 뒤 경우에 따라 훈연한다. 일반적으로 마늘로 향을 입힌다.	밝은 분홍색
보(Vaud) 소시송 saucisson vaudois	스위스 보(Vaud) 지역	중간 굵기 입자로 간 순돈육을 천연 창자에 채워 넣고 훈연한다. 전통적으로 보 지방의 파페(papet, 리크와 감자를 넣어 익힌 요리)와 함께 서빙한다.	매끈하고 하나의 덩어리로 이루어져 있다.

힌다. 중간에 소시지를 한 번 뒤집는다. 소시지를 건져내 꼬치를 제거한 다음 원형 접시에 담아 뜨겁게 유지한다. 소테팬의 기름을 제거하고 식초 2테이블스푼을 넣어 디글레이즈한 다음 육수 300mℓ와 토마토 소스 100mℓ를 넣고 졸인다. 식초 절임 케이퍼 3테이블스푼과 잘게 썬 파슬리 1테이블스푼을 넣고 잘 섞는다. 이 소스를 소시지 위에 끼얹어 서빙한다.

saucisses à la catalane 소시스 아 라 카탈란

카탈루냐식 소시지 : 소테팬에 돼지 기름(라드)을 녹인 뒤 굵은 소시지 1kg을 넣고 노릇한 색이 나게 지진다. 소시지를 건져낸 다음 팬에 토마토 페이스트 1테이블스푼, 화이트와인 1컵, 흰색 육수 1컵을 넣고 잘 섞어 10분간 끓인다. 체에 거른다. 껍질 깐 마늘 24톨을 끓는 물에 데친다. 소시지를 다시 소테팬에 넣고 데친 마늘, 부케가르니, 말린 오렌지 껍질 1조각을 첨가한다. 체에 걸러둔 소스를 소시지 위에 붓고 뚜껑을 덮은 뒤 약한 불로 30분간 익힌다.

saucisses grillées 소시스 그리예

구운 소시지 : 치폴라타, 크레피네트 또는 툴루즈 소시지 덩어리를 준비한 다음 포크로 군데군데 찔러준다. 작은 소시지들은 나란히, 툴루즈 소시지는 나선형으로 말아 오븐의 그릴 망 위에 놓거나 세로로 된 로티세리 그릴에 적당히 배치한다. 너무 세지 않은 온도로 천천히 익혀 속까지 익으면서 겉은 타지 않도록 굽는다. 감자, 신선 채소 또는 각종 콩으로 너무 되직하지 않은 퓌레를 만들어 함께 서빙한다.

SAUCISSON 소시송 갈거나 곱게 다진 고기에 양념을 한 뒤 창자에 채워 만든 샤퀴트리의 일종으로 숙성, 건조 처리를 거친 뒤 날것으로 먹거나 또는 익혀서 먹는다(**참조** p.787 소시송 도표). 프랑스뿐 아니라 외국에도 다양한 종류의 소시송이 존재하며 특히 리무쟁의 건조 소시송(saucisson sec du Limousin)은 라벨 루즈 우수 식품 인증을 받았다.

■ **건조 소시송.** 건조 소시송을 만드는 아주 오래된 전통 제조법이 있는데, 각 특산 소시지의 향, 식감, 맛을 살리기 위한 정확한 규칙들을 준수한다. 고기의 발골, 정형 및 손질, 스터핑 혼합물(지방, 살코기, 향신료를 적절히 배합해 분쇄한 것) 만들기, 케이싱하기, 20~25°C에서 사전 건조, 말리기, 14°C 온도에서 4주 이상 숙성하기 등 각 과정을 정확하게 진행해야 한다. 좋은 건조 소시송은 만졌을 때 딱딱하다 싶을 정도로 단단하고 특유의 향이 있으며 발효가 제대로 이루어졌다는 표시인 하얀 분으로 덮여 있는 것이 좋고, 가능하면 별도의 껍데기를 씌우지 않고 숙성한 것이 좋다. 건조 소시송은 얇고 동그랗게 슬라이스해서 껍질을 벗긴 뒤 오르되브르용 타원형 접시에 차가운 버터와 함께 담아 서빙한다. 또한 식전주의 안주로 곁들이기도 한다. 또한 건조 소시송은 시골풍 뷔페 상차림에 서빙되는 샤퀴트리 모둠 플레이트에 포함되며, 샌드위치와 카나페용으로도 사용된다.

■ **익힌소시송.** 요리에 넣거나(브리오슈 안에 넣거나 반죽 크러스트를 씌워 구운 요리, 또는 다양한 가니시) 차가운 오르되브르로 서빙되는 샤퀴트리는 익힌 소시송이다.

saucisson en brioche à la lyonnaise 소시송 앙 브리오슈 아 라 리오네즈

리옹식 소시송 브리오슈 : 익혀 먹는 순돈육 소시송 1kg(길이 30cm) 1개를 육수에 40분간 삶은 뒤 완전히 식힌다. 제빵용 생이스트 20g에 물 50mℓ를 넣고 개어둔다. 생이스트를 넣고 브리오슈 반죽을 만들어 따뜻한 곳에 부풀게 둔다. 1차 발효된 반죽을 펀칭하여 공기를 빼고 납작하게 만든 뒤 다시 뭉쳐 반죽하기를 4~5회 반복한 다음 랩으로 덮어 냉장고에서 휴지시킨다. 밀가루를 뿌린 작업대 위에 이 반죽을 놓고 소시송 길이보다 약간 긴 직사각형으로 민다. 소시송의 껍질을 벗기고 밀가루를 얇게 뿌린 뒤 반죽 안에 넣고 말아준다. 반죽의 양끝을 접어 올리고 꼭꼭 눌러 붙여 봉한다. 좁고 긴 모양의 테린 틀이나 오븐 용기에 이 브리오슈를 넣고 2차 발효시킨다. 브리오슈 반죽이 부풀어 올라 틀을 꽉 채운 상태가 되면 달걀물을 발라 210°C로 예열한 오븐에서 25~30분간 굽는다. 틀에서 꺼내 뜨겁게 서빙한다.

SAUGE 소주 세이지. 꿀풀과에 속하는 방향성 식물인 세이지는 기후가 온화한 지역에서 자란다. 풍미가 매우 강하고 장뇌 향과 약간의 쌉싸름한 맛을 지닌 이파리는 기름진 음식(샤퀴트리, 돼지고기, 장어, 스터핑 혼합물 등)이나 영국의 더비(derby) 등 일부 치즈의 향신 양념 재료로 사용되거나 각종 음료수, 인퓨전 티, 가향 식초 등에 넣어 향을 더하는 데 쓰인다(**참조** p.451~454 향신 허브 도감).

– 큰 세이지(grande sauge) 또는 약초 세이지(sauge officinale)는 잎이 두껍고 길쭉한 형태에 솜털로 덮여 있으며 잿빛이 나는 녹색이다.
– 프로방스 작은 세이지(petite sauge de Provence)의 잎은 크기가 작고 더 색이 밝으며 향이 매우 진해 가장 인기가 높다.
– 카탈루냐 세이지(sauge de Catalogne)의 잎은 크기가 더욱 작다.
– 잎이 올록볼록하고 솜털로 덮인 클라리 세이지(sauge sclarée)는 이탈리아의 베르무트 제조에 사용되며, 옛날에는 튀김과자(beignets)에 향을 내는 데 쓰였다.

프랑스에서는 특히 프로방스 지방에서 세이지를 요리에 많이 사용하며 주로 돼지고기를 비롯한 흰살 육류나 채소 수프에 넣어 향을 낸다. 이탈리아 요리에서는 세이지의 활약이 더욱 두드러진다. 피카타(piccata), 살팀보카(saltimbocca), 오소부코(ossobuco), 포피예트(paupiettes)뿐 아니라 쌀을 넣은 미네스트로네 수프에도 세이지의 향이 빠지지 않는다. 플랑드르인과 영국인들은 다양한 가금류 요리 스터핑과 소스에 세이지와 양파를 넣는다. 독일인들은 햄과 일부 소시지, 때로는 맥주에도 세이지 향을 더한다. 발칸반도와 중동 지역에서 세이지는 주로 양고기 로스트에 곁들이며, 중국인들은 차로 우려 마시기도 한다..

SAUMON 소몽 연어. 연어과의 회유어로 일생의 한 부분을 바다에서 보낸 뒤 산란을 위해 자신이 태어난 강으로 회귀한다(**참조** 옆 페이지 연어 도표 p.672, 673 민물생선 도감). 산란을 마친 연어는 대부분 기력을 소진하여 그 자리에서 죽기 때문에 다시 바다로 돌아가는 일은 거의 없다.

■ **생연어.** 민물에서 약 2년을 머문 뒤 연어의 치어(크기 15~20cm, 어린 연어[tacons], 이어서 새끼연어[smolts]가 된다)는 바다로 흘러내려가기 시작한다. 이들이 바다에서 서식하는 기간은 연어마다 차이가 있다. 50~60cm 크기의 마들레노(madeleineau)는 1년간 바다에 머문 뒤 6월~7월경 강으로 거슬러 올라간다. 70~80cm 크기의 봄 연어(saumon de printemps)는 2년간 머문 뒤 3월~5월 사이에 강으로 회귀하며 90~100cm 짜리 겨울 큰 연어(grand saumon d'hiver)는 3년을 바다에서 생활한 뒤 10월에서 3월 사이에 강으로 거슬러 올라간다. 번식기가 다가오면 수컷은 색이 더 짙어질 뿐 아니라 아래턱이 길어져 갈고리 모양으로 구부러지고 이빨이 강해지며 등이 볼록하게 솟는 등 모습이 변한 베카르(bécards)가 된다. 산란을 모두 마친 후에는 기력이 소진해 어두운 색으로 변하며 점점 죽어간다. 이 상태의 연어를 샤로냐르(charognards)라고 한다. 산란을 끝낸 연어는 생리적으로 급속히 쇠퇴하기 때문에 품질이 매우 떨어진다. 이 시기를 제외하면 연어는 분홍색의 기름진 살을 지니고 있다. 연어의 살 색은 연어가 대량으로 섭취하는 갑각류에 함유된 카로티노이드의 영향 때문이다. 연어는 신선 상태로 조리하거나 훈제로 즐겨 먹으며 날것을 마리네이드 양념에 재웠다 먹기도 한다. 연어는 매우 아름다운 생선으로 푸른빛의 등에는 검은색의 작은 반점(산란기에는 붉게 변한다)들이 흩뿌려져 있고 측면과 배 부분은 황금빛을 띤다.

프랑스에서는 공해와 댐 건설 증가로 인해 연어의 강 회귀가 어려워졌고(심지어 연어가 강을 거슬러 올라오기 쉽도록 물길 계단 시설을 조성하기도 했지만) 따라서 개체수도 현저히 감소했다. 루아르(Loire), 알리에(Allier), 남서부 지방의 몇몇 급류 하천과 노르망디, 브르타뉴의 일부 강 연안에서만 아직도 연어의 회귀가 이루어지고 있다. 연어의 3대 중심지로는 나바렝스(Navarrenx), 샤톨랭(Châteaulin), 그리고 연어와 크림 소스를 넣은 뜨거운 투르트(tourte)로 유명한 브리우드(Brioude)를 꼽을 수 있다. 오늘날 프랑스에서 소비되는 연어의 대부분은 양식 산이다. 연어의 주요 생산국은 스코틀랜드, 노르웨이, 아일랜드, 페로 제도이다. 자연산 대서양연어는 매우 희귀해졌으나 발트해(흰 연어), 노르웨이, 스코틀랜드에서는 아직 찾아볼 수 있다. 다른 자연산 연어 종으로는 태평양 연어가 있는데 이것은 주로 알을 소비한다. 이 연어알은 대부분 미국과 러시아에서 소비되는데 주로 생으로 먹거나 기름에 저장, 또는 고온 훈연(드물긴 하지만 연어의 식감을 살리기 위해 전통적인 방법인 저온 훈연을 하기도 한다)하여 유통된다. 러시아, 독일, 스칸디나비아 지역에는 연어를 이용한 요리가 아주 많다. 러시아의 쿨리비악(koulibiac) 또는 스웨덴의 그라블락스(gravlax, 생연어를 후추, 딜, 설탕, 소금으로 양념해 절인 것)가 대표적이다..

■ **사용.** 연어는 통째로 또는 토막 낸 덩어리, 수직으로 자른 슬라이스, 필레를 자른 슬라이스 등 다양한 컷으로 조리할 수 있으며 몸통의 가장 가운데

연어의 다양한 종과 특징

종	원산지	출하 시기	중량, 크기	살의 외형	유통 형태
대서양과 발트해의 연어 *saumons de l'Atlantique et de la Baltique*					
자연산 대서양 연어 salmo salar sauvage	바다: 발트해, 대서양	9월~3월	1.5~40kg, 50~160cm	연분홍색	신선, 냉동 또는 훈제
	강: 프랑스, 스코틀랜드, 아일랜드, 노르웨이	6월~8월			
양식 대서양 연어 salmo salar d'élevage	스코틀랜드, 노르웨이, 아일랜드	연중			
태평양 연어 *saumons du Pacifique*					
백연어, 또는 알래스카 연어 chum, saumon keta (Oncorhynchus keta)	태평양, 북극해	5월~8월	2~5kg, 60~70cm	분홍색. 살이 탱탱하고 지방이 거의 없다.	주로 통조림
은연어 coho salmon, silver salmon, saumon argenté(Oncorhynchus kisutch)	태평양, 북극해	6월~7월	1~5kg, 60~90cm	주홍색 조직이 단단하다.	냉동, 훈제, 통조림
왕연어 king salmon, chinook salmon, saumon royal(Oncorhynchus tschawytscha)	태평양	5월~7월	3~16kg, 75~100cm	붉은색. 살이 탱탱하다.	냉동 또는 훈제
곱사연어 pink salmon, humpback, saumon rose(Oncorhynchus gorbusha)	태평양	6월 중순~8월 말	1~2kg, 60cm	연분홍색. 지방이 거의 없다.	주로 통조림
홍연어 sockeye salmon, red salmon, saumon rouge(Oncorhynchus nerka)	태평양	5월 중순~9월	2~4kg, 60cm	진한 붉은색. 지방이 거의 없다	주로 통조림

부분(제일 고급 부위로 친다)은 전통적으로 미탕(mitan)이라고 불린다. 생연어는 통째로 또는 토막으로 잘라 대부분 쿠르부이용에 익히며, 더운 소스를 곁들여 서빙한다. 또한 통째로 브레이징(이 경우 속을 채우는 레시피도 있다)하거나 오븐에 로스트, 혹은 꼬치에 꿰어(통째로 또는 토막내어 조리) 구울 수도 있다. 척추뼈와 수직으로 썬 토막인 다른(darne)은 쿠르부이용에 익히기, 굽기, 버터에 소테하기, 브레이징 등 다양한 방법으로 조리할 수 있다. 그 밖에도 필레를 뜨거나 에스칼로프 또는 커틀릿(토막을 다듬거나 적당한 크기로 잘라 모양을 만든다) 형태로 요리하기도 한다. 영국의 크림플드 새먼(crimpled salmon) 또는 칼집 낸 연어는 아직 살아 있는 상태의 생선 측면 여러 곳에 깊게 칼집을 낸 다음 매달아 피를 빼고 찬물에 담그는 전통 방식으로 만든다. 이어서 연어를 끓여 익힌 뒤 면포에 얹어 물기를 제거하고 생파슬리와 홀랜다이즈 소스(애호가들은 연어를 익힌 국물 소스를 끼얹는 것을 선호한다), 오이 샐러드를 곁들여 낸다.

■ **훈제 연어.** 전통적인 저장 방식인 훈연을 거친 연어는 종종 세련된 고급 요리의 재료로 사용된다. 토스트한 빵이나 블리니(blinis), 생크림 또는 홀스래디시 소스, 레몬을 곁들여 차가운 애피타이저로 서빙되며, 그 외에 각종 찬 요리와 더운 요리, 아스픽(aspic), 카나페(canapé), 속을 채운 코르네(cornet fourré), 스크램블드 에그 등에 사용하기도 한다. 연어는 향 에센스(주니퍼베리, 히드, 세이지)를 첨가한 혼합목(밤나무, 자작나무, 참나무, 물푸레나무, 오리나무) 위에 배치한 뒤 저온 훈연한다. 일부는 훈제된 상태로 수입하며, 그 외에는 수입업체에서 직접 훈연한다. 훈제 연어는 자연산 대서양 연어로 만든 것을 고급으로 친다. 살의 식감이 탱탱하고 절단했을 때 형태가 잘 유지되기 때문에 훈연에 매우 적합하다. 성어기에 잡은 것을 냉동해 두면 연중 사용할 수 있다. 천일염으로 절인(너무 짜지 않게 절인다) 다음 오래되지 않은 너도밤나무(주니퍼베리로 향을 더하기도 한다)에 천천히 저온 훈연한다.

훈제 연어는 언제나 고객의 주문에 따라 즉석에서 손으로 슬라이스해 서빙한다. 이렇게 해야 마르지 않은 신선한 상태로 보관할 수 있으며 세균성 변질을 막을 수 있기 때문이다. 훈제 연어는 냉동을 거치지 않은 상태로 판매한다. 아일랜드, 스코틀랜드 또는 노르웨이산 연어는 색이 꽤 진하며 살이 탱글탱글하고 향이 좋다. 반면 발트해에서 잡히는 덴마크 연어는 색이 더 밝고 기름기가 더 많으며 섬세한 맛을 지니고 있어 일부 애호가들에게 인기가 좋다. 공장에서 대량으로 훈제한 연어는 통째로 혹은 미리 슬라이스한 상태로 진공 포장되어 반 저장식품으로 판매된다. 이러한 훈제 연어는 믹스 샐러드 등 혼합물의 일부로 섞이는 음식이나 스터핑 혼합물의 구성 재료로만 사용하는 것이 좋다. 한편 일부 상점에서는 연어속(oncorhynchus)의 한 생선으로 만든, 좀 더 저렴한 가격의 훈제 연어를 찾아볼 수 있다. 연어라는 어종은 여러 아과를 포함하고 있으며 이들 중에는 훈연에 적합하지 않은 것들도 있다.

aspic de saumon fumé ▶ ASPIC
canapés au saumon fumé ▶ CANAPÉ
chaud-froid de saumon ▶ CHAUD-FROID
cornets de saumon fumé aux œufs de poisson ▶ CORNET

côtelettes de saumon à la florentine 코틀레트 드 소몽 아 라 플로랑틴

플로랑틴 연어 코틀레트 : 연어의 뱃살 부위에서 척추뼈와 수직으로 잘라낸 토막을 반으로 다시 잘라(demi-darne) 마치 갈빗대에 붙은 살처럼 모양을 다듬는다. 냄비에 연어를 넣고 겨우 잠길 정도의 높이까지 생선 육수를 부은 뒤 6~8분간 데쳐 익힌다. 줄기 시금치를 씻어서 물기를 제거한 뒤 굵직하게 다져 버터를 두른 팬에 넣고 자체 수분으로 찌듯이 익힌다. 소금, 후추, 넛멕으로 간한다. 오븐용 내열 용기에 시금치를 한 켜 깐 다음 생선을 건져 그 위에 올린다. 모르네 소스를 끼얹고 가늘게 간 치즈를 뿌린다. 녹인 버터를 고루 뿌린 다음 오븐 브로일러 아래에 넣어 그라탱처럼 노릇하게 구워낸다.

côtelettes de saumon glacées chambertin 코틀레트 드 소몽 글라세 샹베르탱

샹베르탱 즐레를 씌운 연어 코틀레트 : 연어의 척추뼈와 수직으로 잘라낸 토막을 반으로 다시 잘라(demi-darne) 마치 갈빗대에 붙은 살처럼 모양을 다듬는다. 버터를 바른 소테팬에 연어를 나란히 담고 소금, 후추로 밑간을 한 다음 샹베르탱 와인을 넣어 만든 생선 즐레 육수를 재료 높이만큼 붓는다. 8~10분 정도 포칭한 다음 생선을 건져 물기를 닦아내고 완전히 식힌다. 생선을 익힌 즐레 육수를 걸러서 맑게 정화한 다음 따뜻한 온도가 될 때까지만 식힌다. 너무 식어 굳지 않도록 주의한다. 바트에 그릴망을 놓고 그 위에 생선 토막들을 올린 뒤 따뜻한 온도의 즐레 육수를 여러 겹 끼얹어 씌운다. 한 겹을 씌울 때마다 냉장고에 넣어 글레이즈를 굳힌 뒤 그 다음 겹을 씌워준다. 서빙 플레이트에 즐레를 얇게 한 겹 깔아 굳힌 다음 연어 토막을 그 위에 올린다.

côtelettes de saumon Pojarski 코틀레트 드 소몽 포자르스키

포자르스키 연어 커틀릿 : 생연어살 300g을 다진다. 굳은 빵의 속살 70g을 우유에 적신 뒤 꼭 짜서 연어 살에 넣고 차가운 버터 70g을 첨가한 다음 잘 섞는다. 소금, 후추를 뿌리고, 강판에 간 넛멕 가루를 칼끝으로 소량 넣는다. 이 혼합물을 4등분한 뒤 갈빗살 모양의 패티로 만든다. 밀가루, 달걀, 빵가루를 입힌 뒤 정제 버터를 달군 팬에 넣고 양면을 노릇하게 튀기듯 지진다. 서빙 플레이트에 연어 커틀릿을 담은 뒤 조리하고 남은 버터를 뿌린다. 껍질에 세로로 홈을 파 무늬를 낸 레몬 슬라이스로 장식한다.

darnes de saumon Nantua 다른 드 소몽 낭튀아

낭튀아 소스를 곁들인 연어 : 척추뼈와 수직으로 자른 연어 토막을 생선 육수에 데쳐 익힌다. 생선을 건져 접시에 담고, 익힌 뒤 껍질을 깐 민물가재 살을 빙 둘러 놓는다. 졸인 육수를 조금 섞은 낭투아 소스를 끼얹어 서빙한다.

장 & 폴 맹슐리(JEAN ET PAUL MINCHELLI)의 레시피

escalopes de saumon cru aux deux poivres 에스칼로프 드 소몽 크뤼 오 되 푸아브르

두 가지 후추를 뿌린 생연어 에스칼로프 : 척추뼈와 수직으로 자른 두툼한 연어 토막 2개의 껍질을 벗긴 뒤 생선용 핀셋으로 모든 가시를 꼼꼼히 제거한다. 붓으로 엑스트라 버진 올리브오일을 살짝 발라준 뒤 자르기 전 생선 살이 단단해지도록 냉장고에 2시간 넣어둔다. 서빙용 접시 4개 또한 냉장고에 넣어 차갑게 준비해둔다. 접시를 꺼내 붓으로 오일을 살짝 발라준다. 연어 토막을 도마에 놓고 한 손바닥으로 살짝 눌러 고정시킨 뒤 아주 얇은 두께의 에스칼로프로 저며 썬다. 써는 대로 한 장씩 접시에 올린다. 한 장 한 장 오일을 살살 발라준 다음 소금을 뿌린다. 접시 위에서 후추 그라인더를 1~2바퀴 돌려 뿌린다. 그린 페퍼콘을 살짝 으깬 뒤 생선 위에 고루 흩뿌린다. 멜바 토스트(toasts Melba)와 함께 서빙한다.

장 & 피에르 트루아그로(JEAN ET PIERRE TROISGROS)의 레시피

escalopes de saumon à l'oseille Troisgros 에스칼로프 드 소몽 아 로제이 트루아그로

트루아그로의 소렐을 넣은 크림 소스 연어 : 연어 몸통의 가장 두툼한 중간 부분에서 각 120g의 에스칼로프 4조각을 잘라낸 다음 기름 바른 유산지 2장 사이에 넣고 조심스럽게 눌러 납작하게 만든다. 소금, 후추로 밑간을 한 다음 논스틱 팬에 재빨리 겉만 살짝 익힌다. 냄비에 소비뇽 블랑 와인 80mℓ, 생선 육수 80mℓ, 베르무트 30mℓ를 넣고, 껍질을 벗겨 다진 샬롯 2개를 첨가한다. 가열하여 졸인 다음 더블 크림 300mℓ를 넣고 크리미한 농도가 될 때까지 끓인다. 흐르는 찬물에 재빨리 씻은 소렐잎 80g을 소스에 넣는다. 간을 맞춘다. 소스를 따뜻한 접시 4개에 나누어 담고, 그 위에 연어 에스칼로프를 올린다.

frivolités de saumon fumé au caviar ▶ CAVIAR
koulibiac de saumon ▶ KOULIBIAC
mariné de loup de mer, saumon et noix de saint-jacques ▶ COQUILLE SAINT-JACQUES
pâté de saumon ▶ PÂTÉ
purée de saumon ▶ PURÉE

saumon en croûte 소몽 앙 크루트

크러스트를 씌운 연어 파이 : 파트 푀유테 400g을 만든다. 900g~1kg 짜리 연어 한 마리를 손질한 뒤 꼬리에서 머리 방향으로 거슬러 올라가며 비늘을 제거한다. 배쪽을 갈라 내장을 빼내고 척추뼈 가시를 따라 문지르며 핏덩어리를 꼼꼼히 제거한다. 생선 안쪽을 흐르는 물에 깨끗이 씻는다. 물 2ℓ를 끓인다. 우묵한 바트 안에 그릴 망을 놓고 그 위에 연어를 올린다. 몸 전체(머리 제외)에 끓는 물을 붓고 껍질을 벗겨낸다. 생선을 뒤집어 같은 방법으로 껍질을 제거한다. 연어의 물기를 모두 닦은 뒤 안쪽에 소금, 후추를 뿌려 밑간을 한다. 준비한 푀유테 반죽의 2/3를 두께 3mm, 가로 36cm×세로 14cm 크기의 직사각형으로 민다. 살짝 물기가 있는 오븐팬에 이 반죽 시트를 올린다. 반죽 가운데에 연어를 올린다. 생선 머리는 왼쪽, 배는 작업자 쪽으로 향하도록 놓는다. 소금, 후추를 살짝 뿌린다. 생선 둘레의 반죽을 접어 올린 다음 달걀물을 바른다. 남은 푀유테 반죽을 두께 4mm×30cm×10cm 크기의 직사각형으로 민 다음 생선에 얹고 그 모양에 따라 가장자리를 잘라낸다. 칼끝으로 머리, 꼬리, 비늘 모양을 살짝 그어준다. 반죽 전체에 고루 달걀물을 바른 다음 냉장고에 30분간 넣어둔다. 꺼내서 다시 한 번 달걀물을 바르고 180°C로 예열한 오븐의 아래 칸에 넣어 45분간 굽는다. 꺼낸 다음 따뜻한 곳에서 10분 동안 휴지시킨다. 조심스럽게 밀어서 서빙 플레이트에 올린다.

에르베 뤼소(HERVÉ LUSSAULT)의 레시피

saumon fumé de Norvège 소몽 퓌메 드 노르베주

노르웨이산 훈제 연어 : 12인분

노르웨이산 연어의 필레 덩어리(2.5kg짜리) 1개를 준비하여 가시를 꼼꼼히 제거한다. 굵은소금 250g, 설탕 100g, 아질산나트륨 15g을 섞어 염장 양념을 만든다. 이 혼합물을 연어 필레 위에 펴 바른 뒤 12시간 동안 재워둔다. 흐르는 물에 씻은 다음 서늘하고 바람이 통하는 장소에서 이틀 동안 말린다. 훈연용 톱밥 1봉지에 타임 1다발, 월계수잎 2줄기, 로즈마리 2줄기, 갈색 조당(vergeoise) 100g을 넣어 섞는다. 훈연통에 이 혼합물을 넣고 불을 붙인 다음 온도가 40°C를 넘지 않도록 연소 강도를 조절한다. 연어 필레를 훈연통 안에 넣는다. 3시간 후 연어를 꺼내 올리브오일을 조금 발라준 뒤 식힌다. 이 훈제 연어는 밀가루로 만든 블리니(blinis)와 휘핑한 뒤 차이브를 넣은 크림을 곁들여 먹으면 아주 좋다.

saumon glacé à la parisienne 소몽 글라세 아 라 파리지엔느

즐레를 씌운 파리식 연어 요리 : 하루 전날, 연어 한 마리를 약하게 끓고 있는 생선 육수에 통째로 넣어 7~8분간 데쳐 익힌다. 익힌 육수에 그대로 담가둔 채 식혀 냉장고에 하룻밤 넣어둔다. 생선을 건져 껍질을 벗긴 다음 종이타월로 물기를 닦아낸다. 바트에 그릴 망을 놓고 그 위에 생선을 올린 다음 익힌 육수로 만든 즐레(막 굳으려고 하는 농도 상태)를 한 겹 끼얹어 준다. 모양 내어 자른 채소를 붙여 장식한 다음 즐레를 한 겹 더 끼얹어 씌운다. 서빙 플레이트에 즐레를 얇게 한 겹 깔아 굳힌 다음 그 위에 연어를 올린다. 각종 채소를 잘게 깍둑 썰어 혼합한 마세두안을 걸쭉한 마요네즈 콜레(참조. p.532 MAYONNAISE COLLÉE)로 버무린 다음 다리올 틀에 넣어 모양대로 찍어낸다. 작은 토마토의 속을 파낸 뒤 같은 마세두안 채소와 케첩을 섞은 마요네즈로 버무린 삶은 달걀을 채워 넣는다. 이 가니시들을 연어 주위에 보기 좋게 빙 둘러놓은 다음 즐레를 씌워 윤기나게 마무리한다.

장 피에르 비피(JEAN-PIERRE BIFFI)의 레시피

saumon KKO 소몽 카카오

카카오 연어 : 12조각

연어 필레를 사방 12cm, 두께 2cm 크기의 사각형 토막 1개로 자른다. 밑간을 하고 코코아 가루를 입힌 다음 기름을 두르지 않은 팬에 모든 면을 재빨리 지진다. 냉장고에 보관한다. 식빵 슬라이스를 사방 3cm 크기의 정사각형으로 12장 잘라낸 다음 올리브오일을 뿌리고 190°C로 예열한 오븐에 굽는다. 씨를 뺀 이탈리아산 작은 블랙올리브 300g을 끓는 물에 데쳐 건진 뒤 물기를 제거하고 설탕 시럽(보메 30도)에 넣어 굴린다. 시럽이 고루 묻은 올리브를 오븐팬에 한 켜로 펼쳐 놓은 뒤 110°C로 예열한 오븐에 넣어 1시간 30분 동안 건조시킨다. 오븐에서 꺼내 올리브오일을 가볍게 뿌려 고루 묻힌 뒤 무가당 코코아 가루 1테이블스푼에 굴려준다. 모양이 좋은 올리브 12개를 골라 따로 보관하고 나머지는 잘게 분쇄한다. 연어 필레를 동일한 크기의 슬라이스 12장으로 자른다. 식빵 조각 위에 다진 올리브를 나누어 바르고 그 위에 연어 슬라이스를 하나씩 올린다. 마지막으로 코코아 가루를 입힌 올리브를 한 알씩 얹는다.

미셸 트루아그로(MICHEL TROISGROS)의 레시피

saumon à l'oseille (version moderne) 소몽 아 로제이(베르시옹 모데른)

소렐을 곁들인 연어(현대식 레시피) : 4인분

소렐잎 24장을 씻어 꼭지를 딴다. 이 잎들을 15cm x 15cm 크기의 도톰한 종이 냅킨(Celisoft) 4장 위에 나란히 붙여 놓는다. 이것을 타공팬 위에 놓고 스팀 오븐에 넣어 1분간 익힌다. 샬롯 4개를 잘게 썰어 팬에 넣고 수분이 나오도록 볶아준 뒤 와인 식초 200mℓ를 붓는다. 졸여서 콩포트를 만든 다음 식힌다. 라벨 루즈(label rouge) 인증을 받은 두툼한 연어 필레 4조각(각 100g)에 밑간을 한 다음 소렐잎 위에 올린다. 소렐잎으로 연어를 감싼 뒤 찜기에 넣어 2분간 증기에 찐다. 심부는 여전히 덜 익은 분홍색을 유지하도록 한다. 냅킨을 벗겨낸 뒤 연어를 반으로 잘라 접시에 담고 샬롯 1테이블스푼을 곁들여 놓는다. 요거트 1테이블스푼을 얹어 서빙한다.

폴 & 장 피에르 애베를랭(PAUL ET JEAN-PIERRE HAEBERLIN)의 레시피

saumon soufflé « Auberge de l'Ill » 소몽 수플레 오베르주 드 릴

오베르주 드 릴의 연어 수플레 : 2kg짜리 연어 한 마리의 필레를 떠낸 뒤 8

Saumon 연어

"마리네이드 양념액에 재우거나 훈제, 파피요트, 한 면만 굽는 등 다양하게 조리할 수 있는 연어는 그 어떤 요리라도 모든 사람의 입맛을 만족시킨다. 그중에서도 특히 레스토랑 카이세키의 셰프가 연어의 가장 맛있는 최상급 부위로 만든 스시나 레스토랑 가르니에 또는 파리 리츠 호텔의 셰프들이 이 생선의 기름진 살이 지닌 섬세한 맛을 최고로 살려낸 요리들이라면 더 말할 나위가 없다."

조각의 메다이용으로 자른다. 강꼬치고깃살 250g을 가는 굵기의 절삭망을 끼운 정육용 분쇄기로 간 다음 달걀 2개, 달걀노른자 2개, 소금, 후추, 소량의 넛멕과 함께 블렌더 볼에 넣는다. 갈기 시작한 뒤 작동 상태를 계속 유지하며 크림 250mℓ를 조금씩 넣는다. 완성된 스터핑 혼합물을 냉장고에 보관한다. 달걀흰자 2개분을 단단하게 거품 낸 다음, 아주 차가운 스터핑 혼합물에 넣고 섞는다. 이것을 각 연어 메다이용 위에 수북하게 돔 모양으로 덮는다. 오븐 용기에 버터를 바르고 소금을 뿌린 뒤 다진 샬롯을 깔아준다. 그 위에 연어 조각들을 놓는다. 리슬링 와인 350mℓ와 생선 육수 250mℓ를 넣은 뒤 200°C로 예열한 오븐에서 15~20분간 익힌다. 연어를 꺼내 따뜻하게 보관한다. 남은 국물을 소테팬으로 옮겨 담고 크림 250mℓ를 첨가한 뒤 원하는 농도로 졸인다. 작게 잘라둔 차가운 버터 150g을 넣고 거품기로 휘저어 섞는다. 레몬즙 반 개분을 넣어 소스를 완성한다. 서빙 접시에 연어를 담고 주위에 소스를 빙 둘러준다. 퓌유타주 반죽으로 만들어 구운 초승달 모양 장식을 얹는다.

soufflé au saumon ▶ SOUFFLÉ

suprêmes de saumon de l'Atlantique 쉬프렘 드 소몽 드 라틀랑티크

대서양 연어 쉬프렘 : 2kg짜리 대서양 연어 한 마리를 준비해 필레를 뜬 다음 껍질을 벗기고 핀셋으로 가시를 꼼꼼히 제거한다. 폭 3cm 크기로 6토막을 잘라낸다. 새우 50g의 껍질을 벗긴다. 가리비조개 관자 50g을 물에 헹군다. 새우와 가리비조개를 작게 썰어 냉장고에 넣어둔다. 작은 조각으로 자른 아주 차가운 무염 버터 120g을 블렌더에 넣고 퓌레처럼 곱게 간다. 새우와 가리비조개 살을 넣고 함께 갈아 섞는다. 소금, 후추로 간한다. 냉장고에 넣어두었던 차가운 생크림 250mℓ를 조금씩 넣으며 손 거품기로 잘 저어 섞은 뒤 다시 냉장고에 넣어둔다. 로메인 상추잎 6장을 끓는 물에 데쳐 찬물에 식힌 뒤 평평한 바닥에 펴 놓는다. 중앙에 연어 토막을 한 개씩 놓고 소금, 후추로 밑간을 한 다음 새우, 가리비 무스를 조금씩 얹는다. 상추잎 가장자리를 가운데로 접어 올려 생선을 잘 감싸 파피요트를 만든다. 이것을 찜기에 넣고 뚜껑을 덮은 뒤 증기로 7~9분간 찐다. 각 서빙 접시 바닥의 1/3 정도를 화이트와인 소스로 덮은 다음 그 위에 연어 파피요트를 하나씩 올린다. 뜨거운 아스파라거스 4줄기를 곁들여 놓은 뒤 잘게 썬 차가운 토마토를 올려 반 정도 덮는다. 껍질을 벗겨 삶은 작은 알 감자를 곁들여낸다.

tresse de loup et saumon au caviar ▶ LOUP
waterzoï de saumon et de brochet ▶ WATERZOÏ

SAUMON DE FONTAINE 소몽 드 퐁텐 북미곤들매기, 브룩트라우트. 연어과의 생선으로 캐나다 래브라도(Labrador)에서 도입되어 알프스와 보주 호수 지역에 서식처를 잡은 민물 송어의 일종이다. 흔히 북극 곤들메기(omble chevalier)로 착각하는 북미곤들매기는 몸에 여러색의 얼룩무늬가 있는 것으로 구분할 수 있다. 아주 맛이 좋아 인기가 많은 이 어종은 주로 봄에 잡힌다. 보통 증기에 찌거나 익혀 레몬즙을 넣은 버터를 곁들여 먹는 등 비교적 단순한 방법으로 조리하지만, 연어로 만들 수 있는 가장 정교하고 고급스러운 레시피 또한 적용할 수 있는 생선이다.

SAUMONETTE 소모네트 작은 상어류의 판매 명칭. 뿔상어 또는 까치상어의 껍질을 벗기고 대가리를 절단한 상태로 판매할 때 통용되는 명칭이다. 이 별명은 이 생선들의 살 색깔이 연어처럼 분홍색을 띤 것에서 유래한 것이다.

SAUMUR 소뮈르 루아르(Loire)강 좌안 포도 재배지에서 생산되는 AOC 와인. 화이트는 드라이하고 바디감이 강하며 알코올 함량이 높은 와인들이 주를 이루며 대부분 샹파뉴 방식 (méthode champenoise)에 따라 양조한 발포성 와인이다. 로제와인은 색이 아주 연하고, 카베르네 프랑, 카베르네 소비뇽, 피노 도니스(pineau d'Aunis) 품종 포도로 만드는 레드와인 중에는 아주 훌륭한 품질들이 꽤 많다(**참조** ANJOU).

SAUMUR-CHAMPIGNY 소뮈르 샹피니 루아르강 좌안에 위치한 소뮈르(Saumur) 초입 지역에서 생산되는 유명한 AOC 와인. 적당한 산미를 지닌 가볍고 목넘김이 부드러운 레드와인을 생산하며 포도 품종은 카베르네 프랑과 카베르네 소비뇽이다.

SAUMURE 소뮈르 소금물, 염수, 간수. 고기, 생선, 올리브 또는 채소를 저장하기 위해 담가두는 고농도의 소금물로 기본적으로 물과 소금을 혼합하여 만들며 때로 초석(질산염), 아질산나트륨(최대 6%), 설탕, 향신료 등을 첨가하기도 한다. 샤퀴트리 제조 시에는 고기를 염수에 담그기 전 근육이나 동맥에 주사로 주입하여 염지한다. 익힌 햄 염지의 경우 전통적으로 기존의 오래된 염수에 다시 소금과 질산염을 첨가해 원하는 농도로 맞춘 뒤 사용하거나, 새로 만든 염수에 기존 염수 통에 남은 잔량 분(pied de cuve)을 섞어 사용한다. 하지만 이 방식은 질산염의 첨가가 이루어지면서 더 이상 좋은 방법이라는 평가를 받지 못하고 있다. 프랑스 북부와 동부 지방 요리에는 소금물에 염지하거나 저장한 음식들이 매우 많다. 염장 우설, 피클, 청어 또는 유대식 염장육인 픽켈플라이슈(pickelfleisch, 물에 삶아 익힌 소 양지살을 소금과 초석으로 문지른 뒤 황설탕, 주니퍼베리, 고추, 타임, 월계수잎을 넣은 소금물에 담가 절인다. 씻어서 돼지비계로 감싼 뒤 당근을 넣고 코코트 냄비에 익힌다. 코르니숑, 양념, 머스터드를 곁들여 차갑게 서빙한다) 등을 대표로 꼽을 수 있다. 몇몇 치즈의 외피는 숙성 기간 중 정기적으로 소금물로 문질러준다.

SAUPIQUET 소피케 소피케 소스. 고기를 로스트할 때 나온 기름과 육즙에 레드와인, 신 포도즙, 양파를 넣어 만든 향이 강한 중세 요리의 소스로, 서빙 시 구운 빵(pain hâlé)을 넣어 걸쭉하게 만든다. 랑그독(Languedoc)과 루에르그(Rouergue) 지방 요리에서도 이 이름을 가진 야생 토끼 로스트를 찾아볼 수 있다. 니에브르(Nièvre)와 모르방(Morvan) 지방 음식인 아모뉴의 소피케(saupiquet des Amognes)는 슬라이스한 햄을 팬에 지진 요리로 식초, 통후추, 샬롯, 주니퍼베리, 타라곤을 완전히 졸인 뒤 에스파뇰 소스를 넣어 다시 졸이고 생크림을 더한 소스를 끼얹어 서빙한다.

SAUSSELI 소셀리 소를 채워 구운 러시아식 작은 페이스트리로 프랑스의 다르투아(dartois)와 비슷하다. 주로 애피타이저나 자쿠스키(zakouski, 러시아식 오르되브르 한 상 차림)를 구성하는 음식 중 하나로 서빙되는 소셀리는 전통적으로 파이 반죽 안에 돼지 기름(라드)에 찌듯이 익힌 양배추, 양파, 삶은 달걀 다진 것을 혼합한 소를 채워 넣는다. 오늘날 소셀리에 채워 넣는 소 재료는 매우 다양해졌다.

SAUTÉ 소테 소테 요리. 정육(송아지 또는(특히) 양고기), 가금류(닭 또는 토끼), 수렵육 또는 생선을 균일한 크기로 잘라 지방과 함께 팬에 넣고 센 불에서 볶는다. 여기에 밀가루를 솔솔 뿌리고 잘 섞으며 함께 볶은 다음 국물을 잡고 뚜껑을 닫은 상태로 계속 조리한다. 다 익은 뒤 고기를 건져내고 남은 국물을 졸여 소스를 만들고 마지막에 리에종(농후제) 재료를 첨가해 원하는 농도를 완성한 뒤 필요한 경우 체에 걸러 사용한다. 조리 과정 중 가니시(곁들임용 부재료) 재료를 첨가할 수도 있다. 이와 같은 조리방식의 요리들은 스튜를 지칭하는 라구(ragoût)라는 이름으로 불리기도 한다.

sauté d'agneau aux aubergines 소테 다뇨 오 조베르진

가지를 넣은 양고기 소테 : 양 앞다리살(어깨살) 400g을 8조각으로 자른다. 양 목살 400g을 4조각으로 슬라이스한다. 양파 큰 것 1개를 깍둑 썬다. 부케가르니 1개를 만들고 마늘 2톨의 껍질을 벗긴 뒤 찧어둔다. 큰 코코트 냄비에 오일 2테이블스푼을 달군 뒤 양고기를 넣고 고루 노릇한 색이 나도록 센 불에서 지진다. 고기를 건져낸 뒤 냄비에 남은 기름의 2/3를 덜어낸다. 여기에 양파를 넣고 수분이 나오도록 볶은 뒤 양고기를 다시 냄비에 넣는다. 밀가루 30g을 고루 솔솔 뿌린 다음 잘 저으며 3분간 익힌다. 소금, 후추로 간을 하고 찬물을 재료의 높이만큼 붓는다. 중불로 끓을 때까지 가열한다. 토마토 1개의 껍질을 벗기고 씨를 제거한 뒤 잘게 썬다. 토마토와 부케가르니, 마늘을 코코트 냄비에 넣는다. 끓기 시작하면 뚜껑을 덮고 40분간 약한 불로 뭉근히 익힌다(또는 오븐 200°C에 넣어 익힌다). 가지 600g의 껍질을 벗긴 뒤 사방 2cm 크기의 큐브 모양으로 균일하게 썬다. 올리브오일 200mℓ를 달군 팬에 가지를 넣고 볶는다(sauter). 건져낸다. 양고기를 건져 서빙이 가능한 코코트 냄비에 담고 그 위로 소스를 체에 거르며 끼얹는다. 볶은 가지를 넣은 다음 약한 불에 올려 5분간 뭉근히 끓인다. 코코트 냄비 그대로 또는 우묵한 그릇에 담아 아주 뜨겁게 서빙한다. 다진 파슬리를 뿌린다.

sauté de veau chasseur 소테 드 보 샤쇠르

샤쇠르 가니시를 곁들인 송아지고기 소테 : 손질한 뒤 뼈를 제거한 송아지 앞다리살 800g을 8조각 또는 12조각으로 등분한다. 양파 큰 것 1개와 당근 1개를 깍둑 썰기한다. 부케가르니 1개를 만들고, 마늘 1톨의 껍질을 벗긴 뒤 찧는다. 오븐을 200°C로 예

열한다. 큰 코코트 냄비에 오일 50㎖를 달군 뒤 송아지고기를 넣고 센 불에서 재빨리 노릇하게 지진다. 냄비의 기름을 따라낸 다음 버터 20g, 썰어둔 양파, 당근을 넣는다. 색이 나지 않게 볶는다. 밀가루 30g을 고루 솔솔 뿌린 뒤 잘 저어 섞는다. 3~4분간 오븐에 넣어 밀가루가 노릇하게 익도록 한다. 드라이한 화이트와인 100㎖를 넣어 디글레이즈 한 다음 졸인다. 리에종하지 않은 갈색 송아지 육수(또는 물) 1.25ℓ를 붓고 마늘, 부케가르니, 토마토 페이스트 40g을 넣는다. 소금, 후추를 넣는다. 잘 섞은 뒤 끓을 때까지 가열한다. 뚜껑을 덮고 중불에서(또는 오븐에 넣어) 1시간 동안 익힌다. 국물이 너무 빨리 증발하거나 졸아들지 않는지 주의하며 지켜보아야 한다. 양송이버섯 250g을 씻어 얇게 썬다. 샬롯 1개를 잘게 썬다. 소테팬에 버터 40g을 녹인 다음 버섯을 넣고 자체 수분이 모두 증발할 때까지 센 불에서 볶는다. 잘게 썬 샬롯을 첨가한 뒤 색이 나지 않고 수분이 나오도록 볶는다. 코냑 20㎖를 넣고 불을 붙여 플랑베한 다음 걸쭉한 농도의 토마토 소스 200㎖을 넣는다. 약한 불에서 2분간 끓인다. 송아지고기를 건져 이 샤쇠르 가니시(garniture chasseur) 위에 담고 그 위로 소스를 체에 거르며 끼얹는다. 다시 끓을 때까지 가열한 다음 소금, 후추로 간을 맞추고 몇 분간 끓인다. 서빙 시 다진 파슬리, 타라곤, 처빌 1테이블스푼을 첨가한다.

sauté de veau Marengo 소테 드 보 마렝고

마렝고 송아지고기 소테 : 손질한 뒤 뼈를 제거한 송아지 앞다리 살 800g을 8조각 또는 12조각으로 등분한다. 양파 큰 것 1개와 당근 1개를 깍둑 썰기한다. 부케가르니 1개를 만들고, 마늘 1톨의 껍질을 벗긴 뒤 찧는다. 토마토 500g의 껍질을 벗긴 뒤 씨를 제거하고 잘게 깍둑 썬다. 오븐을 200°C로 예열한다. 코코트 냄비에 오일 50㎖를 달군 뒤 송아지고기를 넣고 센 불에서 재빨리 노릇하게 지진다. 냄비의 기름을 따라낸 다음 버터 20g, 썰어둔 양파, 당근을 넣는다. 색이 나지 않게 볶는다. 밀가루 30g을 고루 솔솔 뿌린 뒤 잘 저어 섞는다. 3~4분간 오븐에 넣어 밀가루가 노릇하게 익도록 한다. 드라이한 화이트와인 100㎖를 넣어 디글레이즈한 다음 졸인다. 물 1ℓ를 붓고 마늘, 부케가르니, 토마토를 넣는다. 소금, 후추를 넣는다. 잘 섞은 뒤 끓을 때까지 가열한다. 뚜껑을 덮고 중불에서(또는 오븐에 넣어) 1시간 동안 익힌다. 국물이 너무 빨리 증발하거나 졸아들지 않는지 주의하며 지켜보아야 한다. 방울양파 24개를 갈색으로 윤기 나게 익힌다. 양송이버섯 250g을 씻어 어슷하게 썬 다음 버터 20g을 넣고 볶는다. 식빵 슬라이스 2장을 준비해 하트 모양 크루통 4개를 잘라낸 다음 굽는다. 송아지 고기를 건져 다른 냄비에 담는다. 남은 소스의 기름을 제거하고 체에 거르며 고기 위에 끼얹는다. 글레이즈한 방울양파와 버섯 가니시를 고기와 합한 뒤 약한 불에 올려 몇 분간 뭉근히 끓인다. 소금, 후추로 간을 맞춘다. 서빙 용기에 담고 크루통 빵을 둘레에 얹어 장식한다. 다진 파슬리를 조금 뿌린다.

SAUTER 소테 센 불로 볶다. 지방을 두른 팬에 정육, 가금류, 수렵육 또는 생선을 넣고 액체 없이 뚜껑을 덮지 않은 상태로 센 불에서 볶는 것을 뜻한다(**참조** p.295 조리 방법 도표). 이렇게 볶고 난 뒤 팬에 액체를 넣고 디글레이즈하여 육즙 소스 또는 다시 건더기를 넣고 조리할 수 있는 소스를 만든다. 감자 소테는 하나의 개별적인 음식으로 보통 둥글게 슬라이스한 생감자 또는 익힌 감자를 버터나 오일을 달군 팬에 노릇하게 볶은 것이다. 파슬리, 마늘 또는 송로버섯(사를라데즈식), 얇게 썰어 나른하게 볶은 양파(리옹식) 등을 첨가하기도 한다.

SAUTERELLE 소트렐 메뚜기. 메뚜기과의 초식성 곤충으로 아시아와 특히 아프리카 사막지대에 많이 서식하며 정식 명칭은 크리케(criquet)다. 메뚜기는 이 지역의 미식분야에서 주목할 만한 식재료로 각광을 받고 있다. 식용으로 소비 가능한 메뚜기는 두 종이 있는데, 녹색 날개에 배쪽이 은빛을 띠는 작은 메뚜기와 그보다 약간 큰 사이즈의 머리와 발이 붉은색인 메뚜기이다. 메뚜기는 석쇠에 굽거나 오븐에 로스트 또는 물에 삶아 먹을 수 있으며, 말려서 가루로 분쇄하거나 페이스트를 만들어 양념으로 사용하기도 한다.

SAUTERNES 소테른 보르도 가론(Garonne)강 좌안 포도 재배지에서 생산되는 AOC 화이트와인으로, 귀부(pourriture noble) 곰팡이의 영향을 받은 포도알을 일일이 한 알갱이씩 따서 만들며 포도품종은 세미용, 소비뇽 블랑, 뮈스카델이다. 세계적인 명성의 소테른 와인은 꿀, 살구, 팽 데피스 향의 뛰어난 디저트 와인이다(**참조** BORDELAIS).

SAUTEUSE 소퇴즈 소테팬. 둘레가 위로 갈수록 약간 벌어진 모양의 원형 조리용기로 긴 손잡이 핸들이 한 개 달려 있다. 소재는 대개 스테인리스, 알루미늄 또는 내부를 주석 도금한 구리로 되어 있으며 논스틱 코팅 처리를 한 제품도 있다. 소테팬은 일반적으로 조각으로 자른 고기, 생선, 채소 등을 소테할 때 사용한다. 둘레가 직선으로 떨어지지 않고 약간 비스듬한 각도로 벌어져 있어 음식에 기름이 고루 코팅되도록 흔들거나 젓기가 편리하다.

SAUTOIR 소투아르 소테용 냄비. 운두가 낮은 냄비의 일종으로 한 개의 긴 손잡이 핸들이 달려 있으며 일상적인 명칭으로 플라 아 소테(plat à sauter)라고도 부른다. 소투아르는 가장자리가 일직선으로 떨어지고 그리 깊지 않으며 뚜껑을 덮을 수 있게 되어 있다. 소재는 알루미늄, 스테인리스 또는 안쪽을 주석 도금한 구리로 되어 있으며 대부분 논스틱 코팅 처리가 되어 있다. 고기, 가금류 또는 생선 소테 조리용으로 사용되며 대개 재료를 먼저 지져 익힌 뒤 뚜껑을 덮고 오븐에 넣어 계속 조리를 이어간다.

SAUVIGNON 소비뇽 화이트와인 양조용 포도품종 중 하나로 원형의 황금색 포도 알갱이를 갖고 있으며 향이 풍부하고 강한 맛이 나는 프랑스 최고의 포도 중 하나다. 단일 품종으로 사용되어 므느투 살롱(menetou-salon), 푸이 퓌메(pouilly-fumé), 캥시(quincy), 뢰이(reuilly), 상세르(sancerre) 등과 같은 루아르(Loire) 지방의 훌륭한 화이트와인들을 생산해낸다. 또한 세미용(sémillon)과 약간의 뮈스카델(muscadell) 품종과 블렌딩하여 보르도의 탁월한 드라이 화이트와인(graves), 스위트 와인(sauternes) 등을 만드는 데 사용하기도 한다.

SAUVIGNON BLANC 소비뇽 블랑 보르도 지역(Bordelais)과 루아르 지방(vallée de la Loire)에서 재배되는 화이트와인 양조용 포도품종으로 포도송이가 작고 알갱이는 황금빛을 띠고 있다.

SAVARIN 사바랭 건포도를 넣지 않은 바바 반죽으로 만드는 큰 사이즈의 케이크. 둥근 왕관 모양의 틀에 구운 후 럼으로 향을 낸 설탕 시럽을 뿌려 적시고 가운데에 크림(크렘 파티시에 또는 크렘 샹티이), 생과일 또는 당절임 과일을 채워 넣는다. 과일 콩피로 속을 채운다. 개인 사이즈로 작게 만들어 과일이나 크림을 채워 넣기도 한다.

pâte à savarin : préparation 파트 아 사바랭

사바랭 반죽 만들기 : 전동 스탠드 믹서 볼에 박력분 밀가루(type 45) 250g, 바닐라 가루 1티스푼, 아카시아 꿀 25g, 잘게 부순 제빵용 생이스트 25g, 플뢰르 드 셀 8g, 곱게 다진 레몬 제스트 1/2개분, 달걀 3개를 넣는다. 반죽기를 중간 속도로 작동시켜 반죽이 용기 벽에 더 이상 붙지 않고 떨어질 때까지 돌린다. 달걀 3개를 추가하고 계속 반죽한다. 또 다시 달걀 2개를 추가하고 10분간 혼합한다. 계속 기계를 작동시키면서 작게 자른 상온의 버터 100g을 첨가한다. 아주 묽은 상태의 균일한 반죽이 완성되면, 발효되어 부풀도록 상온에 30분간 둔다.

savarin à la crème pâtissière 사바랭 아 라 크렘 파티시에르

크렘 파티시에를 채운 사바랭 : 지름 20~22cm 사바랭 틀에 버터를 바른 다음 반죽을 붓고 따뜻한 곳에서 30분간 휴지시킨다. 200°C로 예열한 오븐에 20~25분간 굽는다. 틀에서 분리한 뒤 망에 올려 식힌다. 물 500㎖, 설탕 250g, 길게 갈라 긁은 바닐라빈 1개로 만든 시럽을 뿌려 적신다. 사바랭의 중앙 빈 공간에 크렘 파티시에를 채운 뒤 아주 차갑게 서빙한다.

savarin aux fruits rouges et à la chantilly 사바랭 오 프뤼 루즈 에 아 라 샹티이

붉은 베리류 과일과 샹티이 크림을 채운 사바랭 : 사바랭을 만들어 식혀둔다. 물 500㎖에 설탕 250g과 바닐라빈 1개 넣고 끓여 시럽을 만든다. 우묵한 그릇에 사바랭을 놓고 이 뜨거운 시럽을 끼얹어 적셔준다. 식힌 다음 럼 150㎖를 뿌린다. 라즈베리 250g을 으깬 뒤 체에 긁어내린다. 졸여 농축한 체리즙 250㎖에 이 라즈베리 퓌레를 섞은 뒤 레몬즙 1/2개분을 첨가한다. 더블 크림 200㎖에 아주 차가운 우유 50㎖와 바닐라슈거 2봉지를 넣고 휘핑하여 샹티이 크림을 만든다. 사바랭의 중앙 공간에 이 크림을 채운 뒤 체리와 라즈베리 쿨리를 전체에 끼얹어 덮는다. 아주 차갑게 서빙한다.

SAVENNIÈRES 사브니에르 루아르(Loire) 언덕지대의 포도밭에서 생산되는 AOC 화이트와인. 슈냉(chenin) 품종 포도로 만드는 드라이하고 알코올 함량이 높으며 우아함을 지닌 고급 와인이다(**참조** ANJOU).

SAVEUR 사뵈르 맛, 풍미. 주로 혀에 분포된 미뢰의 맛 수용 세포가 자극을 받았을 때 느껴지는 감각을 뜻한다. 전통적으로 4대 기본 맛은 짠맛, 단맛,

신맛, 쓴맛으로 나뉘며 혀의 각기 다른 부분에서 이 맛들을 예민하게 구분하여 수용한다. 신경생리학자들의 최근 연구에 따르면 맛의 가지 수가 열 개 정도 된다고 한다. 요리의 특별한 맛은 이와 같은 각기 다른 맛의 조합을 통해 탄생한다. 여러 종류의 풍미가 혼합되면 각각의 특징이 감춰지기도 하고 반대로 서로의 맛을 더욱 부각시키는 시너지를 발휘하기도 한다. 요리는 무엇보다도 그것이 갖고 있는 모든 자원, 재료를 충분히 활용하여 대비와 화합을 조화롭게 창출해내는 데 그 중요한 목적이 있다.

SAVIGNY-LÈS-BEAUNE 사비니 레 본 코트 드 본(côte de Beaune)의 AOC 와인으로 주로 레드와인을 생산한다. 피노 누아 품종 포도로 만드는 가볍고 섬세하며 복합적인 향을 지닌 와인으로 오래 숙성하지 않은 어린 상태에서 마신다. 화이트와인은 샤르도네 품종으로 만든다(**참조** BOURGOGNE).

SAVOIE ▶ **참조 DAUPHINÉ, SAVOIE ET VIVARAIS**

SAVOIR-VIVRE ET TENUE À TABLE 사부아르 비브르, 트뉘 아 타블르 예의범절, 에티켓, 식사 예절, 테이블 매너. 식사에 참가한 사람들이 지켜야 할 행동 양식과 태도에 관한 규칙들을 뜻한다. 이 지침들은 시대에 따라 변했으며 또한 나라마다 차이가 있다. 프랑스인의 조상인 고대 갈리아인들은 앉아서, 그리스와 로마인들은 길게 누워 식사를 했다. 일본인들은 무릎을 꿇고 앉아서 먹으며, 프랑스인들은 식사 중 양손을 테이블에 올리도록 교육받는 반면 영국인들은 음식을 먹지 않을 때에는 손을 무릎 위에 올리는 것이 기본 매너이다. 서양에서 무례함의 끝판으로 인식되는 트림이 고대 로마에서는 예의바름의 표시였으며 오늘날까지도 중동 지역에서는 여전히 그러하다.

■ **올바른 식탁 예절.** 에티켓 교육 내용을 담은 최초의 모음집들 중 하나는 13세기 시인 로베르 드 블루아(Robert de Blois)가 집필한 책으로 기사도(chevalerie) 매너에 관한 것이었고 이를 바탕으로 한 자세한 규칙들은 식사 격식(특히 포크 사용의 대중화)이나 접대 예절의 분야까지 이어졌다. 이 개론서에서 저자는 손은 항상 깨끗이, 손톱은 짧고 단정하게 유지할 것, 첫 번째 요리가 나오기 전에는 빵을 먹지 않을 것, 음식의 제일 좋은 조각을 독차지하지 않을 것, 이를 쑤시지 않을 것, 나이프로 긁지 않을 것, 입에 음식을 물고 말하지 않을 것, 너무 크게 웃지 않을 것을 권고하고 있다. 식사 전과 후에 손을 씻는 것은 의무적인 관습이었다. 하인들은 손님들에게 향이 나는 물을 담은 구리 대야와 수건을 내어 주었다. 에라스무스 역시 1526년에 자신이 쓴 『예의범절 개론(*Traité de civilité*)』에서 식탁에 앉기 전에 손을 씻고 손톱을 깔끔히 다듬을 것을 권고했다.

17세기가 시작되면서 예의범절은 중요한 전환점을 맞게 되었다. 이는 좀 더 세련된 생활 예절을 만들어내기 위한 풍요롭고 양식 있는 사회의 전반적인 노력으로 나타났다. 한편 이탈리아의 영향이 프랑스 사회 전반에 퍼지면서 식탁예절뿐 아니라 요리에 관한 어휘도 한층 더 정제되었다. 수프(soupe)는 포타주(potage)가 되었고, 살 요리(plat de chair)는 고기 요리(plat de viande)가 되었다. 세련된 용어를 사용하려는 노력은 계속 이어져 심지어 그 다음 세기에는 작은 야식(petits soupers), 밤참(médianoche) 야식(ambigu) 등 억지스럽게 만든 듯한 부자연스러운 단어들이 등장하기도 했다. 이러한 관습이나 예절 문화가 실제로 변화하는 데는 적지 않은 시간이 걸렸지만 프랑스 혁명 이후 이를 소재로 한 지침서들은 점점 늘어났다. 하지만 실제로 손으로 닭을 먹거나 샐러드를 손으로 뒤집는 관행이 없어진 것은 19세기 중반에 이르러서였다.

■ **상호적 예의범절.** 초대된 모든 식사는 상호간의 공손함과 예의범절이 요구되는 사회 활동의 순간이다. 정중한 예의는 정확함에서부터 시작된다. 다이닝 룸에 들어온 손님들은 초대한 집의 안주인이 착석할 때까지 서서 기다리는 것이 관례이다. 코스의 음식이 나올 때마다 이 안주인이 먼저 먹는 것이 시작 신호가 되며, 마찬가지로 식사가 끝난 뒤에도 안주인이 가장 먼저 자리에서 일어난다. 냅킨은 완전히 펼치지 않고 무릎 위에 놓는다. 냅킨을 사용할 때는 입에 대고 두 손을 포개어서 가볍게 찍어 누르며 식사가 끝나면 다시 접지 않은 상태로 접시의 오른쪽에 둔다. 손으로 작게 뜯어 먹으며 절대 나이프로 자르지 않는 빵과 몇몇 특수한 음식(아티초크, 일부 해산물)을 제외하고는 음식을 손으로 만지지 않는다. 와인을 마시기 전과 후에는 냅킨으로 입을 닦는다. 잔을 들 때는 글라스의 긴 목 부분이 아니라 둥글게 튀어나온 윗부분을 잡는다. 음료를 마실 때는 소리를 내지 않도록 노력해야한다. 원칙적으로 여성은 스스로 와인을 따르지 않는다. 따라서 옆 사람에게 잔을 채워줄 것을 요청할 수 있다. 음식이 서빙되면 손님은 욕심을 내지 않고 절제하면서 자신의 앞쪽에서 가장 가까운 첫 번째 덩어리를 본인의 접시에 덜어 먹는다. 와인을 마실 때에는 잠시 기다리는 것이 매너이다. 초대한 주인은 새로운 와인을 서빙할 때마다 첫 소량을 자신의 잔에 직접 따르거나 따르게 하여 테이스팅하고 혹시라도 코르크 마개 조각이 들어가 있지는 않은지 점검한다. 한 음식 코스가 끝나면 손님은 커틀러리를 가지런히 모아 접시 한쪽에 두며 절대 X자로 겹쳐두지 않는다. 몇몇 국가에서는 손님이 배불리 먹었음을 나타내기 위하여 음식을 약간 남기는 것이 예의이지만 프랑스에서는 음식이 훌륭했다는 경의의 표시로 접시에 담긴 것을 끝까지 다 먹는다. 단, 빵으로 접시의 소스를 닦아 먹지 않는다. 흡연은 치즈 코스 이후에나 가능하며 옆 사람의 허락을 구해야 한다. 시가를 피우는 경우도 마찬가지이며 식후주 서빙 때까지 기다려야 한다.

■ **프랑스의 테이블 매너.** 음식에 따라 그에 알맞은 규칙들이 있다.

● **아티초크.** 통째로 서빙된 아티초크는 잎사귀를 하나씩 손으로 떼어 먹지만 일반적으로 정찬 식사에서는 껍질을 벗기고 다듬어 깍은 속살 밑동만을 서빙하며 경우에 따라 그 안을 다른 재료로 채우거나 얹어내기도 한다.

● **아스파라거스.** 초대한 집의 안주인이 손으로 먹기를 권하지 않는다면 포크로 윗동만 잘라서 먹고 나머지 줄기 부분은 남긴다.

● **커피와 리큐어.** 다이닝 룸의 식탁이 아닌 거실에서 서빙된다.

● **치즈.** 손님이 새 덩어리를 처음 자르는 것을 망설이거나 거북하게 여기지 않도록 배려하는 차원에서 치즈는 첫 조각을 자른 상태로 서빙되는 경우가 많다. 치즈를 커팅할 때는 언제나 껍질과 함께 잘라낸다. 프랑스에서 치즈는 작은 조각으로 잘라 먹는다. 포크는 절대로 사용하지 않으며, 나이프로 작은 빵 조각 위에 올려 먹는다. 치즈 플레이트는 두 번 권유하지 않는데 이는 식사가 충분한 양이 아니었음을 의미할 수도 있기 때문이다.

● **과일.** 과일은 포크로(손가락을 직접 대지 않는다) 지지한 뒤 작은 칼로 껍질을 잘라내 벗긴다.

● **멜론.** 스푼으로 먹는 것이 원칙이지만 일부 사람들은 포크로 먹을 것을 권장하기도 한다.

● **떠먹는 반숙 달걀.** 작은 스푼(또는 달걀 껍데기 절단기 사용)으로 달걀 맨 윗부분을 톡톡 깨어 잘라낸 뒤 떠 먹는다. 달걀을 세워 담아 서빙하는 그릇인 코크티에(coquetier)에서 절대로 빼면 안 된다. 다 먹고 난 뒤 껍데기는 눌러 부순다.

● **포타주.** 수프를 먹을 때는 스푼의 끝부분이 입에 닿도록 하며 마지막 남은 한 스푼을 한 곳으로 모으기 위해 접시를 절대로 기울여서는 안 된다.

● **샐러드.** 절대로 나이프로 자르지 않는다. 이론적으로 샐러드는 입에 쉽게 넣을 수 있는 사이즈로 재료를 준비하여 만들기 때문이다. 필요한 경우 나이프과 포크를 사용해 잎채소를 접어서 먹는다.

SAVOURY 세이버리 영국 요리의 짭짤한 스낵으로 식사 코스의 마지막, 즉 생선이나 고기 요리 다음에 또는 디저트가 있는 경우 그 다음에 서빙된다. 웰시 레어빗(welsh rarebit), 굴 꼬치, 치즈를 넣고 구워낸 음식, 안초비를 넣은 다르투아, 속을 채운 타르틀레트(tartelettes garnies), 리솔(rissoles), 수란(œufs pochés), 파르메산 또는 파프리카를 넣은 파이예트(paillettes au parmesan ou au paprika), 아 라 디아블(à la diable) 식으로 조리한 핑거 푸드, 각종 콜드 또는 핫 카나페(canapés froids ou chauds) 등 그 종류는 매우 다양하다.

SAVOY (GUY) 기 사부아 프랑스의 요리사(1953, Nevers 출생). 고향 부르구앙 잘리외(Bourgoin-Jallieu, Isère)에서 파티스리 수업으로 음식업계에 첫발을 디딘 그는 로안(Roanne)의 트루아그로(Troisgros) 레스토랑에서 일하던 중 베르나르 루아조(Bernard Loiseau)를 만나게 되었고 이어서 파리의 라세르(Lasserre), 라 나풀(la Napoule)의 로아지스(l'Oasis)의 주방을 거치며 요리 경력을 쌓았다. 클로드 베르제(Claude Verger)의 지휘 하에 라 바리에르 드 클리시(la Barrière de Clichy)의 총괄 셰프로 활약한 그는 드디어 1980년 파리 16구 뒤레가(rue Duret)에 자신의 첫 레스토랑을 열었고 바로 호평을 얻으며 성공 가도에 진입했다. 1981년 미슐랭 가이드의 첫 번째 별을, 이어서 1985년에 두 번째 별을 획득한다. 1987년에 구 베르나르댕(Bernardin)이 있던 자리로 레스토랑을 이전하였고, 건축 및 실내장식가 미셸 빌모트(Jean-Michel Wilmotte)의 도움을 받아

2000년에는 현대적인 공간으로 리노베이션을 마친다. 언제나 일관성 있는 완성도를 보여주는 그의 요리와 식재료의 품질에 관한한 타협의 여지가 없다는 굳건한 믿음은 2002년 미슐랭의 세 번째 별을 획득함으로써 영광스러운 보상을 받는다. 송로버섯을 넣은 아티초크 수프(soupe d'artichaut aux truffes), 소금을 곁들인 푸아그라(foie gras au sel), 비늘 모양 크러스트를 씌운 달고기(saint-pierre en écailles), 바삭하면서도 촉촉한 바닐라 크로캉 무알뢰(craquant-moelleux à la vanille), 청 사과주스(jus de pommes vertes)등은 그의 화려한 솜씨를 잘 보여주는 메뉴들이다. 최고급 파인 다이닝 레스토랑 외에도 그는 레 부키니스트(les Bouquinistes), 르 비스트로 드 레투알(le Bistrot de l'Étoile), 라 로티스리 메트르 알베르(la Rôtisserie Maître Albert), 르 시베르타(le Chiberta), 라 뷔트 샤이요(la Butte Chaillot) 등의 가스트로 비스트로(bistrots gastronomique)들을 동시에 운영하며 좀 더 캐주얼하고 부담없는 분위기에서 여전히 맛있는 그의 음식들을 선보이고 있다.

SAVOYARDE (À LA) 아 라 사부아야르드 사부아식의. 우유와 치즈를 넣은 감자 그라탱 또는 다양한 달걀 요리에 붙는 명칭이다. 수란 또는 반숙 달걀을 사부아식 감자 위에 얹은 뒤 모르네 소스(sauce Mornay)를 끼얹어 살라만더 그릴에서 그라탱처럼 노릇하게 구운 것, 버터에 볶은 생감자와 그뤼예르 치즈, 생크림과 곁들여 조리한 달걀 프라이, 소테한 감자와 치즈를 곁들인 플랫 오믈렛 등을 꼽을 수 있다.

▶ 레시피 : MATAFAN OU MATEFAIM.

SBRINZ 슈브린츠 소젖으로 만든 스위스의 AOP 치즈(지방 45%). 매우 단단한 가열 압착 치즈로 솔질해 세척한 외피는 매끈하며 짙은 노란색 또는 갈색을 띠고 있다(**참조** p.398 외국의 치즈 도표). 슈브린츠 치즈는 지름 60cm, 두께 14cm 크기의 맷돌 형이며 무게는 20~40kg 정도이다. 단단하고 부서지기 쉬우며 강한 맛을 갖고 있다. 파르메산 치즈처럼 강판에 가늘게 갈아 사용하기도 한다.

SCAMORZA 스카모르차 소젖을 원료로 한 이탈리아 치즈(지방 44%)로 말랑한 덩어리를 실처럼 길게 늘이는 파스타 필라타(pasta filata) 방식으로 만드는 천연 외피 압착 치즈다. 스카모르차의 무게는 약 200g 정도로 목 부분을 끈으로 조인 호리병 모양을 하고 있으며 머리 부분에는 다루기 쉽도록 4개의 작은 귀 모양이 달려 있다. 흰색 또는 크림색을 띠며 고소한 너트 향이 나는 이 치즈는 주로 생으로 먹는다. 옛날에는 물소 젖으로 만들었다.

SCAMPI 스캄피 이탈리아 연안에서 많이 잡히는 갑각류의 하나로 새우나 랑구스틴과 비슷한 모양을 갖고 있다. 껍데기를 벗기거나 그대로 사용하기도 하며 주로 오븐에 굽거나, 튀기거나 마늘을 넣고 소테하여 먹는다. 또한 꼬치에 꿰어 굽거나 햄에 말아 조리하기도 하며 다른 해산물들과 함께 넣어 스튜를 만들기도 한다. 그 외에 물에 삶거나 레몬을 넣은 비네그레트 소스를 곁들여 차갑게 서빙하기도 한다. 튀김 요리인 스캄피 프리티(scampi fritti)가 가장 유명하다.

SCAPPI (BARTOLOMEO) 바르톨로메오 스카피 16세기 중반의 이탈리아 요리사로 여러 명의 가톨릭 교황의 요리를 담당했으며 특히 교황 비오 5세의 요리사로 유명하다. 풍부한 여행 경험을 바탕으로 스카피는 방대한 분량의 요리 개론을 집필했고 1570년 베니스에서 『요리서(*Opera dell'arte del cucinare*)』라는 제목의 책을 출간했다. 이 저작은 아름다운 목판화 도감 삽화가 곁들여진 총 6권의 책으로 구성되어 있는데, 첫 번째 책은 요리에 관한 일반적인 개론으로 이루어져 있고 네 번째 책은 수많은 공식 연회와 만찬을 치러낸 경험이 있는 이 베테랑 요리사가 구성한 113개의 코스 구성 메뉴 리스트를 싣고 있다. 나머지 네 권에서는 다양한 식재료와 요리들을 소개하고 있다.

SCAROLE 스카롤 에스카롤. 국화과에 속하는 치커리 품종 중 하나로 잎이 곱슬곱슬하고 아삭하며 중심부 속잎은 일반적으로 허옇게 바랜 듯한 색을 띤다(가장자리가 노란 흰색 잎). 에스카롤(**참조** p.207 치커리 도감)은 주로 그린 샐러드에 넣어 생으로 먹으며 머스터드나 샬롯으로 맛을 돋운 드레싱을 곁들인다. 기호에 따라 토마토를 썰어 넣거나 데쳐 익힌 그린빈스를 첨가하기도 하며, 호두와 건포도를 넣어 겨울 샐러드로 먹기도 한다. 또한 엔다이브나 시금치처럼 익힌 요리를 만들기도 한다.

SCHABZIEGER 샤브지거 소젖 탈지유로 만든 스위스 글라리스(Glaris) 주의 치즈(지방 0~5%)로 외피가 없고 매우 단단한 가열 압착 치즈다(**참조** p.398 외국의 치즈 도표). 프랑스어권 스위스에서는 글라뤼스의 녹색 치즈(fromage vert de Glarus)라는 명칭(지명 글라리스가 들어간다)으로, 이탈리아어권 스위스에서는 삽사고(sapsago)라고 불린다. 샤브지거 치즈는 밑면 지름이 7.5cm이고 높이가 10cm인 위가 잘린 원뿔 형태다. 전동싸리(mélilot)의 말린 잎을 넣어 향을 낸 이 치즈는 연한 녹색을 띠며 특유의 꼬릿하고 자극적인 냄새로 유명하며 맛 또한 매우 강하다. 완전히 건조되면 파르메산 치즈처럼 강판에 갈아 리소토, 파스타, 폴렌타 또는 달걀 요리 등에 양념처럼 뿌려 먹을 수 있다.

SCHNAPS 슈납스 슈냅스. 독일의 전통 증류주 또는 오드비(브랜디). 가장 인기가 높은 슈냅스는 주니퍼베리로 향을 낸 곡주인 베스트팔렌 지역의 슈타인하거(Steinhäger)와 곡물로 만든 콘(Korn) 브랜디. 독일인들은 맥주에 슈냅스 작은 한 잔을 넣어 마시기도 한다. 햄, 훈제장어, 샤퀴트리 모둠 플레이트, 소시지 등 베스트팔렌의 몇몇 향토 요리들은 종종 슈냅스와 같은 전통 술과 호밀빵을 곁들여 먹는다.

SCHNECK 슈넥 알자스의 비에누아즈리의 한 종류로 발효 반죽을 납작하고 둥근 달팽이 모양으로 말고 키르슈와 당절임 과일을 더한 크렘 파티시에를 채워 구운 것이다.

SCHUHBECK (ALFONS) 알퐁스 슈벡 독일의 요리사(1949, Traunstein 출생). 바이에른주 출신인 알퐁스 슈벡은 여러 권의 요리책을 출간한 저자로, TV 방송 출연자로, FC 바이에른 축구팀 요리사로, 또한 뮌헨의 유명한 극장식 레스토랑인 팔라조(Palazzo)의 디너쇼를 이끄는 셰프로 유명세를 떨쳤다. 그는 자신의 고향인 트라운슈타인(Traunstein)의 와깅암시(Waging-am-See)를 떠나 뮌헨에 입성했고 시내 중심지인 플라츨(Platzl) 호텔 주변에 식료품점, 아이스크림 가게, 요리 학교, 비스트로, 테이크아웃 음식점 등을 잇달아 열어 자신만의 작은 미식 왕국을 일구었다. 지역 전통 요리를 더욱 가볍게 재해석하여 선보이고 있는 레스토랑 쉬드티롤러 스투벤(Südtiroler Stuben)에 가면 그를 만날 수 있다. 밤과 적채를 넣은 노루고기 샐러드, 홀스래디시를 넣은 비트 테린, 바이에른식 오르되브르 플레이트(송아지 볼살, 허브를 넣은 미트볼, 애저 요리) 등은 그가 표방하는 투박하면서도 세련된 스타일을 잘 보여주는 대표적 요리다.

SCHWEPPE (JACOB) 야콥 슈웨프 독일의 기업가(1740, Witzenhausen 출생–1821 Genève 타계). 제네바에 정착하여 시계 제조 및 보석 전문가로 일하던 그는 이후 물에 탄산가스를 첨가하여 인공 미네랄워터를 제조하는 데 열정을 바친다. 1790년 그의 연구는 결실을 맺어 대량 생산 단계에 돌입하게 되었다. 1792년 제네바 출신 기술자 두 명, 약사 한 명과 협력하여 런던에 공장을 설립한 그는 소다수와 당시 유명했던 셀츠(Seltz), 스파(Spa), 피르몽(Pyrmont) 탄산수의 복제품을 생산하며 홀로 실험과 제품개발을 이어나갔다. 1860년대에 그의 사업을 이어받은 후계자들은 셀츠(Seltz) 탄산수에 키니네와 비터 오렌지 껍질 또는 생강을 첨가하면서 더욱 유명세를 떨쳤다. 이 음료는 당시 키니네로 치료할 수 있는 말라리아 질환이 유행했던 영국 식민지 국가들에서 큰 성공을 거두었으며, 차츰 이 탄산수에 진을 타서 토닉처럼 즐겨 마시게 되었다.

SCOLYME D'ESPAGNE 스콜림 데스파뉴 노랑꽃 엉겅퀴. 국화과에 속하는 식물인 지중해 카르둔(엉겅퀴류)의 일종으로 가지가 아주 많으며, 뿌리를 블랙샐서피나 샐서피와 같은 방법으로 조리하여 먹는다.

SCONE 스콘 발효 반죽으로 만든 작고 둥근 빵으로 스코틀랜드가 원조이다. 안은 말랑말랑하고 흰색을 띠고 있으며 크러스트는 노릇하게 구워진 이 빵은 아침식사용으로 또는 티타임에 곁들여낸다(특히 스코틀랜드에서 아주 보편적인 하이 티(high tea)나 간단한 저녁식사를 겸하는 티타임에 많이 먹는다). 스콘은 따뜻하게 서빙하며 가로로 둘로 갈라 버터나 딸기잼을 발라 먹는다.

SCORSONÈRE ▶ 참조 SALSIFIS

SCOTCH BROTH 스카치 브로스 스코틀랜드식 포토푀에 해당하는 국물 요리로 보리 수프(barley broth)라고도 불린다. 양 목살 또는 앞다리(어깨) 살, 보리, 각종 채소(당근, 순무, 양파, 리크, 셀러리 때로는 완두콩과 양배추)를 넣어 끓이며, 파슬리를 뿌려 서빙한다. 국물(체에 거르지 않는다)을 먼저 서빙한 뒤 이어서 케이퍼를 넣은 소스를 곁들여 고기를 따로 내기도 한다.

SCREWDRIVER 스크루드라이버 갈증을 풀어주는 시원한 롱 드링크의 하나로 아메리카 대륙에 보드카가 상륙하기 시작한 1930년대에 처음 만들어진 칵테일이다. 오렌지 주스와 보드카를 섞어 만들며 얼음을 채운 텀블러 글라스에 따라 마신다.

SEAU 소 양동이, 버킷. 원통형 또는 거꾸로 된 원뿔대 모양의 용기로 한 개의 손잡이용 고리 혹은 양쪽 옆에 두 개의 손잡이가 달려 있으며 경우에 따라 다양한 용도로 쓰인다.

– 샴페인 칠링용 버킷(seau à champagne)은 스테인리스 또는 은도금한 금속 소재로 된 지름 18~20cm 크기의 양동이로, 얼음과 물을 채운 뒤 샴페인이나 드라이 화이트와인, 로제와인, 스파클링 와인 한 병을 넣어 차갑게 보관하는 데 사용된다.

– 좀 더 작은 크기(지름 10~13cm)의 아이스 버킷은 식전주나 시원한 음료수 서빙 시 얼음을 담아내는 데 사용된다.

– 보냉용 얼음 버킷(seau à glace isotherme)은 절연 벽이 이중으로 되어 있고 뚜껑을 덮을 수 있어 얼음이 녹지 않게 보관할 수 있다.

SÉBASTE 세바스트 대서양 볼락, 로즈피시. 양볼락과에 속하는 바다생선으로 크기에 따라 두 가지 종으로 나뉜다(**참조** p.674~677 바다생선 도감). 작은 어종(30cm)은 지중해와 루아르 지역에 이르는 대서양에 서식하고, 큰 것(80cm)은 북대서양 북부와 한류 해역에서 산다. 대서양 볼락은 머리가 큰 편으로 가시가 돋아 있으나 피부에 돌기가 없고 눈 뒤쪽에 홈이 없으며 지느러미에는 가시가 없다. 몸통은 은빛으로 반사되는 선명한 분홍색이며 주둥이 안쪽은 검정 또는 진한 붉은색이다. 쏨뱅이보다 더 살이 통통하고 버리는 부분도 약간 더 적은 편(40~50%)이며 살이 담백하고 육질이 탱탱하다. 꽤 두툼한 필레를 떠낼 수 있으며 마치 브라운 크랩을 연상시키는 맛이 난다. 캐나다에는 다섯 가지 종이 존재하며(은색, 노란색, 주황색, 노란색 눈을 가진 어종, 턱이 긴 어종) 일반적인 생선 조리법을 모두 적용할 수 있다.

SÉCHAGE 세샤주 말리기, 건조. 식품을 저장하는 가장 오래된 방법 중 하나인 말리기는 미생물의 증식과 이에 따른 변질 및 손상 반응을 억제시키지만, 식품이 지니고 있던 수분의 일부 혹은 전체를 잃게 됨에 따라 외형의 현저한 변화를 초래한다. 말린 식품들은 물에 담가 불리는 등의 방법을 통해 수분을 다시 공급한 뒤 사용한다.

■ **식품.** 선사시대부터 조상들은 곡식, 열매, 견과, 과일을 햇볕에 말린 뒤 저장했으며, 아메리카 인디언들 또한 같은 방법으로 들소 고기를 말려서 페미컨(pemmican)을 만들어 오래 두고 먹었다. 오늘날에도 정도는 차이는 있지만 여전히 일부 고기는 건조 과정을 거치며 이는 경우에 따라 훈연과 염장처리와 함께 진행된다. 생선은 주로 소금에 절인 뒤 공기 중에 또는 바람에 말리는데 이러한 방식은 특히 스칸디나비아 지역 및 세네갈, 인도 등지에서 많이 행해진다. 채소를 말려 먹는 습관 역시 아득한 옛날부터 세계 각지에서 행해졌다. 그리스에서는 포도, 터키에서는 살구, 이란과 스페인에서는 토마토, 헝가리에서는 피망을 말려 먹으며 대부분의 농촌 지역에서 과일과 채소를 말리는 일은 아주 흔하다. 이러한 식품 건조 작업도 산업화되어 공장에서 대량으로 이루어지며 건조 방식 또한 식품의 특성이나 사용 목적, 저장 형태에 따라 다양해졌다. 수분의 대부분을 제거하는 현대식 건조 방식은 오히려 탈수(dehydratation)라는 명칭이 더 정확하다.

■ **기술.** 가정에서도 쉽게 실행할 수 있는 식품 건조에는 다양한 방법이 있다.

– 실외 또는 통풍이 잘 되는 공간에서 말린다(콩류, 염장대구). 또한 식품건조기에 넓게 펼쳐 놓거나 컨베이어벨트를 사용하기도 하며 송풍기 안에 매달아 놓고 말리기도 한다.

– 정확한 온도로 맞춘 오븐에 넣어 말린다(말린 과일).

– 온도와 습도 조절이 가능한 건조기를 사용한다. 온도와 습도를 차츰 낮춘다(건조 소시송).

– 얇게 썬 채소 등을 특수 받침에 놓고 전자레인지에 돌려 말린다(포테이토 칩 등).

séchage des fines herbes 세샤주 데 핀 제르브

허브 말리기 : 향 허브는 날씨가 건조해져 꽃이 피기 바로 직전 따서 씻은 뒤 물기를 털어낸다. 잎이 작은 것들(로즈마리, 세이보리, 타임)은 거즈 천으로 느슨하게 돌돌 말아 더운 장소에 매달아둔다. 잎이 큰 허브들(바질, 월계수잎, 민트, 파슬리, 세이지)은 다발로 묶은 뒤 잎 쪽이 아래로 오도록 매달아둔다. 말린 잎들은 그 모양 그대로 또는 밀대로 밀어 가루로 부순 뒤 밀폐가 가능한 병에 넣어 직사광선이 들지 않는 곳에 보관한다. 또한 허브잎을 전자레인지에 건조시키는 것도 가능하다.

séchage des légumes 세샤주 데 레귐

채소 말리기 : 연하고 싱싱한 그린빈스를 굵은 실로 너무 촘촘하지 꿰어 연결한다. 중간중간 간격을 띄우며 매듭을 묶는다. 소금을 넣은(물 1ℓ당 10g) 끓는 물에 그린빈스를 담가 살짝 데친 뒤 바로 건져 반쯤 해가 드는 곳에 3~4일간 널어 말린다. 밤에는 실내에 들여 놓는다. 버섯은 흙이 묻은 밑동 맨 아랫부분을 제거한 뒤 같은 방법으로 말린다. 완전히 마르면 진한 붉은색이 되는 청고추도 꼭지 부분을 묶어 길게 다발로 연결한 뒤 매달아 말린다. 줄기양파, 통마늘, 샬롯도 같은 방법을 사용한다. 말린 채소들은 밀폐 용기에 넣어 빛이 들지 않는 곳에 보관한다.

séchage des pommes et des poires 세샤주 데 폼 에 데 푸아르

사과와 배 말리기 : 새콤한 맛이 있는 사과의 껍질을 벗긴 뒤 애플 코어러를 사용해 속과 씨를 제거한다. 1cm 두께의 링 모양으로 슬라이스한 다음 레몬즙을 첨가한 물(또는 1ℓ당 구연산 10g을 혼합한 물)에 조금씩 담근다. 건져서 나무 발 위에 서로 붙지 않게 한 켜로 놓은 뒤 쨍쨍한 햇볕에 2~3일간 말린다. 밤에는 거두어 들여놓는다. 필요한 경우, 이렇게 말린 사과를 70°C 오븐에서 한 번 더 건조시켜 마무리한다. 흠이 없고 모양이 온전한 서양배 또한 껍질을 벗기지 않고 통째로 말릴 수 있으며 마찬가지로 저온의 오븐에서 건조시켜 마무리한다. 이렇게 말린 서양배를 식힌 뒤 호리병 모양 그대로 살려 나무판자로 납작하게 누른 것을 푸아르 타페(poires tapées)라고 한다.

SÈCHE 세슈 프랑스어권 스위스에서 즐겨 먹는 얇고 바삭한 케이크의 일종으로 페이스트리 반죽에 베이컨, 커민, 설탕을 채워 만든다.

SEELAC 셀락 소금에 절여 훈연한 뒤 기름에 저장한 북대서양 대구(lieu noir)를 부르는 이름이다. 냉장고에서 최대 한 달 반까지 보관할 수 있다.

SEICHE 세슈 갑오징어. 바다에 사는 두족류 연체동물로 길이는 약 30cm 정도이고 해초가 있는 연안 해저에 서식한다(**참조** p.252~253 조개, 무척추동물 도감). 몸은 회색에서 베이지색을 띠는 타원형 주머니 형태로 자줏빛이 나며 크기가 꽤 큰 머리에는 길이가 일정하지 않은 10개의 다리가 달려 있고 그중 2개는 매우 길다. 거의 전체가 지느러미로 둘러싸인 몸통 주머니 안에는 넓적하고 단단한 뼈가 들어 있다. 갑오징어는 몇몇 지역 특산 요리에서 마르가트(margate), 세피아(sépia), 쉬피옹(supion) 등 다양한 별명으로 불리기도 한다. 또한 먹물 주머니를 포함하고 있어 스페인에서는 먹물 소스에 조리한 엔 수 틴타(en su tinta) 요리를 만들어 먹기도 한다. 갑오징어는 통째로 또는 씻어 손질한 상태로 판매되며 일반 오징어와 같은 방법으로 조리한다. 특히 속을 채워 익히거나 아메리칸 소스를 곁들여(à l'américaine) 즐겨 먹는다.

▶ 레시피 : PLANCHA.

SEIGLE 세글 호밀. 벼과에 속하는 곡물의 하나로 밀과 비슷하며 원산지는 아나톨리아와 투르키스탄이다. 철기시대 이전에 유럽에 등장했으며 특히 북유럽, 산악지대 및 척박한 토양에서 재배되었다(**참조** p.179 곡물 도표 p.178~179 곡물 도감). 다른 곡류에 비해 단백질 함량이 낮고 인, 황, 철분, 비타민 B를 함유하고 있으며 열량은 100g당 335kcal 또는 1,400kJ이다.

■ **식품.** 호밀가루는 회색을 띠며 전분 함량이 매우 높지만 글루텐은 거의 포함되어 있지 않다. 잘 부풀기는 어려워도 빵을 만들 수는 있으며, 주로 일반 밀가루와 혼합하여(méteil) 조직이 촘촘한 갈색 빵을 만든다. 이 빵은 보존기간이 비교적 길다. 약간 시큼한 맛이 나는 진짜 호밀빵은 커다란 둥근 덩어리로 또는 작은 사이즈로 만들며 굴이나 해산물에 곁들여 먹는다. 그 외에 호밀 가루는 팽 데피스와 몇몇 케이크, 러시아와 스칸디나비아의 파테 앙 크루트(pâté en croûte)를 만드는 데도 사용된다. 납작하게 누른 호밀 플레이크는 혼합 뮈슬리(Birchermuesli)의 구성 재료 중 하나이다. 호밀은 또한 곡물로 만드는 오드비의 원료로도 사용된다.

SEL 셸 소금. 짠맛을 가진 무취의 흰색의 결정체인 소금은 음식에 간을 하는 양념으로 또는 식품의 보존제로 사용된다. 순정 상태의 소금은 염화나트륨으로 이루어져 있으며 자연에 매우 풍부하게 분포되어 있다. 바닷물을 증발시켜 얻는 천일염(1㎡당 30kg)과 땅 속에 결정 상태로 존재하는 암염으로 분류된다. 생명체에 절대적으로 필요한 소금은 세포 안의 삼투압을 유지하는 중요한 기능을 한다. 인체가 필요로 하는 소금의 양은 1일 기준 약 5g이지만, 서양 대부분의 나라에서는 풍부한 식품 섭취로 인해 이 권장량이 쉽게 충족되고 있으며 때로는 과다 섭취(최고 20g)로 인해 심각한 장애를 유발하기도 한다.

■ **역사.** 고대로부터 소금은 귀한 식품이었고 상인들에게는 가장 중요한 거래 품목 중 하나였다. 히브리인들은 봉헌과 예식에 소금을 동반했으며 고대 로마인들은 생선, 올리브, 치즈, 고기를 저장하는 데 사용하였고 군인들 보수의 일부를 소금으로 지급하기도 했다(급여를 뜻하는 살레르[salaire]는 소금[sel]에서 유래했다). 중세에는 일명 솔트 로드(routes du sel)를 통해 활발한 무역거래가 이루어졌다. 특히 프랑스 생통주(Saintonge)로부터 말린 염장생선을 주식으로 소비하던 스칸디나비아 국가들에 이르기까지 이 루트를 교역의 통로로 적극 이용했다. 13세기에는 이미 소금 계량 검사관들의 동업조합이 있었다. 장기 비축 수단으로 필수적인 데다가 생산지의 감시가 용이했기 때문에 많은 정부에서 수령이 확실한 소금세를 징수했다. 프랑스에서는 14세기에 제정되고 1790년에 폐지된 가벨(gabelle)이라는 소금세 제도에 따라 개인들이 실제 수요 여부와 상관없이 매년 왕의 곳간(greniers du roi)에 비축된 일정량의 소금을 정해진 가격에 의무적으로 구입해야만 했다.

■ **형태.** 음식에 넣는 필수 양념인 소금은 오늘날 식품 가공 산업의 기본 원재료가 되었다(통조림, 염장육, 염장생선, 샤퀴트리, 치즈 제조 등). 소금은 다음 세 가지 형태로 판매된다.

● **굵은소금 GROS SEL.** 정제염(물에 녹여 증발시켜 불순물이나 중금속 물질 등을 제거한다) 또는 비정제염 모두 포함되며 식품 제조 산업에서 몇몇 특정 용도(굵은소금을 뿌린 소고기, 채소 절이기, 굵은소금을 넣은 가금류 조리 등)로 사용된다. 미네랄이 더 풍부한 회색 비정제 소금은 특히 요리용 또는 생선(비늘이 두꺼운 어종), 가금류, 채소에 덮어 익히는 크러스트용으로 적합하다.

● **SEL DE CUISINE 요리 소금.** 결정 입자가 작은 소금으로 주로 요리를 익힐 때 간을 하는 용도로 쓰인다. 습기로부터 보호하도록 뚜껑이 있는 용기에 넣어 손이 쉽게 미치는 곳에 두고 사용한다.

● **SEL FIN 고운소금.** 테이블 소금이라고도 불리며 언제나 정제 소금을 사용한다. 작은 소금병에 넣어 식탁 위에 비치해 필요할 때 양념으로 사용한다. 파티스리에서도 사용되며 특히 소스의 마지막 간을 맞출 때 넣는다.

소금에 너무 습기가 차는 것을 막기 위해 여러 물질들(탄산마그네슘, 실리코알루민산나트륨 등)을 첨가할 수 있으나 그 비율이 절대로 2%를 초과해서는 안 된다. 천일염의 경우 포장에 언제나 원산지를 표시해야 한다. 플뢰르 드 셸은 전통식 염전의 표면에 가장 먼저 떠오르는 매우 고운소금 결정체다. 대서양(게랑드[Guérande], 누아르무티에섬[îles de Noirmoutier], 레섬[île de Ré], 마담섬[île Madame])과 지중해(카마르그[Camargue])의 염전에서 제염업자들이 일일이 수작업으로 채취하는 플뢰르 드 셸은 최상의 순도를 지닌 고급 소금이다. 구운 향신료, 에스플레트 고추, 레몬 제스트 등으로 향을 더한 플뢰르 드 셸 제품도 찾아볼 수 있다.

■ **사용.** 소금이 가장 많이 들어 있는 식품으로는 치즈, 공장 생산 앙트르메, 수렵육, 샤퀴트리, 훈연육, 염장생선 등을 꼽을 수 있다. 소금의 주요한 기능은 음식에 자극적인 간을 하여 맛을 부각시킴으로써 식욕을 불러일으키는 것이다. 몇몇 소금은 특별한 용도로 사용된다.

– 셀러리 소금(sel de céleri)은 말려서 가루로 분쇄한 셀러리악과 고운소금을 혼합한 것으로, 토마토 주스 베이스 칵테일이나 기타 채소 주스에 간을 할 때 사용하며 그 외에 요리를 익히는 국물 소스나 콩소메 등에 넣기도 한다.

– 러비지 소금(sel de livèche)은 러비지 뿌리를 말려서 가루로 분쇄한 뒤 고운소금에 섞어 향을 낸 것으로 셀러리 소금보다 더 풍미가 진하며 특히

DÉCOUPER UNE SELLE D'AGNEAU CUITE 익힌 양고기 볼기등심 자르기

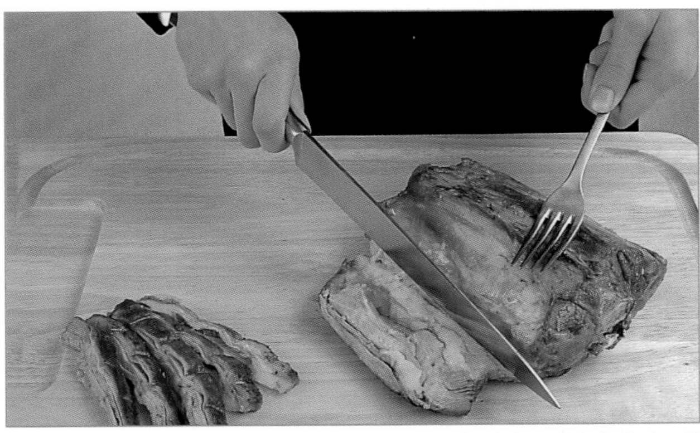
1. 양쪽 덮개 부분을 분리해낸 다음 얇고 길게 썰어준다. 칼날을 뼈에 붙인 채로 척추를 따라 잘라 고기를 뼈에서 떼어낸다.

2. 첫 번째 슬라이스를 비스듬히 자른 뒤 이어서 칼날의 각도를 바꿔가며 슬라이스한다. 마지막 조각은 수평으로 잘라지게 된다.

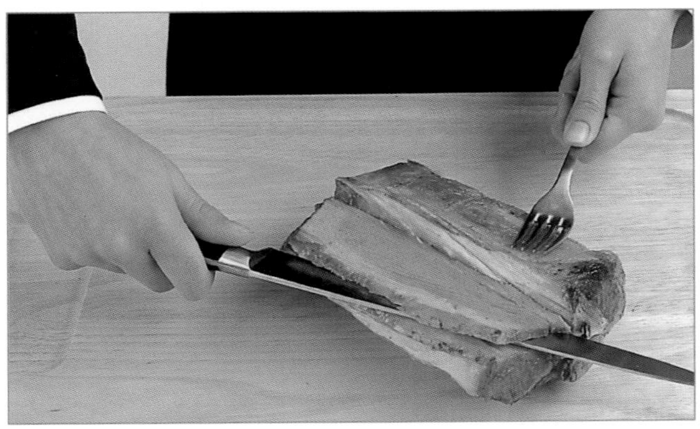
3. 슬라이스한 조각들을 뼈에서 분리한다. 볼기등심살 덩어리를 돌려 반대방향 살도 같은 방법으로 잘라준다.

4. 볼기등심살 덩어리를 뒤집은 다음 척추뼈를 따라 길게 위치한 필레 미뇽 두 개를 잘라낸다. 얇게 잘라 서빙한다.

독일에서 수프나 소스에 많이 사용한다.
– 향신료 소금(sel épicé)은 고운소금 2kg에 흰 후춧가루 200g, 다양한 향신료 믹스 200g을 섞은 것으로 주로 스터핑 혼합물이나 파테, 테린 등을 양념하는 데 사용된다.
– 연육용 소금(sel attendrisseur)은 일반 소금에 파파인(papaïne, 파파야에서 추출한 효소로 단백질 분해를 촉진한다)을 2~3% 정도 섞은 것으로 고기를 연하게 하는 용도로 사용된다. 가정용으로 한정되어 있다.
– 요오드 소금(sel de table iodé)은 테이블용 고운소금에 아이오딘화나트륨을 첨가한 것이다. 유니세프가 특별히 추천하는 이 소금은 요오드 결핍(갑상선 기능장애를 유발할 수 있다)를 완화하는 데 도움을 줄 수 있다.
- 식이요법용 소금(sel de régime)은 나트륨을 부분적으로 혹은 완전히 제거한 것으로 저염식을 필요로 하는 사람들을 위한 대체 제품이다.
– 아질산나트륨(sel nitrité)은 샤퀴트리와 통조림 제조에 사용되는 보존제이다. 아질산염(sel de nitrite)은 일반 소금에 질산나트륨이나 아질산칼륨과 혼합한 아질산나트륨(최대 10%)을 첨가한 것이다.
– 미국식 양념인 히코리 소금(sel de hickory)은 훈연한 뒤 고운 가루로 분쇄한 히코리나무 톱밥을 소금에 섞은 것으로 은은한 너트 향이 나며 주로 바비큐 요리에 사용된다.

그 외에도 영국의 몰든(Maldon) 소금, 하와이산 블랙솔트 또는 레드솔트, 노르웨이의 훈제 소금, 페루의 핑크솔트 등 다양한 산지의 특별한 소금들이 있다. 히말라야의 핑크솔트는 2억 년 전 바닷물이 마른 이 거대한 산맥의 채석장에서 생산된다. 고운 결정이 내는 천연의 연분홍색은 함유하고 있는 철분 때문이다. 글루타민산나트륨(glutamate de sodium)을 중국 소금(sel chinois), 느억맘(nuoc-mâm)을 생선 소금(sel de poisson)이라고 부르기도 한다.

▶ 레시피 : BAR, BETTERAVE.

SELLE 셀 일반 정육 또는 덩치가 큰 수렵육의 두 부위를 가리키는 명칭이다. 양고기의 셀 앙글레즈(selle anglaise)는 분리되지 않은 두 개의 볼기등심 필레로 이루어져 있다(**참조** p.22 양고기 정육분할 도감). 양 또는 노루의 셀 드 지고(selle de gigot)는 윗 볼기살이 포함되지 않은 뒷 넓적다리 부위를 지칭하며 짧게 자른 뒷다리란 의미의 지고 라쿠르시(gigot raccourci)라고도 불린다. 두 부위 모두 덩어리째 오븐에 로스트할 수 있으며 서빙 사이즈로 잘라 굽거나 삶아 익히기도 한다. 볼기등심살(selle anglaise)에서 영감을 얻은 프랑스의 작가 샤를 몽슬레(Charles Monselet)는 다음과 같은 글을 썼다.

너를 감추고 있는 양의 몸에서 나와라,
볼기등심이여,
그리고 베아르네 쿨리 위에서
다시 태어나라.

selle d'agneau Callas ▶ AGNEAU
selle d'agneau de lait en carpaccio au pistou ▶ AGNEAU
selle de chevreuil grand veneur ▶ CHEVREUIL

로제 수브렝스(ROGER SOUVEREYNS)의 레시피

selle de sanglier, sauce aux coings 셀 드 상글리에, 소스 오 쿠앵

마르멜로 소스의 멧돼지 볼기등심 : 물 1ℓ에 설탕 100g을 녹인 뒤 큼직하고 잘 익은 마르멜로 2개를 넣어 약간 단단한 식감을 유지한 상태로 익힌다. 껍질을 벗긴 뒤 애플 코어러를 사용해 속과 씨를 제거한다. 렌틸콩 100g을 콩소메에, 큐브 모양으로 썬 셀러리악 200g을 채소즙에, 주사위 모양으로 썬 큼직한 비트 한 개를 닭 육즙 소스에 넣어 각각 따로 익힌다. 팬에 거위 기름 50g을 넣고 멧돼지 볼기등심 덩어리를 넣은 다음 오븐에서 로스트한다. 중간중간에 기름을 끼얹는다. 반쯤 익었을 때 향신 채소를 넣는다. 다 익은 고기를 건져낸다. 팬에 남은 기름을 제거한 뒤 마르멜로 익힌 국물, 갈색 멧돼지 육수 1ℓ, 마르멜로 즐레 1티스푼을 넣어 디글레이즈한다. 1/5로 졸인다. 소스를 고운 체에 거른 뒤 버터 30g을 넣고 거품기로 휘저어 섞는다. 마르멜로를 세로로 등분한 뒤 버터 20g과 약간의 설탕을 넣어 캐러멜라이즈하며 굽는다. 렌틸콩, 셀러리악, 비트를 각각 따로 데운다. 접시에 이 가니시를 고루 빙 둘러 담은 뒤 마르멜로 2조각과 길쭉하게 썬 멧돼지 고기를 올린다. 소스를 끼얹어 서빙한다.

SELLES-SUR-CHER 셀 쉬르 셰르 염소젖으로 만든 베리(Berry)와 솔로뉴(Sologne) 지방의 AOC 치즈(지방 45%)로 숯의 재를 입힌 천연 외피의 연성치즈이다(**참조** p.392 프랑스 치즈 도표). 셀 쉬르 셰르는 밑면 지름 8cm, 두께 2.5cm의 매우 납작한 원뿔 밑동 형태이다. 단단하고 새하얀 이 치즈는 염소젖 특유의 냄새와 헤이즐넛을 연상시키는 고소한 맛을 지니고 있다.

SELS MINÉRAUX 셀 미네로 무기염, 무기질. 대부분의 식품에 함유되어 있으며 균형잡힌 식생활을 위해 반드시 필요한 무기 물질을 총칭한다. 칼슘, 인, 철분, 칼륨, 나트륨, 염소 및 미량원소들이 이에 해당하며 각기 인체에서 다양한 역할을 수행한다. 칼슘과 인은 골조직의 주요 구성성분이고, 철과 칼륨은 신진대사에 관여하며, 칼슘은 혈액의 응고에 필요하고 마그네슘과 칼슘은 신경 균형에 필요한 요소이다. 칼륨과 나트륨은 전반적인 수분 공급 및 산-염기의 균형을 조절한다.

SELTZ (EAU DE) (오 드) 셀츠 탄산수, 셀츠 탄산수. 천연 탄산가스를 함유한 약간 새콤한 맛의 천연 탄산수 또는 탄산가스를 가압 주입한 인공 탄산수로 다양한 칵테일 제조에 주로 사용된다. 이 이름은 18세기부터 광천수 수원으로 널리 알려진 독일 타우누스(Taunus) 산악지대의 마을 니더셀터스(Niederselters)가 변형된 것이다.

SÉMILLON 세미용 보르도의 화이트와인 양조용 포도 품종. 소테른 지역이 원산지인 이 포도는 지롱드(Gironde), 도르도뉴(Dordogne), 로트 에 가론(Lot-et-Garonne)에서 생산되는 모든 훌륭한 AOC 와인의 기본 품종이다. 중간크기 송이에 포도 알이 촘촘히 달려 있으며 즙이 많으며 은은한 머스크 풍미를 갖고 있다.

SEMOULE 스물 세몰리나. 곡물을 제분해서 만든 식품의 하나로 주로 듀럼밀을 사용하며 쌀(흰 세몰리나), 옥수수(폴렌타)나 메밀(카샤)로 만들기도 한다. 먼저 낟알에서 듀럼 밀 이외의 다른 불순물들을 제거한 다음 알갱이 속(세몰리나)과 껍질이 쉽게 분리되도록 촉촉하게 적신 뒤 가루로 빻는다. 이것을 체에 쳐서 최종 생산물인 세몰리나와 껍질을 분리한다. 세몰리나의 영양소 및 열량은 일반 밀가루와 비슷하다. 복합당이 풍부한 이 식품은 영양이 풍부하면서 소화에 부담을 주지 않으며 주로 파스타 또는 수프, 다양한 가니시와 요리(쿠스쿠스, 뇨키), 달콤한 앙트르메(왕관 모양의 세몰리나 케이크 쿠론, 크림, 푸딩, 수플레, 쉬브릭) 등을 만드는 데 사용된다. 고급(supérieure) 세몰리나는 듀럼밀 알갱이의 중심부를 빻은 것인 반면, 일반(courante) 세몰리나는 낟알의 겉 부분을 더 많이 포함한다(따라서 무기질 함량이 더 높다). 입자가 고운(fine) 세몰리나는 주로 파스타를 만드는 데 사용하며, 중간(moyenne)과 굵은(grosse)입자 세몰리나는 포타주와 앙트르메에 적합하다. 아주 고운(très fine) 세몰리나는 유아용 식사에 많이 사용된다.

pudding à la semoule ▶ PUDDING

semoule pour entremets 스물 푸르 앙트르메

디저트용 세몰리나 : 우유 1ℓ에 설탕 150g, 소금 1자밤, 길게 갈라 긁은 바닐라빈 1줄기를 넣고 끓을 때까지 가열한다. 여기에 세몰리나 250g을 흩뿌려 넣고 버터 75~100g을 넣어 섞은 다음 뚜껑을 덮고 200°C로 예열한 오븐에서 익힌다.

SENDERENS (ALAIN) 알랭 상드랭스 프랑스의 요리사(1939, Lourdes 출생—2017, Saint-Setiers 타계). 프랑스 남서부 태생으로 지역 사투리 억양을 늘 간직했던 그는 루르드(Lourdes)의 오텔 데 장바사되르(l'Hôtel des Ambassadeurs)에서 견습 생활을 마친 후 21세에 파리로 올라간다. 레스토랑 라 투르 다르장(la Tour d'Argent)에서 가르드 망제(garde manger) 파트 초보 요리사(commis)를 거쳐 구이 담당 로티세리 파트장으로 경력을 쌓은 상드랭스는 마르스 수텔(Mars Soutelle)이 이끌던 뤼카 카르통 주방에 소스 담당 셰프로 들어간다. 이어서 르 버클리(Le Berkeley)의 생선 담당 셰프를 거쳐 힐튼 오를리(Hilton Orly)의 오픈 멤버로 합류해 수셰프로 일한다. 1973년 그는 고대 그리스의 유명한 미식가의 이름을 딴 자신의 레스토랑 아르케스트라트(lArchestrate)를 파리에 오픈했으며 1985년에는 파리 마들렌 광장(place de la Madeleine)의 전설적인 레스토랑 뤼카 카르통(Lucas-Carton)을 인수했다.

미식에 관한 수많은 책을 탐독했던 독서광이었던 그는 이전에는 한 번도 만들어진 적이 없던 수많은 새로운 조합과 혼합물을 발명해내는 탁월한 능력의 소유자였다. 그는 재료, 향, 조리법의 다양한 조합을 구사하며 당대 최고로 평가받는 독창적인 요리들을 만들어냈다. 사보이 양배추잎에 싸서 증기에 찐 푸아그라, 바닐라 소스의 랍스터, 꿀과 향신료 양념을 발라 오븐에 구운 아피키우스 오리 요리 등이 그의 시그니처 메뉴다. 2005년 미슐랭 가이드의 별 셋을 모두 반납한 그는 뤼카 카르통을 보다 합리적인 가격의 고급 브라스리로 변신시키는 데 성공하며 인기를 더해갔다. 그는『성공한 요리(*la Cuisine réussie*)』(1990),『알랭 상드랭스의 아틀리에(*Atelier d'Alain Senderens*)』(1997) 등 다수의 저서를 남겼다.

SEPT-ÉPICES 세테피스 시치미. 7가지 향신료 가루(말린 붉은 고춧가루가 주를 이룬다)를 혼합한 일본의 대표적인 양념인 시치미 토가라시(七味唐辛子)를 가리킨다. 혼합 양념의 구성은 판매 지역마다 차이가 있으며 특히 검은깨와 흰깨, 양귀비 씨(포피시드), 대마 씨, 김, 진피(말린 귤 껍질) 등이 포함된다. 시치미는 국수나 국물 요리, 냄비 요리, 꼬치 요리 등에 뿌려 매콤한 맛을 첨가하는 데 사용된다.

SÉRAC 세락 콩테(comté), 보포르(beaufort)와 같은 치즈를 만들고 남은 유청에 용해된 단백질을 걸러내 만든 프레시 치즈의 한 종류다. 유청을 끓인 뒤 단백질이 몽글몽글하게 뭉치면 이것을 걸러내 틀에 넣어 모양을 잡아 만든 것이 바로 세락(sérac 또는 serra) 치즈이며 지역에 따라 브루스(brousse)라고도 한다. 신선한 세락 치즈는 흰색이며 특별히 강한 풍미가 없기 때문에 다양한 요리나 파티스리에 두루 사용하기 좋다(오믈렛, 제과 등).

SERDEAU 세르도 왕의 주방에서 일하던 인력의 직책 중 하나로 왕의 다이닝 홀 책임자가 거두어 치운 음식을 처리하는 시종들을 지칭한다. 또한 이 용어는 이러한 남은 음식들을 보관해두거나 판매하는 장소를 가리키기도 했다. 판매되는 음식들은 곧 경매에 붙여졌다. 이 관행은 18세기 말 루이 16세 시대까지도 여전히 존재했으며, 무일푼이 된 궁정의 신하들과 부르주아들은 이것으로 식사를 때우곤 했다.

SERENDIPITI 세렌디피티 시원하게 마시는 롱 드링크의 한 종류로 민트잎 한 줄기를 글라스에 넣고 살짝 짓이긴 뒤 칼바도스, 사과주스, 샴페인을 넣어 섞는다. 얼음을 넣어 마신다.

SERGE (À LA) (아 라) 세르주 빵가루와 다진 송로버섯, 양송이버섯을 섞어 입힌 뒤 팬에 지진 송아지 에스칼로프 또는 흉선에 버터에 익힌 아티초크 조각, 마데이라 와인을 넣고 데운 굵게 채 썬 햄을 곁들인 요리다. 송로버섯 에센스를 넣은 데미글라스 소스를 곁들인다.

SERINGUE 스랭그 주사기. 피스톤이 있는 작은 원통형으로 손가락을 끼울 수 있는 2개의 고리 손잡이가 있고 끝부분은 다양한 깍지를 돌려 끼울 수 있도록 나선형 홈이 패여 있다. 제과용 주사기는 케이크 등을 장식을 할 때 많이 사용하며 단단하기 때문에 일반 짤주머니보다 훨씬 다루기 쉽다. 플라스틱으로 된 로스트용 주사기는 한쪽 끝이 서양배 모양으로 약간 불룩한 모양을 하고 있으며, 고기를 오븐에 익힐 때 로스팅 팬에 흘러나온 육즙을 빨아들여 고기 위에 끼얹어주는 용도로 사용한다. 그 외에 염장육을 만들 때 염지액을 주입해주는 용도로 쓰이는 샤퀴트리 전용 주사기도 있다.

SERPENT 세르팡 뱀. 몸이 아주 긴 파충류 동물로 독의 유무와 관계없이 대부분의 종은 식용 소비가 가능하다. 남미의 보아, 아프리카의 비단뱀, 아시아의 코브라, 멕시코의 방울뱀, 유럽의 작은 풀뱀과 살무사 등이 대표적이다. 18세기까지 건강과 미용을 위해 독사를 사용한 식단이 프랑스에서 큰 인기를 끌었다. 이를 위한 당시 수많은 레시피들이 제안되었는데 특히 독사의 껍질을 벗기고 내장을 빼 낸 뒤 허브를 넣고 익혀서 거세 수탉에 채운 요리를 비롯해 끓여 국물로 먹거나 즐레로 만들고 또는 기름을 만들기도 했다. 17세기 말 루이 14세는 독사를 의사와 약사들만 판매할 수 있도록 제한하며 유통 규제령을 발표했다. 변두리 지역 작은 식당들에서 울타리 장어란 이름으로 계속 요리를 만들어 온 프랑스의 작은 풀뱀(couleuvre) 류는 오늘날 살무사와 마찬가지로 모두 보호되고 있는 종이다.

SERPOLET 세르폴레 크리핑 타임, 와일드 타임. 꿀풀과에 속하는 야생 백리향(Thymus serpyllum)으로 일반 타임보다는 풍미가 약하지만 용도는 같다(**참조** p.451 향신 허브 도감). 프로방스에서는 파리굴(farigoule) 또는 파리굴레트(farigoulette)라고 부르며 전통적으로 도브(daube), 양고기와 토끼고기 요리에 넣어 맛을 돋운다.

SERRA-DA-ESTRELA 세라 다 이스트렐라 양젖으로 만든 포르투갈의 AOC 치즈(지방 45~60%)로 세척 외피 연성치즈이다(**참조** p.396 외국 치즈 도표). 지름 15~20cm, 두께 4~6cm의 원통형으로 무게는 1~1.7kg 정도 된다. 치즈의 이름과 같은 세라에서 생산되며, 일반 레닛이 아닌 야생 엉겅퀴 꽃과 잎을 우려 얻은 액을 넣어 커드를 응고시킨다. 숙성 전에는 맛이 순하지만 6주 이상 숙성을 거치면 꼬릿하고 자극적인 풍미를 낸다.

SERRER 세레 달걀흰자로 밀도가 단단하고 균일하게 거품내기 위해 거품기를 빠르고 세게 휘저어 마무리하는 것을 뜻한다. 소스를 수식하는 용어로 세레(serrée)라는 표현은 농도가 걸쭉한 것, 또는 졸여 농축시켜 더욱 진득하고 크리미한 농도와 진한 풍미를 지닌 상태를 가리킨다.

SERRES (OLIVIER DE) 올리비에 드 세르 프랑스의 농학자(1539, Villeneuve-de-Berg 출생—1619, Villeneuve-de-Berg 타계). 발랑스 대학과 로잔(칼뱅주의 신봉자였던 그는 이곳을 잠시 은둔처로 삼았다) 대학에서 학업을 마친 그는 프랑스 동부 프리바 인근의 프라델 영지를 구입해 모델 농장을 조성했으며 그곳에서 최초로 합리적인 농경방식을 통해 식물과 곡물을 재배했다. 호기심이 무척 많았던 그는 원예 분야 혁신의 시초가 되었으며 외국의 식물들을 프랑스에 들여오기도 했다. 앙리 4세의 신임이 두터웠던 쉴리 재무장관으로부터 지원과 격려를 받은 그는 원예와 가축 사육을 다시 활성화하기 위해 이른바 풀 오 포 정책(국왕 앙리 4세는 내게 또 한 번의 생이 주어진다면 전 국민이 식탁 냄비에 닭 한 마리[une poule au pot]는 끓여 먹을 수 있는 나라를 만들겠다고 말했다)을 제안했다. 그는 1600년 농업대중화를 목적으로 집필한 책인『농업경영론(*Théâtre d'agriculture et mesnage des champs*)』을 펴내 큰 반향을 불러일으켰다(17세기에 연속 19쇄가 출간되었다). 이 책에서 그는 특히 훗날 감자라고 불리게 될 덩이줄기 식물에 대해 처음 기술했으며, 비트의 달콤한 즙 추출 방식에 대해서도 이미 언급했다. 또한 칠면조와 같은 아메리카 대륙의 가금류 도입에 대해서도 긍정적인 입장을 피력했다. 이뿐 아니라 이 책에는 수많은 레시피들도 소개되어 있다.

SERVICE 세르비스 서빙, 서비스. 원래는 보통 세 코스 이상으로 이루어진 식사 중 한 코스에 나오는 음식 전체를 의미했다. 또한 이 용어는 손님에게 다양한 요리를 서빙하는 방식을 뜻하기도 한다. 제2제정시대 말(1870)까지 일반적으로 통용되었던 프랑스식 서빙 방식과 이를 대체한 이후 오늘날까지 계속 사용되는 러시아식 서빙으로 나눌 수 있다.

- **프랑스식 서빙.** 루이 14세 시대에 시행되었던 국왕의 공식 만찬 예식이 계속 이어져 내려온 형태다. 프랑스식으로 서빙되는 식사는 세 코스로 나뉜다. 첫 번째 서빙은 포타주부터 오르되브르와 애피타이저, 두 번째는 로스트 요리, 차갑게 내는 두 번째 로스트 요리, 채소와 달콤한 앙트르메를 포함하며, 세 번째는 각종 파티스리, 피에스 몽테, 프티푸르, 다양한 과자와 아이스크림으로 구성된다. 식사의 마무리는 과일로 이루어진다.

서빙 코스 메뉴의 순서는 애피타이저의 가지 수에 따라 정해지며 이론상 두 번째 코스의 요리 숫자는 첫 번째 코스와 동일하다. 특히 첫 번째 코스의 음식들은 손님이 도착하기 전 따뜻하게 워머에 올리거나 종 모양 덮개로 덮은 상태로 식탁에 미리 차려져 있었다. 금은세공품으로 화려하게 세팅한 테이블에는 큰 장식용 그릇, 촛대, 꽃, 유리 그릇, 커틀러리 등이 더해진다. 이러한 세팅은 과시를 위한 지나친 허영과 사치로 인식되기도 했고 비록 18세기에 덮개와 워머가 등장하긴 했어도 손님들이 막 서빙된 따뜻한 상태의 음식을 맛볼 수 없다는 점에서 종종 비난의 대상이 되기도 했다. 하지만 실제로 음식이 식탁 위에 차려진 채로 머무는 시간은 그리 길지 않았고, 손님들은 요리 플레이트가 자기 순서에 올 때까지 기다리지 않고 식탁 위에 미리 놓여 있는 음식들을 각자 바로 덜어 먹을 수 있었다.

여러 명의 하인들이 담당(남은 음식들을 낭비하지 않기 위함이었지만, 일부 요소들은 종종 다시 사용되었다)하던 옛날식 프랑스식 서빙은 다양한 요리를 서빙함으로써 손님들에게 최고의 정중한 예의를 표현했다. 오라스 래송(Horace Raisson)이 저술한『미식 코드(*Code gourmand*)』(1829)는 당시 식문화에서의 프랑스식 서빙이 어떠했는지 자세히 설명하고 있다.

● **러시아식 서빙.** 이 서빙 방식이 프랑스에 처음 도입된 것은 제2제정 시대에 러시아 황제의 대사로 파리에 부임한 알렉산더 쿠라킨(Alexandre Borisovitch Kourakine) 왕자를 통해서다. 1880년경 프랑스의 요리사 위르뱅 뒤부아(Urbain Dubois)를 통해 이 방식은 대중화하였고 부르주아 중산층 가정에서도 이 서빙 방법을 사용하기 시작했다. 호화로운 격식이 줄어들었고 테이블 세팅도 좀 더 간소해졌으며 특히 화려한 금은세공 식기들의 사용은 현저히 줄어들었다. 식탁 위 장식은 꽃과 과일, 피에스몽테 정도만이 담당했다. 주 목표는 음식을 최대한 뜨겁게 먹는 것이었다. 요리 서빙 순서는 사전에 정해졌고 그에 따라 음식을 하나씩 냈다. 이 서빙 방식은 기존과는 다른 원칙에 기초한다. 모든 것은 최소한의 시간 안에 행해져야 하며 완성된 요리는 최대한 빠르게, 풍미를 잃지 않은 상태로 서빙되어야 한다는 것이다. 제공되는 일련의 음식들은 다이닝 홀 서비스를 맡은 책임자가 각각 식탁에 착석한 손님들에게 서빙하며, 어떤 손님부터 서빙을 시작해야 하는지는 미리 정해진다. 요리는 착석자의 왼쪽으로 서빙하고 접시를 치우거나 새로 놓을 때는 오른쪽 방향에서 한다. 와인은 오른쪽에서 요리와 같은 순서로 서빙한다.

● **레스토랑 서빙.** 이 분야의 서빙은 다른 형태로 분류할 수 있다.

– 약식(simplifié) 서빙의 경우 요리는 개인 접시에 플레이팅된 상태로 나오거나 큰 플레이트로 식탁 위에 놓인다.

– 프랑스식(à la française) 서빙의 경우 손님이 스스로 음식을 덜어 먹을 수 있도록 개인용 식기가 따로 준비된다.

– 영국식(à l'anglaise) 서빙의 경우에는 서버가 각 손님의 접시에 음식을 덜어준다.

– 게리동 서비스를 동반한 영국식 서빙(à l'amglaise avec guéridon) 또는 게리동 서빙(au guéridon)이라고도 불리는 러시아식 서빙의 경우에는 홀 지배인인 메트르 도텔이 큰 플레이트에 담겨 나온 요리를 손님들에게 보여준 다음 서빙용 이동식 보조 테이블인 게리동에서 분배 작업을 하여 각 접시에 담아 서빙한다.

SERVICE DE TABLE 세르비스 드 타블르 테이블 웨어 세트, 상차림용 식기 세트. 조화롭게 구색을 맞춘 테이블 보와 냅킨 세트, 또는 같은 무늬의 각종 접시 일습과 대형 플레이트 풀세트를 가리키는 용어다. 또한 한 가지 특정 요리를 서빙하기 위하여 동시에 함께 사용되는 여러 개의 그릇 피스 세트를 세르비스라고 부르기도 한다.

– 아스파라거스용 식기 세트(service à asperges)에는 데쳐 익힌 아스파라거스를 길게 나란히 담을 수 있도록 물 빠짐용 구멍이 뚫린 우묵한 용기와 받침, 그리고 덜어내는 데 사용하는 서빙용 집게와 삽 모양의 받침 주걱이 포함된다.

– 커피 또는 티 세트(service à café ou à thé)에는 각 용도에 맞는 크기의 잔과 컵받침, 작은 스푼, 커피 포트 또는 티 포트, 설탕 그릇과 우유를 담은 용기가 포함되며 대부분 큰 쟁반에 함께 담아낸다.

– 카빙 세트(service à découper)는 대형 나이프와 포크로 구성(때로 양 뒷다리 뼈에 끼워 고정시키는 집게도 포함)되며 큰 덩어리로 익힌 고기나 수렵육 또는 가금류를 테이블 위에서 썰어 서빙하는 데 사용한다.

– 퐁뒤용 세트(service à fondue)는 테이블용 작은 버너와 퐁뒤 냄비, 이가 가는 긴 포크 여러 개로 이루어져 있으며 경우에 따라 칸칸이 분리된 소스용 접시나 작은 용기가 곁들여진다.

– 치즈 서빙 세트(service à fromage)는 치즈 보드, 치즈용 나이프와 작은 서빙 접시들로 구성된다.

– 케이크 서빙 세트(service à gâteau)는 홀 케이크를 담을 수 있는 큰 플레이트(원형 또는 장방형), 삼각형 삽 모양의 케이크 서버, 같은 무늬 시리즈의 개별 접시들로 구성된다. 또는 디저트용 포크와 케이크 서버 세트를 지칭하기도 한다.

– 리큐어(또는 포트와인) 서빙 세트(service à liqueur ou à porto)는 작은 잔들과 소형 유리병(carafe)이 포함된다.

– 생선 서빙 세트(service à poisson)는 생선용 긴 플레이트, 개별 접시, 경우에 따라 소스 용기, 또한 생선 서빙용 대형 커트러리를 포함한다.

– 커플 세트(tête-à-tête)는 2인용으로 구성된 식기 세트이다(티, 커피 세트 또는 아침식사용 그릇 세트).

– 스시 서빙용 세트(service à sushi)는 스시를 올리기 위한 개별 나무 플레이트, 간장 및 양념, 반찬 등을 담을 수 있는 작은 종지, 그리고 젓가락으로 구성된다.

SERVIETTE 세르비에트 냅킨, 수건. 식사 중 손이나 입을 닦거나 옷을 보호하기 위한 용도로 쓰이는 개인용 헝겊을 가리킨다. 식탁 예절에 따르면 와인이나 물 잔을 입에 대기 전에, 또는 소스나 음식이 입에 묻을 때마다 냅킨으로 닦는 것이 매너이다. 민물가재 등 껍데기를 까야 하는 해산물을 먹을 때를 제외하고는 냅킨을 목에 두르는 것을 금한다.

로마인들은 이마와 얼굴을 닦기 위한 수건의 일종인 수다리움(sudarium)을 사용했으며 노예들은 손님들이 씻는 것을 돕기 위해 대야를 제공하며 시중을 들었다. 중세 초기에는 식탁보 끝을 이용하여, 또는 롱기에르(longuière, 식탁 가장자리만 덮었던 긴 헝겊으로 이 용도를 위해 마련되었다)로 손과 입을 닦았다. 13세기경에는 투아유(touailles)라고 부르는 행주를 벽에 걸어두어 식사에 참석한 손님들이 자유롭게 이용하도록 했으며 남은 음식을 덮는 용도로도 사용했다. 이어서 마 또는 면 소재 패브릭에 수를 놓거나 무늬를 넣어 직조한 개인용 냅킨이 등장했다.

전통적으로 레스토랑의 홀 지배인은 마치 업무의 상징처럼 접은 냅킨을 왼팔 위에 걸치고 있으며 웨이터들과 카페의 종업원들 또한 마찬가지이다. 몇몇 요리를 플레이팅할 때는 엠보싱 종이 냅킨이나 레이스 페이퍼 대신 흰색 헝겊 냅킨을 사용하는 것이 일반적이다. 예를 들어 헝겊 냅킨을 곤돌라 모양으로 접은 장식(gondole)을 긴 접시에 놓은 뒤 생선을 통째로 올리기도 하고, 냅킨을 접어 그 사이에 뜨거운 토스트를 끼워 넣거나 접시에 냅킨을 깐 뒤 아이스 디저트인 봉브 글라세를 올리기도 한다.

SERVIETTE (À LA) (아 라) 세르비에트 냅킨을 깔고 음식을 놓는 플레이팅의 한 방법으로 특히 송로버섯을 담을 때 많이 사용하는 방법이다. 데쳐낸 송로버섯을 우묵한 탱발(timbale) 용기나 소스팬에 담은 뒤 포켓 모양으로 접은 헝겊 냅킨 위에 놓는다. 또는 파피요트로 싸서 숯불 재 안에서 넣어 익힌 송로버섯을 냅킨 위에 직접 올려 내기도 한다. 그 외에 껍질째 익힌 감자나 물에 데친 아스파라거스로도 아 라 세르비에트 방식으로 서빙할 수 있다. 즉 흰색 헝겊 냅킨을 접은 뒤 그 위에 아무 양념 없이 담아내는 것을 뜻한다. 아 라 세르비에트 쌀 요리는 인도식 음식으로 소금을 넣은 물에 익힌 쌀을 건져 찬물에 식혀 헹군 다음 헝겊 냅킨으로 감싸 약한 온도의 오븐에서 말린다.

SÉSAME 세잠 참깨. 참깨과에 속하는 채유식물의 한 종류로 주로 더운 나라에서 재배되며 씨를 식용으로 소비하고 냄새가 거의 없는 밝은 색의 기름을 추출한다. 중동 및 아시아 지역에서 즐겨 먹는 참기름은 달큰한 풍미를 갖고 있으며 금방 산패되지 않아 오래 보관할 수 있다.

■ **사용.** 아프리카, 아랍, 중국, 인도, 일본요리에서는 참기름을 일반 조리용 기름으로 사용하며 특히 향이 빨리 날아가기 때문에 양념이나 드레싱용으로 더 많이 활용한다. 레바논에서는 병아리 콩 퓌레에 참기름을 섞어 후무스를 만들어 먹는다. 아프리카와 아시아에서 참깨 씨는 땅콩처럼 볶아 먹거나 가루로 만들어 갈레트를 만들어 먹기도 한다. 중국에서는 참깨를 이용해 영양가 높고 걸쭉한 음료를 만들거나 설탕과 돼지 기름을 섞어 강정을 만들어 먹기도 한다. 일본에서는 볶은 참깨를 소스에 넣거나 양념으로 많이 사용한다. 중동 지역에서 참깨는 특히 할와(halva, 설탕과 아몬드를 넣고 페이스트처럼 빻아 만든 디저트)와 타히니(tahin/tahina, 레몬즙, 후추, 마늘, 향신료를 넣고 함께 간 참깨 소스)를 만드는 데 사용된다. 타히니 소스는 샐러드, 생채소, 구운 고기에 곁들이거나 팔라펠(병아리콩 등을 으깬 뒤 동글게 빚어 튀긴 크로켓) 또는 닭 육수 등에 넣어 고소한 맛을 낸다. 유럽에서는 참깨를 넣은 빵과 브리오슈를 만든다.

SÉTOISE (À LA) (아 라) 세투아즈 세트(Sète)식. 세트 지방에서 즐겨 먹는 대표적인 생선인 아귀(특히 생선 스튜인 부리드[bourride]에 들어간다) 요리를 지칭할 때 붙는 명칭이다. 채 썬 채소를 올리브오일에 색이 나지 않게 찌듯이 볶은 뒤 생선과 화이트와인을 넣고 익힌다. 생선을 건져낸다. 남은 국물을 졸여 글레이즈 상태로 농축한 다음 되직한 마요네즈와 섞어 소스를 만든다. 이 마요네즈 소스를 생선에 끼얹어 낸다.

▶ 레시피 : BOURRIDE.

SÉVIGNÉ (MARIE DE RABUTIN-CHANTAL, MARQUISE DE) 마리 드 라뷔탱 샹탈 세비녜 후작부인 프랑스의 서간문 작가(1626, Paris 출생 —1696, Grignan 타계). 세비녜 후작부인은 지방으로 시집 간 딸 마담 드 그리냥(Mme de Grignan)과 20여 년 동안 편지를 주고받으면서 여러 주제의 대화를 나누었는데 그중에서도 식사의 즐거움, 당시 새로 나온 먹거리와 미식에 관한 소식들을 전했으며 특히 햇 완두콩, 초콜릿, 아미앙(Amiens)의 오리 파테 등에 대해 자세히 언급했다. 세비녜 부인은 여행을 할 때면 솔리외(Saulieu)의 도팽 여인숙(Auberge du Dauphin)이라든지 비트레(Vitré) 드 숀(M. de Chaulnes) 씨의 요리 등 그 지역의 맛있는 먹거리와 좋은 숙소들을 적어두었다. 반숙 달걀 또는 수란을 볶은 양상추 위에 얹고 쉬프렘 소스를 끼얹은 뒤 송로버섯 슬라이스를 올린 요리는 그녀에게 헌정되었다.

SEYSSEL 세셀 사부아(Savoie) 지방의 AOC 화이트와인으로 스파클링 와인도 생산되며 포도품종은 샤슬라(chasselas), 알테스(altesse 또는 루세트 roussette), 몰레트(molette)이고 대부분 제비꽃 향이 나는 것이 특징이다(**참조** DAUPHINÉ, SAVOIE ET VIVARAIS).

SHABU-SHABU 샤부샤부 일본의 냄비 요리 중 하나로 주로 여럿이 둘러앉아 식탁용 버너에 조리하며 먹는다. 20세기 중반경 처음 만들어진 이 요리는 몽골 징기스칸 시대의 요리법에서 영감을 받은 것으로 전해진다. 샤부샤부는 일반적으로 아주 얇게 저민 소고기와 채소로 이루어지며 팔팔 끓는 물이나 다시마 육수에 재료를 넣어 재빨리 익힌 뒤 폰즈 소스나 참깨 소스에 찍어먹는다. 고기와 채소를 다 익혀 먹은 뒤 남은 국물에는 밥을 넣어 죽을 만든다. 돼지고기나 닭, 오리, 랍스터, 게 샤부샤부도 마찬가지 방법으로 조리한다. 스키야키와 만드는 방법이 비슷한 샤부샤부는 끓는 육수에 재료를 넣고 젓가락으로 살랑살랑 흔들어 익히는 소리를 표현한 의성어에서 따온 명칭이다.

SHAKER 셰이커 칵테일용 셰이커. 바텐더가 칵테일 제조 시 사용하는 도구의 하나로 재료를 얼음과 함께 넣고 흔들어 차가운 칵테일을 서빙하기 위한 것이다. 특히 크림이나 시럽 농도의 리큐어 베이스에 달걀, 우유 또는 과일 주스를 넣어 섞는 칵테일 종류를 만들 때 셰이커를 많이 사용한다. 셰이커는 3가지 타입으로 분류할 수 있으며 용량은 500㎖에서 1ℓ까지 다양하다.

– 보스턴(Boston) 셰이커는 19세기 중반 미국에서 바가 생겨나기 시작하던 초창기에 사용된 유형으로 서로 끼워 맞추게 된 두 부분으로 이루어져 있다. 입구 둘레가 약간 넓어지는 모양의 유리컵으로 된 윗부분과 금속(스텐 또는 은도금 메탈)으로 된 텡발 모양의 용기로 되어 있으며 이 용기의 맨 위 지름 사이즈는 상부의 유리컵 지름보다 크다. 재료와 얼음을 셰이커에 넣고 흔들면 얼음의 차가운 온도로 인해 금속 재질이 수축되며 이것이 접합부를 완벽하게 밀봉하는 효과를 낸다. 보스턴 셰이커로 혼합한 칵테일은 서빙 시 얼음을 걸러내기 위해 반드시 체를 사용한다. 이 셰이커의 윗부분인 유리컵은 비록 따르는 주둥이는 없지만 경우에 따라 칵테일 믹싱용 잔으로 사용할 수도 있다.

– 프렌치(French) 또는 유럽형(continental) 셰이커는 20세기 초 유럽에서 탄생한 유형으로 보스턴 셰이커와 구조와 사용법이 같으나 위와 아래 두 부분 모두 금속 재질로 되어 있다.

– 코블러(cobbler) 셰이커는 19세기 말 처음 등장한 유형으로 용기 윗부분에 필터 뚜껑이 내장되어 있는 것이 특징이다. 서빙 시 얼음을 거르는 용도의 체를 따로 준비할 필요가 없어 편리하며 가장 많이 사용하는 모델이다.

SHERRY 셰리 셰리주. 스페인의 주정강화와인 헤레스(jeres, 프랑스어로는 xérès)의 영어 명칭이다. 한편 체리 리큐어를 지칭한다.

SHIITAKE 시타케 표고버섯. 아시아의 대표적인 버섯으로 유럽식 이름은 랑탱 코메스티블(식용 표고)이며 아마도 전 세계에서 가장 많이 재배되고 즐겨 먹는 버섯들 중 하나일 것이다(**참조** p.188~189 버섯 도감). 볼록한 갈색의 갓은 희끄무레한 솜털과 가는 섬유소가 방사형으로 덮고 있으며 촘촘한 주름은 흐릿한 베이지색을 띠고 있다. 표고버섯은 인, 칼륨, 비타민 등의 무기질이 풍부하며 항바이러스 및 항 콜레스테롤 효능이 있는 것으로 널리 알려졌다. 오늘날 프랑스에서는 특히 투렌 지방에서 많이 생산되며 주로 나무 톱밥, 탈곡한 곡물의 짚, 겨 등으로 만든 지지대에서 키워 재배한다. 고기와 샐러드에 매우 잘 어울리며, 소스 요리나 구이로도 즐겨 먹는다.

SHORTBREAD 쇼트브레드 스코틀랜드식 사블레 비스킷이라고 할 수 있는 쇼트브레드는 버터를 듬뿍 넣어 만든 과자로 주로 차에 곁들여 먹으며 특히 성탄과 새해의 전통 간식 중 하나이다. 원래는 귀리 가루로 만들었으나 오늘날에는 밀가루로 만든다. 크리스마스나 명절 때 만들어 먹는 쇼트브레드는 레몬이나 오렌지 껍질 또는 속껍질까지 벗긴 아몬드로 장식하기도 하며 셰틀랜드 제도에서는 커민으로 향을 낸다. 동그랗고 납작한 모양에 중앙에서 바깥을 향해 방사형으로 홈이 팬 이 과자는 홈이 난 선을 따라 삼각형으로 쉽게 쪼개어 먹을 수 있다. 이것은 태양을 상징하는 모양으로, 새로운 시작을 축하하며 즐겨 먹는 이 오래된 과자의 의미를 잘 보여주고 있다.

SHORT DRINK 쇼트 드링크 칵테일의 한 종류로 용량은 일반적으로 120㎖ 이하이며 셰이커나 믹싱 글라스에서 혼합하여 대부분 얼음 없이 서빙한다.

SICILE ET SARDAIGNE 시실, 사르데뉴 시칠리아, 사르데냐. 이 두 지중해 섬의 요리는 각각 그리스와 페니키아 식문화에 주된 뿌리를 두고 있으나 그 외에도 아랍과 아프리카 요리에서 차용한 독특한 요소들을 다수 포함하고 있다. 또한 이 지역에서 탄생한 몇몇 고유의 특선 요리들은 오랜 전통의 산물이다.

■ **시칠리아.** 시칠리아에서는 시트러스 과일, 신선한 채소, 올리브, 아몬드가 많이 생산된다. 고기는 적은 편이며 밀은 매우 풍부하다. 시칠리아는 특히 파티스리 분야에 대단한 자부심을 갖고 있으며 그중에서도 튜브 모양으로 말아 튀긴 페이스트리에 크림 치즈와 당절임 과일을 채운 카놀리(cannoli)와 전통 케이크인 카사타(**참조** CASSATE)가 유명하다. 가정에서는 커다랗고 둥근 덩어리 빵, 마름모꼴 또는 작고 갸름한 모닝롤, 소금에 절인 생선을 곁들여 오일에 찍어 먹는 무 발효 빵 등을 구워 먹으며 다양한 종류의 피자도 만든다. 특히 커민 씨를 뿌려 구운 작고 흰 빵에 리코타 치즈, 돼지 기름에 튀긴 돼지고기, 훈제 햄을 채운 바스테디(vasteddi)는 대표적인 특선 음식이다.

파스타 또한 늘 즐겨 먹는 음식으로 특히 정어리와 토마토 소스의 파스타 콘 레 사르데(la pasta con le sarde)가 유명하다. 또한 애피타이저로 서빙하거나 다양한 생선, 해산물 요리(속을 채운 홍합, 속을 채우거나 파피요트로 익힌 생선 요리 등)에 곁들이는 카포나타(caponata)도 빼놓을 수 없다. 고기를 재료로 한 특선 요리로는 파루수 마그루(farsu magru, 삶은 달걀, 허브 및 향신 재료로 만든 소를 채운 소고기 또는 송아지고기 룰라드)와 숯불 재 안에 넣어 익힌 돼지고기 소시지를 꼽을 수 있다.

대규모 와인 생산지이자 많은 양을 수출하고 있는 시칠리아는 전통적으로 마르살라(marsala)와 같은 주정강화와인 및 마메르티노(mamertino) 등의 알코올 도수가 높은 디저트 와인으로 유명하다. 현재는 바디감이 있는 드라이 화이트, 레드, 로제를 집중적으로 생산하는 추세이며 대부분 블렌딩용 와인(vin de coupage)으로 수출된다. 옛날처럼 오크통에서 장기 숙성하는 대신 수확한 지 3개월 후 병입하는 와인들 중 에트나(Etna) 와인, 코르보 디 카스텔다치아(corvo di casteldaccia), 알카모(alcamo), 카라수올로 디 비토리아(carasuolo di vittoria) 등은 과일 향이 풍부하고 맛이 좋은 훌륭한 품질의 테이블 와인이다.

■ **사르데냐.** 반면 사르데냐에서는 목축으로 키운 동물의 고기(양, 어린 양, 소고기, 돼지고기)가 식재료의 주를 이룬다. 새끼 염소 곱창을 이용한 로스트, 구이, 수육이나 야외에서 굽는 통 바비큐가 특산 요리로 유명하다. 젖먹이 어린 돼지, 어린 양 또는 새끼 염소의 내장을 꺼내 속을 비운 뒤 긴 꼬챙이 봉에 꿰어 노간주나무, 유향나무 또는 올리브나무 장작불 앞에서 로스트하거나 숯 잉걸불 위에서 굽기도 하며 심지어 땅을 판 구덩이에 넣어 익히는 방법도 있다. 자고새와 개똥지빠귀는 내장을 빼내지 않은 채로 머틀잎으로 감싸 덮은 뒤 익힌다. 또한 사르데냐의 멧돼지는 섬세한 맛과 육질로 유명하다. 그 외에 화이트와인에 재운 뒤 브레이징한 소고기, 토마토 소스와 올리브오일을 넣고 자작하게 익힌 사르데냐식 송아지 요리 등을 즐겨 먹는다. 줄무늬가 있는 얇고 바삭한 포글리 디 무지카(fogli di musica, 악보라는 뜻)라는 이름의 빵 또한 이 지역의 특산품이다.

파스타 중 특히 인기가 많은 것으로는 두 가지를 꼽을 수 있다. 리코타 치즈, 시금치, 달걀에 사프란으로 향을 낸 소를 채워 익힌 뒤 토마토 소스와 치즈를 곁들인 라비올리, 다진 고기와 햄, 파스타, 달걀을 넣은 크림 치즈를 켜켜이 놓고 토마토 소스를 끼얹어 익힌 그라탱이 이에 해당한다.

랑구스트(스파이니 랍스터)와 정어리(정어리를 뜻하는 sardine에서 이 섬 이름이 유래되었다) 또한 참치, 황새치와 더불어 자주 즐겨 먹는 바다의 식재료이며, 말린 참치 어란(buttariga) 또한 오르되브르로 인기가 높다. 치즈로는 카주 마르주(casu marzu, 냄새가 강한 썩은 치즈)와 강판에 갈아 먹는 양젖 치즈인 피오레 사르도(fiore sardo)가 있다.

토양이 척박한 이 지역의 유일한 농작물이라 할 수 있는 포도로는 드라이하고 상큼한 맛의 화이트와인을 만든다. 이 중 가장 유명한 베르나치아(vernaccia)는 약간 쌉싸름한 맛이 있고 향이 풍부하며 알코올 도수가 최대 16%Vol.이다. 또한 알코올 도수 18% Vol.의 주정강화와인 타입인 리쿠오로소(liquoroso)로 만들기도 한다. 뿐만 아니라 달콤하고 묵직한 디저트 와인이 꾸준히 생산되고 있는데, 대부분 오랜 세월 이 지역의 주력 와인으로 자리 잡은 주정강화와인 타입이며 지로(giro), 나스코(nasco), 모스카토(moscato) 등을 대표로 꼽을 수 있다.

SICILIENNE 시실리엔 서빙 사이즈로 잘라 팬에 지진 고기 또는 가금육에 속을 채운 토마토, 탱발에 넣어 모양을 찍어낸 라이스, 감자 크로켓을 곁들인 시칠리아풍 요리를 지칭한다.

SIKI 시키 돔발상어과에 속하는 물고기인 굴퍼 상어(gulper shark)의 유통, 판매용 명칭. 아이슬란드에서 세네갈에 이르는 대서양에 서식하는 이 물고기는 때로 소모네트(saumonette, 뿔상어(aiguillat) 혹은 까치상어(émissole)의 판매용 명칭)과 혼동되기도 하지만 크기가 더 크고 가시가 없다. 마틀로트(matelote), 소테, 팬프라이, 브레이징 등으로 조리한다.

SILICONE 실리콘 20세기 중반 이후 실리콘 합성고무는 산업 현장 및 가정에서 다양하게 사용되고 있다. 위생적이며 내구성, 유연성, 내열성, 잘 마모되지 않고 세척이 간편하며 표면이 눌어붙지 않는 등의 장점을 무기로 한 실리콘은 용기, 다양한 틀, 냄비 받침, 오븐용 쿠킹팬, 체, 집게 등 수많은 주방도구의 소재로 사용된다. 특히 실리콘으로 만든 주걱을 사용하면 논스틱 팬의 코팅이 긁히지 않는 큰 장점이 있다. 제과제빵에서도 실리콘 소재의 도구가 많이 사용된다. 실리콘 패드는 베이킹 팬에 깐 다음 반죽 시트, 비에누아즈리, 머랭 등을 그 위에 직접 놓고 오븐에 구울 수 있다. 다양한 크기의 제품으로 나와 있는 실리콘 패드 및 각종 틀은 냉동실(–40°C)에서 오븐(300°C)까지 폭넓게 사용이 가능하다.

SILURE GLANE 실뤼르 글란 웰스 메기. 메기과의 생선으로 프랑스의 중부 상트르 발 드 루아르(Centre-Val de Loire) 지방에서는 메르발(merval), 로렌(Lorraine)에서는 타글(tagle)이라고도 부른다(**참조** p.672, 673 민물 생선 도감). 메기의 한 종류로 비늘이 없어 몸이 매끈하며 입 주위에 6개의 수염이 있고 등지느러미는 매우 짧다. 큰 것은 길이가 3m에 이르는 것도 있다. 유럽 동부 강과 하천이 원산지로 다뉴브강에 많이 서식한다. 프랑스 강으로 유입되면서 급속히 개체수가 늘어났으며 낚시꾼들에게 매우 인기 높은 물고기가 되었다. 발 드 루아르 지역은 이 생선을 양식으로 생산하고 있다. 웰스 메기는 토막을 내거나 필레를 떠서 생으로 또는 훈연한 뒤 조리한다. 흰색에서 베이지색을 띠는 살은 조직이 촘촘하고 잔가시가 없으며 특징적인 강한 맛은 없다(은은한 너트 향이 난다고 평가하기도 한다). 일반 생선 조리법을 모두 적용할 수 있으며 특히 화이트와인 또는 레드와인 소스, 송아지 육수, 베이컨, 노릇하게 익힌 방울양파를 넣어 조리하는 경우가 많다.

SINGAPOUR 생가푸르 싱가포르 케이크. 제누아즈 스펀지로 만든 큰 사이즈의 케이크로 살구잼과 시럽에 절인 과일을 켜켜이 채워 넣은 뒤 살구 나파주를 바르고 당절임 과일을 넉넉히 얹어 장식한다.

SINGE 생주 원숭이. 열대지역의 포유동물로 나무 위에서 생활하며 채소와 과일 열매를 먹고 산다. 원숭이 고기는 식용 가능하다. 아마존 우림지역에서 원숭이는 숲속 원주민들의 기본 식량 중 하나이다. 세네갈의 카사망스(Casamance)에서는 원숭이 고기를 라임에 재운 뒤 향신료를 듬뿍 넣어 닭고기처럼 스튜를 만들어 먹는다. 아프리카의 중부에서는 원숭이 고기를 오븐에 로스트한 뒤 향신료와 땅콩을 넣은 소스를 곁들여 먹는다. 유럽에서는 옛날 군인들에게 보급되었던 콘비프(corned beef) 통조림 뚜껑에 르 생주(Le Singe)라는 이름이 붙어 있었다.

SINGER 생제 기름을 넣고 지지거나 볶은 재료에 맑은 국물(와인, 육수, 물)을 부어 끓이기 전 밀가루를 솔솔 뿌려 섞어 소스에 농도를 더하는 조리법을 뜻한다. 옛날에 '소스를 생제하다(singer une sauce)'라는 표현은 소스용 캐러멜의 친근한 표현인 쥐 드 생주(jus de singe), 일명 원숭이 소스를 넣어 소스에 색을 내는 것을 의미했다.

SIPHON 시퐁 사이펀, 소다 사이펀, 휘핑 사이펀. 탄산수를 직접 잔에 따를 때 사용되는 소다 사이펀은 알루미늄으로 된 병에 물을 넣고 탄산가스를 주입시킨 뒤 플라스틱 또는 금속 소재의 캡을 돌려 닫고 레버를 누르면 내부의 관을 통해 탄산수가 분출된다. 사용 후에는 캡을 돌려 연 다음 물을 채워 넣고, 헤드 부분 주입구에 가스 캡슐을 끼워 탄산을 보충한다. 휘핑 사이펀 또한 작동 원리는 같으며 가스 주입에 의해 부푼 휘고 거품이 있는 크림을 즉석에서 짜내어 손쉽게 사용할 수 있다. 원래 탄산수 제조 목적으로 만들어졌던 사이펀의 기능이 이렇게 응용된 덕택에 1994년 분자요리로 유명한 스페인의 요리사 페란 아드리아(Ferran Adrià)는 자신의 요리에 첫 번째 에스푸마(**참조** ÉCUME)를 구현했다.

SIROP 시로 시럽. 설탕을 물에 녹인 농축 용액으로 용도에 따라 차갑게 또는 뜨겁게 만들어 잼, 시럽을 넣은 아이스크림, 다양한 제과 및 당과류 제조(바바 또는 사바랭 담가 적시기, 스펀지 시트에 발라 적시기, 퐁당 슈거 만들기 등)에 사용한다. 시럽은 알코올성 칵테일, 아이스크림, 소르베, 과일 샐러드, 유제품 등에 향, 단맛, 색을 부여하는 역할을 한다.

■ **음료.** 당성분의 감미물질(감미수화물 감미료(일반적으로 자당, 설탕)을 탄산을 함유하지 않은 물에 용해시켜 만드는 시럽은 다양한 향을 첨가할 수 있다. 진하게 농축된 시럽을 부피의 6~8배의 물과 섞어 희석하면 달콤하고 색이 나는 시원한 음료를 부담 없이 즐길 수 있다.

abricots au sirop ▶ ABRICOT

---

sirop de cassis 시로 드 카시스

블랙커런트 시럽 : 블랙커런트 알갱이를 하나하나 따서 으깬 뒤 얇은 천 주머니에 넣고 즙이 흐르도록 둔다. 눌러 짜지 않는다. 과육에 펙틴이 풍부하면 시럽이 즐레 상태가 된다. 이 즙의 무게를 잰 다음 500g당 설탕 750g의 비율로 준비한다. 설탕과 즙을 잼 전용 냄비에 넣고 불에 올린 뒤 설탕이 완전히 녹을 때까지 잘 저어준다. 가열하여 온도가 103°C에 이르면 거품을 걷어낸 뒤 병입한다. 뚜껑을 덮어 밀봉한 다음 빛이 들지 않는 서늘한 곳에 보관한다.

---

sirop de cerise 시로 드 스리즈

체리 시럽 : 씨를 발라낸 체리 과육을 갈아 퓌레로 만든다. 퓌레를 아주 고운 체에 긁어내린 뒤 상온에서 24시간 발효시킨다. 윗물만 덜어내어 체에 거른다. 체리즙 1ℓ당 설탕 1.5kg을 첨가한 뒤 녹인다. 냄비에 붓고 가열해 끓기 시작하면 불에서 내려 체에 거른다. 병에 담고 뚜껑을 덮어 밀봉한 다음 빛이 들지 않는 서늘한 곳에 보관한다.

---

sirop exotique 시로 엑조티크

열대과일 시럽 : 파인애플 1개, 키위 500g의 껍질을 벗긴 뒤 주사위 모양으로 썬다. 오렌지 500g, 라임 5개를 반으로 가른 다음 각각 6조각으로 썬다. 패션프루트(백향과) 500g을 가로로 이등분한 뒤 과육을 떠내어 잘라둔 과일과 혼합한다. 냄비에 물 1ℓ, 설탕 100g, 코코넛 과육 슈레드 150g을 넣고 끓을 때까지 가열한다. 과일을 모두 넣고 1분간 더 끓인다. 그대로 불을 끄고 3시간 동안 재운다. 채소 그라인더(푸드밀)로 갈아 내린 뒤 면포에 거른다. 즙의 무게를 잰 다음 동량 무게의 설탕을 넣는다. 불에 올린 뒤 거품을 걷어내며 끓인다. 끓는 물에 열탕 소독해 둔 병에 붓고 뚜껑을 덮어 완전히 밀봉한다. 냉장고에 보관한다.

---

sirop de fraise 시로 드 프레즈

딸기 시럽 : 잘 익은 딸기를 씻어 물기를 닦은 뒤 꼭지를 떼어낸다. 딸기를 으깬 다음 천에 걸러 즙을 받아 냄비에 넣고 농도(당도)를 측정한다. 첨가하는 설탕의 양은 이 당도에 따라 달라진다. 만약 끓는 상태에서의 딸기즙의 농도가 1.007이라면 1kg당 설탕 1,746g, 농도가 1.075에 달하면 설탕 1,260g이 필요하다. 설탕과 딸기즙을 섞은 뒤 끓을 때까지 가열한다. 시럽의 농도가 1.33이 되도록 2~3분 더 끓인다. 시럽을 끓는 물에 열탕 소독해둔 병에 붓고 뚜껑을 덮어 완전히 밀봉한다. 빛이 들지 않는 서늘한 곳에 보관한다.

Siphon 사이펀

"포텔 에 샤보와 크리용 호텔의 요리사들은 본래 탄산수를 서빙하기 위한 목적으로 만들어진 사이펀을 휘핑용으로 응용하여 새로운 시도를 선보이고 있다. 젤라틴, 퓌레, 크림 등을 첨가한 뒤 가스의 도움을 받아 가볍고 향이 좋은 에스푸마를 짜낼 수 있다."

sirop d'orange 시로 도랑주

오렌지 시럽 : 잘 익은 오렌지 몇 개의 껍질 제스트를 얇게 저며 내 따로 보관한 다음 과육을 속껍질까지 모두 벗겨 펄프만 준비한다. 오렌지 과육을 채소 그라인더(푸드밀)에 간 다음 아주 고운 체에 긁어내리거나 물에 적셔 꼭 짠 면포에 걸러 즙을 받아낸다. 즙의 무게를 잰 다음 500g당 설탕 800g을 첨가한다. 오렌지즙과 설탕을 냄비에 넣고 불에 올린다. 큰 체 안쪽에 얇은 거즈 천을 댄 다음 오렌지 제스트를 그 위에 놓는다. 오렌지 시럽이 끓기 시작하면 바로 불에서 내려 오렌지 제스트 위로 부으며 걸러준다. 완전히 식힌 다음 병에 넣고 밀봉한다.

tourte au sirop d'érable ▶ *tourte*

SIROP DE LIÈGE 시로 드 리에주 리에주 시럽. 사과나 배즙을 졸여 만든 벨기에의 시럽으로 짙은 갈색의 아주 걸쭉한 잼과 같은 농도를 갖고 있다. 주로 아침 식사로 빵에 발라 먹는다.

SIROPER 시로페 시럽을 입히다, 시럽에 적시다. 발효된 반죽으로 만든 케이크(바바, 특히 사바랭)를 뜨거운 시럽에 담그거나 또는 시럽이 완전히 스며들도록 여러 차례 뿌려주는 것을 의미한다(siroter 시로테라고도 한다).

SLIVOVITZ 슬리보비츠 슬리보비츠아. 발칸반도 국가에서 즐겨 마시는 자두 브랜디로 라키야(rakia/rakija)라고도 불린다. 대부분 푸른색을 띤 댐슨 자두로 만들며 일반적으로 씨도 부수어 과육과 함께 발효시킨다. 씨는 브랜디에 쌉싸름한 맛을 은은히 더해준다. 중세부터 널리 알려진 슬리보비츠아 브랜디(40~45% Vol.)는 단식 증류기로 2번 증류한 뒤 통에 담아 숙성시킨다. 전통적으로 둥글고 납작한 병에 담아 판매하며 나라마다 다양한 이름으로 더 고전적인 모양의 병에 담겨 상품화되기도 한다. 애피타이저에 곁들이거나 따뜻하게 데워 설탕이나 꿀을 타 마시기도 한다.

SLOKE 슬로크 해초로 만든 요리의 이름으로 비교적 최근까지 스코틀랜드에서 즐겨 먹던 전통 음식이다. 또한 바다의 시금치라고도 불리는 해초를 가리키기도 하는 슬로크는 주로 수프나 소스(특히 양고기용)를 만들 때 많이 사용한다.

SMEUN 스뫈 스멘. 북부 아프리카 마그레브와 중동 요리에서 많이 사용하는 정제 버터다(smen, smenn으로 표기하기도 한다). 스멘은 양젖 또는 소젖(이집트에서는 물소)으로 만든 버터를 녹여 정제한 뒤 약간의 소금(경우에 따라서는 세몰리나를 섞기도 한다)을 섞어 토기나 도자기 단지에 보관한다. 이 버터는 숙성되면서 아몬드 맛을 띠게 된다. 파티스리 및 쿠스쿠스, 국물 요리, 타진 등에 사용한다.

SMITANE 스미탄 러시아, 동유럽, 중부유럽에서 즐겨 먹는 다소 걸쭉한 사워크림의 일종. 유산균 발효를 통해 만들어지는 스미탄은 보존기간이 매우 짧으며 영미권 국가의 사워 크림에 해당한다. 특히 생선(청어, 롤몹스), 보르쉬(borchtch) 수프, 속을 채운 양배추, 슈크루트, 헝가리의 고기 스튜 등에 곁들인다. 스미탄 소스(sauce smitane)는 잘게 썬 양파에 화이트와인을 넣고 수분이 완전히 없어질 때까지 졸인 뒤 이 사워 크림과 섞어 다시 원하는 농도로 졸여 만든다. 이것을 체에 거른 뒤 레몬즙 몇 방울을 첨가한다.

SMOOTHY 스무디 과일이나 생채소(또는 이 둘의 혼합), 액체 재료(우유, 인퓨전 티, 채소 육수), 크리미한 질감의 재료(요거트, 아이스크림, 소르베) 등을 섞어 걸쭉하고 부드러운 거품이 나도록 갈아 만든 음료를 뜻한다. 경우에 따라 분쇄한 얼음을 섞기도 한다. 스무디는 원심분리 타입 주서기, 착즙기, 블렌더, 믹서 및 스무디 전용 기계 등을 사용하여 만들 수 있다. 병이나 종이팩에 포장된 다양한 종류의 스무디를 수퍼마켓 냉장 코너에서 손쉽게 구입할 수 있다.

SMÖRGÅSBORD 스뫼르가스보르드 스웨덴식 뷔페 상차림의 한 형태로 찬 요리와 더운 요리를 다양하고 풍성하게 한 상에 차려 놓은 것이다. 음식 종류가 많아 충분한 한 끼 식사로 손색 없으며 식사에 참가한 사람들은 각자 원하는 음식을 자유롭게, 하지만 전통적인 순서를 지키며 자신의 접시에 직접 덜어 먹는다.

스뫼르가스보르드의 첫 번째 코스는 당연히 스칸디나비아의 식품의 왕으로 꼽히는 청어다. 첫 번째 접시에는 예를 들면 식초, 설탕, 당근, 향신료에 재운 초절임 청어(hareng du vitrier), 양념에 재운 청어 튀김, 사워 크림을 곁들인 청어, 훈제 청어 또는 염장 훈제 청어 등을 담고 딜, 얇게 썬 양파나 오이 등을 곁들인다. 이어서 다른 생선 요리로 넘어간다. 훈제 연어와 장어, 즐레를 씌운 송어, 딜을 넣은 대구 알, 속을 채운 삶은 달걀, 완두콩과 버섯을 넣은 새우 샐러드, 또는 스뫼르가스보르드의 대표적인 스웨덴 특선 요리 파젤보(fagelbo, 생달걀노른자 주위에 양파, 케이퍼, 얇게 저민 비트를 둘러 놓은 요리) 등이 이에 해당한다. 다음은 차가운 고기 요리와 스웨덴식 샤퀴트리 차례다. 즐레를 씌운 송아지고기, 염장하여 익힌 우설, 로스트비프, 간 파테 등의 요리에 마요네즈에 버무린 채소 마세두안 또는 콜드 파스타 샐러드를 곁들여 먹는다. 마지막으로 '얀손의 유혹'이라는 이름의 그라탱(Janssons frestelse, 안초비와 감자, 크림과 양파를 넣어 만든다), 속을 채운 양파, 미트볼(köttbullar) 등 주로 스웨덴의 대표 요리로 구성된 더운 요리들을 먹는다.

뷔페에는 이 밖에도 다양한 호밀빵과 바삭한 갈레트, 각종 치즈 모둠(청어와 함께 먹는다), 그리고 디저트로 과일 샐러드가 준비되어 있다. 곁들여 마실 주류로는 대개 아쿠아비트(aquavit)와 맥주가 준비된다. 스뫼르가스보르드(smörgåsbord)라는 용어는 스웨덴어지만 이 같은 뷔페식 상차림 식사는 모든 노르딕 국가에서 널리 행해진다(덴마크의 koldtbord, 노르웨이의 smørbrød, 핀란드의 voileipäpöyta, 러시아의 zakouski 등). 마리네이드한 청어, 감자와 비트를 넣은 청어 샐러드, 훈제 거위를 얹은 크루통, 철갑상어와 훈제 연어, 생선 알 등을 기본 메뉴로 여기에 노르웨이에서는 라코레트(rakorret, 소금과 설탕을 넣어 발효시킨 송어), 핀란드에서는 소금에 절여 훈제한 순록고기 슬라이스와 스크램블드 에그, 덴마크에서는 적채를 넣은 미트볼 또는 양배추를 곁들인 훈제 거위고기 슬라이스 등이 추가로 포함된다.

SNACK-BAR 스낵 바 언제든지 빠른 식사를 제공하는 식당으로 메뉴의 가짓수는 그리 많지 않지만 크로크무슈, 키슈, 핫도그, 햄버거, 프렌치프라이를 곁들인 닭구이 등 간단히 먹을 수 있는 요리와 비 알코올성 음료(청량음료, 커피, 차, 각종 향을 더한 우유 등)를 판매한다.

SOAVE 소아브 소아베. 소아베 와인. 이탈리아 베네토 지역에서 생산되는 AOC 드라이 화이트와인으로 포도 품종의 70~90%는 가르가네가(garganega)이고 나머지는 트레비아노(trebbiano)이다. 이탈리아 최고의 와인 중 하나로 꼽힌다.

SOBRONADE 소브로나드 페리고르 지방의 투박한 시골풍 수프로 주재료는 흰 강낭콩, 순무, 채소, 향신 재료, 돼지고기(때로 염장 돈육)이며 경우에 따라 햄을 추가하기도 한다.

SOCCA 소카 니스의 특산물인 소카는 병아리콩 가루에 물을 섞은 반죽으로 크고 납작하게 구운 전병의 일종이다. 크고 둥근 주석 도금 구리팬에 반죽을 얇게 펴 얹어 피자 오븐에서 구워내는 이 간식은 니스와 그 주변 지역에서 큰 인기를 끌고 있다. 시장에서 쉽게 사먹을 수 있는 길거리 음식이며, 뜨거울 때 후추를 뿌려서 먹는다.

레스토랑 르 자르댕 드 페를르플뢰르(LE JARDIN DE PERLEFLEURS, BORMES-LES-MIMOSAS)의 레시피

socca 소카

병아리콩 가루 125g에 물 250mℓ, 소금, 후추, 올리브오일 1테이블스푼을 넣고 거품기로 세게 저으며 섞는다. 큰 사이즈의 그라탱 용기 2개에 버터를 바른 뒤 혼합물을 붓고 240°C로 예열한 오븐에 20분정도 굽는다. 오븐 브로일러를 켠다. 소카 표면에 부풀어오른 부분을 포크로 찔러 터트려 없애준 다음 브로일러 아래에 놓고 노릇하게 굽는다.

SOCLE 소클 받침. 요리의 플레이팅 요소 중 하나로 옛날에는 흔히 사용했으나 오늘날에는 아주 드문 편이다. 하지만 고전적인 플레이팅에서는 아직도 익힌 쌀을 다리올 틀에 담아 모양대로 찍어낸 다음 그 위에 달걀이나 고기를 얹어 내기도 한다. 장식이 많았던 옛날 요리에서는 고기, 가금육, 생선 요리를 화려한 장식이 된 받침대 위에 올려 서빙했다. 피에스 몽테와 마찬가지로 이러한 받침 장식을 만들 때에는 건축, 동물우화, 식물 등에서 영감을 얻는 경우가 많았다. 건축과 디저트 장식에 관심이 많았던 앙토냉 카렘은 다수의 받침 드로잉을 남기기도 했다.

SODA 소다 소다수, 탄산음료. 일반적으로 미네랄이 거의 함유되지 않은 탄산수로 오늘날에는 거의 대부분 과일(레몬, 오렌지) 또는 다양한 식물(코카나무, 콜라나무) 추출물을 기본재료로 한 시럽을 첨가하며 때때로 음료수(**참조** BITTER, TONIC)에 쌉싸름한 맛을 더하기 위해 식물 향료를 첨가하기도 한다. 그 외에도 탄산음료에는 각종 산성화제, 감미료, 색소 등의 식품첨가물이 들어간다.

SODIUM 소디움 소듐, 나트륨. 무기원소의 하나로 칼륨과 더불어 세포의 수분 조절에 중요한 역할을 하며 인체의 산, 염기균형에 관여한다. 서양 식단에서는 하루 평균 나트륨 4~6g을 섭취하게 되어 필요량이 충분히 공급되는데, 많은 영양학자들은 이 양이 과하다고 평가하고 있다. 나트륨 과잉섭취는 고혈압의 위험을 증가시키기 때문이다. 나트륨의 주요 공급원은 요리할 때 첨가하는 소금(염화나트륨)이며 빵, 샤퀴트리, 아페리티프용 짭짤한 비스킷, 포테이토칩, 치즈, 조리된 식품, 일부 통조림(특히 소스) 등도 포함된다. 또한 천연적으로 나트륨이 함유되어 있는 식품들도 다수 있다(우유, 해산물, 달걀흰자, 견과류, 광천수 등).

SOJA (SAUCE) (소스) 소자 간장. 동남아와 일본에서 많이 사용하는 기본 양념 중 하나다. 일본에서는 쇼유, 중국에서는 지앙요(醬油)라고 부르는 간장은 대두, 밀, 물, 소금을 발효하여 만들며 여기에 다양한 부재료를 넣을 수 있다. 중국 광동지방에서는 다진 돼지고기, 북경에서는 생강과 버섯을 첨가해 먹는다. 경우에 따라 피시 소스인 느억맘이나 멸치젓 등을 넣어 더욱 강한 풍미를 내기도 한다. 간장의 영양적 가치는 고기 추출액과 비교할 만하며 시간이 지나면서 숙성되면 맛이 더 좋아진다. 간장을 가장 많이 사용하는 일본에서는 색이 진하고 맛도 강한 요리용 진간장과 좀 더 맑은 색의 양념용 간장으로 구분해 쓰기도 한다.

sauce soja 소스 소자

간장 : 대두 3ℓ를 물에 끓여 콩알이 으깨질 정도로 푹 익힌다. 증기에 찐 찹쌀 1kg을 첨가한다. 대두와 찹쌀을 이겨서 혼합하여 되직한 반죽을 만든 뒤 어둡고 서늘한 장소에서 2일간 휴지시킨다. 이어서 이 혼합물을 담은 용기를 바람이 잘 통하는 곳에 1주일간 매달아둔다. 노란색 곰팡이가 피기 시작하면, 물 5ℓ와 소금 1ℓ를 담은 항아리를 해가 잘 드는 곳에 놓고 물의 온도가 만졌을 때 뜨거워지면 이 메주를 넣는다. 항아리 뚜껑을 열어둔 채로 그 자리에 한 달간 둔다. 긴 막대로 매일 세게 휘저어 섞는다. 혼합물의 색이 점점 검정색으로 변하게 된다. 이 상태에서 4~5개월간 손을 대지 않는다. 비가 오는 궂은 날씨에는 항아리 뚜껑을 덮는다. 윗부분의 맑은 간장을 따라내어 병에 담고 밀봉해 보관한다.

SOJA VRAI 소자 브래 대두. 콩과에 속하는 콩류의 하나로 원산지는 만주로 추정되며 중국에서는 다도우, 일본에서는 다이주라고 부른다. 단단한 목질의 줄기에는 3장씩 뭉친 잎과 솜털로 덮인 갈색 또는 녹색의 콩깍지가 약 15개씩 달리며 각 콩깍지마다 완두콩 크기의 콩 알갱이가 세 개씩 들어 있다. 대두는 기름과 콩가루의 원료로 혹은 인간의 식량이나 동물의 사료로 전 세계에서 가장 많이 사용되는 식물이다. 대두를 숙주 또는 녹두(**참조** HARICOTS MUNGO)와 혼동해서는 안 된다. 동아시아 지역의 주요 식량 중 하나인 대두는 이미 기원전 중국에서 소비되었고 일본에는 6세기에 유입되었으며 밭의 고기라는 별명을 갖고 있다. 유럽의 여행자들은 17세기에 대두를 발견했고 이것으로 만든 죽, 케이크, 수프 등의 몇몇 요리를 전파했다. 한 세기가 지난 후 처음으로 대두 씨앗이 파리 식물원에 파종되었다. 대두를 원료로 한 식품은 다양하다.

– 대두 콩알은 콩깍지에 들어 있는 신선 상태로, 통조림 또는 냉동으로 판매되며 바로 소화 흡수되는 단백질을 최대 20% 함유하고 있다. 주로 끓여서 죽을 만드는 데 사용되며 중국에서는 소고기나 해산물 요리에 곁들여 먹는다.

– 노랑, 녹색, 검정 또는 두 가지 색이 섞인 말린 대두는 100g당 422kcal 또는 1764kJ의 열량을 제공하며 소고기의 두 배에 해당하는 단백질(37%)을 함유하고 있다. 물에 담가 불린 뒤 삶아서 수프를 만들거나 샐러드에 넣어 먹는다. 일본에서는 검정콩 서리태에 정향과 설탕을 넣고 오래 푹 익힌 뒤 간장에 조려 반찬으로 즐겨 먹는다.

– 대두가루(밀가루보다 단백질이 3.5배 풍부하다)는 케이크, 빵을 만들거나 소스를 걸쭉하게 만드는 농후제로 사용되며 일본에서는 이 콩가루를 찹쌀떡에 묻혀 먹기도 한다.

일본 요리에서는 대두로 만든 식품들을 특히 많이 사용한다. 콩을 발효시켜 만드는 낫토는 쌀밥이나 일부 축제 음식에 곁들여 먹으며 두부 또한 여러 가지 방법으로 조리할 수 있다. 쌀, 보리 또는 대두를 원료로 만들어 오랜 시간 발효한 미소 된장은 국을 끓이거나 생선을 절일 때 혹은 각종 채소의 양념으로 두루 사용되며, 대두가루의 영양분을 녹여 추출한 음료인 두유 또한 즐겨 마신다. 대두는 에스트로겐 성분을 함유하고 있어 폐경기 여성의 골다공증 예방에 도움을 주는 식품으로 알려져 있다.

▶ 레시피 : RISOTTO.

SOLE 솔 서대. 납서대과에 속하는 경골어류로 배지느러미와 등지느러미가 넓게 펼쳐져 있고 몸이 납작하며 눈은 머리의 오른쪽에 몰려 있다(**참조** p.674~677 바다생선 도감). 서대는 모양이 아주 비슷한 여러 어종이 존재한다. 타원형의 이 생선은 가슴지느러미의 색이 있는 면 끝 쪽에 검정색 반점이 한 개 있으며, 눈이 없는 쪽 면은 흰색을 띤다. 서대는 길이가 적어도 20cm는 되어야 판매용으로 출하되며 큰 것은 길이 60cm에 무게가 1kg 이상 된다. 4호 크기의 서대는 약 250g으로 한 마리를 1인분으로 잡으면 적당하다. 따라서 4인분 기준 1kg가 필요하다고 할 때 4마리를 구입하면 된다(즉, 판매 시 서대에 붙이는 이 호수는 1kg 기준 마리 수에 해당한다고 보면 된다). 서대는 고대 로마의 미식가들이 애호하던 생선들 중 하나다. 옛날 요리에서는 이 생선을 소금에 절이거나 찌듯이 익히거나 튀김, 파테, 포타주, 스튜 또는 오븐구이 등으로 요리했으며, 특히 17세기 말 루이14세 통치 시대에는 왕의 요리로 등극했다. 서대를 필레로 떠 섬세하게 조리하고 고급 재료를 곁들이는 등 많은 공을 들이는 요리법이 발달하였고 그중에는 퐁파두르 후작부인의 이름을 붙인 레시피(Filets de sole à la Pompadour)도 있었다. 19세기에 들어와서는 아돌프 뒤글레레(Adolphe Dugléré)와 니콜라 마르게리(Nicolas Marguery)를 필두로 모든 유명 요리사들이 서대 요리를 선보이며 실력을 발휘했다. 대개 심해에서 잡힌 서대가 연안 근처의 것보다 더 맛이 좋으며 한류 해역에 서식하는 서대가 더 고급이다. 서대는 버리는 부분(약 50%)이 비교적 많은 생선이며 살은 매우 담백하다(지방 1%). 필레에는 잔가시가 전혀 없고 살 조직이 단단하여 익혔을 때 그 모양이 완벽히 유지된다.

■ **사용.** 서대는 클래식 고급 요리뿐 아니라 일반 가정요리에서도 아주 많이 사용되는 생선들 중 하나다. 작은 서대는 튀김으로, 중간 사이즈(soles portions이라고도 부른다. 한 마리가 1인분 포션으로 적합한 크기로 무게는 220~250g 정도)는 팬프라이나 구이로 조리한다. 큰 사이즈의 서대는 쿠

서대의 종류와 특징

종	원산지	출하 시기	외형
세토, 웨지 솔 céteau wedge sole	대서양, 인도양	5월~9월	크기가 작고 길쭉하며 머리 가까이 S자 모양의 측선이 있으며 눈 근처부터 등지느러미가 시작된다.
서대 sole commune	영불해협, 북해, 대서양, 지중해	연중	무늬가 없고 가슴지느러미가 발달해 있으며 끝부분에 검은 반점이 있다.
틱백 솔 sole perdrix thickback sole	대서양, 지중해 , 아드리아 해	4월~7월	주황색이 돌며 진한 줄무늬가 있고, 등과 꼬리지느러미에는 검은색 얼룩이 있다.
모래서대 sole pôle, sole blonde	대서양, 북해	연중	크기가 작고 색이 밝으며 노란색을 띤다.
세네갈서대 sole du Sénégal	Atlantique	연중	가슴지느러미가 거무스름하고 회백색 줄무늬가 있다.

르부이용에 익히거나, 속을 채워 오븐에 굽거나 브레이징한다. 또한 필레를 떠서 파피요트로 말거나 납작한 상태로 데친 뒤 소스를 곁들여 서빙하기도 하며 때로는 빵가루를 묻혀 튀기거나 구워 서빙하기도 한다.

sole : préparation 솔

서대 준비하기 :

- 1인용을 한 마리 통째로 조리할 서대의 지느러미와 수염 등을 잘라내고 머리는 그대로 둔다. 회색 면은 껍질을 벗겨내고 반대쪽 흰색 면은 비늘을 긁어낸다. 내장을 빼내고 아가미를 제거한다. 서대를 꼼꼼히 씻고 물기를 닦아낸 다음 조리할 때까지 냉장고에 넣어둔다.
- 서대를 필레(생선을 손질하여 살만 필레로 뜬 상태)로 사용하는 경우에는 우선 지느러미와 수염을 잘라낸 뒤 양면의 껍질을 모두 벗긴다. 이어서 칼날에 탄성이 있는 생선용 필레 나이프(filets de sole)를 사용하여 필레를 뜬다. 서대를 꼬리가 작업자 쪽으로 오게 하여 도마나 작업대에 놓는다. 생선용 필레나이프로 머리부터 가장자리를 빙 둘러 잘라 자국을 낸 다음 중앙의 척추뼈를 따라 머리에서 꼬리까지 길게 칼집을 낸 필레를 두 부분으로 나눈다.

생선을 납작하게 누르며 잘 잡고 칼날을 필레와 가시 사이로 밀어 넣으면서 정확하고 민첩한 동작으로(톱질하듯이 칼날을 여러번 움직이지 않는다) 필레를 분리해낸다. 서대를 반 바퀴 돌려 이번에는 머리를 작업자 쪽으로 향하게 한 뒤 두 번째 필레를 같은 방법으로 잘라낸다. 서대를 뒤집어 반대쪽 면의 머리에서부터 필레의 둘레를 따라 절개자국을 낸 다음 척추뼈를 따라 길게 칼집을 내고 첫 번째 면과 같은 방법으로 마지막 2장의 필레를 떠낸다. 생선 필레의 바깥쪽 가장자리에 남아 있는 지느러미 살을 깔끔히 잘라낸 다음 물에 담그지 않고 재빨리 헹궈낸다. 물기를 제거한 뒤 조리할 때까지 냉장고에 보관한다.

filets de sole au basilic 필레 드 솔 오 바질릭

바질 소스를 곁들인 서대 필레 : 얇게 썬 샬롯 4개, 바질 1테이블스푼, 올리브오일 1테이블스푼을 섞어 오븐 사용이 가능한 용기 바닥에 깔아준다. 750g짜리 서대 2마리의 필레를 떠 소금, 후추로 밑간을 하고 용기에 배치한다. 생선 육수 200mℓ와 동량의 화이트와인을 넣는다. 알루미늄 포일로 덮고 센 불에 올려 끓을 때까지 가열한다. 이어서 250°C로 예열한 오븐에 넣어 5분간 익힌다. 생선 필레를 건져 접시에 놓고 다른 접시를 덮어 뜨겁게 유지한다. 생선을 익히고 남은 국물을 2/3로 졸인 뒤 작게 썰어둔 버터 120g을 넣으며 거품기로 잘 섞는다. 간을 맞추고 레몬즙 1/2개분을 뿌린다. 토마토 1개를 끓는 물에 살짝 데쳐 껍질을 벗기고 씨를 제거한 뒤 주사위 모양으로 썬다. 토마토를 생선 필레에 올린다. 잘게 썬 바질을 소스에 넣은 뒤 생선 위에 끼얹는다.

filets de sole cancalaise 필레 드 솔 캉칼레즈

캉칼식 서대 필레 : 서대 필레 6장을 떠낸다. 굴 12개를 물에 데쳐 익힌다. 굴을 데친 국물을 섞은 생선 육수에 서대 필레를 접어 넣고 데친다. 필레를 건져서 접시 위에 터번 모양으로 빙 둘러 담는다. 가운데 빈 공간에 껍질 깐 새우를 채워 넣는다. 생선 필레마다 굴의 살을 2개씩 얹는다. 생선 익힌 국물을 졸인 뒤 화이트와인 소스와 섞는다. 이 소스를 생선에 끼얹는다.

filets de sole Daumont 필레 드 솔 도몽

도몽 서대 필레 : 민물가재 살을 깍둑 썰어 낭튀아 소스로 버무린 살피콩 8테이블스푼을 만든다. 큰 사이즈의 서대 2마리를 준비해 필레를 뜬다. 명태살을 곱게 간 소 400g를 만든 뒤 민물가재 버터 50g을 넣고 섞는다. 각 서대 필레 반쪽 부분에 명태살 소 혼합물을 각각 1/8씩 짜 얹은 다음 나머지 반쪽 부분을 접어 그 위로 덮는다. 버터를 바른 그라탱용 용기에 반으로 접은 필레들을 한 켜로 놓은 뒤 생선 육수를 재료 높이만큼 붓는다. 약하게 끓는 상태를 유지하며 익힌다. 아주 큰 사이즈의 양송이버섯 갓 8개를 버터에 색이 나지 않게 자체 수분으로 익힌 뒤 준비해둔 낭튀아 소스 민물가재 살피콩을 채워 넣는다. 서대 필레를 건져 각 버섯 위에 하나씩 올린다. 노르망드 소스를 끼얹는다.

filets de sole Joinville 필레 드 솔 주앵빌

주앵빌 서대 필레 : 양송이버섯 250g을 흐르는 물에 재빨리 씻어 물기를 제거한 뒤 주사위 모양으로 썰고 레몬즙을 뿌린다. 버터를 넣고 색이 나지 않게 약한 불로 익힌다. 송로버섯 1개를 작은 주사위 모양으로 썬다. 서대 2마리를 준비해 필레 8장을 떠낸 뒤 남은 자투리와 뼈를 이용해 생선 육수를 만든다. 이 육수에 필레를 넣고 6분간 데쳐 익힌 뒤 건져 물기를 제거한다. 큰 사이즈의 새우 8마리를 끓는 소금물에 넣어 4분간 삶아낸다. 생선 육수와 버섯을 익히고 남은 즙을 섞어 노르망드 소스 300mℓ를 만든 다음 새우버터 1테이블스푼을 첨가한다. 껍질 벗긴 새우살 100g을 준비하여 양송이, 송로버섯과 섞고 노르망드 소스를 조금 넣어 버무린다. 원형 서빙 접시에 서대 필레들을 터번 모양으로 빙 둘러 놓은 뒤 익혀둔 새우 8마리의 껍데기를 벗겨 각 필레에 하나씩 꽂는다. 버섯과 섞은 새우살 가니시를 접시 중앙 빈 공간에 담고 소스를 끼얹어 서빙한다.

마리네트(MARINETTE)의 레시피

filets de sole Marco Polo 필레 드 솔 마르코 폴로

마르코 폴로 서대 필레 : 타라곤, 펜넬, 셀러리 1줄기를 굵게 다진다. 랍스터 또는 랑구스트(스파이니 랍스터)의 껍데기를 작게 부순 뒤 뜨거운 소테팬에 넣고 다진 채소와 함께 볶는다. 코냑을 붓고 플랑베한다. 필레를 뜨고 남은 싱싱하고 큼직한 서대 4마리의 자투리와 뼈를 모두 여기에 넣는다. 화이트와인 300mℓ를 넣고 아주 약하게 끓는 상태를 유지하며 졸인다. 냄비에 버터 50g, 다진 샬롯 1/2개, 껍질을 벗기고 씨를 제거한 뒤 잘게 썬 토마토 1/2개를 넣고 샴페인 200mℓ을 붓는다. 소금, 후추로 간한다. 여기에 서대 필레를 넣고 5~6분간 데쳐 익힌다. 소테팬에 끓인 국물을 체에 넣고 건더기를 꾹꾹 눌러 빻아가며 내린 뒤 면포에 다시 한 번 거른다. 여기에 버터 100g을 첨가하고 이어서 달걀노른자 2개와 생크림 100mℓ를 넣으며 거품기로 휘저어 섞는다. 서대 필레를 건져 접시에 담고 익힌 즙을 아주 진하게 농축시켜 졸인 뒤 끼얹는다. 랍스터 소스는 따로 담아낸다.

filets de sole Marguery 필레 드 솔 마르게리

마가리 소스를 곁들인 서대 필레 : 싱싱하고 큼직한 서대 2마리(각 800g)를 준비해 필레를 뜬다. 필레를 뜨고 남은 가시와 서더리에 화이트와인 500mℓ, 얇게 썬 양파 약간, 월계수잎 1/4장, 파슬리 1줄기를 넣고 약 15분간 끓여 생선 육수를 만든다. 홍합 1ℓ를 화이트와인에 익힌 뒤 껍데기를 까고 수염을 제거하여 살만 발라둔다. 홍합 익힌 국물을 생선 육수와 섞는다. 새우의 껍질을 깐다. 소스를 만드는 동안 홍합과 새우살은 뚜껑을 덮어 따뜻하게 유지한다. 서대 필레에 소금, 후추로 밑간을 한 다음 껍질이 안쪽으로 가도록 길이로 반을 접어 버터를 바른 바트에 놓는다. 생선 육수를 몇 스푼을 뿌린 뒤 버터 바른 유산지로 덮는다. 약하게 끓는 상태를 유지하며 데친 뒤 생선 필레를 건져 타원형 서빙 접시에 담는다. 서대를 익히고 남은 즙을 생선 육수에 넣어 섞고 체에 거른 뒤 다시 불에 올려 약 200mℓ 정도만 남도록 졸인다. 불에서 내리고 더블 크림 200mℓ를 첨가한다. 홀랜다이즈 소스를 만들 때와 마찬가지로 소스를 중탕 냄비 또는 약한 불에 올린 뒤 살짝 녹은 버터 100g을 넣고 거품기로 휘저어 섞는다. 소금, 후추로 간을 맞춘 뒤 홍합과 새우살을 넣는다. 레몬즙을 몇 방울을 뿌린 다음 생선 필레와 가니시 위에 끼얹는다. 매우 뜨거운 오븐에 넣어 윤기 나게 마무리한다.

filets de sole Mornay 필레 드 솔 모르네

모르네 소스의 서대 필레 : 서대 필레에 소금, 후추로 밑간을 한 다음 버터를 바른 용기에 넣는다. 생선 육수를 아주 조금 부은 뒤 너무 높지 않은 온도의 오븐에서 7~8분간 포칭한다. 생선 필레를 건져 버터를 바른 그라탱 용기에 한 켜로 나란히 담은 뒤 모르네 소스를 끼얹어 덮는다. 가늘게 간 파르메산 치즈를 고루 얹고 정제버터를 뿌린 다음 275°C로 예열한 오븐에 넣어 그라탱처럼 노릇하게 구워낸다.

filets de sole à la riche 필레 드 솔 아 라 리슈

리슈 소스를 곁들인 서대 필레 : 노르망드 소스 250mℓ을 만든 뒤 랍스터 버터 2테이블스푼, 얇게 썬 송로버섯 자투리 1테이블스푼, 소량의 카옌페퍼, 코냑 2테이블스푼을 첨가한다(리슈 소스). 따뜻하게 보관한다. 400g짜리 작은 랍스터 한 마리를 향신료를 넉넉히 넣고 간을 강하게 한 쿠르부이용에 넣어 익힌다. 랍스터를 건져 껍데기를 까고 살만 발라낸 다음 살피콩으로 잘게 깍둑 썬다. 서대 필레 8장을 길게 반으로 접은 뒤 생선 육수에 넣고 5분간 데쳐 익힌다. 건져서 물기를 뺀 다음 따뜻하게 데워둔 서빙 접시에 터번 형태로 빙 둘러 담는다. 가운데 빈 공간에 랍스터 살피콩을 채운 뒤 뜨거운 리슈 소스를 전체적으로 끼얹어낸다.

자크 마니에르(JACQUES MANIÈRE)의 레시피

filets de sole à la vapeur au coulis de tomate 필레 드 솔 아 라 바푀르 오 쿨리 드 토마트

증기에 찐 서대 필레와 토마토 소스 : 쿠스쿠스용 2단 냄비의 상단 찜기에

바질 6~7줄기를 깐 다음 반으로 접은 서대 필레 4장을 올리고 소금, 후추를 뿌린다. 하단 냄비에 약간의 물을 붓고 끓을 때까지 가열한 뒤 찜기 망을 올리고 뚜껑을 덮어 8분간 익힌다. 서대 필레를 따뜻하게 보관한다. 식초를 넣은 끓는 물에 달걀 1개를 깨트려 조심스럽게 넣은 뒤 3분간 포칭한다. 냄비에 올리브오일을 두르고 다진 회색 샬롯 1개를 넣은 뒤 색이 나지 않게 약한 불로 볶는다. 불에서 내린 다음, 으깬 수란, 머스터드 칼끝으로 아주 조금, 레몬즙 1개분, 소금, 후추, 잘게 썬 바질잎을 넣고 섞는다. 다시 약한 불에 올리고 거품기로 잘 저어 섞는다. 올리브오일을 조금씩 넣으며 계속 세게 휘저어 홀랜다이즈 소스를 만들듯 걸쭉하게 만든다. 토마토 3개의 껍질을 벗기고 씨를 제거한 뒤 잘게 깍둑 썰어 소스에 넣는다. 잘게 썬 처빌 1스푼을 첨가한다. 서대 필레를 접시 2개에 나누어 담고 이 소스를 끼얹어 낸다.

루이 우티에(LOUIS OUTHIER)의 레시피

filets de sole au vermouth 필레 드 솔 오 베르무트

베르무트 소스를 곁들인 서대 필레 : 버터를 바른 소테팬에 서대 필레를 넣는다. 생선 육수 100mℓ와 동량의 베르무트를 붓고 약하게 끓는 상태를 유지하며 10분간 데쳐 익힌다. 필레를 건져낸 뒤 뜨겁게 유지한다. 양송이버섯 갓 125g을 도톰하고 어슷하게 썰어 센 불에서 4분간 익힌다. 소금, 후추, 레몬즙으로 간한다. 버섯을 익히고 남은 즙을 체에 거른 뒤 2테이블스푼 정도만 남도록 졸인다. 서대 필레를 익힌 국물도 졸여서 버섯 농축즙과 섞는다. 여기에 더블 크림 400mℓ를 첨가하고 끓인다. 불에서 내린 뒤 달걀노른자 3개를 넣어가며 거품기로 세게 휘저어 걸쭉하게 농도를 맞춘다. 다시 불에 올려 잘 저으며 가열한다. 끓지 않도록 주의한다. 접시에 서대 필레를 담고 버섯을 곁들인 다음 소스를 끼얹어낸다.

filets de sole Walewska 필레 드 솔 발레스카

발레스카 서대 필레 : 서대 필레를 접지 않은 상태로 국물을 아주 자작할 정도로만 잡은 뒤 5분간 데쳐 익힌다. 오븐에 넣을 수 있는 길쭉한 접시에 필레를 놓고, 쿠르부이용에 익힌 랑구스트(스파이니 랍스터)나 랍스터살 어슷썬 것 한 조각과 생송로버섯 슬라이스를 필레마다 한 쪽씩 올린다. 랍스터 버터 또는 랑구스트 버터를 더한(소스 150mℓ 기준 버터 1테이블스푼) 모르네 소스를 끼얹는다. 300°C로 예열한 오븐에 잠깐 넣어 글레이즈한다.

goujonnettes de sole frites 구조네트 드 솔 프리트

가늘고 길게 썬 서대 튀김 : 두툼한 서대 필레를 약 2cm 폭으로 길게 어슷썬다. 소금을 넣은 우유에 생선을 잠시 담갔다 건진 뒤 밀가루를 묻혀 뜨거운 기름(180°C)에 튀긴다. 건져서 기름을 빼고 고운소금을 뿌린 뒤 냅킨을 깐 접시 위에 수북하게 쌓아 담는다. 튀긴 파슬리와 요철 무늬를 내어 반으로 자른 레몬 한 쪽을 곁들인다. 서대 구조네트는 종종 밀가루, 달걀, 빵가루를 입혀 튀기기도 한다.

sole diplomate 솔 디플로마트

디플로마트 소스를 곁들인 서대 : 싱싱하고 큼직한 서대 한 마리를 손질한다. 척추뼈를 따라 절개한 뒤 생선용 필레 나이프를 살과 가시 사이에 넣고 바깥쪽으로 누르며 밀어 완전히 잘라내지 않고 필레를 들어낸다. 가시 뼈를 대가리와 꼬리 부분에서 끊은 뒤 조심스럽게 떼어낸다. 명태살에 크림을 넣고 곱게 갈아 소 혼합물 125g을 만든다. 작은 주사위 모양으로 썬 송로버섯 살피콩 1디저트스푼을 소 혼합물에 넣어 섞는다. 이 소를 서대 필레 아래에 넣어 채운다. 소를 채운 서대를 생선 육수에 넣고 약하게 끓는 상태로 데쳐 익힌다. 뚜껑을 닫지 않는다. 조심스럽게 생선을 건져낸 뒤 측면의 잔가시들을 제거한다. 서빙용 접시에 생선을 놓고 랍스터살을 깍둑 썰어 만든 살피콩을 빙 두른다. 뜨겁게 유지한다. 서대를 익히고 남은 국물을 이용해 만든 디플로마트 소스를 끼얹는다.

sole Dugléré 솔 뒤글레레

뒤글레레 서대 요리 : 로스팅 팬에 버터를 바른다. 양파 큰 것 1개 또는 샬롯 2개, 파슬리 1송이, 마늘 1톨의 껍질을 벗긴 뒤 다진다. 토마토 4개의 껍질을 벗기고 씨를 제거한 뒤 잘게 썬다. 이 재료들을 모두 로스팅 팬에 고루 깔아준 다음 타임 1줄기와 월계수잎 1/2장을 첨가한다. 싱싱하고 큼직한 서대 한 마리를 준비해 비늘을 긁고 적당한 크기로 토막 낸다. 생선을 로스팅 팬에 얹고 작게 자른 버터 몇 조각을 군데군데 올린 다음 드라이한 화이트와인 200mℓ를 붓고 알루미늄 포일로 덮는다. 불에 올려 끓을 때까지 가열한 뒤 이어서 220°C로 예열한 오븐에 넣어 10분간 더 익힌다. 생선 토막을 건져내 길쭉한 접시에 원래 생선 모양으로 배치하며 담는다. 생선을 익히고 남은 국물에서 타임과 월계수잎을 건져낸 다음 생선 육수로 만든 블루테 2테이블스푼을 넣고 2/3로 졸인다. 차가운 버터 50g을 넣고 거품기로 잘 저어 섞는다. 이 소스를 생선 토막 위에 끼얹고 잘게 썬 파슬리를 뿌려 서빙한다.

sole normande 솔 노르망드

노르망드 소스를 곁들인 서대 : 250g짜리 서대 4마리의 지느러미를 잘라 다듬은 뒤 검정색 면은 껍질을 벗겨내고 흰 쪽은 비늘을 긁어낸다. 필레 살을 최대한 확보한 위치에서 대가리를 자른 뒤 내장을 제거하고 꼼꼼히 씻는다. 양식 홍합 400g을 씻어서 화이트와인을 넣고 마리니에르식으로 익힌다. 움푹굴 4개를 까서 살만 발라낸다. 굴에서 흘러나온 물은 따로 받아 체에 거른다. 드라이한 화이트와인 100mℓ와 굴에서 나온 물을 섞은 다음 굴 살을 넣고 1분간 데친다. 큰 사이즈의 양송이버섯 갓 4개를 깨끗이 닦은 뒤 골이 팬 모양을 내어 돌려 깎는다. 이것을 물에 씻어 버터와 레몬즙을 넣고 색이 나지 않게 익힌 뒤 소금, 후추로 간한다. 민물가재 4마리를 씻고 꼬리 쪽으로 내장을 조심스럽게 잡아 빼낸 뒤 집게발을 뒤로 꺾어 몸통 마디 안에 끼워 고정한다. 그 상태로 나주(향신료 등을 넣어 만든 생선, 해산물 익힘용 국물)에 넣어 익힌다. 바다빙어(éperlan) 4마리를 손질한 뒤 씻어둔다. 껍질 벗긴 새우 150g를 버터 15g과 함께 팬에 넣고 뚜껑을 덮은 뒤 약한 불에서 찌듯이 익힌다. 송로버섯 슬라이스를 4조각 자른 뒤 버터를 녹인 팬에 넣고 슬쩍 버무리듯 묻힌다. 식빵 4조각을 N자 모양으로 삐죽하게 잘라 크루통 4개를 만든 다음 기름과 버터를 녹인 팬에 튀기듯 지져내 종이타월 위에 놓고 따뜻하게 보관한다. 조리용 바트에 버터를 바른 뒤 잘게 썬 샬롯 30g을 깔고 서대 4마리를 흰 껍질 면이 위로 오도록 나란히 놓는다. 드라이한 화이트와인 100mℓ, 홍합을 익히고 난 국물을 위의 맑은 부분만 덜어내 체에 거른 것, 굴을 익히고 남은 국물, 버섯을 익히고 남은 즙의 일부를 넣는다. 소금, 후추를 아주 소량만 뿌린다. 끓을 때까지 가열한다. 끓기 시작하면 버터 바른 유산지로 덮은 뒤 4~5분간 아주 약하게 끓는 상태를 유지하며 익힌다. 서대를 조심스럽게 건져내 버터를 발라둔 서빙용 접시에 놓고 가장자리 지느러미 살을 깔끔하게 제거한 다음 덮어서 뜨겁게 보관한다. 서대를 익히고 남은 국물을 소테팬에 붓고 2/3로 졸인다. 생크림 200mℓ를 첨가한 뒤 다시 잠깐 동안 졸인다. 불에서 내리고 소스를 체에 거른 뒤 버터 40g을 넣고 거품기로 섞어 노르망드 소스를 완성한다. 껍데기를 까고 수염을 제거한 홍합살, 새우, 굴을 모두 소테팬에 넣고 노르망드 소스를 첨가해 섞는다. 빙어를 재빨리 튀겨낸 뒤 종이타월에 올려 기름을 빼고 소금을 살짝 뿌린다. 양송이버섯을 서대 위에 하나씩 올리고 가니시를 넣은 소스를 끼얹는다. 서대 위에 송로버섯 슬라이스를 한 조각씩 얹은 뒤 크루통을 적당한 자리에 놓는다. 나주(nage)에 익힌 뜨거운 민물가재와 튀긴 빙어 4마리를 보기 좋게 배치한다. 아주 뜨겁게 서빙한다.

sole paysanne 솔 페이잔

페이잔 가니시를 곁들인 서대 요리 : 당근 1개, 양파 1개, 셀러리 1줄기, 작은 리크 흰 부분 1대를 모두 얇게 썰어 버터와 함께 냄비에 넣고 설탕 1자밤과 소금을 뿌린 뒤 뚜껑을 덮고 자체 수분으로 찌듯이 익힌다. 채소가 완전히 잠기도록 따뜻한 물을 넉넉히 붓는다. 송송 썬 그린빈스와 생완두콩을 각각 1/2테이블스푼씩 넣는다. 채소가 모두 익으면 건져낸 뒤 국물을 2/3로 졸인다. 버터를 바른 타원형 토기 냄비에 손질한 서대 한 마리(300g짜리)를 넣는다. 소금과 후추를 뿌리고 익힌 채소로 덮어준 뒤 졸여둔 국물을 붓는다. 오븐에 넣어 서대를 익힌다. 국물을 소테팬에 덜어내 졸인 뒤 버터 2테이블스푼을 넣고 거품기로 휘저어 섞는다. 이 소스를 서대에 끼얹은 뒤 높은 온도의 오븐에 잠깐 넣어 윤이 나게 마무리한다. 바로 서빙한다.

sole au plat 솔 오 플라

가시를 제거하고 통으로 익힌 서대 요리 : 서대를 척추뼈를 따라 칼집 내어 절개한 다음 양쪽으로 필레를 뜨듯 칼날을 밀어 넣어 살을 가시와 분리해 벌려준 뒤 대가리와 꼬리 쪽을 끊어 가시를 떼어낸다(소를 채워 넣는 조리법과 같은 방법). 소금, 후추를 섞은 질 좋은 버터 1테이블스푼을 생선 안에 채워 넣고 버터를 바른 그라탱용 그릇에 넣는다. 레몬즙을 조금 첨가한 생선 육수를 재료의 높이만큼 부은 뒤 작게 자른 버터를 몇 조각 올린다. 250°C의 오븐에서 15분간 익힌다. 중간에 4~5번 정도 국물을 생선에 끼얹는다. 국물이 시럽 농도로 걸쭉해지고 생선 표면에 윤기가 돌면 완성된 것이다. 조리한 용기 그대로 뜨겁게 서빙한다.

sole portugaise 솔 포르투게즈

포르투갈식 서대 : 오븐 사용이 가능한 긴 접시에 버터를 얇게 바른 뒤 마늘로 향을 내고 걸쭉하게 졸인 토마토 퓌레를 깔아준다. 약 750g짜리 서대 한 마리의 내장을 제거

하고 손질한 뒤 소금, 후추로 밑간하여 접시에 놓는다. 올리브오일 2테이블스푼, 레몬즙 1테이블스푼, 생선 육수 2테이블스푼을 뿌린다. 240°C로 예열한 오븐에서 10분간 익힌다. 중간중간 국물을 끼얹는다. 빵가루를 뿌린 뒤 고온에서 노릇하게 그라티네(gratiner)한다.

올랑프 베르시니(OLYMPE VERSINI)의 레시피

sole au thym 솔 오 탱

타임 향 소스를 곁들인 서대 : 버터를 두른 프라이팬에 서대 한 마리(약 250g 정도 크기로 한 마리가 1인분 양으로 적당하다)를 넣고 양면을 각각 2분씩 지진다. 소금, 후추를 뿌리고 잎만 떼어낸 타임 1/2티스푼과 화이트와인 50mℓ를 첨가한다. 30초 동안 익힌 뒤 생선을 건져낸다. 남은 화이트와인을 반으로 졸인 다음 생크림 5테이블스푼과 껍질을 벗기고 주사위 모양으로 썬 레몬 과육(동그란 슬라이스 한 장 분량)을 넣는다. 농도가 걸쭉해질 때까지 끓인 뒤 소스를 생선에 끼얹는다. 증기에 찐 미니 주키니 호박을 곁들인다.

soles Armenonville 솔 아르므농빌

아르므농빌 서대 : 감자를 껍질째 익힌 뒤 껍질을 벗기고 3mm 두께로 균일하게 슬라이스한다. 싱싱하고 큼직한 서대 2마리의 껍질을 벗기고 손질한다. 서대에 생선 육수를 아주 자작할 정도로만 넣고 포칭한 뒤 서대는 건져내고 남은 즙에 화이트와인을 섞어 소스를 만든다. 포치니버섯을 채 썰어 버터에 넣고 뚜껑을 덮은 뒤 자체 수분으로 색이 나지 않게 익힌다. 이것을 소스에 넣는다. 서빙 접시에 감자 슬라이스와 송로버섯 슬라이스를 교대로 켜켜이 담고 생선을 놓는다. 소스를 끼얹은 뒤 바로 서빙한다.

soles Bercy 솔 베르시

베르시 서대 : 4인분 / 준비: 30분 / 조리: 8분

250g짜리 서대 4마리를 손질한 뒤 씻어서 물기를 닦는다. 오븐을 170°C로 예열한다. 불 위에서도 사용할 수 있는 오븐용기에 버터를 바르고 잘게 썬 샬롯 25g을 깔아준 뒤 소금, 후추를 뿌린다. 서대 4마리를 흰 껍질이 위로 오도록 나란히 놓는다. 드라이한 화이트와인 50mℓ와 차가운 생선 육수 50mℓ를 붓는다. 불에 올려 가열한 뒤 약하게 끓기 시작하면 오븐에 넣어 8분간 더 익힌다. 중간중간 국물을 끼얹는다. 다 익으면 생선을 건져낸 뒤 남은 국물을 소테팬으로 옮겨 글레이즈 농도가 되도록 졸인다. 이어서 버터 70g를 넣고 거품기로 휘저어 섞는다. 레몬즙 몇 방울을 첨가한다. 서빙용 접시에 서대를 담고 소스를 끼얹는다. 오븐 브로일러 아래에 잠깐 넣어 윤기나게 마무리한다. 바로 서빙한다.

soles à la dieppoise 솔 아 라 디에푸아즈

디에프식 서대 요리 : 350g짜리 서대 4마리를 화이트와인 100mℓ와 생선 육수 100mℓ에 넣고 소금, 후추로 간한 뒤 약하게 끓는 상태를 유지하며 익힌다. 뜨겁게 보관한다. 양송이버섯 100g에 버터와 레몬즙을 넣고 색이 나지 않게 익힌다. 새우 100g을 소금을 넣은 물에 삶아 껍질을 벗긴 다음 따뜻하게 보관한다. 홍합 1/2ℓ에 부케가르니를 넣고 입이 벌어질 때까지 익힌 뒤 살을 발라 따뜻하게 보관한다. 소스팬에 버터 40g과 밀가루 40g을 볶아 루를 만든 뒤 서대 익힌 국물 졸인 것, 홍합 익힌 국물 체에 거른 것, 버섯 익히고 남은 즙을 모두 넣는다. 생크림 100mℓ을 넣고 원하는 농도가 되도록 졸인 뒤 버터 25g을 넣고 잘 섞는다. 서대를 접시에 담고 새우살, 홍합살, 버섯을 빙 둘러 담는다. 아주 뜨거운 화이트와인 소스를 끼얹는다.

알랭 샤펠(ALAIN CHAPEL)의 레시피

soles de ligne à la fondue de poireau 솔 드 리뉴 아 라 퐁뒤 드 푸아로

리크를 곁들인 줄낚시 서대 요리 : 냄비에 버터 10g과 어린 리크, 물 약간, 소금 1자밤을 넣고 찌듯이 익힌다. 중간중간 저으며 수분을 졸인다. 생크림을 넉넉히 첨가한 뒤 소스가 걸쭉해질 때까지 졸인다. 해초 위에 놓고 오븐에 익힌 서대를 서빙 접시에 담은 뒤 익힌 리크를 작은 다발 형태로 빙 둘러 놓는다.

soles meunière 솔 뫼니에르

뫼니에르식 서대 요리 : 1인당 한 마리가 적당한 크기의 서대(250~300g짜리) 4마리를 준비해 껍질을 벗기고 씻은 뒤 내장을 제거하고 손질한다. 후추를 뿌리고 밀가루를 얇게 씌운다. 타원형 팬에 정제 버터 75~100g과 식용유 1스푼을 달군 뒤 서대를 놓고 센 불에서 양면을 각각 6~7분씩 노릇하게 지진다. 건져서 뜨거운 접시에 담는다. 작은 소스팬에 버터 약 75g을 가열해 황금색이 나기 시작하면 바로 생선 위에 끼얹고 레몬즙 1개분을 뿌린다. 다진 파슬리를 뿌린다.

기 뒤크레스트(GUY DUCREST)의 레시피

soles tante Marie 솔 탕트 마리

탕트 마리 서대 요리 : 싱싱한 서대 4마리의 대가리를 잘라낸 뒤 흰 껍질을 그대로 둔 상태로 손질한다. 색이 흰 양송이버섯 400g을 씻어 다진다. 다진 샬롯 2개에 버터 1조각을 넣고 색이 나지 않고 수분이 나오도록 볶는다. 여기에 다진 양송이버섯과 레몬즙 1개분, 생크림 100mℓ를 넣고 수분이 거의 없어질 때까지 졸여 뒥셀을 만든다. 약간 강하게 간을 한다. 생선 조리용 용기에 다진 샬롯 2개와 버터 한 조각을 넣고 수분이 나오도록 볶은 다음 그 위에 서대를 껍질 쪽이 아래로 향하도록 놓는다. 생선 육수 400mℓ와 생크림 300mℓ를 넣는다. 소금, 후추로 간한다. 210°C로 예열한 오븐에서 5~10분간 익힌다. 서대를 서빙 접시에 옮겨 담은 뒤 가장자리 지느러미 살을 제거하고 윗면의 필레 2장을 떠낸다. 가시 뼈를 들어낸다. 아래쪽 생선 살 위에 버섯 뒥셀을 펴 얹은 뒤 분리해둔 윗면의 필레 2장을 덮는다. 생선을 오븐 사용이 가능한 플레이트에 놓는다. 생선을 익히고 남은 국물을 약한 불에 졸인 뒤 면포에 거른다. 여기에 레몬즙 1/2개 분과 코냑을 조금 넣는다. 서빙 바로 전 휘핑한 생크림 100mℓ를 소스에 넣고 살살 섞은 다음 서대 위에 끼얹는다. 고온의 오븐에 잠깐 넣어 윤기 나게 글레이즈한다.

SOLFERINO 솔페리노 솔페리노 소스. 토마토를 푹 익혀 졸인 뒤 글라스 드 비앙드, 카옌페퍼 가루 칼끝으로 아주 조금, 레몬즙을 섞어 만든 소스로 마지막에 타라곤을 넣은 메트르도텔 버터와 샬롯 버터를 넣어 마무리한다.

▶ 레시피 : POTAGE, SAUCE.

SOLILEMME 솔리렘 솔리렘 브레드. 달걀, 버터, 크림을 넉넉히 넣어 만든 브리오슈의 한 종류로 구워낸 뒤 아직 뜨거울 때 둘로 갈라 녹인 가염 버터를 뿌린다. 솔리렘은 주로 차에 곁들여 먹지만 슬라이스해서 훈제 생선과 같이 서빙하기도 한다. 알자스 지방이 원조로 알려져 있다.

solilemme 솔리렘

솔리렘 브레드 : 체에 친 밀가루 125g, 제빵용 생이스트 15g, 따뜻한 물 2~3테이블스푼을 섞는다. 상온의 바람이 통하지 않는 장소에 두어 2시간 동안 발효시킨다. 부푼 발효종을 납작하게 펀칭하며 공기를 뺀 다음 달걀 2개와 크림 50mℓ를 넣어 섞는다. 여기에 체에 친 밀가루 375g을 첨가하고 잘 치대어 섞은 뒤 작게 잘라둔 버터 125g, 크림 50mℓ, 달걀 2개를 넣어 혼합한다. 필요한 경우 크림을 조금 첨가하며 텍스처를 조절한다(반죽은 충분히 말랑한 상태가 되어야 한다). 샤를로트용 틀에 버터를 바른 다음 반죽을 채운다. 바람이 통하지 않는 곳에서 부피가 두 배가 될 때까지 발효시킨다. 220°C로 예열한 오븐에서 40분간 굽는다. 빵을 틀에서 꺼낸 뒤 가로로 이등분한다. 두 개의 원반형 솔리렘에 각각 녹인 가염버터를 40g씩 뿌린다. 두 개의 원반을 다시 겹쳐 원래 케이크 모양대로 복원한다.

SOLOGNE ▶ 참조 ORLÉANAIS, BEAUCE ET SOLOGNE

SOLOGNOTE 솔로뇨트 아르마냑과 향신 재료에 재워 맛을 낸 오리 간에 빵 속살을 부순 가루를 조금 섞어 곱게 간 소를 오리 안에 채워 넣은 요리로 가능하면 하루 전날 준비하면 더욱 좋다. 소를 채운 이 오리는 팬에 지져 익힌다. 이 명칭은 또한 장어 마틀로트, 또는 화이트와인과 와인 식초에 향신재료와 함께 넣고 재웠다가 오븐에 구운 양 뒷다리 로스트를 지칭하기도 한다. 이 때 마리네이드했던 양념액은 졸여서 소스용으로 고기 로스팅 팬을 디글레이즈하는 데 사용된다.

SOMMELIER 소믈리에 규모가 큰 레스토랑 홀에서 와인 서빙을 담당하는 사람으로 포도주 양조에 관한 지식과 음식과 잘 어울리는 와인을 고를 줄 아는 능력을 갖추어야 한다. 카비스트(caviste)는 특히 술 저장고인 카브(cave)에 보관된 와인 관리를 전담하는 사람을 뜻한다. 원래 소믈리에는 수도원에서 설거지, 빨래 및 빵과 와인을 담당하던 수도사를 지칭했다. 앙시앵 레짐 시대의 프랑스 왕실에는 한 명 또는 여러 명의 소믈리에가 배정되었는데, 초창기 이들의 임무는 말이나 짐 나르는 가축에 싣고 온 포도주를

수령하는 일이었다. 이어서 왕의 가구나 비품을 관리하는 여러 직책의 담당자들을 이 명칭으로 불렀다. 이후 이 용어는 무거운 짐을 나르는 짐꾼을 뜻하기도 했으며, 17세기 말 소믈리에는 왕실 사람들이 이동할 때 짐 가방의 운반을 맡은 직원들을 가리켰다. 영주나 귀족의 저택에서 소믈리에는 식기를 세팅하고 와인과 디저트 준비를 담당했다.

SON 송 겨, 밀기울. 곡식의 낟알을 감싸고 있는 껍질을 뜻한다. 보통 곡식 가루에 섞여 있어 다양한 종류의 체로 쳐서 분리해내는 껍질 조각이나 티끌을 지칭하기도 한다. 원뜻 그대로의 겨는 작은 비늘과 같은 형태로 인과 비타민 B군의 함량이 높다. 특히 불용성 섬유소가 풍부하여 영양학적으로 장점을 지니고 있다. 하지만 밀기울을 제거하지 않은 빵을 규칙적으로 섭취하는 것은 장을 자극할 수도 있기 때문에 권장하지 않는다.

SORBET 소르베 아이스 디저트의 하나로 지방과 달걀노른자를 함유하지 않는다는 점에서 일반 아이스크림(glace)과 구분되며, 아이스크림보다 덜 단단하고 입자도 더 거칠다. 소르베는 과일즙이나 퓌레, 와인(샴페인), 증류주(보드카) 또는 리큐어, 때로는 향을 우려낸 인퓨전(홍차, 민트 등의 허브) 등을 기본재료로 사용한다. 경우에 따라 글루코스 시럽이나 전화당(또는 둘 다)을 더한 설탕 시럽을 첨가하며, 재료를 얼리는 동안 혼합물을 휘저어주어야 한다. 소르베는 역사상 최초의 아이스 디저트다(우유나 크림으로 만든 아이스크림이 처음 생겨난 것은 18세기에 이르러서다). 중국인들이 페르시아 인들과 아라비아인들에게 만드는 방법을 알려주었고 이들은 이 비법을 이탈리아에 전파했다(**참조** GLACE, CRÈME GLACÉE). 원래 소르베는 과일, 꿀, 향료 그리고 눈(雪)으로 만들었다. 오늘날 소르베는 주로 고전적인 디저트로 또는 끼니 사이에 먹는 간식으로(주로 콘에 얹어서 먹는다) 즐긴다. 하지만 전통적으로 소르베는 대개 정찬 식사에서 요리 코스가 바뀔 때 입가심용으로 서빙되는 트루 노르망(trou normand) 역할을 한다. 특히 이 경우에는 술을 재료로 만든 소르베가 많이 제공된다.

쇼콜라티에 크리스티앙 콩스탕 (CHRISTIAN CONSTANT)의 레시피

sorbet au cacao et aux raisins 소르베 오 카카오 에 오 레쟁

코코아 건포도 소르베 : 물 1ℓ, 설탕 300g, 코코아 분말 250g, 바닐라 엑스트렉트 50g, 갈색 럼 30mℓ를 잘 혼합한 뒤 아이스크림 메이커에 돌려 소르베를 만든다. 위스키에 절인 건포도 100~150g을 넣어 섞은 뒤 소르베 용기에 채워 넣고 서빙할 때까지 냉동실에 보관한다.

sorbet au calvados 소르베 오 칼바도스

칼바도스 소르베 : 물 1/3ℓ에 설탕 200g을 녹인 뒤 길게 갈라 긁은 바닐라빈 1줄기를 넣는다. 끓을 때까지 가열하여 묽은 시럽을 만든다. 불에서 내린 뒤 바닐라빈을 건져낸다. 레몬즙 1개 분과 계핏가루 1자밤을 넣고 잘 섞는다. 달걀흰자 3개 분량에 소금 1자밤을 넣고 거품기로 휘저어 단단한 거품을 올린 뒤 시럽에 넣고 살살 섞는다. 혼합물을 아이스크림 메이커에 붓고 돌린다. 시럽이 얼면서 굳기 시작하면 칼바도스를 작은 리큐어 잔으로 4~5개 정도 넣는다. 거품기로 몇 초간 저어 섞은 뒤 다시 기계에 넣고 얼린다.

sorbet au cassis 소르베 오 카시스

블랙커런트 소르베 : 냄비에 설탕 250g, 물 400mℓ를 넣고 가열해 시럽을 만든다(당도 1.140). 시럽이 따뜻한 온도로 식으면 블랙커런트즙 350mℓ와 레몬즙 반 개분을 넣고 잘 섞는다. 혼합물을 아이스크림 메이커에 넣고 돌려 소르베를 만든다.

sorbet au citron 소르베 오 시트롱

레몬 소르베 : 냄비에 물 250mℓ와 설탕 250g을 넣고 끓을 때까지 가열해 시럽을 만든다. 시럽이 식은 뒤 차가운 전유 250mℓ와 레몬즙 250mℓ를 혼합한다. 아이스크림 메이커에 넣고 돌려 소르베를 만든다. 바로 먹으면 더욱 맛있다.

sorbet à la framboise 소르베 아 라 프랑부아즈

라즈베리 소르베 : 신선하고 잘 익은 라즈베리 1.3kg을 나일론 망으로 된 체에 놓고 눌러 짜거나 주서로 착즙해 1ℓ를 받아낸다(푸드밀에 갈지 않는다). 라즈베리즙에 설탕 250g을 넣고 주걱으로 저어가며 녹인다. 아이스크림 메이커에 넣어 돌린다.

sorbet aux fruits exotiques 소르베 오 프뤼 엑조티크

열대과일 소르베 : 바나나 퓌레 150g과 살구 퓌레 200g(산화 방지를 위해 이 과일들을 갈아 퓌레로 만들 때 라임즙 3테이블스푼을 섞는다)을 섞는다. 여기에 파인애플 퓌레 150g, 망고 퓌레 150g, 패션 프루트 과육 150g, 라임즙 300mℓ, 설탕 300g을 넣으며 잘 혼합한다. 계핏가루 4자밤, 정향 가루 4자밤, 갓 갈아낸 검은 후추 8자밤을 첨가한다. 잘 섞은 뒤 아이스크림 메이커에 넣고 돌린다.

sorbet aux fruits de la Passion 소르베 오 프뤼 드 라 파시옹

패션프루트 소르베 : 잘 익은 패션프루트를 반으로 잘라 과육을 떠낸 다음 푸드밀에 돌려 갈고 고운 체에 긁어내린다. 이 퓌레에 동량(부피 기준)의 차가운 시럽(당도 1.135, 광천수 500mℓ에 설탕 675g)을 더한 뒤 레몬즙을 조금 넣는다(최종 당도 1.075). 혼합물을 아이스크림 메이커에 넣고 돌려 소르베를 만든다. 더 간단하게 만들려면 설탕과 과육을 섞은 뒤 물을 추가하며 시럽 농도를 1.075 정도로 맞추면 된다. 그 다음 고운 체에 내려 아이스크림 메이커에 넣는다.

sorbet à la mangue 소르베 아 라 망그

망고 소르베 : 잘 익은 망고를 골라 껍질을 벗긴 뒤 과육을 잘라내어 아주 고운 체에 긁어내린다. 여기에 동량(부피 기준)의 시럽과 레몬즙(혼합물 1ℓ당 레몬 2개 분량)을 더한다. 최종 혼합물의 당도는 1.1425로 맞춘다. 혼합물을 아이스크림 메이커에 넣고 돌려 소르베를 만든다.

sorbet à la poire 소르베 아 라 푸아르

서양 배 소르베 : 잘 익고 즙이 많으며 싱싱한 서양 배 4개의 껍질을 벗긴 뒤 4등분해 속과 씨를 제거한다. 과육을 주사위 모양으로 썬 다음 레몬즙 1개분을 뿌린다. 이것을 설탕 300g과 함께 블렌더에 넣고 갈아 고운 퓌레로 만든다. 이 퓌레를 아이스크림 메이커에 붓고 돌려 소르베를 만든다. 완성된 소르베 용기를 꺼내 서빙할 때까지 냉동실에 보관한다.

sorbet au thé 소르베 오 테

홍차 소르베 : 홍차를 충분히 진하게 우려낸다. 차 1ℓ당 설탕 300g을 넣어 녹인 뒤 아이스크림 메이커에 넣어 돌린다. 기호에 따라 잘게 썬 건자두를 첨가한다.

sorbet à la tomate 소르베 아 라 토마트

토마토 소르베 : 완숙토마토 1kg의 껍질을 벗긴 뒤 체에 대고 눌러 즙을 짜낸다. 추출한 토마토즙 250mℓ를 계량한다. 물 150g에 잼 전용 설탕 300g을 넣고 가열하지 않은 상태로 녹여 시럽을 만든다. 토마토즙과 이 시럽을 섞고 보드카를 리큐어 잔으로 한 잔 첨가한 다음 아이스크림 용기에 담아 냉동실에 1시간 넣어둔다. 볼에 달걀흰자 1개와 슈거파우더 50g을 넣고 중탕 냄비(60°C 유지)위에 올린 뒤 거품기로 휘저어 섞으며 가열한다. 소르베가 얼어서 굳기 시작하면 거품기로 휘저어준다. 여기에 설탕과 섞어 휘저은 달걀흰자를 넣고 혼합한다. 냉동실에 다시 넣어 2시간 동안 얼린다.

SORBETIÈRE 소르브티에르 아이스크림 메이커, 소르베 제조기. 아이스크림이나 소르베를 만들기 위해 사용되는 전기 기구. 아이스크림 메이커는 혼합물(아이스크림의 경우는 우유와 달걀노른자, 향료 혼합물, 소르베의 경우는 과일즙이나 퓌레와 물)을 반죽하듯 치대고 섞어주면서 냉각시키는 기능을 갖고 있다. 가장 간단한 모델은 아이스크림으로 굳히는 기계(prise en glace)로 이것은 미리 냉동실에 얼려두었던 냉각제(얼음팩)를 사용하는 방식이다. 더욱 빠른 시간 내에 아이스크림을 만들 수 있는 자동 아이스크림 메이커 또는 아이스크림 터빈(turbines à glace)은 전문 업장에서 사용하는 기계의 복제품이라 할 수 있다. 완성된 아이스크림은 일반적으로 전용 바트나 틀에 채워 넣은 뒤 냉동실에 보관한다. 틀에 넣어 형태를 잡은 아이스크림이나 소르베는 따뜻한 물에 틀을 살짝 넣었다 빼면 쉽게 꺼낼 수 있다. 뒤집어 틀에서 분리한 다음 서빙 용기에 담고 다양한 장식을 곁들여 낸다.

SORGHO 소르고 수수. 주로 덥고 건조한 나라에서 재배되는 벼과의 곡물로 전 세계에서 밀과 쌀 다음으로 가장 많이 소비된다(**참조** p.179 곡류 도표). 수수(또는 굵은 조)가 인도에서 재배되었다는 사실이 기원전 1900년 기록을 통해 확인되었으며 1세기에는 이탈리아에 처음 도입되었다. 15세기 말 이후로 유럽에서는 더 이상 재배되지 않지만 아프리카와 중국에서

Sommelier 소믈리에

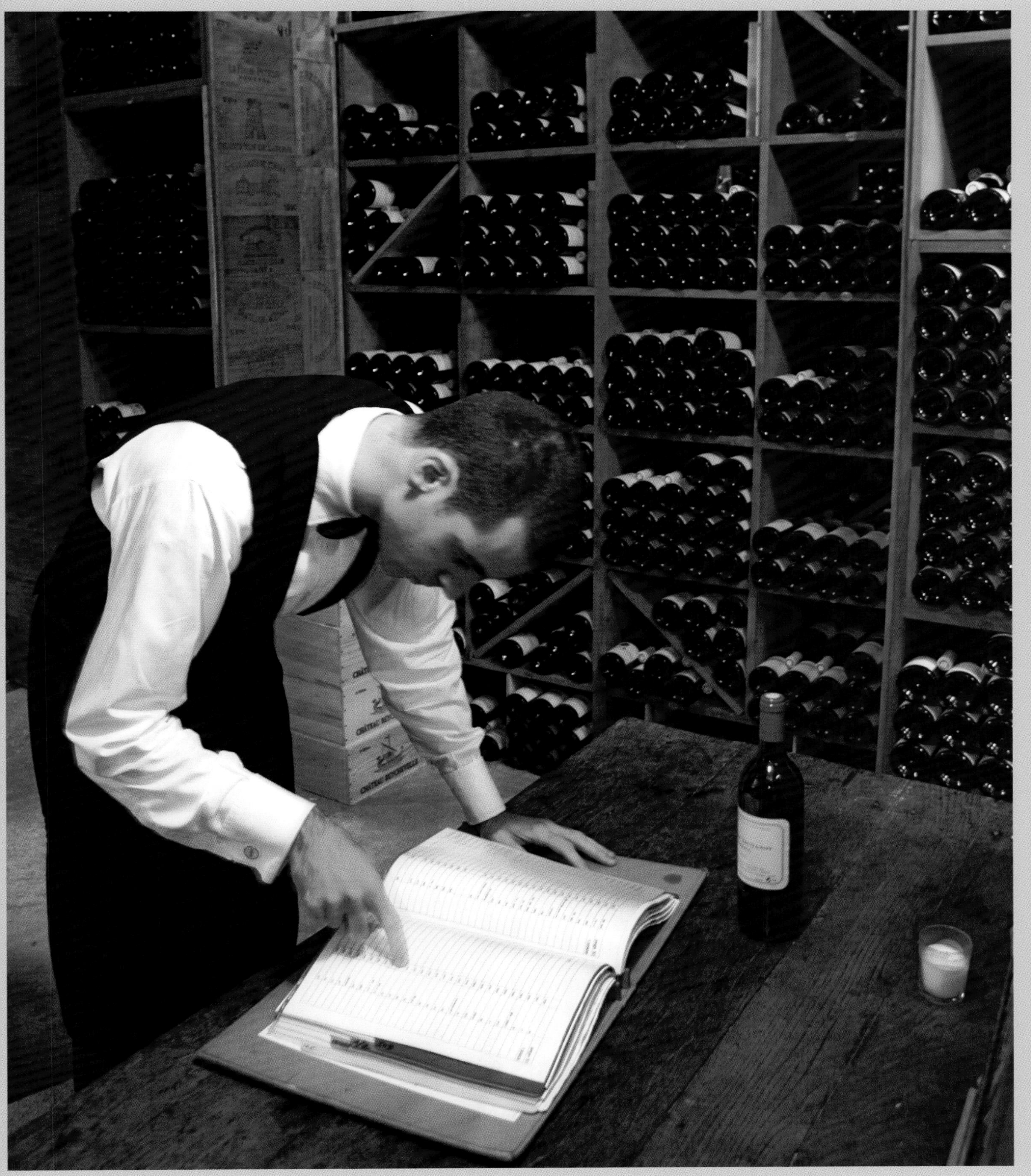

"주문을 받은 파리 포시즌스 호텔 조르주 생크의 소믈리에가 해당 와인에 적합한 글라스를 준비하고 손님이 고른 와인을 조회하고 있다.
말 그대로의 와인 서빙이 시작되는 것이다. 먼저 와인을 손님에게 보여준 뒤 승인을 받으면 소믈리에는 병을 딴다.
코르크 마개의 냄새를 맡아보고 이상이 없음을 확인한 뒤 와인을 시음한다. 필요한 경우엔 디캔팅을 하고 알맞은 온도가 유지되도록 준비한다."

는 기본 식량이 되는 작물로 남아 있다. 고추가 들어간 소스 또는 버터, 우유를 넣은 수수 케이크를 만들기도 하고 말리에서는 수수를 이용한 쿠스쿠스를 만들기도 한다. 튀니지에서는 전통 음식 소렙(sohleb, 생강을 넣고 끓인 조죽)을 길거리에서 판매하며 중국에서도 수수죽을 많이 먹는다. 동아프리카에서는 여인네들이 오크라 줄기를 넣은 조 맥주(pombé)를 직접 양조한다. 또한 중국인들은 장미꽃잎으로 향을 입힌 수수 증류주인 고량주를 생산하며 이 술은 마리네이드 양념액이나 소스를 만드는 등 요리에서도 두루 사용한다.

SORINGUE 소랭그 중세의 뱀장어 요리 중 하나다. 장어의 껍질을 벗기고 토막내어 찌듯이 익힌 뒤 구운 빵가루와 베르쥐(신 포도즙)로 만든 걸쭉한 소스에 뭉근히 익힌 요리다. 여기에 링 모양으로 튀긴 양파와 잘게 썬 파슬리를 첨가한다. 요리에 둥글게 썰어 튀긴 것과 잘게 썬 파슬리를 첨가한다. 소랭그는 와인과 베르쥐, 식초의 맛이 푹 밴 요리였다.

SOT-L'Y-LAISSE 솔리레스 가금류의 양쪽 허벅지 앞 장골의 안쪽 움푹한 부분에 위치한 작은 살 부위이다. 이름만 들어도 맛있을 것 같은 솔리레스(바보나 남기는 부위라는 뜻)는 닭을 잡는 사람이 직접 먹으려고 따로 빼놓거나 손님에게만 내놓는 귀한 부위다.

▶ 레시피 : VOLAILLE.

SOU DU FRANC 수 뒤 프랑 상인들에 의해 이루어지던 옛날 관행으로 음식을 사러 장에 나온 집사나 요리사들에게 물건 값의 5%를 할인해주어 그들이 챙기도록 한 것을 뜻한다. 때로는 액수가 꽤 큰 경우도 있었으나 이 수입은 비공식적으로 인정되었다.

SOUBISE 수비즈 양파를 포함하는 음식에 붙는 명칭으로 주로 양파가 들어간 소스나(양파 퓌레를 더한 베샤멜 소스) 퓌레(양파 퓌레에 일반적으로 쌀을 넣어 걸쭉하게 만든다)를 지칭한다. 이 명칭은 특히 수비즈 퓌레 위에 올린 달걀 요리를 가리키며 여기에 때로 수비즈 소스를 끼얹어 내기도 한다. 수비즈 퓌레는 고기 요리의 가니시나 채소의 소를 채우는 재료로 사용되기도 한다.

▶ 레시피 : ARTICHAUT, PURÉE, SAUCE.

SOUBRESSADE 수브르사드 소브라사다 소시지. 스페인의 샤퀴트리 특산품. 훈연하지 않은 발라 먹는 형태의 소시지로 비계 위주의 스터핑 혼합물에 살코기 부위가 섞여 있고 피망을 넣어 진한 향과 색을 더한 것이다(**참조** p.786 생소시지 도표).

SOUCHET 수셰 타이거너트, 기름골. 사초과에 속하는 지중해의 여러해살이 식물로 헤이즐넛 크기의 갈색 덩이줄기를 만들어낸다. 껍질을 마치 비늘과 같고 속살은 흰색인 이 작은 구근은 전분질이 많고 달콤하여 땅의 아몬드란 별명으로도 불린다. 보통 말려서 그냥 먹거나 로스팅하여 먹는다. 북아프리카 마그레브 지역에서는 대부분 빻아서 가금육 안에 채워 넣는 소를 만들거나 미트볼, 각종 향신료 믹스에 넣기도 한다. 스페인에서는 추파(chufa)라고 불리며 특히 발렌시아 지역에서 재배되는 타이거너트는 오르자(orgeat, 아몬드, 보리 시럽 음료)와 비슷한 인기 많은 음료인 오르차타 데 추파(horchata de chufa)를 만드는 데 사용된다. 또한 이 덩이 뿌리로 기름을 짜기도 하며 제과에 사용되는 가루를 만들기도 한다.

SOUCHET OU SUCHET (SAUCE) 수셰 또는 쉬셰 수셰 소스, 쉬셰 소스. 가늘게 채 썬 채소를 버터에 색이 나지 않고 찌듯이 볶은 뒤 화이트와인과 생선 육수를 더해 만든 소스. 생선을 익히고 난 뒤 이 국물을 바짝 졸이고 생선 소스를 넣어 보충한 다음 버터로 마무리한다.

SOUCI 수시 금잔화. 국화과에 속하는 원예식물의 하나로 노란색 꽃이 핀다. 옛날에 버터에 색을 내는 데 사용되었던 금잔화 꽃잎은 전통적으로 저지(Jersey)의 붕장어 수프(양배추, 리크, 완두콩을 넣는다)에 넣거나 그린 샐러드에 장식으로 얹기도 하며 식초에 향을 내는 데도 사용된다.

SOUDER 수데 반죽 두 장을 겹쳐 파이 등을 만들 때 둘레의 접합 부분을 손가락으로 가볍게 눌러 붙이는 작업을 의미한다. 혹은 한 장의 반죽 시트 안에 재료를 채워 넣은 뒤 가장자리를 접어 올린 부분을 손으로 눌러 붙이는 것도 해당된다. 조리하는 동안 붙은 상태가 잘 유지되도록 하기 위해 반죽에 물이나 달걀물을 살짝 묻히기도 한다. 이 테크닉은 주로 투르트, 파테 앙 크루트, 쇼송, 리솔, 탱발 등을 만들 때 사용된다.

SOU-FASSUM 수파숨 프로방스식 속을 채운 양배추 요리. 니스의 특선 요리로 사보이 양배추 안에 잘게 다진 근대, 돼지비계, 양파, 쌀, 소시지 소를 채워 넣고 옛날처럼 파쉬미에(fassumier)라고 부르는 그물주머니로 싼 뒤 양고기 포토푀 국물에 넣어 익힌다. 그라스(Grasse)의 수파숨은 토기 냄비에 얇은 돼지비계를 깔고 사보이 양배추잎과 스터핑 재료를 켜켜이 교대로 배치하여 익힌 형태이다.

---

sou-fassum 수파숨

프로방스식 소를 채운 양배추 : 사보이 양배추를 큰 것으로 한 통 준비해 겉의 시든 잎은 떼어내고 다듬은 뒤 소금을 넣은 끓는 물에 통째로 넣어 8분간 데친다. 찬물에 담가 식힌 뒤 건져 물을 뺀다. 큰 잎들을 떼어서 굵은 잎맥을 칼로 도려낸 뒤 물에 적셔 꼭 짠 그물망이나 거즈 위에 납작하게 펼쳐 놓는다. 양배추 안쪽의 남은 부분은 잘게 다져서 깔아놓은 양배추잎 위에 올리고 그 위에 데친 근대잎 250g, 주사위 모양으로 썰어 노릇하게 지진 베이컨 200g, 다져서 버터에 투명하게 볶은 양파 100g, 껍질을 벗기고 씨를 뺀 다음 잘게 썬 토마토 2개, 물에 삶은 쌀 100g, 다진 마늘 한 톨을 넣어 양념한 소시지 스터핑 혼합물 750g을 차례로 켜켜이 얹는다. 소를 둥근 공 모양으로 뭉친 뒤 양배추잎을 접어 올려 잘 감싼다. 밑에 깐 그물망이나 거즈 천으로 전체를 싼 다음 주방용 실로 묶는다. 양고기로 만든 포토푀 육수에 양배추 덩어리를 담근 뒤 약하게 끓는 상태로 3시간 30분간 익힌다. 양배추를 건져 감싼 천을 풀어준 다음 둥근 접시에 담고 익힌 국물을 몇 스푼 뿌린다. 아주 뜨겁게 서빙한다.

SOUFFLÉ 수플레 오븐에서 익혀 용기 위로 부풀어오르면 꺼내서 바로 뜨겁게 먹는 음식으로 짭짤한 맛 또는 달콤한 맛으로 모두 조리할 수 있다.

- **SOUFFLÉS SALÉS 짭짤한 수플레.** 걸쭉한 농도의 베샤멜 소스 또는 감자 퓌레에 달걀노른자를 섞고 단단히 거품 낸 달걀흰자를 더한 혼합물로 만든다. 기본 혼합물에 추가로 넣는 재료에 따라 그 수플레의 명칭이 정해진다. 열이 가해지면 혼합물 안의 수분이 증발하면서 부피를 팽창시켜 수플레가 부풀어오르게 된다. 오븐에서 꺼낸 뒤 부푼 수플레가 다시 꺼지기 전에 즉시 서빙해야 한다. 수플레는 절대로 기다리면 안 된다. 혼합물의 안쪽 면이 일정하게 가열되고 고르게 부풀어오르도록 수플레 용기는 둘레가 수직으로 똑바로 떨어지는 원통형을 사용한다. 용기 안쪽에 버터를 바르고, 대부분의 경우 밀가루까지 뿌린 다음 내용물을 3/4만 채워 오븐에 익힌다. 1인용 수플레는 작은 사이즈의 개인용 라므킨(ramequin) 용기를 사용한다. 특히, 조리하는 동안 오븐 문을 열면 안 된다. 수플레는 오븐에 익혀서 바로 그 용기 그대로 서빙하는 음식이기 때문에 내열 도자기나 내열 유리 등 고온을 견디는 재질로 된 틀을 선택해야 한다.
- **SOUFFLÉS SUCRÉS 달콤한 수플레.** 우유 혼합물 또는 과일 퓌레에 설탕 시럽을 넣은 혼합물로 만든다. 우유 베이스 수플레는 우선 달걀노른자를 넣은 크렘 파티시에를 만들고 향을 더한 뒤 단단하게 거품 낸 달걀흰자를 넣고 살살 섞은 혼합물을 사용한다. 또는 밀가루와 버터를 볶아 황금색 루를

SOUFFLÉ GLACÉ 수플레 글라세

아이스 수플레 : 유산지로 테두리를 만들어 수플레 용기 위로 올라오도록 둘러준다. 작은 국자로 수플레 혼합물을 이 테두리 높이까지 붓는다.

만든 다음 설탕과 바닐라를 첨가한 끓는 우유를 넣는다. 여기에 달걀노른자(또는 달걀노른자와 전란)를 섞어 걸쭉하게 만든 뒤 마지막에 단단하게 거품 낸 달걀흰자와 향료를 섞어 만들기도 한다. 수플레의 윗부분은 매끈하거나 때로 홈이 패여 있기도 하다. 과일 베이스의 수플레는 그랑 카세(grand cassé, 145-150°C) 상태로 끓인 설탕 시럽에 과일 퓌레를 첨가한 혼합물로 만든다. 이것을 불레(boulé, 120°C) 상태까지 가열한 다음 단단하게 거품 낸 달걀흰자 위에 뜨거운 상태로 붓고 거품기로 저어 혼합한다. 해당 과일로 만든 리큐어나 브랜디 등을 조금 첨가하면 더욱 진한 과일의 풍미를 살릴 수 있다. 이 수플레는 크렘 파티시에 등 크림 베이스의 혼합물을 사용해 만들 수도 있다. 이 경우 아주 걸쭉한 농도의 과일 퓌레를 거품 낸 달걀흰자를 넣기 전 단계에 첨가해 섞는다. 조리가 끝나기 몇 분 전에 슈거파우더를 뿌려 글라사주하면 표면이 캐러멜화되어 윤기나는 수플레를 만들 수 있다.

SOUFFLÉS SALÉS SOUFFLÉS SALÉS 짭짤한 수플레

soufflé salé : préparation 수플레 살레

짭짤한 수플레 만들기 : 버터 40g, 밀가루 40g, 차가운 우유 400mℓ로 베샤멜 소스를 만든다. 소금, 후추, 소량의 넛멕을 뿌리고 선택한 가니시를 넣어 섞는다. 이어서 달걀노른자 5개를 넣고 잘 섞은 다음 매우 단단하게 거품 낸 달걀흰자 6개분을 넣고 살살 혼합한다. 오븐을 220°C로 예열한다. 지름 20cm의 수플레용 틀에 버터를 바르고 밀가루를 뿌린다. 혼합물을 채운 뒤 오븐에서 30분간 굽는다. 익는 동안 오븐 문을 열지 않는다.

soufflé de canard rouennais (ou caneton rouennais soufflé) 수플레 드 카나르 루아네(카느통 루아네 수플레)

루앙식 오리(새끼오리) 수플레 : 루앙산 오리 한 마리를 실로 묶은 뒤 오븐에 약 10~15분 동안 굽는다(아주 살짝만 익은 레어 상태). 가슴살을 잘라낸다. 가슴 부위의 뼈들을 제거한 뒤 몸통 흉곽으로 이루어진 하나의 케이스 형태로 만든다. 안쪽에 소금, 후추, 향신료로 간을 하고 플랑베한 코냑 1테이블스푼을 뿌린다. 무슬린 스터핑 레시피와 마찬가지로 뼈를 발라내고 곱게 간 오리 생살코기(다른 오리를 한 마리 더 준비하여 사용한다), 생푸아그라 150g, 해당 오리의 간을 모두 혼합해 소를 만든 뒤 이 흉곽 안을 채운다. 소를 채우면서 오리 형태로 모양을 잡아준다. 길게 자른 유산지에 버터를 바른 뒤 오리를 감싸고 주방용 실로 묶는다. 이렇게 소를 채운 오리를 로스팅 팬에 넣고 녹인 버터를 뿌린 뒤 170°C로 예열한 오븐에서 30~35분간 굽는다. 꺼내서 유산지를 걷어내고 오리를 길쭉한 서빙 접시에 올린다. 얇은 타르트 반죽 시트를 미리 구운 뒤 걸쭉하게 졸인 마데이라 소스로 버무린 송로버섯과 양송이버섯 살피콩을 채우고 오리 가슴살 에스칼로프와 버터를 슬쩍 묻힌 도톰한 송로버섯 슬라이스로 덮은 타르틀레트를 오리 주위에 빙 둘러 놓는다. 루아네즈 소스 또는 페리괴 소스를 따로 용기에 담아 함께 서빙한다.

soufflé de cervelle à la chanoinesse 수플레 드 세르벨 아 라 샤누아네스

샤누아네스식 골 수플레 : 송아지 골 300g을 식초 물에 헹군 뒤 쿠르부이용에 익힌다. 건져서 물기를 뺀 다음 갈아 퓌레를 만든다. 여기에 걸쭉한 농도의 베샤멜 소스 200mℓ, 넛멕 가루 약간, 가늘게 간 파르메산 치즈 60g, 송로버섯 자투리 1테이블스푼, 생 달걀노른자 4개를 넣어 섞은 뒤 간을 맞춘다. 달걀흰자 4개분을 휘저어 단단하게 거품을 올린 다음 혼합물에 넣고 주걱으로 돌려가며 살살 섞는다. 수플레 용기에 버터를 바르고 혼합물을 부어 채운 뒤 200°C로 예열한 오븐에서 30분간 굽는다.

soufflé au crabe 수플레 오 크랍

게살 수플레 : 버터 40g, 밀가루 40g, 우유 300mℓ, 게를 익힌 국물을 졸인 것 100mℓ로 베샤멜을 만든다. 게살 퓌레 200g을 넣은 뒤 간을 맞춘다. 달걀노른자를 넣고 이어서 단단하게 거품 낸 흰자를 섞은 뒤 혼합물을 수플레 틀에 넣고 오븐에 익힌다. 새우나 랍스터 수플레도 같은 방법으로 만든다.

soufflé aux foies de volaille 수플레 오 볼라이

닭 간 수플레 : 닭의 간 250g을 깨끗이 씻은 뒤 작게 썬다. 팬에 버터 250g을 녹인 뒤 다진 샬롯 2~3개, 파슬리 작은 한 다발과 닭 간을 넣고 센 불에서 소테한다. 소금, 후추로 간한다. 모두 블렌더에 넣고 버터 30g을 첨가한 뒤 곱게 간다. 여기에 베샤멜을 넣어 섞은 뒤 기본 수플레 레시피대로 마무리한다.

폴 & 장 피에르 애베를랭(PAUL ET JEAN-PIERRE HAEBERLIN)의 레시피

soufflé au fromage et aux œufs pochés 수플레 오 프로마주 에 오 죄 포셰

치즈 수란 수플레 : 우유 250mℓ, 밀가루 50g, 상온에서 부드러워진 버터 50g, 달걀노른자 5개, 가늘게 간 그뤼예르 치즈 100g을 섞는다. 달걀흰자 6개분을 휘저어 단단히 거품을 낸 다음 혼합물에 넣고 주걱으로 살살 섞는다. 수플레 틀 한 개에 버터를 바른 뒤 혼합물의 반을 붓고 200°C로 예열한 오븐에서 10분간 굽는다. 그동안 식초를 넣은 끓는 물에 달걀 4개를 깨서 하나씩 조심스럽게 넣은 뒤 4분간 익혀 수란을 만든다. 건져서 찬물에 잠깐 담가 식힌다. 오븐에서 수플레를 꺼내 수란을 모두 넣는다. 남은 수플레 혼합물을 그 위에 붓고 다시 같은 온도의 오븐에 넣어 10~15분간 더 익힌다.

soufflé au gibier sauce Périgueux 수플레 오 지비에 소스 페리괴

페리괴 소스를 곁들인 수렵육 수플레 : 꿩 또는 자고새의 익힌 살코기 250g와 졸인 수렵육 육수로 만든 베샤멜 소스를 혼합한 뒤 곱게 간다. 소금, 후추로 간한다. 달걀노른자 3개를 한 개씩 넣어 섞은 다음 체에 긁어 내린다. 단단하게 거품 낸 달걀흰자 3개를 넣고 살살 섞는다. 수플레 용기에 넣고 낮은 온도의 오븐에서 굽는다. 페리괴 소스를 곁들여 서빙한다.

soufflé à la pomme de terre 수플레 아 라 폼 드 테르

감자 수플레 : 감자 퓌레 400mℓ에 생크림 4테이블스푼을 섞은 뒤 달걀 3개를 첨가한다. 마지막에 단단하게 거품 낸 달걀흰자 4개를 넣고 살살 섞는다. 기본 조리법대로 수플레를 익힌다. 같은 방법으로 밤, 고구마, 돼지감자 수플레도 만들 수 있으며 기호에 따라 가늘게 간 그뤼예르 치즈 75g 또는 파르메산 치즈 50g을 첨가할 수 있다.

레몽 튈리에(RAYMOND THUILLIER)의 레시피

soufflé au saumon 수플레 오 소몽

연어 수플레 : 연어 필레의 껍질을 벗긴 뒤 생선용 핀셋으로 가시를 꼼꼼히 제거한다(살 400g을 준비한다). 연어 살을 블렌더로 간다. 가는 동안 온도가 상승하지 않도록 재빨리 또는 작동을 끊어가며 분쇄한다. 여기에 달걀 4개와 생크림 250mℓ를 첨가한다. 이 혼합물을 볼에 넣고 얼음 위에 올린 다음 나무주걱으로 15분간 치대며 섞는다. 체에 긁어내린 뒤 간을 맞춘다. 달걀흰자 4개에 소금을 조금 넣고 휘저어 단단하게 거품을 올린다. 연어 살 혼합물을 조금씩 달걀흰자에 넣으며 살살 혼합한다. 수플레 틀에 버터를 바른 뒤 이 혼합물을 붓고 중간 온도(200°C) 오븐에서 약 25분간 굽는다. 이 레시피는 무지개송어(truite saumonée)나 브라운송어(truite de rivière)를 사용할 때도 적용할 수 있다.

soufflés à la volaille 수플레 아 라 볼라이

가금육 수플레 : 익힌 가금류 살코기 250g(닭, 새끼 칠면조 또는 뿔 닭)과 버터 30g을 블렌더로 갈아 퓌레 상태로 만든다. 간을 약간 세게 한다. 여기에 베샤멜을 넣은 뒤 달걀노른자 2개를 섞는다. 단단하게 거품 낸 달걀흰자 4개를 넣고 살살 혼합한다. 1인용 라므킨(ramequin)에 채운 뒤 기본 조리법대로 익힌다. 혼합물에 다진 송로버섯 2테이블스푼 첨가하면 수플레 아 라 렌(soufflé à la reine)이 된다.

SOUFFLÉS SUCRÉS 달콤한 수플레

soufflé ambassadrice ▶ AMBASSADEUR OU AMBASSADRICE

soufflé aux bananes 수플레 오 바난

바나나 수플레 : 냄비에 체에 친 밀가루 1테이블스푼, 소금 작은 1자밤을 넣는다. 설탕 35g과 길게 갈라 긁은 바닐라빈 1/2줄기를 넣고 끓인 우유를 식힌 뒤 냄비에 넣고 밀가루를 풀어준 다음 거품기로 잘 저으며 2분간 끓인다. 불에서 내린 뒤 고운 체에 긁어 내린 바나나 퓌레 4개분, 달걀노른자 2개, 질 좋은 버터 20g을 넣고 섞는다. 경우에 따라 키르슈나 럼을 첨가해 향을 낸다. 달걀흰자 3개에 소금 1자밤을 넣고 단단하게 거품을 올린 뒤 혼합물에 넣고 살살 섞는다. 수플레 틀에 버터를 바르고 설탕을 뿌린 뒤 혼합물을 채워 넣고 200°C로 예열한 오븐에서 30분간 굽는다.

다니엘 발뤼에(DANIEL VALLUET)의 레시피

soufflé au citron vert 수플레 오 시트롱 베르

라임 수플레 : 우유 125mℓ에 라임 제스트 1개분을 넣고 끓인다. 볼에 설탕 50g, 달걀노른자 2개, 옥수수전분 25g, 라임즙 125mℓ를 넣고 섞는다. 이 혼합물 위에 끓는 우유를 붓고 잘 섞은 뒤 다시 냄비로 옮겨 불에 올린다. 거품기로 계속 저으며 다시 끓을 때까지 가열한다. 불에서 내려 식힌다. 오븐을 200°C로 예열한다. 1인용 수플레 용기 4개에 버터를 충분히 바르고 설탕을 뿌린다. 식은 크렘 파티시에에 달걀노른자 4개를 첨가한 뒤 잘 섞는다. 달걀 8~10개(크기에 따라 조절)의 흰자를 휘저어 단단하게 거품을 올린 뒤 설탕 75g을 넣어가며 더욱 쫀쫀한 텍스처를 만든다. 이것을 혼합물에 넣고 주걱으로 살살 섞는다. 수플레 용기에 나누어 담은 뒤 예열한 오븐에 넣는다. 12분간 구운 다음 각 수플레 위에 라임 슬라이스를 한 조각씩 올리고 유산지로 덮는다. 끓는 물에 데친 라임 제스트를 넣은 따뜻한 크렘 앙글레즈를 곁들여 서빙한다.

soufflé aux fraises ou aux framboises 수플레 오 프레즈 우 오 프랑부아즈

딸기 또는 라즈베리 수플레 : 선택한 과일 200g을 깨끗이 씻는다. 딸기의 경우 꼭지를 딴다. 냄비에 준비한 과일과 설탕 160g을 넣고 110°C까지 끓인다. 남은 건더기가 있으면 모두 으깬 다음 따뜻한 온도로 한 김 식힌다. 해당 과일과 같은 향의 리큐어 10mℓ를 첨가한다. 오븐을 200°C로 예열한다. 수플레 용기에 버터를 바른 뒤 설탕을 뿌려둔다. 달걀흰자 6개분을 휘저어 단단하게 거품을 올린 다음 설탕 30g을 넣어가며 더욱 쫀쫀한 텍스처를 만든다. 이 흰자 거품의 1/5을 먼저 덜어내어 과일 혼합물에 넣고 거품기로 섞는다. 나머지 흰자를 혼합물에 넣고 주걱으로 돌려가며 살살 혼합한다. 수플레 용기에 가득 채운 뒤 스패출러로 표면을 매끈하게 밀어준다. 예열한 오븐에 넣어 여러 개의 1인용 용기의 경우 15분, 4인용 큰 틀의 경우 30분간 익힌다. 오븐에서 꺼내 슈거파우더 15g을 솔솔 뿌린 뒤 지체 없이 바로 서빙한다.

프레디 지라르데(FRÉDY GIRARDET)의 레시피

soufflé au fruit de la Passion 수플레 오 프뤼 드 라 파시옹

패션프루트 수플레 : 2인분

볼에 설탕 35g과 달걀노른자 1개를 넣고 색이 뽀얗게 될 때까지 거품기로 휘저어 섞는다. 달걀흰자 2개에 설탕 17.5g을 넣고 휘저어 중간 정도의 텍스처로 거품을 낸 다음 설탕 17.5g을 추가하고 다시 휘저어 너무 단단하지 않게 거품을 올린다. 패션프루트즙 2테이블스푼을 달걀노른자와 설탕 혼합물에 넣고 섞은 뒤 거품 올린 흰자의 1/3을 넣고 살살 혼합한다. 나머지 달걀흰자를 모두 넣고 주걱으로 들어 올리듯이 조심스럽게 섞는다. 미리 붓으로 버터를 발라둔 지름 12cm짜리 수플레용 탱발에 혼합물을 붓고 250°C 오븐에서 약 12분간 굽는다. 그동안 패션프루트즙 100mℓ에 설탕을 조금 넣은 뒤 중탕으로 따뜻하게 가열한다. 틀 그대로 수플레를 서빙한다. 패션프루트 소스는 따로 담아낸다.

레스토랑 라페루즈(RESTAURANT LAPÉROUSE, PARIS)의 레시피

soufflé Lapérouse 수플레 라페루즈

라페루즈 수플레 : 우유 250mℓ 기준으로 각 재료를 준비한 뒤 크렘 파티시에를 만든다. 프랄리네 70g, 럼 100mℓ, 당절임 과일 50g을 첨가한다. 달걀 5개 분량의 흰자(노른자는 크렘 파티시에 용으로 사용)를 휘저어 단단히 거품을 낸 다음 혼합물에 넣고 살살 혼합한다. 수플레 용기에 버터를 바르고 설탕을 뿌린다. 혼합물을 채운 뒤 낮은 온도(180°C)의 오븐에 넣고 15분간 굽는다. 슈거파우더를 뿌린 뒤 다시 오븐에 넣어 표면이 캐러멜라이즈될 때까지 5분간 더 익힌다.

soufflé Rothschild 수플레 로칠드

로칠드 수플레 : 당절임 과일 150g을 살피콩으로 작게 깍둑 썬 다음 골드바서 리큐어 100mℓ에 30분간 재워둔다. 볼에 설탕 200g과 달걀노른자 4개를 넣은 뒤 색이 뽀얗게 변하고 거품이 일 때까지 거품기로 세게 휘저어 섞는다. 여기에 밀가루 75g을 넣고 섞은 뒤 뜨겁게 끓인 우유 500mℓ를 넣는다. 잘 저어 섞은 뒤 다시 냄비에 옮겨 불에 올린다, 거품기로 계속 저으며 약한 불로 끓을 때까지 가열한다. 1~2분간 끓인다. 완성된 크렘 파티시에를 볼에 덜어낸다. 수플레 용기 2개(각 4인분)에 버터를 바르고 설탕 20g을 뿌린다. 크렘 파티시에에 달걀노른자 2개, 당절임 과일과 이를 재워두었던 리큐어를 넣어 섞는다. 달걀 6개 분량의 흰자에 소금 1자밤을 넣고 휘저어 단단한 거품을 올린 뒤 크림에 넣고 주걱으로 살살 섞는다. 두 개의 틀에 이 혼합물을 나누어 담는다. 200°C로 예열한 오븐에 30분간 익힌다. 오븐에 넣은 지 25분쯤 되었을 때 재빨리 수플레에 슈거파우더를 뿌린 뒤 다시 넣어 5분간 더 굽는다.

soufflé à la vanille 수플레 아 라 바니유

바닐라 수플레 : 바닐라 크렘 파티시에르 400g을 만든 뒤(참조. p.274 CRÈME PÂTISSIÈRE À LA VANILLE) 저어주면서 따뜻한 온도로 식힌다. 오븐을 200°C로 예열한다. 수플레 틀 안쪽 면에 버터를 바르고 설탕을 뿌려둔다. 크렘 파티시에에 달걀노른자 1개를 넣어 섞는다. 달걀흰자 6개분을 휘저어 단단히 거품을 올린 뒤 설탕 30g을 넣어가며 더욱 쫀쫀한 텍스처를 만든다. 이 흰자 거품의 1/5을 먼저 덜어내 크렘 파티시에에 넣고 거품기로 섞는다. 나머지 흰자를 넣고 주걱으로 돌려가며 살살 혼합한다. 수플레 용기에 가득 채운 뒤 스패출러로 표면을 매끈하게 밀어준다. 예열한 오븐에 넣어 여러 개의 1인용 용기의 경우 15분, 4인용 큰 틀의 경우 30분간 익힌다. 오븐에서 꺼내 슈거파우더 15g을 솔솔 뿌린 뒤 지체 없이 바로 서빙한다.

SOUFFLÉ GLACÉ 수플레 글라세 아이스 수플레. 단지 모양만 오븐에서 구워낸 진짜 수플레를 닮은 아이스 디저트의 일종이다. 차가운 혼합물을 수플레용 틀 또는 탱발에 담고, 용기 위로 넘쳐 올라오는 부분은 유산지로 만든 띠로 테두리를 만들어 냉동되는 동안 고정한다. 수플레 글라세는 단순히 아이스크림만을 채워 넣기도 하지만 대부분의 경우 무스, 다양하게 향과 색을 낸 아이스크림이나 파르페 혼합물 또는 봉브 혼합물 등을 층층이 쌓아 만든다. 리큐어를 적신 스펀지 비스퀴, 쉭세나 다쿠아즈 시트, 또는 과일 마멀레이드나 시럽에 절인 과일, 당절임 과일 등을 층과 층 사이에 끼워 넣기도 한다. 맨 윗부분은 대개 샹티이 크림이나 설탕 공예 장식 등으로 마무리한다.

샤를 베로(CHARLES BÉROT)의 레시피

soufflé glacé aux framboises 수플레 글라세 오 프랑부아즈

라즈베리 수플레 글라세 : 잘 익은 라즈베리를 준비해 상태가 좋지 않은 것을 골라낸 다음 400g을 재빨리 헹구어 물기를 제거한다. 모양이 좋은 것 20알을 따로 골라 놓는다. 나머지는 눌러 으깬 뒤 체에 긁어내린다. 이 퓌레의 무게를 잰 뒤 동량의 설탕과 섞고 샹티이 크림 500mℓ를 더한다. 달걀흰자 2개분에 소금 1자밤을 넣고 설탕을 첨가해가며 휘저어 거품을 올린다. 반 정도 거품을 올렸을 때 나머지 혼합물과 살살 섞는다. 버터 바른 유산지를 잘라 수플레용 탱발 위로 6cm 올라오도록 테두리를 둘러준 다음 혼합물을 이 종이 높이까지 부어 채운다. 적어도 8시간 동안 냉동고에 넣어둔다. 수플레가 단단해지면 종이 띠를 제거한다. 따로 보관해둔 라즈베리를 얹어 장식한 뒤 묽은 농도의 생라즈베리 마멀레이드를 곁들여 서빙한다.

SOUMAINTRAIN 수맹트랭 비멸균 생소젖으로 만든 세척 외피 연성치즈로 부르고뉴와 오브 지방에서 제조한다. 지름 13cm, 두께 4cm의 납작한 원통형으로 무게는 400g이다. 지름 8cm, 두께 3cm, 무게 200g짜리 더 작은 사이즈도 있다. 외피는 주황색에 가까운 갈색으로 약간 촉촉하며 치즈 내부는 아이보리색에 매끈한 질감을 갖고 있다. 특유의 강한 맛과 코를 찌르는 듯한 냄새를 지닌 이 치즈는 몇몇 지역 특선 요리에 사용되기도 한다.

SOUPE 수프 뜨거운 액상 음식. 원래 수프는 슬라이스로 자른 빵 조각 위에 국물, 와인, 소스 등의 액체를 부어 먹는 음식이었다. 오늘날 수프는 체에 거르거나 걸쭉하게 리에종하지 않은 포타주가 대부분이지만 종종 빵, 파스타, 쌀 등의 건더기를 넣거나 고기, 생선, 채소를 곁들여 먹기도 한다. 그럼에도 불구하고 우리는 수프라는 단어를 포타주의 동의어로 사용하는 경우가 빈번하다. 모든 나라에서 수프는 옛날부터 내려오는 전통의 기본 음식이다. 18세기 무렵 포타주라는 용어는 당시 진부한 단어로 여겨졌던 수프 대신 쓰이게 되었다. 수프는 아직도 프랑스뿐 아니라 많은 나라에서 수많은 종류의 지역 요리를 지칭한다.

soupe albigeoise 수프 알비주아즈

알비식 수프 : 큰 냄비에 물을 채우고 소금을 넣은 뒤 소 찜갈비, 송아지 족 1개, 염장 돼지고기, 생소시지를 넣고 푹 끓인다. 채소로는 양배추, 당근, 순무, 리크, 감자를 넣는다. 6인분 기준 마늘 한 통을 넣는다. 거위 콩피 가슴살 안심을 길쭉하게 잘라 버터에 지진 뒤 수프에 곁들여 먹는다.

soupe à la bière 수프 아 라 비에르

맥주 수프 : 냄비에 흰색 닭 육수 2ℓ, 도르트문트 맥주 300mℓ, 굳은 빵 속살 250g을 넣고 소금, 후추를 뿌린다. 뚜껑을 덮고 30분간 약하게 끓인다. 블렌더로 간다. 넛멕을 조금 갈아 넣고 생크림 100mℓ를 첨가한다. 간을 조절한 다음 아주 뜨겁게 서빙한다.

soupe aux boulettes de foie à la hongroise 수프 오 불레트 드 푸아 아 라 옹그루아즈

헝가리식 간 완자 수프 : 송아지 간 또는 닭 간을 깍둑 썬 다음 돼지 기름 15g을 달군 팬에 넣고 센 불에서 노릇하게 지진다. 소금, 후추로 간한다. 얇게 썬 양파 50g을 버터에 넣고 색이 나지 않게 볶은 뒤 간과 혼합한다. 블렌더로 간다. 다진 파슬리 1테이블스푼, 달걀 큰 것 1개, 버터 50g, 소금, 후추, 파프리카 가루 깎아서 1티스푼, 강판에 간 넛멕 넉넉히 1자밤을 넣고 잘 섞는다. 이 혼합물을 작고 동그란 미트볼 모양으로 빚어 육수에 15분간 데쳐 익힌다. 닭 콩소메 1.5ℓ를 만든 뒤 이 완자를 넣어 서빙한다.

soupe aux cerises 수프 오 스리즈

체리 수프 : 정사각형으로 자른 캉파뉴 빵 슬라이스에 버터를 바르고 밀가루를 뿌린 뒤 버터에 양면을 노릇하게 지진다. 레드와인과 물을 동량으로 섞은 뒤 씨를 뺀 체리를 넣고 뜨겁게 데운다. 소금, 후추, 설탕을 조금씩 뿌린다. 각 접시에 빵 슬라이스를 담고 그 위에 체리와 국물을 붓는다.

soupe aux clams (clam chowder) 수프 오 클램(클램 차우더)

클램 차우더 : 염장 삼겹살 100g, 중간 크기의 양파 1개, 셀러리 2줄기, 홍피망 1개, 청피망 1개를 모두 주사위 모양으로 썬다. 염장 삼겹살을 끓는 물에 3분간 데치고 찬물에 식혀 건진 다음 물기를 닦는다. 코코트 냄비에 버터를 두른 뒤 염장 삼겹살을 넣고 색이 나지 않게 천천히 녹인다. 여기에 채소를 모두 넣고 볶다가 밀가루 1테이블스푼을 솔솔 뿌린 다음 2분간 잘 저으며 익힌다. 흰색 닭 육수 1.5ℓ를 붓고 끓을 때까지 가열한다. 36개 정도의 대합조개를 뜨거운 오븐 입구 쪽에 넣어 입을 벌리게 한 다음 살을 발라낸다. 조개의 자투리 살은 다진 뒤 조개에서 나온 물과 함께 다른 냄비에 넣는다. 여기에 물 200mℓ를 더하고 15분간 끓인 다음 체에 걸러 수프에 넣는다. 수프를 끓을 때까지 가열한 다음 대합 살을 넣는다. 다시 잠깐 끓인 다음 뚜껑을 덮고 불에서 내린다. 더블 크림 300mℓ을 뜨겁게 데운다. 잘게 썬 파슬리 1테이블스푼, 버터 100g, 뜨거운 크림을 수프에 넣어 마무리한다.

soupe fassolada 수프 파솔라다

파솔라다 수프 : 육수에 흰 강낭콩, 셀러리, 당근을 토마토 퓌레, 올리브오일 2테이블스푼을 넣고 오래 끓인다. 과 함께 오랫동안 조리한다. 그리스식으로 정어리와 생양파를 곁들인다.

soupe glacée de courgette à la menthe ▶ COURGETTE

알랭 뒤투르니에(ALAIN DUTOURNIER)의 레시피

soupe glacée aux moules 수프 글라세 오 물

홍합 콜드 수프 : 홍피망 1개를 오븐에 넣어 겉을 바싹 구운 뒤 꺼내서 껍질을 벗긴다. 홍합 2ℓ를 씻어 센 불에 올린 뒤 화이트와인 1/2잔을 붓고 2분간 가열해 입을 열게 한다. 살을 발라내고, 남은 홍합국물은 따로 보관한다. 오이 1개를 껍질을 벗기고 길게 갈라 씨를 제거한 다음 주사위 모양으로 썰어 굵은 소금에 절인다. 래디시 반 단을 둥글게 썬다. 잠두콩 500g의 콩깍지를 깐 다음 속껍질도 하나하나 벗긴다. 버섯(야생버섯이면 더욱 좋다) 갓 5개를 씻어서 작은 주사위 모양으로 썬 다음 레몬즙을 뿌린다. 피망 반 개를 가늘게 썰고 나머지 반 개는 주사위 모양으로 썬다. 껍질 벗긴 토마토 6개, 가늘게 썬 피망, 홍합 국물, 올리브오일 2테이블스푼, 앙글레즈 소스 약간, 타바스코 10방울을 블렌더에 넣고 간다. 여기에 준비해둔 채소와 잠두콩, 홍합살을 모두 넣어 섞는다. 간을 맞춘다. 냉장고에 몇 시간을 넣어두었다가 차갑게 서빙한다.

soupe aux gourganes 수프 오 구르간

구르간 잠두콩 수프 : 라르동 모양으로 썬 돼지비계 75g을 냄비에 넣고 노릇하게 볶는다. 여기에 다진 양파 30g을 넣고 색이 나지 않게 볶는다. 주사위 모양으로 썬 국거리용 소고기 125g, 속껍질까지 벗긴 구르간 콩(gourganes, 잠두콩의 일종) 100g, 보리쌀 30g을 넣고 함께 볶은 다음 물 1.5ℓ를 붓는다. 소금, 후추, 마조람으로 간한다. 1시간에서 1시간 30분 정도 끓인다. 주사위 모양으로 썬 당근 120g, 순무 100g, 셀러리 20g과 잘게 썬 비트잎 5g, 상추잎 5g, 큐브 모양으로 썬 감자 75g, 잘게 썬 노랑 잠두콩 20g을 첨가한다. 30분 정도 더 끓인다. 다진 파슬리를 뿌린다.

soupe au gras-double à la milanaise 프 오 그라 두블 아 라 밀라네즈

밀라노식 양깃머리 수프 : 송아지 양깃머리 500g을 끓는 물에 데친 뒤 찬물에 식혀 건져 채 썬다. 작은 주사위 모양으로 썬 돼지비계 100g, 얇게 썬 중간 크기의 양파 1개와 리크 흰 부분 1줄기를 냄비에 넣고 색이 나지 않게 볶은 뒤 양깃머리를 넣고 중불에서 노릇하게 몇 분간 익힌다. 밀가루 1테이블스푼을 뿌리고 잘 섞은 다음 흰색 육수 또는 물 2ℓ를 붓는다. 끓을 때까지 가열한다. 중간 크기 양배추 속심을 작게 잘라 끓는 물에 6분간 데친 뒤 건져 물기를 뺀다. 완숙 토마토 2개의 껍질을 벗기고 씨를 제거한 다음 과육을 잘게 썬다. 양배추, 토마토, 완두콩 5테이블스푼, 작은 송이로 떼어낸 브로콜리 몇 조각을 냄비의 국물에 넣는다. 소금, 후추를 뿌린 뒤 1시간 30분 동안 팔팔 끓인다. 아주 뜨겁게 서빙한다.

soupe gratinée à l'oignon ▶ GRATINÉE
soupe au lait d'huître et galettes de sarrasin ▶ HUÎTRE

soupe panade au gras 수프 파나드 오 그라

빵을 넣은 수프 : 굳은 식빵 250g의 껍질을 잘라낸 뒤 속살만 잘게 뜯는다. 토마토 500g의 껍질을 벗기고 씨를 제거한 뒤 잘게 썬다. 양파 큰 것 1개의 껍질을 벗기고 다진다. 냄비에 식용유 2테이블스푼을 달군 뒤 양파를 넣어 노릇하게 볶는다. 여기에 토마토를 넣고 뚜껑을 덮은 상태로 5분간 익힌다. 육수 1ℓ를 붓고 오레가노 가루 1자밤을 첨가한 뒤 간을 맞춘다. 30분간 끓인다. 뜯어 놓은 빵에 육수 500mℓ를 부어 흠뻑 적신 다음 수프에 넣고 10분간 더 끓인다. 수프를 체에 긁어내리거나 블렌더로 갈아준다. 기호에 따라 잘게 썬 허브를 뿌린 뒤 아주 뜨겁게 서빙한다.

soupe passée de petits pois et leurs cosses aux févettes et fanes de radis ▶ PETIT POIS

soupe au pistou 수프 오 피스투

피스투 수프 : 4인분 / 준비: 30분 / 조리: 1시간

신선한 흰 강낭콩 300g의 깍지를 깐다. 깍지완두 200g의 질긴 섬유질을 떼어낸 뒤 씻어서 1cm 길이로 송송 썬다. 감자 150g과 주키니호박 150g의 껍질을 벗기고 사방 5mm 크기의 작은 주사위 모양으로 균일하게 썬다. 중간 크기 토마토 4개의 껍질을 벗기고 씨를 제거한 뒤 잘게 썬다. 큰 냄비에 물 2ℓ와 작은 부케가르니를 넣고 끓인 다음 흰 강낭콩을 넣고 약하게 끓는 상태로 30분간 익힌다. 이어서 준비한 토마토의 절반, 감자, 호박, 깍지완두를 모두 넣는다. 길이 2cm로 자른 스파게티 80g을 넣고 20분간 더 끓인다. 그동안 피스투를 만든다. 남은 토마토를 곱게 다져 퓌레로 만든다. 바질 잎 10장을 씻어 물기를 완전히 제거한다. 마늘 4톨의 껍질을 벗기고 반으로 갈라 싹을 제거한 다음 절구(또는 작은 스텐 용기)에 넣고 찧는다. 소금을 조금 넣은 뒤 바질잎을 넣고 함께 찧어 포마드와 같은 질감을 만든다. 올리브오일 50mℓ를 조금씩 흘려 넣으며 계속 절굿공이로 찧어 섞는다. 이어서 토마토 퓌레와 가늘게 간 파르메산 치즈 75g을 넣는다. 냄비의 포타주가 다 익으면 부케가르니를 건져내고 채소 건더기들이 뭉그러지지 않도록 주의하며 피스투를 넣고 주걱으로 살살 풀어 섞는다. 소금과 후추로 최종 간을 맞춘다. 더 이상 끓이지 않는다. 바로 서빙한다.

soupe aux poireaux et aux pommes de terre 수프 오 푸아로 에 오 폼 드 테르

리크 감자 수프 : 리크(서양 대파) 200g짜리 한 대의 겉잎을 벗기고 깨끗이 씻는다. 감자(bintje) 400g의 껍질을 벗기고 씻은 뒤 찬물에 담가둔다. 리크를 굵직하게 송송 썬 다음 냄비에 넣고 색이 나지 않고 수분이 나오도록 약한 불에 익힌다. 여기에 찬물 1ℓ를 붓고 굵은소금을 넣는다. 감자를 적당한 크기로 잘라 넣고 가열하여 끓기 시작하면 불을 줄인다. 뚜껑을 덮고 약하게 끓는 상태로 40분간 익힌다. 수프를 채소 그라인더나 블렌더에 간 다음 체에 거른다. 생크림 100mℓ를 첨가한 뒤 다시 끓을 때까지 가열한다. 거품이 올라오면 제거한다. 소금 간을 맞춘다. 서빙 그릇에 담고 처빌잎을 조금 얹어 아주 뜨겁게 서빙한다.

폴 보퀴즈(PAUL BOCUSE)의 레시피

soupe de potiron 수프 드 포티롱

서양 호박 수프 : 잘 익은 서양 호박 800g의 껍질을 잘라낸 뒤 사방 3cm 큐브 모양으로 자른다. 감자 200g의 껍질을 벗긴 다음 씻어서 큐브 모양으로 썬다. 리크 두 대를 씻어 얇게 송송 썬다. 소테팬에 버터 15g을 달군 뒤 리크를 넣고 색이 나지 않게 볶는다. 리크의 수분이 모두 빠져 나오면 이어서 감자와 호박을 넣고 물을 재료 높이만큼 붓는다. 소금을 넣은 뒤 뚜껑을 덮고 20분간 끓인다. 생크림 100mℓ를 첨가한 뒤 아주 약하게 10분간 끓인다. 블

렌더로 간다. 후추와 넛멕을 조금 갈아 넣고 간을 맞춘다. 버터 15g을 녹인 팬에 식빵 크루통 60g을 넣고 노릇하게 튀기듯 굽는다. 수프에 크림 100mℓ를 추가로 넣은 뒤 다시 한 번 블렌더로 갈아 아주 뜨겁게 서빙한다. 크루통과 가늘게 간 그뤼예르 치즈를 얹어낸다.

soupe rustique d'épeautre du Contadour ▶ ÉPEAUTRE

폴 보퀴즈(PAUL BOCUSE)의 레시피 『보퀴즈 아 라 카르트(*BOCUSE À LA CARTE*)』, (éd. FLAMMARION)

soupe aux truffes noires 수프 오 트뤼프 누아

블랙 트러플 수프 : 내열 소재의 작은 수프 서빙 용기 4개에 누아이 프라트를 각 1테이블스푼씩 넣고 맑게 정제한 닭 육수 콩소메 750mℓ를 나눠 담는다. 얇게 슬라이스한 검은 송로버섯 4개(각 50g짜리), 작게 깍둑 썬 푸아그라 200g, 작은 주사위 모양으로 썰어 버터에 볶은 당근, 양파, 셀러리, 양송이버섯 혼합물 100g, 익힌 닭가슴살 100g을 4개의 그릇에 고르게 나누어 넣는다. 소금, 후추를 뿌린다. 각 수프 용기 위에 원반형으로 자른 파트 푀유테를 얹고 가장자리를 잘 눌러 붙인다. 달걀노른자를 풀어 발라준 뒤 220°C로 예열한 오븐에서 18~20분간 굽는다.

SOUPER 수페 늦은 저녁에 먹는 간단한 식사. 영화나 공연을 관람한 후에 또는 가까운 친구들과 어울려 저녁 늦게 또는 밤에 먹는 가벼운 식사를 가리킨다. 이 단어는 과거에 (오늘날은 디네[dîner]라고 부르는) 저녁식사를 지칭했으며 대개 수프(soupe, 여기에서 이름이 유래했다)를 먹었다. 친한 사람들끼리 어울려 늦은 시각에 즐기는 사적인 야식 문화가 상류층을 중심으로 유행하기 시작한 것은 18세기부터이며 이는 특히 섭정 오를레앙공(le Régent)의 유명한 야식을 모방한 형태였다. 이 늦은 저녁식사는 세련되고 호화로운 특별한 요리들로 구성되었다. 기름진 요리(양념에 재운 멧돼지 콩팥)와 담백한 요리(크림을 넣은 굴 요리)들이 고루 포함되어 있었으며 케이크, 파이, 샐러드, 앙트르메 등으로 이어졌다. 이러한 관습은 루이 15세 시대에도 계속 이어졌다. 후작부인들과 공작부인들은 직접 자유롭게 음식을 만들곤 했고, 이러한 왕의 환심을 사기 위한 사적인 저녁식사에서 오히려 하인들은 멀리 물러나 있곤 했다. 이 은밀하고도 사적인 식사에서는 예리한 농담들이 오가기도 했고 음모가 싹트기도 했다. 19세기 중반까지 야식은 성공적 저녁 파티라면 반드시 있어야 하는 필수 마무리 과정이었다. 무도회가 열린 날은 오케스트라 연주단이 마지막에 팡파르를 울리며 야식의 시작을 알렸다. 이후 야식 문화는 차츰 사라져갔는데 가장 큰 이유는 과도한 비용으로 인한 경제적 부담 때문이었다. 야식은 종종 뷔페나 음료를 곁들인 간단한 스낵 등으로 대체되기도 했다. 그럼에도 불구하고 사적인 야식 모임은 여전히 세련된 상류층의 전유물로 남게 되었고 요식업자들 또한 이 관행을 계속 유지해 왔다. 특히 레스토랑에 별실이 마련된 곳에서는 이러한 사적인 야식 모임이 성행했다. 오늘날 공연 관람을 마친 후 집에서 또는 레스토랑에서 야식을 즐기는 문화는 아직 남아 있다. 주로 굴 플레이트, 푸아그라를 비롯한 몇 가지 종류의 세련된 고급 음식을 즐겨 먹지만 전통적인 메뉴인 프렌치 어니언 수프나 비프 스테이크 등도 인기가 많다.

SOUPIÈRE 수피에르 수프 서빙용 그릇. 우묵한 모양에 두 개의 손잡이가 달린 넓고 깊은 용기로 수프 또는 포타주를 서빙할 때 사용된다. 뚜껑이 있어 내용물을 뜨겁게 유지할 수 있으며 때로 뚜껑에 국자 손잡이를 걸쳐 놓을 수 있는 반달 모양의 홈이 있는 것도 있다. 시골에서 전통적으로 많이 사용하는 이 용기에는 오히려 비스크, 블루테와 같은 세련된 수프를 주로 서빙하며 그중에서도 고급스러운 금은세공이나 고급 본차이나 소재로 된 것들도 있다. 걸쭉하고 푸짐하며 건더기 재료가 곁들여진 향토 요리 수프류는 도기나 유약을 바른 토기 또는 내열용 자기로 된 수프용기에 서빙하는 경우가 많다.

SOUR MASH 사워 매쉬 기존 발효된 맥아 혼합물을 스타터로 일부 사용하여 새로 발효시킨 혼합물을 발효시키는 공정으로, 이 과정을 이용하여 증류한 버번 위스키를 사워 매시 버번이라고 부른다.

SOURIS 수리 양 정강이살. 양 뒷다리의 맨 아래 뼈 쪽에 가까운 힘줄이 많은 근육 부위(소의 도가니살 또는 뒷 사태에 해당하는 부위). 콜라겐이 풍부한 이 부위는 익히면 아주 말랑하고 쫀득하다(젤라틴). 이 부위만 단독으로 먹기도 하지만 레어로 익힌 뒷다리 허벅지살 슬라이스에 곁들이면 맛과 식감 면에 있어서 훌륭한 대비를 즐길 수 있다. 양 정강이살은 브레이징한 뒤 진공 포장한 제품으로 많이 출시되어 있다.

SOUS-MARIN 수 마랭 서브마린 샌드위치. 캐나다의 특선 요리로 긴 빵 안에 샤퀴트리, 치즈 등을 채운 일종의 샌드위치다.

SOUS-NOIX 수 누아 송아지 뒷다리 허벅지의 후면 바깥쪽에 위치한 길쭉한 근육 덩어리를 지칭한다(**참조** p.879 송아지 분할 도감). 이 부위는 기름기가 거의 없고 매우 소화가 잘된다.

SOUS VIDE 수 비드 비닐봉지(폴리에틸렌, 폴리프로필렌, 폴리에스테르 또는 폴리아미드)에 내용물을 넣는 진공포장이나 변형 공기포장(MA 포장, modified atmosphere packaging)은 주로 대량생산 공장의 새로운 포장 기술로, 냉각기술과 결합하여 수확, 도축, 조리 및 모든 기타 산업적 가공을 거쳐 빠르게 처리된 식품을 보존하는 데 사용된다. 수비드는 설비나 기술 면에 있어서 일반 가정 주방에서 안전하게 사용하기에는 무리가 있다. 반면, 식당 등 전문 업장의 주방에서는 특히 식품을 익히는 용도로 수비드 기법이 널리 사용된다. 적정 온도에서의 수비드 조리는 비닐 안에 넣은 식품을 정확한 온도가 일정하게 유지되는 환경에서 익도록 해준다. 수비드에 사용되는 주방용 비닐은 식품의 맛 성분이 녹아 빠져나가지 않도록 보호해주며, 진공 상태는 비닐을 마치 식품의 껍질처럼 딱 붙게 만들어 열 전도를 더욱 쉽게 한다. 또한 수비드는 무엇보다도 음식의 산화 속도를 더디게 할 뿐 아니라 비닐 밖으로 손실되는 성분이 없기 때문에 익히는 동안 맛을 증대시킨다. 적정 온도는 색과 식감을 살리는 데도 도움을 준다. 수비드로 조리한 음식은 위생적이기도 하다.

조엘 로뷔숑(JOËL ROBUCHON)의 레시피

carré d'agneau aux herbes fraîches en salade (cuisson sous vide) 카레 다뇨 오 제르브 프레슈 앙 살라드(퀴송 수 비드)

허브 샐러드를 곁들인 어린 양갈비(수비드 조리) : 2인분

어린 양갈비 랙(프렌치 랙 6대와 자투리부위 포함) 1덩어리를 손질한 뒤 소금, 후추로 밑간을 한다. 팬에 포도씨유 1테이블스푼을 뜨겁게 달군 뒤 양갈비 랙을 놓고 센 불로 겉에만 고루 색을 낸다. 고기를 익히지 않는다. 각 면에 고루 색을 낸 고깃덩어리를 건져 식힘망 위에 놓고 심부온도가 6°C 아래로 떨어질 때까지 급속 냉장 칸에 넣어둔다. 이는 식품 세포 안의 수분이 수비드 진행 중 끓는 것을 방지하기 위함이다. 양갈비 랙에 소금, 후추를 뿌리고 타임의 잎만 떼어 뿌린다. 갈빗대 부분과 척추뼈 연결 부위를 알루미늄 포일로 감싼다. -30°C에서 100°C까지 사용가능한 비닐봉지 안에 양갈비 랙을 넣는다. 이것을 진공포장 기계에 놓고 잔류 압력을 10밀리바로 맞춘다. 진공 포장된 양갈비를 83°C의 물이 담긴 수비드용 항온수조에 3분간 담가둔다. 두 번째 단계에서는 양갈비의 심부 온도가 50°C에 이를 때까지 62°C 물에 담근다. 마지막으로 세 번째 단계에서는 심부 온도가 최소 56°C가 될 때까지 58°C의 물에 담가둔다. 마지막으로 수비드 봉지를 물에서 꺼내 상온에서 15분간 휴지시킨 뒤 15~17°C의 물에 15분간 담근다. 이어서 빨리 식히기 위해 물에 얼음을 넣는 다음 심부 온도가 3°C가 될 때까지 식힌다. 냉장고에 넣어둔다. 양고기 육즙 소스를 만든다. 우선 코코트 냄비에 포도씨유를 한 바퀴 두르고 뜨겁게 달군 뒤 잘게 썬 양의 뼈와 자투리 고기를 넣고 색이 나게 지진다. 둥글게 썬 작은 양파 1개, 마늘 4톨, 부케가르니를 넣고 몇 분간 함께 볶아준다. 찬물을 재료 높이까지 붓고 소금을 넣는다. 약한 불로 1시간 30분간 끓인다. 고운 체에 거른 뒤 간을 조절한다. 바질 1단, 마조람 1단, 세이지 1단, 처빌 1단, 타라곤 1단, 딜 1단을 다듬어 싱싱한 잎만 골라둔다. 흐르는 물에 씻은 뒤 물기를 제거하고 샐러드 볼에 담아둔다. 양갈비 수비드 봉지를 56°C 중탕 냄비에 넣어 온도를 올린다. 서빙 시 비닐봉지에서 양갈비를 꺼낸 뒤 살라만더 그릴 아래에 놓고 색이 진해지고 겉이 바삭해질 때까지 3분간 굽는다. 갈빗대를 따라 한 조각씩 슬라이스한 다음 각 접시마다 3대씩 담는다. 송로버섯즙을 넣은 비네그레트 소스로 허브 샐러드를 드레싱한 다음 양갈비 옆에 곁들인다. 양갈비 육즙 소스를 전체에 뿌린다. 플뢰르 드 셀을 조금 뿌리고 통후추를 한 바퀴 갈아 뿌린 뒤 서빙한다.

morue aux pousses de navet (cuisson sous vide) ▶ MORUE
porc aux pois chiches et aux cèpes (cuisson sous vide) ▶ PORC

SOUTHERN COMFORT 서던 컴포트 복숭아를 버번 위스키에 6~8개월 동안 재워 만드는 달콤한 맛의 미국 리큐어로 병입하기 전에 레몬 에센스, 각종 향 추출물, 설탕 등을 첨가한다. 일반적으로 온더락으로 마신다.

SOUVAROV 수바로프 깃털 달린 수렵 조류 요리 중 하나의 명칭으로 살찌운 어린 암탉 요리에도 적용할 수 있다. 우선 푸아그라와 송로버섯을 채운 새(또는 닭)를 팬에 지져 3/4 정도 익힌 다음 코코트 냄비에 넣는다. 새를 지진 팬에 데미글라스, 송로버섯 육수, 마데이라 와인을 넣고 디글레이즈한 액을 코코트 냄비에 붓고 뚜껑을 덮는다. 밀가루 반죽으로 뚜껑 둘레를 붙여 밀봉한 다음 오븐에 넣어 조리를 마무리한다. 수바로프 푸아그라 역시 버터를 두른 팬에 푸아그라를 겉만 살짝 지진 뒤 송로버섯, 송로버섯으로 향을 낸 데미글라스와 함께 테린에 넣고 뚜껑을 밀가루 반죽으로 밀봉하여 오븐에 익힌 것이다. 변형된 철자(Souvaroff 또는 Souwaroff)로 쓰이기도 하는 이 명칭은 두 개의 작은 사블레 과자 사이에 잼을 발라 붙인 프티푸르의 이름이기도 하다.

SOUVEREYNS (ROGER) 로제 수브렝스 벨기에의 요리사(1938 출생). 리에주에서 프랑스 요리 견습을 마친 로제 수브렝스는 23세에 하셀트에 라 프리투르(la Frituur)를 열었다. 하셀트에서 음식판매 및 출장요리업체와 앤틱숍도 함께 운영했던 그는 1972년부터 리에주의 르 클루 도레(le Clou doré)의 경영을 맡았다. 1983년에는 역시 같은 도시 인근에 레스토랑 르 숄테스호프(le Scholteshof)를 오픈한다. 이곳은 1742년에 지어진 오래된 농가를 개조한 곳으로 세련된 가구와 장식으로 꾸며져 있으며 16헥타르에 달하는 텃밭과 과수원, 초원에 둘러싸여 있다. 미슐랭 가이드의 별 두 개를 획득한 그의 요리는 특히 엄선된 최고의 재료를 사용하며 간단한 조리만으로도 그 본연의 맛과 식감을 최대한 표현하는 데 주안점을 둔다. 재능 있는 젊은 요리사들을 다수 배출했으며 현재는 현역에서 은퇴했다.

SPAGHETTIS 스파게티 파스타의 한 종류로 나폴리가 원산지인 스파게티는 매우 가는 원통형의 롱 파스타이다. 옛날에는 가정에서 만들어 먹었으며 르네상스 시대에 마카로니와 함께 제품으로 생산되기 시작했다.
■ **조리법.** 스파게티는 대개 알 덴테로 삶아 토마토 소스와 파르메산 치즈, 고기와 닭고기를 곁들여 먹는다. 하지만 그 외에도 수많은 독창적 레시피가 존재하며 특히 라치오 지방에 대표적인 것들이 몇몇 있다. 치즈와 후추를 넣은 카시오 에 페페(cacio e pepe, 것), 버섯과 참치를 넣은 카레티에라(carrettiera), 작은 조개와 다진 파슬리를 넣은 콘 레 봉골레(con le vongole), 아마트리치아나(amatriciana) 등을 예로 들 수 있다. 나폴리에서는 대합 소스를 곁들이거나 버섯, 완두콩, 모차렐라를 곁들인 것 또는 피망과 고추를 넣은 자파토라(zappatora) 등을 즐겨 먹는다. 카프리섬에서는 오징어를 넣은 스파게티가 유명하며, 움브리아 지방에서는 마늘과 안초비와 함께 올리브오일에 재운 다진 화이트 트러플을 넣기도 한다. 이탈리아 이외의 나라에서 스파게티는 나폴리탄(napolitaine, 육즙 소스 또는 토마토 소스), 볼로네제(bolognaise, 다진 고기, 향신재료, 토마토로 만든 라구 소스), 카르보나라(carbonara)로 요리하는 경우가 가장 많다.

---

spaghetti all'amatriciana 스파게티 알 라마트리치아나

스파게티 아마트리치아나 : 이탈리아식 염장 삼겹살인 판체타 200g을 작은 주사위 모양으로 썬 다음 소량의 엑스트라버진 올리브오일과 고추 1개를 달궈 향을 낸 팬에 넣고 노릇하게 지진다. 여기에 드라이한 화이트와인 1/2잔과 껍질 깐 토마토 1kg을 넣고 포크로 으깬다. 수분이 모두 증발할 때까지 센 불로 가열한다. 스파게티 600g을 알 덴테로 삶는다. 건져서 물을 털어낸 다음 팬에 넣는다. 잘 저어 소스와 섞은 뒤 가늘게 간 페코리노 로마노 치즈 100g을 뿌린다. 아주 뜨겁게 서빙한다.

---

spaghetti alla botarga 스파게티 알라 보타르가

어란 스파게티 : 스파게티 600g을 알 덴테로 삶는다. 우묵한 팬에 엑스트라버진 올리브오일 1/2컵과 매운 고추 1개, 마늘 2톨을 함께 넣고 가열하여 마늘과 고추가 노릇해질 때까지 향을 낸다. 스파게티를 건져 물을 털어낸 뒤 팬에 넣고 잘 섞는다. 불에서 내린 다음 잘게 부순 푸타르그(어란) 150g, 다진 파슬리 1테이블스푼, 레몬즙 몇 방울을 첨가한다.

---

spaghetti alla carbonara 스파게티 알라 카르보나라

카르보나라 스파게티 : 큰 볼에 달걀 2개, 달걀노른자 4개, 강판에 갓 갈아낸 파르메산 치즈 200g, 소금, 후추를 넣고 잘 휘저어 풀어준다. 엑스트라버진 올리브오일 300㎖와 작은 조각으로 자른 버터 50g을 첨가한 뒤 잘 섞는다. 팬에 올리브오일 몇 방울을 두른 다음 작은 주사위 모양으로 썬 판체타 150g을 넣고 노릇하게 지진다. 판체타를 건져두고 그 팬에 얇게 썬 양파 150g을 넣어 노릇하게 볶는다. 판체타를 다시 팬에 넣고 화이트와인 1/2컵을 조금씩 넣어주며 잘 섞는다. 따뜻한 온도로 한 김 식힌 뒤 볼 안의 혼합물에 붓고 잘 섞는다. 스파게티 600g을 알 덴테로 삶는다. 소스에 파스타 삶은 물을 몇 스푼 넣고 잘 저어 농도를 좀 풀어준 다음 파스타 면을 건져 넣는다. 충분히 잘 저어 습기를 모두 날린 뒤 서빙한다.

SPALLA 스팔라 이탈리아 특산 샤퀴트리의 하나로 만드는 방법은 코파와 같다. 돼지 앞다리살의 뼈를 제거하고 가장자리를 다듬으며 모양을 만든 뒤 소금을 발라 염장한다. 일정 시간이 지난 후 소금을 닦아내고 창자(케이싱)로 싸 실로 묶는다. 후추를 뿌린 뒤 숙성실에 매달아 적당히 말린다.

SPARE RIBS 스페어 립스 돼지갈비, 돼지등갈비. 돼지 갈빗대와 그에 붙은 살이 연결되어 있는 부위로(갈비 윗부분)로 미국에서는 바비큐로 많이 구워먹는다. 일반적으로 간장, 케첩, 설탕, 생강 등을 혼합해 만든 바비큐 소스에 재운 뒤 그릴이나 숯불에 굽는다.

SPÄTLESE 슈패트레제 독일의 레이트 하비스트(vendange tardive) 스위트 화이트와인. 일반적으로 매우 이른 독일의 포도 수확 시기보다 늦게 수확하여 당도가 높아진 포도로 양조한 스위트 와인이다.

SPATULE 스파튈 스패출러, 주걱. 주방도구의 하나로 납작하고 탄성이 있으며 모서리가 둥근 긴 직사각형 날과 짤막한 손잡이로 이루어져 있다. 스패출러는 케이크에 크림이나 아이싱을 균일하게 발라 씌우거나 음식의 표면을 매끈하게 다듬을 때, 팬에 조리 시 음식을 떼어내거나 뒤집을 때 주로 사용한다.
– 생선용 스패출러는 납작하고 일반 뒤집개보다 날이 넓으며 때로 구멍이 뚫려 있고 손잡이가 평평하게 연결되어 있다. 생선을 통째로 혹은 큰 사이즈의 필레를 뒤집거나 서빙할 때 사용하도록 고안되어 있다.
– 졸임용 스패출러는 넓적한 사각형 날에 손잡이가 평평하게 달려 있으며 조리중인 액체, 소스, 또는 크림 등이 바닥에 눌어붙지 않도록 저어주는 용도로 사용된다.
– 나무 주걱(너도밤나무 또는 회양목)은 각종 혼합물을 섞거나 불 위에서 저어줄 때 많이 사용한다. 특히 용기에 긁힘을 남기지 않는 장점이 있어 코팅 팬에서도 사용할 수 있다.
– 알뜰 주걱(고무, 플라스틱 또는 실리콘 재질)은 대부분 약간의 탄성이 있으며 용기의 바닥을 깔끔하게 긁어 혼합물 등을 덜어내거나 거품 낸 흰자를 혼합물에 살살 돌려가며 섞을 때 주로 사용된다. 흔히 마리즈(maryse)라는 이름으로 불린다.
– 파티스리용 L자 스패출러는 긴 날이 손잡이로부터 L자로 꺾인 형태이다. 날과 평행한 상태로 음식을 들어올릴 수 있으며 특히 테린을 서빙할 때 편리하다.

SPÄTZLES 슈페츨레 슈페츨레, 슈페츨. 프랑스 알자스 지역, 스위스, 독일 남부 지역의 특산물로 파스타의 한 종류다. 슈페츨레는 불규칙한 모양의 작은 국수, 또는 파스타로 듀럼밀 세몰리나 또는 일반 밀가루에 달걀을 섞어 만든 반죽을 끓는 물에 삶아 낸 것이다. 소스가 있는 고기요리의 가니시, 애피타이저로 서빙되며 그라탱으로 또는 크림 소스나 브라운 버터 심지어 작은 크루통을 곁들여 먹기도 한다. 뷔르템베르크에서는 슈페츨레를 거의 작은 크넬 사이즈로 만들어 먹으며 반죽에는 간 퓌레(Leberspätzle) 또는 치즈(Kässpätzle)를 넣기도 한다. 알자스에서는 Spätzele 또는 Spetzli, 프랑스어권 스위스에서는 Spaetzli라고 표기하기도 한다.

Spätzles au beurre noisette 슈페츨레 오 뵈르 누아제트

브라운 버터 슈페츨레 : 체에 친 밀가루 500g, 달걀 4~5개, 더블 크림 2테이블스푼, 고운소금 1티스푼을 섞은 다음 후추를 뿌리고 넛멕을 조금 갈아 넣는다. 냄비에 물을 넉넉히 채운 뒤 소금을 넣고 끓인다. 작은 스푼으로 반죽을 떠낸 뒤 또 하나의 작은 스푼을 사용해 동그랗게 만들면서 물에 넣는다. 슈페츨레가 표면에 떠오를 때까지 삶는다. 건져서 물기를 턴 다음 면포 위에 놓고 물기를 뺀다. 노릇한 색이 나도록 녹인 버터에 슈페츨레를 굴려 버무린 뒤 바로 뜨겁게 서빙한다.

SPÉCIALITÉ TRADITIONNELLE GARANTIE (STG) 스페샬리테 트라디시오넬 가랑티 전통 특산물 인증. 유럽에서 통용되는 식품 인증 라벨의 하나로 인간이 소비하는 식료품이 전통 원료를 사용하여 만들어진 경우, 전통적인 구성물을 포함하고 있거나 전통 생산 및 가공 방식으로 만들어진 특징을 갖는 경우에 부여할 수 있으며 지리적 원산지에 상관없이 제품의 기술사양서(cahier des charges)에 의거하여 판단할 수 있다. 이 인증 라벨을 획득한 식품은 특정 명칭으로 한정되기도 하며(예: 세라노 햄) 일반 명칭 그대로 쓰이기도 하는데(예: 모차렐라) 이 경우에는 제품에 붙은 STG 라벨로만 해당 제품의 우수성을 확인할 수 있다. 이 인증을 받은 식품의 종류에는 치즈, 신선 정육 및 부속, 맥주, 유제품, 제과제빵 제품 등이 있다.

SPECK 스펙 스펙, 슈펙. 비계를 포함한 돼지고기를 염장, 훈연한 샤퀴트리의 한 종류로 이탈리아 최북단 트렌티노 알토 아디제(Trentino-Alto Adige)의 특산품이다. 판체타, 구안찰레, 쿨라텔로, 코파와 함께 살라미류에 해당하는 이 이탈리아식 베이컨은 거세하여 식용으로 키운 숫돼지의 다리살을 염장하고 주니퍼베리, 후추, 월계수잎 등으로 양념한 뒤 너도밤나무 칩을 사용해 훈연한다. 독일에서 이 단어는 돼지비계 또는 베이컨을 의미한다.

SPÉCULOS 스페퀼로스 스페퀼로스, 스페퀼라스(speculaas). 벨기에 제과류의 하나인 스페퀼로스는 작고 납작한 모양의 바삭한 쿠키로 반죽을 몰드에 채워 넣거나 쿠키커터로 찍어 만들며 향토적 또는 전통적 인물들의 문양이 새겨진 경우가 많다. 장터가 열리거나 플랑드르의 수호성인 축제 시즌이 되면 반드시 등장하는 이 스페퀼로스(spéculos 또는 speculoos) 과자는 독일 남부에서도 슈페쿨라티우스(Spekulatius)라는 이름으로 찾아볼 수 있다.
endives braisées au beurre de spéculos, banane-citron vert ▶ ENDIVE

spéculos 스페퀼로스

체에 친 밀가루 500g를 작업대나 넓은 볼에 쏟고 가운데에 우묵한 공간을 만든 다음 여기에 소금 1자밤, 베이킹소다 1티스푼, 계핏가루 1/2테이블스푼, 달걀 3개, 곱게 빻은 정향 4개, 비정제 황설탕 300g, 상온에서 부드러워진 버터 250g을 넣는다. 이 재료들을 밀가루와 조금씩 섞으며 반죽한다. 반죽을 둥글게 뭉쳐 랩으로 싼 뒤 냉장고에 넣어 하룻밤 휴지시킨다. 반죽을 여러 개의 덩어리로 소분하여 밀대로 납작하게 민다. 밀가루를 뿌려둔 스페퀼로스 틀 안에 반죽을 넣고 누른다. 틀에서 빼내어 버터를 살짝 바른 베이킹 팬 위에 올리고 190°C로 예열한 오븐에 넣어 진한 황금색이 날 때까지 굽는다.

SPOOM 스품 영국에서 즐겨 먹는 무스 타입 소르베로 일반 소르베를 만들 때보다 농도가 낮은 설탕 시럽을 사용해 만들며 소르베가 얼어 굳기 시작할 때 쯤 동량 부피의 이탈리안 머랭을 첨가해 섞는다.

SPRAT 스프라 작은 청어. 청어과의 작은 생선으로 정어리와 비슷하며 등은 청록색이고 측면은 은색 빛을 띤다. 길이는 12~15cm 정도로 주로 발트해, 북해, 영불해협 등지에서 잡히지만 대서양, 특히 브르타뉴 지방에서도 찾아볼 수 있다. 생물 스프라는 주로 튀김으로 많이 요리하지만 대부분은 훈제, 통조림 또는 양념에 재운 제품으로 판매된다. 스칸디나비아 요리(그라탱, 카나페, 샐러드)에 많이 사용된다.

SQUASH 스쿼쉬 호박. 영어 단어이지만 각 나라 언어에서도 두루 사용되는 명칭으로 미국에서 생산되는 둥근 호박, 주키니 호박 등을 총칭한다. 버터넛 스쿼시 등을 예로 들 수 있다.

SQUILLE 스키유 공작갯가재의 일종, 맨티스 슈림프(mantis shrimp). 다리가 네 쌍뿐인 유일한 갑각류로 십각목(décapodes)이 아닌 구각목(口脚目, stomatopodes)으로 분류된다. 갯가재는 사마귀의 다리와 닮은 한 쌍의 앞다리(ravisseuse)를 갖고 있으며 외형은 집게가 없는 랑구스틴(가시발새우)와 비슷하고 길이는 약 10cm 정도이다. 때로 지중해의 진흙이 많은 바닥에서 다른 갑각류와 함께 발견된다. 갯가재는 물에 삶아 먹는다.

STABILISANT 스타빌리장 안정제. 식품을 일정 농도나 제형으로 보존하기 위한 질감개선제의 하나로 사용되는 식품첨가물이다(**참조** ADDITIF ALIMENTAIRE). 안정제는 일반적으로 유화제, 농후제 또는 겔화제(증점제)와 결합되어 쓰인다. 가장 많이 사용되는 안정제로는 레시틴(달걀노른자), 타타르산(주석산), 알긴산, 한천(agar-agar), 캐롭나무 씨, 타마린드 씨, 구아 씨, 펙틴 등이 있다.

STANDARDISATION 스탕다르디자시옹 표준화. 제품의 성분을 정해진 표준에 맞추기 위한 물리적 처리를 뜻한다. 이와 같은 표준화(또는 규격화, normalisation) 작업은 유제품 산업에서도 많이 사용된다. 관련 법 규정이 정한 유지방 함량 표준에 따라 전유(리터당 유지방 36g), 저지방 우유(리터당 15.45~18g) 또는 무지방 우유(리터당 최소 3.09g)를 만드는 것을 예로 들 수 있다. 표준화 처리는 오스트레일리아와 캘리포니아에서처럼 단백질 함량 등에도 동일하게 적용될 수 있다.

STANLEY 스탠리 영국의 탐험가 헨리 스탠리(Henry Stanley, 1841-1904)에게 헌정한 다양한 요리에 붙는 이름으로 양파와 커리가 들어가는 것이 특징이다. 스탠리 달걀 요리(les œufs Stanley)는 수비즈(Soubise) 퓌레를 채운 타르틀레트에 달걀 반숙 또는 수란을 얹은 뒤 커리 소스를 끼얹은 것이다. 스탠리 닭 요리(le poulet Stanley)는 삶거나 양파를 넣고 색이 나지 않게 소테한 닭에 커리를 넣어 맛을 돋운 수비즈 소스를 끼얹은 것이다.

STEAK 스테이크 고기를 자른 조각(tranche)을 의미하는 영어 단어로 소고기를 지칭할 때는 프랑스어 비프텍(bifteck)과 동의어로 쓰인다. 스테이크는 그릴에 굽거나 팬에 지져 익히며 익힘 정도는 블루(bleu), 세냥(saignant, 레어), 아 푸앵(à point, 미디엄), 비앵 퀴(bien cuit, 웰던)로 분류한다. 샤토브리앙(chateaubriand)은 안심의 가장 가운데 부분을 두툼하게 잘라 구운 스테이크이며, 일반적으로 아주 두껍게 잘라 구운 스테이크를 파베(pavé)라고 부른다. 그 외에 타르타르 스테이크(steak tartare, 날 소고기를 칼로 다진 뒤 양념에 섞은 요리)나 페퍼 스테이크(steak au poivre) 등의 요리 이름에도 사용된다.
▶ 레시피 : BŒUF.

STEAK AND KIDNEY PIE 스테이크 앤드 키드니 파이 영국식 미트파이의 하나로 소의 살코기와 송아지 콩팥으로 만든다. 파이 용기에 재료를 넣고 반죽 크러스트를 씌워 구워내는 스테이크 앤드 키드니 파이는 주로 더운 애피타이저로 서빙된다. 옛날에는 아침식사 뷔페 테이블에도 올라왔다.

steak and kidney pie 스테이크 앤드 키드니 파이

<u>스테이크 앤드 키드니 파이</u> : 달걀 4개를 삶는다. 소고기의 기름기가 적은 살코기 부위(우둔살, 홍두깨살, 또는 꾸리살) 250g을 가늘고 길쭉하게 썬다. 암 송아지의 콩팥 1개를 씻어서 작게 썬다. 감자 500g의 껍질을 벗긴 뒤 슬라이스한다. 양파 2개의 껍질을 벗겨 얇게 썬다. 파슬리 작은 1다발을 다진다. 버터를 바른 파이 용기에 고기의 반을 콩팥과 섞어 넣은 다음 소금, 후추, 파슬리를 조금씩 뿌린다. 그 위에 감자를 한 겹 덮고 둥글게 슬라이스한 완숙달걀을 한 켜로 얹는다. 양파를 고루 뿌린 다음 남은 고기를 모두 넣는다. 육수를 작은 잔으로 한 개 분량 넣는다. 타르트 시트 반죽으로 띠 모양을 만들어 용기 가장자리를 둘러 붙인 다음 달걀물을 바른다. 이어서 타르트 반죽이나 푀유테 반죽으로 그릇 전체를 덮는다. 칼끝으로 선을 그어 무늬를 낸 다음 달걀물을 바른다. 익히는 도중 증기가 빠져나갈 수 있게 크러스트 뚜껑 중앙에 작은 원형 깍지를 한 개 꽂는다. 190°C로 예열한 오븐에 1시간 15분간 굽는다. 용기 그대로 아주 뜨겁게 서빙한다.

STEGT SILD I LAGE 스테크트 실드 이 레 스칸디나비아식 생청어 요리의 덴마크어 명칭. 청어의 가시와 내장을 제거한 뒤 머스터드와 파슬리 혼합물을 발라준다. 생선의 머리와 꼬리가 만나도록 접은 다음 밀가루를 묻혀 튀긴다. 식초, 물, 후추, 설탕, 월계수잎을 넣은 마리네이드액에 생선을 넣고 몇 시간 동안 재운다. 케이퍼와 양파를 곁들여 차갑게 먹는다.

STÉRILISATEUR 스테릴리자퇴르 멸균기, 소독기. 가정에서 음식을 저장하는 병조림 등을 소독할 때 쓰이는 뚜껑이 있는 용기다(대량 생산 공장에서는 고압 멸균기인 오토클레이브를 사용한다). 통조림 음식의 살균을 위해 사용하며 뚜껑이 닫히는 용기로 되어 있다(산업에서는, 증기 소독기를 사용한다).
– 가장 단순한 유형의 멸균기는 양철 소재로 되어 있으며 양쪽에 손잡이가 달려 있다.
– 전기 멸균기는 부피가 무척 작고 온도 조절기가 장착되어 있으며 내열성 플라스틱으로 만들어진다.

이 멸균기는 물을 비등점 이상의 온도로 올릴 수 없다는 단점이 있는데, 이를 보완하기 위해 소금을 포화상태에 도달하도록 넣어(물 1ℓ당 소금 250g) 비등점을 108°C로 올려준다. 하지만 실제 멸균이 제대로 이루어지기 위해서는 110~115°C의 온도가 필요하다.

STÉRILISATION 스테릴리자시옹 멸균, 살균. 식품을 상하게 할 수 있는 미생물과 효소를 모두 파괴시켜 보존 기간을 늘리는 방법이다. 식품을 밀폐 용기에 넣고 완전히 봉한 뒤 100°C 이상(가능하면 110~115°C가 이상적이다)의 온도까지 가열함으로써 이루어진다. 식품의 심부까지 멸균하려면 적절한 온도와 충분한 시간이 필요하지만, 영양소와 미각적 품질을 보존하기 위한 생산 공장에서의 멸균 방법은 점점 더 다양해지고 있다. 액상 제품을 넣은 레토르트 제품 등의 용기를 흔들어 열이 고루 퍼지게 하는 방식, 또는 아주 짧은 시간 동안 초고온으로 멸균하는 방식 등이 있다. 예를 들어 우유의 경우 고전적인 방식으로 115°C에서 15~20분 동안 가열하거나 150°C에서 2초간 가열하는 초고온 멸균 방식(UHT)을 사용한다. 아페르티자시옹(**참조** APPERTISATION)이라고 불리는 멸균 방식은 가정에서도 흔히 사용하는 음식 보존 방식이다. 과일과 채소는 미리 껍질을 벗기고 다듬어 씻어 두고 경우에 따라 끓는 물에 데쳐둔다. 내열 용기에 담고 소금물이나 설탕물로 덮는다. 레몬즙을 첨가해 산도를 높여 식품 본래의 색을 유지하고 음식의 보존성을 높이기도 한다. 이어서 뚜껑을 닫아 밀봉한 뒤 멸균기나 오토클레이브에 넣는다.

STILLIGOUTTE 스틸리구트 점적기, 드로퍼(dropper). 주로 병뚜껑에 달려 있는 장치로 스포이트가 달려 있어 윗부분을 눌러 액체를 한 방울씩 떨어뜨릴 수 있다. 아주 도수가 높거나 농축된 술 등을 단 몇 방울만 사용할 때 유용하다.

STILTON 스틸턴 소젖으로 만든 영국의 블루치즈로 지방 함량이 매우 높고(지방 50%) 솔질해 세척한 갈색의 천연 외피를 갖고 있다(**참조** p.396 외국 치즈 도표). 스틸턴이라는 이름은 최초 생산지 지명에서 따왔으며, 지름 15cm, 높이 25cm의 원통형으로 무게는 4~4.5kg 정도이다. 세계 최고의 치즈 중 하나로 간주되는 이 치즈는 맛이 매우 강하며 주로 크래커, 올드 빈티지 포트와인, 생호두 또는 포도를 곁들여 먹는다. 어떤 이들은 치즈 윗부분을 뚜껑처럼 잘라낸 다음 포트와인, 마데이라 와인 또는 셰리와인을 붓고 1~2주 후에 작은 스푼으로 떠먹기도 한다.

STOCKFISCH 스톡피시 말린 염장 대구. 염장해서 공기 중에 말린 대구로 스칸디나비아는 물론이고 프랑스 남부와 중부지방 전통 음식의 기본재료다. 이 단어는 독일어 스톡(Stock, 막대)과 피시(Fisch, 생선)를 조합한 것으로 옛날에 염장 대구를 막대 위에 널어 말린 것에서 유래된 이름이다.
estofinado ▶ ESTOFINADO

프랑크 세루티(FRANCK CERUTTI)의 레시피

estocaficada (stockfisch à la niçoise) 에스토카피카다(스톡피시 아 라 니수아즈)

__에스토카피카다(니스식 스톡피시)__ **: 8인분 / 준비: 2시간**

조리하기 며칠 전, 스톡피시 800g을 톱을 이용하여 8~10cm 길이의 토막으로 자른 다음 봄, 가을에는 5일, 겨울에는 7일 동안 수돗물에 담가둔다. 하루 전, 스톡피시의 창자 100g을 물에 담근다. 조리 당일, 생선의 껍질을 제거하고 살을 작게 썬다. 몇몇 큰 가시들은 남겨두었다가 함께 조리한다. 창자 100g을 가늘게 썬다. 줄기에 달린 중간 크기 토마토 1kg의 껍질을 벗긴 뒤 씨를 제거하고 살을 4등분한다. 노란 피망 2개와 홍피망 2개를 가스불에 거의 태우듯 그슬린 다음 껍질을 벗기고 넓이 4cm로 길게 썬다. 양파 1개와 마늘 3톨을 얇게 썬다. 햇감자 750g의 껍질을 벗긴다. 지름 30cm 소테용 냄비에 올리브오일 25mℓ를 두른 뒤 얇게 썬 양파와 마늘, 잘게 썬 카옌 고추 2개를 넣고 잘 저으며 색이 나지 않고 수분이 나오도록 익힌다. 피망, 토마토를 넣고 함께 10분간 익힌 뒤 스톡피시를 넣는다. 뚜껑을 덮고 약한 불로 10분간 더 익힌다. 재료의 높이만큼 물을 붓고 소금, 후추로 간한다. 끓어오르면 부케가르니를 넣는다. 1시간 동안 끓인 후 생선 창자를 넣는다. 총 1시간 30분간 끓인 뒤에는 작은 햇감자를 넣는다. 감자가 익으면 니스산 블랙올리브 30알과 잘게 썬 이탈리안 파슬리 몇 줄기를 넣는다. 함께 익힌 가시를 건져낸 뒤 간을 맞춘다. 접시 8개에 나누어 담고 각각 햇 올리브 오일과 와인 식초를 한 바퀴씩 두른다.

STOEMP 스툼프 삶아 으깬 감자에 잘게 썬 채소(사보이 양배추, 적채, 셀러리 등)를 혼합한 벨기에, 네덜란드의 요리다. 주사위 모양으로 썰어 팬에 지진 베이컨을 첨가하기도 한다.

STOHRER 슈토레르 19세기 초 파리 레 알 지역 몽토르괴이(Montorgueil)가에 자신의 이름을 내건 제과점을 연 파티시에로, 1864년 폴 보드리(Paul Baudry)가 그린 여신 그림 패널이 여전히 이곳을 장식하고 있다. 전 폴란드 국왕이었던 로렌 지방의 영주 레슈친스키의 파티시에였던 슈토레르는 로렌 뤼네빌(Lunéville)의 영주 궁에서 개발한 바바의 레시피를 파리로 가져와 소개하면서 유명세를 떨치게 되었다. 그외에도 누아제틴, 쇼콜라틴, 퓌 다무르등이 이 제과점을 대표하는 메뉴들이다.

STOLLEN 슈톨렌 다양한 당절임 과일과 향신료(바닐라, 카다멈, 레몬 제스트, 메이스 등)를 넣은 독일의 브리오슈 빵으로 크리스마스에 즐겨 먹는 전통 먹을거리이며 여러 가지 레시피가 존재한다. 가장 유명한 슈톨렌은 드레스덴의 것이다.

STOUT 스타우트 영국과 아일랜드의 짙은 갈색 맥주로 홉의 함유량이 높다. 스타우트 맥주는 가장 널리 알려진 비터 타입, 순한 맛의 밀크 스타우트, 알코올 도수가 높은 강한 맛의 러시안 스타우트(또는 임페리얼 스타우트)등 다양한 종류로 나뉜다.

STRACCHINO 스트라키노 소젖으로 만드는 이탈리아의 세척 외피 연성치즈(지방 48%)로 가볍게 압착하여 제조한다. 스트라키노 치즈는 1~2kg의 정육면체 또는 직육면체 형태로 무게는 1~2kg이다. 식감이 매우 부드러우며 과일 풍미를 갖고 있다.

STRASBOURGEOISE 스트라스부르주아즈 스트라스부르식. 브레이징 또는 팬프라이한 큰 덩어리의 고기나 가금육에 브레이징 한 슈크루트, 슈크루트와 함께 익힌 얇게 썬 삼겹살 슬라이스, 버터에 지진 푸아그라 에스칼로프를 곁들인 요리의 이름이다. 소스는 고기를 지진 팬을 디글레이즈하여 만든다. 스트라스부르식 안심 스테이크(toutnedos strasbourgeoise)는 안심을 팬에 지진 뒤 도톰하고 어슷하게 자른 푸아그라 슬라이스 위에 얹고 데미글라스로 디글레이즈하고 마데이라 와인으로 맛을 돋운 소스를 끼얹어 낸다. 또한 스트라스부르식 콩소메(consommé strasbourgeois)는 주니퍼베리로 향을 더하고 전분을 첨가해 농도를 낸 수프로 채 썬 적채와 둥글게 슬라이스한 스트라스부르 소시지를 곁들이며 강판에 간 홀스래디시를 따로 서빙한다. 스트라스부르주아즈라는 명칭은 푸아그라에 송로버섯을 박아 넣고 브리오슈 반죽으로 감싸 구운 요리 이름에도 붙는다.

STREUSEL 스트뢰젤 스트뢰이젤, 스트로이젤. 알자스 지방의 둥근 브리오슈로 표면은 달걀을 넣지 않은 사블레 반죽으로 덮여 있다. 바닐라와 계피로 향을 내며 경우에 따라 아몬드 가루를 섞어 케이크 반죽과 같이 굽기도 한다. 스트뢰이젤은 반으로 갈라 크림을 채워 넣기도 한다.

STROGANOV 스트로가노프 비프 스트로가노프. 얇게 썰어 볶은 소고기에 크림 소스와 양파, 버섯을 곁들인 요리. 러시아를 대표하는 전통 요리인 비프 스트로가노프는 18세기에 유럽에 알려졌으며 다양한 레시피로 재탄생되었다. 기름기가 적은 소고기 부위 살(안심, 채끝, 우둔살 등)을 얇게 썰어 소금, 후추, 파프리카 가루로 밑간을 한 뒤 센 불에서 볶아낸다. 이 팬에 화이트와인을 부어 디글레이즈하고 크림과 리에종한 송아지 육수를 넣어 소스를 만든 다음, 버터에 볶은 양파를 넣어 섞는다. 이 소스를 고기에 끼얹고, 필라프 라이스, 볶은 버섯을 곁들여 서빙한다. 좀 더 러시아 정통 식에 가까운 레시피는 다음과 같다. 양파와 버섯을 함께 볶은 뒤 미리 소테한 고기와 합한다. 버터와 밀가루를 볶아 만든 루에 사워크림을 넣어 소스를 만든 다음 머스터드와 레몬즙으로 맛을 돋운다. 이것을 고기와 채소에 넣고 뜨겁게 혼합한다.
▶ 레시피 : BŒUF.

STROPHAIRE À ANNEAU RUGUEUX 스트로페르 아 아노 뤼괴 독청버섯아재비, 가든 자이언트. 같은 부류에 속하는 버섯들 중 크기가 특별히 크며 종종 세프 드 파유(cèpe de paille)라고도 불린다. 해당 속의 버섯 중 유일하게 식품으로서의 가치가 높지만 별명처럼 세프(포치니버섯)에는 훨씬 못 미친다. 버섯 대에는 살이 통통한 턱받이가 링 모양으로 둘러져 있으며 윗면에는 줄무늬가 깊게 패여 있다. 곡식의 짚단 위에서 재배하는 방식은 중부 유럽과 독일, 스위스 등지에서 널리 행해지고 있다.

STRUDEL 슈트루델 스트루델. 다양한 재료를 넣고 돌돌 말아 구운 비엔나의 대표적인 파티스리로 스트루델이란 이름은 소용돌이를 의미한다. 오스트리아에서 가장 유명한 제과 중 하나인 스트루델을 성공적으로 만들기 위해서는 글루텐 함량이 높은 밀가루로 만든 아주 얇은 반죽(필로 페이스트리)을 필요로 하는데 이는 만드는 방법뿐 아니라 다루기도 매우 까다롭다. 속 재료는 일반적으로 계피를 넣은 사과와 건포도에 레몬 제스트로 향을 낸 혼합물을 가장 많이 사용하지만 체리(씨를 뺀 그리오트 체리, 설탕, 레몬 제스트, 아몬드 가루)나 프로마주 블랑(달걀노른자, 레몬 제스트, 건포도, 크림, 단단하게 거품 낸 달걀흰자) 등을 채워 넣기도 한다. 오스트리아에서는 짭짤한 혼합물(삶은 소고기에 양파, 파프리카, 파슬리를 넣고 다진 것)을 넣은 스트루델을 만들기도 한다. 또한 다진 양배추에 기름과 설탕한 자밤을 넣고 오븐에 익힌 소를 채우는 레시피도 있다.

Strudel aux pommes 슈트루델 오 폼

애플 스트루델 : 볼에 따뜻한 물 1컵과 소금 한 자밤, 식초 1티스푼, 달걀노른자 1개를 넣고 섞는다. 식용유 1디저트스푼을 첨가한다. 넓은 볼에 글루텐 함량이 높은 밀가루 250g을 붓고 가운데에 우묵한 공간을 만든다. 섞어둔 액체 재료를 여기에 붓고 칼날로 저어 섞은 다음 약간 탄성이 생길 때까지 치대며 반죽한다. 반죽을 둥글게 뭉친 뒤 밀가루를 뿌린 도마 위에 놓는다. 끓는 물에 잠깐 담갔다 뺀 우묵한 그릇으로 반죽을 덮은 다음 1시간 동안 휴지시킨다. 새콤한 맛의 사과 1kg의 껍질을 벗긴 뒤 아주 작은 주사위 모양으로 썬 다음 설탕 3테이블스푼을 뿌린다. 건포도 200g을 씻어서 물기를 제거한다. 밀가루를 뿌린 큰 사이즈의 행주를 작업대 위에 깔고 여기에 반죽을 올린다. 손가락으로 반죽을 조금씩 넓게 잡아당겨 아주 얇아질 때까지 늘려준다. 반죽이 찢어지지 않도록 주의한다. 녹인 버터를 바른다. 가장자리를 균일하게 잘라 직사각형 모양을 만든다. 버터 75g을 녹인 팬에 황금색 빵가루 1줌과 다진 호두살 100g을 넣고 노릇하게 볶은 뒤 반죽 위에 고르게 펼쳐 놓는다. 준비한 사과와 건포도를 고루 흩뿌린 다음 계피 1/2티스푼과 설탕 8테이블스푼을 솔솔 뿌린다. 행주를 이용하여 안의 재료들을 잘 감싸며 반죽을 돌돌 말아준 다음 버터를 발라둔 베이킹팬 위에 올린다. 230°C로 예열한 오븐에서 40~45분간 굽는다. 슈거파우더를 뿌리고 한 김 식힌 뒤 따뜻한 온도로 서빙한다.

STUCKI (HANS) 한스 슈투키 스위스의 요리사(1927, Ins, Berne 출생—1998, Basel 타계). 로잔 우쉬(Lausanne-Ouchy)의 보 리바주 팔라스(Beau-Rivage-Palace) 호텔에 이어 스위스의 여러 유수 호텔에서 견습을 거친 후 그는 1959년 브루더홀츠(Bruderholz) 레스토랑을 인수하였고 1970년에는 전면 리노베이션을 마쳤다. 고급스러운 분위기의 이 레스토랑은 수준 높은 음식과 서비스 그리고 고급 요리의 전통을 기대하는 고객들을 끌어모았다. 늘 최고 품질의 식자재를 추구했던 요리사였으나 한편으로는 식상한 메뉴 선정에 안주하지 않고 끊임없이 자신만의 새로운 요리를 창조해냈다. 그는 스위스의 와인과 치즈뿐 아니라 브레스(Bresse)의 닭, 샬랑(Challans)의 오리와 같은 프랑스의 좋은 재료들도 두루 애용했다. 바젤에 있는 그의 레스토랑은 프랑스인 셰프 파트릭 짐메르만(Patrick Zimmermann)이 주방을 총괄하며 프랑스 고급 미식의 명성을 계속 이어가고 있다.

SUBRIC 쉬브릭 알르망드 소스 또는 베샤멜 소스, 휘저어 푼 달걀과 밀가루, 크림, 강판에 간 치즈 등을 혼합하여 정제 버터에 지져낸 작은 갈레트의 일종이다. 쉬브릭은 오르되브르, 더운 애피타이저로 서빙되거나 주로 강한 맛의 소스와 함께 요리의 가니시로 곁들여지기도 한다. 쌀이나 세몰리나를 사용해 디저트용 쉬브릭을 만들기도 하며 여기에 잼 또는 시럽에 절인 과일 등을 곁들여 먹는다. 이 이름은 옛날에 이 갈레트를 화덕의 뜨거워진 벽돌 위에(sue les briques, 쉬르 레 브릭) 구웠던 것에서 유래했다.

subrics d'entremets au riz 쉬브릭 당트르메 오 리

쌀로 만든 디저트용 쉬브릭 : 낟알이 둥근 쌀 750g을 익힌다. 리큐어에 재운 당절임 과일 100g을 잘게 썰어 쌀과 섞은 뒤 버터를 바른 오븐팬 위에 3~4mm 두께로 균일하게 펼쳐 놓는다. 표면 전체에 녹인 버터 40g을 바른 뒤 식힌다. 이 쌀을 링 모양 또는 정사각형 모양으로 잘라내어 정제 버터 40g을 두른 팬에 넣고 양면을 노릇하게 지진다. 서빙용 접시에 담고 레드커런트 또는 라즈베리 즐레 1티스푼, 살구 마멀레이드 또는 시럽에 익힌 살구 반쪽을 곁들인다.

subrics d'épinards 쉬브릭 데피나르

시금치 쉬브릭 : 끓는 소금물에 시금치 750g을 데쳐낸 뒤 찬물에 헹궈 건진다. 아주 걸쭉한 농도의 베샤멜 150mℓ, 충분히 휘저어 푼 달걀 1개와 달걀노른자 3개, 더블 크림 2테이블스푼을 넣어 섞는다. 소금, 후추로 간하고 넛멕을 조금 넣은 뒤 완전히 식힌다. 이 혼합물을 동그란 공 모양 또는 납작한 완자형으로 만들어 정제 버터 40g을 달군 팬에 넣고 각 면을 3분씩 노릇하게 익힌다. 넛멕을 충분히 넣어 맛을 낸 크림 소스를 곁들여 아주 뜨겁게 서빙한다.

subrics de pommes de terre 쉬브릭 드 폼 드 테르

감자 쉬브릭 : 감자 500g을 작은 주사위 모양으로 썰어 소금물에 2분 정도 데쳐 건진 뒤 물기를 닦는다. 이 감자에 버터를 넣고 살짝 찌듯이 익힌 다음 불에서 내리고 걸쭉한 농도의 베샤멜 250mℓ을 넣어 으깨며 섞는다. 달걀노른자 3개와 달걀 1개, 소금, 후추, 넛멕을 넣고 잘 섞는다. 이어서 시금치 쉬브릭과 같은 방법으로 조리한다.

SUC 쉭 즙, 액, 맛의 정수. 일반적으로 동식물의 세포 조직을 압착해서 얻는 액체를 뜻한다. 과일의 즙은 주로 당과류 제조에 사용된다. 즙을 짜내기 어려운 몇몇 식물들도 원심분리형 착즙기인 주서(centrifugeuse)를 사용하면 손쉽게 즙을 추출할 수 있다. 고기를 로스팅 팬에 놓고 오븐에 굽거나 팬에 지져 익히면 조리 중 흘러나온 맛의 정수인 육즙 쉭이 캐러멜화되어 용기 바닥에 눌어붙으며, 여기에 액체를 더해 디글레이즈하면 육즙 소스인 쥐를 얻을 수 있다.

suc de cerise 쉭 드 스리즈

체리즙액 정수 : 레드체리 1kg과 블랙체리 100g의 꼭지를 따고 씨를 뺀다. 넓은 볼 위에 체를 올린 뒤 체리 과육을 넣고 손으로 잘 으깬다. 으깬 과육을 착즙기에 넣어 즙을 모두 추출한다. 손으로 으깨는 동안 볼에 흘러내린 체리즙과 합한다. 체리즙에 동량(부피 기준)의 90도 주정을 넣고 12~15°C 온도에서 체리즙이 맑게 변할 때까지 약 24시간 동안 발효시킨다. 맑은 윗부분만 따라낸 다음 고운 체에 다시 한 번 걸러준다.

SUCCÈS 쉭세 아몬드 가루를 섞은 머랭 반죽 시트 두 장 사이에 프랄린 또는 바닐라로 향을 내고 잘게 부순 누가틴을 넣은 버터 크림을 채운 둥근 모양의 케이크다. 윗 표면에 매끈한 크림을 씌운 뒤 아몬드 슬라이스, 설탕을 씌운 헤이즐넛, 마지팬으로 만든 잎사귀 장식 등을 얹는다. 쉭세 케이크 시트는 주로 버터 크림을 채워 프티푸르를 만들거나 다양한 현대식 파티스리를 만들 때 두루 사용한다.

▶ 레시피 : FOND DE PÂTISSERIE.

SUCCULENT 쉬퀼랑 과즙이 많은, 맛있는. 즙이나 수분을 다량 함유한 식품에 붙일 수 있는 수식어이며, 더 넓은 뜻으로는 맛이 좋아 아주 기분 좋은 느낌을 주는 음식을 표현할 때 사용하기도 한다. 이런 의미에서 맛있다는 뜻을 지닌 다른 형용사(savoureux, exquis, délicieux 등)들과 동의어로 쓰이기도 한다.

SUCETTE 쉬세트 막대 사탕. 끓인 설탕으로 만든 당과류의 하나로 도톰하고 길쭉한 모양 또는 다양한 크기의 구형 알사탕을 막대에 붙여 손으로 들고 빨아먹을 수 있도록 한 형태다.

SUCHET 쉬셰 갑각류 해산물 요리에 붙이는 명칭 중 하나로 대개 쿠르부이용에 미리 삶아낸 뒤 조리한다. 랍스터 등의 갑각류 해산물을 익혀 껍데기를 까고 살만 꺼낸 뒤 도톰한 에스칼로프로 썬다. 이것을 가늘게 채 썬 당근, 셀러리, 리크와 함께 화이트와인에 넣고 약한 불로 따뜻하게 데운 다음 반으로 가른 해산물 껍데기 안에 넣는다. 해산물을 넣어 데운 화이트와인 국물과 버터를 조금 첨가한 모르네 소스를 반반씩 섞어 소스를 만든 뒤 해산물 위에 끼얹고 살라만더 그릴 아래 잠깐 구워 윤기나게 마무리한다.

SUCRE 쉬크르 설탕. 다수의 식물의 잎에 천연적으로 생성되고 뿌리나 줄기에 농축되는 단맛을 가진 성분이다. 설탕 성분은 캐나다의 단풍나무, 아프리카의 야자나무, 수수, 포도 등에서도 얻을 수 있지만 주로 열대지역의

Sucre 설탕

"에콜 페랑디와 크리용 호텔의 파티시에들이 설탕을 자유자재로 다루며 믿을 수 없는 형태를 만들어내고 있다. 그랑 카세 상태로 끓인 설탕 시럽을 천사의 머리카락만큼이나 가는 실로 만들어 둥글게 말아 뭉치면 깃털처럼 가벼운 놀라운 모습의 설탕 볼이 탄생한다. 시럽의 끓는 온도를 정확히 맞추기 위해 파티시에는 눈을 떼지 않고 집중한다. 이는 마치 마법사의 모습과도 같다."

PRÉPARER DU SUCRE AU GRAND CASSÉ
그랑 카세 설탕 시럽을 실 모양으로 만들기

1. 설탕을 그랑 카세(grand cassé 145~150°C) 상태로 끓인 뒤 가열을 중단하고 캐러멜이 걸쭉해지도록 잠시 둔다. 철사의 끝이 잘린 모양의 거품기를 캐러멜 시럽에 담갔다 뺀 다음 왔다 갔다 하는 동작으로 재빨리 흔들며 가는 실 모양으로 뽑아 2개의 파티스리용 밀대 위에 놓는다.

2. 손가락으로 조심스럽게 실 설탕을 들어낸다. 서로 달라붙지 않도록 재빠른 동작으로 떼어낸다.

3. 실 모양의 설탕을 둥글게 말아 뭉치거나 파티스리 위에 베일처럼 펴서 덮는다.

사탕수수와 온대 지역의 사탕무에서 추출한다. 단맛이 나지 않는 복합당인 녹말과는 달리 설탕은 단맛이 있는 단순당이다. 단수 명사로 쓰인 경우에는 사탕수수 또는 사탕무를 원료로 한 설탕에만 부여할 수 있다. 공식 명칭은 수크로스(sucrose, saccharose) 또는 자당이다. 이 단어를 복수로 사용한 경우는 여러 단순당을 지칭한다. 옥수수 추출물인 글루코스(glucose/dextrose), 과일에 함유된 과당, 프럭토스(fructose/lévulose), 락토스(우유의 성분) 추출물인 갈락토스(galactose), 오렌지 껍질에 함유된 당인 마노스(mannose) 등이 이에 해당한다.

■ **역사.** 수천 년 전 아시아에서는 이미 사탕수수 시럽의 형태로 설탕을 사용하고 있었다. 당시 유럽에서는 단맛을 내기 위해 과일과 꿀만을 사용했다. 중국인과 인도인들은 결정화된 설탕의 제조법을 아주 오래전부터 알고 있었던 것으로 전해진다. 기원전 4세기 알렉산더 대왕은 그 이전 다리우스 1세가 인더스강 유역에서 사탕수수를 발견해 페르시아로 들여왔던 것과 마찬가지로 '달콤한 갈대'로 불린 이 식물을 들여왔고 당시 사람들은 그 즙을 원료로 한 결정체인 사르카라(çarkara)를 추출할 수 있었다. 이 식물의 재배는 지중해 연안과 아프리카로 확장되었다. 이렇게 새로운 식품이 탄생했다.

12세기 십자군 전쟁에서 돌아온 군인들 덕에 프랑스인들은 이 향신료의 존재를 알게 되었고 약제사들이 설탕을 여러 형태로 아주 비싼 값에 판매하기 시작했다. 설탕은 당과류나 파티스리 분야의 발전을 가져왔으며 또한 고기나 짭짤한 음식에 넣는 양념으로도 많이 사용되었다. 15세기 스페인과 포르투갈 인들은 아프리카 대서양 지역의 식민지(카나리아 제도, 마데이라 제도, 카보베르데 제도)에 사탕수수 농장을 조성함으로써 지중해 지역이 독점하고 있던 설탕 생산 구조에 지각변동을 가져왔다. 이후 사탕수수 재배는 쿠바, 브라질, 멕시코, 이어서 인도양의 섬들, 인도네시아뿐 아니라 필리핀과 오세아니아까지 확대되었다. '설탕 섬'이라고 불리게 된 앤틸리스 제도(Antilles)는 이 시기 무렵부터 유럽 도시들의 항구에 위치한 제당 공장에 사탕수수를 공급했다. 17세기에는 커피, 차, 초콜릿이 유행하면서 설탕의 소비가 현저히 증가했다. 1633년 보르도에 프랑스 최소의 제당 공장이 설립되었으며 이후 루앙, 낭트, 라로셸, 마르세유로 확대되었다. 사탕무는 1575년 농학자 올리비에 드 세르(Olivier de Serres)가 풍부한 설탕의 원료라는 점을 설파했으나 주목받지 못했는데, 1747년에 이르러서야 독일인 안드레아스 마크그라프(Andreas Marggraf)가 뿌리에서 설탕을 추출해 고체화하는 데 성공했다. 1786년 그의 제자였던 프랑스인 프란츠 카를 아샤르(Franz Karl Achard)는 사탕무 설탕의 대량생산을 시도했으나 원가가 높아 수익을 얻지 못했다. 1800년 농화학자이자 프랑스 내무부 재정담당관이었던 장 앙투안 샤탈(Jean-Antoine Chaptal)의 결정적 발표가 있은 지 11년 후 프랑스인 뱅자맹 들레세르(Benjamin Delessert)는 파시(Passy)에 설립한 제당 공장에서 사탕무 설탕의 대량 생산에 성공했으며 1812년 1월 2일 첫 번째 설탕 덩어리를 나폴레옹 1세 황제에게 진상했다. 오늘날 프랑스는 유럽연합 국가뿐 아니라 전 세계에서 사탕무 설탕 생산 1위를 차지하고 있으며 독일과 우크라이나가 그 뒤를 잇고 있다.

■ **제조.** 사탕무와 사탕수수는 일단 수확을 마치면 설탕량이 줄어들지 않도록 빠른 시간 내에 가공해야 한다. 따라서 설탕 정제 공장은 대부분 산지와 가까운 곳에 위치하며 원료 수확기(9월에서 12월 중 약 70~80일간) 내내 중단 없이 풀가동된다. 설탕의 제조 원리는 해당 식물의 구성성분을 하나씩 떼어내며 자당을 분리해내는 것이다. 사탕무 뿌리는 약 5~6cm 길이의 가늘고 긴 모양(cossettes)으로 자른 뒤 뜨거운 물에 담가 당액을 추출한다. 사탕수수는 줄기를 분쇄하고 압착하여 즙을 짜낸다. 이렇게 추출한 당액에 석회수를 넣어 불순물을 흡착시킨 뒤 탄산가스를 주입해 부유물을 침전시킨다. 설탕 함량 13%의 정화된 당액을 진공펌프로 증발시키며 수분을 제거한 다음 끓여서 설탕 함량 65%의 끈적한 시럽 상태로 만든다. 여기에 종자 역할을 하는 설탕가루를 첨가하여 결정화를 시작한 뒤 반죽기에 넣어 분밀 작업을 계속한다. 원 수분을 모두 탈수해 낸 다음 결과물인 설탕을 틀에 넣거나 분쇄, 건조하여 다양한 형태의 제품으로 포장한다. 사탕수수 제당 공장에서는 주로 원당을 제조하며 이는 주요 수입국의 설탕 정제 공장으로 운송된다. 반면 사탕무 제당 공장에서는 원당의 정제 과정을 거치지 않고 직접 흰 설탕을 생산한다. 이것은 정화된 시럽을 다시 녹여 재결정화한 뒤 원심분리기로 분밀과정을 거쳐 순 설탕을 만들어내는 방식이다. 이렇게 만들어진 사탕무 설탕과 정제한 사탕수수 설탕은 차이가 없다.

■ **제품의 형태 및 종류.** 유럽연합의 규정은 품질에 따라 설탕을 분류하고 있다.

- **정백당, 정제설탕.** 사탕무 또는 사탕수수를 원료로 만든 설탕으로 순도 최소 99.7%(일반적으로 99.9% 이상)의 자당으로 이루어져 있으며 0.06% 미만의 수분, 0.04% 미만의 전화당을 포함한다.
- **그래뉴당.** 시럽을 결정화해 얻은 직접적인 결과물로 고운 입자를 가진 일반 설탕이다. 주로 잼이나 과일젤리, 제과장식용으로 사용된다.
- **가루 설탕.** 결정화한 일반 설탕을 분쇄해 체에 친 아주 고운 설탕으로 대개 500g 또는 1kg 단위 포장으로 판매된다. 디저트, 파티스리, 아이스크림, 앙트르메 제조 시 많이 사용될 뿐 아니라 각종 유제품, 음료, 크레프 등에 첨가하는 용도로도 많이 쓰인다.
- **각설탕.** 이 설탕은 결정화한 일반 설탕을 축축하고 뜨거운 상태에서 틀에 넣어 건조해 입자들이 뭉친 형태를 지니고 있다. 설탕 조각(morceau de sucre)은 특히 프랑스 요리에서 많이 사용되는 용어로 각종 뜨거운 음료를 마실 때 넣거나 설탕 시럽이나 캐러멜을 만들 때 적합하다. 흰 각설탕

설탕의 종류와 특징

종류	원료	제조	외형	사용
비정제 황설탕 cassonade	사탕수수	당액을 진공상태에서 농축한 뒤 시럽을 결정화하여 얻은 갈색 원당	황갈색 결정 설탕으로 입자의 크기는 다소 작다.	열대 요리, 또는 영국식 요리나 디저트 레시피
무스코바도 muscovado	사탕수수	비정제 설탕	황갈색 결정	파티스리, 앙트르메, 크림, 디저트에 뿌리는 용도, 설탕 코팅
라파두라 rapadura	유기농 사탕수수	사탕수수 당액을 착즙한 뒤 그대로 건조한 비정제 원당. 가열은 최소한으로 이루어진다.	짙은 호박색 결정으로 주로 뭉쳐 있는 상태다.	비스킷, 앙트르메, 파티스리
설탕 시럽 또는 액상 설탕 sirop de sucre, sucre liquide	사탕수수 또는 사탕무	액상으로 된 설탕	무색 또는 호박색의 액체	열대 음료(펀치), 제과(제누아즈), 소르베
얼음설탕 sucre candi	사탕무	당액 농축시럽을 뜨거운 상태에서 천천히 결정화한다.	갈색의 굵은 결정 덩어리 형태로 입자 크기는 다양	가정 제조용 과일 리큐어 또는 아페리티프
잼 전용 설탕 또는 겔화용 설탕 sucre pour confiture, sucre gélifiant	사탕무	과일에서 추출한 천연 펙틴(0.4~1%)과 식용 시트르산을 첨가한 흰색 설탕	흰색의 가루	잼, 소르베
정백당 sucre cristallisé blanc, sucre cristal	사탕수수 또는 사탕무	당액을 진공상태에서 농축한 뒤 시럽을 결정화해 얻은 흰색 정제 설탕	비교적 가는 입자의 결정	케이크 시트를 적시는 시럽을 만들거나 과일을 재울 때, 또는 과일 젤리 표면을 씌울 때, 잼을 만들 때 사용
슈거파우더 sucre glace	사탕수수 또는 사탕무	전분(최대 3%)을 첨가한 아주 고운 파우더 상태의 설탕	미세한 흰색 가루	파티스리(장식, 아이싱), 와플이나 크레프에 뿌리는 용도, 익히는 과정이 없는 레시피에 사용
각설탕 sucre en morceaux	사탕수수 또는 사탕무	결정화한 일반설탕을 축축하고 뜨거운 상태에서 틀에 넣어 압착한 것으로 건조되면서 뭉쳐 굳는다.	흰색 또는 황갈색의 납작한 직육면체(5~7g), 또는 정육면체	캐러멜, 설탕 시럽, 음료수, 잼
가루 설탕 sucre en poudre	사탕수수 또는 사탕무	결정화된 설탕을 체에 친 것으로 경우에 따라 곱게 분쇄하기도 한다.	고운 흰색 가루(결정 입자 크기 0.4mm)	디저트에 뿌리거나 설탕코팅용, 짭짤한 일반 요리에 넣어 맛을 순화시키는 용도.
바닐라 슈거 sucre vanillé	사탕수수 또는 사탕무	천연 바닐라로 향을 낸 고운 가루형 설탕(바닐라 가루 또는 바닐라 에센스 10% 이상)	일반적으로 작은 봉지에 소포장된 흰색 가루 형태	콩포트, 디저트, 앙트르메
조당, 베르주아즈 vergeoise	사탕수수 또는 사탕무	일반 설탕의 결정화와 탈수 과정을 마치고 남은 당액 시럽을 다시 끓여 색과 향을 더해 만든 설탕으로 한 번 다시 끓인 것은 황금색, 두 번 끓인 것은 짙은 갈색을 띤다.	황금색 또는 갈색으로 축축하고 부드럽다.	각종 파티스리에 사용. 와플, 크레프, 타르트 등에 뿌리는 용도, 스페퀼로스를 만들 때 사용

은 크기에 따라 3호(개당 7g), 4호(5g), 고급 사탕수수 각설탕 2호(반짝이는 굵은 결정)등으로 분류되며 그 외에도 황갈색 사탕수수 각설탕, 순 사탕수수 각설탕(균일한 크기의 작은 큐브 모양 흰 각설탕 또는 불규칙한 모양과 크기의 흰색 또는 갈색 각설탕), 작은 큐브 모양의 각설탕을 1~3개씩 개별 포장한 것 등이 있다.

● **황설탕.** 85~98%의 자당에 약간의 불순물이 포함되어 있어 밝은 황색에서 갈색을 띠며 특유의 맛을 갖고 있다.

● **비정제 황설탕, 카소나드.** 사탕수수 당액 시럽을 결정화하여 첫 번째로 얻은 원당이다.

● **조당.** 사탕무 또는 사탕수수의 원당으로 축축하고 부드러운 질감을 갖고 있으며 황금색, 또는 갈색을 띤다. 특유의 맛을 지니고 있으며 특히 벨기에 등의 플랑드르식 파티스리에 많이 사용된다.

● **얼음 설탕.** 황설탕을 결정화하여 만든 설탕으로 아주 큰 입자의 갈색 결정 형태이다. 샴페인 제조 시 또는 가정에서 과일주를 담글 때 주로 사용한다.

● **라파두라.** 유기농으로 재배한 사탕수수 당액을 건조시켜 만든 설탕으로 어떠한 가공이나 정제 과정도 거치지 않아 축축하고 잘 뭉치는 경향이 있다. 아주 진한 호박색을 띠며 특유의 감초 맛이 난다.

● **무스코바도.** 모리셔스섬에서 생산되는 비정제 사탕수수 설탕으로 필리핀산은 마스코바도(mascobado)라고 불린다. 당액을 정제하고 걸러 결정화한 이 설탕은 당밀 함량이 높으며 특유의 감초 향 캐러멜 맛이 두드러진다.

● **액상 설탕 또는 설탕 시럽.** 무색 또는 호박색의 용액으로 최소 62%의 건조물질(그중 전화당은 3% 미만)을 함유하고 있으며 주로 식품제조업체에서 많이 사용한다. 또한 펀치나 디저트를 만들 때 넣기도 한다(1테이블스푼은 설탕 10g에 해당한다).

● **전화당.** 자당에 산을 첨가해 가열하거나 가수분해하여 얻은 글루코스와 프럭토스가 반반씩 혼합된 물질로, 전화하지 않은 자당도 조금 포함되어 있다. 주로 액상 전화당(건조물질 함유율 62%, 그중 전화당 3~5%) 또는 전화당 시럽(건조물질 함유율 62%, 그중 50% 이상이 전화당) 형태로 전문 제과용 또는 식품제조업체에서 많이 사용된다.

● **잼 전용 설탕.** 정백당에 천연 펙틴(0.4~1%)과 시트르산(0.6~0.9%)을 첨가한 설탕으로 때에 따라 타타르산으로 일부 대체되기도 한다. 이 설탕은 잼이 굳기 쉬운 농도를 만들어주며, 소르베를 만들 때 넣으면 가정에서도 소르베를 좀더 손쉽게 만들 수 있다. 포장에 명시된 사용법을 따른다.

● **우박 설탕, 펄 슈거.** 우박 알 같은 동그란 입자의 굵은 설탕으로 순 설탕의 덩어리 또는 조각을 부수어 만들며 각기 다른 크기의 체 망으로 걸러 굵기를 분류한다. 과자나 사탕류 등 달콤한 식품 제조나 파티스리 장식용으로 쓰인다.

● **바닐라 슈거.** 가루 설탕에 바닐라 가루 추출물 또는 바닐라 에센스를 최소 10% 이상 첨가한 것으로 7g 단위의 소포장 봉투로 판매되며 각종 디저트, 파티스리용 반죽 등에 향을 더하는 데 사용된다. 인공 바닐라향이나 에틸 바닐린과 천연 바닐라 추출물의 혼합물을 첨가한 바닐라 슈거 또한 용도는 동일하다.

● **파스티야주.** 슈거파우더에 젤라틴, 전분, 녹말 가루 또는 트라가칸스 검을 섞어 만든 흰색의 설탕공예용 혼합물로 주로 전문 파티시에들이 제과 장식용으로 사용한다.

● **설탕봉, 슈가로프.** 전통적으로 원추형으로 주형하여 푸른 종이로 싼 이 설탕 덩어리는 주로 아랍 국가에서 많이 사용한 형태로 오늘날 프랑스에서는 거의 볼 수 없다.

■ **사용.** 설탕은 체내에 매우 빠르게 소화 흡수되며 인체의 세포조직 특히 근육과 뇌에 필요한 연료를 만든다. 혈당 비율은 일정하게 유지되어야 한다(혈액 1ℓ당 약1g). 프랑스의 연간 실질 설탕 소비량은 인당 27kg으로 추산된다. 이는 설탕 그대로 섭취하는 것과 단 음식에 첨가된 설탕을 모두 포함한 양이다. 현재 설탕 소비의 74%는 제조 식품(과자, 과일 음료, 초콜릿, 당과류, 아이스크림, 설탕이 가미된 디저트, 요거트 등)을 통해 간접적인 경

CUISSON DU SUCRE 끓인 설탕 시럽의 상태

1. 끓인 시럽의 상태를 확인하기 위해서는 뜨거운 시럽을 냄비에서 조금 떠낸 뒤 손가락 끝에 놓고 얼음물이 담긴 볼에 담근다.

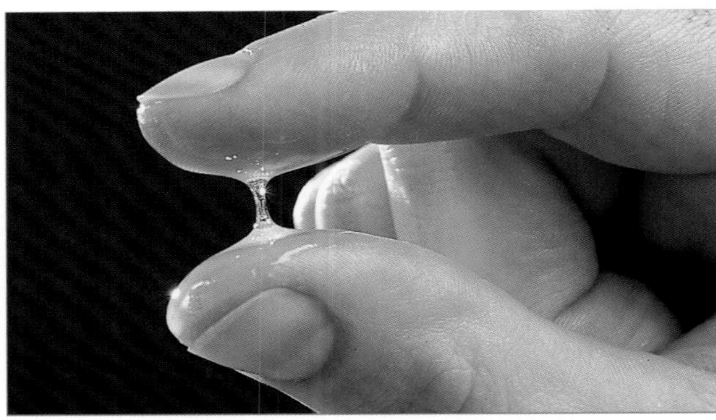

2. 필레(filé) 상태의 설탕 시럽: 엄지와 검지 사이에 놓고 떼었을 때 실처럼 늘어난다.

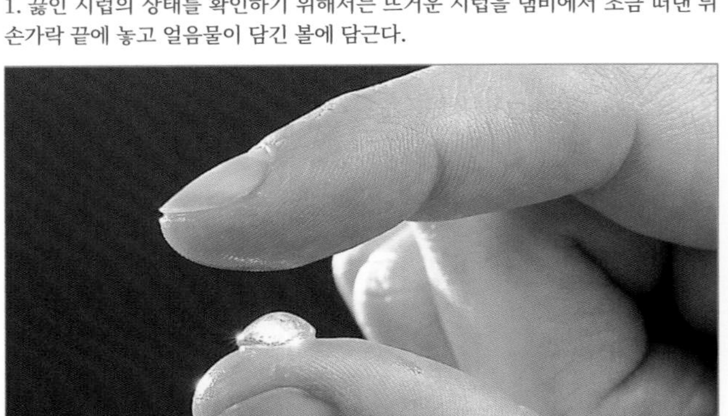

3. 프티 불레(petit boulé) 상태의 설탕 시럽: 두 손가락 사이에 놓았을 때 작고 납작한 구슬 모양을 형성한다.

4. 그랑 불레(grand boulé) 상태의 설탕 시럽: 두 손가락 사이에 놓고 눌렀을 때 내려앉지 않는 공 모양을 형성한다.

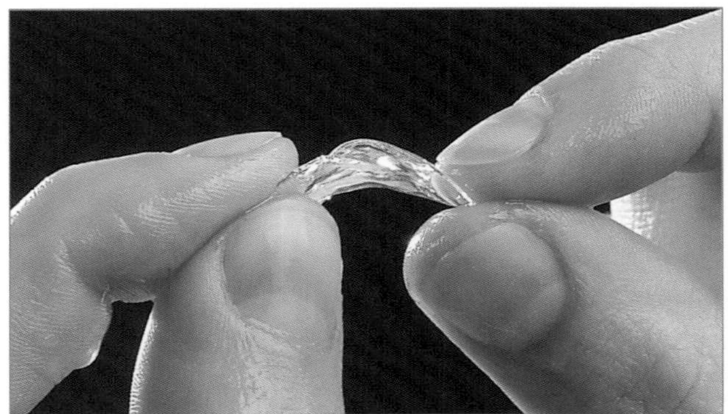

5. 프티 카세(petit cassé) 상태의 설탕 시럽: 두 손가락 사이에 놓고 눌렀을 때 유연하게 휘어진다.

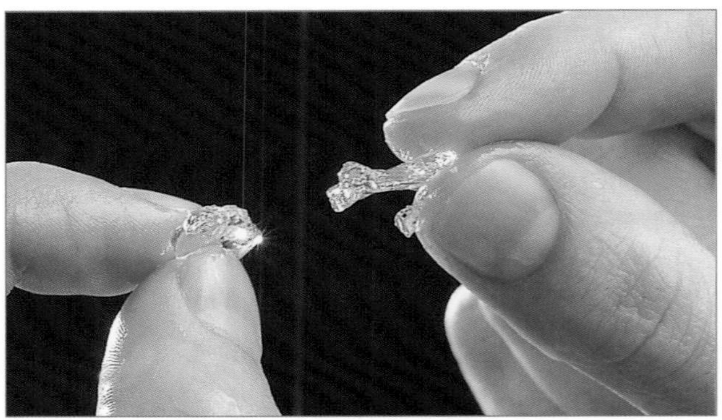

6. 그랑 카세(grand cassé) 상태의 설탕 시럽: 두 손가락 사이에서 쉽게 깨진다.

로로 이루어진다. 설탕은 용도가 매우 다양하기 때문에 식생활에서 중요한 위치를 차지하고 있다. 다른 모든 당과 마찬가지로 설탕은 열량이 높은 식품이다(100g당 400kcal 또는 1672kJ). 달콤한 음식뿐 아니라 다수의 짭짤한 음식의 양념으로도 쓰이는데 이는 다른 재료의 풍미를 더욱 살려주기 때문이다. 특히 양파, 당근, 순무 등을 윤기나게 익힐 때나 갈색 소스류를 만들기 위해 재료를 캐러멜라이즈할 때 설탕을 넣는다. 설탕은 잼, 설탕 입힌 꽃잎, 당절임 과일이나 시럽에 글레이즈한 과일, 즐레, 마멀레이드, 과일 젤리 등에 사용되어 장시간 보존을 가능케 한다. 또한 음료(핫, 콜드 모두 포함)에 넣어 맛을 보충, 강화, 증대하거나 순하게 해주는 역할을 한다(커피, 초콜릿, 인퓨전 허브티, 과일 주스, 탄산 음료, 홍차 등). 그 외에 다양한 유제품, 과일 샐러드, 콩포트, 과일 화채 등에서도 같은 역할을 한다. 뿐만 아니라 파티스리의 반죽, 크림, 장식 재료 등 제과 및 각종 디저트용 앙트르메를 만드는 데 있어 설탕은 가장 핵심적인 재료 중 하나다.

달콤한 음식이 강렬한 심리적 가치를 지닌다는 사실은 부정할 수 없다. 착한 일을 하고 상으로 받은 사탕, 일요일에 가족들과 나누거나 생일을 축하하며 먹었던 케이크, 연말 파티 때의 초콜릿과 보늬밤 조림 등 어린 시절의 추억과 연관되는 이러한 달콤한 음식에는 무의식적으로 더욱 깊은 애착을 부여하게 된다. 또한 달콤한 음식은 주로 손님을 맞이하는 환대의 관습적인 요소이기도 하다. 디저트는 동서고금을 막론하고 가족의 어머니가 사랑으로 만드는 가장 다정하고 달콤한 음식이다. 세례식, 생일, 파티, 결혼식, 심지어 고인을 추모하는 제사 의식(남미에서 행해진다) 등의 행사는 언제나 케이크와 각종 달콤한 디저트와 함께한다.

■ **특성과 조리.** 흰색을 띠고 반짝임이 있으며 냄새가 없고 단맛이 있는 설탕은 수용성이며 물의 온도가 높아질수록 더욱 잘 녹는다. 물 1ℓ는 19°C에서 설탕 2kg를, 100°C에서는 거의 5kg의 설탕을 녹일 수 있다. 반면 알코올에는 잘 녹지 않는다. 설탕에 수분을 첨가하지 않고 마른 상태로 가열하면 160°C에서 녹기 시작한다. 끓는 시럽을 급속히 냉각하면 단단한 사탕을 만들 수 있다. 또한 170°C부터 캐러멜이 되며, 약 190°C에서 탄다. 설탕을 가열해 끓일 때는 바닥이 두꺼운 주석도금하지 않은 구리나 스테인리스 소재의 냄비를 사용한다. 아주 깨끗하고 기름의 흔적이 없는 냄비에 설탕을 넣고 천천히 가열한다. 정제된 흰 설탕(가루 설탕 또는 각설탕이면 더욱 좋다)에 물을 살짝 적실만큼만 넣는다(설탕 1kg당 물 최대 300g). 가장 순수

한 정제설탕일수록 불순물의 작용에 의해 결정화할(뭉침) 위험이 적다. 좀 더 안정적인 시럽을 만들려면 설탕 1kg당 글루코스(결정 형태 또는 액상)를 50~100g 첨가하거나 식초 또는 레몬즙을 몇 방울 넣는다. 절대로 저어서는 안 되며 냄비를 살살 흔들어준다. 설탕은 약한 불로 가열을 시작해 녹기 시작하면 불을 천천히 올린다. 계속 곁에서 상태를 지켜보아야 한다. 근소한 온도 차이로 시럽의 단계가 달라지는데, 시럽은 단계별로 각각 다른 용도로 사용되기 때문이다. 끓인 시럽의 상태는 손으로(도달 온도에서 설탕 시럽이 지니는 물리적 특징), 또는 당도 측정계, 200°C까지 눈금이 표시된 시럽용 온도계를 사용해 측정할 수 있다.

■ **끓인 설탕 시럽의 단계별 상태.** 다양한 상태의 시럽은 각기 다른 용도로 사용된다.

- **NAPPÉ(100°C) 나페.** 완전히 반투명한 시럽이 끓기 시작한다. 거품 국자를 담그면 표면을 넓게 감싸며 묻는다. 사용: 바바, 시럽에 담근 과일, 사바랭.
- **PETIT FILÉ(103-105°C) 프티 필레.** 더욱 농도가 진해진 시럽을 스푼으로 조금 떠내 엄지와 검지 사이에 넣고 만지며 재빨리 얼음물에 넣는다. 두 손가락 사이를 벌리면 시럽은 2~3mm의 매우 가는 실 형태로 늘어나다가 쉽게 끊어진다. 사용: 당절임 과일, 아몬드 페이스트.
- **GRAND FILÉ ou LISSÉ(106-110°C그랑 필레 또는 리.** 두 손가락 사이를 떼어 벌렸을 때 5mm 정도의 더 굵고 단단한 실 모양으로 늘어난다. 사용: 버터크림, 글라사주(아이싱), 특정 설명 없이 '설탕 시럽'이라고 명시된 레시피.
- **PETIT PERLÉ(110-112°C) 프티 페를레.** 끓는 시럽 표면이 동글동글한 거품으로 덮이는 상태. 스푼으로 조금 떠내 엄지와 검지 사이에 넣고 만지면 시럽이 넓적하고 단단한 실 모양을 형성한다. 사용: 퐁당 슈거, 투롱(touron, 누가의 일종).
- **GRAND PERLÉ ou SOUFFLÉ(113-115°C) 그랑 페를레 또는 수플레.** 두 손가락 사이에 넣고 떼어 벌리면 2cm에 달하는 굵은 실 모양으로 늘어난다. 당겨진 실이 꼬이며 내려앉는 경우(온도가 1°C 초과 시)는 '돼지 꼬리'(en queue de cochon) 형태라고 부른다. 여기에 거품 국자를 담갔다 빼 윗면을 불면 다른 쪽 면에 거품이 생긴다. 사용: 탕후루, 아이싱, 마롱 글라세, 잼을 만들기 위한 시럽.
- **PETIT BOULÉ(116-125°C) 프티 불레.** 끓는 시럽 한 방울을 찬물에 떨어트리면 말랑한 공 모양을 형성한다. 거품 국자를 시럽에 담갔다 뺀 뒤 불면 거품이 사그러들며 날아간다. 사용: 말랑한 캐러멜, 잼과 즐레, 이탈리안 머랭, 누가.
- **GRAND BOULÉ(126-135°C) 그랑 불레.** 찬물에 떨어뜨렸을 때 형성되는 공 모양이 더욱 단단해진다. 거품 국자에 눈꽃 같은 덩어리가 남는다. 사용: 캐러멜, 잼, 설탕으로 만든 장식, 이탈리안 머랭
- **PETIT CASSÉ(136-140°C) 프티 카세.** 설탕 시럽의 방울은 찬물에서 곧바로 단단해지지만 이에 붙으며, 이 단계의 설탕 시럽은 사용되지 않는다.
- **GRAND CASSÉ(145-15 °C) 그랑 카세.** 차가운 물에 담근 시럽 방울은 단단해지고, 유리처럼 깨지며 달라붙지 않는다. 시럽 가장자리가 연한 노란색을 띠기 시작한다. 사용: 솜사탕, 단단한 캔디, 실타래처럼 만든 설탕 장식, 꽃 모양 설탕장식, 공기를 불어 넣어 만든 설탕공예.
- **CARAMEL CLAIR(156-165°C) 카라멜 클레르.** 물을 거의 넣지 않고 끓인 설탕은 단단한 캔디용 시럽으로 변하고 이어서 노란색, 황금색, 갈색의 캐러멜이 된다. 사용: 앙트르메의 향을 내거나 봉봉, 누가틴, 틀 안에 캐러멜을 까는 용도, 아주 가는 실 모양으로 만드는 설탕 장식, 크렘 카라멜, 아이싱, 푸딩 등을 만드는 데 사용된다.
- **CARAMEL BRUN ou FONCÉ(166-175°C) 카라멜 브룅 또는 카라멜 퐁세.** 설탕 시럽은 갈색으로 변하고 단맛을 잃는다. 비교적 진한 색의 캐러멜 베이스의 혼합물에는 설탕을 추가로 넣어야 한다. 탄화(설탕은 190°C에서 타며 연기가 나기 시작한다) 바로 전 마지막 단계인 갈색 캐러멜은 주로 소스나 육수의 색을 내기 위해 재료를 캐러멜라이즈하는 상태에 해당한다.

■ **가공 및 세공.** 파티스리에 사용되는 설탕 시럽은 다양한 모양으로 가공된다.

- **SUCRE FILÉ 쉬크르 필레.** 약 155°C까지 끓여 약간 식힌 뒤 포크를 사용하여 파티스리용 밀대 위에서 일정 높이를 두고 왔다갔다하는 동작으로 흔들며 뿌려준다. 이렇게 만들어진 실처럼 가는 설탕을 작업대에 펼쳐 놓고 칼의 납작한 면으로 살짝 눌러준 뒤 용도에 따라 띠 모양을 만들거나 케이크 등의 표면에 베일처럼 얹는 장식으로 사용한다.
- **SUCRE TIRÉ 쉬크르 티레.** 설탕, 글루코스, 주석산(타르타르산 또는 크림 오브 타르타르), 물의 혼합물을 155°C까지 끓인 뒤 기름을 발라둔 작업대 위에 붓는다. 약 70°C까지 식힌 뒤 살짝 굳은 설탕 시럽을 뭉쳐 접고 당기는 작업을 반복한다. 불투명하고 광택이 나는 상태가 된 이 혼합물로 각종 모양을 내어 장식용으로 사용한다.
- **SUCRE COULÉ 쉬크르 쿨레.** 카세 상태로 끓인 설탕 시럽(경우에 따라 색을 낸다)을 반구형, 방울, 종 등의 모양 틀에 넣어 굳힌다.
- **SUCRE TOURNÉ (ou « MASSÉ ») 쉬크르 투르네(또는 마세).** 끓인 설탕 시럽을 투명함이 없어질 때까지 치대 반죽한 것이다. 오늘날 거의 사용되지 않으며 꽃 모양이나 각종 장식을 만드는 데 사용된다.
- **SUCRE ROCHER 쉬크르 로셰.** 125°C 정도까지 끓인 설탕 시럽에 로열 아이싱을 넣어 섞고 경우에 따라 색을 낸 혼합물로 건축물을 흉내 낸 음식용 받침대를 만들 수 있다.
- **SUCRE SOUFFLÉ 쉬크르 수플레.** 145~150°C까지 끓인 설탕 시럽을 뭉친 뒤 유리를 만드는 것처럼 공기를 불어넣어 모양을 만든다.

파티시에는 색을 낸 쉬크르 티레로 꽃, 잎 모양의 장식, 리본, 매듭, 조개껍데기 모양 등을 만들고, 쉬크르 투르네(얇은 판으로 압연하여 사용)로 꽃 모양, 물결 무늬의 리본(알코올램프 위에서 작업해 띠 모양으로 만든 뒤 작업판 위에 놓고 손으로 납작하게 누른다)을, 꼬아 만든 설탕으로 광주리나 바구니 모양(쉬크르 필레를 가는 끈 모양으로 만들어 땋아 식힌다), 설탕 시럽 반죽을 자르거나 눌러 뭉치거나 또는 축축하게 만들어 틀에 넣은 뒤 건조기에 말리는 등의 방법으로 각종 모양의 오브제를 만든다. 또한 쉬크르 필레로 깃털 장식 등을 만들기도 한다. 색을 낸 설탕 시럽은 굵은 설탕 가루를 가열한 뒤 알코올에 녹는 색소를 넣어 만든다. 또한 시트러스 과일의 제스트, 계피, 아니스, 정향, 생강 또는 말려서 빻은 꽃잎을 첨가해 향을 더할 수 있다.

glace royale 글라스 루아얄

로얄 아이싱 : 볼에 달걀흰자 1개 분과 레몬즙 1티스푼을 넣고 잘 저어 풀어준 다음 슈거파우더 175g을 넣어가며 계속 살살 저으며 섞는다. 흘러내리지 않고 넓게 펼쳐 놓을 수 있는 농도의 혼합물을 만든다. 균일하게 섞이면 반죽하기를 멈춘다.

glace de sucre 글라스 드 쉬크르

설탕 아이싱 : 슈거파우더와 물을 부피 기준 5:1 비율로 혼합한다. 커피, 초콜릿, 리큐어, 바닐라로 향을 내거나 오렌지, 만다린 귤 또는 레몬 제스트를 곱게 갈아 넣는다.

sucre de cannelle 쉬크르 드 카넬

시나몬 슈거 : 가루 설탕(sucre en poudre) 100g에 계핏가루 1테이블스푼을 섞는다. 밀폐 용기에 보관한다.

sucre vanillé 쉬크르 바니예

바닐라 슈거 : 바닐라빈 2줄기를 길게 반으로 갈라 안쪽의 가루를 긁어낸 다음 가루 설탕(sucre en poudre) 100g에 넣고 전체를 양 손바닥으로 비벼가며 섞는다. 밀폐 용기에 보관한다.

SUCRÉ 쉬크레 달콤한, 설탕을 넣은. 꿀이나 설탕(사탕수수와 사탕무에서 추출한 수크로스)과 같은 단맛을 지닌 식품을 지칭하는 수식어다. 설탕뿐 아니라 다양한 분자(합성 감미료, 단백질 등)에서 나오는 단맛은 여러 종류가 존재한다. 일부 식품에 단맛을 내는 '감미료'는 설탕이 지닌 영양적 특성, 특히 열량이 없다(**참조** ADDITIF ALIMENTAIRE).

SUCRE D'ORGE 쉬크르 도르주 보리사탕, 하드캔디. 아주 오래된 하드캔디의 한 종류로 원래는 끓인 설탕 시럽에 보리를 달여 농축시킨 액을 섞어 만들었으며 보리색이 더해져 갈색을 띠었다. 1850년 이후 제2제정시대에 나폴레옹 3세가 즐겨 먹으면서 다시 인기를 얻기 시작한 이 사탕은 코트레(Cauterets), 에비앙(Évian), 플롱비에르(Plombières), 비시(Vichy)를 비롯한 몇몇 온천 도시의 특산물이 되었다. 오늘날에는 보리를 넣지 않으며, 끓인 설탕 시럽에 다양한 향을 내어 모서리가 둥근 갸름한 모양으로 틀에 굳혀 만들거나 절단기로 잘라 만든다. 투르(Tours)의 사탕은 사과나 체리로 향을 낸다. 십자가를 새긴 하트 모양의 호박색을 띤 모레(Moret)의 보리사탕은 1638년 모레 쉬르 루앵(Moret sur-Loing) 수도원의 수녀들에 의해 처음 만들어졌으며, 프랑스 대혁명 이후 이 도시의 한 평범한 당과제

조업자에게 팔린 레시피는 비밀로 남아 있다. 낭시(Nancy)의 베르가모트(bergamote), 보주(Vosges) 지방의 그라니트(granit), 생 브누아 쉬르 루아르(Saint-Benoît-sur-Loire)의 꿀 드롭스(어린 수도사 모양으로 찍어낸다) 또한 보리사탕과 같은 방법으로 만든다.

sucre d'orge à l'ancienne 쉬크르 도르주 아 랑시엔

옛날식 보리설탕 : 껍질을 벗긴 보리 250g에 물 5ℓ를 붓고 약한 불에서 5시간 동안 끓인다. 흰색의 맑은 즐레와 같은 이 액체를 체에 거른 뒤 가라앉혀 맑은 윗물만 따라낸다. 여기에 수플레(soufflé 113~115°C) 상태로 끓인 설탕 시럽 1kg을 넣고 카세(cassé 145~155°C) 상태가 될 때까지 끓인다. 기름을 발라둔 대리석 작업대 위에 쏟아 붓는다. 식기 시작하면 길쭉한 막대 모양으로 잘라 꼬아준다.

SUCRE DE POMME 쉬크르 드 폼 사과사탕. 16세기 중반경 처음 만들어진 루앙(Rouen)의 당과류. 옛날에 이 사과사탕은 레네트(reinette) 사과즙을 끓여 농축한 것과 그랑 카세(grand cassé) 상태까지 끓인 설탕 시럽을 1:3 비율로 섞어 만들었는데 이것은 금방 끈적거리고 불투명하며 물렁해졌다. 오늘날에는 글루코스를 조금 섞어 설탕 시럽을 그랑 카세(grand cassé) 상태까지 끓인 뒤 천연 사과 에센스와 레몬즙 몇 방울을 첨가해 만든다. 이렇게 만든 사과사탕은 완벽하게 투명하고 보존성도 뛰어나다. 이 사과사탕은 전통적으로 길쭉한 막대 모양으로 만들어 흰 바탕에 회색과 금색의 포장지로 싸서 판매한다. 1865년에 만들어진 이 포장지에는 루앙의 유명한 시계탑 그림이 들어 있다.

SUCRIER 쉬크리에 설탕 용기. 원통형 또는 길쭉한 모양에 대부분 뚜껑으로 덮여 있고 주로 각설탕을 넣어 식탁에 올려두는 용기다. 때로 차나 커피세트 구성품에 포함되며 설탕 집게가 함께 구비된다. 설탕 단지(pots à sucre)라고 불렸던 초창기의 설탕 용기 모델은 18세기에 등장했다.

SUÈDE 쉬에드 스웨덴. 스웨덴의 요리는 인접한 다른 나라보다 외부의 영향을 더 많이 받았으며 특히 슬로츠스텍(slottsstek: 아 라 루아얄)식으로 브레이징한 소고기에 크랜베리와 감자를 곁들인다)이나 오스카르(Oskar) 소 안심 스테이크(아스파라거스와 베아르네즈 소스를 곁들인다)와 같은 왕실 요리의 전통을 자랑한다. 풍성한 뷔페식 식사인 스뫼르고스보르드(**참조** SMÖRGÅSBORD)가 손님을 초대한 집 여주인의 자부심이라면, 가족 요리는 이보다 단순하며 언제나 풍부한 향으로 가득하다. 특히 딜, 마조람, 홀스래디시, 타임을 대부분의 음식에 곁들여 먹는다.

■ **주 요리.** 식사의 메인 요리들은 대부분 다양한 맛이 풍성하게 결합되어 있다. 여느 스칸디나비아 국가들과 마찬가지로 스웨덴 역시 바다의 산물이 가장 대우를 받고 있으며 그중에서도 연어(laxpudding, 연어 푸딩)와 청어가 으뜸이다. 발트해 산 청어를 염장하여 삭힌 통조림인 수르스트뢰밍(surströmming)은 지독한 냄새만큼이나 맛도 강하며 주로 보리빵, 생양파, 작은 감자와 함께 먹는다. 강에서 잡히는 민물가재 또한 매우 인기가 좋으며 대개 딜을 넣어 향을 낸 물에 익혀 먹는다. 육류로는 소와 돼지를 가장 많이 소비하며, 이 또한 맛의 조합이 특별한 요리가 많다. 맥주를 넣은 소고기 스튜, 린스르롬(Lindström)식 소고기 요리(비트즙, 케이퍼, 양파를 넣어 섞은 패티를 지진 함박 스테이크), 크랜베리를 곁들인 돼지 앞다리 살 요리 등을 예로 들 수 있다. 샤퀴트리 또한 매우 다양하며 그중에는 지져먹는 생소시지, 부댕, 심지어 선지 수프도 있다. 거위와 오리 사육이 활발한 스웨덴에서는 특히 명절이나 축제 때(예를 들어 11월의 생 마르탱 축제 등) 이들이 식탁에 많이 오르며, 전통적으로 속을 채워 구운 거위 로스트에 건자두와 사과를 곁들여 먹는다.

스웨덴에서 감자는 진정한 숭배의 대상이다. 감자로 만든 요리들 중에는 창의성이 돋보이는 것들이 많다. 돼지고기로 속을 채운 감자 미트볼, 반으로 길게 갈라 생크림을 채운 뒤 염장대구 알을 올린 감자, 차이브와 후추를 뿌린 작은 감자 팬케이크, 작게 깍둑 썰어 고기, 양파와 함께 볶은 뒤 파슬리를 뿌리고 생달걀노른자를 곁들인 감자 요리인 피티판나(pyttipanna), 얀손의 유혹이라는 뜻을 가진 안초비, 양파를 넣은 감자 그라탱 얀손스 프레스텔세(Janssons frestelse) 등을 꼽을 수 있다.

■ **치즈와 디저트.** 스웨덴 치즈에는 소젖과 염소젖으로 만든 것들이 많은데 그중에서도 특히 꽤 강한 맛을 가진 베스테르보텐(västerbotten), 소젖으로 만든 가열 치즈 두 종류인 그레베(grevé)와 헤르고르드쇼스트(herrgårdsost, 아주 인기가 높다), 커민으로 향을 낸 크리도스트(kryddost), 염소젖으로 만든 연성치즈인 제토스트(getost) 등이 대표적이다. 스웨덴의 파티스리는 특별히 풍성하고 종류도 매우 다양하며, 특히 사프란과 카다멈으로 향을 낸 것들이 많다. 또한 붉은 베리류 과일(엘더베리, 블랙커런트, 블루베리 등)은 매우 인기가 많으며 사과와 함께 많은 디저트의 기본 재료로 사용된다.

SUÉDOISE (À LA) (아 라) 쉬에두아즈 스웨덴식의. 스칸디나비아의 요리를 연상시키는 요소들을 포함한 다양한 요리를 지칭한다. 스웨덴식 샐러드에는 채소, 과일, 버섯, 치즈, 갑각류 또는 생선 등이 들어간다. 스웨덴식 마요네즈는 일반 마요네즈에 강판에 간 홀스래디시와 설탕을 넣지 않고 화이트와인에 조린 사과 마멀레이드를 첨가한 것이다. 스웨덴식 돼지고기 로스트는 씨를 뺀 건자두를 채워 구운 것이며, 고기와 마찬가지 방법으로 속을 채운 사과를 곁들여 서빙한다.

▶ 레시피 : ANCHOIS, SALADE.

SUER 쉬에 수분이 나오도록 익히다. 주로 잘게 썬 한 가지 또는 여러 종류의 채소를 약한 불에서 기름에 천천히 익히는 조리법으로 채소에 함유된 수분을 일부 또는 전부 증발시켜 지방에 맛이 충분히 농축되게 하는 것이다. 특히 양파나 샬롯을 볶을 때는 약한 불로 익혀 색이 나지 않게 한다.

SUISSE 스위스 스위스의 요리는 주요 언어권에 따라 그 해당 나라의 식문화를 반영하고 있다. 프랑스어권 지역은 쥐라와 사부아의 음식을 만들어 먹고, 독일어권 지역은 독일과 오스트리아의 전통을 공유하며, 스위스 남부 티치노 지역의 요리는 국경을 맞대고 있는 이탈리아 북부의 그것과 닮아 있다. 독일어, 이탈리아어 외에 로만슈어까지 통용되는 지방인 그라우뷘덴(Graubünden) 주의 요리들은 매우 독창적이며, 스위스 중부 지방에는 새콤달콤한 맛이 주를 이루는 고대의 레시피들이 잘 보존되어 있다.

■ **대표 음식.** 샤퀴트리는 의심할 여지없는 스위스 미식의 공통분모로 특히 다양한 훈제 소시지와 살라미를 즐겨 먹으며 염장육과 훈제육, 베이컨 등은 슈크루트나 포테에 곁들여 먹는다. 스위스에서는 150종 이상의 치즈가 생산되며 이들 중 일부는 주로 국내에서 소비된다. 경성치즈로는 그뤼예르, 에멘탈, 슈브린츠(sbrinz)와 일명 루아얄프(royalp, 프리시아가 원산지)라고 불리는 틸지트(tilsit), 발레주의 라클레트, 호벨케제(Hobelkäse, fromage à rebibes 대팻밥 치즈라는 뜻으로 오래 숙성한 매우 단단한 치즈를 지칭하며 마치 나무토막처럼 대패로 얇게 밀어 서빙한다) 류의 치즈들을 꼽을 수 있다(**참조** FROMAGE À REBIBES). 반 경성치즈는 바슈랭 프리부르주아(vacherin fribourgeois)와 아펜젤러(appenzeller), 연성치즈는 바슈랭 몽도르(vacherin Mont-d'Or)가 대표적이다. 초콜릿은 스위스를 대표하는 명함이라고 할 수 있으며, 스위스의 초콜릿 제조 산업은 그 명성을 누릴 자격이 충분하다.

■ **지역 음식.** 스위스를 대표하는 음식을 하나로 딱 집어 말할 수는 없지만 각 지역마다 지니고 있는 미식 전통은 매우 다양하다.

– 아펜첼주는 빵 크루통에 곁들여 먹는 동명의 치즈로 유명하다. 새끼 염소 튀김과 꿀을 넣은 향신료 케이크 또한 이 지역의 특선 음식이다.

– 아르가우주는 당근의 왕국으로 특히 아르가우식 송아지 정강이 요리(건자두, 화이트와인, 당근을 넣는다)와 달콤한 당근 케이크가 유명하다.

– 바젤은 향신료를 넣은 과자인 레컬리(leckerlis), 크리스마스에 즐겨 먹는 아몬드, 헤이즐넛, 초콜릿으로 만든 작은 과자인 브룬슬리(brunsli)가 유명하다.

– 베른을 대표하는 각종 고기와 샤퀴트리 모둠 플레이트인 베르너플라트(Bernerplatte)는 겨울에는 슈크루트와 함께 먹고, 여름에는 그린빈스를 곁들인다. 또한 감자 요리인 뢰스티(rœstis)도 유명하다. 그 외에 레컬리, 머랭 및 전국적으로 인기가 높은 브리오슈 빵인 조프(zopf, tresse)도 이 지역의 특선 먹거리로 꼽힌다.

– 프리부르는 바슈랭 치즈에 물을 넣어 녹인 뒤 감자를 곁들여 따뜻하게 먹는 퐁뒤, 산장의 수프(soupe de chalet, 채소, 야생 허브, 파스타, 치즈, 우유, 크림, 버터를 넣어 만든다), 그리고 퀴숄(cuchaule, 사프란을 넣은 브리오슈) 빵으로 유명하다.

– 제네바는 롱졸(longeole, 돼지고기 살과 돼지껍데기를 채워 넣어 만든 생소시지), 아트리오(attriaux), 골수를 넣은 카르둔 요리와 카르둔 그라

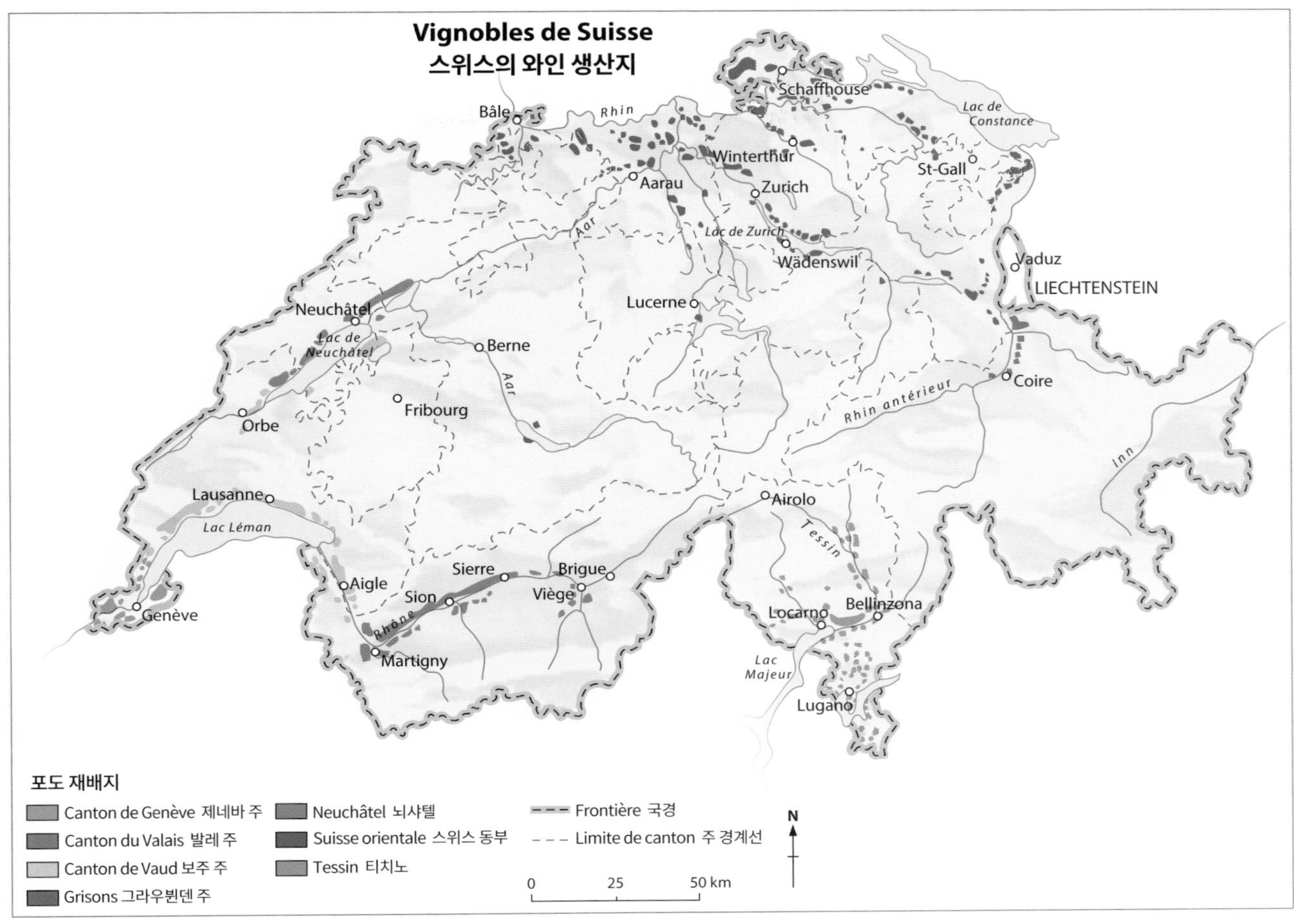

탱, 튀기거나 뫼니에르식으로 조리한 유러피안 퍼치로 유명한 고장이다.

– 글라루스주의 특선음식으로는 송아지 부댕 블랑(감자퓌레, 건자두, 양파 소스를 곁들여 서빙한다), 서양 배를 넣은 롤빵(glarner birnbrot), 삽사고(sapsago) 또는 샤브지거(schabzieger)라는 이름으로도 알려진 이 지역의 유일한 치즈인 글라루스의 녹색 치즈(vert de Glaris)를 꼽을 수 있다(**참조** SCHABZIEGER).

– 그라우뷘덴주는 건조육(소고기를 염장하여 공기 중에 말리고 압착한 것), 카푼스(capuns 속을 채운 근대잎), 아이리시스튜와 비슷한 감자를 넣은 양고기 스튜, 엥가딘(Engadine)의 호두 파이인 엥가디너 누스토르테(engadiner nusstorte)로 유명하다.

– 쥐라주에서는 아주아(Ajoie)의 생 마르탱 축제 전통 식사가 매년 11월에 행해지고 있다. 각 가정에서는 그를라트(grelatte, 돼지다리 햄을 곁들인 돼지 족, 꼬리, 머리, 귀 아스픽), 고기와 리크를 넣은 파테 앙 크루트 등을 만든다. 또한 자연산 송어, 버섯 포테, 어린 양고기 스튜, 브라운 버터를 뿌린 감자 플루트(floute, 크넬의 일종)와 다양한 타르트를 만들어 먹는다.

– 루체른은 쉬겔리파스테테(chügelipastete, 송아지 흉선과 고기를 넣은, 둥근 탱발을 엎어놓은 모양의 미트 파이)와 감자와 말린 서양 배, 베이컨을 팬에 볶은 요리로 유명하다.

– 뇌샤텔은 삶은 내장 요리, 레드와인을 넣은 오리 요리, 호수의 생선으로 만든 수프에 자부심을 갖고 있다.

– 장크트갈렌은 송아지 훈제 소시지와 돼지 소시지가 유명하다.

– 샤프하우젠은 유명한 양파 타르트와 소시지를 넣은 맛있는 페이스트리를 탄생시켰다.

– 슈비츠는 굳은 빵과 육수를 넣고 약한 불에 푹 끓인 치즈 수프의 전통을 보존하고 있다.

– 졸로툰은 레드와인과 식초에 재워 구운 소고기 로스트를 제안한다.

– 티치노의 곱창 수프, 티치노식 미네스트로네 수프(tessiner gemüsesuppe, 채소와 흰 강낭콩을 넣는다), 오소부코, 라비올리, 토르타 디 파네(torta di pane, 굳은 빵으로 만든 케이크) 등은 이탈리아 북부의 영향을 받은 음식들이다.

– 투르가우에서는 사과를 반으로 잘라 발효 반죽에 박아 넣은 타르트를 만들어 먹는다.

– 운터발덴주에서는 돼지고기, 텃밭 채소, 감자를 주재료로 만든 전통 포테인 슈툰기스(stunggis)에 특별한 애착을 갖고 있다.

– 우리주에서는 슈브린츠 치즈를 이용하여 치즈 수프와 리스포(rispor 리크와 치즈를 넣은 쌀 요리)를 만들었으며 이것을 화이트와인과 라드를 넣고 브레이징한 소고기 요리인 버글렌(Bürglen)에 곁들여 먹는다. 또한 매우 열량이 높은 양배추를 넣은 양고기 스튜도 이 지역에서 흔히 먹을 수 있는 메뉴다.

– 발레주는 라클레트(raclette)와 감자, 리크, 베이컨, 치즈로 만든 파이의 왕국이다.

옛날 결혼식 피로연 디저트였던 실(sil, 잘게 뜯은 호밀빵에 레드와인을 넣어 적신 뒤 엘더베리 시럽과 건포도, 생크림을 넣고 따뜻하게 데운 디저트), 소고기 로스트, 정강이살, 꼬리를 익힌 뒤 찡 고기, 자고새, 채소를 첨가하고 빵가루로 걸쭉하게 만든 소스를 곁들여 서빙하는 쉬너 추기경의 포테(potée du cardinal Schiner)를 아직도 즐겨 먹는다.

–보(Vaud)주는 파페(papée, 으깬 감자로 걸쭉하게 만든 리크 포테), 양배추 또는 간을 넣은 소시지, 파예른(Payerne)의 훈제 소시송, 라 브루아(la Broye)의 포트(pote, 필레 미뇽으로 속을 채워 넣고 브레이징 한 돼지주둥이 요리), 말라코프(malakoffs, 동그랗게 튀긴 치즈볼), 와인을 넣은 케이크(화이트 또는 레드) 등 독특한 요리가 풍성하다.

– 추그의 특선 요리는 오 블루(au bleu) 또는 뫼니에르 방식(à la meunière)으로 조리한 작은 무지개송어 요리와 키르슈를 넣은 맛 있는 파이가 대표적이다.

– 취리히는 게슈네츠젤테스(Geschnetzeltes, 얇게 썬 송아지 고기를 볶은 뒤 화이트와인으로 디글레이즈하고 크림을 넣은 요리)와 송아지 간과 베이컨, 세이지로 만든 꼬치 요리로 유명하다.

■ **와인.** 스위스는 와인을 매우 애호하는 나라다. 가파른 언덕 위에 위치해

재배 작업이 어렵고 따라서 높은 원가가 발생하는 포도원들이 스위스 대부분 지역에 펼쳐져 있고, 이곳에서는 주로 화이트와인을 생산하며 주 포도 품종은 샤슬라(chasselas)이다. 주요 생산지인 발레주의 샤슬라 와인은 팡당(fendant)이라는 이름을 갖고 있으며 이 지역에서 두 번째로 많이 재배되는 실바네(sylvaner) 품종으로 만든 요하니스베르그(johannisberg) 와인과 경쟁구도를 이루고 있다. 보(Vaud)주의 샤슬라는 도랭(dorin)이라고 불린다. 이 지역에서는 가메와 피노 누아 품종 포도로 만드는 레드와인 생산이 매년 증가하고 있다. 아마도 스위스 최고로 꼽을 수 있는 화이트와인 데잘레 도레(dézaley doré)와 이보다는 약간 가벼운 타입인 페쉬(féchy) 또한 생산량이 늘어나고 있다. 제네바 지역에서 샤슬라 포도는 페를랭(perlin)이라 불리며 역시 훌륭한 화이트와인을 생산한다. 더불어 피노와 가메 품종 포도의 재배와 양조산업 역시 활발하다.

SUKIYAKI 수키야키 스키야키. 일본을 대표하는 요리 중 하나로 여럿이 둘러앉아 식탁 위에서 직접 익혀먹는 냄비요리의 일종이다. 고기 소비가 금지되었던 시절 시골 농부들이 새나 사냥한 고기를 들에서 몰래 구워 먹었던 것으로부터 시작되었다고 한다. 스키야키는 일반적으로 얇게 썬 소고기, 얇게 저민 채소, 국수, 두부 등의 재료를 식탁 위 버너에 올린 우묵한 팬에 자작하게 소스를 넣고 지지듯 익힌 뒤 날 달걀을 찍어 먹는다. 돼지고기, 닭고기, 생선도 마찬가지 방법으로 조리한다. 팬에서 재료가 익는 대로 각자 직접 덜어 먹는다.

SULTANE (À LA) (아 라) 쉴탄 피스타치오가 들어간 다양한 음식에 붙이는 수식어. 피스타치오를 섞은 맛내기 버터를 만들어 닭 육수로 만든 베샤멜 소스 마무리에 넣거나 생선 요리에 곁들인다. 혹은 피스타치오를 다지거나 향을 우려 아이스크림이나 살구, 서양배, 복숭아 등의 과일 베이스 디저트에 넣기도 한다. 술탄 가니시(garniture sultane)는 주로 가금육을 곱게 갈아 만든 소 위에 가금류 가슴살을 얹어내는 요리에 곁들이는 것으로, 송로버섯 퓌레를 가득 채운 작은 타르틀레트에 껍질 벗겨 반으로 쪼갠 피스타치오를 몇 개 꽂은 것으로 구성된다.

SUMAC 수마크 열대의 옻나무. 옻나무과에 속하는 소관목의 하나로 난대 또는 온대 기후 지역에서 다수의 종이 자란다. 통통한 꽃부리와 작은 열매 알갱이를 말려 곱게 빻은 자주색 가루인 수마크는 대부분의 중동 요리에 자주 등장한다. 새콤한 맛이 나는 수마크 가루는 물을 첨가하여 레몬즙처럼 사용한다. 특히 토마토와 양파가 들어간 음식, 닭고기 베이스의 스터핑 혼합물, 생선을 재우는 마리네이드 양념액, 렌틸콩 요리 등에 넣으면 좋다.

SUNDAE 선대 과일을 곁들인 아이스크림에 잼이나 시럽을 끼얹거나 휘핑한 크림을 짜 얹은 뒤 체리를 한 알 얹어 장식한 미국식 아이스크림 디저트로 원래는 일요일(영어의 Sunday에서 이름이 유래했다) 가족들이 다 함께 하는 식사의 후식으로 먹었던 것이다. 19세기 말 엄격한 청교도 문화가 팽배했던 북아메리카에서는 단 음식이나 사탕, 과자 등 달콤한 주전부리의 소비가 엄격하게 규제되었다. 수동으로 핸들을 돌리는 초창기 아이스크림 메이커가 보급되면서 유행으로 떠오르기 시작한 아이스크림은 점점 더 인기를 더해갔고 이 전통의 아이스크림은 '선대'라는 별명을 갖게 되었으며 일요일에도 하나님 앞에 죄책감 없이 자유롭게 즐겨 먹게 되었다. 오늘날에는 매우 다양한 종류와 향의 아이스크림과 선대가 존재한다.

SUPRÊME 쉬프렘 가금류의 가슴살 또는 익힌 수렵육의 안심(필레 미뇽) 그리고 넓은 의미로 고급 생선의 필레를 지칭한다. 가금류나 수렵육의 쉬프렘은 수분 없이 재빨리 익히거나 아주 적은 양의 국물을 넣고 데쳐 익힌다. 또한 버터에 노릇하게 지지거나 밀가루, 달걀, 빵가루를 입혀 튀길 수도 있다. 주로 버터나 크림으로 슬쩍 버무린 신선한 채소와 함께 먹으며 조리법과 가니시에 따라 흰색 또는 갈색 소스를 곁들인다. 생선 쉬프렘은 대부분의 경우 포칭한 뒤 가니시와 소스(화이트와인 소스, 새우를 넣은 소스, 낭튀아 소스, 아메리켄 소스, 노르망드 소스 등)를 곁들인다. 확장된 의미로 아주 섬세하고 세련된 요리를 쉬프렘이라 칭하기도 한다. 쉬프렘 소스는 걸쭉하게 졸인 블루테에 닭 육수와 생크림을 더한 것으로 때로 버섯 농축즙과 레몬즙을 첨가하기도 하며 주로 삶거나 팬에 지진 닭 요리에 곁들여낸다.

suprêmes : préparation 쉬프렘

쉬프렘 준비하기: 내장을 제거한 가금류 한 마리의 앞(날개, 가슴)과 뒤(등, 다리)를 분리한다. 허벅지 위쪽과 갈빗대 아래 사이에 칼날을 밀어 넣어 칼집을 낸 뒤 한 번에 척추뼈를 부러뜨린다. 가슴뼈 쪽에 가까이 칼날을 붙여 밀어 넣으며 가슴살을 뼈에서 완전히 들어낸다. 이어서 날개의 관절을 절단하고 가슴살과 분리하지 않은 상태로 몸통뼈에서 떼어낸다. 날개의 첫 번째 관절 다음에 있는 뼈를 절단하여 뾰족한 끝을 제거한다.

poularde au riz sauce suprême ▶ POULARDE
sauce suprême ▶ SAUCE
suprêmes de saumon de l'Atlantique ▶ SAUMON

suprêmes de volaille à blanc 쉬프렘 드 볼라이 아 블랑

레몬즙에 익힌 가금류 쉬프렘 : 가슴살 쉬프렘에 소금, 후추를 뿌리고 정제 버터를 발라준 다음, 버터를 바른 코코트 냄비에 한 켜로 놓고 레몬즙을 약간 뿌린다. 뚜껑을 덮고 220°C로 예열한 오븐에서 15분간 익힌다. 쉬프렘을 건져 접시에 담고 가니시와 소스를 곁들인다. 코코트 냄비를 덮어주고 쉬프렘을 건져서 접시에 담아 곁들인다.

장 미셸 베디에(JEAN-MICHEL BÉDIER)의 레시피

suprêmes de volaille au sauternes et au citron confit
쉬프렘 드 볼라이 오 소테른 에 오 시트롱 콩피

소테른 와인과 레몬 콩피를 넣은 가금류 쉬프렘 : 토종닭 쉬프렘 4개를 준비한다. 윗 날개만을 남기고 날개 아랫부분 닭봉은 잘라낸다. 껍질과 뼈를 제거한다. 밑간을 한 다음 버터와 식용유를 두른 팬에 껍질을 아래로 가게 한 켜로 놓은 뒤 약한 불로 천천히 익힌다. 쉬프렘을 뒤집은 다음 뚜껑을 반쯤 덮은 상태로 약한 불로 계속 익힌다. 지롤 버섯 500g을 재빨리 헹구거나 행주로 깨끗이 닦은 뒤 팬에 넣고 수분이 나오도록 뚜껑을 덮어 익힌다. 버섯을 건진다. 싱싱하고 단단한 샬롯 3개를 다진다. 쉬프렘을 건져낸 다음 팬의 기름을 제거한다. 여기에 샬롯 분량의 반을 넣고 볶는다. 소테른 와인 200mℓ를 부어 디글레이즈한 뒤 반으로 졸인다. UHT 액상크림 300mℓ와 굵게 부순 통후추 1자밤을 첨가한 뒤 2분 정도 졸인다. 체에 거른다. 레몬 제스트 콩피와 약간의 레몬즙을 넣고 이어서 닭 쉬프렘을 넣는다. 뜨겁게 가열하되 소스가 끓지 않도록 주의한다. 나머지 샬롯은 지롤 버섯과 함께 버터를 두른 팬에 넣고 노릇하게 볶는다. 소금, 후추로 간을 맞춘다. 각 서빙 접시에 닭 쉬프렘을 하나씩 올리고 지롤 버섯 볶음을 가늘게 빙 둘러 담은 뒤 소스를 끼얹는다. 레몬 제스트와 처빌로 장식한다.

SUR 쉬르 시큼한. 시거나 시큼한 맛 또는 살짝 씁쓸한 맛을 지닌 음식을 지칭하는 수식어로 대개 불쾌한 감정을 초래한다.

SURATI 쉬라티 물소젖으로 만든 인도의 프레시 치즈로 때로는 소젖으로 만들기도 한다. 허연색을 띤 연성치즈로 시큼하고 짭짤한 맛이 난다. 숙성기간을 거의 거치지 않고 유청 안에 담긴 채로 판매되는 수라티 치즈는 토기로 된 큰 항아리에 담아 판매 장소까지 운송된다.

SUREAU 쉬로 엘더베리, 딱총나무. 인동과에 속하는 딱총나무 속의 나무로 유럽에 비교적 흔하다. 향이 아주 좋은 이 나무의 꽃 엘더플라워는 튀겨 먹으며(아카시아 꽃송이 튀김과 같은 방법으로 조리), 잼이나 식초에 넣어 향을 더하기도 한다. 엘더베리는 또한 다양한 발효주를 만드는 데에도 사용되며 어린 순 안에는 말랑한 속심이 들어 있어 아스파라거스처럼 조리해 먹기도 한다.

moelle de sureau 무왈 드 쉬로

딱총나무순 요리 : 딱총나무순의 껍질을 벗겨 속심만 꺼내 약 8cm 길이의 막대 모양으로 썬 다음 아스파라거스처럼 다발로 묶는다. 소금을 넣은 끓는 물에 10~15분간 삶아 물기를 제거한다. 비네그레트 소스를 끼얹고 허브를 뿌려 차갑게 먹거나 크림 소스, 육즙 소스 또는 다진 삶은 달걀을 섞은 녹인 버터를 끼얹어 뜨겁게 서빙한다.

SURESNES 쉬렌 파리 교외에 위치한 동명의 마을에서 생산되는 와인. 918년 생제르맹 데프레 수도원의 수도사였던 쉬렌의 영주들에 의해 처음 만들어진 이 와인은 19세기 말에 와서는 가볍고 떫은맛이 나는 완화제처럼 변해 옛날의 좋았던 품질을 잃었다. 제2차 세계대전 이후 이 포도밭에 고급 품종의 포도를 다시 심었고 오늘날에는 샤르도네 품종 포도로 양조한 훌륭

한 품질의 화이트와인을 매년 약 4,000병 정도 생산하고 있다.

SURGÉLATION 쉬르젤라시옹 급속냉동. 식품(이미 식은 것)의 온도를 매우 낮은 상태(-50°C)까지 급속하게 떨어트려 보존하는 방법으로, 심한 결정화 현상 없이 식품의 심부 온도를 –18°C 이하로 만들 수 있다(**참조** CONGÉLATION). 주로 식품가공 산업에서 사용되는 급속냉동 방식은 파괴 및 변화에 취약한 세포 구조를 가진 식품들에 적용된다.
– 접촉 급속냉동(생선 필레 또는 시금치 덩어리와 같이 두껍지 않고 균일한 형태의 재료에 적용된다)은 저온의 금속판 사이에 식품을 넣어 접촉시켜 동결하는 방법으로 금속판 내부에는 –35°C의 액체 냉매를 순환시킨다.
– 유동성 냉각 가스를 이용한 급속냉동은 매우 찬 공기가 매우 빠르게 순환하는(초속 5~6m 속도로 –50°C까지)고정된 터널식 냉동기 안에서, 또는 모든 방향에서 냉각 공기가 분사되는 컨베이어벨트식 급속냉동기 안에서, 또는 연속식 유동상(流動床) 급속냉동고(콩이나 작은 베리류 알갱이 등 아주 작은 크기의 식품들에 적용되는 방식으로 –40°C의 강한 순환공기에 의해 기계 안에서 냉각되며 운반되어 개별적으로 급속 냉동된 상태로 배출된다)에서 이루어진다.
– 매우 낮은 온도의 액체에 담그는 액침급속냉동은 중간 정도의 크기의 불규칙한 형태를 가진 식품(비닐포장 된 가금류, 생선이나 갑각류 해산물을 통째로 냉동시키는 경우 등)에 적용된다.
– 액체질소분사에 의한 급속냉동은 부피가 작은 식품, 얇게 썬 채소 등에 적용된다.
– 동결에 의한 급속냉동은 식품 가공 산업용 고기나 생선의 큰 덩어리에 적용된다. 심부 온도가 –12°C에 이르도록 더욱 천천히 온도를 내린다.
– 개별 급속냉동 IQF(individual quick freezing)는 주로 포션으로 나눈 조리 식품에 적용되며 –196°C의 액체질소에 직접적으로 담그거나 급속 냉각이 이루어지는 동안 계속해서 휘저어 섞는 작업을 통해 이루어진다.

급속 냉동을 마친 식품은 운송, 유통과정에서 콜드체인이 끊어져서는 안 된다. 해당 식품을 사용할 때까지 온도가 –18 °C로 유지되어야 한다.

SURGELÉ 쉬르즐레 급속냉동식품. 냉동제품은 관련 규정이 정한 표준을 충족해야만 한다. 급속냉동 시, 식품은 가장 신선한 상태여야 하며 어떠한 병원성 세균도 절대 포함되어서는 안 된다.
- 온도를 급속하고 매우 빠르게 낮추어야 한다(참조 SURGÉLATION).
– 급속냉동 처리 후 유통 판매까지 온도는 반드시 –18°C 이하를 유지하여야 한다.
– 식품용 포장지나 용기로 완전히 밀폐 포장해야 한다.
– 생산자명, 원산지, 급속 냉동한 날짜, 유효기간, 실중량(g), 사용법이 정확하게 표시된 라벨을 부착해야 한다.

■ **콜드체인.** 냉동식품의 올바른 품질 관리를 위해서는 구매자 또한 주의를 기울일 필요가 있다. 매장에서 냉동식품이 진열되어 있는 냉동고(항상 온도계가 구비되어 있음)의 온도와 제품포장은 최적의 상태를 유지해야 한다. 진열 칸은 적어도 가장자리에서 10cm 안쪽으로 떨어진 곳에 식품이 채워져 있어야 한다. 그 보다 더 외부에 가까운 위치는 냉기가 충분하지 않다. 제품에 얼음이 붙어 있지 않아야 하고 포장이 찢어진 곳이 없어야 하며 잘게 썬 채소나 작은 사이즈의 식품을 개별급속냉동 처리한 제품들은 포장 안에서 돌멩이처럼 굴러 흔들리는 소리가 나야한다. 냉동식품을 구입하면 보냉백에 넣어 이동하여 최대한 빨리 가정용 냉동고에 넣어야 한다. 냉장실에서는 24시간, 얼음 칸에서는 3일까지만 보관할 수 있다.

■ **사용.** 냉동제품은 절대로 해동 후 다시 냉동시켜서는 안 된다. 이것은 절대원칙이다. 냉동식품 중 다수는 냉동실에서 꺼낸 뒤 곧바로 오븐이나 전자레인지에 넣어 가열하는데, 과일, 과일즙, 통새우, 파티스리류, 반죽 등은 반드시 해동한 뒤 사용해야 한다. 이러한 냉동 제품들은 냉장고에서 가장 덜 차가운 부분, 오븐의 컨벡션 송풍 모드, 또는 전자레인지의 해동 모드에 넣어 해동해야 하며 상온 해동은 권장하지 않는다. 신선 식품이 냉동 제품보다 더 많은 비타민을 함유한다고 할 수는 없다. 반면에, 급속 냉동은 살균의 형태는 아니다. 냉기는 세균 증식을 겨우 억제하며, -10°C에서도 일부 박테리아는 여전히 번식한다. 따라서 냉동할 제품은 완벽히 신선한 상태여야 한다.

SURIMI 쉬리미 게맛살. 일본어에서 온 단어로 생선 단백질에 설탕과 합성 소금 등을 첨가한 뒤 가느다란 실 모양으로 뽑아 뭉쳐 주로 긴 막대 모양으로 주형한 어묵 같은 반죽을 뜻한다. 게, 닭새우 등 갑각류 해산물 향을 첨가한 게맛살은 찬 요리뿐 아니라 더운 요리에도 다양하게 쓰이며, 신제품들이 출시되면서 그 소비는 꾸준히 증가하고 있다.

SURPRISE (EN) (앙) 쉬르프리즈 깜짝 놀라는 반전을 선사하는 음식에 붙이는 수식어. 담음새나 구성에 있어 맛이나 식감을 변장하거나 감추어서 그것을 발견하거나 맛보았을 때 깜짝 놀라는 반응을 불러오는 음식을 지칭한다. 가장 대표적인 예로 일명 '깜짝 놀라는(en surprise)'이라는 명칭으로도 불리는 노르웨이 오믈렛(베이크드 알래스카)은 오븐에 넣어 노릇하게 살짝 그슬린 자국이 있는 뜨거운 머랭 안에 차가운 아이스크림 층이 숨어 있다. 일반적으로 오렌지, 귤, 멜론, 파인애플 등의 과일의 껍질만 남기고 속을 파낸 뒤 그 과육으로 만든 소르베나 아이스크림 등으로 다시 채운 과일 지브레나 과일 수플레 등을 '앙 쉬르프리즈'라고 부른다. 이 때, 안의 모습을 감추기 위해 잘라둔 껍질 윗부분을 뚜껑처럼 덮어 플레이팅한다. 프뤼 데기제에도 마찬가지로 이 이름을 붙일 수 있다.

▶ 레시피 : ANANAS, DÉLICE ET DÉLICIEUX.

SURTOUT 쉬르투 식탁 장식용 센터피스. 성대한 식사 테이블 위에 센터피스로 올려놓는 금은 세공품 또는 도자기 장식품을 뜻한다. 쉬르투는 흔히 거울 면으로 된 쟁반형태로 그 위에 초를 여러 개 꽂을 수 있는 큰 촛대, 과일 바구니 또는 꽃병을 올려놓는다. 쉬르투 사용의 역사는 중세로 거슬러 올라가지만 특히 17~19세기에 가장 많이 사용되었다.

SUSHI MAKI 스시 마키 김초밥. 단촛물로 양념한 밥에 날 생선과 채소를 넣고 김으로 감싸 길게 만 일본식 김밥을 지칭한다. 일반적으로 초절임 생강편을 곁들여 먹는다.

SUZETTE 쉬제트 달콤한 크레프 요리 중 하나의 명칭이다. 전통적으로 크레프 쉬제트의 반죽과 곁들이는 소스는 만다린 귤로 향을 낸다. 오늘날에는 귤 대신 오렌지를 사용하기도 한다. 오귀스트 에스코피에(Auguste Escoffier)가 제안한 레시피에는 만다린 귤과 퀴라소만 들어간다(크레프 반죽뿐 아니라, 버터와 설탕을 녹여 만든 크레프용 소스에도 리큐어와 과일즙을 넣는다. 이때는 만다린 귤 제스트도 첨가한다).

▶ 레시피 : CRÊPE.

SYLLABUB 실러법 영국의 디저트로 휘핑한 크림, 향신료를 넣은 와인, 레몬, 설탕으로 만든 영국의 디저트로 그 전통은 엘리자베스 1세(1533-1603) 시대로 거슬러 올라간다.

SYLVANER 실바네르 화이트와인 양조용 포도품종 중 하나로 독일, 오스트리아, 이탈리아의 티롤 지역에 널리 퍼져 있으며 칠레와 캘리포니아에서도 재배된다. 알자스 지방에서 실바네르 포도로 만드는 와인은 매우 연한 색을 띠며 가볍고 상큼하지만 향은 거의 없다. 최고의 알자스 실바네르는 바르(Barr) 지역의 것이다.

SYLVILAGUS 실빌라구스 솜꼬리토끼. 북아메리카의 설치류로 산토끼와 굴토끼의 중간 정도이나 이 둘과 근접한 유사성은 없고 나무를 기어오르는 능력에서 차이가 난다. 현재 프랑스에서는 이 동물의 고기를 상업화하기 위하여 풍토에 적응시키려는 시도를 하고 있다.

SYMPOSIUM 생포지엄 고대 그리스 시대에 저녁식사가 끝나고 이어진 행사로 와인에 생과일, 견과류, 치즈, 짭짤한 과자, 심지어 매미 콩피를 곁들이며 계속 술자리를 이어갔다. 기원전 4세기 작품인 플라톤의『연회(*le Banquet*)』에서 보여주는 것과 같이 대화와 철학적 토론의 장이 되었던 이 심포지움이라는 이름의 술자리에는 노예, 무희, 화류계의 여인들을 제외하고는 여성들의 참석이 허용되지 않았다. 대부분 음악, 무용 또는 장기자랑 등의 공연이 이어졌으나 늦게 도착한 심포지엄 참석자(symposiates)들은 식사 손님들과 어우러져 함께 와인을 마시며 대화를 즐겼다.

SYRAH 시라 코트 뒤 론(Côtes du Rhône) 레드와인의 포도 품종으로 포도알은 푸른빛이 도는 검은색이며 과육이 아주 연하고 즙이 많다. 시라 품종으로 만든 와인은 바디감이 있고 알코올과 타닌 함량이 높으며 밸런스가 좋은 풍성한 맛과 과일 향을 갖고 있다. 오래 보관하면 맛이 더 깊어진다.

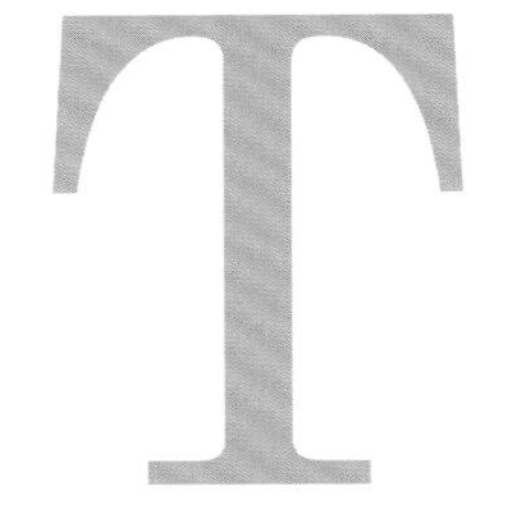

TABASCO 타바스코 타바스코 소스. 주정 식초, 소금, 향신료, 설탕에 재운 붉은 고추를 기본 재료로 만든 핫 소스로 미국 요리에 많이 사용된다. 작은 병 포장으로 판매되는 타바스코 소스는 고기, 달걀 및 키드니빈 요리, 각종 소스, 몇몇 칵테일과 디저트에 매콤한 맛을 내는 데 사용된다.

TABIL 타빌 중동 및 북부 아프리크 마그레브 요리에서 많이 사용하는 향신료 믹스. 생 혹은 말린 캐러웨이씨와 고수씨를 1:3 비율로 섞은 뒤 마늘과 붉은 고추를 넣고 빻는다. 햇빛에 말린 뒤 갈아서 습기를 피해 보관한다.

TABLE 타블 테이블, 식탁. 수평의 판을 한 개 또는 여러 개의 다리가 받치고 있는 구조의 가구로 음식과 식사에 필요한 도구를 차려 놓고 식사를 하는 식탁을 가리킨다.

■ **역사.** 17세기 초까지만 해도 식탁에서 사용되는 집기나 도구는 장식적 측면보다는 실용성이 더 중요한 요소였다. 가장자리가 넓게 올라온 옛날 전통 접시는 추기경의 모자라 불렸고, 이제는 거의 찾아보기 어렵지만 포크는 이가 두 개밖에 없었다. 유리컵은 금속으로 된 물 컵을 대체하기 시작했고, 일상적으로 늘 사용하는 물병은 주석으로 만들어졌으며 식탁 위에는 당시 매우 흔하게 마시던 음료인 허브 티용 탱발 잔과 주석으로 만든 작은 촛대가 놓여 있었다. 17세기 말에는 화려한 은제품 식기들이 등장했고 접시는 테두리가 있는 오늘날과 같은 형태를 갖추게 되었다. 포크도 이가 4개인 제품들이 생겨났지만 여전히 나이프와 짝을 이루어 세팅되지는 않았다. 유리컵의 사용이 보편화되고 설탕 그릇이나 에그 홀더, 소금병과 같은 식탁에서 사용하는 새로운 소품들이 등장하기 시작했다.

오를레앙 공의 섭정 통치 기간(1715~1723)과 루이 15세 시대(Louis XV, 1715~1774)에는 은제품 사용이 절정에 이르렀으며 테이블 장식은 매우 복잡해졌다. 3개의 커틀러리(포크, 나이프, 스푼)가 한 세트를 이루게 되었고 촛대의 모습도 가지가 달린 크고 화려한 형태로 발전했으며 우묵한 모양의 접시가 등장했고 글라스는 점점 더 얇아졌다. 또한 커피와 초콜릿이 유행하면서 커피 주전자와 찻잔 세트가 탄생했다. 19세기에 접어들 즈음에는 고대 스타일의 장식이 화려한 로카이유 양식을 대체한다. 은이나 주석으로 된 무거운 접시는 자기 제품에 자리를 내주었고 구리에 은이나 금을 입힌 도금 소재(pomponne)도 개발되었다.

19세기 후반 나폴레옹 3세 시대에 식탁의 화려하고 사치스러운 장식은 최고조에 달한다. 세기말이 되면서 이에 대한 반향이 고개를 들었다. 솜씨 좋은 장인들이 다시 주목을 받기 시작했고 오래된 디자인들은 점점 자취를 감추고 식탁 위의 집기들은 점점 정제되고 세련된 모습을 띠게 되었다. 곧 이어 아르누보와 1925년을 기점으로 한 아르데코라는 거대한 두 개의 사조가 밀려온다. 그중에서도 1900년 벨기에의 건축가 반 데 벨데(Van de Velde)와 1920년대 프랑스의 세공 예술가 장 퓌포카(Jean Puiforcat)의 모던 디자인이 주목을 끌었다. 티파니와 스칸디나비아 스타일이 등장한 것은 그 이후의 일이다. 이후 더욱 단순한 디자인을 추구하는 방향으로 혁신은 계속되었고, 오늘날에는 지나치게 화려한 테이블 장식보다 요리 위주의 미식문화가 더 중심이 되는 추세로 바뀌었다.

TABLE DE CUISSON 타블 드 퀴송 가열 조리대, 쿡탑, 레인지. 독립적인 조리기구로 법랑, 스테인리스강 또는 글라스 세라믹 소재로 되어 있으며 주방 조리대에 빌트인 설치가 가능하도록 설계되어 있다. 2~4개의 가스 화구 또는 전기 열판 플레이트로 이루어져 있으며 두 가지를 모두 갖춘 겸용 타입도 있다.

– 글라스 세라믹 전기레인지는 화구가 직접 겉으로 드러나지 않은 매끈한 표면의 특수 유리판으로 덮여 있으며 충격과 급격한 온도 변화에 매우 강한 내구력을 갖고 있다. 상판 아래에 설치된 발열장치(전열선으로 이루어진 되어 있는 복사열성 화구 그리고/또는 필라멘트 전구를 사용하는 할로겐 화구)는 패널 위에 표시된 부분에 열을 전달한다.

– 인덕션 레인지(또는 인덕션 플레이트) 또한 글라스 세라믹 상판으로 덮여 있다. 상판 내부에서는 유도체가 자기장을 발생시켜 코일에 공급, 조절하는 역할을 한다. 상판 위에 올려 놓는 모든 금속 및 자성 용기(유리, 알루미늄, 구리는 제외)는 자기장을 가두게 되고 이것이 유도 흐름을 만들어 용기의 바닥과 그 안의 내용물을 데우는 원리다. 이때 상판의 나머지 부분은 차가운 상태다.

TABLE À FLAMBER 타블 아 플랑베 플랑베용 보조 테이블. 레스토랑에서 주로 사용되는 서빙용 카트로 상판에 한두 개의 쿡탑이 구비되어 있어 고객의 테이블 옆에서 직접 요리를 플랑베하여 서빙할 수 있다.

TABLE D'HÔTE 타블 도트 여러 사람이 함께 식사하는 공동 식탁, 커뮤널 테이블. 여러 명이 식사할 수 있는 큰 사이즈의 식탁으로 오는 순서대로 자리를 잡고 앉아 숙소의 주인과 직원들이 준비한 음식을 먹는다. 주인의 식탁이라는 뜻의 타블 도트는 옛날에 여관이나 여인숙에 묵는 투숙객들을 위해 주로 행해지던 식사 형태다. 타블 도트는 최근 시골의 숙소 투숙객이나 농가 방문객 등을 위한 식사 형태로 다시 유행하기 시작했다.

TABLIER DE SAPEUR 타블리에 드 사푀르 소의 위 중 양이나 벌집위를 잘라 만든 리옹의 특선 요리. 적당한 크기로 자른 넓적한 소의 양 또는 벌집위에 달걀물과 빵가루를 입힌 뒤 팬에 지지거나 구워 아주 뜨겁게 서빙한다. 파슬리와 마늘을 넣은 에스카르고 버터와 그리비슈 소스(sauce gribiche) 또는 타르타르 소스를 곁들여 먹는다.

TABOULÉ 타불레 벌거(**참조** BOULGHOUR)에 잘게 썬 토마토, 양파, 민트, 파슬리, 레몬즙, 향신료를 섞어 만든 중동의 대표음식으로 시리아, 레바논, 팔레스타인 등지에서 즐겨 먹는다. 주로 찬 애피타이저로 서빙되는 타불레는 전통적으로 로메인 상추 잎에 싸서 손으로 먹는다.

TABOUREAU 타부로 16세기 초에 살았던 것으로 추정되는 요리사인 타부로는 『비앙디에(*Viandier*)』라는 요리서를 남겼다(**참조** TAILLEVENT). 1550년대에 쓰인 그의 필사본에는 14세기까지 거슬러 올라가는 레시피들과 1396년 아르쿠르(Harcourt) 백작이 프랑스 왕에게 베푼 연회의 코스 메뉴들이 기록되어 있다.

TACAUD 타코 남방대구. 대구과의 근해어로 열빙어와 생긴 모습이 매우 유사하며 망슈와 가스코뉴 해안에서 흔히 볼 수 있다. 길쭉한 삼각형 몸통에 아래턱에는 짧은 수염이 나 있고 등은 구릿빛, 측면과 배는 은빛이 나며 무게는 약 200g, 길이는 20~30cm 정도이다. 기름기가 없고 부서지기 쉬운 살을 가진 생선으로 빠른 시간 내에 조리해 소비해야 한다. 요리법은 명태와 동일하다.

TÂCHE (LA) (라) 타슈 코트 드 뉘의 AOC 그랑 크뤼 레드와인으로 포도 품종은 피노 누아이며 본 로마네(Vosne-Romanée) 코뮌에서 생산된다. 알코올 함량이 높고 잘 익은 붉은 베리류 과일 향이 풍부하며 제비꽃 노트를 지니고 있는 이 와인은 이 코뮌의 최고의 와인 중 하나로 꼽힌다(**참조** BOURGOGNE).

TACO 타코 옥수수로 만든 전병의 일종인 토르티야에 각종 살사, 고추로 양념한 다진 고기와 검은 강낭콩, 아보카도와 양파로 만든 과카몰리 등을 채워 먹는 멕시코의 대표 요리다. 토르티야에 속을 채운 뒤 말아서 튀기기도 한다. 타코는 주로 스낵으로 또는 더운 애피타이저로 먹는다.

TAFIA 타피아 당밀, 설탕 시럽, 사탕수수 찌꺼기 등으로 만든 증류주로 저렴한 럼이라고 할 수 있다. 대부분의 경우 불순물이 있는 당밀을 그대로 사용해 만든다. 옛날에는 선원들에게 60mℓ짜리 부자롱(boujarons)이라는 작은 술통에 담긴 타피아를 보급품으로 나누어 주었다.

TAGINE OU TAJINE 타진 원뿔형의 뚜껑을 닫아 완전히 밀폐된 상태로 음식을 조리할 수 있는 북아프리카 마그레브 지역의 우묵한 그릇으로, 유약을 바른 토기 재질이다. 향신 재료와 국물을 넣고 천천히 뭉근하게 익히는 다양한 요리를 만드는 데 사용되며 그릇째로 식탁에 올린다. 이 단어는 타진 용기에 조리한 요리의 명칭이기도 하며 주로 채소, 생선, 닭고기, 육류, 과일 등의 재료를 사용해 만든다.

파테마 알(FATÉMA HAL)의 레시피

tagine d'agneau aux coings (safargel bal ghalmi) 타진 다뇨 오 쿠앵 (사파르겔 발 갈미)

마르멜로를 넣은 양고기 타진 : 준비: 35분, 조리: 1시간 30분

양 앞다리 살(어깨살) 덩어리 1.5kg을 8~12개의 조각으로 자른다. 코코트 냄비에 양고기를 넣고 버터 100g, 통계피 스틱 1개, 생강 1/2티스푼, 사프란 1/2티스푼, 얇게 썬 작은 양파 2개를 함께 넣어준다. 소금을 넣고 물을 잠길 정도로 부은 뒤 약 1시간 동안 약한 불로 끓인다. 고기가 익으면 냄비에서 건져낸 뒤 뜨겁게 보관한다. 계피를 건진다. 잘 익은 마르멜로 1kg을 준비해 모두 반으로 갈라 속과 씨를 제거한 다음 갈변 방지를 위해 레몬즙을 뿌린다. 양고기를 익혀낸 코코트 냄비에 마르멜로를 넣고 꿀 3티스푼, 계핏가루 1티스푼을 넣은 뒤 물을 조금 첨가한다. 조심스럽게 섞은 뒤 마르멜로가 살짝 연해질 때까지 익힌다. 양고기를 다시 코코트 냄비에 넣고 15분 동안 약한 불에서 함께 익힌다. 고기를 접시 중앙에 담고 마르멜로 조각을 빙 둘러 놓는다.

파테마 알(FATÉMA HAL)의 레시피

tagine d'agneau aux fèves (tajine bal ghalmi wa al-foul) 타진 다뇨 오 페브 (타진 발 갈미 와 알풀)

잠두콩을 넣은 양고기 타진 : 준비: 35분 / 조리: 55분

신선 또는 냉동 잠두콩 1.5kg의 깍지를 깐 다음 씻는다. 굵은 마늘 3톨의 껍질을 벗긴 뒤 짓이긴다. 양파 1개의 껍질을 벗겨 얇게 슬라이스한다. 코코트 냄비에 식용유 3테이블스푼을 두른 뒤 양파, 양고기(어깨살 1.2kg을 큼직하게 자른 조각들), 소금 1티스푼, 후추 1/2티스푼을 넣고 센 불에서 익힌다. 고기를 자주 뒤집어 주며 약 5분간 지진다. 마늘, 물 500mℓ, 커민 1/2티스푼, 파프리카 가루 1/2티스푼을 첨가한다. 끓을 때까지 센 불로 가열하고 이어서 불을 줄인 뒤 35분간 뭉근히 익힌다. 잠두콩을 첨가한 다음 15분 정도만 더 익혀 약간 아삭한 식감을 유지한다. 모로코에서처럼 콩이 푹 익은 것을 선호한다면 5분 정도 더 익힌다. 불에서 내린다. 접시에 고기를 담고 소스를 끼얹은 뒤 잠두콩을 얹는다. 뜨겁게 서빙한다.

tagine d'agneau de printemps 타진 다뇨 드 프랭탕

봄철 양고기 타진 : 뼈를 제거한 양고기 어깨살을 적당한 크기의 조각으로 자른다. 양파 200g과 마늘 3톨의 껍질을 벗긴 뒤 다진다. 타진 용기 안에 올리브오일 6테이블스푼을 달군 뒤 양고기와 양파, 마늘을 넣고 노릇하게 색을 내며 지진다. 토마토 4개를 씻어 세로로 등분한다. 감자 6개의 껍질을 벗긴 뒤 씻어 굵은 주사위 모양으로 썬다. 감자와 토마토를 타진에 첨가하고 계피 1티스푼, 커민 1티스푼을 넣은 뒤 소금, 후추를 뿌리고 물 200mℓ를 끼얹는다. 뚜껑을 덮고 약한 불에서 1시간 동안 뭉근히 익힌다. 잠두콩 250g의 깍지를 제거하고 속껍질을 벗긴다. 레몬 콩피 4개를 모두 4등분한다. 잠두콩과 레몬, 그리고 반으로 자른 아티초크 속살 4개분을 모두 타진에 넣고 30분간 더 익힌다. 생고수 작은 한 다발을 씻어 잘게 썬 다음 타진에 뿌려 서빙한다.

tagine de bœuf aux cardons 타진 드 뵈프 오 카르동

카르둔을 넣은 소고기 타진 : 타진 용기에 올리브유 4테이블스푼을 달군 뒤 조각 내어 자른 소고기 1kg과 얇게 썬 양파 2개, 다진 마늘 2톨, 커민 1/2티스푼, 생강 1/2티스푼, 사프란 2자밤, 후추 1/2티스푼, 소금 1티스푼을 넣고 노릇하게 지진다. 재료의 높이만큼 물을 붓고 약한 불로 30분 정도 익힌다. 카르둔 1.5kg의 껍질을 벗기고 작은 막대 모양으로 자른 다음 레몬 물에 담가 갈변을 방지한다. 카르둔을 건져 타진에 넣고 약한 불에서 30분간 더 익힌다. 레몬즙 1개분을 첨가하고 10분간 더 익힌다.

파테마 알(FATÉMA HAL)의 레시피

tagine de poulet aux olives et aux citrons confits 타진 드 풀레 오 졸리브 에 오 시트롱 콩피

올리브와 레몬 콩피를 넣은 닭고기 타진 : 준비: 25분 / 조리: 35분

바닥이 두꺼운 냄비에 식용유를 두른 뒤 6토막 낸 닭 1마리와 사프란 1자밤, 통계피 스틱 1개(또는 계핏가루 1/2티스푼), 생강 1자밤, 소금 1/2티스푼, 후추, 잘게 썬 양파를 넣고 지진다. 닭을 여러 번 뒤집어주며 7분간 익힌다. 껍질을 벗기고 씨를 제거한 뒤 잘게 썬 토마토, 다진 파슬리와 고수를 첨가한다. 물 500mℓ를 붓고 끓을 때까지 가열한다. 불을 줄이고 약 20분 정도 약한 불로 익힌다. 닭 냄비의 국물을 한 국자 덜어 작은 냄비에 넣는다. 통 올리브 200g을 각각 한 번씩 쳐서 깬다(씨는 깨진 올리브 안에 그대로 남은 상태로 둔다). 레몬 콩피를 작은 주사위 모양으로 썰어 올리브와 함께 작은 냄비에 첨가한다. 5분간 졸인다. 서빙 시 닭고기를 타진 용기에 담고 올리브와 레몬을 빙 둘러 놓은 뒤 소스를 끼얹는다.

TAGLIATELLES 탈리아텔레 달걀을 넣어 반죽한 이탈리아의 파스타 면 중 하나로 에밀리아로마냐가 원산지이다. 좁고 납작한 띠 모양의 이 파스타는 일반 노란색 외에 녹색(시금치로 색을 낸다)으로도 만들며 주로 미트 소스(당근과 셀러리를 넣은 소고기 라구, 양파와 허브를 넣은 돼지고기 소스, 넛멕과 생크림을 넣은 훈제 햄 소스 등)를 곁들여 먹는다. 이탈리아에는 탈리아텔레에서 파생된 탈리에리니(taglierini, 폭 3mm)도 있다. 로마에서는 탈리아텔레를 페투치네(fettucine)라고 부르며, 그 외 지방에서는 폭 4mm짜리 넓은 면을 만들기도 하는데 이는 파파르델레(pappardelle)라고 불린다.

TAHITI 타히티 자연의 맛이 살아 있는 단순함이 특징인 폴리네시아의 요리는 생선과 과일을 많이 사용하며 그중에서도 빵나무 열매(fruit de l'arbre à pain, breadfruit)는 로스트, 죽, 구이, 가루, 페이스트 등으로 폭넓게 사용되는 독특한 식재료다. 특히 빵나무 열매 페이스트를 발효해 만든 강한 풍미의 포포이(popoï)는 이 지역 식문화의 기본이 되는 양념으로 고기나 생선 요리에 많이 사용한다.

■ **풍부한 자연의 산물.** 타히티의 대표적 특선 요리로는 날생선을 꼽을 수 있다. 날생선 살을 작은 주사위 모양으로 썰어 라임즙에 재운 뒤 다진 양파와 간 마늘을 첨가하고 소금, 후추로 간한 다음 코코넛 주스를 뿌려 먹는다. 앤틸리스 제도와 마찬가지로 이곳에서도 상어 요리를 먹으며 새우와 블루랜드 크랩도 즐겨 먹는다. 이곳에서는 토란, 참마, 시금치, 샐러드 채소뿐 아니라 파인애플과 바나나도 풍성하게 자란다. 또한 로스트한 야생 조류, 오리 요리를 즐겨 먹으며, 축제 때면 작은 야생 돼지를 뜨거운 돌 위에 구운 아히 모하(ahi moha)를 나누어 먹는다. 돼지고기는 종종 어린 시금치 잎과 바나나 나무 잎 사이에 넣고 다진 마늘과 잘게 썬 양파를 얹어 오븐에 구워 먹으며 코코넛즙을 뿌려 먹는다. 코코넛 과육을 가늘게 갈아 착즙한 코코넛 주스는 시원한 음료 또는 이 지역에서 일반 과즙처럼 흔히 즐겨 마시는 발효 음료의 주재료가 된다. 또한 코코넛 과육으로 다양한 디저트(크림, 잼, 머랭 등)를 만든다. 파파야 퓌레에 애로루트(칡녹말)를 넣고 크림처럼 끓인 뒤 바닐라로 향을 낸 푸딩은 바나나로 만든 푸딩인 포에 메이아(poe meia, 설탕을 뿌리고 생크림을 끼얹어 먹는다)와 더불어 폴리네시아에서 아주 인기가 많은 디저트다.

TAHITIENNE (À LA) (아 라) 타이시엔 타히티식의. 날생선 필레를 얇게 저미거나 작은 주사위 모양으로 썰어 레몬즙, 오일, 소금, 후추에 재운 것을 지칭하며 주로 토마토(굵직하게 썰거나 곱게 간 것)를 곁들이고 강판에 간 코코넛 과육을 뿌려 서빙한다. 이러한 타히티식 날생선은 아보카도, 자몽 살만 잘라낸 세그먼트, 가늘게 썬 상추 시포나드, 토마토 등을 재료로 한 샐러드에 넣기도 하며, 레몬즙을 넣은 마요네즈로 드레싱한다.

TAILLAGE DES LÉGUMES 타이야주 데 레귐 채소 썰기. 요리의 기본 테크닉으로 채소의 껍질을 벗긴 뒤 조리를 용이하게 하거나 보기 좋은 플레이팅을 위해 일정한 모양으로 써는 작업을 뜻한다. 채소 썰기는 일반적으로 페어링 나이프(couteau d'office), 감자 필러 또는 채칼이나 만돌린 슬라이서 등을 사용해 수동으로 이루어지지만 양이 많은 경우는 전동 도구를 사용하기도 한다.

TAILLAULE 타이욜 스위스 뇌샤텔 지방의 파티스리 중 하나인 타이욜은 다진 오랑자트(orangeat, 당절임한 오렌지 껍질)와 럼을 넣은 발효 반죽으로 만든 빵이다. 직사각형 틀 안에 구우며 마지막에 윗면을 가위로 잘라 칼집을 내준다(여기에서 이름이 유래했다).

TAILLÉ 타이예 프랑스어권 스위스의 짭짤한 페이스트리로, 돼지비계를 녹여 라드를 만들고 남은 찌꺼기인 그뢰봉(**참조** GREUBONS)을 넣어 만든다. 타이예는 간단하지만 요기가 되는 전통 간식 중 하나다.

TAILLEVENT (GUILLAUME TIREL, DIT) 기욤 티렐, 일명 타유방 프랑스의 요리사 (1310년경 Pont-Audemer 출생–1395년경 타계). 그는 프랑스어로 쓰인 가장 오래된 요리책 중 하나이며 오늘날 네 개의 필사본이 전해지는 『비앙디에(*le Viandier*)』의 저자다. 하지만 네 권 모두 그가 집필한 것으로 보기에는 무리가 있어 보인다. 왜냐하면 13세기 말에 쓰인 첫 번째 필사본은 그가 태어나기 전에 작성된 것이기 때문이다. 요리서 『비앙디에』의 집필 작업은 당대 전문가들로 하여금 풍부한 지식을 담은 각 분야의 책을 쓰도록 하는 데 관심이 많았던 국왕 샤를 5세(1338~1380)의 권고에 따라 이루어진 것으로 전해진다. '마자린 도서관의(de la bibliothèque Mazarine)'라는 수식어가 붙은 수사본 제목의 전문은 "프랑스 왕의 요리장 타유방은 이 책을 통해 모든 이에게 왕, 공작, 백작, 후작, 남작, 고위성직자들과 모든 영주들, 부르주아들, 상인들, 그리고 명예를 가진 사람들 주방의 요리법을 가르친다"라고 되어 있다.

타유방은 이 책에서 단지 고기(비앙드라는 단어는 원래 고기만이 아닌 음식 전체를 지칭했다)만이 아닌 중세 고급 요리의 전반을 다루었다. 이 저서에서 눈여겨볼 내용은 우선 14세기의 식품 목록이다. 정육용 동물과 샤퀴트리(햄과 소시지)에 거세 수탉과 토끼, 멧돼지, 물떼새, 백조, 공작, 황새, 왜가리, 너새, 가마우지, 멧비둘기가 추가된다. 칠성장어, 미꾸라지, 뱀장어, 강꼬치고기, 잉어를 비롯한 민물생선들이 매우 풍부한 반면 붕장어, 곱상어, 고등어, 서대, 청어, 염장대구, 대문짝넙치, 철갑상어, 홍합, 굴, 그리고 고래 등 바다생선의 수는 더 적다. 향신료와는 반대로 녹색 잎채소는 매우 드물었으며 달걀, 우유, 치즈는 주목할 만한 역할을 한다.

『비앙디에』는 인쇄본으로 대량 공급되기 이전에 이미 다수의 복사본이 영주들과 요리사들 사이에 유포되었다. 작자 미상인 책 『파리 살림백과(*Ménagier de Paris*)』(1393)에는 이 책으로부터 차용한 내용이 많았으며, 프랑수아 비용(François Villon)은 1450년 이후 자신의 시집 『대 유언집(*Testament*)』에서 비앙디에를 인용했다. 이 최초의 요리 개론서의 영향은 매우 컸으며 이후 요리의 새로운 개념을 도입한 라 바렌(La Varenne)의 『프랑스 요리사(*Cuisinier français*)』(1651) 출간의 밑받침이 되기도 했다. 『비앙디에』에서는 향신료를 넣은 소스, 포타주, 스튜 요리가 큰 비중을 차지하고 있어 고기, 가금류, 수렵육 및 바닷물고기와 민물고기를 재료로 한 이 요리들의 다양한 레시피가 자세히 소개되어 있다. 특히 신 포도주인 베르쥐의 사용과 빵을 이용한 리에종이 특징적이다. 중세 요리의 특징인 새콤달콤한 맛의 요리들은 당시 모든 유럽국가에서 아주 흔히 볼 수 있었으며 이포크라스(hypocras, 향료를 넣은 포도주), 꿀 또는 허브를 넣은 와인들도 많이 소비되었다. 조리 방법은 주로 굽거나 삶는 것이 많았고 그 외에 소를 채우거나 잘게 다진 고기나 채소를 기본 재료로 사용한 요리들(파테, 투르트, 플랑)도 다수 등장한다. 또한 중세 교회의 규율에 따라 엄격히 지켰던 사순절의 음식이 매우 중요하게 부각되었고, 이에 따라 고기를 먹을 수 있는 날과 육류를 금하는 날의 요리들이 상세히 기록되었다. 19세기에는 타유방의 요리를 대부분 무겁고, 복잡하고, 향신료를 너무 많이 넣은 음식의 연장선으로 묘사했지만 『비앙디에』에 소개된 레시피 중 몇몇은 프로방스의 아이고 불리도(aïgo boulido), 페리고르의 투랭 수프(tourin, 양파, 마늘 또는 토마토 수프), 뱀장어 부이유튀르(bouilleture), 소피케(saupiquet, 매운 소스), 오슈포(hochepot, 플랑드르식 포토푀), 페즈나(Pézenas)의 파테, 프랑지판 크림을 넣은 피티비에 또는 와인을 넣은 서양 배와 비슷한 단순한 요리에 관한 것들이었다. 이 책에 제시된 레시피 중에는 햇 완두콩 크레토네(cretonnée), 아몬드를 넣은 블랑망제(blanc-manger), 크레송 포타주 또는 부르보네 타르트(tarte bourbonnaise) 등 오늘날에도 실제로 구현할 수 있는 것들이 다수 있다. 누벨 퀴진(nouvelle cuisine) 또한 이 책의 내용을 바탕으로 현대에 맞는 새로운 요리를 제안했다. 소렐을 넣은 연어 파테, 뜨거운 굴 시베(civet), 리크를 곁들인 신선햄 등이 대표적이다.

TALEGGIO 탈레지오 탈레조 치즈. 소젖으로 만든 이탈리아의 AOP 치즈로(지방 48%), 분홍빛의 얇은 세척외피를 가진 비가열 압착치즈다(**참조** p.400 외국 치즈 도표). 베르가모(Bergamo) 지역이 원산지인 탈레조 치즈는 사방 20cm, 두께 5cm의 납작한 정사각형으로 은박지에 포장되어 있으며 무게는 약 2kg 정도다. 냄새가 강한 편이며 과일 풍미를 지니고 있다.

TALLEYRAND-PÉRIGORD (CHARLES MAURICE DE) 샤를 모리스 드 탈레랑 페리고르 프랑스의 정치인, 외교관 (1754, Paris 출생–1838, Paris 타계). 언제나 화려한 연회와 식사로 손님을 대접할 줄 알았으며 미식에 박학다식했던 탈레랑은 유럽 최고로 꼽히는 음식 수준의 소유자였다. 유명한 제과장 아비스(Avice)와 앙토냉 카렘을 자신의 수하에 두었으며 그 덕에 큰 부를 축적하기도 했다. 콩데 왕자의 저택의 요리장이었던 부셰(Bouchée)를 영입한 탈레랑(그에게 점심식사는 그리 중요하지 않았다)는 훌륭한 저녁식사 코스 메뉴들을 함께 개발했으며 이는 이후에도 교범처럼 사용되었다. 외무장관이었던 그는 만찬에 참석한 손님들의 서열에 따라 직접 고기와 가금류를 카빙해 서빙하기도 했다. 그의 안목으로 볼 때 요리, 나아가 미식이란 단순히 맛의 즐거움을 제공하는 것을 넘어 각국 정부와 그들의 외교를 연결하는 소중한 수단이었다.

클래식 요리 가운데는 그의 이름이 붙은 것들이 다수 있다. 송아지 갈비 또는 흉선, 소 안심구이, 큰 덩어리로 조리한 소, 송아지, 가금육 요리 등이 대부분이며 여기에 버터와 치즈를 넣은 마카로니, 가늘게 채 썬 송로버섯과 주사위 모양으로 썬 푸아그라를 곁들이고 페리괴 소스를 함께 서빙한다. 속을 채운 안초비 필레 포피에트, 송아지 흉선을 채운 커리 소스 오믈렛, 닭고기, 염장우설, 송로버섯, 양송이버섯 살피콩을 채운 세몰리나 크로켓에 데미글라스 소스를 곁들인 요리 등에도 탈레랑이란 이름이 붙었다. 탈레랑 소스는 페리괴 소스와 같은 용도로 사용된다. 또한 파티스리에서 탈레랑은 사바랭 반죽에 다져서 시럽에 재운 파인애플을 섞어 구운 케이크로 살구 나파주를 바른 뒤 파인애플 조각을 얹어 장식한다.

TALMOUSE 탈무즈 프로마주 블랑을 채운 짭짤한 페이스트리로 그 전통의 시작은 중세로 거슬러 올라간다. 14세기 말에 발간된 요리서 『비앙디에』와 『파리살림백과』에는 다음과 같은 레시피가 이미 소개된 바 있다. "질이 좋은 치즈를 잠두콩만 한 크기의 정사각형으로 자르고 그중 일부는 달걀에 충분히 적신 뒤 모두 섞는다. 크러스트는 달걀과 버터를 섞어 반죽을 만든다." 1742년 요리사 므농(Menon)이 자신의 요리책에서 제안한 레시피는 푀유타주 반죽을 틀보다 크게 깔아 밖으로 넘쳐 나오게 한 다음 프로마주 블랑을 넣은 베샤멜을 채워 넣고 넘쳐 나온 반죽 시트를 삼각뿔 형태로 접어 올려 감싸는 것이었다.

18세기에 출간된 『가스코뉴의 요리사(*Le Cuisinier gascon*)』에서는 얇게 민 푀유타주 반죽 시트에 달걀을 섞은 크림치즈를 채우고 가장자리를 접어 올린 뒤 달걀물을 발라 오븐에 굽는 레시피를 추천하고 있다. 또한 『요리사들의 요리사(*Le Cuisinier des cuisiniers*)』(1882)에서는 약간 변형된 레시피를 제안하고 있다. 수플레 튀김 반죽에 물기를 뺀 프로마주 블랑을 섞은 뒤 작은 조각으로 소분해 오븐에서 노릇하게 부풀도록 구워내는 방법이다. 오늘날의 탈무즈는 파트 푀유테 또는 파트 아 퐁세로 만든 타르틀레트 셸에 걸쭉한 베샤멜과 치즈를 섞은 슈 반죽을 채운 뒤 윗면에 길게 자른 반죽 두 줄로 십자 모양 장식을 얹어준다. 이것은 일명 퐁 뇌프라고 불리는 탈

TAILLER DES LÉGUMES 채소 썰기

1. 쥘리엔(julienne): 채소를 아주 얇게 슬라이스한 다음 겹쳐 놓고 균일한 굵기 가늘게 채 썬다.

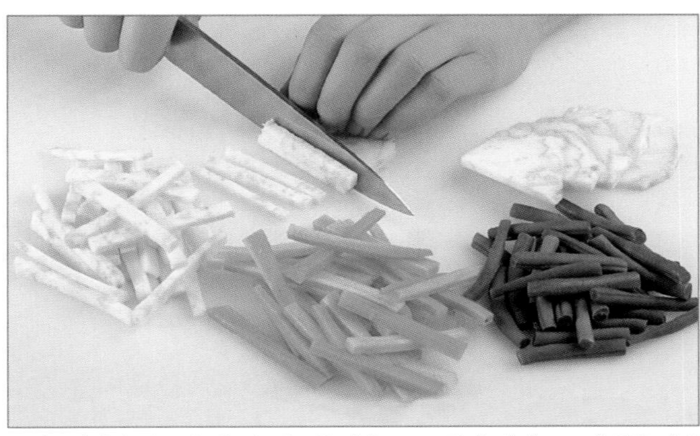

2. 자르디니에르(jardinière): 채소를 사방 3mm 두께, 길이 4cm의 작은 막대 모양으로 썬다.

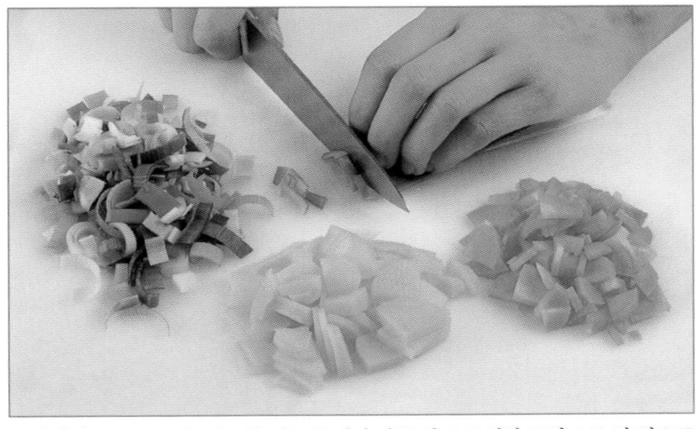

3. 페이잔(paysanne): 채소를 얇은 두께의 아주 작고 균일한 모양으로 썬 것으로 주로 수프에 넣는 용도로 사용된다.

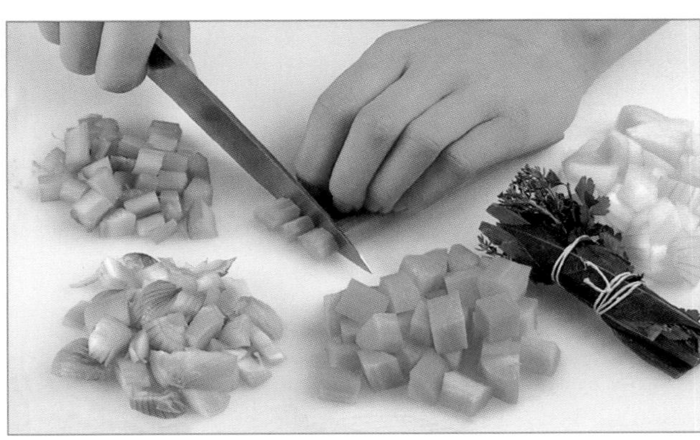

4. 미르푸아(mirepoix): 채소를 용도에 따라 다양한 크기의 큐브 모양으로 썬 것으로 부케가르니와 함께 넣어 주로 향신 재료로 사용한다.

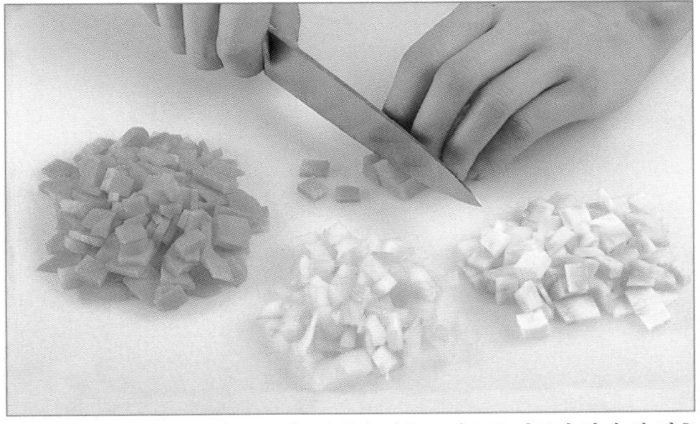

5. 마티뇽(matignon): 채소를 미르푸아와 같은 모양으로 자르되 얇게 썬 것을 가리킨다.

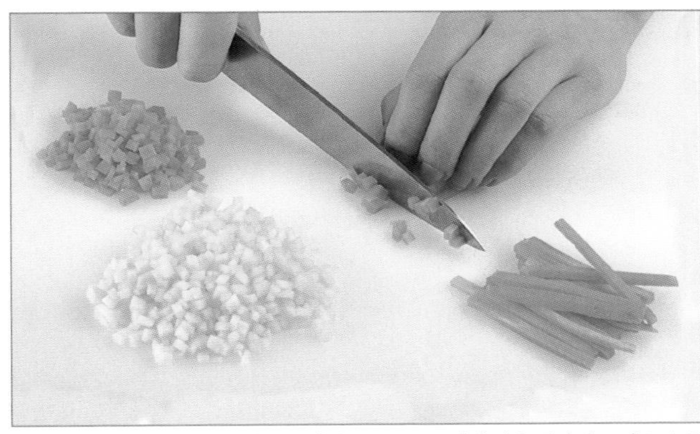

6. 브뤼누아즈(brunoise): 채소를 사방 4~5mm 크기의 작은 주사위 모양으로 균일하게 썬다.

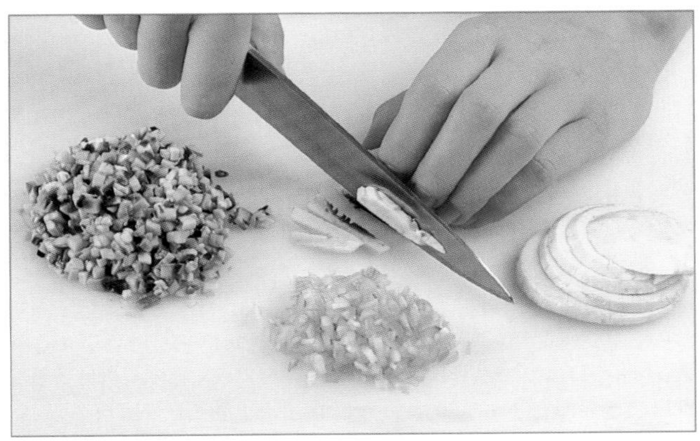

7. 뒥셀(duxelles): 버섯, 양파, 샬롯을 잘게 다진다.

8. 불(boules): 멜론 볼러를 사용해 살이 연한 채소를 방울 모양으로 도려낸다.

무즈로 달걀물을 바른 뒤 뜨거운 오븐에서 구워낸다. 두 번째는 '삼각모(en tricorne)'라고 불리는 탈무즈로 이는 더욱 오래된 레시피에 속한다. 퓌유타주 반죽 시트에 달걀노른자와 치즈 혹은 기호에 따라 다른 재료를 첨가한 베샤멜을 채워 넣은 뒤 반죽 가장자리를 접어 올려 삼각뿔 또는 왕관 모양을 만들고 달걀물을 발라 뜨거운 오븐에 구워낸다. 이 두 종류의 탈무즈는 모두 주로 더운 오르되브르로 먹는다. 또한 프랑지판 크림을 넣은 달콤한 탈무즈 페이스트리를 만들기도 한다. 퓌유타주 반죽으로 만든 타르틀레트나 바르케트 셸에 크렘 파티시에와 크렘 프랑지판 혼합물을 채워 넣은 뒤 우박설탕이나 아몬드 슬라이스를 뿌려 중간 온도의 오븐에서 구워낸다. 슈거파우더를 솔솔 뿌려 서빙한다.

---

talmouses à l'ancienne 탈무즈 아 랑시엔느

옛날식 탈무즈 : 파트 퓌유테를 두께 5mm로 민 다음 사방 10cm인 정사각형으로 자른다. 달걀노른자를 붓으로 발라준 다음 정사각형 시트 중앙에 치즈를 넣은 수플레 혼합물 넉넉히 1테이블스푼을 놓고 아주 작은 주사위 모양으로 자른 그뤼예르 치즈를 몇 조각 올린다. 시트의 네 귀퉁이를 접어 올려 내용물을 싸준다. 버터를 바른 베이킹팬에 탈무즈를 놓고 200°C로 예열한 오븐에서 12분 정도 굽는다.

TALON 탈롱 소의 꾸리살 또는 앞다리살. 소의 목과 어깨 위쪽에 해당하는 근육 부위로 윗등심살 또는 부채살 쪽에 위치한다. 이 부위의 살은 천천히 오래 익히는 요리에 적합하다. 비교적 기름기가 없는 부위로, 골수나 젤라틴 질이 있는 부드러운 부위와 함께 조리한다. 고깃덩어리를 브레이징할 때는 돼지비계를 박아 넣거나 얇은 돼지비계로 둘러싸 촉촉함을 유지하기도 한다. 또한 고기 부위(우둔살, 뒷다리살 등)의 끝에 붙어 있는, 대개 질긴 부분을 지칭하기도 한다. 소 갈빗대의 끝부분 탈롱(척수를 둘러싼 척추뼈 부분)은 특수 위험물질(**참조** MATÉRIEL À RISQUES SPÉCIFIÉS)에 해당하며, 이는 도축 시 반드시 제거해야 한다.

TAMALES 타말레 타말레, 타말, 타말리. 멕시코와 페루의 아주 오래된 전통 음식으로 돼지 기름에 익힌 옥수수 반죽과 고추를 넣은 다진 고기를 옥수수 이삭 껍데기 또는 바나나나무 잎으로 파피요트처럼 싼 다음 대개 증기에 쪄 익힌다. 주로 애피타이저로 뜨겁게 서빙하며 소 재료로 다진 올리브나 작은 생선을 넣기도 한다. 페루에서는 스페인의 중남미 정복 이전 시대부터 먹기 시작한 우미타(humita)라는 이름의 달콤한 타말레도 존재한다.

TAMARILLO 타마릴로 가지과에 속하는 타마릴로 나무의 열매로 원산지는 남미이다. 타마릴로는 4~6개의 열매 알갱이가 달린 작은 줄기들이 한 가지에 여럿 붙어 있는 형태이며 껍질은 식용으로 적합하지 않기 때문에 반드시 벗긴 뒤 과육만 먹는다. 식감이 단단하고 새콤한 맛이 나는 과육은 생으로 그대로 먹거나 퓌레로 갈아 먹으며, 완숙된 것이 아니라면 채소처럼 익혀먹는다.

TAMARIN 타마랭 타마린드. 콩과에 속하는 타마린드 나무의 열매로 원산지는 동부 아프리카이다. 주로 앤틸리스 제도, 인도, 아프리카, 동남아시아 지역에서 재배, 소비되는 타마린드는 길이 10~15cm, 폭 2cm 크기의 갈색 깍지 안에 새콤달콤한 맛의 과육이 들어 있는 형태로 과육 안에는 단단한 씨가 몇 개 박혀 있다. 타마린드 과육은 잼, 소르베, 처트니, 음료, 양념을 만드는 데 사용된다. 인도 에서는 말린 타마린드 과육이 향신료 믹스의 중요한 재료일 뿐 아니라 샐러드, 국물요리, 콩 퓌레 등에도 들어가며, 신선한 타마린드즙은 생채소 드레싱으로 사용된다. 중국에서는 몇몇 새콤달콤한 수프에 타마린드 절임을 넣어 먹기도 한다.

▶ 레시피 : GRENOUILLE.

TAMIÉ 타미에 비멸균 생소젖으로 만든 사부아 지방의 치즈(지방 50%)로 매끄럽고 밝은 색의 세척 외피를 가진 비가열 압착 치즈다(**참조** p.392 프랑스 치즈 도표). 타미에(Tamié) 수도원의 트라피스트 수도사들에 의해 만들어진 이 치즈는 지름 12~13cm, 두께 4~5cm 크기의 원반형으로 무게는 약 500g이며, 진한 우유의 풍미를 갖고 있다.

TAMIER 타미에 마과에 속하는 여러해살이 초본의 하나로 유럽에서 많이 자라며, 맞은 아내의 풀(옛날에 이 식물의 수액을 멍이 든 피부에 발랐다고 전해진다) 또는 검은 포도나무라고도 불린다. 이 식물의 덩이줄기는 크기가 꽤 크고 갈색 껍질을 갖고 있으며 흰색의 과육은 식용가능하다. 광택이 나는 붉은색 베리 열매는 독성을 띤다.

TAMIS 타미 체. 서로 밀착되게 끼워 맞추도록 고안된 크기가 다른 두 개의 둥근 나무틀로 이루어진 주방도구로 다양한 입자 크기의 촘촘한 망(실크, 말총, 나일론 또는 철망)이 팽팽하게 틀 사이에 고정되어 있다. 직물로 된 망을 끼운 체는 주로 밀가루 또는 슈거파우더의 알갱이를 제거해 곱고 균일한 가루를 얻기 위해 사용한다. 금속 소재로 망으로 된 체는 곱게 분쇄한 스터핑 혼합물, 과일 퓌레, 마멀레이드, 익힌 채소, 반죽 질감의 혼합물, 각종 재료를 혼합해 맛을 낸 버터 등을 곱게 긁어내리는 용도로 활용된다. 경우에 따라 익힌 재료(시금치, 감자 등)나 신선 재료(딸기 등)을 수동으로 찧어내려 퓌레를 만들 때 사용하기도 한다. 체를 통해 식품을 눌러가며 곱게 찧어 내릴 때는 일반적으로 나무로 된 절굿공이를 사용한다.

TAMPONNER 탕포네 바로 사용, 또는 서빙하게 될 뜨거운 조리 음식(소스, 포타주, 또는 크림 등) 표면에 버터 한 조각을 살살 발라주는 것을 의미한다. 버터가 녹으면서 소스나 크림 표면을 기름진 얇은 막으로 덮으면서 해당 음식의 표면이 굳어 막이 생기는 것을 막아주는 효과가 있다. 같은 목적을 위해 다양한 요리 위에도 작게 자른 버터 조각을 직접 뿌릴 수 있다.

TANAISIE 타네지 쑥국화, 탠지(tansy). 혼합종 국화과에 속하는 식물로 유럽에서 흔히 볼 수 있는 탠지는 줄기가 높이 달려 있으며 향이 나는 황금빛 꽃이 핀다. 쑥처럼 쌉싸름한 맛이 나는 잎은 중세에 약제의 일부로 사용되었으며, 오늘날에도 특히 북유럽과 영국에서 요리의 양념 재료로 종종 사용한다(쿠르부이용, 스터핑 혼합물, 마리네이드 양념액, 파테, 파이 및 제과용).

TANCHE 탕슈 텐치, 잉어의 일종. 잉어과의 생선으로 연못이나 유속이 느린 하천에 서식한다. 길이는 15~30cm로 작지만 다부진 모양의 이 물고기는 입 양쪽에 수염이 나 있으며, 올리브색에서 적갈색을 띠는 미세한 비늘은 두꺼운 점액질로 덮여 있다. 맑은 물에서 잡힌 것은 살이 섬세하며 가시가 그리 많지 않다. 한편 이 물고기가 좋아하는 환경인 진흙이 많은 장소에 서식하는 것들은 살에서 흙내가 살짝 난다. 텐치는 마틀로트 재료로 자주 사용되며, 튀김 또는 뫼니에르식으로 조리하기도 한다.

TANDOORI 탕두리 탄두리. 인도(특히 펀자브주)와 파키스탄식 닭 요리의 하나로, 양념에 재운 닭고기를 흙으로 만든 원통형 특수 화덕(탄두르라고 부른다)에 구운 것이다. 껍질을 벗기고 토막 낸 닭에 고춧가루, 강황, 생강, 각종 향신료, 다진 양파와 마늘을 넣은 요거트 소스를 고루 발라 하룻밤 재운다. 이어서 사프란을 뿌린 뒤 살은 연하게 익고 표면은 바삭해지도록 탄두르 화덕 숯불 위에서 굽는다. 탄두리 치킨은 타마린드즙과 고수를 넣은 양파, 토마토 샐러드, 요거트 소스와 커민을 넣은 오이 샐러드, 후추와 레몬즙으로 버무린 양배추 채 샐러드 등을 곁들여 서빙한다. 생선이나 난(인도식 밀전병)을 탄두르 오븐에 굽기도 한다.

TANGELO 탄젤로 만다린 귤(탠저린)과 포멜로의 교배종 감귤류. 귤처럼 껍질이 잘 벗겨지며 모양이 울퉁불퉁한 탄젤로는 오렌지보다 더 크고 새콤한 맛이 강하지만 용도는 동일하다(일반 과일, 과일 샐러드, 특히 주스).

TANGERINE 탕제린 탠저린. 만다린 귤의 일반 명칭. 오렌지보다 크기는 작지만 더 말랑말랑하며 달콤한 즙이 풍부한 탠저린(모로코의 도시 탠지어 이름에서 따온 명칭) 일반 만다린 귤처럼 껍질이 쉽게 벗겨지며, 오렌지와 같은 용도로 소비된다.

TANGO 탕고 탱고. 블론드 맥주 베이스에 그레나딘 시럽을 한 줄기 넣어 섞은 음료. 탱고에 파나셰(panaché, 맥주와 레모네이드 또는 레몬향 사이다를 혼합한 약한 알코올 도수의 음료)를 첨가한 것은 모나코(monaco), 민트 시럽을 넣은 것은 발스(valse)라고 부른다.

TANGOR 탕고르 탄골, 탕고르. 만다린 귤(탠저린) 나무와 오렌지 나무의 교배종 감귤류로 중간 크기에서 큰 사이즈, 껍질이 주황색 또는 붉은색인 것, 즙이 많고 씨가 있는 것 등 여러 품종으로 나뉜다.

TANIN 타냉 타닌. 폴리페놀 계열에 속하는 성분인 타닌은 식물의 여러 기관(참나무 껍질, 호두 등나무, 씨껍질)과 포도의 껍질(최고의 타닌을 함유한다), 씨, 잔가지 등에 함유되어 있다. 포도주 양조 시 발효 과정에서 생성되는 알코올 성분에 용해되는 타닌은 레드와인을 이루는 주요 성분 중 하나이며, 보르도산 와인에 특히 풍부한데 이것은 숙성이 천천히 진행되었음을 말해준다. 타닌이 너무 많으면 와인에서 떫은맛이 나며 병 안에 침전물

이 형성될 수 있다.

TANT-POUR-TANT 탕 푸르 탕 슈거파우더와 아몬드 가루를 같은 비율로 섞은 혼합물로 제과 및 당과류 제조 전문가들이 비스퀴 반죽, 아몬드 크림, 프티푸르용 코크 등을 만들 때 사용한다.

TAPAS 타파스 스페인에서 즐겨 먹는 소량의 안주 요리 또는 오르되브르. 주로 셰리와인, 만자니아(manzanilla) 와인, 지역 와인 또는 맥주에 곁들여 먹는다. 식전주를 마시면서 간단한 스낵처럼 타파스를 즐기는 문화는 스페인에 매우 널리 퍼져 있으며 다양한 종류로 풍성하게 준비된 타파스로 한 끼 식사를 대신할 수도 있다. 정사각형 모양으로 자른 햄, 붉은 피망, 비네그레트소스 흰 강낭콩, 스패니시 오믈렛, 각종 해산물, 콩팥 소테 요리, 초리조 소시지, 구운 새우, 양념에 재운 블랙 올리브, 참치 엠파나다, 비네그레트 소스 콜리플라워, 식초에 절인 생 안초비, 먹물에 조리하거나 튀긴 오징어, 속을 채운 피망, 매운 소스 달팽이 요리, 토마토를 넣은 돼지 족 요리 또는 버섯을 넣은 닭고기 프리카세 등 그 종류가 매우 다양하다.

TAPENADE 타프나드 올리브에 안초비, 잘게 부순 참치, 머스터드, 마늘, 타임 또는 월계수 잎을 첨가해 만드는 프로방스 지방의 양념 페이스트. 타프나드는 생채소에 곁들이거나 구운 빵에 발라 먹으며 삶은 달걀(노른자에 섞는다)에 곁들여 먹기도 한다. 또한 구운 고기나 생선 요리에도 잘 어울린다.

tapenade 타프나드

타프나드 : 안초비 100g의 소금기를 제거한다. 마늘 4톨의 껍질을 벗기고, 블랙올리브 350g의 씨를 제거한다. 안초비의 필레를 떠낸다. 기름을 뺀 캔 참치 부순 것 100g, 안초비 필레, 케이퍼 100g, 레몬즙 1개분, 씨를 뺀 올리브와 마늘을 모두 분쇄기에 넣고 간 다음 아주 고운 체에 긁어내린다. 이 퓌레를 절구에 넣고 올리브오일 250mℓ와 레몬 큰 것 한 개의 즙을 조금씩 넣어주며 걸쭉하고 매끈한 페이스트가 되도록 절구 공이로 짓이기며 갈아준다.

TAPIOCA 타피오카 카사바 뿌리에서 추출한 전분에 물을 더해 익힌 뒤 건조, 분쇄한 것이다. 수프, 디저트를 만들 때 주로 사용되는 타피오카는 100g당 360Kcal 또는 1,500kJ의 열량을 내며 소화가 매우 잘 되지만 무기질과 비타민은 거의 없다. 작은 구슬 모양의 타피오카 펄은 익으면 불어나며 투명한 상태로 변한다.

tapioca au lait 타피오카 오 레

우유에 끓인 타피오카 : 우유 1ℓ에 소금 1자밤, 설탕 2테이블스푼과 기호에 따라 바닐라빈 1줄기 또는 오렌지 블로섬 워터 1/2티스푼을 넣고 끓인다. 여기에 타피오카 펄 80g을 흩뿌리며 넣은 뒤 잘 저으며 10분 정도 끓인다. 바닐라 빈을 꺼낸다. 이 크림을 뜨겁게 또는 완전히 식힌 뒤 서빙한다.

TARAMA 타라마 그리스의 특선 음식인 타라마는 원래 날생선알에 우유에 적신 빵 속살과 양념을 넣어 만든 연분홍색의 걸쭉하고 부드러운 페이스트로 전통적으로 메제 또는 오르되브르로 차갑게 서빙한다. 오늘날 공산품 타라마는 훈제한 대구 알에 다양한 양념 재료를 넣고 곱게 갈아 유화한 스프레드 형태로 판매되며 다른 생선의 알로 만든 제품들도 출시되어 있다. 이와 같은 타라마는 다양한 형태의 카나페를 만드는 데 사용된다.

tarama 타라마

타라마 : 4인분 / 준비: 10분 / 냉장: 1시간
우유 100mℓ를 따뜻한 온도로 가열한다. 굳은 빵 슬라이스 2장의 껍질을 잘라낸 다음 속살만 약 10분간 우유에 담가 부드럽게 만든다. 빵을 건져 두 손으로 꼭 눌러 짠다. 대구 알을 알주머니에서 빼낸다(약 200g). 블렌더에 우유에 적신 빵, 대구 알, 레몬즙 1개분, 올리브오일 150mℓ를 넣는다. 양파 작은 것 1개를 갈아 첨가해도 좋다. 소금, 후추를 넣고 크리미한 페이스트가 될 때까지 갈아준다. 우묵한 접시에 덜어낸 다음 서빙할 때까지 1시간 이상 냉장고에 차갑게 넣어둔다. 블랙올리브, 케이퍼 또는 레몬 슬라이스를 얹어 장식한다. 러시아식 팬케이크인 블리니를 따로 담아 함께 서빙한다.

TARO 타로 토란. 천남성과의 여러 식물들을 총칭하는 폴리네시아 어원의 이름으로 주로 열대지방에서 재배되며 비늘 같은 껍질로 덮인 덩이줄기 형태의 뿌리를 식용으로 소비한다(**참조** p.496, 497 열대 및 이국적 채소 도감). 아시아산 토란은 마르티니크에서 슈 신(chou de chine 중국 양배추라는 뜻) 또는 다신(dachine)이라 부르고, 과들루프에서는 마데르(madère), 아이티에서는 마줌벨(mazoumbel), 레위니옹섬(La Réunion)에서는 각각 송주(songe)라는 이름으로 불린다. 토란은 최대 40cm까지 자라고 속살은 흰색 또는 노란색을 띠며 군데군데 붉은색 또는 보라색 반점이 있다. 아마존에서 나는 토란은 마르티니크에서 슈 카라이브(chou caraïbe 카리브 양배추), 과들루프와 아이티에서는 말랑가(malanga)라고 불린다. 중국에서는 토란을 얇고 길게 썰어 제비집 형태로 만들기도 하고, 일본에서는 전골에 넣어 먹는다. 앤틸리스 제도에서는 생으로 갈아 튀김 요리인 아크라(acras)를 만든다. 또한 퓌레로 갈아 케이크를 만드는 데도 사용한다. 토란대는 수프나 커리에 넣는 재료로 사용되며, 아직 활짝 벌어지지 않고 말려 있는 어린잎은 시금치처럼 요리해 먹는다(brèdes chou de chine).

TARTARE 타르타르 타르타르 소스, 또는 날고기나 생선살을 다져 만든 요리의 명칭. 타르타르 소스는 마요네즈에 삶은 달걀노른자와 다진 양파, 차이브를 섞은 것으로(**참조** SAUCE TARTARE) 차갑게 먹는 생선 요리, 뱀장어, 송아지 족, 굴뿐 아니라 퐁뇌프 감자(굵기가 굵은 프렌치프라이)에 곁들여 먹는다. 타르타르 스테이크는 다진 소고기(정통파는 말고기를 사용한다)에 달걀노른자와 각종 양념(양파, 케이퍼, 다진 파슬리, 머스터드, 앙글레즈 소스, 타바스코, 오일)을 곁들인 일종의 육회로, 벨기에에서는 필레 아메리캥(filet americain)이라고 부른다. 그 외에도 '아 라 타르타르(à la tartare)'라는 수식어는 매콤한 양념을 한 다양한 음식(냉, 온 모두 포함)에 사용된다. 홀스래디시 버터를 넣은 안초비 포피에트, 파프리카를 넣고 양념한 다진 소고기 위에 뒤집지 않은 반숙 달걀 프라이를 얹은 요리 등을 예로 들 수 있다.

crème de mozzarella de bufflonne avec tartare de boeuf, raifort et câpres ▶ MOZZARELLA
pieds de veau à la tartare ▶ PIED
sauce tartare ▶ SAUCE
steak tartare ▶ BŒUF
tartare de courgettes crues aux amandes fraîches et parmesan ▶ COURGETTE

자크 르 디벨렉(JACQUES LE DIVELLEC)의 레시피

tartare de thon 타르타르 드 통

참치 타르타르 : 생참치 필레 600g의 껍질과 가시를 모두 제거한 뒤 아주 작은 주사위 모양으로 썬다. 회색 샬롯 2개의 껍질을 벗긴 뒤 잘게 다진다. 고수와 차이브를 잘게 썰어 1테이블스푼을 준비한다. 모든 재료를 혼합한 뒤 소금, 후추, 레몬즙으로 양념을 하고 올리브오일 4테이블스푼을 넣어 섞는다. 냉장고에 보관한다. 서빙용 접시들도 냉장고에 넣어 차갑게 준비한다. 수프용 숟가락 2개를 사용해 참치 타르타르 혼합물을 크넬 모양으로 만들어 접시에 올린다. 처빌 잎을 뿌리고 콘샐러드나 치커리를 한 송이씩 중앙에 얹어 장식한다. 아주 차갑게 서빙한다. 구운 캄파뉴 브레드를 곁들여낸다.

TARTE 타르트 요리와 제과 분야에서 모두 만들 수 있는 형태의 음식으로 대개 납작하고 둥근 모양을 하고 있으며 반죽으로 만든 크러스트에 짭짤하거나 달콤한 소를 채운 뒤 굽거나 크러스트를 먼저 구워낸 다음 필링을 채워 넣어 만든다.
– 짭짤한 타르트는 주로 더운 애피타이저로 서빙한다. 달지 않은 플랑(flans de cuisine), 키슈, 양파 타르트, 치즈 타르트, 피살라디에르, 플라미슈, 고예르(goyère), 피자 등이 이에 해당한다.
– 달콤한 타르트는 일반적으로 과일을 채워 넣지만 때로 향을 낸 크림이나 프로마주 블랑, 쌀, 초콜릿 베이스의 필링을 사용하기도 한다. 타르트는 파티스리 분야에서 가장 보편적인 디저트이며 종류 또한 매우 다양하다. 신선한 생과일(특히 딸기와 라즈베리) 필링이나 토핑을 채우고자 할 때는 타르트 시트를 따로 먼저 구워낸 다음 사용한다. 액상 혼합물 필링을 채워 넣는 경우에도 타르트 시트만 먼저 구워 반쯤 익힌 뒤 내용물을 채우고 다시 구워 마무리한다. 또한 틀 없이 직접 오븐팬에 놓고 굽는 경우도 있다. 아주 얇게 썬 과일을 채워 넣고 설탕을 뿌린 갈레트형 타르트가 이에 해당한다. 필링을 채운 뒤 함께 구워 익히는 타르트 반죽은 주로 파트 브리제, 때로 파트 푀유테를 사용한다. 한편 크러스트만 먼저 구워낸 뒤 내용물을 채우는 타르트는 대부분 파트 사블레나 파트 브리제를 사용한다(**참조** PÂTES DE CUISINE ET DE PÂTISSERIE). 그 외에도 타르트 타탱으로 대표되는 위아래

가 거꾸로 된 타르트 랑베르세(renversées), 오스트리아의 린처토르테처럼 반죽을 떠 모양으로 잘라 필링 표면에 격자무늬 장식을 얹은 소위 알자스식 타르트, 깊이가 있는 특별한 파이 틀에 과일을 채운 뒤 반죽 시트를 덮어 익히는 영국식 타르트 등 만드는 방식에 따른 종류 또한 매우 다양하다.

■ **지역 특선 타르트.** 중세 이래 각 지방에서는 수많은 타르트 레시피가 생겨났다. 요리서 『비앙디에(*Viandier*)』에 소개된 부르보네 타르트(달걀을 넣은 반죽 시트에 질 좋은 치즈, 크림, 달걀노른자 혼합물을 채워 구운 타르트)는 구에롱(gouéron)이란 이름으로 아직까지도 명맥을 잇는 부르보네 특선 요리다. 알자스의 타르트는 다양한 과일을 필링으로 사용하는 것으로 유명하며 기본적으로는 빵 반죽(pâte à pain)을 가장 많이 사용하지만 축제일에 먹는 특별한 타르트는 더욱 정교하고 고급스러운 반죽으로 만든다. 프랑스 북부와 동부 지방에서는 전통적으로 프레시 치즈를 사용한 타르트를 많이 만들며 이는 코르시카에서도 흔히 볼 수 있다. 또한 달걀, 설탕, 우유, 크림 혼합물을 타르트 시트 안에 채워 굽는 단순한 형태인 프랑슈 콩테 지방의 구모(goumeau) 또는 쇼몽의 크뫼(quemeu) 타르트도 지역 특산물로 꼽을 수 있다. 프랑스 북부와 스위스에서는 라이스 타르트 또는 슈거 타르트를, 캐나다에서는 메이플 시럽을 넣은 타르트를 만들어 먹는다. 프랑스 서부에서는 사과와 배로 만든 타르트가 주를 이룬다. 독일과 오스트리아에서 토르테(Torte)라는 단어는 단지 타르트만이 아니라 케이크류를 총칭한다. 이곳에서 타르트는 주로 사과, 체리, 자두 또는 혼합 과일로 만들며 대개 휘핑한 크림을 곁들인다. 그 외에 러시아식 바트루슈카 치즈케이크, 미국의 대표 타르트인 피칸 파이, 스위스식 와인 타르트도 빼놓을 수 없다.

TARTES SALÉES 짭짤한 타르트

tarte croustillante de morilles du Puy-de-Dôme aux févettes ▶ MORILLE

tarte à l'oignon 타르트 아 로뇽

양파 타르트 : 파트 브리제 또는 설탕을 넣지 않은 타르트 반죽 400g을 만들어 얇게 민 다음, 버터를 발라둔 지름 28cm 파이 틀에 깔아준다. 속을 채워 넣지 않은 상태로 타르트 시트만 오븐에 미리 굽는다. 양파 1kg으로 수비즈 퓌레를 만든다. 구워낸 타르트 시트에 수비즈 퓌레를 채운 뒤 갓 갈아낸 빵가루를 뿌리고 작은 조각으로 자른 버터를 고루 얹는다. 250°C로 예열한 오븐에 넣어 그라탱처럼 노릇해지도록 약 15분간 굽는다.

tarte aux pignons ▶ PIGNON

조엘 로뷔숑(JOËL ROBUCHON)의 레시피

tarte aux pommes de terre 타르트 오 폼 드 테르

감자 타르트 : 밀가루 300g, 버터 100g, 달걀노른자 1개, 물 1/2컵, 바다 소금 1자밤을 섞어 파트 브리제를 만든 뒤 둥글게 뭉쳐 냉장고에 1시간 휴지시킨다. 반죽을 두께 5mm로 민 다음 3절로 접어가며 밀어 펴기를 두 번 정도 반복해 탄력 있고 매끈한 시트를 만든다. 버터를 바른 파이 틀에 파트 브리제 시트를 깔아준 뒤 냉장고에 넣어둔다. 중간 크기 양파 2개의 껍질을 벗긴 뒤 얇게 썬다. 베이컨 라르동 150g을 끓는 물에 데쳐낸다. 살이 단단한 감자 1kg의 껍질을 벗긴 뒤 작은 주사위 모양으로 썬다. 소테팬에 돼지 기름 80g을 달군 뒤 감자를 넣고 8분 정도 볶는다. 라르동과 양파를 첨가하고 소금, 후추로 간한 다음 여러 번 팬을 흔들어가며 소테한다. 불에서 내리고 뚜껑을 덮어 보관한다. 볼에 생크림 1컵과 달걀노른자 2개를 섞은 뒤 감자에 넣는다. 잘게 썬 쪽파 2테이블스푼을 넣는다. 혼합물을 모두 타르트 시트 안에 붓고 180°C로 예열한 오븐에서 표면이 노릇해질 때까지 20분 정도 굽는다.

tarte soufflée aux lentilles ▶ LENTILLE

tarte à la viande et aux oignons 타르트 아 라 비앙드 에 오 조뇽

고기와 양파 타르트 : 파트 브리제를 얇게 밀어 파이 틀에 깐 다음 시트만 먼저 구워낸다. 얇게 썬 양파 750g을 버터에 넣고 색이 나지 않게 볶는다. 소스팬에 달걀 1개를 푼 다음 더블 크림 200mℓ, 소금, 후추, 강판에 간 넛멕 가루를 넣어 섞은 뒤 약한 불에서 잘 저으며 익힌다. 끓지 않도록 주의하며 걸쭉하게 만든 뒤 양파에 넣어준다. 서빙하고 남은 닭고기나 차가운 송아지 고기 또는 잘게 썬 햄을 타르트 시트에 채워 넣은 뒤 그 위에 양파 혼합물을 붓는다. 작게 자른 버터 조각을 고루 뿌린 다음 210°C로 예열한 오븐에서 15~20분간 굽는다.

TARTES SUCRÉES 달콤한 타르트

tarte aux abricots 타르트 오 자브리코

살구 타르트 : 파트 브리제 350g을 만들어 냉장고에서 휴지시킨다. 반죽을 2mm 두께로 민다. 지름 24cm 파이 틀에 버터를 바르고 밀가루를 뿌린 뒤 파트 브리제를 깔고 바닥을 군데군데 포크로 찔러준다. 레이디핑거 비스킷 4개를 잘게 부수어 뿌린다. 잘 익은 살구 750g을 반으로 잘라 씨를 제거하고 볼록한 쪽이 아래로 오도록 나란히 배열한다. 설탕 5테이블스푼을 뿌린다. 210°C로 예열한 오븐에 40분간 굽는다. 틀을 제거한 뒤 식힘망 위에 올린다. 살구잼 3테이블스푼을 체에 내려 졸인 다음 타르트 윗면에 윤기 나게 발라준다. 차갑게 서빙한다.

피에르 에르메(PIERRE HERMÉ)의 레시피

tarte caraïbe « crème coco » 타르트 카라이브 크렘 코코

코코넛 크림 캐리비안 타르트 : 6~8인분 / 준비: 30분 / 냉장: 1시간 / 조리: 35~40분

파트 쉬크레(pâte sucrée) 500g을 두께 2mm로 민 다음 베이킹 팬 위에 놓고 지름 28cm 원형으로 자른다. 냉장고에 30분간 넣어둔다. 버터를 발라 둔 지름 22cm 타르트 틀에 파트 쉬크레를 깔고 포크로 바닥을 군데군데 찔러준다. 다시 30분간 냉장고에 넣어둔다. 슈거파우더 85g, 아몬드 가루 40g, 코코넛 가루 45g, 옥수수 전분 5g을 체에 친다. 버터 70g을 주걱으로 저어 부드럽게 만든다. 여기에 코코넛 가루 혼합물을 넣으며 잘 저어 섞는다. 이어서 달걀 1개를 첨가한 다음 갈색 럼 아그리콜(rhum brun agricole) 1/2테이블스푼과 액상 생크림 170mℓ를 넣고 잘 섞는다. 혼합물을 타르트 틀의 반 정도 높이까지 채워 넣는다. 170°C로 예열한 오븐에서 35~40분간 굽는다. 큰 사이즈의 잘 익은 파인애플 1개를 준비해 껍질을 벗기고 1cm 두께로 슬라이스한 다음 가운데 심을 제거하면서 얇게 저민다. 라임 2개의 껍질 제스트를 얇게 저며낸 뒤 고게 다진다. 타르트를 식힌 뒤 파인애플로 덮어준다. 라임 제스트와 레드커런트 4송이의 알갱이를 하나씩 떼어 뿌린다. 따뜻하게 데운 마르멜로 즐레 4테이블스푼을 파인애플과 레드커런트에 윤기나게 발라준다.

tarte aux cerises à l'allemande (Kirschkuchen) 타르트 오 스리즈 아 랄르망드 (키르슈쿠헨)

독일식 체리 타르트 (키르슈쿠헨) : 퓌유타주 반죽(3절 접어밀기 기준 6회)을 만들어 두께 5mm로 민다. 중앙에 물을 살짝 묻힌 파이 틀에 퓌유타주 반죽을 깐 다음 가장자리에 물을 묻히며 일정한 모양을 내어 접는다. 포크로 바닥을 군데군데 찌른 뒤 약간의 설탕과 계핏가루 1자밤을 뿌린다. 씨를 제거한 체리를 반죽 위에 한 켜로 나란히 채워 넣은 뒤 200°C로 예열한 오븐에서 30분간 굽는다. 타르트를 식힌 다음 체리 마멀레이드를 넉넉히 끼얹는다. 식빵 속살을 고운 체에 내려 가루로 만든 뒤 오븐에 노릇하게 구워 타르트 전체에 고루 뿌린다.

크리스티앙 콩스탕(CHRISTIAN CONSTANT, CHOCOLATIER)의 레시피

tarte au chocolat 타르트 오 쇼콜라

초콜릿 타르트 : 버터 125g, 슈거파우더 50g, 아몬드 가루 50g, 달걀 1개, 체에 친 밀가루 180g와 코코아 가루 20g을 섞어 초콜릿 파트 사블레를 만든다. 냉장고에 넣어 2시간 휴지시킨다. 반죽을 얇게 밀어 타르트 틀 안에 깐 다음 180°C로 예열한 오븐에서 타르트 시트만 먼저 구워내 식힌다. 액상 생크림 250g에 글루코스 시럽 100g을 넣고 끓인다. 볼에 잘게 썬 카카오 80% 태블릿 초콜릿 200g과 카카오 100% 순 초콜릿 페이스트 50g을 넣은 뒤 끓는 생크림을 붓고 잘 섞는다. 버터 50g을 첨가하고 잘 혼합하여 식힌다. 농도가 걸쭉해지면 안 된다. 잘게 다진 구운 아몬드 25g을 파트 사블레 시트 바닥에 고루 뿌린 다음 초콜릿 가나슈 혼합물을 부어 채운다.

피에르 에르메(PIERRE HERMÉ)의 레시피

tarte au chocolat au lait et à l'ananas rôti 타르트 오 쇼콜라 오 레 에 아 라나나 로티

밀크 초콜릿 파인애플 타르트 : 6인분 / 준비: 15 + 40분 / 조리: 1시간 30분

하루 전날, 냄비에 설탕 125g을 넣고 가열해 진한 호박색 캐러멜을 만든다.

여기에 길게 갈라 긁은 바닐라 빈 1줄기 분, 생강 슬라이스 6쪽, 곱게 빻은 올스파이스 3알을 넣고 5초간 향을 우려낸 다음 물 220mℓ를 붓는다. 끓을 때까지 가열한다. 이 시럽 3테이블스푼을 덜어내 으깬 바나나 1개와 섞은 뒤 다시 시럽 냄비에 넣고 화이트 럼 1테이블스푼을 첨가한다. 불에서 내린 뒤 다음 날까지 향이 우러나도록 둔다. 당일, 지름 24cm 타르트 링에 버터를 바른 뒤 파트 쉬크레 250g을 얇게 밀어 앉힌다. 포크로 바닥을 군데군데 찌른 뒤 30분간 냉장고에 넣어둔다. 유산지를 넉넉한 크기로 잘라 타르트 시트 위에 깔고 가장자리를 링에 맞춰 접어세운 뒤 베이킹용 누름콩을 채운다. 180°C로 예열한 오븐에서 20분을 굽는다. 파인애플 한 개를 준비해 껍질을 잘라낸 다음 과육 표면의 눈을 제거한다. 바닐라 빈 2줄기를 각각 반으로 갈라 파인애플 과육에 군데군데 찔러 넣는다. 향이 우러난 캐러멜을 체에 걸러 오븐용 바트에 넣고 그 위에 파인애플을 넣은 뒤 230°C의 오븐에서 1시간 동안 익힌다. 반쯤 익으면 한 번 뒤집어주고 중간중간 즙을 끼얹어준다. 파인애플을 식힌 다음 반으로 길게 가르고 가운데 심을 잘라낸다. 반으로 자른 파인애플을 슬라이스한 다음 다시 4조각으로 자른다. 파인애플을 익히고 남은 국물을 시럽 농도로 졸인 뒤 끼얹어준다. 버터 150g을 부드럽게 만든다. 내열 용기에 잘게 다진 밀크 초콜릿 160g을 넣고 여기에 끓는 우유 110mℓ를 조금씩 넣어 섞는다. 혼합물의 온도가 60°C까지 떨어지면 부드러워진 버터를 소량씩 넣어 혼합하고, 이어서 작은 주사위 모양으로 썬 당절임 생강 45g을 넣는다. 미리 구워둔 타르트 시트의 링을 제거한 다음 초콜릿 가나슈를 채워 넣는다. 냉장고에 넣어둔다. 필로(filo) 페이스트리 한 장을 잘라 4개의 띠 모양을 만든 다음 그것을 각각 4등분한다. 끝 부분에 물을 발라 붙이면서 아코디언 모양으로 접는다. 여기에 슈거파우더를 솔솔 뿌린 뒤 240°C 오븐에서 3분 정도 굽는다. 타르트 위에 파인애플 조각을 꽃 모양으로 빙 둘러 올린 뒤, 캐러멜라이즈한 필로 페이스트리 장식을 보기 좋게 얹어준다.

tarte aux fraises 타르트 오 프레즈

딸기 타르트 : 6~8인분 / 준비: 20분 / 조리: 25분

파트 쉬크레 250g을 두께 1.5mm로 밀어 지름 22cm 타르트 틀에 깐 다음 바닥을 포크로 군데군데 찔러준다. 아몬드 크림 200g을 타르트 시트 안에 고르게 채운 뒤 180°C로 예열한 오븐에 25분간 굽는다. 꺼내서 식힌다. 딸기 즐레 75g에 물을 조금 넣어 풀어준 다음 타르트 표면 위에 발라준다. 딸기(gariguette 또는 mara des bois 품종) 800g을 씻어 물기를 말리고 꼭지를 떼어낸 뒤 타르트 위에 왕관 모양으로 빙 두르며 전체를 덮어준다. 그라인더로 곱게 간 검은 후추를 아주 살짝 뿌린다. 소량의 물로 희석한 딸기 즐레 75g을 윤기나게 발라준다.

tarte au fromage blanc 타르트 오 프로마주 블랑

프로마주 블랑 타르트 : 4~6인분 / 준비: 10분 / 냉장: 30분 / 조리: 45분

파트 브리제 200g을 두께 2mm로 밀어 지름 18cm 타르트 틀에 깔아준다. 냉장고에 30분간 넣어둔다. 물기를 제거한 프로마주 블랑 500g, 설탕 50g, 밀가루 50g, 생크림 50mℓ, 휘저어 푼 달걀 3개를 잘 섞는다. 이 혼합물을 타르트 시트에 붓고 180 °C로 예열한 오븐에서 45분간 굽는다. 차갑게 서빙한다.

피에르 에르메(PIERRE HERMÉ)의 레시피

tarte aux marrons et aux poires 타르트 오 마롱 에 오 푸아르

서양 배 밤 타르트 : 4~6인분 / 준비: 40분 / 조리: 55분

잘게 부순 밤 페이스트 70g에 더블 크림 50mℓ과 우유 100mℓ를 넣고 매끈하게 혼합한 뒤 위스키 2티스푼, 설탕 20g, 달걀 작은 것 2개를 첨가한다. 냉장고에 넣어둔다. 타르트 반죽 350g을 두께 2.5mm로 민 다음 버터를 발라둔 지름 22cm 타르트 틀에 깔아준다. 유산지를 넉넉한 크기로 잘라 타르트 시트 위에 깔고 가장자리를 틀에 맞춰 접어세운 뒤 베이킹용 누름콩을 채운다. 200°C로 예열한 오븐에서 15분간 굽는다. 유산지와 누름콩을 제거하고 타르트 시트를 식힌 뒤, 잘게 부순 익힌 밤 150g을 바닥에 깐다. 서양 배 3~4개의 껍질을 벗기고 씨를 제거한 다음 주사위 모양으로 썰고 레몬즙을 뿌린다. 이것을 가운데가 수북이 올라오도록 타르트 안에 채워 넣는다. 그 위에 위스키 크림 혼합물을 붓고 180°C 오븐에서 35분간 굽는다. 꺼내서 식힌다. 필로 페이스트리 3장을 시폰처럼 자연스러운 모양으로 구겨 버터를 바른 타르트 틀 안에 채워 넣은 뒤 슈거파우더를 뿌린다. 250°C 오븐에 3분간 넣어 캐러멜라이즈한 다음 식힌 타르트 위에 올린다.

tarte meringuée au citron 타르트 므랭게 오 시트롱

레몬 머랭 타르트 : 6~8인분 / 준비: 15분 / 냉장: 2시간 30분 / 조리: 35분

레몬 4개의 제스트를 얇게 저며 벗긴 뒤 곱게 다진다. 이것을 레몬즙 125mℓ, 달걀 3개, 설탕 180g과 함께 냄비에 넣고 중탕 냄비에 올린 뒤 끓기 바로 직전까지 잘 저으며 가열한다. 얼음이 담긴 용기에 볼을 올린 다음 이 혼합물을 체에 걸러 넣는다. 잘 저어준다. 혼합물이 따뜻한 온도로 식으면 작은 조각으로 자른 버터 200g을 넣고 잘 저어 매끈하게 혼합한다. 파트 쉬크레 300g을 두께 2.5mm로 밀어 지름 25cm 타르트 틀에 깔아준다. 유산지를 넉넉한 크기로 잘라 타르트 시트 위에 깔고 가장자리를 틀에 맞춰 접어세운 뒤 베이킹용 누름콩을 채운다. 190°C로 예열한 오븐에서 18분간 굽는다. 유산지와 누름콩을 제거한 뒤 다시 오븐에 넣어 7분간 더 굽는다. 타르트 시트를 틀에서 빼낸 뒤 식힌다. 레몬 크림을 타르트에 채운 다음 표면을 스패출러로 매끈하게 밀어준다. 냉장고에 2시간 넣어둔다. 달걀흰자 3개에 설탕 150g을 조금씩 넣어가며 단단하게 거품을 올린다. 타르트에 머랭을 두툼하게 발라 얹은 뒤 250°C로 예열한 오븐에서 8~10분간 노릇하게 굽는다. 차갑게 서빙한다.

tarte aux myrtilles à l'alsacienne 타르트 오 미르티유 아 랄자시엔

알자스식 블루베리 타르트 : 밀가루 200g, 작게 자른 버터 100g, 소금 1자밤, 설탕 1테이블스푼, 찬물 3테이블스푼을 섞어 파트 브리제를 만든 뒤 둥글게 뭉쳐 냉장고에서 2시간 휴지시킨다. 생블루베리 300g을 선별해 씻은 뒤 물기를 살살 닦아준다. 설탕 100g과 물 250mℓ를 5분간 끓인 뒤 이 시럽에 블루베리를 5분간 담근다. 약한 불에 다시 올리고 블루베리에 시럽이 흡수될 때까지 8분 정도 끓인다. 파트 브리제를 얇게 민 다음, 버터를 발라둔 지름 22cm 타르트 틀에 깔아준다. 버터 바른 유산지로 타르트 바닥을 덮은 뒤 200°C로 예열한 오븐에서 12분간 굽는다. 유산지를 거두어낸 뒤 다시 오븐에 넣어 6~7분간 더 굽는다. 따뜻한 온도로 한 김 식힌 다음 틀을 제거하고 완전히 식힌다. 타르트 안에 블루베리를 채운다. 살구잼 2테이블스푼에 물 1티스푼을 넣어 풀어준 다음 약한 불로 따뜻하게 가열한다. 체에 곱게 내린 뒤 블루베리에 끼얹어 씌운다. 식힌 뒤 냉장고에 넣는다.

tarte aux poires Bourdaloue ▶ POIRE

베르나르 루아조(BERNARD LOISEAU)의 레시피

tarte aux pommes légère et chaude 타르트 오 폼 레제르 에 쇼드

뜨겁게 먹는 애플 타르트 : 작업대와 파티스리용 밀대에 밀가루를 뿌린다. 파트 푀유테 200g을 두께 2mm로 민다. 바닥을 분리할 수 있는 지름 18cm 타르트 틀 2개에 버터를 넉넉히 발라준다. 얇게 밀어 편 푀유타주를 틀보다 지름이 2cm 작은 크기의 원반 두 개로 잘라낸다. 이것을 각각 틀에 넣고 포크로 고루 찔러준 다음 냉장고에 보관한다. 사과 6개의 껍질을 벗기고 반으로 자른 뒤 속과 씨를 제거한다. 이것을 아주 얇게 슬라이스해 타르트 시트에 동심원 형태로 채워 넣는다. 설탕 40g을 솔솔 뿌리고 작은 조각으로 자른 버터 50g을 고루 얹는다. 270°C로 예열한 오븐에서 25분간 굽는다. 틀을 분리하고 타르트를 스패출러로 떼어낸 뒤 바로 서빙한다.

tarte au riz 타르트 오 리

라이스 타르트 : 당절임 과일 200g을 작은 주사위 모양으로 잘라 럼 2테이블스푼을 넣고 재운다. 밀가루 250g, 설탕 125g, 달걀 1개, 소금 1자밤, 부드럽게 만든 버터 125g을 섞어 파트 쉬크레를 만든 뒤 둥글게 뭉쳐 냉장고에서 휴지시킨다. 우유 400mℓ에 바닐라빈 1줄기를 길게 갈라 긁어 넣고 끓인다. 낟알이 둥근 쌀 100g을 씻어서 끓는 우유에 넣고 소금 1자밤, 설탕 75g을 첨가한 뒤 뚜껑을 덮은 상태로 아주 약한 불에서 25분간 익힌다. 쌀이 익으면 불을 끄고 따뜻한 온도가 될 때까지 둔 다음 달걀 1개를 풀어 넣고 세게 저어 섞는다. 이어서 생크림 2테이블스푼과 당절임 과일, 이것을 재웠던 럼을 모두 넣어준다. 반죽을 얇게 밀어 파이 틀에 깐 다음 포크로 바닥을 군데군데 찔러준다. 쌀 혼합물을 타르트에 채운 뒤 녹인 버터 50g을 뿌리고 각설탕 5개를 부수어 고루 뿌린다. 200°C로 예열한 오븐에 30분간 굽는다. 따뜻하게 또는 차갑게 서빙한다.

tarte à la rhubarbe 타르트 아 라 루바르브

루바브 타르트 : 6~8인분 / 준비: 10분 + 45분 / 조리: 약 30분

하루 전날, 루바브 줄기 600g을 길이 2cm로 토막 내어 설탕 60g에 재워둔다. 당일, 루바브를 체에 놓고 30분간 물기를 뺀다. 파트 브리제 250g을 얇게 밀어 지름 26cm 타르트 틀에 깐 다음 포크로 군데군데 찔러준다. 유산지를 넉넉한 크기로 잘라 타르트

POTEL & CHABOT

Tarte 타르트

"짭짤한 맛 또는 달콤한 맛, 파트 푀유테, 파트 브리제 혹은 파트 사블레, 한입에 들어가는 크기 혹은 친구들과 나누어 먹을 수 있는 큰 사이즈 등 타르트를 만드는 데는 그 어떤 것도 가능하다. 에콜 페랑디와 포텔 에 샤보 혹은 레스토랑 엘렌 다로즈와 가르니에의 요리사와 파티시에들은 우리들의 미각을 깜짝 놀라게 할 타르트들을 즐거운 마음으로 만들어낸다."

시트 위에 놓고 가장자리를 틀에 맞춰 접어세운 뒤 베이킹용 누름콩을 채운다. 180°C로 예열한 오븐에서 15분간 굽는다. 믹싱볼에 달걀 1개와 설탕 75g을 넣고 휘저어 섞는다. 여기에 우유 25mℓ, 액상 크림 25mℓ, 아몬드 가루 25g, 차가운 브라운 버터 55g을 첨가한다. 타르트 시트의 유산지와 누름콩을 제거한 뒤 루바브를 고르게 채우고 이 아몬드 크림 혼합물을 붓는다. 다시 오븐에 넣어 15분간 굽는다. 오븐에서 꺼낸 뒤 설탕 60g을 솔솔 뿌린다.

크리스티앙 콩스탕(CHRISTIAN CONSTANT, CHOCOLATIER)의 레시피

tarte Sonia Rykiel 타르트 소니아 리키엘

소니아 리키엘 타르트 : 버터 100g, 슈거파우더 50g, 아몬드 슬라이스 50g, 밀가루 200g, 달걀 1개를 혼합해 파트 사블레를 만든다. 둥글게 뭉쳐 냉장고에서 15분간 휴지시킨 뒤 얇게 밀어 타르트 틀 안에 깔아준다. 타르트 시트만 180°C 오븐에서 25분간 따로 먼저 굽는다. 생크림 250g을 끓을 때까지 가열한 뒤 잘게 썬 다크 초콜릿(카카오 80% 이상) 250g 위에 붓고 잘 저어 섞는다. 이어서 버터 50g을 첨가한다. 잘 혼합한 뒤 농도가 걸쭉하게 굳지 않을 정도로만 식힌다. 구워낸 사블레 시트에 초콜릿 가나슈를 붓고 냉장고에 2시간 넣어둔다. 바나나를 너무 얇지 않은 두께로 동그랗게 슬라이스한 다음 타르트 가장자리에서부터 중앙 쪽으로 조금씩 겹쳐지게 빙 둘러가며 전체에 배치한다. 투명한 살구 나파주를 발라 광택을 낸 뒤 바로 서빙한다.

브뤼노 들리뉴(BRUNO DELIGNE)의 레시피

tarte Tatin 타르트 타탱

타르트 타탱 : 하루 전날, 사과 8~10개의 껍질을 벗기고 속과 씨를 제거한 뒤 크기에 따라 6~8등분한다. 끝 부분은 잘라 다듬고 자투리는 따로 보관한다. 지름 22cm, 높이 6cm의 구리로 된 타탱용 파이 틀의 바닥과 둘레 내벽에 버터300g과 설탕 200g 혼합물을 발라준다. 사과 조각의 단면에 바닥에 오고 자른 끝 부분이 틀 벽면에 붙도록 빙 둘러 놓으며 한 켜 깔아준다. 중간의 틈새는 따로 보관한 끝부분 자투리로 메꿔준다. 그 위로 두 번째 사과 켜를 올린다. 빈 공간을 메꾸듯이 겹쳐가며 배열한다. 이어서 마지막 세 번째 사과 켜를 틀 위로 약간 넘치듯이 올린다. 익으면서 부피가 줄어들기 때문에 상관없다. 중불에서 익힌다. 버터, 설탕 혼합물이 틀 가장자리로 넘쳐나면서 황금색을 띠면 불에서 내리고 약 8시간 동안 휴지시킨다. 다음 날, 3mm 두께로 민 원반형 파트 퓌유테 시트를 포크로 군데군데 찔러준 다음 사과 위에 올린다. 180°C로 예열한 오븐에 15~18분간 굽는다. 꺼내서 식힌다. 서빙하기 전 타르트를 살짝 데운다. 생크림과 바닐라 아이스크림을 곁들인다.

필립 콩티치니(PHILIPPE CONTICINI)의 레시피

tarte tacoing 타르트 타쿠앵

마르멜로 애플 타르트 타탱 : 6인분

파트 퓌유테 150g을 두께 5mm로 밀어 포크로 군데군데 찔러준 다음 지름 20cm 원형으로 자른다. 랩으로 덮은 뒤 냉장고에 넣어 휴지시킨다. 마르멜로 3개의 껍질을 벗긴 뒤 반으로 잘라 속과 씨를 도려낸다. 물 1ℓ에 설탕 400g을 넣어 끓인 시럽에 마르멜로를 넣고 50분간 약한 불에서 포칭한다. 마르멜로 가장자리를 약 1/3 정도 잘라내어 사과 반쪽과 같은 크기로 만든다. 사과 4개의 껍질을 벗긴 뒤 반으로 잘라 속과 씨를 도려낸다. 소테팬 바닥에 차가운 버터 80g을 균일하게 깐다. 그 위에 설탕 80g을 뿌린 뒤 사과 반쪽, 마르멜로 반쪽을 단면이 아래로 오도록 교대로 하나씩 나선형으로 빙 둘러가며 촘촘히 배열한다. 작은 조각으로 자른 차가운 버터 20g과 설탕 30g을 뿌린다. 약한 불에 올려 가열을 시작해 버터, 설탕, 펙틴(사과) 혼합물이 거품을 만들어 내기 시작하면 레몬즙 1테이블스푼을 첨가한다. 고르게 색이 나도록 팬을 돌려가며 약한 불로 천천히 캐러멜라이즈한다(캐러멜화는 타르트의 맛과 색깔, 형태를 만들어주는 매우 중요한 과정이다). 이어서 소테팬을 바로 190°C 오븐에 넣고 사과의 윗면까지 완전히 익도록(마르멜로는 익으면 모양이 사과와는 약간 달라질 수 있다) 30분간 굽는다. 꺼내서 식힌다. 원형 퓌유타주 시트를 타르트 위에 올린 뒤 가장자리는 안으로 접어 넣는다. 200°C 오븐에 넣고 약 25분간 굽는다. 식힌다. 랩을 씌워 냉장고에 최소 12시간 동안 넣어둔다. 서빙 전 소테팬을 중간 불에 올리고 살살 흔들어 타르트가 바닥과 둘레 벽에서 떨어지게 한 다음, 테두리가 없는 평평한 접시 위에 뒤집어 놓고 틀을 빼낸다. 따뜻하게 데워 먹는다.

tarte tiède au chocolat et à la banane 타르트 티에드 오 쇼콜라 에 아 라 바난

초콜릿 바나나 타르트 : 6인분 / 준비: 25분 / 재워두기: 2시간 / 조리: 35분

파트 쉬크레 250g을 얇게 밀어 포크로 군데군데 찔러준 다음, 버터를 발라둔 지름 22cm 타르트 링에 앉힌다. 냉장고에 30분간 넣어둔다. 타르트 시트 위에 유산지를 놓고 베이킹용 누름돌을 채운 뒤 180°C로 예열한 오븐에서 15분간 굽는다. 건포도 60g에 갈색 럼 아그리콜 60mℓ와 물 80mℓ를 넣고 끓을 때까지 가열한다. 2분 정도 잘 섞으며 가열한 뒤 불에서 내린다. 2시간 동안 재워둔다. 바나나 큰 것 1개를 3mm 두께로 어슷하게 슬라이스하고 레몬즙을 뿌린다. 버터 20g을 두른 팬에 바나나를 넣고 노릇하게 지진다. 설탕 60g, 그라인드 검은 후추 약간, 타바스코 4방울을 뿌린다. 키친타월에 올려 기름을 제거한다. 볼에 달걀 1개와 설탕 60g을 넣고 섞은 뒤 녹인 다크 초콜릿 140g을 넣고 혼합한다. 이어서 녹인 버터 115g을 넣는다. 미리 구운 타르트 시트에 물기를 제거한 건포도, 바나나 슬라이스(3조각은 장식용으로 남겨둔다)을 보관한다)를 고르게 채운 뒤 초콜릿 가나슈를 붓는다. 180°C의 오븐에서 12~15분간 굽는다. 타르트 링을 제거한다. 바나나를 얹어 장식한 뒤 바로 서빙한다.

TARTELETTE 타르틀레트 파티스리의 일종으로 작은 사이즈의 1인용 타르트를 뜻한다. 일반 타르트와 마찬가지로 파트 브리제, 파트 퓌유테 또는 파트 사블레로 만든 원형 또는 타원형 크러스트에 달콤한 필링을 넣어 디저트로, 또는 짭짤한 소를 채워 더운 애피타이저로 서빙한다. 타르틀레트는 때로 한입 크기로 만들어 프티푸르나 더운 아뮈즈 부슈(미니 피자나 키슈 등)로 서빙하기도 한다.

tartelettes au café ou au chocolat 타르틀레트 오 카페, 타르틀레트 오 쇼콜라

커피 타르틀레트, 초콜릿 타르틀레트 : 파트 사블레를 얇게 민 다음 버터를 발라둔 타르틀레트 틀 여러 개에 깔아준다. 포크로 바닥을 군데군데 찔러준 다음 오븐에 시트들만 먼저 10분간 굽는다. 꺼내서 식힌다. 일부 타르틀레트 시트에 호두 살 반 개를 하나씩 넣은 뒤 커피 버터 크림을 채운다. 나머지 타르틀레트에는 럼으로 향을 낸 초콜릿 샹티이 크림을 짤주머니로 짜 채워 넣는다.

레몽 올리베르(RAYMOND OLIVER)의 레시피

tartelettes aux noix et au miel 타르틀레트 오 누아 에 오 미엘

호두와 꿀 타르틀레트 : 파트 브리제를 얇게 밀어 버터 바른 타르틀레트 틀 여러 개에 깔아준다. 호두 분태를 뿌린 뒤 그 위에 띠 모양 반죽을 격자 모양으로 올린다. 이 반죽 띠에 달걀물을 바른 뒤 고온의 오븐에서 15분간 굽는다. 타르틀레트에 아카시아 꿀을 끼얹는다.

TARTE AU SUCRE 타르트 오 쉬크르 설탕 타르트. 브리오슈 반죽을 넓적한 원형으로 만든 다음 설탕이나 조당을 뿌리고 작게 자른 버터와 풀어 놓은 달걀을 얹어 구운 타르트다. 프랑스 북부의 특산품인 이 디저트는 따뜻하게 먹는다.

tarte au sucre 타르트 오 쉬크르

슈거 타르트 : 6~8인분 / 준비: 20분 / 휴지: 약 2시간 / 조리: 12~15분

오븐용 실리콘 패드 위에 브리오슈 반죽 400g을 지름 26cm, 두께 4mm의 원반형으로 펼쳐 놓는다. 상온에 두어 부피가 두 배로 부풀도록 한다. 브리오슈에 달걀물을 바른 뒤 손가락으로 눌러 군데군데 구멍을 내고 브라운 버터 70g을 채워 넣는다. 조당 80g을 뿌린다. 220°C로 예열한 오븐에 12~15분간 굽는다.

TARTIFLETTE 타르티플레트 르블로숑 치즈(reblochon fermier 또는 reblochon fruitier), 감자, 양파를 주재료로 만드는 그라탱으로, 1980년대 오트 사부아 르블로숑 생산 동업조합에서 이 치즈의 판매 촉진을 위해 만든 레시피에 따라 다른 재료(생크림, 베이컨, 화이트와인 또는 맥주 등)를 첨가하기도 한다. 이 레시피는 전통음식인 펠라(péla, 프라이팬이라는 뜻)에서 영감을 받았으며, 요리 이름은 이 지역 감자 품종 중 하나인 작은 크기의 타르티플(tartifle)에서 따온 것으로 전해진다.

tartiflette 타르티플레트

타르티플레트 그라탱 : 감자 1.2kg의 껍질을 벗긴 뒤 소금물에 삶는다. 양파 1개를 얇게 썬 다음 기름을 조금 두른 팬에 색이 나지 않게 볶는다. 라르동 모양으로 썬 훈제 베이컨 200g을 첨가한다. 그라탱 용기에 버터를 넉넉히 바른다. 감자를 도톰하게 슬라이스한 다음 그중 반을 그라탱 용기 바닥에 깐다. 그 위에 베이컨과 양파의 반을 넣은 다음 나머지 감자를 올린다. 마지막으로 나머지 베이컨과 양파를 올리고 생크림 2테이블스푼을 고루 끼얹는다. 르블로숑 치즈 1개를 가로로 이등분한 뒤 맨 위에 얹는다. 경우에 따라 드라이한 아프르몽(Apremont) 화이트와인 1컵을 첨가한다. 고온(220~250°C)의 오븐에 넣어 치즈가 녹아 노릇해질 때까지 그라티네한다. 뜨겁게 서빙한다.

TARTINE 타르틴 슬라이스한 빵에 펼쳐 바르기 쉬운 물질을 덮은 것을 가리킨다. 타르틴은 잼을 발라 아침식사에 많이 먹으며 점심, 저녁식사에도 애피타이저나 치즈 코스에 곁들인다. 『미식가 아카데미 사전』에는 프리프(fripe)라는 단어의 설명이 나오는데 특히 빵에 발라 먹는 것을 의미하는 프랑스 서부 지역 사투리다. 한편, 발자크는 자신의 소설 『골짜기의 백합(*le Lys dans la vallée*)』에서 투르의 리예트(rillettes de Tours)를 빵에 발라 먹는 것을 최고의 프리프로 꼽았다.

▶ 레시피 : FÈVE.

TARTINER 타르티네 슬라이스한 빵 위에 부드러운 크림 형태 또는 페이스트 농도의 스프레드 식품을 펼쳐 바르는 것을 의미하며, 주로 날이 둥근 나이프나 탄성이 있는 스패출러를 사용한다. 더 확장된 의미로 모든 종류의 평평한 음식에 곱게 간 스터핑 혼합물을 바르거나 다리올 또는 샤를로트 틀 내벽에 내용물을 발라주는 작업까지 포함한다.

TARTRE 타르트르 주석(酒石). 발효를 마친 와인을 옮겨 담은(soutirage) 후 양조 탱크나 오크통 내부에 남는 침전물로 주로 불순물이 섞인 중타르타르산칼륨으로 이루어져 있으며, 이를 정제하면 특히 베이킹파우더처럼 사용되는 주석산(크림 오브 타르타르)을 만들 수 있다. 다른 과일보다 특히 포도에 많이 함유된 주석산(타르타르산)은 와인이 지닌 산 전체의 절반을 공급하며 비휘발성 산 중에서도 말산, 시트르산과 함께 가장 큰 비중을 차지한다. 포도즙에 산이 충분하지 않으면 와인의 맛이 밋밋해지며 이 경우 주석산을 첨가할 수 있다. 반면 산이 너무 많으면 떫은맛이 나는 거친 와인이 만들어지기도 한다. 산은 와인의 보존성에 기여할 뿐 아니라 안정성과 색깔에도 영향을 미친다.

TASSE 타스 잔, 찻잔. 모양이 매우 다양한 개별 용기의 하나로 일반적으로 손잡이 고리가 한 개 달려 있으며 액상의 식품을 담아 마시는 데 사용한다. 또한 이 단어는 잔에 담긴 내용물을 지칭하기도 한다. 15세기에 잔은 매우 흔히 쓰이는 식기였으며 뜨거운 음료나 찬 음료를 마시는 데 두루 사용되었다. 시골에서는 무지 혹은 무늬가 있는 나무잔에 음료를 마시기도 했으며, 프랑스 대혁명 시대까지 주점에서는 두꺼운 도기 잔에 포도주를 서빙했다.

18세기부터 도기와 자기로 된 찻잔 세트가 널리 보급되었으며 그 외에 트랑블뢰즈(찻잔을 받침 접시에 꼭 끼워 고정해 내용물이 흔들려 쏟아지는 것을 막도록 고안된 것)나 콧수염 잔(잔 윗부분 중간을 가로질러 테두리 모양의 분할 장치가 있어 수염을 적시지 않고 음료를 마실 수 있다) 등 독특한 모양의 개별 잔들도 선을 보였다. 오늘날의 잔들은 비교적 큰 사이즈의 잔, 티 전용 잔, 커피 잔, 모카 잔 등 다양한 종류로 나뉘며 코코아 잔, 국물 요리나 허브 티용 잔 등도 찾아볼 수 있다. 넓고 납작한 모양의 콩소메용 잔은 작은 손잡이 고리가 양쪽에 달려 있다.

TÂTE-VIN 타트 뱅 타스트뱅. 주로 소믈리에들이 와인 테이스팅 시 조금 따라서 색과 향, 맛과 온도 등을 체크하는 둥글고 납작한 작은 용기로 주석이나 은 또는 은도금 금속 소재로 되어 있으며 엄지로 잡을 수 있도록 작은 고리 형 손잡이가 달려 있다. 타트 뱅(tâte-vin) 또는 타스트 뱅(taste-vin)은 특히 부르고뉴 지방에서는 쿠폴(coupole) 또는 짧게 타스(tasse)라고도 불리며 그 모양은 지역에 따라 다양하다.

TATIN 타탱 타르트 타탱. 위아래가 거꾸로, 즉 파이 크러스트를 밑에 깐 것이 아닌 위에 덮은 형태로 구운 뒤 다시 제 위치로 뒤집어 서빙하는 애플 타르트를 가리킨다. 캐러멜라이즈된 맛을 더해 버터에 익힌 사과와 노릇하고 바삭한 크러스트로 이루어진 이 풍부한 맛의 사과 파이는 20세기 초 이를 처음 만든 것으로 알려진 라모트 뵈브롱(Lamotte-Beuvron)의 한 호텔 겸 레스토랑 운영자 타탱 자매를 일약 유명하게 만들었다. 사과나 서양배로 만든 이러한 업사이드다운 형태의 타르트는 오를레아네(Orléanais) 지역 어디서나 볼 수 있는 솔로뉴(Sologne)의 오래된 특선 음식이다. 타탱 자매의 레시피로 유명세를 얻은 이 타르트는 파리에서는 처음으로 막심(Maxims)에서 서빙되었고, 이후 이 레스토랑의 시그니처 디저트가 됐다.

▶ 레시피 : TARTE.

TAUPE 토프 비악상어. 상어과에 속하는 물고기의 일종으로 투이유(touille)라고도 불린다. 크기가 최대 3.7m에 이르며 일반적으로 민물과 해수 경계를 넘나들며 서식하는 이 생선은 연중 어획이 가능하지만 특히 연안으로 이동하는 시기인 5월에서 9월 사이에 이유섬(île d'Yeu) 어부들에 의해 많이 잡힌다. 보 드 메르(바다의 송아지)라는 이름으로 참치처럼 살덩어리로 또는 토막으로 판매되며 조리방법은 참치와 같다.

TAVEL 타벨 아비뇽 건너편 론강 우안 지역에서 생산되는 AOC 로제와인. 포도품종은 시라, 그르나슈, 무베드르, 생소, 카리냥으로 향과 풍미가 뛰어난 타벨은 프랑스 최고의 로제와인 중 하나로 꼽힌다(**참조** LANGUEDOC).

TAVERNE 타베른 작은 카페, 선술집. 옛날풍 인테리어 장식과 이에 어울리는 향토 음식(특히 알자스) 위주의 메뉴를 서빙하는 브라스리나 레스토랑을 가리킨다. 옛날에 타베른은 음식도 함께 판매하던 카바레와는 달리 와인만을 판매하던 선술집이었다. 1698년 해당 업장 이외의 로티세리와 샤퀴트리 업자들이 만든다는 조건하에 타베른에서의 고기요리 판매가 허용되었다. 10년 후 타베른에서 직접 고기요리를 만들어 판매할 수 있는 권한을 얻긴 했지만 요리판매 및 배달 업체(traiteurs)의 특권이었던 스튜를 조리하는 것은 여전히 금지되었다. 15세기에 타베른은 파리에 우후죽순 생겨났다. 특히 센강 좌안의 생 자크가(rue Saint-Jacques)와 아르프가(rue de la Harpe), 강 우안의 생 마르탱가(rue Saint-Martin)와 생 드니가(Saint-Denis)를 비롯해 레알 지구와 그레브(Grève) 광장 주변에 밀집되었다. 당시 가장 유명했던 타베른은 팔레 루아얄 건너편에 위치한 폼 드 팽(Pomme de pin)이었으며 그레브 광장의 그랑 고데(Grand Godet)와 쥐브리가(rue de la Juiverie)의 카트르 피스 애몽(Quatre Fils Aymon)이 그 뒤를 이었다. 타베른에서 서빙하는 와인은 주로 그다지 품질이 좋다고는 할 수 없는 것들이 대부분이었지만 때때로 그 시대의 그랑 크뤼였던 아르장퇴유(Argenteuil), 샤이요(Chaillot), 쉬렌(Suresnes)의 와인들, 배로 파리에 운송되던 오세루아(Auxerrois)의 와인과 부르고뉴, 오베르뉴, 발 드 루아르의 고급 와인들을 판매하기도 했다. 물론 이것은 부유층을 위한 것이었다.

TAVERNE ANGLAISE 타베른 앙글레즈 영국식 태번, 레스토랑. 18세기 말부터 파리에 생겨난 여러 영국식 레스토랑에 붙은 명칭으로, 이곳에서는 영국 문화를 애호하던 대중들이 좋아하는 다양한 메뉴를 서빙했다. 그랑드 타베른 드 롱드르(Grande Taverne de Londres)라고 불린 최초의 영국식 태번은 1782년 앙투안 보빌리에(Antoine Beauvilliers)가 팔레 루아얄에 오픈한 것이었고, 이후 그는 자신의 이름을 딴 다른 업장을 또 하나 열었다. 생 제르맹 데프레(Saint-Germain-des-Prés) 타란가(rue Taranne)에도 영국식 태번이 생겨났으며 이곳의 메인 테이블은 6시 15분부터 테이블 세팅이 시작되었다. 영국인 로버트 루카(Robert Lucas) 또한 영국식 태번을 열었고 요크셔 푸딩과 차가운 로스트 비프를 판매했다. 이곳은 이후 레스토랑 루카(Lucas), 이어서 루카 카르통(Lucas-Carton)으로 명맥을 이어간다. 1870년 이후 리슐리외가(rue de Richelieu)에 등장한 네 번째 영국식 태번은 레어로 구운 고기, 립 아이 스테이크, 루바브 타르트 등의 메뉴로 애호가들을 끌어 모았다.

T-BONE 티 본 티본 스테이크. 뼈를 제거하지 않고 등심과 안심을 포함한 미국식 소 정육 컷이다(**참조** p.108, 109 프랑스식 소 정육 분할 도감). 티본 스테이크는 T자 모양의 소 허리뼈(이름의 유래가 됨) 양쪽으로 안심과 등심(또는 채끝 등심) 부위가 각각 붙어 있다.

TCHOULEND 출렌 촐렌트(Tcholent). 유대 음식의 하나인 촐렌트는 소고기를 주재료로 찌듯이 조리한 스튜의 일종이다. 유대교의 안식일 율법은 금요일 일몰 이후부터 다음날 같은 시각까지 불을 켜는 것을 금하고 있기 때문에, 오랜 시간 천천히 익히는 요리를 금요일 저녁 오븐 안에 넣는다. 뭉근하게 오랜 시간 익힌 이 요리들은 아주 깊은 풍미를 낸다.

TELFAIRIA 텔페리아 오이스터 너트라고도 불리는 박과의 식물로 레위니옹섬에서 재배된다. 텔페리아(telfairia) 또는 졸리피(joliffie) 열매 안에는 납작한 모양의 씨가 많이 들어 있으며 주로 그 안에 있는 씨 알맹이를 즐겨 먹는다. 또한 이 씨를 추출해 짜낸 밝은 노란색의 기름은 좋은 품질의 식용유로 사용되기도 한다.

TELLIER (CHARLES) 샤를 텔리에 프랑스의 공학자(1828 Amiens 출생–1913, Paris 타계). 1908년 물리학자 자크 다르송발(Jacques d'Arsonval)로부터 냉각의 아버지(le père du froid)라는 별명을 얻은 그는 1856년부터 최초로 산업용 냉각기를 개발했으며 이어서 1876년 식품 냉각용 얼음을 지속적으로 생산하는 공장을 처음으로 설립했다. 같은 해에 루앙에서 부에노스아이레스까지 냉각 장치를 특별히 탑재한 증기선 (Frigorifique호)에 고기를 싣고 그가 개발한 냉각 방식으로 보존하여 운송하는 실험을 성공적으로 완수함으로써 식품 냉각 산업 분야 최초의 쾌거를 이루어냈다.

TEMPRANILLO 템프라니오 스페인의 레드와인 양조용 포도품종의 하나로 클래식 레드와인 리오하(riojas) 생산 지역에서 주로 재배되며, 이 와인 구성 성분의 70%를 차지한다. 템프라니오는 스페인과 포르투갈 여러 지방에서 아라고네즈(aragonez), 센시벨(cencibel), 오호 데 리에브레(ojo de liebre), 틴토 피노(tinto fino), 울 데 리에브레(ull de liebre) 등의 이름으로 알려져 있으며, 아르헨티나의 와인 양조에서도 큰 비중을 차지하는 포도품종이다.

TEMPURA 템푸라 튀김, 텐푸라. 일본의 대표적인 튀김 요리로 1530년경 포르투갈인들에 의해 도입된 기술을 바탕으로 만들어졌으며 이후 밀가루, 물, 달걀을 얼음 위에 올려 차갑게 유지하며 섞어 튀김옷 반죽을 만든 다음 각종 채소, 얇게 썬 흰살 생선, 해산물, 얇게 썬 고기(특히 돼지고기)에 얇게 입혀 180°C의 튀김용 기름에 넣어 튀기는 방법으로 정착되었다. 템푸라는 전통적으로 소금과 레몬즙을 뿌려 먹으며, 강판에 간 무에 생강을 뿌려 곁들인다.

히사유키 타케우치(HISAYUKI TAKEUCHI)의 레시피

tempura de crevette 템푸라 드 크르베트

새우 텐푸라 : 준비: 30분 / 조리: 8분

새우 16마리의 껍질을 벗기고 꼬리 쪽 한 마디 껍질은 남겨둔다. 등쪽의 검은 내장을 제거한다. 새우를 뒤집어 놓고 안쪽에 5군데 정도 살짝 칼집을 내어 익는 도중 구부러지는 것을 방지한다. 칼날로 새우 꼬리 부분을 납작하게 눌러 남아 있던 물을 빼내어 조리 중 튀는 것을 방지한다. 냉장고에 넣어둔다. 튀김 기름을 중간불로 185°C까지 가열한다. 그동안 튀김옷을 만든다. 볼에 맥주 200mℓ와 달걀 1개를 넣고 거품기로 세게 휘저어 섞는다. 혼합물에 거품이 나기 시작하면 박력분 밀가루 100g을 첨가한 뒤 거품기로 잘 섞는다. 냉장고에서 새우를 꺼내 밀가루를 얇게 묻히고 튀김옷 안에 담갔다 뺀 뒤 바로 기름에 넣는다. 새우가 연한 노란색으로 튀겨지면 금속 젓가락으로 건져 기름을 털어낸 다음 키친타월 위에 올려 나머지 기름을 뺀다. 접시에 담은 뒤 먹기 바로 직전에 소금을 약간 뿌리고 레몬즙을 재빠르게 뿌린다.

TENDE-DE-TRANCHE 탕드 드 트랑슈 소 설도의 설깃살, 보섭살 부위. 소 뒷다리 허벅지 안쪽 부분(소 대분할 2분도체 기준)에 해당하는 부위(**참조** p.108, 109 프랑스식 소 정육 분할 도감). 설도부위의 근육인 이 덩어리는 세 종류의 설깃살(poire, merlan, dessus-de-tranche)로 분리해 정형할 수 있으며 비프 스테이크, 꼬치 또는 퐁뒤 용도로 잘라 사용한다. 살이 두툼한 부분은 덩어리째 로스트 비프를 만들 수 있으며, 육질의 촉촉함을 유지하기 위해 일반적으로 돼지비계를 살에 군데군데 찔러 넣은 뒤 오븐에 굽는다.

TENDRE 탕드르 일반적으로 이로 쉽게 자를 수 있는 연한 고기를 지칭하는 수식어. 이 단어는 자르거나 씹기 쉬운 연한 채소에도 적용할 수 있다. 또한 와인이 탕드르(tendre)하다는 것은 산미가 부족하고 보존 기간이 상당히 짧다는 것을 의미한다.

TENDRET (LUCIEN) 루시앵 탕드레 프랑스의 변호사, 미식가 (1825, Belley 출생–1896, Belley 타계). 브리야 사바랭과 동향인 먼 친척이며 지식이 풍부하고 미식에 관한 열정적 관심이 남달랐던 뤼시앵 탕드레는 1892년에 『브리야 사바랭 고향의 식탁 (*la Table au pays de Brillat-Savarin*)』을 출간했다. 이 저서에서 그는 특히 리옹의 유명한 특선 요리인 셀레스틴 닭 요리(poulet Célestine)와 벨레(Belley) 지방의 유명한 파테 앙 크루트 레시피 세 가지를 소개했다. 수렵육, 가금육, 송로버섯, 푸아그라를 풍성하게 넣어 만든 '아름다운 오로르의 베개(l'oreiller de la Belle Aurore)', '아돌프 클레르 재판장의 모자(la toque du président Adolphe Clerc)', '캥세의 가브리엘 코르투아 주교의 모자(le chapeau de monseigneur Gabriel Cortois de Quincey)'가 바로 그것이다. 그는 "맛있는 음식을 탐하는 것은 모든 예절과 우아함을 추구한다. 이것은 뒤에 그 어떤 후회도, 슬픔도, 고통도 남기지 않는 유일한 열정이다"라는 말을 남겼다. 마르셀 루프(Marcel Rouff)의 책 『도댕 부팡(*Dodin-Bouffant*)』(1924)에 등장하는 주인공을 루시앵 탕드레를 모델 삼아 만든 것으로 추정된다.

TENDRON 탕드롱 양지(양지머리, 차돌박이, 업진살). 소 또는 송아지의 가슴 중간 부분에 해당하는 연한 부위로 비계가 사이사이 분포되어 있으며 가슴 앞쪽과 치마양지 사이 중간부에 위치한다 (**참조** p.108, 109 프랑스식 소 정육분할 도감, p.879 송아지 정육분할 도감). 소의 이 부위는 주로 포토푀용으로 사용하며 그 외에도 오래 천천히 끓이는 다양한 요리에 두루 사용된다. 송아지 양지머리는 끝부분의 갈빗대 뼈를 제거한 뒤 일정한 크기의 조각으로 잘라 블랑케트, 소테 또는 마렝고 송아지 요리를 만드는 데 사용한다. 또한 슬라이스하여 팬프라이 또는 브레이징하기도 하는데 이 경우 코트 파리지엔(côtes parisiennes, 실제 송아지 갈비 부위는 아니지만 파리식 뼈 등심이라는 이름을 붙인 것으로 송아지 양지 중 기름이 적은 부위를 도톰하게 슬라이스하여 익힌다)이라고 불리며 파스타나 리소토, 버터에 슬쩍 볶은 시금치나 브레이징한 당근을 가니시로 곁들인다.

▶ 레시피 : VEAU.

디디에 엘레나(DIDIER ELENA)의 레시피

tendron de veau aux oignons caramélisés 탕드롱 드 보 오 조니옹 카라멜리제

캐러멜라이즈드 양파 소스를 곁들인 송아지 양지 찜 : 4인분

신선하고 적당히 기름이 있는 송아지 양지 한 덩어리를 준비해 손질하고 밑간을 한다. 올리브오일을 달군 코코트 냄비에 송아지 양지를 덩어리째 넣고 센 불에서 빠르게 지져 각 면에 고루 노릇한 색을 낸다. 꺼내서 식힘망에 올린다. 고기를 익힌 냄비에 버터를 첨가한 다음 깍둑 썬 당근 1개, 셀러리 1줄기, 양파 1개, 마늘 3톨로 구성된 향신 재료를 넣고 수분이 나오도록 볶는다. 토마토 3개를 각각 반으로 잘라 첨가한 뒤 캐러멜라이즈하며 볶는다. 오래 숙성된 와인 식초 100mℓ를 넣고 디글레이즈한 뒤 1/3로 졸인다. 코코트 냄비에 다시 송아지 양지를 기름기가 있는 부분이 요리사 쪽으로 향하도록 세워 놓은 뒤 부케가르니, 오렌지 1개와 레몬 1개의 제스트, 빻은 흑후추 1자밤, 시칠리아산 작은 케이퍼 10g, 로즈마리 1줄기를 첨가하고 송아지 육즙 소스를 재료 높이만큼 부어준다. 120°C의 오븐에 넣고 표면에 얇고 꾸덕꾸덕한 막이 생길 때까지 국물을 주기적으로 끼얹어주며 약 4시간 동안 익힌다. 고기를 건져 서빙용 접시에 담고 냄비에 남은 국물은 체에 거른 뒤 간을 맞춘다. 노랑껍질 양파(oignons paille) 200g을 얇게 썬 다음 버터 50g을 녹인 소테팬에 넣고 수분이 나오도록 볶는다. 월계수 잎 1장과, 타임 2줄기를 넣는다. 소금, 후추로 간을 한 뒤 뚜껑을 덮고 약한 불에서 천천히 익히며 연한 색이 나도록 캐러멜라이즈한다. 기름을 제거한 다음 오래 숙성한 와인식초 50mℓ를 넣어 디글레이즈한다. 이어서 고기를 익힌 브레이징 소스를 50mℓ를 넣고 걸쭉한 농도가 되도록 가열한다. 이 양파 소스를 송아지 고기에 끼얹어 서빙한다.

TEQUILA 테킬라 멕시코 서부에 위치한 할리스코(Jalisco)주의 도시 테킬라의 이름을 딴 증류주. 테킬라는 푸른 용설란 수액을 채취해 발효시킨 후 이것을 증류해 만든 멕시코의 술이다. 용설란 줄기를 쪄서 분쇄한 뒤 즙을 짜 설탕, 효모를 넣고 발효시킨다. 이것을 여과한 뒤 2번의 증류를 거쳐 알코올 도수 40%Vol.의 오드비를 만들어낸다. 테킬라 중 최고로 꼽히는 테킬라 100% 아가베는 다른 명시가 없는 한 최소 51%의 용설란으로 만든 것을 의미한다. 블랑코(blanco)나 실버(silver)는 따로 숙성 과정을 거치지 않고 병입한 것이고, 골드(gold) 또는 호벤 오 아보카도(joven o abocado)는 오크통에서 2개월 숙성시킨 것이다. 2개월~1년 숙성한 것은 레포사도

(reposado), 2~10년간 숙성시킨 것은 아녜호(añejo)라는 명칭이 적용된다. 전통적으로 테킬라는 길고 좁은 글라스에 따라 서빙하며 잔 받침에 라임 슬라이스와 소금을 곁들여 대조되는 향을 함께 즐길 수 있도록 한다. 테킬라를 마실 때는 왼손의 엄지와 검지 사이에 만들어지는 움푹한 곳에 소금을 올려 살짝 핥은 다음 술을 한 모금 마시고 이어서 동그랗게 썬 라임 조각을 빨아 먹는다. 테킬라는 멕시코의 대중적인 칵테일인 마가리타(테킬라 또는 메스칼, 라임즙, 큐라소 트리플 섹을 섞어 만드는 칵테일로 잔 둘레에 소금을 묻혀 서빙한다)와 테킬라 선라이즈(테킬라와 오렌지 주스, 그레나딘 시럽)를 만드는 데 쓰인다.

TERRAIL (CLAUDE) 클로드 테라이 프랑스의 레스토랑 운영자(1917, Paris 출생–2006, Paris 타계). 파리의 유명 레스토랑 카페 앙글레(Café Anglais)에서 일했던 그의 아버지 앙드레 테라이는 이 식당 오너의 딸과 결혼했고, 1912년 프레데릭 들레르(Frédéric Delair)로부터 투르넬 강변(quai de la Tournelle)의 라 투르 다르장(Tour d'Argent)을 인수한다. 이 레스토랑은 1933년 미슐랭 가이드의 별 3개를 획득했으며 몇 번의 도약을 거치며 1996년까지 이를 유지했다. 1937년, 배우가 되기를 꿈꾸던 클로드는 라 투르 다르장에 입사해 엘리베이터 보이로 일을 시작한다. 10년 후 그는 이 레스토랑의 사장이 되었고, 세계 각국의 왕, 왕비, 영화배우, 백만장자 등 내로라할 유명인들뿐 아니라 그가 '오감의 축제(la fête des cinq sens)'라 이름 붙인 음식을 먹어보기 위해 찾아오는 일반 고객들을 맞이했다. 그가 지켜낸 대표적 전통 요리 중 하나인 카나르 오 상(피로 만든 소스를 곁들인 오리 요리)는 아름다운 조명으로 반짝이는 노트르담 성당의 전경이 펼쳐진 다이닝 홀에서 직접 카빙하고 소스를 만들어 서빙한다. 그 외에도 강꼬치고기 크넬, 샤르피니 서양 배 디저트(poire Charpini) 또는 파리지앵 라이프(Vie parisienne, 익힌 서양 배와 윌리아민 브랜디를 넣은 크림, 얇고 단단하게 굳힌 캐러멜로 만든 디저트) 등을 대표적인 메뉴로 꼽을 수 있다. 현재는 아들 앙드레가 그의 뒤를 이어 레스토랑을 이끌고 있다.

TERRE CUITE 테르 퀴트 테라코타, 점토. 음식을 혼합, 조리 또는 서빙할 때 사용하는 도구나 그릇을 만드는 재료의 하나인 테라코타는 열전도율은 낮지만 오븐(또는 숯불)에서 조리하는 데 적합하다. 유약 코팅 토기는 낮은 온도에서 오래 뭉근히 익히는 조리법에 가장 적합하다. 급작스러운 온도 변화는 균열의 원인이 되며, 불에 직접 올릴 때에는 열 전도용 기구(heat diffuser)를 사용해야 한다.

TERRINE 테린 직사각형, 타원형 또는 원형의 용기로 둘레 벽이 직선으로 떨어지고 운두가 비교적 높으며 양쪽에 손잡이가 있고 가장자리 안쪽에 꼭 맞게 제작된 뚜껑으로 밀폐해 덮게 되어 있다. 더 확장된 의미로 이 용기에 담긴 음식 또한 테린이라고 부른다. 그 외에도 테린은 음식을 담거나 혼합물을 만들 때 사용하는 위가 넓은 볼 형태의 도기 그릇을 가리키기도 한다. 이것은 때로 액체를 따르는 주둥이가 갖춰져 있는 것도 있으며 주로 우유, 크림 등을 담거나 스터핑 재료를 혼합할 때, 또는 다소 묽은 반죽을 만들 때나 식품을 액체에 담가 불리거나 절일 때 두루 사용한다. 또한 양념에 재운 청어 필레, 그리스식 버섯 요리를 서빙할 때 주로 사용하는 타원형의 질그릇 역시 테린이라고 부른다.

■ **만들기.** 요리에서 테린의 종류는 매우 다양하다. 주로 고기 혼합물 또는 생선, 해산물, 나아가 채소를 주재료로 사용해 만드는 테린은 대개 차가운 애피타이저로 서빙하며, 기호에 따라 코르니숑, 식초에 절인 양파, 새콤달콤하게 절인 체리나 포도 등을 곁들여 먹는다. 생선 테린이나 채소 테린은 일반적으로 익힌 재료로 만든 뒤 즐레를 씌워 굳히거나 무스로 곱게 갈아 테린 틀에 넣고 중탕으로 익히기도 하며, 경우에 따라 소스를 곁들이거나 따뜻하게 서빙할 수도 있다. 대부분의 고기 테린은 일정량의 돼지 살(비계가 섞인 부위와 순 살코기), 때로는 송아지 살에 특색 있는 다른 재료를 섞어 만들며 첨가된 이 재료 이름이 곧 해당 테린의 명칭이 된다. 각 재료들은 레시피에 따라 다양한 비율로 혼합하며 입자의 굵기도 각기 다르다. 재료를 혼합할 때 넣는 양념은 전체의 맛을 좌우하는 매우 중요한 역할을 하며, 때에 따라 재료를 술에 미리 재운 뒤 사용하기도 한다. 테린은 주로 수렵육의 계절인 가을에 많이 만드는 음식으로 버섯, 견과류(호두, 아몬드), 향신 허브(타임, 월계수 잎, 주니퍼베리)등을 넣어 풍미를 더한다. 뚜껑을 덮고 오븐에 넣어 중탕으로 익히는 테린은 대부분 시골풍의 투박한 요리이지만 네락(Nérac) 테린(붉은 다리 자고새 새끼, 가금류의 간, 햄, 송로버섯을 넣어 만든다)을 비롯해 거위 간, 노루고기, 토끼고기 테린 또는 주니퍼베리를 넣은 개똥지빠귀 테린 등 고급 요리로 만들어진 것들도 몇몇 있다. 오늘날 셰프들은 생선과 갑각류 해산물로 만든 테린을 선호하는 추세이며 작은 채소들을 함께 넣은 민물가재 테린이나 쏨뱅이, 노랑촉수, 아귀, 강꼬치고기 등으로 만든 생선 테린 등을 종종 선보이고 있다. 테린은 디저트용으로 달콤하게 만들 수도 있다. 과일을 재료로 하여 만든 뒤 즐레로 굳힌 앙트르메 테린에 생크림이나 과일 소스를 곁들여 먹는다.

cèpes en terrine ▶ CÈPE
marinade crue pour éléments de pâté et de terrine ▶ MARINADE
pâté d'alouette en terrine ▶ PÂTÉ
terrine de beaufort aux artichauts, œuf poché à la moutarde ▶ ARTICHAUT
terrine de bécasse ▶ BECASSE

***terrine de caneton* 테린 드 카느통**

새끼 오리 테린 : 1.25kg짜리 오리 한 마리를 준비해 가슴살에 칼집이 나지 않도록 조심하며 뼈를 제거한다. 가슴살을 잘라내 길쭉한 띠 모양으로 썬다. 돼지비계 300g도 마찬가지 모양으로 썬다. 이것을 모두 우묵한 볼에 넣고 소금, 후추, 카트르 에피스 1/2티스푼, 코냑 4테이블스푼, 잘게 부순 월계수 잎 1장, 잎만 따낸 생타임 1줄기와 잘 섞어 양념한 뒤 냉장고에 넣어 24시간 동안 재운다. 남은 오리도 냉장고에 보관한다. 돼지 크레핀 한 개를 찬물에 담가둔 다음 건져 꼭 짜고 물기를 닦아준다. 양송이버섯 250g, 샬롯 2~3개를 다져 볶아 뒥셀을 만들고 소금, 후추로 간한다. 돼지 생삼겹살 350g, 양파 1개, 남겨두었던 오리고기 살, 끓는 물에 데친 오렌지 제스트 1개분을 모두 다지거나 고기 분쇄기로 간다. 이것을 큰 볼에 넣고 버섯 뒥셀, 달걀 2개, 소금, 후추와 혼합한다. 여기에 술과 마리네이드 양념액을 넣고 잘 치대며 섞는다. 테린 용기의 바닥과 내벽에 크레핀을 대 준 다음 혼합한 다짐육 소의 반을 고르게 깔아 편다. 띠 모양으로 자른 오리 가슴살과 돼지비계를 교대로 얹은 다음 나머지 소 혼합물로 덮어준다. 테린 밖으로 넉넉하게 나온 크레핀을 가운데로 모아 접어 내용물을 덮은 뒤 남는 부분은 잘라낸다. 월계수 잎 1장, 생타임 2줄기를 올린 다음 뚜껑을 제자리에 꼭 맞춰 단단히 덮는다. 물을 채운 중탕용 바트에 테린을 놓고 불 위에 올려 가열한다. 물이 끓기 시작하면 180°C로 예열한 오븐에 넣어 1시간 30분 동안 익힌다. 따뜻한 온도가 되도록 한 김 식힌다. 뚜껑을 연 다음 작은 판을 얹은 뒤 무거운 것으로 눌러 식힌다.

terrine d'écrevisses aux herbes ▶ ÉCREVISSE

장 & 피에르 트루아그로(JEAN ET PIERRE TROISGROS)의 레시피

***terrine de légumes aux truffes « Olympe »* 테린 드 레귐 오 트뤼프 올랭프**

송로버섯을 넣은 올랭프 채소 테린 : 넉넉한 물에 소금을 넣은 뒤 그린빈스 250g, 완두콩 300g, 어린 햇 당근 300g을 각각 따로 익힌다. 송로버섯 60g을 깨끗이 씻는다. 아티초크 속살 6개에 버터를 넣고 색이 나지 않고 수분이 나오도록 볶은 뒤 재료 높이만큼 물을 넣고 약한 불로 20분간 익힌다. 블렌더의 믹싱볼을 냉장고에 미리 넣어두어 차갑게 한다. 돼지고기 살 250g, 낙화생유 120mℓ, 레몬즙 1개분, 달걀흰자 1개분도 냉장고에 넣어둔다. 고기와 달걀흰자에 레몬즙, 기름, 송로버섯 즙 1테이블스푼을 조금씩 넣어가며 블렌더로 간다. 가로 22cm, 세로 12cm, 높이 6cm 크기의 테린 바닥과 내벽에 얇게 썬 베이컨 8장을 깔아준다. 그 위에 당근, 아티초크, 송로버섯, 그린빈스, 완두콩을 켜켜이 놓고 층 사이사이마다 곱게 간 혼합물을 깔아준다. 150°C로 예열한 오븐에 넣어 중탕으로 30분간 익힌다. 냉장고에 8시간 보관한다. 올리브오일과 와인 식초로 양념한 생토마토 쿨리를 곁들여 서빙한다.

장 폴 라콩브(JEAN-PAUL LACOMBE)의 레시피

***terrine de poireaux et fromage de chèvre frais* 테린 드 푸아로 에 프로마주 드 셰브르 프레**

리크와 프레시 염소 치즈 테린 : 리크 1.3kg을 씻어 조리용 실로 단으로 묶는다. 소금을 넣은 끓는 물에 넣어 익힌다. 녹색 부분까지 포함해 테린 길이에 맞춰 자른다. 얼음물에 재빨리 넣어 식힌 뒤 건져서 2시간 동안 무거운 것으로 눌러 물을 뺀다. 토마토 200g의 껍질을 벗긴 뒤 작은 주사위 모양으로 썰어 올리브오일, 잘게 썬 차이브, 처빌을 넣고 가볍게 버무린다. 미리 만들어 놓은 육수 500mℓ를 뜨겁게 데운 다음, 찬물에 불려 꼭 짠 판젤라틴 10

장을 녹인다. 식힌다. 테린 용기의 바닥과 내벽에 랩을 깔아 대 준다. 바닥에 즐레를 조금 깔고 옆면에는 리크를 흰 부분과 녹색 부분이 엇갈리도록 붙이며 쌓아준다. 토마토를 한 켜 깐 다음 중앙에 프레시 염소 치즈 작은 것 5조각을 나란히 놓는다. 즐레를 한 켜 덮어준다. 다시 토마토를 한 켜 올리고 나머지 리크와 즐레로 테린 틀을 채운다. 내용물을 눌러 잉여분의 액체를 덜어낸다. 냉장고에 24시간 넣어둔다. 테린을 도마 위에 엎어 틀에서 분리한 뒤 적당한 크기로 자른다. 비네그레트 소스를 뿌린다. 잘게 썰어둔 생토마토를 몇 조각 올린 뒤 처빌과 잘게 썬 차이브를 뿌려 서빙한다.

미구엘 카스트로 에 실바(MIGUEL CASTRO E SILVA)의 레시피

terrine de poulpe pressée 테린 드 풀프 프레세

문어 테린 : 2~3kg짜리 문어 2마리를 꼼꼼히 씻는다. 화이트와인에 정향 3개를 박은 양파 2개, 월계수 잎, 파슬리, 검은 통후추, 마늘 1통을 넣은 쿠르부이용을 만든다. 약간의 식초와 소금을 첨가한다. 쿠르부이용이 끓으면 문어를 넣고 살이 연하게 익을 때까지 약 1시간 30분간 삶는다. 문어를 건져낸 뒤 잘 떨어지는 껍질들은 벗겨낸다. 문어발을 잘라 직사각형 틀 안에 방향이 서로 엇갈리도록 배치하며 채워 넣는다. 문어를 삶은 국물 500mℓ를 덜어낸 다음, 물에 불려 꼭 짠 판 젤라틴 6장을 녹인다. 이것을 틀에 채운 문어에 끼얹어 덮은 뒤 틀과 같은 크기의 뚜껑을 올리고 2kg 정도 되는 묵직한 것으로 눌러놓는다. 이 상태로 냉장고에 넣어 하루 동안 보관한다. 틀에서 분리한 다음 1cm 두께로 슬라이스한다. 차이브를 넣은 비네그레트 소스와 그린 샐러드를 조금 곁들여 서빙한다.

terrine de ris de veau aux morilles ▶ RIS

장 & 폴 맹슐리(JEAN ET PAUL MINCHELLI)의 레시피

terrine de sardines crues 테린 드 사르딘 크뤼

날 정어리 테린 : 중간 크기의 아주 싱싱한 정어리 24마리의 대가리를 잘라내고 비늘을 제거한다. 껍질을 닦고 필레를 떠낸 뒤 키친타월로 살 안쪽을 꼼꼼히 닦는다. 칼의 납작한 면을 이용해 가시를 최대한 떼어낸다. 수확 후 화학처리를 하지 않은 오렌지의 제스트를 얇게 저며 낸 다음 월계수 잎 1/2장과 함께 아주 잘게 썬다. 줄기양파 4개를 얇게 송송 썬다. 테린 용기에 올리브오일 80mℓ를 붓고 코냑 몇 방울, 정향 4개, 썰어둔 양파의 1/3, 오렌지 제스트, 그라인드 후추를 첨가한다. 정어리 필레를 위아래가 엇갈리게 놓는다. 같은 방법으로 재료를 얹은 뒤 정어리를 한 켜 더 채워 넣고 나머지 같은 재료로 맨 위를 마무리한다. 냉장고에 한두 시간 넣어둔다. 구운 빵에 버터를 발라 곁들인다.

terrine de veau en gelée aux petits légumes printaniers 테린 드 보 앙 즐레 오 프티 레귬 프랑타니에

봄채소를 넣은 송아지 즐레 테린 : 완두콩 40g의 깍지를 깐 뒤 소금을 넣은 넉넉한 물에 삶는다. 건져서 바로 찬물에 식혀 선명한 녹색을 유지한다. 햇 당근 250g의 얇은 껍질을 긁어낸 뒤 동그랗게 송송 썰어 소금을 넣은 넉넉한 물에 익힌다. 작은 주키니 호박 4개를 씻어 껍질을 그대로 둔 채 동그랗게 썬 다음 소금을 넣은 넉넉한 물에 익힌다. 향신료를 넉넉히 넣고 간을 비교적 세게 한 쿠르부이용에 송아지 뒷다리 허벅지 살덩어리 500g을 넣고 연하게 무를 때까지 푹 삶아 식힌다. 고기의 반은 약간 도톰한 두께의 띠 모양으로 균일하게 썰고 나머지 반은 정육면체 또는 직육면체 모양으로 썬다. 고기를 익히고 남은 쿠르부이용을 체에 거른 뒤 즐레를 만든다. 직사각형 플랑 틀 바닥에 딜 잎을 넉넉히 깐 다음 그 위에 채소를 고루 섞어 한 켜 얹는다. 그 위에 송아지 고기를 한 켜 깔고 다시 채소를 올린다. 이와 같은 방식으로 틀을 거의 가득 채울 때까지 계속 교대로 층을 쌓아올린다. 매 켜를 채울 때마다 후추를 뿌린다. 맨 위에 딜 잎을 조금 뿌린 뒤 재료를 눌러 표면을 평평하게 다진다. 식었지만 아직 액체 상태를 유지하고 있는 즐레를 테린 안에 흘려 넣는다. 냉장고에 몇 시간 넣어둔다. 틀을 제거한 뒤 아주 차갑게 서빙한다.

TESTICULES ▶ **참조 ANIMELLES**

TÊTE 테트 머리. 정육용 도축 동물의 부속 중 하나로, 머리의 일부 부위는 애호가들에게 아주 인기가 많다(**참조** p.10 부속 및 내장 도표).

– 소의 머리는 가죽을 벗기고 뿔을 뽑은 뒤 볼살(기름기가 적어 담백하며 맛이 아주 좋다)과 우설을 식용으로 소비한다. 또한 소의 주둥이 부위는 염장하여 익힌 다음 비네그레트 소스를 곁들여 먹는다.

– 송아지 머리의 겉껍질은 끓는 물에 데친 뒤 털을 제거하면 식용으로 소비할 수 있으며 그 외에 혀와 골을 먹을 수 있다. 송아지 머리는 통째로 또는 반으로 잘라 익힌다. 레시피에 따라 뼈를 제거한 뒤 돌돌 말아 조리하기도 한다. 옛날 요리에서 송아지 머리는 언제나 중요한 위치를 차지했으며 매우 다양한 조리법으로 각종 더운 요리와 찬 요리를 만들었다. 또한 속을 채워 익히거나 그라탱, 튀김 등으로 조리하기도 한다. 특히 송아지 머리는 '토르튀 소스를 곁들인 요리(en tortue)' 라는 이름의 전통 요리를 탄생시켰는데, 이는 옛날에 아주 귀한 고급 요리로 여겨졌다.

– 양 또는 어린 양의 머리는 아프리카의 일부 지역과 동부 유럽, 프랑스와 북아프리카 마그레브 요리에서 주로 통째로 로스트한다. 이것 역시 골, 볼살, 혀 등 한 덩어리로 이루어진 부위들을 공급한다.

– 돼지의 머리는 다양한 샤퀴트리에 사용된다. 특히 프로마주 드 테트(머릿고기 파테)를 만드는 주재료로 경우에 따라 혀와 귀가 포함되기도 한다. 우선 돼지머리를 염지해 익히고 뼈를 발라낸다. 이를 균일한 크기로 잘게 썰어 둥그렇게 뭉치거나 틀에 넣은 뒤 눌러준다. 테트 페르시에(tête persillée)는 좀 더 큰 사이즈의 조각으로 자른 돼지머리에 파슬리, 마늘, 샬롯을 첨가한 테린의 일종이다. 돼지머리 룰라드(roulade de tête de porc)는 뼈를 모두 제거하고 소금을 뿌린 뒤 스터핑 재료를 넣고 둥글게 만 것이다.

미셸 트루아그로(MICHEL TROIGROS)의 레시피

pressé de tête de veau aux tomates acidulées 프레세 드 테트 드 보 오 토마트 아시뒬레

새콤한 토마토를 넣은 송아지 머릿고기 테린 : 10인분

하루 전날, 토마토 24개의 껍질을 벗겨 4등분한 다음 씨를 제거한다. 기름을 바른 오븐 팬이나 바트에 토마토 조각을 나란히 정렬해 놓은 뒤 소금, 후추로 간하고 설탕을 조금 뿌린다. 올리브오일을 고루 뿌린 다음 100°C 오븐에 넣어 2시간 동안 천천히 콩피한다. 반으로 자른 송아지 머리 한 덩어리를 끓는 물에 데쳐 건진다. 이것을 다시 소금물에 넣고 향신 재료를 첨가한 다음 약한 불에서 2시간 동안 익힌다. 송아지 머리를 건져 아직 따뜻할 때 두 장의 오븐팬 사이에 놓고 무거운 것으로 눌러둔다. 냉장고에 보관한다. 가로 22cm, 세로 8cm 크기의 직사각형 틀 바닥과 내벽에 랩을 넉넉한 크기로 깔아준다. 오븐에 구운 토마토 조각의 1/3을 바닥에 깐 다음, 미리 잘라둔 송아지 머릿고기의 절반을 그 위에 펼쳐 얹는다. 다시 토마토와 송아지 머릿고기를 한 켜씩 올린 뒤 맨 위는 나머지 토마토로 마무리한다. 랩으로 덮은 뒤 냉장고에 하루 밤 넣어둔다. 틀에서 분리한 다음 전기 칼을 사용해 10조각으로 슬라이스해 오븐팬 위에 배열한다. 서빙하기 전, 150°C의 오븐에 5분간 넣어 데운다. 각 접시에 한 조각씩 담고 레드와인 식초와 올리브오일, 얇게 썬 줄기양파, 소금, 굵게 빻은 통후추, 처빌로 만든 비네그레트 소스를 뿌려 서빙한다.

tête fromagée de Péribonka ▶ PORC

조엘 로뷔숑(JOËL ROBUCHON)의 레시피

tête de porc mijotée Île-de-France 테트 드 포르 미조테 일 드 프랑스

일 드 프랑스(Île-de-France)식 돼지머리 찜 : 돼지머리 1개를 토치로 그슬려 잔털과 불순물을 제거한 뒤 반으로 잘라 찬물이 담긴 냄비에 넣는다. 귀와 혀도 함께 넣고 소금을 한 자밤 넣어준 뒤 끓을 때까지 가열한다. 거품을 걷어내며 3분 정도 끓는 상태를 유지한다. 머릿고기를 모두 건져 찬물에 식힌 뒤 물기를 뺀다. 당근 3개, 중간 크기 양파 3개, 샬롯 5개, 리크의 굵은 녹색 부분 2대, 셀러리 줄기 2대, 마늘 2톨을 씻어 껍질을 벗긴다. 마늘은 그대로 사용하고 다른 채소들은 굵직하게 깍둑 썰어 미르푸아를 준비한다. 생강 100g을 섬유질 반대 방향으로 아주 얇게 슬라이스한다. 큰 냄비에 식용유 100mℓ를 달군다. 돼지머리, 혀, 귀를 넣고 색이 나지 않고 수분이 나오도록 볶다가 채소를 모두 넣고 노릇하게 볶는다. 토마토 페이스트 100g을 넣고 불을 줄인 뒤 부케가르니, 세이지 잎 2장, 로즈마리 1줄기를 첨가한다. 고수 가루 넉넉히 2테이블스푼, 메이스 가루 넉넉히 1테이블스푼, 흰 통후추 깎아서 2테이블스푼, 주니퍼베리 씨 3테이블스푼, 고수 씨 넉넉히 2테이블스푼을 넣는다. 흰색 닭 육수 4ℓ를 붓는다. 불 위에서 끓을 때까지

가열한 뒤 280°C로 예열한 오븐에 넣고 국물을 자주 끼얹어가며 3시간 동안 익힌다. 껍질을 벗긴 어린 햇 당근 12개(줄기 잎은 그대로 둔다)를 소테 팬에 넣은 뒤 버터 1조각, 소금과 설탕을 각각 1자밤씩 넣는다. 물을 자작하게 붓고 윤기나게 익힌다. 껍질을 벗긴 동그란 햇 순무 12개(줄기 잎을 조금 남겨둔 채로 다듬는다), 녹색 줄기 부분을 조금 남긴 채 껍질을 벗긴 줄기양파 12개, 당근 크기로 자른 셀러리 줄기 12대도 당근과 같은 방법으로 윤기 나게 익힌다. 보라색 아티초크 속살 2개, 껍질 벗긴 그린 아스파라거스 12대, 질긴 섬유질을 떼어낸 스냅피(깍지완두) 100g과 아주 가는 그린빈스 100g을 각각 따로 끓는 소금물에 익힌다. 깍지를 깐 잠두콩 100g을 끓는 물에 데쳐낸 뒤 속껍질을 벗긴다. 이것을 물에 삶아 익힌 뒤 찬물에 헹궈 건져둔다. 깨끗하게 세척한 꾀꼬리버섯을 버터 100g에 소테한 다음 간한다. 잘게 썰어 버터에 색이 나지 않게 볶아둔 샬롯 1개를 첨가하고 센 불에서 1분간 함께 볶는다. 냄비에서 고기를 모두 건져낸 다음 작은 스푼을 사용해 머릿고기의 뼈를 모두 발라낸다. 입안을 덮고 있는 피부막을 제거하고 혀의 껍질을 벗긴다. 머릿고기를 작게 썰고 혀는 슬라이스한다. 귀는 가늘고 길게 썬다. 고기를 모두 모아 한 그릇에 담는다. 고기를 익힌 냄비의 국물을 체에 거른 뒤 거품을 걷어가며 15분 정도 졸인다. 다진 송로버섯 30g을 첨가한다. 버터 50g을 넣고 거품기로 잘 휘저어 섞는다. 이 소스를 고기에 넣고 잘 섞은 뒤 접시에 담고 채소들을 고루 얹어 낸다.

tête de veau farcie 테트 드 보 파르시

속을 채운 송아지 머리 그라탱: 송아지 머리 한 개를 준비해 반으로 자른 뒤 흰색 익힘액에 넣어 삶는다. 기름기가 없는 살코기 부위를 지름 6~8cm 크기의 원형틀로 찍어낸다. 곱게 간 송아지고기와 파나드(panade) 반죽에 생크림, 수분 없이 바싹 볶은 버섯 뒥셀, 삶은 달걀 다진 것, 잘게 썬 파슬리를 섞어 소를 만든 뒤 이 혼합물을 짤주머니에 넣고 원형으로 자른 송아지 머릿고기 위에 짜 얹는다. 이것을 모두 버터 바른 그라탱 용기에 한 켜로 담은 뒤 흰색 육수를 조금 넣어준다. 빵가루를 뿌리고 녹인 버터를 고루 끼얹은 다음, 뜨거운 물을 반쯤 채운 바트 위에 놓고 낮은 온도의 오븐에서 그라티네한다. 매콤한 피캉트 소스, 푸아브라드 소스, 타르타르 소스, 라비고트 소스, 베아르네스 소스 등을 따로 담아낸다.

tête de veau à l'occitane 테트 드 보 아 록시탄

지중해식 송아지 머리 요리 : 반으로 자른 송아지 머리 한 덩어리를 물에 담가 피를 뺀다. 균일한 크기로 8등분한 다음 흰색 익힘액에 혀와 함께 넣고 익힌다. 향신료를 넣은 쿠르부이용에 머리 반 개 분량의 송아지 골을 넣고 약한 불로 데쳐 익힌다. 다진 양파 3테이블스푼을 버터에 색이 나지 않게 볶은 뒤 다진 마늘을 조금 넣는다. 이것을 오븐용 우묵한 용기에 깔아준 다음 그 위에 송아지 머리 조각, 도톰하게 어슷 썬 혀와 골을 올린다. 블랙올리브(씨 포함), 토마토(껍질을 벗기고 씨를 뺀 다음 잘게 썰어 기름에 볶은 것) 2개, 도톰하게 슬라이스한 삶은 달걀 2개를 함께 넣은 뒤 소금, 후추를 뿌린다. 송아지 머릿고기에 올리브오일 6테이블스푼, 레몬즙 반개 분, 잘게 썬 파슬리를 뿌린다. 뚜껑을 덮고 중탕으로 뜨겁게 데운다. 머릿고기, 혀, 골 및 부재료들을 접시에 고루 담은 뒤 익힌 소스를 끼얹어 서빙한다.

tête de veau en tortue 테트 드 보 앙 토르튀

토르튀 소스를 곁들인 송아지 머리 요리 : 송아지 머리 1개를 흰색 익힘액에 넣고 삶는다. 송아지 혀와 골도 따로 흰색 익힘액에 삶는다. 이들을 모두 먹기 좋은 크기로 자른 뒤 익힘액 안에 다시 넣고 뜨겁게 보관한다. 토르튀 소스(버터와 밀가루를 볶은 루와 마데이라 와인, 허브 베이스의 소스)를 만든다. 버터를 두른 팬에 주사위 모양으로 썬 양송이버섯 250g을 넣고 색이 나지 않게 볶는다. 그린올리브 150g의 씨를 빼고 끓는 물에 3~4분 데쳐낸 뒤 주사위 모양으로 썬다. 코르니숑 7~8개도 주사위 모양으로 썬다. 토르튀 소스를 체에 거른 뒤 코르니숑, 올리브, 버섯을 넣고 다시 가열한다. 간을 맞추고 카옌페퍼를 한 자밤 넣어준다. 돼지머리, 골, 혀를 익힘액에서 건져 서빙 접시에 담은 뒤 이 소스를 끼얹는다. 다진 송아지 소로 만든 작은 크넬과 버터에 지진 크루통을 곁들인다.

TÊTE MARBRÉE 테트 마르브레 염지한 돼지머리를 익힌 뒤 깍둑 썰어 직사각형으로 형태를 잡고 즐레를 씌워 굳힌 샤퀴트리의 일종이다.

TÊTE-DE-MOINE 테트 드 무안 소젖으로 만든 스위스 베른의 AOP 치즈(지방 51%)로 약간 끈적끈적한 황갈색 세척외피를 가진 비가열 압착 치즈다. 테트 드 무안 치즈는 지름과 높이가 비슷한 약 10~12cm 정도 크기의 원통형으로 직관적인 강한 풍미를 지니고 있다. 이 반경성 치즈는 지롤(참조 GIROLLE)이라는 도구에 중심을 꽂은 뒤 회전 레버를 돌려 대패처럼 얇게 꽃잎 모양으로 긁어내어 서빙한다.

TÊTE PRESSÉE 테트 프레세 차갑게 먹는 샤퀴트리인 테트 프레세는 반으로 자른 돼지머리 한 덩어리, 돼지 족 2개, 돼지 귀 한 개로 만든 테린의 일종이다. 재료를 쿠르부이용에 삶은 뒤 찢어서 우묵한 용기나 틀에 채워 넣고, 익힌 국물을 졸여 체에 거른 뒤 부어준다. 이것을 차갑게 굳힌다. 뒤집어 틀에서 분리한 뒤 슬라이스하여 서빙한다.

TÉTINE 테틴 동물의 유방, 특히 소의 젖을 지칭한다. 소의 유방은 한번 익힌 상태로 판매된다. 이것을 슬라이스하여 마늘과 파슬리를 넣고 볶아 먹거나 가늘게 썬 돼지비계를 찔러 넣고 브레이징하기도 하며 주로 버섯이나 쌀밥을 곁들여 먹는다. 미식 측면에서 이 식재료는 오늘날 그리 각광을 받지 못하고 있지만 옛날에는 지금과 달랐다. 중세에는 신 포도즙(verjus)을 넣은 소 유방 요리를 즐겨 먹었으며, 송아지 유방은 잘게 분쇄해 스터핑 혼합물을 만드는 재료로 흔히 사용되었다.

TÉTRAGONE 테트라곤 번행초. 번행초과에 속하는 여러해살이식물로 가지가 여럿으로 갈라지며 위로 뻗어가는 특징을 갖고 있다. 여름 시금치 또는 뉴질랜드 시금치라고도 불리는 번행초는 다소 진한 녹색의 길쭉하고 도톰한 잎을 주로 먹으며 맛은 약간 달콤하면서도 새콤하다. 4월~5월, 7월~10월 건조한 날씨로 인해 시금치의 수급이 원활하지 않을 때 많이 출하된다. 번행초는 철분과 옥살산 함량이 시금치보다 적으며, 조리법은 동일하다.

TÉTRAS 테트라 뇌조류, 들꿩류. 캐나다에서 사냥으로 잡을 수 있는 다양한 종의 자고새 이름이다. 특히 캐나다 서부의 어두운 색 뇌조인 더스키 그라우스(dusky grouse)와 뾰족꼬리뇌조, 캐나다 전역에 서식하는 가문비뇌조 또는 사바나뇌조(Spruce grouse) 등을 꼽을 수 있다. 이 새들의 붉은색 살은 레어로 살짝 구워 먹거나 약한 불에서 오래 조리하여 먹는다.

TFINA 트피나 아랍 요리인 트피나는 소 양지, 송아지 족, 병아리콩(또는 흰 강낭콩), 껍질 벗긴 감자, 껍질째 넣은 달걀을 켜켜이 냄비에 담고 올리브오일, 마늘, 파프리카 가루, 꿀을 넣어 약한 불로 장시간 뭉근히 끓인 스튜다. 전통적으로 한쪽에는 고기, 다른 한쪽에는 채소와 달걀을 담아 서빙한다. 달걀을 넣지 않는 밀 트피나는 감자 대신 밀 또는 보리쌀을 넣는다. 이것은 알제리의 유대교식 요리의 대표적인 안식일 음식이다. 또한 시금치나 버미셀리를 넣은 트피나를 만들기도 한다.

THAÏLANDE 타일랑드 태국, 타일랜드. 태국 요리는 아시아의 다른 여러 나라들과 마찬가지로 여러 종류의 음식을 한 상에 동시에 차려내는 것이 특징이다. 다양한 종류의 수프, 미리 잘라서 서빙한 고기, 가금육 또는 생선, 각종 채소, 쌀이나 국수 등의 요리뿐 아니라 과일도 식탁에 동시에 차려낸다. 이 음식들은 대부분 강한 맛의 향신료로 양념되어 있고 다양한 허브 등으로 향을 첨가한 것이 많으며 일반적으로 소스를 곁들여 먹는다. 특히 생선을 발효한 액젓인 남플라가 가장 대표적이다.

■ **다양한 양념의 맛.** 수프는 태국인들이 매우 즐겨 먹는 음식이다. 아침에 주로 먹는 간단한 국에 다양한 재료를 넣어 더욱 풍성하게 만들기도 한다(새우나 미트볼을 넣은 수프, 소고기를 넣은 누들수프 등). 또한 채소와 과일(파인애플, 가지, 셀러리, 버섯, 배추, 오이, 파파야, 수박, 그린 바나나, 숙주, 밀크와 과육을 사용하는 코코넛 등)이 풍부하고 그 종류도 다양하여 이를 이용한 샐러드나 각종 고기(소, 돼지), 가금육(특히 닭고기), 생선, 갑각류 해산물 요리에 곁들여 먹는 반찬류를 만들기도 한다. 특히 샐러드는 주로 마늘, 양파, 다진 고추, 피시소스를 혼합해 만든 칠리 소스인 남프릭 파오(nam prik pao)로 양념을 한다. 태국 요리의 풍미는 특히 양념에서 나온다. 토막 낸 닭고기를 조리 전에 양파, 타마린드, 라임 또는 강황, 고수 등으로 만든 양념에 재워둔다거나(바질을 넣은 닭 요리, 세 가지 소스의 닭 요리 등), 생선에 생강, 레몬그라스, 코코넛 등의 양념을 넣고 바나나 잎에 싸서 증기로 찌기도 한다. 디저트는 주로 태국 현지에서 생산되는 재료를 사용한 것들이 많다. 바나나 잎에 싸서 익힌 바나나와 찹쌀, 코코넛 크림 디저트, 또는 코코넛과 파인애플을 곁들인 타피오카 푸딩 등을 꼽을 수 있다.

THAZARD 타자르 꼬치삼치. 다랑어나 고등어와 마찬가지로 고등어과에

속하는 생선으로 여러 종이 존재한다. 평균 크기는 80cm에 무게는 5kg 정도이지만 최대 길이 240cm에 무게 70kg에 육박하는 경우도 있다. 꼬치삼치는 꼬리 근처에 작은 지느러미들이 있고, 청록색을 띤 등에는 15~20개의 코발트블루색 수직 줄무늬가 있으며, 몇몇 어종은 측면에 어두운 구릿빛의 타원형 반점들이 있다. 대서양의 열대 및 아열대 해역 수심이 얕은 곳에 서식하는 이 물고기는 수에즈 운하를 통해 지중해로 이동하며, 태평양과 인도양에서도 찾아볼 수 있다. 어획은 주로 줄낚시와 선망낚시(두릿그물) 방식으로 이루어진다. 꼬치삼치는 살을 덩어리로 잘라 껍질을 제거한 신선 상태로, 또는 염장, 건조, 급속냉동, 훈제로 판매된다. 통조림이나 피시볼로 가공된 제품도 출시되어 있다. 이 생선의 살은 맛이 아주 좋고 약간 기름지다. 굽거나 튀기는 조리법이 가장 인기 있지만 그 외에 일반적인 참치 조리법을 모두 적용할 수 있다.

THÉ 테 차, 티, 티타임, 오후 간식. 차를 뜻하는 단어로, 주로 오후에 차를 곁들여 먹는 가벼운 간식(일반적으로 파티스리로 구성됨)을 의미한다(**참조** SALON DE THÉ). 더 넓은 의미로 이 간식을 함께 나누기 위한 티타임 모임도 같은 이름으로 부른다. 영국인들은 5시의 티타임(five o'clock tea)을 즐기는 것으로 유명하며 특히 북부 지방의 농촌에서는 하이 티(high tea) 타임을 갖는다. 이는 저녁식사 대신으로 차가운 고기, 생선, 샐러드, 테린 및 과일, 버터를 바른 빵, 토스트, 갈레트 등에 차를 곁들여 먹는 것을 뜻한다. 도시에서 특히 여성들 사이에 유행하던 오후 5시의 티타임은 1830년경 베드포드(Bedford) 공작부인에 의해 시작되었으며 곧 매우 꼼꼼한 격식과 매너가 수반되었다. 영국의 애프터눈 티타임에는 차를 마시며 주로 짭짤한 작은 카나페, 특히 스콘, 머핀, 크럼펫, 번, 파운드케이크, 진저브레드, 쇼트브레드 등을 먹었고 잼, 마멀레이드, 레몬커드를 곁들였다. 19세기 말 유럽 대륙에서도 영국식 문화를 동경하는 분위기에 따라 오후의 티타임이 도시를 중심으로 퍼져나갔다. 또한 무도회나 파티에서 뷔페 형식으로 차려 서빙하기도 했다.

THÉ (BOISSON) 테(음료) 차. 차나무과에 속하는 아시아의 상록 관목인 차나무(Camellia sinensis)의 말린 잎을 우려낸 음료로 전 세계에서 물 다음으로 가장 많이 마신다. 오늘날 재배되는 차는 크게 중국차와 인도의 아삼 티 계열로 나눌 수 있으며 이들은 다원에 따라 수많은 품종으로 분류된다. 차밭의 기후, 토양, 고도, 방향은 차의 품질, 색, 향, 맛에 영향을 준다. 최고의 차는 해발 2,000m의 고지대에서 재배하여 봄에 딴 찻잎으로 만든 것이다. 옛날에는 중국에서만 이루어지던 차 재배는 이후 일본, 인도를 비롯한 아시아의 여러 나라들과 중동, 러시아로 확대되었다. 차는 17세기가 되어서야 네덜란드인들에 의해 처음으로 유럽에 도입되었고 이들을 통해 프랑스와 영국으로도 전파되었으며 특히 영국에서는 국민 음료로 자리 잡았다. 초창기에는 주로 치료제로 여겨졌으나 차를 마시는 문화는 귀족들 사이에 점점 유행하기 시작했고 이어서 누구나 즐기는 대중적인 음료가 되었다. 특히 다도를 중요시하는 중국과 일본에서는 차를 마시는 문화가 깊이 뿌리 내리고 있다.

■ **생산.** 오늘날 차의 최대 생산국은 인도이며 중국, 스리랑카, 케냐, 그리고 인도네시아, 터키, 일본, 대만이 순서대로 그 뒤를 잇고 있다. 그 외에 말레이시아, 베트남, 방글라데시, 네팔, 조지아, 이란, 남미도 빼놓을 수 없다. 차 수확은 고지대 다원을 제외하고는 연중 이루어진다. 야생 차나무는 높이가 10m에 이르기도 하지만 재배종 차나무 밭은 손으로 따기 편한 1.2m 정도의 일정한 높이로 관리된다. 많은 경우에 여성들이 손으로 직접 가지 끝부분의 찻잎 순을 따서 등에 짊어진 채롱 안에 집어넣는다. 페코(pekoe, 솜털)라고 불리는 가지 끝 새순과 그 바로 밑의 어린 잎 두 장을 딴 것을 최고의 품질로 친다. 잎이 연하고 어릴수록 차의 품질이 더 좋다. 찻잎의 건조 및 가공 처리 방식에 따라 각기 다른 색과 특별한 유형의 차를 얻을 수 있다. 일광위조나 실내위조 후 건조시킨 백차, 발효과정 없이 채취 후 생엽을 바로 덖는 녹차, 반 발효차인 청차, 오래전부터 가장 많이 소비되며 찻잎을 완전히 발효시켜 건조한 홍차 등으로 분류한다.

■ **백차.** 중국 푸젠성이 원산지인 백차는 잎을 일광위조 또는 실내위조 후 건조만 할 뿐 어떠한 처리도 가하지 않은 것으로 귀하고 가격이 비싸다. 우려낸 차의 색은 맑고 옅다.

■ **녹차.** 중국과 일본의 특산품인 녹차는 위조를 마친 잎을 건조한 뒤 고온에서 덖거나 증기로 찌는 살청 과정을 통해 발효를 막고 녹색을 유지한다. 약간 떫은맛이 있으며 우려낸 차의 색은 맑다. 중국에서는 찻잎을 만 것, 잎을 접은 것, 잎을 꼰 것으로 분류한다. 건파우더(gunpowder)라고 불리는 녹차는 잎을 작은 알갱이 모양으로 돌돌 만 것이다. 북아프리카에서는 이와 같은 방법으로 민트티를 만든다. 중국 녹차 중 명성이 아주 높은 룽징차는 잎을 납작하게 접은 형태이며, 구장마오지엔(古丈毛尖)은 잎을 가늘게 꼬아 만든 녹차로 향이 진한 편이다. 일본의 녹차는 매우 선명한 색을 띤다. 잎을 증기로 쪄서 비벼 가늘게 만 다음 바늘처럼 될 때까지 건조시킨다. 여러 품종의 녹차 중 특히 반차(番茶)와 센차(煎茶)를 대표적으로 꼽을 수 있으며, 가장 많이 소비되는 종류로는 반차를 볶아 고소한 맛이 특징인 호지차(ほうじ茶), 매우 고급으로 치는 교쿠로(玉露), 다도에서 사용하는 가루차인 마차(抹茶) 등이 있다. 겐마이차(玄米茶)는 현미를 쪄서 볶은 뒤 반차에 섞은 것이다.

■ **우롱차.** 주로 중국과 대만에서 생산되는 반 발효차로 위조 후 초기발효 시간은 다원에 따라 조금씩 차이가 있다. 봄에 수확한 차 잎으로 만든 대만의 그랜드 우롱 팬시(grand oolong fancy)는 가장 유명한 것들 중 하나로 꼽힌다.

■ **홍차.** 가장 널리 소비되고 있는 홍차는 다섯 단계의 공정을 거쳐 만들어진다. 위조(萎凋, 찻잎의 수분을 빼 나른하게 만드는 과정), 유념(揉捻, 잎의 조직을 분쇄하여 균일하게 섞는 작업), 습식 발효(20°C에서 2~3시간 진행), 덖기 또는 건조(90°C에서 20분 진행), 그리고 찻잎의 형태와 크기에 따른 품질 등급분류 과정을 거친다. 품질 등급은 높은 것에서 낮은 것 순서로, 차 순과 바로 아래 어린 잎 두 장으로 이루어진 플라워리 오렌지 피코(flowery orange pekoe), 네덜란드 오렌지 나소(Orange-Nassau, 왕족이 붙인 이름이다) 이어서 순이 잎으로 변한 오렌지 피코(orange pekoe), 순이 없고 잎이 짧은 피코(pekoe), 찻잎이 더 오래되고 짧은 수숑(souchong)으로 분류된다. 깨진 찻잎은 같은 명칭으로 판매되며 브로큰(broken)이라고 명시되어 있다. 분쇄한 잎은 패닝스(fannings), 더 작은 입자는 더스트(dust)라 부른다.

– 실론티(스리랑카)는 종류마다 고유한 풍미를 지니며 이는 생산지에 따라 달라진다. 우려낸 차는 비교적 향이 강하고, 직관적이고 단순한 맛을 내며 하루 중 언제든지 마시기에 적합하다. 플라워리 오렌지 피코 급에서는 삼 보디(sam bodhi), 오렌지 피코 급에서는 넬루와(neluwa), 세인트제임스(saint-james), 케닐워스(kenilworth)가 특히 유명하다. 우바 하이랜드(uva highlands)와 딤불라(dimbula)는 모든 등급에서 탁월한 품질을 자랑한다.

– 인도의 차는 진한 향이 특징이다. 최고의 품종으로 다즐링(darjeeling, 과일향이 나며 맛은 다원과 수확 시기에 따라 다양하다. 셀림봉[selimbong], 싱톤[sington], 중파나[jungpana], 마카이바리[makaibari] 등이 있다)과 아삼(assam, 향이 진하고 마시면 강렬한 풍미를 느낄 수 있다)이 대표적이다. 다즐링과 아삼은 영국의 전통 홍차 블렌딩에 사용된다.

– 많은 양이 수출되는 중국차는 여러 지역에서 생산된다. 윈난성(차의 모카라고도 불리는 윈난 차는 풍부한 맛과 향을 지니고 있다), 안후이성(기문[祁門] 홍차는 섬세하고 고급스러운 풍미를 갖고 있다), 쓰촨성, 푸젠성, 장시성 등이 대표적인 산지이다. 대표적인 훈연차로는가벼우면서도 풍부한 맛을 지닌 연 랍상소우총(烟正山小種), 더욱 진하게 훈연된 랍상 소우총(正山小種), 훈연의 맛이 아주 강렬한 태리 소우총(tarry souchong) 등의 홍차를 꼽을 수 있다.

■ **가향 차.** 꽃이나 과일로 향을 더한 차를 가리킨다. 가장 유명한 얼 그레이(earl grey) 티는 19세기 중국산 비훈연 홍차에 베르가모트 추출물을 첨가하는 것을 상상해낸 영국인 그레이 백작(Earl Grey)에 의해 처음 개발되었다. 살구, 계피, 라즈베리, 패션프루트, 생강, 블랙베리, 코코넛, 자몽, 사과, 바닐라 등을 첨가해 홍차에 다양한 향을 입힐 수 있다. 또한 시중에는 여러 산지의 비가향 차를 혼합한 클래식 블렌딩 티 제품들이 출시되어 있으며, 티백 형태(종이 또는 무슬린 천)의 가향, 비가향 차, 동결건조 후 카페인을 제거하거나 향을 첨가한 가루 형태의 인스턴트 티 등도 판매되고 있다.

■ **영양학적 가치.** 칼로리와 나트륨이 없는 음료인 차는 고대부터 여러 가지 이로운 효능으로 잘 알려져 있다. 차에 함유된 카페인은 신경계를 자극하고 떫은맛의 타닌 성분은 소화를 촉진한다. 뿐만 아니라 혈액순환을 활성화하고 심혈관계를 보호(테오필린)하며 이뇨작용에 도움을 준다. 차에는 망간, 요오드, 구리가 풍부하다. 그러나 너무 많은 양의 차를 주기적으로 마시는 것은 권장하지 않는다. 차에 들어 있는 카페인은 중독성이 있기

때문이다(섭취를 멈추면 가벼운 금단 증상이 나타나기도 한다). 일부 사람들에게는 적은 양으로도 심장박동, 신경과민, 수면장애, 두통, 소화불량 등을 초래할 수 있다. 차는 직사광선과 습기를 피해 금속 틴에 보관하며 포장에 명시된 권장 소비기한을 준수하여 소비하는 것이 좋다.

■ **차 마시기.** 특별한 의식이나 철학 또는 전통에 얽매이지 않는다면 차를 마시기 위한 준비작업은 몇몇 간단한 규칙만 따르면 된다. 차의 품종, 산지, 수확한 잎의 상태 또는 지역의 관습에 따라 차를 우리는 방식은 달라질 수 있다.

– 물은 최대한 석회질이 없고 살균되지 않은 것을 사용한다. 정수, 샘물 또는 광천수를 권장한다.

– 끓는 물을 끼얹거나 담아둠으로써 찻주전자를 데워서 찻잎을 넣을 때 물기가 있고 뜨거운 상태가 되도록 준비한다. 찻잎은 차 한 잔당 1티스푼에 차관을 위한 한 스푼을 추가한다.

– 약하게 끓는 상태(75~95°C)의 물을 찻잎 위에 붓는다.

– 우리는 시간(보통 1~5분, 백차는 10분)은 차의 유형(산지, 계절, 수확한 잎의 상태)에 따라 다르다.

차를 소비하는 전통적 방법은 나라마다 매우 다르다. 러시아식 차는 색이 진하고 맛도 강하며, 끓는 물이 보관되어 있는 주전자인 사모바르(samovar)의 물을 사용해 언제든지 우려내어 유리잔에 따라 마신다. 중국에서는 녹차를 우려 뚜껑이 있는 작은 볼 형태의 잔에 따라 하루 종일 마신다. 북아프리카에서는 민트 티를 아주 달게 만들어 무늬 장식이 있는 유리잔에 마신다. 인도에서는 홍차에 우유, 설탕, 향신료를 넣은 차이를 즐겨 마신다.

agneau aux pruneaux, au thé et aux amandes ▶ AGNEAU

casbah algérienne 카스바 알제리엔

알제리식 카스바 티 : 물 750mℓ에 녹차 1테이블스푼, 민트잎 1테이블스푼을 우려 차를 만든다. 덩어리 설탕 100~150g을 한 조각씩 넣어가며 오래 우려내며 녹인다. 우려낸 차는 아주 상큼하고 달콤해야 한다. 가능한 한 아주 뜨겁게 마신다. 서빙 전, 생민트 잎을 각 잔에 한 장씩 올린다.

sorbet au thé ▶ SORBET

thé chinois 테 시누아

중국 차 : 물 1ℓ를 법랑 주전자에 넣고 펄펄 끓을 때까지 가열한다. 이것을 한 잔 덜어 내어 찻주전자(토기 또는 도자기 소재)에 붓고 흔들어 따뜻하게 만든 뒤 물을 따라 버린다. 찻주전자에 홍차 2테이블스푼을 넣고 뜨거운 물을 가득 채운다. 뚜껑을 덮는다. 2분 후 큰 잔에 따라내 향을 이끌어낸 다음 다시 찻주전자에 붓는다. 2분간 더 우린 뒤 서빙한다.

thé glacé 테 글라세

아이스 티 : 신선한 민트 한 다발의 잎만 떼어낸 뒤 녹차와 함께 뜨거운 물에 우린다. 차를 거른 다음 유리병에 넣고 설탕을 조금 넣어 식힌다. 냉장고에 1시간 이상 넣어둔다. 아이스 티 1ℓ당 럼 4테이블스푼을 넣어 아주 차갑게 서빙한다.

thé indien au lait aux épices 테 앵디앵 오 레 오 제피스

향신료를 넣은 인도식 차이 : 냄비에 우유 500mℓ를 붓고, 통계피 1조각, 정향 2개, 으깨 부순 카다멈 2알을 넣고 기호에 따라 생강 1조각을 다져 넣는다. 끓을 때까지 가열한 다음 찻잎 1.5테이블스푼을 넣는다. 설탕을 넉넉히 넣어준다. 뚜껑을 덮고 1~2분간 끓인 다음 불을 끄고 최소 7~8분간 향을 우린다. 체에 거른 뒤 아주 뜨겁게 서빙한다.

thé à la menthe 테 아 라 망트

민트 티 : 녹차 2디저트스푼과 민트 잎을 혼합한 다음 뜨거운 물 400mℓ을 붓고 바로 설탕 1티스푼 또는 그 이상을 넣는다. 민트 티는 일반적으로 매우 달게 마신다. 2~3분간 더 우려낸 다음 아주 뜨겁게 서빙한다.

THÉIÈRE 테이에르 차관, 찻주전자, 티포트. 차를 물에 우려내고 서빙하는 용기로 대개 불룩한 모양에 따르는 입구가 한 개 있고 윗부분이나 한쪽 옆에 고리형 손잡이가 붙어 있다. 티포트는 1인용부터 여러 잔의 차를 우려낼 수 있는 다양한 크기로 선택할 수 있다. 찻주전자의 소재는 자기, 도기, 흙, 금속 등 다양하다. 차 전문가들은 대체로 너무 얇은(주석합금 제외) 금속 소재 또는 찻잔과 세트로 구색을 맞출 수 있고 우아하며 거뭇하게 차 얼룩이 남지 않는 자기 소재 주전자보다는 붉은 토기(내부에 유약을 바르지 않은 것)로 만든 찻주전자를 권장한다. 찻주전자는 절대 문질러 닦지 않고 가볍게 찬물로 헹구기만 하며 많이 사용한 것일수록 맛있게 차를 우려낼 수 있다. 새 주전자를 사용할 때는 진하게 우린 차를 가득 채워 그대로 며칠 두는 것이 좋다. 19세기에는 새로운 찻주전자가 등장했다. 주전자 내부의 따르는 주둥이 뿌리 부분에 가는 망이나 작은 구멍이 뚫린 칸막이가 있어 찻잎이 물과 함께 흘러나오지 않도록 막아주는 구조다. 그래도 아주 작은 잎들은 빠져나올 수 있으므로 서빙할 때는 티 스트레이너가 필요하다. 일부 모델은 뚜껑 입구에 꼭 맞게 걸쳐 끼울 수 있는 내부 거름망이 있어 물을 붓기 전 이 안에 찻잎을 넣으면 된다.

THERMIDOR 테르미도르 랍스터 요리 중 하나의 명칭이다. 이 요리는 1894년 1월 코메디 프랑세즈 극장에서 빅토리앙 사르두(Victorien Sardou)의 연극 "테르미도르"의 초연이 있었던 날 저녁, 파리 생 드니 대로(boulevard Saint-Denis)의 유명한 레스토랑 메르(Maire)에서 처음 선보인 메뉴라는 설이 있다. 또한 어떤 이들은 카페 드 파리(Café de Paris)의 셰프 레오폴드 무리에(Léopold Mourier)가 처음 만든 요리이며, 그의 수셰프이자 이 레스토랑을 계승한 토니 지로(Tony Girod)가 현재의 레시피를 완성했다고 주장한다. 랍스터 테르미도르는 익힌 랍스터살을 큐브 모양 또는 도톰한 에스칼로프로 썰어 머스터드를 넣은 베르시 소스나 크림 소스로 버무린 뒤 반으로 자른 껍데기 안에 채워 넣고 가늘게 간 치즈를 얹어 오븐에 그라탱처럼 노릇하게 구운 요리다. 또는 모르네 소스를 끼얹은 뒤 살라만더 그릴 아래에서 살짝 글레이즈한다. 때로 작은 버섯이나 송로버섯을 첨가하기도 한다. 더 넓은 의미로 이 명칭은 서대 요리 이름에도 적용된다. 서대에 샬롯과 파슬리를 넣고 화이트와인과 생선 육수를 자작하게 부은 뒤 포칭한다. 생선을 건져내고 남은 국물을 졸인 뒤 버터를 넣고 잘 저어 섞는다. 이 소스에 머스터드를 넣어 섞은 뒤 생선에 끼얹어 서빙한다.

THERMOMÈTRE 테르모메트르 온도계. 고체, 액체 상태의 물질 또는 냉동고나 오븐 등의 내부 온도를 측정하기 위해 사용하는 도구. 용도에 따라 그에 맞는 단위로 눈금이 나뉘어져 있으며 섭씨 또는 화씨로 표시되어 있다. 둥근 표시판이 붙어 있는 탐침기는 햄, 파테나 테린 또는 고기 등에 찔러 넣을 수 있는 온도계로 대부분 음식의 심부 온도를 측정하기 위한 것이다. 주방에서 사용하는 온도계는 온도가 상승함에 따라 팽창하는 액체가 들어 있는 유리관으로 되어 있다. 냉동고용 온도계는 눈금이 –40°C부터 20°C까지 눈금이 표시되어 있다. 조리용 온도계는 일반적으로 0°C에서 120°C까지 눈금이 새겨져 있으며 당과 제조용 온도계는 80°C에서 200°C까지 표시되어 있다. 또한 다양한 종류의 탐침용 전자 온도계도 있는데, 용도에 따라 측정 범위는 –50°C에서 300°C까지이며 심지어 1300°C까지 측정이 가능한 모델도 있다.

THIELTGES (HELMUT) 헬무트 틸트게스 독일의 요리사(1955, Dreis 출생–2017, Dreis 타계). 그는 룩셈부르크와 독일 트리어에서 멀지 않은 모젤강 계곡 지역에서 자신의 요리 예술을 펼쳤다. 비틀리히(Wittlich)의 숲 언저리에 위치한 소노라(Sonnora)라는 이름의 저택에는 부르주아풍 객실과 루이 2세 양식의 전원풍 다이닝 홀이 갖춰져 있으며 모젤이나 라인란트의 와인들을 만날 수 있다. 자신의 정원에서 직접 채소를 재배하는 순수한 요리사인 헬무트는 가까운 이웃인 프랑스나 벨기에의 요리에서 받은 영감을 자신의 요리에 적용하기도 하면서 탄탄한 실력과 재능을 발휘했다. 여러 베리에이션(무스, 즐레, 도톰하게 잘라 포치니버섯과 송로버섯 오일을 곁들인 팬 프라이)으로 요리한 푸아그라, 토마토와 바질을 넣고 로스트한 농어에 시금치와 고산지대 방목 치즈를 채운 토르텔로니를 곁들인 요리, 캅카스 민물가재와 함께 팬에 지진 송아지 흉선에 송로버섯 비스크 소스로 맛을 돋운 요리 등은 그의 솜씨를 보여주는 대표적인 메뉴들이다.

THOLONIAT (ÉTIENNE) 에티엔 톨로니아 프랑스의 파티시에(1909, Sail sur Couzan 출생–1987, Paris 타계). 루아르 지방의 작은 마을에서 태어난 그는 15세에 생테티엔 (Saint-Étienne)의 한 스위스식 파티스리 메종 뒤파크(Maison Duparc)에서 견습을 거친 후 비시(Vichy)의 알함브라(L'Alhambra)에서 경력을 쌓는다. 이어서 파리로 올라가 반 베시앵(Van Besien)의 제과장이 되었으며, 샤토도가 47번지(47, rue du Château-d'Eau)의 업장을 인수했다. 1938년부터 이곳에 완전히 정착한 그는 얼마 되지 않아 설탕공예의 대가로 성장했다. 1952년 프랑스 명장 MOF(Meilleur Ouvrier de France) 타이틀을 획득했으며, 릴(Lille)에서 열린 국제 경연대회에서 대상을 차지한 그는 각종 대회에서 50여 개의 금메달을 획득했고 마침내 프랑스 제과사 협회장에 추대되었다. 또한 그는 미국의 아이젠하워 대통령, 해리 트루먼 부통령, 영국 여왕, 또는 교황의 파티시에로 일하면서 전 세계를 누빈 최초의 프랑스 제과사였다. 일본의 TV 방송사는 그를 위한 연작 프로그램을 편성하기도 했다. 그의 예술적인 작업은 여러 세대에 걸쳐 제과 및 당과류 제조 분야에 큰 획을 그었다.

THON 통 참치, 다랑어. 고등어과에 속하는 큰 사이즈의 바다생선의 이름으로 여러 종이 있으며 외관과 몸통 형태가 고등어와 비슷하다. 이 단어는 그리스 어원에서 파생된 라틴어 투누스(thunnus)에서 온 것으로 빠른 속도를 의미한다(실제로 다랑어는 최대 시속 80km로 헤엄칠 수 있고, 해저 600m까지 잠수하며 하루 평균 200km를 주파한다). 이 생선은 이미 고대에도 인기가 높았으며 페니키아인들은 염장하고 훈연하여 즐겨 먹었다. 기원전 4세기 중반, 고대 그리스의 시인이자 미식가인 아르케스트라토스는 사모스섬과 시칠리아섬의 다랑어를 양념에 재운 요리를 추천했던 것으로 전해진다. 이와 같은 조리법은 중세에도 인기를 끌었다 (내장을 제거한 다랑어를 작게 잘라 굽거나 올리브오일에 튀긴 다음 소금을 뿌리고 향신료를 넉넉하게 넣어 재운 토닌[tonnine]을 즐겨 먹었다). 17세기 말에는 식료품상에서도 양념에 재운 참치를 취급하기 시작했다. 19세기부터 다랑어 낚시 조업은 차츰 대서양까지 확장되었고 1947년부터 브르타뉴의 어부들은 아프리카 근해까지 진출했다. 참치는 기름진 생선이며(지방 13%, 열량은 100g당 225Kcal 또는 899kJ) 단백질, 인, 요오드, 철분, 비타민 A, B, D의 좋은 공급원이다.

■ **어종.** 오늘날 프랑스에서 통(thon)이 라는 명칭은 다음 5종의 생선에만 사용할 수 있다(**참조** 아래의 도표, p.674~677 바다생선 도감).

– 황다랑어: 신선 상태로 판매되는 경우는 아주 드물며 대부분 통조림 제조용으로 사용된다.

– 날개다랑어: 주로 통조림 제조용으로 소비되며 옛날에는 지금보다 훨씬 어획량이 많았다. 맛이 아주 좋은 흰색 살은 송아지 고기와 비슷하며, 같은 방법으로 조리한다. 신선 상태로 판매되는 브르타뉴의 날개다랑어는 양념에 재운 뒤 브레이징하거나 슬라이스해서 구워 먹는다.

– 가다랑어: 배에 가로로 난 줄무늬가 있는 다랑어 종으로 살은 붉은색을 띠며 그리 단단하지 않다. 이 생선은 통조림제조용으로 사용된 경우에 한해 참치라는 명칭으로 부를 수 있다. 이것은 주로 참치 베이스의 저가식품에 많이 들어간다.

– 눈다랑어: 주로 신선 상태로 소비하지만 날개다랑어만큼 섬세한 맛은 없다.

– 참다랑어: 붉은색 살을 가진 이 생선은 대부분의 경우 신선 상태로 판매되며 이것을 활용한 요리들은 특히 바스크 지방, 시칠리아 또는 프로방스 요리에서 영감을 받은 것들이 많다. 생선을 슬라이스해 양념에 재운 다음 브레이징하거나 스튜의 일종인 도브(daube)를 만든다.

이 외에도 진짜 참치와 유사한 여러 종의 생선들이 있다. 날개다랑어만큼 섬세한 맛은 없지만 토막 내어 동일한 방법으로 요리하는 대서양 가다랑어, 등이 짙은 청색이고 살이 흰색이며 주로 훈연해서 조리하는 난류 해역의 작은 생선인 물치다래, 살이 갈색으로 주로 통조림 제조용으로 쓰이며 참치라는 명칭을 붙일 수 없는 점다랑어 등이 이에 해당한다.

■ **어획.** 기원전 2세기 전부터 그리스인들은 다랑어 떼가 이동하는 경로를 잘 파악하고 있었다. 특히 시칠리아와 유고슬라비아에서는 아주 오래전부터 다랑어 낚시 조업 방식이 이어져 왔다. 프로방스 지방에서는 19세기 말까지만해도 다랑어 떼가 접근하면 감시자가 나팔을 불어 알리곤 했다. 1차 세계대전 전까지 영세한 규모에 머물렀던 다랑어 낚시 조업은 주로 지중해 지방에서만 이루어졌고, 1850년경 현대화 된 날개다랑어 낚시는 어획은 가스코뉴만을 중심으로 활발히 이루어졌다. 통조림용 참치 잡이 어선이 처음 제작된 것은 1906년의 일이다. 1930년부터 생 장 드 뤼즈(Saint-Jean-de-Luz)의 몇몇 선주들은 어선에 냉장 선창 시설을 갖추기 시작했다. 오늘날의 참치 어획은 물고기 떼의 이동을 더 잘 포착하기 위한 표식장치 및 헬리콥터, 나아가 위성장치를 이용한 물고기 떼의 탐지 등 더욱 산업적이고 과학적으로 이루어진다. 어획한 살아 있는 참치는 물에 뜨는 대형 어망 안에 보관한다. 이 방법을 통해 이후 전 세계 시장에 더욱 기름진 다랑어를 공급하기 위해 참치의 살을 더 찌우는 것이 가능해졌다. 한 마리에서 잘라낸 참치 덩어리들은 어획에서 판매에 이르기까지의 모든 이력이 담긴 추적 시스템을 통해 세계 각지 어느 곳에서든 조회가 가능하다. 히스타민, 총 휘발성 염기 질소(ABVT) 비율, 중금속은 등은 가장 큰 덩어리들을 중심으로 의무적으로 검사하도록 되어 있다.

■ **보관.** 프랑스에서 참치는 주로 통조림 형태로 소비된다. 샐러드를 만들거나 채소(아보카도, 피망, 토마토) 안에 채워 조리하기도 하며 다양한 오르되브르를 만드는 데 사용한다. 통조림 참치는 대개 살덩어리(순살을 빽빽하게 채워 넣은 블록[bloc] 형태), 잔 부스러기 형태, 또는 필레(주로 뱃살 부위에서 잘라낸 길고 작은 조각으로 방트레슈[ventrèche]라고 불린다) 형태로 이루어져 있다.

– 플레인(스탠다드) 참치는 통째로 준비한 다랑어를 우선 척추뼈 방향과 수직으로 슬라이스한 다음 작게 잘라 가시를 제거하고 다듬은 뒤 씻는다. 이것을 소금물에 염지한 뒤 멸균 처리로 익히고 약한 염도의 물로 덮어 통조림을 만든다.

– 기름에 담근 참치는 머리와 꼬리를 잘라낸 다랑어를 쿠르부이용에 데치거나 찌듯이 익힌 뒤 자르고 가시를 제거한 다음 껍질을 벗긴다. 이것을 살덩어리, 잘게 부순 것(최소 65%) 또는 필레 형태로 캔에 넣고 오일을 부어 덮어준다. 이 경우 첨가한 기름의 성분을 명시한다.

– 토마토 참치는 익힌 뒤 말린 다랑어를 통째로, 또는 필레나 잘게 부순 형태(최소 50%)로 캔에 넣고 여기에 건조 물질 기준 8% 이상의 토마토와 10% 분량의 오일을 부어 통조림으로 만든 것이다.

– 양념액에 재우고 때로 향신료를 가미한 참치는 기름에 담근 참치와 준비 작업이 같다. 여기에 향신료와 식초를 넣은 소스를 부어 살덩어리, 필레 또는 잘게 부순 살 형태(최소 75%)의 통조림을 만든다.

– 라비고트 소스나 또는 아샤르(achard, 채소 피클의 일종)를 넣은 참치는 일반적으로 다랑어 필레에 향을 낸 올리브오일과 각종 양념재료를 첨가해 만든다.

– 참치 오르되브르는 매우 다양한 품질의 참치에 양념 소스, 얇게 저민 채소를 섞어 만든다.

렌 사뮈(REINE SAMMUT)의 레시피

filet de thon à la poutargue, salade d'herbes et seiches au lard 필레 드 통 아 라 푸타르그, 살라드 데르브 에 세슈 오 라르

보타르가를 곁들인 참치 필레, 허브 샐러드, 베이컨에 볶은 오징어 : 4인분

600g짜리 참치 필레 한 덩어리를 팬에 놓고 2~3분간 모든 면을 고루 지

참치의 어종과 특징

종	원산지	시기	무게	외형
황다랑어 albacore, yellowfin	대서양, 태평양, 인도양	연중	10~60kg(최대 250kg)	지느러미의 끝부분은 노란색이고 몸통은 방추형이다. 머리는 작고 등은 짙은 청색이며 살은 밝은 분홍색이다.
가다랑어 bonite à ventre rayé, listao	가스코뉴 만, 대서양, 태평양, 인도양	7월~8월	5~20kg(최대 25kg)	측면과 배에 4~5개의 짙은 색 줄무늬가 있다.
날개다랑어 germon, thon blanc	가스코뉴 만, 대서양, 태평양, 인도양	5월~10월	4~10kg(최대 80kg)	등은 짙은 청색이고 배는 은빛이 나는 흰색이다. 가슴지느러미가 길고 살은 흰색이며 연하다.
눈다랑어 thon obèse, patudo	대서양, 태평양, 인도양	연중	80~90kg(최대 250kg)	몸통이 통통하며 눈이 크다.
참다랑어 thon rouge, bluefin tuna	지중해, 대서양, 태평양, 인도양	5월~9월	140~250kg(최대 700kg)	다랑어 중 가장 큰 어종으로 가슴지느러미가 매우 짧고 살은 붉은색이다.

진 뒤 식힌다. 약간의 올리브오일을 넣고 데쳐 가늘게 썰어둔 작은 오징어 100g과 베이컨 라르동 60g을 함께 볶은 뒤 소금, 후추로 간한다. 오래 숙성한 와인 식초와 소금, 후추, 올리브오일을 섞어 비네그레트 소스를 만든다. 참치를 5mm의 두께로 슬라이스하여 접시 당 다섯 조각씩 담는다. 참치 슬라이스 위에 얇게 썬 보타르가(총 30g을 준비한다)를 한 조각씩 올린다. 참치 양쪽에 오징어를 놓고, 비네그레트 소스로 드레싱한 허브(딜, 처빌, 차이브)를 곁들인다. 참치 위에 플뢰르 드 셀과 굵게 부순 통후추 조금 뿌린다.

자크 토렐(JACQUES THOREL)의 레시피

rouelle de thon aux épices et aux carottes 루엘 드 통 오 제피스 에 오 카로트

향신료와 당근을 넣은 참치 요리 : 코코트 냄비에 버터를 달군 뒤 둥글게 슬라이스한 1kg짜리 참치 한 덩어리를 놓고 각 면을 노릇하게 색을 낸다. 껍질을 벗기고 세로로 등분한 토마토 6개, 껍질을 벗긴 줄기양파 10개, 껍질을 벗긴 뒤 동그랗게 썬 당근 1kg을 참치 둘레에 넣어준다. 흰색 닭 육수 500mℓ를 붓고 생강 10g, 강판에 간 넛멕 1자밤, 계핏가루 1/2티스푼, 사프란 꽃술 4줄기, 커민가루 1/2티스푼, 소금을 넣는다. 뚜껑을 덮고 끓을 때까지 가열한다. 불을 줄인 뒤 1시간 동안 뭉근히 익힌다. 매우 뜨겁게 서빙한다.

tartare de thon ▶ TARTARE

히사유키 타케우치(HISAYUKI TAKEUCHI)의 레시피

tataki de thon gras 타타키 드 통 그라

참치 뱃살 타타키 : 준비: 25분 / 조리: 15초

마타리 상추(콘샐러드) 한 팩, 신선한 소렐 한 줌을 씻어 물기를 뺀다. 팬을 달군 뒤 직사각형으로 자른 참치 뱃살(토로) 400g짜리 한 덩어리를 놓고 기름 없이 각 면을 고루 지진다. 간을 하지 않는다. 참치의 표면만 익어 하얗게 색이 변하고 안은 아직 날것으로 남은 상태로 불에서 내린다. 얄팍하게 슬라이스해 사각 접시에 놓는다. 샐러드를 곁들여 담는다. 시소 오일을 전체에 고루 뿌린 다음 간장 한 테이블스푼을 첨가한다. 소금, 후추를 뿌린다.

thon en daube à la provençale 통 앙 도브 아 라 프로방살

프로방스식 참치 도브 : 둥글게 슬라이스한 참다랑어 한 덩어리에 안초비 필레를 군데군데 찔러 넣는다. 올리브오일, 레몬즙, 소금, 설탕을 혼합한 양념액에 1시간 재운다. 올리브오일을 두른 팬에 참치를 넣고 노릇하게 지진다. 기름에 볶은 다진 양파 1개분, 껍질을 벗기고 씨를 제거한 뒤 잘게 썬 토마토 큰 것 2개, 찧은 마늘 1톨, 부케가르니를 첨가한다. 뚜껑을 덮고 15분 정도 익힌 뒤 화이트와인 150mℓ를 붓고 오븐에서 40분간 더 익힌다. 중간중간 국물을 끼얹어준다. 참치를 건져 물기를 빼고 원형 접시에 담는다. 남은 소스를 졸여 참치에 끼얹는다.

장 이브 슐링어(JEAN-YVES SCHILLINGER)의 레시피

thon rouge mariné au wasabi et gingembre frais 통 루즈 마리네 오 와사비 에 쟁장브르 프레

고추냉이와 생강에 재운 참다랑어 타르타르 : 작은 주사위 모양으로 썬 신선 참다랑어 300g에 잘게 썬 양파, 신선한 생강 20g, 강판에 간 와사비 10g, 올리브오일 4테이블스푼, 셰리와인 식초 1테이블스푼, 소금, 후추를 넣고 잘 섞는다. 간을 조정한다. 소고기 콩소메 100mℓ에 와사비 가루 5g을 넣고 뜨겁게 데운 뒤 간을 맞추고 식힌다. 우묵한 접시에 링을 놓고 참치를 채운 뒤 링을 제거한다. 식힌 와사비 향 콩소메를 참치 둘레에 조심스럽게 붓는다. 샐러드 채소에 드레싱을 한 다음 참치 타르타르 위에 얹는다. 잘게 부순 얼음을 밑에 깐 다음 참치 타르타르를 놓으면 더욱 좋다.

tomates farcies froides au thon ▶ TOMATE

크리스티앙 파라(CHRISTIAN PARRA)의 레시피

ventrèche de thon des pêcheurs du Pays basque 방트레슈 드 통 데 페쇠르 뒤 페이 바스크

페이 바스크 어부들의 참치 뱃살 구이 : 양쪽 면의 껍질을 모두 벗긴 참치 뱃살 600g짜리 한 덩어리를 준비한 다음 균일한 크기의 4조각으로 슬라이스한다. 스위트 양파 200g의 껍질을 벗겨 얇게 썬 다음 올리브오일을 두른 팬에 볶는다. 작은 청고추 200g을 길게 갈라 씨를 제거한 뒤 3cm 길이로 썰어 팬에 넣는다. 약한 불에서 5분간 볶은 뒤 다진 마늘 2톨과 기름기가 조금 있는 바욘 햄 슬라이스 50g을 넣고 1분간 더 익힌다. 에스플레트 고춧가루와 고운 소금을 넣어 간을 한다(햄이 짭짤하므로 이를 감안해 소금 양을 조절한다). 올리브오일 1테이블을 달군 팬에 참치 뱃살을 넣고 각 면을 센 불에서 1분씩 지진다(이 부위의 참치는 레어로 익혀 먹는 것이 가장 맛있다). 접시 바닥에 가니시를 담고 참치 뱃살을 올린다. 참치 위에 약간의 플뢰르 드 셀, 매우 좋은 품질의 올리브오일과 발사믹 식초를 한 바퀴씩 둘러준다. 다진 차이브를 조금 뿌려 서빙한다.

후안 마리 아르작(JUAN MARI ARZAK)의 레시피

ventrêche de thon à la sarriette et arêtes mentholées 방트레슈 드 통 아 라 사리예트 에 아레트 망톨레

세이보리 소스와 멘톨 향 가시를 곁들인 참치 뱃살 요리 : 4인분

참치 뱃살 400g을 훈연기 안에 넣어 4분간 살짝 훈제한다. 껍질 부분이 아래로 오도록 놓고 그릴팬에 구운 뒤 껍질을 벗겨둔다. 소스를 만든다. 우선 볶은 땅콩 25g, 구운 아몬드 25g, 올리브오일 4~5테이블스푼, 기름에 노릇하게 볶은 구운 양파 10g, 기름에 튀기듯 지진 빵 10g, 민트 잎 3장, 소금, 생강가루를 모두 합해 분쇄기로 간 다음 체에 곱게 긁어내린다. 참치 뱃살에 소스를 바르고 땅콩 가루를 묻힌 뒤 살라만더 그릴에 구워 마무리한다. 팬에 양파 2개, 리크 1줄기, 청피망 반 개를 얇게 썰어 넣고 캐러멜라이즈될 때가지 볶는다. 여기에 로즈힙 잼 15g을 첨가하고 소금, 후추, 계핏가루를 넣어 양념한다. 냄비에 리크 2줄기, 감자 1개, 소금, 올리브오일 몇 방울로 육수를 만든다. 육수가 만들어지면 100mℓ를 덜어내 세이보리 잎 2g을 넣고 향을 우린다. 체에 거른 뒤 남은 육수와 섞고 여기에 오렌지즙 75mℓ를 첨가한다. 엑스트라버진 올리브오일 35mℓ를 넣으며 잘 섞어준다. 소스가 균일하게 혼합되면 타피오카 펄 15g을 넣고 이 알갱이들이 투명해질 때까지 끓인다. 소금, 설탕, 생강을 넣어 간한다. 올리브오일 2테이블스푼과 멘톨 향 1방울을 섞어둔다. 올리브오일 100mℓ에 참치 가시 4개를 튀긴 뒤 멘톨향 오일을 발라준다. 접시 중앙에 로즈힙 잼을 넣은 채소 볶음을 깔아준 다음 그 위에 슬라이스한 참치 뱃살 조각들을 세워 담는다. 멘톨오일 바른 가시들을 사이사이 찔러 넣는다. 타피오카 펄을 넣은 세이보리 소스를 첨가한다.

vitello tonnato ▶ VEAU

THUILLIER (RAYMOND) 레몽 튈리에 프랑스의 요리사(1897, Chambéry 출생—1993, Maussanne 타계). 아르데슈 지방 프리바(Privas) 역에서 구내식당을 운영했던 그의 어머니는 아들에게 “너는 절대로 이 노예 같은 일을 하지 말아라”고 늘 이야기했지만 어느 사이에 그의 마음엔 요리에 관한 흥미가 싹트고 있었다. 보험 중개사로 일을 시작한 그는 유니옹 비(Union Vie)라는 보험 회사의 간부가 되었다. 하지만 요리에 대한 사랑은 그를 떠나지 않았다. 1938년 그는 보(les Baux)의 폐허가 된 동네의 기슭에서 15세기의 한 저택을 발견한다. 이곳을 자신의 은둔지로 삼은 그는 1945년 레스토랑 우스토 드 보마니에르(L'Oustau de Baumanière)를 열었다. 오너 셰프로서 각계 유명 인사들을 자신의 식당에서 맞이하며 요리에 전념하는 한편 그는 보 드 프로방스의 지역 발전에 이바지했고 마침내 이 마을의 시장이 되었다. 작가 프레데릭 다르(Frédéric Dard)는 “보마니에르는 단순히 호텔이자 식당이 아니다. 이것은 하나의 보상이다.”라는 글을 남기기도 했다. 알피유(Alpilles)산에서 키운 양 뒷다리에 크러스트를 씌워 오븐에 구운 요리, 타프나드를 곁들인 노랑촉수 구이 등의 요리는 1954년 그에게 미슐랭 가이드의 별 셋을 부여하기에 충분한 가치가 있었다. 그는 이 별들을 1990년까지 유지했다. 이 레스토랑과 같은 해에 태어난 손자 장 앙드레 샤리알(Jean-André Charial)은 독학으로 요리를 익혔고 현재 그의 뒤를 이어 식당을 운영하고 있다.

THURIÈS (YVES) 이브 튀리에 프랑스의 파티시에(1938, Lempault 출생). 타른에서 작은 빵집을 운영하던 가정에서 태어난 그는 콩파뇽 뒤 투르트 프랑스(compagnon du tour de France)의 일원으로 전국을 돌며 제과 실습 및 경력을 쌓았으며 가이약에서 제과 장인으로 활동했다. 프랑스 국가 명장 파티시에 타이틀을 획득한 그는 여러 권으로 이루어진 프랑스 제과 교본을 저술하였고, 이는 아직도 많은 이들에게 훌륭한 참고서적으로 통한다. 코르드에 정착한 그는 세 곳의 호텔과 여러 개의 업장을 관리하고 있으며, 자신의 이름을 제목으로 내건 요리 잡지 튀리에 매거진

을 발간하고 있다. 유명 레스토랑 르 그랑 테퀴에(le Grand Écuyer)도 그가 운영하는 곳이다. 또한 그는 코르드 쉬르 시엘(Cordes-sur-Ciel)에 설탕 공예 박물관을 설립하였으며 이곳에 크로캉 드 코르드(croquants de Cordes)라는 이름의 전통 아몬드 쿠키를 만들어볼 수 있는 아틀리에도 개설했다.

THYM 탱 타임. 꿀풀과에 속하는 여러해살이 방향성 식물로 회색빛을 띤 녹색의 작은 잎을 갖고 있다(**참조** p.451~454 향신 허브 도감). 주 품종으로 두 가지를 꼽을 수 있는데 하나는 세르폴레(serpolet)라는 이름으로도 불리는 남프랑스 품종(méridionale, 야생 타임)이고 다른 하나는 겨울 타임(thym dhiver), 독일 타임(thym allemand), 또는 파리굴(farigoule)이라고도 불리는 품종(Thymus vulgaris)으로 더 키가 크고 잎이 더 넓으며 쌉싸름한 맛이 더 강하다. 레몬 타임(thym citron, T. citriodorus) 또한 다양한 요리에 산뜻한 향을 내는 용도로 많이 쓰인다.

■ **사용.** 타임은 향이 매우 좋고 살균 효능을 가진 에센셜 오일 티몰(thymol)을 함유하고 있다. 요리의 기본 향신 허브 중 하나인 타임은 생으로 혹은 말려서 단독으로 사용하거나 부케가르니를 만드는 데 넣는다. 주로 포토푀, 포테, 카술레, 시베, 도브, 뫼레트 소스, 뵈프 부르기뇽, 오븐에 굽는 생선 요리 등에 들어가며, 특히 생타임은 스크램블드 에그, 샐러드, 토마토 소스, 렌틸콩 등의 맛을 돋우는 향신 허브로 많이 사용된다. 또한 향을 우려내 차로 마시거나 요리에 사용하는 침출액을 만들 수 있으며 가정에서 담그는 리큐어용으로 사용되기도 한다.

▶ 레시피 : CROÛTON, NAGE, SOLE.

TIAN 티앙 프로방스 지방에서 흙으로 구운 그릇(접시, 넓고 우묵한 대접 또는 손잡이가 없는 사발)을 뜻하는 용어로 더 확장된 의미로는 이 용기에 조리한 음식을 지칭하기도 한다. 일반적으로 토기 바닥에 다진 양파를 깐 다음 얇게 썬 채소들(가지, 주키니 호박 등)을 교대로 켜켜이 올리고 올리브오일과 프로방스 허브를 뿌려 오븐에 구운 요리가 이에 해당한다. 티앙은 주로 생선, 가금류나 고기 로스트에 가니시로 곁들이지만, 하나의 일품 요리로 서빙하기도 한다.

TIÉ BOU DIÉNÉ 티에 부 디에네 티에부디엔, 톄부 뎬. 생선과 쌀로 이루어진 요리로 세네갈의 국민 음식이다. 주로 기름기가 적은 담백한 생선(도미, 민대구, 붕장어, 도미, 유럽 메를루사 등)을 토막 내어 사용하며 경우에 따라 파슬리, 고추와 함께 다진 양파로 속을 채우기도 한다. 이 생선을 낙화생유에 노릇하게 지진 뒤 미리 기름에 볶아 고추, 후추, 타마린드로 양념해둔 각종 채소(가지, 가늘게 썬 양배추, 순무, 양파, 고구마, 토마토 등) 위에 올린다. 여기에 말린 생선이나 조개를 넣고 뭉근하게 익힌다. 티에부디엔은 증기에 쪄서 익힌 쌀밥을 곁들이며, 생선을 익히고 남은 소스를 따로 담아 서빙한다.

TILAPIA 틸라피아 시클리드과에 속하는 민물생선으로 원산지는 아프리카이며 여러 종이 존재한다. 틸라피아는 몸통이 납작하고 녹색 바탕에 진한 색 띠 무늬가 세로로 나 있다. 현재 세계에서 두 번째로 많이 양식되는 어종으로 백여 개국에서 연간 약 170만 톤이 생산되며 이 중 아시아가 80%를 차지한다. 틸라피아는 대부분 초식성 어종으로 양식이 매우 쉽고 성장속도도 빨라 16개월 만에 길이 40cm, 무게 1kg 정도로 자란다. 양식 외에 낚시로 잡는 자연산 틸라피아도 있다. 틸라피아는 신선 또는 냉동제품으로 유통되며 주로 껍질을 벗긴 필레로 조리한다. 가시가 거의 없는 흰색 살은 매우 인기가 좋으며 구이, 파피요트, 뫼니에르 등 다양한 방식으로 요리한다.

TILLEUL 티욀 피나무. 아욱과에 속하는 나무로 광택이 나는 잎을 갖고 있으며 향이 아주 진한 꽃은 말려서 차로 우려내 마시거나 각종 크림 디저트, 아이스크림, 앙트르메에 넣어 향을 낸다. 흔한 경우는 아니지만 요리에서 향신 허브처럼 사용되기도 한다. 특히 티욀 차는 진정효과와 경련 치료 효능이 있는 것으로 알려져 있다. 가장 향이 좋은 티욀 꽃은 드롬(Drôme)산으로 이곳에서는 옛날에 티욀 꽃으로 라타피아(ratafia, 과실 리큐어의 일종)를 만들기도 했다. 티욀 꿀은 매우 진한 향을 갖고 있다.

TILSIT 틸지트 소젖으로 만드는 스위스의 치즈(지방 45%)로 장크트갈렌(Sankt Gallen)주와 투르가우(Thurgau)주에서 생산되며 솔질하여 세척한 외피를 갖고 있는 비가열 압착 치즈다(**참조** p.400 외국 치즈 도표). 틸지트는 지름 35cm, 두께 7~8cm의 작은 맷돌형으로 무게는 약 4~5kg이다. 4개월 이상 숙성된 것은 파르메산 치즈처럼 사용된다. 지하 저장고의 냄새가 강한 이 치즈는 과일향의 풍미를 지니고 있다.

TIMBALE 탱발 더운 애피타이저로 서빙하는 크루스타드의 일종으로 미리 따로 구워낸 우묵한 원형 크러스트 안에 소스에 버무린 속 재료를 채워 넣은 것이다. 이 크러스트는 주로 가장자리에 무늬를 내어 자르거나 커팅 틀로 도려낸 문양 조각들을 붙여 장식한다. 안에 채워 넣는 재료는 볼로방이나 부셰와 동일하다. 다양한 살피콩, 잘게 썬 채소나 리소토 등을 다리올 틀에 넣어 모양을 만든 뒤 뒤집어 틀을 제거한 것 또한 탱발이라고 부른다. 이들은 주로 애피타이저로 서빙하거나 주 요리에 가니시로 곁들인다. 탱발 중에는 디저트로 만든 것도 있다. 큰 사이즈의 크러스트를 미리 따로 구워낸 다음 데친 살구와 마지팬, 다양한 과일, 체리와 샹티이 크림 등을 채워 넣은 것, 또는 개인용 사이즈의 작은 크러스트 안에 아이스크림이나 각종 디저트 크림, 과일 등을 채워 넣은 것을 예로 들 수 있다.

croûte à timbale garnie : préparation ▶ CROÛTE

TIMBALES SALÉES 짭짤한 탱발 요리

petites timbales d'entrée 프티트 탱발 당트레

애피타이저용 작은 탱발 : 다리올 틀에 버터를 바르고 얇게 썬 송로버섯이나 붉은 염장 우설 또는 살코기 햄으로 모양을 잘라내 대주거나 다진 송로버섯 또는 염장우설을 뿌려 놓는다. 곱게 간 닭고기나 생선 스터핑 혼합물, 기름에 볶은 쌀밥, 브뤼누아즈로 아주 잘게 썬 채소 등을 준비한 다리올 바닥과 내벽에 0.5cm 두께로 고르게 한 켜 깔아준다. 틀 가운데에 식힌 살피콩 또는 바르케트용 소 재료를 채워 넣는다. 틀 바닥과 내벽에 발라준 소와 비슷한 혼합물로 한 겹 발라 덮은 다음 오븐에서 중탕으로 15~18분간 굽는다. 오븐에서 꺼내 잠시 휴지시킨 뒤 틀을 제거한다. 접시에 직접 대고 뒤집어 담거나 버터에 지진 원형 식빵 크루통 위에 놓는다. 또는 속을 파낸 아티초크 속살 밑동에 담아내기도 한다. 해당 탱발의 주재료와 어울리는 소스를 함께 서빙한다.

petites timbales à la piémontaise 프티트 탱발 아 라 피에몽테즈

피에몬테식 작은 탱발 : 다리올 틀에 버터를 바른 뒤 잘게 썬 붉은 염장우설 살피콩을 바닥과 내벽에 깔아준다. 사프란 리소토에 화이트 트러플(흰 송로버섯)을 아주 가늘게 채 썰어 섞은 다음 틀에 채워 넣는다. 오븐에서 10~15분간 익힌다. 꺼내서 5분간 휴지시킨 뒤 틀을 제거한다. 메추리 요리 또는 꼬치에 꿰어 구운 작은 새 구이에 가니시로 곁들여낸다.

timbale de pâtes à la bolognaise 탱발 드 파트 아 라 볼로네즈

볼로네제 파스타 탱발 : 마카로니 파스타, 다진 마늘과 샬롯을 넣고 볶아낸 버섯, 다진 파슬리, 아주 작은 주사위 모양으로 썰어 뜨거운 버터에 슬쩍 볶아낸 햄, 기호에 따라 강판에 간 화이트 트러플 약간을 잘 섞은 뒤 틀에 채워 파스타 탱발을 만든다. 볼로네제 소스를 첨가한 뒤 뜨겁게 데운다. 가늘게 간 파르메산 치즈를 곁들여낸다. 또는 치즈를 얹은 뒤 오븐에 그라티네하여 서빙한다.

timbale de queues d'écrevisse Nantua 탱발 드 크 데크르비스 낭튀아

낭튀아 소스 민물가재 탱발 : 높이가 낮은 탱발 크러스트를 만들어 구워낸다. 잎사귀 모양을 본뜬 크러스트 뚜껑도 함께 만들어 준비한다. 버터를 두른 팬에 민물가재 60마리를 넣고 볶는다. 미리 익혀둔 채소 미르푸아 2테이블스푼을 넣고 함께 볶아준다. 민물가재의 색이 붉게 변하면 뚜껑을 덮고 불 가장자리로 뺀 다음 10분 정도 둔다. 중간중간 뒤적이며 볶아준다. 민물가재 껍데기를 벗기고 살만 작은 냄비에 넣는다. 곱게 간 명태살에 민물가재 버터를 섞은 소로 만든 작은 크넬 20개, 홈이 팬 무늬로 돌려 깎은 뒤 하얗게 익힌 양송이버섯 작은 것 15개, 얇게 슬라이스한 송로버섯 100g을 함께 넣어준다. 버섯 익힌 국물을 몇 방울 첨가한 뒤 가열해 뜨겁게 유지한다. 민물가재의 껍데기와 대가리 등 남은 부분을 모두 분쇄한 다음 고운 체에 긁어내린다. 이 퓌레를 크림 소스 400㎖와 섞은 뒤 면포에 거른다. 끓지 않도록 주의하며 데운다. 불에서 내린 뒤 버터 100g을 넣고 잘 휘저어 섞어준다. 이 소스를 민물가재 가니시 혼합물에 넣고 잘 섞는다. 서빙 바로 전, 이 혼합물을 탱발 크러스트 안에 채워 넣는다. 얇게 슬라이스한 짙은 검은색의 송로버섯을 빙 둘러 얹어 장식한다. 준비해둔 크러스트 뚜껑을 덮은 뒤 모양내어 접은 냅킨을 깐 접시에 담아 서빙한다.

timbale de sandre aux écrevisses et mousseline de potiron 탱발 드 상드르 오 제크르비스 에 무슬린 드 포티롱

민물가재를 넣은 민물농어 탱발과 서양 호박 무슬린 : 민물가재 500g을 쿠르부이용에 5분간 익힌 뒤 껍데기를 까둔다. 감자 200g과 주황색 서양 호박 400g의 껍질을 벗긴 뒤 소금물에 30분 정도 삶아 건진다. 이것을 채소 그라인더(푸드밀)에 넣고 돌려 간 다음 다시 약한 불에 올려 주걱으로 저어주며 수분을 날린다. 리크 1.5kg을 씻어 가늘게 채 썬다. 이 중 1/4을 아주 뜨거운 기름(180°C)에 튀겨낸 뒤 키친타월에 놓고 기름을 제거한다. 나머지 리크는 끓는 물에 넣어 아삭하게 데쳐낸 다음 찬물에 식혀 건진다. 이것을 버터와 함께 팬에 넣고 색이 나지 않게 볶는다. 더블 크림 150mℓ, 소금, 갓 갈아낸 통후추를 첨가한다. 10분 정도 약한 불로 익힌다. 푸드 프로세서 볼에 민물농어 살 400g을 넣고 중간 속도로 분쇄한다. 계속 기계를 작동시키면서 소금, 후추, 달걀흰자 2개분, 멸균 액상 크림 350mℓ를 넣어 혼합해 무스를 만든다. 지름 9cm짜리 탱발 틀에 버터를 바른 뒤 이 생선 무스를 틀 바닥과 내벽에 한 켜 발라준다. 민물가재 살과 서양 호박 무슬린을 틀 가운데에 채워 넣는다. 생선 무스로 빈틈을 모두 메꾼다. 150°C로 예열한 오븐에서 중탕으로 30분간 익힌다. 각 접시에 탱발을 한 개씩 담은 뒤 크림을 넣은 리크를 윗면에 한 켜 덮어준다. 그 위에 튀긴 리크를 소복하게 올린 다음 처빌 잎으로 장식한다.

옛날 레시피

timbales Agnès Sorel 탱발 아녜스 소렐

아녜스 소렐 탱발 : 다리올 틀 12개에 버터를 바른다. 송로버섯과 익힌 염장우설을 각각 아주 곱게 다진 뒤 다리올 틀 중 반은 송로버섯, 나머지 반에는 염장우설을 모래처럼 비비듯이 뿌려 고루 깔아준다. 크림을 넣고 곱게 간 닭고기 소 500g을 만든 뒤 수비즈 퓌레를 몇 스푼을 넣어 걸쭉한 농도로 혼합한다. 이것을 틀의 바닥과 내벽에 한 켜 발라준다. 잘게 썬 가금육과 송로버섯 살피콩을 진하게 졸인 마데이라 와인 소스로 버무린 뒤 틀 가운데 빈 공간에 채워 넣는다. 맨 위에 닭고기 소를 한 켜 발라 봉한다. 소테팬에 다리올 틀을 모두 나란히 놓고 중탕으로 12~15분간 익힌다. 서빙 시, 틀을 제거하고 접시에 담는다. 나머지 마데이라 와인 소스는 소스 용기에 따로 담아낸다.

TIMBALES SUCRÉES 달콤한 디저트 탱발

timbale Brillat-Savarin 탱발 브리야 사바랭

브리야 사바랭 탱발 : 샤를로트용 틀에 브리오슈 반죽을 넣어 구워낸 뒤 바닥과 옆 둘레 벽을 1cm 정도만 남기고 속을 파내 탱발 모양으로 만든다. 크렘 파티시에를 만든 다음 잘게 부순 마카롱 과자를 넣어준다. 서양 배를 세로로 등분해 바닐라를 넣은 설탕 시럽에 익힌다. 살구잼에 키르슈를 조금 넣고 가열해 녹인다. 이것을 탱발 안쪽 면에 바른 다음 오븐에 몇 분간 굽는다. 탱발 안에 크렘 파티시에와 시럽에 졸인 서양 배 조각을 교대로 한 켜씩 쌓아 채운다. 맨 윗면은 서양 배로 마무리한다. 당절임 과일을 얹어 장식한 다음 오븐 입구에 놓고 따뜻하게 데운다. 살구 소스를 곁들인다.

TIMBALE (USTENSILE) 탱발(도구) 은도금 금속 또는 은으로 만든 손잡이가 없는 컵으로 탄생 축하 또는 세례식 선물로 많이 사용된다. 탱발은 양철로 된 운두가 높고 위가 약간 벌어진 원통형 틀을 지칭하기도 한다. 이 틀은 주로 곱게 간 스터핑 혼합물, 고기, 가금육, 파스타 등의 다양한 음식을 넣어 익히는 데 사용된다. 또한 탱발은 채소를 서빙하는 우묵한 용기인 레귀미에(légumier)처럼 식탁 서빙용으로 사용되는 그릇을 지칭하기도 하며 여기에는 각종 채소, 스크램블드 에그, 스튜 등을 담아낸다.

TIRAMISU 티라미수 1970년대에 처음 만들어진 이탈리아의 디저트로 드라이한 마르살라 와인이나 아마레토를 넣은 진한 커피에 적신 레이디핑거 비스킷과 달걀(노른자와 거품 낸 흰자)과 혼합한 마스카르포네 치즈 크림을 층층이 쌓아 만든다.

피에르 에르메(PIERRE HERMÉ)의 레시피

tiramisu 티라미수

티라미수 : 8인분 / 준비: 25분 / 조리: 약 8분

하루 전날, 커피 200mℓ를 아주 진하게 만들어 식힌다. 달걀흰자 4개분을 휘저어 부드러운 거품을 낸다. 그동안 설탕 90g에 물 30mℓ를 넣고 정확히 3분간 끓인다. 달걀흰자를 거품기로 계속 저으면서 이 뜨거운 시럽을 천천히 가늘게 흘려 넣는다. 완전히 식을 때까지 계속 거품기로 휘저어 섞는다. 마스카포네 치즈 250g과 달걀노른자 4개를 거품기로 섞은 뒤 거품 낸 흰자를 넣고 주걱으로 살살 섞어준다. 레이디핑거 비스킷 20개를 커피에 살짝 적신다. 약 19×24cm 크기의 직사각형 그라탱 용기에 레이디핑거 비스킷을 한 켜로 깐 다음 드라이한 마르살라 와인 40mℓ를 고루 뿌린다. 마스카포네 크림의 절반으로 덮어준다. 그 위에 밀크 초콜릿 90g을 강판으로 갈아 고루 뿌린다. 다시 비스킷, 마르살라 와인, 마스카르포네 크림 순서로 한 층씩 더 쌓아 마무리한다. 다음 날까지 냉장고에 넣어둔다. 서빙 시, 코코아 가루를 체에 치며 티라미수 위에 솔솔 뿌린다.

TIRE 티르 캐나다의 당과류의 하나로 17세기에 누벨 프랑스(Nouvelle-France) 최초의 학교를 열기 위해 프랑스 트루아를 떠난 마르그리트 부르주아(Marguerite Bourgeoys)가 처음 만들었다. 어린 원주민 소녀들의 호감을 사기 위해 그녀는 첫눈이 내린 날 당밀로 만든 시럽을 눈 위에 부어 차갑게 식혔다. 이날은 11월 25일이었고, 티르는 성 카트린(Sainte-Catherine) 축일의 전통 음식으로 남게 되었다.

tire à la mélasse 티르 아 라 멜라스

당밀 티르 : 냄비에 설탕 1.5kg, 당밀 500mℓ, 물 500mℓ를 넣고 베이킹소다 1자밤을 첨가한다. 설탕이 완전히 녹을 때까지 약한 불로 가열한다. 버터 50g을 넣어 섞는다. 나무 주걱으로 가장자리를 잘 긁어준다. 시럽 혼합물 한 방울을 찬물에 넣었을 때 단단한 방울이 형성될 때까지 젓지 않고 끓인다. 바닐라 에센스 10mℓ를 첨가한다. 버터를 바른 정사각형 틀에 붓고 식힌다. 버터를 바르거나 밀가루를 묻힌 손으로 혼합물이 뽀얀 색이 될 때까지 잡아 늘이기를 반복한다. 사방 2cm 크기로 잘라 유산지로 하나씩 포장한다.

TIRE-BOUCHON 티르 부숑 코르크 마개 오프너, 와인 오프너. 병 입구를 박아둔 코르크 마개를 빼내기 위해 사용하는 도구. 가장 클래식한 모델은 둥글거나 평평한 헤드가 달린 T자 모양의 나선형 스크루 형태이다. 이 외에도 매우 다양한 모델이 존재한다. 병목 보호용 프레임이 장착되어 있는 것도 있고, 어떤 것들은 지렛대 형태 혹은 이를 양쪽에서 누르도록 되어 있어 힘을 덜 들이고 병이 흔들리는 것을 최소화하면서 마개를 빼낼 수 있다. 리모나디에(limonadier)라고 불리는 와인 오프너는 병따개와 와인 병 캡슐을 잘라내기 위한 작은 칼날이 장착되어 있다. 또 다른 형태의 와인 오프너인 빌람(bilame)은 길이가 다른 두 개의 얇고 긴 날을 병 입구와 코르크 마개 사이 양쪽에 삽입해 위로 뽑아내는 방식으로 코르크에 구멍을 뚫지 않고 와인 병을 딸 수 있다.

TIRE-LARIGOT (À) (아) 티르 라리고 많이 또는 과도하게 라는 뜻으로 술을 진탕으로 많이 마시는 것을 뜻하는 친근한 표현이다. 16세기에 작가 롱사르(Ronsard)와 라블레(Rabelais)가 이 표현을 이미 사용했다.

TISANE 티잔 허브 티. 허브 또는 말린 식물을 우려낸 것으로 차로 뜨겁게 그대로 또는 설탕을 조금 넣어 마신다. 허브 티용 허브나 식물에는 특히 활력을 증진하고 진통 효과가 있는 아니스, 신경통, 두통, 발열성 통증에 효과적인 로만 캐모마일, 진정 효과가 있으며 특히 천식에 좋은 양귀비, 기침 완화 효과가 있는 금전초, 일부 경련과 불면증에 좋은 마조람, 어지러움, 두통, 수면장애를 개선하고 심장 박동수를 낮추는 데 효과가 있는 레몬밤, 생기와 활력을 증진시키는 민트, 발한, 이뇨 효능이 있으며 유행성 감기와 류머티즘에 효과가 좋은 메도스위트, 간에 좋은 로즈마리, 활력을 증진하고 위를 보호하며 소화 촉진 효과가 있는 세이지, 식물학자 린네의 주장에 따르면 기침을 완화하고 숙취에 효과가 있다는 크리핑 와일드 타임, 살균 효과가 있고 호흡기와 위에 좋은 타임, 경련을 완화하고 발한 작용을 돕는 피나무, 소화를 촉진하는 버베나, 진해거담 및 이뇨 효과가 있는 제비꽃 등이 모두 포함된다.

TISANIÈRE 티자니에르 허브 티를 우려내 직접 마실 수 있는 잔. 도기, 자기 또는 사기로 된 키가 큰 잔으로 내부에 거름망(여기에 찻잎을 넣고 끓는 물을 붓는다)이 갖춰져 있고, 같은 컵과 같은 재질로 만들어진 뚜껑이 있다.

TITRE ALCOOLOMÉTRIQUE 티트르 알콜로메트리크 알코올 도수. 20°C의 온도에서 알코올 혼합물에 포함된 순 알코올의 부피를 측정한 것이다. 이것은 %Vol.이라는 기호로 표시되며 주류 제품의 라벨 위에 명기해야 한다.

TIVOLI 티볼리 18~19세기의 화려한 조명 장식, 불꽃놀이, 마술 공연, 아이스크림과 시원한 음료 판매대 등을 즐길 수 있는 놀이공원이나 카페 업

Tomate 토마토

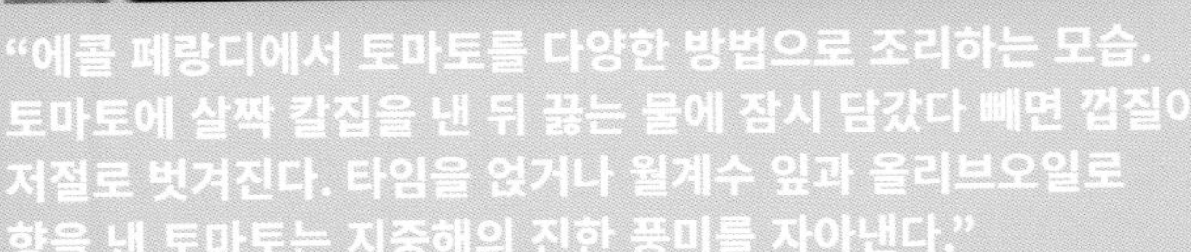

"에콜 페랑디에서 토마토를 다양한 방법으로 조리하는 모습. 토마토에 살짝 칼집을 낸 뒤 끓는 물에 잠시 담갔다 빼면 껍질이 저절로 벗겨진다. 타임을 얹거나 월계수 잎과 올리브오일로 향을 낸 토마토는 지중해의 진한 풍미를 자아낸다."

장 등에 붙였던 명칭으로, 16세기 로마에서 멀지 않은 티볼리에 지어진 유명한 빌라 데스테(Villa d'Este)의 정원과 분수대를 연상시키는 분위기로 이와 같은 이름을 따왔다. 파리에서는 1795년 생 라자르(Saint-Lazare) 지구의 옛 폴리 부탱(Folie-Boutin) 공원은 티볼리라는 이름으로 재정비되었고 폭죽 전문가 루지에리(Ruggieri)가 선보인 불꽃놀이로 활기를 되찾으면서 공포정치 시대(1792)가 막을 내린 후 유행의 장소가 되었다. 마찬가지로 루지에리의 불꽃놀이가 열리던 폴리 리슐리외(la Folie-Richelieu) 공원은 1811년부터 1826년까지 운영되었으며, 1848년까지 많은 사람들이 찾았던 생 마르탱(Saint-Martin) 외곽의 티볼리-복살(Tivoli-Vauxhall) 공원에는 영국에서 도입된 비둘기 사격장이 등장했다. 클래식 요리에서 티볼리는 서빙 사이즈로 잘라 조리한 고기 요리에 곁들이는 가니시 중 하나에 붙여진 이름으로, 작은 단으로 묶은 아스파라거스 윗동, 쉬프렘 소스로 버무린 닭 볏과 콩팥 살피콩을 구운 양송이버섯 갓에 채운 것으로 구성된다.

TOAD IN THE HOLE 토드 인 더 홀 구멍 안의 두꺼비라는 뜻을 지닌 영국의 대중 음식 중 하나로, 대개 팬에 지진 작은 생 돼지고기 소시지를 그라탱 용기에 드문드문 놓고 걸쭉한 크레프 반죽을 부은 뒤 뜨거운 오븐에 구워 만든다. 아주 뜨겁게 서빙한다.

TOAST 토스트 축배, 건배. 술을 마실 때 잔을 들어 올리며 누군가의 건강, 기업의 번영, 행사의 성공 등을 기원하는 짧은 말을 뜻한다.

TOAST (PAIN) 토스트(빵) 식빵 슬라이스를 토스터에 구운 것으로 아침식사나 티타임에 대개 버터와 잼을 발라 따뜻하게 먹는다. 경우에 따라 캐비아, 푸아그라, 훈제 생선 등에 곁들이기도 한다. 토스트 식빵은 더운 오르되브르로 서빙하는 다양한 스프레드 등의 혼합물을 얹어 먹는 용도로 사용되기도 한다. 구운 빵을 의미하는 영어 단어인 토스트는 옛날에 프랑스에서 향신료를 넣고 뜨겁게 데운 와인 잔 바닥에 넣어 먹던 구운 빵 슬라이스 토스테(tostée)에서 온 것이다.

TOFU 토푸 두부. 동부 아시아, 특히 일본에서 즐겨 먹는 기본 식재료 중 하나로 불린 대두를 갈아 끓여 체에 거른 뒤 응고제를 넣어 굳힌 식품이다.
■ **사용.** 두부는 특별한 맛은 없으며 식물성 단백질이 매우 풍부한 식품으로 일본에서는 그 조리법이 무려 수백 가지에 달한다. 새콤달콤하게 무친 채소와 해초 샐러드에 곁들이거나 작은 주사위 모양으로 썰어 국수에 넣기도 하며 잘게 부수어 버섯과 갖은 향신 재료를 넣고 스크램블드 에그처럼 익혀 먹기도 한다. 두부는 스키야키에 들어가는 재료 중 하나이며 생선이나 갑각류 해산물 요리, 전골, 장국에도 넣을 뿐 아니라 실파나 쪽파를 넣고 두부찜을 만들거나 동그랗게 빚어 튀기기도 한다. 미소 된장을 발라 꼬치에 꿰어 굽거나 그냥 잘라서 튀긴 뒤 곱게 간 생강을 넣은 간장에 찍어 먹기도 한다. 여름에는 쪽파, 가쓰오부시, 강판에 간 무, 통깨를 곁들인 냉두부 샐러드로 즐기며, 겨울에는 뜨겁데 데쳐 다시마를 곁들여 먹는다. 중국의 두부는 일본 것보다 더 단단한 편으로 주로 증기로 찐 음식이나 수프에 들어가며 주사위 모양으로 썰거나 얇게 슬라이스해 생선 요리에 곁들이기도 한다. 흰색 또는 다양한 천연 재료(강황, 녹차, 고추 등)를 넣어 색을 내고 단단하게 누른 두부는 채소와 함께 튀기거나 양념에 재워 조리한 음식에 부재료로 넣어준다. 냄새가 지독하기로 유명한 삭힌 두부(臭豆腐)는 주로 후추로 매콤한 맛을 돋우며 찹쌀밥과 전골 요리에 곁들여 먹는다. 베트남, 필리핀, 인도네시아, 한국에서도 두부를 즐겨 먹으며 말린 새우, 청주, 향신허브 등을 넣고 조리한다.

로랑스 살로몽(LAURENCE SALOMON)의 레시피

mille-feuilles de tofu mariné au carvi et tombée d'épinards, riz basmati aux échalotes 밀 푀유 드 토푸 마리네 오 카르비 에 통베 데피나르, 리 바스마티 오 제샬로트

캐러웨이를 넣어 재운 두부와 데친 시금치 밀푀유, 샬롯을 넣은 바스마티 라이스 : 4인분 / 준비: 60분 / 조리 30분

몇 시간 전, 바스마티 쌀 150g을 부피 두 배의 물에 담가 불린다. 시금치 600g을 씻어 물기를 빼지 않은 상태로 뚜껑을 덮고 10분 정도 익힌다. 시금치가 아삭할 정도로 익으면 건져 물을 꼭 짠 뒤 송송 썰고 소금으로 간한다. 두부를 약 8×4cm의 크기로 얇게 썰어 12조각을 준비한 다음 넓은 바트에 4조각을 깔아준다. 소량의 간장과 올리브오일을 가늘게 한 바퀴 두른 다음 캐러웨이 씨를 조금 뿌린다. 그 위에 시금치를 얇게 한 켜 얹은 다음 두부 네 조각으로 다시 덮어준다. 다시 간장, 올리브오일, 캐러웨이를 뿌린 뒤 시금치 한 켜, 마지막 두부 4조각을 얹는다. 간장과 올리브오일 몇 방울, 캐러웨이 씨를 뿌린다. 샬롯 4개의 껍질을 벗겨 얇게 썬 다음 올리브오일 2테이블스푼을 두른 팬에 살짝 노릇한 색이 나도록 볶는다. 소금으로 간한다. 쌀을 헹궈 건진 뒤 볶은 샬롯과 함께 냄비에 넣는다. 물 200mℓ에 채소 부이용 가루 1티스푼을 풀어준 다음 쌀에 붓는다. 뚜껑을 덮고 약 불에서 30분간 익힌다. 소금으로 간을 맞춘다. 오렌지 1개를 속껍질까지 칼로 한번에 잘라 벗긴 뒤 과육을 작게 자른다. 이것을 올리브오일 2테이블스푼, 카다멈 10알, 약간의 소금과 함께 블렌더에 넣고 갈아 혼합한다. 물을 아주 소량 첨가하며 유화해 스푼에 묻을 정도의 농도를 만든다. 두부 시금치 밀푀유를 4등분한 다음 170°C 오븐에서 10분간 굽는다. 그동안 각 접시에 시금치 몇 줄기와 속껍질까지 벗긴 오렌지 세그먼트 3조각을 담는다. 비정제 카놀라유로 살짝 드레싱한 뒤 카다멈 가루와 플뢰르 드 셀을 조금 뿌린다. 두부 밀푀유를 올리고 샬롯을 넣은 바스마티 라이스 2테이블스푼을 곁들여 담는다. 접시 위에 오렌지 에멀전 소스를 한 줄 뿌린다.

TOKÁNY 토카니 헝가리의 소고기 스튜. 이 요리는 굴라슈(goulache)나 파프리카슈(paprikache)만큼 파프리카가 중요한 역할을 하진 않는다. 돼지 기름을 녹인 팬에 가늘고 길쭉하게 썬 소고기와 양파를 넣고 센 불에서 볶은 뒤 물을 자작하게 붓고 뭉근히 끓인다. 후추와 마조람을 넣고, 기호에 따라 중간에 볶은 베이컨 라르동을 첨가하기도 한다. 마지막에 사워 크림을 넣어 섞는다.

TOKAY 토케 토카이(Tokaji) 와인. 세계적으로 유명한 헝가리의 스위트 화이트와인으로 헝가리 북부 토카이 헤기아이야(Tokaj-Hegyalja)의 카르파티아 산맥 지역에서 생산되며 주 포도품종은 푸르민트(furmint)다. 이 와인의 원산지 통제 명칭은 유럽연합 내에서 보호받고 있다.
– 매우 귀한 토카이 에센치아(tokaji eszencia)는 귀부병에 걸린 포도에서 선별한 알갱이인 아수(aszu)들을 햇볕에 말린 뒤 짜낸 순수한 즙이다. 이 포도알은 오크통에서 몇 년간 발효과정을 거친다. 이후 아수를 압착하여 으깬 페이스트에 일반 포도즙을 섞어 만든 와인을 토카이 아수(tokaji aszu)라고 하며 아수 포도가 많이 들어간 것일수록 가격이 높고 당도도 높다.
– 토카이 사모로드니(tokaji szamorodni)는 귀부병의 영향을 받지 않은 일반 포도로 만든다. 하지만 이 포도 중에는 과숙된 것들이 일부 포함되기도 하며, 언제나 알코올 도수가 높은 편이다.

TOKLAS (ALICE) 앨리스 토클라스 미국 출신으로 파리에서 활동한 작가로(1877, San Francisco 출생–1967, Paris 타계) 같은 미국인 여성 작가인 거트루드 스타인(Gertrude Stein)의 평생 동반자였다. 맛있는 음식을 소개한『쿡북(*Alice B. Toklas Cook Book*)』(1954)의 저자인 그녀는 이 책에서 피카소, 막스 자코브, 마티스, 아폴리네르, 헤밍웨이, 피츠제럴드와 같은 당대 예술, 문학계에서 활동하던 친구들을 위해 공들여 만들어 낸 요리 메뉴들을 회상하며 대부분 독창적인 추억의 레시피들을 하나하나 풀어낸다. 그녀의 요리 재능은 넘치는 유머 감각과 넉넉한 대접으로 더욱 돋보였다.

TÔLE 톨 오븐 팬. 오븐의 부속품 중 하나로 둘레가 아주 얕은 검은색의 금속판 형태다. 오븐에 굽는 모든 반죽, 파티스리나 요리의 혼합물, 스펀지 시트 및 구움 과자 등을 이 판 위에 올려 넣는다. 타르트나 갈레트 혹은 틀에 넣지 않은 파테 앙 크루트(쿨리비악, 팡탱) 등 또한 이 오븐 팬에 직접 놓고 구울 수 있다.

TOMATE 토마트 토마토. 가지과의 한해살이 식물로 살이 통통하고 즙이 많은 열매를 식용으로 소비한다. 토마토는 생으로 또는 익혀서 채소처럼 사용하며 소스나 또는 잼을 만드는 기본 재료가 되기도 한다. 토마토는 수분 함량이 매우 높고(93%) 열량이 매우 낮으며(100g당 20Kcal 또는 83.6kJ) 비타민 C(100g당 18mg)와 리코펜을 공급한다(**참조** p.857 토마토 도표, p.856 도감). 또한 식욕을 돋울 뿐 아니라 이뇨를 돕고 변비를 해소하며 청량함을 주는 식품으로 다소 새콤한 맛(구연산과 말산)과 단맛을 지니고 있다. 페루가 원산지인 토마토는 16세기에 스페인에 처음 수입되었으나 오랫동안 독성 식물로 여겨졌으며 18세기까지 관상식물로 취급되었다. 식품으로서의 효능을 발견하게 되면서 스페인, 나폴리 왕국, 이어서 이탈리아

북부와 프랑스 남부, 코르시카섬까지 토마토 재배가 확장되었다. 파리 지역과 프랑스 북부에는 1790년 이후에야 토마토가 많이 보급되었다. 재배 품종(약 600종)은 크기와 형태, 색, 맛, 씨의 유무에 따라 매우 다양하다.

■ **사용.** 신선한 토마토는 단단하고 살이 통통하며 윤기가 나고 주름이나 갈라진 곳이 없어야 한다. 또한 가능하면 색이 균일한 것이 좋다. 녹색이 아직 남아 있는 토마토는 더운 곳에 두면 쉽게 익어 붉게 변한다. 토마토는 바스크 지방, 스페인, 포르투갈, 이탈리아, 랑그독, 그리스, 터키 및 중동 지역 또는 프로방스 요리를 구성하는 기본 재료이며 이는 점차 대부분의 유럽 국가에 널리 퍼져 나갔다. 토마토는 쿨리, 콩카세 혹은 과육을 주사위 모양으로 자른 형태로 국물을 만들거나 가니시를 만들 때 넣는다. 특히 속을 채워 익히거나 생으로 다양한 샐러드에 넣기도 하고 차가운 요리의 장식용으로도 사용한다. 또한 카포나타, 샥슈카, 도브, 가스파초, 그라탱, 피자, 라타투이 등의 요리에는 빠질 수 없는 필수 재료다. 토마토는 마늘, 샬롯, 바질, 타라곤, 커민 등 향이 강한 양념이나 허브, 향신료들과 아주 잘 어울리며 올리브오일, 피망, 가지와의 조합은 매우 고전적이다. 참치, 염장대구, 정어리, 노랑촉수뿐 아니라 소고기, 송아지고기, 닭고기 또는 달걀과도 잘 어울린다. 그 외에도 토마토는 식초에 절이거나(주로 작고 둥근 것) 잼(붉은 토마토 또는 그린토마토), 소르베 등을 만들 수 있다.

confiture de tomate rouge ▶ CONFITURE
confiture de tomate verte ▶ CONFITURE
coulis de tomate (condiment) ▶ COULIS
filets de sole à la vapeur au coulis de tomate ▶ SOLE
fondue de tomate ▶ FONDUE DE LÉGUMES
gnocchis aux herbes et aux tomates ▶ GNOCCHIS
haricots à la tomate ▶ HARICOT À ÉCOSSER
macarons à la tomate et olive ▶ OLIVE
mille-feuille de tomate au crabe ▶ CRABE
pickles de chou-fleur et de tomate ▶ PICKLES
potage-purée de tomate ▶ POTAGE

pulpe de tomate fraîche 펄프 드 토마트 프레쉬

생토마토 펄프 : 싱싱하고 상처가 없는 완숙 토마토를 씻어 잘게 으깨 찧은 뒤 체에 긁어 내린다. 냄비에 넣고 5분간 끓인 뒤 면포에 걸러준다. 면포 위에 남은 걸쭉한 과육 펄프만 덜어낸다.

pressé de tête de veau aux tomates acidulées ▶ TÊTE
sauce tomate ▶ SAUCE
sorbet à la tomate ▶ SORBET

tomates farcies : préparation 토마트 파르시

속을 채운 토마토 만들기 : 중간 크기의 단단한 완숙 토마토를 균일한 크기로 준비한다. 꼭지 부분을 뚜껑처럼 동그랗게 잘라낸다. 작은 스푼으로 껍질이 뚫어지지 않도록 주의하며 씨를 제거한 뒤 가볍게 눌러 수분을 빼낸다. 조심스럽게 과육을 파내 소를 집어 넣을 공간을 만든다. 안쪽에 소금을 약간 뿌린 뒤 토마토의 수분이 완전히 빠지도록 면포 위에 뒤집어 놓는다. 기름을 바른 오븐용기에 토마토를 나란히 놓고 240°C로 예열한 오븐에서 5분간 굽는다. 다시 물기를 뺀 다음 준비한 소를 수북이 채워 넣는다.

tomates farcies chaudes bonne femme 토마트 파르시 쇼드 본 팜

속을 채워 오븐에 익힌 토마토 (본 팜 스타일) : 곱게 간 소시지 미트 250g, 잘게 썰어 버터에 투명하게 볶은 양파 75g, 갓 갈아낸 빵가루 2테이블스푼, 잎만 떼어내 다진 이탈리안 파슬리 깎아서 1테이블스푼, 껍질을 벗기고 끓는 물에 데친 뒤 으깬 마늘 2톨, 소금, 후추를 모두 혼합한다. 이 소를 토마토 6개에 고루 채워 넣는다. 빵가루를 얹고 식용유 또는 정제 버터를 한 바퀴 뿌린 뒤 220°C로 예열한 오븐에서 30~40분간 굽는다.

tomates farcies chaudes en nid 토마트 파르시 쇼드 앙 니

둥지 모양으로 달걀을 채운 토마토 : 속을 채울 수 있도록 준비한 토마토를 오븐에 미리 굽는다. 각 토마토 안에 달걀을 1개씩 깨어 넣고 소금 후추를 살짝 뿌린다. 그 위에 작게 자른 버터 한 조각을 올린 뒤 230°C로 예열한 오븐에 6분간 굽는다.

tomates farcies froides à la crème et à la ciboulette 토마트 파르시 프루아드 아 라 크렘 에 아 라 시불레트

크림과 차이브를 채운 차가운 토마토 : 더블 크림 200mℓ와 잘게 썬 차이브 2테이블스푼, 껍질을 벗긴 뒤 아주 곱게 다진 마늘 2~3톨, 식초 또는 레몬즙 2테이블스푼(또는 둘을 동량으로 섞은 것)을 섞는다. 소금과 후추로 간하고 카옌페퍼를 아주 소량 첨가한다. 속을 파낸 토마토 6개에 소금과 후추를 살짝 뿌린 뒤 오일을 1티스푼씩 넣는다. 면포 위에 뒤집어 놓고 적어도 30분 이상 물기를 완전히 뺀다. 준비한 재료로 속을 채우고 잘라둔 토마토 뚜껑을 다시 제자리에 올린 뒤 냉장고에 1시간 동안 넣어둔다.

tomates farcies froides au thon 토마트 파르시 프루아드 오 통

참치를 채운 차가운 토마토 : 필라프 라이스와 잘게 부순 통조림 참치 살을 동량으로 섞는다. 여기에 마요네즈(라이스와 참치 혼합물 4테이블스푼 기준 마요네즈 깎아서 1테이블스푼), 잘게 썬 허브, 작은 주사위 모양으로 썬 레몬 과육을 첨가하고 잘 섞는다. 이 소를 각 토마토에 채우고 블랙올리브를 한 개씩 올린 뒤 냉장고에 넣어둔다. 파슬리 작은 송이를 얹어 서빙한다.

tomates farcies à la reine 토마트 파르시 아 라 렌

아 라 렌 토마토 파르시 : 과육이 단단한 큰 사이즈의 둥근 토마토를 준비해 꼭지 부분을 뚜껑처럼 동그랗게 잘라낸다. 씨를 제거한 다음 껍질을 뚫지 않도록 주의하며 과육 안의 칸막이를 도려내 공간을 만든다. 흰색 육수에 삶은 닭가슴살과 버터에 찌듯이 익힌 양송이버섯을 잘게 썬 뒤 동량으로 합해 살피콩을 만든다. 주사위 모양으로 썬 송로버섯을 조금 첨가한 뒤 아주 걸쭉하게 졸인 베샤멜 소스로 버무린다. 이 소를 토마토에 채운 뒤 버터를 발라둔 그라탱 용기에 나란히 놓는다. 갓 갈아낸 빵가루를 얹고 정제 버터를 고루 뿌린 다음 240°C로 예열한 오븐에서 10~15분간 굽는다.

tomates à la mozzarella 토마트 아 라 모자렐라

모차렐라 치즈를 곁들인 토마토 : 토마토 4개를 씻어 껍질을 벗기고 둥글게 슬라이스한다. 모차렐라 치즈 200g도 얇게 슬라이스한다. 둥근 토마토 슬라이스를 4개의 접시에 나누어 담고 치즈 4조각으로 덮어준다. 잘게 썬 생바질을 뿌린다. 식초를 몇 방울 뿌리고 올리브오일을 한 바퀴 둘러준 다음 상온 상태로 서빙한다.

랑프레이아 형제(FRÈRES LAMPRÉIA)의 레시피

tomates à la provençale du Petit Plat 토마트 아 라 프로방살 뒤 프티 플라

르 프티 플라의 프로방스식 토마토 요리 : 그라탱 용기에 엑스트라버진 올리브오일 120mℓ를 넣고 설탕 1테이블스푼을 고루 뿌린다. 타임 2줄기, 로즈마리 2대, 으깬 고수씨 1테이블스푼, 짓이긴 마늘 1톨, 소금, 그라인드 통후추를 첨가한다. 중간 크기의 토마토 1.5kg을 씻어 꼭지를 제거하고 반으로 자른다. 단면이 바닥에 닿도록 용기에 나란히 놓는다. 올리브오일 120mℓ, 설탕 1테이블스푼을 뿌린 뒤 120°C로 예열한 오븐에서 1시간 익힌다. 잘게 썬 신선한 고수 1테이블스푼을 뿌려 뜨겁게 서빙한다.

tomates soufflées 토마트 수플레

토마토 수플레 : 균일한 모양과 크기의 단단한 토마토를 준비해 껍질이 뚫어지지 않도록 조심하며 속을 파낸다. 오일 또는 정제 버터를 뿌린 뒤 240°C로 예열한 오븐에서 5분간 익힌다. 식힌 다음 토마토를 넣은 수플레 혼합물을 가득 채운다. 표면을 매끈하게 다듬은 뒤 가늘게 간 파르메산 치즈를 뿌리고 200°C 오븐에서 15분간 익힌다.

velouté de tomate ▶ VELOUTÉ

TOMATE (BOISSON) 토마트 (음료) 아니스 향의 알코올(파스티스 등)과 그레나딘 시럽에 찬물과 얼음을 섞은 붉은색 아페리티프 음료.

TOMATILLO 토마티요 토마티요, 꽈리토마토. 가지과에 속하는 꽈리류의 하나로 원산지는 멕시코이다. 모양은 구형으로 윤기나는 녹색을 띠고 있는 토마티요 열매는 과육이 단단하고 쫀쫀하며 새콤한 맛이 난다. 8월 중순부터 서리가 내리기 전까지 수확한다. 토마티요는 열량이 매우 낮고(100g당 32kcal 또는 134kJ), 당분 함량도 미미하며(100g당 4g), 나이아신이 풍부하다(100g당 2mg). 아주 상큼한 맛을 지닌 토마티요는 주로 생으로 먹거나 살사를 만든다.

TOMBE 통브 성대과에 속하는 생선의 하나로 대서양 연안에서는 등불성대(grondin perlon), 남프랑스에서는 갈리네트(gallinette)라고도 불리는 이 생선은 최대 길이가 75cm에 이르며 푸른색의 큰 가슴지느러미와 매끈한 측선으로 다른 성대류와 구분된다. 노르웨이, 세네갈, 지중해에서 연중 잡히며 흰색의 탱글탱글한 살을 갖고 있는 이 성대는 노르망디식(감자와

TOMATES 토마토

cornue des Andes
코르뉘 데 장드

datterino pour cocktail 다트리노 푸르 콕텔. 대추 방울토마토, baby plum

tomate longue claire
토마트 롱그 클레르. 대추 토마토, plum

san marzano
산 마르자노

tomate verte mûre
토마트 베르트 뮈르. 그린 토마토, ripe green

cœur de bœuf
쾨르 드 뵈프. beefsteak

black russia
블랙 러시안, black russian

banane lex
바난 렉스. 바나나 토마토, banana

tomate cerise verte 토마트 스리즈 베르트. 그린 체리 토마토, green cherry

tomate cerise noire
토마트 스리즈 누아르. 블랙 체리 토마토, black cherry

téton de Vénus jaune
테통 드 베뉘스 존. 노랑 대추 토마토, yellow plum

양파를 깐 위에 생선을 올린 뒤 오븐에 익히는 조리법)으로 요리하기에 안성맞춤이다.

TOMBER 통베 수분이 매우 많은 채소를 통째로(시금치) 혹은 잘라서(가늘게 썬 수영 잎 또는 얇게 썬 양파 등) 약한 불로 익혀 부피가 줄어들게 하는 것을 의미한다. 이때 기름을 첨가하기도 한다. 열의 작용으로 채소가 갖고 있는 수분이 모두 혹은 일부 배출되며, 색이 나지 않을 정도로 익는다. 통베 아 글라스(tomber à glace)는 조리하는 음식의 액체(육수, 즙, 디글레이즈한 액체)가 시럽 농도가 될 때까지 가열해 졸이는 것을 뜻한다.

TOME OU TOMME 톰 톰 치즈. 여러 종류의 톰 치즈를 총칭하는 용어(**참조** 아래 도표). 라틴 문명 이전의 어원에서 온 단어인 토마(toma)는 토메(tomer), 즉 '커드를 형성하다'라는 뜻이다. 이 명칭은 프레시 타입인 톰 다를(tomme d'Arles)뿐 아니라 압착 치즈인 톰 드 사부아(tomme de Savoie) 등 모든 유형의 톰 치즈에 적용된다. 건초를 덮어 숙성시킨 톰 오 푸앵(tomme au foin)도 있다. 또한 톰(tome)이라는 단어는 틀에 넣어 단단하게 만든 작고 납작한 치즈인 토메트(tomette)로도 응용되어 쓰인다.

TOM-POUCE 톰 푸스 두 장의 정사각형 파트 쉬크레 시트 사이에 버터, 헤이즐넛 가루, 설탕, 커피 에센스로 만든 크림을 채운 뒤 커피 향 퐁당슈거로 아이싱하고 구운 헤이즐넛을 얹어 장식한 케이크다.

TONIC 토닉 토닉 워터. 탄산가스와 설탕을 첨가하고 과일이나 식물의 천연 추출물로 향을 낸 탄산음료로 보통 키니네를 함유한 종류가 많다. 토닉워터는 영국 식민지 국가들에서 알코올을 섞은 청량음료나 해열제(특히 말라리아 치료용)로 유행하였다. 오늘날 토닉워터는 얼음을 넣고 레몬 슬라이스를 넣어 마시거나, 진(gin)과 섞어 롱 드링크 칵테일로 마신다.

TONKA 통카 통카콩, 통카빈. 콩과에 속하는 쿠마루 나무 열매의 씨로 탁하고 쭈글쭈글하며 검은색을 띤 길쭉한 모양의 콩처럼 생겼다. 원산지는 프랑스령 기아나와 남미의 오리노코강 지역이며 스위트 아몬드와 자른 건초의 향(쿠마린 향)이 매우 강해 바닐라 또는 코코넛과 함께 아주 소량만을 넣어 각종 크림에 향을 내는 데 쓰인다. 과용할 경우 독성(출혈이나 마비)을 보이거나 암을 유발할 수도 있다(미국에서는 식용으로 사용하는 것을 금하고 있다). 일부 담배에 향을 입히는 데도 사용된다.

TONKINOIS 통키누아 아몬드 가루를 넣어 만든 스펀지케이크를 가로로 이등분 한 뒤 프랄린 버터 크림을 발라 채운 케이크로, 가장자리에 빙 둘러 같은 크림을 발라 씌운 뒤 구운 아몬드 슬라이스를 붙여 장식한다. 윗면은 오렌지 퐁당슈거로 아이싱한 다음 코코넛 과육 슈레드를 뿌려준다. 또한 통키누아는 또한 글라사주를 입힌 큐브 모양의 프티푸르를 가리키기도 한다. 프랄린 향의 프랑지판으로 채운 누가틴 큐브 윗면에 초콜릿 글라사주를 입힌 뒤 다진 피스타치오를 한 자밤 얹어 장식한다.

TONNEAU 토노 술통, 나무 배럴. 평평한 두 개의 바닥을 위 아래로 놓고 여러 개의 통널을 불룩한 모양으로 연결한 뒤 테를 둘러 조립한 커다란 나

토마토의 주요 유형과 특징

유형	재배 품종	외형	풍미
작은 사이즈의 과실 ***petits fruits***			
야생종 커런트 토마토 tomate groseille	옐로우 커런트 토마토 zulta kytice	줄기에 달린 송이 형태의 아주 작은 노란색 토마토	향이 매우 진하다.
체리 토마토 tomate cerise	다양한 품종	2~3cm 크기의 노랑, 빨강 주황색 토마토	즙이 많고 과육이 연하다.
조롱방울 토마토 tomate poire	노랑대추 토마토 téton de Vénus	끝이 뾰족한 달갈형의 노란색 토마토	달고 즙이 많다.
포도방울 토마토 tomate raisin	그린 줄기 토마토 green grappe	청포도알 모양의 토마토	투박한 자연의 맛
긴 방울 토마토 tomates ovoïdes	프랭시프 보르게즈, 올리베트 principe borghèse, olivette	갸름한 달걀형	새콤한 맛이 나고 향이 진하며 달콤하다.
큰 사이즈의 과실 ***gros fruits***			
상아색 열매 fruits ivoire	블랑슈 뒤 퀘벡 blanche du Québec	매끈한 구형	달콤하고 신맛이 거의 없으며 즙이 많다.
노란색 열매 fruits jaunes	그로스 존 grosse jaune	약간 납작하며 골이 패어 있는 형태	달콤하다.
	골든 선라이즈 golden sunrise	황금색을 띤 중간 크기의 구형 토마토	과일향이 풍부하다.
	노란 피망 토마토 poivron jaune	피망처럼 각이 있고 과육 내부는 4개의 칸막이로 나뉘어 있다.	과육이 적다.
	마르망드 존 marmande jaune	큰 사이즈의 구형	즙이 많고 새콤달콤하다.
주황색 열매 fruits oranges	주황색 쾨르 드 뵈프 cœur de bœuf orange	밝은 주황색의 하트형	과육이 많고 향이 진하다.
	감 모과 토마토 kaki coing	진한 주황색의 구형	즙이 아주 적다.
진분홍색 열매 fruits roses	로즈 드 발랑스 rose de Valence	깊게 팬 골이 여러 개 있으며 종종 녹색 상태로 소비한다.	맛이 아주 좋다
	로즈 드 베른 rose de Berne	짙은 분홍색의 구형	아주 달고 맛이 좋다.
붉은색 열매 fruits rouges	쾨르 드 뵈프 cœur de bœuf	사이즈가 큰 하트형	과육이 많고 향이 진하다.
	코르뉘 데 장드 cornue des Andes	길쭉한 고추 형태로 최대 길이 20cm까지 자란다.	맛이 뛰어나고 향이 진하다.
	생 피에르 saint pierre	크기가 크고 매끈한 구형으로 살이 통통하다.	맛이 좋고 과육이 많다.
	로마 roma	모양이 갸름하고 과육이 매우 단단하다.	즙이 매우 적다.
	마르망드 루즈 marmande rouge	큰 사이즈의 구형으로 약간 납작하며 골이 패어 있다.	즙이 많고 껍질이 얇다.
보라색 열매 fruits violets	누아르 드 코스뵈프 noire de Cossebœuf	자주색을 띠며 울룩불룩하게 돌출된 형태이다.	맛이 아주 좋다.
검은색 열매 fruits noirs	누아르 드 크리메, 블랙 프린스, 블랙 러시안 noire de Crimée, black prince, black russian	구형에 가깝고 짙은 갈색을 띠고 있다.	매우 달다.
	블랙 드 툴루 black de Tulu (오세아니아)	큰 사이즈의 약간 납작하고 골이 팬 형태로 쉽게 쪼개진다.	달콤하다.
녹색 열매 fruits verts	그린 제브라 green zebra	붉은기가 살짝 도는 연두색에 노란색 얼룩무늬가 있다.	과육이 단단하고 달콤하며 짭짤하다.
	버피 딜리셔스 délicieuse de Burpee	사이즈가 매우 크고 골이 패어 있으며 노란 빛이 섞인 연두색이다.	맛이 매우 좋다.

무통이다. 갈리아인들이 처음 발명한 이 나무통은 크기와 용량이 다양하며 오늘날 포도주, 각종 스피리츠(증류주), 또는 맥주 등의 숙성, 입고, 운송용으로 사용된다. 프랑스의 나무 술통은 지역에 따라 다음과 같이 분류된다.

– 알자스: 와인 저장 및 판매용 대형 술통 푸드르(foudre, 1,000ℓ)와 출고용 통인 옴(aume, 114ℓ).

– 보졸레: 피에스(pièce, 216ℓ), 푀예트(feuillette, 108ℓ), 카르토(quartaut, 54ℓ).

– 보르도: 가장 일반적인 오크통인 바리크(barrique, 225ℓ), 900ℓ 또는 와인 12병들이 96박스 분량인 토노(tonneau), 바리크의 절반 사이즈인 드미 바리크(demi-barrique) 또는 푀예트(feuillette), 바리크의 1/4인 카르토(quartaut).

– 부르고뉴: 228ℓ(12병들이 24박스)짜리 피에스(pièce), 약 456ℓ짜리 크(queue)와 푀예트(피에스의 1/2), 카르토(피에스의 1/4).

– 샤블리: 132ℓ짜리 푀예트(feuillette).

– 샹파뉴: 216ℓ짜리 의 크(queue)와 이것의 절반 사이즈인 드미 크(demi-queue).

– 앙주, 소뮈루아, 부브레: 220~225ℓ짜리 피에스(pièce).

– 마코네: 215ℓ짜리 피에스(pièce).

– 남프랑스: 600~700ℓ짜리 드미 뮈이(demi-muid).

다른 나라에서는 주로 파이프(pipe)를 사용하며(마데이라에서는 418ℓ짜리, 포르투와 타라고나에서는 522ℓ짜리), 럼 숙성용 배럴로는 다양한 용량의 펀천(puncheon), 셰리와인과 스코틀랜드 위스키용으로는 약 490ℓ짜리 버트(butt), 미국 위스키용으로는 약 182ℓ짜리 배럴을 사용한다. 이 술통들은 대개 오크(참나무)로 만들며 그 외에 밤나무나 아카시아 나무를 사용하기도 한다. 나무 배럴용 드릴비트인 포레(foret)는 뾰족한 강철 송곳의 일종으로 숙성 중인 와인을 테이스팅하기 위해 통에 구멍을 뚫을 때 사용한다. 드릴 구멍을 다시 막을 때는 나사처럼 돌려 끼워 넣는 나무 마개인 포세(fausset, fosset 주로 개암나무로 만든다)를 사용한다. 또한 나무통에는 나무로 된 수도꼭지인 카넬(cannelle)이 달려 있어 통 안의 와인을 따라낼 수 있다. 앙주와 부르고뉴에서는 이것을 샹트플뢰르(chantepleure)라고 부른다.

TOPINAMBOUR 토피낭부르 돼지감자, 뚱딴지. 국화과의 여러해살이 식물로 덩이줄기 부분을 식용으로 소비한다. 주로 일반 채소처럼 익혀 먹으며, 증류주를 만드는 데 사용하기도 한다(**참조** p.498, 499 뿌리채소 도감).

돼지감자의 원산지는 북아메리카이며 17세기 초 탐험가 사뮈엘 드 샹플랭(Samuel de Champlain)이 프랑스에 처음 들여왔다. 영양가가 높고 인과 칼륨이 풍부하며, 울퉁불퉁하고 여러 갈래로 분리된 모양의 덩이줄기라 껍질을 벗기기가 어렵다. 조직이 꽤 단단한 돼지감자는 아티초크와 비슷한 맛을 갖고 있으며 물에 삶거나 증기에 쪄서 또는 버터를 넣고 찌듯이 익혀 조리한다. 생크림, 베샤멜, 파슬리 넣어 익히거나 샐러드, 튀김, 퓌레 또는 수플레를 만들기도 한다.

rôti de porc aux topinambours ▶ PORC
salade de topinambours aux noisettes ▶ SALADE

피에르 & 미셸 트루아그로(PIERRE ET MICHEL TROISGROS)의 레시피

crème de topinambour aux copeaux de châtaigne 크렘 드 토피낭부르 오 코포 드 샤테뉴

얇게 썬 밤을 올린 돼지감자 크림 수프 : 밤 15알을 끓는 물에 데쳐낸 뒤 껍질을 벗기고 각각 4장 정도로 얇게 썬다. 크고 싱싱한 크레송 잎 15장을 골라둔다. 돼지감자 800g의 껍질을 벗기고 헹군 뒤 냄비에 넣고 우유 500mℓ와 액상크림 250mℓ을 붓고 끓인다. 소금 간을 살짝 한 다음 약한 불에서 30분간 익힌다. 블렌더로 갈아 고운 체에 내린다. 간을 맞춘다. 우묵한 접시나 수프 서빙 용기에 담고 밤과 크레송 잎을 보기 좋게 올려 서빙한다.

알랭 뒤투르니에(ALAIN DUTOURNIER)의 레시피

gâteau de topinambour et foie gras à la truffe 가토 드 토피낭부르 에 푸아그라 아 라 트뤼프

푸아그라와 송로버섯을 넣은 돼지감자 가토 : 분홍색 돼지감자 600g의 껍질을 벗긴 뒤 2mm 두께로 얇게 썬다. 육수에 넣어 5분간 익힌다. 송로버섯 50g을 얇게 저민다. 푸아그라 덩어리 한 개를 준비해 얇게 슬라이스한다. 모두 소금, 후추로 간하고 넛멕을 아주 소량 뿌린다. 중간 크기의 수플레 틀에 버터를 넉넉히 바른 뒤 얇게 썬 돼지감자를 바닥과 내벽에 대준다. 송로버섯을 얇게 한 켜 놓고 그 위에 푸아그라를 한 켜 올린다. 돼지감자, 송로버섯, 푸아그라 순서로 재료가 소진될 때까지 층층이 쌓아 채운 뒤 알루미늄 포일로 덮어준다. 좀 더 작은 사이즈의 틀로 눌러준다. 170°C로 예열한 오븐에서 중탕으로 20분간 익힌다. 틀에서 빼내어 서빙용 접시에 올린다. 호두기름, 셰리와인식초, 처빌, 이탈리안 파슬리를 혼합해 만든 비네그레트 소스를 따뜻한 온도로 뿌린 뒤 서빙한다.

topinambours à l'anglaise 토비낭부르 아 랑글레즈

영국식 돼지감자 요리 : 돼지감자의 껍질을 벗기고 여러 조각으로 등분한다. 굵은 것은 갸름하게 돌려 깎는다. 끓는 물에 5분 정도 데친 뒤 건져 물기를 제거한다. 버터를 두른 냄비에 넣고 뚜껑을 덮은 뒤 30분간 약한 불에 익힌다. 농도가 묽은 베샤멜 소스

톰(tome, tomme) 치즈의 종류와 특징

산지	산지	산지	산지	산지
톰 데 잘뤼 tomme des Allues	비가열 압착	사부아 Savoie	납작한 원반형으로 외피가 얇고 매끈하며, 치즈는 말랑하고 쫀득한 것부터 마른 질감까지 다양하다.	풍미가 순하며 향이 매우 좋다.
톰 데 보 주 tome des Bauges (AOC)	비가열 압착	사부아 Savoie	원통형으로 외피는 회색이고 질감이 쫀득하며 균일하다.	풍미가 순하며 너티한 맛과 숲 향이 난다.
톰 드 벨레 tomme de Bellay	염소 젖 또는 염소젖과 소젖 혼합	론 알프 Rhône-Alpes	납작한 원반형 또는 작은 벽돌모양으로 얇은 외피는 푸른 곰팡이로 덮여 있고 불그스름한 얼룩이 있다. 치즈 질감은 매끄럽다.	고소한 너트 향이 나며 풍미가 강하다.
톰 드 카마르그, 톰 아를레지엔 tomme de Camargue, tomme arlésienne	프레쉬	프로방스 Provence	정사각형의 연성치즈로 부드럽고 허브 향(타임, 월계수 잎)이 있다. 외피는 매우 얇다.	풍미가 순하고 크리미하며 향이 좋다.
톰 데 피레네 tomme des Pyrénées (IGP)	비가열 압착	피레네 Pyrénées	원통형으로 검정색 파라핀을 씌운 외피 또는 갈색의 마른 외피를 갖고 있으며 식감이 쫀득한 반경성 치즈다.	첫맛은 상큼하고 고소한 너트향이 나고 이어서 과일의 풍미가 느껴진다.
톰 드 로망 tomme de Romans	흰곰팡이 외피, 연성	도피네 Dauphiné	납작한 원반형에 푸른 회색의 외피를 갖고 있으며 식감은 쫀득하고 단단하다.	풍미가 순하고 새콤한 맛과 너트 향이 난다.
톰 드 사부아 tomme de Savoie (IGP)	비가열 압착	사부아 Savoie	두꺼운 원통형으로 회색 외피에 붉은색, 황색의 얼룩이 있으며 쫀득하고 균일한 질감을 갖고 있다.	고소한 너트 향이 난다.
톰므 드 소스펠 tomme de Sospel	비가열 압착	알프 마리팀 Alpes-Maritimes	넓고 납작한 원반형에 분홍빛이 나는 회색 외피를 갖고 있으며 식감은 부드럽다.	풍미가 순하며 크리미하다.

또는 더블 크림을 몇 스푼 넣고 약한 불로 10분간 뭉근히 끓인다. 잘게 썬 처빌과 타라곤을 뿌린 뒤 송아지 요리 등의 가니시로 곁들인다.

TOQUE DU PRÉSIDENT ADOLPHE CLERC 토크 뒤 프레지당 아돌프 클레르 아돌프 클레르 재판장의 모자라는 이름의 파테 앙 크루트. 루시앙 탕드레(Lucien Tendret)가 쓴 『브리야 사바랭 고향의 식탁(*la Table au pays de Brillat-Savarin*)』에 소개된 벨레(Belley)의 대표적 파테 앙 크루트 세 가지 중 하나다. 차갑게 서빙하는 이 음식은 야생 토끼, 멧도요, 붉은 자고새, 개똥지빠귀, 검은 송로버섯, 거위 간으로 만든다. 이 요리의 원래 레시피는 브리야 사바랭의 어머니에 의해 지역 법원의 재판장이었던 아돌프 클레르(Adolphe Clerc)의 서류 사이에서 발견되었다고 한다. 이 파테의 모양은 재판관의 모자를 떠올리게 한다(**참조** OREILLER DE LA BELLE AURORE) .

TORRÉE 토레 소시송으로 유명한 스위스 뇌샤텔주의 특선 요리. 산이나 야외에서 불을 피운 뒤 소시송을 비롯한 여러 샤퀴트리를 젖은 신문지나 배추 잎 등으로 싸서 숯불 재 안에 넣어 익혀 먹는 것으로, 불 주위에서 여럿이 함께 나누어 먹는 풍습 또한 같은 이름으로 불린다.

TORTEIL 토르테이 카탈루냐의 대표적인 파티스리로 원래 정확한 이름은 토르텔 (tortell)이다. 이 왕관 모양의 브리오슈는 빌프랑슈 드 콩플랑(Villefranche-de-Conflent)과 아를 쉬르 테크(Arles-sur-Tech)의 특산품으로 녹색 아니스 술로 향을 내는 것이 특징이다. 리무(Limoux)에서 왕의 축제(la fête des Rois) 때 전통적으로 즐겨 먹는 이 케이크는 당절임한 세드라(시트롱) 껍질, 건포도, 잣을 넣어 만들며 오렌지, 레몬, 럼으로 향을 낸다.

TORTELLINIS 토르텔리니 반죽을 작게 밀어 소를 채우고 다시 접어서 고리 모양으로 빚은 이탈리아의 파스타. 크기와 모양에 따라 토르텔리(tortelli), 카펠레티(cappelletti), 토르텔리니(tortellinis), 토르텔로니(tortelloni), 토르틸리오니(tortiglioni) 등 다양한 종류가 있다. 이 파스타의 반죽에는 달걀만 넣거나 토마토나 시금치로 색을 내기도 하며, 채워 넣는 소는 대부분 닭고기, 햄 또는 모르타델라 소시지에 넛멕, 달걀노른자, 파르마산 치즈를 넣고 갈아 만든다. 이 파스타들의 고향인 볼로냐에서는 전통적으로 성탄절 디너에 칠면조, 햄, 소시송으로 만든 소를 채운 토르텔리니를 먹는다. 토르텔리니와 카펠레티를 콩소메나 물에 삶아낸 다음 녹인 버터 또는 토마토 소스나 크림 소스(버섯을 넣기도 한다)에 섞은 뒤 파르메산 치즈를 뿌려 먹는다.

TORTILLA 토르티야 스패니시 오믈렛. 감자를 넣어 납작하게 부친 스페인식 오믈렛으로 양면을 익혀 케이크처럼 등분해 먹는다. 또한 토르티야는 라틴 아메리카의 기본 식품인 옥수수로 만든 얇은 전병을 지칭하며 이는 16세기 스페인 정복자들이 붙인 이름이다. 글루텐이 없어 빵을 만들기 어려운 재료인 옥수수 가루는 먼 옛날부터 다소 만들기 까다로운 얇은 전병의 재료로 사용되었고 전통적으로 토기에 구워 먹었다.

■ **사용.** 토르티야는 살짝 노릇한 색이 나고 양면이 바삭하게 굽거나, 가운데가 봉긋 솟아오르게 튀긴 감자(pommes de terre soufflées)처럼 부풀어오르게 구운 뒤 속 재료를 채운다. 토르티야는 빵처럼 그대로 먹거나 다양한 재료를 채워 먹을 수 있으며 대개의 경우 매콤한 살사를 곁들여 먹는다. 안에 채워 넣는 소 재료와 양념으로는 과카몰레, 다진 생양파, 붉은 고추, 그린 토마토로 만든 살사 베르데, 가늘게 간 치즈, 얇게 슬라이스한 닭가슴살 등을 주로 사용한다. 토르티야는 아침식사로도 즐겨 먹는다. 특히 멕시코에서는 튀긴 토르티야 위에 달걀 프라이를 올리고, 고추를 넣은 토마토 살사와 아보카도 슬라이스를 얹은 우에보스 란체로스(huevos rancheros)를 즐겨 먹는다. 점심식사로 즐겨 먹는 수프에도 토르티야 조각을 건더기로 넣어 걸쭉하게 먹기도 한다. 소파 세카(sopa seca)는 토르티야 조각에 소스를 넉넉히 끼얹어 아주 뜨겁게 먹는 요리로 토르티야에 고기, 강낭콩, 매운맛의 소스를 채운 소페스(sopes)만큼이나 대중적인 음식이다. 유카탄 주의 특선 요리 중 하나인 파파출(papatzul)은 토르티야에 돼지고기나 삶은 달걀 조각을 채우고 분쇄한 호박씨 가루, 토마토 퓌레, 호박씨 기름으로 만든 소스를 곁들인다. 베네수엘라에서는 옥수수 가루로 작고 도톰한 갈레트인 아레파스(arepas)를 만들어 먹으며 때로 반죽에 버터, 달걀, 향신료 혹은 튀긴 옥수수 알갱이를 첨가하기도 한다.

TORTILLON 토르티용 일반적으로 퓌유타주 반죽을 꼬아 구운 사크리스탱(sacristain)과 비슷한 프티푸르로 당절임 과일 또는 아몬드 슬라이스를 곁들인다. 슈 반죽을 지그재그 모양으로 짜 굽기도 한다.

TORTONI 토르토니 1798년 파리 테부가(rue Taitbout)와 이탈리앵 대로(boulevard des Italiens)의 교차로에 나폴리 출신 벨로니(Velloni)라는 사람이 개업한 아이스크림 가게를 겸한 카페, 레스토랑이다. 이곳의 오픈 멤버였던 신입 요리사 토르토니(Tortoni)는 얼마 뒤 업장은 인수하고 자신의 이름을 붙였다. 파리의 내로라하는 유명 인사들은 모두 이 유명한 아이스크림 맛집이자 찬 음식 뷔페로 유명한 레스토랑으로 몰려들었다. 즐레를 씌운 고기, 새끼 산토끼 파피요트, 연어 에스칼로프 등의 요리는 많은 고객의 사랑을 받았으며 이탈리아의 특선 디저트인 글레이즈한 비스킷이나 소르베, 그라니타 등은 토르티니로 인해 파리에 유행하기 시작했다. 이 식당은 1893년 문을 닫았다.

TORTUE 토르튀 거북. 헤엄을 칠 수 있는 짧은 발이 달린 육지 또는 수륙양서의 파충류 동물로 몸은 단단한 비늘이 있는 껍데기로 싸여 있다. 물에 서식하는 종 중 다수는 식용 소비가 가능한데, 그 개체수가 점점 줄어들고 있어 현재는 보호종에 해당한다. 오늘날 거북을 가장 다양하게 조리해 먹는 곳은 앤틸리스 제도이며 특히 바다거북을 주로 사용한다(살이 아주 맛있으며 머리, 발 또는 지느러미, 꼬리, 내장, 알까지 모두 먹을 수 있다). 전통적인 메뉴인 수프, 도브, 프리카세, 스튜, 콜롬보 요리뿐 아니라 거북 스테이크도 즐겨 먹는다. 식초와 오일, 마늘을 넣고 재운 뒤 소고기 스테이크 구워서 후추를 넉넉히 뿌려먹는다. 미국 루이지애나주에서는 주로 바다거북으로 수프(turtle soup)를 끓여 먹는다. 이 요리는 윌리엄 하워드 태프트(William Howard Taft, 1909~1913 재임) 대통령이 특히 좋아했던 음식이라고 한다.

TORTUE (EN) (앙) 토르튀 송아지머리 요리 중 하나로, 흰색 익힘액에 삶은 송아지머리에 송아지 혀와 흉선을 넣고 화이트와인 소스에 뭉근히 익힌 것이다. 여기에 올리브, 버섯, 코르니숑을 첨가한 뒤 탱발 모양으로 접시에 담고, 대부분의 경우 곱게 간 송아지고기로 만든 작은 크넬과 버터에 지진 크루통을 곁들여낸다. 그 역사가 중세까지 거슬러 올라가는 이 프랑스 요리는 벨기에에서도 매우 인기가 높다.

옛날에는 통째로 조리한 앙 토르튀 송아지머리 애피타이저를 그대로 식탁에 서빙해 장관을 연출하기도 했다. 오늘날은 대개 작은 조각으로 잘라 사용하며 토르튀 소스에 뭉근하게 푹 익힌 뒤 버터에 튀기듯 지진 빵 크루통 위에 얹고 옛날보다는 간단한 가니시를 빙 둘러 서빙한다. 송아지머리를 통째로 서빙하는 경우에는 소 재료를 채운 뒤 토르튀용 허브(바질, 타임, 월계수 잎, 세이지, 로즈마리, 마조람, 고수 씨, 통후추 혼합물을 거즈 주머니로 싼다)와 함께 육수에 넣고 뭉근히 브레이징한다. 화이트와인과 채소 미르푸아에 루를 섞고 육수를 넣어 끓인 뒤 토마토로 맛을 돋운 토르튀 소스는 전통적으로 앙 토르튀 송아지머리 요리에 곁들이지만, 원래는 거북이 요리 용으로 만들어진 것이었다(토르튀[거북]라는 이름도 여기서 유래했다). 이 소스는 몇몇 생선 요리와 내장, 부속 요리에도 사용한다.

▶ 레시피 : SAUCE, TÊTE.

TOSCANE (À LA) (아 라) 토스칸 토스카나식의. 프랑스에서는 주로 이탈리아 에밀리아로마냐 지방의 특산품인 파르메산 치즈와 햄이 들어간 음식을 지칭하지만 진정한 토스카나식 요리는 오히려 비프 스테이크, 강낭콩 요리, 키안티 와인이 대표 주자다. 토스카나식 마카로니는 푸아그라 퓌레에 버무린 뒤 주사위 모양으로 썰어 버터에 소테한 송로버섯을 뿌린 것이다.

▶ 레시피 : ALLUMETTE, BEIGNET.

TOULOUSAIN (PAYS) (페이) 툴루쟁 툴루즈 지방. 북쪽으로는 로마뉴(Lomagne)부터 알비주아(Albigeois)까지, 남쪽으로는 쿠즈랑(Couserans)에서 아리에주아(Ariégeois) 사이, 그리고 중앙에는 툴루즈(Toulouse)시를 포함하는 지역이다. 이 지방은 투박하면서도 개성 있는 테루아를 느낄 수 있는 요리로 유명하다. 타르브(Tarbes)의 흰 강낭콩 랭고 타르베(lingot tarbais), 로라게의 흰 강낭콩 코코 뒤 로라게(coco du Lauragais)뿐 아니라 파미에(Pamier)와 마제르(Mazères)의 작고 동그란 흰 강낭콩 등은 카술레(cassoulet)로 대표되는 전통 고기 찜 요리(estouffat)에 반드시 들어가는 기본 재료다. 남프랑스 오크 지방의 유명한 요리인 카술레의 정통 레시피에 대해서는 툴루즈와 카스텔노다리(Castelnaudary), 카르카손(Carcassone)이 서로 원조임을 주장하며 늘 논쟁을 벌인다. 이 지역의 소 품종 중 가스콘(gasconne)과 블롱드 다키텐(blonde d'Aquitaine)은 최고 품질의 고기를 제공하며, 어미젖을 먹고 자란 생 고뎅스(Saint-Gaudens) 지방의 송아지는 기름이 사이사이 섞인 섬세한 맛의 고기로 명성이 높다. 양고기는 케르시(Quercy) 인근 지역과 피레네산맥 기슭 코맹주(Comminges)에서 생산된다. 하지만 언제나 최고로 치는 고기는 돼지와 가금육이다. 샤퀴트리는 그 종류가 많으며 최고급품은 라콘(Lacaune)을 둘러싼 몽타뉴 누아르(Montagne Noire) 산악지대에서 만들어진다. 옥수수를 먹여 키우는 로라게(Lauragais)의 닭 샤퐁(chapon)과 풀라르드(poularde)는 이 지역을 상징하는 동물인 회색 거위와 마찬가지로 툴루즈 지방의 자랑이다. 특히 거위는 간으로 푸아그라를 만들 뿐 아니라 다리, 가슴살, 뼈, 내장 등을 이용해 다양한 요리를 만든다. 채소로는 화이트 아스파라거스 외에도 마늘을 많이 재배하며 그중에서도 특히 로마뉴 마늘, 카두르(Cadours)의 보라색 마늘 그리고 프랑스 남서부 전역에서 널리 소비되는 로트렉(Lautrec)의 분홍 마늘이 유명하다. 치즈는 주로 톰(tommes) 종류가 주를 이루며 특히 피레네산 톰(tomme des Pyrénées)을 꼽을 수 있다.

■ **샤퀴트리.**

● **돼지껍데기 소시송, 알비식 양깃머리 요리, 말린 돼지 간 페제.** 가정에서 만드는 각종 샤퀴트리는 이 지역의 아주 특별한 음식으로 특히 돼지 껍데기로 만든 소시송은 카술레와 에스투파에 들어가는 재료다. 알비식 양(소의 제1위) 요리는 사프란으로 향을 낸다. 이 지역은 예전에 사프란 재배지였다. 염장하여 말린 돼지 간 페제는 무를 넣고 팬에 튀기듯이 볶는다. 남은 즙에 식초를 넣어 디글레이즈하여 소스처럼 자작하게 곁들인다. 또는 페제에 아티초크 속살, 래디시, 삶은 달걀, 양파, 다진 마늘을 섞어 샐러드를 만들기도 한다.

■ **고기.**

● **툴루즈식 소고기 찜, 툴루즈 카술레, 양고기 스튜.** 소고기 에스투파는 돼지껍데기를 깐 코코트 냄비에 적당한 크기로 자른 소 목심 또는 볼 살을 넣고 미리 노릇하게 볶아둔 당근과 양파를 첨가한 뒤 레드와인을 넣고 오랫동안 뭉근하게 익혀 만든다. 카술레는 지방마다 사용하는 고기에서 조금씩 차이가 있는데, 툴루즈식 카술레에는 돼지 껍데기, 양 어깨살이나 목심, 돼지 등심 또는 목살과 등갈비, 툴르즈 소시지, 이 지역에서 생산되는 생햄, 거위 또는 오리 콩피, 거위 기름을 넣는다. 양고기 스튜의 일종인 피스타슈 드 무통은 먹기 좋은 크기로 썬 양 어깨살을 거위 기름에 지져 색을 낸 뒤 양파를 넣고 같이 볶다가 토마토, 마늘, 화이트와인을 넣어준다. 여기에 당근, 정향을 박은 양파, 부케가르니를 넣고 삶은 흰 강낭콩과 그 익힌 국물을 모두 첨가한 뒤 코코트 냄비에서 뭉근히 끓인다. 이어서 모두 토기 냄비로 옮긴 다음 오븐에 넣어 조리를 마무리한다.

■ **가금류.**

● **거위 도브, 로라게의 기름진 샤퐁.** 거위 도브는 토막 낸 거위를 마디랑 와인, 양파, 마늘, 후추에 재운 뒤 코코트 냄비에 넣고 오랜 시간 뭉근히 익힌 스튜의 일종이다. 특별히 살을 찌우기 위해 거세한 수탉인 샤퐁(chapon)의 매우 섬세하고 고급스러운 맛을 지니고 있어 단순히 오븐에 로스트하는 조리법이 가장 좋다. 이 닭은 특히 크리스마스 시즌에 즐겨 먹는 대표적 메인 요리다.

■ **파티스리와 당과류 .**

● **서양호박 밀라수, 막대에 구운 원뿔 케이크, 타른의 나베트, 빅드소의 페라.** 서양 호박 퓌레에 설탕, 버터, 달걀을 넣고 아르마냑, 오렌지 블로섬 워터 또는 럼으로 향을 내며 때로 건자두를 넣기도 하는 케이크인 밀라수(milhassou, millassou)는 만드는 방법이 다양하다. 특별한 축제나 행사때 주로 만드는 케이크인 가토 아 라 브로슈(gâteau à la broche)는 나무로 만든 원뿔 모양의 틀을 긴 막대에 고정시킨 뒤 레몬, 럼, 오렌지 블로섬 워터로 향을 낸 반죽을 스푼으로 조금씩 부어 묻혀가며 난로 화덕불에 구워 만든다. 나베트 타르네즈(navette tarnaise)는 아몬드 가루를 넣어 만든 작고 갸름한 모양의 구움 과자이며, 빅드소의 페라(perat de Vicdessos)는 서양 배, 건자두, 건무화과 등을 레드와인에 졸인 디저트다. 툴루즈의 비올레트(violette de Toulouse)는 장식용으로 쓰이는 당과류로 제비꽃을 통째로 설탕 시럽에 담근 뒤 말린 것이다.

■ **와인.** 가이약(Gaillac)의 포도원은 매우 다양한 품종의 포도를 재배하는 것이 특징이며 따라서 각기 다른 여러 종의 와인이 탄생한다. 레드와인은 과일 향과 산미를 지닌 햇 와인(rouges primeurs)뿐 아니라 장기 보관용 와인도 생산된다. 그 외에도 스파클링 와인, 오랜 숙성 없이 마시는 로제와인과 드라이한 화이트와인(약한 기포성 와인인 페를레[perlé] 포함)이 생산된다.

TOULOUSAINE (À LA) (아 라) 툴루젠 툴루즈식. 데쳐 익히거나 팬에 지진 가금육 또는 크루스타드, 투르트, 볼오방에 닭고기 살, 양이나 송아지 흉선, 수탉의 볏과 콩팥, 양송이버섯과 송로버섯으로 만든 작은 크넬을 소스 파리지엔(또는 소스 툴루젠, 즉 소스 쉬프렘에 달걀노른자와 생크림을 넣어 리에종한 것)에 데우며 버무려 채우거나 곁들인 요리를 지칭한다. 또한 오늘날 이 명칭은 주로 프랑스 남서부 지방의 여러 요리를 가리키는 수식어로도 사용된다.

▶ 레시피 : AUBERGINE.

TOULOUSE-LAUTREC (HENRI DE) 앙리 드 툴루즈 로트렉 프랑스의 화가(1864, Albi 출생—1901, château de Malromé 타계). 삽화가이자 화가, 석판화가, 포스터 디자이너였던 이 위대한 채색의 천재는 뛰어난 요리 실력의 소유자이기도 했다. 그가 만들어낸 요리들은 독창성뿐 아니라 맛에 대한 확신과 위트 있는 감각으로도 눈길을 끌었다. 그의 친구 모리스 주아양(Maurice Joyant)은 툴루즈 로트렉이 직접 만든 전통 및 향토요리 레시피들을 모아 1930년『모모 씨의 요리(*la Cuisine de Monsieur Momo*)』라는 타이틀의 책으로 엮어냈다. 초판은 단 100권밖에 인쇄하지 않았으나 1966년 로트렉이 직접 그린 메뉴 삽화를 곁들여『요리의 기술(*l'Art de la cuisine*)』이라는 책으로 재출간되었다.

TOUPIN 투팽 작은 냄비. 사부아 지방에서 수프, 퐁뒤, 스튜 등을 만드는 데 사용하는 손잡이가 달린 작은 냄비 또는 작은 토기 냄비를 지칭한다. 또한 오 샤블레(Haut Chablais)에서 만들어지는 톰 드 사부아 치즈에 붙인 이름이기도 하다.

TOUPINEL 투피넬 19세기 말 레스토랑 메르(Maire)에서 처음 만들어진 것으로 알려진 수란 요리의 이름이다. 투피넬 달걀(œufs Toupinel)은 오븐에 익힌 뒤 속을 파낸 감자에 얹어 서빙한다. 우선 감자를 오븐에 익힌 뒤 속을 긁어낸다. 긁어낸 감자 살에 버터와 생크림을 넣어 섞고 소금, 넛멕으로 간한 뒤 다시 빈 감자 속에 채워 넣는다. 여기에 모르네 소스를 한 스푼 끼얹고 포칭한 수란을 하나씩 올린다. 다시 모르네 소스를 끼얹고 살라만더 그릴에 표면을 그라티네한 뒤 튀긴 파슬리를 곁들여 서빙한다.

TOURAINE 투렌 투렌 지방의 요리는 좋은 품질의 재료를 바탕으로 한 단순한 조리법으로 명성을 쌓아왔다. 뿐만 아니라 프랑스 왕실이 발 드 루아르(Val de Loire)의 성에 체류가 길어지면서 수렵육 요리와 리슐리외의 가금류 햄 등 화려한 요리의 전통도 이어졌다. 발레 드 라 투렌(vallée de la tourainea) 지방은 앙주(Anjou)와 더불어 프랑스의 정원이라고 불릴 만큼 과일과 채소가 풍부하다. 그린빈스, 완두콩, 셀러리, 당근, 상추, 투르(Tours)의 카르둔, 몽루이(Montlouis)의 아스파라거스 등의 다양한 채소가 재배되며 주로 그라탱으로 조리한다. 예를 들어 몽루이의 아스파라거스에는 생크림과 그뤼예르 치즈를, 카르동에는 버섯을 곁들여 그라탱을 만든다. 또한 신선한 허브는 다양한 특선요리에서 개성을 발휘한다. 신선 잠두콩 요리에 세이보리를 넣어 향을 내고, 호두 기름으로 향을 내어 드레싱한 아스파라거스 윗동, 아티초크 속살, 셀러리, 그린빈스, 버섯 샐러드에도 허브를 넣어 맛을 돋운다. 향신 허브는 채소 요리뿐 아니라 강이 많은 이 지역의 또 하나의 특산물인 생선 요리에도 많이 사용된다. '투렌식'이라는 수식어가 붙은 요리는 허브와 크림의 존재가 큰 역할을 할 수 있음을 알 수 있다.

소고기와 송아지 고기는 투렌 사람들이 선호하는 고기로 종종 레드와인을 넣은 송아지 찜과 같은 아주 오래된 레시피의 요리를 만든다. 새끼염소 비케(biquet)는 푸아투(Poitou)에서처럼 봄철에 로스트해 먹거나 즐레를 씌워 차갑게 서빙하기도 한다. 또한 이 지역은 타라곤을 넣은 암탉, 순무를 넣은 거위 요리 등 가금류를 다루는 솜씨가 뛰어나다. 특히 진미로 치는 닭인 젤린 드 투렌(géline de Touraine, 토종닭 품종의 하나로 푸른빛이 도는 검은 깃털과 새빨간 볏을 갖고 있다)은 일반적으로 크림과 와인(vouvray 또는 montlouis)을 넣는 등 가장 섬세하고 고급스러운 레시피에 안성맞춤이다. 이 지역의 유명한 파티스리인 푸아스(fouace)는 단순한 빵의 일종으로, 16세기에 라블레는 "아주 고운 밀가루에 신선한 달걀노른자와 버터, 아름다운 사프란과 향신료, 그리고 물을 넣어 섞은 것"이라고 그 레시피를 설명했다. 또한 11~12세기 십자군들이 다마스커스로부터 들여온 이후 발 드 루아르(Val de Loire)지역에서 재배하기 시작한 투르의 특산품 건자두는 토끼고기, 로스트 포크 등에 곁들이거나 속을 채운 당과류로 즐겨 먹는다.

■ **수프와 채소.**

● **투렌의 수프.** 투렌의 수프는 녹색 잎채소를 맛있게 먹는 이상적인 조리법으로 주로 살코기가 섞인 베이컨을 함께 넣어 풍미를 더한다.

● **버섯, 녹색 잎채소.** 채소는 속을 채우거나 또는 그 자체로 주 요리를 만든다. 햄을 채운 양송이버섯, 허브 및 채소(특히 상추, 시금치, 근대, 소렐)를 채운 투르트(tourte) 등을 대표로 꼽을 수 있다.

■ **생선.**

● **전어, 장어, 퍼치, 강꼬치고기, 민물농어.** 강이 많은 이 지역에는 민물생선을 이용한 창의적인 요리가 많다. 마리네이드, 구이 또는 오븐에 로스트한 전어, 시농 와인을 넣은 장어 마틀로트, 수영 또는 버섯으로 속을 채운 퍼치, 샬롯 버터소스 또는 그린 소스(크레송과 시금치를 넣어 만든다)에 조리한 강꼬치고기, 당근, 셀러리, 마늘, 샬롯, 양파, 느타리버섯을 깔고 그 위에 올려 오븐에 익힌 민물 농어요리 등을 꼽을 수 있다.

■ **샤퀴트리.**

● **리예트, 리용, 앙두이예트.** 발자크(1799–1850)가 갈색 잼이라 묘사한 바 있고 투르(Tours)와 부브레(Vouvray)가 서로 원조임을 주장하는 샤퀴트리인 리예트는 돼지고기를 기본 재료로 만들며 캐러멜라이즈한 양파로 색을 낸다. 리용은 지방이 층층이 섞인 돼지고기 삼겹살을 굵직한 큐브 모양으로 썰어 만든다. 프랑스에서도 손꼽히는 이 지역의 앙두이예트는 송아지 소창, 돼지 위와 창자로 만든다. 이 진미를 아는 애호가들은 포도 찌꺼기 증류주(marc)에 24시간 재운 뒤 버섯, 양파, 샬롯과 함께 오븐에서 익힌 앙두이예트 요리를 특히 좋아한다.

■ **가금류 .**

● **닭고기 소테 또는 프리카세, 돼지 방광에 넣어 익힌 오리.** 로슈(Loches) 지방은 젤린(géline) 닭을 비롯해 뿔 닭, 칠면조(dindons tourangeaux 투르의 칠면조라 불린다) 등 가금류의 특산지로 손꼽힌다. 부브레(Vouvray) 와인에 소테한 닭고기, 돼지 방광에 넣어 익힌 뒤 시럽을 입힌 호두와 와인 소스를 곁들인 오리 요리, 햄과 버섯을 넣은 닭고기 프리카세는 대표적인 전통 요리다.

■ **치즈.** 염소젖 치즈가 거의 대부분을 차지하는 투렌의 치즈 중 가장 돋보이는 것은 생트 모르 드 투렌(sainte-maure-de-touraine)이다. 나무토막 모양의 길쭉한 원통형인 이 염소 치즈는 푸른곰팡이가 덮인 얇은 외피에 속은 흰색을 띠고 있으며 대개 치즈 중앙에 길이로 짚이 한 줄기 꽂혀 있어 틀에서 제거할 때 형태를 잡아주는 역할을 한다.

■ **디저트.**

● **카스 뮈조, 투르의 누가.** 주로 빵 반죽 또는 브리오슈 반죽으로 반드는 투렌의 파티스리는 비교적 단순한 것들이 많지만 이것을 구성하는 다양한 종류의 과일과 그 탁월한 품질 덕에 큰 빛을 발한다. 루아르 언덕지대에서 재배되는 샤슬라 포도, 서양 배(윌리엄, 파스 크라산), 사과(레네트, 골덴), 자두(특히 렌 클로드), 딸기는 디저트에 많이 사용되는 대표적 과일이다. 카스 뮈조 또는 카스 뮈스는 브리오슈 반죽에 커드치즈와 과일을 섞어 구운 작은 케이크의 일종이다. 또한 크러스트를 덮어 구운 자두 파이인 파테 오 프륀(pâté aux prunes)을 즐겨 먹는다. 이 밖에도 딱딱한 캔디의 일종인 보리 사탕(sucre d'orge)와 아몬드 타르트의 일종인 크로케(croquets), 설탕을 입힌 호두 강정과 마카롱, 아몬드 크림과 당절임 과일을 넣은 투르의 전통 케이크인 누가 드 투르(nougat de Tours) 등은 이 지역을 대표하는 디저트다.

■ **와인.** 투렌의 대표적인 AOC 와인은 4종류를 꼽을 수 있다. 그중 부르괴이(bourgeuil)와 시농(chinon)은 바디감이 강하면서도 흐름성이 부드러운 레드와인을, 부브레(Vouvray)는 다양한 종류의 드라이 화이트와인 또는 작황과 포도밭 특성에 따라 스위트 와인을 생산한다. 몽루이(montlouis)는 부브레 와인과 견줄 만한 품질의 화이트와인을 제안한다. 투렌 아펠라시옹은 대부분 오래 숙성하지 않고 마시는 가벼운 레드와인과 드라이한 화이트가 주를 이룬다.

TOURANGELLE (À LA) (아 라) 투랑젤 투르(Tours)식의. 큰 덩어리 상태로 로스트한 양고기에 육즙을 리에종한 소스(jus)를 곁들이고 그린빈스와 플라젤렛 빈(제비콩의 일종)을 밝은 색의 베샤멜 소스나 블루테 소스에 버무리듯 데운 뒤 가니시로 내는 요리를 지칭한다. 또한 이 명칭은 플라젤렛 빈 퓌레를 채운 타르틀레트 위에 반숙 달걀이나 포칭한 수란을 얹고 크림 소스를 끼얹은 요리를 가리키기도 한다. 투랑젤 샐러드는 가늘게 채 썬 감자, 그린빈스, 플라젤렛 빈을 혼합한 뒤 타라곤을 첨가한 마요네즈로 버무린 것이다.

▶ 레시피 : BEUCHELLE.

TOUR D'ARGENT (LA) (라) 투르 다르장 파리에서 가장 오래된 레스토랑. 14세기 후반 샤를 5세에 의해 세워진 성이 있던 투르넬 강둑에는 흰색 석조 타워 하나만 남아 있었고 1582년에는 이 건물에 고급 레스토랑이 들어선다. 루르토(Rourteau 또는 Rourtaud)라는 이름의 요리사는 왜가리와 야생 오리로 만든 파테를 선보였고 국왕 앙리 3세는 이것을 맛보러 직접 이 식당을 찾기도 했다. 17세기 초 리슐리외(Richelieu) 추기경은 이곳의 건자두를 넣은 거위 요리를 높이 평가했으며 그의 종손 리슐리외 공작(le duc de Richelieu)은 이곳에서 자신을 위한 소고기 요리로만 이루어진 코스 메뉴를 만들게 했다. 세비녜 부인은 이곳의 초콜릿을, 퐁파두르 부인은 샴페인을 찬양했다. 격동의 프랑스 대혁명 기간이 지나간 후 나폴레옹 1세의 왕실 요리장을 역임했던 르코크(Lecoq)가 레스토랑을 인수했다. 당시 가장 유명했던 메뉴는 오리 로스트와 양 뒷다리 요리였다. 이후 파이야르(Paillard)가 주방을 이어받았지만 투르 다르장 레스토랑이 오늘날까지 이어지는 명성을 얻게 된 것은 1890년부터였고 이는 초창기 홀 지배인이자 이어서 사장이 된 유명한 프레데릭 들레르(Frédéric Delair)의 덕택이다. 그는 카나르 아 라 프레스(**참조** CANARD À LA PRESSE)를 대표 메뉴로 다시 채택했고, 주문 시마다 이 오리에 일련번호를 부여하는 방식을 고안해냈다. 전통은 이어졌고 흰 앞치마를 두른 오리잡이들은 아직도 고객들이 볼 수 있는 홀에서 이 오리 요리의 소스를 직접 만들어 서빙하는 장면을 연출해내고 있다.

라 투르 다르장을 요리계의 바이로이트(장 콕토가 이렇게 칭했다) 반열에 올린 오너 프레데릭은 1911년 앙드레 테라이(André Terrail)에게 식당을 매각했다. 이후 그의 아들인 클로드 테라이(Claude Terrail)가 물려받았고 2006년부터는 손자인 앙드레 테라이(André Terrail)가 가업을 잇고 있다.

TOURER 투레 파트 푀유테를 만들기 위해 필요한 공정인 접어 밀기(tours)를 실행하는 것으로 반죽을 접어 밀대나 파이 롤러로 민 다음 다시 접고 횟수마다 90도씩 회전시켜 이를 반복하는 일련의 작업을 말한다. 파티시에와 전문 요리사들은 대리석이나 차가운 메탈 상판으로 된 작업대에서 이 작업(tourage)을 한다.

TOURIN 투랭 돼지 기름이나 거위 기름에 재료를 볶아 만드는 양파 수프(마늘이나 토마토를 넣기도 한다)로 페리고르와 보르도 지방에서 흔히 먹는 음식이다. 투랭(tourain, thourin, tourrin, touril[Rouergue 지방], touri[Béarn 지방]이라고도 쓴다)은 옛날에 전통적으로 젊은 신랑신부에게 결혼식 다음 날 아침에 차려주었던 음식으로 버미셀리를 넣어 만들었으며 신랑신부의 투랭 또는 신혼의 투랭이라는 이름으로도 불렸다. 케르시(Quercy)에서는 투랭 아 라우쿠(tourin à l'aoucou, 거위 다리 콩피를 넣고 끓인다), 투랭 아 라 풀레트(tourin à la poulette, 국물을 넣기 전에 양파와 밀가루를 거위 기름에 갈색이 나도록 볶는다), 투랭 오 라브(tourin aux raves, 가늘게 썬 콜라비를 돼지 기름에 볶는다) 등을 만들기도 한다. 페리고르식 투랭에는 찧은 마늘 1톨과 약간의 토마토 퓌레 또는 생토마토를 첨가한다.

---

tourin périgourdin 투랭 페리구르댕

페리고르식 투랭 : 거위 기름을 달군 팬에 얇게 썬 양파 150g을 넣고 황금색이 나도록 볶는다. 여기에 밀가루를 넉넉히 한 스푼 뿌리고 잘 섞은 뒤 짓이긴 마늘 2톨을 넣는다. 끓는 물 몇 스푼을 넣고 덩어리가 생기지 않도록 잘 풀어주며 섞는다. 큰 사이즈의 토마토 2개의 씨를 제거한 후 육수 2ℓ가 담긴 냄비에 넣고 익힌다. 건져서 으깬 뒤 다시 육수에 넣는다. 팬에 조리한 혼합물을 여기에 넣고 45분간 끓인다. 서빙하기 바로 전, 달걀노른자 2개에 콩소메나 흰색 육수를 조금 넣어 잘 풀어준 다음 냄비에 넣고 걸쭉하게 리에종한다. 수프 용기에 얇게 썬 캉파뉴 브레드 슬라이스를 깐 다음 그 위에 수프를 담는다.

TOURNEBRIDE 투르느브리드 시골의 성이나 별장 옆에 위치한 여관이나 허름한 여인숙을 지칭하는 옛 용어로 방문객의 시종들과 말의 숙소로 사용되었다.

TOURNEBROCHE 투르느브로슈 회전 로스터. 로스트용 막대 봉 또는 긴 꼬챙이를 열원 앞에서 규칙적으로 회전시키는 기계 장치를 뜻한다. 이는 일반적으로 전기로 작동하는 오븐이나 바비큐 장치의 부속품이다. 중세에는 꼬치 회전기를 갈로팽(galopins)이라 불린 고기구이 상점의 어린 실습생들이 수동으로 돌렸다. 이들은 화덕불 앞에서 무거운 봉의 핸들을 계속 돌리며 고기를 구웠다. 혹은 개를 쳇바퀴 안에서 계속 뛰게 하면서, 그 힘을 이용해 꼬챙이 봉을 돌리기도 했다. 저절로 돌아가는 회전 로스터는 16세기 말에 처음 등장했다. 2세기 후, 시계를 움직이는 무브먼트 기계의 성능이 점점 더 발전하면서 로스터도 자동 회전이 가능해졌다. 또한 화덕의 열기로 작동하는 로스터도 있었는데 이것은 핀 휠이 돌아가도록 하는 원리였다. 일부 레스토랑에는 대형 로스터 기계가 구비되어 있어 동시에 수십 마리의 닭을 구워내는 것이 가능했다.

TOURNEDOS 투르느도 소 안심 스테이크. 소고기 안심을 두께 2cm로 자른 것으로 얇은 돼지비계로 둘러싸고 주방용 실로 묶어 모양을 동그랗게 잡고 균일하게 익도록 한다. 이렇게 준비한 스테이크는 소테, 그릴, 또는 팬프라이 방식으로 익힌다. 안심 외의 다른 부위도 같은 방법으로 준비해 구울 수 있지만, 그 경우에는 투르느도라는 이름을 붙일 수 없다. 투르느도 안심 스테이크의 원래 형태 중 유명한 것으로는 유명한 작곡가 로시니(Rossini)가 주문했던 요리(푸아그라와 송로버섯을 곁들였다)와 관련이 있다. 이 요리는 서빙을 담당하는 메트르 도텔의 눈에도 무척 경이로운 것이어서 손님들의 등 뒤에서(dans le dos) 서빙했다고 한다.

▶ 레시피 : BŒUF.

TOURNER 투르네 상하다, 변질되다. 식품이 자연적인 변화를 겪는 것을 뜻한다. 예를 들어 과일은 완숙단계에 이르면 변질되기 시작하며, 상한 우유는 시큼한 맛이 난다. 투른(tourne)은 와인의 변질 현상을 가리킨다. 변질된 와인은 색이 뿌옇게 변하고 역한 냄새가 나며 시큼한 맛이 느껴진다.

TOURNER (TECHNIQUE) (테크닉) 투르네 식재료를 페어링 나이프(또는 과도 couteau d'office)로 일정한 모양을 내어 균일한 크기로 자르거나 다듬는 것을 의미한다. 이와 같은 방법으로 돌려 깎은 재료들은 조리 시 고르게 익는다. 감자는 요리에 따라 방울 모양, 올리브 모양, 길쭉하고 가운데가 불룩한 각이 진 원통 모양 등으로 돌려 깎는다. 또한 당근과 순무는 부크티에르(bouquetière, 갸름하고 각 면이 있는 원통형) 형태로 모양내어 깎고 오이와 양송이버섯 갓, 올리브(씨 제거한 것)도 마찬가지로 돌려 깎는다. 또한 투르네는 오븐에 로스트하는 고기를 찌르지 않으면서 위치를 돌려주는 것을 의미한다. 이는 모든 면에 고른 색이 나게 익히기 위함이다. 혼합물 등의 음식을 투르네한다는 것은 재료를 원을 그리듯 휘저어 섞거나 익히는 동안 계속 저어주는 것을 뜻한다. 샐러드를 투르네한다는 것은 믹싱볼 안에 샐러드용 잎채소들과 드레싱 소스를 넣고 큰 스푼과 포크로 살살 뒤적이며 섞어 버무리는 것을 의미한다. 제빵에서 투르테는 길쭉한 형태의 빵(바게트, 플뤼트 빵 등)을 만들기 위해 반죽을 압착하거나 잡아 늘여 성형하는 것을 지칭한다. 수작업으로 만들거나 제빵 성형기를 사용한다.

TOURNESOL 투르느솔 해바라기. 멕시코와 페루가 원산지인 국화과의 착유종자 식물로 엘리앙트(hélianthe) 또는 그랑 솔레이(grand soleil) 라고도 불리며 오늘날 많은 국가에서 재배된다. 해바라기 씨에서 추출한 기름은 필수지방산이 풍부하고 특히 오메가 6의 함유량이 매우 높으며, 샐러드용 드레싱(마요네즈를 만들기에 적합하다)을 만들거나 요리용 기름으로 사용할 수 있다(**참조** p.462 오일 도표). 해바라기 씨는 안주나 간식으로 즐겨 먹으며 각종 곡물 빵에도 들어간다. 열량은 매우 높은 편이다. 씨를 압착해 기름을 짜내고 남은 단단한 찌꺼기는 깻묵 형태의 가축용 사료로 재활용한다.

TOURON 투롱 스페인이 원산지인 당과류로 아몬드, 꿀, 달걀흰자, 설탕으로 만들고 다양한 색과 향을 낸다. 피스타치오, 호두 등의 견과류를 넣기도 한다.

- 히호나의 스페인식 투롱(turrón de Jijona)은 아몬드 가루와 꿀, 설탕 등의 기본재료에 호두, 헤이즐넛, 잣을 넣어 만들며 때로 고수 씨와 계피를 첨가하기도 한다. 벽돌형 직사각형 덩어리로 만들어 원하는 크기로 잘라 먹는다.

TOURNER DES CHAMPIGNONS ET DES CAROTTES
양송이버섯과 당근 모양내어 깎기

버섯. 양송이버섯의 갓만 떼어낸 뒤 페어링 나이프를 사용해 균일한 모양의 골이 패이도록 도려낸다.

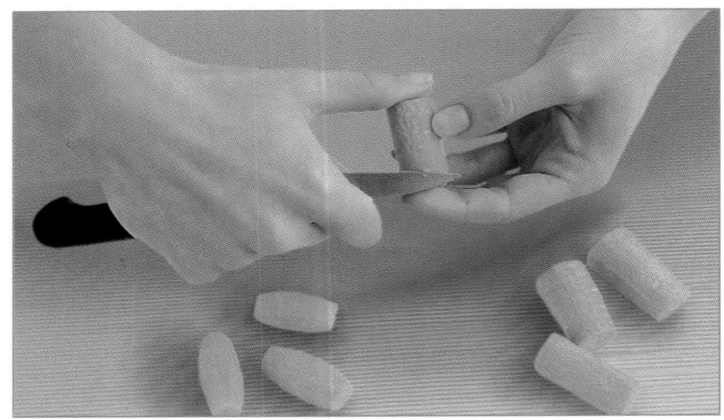

당근. 일정한 길이로 썬 당근을 페어링 나이프를 사용해 갸름하고 중앙이 불룩하며 세로면의 각이 살아 있는 원통 모양으로 깎는다.

- 알리캉트의 투롱(turrón d'Alicante)은 크리스마스 때 즐겨 먹는 대표적인 당과로 모양은 일반 투롱과 같지만 통 아몬드를 넣어 아삭하게 씹히는 맛이 있다.

이 두 가지 투롱은 원산지 명칭(appellation d'origine) 인증을 받은 제품이다.

- 카탈루냐식 투롱은 프로방스의 블랙 누가와 비슷하며 아몬드 대신 헤이즐넛을 넣어 만든다.
- 바스크 지방의 투롱은 붉은색으로 물들인 아몬드 페이스트만을 사용하며 큰 덩어리 또는 딸기 크기의 작은 공 모양으로 만든다. 또는 다양한 색과 향을 넣어 바둑판 모양으로 만들기도 한다.
- 가프(Gap)의 꿀 투롱은 설탕과 꿀에 아몬드와 헤이즐넛을 넣어 만든다.

TOURON (PETIT-FOUR) 투롱(프티푸르) 완전히 동그란 모양(tout rond)을 가진 프티푸르의 일종. 아몬드 페이스트에 피스타치오와 오렌지 제스트를 섞은 로열 아이싱을 얹어 만든다.

tourons (petits-fours) 투롱 (프티푸르)

속껍질까지 벗긴 아몬드 250g와 달걀흰자 2개분을 분쇄기로 간다. 설탕 200g을 첨가한 뒤 혼합물을 대리석 작업대에 놓고 반죽한다. 슈거파우더 2테이블스푼을 뿌리고 두께 1.5cm로 민다. 피스타치오 100g을 다진 뒤 설탕 200g, 곱게 다진 오렌지 제스트 반 개분과 섞는다. 여기에 로열 아이싱(glace royale) 100g과 달걀 2개를 넣고 주걱으로 잘 섞는다. 이 혼합물을 밀어 놓은 아몬드 페이스트 시트 위에 균일하게 펼쳐 바른다. 원반 또는 링 모양의 커터로 잘라낸다. 버터를 바르고 밀가루를 뿌린 팬 위에 투롱을 배열한다. 식품건조기 또는 오븐 입구에서 매우 약한 열기로 건조시킨다.

TOURTE 투르트 모양이 둥근 파이의 일종으로 일반 요리와 파티스리에서 모두 사용할 수 있는 조리법의 음식이다. 투르트는 파트 브리제 또는 파트 푀유테 크러스트에 향신료와 양념 등으로 맛을 낸 짭짤한 재료나 과일 또는 크림을 채워 넣고 크러스트와 동일한 반죽으로 뚜껑을 만들어 덮어준 뒤 굽는다. 몇몇 디저트용 투르트는 뚜껑 없이 만들기도 하는데 이 경우는 가장자리가 높은 타르트와 같은 형태라고 볼 수 있다. 또한 투박한 타입의 둥근 브리오슈 디저트를 투르트라 부르기도 한다. 파테 앙 크루트나 영국식 파이와 비슷한 투르트는 오늘날 시골풍 요리나 지방 향토 요리에 해당하는 것들이 많다. 옛날에 투르트는 고전적인 애피타이저나 앙트르메로 매우 중요한 자리를 차지하고 있었다. 송로버섯, 굴, 비둘기 고기, 푸아그라, 베아티유(béatilles, 작게 썬 고기, 송아지 흉선, 닭의 볏과 콩팥, 버섯 등), 고디보(godiveaux, 곱게 간 고기나 생선 소) 등 다양한 재료를 채워 만든 투르트가 17세기까지 많이 유행했지만 차츰 볼오방(vol-au-vent), 크루트(croûte), 탱발(timbale)과 같이 더 가벼운 파이류에 자리를 내주었다. 프랑스는 지방마다 개성 있는 특선 투르트가 있다. 푸아투(Poitou)식 투르트(닭, 토끼고기, 돼지 삼겹살 완자), 브리우드(Brioude)의 연어 투르트, 설탕과 건포도를 넣은 니스의 근대 투르트, 베지에(Béziers)의 투르트(양의 지방, 황설탕, 레몬 제스트, 멜론 껍질 콩피), 로크포르와 라기올 치즈를 넣은 루에르그(Rouergue) 투르트 등이 대표적이다. 과일 투르트로는 푸아라 뒤 베리(poirat du Berry), 부르보네의 피캉샤뉴(picanchagne bourbonnais), 발보네의 뤼파르(ruifard valbonnais), 랑그독의 크루스타드(croustade du Languedoc) 등을 꼽을 수 있다.

tourte aux feuilles de bette niçoise 투르트 오 푀유 드 베트 니수아즈

니스식 근대 잎 투르트 : 설타나 건포도 100g을 브랜디에 재워둔다. 밀가루 500g, 소금 1자밤, 설탕 60g, 베이킹파우더 1봉지(11g), 달걀노른자 1개, 오일 200mℓ, 아주 차가운 물 몇 스푼을 섞어 반죽한 뒤 휴지시킨다. 끓는 물(소금을 넣지 않는다)에 근대 잎 500g을 데쳐 물기를 닦은 뒤 굵직하게 다진다. 새콤한 사과 2개의 껍질을 벗긴 뒤 얇고 둥글게 썰어 레몬즙을 뿌려둔다. 건무화과 2개를 각 4등분으로 자르고 마카롱 코크 1개를 잘게 부순다. 재료를 모두 볼에 넣고 달걀 2개, 강판에 간 레몬 제스트 약간, 잣 40g과 섞는다. 지름 27cm 투르트 틀에 기름을 바른다. 반죽의 절반을 밀어 바닥과 내벽에 대준 뒤 준비한 소 재료를 고루 펼쳐 채운다. 레드커런트 즐레 3테이블스푼을 끼얹는다. 나머지 반죽을 밀어 뚜껑처럼 덮은 다음 가장자리를 꼭꼭 집어 눌러 접합한다. 뚜껑 반죽 중앙에 공기구멍 굴뚝을 한 개 만든 다음 200°C로 예열한 오븐에 30~40분간 굽는다. 슈거파우더를 뿌리고 뜨겁게 또는 차갑게 서빙한다.

에릭 브리파르(ÉRIC BRIFFARD)의 레시피

tourte de poule faisane, perdreau gris et grouse au genièvre 투르트 드 풀 페잔, 페르드로 그리 에 그루즈 오 즈니에브르

주니퍼베리를 넣은 까투리, 자고새 새끼, 뇌조 투르트 : 8인분

까투리, 자고새 새끼, 신선한 상태의 뇌조를 각각 한 마리씩 준비해 내장을 빼낸 다음 토치로 그슬려 잔털과 불순물을 제거한다. 새의 다리를 잘라내어 화이트와인 300mℓ, 샬롯 90g, 당근 100g, 셀러리 50g, 월계수 잎 2장, 타임 2줄기, 주니퍼베리 10알, 검은 후추 1티스푼, 마늘 6톨로 만든 마리네이드액에 3시간 동안 재운다. 가슴살을 잘라내 보관한다. 소테팬에 새의 다리와 몸통 뼈 및 새의 자투리 부위, 향신채소를 넣고 센 불에 볶은 다음 마리네이드했던 국물을 붓고 브레이징한다. 140°C 오븐에서 3시간 동안 익힌다. 향신 채소를 건져 소 재료용으로 따로 보관한다. 다리는 모두 건져 껍질과 뼈를 제거하고, 팬에 남은 국물은 졸인 뒤 체에 걸러둔다. 새의 가슴살을 올리브오일, 타임. 월계수잎, 주니퍼베리, 마늘, 검은 후추에 재운다. 팬에 1분간 노릇하게 지진다. 소 재료들, 즉 익힌 다리 살 330g(주사위 모양으로 썬다), 팬에 볶은 포치니 버섯 밑동 120g, 끓는 물에 데친 이탈리안 파슬리 40g, 졸여서 체에 걸러둔 소스를 모두 혼합한다. 지름 23cm, 높이 6cm의 스테인리스 파이 링에 소 혼합물 300g을 넣어 한 켜 깔아준 다음 볶은 가지와 포치니 버섯 갓을 그 위에 한 켜 올린다. 이어서 가슴살을 한 켜 깐 뒤 처음부터 같은 순서로 반복해 마무리한다. 지름 30cm, 두께 5mm로 민 푀유타주 반죽 2장으로 이 내용물을 싼 다음 칼끝으로 투르트의 가장자리를 뾰족한 손잡이 모양으로 빙 둘러 잘라준다. 투르트를 덮은 시트 위에 달걀물을 바른 뒤 중앙에서 바깥 방향으로 일정한 아치형 줄무늬를 그어준다. 210~220°C의 오븐에 투르트를 넣고 30분간 굽는다. 오븐에서 꺼낸 뒤 붓으로 밤나무 꿀을 바른다. 새를 익히고 남은 육수로 만든 소스를 곁들여 서빙한다.

tourte aux noix de l'Engadine 투르트 오 누아 드 랑가딘

엔가디나 호두 투르트 : 하루 전날, 부드러워진 버터 175g, 설탕 25g, 소금 1자밤, 강판에 간 레몬 제스트 1개분, 밀가루 275g을 혼합해 파트 사블레를 만든다. 냉장고에 넣어 휴지시킨다. 반죽을 4mm 두께로 민 다음 지름 24cm의 파이 링의 바닥과 내벽에 대어 깔아준다. 설탕 150g을 끓여 캐러멜 색이 나면 더 이상 끓지 않도록 생크림 200mℓ을 넣는다. 꿀 1테이블스푼을 첨가한 뒤 다시 끓을 때까지 가열한다. 불에서 내리고 굵직하게 다진 호두살 150g을 넣어 섞는다. 혼합물을 식힌 뒤 파트 사블레 시트 위에 펼쳐 바른다. 나머지 반죽을 밀어 원반형으로 자른 뒤 뚜껑처럼 덮어준다. 가장자리를 포크로 눌러 무늬를 내어가며 잘 붙인 뒤 달걀물을 바른다. 180°C로 예열한 오븐에서 1시간 동안 굽는다.

tourte au sirop d'érable 투르트 오 시로 데라블

메이플 시럽 투르트 : 메이플 시럽 100mℓ에 물을 조금 넣고 5분간 끓인다. 찬물에 갠 옥수수 전분 3테이블스푼, 버터 50g을 첨가한다. 투르트 틀 바닥과 내벽에 파트 브리제를 깔아준다. 메이플 시럽 혼합물을 따뜻한 온도로 식힌 다음 시트 바닥에 붓고 다진 아몬드를 채운다. 아주 얇게 민 반죽으로 덮고 가장자리를 꼭꼭 집어 붙인 다음, 중앙에 공기구멍을 한 개 뚫어준다. 220°C로 예열한 오븐에 20분간 굽는다.

TOURTEAU 투르토 브라운 크랩. 크기가 가장 큰 유럽산 게로 대서양과 지중해의 바위와 자갈이 많은 해저(수심 최대 100m)에 서식한다(**참조** p.286, 287 갑각류 도감). 등딱지는 가로가 세로보다 긴 타원형으로 황갈색을 띠며 둘레가 물결 무늬로 구불구불하다. 맨 첫 번째 집게발 한 쌍이 매우 발달해 있고 커다란 집게 끝부분은 검은색을 띠며 안에는 아주 섬세한 맛과 식감의 살이 들어 있다. 도르뫼르(dormeur)라고도 불리는 브라운 크랩은 한 마리의 무게가 최대 5kg에 달하며 주로 쿠르부이용에 삶아 차갑게, 마요네즈를 찍어 먹는다. 생 말로에서는 껍데기에서 게살만 발라낸 뒤 허브를 섞은 마요네즈와 세로로 등분한 삶은 달걀을 곁들여 내기도 한다. 이 게는 특히 속을 채워 요리하기에 적합하다(**참조** CRABE). 캐나다에서는 애틀랜틱 락 크랩(atlantic rock crab)과 던저니스 크랩(dungeness crab)이 이와 비슷하다.

tourteaux en feuilleté 투르토 앙 푀유테

브라운 크랩 살을 채운 푀유테 : 파트 푀유테 500g을 만든다. 브라운 크랩 2마리를 씻고 솔로 깨끗이 문지른 다음 끓는 물에 넣고 4~8분(크기에 따라 조절) 정도 삶아 건진다. 집게발과 다리를 모두 떼어내 두드려 깬다. 몸통은 둘로 자른다. 당근 1개, 양파 1개, 샬롯 1개, 리크 흰 부분 1/2대, 셀러리 줄기 1대를 잘게 다진다. 소테팬에 버터 40g을 달군 뒤 게를 넣는다. 이어서 다진 채소를 모두 넣고 게가 빨갛게 변할 때까지 저어주며 볶는다. 뜨겁게 데운 코냑 50mℓ를 붓고 플랑베한다. 드라이한 화이트와인 300mℓ, 토마토 페이스트 넉넉히 1테이블스푼, 말린 오렌지 껍질 1조각, 소금, 후추, 카옌페퍼 칼끝으로 아주 조금, 짓이긴 마늘 1톨, 파슬리 작은 1단을 넣어준다. 뚜껑을 덮고 10분간 익힌다. 게 조각들을 모두 건져낸 뒤 10분간 더 끓인다. 브라운 크랩의 살을 발라낸다. 소스를 체에 거른 뒤 절반을 게살과 섞어준다. 완전히 식힌다. 파트 푀유테를 6mm 두께로 밀어 13×8cm의 직사각형으로 자른다. 칼끝으로 격자무늬를 그은 다음 달걀물을 발라 230°C로 예열한 오븐에서 20분간 굽는다. 푀유테가 다 구워지면 가로로 자른 뒤 소스에 버무린 게살을 채워 넣는다. 남은 소스는 뜨겁게 데워서 따로 담아 서빙한다.

TOURTEAU FROMAGÉ 투르토 프로마제 염소젖 치즈를 넣은 푸아투(Poitou)와 방데(Vendée) 지방의 특산 케이크로 약간 납작한 공 모양이며 표면이 매끈하고 거의 검정색이다. 여러 응용 레시피가 존재하며 어떤 것은 당절임한 안젤리카 줄기를 넣기도 한다. 뤼지냥(Lusignan)에서 탄생한 이 케이크는 니오르(Niort), 푸아티에(Poitiers), 뤼펙(Ruffec)에서도 찾아볼 수 있다. 또한 이들 지역에서 즐겨 먹는 투르토 프뤼노(tourteau pruneau)는 건자두 퓌레를 채운 푀유테 타르트로 격자무늬를 낸 반죽을 뚜껑처럼 덮어 굽는다.

tourteau fromagé 투르토 프로마제

투르토 프로마제 : 밀가루 250g, 버터 125g, 달걀노른자 1개, 물 1~2테이블스푼, 소금 1자밤을 혼합해 파트 브리제를 만든다. 냉장고에서 2시간 휴지시킨다. 둘레가 높은 지름 20cm짜리 파이 틀에 버터를 바른 뒤, 3mm 두께로 민 반죽을 깔아준다. 크러스트만 10분간 굽는다. 프레시 염소 치즈 250g의 물기를 뺀 다음 설탕 125g, 소금 1자밤, 달걀노른자 5개, 감자 전분 30g을 넣고 잘 개어 섞는다. 코냑 1티스푼 또는 오렌지 블로섬 워터 1테이블스푼을 첨가한다. 달걀흰자 5개분을 휘저어 매우 단단한 거품을 올린 뒤 혼합물에 넣고 살살 섞어준다. 미리 구워둔 시트에 혼합물을 붓고 200°C로

예열한 오븐에서 50분간 굽는다. 표면 크러스트가 거의 검은색에 가까운 짙은 갈색이 되어야 한다. 따뜻하게 또는 차갑게 서빙한다.

TOURTERELLE 투르트렐 멧비둘기. 비둘기과에 속하는 조류로 비둘기와 비슷하나 크기가 더 작다. 프랑스에는 철새인 유럽멧비둘기와 30여 년 전부터 정착한 염주비둘기(tourterelle turque)가 서식한다. 멧비둘기는 특별히 맛있는 수렵조류 축에 들지는 않지만 사냥으로 잡아 소비되고 있으며, 옛날에는 어리고 기름질 때 먹으면 아주 맛있는 음식으로 여겨졌다. 아랍 요리의 투르트렐 앵팀(tourterelles intimes, 코코트 냄비에 아티초크 속살, 넛멕, 건포도를 넣고 익힌 멧비둘기 요리)는 아주 섬세하고 고급스러운 음식이다.

TOURTIÈRE 투르티에르 투르트 틀, 파이 틀. 다양한 사이즈의 원형 틀로 둘레가 높지 않고 윗부분이 살짝 넓어지는 형태이며 세로로 골 무늬가 패인 것, 바닥이 분리되는 타입도 있다. 투르트 틀은 일반 틀보다 약간 더 깊은 타르트 틀이라고 할 수 있으며 여기에 타르트, 투르트, 파이 등을 구울 뿐 아니라 그대로 서빙하기도 한다. 퀘벡에서 투르티에르는 일반적으로 한 가지 또는 여러 가지 정육, 야생 수렵육을 기본재료로 만드는 전통요리다. 때에 따라 감자를 첨가하기도 하는 등 응용 레시피가 다양하다.

엘렌 다로즈(HÉLÈNE DARROZE)의 레시피

la tourtière feuilletée de Louise Darroze 라 투르티에르 푀유테 드 루이즈 다로즈

루이즈 다로즈의 푀유테 투르티에르 : 8인분 / 조리: 40분

밀가루(type 45) 400g, 달걀 1개, 낙화생유 250mℓ, 소금 한 자밤을 대리석 작업대 위에 놓고 손으로 섞는다. 반죽이 균일하게 섞이면 들어 올렸다가 작업대에 강하게 치대고 반대로 접어 강한 손목 놀림으로 같은 동작을 20분 동안 반복한다. 탄력 있고 부드러운 반죽이 완성되면 둥글게 뭉쳐 식용유 100mℓ를 바른 뒤 우묵한 그릇에 넣고 면포로 덮어 2시간 동안 휴지시킨다. 큰 직사각형 테이블에 얇고 긴 흰색 천을 덮어준다. 여기에 반죽 덩어리를 중앙에 놓고 손가락으로 한쪽 끝과 반대쪽 끝을 잡아 늘린다. 살살 조금씩 늘여 반죽이 테이블 모서리까지 이르도록 넓게 편다. 반죽이 충분히 잘 치대어졌다면 쉽게 늘어날 것이다. 반죽에 구멍이 나지 않도록 조심하며 잘 늘여 펴 최종적으로는 종이처럼 얇은 시트를 만든다. 이 상태로 몇 분간 말린다. 그동안 투르티에르에 바를 혼합물을 만든다. 냄비에 버터 200g을 넣고 서서히 녹여 맑은 상태로 만든 뒤 이것을 아르마냑 130mℓ, 럼 60mℓ, 액상 바닐라 60mℓ와 섞는다. 거위 깃털 또는 붓을 이용해 이 혼합물을 반죽 표면에 고루 바른 다음 설탕 30g을 솔솔 뿌린다. 바닥에 깐 천의 길이 방향으로 양 모서리를 잡고 천을 들어 올리면서 반죽의 1/3을 중앙 쪽으로 접어준다. 이 상태에서 버터 혼합물을 다시 한 번 바르고 설탕 20g을 뿌린다. 천의 반대쪽 양끝을 잡고 같은 식으로 반복한다. 나머지 버터 혼합물을 바르고 설탕을 뿌린다. 이번에는 깔아둔 천의 넓이 방향으로 양끝을 잡고 같은 방법으로 투르티에르를 1/3씩 중앙으로 접어준다. 이렇게 하면 반죽은 총 9겹이 된다. 이 반죽을 원형 타르트 틀에 넣고 모서리는 접어서 끼워 넣는다. 그 위에 떨어진 마른 반죽 부스러기 조각들을 얹어 부피를 더욱 풍성하게 한다. 마지막으로 설탕 20g을 한 번 더 뿌린 다음 180°C 오븐에서 40분간 굽는다.

tourtière saguenéenne 투르티에르 사그네엔

사그네식 투르티에르 : 소 우둔살 400g과 돼지목살 200g을 3mm 입자로 다지거나 분쇄한 다음 다진 돼지비계 200g과 섞는다. 곱게 다진 양파 100g과 짓이긴 마늘 4톨을 첨가한다. 고운 소금 20g, 후춧가루 4g, 혼합 향신료 4g, 다진 파슬리 2테이블스푼을 넣어 양념한다. 화이트와인 50mℓ와 메이플 식초 몇 방울을 넣고 잘 섞는다. 냉장고에서 12시간 동안 재운다. 밀가루 400g, 부드러워진 버터 200g, 달걀 1개, 고운 소금 5g, 우유 50mℓ를 혼합해 타르트 반죽을 만든다. 1시간 휴지시킨다. 감자 400g의 껍질을 벗긴 뒤 4~5mm 두께로 둥글게 썬다. 양념에 재워둔 고기에 차가운 콩소메 250mℓ를 첨가한다. 지름 24cm 투르트 틀에 버터를 바른다. 반죽을 밀어 각각 지름 32cm, 24cm의 원형 시트 2장을 만든다. 큰 시트를 투르트 틀 바닥과 둘레에 대어 깔아준 다음, 고기와 감자 슬라이스를 교대로 켜켜이 채운다. 작은 원형 시트로 덮어준 다음 가장자리를 꼭꼭 눌러 붙이며 봉합한다. 뚜껑 중앙에 구멍을 뚫고 유산지를 작게 말아 꽂아 지름 1cm 정도의 굴뚝을 만든다. 200°C로 예열한 오븐에서 40분간 구운 뒤 온도를 125°C로 낮추고 다시 30분간 구워 마무리한다.

TOURVILLE 투르빌 랍스터 요리의 명칭 중 하나다. 쿠르부이용에 삶은 랍스터의 껍데기를 벗긴 뒤 살피콩으로 썰어 버터에 볶는다. 얇게 썰어 버터에 볶은 양송이버섯, 굴과 홍합(데친 뒤 수염을 제거한다), 얇게 슬라이스한 송로버섯을 넣어 섞은 뒤 노르망디 소스 리소토 위에 얹는다. 너무 걸쭉하지 않은 모르네 소스를 전체에 끼얹은 뒤 가늘게 간 치즈를 뿌리고 살라만더 그릴에 그라탱처럼 노릇하게 재빨리 구워낸다.

TRAIN BLEU (LE) (르) 트랭 블뢰 파리의 리옹역 건물 안에 위치한 레스토랑. 1950년 철거될 위기를 맞기도 했지만 1972년부터 역사 기념물로 등재되었다. 1900년 파리 만국 박람회 개최에 맞춰 PLM(Paris, Lyon, Méditerranée) 사가 설립한 이 레스토랑은 당대 가장 위대한 예술가들에 제작된 아름다운 인테리어로 유명하며 기업이 운영하는 대표적인 선망의 장소가 되었다. 1968년 대대적인 리노베이션이 이루어졌고 이곳의 벽화와 화려한 금장식들은 원래의 상태 그대로 복원되었다.

TRAIT 트레 칵테일을 만들 때 넣는 증류주, 비터스, 리큐어 또는 과일 주스 등의 아주 소량을 뜻하는 단위이다. 정확하게 수치로 측정하기는 어렵지만 트레는 해당 액체를 가늘게 한 줄기 둘러주거나 분사하는 정도의 아주 적은 양을 지칭한다.

TRAITEUR 트레퇴르 개인의 주문을 받거나 또는 포장판매를 목적으로 음식을 만들어 파는 요식업자. 앙시엥 레짐 체제하에서 이 식품 판매업자들은 공식 협동조합을 결성했다. 그들은 결혼식, 축하 파티, 연회에 음식을 제공하는 업무를 주로 담당했으며 개인 고객들에게 커틀러리, 테이블용 식기 및 린넨류 등을 대여하기도 했다. 이 직업은 당시 선술집이나 카바레 업장 주인, 로스트 음식을 파는 업종보다 더 귀한 것으로 여겨졌다. 트레퇴르는 식당 운영자를 뜻하는 레스토라퇴르(restaurateur)의 전신이었다고 볼 수도 있는데, 차이점이라면 이들 업장에는 테이블이 없었다는 점이다. 사실 당시에는 아직 레스토랑은 존재하지 않았으며 선술집 격의 카바레는 점잖은 사람들이 자주 출입할 만한 장소가 아니었다. 오늘날 트레퇴르는 주로 가정이나 임대한 장소에서 주최하는 연회, 칵테일 파티, 런치 행사나 뷔페 등을 연출하고 이에 필요한 음식 등을 준비하는 케이터링 전문가를 지칭한다. 케이터링 서비스에는 제과사, 아이스크림 제조업자, 당과류 제조업자, 혹은 샤퀴트리 및 조리음식 판매업자, 레스토랑 운영자 혹은 자신의 매장이나 공간을 소유하지 않은 요리사 등이 만드는 다양한 음식들이 제공된다. 케이터링 업자가 준비하는 음식은 일반 레스토랑업자들 것과는 차별화된다. 우선 음식을 운송하고 현장에서 재 가열해야 하기 때문에 특별한 준비가 요구되고 또한 행사의 규모에 따라 열 명 남짓의 소규모 프라이빗 디너에서부터 수천 명이 참가하는 대형 연회까지 모두 커버해야 한다는 특수성이 있다. 제공되는 메뉴에는 클래식 요리들도 포함되지만 주로 크루스타드, 부셰, 탱발, 볼로방, 파테, 고디보, 갈랑틴, 발로틴, 쇼 프루아, 즐레를 씌워 차게 서빙하는 생선, 크러스트를 씌운 햄, 카나페, 팽 쉬르프리즈 등의 뷔페식 요리가 주를 이루며, 여기에 더해 파티의 꽃이라 할 수 있는 피에스 몽테, 앙트르메, 아이스크림, 프티푸르 등도 다양하게 준비된다.

TRAMA (MICHEL) 미셸 트라마 프랑스의 요리사(1947, Constantine 출생). 순수한 독학파 요리사인 그는 초창기에 파리 무프타르가(rue Mouffetard)에서 작은 레스토랑 쉬르 르 푸스(Sur le pouce)를 운영했다. 미셸 게라르의 책『맛있는 요리(*la Cuisine gourmande*)』를 읽으면서 큰 영감을 받은 그는 파리를 떠나 로트 에 가론(Lot-et-Garonne) 중심지에 위치한 18세기의 한 성곽 마을의 마음에 드는 레스토랑을 발견하고 이를 인수한다. 이곳에 오픈한 레스토랑 오베르가드(l'Aubergade)에서 그는 1981년 미슐랭 가이드의 첫 번째 별을, 1983년 두 번째 별을, 마침내 2004년에 세 번째 별을 획득한다. 그는 송로버섯을 재료로 한 다채로운 메뉴를 선보이며 미식계를 깜짝 놀라게 했다. 송로버섯과 푸아그라를 넣은 감자 파피요트, 팬에 지진 푸아그라와 포치니 버섯을 넣은 햄버거 등이 대표적인 메뉴다. 또한 초콜릿 눈물과 같은 재미난 이름을 붙인 디저트들을 선보이면서 고전적이고 묵직한 프랑스 남서부 요리계에 신선한 혁신을 일으켰다.

TRANCHE 트랑슈 소 설도의 설깃살, 설깃머리살 부위. 소 뒷다리 허벅지 앞쪽 부분에 해당하며 옛날에는 트랑슈 그라스(tranche grasse)라고 불렀다(**참조** p.108, 109 프랑스식 소 정육분할 도감). 이 부위는 무방(mouvant), 플라 드 트랑슈(plat de tranche), 롱 드 트랑슈(rond de tranche)의 세 부분으로 나뉜다. 기름이 적은 살코기인 이 부위는 오븐에 로스트하

거나 그릴에 구워 조리할 뿐 아니라 작게 썰어 꼬치에 꿰어 굽거나 비프 카르파치오, 퐁뒤 부르기뇽용으로도 사용한다.

TRANCHELARD 트랑슈라르 날이 매우 길고(17~35cm) 약간의 탄성이 있으며 끝이 뾰족한 나이프로 돼지비계나 베이컨, 오븐에 로스트 한 고깃덩어리(주로 양 뒷다리 로스트) 등을 얇게 슬라이스할 때 사용한다. 또한 사이즈가 큰 파티스리를 자를 때도 사용한다.

TRANCHE NAPOLITAINE 트랑슈 나폴리텐 나폴리식 아이스크림 디저트의 한 종류. 파트 아 봉브(pâte à bombe, 거품 낸 달걀흰자와 설탕 시럽을 혼합한 것)와 일반 아이스크림을 섞어 만든 비스퀴 글라세(biscuit glacé 아이스크림 케이크 종류)를 슬라이스한 것으로 종종 주름 잡힌 종이로 만든 포장케이스에 담아 판매한다. 더 일반적으로 이 앙트르메는 각기 다른 3가지 색과 향(초콜릿, 딸기, 바닐라)의 아이스크림을 벽돌 모양의 틀에 층층이 쌓아 굳힌 뒤 두툼하게 자른 것을 가리킨다. 이 나폴리식 아이스크림 디저트는 19세기 초 파리에서 많은 인기를 누리던 나폴리 출신 아이스크림 제조업자들의 훌륭했던 솜씨를 떠올리게 하는데 그중에서도 특히 수많은 아이스크림 케이크를 선보였던 토르토니(Tortoni)를 첫손에 꼽을 수 있다.

TRANCHEUR 트랑셰르 슬라이서. 수동 또는 전기로 작동하는 전문가용 절단기로 고기(더운 것, 찬 것 모두 포함), 햄, 소시송, 경우에 따라 채소, 과일, 혹은 빵 등을 자르는 데 사용된다.

TRANCHOIR 트랑슈아르 고기를 자르는 데 사용하는 나무 도마를 지칭하며 대개 육즙이 흘러 넘치지 않게 받아내는 도랑 같은 홈이 둘레에 패여 있다. 중세 시대에 트랑슈아르(또는 tailloir)는 접시로 사용하는 두꺼운 빵 슬라이스를 지칭했으며, 식사가 끝나면 이를 가난한 사람들에게 나누어 주곤 했다. 18세기까지 고기를 자르는 데 사용되는 나이프(couteau à trancher)를 트랑슈아르라고 부르기도 했다.

TRAPPISTE 트라피스트 트라피스트 맥주, 수도원 맥주. 트라피스트 수도원 양조장에서 수도사들이 만드는 상면 발효 맥주의 유형. 이 명칭을 사용할 수 있는 양조장은 단 6곳 즉, 벨기에의 시메(Chimay), 오르발(Orval), 로슈포르(Rochefort), 베스트말러(Westmalle), 베스트블레테렌(Westvleteren) 그리고 네덜란드의 코닝슈벤(Koningshoeven)이다. 트라피스트 맥주는 2중 혹은 3중 발효를 거치면서 훌륭한 맛과 향을 지니게 되며, 벨기에와 네덜란드의 맥주 중 최고로 꼽힌다.

TRAPPISTE (FROMAGE) 트라피스트(치즈) 트라피스트 수도원에서 수도사에 의해 또는 수도사의 관리 하에 외부 낙농장에서 제조되는 치즈를 가리킨다. 현재는 수도원 치즈(fromages d'abbaye)라는 명칭이 더 일반적이며, 모두 모나스틱(Monastic)이라는 통합 브랜드 명으로 판매된다. 쫀득한 식감과 흰색 곰팡이 외피를 가진 양젖 치즈인 바스크 지방의 벨록(belloc), 세척 외피 비가열 압착 치즈로 순한 맛을 가진 피카르디 지방의 벨발(Belval), 브르타뉴의 캉페네악(Campénéac), 샹바랑(**참조** CHAMBARAN), 세척 외피 압착 치즈로 과일 풍미가 특징인 부르고뉴의 시토(Cîteaux), 아주 작은 구멍이 뚫려 있는 미색 치즈로 순한 맛과 복합적인 향을 지닌 페리고르의 에슈르냑 (échourgnac), 플랑드르 지방의 몽 데 카트(mont-des-cats), 프로비당스 드 라 트라프 드 브릭크벡(Providence de la trappe de Bricquebec)(**참조** BRICQUEBEC), 오트 사부아의 타미에(Tamié), 브르타뉴의 티마되크(timadeuc), 멘 지방의 트라프 드 라발(trappe de Laval) 등이 대표적이다.

TRAVAILLER 트라바이예 '일하다'라는 원뜻을 가진 단어로 요리에서는 페이스트 또는 액체 상태의 음식을 다소 강하게 섞는다는 의미로 쓰인다. 여러 재료를 혼합하거나 혼합된 음식을 균일하고 매끈하게 만들거나 잘 저어서 걸쭉하고 녹진한 농도로 만드는 것 등이 모두 해당된다. 음식의 특성에 따라 이 작업은 불 위에서 또는 불에서 내린 상태로, 또는 얼음 위에 놓고 나무 주걱, 손 거품기나 전동 핸드믹서, 전동 스탠드 믹서, 블렌더 혹은 손으로 실행한다. 또한 반죽에 사용되었을 때는 '부풀어오름'을 뜻한다. 같은 맥락에서 와인이 발효된다는 의미로 이 단어를 사용할 수 있다.

TRAVERS 트라베르 돼지 등갈비. 돼지 가슴 삼겹살의 위쪽에 해당하는 부위(**참조** p.699 돼지 정육 분할 도감). 길고 납작하며 폭이 좁은 등갈비 랙은 근육과 지방(부위에 따라 양이 차이가 있다) 그리고 갈빗대의 중간 부분으로 이루어져 있다. 염장하여 판매하는 것은 포테와 슈크루트를 만들 때 넣는 재료다. 이 부위는 그릴에 굽거나, 새콤달콤한 양념을 하여 조리하며 중국식으로 간장과 향신료로 만든 소스에 재웠다가 윤기나게 익히기도 한다.

TRÉMOLIÈRES (JEAN) 장 트레몰리에르 프랑스의 생물학자(1913, Paris 출생—1976, Paris 타계). 파리 비샤 종합병원(l'hôpital Bichat)에 식품 영양 연구부를 개설한 그는 자신의 글(이들 중 일부는 닥터 주방루[Dr. Jouvenroux]라는 필명으로 출간되었다)과 보고서 등을 통해 음식이 지닌 정서적 힘의 중요성을 상기시켰다. 그의 마지막 저서 『빵을 나누다(*Partager le pain*)』(1976)는 그의 이러한 생각을 요약적으로 잘 보여주고 있다. "음식은 단순히 우리 몸에 영양을 공급하는 역할을 하지만 이것의 상징적 가치는 다양한 행동양식의 기본 지지대가 된다는 것이다. 특히 여럿이 함께하는 식사는 가정생활의 근본 행위 중 하나이며 이는 사회생활을 영위해 나가는 데 있어 기초가 된다."

TREMPER 트랑페 담그다, 담가 적시다. 식품을 찬물에 잠기게 담가두는 것을 의미하며 그 시간은 경우에 따라 달라진다. 말린 채소나 과일을 다시 불릴 때, 말린 콩류를 더 빨리 익히기 위해 미리 불려둘 때, 염장생선이나 육류의 소금기를 뺄 때, 채소의 불순물을 제거하거나 씻을 때 혹은 잠시 보관할 때 이 방법을 사용한다. '수프에 적시다(tremper la soupe)'라는 것은 수프 서빙용 그릇이나 개인 서빙용 우묵한 접시 바닥에 마른 빵이나 살짝 구운 빵 슬라이스를 깔고 풍미가 좋은 국물을 부어 스며들게 하는 것이다. 일부 파티스리에 리큐어나 시럽 등을 적시는 작업 또한 트랑파주(trempage)라고 부른다.

TRÉVISE 트레비스 라디키오, 붉은 치커리. 일반적으로 트레비스 치커리 또는 베로나 치커리라 불리는 이 채소는 국화과의 식물로 이탈리아가 원산지인 옛 야생 품종이다(**참조** CHICORÉE). 작고 둥근 결구형 상추인 라디키오는 잎이 아삭하고 붉은색에 흰 잎맥이 뻗어 있으며 쌉싸름한 맛, 후추 맛, 새콤한 맛이 난다. 주로 꽃상추, 치커리, 마타리 상추(콘샐러드) 등의 다른 샐러드 잎채소와 혼합해 샐러드를 만들며 호두기름 비네그레트 드레싱과 매우 잘 어울린다. 이 샐러드는 특히 테린, 투르트, 파테에 곁들여 서빙한다.

TRICHOLOME 트리콜롬 송이 속 버섯류. 살이 통통하고 단단한 버섯으로 버섯대 쪽으로 깊이 팬 흰색, 회색, 노란색 주름이 있고 턱받이와 균포가 없으며 다수의 종이 존재한다(**참조** p.188, 189 버섯 도감). 봄부터 늦가을까지 나는 이 버섯들은 대부분 식용 가능하다. 가장 맛이 좋은 것으로는 흰색 또는 베이지색을 띤 밤버섯(tricholome de la Saint-Georges 또는 mousseron)과 보라빛 갈색을 띤 민자주방망이버섯(tricholome pied-bleu)을 꼽을 수 있다. 이들은 생으로 먹거나 지롤버섯(꾀꼬리버섯)과 같은 방법으로 조리하기도 한다. 이 외에도 익혔을 때 맛이 아주 섬세한 회갈색의 잿빛만가닥버섯(tricholome agrégé), 순백색의 흰비단송이버섯(tricholome colombette), 땅송이버섯(tricholome terreux 또는 petit-gris) 등이 맛있는 품종으로 분류된다. 일부 송이류는 독성이 있다.

TRICLINIUM 트리클리니엄 트리클리니움. 고대 로마의 주택에서 찾아볼 수 있는 식당 형태로 테이블을 중심으로 세 개의 침대형 긴 의자가 3면에 배치되어 있고 나머지 한 면은 서빙을 위해 비워져 있었다. 각 침상에는 세 명씩 자리를 잡았다. 부유한 세습 귀족의 저택에는 세 개의 트리클리니엄이 각각 여름용, 겨울용, 간절기용으로 갖춰져 있었다.

TRIFLE 트리플 16세기 말 영국의 해군 선원들이 군용 건빵에 값싼 럼 타피아(tafia)를 적신 뒤 크림 파티시에와 비슷한 크림을 얹어 먹었던 것에서 유래한 디저트다. 19세기의 트리플은 사부아식 스펀지케이크에 딸기잼을 바른 뒤 작게 잘라 셰리와인을 적시고 크렘 앙글레즈와 샹티이크림을 얹은 다음 구운 아몬드로 전체를 덮어준 형태로 변신했다. 주파 잉글레제(zuppa inglese)는 이 레시피를 응용한 이탈리아식 트리플이라고 할 수 있다.

자크 드뢰(JACQUES DEREUX)의 레시피

trifle aux fruits rouges 트리플 오 프뤼 루즈

붉은 베리류 과일 트리플 : 8인분 / 준비: 30분 / 조리: 45분

견과류(아몬드와 헤이즐넛)를 다져 넣은 크럼블(소보로) 반죽 250g을 작

고 동그랗게 빚어 오븐에 굽는다. 크렘 브륄레 200mℓ를 만들어 냉장고에 차갑게 식힌 다음 단단하게 휘핑한 샹티이 크림 200mℓ를 넣고 조심스럽게 섞는다. 8개의 잔(위스키 글라스 타입)에 구운 크럼블을 넉넉히 1테이블스푼씩 넣고 그 위에 크렘 브륄레와 크렘 샹티이 혼합물을 각 2테이블스푼씩 담는다. 붉은 베리류의 잼으로 버무린 붉은 베리류 과일 혼합물을 한 테이블스푼씩 듬뿍 담아 넣어준다. 다시 크림 혼합물을 2테이블스푼씩 얹어준 다음 붉은 베리류의 잼으로 버무린 붉은 베리류 과일 혼합물을 넉넉히 한 스푼 올려 마무리한다. 서빙할 때까지 냉장고에 보관한다.

TRIMALCION 트리말시옹 트리말키오. 서기 1세기 고대 로마의 작가 페트로니우스가 쓴 소설 『사티리콘(*Satiricon*)』에 등장하는 가공의 인물이다. 이 책은 방탕한 한 로마의 젊은이가 보여주는 허세와 방랑벽을 사실적으로 묘사한 풍자소설이다. 하루아침에 부자가 된 트리말키오는 자신의 친구와 아첨꾼들을 초대해 초호화 연회와 산해진미가 넘쳐나는 식사를 베풀며 자신의 부를 과시한다. 그는 벼락부자가 되어 가짜 미식가 행세를 하던 당시 일부 로마인들의 도를 넘은 허영과 경박함을 보여주는 풍자적인 인물이 되었다.

TRIPE (À LA) (아 라) 트리프 삶은 달걀을 슬라이스한 다음 걸쭉한 농도의 베샤멜 소스를 끼얹고 버터에 투명하게 볶은 양파를 얹은 요리를 가리킨다. 베리 지방의 외 아 라 트리프(œufs à la tripe)는 양파와 향신 허브를 넣고 미리 약한 불에 끓인 화이트와인 소스에 달걀을 포칭한 요리다.

▶ 레시피 : ŒUF DUR.

TRIPERIE 트리프리 정육의 부속 및 내장 부위를 총칭하는 용어로 일반적으로 이들만을 취급하는 전문매장에서 판매된다. 단, 콩팥과 간은 일반 정육점에서, 돼지 부속이나 내장은 샤퀴트리 전문점에서 구입할 수 있다.중세 시대에 내장 판매상(tripier)들은 정육 도살업자들에게서 흰색 또는 붉은색 부속, 내장 부위를 도매로 구입한 다음 손질하고 다듬어서 상인들에게 되팔았고, 이들은 내장 요리를 큰 구리 냄비에 담은 채 길거리에서 판매했다. 특히 사프란을 넣은 소 곱창 등을 많이 팔았다.

TRIPES 트리프 부속 및 내장. 도축한 정육의 위와 곱창, 그리고 이를 재료(특히 양이나 벌집위 등의 반추 위)로 만든 음식을 가리킨다(**참조** p.10 부속 및 내장 도표). 트리프는 향신 허브와 채소, 육수, 와인 또는 시드르를 넣어 끓인 젤라틴처럼 걸쭉한 소스를 곁들이는 등 다양한 방법으로 조리한다. 이들 중 가장 유명한 요리는 소 위로 만든 캉식 내장 요리(tripes à la mode de Caen)이다.

■ **지방의 특선 내장 요리.** 프랑스 전역 각 지방에는 오래된 내장 요리 레시피가 많다.

– 프랑스 서부(Ouest) 여러 지방에서는 소의 위(주로 양, 벌집위)나 창자를 많이 사용한다. 토기에 조리하는 유명한 캉(Caen)의 내장 요리 외에도 쿠탕스(Coutances)식 내장 요리(양깃머리에 말아 작은 덩어리로 만든 크림소스에 조리한 요리), 오통 뒤 페르슈(Authon-du-Perche)식 내장 요리(소 위의 각 부위와 돼지비계를 층층이 쌓고 당근, 양파를 넣은 뒤 시드르를 넣어 뭉근히 끓인다), 반(Vannes)식 내장 요리(소 위의 각 부위에 송아지 족, 양파, 당근, 리크를 함께 넣은 뒤 시드르를 붓고 뭉근히 끓인다), 생 말로 또는 퐁 라베(Pont-l'Abbé)식 내장 요리(우족, 송아지 족, 양과 소의 제1위(양), 염장 삼겹살, 샬롯, 양파를 넣어 만든다), 앙굴렘(Angoulême)식 내장 요리(소의 양, 천엽, 송아지 족에 토마토, 마늘, 정향을 박은 양파, 샬롯을 넣고 화이트와인을 부은 뒤 뭉근히 끓인다), 라 페르테 마세(La Ferté-Macé)식 내장 요리(소의 양을 작게 뭉쳐 꼬치에 꿰어 조리한다) 등을 대표적으로 꼽을 수 있다.

– 북부 지방에서는 캉브레(Cambrai)의 내장 요리가 유명하다. 이것은 소의 양과 족에 마늘과 타임을 넣고 시드르나 화이트와인을 부은 뒤 뭉근히 끓인 요리로 프렌치프라이를 곁들여 먹는다(전통적으로 소의 내장 요리에는 찐 감자를 곁들이는 것과는 조금 차이가 있다).

– 남부 지방에서는 양의 반추 위 부위를 가장 즐겨 먹는다. 루에르그와 오베르뉴에서는 트레넬(trénels), 트리푸(tripous), 마눌(manouls), 페테랑(pétéram), 카바솔(cabassol) 내장 요리를 만들고, 케르시와 알비주아에서는 내장 요리에 사프란을 넣어 맛을 돋운다(중세의 대표적인 레시피에 따라 사프란을 넣어 만든 트리프 오 조네[tripes au jaunet]). 올라르그(Olargues)에서는 아직도 고대부터 내려오는 전통요리인 거세한 어린 염소의 양과 벌집위 요리를 만들어 먹는다. 프로방스 지방에서는 양의 위 각 부위에 마늘과 화이트와인을 넣고 조리하며 때로 팬에 볶기도 한다. 양의 제1위와 족으로 만드는 마르세유의 피에 에 파케(pieds et paquets) 또한 빼놓을 수 없다. 가스코뉴에서는 송아지의 양과 벌집위를 거위 기름에 익히며, 루시용(Roussillon)에서는 이를 블랑케트식으로 조리한다. 한편 코르시카식 트리페트(tripettes corses)는 송아지나 양의 위 각 부위와 송아지 족에 토마토를 넣고 소테한 요리다.

■ **외국의 특선 내장 요리.**

– 롬바르디아식 트리파 요리인 부제카 롬바르디(busecca de Lombardie)는 송아지 위 등의 부속 부위를 넣고 끓인 수프다.

– 마드리드식 내장 요리 카요스 아 라 마드리에냐(callos a la madrileña)는 송아지 위 부속에 초리조, 고추, 마늘, 가늘게 썬 홍피망을 넣어 만든 매콤하고 강한 양념의 스튜다. 불가리아식 내장 수프인 초르바(shkembe tchorba)는 송아지나 양의 위 부속에 양파, 피망, 토마토, 마조람을 넣어 끓이며 가늘게 간 치즈를 뿌려 먹는다.

– 아랍식 안리스(annrisse)는 송아지나 양의 위 부속과 내장에 커민, 후추, 오렌지와 레몬 껍질을 넣고 끓인 스튜의 일종이다.

– 바르부슈(barbouche)는 소의 양, 벌집위 등의 부속 부위를 곁들인 쿠스쿠스다. 재료에 오일, 마늘, 커민, 캐러웨이, 흰 강낭콩, 소고기 소시송을 넣고 약한 불에서 뭉근히 익힌 뒤 쿠스쿠스를 곁들여 먹는다.

– 영국식 양파를 넣은 송아지 위 요리(trip and onions)는 월계수 잎과 함께 우유에 넣고 오랜 시간 뭉근히 익힌다.

tripes à la mode de Caen 트립 아 라 모드 드 캉

캉식 내장 요리 : 토기 냄비 바닥에 세로로 등분한 사과(reinette) 3개, 얇게 썬 양파 1kg, 리크 흰 부분 300g, 작게 썬 당근 500g, 껍질을 벗기지 않은 통 당근 500g을 깔아준다. 우족 1개와 송아지 족 1개를 길게 반으로 갈라 넣는다. 미리 물에 담가두었다가 끓는 물에 데치고 찬물에 헹궈낸 뒤 사방 5cm 정사각형으로 썬 소의 양과 벌집위 등 부속 부위 혼합한 것 4kg을 냄비에 넣어준다. 마늘 2톨, 큰 사이즈로 만든 부케가르니, 리크 흰 부분 300g을 넣고 소금, 후추, 카트르 에피스로 간한다. 소 콩팥 기름 200g을 납작하게 눌러 띠 모양으로 자른 뒤 냄비 위에 덮어준다. 술통의 시드르 1ℓ를 붓고 고기가 모두 충분히 덮일 정도로 물을 넉넉히 넣는다. 뚜껑을 덮는다. 밀가루 반죽을 띠 모양으로 만들어 냄비 둘레 접합부에 눌러 붙여 완전히 밀봉한다. 오븐에 넣고 처음엔 고온으로 이어서 온도를 낮추고 총 8~10시간 동안 익힌다. 건더기를 건져 우묵한 토기에 담는다. 통째로 넣은 당근을 잘라 곁들여 놓는다. 익히고 남은 육즙 소스를 체에 거르고 기름을 대충 제거한 뒤 넉넉히 끼얹어낸다.

TRIPLE-SEC 트리플 섹 오렌지 껍질을 담가두었던 오드비와 물 혼합액을 증류해 얻은 리큐어. 알코올 함량 40%Vol.의 트리플 섹은 언더락으로 또는 분쇄한 얼음 위에 따라 마신다. 각종 칵테일에 들어가며, 소르베, 과일 샐러드에 향을 내는 데도 사용된다. 트리플 섹 브랜드 중 가장 유명한 것은 쿠앵트로(Cointreau)이다.

TROIS-FRÈRES 트루아 프레르 가토 트루아 프레르. 19세기 파리의 유명한 파티시에였던 쥘리앵 삼형제가 처음 만든 케이크로, 꼬임 문양이 있는 왕관 모양의 틀에 굽는 것이 특징이다. 이로부터 응용된 또 하나의 케이크(아몬드 가루, 설탕, 달걀, 오렌지로 향을 내어 휘핑한 크림을 혼합해 만든다)는 글라사주를 바른 뒤 과일을 얹어 장식한다. 또한 캐러멜라이즈한 헤이즐넛 3알에 다크, 밀크, 또는 서양 배 맛 초콜릿을 씌운 봉봉을 지칭하기도 한다.

trois-frères 트루아 프레르

트루아 프레르 케이크 : 파트 사블레 250g을 만든다. 오븐을 200°C로 예열한다. 내열 용기에 달걀 큰 것 7개를 깨어 넣고 설탕 250g을 넣은 뒤 중탕 냄비 위에서 거품기로 저으며 가열한다. 혼합물에 거품이 일면 쌀가루 225g을 한 번에 넣는다. 녹인 버터 200g, 마라스키노 리큐어 또는 럼 1잔을 넣고 잘 섞는다. 버터를 바른 트루아 프레르 틀에 혼합물을 붓는다. 파트 사블레 반죽을 두께 4mm로 민 다음 틀의 지름보다 약간 큰 사이즈 원형으로 재단한다. 버터를 바르고 밀가루를 뿌려둔 베이킹 팬에 파트 사블레 시트를 놓고 오븐에 넣는다. 혼합물을 채운 트루아 프레르 틀도 동시에 오븐에 넣는다. 사블레 시트는 20분, 트루아 프레르 케이크는 45분간 굽는다. 오븐에서 꺼내 틀에서 분리한 뒤 식힌다. 트루아 프레르 케이크를 사블레 시트 위에 올린다. 살구 나파주를 듬뿍 발라준 다음 아몬드 슬라이스를 잘게 부수어 뿌린다. 설탕 시럽에 절인 안젤리카 줄기를 마름모꼴로 잘라 얹어 장식한다.

TROISGROS (JEAN ET PIERRE) 장 트루아그로, 피에르 트루아그로 프랑스의 요리사 형제. 로안(Roanne)의 레스토랑 경영자. 샬롱 쉬르 손(Chalon-sur-Saône)에서 카페를 운영했고 로안 역 앞의 작은 호텔 오텔 드 라 가르(Hôtel de la Gare)의 소유주였던 장 바티스트 트루아그로(Jean-Baptiste Troisgros)의 아들인 이 두 형제는 파리의 뤼카 카르통, 이어서 빈에 위치한 페르낭 푸앵의 레스토랑에서 견습을 하며 요리 실력을 쌓았다. 1954년부터 이들은 가족 소유의 호텔에서 일을 시작했고, 이어서 경영을 맡게 된 이후 레스토랑은 승승장구했다(1955년 미슐랭 가이드의 첫 번째 별, 1965년 두 번째, 1968년 세 번째 별을 획득한다). 과거 여러 세대에 걸쳐 전해진 레시피에서 영감을 얻은 것, 때로는 시골풍 성격이 강한 가정식 요리들은 이들만의 감각이 더해져 완성도 높은 세련된 요리로 재탄생했다. 피에르(1928, Chalon 출생)는 고기를 잘 다루는 요리사로 두각을 나타내었고 장(1926~1983)은 와인을 담당했다. 이 둘은 서로의 재능을 모아 자신들만의 요리를 만들어냈고 이들 중 다수는 널리 유명세를 떨쳤다. 대표적인 것으로 소렐을 넣은 연어, 플뢰리 와인과 소 골수를 넣은 소고기 요리를 꼽을 수 있다.

TROISGROS (MICHEL) 미셸 트루아그로 프랑스의 요리사(1958, Roanne 출생). 피에르와 올랭프 트루아그로의 아들로 로안에서 레스토랑을 운영하는 트루아그로 집안의 3대째를 잇고 있다. 이 레스토랑의 대표 메뉴인 수영을 넣은 연어 색으로 역사를 칠한 로안 역 맞은편의 이 레스토랑은 미슐랭 가이드의 별 셋을 유지하고 있다. 크리시에(Crissier)의 프레디 지라르데(Frédy Girardet)와 그의 아버지 피에르 트루아그로에게 요리교육을 받은 그는 오래된 호텔 트루아그로(Troisgros)에 디자인 가구를 배치하며 인테리어를 단장하고 도쿄, 모스크바, 베니스 등지를 여행하며 영감을 얻은 요리들을 선보이며 현대적 스타일의 업장으로 탈바꿈을 시도했다. 새우 즐레를 곁들이고 참깨를 뿌린 수란, 즐레를 씌운 가지 요리, 두부 스타일의 성게 알 펜넬 찜, 안초비 양념의 브로콜리를 곁들인 송아지 콩팥과 에스카르고 소스 등은 이 요리명가의 계승자가 단지 전통에만 얽매이지 않고 자신 고유의 전설을 쌓아나가고자 하는 의지를 엿보게 해준다. 그는 파리 랑카스터(Lancaster) 호텔의 라 타블 트루아그로(La Table Troisgros)의 컨설팅을 맡았을 뿐 아니라 도쿄 하얏트 호텔에서 매년 요리 강습을 진행하기도 했다. 현재 우슈(Ouche)에 새로 오픈한 레스토랑을 운영하고 있다.

TROIS-MAURES (LES) (레) 트루아-모르 14세기에 오픈한 파리의 한 간단한 안주를 곁들여 파는 선술집(taverne)으로 동명의 거리에서 딴 이름을 내 건 업장이었다. 특히 이곳의 와인 셀러에는 왕실 저장고에서 온 와인들이 보관되어 있었다. 당시 이와 같은 선술집들은 왕의 와인이 전부 팔리지 않으면 다른 와인을 서빙하지 못하는 것이 관행이었다. 이곳은 저지(Jersey)산 굴로 유명했다. 이 업장과 거리는 1850년경 사라졌다.

TROMPETTE-DES-MORTS 트롱페트 데 모르 뿔나팔버섯. 꾀꼬리버섯과에 속하는 버섯인 크라테렐(craterelle) 또는 코른 다봉당스(corne-d'abondance)를 일반적으로 부르는 명칭이다. 이 버섯은 깔때기 또는 작은 나팔 형태로 다양한 톤의 회색을 띠고 있으며 여름과 가을에 난다(**참조** p.188, 189 버섯 도표). 맛이 아주 좋은 뿔나팔버섯(trompette-des-morts, 또는 trompette-de-la-mort)은 지롤버섯과 같은 방법으로 조리하며 말려서 보관하기도 한다. 오늘날 대량 유통, 판매되고 있는 이 버섯은 모두 자연 채집한 것이며, 재배 수확은 아직 완전한 단계에 이르지 못했다.

▶ 레시피 : COURGE.

TROMPIER (MARCEL) 마르셀 트롱피에 프랑스의 레스토랑 경영자(1907, Villié-Morgon 출생—1984, Paris 타계). 레스토랑 운영자의 아들인 그는 1947년 파리 8구 다뤼가(rue Daru)에 플랑드르 풍 인테리어로 장식한 라 마레(La Marée)라는 업장을 오픈했다. 이곳은 주인이 세상을 떠난 이후에도 여전히 해산물 요리의 명소로 남아 있다. 샴페인을 넣은 블롱(Belons) 굴, 마리 도 가리비(saint-Jacques Marie-Do), 토마토와 머스터드를 넣은 넙치 요리는 그의 3대 시그니처 메뉴다. 그는 보졸레 와인의 홍보와 보급을 권장하는 애호가 단체인 콩파뇽 뒤 보졸레(Compagnons du beaujolais)의 창립 멤버 중 한 명이며 프랑스 요리의 굳건한 수호자로 남았다. 그의 아들 에릭(Éric)이 계보를 잇고 있다.

TRONÇON 트롱송 토막 낸 조각. 큰 사이즈의 납작한 생선(대문짝넙치, 광어 등)의 가운데 부분을 수직으로 짧게 토막 낸 넓은 조각을 지칭한다.

TROPÉZIENNE 트로페지엔 생 트로페(Saint-Tropez)의 파티시에 알렉상드르 미카(Alexandre Micka)가 처음 선보인 타르트 트로페지엔은 타르트 로렌(tarte lorraine) 레시피에서 파생되었다. 브리오슈 반죽을 원반형으로 구운 다음 가로로 이등분해 키르슈와 오렌지 블로섬 워터로 향을 낸 무슬린 크림을 채워 넣고 표면에 우박 설탕을 뿌린다. 생 트로페의 특선 케이크인 이것은 오늘날 프랑스 전역에서 널리 인기를 얻고 있다.

피에르 에르메(PIERRE HERMÉ)의 레시피

tarte tropézienne 타르트 트로페지엔

트로페지엔 타르트 : 8인분 / 준비: 10 + 45분 / 냉장: 하룻밤 / 휴지: 2시간 / 조리: 12분

하루 전날, 도우 훅을 장착한 전동 스탠드 믹서 볼에 밀가루 250g, 설탕 35g, 달걀 큰 것 1개, 잘게 부순 제빵용 생이스트 40g, 우유 50mℓ를 넣고 돌린다. 반죽이 믹싱볼 내벽에 더 이상 달라붙지 않을 정도로 혼합되면 달걀 큰 것 한 개를 추가로 넣어준다. 다시 볼 내벽에서 떨어질 때까지 반죽한다. 작게 자른 버터 90g, 플뢰르 드 셀 7g을 넣고 반죽이 벽에 붙지 않을 때까지 계속 혼합한다. 상온에서 30분간 발효시킨다. 부풀어오른 반죽을 눌러 펀칭한 뒤 다시 뭉쳐 냉동실에 30분 정도 넣어둔다. 시간이 지나면 꺼내서 냉장실로 옮긴 뒤 하룻밤 휴지시킨다. 다음날, 브리오슈 반죽을 지름 28cm의 원반 모양으로 성형한 뒤 28°C에서 1시간 발효시켜 부풀어오르도록 한다. 200°C로 예열한 오븐에 굽는다(최대 12분). 버터크림 200g을 거품기로 저어 부드러운 포마드 상태로 만든 뒤 크렘 파티시에 200g, 샹티이 크림 200mℓ, 오렌지 블로섬 워터 1.5티스푼, 키르슈 1.5티스푼을 넣어 섞는다. 구워낸 원반형 브리오슈를 가로로 이등분한다. 만들어 놓은 크림을 아래 시트에 두껍게 발라 채운 뒤 브리오슈 윗부분을 덮어준다. 냉장고에 보관한다. 트로페지엔 타르트는 아주 차갑게 먹는다.

TROQUET 트로케 주점, 선술집(비스트로와 같은 의미로 쓰이는 대중적인 용어다). 이 단어는 와인 소매상을 뜻하는 마스트로케(mastroquet)를 줄인 말이다.

TROTTER (CHARLIE) 찰리 트로터 미국의 요리사(1959, Evanston 출생). 대학에서 철학과 정치학을 전공한 그는 요리에 대한 열정으로 진로를 전향했고, 해외 경험을 쌓으며 독학으로 자신만의 요리 세계를 구축해 나갔다. 그는 다수의 요리책을 저술하였을 뿐 아니라 ABS TV의 요리 프로그램을 진행하기도 했다. 미국 현지에서 생산되는 식재료에 유럽의 테크닉을 접목시켜 재해석한 요리를 추구한 그는 해마다 두 차례씩 외국의 유명 레스토랑을 돌며 요리의 안목을 넓혀나갔다(트루아그로[Troisgros], 이 레스토랑 로고인 T자에서 영감을 받아 자신의 레스토랑에도 사용하였다), 알랭 파사르, 피에르 가니에르, 후안 마리 아르작[Juan Mari Arzak], 마르틴 베라사테기[Martin Berasategui], 마크 베라[Marc Veyrat], 티에리 마르크스[Thierry Marx]의 레스토랑에서 경력을 쌓았다). 미국으로 돌아온 그는 자신만의 요리를 만들어냈고 그중 최고로 꼽히는 것은 세몰리나 뇨키와 데친 푸아그라 크넬을 곁들인 콘수프다. 이것은 그가 제안하는 두 가지 코스 메뉴(이중 하나는 채식 메뉴)에 포함되는 수많은 요리 중 하나다. 메뉴 구성은 매일 바뀌며, 최소한의 조명만이 있는 간소한 분위기에서 저녁에만 서빙된다.

TROU NORMAND 트루 노르망 풍성한 정찬 식사 코스 중 행해지는 관습 중 하나로 요리 서빙 사이에 작은 글라스의 오 드 비(칼바도스[노르망디식 공백이라는 이름이 여기에서 유래했다], 코냑, 키르슈 및 과일 브랜디)를 한 잔 마시는 것을 의미한다. 이는 소화를 촉진하고 이어서 나오는 다른 요리에 대한 식욕을 돋우는 역할을 한다. 오늘날에는 과일 소르베에 그와 어울리는 브랜디를 뿌려 먹는 것이 일반적이다. 오렌지와 코냑, 파인애플과 키르슈, 서양 배와 배 브랜디, 레몬과 보드카 등은 서로 잘 어울리는 조합이다.

TROUSSER 트루세 가금류 또는 깃털이 있는 수렵 조류 조리 시 실로 묶어 고정하기 전에 형태를 잡아주는 것으로, 로스트용은 발을 길게 펴고 브레이징이나 포칭용은 발을 접어준다. 트루세(troussé)는 특히 가금류 측면에 작게 칼집을 내어 발과 다리의 관절을 끼워 넣는 상태를 가리키며, 크기가

Truffe 송로버섯

"검은 진주, 요정의 감자, 주방의 다이아몬드 등의 최상급 표현은 이 특별한 버섯을 칭하기에 부족함이 없다.
만돌린 슬라이서로 얇게 저민 송로버섯은 포텔 에 샤보와 크리용 호텔의 요리사들이 만든
닭 요리나 푀유테에 특유의 진한 향을 더해 한층 고급스럽고 깊은 풍미의 음식으로 만들어준다."

작은 몇몇 조류들은 트루세해 고정시키면 따로 실로 묶어주지 않아도 되는 경우가 종종 있다. 민물가재(때로 랑구스틴) 또한 트루세해 특별한 모양의 가니시로 요리에 곁들인다. 이는 양 집게발 끝을 뒤쪽으로 꺾어 꼬리(복부 껍데기)가 시작되는 마디 안에 찔러 넣는 것을 말한다.

TRUFFE 트뤼프 송로버섯, 트러플. 그리 깊지 않은 땅속에 파묻힌 작은 구형의 버섯으로 종에 따라 검정색, 갈색 또는 흰색을 띠고 있다(**참조** p.188 버섯 도감). 매우 귀하고 값이 비싼 식용버섯인 트러플은 그 크기가 매우 다양하다. 재배기술이 점점 좋아지고 있음에도 불구하고 프랑스 내의 송로버섯 생산량은 정확히 추산하기는 어렵지만 점점 줄어들고 있다.

■ **역사.** 송로버섯은 이미 고대부터 알려졌으며 즐겨 먹었다. 18세기까지 이 버섯은 기원은 미궁에 감춰진 신비한 영역이었고 사람들은 아마도 초자연적인, 마성의 힘이 개입한 결과의 산물이라고 상상했다. 1711년 프랑스의 식물학자 클로드 조제프 조프루아(Claude-Joseph Geoffroy)는 『송로버섯의 성장(*Végétation de la truffe*)』이라는 연구서를 발표했고 여기에서 트러플을 버섯류로 최종 분류했다. 오늘날 요리에 송로버섯을 옛날처럼 많이 사용하지는 않지만 이것이 지닌 고급 식재료로서의 위상에는 변함이 없으며, 이 버섯에 부여된 최상급의 별칭들만 보아도 그 신화적인 가치는 충분히 드러난다. 주방의 다이아몬드(브리야 사바랭), 요정의 감자(조르주 상드), 검은 여왕(에밀 구도), 척박한 땅의 보석(콜레트), 검은 진주(펄베르 뒤몽테이), 미식가의 성물(알렉상드르 뒤마) 등 많은 문인과 미식가들은 송로버섯을 이와 같이 칭송했다. 이 버섯의 비싼 가격에 대해 작가 장 루이 보두아예(J.-L. Vaudoyer)는 "송로버섯을 먹는 사람들은 두 부류가 있다. 하나는 송로버섯이 비싸기 때문에 맛있다고 생각하는 사람들이고 또 다른 하나는 이것이 맛있기 때문에 비싸다는 것을 아는 사람들이다"라고 말했다.

■ **수확.** 송로버섯은 주로 참나무와 그 외에 밤나무, 개암나무, 너도밤나무들이 있는 숲의 특정한 자생지에서 채집할 수 있으며, 언제나 이 버섯 향에 민감한 동물을 대동하고 찾아 나선다. 전통적으로 돼지를 많이 이용했으나 최근에는 대부분 훈련된 개를 동반한다. 송로버섯을 캐는 채집꾼은 목줄을 채운 개를 데리고 한 발자국씩 따라 걷다가 개가 땅을 파기 시작하면 바로 이 귀한 땅속의 검은 덩이줄기를 캐낸다.

■ **품종.** 송로버섯의 종류는 약 60가지에 이르며 이 중 32종은 유럽에서 난다.

– 페리고르 블랙 트러플은 송로버섯 중 가장 으뜸으로 치는 품종이다. 첫 서리가 내린 후 완전히 성숙한 트러플은 검은 살에 희끄무레한 가는 핏줄 같은 맥이 전체적으로 촘촘하게 퍼져 있으며 특유의 강한 향을 발산한다. 페리고르 누아르, 트리카스탱(Tricastin), 보클뤼즈(Vaucluse), 로(Lot), 케르시, 부르고뉴, 가르(Gard), 투렌(Touraine, Richelais) 지방에서 채집한다. 겨울에 프랑스에서는 중국산 블랙 트러플도 찾아볼 수 있는데 미식적 가치는 비교적 떨어진다.

– 짙은 갈색에 흰색 맥이 퍼져 있는 여름 송로버섯 또는 생 장 트러플(truffe de Saint-Jean), 샹파뉴의 회색 송로버섯, 갈색에 검은 맥이 퍼져 있는 부르고뉴, 알자스, 보클뤼즈의 송로버섯들은 북부 아프리카 마그레브 지역에서 자라는 흰 송로버섯인 테르페즈(terfez)와 마찬가지로 향이 덜하다.

– 가장 비싸고 전 세계적으로 명성이 자자한 이탈리아 피에몬테의 화이트 트러플은 매우 고급스러운 섬세한 향을 자랑한다(Alba산). 주로 샤퐁(chapon) 닭 요리와 송아지, 때로 랑구스트(스파이니 랍스터)에 곁들인다. 생으로 그레이터에 갈거나 아주 얇게 슬라이스해서 사용하며 스테이크, 닭요리, 아뇰로티, 리소토 등에 뿌려 서빙한다.

일반적으로 송로버섯은 완전히 성숙한 상태에서 최고의 가치를 지닌다.

■ **사용.** 송로버섯은 요리에서 통째로 또는 잘라서, 날것으로 또는 익혀서, 즙으로, 육수로 또는 에센스로 다양하게 사용된다. 그러나 복합적이고 섬세한 향을 보존하기 위해서는 고온에서 장시간 조리하는 것은 피해야 한다. 송로버섯이 들어가는 레시피에는 푸아그라, 수렵육, 고기, 가금육, 파테, 스터핑 혼합물, 부댕, 소스, 달걀 요리, 그리고 '페리고르의(Périgueux)' 또는 '페리고르식의(à la périgourdine)'라는 수식어가 붙은 이름의 요리들이 포함된다. 애호가들은 신선한 송로버섯을 통째로 먹는 것을 즐기는데, 차가운 버터를 곁들이거나 샐러드에 넣어 생으로 먹거나, 숯불 재에 넣어 익히기도 하며, 화이트와인이나 샴페인을 넣고 찌듯이 익히거나 퓌유테 크러스트로 감싸 굽기도 한다.

■ **보관.** 최근에는 완숙 트러플의 껍질을 벗기거나 솔질로 흙은 제거한 뒤 통째로 포장한 병조림 제품도 시판되고 있다. 이들은 품질에 따라 최상급(surchoix, 살이 단단하고 검정색을 띠며 크기와 색이 균일하다), 상급(extra, 살이 단단하고 검정색에 가깝고 모양과 색이 균일하지 않다), 1등급(1er choix, 살이 단단한 편이고 색이 때로 연하고 균일하지 않으며 가끔 흠집이 있다) 으로 분류한다. 이 외에 조각(morceaux, 두께 0.5cm 이상으로 색은 다소 짙은 편이며 불순물 함량은 2% 이하), 얇게 썬 조각(pelures, 얇게 썬 슬라이스나 조각을 길쭉하고 작게 자른 형태로 잔 부스러기 함량은 최대 20%까지만 허용된다. 색의 톤은 짙은 것부터 연한 것까지 혼합되어 있으며 불순물 함유량은 3% 이하이다), 부스러기(brisures, 불순물 5% 이하) 제품도 찾아볼 수 있다.

blanc à manger d'œuf, truffe noire ▶ ŒUF MOULÉ
brie aux truffes ▶ BRIE
brouillade de truffes ▶ ŒUF BROUILLÉ
« cappuccino » de châtaignes à la truffe blanche d'Alba, bouillon mousseux de poule faisane ▶ CHÂTAIGNE ET MARRON
crème de langoustine à la truffe ▶ CRÈME (POTAGE)

크리스토프 레제(CHRISTOPHE LÉGER)의 레시피

cognac aux truffes 코냑 오 트뤼프

트러플 향을 우려낸 코냑 : 제르(Gers)산 송로버섯 껍질 60g을 코냑 600㎖에 담가 상온에 2개월간 보관한다. 고운 체에 여과한 뒤 보르도 글라스에 서빙한다. 트러플 향이 밴 이 코냑을 사용해 만든 칵테일은 시가와 환상의 궁합을 이룬다.

conserve de truffes à la graisse d'oie 콩세르브 드 트뤼프 아 라 그레스 두아

거위 기름에 재운 송로버섯 병조림 : 손질한 송로버섯(아래 레시피 설명 참조)을 다음 유리병에 넣고 녹인 거위 기름을 부어 덮는다. 병을 완전히 밀폐한 다음 끓는 물에 열탕 소독한다. 완전히 밀봉한 뒤 서늘한 곳에 보관한다. 손질하면서 나온 껍질 자투리는 따로 보관했다가 음식에 향을 내는 재료로 사용한다.

conserve de truffes stérilisées 콩세르브 드 트뤼프 스테릴리제

살균한 송로버섯 병조림 : 송로버섯을 따뜻한 물에 담갔다 건진 뒤 흐르는 찬물에서 솔질하며 꼼꼼히 씻는다. 껍질을 벗기고, 벗긴 껍질 자투리는 따로 보관한다. 이어서 칼끝으로 구멍 안과 접힌 틈새의 흙이 묻은 부분을 모두 제거한다. 카트르 에피스를 섞은 고운 소금과 후추를 뿌려 2시간 동안 재운다. 마데이라 와인을 끓인 뒤 송로버섯 껍질과 소금 1자밤을 넣는다. 이것을 용기에 넣고 밀봉한 다음 식힌다. 체에 거른다. 송로버섯을 유리병에 담고 체에 거른 마데이라 와인 인퓨전을 부어 덮는다. 병을 밀봉한 뒤 끓는 물에 열탕 소독한다. 병을 완전히 식힌 뒤 빛이 들지 않는 서늘하고 건조한 장소에 보관한다.

escalopes froides de foie gras aux raisins et aux truffes ▶ FOIE GRAS
essence de truffe ▶ ESSENCE
fleurs de courgette aux truffes ▶ COURGETTE
foie gras de canard, truffe et céleri-rave en cocotte luttée ▶ FOIE GRAS
gâteau de topinambour et foie gras à la truffe ▶ TOPINAMBOUR
glace aux truffes ▶ GLACE ET CRÈME GLACÉE

필립 로샤(PHILIPPE ROCHAT)의 레시피

jeunes pousses d'épinard aux truffes noires 죈느 푸스 데피나르 오 트뤼프 누아

블랙 트러플을 곁들인 어린 잎 시금치 샐러드 : 4인분 / 준비: 45분

검은 송로버섯 160g의 껍질을 벗기고 만돌린 슬라이서를 사용해 2mm 두께로 얇게 저민다. 헤이즐넛오일에 소금, 후추를 넣어 섞은 뒤 오븐팬에 발라준다. 여기에 송로버섯 슬라이스를 빙 둘러 배치한 꽃 모양 4개를 만들어 놓는다. 살라만더 그릴 아래에 10초간 넣었다 뺀 다음 주방용 랩으로 덮고 납작하게 눌러 보관한다. 파이렉스로 된 작은 볼에 주방용 랩을 깔아준 다음 기름을 바르고 소금, 후추를 뿌린다. 아주 신선한 달걀 한 개를 조심스럽게 깨넣은 뒤 랩을 주머니처럼 오므리고 실로 묶어준다. 끓는 물에 4분간 포칭한다. 원형 접시 위에 지름 12cm 링을 놓고 비네그레트 소스로 드레싱한 시금치 어린 잎을 고르게 깔아 채워준다. 포칭한 달걀의 랩을 벗긴 뒤 가운데에 올린다. 그 위에 약간 따뜻한 온도의 꽃 모양 송로버섯 슬라이스를 올린 뒤 플뢰르 드 셀(fleur de sel)과 굵게 으깬 통후추를 뿌린다. 오래 숙성한 발사믹 식초 몇 방울을 빙 둘러 뿌린 뒤 처빌 잎 몇 개를 가장자리에 놓아 장식한다.

œufs à la coque Faugeron à la purée de truffe ▶ ŒUF À LA COQUE
pâté de foie gras truffé ▶ PÂTÉ
parmentier de panais, châtaignes et truffe noire du Périgord ▶ PANAIS
risotto de soja aux truffes ▶ RISOTTO

TRUFFER UNE VOLAILLE 가금류 살과 껍질 사이에 송로버섯 채우기

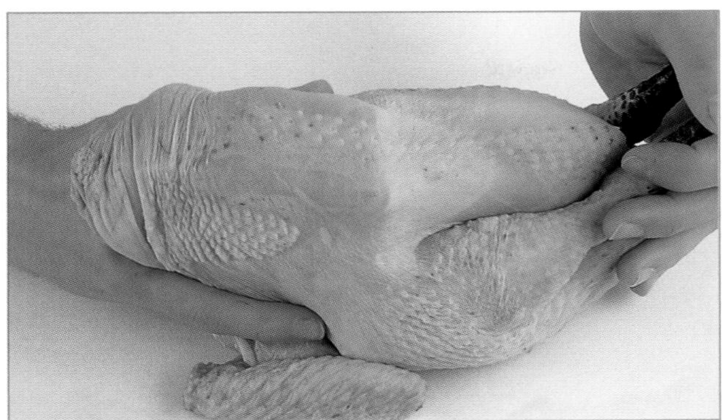

1. 목에서 시작해 넓적다리 위쪽과 다리 아래쪽까지 손가락을 넣어 껍질과 살을 분리한다.

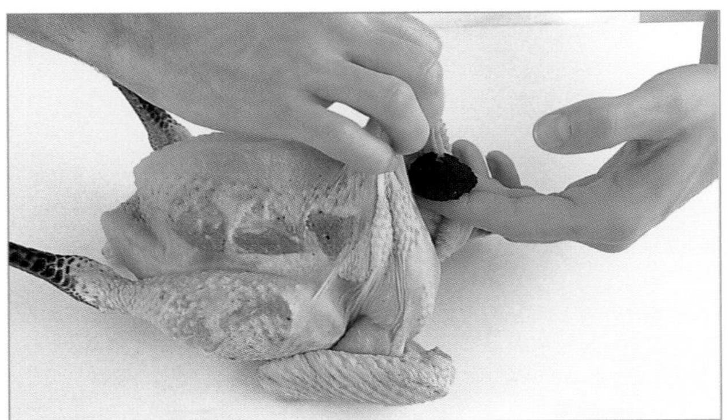

2. 얇게 슬라이스한 송로버섯 조각을 정제 버터에 담갔다 빼서 칼날 끝에 올린 뒤 껍질 밑으로 밀어 넣는다.

salade folichonne de céleri-rave aux truffes ▶ CÉLERI-RAVE
salade de pommes de terre et pieds de porc truffés ▶ SALADE
soupe aux truffes noires ▶ SOUPE
terrine de légumes aux truffes « Olympe » ▶ TERRINE

장 클로드 페레로(JEAN-CLAUDE FERRERO)의 레시피

truffe en papillote et son foie gras d'oie 트뤼프 앙 파피요트 에 송 푸아그라 두아

송로버섯 파피요트와 거위 푸아그라 : 30×30cm 크기의 알루미늄 포일을 광택이 나는 면이 위로 오게 놓은 뒤 버터 한 조각을 올린다. 그 위에 송로버섯 한 개를 놓고 굵은 소금 한 자밤을 뿌린다. 포일을 주머니 모양으로 오므린 뒤 느슨하게 밀봉한다. 200°C로 예열한 오븐에 넣어 7분간 익힌다. 파피요트를 위부터 열어 흘러나온 즙을 접시에 덜어낸 뒤 송로버섯을 여기에 굴려준다. 거위 푸아그라와 올리브오일에 구운 토스트를 곁들여 뜨겁게 서빙한다.

TRUFFE EN CHOCOLAT 트뤼프 앙 쇼콜라 초콜릿 트러플, 트러플 초콜릿, 생초콜릿. 녹인 초콜릿에 버터 또는 생크림, 설탕, 경우에 따라 달걀을 넣고 향료(커피, 계피, 코냑, 럼, 바닐라, 위스키 등)를 첨가해 혼합한 뒤 작은 공 모양으로 만들어 템퍼링한 커버처 초콜릿을 씌우거나 코코아 가루에 굴려 묻힌 것을 가리킨다. 보존 기관이 매우 짧은 트러플 초콜릿은 전통적으로 크리스마스 시즌 선물용으로 많이 소비되며, 커피에 곁들이면 아주 좋다. 뮈스카딘(muscadine)은 길쭉한 모양으로 만든 트러플 초콜릿의 일종으로 템퍼링한 커버처 초콜릿에 담갔다 뺀 다음 슈거파우더를 뿌린 것이다. 샹베리(Chambéry)의 트러플 초콜릿은 이 지방의 특산품으로 잘게 부순 프랄린과 초콜릿, 퐁당슈거, 버터를 혼합한 뒤 동그랗게 만들어 설탕을 섞은 코코아 가루에 굴리거나 가는 대패밥처럼 긁어낸 초콜릿 세이빙에 굴려 씌운 것이다.

truffes au chocolat noir 트뤼프 오 쇼콜라 누아

다크 초콜릿 트러플 : 약 50개 분량 / 준비: 45분 / 냉장: 2시간 / 조리: 약 3~4분
끓인 액상 생크림 250mℓ에 바닐라 등 원하는 향 재료를 넣고 뚜껑을 덮은 뒤 10분간 우려낸다. 체에 걸러 냄비에 붓고 끓을 때까지 다시 가열한 다음 불에서 내린다. 미리 잘게 다져둔 카카오 70% 다크 초콜릿 330g을 3번에 나누어 뜨거운 생크림에 넣어주며 잘 섞는다. 초콜릿이 녹으면 부드러워진 버터 50g을 바로 첨가한 뒤 매끈하게 혼합한다. 28×30cm 크기 바트에 유산지를 깐 다음 혼합물을 부어 넣는다. 냉장고에 2시간 넣어둔다. 어느 정도 굳으면 꺼내서 이 초콜릿 가나슈를 다른 유산지 위에 뒤집어 놓는다. 초콜릿을 약 1.5×3cm의 크기의 직사각형으로 자른다. 코코아 가루를 체에 쳐 우묵한 그릇에 담는다. 각 초콜릿 조각을 코코아 가루에 놓고 포크로 살살 돌려가며 고루 묻힌다. 체에 놓고 흔들어 코코아 가루 잉여분을 털어낸다. 냉장고에 보관한다.

truffes au chocolat noir et aux framboises 트뤼프 오 쇼콜라 누아 에 오 프랑부아즈

다크 초콜릿 라즈베리 트러플 : 약 50개 분량 / 준비: 45분 / 냉장: 2시간 / 조리: 약 3~4분
생라즈베리 160g을 블렌더로 갈아 퓌레 120g을 만든다. 냄비에 라즈베리 퓌레와 설탕 15g, 액상 생크림 90mℓ를 넣어 섞은 뒤 끓을 때까지 가열한다. 불에서 내린다. 미리 잘게 다져둔 카카오 64%의 다크 초콜릿 320g을 3번에 나누어 넣고 잘 섞는다. 상온에서 부드러워진 버터 30g과 라즈베리 브랜디 1.5테이블스푼을 첨가한다. 잘 섞은 뒤 유산지를 깐 넓은 바트에 붓고 냉장고에 2시간 넣어둔다. 어느 정도 굳으면 꺼내서 이 초콜릿 가나슈를 다른 유산지 위에 뒤집어놓는다. 초콜릿을 약 1.5×3cm의 크기의 직사각형으로 자른다. 코코아 가루를 체에 쳐 우묵한 그릇에 담는다. 각 초콜릿 조각을 코코아 가루에 놓고 포크로 살살 돌려가며 고루 묻힌다. 체에 놓고 흔들어 코코아 가루 잉여분을 털어낸다. 냉장고에 보관한다.

TRUFFER 트뤼페 요리에 다양한 크기로 자른 송로버섯 조각을 넣어 그 특유의 향이 스며들도록 하는 것을 뜻한다. 트러플 향을 더하는 요리로는 주로 푸아그라, 스터핑 혼합물, 살피콩 및 각종 재료를 넣은 스튜 등을 꼽을 수 있다. 닭의 살과 껍질 사이에 얇게 썬 송로버섯 슬라이스를 끼워 넣는 것 또한 트뤼페라고 한다.
▶ 레시피 : BÉCASSE, DINDE, DINDON ET DINDONNEAU, POULET.

TRUITE 트뤼트 송어. 급류, 호수, 강에 서식하는 연어과의 생선으로 낚시꾼들에게 매우 인기가 많은 물고기다(**참조** p.672, 673 민물생선 도감). 육식성인 이 생선의 살은 맛이 아주 좋으며 양식 또한 대규모로 이루어지고 있다. 송어 양식은 트뤼티퀼튀르(truiticulture)라고 부른다.
- 일명 강 송어 또는 야생송어라고 불리는 브라운 송어(truite fario)는 양식송어의 5%를 차지하지만 치어들은 아주 빠르게 원래 자연의 환경으로 다시 유입된다. 브라운 송어는 큰 입과 위쪽에 검은 점들이 박힌 황금색 몸통이 특징이다. 서식지, 성별, 나이에 따라 색의 진한 정도가 달라지며, 크기는 약 60cm까지 자란다.
- 호수 송어는 호수 또는 유속이 빠른 하천에 서식하며 큰 것은 길이가 1m에 달한다. 갑각류 먹이를 많이 섭취한 경우 살이 분홍빛을 띠며, 이를 연어색(saumonée)이라고 부른다.
- 바다 송어는 영불해협에 인접한 강에 서식하고 바다로 흘러내려가며 이어서 가을이 되면 다시 강으로 회귀한다.
- 무지개 송어는 미국에서 수입된 어종으로부터 온 것으로 원래는 흐르는 물에서 서식하며 프랑스에서 대규모로 양식한다. 은빛이 나며(측면에 보랏빛 띠가 있는 것도 있다) 지느러미를 포함한 몸 전체에 반점이 나 있다.

브라운 송어, 호수 송어 또는 바다 송어 낚시는 허가증을 발부 받아야 가능하며 잡은 물고기는 개인 소비용으로만 제한된다. 캐나다에서 무지개 송어는 야생 상태로 가장 널리 퍼져 있으며 양식도 가장 많이 되는 어종이다. 일반적으로 많이 소비되는 다른 종에는 반점이 있는 송어(truite mouchetée) 또는 분홍살 송어라고 잘못 불리는 브룩 트라우트(omble de fontaine), 분홍색 살의 맛이 아주 좋은 바다 송어, 아메리칸 레이크 트라우트(touladi, 또는 truite grise), 북극에서 잡히는 북극곤들메기, 타임 향이 나는 특징을 가진 매우 아름다운 물고기로 노스웨스트 준주의 외딴 호수에 서식하는 그레일링(ombre, grayling)이 포함된다.

■ **양식.** 송어는 15세기부터 인공 산란 원리를 성공적으로 적용한 최초의 어종(당시 브라운 송어에 해당)이다. 몇몇 어부들에게만 알려져 비밀로 간직되어 왔던 이 방식은 1842년에 공개되었지만, 20세기 초에 무지개 송어 종

이 수입되면서 이 생선의 양식이 본격적으로 확대되기 시작했다. 시판되고 있는 양식 송어는 무게 약 150~300g, 길이 28cm 정도다. 양식용 사료(생선과 대두 가루)는 정확한 배합으로 만들어진다. 이 생선은 단시간에 성장을 촉진하기 위해 억지로 사료를 먹이는 것이 불가능하다. 특히 송어는 충분한 공간이 확보되지 않으면 죽는다. 시중에서는 통째로 또는 손질한 필레로 출시된 훈제 송어를 찾아볼 수 있다. 특히 노르웨이 피오르드 해안 지역에서는 연어색 송어(무지개 송어류) 양식이 대량으로 이루어지고 있으며 이것은 훈제, 급속냉동, 또는 통조림으로 가공되어 유통, 판매된다.

■ **사용.** 송어는 대표적인 뫼니에르식 또는 오 블루(truite au bleu)식 이외에도 많은 지역에서 맛있고 다양한 레시피로 조리해 먹는다. 오베르뉴 지방에서는 송어에 베이컨과 마늘을 넣고 팬에 지지거나, 빵 속살과 생크림, 허브, 버섯을 채운 뭉도리엔식으로 조리하기도 하며, 생선 육수에 익힌 뒤 크림소스를 끼얹어 서빙하거나, 필레를 떠내 포칭한 뒤 크림소스에 자작하게 익힌 양배추 채를 곁들여 내기도 한다. 위셀식 송어 요리는 데쳐 익힌 뒤 다음날 빵가루를 고루 묻혀 오븐에 그라탱처럼 노릇하게 구워낸 것이다.

남서부 지방(Sud-Ouest)에서는 송어(trouéte 또는 truchet라고도 부른다)를 튀기거나 포치니 버섯과 함께 화이트와인에 자작하게 브레이징한다. 혹은 곱게 간 명태살과 오리 푸아그라를 채운 뒤 파피요트로 익히기도 한다. 페리고르의 플랑베 송어(truites flambées)는 녹인 버터를 곁들여 서빙한다. 사부아(Savoie) 지방에서는 오 블뢰(au bleu, 식초를 넣은 쿠르부이용에 익힌다), 뫼니에르(meunière, 안시호 지역의 특선 요리)식으로 조리하거나 쿠르부이용에 익힌다(무슬린 소스를 곁들인다). 또는 속을 채운 뒤 아프르몽(apremont) 와인을 넣고 브레이징한다. 코르시카에서는 레드와인과 향신 허브를 넣고 냄비에 조리한다. 노르망디 지방에서는 비르(Vire)식으로 베이컨을 넣고 팬에 지지거나 시드르(cidre)를 넣고 마틀로트(matelote)를 만들기도 한다(Les Andelys에서 즐겨 먹는 방식). 혹은 얇게 썬 사과와 허브, 생크림, 칼바도스를 곁들인 파피요트로 익히기도 하며, 파테를 만들어 뜨겁게 서빙하기도 한다. 동부 지방(Est)의 보베지엔식(à la beauvaisienne) 송어는 통후추를 뿌려 오븐에 로스트한 것이고, 일명 카프리스 드 뷔퐁(caprice de Buffon, 뷔퐁의 변덕)이라고 불리는 몽바르두아즈식(à la montbardoise) 송어는 시금치와 샬롯으로 속을 채운 뒤 쿠르부이용에 익힌 것이다. 로렌식 송어 파테는 송어 필레 자투리에 넛멕, 허브를 넣고 분쇄기에 갈고 굵직하게 다진 모렐 버섯을 섞어 만든 소를 파이 크러스트에 깔아 채워 넣고 송어 필레를 통째로 한 켜 얹은 뒤 다시 소를 덮어 만든다. 또한 양식 송어는 레스토랑에서도 다양한 종류의 더운 요리 또는 찬 요리로 서빙된다. 요리사들은 섬세하고 고급스러운 메뉴를 제안하는 등 창의력을 발휘한 다수의 요리들을 선보이고 있다. 전통적으로 송어 요리로는 쿠르부이용에 데쳐 익힌 뒤 홀랜다이즈 소스를 곁들인 것, 부르고뉴식으로 레드와인에 익힌 것, 콜베르식 튀김 등을 꼽을 수 있으며 다양한 장식을 얹어 즐레를 씌운 뒤 차갑게 서빙하기도 한다. 연어 요리의 모든 레시피 또한 송어에 적용할 수 있다.

---

truite saumonée Beauharnais 트뤼트 소모네 보아르네

보아르네 무지개송어 요리 : 900g짜리 무지개송어 한 마리를 손질하여 준비한다. 명태 살에 생크림을 넣고 곱게 간 다음, 잘게 썰어 버터에 볶은 채소 미르푸아 4테이블을 섞어 250g의 소를 만든다. 이 소를 송어에 채워 넣은 뒤 버터를 발라둔 생선 전용 냄비에 넣고 화이트와인을 넣은 생선 육수를 높이의 반 정도 잠기게 붓는다. 230°C로 예열한 오븐에 20분간 익힌다. 송어를 건져 서빙 접시에 담는다. 버터에 튀기듯 익힌 누아제트 감자와 버터에 찌듯이 익힌 뒤 베아르네즈 소스를 채운 아티초크 속살 밑동을 곁들여 놓는다. 송어를 익히고 남은 국물을 체에 거른 뒤 졸이고 마지막에 버터를 넣어 섞은 뒤 함께 서빙한다.

---

truites aux amandes 트뤼트 오 자망드

아몬드를 넣은 송어 : 약 250g짜리 송어 4마리를 씻어 물기를 닦고 소금, 후추, 밀가루를 뿌린다. 큰 사이즈의 타원형 팬에 버터 50g을 달군 뒤 송어를 넣고 양면을 모두 노릇하게 지진다. 불을 줄이고 10~12분간 더 굽는다. 중간에 한 번 뒤집어준다. 아몬드 슬라이스를 마른 팬이나 오븐에 노릇하게 구워 송어에 첨가한다. 생선이 익으면 건져 서빙 접시에 담고, 레몬즙 2테이블스푼과 잘게 썬 파슬리를 뿌린 뒤 뜨겁게 유지한다. 생선을 익힌 팬에 버터 20g과 식초 1테이블스푼을 넣고 가열한 뒤 아몬드와 함께 모두 생선 위에 끼얹어준다.

---

truites au bleu 트뤼트 오 블뢰

식초 쿠르부이용에 익힌 오 블루 송어 요리 : 150g짜리 활송어 여러 마리를 수조에서 꺼내 기절시킨 뒤 내장을 제거하고 재빨리 씻는다. 물기는 닦지 않는다. 식초를 뿌린다. 식초를 많이 넣은 쿠르부이용을 끓인 다음 불을 줄여 아주 약하게 끓는 상태에서 생선을 모두 넣어준다. 이 상태로 약 6~7분간 익힌다. 건져서 냅킨 또는 쿠르부이용 안에 담가 익힌 생선 망에 올려 접시에 놓는다. 생파슬리를 곁들인다. 녹고 녹인 버터 나 홀랜다이즈 소스를 따로 담아 서빙한다.

---

truites à la bourguignonne 트뤼트 아 라 부르기뇬느

부르고뉴식 송어 요리 : 4인분 / 준비: 25분 / 조리: 20분

오븐을 200°C로 예열한다. 각 200g짜리 송어 4마리를 손질해 물기를 닦은 뒤 소금, 후추를 뿌린다. 버터를 바른 바트에 생선을 담고 둥글게 썰어 색이 나지 않게 볶은 양파 1개와 얇게 썬 생양송이버섯 150g을 함께 넣는다. 부르고뉴산 레드와인 500mℓ를 붓는다. 불에 올려 가열한 뒤 약하게 끓기 시작하면 오븐에 넣어 10분 더 익힌다. 송어를 건져 껍질을 제거한 뒤 서빙 접시에 놓고 뜨겁게 유지한다. 생선을 익히고 남은 국물을 1/3로 졸인 다음 뵈르 마니에를 조금 넣고 잘 섞으며 농도를 맞춘다. 간을 한 다음 버터 25g을 넣고 거품기로 저어 몽테한다. 이 소스를 송어에 끼얹은 뒤 살라만더 그릴 아래에 잠깐 넣어 윤기나게 마무리한다.

---

truites frites 트뤼트 프리트

송어 튀김 : 아주 작은 크기의 송어 여러 마리를 씻어 내장을 제거한 뒤 물기를 닦는다. 소금, 후추, 밀가루를 뿌리고 아주 뜨거운 기름에 노릇하게 튀긴다. 송어를 건져 기름을 털어낸 뒤 냅킨을 깐 접시 위에 담는다. 그린 샐러드와 레몬 슬라이스를 곁들여 낸다.

---

truites inuit séchées « Pissik » 트뤼트 이뉘트 세셰 피식

에스키모식 말린 송어 피식 : 180g짜리 송어 3마리를 손질하고 내장을 제거한 뒤 씻는다. 대가리는 잘라낸다. 생선을 안쪽으로 갈라 가운데 가시를 제거하고 양쪽의 필레가 껍질로 연결될 수 있도록 벌려준다. 남은 가시를 모두 제거한다. 살에 1cm 크기의 격자무늬로 어슷하게 칼집을 내 준다. 껍질을 자르지 않도록 주의하며 살을 깊이 자른다. 소금, 후추로 간을 한다. 150°C로 예열한 오븐에 넣어 15분간 말린다. 천 주머니에 생선을 넣고 잘 밀봉해 상온에 보관한다. 안주나 스낵으로 먹는다.

TSARINE (À LA) (아 라) 차린 크림 소스 오이를 곁들인 삶은 닭 요리, 납작한 생선(서대 또는 서대 필레, 광어 등)을 포칭한 다음 버터에 찌듯이 익힌 오이를 곁들이고 파프리카로 매콤한 맛을 돋운 모르네 소스를 끼얹은 요리를 가리킨다. 또한 러시아 황후를 뜻하는 이 명칭은 러시아의 고전 요리들로부터 더욱 직접적인 영향을 받은 다양한 음식을 가리키기도 한다. 채 썬 셀러리를 얹은 들찡 셀러리 크림 수프, 들찡 퓌레를 채운 타르틀레트 위에 수란을 올리고 크림과 버섯 소스를 끼얹은 요리, 화이트와인에 데친 생선 이리에 다진 철갑상어 척추 골수와 캐비아를 곁들인 요리 등을 꼽을 수 있다.

TTORO 토로 상품 가치가 떨어지는 잡어, 갑각류 해산물(주로 스캄피), 조개류(주로 홍합)에 감자를 갈아 넣고 향신 재료를 첨가해 끓인 바스크 지방의 전통 생선 수프. 이 요리에 들어가는 생선과 해산물은 토마토를 듬뿍 넣은 매콤한 육수에 데쳐 익힌 뒤 사용한다.

TUILE 튈 설탕, 아몬드 슬라이스나 아몬드 가루, 달걀, 밀가루로 만든 얇은 구움 과자의 일종. 얇게 구워낸 뒤 아직 뜨거울 때 물기가 없는 밀대에 둘러 놓은 상태로 식히면 마르면서 특유의 로마식 기와 모양으로 굳는다. 또한 납작한 모양의 튈인 미뇽(mignons)은 작은 원반형으로 만든 튈에 머랭을 넣고 두 개씩 붙인 것으로 건조 오븐에 넣어 말려 완성한다.

---

tuiles aux amandes effilées 튈 오 자망드 에필레

아몬드 슬라이스 튈 : 작은 튈 40개 또는 큰 튈 25개 분량 / 준비: 10분 + 30분 / 조리: 약 15~18분

하루 전날, 볼에 아몬드 슬라이스 125g, 설탕 125g, 바닐라 가루 2자밤, 비터 아몬드 에센스 1방울, 달걀흰자 2개분을 넣고 섞는다. 녹인 뜨거운 버터 25g을 넣으며 계속 저어 섞는다. 랩을 씌워 하룻밤 냉장고에 넣어둔다. 당일, 체에 친 밀가루 20g을 혼합물에 넣어 섞는다. 반죽을 작은 스푼으로 떠서 논스틱 코팅팬 위에 최소 3cm 이상 간격을 두고 놓는다. 물을 묻힌 스푼의 뒷면으로 납작하게 눌러 편다. 150°C로 예열한 오븐에서 15~18분 굽는다. 망에 올려 식힌다.

TULIPE 튈립 튤립 과자. 버터, 슈거파우더, 밀가루, 달걀흰자를 혼합해 만든 튤립 꽃 모양의 가벼운 파티스리. 반죽을 스푼이나 작은 스패출러를 이용해 베이킹 팬 위에 원형으로 얇게 펴 놓은 다음 뜨거운 오븐에 굽는다. 구워낸 얇은 과자를 조심스럽게 떼어낸 다음 아직 따뜻할 때 작은 브리오슈 틀에 깔아주듯이 넣어 튤립 모양을 만든다. 이 튤립 과자는 샹티이 크림을 채우 차갑고 바삭하게 먹거나 몇몇 아이스 디저트에 곁들여 먹는다. 튤립 과자는 습기가 없는 장소에 보관한다.

tulipes 튈립

10개 분량 / 준비: 10분 + 20분 / 조리: 12분

하루 전날, 상온에서 말랑말랑해진 버터 50g을 주걱으로 휘저어 부드럽게 만든 다음 체에 친 슈거파우더 100g을 넣고 이어서 체에 친 밀가루 60g을 넣어 섞는다. 달걀흰자 2개분을 넣어준다. 잘 섞어 냉장고에 하룻밤 보관한다. 당일, 두꺼운 판지로 사방 14cm 정사각형 모양을 자른 뒤 길이 12cm의 손잡이를 붙인다. 정사각형의 중앙에 지름 10cm 원을 도려낸다. 원이 뚫린 이 판형틀을 논스틱 코팅팬을 위쪽 1/4 부분에 놓는다. 반원 모양 스크레이퍼를 반죽에 담가 소량을 떠낸 뒤 판형틀의 뚫린 원 안에 고르게 발라준다. 종이틀을 떼어낸다. 마찬가지 방법으로 오븐팬의 나머지 부분에도 원형으로 반죽을 바른다. 150°C로 예열한 오븐에 12분간 굽는다. 뜨거운 원형 과자를 조심스럽게 떼어낸 뒤 그대로 작은 브리오슈 틀 안에 넣어 놓는다. 3초 후 튤립 모양 과자를 빼낸다. 망에 올려 식힌다.

TUMBLER 텀블러 텀블러 글라스. 둘레가 수직으로 떨어지는 형태의 칵테일용 유리잔이다. 키가 작은 텀블러 글라스(rocks)는 얼음 덩어리 또는 잘게 부순 얼음을 넣어 마시는 쇼트 드링크(예: 카이피리냐)용으로 이상적이다. 한편, 콜린스(collins) 또는 하이볼(highball)이라고도 불리는 키가 큰 텀블러 글라스는 용량이 커서(약 350㎖) 진 피즈 등의 롱 드링크를 만들고 서빙하는 데 안성맞춤이다.

TUNISIE 튀니지 튀니지의 요리는 북부 아프리카의 다른 마그레브 국가들의 요리와 매우 비슷하다. 손님을 환대하는 문화의 전통이 강한 이 나라에는 향신료(특히 하리사)로 맛을 낸 음식들이 언제나 풍성하다.

■ **수프와 스튜.** 모로코, 알제리와 마찬가지로 튀니지의 수프(brudu)는 대부분 향이 아주 강하고 채소, 곡물, 고기, 생선 등의 재료도 풍성하다. 고기(특히 양과 소)와 가금류는 주로 스튜(건자두와 레몬을 넣은 펜넬을 곁들인 양고기 또는 토끼고기 타진), 꼬치구이(케밥), 또는 미트볼(kefta)을 만들어 먹는다. 채소는 국물에 익혀 먹거나, 또는 약한 불에 뭉근히 익혀 라타투이식으로 요리한다. 달걀을 곁들인 것은 샥슈카(chakchouka)라고 불린다. 또한, 양념에 절이거나 샐러드를 만들어 전채요리 한상 차림인 케미아(kemia)를 구성하는 음식으로 서빙하기도 한다. 여기에는 속을 채운 전병의 일종인 트리드(trids)를 곁들인다. 튀니지의 국민음식은 쿠스쿠스다. 증기에 찐 세몰리나에 각종 채소(당근, 호박, 병아리 콩, 셀러리, 토마토 등), 양고기, 토끼고기, 자고새새끼, 닭 또는 생선을 곁들여 먹는다. 채소와 고기 대신 말린 과일, 아몬드, 피스타치오, 호두 등을 넣고 세몰리나에 우유와 설탕을 넣어 적시면 아주 든든한 디저트가 된다. 튀니지의 파티스리에는 꿀, 시럽, 얇은 페이스트리 반죽(malsouga)으로 만든 아주 단맛이 강한 과자와 케이크 종류가 많다. 튀니지 미식에서 빼놓을 수 없는 기본 재료인 이 얇은 페이스트리는 디저트뿐 아니라 달걀과 고기를 채운 납작한 군만두의 일종인 브릭(brick, 또는 bourek)을 만드는 데도 사용된다. 식사가 끝나면 언제나 민트 티로 마무리한다.

TURBAN 튀르방 몇몇 요리를 왕관 모양(또는 문자 그대로 터번 모양)으로 빙 둘러 담은 형태를 지칭한다. 또한 이 용어는 스터핑 혼합물, 살피콩 등을 빙 두른 테두리 형태의 틀에 넣어 익혀 왕관 모양으로 서빙하는 음식을 가리키기도 한다. 주로 생선, 갑각류 해산물, 가금육, 쌀 요리 또는 수렵육 등을 이와 같은 모양으로 플레이팅한다. 디저트용 무스나 아이스크림을 튀르방 모양의 틀에 주형한 다음 서빙하기도 한다.

▶ 레시피 : CROÛTE.

TURBIGO 튀르비고 양의 콩팥을 반으로 잘라 센 불에 소테한 다음 구운 치폴라타 소시지와 볶은 버섯을 곁들인 요리의 이름이다. 재료를 소테한 팬에 화이트와인과 토마토 향의 데미글라스를 넣어 디글레이즈한 소스를 끼얹어 서빙한다.

CONFECTIONNER UNE TULIPE 튤립 과자 만들기

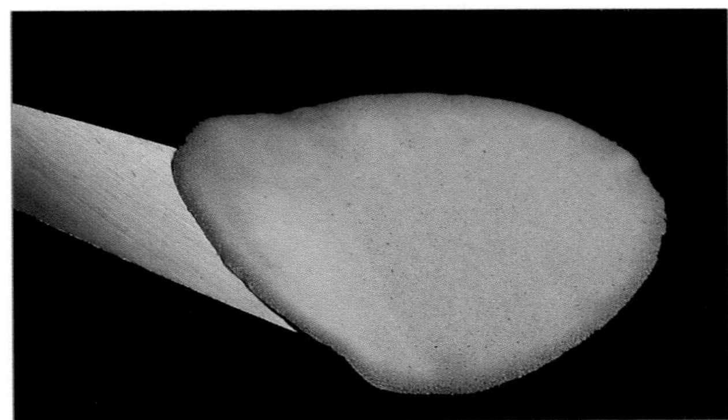

1. 스패출러를 사용해 베이킹 팬에 구운 과자를 재빨리 떼어낸다.

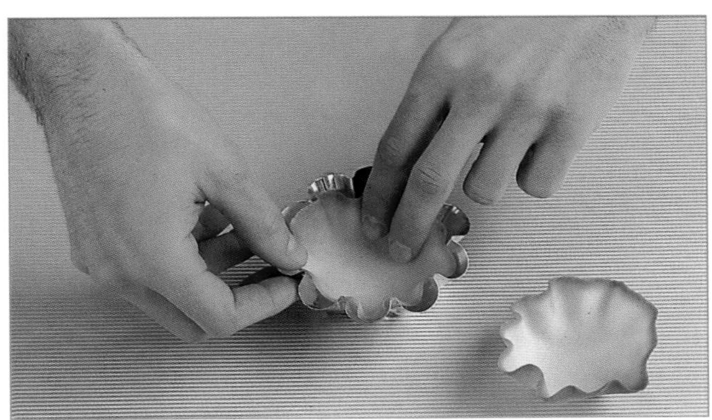

2. 작은 브리오슈 틀에 깔아주듯이 넣어 튤립 꽃 모양을 만든다.

TURBINER 튀르비네 아이스크림 기계를 돌리다. 아이스크림 또는 소르베 혼합물이 굳을 때까지 기계를 작동해 냉각시키는 것을 가리킨다. 이 작업은 냉동장치 또는 아이스크림 메이커 안에서 행해진다.

TURBOT 튀르보 대문짝넙치. 대형 광어의 일종. 대문짝넙치과에 속하는 바다생선인 튀르보는 경골어류로 몸통이 납작하고 가슴지느러미가 골반지느러미의 뒤에 있으며 대서양의 모래와 자갈이 많은 해저에 서식한다(**참조** p.674~677 바다생선 도감). 큰 대문짝넙치는 세로로 유영하기도 한다. 두 개의 눈은 갈색을 띤 왼쪽 면에 몰려 있으며 껍질에 비늘이 거의 없다. 이 생선이 튀르보(turbot)라 불리는 이유는 색이 침착된 윗면에 돋아 있는 경골돌기(라틴어로 팽이를 뜻하는 turbo에서 유래했다는 설이 있다) 때문이라고 전해진다. 고대부터 고급 생선으로 인기가 높았으며 수 세기 동안 '사순절의 왕(roi du carême)'이라는 별명으로 불렸던 대문짝넙치는 가장 호화로운 요리로 식탁에 올랐다. 오늘날에는 주로 연안에서 양식으로 생산하며 때로 머리를 포함한 외양이 변형되었으며 양면 모두 짙은 색을 띤 것들도 있다. 하지만 그 탁월한 맛은 여전히 간직하고 있다. 시중에 판매되는 양식 대문짝넙치는 일반적으로 자연산에 비해 크기가 작다.

■ **사용.** 대문짝 넙치는 내장을 제거한 뒤 통째로 또는 토막으로 잘라 판매한다. 일반적으로 길이 40~50cm, 무게는 2~4kg 정도 되며, 큰 것은 길이 90cm에 무게 20kg에 육박하기도 하는데 맛이 그다지 떨어지지는 않는다. 흰색을 띤 살은 식감이 탱글탱글하고 겹겹이 떨어지는 결을 갖고 있으며 매우 고급스럽고 섬세한 맛을 자랑한다. 포칭, 브레이징, 담백한 구이, 팬프라이 등으로 조리가 가능하며 익힐 때 아주 세심하게 주의를 기울여야 한다. 너무 오래 익히면 살의 풍미와 촉촉함이 떨어지기 때문이다. 대문짝넙치를 통째로 익히는 경우에는 광어나 달고기 조리법을 모두 적용할 수 있으며, 필레로 조리하는 경우는 서대 필레 레시피를 동일하게 사용한다.

시몬 르메르(SIMONE LEMAIRE)의 레시피

escalopes de turbot à l'embeurrée de poireau 에스칼로프 드 튀르보 아 랑뵈레 드 푸아로

버터에 익힌 리크를 곁들인 대문짝넙치 : 대문짝 넙치 필레를 적당한 서빙

사이즈로 자른다. 필레를 뜨고 남은 가시뼈와 자투리 살로 생선 육수를 만든다. 버터를 달군 팬에 필레 토막을 넣고 겉만 응고되도록 재빨리 양면을 지진 다음 생선 육수를 잠길 정도로만 붓는다. 약하게 끓는 상태로 5분간 익힌다. 생선 필레를 건져낸다. 생선을 익히고 남은 국물을 블루테 농도가 되도록 졸인 뒤 동량의 더블 크림을 넣는다. 뜨겁게 데워 둔 서빙 접시에 생선 필레를 올린 뒤 소스를 끼얹는다. 리크 흰 부분 1kg를 얇게 송송 썰어 버터 200g, 물 1컵과 함께 소테팬에 넣고 뚜껑을 덮은 뒤 오븐에서 20분간 익힌다. 소금, 후추로 간한 다음 생선과 함께 낸다.

앙드레 죄네(ANDRÉ JEUNET)의 레시피

filets de turbot braisé à l'Angélus 필레 드 튀르보 브레제 아 랑젤뤼스

앙젤뤼스 맥주에 익힌 대문짝넙치 필레 : 싱싱하고 단단한 토마토 한 개의 껍질을 벗기고 씨를 제거한 뒤 주사위 모양으로 썬다. 소테팬에 이 토마토와 다진 샬롯 큰 것 1개분, 얇게 썬 양송이버섯 100g, 잘게 다진 파슬리 1송이, 토마토페이스트 1/2티스푼을 넣고 잘 섞는다. 각 150g짜리 대문짝넙치 필레 2개를 브레이징용 냄비 바닥에 넣고 소금, 후추로 간한 뒤 앙젤뤼스 맥주 250mℓ를 붓는다. 끓을 때까지 가열한 다음 뚜껑을 덮고 아주 약한 불에 익힌다. 홀랜다이즈 소스를 만들어 따뜻하게 보관한다. 필레를 건져내 따뜻한 접시에 담고, 남은 국물은 졸인 뒤 생크림 200mℓ를 넣고 가열해 원하는 농도를 맞춘다. 여기에 홀랜다이즈 소스를 넣고 함께 데운다. 이 때, 끓지 않도록 주의한다. 소스를 생선에 바로 끼얹은 뒤 고온의 살라만더 그릴 아래에 아주 잠깐 넣어 노릇하게 색을 낸다.

tronçon de turbot Dugléré 트롱송 드 튀르보 뒤글레레

뒤글레레 대문짝넙치 요리 : 4인분 / 준비: 40분 / 조리: 30분

대문짝넙치 4토막(각 280g)을 잘라낸다. 씻어서 얼음물에 10~15분 동안 담가 핏물을 뺀다. 중간 크기 양파 1개와 회색 샬롯 2개의 껍질을 벗겨 씻은 뒤 잘게 썬다. 중간 크기 토마토 4개의 껍질을 벗기고 씨를 제거한 뒤 잘게 썬다. 이탈리안 파슬리 1테이블스푼을 굵게 다진다. 소테팬에 버터 40g을 두른 다음 양파, 샬롯을 넣고 색이 나지 않게 몇 분간 볶는다. 토마토, 파슬리를 첨가하고 천일염, 갓 갈아낸 후추로 간하여 잘 섞는다. 그 위에 대문짝넙치 토막을 올린다. 산미가 적은 드라이한 화이트와인 100mℓ와 생선 육수 300mℓ를 붓는다. 약하게 끓을 때까지 가열한 뒤 뚜껑을 덮고 14~15분 정도 약 불에 익힌다. 생선 토막을 건져내 검은 껍질을 벗긴 뒤 서빙 접시에 담는다. 알루미늄 포일로 덮어 따뜻하게 유지한다. 생선을 익히고 남은 국물을 센 불로 가열해 반으로 졸인다. 불에서 내린 뒤 작게 썬 버터 80g을 넣고 거품기로 잘 저어 섞는다. 소스는 다시 끓이지 않는다. 소금, 후추로 간을 조절한 다음 처빌 잎 1테이블스푼을 첨가한다. 알루미늄 포일을 벗겨낸 뒤 생선에 이 소스를 끼얹는다.

미셸 로트(MICHEL ROTH)의 레시피

tronçon de turbot rôti, endives braisées et mousseline de châtaigne 트롱송 드 튀르보 로티, 앙디브 브레제 에 무슬린 드 샤테뉴

엔다이브와 밤 크림을 곁들인 대문짝넙치 구이 : 2인분

대문짝넙치의 가운데 두툼한 부분에서 600g 정도의 큰 토막을 한 개 잘라낸 다음 척추뼈를 따라 로즈마리 한 줄기를 찔러 넣는다. 소금과 갓 갈아낸 후추로 밑간을 한다. 정제 버터 20g과 가염 버터 20g을 넣은 팬에 생선의 짙은 색 껍질 면이 아래 오도록 놓고 20분간 굽는다. 10분간 휴지시킨다. 다시 뜨겁게 데운 뒤 버터를 발라가며 윤기나게 마무리한 다음 뜨거운 유리 용기에 보관한다. 오렌지 1개의 제스트를 얇게 저며 내 가늘게 채 썬 뒤 끓는 물에 데친다. 버터를 두른 소테팬에 미니 엔다이브 6개, 오렌지 제스트, 오렌지즙 50mℓ, 무염 버터 1테이블스푼, 저민 생강 1쪽, 설탕 10g, 소금, 후추를 첨가한다. 뚜껑을 덮고 끓을 때까지 가열한 다음 150°C로 예열한 오븐에 넣어 30분간 익힌다. 엔다이브를 건져내 따로 보관한다. 남은 즙은 체에 걸러 졸여둔다. 익혀 껍질을 깐 밤 80g에 흰색 닭 육수 50mℓ를 넣고 약한 불로 5분간 끓인다. 액상 생크림 10mℓ를 첨가한 뒤 약하게 5분간 더 끓인다. 여기에 무염 버터 1테이블스푼을 넣고 블렌더로 갈아준다. 간을 조절한다. 리비에라(riviéra)를 만든다. 우선 살캉하게 익힌 밤 2개와 생호두살 2조각을 브뤼누아즈로 썬 다음, 잘게 썬 차이브 1자밤과 크랜베리 1테이블스푼을 첨가한다. 아몬드오일 20mℓ를 넣어 잘 섞는다. 서빙 전, 엔다이브를 팬에 살짝 지져 노릇한 색을 낸 다음 졸여둔 소스를 발라 윤기를 내준다. 생선 토막에서 가시를 발라내며 살만 필레를 떠낸 뒤 검은 껍질을 제거하고 물기를 닦는다. 각 서빙 접시에 보기 좋게 담은 뒤 게랑드 소금을 한 자밤씩 뿌리고 그라인더로 후추를 한 번씩 갈아 뿌린다. 로즈마리를 한 줄기 얹은 뒤 닭 육즙 소스를 가늘게 한 바퀴 둘러준다. 올리브오일로 살짝 버무려 윤기를 낸 시금치 어린 잎 30g, 윤기나게 익힌 엔다이브, 마롱 글라세 4개, 캐러멜을 입힌 호두 4개를 보기 좋게 배치한다. 작은 유리잔에 밤 무슬린 크림을 담고, 밤, 호두 리비에라를 소스 용기에 따로 담은 뒤 함께 서빙한다.

에카르트 비트지그만(ECKART WITZIGMANN)의 레시피

turbot au lait 튀르보 오 레

우유를 넣어 익힌 대문짝넙치 : 냄비에 우유 1ℓ, 물 1ℓ, 속껍질까지 한번에 칼로 잘라 벗긴 뒤 동그랗게 슬라이스한 레몬 1개, 껍질을 벗기고 반으로 잘라 얇게 썬 흰 양파 작은 것 1개, 월계수 잎 작은 것 1장, 으깨 부순 통후추 6알, 소금, 잘게 썬 양송이버섯 100g을 넣고 쿠르부이용을 만든다. 서서히 가열해 끓기 시작하면 대문짝넙치의 가장 살이 통통한 가운데 부분에서 각 250g 정도로 잘라낸 토막 2~4개를 넣어준다. 쿠르부이용이 절대 끓어오르지 않도록, 아주 약하게 끓는 상태로 10분간 포칭한다. 불에서 먼 곳에 놓고 5분간 휴지시킨다. 쿠르부이용에서 생선 토막을 건져내 헝겊 위에 올린 뒤 또 한 장의 헝겊으로 덮어둔다. 생선이 익는 동안, 질 좋은 무염 버터 200g을 가열해 거품이 일면서 색이 노릇해지면 홀그레인 머스터드 1~2테이블스푼을 넣고 잘 섞어둔다. 생선 양면의 껍질을 모두 제거하고 모양을 깔끔하게 다듬은 뒤 뜨겁게 데워 둔 서빙 접시에 담는다. 머스터드를 넣은 브라운 버터 소스를 생선에 끼얹고 생홀스래디시를 조금 갈아 곁들인다. 찐 감자와 줄기 시금치를 곁들여 바로 서빙한다.

히사유키 타케우치(HISAYUKI TAKEUCHI)의 레시피

turbot à la vapeur et sauce ponzu 튀르보 아 라 바푀르 에 소스 폰주

증기로 찐 대문짝넙치와 폰즈 소스 : 4인분 / 준비: 40분 / 조리: 7분

볼에 간장 200mℓ, 유자즙 200mℓ, 사방 3cm 크기의 다시마 한 조각, 말린 가다랑어포(가쓰오부시) 한 줌을 넣고 냉장고에서 며칠간 재운 뒤 체에 거른다. 아주 싱싱한 대문짝넙치 한 마리를 준비해 껍질과 가시를 그대로 둔 상태에서 각 200g 정도의 토막 4개를 잘라낸다. 넓고 우묵한 볼에 생선을 한 켜로 놓고 청주 100mℓ를 고루 뿌려 재운다. 배추 500g을 작게 썰어 대나무 찜통에 깔고 그 위에 생선 토막을 올린다. 소금, 후추를 뿌린다. 증기로 찐다. 대나무 찜통 째 접시에 놓고, 준비한 폰즈 소스를 종지에 담아 함께 낸다.

마크 므노(MARC MENEAU)의 레시피

turbotin sur pilotis de moelle 튀르보탱 쉬르 필로티 드 모엘

소 사골 뼈에 얹어 익힌 넙치 : 4인분 / 조리: 35분

하루 전날, 골수가 들어 있는 소 사골 뼈를 2cm 두께로 절단한 것 10조각을 준비한다. 가장자리를 깨끗이 씻은 뒤 물에 담가둔다. 당일, 이 사골을 소금물에 10분간 초벌로 삶는다. 1.1kg짜리 작은 넙치 한 마리를 손질한다. 껍질은 그대로 둔다. 로스팅 팬에 사골 뼈 5조각을 깔고 그 위에 생선을 통째로 올린다. 꼬치 5개를 찔러 생선과 골수를 고정시킨다. 그 위에 나머지 사골 뼈를 올린 뒤 마찬가지로 나무꼬치로 찍어 전체를 지탱한다. 생선 육수 100mℓ, 송아지 육즙 소스 100mℓ, 물 1/2컵을 붓는다. 180°C 오븐에 넣어 25분간 익힌다. 중간중간 국물을 끼얹어준다. 로스팅 팬 그대로 식탁의 손님들에게 한 번 보여준 다음 생선 필레를 발라 서빙한다. 각 접시에 등쪽 필레와 배쪽 살을 반반씩 담고 사골 뼈를 2개씩 곁들여 놓는다. 로스팅 팬에 남은 국물을 끼얹은 다음 파슬리 다발을 하나 놓아 장식한다. 사골 안의 골수를 떠 먹을 수 있도록 티스푼을 준비한다.

장 & 폴 맹슐리(JEAN ET PAUL MINCHELLI)의 레시피

turbotin aux poireaux 튀르보탱 오 푸아로

리크를 곁들인 넙치 : 넙치 한 마리를 준비해 필레 850g을 떠낸 뒤 찬물에 잠시 담가 불순물을 제거한다. 생선 필레를 가늘고 길쭉한 형태로 자르거

나 일정한 두께로 포를 뜬다. 대가리와 생선 뼈, 자투리로 생선 육수 300㎖를 만든다. 가는 리크 6줄기를 2cm 토막으로 자른 뒤 소테팬에 한 켜로 깔고 생선 육수를 자작하게 덮어준다. 후추를 뿌린 뒤 뚜껑을 덮고 아삭하게 익힌다. 리크를 건져내고 국물은 따로 보관한다. 따뜻하게 데워둔 접시 4개에 나누어 담는다. 생선 육수 100㎖ 체에 걸러 소테팬에 붓고 생크림 3테이블스푼, 설탕 1자밤, 흰 후추 그라인드 2바퀴, 베르무트 30㎖를 첨가한다. 이 소스를 졸인 뒤 생선살을 5~6초간 데친다. 건져서 접시의 리크 위에 올린다. 남은 소스와 리크 익힌 국물을 합해 졸인 뒤 생선과 리크 위에 끼얹는다. 아주 뜨겁게 서빙한다.

TURBOTIÈRE 튀르보티에르 넙치 모양의 생선 전용 찜기. 정사각형 또는 마름모 형태의 생선 요리용 냄비로 손잡이가 달린 찜용 망이 들어 있고 뚜껑이 갖춰져 있다. 대문짝 넙치, 광어, 가오리 같이 크고 납작한 생선을 통째로 쿠르부이용에 익힐 때 사용한다.

TURINOIS 튀리누아 굽는 과정이 없는 밤 케이크의 일종으로 밤 퓌레에 설탕, 버터, 강판에 간 초콜릿을 넣어 혼합하고 키르슈로 향을 내어 만든다. 직사각형 틀에 유산지를 깔고 버터를 바른 뒤 밤 퓌레 혼합물을 붓고 탁탁 쳐서 평평하게 한다. 냉장고에 몇 시간 넣어 굳힌다. 틀에서 분리한 뒤 슬라이스해서 먹는다. 또한 파트 쉬크레 시트에 키르슈로 향을 낸 밤 퓌레를 채운 뒤 살구 나파주를 바르고 다진 피스타치오를 뿌려 장식한 정사각형의 프티푸르도 튀리누아(turinois), 또는 튀랭(turin)이라 부른다.

TURQUE (À LA) (아 라) 튀르크 터키식의. 터키 및 중동 요리에서 영감을 받은 다양한 요리를 지칭한다. 특히 필라프 라이스를 꼽을 수 있는데, 밥을 둥근 왕관 모양으로 담고 가운데에 가니시를 곁들이거나, 다리올 틀에 넣어 찍어낸 뒤 달걀프라이, 오믈렛, 양 안심 요리에 곁들이며 이때 소테한 가지를 함께 내기도 한다. 특히 이 명칭은 닭 간 요리(잘게 썬 양파를 넣고 소테한 뒤 토마토를 넣은 데미글라스 소스를 곁들인다), 다진 양고기와 쌀, 버섯 뒥셀을 채우고 토마토를 넣어 볶은 양파와 함께 오븐에 구운 가지(또는 피망) 요리를 가리키기도 한다. 터키식 속을 채운 채소는 주로 팬에 구운 양갈비나 볼기등심 요리에 가니시로 곁들인다.

▶ 레시피 : AGNEAU, CAFÉ.

TURQUIE 튀르키 터키. 유럽과 중동 사이에 위치한 터키의 요리는 이슬람, 유대교, 러시아정교, 기독교 전통의 영향을 받았으며 또한 여러 국가(러시아, 그리스, 북부 아프리카 마그레브와 중동 국가들)에 그 흔적을 남겼다. 프랑스에서는 수 세기 전부터 터키에서 유래한 여러 요리들이 현지 입맛에 맞게 정착되었다. 필라프 라이스, 양고기 꼬치구이, 속을 채운 가지, 말린 무화과 등을 꼽을 수 있으며 커피와 각종 파티스리 또한 빼놓을 수 없다. 특히 케밥과 뵈렉(beurrels)은 터키에서 들어온 대표적인 음식이다. 그 외에도 할와(halva), 바클라바(baklava), 로쿰(loukoum)을 비롯한 다양한 단 과자들은 터키가 원조인 대표적인 먹을거리다. 터키의 음식은 일반적으로 한 가지 또는 두 가지의 주재료로 만들어 그 본연의 풍미를 최대한 살리는 데 중점을 둔다. 또한 향신료와 허브를 폭넓게 사용해 음식의 맛을 한 층 돋우며 이는 짭짤한 일반 요리와 달콤한 디저트에 모두 적용된다.

■ **다양한 애피타이저.** 터키 요리에서는 기본적으로 오르되브르와 각종 애피타이저들이 중요한 위치를 차지한다. 수프(고기 또는 채소로 만든 초르바)뿐 아니라 차지키(tzatziki, 오이를 섞은 요거트 소스), 속을 채운 홍합(쌀, 잣, 다진 양파, 건포도, 향신료를 넣는다), 즐레로 굳힌 양 족편, 파스테르마(pasterma, 향신료로 양념해 말린 소고기) 그리고 다양한 종류의 돌마(포도나무 잎이나 배추 잎에 각종 소를 채운 뒤 돌돌 만 음식) 등을 즐겨 먹는다. 생선 중에서는 장어(대개 쿠르부이용에 익혀 가지와 꿀을 넣은 소스와 함께 서빙한다), 도미, 고등어, 정어리, 참치, 넙치 등을 가장 선호한다. 또한 염장대구 필레를 우유에 담가 소금기를 뺀 다음 설탕을 넣지 않은 아몬드밀크와 생크림으로 만든 소스를 끼얹고 아몬드 슬라이스를 뿌려 먹는다.

■ **고기.** 양고기는 다양한 레시피의 요리에 두루 사용된다. 로스트한 양의 어깨살을 주사위 모양으로 썬 다음 얇게 썬 양파와 쌀, 육수를 넣어 익힌 아젬 필라프(adjem pilaf), 양 뒷다리살 조각과 꼬리 살에 사이사이 비계를 끼워 구운 꼬치 요리로 가지 퓌레를 곁들여 서빙하는 운카르 베옌디(unkar beyendi) 등을 꼽을 수 있다. 다양한 종류의 케밥은 숯불에 굽거나 오븐에 로스트한 고기를 좋아하는 터키인들의 취향을 잘 보여준다. 되네르 케밥(döner kebab)과 시시 케밥(sis kebab)은 유럽을 비롯한 서방 국가에서도 가장 많이 알려진 두 종류이다. 되네르 케밥은 다진 고기와 뒷다리 살을 켜켜이 교대로 쌓아 만든 것으로 굵은 봉에 세로로 고정시킨다. 시시 케밥은 큐브 모양으로 썬 고기를 꼬치에 꿰어 구운 요리다. 고기는 다양한 종류의 빵과 함께 서빙된다. 엘멕(elmek, 일반적인 흰 빵), 피데(pide, 납작한 빵) 또는 시미트(simit, 참깨를 뿌린 링 모양의 빵)가 대표적이며 그 외에 파스타 베이스의 만티(manti, 라비올리의 일종) 또는 얇은 페이스트리에 소를 넣어 구운 뵈렉(börek) 등도 즐겨 먹는다. 또한 채소도 풍성하게 곁들인다.

■ **태양의 채소.** 터키의 대표적인 채소는 유명한 이맘 바일디(imam bayildi)와 무사카를 만드는 필수 재료인 가지다. 또한 주키니 호박과 피망도 속을 채우는 조리법(대부분 익힌 그릇에 그대로 두어 반쯤 식은 뒤에 먹는다)으로 많이 활용되며 오크라, 양배추, 시금치, 스노우 피(짧고 납작한 껍질콩류로 주로 물에 데치거나 버터에 익힌 뒤, 레몬즙을 넣고 찧은 안초비에 육수나 오일을 넣어 갠 짭짤한 소스를 곁들여 먹는다) 등을 즐겨 먹는다. 불구르(도정한 듀럼밀을 쪄서 말린 뒤 굵게 빻은 것)와 쌀 또한 기본적인 식재료다. 주로 채소 등에 채워 넣는 소 재료나 수프용으로 많이 사용되며, 쌀은 건포도, 잣 또는 아몬드 등을 넣고 필라프를 만든다. 터키 요리에서 빼놓을 수 없는 또 하나의 중요한 식재료는 바로 올리브오일이며 더운 음식과 찬 음식에 두루 사용된다.

■ **디저트와 술, 음료.** 터키의 디저트는 매우 종류가 다양하다. 가장 유명한 것은 바클라바처럼 오븐에 구운 파티스리와 로쿰 등의 당과류다. 짭짤한 일반 음식에 곁들이기도 하는 유제품은 많은 디저트의 기본 재료로 사용된다. 되기도 한다. 레몬, 오렌지 등의 시트러스류 과일과 장미는 상큼하고 가벼운 맛의 디저트에 향을 더한다. 과일은 생으로 먹기도 하지만 콩포트나 잼을 만들기도 한다. 요거트에 물과 소금 한 자밤을 넣은 차가운 음료인 아이란을 만들어 마신다. 매우 대중적인 음료수다. 터키의 국민 음료는 커피다. 터키인들은 1인당 하루 평균 10잔 정도의 커피를 마신다. 또한 아니스 향의 알코올 음료인 라키(raki)를 메제(mezze, 다양한 애피타이저 한상차림)에 곁들여 마시기도 한다.

TUSSILAGE 튀실라주 관동, 관동화. 국화과의 노란 꽃이 피는 식물로 말린 잎은 특히 캐나다에서 생선 요리에 향신 허브로 사용한다. 또한 기침을 진정시키기 위해 유칼립투스처럼 훈증하기도 하며 허브차로 우려 마시기도 한다.

TUTTI FRUTTI 투티 프루티 여러 가지 과일 향을 첨가한 디저트 또는 설탕에 절이거나 시럽에 데친 과일 또는 생과일을 작게 썰어 혼합한 프루트 믹스가 들어간 디저트를 가리킨다. 활용형 없이 굳어진 상용구인 이 표현은 두 개의 이탈리아 단어(복수)로 이루어졌으며 모든 과일이라는 뜻이다. 투티 프루티 쿠프는 과일 아이스크림 몇 스쿠프를 둥근 유리볼에 담고 주사위 모양으로 썰어 키르슈에 재운 당절임 과일을 곁들인 디저트다. 투티 프루티는 또한 파트 쉬크레 시트 위에 작은 주사위 모양으로 썬 각종 과일(설탕절임 또는 시럽에 데친 것)을 한 켜 깐 다음 두 번째 반죽을 올리고 표면에 살구잼을 바른 뒤 글라사주를 입힌 파티스리의 일종으로 아몬드 슬라이스나 캔디드 오렌지 필 조각을 넉넉히 얹어 마무리한다.

TVAROG 트바로그 크바르크(quark). 수분을 빼고 고운 천에 걸러낸 프로마주 블랑에 부드러운 버터(또는 사워크림), 휘저어 푼 달걀과 혼합하고 소금, 후추를 넉넉히 넣어 간한 러시아의 음식이다. 작은 파테 안에 채워 넣은 뒤 오르되브르로 차갑게 서빙한다.

TYROLIENNE (À LA) (아 라) 티롤리엔 서빙 사이즈로 잘라 조리한 고기, 닭, 구운 콩팥, 달걀 반숙이나 수란, 또는 오븐에 익힌 광어 등의 메인 재료에 튀긴 양파링과 생토마토를 푹 익힌 소스(또는 잘게 썬 토마토)를 곁들인 요리를 가리킨다. 티롤리엔 소스(sauce tyrolienne)는 토마토를 첨가한 베아르네즈 소스(sauce béarnaise)에 버터가 아닌 올리브오일을 넣고 휘저어 섞은 것이다.

▶ 레시피 : POULET.

UV

UDE (LOUIS-EUSTACHE) 루이 외스타슈 위드 프랑스의 요리사. 프랑스 요리를 영국에 처음 소개한 요리사 중 한 명인 앙토냉 카렘과 동시대(18세기 말~19세기 초)를 보냈던 그는 루이 16세의 요리장에 이어 레티시아 보나파르트(Laetitia Bonaparte) 공주의 집사를 지냈다. 이후 영국으로 건너간 그는 세프톤 경, 이어서 요크 공작의 요리사가 되었고 마침내 런던 세인트 제임스 클럽의 대표로 취임했다. 은퇴 이후, 루이 외스타슈 위드는 저서『다양한 분야에서 발전한 프랑스 요리사 또는 요리 예술(*The French Cook or the Art of Cookery developed in all its Various Branches*)』를 출간했다. 이 책은 1813년 초판이 발행된 이후 1833년까지 여러 차례에 걸쳐 재출간되었다. 우아하면서도 비용이 적게 드는 저녁식사를 준비하기 위한 실용적인 요리서인 이 책에는 다양한 일화를 비롯해 메뉴 선정에 관한 조언과 당시의 새로운 프랑스 요리 레시피 목록 등이 소개돼 있다.

UGLI 어글리 어글리프루트. 운향과에 속하는 시트러스 과일 중 하나로 자메이카에서 생산되며, 영어로 '못생긴 과일'이라는 뜻이다. 어글리프루트는 균일하지 않은 공 모양으로 노란색이 섞인 연두색을 띠며 크기는 오렌지와 자몽의 중간쯤 된다. 세비야 오렌지와 자몽, 탠저린의 자생 교배종인 탄젤로(tangelo)와 비슷해 자메이카 탄젤로라고도 부른다(**참조** TANGELO). 과육의 맛이 뛰어나며 값이 매우 비싸다. 프랑스에서는 완숙 상태로 수입되는 겨울철에 매장에 출시된다. 오렌지나 자몽처럼 착즙해서 주스로, 럼과 섞어 롱 드링크 칵테일로 마시거나 잼이나 마멀레이드를 만들어 먹는다.

UKRAINE 위크렌 우크라이나. 우크라이나의 요리는 달걀을 넣은 부드럽고 두툼한 크넬(galouchki), 쌀과 버섯으로 속을 채운 양배추 롤, 증기로 찐 양배추 수플레의 일종(nakypliak), 시금치 또는 호두를 넣은 에그 누들(lekchyna) 등 독일 요리와 매우 비슷한 것들이 많다. 다양한 곡물의 생산지인 우크라이나에서는 풍부한 맛의 흰색 빵인 칼라츠(kalatch), 사워도우로 만든 작은 빵 발라부슈키(balabouchki)를 만들어 먹으며 메밀 낟알로 만든 카샤(kacha)를 이용해 수많은 요리를 만들기도 한다. 비트와 다른 채소들을 기본 재료로 만들고 고기를 첨가하며 사워크림을 넣어먹는 수프인 보르쉬(borchtch)는 우크라이나 요리에서 매우 중요한 자리를 차지한다. 성탄절 전통 음식인 쿠티아(koutia)는 양귀비 씨와 견과류를 넣은 세몰리나 케이크다.

■ **와인.** 대규모의 포도나무 재배(105,000ha)가 이루어지는 우크라이나는 1860년대를 휩쓴 필록세라(포도나무뿌리진디병)의 큰 타격을 받았다. 이후 교잡종을 많이 심어 포도밭을 복구하였으며 이는 차츰 고품질의 포도 품종으로 대체되었다. 오늘날 우크라이나의 포도재배는 크게 세 지역에서 이루어진다.

– 크림 반도 지역은 샹파뉴 제조방식으로 만드는 스파클링 와인 크림(krim)을 생산하며 드라이한 것부터 스위트까지 5종이 출시되고 있다. 또한 디저트 와인과 알코올 함량이 높은 레드와인도 소규모로 생산된다. 그르나슈 품종 포도로 만드는 이 레드와인들은 남프랑스의 와인을 연상시키는 맛이다.

– 크림 반도의 북동쪽 연안지대의 노코라예프 헤르손(Nokolayev-Kherson)에서는 디저트 와인이 생산된다.

– 몰도바와의 국경 근처의 오데사(Odessa) 지역에서도 디저트 와인과 스위트 스파클링 와인을 생산한다.

ULLUCO OU BASELLE TUBÉREUSE 윌리코, 바젤 튀베뢰즈 야콘, 울루코. 낙규과에 속하는 작은 덩이줄기 식물로 선명한 분홍색 또는 노릇한 색을 띠고 있으며 볼리비아와 페루에서 재배된다. 말라바 시금치(basella)를 연상시키는 약간의 신맛을 띠는 야콘은 전분과 단백질을 함유하고 있다. 페루에서는 채 썬 야콘을 말린 라마 고기, 크림치즈, 우유 등에 곁들여 먹는다.

UNILATÉRALE (À L') 아 뤼닐라테랄 한쪽만의. 생선의 껍질 쪽 한 면만 익히는 조리법을 가리킨다. 그릴팬이나 프라이팬으로 주로 연어와 대구를 익힐 때 사용한다. 익히는 동안 잘 지켜보면서 생선 필레 윗면이 반투명한 상태를 잃지 않도록 정확한 타이밍에 바로 조리를 멈추어야 한다. 껍질로 보호된 살은 익었을 때 촉촉하게 남는다.

VACHE 바슈 암소. 소과 짐승의 암컷으로 처음으로 새끼를 낳고 나면 이 명칭으로 부른다(제니스[génisse]는 아직 새끼를 아직 낳지 않은 암송아지다). 암소는 젖을 짜고 송아지를 생산할 목적으로 사육된다. 유용종인 젖소와 육용종 송아지는 좋은 품질의 정육 부위를 제공한다. 프랑스에서 소고기는 유용종 젖소를 정육 목적으로 살을 찌운 육우 고기도 포함한다.

VACHERIN 바슈랭 아이스크림 케이크의 일종으로 머랭을 왕관 모양으로 빙 두른 뒤 아이스크림과 샹티이 크림으로 채워 만든다.

vacherin glacé 바슈랭 글라세

아이스크림 바슈랭 : 6~8인분 / 준비: 1시간 / 조리: 4시간 / 냉동: 2시간 30분

프렌치 머랭 300g을 만들어 짤주머니에 넣고 각각 유산지를 깐 베이킹 팬 2장 위에 지름 20㎝의 원반형 시트 2개와 길이 8㎝, 폭 3㎝의 길쭉한 코크 16개를 짜 놓는다. 이것을 120°C 오븐에서 1시간, 이어서 100°C로 온도를 낮추고 3시간 동안 굽는다. 식힌 머랭 원반형 시트 1개를 지름 22㎝, 높이 6㎝의 링 안에 깔고 바닐라 아이스크림 1ℓ로 덮어준다. 두 번째 머랭 원반형 시트를 올린 뒤 2시간 동안 냉동한다. 별 깍지를 끼운 짤주머니에 샹티이 크림 200㎖를 채운다. 바슈랭의 링을 제거한다. 샹티이 크림을 바슈랭에 빙 둘러 짜 옆면을 모두 덮은 뒤 16개의 코크를 붙인다. 그 위에 샹티이 크림을 꽃 모양으로 빙 둘러 짜 장식한다. 30분간 냉동한다. 씻어서 꼭지를 딴 딸기 250g과 라즈베리 300g을 윗면에 얹고 바로 서빙한다.

vacherin au marron 바슈랭 오 마롱

밤 아이스크림 바슈랭 : 6~8인분, 준비: 20분(하루 전), 조리: 1시간 30분

하루 전날, 아이스크림용 크렘 앙글레즈를 만든 뒤 뜨거울 때 밤 페이스트 150g과 밤 퓌레 150g을 넣어 섞는다. 혼합물을 식힌 뒤 아이스크림 메이커에 돌려 아이스크림을 만든다. 파트 아 쇠세 700g을 지름 1.5㎝ 깍지를 끼운 짤주머니에 채운 뒤 베이킹 팬 위에 지름 22㎝의 나선형 원반 시트 2개를 짜 놓는다. 160°C로 예열한 오븐에서 30분, 이어서 140°C로 온도를 낮춘 뒤 1시간을 굽는다. 오븐에서 꺼내 물에 적신 헝겊 위에 베이킹 팬을 놓고 원반형 시트를 떼어낸다. 당일, 밤 아이스크림을 1시간 전에 냉동실에서 꺼내둔다. 첫 번째 원반 시트 위에 아이스크림을 놓고 스패출러로 펼쳐준다. 두 번째 원반형 시트로 덮는다. 슈거파우더를 체에 치며 뿌린다. 마롱 글라세 4개를 얹어 장식한다.

VACHERIN (FROMAGE) 바슈랭 (치즈) 소젖으로 만든 세척 외피 연성치즈(지방 45~50%)로 프랑슈 콩테, 사부아 또는 스위스에서 다양한 종류가 생산된다.
– 몽도르(mont-d'or) 또는 오 두(haut Doubs) AOC 바슈랭 치즈는 지름 15~30cm, 두께 3~5cm의 납작한 원통형으로, 얇게 자른 독일가문비나무로 테를 두른 원형 상자에 담아 판매한다(**참조** p.392 프랑스 치즈 도표). 맛이 순하고 크리미하며 은은한 발삼 향이 난다. 경우에 따라 거의 흐르는 액체의 농도를 지닌 연성치즈로 윗부분 외피를 잘라낸 뒤 스푼으로 떠먹는다. 몽도르는 9월부터 3월까지만 매장에 출시된다.
– 아봉당스 바슈랭(vacherin d'Abondance)은 지름 25cm, 두께 4cm의 두툼한 갈레트 형태로 얇게 자른 독일가문비나무 테를 두른 상자에 꽉 맞게 담겨 있다. 말랑말랑하거나 흐르는 듯한 질감의 이 치즈는 순한 풍미를 갖고 있다.
– 스위스 프리부르(Fribourg)주에서 생산되는 바슈랭 프리부르주아(vacherin fribourgeois)는 지름 40cm, 두께 7~8cm의 작은 맷돌 모양이다(**참조** p.396 외국 치즈 도표). 아봉당스의 톰(tomme d'Abondance)에 더 가까운 이 치즈는 말랑말랑하고 쫀득한 질감과 은은한 송진향이 나며 약간 새콤한 맛을 갖고 있다. 프리부르식 퐁뒤를 만드는 데 사용된다.
– 스위스 보(Vaud)주의 바슈랭 몽도르(vacherin mont-d'or) AOP 치즈는 저온 살균(일반적으로 57~68°C에서 15초)한 우유로 만드는 제조 방식에서 프랑스의 몽도르(비멸균 생우유 사용)과는 차이가 있다(**참조** p.396 외국치즈 도표). 불그스름한 외피의 이 치즈는 질감이 크리미하며 맛은 순한 편이다.

VACQUEYRAS 바케라스 바케라스. 코트 뒤 론(Côtes du Rhône) 남쪽의 레드, 화이트, 로제의 AOC 와인으로 밸런스가 좋고 알코올 함량이 높다. 레드와인과 로제는 시라(syrah), 그르나슈(grenache), 무르베드르(mourvèdre), 생소(cinsault), 카리냥(carignan), 화이트는 클레레트(clairette), 부르불랑(bourboulenc), 픽풀(picpoul) 품종 포도로 만든다(**참조** RHÔNE).

VAISSELLE 베셀 식기류. 식탁에 음식을 서빙하는 데 필요한 식기 세트를 지칭하며 여기에 글라스와 커틀러리는 포함되지 않는다. 주로 금 또는 은테두리를 두른 접시(플레이트)들은 이음새 없이 한 피스로 이루어진 것이다.

VALAZZA (LUISA) 루이자 발라자 이탈리아의 요리사(1950, Soriso 출생). 1980년 남편 안젤로(Angelo)와 함께 식당을 연 순수 독학파 요리사 루이자는 따로 주방장을 고용할 경제적 여력이 없어 남편을 도와 직접 주방에 뛰어들었다. 이탈리아 문학을 전공한 그녀는 스위스 생 모리츠의 쿨름(Kulm) 호텔, 독일 프랑크푸르트, 이어서 뒤셀도르프의 브라이든바허 호프(Breidenbacher Hof)의 홀에서 일했고, 영어를 배우기 위해 영국으로 건너가 요크셔에서 일한 경력이 있다. 피에몬테주 밀라노와 토리노 북쪽 오르타 호수 근처에 위치한 이들 부부의 작은 식당인 소리조(Sorriso, '미소'라는 뜻. 식당 이름과 마을 이름의 발음이 같다)는 빠르게 미식가 손님들을 끌어 모았다. 염소젖 치즈와 산에 방목한 소젖으로 만든 버터를 넣은 그린 라비올리니(raviolini), 시금치와 파르메산 치즈로 반죽한 뇨케티(gnochetti), 바질과 생포치니 버섯을 곁들인 토마토 무스, 석류 소스와 완두콩 퓌레를 곁들인 푸아그라 팬 프라이 등은 그들의 시그니처 메뉴 중 몇 가지이다.

VALENÇAY 발랑세 염소젖으로 만든 베리(Berry) 지역의 AOC 치즈(지방 45%)로 천연 외피를 가진 연성치즈이며 때로 표면에 재를 입힌 것도 있다(**참조** p.392 프랑스 치즈 도표). 발랑세 치즈는 밑면이 사방 8cm 정사각형, 높이 6~7cm 정도의 윗부분이 잘려나간 피라미드 형태이며, 너트의 풍미와 희미한 곰팡이 냄새가 난다.

VALENCIENNE (À LA) (아 라) 발랑시엔 스페인의 요리에서 영감을 얻은 발렌시아식 쌀 요리의 하나다. 잘게 썬 피망, 때로는 껍질 벗겨 씨를 뺀 토마토를 기름에 볶다가 쌀을 넣고 국물을 잡아 익힌다. 발렌시아식 라이스는 데미글라스로 디글레이즈한 소스를 곁들인 양 안심구이나 소 안심스테이크, 닭 요리 등에 가니시로 곁들인다.

VALENCIENNES (À LA) (아 라) 발랑시엔 건자두와 건포도를 넣은 토끼 요리와 혀 요리(푸아그라 퓌레를 덮은 훈제 혀 슬라이스) 등 프랑스 북부의 대표적인 요리들을 지칭할 때 붙는 명칭이다.

VALEUR NUTRITIONNELLE 발뢰르 뉘트리시오넬 영양 성분. 식품에 함유된 탄수화물, 단백질, 지방, 비타민, 무기질, 미량원소의 실제 양으로 평가되는 객관적인 영양 가치를 총칭한다. 이러한 영양 성분들의 가치는 식품 제조업체에 의한 조리 또는 가공을 거친 이후의 음식이 지니게 되는 영양학적 가치와는 구분된다. 주관적인 측면에서 보면 식품에는 정서적인 영양가치도 포함된다고 할 수 있다. 음식이 주는 느낌에 따라 영양가가 있는 것, 따뜻하게 해 주는 것, 안정감을 주는 것, 흥분을 유발하는 것, 혹은 건강에 좋은 것 등으로 다양하게 분류할 수 있다.

VALOIS 발루아 팬프라이 또는 소테한 가금류나 서빙 사이즈의 고기 요리에 곁들이는 가니시의 한 종류로 안나(Anna) 감자와 얇게 썰어 버터에 볶은 아티초크 속살로 구성되며 경우에 따라 속을 채운 올리브가 추가되기도 한다. 메인 육류 요리를 지진 팬에 화이트와인을 붓고 디글레이즈한 뒤 송아지 육수를 넣어 졸이고 마지막에 버터를 넣어 몽테한 소스를 곁들인다. 또한 베아르네즈 소스에 글라스 드 비앙드를 첨가한 것을 발루아 소스라고 부른다.

VALPOLICELLA 발폴리첼라 이탈리아 북동부의 DOC(Denominazione di Origine Controllata, 원산지 명칭 통제) 레드와인으로 포도품종은 몰리나라(molinara), 론디넬라(rondinella), 로시뇰라(rossignola), 네그라라(negrara), 코르비나(corvina), 펠라라(pelara)이다. 입안에서 벨벳처럼 부드럽고, 가볍고 상큼한 산미가 있으며 향이 풍부하다. 알코올 함량은 10~13%Vol.이다. 진한 루비색과 좋은 향을 가진 발폴리첼라 와인은 베네토 주의 최고의 와인으로 꼽힌다. 비교적 가볍고 바디감이 적은 발폴리첼라 와인은 양조 첫 해에 카라프(carafe)에 담아 마신다. 이보다 좀 더 풍부한 맛의 발폴리첼라 수페리오레(valpolicella superiore)는 오크통 안에서 18개월 숙성한 뒤 병입하며 5년 이내에 마셔야 한다. 잔당이 포함된 발폴리첼라 와인은 프리잔테(frizzante, 약 발포성)라고 부른다.

VAN HECKE (GEERT) 히어트 반 헥케 벨기에의 요리사(1955). 플랑드르 토박이인 그는 1996년 미슐랭 가이드의 별 셋을 획득함으로써, 브뤼셀 출신인 피에르 위낭(Pierre Wynants), 피에르 로메예르(Pierre Romeyer), 장 피에르 브뤼노(Jean-Pierre Bruneau)에 이어 벨기에에서 자신의 이름으로 이 영예를 차지한 네 번째 주인공이 되었다. 그는 브뤼셀의 빌라 로렌(Villa lorraine)과 라 크라바슈 도르(La Cravache d'or)에서 요리 경력을 쌓았다. 또한 미오네(Mionnay)의 알랭 샤펠(Alain Chapel) 밑에서 2년(1979~1980)을 보내면서 최상의 식재료, 또한 그것이 지닌 특징을 존중하는 정확한 조리 기술을 바탕으로 한 고급 요리에 새롭게 눈을 뜨게 된다. 1983년에 그는 브뤼허(Bruges)에 자신의 첫 번째 레스토랑 카르멜리트(Karmeliet)를 열었고 1985년에 미슐랭 가이드의 첫 번째 별, 이어서 1989년에 두 번째의 별을 획득한다. 1992년에는 현대 화가의 작품들로 장식한 한 귀족의 저택으로 업장을 이전한다. 이곳에서 그는 벨기에의 전통에 프랑스식 신고전주의를 접목한 요리를 선보인다. 제부르허(Zeebruge)의 새우를 넣은 대구 요리나 전설적인 수렵육 요리들(레드와인에 7시간 동안 뭉근히 익힌 야생 토끼, 포도나무잎으로 싼 꿩 요리 등)은 그가 추구하는 바를 잘 보여준다.

VANILLE 바니유 바닐라. 난초과의 덩굴식물인 바닐라나무의 열매(**참조** p.338, 339 향신료 도감)로 원산지는 멕시코이며 덜 익은 상태로 따서 발효와 건조과정을 거친다. 가늘고 길쭉한 깍지는 특유의 향을 내는 물질인 바닐린 결정 백분으로 덮여 있으며 깍지 안에는 검은색의 미세한 알갱이들이 많이 들어 있다.
■ **사용.** 바닐라는 인도양, 프랑스령 기아나, 과들루프, 레위니옹섬(부르봉 바닐라), 타히티, 멕시코 등에서 생산되며, 여러 형태로 판매된다.
– 바닐라 빈 깍지(gousse): 신선한 바닐라 빈 깍지를 통째로 유리 튜브 안에 넣어 포장한 것으로 최상의 품질로 치며 값도 가장 비싸다.
– 가루(poudre): 열매를 말려서 갈아 만든 진한 갈색의 가루로 그대로 또는 설탕을 첨가해 판매한다.
– 엑스트렉트(extrait): 바닐라를 증류주에 담가 침출한 뒤 여과하거나 다소 진한 농도의 설탕 시럽에 담가 우린 것으로부터 얻은 액상 또는 건조 상

태의 농축 추출물로 작은 병 포장으로 판매된다.
– 바닐라 슈거(sucre vanillé): 바닐라 건조 추출물과 설탕을 혼합한 것으로, 바닐라 함유량은 최소 10%가 돼야 한다.

바닐라는 특히 제과에서 각종 크림, 스펀지케이크, 아이스크림, 콩포트, 시럽에 익힌 과일, 앙트르메 등에 향을 내는 용도로 쓰이며, 당과류와 초콜릿 제조에도 사용된다. 또한 증류주 제조 시, 펀치, 핫 초콜릿, 뱅 쇼, 상그리아에 향을 낼 때도 넣는다. 요리에서는 생선수프, 홍합이나 몇몇 흰 살 육류(토끼 등) 요리, 또는 채소로 만든 크림 수프에 넣어 맛을 돋운다.

▶ 레시피 : BÂTON OU BÂTONNET, BAVAROIS, MERINGUE, SOUFFLÉ, SUCRE.

VANILLINE 바닐린 바닐라 빈에 함유된 향 화합물로 바닐라 빈 깍지 표면에 희끗한 분말 형태로 결정화된다. 또한 정향나무 추출 에센스 유제놀에 아세트산, 과망간산칼륨 및 기타 유사 산화물을 결합한 무색의 결정 형태로 된 인공 바닐라 향 제품도 나와 있다. 오크통 내면을 불로 그슬려 구우면 참나무에서 바닐린 성분이 배어나온다. 바닐린은 제과, 당과류 제조, 초콜릿 제조 등에 두루 사용된다.

VANNEAU (COQUILLAGE) 바노 (패류) 부채조개, 국자가리비. 작은 가리비조개와 닮은 바다 조개의 일종으로 조리법도 가리비조개와 동일하다(**참조** p.250 조개류 도표). 지름이 4~7㎝ 정도 되는 부채조개의 껍데기는 크림색 바탕에 갈색 반점이 있으며 꼭지에서 바깥쪽으로 간격이 넓은 방사형 주름이 패여 있고 꼭지 양쪽에 크기가 각기 다른 두 개의 귀가 있다.

VANNEAU (OISEAU) 바노 (새) 댕기물떼새. 물떼새과의 섭금류로 깃털은 검정, 광택이 나는 녹색, 흰색이 섞여 있고 검은 도가머리를 왕관처럼 쓰고 있으며 평원에 서식한다. 18세기 말, 앙텔름 브리야사바랭은 이 새의 미식적 가치를 높이 평가했으며, 교회는 이 새를 육류가 아닌 것으로 간주해 사순절 기간에도 먹을 수 있게 허용했다. 크기는 비둘기만 하고 아주 섬세한 맛의 살을 가진 이 새는 내장을 제거하지 않고(모래주머니는 제외) 통째로 로스트하며 경우에 따라 씨를 뺀 올리브로 속을 채우기도 한다. 댕기물떼새의 알은 1930년대에 파리에서 인기를 끌어 네덜란드에서 수입했다. 네덜란드에서는 전통적으로 새 둥지에서 꺼낸 첫 번째 알을 군주에게 진상했다고 한다. 이 알들은 주로 달걀처럼 삶아서 조리했다(아스픽, 혼합 샐러드 등).

VANNER 바네 크림, 소스, 또는 요리 혼합물의 질감을 균일하게 유지하고, 특히 표면이 굳어 막이 생기는 것을 방지하기 위해 나무 주걱이나 거품기로 잘 저어주는 것을 뜻한다. 이렇게 저어주면 혼합물을 더 빨리 식히는 데도 도움이 된다.

VANNIER (LUCIEN) 루시앵 바니에 프랑스의 요리사(1921, Thirons-Gardais 출생–1994, Antony 타계). 외르 에 루아르(Eure-et-Loir)의 작은 마을에서 태어난 그는 르 망(Le Mans)의 브라스리 그뤼버(Brasserie Grüber), 이어서 파리 카푸신가(rue des Capucines)의 라 케츄(La Quetsche)와 라 레장스(La Régence)에서 견습생으로 일하며 요리를 익혔다. 이후 파리 오페라 지역의 엘데가(rue du Helder)에 위치한 레스토랑 르 투리즘(Le Tourisme)을 인수하였고 이곳에서 상당한 명성을 쌓았다. 그는 건강상의 이유로 다소 이른 나이에 레스토랑 일선에서 은퇴했고 이후 젊은 요리사들 양성과 프랑스 국가 명장(Meilleur Ouvrier de France) 요리경연 대회 운영 등에 매진했다. 그의 광어 필레에 무슬린 스터핑을 덮고 가니시를 곁들여 익힌 요리(barbue soufflée)는 1961년 프로스페르 몽타뉴(Prosper-Montagne) 상을 수상했다. 오늘날 요리상 중에는 그의 이름이 붙은 것도 있다.

VAPEUR (CUISSON À LA) (퀴송 아 라) 바푀르 증기에 찌는 조리법, 스팀 조리. 수천 년 전부터 중국에서 행해진 매우 오래된 조리법으로 현대 요리에서도 점점 더 많이 사용되고 있다(**참조** p.295 조리 방법 도표). 스팀 요리의 결정적인 요소는 익히는 재료가 최상의 품질과 상태를 지니고 있어야 한다는 점이다. 증기에 찌는 요리는 아주 미세한 향도 그대로 살아나기 때문이다. 기본적인 스팀 방법은 우선 조리 용기에 기호에 따라 향을 낸 국물을 전체 부피의 1/4 정도 붓고, 익힐 재료를 찜 망이나 대나무 찜통 등에 올려 용기 안에 넣는다. 끓는 국물의 증기가 찜 망을 통과하며 재료를 익혀준다. 일반적으로 약불에서 뚜껑을 덮고 조리한다. 액체를 따로 넣지 않고 재료 자체의 수분으로 찌듯이 조리할 수도 있다. 쪄서 요리하면 식재료의 지방이 열에 녹아 국물에 떨어지게 되며, 비타민과 수용성 무기질을 더욱 잘 보존할 수 있다. 하지만 조리시간은 긴 편이다.

▶ 레시피 : POULET, SOLE.

VARIENIKI 바리에니키 바레니키. 러시아의 큼직한 만두의 일종으로 물기를 뺀 크림 치즈와 버터, 휘저어 푼 달걀을 혼합한 뒤 후추와 넛멕으로 양념한 소를 채워 만든다. 이 만두는 끓는 물에 삶아 사워크림이나 녹인 버터를 곁들여 주로 애피타이저로 서빙한다. 리투아니아식 바레니키는 색이 나지 않게 볶은 양파, 소고기, 파슬리, 콩팥 기름을 모두 잘게 다진 뒤 베사멜 소스를 넣고 혼합한 소를 채운 것으로 조리방법은 같다.

VATEL (FRITZ KARL WATEL, DIT) 프리츠 칼 바텔 (일명, 바텔) 프랑수아 바텔(François Vatel)로 더 잘 알려진 스위스 출신의 요리 총괄 집사, 조리장(1635, Paris 출생–1671, Chantilly 타계). 재정 총감 푸케(Fouquet) 저택의 집사였던 그는 이어서 샹티이(Chantilly)성의 요리 총괄 임무를 맡게 된다. 갑작스러운 사망으로 인해 요리사로 기억되지만 실제로 그는 당시 샹티이성의 식사나 연회 준비 등 식생활 전반에 필요한 모든 기획, 구매, 재료 조달 및 각종 행정 업무를 총괄하는 사람이었다. 1671년 콩데 왕자는 루이 14세 국왕이 참석하는 총 인원 3천 명 규모의 대형 연회 준비를 그에게 맡겼다. 어느 목요일 저녁, 파티가 시작되고 사냥에서 돌아온 하객들의 늦은 밤참 식사에다 예상치 못했던 손님이 여럿 추가로 참석하는 바람에, 몇몇 테이블에서는 로스트 고기 요리가 모자랐다. 밤에는 하늘에 구름이 가득해 계획했던 불꽃놀이를 망쳤다. 마담 세비네의 4월 26일자 편지에 쓰인 내용에 따르면 바텔은 이날 파티 진행이 꼬이면서 자신의 명예에 금이 갔다고 생각했다고 한다. 금요일 새벽, 그날의 식사에 필요한 생선의 도착 상황을 확인한 그는 물량을 실은 짐이 두 개만 도착한 것을 확인했다. "이런 불명예 속에서 살아갈 수가 없다"라고 선언한 그는 방으로 들어가 문을 잠그고 자신의 검으로 목숨을 끊었다. 바로 그 순간 생선을 운반하는 마차가 성의 철문을 통과하고 있었다. 바텔 포타주는 서대 육수 콩소메에 민물가재 쿨리로 만든 루아얄과 마름모꼴로 자른 서대 필레를 넣은 수프다.

VATROUCHKA 바트루슈카 반죽 시트에 프레시 커드 치즈 트보로그(tvarog, творо́г)를 채워 구운 러시아의 치즈 케이크. 일반적으로 반죽을 길게 잘라 격자무늬로 덮어 구운 뒤 설탕을 뿌려 먹는다. 러시아의 요리 중에도 바트루슈키(vatrouchki)가 있는데 이것은 일반 브리오슈 반죽에 짭짤하게 양념한 커드 치즈를 채워 넣은 작은 쇼송이다.

VEAU 보 송아지. 어린 소를 뜻하며 주로 아직 생식 능력을 갖추지 못한 수컷을 지칭한다. 송아지 고기는 색이 밝고 육질이 연하며 기름기가 적고 철분이 적다. 생산 유형에 따라 도축 시기의 나이와 무게가 달라진다. 2008년 7월부터 발효 중인 유럽 연합의 새로운 분류법에 따라 월령 8개월 이하의 짐승은 송아지(veau), 8개월 이상 된 짐승은 어린 소(Jeune bovin)로 구분한다. 어린 소는 브루타르(broutard), 토리용(taurillon) 또는 베이비 비프(baby-beef)라고도 불린다.

■ **생산.** 송아지의 다양한 품질은 동물의 나이와 먹이에 따라 달라진다.

● **어미 젖 송아지.** 어미의 젖을 먹고 자라며 필요한 경우 다른 암소의 젖을 먹기도 한다. 월령은 4~6개월이며 도체 무게는 100~140kg이다. 일명 블랑슈(blanche)라고도 불리는 이 송아지의 고기는 연하고 지방이 단단하다. 이 송아지는 프랑스의 생산량 중 10~15%를 차지하며 라벨 루즈, 또는 지리적 표시 보호(IGP) 인증을 받은 것들도 있다. 리무쟁(Limousin, IGP), 아베롱(Aveyron), 특히 세갈라(Ségala, IGP), 아키텐(Aquitaine) 또는 미디 피레네(Midi-Pyrénées) 지역에서 주로 생산된다.

● **전유를 먹여 키운 농장 송아지.** 농장의 젖소에서 짠 우유를 모두 혼합해 최소 12주 동안 먹인다. 생후 4~6개월 사이에 도축하며 도체 중량은 100~140kg 정도다. 노르망디(Normandie) 농장의 송아지, 브르타냉 타르디보(Bretanin-Tardiveau) 송아지, 방데 발 드 루아르(Vendée-Val de Loire) 농장의 송아지, 코르누아이(Cornouaille), 베델루(Védélou) 농장의 송아지 등은 라벨 루즈(label rouge) 인증을 받았다.

● **유기농 사료를 먹인 송아지.** 엄격한 규정에 따라 생산된다. 사료로 사용되는 목초는 살충제 처리를 하지 않으며 화학비료를 주지 않는다.

● **산업적(INDUSTRIEL)으로 사육한 송아지, 인증 받은(CERTIFIÉ) 송아지.** 산업

DÉCOUPE DU VEAU 송아지 정육 분할

collet, ou collier (1)
콜레 또는 콜리에
목심

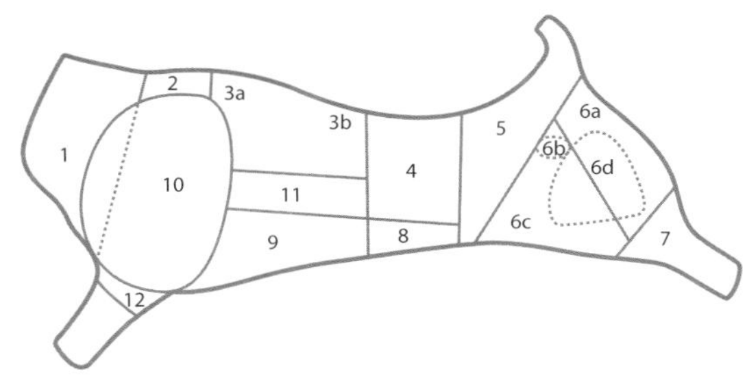

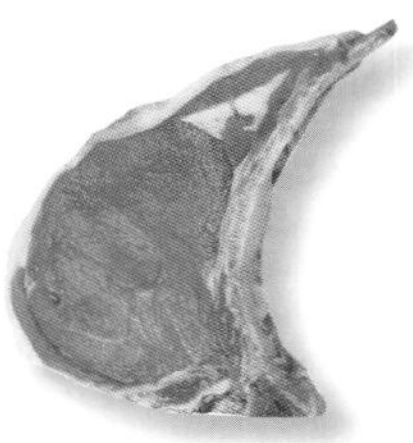

côte première (3b)
코트 프르미에르.
아래 뼈 등심

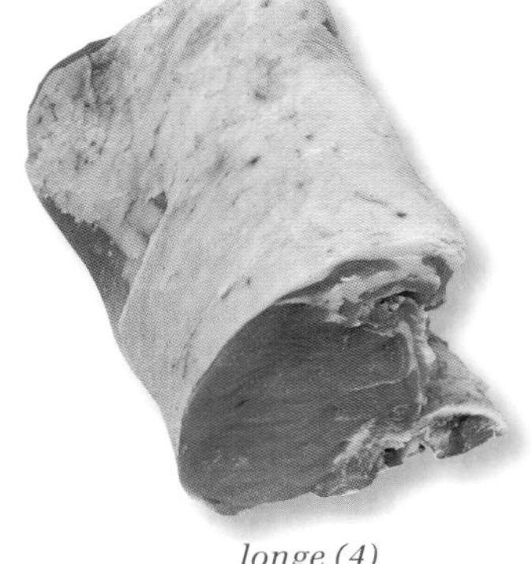

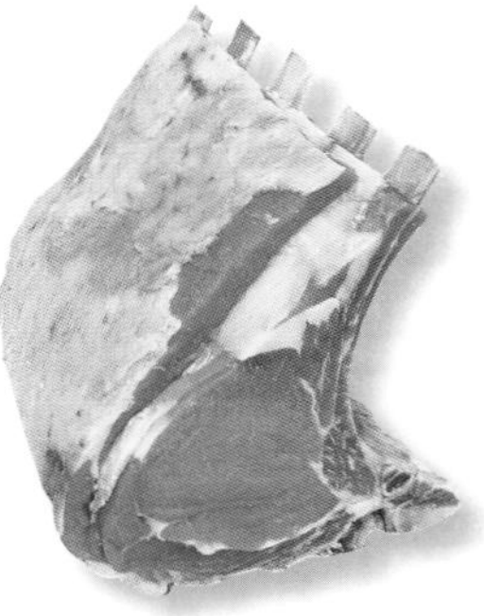

côte découverte (2)
코트 데쿠베르트.
윗 뼈 등심

carré de 5 côtes premières (3)
카레 드 생크 코트 프르미에르.
아래 뼈 등심 5대 랙

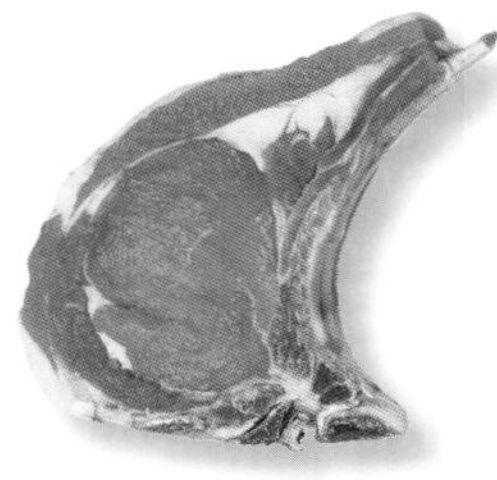

côte seconde (3a)
코트 스공드.
중간 뼈 등심

longe (4)
롱주.
등심살

filet (4, 5)
필레.
안심

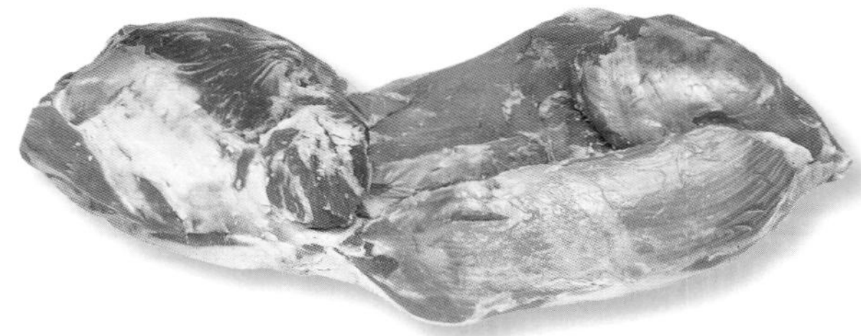

sous-noix et quasi (5, 6a, 6b)
수 누아, 카지.
뒷 넓적다리 후면 살, 볼깃살

noix (6d)
누아.
뒷 넓적다리 안쪽 살

noix pâtissière (6c
누아 파티시에르.
뒷 넓적다리 앞부분 살

jarret arrière (7)
자레 아리에르.
뒷 정강이

flanchet (8)
플랑셰.
양지(업진)

épaule (10)
에폴.
앞다리 살(어깨)

tendron (9)
탕드롱.
양지(양지머리)

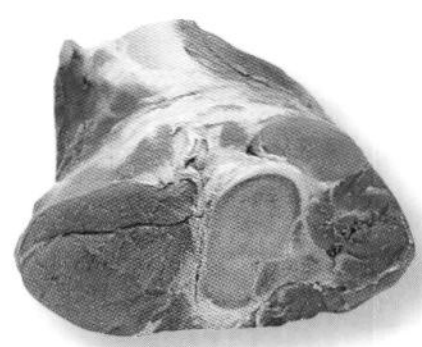

jarret avant (12)
자레 아방.
앞 정강이

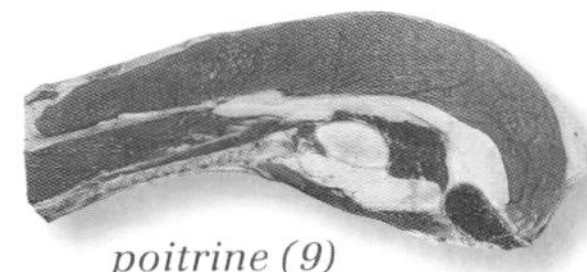

poitrine (9)
푸아트린.
양지(차돌박이)

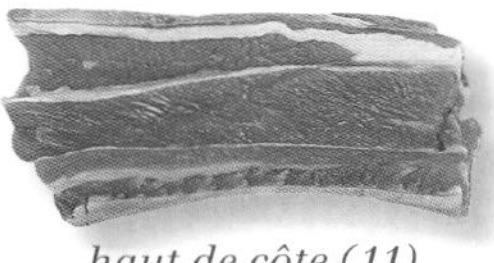

haut de côte (11)
오 드 코트.
갈빗살

적 송아지는 특화된 작업장에서 사육되며, 인증 받은 송아지는 20개의 생산자로 구성된 조합에 의해 사육된다. 이 송아지들은 가공 유제품(90%)과 다양한 보조 식품을 먹여 키우며, 제품 적합 인증을 받은 것들은 대체로 아주 맛이 좋다. 도체 중량은 100~150kg이며 도축 월령은 4~6개월이다.

● **생테티엔(SAINT-ÉTIENNE) 송아지.** 리무진(limousine) 품종으로 도축 월령은 8개월이고 무게는 350kg이며 소젖을 먹고 자란다.

● **리옹(LYON) 송아지.** 월령은 13~20개월로 젖을 뗀 상태이다. 고기는 색이 더욱 진하며 특별한 조리법을 필요로 한다. 2008년 이후 개정된 법령에 따라 생후 8개월까지만 송아지(veau)라는 명칭을 사용할 수 있으나, 이 송아지는 보 드 리옹(veau de lyon)이라는 이름을 유지하고 있다.

● **브루타르(BROUTARD), 베이비 비프 (BABY-BEEF).** 거세하지 않은 샤롤레(charolaise) 종 또는 혼합종의 수컷 어린 소를 지칭한다. 젖을 떼고 육용으로 비육한 것으로 살은 밝은 붉은색을 띤다. 보통 9~18개월, 무게 280~320kg 상태일 때 도축한다. 대부분 수출용으로 소비된다.

■ **요리.** 송아지의 정육 부위는 용도에 따라 분류할 수 있다. 볼기살, 뒷 넓적다리살, 등심살, 안심, 뼈가 붙은 등심(빌 촙) 등은 오븐에 로스트하거나 팬에 구워 익히기에 적합한 부위이다. 그 외에도 앞다리 살, 양지, 업진, 갈빗살, 목살, 정강이살, 꼬리 부위로 나뉜다(**참조** p.879 송아지 정육 분할 도감). 송아지의 부속 및 내장은 정육점에서 매우 인기가 많다. 특히 간, 흉선, 콩팥을 즐겨 찾으며 그 외에 골, 혀, 족, 소창도 애호가들에게 인기가 있다. 송아지 족은 소스용 육수, 도브, 브레이징 요리를 만들 때 중요한 역할을 하는 재료다. 고전적인 송아지 요리로는 에스칼로프로 잘라 팬에 소테한 요리, 송아지 로스트, 동그랗게 자른 안심 요리(grenadin), 팬 프라이하거나 냄비에 조리한 뼈 등심, 속을 채워 익힌 파피요트(머리 없는 새[oiseau sans tête]라고도 부른다), 프리캉도(fricandeau), 브레이징한 양지살, 블랑케트, 소스가 자작한 스튜(ragoût, sauté라고도 부른다) 등을 꼽을 수 있다. 이에 곁들이는 가니시로는 버섯, 허브, 양파, 수영, 수비즈 퓌레 등 대체로 확실한 맛을 가진 것들이 많다. 가지, 시금치, 토마토도 이 흰색 고기와 궁합이 좋으며, 크림, 각종 술, 치즈와도 일반적으로 잘 어울린다. 그리모 드 라 레니에르(Grimod de La Reynière)가 '요리의 카멜레온'이라 명명한 바 있는 송아지 고기 레시피는 옛날에 개발되어 전해 내려오는 유명한 것들이 많다. 특히 속을 채운 양지, 뼈 등심 안에 속 재료를 채워넣은 서프라이즈 빌 촙, 브레졸(brésolles), 오를로프(Orloff) 송아지 등심 요리, 푀유통(feuilleton), 마렝고(Marengo) 소테 등을 꼽을 수 있다. 송아지 요리는 지방별로 매우 다양하며 특히 부속과 내장을 사용한 것들이 많다. 송아지 소창과 족, 돼지 머리고기를 넣고 토기에 뭉근히 익힌 스튜(casse de Rennes), 송아지 소창 그라탱, 부르고뉴식 송아지 허파 요리, 생트므누식 송아지 머리 요리 또는 창자 요리인 트리푸(tripous) 등이 유명하다. 그 외의 나라에서도 다양한 송아지 요리를 만나 볼 수 있다. 특히 이탈리아 요리로 오소부코(osso-buco), 피카타(piccata), 살팀보카(saltimbocca), 참치를 넣은 송아지 요리(veau au thon) 등이 대표적이다. 그 외에 파프리카를 넣은 헝가리식 스튜 푀르퀼트(pörkölt), 비너 슈니첼(Wiener Schnitzel, 빵가루를 입혀 튀긴 비엔나식 송아지 커틀릿), 송아지 고기와 햄 파이(veal and ham pie) 등도 빼놓을 수 없다.

aspic de jambon et de veau ▶ ASPIC
beignets de ris de veau ▶ BEIGNET
bouillon de veau ou fond blanc de veau ▶ BOUILLON
brochettes de ris d'agneau ou de veau ▶ BROCHETTE
cervelle de veau frite à l'anglaise ▶ CERVELLE
cervelle de veau en meurette ▶ CERVELLE
cervelle de veau en panier ▶ CERVELLE
cœur de veau en casserole bonne femme ▶ CŒUR
cœur de veau farci ▶ CŒUR
cœur de veau grillé en brochettes ▶ CŒUR
cœur de veau sauté ▶ CŒUR

côte de veau Foyot 코트 드 보 푸아요

푸아요 송아지 뼈 등심 구이 : 굳은 빵 속살 20g을 갈아 만든 빵가루와 가늘게 간 그뤼예르 치즈 30g, 버터 20g을 잘 섞어 되직한 페이스트를 만든다. 송아지 뼈 등심 큰 것 한 덩어리(약 250g)를 준비한 뒤 소금, 후추를 뿌리고 밀가루를 묻힌다. 버터 20g을 달군 팬에 넣고 센 불에서 겉만 지진 다음, 버터 20g을 추가하고 낮은 온도의 오븐에서 굽는다. 중간에 한 번 뒤집은 다음 준비해둔 치즈 페이스트를 발라 덮어준다. 작은 토마토 한 개를 가로로 이등분한 뒤 빵가루, 파슬리, 버터로 만든 혼합물을 채운다. 이 토마토를 고기 굽는 팬 안에 넣어 함께 익힌다. 녹인 버터를 팬 안의 요리에 고루 뿌린 뒤 조리를 마무리한다. 고기와 토마토를 건져 서빙 접시에 담는다. 조리한 팬에 잘게 썬 샬롯 1개를 넣고 볶다가 드라이한 화이트와인 1/2컵과 갈색 송아지 육수 1/2컵을 넣어 디글레이즈한 다음 반으로 졸인다. 버터 10g을 넣고 잘 저어 마무리한 다음 소스를 송아지 고기에 끼얹는다.

côte de veau Pojarski 코트 드 보 포야르스키

포야르스키 송아지 뼈 등심 구이 : 송아지 뼈 등심 한 대의 뼈를 잘라낸 뒤 뼈는 보관하고 살은 무게를 측정한 다음 분쇄기로 간다. 굳은 빵 속살을 우유에 담갔다 꼭 짠 다음 고기와 동량(무게 기준)으로 섞고 다진 파슬리 약간, 고기 무게의 1/4에 해당하는 버터를 넣는다. 소금, 후추, 넛멕 가루 칼끝으로 아주 소량을 넣고 잘 섞어 균일한 혼합물을 만든다. 잘라낸 뼈를 깨끗이 긁은 뒤 끓는 물에 5분간 데쳐 건진다. 찬물에 식힌 뒤 물기를 닦는다. 송아지 고기 혼합물을 뼈를 따라 꼭꼭 눌러가며 붙여 원래 뼈 등심 덩어리 모양으로 복원한다. 30분 정도 건조시킨다. 밀가루를 입힌 다음 정제 버터를 두른 팬에 15분간 지져 익힌다. 접시에 담고 껍질을 요철무늬로 도려낸 레몬 슬라이스를 얹는다. 브라운 버터를 조금 뿌리고, 버터에 조리한 채소와 함께 서빙한다.

côtes de veau en casserole à la paysanne 코트 드 보 앙 카스롤 아 라 페이잔

페이잔 가니시를 곁들인 송아지 뼈 등심 : 당근 4개, 양파 2개, 리크 흰 부분 2대, 순무 1개, 샐러리 4줄기를 작고 납작하게 썰어 버터 30g을 두른 팬에 나른하게 볶는다. 잘게 썬 파슬리 1테이블스푼, 소금, 후추를 첨가한다. 살이 단단한 감자 2개를 작은 주사위 모양으로 썬 다음 버터 20g과 오일 2테이블스푼을 두른 팬에 볶는다. 라르동 모양으로 썬 베이컨 200g을 버터에 노릇하게 볶는다. 볶은 재료를 모두 합한다. 브레이징용 냄비에 버터를 달군 뒤 송아지 뼈 등심 4대를 지져 익힌다. 여기에 가니시 재료를 모두 넣고 소금, 후추로 간한 뒤 함께 뜨겁게 데운다.

côtes de veau à la gelée 코트 드 보 아 라 즐레

즐레를 씌운 송아지 뼈 등심 : 송아지 뼈 등심을 손질한 뒤 돼지비계와 염장우설을 사이사이 찔러넣는다. 고기를 브레이징한 다음 건져 물기를 완전히 뺀 다음 무거운 것으로 눌러 식힌다. 고기를 익히고 남은 국물은 체에 거른 뒤 식힌다. 식은 소스가 굳기 전에 송아지 고기에 끼얹어 씌운 다음 원형 접시에 담는다. 차갑게 식힌 뒤 서빙 시 포트와인 또는 셰리와인으로 만든 젤리를 작게 깍둑 썰어 곁들인다.

côtes de veau grillées en portefeuille 코트 드 보 그리에 앙 포르트푀이유

소를 채워 구운 송아지 뼈 등심 : 돼지 크레핀을 찬물에 2시간 담가둔다. 두툼한 송아지의 뼈 등심 살코기 부분에 깊게 칼집을 내어 지갑 모양으로 만든 뒤 소금, 후추로 밑간을 한다. 수분이 거의 없을 정도로 바특하게 볶은 버섯 뒥셀, 또는 잘게 썰어 버터에 볶은 뒤 걸쭉한 베샤멜 소스로 버무린 염장 우설과 버섯 살피콩을 고기 안에 채운다. 송아지 뼈 등심을 크레핀으로 하나하나 감싼 뒤 너무 세지 않은 불에 굽는다. 버터에 슬쩍 볶은 시금치와 함께 서빙한다.

côtes de veau panées à la milanaise 코트 드 보 파네 아 라 밀라네즈

빵가루를 입혀 튀긴 밀라노식 송아지 뼈 등심 : 송아지 뼈 등심 4대를 준비해 고기망치로 가볍게 두드려 납작하게 만든다. 밀가루 75g, 달걀 2개에 식용유 20mℓ를 넣어 풀고 소금, 후추로 간한 것, 갓 갈아낸 빵가루 100g에 가늘게 간 파르메산 치즈 40g을 섞은 것을 각각 3개의 접시에 담아 준비한다. 송아지 뼈 등심을 소금, 후추로 밑간한 다음 밀가루, 달걀, 빵가루를 순서대로 묻힌다. 잘 붙게 눌러준 다음 큰칼의 등으로 자국을 내준다. 정제버터 40g을 달군 팬에 넣고 양 면을 튀기듯 지진다. 밀라노식 가니시를 곁들이고 너무 걸쭉하지 않은 토마토 소스를 한 바퀴 둘러 서빙한다.

côtes de veau à la piémontaise 코트 드 보 아 라 피에몽테즈

피에몬테식 송아지 뼈 등심 요리 : 빵가루를 입혀 튀긴 밀라노식 송아지 뼈 등심과 같은 방법으로 준비한다(참조. 위 레시피). 정제 버터 40g을 달군 팬에 넣고 양 면을 튀기듯 지진다. 피에몬테식 리소토(쌀 200g으로 만든다)와 걸쭉하게 졸인 토마토 소스를 곁들여 서빙한다.

côtes de veau sautées à la provençale 코트 드 보 소테 아 라 프로방살
프로방스식으로 소테한 송아지 뼈 등심 : 마늘을 넣은 토마토 소스 400㎖를 만든다. 토마토 작은 것 8개에 버섯 뒥셀 300~400g을 채우고 빵가루 60g을 얹은 뒤 그라탱처럼 노릇하게 구워낸다. 송아지 뼈 등심 4대에 소금, 후추로 밑간한 다음 올리브오일 40㎖를 달군 팬에 넣고 센 불에서 겉면을 지진다. 불을 약하게 줄인 다음 양면을 각 6~7분간 익힌다. 고기를 건져서 서빙용 큰 접시에 담고 속을 채운 토마토를 빙 둘러 놓는다. 문을 살짝 열어둔 오븐에 넣어 뜨겁게 유지한다. 고기를 익힌 팬의 기름을 제거한 다음 드라이한 화이트와인 50㎖를 부어 디글레이즈한다. 여기에 토마토 소스를 넣고 잘 저으며 센 불에서 반으로 졸인다. 소스를 송아지 고기에 붓고 다진 파슬리와 잘게 썬 바질을 뿌린다. 아주 뜨겁게 서빙한다.

émincé de veau à la zurichoise 에망세 드 보 아 라 쥐리쿠아즈
취리히식 송아지고기 요리 : 송아지 뒷다리 허벅지 안쪽 살(noix) 400g과 콩팥 200g을 얇게 썰어 버터를 달군 팬에 넣고 센 불에서 소테한다. 소금, 후추로 간하고 뜨겁게 보관한다. 팬에 버터를 두른 뒤 잘게 썬 샬롯 30g을 넣고 수분이 나오도록 볶는다. 얇게 썬 양송이버섯 150g을 넣고 함께 볶고 간한다. 드라이한 화이트와인 100㎖를 붓고 디글레이즈한 다음 몇 분간 익힌다. 버섯을 건져내고 생크림 200㎖와 데미글라스 50㎖를 넣는다. 소스를 졸인 뒤 송아지 고기와 버섯을 다시 넣고 재빠르게 데운다. 접시에 담고 다진 파슬리를 뿌린다.

épaule de veau farcie à l'anglaise 에폴 드 보 파르시 아 랑글레즈
소를 채워 익힌 영국식 송아지 앞다리살 요리 : 1.5kg짜리 송아지 앞 다리살(어깨살) 덩어리의 뼈를 제거한다. 분쇄기로 간 송아지나 소의 콩팥, 분쇄기로 간 송아지 유방 또는 비계, 우유에 적셔서 꼭 짠 빵 속살을 각각 1/3씩 동량으로 섞어 소를 만든다. 달걀(소 혼합물 1kg당 달걀 2개)을 넣고 소금, 후추로 간한 다음 끈기가 생기도록 잘 치대어 균일한 혼합물을 만든다. 작업대에 송아지 앞다리 살을 펼쳐놓고 소금, 후추로 밑간을 한 다음 소 혼합물을 균일하게 깐다. 이것을 말아서 실로 묶은 뒤 양 앞다리 살처럼 브레이징하거나 오븐에 넣고 중간중간 육즙을 끼얹어가며 로스팅한다. 남은 국물을 졸인 소스, 혹은 로스팅 팬을 디글레이즈해 만든 육즙 소스와 함께 서빙한다. 삶은 삼겹살 슬라이스, 양배추, 감자를 곁들인다.

escalopes à la viennoise 에스칼로프 아 라 비에누아즈
비엔나식 송아지 커틀릿 : 송아지 커틀릿 4조각을 가볍게 두들겨 납작하게 만든다. 밀가루 75g, 달걀 2개를 풀어 식용유 20㎖와 섞은 뒤 간한 것, 갓 갈아낸 빵 속살 가루 150g을 각각 다른 그릇에 담아 준비한다. 송아지 에스칼로프에 소금, 후추로 밑간한 다음 밀가루, 달걀, 빵가루 순으로 튀김옷을 입힌다. 튀김옷이 잘 달라붙도록 눌러준 뒤 큰 칼의 칼등으로 자국을 낸다. 식용유 40㎖와 버터 20g을 달군 팬에 송아지 커틀릿을 넣고 양면을 각각 5~6분씩 튀기듯 지진다. 레몬 슬라이스, 씨를 뺀 다음 안초비 필레로 둘러준 올리브, 파슬리, 케이퍼, 각각 따로 다진 삶은 달걀흰자와 노른자 1개분을 곁들여 서빙한다.

feuilleton de veau à l'ancienne ▶ FEUILLETON

로제 베르제(ROGER VERGE)의 레시피

filets mignons de veau au citron 필레 미뇽 드 보 오 시트롱
레몬을 곁들인 송아지 안심구이 : 레몬 1/2개의 제스트를 얇게 저며서 가늘게 채 썬다. 이것을 찬물 6테이블스푼과 함께 작은 냄비에 넣고 가열해 끓어오르면 바로 건져서 찬물에 헹군다. 다시 냄비에 넣고 물 1테이블스푼과 설탕 1/2스푼을 넣은 뒤 수분이 모두 증발할 때까지 가열한다. 불에서 내려 보관한다. 송아지 안심을 각 75g씩 4조각으로 잘라 양면에 소금, 후추를 뿌려 밑간한다. 팬에 버터 20g을 달군 뒤 지글지글 소리를 내기 시작하면 송아지 안심을 넣고 양쪽 면을 각 5분씩 노릇하게 지져 익힌다. 고기를 건져 접시에 담고 뜨겁게 유지한다. 팬에 남은 버터를 따라낸 다음 드라이한 화이트와인 4테이블스푼을 넣어 디글레이즈하고 한 스푼 정도만 남을 때까지 졸인다. 여기에 버터 40g을 첨가하고 잘 섞어준 다음 잘게 썬 파슬리 1테이블스푼을 넣는다. 송아지 안심을 접시 2개에 나누어 담는다. 레스팅하는 동안 고기에서 흘러나온 육즙을 소스에 넣고 잘 섞은 뒤 안심 위에 끼얹는다. 속껍질까지 칼로 잘라낸 레몬을 동그랗게 슬라이스해 한 조각씩 소고기 안심 위에 얹는다. 설탕에 졸여둔 레몬 제스트를 한 자밤씩 얹어 장식한다.

foie de veau à l'anglaise ▶ FOIE
foie de veau à la créole ▶ FOIE
foie de veau à la lyonnaise ▶ FOIE
foie de veau rôti ▶ FOIE
foie de veau à la Saulieu ▶ FOIE
foie de veau sauté à la florentine ▶ FOIE
fond blanc de veau ▶ FOND
fond brun de veau ▶ FOND
fond de veau lié ▶ FOND
fraise de veau au blanc ▶ FRAISE DE VEAU
fraise de veau frite ▶ FRAISE DE VEAU
fricandeau de veau à l'oseille ▶ FRICANDEAU
godiveau à la graisse ou farce de veau à la glace ▶ GODIVEAU
grillons de ris de veau aux échalotes mauves ▶ RIS

grenadins de veau braisés 그르나댕 드 보 브레제
브레이징한 송아지 그르나댕 : 각 100g씩 도톰한 안심 스테이크 형태로 잘라 손질한 송아지 그르나댕 여러 조각에 돼지비계를 작고 길쭉하게 잘라 군데군데 찔러넣는다. 코코트 냄비에 버터를 두르고 기름을 떼어낸 돼지껍데기를 바닥에 깔아준다. 싱싱하고 큼직한 당근 1개와 중간 크기의 양파 1개의 껍질을 벗기고 얄팍하게 썬 다음, 그르나댕을 손질하고 남은 자투리 고기를 함께 팬에 넣고 버터에 볶는다. 이것을 돼지껍데기 위에 펼쳐 놓고 그 위에 송아지 그르나댕을 얹는다. 냄비 뚜껑을 닫고 수분이 나오도록 15분정도 천천히 익힌다. 화이트와인 200㎖를 붓고 거의 글레이즈 농도가 될 때까지 졸인다. 갈색 송아지 육수를 송아지 고기 두께의 1/3 정도까지 오도록 부어준 다음 끓을 때까지 가열한다. 이어서 뚜껑을 덮고 220°C로 예열한 오븐에 넣어 40분간 익힌다. 중간에 서너 번 국물을 끼얹어 준다. 그르나댕을 건져 내열 서빙 용기에 담는다. 남은 국물은 체에 거른 뒤 고기에 조금 끼얹고 오븐에 잠깐 넣어 윤기나게 마무리한다. 조리한 코코트 냄비에 갈색 송아지 육수를 넣어 디글레이즈한 다음 고운 체에 거른다. 기름을 제거한다. 이 소스를 송아지 그르나댕에 끼얹는다. 샐서피(salsifis)를 곁들여 서빙한다.

알랭 뒤카스(ALAIN DUCASSE)의 레시피

jarret de veau poché et blettes mijotées 자레 드 보 포셰 에 블레트 미조테
삶은 송아지 정강이와 근대 약한 불에 천천히 익힌 근대 : 4인분 / 준비: 3시간
오븐을 180°C로 예열한다. 2kg짜리 송아지 정강이 1개를 30㎝ 타원형 무쇠 냄비에 뉘어 놓고 각 면을 고루 노릇하게 지진다. 어슷하게 3등분한 당근 1개, 세 토막으로 자른 셀러리 1줄기, 반으로 자른 양파 1개, 굵은 소금 약간과 통후추 5알을 넣고, 끓는 송아지 육즙 소스를 정강이 반 정도 높이까지 붓는다. 뚜껑을 덮고 오븐에 넣어 2시간 동안 익힌다. 1시간이 지난 후 정강이를 뒤집고 국물을 끼얹어준다. 근대 1kg을 준비해 줄기와 녹색잎을 분리한다. 잎을 가늘고 길게, 줄기는 어슷하게 썬다. 줄기는 레몬 물에 담가 둔다. 토마토 3개의 껍질을 벗긴 뒤 중간 크기의 주사위 모양으로 썬다. 쪽파 4줄기를 어슷하게 썬다. 팬에 버터를 두르고 근대 줄기를 10분 정도 색이 나지 않게 볶는다. 토마토와 쪽파를 첨가한다. 닭 육수를 조금 넣어 디글레이즈한 다음 자작하게 익힌다. 오븐에서 뭉근히 2시간 익힌 정강이를 건져내 알루미늄 포일로 덮어 휴지시킨다. 냄비에 남은 국물은 체에 거른 뒤 다시 가열해 반으로 졸인다. 정강이를 이 육즙에 다시 넣은 뒤 냄비를 오븐에 넣고 소스를 끼얹어주면서 30분간 익힌다. 소스가 시럽 농도의 황금색 글레이즈처럼 졸아들고 정강이 살이 뼈에서 떨어질 때까지 익힌다. 기호에 따라 좋은 품질의 레드와인 식초를 소스에 첨가한다(이 요리는 식초를 많이 넣는 것이 맛있다). 근대의 초록잎 부분은 올리브오일에 볶아 마지막에 채소 가니시에 첨가한다. 서빙 플레이트에 송아지 정강이와 가니시를 담고 손님 앞에서 살을 잘라 서빙한다. 소스는 따로 용기에 담아낸다. 슬라이스해 서빙한 송아지 살에 뿌려 먹을 수 있도록 작은 그릇에 검은 후추 간 것과 굵은 소금을 담아낸다.

jarret de veau à la provençale ▶ JARRET

longe de veau rôtie 롱주 드 보 로티
송아지 등심 로스트 : 송아지 등심 덩어리의 뼈를 제거한다. 콩팥을 떼어내지 않고, 양쪽 덮개부위는 필레 미뇽을 덮을 수 있도록 길게 그대로 둔다. 콩팥의 기름을 두께 1㎝ 정도만 남기고 모두 잘라낸다. 안쪽 면에 소금, 후추를 뿌린 뒤 감싸 말아 실로 묶는다. 겉에도 소금, 후추를 뿌린다. 큰 코코트 냄비에 버터를 달군 뒤 등심살 덩어리를 넣고

모든 면을 노릇하게 지진다. 뚜껑을 덮고 200°C로 예열한 오븐에 넣는다. 신선한 방울양파의 껍질을 벗긴 뒤 버터에 노릇하게 익힌다. 오븐의 송아지고기 조리가 끝나기 5분 전에 코코트 냄비에 넣는다. 등심살을 건져 서빙 접시에 담고 뜨겁게 유지한다. 코코트 냄비에 드라이한 화이트와인 1컵과 갈색 송아지 육수 1컵을 부어 디글레이즈한 다음 반으로 졸인다. 방울양파와 함께 소스 용기에 담아 서빙한다.

알렉상드르 뒤멘(ALEXANDRE DUMAINE)의 레시피

noix de veau Brillat-Savarin 누아 드 보 브리야 사바랭

브리야 사바랭의 송아지 아롱사태 : 송아지 뒷다리 허벅지 안쪽 살(noix) 덩어리를 납작하게 만들고 뼈를 제거한 뒤 다시 모아서 분리된 부분을 이어 붙인다. 샬롯 3개를 다진다. 모렐 버섯 100g을 생크림을 넣고 익힌다. 다진 샬롯을 섞은 그라탱 소 혼합물을 송아지 고기 위에 1cm 두께로 펼쳐 깔아준다. 모렐 버섯을 고루 얹고 중앙에 오리 푸아그라 200g을 놓는다. 고기를 감싸 말아 로스트 형태를 잡아준 다음 주방용 실로 단단히 묶는다. 비계 라르동을 찔러 넣고 버터를 달군 팬에 지져 노릇하게 색을 낸 뒤, 채소 미르푸아를 깐 스튜용 냄비에 넣는다. 드라이한 화이트와인과 소고기 육수를 붓는다. 씨를 제거하고 잘게 썬 토마토와 부케가르니를 넣는다. 소금, 후추를 뿌린다. 뚜껑을 덮고 2시간 동안 천천히 조리한다. 고기를 건져낸다. 남은 국물을 체에 거른다. 송아지 살을 슬라이스한 다음 약간의 소스를 끼얹어 서빙한다. 남은 소스는 소스 그릇에 담아낸다. 줄기 시금치와 크림 소스에 익힌 모렐 버섯을 가니시로 함께 낸다.

oreilles de veau braisées à la mirepoix ▶ OREILLE
oreilles de veau grillées à la diable ▶ OREILLE
pâté de ris de veau ▶ PÂTÉ
pâté de veau et de jambon en croûte ▶ PÂTÉ
paupiettes de veau zingara ▶ PAUPIETTE
pieds de veau : cuisson ▶ PIED
pieds de veau à la Custine ▶ PIED
pieds de veau à la tartare ▶ PIED

poitrine de veau farcie braisée 푸아트린 드 보 파르시 브레제

속을 채워 브레이징한 송아지 양지 : 뼈를 제거한 송아지 양지(차돌박이) 덩어리를 가로로 깊게 칼집 내 열어준다. 우유에 적셔 꼭 짠 굳은 빵 속살 400g, 다진 마늘 2톨, 다진 파슬리 1송이, 버섯 뒥셀 250g, 달걀노른자 2개, 잘게 썰어 버터에 투명하게 볶은 양파 100g과 샬롯 2개, 소금, 후추, 약간의 카옌페퍼를 혼합해 소를 만든다. 이 소를 송아지 고기에 채우고 입구를 꿰맨다. 코코트 냄비에 버터를 바르고 바닥과 내벽 중간 높이까지 기름을 떼어낸 돼지껍데기를 깔아준다. 당근 1개, 리크 1대의 흰 부분, 셀러리 3줄기, 양파 1개를 작은 주사위 모양으로 썬 다음 버터 25g을 넣고 색이나지 않게 익혀 돼지껍데기 위에 깔아준다. 뼈를 제거하고 주사위 모양으로 썬 송아지 족 1/2개를 넣는다. 토마토 페이스트 2테이블스푼에 드라이한 화이트와인 200mℓ와 같은 양의 갈색 송아지 육수를 넣어 풀어준 다음 냄비에 첨가한다. 뚜껑을 덮고 불 위에서 끓을 때까지 가열하고, 이어서 200°C로 예열한 오븐에 넣어 1시간 50분 동안 익힌다. 송아지 양지 살을 건져낸다. 냄비에 남은 국물의 기름을 제거하고 체에 거른 뒤 2/3로 졸인다. 이 소스를 고기에 끼얹는다. 버터에 슬쩍 볶은 줄기 시금치와 브레이징한 아티초크 속살을 곁들여 서빙한다.

quenelles de veau ▶ QUENELLE
ris de veau : préparation ▶ RIS
ris de veau braisés à blanc ▶ RIS
ris de veau braisés à brun ▶ RIS
ris de veau aux écrevisses ▶ RIS
ris de veau financière ▶ RIS
ris de veau moelleux et croustillant ▶ RIS
rognon de veau aux graines de moutarde ▶ ROGNON
rognon de veau en madère ▶ ROGNON
rognon de veau bordelaise ▶ ROGNON
sauté de veau chasseur ▶ SAUTÉ
sauté de veau Marengo ▶ SAUTÉ

selle de veau Orloff 셀 드 보 오를로프

오를로프 송아지 볼기등심 요리 : 송아지 볼기등심 덩어리를 손질해 주방용 실로 묶은 뒤 녹인 버터를 바르고 고운 소금과 후추로 밑간한다. 소테팬에 고깃덩어리를 넣고 색이 너무 진하게 나지 않게 겉을 지진 다음 향신 재료(얇게 썬 당근과 양파, 껍질을 벗긴 뒤 속을 제거하고 잘게 썬 토마토, 샐러리 줄기, 짓이긴 마늘, 부케가르니) 위에 놓고 뚜껑을 덮어 200°C로 예열한 오븐에서 1시간 동안 익힌다. 화이트와인, 맑은 갈색 송아지 육수 약간을 넣어준 다음 30~40분간 더 익힌다. 고기를 건져낸 뒤 알루미늄 포일로 싸서 뜨겁게 보관한다. 팬에 남은 국물을 체에 거른다. 이때 건더기를 누르지 않는다. 기름을 제거하고 간을 맞춘 뒤 뜨겁게 보관한다. 걸쭉한 수비즈 소스를 만든다. 모르네 소스를 만든 다음 수비즈 소스와 혼합한다. 볼기등심 덩어리 바깥 가장자리에서 1cm 되는 위치에 칼끝을 찔러 넣고 요추 부위까지 갈라 양쪽 필레 미뇽 덩어리를 떼어낸 다음 도톰하게 슬라이스(에스칼로프)한다. 필레를 잘라낸 두 개의 빈 구멍에 수비즈 소스와 모르네 소스 혼합물을 조금 넣어 발라준다(어떤 요리사들은 버섯 퓌레를 조금 첨가하기도 한다). 이 소스 혼합물을 필레 슬라이스에 끼얹은 뒤 얇게 썬 송로버섯을 한 조각씩 올린다. 이 에스칼로프들을 다시 필레 모양대로 붙여 원래 있었던 공간에 채운다. 나머지 소스 혼합물을 볼기등심 덩어리 전체에 끼얹고 가늘게 간 그뤼예르 치즈를 뿌린 뒤 살라만더 그릴이나 아주 고온의 오븐에 넣어 그라탱처럼 표면을 노릇하게 구워낸다. 팬에 남은 육즙을 걸러둔 소스는 따로 용기에 담아 서빙한다.

tendrons de veau chasseur 탱드롱 드 보 샤쇠르

사냥꾼의 송아지 삼겹살 : 버터 30g을 달군 소테팬에 송아지 삼겹양지(오돌뼈 포함) 4조각을 넣고 10분간 양면을 지져 익힌다. 고기를 건져내 뜨겁게 유지한다. 씻어서 얇게 썬 양송이버섯 200g을 이 소테팬에 넣고 볶는다. 화이트와인 50mℓ와 갈색 송아지 육수 50mℓ, 토마토 소스 50mℓ를 붓는다. 잘게 썬 샬롯 2개를 첨가한 뒤 반으로 졸인다. 이 소스와 버섯을 고기 위에 붓고 잘게 썬 허브를 뿌린 뒤 아주 뜨겁게 서빙한다.

tête de veau farcie ▶ TÊTE
tête de veau à l'occitane ▶ TÊTE
tête de veau en tortue ▶ TÊTE

필립 브룬(PHILIPPE BRAUN)의 레시피

vitello tonnato 비텔로 토나토

비텔로 토나토 : 2kg짜리 송아지 등심 덩어리의 뼈를 제거한 뒤 로스트 형태로 모양을 잡아 주방용 실로 묶는다. 뼈는 잘게 토막 내 따로 보관한다. 로스트용 고기에 소금과 후추를 뿌려 밑간한다. 소테팬에 올리브오일 30mℓ를 뜨겁게 달군 뒤 고깃덩어리를 넣고 모든 면이 고루 노릇한 색이 나도록 지진다. 건져낸다. 이 소테팬 바닥에 잘라둔 송아지 등심 뼈를 깔고 로스트용 고깃덩어리를 올린 뒤 작게 조각낸 버터 50g을 고기 위에 군데군데 얹어준다. 220-230°C로 예열한 오븐에서 25~30분간 굽는다. 조리가 끝나기 10분전, 미르푸아로 썬 당근과 양파, 껍질을 까지 않은 마늘 2톨을 첨가한다. 오븐에서 꺼내 송아지 등심 로스트를 식힘망 위에 올리고 소금, 후추로 다시 한 번 간한다. 식힌다. 소테팬에 남은 육즙을 반 정도 덜어내 기름을 제거한 뒤 드라이한 화이트와인 100mℓ와 물 200mℓ을 넣어 디글레이즈하고 졸인다. 육즙 소스를 체에 걸러둔다. 아무 간도 하지 않고 익힌 날개다랑어 살 150g, 소금기를 빼고 가시를 제거한 콜리우르(Collioure)의 염장 안초비 3마리, 물기를 제거한 케이퍼 40g, 졸여서 체에 걸러둔 육즙 소스 2테이블스푼, 포도씨유를 넣어 만든 마요네즈 400g, 레몬즙 1개분, 소금, 후추를 모두 볼에 넣고 블렌더로 갈아준다. 농도를 조절해야 하는 경우에는 닭 콩소메 50mℓ를 조금씩 넣는다. 송아지 등심살 로스트의 실을 풀고 말라 굳은 부분은 잘라 다듬은 뒤 2~3cm의 두께로 슬라이스한다. 서빙 접시에 이 슬라이스를 조금씩 겹쳐가며 꽃 모양으로 빙 둘러 놓는다. 후추를 뿌리고 안초비 소스를 스푼으로 고기에 끼얹는다. 이탈리안 파슬리잎과 케이퍼 30g을 뿌린다. 로메인 상추의 속잎을 덩어리째 세로로 등분한 뒤 올리브오일과 레몬즙으로 드레싱해 곁들여도 좋다.

VEAU DE MER 보 드 메르 비악상어. 악상어과에 속하는 토프(**참조** TAUPE)가 시중에 판매될 때 통용되는 명칭이다. 이 생선은 다랑어처럼 스테이크 토막, 길쭉한 덩어리, 혹은 슬라이스 형태로 판매된다.

VEAU-QUI-TETTE (LE) (르) 보 키 테트 16세기에 지어진 파리 샤틀레(Châtelet) 지구 근처의 한 선술집(Tavern) 이름으로 세바스토폴(Sébastopol) 대로가 뚫리면서 철거되었다. 19세기 초 프랑스 제1제정시대에 인기를 누렸던 이 업장은 특히 '그 어떤 고급 요리보다 낫다'는 평의 양 족발 요리, 송로버섯을 박아 넣은 장어요리가 유명했다. 이곳의 주인은 어느 날 한 경쟁업자가 같은 길인 주아이유리가(rue de la Joaillerie) 바로 근처에 같은 상호로 업장을 연 것을 발견했다. 소송이 이루어졌고, 패소한 후발주자는 이후 자신의 상호를 보 키망주(Veau-qui-mange)로 변경하게 되었다.

VÉGÉTALISME 베제탈리즘 채식주의. 곡물, 콩류, 녹색 채소, 식물성 기름 등을 기본으로 한 식품 섭취 방법으로, 철학적인 이유 등으로 꿀을 포함한 모든 동물성 식품의 섭취를 배제한다. 불균형적인 식이요법으로 영양실조의 원인이 될 수 있다. 칼슘(주로 유제품에서 섭취)이 결여되며, 채소, 곡물, 콩류의 철분은 육류의 철분이 공급되지 않는 경우에는 인체에서 제대로 쓰이지 못할 수 있다. 또한, 버터, 간, 달걀노른자에 의해 공급되는 비타민 A의 필요량은 카로틴 섭취로는 충족되지 못한다. 섭취를 허용한 식품의 범위에 따라 아주 엄격한 단계에서부터 조금 유연한 단계까지 정도의 차이는 있지만, 전반적으로 채식 위주의 식이요법은 단백질 불균형을 유발할 수도 있다.

VÉGÉTARISME 베제타리즘 채식주의. 동물성 단백질을 포함하는 일부 식품을 완전히 배제하는 식품섭취 유형으로, 고기, 생선, 달걀을 먹지 않는 락토(lacto), 고기, 생선, 유제품을 먹지 않는 오보(ovo), 고기, 유제품, 달걀을 먹지 않는 페스코(pesco), 가금류를 제외한 고기, 유제품, 달걀을 먹지 않는 것은 폴로(pollo) 등으로 분류된다. 또한 채식주의자들은 거의 정제하지 않아 식이섬유와 미네랄이 풍부한 식품을 선호하며(통곡물, 통밀빵 등), 콜레스테롤이 거의 없고 비타민과 미네랄이 풍부한 식물성 단백질(콩류)을 주로 섭취한다. 채식주의라고 해서 맛의 측면을 포기한다고는 볼 수 없으며(채식 레스토랑들이 많이 있다) 식품 균형 또한 유지할 수 있다. 동물성 부산물은 훌륭한 단백질의 공급원이 되며 칼슘 또한 우유와 치즈에 의해 충분히 공급받을 수 있기 때문이다. 그에 더해, 포화지방 과다를 초래하지 않는다는 장점도 지닌다. 오늘날에는 붉은색 육류의 섭취를 일주일에 두세 번으로 제한하는 균형잡힌 식이요법(철분과 비타민 B12의 결핍을 막기 위함)인 세미 채식주의를 권장하는 추세다.

VEINE 벤 소의 목살 부위로 지방이 많은 목심(아래쪽)과 살코기 목심(위쪽)으로 세분화한다. 또한 용도에 따라 브레이징용(daube, carbonade, bœuf mode) 또는 다짐육(햄버그 스테이크)용 등으로 분류한다.

VELAY ▸ 참조 AUVERGNE ET VELAY (MONTS D')

VELOURS 블루르 크레시(Crécy) 당근 크림 수프를 지칭하며, 콩소메에 익힌 타피오카를 넣어 걸쭉하고 벨벳처럼 부드러운 농도를 낸다.

VELOUTÉ (POTAGE) (포타주) 블루테 부드럽고 걸쭉한 수프의 일종. 주재료(채소, 고기, 생선, 갑각류)를 액체(고기, 생선, 또는 채소 육수 등)에 익힌 뒤 천이나 체에 곱게 내리고 리에종 재료(달걀노른자, 크림, 버터 등)를 넣어 걸쭉한 농도를 낸 수프다. 다양한 가니시(가늘게 채 썬 닭가슴살, 민물가재 살, 아스파라거스 윗동 등)를 넣어 먹는다. 매끈한 모습과 크리미하고 부드러운 농도를 지니고 있어 벨벳처럼 부드럽다는 뜻의 이름으로 불린다.

velouté d'artichaut 블루테 다르티쇼

아티초크 블루테 : 버터 40g에 밀가루 40g을 넣고 볶아 흰색 루를 만든다. 닭 콩소메 800mℓ를 넣는다. 아티초크 속살 8개를 데친 뒤 도톰하게 어슷썰어 팬에 버터 40g과 함께 넣고 20분간 찌듯이 익힌다. 이것을 콩소메에 넣고 흐물흐물해질 때까지 끓인다. 블렌더로 갈아 완전히 매끄러운 혼합물을 만든다. 닭 콩소메를 조금 첨가해 원하는 농도를 맞춘다. 달걀노른자 3개에 생크림 100mℓ을 넣고 잘 풀어준 다음 불에서 내린 수프에 넣고 잘 저어 리에종한다. 마지막으로 작게 잘라둔 버터 60g을 넣고 거품기로 잘 저으며 섞는다.

velouté d'asperge 블루테 다스페르주

아스파라거스 블루테 : 닭 육수를 넣은 블루테 800mℓ를 만든다. 깨끗이 씻은 아스파라거스 400g을 토막 내어 송송 썰어 끓는 물에 5분간 데친다. 건져서 물기를 뺀 다음 버터 40g과 함께 넣고 10분간 찌듯이 익힌다. 블렌더로 간 다음 체에 곱게 긁어내려 섬유질을 제거한다. 이 아스파라거스 퓌레를 블루테에 넣어 섞는다. 아티초크 블루테와 마찬가지 방법으로 마무리한다.

에릭 부슈누아르(ERIC BOUCHENOIRE)의 레시피

velouté de châtaigne au foie gras et céleri au lard fumé
블루테 드 샤테뉴 오 푸아그라 에 셀르리 오 라르 퓌메

푸아그라, 샐러리, 베이컨을 넣은 밤 블루테 : 4인분 / 준비: 30분 / 조리: 15분

버터 20g을 달군 코코트 냄비에 바로 조리 가능한 진공포장 밤 200g을 넣고 색이 나지 않고 수분이 나오도록 볶는다. 생수 500mℓ를 붓고 소금, 후추를 넣는다. 카다멈 깍지 한 개의 씨를 첨가한다. 한차례 끓어오르면 불을 줄이고 약하게 끓는 상태로 10분간 익힌다. 사방 1cm 크기의 큐브 모양으로 자른 셀러리악 12조각을 끓는 소금물에 2분간 데쳐낸다. 찬물에 식혀 건진 뒤 종이타월에 놓고 물기를 제거한다. 밤이 다 익으면 국물과 함께 블렌더 볼에 넣고 2분간 갈아준다. 달걀노른자 1개, 액상 생크림 50mℓ, 무염 버터 35g을 첨가한다. 다시 블렌더로 갈아 혼합해 부드럽고 크리미한 농도의 블루테를 만든다. 간을 맞춘다. 필요하면 고운 원뿔체에 한 번 걸러준다. 뜨겁게 보관한다. 논스틱 코팅팬에 사방 2cm 크기의 큐브 모양으로 자른 푸아그라 12조각과 라르동으로 자른 베이컨 12조각을 넣고 고루 노릇하게 지진다. 마지막에 셀러리악 큐브를 첨가한다. 모두 건져 종이 타월 위에 놓고 기름기를 뺀다. 소금, 후추를 뿌린다. 수프용 볼이나 큰 수프 서빙용기에 가니시를 골고루 나누어 담는다. 아주 뜨거운 밤 블루테 수프를 그 위에 붓고 셀러리잎 몇 장을 올려 장식한다.

velouté de crustacé 블루테 드 크뤼스타세

갑각류 해산물 블루테 : 생선 블루테 1ℓ를 만든다. 버터를 두른 소테팬에 선택한 갑각류 해산물과 잘게 썬 채소 미르푸아를 넣고 센 불에서 볶는다. 코냑으로 플랑베한 뒤 화이트와인을 붓는다. 소금, 후추, 향신료로 양념한다. 20분간 끓인다. 이 갑각류 해산물과 국물을 절구에 곱게 찧는다. 이 퓌레를 생선 블루테에 넣고 몇 분간 끓인다. 고운 원뿔체에 걸러 잠깐 끓인다. 달걀노른자 3개와 생크림 200mℓ을 넣고 끓지 않도록 주의하며 잘 저어 섞는다. 간을 확인하고 불에서 내린다. 갑각류 해산물을 이용해 만든 붉은색 버터를 넣고 거품기로 섞는다. 선택한 갑각류 해산물의 살을 작은 살피콩으로 썰어 넣고 처빌잎을 뿌려 서빙한다.

velouté de gibier, de viande ou de volaille 블루테 드 지비에, 블루테 드 비앙드, 블루테 드 볼라이

수렵육, 고기 또는 가금류 블루테 : 흰색 루 100g을 만든 뒤 선택한 육류로 만든 진한 콩소메 1ℓ를 넣어 블루테를 만든다. 해당 육류를 버터에 노릇하게 지진 뒤 블루테에 넣고 약한 불로 오래 끓인다. 모두 블렌더로 간 다음 고운 원뿔체에 거른다. 농도는 주걱을 담갔다 들어올렸을 때 흐르지 않고 묻는 정도가 되어야 한다. 다시 한 번 잠깐 끓인 다음 달걀노른자 3개와 생크림 100mℓ를 넣고 끓지 않도록 주의하면서 잘 저어 리에종한다. 불에서 내린 뒤 차가운 버터 80g을 혼합한다. 선택한 고기를 작은 살피콩으로 썰어 넣고 처빌잎을 뿌려 서빙한다.

리오넬 주노(LIONEL JOUNAULT)의 레시피

velouté glacé à l'avocat 블루테 글라세 아 라보카

차가운 아보카도 블루테 : 작은 멜론 볼러로 껍질을 벗기고 씨를 뺀 오이 과육을 방울 모양으로 도려낸 뒤 끓는 물에 재빠르게 데친다. 색이 아주 빨갛고 단단한 토마토를 끓는 물에 잠시 담갔다 건져 껍질을 벗기고 아주 작은 크기의 주사위 모양으로 썬다. 아보카도 3개를 반으로 잘라 씨를 뺀 다음 스푼으로 과육을 파낸다. 아보카도 과육에 레몬즙 1개분, 생크림 4테이블스푼, 우유 100mℓ를 첨가한 뒤 블렌더로 간다. 소금으로 간하고 카옌페퍼를 뿌린다. 4개의 잔에 아보카도 블루테를 나누어 담는다. 작은 오이 구슬과 작게 썬 토마토를 가니시로 올린다. 총 6장 분량의 아주 가늘게 썬 민트잎을 얹어 장식한다. 차갑게 서빙한다.

엘렌 다로즈(HÉLÈNE DARROZE)의 레시피

velouté de haricots maïs du Béarn 블루테 드 아리코 마이스 뒤 베아른

베아른 산 옥수수강낭콩 블루테 : 8인분

양파 1개와 당근 2개를 굵은 크기의 브뤼누아즈로 썬다. 지역 특산 햄 또는 베이컨 100g을 굵직한 라르동 모양으로 썬다. 오리 기름 50g을 달군 팬에 모두 넣고 살짝 노릇해질 때까지 볶는다. 신선한 옥수수강낭콩 500g의 깍지를 깐 다음 팬에 첨가한다(또는 찬물에 미리 24시간 담가 불려둔 말린 옥수수강낭콩 350g을 넣는다). 닭 육수(또는 물) 1ℓ를 재료의 높이만큼 붓는다. 부케가르니를 넣는다. 강낭콩의 껍질이 단단해질 수 있으므로 간은 절대로 하지 않는다. 15~20분 정도 삶은 뒤 그대로 식힌다. 소금과 에스플레

트 고춧가루(또는 후추)로 간을 맞춘다. 부케가르니와 향신 재료를 모두 건져낸 뒤 콩을 블렌더로 갈아 체에 내린다. 액상 생크림 500㎖를 첨가한다. 셰리와인 식초 20㎖를 붓고, 소금과 에스플레트 고춧가루로 간을 맞춘다. 뜨겁게 또는 차갑게 서빙한다.

velouté de poisson 블루테 드 푸아송

생선 블루테 : 흰색 루 100g을 만든 뒤 생선 육수 1ℓ를 붓고 끓인다. 거품을 아주 꼼꼼히 걷어내고 면포에 거른다. 선택한 생선의 가시를 제거한 다음 이 블루테에 넣고 약한 불로 익힌다. 모두 블렌더로 갈아 고운 체에 내린다. 다시 한 번 살짝 끓인 다음 달걀노른자 3개와 생크림 100㎖를 넣고 걸쭉하게 리에종한다. 끓지 않도록 주의한다. 다시 한 번 고운 체에 거른다. 불에서 내린 뒤 차가운 버터 80g을 넣고 거품기로 잘 저어 혼합한다. 서빙 시, 준비한 생선살을 작게 깍둑 썰거나 가늘게 썰어 수프에 넣는다. 처빌잎을 조금 얹는다.

마리나 키에나스트 고베(MARINA KIENAST-GOBET)의 레시피

velouté de tomate 블루테 드 토마트

토마토 블루테 : 4~6인분

냄비에 찬물 500㎖를 붓는다. 진한 붉은색 토마토 500g의 꼭지를 떼어내고 세로로 등분한 뒤 냄비에 넣는다. 셀러리 20g(속대가 좋다), 껍질을 벗긴 뒤 작게 썬 감자 80g, 채소 부이용 분말 1티스푼(또는 부이용 큐브)을 넣는다. 끓을 때까지 가열한다. 뚜껑을 덮고 20분간 끓인다. 불에서 내린 뒤 블렌더에 넣고 곱게 간다. 키리(Kiri) 크림 치즈 작은 포장 2개(40g)를 첨가한 뒤 다시 1분간 블렌더로 간다. 체에 걸러 내린 뒤 소금, 그라인드 후추로 간한다. 올리브오일을 한 줄기 둘러준 다음 아주 뜨겁게 바로 서빙한다.

VELOUTÉ (SAUCE) 블루테(소스) 블루테 소스. 모체 소스로 분류되는 화이트 소스의 하나로 흰색 육수(송아지 육수 또는 닭 육수)나 생선 육수에 흰색 또는 황금색 루를 넣어 걸쭉하게 혼합해 만든다. 이 블루테 소스를 베이스로 다양한 재료를 첨가해 여러 가지 파생 소스를 만들 수 있다. 송아지 육수 베이스의 블루테 소스는 기름진 흰 소스(sauce blanche grasse), 생선 육수 베이스의 블루테는 기름지지 않은 블루테(velouté maigre)라고도 부른다.

VENACO 베나코 염소젖 또는 양젖으로 만든 코르시카의 치즈(지방 45%)로 표면을 긁은 천연 외피의 연성치즈다. 오로지 카바니에르(cabanière) 방식으로 숙성, 포장되어 베나코(Venaco)와 코르테(Corte)에서 생산되는 이 치즈는 사방 13㎝ 크기에 두께는 6㎝ 정도 되는 납작한 정사각형으로 풍미가 강하고 꼬릿한 냄새가 난다.

VENAISON 브네종 사냥한 큰 짐승의 고기. 털이 있고 덩치가 큰 수렵 동물(사슴, 다마사슴, 노루, 멧돼지 등)의 식용가능한 살코기를 뜻한다. 야생 산토끼와 굴토끼는 작은 브네종(basse venaison) 부류에 해당한다. 사냥한 짐승의 다리 하나를 포함한 큰 덩어리를 지칭하는 카르티에(quartier) 또는 앙슈(hanche)는 일반적으로 사슴 또는 다마사슴의 뒷 넓적다리 부위로 주로 마리네이드하거나 숙성시킨 후 로스트하는 조리법에 적합하다. 털이 있는 수렵육 요리에 곁들이는 브네종 소스 중 가장 대표적인 것은 생크림과 레드커런트 즐레를 더한 푸아브라드 소스다.

▶ 레시피 : MARINADE.

VENDANGE 방당주 포도 수확. 포도밭 한 구획의 열매가 잘 익어 최대의 설탕을 함유하는 시기에 이르렀을 때 이를 수확하는 것을 가리킨다. 프랑스에서는 포도 수확 시작일(8월 말에서 12월)과 끝나는 날짜가 해당 지역 법령에 의해 정해지며, 따라서 양조되는 와인의 유형에 따라 지역마다 혹은 코뮌마다 이 시기는 달라진다. 전통적으로 포도 수확철이 되면 임시로 고용했던 포도 따는 인력은 오늘날 점점 기계가 대체하고 있는 추세이며, 유명한 AOC 와이너리에서만 아직도 직접 사람이 일일이 포도를 선별해 손으로 딴다.

VENDÉE (BOCAGE ET MARAIS DE) 방데 (보카주, 마레) 푸아투(Poitou) 지방의 해안에 위치한 방데(Vendée)의 요리는 이 지역 전통에 바다의 재료를 결합한 것이 특징이다. 방데의 보카주(Bocage vendéen)는 소를 비롯한 가축을 키우는 목축업이 발달한 지역이다. 또한 이곳에서는 곡류와 채소 농사도 활발하며 특히 다양한 종류의 사보이 양배추와 주로 크림에 조리하는 흰색 강낭콩 모게트(moguettes)가 유명하다. 사보이 양배추를 물에 삶은 뒤 건져서 버터를 넉넉히 넣고 슬쩍 볶은 요리(chouée)나 결구 양배추 버터 볶음, 육수를 넣은 잠두콩 퓌레 등이 인기가 많다. 마레(Marais vendéen)의 하구 습지인 샬랑(Challans)에서 보부아르 쉬르 메르(Beauvoir-sur-Mer)에 이르는 지역에서는 뛰어난 품질로 명성이 높은 오리를 사육한다. 하천과 연못에는 뱀장어(주로 마틀로트를 만든다)와 개구리(식촛물에 익힌 뒤 버터에 소테한 뒤, 튀긴 통마늘을 곁들이는 퀴송식으로 요리한다)가 풍부하다. 달팽이는 그릴에 굽거나, 회향을 넣은 끓는 물에 삶아낸 뒤 감자와 함께 화이트 소스에 뭉근하게 익혀 먹는다. 사육토끼와 야생 산토끼는 특히 토끼 파테(굴 토끼 안심과 양파, 샬롯과 함께 다진 토끼고기 다짐육을 교대로 켜켜이 쌓아 만든 테린)를 만들거나 로슈 쉬르 욘(Roche-sur-Yon)의 특선 요리인 방데식 야생 토끼(lièvre à la vendéenne) 요리로 즐긴다. 돼지 요리로는 머릿고기 포테(potée de hure)와 방데식 내장 요리(fressure vendéenne, 돼지 부속 및 내장과 다진 비계에 돼지 피를 넣고 약한 불로 뭉근하게 끓인 스튜의 일종)를 특선 요리로 꼽을 수 있다.

생선과 해산물을 이용한 요리 또한 매우 다양하며 그중에서도 특히 코트리아드(cotriade), 쇼드레(chaudrée), 무클라드(mouclade), 염장 대구 수프, 굴 수프 등을 즐겨 먹는다. 이유섬(l'île d'Yeu)의 스파이니 랍스터(랑구스트), 사블르 돌론(Sables-d'Olonne)의 정어리, 에귀용 쉬르 메르(Aiguillon-sur-Mer)의 홍합 또한 아주 유명하다. 그 외에도 이 지역의 대표 먹거리로 푸아투산 치즈, 파티스리 및 당과류뿐 아니라 방데식 브리오슈, 알리즈 파코드(alize pâquaude), 보테로(bottereaux), 푸아스(fouaces), 카이유보트(caillebottes), 마레생 플랑(flan maraîchin 크러스트 표면을 캐러멜라이즈한 달걀과 우유 플랑) 등을 꼽을 수 있다.

VENDÔME 방돔 소젖으로 만드는 오를레앙(Orléans)의 연성치즈(지방 50%)로 푸른곰팡이 또는 숯의 재로 덮인 천연 외피를 갖고 있다(**참조** p.389 프랑스 치즈 도표). 지름 11㎝, 두께 3.5㎝ 크기의 원반형인 이 치즈는 과일 맛이 나며 특히 재로 덮인 외피 타입(vendôme cendré)이 더 과일 풍미가 진하다. 점점 더 찾아보기 어려워지는 치즈 중 하나다.

VENEZUELA 베네쥐엘라 베네수엘라. 베네수엘라의 요리는 남미 요리 중 가장 맛이 순하다. 강낭콩은 이 나라에서 아주 많이 즐겨 먹는 식재료로 소고기, 부속 및 내장 또는 생선과 함께 전통 스튜 산코초(sancocho)에 넣어 뭉근히 끓이거나 쌀이나 옥수수와 섞어 익히기도 한다. 크기가 큰 녹색의 플랜틴 바나나 또한 포테나 스튜에 종종 넣는 재료 중 하나다. 옥수수 가루 반죽으로 만든 동그랗고 납작한 빵인 아레파(arepas)는 거의 모든 요리에 곁들여 먹는다. 이것은 멕시코의 토르티야와 비슷하지만 다른 종류의 옥수수 가루를 사용해 만든다. 대표적인 크리스마스 전통 음식인 아야카(hayaca)는 얇게 편 옥수수 가루 반죽에 고기나 생선, 달걀, 올리브, 건포도, 아몬드와 다양한 양념 재료 등을 채워 넣은 뒤 바나나잎으로 싸서 익힌 음식이다. 파파야 잼은 베네수엘라인들이 즐겨 먹는 디저트이며, 바나나와 마찬가지로 짭짤한 음식에 곁들이기도 한다.

VÉNITIENNE (À LA) (아 라) 베니시엔 베네치아식의. 포칭한 서대 필레, 버터에 소테한 붕장어 토막, 삶은 닭고기, 달걀 반숙 또는 수란 등에 베니시엔 소스를 곁들인 요리를 지칭한다. 이 소스는 식초와 타라곤을 졸여 수분을 날린 뒤 알르망드 소스 또는 화이트와인 소스를 넣고 가열한 다음 마지막에 그린 허브 버터로 마무리한 것으로, 체에 거르고 허브를 곁들여 서빙한다. 생선용 소스로는 생허브와 다진 케이퍼를 더한 노르망드 소스를 곁들여도 된다.

VENTADOUR 방타두르 소 안심스테이크 또는 양 안심 요리에 소 사골 골수(본 매로우) 슬라이스와 송로버섯 슬라이스를 얹고 아티초크 퓌레와 폼 코코트(pommes cocotte) 감자를 곁들인 요리의 이름이다. 샤토브리앙 소스(sauce Chateaubriand)를 곁들인다.

VENTRÈCHE 방트레슈 염장한 돼지 삼겹살을 돌돌 만 것(때로 건조시킨 것, 납작한 상태로 판매되기도 한다)으로 프랑스의 남서부 지방의 특산품이다. 뼈와 껍데기를 모두 제거한 삼겹살을 약 10일간 염장한 다음 씻어서

물기를 제거하고 열 살균 처리한다. 굵게 빻은 후추를 뿌린 뒤 돌돌 말아서 셀룰로오스 케이싱에 넣어 1~4주 동안 건조시킨다. 방트레슈 조리법은 일반 염장 삼겹살과 동일하다. 연어와 참치의 뱃살 등 지방이 많은 부위도 방트레슈라고 부른다.

VER 베르 벌레 또는 지렁이. 물렁물렁하고 길쭉한 몸을 가진 벌레 또는 곤충의 유충으로 일부 종은 여러 열대국가에서 식용으로 즐겨 먹는다. 카메룬에서는 약 20종의 다양한 애벌레 구이를 시장에서 판매한다. 이 애벌레들은 땅콩이나 호박씨를 넣고 소스에 조리하거나 바나나잎으로 싸서 숯불에 익히기도 하며 꼬치구이를 만들기도 한다. 애벌레 요리를 특히 즐겨 먹는 피그미족들은 이것을 팜유에 넣고 짓이며 양념장을 만들기도 한다. 일본인들은 사마귀, 잠자리, 또는 말벌의 유충을 구워 먹는다. 라틴 아메리카에서는 아가베 벌레와 대나무 애벌레를 특히 즐겨 먹으며, 앤틸리스 제도에서는 야자나무 벌레를 꼬치에 꿰어 구운 뒤 빵가루와 레몬즙을 뿌려 간식으로 즐긴다.

VERDIER 베르디에 충분히 볶은 양파 위에 푸아그라를 채운 삶은 달걀을 놓고 오븐에서 그라티네 한 다음 송로버섯과 파르메산 치즈를 넣은 베샤멜 소스를 끼얹은 요리 이름이다. 이 달걀 요리는 19세기 파리의 레스토랑 메종 도레(Maison dorée)의 최초 소유주가 처음 만들어낸 것으로 알려져 있다.

VERDURE 베르뒤르 녹색 채소. 녹색 샐러드 채소 및 허브의 혼합물을 총칭하는 용어다. 특히 스터핑 혼합물이나 퓌레를 만들기 위해 녹색 채소를 다져 사용한다. 다진 완숙 달걀, 잘게 썬 차이브, 처빌, 타라곤, 파슬리를 넣은 비네그레트 소스를 베르뒤레트(verdurette)라고 부른다.

VERGÉ (ROGER) 로제 베르제 프랑스의 요리사(1930, Commentry 출생—2015, Mougins 타계). 넉넉하지 못한 가정(그의 아버지는 대장장이, 어머니는 청소부였다)에서 태어난 그는 파리의 레스토랑 라 투르 다르장(La Tour d'Argent)과 플라자 아테네(Plaza Athénée) 호텔에서 요리를 익혔다. 프로방스 알프 코드 다쥐르의 작은 도시 카발리에르(Cavalière)의 레스토랑 클럽(Club)의 셰프로 일했던 그는 1969년 물랭 드 무쟁(Moulin de Mougins)을 오픈하며 정착했다(1970년에 미슐랭 가이드의 첫 번째 별을, 1972년 두 번째 별을, 1974년에는 세 번째 별을 획득했다). 그는 코트 다쥐르(Côte d'Azur) 요리의 터줏대감이 되었으며 알랭 뒤카스(Alain Ducasse), 자크 시부아(Jacques Chibois), 자크 막시맹(Jacques Maximin), 브루노 치리노(Bruno Cirino)와 같은 현대 요리의 거물급 셰프들을 배출했다. 그는 동시에 아망디에 드 무쟁(Amandier de Mougins) 레스토랑으로 미슐랭 가이드의 별 두 개를 획득한다. 또한 요리의 길을 함께 가는 동반자 폴 보퀴즈(Paul Bocuse), 가스통 르노트르(Gaston Lenôtre)와 함께 플로리다의 디즈니랜드 리조트 엡코트(Epcot) 테마파크에 프렌치 레스토랑을 오픈하기도 했다. 예술가 아르망(Arman)과 세자르(César)의 친구였던 그는 미술작품 수집에도 조예가 깊었으며, 가벼운 건강식으로서의 프로방스 요리를 널리 알리고 수호하는 데 큰 역할을 했다. 송로버섯과 버섯 뒥셀을 채운 주키니 호박꽃 요리는 그의 시그니처 메뉴 중 하나다.

VERGEOISE 베르주아즈 조당. 촉촉한 질감의 사탕무 또는 사탕수수 설탕으로 원재료의 천연 성분으로 색과 향을 더한 정제 후의 당액 시럽으로부터 얻는다(**참조** p.823 설탕의 종류와 특징 도표). 시중에는 황색과 갈색 두 가지의 조당 제품이 판매되고 있다. 황색 설탕은 일반 설탕의 결정화와 탈수 과정을 거치면서 제거된 당액 시럽을 다시 끓여 얻은 것이며, 더 색과 향이 진한 갈색 설탕은 두 번째 탈수과정 시 제거된 시럽을 다시 끓여 만든다. 프랑스 북부와 벨기에에서는 파티스리(특히 설탕 타르트 tarte au sucre) 제조용으로는 물론 크레프나 와플에 뿌리거나 속을 채울 때도 조당을 많이 사용한다.

VERJUS 베르쥐 신 포도즙. 덜 익은 청색 포도의 신맛이 나는 즙으로 옛날에는 소스나 양념의 재료로, 또는 조리 시 디글레이즈하는 용도로 두루 사용되었다. 중세의 베르쥐는 덜 익은 청색 포도의 즙, 때로는 레몬이나 수영(소렐)의 즙, 허브와 향신료 등을 넣고 미리 만들어 둔 신맛의 베이스 양념으로 대부분의 소스와 리에종(농후 재료)에 넣었다.

▶ 레시피 : GRATIN, LAITANCE.

VERMEIL 베르메이 금은세공에서 사용되는 재료로 금박(은색 금속 위에 전기분해로 금을 입히는 것), 또는 금도금한 은(순은 제품에 얇은 금도금을 입히는 것) 등의 형태를 가리킨다. 고급 커틀러리 세트, 접시 및 식기 세트 등이 숙련된 금은세공 전문가들에 의해 제작되었지만, 실생활에서는 커피 또는 모카용 티스푼 외에는 사용하는 경우가 드물었다.

VERMICELLES 베르미셸 버미셀리, 버미첼리. 굵기가 아주 가는 수프용 면으로 국수 분창을 통해 뽑아낸다. 이 단어는 또한 이 가는 국수를 넣은 요리나 포타주를 지칭하기도 한다. 엔젤 헤어 파스타는 특별히 가는 종류로 콩소메와 맑은 포타주에 주로 사용한다. 또한 버미셀리는 몇몇 디저트(푸딩과 수플레) 제조 시에도 사용된다. 녹두 녹말로 만든 가는 당면의 일종인 중국의 버미셀리는 진주 빛의 긴 실타래 모양으로 포장 판매된다. 이는 주로 끓는 물에 삶거나 튀겨서 각종 탕에 넣거나 채소 요리에 섞기도 하며 만두나 춘권 등의 소 재료로 넣기도 한다. 동부 아시아에서는 쌀가루로 만든 희뿌연 색의 납작한 버미셀리를 이용해 다양한 국수 요리를 만들어 먹는다.

VERMOUTH 베르무트 17세기부터 이탈리아에서 생산되는 와인 베이스의 아페리티프 주류로 오늘날에는 전 세계에서 생산되며, 크게 드라이한 프랑스식 베르무트와 이보다 약간 단맛이 있는 이탈리아식 베르무트 두 가지 유형으로 나뉜다. 베르무트는 화이트와인, 설탕시럽 또는 미스텔(mistelle, 발효되지 않은 포도즙에 오드비를 첨가한 것), 중성 알코올, 방향성 식물(압생트, 히솝, 기나피, 주니퍼베리, 정향, 카모마일, 오렌지 껍질, 때로는 장미 꽃잎 등)을 기본 원료로 하여 만들지만 각 브랜드마다 자신들만의 고유한 제조비법을 보유하고 있다. 가장 유명한 것은 프랑스에서 만들어진 최초의 베르무트인 누아이 프라트(Noilly Prat, 1813)와 마티니(Martini, 1863)이다. 1ℓ당 50~60g의 설탕을 함유하고 있으며 맑은 색을 띤 드라이(dry)와 설탕 함량 100~150g에 캐러멜 색을 낸 로소(rosso)로 분류한다. 알코올 함량은 14.5~22%Vol.이다. 베르무트는 대개 온더락으로 차갑게 마시며 때로 레몬이나 오렌지 슬라이스를 곁들인다. 또는 탄산수로 희석해 마시거나 또한 드라이 마티니 또는 아메리카노와 같은 다수의 칵테일 제조에도 들어간다. 요리에서는 스터핑 혼합물에 넣어 풍미를 더하거나 가금류, 갑각류 해산물 또는 생선을 조리할 때 디글레이즈용으로 사용하기도 한다.

▶ 레시피 : SOLE.

VERNIS 베르니 백합조개의 일종. 모래바닥에 서식하는 바다조개로 모시조개와 사마귀 조개와 마찬가지로 백합조개과에 속하며 조리법과 용도도 동일하다(**참조** p.250 조개류 도표 p.252, 253. 조개류, 무척추동물 도감). 큰 사이즈(6~10㎝)의 갈색 조개껍데기는 매끈하고 니스를 칠한 듯 광택이 나며 짙은 색의 방사형 줄무늬가 나 있다.

VERNON 베르농 서빙 사이즈로 잘라 소테한 고기에 아스파라거스 윗동을 올린 아티초크 속살, 감자 퓌레로 속을 채운 순무, 속을 파낸 뒤 버터를 넣어 익힌 완두콩으로 채워넣은 튀긴 감자를 곁들인 요리에 붙인 이름이다.

VÉRON (LOUIS DÉSIRÉ) 루이 데지레 베롱 프랑스의 의사, 언론인(1798, Paris 출생—1867, Paris 타계). 상류사회를 중심으로 의사로 활동하던 베롱은 문학 비평가가 되었고 문학잡지의 대표직을 맡게 되었다. 이어서 파리 오페라(l'Opéra de Paris)의 단장을 거쳐 마침내 루이 나폴레옹과 제2제정을 옹호하는 신문인 르 콩스티튀시오넬(Le Constitutionnel)의 수장이 되어 정치 언론인으로서의 활동을 이어간다. 하지만 무엇보다도 L.D. 베롱의 활약은 미식 역사에서 두드러지게 그 빛을 발한다. 파리 리볼리가(rue de Rivoli)와 오퇴이(Auteuil)에 있던 자신의 아파트에서 보여준 성대한 식사 초대는 미식의 역사에서 빼놓을 수 없을 정도로 훌륭했다.

이와 같은 고품격의 식사를 준비한 이면에는 소피라는 이름의 베롱의 요리사 겸 가정부의 재능이 있었다. 올리브를 넣은 오리고기, 강낭콩을 곁들인 양 뒷다리 브레이징 요리는 일반적인 수준을 뛰어넘는 뛰어난 실력을 보여주는 요리로 평가받고 있다. 프랑스 클래식 요리에서 베롱이라는 명칭은 노르망드 소스에 허브로 향을 내고 생선육수나 송아지육수를 더한 것에 붙이는 명칭이기도 하며, 이 베롱 소스는 주로 빵가루를 입혀 튀기듯 지지거나 그릴에 구운 생선 요리에 곁들인다.

▶ 레시피 : BARBUE, SAUCE.

VÉRONIQUE 베로니크 베로니카, 꼬리풀 현삼과 개불알풀속에 속하는 식

물로 온대 기후 지역에 주로 서식하며 다수의 식용 가능한 종이 존재한다. '유럽의 차'라는 별명의 꼬리풀(véronique officinale)은 18세기 초부터 차의 대용품으로 소비되었다. '말의 물냉이'라고도 불리는 유럽 꼬리풀(véronique beccabunga, brooklime)은 종종 크레송(물냉이)와 혼동하기 쉬우며 주로 생으로 샐러드를 만들어 먹거나 시금치처럼 조리한다. 또한 베로니크라는 명칭은 생선 요리에 곁들이는 고전적인 가니시의 한 종류로 껍질을 벗기고 씨를 제거한 포도알갱이로 이루어진다. 이 포도 가니시를 곁들인 서대 필레 요리를 필레 드 솔 베로니크(filets de sole véronique)라고 부른다.

VERRE À FEU 베르 아 푀 내열 유리. 열과 기계적인 충격에 강한 소재로 다양한 종류의 조리용, 서빙용 도구 제작에 사용된다. 급격한 온도 변화를 견디기 위해 내열 유리는 열 전도성이 매우 좋아야하고 열팽창계수가 아주 낮아야하며 탄성이 우수해야 한다. 내열 유리는 일반적으로 두꺼운 편이며 투명하다.

VERRE GRADUÉ 베르 그라뒤에 눈금 용기, 계량컵. 보통 0.25~1ℓ 용량의 용기로, 일반적으로 단단한 플라스틱이나 강화유리 소재로 되어 있으며 손잡이와 따르는 주둥이가 갖춰진 것들도 있다. 눈금이 있는 계량컵은 액체의 부피를 측정하거나 또는 일부 유동성 재료(밀가루, 쌀, 세몰리나, 설탕, 타피오카)의 무게를 저울 없이 측정할 때 사용한다. 이 경우 부피와 그램 단위의 무게 사이의 변환공식을 숙지하고 있어야 한다.

VERRE ET VERRERIE 베르, 베르리 유리, 유리 제품. 액체로 된 식품을 마실 때 사용하는 유리잔 또는 소재로서의 유리를 지칭한다. 모래(규사), 석회(탄산칼슘), 소다(탄산나트륨)의 혼합물을 1,500°C까지 가열하여 녹인 뒤 급속하게 냉각시켜 만드는 유리는 자유자재로 형태를 변형시킬 수 있으며 조각이나 채색 또는 금박 처리 등이 가능하다. 다양한 식기 제작은 물론이고 고품질의 식품 포장재로도 사용된다. 산화납을 첨가하면 투명도가 높아지고 얇게 가공한 경우 맑고 청량한 소리가 나는 크리스털 유리가 된다.

■ **역사.** 유리를 처음 발명한 것은 페니키아인들이지만 유리 제조의 발전을 이룬 것은 고대 이집트인들이었다. 진흙으로 만든 중심핵 둘레에 유리 반죽을 흘려 부어 굳히는 방법으로 작은 화병, 유리병, 물잔 등을 만들었고 여기에 향수와 향유를 담아 사용했다. 이후 고대 로마인들은 이와 같이 용융된 유리를 금속 대롱으로 불어서 더 다양하고 많은 유리 그릇을 만드는 방법을 고안해냈다. 유리 불기 방법은 거의 2천 년 동안 유리 제조인들이 사용하였다. 또한, 18세기부터 활기를 띤 유리 제조 기술의 발전은 와인의 운명을 바꾸어 놓았다. 당시 영국의 유리 제작자들은 와인병용으로 더욱 두껍고 튼튼한 유리를 만들어냈고, 크리스털 요리의 조상격인 납유리, 즉 플린트 글라스(flint glass)의 제작방법을 알아냈다. 1767년에는 생 루이(Saint-Louis) 크리스털 유리 제조사가 로렌 지역에 세워졌고, 얼마 안 있어 바카라(Baccarat) 크리스털 유리 제조사가 그 뒤를 이었다. 반자동 기계가 등장하면서 유리 생산의 산업화시대가 열린 것은 19세기가 되어서였고, 비로소 유리잔과 병을 더욱 싼 가격에 대량생산하는 것이 가능해졌다.

■ **유리 글라스와 와인.** 오랜 세월 동안 크리스털 유리 제조사들은 와인 자체보다는 유리잔의 화려한 아름다움에만 집중했다. 오늘날은 더 이상 그렇지 않다. 와인 글라스는 와인을 압도해서는 안 되며 반대로 와인을 돋보이게 해야 한다. 20년 전까지만 해도 와인을 골라 마시는 즐거움은 감안하지 않은 채 화이트와인 잔, 보르도와인 잔, 부르고뉴 와인 잔 등으로 이루어진 풀 세트를 테이블에 세팅하는 것이 관례로 여겨졌다. 와인 시음이 점점 정교하고 섬세해짐에 따라 유리잔 전문가들과 포도주 전문가들은 최적의 와인글라스 제조를 목표로 연구를 거듭했다. 이렇게 만들어진 새로운 잔들은 와인을 쉽게 돌리고 체온으로 인한 온도 상승을 방지할 수 있도록 일반적으로 발(pied)이라고 부르는 충분히 긴 다리가 있는 구조다. 실제로 와인을 담는 용기 부분(bowl)은 위 둘레가 과도하게 벌어지지 않은 형태이며, 높은 다리 위쪽에 위치한다.

입구는 코로 향을 맡고 입으로 마실 수 있을 정도로 넉넉한 크기여야 하지만 아로마가 쉽게 날아갈 정도로 너무 넓으면 안 된다. 또한 잔 입구의 둘

VERRES 유리잔, 글라스

bordeaux rouge
보르도 루즈.
보르도 레드와인

champagne
샹파뉴. 샴페인

bourgogne rouge
부르고뉴 루즈.
부르고뉴 레드와인

INAO
이나오.
INAO 공식 시음용 글라스

alsace
알사스. 알자스 와인

porto
포르토. 포트와인

eau-de-vie
오드비.
오드비, 브랜디

martini
마르티니. 마티니

rocks
록스. 온더락스

bière
비에르. 맥주

레 림(rim)은 달걀껍질처럼 얇아 입술과의 접촉(전문가들은 뷔방[buvant]이라고 부른다)을 최대한 섬세하게 느낄 수 있다. 그 외에도 와인 시음용 잔(INAO 글라스)이나 브랜디 전용 잔(길쭉한 튤립 형태), 가장자리 둘레가 직선으로 떨어지고 다리가 없는 온더락스 잔(위스키, 쇼트 드링크 칵테일 등), 손잡이가 달린 맥주용 저그뿐 아니라 각종 형태의 칵테일 잔들이 있다. 특히 칵테일용 잔은 용량이 아주 적어 한 번에 마실 수 있는 칵테일용으로 적합한 샷(shot) 잔, 얼음 없이 마시는 쇼트 드링크 칵테일에 적합한 마티니 잔(또는 칵테일 잔), 덩어리 얼음이나 잘게 부순 얼음을 넣어 마시는 쇼트 드링크 칵테일용 언더락스 잔(또는 올드패션드 잔), 롱 드링크 칵테일용 하이볼 잔(또는 콜린스 잔), 뜨거운 온도의 칵테일 서빙을 위한 토디(toddy) 잔 등 그 종류가 매우 다양하다. 와인 글라스와 가늘고 길쭉한 샴페인용 플루트 글라스는 일부 칵테일용으로도 사용할 수 있다. 얼음을 넣지 않고 서빙하는 칵테일 제조 시 반드시 필요한 믹싱 글라스는 둘레가 직선으로 떨어지는 큰 유리컵으로, 따르는 주둥이가 한 개 있으며 용량은 600~700㎖ 정도 된다.

VERRINE 베린 비교적 두꺼운 유리로 되어 있고 다리가 없는 잔으로 음료보다는 주로 음식이나 디저트를 개인용 분량으로 담아내는 용기로 사용된다. 파티시에 필립 콩티치니(Philippe Conticini)는 최초로 이 베린 잔에 디저트를 담아냈다. 글라스 벽이 이중 구조로 되어 있어 내용물의 온도를 유지하고 뜨거운 열기로부터 손을 보호할 수 있는 보온용 베린 용기도 있다. 베린은 특히 즐레로 굳힌 과일, 그라티카, 에스푸카, 스무디 등의 디저트를 서빙하기에 적합하다.

피에르 에르메(PIERRE HERMÉ)의 레시피

émotion velours 에모시옹 블루르

벨벳처럼 부드러운 패션푸르트, 밤, 녹차 베린 : 8인분 / 준비: 45분 / 조리: 1시간 10분

[크렘 브륄레] 달걀노른자 7개에 설탕 125g을 넣고 거품기로 휘저어 섞는다. 여기에 패션프루트 8개의 과육과 액상 생크림 380㎖를 넣고 잘 섞는다. 이 혼합물을 오븐팬 위에 올린 마티니 잔 8개에 나누어 담는다. 90°C로 예열한 오븐에 넣어 1시간 동안 익힌다. 식혀서 냉장고에 넣어둔다. [볶은 밤] 익힌 통밤 200g을 굵직하게 부순 뒤 버터 30g, 바닐라 빈 1/2줄기, 갈색 설탕 30g과 함께 팬에 넣고 센 불로 3~4분간 볶는다. 소금을 뿌리고 통후추를 3~4바퀴 갈아 뿌린다. 볶은 밤을 마티니 잔의 크렘 브륄레 위에 나누어 올린다. [패션프루트 즐레] 우선 판 젤라틴 1.5장을 찬물에 담가 불린다. 젤라틴을 건져 꼭 짠 뒤 물기를 제거한다. 냄비에 물 60㎖, 레몬즙 10㎖, 오렌지즙과 펄프 25㎖, 설탕 40g을 넣고 끓을 때까지 가열한다. 불에서 내린 뒤 불린 젤라틴을 넣고 녹이며 잘 섞는다. 패션프루트 과육 7~8개를 첨가한 뒤 잘 섞는다. 식혀서 농도가 어느 정도 되직해지면 냉장고에 넣어둔다. [밤 즐레] 판 젤라틴 3장을 찬물에 담가 불린다. 볼에 밤 퓌레 150g과 밤 크림 150g을 넣고 거품기로 휘저어 섞는다. 젤라틴을 중탕 냄비 위에 놓고 녹이면서 밤 퓌레와 밤 크림 혼합물을 조금씩 넣는다. 잘 섞은 밤 즐레를 크렘 브륄레 위에 나누어 담는다. 냉장고에 보관한다. [녹차 크림] 화이트 초콜릿 50g을 빵 칼로 다진 뒤 중탕으로 녹인다. 액상 생크림 50㎖를 끓을 때까지 가열한 뒤 불에서 내리고 60°C로 식으면 여기에 말차가루 4g을 넣고 거품기로 잘 저어 섞는다. 녹차 향의 생크림 1/3을 녹인 화이트 초콜릿 위에 붓고 잘 섞는다. 나머지 생크림도 두 번에 나누어 넣고 각각 잘 섞는다. 혼합물을 마티니 잔의 밤 즐레 위에 나누어 담는다. 냉장고에 넣는다. 냉장고에 넣어 둔 패션프루트 즐레와 약간의 과육을 녹차 크림 위에 나누어 올린다. 다시 냉장고에 넣는다. 서빙하기 바로 전, 마롱 글라세 16개를 각각의 잔 위에 나누어 올린다.

필립 콩티치니(PHILIPPE CONTICINI)의 레시피

fraises confites, écume de citron de Menton 프레즈 콩피트, 에큄드 시트롱 드 망통

설탕에 절인 딸기, 망통산 레몬 무스 : 하루 전날, 피스타치오 비스퀴 반죽을 만든다. 우선 볼에 달걀 작은 것 3개, 같은 크기의 작은 달걀노른자 3개, 설탕 200g을 넣고 색이 뽀얗게 변할 때까지 거품기로 휘저어 섞는다. 여기에 아몬드 가루 85g, 박력분 150g, 저지방 우유 35㎖, 액상 생크림 100㎖를 넣고 균일하게 섞는다. 이어서 녹인 버터 240g을 넣고 잘 혼합한 다음 냉장고에 하룻밤 넣어둔다. 당일, 비스킷을 마무리한다. 전날 준비한 반죽 베이스에 피스타치오 페이스트 80g을 넣고 잘 섞는다. 작은 달걀 6개분의 흰자에 설탕 20g을 첨가하며 단단히 거품을 올린 뒤 반죽 혼합물에 넣고 살살 섞는다. 서빙용 잔의 지름 크기에 맞추어, 베이킹 팬 위에 비스퀴 반죽을 원형으로 개수만큼 짜 얹는다(또는 크기에 맞는 링을 사용한다). 170°C 컨벡션 오븐에서 15분간 굽는다. 꺼내서 식힘망 위에 올린다. [망통산 레몬 페이스트] 냄비에 레몬즙 540㎖, 설탕 250g, 레몬 제스트 25g, 펙틴 9g을 넣고 잘 섞는다. 브릭스 당도 70°가 될 때까지 끓인 뒤 설탕 180g을 첨가한다. 불에서 내려 보관한다. [망통산 레몬 에멀전 베이스] 냄비에 레몬즙 355㎖, 설탕 70g, 레몬 제스트 25g, 달걀 10개를 넣고 잘 섞은 다음 중불에 올리고 주걱으로 주기적으로 저어주며 익힌다. 레몬 크림을 만들 때와 마찬가지로 끓기 바로 전에 불에서 내려 조리를 멈춘다. 미리 녹여둔 젤라틴 14g을 여기에 넣고 잘 섞는다. 달걀흰자 9개 분량을 휘저어 단단한 거품을 올린다. 설탕 555g과 물 165㎖를 끓여 만든 시럽을 여기에 넣어가며 계속 거품기로 돌려 이탈리안 머랭을 만든다. 레몬 에멀전 베이스에 레몬 페이스트를 넣고 혼합한 다음, 식은 이탈리안 머랭을 넣고 살살 섞는다. 이 혼합물을 모두 휘핑 사이펀에 넣은 뒤 가스 캡슐을 한 개 장착한다. 2시간 동안 휴지시킨 다음 두 번째 가스 캡슐을 장착한다. [캐러멜라이즈드 캐슈너트] 냄비에 설탕 215g과 물 70㎖를 넣고 115°C까지 끓여 시럽을 만든 다음 캐슈너트 700g을 넣는다. 설탕이 캐슈너트에 허옇게 붙어 굳으면서 모래처럼 부슬부슬해지는 상태가 지나가고 다시 녹으면서 캐러멜화되어 코팅될 때까지 불 위에서 휘저어 섞으며 가열한다. 넓은 그릇에 덜어내 펼쳐 놓은 다음 식힌다. 마지막으로 딸기를 블렌더로 갈아 퓌레 600g을 준비한다. 냄비에 물 210㎖, 설탕 135g, 글루코스 50g, 소르베용 안정제 2g을 넣고 끓여 시럽을 만든다. 이 시럽을 딸기 퓌레에 넣고 다시 한 번 블렌더로 갈아 혼합한 뒤 아이스크림 메이커에 넣고 돌려 소르베를 만든다. 서빙용으로 준비한 어느 정도 높이가 있는 베린 잔에 동그란 피스타치오 비스퀴를 깔고 야생딸기 생과를 가장자리에 빙 둘러 놓는다. 그 위에 딸기 소르베를 한 스쿱씩 얹은 다음, 휘핑 사이펀으로 레몬크림 무스를 짜 올린다. 캐러멜라이즈드 캐슈너트 조각을 얹어 장식한다.

엠마뉘엘 리옹(EMMANUEL RYON)의 레시피

petit verre provençal 프티 베르 프로방살

프로방스식 미니 베린 : 24개 분량, 준비: 30분

[토마토 소르베] 설탕 110g, 글루코스 분말 70g, 소르베용 안정제 4g을 넣고 잘 섞는다. 냄비에 물 225㎖를 끓인 다음 이 혼합물을 넣는다. 100°C까지 끓인 뒤 잘게 썬 생토마토 500g 위에 붓는다. 소금 3g, 바질 2g, 타바스코 1g을 첨가한다. 블렌더로 간 다음 급속히 3°C로 식힌다. 최소 4시간 동안 냉장고에 넣어 숙성시킨 후 다시 블렌더로 갈고 체에 걸러 아이스크림 메이커에 돌린다. [파르메산 치즈 튈] 파르메산 치즈 50g, 가늘게 간 그뤼예르 치즈 50g을 혼합한 뒤 액상 생크림 80㎖를 첨가한다. 이 혼합물을 실리콘 패드 위에 10g씩 얇게 펼쳐 놓은 뒤 180°C 오븐에서 약 8분간 굽는다. 떼어내 식힌 뒤 습기가 차지 않는 통 안에 보관한다. [미니 라타투이] 청피망, 홍피망, 주황색 파프리카, 주키니 호박을 각각 70g씩 씻은 뒤 모두 작은 큐브 모양으로 썬다. 냄비에 버터 20g과 올리브오일 30g을 달군 뒤 작게 썬 채소를 모두 넣고 아삭한 식감이 남아 있도록 볶는다. 소금 2g과 후추 1g을 첨가한다. 식후주 서빙용 작은 잔에 미니 라타투이를 각각 담은 뒤 맨 위에 파르메산 치즈 튈을 놓는다. 마지막으로 토마토 소르베를 크넬 모양으로 떠 하나씩 올린다.

VERSEUSE 베르쇠즈 커피 주전자, 커피 포트. 커피를 담아내는 주전자 모양의 용기로 어느정도 깊이가 있고 측면에 가로로 핸들이 달리거나 위쪽으로 고리형의 손잡이가 장착돼 있으며 내용물을 따를 수 있는 길고 가는 주둥이가 있고 뚜껑으로 덮을 수 있도록 되어 있다. 끓는 물에 한 번 담갔다 건진 뒤 주로 커피 서빙용으로 사용한다.

VERT (AU) 오 베르 제철 허브를 풍부하게 넣어 조리해 녹색(vert)을 띠는 플랑드르식 장어 요리다. 이 요리에 들어가는 허브는 처빌, 레몬그라스, 황

Verre 글라스

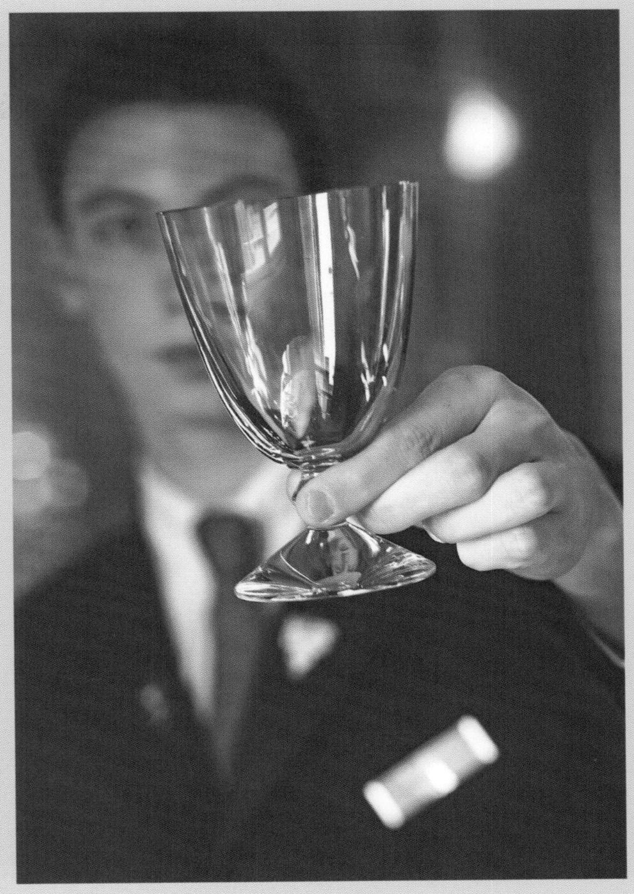

"레스토랑 엘렌 다로즈, 파리 크리용 호텔, 호텔 조르주 생크에서는 서빙하는 주류를 최대한 돋보이게 하고 풍미 또한 최상으로 살려주는 가장 알맞은 잔을 선택하고 있다. 와인의 산지에 따라 글라스의 입구 부분이 넓거나 좁아지기도 하며 잔의 스템 높이도 달라진다. 칵테일의 경우 그 종류가 다양하며 각각 그에 적합한 글라스가 따로 있다. 샴페인을 서빙할 때는 길고 날씬한 플루트 잔을, 롱 드링크를 서빙할 때는 가장자리가 직선으로 떨어지는 하이볼 잔이 최적이다."

새냉이, 시금치, 타라곤, 생민트잎, 광대수염, 수영, 파슬리, 샐러드버넷, 세이지 등 약 15종 정도 된다. 그린 소스는 마요네즈에 각종 허브 퓌레를 섞어 만든 것이다. 옛날에는 주로 허브를 많이 넣은 비네그레트를 지칭했다. 이 요리의 현대식 조리법을 개발한 사람은 나폴레옹 3세의 요리사를 역임했고 이어서 파리의 유명 레스토랑 르두아얭(Ledoyen)의 셰프로 일했던 피에르 발베(Pierre Balvay)다. 이 허브 소스 장어 요리는 이 요리사의 브라운 송어 요리와 함께 이 레스토랑의 시그니처 메뉴가 되었다. 그린 버터는 각종 허브를 다져서 버터에 섞은 맛내기 버터의 하나다.

▶ 레시피 : ANGUILLE.

VERT-CUIT 베르 퀴 요리에 사용하는 재료나 서빙하는 음식의 익힘 정도를 나타내는 표현으로 거의 날것에 가깝거나 아주 살짝 익은 상태를 말한다. 오리 피를 추출해 소스에 이용하는 요리인 카나르 오 상(canard au sang)과 멧도요 요리는 대개 베르 퀴로 익혀 서빙한다.

VERT-PRÉ 베르 프레 구운 고기 스테이크에 아주 가늘게 썰어 튀긴 프렌치프라이(pommes paille)와 작은 다발로 뭉친 크레송(물냉이)을 곁들인 요리로, 메트르 도텔 버터를 동그랗고 납작하게 잘라 고기에 얹거나 부드럽게 만든 뒤 작은 소스 용기에 따로 담아낸다. 이 명칭은 또한 흰살 육류, 오리고기, 또는 퍼프 페이스트리로 만든 부셰(에 완두콩, 아스파라거스 윗동, 그린빈스 등의 녹색 채소를 섞어 버터에 슬쩍 버무리듯 볶아 곁들인 요리에도 붙일 수 있다. 그 외에 베르 프레는 닭고기나 생선에 허브를 넣은 그린 소스를 끼얹은 요리를 지칭하기도 한다.

▶ 레시피 : BŒUF, CHOU, CROUSTADE.

VERVEINE 베르벤 버베나. 마편초과에 속하는 식물로 관상용과 약초 품종을 재배한다(**참조** p.451~454 향신 허브 도감). 레몬버베나의 잎과 꽃봉오리는 향이 아주 좋아 오래전부터 차로 우려 마셨고 특히 간과 신장 질환 및 두통에 효능이 있는 것으로 알려졌다. 몇몇 요리사들은 요리를 익힐 때 이 허브를 넣어 향을 내기도 한다.

VERVEINE DU VELAY 베르벤 뒤 블레 1853년에 처음 제조된 오베르뉴 지방의 리큐어로 레몬버베나를 비롯한 약 33종의 식물, 허브, 약초를 20일 정도 와인 오드비에 담가 침출한 뒤 두 번 증류한다. 이어서 오크통에 넣어 8개월간 숙성한 뒤 설탕이나 꿀을 넣어 단맛을 추가한다. 녹색 버베나 리큐어는 알코올 함량이 50%Vol. 황색 리큐어는 40%Vol.이다. 얼음을 넣어 마시거나 다양한 칵테일을 만든다.

VÉRY 베리 라 뫼즈(la Meuse) 출신의 한 젊은 요리사가 파리 튈르리 광장 근처에 오픈한 레스토랑으로 1808년 팔레 루아얄 보졸레 아케이드의 르 그랑 베푸르(Le Grand Véfour) 옆에 새 둥지를 틀었다. 이 식당이 성황을 누렸던 배경에는 빼어난 미모로 유명했던 마담 베리(Véry)의 역할도 한몫했다고 전해진다. 1840년까지 파리에서 가장 인기 있는 레스토랑 중 하나였던 이곳에서는 오르되브르와 디저트를 제외하고 총 27가지 요리를 서빙했다. 발자크가 자신의 출판업자로부터 화려한 식사를 대접받았던 곳도 바로 이 식당이었고 그 당시 메뉴에는 오스탕드산 최고급 굴, 프레 살레 어린 양갈비 요리, 순무를 곁들인 오리 요리, 어린 자고새 로스트, 노르망디산 서대 요리, 과일, 와인과 리큐어가 포함돼 있었다. 1840년대에 베리 레스토랑은 시대의 변화에 뒤처지면서 프리픽스 세트 메뉴를 판매하는 평범한 식당으로 전락했다.

VESSIE DE PORC 베시 드 포르 돼지 방광. 돼지의 오줌보를 지칭하며 요리에서는 주로 닭을 통째로 국물에 삶을 때 껍데기로 사용한다. 신선한 돼지 방광을 굵은 소금과 흰 식초 넣은 물에 담가 두었다가 깨끗이 헹구고 물기를 꼭 짠 다음 사용한다. 닭을 방광 주머니에 넣고 입구를 꿰맨 뒤 국물에 삶아 익힌다. 통통하게 부풀어오른 돼지 방광을 통째로(en chemise) 식탁에 낸 다음 손님들 앞에서 직접 잘라 열면 뜨거운 김과 함께 좋은 풍미가 풍겨 나온다. 닭고기를 차갑게 서빙하는 경우에는 방광 주머니를 열지 않고 그대로 보관한다. 옛날에는 돼지 말린 돼지 방광을 비계 덩어리나 녹인 돼지 기름을 담아두는 그릇으로 사용하기도 했다. 돼지 방광은 아직도 모르타델라와 같은 몇몇 샤퀴트리 제품을 감싸 익히는 용도로 사용하고 있다. 옛날에는 통통하게 공기를 불어 넣은 돼지 방광을 간판에 매달아 샤퀴트리 매장임을 표시하기도 했다.

▶ 레시피 : POULARDE.

VEYRAT (MARC) 마크 베라 프랑스의 요리사(1950, Annecy 출생). 벌목 나무꾼이자 양치기 목동, 스키 강사이자 어머니에게 요리를 배운 독학 요리사였던 베라는 이후 스쿠버다이버 생활을 거친 뒤 아베이 드 탈루아르(Abbaye de Talloires) 호텔 티프나(Tiffenat)의 레스토랑에서 파티시에로 일하게 된다. 라 클뤼자(La Clusaz) 근처 마니고드(Manigod) 언덕에 처음으로 자신의 업장을 오픈한 그는 안시 호수의 안시 르 비외(Annecy-le-Vieux) 쪽 에리당(Éridan)에 새 둥지를 틀었고, 이곳에서 1986년 바로 미슐랭 가이드의 첫 번째 별을, 이어서 1987년 두 번째 별을 획득한다. 이후 베리에 뒤 락(Veyrier-du-Lac)으로 업장을 옮기면서 라 메종 드 마크 베라(La Maison de Marc Veyrat)를 새로 오픈한 그는 1995년 대망의 세 번째 별을 획득한다. 도발적이고 엉뚱한 행동을 서슴지 않으며 언제나 모자를 쓰고 다니는 사부아 출신의 이 셰프는 산악지대의 문화, 희귀한 허브를 찾아 따는 방랑자, 황용담 약초가 사라지는 것을 안타까워했다. 그는 메제브(Megève)에 자신의 두 번째 레스토랑 라 페름 드 몽 페르(La Ferme de mon père)를 열었고 여기에서도 마찬가지로 2007년에 미슐랭 가이드의 별 셋을 받는다. 당근을 곁들인 곤들메기, 타르티플 감자 파이, 야생 아스파라거스(houblon d'eau 라고도 한다)와 육즙 소스를 곁들인 훈제연어에 이어 그는 2000년 액상 타르티플레트 요리를 선보인다. 머리에 모자를 쓰고 요리백과나 허브에 관한 책을 집필하는 이 고산지대의 광적인 요리사는 우리를 끊임없이 놀라게 한다.

VIANDE 비앙드 고기, 육류. 식용으로 소비할 수 있는 포유류나 조류 동물의 근육 부위를 가리킨다. 살의 색에 따라 붉은색 육류(어린 양, 소, 말, 성숙한 양)와 흰색 육류(돼지, 송아지, 토끼, 가금류)로 나누며, 정육용 고기(소, 말, 양, 송아지, 각종 부속 및 내장), 샤퀴트리용 고기(돼지), 가금류와 수렵육 등으로도 분류한다. '살게 하다'는 뜻의 라틴어 비비엔다(vivienda)에서 유래한 이 단어는 옛날에는 모든 음식을 총칭했다. 14세기 타유방이 쓴 요리서 『비앙디에』와 16세기 몽테뉴의 저서에서도 비앙드는 이러한 총괄적인 의미로 쓰였다. 이 단어는 18세기에 이르러서야 점차적으로 동물의 살을 지칭하는 것으로 범위가 좁혀졌고, 이어서 포유류와 조류 동물의 고기만을 특정하게 되었다. 고기와 도축, 분할 절단방식, 소비, 보관방법에 관해서는 여러 가지 의식과 관습이 존재한다. 특히 크리스마스나 부활절 등의 축일 식사에서는 고기 요리가 중요한 자리를 차지한다.

■ **영양학적 가치.** 고기는 얇은 막(콜라겐)으로 둘러싸인 단백질 섬유로 구성돼 있으며 다발로 뭉친 근육을 형성하고 있다(소의 정육율은 내장을 제거한 실제 중량의 3분의 1에 해당한다). 정육으로 소비되는 동물에는 식용 가능한 근육이 약 200여 종 있다. 이들 중 몇몇은 두꺼운 결합 조직인 근막으로 둘러싸여 있다. 각 부위의 용도는 근섬유의 성분과 결합조직의 상태에 따라 결정된다. 이와 같은 기준을 감안해 소고기의 각 부위는 단시간 조리(소테, 그릴, 로스트)로 익히는 부위와 오랜 시간 천천히 익히는(삶기, 조림, 스튜 등) 부위로 나눌 수 있다. 근조직 덩어리는 부위에 따라 각기 다른 양의 지방으로 둘러싸여 있다. 기름이 섞인 마블링 상태의 고기는 특히 지방이 근섬유 사이사이에 고루 분포돼 있는 경우로 페르시에(persillée)라고 칭한다.

고기를 구성하고 있는 성분 중 단백질은 언제나 일정 비율을 차지한다(다듬어 잘라 기름을 제거한 살코기 기준 필수 아미노산을 포함한 단백질 비율은 약 20% 정도 된다). 한편 지방은 동물과 부위에 따라 차이가 많이 난다. 당은 포함돼 있지 않다. 근섬유의 글리코겐이 도축 후 젖산으로 변하기 때문이다. 또한 붉은색 고기는 미네랄(특히 철분과 인)과 각종 비타민이 함유돼 있다. 고기의 지방 함량만큼 중요한 것이 수분 함량이며 일반적으로 약 65~75% 정도 된다. 한편 지방 함유율에 따라 5% 이하인 것은 기름기가 적은 고기(안심), 5~10%는 기름기가 중간 정도인 고기(우둔살), 20% 이상 되면 기름기가 많은 고기(갈빗살)로 분류한다. 고기의 기름은 소고기의 경우 포화지방과 단가불포화지방산, 돼지고기의 경우 단가불포화지방산과 다가불포화지방산으로 이루어져 있다. 고기는 우리 몸에 필수적인 단백질 공급원으로 아주 중요한 식품이다. 식물성 단백질과는 달리 아미노산이 풍부하기 때문이다. 그릴, 소테, 로스트 방식으로 조리한 고기는 비교적 미네랄과 비타민 성분을 잘 보존하고 있다. 날고기의 풍미는 정확하게 표현하기 어려운데, 약간 신맛이 있고 버터 풍미를 연상시키기도 하며 이 맛은 특히 익히는 방법이나 레시피에 따라 달라진다. 고기는 소화 및 체내 흡수가 잘 된다.

■ **품질과 특징.** 도축한 직후의 고기는 온기가 남아 있으며 죽기 전 아직 꿈틀거리는 상태(pantelante)를 유지한다. 이때는 식용으로 소비할 수 없다. 근조직 덩어리가 아직 너무 말랑말랑할 뿐 아니라 수분이 단백질에 강하게 결합돼 있고 젖산이 형성되고 있는 과정이다. 몇 시간이 지나면 사체가 경직돼 근육이 굳는다. 고기의 온도가 떨어져 차가워지면 수의학 검역 담당자들은 혹시 있을 수 있는 프리온 요인(광우병 등)의 검사를 진행한다. 이어서 단시간 조리하는 고기 부위들은 숙성에 들어가며(2°C에서 7일), 이렇게 숙성된 고기는 맛과 식감이 좋아진다. 국물에 삶거나 브레이징 또는 스튜처럼 뭉근히 오랜 시간 익히는 고기 부위들은 더 일찍 사용이 가능하다. 고기를 고를 때는 다음 다섯 가지 요소를 기준으로 판별한다.

● **색깔.** 고기를 구매할 때 가장 첫 번째로 감안해야 하는 기준이다. 육색은 미오글로빈(근육의 붉은 색소) 함량, 동물의 성별, 품종, 연령, 사료 등에 따라 달라진다. 검붉은 살을 가진 황소 고기, 선명하고 짙은 붉은색에 윤이 나는 살과 노르스름한 지방을 가진 소고기, 분홍색 살과 흰색 지방을 가진 송아지고기, 선명한 분홍색 살과 흰색 지방을 가진 어린 양고기, 좀 더 짙은 색 살을 가진 성숙한 양고기, 분홍색 살의 돼지고기 등으로 분류한다.

● **연육도.** 고기를 칼로 자르거나 이로 씹을 때 또는 분쇄할 때 느낄 수 있는 연한 정도, 식감의 정도를 의미한다(부위에 따라 1에서 10레벨로 나눈다). 고기의 연육도는 동물 자체(성별, 연령, 품종), 근섬유 주위를 둘러싼 결합조직의 비율, 도체 처리(적절한 온도의 통풍이 잘 되는 곳에 저장), 숙성 정도, 근육의 유형 및 조리 상태에 따라 달라진다. 국물에 넣어 삶거나 오랫동안 뭉근히 끓이는 브레이징 등의 조리법은 겔 상태의 콜라겐을 가수분해시켜 고기 살을 더욱 연하게 만들어준다.

● **수분 함유율.** 수분과 단백질에 결합강도를 가리키며 신선 정육뿐 아니라 가공육 제품의 pH 정도에 따라 달라지는 요소다.

● **다즙성.** 고기를 씹었을 때 육즙이 흘러나오는 식감을 가리킨다. 풍부한 육즙은 근섬유 사이사이에 분포돼 있는 지방의 존재와 밀접한 관련이 있다(마블링이 있는 고기). 하지만 수분 함량이 높은 몇몇 어린 짐승의 고기(특히 어미젖을 먹고 자란 송아지)도 조리 시 수분이 손실되지 않는다면 이와 같이 육즙이 풍부한 식감을 낼 수 있다.

● **풍미.** 고기의 풍미는 대부분 지방과 조리법에서 나온다. 고기의 품질 등급과 부위별 카테고리(단시간에 조리하는 용도, 오래 익히는 용도)를 혼동하지 말아야 한다. 예를 들어 아주 좋은 품질의 소 볼살로 풍미가 훌륭한 포토푀를 만들 수 있는 반면, 우둔살 스테이크라도 해도 소 자체의 품질이 떨어지는 경우에는 그 맛이 실망스러울 수 있는 것이다.

■ **조리.** 고기의 조리법은 오늘날 크게 단시간 조리와 장시간 조리 두 가지로 나눌 수 있으며, 각각 여러 가지 테크닉을 적용할 수 있다.

● **단시간 조리.** 빠른 시간 안에 고기를 익히는 방법으로, 세 가지 테크닉이 여기에 포함된다.

- 소테(sauter): 연한 부위의 고기를 슬라이스한 다음, 뜨겁게 달군 지방에 넣고 센 불에서 지지듯 익히는 조리법이다.
- 그릴(griller): 연한 부위의 고기를 슬라이스한 다음 숯불이나 그릴팬에 놓고 굽는다(이때 지방의 많은 부분이 흘러나와 제거된다).
- 오븐 로스트(rôtir au four): 고기를 로스터리 꼬챙이에 꿰거나 로스팅 팬에 놓고 오븐에서 굽는다. 약간의 기름을 첨가하기도 하며 익히는 중간중간 기름과 육즙을 고기에 끼얹어준다.

● **장시간 조리.** 약한 불로 천천히 오래 익히는 방법으로, 세 가지 테크닉이 여기에 포함된다.

- 팬에 익히기(poêler): 우선 지방을 두른 팬에 고기를 넣고 센 불에서 지져 색을 낸 다음 자작하게 소량의 국물과 향신 재료를 넣은 뒤 뚜껑을 덮고 익힌다.
- 브레이징(braiser) 또는 뭉근히 오래 익혀 스튜로 조리: 고기에 육수, 와인 또는 맥주, 시드르, 우유 등의 액체를 넣고 약한 불로 오래 끓이는 조리법이다. 고기가 아주 연해진다.
- 삶기(pocher): 채소와 향신 재료를 넣은 많은 양의 액체(주로 물)에 고기를 넣고 푹 익히는 방법을 가리킨다.

고기는 대개의 경우 익혀서 뜨겁게 먹으며, 경우에 따라 차갑게 또는 날 것으로 먹을 수도 있다(카르파치오 타르타르 스테이크 등). 이 경우 허브와 스파이스, 각종 향신 재료를 첨가해 맛을 돋운다. 레어로 익힌 고기는 소화가 아주 잘 되며 본연의 맛과 장점을 그대로 간직하고 있다. 국물에 푹 익힌 고기는 훨씬 더 변화가 많이 일어난다(반면 국물에는 고기의 좋은 풍미가 배어나와 깊은 맛이 난다). 로스트, 그릴 등으로 구운 고기는 향과 맛이 더욱 뛰어나며 고기 애호가들은 국물에 끓인 것보다 이들을 선호하는 경향이 있다.

■ **분쇄육.** 분쇄육은 직접 소비자의 눈앞에서 갈아주는 것을 구입하는 것이 가장 좋다. 경우에 따라 미리 분쇄해 포장해둔 것들도 있으며 냉동제품도 판매된다. 분쇄육의 풍미는 대개 다진 방법에 따라 달라진다. 고기를 너무 많이 짓이긴 경우 육즙이 일부 손실된다. 분쇄육에는 일정량의 지방이 포함될 수 있다. 타르타르 스테이크(steak tartare)는 기름이나 힘줄 등을 완전히 발라낸 순 살코기만을 다져서 만든다. 타르타르 스테이크와 분쇄육을 패티처럼 뭉쳐 기름에 지져낸 스테이크(비토케, 햄버그 스테이크 등) 이외에도 미트볼, 스터핑 혼합물, 페이스트리로 감싼 미트파이(friands), 다진 고기로 만든 핫도그 소시지(fricadelles), 고기 완자 튀김(fritots), 아시 파르망티에(hachis parmentier), 미트로프 등 다진 고기를 이용한 요리는 매우 다양하다.

■ **보관.**

- 최대한 낮은 온도로 얼리거나 냉장하는 방법이 효과적이다.
- 기름에 넣고 약한 불로 익힌 뒤 식혀서 냉장고에 넣어두는 것 또한 좋은 보존 방법으로 거위나 오리 콩피 또는 돼지고기 등을 이 방법으로 보관한다.
- 고대부터 사용되어 온 염장 보관법은 날고기에 적용할 수 있다. 돼지고기(petit-salé, salaison), 소고기(염장 우설, 소 염장육 등) 모두 염장법을 사용한다.
- 훈연 방식은 주로 돼지고기와 샤퀴트리, 가금류에 적용하는 보존 방법이다. 소고기는 훈연으로 인한 맛의 변화를 잘 견디지 못하는 편이지만 전통적으로 몇몇 부위는 훈연 처리하여 보관하기도 했다.
- 말려서 보관하는 방식은 공기가 건조하고 깨끗한 지역에서 많이 행해진다. 소고기를 염장, 훈제한 뒤 말린 쥐라산맥의 브레지(brési), 스위스의 그리종(viande des Grisons, Bündnerfleisch), 남미의 차르키(charqui), 중동 지방의 파스티르마(pasterma), 남아프리카의 빌통(biltong)을 대표적으로 꼽을 수 있다. 북미의 원주민 인디언들은 아메리칸 들소나 물소의 고기를 말려서 오랫동안 보존할 수 있는 페미칸(pemmican)을 만들었다.
- 동결 건조 방식은 최근에 많이 사용하는 방식이다. 얇게 썰어 층층이 놓은 고기를 냉동시킨 뒤 수분을 고체 상태에서 바로 기화시켜 제거한다.
- 음식을 열처리 살균해 통조림을 만드는 방식은 오늘날 익힌 고기 또는 고기 조리식품 등을 보관하는 방법으로 널리 사용된다. 젤리화하여 굳힌 소고기, 콘비프뿐 아니라 뵈프 부르기뇽, 블랑케트, 도브 등의 스튜 타입 조리 음식들도 통조림 또는 병조림 제품으로 나와 있다.

▶ 레시피 : CANNELLONIS, COUSCOUS, GELÉE DE CUISINE, GLACE DE CUISINE, MARINADE, PAIN DE CUISINE, SALPICON, SAUCE, VELOUTÉ.

VIARD 비아르 앙드레 비아르. 19세기의 프랑스 요리사. 『황실의 요리사 또는 다양한 예산으로 20인에서 60인에 이르는 손님 접대용 요리와 파티스리를 만드는 기술(*le Cuisinier impérial, ou l'Art de faire la cuisine et la pâtisserie pour toutes les fortunes, avec la manière de servir une table depuis vingt juqu'à soixante couverts*)』(1806)이라는 제목의 요리서를 펴낸 저자다. 요리사 비아르의 이 저서는 연이어서 최소 32쇄 이상 재출간되었으며 당시의 정치적 상황에 따라 각기 다른 제목으로 선보였다. 왕정복고시대였던 1817년에는 『왕실의 요리사(*le Cuisinier royal*)』이라는 타이틀로 출간되었고, 여기에는 피에르위그(Pierhugue)가 집필한 와인 관련 챕터가 추가되었다. 1852년에 출간된 제22쇄 판은 『도시와 시골의 국민 요리사(*le Cuisinier national de la ville et de la campagne*)』라는 제목으로 소개되었고 저자명에는 비아르(Viart라고 표기돼 있음), 푸레(Fouret), 델랑(Délan)이 포함되어 있었다. 1853년 이 책은 다시 『도시와 시골의 황실 요리사(*le Cuisinier impérial de la ville et de la campagne*)』로 바뀌었으며 베르나르디(Bernardi)가 집필한 200가지 항목이 추가되었다.

VICAIRE (GABRIEL) 가브리엘 비케르 프랑스의 시인(1848, Belfort 출생 —1900, Paris 타계). 1884년에 출간된 시집 『브라스의 색채(*Émaux bressans*)』에서 그는 자신이 살고 있던, 요리로 아주 유명한 고장인 브레스를

찬양했다. 그는 또한 미식 평론에 관한 글을 집필하기도 했다

VICAIRE (GEORGES) 조르주 비케르 프랑스의 학자, 책 수집가, 서적통(1853, Paris 출생—1921 Chantilly 타계). 시인 가브리엘 비케르(Gabriel Vicaire)의 사촌인 그는 총 8권으로 이루어진 『19세기 책 애호가 교본(*Manuel de l'amateur de livres au XIXe siècle*)』과 인쇄업자 발자크에 대한 연구서를 저술하였다. 특히 그는 자신의 책 『미식 서적 목록(*Bibliographie gastronomique*)』(1890)을 통해 요리서적 수집가들에게 널리 알려진 인물이었다. 이 저서에서 그는 최초의 인쇄가 시작된 이후로 1890년까지의 미식과 요리에 관한 책 약 2,500여 권을 소개하고 있다.

VICHY 비시 당근을 동그랗고 얇게 썬 다음 물(약간의 설탕과 식소다 또는 비시 소금을 넣는다)을 넣고 약한 불로 가열해 물이 전부 스며들 때까지 익힌 요리의 이름이다. 비시 당근 요리(carotte Vichy, carotte à Vichy)는 차가운 버터와 파슬리를 곁들여 서빙한다. 또한 송아지갈비, 치킨 소테에 가니시로 곁들여내면 아주 잘 어울린다. 고기나 닭을 지진 팬을 송아지 육수나 닭 육수로 디글레이즈해 만든 소스를 끼얹어 서빙한다.

▶ 레시피 : CAROTTE.

VICHYSSOISE 비시수아즈 리크(서양 대파)와 감자로 만든 뒤 생크림을 넣어 부드럽고 걸쭉하게 농도를 맞춘 수프로 잘게 썬 차이브를 뿌려 차갑게 서빙한다. 더 확장된 의미로, 각종 채소(주키니 호박 등)와 감자로 만든 차가운 크림수프를 모두 비시수아즈라 칭하기도 한다.

vichyssoise 비시수아즈

차가운 리크 감자 수프 : 리크의 흰 부분 150g을 얇게 송송 썬다. 껍질 벗긴 감자 250g을 일정한 크기로 썬다. 냄비에 버터 50g과 리크를 넣고 뚜껑을 덮은 뒤 색이 나지 않게 익힌다. 이어서 감자를 넣고 잘 저어 섞는다. 물 1.75ℓ를 붓고 소금, 후추, 부케가르니를 넣은 뒤 끓을 때까지 가열한다. 30~40분간 끓인다. 감자를 건져낸 다음 리크를 블렌더에 넣고 간다. 감자를 넣고 재빨리 블렌더로 갈아 혼합한 다음 모두 다시 냄비에 넣고 생크림을 최소 200g 첨가한다. 규칙적으로 잘 저어주며 다시 끓을 때까지 가열한 뒤 불을 끈다. 식힌 다음 냉장고에 한 시간 동안 넣어둔다. 수프용 볼에 담고 잘게 썬 차이브를 뿌려 서빙한다.

vichyssoise de champignons à l'angélique ▶ CHAMPIGNON DE PARIS

VICTORIA 빅토리아 영국과 아일랜드의 빅토리아 여왕(1819—1901)에게 헌정되었던 다양한 요리와 소스에 붙인 이름으로 화려하고 고급스러운 재료와 정교한 조리법이 공통적인 특징이다. 빅토리아라는 이름이 붙은 바르케트와 부셰, 서대 필레 요리, 수란 또는 반숙 달걀이나 소 재료를 채운 오믈렛 등에는 공통적으로 다양한 소스에 버무린 랍스터 살과 송로버섯 살피콩이 포함된다. 가리비 껍데기에 생선살을 넣어 그라탱처럼 익힌 코키유 드 푸아송 빅토리아(coquilles de poisson Victoria)에는 양송이버섯과 송로버섯이 들어가며 낭튀아 소스를 끼얹고 얇게 썬 송로버섯을 얹어 장식한다. 빅토리아 샐러드는 주사위 모양으로 썬 오이, 잘게 깍둑 썬 스파이니 랍스터 살, 얇게 썬 셀러리악, 아티초크 속살, 얇게 썬 사과를 혼합해 만들며 가늘게 썬 송로버섯을 첨가하고 핑크색 마요네즈 소스로 드레싱한다. 서빙 사이즈로 조리한 고기 스테이크에 주로 곁들이는 빅토리아 가니시는 버섯 퓌레를 채운 뒤 그라탱처럼 구운 작은 토마토와 세로로 등분한 뒤 버터에 넣고 색이나지 않게 익힌 아티초크 속살로 구성된다. 이때 소스는 해당 스테이크 고기를 지진 팬에 마데이라 와인이나 포트와인을 부어 디글레이즈한 다음 리에종한 송아지 육수를 넣고 끓여 만든 뒤 고기에 끼얹어 서빙한다. 빅토리아 소스는 요리에 따라 달라지는데, 포칭한 생선 요리에 곁들이는 경우 화이트와인과 랍스터 버터, 잘게 썬 랍스터 살과 송로버섯으로 만들며, 덩치가 큰 수렵육 용으로는 에스파뇰 소스(sauce espagnole)에 포트와인과 레드커런트 즐레, 오렌지즙과 향신료를 더한 소스를 가리킨다

봉브(bombe) 빅토리아는 반구형 틀에 딸기 아이스크림을 발라 깔고 키르슈에 절인 당절임 과일을 섞은 바닐라 아이스크림(glace plombières)을 채워 얼린 아이스크림 케이크의 일종이다. 빅토리아 케이크는 향신료와 설탕이 많이 들어간 크리스마스 푸딩의 일종으로 건포도 대신 당절임 체리를 넣어 만든다.

VIDELER 비들레 얇게 민 반죽의 가장자리를 조금씩 들어 올리며 둘레를 만들어주는 작업이다. 반죽 시트 바깥쪽에서 안쪽으로 빙 둘러 접어 말아 올리며 테두리를 만들어주면 가운데에 채워 넣는 내용물을 지탱하는 역할을 할 수 있다. 베이킹 링 안에 시트를 채워 굽는 타르트나 파이틀에 시트를 깔고 굽는 투르트 등을 만들 때 이와 같이 둘레를 접어 만들며, 쇼송 오 폼의 가장자리를 감치듯 말아 올려 봉하는 것도 이에 해당한다. 특히 뚜껑 반죽을 덮어 굽는 투르트(tourte)의 경우는 시트 둘레와 잘 눌러 붙여 접합한다.

VIDE-POMME 비드 폼 애플 코어러(apple corer). 손잡이가 달린 금속 소재의 둥근 홈이 팬 길쭉한 소도구로 끝부분은 약 3~4cm 길이의 링 모양으로 되어 있다. 이 도구는 사과를 통째로 익히거나 슬라이스로 잘라 튀김을 만들기 전, 씨와 속 부분을 동그란 기둥 모양으로 찍어 도려낼 때 사용한다.

VIDER 비데 비우다. 생선이나 가금류 또는 수렵육를 손질하여 준비하는 과정 중 하나로 내장을 빼내는 작업을 뜻한다.

- 일반적으로 내장이 일부 제거된 상태로 판매되는 바다생선은 수염이나 지느러미를 잘라내고 비늘을 제거하거나 회색 껍질을 벗겨내야 한다. 몸이 통통한 생선(대구)의 경우는 배쪽에 칼집을 낸 뒤 내장을 빼낸다. 더 작은 크기의 생선 또는 1인당 한 마리씩 서빙되는 생선(명태, 송어 등)의 경우는 배를 절개하지 않고 아가미 쪽으로 내장을 빼낸다(등쪽을 갈라 속을 채워 조리하는 경우는 제외). 크기가 크고 납작한 생선(광어, 넙치)은 검정색 껍질을 가진 쪽에서 내장을 제거한다. 납작한 생선 중 1인당 한 마리씩 서빙되는 서대의 경우에는 오른쪽 면에 칼집을 낸 뒤 내장을 빼낸다. 일반적으로 아가미는 제거한 뒤 사용한다. 내장을 제거한 생선은 물로 꼼꼼하게 씻는다.
- 가금류는 대개 내장을 제거한 상태로 판매한다. 내장 제거 작업은 가금류 몸통을 토치로 그슬려 잔털이나 깃털 자국 등을 제거하고 불필요한 끝부분을 잘라낸 다음 이루어진다. 우선 목 부분의 껍질을 살과 분리하는 작업부터 시작해 소화기관, 호흡기관, 기름과 림프절 그리고 가슴 혹을 제거해낸다. 이어서 검지를 목 쪽으로 집어넣어 허파를 내벽에서 분리한다. 항문 쪽을 조금 넓게 벌려서 염통, 허파, 모래주머니와 간을 한 번에 잡아 빼낸다(쓸개주머니가 터지지 않게 주의한다). 이렇게 내장 제거를 마치면 로스트용으로 묶거나 날것 상태로 토막 내어 조리를 할 수 있다.

VIEILLE 비에유 놀래기 과에 속하는 바다생선으로 입술이 두껍고 이빨이 나 있다(**참조** p.674~677 바다생선 도감). 길이는 30cm를 넘지 않으며 녹색과 붉은색이 주를 이루는 화려한 색깔을 갖고 있고 황금색으로 반사된다. 살은 무른 편이며 특별한 맛은 없다.

- 영불해협과 대서양에 서식하는 진주 빛 놀래기 비에유 페를레(vieille perlée)는 가장 많이 잡히는 종류이고 맛이 아주 좋으며 주로 오븐에 조리한다.
- 갸름한 모양의 초록 놀래기(labre vert)와 크기가 좀 더 작고 다부진 모양의 갈색 놀래기(merle)는 지중해에서 잡히는 작은 어종으로 부야베스를 만드는 데 들어간다.
- 바위가 많은 해저 도처에서 낚시할 수 있는 삐꾸기 놀래기(coquette) 또한 각종 생선 수프를 만드는 데 사용된다.

자크 르 디벨렉(JACQUES LE DIVELLEC)의 레시피

vieilles aux pommes de terre 비에유 오 폼 드 테르

감자를 곁들인 놀래기 : 염장 베이컨 250g을 끓는 물에 데쳐 낸 뒤 얇게 썬다. 샬롯 150g의 껍질을 벗기고 얇게 썬다. 감자 1kg의 껍질을 벗겨 얇게 슬라이스 한 다음 물에 씻어 건져 수분을 닦아낸다. 오븐용 용기에 돼지 기름 라드를 바른 뒤 베이컨과 감자를 켜켜이 교대로 놓고 사이사이 샬롯을 뿌린다. 소금, 후추로 간한다. 화이트와인 500mℓ를 붓고 200°C 오븐에서 30분간 익힌다. 각 400g 짜리 놀래기 4마리를 준비해 비늘을 긁어내고 소금, 후추로 겉과 안쪽을 문질러 준다. 오븐 용기의 감자 위에 이 생선을 얹고 라드를 조금씩 잘라 위에 뿌린 다음 오븐에서 10분간 익힌다. 생선을 뒤집어 준 다음 5분간 더 익힌다. 오븐 용기 그대로 아주 뜨겁게 서빙한다.

VIEILLISSEMENT 비에이스망 와인이 더욱 좋은 맛과 향을 내도록 묵혀두는 것을 의미한다. 이러한 통제된 숙성 작업은 공기 중 산소와의 접촉을 어느 정도 피한 상태에서 이루어지며 부르고뉴, 보르도, 코트 뒤 론 지방의 클래식 화이트, 레드와인의 경우가 이에 속한다. 주정강화 스위트 와인이나

병 존처럼 지속적인 산소 접촉을 통해 이루어지기도 한다. 지나치게 오래 보관하면 산화되어 품질이 떨어질 수 있다.

VIENNOISE (À LA) 아 라 비에누아즈 비엔나식의. 송아지고기나 닭가슴살, 또는 생선 필레를 에스칼로프로 잘라 밀가루, 달걀, 빵가루를 입혀 튀기듯 지진 요리로 삶은 달걀 다진 것(흰자, 노른자 분리), 파슬리, 케이퍼, 동그랗게 슬라이스한 레몬을 곁들이고 소금기를 뺀 안초비를 두른 올리브를 한 개 얹어 서빙한다. 갈색이 나도록 녹인 버터를 따로 용기에 담아 함께 낸다. 이 요리는 정통 비엔나식 커틀릿인 비너 슈니첼(Wiener Schnitzel)을 프랑스식으로 응용한 것이다. 비너 슈니첼은 송아지고기나 소고기를 얇고 넓적하게 자른 슬라이스에 밀가루, 달걀, 빵가루 튀김옷을 입힌 뒤 돼지기름에 튀기듯 지져 익힌 것으로 레몬 슬라이스와 감자 샐러드 또는 그린 샐러드와 감자 소테, 감자 퓌레 등을 곁들인다. 그 외에 영계나 토막 낸 닭고기에 튀김옷을 입혀 지지거나 튀긴 요리에도 이 명칭을 붙인다. 주로 큰 덩어리로 서빙하는 고기 요리에 곁들이는 비에누아즈 가니시에는 튀긴 국수로 만든 셀에 시금치를 채운 것과 브레이징한 셀러리, 물에 삶은 감자가 포함된다.

▶ 레시피 : BEIGNET, CAFÉ (BOISSON), CROQUETTE, KLÖSSE, NOQUE, VEAU.

VIENNOISERIE 비에누아즈리 설탕, 달걀과 버터를 넉넉히 넣은 발효 반죽으로 만든 모든 종류의 제빵 제품을 총칭하는 용어로 브리오슈, 크로아상, 팽 오 레, 팽 오 레쟁, 팽 오 쇼콜라 등이 이에 해당한다. 주로 아침식사나 간식으로 즐겨 먹는 이 작은 빵들은 일반적으로 페이스트리 반죽을 담당하는 제빵사(tourier)가 만든다. 경우에 따라 냉장 장치가 갖추어진 작업대에서 파이롤러를 사용해 반죽을 만든다.

VIÊT NAM 비에트남 베트남. 베트남의 요리는 중국, 인도, 프랑스로부터 많은 영향을 받았으나 자신의 고유한 독창성 또한 잘 간직하고 있으며 이것은 이 나라의 문화, 지리적 환경, 농업 전통과 밀접한 연관을 맺고 있다.

■ **쌀의 왕국.** 베트남의 평야지대에서 대량으로 재배되는 쌀은 인간을 먹여 살린다는 중요한 의미를 지닌 식품으로 신과 조상에게 바치는 다섯 가지 헌물 중 하나다. 대개 다른 재료와 혼합하여 사용하는 찹쌀이나 향이 있는 베트남 북부 지방의 특산물인 장립종 쌀(gao tam thom) 등의 쌀은 유럽인들의 식탁에 빠질 수 없는 빵과 같은 역할을 한다. 밥에 여러 가지 요리를 곁들여 먹거나, 쌀로 빵이나 떡 또는 국수를 만들어 먹기도 하며 유명한 월남쌈용 라이스 페이퍼를 만들기도 한다. 이 쌀피는 물에 살짝 적셔 말랑말랑하게 한 다음 속재료를 넣고 말아 프레시 스프링 롤을 만들거나 튀겨서 넴(nem)을 만들기도 한다. 언제나 아름다운 요리 플레이팅에 정성을 다하는 베트남 사람들은 음식에 향신료와 허브 및 양념을 많이 사용한다(마늘, 딜, 바질, 쪽파, 레몬그라스, 고수, 샬롯, 생강, 민트, 양파, 라우람, 고추, 후추 등). 그 외에도 베트남식 새우젓인 맘 톰(mam tôm)과 투옹(tuong), 느억 투옹(nuoc tuong), 그리고 거의 모든 요리에 사용하는 액젓인 느억맘(nuoc mâm) 등의 독특하고 개성 있는 소스를 많이 사용한다. 생선에 소금을 넣고 발효시킨 액젓인 느억맘 소스는 질산 함유량에 따라 품질이 여러 등급으로 나뉜다.

■ **여러 가지 요리로 이루어진 식사.** 한끼의 식탁 위에 여러 가지 요리를 올리는 것은 동남아 전 지역에서 아주 일상적인 일이다. 수프는 전통의 일부이다. 가장 유명한 하노이의 수프인 포(Pho)는 채소와 소고기 또는 닭고기를 오래 끓여 만든 국물이다. 하지만 가장 대중적으로 즐겨 먹는 수프는 차오(chao)라고 부르는 묽은 쌀죽이다. 물과 쌀을 기본 재료로 끓이는 미음과 비슷한 차오는 담백하고 가벼워 특히 환자들을 위한 식사로 적합하다. 또한 닭 육수 등으로 끓인 수프에는 종종 상추, 숙주나물, 민트, 고수, 쪽파 등을 넣어 먹는다. 주로 가볍게 볶거나(sao) 뭉근하게 익혀(ca bung) 먹는 채소(가지, 버섯, 주키니 호박, 공심채, 토마토 등) 요리는 단일 요리로 또는 다른 음식에 곁들여 먹는다.

■ **생선과 고기.** 베트남에서 생선, 조개류, 갑각류 해산물은 고기만큼이나 자주 먹는 식재료다. 이들은 일반적으로 증기로 찌거나 소금, 느억맘 소스, 캐러멜화한 설탕을 넣고 오랫동안 뭉근히 익히는 코(kho)라는 방식으로 조리한다. 하지만 가장 많이 먹는 것은 돼지고기이다. 베트남에서 소고기는 일하는 가축으로 우선시된다. 돼지 앞다리와 뒷다리는 짜 루어(jio lua)를 만드는 주재료다. 이것은 곱게 갈아 만든 돼지고기 페이스트를 신선한 바나나잎으로 싸서 물에 익힌 것으로 작게 썰어 아페리티프로 먹거나 뷔페의 메뉴로 서빙한다. 돼지고기는 분쇄육으로 또는 아주 얇게 썰거나 작은 주사위 모양으로 썰어 센 불에 볶아 먹는다. 또는 향신료와 허브 등을 넣은 양념에 재웠다가 바비큐로 구워먹기도 한다. 이렇게 다양한 조리법은 소고기와 닭고기에도 마찬가지로 적용된다. 질긴 고기(소고기와 닭의 몇몇 부위 등)는 주로 생강으로 향을 내고 몇 시간 동안 뭉근히 익혀 조리한다(hâm). 베트남식 샤브샤브인 니응 담(nhung dâm)은 고기, 생선, 갑각류 해산물, 채소 등을 다양하게 넣어 익혀 먹는 푸짐한 요리로 여러 사람이 둘러앉아 즐긴다. 식초를 넣은 국물을 끓이면서 재료를 넣어 익혀 먹는 요리로 고기는 잠깐만 담가 살짝 익혀 먹는다.

■ **과일과 디저트.** 베트남에는 다양한 기후만큼이나 많은 종류의 과일들이 풍성하다. 살구, 파인애플, 바나나, 두리안, 구아바, 감, 리치, 만다린 귤, 망고스틴, 망고, 자몽, 파파야, 복숭아, 람부탄, 사포테 등이 대표적이다. 주로 디저트로 즐겨 먹으며, 짭짤한 요리에도 넣어 맛을 풍부하게 한다. 또한 찹쌀가루로 만든 달콤한 떡 과자 종류도 즐겨 먹으며(월병의 일종인 banh deo, 연심 페이스트를 채워넣은 banh côm) 옥수수와 연심으로 만든 디저트인 체(che)와 두유 푸딩도 아주 인기가 많다.

■ **음료와 술.** 차는 베트남에서 가장 많이 마시는 음료이다. 하지만 베트남 사람들은 식품을 끓인 국물인 칸(canh) 또한 즐겨 마신다. 베트남 현지에서 제조되는 유일한 술은 쌀로 만든 증류주 루어 데(ruou dê)로 알코올 함량은 50~60%Vol.이다.

VIGNERONNE (À LA) 아 라 비뉴론 포도, 포도나무 또는 가을 음식과 관련이 있는 요리를 지칭한다. 아 라 비뉴론 샐러드(salade à la vigneronne)는 민들레잎(또는 마타리 상추)과 바싹 볶은 베이컨을 섞은 뒤 호두 기름으로 드레싱한 것으로 베이컨을 볶은 팬을 디글레이즈한 식초를 한 줄기 넣어 새콤한 맛을 돋운다. 아 라 비뉴론 작은 새 요리는 일반적으로 포도알갱이를 넣고 코코트 냄비에 익힌다. 아 라 비뉴론 달팽이 요리는 껍데기를 벗긴 뒤 달팽이 살을 마늘과 샬롯에 볶은 뒤 잘게 썬 차이브를 넣은 튀김 반죽을 입혀 튀긴 요리다.

▶ 레시피 : COMPOTE, JÉSUS, PERDREAU ET PERDRIX.

VILLAGEOISE (À LA) 아 라 빌라주아즈 흰색 살 육류 또는 삶은 닭고기에 빌라주아즈 소스를 곁들인 요리를 가리킨다. 이 소스는 베샤멜 소스에 색이 나지 않게 버터에 볶은 양파와 흰색 송아지(또는 닭) 육수, 버섯을 익히고 남은 즙을 섞은 뒤 체에 거르고 달걀노른자로 리에종한 다음 마지막에 버터를 넣어 섞은 것이다. 또는 볶은 양파를 넣은 밝은 색의 블루테 소스에 달걀노른자와 생크림을 넣고 걸쭉하게 리에종한 뒤 버터로 마무리한 소스를 가리키기도 한다. 그 외에도 리크 콩소메에 가는 파스타 등을 넣은 수프를 빌라주아라 칭하기도 한다.

VILLEROI 빌르루아 빌르루아 소스. 아 라 빌르루아(à la Villeroi)라고 불리는 여러 요리 재료에 사용되는 소스로 재료에 발라 씌운 뒤 달걀과 빵가루를 입혀 기름에 튀긴다. 부속이나 내장 꼬치튀김, 해산물 꼬치튀김, 생선 토막, 송아지 흉선, 토막 낸 닭고기나 양갈비 등을 이와 같은 방법으로 조리할 수 있으며 토마토 소스, 디아블 소스, 샤쇠르 소스, 버섯 소스 등을 곁들여 낸다. 빌르루아 소스는 알르망드 소스(고기 요리에 곁들이는 용으로는 고기 육수 베이스, 생선용으로는 생선 육수 베이스)에 흰색 육수와 버섯 즙을 넣고 졸인 것으로 경우에 따라 송로버섯 에센스, 토마토 퓌레나 양파 퓌레를 첨가하기도 한다. 혹은 알르망드 소스에 송로버섯, 다진 버섯이나 미르푸아를 첨가한 것을 가리키기도 한다.

▶ 레시피 : ATTEREAU (BROCHETTE), BROCHETTE, MOULE, SAUCE.

VIN 뱅 와인, 포도주. 포도즙으로 만든 술로 포도의 당분이 발효과정을 통해 알코올로 변화한 것이다. 레드, 로제, 화이트로 분류되는 와인은 서양 문화에 있어 아주 친밀하고 익숙한 분야이다. 와인은 처음 생겨난 이후로부터 종교예식은 물론이고 각종 행사나 축제에 빠지지 않는 중요한 위치를 차지하고 있다.

■ **역사.** 와인의 기원에 대해서는 여러 전설과 역사가 설명하고 있다. 중세에 제3기시대 초의 것으로 추정되는 화석에서 그 흔적이 발견된 포도나무(Vitis vinifera)는 다루기 힘든 덩굴 식물의 하나였다. 하지만 최초로 포도를 재배한 사람들은 나무를 가지치기하여 더욱 크고 굵은 포도 알갱이

를 수확하는 방법을 연구해냈고 마침내 포도주를 만들게 되었다. 바쿠스가 와인을 발명한 것은 아니다. 와인이 처음 탄생한 것은 아마도 기원전 5,000~6,000년 중동지방으로 추정되며, 수 세대에 걸쳐 내려오는 경험과 기술을 통해 이루어진 것으로 전해진다. 포도주는 점점 서방 유럽과 지중해로 퍼져나갔고 이들의 위대한 문명은 포도나무 재배와 양조 기술을 발전시키는 데 크게 기여했다. 메소포타미아 우르(Our)에서는 신에게 포도주를 봉헌하는 장면이 그려진 벽화가 발견되었으며, 이집트 사람들은 이미 기원전 3,000여 년에 장례예식에서 포도주를 사용했다고 전해진다. 성경에서도 와인을 암시하는 장면이 다수 등장한다. 호메로스 시대에는 와인이 이미 흔하게 소비되었으며, 일리아드 오디세이에도 등장한다. 그리스인의 이주 반경이 넓어짐에 따라 포도나무는 시칠리아와 캄파니아 주까지 활로를 넓혔고, 이후 고대 로마인들은 자신들의 거대한 제국 전역에 포도나무를 심었다. 포도나무 재배가 활발해졌고 질 좋은 포도를 수확하면서 포도 재배뿐 아니라 양조 방법에 있어서도 괄목할 만한 발전을 이루었다. 이후 프랑스 영토가 되는 지역의 포도밭은 갈리아인 덕에 행복한 시기를 맞이한다. 갈리아인들은 최초로 술통을 발명해 냈으며 이것은 고대의 술 항아리인 암포라를 대신하게 되었다. 오랫동안 로마인들의 전유물이었던 포도주는 중세 초부터 기독교인들이 관할하기 시작했고 수도사들은 포도주의 가장 큰 포교자가 되었다. 예배에 사용되는 포도주는 프랑스의 유명 포도밭, 특히 부르고뉴 지방에서 온 것들이었고 이는 모두 시토 수도회 덕분이었다.

남부 지역 보르도 포도원의 성공은 영국인과 지롱드 와인을 좋아하던 네덜란드인들 덕분이었다. 17세기에 이 포도밭은 더욱 확장되어 메독(Médoc) 지방의 훌륭한 토양을 발견하기에 이르렀으며, 이곳에서 세계적으로 사랑받는 포도주가 생산되기 시작한다. 또한 유리 제작 기술도 발달하여 더욱 튼튼하고 안전한 포도주 병을 만들 수 있게 되었고, 와인 수출은 괄목할 만한 발전을 이루게 된다. 하지만 1864년부터 아메리카에서 건너온 필록세라 병으로 인해 프랑스 포도밭이 초토화되면서 심각한 타격을 입었다. 어떠한 치료로도 효과를 보지 못하던 와중에 유일하게 찾은 기적적인 해결책은 이 전염병에 견딜 수 있는 미국 품종 대목과 프랑스 포도나무를 교배하는 것이었다. 느린 속도이긴 했지만 포도밭은 점차 회복되었고 오늘날에는 약 884,000헥타르에 이르는 포도밭에서 연간 5,500만 헥토리터의 와인이 생산되고 있다. 와인은 원산지와 품질 등급에 따라 4개의 카테고리로 분류된다.

- AOC (APPELLATIONS D'ORIGINE CONTRÔLÉES). 원산지 통제 명칭. 20세기 초에 제정된 인증 제도로 1935년부터 국립 원산지 명칭 기구에서 관장한다. 각 와인은 포도밭 구획 경계, 포도나무 품종, 재배와 양조 방식, 와인의 성분 분석에 따라 등급 부여가 정해된다. 시음 테스트를 거쳐 선별되는 AOC 와인에는 프랑스 최고의 와인들이 포진해 있다. AOC는 한 지역(부르고뉴)이나 마을(Meursault) 또는 한 특정 종류의 크뤼(romanée-conti)에 적용할 수 있다(**참조** p.921~926 와인 아펠라시옹 분류).
- AOVDQS (APPELLATIONS D'ORIGINE VINS DÉLIMITÉS DE QUALITÉ SUPÉRIEURE). 원산지 명칭 우수 품질 지정 와인. 이 원산지 명칭 와인들은 AOC보다 잠재력이 적은 지역에서 생산된 것으로, 한 단계 낮은 등급이다.
- VINS DE PAYS. 뱅 드 페이. 지역 등급 와인. 와인 분류의 세 번째 등급으로 이에 해당하는 와인들은 수확량, 특정 포도품종의 사용, 알코올 함량이나 휘발산도 등에 관한 특별 규정을 준수해야 한다. 이 와인들의 품질관리는 국립 와인 동업자 협회에서 담당한다.
- VINS DE TABLE. 뱅 드 타블. 일상적으로 많이 소비하는 이 와인들은 알코올 함량(최소 8.5~9%Vol.)과 산도, 포도품종에 관한 몇몇 정확한 표준만 준수하면 된다. 프랑스 테이블 와인뿐 아니라 유럽의 다른 국가에서 온 와인과 혼합한 경우에는 유럽연합 와인으로 유통되기도 한다.

■ **제조.** 화이트, 로제, 레드와인은 그 색깔에 따라 각기 다른 양조 기법이 요구된다. 대부분의 경우 레드와인을 만들 때는 포도 알갱이를 딴 다음 가볍게 짓이겨 즙의 일부가 흘러나오게 한 뒤 탱크에 넣어 발효한다. 효모균의 작용에 의해 설탕이 알코올로 변화하는 시간은 포도밭 특성과 와인에 부여하고자 하는 유형에 따라 6일~몇 주 소요된다. 이 기간 동안 포도 껍질과 즙이 침출되면서 레드와인의 색깔과 타닌을 제공한다. 화이트와인은 청포도 또는 레드와인 양조용 포도의 껍질을 제거한 흰색 즙으로 만든다. 화이트와인을 양조하는 방법에는 여러 가지가 있다. 가장 일반적인 방식은 포도알갱이를 떼어내 압착하고 즙을 바로 통에 넣은 뒤 효모를 첨가해 발효시키는 것이다. 몇 년 전부터 최대한의 향을 추출해 내기 위해 포도 껍질을 침출하여 미리 발효하는 방법이나 고급 와인 양조에 주로 사용하는 오크통 발효 방식 등 새로운 기술들이 발전했다. 로제와인은 레드와 화이트와인 양조의 중간에 해당하는 방식에 따라 만들어진다. 레드와인 품종 포도를 직접 압착해 만들거나 압착하기 전 몇 시간 동안 침출한 다음 양조한다. 지역에 따라 와인은 단일 포도품종(부르고뉴의 샤도네 또는 피노 누아)으로 만들기도 하고 보르도 지역처럼 여러 품종을 블렌딩하기도 한다. 오직 최고급 와인들만이 오크통에서 숙성되며 이를 통해 섬세하고 우아한 풍미를 지니게 된다.

■ **저장실의 선택.** 와인 저장실이나 지하 창고를 뜻하는 카브(cave)는 와인의 천연 서식지라고 할 수 있다. 와인은 종류에 따라 양조한 뒤 단기간 안에 마실 수 있는 것도 있고, 진가가 나타나려면 몇 년간 보관이 필요한 것들도 있다. 현대식 건물에서는 와인을 보관해 두기 위한 항시적인 이상적 환경을 갖추기가 쉽지 않다. 와인은 일반적으로 지나친 열, 습도, 과도한 건조함, 진동, 냄새 등의 극한 환경을 이겨내진 못하지만 그리 쉽게 손상, 변질되지는 않는다.

하지만 좋은 와인 저장실이라면 와인을 최적의 상태로 보관하는 데 필요한 몇몇 조건을 갖추어야 한다. 우선 지하의 어두운 곳이 좋다. 빛은 와인을 너무 빨리 노화시킬 수 있기 때문이다. 또한 충분한 습도(70%)를 유지해야 코르크 마개가 마르지 않게 보관할 수 있다. 온도는 연중 12~15°C를 유지해야 한다. 와인을 건강한 상태로 유지하기 위해서는 지하실에 페인트나 채소, 종이 박스 등 강한 냄새를 발산하는 것들은 함께 두지 않아야 한다. 이들 냄새가 코르크 마개에 스며들어 와인에 영향을 줄 수 있다. 흔들림의 충격은 비록 강도가 세지 않아도 와인의 가장 큰 적이 된다. 이를 해결할 수 없을 때에는 진동을 최대한 줄일 수 있는 제동장치 위에 설치된 칸막이식 셀러를 사용해 와인에 최적화된 온도와 습도 환경을 제공할 수 있다.

와인의 수명은 테루아, 포도품종, 양조방식, 숙성, 빈티지에 따라 달라진다. 타닌이 강한 포도품종으로 만들어 새 오크통에 보관한 와인이라면 탱크에만 보관된 과일향의 상큼한 와인보다 그 정점에 도달하는 데 더 많은 시간이 걸릴 것이다. 한 와인이 최상의 상태를 보여주는 시기는 평균치로 추산할 수밖에 없다. 고급 보르도 와인의 경우 8~20년, 부르고뉴 레드와인은 6~15년, 부르고뉴 화이트와인은 5~10년, 보졸레 크뤼는 2~5년 정도로 본다. 샴페인의 경우 예외는 있을 수 있지만 저장실에 오래 보관해도 더 맛과 향이 좋아지지는 않는다.

■ **서빙과 시음.** 와인 서빙에 거창한 의식이 반드시 필요한 것은 아니지만 약간의 주의와 간단한 몇몇 규칙을 준수해야 한다. 오랜 숙성이 필요 없는 어린 와인을 마실 때에는 특별한 주의사항이 별로 없지만, 오래된 빈티지의 와인을 서빙할 때는 세심한 주의가 필요하다. 중앙 난방장치가 발명되기 전에는 레드와인을 상온(chambré)과 비슷하게 만든 뒤에 마셨다. 즉, 12~13°C의 지하 저장실에서 꺼내온 와인을 상온에 두어 온도가 몇 도 상승한 뒤 서빙한 것이다. 오늘날 대부분 아파트의 실내 온도는 약 20°C에 달하기 때문에 따로 상온에 맞춰 온도를 상승시키지 않아도 된다. 와인은 각기 다른 유형에 따라 그 맛이 가장 잘 살아나는 적정 온도에서 마시는 것이 제일 좋다. 드라이 화이트와인은 8~12°C에서 서빙하며 스위트 화이트와인은 6~9°C의 온도에서 마신다. 어리고 향이 풍부한 레드와인은 12~14°C가 적절하며, 부르고뉴 와인은 14~17°C, 보르도 와인은 16~18°C가 적당한 시음온도이다. 샴페인은 8~9°C 상태에서 오픈해야 한다.

디캔팅은 언제나 섬세한 주의를 요하는 작업이다. 디캔터에 와인을 따라 넣음으로써 불순물이나 침전물을 제거할 수 있고 산소와의 접촉을 통해 향이 더욱 잘 피어오른다. 타닌 함량이 많은 어린 와인의 경우 몇 시간 전에 디캔팅해두는 것을 권장하지만, 아주 다루기 까다로운 올드 빈티지 와인의 경우는 최악의 결과를 초래할 수도 있다. 이 분야에 있어서는 경험과 상식에 의존하는 것이 가장 좋은 방법이다.

■ **음식과 와인의 마리아주.** 와인과 음식을 매칭하는 일은 언제나 흥미진진한 작업이지만 종종 예측하기 어려운 경우도 많다. 이 둘이 완벽한 조화를 이루어 와인과 음식이 각기 지니고 있는 향과 풍미가 융합되면서 제3의 맛이 탄생하도록 하려면 절제된 신중함, 직관, 경험이 요구된다. 음식과 와인의 궁합에는 여러 제안들이 다양한데 모두 공통적으로 더욱 다양한 미식의 선택지를 제공한다는 목표를 갖고 있다. 이것은 오랜 전통에 따른

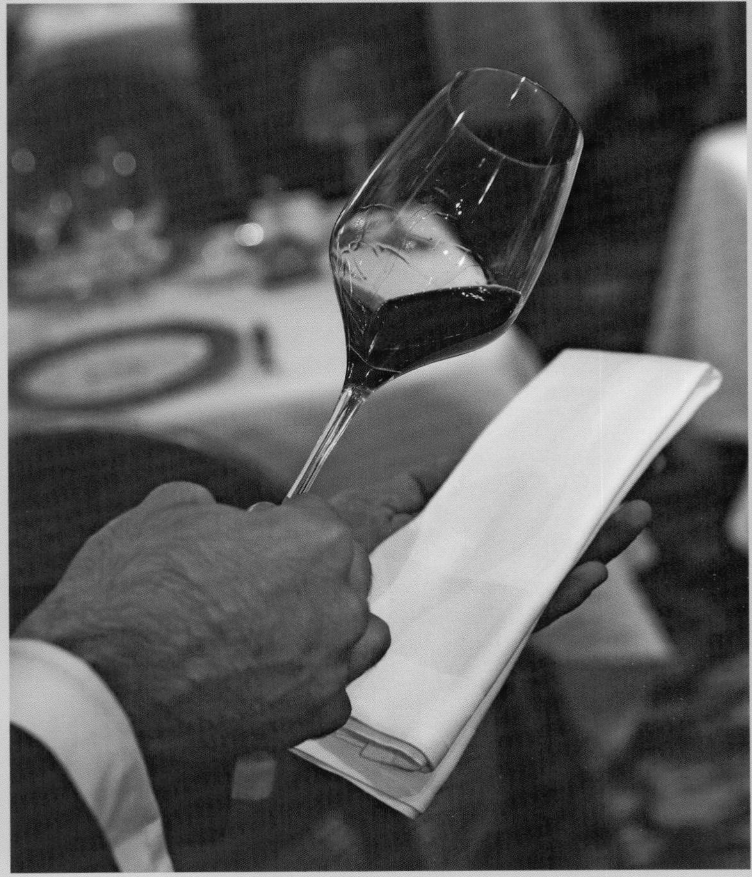

"최고의 미식가들은 자신들이 맛보는 요리와 이에 곁들여 마시는 와인의 조화에 특별한 관심을 기울인다. 호텔 조르주 생크에서와 마찬가지로 레스토랑의 소믈리에들은 고객의 기대에 부합하는 와인을 고를 수 있도록 조언을 제공하고, 와인이 최적의 상태에서 서빙될 수 있도록 세심하게 정성을 다한다."

것일 수도 있고 동시에 더욱 현대적인 발상에 착안한 것이기도 하다(**참조** p.927~929 와인의 분류와 요리/와인 매칭).

● VINS BLANCS 화이트와인.

- 알자스: 달팽이 요리, 양파 파이, 양배추를 곁들인 핑 요리
- 부르고뉴 화이트: 파슬리를 넣은 햄, 납작하게 조리한 서대, 조개류 요리
- 고급 부르고뉴 화이트: 무슬린 소스를 곁들인 아스파라거스, 돼지 방광에 익힌 닭 요리, 채소를 곁들인 아귀요리, 소스를 곁들인 갑각류 해산물 요리
- 보르도 화이트: 굴, 바스크식으로 조리한 생선 요리, 화이트와인을 넣고 조리한 고등어
- 고급 보르도 화이트: 아메리켄 소스를 곁들인 랍스터 요리, 농어 구이, 크림 소스를 곁들인 송아지 흉선
- 발 드 루아르 화이트: 모둠 해산물 플래터, 뵈르블랑 소스의 강꼬치고기, 앙두이예트 구이
- 스위트 화이트와인: 푸아그라, 로크포르 치즈를 채운 푀유테, 커리 소스 닭고기 요리
- 드라이 샴페인: 훈제연어, 달고기 오븐구이, 크림 소스를 곁들인 닭 요리

● VINS ROUGES 레드와인.

- 보졸레: 따뜻한 소시지 요리, 마렝고 송아지 요리, 양배추 포테
- 부르고뉴 레드: 올리브를 넣은 오리 요리, 코코뱅, 옛날식 소고기 스튜
- 부르고뉴 그랑 크뤼: 샬롯을 곁들인 송아지 콩팥 요리, 멧도요 로스트, 모렐 버섯을 곁들인 소 안심.
- 보르도 레드: 순무를 곁들인 오리, 봄 야채를 곁들인 어린 양고기 스튜, 꽃등심 구이. 보르도 그랑 크뤼: 빵가루를 입혀 튀긴 송아지 간, 양갈비 구이, 새끼 자고새 로스트.
- 코트 뒤 론 북부: 아 라 루아얄 야생 토끼 스튜, 노루 안심 요리, 송로버섯을 곁들인 소 안심.
- 코트 뒤 론 남부: 카술레, 오리 콩피, 아 라 사를라데즈 감자 요리, 프로방스식 소고기 스튜
- 발 드 루아르: 포토푀, 그랑 메르식 송아지 갈비 요리, 돼지 뼈등심과 감자 오븐 구이
- 뱅 두 나튀렐 레드: 블루 도베르뉴 치즈, 초콜릿 케이크

■ **와인 용어.** 전문적인 와인 시음 및 감별사 또는 와인에 대한 해박한 지식을 가진 애호가들은 와인에 대해 이야기할 때 종종 기술적인 전문용어를 사용한다. 그중 가장 많이 사용되는 것들은 다음과 같다.

- Acerbe(아세르브): 시고 떫은 맛.
- Ambré(앙브레): 오래된 화이트와인의 색 성분이 산화하여 호박(琥珀)과 같은 옅은 황갈색을 띤 상태를 말한다. 어린 화이트와인이 이러한 색을 띤 것은 결함으로 간주된다.
- Arôme(아롬): 각 포도품종이 가진 특별한 향으로 이것으로 만든 와인에 남게 된다. 특히 어린 와인에서 두드러지며 시간이 지나면서 희미해진다.
- Astringent(아스트랭장): 타닌 함량이 지나치게 많아 떫은맛이 나는 것을 뜻하며, 시간이 흐르면서 그 강도가 약해진다.
- Bouchonné(부쇼네): 코르크 마개의 곰팡내가 나는 상태를 뜻한다. 이것은 와인을 마실 수 없게 하는 큰 결함이며 병든 코르크나무에서 기인한다.
- Bouquet(부케): 와인이 숙성, 보관되면서 생기는 후각적 특징의 총체를 의미한다.
- Brillant(브리양): 완벽하게 투명한 상태.
- Brut(브뤼): 샴페인을 언급할 때 쓰는 용어로 단맛이 없는 매우 드라이한 것을 의미한다.
- Caractère(카락테르): 어떤 특정 와인을 쉽게 분별할 수 있는 아주 특징적인 성질을 뜻한다.
- Charnu(샤르뉘): 풍성함 바디감, 즉 입 안을 가득 채우는 듯한 느낌을 주는 것을 뜻한다.
- Charpenté(사르팡테): 알코올 도수가 높고(corsé), 바디감이 풍성한(charnu) 것을 뜻한다.
- Corsé(코르세): 알코올 함량이 높고 색이 진하며 특별한 개성이 있는 와인을 말한다.
- Coulant(쿨랑): 상큼하고 목 넘김이 좋으며 알코올 도수는 그리 높지 않은 와인을 말한다.
- Court(쿠르): 마셨을 때 풍미가 입안에 남는 시간이 아주 짧은 것을 의미한다.
- Croûté(크루테): 오래 보관한 레드와인에 발생하는 현상으로 불순물이 병 안쪽에 달라붙은 것을 말한다. 이 경우에는 와인을 디캔팅하는 것이 좋다.
- Délicat(델리카): 최고급 와인은 아니면서 가볍고 섬세하고 우아한 맛을 내는 와인을 지칭한다.
- Distingué(디스탱게): 아주 탁월한 고품격의 와인을 지칭할 때 쓰는 용어다.
- Doux(두): 알코올로 변화하지 않은 잔당을 일정 부분 포함하고 있는 스위트 와인을 지칭한다.
- Dur(뒤르): 타닌이나 산미가 너무 강해 매력이 없는 와인을 가리키는 용어로 주로 오래 묵혀둔 와인에서 발견되는 결함이다.
- Élégant(엘레강): 섬세하고 기품 있는 우아함을 뜻한다.
- Enveloppé(앙블로페): 글리세린(알코올 발효의 부산물)을 함유하고 있어 아주 부드러운 느낌을 주는 와인을 뜻한다.
- Épanoui(에파누이): 와인이 지닌 모든 장점을 최대로 발휘할 수 있는 절정기 상태를 뜻한다.
- Équilibré(에킬리브레): 여러 특성들이 너무 약하거나 너무 두드러짐 없이 잘 조화를 이룬 와인을 지칭한다.
- Éventé(에방테): 일반적으로 병입 과정 도중 산소와 접촉되어 맛이 변한 상태를 뜻한다. 공기로 인해 변한 맛(goût évant)은 공기가 통하지 않는 상태로 오랜 시간 휴지시키면 없어진다.
- Faible(페블): 알코올 함량과 복합적인 향이 약한 와인을 가리킨다.
- Fin(팽): 아주 섬세한 부케를 지닌 와인을 뜻하며. 모든 AOC 와인은 일반적으로 섬세한 와인(vin fin)이라고 호칭한다.
- Frais-fraîcheur(프레-프레셰르): 적절한 밸런스를 이룬 산미가 입맛을 돋우는 상큼한 와인을 지칭한다.
- Franc(프랑): 이상한 맛이 나지 않는 온전하고 정상적인 와인을 뜻한다.
- Fruité(프뤼테): 과일 포도를 연상시키는 풍미가 있는 와인으로, 좋은 품질의 어린 와인이 지니는 특징 중 하나다.
- Généreux(제네뢰): 알코올 함량이 높은 와인을 뜻한다.
- Gouleyant(굴레양): 부드럽게 잘 넘어가는 가벼운 와인을 지칭하며 주로 차갑게 마신다.
- Gras(그라): 묵직한 바디감이 있으면서 부드럽고 유연하다.
- Jeune(죈): 장기 보관 잠재력이 있는 와인이 아직 충분히 만개한 상태에 이르지 못했을 때 어리다(jeune)라고 표현한다. 또는 오랜 숙성을 하지 않고 양조한 지 3년 이내에 마시는 와인을 지칭하기도 한다.
- Léger(레제): 알코올 함량이 낮은 와인을 지칭한다.
- Liquoreux(리쾨뢰): 단맛이 아주 강한 화이트와인을 가리킨다.
- Louche(루슈): 탁하고 뿌연 상태.
- Lourd(루르): 알코올 함량이 매우 높지만 품질은 그다지 좋지 않은 와인을 뜻한다.
- Madérisé(마데리제): 화이트와인이 산화된 경우를 뜻하며 마치 마데이라 와인을 연상시키는 색과 향이 난다.
- Maigre(메그르): 알코올 함량이 부족하며 별 특징이 없는 와인을 뜻한다.
- Moelleux(무알뢰): 달콤하고 과일 포도향이 나는 화이트와인을 가리킨다.
- Nerveux(네르뵈): 자극적인 산미가 있는 와인을 표현하는 용어다.
- Nouveau(누보): 양조한 지 1년이 안된 레드와인을 지칭한다.
- Onctueux(옹튀외): 알코올 함량이 높고 단맛이 있는 부드러운 와인을 지칭한다.
- Perlant(페를랑): 살짝 따끔따끔한 느낌을 주는 아주 약한 탄산성 와인을 지칭한다.
- Pétillant(페티양): 약한 기포성 와인.
- Piqué(피케): 자극적인 맛이 나는 상태의 와인으로 식초로 변하고 있음을 알리는 신호이다.
- Plat(플라): 기포성 와인의 경우 김이 빠진 상태를 뜻하며, 일반 와인의 경우에는 상큼한 맛이 결여된 것을 의미한다.
- Plein(플랭): 바디감이 풍성한 상태를 지칭한다.
- Racé(라세): 기품이 있는 고급 와인을 의미한다.
- Robe(로브): 와인의 색깔을 지칭한다.
- Robuste(로뷔스트): 바디감이 풍성하고 알코올 함량이 높아 힘이 있는

와인을 뜻한다.
- Rond(롱): 부드럽고 과일향이 나며 타닌이 거의 없는 와인을 가리킨다.
- Sain(생): 결함이 없이 온전한 맛을 가진 와인을 뜻한다.
- Sec(섹): 단맛이 없는 드라이한 와인으로 주로 화이트와인을 지칭한다. 포도즙의 당분이 발효를 통해 거의 완전히 알코올로 변화한 결과이다.
- Séché(세셰): 상큼하고 신선한 맛을 잃은 상태의 와인.
- Souple(수플): 타닌과 산미가 거의 없는 레드와인을 가리킨다.
- Suave(쉬아브): 섬세하고 부드러운 감미를 지칭한다.
- Taché(타셰): 연한 로제(rosée) 색을 띠는 화이트와인을 가리킨다.
- Tendre(탕드르): 상큼하고 가벼운 맛의 와인으로 목 넘김이 부드럽다.
- Terne(테른): 특별한 맛이 없는 와인을 표현하는 용어다.
- Tranquille(트랑킬): 비발포성 와인.
- Tuilé(튀일레): 수명이 다해가는 레드와인의 색이 오렌지빛을 띠는 벽돌색으로 변한 상태를 가리킨다.
- Usé(위제): 레드와인을 너무 오래 묵혀두어 그 특성을 모두 잃은 상태를 의미한다.
- Velouté(블루테): 벨벳처럼 부드럽고 감미로운 느낌의 와인을 가리킨다.
- Vert(베르): 덜 익은 포도에서 기인하는 현상으로 비정상적인 신맛을 유발한다.
- Vif(비프): 상큼하고 청량한 산미가 있는 어린 와인을 지칭한다.
- Vineux(비뇌): 알코올 도수가 높고 섬세함이 떨어지는 와인을 가리킨다.

■ **와인을 활용한 요리.** 요리에 와인을 사용한 역사는 포도나무의 역사만큼이나 오래된 것으로 추정된다. 이러한 관습은 포도재배 지역에서 처음 생겨났으며 코코뱅이나 뵈프 부르기뇽같이 와인을 사용한 다양한 조리법들이 프랑스 전역으로 퍼져나갔다. 와인을 요리에 맞게 제대로 사용해 맛있는 결과물을 만들어내려면 몇 가지 원칙을 준수해야 한다.
- 레드, 화이트를 불문하고 좋은 품질의 와인을 선택해야 한다. 물론 그랑 크뤼급 고급와인까지는 필요 없지만, 결함이 없고 온전한 맛의 제대로 만들어진 와인을 사용해야 한다.
- 장어 마틀로트, 뵈프 부르기뇽, 도브, 시베, 코코뱅, 마리네이드용 양념액을 만들 때 넣는 레드와인은 색, 묵직함, 깊고 풍부한 풍미 등을 부여하며 요리 전체에 중요한 존재감을 드러낸다. 이와 같은 요리에는 부르고뉴, 보르도, 코트 뒤 론, 카오르(cahors) 또는 시농(chinon) 등의 와인을 사용하는 것이 좋다. 알코올 성분(요리의 맛을 위해 반드시 필요하지는 않다)을 날려 보내기 위해 플랑베를 하는 것도 중요하며, 풍미가 농축되도록 약한 불로 뭉근히 졸이는 것 또한 성공적인 요리의 비결이다.
- 한편, 딸기나 서양배를 와인에 익혀 디저트를 만들 때에는 보졸레나 시농처럼 가볍고 과실향이 살아 있는 상큼한 와인을 사용해야 한다.
- 화이트와인을 사용할 때는 용도에 따라 섬세한 차이를 잘 운용하는 기술이 필요하다. 뮈스카데(muscadet), 상세르(sancerre), 앙트르 되 메르(entre-deux-mers) 등과 같이 산미가 있는 와인은 갑각류 해산물이나 조개류, 생선을 익히는 쿠르부이용에 넣어 향을 내는 데 적합하다. 생선이나 가금류 요리에 곁들이는 더욱 풍부한 맛의 소스를 만들기 위해서는 좀 더 부드럽고 상큼한 맛의 가벼운 와인인 코트 뒤 론이나 뫼르소(meursault)와 같은 부르고뉴 화이트와인을 사용하는 것이 좋다.
- 몇몇 스위트와인은 랍스터나 털이 있는 수렵육 요리에 곁들이는 훌륭한 소스를 만드는 데 사용된다.

▶ 레시피 : BARBUE, BEURRE, BICHOF, BŒUF, CANARD SAUVAGE, CHEVREUIL, COQ, COURT-BOUILLON, ESCARGOT, FOIE GRAS, GELÉE DE CUISINE, MERLAN, POIRE.

VINAIGRE 비네그르 식초. 신 포도주라는 뜻의 단어(vin aigre)에서 유래한 식초는 액체 상태의 양념의 하나로 포도주 또는 알코올성 용액이 발효를 통해 산화되어 아세트산(초산)으로 변화한 것이다. 1865년 루이 파스퇴르(Louis Pasteur)는 이와 같은 발효가 하나의 미생물에 의한 것임을 밝혀냈다. 하지만 식초는 이미 고대부터 만들어 사용해 왔다. 고대 로마에서는 식초에 물을 타 희석해 마시는 음료가 대중적이었다. 18세기 말 루아르강을 통해 대규모로 와인이 수송되던 오를레앙은 식초의 중심지가 되었고 이후 식초는 널리 전파되어 대량생산이 이루어졌다.

■ **제조.** 알코올 농도 8~9%Vol. 정도로 가벼우며 산미가 있고 불순물이 없는 레드 또는 화이트와인은 공기와의 접촉을 통해 일어나는 초화(acétification)를 통해 좋은 품질의 식초를 만들 수 있다. 20~30℃ 온도 환경에서 발효가 진행되면서 벨벳과도 같은 회색 막이 일정하게 나타나며 이것은 점차로 액체 안으로 파묻혀 들어가 젤라틴 질감의 덩어리를 형성한다. 이것을 식초의 모체, 초모(*醋母*, mère de vinaigre)라고 부른다. 식초의 품질은 사용한 와인에 따라 달라진다. 좋은 식초는 6도 이상의 초산을 포함하고 있어야 하며(식초 농도는 포장 라벨에 표시된다) 맑고 투명해야 하며 화이트와인 식초의 경우는 무색, 레드와인 식초는 농담의 차이는 있지만 로제와 같은 붉은색을 띤다. 프랑스에서는 주로 와인 식초를 많이 소비하며 그 외에 시드르 식초, 몰트 식초(맥아즙으로 만든다), 과일향 식초(라즈베리, 시트러스, 무화과 등), 꿀, 느무르(Nemours)산 야생 개양귀비, 사탕수수즙(앤틸리스 제도, 레위니옹섬), 쌀로 만든 식초들도 찾아볼 수 있다. 또한 캐나다에서는 메이플 식초, 스위스는 우유 식초(스위스)도 만들고 있다. 사탕무를 원료로 만든 흰색 식초(vinaigre cristal)는 무색이며 경우에 따라 캐러멜을 첨가해 색을 낸 것도 있다.

■ **종류.** 옛날식 와인 식초와 오를레앙 식초 등 전통방식의 아티장 식초는 아직도 꾸준히 생산되고 있다. 이러한 방식의 와인 식초를 만들려면 이미 한 차례 또는 여러 차례에 걸쳐 형성된 배양균의 주(株)가 남아 있는 오크통에 레드와인이나 화이트와인을 붓는다. 자연적으로 발효가 되면서 표면에 변화가 일어난다. 이때 액체를 저어주지 않고 그 어떤 발효균이나 산화촉진 물질을 넣지 않는다. 식초는 빛이 들지 않는 곳에 둔 오크통 안에서 3주간 보관한다. 이어서 참나무로 만든 큰 통에서 최소 1년간 숙성시켜 상큼하고 향이 좋으며 신맛이 강하지만 떫거나 씁쓸한 맛이 없는 식초를 완성한다.

주정강화 스위트와인인 바뉠스(banyuls)로 만드는 바뉠스 식초는 공기가 통하는 곳에 둔 나무통에서 숙성한 후 실내에 보관한 오크통으로 옮겨 보관하며 포도의 과실향이 풍부하다. 화이트 바뉠스 와인 식초는 흔하지 않다. 스페인 안달루시아 지방의 세 가지 포도 품종(이 중 팔로미노가 95%를 차지한다)으로 만드는 주정강화 스위트와인 세리(xérès)로 만드는 셰리와인 식초는 원산지 명칭(DO) 인증을 받았다. 이 식초는 오크통에서 6개월 동안 숙성된다. 2년 이상 숙성한 것은 레제르바(Reserva), 10년 숙성은 그랑 레제르바(Gran Reserva) 등급으로 분류되며 풍미가 깊고 향이 매우 진하다. 이탈리아 에밀리아 로마냐 지방 모데나(Modena)의 발사믹 식초는 레이트 하비스트 화이트와인용 품종(트레비아노)의 포도즙을 원료로 만든다. 이 즙을 끓여 졸여서 맛을 농축한 다음 여러 나무통에 연속적으로 넣어 숙성시키면 황갈색의 시럽 농도를 가진 식초가 만들어진다. 포장 라벨에는 전통방식으로 제조되었다는 트라디지오날레(tradizionale)라는 정품 인증이 표시된다. 이 밖에 가격이 그리 비싸지 않은 숙성기간이 짧은 일반 발사믹 식초도 시판된다. 이것은 단일 나무통에서 숙성, 보관되었으며 캐러멜 첨가가 허용된다. 화이트와인 발사믹(condiment balsamique blanc) 역시 같은 포도즙으로 만들며 여과를 통해 더욱 맑게 만들지만 숙성은 거치지 않는다. 산도가 6도 미만이라 식초라고 부르지 못한다.

시드르를 초산 발효해 만드는 시드르 식초는 맛이 달콤하고 부드러우며 일반 식초보다 산도가 낮다(5도). 공장에서 대량 생산되는 와인 식초는 식초에 담근 너도밤나무 조각을 레드, 또는 화이트와인에 넣고 휘저어 24시간 만에 제조한다. 아티장 방식으로 만든 와인 식초보다 산도가 높고 향이 덜하다. 이것은 공장생산 시드르 식초도 마찬가지다.

■ **사용.** 식초는 머스터드, 각종 차가운 소스, 비네그레트를 만들 때 반드시 필요한 재료이며 졸여 만드는 소스나 재료를 익힌 뒤 팬을 디글레이즈해 만드는 소스에서도 중요한 역할을 한다. 또한 새콤달콤한 양념을 만들 때, 다양한 재료를 넣어 침용하거나 재움용 마리네이드 양념액을 만들 때, 식품을 저장할 때도 활용된다. 식초는 성분과 향에 따라 그 사용이 매우 다양하다. 주정식초는 주로 방울양파와 코르니숑 피클용으로 사용된다.
- 화이트와인 식초는 아삭한 채소 샐러드, 고기나 수렵육 마리네이드용 양념액, 뵈르 블랑 소스, 홀랜다이즈 소스, 베아르네즈 소스 등을 만들 때, 브라운 버터(beurre noisette)의 마무리용으로, 또는 흰살 육류를 지져 익힌 팬을 디글레이즈할 때 사용된다. 또한 생선을 재울 때 넣기도 하며, 식초 자체에 다양한 향 재료를 첨가해 가향 식초를 만들어 쓰기도 한다.
- 맛이 더욱 뚜렷한 레드와인 식초는 섬세한 재료를 넣은 샐러드나 맛이 밋밋한 샐러드 드레싱 용으로 사용된다. 적채를 요리할 때 넣기도 하며 팬에 지진 송아지, 부댕, 붉은 살 육류, 푸아브라드 소스, 심지어 달걀프라이에도 사용한다.

- 시드르 식초는 화이트와인 식초와 마찬가지로 생선, 갑각류 해산물, 조개류 익힘용 쿠르부이용뿐 아니라 식초로 양념한 닭고기 요리 및 사과 콩포트에도 사용한다. 시드르 식초와 몰트 식초는 마리네이드한 고등어나 청어, 처트니, 과일과 채소를 혼합한 샐러드 드레싱용으로도 사용된다.
- 발사믹 식초는 생채소 샐러드, 섬세한 생선 요리, 마리네이드 양념 등에 넣어 상큼함과 풍미를 더한다. 올리브오일과 아주 잘 어울리며 딸기 샐러드에 아주 소량 넣어 맛을 돋우기도 한다.
- 일본의 쌀 식초는 스시용 밥을 밑간하는 단촛물을 만드는 데 반드시 필요하다. 중국 요리에도 다양한 종류의 쌀 식초가 사용되며 특히 탕수 소스를 만드는 데 꼭 필요하다.

■ **자가제조 식초.** 토기로 된 식초통에 품질이 좋은 화이트와인이나 레드와인을 붓고 표면에 초모를 살짝 놓는다. 용기를 종이 마개로 막고(공기가 스며들 수 있도록 한다) 상온에서 최소 한 달, 최대 두 달간 보관한다.

aiguillettes de canard au vinaigre de miel ▶ CANARD
cerises au vinaigre à l'allemande ▶ CERISE
cornichons au vinaigre, à chaud ▶ CORNICHON
cornichons au vinaigre, à froid ▶ CORNICHON
foies de raie au vinaigre de cidre ▶ RAIE
noix au vinaigre ▶ NOIX
poulet sauté au vinaigre ▶ POULET

vinaigre à l'estragon 비네그르 아 레스트라공

타라곤 식초 : 타라곤 2줄기를 끓는 물에 1분간 데쳐 찬물에 식히고 물기를 닦아 제거한다. 화이트와인 1ℓ를 채운 병에 타라곤을 넣고 한 달간 향을 우려낸 뒤 사용한다.

vinaigre aux herbes 비네그르 오 제르브

허브 식초 : 방울 양파와 샬롯을 각각 2개씩 껍질을 벗기고 얇게 썬 다음 끓는 물에 넣어 30초간 데쳐낸다. 동시에 차이브 5줄기도 함께 넣어 데친다. 찬물에 식히고 물기를 제거한 다음 오래 숙성한 식초 1ℓ에 넣고 한 달간 향을 우려낸 뒤 사용한다.

zestes de citron confits au vinaigre ▶ ZESTE

VINAIGRETTE 비네그레트 비네그레트 소스. 차가운 유화 소스의 하나로 산성 재료(식초나 레몬즙)와 지방성 재료(오일 또는 생크림), 소금, 후추를 섞은 불안정한 혼합물이다. 기호에 따라 여기에 마늘, 안초비, 케이퍼, 코르니숑 피클, 샬롯, 허브, 머스터드, 삶은 달걀 다진 것, 양파 등 다양한 재료를 첨가하기도 한다. 종종 따뜻한 온도로 사용되기도 하는 비네그레트 소스는 그린 샐러드의 드레싱이나 채소, 차갑게 서빙하는 고기 요리, 쿠르부이용에 익힌 생선 등 여러 종류의 차가운 요리의 양념으로 사용된다. 프랑스의 대표적인 소스 중 하나로 꼽히며, 영미권 국가에서는 프렌치 드레싱이라고 부른다.

filet d'omble chevalier du lac, vinaigrette de fenouil ▶ OMBLE CHEVALIER
poireaux à la vinaigrette ▶ POIREAU
poireaux à la vinaigrette (version moderne) ▶ POIREAU

레몽 올리베르(RAYMOND OLIVER)의 레시피

sauce vinaigrette 소스 비네그레트

비네그레트 소스 : 볼에 식초 1테이블스푼을 넣고 소금을 조금 넣어 녹인다(소금은 기름에 녹지 않는다). 오일 3테이블스푼과 후추를 넣고 잘 섞는다. 식초 대신 레몬, 오렌지, 자몽 등의 시트러스 과일 즙을 사용해도 되며 이때는 과일즙과 식초를 반반씩 섞어 쓴다. 또한, 오일을 생크림으로 대체할 수도 있다.

VINAIGRIER 비네그리에 식초를 담는 목이 긴 병으로 대부분 유리로 되어 있으며 테이블 위에 오일 병과 함께 비치해둘 때 사용된다. 비네그리에는 또한 도기나 자기 또는 토기로 된 커다란 병 또는 항아리 모양의 용기를 지칭하기도 한다. 일반적으로 용량이 5ℓ 정도 되며 밑부분에는 필요할 때마다 원하는 양 만큼 식초를 따라내기 위한 꼭지 마개가 달려 있다. 이것은 가정에서 직접 식초를 담글 때 주로 사용되던 전통 용기다.

VIN AROMATISÉ 뱅 아로마티제 가향 와인. 과일즙이나 천연 향을 첨가한 와인을 지칭하며 와인 베이스의 아페리티프라고도 불린다. 여기에는 다양한 종류의 베르무트(vermouths), 쓴맛을 첨가한 와인, 달걀을 넣은 가향 와인 등이 포함된다. 와인이 부피 기준 75% 이상을 차지해야 하며 알코올 도수는 14.5~22% Vol. 정도 된다.

VIN CHAUD 뱅 쇼 뱅 쇼. 레드와인에 설탕, 스파이스, 향신 재료 등을 넣고 끓인 따뜻한 알코올 음료로 펀치나 그로그처럼 주로 겨울철에 즐겨 마신다. 뱅 쇼의 레시피는 무수히 많다. 계피, 정향, 바닐라, 오렌지 제스트 등을 넣어 더운 기운과 알싸한 향을 더하기도 하고 홍차와 섞기도 하며 기호에 따라 코냑이나 마르를 넣어 풍미 강하게 하기도 한다. 뱅 쇼는 산악지대 국가, 특히 독일과 스칸디나비아 지역에서 많이 마신다.

vin chaud à la cannelle et au girofle 뱅 쇼 아 라 카넬 에 오 지로플

계피와 정향을 넣은 뱅 쇼 : 수확 후 화학처리하지 않은 오렌지 작은 것 한 개를 씻은 뒤 정향 2개를 박아 넣고 레드와인 1ℓ에 24시간 담가둔다. 오렌지를 건져낸다. 냄비에 레드와인을 붓고 기호에 맞게 설탕을 넣는다. 통계피 스틱 1개를 넣는다. 끓을 때까지 가열한 다음 불에서 내리고 원하는 정도로 계피 향이 우러나게 둔다. 계피를 건져낸 다음 따뜻하게 데워 마신다.

VIN CUIT 뱅 퀴 당도가 아주 높은 포도즙을 끓여 반으로 졸인 다음 체에 거르고 오드비(브랜디), 스파이스, 향신 재료를 첨가한 알코올 음료다. 프로방스에서는 오븐에 익힌 검은 포도를 압착한 다음, 카네이션 꽃잎, 정향, 계피를 담가 향을 낸 오드비를 첨가한 시골 사람들의 리큐어(liqueur des villageois)를 만들어 마신다.

VIN DOUX NATUREL 뱅 두 나튀렐 주정강화 스위트와인. 원 포도즙 1ℓ 당 설탕 함량이 252g 이상인 포도로 만드는 스위트와인이다. 발효가 이루어지는 중간에 알코올을 첨가해 발효를 중단시킨 와인으로 설탕이 일부 그대로 남는다. 이러한 양조방식으로 만든 와인으로는 바뉠스(Banyuls), 모리(Maury), 리브잘트(Rivesaltes)의 AOC 와인, 뮈스카 드 봄 드 브니즈(muscats de Beaume-de-Venise), 뮈스카 드 프롱티냥(muscats de Frontignan), 그리고 포트와인을 대표적으로 꼽을 수 있다.

VIN DE GLACE 뱅 드 글라스 아이스와인. 아주 희귀한 이 와인은 독일, 오스트리아, 룩셈부르크, 슬로베니아, 캐나다에서 생산되고 날씨가 아주 추운 해에는 알자스 지방에서도 생산된다. 가지에 달린 상태로 완전히 숙성된 상태를 넘긴 화이트와인 양조용 포도(특히 리슬링)를 겨울철에, 특히 외부 기온이 영하 7°C 아래로 내려가는 밤에 따낸다. 서리 결정이 붙어 있는 상태로 바로 압착하면 단맛이 농축된 포도즙만 천천히 흘러나온다. 장시간의 발효를 거치면 탁월한 향과 진한 단맛, 환상의 조화를 이루는 놀라운 산미를 지닌 아이스와인이 탄생한다.

VIN GRIS 뱅 그리 회색 와인이라는 뜻으로, 레드와인 양조용 검은색 포도 품종에 화이트와인 양조기법, 즉 침출 발효과정 없이 바로 착즙하는 방식을 적용해 만드는 아주 연한 색의 로제와인을 가리킨다. 그리 드 그리(gris de gris)는 검은색 포도로 분류되지만 껍질색이 연한 품종인 그르나슈(grenache), 생소(cinsault), 카리냥(carignan)을 사용해 만든다. 로렌과 알자스 지방의 전통 와인인 뱅 그리는 에로(Hérault, golfe du Lion), 프로방스 지방(Var)과 모로코(Boulaouane)의 특산품이기도 하다.

VIN D'HONNEUR 뱅 도뇌르 누군가를 축하하기 위해 모여 건배를 나누며 즐기는 작은 규모의 리셉션이나 파티를 의미하며 이는 오늘날에도 흔히 행해진다. 특히 지방에서 특정 이벤트가 있을 때 관할 지역기관 직원들이나 유명인사, 지역 유지, 시민들이 모여 갖는 축하 행사를 지칭하는 경우가 많으며 이때에는 일반적으로 대표자가 지역 명산 와인으로 건배를 제안한다. 디종 시청의 건배주로는 옛 수도참사 회원이었던 키르(Kir 당시 디종 시장)가 자신의 이름을 붙여 만들어낸 아페리티프를 마신다. 키르는 카시스 리큐어에 부르고뉴 알리고테(aligoté) 화이트와인을 섞은 것이다.

VIN JAUNE 뱅 존 쥐라(Jura) 지방, 특히 샤토 샬롱(Château-Chalon)의 AOC 와인. 오로지 사바냉(savagnin) 단일 품종 포도만 심는 이 지역 포도밭에서는 포도가 완전히 익고 포도즙이 충분히 농축되는 11월 초가 돼서야 수확을 시작한다. 이듬해 봄에 와인을 두꺼운 오크통에 넣어 오랜 시간 숙성시키는데 이때 양이 줄더라도 다시 가득 채우지 않는다. 표면에는 셰리와인의 플로르(flor)와 비슷한 효모막이 형성되며 이로부터 지속적인 와인

의 산화 작용이 일어난다. 관련 법규에 정해진 바에 따라 이렇게 6년 이상을 보관한다. 이와 같은 특별한 양조법을 거쳐 탄생한 뱅 존은 노란빛을 띤 드라이한 와인으로 가격대가 높고 알코올 도수는 16%Vol. 정도 되며 호두 맛과 꿀이 약간 섞인 건자두의 풍미를 지니고 있다. 최고급 뱅 존은 입안에서 공작새가 꼬리를 펼치는 듯한 화려한 풍미를 발산한다. 뱅 존은 심지어 100년 이상 어려움 없이 보관 가능하며, 상온(15°C)에서 마시는 유일한 화이트와인이다. 뱅 존은 요리에서도 사용된다. 특히 프랑슈 콩테 미식의 꽃인 코코뱅 존(coq au vin jaune)이 대표적이다(**참조** FRANCHE-COMTÉ).

▶ 레시피 : FOIE GRAS, POULARDE.

VIN DE LIQUEUR 뱅 드 리쾨르 발효 중인 포도즙에 와인 베이스의 오드비를 블렌딩한 주정강화 스위트와인을 지칭한다. 뱅 드 리쾨르라는 명칭은 피노 데 샤랑트(pineau des Charentes, 와인과 코냑 블렌딩), 플록 드 가스코뉴(floc de Gascogne, 와인과 아르마냑 블렌딩), 마크뱅 뒤 쥐라(macvin du Jura, 와인과 프랑슈 콩테 지방의 마르) 등에 적용할 수 있다.

VIN MUTÉ 뱅 뮈테 발효 중인 와인에 일정량의 알코올 또는 무수아황산을 첨가한 것을 지칭한다. 포도주의 발효를 중단시키는 목적은 어느 정도 잔당을 함유한 단맛의 와인을 만들기 위함이다. 이 와인들은 알코올 도수 14도 이상으로 순도 90%Vol. 이상의 알코올이 5~10% 첨가된 것이다(뱅 두 나튀렐, 포트와인).

VIN DE PAILLE 뱅 드 파유 쥐라 지방과 코트 뒤 론 북부 지역에서 생산되는 스위트 와인으로 말린 포도를 원료로 양조한다. 옛날에 포도를 짚(paille) 위에 올려 건조시킨 것에서 유래하여 붙여진 이름이다. 오늘날에는 포도송이를 건조하고 바람이 통하는 장소에 2~3개월간 매달아둔다. 그동안 포도알갱이는 수분의 일부를 잃게 되면서 당도가 농축된다. 구릿빛에서 황옥색을 띠는 뱅 드 파유는 당절임한 과일의 향이 나며 밸런스가 좋은 부드러운 와인이다(**참조** FRANCHE-COMTÉ).

VIN DE PALME 뱅 드 팔름 종려나무 수액을 자연 발효해 만드는 야자술의 일종으로 알코올 도수가 15~18%Vol.에 달한다. 더운 날씨로 인해 수액을 채집하면 바로 발효가 시작되며, 몇 시간이 지나면 약간의 기포를 지닌 액체를 얻을 수 있다. 맛은 포도주를 연상시킨다.

VINCENT 뱅상 마요네즈에 잘게 썬 허브나 감자 퓌레, 삶은 달걀을 다져 섞은 소스를 지칭한다. 생채소, 차갑게 서빙하는 고기와 생선 요리에 곁들인다.

VINHO VERDE 비뉴 베르데 녹색 포도주라는 뜻의 포르투갈의 화이트 또는 레드와인. 완전히 익기 전에 딴 포도로 만들어 알코올 함량이 낮고 (9%Vol.) 산미가 매우 강하다. 미뉴(Minho)강과 도루(Duoro)강 사이에 위치한 한 포도밭에서 생산된다. 화이트와인은 드라이하고 가벼운 풍미를 내며 포도 품종은 아잘 브랑코(azal branco), 아베소(avesso), 로레이루(loureiro), 트라자두라(trajadura), 알바리뉴(alvarinho)이다. 레드와인의 포도 품종은 바스타르도(bastardo), 알바렐랴우(alvarelhão), 베르델루 틴토(verdelho tinto)이며 타닌과 알코올 함량이 높다.

VIOLET 비올레 멍게, 우렁쉥이. 지중해에 서식하는 아주 원초적인 바다의 동물로 선명한 황색을 띤 신체 기관은 주머니 모양의 딱딱한 껍데기로 둘러싸여 있으며 겉모습이 보랏빛 갈색을 띤 커다란 무화과와 비슷하게 생겨 바다의 무화과라는 별명을 갖고 있다(**참조** p.252, 253 조개류, 무척추동물 도감). 멍게는 두 개의 구멍을 갖고 있으며 바다 속의 바위나 해초에 붙어 서식한다. 요오드와 마그네슘이 풍부하며 성게처럼 날것으로 먹는다.

VIOLETTE 비올레트 제비꽃, 바이올렛. 제비꽃과에 속하는 여러해살이 작은 식물로 막 피기 시작한 보라색 꽃을 샐러드 장식용으로 사용하거나 닭고기나 생선살을 다져 만드는 소 혼합물에 넣기도 한다(**참조** p.369, 370 식용 꽃 도감). 향이 나는 스위트 바이올렛은 옛날에 기침약 젤리를 만드는 데 사용되었으며, 오늘날에는 주로 당과류 제조에 사용된다. 설탕을 입힌 비올레트 캉디(violettes candies)는 툴루즈의 특산품이다. 제비꽃 전체에 색을 내어 끓인 설탕시럽을 부어 씌워 굳힌 뒤 하나씩 건져 말린 것으로 장식용으로 또는 디저트의 향을 내는 재료로 쓰인다. 또한 바이올렛 에센스로 향을 내고 색을 입힌 뒤 꽃 모양 틀에 넣어 굳힌 사탕을 만들기도 한다.

VIROFLAY 비로플레 시금치로 만든 요리의 하나로 시금치 퓌레로 만든 쉬브릭(subrics 작고 동그란 갈레트의 일종)을 물에 데친 시금치잎으로 싼 다음 모르네 소스를 끼얹고 오븐에 넣어 그라탱처럼 노릇하게 구워낸 요리다. 큰 덩어리로 서빙하는 고기 로스트에 주로 곁들이는 비로플레 가니시는 시금치로 만든 쉬브릭과 세로로 등분해 소테한 아티초크 속살, 샤토 감자로 구성되며, 리에종한 육즙 소스를 고기에 뿌려 서빙한다.

VISITANDINE 비지탕딘 아몬드 가루를 넣은 비스퀴 반죽으로 구워낸 동그란 모양 또는 속이 꽉 찬 바르케트(barquette) 모양의 작은 과자로, 경우에 따라 구워낸 뒤 살구 나파주를 바르고 키르슈로 향을 낸 퐁당 슈가로 아이싱한다.

---

visitandines 비지탕딘

비지탕딘 : 설탕 500g과 아몬드 가루 500g을 섞는다. 체 친 밀가루 150g을 첨가한 뒤 달걀 12개 분량의 흰자를 조금씩 넣어가며 잘 섞는다. 녹인 버터 750g을 넣는다. 이때 버터의 온도는 녹을 정도로 따뜻한 상태로만 가열한다. 마지막으로 아주 차가운 달걀흰자 4개를 단단하게 거품을 낸 다음 혼합물에 넣고 살살 섞는다. 여러 개의 바르케트 틀에 버터를 바른다. 굵은 원형 깍지를 끼운 짤주머니에 혼합물을 넣고 바르케트 틀에 조금씩 짜 넣는다. 220°C로 예열한 오븐에 넣고 겉은 노릇하고 안은 촉촉한 상태가 될 때까지 굽는다.

VITAMINE 비타민 비타민은 식품에 함유돼 있는 유기물질로 지방, 단백질, 탄수화물 등 주요 영양소의 대사와 특정 기능(예를 들면 비타민 A는 시력에 영향을 준다)을 담당하기 위해 인체에 반드시 필요한 성분이다(**참조** p.900 비타민의 기능과 함유 음식 도표). 우리 몸이 필요로 하는 비타민의 양은 아주 미량(마이크로그램에서 밀리그램 단위)이지만, 이것은 반드시 공급되어야 하고 가능하면 매일매일 섭취하는 것이 좋다(대부분의 경우 비타민은 인체에 축적되지 않는다). 비타민의 결핍은 심각한 결과를 초래할 수 있지만, 다양하고 균형 잡힌 식생활을 하는 경우 결핍이 흔히 일어나지는 않는다. 비타민의 개념은 등장한 것은 19세기 말이 되어서다. 자바의 한 형무소에서 네덜란드의 의사 에이크만(Eijckmann)은 흰쌀밥만 섭취한 사람들에게서 각기병이 나타나는 것을 확인했고 현미에 이를 예방하는 인자가 함유돼 있다는 결론을 도출해냈다. 1911년 분리에 성공한 이 인자는 명(vita)에 필요한 유기화합물(amine)이라는 의미에서 비타민이라 명명되었다. 하지만 이어서 모든 비타민들이 유기화합물의 생화학적 구조를 갖고 있는 것은 아니라는 사실을 밝혀냈다. 비타민에 관한 연구 성과 덕분에 그간 전염병으로 여겨졌던 많은 병들(괴혈병, 각기병, 펠라그라)이 사실은 비타민 결핍에 기인한 것임이 확인되었다. 비타민은 알파벳 명칭으로 구분하며 그 특성과 보존 상태에 따라 지용성과 수용성으로 나뉜다.

- 수용성 비타민은 물에 녹는 비타민으로 비타민 C와 비타민 B군이 이에 해당한다. 과일, 채소, 육류에 함유돼 있으며 식품을 물에 담그거나 끓이면 용출되어 나간다, 따라서 가능하면 익힌 국물도 함께 사용하는 것이 좋다.
- 지용성 비타민은 지방에 녹는 비타민으로 비타민 A, D, E, K 등이 이에 속하며 특히 육류, 우유 및 유제품과 지방에 많이 함유돼 있다.
- 주로 프로비타민으로 불리는 몇몇 비타민은 변환을 거쳐야만 비타민으로서 활성화된다. 예를 들어 식품으로 섭취하는 프로비타민 D는 피부를 자외선에 노출해야 비타민 D로 활성화된다. 프로비타민 A는 레티놀이라 불리는 동물에서 기원한 비타민과는 구분되는 식물성 카로티노이드다. 이것은 녹황색 채소에서 얻을 수 있는 베타카로틴과 마찬가지로 인체에서 레티놀로 변형된다.

VITROCÉRAMIQUE 비트로세라미크 글라스세라믹. 열 충격에 아주 강한 유리의 일종으로 전기레인지 상판 커버 소재로 많이 사용된다. 글라스세라믹으로 된 상판의 고전적인 형태는 복사열이나 할로겐을 이용하는 전기 조리대이며, 자기장에 의한 발열로 음식을 조리하는 인덕션 레인지 또한 이 소재로 상판 커버를 만들고 있다. 글라스세라믹은 표면이 아주 매끄럽고 손쉽게 닦아낼 수 있다. 단, 표면에 스크래치가 생기지 않도록 조리용 그릇 역시 바닥이 아주 평평한 것을 선택해야 한다. 인덕션 레인지의 경우 조리 용기는 금속 및 자성이 있는 소재여야 하며 유리, 알루미늄, 구리 등은 제외된다.

VIVANEAU 비바노 적돔의 일종. 앤틸리스 제도와 아프리카 해역에 서식하는 열대성 물고기로 도미와 비슷하다. 강건하고 힘이 있으며 무게는 2kg 정

비타민의 역할과 주 공급원이 되는 식품

역할	주 공급원
비타민 A/레티놀	
형태와 색을 구분하는 시력에 관여하며 야맹증을 예방한다.	비타민 A상태: 생선간유, 간, 버터, 달걀노른자, 지방함량이 높은 치즈, 전유 프로비타민 A 또는 베타카로틴 상태(간을 통해 비타민 A로 변환한다): 당근, 시금치, 살구, 민들레, 파슬리, 브로콜리, 사보이양배추, 적채, 천도복숭아, 녹색잎채소, 망고, 복숭아, 토마토
비타민 B1/티아민	
에너지대사, 근육세포의 기능 및 신경 충격 전달을 통한 신경 조절에 관여한다.	밀 배아, 해바라기씨, 참깨, 시리얼, 대두, 돼지고기, 채유견과류, 익힌 햄, 생햄
비타민 B2/리보플라빈	
필수 효소를 구성하며 에너지 생산에 관련한 작용에 전반적으로 관여한다.	부속 및 내장, 밀 배아, 치즈, 간 파테, 파테 드 캉파뉴, 아몬드, 뮈즐리, 오리, 달걀노른자, 버섯
비타민 B3/PP/리코틴산, 나이아신	
탄수화물, 단백질, 지방의 합성과 분해에 작용하여 에너지 생성을 돕는다.	부속 및 내장, 시리얼, 채유견과류, 기름진 생선, 토끼, 가금류, 생햄, 불구르, 버섯, 통밀빵
비타민 B5/판토텐산	
지방과 탄수화물로부터 에너지를 생성하는 데 관여한다. 피부, 점막, 모발 조직의 활성화를 촉진하고 상처의 회복을 돕는다.	부속 및 내장, 버섯, 고기, 달걀, 시리얼 퍼프, 콩류, 생선, 통밀빵, 유제품
비타민 B6/피리독신	
탄수화물과 단백질 대사에 깊이 관여한다. 신경전달물질, 신경세포와 피복 총체 합성에 작용하며, 적혈구 생성과 마그네슘 동화에도 중요한 역할을 한다.	밀 배아, 간, 시리얼, 연어, 아보카도, 민들레, 오트밀, 대두, 견과류, 토끼, 기름진 생선, 통곡물, 대두가루, 렌틸콩, 치즈
비타민 B8/비오틴, 비타민H	
에너지 생성, 포도당과 지방산 합성을 포함한 다양한 세포작용에 필요하다.	간, 콩팥, 달걀노른자, 버섯, 강낭콩, 렌틸콩, 고기, 생선, 통밀빵, 유제품, 치즈
비타민 B9/엽산	
일부 아미노산 대사와 세포핵 성분 구성에 필요하며, 적혈구 형성에도 관여한다.	밀 배아, 달걀노른자, 시리얼, 엔다이브, 채유견과류, 간, 마타리 상추, 크레송, 시금치, 치커리, 파슬리, 아스파라거스, 아티초크, 키드니빈, 양상추, 리크, 콩류, 고기, 당근, 양배추
비타민 B12/시아노코발라민, 코발라민	
빈혈을 예방하고 단백질 합성에 참여하며 성장에 필수적이다.	부속 및 내장, 생선, 굴, 소 염통, 간 파테, 우설, 달걀노른자, 훈제연어, 우유, 유제품.
비타민 C/아스코르빈산	
항산화 및 해독작용을 하고 인체의 방어기능을 강화하며 추위에 적응할 수 있게 돕는다. 두뇌 기능을 자극하며 원기를 증대시킨다.	파슬리, 양배추, 키위, 붉은 베리류 과일, 열대과일, 순무, 피망, 펜넬, 크레송, 홀스래디시, 시트러스류 과일, 시금치, 그린빈스, 민들레, 송아지 흉선, 근대, 햇감자.
비타민 D/칼시페롤	
가장 중요한 역할은 뼈를 튼튼하게 하는 것이다. 칼슘과 인의 대사에 관여하고 근육의 자극반응성을 일부 조절한다.	달걀노른자, 생선간유, 기름진 생선, 아보카도, 간, 버터, 지방함량이 높은 치즈, 전유.
비타민 E/토코페롤	
항산화작용을 하고 근기능을 유지한다. 필수지방산을 산화작용으로부터 보호한다.	밀 배아유, 해바라기유, 포도씨유, 옥수수유, 해바라기씨, 채유 견과류, 대구 간, 다가포화지방산을 포함한 마가린, 달걀노른자.
비타민 K	
지혈 작용을 해 혈액의 응고에 반드시 필요하다.	양배추, 시금치, 브로콜리, 크레송, 샐러드용 잎채소, 소고기, 양고기, 돼지고기, 소 간, 돼지 간, 감자, 우유, 달걀노른자, 그린빈스, 완두콩, 흰 강낭콩

도 되는 생선으로 머리는 삼각형이고 주둥이가 뾰족하며 색이 선명하다(**참조** p.674~677 바다생선 도감). 살은 단단한 편으로 섬세하고 고급스러운 맛을 지니고 있으며 라임즙과 향신료에 재워두었다가 조리하면 아주 좋다. 코코넛 밀크를 넣어 조리하거나 담백하게 구워서 먹기도 한다.

VIVARAIS ▶ **참조 DAUPHINÉ, SAVOIE ET VIVARAIS**

VIVE 비브 동미리, 위버(weever). 동미리과에 속하는 바다생선으로 종종 모래 해저에 박혀 서식하며 살이 아주 맛있어 많이 즐겨 먹는 어종이다. 단, 가시처럼 뾰족한 지느러미에 독성이 있으니 주의해야 한다(**참조** p.674~677 바다생선 도감). 지느러미와 뾰족한 침들을 모두 잘라낸 다음 조리한다.

- 뱀트라치(grande vive)는 몸길이가 평균 25cm로 모양이 길쭉하고 갈색 등에는 푸른색 줄무늬가 있으며 측면은 황색이다. 짤막한 머리를 갖고 있으며 입이 크고 두 눈은 가까이 몰려 있다. 단단하며 풍미가 좋은 살은 필레를 떠서 서대와 마찬가지 방법으로 조리한다. 또는 내장을 제거한 뒤 통째로 노랑촉수처럼 조리하거나 구워 먹기도 하며, 토막 내어 화이트와인을 넣은 마틀로트를 만들기도 한다.
- 살무트라치(petite vive)는 크기가 정어리만 하고 특별한 풍미가 없다.
- 같은 과에 속하는 통구멍(uranoscope)은 지중해에서만 만날 수 있으며 주로 부야베스를 만드는 데 넣는다.

VIVEUR 비뵈르 흥청거리기 좋아하는 사람, 방탕자 등의 의미로 주로 19세기에 사용되었던 단어다. 이 용어는 맛이 아주 풍부하거나 향신료가 듬뿍 들어간 요리를 지칭한다. 예를 들어 비뵈르 포타주(le potage viveurs 또는 des viveurs)는 카옌페퍼로 맛을 돋운 닭 콩소메에 가늘게 썬 셀러리를 넣은 것으로, 파프리카 디아블로탱(diablotin)을 따로 곁들여 서빙한다. 또한 비트즙으로 색을 내기도 하며 닭고기를 곱게 갈아 빚은 작은 크넬을 넣어 먹기도 한다. 비뵈르 오믈렛은 셀러리악, 아티초크 속살, 소고기를 작은 주사위 모양으로 썰어 속을 채운다.

VOANDZEIA 보안제이아 밤바라너트, 밤바라콩. 콩과에 속하는 강낭콩의 일종으로 보안주 밤바라(voandzou bambara) 또는 낙화생 완두콩(pois arachide)이라고도 불린다. 이 식물의 열매인 황색 깍지 안에는 단백질이 풍부한 동그란 콩 알갱이가 들어 있다. 열량이 매우 높은(100g당 367kcal 또는 1534kJ) 이 품종의 콩은 열대 아프리카의 식생활과 경제에서 아주 중요한 역할을 하고 있으며 열대 아메리카 지역에도 도입되었다.

VODKA 보드카 감자, 호밀, 또는 혼합곡물(밀, 옥수수, 맥아 등)를 주원료로 해 발효한 즙으로 만든 증류주. 폴란드와 러시아가 서로 원조임을 주장하는 보드카가 처음 만들어진 것은 수 세기 전의 일이며, 이후 폴란드, 러시아, 미국, 영국, 덴마크, 핀란드, 스웨덴을 비롯한 약 30개국에서 생산된다. 보드카는 여러 차례의 증류를 거쳐 만드는 고농도의 알코올로 여과 후 향을 추가하기도 한다. 순수 보드카는 거의 무미, 무향이며 32.5~49%Vol.에 이르는 센 알코올 도수로 인기를 얻고 있다. 러시아와 폴란드의 여러 브랜드가 생산하는 보드카 중에는 식물, 잎, 열매 등을 넣어 향을 더한 제품도 많다. 특히 폴란드에서는 벼과의 풀인 향모(herbe de bison)를 침출한 주브로브카(zubrowka)를 생산한다. 옛날에 폴란드인들이 식사의 시작부터 끝까지 곁들여 마셨던 전통주인 보드카는 러시아의 국민 술이 되었으며 특히 캐비아, 훈제연어 등에 곁들여 전 세계에서 즐겨 마시게 되었다.

보드카는 또한 민물가재를 플랑베하거나 송아지 고기를 지진 팬에 넣어 디글레이즈할 때, 기름기가 많은 가금육을 익힐 때에도 사용하며 아이스크림 디저트인 오믈렛 노르베지엔(베이크드 알래스카)을 플랑베하여 서빙할 때나 소르베를 만들 때 사용하기도 한다. 서양에서 보드카의 유행이 시작된 것은 제1차 세계대전이 끝난 후로, 특히 미국에서는 보드카를 섞은 다양한 칵테일이 인기를 끌었다. 보드카는 식후주로도 즐겨 마시며 기호에 따라 탄산수를 섞어 희석하기도 한다. 보드카를 넣은 칵테일로는 토마토 주스를 섞은 블러디메리(bloody mary), 오렌지 주스를 섞은 클락워크 오렌지(clockwork orange), 커피 리큐어를 섞은 블랙 러시안(black russian) 등이 있다.

VOILER 부알레 부알레. 얇게 씌우다. 파티스리에 그랑 카세(145~150°C) 상태까지 끓인 설탕 시럽을 아주 얇게 씌우는 것으로, 크로캉부슈(croquembouches) 또는 글레이즈를 씌워 완성하는 디저트에 주로 사용하는 방법이다.

VOISIN 부아쟁 파리 생 토노레가에 위치했던 레스토랑으로 1850년부터 1930년까지 파리 최고의 식당으로 꼽혔던 곳들 중 하나다. 초창기 주인이었던 벨랑제(Bellanger)는 뛰어난 부르고뉴 와인을 갖춘 셀러를 구비해 명성을 얻었다. 프러시아 군이 파리를 점령했던 혹독한 시기인 1870년 겨울, 이 레스토랑이 선보인 크리스마스 이브 특별메뉴에는 코끼리 콩소메, 캥거루 스튜, 노루 소스의 늑대 허벅지 요리, 송로버섯을 넣은 영양 테린 등 파리 동물원(Jardin d'Acclimatation)의 동물을 사용한 요리까지 등장한 것으로 유명하다. 브라크삭(Braquessac)이라는 이름의 보르도 출신 새 주인이 업장을 인수한 후에도 셰프 쇼롱(Choron)이 주방을 이끄는 이 식당은 명성을 계속 이어갔다. 쇼롱은 토마토를 넣은 베아르네즈 소스를 처음으로 선보였다. 이곳에는 알퐁스 도데, 공쿠르 형제, 에밀 졸라와 같은 당대 유명 문인들뿐 아니라 영국 국왕도 단골로 드나들었다. 이 식당의 유명한 요리인 송로버섯을 넣은 오리 가슴살 즐레 탱발에는 부아쟁이라는 이름이 붙었다(timbale de caneton Voison).

▶ 레시피 : CANARD.

VOLAILLE 볼라이 가금류. 고기나 알, 또는 둘 모두를 식용으로 소비하게 위해 사육하는 조류(오리, 닭, 칠면조, 거위, 비둘기, 뿔닭 등)를 총칭하는 용어이며 여기에는 사육용 토끼도 포함된다. 가금육은 단백질(100g당 20~23g)이 풍부하며 지방(100g당 3~6g), 철분(100g당 1~2mg)도 함유하고 있다. 가금류로 만든 소박하고 경제적인 요리, 각 지방의 향토요리뿐 아니라 세련된 조리법의 고급 요리 등 매우 다양하다. 최근에는 가금육으로 만든 대량생산 샤퀴트리들도 점점 더 늘어나는 추세다. 가금육은 종종 토막으로 잘라 단체 식사용으로 조리하기도 한다. 요리에서 볼라이라는 용어는 육수 등 기본 요리에서 사용된 경우 닭고기만을 지칭한다.

■ **프랑스의 평균 생산량.** 프랑스에서는 연간 닭 90만 톤(도체 기준), 칠면조 620톤, 오리 300톤, 토끼 120톤, 암탉 60톤, 뿔닭 38톤, 거위 3톤이 생산된다. 세계 최대의 뿔닭 생산국인 프랑스는 오리 사육 또한 활발하며 특히 남서부 지방에서는 푸아그라와 마그레(오리 가슴살) 생산을 위해 대량 사육된다. 프랑스는 또한 중국에 이어 세계에서 두 번째로 토끼를 많이 생산한다. 가금육은 내장을 모두 들어낸 상태(éviscérée, 바로 조리할 수 있는 상태), 꽁무니 쪽 입구로 복부 창자만 빼낸 상태(effilée), 혹은 핏물과 깃털을 제거한 상태(vidée)로 판매된다. 판매용으로 포장된 가금육에는 1부터 4까지의 숫자가 표시돼 있는데 이것은 크기(손질된 상태에 따른 무게 기준)를 나타낸다. 1은 바로 조리할 수 있도록 손질된 상태의 무게가 850g 이하인 영계이다. 또한 살찌운 정도, 근육의 발달상태, 깃털, 결함 등을 고려해 매긴 분류 등급이 A, B, C로 표시돼 있으며, 원산지가 명시된 라벨이 붙어 있다(약 250종).

■ **역사.** 중세에 가금류(작은 크기의 수렵육 포함)는 로티쇠르 우아예(rôtisseurs-oyers 닭이나 거위 등을 구워 판매하던 식품점 상인)와 풀라리예(poulaillers 가금류 장수)들에 의해 판매되었으며, 비둘기 사육은 봉건영지의 특권이었다. 15세기에는 영계를 식용으로 소비하기 위해 특별히 살을 찌운 풀라르드(poularde)가 등장했고, 르네상스 시대에는 가금류를 닭장에 넣어(à la mue) 살찌워 키우기 시작했다. 16세기에 아메리카로부터 칠면조가 들어왔고 고대 로마시대 이후 잊혔던 뿔닭은 포르투갈인들이 기니로부터 들여오면서 다시 등장했다. 17세기부터는 농가에서 자연 방목해 키우는 닭과 판매용으로 비육한 닭을 구분하기 시작했다. 머스코비 집오리(Canard de Barbarie)와 거위는 당시 토끼보다 인기가 높았다. 18세기에 거위는 중산층도 즐겨 먹는 음식이 되었지만 루앙의 오리는 특별히 귀하게 여겨졌다.

■ **요리.** 옛날에는 가금류를 로스트하기 전에 끓는 물에 삶거나 데쳐 사용하거나 그 반대 순서로 조리했으며 이 방식은 아직까지도 유명 셰프들이 많이 사용한다. 가금류의 고전적인 조리법은 로스트(가장 많이 사용), 포칭, 브레이징, 팬에 조리(특히 나이가 많거나 사이즈가 큰 짐승, 허드렛 부위 등), 소테이며 경우에 따라 증기에 찌거나 그릴에 굽기도 한다. 가금류에 속을 채워 익히는 조리법은 점점 사용이 줄어들고 있다. 닭 간, 모이주머니, 더 드물긴 하지만 수탉의 볏과 콩팥은 요리에서 다양한 용도로 사용된다. 가금류는 더운 요리와 찬 요리 모두 만들 수 있으며, 절대로 날로 먹지 않는다. 가정 요리나 지방 향토 요리에서 가장 흔한 조리법은 앙 코코트(en cocotte), 아 라 카스롤(à la casserole), 프리카세(fricassées), 살미(salmis), 풀 오 포(poule au pot), 코코뱅(coq au vin) 등이다. 공이 많이 드는 정교한 레시피의 요리로는 아스픽(aspic), 발로틴(ballottine), 쇼프루아(chauds-froids), 메다이용(medaillons), 쉬프렘(suprêmes), 튀르방(turbans), 수플레(soufflés), 부셰(bouchées), 볼로방(vol-au-vent), 아 라 렌(à la reine) 요리 등을 꼽을 수 있다.

aspic de volaille ▶ ASPIC
attereaux de foies de volaille à la mirepoix ▶ ATTEREAU (BROCHETTE)
consommé simple de volaille ▶ CONSOMMÉ
crème de volaille ▶ CRÈME (POTAGE)
croustades de foies de volaille ▶ CROUSTADE
farce de volaille ▶ FARCE
feuilletés de foies de volaille ▶ FEUILLETÉ
flan de volaille Chavette ▶ FLAN
fond blanc de volaille ▶ FOND
fritots de foies de volaille ▶ FRITOT
galantine de volaille ▶ GALANTINE
glace de volaille ▶ GLACE DE CUISINE
jambonnettes de volaille ▶ JAMBONNETTE DE VOLAILLE

médaillons de volaille Beauharnais 메다이용 드 볼라이 보아르네

보아르네 닭고기 메다이용 : 닭고기 가슴살로 만들 메다이용과 동량의 아티초크 속살 밑동을 버터에 넣고 색이 나지 않게 찌듯이 익힌다. 보아르네 소스(sauce Beauharnais)를 만든 뒤 뜨겁게 보관한다. 큰 사이즈의 닭 한 마리에서 가슴살을 잘라낸 다음 각각 동일한 두께로 어슷하게 2~3조각으로 썬다. 납작한 고기망치로 살짝 두드린 뒤 원형 또는 타원형으로 모양을 다듬어 자른다. 소금, 후추로 간한 뒤 버터를 두른 팬에 노릇하게 지진다. 닭고기와 같은 두께로 자른 빵을 버터에 튀기듯 지져 크루통을 만든다. 튀긴 크루통 빵 위에 닭고기 메다이용을 하나씩 얹고 보아르네 소스를 채운 아티초크를 곁들여 놓는다. 나머지 소스는 따로 용기에 담아 서빙한다.

oreiller de la belle basse-cour ▶ PÂTÉ
pain de volaille ▶ PAIN DE CUISINE
pâté de foie de volaille ▶ PÂTÉ
pâté pantin de volaille ▶ PÂTÉ PANTIN
royale de purée de volaille ▶ROYALE
salade de volaille à la chinoise ▶ SALADE

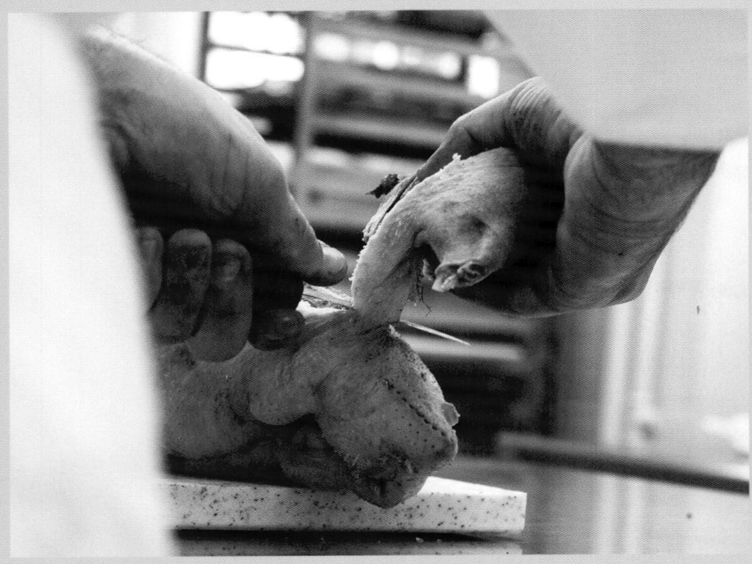

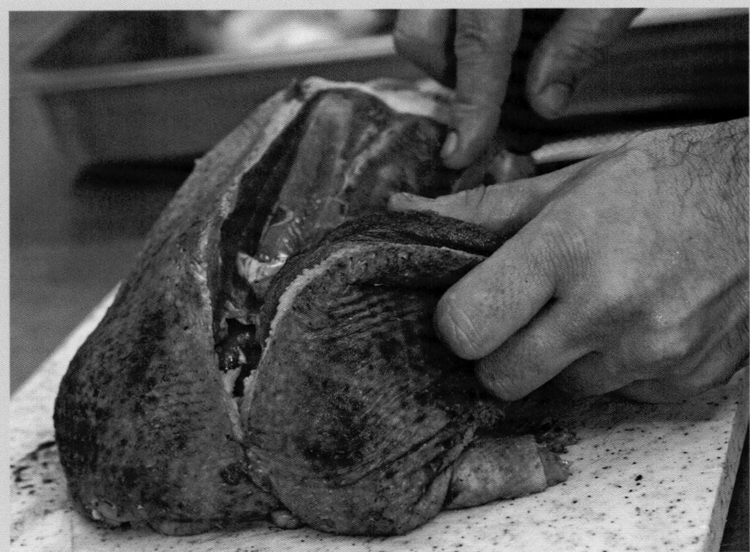

Cuisine Française

Volaille 가금육

"포텔 에 샤보, 크리용 호텔, 에콜 페랑디의 셰프들은 오리, 닭, 뿔닭, 칠면조 등의 가금육을 로스트, 팬프라이, 플랑베하거나 또는 소금 크러스트를 씌우고 송로버섯을 껍질 밑에 끼워 넣어 훌륭한 요리를 만들어낸다."

VOLAILLES ET LAPIN 가금류, 토끼

poulet à tarses noirs
풀레 아 타르스 누아르. 검은 발 닭

poule
풀. 암탉

petit poulet (coquelet)
프티 풀레(코클레). 영계

pigeon
피종. 비둘기

caille d'élevage
카이유 델르바주. 양식 메추리

chapon
샤퐁. 샤퐁(거세 수탉)

oie
우아. 거위

pintade
팽타드. 뿔닭

dinde
댕드. 칠면조

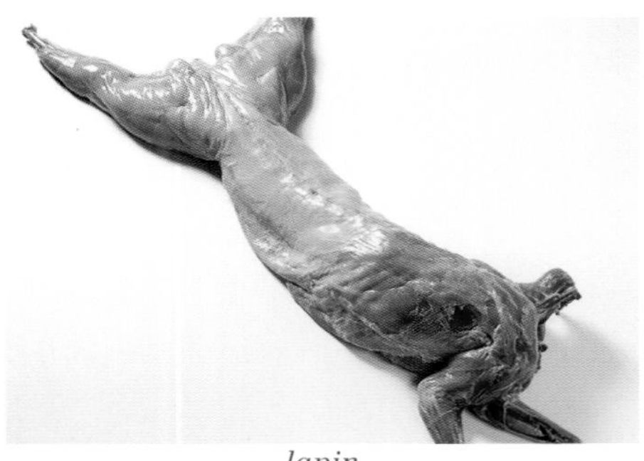

lapin
라팽. 토끼

canard de Barbarie et mulard
카나르 드 바르바리(머스코비 집오리), 뮐라르,
바르바리 가축 오리, 뮐라드 오리(푸아그라용).

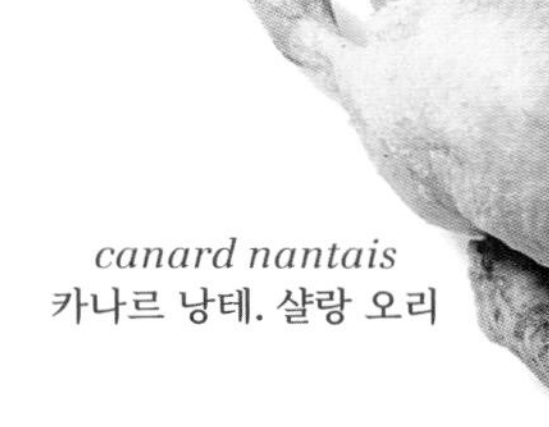

canard nantais
카나르 낭테. 샬랑 오리

가금류, 토끼의 종류와 특징

명칭	산지	출하 시기	외형	특징
양식 메추리 ***caille d'élevage***	프랑스 전역	연중	150~200g, 통통하다.	살이 야들야들하다.
오리 ***canard***				
카나르 드 바르바리 canard de Barbarie	프랑스 전역	연중	살이 통통하며(3~5kg) 근육이 발달했다.	살이 비교적 탱글탱글하며 연하다.
블랑 드 랄리에 canard blanc de l'Allier	부르보네	연중	살이 통통하다(3.5~4kg)	살이 야들야들하고 연하다.
샬랑 오리 canard de Challans (canard nantais)	방데	연중	살이 통통하다(2.5~3kg)	살이 흰색이고 맛이 아주 좋다.
청둥오리 canard colvert	북반구	가을~겨울	작다.	살이 탱글탱글하며 수렵육의 풍미가 있다.
뮐라르 오리(교배종) canard mulard	프랑스 전역	연중	사료주입에 따라 중간에서 큰 사이즈이다.	살이 약간 기름지며 맛이 아주 좋다. 푸아그라용 오리.
북경 오리 canard de Pékin	프랑스 전역	연중	살이 통통하다(3~3.5kg)	살이 야들야들하고 연하다.
루앙 오리(밝은 색) canard de Rouen(clair)	노르망디	연중	살이 통통하다(3.5kg)	살이 야들야들하고 아주 연하다.
샤퐁, 살 찌운 암탉 ***chapon, poularde***	랑드, 브레스	12월	최대 6kg	살이 연하고 섬세한 맛이 있다.
수탉 ***coq***	프랑스 전역	연중	덩치가 크다(4~5kg)	살이 탱글탱글하고 맛이 좋다.
칠면조 ***dinde, dindon***				
아메리카 브론즈 칠면조 dinde bronzé d'Amérique	프랑스 전역	연말	9~15kg(수컷), 6~8kg(암컷) 검은색에 구릿빛이 섞여 있다.	살에 육즙이 풍부하다.
부르보네 검은 칠면조 dinde noir du Bourbonnais	부르보네	연말	10~12kg(수컷), 7~9kg(암컷) 검은색에 반짝이는 금속 빛이 섞여 있다.	살에 육즙이 풍부하다.
제르 검은 칠면조 dinde noir de Gers	남서부	연말	8kg(수컷), 6~7.5kg(암컷)	살이 아주 야들야들하고 연하다.
솔로뉴 검은 칠면조 dinde noir de Sologne	솔로뉴	연말	10~12.5kg(수컷), 6~7.5kg(암컷) 짙은 검은색	살이 아주 연하고 맛있다.
아르덴 붉은 칠면조 dinde rouge des Ardennes	아르덴(프랑스, 벨기에)	연말	최대 10kg(수컷), 7kg(암컷)	살이 아주 야들야들하고 연하다.
거위 ***oie***				
알자스 거위 oie d'Alsace	알자스	연말	4~4.5kg, 회색이 주종을 이룬다.	푸아그라용 거위.
부르보네 흰 거위 oie blanche du Bourbonnais	알리에	연말	7~10kg, 순백색	로스트용 거위.
푸아투 흰 거위 oie blanche du Poitou	푸아투	연말	5~9kg, 순백색	거위털 사용.
랑드 회색 거위 oie grise des Landes	남서부	연말	6~7kg	푸아그라용 거위.
기네 거위 oie de Guinée	아시아	연말	4~5kg	살이 아주 연하고 기름기가 적다.
노르망디 거위 oie normande	노르망디	연말	4~5.5kg, 수컷은 흰색, 암컷은 회색과 흰색	살이 아주 연하고 맛있다.
목 장식이 없는 툴루즈 거위 oie de Toulouse sans bavette	남서부	연말	6~10kg, 회색	살이 야들야들하고 연하다. 푸아그라용 거위.
비둘기 ***pigeon***				
카르노 비둘기 pigeon Carneau	프랑스 전역	연중	600~675g, 붉은색이 주종을 이룬다.	살이 야들야들하고 연하다.
전서구 비둘기 pigeon cauchois	프랑스 전역	연중	650~800g, 여러 색이 직물처럼 짜인 무늬를 갖고 있다.	살이 야들야들하고 연하다.
킹 비둘기 pigeon King	프랑스 전역	연중	850~1050g, 흰색이 주종을 이룬다.	번식용 비둘기.
텍사스 비둘기 pigeon Texan	프랑스 전역	연중	750~930g, 수컷과 암컷의 색이 다르다.	번식력이 아주 강하다.
뿔닭 ***pintade***	프랑스 전역	연중	1.2~1.5kg, 몸이 달걀형이다.	특유의 식감과 맛이 있으며 살의 색이 진하다.

명칭	산지	출하 시기	외형	특징
닭 *poule, poulet*				
부르보네 닭 bourbonnaise	프랑스 전역, 특히 알리에(Allier)	연중	2.5kg(암컷)~3.5kg(수컷). 흰 바탕에 부분적으로 검은 반점이 있다.	살이 야들야들하고 연하다.
브레스 닭 Bresse	브레스	연중	2~2.5kg(암컷), 2.5~3kg(수컷). 발이 푸른색이다.	살이 아주 연하고 맛있다. 샤퐁(거세 수탉) 브레스 닭도 있다.
파브롤 닭 Faverolles	프랑스 전역	특히 연말	2.8~3.4kg(암컷), 3.5~4kg(수컷). 턱수염이 있고 발가락이 5개이다.	살이 아주 연하고 맛있다.
라 블레슈 닭 La Flèche	프랑스 전역	특히 연말	최소 3kg(암컷)~3.5kg(수컷) 원뿔모양의 볏이 있다.	살이 아주 연하고 맛있다. 샤퐁(거세 수탉)도 있다.
가티네즈 닭 gâtinaise	프랑스 전역	특히 연말	2.5kg(암컷), 3.5~4kg(수컷). 순백색	살이 야들야들하고 연하다.
젤린 드 투렌 닭 géline de Touraine	프랑스 전역, 특히 투렌	연중	2.5~3kg(암컷), 3~3.5kg(수컷) 검정색	살이 연하고 맛이 아주 좋다. 이 닭은 담 누아르(Dame noire)라는 이름으로 판매된다.
구르네 닭 Gournay	프랑스 전역, 특히 노르망디	연중	최소 2kg(암컷), 2.5kg(수컷)	살이 야들야들하고 연하다.
우당 닭 Houdan	프랑스 전역	특히 연말	2.5kg(암컷)~3kg(수컷) 도가머리와 턱수염이 있으며 발가락이 5개이다.	살이 아주 연하고 맛이 있다.
마랑 닭 Marans	프랑스 전역	연중	2.6~3.2kg(암컷), 3.5~4kg(수컷)	알이 아주 크고 적갈색을 띤다.
뫼즈 닭 meusienne	프랑스 전역	특히 연말	2.4~3.4kg(암컷), 3.4~4.8kg(수컷) 발가락이 5개이다.	살이 아주 연하고 맛이 있다.
서섹스 닭 Sussex	프랑스 전역	연중	최소3.2kg(암컷)~ 4.1kg(수컷)	살이 아주 맛있고 껍질이 하얗다.
영계 *poussin*	프랑스 전역	연중	250~300g	살이 아주 섬세하다.
토끼 *lapin*				
샹파뉴 은색 토끼 lapin argenté de Champagne	프랑스 전역	연중	4.5~5.25kg, 털이 은색이다.	살이 야들야들하고 연하다.
캘리포니아 토끼 lapin californien	프랑스 전역	연중	4~4.5kg, 털이 흰색이고 귀, 코 발 등 끝부분만 검은색이다.	살이 야들야들하고 연하다.
부르고뉴 황갈색 토끼 lapin fauve de Bourgogne	프랑스 전역	연중	4~4.5kg, 털이 황갈색이다.	살이 야들야들하고 연하다.
부스카 흰색 자이언트 토끼 lapin géant blanc du Bouscat	프랑스 전역	연중	6kg 이상, 털이 흰색이다.	살이 많고 맛이 좋다.
플레미시 자이언트 토끼 lapin géant des Flandres	프랑스 전역	연중	7kg 이상, 털이 회색인 것이 주종이다.	살이 아주 많다.
얼룩무늬 자이언트 토끼 lapin géant papillon français	프랑스 전역	연중	6kg 이상, 털이 흰색이고 검은 반점이 있다.	살이 아주 많다.
뉴질랜드 토끼 lapin néo-zélandais	프랑스 전역	연중	4.5–5.25kg	살이 야들야들하고 연하다.
푸아투 렉스 토끼 lapin rex du Poitou	푸아투	연중	3.5–4.75kg, 털이 짧다.	살이 야들야들하고 연하다.
러시아 토끼 lapin russe	프랑스 전역	연중	2.4–2.7kg, 털이 흰색이고 귀, 코 발 등 끝부분만 검은색이다.	살이 연하고 맛이 좋다.

장 클로드 페레로 (JEAN-CLAUDE FERRERO)의 레시피

sot-l'y-laisse aux morilles 솔릴레스 오 모리유

모렐 버섯을 넣은 닭 골반 뼈 살 : 모렐 버섯 4~5개를 꼼꼼히 씻어 길이로 이등분한다. 회색 샬롯 1개의 껍질을 벗겨 다진다. 닭 골반 뼈의 움푹하게 패인 부분에 위치한 살 조각(sot-l'y-laisse) 6~8개에 밀가루를 묻힌다. 바닥이 두꺼운 팬에 버터 25g을 녹인 뒤 샬롯과 닭고기를 넣고 센 불에서 노릇하게 지진다. 소금, 후추로 간한 다음 모렐 버섯을 넣고 7~8분 정도 함께 익힌다. 소비뇽 블랑 화이트와인 100mℓ를 붓고 디글레이즈한 다음 뚜껑을 연 상태로 조리를 마무리한다. 강판에 간 넛멕을 칼끝으로 아주 조금 넣으면 더욱 풍미를 살릴 수 있다. 더블 크림 1티스푼을 넣은 뒤 10~12분간 더 가열한다. 뜨겁게 데워 둔 접시에 담아 서빙한다.

soufflé aux foies de volaille ▶ SOUFFLÉ
soufflés à la volaille ▶ SOUFFLÉ
suprêmes de volaille à blanc ▶ SUPRÊME
suprêmes de volaille au sauternes et au citron confit ▶ SUPRÊME
velouté de volaille ▶ VELOUTÉ

폴 보퀴즈(PAUL BOCUSE)의 레시피

volaille de Bresse Halloween 볼라이 드 브레스 할로윈

할로윈 브레스 닭 요리 : 큰 서양 호박(4~5kg짜리) 한 개를 준비해 윗부분을 뚜껑처럼 잘라 낸다. 안의 씨를 모두 긁어낸 다음, 미리 따뜻한 물에 불려둔 쌀 200g과 와일드라이스 50g, 옥수수 100g, 양송이버섯 200g, 주사위 모양으로 썰어 팬에 볶은 베이컨 100g, 생크림 100mℓ. 버터 200g, 코린트 건포도 50g, 잣 50g을 바닥에 깔아준다. 1.8kg짜리 브레스 닭 한 마리의 안쪽에 굵은 소금을 뿌린 다음 호박 안에 넣는다. 잘라두었던 호박 뚜껑으로 덮은 뒤

200°C로 예열한 오븐에서 2시간 30분간 익힌다(큰 돌 4개 사이에 호박을 걸쳐놓고 나무이끼 풀로 덮고 다시 점토로 덮은 다음 그 위에 장작불을 붙여 3시간 정도 익혀도 된다). 다 익은 후 닭은 건져내고 쌀, 옥수수, 버터, 생크림 등의 재료와 퓌레처럼 익은 호박 속살을 잘 섞는다. 호박 통째로 서빙한다.

VOL-AU-VENT 볼로방 파트 푀유테로 만든 지름 15~20㎝의 원형 크러스트로 같은 반죽으로 만든 뚜껑이 있으며, 부풀어오르게 구워낸 뒤 각종 속 재료를 채워 서빙한다. 채워 넣는 재료는 주로 소스에 버무린 것이 많으며 종류가 무척 다양하다. 아 라 베네딕틴(à la bénédictine), 베샤멜 소스에 곁들인 양송이버섯, 도톰하게 슬라이스한 랍스터 살, 서대 필레, 얇게 썬 닭가슴살, 아 라 피낭시에르(à la financière), 해산물, 아 라 낭튀아(à la Nantua), 닭이나 송아지고기를 갈아 만든 크넬, 아 라 렌(à la reine), 송아지 흉선, 연어, 아 라 툴루젠(à la toulousaine) 등으로 조리한 각종 소 재료를 페이스트리 안에 채운다. 그 외에도 갑각류 해산물이나 닭고기 또는 수렵육을 곱게 간 퓌레에 기본 채소 재료를 잘게 썬 살피콩을 섞어 사용하거나, 토마토 소스 스파게티에 잘게 썬 햄을 섞어 채워넣기도 한다.

croûte à vol-au-vent : préparation ▶ CROÛTE

vol-au-vent financière 볼로방 피낭시에르

볼로방 피낭시에르 : 송아지 흉선(또는 수탉의 볏) 50g을 끓는 물에 데쳐낸 뒤 찬물에 헹궈 물기를 제거한다. 껍질을 벗긴 다음 주사위 모양으로 썬다. 닭고기 크넬 200g을 중간 크기의 주사위모양으로 썬다. 수탉의 콩팥 12개를 끓는 물에 데친 뒤 버터에 넣고 2분간 익히고 소금, 후추로 간한다. 어슷하게 썬 양송이버섯 300g을 팬에 노릇하게 볶은 뒤 건져낸다. 그 팬에 소금, 후추로 간한 송아지 흉선을 넣고 2분간 센 불에서 볶는다. 건져서 버섯과 함께 보관한다. 팬에 마데이라 와인 100㎖를 넣고 디글레이즈한 다음 살짝 졸인다. 여기에 송아지 흉선과 버섯을 넣고 뚜껑을 덮은 다음 3~4분간 약한 불로 끓인다. 버터 40g과 밀가루 40g을 볶다가 갈색 닭 육수 500㎖를 조금씩 넣어가며 잘 저어 섞어 황금색 루를 만든다. 여기에 소금, 후추, 넛멕, 잘게 다진 자투리 송로버섯 작은 포장 한 개분과 즙, 마데이라 와인 100㎖를 넣고 10분 정도 약한 불로 끓인다. 코코트 냄비에 송아지 흉선, 버섯과 즙, 주사위 모양으로 썬 크넬, 수탉의 콩팥, 껍질을 벗긴 민물가재 12마리의 살을 넣는다. 여기에 소스를 붓고 4~5분간 약한 불로 가열한다. 불에서 내린 뒤 서빙 바로 전, 생크림 100㎖를 넣고 풀어준 달걀노른자 한 개를 넣고 잘 섞는다. 볼로방 크러스트에 채워 넣은 뒤 페이스트리 뚜껑을 살짝 얹어 서빙한다.

VOLIÈRE (EN) 앙 볼리에르 깃털 달린 수렵 조류(특히 꿩과 멧도요) 요리를 아주 화려하게 플레이팅하는 방법 중 하나다. 19세기까지 사용된 이 플레이팅 방식은 새를 익힌 뒤 머리와 꼬리, 펼친 날개를 다시 제자리에 배치하고 나무꼬챙이로 고정시켜 놓는 것이었다.

VOLNAY 볼네 부르고뉴 코트 드 본(Côte de Beaune)의 AOC 레드와인으로 포도품종은 피노 누아이며 라즈베리와 바이올렛(제비꽃) 향이 있고 테루아의 특징을 잘 보여주는 와인으로 유명하다. 빼어난 크뤼(clos-des-chênes, champans. clos-des-ducs, caillerets, santenots, taille-pieds)들을 보유하고 있는 볼네 아펠라시옹 볼네의 와인은 기품이 있고 섬세하며 복합적인 향이 탁월하다. 오래 숙성하면 그 맛이 더욱 좋아지는 잠재력을 갖고 있으며 최대 10년까지 보관할 수 있다(**참조** BOURGOGNE).

VOLVAIRE SOYEUSE 볼베르 수아외즈 흰비단털버섯. 비단처럼 부드러운 흰색의 갓과 성숙하면 분홍색을 띠는 주름을 가진 버섯으로, 링 모양의 턱받이를 두르지 않은 버섯대는 커다란 균포로 싸여 있다. 섬세한 맛을 지닌 흰색의 살은 민달갈버섯(oronge)과 같은 방법으로 조리한다. 특히 아주 어린 상태일 때 맛이 뛰어나다.

VONGERICHTEN (JEAN-GEORGES) 장 조르주 본게리슈텐 프랑스의 요리사(1957, Strasbourg 출생). 알자스 출신으로 마크 애베를랭(Marc Haeberlin), 폴 보퀴즈(Paul Bocuse), 뮌헨의 에카르트 비트지그만(Eckart Witzigmann), 나풀의 루이 우티에(Louis Outhier) 등 쟁쟁한 셰프들 밑에서 요리수업을 받은 장 조르주 본게리슈텐은 방콕의 오리엔탈 호텔과 홍콩의 만다린 오리엔탈 호텔 주방에서 경력을 쌓은 뒤 미국으로 건너가 뉴욕 최초의 클래식 프렌치 비스트로 조조(Jojo)를 오픈했다. 프렌치 타이 레스토랑인 봉(Vong)을 열어 아시아의 향신료에 유럽, 미국의 식재료를 접목한 요리를 선보였으며, 최신 트렌드의 비스트로 머서 키친(Mercer Kitchen)을 소호에 오픈하며 얇은 피자와 지중해 음식들로 인기를 끌었다. 이후 그는 트럼프 인터내셔널 호텔 1층에 자신의 이름을 내건 모던하고 미니멀한 고급 레스토랑 장 조르주(Jean Georges)와 브라스리 누가틴(Nougatine)을 운영하며 성공의 정점에 올랐다. 그 외에도 모던 차이니즈 레스토랑 66, 프렌치 아메리칸 레스토랑 페리 스트리트(Perry Street), 아시안 스트리트 푸드 콘셉트를 내세운 스파이시 마켓(Spicy Market)을 연달아 오픈했으며 시카고, 라스베이거스, 홍콩, 파리(Market) 등지에 지점을 내며 외식 사업을 확장해나갔다. 엄청난 노력파이며 야망이 가득하면서도 신중한 성격을 지닌 이 셰프는 전 세계에 자신의 작은 미식 왕국을 건설하였으며, 요리를 통한 문화의 화합을 추구하고 있다. 그의 레스토랑 장 조르주는 뉴욕판 미슐랭 가이드 초판에서 별 셋을 획득했다.

VOSNE-ROMANÉE 본 로마네 부르고뉴 코트 드 뉘(Côte de Nuits)의 AOC 레드와인으로 세계 최고의 와인 반열에 속한다. 피노 누아 품종으로 만드는 알코올 함량이 높은 풀바디 와인으로 복합적인 향이 뛰어나고 섬세하고 부드러우며 독보적인 기품과 고급스러운 풍미를 지닌 와인이다(**참조** BOURGOGNE).

VOUVRAY 부브레 발 드 루아르(Val de Loire)의 AOC 화이트와인으로 포도품종은 슈냉(chenin)이다. 일반 와인뿐 아니라 발포성 와인(pétillant, mousseux)도 생산되며 가벼운 산미와 과일 포도의 향이 있는 상큼한 와인이 주를 이룬다.

VRINAT (JEAN-CAUDE) 장 클로드 브리나 프랑스의 레스토랑 운영자(1936, Villeneuve-Archevêque 출생–2008, Paris 타계). 그의 부친 앙드레는 1946년 파리 9구에 레스토랑 타유방(Taillevent)을 열었다. 이 이름은 중세의 요리서 『비앙디에』의 저자인 기욤 티렐(Guillaume Tirel)에게 헌정한 것이었다. 이 레스토랑은 얼마 되지 않아 미슐랭 가이드의 첫 번째 별을 획득했다. 1950년 타유방은 라므네가에 위치한 모르니(Morny) 공작 소유였던 19세기의 한 개인 저택으로 자리를 옮겨 정착했고, 1956년 미슐랭의 두 번째 별을 받았다. 이후 HEC(파리 최고의 경영학 그랑제꼴)를 졸업한 장 클로드가 레스토랑 경영을 물려받았고 1973년에는 드디어 미슐랭의 세 번째 별을 거머쥐다(2007년까지 유지). 그는 '전통과 품질(Tradition et Qualité)'이라는 세계 유명 레스토랑 연합의 회장직을 맡았으며, 레스토랑 근처에 와인숍 '레 카브 타유방(Les Caves Taillevent)'을 운영했다. 또한 2001년에 오픈한 컨템포러리 비스트로 앙글 뒤 포부르(l'Angle du Faubourg)는 바로 미슐랭 가이드의 별 한 개를 받았다. 뿐만 아니라 조엘 로뷔숑과 함께 오픈한 도쿄의 타유방 로뷔숑(Taillevent-Robuchon) 레스토랑의 관리 업무를 수행했다. 전설적인 와인 리스트, 품격이 넘치는 최고의 서비스, 유행을 타지 않는 기본에 충실한 클래식 요리(이 레스토랑의 해산물 세르블라 소시지는 하나의 교범이 되었다), 시대에 뒤떨어지지 않는 감각은 타유방을 비교불가능한 특별한 명품 식당으로 만들었다. 이곳의 주방은 클로드 들리뉴(Claude Deligne), 필립 르장드르(Philippe Legendre), 미셸 델 뷔르고(Michel Del Burgo), 알랭 솔리베레스(Alain Solivérès), 다비드 비제(David Bizet)가 이어서 총지휘하고 있다.

VUILLEMOT (DENIS-JOSEPH) 드니 조제프 뷔유몽 프랑스의 요리사(1811, Crépy-en-Valois 출생–1876, Saint-Cloud 타계). 할아버지와 아버지 모두 메트르도텔(레스토랑 서빙 지배인) 출신인 가정에서 태어난 그는 베리(Véry)에서 요리를 처음 배운 뒤 앙토냉 카렘의 제자가 되었다. 이후 크레피(Crépy)와 콩피에뉴(Compiègne)에서 연달아 자신의 업장을 운영했으며 이후 파리 마들렌 광장에 위치한 레스토랑 드 프랑스(Restaurant de France)의 주인이 되었다. 이어서 생 클루(Saint-Cloud)의 오텔 드 라 테트 누아르(Hôtel de la Tête-Noire)에서 요리사로서의 여정을 마쳤다. 알렉상드르 뒤마의 친구였던 그는 뒤마의 저서 『요리대사전(*Grand Dictionnaire de la cuisine*)』의 레시피의 기술적 부분에 참여했다. 러시아 여행을 마치고 돌아온 뒤마를 위해 그가 주최한 연회는 이 소설가과 그의 작품을 연상케 하는 이름을 붙인 요리들로 이루어졌으며 이는 아직까지도 유명한 메뉴로 남아있다. 이 연회의 식사에는 버킹엄 포타주와 모히칸 포타주, 앙리 3세 송어 요리, 포르토스 랍스터 요리, 몬테크리스토 소 안심, 마고 여왕 부셰, 몽소로 부인 봉브, 뒤마 샐러드, 고랭플로 케이크, 크리스틴 여왕 크림 등이 등장했다.

WALDORF 월도프 월도프 샐러드. 주사위 모양으로 썬 사과(reinette 품종)와 셀러리악에 껍질 벗긴 호두살을 뿌리고 묽은 마요네즈로 드레싱한 샐러드의 명칭이다. 경우에 따라 동그랗게 슬라이스한 바나나를 첨가하기도 한다.

WALEWSKA (À LA) (아 라) 발레브스카 생선 육수에 데쳐 익힌 생선에 길게 반으로 자르거나 도톰하게 어슷 썬 랑구스틴(스캄피) 살과 얇게 썬 송로버섯 슬라이스를 곁들이고 마지막에 갑각류 버터를 섞은 모르네 소스를 끼얹은 뒤 오븐에 넣어 글레이즈한 요리에 붙인 명칭이다.

WAPITI 와피티 와피티 사슴, 엘크. 덩치가 큰 아메리카 사슴의 일종으로 유럽 사슴과 비슷하며 특히 캐나다 서부에서 사냥으로 많이 잡힌다. 털이 있는 일반 수렵육과 마찬가지 방법으로 조리한다.

WASABI 와사비 고추냉이, 와사비. 일본 요리에 주로 쓰이는 양념 중 하나로 십자화과에 속하는 동명의 초본식물을 강판에 갈아 만든다(**참조** p.496, 497 이국적 채소 도감). 와사비는 연두색 페이스트 타입 또는 물에 개어 사용할 수 있는 분말 형태로 판매된다. 간장에 풀어 주먹밥이나 생선회(사시미)를 찍어 먹으면 톡 쏘는 특유의 맛을 낼 수 있으며 스시를 만들 때 날생선과 초밥 사이에 조금 넣기도 한다. 와사비는 종종 일본 홀스래디시 또는 일본 겨자라고도 불린다.

▶ 레시피 : THON.

WASHINGTON 워싱턴 국물에 삶아 익히거나 브레이징한 닭에 곁들이는 가니시의 한 종류로 삶은 옥수수 알갱이를 아주 걸쭉하게 졸인 크림 소스에 버무린 것이다. 또한 이 명칭은 소위 '작은 냄비(petite marmite)'라고 불리는 콩소메를 지칭하기도 한다. 여기에는 콩소메에 익힌 뒤 가늘게 채 썬 샐러리, 마데이라 와인을 넣고 찌듯이 익힌 뒤 가늘게 채 썬 송로버섯을 넣어 먹는다. 혹은 정사각형으로 썰어 마데이라 와인과 송아지 육즙 소스를 넣고 찌듯이 익힌 송아지 볼 살 껍질 가니시를 가리키기도 한다.

WATERFISH 워터피시 워터피시 소스. 생선 요리에 곁들이는 앙글레즈 소스 또는 홀랜다이즈 소스로, 차갑게 혹는 뜨겁게 서빙된다. 더운 워터피시 소스(특히 강꼬치고기, 퍼치에 많이 곁들인다)는 가늘게 채 썬 채소에 화이트와인을 넣고 졸인 다음 쿠르부이용을 넣어 다시 졸이고, 홀랜다이즈 소스를 첨가한 뒤 파슬리를 넣어 마무리한다. 찬 워터피시 소스는 해당 생선 쿠르부이용으로 만든 즐레에 가늘게 채 썬 채소, 홍피망, 코르니숑 피클, 케이퍼를 첨가한 것이다. 생선에 이 즐레를 끼얹고 가늘게 자른 안초비로 장식한 다음 레물라드 소스를 곁들여 서빙한다.

▶ 레시피 : SAUCE.

WATERS (ALICE) 앨리스 워터스 미국의 여성 요리사(1944, Chatham, New Jersey 출생). UC 버클리 대학에서 프랑스 문화를 전공한 그녀는 런던 몬테소리 스쿨에서 학업을 이어나갔고 프랑스를 여행하며 1년의 연수기간을 보냈다. 1972년 와인 중개상이자 레스토랑 운영자인 남편을 만나 결혼한 후, 캘리포니아 버클리에 마르셀 파뇰(Marcel Pagnol)에 헌정하는 셰 파니스(Chez Panisse)라는 이름의 지중해 요리 전문식당을 열었다. 언제나 최고의 식재료를 구하는 것이 최대의 관심사였던 그녀는 무공해 재배 원칙을 준수하는 농축산가에서 생산한 재료들을 주로 사용했고, 그날그날 공급받는 식재료와 품질에 따라 달라지는 최상의 메뉴를 선보였다. 캘리포니아 요리의 대모로 자리 잡은 앨리스 워터스는 채소를 향한 자신의 열정을 담은 『셰 파니스 베지터블즈』를 비롯한 여러 권의 저서를 집필했다.

WATERZOÏ 바테르조이 북해의 생선과 장어를 향신 재료와 파슬리 뿌리, 채소 등을 넣은 쿠르부이용에 넣어 익힌 플랑드르 지방의 요리다. 벨기에 헨트(Gand) 지역에서는 토막 낸 닭고기로 만들기도 한다.

waterzoï de poulet 바테르조이 드 풀레

닭고기 바테르조이 : 정향 2개를 박은 양파 1개, 부케가르니 1개, 리크 1대, 질긴 섬유질을 벗겨낸 셀러리 1줄기 넣은 흰색 닭 육수에 닭 한 마리를 통째로 넣고 40분간 삶는다. 리크 1대와 셀러리 1줄기를 채 썰어 코코트 냄비에 넣고 닭 삶는 국물을 조금 넣고 익힌다. 닭을 꺼내 8토막으로 자른 뒤 냄비 안의 리크와 셀러리 위에 얹는다. 닭 국물을 재료 높이만큼 붓고 30분간 더 익힌다. 닭 조각들을 건져낸 다음 냄비에 더블 크림 200㎖를 넣고 걸쭉한 농도로 졸인다. 간을 맞춘다. 닭 조각을 다시 냄비에 넣고 데운 뒤 냄비째 그대로 서빙한다. 버터를 발라 구운 빵을 따로 곁들여낸다.

waterzoï de saumon et de brochet 바테르조이 드 소몽 에 드 브로셰

연어, 강꼬치고기 바테르조이 : 셀러리 200g을 가늘게 채 썬다. 코코트 냄비에 버터를 바른 다음 셀러리 채를 깔아준다. 소금, 후추를 뿌리고, 세이지잎 4장을 추가한 부케가르니 한 개를 넣는다. 여기에 연어 1kg, 강꼬치고기 1kg을 큼직한 큐브 모양으로 썰어 넣는다. 생선 육수(또는 쿠르부이용)을 재료 높이만큼만 부은 뒤 작은 조각으로 자른 버터 100g을 고루 얹는다. 뚜껑을 덮고 약한 불로 30분간 익힌 뒤 식힌다. 생선을 건져 얇게 썬다. 부케가르니를 건져 내고 남은 국물에 잘게 부순 비스코트(biscotte, 빵 슬라이스를 바삭한 과자처럼 구운 것)를 조금 넣고 졸여 걸쭉한 소스를 만든다. 다시 생선을 넣고 데운 뒤 냄비째 그대로 서빙한다. 버터를 발라 구운 빵을 따로 곁들여낸다.

WEBER 베베르 1865년 파리 루아얄가에 문을 연 카페 겸 레스토랑으로 1898년에는 미국식 바가 추가되었다. 이곳에서는 웰시 래빗, 요크 햄, 차갑게 서빙하는 뵈프 아 라 모드(bœuf mode froid), 영국식 콜드 컷 플래

터(이 레스토랑이 원조라고 전해진다), 위스키 및 소다 음료가 서빙되었다. 1935년까지 세련되고 힙한 레스토랑으로 인기를 끈 이 업장의 테라스에는 당대 유명 인사들뿐 아니라 레스토랑 막심(Maxim's)의 단골들도 종종 드나들었다. 1961년에 폐업했다.

WEISSLACKER 바이슬라커 소젖으로 만든 세척 외피 연성치즈(지방 30~40%)(**참조** p.396 외국 치즈 도표)로 독일 바이에른주 알고이(Allgäu) 지역에서 19세기 중반부터 생산되고 있다. 큐브 모양 또는 작은 맷돌 모양으로 무게는 2kg까지 나가며 은박 종이로 포장돼 있다. 풍미가 강한 치즈로 전통적으로 호밀빵과 도펠보크(Doppelbock) 맥주에 곁들여 먹는다.

WELSH RAREBIT 웰시 래빗 영국의 특선 음식 중 하나인 웰시 래빗은 구운 식빵 위에 영국산 블론드 맥주에 영국 머스터드와 후추를 함께 넣고 녹인 체셔(또는 체다) 치즈를 얹은 토스트다. 재료를 얹은 토스트는 브로일러 아래에 잠깐 구워 아주 뜨겁게 서빙한다. 영국(송아지 콩팥 기름에 빵을 굽는다)에서는 아침이나 저녁에 간단히 요기용으로 즐겨 먹으며 맥주를 반드시 곁들인다.

welsh rarebit 웰시 래빗

웰시 래빗 : 체셔 치즈 250g을 얇게 썰어 냄비에 넣는다. 여기에 페일에일 맥주 200 mℓ, 영국 머스터드 1디저트스푼, 후추를 넣고 잘 저으며 가열하여 균일한 액체 상태가 되도록 녹인다. 식빵 4장을 구운 뒤 버터를 바른다. 버터를 바른 내열 용기에 식빵을 한 켜로 놓고 치즈 혼합물을 끼얹는다. 260°C로 예열된 오븐에 3~4분간 구운 뒤 아주 뜨겁게 서빙한다.

WESTERMANN (ANTOINE) 앙투안 베스테르만 프랑스의 요리사(1946, Wissembourg 출생). 스트라스부르의 뷔페 드 라 가르(Buffet de la Gare)에서 요리 일을 배운 그는 유명한 푸아그라 생산업체인 페옐(Feyel)에서 경력을 쌓은 뒤 비텔(Vittel)의 에르미타주(l'Hermitage), 브뤼마트(Brumath)의 에크르비스(l'Écrevisse), 독일 바덴 지방 에틀링엔(Ettlingen)의 에르프린츠(Erbprinz) 호텔, 파리 동역 근처의 니콜라(Nicolas) 등지에서 요리사로 근무했다. 스트라스부르로 돌아온 그는 또 다른 푸아그라 전문업체인 아르츠네르(Artzner)에서 일하게 된다. 1970년, 스트라스부르 유럽의회 바로 근처 오랑주리 공원 안에 위치한 오래된 17세기 농가에 정착한 그는 레스토랑 뷔레이젤(Buerehiesel)을 오픈한다. 이 식당은 1975년 미슐랭 가이드의 첫 번째 별을, 1984년에 두 번째 별을, 1994년에 드디어 세 번째 별을 획득한다(2007년 아들에게 레스토랑을 물려줄 때까지 유지한다). 그는 포르투갈 다 긴슈(Da Guincho) 레스토랑의 컨설팅을 담당했고 파리 생 루이섬에 비스트로를 오픈하기도 했으며 2005년에는 파리의 드루앙(Drouant) 레스토랑을 인수했다. 그는 또한 1998년부터 2001년까지 프랑스 오트 퀴진(Haute Cuisine française) 조합의 회장을 역임하기도 했다. 전통과 새로운 창조의 징검다리 역할을 한 그는 알자스 테루아의 레시피를 좀 더 가볍게 만드는 데 노력을 기울였으며, 푸아그라와 파슬리를 넣은 노루고기 테린, 개구리와 처빌을 곁들인 슈나이더스패틀(schniederspaetle) 라비올리, 레몬을 넣은 닭고기 베코프(baeckoffe), 맥주를 넣은 캐러멜라이즈드 브리오슈 등을 선보였다.

WHISKY ET WHISKEY 위스키 곡물로 만든 스코틀랜드의 브랜디로 정도의 차이는 있으나 대부분 맥아가 들어간다(아일랜드에서는 whiskey로 쓴다). 아이리시 위스키는 라이 위스키나 버번 위스키가 주를 이루는 아메리칸 위스키와는 구분된다(**참조** 아래 도표)

- SCOTCH WHISKY 스카치 위스키. 발효된 맥아를 스코틀랜드의 피트(peat, 토탄)를 태워 건조시키기 때문에 특유의 연기 냄새가 배어 독특한 향을 지니고 있다. 이어서 맥아를 갈아 분쇄하고 물을 넣어 희석한 다음 소규모 공방 제조 방식에 따라 단식 증류기로 2번 증류한다. 이러한 방식을 통해 만들어진 몰트 위스키는 맥아만 사용해 동일한 증류소에서 생산된 경우 싱글몰트(single malt), 여러 몰트 위스키를 블렌딩한 경우에는 배티드 몰트(vatted malt)라고 부른다. 수요가 끊임없이 증가함에 따라 생산자들은 몰트 위스키과 그레인 위스키를 혼합한 블렌디드 위스키 시장을 확대했고, 약 10여 개의 대형 브랜드가 전 세계 스카치 위스키 시장의 대부분을 장악하고 있다. 하지만 프랑스에서는 퓨어 몰트(pure malt) 소비가 현저하게 증가했다.
- IRISH WHISKEY 아이리시 위스키. 아이리시 위스키는 오래전부터 가족

위스키의 종류와 특징

유형	산지	제조	숙성	향
캐내디언 위스키 *canadian whisky*	캐나다	옥수수, 호밀, 밀 또는 보리: 2번 증류	3년 이상	다소 가벼운 편
그레인 위스키 또는 연속식 증류(페이턴트 스틸) 위스키 whisky de grain, patent still whisky	캐나다 노바스코샤주	호밀, 옥수수, 맥아(10~20%): 2번 증류	3년 이상	진한 향
아이리시 위스키 *irish whiskey*	아일랜드	맥아(피트 훈연을 하지 않는다), 때로 밀, 호밀 또는 옥수수를 함께 사용하기도 한다: 3번 증류	3년 이상, 8~15년까지	과일 향, 맥아 향
스카치 위스키 (몰트 위스키) *scotch whisley (whisly de malt)*				
하일랜드 몰트 Highlands malts	스코틀랜드 북부	맥아, 경우에 따라 피트 훈연한다: 2번 증류	3년 이상	가벼운 편. 과일 향, 짭짤한 맛, 피트 훈연 향
로우랜드 몰트 Lowlands malts	스코틀랜드 남부	맥아, 경우에 따라 피트 훈연한다: 2번 증류	3년 이상	가벼운 과일 향
아일라 몰트 Islay malts	아일라섬	맥아, 피트 훈연한다: 2번 증류	3년 이상	피트 훈연 향, 아주 강한 향
캠벨타운 몰트 Campbeltown malts	킨타이어 반도	맥아, 피트 훈연한다	3년 이상	향이 아주 강하다.
아메리칸 위스키 *whiskey américain*				
버번 위스키 bourbon whiskey	켄터키주	옥수수 알곡 51% 이상, 맥아: 2번 증류	2년 이상(안쪽을 태운 술통에 보관)	부드러우면서 풍부한 향
콘 위스키 corn whiskey	미국	혼합 곡물(옥수수 80% 이상): 2번 증류	제한 없음(안쪽을 태우지 않은 술통에 보관)	아주 진한 향
라이 위스키 rye whiskey	펜실베니아, 메릴랜드	혼합 곡물(호밀 51% 이상): 1번 또는 여러 번 증류	2년 이상	진한 향
테네시 위스키 Tennessee whiskey	테네시주	혼합 곡물: 2번 증류	2년 이상	아주 강한 향. 특유의 탄 나무 향

단위 규모로 생산, 소비되어 왔다. 보리뿐 아니라 밀과 호밀을 원료로 사용하며 건조 시 피트를 사용하지 않는다. 3번 증류하며 스카치 위스키와 마찬가지로 다양한 블렌딩을 거쳐 판매된다.

● **CANADIAN WHISKY 캐내디언 위스키.** 곡물을 원료로 만드는 캐나다의 그레인 위스키로 다양한 명칭으로 불리며 다소 가벼운 맛을 갖고 있다. 호밀의 함량이 높으며 다른 위스키처럼 맥아의 작용으로 발효된다.

● **CORN WHISKEY 콘 위스키.** 미국의 그레인 위스키로 옥수수가 80% 이상을 차지하는 혼합곡물을 원료로 만든다.

● **BOURBON WHISKEY 버번 위스키.** 가장 널리 소비되고 있는 미국의 위스키로 켄터키주가 원산지이다. 옥수수(51% 이상), 호밀, 맥아 혼합물로 만들어지는 그레인 위스키이며 안쪽 면을 태운 오크통에서 2년간 숙성된다.

● **RYE WHISKEY 라이 위스키.** 미국의 그레인 위스키로 호밀(51% 이상)을 주 원료로 만든다.

일반적으로 식전주나 식후주로 마시는 위스키는 언더락, 스트레이트 또는 물, 탄산수 등을 넣어 희석해 마시며, 스코틀랜드 사람들은 물 한 잔을 따로 옆에 두고 마신다. 또한 위스키 콜린스(whisky collins), 위스키 사워(whisky sour), 버번 사워(bourbon sour) 등 다양한 칵테일에도 들어간다(**참조** IRISH COFFEE). 요리에서도 위스키는 다양한 레시피에 들어가며 몇몇 애호가들은 플랑베용으로 코냑이나 아르마냑보다 위스키를 훨씬 선호한다.

▶ 레시피 : CREVETTE, PÉTONCLE.

WINKLER (HEINZ) 하인즈 윙클러 이탈리아, 독일계 요리사(1949, Brixen 출생). 이탈리아 알토 아디제주의 독일 문화권 지역인 브릭슨(브레사노네)에서 태어난 윙클러는 이탈리아(볼차노의 라우린[Laurin]), 독일, 스위스(슐로스호텔 폰트레시나[Schlosshotel Pontresina], 생 모리츠의 쿨름[Kulm] 호텔), 프랑스(폴 보퀴즈[Paul Bocuse]) 등지에서 요리 경력을 쌓은 뒤 에카르트 비트지그만(Ekart Witzigmann)의 자리를 이어 뮌헨의 레스토랑 탄트리스(Tantris)의 셰프가 되었다. 이곳에서 명성을 얻은 그는 미슐랭 가이드의 별 셋을 획득하였고, 바이에른주의 레지던츠 하인즈 윙클러(Residenz Heinz Winkler)에서도 영광을 이어갔다. 이곳은 1402년 바로크풍 건축 양식의 아름다운 릴레 샤토(Relais & Châteaux) 호텔 겸 레스토랑이다. 그는 허브와 채소를 적절히 사용한 지중해풍의 창의적이고 신선하며 가벼운 요리를 선보이고 있다. 생선 육수를 사용한 레몬 크림 수프, 펜넬 무스 민물가재 즐레, 흰 송로버섯 라자냐, 라타투이를 채운 바삭한 닭고기, 올리브 크러스트를 씌운 양 등심 요리 등은 정확하고 섬세한 그의 실력을 보여주는 대표적인 메뉴다.

WINTERTHUR 빈터투어 빅토리아 랍스터(homard Victoria)와 같은 방법으로 조리한 랑구스트(스파이니 랍스터) 요리의 이름으로, 잘게 썬 랑구스트 살과 껍질을 깐 새우살 살피콩을 껍데기 안에 채우고 새우 소스(sauce crevette)를 끼얹은 뒤 뜨거운 오븐에서 글레이즈해 서빙한다.

WISSLER (JOACHIM) 요아힘 비슬러 독일의 요리사(1963, Nürtingen 출생). 1980년부터 1983년까지 슈바르트발트의 유명 레스토랑 트라우브 톤바흐(Traube Tonbach)에 근무한 그는 하랄드 볼파르트(Harald Wohlfahrt) 셰프가 이끄는 주방에서 특히 깐깐하게 재료를 선택하는 안목과 오트 퀴진이 요구하는 높은 수준의 요리 기술을 익혔다. 이어서 힌터자르텐(Hinterzarten)의 바이센 뢰슬레(Weissen Rössle)와 바덴바덴(Baden-Baden)의 브레너즈 파크(Brenner's Park)에서 경력을 쌓은 뒤, 1991년부터 1999년까지 라인가우(Rheingau) 에어바흐(Erbach)에 위치한 슐로스 라인하츠하우젠(Schloss Reinhartshausen) 호텔 레스토랑 마르코브룬(Marcobrunn)의 셰프로 근무했으며 이곳에서 1996년에 미슐랭 가이드의 별 둘을 획득했다. 실력을 인정받은 그는 2000년부터 쾰른 근처 베어기슈 글라드바흐(Bergisch Gladbach)에 위치한 슐로스 벤베르그(Schloss Benberg) 호텔 레스토랑 방돔(Vendôme)의 주방을 총 지휘하게 되었고, 2004년에는 드디어 미슐랭 가이드의 세 번째 별을 획득했다(첫 번째 별은 2001년, 두 번째는 2003년). 섬세하고 정교한 그의 요리는 특히 정확한 테크닉으로 정평이 높다. 민물가재와 돼지머리를 조합하거나 푸아그라와 젖먹인 어린 송아지, 송로버섯을 매칭한 요리, 마스카르포네 치즈와 햄 육즙 소스를 넣은 라비올리 등은 미식가들을 유혹하는 훌륭한 메뉴다.

WITZIGMANN (ECKART) 에카르트 비트지그만 오스트리아의 요리사(1941, Badgastein 출생). 오스트리아에서 태어나 고향의 스트라우비거(Straubiger) 호텔에서 요리를 배운 뒤 프랑스의 폴 보퀴즈(Paul Bocuse), 장 & 피에르 트루아그로(Jean et Pierre Troisgros), 마크 애베를랭(Marc Haeberlin) 셰프를 사사한 그는 1971부터 뮌헨의 탄트리스(Tantris), 이어서 1978년부터 1993년까지 오베르진(l'Aubergine)의 주방을 이끌며 독일의 고급 요리를 좀 더 가벼운 방식으로 만들어내는 선구자가 되었다. 1979년 그는 독일 최초로 미슐랭 가이드의 별 셋을 받은 셰프가 되었다. 현재 그는 마요르카섬에 거주하며 레스토랑 창업 컨설팅과 독일의 월간 요리, 여행 잡지 파인슈메커(Feinschmecker)와의 협업을 계속하고 있다. 또한 잘츠부르크 공항의 유리로 된 모던한 격납고(Hanger-7) 안에 위치한 레스토랑 이카루스(Icarus)를 공동 운영하고 있다. 이 레스토랑은 매월 다른 최고의 요리사가 주방을 맡는 게스트 셰프 프로그램을 운영하여 인기를 끌고 있다. 독일과 오스트리아의 젊은 차세대 셰프들을 양성하는 데도 매진한 비트지그만은 그 누구도 반박할 수 없는, 독일 요리의 새 지평을 연 대표적 인물이다. 레스토랑 오베르진에서 선보였던 새끼비둘기 보르쉬 수프나 송아지 머리를 여러 방법으로 조리해낸 세련된 요리는 오랜 세월 잊히지 않는 메뉴다. 저서로는『독일과 오스트리아의 누벨 퀴진(*Nouvelle Cuisine allemande et autrichienne*)』(1984) 등이 있다.

WLADIMIR 블라드미르 벨 에포크(Belle Époque) 시대에 만들어진 다양한 요리에 붙는 명칭이다. 블라드미르 넙치 또는 서대는 포칭해 익힌 생선에 껍질 벗겨 잘게 썬 토마토와 데친 바지락조개를 첨가한 화이트와인 소스를 끼얹은 다음 뜨거운 오븐에 넣어 글레이즈한 요리다. 서빙 사이즈로 조리한 블라드미르 고기 요리는 팬에 소테한 스테이크에 갸름하게 돌려 깎아 버터에 찌듯이 익힌 오이와 볶은 주키니 호박을 곁들인 것으로 사워크림으로 팬을 디글레이즈한 뒤 파프리카와 홀스래디시로 양념한 소스를 끼얹어 서빙한다. 블라드미르 달걀 프라이는 미루아르로 익힌 뒤 파르메산 치즈를 뿌리고 주사위 모양으로 썬 송로버섯과 아스파라거스 윗동을 곁들여낸다.

WOHLFAHRT (HARALD) 하랄드 볼파르트 독일의 요리사(1955, Baden-Baden 출생). 바드 헤렌할드(Bad Herrenhald)의 뮌치 포스트호텔(Mönchs Posthotel)에서 요리 수련을 거친 후 바덴(Baden)의 슈탈바드(Stahlbad)로 돌아온 그는 이후 미오네(Mionnay)의 알랭 샤펠(Alain Chapel)과 뮌헨 오베르진(l'Aubergine)의 에카르트 비트지그만(Eckart Witzigmann) 셰프 밑에서 더욱 완벽한 요리 숙련을 위해 머물렀던 기간을 제외하고는 자신의 고향 슈바르츠발트 지방을 떠나지 않았다. 독일어밖에 할 줄 모르는 조용한 성품의 이 셰프는 미디어에 노출되는 것을 피했고 매일 매일의 점심, 저녁 서비스에만 전념했다. 그는 스트라스부르에서 70km 떨어진 프뢰든슈타트(Freudenstadt)의 숲속에 자리한 아름다운 스파 호텔 트라우브 톤바흐(Traube Tonbach)의 프렌치 레스토랑 슈바르츠발트 슈투버(Schwarzwald Stube)의 주방을 이끄는 셰프다. 미식가인 오너 하이너 핑크바이너(Heiner Finkbeiner)는 레스토랑의 업무의 전권을 그에게 일임하고 있다. 이 레스토랑은 1980년 미슐랭 가이드의 첫 번째 별을, 1982년 두 번째, 이어서 1993년에 세 번째 별을 획득했다. 가볍고 현대적인 요리를 만들어내는 그의 뛰어난 솜씨는 주로 남부 유럽의 요리를 표방하고 있지만 지역 요리의 특성 또한 잊지 않으며 이 모든 것을 아주 섬세하고 조화롭게 표현하고 있다.

WOK 웍 중국 팬. 강철, 무쇠, 또는 스테인리스 소재로 만든 밑이 우묵하고 둥근 커다란 팬으로 나무로 된 큰 손잡이가 달려 있다. 바닥이 깊은 일부 웍은 금속으로 된 보조 프레임을 불 위에 놓고 사용한다. 웍은 중국 요리에서 많이 사용하며 특히 볶음, 지짐, 튀김, 심지어 탕을 만들 때도 두루 사용된다. 웍의 가장 큰 장점은 센 불에서 재료를 흔들어가며 기름을 많이 흡수하지 않고도 빠른 시간에 음식을 조리할 수 있다는 점이다. 주로 작게 자른 재료를 조리할 때 중국에서 가장 많이 쓰이는 주방도구다.

켄 홈 (KEN HOM)의 레시피

haricots verts sautés à l'ail 아리코 베르 소테 아 라이

그린빈스 마늘 볶음 : 2~4인분 / 준비: 5분 / 조리: 8~10분

싱싱한 그린빈스 500g을 준비한다. 길이가 7㎝ 이상인 것은 적당한 크기

로 자르고 짧은 것은 그대로 사용한다. 웍을 센 불에 달군 뒤 낙화생유 1.5테이블스푼을 두른다. 기름이 뜨겁게 달궈져 연기가 나기 시작하면 굵게 다진 마늘 3테이블스푼을 넣고 30초간 볶는다.

그린빈스와 소금, 후추, 설탕 1티스푼, 소홍주(또는 드라이 셰리와인) 3테이블스푼을 넣은 뒤 1분간 볶는다. 뚜껑을 덮고 그린빈스가 속까지 익도록 5분 정도 약한 불로 익힌다. 필요하면 중간에 소홍주나 물을 한 스푼씩 첨가한다. 뚜껑을 연 다음 국물이 완전히 증발할 때까지 다시 볶아준다. 뜨겁게 데운 접시에 담아 바로 서빙한다.

켄 홈 (KEN HOM)의 레시피

porc sauté au concombre 포르 소테 오 콩콩브르

돼지고기 오이 볶음 : 4인분 / 준비: 25분 / 조리 12분

오이 700g의 껍질을 벗기고 길게 반으로 갈라 작은 스푼으로 씨를 긁어낸 뒤 사방 2.5㎝크기로 깍둑 썬다. 고운 소금 2티스푼을 뿌린 뒤 고루 섞는다. 체에 밭쳐 20분간 절인다. 소금에 절인 오이를 헹군 다음 종이타월로 닦아 물기를 제거한다. 웍을 센 불에 달군 뒤 낙화생유 1.5테이블스푼을 두른다. 기름이 뜨겁게 달궈져 연기가 나기 시작하면 굵게 다진 마늘 3테이블스푼을 넣고 30초간 볶는다. 다진 돼지고기 500g을 넣고 3분간 볶는다. 잘게 다진 고수 2테이블스푼, 굴 소스 2테이블스푼, 설탕 2티스푼, 닭 육수 500㎖를 넣고 3분간 더 볶는다. 오이를 넣고 5분간 함께 볶는다. 뜨겁게 데운 접시에 담고 생고수를 한 줌 곁들여 바로 서빙한다.

켄 홈 (KEN HOM)의 레시피

poulet sauté au basilic 풀레 소테 오 바질릭

닭고기 바질 볶음 : 4인분 / 준비: 5분 / 조리 8분

껍질을 벗긴 닭가슴살 500g을 1×4㎝ 크기로 가늘고 길게 썬다. 웍을 센 불에 달군 뒤 낙화생유 1.5테이블스푼을 두른다. 기름이 뜨겁게 달궈져 연기가 나기 시작하면 굵게 다진 마늘 3테이블스푼과 다진 생강 1테이블스푼을 넣고 20초간 볶는다. 닭고기를 넣고 잘 저어주며 2분간 볶는다. 닭 육수 50㎖, 연한 간장 1테이블스푼, 설탕 2티스푼, 두반장 2티스푼을 넣고 볶는다. 마지막으로 참기름 2티스푼과 생바질잎 한 줌을 넣고 고루 섞는다. 뜨겁게 데운 접시에 담아 바로 서빙한다.

WORCESTERSHIRE SAUCE 우스터셔 소스 우스터 소스. 영국의 대표적 소스 중 하나로 최초의 레시피는 19세기 인도에서 근무하고 돌아온 우스터셔 출신 마커스 샌디스 경(sir Marcus Sandys)이 식료품상인 리 앤 페린스(Lea & Perrins)에 자신이 즐겨 먹던 인도의 양념과 비슷한 소스 개발을 의뢰해 만들어졌다. 우스터 소스는 몰트 식초, 당밀, 설탕, 샬롯, 마늘, 타마린드, 정향, 안초비 에센스와 각종 향신료로 만든다. 톡 쏘는 새콤한 맛의 이 소스는 스튜, 수프, 스터핑 혼합물, 비네그레트 소스, 디아블 소스, 토마토 소스, 타르타르 스테이크 및 다양한 이국적 음식에 사용된다. 블러디 메리 등의 칵테일 제조나 토마토 주스에 향을 내는 용도로도 쓰인다. 간장이 들어간 종류도 있으며, 대표적인 브랜드로는 런던의 유명한 식료품상인 포트넘 앤 메이슨(Fortnum & Mason)이 정통 우스터 소스로 판매하는 샌디스 경 소스(Lord Sandys' Sauce)가 있다.

WYNANTS (PIERRE) 피에르 위낭 벨기에의 요리사(1939, Bruxelles 출생). 두 차례의 세계대전 사이에 문을 연 브뤼셀의 소박한 비스트로 콤 셰 수아(Comme chez soi)를 3대째 잇고 있는 피에르 위낭은 16세에 브뤼셀 사보이(Savoy) 호텔에서 요리에 입문한 뒤 파리의 그랑 베푸르(Grand Véfour)와 라 투르 다르장(La Tour d'Argent)에서 경력을 쌓았다. 1973년 브뤼셀 루프(Rouppe) 광장에 위치한 콤 셰 수아를 맡은 그는 6년 후 미슐랭 가이드의 별 셋을 받는 기량을 발휘한다. 오래된 옛날 비스트로였던 건물은 건축가 오르타(Victor Horta)의 아르누보 스타일로 우아하게 변신했다. 그의 요리는 프렌치 기반에 벨기에, 플랑드르 왈롱 지방의 특징이 가미된 것으로 아르덴 햄 무스, 주니퍼베리를 넣은 오리 요리, 새우 리슬링 무스를 곁들인 서대 필레, 멧도요식으로 조리한 촉촉한 야생 토끼 등이 대표적이다. 동 세대 요리사들로부터 벨기에 최고의 셰프로 인정받은 피에르 위낭의 콤 셰 수아는 현재 자신의 제자이며 사위인 리오넬 리골레(Lionel Rigolet)가 주방을 총괄하고 있다.

XAVIER 자비에 크림 수프 또는 애로루트(칡 녹말)나 쌀가루로 걸쭉하게 만든 콩소메에 붙는 명칭으로 주사위 모양으로 썬 루아얄이나 닭고기를 넣어 먹는다. 마데이라 와인을 넣어 향을 내거나 작고 동그랗게 만든 짭짤한 크레프를 곁들이기도 하며 달걀을 풀어 넣어 서빙하기도 한다.

XÉRÈS 제레스 스페인의 유명한 와인으로 본토에서는 헤레스(jerez), 영어로는 셰리(sherry)라고 불리며 안달루시아 지방의 헤레스 데 라 프론테라(Jerez de la Frontera)로부터 엘 푸에르토 데 산타마리아(el Puerto de Santa María), 산루카르 데 바라메다(Sanlúcar de Barrameda)에 이르는 삼각지대에서 생산된다.

■ **제조.** 셰리와인은 주정강화와인의 일종으로 발효 후 브랜디를 첨가해 알코올 도수를 높인다. 발효는 공기가 잘 통하는 술 창고인 보데가스(bodegas)에서 이루어지는데, 처음에는 부글부글 올라오다가 차츰 가라앉아 안정된 후 3개월간 지속된다. 이때 술통은 두 종류로 나뉜다. 하나는 표면에 얇은 곰팡이 막인 플로르(flor)가 형성되며 드라이하고 가벼운 맛의 피노(fino)가 되며 여기에 포도 증류주를 섞어 최대 15.5%Vol.의 주정강화와인을 만든다. 다른 한 종류는 플로르가 형성되지 않으며 주정강화를 거쳐 18%Vol.로 맞추는 것으로 더욱 색이 진하고 알코올 함량이 높은 아몬티야도(amontillado) 또는 올로로소(oloroso)가 된다. 아몬티야도에 와인에 아주 진한 색을 내며 압착 전 태양광 건조를 통해 단맛을 증폭시킨 포도(pedro jimenez)를 약간 첨가하면 단맛이 강화된 주정강화와인을 만들 수 있다.

이어서 셰리와인은 솔레라(solera)와 크리아데라(criadera)라는 아주 독특한 방식으로 숙성된다. 각기 숙성 년수가 다른 와인을 5/6 정도 채운 여러 개의 오크통을 여러 층으로 쌓아 연결한다. 가장 오래된 와인이 담긴 맨 아래 층에 위치한 술통을 '솔레라'라고 한다. 여기에서 와인을 덜어 병입한 뒤 그 바로 위의 술통(criadera)에서 그만큼을 흘려내려 채워주고 연속적으로 같은 방법으로 내려서 숙성된 기존 와인과 신선한 와인이 혼합되게 한다. 이렇게 서로 다른 수확기의 와인을 연속적으로 혼합해 만들기 때문에 셰리와인에는 빈티지 년도가 표시되지 않는다.

피노는 병입 후 더 이상 숙성되지 않기 때문에 아주 어릴 때 마셔야 한다. 반면 고소한 너트 향을 지닌 아몬티야도, 아페리티프로 안성맞춤인 올로로소 등의 다른 셰리와인은 몇 년간 보관이 가능하다. 만자니야(manzanilla)는 과달키비 강 하구 산루카르 데 바라메다에서 만들어진다. 바다의 물보라로 인해 아주 섬세하고 선명한 짭조름한 바다 향을 지니고 있다고 평가한다.

▶ 레시피 : LANGOUSTE.

XIMÉNIA 지메니아 올락스과에 속하는 열대 소관목으로 신맛이 있는 열매를 식용으로 소비한다.

XYLOPIA 질로피아 실로피아. 번려지과에 속하는 아프리카의 나무로 모든 품종에서 향이 아주 좋은 마른 열매가 열리며 기니 후추라는 이름의 양념으로 사용된다. 향이 일반 후추만큼 섬세하진 않으며 생강과 강황을 연상시킨다.

YZ

YACK 야크 야크. 털이 길고 덩치가 큰 반추동물인 야크는 중앙아시아(티베트) 고원지대에 서식하며 그곳에서 가축으로도 사육된다. 주로 짐 싣는 동물로 사용되며 고기와 젖은 식용으로 소비한다. 야크의 살은 주로 얇게 슬라이스해 뜨거운 버터에 지지거나 대나무 불에 구워 먹는다. 덩어리가 큰 부위는 삶아 조리하며 동물의 나이가 많은 경우는 미리 양념에 마리네이드한 뒤 익힌다. 고기와 뼈를 함께 말린 다음 굵직한 가루로 갈아 수프나 국물요리의 베이스로 사용하기도 한다. 티베트 사람들은 야크의 젖으로 아주 단단한 큐브 모양의 작은 치즈와 버터(약간 산패한 냄새가 난다)를 만든다.

YAKITORI 야키도리 닭 꼬치구이. 닭고기를 꼬챙이에 꿰어 숯불에 구운 일본식 꼬치 요리. 주로 닭 간, 닭고기 살, 다진 닭고기에 쪽파 등의 양념을 섞어 동그랗게 빚은 완자, 버섯, 때에 따라 메추리알, 피망, 은행 등을 대나무 꼬치에 4~5개씩 꿴 것 등 다양한 종류가 있다. 재료를 꼬치에 꿴 다음 데리야키 소스(청주, 간장, 설탕, 생강)에 담가 묻힌 뒤 4~5분간 뒤집어 가며 굽는다.

YA-LANE 야란 중국이 원산지인 나무로 꽃이 피기 전의 봉오리를 식초에 절여 양념으로 사용한다. 말린 꽃은 쌀밥에 넣는 향신료로도 사용된다.

YAOURT 야우르트 요구르트, 요거트. 루이 파스퇴르의 보조 연구원이었던 러시아의 생물학자 메치니코프에 의해 발견된 스트렙토코쿠스 테르모필루스(Streptococcus thermophilus)와 락토바실러스 델브루에키 불가리쿠스(Lactobacillus delbrueckii sp. bulgaricum) 두 가지 유산균의 결합 작용으로 만들어지는 발효 우유다. 요구르트는 되직한 것부터 액상에 가까운 것까지 다양한 농도의 커드 우유 제형으로 약간 신맛이 나며 분리되기 쉽다. 발칸반도, 터키, 아시아 등지에서 수 세기 전부터 제조, 소비되어 온 요구르트는 프랑수아 1세 시대에 콘스탄티노플의 한 유대인 의사가 이것으로 왕의 장 질환을 치료하면서 프랑스에 잠시 등장했으나, 이후 의사는 그 제조 방법을 갖고 자국으로 돌아갔다.

요구르트라는 이름과 제품은 그리스인들과 조지아인들이 전쟁을 피해 다수 이주한 시기인 1920년대에 이르러서 프랑스에서 본격적으로 일반화되었다. 이들은 자신들이 운영하던 식당에서 요구르트를 판매해 그 맛을 알렸고, 가내 수공업 규모로 소량을 만들어 한정된 고객에게 판매하였으며 이후 동네의 크림 가게에서 작은 토기에 담아 판매하기 시작했다. 1935년 출간된 마르셀 에메(Marcel Aymé)의 소설『낮은 집(*Maison basse*)』에서는 이를 아직도 따로 부연 설명해야 하는 용어로 다루고 있다. "어느 날 아침, 그는 정확한 철자법은 잘 모르지만 큰 인기를 얻고 있는 커드 우유의 일종인 요구르트가 담긴 작은 병들을 정리하고 있었다."

■ **제조.** '불가리아의 맛'이라는 광고 문구를 둘러싼 논란의 목소리도 있는 요구르트는 터키에서 처음 만들어진 것으로 전해지며 그 정통 레시피는 서유럽에 알려진 것과는 차이가 있다. 소젖, 양젖, 또는 물소 젖(전문가들에 의하면 가장 진하고 맛있는 제품을 만든다고 알려져 있다)을 오랫동안(자체 수분의 30%가 줄어들 때까지) 끓인 뒤 가죽부대나 토기로 된 항아리에 붓고 자연 발효되도록 방치했다. 오늘날 요구르트는 공장에서 대량 생산(하루 수백 만 개)되며, 가정에서도 전기 요구르트 제조기 또는 보온 용기와 온도계를 사용해 만들 수 있다.

■ **영양학적 가치.** 요구르트는 소화가 잘되고 정장 효과가 있으며 원활한 배변 활동을 돕는다. 열량이 낮고(100g당 44~70kcal 또는 184~296kJ) 지방(사용한 원료유에 따라 100g당 0.2~3.5g)과 당질을 포함하고 있으며 그 양은 플레인 또는 가향 여부에 따라 달라진다. 그 외에 단백질, 무기질(칼슘, 인), 비타민 B1, B2, PP를 함유하고 있다. 오늘날 매장에는 천연 요구르트(다소 되직한 농도), 불가리아 맛 요구르트(원료유에 발효균을 주입해 따뜻하게 보관한 뒤 휘저어 만든 크리미한 요구르트), 가향 요구르트(색소가 첨가되기도 한다), 과일을 넣은 요구르트(휘저은 다음 과육 알갱이나 잼 등을 첨가한다) 등의 제품이 출시되어 있다. 마찬가지로 작은 개별 포장으로 판매되는 비피더스 발효유도 많이 소비되고 있다.

■ **사용.** 유럽에서 요구르트는 주로 설탕, 꿀, 잼, 생과일 및 말린 과일 등을 곁들여 디저트나 아침식사에 즐겨 먹는다. 뿐만 아니라 차갑게 서빙하는 디저트나 아이스크림 등을 만들 때 혹은 차가운 음료를 만들 때도 사용된다. 한편 요리사들은 요구르트를 생크림 대신 차가운 소스의 베이스로 사용하기도 하는데, 이 경우 약간의 전분을 첨가해 수프, 스튜를 끓이거나 그라탱, 곱게 간 스터핑 혼합물 등을 만들 때 농도의 안정화를 유지한다. 아시아와 중동지역에서 요구르트는 전통적으로 아주 다양하게 소비된다, 우선 물을 조금 넣고 갈아 혼합해 시원한 음료로 마신다. 시리아, 터키, 아프가니스칸 사람들은 고기나 채소를 익힐 때, 또는 생채소 샐러드 드레싱용으로(요구르트에 오이와 허브를 넣어 만든 소스인 인도의 라이타, 터키의 차지키 등) 주로 사용하며 그 밖에 수프를 만들 때 또는 꼬치 구이용 소스를 만들 때도 두루 사용한다.

YAOURTIÈRE 야우르티에르 요구르트 제조기. 가정에서 요구르트를 만들 때 사용되는 도구. 발효균을 넣은 우유를 유리나 세라믹 용기에 나누어 담고 이들을 온도 조절장치로 제어하는 전열 본체에 놓은 뒤 단열소재 뚜껑을 덮어 원하는 온도로 만든다. 경우에 따라 가열이 천천히 지속되기도 하고, 세팅한 온도에 비교적 빨리(약 1시간 정도) 도달하기도 한다. 맞춰놓은 타이머에 따라 열 공급은 중단되며 온도가 천천히 다시 떨어지는 동안 따뜻한 상태로 배양(5~6시간)이 이루어진다. 기종에 따라 온도와 시간을 조절할 수 있으며 이를 통해 요구르트의 농도, 맛에 변화를 줄 수 있다.

YASSA 야사 양고기, 닭, 생선을 토막 내 라임즙과 매콤한 양념에 재운 뒤 구운 요리로, 재웠던 양념 소스를 넣고 졸이듯 익혀 쌀밥 또는 조밥을 곁들여 서빙한다.

yassa de poulet 야사 오 풀레

닭고기 야사 : 하루 전날(또는 최소 2시간 전) 닭 한 마리를 4조각 또는 6조각으로 토막 낸 다음 라임즙 3개분, 굵게 분쇄한 홍고추 반 개, 낙화생 기름 1테이블스푼, 얇게 썬 양파 굵은 것 3개분, 소금, 후추를 넣고 재운다. 닭고기 조각을 건져내 가능하면 숯불에 양면이 고루 노릇해지도록 굽는다. 재웠던 양념에서 양파를 건져낸 뒤 기름을 두른 팬에 노릇하게 볶는다. 여기에 나머지 양념액과 물 2테이블스푼을 붓고 닭고기를 넣은 뒤 뚜껑을 덮고 약한 불로 25분간 뭉근히 익힌다. 크레올식 라이스를 빙 둘러 담은 접시 가운데에 닭고기를 놓고 소스를 끼얹은 뒤 아주 뜨겁게 서빙한다.

YORKAISE (À LA) 아 라 요르케즈 요크식의. 요크 햄을 넣은 달걀 요리에 붙는 명칭이다. 요크식 차가운 달걀은 동그랗고 도톰하게 슬라이스한 요크 햄 위에 수란을 얹은 뒤 처빌, 타라곤으로 장식하고 마데이라 와인 즐레를 끼얹어 만든다. 요크식 달걀 튀김은 삶은 달걀을 반으로 잘라 노른자를 꺼내 체에 곱게 긁어내린 뒤 베샤멜 소스에 버무린 요크 햄 살피콩과 섞어 채운다. 다시 원래 달걀 모양대로 붙여 밀가루, 달걀, 빵가루를 묻혀 튀기고 토마토 소스를 곁들여 먹는다.

YORKSHIRE PUDDING 요크셔 푸딩 달걀, 밀가루, 우유로 만든 튀김 반죽을 로스트 비프 기름에 넣고 매우 뜨거운 오븐에 구운 영국의 전통 음식. 로스트 비프를 익히고 난 뒤 건져서 뜨겁게 유지하고, 로스팅 팬에 남은 기름의 일부를 덜어낸다. 오븐 온도를 좀 더 올린 뒤 이 기름을 넣은 팬에 요크셔 푸딩 반죽을 붓고 30분간 굽는다. 대표적인 일요일의 요리인 로스트 비프는 그레이비 소스와 요크셔 푸딩, 감자 로스트, 머스터드, 홀스래디시 소스를 곁들여야 완벽한 서빙이 된다.

Yorkshire pudding 요크셔 푸딩

요크셔 푸딩 : 믹싱 볼에 달걀 2개와 소금 1/2티스푼을 넣고 잘 휘저어 푼다. 여기에 밀가루 150g을 넣고 거품기로 섞는다. 우유 250mℓ를 가늘게 넣으며 혼합물에 거품이 일 때까지 계속 저어 섞는다. 냉장고에서 1시간 휴지시킨다. 로스팅 팬에 로스트 비프 기름(또는 라드) 2테이블스푼을 넣고 지글지글 끓을 때까지 뜨겁게 달군다. 반죽을 다시 한 번 잘 휘저어 섞은 뒤 여기에 붓고 210°C로 예열한 오븐에서 15분간 굽는다. 이어서 오븐 온도를 200°C로 낮추고 다시 15분을 더 굽는다. 아주 뜨겁게 서빙한다.

YORKSHIRE SAUCE 요크셔 소스 브레이징한 뒷다리 햄, 오리 로스트 또는 브레이징한 오리 요리 등에 곁들이는 영국의 클래식 소스 중 하나로 포트와인, 오렌지 제스트, 각종 향신료와 레드커런트 즐레로 만든다.

▶ 레시피 : SAUCE.

YUZU 유주 유자. 운향과에 속하는 감귤류 과일 중 하나로 일본에서 많이 재배되며 원산지는 중국이다. 유자나무는 추위에 잘 견디는 소관목으로 열매는 껍질이 울퉁불퉁 부풀어오른 작은 녹색 자몽과 비슷하게 생겼으며 익으면 노란색을 띤다. 유자의 과육은 쓴맛이 나고 씨가 아주 많으며 자몽과 풍미가 비슷하다. 디저트에 많이 사용되며 마멀레이드를 만들기도 한다. 또한 전통적 요리 레시피에서 레몬 대신 사용되기도 한다. 프랑스에서는 분말, 페이스트 제품을 찾아볼 수 있으며 특유의 새콤한 맛을 낸다.

ZAKOUSKI 자쿠스키 러시아의 본 식사 전에 제공하는 전채요리 모둠으로 더운 요리와 차가운 요리를 다양하게 서빙하며 주로 보드카를 곁들여 마신다. 아직까지 많이 행해지는 이 전통의 기원은 러시아식 식사대접 문화에 깊은 뿌리를 두고 있다. 갑작스럽게 손님들이 방문한 경우 이러한 자쿠스키를 먼저 즐기며, 그동안 주인이 식사를 준비한다. 제대로 차린 자쿠스티 상차림에는 버터를 바른 검은 빵에 캐비아, 훈제 생선알 등을 얹은 카나페, 호밀 빵의 속을 파낸 뒤 슈크루트와 훈제 거위살을 채운 크루통, 다양한 소 재료를 채운 만두의 일종인 피로스키, 절이거나 훈연한 생선(연어, 장어, 철갑상어), 미트볼, 청어 파테, 속을 채운 삶은 달걀, 생선이나 닭고기 베이스의 샐러드, 허브를 넣은 비트와 감자, 그리고 새콤달콤한 오이 피클, 비트, 댐슨 자두, 양념에 재운 버섯 등이 포함되며 여기에 커민, 양파, 양귀비 씨 등을 넣은 호밀 빵 등 다양한 종류의 빵을 곁들여낸다. 자쿠스키는 뷔페 스타일로 차리거나 큰 쟁반에 서빙하며 각자 원하는 것을 골라 먹는다.

ZAMPONE 잠포네 이탈리아의 특선 요리의 하나로 모데나가 원조인 잠포네는 뼈를 거한 돼지 족에 소를 채운 뒤 쪄낸 것이다. 바로 익히기만 하면 먹을 수 있도록 준비하거나, 한번 익힌 상태로 판매되며 뜨겁게 서빙한다.

zampone 잠포네

잠포네 : 잠포네 한 개를 찬물에 3시간 담가둔다. 껍질을 깨끗이 긁은 다음 군데군데 조리용 바늘 꼬챙이로 찌른다. 얇은 면포로 싼 다음 양쪽 끝과 가운데 부분을 실로 묶는다. 잠포네를 냄비에 넣고 찬물을 잠기도록 붓는다. 끓을 때까지 가열한 다음 불을 줄이고 3시간 동안 삶는다. 감자나 렌틸콩 퓌레, 브레이징한 시금치나 양배추를 곁들여 뜨겁게 서빙한다.

ZARZUELA 자르주엘라 스페인식 생선, 해산물 스튜. 카탈루냐 지방을 대표하는 이 특선 요리에는 오징어, 매미새우, 왕새우, 스캄피, 홍합, 백합조개 등의 다양한 해산물과 토막 낸 각종 생선이 주재료로 들어가며 경우에 따라 랍스터나 스파이니 랍스터, 가리비조개 등을 첨가하기도 한다. 국물은 올리브오일과 마늘을 달군 팬에 양파와 피망을 볶다가 얇게 썬 베이컨, 다진 토마토, 아몬드 가루, 월계수잎, 사프란, 파슬리, 후추를 넣고 화이트와인과 레몬즙을 넣어 만든다. 자르주엘라는 끓인 냄비 그대로 서빙하며, 기름에 튀기듯 지진 작은 크루통을 곁들인다.

ZÉBU 제부 인도 혹소. 인도가 원산지인 가축 소로 말레이시아, 아프리카 특히 마다가스카르에도 널리 퍼져 있다. 어깨 위에 근육질의 혹이 있는 것이 특징인 제부는 사역용 소로 사용되며 고기를 식용으로 소비하기도 한다.

ZÉPHYR 제피르 가벼운 무스 질감의 부드러운 농도를 가진 다양한 음식을 가리키는 용어로 짭짤하거나 달콤한 것, 따뜻하거나 차가운 것 모두 포함되며, 주로 수플레(soufflé)를 지칭하는 경우가 많다. 크넬, 무스 또는 송아지 살코기, 닭고기, 생선살, 해산물 살을 곱게 갈아 버터와 달걀노른자, 생크림, 단단하게 거품 낸 달걀흰자 등과 섞은 혼합물을 작은 다리올 틀에 넣고 익힌 작고 부드러운 플랑에도 제피르라는 이름을 붙인다. 앙티유식 제피르는 바닐라와 럼으로 향을 낸 아이스크림을 몇 스쿱 담은 뒤 머랭 과자로 둘러싸고 초콜릿 사바용을 곁들인 디저트다. 또한 쉭세나 프로그레(progrès) 시트에 프랄린 버터 크림 또는 커피 크림을 발라 채운 뒤 퐁당슈거 아이싱을 입힌 케이크도 제피르라고 부른다.

ZESTE 제스트 모든 시트러스 과일의 껍질 중 향이 진하고 색이 있는 부분을 뜻한다. 제스트를 도려낼 때는 전문도구인 제스터나 감자필러를 사용하며, 껍질 안쪽의 쓴맛이 나는 흰 부분(zist)과 분리해 색이 있는 부분만 얇게 저며 낸다. 제스트는 가늘게 채 치거나 아주 잘게 썰어 크림, 케이크 반죽 및 각종 디저트에 향을 내는 재료로 사용한다. 또한 설탕이나 식초(테린의 향을 내는 재료로 사용한다)를 넣고 조려 콩피를 만들기도 하고 강판에 갈거나 조각 설탕에 문질러 사용하기도 한다. 설탕에 조린 오렌지 제스트(캔디드 오렌지 필)에 초콜릿을 씌운 것을 에코르스 도랑주(écorces d'orange) 또는 오랑제트(orangettes)라고 부른다.

salade d'oranges maltaises aux zestes confits ▶ SALADE DE FRUITS

zestes de citron confits au vinaigre 제스트 드 시트롱 콩피 오 비네그르

식초에 절인 레몬 콩피 : 레몬 3개의 제스트를 얇게 저며 내어 가늘게 채 썬다. 작은 냄비에 물을 끓인 뒤 레몬 제스트를 넣고 10~15분 정도 약한 불로 데친다. 건져낸 다음 냄비를 씻는다. 냄비에 레몬 제스트와 설탕 넉넉히 한 테이블스푼, 식초 한 컵을 넣는다. 약한 불로 가열해 액체가 거의 남지 않을 때까지 졸인다. 여기에 레몬 제스트를 넣고 캐러멜라이즈 하듯이 잘 섞는다.

ZINC 징크 아연. 아연은 인체의 다양한 생리적 기능을 담당하는 중요한 미량무기질로 세포 재생, 단백질 합성, 당질로부터 에너지 생성, 유리기 공격으로부터의 보호 역할을 한다. 또한 인슐린을 비롯한 각종 호르몬 기능에도 필수적인 아연은 성장, 뼈의 대사, 피부 상태, 염증 방지, 생식기능, 미각, 색

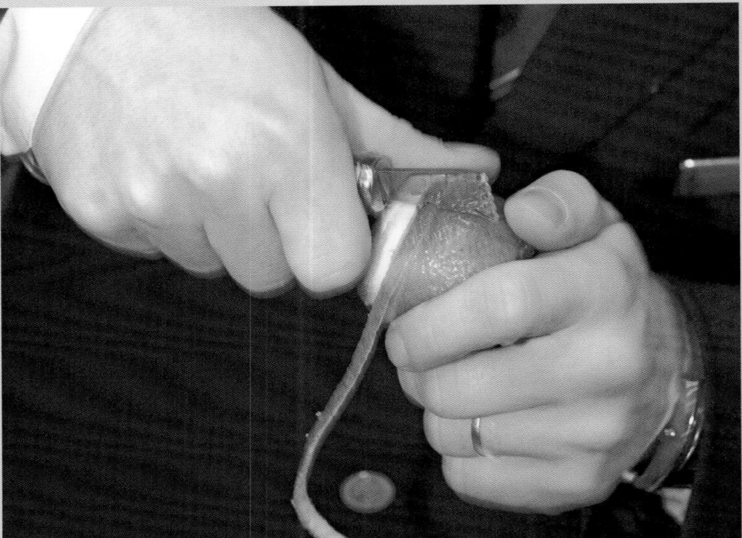

Zeste 제스트

"시트러스 과일의 제스트는 아주 조금만 넣어도 요리나 케이크, 디저트 또는 크림 등에 쉽게 그 향을 입힐 수 있다. 에콜 페랑디와 포시즌즈 조르주 생크 호텔의 셰프들이 이 제스트의 새콤하고 쌉싸름한 맛을 요리와 디저트에 자유자재로 다양하게 연출하고 있다."

인지, 신경세포 증대 등에 관여한다. 아연이 가장 많이 함유된 식품은 고기(특히 붉은색 육류), 생선, 해산물, 곡류, 달걀, 콩류 등이다.

ZINFANDEL 진판델 미국, 특히 캘리포니아주에서 널리 재배되는 적포도 품종으로 검은 포도껍질과 흰 즙을 갖고 있다. 진판델 품종 포도는 가볍고 우아한 드라이 또는 스위트 화이트와인, 향이 풍부한 로제와인, 높은 알코올 함량과 복합적인 향을 가진 레드와인(주로 시라 품종과 블렌딩한다)을 만들어낸다.

ZINGARA 징가라 파프리카와 토마토가 들어간 소스나 가시니를 지칭한다. 징가라 소스는 데미글라스와 토마토 소스를 혼합하고 햄, 염장우설(langue écarlate), 양송이버섯을 넣은 것으로 종종 파프리카를 넣어 매콤한 맛을 돋운다. 마찬가지 재료로 만드는 징가라 가니시는 주로 송아지 에스칼로프나 닭고기 소테 등에 곁들인다. 경우에 따라 파프리카 가루를 넣어 매콤한 맛을 더하며 고기를 익힌 팬에 토마토 소스와 마데이라 와인을 넣어 디글레이즈한 소스를 끼얹어 서빙한다.

▶ 레시피 : PAUPIETTE, SAUCE.

ZIST 지스트 시트러스 과일의 껍질과 과육 사이에 있는 흰색 얇은 껍질을 지칭한다. 이 부분은 쓴맛이 나기 때문에 언제나 꼼꼼히 제거해야 한다.

ZOLA (ÉMILE) 에밀 졸라 프랑스의 소설가(1840, Paris 출생—1902, Paris 타계). 친가 쪽이 이탈리아 출신이고 어린 시절을 엑상프로방스에서 보낸 에밀 졸라는 지중해, 프로방스, 피에몬테 요리에 특별한 애정을 갖고 있었다. 그가 런던에서 만난 오귀스트 에스코피에(Auguste Escoffier)는 에밀 졸라가 그라스(Grasse)식 속을 채운 양배추 요리를 진정으로 예찬했다고 회상한다. 졸라는 또한 올리브오일을 뿌려 구운 정어리와 프로방스식 어린 양고기 블랑케트도 매우 좋아했다. 그는 다음과 같이 고백한다. "나를 죽음에 이르게 할 수도 있는 음식은 부야베스, 고추를 넣은 요리, 조개, 가리지 않고 먹어대는 맛있는 잡동사니들이다." 호화로운 고급 음식을 사회적 성공의 상징으로 여겼던 그는 이러한 이유로 벼락부자 취급 받기도 했다. 실제로 그가 베풀었던 식사들은 과시욕이 넘쳐나는 화려한 것이었다. 그의 소설에서처럼 이것은 부르주아 계급의 향락 추구에 대한 고발이었을까? 소설 『나나(*Nana*)』에 등장하는 세련된 밤참부터 『제르미날(*Germinal*)』의 소박한 식사에 이르기까지, 그의 작품 속에는 파리 시내의 레스토랑이나 변두리 선술집 등의 묘사를 통해 당시 파리의 미식 풍속도가 잘 나타나 있다.

ZUPPA INGLESE 주파 잉글레제 19세기 유럽의 여러 대도시에 정착한 나폴리 출신 파티시에와 아이스크림 제조사들에 의해 널리 알려진 이탈리아의 디저트로 당시 크게 유행했던 영국식 푸딩에서 영감을 얻은 것이다. 주파 잉글레제는 주로 키르슈에 적신 이탈리아식 비스퀴 스펀지에 크렘 파티시에와 키르슈나 마라스키노 와인에 재운 당절임 과일을 채워 만든다. 여기에 이탈리안 머랭을 발라 씌운 뒤 오븐에 넣어 노릇하게 색을 낸다. 다른 응용 레시피로도 만들 수 있다. 그라탱 용기에 오븐에 색이 나게 구운 브리오슈 빵 슬라이스와 럼에 재운 당절임 과일을 교대로 깔아 층층이 채운 다음 달걀노른자와 설탕을 첨가한 뜨거운 우유를 부어 적신다. 이것을 오븐에 구워낸 뒤 이탈리아 머랭을 덮고 다시 한 번 오븐에 잠깐 넣어 노릇하게 색을 낸다.

피에르 에르메(PIERRE HERMÉ)의 레시피

zuppa inglese 주파 잉글레제

주파 잉글레제 : 8~10인분 / 준비: 50분 / 조리: 45분 / 냉장: 1시간

오븐을 150°C로 예열한다. 이탈리안 비스퀴 스펀지(참조. p.100 BISCUIT À l'ITALIENNE) 반죽 500g을 만든다. 지름 22㎝ 원형 틀에 버터를 바른 뒤 반죽을 붓고 오븐에서 45분간 굽는다. 바로 틀에서 꺼내 식힌다. 크렘 파티시에 500㎖를 만든(참조. p.274 CRÈME PÂTISSIÈRE) 다음 작은 큐브 모양으로 썬 당절임 오렌지 껍질(캔디드 오렌지 필) 40g을 넣어 섞는다. 물 60㎖와 설탕 60g을 끓여 시럽을 만든 뒤 식힌다. 여기에 알케르메스(Alkermes) 리큐어 60㎖(또는 캄파리 40㎖에 물 20㎖를 섞은 것)를 넣는다. 이탈리안 비스퀴 스펀지를 가로로 등분해 3장의 원형 시트를 만든다. 첫 번째 시트에 시럽의 1/3을 적신 뒤 크렘 파티시에의 반을 올리고 스패출러로 매끈하게 펴준다. 두 번째 시트에도 시럽을 적셔 크림 위에 얹고 그 위에 나머지 크렘 파티시에를 올린다. 마지막 시트에 시럽을 적셔 덮어준다. 케이크를 냉장고에 1시간 동안 넣어둔다, 이탈리안 머랭 250g을 만든다(참조. p.539 MERINGUE ITALIENNE). 케이크에 이탈리안 머랭을 발라 덮은 다음 아몬드 슬라이스를 뿌린다. 오븐에 잠깐 넣어 색을 낸다.

부록 Annexes

미식 실무

용량과 무게 단위

이 도표는 정확한 계량 도구가 없을 때 요리 레시피에서 제시하는 재료의 용적과 무게를 대략적으로 측정하는 데 도움을 줄 것이다. 아래 도표에 캐나다에서 사용되는 단위도 표시해두었다.

	용량	용적	무게
1 티스푼	5ml	$5cm^3$	전분 3g / 소금, 설탕, 타피오카 5g
1 디저트스푼	10ml	$10cm^3$	가늘게 간 치즈 5g / 코코아, 커피 분말 또는 고운 빵가루 8g / 밀가루, 쌀, 세몰리나, 생크림, 오일 12g / 설탕, 고운 소금, 버터 15g
1 테이블스푼	15ml	$15cm^3$	
1 모카 잔	80~90ml	$80 \sim 90cm^3$	
1 커피 잔	100ml	$100cm^3$	
1 티 잔	120~150ml	$120 \sim 150cm^3$	
1 큰 커피 잔	200~250ml	$200 \sim 250cm^3$	
1 볼, 공기	350ml	$350cm^3$	밀가루 225g / 코코아 가루 또는 건포도 260g / 쌀 300g / 설탕 320g
1 수프 접시	250~300ml	$250 \sim 300cm^3$	
1 리큐어 잔	25~30ml	$25 \sim 30cm^3$	
1 마데이라 잔	50~60ml	$50 \sim 60cm^3$	
1 보르도 잔	100~120ml	$100 \sim 120cm^3$	
1 물잔	250ml	$250cm^3$	밀가루 150g / 코코아 가루 170g / 세몰리나 190g / 쌀 200g /설탕 220g
1 와인 병	750ml	$750cm^3$	

무게

단위 변환표 (캐나다)

2 온스	55g
3 온스	100g
5 온스	150g
7 온스	200g
9 온스	250g
10 온스	300g
17 온스	500g
26 온스	750g
35 온스	1kg

몇 그램 정도의 차이가 있을 수 있다 (1온스=28g).

용량

단위 변환표 (캐나다)

5 ml	5ml
15 ml	15ml
1/4 컵	50ml
1/3 컵	75ml
1/2 컵	125ml
2/3 컵	150ml
3/4 컵	175ml
4/5 컵	200ml
1 컵	250ml

계량의 편리를 위하여 이 도표에서는 1컵 기준을 250ml로 잡았다 (1컵=8온스 =230ml).

오븐과 조리

전통적 전기 오븐

온도조절기	온도(°C)	열	사용
1	30-40	약간 따뜻함	머랭
2	60-70	따뜻함	-
3	90-100	아주 약한 온기	크림, 플랑
4	120-130	약한 온기	사블레, 비스퀴, 요리를 데울 때, 스튜
5	150-160	약한 열기	파테, 플랑, 수플레
6	180-190	중간 열기	클라푸티, 슈
7	200-210	약간 뜨거움	크럼블, 스트뢰이젤, 파트 사블레, 파트 쉬크레, 파트 브리제, 파트 푀유테, 구움과자, 프티푸르, 마카롱, 브리오슈, 흰 살 육류, 생선, 가금육
8	240	뜨거움	큰 덩어리로 익히는 붉은살 육류
9	260-280	매우 뜨거움	서빙 사이즈로 잘라 익히는 붉은살 육류, 그릴 구이(가정용 오븐), 그라탱, 로스트 감자
10	290-300	아주 맹렬한 뜨거움	그라탱(단시간에 표면에 색 내기), 글레이즈

전자레인지

가정용 전자레인지 기준 : 출력 300W ~ 1000W

식품	해동	데우기(이미 익힌 것)	조리하기(날것)
	작동과 멈춤 시간의 비율 제어를 통해 출력을 약하게 하여 음식을 녹인다.	식품에 함유된 수분 비율이 높을수록 전자레인지로 잘 가열된다. 단, 너무 오래 작동시키면 식품이 말라 단단해지거나 고무처럼 질겨질 수 있다.	
채소(250g)		출력 900W 기준 : 3~5분	출력 900W 기준 : 4~5분 출력 750W 기준 : 5~6분
조각으로 자른 고기		출력 900W 기준 : 5~7분	출력 600W 기준 : 5~6분
조각으로 자른 생선(300g)	8~10분	출력 750W 기준 : 7~8분	출력 600W 기준 : 5~6분
냉동 조리식품(250g)		출력 900W 기준 : 5~7분 출력 750W 기준 : 7~8분	
냉동 디저트		출력 900W 기준 : 1~2분 출력 650W 기준 : 2~6분	

식품의 조리 온도

식품	익힘 정도	심부 온도
양고기	로제(rosé)	60~62°C
	미디엄(à point)	62~63°C
	웰던(bien cuit)	63°C 초과
소고기	블루(bleu)	56~58°C
	레어(saignant)	58~60°C
	로제(rosé)	60~62°C
	미디엄(à point)	62~68°C
	웰던(bien cuit)	68°C 초과
돼지고기	미디엄(à point)	62~68°C
	웰던(bien cuit)	68°C 초과
송아지고기	로제(rosé)	60~62°C
	미디엄(à point)	62~68°C
	웰던(bien cuit)	68°C 초과
가금육(가슴살)	미디엄(à point)	62~68°C
	웰던(bien cuit)	68°C 초과
가금육(다리)	미디엄(à point)	71~72°C
	웰던(bien cuit)	72°C 초과
수렵육(로스트)	로제(rosé)	60~62°C
	미디엄(à point)	62~68°C
수렵육 소테, 브레이징	미디엄(à point)	62~68°C
	웰던(bien cuit)	68°C 초과
생선	아주 살짝 익힘(nacré)	55~56°C
	가시주변이 로제 상태 (rosé à l'arête))	56~62°C
	미디엄(à point)	62~68°C
	웰던(bien cuit)	68°C 초과
일반 채소류	-	80°C 이상

보관 및 냉동 도구

가정용 냉장기기 : 유형별

유형	온도	평균 용량	용도
일반형 1도어 냉장고	+2°C ~ +5°C	90~325리터	모든 종류의 냉장이 가능하며 제품의 등급에 따른 냉동범위 내에서 식품을 냉동보관할 수 있다(아래 도표 참조).
일반형 2도어 냉장, 냉동고 (단일 모터)	+2°C ~ +5°C 냉동식의 온도는 제품 등급에 따라 달라진다 (아래 도표 참조)	220~370리터	
양문형 냉장고(이중 모터)		290~395리터	
가정용 냉동고	-30°C 까지	60~600리터	

가정용 냉장기기 : 등급

등급	온도	보관 기간
별 표시 없음	-	냉동불가 (0~4°C 신선 칸만 있다)
*	– 6 °C	냉동식품(아이스크림 제외), 1~2일
**	– 12 °C	냉동식품, 2주~1개월(아이스크림은 몇 시간 정도)
***	– 18 °C	냉동식품, 1년 (유통기한까지)
****	– 24 °C	냉동기능, 신선식품 1년까지 보관.

1인분 기준 식재료 양

이 도표는 식사 인원수에 따라 식재료의 양을 어림잡아 준비하는 데 도움이 될 것이다. 보다 정확한 양을 예측하려면 당일 식단에서 해당 요리가 차지하는 비중, 다른 재료와의 상호보완성, 식재료의 준비(통째로 조리할 것인지, 잘라 다듬을 것인지, 토막낼 것인지 등을 고려), 사용, 익힘 정도, 조리법, 서비스 등을 면밀히 감안해야 한다.

식재료	실 중량(g)
생선, 갑각류 해산물	
생선	150~180
랍스터 (원형 상태의 무게)	400
스파이니 랍스터 (원형 상태의 무게)	400
뼈를 포함한 육류	
어린 양고기	250~300
소고기	250~300
양고기	250~300
돼지고기	250~300
송아지고기	250~300
뼈를 제거한 육류	
어린 양고기	150~175
소고기	150~170
양고기	150~175
돼지고기	150~170
송아지고기	150~170
소고기 안심	150~200
소고기 스테이크	180~200
송아지 간	150
소, 송아지 혀	200
흉선(2인분)	300
송아지 콩팥(2인분)	300
뼈를 제거한 송아지 머리	250

식재료	실 중량(g)
가금육, 수렵육	
오리(원형 상태의 무게)	400
거위(원형 상태의 무게)	400
닭(원형 상태의 무게)	300
푸아그라	80~100
토끼(원형 상태의 무게)	300~350
야생토끼 (원형 상태의 무게)	250~300
신선 채소 (단독으로 조리할 경우, 원형 그대로의 무게)	
아스파라거스	400
당근	200
시금치	350
그린빈스	200~250
완두콩	200~250
감자	200
샐러드용 잎채소	200
마른 콩류	
강낭콩	50
렌틸콩	60
완두콩	60
파스타, 쌀	
파스타	50
쌀	40

	1인분 양
수프	250ml
소스	50ml
스트램블드 에그, 오믈렛	3개
파티스리	레시피마다 구성 재료가 다양하여 1인분 중량을 정확히 산정하기 어렵다. 굽는 동안 손실되는 분량이 비교적 적은 편이므로 1인당 80~100g 정도로 어림잡으면 적당하다.

보르도 와인 분류

1855년 등급 분류

현재까지 준수되고 있는 유명한 1855년의 보르도 와인 등급 분류는 원래 지롱드(Gironde) 지역 와인을 대상으로 한 것이었다. 레드와인으로는 메독(Médoc) 지역 와인들이 대거 리스트에 올랐고 여기에는 그라브(Graves) 와인 중 유일하게 샤토 오브리옹(château Haut-Brion)이 포함되었다. 화이트와인 중에서는 소테른(Sauternes)과 바르삭(Barsac)의 스위트와인만이 포함되었다. 모든 와인은 그 가치에 따라 1등급(premier cru)에서 5등급(cinquième cru)까지의 크뤼로 분류되었다.
'그랑 크뤼(grand cru)'라는 용어는 당시 등장하지 않았지만 샤토 디켐(château d'Yquem)이 유일하게 프르미에 크뤼 쉬페리외르(premier cru supérieure)로 분류되었다. 이 등급 분류는 1973년 샤토 무통 로칠드(château Mouton-Rothschild)를 2등급(deuxième cru classé)에서 프르미에 크뤼(premier cru classé)로 상향조정하면서 단 한 번 변경되었다.

A. 메독 와인 등급 분류 (MÉDOC)

1등급 프르미에 크뤼 ***Premiers crus***
샤토 오 브리옹 (페삭 레오냥) Château Haut-Brion (pessac-léognan)
샤토 라피트 로칠드 (포이약) Château Lafite-Rothschild (pauillac)
샤토 라투르 (포이약) Château Latour (pauillac)
샤토 마고 (마고) Château Margaux (margaux)
샤토 무통 로칠드 Château Mouton-Rothschild (pauillac)

2등급 되지엠 크뤼 ***Deuxièmes crus***
샤토 브란 캉트낙 (마고) Château Brane-Cantenac (margaux)
샤토 코스 데스투르넬 (생 테스테프) Château Cos-d'Estournel (saint-estèphe)
샤토 뒤크뤼 보카이유 (생 쥘리앵) Château Ducru-Beaucaillou (saint-julien)
샤토 뒤르포르 비방스 (마고) Château Durfort-Vivens (margaux)
샤토 그뤼오 라로즈 (생 쥘리앵) Château Gruaud-Larose (saint-julien)
샤토 라스콩브 (마고) Château Lascombes (margaux)
샤토 레오빌 바르통 (생 쥘리앵) Château Léoville-Barton (saint-julien)
샤토 레오빌 라스 카즈 (생 쥘리앵) Château Léoville-Las-Cases (saint-julien)
샤토 레오빌 푸아페레 (생 쥘리앵) Château Léoville-Poyferré (saint-julien)
샤토 몽로즈 (생 테스테프) Château Montrose (saint-estèphe)
샤토 피숑 롱그빌 바롱 (포이약) Château Pichon-Longueville-Baron (pauillac)
샤토 피숑 롱그빌 콩테스 드 라랑드 (포이약) Château Pichon-Longueville Comtesse-de-Lalande (pauillac)
샤토 로장 가시 (마고) Château Rauzan-Gassies (margaux)
샤토 로장 세글라 (마고) Château Rauzan-Ségla (margaux)

3등급 트루아지엠 크뤼 ***Troisièmes crus***
샤토 보이드 캉트낙 (마고) Château Boyd-Cantenac (margaux)
샤토 칼롱 세귀르 (생 테스테프) Château Calon-Ségur (saint-estèphe)
샤토 캉트낙 브룬 (마고) Château Cantenac-Brown (margaux)
샤토 데미라이 (마고) Château Desmirail (margaux)
샤토 페리에르 (마고) Château Ferrière (margaux)
샤토 지스쿠르 (마고) Château Giscours (margaux)
샤토 디상 (마고) Château d'Issan (margaux)
샤토 키르완 (마고) Château Kirwan (margaux)
샤토 라그랑주 (생 쥘리앵) Château Lagrange (saint-julien)
샤토 라 라귄 (오 메독) Château La Lagune (haut-medoc)
샤토 랑고아 (생 쥘리앵) Château Langoa (saint-julien)
샤토 말레스코 생 텍쥐페리 (마고) Château Malescot-Saint-Exupéry (margaux)
샤토 마르키 달렘 베케르 (마고) Château Marquis-d'Alesme-Becker (margaux)
샤토 팔메르 (마고) Château Palmer (margaux)

4등급 카트리엠 크뤼 ***Quatrièmes crus***
샤토 베슈벨 (생 쥘리앵) Château Beychevelle (saint-julien)
샤토 브라네르 뒤크뤼 (생 쥘리앵) Château Branaire-Ducru (saint-julien)
샤토 뒤아르 밀롱 로칠드 (포이약) Château Duhart-Milon-Rothschild (pauillac)
샤토 라퐁 로셰 (생 테스테프) Château Lafont-Rocher (saint-estèphe)
샤토 라 투르 카르네 (오 메독) Château La Tour-Carnet (haut-médoc)
샤토 마르키 드 테름 (마고) Château Marquis-de-Terme (margaux)
샤토 푸제 (마고) Château Pouget (margaux)
샤토 프리외레 리신 (마고) Château Prieuré-Lichine (margaux)
샤토 생 피에르 (생 쥘리앵) Château Saint-Pierre (saint-julien)
샤토 탈보 (생 쥘리앵) Château Talbot (saint-julien)

5등급 생키엠 크뤼 ***Cinquièmes crus***
샤토 아르마이약 (포이약) Château d'Armailhac (pauillac)
샤토 바타이예 (포이약) Château Batailley (pauillac)
샤토 벨그라브 (오 메독) Château Belgrave (haut-médoc)
샤토 카망삭 (오 메독) Château Camensac (haut-médoc)
샤토 캉트메를 (오 메독) Château Cantemerle (haut-médoc)
샤토 클레르 밀롱 (포이약) Château Clerc-Milon (pauillac)
샤토 코스 라보리 (생 테스테프) Château Cos-Labory (saint-estèphe)
샤토 크루아제 바주 (포이약) Château Croizet-Bages (pauillac)
샤토 도작 (마고) Château Dauzac (margaux)
샤토 그랑 퓌 뒤카스 (포이약) Château Grand-Puy-Ducasse (pauillac)
샤토 그랑 퓌 라코스트 (포이약) Château Grand-Puy-Lacoste (pauillac)
샤토 오 바주 리베랄 (포이약) Château Haut-Bages-Libéral (pauillac)
샤토 오 바타이예 (포이약) Château Haut-Batailley (pauillac)
샤토 랭슈 바주 (포이약) Château Lynch-Bages (pauillac)
샤토 랭슈 무사 (포이약) Château Lynch-Moussas (pauillac)
샤토 페데스클로 (포이약) Château Pédesclaux (pauillac)
샤토 퐁테 카네 (포이약) Château Pontet-Canet (pauillac)
샤토 뒤 테르트르 (마고) Château du Tertre (margaux)

B. 소테른, 바르삭 와인 등급 분류 (SAUTERNES/BARSAC)

특 1등급 프르미에 크뤼 쉬페리외르 ***Premier cru supérieur***
샤토 디켐 Château d'Yquem

1등급 프르미에 크뤼 ***Premiers crus***
샤토 클리망 Château Climens
샤토 쿠테 Château Coutet
샤토 기로 Château Guiraud
샤토 라포리 페라게 Château Lafaurie-Peyraguey
샤토 라 투르 블랑슈 Château La Tour-Blanche
샤토 라보 프로미 Château Rabaud-Promis
샤로 렌 비뇨 Château Rayne-Vigneau
샤토 리외섹 Château Rieussec
샤토 시갈라스 라보 Château Sigalas-Rabaud
샤토 쉬뒤로 Château Suduiraut
클로 오 페라게 Clos Haut-Peyraguey

2등급 스공 크뤼 ***Seconds crus***
샤토 다르슈 Château d'Arche
샤토 브루스테 Château Broustet
샤토 카이유 Château Caillou
샤토 두아지 다엔 Château Doisy-Daëne
샤토 두아지 뒤브로카 Château Doisy-Dubroca
샤토 두아지 베드린 Château Doisy-Védrines
샤토 필로 Château Filhot
샤토 라모트 (데퓌졸) Château Lamothe (Despujols)
샤토 라모트 (기냐르) Château Lamothe (Guignard)
샤토 드 말 Château de Malle
샤토 미라 Château Myrat
샤토 네락 Château Nairac
샤토 로메르 Château Romer
샤토 로메르 뒤 아요 Château Romer-du-Hayot
샤토 쉬오 Château Suau

그라브 와인 분류 (GRAVES)

1855년 보르도 와인 등급에서 프르미에 크뤼(premier cru)로 분류된 '샤토 오 브리옹(château Haut-Brion)'을 제외하면 그라브 지역의 와인은 큰 주목을 받지 못했다. 1953년 국립 원산지 명칭 기구(INAO)는 그라브 와인의 등급 분류를 공식화 했고 1959년 2월 16일 법령으로 확정되었다. 이 등급 분류에는 화이트 와인인지, 레드와인인지 혹은 둘 다 해당하는지 정확하게 명시되어 있다.

	레드와인	화이트와인
Château Bouscaut	●	●
Château Carbonnieux	●	●
Château Couhins		●
Château Couhins-Lurton		●
Château Fieuzal	●	
Château Haut-Bailly	●	
Château Haut-Brion	●	
Château La Mission-Haut-Brion	●	
Château Latour-Haut-Brion	●	
Château La Tour-Martillac	●	●
Château Laville-Haut-Brion		●
Château Malartic-Lagravière	●	●
Château Olivier	●	●
Château Pape-Clément	●	
Château Smith-Haut-Lafitte	●	
Domaine de Chevalier	●	●

생 테밀리옹 와인 분류 (SAINT-ÉMILION)

레드와인에만 해당하는 생 테밀리옹 와인의 등급 분류가 이루어진 것은 1959년이다. 원래 매 10년마다 재검토하기로 정해진 이 등급 분류는 연이어 오면서 몇몇 변동이 있었다. 아래 제시된 리스트 1996년 등급 분류 기준이다.

- 생 테밀리옹 프르미에 그랑 크뤼 클라세 A : 2종
- 생 테밀리옹 프르미에 그랑 크뤼 클라세 B : 11종
- 생 테밀리옹 그랑 크뤼 클라세 : 55종

프르미에 그랑 크뤼 클라세 A
Premiers grands crus classés A
Château Ausone
Château Cheval-Blanc

프르미에 그랑 크뤼 클라세 B
Premiers grands crus classés B
Château Angélus
Château Beau-Séjour (Bécot)
Château Beauséjour (Duffau-Lagarrosse)
Château Belair
Château Canon
Château Figeac
Château La Gaffelière
Château Magdelaine
Château Pavie
Château Trottevieille
Clos Fourtet

그랑 크뤼 클라세 *Grands crus classés*
Château Balestard La Tonnelle
Château Bellevue
Château Bergat
Château Berliquet
Château Cadet-Bon
Château Cadet-Piola
Château Canon-La Gaffelière
Château Cap de Mourlin
Château Chauvin
Château Corbin
Château Corbin-Michotte
Château Couvent des Jacobins
Château Curé Bon La Madeleine
Château Dassault
Château Faurie de Souchard
Château Fonplégade
Château Fonroque
Château Franc-Mayne
Château Grandes Murailles
Château Grand Mayne
Château Grand Pontet
Château Guadet Saint-Julien
Château Haut-Corbin
Château Haut-Sapre
Château La Clotte
Château La Clusière
Château La Couspaude
Château La Dominique
Château La Marzelle
Château Laniote
Château Larcis-Ducasse
Château Larmande
Château Laroque
Château Laroze
Château L'Arrosée
Château La Serre
Château La Tour du Pin-Figeac (Giraud-Belivier)
Château La Tour du Pin-Figeac (Moueix)
Château La Tour-Figeac
Château Le Prieuré
Château Matras
Château Moulin du Cadet
Château Pavie-Decesse
Château Pavie-Macquin
Château Petit-Faurie-de-Soutard
Château Ripeau
Château Saint-Georges Côte Pavie
Château Soutard
Château Tertre Daugay
Château Troplong-Mondot
Château Villemaurine
Château Yon-Figeac
Clos des Jacobins
Clos de l'Oratoire
Clos Saint-Martin

포므롤 와인 (POMEROL)

포므롤 와인의 공식 등급 분류는 존재하지 않는다. 아래 제시된 리스트는 평점 및 가격, 보편적으로 인정된 명성과 선호도 등을 감안하여 선정된 와인들이다.

Pétrus
Château L'Église-Clinet
Château Lafleur
Château La Conseillante
Clos L'Église
Château Hosanna
Château L'Évangile
Château Le Pin
Château Trotanoy
Vieux Château Certan
Château Clinet
Château Beauregard
Château Le Bon Pasteur
Château Bourgneuf-Vayron
Château Certan de May de Certan
Château Feytit-Clinet
Château La Fleur de Boüard
Château La Fleur-Pétrus
Château Petit-Village
Château Le Gay
Château Gazin
Château Montviel
Château La Grave à Pomerol
Château Latour à Pomerol
Château Nénin
Château Pommeaux
Château Rouget
Château Bonalgue
Château Cantelauze
Château La Clémence
Clos du Clocher
Château La Croix de Gay
Château Les Cruzelles
Château Garraud
Château Gombaude Guillot
Château Grand Ormeau

보르도 와인 아펠라시옹

총 11만 8천 헥타르에 펼쳐진 보르도 지역의 포도밭은 프랑스 전체 포도재배지 면적(30만 헥타르)의 3분의 1 이상을 차지한다. 가장 소박한 와인 아펠라시옹('bordeaux')부터 전설적인 와이너리의 명품 와인들까지 모든 유형과 종류의 와인들이 포진해 있으며, AOC(원산지 명칭 통제) 인증을 받은 종류만 해도 57종에 이른다.

● 레드와인 ● 화이트와인 ● 로제와인 ● 스위트와인 ● 스파클링와인

블라예, 부르제 (BLAYAIS/BOURGEAIS)

와인 색	아펠라시옹	평균 보관 기간
● ●	blaye ou blayais	4~6년 (레드)
●	côtes-de-blaye	4~6년 (레드)
● ●	premières-côtes-de-blaye	4~6년 (레드)
● ●	côtes-de-bourg	4~6년 (레드)

리부르네 (LIBOURNAIS)

와인 색	아펠라시옹	평균 보관 기간
● ●	bordeaux	3년까지
●	bordeaux clairet	2년까지
●	bordeaux supérieur	4년까지
●	côtes-de-castillon	4~6년
● ●	bordeaux-côtes-de-francs	4~6년
●	lussac-saint-émilion	5~10년
●	montagne-saint-émilion	5~10년
●	puisseguin-saint-émilion	5~10년
●	saint-georges-saint-émilion	5~10년
●	saint-émilion	7~20년
●	saint-émilion grand cru	8~25년
●	lalande-de-pomerol	4~13년
●	pomerol	5~20년
●	canon-fronsac	4~10년
●	fronsac	4~10년

앙트르 되 메르 (ENTRE-DEUX-MERS)

와인 색	아펠라시옹	평균 보관 기간
● ● ●	bordeaux	2년까지
●	bordeaux clairet	2년까지
●	bordeaux supérieur	4년까지
●	crémant-de-bordeaux	2년까지
●	bordeaux-haut-benauge	4~6년
●	entre-deux-mers	3년까지
● ●	graves-de-vayres	5~8년 (레드)
● ●	premières-côtes-de-bordeaux	5~8년 (레드)
● ●	côtes-de-bordeaux-saint-macaire	5~8년 (레드)
● ●	sainte-foy-bordeaux	5~8년 (레드)
●	cadillac	5~8년 (레드)
●	loupiac	5~8년 (레드)
●	sainte-croix-du-mont	5~8년 (레드)

그라브, 페삭 레오냥 (GRAVES/PESSAC-LÉOGNAN)

와인 색	아펠라시옹	평균 보관 기간
● ●	bordeaux	3년까지
●	bordeaux clairet	2년까지
●	bordeaux supérieur	4년까지
● ●	graves	4~12년 (드라이 화이트) 10~25년 (레드)
●	graves supérieur	5~8년
● ●	pessac-léognan	4~12년 (드라이 화이트) 10~30년 (레드)

소테른 (SAUTERNAIS)

와인 색	아펠라시옹	평균 보관 기간
●	barsac	10~50년
●	cérons	8~20년
●	sauternes	10~50년

메독, 오 메독 (MÉDOC/HAUT-MÉDOC)

와인 색	아펠라시옹	평균 보관 기간
●	médoc	8~15년
●	haut-médoc	8~20년
●	listrac-médoc	10~30년
●	margaux	10~30년
●	moulis	10~30년
●	pauillac	10~30년
●	saint-estèphe	10~30년
●	saint-julien	10~30년

부르고뉴 와인 아펠라시옹

샤블리(Chablis)부터 마콩(Mâcon)까지 부르고뉴 원산지 명칭 통제 와인 99종은 다음과 같이 분포되어 있다.
- 아펠라시옹 레지오날(appellations régionales) : 21종
- 아펠라시옹 코뮈날 또는 빌라주(appellations communales 또는 villages) 45종에는 프르미에 크뤼(premier cru)로 분류되는 600개 이상의 '클리마(climats)'가 포함된다.
- 그랑 크뤼(grands crus) : 33종

여기에 보졸레(Beaujolais)가 추가된다.
- 아펠라시옹 레지오날(appellations régionales) : 2종
- 크뤼(crus) : 10종

이렇게 복잡하고 세밀한 분류 외에 소비자들의 편의를 위해 부르고뉴 와인의 그랑 크뤼 혹은 프르미에 크뤼는 라벨에 따로 표기되어 있다.

● 레드와인 ○ 화이트와인 ◎ 로제와인

샤블리, 오세루아 (CHABLIS/AUXERROIS)

와인 색	아펠라시옹	AOC 등급	빌라주별 프르미에 크뤼	평균 보관 기간
○	blanchot (chablis)	그랑 크뤼	-	12년까지
○	bougros (chablis)	그랑 크뤼	-	12년까지
○	grenouille (chablis)	그랑 크뤼	-	12년까지
○	les clos (chablis)	그랑 크뤼	-	12년까지
○	les preuses (chablis)	그랑 크뤼	-	12년까지
○	valmur (chablis)	그랑 크뤼	-	12년까지
○	vaudésir (chablis)	그랑 크뤼	-	12년까지
○	chablis	코뮈날	17	5년까지 프르미에 크뤼는 8년까지
● ○	petit-chablis	코뮈날	-	3년까지
● ○ ◎	bourgogne chitry	레지오날	-	2년까지
● ○ ◎	bourgogne-côte-saint-jacques	레지오날	-	2년까지
● ○ ◎	bourgogne-côtes-d'auxerre	레지오날	-	2년까지
● ○ ◎	bourgogne-coulanges-la-vineuse	레지오날	-	2년까지
● ○ ◎	bourgogne-épineuil	레지오날	-	2년까지
○	bourgogne-vézelay	레지오날	-	3년까지
● ○	irancy	코뮈날	-	2년까지
○	sauvignon-de-saint-bris	코뮈날	-	3년까지

코트 드 뉘 (CÔTE DE NUITS)

와인 색	아펠라시옹	AOC 등급	빌라주별 프르미에 크뤼	평균 보관 기간
●	bonnes-mares	그랑 크뤼	-	15년까지
●	chambertin	그랑 크뤼	-	20년까지
●	chambertin-clos-de-bèze	그랑 크뤼	-	20년까지
●	chapelle-chambertin	그랑 크뤼	-	15년까지
●	charmes-chambertin	그랑 크뤼	-	15년까지
●	clos-de-la-roche	그랑 크뤼	-	15년까지
●	clos-de-tart	그랑 크뤼	-	15년까지
●	clos-de-vougeot	그랑 크뤼	-	15년까지
●	clos-des-lambrays	그랑 크뤼	-	15년까지
●	clos-saint-denis	그랑 크뤼	-	15년까지
●	échezeaux	그랑 크뤼	-	15년까지
●	grands-échezeaux	그랑 크뤼	-	15년까지
●	griotte-chambertin	그랑 크뤼	-	15년까지
●	la-grande-rue	그랑 크뤼	-	15년까지
●	la-romanée	그랑 크뤼	-	20년까지
●	la-tâche	그랑 크뤼	-	20년까지
●	latricières-chambertin	그랑 크뤼	-	15년까지
●	mazis-chambertin	그랑 크뤼	-	15년까지

와인 색	아펠라시옹	AOC 등급	빌라주별 프르미에 크뤼	평균 보관 기간
● ●	mazoyères-chambertin = charmes	그랑 크뤼	-	15년까지
● ●	musigny	그랑 크뤼	-	15년까지
●	richebourg	그랑 크뤼	-	20년까지
●	romanée-conti	그랑 크뤼	-	30년까지
●	romanée-saint-vivant	그랑 크뤼	-	20년까지
●	ruchottes-chambertin	그랑 크뤼	-	15년까지
●	bourgogne-hautes-côtes-de-nuits	레지오날	-	3~5년
●	chambolle-musigny	코뮈날	25	6~9년
● ●	côte-de-nuits-villages	코뮈날	-	6~9년
● ●	fixin	코뮈날	-	6~9년
●	gevrey-chambertin	코뮈날	28	12년까지
● ●	marsannay	코뮈날	-	6~9년
●	marsannay rosé	코뮈날	-	2년까지
● ●	morey-saint-denis	코뮈날	20	12년까지
●	nuits-saint-georges 또는 nuits	코뮈날	44	6~9년
●	vosne-romanée	코뮈날	17	12년까지
● ●	vougeot	코뮈날	5	12년까지

코트 드 본 (CÔTE DE BEAUNE)

와인 색	아펠라시옹	AOC 등급	빌라주별 프르미에 크뤼	평균 보관 기간
●	bâtard-montrachet	그랑 크뤼	-	15년까지
●	bienvenues-bâtard-montrachet	그랑 크뤼	-	15년까지
● ●	charlemagne	그랑 크뤼	-	-
●	chevalier-montrachet	그랑 크뤼	-	20년까지
● ●	corton	그랑 크뤼	-	15년까지
●	corton-charlemagne	그랑 크뤼	-	15년까지
●	criots-bâtard-montrachet	그랑 크뤼	-	15년까지
●	montrachet	그랑 크뤼	-	20년까지
● ●	bourgogne-hautes-côtes-de-beaune	레지오날	-	3~5년
● ●	aloxe-corton	코뮈날	13	6~9년
● ●	auxey-duresses	코뮈날	9	3~5년
● ●	beaune	코뮈날	44	6~9년
●	blagny	코뮈날	8	3~5년
● ●	chassagne-montrachet	코뮈날	16	12년까지 (레드, 화이트)
● ●	chorey-lès-beaune 또는 chorey	코뮈날	-	3~5년
● ●	côte-de-beaune	코뮈날	-	3~5년
●	côte-de-beaune-villages	코뮈날	-	3~5년
● ●	ladoix	코뮈날	8	3~5년
● ●	maranges	코뮈날	14	3~5년
● ●	meursault	코뮈날	17	12년까지
● ●	monthélie	코뮈날	11	9년까지
● ●	pernand-vergelesses	코뮈날	7	3~5년
●	pommard	코뮈날	28	6~9년, 15년까지
● ●	puligny-montrachet	코뮈날	27	12년까지
● ●	saint-aubin	코뮈날	25	3~5년
● ●	saint-romain	코뮈날	-	3~5년
● ●	santenay	코뮈날	16	6~9년
● ●	savigny-lès-beaune ou savigny	코뮈날	25	6~9년
●	volnay (volnay-santenots 는 Meursault 코뮌에 서 생산된다.)	코뮈날	41	12년까지

코트 샬로네즈 (CÔTE CHALONNAISE)

와인 색	아펠라시옹	AOC 등급	빌라주별 프르미에 크뤼	평균 보관 기간
● ● ●	bourgogne-côte-chalonnaise	레지오날	-	2년까지
●	bouzeron	코뮈날	-	2년까지
● ●	givry	코뮈날	16	3~5년
● ●	mercurey	코뮈날	32	3~5년
● ●	montagny	코뮈날	53	3~5년
● ● ●	rully	코뮈날	16	3~5년

마코네 (MÂCONNAIS)

와인 색	아펠라시옹	AOC 등급	빌라주별 프르미에 크뤼	평균 보관 기간
● ● ●	mâcon	레지오날	-	2년까지
● ● ●	mâcon (+ village)	레지오날	-	3년까지
● ● ●	mâcon supérieur	레지오날	-	3년까지
● ● ●	mâcon-villages	레지오날	-	4년까지
● ● ●	pinot-chardonnay-mâcon	레지오날	-	2년까지
●	pouilly-fuissé	코뮈날	-	4~6년
●	pouilly-loché	코뮈날	-	3~5년
●	pouilly-vinzelles	코뮈날	-	3~5년
●	saint-véran	코뮈날	-	3~5년
●	viré-clessé	코뮈날	-	3~5년

상기 4지역 공통 AOC

와인 색	아펠라시옹	AOC 등급	빌라주별 프르미에 크뤼	평균 보관 기간
● ● ●	bourgogne	레지오날	-	2년까지
●	bourgogne aligoté	레지오날	-	2년까지
●	bourgogne clairet ou rosé	레지오날	-	2년까지
● ● ●	bourgogne grand ordinaire	레지오날	-	2년까지
●	bourgogne mousseux	레지오날	-	2년까지
● ●	bourgogne passetoutgrain	레지오날	-	2년까지
● ●	crémant-de-bourgogne	레지오날		3~5년

보졸레 (BEAUJOLAIS)

와인 색	아펠라시옹	AOC 등급	빌라주별 프르미에 크뤼	평균 보관 기간
● ● ●	beaujolais	레지오날	-	2년까지
● ● ●	beaujolais-villages	레지오날	-	3년까지
●	brouilly	크뤼	-	3~5년
●	chenas	크뤼	-	3~5년
●	chiroubles	크뤼	-	3~5년
●	côte-de-brouilly	크뤼	-	3~5년
●	fleurie	크뤼	-	3~5년
●	juliénas	크뤼	-	6~9년
●	morgon	크뤼	-	4~6년
●	moulin-à-vent	크뤼	-	6~9년
●	regnié	크뤼	-	3~5년
●	saint-amour	크뤼	-	3~5년

와인 계열 및 음식과의 조화

와인은 색깔과 미각적 개성에 따라 크게 14가지 계열로 분류할 수 있다. 각 그룹의 와인들마다 주요 포도품종, 대표적인 아펠라시옹, 특별히 잘 어울리는 요리들이 있다. 또한 같은 포도품종이라도 생산지의 테루아에 따라 다른 맛과 향으로 표현될 수 있기 때문에 동시에 여러 계열 와인에 포함될 수 있다.

1 - 가볍고 산미가 있는 드라이 화이트와인

특징	쉽게 마실 수 있으며 산미가 있어 가볍고 상큼한 맛을 낸다. 향이 단순하며 신선하고 청량한 피니시를 갖고 있다.
포도품종	알리고테(aligoté), 샤르도네(chardonnay), 샤슬라(chasselas), 그로플랑(gros-plant), 자케르(jacquère), 믈롱 드 부르고뉴(melon de Bourgogne), 피노 블랑(pinot blanc), 로모랑탱(romorantin), 소비뇽(sauvignon), 실바네르(sylvaner), 트레사이예(tressailler)
아펠라시옹	bergerac, bourgogne aligoté, cheverny, cour-cheverny, crépy, entre-deux-mers, mâcon-villages, muscadet, petit-chablis, pinot blanc d'Alsace, pouilly-sur-loire, saint-pourçain, sylvaner d'Alsace, vin de Savoie.
어울리는 음식	풍미가 너무 복잡하지 않은 단순한 요리, 굴을 비롯한 해산물, 생 채소 또는 익힌 채소, 달팽이 요리, 개구리 뒷다리, 생선구이, 생선 테린, 생선 튀김, 샤퀴트리, 염소젖 치즈
서빙	아주 어릴 때 마신다. 약 8°C로 아주 차갑게 서빙한다.

2 - 부드럽고 과실 향이 있는 드라이 화이트와인

특징	과실향이 풍부하고 입안에서의 느낌이 부드럽고 상큼하다. 과일이나 꽃 향기(혹은 둘 다)가 선명하다. 피니시는 청량하고 향긋하다.
포도품종	알테스(altesse), 샤르도네, 슈냉(chenin), 클레레트(clairette), 그로망생(gros-manseng), 모작(mauzac), 롤(rolle), 소비뇽(sauvignon), 세미용(sémillon), 위니블랑(ugni blanc), 베르멘티노(vermentino)
아펠라시옹	bandol, bellet, cassis, chablis, coteaux-d'aix, côtes-de-blaye, côtes-de-provence, gaillac, graves, jurançon sec, mont-louis, picpoul-de-pinet, pouilly fumé, pouilly-fuissé, roussette de Savoie, roussette du Bugey, saint-véran, sancerre, saumur, vin de Corse
어울리는 음식	단순한 요리 및 조리 과정이 섬세한 요리가 모두 포함되지만 향이 너무 복잡하지 않은 음식이 잘 어울린다. 날로 먹는 조개류, 또는 익힌 조개류, 해산물 파스타, 생선구이 또는 간단히 조리한 생선, 생선 무슬린, 샤퀴트리, 반 경성 또는 경성 염소젖 치즈.
서빙	병입 후 3년 이내에 마신다. 8~10°C로 차갑게 마신다.

3 - 바디감이 풍부하고 기품이 있는 고급 드라이 화이트와인

특징	바디감이 풍부하고 포도품종의 개성이 뚜렷한 고급 와인으로 완벽한 밸런스를 자랑한다. 향은 복합적이고 우아하며 피니시가 길게 지속된다.
포도품종	샤르도네, 슈냉, 마르산(marsanne), 리슬링(riesling), 루산(roussanne), 소비뇽, 세미용
아펠라시옹	chablis premier cru, chablis grand cru, chassagne-montrachet, châteauneuf-du-pape, corton-charlemagne, hermitage, meursault, montrachet, pessac-léognan, puligny-montrachet, savennières, vouvray
어울리는 음식	좀 더 섬세하고 풍부한 향의 음식. 버섯, 가리비조개, 팬 프라이 푸아그라, 조리한 랍스터, 크림소스 생선 요리, 크림 소스 흰살 육류, 크리미한 치즈(saint-félicien, saint-marcellin), 숙성된 염소젖 치즈(picodon 타입).
서빙	병입 보관 3~5년 후에 마신다. 너무 차갑지 않은 온도로 마신다. 10~12°C.

4 - 풍부하고 복합적인 향을 가진 드라이 화이트와인

특징	알코올 함량과 향이 풍부하고 특유의 풍미를 갖고 있다. 과실 향이 풍성하고 경우에 따라 스파이스 노트, 신선한 호두와 밀의 향이 나기도 한다. 개성을 지닌 풍미가 입안에 오래 남는다.
포도품종	게부르츠트라미너(gewurztraminer), 뮈스카(muscat), 팔로미노(palomino), 리슬링, 사바냉(savagnin), 토케 피노그리(tokay-pinot gris), 비오니에(viognier)
아펠라시옹	château-chalon, condrieu, gewurztraminer d'Alsace, manzanilla, muscat d'Alsace, riesling d'Alsace, pinot gris d'Alsace, vin jaune du Jura, xérès
어울리는 음식	향신료, 허브 등이 들어간 향이 풍부한 음식. 고기를 넣은 커리, 모렐버섯을 넣은 크림 소스 닭 요리, 아메리켄 소스 랍스터, 딜을 곁들인 연어, 경성치즈(beaufort, comté 또는 munster 타입의 강한 풍미의 치즈)
서빙	뮈스카와 비오니에의 경우 어릴 때 마시며 8~10°C 온도로 차갑게 서빙한다. 다른 품종 포도의 경우 병입 보관 3~5년 후에 마시며 너무 차갑지 않게 서빙한다. 10~12°C

5 - 드미 섹, 스위트, 리큐어 화이트와인

특징	와인에 잔당이 함유되어 있기 때문에 달콤하고 풍부한 맛을 낸다. 바디감이 묵직하고 부드러우며 적당한 산미와의 밸런스도 아주 좋다. 꿀과 과일의 향이 풍부하다. 진한 향의 여운이 오래 남는다.
포도품종	슈냉 그로망생, 프티망생, 뮈스카델(muscadelle), 리슬링, 소비뇽, 세미용, 토케 피노그리
아펠라시옹	bonnezeaux, cérons, coteaux-de-l'aubance, coteaux-du-layon, gewurztraminer vendanges tardives 또는 sélection grains nobles, monbazillac, montlouis, quarts-de-chaume, riesling vendanges tardives 또는 séléction grains nobles, sainte-croix-du-mont, tokay-pinot gris vendanges tardives 또는 séléction grains nobles, vouvray
어울리는 음식	기름진 식감의 풍미가 진한 클래식 요리나 향신료를 넣은 이국적 요리, 또는 달콤함과 짭짤함을 동시에 즐길 수 있는 음식 등. 푸아그라, 향신료를 넣은 크림소스 닭 요리, 오렌지 소스 오리요리, 블루치즈(roquefort 타입), 과일 타르트, 크림 베이스의 디저트(사바용, 크림 브륄레 등).
서빙	병입 보관 후 최고 3~5년이 지난 다음 마신다. 8~10°C 온도로 차갑게 서빙한다.

6 - 산미와 과실 향이 있는 상큼한 로제와인

특징	크리스피하고 상큼하며 가벼운 산미와 진한 과실 향을 갖고 있다. 피니시는 청량하고 신선하다.
포도품종	카베르네 프랑(cabernet franc), 카리냥(carignan), 생소(cinsault), 가메(gamay), 그르나슈(grenache), poulsard(풀사르), tibouren(티부랭)
아펠라시옹	bellet, baux-de-provence, coteaux-d'aix, coteaux varois, côtes-de-provence, côtes- du-jura, côtes-du-luberon, irouléguy, palette, rosé de Loire.
어울리는 음식	생 채소나 익힌 채소 위주의 가벼운 요리. 혼합 샐러드, 채소를 넣은 파스타, 채소로 만든 파이나 타르트, 타프나드, 앙슈아야드, 피자, 프레시 또는 반 경성 염소젖 치즈.
서빙	병입한 첫 해, 과실의 향이 살아 있을 때 마신다. 8~10°C 온도로 차갑게 서빙한다.

7 - 알코올 함량이 높고 바디감이 있는 로제와인

특징	부드럽고 향과 맛이 풍부하다. 과실의 향이 두드러지며 산미와 가벼운 타닌의 밸런스가 좋다. 피니시가 상큼하다.
포도품종	카리냥, 그르나슈, 메를로(merlot), 무르베드르(mourvèdre), 네그레트(négrette), 피노 누아(pinot noir), 시라(syrah)
아펠라시옹	bandol, bordeaux clairet, corbières, coteaux-du-languedoc, côtes-du-rhône, lirac, marsannay, rosé-des-riceys, tavel
어울리는 음식	올리브오일, 채소, 생선 위주의 남부 지방 요리. 아이올리, 부야베스, 가지 티앙, 라타투이, 노랑촉수, 각종 고기구이, 숙성된 염소젖 치즈
서빙	병입 후 2년 내로 마신다. 8~10°C 온도로 차갑게 서빙한다.

8 - 가볍고 과실향이 있는 레드와인

특징	신선하고 가벼운 풍미와 과실향이 나며 상큼하다. 가벼운 타닌과 적당한 산미과 균형을 이룬다. 붉은 과일과(또는) 꽃 향이 난다. 피니시는 짧고 청량하다.
포도품종	카베르네 프랑(cabernet franc), 가메, 피노 누아, 풀사르, 트루소(trousseau).
아펠라시옹	anjou, arbois, beaujolais, bourgogne, bourgueil, coteaux-du-lyonnais, côtes-du-forez, côtes-du-jura, hautes-côtes-de-beaune, hautes-côtes-de-nuits, pinot noir d'Alsace, saint-nicolas-de-bourgueil, sancerre, saumur-champigny, vin de Savoie.
어울리는 음식	맛이 너무 복합적이지 않은 단순한 요리. 돼지 가공육 및 샤퀴트리, 키슈, 고기 파테, 닭 간 테린, 토끼고기 테린, 크리미한 염소젖 또는 소젖 치즈 (saint-marcellin 타입).
서빙	병입 후 2년 내로 마신다. 12~14°C로 서빙한다.

9 - 알코올과 타닌의 함량이 높고 과실 향이 풍부한 레드와인

특징	알코올과 타닌 함량이 높은 편으로 과실의 향이 풍부하다. 부드럽고 풍성한 느낌이나 부케가 그다지 복합적이진 않다. 붉은 과일 향과 때로 스파이스 노트를 갖고 있다. 피니시의 길이는 중간 정도이다.
포도품종	카베르네 프랑, 카베르네 소비뇽(cabernet sauvignon), 카리냥, 그르나슈, 메를로, 몽되즈(mondeuse), 피노 누아, 시라
아펠라시옹	bergerac, bordeaux, bordeaux supérieur, buzet, chinon, côte chalonnaise, coteaux-d'aix, coteaux champenois, côtes-de-blaye, côtes-de-bourg, côtes-de-castillon, côtes-de-provence, côtes-du-rhone-villages, crozes-hermitage, fronton, saint-joseph.
어울리는 음식	테루아의 특징을 잘 보여주는 진한 맛의 요리. 깃털이 있는 작은 수렵 조류 또는 털이 있는 수렵육 요리, 파테 드 캉파뉴, 소스가 있는 고기 요리, 붉은살 육류 로스트, 각종 고기 구이, 비가열 압착 반경성 치즈(tomme, saint-nectaire).
서빙	병입 보관 후 2~3년이 지난 뒤 마신다. 15~17°C로 서빙한다.

10 - 복합적인 향과 풍부한 맛, 높은 알코올 함량을 지닌 레드와인

특징	부드러운 풍미를 지닌 와인으로 알코올과 타닌 함량이 높은 편이며 이들이 자연스럽게 녹아들려면 시간이 조금 걸린다. 과일 향과 스파이스, 때로 숲 향기 노트의 풍부하고 복합적인 부케를 갖고 있다. 복합적인 풍미가 입안에 오래 남는다.
포도품종	오세루아(auxerrois), 카베르네 프랑, 카리냥, 그르나슈, 말벡(malbec), 메를로, 무르베드르, 시라, 타나(tannat)
아펠라시옹	cahors, châteauneuf-du-pape, corbières, coteaux-du-languedoc, côtes-du-roussillon-villages, gigondas, madiran, minervois, pécharmant, pomerol, saint-chinian, saint-émilion, vacqueyras
어울리는 음식	풍미가 진하고 기름진 음식. 카술레, 오리 콩피, 트러플을 포함한 버섯류, 푸아그라 에스칼로프, 소스 요리, 붉은 살 육류 구이 또는 로스트, 털이 있거나 깃털 있는 수렵육, 비가열 압착 치즈(tomme, cantal 타입).
서빙	병입 보관 후 최소 3년이 지난 다음 마신다. 15~17°C로 서빙한다.

11 - 복합적인 풍미와 타닌을 함유한 기품 있는 고급 레드와인

특징	높은 함량이지만 우아한 타닌을 지니고 있어 밀도 있고 풍부한 바디감을 느낄 수 있다. 이 타닌이 부드럽게 녹아들기 위해서는 몇 년의 시간이 필요하다. 과일, 스파이스, 때로 숲 향기 노트의 복합적인 향. 고급스러운 풍미가 입안에 오래 남는다.
포도품종	카베르네 소비뇽, 무르베드르, 시라
아펠라시옹	bandol, cornas, côte-rôtie, graves, haut-médoc, hermitage, margaux, médoc, pauillac, pessac-léognan, saint-estèphe, saint-julien
어울리는 음식	풍미가 진하고 너무 기름지지 않은 음식. 트러플을 포함한 버섯류, 털이 있거나 깃털 있는 수렵육, 붉은살 육류 구이 또는 로스트, 비가열 압착 치즈(cantal, saint-nectaire 타입).
서빙	병입 보관 후 최소 3년이 지난 다음 마신다. 16~17°C로 서빙한다.

12 - 복합적인 풍미의 우아하고 기품 있는 고급 레드와인

특징	실키하고 부드러우며 우아한 느낌의 와인으로 어릴 때는 섬세한 타닌이 아직 단단하게 자리 잡고 있다. 붉은색 과일 풍미가 주를 이루며 숲, 흙 노트의 향을 지니고 있다. 기품 있는 고급 와인의 풍미가 입안에 오래 남는다.
포도품종	피노 누아
아펠라시옹	grands vins de Bourgogne, de la Côte de Nuits (chambolle-musigny, gevrey-chambertin, vosne-romanée), de la Côte de Beaune (corton, pommard, volnay), de la côte Chalonnaise (mercurey)
어울리는 음식	와인 소스에 뭉근히 익힌 풍미가 진한 요리. 코코뱅, 뫼레트 달걀 요리, 흰살 육류 또는 붉은살 육류 로스트, 털이나 깃털 있는 작은 수렵육, 너무 냄새가 강하지 않은 흰색 곰팡이 연성 치즈(brie, coulommiers 등).
서빙	병입 보관 후 최소 3년이 지난 다음 마신다. 16~17°C로 서빙한다.

13 - 스파클링 와인

특징	상큼하고 산미가 있으며 탄산가스를 포함하고 있어 가볍고 상쾌한 느낌을 준다. 섬세한 과일, 꽃 향. 청량감을 남기며 경우에 따라 오래 지속된다.
포도품종	오세루아, 카베르네 프랑, 샤르도네, 슈냉, 클레레트, 모작, 메를로, 피노 블랑, 피노 뫼니에, 피노 누아, 소비뇽, 사바냥, 세미용
아펠라시옹	blanquette de limoux, champagne, clairette de Die, crémant-d'alsace, crémant-de-bordeaux, crémant de-bourgogne, crémant-du-jura, gaillac, montlouis, saumur, vouvray
어울리는 음식	해산물, 생선 테린, 생선구이, 훈제 생선, 가벼운 크림 소스를 곁들인 생선 요리, 흰색 곰팡이 연성치즈, 과일 베이스 디저트, 머랭, 크렘 앙글레즈
서빙	어릴 때 마신다. 8~10°C로 차갑게 서빙한다.

14 - 뱅 두 나튀렐과 뱅 리쾨르

특징	와인에 잔당과 알코올이 풍부하게 함유되어 있어 달콤하고 묵직한 과일의 맛을 낸다. 과일 향이 두드러진다. 풍미가 가득한 여운이 남는다.
포도품종	카베르네 프랑, 카베르네 소비뇽, 폴 블랑쉬(folle-blanche), 콜랑바르(colombard), 그르나슈, 마카뵈(maccabeu), 말부아지(malvoisie) 메를로, 뮈스카, 위니블랑(ugni blanc)
아펠라시옹	banyuls, macvin du Jura, muscat-de beaumes-de-venise, muscat-de-mireval, muscat-de-rivesaltes, pineau des Charentes, porto, rasteau, rivesaltes
어울리는 음식	풍미가 진하고 달콤한 맛과 짭짤한 맛을 동시에 즐길 수 있는 요리, 특히 디저트. 푸아그라 테린, 무화과를 넣은 오리 요리, 로크포르 타입의 블루치즈, 과일 베이스의 디저트, 초콜릿, 커피를 이용한 디저트.
서빙	화이트와인은 어릴 때 마신다. 서빙 온도 8~12°C. 레드와인은 최소 3~5년이 지난 뒤 마신다. 서빙 온도 12~15°C.

참고 문헌

저자명 알파벳순 (분류 목록 앞에 특별한 설명이 있는 경우는 제외).

요리

참고서적

발간연도순

Viard (André), *le Cuisinier impérial* (Paris, 1806).

Beauvilliers (Antoine), *l'Art du cuisinier* (Paris, 1814).

Audot (Louis Eustache), *la Cuisinière de la campagne et de la ville* (Audot, Paris, 1818).

Carême (Antonin), *le Cuisinier parisien* (Paris, 1828) ; l'Art de la cuisine française au xixe siècle (3 vol., Paris, 1833-1835 ; t. 4 et 5, 1843-1844, par Plumerey ; fac-similé par Kerangué et Pollès, Paris, 1981).

Dubois (Urbain) et Bernard (Émile), *la Cuisine classique [...] appliquée au service à la russe* (Paris, 1856).

Grandi (Ferdinando), *les Nouveautés de la gastronomie princière* (Paris, 1866).

Gouffé (Jules), *le Livre de cuisine* (Paris, 1867).

Dubois (Urbain), *la Cuisine artistique* (Paris, 1870) ; École des cuisinières (Paris, 1887) ; *Nouvelle Cuisine bourgeoise pour la ville et pour la campagne* (Paris, 1888).

Dumas (Alexandre), *Grand Dictionnaire de cuisine* (Paris, 1873 ; Veyrier, Paris, 1978).

Garlin (Gustave), *le Cuisinier moderne ou les Secrets de l'art culinaire* (Paris, 1887).

Colombié (Auguste), *Traité pratique de cuisine bourgeoise...* (Paris, 1893).

Dagouret (Pierre), *Abrégé de cuisine (1 200 recettes) avec vocabulaire en quatre langues* (Paris, 1900 ; Flammarion, 1975).

Montagné (Prosper) et Salles (Prosper), *la Grande Cuisine illustrée* (Monaco, 1900).

Richardin (Edmond), *la Cuisine française du xixe au xxe siècle [...]* (Paris, 1910).

Ali-Bab (Henri Babinsky, dit), *Gastronomie pratique, études culinaires, suivies du traitement de l'obésité des gourmands* (2e éd., Flammarion, Paris, 1912 ; éd. définitive, 1975).

Montagné (Prosper), *la Cuisine bonne et pas chère* (Paris, 1919) ; le Grand Livre de cuisine (Paris, 1928) ; Cuisine avec et sans ticket (Paris, 1941).

Nignon (Édouard), *l'Heptaméron des gourmets* (Paris, 1919) ; les Plaisirs de la table (Paris, 1926).

Escoffier (Auguste), *le Guide culinaire, aide-mémoire de cuisine pratique avec la collaboration de MM. Philéas Gilbert et Émile Fetu* (Paris, 1921) ; Ma cuisine, 2500 recettes (Paris, 1934).

Pomiane (Édouard de), *le Code de la bonne chère* (Paris, 1925 ; « Le Livre de Poche pratique », n° 4842) ; *la Cuisine en six leçons* (Paris, 1927) ; *la Cuisine pour la femme du monde* (Paris, 1934) ; le Carnet d'Anna (1938) ; *Cuisine et restrictions* (Paris, 1940) ; *Radio Cuisine : première et deuxième séries* (Albin Michel, Paris, 1949) ; *la Cuisine en 10 minutes* (Calmann-Lévy, 1969).

Reboux (Paul), *Plats nouveaux ! 300 recettes inédites ou singulières ; essai de gastronomie moderne* (Paris, 1927) ; Plats du jour (Paris, 1930).

Saint-Ange (Mme Ébrard), *le Livre de cuisine* (Paris, 1927) ; *la Cuisine de Madame Saint-Ange* (Larousse, Paris, 1958), constamment réédité.

Joyant (Maurice), *la Cuisine de Monsieur Momo* (Paris, 1930).

Pellaprat (Henri-Paul), *l'Art culinaire moderne* (1935) ; *la Cuisine familiale et pratique* (Flammarion, Paris, 1955) ; *le Pellaprat du xxe siècle* (René Kramer, Lausanne, 1969).

Curnonsky et Croze (Austin de), *le Trésor gastronomique de la France* (Delagrave, Paris, 1953).

Oliver (Raymond), *Ma cuisine* (Bordas, Paris, 1965 ; éd. revue et corrigée, 1981) ; *Cuisine pour mes amis* (Albin Michel, Paris, nouv. éd., 1976).

Point (Fernand), *Ma gastronomie* (Flammarion, Paris, 1969).

Dumaine (Alexandre), *Ma cuisine* (éd. de la Pensée moderne, Paris, 1972).

Denis, *la Cuisine de Denis* (Robert Laffont, Paris, 1975).

Bocuse (Paul), *la Cuisine du marché* (Flammarion, Paris, 1976) ; *Bocuse dans votre cuisine* (Flammarion, Paris, 1982).

Guillot (André), *la Grande Cuisine bourgeoise* (Flammarion, Paris, 1976).

Brazier (Eugénie), *les Secrets de la mère Brazier* (Solar, Paris, 1977 ; 2e éd., Solar 1992).

Guérard (Michel), *la Cuisine gourmande* (Robert Laffont, Paris, 1977).

Sylvestre (Jacques) et **Planche** (Jean), *les Bases de la cuisine* (Lanore, Paris, 1977).

Troisgros (Jean et Pierre), *Cuisiniers à Roanne* (Robert Laffont, Paris, 1977) ; *les Petits Plats des Troisgros* [Pierre et Michel] (Robert Laffont, Paris, 1977).

Chapel (Alain), *la Cuisine, c'est beaucoup plus que des recettes* (Robert Laffont, Paris, 1980).

Olympe (Dominique Nahmias, dite), *la Cuisine d'Ève et d'Olympe* (Mengès, Paris, 1980) ; *la Cuisine d'Olympe* (Mengès, Paris, 1982) ; *Ma cuisine de A à Z : mes 200 recettes secrètes* (Albin Michel, Paris, 1991).

Daguin (André), *le Nouveau Cuisinier gascon* (Stock, Paris, 1981).

Senderens (Alain et Éventhia), *la Cuisine réussie* (J.-C. Lattès, Paris, 1981) ; *la Grande Cuisine à petits prix* (Robert Laffont, Paris, 1984).

Haeberlin (Paul et Jean-Pierre), *les Recettes de l'Auberge de l'Ill* (Flammarion, Paris, 1982).

Oliver (Michel), *Mes premières recettes* (éd. du Rocher, Monaco, 1982) ; *Mes nouvelles recettes à la télé* (Plon, Paris, 1982).

Blanc (Georges), *Ma cuisine des saisons* (Robert Laffont, 1984).

Meurville (Élisabeth de), *la Cuisine française : vos 200 plats préférés* (Montalba, Paris, 1985) ; *la Cuisine des chefs chez eux* (Carré, Paris, 1993) ; *la France gourmande à domicile* [avec Michel Creignou] (Hachette, Paris, 1995).

Vergé (Roger), *les Fêtes de mon moulin* (Flammarion, Paris, 1986).

Bras (Michel), **Boudier** (Alain) et **Millau** (Christian), *le Livre de Michel Bras* (éd. du Rouergue, Rodez, 1991).

Scotto (les sœurs) et **Hubert-Baré** (Annie), *l'Héritage de la cuisine française* (Hachette, Paris, 1992).

Loiseau (Bernard) et **Gilbert** (Gérard), *Trucs, astuces et tours de main* (Hachette, Paris, 1993).

This (Hervé), *les Secrets de la casserole* (Belin, Paris, 1993) ; Révélations gastronomiques (1995).

Robuchon (Joël), *le Carnet de route d'un compagnon cuisinier* [avec É. de Meurville] (Payot, Paris, 1995) ; *le Meilleur et le plus simple de la France* (Robert Laffont, Paris, 1996) ; *l'Atelier de Joël Robuchon* (Hachette, Paris, 1996).

Derenne (Jean-Philippe), *l'Amateur de cuisine* (Stock, Paris, 1996).

Ducasse (Alain) et **alii**, *Grand livre de cuisine* (éd. Alain Ducasse, Issy-les-Moulineaux, 2001).

Comme un chef (Larousse, Paris, 2006).

외국 요리

Dubois (Urbain), *Cuisine de tous les pays : études cosmopolites* (Paris,1868).

Fielding (Michael), *la Cuisine des provinces de France* (1968-1974) ; *la Cuisine viennoise* (1969) ; *la Cuisine italienne* (1969) ; *la Cuisine russe* (1969-1971) ; *la Cuisine d'Espagne et du Portugal* (1969-1973) ; *la Cuisine de l'Inde* (1969-1973) ; *la Cuisine américaine* (1969-1974) ; *la Cuisine scandinave* (1969-1974) ; *la Cuisine à travers le monde* (Time-Life, Amsterdam, 1969-1979) ; *la Cuisine allemande* (1970) ; *la Cuisine du Moyen-Orient* (1970) ; *la Cuisine japonaise* (1970-1973) ; *la Cuisine des îles Britanniques* (1970-1974) ; *la Cuisine latino-américaine* (1970-1974).

Larousse des cuisines du monde (Larousse, Paris, 1993, rééd. 2001).

Vence (Céline) et **Vié** (Blandine), *les Cuisines du monde* (1980).

아프리카

Bennani-Smires (Latifa), *la Cuisine marocaine* (Al Madariss, 1980).

Bouksani (Mme), *Gastronomie algérienne* (éd. Jeffal, Rouiba, 1982).

Hal (Fatéma), *les Saveurs et les gestes : cuisines et traditions du Maroc*. Préface de Tahar Ben Jelloun (Stock, Paris, 1995).

Isnard (Léon), *la Gastronomie africaine* (Paris, 1930) ; *Afrique gourmande, ou « l'Encyclopédie culinaire de l'Algérie, de la Tunisie et du Maroc »* (Oran, v. 1930).

Karsenty (Irène et Lucienne), *Cuisine pied-noir* (Denoël, Paris, 1974).

Obeida (Kadidja), *253 Recettes de cuisine algérienne* (Jacques Grancher, Paris, 1983 ; nouv. éd., 1991).

Toussaint-Samat (Maguelonne), *la Cuisine rustique d'Afrique noire ; Madagascar* (Robert Morel, Forcalquier, 1971).

아메리카

Beaulieu (Mireille), *les Meilleures Recettes du Québec* (éd. La Presse, Montréal, 1974).

Da Mathilde, *325 Recettes de cuisine créole* (Jacques Grancher, Paris, 1975).

Del Paso (Socorro et Fernando), *Douceur et Passion de la cuisine mexicaine : 151 recettes, 46 menus* (éd. de l'Aube, Paris, 1991).

Simmons (Amelia), *American Cookery* (New York, 1822).

아시아

Ghanooparvar (M. R.), *Persian Cuisine* (Mazda Publishers, Lexington, Kentucky, 1982).

Khawam (René), *la Cuisine arabe* (Albin Michel, Paris, 1970).

Lecourt (H.), *la Cuisine chinoise* (Pékin, 1925).

Mordelet (Alain), *Cuisine des palais d'Orient* (éd. de l'Aube, Paris, 1994).

Mukherjee (Danielle), *la Cuisine indienne facile et bon marché* (Guy Authier, Paris, 1978).

Rabiha, *la Bonne Cuisine turque* (Istanbul, 1925 ; fac-similé, Morcrette, Luzarches, s.d.).

Rao (Nguyen Ngoc), *la Cuisine chinoise à l'usage des Français* (Denoël, Paris, 1980).

유럽

Artusi (Pellegrino), *la Scienza in cucina e l'arte di mangiar bene* (Firenze, 1910 ; Garzanti, Milan, 1970 et 1975 ; Einaudi, Turin, 1974) ; la bible de la cuisine italienne.

Carnacina (Luigi) et **Veronelli** (Luigi), *Manger à l'italienne* (Flammarion, Paris, 1965).

Cougnet (Alberto), *l'Arte cucinaria in Italia* (Milan, 1910).

Domingo (Xavier), *le Goût de l'Espagne* (Flammarion, Paris, 1992).

Gundel (Károly), *la Cuisine hongroise de Károly Gundel* (Corvina Kiadó, Budapest, 1956 ; 6e éd., 1981).

Ianco (Ana), *175 Recettes de cuisine roumaine* (Jacques Grancher, Paris, 1990).

Jaroszová (Petra), *les Délices de Bohême* (éd. de l'Aube, Paris, 1990).

Kohl (Hannelore), *Un voyage gourmand à travers l'Allemagne* (éd. de Fallois, 1996).

Koranyi et **Szinder** (Lad.), *Livre de la bonne chère, contenant toutes les spécialités gastronomiques de la cuisine hongroise* (Hungaria, Budapest, v. 1938).

Monod (Louis), *la Cuisine florentine* (Lucerne, 1914 ; réimp., Morcrette, Luzarches).

Muro (Angel), *Diccionario general de cocina* (Madrid, 1892).

Petit (A.), *la Gastronomie en Russie, par A. Petit, chef de cuisine de Son Excellence le comte Panine* (Paris, 1860).

Pomiane (Édouard de), *Cuisine juive, ghettos modernes* (Paris, 1929).

Roukhomovsky (Suzanne), *Gastronomie juive : cuisine et pâtisserie de Russie, d'Alsace, de Roumanie et d'Orient* (Paris, 1929; éd. revue, 1968).

Tchekoff (M. V.), *la Cuisine russe* (Jean-Pierre Taillandier, Paris, 1987).

Vigliardi-Paravia (Leda), *Je mange et j'aime ça. Les 100 meilleures recettes du terroir italien* (éd. Assouline, 1994).

Wirkowski (Eugeniusz), *la Cuisine des Juifs polonais* (Interpress, Varsovie, 1988).

Witwicka (H.) et **Soskine** (S.), *la Cuisine russe classique* (Albin Michel, Paris, 1968 ; nouv. éd., 1978).

프랑스의 지역 요리

Amicale des cuisiniers et **pâtissiers auvergnats de Paris**, *Cuisine d'Auvergne* (Denoël, Paris, 1979).

Auricoste de Lazarque (Ernest), *la Cuisine messine* (Metz, 1927).

Barberousse (Michel), *la Normandie : inventaire culinaire régional* (Hachette, Paris, 1974).

Baumgartner (Marguerite), *la Cuisinière du Haut-Rhin..., trad. de l'allemand* (Mulhouse, 1829 ; seconde partie, 1833 ; fac-similé des deux, Morcrette, Luzarches).

Benoît (Félix) et **Clos-Jouve** (Henri), *la Cuisine lyonnaise* (Solar, Paris, 1972).

Besson (Joséphine), *la Mère Besson : ma cuisine provençale* (Albin Michel, Paris, 1977).

Blanc (Honoré), *les Rayoles, le mortier et la sauce de noix...* (Paris, 1824).

Ceccaldi (Marie), *Cuisine de Corse* (Denoël, Paris, 1980).

Clément (Marie-Christine et Didier) et **Martin** (André), *Sologne gourmande : le Cahier secret de Silvine* (Albin Michel, Paris, 1992).

CNAC, *l'Inventaire du patrimoine culinaire de la France* (Albin Michel, Paris) : *Nord, Pas-de-Calais* (1992) ; *Île-de-France* (1993) ; *Bourgogne* (1993) ; *Franche-Comté* (1993) ; *Pays de Loire* (1993) ; *Poitou-Charentes* (1994) ; *Bretagne* (1994) ; *Rhône-Alpes* (1995) ; *Provence-Alpes-Côte d'Azur* (1995) ; *Midi-Pyrénées* (1996).

Contour (Alfred), *le Cuisinier bourguignon* (Beaune, 1901 ; Jeanne Laffitte, Marseille, 1978).

Croze (Austin de), *les Plats régionaux de France* (Paris, 1926 ; Morcrette, Paris, 1977).

Curnonsky et **Rouff** (Marcel), *la France gastronomique, guide des merveilles culinaires et des bonnes auberges françaises*, 18 vol. (éd. Rouff, Paris, 1921-1925) : vol. 1 : *le Périgord* (1921) ; vol. 2 : *l'Anjou* (1921) ; vol. 3 : *la Normandie* (1921) ; vol. 4 : *la Bresse, le Bugey, le pays de Gex* (1921) ; vol. 5 : *l'Alsace* (1921) ; vol. 6 : *Paris* (1921) ; vol. 7 : *la Touraine* (1922) ; vol. 8 : *le Béarn* (1922) ; vol. 9 : *la Provence* (1922) ; vol. 10 : *la Bourgogne* (1923) ; vol. 11 : *la Bretagne* (1923) ; vol. 12 : *la Savoie* (1923) ; vol. 13 : *Bordeaux* (1924) ; vol. 14 : *Environs de Paris* (1924) ; vol. 15 : *Aunis-Saintonge* (1924) ; vol. 16 : *Poitou-Vendée* (1924) ; vol. 17 : *Lyon* (1925) ; vol. 18 : *le Maine et le Perche* (1925).

Durand (Charles), *le Cuisinier Durand* (Nîmes, 1830 ; 8e éd. revue, Nîmes, 1863) ; souvent réimprimé depuis.

Escudier (Jean-Noël), *la Véritable Cuisine provençale et niçoise ; nouvelle édition revue et augmentée d'un choix de recettes de cuisine languedocienne et de cuisine corse...* (éd. Provencia, Toulon, 1964 ; 1972).

Gaertner (Robert) et **Frederick** (Pierre), *la Cuisine alsacienne* (Flammarion, Paris, 1979).

Karsenty (Irène), *Cuisine de Savoie* (Denoël, Paris, 1981)

Lallemand (Roger), *la Vraie Cuisine du Bourbonnais* (1967) ; *la Vraie Cuisine du Nivernais et du Morvan* (Lanore-Laurens, Paris, 1967) ; *la Vraie Cuisine du Berry et de l'Orléanais* (Quartier latin, La Rochelle, 1968) ; *la Vraie Cuisine de l'Anjou et de la Touraine* (1969) ; *la Vraie Cuisine de l'Auvergne et du Limousin* (1970) ; *la Vraie Cuisine de la Bretagne* (1971) ; *la Vraie Cuisine de Normandie* (1972) ; *la Vraie Cuisine de l'Artois, de la Flandre et de la Picardie* (1973) ; *la Vraie Cuisine de la Champagne* (1974) ; *la Vraie Cuisine de Paris et de l'Île-de-France* (1975) ; *la Vraie Cuisine de l'Alsace* (1976) ; *la Vraie Cuisine de la Lorraine* (1977) ; *la Vraie Cuisine de la Bourgogne ; la Vraie Cuisine du Lyonnais et de la Bresse.*

La Mazille, *la Bonne Cuisine du Périgord* (Flammarion, Paris, 1929) ; sans cesse réédité.

Montagné (Prosper), *le Festin occitan* (1929).

Morand (Simone), *Gastronomie bretonne d'hier et d'aujourd'hui* (Flammarion, Paris, 1965) ; *Gastronomie normande d'hier et d'aujourd'hui* (Flammarion, Paris, 1970).

Palay (Simin), *la Cuisine du pays : Armagnac, Béarn, Bigorre, Landes, Pays basque ; 500 recettes* (Pau, 1936).
Philippe-Levatois (Jeanne), *Cuisine du Poitou et de Vendée* (éd. du Marais, Nenet, 1968) ; *Cuisine traditionnelle de Poitou et de Vendée* (Le Bouquiniste, Poitiers, 1976).
Reboul (J.-B.), *la Cuisine provençale* (Marseille, 1895).
Rivoyre (Éliane et Jacquotte de), *Cuisine landaise* (Denoël, Paris, 1980).
Robaglia (Suzanne), *Margaridou, journal et recettes d'une cuisinière au pays d'Auvergne* (CREER, Nonette, 1935 ; nouv. éd., « avec des recettes relevées par les Troisgros », 1977).
Robuchon (Joël), *Recettes du terroir d'hier* (Lattès, Paris, 1994).
Schneider (Tony et Jean-Louis) et **Brison** (Danièle), *la Cuisine alsacienne : 60 recettes de l'Arsenal* ; illustré par Toni Ungerer (Bueb et Reumaux, Strasbourg, 1985).
Six grands cuisiniers de Bourgogne (les), *Recettes d'hier et d'aujourd'hui* (J.-C. Lattès, Paris, 1982).
Sloimovici (A.), *Ethnocuisine de la Bourgogne* (Cormarin, 1973).
Tendret (Lucien), *la Table au pays de Brillat-Savarin* (Belley, 1892).
Varille (Mathieu), *la Cuisine lyonnaise* (Lyon, 1928).
Vidal (Dr Charles), *Nostra cozina* (Toulouse, 1930) ; en occitan.
Vincenot (famille), *Cuisine de Bourgogne* (Denoël, Paris, 1977).

특선 레시피

발간연도순

문학 속의 요리

Joyant (Maurice), *la Cuisine de Toulouse-Lautrec et Maurice Joyant* (Edita, Lausanne, 1966).
Courtine (Robert J.), *le Cahier de recettes de Madame Maigret* (Robert Laffont, Paris, 1974) ; *Balzac à table* (Robert Laffont, Paris, 1976) ; *Zola à table* (Robert Laffont, Paris, 1978).
Sand (Christiane), **Lubin** (Georges), **Clément** (Marie-Christine et Didier) et **Martin** (André), *À la table de George Sand* (Flammarion, Paris, 1987).
Clément (Marie-Christine et Didier) et **Martin** (André), *Colette gourmande* (Albin Michel, Paris, 1990).
Vázquez Montalbán (Manuel), *les Recettes de Carvalho* (Christian Bourgois, Paris, 1996).

와인 요리

Brunet (Raymond) et **Pellaprat** (Henri-Paul), *la Cuisine au vin* (Paris, 1936).
Derys (Gaston), *les Plats au vin* (Paris, 1937).
Desmur (Jean) et **Clos-Jouve** (Henri), *la Cuisine de Bacchus* (Solar, Paris, 1974).
Blanc (Georges), *De la vigne à l'assiette* (Hachette, Paris, 1995).

해산물

Caillat (A.), *150 Manières d'accommoder les sardines* (Marseille, 1898 ; fac-similé, Morcrette, Luzarches).
Escoffier (A.), *la Morue ; 82 recettes pour l'accommoder* (Paris, 1929).
Pellaprat (Henri-Paul), *le Poisson dans la cuisine française* (Flammarion, Paris, 1972).
Le Duc, *Crustacés, poissons et coquillages* (J.-C. Lattès, Paris, 1977).
Le Divellec (Jacques) et **Vence** (Céline), *la Cuisine de la mer* (Robert Laffont, Paris, 1982).

땅의 산물

Cuisinière républicaine *(la), qui enseigne la manière simple d'accommoder les pommes de terre...* (Paris, 1794 ; réimp., Morcrette, 1976).
Petit Cuisinier économe (le)*, avec [...] le traitement et l'apprêt des pommes de terre...* (2 vol., Paris, 1796).
Cuisine de nos pères (la), *l'Art d'accommoder le gibier suivant les principes de Vatel et des grands officiers de bouche : 200 recettes...* (Paris, 1885).
Dubois (Urbain), *la Cuisine d'aujourd'hui. École des jeunes cuisiniers ; service des déjeuners, service des dîners, 250 manières de préparer les œufs* (Paris, 1889).
Ramain (Paul), *Mycogastronomie* (Les Bibliophiles gastronomes, Paris, 1953).
Bocuse (Paul) et **Perrier** (Louis), *le Gibier* (Flammarion, Paris, 1973).
Androuet (Pierre), *la Cuisine au fromage : 800 recettes du monde entier* (Stock, Paris, 1978).

요리의 유형

Gouffé (Jules), *le Livre des soupes et des potages contenant plus de 400 recettes de potages français et étrangers* (Paris, 1875).
Wernert (J.), *Hors-d'œuvre et savouries* (1926).
Recette de la fondue vaudoise (Imp. Kohler, Lausanne, 1945).
Jolly (Martine), *À nous les bonnes soupes* (Albin Michel, Paris, 1994).

디저트, 아이스크림, 잼

Bastiment de receptes... (Lyon, 1541).
Manière de faire toutes confitures *[la]* (Paris, 1550).
Nostre-Dame (Michel de, dit Nostradamus), *Excellent et moult utile opuscule [...] de plusieurs exquises recettes, [...] la manière et façon de faire confitures de plusieurs sortes, tant en miel que sucre et vin cuit* (Lyon, 1555 ; P. Hazan, Paris, 1962).
Pratique de faire toutes confitures, condiments, distillations d'eaux odoriférantes et plusieurs autres recettes très utiles *(la), avec la vertu et propriété du vinaigre...* (Lyon, 1558 ; fac-similé, Klincksieck, Paris, 1992).
Bonnefons (Nicolas de), *le Jardinier français, [...] avec la manière de conserver les fruits et faire toutes sortes de confitures, conserves et massepains...* (Paris, 1651).
Confiturier françois *[le]* (Paris, 1660).
Massialot, *Nouvelle Instruction pour les confitures, les liqueurs et les fruits ; avec la manière de bien ordonner un dessert* (Paris, 1692).
Menon, *la Science du maître d'hôtel confiseur* (Paris, 1749).
Gilliers (Joseph), *le Cannaméliste français* (Nancy, 1751).
Emy, *l'Art de bien faire les glaces d'office* (Paris, 1768).
Utrecht-Freidel (Mme), *l'Art du confiseur* (Paris, 1801).
Carême (Antonin), *le Pâtissier royal parisien [...] suivi [...] d'une revue critique des grands bals de 1810 et 1811* (Paris, 1815) ; *le Pâtissier pittoresque...* (Paris, 1815 ; 3e éd. très augmentée, 1842).
Gouffé (Jules), *le Livre de pâtisserie* (Paris, 1873).
Lacam (P.), *le Nouveau Pâtissier-glacier français et étranger* (Paris, 1856) ; *le Glacier classique et artistique en France et en Italie* (Paris, 1893) ; *le Mémorial des glaces [...] renfermant 3 000 recettes...* (Paris, 1902).
Dubois (Urbain), *le Grand Livre des pâtissiers et des confiseurs* (Paris, 1883) ; *la Pâtisserie d'aujourd'hui* (Paris,1894).
Darenne (E.) et **Duval** (E.), *Traité de pâtisserie moderne. Guide du pâtissier-traiteur* ; mis à jour en 1957 par P. Paillon, entièrement révisé par M. Leduby et H. Raimbault en 1965 (Flammarion, Paris, 1974).
Pasquet (Ernest), *la Pâtisserie familiale* (Flammarion, Paris, 1974).
Lenôtre (Gaston), *Faites votre pâtisserie comme Lenôtre* (Flammarion, Paris, 1975) ; *Faites vos glaces et votre confiserie comme Lenôtre* (Flammarion, Paris, 1978) ; *Desserts traditionnnels de France* (Paris, 1992).
100 Meilleurs desserts *[les]* (Larousse, Paris, 1977).
Vitalis (Marc), *les Bases de la pâtisserie, confiserie, glacerie* (J. Lanore, Paris, 1977).
Vielfaure (Nicole) et **Beauviala** (Anne-Christine), *Fêtes, coutumes et gâteaux* (Christine Bonneton, Le Puy, 1981).
Perrier-Robert (Anne-Marie), *les Friandises et leurs secrets* (Larousse, Paris, 1986).
Hermé (Pierre), *la Maison du chocolat* [avec Sylvie Girard] (Robert Laffont, Paris, 1992) ; *Secrets gourmands* (Larousse, Paris, 1994) ; *Larousse des desserts* (Larousse, Paris, 1997, rééd. 2006) ; *Larousse du chocolat* (Larousse, Paris, 2005).
Clément (Marie-Christine et Didier), *les Délices des petites filles modèles* (Albin Michel, Paris, 1995).

미식

연감 및 정기간행물

발간연도순

***Gazetin du comestible** [la]* (Paris, 12 numéros de janvier à décembre 1767, et février 1778) ; tarifs de produits de luxe.

Grimod de La Reynière (Alexandre Balthasar Laurent), Almanach des gourmands… (8 vol., Maradan, Paris, 1803 à 1808 ; Chaumerot, Paris, 1810 et 1812).

Journal des gourmands et des belles ou ***l'Épicurien français*** (Paris, 1806).

Périgord (A. B. de) [l'un des pseudonymes d'Horace Raisson], Nouvel Almanach des gourmands… (Paris, 1825-1826 et 1827).

***Gastronome français** (le), ou l'Art de bien vivre, par les anciens auteurs du Journal des gourmands* (Paris,1828).

***Journal des gourmands**, moniteur de la table, à l'usage des gens du monde…* (Paris, 1847-1848).

Monselet (Charles), *Almanach des gourmands* (Paris, 1862 et 1863) ; *le Double Almanach gourmand… pour 1866* (Paris, 1865) ; *le Triple Almanach gourmand… pour 1867* (Paris, 1866) ; *l'Almanach gourmand pour 1868, 1869, 1870* (Paris, 1867, 1868, 1869).

***Art culinaire** [l']* (Paris, 1883-1939).

***Pot-au-feu** (le), journal de cuisine pratique et d'économie domestique* (Paris, 1893-1940).

***Revue culinaire** [la]* (Paris, 1920-…) ; *almanach de cocagne pour l'an 1920, dédié aux Vrais Gourmands et aux Francs-Buveurs* (Paris, 1920) ; *existe aussi pour 1921 et 1922, par Bertrand Guégan.*

Petits Propos culinaires (Prospect Books, Londres, 1978-…) ; en anglais.

지역 미식 및 미식 가이드

발간연도순

Blanc du Fugeret (Honoré), *le Guide des dîneurs ou Statistique des principaux restaurants de Paris…* (Paris, 1814).

Briffault (Eugène), *Paris à table* (Paris, 1846).

Luchet (Auguste), *Paris-Guide* (Paris, 1867).

Garlin (Gustave), *Cuisine ancienne ; promenade autour des quais* (Paris, 1893).

Fulbert-Dumonteil, *la France gourmande* (Paris, 1906).

Cousin (Jules Alexis Paul), *Voyages gastronomiques au pays de France : le Lyonnais et le Sud-Est* (Lyon, 1924).

Grancher (Marcel) et **Curnonsky**, *Lyon, capitale de la gastronomie* (Lyon, 1935).

Clos-Jouve (Henri), *le Promeneur lettré et gastronome en Bourgogne, de Dijon à Lyon* (Amiot-Dumont, Paris, 1951) ; Carnet de croûte (Magnard, Paris, 1963).

Arbellot (Simon), *Guide gastronomique de la France* (R.C.P. éd., Paris, 1953).

Curnonsky, *Cuisine et vins de France* (Larousse, Paris, 1953).

Gault (Henri) et **Millau** (Christian), *Guide gourmand de la France (Hachette, Paris, 1970) ; le Guide de Paris* (Paris, 1979).

사전 및 백과사전

발간연도순

Aulagnier (A. F.), *Dictionnaire des substances alimentaires indigènes et exotiques et de leurs propriétés* (Paris, 1830).

Favre (Joseph), *Dictionnaire universel de la cuisine* (Paris, 1883-1890).

Montagné (Prosper), *Larousse gastronomique* (1re éd., Paris, 1938).

Dictionnaire de l'académie des gastronomes (éd. Prisma, Paris, 1962).

Woutaz (Fernand), *le Grand Livre des sociétés et confréries gastronomiques de France* (Dominique Halévy, Paris, 1973).

Clément (Jean-Michel), *Dictionnaire des industries alimentaires* (Masson, Paris, 1978).

미식 문학

발간연도순

Saint-Amant, *les Œuvres du sieur de Saint-Amant* (Paris, 1629).

Villiers (Claude Deschamps, sieur de), *les Costeaux ou les Marquis frians, comédie* (Paris, 1665).

Desalleurs (Roland P., comte), *Lettres d'un pâtissier anglais au nouveau cuisinier français* (Paris, 1739 ; rééd. par Stephen Mennell, University of Exeter, 1981).

Meusnier de Querlon (Anne-Gabriel), *les Soupers de Daphné* (Paris, 1740).

***Manuel de la friandise** (le), ou les Talents de ma cuisinière Isabeau mis en lumière…* ; par l'auteur du *Petit Cuisinier économe* (Paris, 1796).

Berchoux (Joseph), *la Gastronomie ou l'Homme des champs à table* (Paris, 1801 ; rééd. par Jean-Robert Pitte, Glénat, Grenoble, 1989).

Monselet (Charles), *la Cuisine poétique* (Paris, 1859) ; Lettres gourmandes (Paris, 1877) ; *les Mois gastronomiques* (Paris, 1880) ; *Gastronomie, récits de table* (Paris, 1880) ; *Poésies complètes* (Paris, 1880).

Rouff (Marcel), *la Vie et la passion de Dodin-Bouffant, gourmet* (Paris, 1920 ; rééd. récentes).

Daudet (Léon), *Paris vécu : rive droite, rive gauche* (Paris, 1930).

Colette (Sidonie Gabrielle), *Prisons et Paradis* (Paris, 1933).

Grancher (Marcel), *le Charcutier de Mâchonville* (1942) ; *Cinquante Ans à table : souvenirs gastronomiques* (Cannes, 1953).

Arbellot (Simon), *Un gastronome se penche sur son passé* (éd. du Vieux Colombier, Paris, 1955).

Curnonsky, *Souvenirs littéraires et gastronomiques* (Albin Michel, Paris, 1958).

Coquet (James de), *Propos de table* (Hachette, Paris, 1964).

Desmur (Jean) et **Courtine** (Robert J.), *Anthologie de la littérature gastronomique* (éd. de Trévise, Paris, 1970) ; *Anthologie de la poésie gourmande* (éd. de Trévise, Paris, 1970).

Amunategui (Francis), *Gastronomiquement vôtre* (Solar, Paris, 1971).

Maillard (J.) et **Hinous** (P.), *Histoires de tables* (Flammarion, Paris, 1989).

미식 에세이

발간연도순

Cadet de Gassicourt (Charles Louis), *Cours gastronomique ou les Dîners de Manant-ville…* (Paris, 1806).

Brillat-Savarin (Jean Anthelme), *Physiologie du goût ou Méditations de gastronomie transcendante…* (Paris, 1826).

Raisson (Horace), Code gourmand : *manuel complet de gastronomie…* (Paris, 1827).

Balzac (Honoré de), *le Gastronome français ou l'Art de bien vivre* (1828) ; *la Physiologie gastronomique* (1830) ; *Traité des excitants modernes* (1836).

Cousin (Maurice), *Néophysiologie du goût* (Paris, 1839).

Taihade (Laurent), *Petit Bréviaire de la gourmandise* (Paris, 1919).

Pomiane (Édouard de), *Bien manger pour bien vivre : essai de gastronomie théorique* (Paris, 1922) ; *Réflexes et réflexions devant la nappe* (Paris, 1940).

Croze (Austin de), *la Psychologie de la table* (Paris, 1928).

Nignon (Édouard), *Éloge de la cuisine française* (Paris, 1933).

Ombiaux (Maurice des), *l'Amphitryon d'aujourd'hui (Paris, 1936) ; Traité de la table* (Sfelt, Paris, 1947).

Reboux (Paul), le *Nouveau Savoir-manger* (Paris, 1941).

Amunategui (Francis), *l'Art des mets ou Traité des plaisirs de la table* (Fayard, Paris, 1959) ; *le Plaisir des mets* (Au fil d'Ariane, Paris, 1964).

Delteil (Joseph), *la Cuisine paléolithique* (Robert Morel, Forcalquier, 1964).

Courtine (Robert J.), *L'assassin est à votre table* (La Table Ronde, Paris, 1969) ; *le Grand Jeu de la cuisine* (Larousse, Paris, 1980).

Dumay (Raymond), *De la gastronomie* (Stock, Paris, 1969) ; *Du silex au barbecue* (Julliard, Paris, 1971).

Blake (Anthony) et **Crewe** (Quentin), *les Grands Chefs* (le Fanal, Paris, 1979).

Coffe (Jean-Pierre), *le Vrai Vivre* (Le Pré-aux-Clercs, 1989).

역사 미식 에세이

발간연도순

Gilbert (Philéas), *l'Alimentation et la technique culinaire à travers les siècles* (Paris, 1928).

Revel (Jean-François), *Un festin en paroles : histoire littéraire de la sensibilité gastronomique de l'Antiquité à nos jours* (Jean-Jacques Pauvert, Paris, 1979 ; Plon, Paris, 1995).
Capatti (Alberto), *le Goût du nouveau* (Albin Michel, Paris, 1989).
Pitte (Jean-Robert), *Gastronomie française : histoire et géographie d'une passion* (Fayard, Paris, 1991).
Flandrin (Jean-Louis), *Chronique de Platine : pour une gastronomie historique* (Odile Jacob, Paris, 1992).

역사

참고서적

발간연도순

Vicaire (Georges), *Bibliographie gastronomique, depuis le commencement de l'imprimerie jusqu'en 1890* (Paris, 1890 ; fac-similé, The Holland Press, Londres, 1978).
Oxford (Arnold Whitaker), *Notes from a Collector's Catalogue ; with a Bibliography of English Cookery Books* (Londres, 1909).
Bitting (Katherine Golden), *Gastronomic Bibliography* (San Francisco, 1939 ; Ann Arbor, 1971 ; Londres, 1981).
Lambert (Carole, éd.), *Du manuscrit à la table : essais sur la cuisine au Moyen Âge et répertoire des manuscrits médiévaux contenant des recettes culinaires* (Champion-Slatkine, Paris, 1992).
Teuteberg (Hans J., éd.), *European Food History : a Research Review* (Leicester University Press, Leicester, 1992).
Et coquatur ponando..., *Cultura della cucina e della tavola in Europa tra medioevo ed età moderna* (Prato,1996).

일반 서적

Barrau (Jacques), *les Hommes et leurs aliments* (Temps actuels, 1983).
Cuisine et la table *(la) : 5 000 ans de gastronomie* (l'Histoire, numéro spécial, n° 85, 1986).
Flandrin (Jean-Louis) et **Montanari** (Massimo), *Histoire de l'alimentation* (Fayard, Paris, 1996).
Food and foodways. Explorations in the History and Culture of Human Nourishment (Harwood Academic Publishers, 1985-...).
Hémardinquer (Jean-Jacques, éd.), Pour une histoire de *l'alimentation* (A. Colin, Paris, 1970).

시대별

Amouretti (Marie-Claire), *le Pain et l'huile dans la Grèce antique, de l'araire au moulin* (Paris, 1986).
André (Jacques), *l'Alimentation et la cuisine à Rome* (Les Belles Lettres, Paris, 1981).
Blanc (Nicole) et **Nercessian** (Anne), *la Cuisine romaine antique* (Glénat, Grenoble, 1992).
Détienne (Marcel) et **Vernant** (Jean-Pierre), l*a Cuisine du sacrifice en pays grec* (Gallimard, Paris, 1979).
Margolin (Jean-Claude) et **Sauzet** (Robert) [éd.], *Pratiques et discours alimentaires à la Renaissance* (Maisonneuve et Larose, Paris, 1982).
Nourritures (*Médiévales*, n° 5 , novembre 1983, PUV, Saint-Denis).
Qualité de la vie au xviie siècle *[la]* (*Revue*, n° 109, Marseille, 1977).

나라별

Benporat (Claudio), *Storia della gastronomia italiana* (Mursia, Milan, 1990).
Drummond (sir Jack Cecil) and **Wilbraham** (Anne), *The Englishman's Food : a History of Five Centuries of English Diet* (Jonathan Cape, Londres, 1939 ; 1955 ; 1973).
Faccioli (Emilio), *l'Arte de la cucina in Italia* (Einaudi, Turin, 1987).
Franklin (Alfred), *la Vie privée d'autrefois* (5 vol. : la Cuisine, 1888 ; les Repas, 1889 ; *Variétés gastronomiques*, 1891 ; *le Café, le thé et le chocolat*, 1893 ; *la Vie à Paris sous Louis XIV*, 1898 (Paris, 1888-1898).
Gillet (Philippe), *Par mets et par vins : voyages et gastronomies en Europe, xvie et xviiie siècles* (Payot, Paris, 1985).
Legrand d'Aussy (Pierre Jean Baptiste), *Histoire de la vie privée des Français depuis l'origine de la nation jusqu'à nos jours* (Paris, 1782 ; 2e éd. augmentée, Paris, 1815).
Mennell (Stephen), *Français et Anglais à table, du Moyen Âge à nos jours* (Flammarion, Paris, 1987).
Mitchell (B. R.), *European Historical Statistics, 1750-1975* (Macmillan, Londres, 2e éd., 1981).
Montanari (Massimo), *la Faim et l'abondance : histoire de l'alimentation en Europe* (Le Seuil, Paris, 1995).
Smith (R. E. F.) et **Christian** (David), *Bread and Salt : a Social Economic History of Food and Drink in Russia* (Cambridge University Press, Cambridge, 1984).
Stouff (Louis), *la Table provençale : boire et manger à la fin du Moyen Âge* (Aix-en-Provence, 1996).
Wheaton (Barbara K.), *l'Office et la bouche, trad. par B. Vierne* (Calmann-Lévy, Paris, 1984).
Wyczanski (Andrzej), *la Consommation alimentaire en Pologne aux xvie et xviie siècles* (Publications de la Sorbonne, Paris, 1985).

주제별

(음식과 음료, 가정 경제, 테이블 예절도 볼 것)

Aron (Jean-Paul), *le Mangeur du xixe siècle* (Robert Laffont, Paris, 1973).
Art culinaire au xixe siècle (l'), *Antonin Carême*, Délégation à l'action artistique de la ville de Paris (Paris, 1984).
Gilbert (Philéas), *l'Alimentation et la technique culinaire à travers les siècles* (Paris, 1928).
Girard (Sylvie), *Histoire des objets de cuisine et de gourmandise* (Jacques Grancher, Paris, 1991).
Huetz de Lemps (Alain) et **Pitte** (Robert) [éd.], *les Restaurants dans le monde et à travers les âges* (Glénat, Grenoble, 1990).
Lespinasse (R. de), *Histoire générale de Paris : les métiers et corporations de la Ville...* ; t. 1 : Métiers de l'alimentation (Paris, 1886).
Papin (Denys), *la Manière d'amollir les os, et de faire cuire toutes sortes de viandes en fort peu de temps et à peu de frais ; avec une description de la machine dont il se faut servir pour cet effet...* (Paris, 1682 ; 2e éd. augmentée, 1688).
Rival (Ned), *Grimod de La Reynière, le gourmand gentilhomme* (Le Pré-aux-Clercs, Paris, 1983).
Tellier (Charles), *Histoire d'une invention moderne, le frigorifique* (Paris, 1910).

미식 소사와 일화

Bourgeat (Jacques), *les Plaisirs de la table en France, des Gaulois à nos jours* (Hachette, Paris, 1963).
Castelot (André), *l'Histoire à table* (Perrin, Paris, 1972).
Gottschalk (Alfred), *Histoire de l'alimentation et de la gastronomie depuis la préhistoire jusqu'à nos jours* (Hippocrate, Paris, 1948).
Guy (C.), *Histoire de la cuisine française* (Les Productions de Paris, 1962).
Moulin (Léo), *l'Europe à table* (Elsevier-Séquoia, Paris, 1975).
Ombiaux (Maurice des), *l'Art de manger et son histoire* (Paris, 1928).
Reboux (Paul), *Petite Histoire de la gastronomie à travers les âges* (Corbeil, 1930).

옛 레시피

발간연도순

고대 요리

Athénée, *Banquet des sages* (Déipnosophistai), trad. de Lefebvre de Villebrune (Paris, 1789-1791).
Apicius, *l'Art culinaire* ; texte établi, trad. et commenté par Jacques André (Les Belles Lettres, Paris, 1974).

중세와 현대 요리

독일

Bock (Hieronymus), *Deutsche Speiszkammer* (Strasbourg, 1550).
Hayer (Gerold), *Das Buch von Ütter Spise : Abbildungen zur Überlieferung des ältesten deutschen Kochbuches* (Göppingen, 1976).
Rumpolt (M.), *Ein new Kochbuch in Druckgegeben* (1581 ; rééd., Leipzig, 1977).
Kuchenmaisterey (s.l.n.d. J. Zeninger, v. 1480 ; Zentralantiquariat der deutschen Demokratischen Republik, Leipzig, 1978).

영국

A. W., *A Book of Cookerye* (Londres, 1591 ; fac-similé, Theatrum Orbis Terrarum, Amsterdam, 1976).

Murrell (J.), *A New Booke of Cookerye* (Londres, 1615 ; fac-similé par Theatrum Orbis Terrarum, Amsterdam, 1972).

W. M., *The Complete Cook and A Queens Delight* (Prospect Books, London, 1984) ; textes publiés pour la première fois en 1655 comme parties d'une trilogie intitulée *The Queens Closet Opened.*

Lamb (Patrick), *Royal Cookery, or the Complete Court Cook* (Londres, 1710).

Glasse (Hannah), *The Art of Cookery Made Plain and Easy* (Londres, 1747; fac-similé, Prospect Books, Londres, 1983).

Briggs (E.), *The English Art of Cookery* (Londres, 1788).

Warner (Richard), *Antiquitates Culinariae, or Curious Tracts relating to the Culinary Affairs of the Old English* (Londres, 1791 ; fac-similé, Prospect Books, Londres, 1981).

Austin (Thomas), *Two Fifteenth-Century Cookery Books* (Early English Text Society, O. S. 91, Londres, 1888 ; 1964).

Hieatt (Constance B.) et **Butler** (Sharon), *Curye on Inglysch : English Culinary Manuscripts of the Fourteenth Century* [including the Forme of Cury] (Early English Text Society, SS. 8, Londres, 1985).

Hieatt (Constance B.), *An Ordinance of Pottage* (Londres, 1988).

덴마크

Grewe (Rudolf), *An Early 13th Century Northern-European Cookbook*, pp. 27-45 de *Current Research in Culinary History : Sources, Topics, and Methods* (Boston, 1986).

플랑드르, 네덜란드

Lancelot de Casteau, *Ouverture de cuisine* (Liège, 1604 ; fac-similé par De Schutter, Anvers/Bruxelles, 1983).

Nuyttens (Francine), *Bloemlezing uit een vijftiende eeuws Kookboek* (Anvers, 1985).

Jansen-Sieben (Ria) et **Winter** (Johanna Maria von), *De Keuken van de Late Middeleeuwen : een kookboek uit de 16de eeuw…* (Uitgeverij Bert Bakker, Amsterdam, 1989).

프랑스, 사보이 공국

Sacchi (Bartolomeo), *Platine en françoys […] augmenté copieusement de plusieurs docteurs, principalement par messire Desdier Christol, prieur de saint Maurice près Montpellier* (Lyon, 1505) ; nombreuses autres éditions au xvie siècle.

Livre fort excellent de cuisine (Paris, 1542).

La Varenne (François Pierre, dit), *le Cuisinier françois* (Paris, 1651).

Bonnefons (Nicolas de), *les Délices de la campagne* (Paris, 1654).

Lune (Pierre de), *le Cuisinier* (Paris, 1656).

École des ragousts (l'), *ou le Chef-d'œuvre du cuisinier, du patissier, et du confiturier…* (Lyon, 1668).

L. S. R., *l'Art de bien traiter…* (Paris, 1674).

Massialot, *le Cuisinier royal et bourgeois…* (Paris, 1691 ; fac-similé, René Dessagne, Limoges, 1980) ; *le Nouveau Cuisinier royal et bourgeois* (Paris, 1712).

La Chapelle (Vincent), *le Cuisinier moderne* (4 vol., La Haye, 1735).

Marin (François), *les Dons de Comus ou les Délices de la table…* (Paris, 1739) ; *Suite des Dons de Comus ou l'Art de la cuisine réduit en pratique* (3 vol., Paris, 1742).

Cuisinier gascon *[le]* (Amsterdam, 1740 ; fac-similé, Morcrette, Luzarches, 1976).

Menon, *Nouveau Traité de la cuisine* (Paris, 1742) ; *la Cuisinière bourgeoise, suivie de l'Office à l'usage de tous ceux qui se mêlent de dépenses de maison* (Paris, 1746 ; nombreuses rééditions ; fac-similé avec postface d'Alice Peeters, Messidor/Temps actuels, Paris, 1981) ; *la Science du maître d'hôtel cuisinier…* (Paris, 1749 ; 5 rééd. ; fac-similé, Gutenberg Reprint, Paris, 1982) ; *la Nouvelle Cuisine avec de nouveaux dessins de tables et 24 menus…* (Paris, 1742 ; 1751) ; *les Soupers de la Cour… (Paris, 1755).*

Ménagier de Paris, *Traité de morale et d'économie domestique, composé v. 1393 par un bourgeois parisien [le]* (éd. par le baron Jérôme Pichon, Paris, 1846 ; réimp. s.d., pour Daniel Morcrette à Luzarches ; éd. de Georgina E. Brereton et Janet Ferrier, Oxford, 1981).

Aebischer (Paul), *Un manuscrit valaisan du viandier attribué à Taillevent* (pp. 73-100 de Vallesia, n° 8, 1953).

Pichon (baron Jérôme) et **Vicaire** (Georges) [éd.], le Viandier de Guillaume Tirel ; nouv. éd. augmentée et refondue par Sylvie Martinet (Slatkine Reprint, Genève, 1967).

Scully (Terence), *The Viandier of Taillevent : an Edition of all Extant Manuscripts* (Ottawa, 1988) ; *Du fait de cuisine par Maistre Chiquart*, 1420 (pp. 101-231 de Vallesia, n° 15, 1985).

Lambert (Carole), *le Recueil de Riom…* (le Moyen Français, n° 20, Montréal, 1987).

이탈리아

Platina (Bartolomeo Sacchi), *De honesta voluptate ac valetudine* (Venise, 1475).

Messisbugo (Christofaro di), *Libro novo nel qual s'insegna a far d'ogni sorte di vivande secondo la diversità de i tempi…* (Venise, 1552 ; fac-similé, Forni, Bologne, 1980).

Scappi (Bartolomeo), *Opera di B. Scappi, cuoco secreto di Papa Pio Quinto* (Venise, 1570 ; fac-similé, Forni, Bologne, 1981).

Faccioli (Emilio), *l'Arte della cucina in Italia* (Einaudi, Torino, 1987 ; Einaudi Tascabili, 1992).

이베리아 반도

Robert (Mestre), *Llibre de doctrina fera ben servir : de tallar y del art de coch* (Barcelona, 1520 ; 4 rééd. jusqu'en 1578 ; rééd. récente par Veronika Leimgruber, *Libre del Coch. Tractat de cuina medieval* (Curial Edicions Catalanes, Barcelona, 1982).

Nola (Ruperto de), *Libro de cozina* [édition de Carmen Iranzo, sur la version castillane de 1525] (Taurus, Madrid, 1969 ; rééd., 1982).

Martínez Montiño (Francisco), *Arte de cozina, pasteleria, vizcocheria y conserveria…* (Madrid, 1611 ; fac-similé, Tusquets editores, Barcelona, 1982).

Altamiras (Juan), *Nuevo Arte de Cocina* (Barcelone, 1758 ; fac-similé, Ediciones Histórico-artística, La Borriana, 1986).

Manuppella (Giacinto) et **Dias Arnaut** (Salvador), O *« livro de cozinha » da Infanta D. Maria de Portugal* (Coimbra, 1967).

Grewe (Rudolf), *Libre de Sent Sovi. Receptari de cuina ; a cura de Rudolf Grewe* (Editorial Barcino, Barcelona, 1979).

스위스

Cuisinière genevoise …*[la]* (Genève, 1817 ; fac-similé par Slatkine, Genève, 1987).

Bolens (Lucie), *Élixirs et merveilles. Manuscrit inédit sur la cuisine bourgeoise en Suisse romande à la fin du xviiie siècle* (éd. Zoé, Genève, 1984).

선별, 응용 레시피

Hieatt (Constance) et **Butler** (Sharon), *Pleyn Delit, Medieval Cookery for Modern Cooks* (University of Toronto Press, 1976 ; 2e éd. 1996) ; trad. française par Brenda Thaon sous le titre *Pain, vin et venaison* (éd. de l'Aurore, Montréal, 1977).

Académie Platine, *le Banquet du bourgeois* (Livraison, Paris, 1981).

Bolens (Lucie), *la Cuisine andalouse, un art de vivre, xie-xiiie siècles* (Albin Michel, Paris, 1990).

Cent Recettes pour manger à l'ancienne (Association contre le cancer, Bruxelles, 1991).

Redon (Odile), **Sabban** (Françoise) et **Serventi** (Silvano), *la Gastronomie au Moyen Âge : 150 recettes de France et d'Italie* (Stock, Paris, 1991).

음식과 음료

곡류, 빵, 파스타, 감자

Contre Marco Polo : *une histoire comparée des pâtes alimentaires* (*Médiévales*, n° 16-17, Presses universitaires de Vincennes, Saint-Denis, 1989).

Desportes (Françoise), *le Pain au Moyen Âge* (Olivier Orban, Paris, 1987).

Devroey (Jean-Pierre) et **Van Mol** (Jean-Jacques), [éd.], *l'Épeautre* (Triticum spelta) : *histoire et ethnologie* (Éd. Dire, Treignes, 1989).
Kaplan (Steven L.), *le Meilleur Pain du monde : les boulangers de Paris au xviiie siècle* (Fayard, Paris, 1996).
Légumes, pâtes et riz (Larousse, Paris, 1992).
Parmentier (Antoine Augustin), *le Parfait Boulanger…* (Paris, 1773) ; *Traité sur la culture et les usages des pommes de terre* (Paris, 1789).
Poilâne (Lionel), *Guide de l'amateur de pain* (Robert Laffont, Paris, 1981).
Robuchon (Joël), *le Meilleur et le plus simple de la pomme de terre : 100 recettes* [avec Dr Pierre Sabatier] (Robert Laffont, Paris, 1994).

기타 채소 식품

Bois (D.), *les Plantes alimentaires chez tous les peuples et à travers les âges : histoire, utilisation, culture. Phanérogames légumières* (P. Lechevalier, Paris, 1927).
Boisvert (Clotilde), *les Jardins de la mer : du bon usage des algues* (Terre vivante, Paris, 1988).
Candolle (A. de), *Origine des plantes cultivées* (Paris, 1883 ; réimp., Jeanne Laffitte, Marseille, 1984).
Holt (Géraldine), *les Fines Herbes* (Hatier, Paris, 1992).
Leclerc (Henri), *les Légumes de France* (Masson, Paris, 1977).
Maurizio (Dr A.), *Histoire de l'alimentation végétale depuis la préhistoire jusqu'à nos jours* (Payot, Paris, 1932).
Meiller (Daniel) et **Vannier** (Paul), [éd.], *le Grand Livre des fruits et légumes : histoire, culture et usage* (La Manufacture, Besançon, 1991).
Moynier (M.), *De la truffe…* (Paris, 1835).
Paulet, *Traité des champignons…* ; 2 vol. in-4° (Paris, 1793).
Pons (Jacques), *le Traité des melons* (Lyon, 1583).
Roques (Joseph), *Histoire des champignons comestibles et vénéneux* (Paris, 1832 ; 2e éd. augmentée, Paris, 1841).

향신료, 소금, 설탕, 꿀

Danrigal (Françoise) et **Huyghens** (Claude), *le Miel* (Nathan, Paris, 1989).
Landry (Robert), *Guide culinaire des épices, aromates et condiments* (Nouvelles Éd. Marabout, Verviers, 1978).
Sucre et le sel [le] (JATBA, Travaux d'ethnobiologie, vol. 35, numéro spécial, 1988).

유제품, 생선, 고기, 가금육

Androuet (Pierre), *Guide du fromage* (Stock, Paris, 1971).
Animal dans l'alimentation humaine : les critères de choix [l'] (Anthropozoologica, numéro spécial, 1988).
Davidson (Alan), *Poissons de la Méditerranée* (Solar, 1981).
Découpe et le partage du corps à travers le temps et l'espace [la] (Anthropozoologica, 1987).
Delort (Robert), *Les animaux ont une histoire* (Le Seuil, Paris, 1984).
Lindon (Raymond), *le Livre de l'amateur de fromage* (Robert Laffont, Paris, 1961).
Méchin (Colette), *Bêtes à manger : usages alimentaires des Français* (Presses universitaires, Nancy, 1992).
Poissons, coquillages et crustacés (Larousse, Paris, 1992).
Poplin (François, éd.), *le Dindon* (Ethnozootechnie, n° 49, Société d'ethnozootechnie, Paris, 1992).
Serventi (Silvano), *la Grande Histoire du foie gras* (Flammarion, Paris, 1993).
Valeri (Renée), *le Confit et son rôle dans l'alimentation traditionnelle du sud-ouest de la France* (Liber Läromedel, Lund, 1977).
Viandes et volailles (Larousse, Paris, 1991).

와인

발간연도순

Arnoux, *Dissertation sur la situation de Bourgogne* (1723).
Chaptal (Jean Antoine), *l'Art de faire le vin* (Paris, 1802).
Jullien (André), *Topographie de tous les vignobles connus…* (Paris, 1816 ; 5e éd. 1866 ; réimp., Champion-Slatkine, Paris-Genève, 1985).
Franck (William), *Traité sur les vins du Médoc et les autres vins rouges du département de la Gironde* (Bordeaux, 1824).
Guyot (Jules), *Étude des vignobles de France* (Masson, Paris, 1863).
Pasteur (Louis), *Études sur le vin, ses maladies, causes qui les provoquent, procédés nouveaux pour le conserver et le vieillir* (Paris, 1873).
Arbellot (Simon),*Tel plat, tel vin* (Amphora, Paris, 1963).
Woutaz (Fernand), *le Grand Livre des confréries des vins de France* (Dominique Halévy, Paris, 1971).
Dion (Roger), *Histoire de la vigne et du vin en France* (Flammarion, 1977).
Johnson (Hugh), *Guide de poche du vin* (Robert Laffont, Paris, chaque année depuis 1977).
Faith (Nicholas), *Château Margaux* ; préface d'Émile Peynaud (Fernand Nathan, Paris, 1980).
Amateur de bordeaux (l'), revue trimestrielle, nouvelle série (Paris, 1983-…).
Peynaud (Émile), *le Goût du vin* (Dunod, 1983) ; *Œnologue dans le siècle : entretiens avec Michel Guillard* (La Table Ronde, Paris, 1995).
Rouge et le blanc (le), revue trimestrielle (Paris, 1983-…).
Vins et vignobles de France (Larousse/Savour Club, Paris, 1987).
Lachiver (Marcel), *Vins, vigne, vignerons : histoire du vignoble français* (Fayard, Paris, 1988).
Vigne et le vin [la] (La Manufacture, Lyon, 1988).
Fournier (Dominique) et **D'Onofrio** (Salvatore) [éd.], *le Ferment divin* (Maison des sciences de l'homme, Paris, 1991).
Parker (Robert), *Guide Parker des vins de France* (3e éd., Solar, Paris, 1994).
Larousse du vin (Larousse, Paris, 1994 ; rééd., 2004).
Creignou (Michel), *Vigneron du Médoc* [avec Philippe Courrian] (Payot, Paris, 1996).

기타 음료 및 주류

발간연도순

Paulmier (Julien de), *Traité du vin et du sidre* (Caen, 1589).
Dufour (Philippe Sylvestre), *Traités nouveaux et curieux du café, du thé et du chocolat* (Lyon, 1685).
Blégny (Nicolas), *le Bon Usage du thé, du café et du chocolat…* (Lyon, 1687).
Dejean (Antoine), *Traité raisonné de la distillation…* (Paris, 1753).
Cadet de Vaux (Antoine Alexis), *Dissertation sur le café…* (Paris, 1807).
Iatca (Michel), *Guide international de la bière* (André Balland, Paris, 1970).
Corran (Harry Stanley), *A History of Brewing* (Newton Abbot, 1975).
Sallé (Jacques et Bernard), *le Larousse des alcools* (Paris, 1982).
Perrier-Robert (Anne-Marie) et **Mbaye** (Aline), *la Bière* (Larousse, Paris, 1988).
Weill (Alain), *les Cocktails* [avec Hervé Chayette] (Nathan, Paris, 1988).
Grand Livre de l'eau [le] (La Manufacture, Paris, 1990).
Bailleux (Nathalie), **Bizeul** (Hervé), **Feltwell** (John) et **Kopp** (Régine), *le Livre du chocolat* (Flammarion, Paris, 1995).
Castellon (Fernando), *Larousse des cocktails* (Larousse, Paris, 2004).

가정 경제와 요리

발간연도순

농학과 가정 경제

Estienne (Charles) et **Liébaut** (Jean), *l'Agriculture et la Maison rustique* (Lyon, 1578) ; nombreuses rééditions.
Dawson (Thomas), *The Good Huswifes Jewell…* (2 parties, Londres, 1596 et 1597 ; réimp. en 1 vol. par Theatrum Orbis Terrarum, Amsterdam, 1977).
Serres (Olivier de), *le Théâtre d'agriculture et ménage des champs* (Paris, 1600) ; nombreuses rééditions.
Liger (Louis), *Économie générale de la campagne ou Nouvelle Maison rustique* (Paris, 1700).
La Quintinie (Jean de), *Instructions pour les jardins fruitiers et potagers* (Paris, 1730 ; éd., 1690).
Bradley (R.), *The Country Housewife et Lady's Director…* (6e éd., Londres, 1736).

Alletz (Pons Augustin), *l'Agronome ou Dictionnaire portatif du cultivateur* (Paris, 1760).
Albert (B.), *Manuel complet d'économie domestique, contenant la cuisine, la charcuterie, la grosse pâtisserie et la pâtisserie fine…* (Paris, 1812).
Michaux (Marceline), *la Cuisine de la ferme* (Librairie agricole de la Maison rustique, 1867).
Davidson (Caroline), *A Woman's Work is Never Done : a History of Housework in the British Isles, 1650-1950* (Chatto et Windus, Londres, 1982).

샤퀴트리와 저장식품

Appert (Nicolas), *l'Art de conserver, pendant plusieurs années, toutes les substances animales et végétales* (Paris, 1810 ; rééd. en 1811 et 1813 : *le Livre de tous les ménages*).
Parfait Charcutier… [le] (Paris, 1815).
Dronne (Louis François), *Charcuterie ancienne et moderne…* (Paris, 1869).
Gouffé (Jules), *le Livre des conserves…* (Paris, 1869).
Michel (F.), *la Conserve de ménage* (Flammarion, Paris, 1932).
Cameron Smith (Marye), *le Livre complet de la conserve* (Dessain et Tolra, Paris, 1977).

식탁 예절

Érasme (Désiré), *De civilitate morum puerilium* (1530) [trad. française d'Alcide Bonneau, Paris, 1877 : *la Civilité*, rééd. avec une préface de Philippe Ariès, Paris, 1977].
Traité de la civilité nouvellement dressée d'un manière méthodique et suivant les règles de l'usage vivant (Lyon, 1685).
Elias (Norbert), *la Civilisation des mœurs* (trad. française : Nathan, Paris, 1969).
Marchese (P.), *l'Invenzione della forchetta* (1989).
Moulin (Léo), *les Liturgies de la table* (1989).
Aurell (Martin), **Dumoulin** (Olivier) et **Thelamon** (Françoise) [éd.], *la Sociabilité à table : commensalité et convivialité à travers les âges* (Publications de l'Université de Rouen, 1992).
Marenco (Claudine), *Manières de table, modèles de mœurs, xviie-xxe siècles* (Éd. de l'E.N.S.-Cachan, Cachan, 1992).
Aymard (Maurice), **Grignon** (Claude), **Sabban** (Françoise) [éd.], *le Temps de manger : alimentation, emploi du temps et rythmes sociaux* (Maison des sciences de l'homme, Paris, 1993).

서빙 및 테이블 매너

École parfaite des officiers de bouche, *contenant Le Vray Maistre-d'Hostel, Le Grand Escuyer-Tranchant, Le Sommelier Royal, Le Confiturier Royal, Le Cuisinier Royal, Et Le Pâtissier Royal* (Paris, 1662 ; 15 rééd.).
Lune (Pierre de), *le Nouveau et Parfait Maistre d'hôtel […]. Un nouveau cuisinier à l'espagnole…* (Paris, 1662).
Audiger, *la Maison réglée et l'art de diriger la maison d'un grand seigneur…* (Paris, 1692).
Menon, *le Manuel des officiers de bouche…* (Paris, 1759).
Grimod de La Reynière (Alexandre, Balthasar Laurent), *Manuel des amphitryons…* (Paris, 1808).
Carême (Antonin), *le Maître d'hôtel français. Traité des menus à servir à Paris, à Saint-Pétersbourg, à Londres et à Vienne* (Paris, 1822).
Bernardi (T.), *le Glacier royal…* (Paris, 1844) ; *l'Écuyer tranchant ou l'Art de découper et servir à table…* (Paris, 1845).
Escoffier (Auguste), *le Livre des menus…* (Flammarion, Paris, 1912).
Carnevali (Oreste) et **Read** (Jean B.), *Comment découper et désosser viandes, volailles, poissons* (Stanké, Montréal-Paris, 1981).
Denéchaud (Karly), *le Nouvel Art de recevoir chez soi…* (éd. Alta/J.-C. Lattès, Paris, 1981).
Ost (H.), *l'Art et la table* (Neuchâtel, 1982).

식품영양 및 인문 과학

옛날의 식품 영양학

발간연도순

Galien (Claude), *Des choses nutritives contenant trois vol., traduites par Maître Jehan Massé* (Paris, 1552).
École de Salerne (l'), trad. en vers français.
Pisanelli (Baldassare), *Traicté de la nature des viandes et du boire…* (Arras, 1596).
Duchesne (Joseph, sieur de la Violette), *le Pourtraict de la santé…* (Paris, 1605).
Thresor de santé ou mesnage de la vie humaine… [le] (Lyon, 1607).
Lemery (Louis), *le Traité des aliments…* (Paris, 1702 ; 2e éd. augmentée, 1705 ; 3e éd. corrigée et augmentée par Jacques-Jean Bruhier, 2 vol., 1755).
Andry (Nicolas), *le Régime du Caresme considéré par rapport à la nature du corps et des alimens* (Paris, 1710).
Briand, *Dictionnaire des aliments, vins et liqueurs, leurs qualités, leurs effets, relativement aux différents âges et aux différents tempéraments…* (Paris, 1750).
Lombard (L.-M.), *le Cuisinier et le Médecin et le Médecin et le Cuisinier…* (Paris, 1855).

오늘날의 식품학과 영양

Apfeldorfer (Gérard), *Traité de l'alimentation et du corps* (Flammarion, Paris, 1994).
Bérard (Léone) et **Creff** (Albert-François), *Gastronomie de la diététique* (Robert Laffont, Paris, 1979).
Dupin (Henri), *l'Alimentation des Français : évolution et problèmes nutritionnels* (éd. E. S. F., Paris, 1978).
Fricker (Dr Jacques), *la Cuisine du bien maigrir* (éd. Odile Jacob, Paris, 1994) ; *le Nouveau Guide du bien maigrir* (éd. Odile Jacob, Paris, 1996).
Gayelord Hauser, *Cuisine de santé* (Denoël, Paris, 1953).
Guérard (Michel), *la Grande Cuisine minceur* (Robert Laffont, Paris, 1976 ; Le Livre de Poche pratique, n° 7735) ; *Minceur exquise : 150 recettes pour maigrir en se régalant* (Robert Laffont, Paris, 1989).
Guillot (André), *la Vraie Cuisine légère* (Flammarion, Paris, 1981).
Hubert (Annie), *Pourquoi les Eskimos n'ont pas de cholestérol…* (éd. générales First, Paris, 1995).

심리학과 정신분석

Apfeldorfer (Gérard), *Je mange donc je suis : surpoids et troubles du comportement alimentaire* (Payot, Paris, 1991).
Cappon (Daniel), *Eating, Loving and Dying : a Psychology of Appetites* (University of Toronto Press, Toronto, 1973).
Chiva (Matty), *le Doux et l'Amer : sensation gustative, émotion et communication chez le jeune enfant* (PUF, Paris, 1985).
Logue (Alexandra Woods), *Psychology of Eating and Drinking* (New York, 1986).

민족학과 사회학

Bourdieu (Pierre), *la Distinction* (éd. de Minuit, Paris, 1979).
Driver (Christopher), *The British at Table 1940-1980* (Chatto et Windus, Londres, 1983).
Fischler (Claude, éd.), *la Nourriture : pour une anthropologie bioculturelle de l'alimentation* (*Communications*, n° 31, Le Seuil, Paris, 1979) ; *l'Homnivore* (éd. Odile Jacob, Paris, 1990) ; *Manger magique : aliments sorciers, croyances comestibles* (Autrement, n° 149, Paris, 1994).
Goody (Jack), *Cuisines, Cuisine et Classes*, trad. française (Centre Georges-Pompidou, Paris, 1984).
Identité alimentaire et altérité culturelle (Actes du Colloque de Neuchâtel, 12-13 novembre 1984, Université de Neuchâtel, 1985).
Moulin (Léo), *l'Europe à table : introduction à une psychosociologie des pratiques alimentaires en Occident* (Elsevier-Sequoia, Paris-Bruxelles, 1975).
Piault (Fabrice, éd.), *Nourritures : plaisirs et angoisses de la fourchette* (Autrement, n° 108, Paris, 1989) ; *le Mangeur : menus, mots et maux* (Autrement, n° 138, Paris, 1993).
Simoons (Frederick J.), *Eat Not This Flesh : Food Avoidance in the Old World* (University of Wisconsin Press, Madison, 1961).
Verdier (Yvonne), *Façons de dire, façons de faire : la laveuse, la couturière, la cuisinière* (Gallimard, Paris, 1979).
Wilson (C. A.), *Food and Drink in Britain* (London, 1973).

셰프와 레스토랑의 레시피

셰프의 대표 레시피

Ferran Adrià
air glacé de parmesan avec muesli ▸ **VOIR** parmigiano reggiano
œufs de caille caramélisés ▸ **VOIR** caille
omelette surprise 2003 ▸ **VOIR** omelette
soupe de jambon aux billes de melon ▸ **VOIR** melon

Massimiliano Alajmo
risotto au safran et poudre de réglisse ▸ **VOIR** risotto

Frédéric Anton
carottes nouvelles confites en cocotte, caramel au pain d'épice ▸ **VOIR** carotte
fines lamelles de betterave parfumées à la muscade, vieux comté préparé en fins copeaux, jus gras ▸ **VOIR** betterave
l'os à moelle ▸ **VOIR** moelle osseuse

Ghislaine Arabian
lapereau aux pruneaux ▸ **VOIR** lapin
potjevlesch ▸ **VOIR** potjevlesch

Juan-Mari Arzak
merlu aux palourdes à la sauce verte ▸ **VOIR** merlu
ventrêche de thon à la sarriette et arêtes mentholées ▸ **VOIR** thon

Pascal Barbot
ceviche de daurade, rhubarbe et huile de piment ▸ **VOIR** ceviche
consommé de poule faisane et panais ▸ **VOIR** panais
endives braisées au beurre de spéculos, banane-citron vert ▸ **VOIR** endive
fines lamelles d'avocat et chair de crabe ▸ **VOIR** avocat

Jean Bardet
beuchelle à la tourangelle ▸ **VOIR** beuchelle
minéralité de homard bleu de l'Atlantique ▸ **VOIR** homard

Roland Barthélémy
brie aux truffes ▸ **VOIR** brie

Pierre Baumann
choucroute aux poissons ▸ **VOIR** choucroute

Jean-Michel Bédier
suprêmes de volaille au sauternes et au citron confit ▸ **VOIR** suprême

Bernard Berilley
gelée de fruits rouges ▸ **VOIR** gelée

Charles Bérot
soufflé glacé aux framboises ▸ **VOIR** soufflé

Philippe Berzane
biscuits au gingembre ▸ **VOIR** biscuit

Léa Bidaut
gigot rôti de Léa ▸ **VOIR** agneau

Jean-Pierre Biffi
fingers au foie gras ▸ **VOIR** foie gras
sauce chaud-froid de volaille ▸ **VOIR** sauce
saumon KKO ▸ **VOIR** saumon

Georges Blanc
crêpes vonnassiennes de la Mère Blanc ▸ **VOIR** pomme de terre
fricassée de volaille de Bresse de la Mère Blanc ▸ **VOIR** fricassée
grenouilles persillées ▸ **VOIR** grenouille

Paul Bocuse
artichauts à la lyonnaise ▸ **VOIR** artichaut
loup en croûte sauce Choron ▸ **VOIR** loup
oreiller de la belle basse-cour ▸ **VOIR** pâté
rougets en écailles de pomme de terre ▸ **VOIR** rouget-barbet
soupe de potiron ▸ **VOIR** soupe
soupe aux truffes noires ▸ **VOIR** soupe
volaille de Bresse Halloween ▸ **VOIR** volaille

Daniel Bouché
côtelettes de marcassin aux coings ▸ **VOIR** marcassin

Éric Bouchenoire
crème de langoustine à la truffe ▸ **VOIR** crème (potage)
velouté de châtaignes au foie gras et céleri au lard fumé ▸ **VOIR** velouté

Gérard Boyer
huîtres plates au champagne ▸ **VOIR** huître

Angèle Bras
aligot ▸ **VOIR** aligot
estofinado ▸ **VOIR** estofinado

Michel Bras
biscuit de chocolat « coulant », aux arômes de cacao, sirop chocolaté au thé d'Aubrac ▸ **VOIR** chocolat
bœuf de l'Aubrac ▸ **VOIR** bœuf
gargouillou de légumes ▸ **VOIR** légume
gaufrette de pomme de terre, crème au beurre noisette, caramel au beurre salé ▸ **VOIR** pomme de terre

Philippe Braun
crème de laitue, fondue aux oignons de printemps ▸ **VOIR** crème (potage)
foie gras de canard, truffe et céleri-rave en cocotte lutée ▸ **VOIR** foie gras
salade folichonne de céleri-rave aux truffes ▸ **VOIR** céleri-rave
salade de pommes de terre et pieds de porc truffés ▸ **VOIR** salade
vitello tonnato ▸ **VOIR** veau

Éric Briffard
tourte de poule faisane, perdreau gris et grouse au genièvre ▸ **VOIR** tourte

Michel Bruneau
crevettes au cidre ▸ **VOIR** crevette

Marye Cameron Smith
pickles de chou-fleur et de tomate ▸ **VOIR** pickles

Antonin Carême
sauce à la bigarade ▸ **VOIR** sauce
sauce aux écrevisses ▸ **VOIR** sauce
sauce financière ▸ **VOIR** sauce

Stéphane Carrade
garbure béarnaise ▸ **VOIR** garbure

Paul Castaing
matelote Charles-Vanel ▸ **VOIR** matelote

Miguel Castro e Silva
morues aux pousses de navet (cuisson sous vide) ▸ **VOIR** morue
porc aux pois chiches et aux cèpes (cuisson sous vide) ▸ **VOIR** porc
terrine de poulpe pressée ▸ **VOIR** terrine

Franck Cerutti
estoficada (stockfisch à la niçoise) ▸ **VOIR** stockfisch
fines feuilles de pâtes vertes aux asperges ▸ **VOIR** pâtes alimentaires

Alain Chapel
charlotte de légumes ▸ **VOIR** charlotte
gâteau de foies blonds de poularde de Bresse, sauce aux queues d'écrevisse à la Lucien Tendret ▸ **VOIR** foie
gigot braisé aux petits oignons nouveaux ▸ **VOIR** gigot
mousse de citron ▸ **VOIR** mousse
soles de ligne à la fondue de poireau ▸ **VOIR** sole

Jean-André Charial
pigeon au lait d'amandes fraîches ▸ **VOIR**pigeon et pigeonneau
rougets au basilic ▸ **VOIR** rouget-barbet

Jean Chauvel
café champignon ▸ **VOIR** champignon
sandwich jambon-beurre à boire ▸ **VOIR** amuse-gueule

Sœur Monique Chevrier
croustade de pommes à la québécoise ▸ **VOIR** pomme

Jacques Chibois
papillon de langoustines à la chiffonnade de mesclun ▸ **VOIR** langoustine

Bruno Cirino
calmars farcis ▸ **VOIR**calmar

Christian Constant (chocolatier)
sorbet au cacao et aux raisins ▸ **VOIR** sorbet
tarte au chocolat ▸ **VOIR** tarte
tarte Sonia Rykiel ▸ **VOIR** tarte

Jean-Luc Poujauran
galette des Rois ▸ **VOIR** galette

Georges Pouvel
suprême de blanc de bar en surprise
printanière ▸ **VOIR** bar (poisson)

Auguste Pralus
brioche praluline ▸ **VOIR** brioche

Christophe Quantin
crème de courge « butternut » ▸ **VOIR** butternut squash
filet de bar à la vapeur d'algues,
légumes et coquillages mêlés ▸ **VOIR** bar (poisson)
gâteau de potimarron, fraîcheur de haddock ▸ **VOIR** potimarron
paupiettes de chou aux coquillages
façon « Georges Pouvel » ▸ **VOIR** paupiette
rémoulade de courge spaghetti
aux trompettes et ris de veau ▸ **VOIR** courge

Gérard Rabaey
filets d'omble chevalier du lac, vinaigrette de fenouil
▸ **VOIR** omble chevalier
morilles farcies aux fèves et poireaux ▸ **VOIR** morille

Bernard Ravet
omble chevalier aux asperges vertes et aux morilles
▸ **VOIR** omble chevalier

Joël Robuchon
carré d'agneau aux herbes fraîches en salade
(cuisson sous vide) ▸ **VOIR** sous vide
crème caramélisée à la cassonade ▸ **VOIR** crème brûlée
crème de fèves à la sarriette ▸ **VOIR** fève
frivolités de saumon fumé au caviar ▸ **VOIR** caviar
gelée de caviar à la crème de chou-fleur ▸ **VOIR** gelée
homard aux truffes et châtaignes en cocotte ▸ **VOIR** homard
laitances de hareng au verjus ▸ **VOIR** laitance
lièvre à la royale du sénateur Couteau
à la façon poitevine ▸ **VOIR** lièvre
mille-feuille de tomate au crabe ▸ **VOIR** crabe
purée de navet et de pomme de terre ▸ **VOIR** purée
salade pastorale aux herbes ▸ **VOIR** salade
tarte aux pommes de terre ▸ **VOIR** tarte
tête de porc mijotée Île-de-France ▸ **VOIR** tête

Joan Roca
rougets à la mandarine et purée de chou-fleur ▸ **VOIR** rouget-barbet

Philippe Rochat
jeunes pousses d'épinard aux truffes noires ▸ **VOIR** truffe
tarte croustillante de morilles du Puy-de-Dôme
aux févettes ▸ **VOIR** morille

Olivier Roellinger
chutney ▸ **VOIR** chutney
homard à l'américaine ▸ **VOIR** homard
mille-feuille à l'ananas, grog de cidre breton
et rhum de Marie-Galante ▸ **VOIR** mille-feuille
ormeaux à la cancalaise ▸ **VOIR** ormeau
saint-pierre « retour des Indes » ▸ **VOIR** saint-pierre
soupe au lait d'huître et galettes de sarrasin ▸ **VOIR** huître

Pierre Romeyer
ris de veau aux écrevisses ▸ **VOIR** ris

Michel Rostang
œufs de caille en coque d'oursin ▸ **VOIR** œuf à la coque

Michel Roth
tronçon de turbot rôti, endives braisées
et mousseline de châtaigne ▸ **VOIR** turbot

Lucette Rousseau
rillettes de maquereau ▸ **VOIR** maquereau

Babette de Rozières
blaff de poissons à l'antillaise ▸ **VOIR** poisson
poisson grillé à la sauce « chien » ▸ **VOIR** poisson

Hervé Rumen
poires au vin ▸ **VOIR** poire

Carme Ruscadella
morue à la santpolenque, au chou vert
et aux pommes de terre, sauce légère à l'ail ▸ **VOIR** morue
rascasse blanche, légumes, fraises,
tasse de bouillon à la façon du Maresme ▸ **VOIR** rascasse

Emmanuel Ryon
glace liqueur de Baileys ▸ **VOIR** glace
petit verre provençal ▸ **VOIR** verrine

Laurence Salomon
galettes de sarrasin et petit épeautre
fraîchement moulu aux carottes et poireaux,
crème végétale à l'huile de noisette ▸ **VOIR** sarrasin
mille-feuilles de tofu mariné au carvi
et tombée d'épinards, riz basmati aux échalotes ▸ **VOIR** tofu

Reine Sammut
dos de mulet au « caviar » de Martigues,
mousseline de pomme de terre à l'huile d'olive ▸ **VOIR** poutargue
filet de thon à la poutargue, salade d'herbes
et seiches au lard ▸ **VOIR** thon
langues d'agneau confites panées aux herbes,
pourpier et échalotes ▸ **VOIR** agneau
pieds et paquets marseillais ▸ **VOIR** pieds et paquets

Santi Santamaria
loup au céleri-rave ▸ **VOIR** plancha
macaronis à la plancha avec pageots et rougets ▸ **VOIR** plancha

Guy Savoy
crosnes aux oursins ▸ **VOIR** crosne
huîtres en nage glacée ▸ **VOIR** huître
médaillons de lotte au beurre de poivron rouge ▸ **VOIR** lotte de mer
pommes Maxim's ▸ **VOIR** pomme de terre

Jean-Yves Schillinger
salade de saint-jacques sur un céleri rémoulade
aux pommes et marinière de coques,
vinaigrette aux fruits de la Passion ▸ **VOIR** salade
thon rouge mariné au wasabi et gingembre frais ▸ **VOIR** thon

Alain Senderens
beignets d'ananas sauce pinacolada ▸ **VOIR** beignet
canard Apicius ▸ **VOIR** canard
navets farcis braisés au cidre ▸ **VOIR** navet
salade d'avocat Archestrate ▸ **VOIR** salade
salade de raie ▸ **VOIR** salade

Alain Solivérès
orge perlé du pays de Sault ▸ **VOIR** orge

S. Soskine et Mme Witwicka
borchtch ukrainien ▸ **VOIR** borchtch

Jean Soulard
longe de caribou aux atocas (canneberges) ▸ **VOIR** caribou

Roger Souvereyns
selle de sanglier sauce aux coings ▸ **VOIR** selle

A. Suzanne
mets endiablés ▸ **VOIR** diable (à la)

Hisayuki Takeuchi
porc sauté au gingembre ▸ **VOIR** porc
tataki de thon gras ▸ **VOIR** thon
tempura de crevette ▸ **VOIR** tempura
turbot à la vapeur et sauce ponzu ▸ **VOIR** turbot

Hervé This
chocolat chantilly ▸ **VOIR** gastronomie moléculaire

Jacques Thorel
rouelle de thon aux épices et aux carottes ▸ **VOIR** thon

Raymond Thuillier
rougets pochés à la nage au basilic ▸ **VOIR** rouget-barbet
soufflé au saumon ▸ **VOIR** soufflé

Alice Toklas
gaspacho de Séville ▸ **VOIR** gaspacho

Claude Troisgros
homard en moqueca, cœurs de palmier
et noix de cajou ▸ **VOIR** homard

레스토랑 및 각 업장의 대표 레시피

레시피 찾아보기

아뮈즈 부슈

콩소메, 포타주, 수프

콩소메, 부이용

크림 수프(포타주)

포타주

수프

애피타이저

샤퀴트리, 육류

페이스트리나 반죽을 곁들인 애피타이저

밀가루를 사용한 애피타이저

채소와 과일

생선, 연체류, 갑각류 해산물, 개구리

샐러드

달걀

부속 및 내장

어린 양, 성숙한 양

샤퀴트리

조개류, 갑각류, 개구리

수렵육

깃털이 있는 수렵육

털이 있는 수렵육

생선

민물생선

바다생선

고기

양

소

말

돼지

송아지

가금육, 토끼

일품요리

간단한 요깃거리, 간식

곁들임 음식

곡류

버섯

밀가루 음식

채소

파스타

치즈

디저트

튀김과자, 크레프, 와플

파티스리 크림류

초콜릿 디저트

과일 디저트

아이스 디저트, 아이스크림

앙트르메

파티스리

프티 가토, 프티푸르

타르트, 파이

비에누아즈리

잼, 당과류 및 저장식품

콩포트

디저트 소스

세계 각국의 레시피

애피타이저

메인 요리와 가니시

디저트

알파벳 순 찾아보기

굵게 표시된 페이지 숫자는 해당 용어의 표제어 설명으로 안내합니다. 그 외에 해당 표제어가 사용된 항목이 모두 연관 표시되어 있습니다.
이탤릭체로 된 숫자 페이지에서는 사진이나 그림을 참고할 수 있습니다. 로마자로 표시된 페이지 숫자는 이 책의 중간 부분 512쪽과 513쪽 사이에
삽입되어 있는 '조리 실습 테크닉과 노하우' 편으로 연계됩니다.

A

C

D

E

F

H

L

M

O

P

S

T

U

V

W/X

Y/Z

감사 인사

L'Éditeur remercie les fédérations professionnelles, sociétés et organismes de recherche suivants pour leur aimable collaboration à la mise à jour des contenus :

Association nationale des producteurs de noisettes, BP 14, 47290 Cancon
CEAFL CORSE, Les Néréides, Moriani-Plage, 20230 San Nicolao
CEAFL ESTIFEL, Parc d'activité de Brabois, 7, allée de la Forêt-de-la-Reine, 54500 Vandœuvre
CEAFL GRAND SUD-OUEST, Agropole, Bât. Alphagro, BP 206, 47931 Agen Cedex 09
CEAFL NORMANDIE, Maison de l'agriculture, Avenue de Paris, 50009 Saint-Lô Cedex
CEAFL RHÔNE-MÉDITERRANÉE, MIN, Bât. U, 84000 Avignon
CEAFL VAL DE LOIRE, MIN, 12, avenue Joxé, BP 30301, 49103 Angers Cedex 02
CEDUS, 30, rue de Lübeck, 75016 Paris
Centre d'étude et de valorisation des algues, 45, rue Saint-Lazare, 75314 Paris Cedex 09
Centre de recherche et d'information nutritionnelle, Pen Lau, BP 3, 22610 Pleubian
Centre technique de salaison et de la charcuterie, École nationale vétérinaire, 94700 Maisons-Alfort
CERAFEL BRETAGNE, Rue Marcellin-Berthelot, ZI de Kérinvin, 29600 Saint-Martin-des-Champs
CIDIL, 42, rue de Châteaudun, 75009 Paris
CIRAD-FLHOR, 9, rue d'Athènes, 75009 Paris
CNDA (Centre national de développement apicole), 149, rue de Bercy, 75012 Paris
CNIPT (Comité national interprofessionnel de la pomme de terre), TP 50/PS4, 34398 Montpellier Cedex 5
Comité national de la conchyliculture, 122, rue de Javel, 75015 Paris
Confédération nationale de la boulangerie et boulangerie-pâtisserie française, 27, avenue d'Eylau, 75782 Paris Cedex 16
CTCS (Centre technique de la canne et du sucre), Petit Morne, 97232 Lamentin
CTIFL, 22, rue Bergère, 75009 Paris
CTIFL (siège), Centre de Carquefou, ZI « Belle Étoile » Antarès, 35, allée des Sapins, 44470 Carquefou
CTIFL-AIREL, Domaine de Lalande, 47110 Sainte-Livrade-sur-Lot
CTIFL Balandran, BP 32, 30127 Bellegarde
CTIFL Lanxade, BP 21, 24130 La Force
CTIFL SELT, Le Riout, 41250 Tou-en-Sologne
Darégal, 6, boulevard Joffre, 91490 Milly-la-Forêt
DGCCRF, Ministère de l'Économie, 3-5, boulevard Diderot, 75572 Paris Cedex 12
FDGETAL, 13, avenue des Droits-de-l'Homme, 45921 Orléans Cedex
Fédération des industries charcutières, 3, rue Anatole-de-la-Forge, 75015 Paris
Fédération française des producteurs d'oléagineux et de protéagineux, 12, avenue George-V, 75008 Paris
Fédération française des volailles, 2 et 3, Hameau de Pierreville, 55400 Gincrey
Fédération interprofessionnelle des labels rouges bœuf, veau, agneau, Tour Gamma A, 193-197, rue de Bercy, 75582 Paris Cedex 12
Fédération nationale des détaillants en produits laitiers, 5, rue des Reculettes, 75013 Paris
Fédération nationale du légume sec, Bureau 273, Bourse du Commerce, 2, rue de Viarmes, 75040 Paris Cedex 01
Fédération nationale ovine, 149, rue de Bercy, 75595 Paris Cedex 12
Fédération nationale porcine, 149, rue de Bercy, 75595 Paris Cedex 12
IFREMER Centre de Brest, BP 70, 29280 Plouzan
INRA, 42, rue Georges-Morel, BP 57, 49071 Beaucouzé Cedex
INRA Dijon, BV86510, 21065 Dijon Cedex
INRA Domaine de la Grande Ferrade, BP 81, 33883 Villenave-d'Ornon Cedex
INRA Domaine Keraiber, 29260 Ploudaniel
INRA Domaine Saint-Maurice, BP 94, 84143 Monvafet Cedex
INRA-CIRAD, 20230 San Giuliano
Institut national de la boulangerie-pâtisserie, 150, boulevard de l'Europe, 76100 Rouen
Institut technique d'aviculture, 28, rue du Rocher, 75008 Paris
Petrossian, 18, boulevard La Tour-Maubourg, 75007 Paris
Syndicat national des fruits secs, Bureau 273, Bourse du Commerce, 2, rue de Viarmes, 75040 Paris Cedex 01

L'Éditeur remercie aussi les ambassades et organismes suivants :
Ambassade d'Algérie, M. Sadani, 50, rue de Lisbonne, 75008 Paris
Ambassade d'Argentine, M. Faes, 6, rue Cimarosa, 75116 Paris
Ambassade de Bolivie, M. José de Hacha, 12, avenue du Président-Kennedy, 75016 Paris
Ambassade de Bulgarie, Mme Maria Donevska, 28, rue de la Boétie, 75008 Paris
Ambassade de Colombie, Mme Anna Jaranillo, 22, rue de l'Élysée, 75008 Paris
Ambassade des États-Unis, Mlle Kelly Mc Clure, 2, avenue Gabriel, 75008 Paris
Ambassade de l'Inde, Mme Bhagirath, 15, rue Alfred-Dehodencq, 75016 Paris
Ambassade du Japon, Service culturel et d'information, M. Yamada Fumihikao, 7, rue de Tilsit, 75017 Paris
Ambassade du Liban, M. Abdellah Naaman, 3, villa Copernic, 75116 Paris
Ambassade du Pérou, M. Alonso Ruis Rosas, 50, avenue Kléber, 75116 Paris
Ambassade de la République malgache, M. Jean-Pierre Razafy Andriamihaingo, 4, avenue Raphaël, 75016 Paris
Ambassade de la République socialiste du Viêt Nam, M. Do Duc Thanh, 62, rue Boileau, 75116 Paris
Ambassade de Roumanie, M. Radu Portocala, 5, rue de l'Exposition, 75343 Paris Cedex 07
Ambassade royale du Cambodge, Chancellerie, Mme Lovy Pahnn, 4, rue Adolphe-Yvon, 75116 Paris
Ambassade d'Ukraine, M. Svystkov, 22, avenue de Messine, 75008 Paris
Ambassade de l'Uruguay, Mme Marta Dizzanelli, 15, rue de la Sueur, 75116 Paris
Centre culturel algérien, 171, rue de la Croix-Nivert, 75015 Paris
Europa Korea, Baron Simon-Pierre Nothomb, c/o Fondation universitaire, 11, rue d'Egmont, B-1000 Bruxelles, Belgique
Office national du tourisme coréen, Tour Maine-Montparnasse, BP 169, 4e étage, 75755 Paris Cedex 15
Office de tourisme de Turquie, Mme Serpil Varol, 102, avenue des Champs-Élysées, 75008 Paris

La rédaction remercie pour leur aide :
Ali Tavassoli, Mazeh, 65, rue des Entrepreneurs, 75015 Paris
Éric Dehillerin, Dehillerin, 18-20, rue Coquillère, 75001 Paris
Kenwood, www.kenwood.fr
Michel Liquidato, Riso Gallo, 31, rue des Peupliers, 92000 Nanterre
Le Palais des thés, 3, rue de Nice, 75011 Paris
Terre Exotique, 61, quai de la Loire, 37210 Rochecordon

사진 저작권

Reportages en cuisine
David Japy
ainsi que les pages : p. 25 ; 52 ,95 ;132 ; 251 ; 269 ; 354 ; 355 ; 455 ; 456 ; 539 ; 551 ; 584 ; 632 ; 669 ; 671 ; 707.

Les retouches des images et les virages ont été réalisés par
Claire Mieyeville et Olivier Ploton.

Photographies de produits
Teubner Foodfoto, Füssen

sauf les photographies de :

G+S photographie © Coll. Larousse : p. 12 (rouge du Roussillon) ; 51 (poivrade, violet de Provence, macau, blanc d'Espagne, romanesco) ; 54 (vraie verte) ; 108/109 ; 128 ; 181 (burlat, duroni 3, géant d'Hedelfingen, griotte, guillaume, marmotte, napoléon, reverchon, stark hardy giant, summit, sunburst, van) ; 188/189 (cèpe tête-de-nègre, chanterelle en tube, girolle, lépiote, marasme d'Oréade, shiitake, tricholome terreux, laccaire améthyste) ; 206 (sauvage améliorée, frisée très fine maraîchère, scarole, pain-de-sucre) ; 215 (vert frisé de Milan, vert pointu, pak-choï, pé-tsaï, romanesco, brocoli à jets verts, rouge - type cabus -, blanc à choucroute) ; 222 (citron jaune d'Espagne, citron jaune de Menton, citron jaune de Nice, lime) ; 238 (concombre type hollandais, cornichon type semi-épineux, cornichon fin de Meaux, cornichon vert petit de Paris) ; 252 (bernique, bulot, clam, coquille Saint-Jacques, encornet, ormeau, palourde, pétoncle, poulpe, praire, violet) ; 262 (courgette-fleur, diamant, greyzini, grisette de Provence, longue de Saumur, mini-courgette, reine des noires, ronde de Nice, sardane, verte maraîchère) ; 286/287 (langouste verte, langouste rose, étrille, écrevisse) ; 326 (type Jersey ou de Bretagne demi-longue, type Jersey ou de Bretagne longue, type Jersey ou de Bretagne ronde) ; 380 ; 445 (flageolet vert) ; 486 (batavia blonde, feuille de chêne rouge, feuille de chêne verte, iceberg, sucrine) ; 496/497 (fruit à pain, pois d'Angol, gombo) ; 498/499 (carotte parisienne type grelot, carotte nouvelle, radis noir, radis demi-long à bout blanc) ; 536 (vert olive, jaune canari, charentais cavaillon – jaune –, charentais cavaillon – blanc –, charentais lisse, ogen) ; 568 (bel top, Flavour Giant, Silver Gem) ; 589 (oignons blancs frais en botte, oignon jaune d'Auxonne) ; 639 (daisy, Elegant lady, royal moon, summer rich, white lady) ; 666 (conférence, doyenné du Comice, Jules Guyot, louise-bonne d'Avranches, passe-crassane, williams jaune) ; 672/673 (alose, saumon de l'Atlantique) ; 674/677 (bogue, céteau, équille, lieu jaune, lingue, sabre, vive) ; 683 (demi-long, long des Landes, long) ; 692 (belle de Fontenay, BF 15, bintje, charlotte, nicola, ostara, resy, roseval) ; 715 ; 727.

Coll. Hemera © Thinkstock : P 406 (arbouse)

Photographies de gestes techniques pas à pas
G+S photographie © Coll. Larousse
p. 74 ; 158.
Studio Vézelay © Coll. Larousse
p. 60 ; 69 ; 80 ; 113 ; 118 ; 158 ; 160 ; 161 ; 208 ; 209 ; 221 ; 225 ; 257 ; 260 ; 318 ; 360 ; 375 ; 422 ; 426 ; 450 ; 492 ; 585 ; 614 ; 617 ; 620 ; 626 ; 721 ; 760 ; 797 ; 812 ; 822 ; 824 ; 833 ; 862 ; 871 ; 873.

Photographies cahier central gestes et savoir-faire
© DK Images
sauf les photographies de :
Studio Vézelay © Coll. Larousse : p. VIII, XXII (Préparer une pâte sablée), XXIII
G+S photographie © Coll. Larousse : p. X, XI, XII (Habiller un turbot en portions), XIII, XIV, XVI, XVI (Ouvrir une huître, Ouvrir un oursin), XXXI (Réaliser un coulis à la framboise)
Studiaphot © Coll. Larousse : p. XXV, XXVI, XXVII (Pâte à génoise), XXVIII (Glaçage au fondant), XXIX
Nicolas Bertherat © Coll. Larousse : p. XXVIII (Ganache au chocolat), XXX (Confire des zestes d'agrumes).

L'Éditeur remercie pour leur disponibilité et leur accueil chaleureux lors des prises de vue :
Alléosse Traiteur Fromages, 17, rue Poncelet, 75017 Paris
École supérieure de cuisine française Ferrandi, 28, rue de l'Abbé-Grégoire, 75006 Paris
Four Seasons - Hôtel George V, 31, avenue George-V, 75008 Paris
Garnier, 11, rue Saint-Lazare, 75008 Paris
Hélène Darroze, 4, rue d'Assas, 75006 Paris
Hôtel de Crillon, restaurant *Les Ambassadeurs,* 10, place de la Concorde, 75008 Paris
Hôtel Ritz, 15, place Vendôme, 75001 Paris
Kaiseki, 7 bis, rue André-Lefebvre, 75015 Paris
Potel & Chabot, 3, rue de Chaillot, 75116 Paris

그랑 라루스 백과사전은 네이버가 지식백과 구축사업의 일환으로 기획하여 네이버와 시트롱 마카롱이 협업하여 만든 콘텐츠입니다.

그랑 라루스 요리백과
Le Grand Larousse Gastronomique

1판 1쇄 발행일 2021년 1월 1일
저　자 : 라루스 편집부
책임번역 : 강현정
번역참여 : 박선일
기획 : 손영희, 김문영
책임편집 : 김문영
편집참여 : 김미선(지식백과)
디자인 : 박혜림, 김미리
발행인 : 김문영
펴낸곳 : 시트롱마카롱
등　록 : 2014년 10월 17일 제406-251002014000153호
주　소 : 경기도 파주시 책향기로 320, 2동 206호
페이지 : www.facebook.com/citronmacaron @citronmacaron
이메일 : macaron2000@daum.net
ISBN : 979-11-969845-2-6 03590

이 도서의 국립중앙도서관 출판예정도서목록(CIP)은 서지정보유통지원시스템 홈페이지(http://seoji.nl.go.kr)와 국가자료공동목록시스템(http://www.nl.go.kr/kolisnet)에서 이용하실 수 있습니다.(CIP제어번호: CIP2020049188)